Molekularbiologie der Zelle

Molekularbiologie der Zelle

Bruce Alberts, Rebecca Heald, Alexander Johnson, David Morgan, Martin Raff, Keith Roberts und Peter Walter

Siebte Auflage

WILEY VCH

Titel der Originalausgabe:
Molecular Biology of the Cell, *Seventh Edition*

Titelbild:
Unter Verwendung der Shutterstock ID-Nr. 433526728.

1. Auflage 1986
2. Auflage 1990
3. Auflage 1995
4. Auflage 2004
5. Auflage 2011
6. Auflage 2017
7. Auflage 2025

1. bis 4. Auflage herausgegeben von Prof. Dr. Lothar Jaenicke, Universität zu Köln

5. und 6. Auflage herausgegeben von Dr. Ulrich Schäfer, Max-Planck-Institut für biophysikalische Chemie

Übersetzt von Bärbel Häcker, Alexandra Prowald, Claudia Horstmann, Otto Arndt, Angelika Börsch-Haubold, Martina Börsch-Supan, Andreas Burkovski, Matthias Cramer, Susanne Grether-Beck, Petra Jacoby, Lothar Jaenicke, Thomas Jaenicke, Joachim Kunz, Thomas Lazar, Alexandra Moreno-Borchart und Sabine Waffenschmitt

Bibliografische Information der Deutschen Nationalbibliothek
Die Deutsche Nationalbibliothek verzeichnet diese Publikation in der Deutschen Nationalbibliografie; detaillierte bibliografischeDaten sind im Internet über http://dnb.d-nb.de abrufbar.

Print ISBN 978-3-527-35364-4
ePDF ISBN 978-3-527-84633-7
ePub ISBN 978-3-527-84632-0

Umschlaggestaltung Wiley
Satz Newgen KnowledgeWorks (P) Ltd., Chennai, India

Gedruckt auf säurefreiem Papier.

10 9 8 7 6 5 4 3 2 1

Druck und Bindung mediaprint solutions GmbH

Vorwort

Warum ein Lehrbuch über Zellbiologie? Welchen Wert besitzt so etwas in einer Welt von Online-Ressourcen, die so umfangreich sind, dass jede Information, die man über Zellen haben möchte, im Prinzip nur wenige Mausklicks entfernt frei verfügbar ist?

Die Antwort ist, dass ein Lehrbuch das bietet, was eine ergebnisoffene Internetrecherche nicht leisten kann – eine ausgewählte Zusammenstellung des aktuellen Wissens und eine fachkundige Einführung in die Komplexität aber auch die Schönheit der Zellen. Unser Buch bietet eine Erzählung, die logisch und schrittweise durch die Schlüsselkonzepte, Zellbestandteile und die dazugehörigen experimentellen Ergebnisse führt, und zwar so, dass jede und jeder für sich selbst einen konsistenten konzeptionellen Rahmen für die Zellbiologie aufbauen kann – einen Rahmen, der es ermöglicht, den aufregenden Ansturm neuer Entdeckungen zu verstehen und kritisch zu bewerten. Genau das haben wir in jeder der bislang sieben Auflagen von *Molekularbiologie der Zelle* versucht.

Diese Ausgabe wurde während der COVID-19-Pandemie fertiggestellt. Viele der Fragen, die diese globale Krise aufgeworfen hat, sind zellbiologische Fragen – z. B. wie das Virus in unsere Zellen gelangt, wie es sich vermehrt, wie unser Immunsystem reagiert, wie Impfstoffe entwickelt werden und wie Wissenschaftler die molekularen Details der Virusstruktur herstellen. Die Antworten auf all diese Fragen, die für die rasche Entwicklung sicherer und wirksamer COVID-19-Impfstoffe erforderlich sind, finden sich in diesem Lehrbuch. Um dafür und für viele andere wichtige neue Erkenntnisse Platz zu schaffen, mussten viele frühere Inhalte gestrichen werden.

Um das Innenleben von Zellen zu verstehen, braucht man mehr als nur Worte. Unser Buch enthält mehr als 1500 Abbildungen, die eine parallele Erzählung bilden, die eng mit dem Text verwoben ist. Jede Abbildung wurde so gestaltet, dass sie ein Schlüsselkonzept hervorhebt. Die einzigartige Klarheit, Einfachheit und Konsistenz der Abbildungen in allen Kapiteln, die durch die Verwendung eines gemeinsamen Satzes von Symbolen und Farben (z. B. DNA *rot* und Proteine *grün*) erreicht wird, ermöglicht es den Studenten, sie als Kapitelübersichten zu lesen. Außerdem sind wichtige Proteinstrukturen abgebildet und mit ihren Protein Data Bank (PDB)-Codes versehen; diese Codes eröffnen mithilfe der Werkzeuge auf der RCSB PDB-Website (www.rcsb.org) Zugang zu den Strukturen und können damit genauer erforscht werden.

Viele Millionen wissenschaftlicher Originalarbeiten sind für die Zellbiologie relevant, und täglich werden viele wichtige neue veröffentlicht. Die Herausforderung für Lehrbuchautoren besteht darin, diese überwältigende Fülle an Informationen so zu sortieren, dass eine klare und präzise konzeptionelle Plattform für das Verständnis der Funktionsweise von Zellen entsteht. Wir haben uns hohe Ziele gesteckt und wollen mit unserem Buch in erster Linie die Ausbildung von Studierenden der Zellbiologie, einschließlich der nächsten Generation von Biowissenschaftlern, unterstützen, aber auch aktive Wissenschaftler, die Grundlagenforschung betreiben oder nach praktischen Anwendungen zur Verbesserung der menschlichen Lebensbedingungen suchen.

Warum also ein Lehrbuch lesen? Wir leben in einer Welt, die die Menschheit vor viele herausfordernde Probleme im Zusammenhang mit der Zellbiologie stellt, darunter der Rückgang der biologischen Vielfalt, der Klimawandel, die Ernährungsunsicherheit, die Umweltzerstörung, die Erschöpfung der Ressourcen sowie Tier- und Pflanzenkrankheiten. Wir hoffen, dass diese neue Ausgabe unseres Lehrbuchs dem Leser helfen wird, diese Probleme besser zu verstehen und für viele davon zur Lösung beizutragen.

Über dieses Buch

Was ist neu in der siebten Auflage?

Jedes Kapitel der siebten Auflage wurde mit Informationen über neue Entdeckungen auf dem Gebiet der Zellbiologie erheblich aktualisiert. Beispiele für diese neuen Inhalte sind:

- Aktualisierte Informationen über die anhaltenden Auswirkungen der Humangenomforschung, einschließlich der Erkenntnisse aus der Sequenzierung von Hunderttausenden von menschlichen Genomen (Kapitel 4), sowie aktualisierte Informationen über Tumorgenome (Kapitel 20).
- Neue Forschungsergebnisse über Krankheitserreger, Krankheiten und Methoden zu deren Bekämpfung, einschließlich der Diskussion über COVID-19 (Kapitel 1, 5 und 23) und mRNA-Impfstoffe (Kapitel 24).
- Aktualisierte Forschungsergebnisse zur zellulären Organisation, einschließlich neuer Informationen zu biomolekularen Kondensaten (Kapitel 3, 6, 7, 12 und 14) und zur Chromosomenorganisation durch DNA-Schleifenbildung (Kapitel 4, 7 und 17).
- Erweiterte Abdeckung neuer Mikroskopietechniken, einschließlich der superauflösenden Lichtmikroskopie und der Elektronenmikroskopie mit atomarer Auflösung (Kapitel 9), und neue Forschungsdurchbrüche in der Kryo-Elektronenmikroskopie, unter anderem am Beispiel dehnungsaktivierter Piezokanäle (Kapitel 11).
- Neues Kapitel über die Evolution, einschließlich einer neuen Diskussion über die Vielfalt des Lebens (Kapitel 1), sowie Aktualisierungen zur Evolution des Menschen (Kapitel 4) und HI-Virus (Kapitel 23).

Darüber hinaus sind ein Viertel der Illustrationen des Buches entweder völlig neu oder wurden im Hinblick auf Genauigkeit, Klarheit und visuelle Attraktivität erheblich aktualisiert.

Aufbau des Buches

Obwohl die Kapitel dieses Buches unabhängig voneinander gelesen werden können, sind sie in einer logischen Abfolge von fünf Teilen angeordnet. In den ersten drei Kapiteln von Teil I werden die elementaren Grundsätze und die Grundlagen der Biochemie behandelt. Sie können entweder als Einführung für diejenigen dienen, die sich noch nicht mit Biochemie beschäftigt haben, oder als Auffrischungskurs für diejenigen, die dies bereits getan haben. Teil II befasst sich mit der Speicherung, Expression und Übertragung genetischer Informationen. Teil III stellt die Prinzipien der wichtigsten experimentellen Methoden zur Untersuchung und Analyse von Zellen vor; ein Abschnitt mit dem Titel „Mathematische Analyse der Zellfunktion" in Kapitel 8 erweitert unser Verständnis von Zellregulation und -funktion um eine zusätzliche Dimension. Teil IV beschreibt die innere Organisation der Zelle. Teil V befasst sich mit dem Verhalten von Zellen in multizellulären Systemen, beginnend mit der Frage, wie Zellen miteinander verbunden werden, und schließt mit Kapiteln über Krankheitserreger und Infektionen sowie über das angeborene und das adaptive Immunsystem.

Referenzen

Am Ende jedes Kapitels findet sich ein kurzes Verzeichnis ausgewählter Referenzen. Diese sind in alphabetischer Reihenfolge nach den Nachnamen der Autoren unter den Überschriften der Hauptkapitel angeordnet. Zu diesen Referenzen gehören oft die Originalarbeiten, in denen die wichtigsten Entdeckungen erstmals veröffentlicht wurden.

Glossar

Im gesamten Buch werden die wichtigsten Begriffe dort, wo sie hauptsächlich diskutiert werden, durch Fettdruck hervorgehoben. Kursive Schrift wird verwendet, um weitere wichtige Begriffe hervorzuheben. Am Ende des Buches befindet sich ein erweitertes Glossar, das alle wichtigen Begriffe der Zellbiologie abdeckt; es sollte die erste Anlaufstelle bei einem unbekannten Fachwort sein.

Nomenklatur für Gene und Proteine

Jede Spezies hat ihre eigenen Konventionen für die Benennung von Genen; die einzige Gemeinsamkeit ist, dass sie immer kursiv geschrieben werden. Bei einigen Spezies (z. B. Menschen) werden alle Gennamen in Großbuchstaben geschrieben, bei anderen (z. B. Zebrafischen) in Kleinbuchstaben, bei wieder anderen (z. B. bei den meisten Mausgenen) mit dem ersten Buchstaben in Großbuchstaben und dem Rest in Kleinbuchstaben oder (wie bei *Drosophila*) mit verschiedenen Kombinationen von Groß- und Kleinbuchstaben, je nachdem, ob das erste entdeckte mutierte Allel einen dominanten oder rezessiven Phänotyp erzeugt. Die Konventionen für die Benennung von Proteinprodukten sind ebenso unterschiedlich.

Dieses Chaos in der Benennung macht jeden verrückt. Darüber hinaus gibt es viele Gelegenheiten, insbesondere in einem Buch wie diesem, bei denen wir uns auf ein Gen allgemein beziehen müssen – ohne die Maus-, die Menschen-, die Küken- oder die Nilpferdversion zu spezifizieren –, weil die Genvarianten der verschiedenen Arten für die Zwecke unserer Diskussion alle gleichwertig sind. Welche Konvention sollten wir also verwenden?

Wir haben uns in diesem Buch für eine einheitliche Regel entschieden. Wir schreiben alle Gennamen mit dem ersten Buchstaben in Großbuchstaben und dem Rest in Kleinbuchstaben, und alle in Kursivschrift, also: *Bazooka*, *Cdc2*, *Dishevelled*, *Egl1*. Das entsprechende Protein wird, wenn es nach dem Gen benannt ist, auf die gleiche Weise geschrieben, aber in lateinischen Buchstaben statt in Kursivschrift: Bazooka, Cdc2, Dishevelled, Egl1. Wenn der Organismus angegeben werden muss, kann dies mit einem Präfix vor dem Gennamen geschehen.

Der Vollständigkeit halber führen wir noch ein paar weitere Details zu den Namensregeln auf, die wir befolgen werden. In einigen Fällen wird traditionell ein zusätzlicher Buchstabe im Gennamen verwendet, um zwischen Genen zu unterscheiden, die durch Funktion oder Evolution miteinander verwandt sind; für diese Gene setzen wir diesen Buchstaben in Großbuchstaben, wenn dies üblich ist (*LacZ*, *RecA*, *HoxA4*). Ein größeres Problem stellen die Proteine dar. Viele von ihnen haben eigene Namen, die ihnen zugewiesen wurden, bevor das Gen benannt wurde. Solche Proteinnamen können viele Formen annehmen, obwohl die meisten traditionell mit einem Kleinbuchstaben beginnen (Aktin, Hämoglobin, Katalase); andere sind Akronyme (wie GFP für grün fluoreszierendes Protein oder BMP4 für bone morphogenetic protein 4). Alle diese Proteinnamen in einen einheitlichen Stil zu zwingen, würde den etablierten Gepflogenheiten zu sehr schaden, und wir werden sie einfach auf die traditionelle Weise schreiben. Für die entsprechenden Gennamen in all diesen Fällen werden wir dennoch unserer Standardregel folgen: *Aktin*, *Hämoglobin*, *Katalase*, *Bmp4*, *Gfp*.

Für diejenigen, die sie wissen möchten, zeigt die Tabelle einige der offiziellen Konventionen für einzelne Arten – Konventionen, gegen die wir in diesem Buch größtenteils in der dargestellten Weise verstoßen werden.

Organismus	**Artenspezifische Konvention**		**In diesem Buch verwendete einheitliche Konvention**	
	Gen	**Protein**	**Gen**	**Protein**
Maus	*Hoxa4*	Hoxa4	*HoxA4*	HoxA4
	Bmp4	BMP4	*Bmp4*	BMP4
	Integrin α-1, Itgα1	Integrin α1	*Integrin α1, Itgα1*	Integrin α1
Mensch	*HOXA4*	HOXA4	*HoxA4*	HoxA4
Zebrafisch	*cyclops, cyc*	Cyclops, Cyc	*Cyclops, Cyc*	Cyclops, Cyc
Caenorhabditis	*unc-6*	UNC-6	*Unc6*	Unc6
Drosophila	*sevenless, sev* (benannt nach dem rezessiven Phänotyp)	Sevenless, SEV	*Sevenless, Sev*	Sevenless, Sev
	Deformiert, Dfd (benannt nach dem Phänotyp der dominanten Mutation)	Deformed, DFD	*Deformed, Dfd*	Deformed, Dfd
Hefe				
Saccharomyces cerevisiae (Sprosshefe)	*CDC28*	Cdc28, Cdc28p	*Cdc28*	Cdc28
Schizosaccharomyces pombe (Spalthefe)	*Cdc2*	Cdc2, Cdc2p	*Cdc2*	Cdc2
Arabidopsis	*GAI*	GAI	*Gai*	GAI
Escherichia coli	*uvrA*	UvrA	*UvrA*	UvrA

Über die Autoren

Bruce Alberts: promovierte an der Harvard University und ist Professor für Biochemie und Biophysik an der University of California, San Francisco. Er war Chefredakteur von *Science* und amtierte von 1993 bis 2005 als Präsident der US National Academy of Sciences.

Rebecca Heald: promovierte an der Harvard University. Sie ist Professorin und Co-Direktorin am Institut für Molekulare Zellbiologie an der University of California, Berkeley.

Alexander Johnson: promovierte an der Harvard University und ist Professor für Mikrobiologie und Immunologie sowie Direktor des Graduiertenprogramms für biologische Wissenschaften an der University of California, San Francisco.

David Morgan: promovierte an der University of California, San Francisco und ist dort Professor für Physiologie und Forschungsdekan der medizinischen Fakultät.

Martin Raff: erhielt seinen Doktortitel von der McGill University und ist emeritierter Professor für Biologie und Mitglied des Medical Research Council Laboratory for Molecular Cell Biology am University College London.

Keith Roberts: promovierte an der University of Cambridge und war stellvertretender Direktor des John Innes Centre. Er ist emeritierter Professor an der University of East Anglia.

Peter Walter: promovierte an der Rockefeller University in New York und ist Professor am Fachbereich für Biochemie und Biophysik der University of California, San Francisco, sowie Forscher am Howard Hughes Medical Institute.

Über die Autoren

Danksagungen

Wir danken erneut unseren Ehepartnern, Partnern, Familien, Freund*innen und Kolleg*innen für ihre anhaltende Geduld und Unterstützung, ohne die die Erstellung dieser neuen Ausgabe unseres Lehrbuchs nicht möglich gewesen wäre. Wie immer sind wir auch einer großen Anzahl von Wissenschaftler*innen zu Dank verpflichtet, deren großzügige Hilfe wesentlich dazu beigetragen hat, dieses Buch so klar, aktuell und genau wie möglich zu gestalten.

Besondere Anerkennung verdienen die folgenden fünf herausragenden Wissenschaftler*innen, die die Aufgabe übernommen haben, Kapitel in ihren jeweiligen Fachgebieten zu überarbeiten: Kapitel 12 und 13, Ramanujan Hegde (MRC Laboratory of Molecular Biology und Cambridge University, Vereinigtes Königreich); Kapitel 14, Jared Rutter (University of Utah); Kapitel 21, David Bilder (University of California, Berkeley); Kapitel 22, Yukiko Yamashita (Whitehead Institute, Massachusetts Institute of Technology); Kapitel 23, Matthew Welch (University of California, Berkeley).

Im Folgenden danken wir allen, deren Anregungen uns bei der Erstellung dieser Ausgabe geholfen haben. Eine kombinierte Liste derjenigen, die an unserer ersten, zweiten, dritten, vierten, fünften und sechsten Ausgabe mitgearbeitet haben, ist ebenfalls enthalten.

Allgemein: Joseph Ahlander (Northeastern State University), Buzz Baum (Molecular Research Institute, Vereinigtes Königreich), Michael Burns (Loyola University Chicago), Silvia C. Finnemann (Fordham University), Nora Goosen (Leiden University, Niederlande), Harold Hoops (State University of New York, Buffalo), Joanna Norris (University of Rhode Island), Mark V. Reedy (Creighton University), Jeff Singer (Portland State University), Amy Springer (University of Massachusetts), Andreas Wodarz (Universität zu Köln, Deutschland). Darüber hinaus hat Tiago Barros neue molekulare Modelle für die siebte Ausgabe erstellt.

Kapitel 1: Sage Arbor (Marian University Indianapolis), Stephen E. Asmus (Centre College), Jill Banfield (University of California, Berkeley), Zoë Burke (University of Bath, Vereinigtes Königreich), Elizabeth Good (University of Illinois, Urbana-Champaign), Julian Guttman (Simon Fraser University, Kanada), Sudhir Kuman (Temple University), Sue Hum-Musser (Western Illinois University), Brad Mehrtens (University of Illinois, Urbana-Champaign), Inaki Ruiz-Trillo (University of Barcelona, Spanien), David Stern (Janelia Research Campus), Andrew Wood (Southern Illinois University), Lidan You (University of Toronto, Kanada).

Kapitel 2: Sage Arbor (Marian University Indianapolis), Stephen E. Asmus (Centre College), Monica Brinchmann (Nord University, Norwegen), Michael Cardinal-Aucoin (Lakehead University, Orillia, Kanada), Venugopalan Cheriyath (Texas A&M University, Commerce), Mark Grimes (University of Montana), Sue Hum-Musser (Western Illinois University), Brad Mehrtens (University of Illinois, Urbana-Champaign), Richard Roy (McGill University, Kanada), Seth Rubin (University of California, Santa Cruz), Laura Serbus (Florida International University), Pei-Lan Tsou (Grand Valley State University), Andrew Wood (Southern Illinois University).

Kapitel 3: Sage Arbor (Marian University Indianapolis), Jennifer Armstrong (Scripps College), David Baker (University of Washington, Seattle), Anne Bertolotti (MRC Laboratory of Molecular Biology, Vereinigtes Königreich), Ashok Bidwai (West Virginia University), Douglas Briant (University of Victoria, Kanada), Ken Dill (State University of New York, Stony Brook), David S. Eisenberg (University of California, Los Angeles), James Fraser (University of California, San Francisco), Elizabeth Good (University of Illinois, Urbana-Champaign), Ramanujan Hegde (MRC Laboratory of Molecular Biology, Vereinigtes Königreich), Jerry E. Honts (Drake University), Sue Hum-Musser (Western Illinois University), Tony Hyman (Max-Planck-Institut für molekulare Zellbiologie und Genetik, Deutschland), Albert Lee (Macquarie University, Australien), Susan Marqusee (University of California, Berkeley), Brad Mehrtens (University of Illinois, Urbana-Champaign), Jose Rodriguez (University of California, Los Angeles), Michael Rosen (University of Texas Southwestern), Seth Rubin (University of California, Santa Cruz), Jonathan Weissman (University of California, San Francisco), Andrew Wood (Southern Illinois University).

Kapitel 4: Blake Bextine (University of Texas, Tyler), Wendy Bickmore (University of Edinburgh, Vereinigtes Königreich),

Zoë Burke (University of Bath, Vereinigtes Königreich), Greg Cooper (HudsonAlpha Institute for Biotechnology, Huntsville), Caroline Dean (John Innes Centre, Vereinigtes Königreich), Job Dekker (University of Massachusetts Medical School), Barbara Ehlting (University of Victoria, Kanada), Lisa Farmer (University of Houston), Shiv Grewal (National Institutes of Health), Paul Himes (University of Louisville), Sue Hum-Musser (Western Illinois University), Tom Misteli (National Institutes of Health), Rick Myers (HudsonAlpha Institute for Biotechnology, Huntsville), Geeta Nalikar (University of California, San Francisco), Craig Peterson (University of Massachusetts Medical School), Allison Piovesan (Universität Bologna, Italien), Saumya Ramanathan (Fisk University), Irina Solovei (Ludwig-Maximilians-Universität, Deutschland), Chisato Ushida (Hirosaki University, Japan), Ken Zaret (University of Pennsylvania).

Kapitel 5: Stephen E. Asmus (Centre College), Blake Bextine (University of Texas, Tyler), Stephen P. Bell (Massachusetts Institute of Technology), Michael Cardinal- Aucoin (Lakehead University, Orillia, Kanada), Julie Cooper (National Institutes of Health), John Diffley (The Francis Crick Institute, Vereinigtes Königreich), Barbara Ehlting (University of Victoria, Kanada), Lisa Farmer (University of Houston), Elizabeth Good (University of Illinois, Urbana-Champaign), James Haber (Brandeis University), Paul Himes (University of Louisville), Sue Hum-Musser (Western Illinois University), Neil Hunter (University of California, Davis), Keiko Kono (Okinawa Institute of Science and Technology, Japan), Karim Labib (University of Dundee, Vereinigtes Königreich), Joachim Li (University of California, San Francisco), Rob Martienssen (Cold Spring Harbor Laboratory), Luiza Nogaj (Mount St. Mary's University, Los Angeles), Bruce Stillman (Cold Spring Harbor Laboratory), Johannes Walter (Harvard Medical School), Stephen C. West (The Francis Crick Institute, Vereinigtes Königreich), Richard D. Wood (MD Anderson Cancer Center).

Kapitel 6: Katsura Asano (Kansas State University), Ahmed Badran (Broad Institute, Massachusetts Institute of Technology), Matthew Christians (Grand Valley State University), Patrick Cramer (Max-Planck-Institut für biophysikalische Chemie, Deutschland), Daniel J. Finley (Harvard Medical School), Stephen Floor (University of California, San Francisco), Elizabeth Good (University of Illinois, Urbana-Champaign), Michael R. Green (University of Massachusetts Medical School), Arthur L. Horwich (Yale School of Medicine), Hiten Madhani (University of California, San Francisco), Saumya Ramanathan (Fisk University), German Rosas-Acosta (University of Texas, El Paso), Mahito Sadaie (Tokyo University of Science, Japan), Eric Spana (Duke University), David Tollervey (University of Edinburgh, Vereinigtes Königreich), Chisato Ushida (Hirosaki University, Japan), Alex Varshavsky (California Institute of Technology), Max Wilkinson (MRC Laboratory of Molecular Biology, Vereinigtes Königreich).

Kapitel 7: Katsura Asano (Kansas State University), David Auble (University of Virginia), David Bartel (Massachusetts Institute of Technology), Adrian Bird (University of Edinburgh, Vereinigtes Königreich), Matthew Christians (Grand Valley State University), Kathleen Collins (University of California, Berkeley), Elizabeth Good (University of Illinois, Urbana-Champaign), Gordon Hagar (National Institutes of Health), Edith Heard (Europäisches Laboratorium für Molekularbiologie, Heidelberg), Agnese Loda (Europäisches Laboratorium für Molekularbiologie, Heidelberg), Sue Hum-Musser (Western Illinois University), Tracy Nissan (University of Sussex), Sofia Origanti (Saint Louis University), German Rosas-Acosta (University of Texas, El Paso), Schraga Schwartz (Weizmann Institute of Science), Phillip A. Sharp (Massachusetts Institute of Technology), Kevin Struhl (Harvard Medical School), Igor Ulitsky (Weizmann Institute of Science), Ken Zaret (University of Pennsylvania, Perelman School of Medicine).

Kapitel 8: Eric Chow (University of California, San Francisco), Barbara Ehlting (University of Victoria, Kanada), Lisa Farmer (University of Houston), Daniel Frigo (University of Texas MD Anderson Cancer Center), Sue Hum-Musser (Western Illinois University), Véronique Moulin (Université Laval, Kanada), John Steele (Humboldt State University), Venkat Ventkataraman (Rowan University).

Kapitel 9: Eric Betzig (Howard Hughes Medical Institute), Stefano Guido (Università degli Studi di Napoli Federico II, Italien), Julian Guttman (Simon Fraser University, Kanada), Richard Henderson (MRC Laboratory of Molecular Biology, Vereinigtes Königreich), Sue Hum-Musser (Western Illinois University), Lee Ligon (Rensselaer Polytechnic Institute), Jennifer Lippincott-Schwartz (Janelia Research Campus), Eva Nogales (University of California, Berkeley), Helen Saibil (Birkbeck College, University of London, Vereinigtes Königreich), Peter Shaw (John Innes Centre, Vereinigtes Königreich), Phoebe Stavride (University of Nicosia, Griechenland), John Steele (Humboldt State University), Paul Tillberg (Janelia Research Campus).

Kapitel 10: Stephen E. Asmus (Centre College), Francis Barr (Oxford University, Vereinigtes Königreich), Adam Frost (University of California, San Francisco), Mark Grimes (University of Montana), Ramanujan Hegde (MRC Laboratory of Molecular Biology und Cambridge University, Vereinigtes Königreich), Gunnar von Heinje (Stockholm University, Schweden), Sue Hum-Musser (Western Illinois University), Michael Jonz (University of Ottawa, Kanada), Keiko Kono (Okinawa Institute of Science and Technology, Japan), Werner Kühlbrandt (Max-Planck-Institut für Biophysik, Deutschland), Herman Lehman (Hamilton College), Satyajit Mayor (National Centre for Biological Sciences, Indien), Richard Posner (Northern Arizona University), Richard Roy (McGill University, Kanada), Gregory Schmaltz (University of the Fraser Valley, Kanada), Andrew Swan (University of Windsor, Kanada), Tobias

Walther (Harvard Medical School), Graham Warren (University College London, Vereinigtes Königreich).
Kapitel 11: Mauro Costa-Mattioli (Baylor College of Medicine), Robert Edwards (University of California, San Francisco), Zheng Fan (The University of Tennessee Health Science Center), Mark Grimes (University of Montana), Ramanujan Hegde (MRC Laboratory of Molecular Biology und Cambridge University, Vereinigtes Königreich), Bertil Hille (University of Washington), Olivia S. Long (University of Pittsburgh, Greensburg), Werner Kühlbrandt (Max-Planck-Institut für Biophysik, Deutschland), Liqun Luo (Stanford University), Poul Nissen (Aarhus University, Dänemark), Richard Posner (Northern Arizona University), Benoît Roux (University of Chicago), Gregory Schmaltz (University of the Fraser Valley, Kanada), Susan Spencer (Saint Louis University), Robert Stroud (University of California, San Francisco), Christine Suetterlin (University of California, Irvine).
Kapitel 12: Ramanujan Hegde (MRC Laboratory of Molecular Biology und Cambridge University, Vereinigtes Königreich) als Hauptautor, Cedric Asensio (University of Denver), Buzz Baum (MRC Laboratory of Molecular Biology, Vereinigtes Königreich) Mike Chao (California State University, San Bernardino), Edward B. Cluett (Ithaca College), Elizabeth Good (University of Illinois, Urbana-Champaign), Yun Hyun Huh (Gwangju Institute of Science and Technology, Südkorea), Tim Levine (University College London, Vereinigtes Königreich), Sue Hum-Musser (Western Illinois University), Wendy Innis-Whitehouse (University of Texas, Rio Grande Valley), Mack Ivey (University of Arkansas), Stephen Rogers (University of North Carolina), Michael Silverman (Simon Fraser University, Kanada), Gina Voeltz (University of Colorado, Boulder), Graham Warren (University College London, Vereinigtes Königreich), Weiliang Xia (Shanghai Jiao Tong University, China), Ge Yang (Carnegie Mellon University).
Kapitel 13: Ramanujan Hegde (MRC Laboratory of Molecular Biology und Universität Cambridge, Vereinigtes Königreich) als Hauptautor, Swapna Bhat (University of North Georgia, Gainesville), Pete Cullen (University of Bristol, Vereinigtes Königreich), Zheng Fan (The University of Tennessee Health Science Center), Adam Frost (University of California, San Francisco), Wendy Innis-Whitehouse (University of Texas, Rio Grande Valley), Reinhard Jahn (Max-Planck-Institut für biophysikalische Chemie, Deutschland), Elizabeth Miller (MRC Laboratory of Molecular Biology, Vereinigtes Königreich), Sean Munro (MRC Laboratory of Molecular Biology, Vereinigtes Königreich), Michael Silverman (Simon Fraser University, Kanada), Susan Spencer (Saint Louis University), Christine Suetterlin (University of California, Irvine), Graham Warren (University College London, Vereinigtes Königreich).
Kapitel 14: Jared Rutter (University of Utah) als Hauptautor, Cedric Asensio (University of Denver), Alice Barkan (University of Oregon), Tessa Burch-Smith (University of Tennessee, Knoxville), Navdeep Chandel (Northwestern University), Elizabeth Good (University of Illinois, Urbana- Champaign), Mark Grimes (University of Montana), Yun Hyun Huh (Gwangju Institute of Science and Technology, South Korea), Sue Hum-Musser (Western Illinois University), Mack Ivey (University of Arkansas), Werner Kühlbrandt (Max-Planck-Institut für Biophysik, Deutschland), Dario Leister (Universität München, Deutschland), Song-Tao Liu (University of Toledo), Amit Singh (University of Dayton), Jonathan Snow (Barnard College), Amy Sprowles (Humboldt State University), Dennis Winge (University of Utah).
Kapitel 15: Josefino Castillo (University of Santo Tomas, Philippinen), Elizabeth Good (University of Illinois, Urbana-Champaign), Mark Grimes (University of Montana), Sue Hum-Musser (Western Illinois University), Natalia Jura (University of California, San Francisco), In Hye Lee (Ewha Womans University, Südkorea), Song-Tao Liu (Universität Toledo), Bruce Mayer (Universität Connecticut), Alexandra Newton (Universität von Kalifornien, San Diego), Roeland Nusse (Universität Stanford), Amit Singh (Universität Dayton), Jonathan Snow (Barnard College), Amy Sprowles (Humboldt State University).
Kapitel 16: Anna Akhmanova (Universität Utrecht, Niederlande), Alexander Bershadsky (National University of Singapore, Singapur), David Bilder (University of California, Berkeley), Josefino Castillo (University of Santo Tomas, Philippinen), Ann Cavanaugh (Creighton University), Andrew Carter (Medical Research Council, Vereinigtes Königreich), Roger Craig (University of Massachusetts Medical School), Lillian Fritz-Laylin (University of Massachusetts), Elizabeth Good (University of Illinois, Urbana-Champaign), Julian Guttman (Simon Fraser University, Kanada), Sue Hum-Musser (Western Illinois University), Yulia Komarova (University of Illinois, Chicago), Arash Komeili (University of California, Berkeley), Chao Liu (Stanford University), Richard McIntosh (University of Colorado), Dyche Mullins (University of California, San Francisco), Maxence Nachury (University of California, San Francisco), Daniela Nicastro (University of Texas Southwestern), Sam Reck-Peterson (University of California, San Diego), Luke Rice (University of Texas Southwestern), Stephen Rogers (University of North Carolina), Trina Schroer (Johns Hopkins University), Michael Sixt (IST, Österreich), Thomas Surrey (The Francis Crick Institute, Vereinigtes Königreich), Tatyana Svitkina (University of Pennsylvania), Katherine Warpeha (University of Illinois, Chicago), Matthew Welch (University of California, Berkeley), Lidan You (University of Toronto, Kanada).
Kapitel 17: Michael W. Black (California Polytechnic State University), Ann Cavanaugh (Creighton University), Yu Chen (University of Massachusetts), Frederick Dick (University of Western Ontario, Kanada), Bruce Edgar (University of Utah), Michael Glotzer (University of Chicago), Elizabeth Good (University of Illinois, Urbana- Champaign), Greg Hermann

(Lewis and Clark College), Sue Hum-Musser (Western Illinois University), Peter Mayinger (Oregon Health and Science University), Mindy McCarville (Dalhousie University, Kanada), Jennifer McDonough (Kent State University), Yuko Miyamoto (Elon University), Jonathon Pines (Institute of Cancer Research, Vereinigtes Königreich), Stephen Rogers (University of North Carolina), Frank Uhlmann (The Francis Crick Institute, Vereinigtes Königreich), Johannes Walter (Harvard Medical School), Katherine Warpeha (University of Illinois, Chicago), Christina Zito (University of New Haven).

Kapitel 18: Stephen E. Asmus (Centre College), Yu Chen (University of Massachusetts), Elizabeth Good (University of Illinois, Urbana-Champaign), Douglas R. Green (St. Jude's Children's Research Hospital), Mindy McCarville (Dalhousie University, Kanada), Sue Hum-Musser (Western Illinois University), Yuko Miyamoto (Elon University), Mark Running (University of Louisville), Christina Zito (University of New Haven).

Kapitel 19: Stephen E. Asmus (Centre College), Zoë Burke (University of Bath, Vereinigtes Königreich), John Couchman (University of Copenhagen, Dänemark), Elizabeth Good (University of Illinois, Urbana-Champaign), Tony J.C. Harris (Universität von Toronto), Sue Hum-Musser (Western Illinois University), Yulia Komarova (Universität von Illinois, Chicago), Zhengchang Liu (Universität von New Orleans), Mark Running (Universität von Louisville), Kara Sawarynski (Oakland University), Masatoshi Takeichi (RIKEN Center for Developmental Biology, Japan), Zena Werb (ehemals University of California, San Francisco), Alpha Yap (University of Queensland, Australien), Christina Zito (University of New Haven).

Kapitel 20: Alan Ashworth (University of California, San Francisco), Anton Berns (Netherlands Cancer Institute, Niederlande), David Bilder (University of California, Berkeley), Fred Bunz (Johns Hopkins University), Venugopalan Cheriyath (Texas A&M University, Commerce), Michel DuPage (University of California, Berkeley), Paul Edwards (University of Cambridge, Vereinigtes Königreich), Elizabeth Good (University of Illinois, Urbana-Champaign), Jeff Hadwiger (Oklahoma State University), Monika Haoui (University of California, Berkeley), Lin He (University of California, Berkeley), Dirk Hockemeyer (University of California, Berkeley), Sue Hum-Musser (Western Illinois University), Doug Kellogg (University of California, Santa Cruz), Maria Krasilnikova (Pennsylvania State University), Christopher Lassiter (Roanoke College), Kunxin Luo (University of California, Berkeley), Adam G. Matthews (Wellesley College), Mike Misamore (Texas Christian University), Alexander K. Murashov (East Carolina University), Kristina Pazehoski (Grove City College), David Pellman (Dana Farber Cancer Institute), Jody Rosenblatt (University of Utah), Peter Savage (University of Chicago), Kara Sawarynski (Oakland University), Timothy Shannon (Francis Marion University), Frederick Sproull (LaRoche University), Robert A. Weinberg (Massachusetts Institute of Technology), Harold Varmus (Weill Cornell Medicine), Kenneth Yip (Universität von Toronto, Kanada), Christina Zito (Universität von New Haven).

Kapitel 21: David Bilder (University of California, Berkeley) als Hauptautor, Paul Cullen (State University of New York, Buffalo), Claude Desplan (New York University), Bruce Edgar (University of Utah), Stephen Jesch (Cornell University), Christopher Lassiter (Roanoke College), Laura Mathies (Virginia Commonwealth University), Mike Misamore (Texas Christian University), Alexander K. Murashov (East Carolina University), Nipam Patel (Marine Biological Laboratory), Ruth Phillips (Syracuse University), Olivier Pourquié (Harvard University), Joshua Sanes (Harvard University), Ramaswamy Sharma (University of Texas Health Science Center at San Antonio), Jan Skotheim (Stanford University), David Somers (The Ohio State University), Didier Stanier (Max-Planck-Institut für Herz- und Lungenforschung, Deutschland), Shannon Stevenson (University of Minnesota, Duluth), Nancy Toffolo (University of Florida), Jean-Paul Vincent (The Francis Crick Institute, Vereinigtes Königreich), John Wallingford (University of Texas, Austin), Neal Williams (University of California, Davis).

Kapitel 22: Yukiko Yamashita (Whitehead Institute, Massachusetts Institute of Technology) als Hauptautorin, Stefano Biressi (Universität Trento, Italien), Steven Clark (Universität Michigan), Elizabeth Good (Universität Illinois, Urbana-Champaign), Konrad Hocheldinger (Harvard-Universität), Shagun Khera (Universität Plymouth, Vereinigtes Königreich), Carien Niessen (Universität Köln, Deutschland), Jenean O'Brien (The College of St. Scholastica), Peter Reddien (Massachusetts Institute of Technology), Edward Seto (George Washington University), Arianna Smith (Kenyon College), Elly Tanaka (Imperial College London, Vereinigtes Königreich)

Kapitel 23: Matthew Welch (University of California, Berkeley) als Hauptautor, Steven Clark (University of Michigan), Ding Jeak Ling (National University of Singapore, Singapur), Stefan Fischer (Technische Hochschule Deggendorf, Deutschland), Elizabeth Good (University of Illinois, Urbana-Champaign), Karen Guillemin (University of Oregon), Julian Guttman (Simon Fraser University, Kanada), Jenean O'Brien (The College of St. Scholastica), Daniel A. Portnoy (University of California, Berkeley), David Sibley (Washington University in Saint Louis), Michael Way (The Francis Crick Institute, Vereinigtes Königreich)

Kapitel 24: Steven Clark (University of Michigan), Elizabeth Good (University of Illinois, Urbana-Champaign), Jenean O'Brien (The College of St. Scholastica), Peter Parham (Stanford University), Shamith Samarajiwa (University of Cambridge, Vereinigtes Königreich), Phoebe Stavride (University of Nicosia, Griechenland), Hariharan Subramanian (Michigan State University), Colin Watts (University of Dundee, Vereinigtes

Königreich), Donald Very (Duquesne University), Debby Walser-Kuntz (Carleton College).

Mitwirkende an früheren Ausgaben

Jerry Adams (The Walter and Eliza Hall Institute of Medical Research, Australien), Ralf Adams (London Research Institute, Vereinigtes Königreich), Markus Affolter (Universität Basel, Schweiz), David Agard (University of California, San Francisco), Julie Ahringer (The Gurdon Institute, Vereinigtes Königreich), John Aitchison (Institute for System Biology, Seattle), Michael Akam (University of Cambridge, Vereinigtes Königreich), Anna Akhmanova (Universität Utrecht, Niederlande), David Allis (The Rockefeller University), Wolfhard Almers (Oregon Health and Science University), Fred Alt (CBR Institute for Biomedical Research, Boston), Victor Ambros (University of Massachusetts, Worcester), Linda Amos (MRC Laboratory of Molecular Biology, Großbritannien), Raul Andino (University of California, San Francisco), Oscar Aparicio (University of Southern California), Clay Armstrong (University of Pennsylvania), Martha Arnaud (University of California, San Francisco), Najla Arshad (Indian Institute of Science, Indien), Spyros Artavanis-Tsakonas (Harvard Medical School), Michael Ashburner (University of Cambridge, Vereinigtes Königreich), Jonathan Ashmore (University College London, Vereinigtes Königreich), Laura Attardi (Stanford University), Tayna Awabdy (University of California, San Francisco), Jeffrey Axelrod (Stanford University Medical Center), Peter Baker (verstorben), David Baldwin (Stanford University), Michael Banda (University of California, San Francisco), Cornelia Bargmann (The Rockefeller University), Ben Barres (Stanford University), David Bartel (Massachusetts Institute of Technology), Konrad Basler (Universität Zürich, Schweiz), Wolfgang Baumeister (Max-Planck-Institut für Biochemie, Deutschland), Michael Bennett (Albert Einstein College of Medicine), Darwin Berg (University of California, San Diego), Anton Berns (Netherlands Cancer Institute, Niederlande), Bradley E. Bernstein (Harvard Medical School), Merton Bernfield (Harvard Medical School), Michael Berridge (The Babraham Institute, Vereinigtes Königreich), Wendy Bickmore (MRC Human Genetics Unit, Vereinigtes Königreich), Walter Birchmeier (Max-Delbrück-Centrum für Molekulare Medizin, Deutschland), Adrian Bird (Wellcome Trust Centre, Vereinigtes Königreich), David Birk (UMDNJ- Robert Wood Johnson Medical School), Michael Bishop (University of California, San Francisco), Trever Bivona (University of California, San Francisco), Elizabeth Blackburn (University of California, San Francisco), Tim Bliss (National Institute for Medical Research, Vereinigtes Königreich), Hans Bode (University of California, Irvine), Piet Borst (Jan Swammerdam Institute, University of Amsterdam, Niederlande), Henry Bourne (University of California, San Francisco), Alan Boyde (University College London, Vereinigtes Königreich), Donita Brady (Duke University), Martin Brand (University of Cambridge, Vereinigtes Königreich), Carl Branden (verstorben), Andre Brandli (Eidgenössische Technische Hochschule Zürich, Schweiz), Dennis Bray (University of Cambridge, Vereinigtes Königreich), Mark Bretscher (MRC Laboratory of Molecular Biology, Vereinigtes Königreich), Douglas J. Briant (University of Victoria, Kanada), Jason Brickner (Northwestern University), James Briscoe (National Institute for Medical Research, Vereinigtes Königreich), Neil Brockdorff (University of Oxford, Vereinigtes Königreich), Marianne Bronner-Fraser (California Institute of Technology), Robert Brooks (King's College London, Vereinigtes Königreich), Barry Brown (King's College London, Vereinigtes Königreich), Donald Brown (Carnegie Institution for Science, Baltimore), Michael Brown (University of Oxford, Vereinigtes Königreich), Michael Bulger (University of Rochester Medical Center), Fred Bunz (Johns Hopkins University), Steve Burden (New York University School of Medicine), Max Burger (Universität Basel, Schweiz), Stephen Burley (SGX Pharmaceuticals), Briana Burton (Harvard University), Keith Burridge (University of North Carolina, Chapel Hill), John Cairns (Radcliffe Infirmary, Vereinigtes Königreich), Patricia Calarco (University of California, San Francisco), Zacheus Cande (University of California, Berkeley), Lewis Cantley (Harvard Medical School), Charles Cantor (Columbia University), Roderick Capaldi (University of Oregon), Mario Capecchi (University of Utah), Michael Carey (University of California, Los Angeles), Adelaide Carpenter (University of California, San Diego), John Carroll (University College London, Vereinigtes Königreich), Tom Cavalier-Smith (King's College London, Vereinigtes Königreich), Pierre Chambon (Universität Straßburg, Frankreich), Moses Chao (New York University School of Medicine), Venice Chiueh (University of California, Berkeley), Hans Clevers (Hubrecht Institute, Niederlande), Enrico Coen (John Innes Institute, Vereinigtes Königreich), Philip Cohen (University of Dundee, Vereinigtes Königreich), Robert Cohen (University of California, San Francisco), Stephen Cohen (EMBL Heidelberg, Deutschland), Roger Cooke (University of California, San Francisco), Steven Cook (Imperial College London, Vereinigtes Königreich), John Cooper (Washington University School of Medicine, St. Louis), Julie P. Cooper (National Cancer Institute), John Couchman (Universität Kopenhagen, Dänemark), Jose A. Costoya (Universidade de Santiago de Compostela, Spanien), Michael Cox (University of Wisconsin, Madison), Nancy Craig (Johns Hopkins University), Emily D. Crawford (Universität von Kalifornien, San Francisco), James Crow (Universität von Wisconsin, Madison), Stuart Cull-Candy (University College London, Vereinigtes Königreich), Leslie Dale (University College London, Vereinigtes Königreich), Caroline Damsky (Universität von Kalifornien, San Francisco), Graeme Davis (Universität von Kalifornien, San Francisco), Caroline Dean (John Innes Centre, Vereinigtes Königreich), Johann De Bono (The Institute of Cancer Research, Vereinigtes Königreich), Anthony DeFranco

(University of California, San Francisco), Abby Dernburg (University of California, Berkeley), Johan de Rooij (The Hubrecht Institute, Niederlande), Arshad Desai (University of California, San Diego), Michael Dexter (The Wellcome Trust, Vereinigtes Königreich), John Dick (University of Toronto, Kanada), Christopher Dobson (University of Cambridge, Vereinigtes Königreich), Chris Doe (University of Oregon, Eugene), Russell Doolittle (University of California, San Diego), W. Ford Doolittle (Dalhousie University, Kanada), Julian Downward (Cancer Research UK, Vereinigtes Königreich), Uwe Drescher (King's College London, Vereinigtes Königreich), Keith Dudley (King's College London, Vereinigtes Königreich), Graham Dunn (MRC Cell Biophysics Unit, Vereinigtes Königreich), Jim Dunwell (John Innes Institute, Vereinigtes Königreich), Susan K. Dutcher (Washington University in St. Louis), Richard H. Ebright (Rutgers University), Bruce Edgar (Fred Hutchinson Cancer Research Center), Paul Edwards (University of Cambridge, Vereinigtes Königreich), Robert Edwards (University of California, San Francisco), David Eisenberg (University of California, Los Angeles), Sarah Elgin (Washington University in St. Louis), Ruth Ellman (Institute of Cancer Research, Vereinigtes Königreich), Michael Elowitz (California Institute of Technology), Hana El-Samad (University of California, San Francisco), Beverly Emerson (The Salk Institute), Charles Emerson (University of Virginia), Scott D. Emr (Cornell University), Sharyn Endow (Duke University), Amber English (University of Colorado at Boulder), Lynn Enquist (Princeton University), Tariq Enver (Institute of Cancer Research, Vereinigtes Königreich), David Epel (Stanford University), Ralf Erdmann (Ruhr-Universität Bochum, Deutschland), Gerard Evan (University of California, Comprehensive Cancer Center), Ray Evert (University of Wisconsin, Madison), Matthias Falk (Lehigh University), Stanley Falkow (Stanford University), Douglas Fearon (University of Cambridge, Vereinigtes Königreich), Gary Felsenfeld (National Institutes of Health), Stuart Ferguson (Universität Oxford, Vereinigtes Königreich), James Ferrell (Universität Stanford), Christine Field (Harvard Medical School), Daniel Finley (Universität Harvard), Gary Firestone (Universität von Kalifornien, Berkeley), Gerald Fischbach (Universität Columbia), Gordon Fishell (New York University School of Medicine), Robert Fletterick (University of California, San Francisco), Harvey Florman (Tufts University), Judah Folkman (Harvard Medical School), Larry Fowke (University of Saskatchewan, Kanada), Velia Fowler (The Scripps Research Institute), Thomas D. Fox (Cornell University), Jennifer Frazier (Exploratorium, San Francisco), Matthew Freeman (Laboratory of Molecular Biology, Vereinigtes Königreich), Daniel Friend (University of California, San Francisco), Elaine Fuchs (University of Chicago), Joseph Gall (Carnegie Institution of Washington), Richard Gardner (University of Oxford, Vereinigtes Königreich), Anthony Gardner-Medwin (University College London, Vereinigtes Königreich), Peter Garland (Institute of Cancer Research, Vereinigtes Königreich), David Garrod (University of Manchester, Vereinigtes Königreich), Susan M. Gasser (Universität Basel, Schweiz), Walter Gehring (Biozentrum, Universität Basel, Schweiz), Benny Geiger (Weizmann Institute of Science, Rehovot, Israel), Vladimir Gelfand (Northwestern University), Larry Gerace (The Scripps Research Institute), Holger Gerhardt (London Research Institute, Vereinigtes Königreich), John Gerhart (University of California, Berkeley), Günther Gerisch (Max-Planck-Institut für Biochemie, Deutschland), Frank Gertler (Massachusetts Institute of Technology), Sankar Ghosh (Yale University School of Medicine), Alfred Gilman (The University of Texas Southwestern Medical Center), Andrew P. Gilmore (University of Manchester, Vereinigtes Königreich), Reid Gilmore (University of Massachusetts, Amherst), Bernie Gilula (verstorben), Charles Gilvarg (Princeton University), Benjamin S. Glick (University of Chicago), Michael Glotzer (University of Chicago), Robert Goldman (Northwestern University), Larry Goldstein (University of California, San Diego), Bastien Gomperts (University College Hospital Medical School, Vereinigtes Königreich), Daniel Goodenough (Harvard Medical School), Jim Goodrich (University of Colorado, Boulder), Jeffrey Gordon (Washington University in St. Louis), Peter Gould (Middlesex Hospital Medical School, Vereinigtes Königreich), Alan Grafen (University of Oxford, Vereinigtes Königreich), Walter Gratzer (King's College London, Vereinigtes Königreich), Michael Gray (Dalhousie University, Kanada), Douglas Green (St. Jude Children's Hospital), Howard Green (Harvard University), Michael R. Green (University of Massachusetts Medical School), Shiv Grewal (National Cancer Institute), Leslie Grivell (Universität Amsterdam, Niederlande), Carol Gross (University of California, San Francisco), Frank Grosveld (Erasmus Universiteit, Niederlande), Michael Grunstein (University of California, Los Angeles), Barry Gumbiner (Memorial Sloan Kettering Cancer Center), Brian Gunning (Australian National University, Australien), Christine Guthrie (University of California, San Francisco), James Haber (Brandeis University), Ernst Hafen (Universität Zürich, Schweiz), David Haig (Harvard University), Andrew Halestrap (University of Bristol, Vereinigtes Königreich), Alan Hall (Memorial Sloan Kettering Cancer Center), Jeffrey Hall (Brandeis University), John Hall (University of Southampton, United Kingdom), Zach Hall (University of California, San Francisco), Douglas Hanahan (University of California, San Francisco), David Hanke (University of Cambridge, United Kingdom), Gregory Hannon (Cold Spring Harbor Laboratory), Nicholas Harberd (Universität Oxford, Vereinigtes Königreich), Graham Hardie (Universität Dundee, Vereinigtes Königreich), Richard Harland (Universität Kalifornien, Berkeley), Adrian Harris (Cancer Research UK, Vereinigtes Königreich), John Harris (Universität Otago, Neuseeland), Tony Harris (Universität Toronto, Kanada), Stephen Harrison (Harvard Universität), F. Ulrich Hartl (Max-Planck-Institut für Biochemie, Deutschland), Leland Hartwell (University of Washington), Adrian

Harwood (MRC Laboratory for Molecular Cell Biology and Cell Biology Unit, Vereinigtes Königreich), Scott Hawley (Stowers Institute for Medical Research), John Heath (University of Birmingham, Vereinigtes Königreich), Ramanujan Hegde (National Institutes of Health), Gunnar von Heijne (Universität Stockholm, Schweden), Carl-Henrik Heldin (Universität Uppsala, Schweden), Ari Helenius (Eidgenössische Technische Hochschule, Schweiz), Richard Henderson (MRC Laboratory of Molecular Biology, Vereinigtes Königreich), Glenn Herrick (University of Utah), Ira Herskowitz (verstorben), Martin W. Hetzer (The Salk Institute), Bertil Hille (University of Washington), Lindsay Hinck (University of California, Santa Cruz), Alan Hinnebusch (National Institutes of Health), Brigid Hogan (Duke University), Nancy Hollingsworth (State University of New York, Stony Brook), Frank Holstege (University Medical Center, The Netherlands), Leroy Hood (Institute for Systems Biology), Karen Hopkin, John Hopfield (Princeton University), Robert Horvitz (Massachusetts Institute of Technology), Art Horwich (Yale University School of Medicine), Alan Rick Horwitz (University of Virginia), David Housman (Massachusetts Institute of Technology), Joe Howard (Max-Planck-Institut für molekulare Zellbiologie und Genetik, Deutschland), Jonathan Howard (University of Washington), James Hudspeth (The Rockefeller University), Simon Hughes (King's College London, Vereinigtes Königreich), Martin Humphries (University of Manchester, Vereinigtes Königreich), Tim Hunt (Cancer Research UK, Vereinigtes Königreich), Neil Hunter (University of California, Davis), Laurence Hurst (University of Bath, Vereinigtes Königreich), Quyen Huynh (University of Toronto, Kanada), Jeremy Hyams (University College London, Vereinigtes Königreich), Tony Hyman (Max-Planck-Institut für molekulare Zellbiologie und Genetik, Deutschland), Richard Hynes (Massachusetts Institute of Technology), Philip Ingham (University of Sheffield, Vereinigtes Königreich), Kenneth Irvine (Rutgers University), Robin Irvine (University of Cambridge, Vereinigtes Königreich), Norman Iscove (Ontario Cancer Institute, Kanada), David Ish- Horowicz (Cancer Research UK, Vereinigtes Königreich), Rudolf Jaenisch (Massachusetts Institute of Technology), Reinhard Jahn (Max-Planck-Institut für biophysikalische Chemie, Deutschland), Lily Jan (University of California, San Francisco), Charles Janeway, Jr. (verstorben), Tom Jessell (Columbia University), Arthur Johnson (Texas A&M University), Louise Johnson (verstorben), Andy Johnston (John Innes Institute, Vereinigtes Königreich), Laura Johnston (Columbia University), E.G. Jordan (Queen Elizabeth College, Vereinigtes Königreich), Ron Kaback (University of California, Los Angeles), Michael Karin (University of California, San Diego), Gary Karpen (University of California, Berkeley), Eric Karsenti (Europäisches Laboratorium für Molekularbiologie, Deutschland), David Kashatus (University of Virginia), Stefan Kanzok (Loyola University Chicago) Ken Keegstra (Michigan State University), Doug Kellogg (Universität von Kalifornien, Santa Cruz), Ray Keller (Universität von Kalifornien, Berkeley), Douglas Kellogg (Universität von Kalifornien, Santa Cruz), Regis Kelly (Universität von Kalifornien, San Francisco), John Kendrick-Jones (MRC Laboratory of Molecular Biology, Vereinigtes Königreich), Cynthia Kenyon (Universität von Kalifornien, San Francisco), Roger Keynes (Universität Cambridge, Vereinigtes Königreich), Judith Kimble (Universität Wisconsin, Madison), David Kimelman (Universität Washington), David Kingsley (Universität Stanford), Robert Kingston (Massachusetts General Hospital), Marc Kirschner (Harvard Universität), Richard Klausner (National Institutes of Health), Nancy Kleckner (Harvard Universität), Mike Klymkowsky (University of Colorado, Boulder), Kelly Komachi (University of California, San Francisco), Rachel Kooistra (Loyola University Chicago), Eugene Koonin (National Institutes of Health), Juan Korenbrot (University of California, San Francisco), Roger Kornberg (Stanford University), Tom Kornberg (University of California, San Francisco), Stuart Kornfeld (Washington University in St. Louis), Daniel Koshland (University of California, Berkeley), Douglas Koshland (Carnegie Institution of Washington, Baltimore), Marilyn Kozak (University of Pittsburgh), Maria Krasilnikova (Pennsylvania State University), Mark Krasnow (Stanford University), Arnold Kriegstein (University of California, San Francisco), Werner Kühlbrandt (Max-Planck-Institut für Biophysik, Deutschland), John Kuriyan (University of California, Berkeley), Robert Kypta (MRC Laboratory for Molecular Cell Biology, Vereinigtes Königreich), Karim Labib (University of Manchester, Vereinigtes Königreich), Peter Lachmann (MRC Centre, Vereinigtes Königreich), Ulrich Laemmli (Universität Genf, Schweiz), Trevor Lamb (Universität Cambridge, Vereinigtes Königreich), Hartmut Land (Cancer Research UK, Vereinigtes Königreich), David Lane (Universität Dundee, Vereinigtes Königreich), Jane Langdale (Universität Oxford, Vereinigtes Königreich), Lewis Lanier (University of California, San Francisco), Nils-Göran Larsson (Max-Planck-Institut für Biologie des Alterns, Deutschland), Jay Lash (University of Pennsylvania), Peter Lawrence (MRC Laboratory of Molecular Biology, Vereinigtes Königreich), Paul Lazarow (Mount Sinai School of Medicine), Jeannie Lee (Harvard Medical School), Robert J. Lefkowitz (Duke University), Michael Levine (University of California, Berkeley), Warren Levinson (University of California, San Francisco), Alex Levitzki (Hebrew University, Israel), Wes Lewis (University of Alabama), Ottoline Leyser (University of York, Vereinigtes Königreich), Joachim Li (University of California, San Francisco), Jeffrey Lichtman (Harvard University), H. Lill (VU University Amsterdam, Niederlande), Tomas Lindahl (Cancer Research UK, Vereinigtes Königreich), Vishu Lingappa (University of California, San Francisco), Jennifer Lippincott-Schwartz (National Institutes of Health), Joseph Lipsick (Stanford University School of Medicine), Dan Littman (New York University School of Medicine), Clive Lloyd (John Innes Institute, Vereinigtes Königreich), Richard Locksley

(University of California, San Francisco), Richard Losick (Harvard University), Daniel Louvard (Institut Curie, Frankreich), Robin Lovell-Badge (National Institute for Medical Research, Vereinigtes Königreich), Scott Lowe (Cold Spring Harbor Laboratory), Shirley Lowe (University of California, San Francisco), Reinhard Lührman (Max-Planck-Institut für biophysikalische Chemie, Deutschland), Michael Lynch (Indiana University), Laura Machesky (University of Birmingham, Vereinigtes Königreich), Hiten Madhani (University of California, San Francisco), James Maller (University of Colorado Medical School), Tom Maniatis (Harvard University), Richard Mann (Columbia University), Colin Manoil (Harvard Medical School), Elliott Margulies (National Institutes of Health), Philippa Marrack (National Jewish Medical and Research Center, Denver), Mark Marsh (Institute of Cancer Research, Vereinigtes Königreich), Wallace Marshall (University of California, San Francisco), Gail Martin (University of California, San Francisco), Paul Martin (University College London, Vereinigtes Königreich), Joan Massagué (Memorial Sloan Kettering Cancer Center), Christopher Mathews (Oregon State University), Satyajit Mayor (National Centre for Biological Sciences, Indien), Brian McCarthy (University of California, Irvine), Richard McCarty (Cornell University), Melanie McGill (Universität von Toronto, Kanada), William McGinnis (Universität von Kalifornien, San Diego), Anne McLaren (Wellcome/Cancer Research Campaign Institute, Vereinigtes Königreich), Frank McNally (Universität von Kalifornien, Davis), James A. McNew (Rice University), J. Richard McIntosh (University of Colorado, Boulder), Andy McMahon (University of Southern California), Frederick Meins (Friedrich-Miescher-Institut, Schweiz), Stephanie Mel (University of California, San Diego), Ira Mellman (Genentech), Doug Melton (Harvard University), Barbara Meyer (University of California, Berkeley), Elliot Meyerowitz (California Institute of Technology), Chris Miller (Brandeis University), Robert Mishell (University of Birmingham, Vereinigtes Königreich), Tom Misteli (National Cancer Institute), Avrion Mitchison (University College London, Vereinigtes Königreich), N.A. Mitchison (University College London, Vereinigtes Königreich), Timothy Mitchison (Harvard Medical School), Quinn Mitrovich (University of California, San Francisco), Marek Mlodzik (Mount Sinai Hospital, New York), Alex Mogilner (University of California, Davis), Peter Mombaerts (The Rockefeller University), Mark Mooseker (Yale University), David Morgan (University of California, San Francisco), Michelle Moritz (University of California, San Francisco), Richard Morris (John Innes Centre, Vereinigtes Königreich), Montrose Moses (Duke University), Keith Mostov (University of California, San Francisco), Anne Mudge (University College London, Vereinigtes Königreich), Hans Müller-Eberhard (Scripps Clinic and Research Institute), Annette Müller-Taubenberger (Ludwig Maximilians University, Deutschland), Alan Munro (University of Cambridge, Vereinigtes Königreich), J. Murdoch Mitchison (Harvard University), Richard Myers (Stanford University), Diana Myles (University of California, Davis), Andrew Murray (Harvard University), Maxence Nachury (Stanford School of Medicine), Shigekazu Nagata (Kyoto University, Japan), Eric Nam (University of Toronto, Kanada), Geeta Narlikar (University of California, San Francisco), Kim Nasmyth (University of Oxford, Vereinigtes Königreich), Mark E. Nelson (University of Illinois, Urbana-Champaign), Michael Neuberger (verstorben), Walter Neupert (Universität München, Deutschland), David Nicholls (University of Dundee, Vereinigtes Königreich), Roger Nicoll (University of California, San Francisco), Poul Nissen (Aarhus University, Dänemark), Suzanne Noble (University of California, San Francisco), Eva Nogales (University of California, Berkeley), Harry Noller (Universität von Kalifornien, Santa Cruz), Peter Novick (Universität von Kalifornien, San Diego), Susan Ferro-Novick (Universität von Kalifornien, San Diego), Jodi Nunnari (Universität von Kalifornien, Davis), Paul Nurse (The Francis Crick Institute, Vereinigtes Königreich), Roel Nusse (Universität Stanford), Michael Nussenzweig (The Rockefeller University), Duncan O'Dell (verstorben), Duncan Odom (Cancer Research UK, Vereinigtes Königreich), Patrick O'Farrell (University of California, San Francisco), Bjorn Olsen (Harvard Medical School), Maynard Olson (University of Washington), Stuart Orkin (Harvard University), Terry Orr- Weaver (Massachusetts Institute of Technology), Erin O'Shea (Harvard University), Dieter Osterhelt (Max-Planck-Institut für Biochemie, Deutschland), William Otto (Cancer Research UK, Vereinigtes Königreich), John Owen (University of Birmingham, Vereinigtes Königreich), Dale Oxender (University of Michigan), George Palade (verstorben), Albert Pan (Georgia Regents University), Duojia Pan (Johns Hopkins Medical School), Barbara Panning (University of California, San Francisco), Roy Parker (University of Arizona, Tucson), William W. Parson (University of Washington), Terence Partridge (MRC Clinical Sciences Centre, Vereinigtes Königreich), William E. Paul (National Institutes of Health), Tony Pawson (verstorben), Hugh Pelham (Medical Research Council, Vereinigtes Königreich), Robert Perry (Institute for Cancer Research, Philadelphia), Gordon Peters (Cancer Research UK, Vereinigtes Königreich), Greg Petsko (Brandeis University), Nikolaus Pfanner (Universität Freiburg, Deutschland), David Phillips (The Rockefeller University), Jeremy Pickett-Heaps (The University of Melbourne, Australien), Jonathan Pines (The Gurdon Institute, Vereinigtes Königreich), Julie Pitcher (University College London, Vereinigtes Königreich), Jeffrey Pollard (Albert Einstein College of Medicine), Tom Pollard (Yale University), Bruce Ponder (University of Cambridge, Vereinigtes Königreich), Prasanth Potluri (The Children's Hospital of Philadelphia Research Institute), Daniel Portnoy (University of California, Berkeley), Olivier Pourquie (Harvard Medical School), James Priess (University of Washington), Darwin Prockop (Tulane University), Andreas Prokop (University of Manchester, Vereinigtes Königreich), Mark Ptashne (Memorial Sloan Kettering Cancer Center), Dale

Purves (Duke University), Efraim Racker (Cornell University), Jordan Raff (University of Oxford, Vereinigtes Königreich), Klaus Rajewsky (Max-Delbrück-Centrum für Molekulare Medizin, Deutschland), George Ratcliffe (Universität Oxford, Vereinigtes Königreich), Elio Raviola (Harvard Medical School), Erez Raz (Universität Münster, Deutschland), Martin Rechsteiner (University of Utah, Salt Lake City), Samara Reck-Peterson (Harvard Medical School), David Rees (National Institute for Medical Research, Vereinigtes Königreich), Thomas A. Reh (Universität von Washington), Peter Rehling (Universität Göttingen, Deutschland), Louis Reichardt (Universität von Kalifornien, San Francisco), Renee Reijo (Universität von Kalifornien, San Francisco), Caetano Reis e Sousa (Cancer Research UK, Vereinigtes Königreich), Fred Richards (Yale University), Conly Rieder (Wadsworth Center, Albany), Phillips Robbins (Massachusetts Institute of Technology), Elizabeth Robertson (The Wellcome Trust Centre for Human Genetics, Vereinigtes Königreich), Elaine Robson (University of Reading, Vereinigtes Königreich), Robert Roeder (The Rockefeller University), Michael Rout (The Rockefeller University), Joel Rosenbaum (Yale University), Janet Rossant (Mount Sinai Hospital, Kanada), Jesse Roth (National Institutes of Health), Jim Rothman (Memorial Sloan Kettering Cancer Center), Rodney Rothstein (Columbia University), Erkki Ruoslahti (La Jolla Cancer Research Foundation), Chris Rushlow (New York University), Gary Ruvkun (Massachusetts General Hospital), Vladislav Ryvkin (Stony Brook University), David Sabatini (New York University), Alan Sachs (University of California, Berkeley), Edward Salmon (University of North Carolina, Chapel Hill), Laasya Samhita (Indian Institute of Science, Indien), Aziz Sancar (University of North Carolina, Chapel Hill), Joshua Sanes (Harvard University), Peter Sarnow (Stanford University), Lisa Satterwhite (Duke University Medical School), Robert Sauer (Massachusetts Institute of Technology), Ken Sawin (The Wellcome Trust Centre for Cell Biology, Vereinigtes Königreich), Howard Schachman (University of California, Berkeley), Gerald Schatten (Pittsburgh Development Center), Gottfried Schatz (Biozentrum, Universität Basel, Schweiz), Randy Schekman (University of California, Berkeley), Richard Scheller (Stanford University), Stephen Scherer (University of Toronto, Kanada), Giampietro Schiavo (Cancer Research UK, Großbritannien), Ueli Schibler (University of Geneva, Schweiz), Alex Schier (Harvard University), Joseph Schlessinger (New York University Medical Center), Danny J. Schnell (University of Massachusetts, Amherst), Sandra Schmid (University of Texas Southwestern), Michael Schramm (Hebrew University, Israel), Robert Schreiber (Washington University School of Medicine), Sebastian Schuck (Universität Heidelberg, Deutschland), James Schwartz (Columbia University), Ronald Schwartz (National Institutes of Health), François Schweisguth (Institut Pasteur, Frankreich), John Scott (University of Manchester, Vereinigtes Königreich), John Sedat (University of California, San Francisco), Peter Selby (Cancer Research UK, Vereinigtes Königreich), Zvi Sellinger (Hebrew University, Israel), Gregg Semenza (Johns Hopkins University), John Senderak (Jefferson Medical College), Philippe Sengel (University of Grenoble, Frankreich), Peter Shaw (John Innes Institute, Vereinigtes Königreich), Michael Sheetz (Columbia University), Morgan Sheng (Massachusetts Institute of Technology), Charles Sherr (St. Jude Children's Hospital), David Shima (Cancer Research UK, Vereinigtes Königreich), Marc Shuman (University of California, San Francisco), David Sibley (Washington University in St. Louis), Samuel Silverstein (Columbia University), Melvin I. Simon (California Institute of Technology), Kai Simons (Max-Planck-Institut für molekulare Zellbiologie und Genetik, Deutschland), Phillipa Simons (Imperial College, Vereinigtes Königreich), Robert H. Singer (Albert Einstein School of Medicine), Jonathan Slack (Cancer Research UK, Vereinigtes Königreich), Stephen Small (New York University), Alison Smith (John Innes Institute, Vereinigtes Königreich), Austin Smith (University of Edinburgh, Vereinigtes Königreich), Jim Smith (The Gurdon Institute, Vereinigtes Königreich), John Maynard Smith (University of Sussex, Vereinigtes Königreich), Mitchell Sogin (Woods Hole Oceanographic Institution), Frank Solomon (Massachusetts Institute of Technology), Michael Solursh (University of Iowa), Bruce Spiegelman (Harvard Medical School), Timothy Springer (Harvard Medical School), Mathias Sprinzl (Universität Bayreuth, Deutschland), Scott Stachel (University of California, Berkeley), Andrew Staehelin (University of Colorado, Boulder), David Standring (University of California, San Francisco), Margaret Stanley (University of Cambridge, Vereinigtes Königreich), Martha Stark (University of California, San Francisco), Wilfred Stein (Hebrew University, Israel), Malcolm Steinberg (Princeton University), Ralph Steinman (verstorben), Len Stephens (The Babraham Institute, Vereinigtes Königreich), Paul Sternberg (California Institute of Technology), Rolf Sternglanz (Stony Brook University), Chuck Stevens (The Salk Institute), Alastair Stewart (The Victor Chang Cardiac Research Institute, Australien), Murray Stewart (MRC Laboratory of Molecular Biology, Vereinigtes Königreich), Bruce Stillman (Cold Spring Harbor Laboratory), Mike Stratton (Wellcome Trust Sanger Institute, Vereinigtes Königreich), Charles Streuli (University of Manchester, Vereinigtes Königreich), Monroe Strickberger (University of Missouri, St. Louis), Daniela Stock (The Victor Chang Cardiac Research Institute, Australien), Charles Streuli (University of Manchester, Vereinigtes Königreich), Robert Stroud (University of California, San Francisco), Kevin Struhl (Harvard Medical School), Michael Stryker (University of California, San Francisco), Suresh Subramani (University of California, San Diego), William Sullivan (University of California, Santa Cruz), Azim Surani (The Gurdon Institute, Vereinigtes Königreich), Jesper Svejstrup (Cancer Research UK, Vereinigtes Königreich), Karel Svoboda (Howard Hughes Medical Institute), Daniel Szollosi (Institut National de la Recherche Agronomique, Frankreich), Jack Szostak (Harvard Medical School), Clifford Tabin (Harvard

Medical School), Masatoshi Takeichi (RIKEN Center for Developmental Biology, Japan), Robert Tampé (Goethe-Universität, Deutschland), Nicolas Tapon (London Research Institute, Vereinigtes Königreich), Diethard Tautz (Universität zu Köln, Deutschland), Marc Tessier-Lavigne (The Rockefeller University), Julie Theriot (Stanford University), Roger Thomas (Universität Bristol, Vereinigtes Königreich), Barry Thompson (Cancer Research UK, Vereinigtes Königreich), Craig Thompson (Memorial Sloan Kettering Cancer Center), Kurt Thorn (Universität von Kalifornien, San Francisco), Janet Thornton (European Bioinformatics Institute, Vereinigtes Königreich), Vernon Thornton (King's College London, Vereinigtes Königreich), Cheryll Tickle (University of Dundee, Vereinigtes Königreich), Jim Till (Ontario Cancer Institute, Kanada), Lewis Tilney (University of Pennsylvania), David Tollervey (University of Edinburgh, Vereinigtes Königreich), Ian Tomlinson (Cancer Research United Kingdom), Nick Tonks (Cold Spring Harbor Laboratory), Alain Townsend (Institute of Molecular Medicine, John Radcliffe Hospital, Vereinigtes Königreich), Paul Travers (Scottish Institute for Regeneration Medicine, Vereinigtes Königreich), Robert Trelstad (UMDNJ-Robert Wood Johnson Medical School), Anthony Trewavas (Universität Edinburgh, Vereinigtes Königreich), Nigel Unwin (MRC Laboratory of Molecular Biology, Vereinigtes Königreich), Victor Vacquier (University of California, San Diego), Ronald D. Vale (University of California, San Francisco), Richard B. Vallee (Columbia University), Tom Vanaman (University of Kentucky), Harry van der Westen (Wageningen, Niederlande), Harold Varmus (National Cancer Institute), Alexander J. Varshavsky (California Institute of Technology), Danielle Vidaurre (University of Toronto, Kanada), Anna Constance Vind (University of Copenhagen, Dänemark), Gia Voeltz (University of Colorado, Boulder), Donald Voet (University of Pennsylvania), Harald von Boehmer (Harvard Medical School), Amy Wagers (Harvard University), Madhu Wahi (University of California, San Francisco), Virginia Walbot (Stanford University), Frank Walsh (GlaxoSmithKline, Vereinigtes Königreich), D. Eric Walters (Chicago Medical School), Tobias Walther (Harvard University), Trevor Wang (John Innes Institute, Vereinigtes Königreich), Xiaodong Wang (The University of Texas Southwestern Medical School), Yu-Lie Wang (Worcester Foundation for Biomedical Research), Gary Ward (University of Vermont), Anne Warner (University College London, Vereinigtes Königreich), Carmen Warren (University of California, Los Angeles), Graham Warren (Yale University School of Medicine), Paul Wassarman (Mount Sinai School of Medicine), Clare Waterman-Storer (The Scripps Research Institute), Fiona Watt (Cancer Research UK, Vereinigtes Königreich), John Watts (John Innes Institute, Vereinigtes Königreich), Michael Way (Cancer Research UK, Vereinigtes Königreich), Klaus Weber (Max-Planck-Institut für biophysikalische Chemie, Deutschland), Martin Weigert (Institute for Cancer Research, Philadelphia), Robert Weinberg (Massachusetts Institute of Technology), Orion Weiner (University of California, San Francisco), Harold Weintraub (verstorben), Karsten Weis (Eidgenössische Technische Hochschule, Schweiz), Irving Weissman (Stanford University), Jonathan Weissman (University of California, San Francisco), Matthew Welch (University of California, Berkeley), Steve Wellard (Pennsylvania State University), Jim Wells (University of California, San Francisco), Susan R. Wente (Vanderbilt University School of Medicine), Norman Wessells (University of Oregon, Eugene), Stephen West (Cancer Research UK, Vereinigtes Königreich), Judy White (University of Virginia), Evan Whitehead (University of California, Berkeley), William Wickner (Dartmouth College), Carrie Wilczewski (Loyola University Chicago), Michael Wilcox (verstorben), Lewis T. Williams (Chiron Corporation), Patrick Williamson (University of Massachusetts, Amherst), Keith Willison (Chester Beatty Laboratories, Vereinigtes Königreich), John Wilson (Baylor College of Medicine), Anna Wing (Pennsylvania State University), Douglas J. Winton (Cancer Research UK, Vereinigtes Königreich), Alan Wolffe (verstorben), Richard Wolfenden (University of North Carolina, Chapel Hill), Sandra Wolin (Yale University School of Medicine), Lewis Wolpert (University College London, Vereinigtes Königreich), Richard D. Wood (University of Pittsburgh Cancer Institute), Chris L. Woodcock (University of Massachusetts, Amherst), Ian Woods (Ithaca College), Abraham Worcel (University of Rochester), John Wright (University of Alabama), Nick Wright (Cancer Research UK, Vereinigtes Königreich), John Wyke (Beatson Institute for Cancer Research, Vereinigtes Königreich), Johanna Wysocka und Laboranten (Stanford School of Medicine), Michael P. Yaffe (California Institute for Regenerative Medicine), Kenneth M. Yamada (National Institutes of Health), Keith Yamamoto (University of California, San Francisco), Shinya Yamanaka (Kyoto University, Japan), Alpha Yap (The University of Queensland, Australien), Charles Yocum (University of Michigan, Ann Arbor), Peter Yurchenco (UMDNJ-Robert Wood Johnson Medical School), Rosalind Zalin (University College London, Vereinigtes Königreich), Patricia Zambryski (University of California, Berkeley), Marino Zerial (Max-Planck-Institut für molekulare Zellbiologie und Genetik, Deutschland).

Unser Verlag

Wir danken den Dutzenden von Menschen, die mit ihrem Engagement dieses Projekt zum Erfolg geführt haben. Besonderer Dank gilt unserer Redakteurin Betsy Twitchell, die mit ihren Talenten und ihrer Persönlichkeit dafür gesorgt hat, dass wir uns auf das Wesentliche konzentrieren konnten. Wie schon bei früheren Ausgaben koordinierte Denise Schanck die Arbeit am Manuskript und bewies während der gesamten Zeit unermüdliche Geduld, Einsicht, Taktgefühl und Energie. Wieder einmal stehen wir in der Schuld unseres talentierten Künstlers Nigel

Orme, der – zusammen mit dem Autor Keith Roberts – Hunderte von unverwechselbaren, hochinformativen Abbildungen geschaffen hat. Carla Talmadge, unsere unermüdliche Projektredakteurin, jonglierte gekonnt mit den vielen Teilen dieses Textbuchs und führte sie elegant zu dem Buch zusammen, das Sie heute in den Händen halten. Darüber hinaus sind wir unserem Lektor, Christopher Curioli, unendlich dankbar, der jede Seite sorgfältig gelesen hat. Wir danken auch Danny Vargo, unserem Lektoratsassistenten, der sich um die unzähligen E-Mails, Kapitelentwürfe und Excel-Dateien kümmerte, die ständig zwischen Lektoren, Autoren und Rezensenten hin- und hergeschickt wurden. Und Produktionsleiterin Jane Searle hat den Prozess der Übersetzung unseres Rohmaterials in das polierte Endprodukt geschickt geleitet.

Ein absolut unermüdliches Team bei Norton erstellte die gedruckten und digitalen Zusatzmaterialien für unser Buch. Der Medienredakteur Todd Pearson, die stellvertretende Redakteurin Jasmine Ribeaux und die stellvertretende Medienredakteurin Lindsey Heale haben als Team an jedem Element des Pakets gearbeitet. Chris Rapps engagierte und konzentrierte Arbeit am Smartwork-Kurs hat zu einer unschätzbaren Ressource für Studierende und Lehrkräfte geführt. Megan Schindel, Patricia Wong und Tommy Persano kümmerten sich um die Genehmigungen für diese Ausgabe, und die Redaktionsgruppe für Medienprojekte von Kim Yi, insbesondere Jesse Newkirk, begleitete den Inhalt gekonnt durch die vielen Entwicklungsphasen. Das Fachwissen von Marketingmanagerin Ruth Bolster im Bereich Direktmarketing hat dazu beigetragen, dass dieses Buch in die Hände möglichst vieler Lehrkräfte und Studenten gelangt. Wir danken ihr und allen Mitarbeitern von Nortons Vertriebs-, Marketing- und Managementteams für ihre unermüdliche Unterstützung unseres Buches, darunter Erik Fahlgren, Michael Wright, Ann Shin und Julia Reidhead.

Inhaltsübersicht

Besondere Übersichten

Ausführliches Inhaltsverzeichnis

TEIL I II III IV V

EINFÜHRUNG IN DIE ZELLE

1 Zellen und Genome und die Diversität des Lebens

Die Oberfläche unseres Planeten ist von *Lebewesen* bevölkert – merkwürdigen, komplex organisierten chemischen Fabriken, die Materie aus ihrer Umgebung aufnehmen und diese Rohstoffe dazu benutzen, um Kopien von sich selbst anzufertigen. Die lebenden Organismen unterscheiden sich sehr stark voneinander. Was könnte verschiedener sein als ein Tiger und ein Stück Seetang oder einen Schmetterling und ein Baum? Trotzdem sahen bereits unsere Vorfahren, die noch nichts von Zellen oder DNA wussten, dass alle diese Dinge etwas gemeinsam hatten. Sie nannten dieses Etwas „Leben" und bestaunten es. Gleichzeitig versuchten sie verzweifelt, mit den ihnen bekannten Begriffen aus der unbelebten Welt zu erklären, was Leben ist und wie es funktioniert.

Die bemerkenswerten Entdeckungen des vergangenen Jahrhunderts haben das Wunder nicht vermindert – ganz im Gegenteil. Aber sie haben das zentrale Geheimnis um die Beschaffenheit des Lebens etwas gelüftet. Wir können nun sehen, dass alle Lebewesen aus Zellen aufgebaut sind, kleine membranumschlossene Einheiten, die mit einer konzentrierten wässrigen Chemikalienlösung gefüllt und mit der außergewöhnlichen Fähigkeit ausgestattet sind, durch Wachstum und Zweiteilung Kopien von sich selbst herzustellen.

Da Zellen die grundlegenden Einheiten des Lebens sind, müssen wir uns der *Zellbiologie* zuwenden – der Erforschung der Struktur, der Funktion und des Verhaltens von Zellen – um Antworten darauf zu erhalten, was das Leben denn ist und wie es funktioniert. Mit einem tieferen Verständnis von den Zellen und ihrer Evolution können wir damit beginnen, die großen geschichtlichen Probleme des Lebens auf der Erde in Angriff zu nehmen: seine geheimnisvollen Ursprünge, seine atemberaubende Vielfalt und sein Vordringen in jedes denkbare Habitat. Wie tatsächlich schon vor langer Zeit vom Zellbiologiepionier E. B. Wilson betont, „muss der Schlüssel für jedes biologische Problem letzten Endes in der Zelle gesucht werden, weil jeder lebende Organismus eine Zelle ist oder irgendwann mal eine war".

Trotz ihrer offensichtlichen Vielfalt ähneln sich lebende Dinge innerlich grundlegend. Die gesamte Biologie ist somit ein Kontrapunkt zwischen zwei Themen: die erstaunliche Verschiedenheit hinsichtlich einzelner Details gegenüber der erstaunlichen Konstanz bezüglich grundlegender Mechanismen. In diesem Kapitel beginnen wir damit, die universalen Merkmale, die allem Leben auf unserem Planeten gemeinsam sind, zu umreißen, zusammen mit einigen grundlegenden Eigenschaften der Zellen. Dann besprechen

Kapitelinhalt

Molekularbiologie der Zelle, 7. Auflage. Bruce Alberts, Rebecca Heald, Alexander Johnson, David Morgan, Martin Raff, Keith Roberts und Peter Walter.

wir, wie eine Analyse der DNA-*Genome* es Wissenschaftlern erlaubt, die breite Vielfalt von Organismen in einen evolutionären „Lebensbaum" zu platzieren. Diese Herangehensweise ermittelt, wie eng Lebewesen miteinander verwandt sind und erlaubt, die drei wichtigsten Zweige des Lebens auf der Erde zu identifizieren, *Eukaryoten*, *Bakterien* und *Archaeen* – die jeweils einzigartige Eigenschaften besitzen. Wir werden sehen, dass die vertraute Welt der Pflanzen und Tiere – auf die Forscher über Jahrhunderte den Blick richteten – nur einen kleinen Teil der gesamten Vielfalt des Lebens ausmacht; die überwiegende Mehrheit bleibt dem bloßen Auge verborgen.

Nachdem wir die Art und Weise untersucht haben, auf die Genome während den Zeiten der Evolution verändert wurden, befassen wir uns mit der Handvoll *Modellorganismen*, die Biologen auswählten, um die molekularen Mechanismen zu analysieren, die dem Leben zugrunde liegen. Einige besondere Viren, darunter SARS-CoV-2, stellen für den Menschen eine große Bedrohung dar, sodass auch sie Gegenstand intensiver Untersuchungen wurden. Aus diesem Grund beinhaltet dieser Abschnitt eine Einführung über Viren, die allgegenwärtigen Parasiten, die von Zellen leben. Viren werden nun als die am häufigsten vorkommenden biologischen Einheiten auf der Erde angesehen.

1.1 Die allgemeinen Merkmale von Zellen auf der Erde

Es gibt über zwei Millionen beschriebene, heute auf der Erde lebende Arten, aber sehr sehr viel mehr gilt es noch zu entdecken. Jede Art ist verschieden und jede reproduziert sich so, dass Nachkommen entstehen, die für diese Art charakteristisch sind. Somit gibt der Elternorganismus Information weiter, welche in allen Einzelheiten die Eigenschaften der Nachkommen festlegt. Dieses Phänomen der *Vererbung* steht im Mittelpunkt der Definition des Lebens. Sie unterscheidet Leben von anderen Vorgängen, wie dem Wachsen eines Kristalls, dem Brennen einer Kerze oder der Ausbildung von Wellen im Wasser – auch in diesen Fällen werden zwar geordnete Strukturen erzeugt, jedoch ohne die strenge Verbindung zwischen den Eigenheiten der Eltern und denen der Nachkommen. Wie eine Kerzenflamme benötigt auch der lebende Organismus Freie Energie um zu existieren. Aber das Leben verwendet die *Freie Energie*, um mit ihr ein enorm komplexes System von chemischen Vorgängen anzutreiben, die eine ausgeklügelte Organisation der Zellen schaffen und aufrechterhalten, welche durch die Erbinformation in diesen Zellen spezifiziert sind.

Die meisten Lebewesen sind Einzeller – andere, wie wir selbst, sind dagegen riesengroße vielzellige Gemeinschaften, in denen verschiedene Zellgruppen spezielle Funktionen ausüben und durch komplizierte interzelluläre Kommunikationssysteme miteinander verbunden sind. Aber sogar für die Gesamtmenge von 10^{13} Zellen, aus denen der menschliche Körper besteht, gilt: Der Gesamtorganismus ist immer durch Zellteilung aus einer einzelnen Zelle entstanden. Deshalb ist die einzelne Zelle der Träger aller Erbinformation, die eine Spezies definiert (**Abb. 1.1**). Diese Zelle verfügt über Mechanismen, um Rohstoffe aus der Umgebung aufzunehmen und eine neue Zelle nach ihrem Ebenbild aufzubauen – vollständig und mit einer neuen Kopie der Erbinformation. Jede lebende Zelle ist ein wahres Wunderwerk.

1.1.1 Alle Zellen speichern ihre Erbinformation in Form eines doppelsträngigen DNA-Moleküls

Computer haben uns mit dem Konzept der Information als messbare Größe vertraut gemacht – 10 Bytes, um einige Hundert Textseiten oder ein Bild von einer Digitalkamera zu speichern, 10^9 Bytes für ein 60-minütiges Video, das aus dem Internet gestreamt wird, usw. Sie haben uns auch gezeigt, dass die gleiche Information in vielen verschiedenen physikalischen Formen aufgezeichnet werden kann: Die Platten und Bänder, die wir vor

Abb. 1.1 Die Erbinformation in einer befruchteten Eizelle bestimmt die Natur des gesamten vielzelligen Organismus. Obwohl ihre Ausgangszellen wie gezeigt oberflächlich ähnlich aussehen, entsteht aus einem Seeigel-Ei ein Seeigel (a und b) und aus einem Maus-Ei entsteht eine Maus (c und d), während aus einem Ei des Seetangs *Fucus* ein *Fucus*-Seetang hervorgeht (e und f). (a, mit freundlicher Genehmigung von David McClay; b, mit freundlicher Genehmigung von Tim Hunt; c, mit freundlicher Genehmigung von Patricia Calarco, aus G. Martin, *Science* 209: 768–776, 1980. Mit Erlaubnis der AAAS; d, Rudner Zwerver/Alamy Stock Photo; e und f, mit freundlicher Genehmigung von Colin Brownlee).

25 Jahren für unsere elektronischen Archive verwendet haben, sind für die heutigen Geräte unlesbar geworden. Ebenso wie Computer speichern auch lebende Organismen Information, und man schätzt, dass sie sich seit über 3,5 Milliarden Jahren entwickelt und diversifiziert haben. Es erscheint daher unwahrscheinlich, dass alle Lebewesen ihre Information in der gleichen Form speichern oder die Archive des einen Zelltyps von der informationsverarbeitenden Maschinerie eines anderen abgelesen werden können. Und doch ist es so. Diese Tatsache liefert schlüssige Beweise dafür, dass alle Lebewesen auf der Erde diese Form ihrer genetischen Anweisungen genauso geerbt haben wie die Art sie abzulesen, und zwar von einem universellen gemeinsamen Vorfahren. Man nimmt an, dass dieser Vorfahre vor rund 3,5 bis 3,8 Milliarden Jahren existierte.

Alle heutigen irdischen Zellen speichern ihre Erbinformation in Form doppelsträngiger DNA-Moleküle – lange, unverzweigte, gepaarte *Polymerketten*, die immer aus den gleichen vier *Monomer* arten aufgebaut sind. Diese Monomere, chemische Verbindungen, die als Nukleotide bezeichnet werden, haben Abkürzungen aus einem Vierbuchstabenalphabet – A, T, C, G; sie sind zu einer langen linearen Abfolge aufgereiht, die für die Erbinformation codiert, gerade so wie die Abfolge von Einsen und Nullen die Information in einem Rechner verschlüsselt. Wir können ein DNA-Stückchen aus einer menschlichen Zelle in ein Bakterium einbauen oder ein Stück bakterielle DNA in eine menschliche Zelle einfügen. Und mit nur ein paar wenigen Veränderungen wird die Information erfolgreich abgelesen, gedeutet und kopiert. In Kapitel 8 werden wir beschreiben, wie Wissenschaftler heute rasch die Abfolge der Nukleotide in jedem beliebigen DNA-Molekül ablesen können und dabei die vollständige DNA-Sequenz eines Zellgenoms bestimmen können – also die Gesamtheit seiner Erbinformation, die in der linearen Abfolge von Nukleotiden in der DNA eingebettet ist. Infolgedessen kennen wir heute die vollständige Genomsequenz von Zehntausenden Pflanzen und Tieren auf der Erde.

1.1.2 Alle Zellen replizieren ihre Erbinformation durch matrizengesteuerte Polymerisation

Die Mechanismen, die Leben ermöglichen, hängen von der Struktur des doppelsträngigen DNA-Moleküls ab. Dieses bemerkenswerte Molekül behandeln wir in Kapitel 4 und 5; hier verschaffen wir uns einen Überblick über seine Struktur und Reproduktionsweise. Jedes Monomer in einem DNA-Einzelstrang, also jedes **Nukleotid**, besteht aus zwei Teilen – einem Zucker (Desoxyribose) mit einer gebundenen Phosphatgruppe und einer *Base*, die entweder Adenin (A), Guanin (G), Cytosin (C) oder Thymin (T) sein

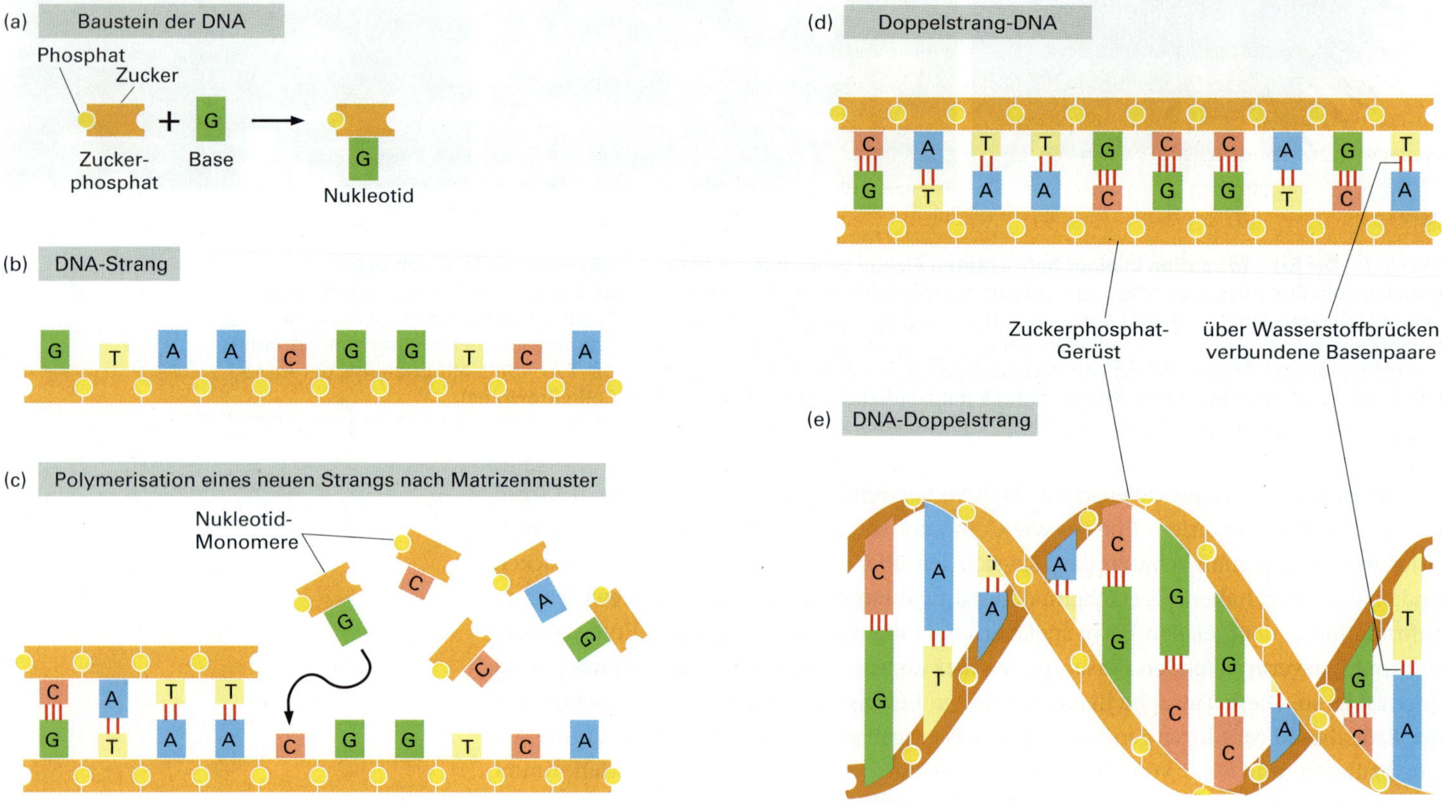

Abb. 1.2 DNA und ihre Bausteine. (a) DNA wird aus einfachen Untereinheiten aufgebaut, den Nukleotiden, von denen jedes aus einer spezifischen Anordnung von etwa 35 kovalent verknüpften Atomen besteht, die ein Zuckerphosphat-Molekül mit einer stickstoffhaltigen Substitutionsgruppe – einer Base – bilden. Es gibt vier Sorten von Basen (Adenin, Guanin, Cytosin und Thymin). Sie entsprechen vier unterschiedlichen Nukleotiden, die als A, G, C und T markiert sind. (b) Ein einzelner DNA-Strang besteht aus Nukleotiden, die durch Zuckerphosphat-Bindungen verknüpft sind. Jede einzelne Zuckerphosphat-Einheit ist asymmetrisch, sodass das Gerüst des Strangs eine eindeutige Ausrichtung bzw. Polarität. Diese Ausrichtung lenkt die molekularen Vorgänge, durch die die Information der DNA in Zellen sowohl übersetzt als auch kopiert (repliziert) wird: Die Information wird immer in einer festgelegten Ordnung „gelesen", genau wie ein geschriebener deutscher Text von links nach rechts gelesen werden muss. (c) Durch matrizengesteuerte Polymerisation kontrolliert die Abfolge („Sequenz") der Nukleotide eines bestehenden DNA-Strangs die Sequenz, in der die Nukleotide in einem neuen DNA-Strang verbunden werden: T in einem Strang paart mit A im anderen, und G in einem Strang paart mit C im anderen. Der neue Strang hat daher eine Nukleotidsequenz, die zu der des alten Strangs komplementär ist, und er besitzt ein Gerüst mit umgekehrter Ausrichtung – entsprechend wird GTAA ... im ursprünglichen Strang zu ... TTAC im neuen Strang. (d) Ein normales DNA-Molekül besteht aus zwei solchen komplementären Strängen. Die Nukleotide in jedem Strang sind durch starke (kovalente) chemische Bindungen verknüpft. Zwischen gegenüberliegenden Strängen werden die Nukleotide schwächer zusammengehalten, durch sogenannte Wasserstoffbrücken. (e) Die beiden Stränge legen sich umeinander und bilden eine Doppelhelix – eine robuste Konstruktion, die jede beliebige Sequenz von Nukleotiden unterbringen kann, ohne ihre grundsätzliche doppelhelikale Struktur zu ändern.

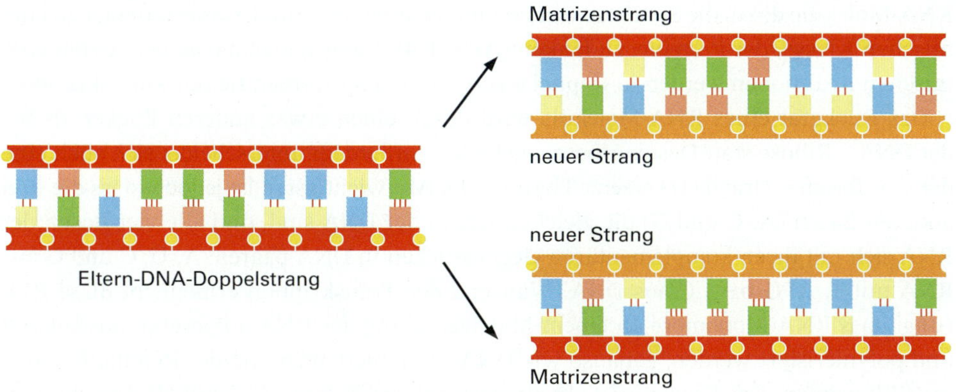

Abb. 1.3 Die Verdoppelung der genetischen Information durch DNA-Replikation. Bei diesem Vorgang werden die beiden Stränge einer DNA-Doppelhelix auseinandergezogen, und jeder Strang dient als Vorlage für die Synthese eines neuen komplementären Strangs. Das Endergebnis sind zwei Tochter-DNA-Doppelhelices, welche die gleiche Sequenz haben wie die Eltern-Doppelhelix.

kann (**Abb. 1.2**). Jeder Zucker ist mit dem nächsten über die Phosphatgruppe verknüpft, sodass eine Polymerkette aus einem sich wiederholenden Zuckerphosphat-Grundgerüst entsteht, aus dem eine Reihe von Basen hervorragen. Das DNA-Polymer verlängert sich, indem an eines seiner Enden Monomere angehängt werden. Wäre nur ein einzelner Strang vorhanden, könnten sie prinzipiell in beliebiger Reihenfolge zugefügt werden, denn jedes Monomer bindet über das gesamte Molekül hinweg auf die gleiche Art an seinen Nachbarn. In der lebenden Zelle wird DNA jedoch nicht einzeln als freier Strang synthetisiert, sondern an einem bereits vorhandenen DNA-Strang, der als Matrize („Templat" = Gussform) dient. Die aus dem Matrizenstrang hervorstehenden Basen binden nach strengen Regeln, die durch die Komplementärstruktur der Basen gegeben sind, an die Basen des neu gebildeten Strangs: A paart mit T, und G paart mit C. Diese *Basenpaarung* hält neue Monomere fest und kontrolliert daher die Auswahl, welches der vier Monomere als Nächstes dem wachsenden Strang hinzugefügt wird. So entsteht eine doppelsträngige Struktur aus zwei genau komplementären Sequenzen von As, Cs, Ts und Gs. Die beiden Stränge legen sich umeinander und bilden eine Doppelhelix (**Abb. 1.2e**).

Die intermolekularen Wasserstoffbrücken zwischen den gegensinnigen Basenpaaren sind verglichen mit den kovalenten Zucker-Phosphat-Bindungen schwach. Deshalb ist es möglich, dass die beiden DNA-Stränge auseinandergezogen werden können, ohne das Grundskelett zu schädigen. Jeder Strang kann dann wieder als Muster dienen, um einen neuen, zu sich selbst komplementären Strang zu bilden – auf diese Weise entsteht eine Kopie der Erbinformation (**Abb. 1.3**). Dieser Prozess der **DNA-Replikation** unterscheidet sich in verschiedenen Zelltypen hinsichtlich der Geschwindigkeit, der Kontrollen für Start und Stopp sowie der Hilfsmoleküle (in Kapitel 5 und 17 behandelt). Jedoch sind die Grundlagen allgemein gültig: Die DNA ist der Informationsspeicher, und die *matrizengesteuerte Polymerisation* ist der Prozess, über den diese Information bei allen Lebewesen kopiert wird.

1.1.3 Alle Zellen transkribieren Teile ihrer Erbinformation in RNA-Moleküle

Um ihre Informationsspeicher-Funktion auszuüben, muss DNA mehr tun, als sich selbst zu kopieren. Sie muss diese Information auch *ausdrücken (exprimieren)*, um sie als Vorschrift für die Synthese von anderen Molekülen in der Zelle nutzbar zu machen. Dies geschieht ebenfalls über einen Mechanismus, der in allen lebenden Organismen gleich ist. Er führt zunächst zur Bildung zweier anderer Schlüsselklassen biologischer Polymere: RNA- und Proteinmoleküle. Der Vorgang beginnt wieder mit einer Matrizenpolymerisation, die man **Transkription** (Umschrift) nennt. Bei ihr werden Abschnitte der DNA-Sequenz als Muster benutzt, um die Synthese von kürzeren Molekülen der nahe verwandten polymeren **Ribonukleinsäure** oder **RNA** zu synthetisieren. Später, beim komplizierteren Vorgang der **Translation** (Übersetzung), dienen viele dieser

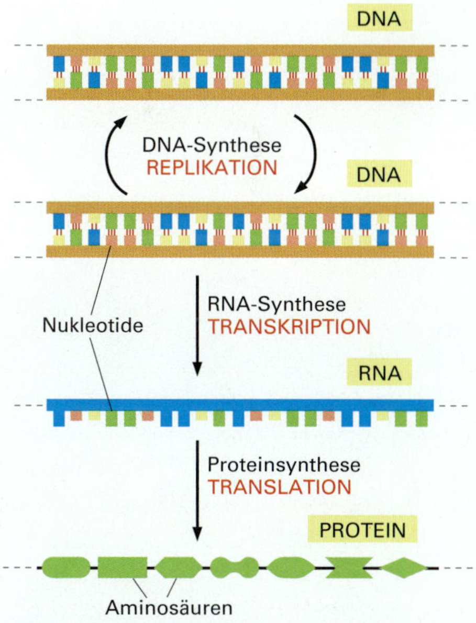

Abb. 1.4 Von der DNA zum Protein. Neben der DNA-Replikation (oben im Bild dargestellt) wird die genetische Information in einem zweistufigen Vorgang abgelesen und zur Verwendung gebracht: Zuerst werden bei der Transkription (Umschrift) Abschnitte der DNA-Sequenz verwendet, um die Synthese von RNA-Molekülen zu lenken. Dann werden bei der Translation (Übersetzung) die RNA-Moleküle dazu benutzt, um die Synthese von Proteinen zu steuern, die Polymere aus Aminosäure-Untereinheiten sind (wird später behandelt).

RNA-Moleküle dazu, die Synthese von Polymeren einer ganz und gar verschiedenen chemischen Klasse, der *Proteine*, zu lenken (**Abb. 1.4**). Die genauen daran beteiligten chemischen Reaktionen werden in Kapitel 6 vorgestellt; hier werden sie nur kurz skizziert.

Das Rückgrat eines RNA-Moleküls wird durch einen etwas anderen Zucker als bei der DNA – Ribose statt Desoxyribose – gebildet. Außerdem unterscheidet sich auch eine der vier Basen – Uracil (U) ersetzt Thymin (T). Am wichtigsten ist jedoch, dass die drei anderen Basen (A, C und G) die gleichen wie in der DNA sind, und alle vier Basen der RNA sich mit ihren komplementären Gegenstücken in DNA paaren: A, U, C und G aus RNA mit T, A, G bzw. C aus DNA. Während der Transkription ermöglicht diese Paarung, dass RNA-Monomere an einem Matrizenstrang der DNA aufgereiht, ausgewählt und polymerisiert werden, genauso wie DNA-Monomere während der Replikation ausgewählt werden. Das Ergebnis ist ein einzelsträngiges Polymermolekül, dessen Nukleotidsequenz exakt einen Anteil der Erbinformation der Zelle wiederholt – wenn auch in etwas anderer Schrift, nämlich mit den vier RNA-Monomeren statt DNA-Monomeren.

Der gleiche DNA-Abschnitt kann wiederholt verwendet werden, um die Synthese von vielen identischen RNA-Transkripten anzuleiten. Während also das Archiv der genetischen Information der Zelle festgelegt und unantastbar ist, sind die *RNA-Transkripte* Wegwerf-Massenprodukte. Die meisten dieser Transkripte fungieren als Zwischenstufen bei der Übertragung der Erbinformation, indem sie als **Boten-RNA-Moleküle** (**Messenger-RNAs**, **mRNAs**) die Synthese von Proteinen nach den genetischen, in der DNA gespeicherten Vorschriften lenken. In Kapitel 6 werden wir jedoch sehen, dass manche RNA-Transkripte nicht als Informationsträger dienen; stattdessen haben sie eine direkte Aufgabe in der Zelle, um eine Vielzahl anderer Funktionen auszuführen.

1.1.4 Alle Zellen verwenden Proteine als Katalysatoren

Proteinmoleküle sind – wie DNA- und RNA-Moleküle – lange unverzweigte Polymerketten, die durch Verknüpfung von monomeren Bausteinen aus einem für alle Lebewesen identischen Standard-Repertoire gebildet werden. Wie DNA und RNA beinhalten Proteine Information in Form einer linearen Abfolge von Symbolen – genau wie eine Nachricht in alphabetischer Schrift. In jeder Zelle gibt es viele verschiedene Proteinmoleküle, und, abgesehen vom Wasser, bilden sie den größten Teil der Zellmasse.

Die Untereinheiten der Proteine, die **Aminosäuren**, unterscheiden sich stark von den Nukleotiden der DNA und RNA, und außerdem gibt es von ihnen 20 Arten statt vier. Jede Aminosäure wird um eine Kernstruktur gebildet, die es ihr gestattet, über kovalente Verknüpfung in typischer Weise mit jeder anderen Aminosäure aus dem vorhandenen Satz verbunden zu werden. An diesen Kern ist eine Seitenkettengruppe gebunden, die jeder Aminosäure ihren ganz bestimmten chemischen Charakter verleiht. Jedes Proteinmolekül ist eine Polypeptidkette, die durch Verknüpfung von Aminosäuren in einer bestimmten Reihenfolge entstanden ist. Diese Reihenfolge bestimmt, wie sich das Polypeptid zusammenfaltet und verleiht damit dem Protein seine einzigartige dreidimensionale Struktur. Über mehrere Milliarden von Jahren der Evolution wurde diese Sequenz selektiert, um dem Protein eine nützliche Funktion zu verleihen.

Durch Faltung zu einer präzisen Form mit hoher Spezifität für andere Moleküle übt jedes Protein eine spezifische Funktion aus, entsprechend seiner genetisch spezifizierten Aminosäuresequenz. Proteine bilden und erhalten verschiedene Zell- und extrazelluläre Strukturen, erzeugen Bewegungen, nehmen Signale wahr usw. Viele besitzen Reaktionsstellen auf ihrer Oberfläche, die es ihnen ermöglichen, als Enzyme zu arbeiten und Reaktionen zu katalysieren, bei denen spezifische kovalente Bindungen geschlossen oder gelöst werden. Neben alledem sind Proteine die wichtigsten Moleküle, welche die genetische Information der Zelle zur Ausführung bringen. Somit spezifizieren Polynukleotide

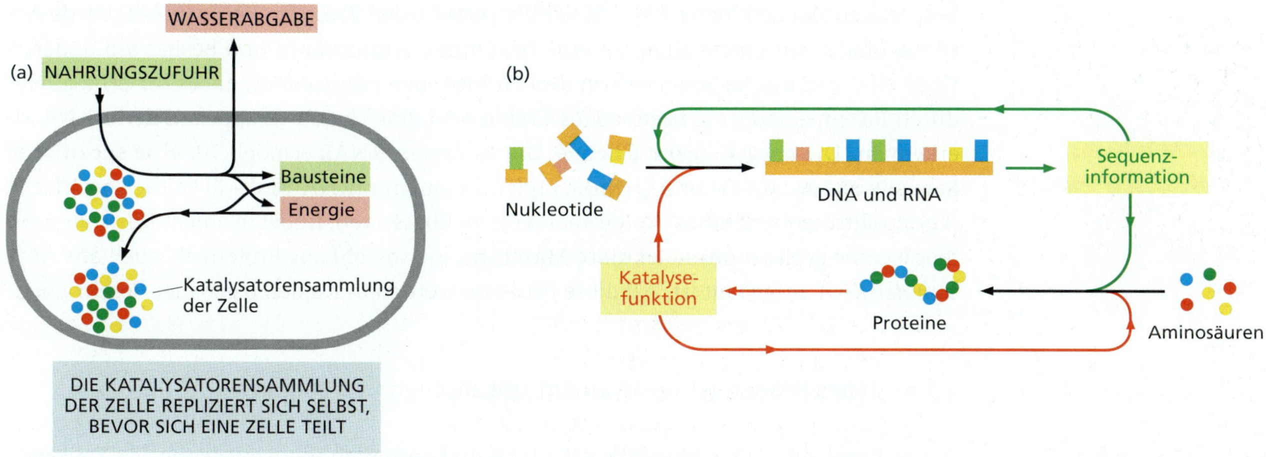

Abb. 1.5 Leben als autokatalytischer Vorgang. (a) Die Zelle als sich selbst replizierende Sammlung von Katalysatoren. (b) Leben kann als autokatalytischer Vorgang angesehen werden. DNA- und RNA-Moleküle liefern die Nukleotidsequenzinformation (*grüne Pfeile*), die sowohl für die Herstellung von Proteinen als auch für deren Kopieren verwendet wird. Proteine wiederum liefern die katalytische Aktivität (*rote Pfeile*), die zur Synthese von DNA, RNA und den Proteinen selbst gebraucht wird. Obwohl Proteine (Enzmye genannt) den größten Teil der Katalysefunktionen in der Zelle bereitstellen, besitzen auch einige wenige RNA-Moleküle (sog. Ribozyme) diese Eigenschaft, was wir in Kapitel 6 sehen werden.

(DNA und RNA) die Aminosäuresequenz der Proteine. Proteine ihrerseits dienen als Katalysatoren, um viele verschiedene chemische Reaktionen ablaufen zu lassen, einschließlich derjenigen, die neue DNA- und RNA-Moleküle synthetisieren.

Im allgemeinen Sprachgebrauch bezeichnet Katalysator „ein Agens, das eine bedeutende Änderung oder eine Aktion auslöst oder beschleunigt". In der Biochemie ist der Begriff „Katalysator" jedoch enger gefasst; er wird für irgendein Molekül verwendet, das eine spezifische chemische Reaktion beschleunigt, ohne selbst dabei verändert zu werden. Vom grundlegendsten Gesichtspunkt aus ist eine Zelle eine selbstreplizierende Sammlung von Katalysatoren, die Nahrung aufnimmt, diese verarbeitet, um sowohl die Bausteine als auch die Energie zu liefern, die für die Herstellung neuer Katalysatoren erforderlich sind, und die als Abfall übriggebliebenen Materialien zu entsorgen (**Abb. 1.5a**). Zusammengenommen bilden diese Rückkopplungsschleifen, die Proteine und Polynukleotide verbinden, die Grundlage für das autokatalytische, selbstreproduzierende Verhalten aller Lebewesen (**Abb. 1.5b**).

1.1.5 Alle Zellen übersetzen RNA auf die gleiche Weise in Proteine

Wie die Information in der DNA die Proteinbildung spezifiziert, war in den 1950er-Jahren, als die doppelsträngige Struktur der DNA als Grundlage der Vererbung erstmals aufgedeckt wurde, ein vollständiges Rätsel. Aber in der Zwischenzeit haben die Forscher die daran beteiligten eleganten Mechanismen aufgeklärt. Die Translation (Übersetzung) der genetischen Information aus dem Vierbuchstaben-Alphabet der Polynukleotide in das Zwanzigbuchstaben-Alphabet der Proteine ist ein komplexer Vorgang. Die Regeln der Translation erscheinen in mancher Hinsicht ordentlich und vernünftig, in anderen bizarr und willkürlich, wenn man bedenkt, dass sie (mit ganz wenigen Ausnahmen) in allen lebenden Zellen gleich sind. Vermutlich spiegeln diese sonderbaren Charakteristika eingefrorene Zufälle aus der Frühgeschichte des Lebens wider – sie stammen von zufälligen Eigenschaften der frühesten Organismen, die weitervererbt und dann so tief in die Konstitution aller Lebewesen verwurzelt wurden, dass sie ohne katastrophale Auswirkungen nicht mehr geändert werden können.

Es stellt sich heraus, dass die Information in der Sequenz eines Messenger-RNA-Moleküls (mRNA) in Gruppen von drei Nukleotiden (Tripletts) abgelesen wird. Jedes Nukleotid-Triplett, oder *Codon*, codiert für eine einzige Aminosäure in einem zugehörigen Protein. Da es 64 (= 4 × 4 × 4) mögliche Codons gibt, die allesamt in der Natur vorkommen, jedoch nur 20 Aminosäuren, muss es notwendigerweise Fälle geben, in denen mehrere Codons für die gleiche Aminosäure stehen. Der *genetische Code* wird von einer besonderen Klasse kleiner RNA-Moleküle gelesen, den *Transfer-RNAs (tRNAs)*. Jede Art tRNA bindet mit einem Ende an eine bestimmte Aminosäure und besitzt am anderen Ende eine spezifische Sequenz von drei Nukleotiden (*Anticodon*), die es ihr ermöglicht, durch Basenpaarung ein bestimmtes Codon oder eine Codon-Gruppe auf der mRNA zu erkennen. Die ausgeklügelte Chemie, die es diesen RNAs ermöglicht, eine spezifische Sequenz aus A-, C-, G- und U-Nukleotiden in einem mRNA-Molekül in die spezifische Aminosäuresequenz eines Proteinmoleküls zu übersetzen, findet in einem *Ribosom* statt; dies ist eine große multimolekulare Maschine, die sowohl aus Protein als auch aus *ribosomaler RNA* aufgebaut ist. All diese Prozesse werden in Kapitel 6 genauer beschrieben.

1.1.6 Jedes Protein wird von einem spezifischen Gen codiert

In der Regel sind DNA-Moleküle sehr lang und enthalten die Anweisung für Tausende Proteine und RNA-Moleküle. Spezielle Sequenzen in der DNA dienen als Satzzeichen und legen fest, wo für jedes RNA- und Proteinmolekül die Information beginnt und wo sie endet. Und einzelne Abschnitte der langen DNA-Sequenz werden in einzelne mRNA-Moleküle transkribiert, wobei jedes Segment für ein anderes Protein codiert. Jedes derartige DNA-Segment stellt ein **Gen** dar. Wie bereits erwähnt, werden manche DNA-Abschnitte – eine kleine Anzahl – in RNA-Moleküle umgeschrieben, die nicht in Proteine translatiert werden, sondern andere Funktionen in der Zelle besitzen; auch solche DNA-Abschnitte zählen als Gene. Ein Gen ist daher generell als ein Abschnitt der DNA-Sequenz definiert, der einem einzelnen Protein (aber manchmal einer Reihe eng verwandter, alternativer Proteinvarianten) oder einem einzelnen katalytischen, regulatorischen oder strukturellen RNA-Molekül entspricht.

In allen Zellen ist die *Expression* individueller Gene kontrolliert: Anstatt ihr gesamtes Repertoire von möglichen Proteinen und RNAs zu jeder Zeit mit Höchstleistung herzustellen, justiert die Zelle die Geschwindigkeit von Transkription und Translation verschiedener Gene je nach Bedarf. Wie wir in Kapitel 7 sehen werden, liegen Abschnitte *regulatorischer DNA* zwischen Abschnitten, die für Proteine codieren. Diese nicht codierenden Regionen binden an spezifische Proteine, die die Geschwindigkeit der Transkription einzelner Gene kontrollieren. Die Organisation der regulatorischen DNA ist bei den verschiedenen Organismenklassen außerordentlich verschieden, aber die grundsätzliche Strategie ist allgemeingültig. Auf diese Weise diktiert das **Genom** der Zelle nicht nur die Art der Proteine der Zelle, sondern auch, wann, wo und wie viele von ihnen produziert werden.

1.1.7 Leben braucht den fortwährenden Eintrag an Freier Energie

Eine lebende Zelle ist ein dynamisches chemisches System fern vom chemischen Gleichgewicht. Damit eine Zelle wächst oder nach der eigenen Vorlage eine neue Zelle bildet, muss sie aus der Umgebung Freie Energie sowie Rohstoffe aufnehmen, um die notwendigen Synthesereaktionen anzutreiben. Dieser Verbrauch von Freier Energie ist für das Leben elementar. Wenn diese Energie nicht erhältlich ist, dann erreicht die Zelle das chemische Gleichgewicht und stirbt.

Beispielsweise wird Freie Energie für die Verbreitung der genetischen Information benötigt. Stellen Sie sich die Moleküle in einer Zelle als einen Schwarm von Objekten vor, die mit Wärmeenergie ausgestattet sind und heftige zufällige Bewegungen ausführen. Um genetische Information – beispielsweise in Form einer DNA-Sequenz – festzulegen, müssen Nukleotide aus dieser wilden Menge eingefangen und in einer bestimmten Reihenfolge angeordnet werden, die von einer schon bestehenden Matrize festgelegt wird, und dann in einer festen Beziehung miteinander verbunden werden. Bindungen, die die Moleküle an ihrem richtigen Platz auf der Matrize festhalten und miteinander verknüpfen, müssen stark genug sein, um sich der Wärmebewegung zu widersetzen, was wir kurz behandeln. Der Verbindungsvorgang wird durch den Verbrauch Freier Energie vorangetrieben; diese ist nötig, um zu gewährleisten, dass die richtigen Bindungen geknüpft werden, und zwar fest. Analog lassen sich die Moleküle mit unter Federspannung stehenden Fallen vergleichen, die bereit sind, in einen stabileren, energieärmeren Zustand zu „schnappen", wenn sie ihre passenden Partner finden. Wenn sie zu der Bindungsanordnung zusammentreten, dann wird ihre verfügbare gespeicherte Energie – ihre Freie Energie – wie die Energie der gespannten Feder freigesetzt und geht als Wärme verloren. Die chemischen Vorgänge, die der Informationsübertragung in einer Zelle zugrunde liegen, sind komplexer, aber es gilt das gleiche Grundprinzip: Um Ordnung zu schaffen, muss Freie Energie aufgebracht werden.

Damit die Zelle ihre genetische Information getreu replizieren und ihre komplexen Moleküle gemäß den Vorgaben zusammenbauen kann, braucht sie Freie Energie; diese muss auf irgendeine Weise aus der Umgebung beschafft werden. Wie wir in Kapitel 2 sehen werden, stammt die von tierischen Zellen benötigte Freie Energie aus chemischen Bindungen der Nahrungsmoleküle, die die Tiere fressen; Pflanzen erhalten ihre Freie Energie hingegen aus dem Sonnenlicht.

1.1.8 Alle Zellen arbeiten als biochemische Fabriken

Da alle Zellen DNA, RNA und Proteine aufbauen, müssen alle Zellen eine gleichartige Sammlung kleiner organischer (kohlenstoffhaltiger) Moleküle enthalten und verarbeiten, zu denen einfache Zucker, Nukleotide und Aminosäuren genauso gehören wie andere Substanzen, die essenziell sind. Beispielsweise brauchen alle Zellen das phosphorylierte Nukleotid *ATP (Adenosintriphosphat)* nicht nur als Baustein für die Synthese von DNA und RNA, sondern auch als Träger der Freien Energie, die nötig ist, um die riesige Anzahl chemischer Reaktionen in der Zelle anzutreiben.

Obwohl sich alle Zellen als biochemische Fabriken weitgehend gleichen, unterscheiden sie sich doch in vielen Details darin, wie sie mit kleinen Molekülen umgehen. Manche Organismen, wie die Pflanzen, benötigen nur die einfachsten Nährstoffe und nutzen die Energie des Sonnenlichts für die Synthese ihrer kleinen organischen Moleküle. Andere Organismen, wie die Tiere und manche Bakterien, ernähren sich von lebenden (oder einst lebenden) Organismen und müssen viele organische Moleküle in bereits fertig hergestellter Form aufnehmen. Wir werden später in diesem Kapitel darauf zurückkommen.

1.1.9 Alle Zellen sind von einer Plasmamembran umgeben, durch die hindurch Nährstoffe und Abfallstoffe passieren müssen

Jede lebende Zelle ist von einer Membran – der **Plasmamembran** – umgrenzt. Diese Membran wirkt als selektive Barriere. Sie ermöglicht den Zellen, sowohl Nährstoffe aus der Umgebung anzureichern und die daraus für den eigenen Bedarf synthetisierten Produkte zurückzuhalten als auch die anfallenden Abfallstoffe loszuwerden. Ohne Plasmamembran könnte eine Zelle ihre Unversehrtheit als geordnetes chemisches System nicht aufrechterhalten.

Die Membran ist aus Molekülen aufgebaut, die die einfache physikochemische Eigenschaft haben, *amphipathisch* zu sein. Das bedeutet, dass sie aus einem hydrophoben (wasserunlöslichen) Teil und einem hydrophilen (wasserlöslichen) Teil aufgebaut sind. Wenn solche Moleküle in Wasser gegeben werden, aggregieren sie von selbst. Dabei ordnen sie ihre hydrophoben Anteile so, dass sie größtmöglichen Kontakt miteinander haben, um sie vor dem Wasser zu verbergen, während sie ihre hydrophilen Anteile nach

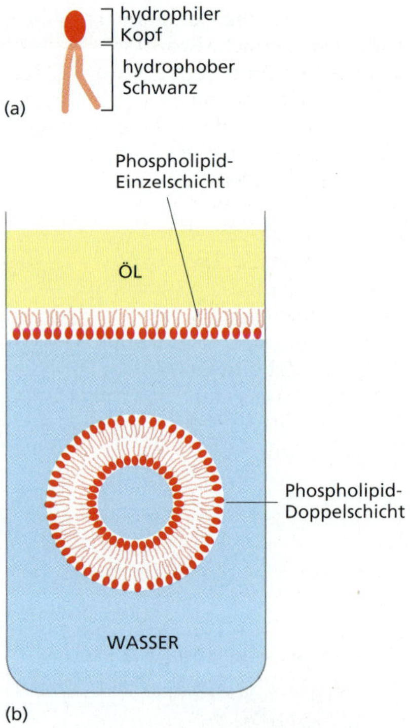

Abb. 1.6 Verhalten von Phospholipidmolekülen in Wasser. (a) Das Phospholipidmolekül ist amphiphil, mit einer hydrophilen (Wasser liebenden) Phosphat-Kopfgruppe und einem hydrophoben (Wasser meidenden) Kohlenwasserstoff-Schwanz. (b) An der Grenzschicht zwischen Öl und Wasser ordnen sie sich als monomolekulare Schicht (Monolayer), mit ihrem Kopf dem Wasser und ihrem Schwanz dem Öl zugewandt. Wenn sie aber ins Wasser eingetaucht werden, aggregieren sie und bilden Doppelschichten, die ein wässriges Kompartiment einschließen (Vesikel).

außen richten. Amphipathische Moleküle geeigneter Form – wie *Phospholipidmoleküle*, die den größten Teil der Plasmamembranmoleküle ausmachen – aggregieren in Wasser von selbst zu *Doppelschichten* (**Abb. 1.6**).

Obwohl sich die chemischen Einzelheiten unterscheiden, sind die hydrophoben Schwänze der vorherrschenden Membranbausteine in allen Zellen langkettige Kohlenwasserstoffpolymere ($-CH_2-CH_2-CH_2-$). Ihre spontane Zusammenlagerung zu einem doppelschichtigen Vesikel ist nur eines von vielen Beispielen eines wichtigen allgemeinen Prinzips: Zellen bauen Moleküle auf, deren chemische Eigenschaften bewirken, dass sie sich *selbstständig* zu Strukturen zusammenlagern, die die Zelle benötigt.

Die Grenzen einer Zelle dürfen nicht völlig undurchlässig sein. Wenn eine Zelle wachsen und sich vermehren soll, muss sie in der Lage sein, Rohstoffe durch die Grenzschicht einzuführen und Abfallstoffe durch sie herauszuschaffen. Dazu haben alle Zellen spezialisierte Proteine in ihrer Plasmamembran eingebettet, die zum Transport ausgewählter Moleküle von der einen Seite zur anderen dienen. Manche dieser *Membrantransportproteine (Carrier)* sind – wie die Proteine, die Grundreaktionen mit kleinen Molekülen katalysieren – über den Verlauf der Evolution so strikt konserviert, dass man selbst in sehr weit voneinander entfernten Gruppen von Lebewesen Familienähnlichkeiten zwischen ihnen erkennen kann.

Die Transportproteine in der Plasmamembran bestimmen weitgehend, welche Moleküle in die Zelle gelangen, und die katalytischen Proteine (Enzyme) im Inneren bestimmen die Reaktionen, die diese Moleküle erfahren. Durch die Spezifizierung der RNAs und Proteine, die eine Zelle bildet, diktiert die in der DNA-Sequenz aufgezeichnete genetische Information nicht nur die gesamte Chemie der Zelle, sondern auch ihre Gestalt und ihr Verhalten, denn sie werden ebenfalls hauptsächlich von den Proteinen einer Zelle bestimmt.

1.1.10 Zellen arbeiten im mikroskopischen Maßstab, der von zufälligen Wärmebewegungen beherrscht wird

Bisher haben wir die Zelle als selbstreplizierenden, membranumschlossenen Beutel mit Chemikalien und Makromolekülen beschrieben; aber als Baustein des Lebens ist die Zelle sehr viel mehr als die Summe ihrer Teile. Obwohl es aus mikroskopischen Bildern nicht ersichtlich ist, ist sogar die einfachste Zelle im Innern hoch geordnet: Damit die Zelle funktionieren kann, müssen ihre einzelnen Bestandteile sich zusammenlagern und untereinander organisieren; der Zellinhalt ist in ständiger Bewegung. Die offensichtlichsten Bewegungen werden von *Motorproteinen* katalysiert – Enzymen, die die Energie aus der ATP-Hydrolyse für eine breite Vielfalt von Zwecken einsetzen. Dazu gehört das Pumpen von Ionen durch die Plasmamembran, die Verschiebung von großen Zusammenschlüssen von einer intrazellulären Stelle zu einer anderen und das Vorwärtstreiben der Zelle durch ihre Umgebung. Und wie bereits erwähnt, sind die zufälligen Wärmebewegungen der Moleküle (einschließlich Wasser) im Zellmaßstab bedeutend. Die Abmessung der Zelle kann nur einen Mikrometer (10^{-6} Meter) im Durchmesser betragen. Diese Art der spontanen Bewegung, *Wärme-* oder **Brown'sche Molekularbewegung** genannt, wurde erstmals von Robert Brown im Jahre 1827 beim Blick durch ein Mikroskop an Pollenkörnern beobachtet, die in Wasser eingetaucht waren. Die durch zufällige molekulare Zusammenstöße verursachte ständige Fluktuationsbewegung hat wichtige Auswirkungen. Die Brown'sche Molekularbewegung treibt den Vorgang der *Diffusion* an, und sie bestimmt die Geschwindigkeit biochemischer Reaktionen, wenn Moleküle innerhalb der Zelle aufeinanderstoßen (s. Kapitel 2).

Obwohl zufällig, kann sich die Zelle die Brown'sche Bewegung zunutze machen. Während eines Schritts bei der Kriechbewegung einer tierischen Zelle beispielsweise streckt sich die Plasmamembran am Leitsaum vorwärts (s. Kapitel 16). An dieser Bewegung sind keine Motorproteine beteiligt. Stattdessen polymerisiert ein Cytoskelettfilament (ein Aktinpolymer) in der Nähe der inneren Membranoberfläche. Wenn sich die Membran in

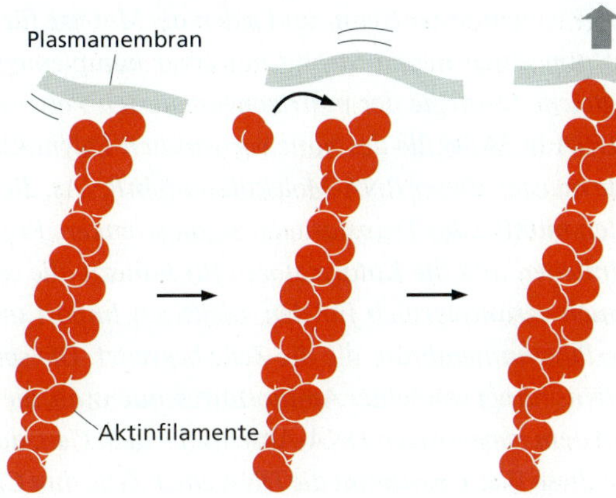

Abb. 1.7 Wie die Membranvorwölbung durch eine einfache Brown'sche Ratsche angetrieben wird. Gezeigt ist ein einfaches Aktinfilament, das an die Plasmamembran grenzt, die sich aufgrund der zufälligen Wärmebewegungen vor- und zurückbewegt. Wenn sich die Membran vom Filamentende wegbewegt, verschafft sie ausreichend Platz für eine zusätzliche Untereinheit, die sich rasch hineinsetzt. Das nur etwas längere Filament fungiert als Ratsche und verhindert, dass sich die Membran an ihre ursprüngliche Position zurückbewegt. In einer wandernden tierischen Zelle treibt diese Brown'sche Ratsche die Vorwölbung der Membran an und trägt zur Vorwärtsbewegung der Zelle bei (s. Kapitel 16).

Vorwärtsrichtung bewegt, füllt Aktin rasch die Lücke, sodass die Membran nicht in ihre Ausgangsposition zurückgleiten kann. Dieses Phänomen, bei dem zufällige Wärmebewegungen auf gerichtete Weise genutzt werden, erzeugt eine *Brown'sche Ratsche* (**Abb. 1.7**).

Weil ein Objekt im Mikrometermaßstab ständig durch Wassermoleküle hin- und hergeschleudert wird, muss seine Bewegung einen hohen viskosen Widerstand überwinden. Infolgedessen stoppt die direkte Bewegung eines Molekülkomplexes innerhalb der Zelle (durch ein Motorprotein beispielsweise) sofort, wenn der Motor sich löst, wobei der Komplex den zufälligen Hin- und Herbewegungen der Wärmebewegung überlassen bleibt. Es gibt kein „Gleiten" innerhalb der Zelle.

1.1.11 Eine lebende Zelle kann mit 500 Genen auskommen

Wir haben gesehen, wie Genome die Information für alle Proteine und RNA-Moleküle einer Zelle tragen und wie durch Katalyse all die anderen Bausteine der Zelle hergestellt werden. Aber wie komplex sind echte lebende Zellen? Insbesondere, was sind die Mindesterfordernisse einer lebenden Zelle? Ein Maß für die Komplexität fußt auf der Gesamtzahl an Genen im Genom eines Lebewesens. Eine Art mit einem der kleinsten bekannten Genome ist das Bakterium *Mycoplasma genitalium*; dieses verursacht eine häufige, sexuell übertragene menschliche Krankheit (**Abb. 1.8**). Dieser Organismus lebt als Parasit in Säugetieren, wo die Umgebung ihn mit vielen kleinen Molekülen versorgt, die er in fertiger Form benötigt. Nichtsdestotrotz muss das Bakterium alle seine großen Moleküle – DNA, RNAs und Proteine – selbst herstellen. Es besitzt 525 Gene, von denen die meisten lebensnotwendig sind. Sein Genom aus 580 070 Nukleotidpaaren repräsentiert 145 018 Bytes an Information – in etwa so viel wie nötig sind, um den Text eines Kapitels dieses Buches aufzuzeichnen. Die Zellbiologie mag kompliziert sein, aber sie übersteigt keinesfalls die menschliche Vorstellungskraft.

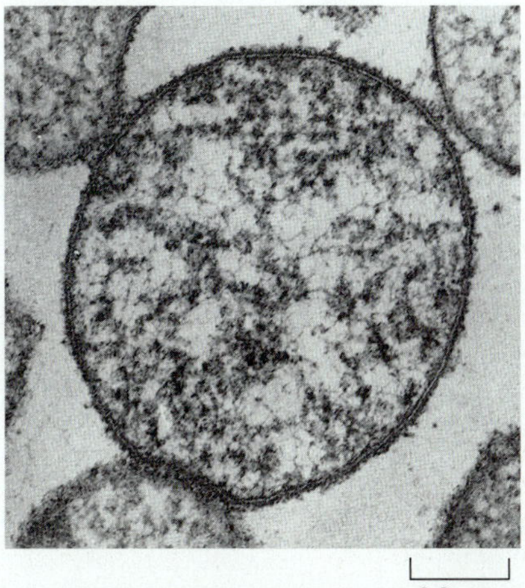

Abb. 1.8 Das kleine Bakterium *Mycoplasma genitalium*. Es ist hier im Querschnitt im Elektronenmikroskop zu sehen; dieses verwendet anstelle von Licht einen Elektronenstrahl, um ein Bild mit einer viele Male höheren Auflösung als die des konventionellen Lichtmikroskops zu erzeugen. Von den 530 Genen dieses Bakteriums codieren 43 für Transfer-RNAs, ribosomale RNAs und andere nicht proteincodierende RNAs. Von den 482 für Proteine codierenden Gene sind 154 an der Replikation, Transkription, Translation und verwandten Vorgängen beteiligt, die DNA, RNA oder Proteine einbeziehen. 98 sind für Membran- und Oberflächenstrukturen der Zelle zuständig, 46 für den Transport von Nährstoffen und anderen Molekülen durch die Plasmamembran, 71 sind an Energieumwandlungen und der Synthese oder dem Abbau von kleinen Molekülen beteiligt. (Mit freundlicher Genehmigung von Roger Cole, in *Medical Microbiology*, 4th ed., [S. Baron, Hrsg.]. Galveston University of Texas Medical Branch, 1996.)

Zusammenfassung

Die einzelne Zelle ist bei allen Lebewesen die kleinste selbst reproduzierende Einheit und sie besteht aus einer selbstreplizierenden Sammlung von Katalysatoren, die in eine Plasmamembran eingebettet sind. Alle Zellen arbeiten als biochemische Fabriken, die von der Freien Energie angetrieben werden, welche in einem komplizierten Netzwerk chemischer Reaktionen freigesetzt wird. Von zentraler Bedeutung für die Reproduktion der Zelle ist die Weitergabe ihrer genetischen Information an die Nachkommenzellen, wenn sie sich teilt. Alle Zellen speichern ihre Erbinformation als doppelsträngige DNA und die vollständige Sequenz der DNA-Nukleotide jedes Lebewesens ist sein Genom. Die Zelle repliziert diese Information, indem sie die gepaarten DNA-Stränge voneinander trennt und jeden als Matrize für die Polymerisation von Nukleotiden benutzt, um einen neuen Strang mit einer komplementären Nukleotidsequenz aufzubauen. Die gleiche Strategie der matrizengesteuerten Polymerisation wird auch eingesetzt, um Teile der DNA in Moleküle des nahe verwandten Polynukleotid-Polymers, der RNA, umzuschreiben. Die meisten dieser RNA-Moleküle sind mRNAs, die wiederum die Synthese von Proteinmolekülen mithilfe des Translationsvorgangs lenken. Proteine sind Polymere aus Aminosäure-Untereinheiten und die Katalysatoren für nahezu alle chemischen Reaktionen der Zelle. Sie sind auch verantwortlich für den selektiven Import und Export von kleinen Molekülen durch die Plasmamembran, die die Zelle begrenzt. Die spezifische Form und Funktion eines jeden Proteins hängt von seiner Aminosäuresequenz ab, die ihrerseits durch die Sequenz der Nukleotide in dem zugehörigen DNA-Abschnitt – dem Gen, das für dieses Protein codiert – festgelegt ist. Auf diese Weise bestimmt die DNA einer Zelle ihre Chemie, und diese ist in jeder Zelle grundsätzlich ähnlich, was deren letztendlichen Ursprung von einer gemeinsamen Vorfahrenzelle widerspiegelt, die vor über 3,5 Milliarden Jahren existierte.

1.2 Die Vielfalt der Genome und der Stammbaum des Lebens

Der Erfolg von Lebewesen, die auf DNA, RNA und Proteinen basieren, ist spektakulär gewesen. Durch seine Proliferation über Milliarden von Jahren hat das Leben die Meere bevölkert, das Land bedeckt, die Erdrinde durchdrungen und die Oberfläche unserer Erde geformt. Unsere sauerstoffreiche Atmosphäre, die Ablagerungen von Kohle und Erdöl, die Schichten von Eisenerzen, die Kreideriffe, die Kalkberge und Marmorsteinbrüche – sie alle sind direkte oder indirekte Erzeugnisse früherer irdischer Lebenstätigkeit.

Lebewesen sind nicht auf das uns bekannte gemäßigte Umfeld mit Festland, Wasser und Sonnenlicht beschränkt, das von Pflanzen und Tieren bewohnt ist. Man findet sie auch in der dunkelsten Tiefe des Ozeans, in heißem vulkanischem Schlamm, in Wasseransammlungen unter der gefrorenen Oberfläche der Antarktis und kilometertief im Boden vergraben. Die Organismen, die in diesen extremen Umwelten leben, sind uns im Allgemeinen fremd – weil sie nicht nur unerreichbar, sondern meist auch mikroskopisch klein sind und nicht in einem Laboratorium gehalten werden können. Sogar in gewohnteren Lebensräumen sind die meisten Lebewesen ebenfalls zu klein, um sie ohne spezielle Hilfsmittel sehen zu können. Sie bleiben deshalb meist unerkannt, es sei denn, sie verursachen Krankheiten oder zerstören das Holzwerk unserer Häuser. Dennoch bilden solche *Mikroorganismen* (Mikroben) die meiste Biomasse auf unserem Planeten. Erst seit kurzer Zeit haben wir durch die neuen Methoden der molekularbiologischen Analytik und besonders durch die Analyse von DNA-Sequenzen begonnen, ein Bild vom Leben auf der Erde zu erhalten, das nicht durch unsere voreingenommene Perspektive als große Festlandstiere verzerrt ist.

In diesem Abschnitt betrachten wir die Verschiedenheiten von Organismen und die Beziehungen zwischen ihnen. Da die genetische Information jedes Organismus in der Universalsprache der DNA-Sequenz aufgezeichnet ist und weil sich die DNA-Sequenz im Genom eines jeden Organismus durch standardisierte biochemische Methoden leicht ermitteln lässt, können wir nun beliebige Lebewesen anhand ihrer Sequenzen charakterisieren, einordnen und vergleichen. Ein solcher Vergleich ermöglicht es, den Platz zu spezifizieren, den jeder Organismus in dem Stammbaum lebender Arten – dem Baum des Lebens – einnimmt.

1.2.1 Der Stammbaum des Lebens hat drei Hauptdomänen: Eukaryoten, Bakterien und Archaeen

Die Klassifizierung von Lebewesen beruhte traditionell auf dem Vergleich ihrer äußeren Erscheinung. Wir können sehen, dass bei einem Fisch Augen, Kiefer, Rückgrat und Gehirn ähnlich wie beim Menschen gebaut sind – und wir erkennen, dass dies bei einem Wurm nicht der Fall ist. Genauso merken wir, dass ein Rosenstrauch ein naher Verwandter des Apfelbaums ist, sich jedoch von einem Gras viel stärker unterscheidet. Wie Darwin zeigte, können wir solche starken Familienähnlichkeiten hinsichtlich der Evolution leicht aus gemeinsamen Vorläufern ableiten, und oft erweist es sich, dass Überreste vieler dieser Vorläufer als Fossilien bewahrt sind. So war es möglich, einen Stammbaum der Lebewesen zu entwerfen, der die Abstammungslinien aufzeigt und auch die Abzweigungsstellen, an denen sich die Vorfahren einer Spezies von denen einer anderen zu unterscheiden begannen. Wenn die Unterschiede zwischen Organismen jedoch sehr groß werden, beginnen diese Verfahren zu versagen. Wie können wir entscheiden, ob ein Pilz näher mit einer Pflanze oder einem Tier verwandt ist? Bei mikroskopisch kleinen Organismen, wie Bakterien, ist die Sache sogar noch schwieriger. Ein mikroskopisch kleines Stäbchen oder Kügelchen sieht praktisch genauso wie das andere aus. Zudem war vieles von unserem Wissen über die mikrobielle Welt traditionell auf solche Arten beschränkt, die isoliert und im Laboratorium kultiviert werden können. Aber die DNA-Sequenzierung von Mikrobenpopulationen in deren natürlichem Habitat – wie z. B. Erde, Meerwasser oder sogar dem menschlichen Mund – hat uns gelehrt, dass die überwiegende Mehrheit der Mikroben sich nicht leicht im Laboratorium kultivieren lässt. In der Wildnis gedeihen sie oft als Bestandteile komplexer Ökosysteme und können nicht überleben, wenn sie aus ihrer natürlichen Umgebung herausgenommen werden. Bevor die moderne DNA-Sequenzierung entwickelt wurde, waren diese Organismen uns weitgehend unbekannt. Dies trifft insbesondere auf diejenigen zu, die extreme Umgebungen bevölkern, wie die tiefe Erdkruste oder das Meerwasser Kilometer unterhalb der Meeresoberfläche.

Die Genomanalyse hat uns einen einfachen, direkten und aussagekräftigen Zugang verschafft, um entwicklungsgeschichtliche Zusammenhänge zu ermitteln. Die komplette DNA-Sequenz eines Organismus definiert seine Beschaffenheit mit fast vollständiger Genauigkeit und sehr detailliert. Darüber hinaus ist diese Bestimmung in digitaler Form als eine Buchstabenfolge vorhanden. Sie kann direkt in einen Computer eingegeben werden und von ihm mit der entsprechenden gespeicherten Information jedes anderen Lebewesens verglichen werden. Da DNA zufälligen Veränderungen unterworfen ist, die sich über lange Zeitspannen anhäufen (s. weiter unten), kann die Anzahl der Unterschiede zwischen den DNA-Sequenzen von zwei Organismen dazu benutzt werden, um eine unmittelbare, objektive und quantitative Aussage über den Evolutionsabstand zwischen ihnen zu machen.

Um einen umfassenden Stammbaum des Lebens zu konstruieren, ist es nötig, mit einem DNA-Abschnitt zu beginnen, der im Genom von allen Organismen leicht zu erkennen ist. An früherer Stelle haben wir bereits behandelt, dss alle Zellen die gleichen grundlegenden Mechanismen verwenden, um eine Nukleotidsequenz in eine Proteinsequenz zu translatieren; und wie haben gesehen, dass das Ribosom die „Entzifferungsmaschine" ist, die das ausführt. Ribosomen sind grundsätzlich ähnlich in allen Organismen, und ein besonders gut konservierter Bestandteil davon sind die RNA-Moleküle, die ihren Kern bilden. Auch wenn die exakte Sequenz dieser *ribosomalen RNAs (rRNAs)* sich über die Organismen hinweg unterscheidet, sind sie doch ähnlich genug, um sie als Maßstab für die Beurteilung, wie eng zwei Arten verwandt sind, einzusetzen: Je ähnlicher die ribosomalen RNA-Sequenzen sind, desto kürzer liegt die Trennung von einem gemeinsamen Vorfahren zurück und umso enger müssen sie verwandt sein. Sobald man eine grobe Näherung des Stammbaums des Lebens auf diese Weise erhalten hat, können weitere DNA-Sequenzen, nämlich solche, die sich nicht in allen Organismen identifizieren lassen, dazu herangezogen werden, die Verwandtschaft zwischen enger verwandten Arten exakt zu bestimmen.

Diese Herangehensweise hat enthüllt, dass die belebte Welt aus drei Hauptabteilungen oder *Domänen* besteht: Eukaryoten, Bakterien und Archaeen (**Abb. 1.9**). In den folgenden Abschnitten stellen wir sie nacheinander kurz vor.

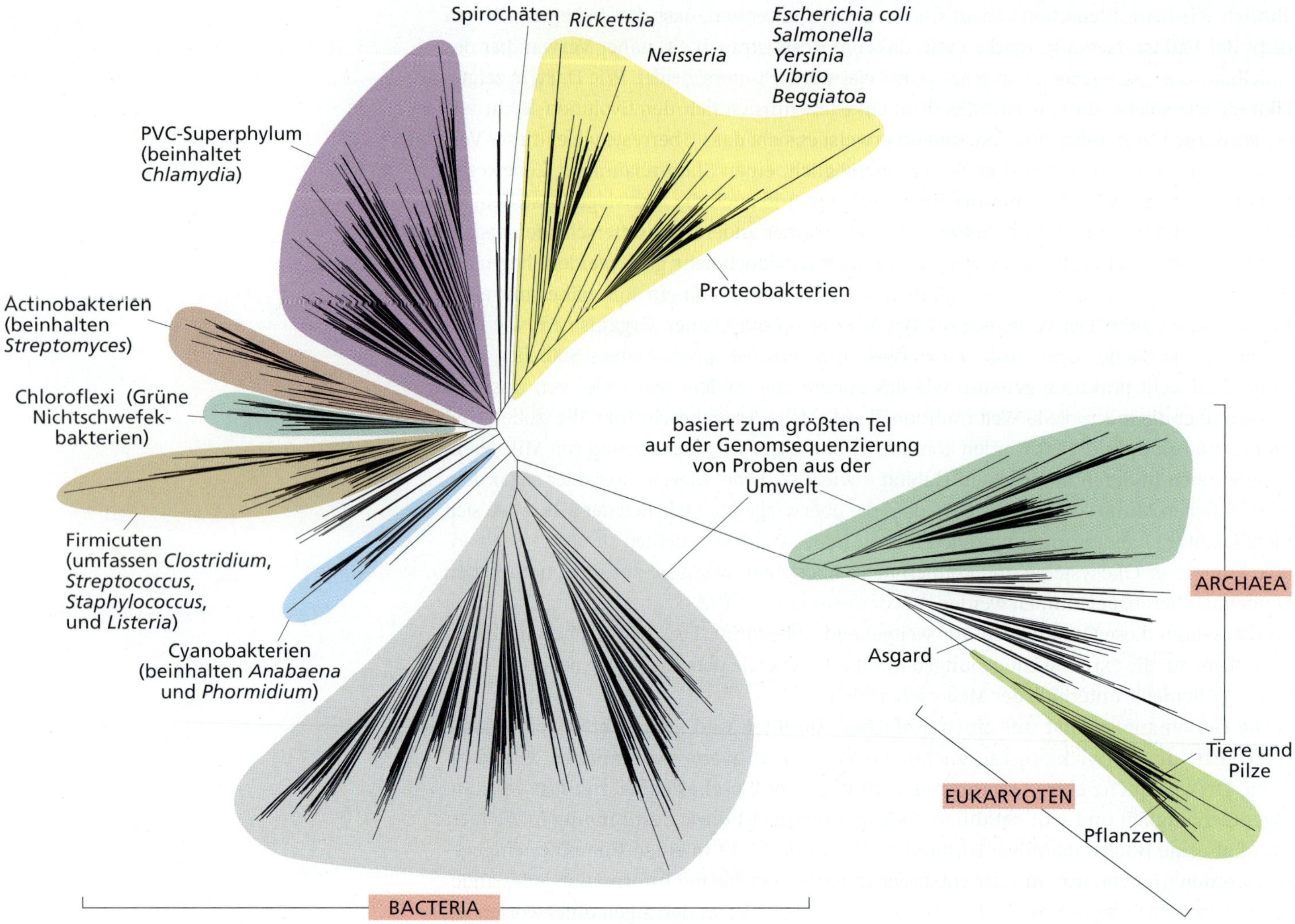

Abb. 1.9 **Ein umfassender Stammbaum des Lebens, basierend auf Genomvergleichen, zeigt die drei Hauptabteilungen (Domänen) der belebten Welt.** Die Länge der Äste ist proportional zu den Unterschieden zwischen den Genomen, wobei gemeinsame Gene verwendet wurden, die über viele verschiedene Arten hinweg erkannt und verglichen werden können. Einige der Lebewesen, die in diesem und späteren Kapiteln behandelt werden, sind genannt. Von den drei Domänen des Lebens (Bakterien, Archaeen und Eukaryoten) entfällt auf die Bakterien die bei Weitem größte Diversität, proportional zu ihrer Fähigkeit, nahezu jede ökologische Nische des Planeten zu besetzen. Derzeit werden mithilfe der DNA-Sequenzierung so viele neue Bakterienarten aus Umweltproben identifiziert, dass allein ihre Benennung zu einer Herausforderung wurde. Obwohl der Schwerpunkt dieses Buchs auf den Eukaryoten (und besonders auf den Tieren) liegt, umfassen sie nur einen kleinen Teil der globalen Diversität. In Abbildung 1.35 ist ein ausgedehnter eukaryotische Stammbaum zu sehen, und ein solcher für Säugetiere ist in Abb. 4.67 gezeigt. (Nach C. J. Castelle und J. F. Banfield, *Cell* 172: 1181–1197, 2018.)

1.2.2 Die Eukaryoten bilden die Domäne des Lebens, die uns am vertrautesten ist

Die große Vielfalt an lebenden Geschöpfen um uns herum sind Eukaryoten. Die Bezeichnung leitet sich aus dem Griechischen her und bedeutet „mit echtem Zellkern" (von gr. *eu* „gut" oder „echt" und *karyon* „Kern" oder „Nukleus"; sie spiegelt die Tatsache wider, dass die Zellen dieser Lebewesen ihre DNA in einer membranumhüllten Organelle, den Zellkern (Nukleus), eingeschlossen haben. Im 20. Jahrhundert verwendete man diese Eigenschaft, um lebende Organismen entweder als **Eukaryoten** (mit einem echten Zellkern) oder als **Prokaryoten** (ohne einen Zellkern) zu klassifizieren; dieses Merkmal war mit dem einfachen Lichtmikroskop zu erkennen. Wir wissen heute, dass Prokaryoten zwei der drei wichtigen Hauptdomänen des Lebens ausmachen, die Bakterien und die Archaeen. Eukaryotische Zellen sind üblicherweise sehr viel größer als jene von

Bakterien und Archaeen; außer einen Zellkern enthalten sie typischerweise eine Vielzahl von membranumschlossenen Organellen, die den Prokaryoten ebenfalls fehlen. Die Genome von Eukaryoten sind auch eher sehr viel größer – sie enthalten z. B. mehr als 20 000 Gene beim Menschen und bei Korallen, im Vergleich zu 4000 bis 6000 Genen bei einem typischen Bakterium oder einer Archaee.

Außer Pflanzen und Tieren zählen zu den Eukaryoten auch Pilze (wie die Speisepilze oder Hefepilze, die in der Bier- und Brotherstellung eingesetzt werden); außerdem zählt dazu eine erstaunliche Vielfalt einzelliger, mikroskopischer Lebensformen. Der größte Teil dieses Buchs befasst sich mit der Zellbiologie eukaryotischer Organismen (insbesondere Tiere); im letzten Abschnitt dieses Kapitels kehren wir zu Eukaryoten zurück und konzentrieren uns auf die Vielfalt innerhalb dieser Gruppe.

1.2.3 Auf Basis von Genomanalysen sind Bakterien die diverseste Gruppe von Lebewesen auf der Erde

Die modernen Stammbäume des Lebens wurden mithilfe von Genominformationen erstellt; dabei war eine der großen Überraschungen, wie viel mehr evolutionäre Vielfalt die bakterielle Welt aufweist, verglichen mit Eukaryoten. Wir wissen heute, dass die große Vielfalt das sehr viel frühere Erscheinen der Bakterien in der Evolutionsgeschichte der Erde widerspiegelt. Bakterien sind in der Regel sehr klein (und mit dem bloßen Auge nicht sichtbar), und sie leben im Allgemeinen als unabhängige Individuen oder locker organisierte Gemeinschaften, anstatt als vielzellige Organismen. Typischerweise sind sie rund oder stäbchenförmig und ein paar wenige Mikrometer (μm) lang (**Abb. 1.10**). Sie besitzen oft eine starke Schutzhülle, die sogenannte Zellwand, unterhalb derer eine Plasmamembran ein einzelnes cytoplasmatisches Kompartiment umschließt – das *Cytoplasma*; dieses enthält DNA, RNA, Proteine und viele kleine, für das Leben notwendige Moleküle (**Abb. 1.11**). Auch wenn es mit dem Lichtmikroskop schwer zu erkennen ist, so ist doch das Innere eines Bakteriums nichtsdestotrotz hoch organisiert; dieses Thema behandeln wir in Kapitel 16.

Entsprechend der Vielfalt ihrer Genome leben Bakterien in einer enormen Vielzahl ökologischer Nischen, und ihre biochemischen Fähigkeiten sind erstaunlich vielfältig. Es gibt Arten, die praktisch jede Art von organischen Molekülen als Nahrung nutzen können, angefangen von Zuckern über Aminosäuren bis zu Kohlenwasserstoffen, einschließlich dem einfachsten Kohlenwasserstoff, dem Methangas (CH_4). Andere Arten (**Abb. 1.12**) gewinnen Lichtenergie auf vielfältige Weise; manche betreiben wie Pflanzen Photosynthese und erzeugen als Nebenprodukt Sauerstoff. Wieder andere können

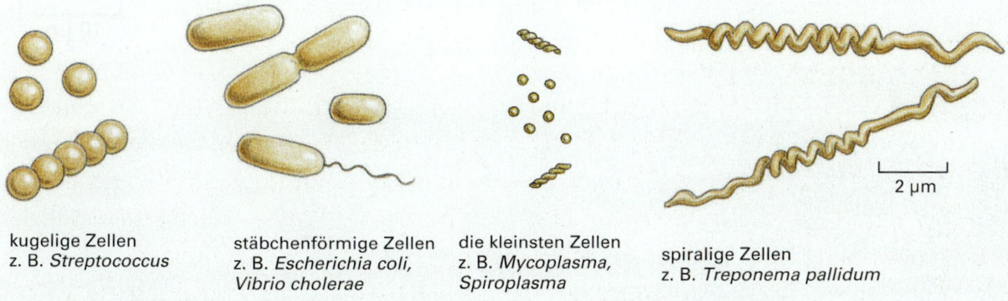

Abb. 1.10 Formen und Größen einiger Bakterien. Obwohl die meisten klein sind (nur einige Mikrometer lang), gibt es, wie man sieht, auch einige Riesenspezies. Ein extremes, hier nicht gezeigtes Beispiel ist das zigarrenförmige Bakterium *Epulopiscium fishelsoni*, das im Verdauungstrakt des Doktorfischs lebt und bis zu 600 μm lang wird.

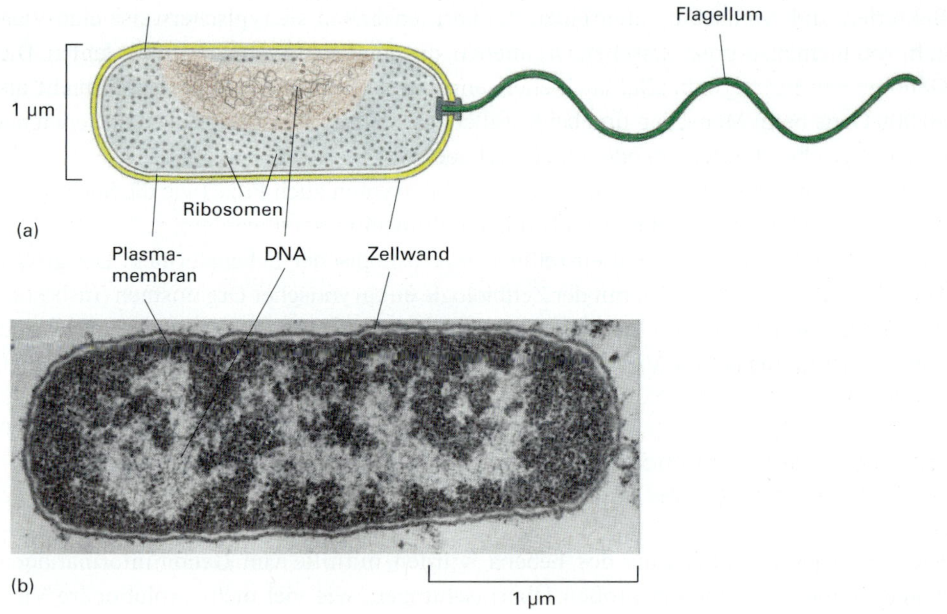

Abb. 1.11 Die Struktur eines Bakteriums. (a) Eine Zeichnung des Bakteriums *Vibrio cholerae* mit seiner einfachen inneren Organisation. Diese Spezies kann den menschlichen Dünndarm befallen und Cholera verursachen; dieser schwere Durchfall, der die Krankheit begleitet, tötet weltweit jährlich über 100 000 Menschen. Wie viele andere Bakterien, so hat auch *Vibrio* einen helikalen Anhang an einem Ende – eine Flagelle – die als Propeller rotiert, um die Zelle vorwärtszutreiben. (b) Elektronenmikroskopische Aufnahme eines Längsschnitts durch das häufig untersuchte Bakterium *Escherichia coli (E. coli)*. *E. coli* ist Teil unserer normalen Darmflora (intestinale Mikrobiota), der vollständigen Sammlung von Mikroben in unserem Darm. Es hat viele Flagellen auf seiner Oberfläche, die in diesem Schnitt nicht zu sehen sind. Beide hier gezeigten Bakterien sind gramnegativ, sie besitzen sowohl eine äußere wie eine innere (Plasma-)Membran. Vielen anderen Bakterienarten fehlt jedoch die äußere Membran; diese werden als grampositiv bezeichnet. (b, mit freundlicher Genehmigung von E. Kellenberger).

sich von einer einfachen Nahrung auf anorganischen Nährstoffen ernähren, wobei sie ihren Kohlenstoff aus CO_2 gewinnen und sich für ihren Energiebedarf auf eine Fülle von Chemikalien in ihrer Umgebung verlassen; dazu zählen H_2, Fe^{2+}, H_2S und elementarer Schwefel (**Abb. 1.13**).

Eine große Spannbreite von Bakterien beeinflusst direkt die menschliche Gesundheit. Die Beulenpest des Mittelalters (die schätzungsweise die Hälfte der europäischen Bevölkerung dahinraffte) und die derzeitige Tuberkulosepandemie (die über eine Million Tote pro Jahr verursacht) sind beide auf bestimmte Bakterienarten zurückzuführen. Und Tausende verschiedener Bakterienarten besiedeln unseren Darm und unserer Haut, wo sie uns häufig von Nutzen sind. Wir werden durch das ganze Buch hindurch Bakterien behandeln, da gerade die Untersuchung dieser relativ einfachen Zellen viel zu unserem Verständnis grundlegender biologischer Vorgänge beigetragen hat – dazu zählt die DNA-Replikation, die Transkription und die Translation. In Kapitel 24 wenden

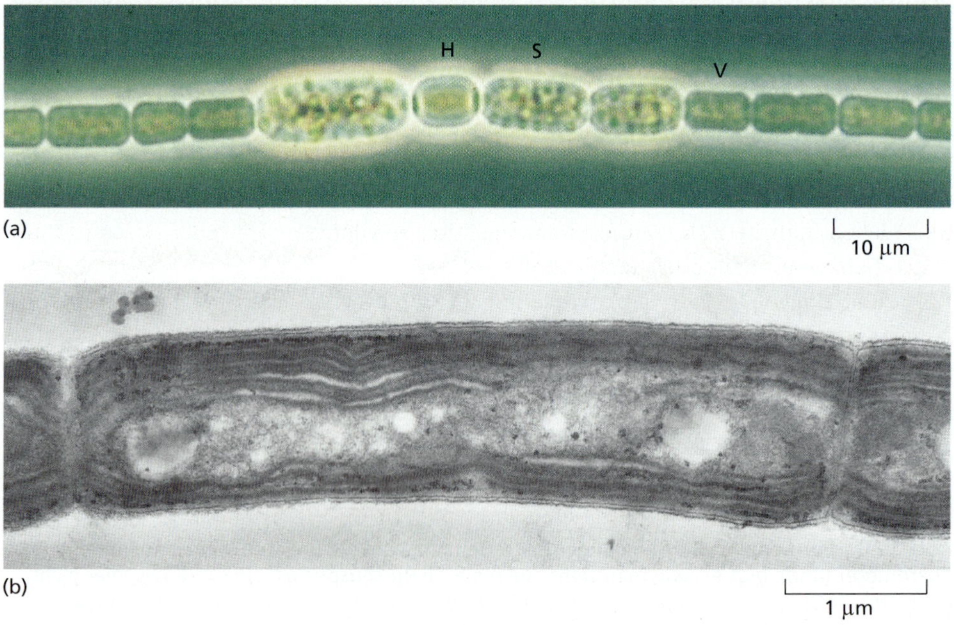

Abb. 1.12 Photosynthesetreibende Bakterien. (a) Eine lichtmikroskopische Aufnahme des Bakteriums *Anabaena cylindrica*. Die Zellen dieser Spezies bilden lange Ketten, in denen die meisten Zellen (V) Photosynthese betreiben (und dabei CO_2 einfangen und Kohlenstoff in organische Verbindungen einbauen); während sich andere auf die Stickstoff-Fixierung spezialisiert haben (H) und wieder andere (S) entwickeln sich zu Typen, die widrigen Bedingungen standhalten können. (b) Eine elektronenmikroskopische Aufnahme eines verwandten photosynthesetreibenden Bakteriums. *Phomidium laminosum*, welche die intrazellulären Membranen zeigt, in denen sich die Photosynthese abspielt. Wie in diesen mikroskopischen Aufnahmen gezeigt, besitzen manche Prokaryoten intrazelluläre Membranen und bilden Kolonien, die einfachen Vielzellern ähneln. (a, mit freundlicher Genehmigung von Dave G. Adams, b, mit freundlicher Genehmigung von D. P. Hill und C. J. Howe).

wir uns erneut den Bakterien zu, wenn wir die Zellbiologie von Infektionskrankheiten in den Blick nehmen. Schließlich gestatten uns gentechnische Methoden, Bakterien als kleine „Fabriken" zu nutzen, um menschliche Arzneistoffe, Biotreibstoffe und andere hochwertige chemische Produkte zu erzeugen, was wir in Kapitel 8 behandeln werden.

1.2.4 Archaeen: die mysteriöse Domäne des Lebens

Von den drei Domänen des Lebens sind die Archaeen die am wenigsten verstandene Gruppe. Die meisten ihrer Vertreter wurden durch DNA-Sequenzierung von Proben aus der Umwelt identifiziert und relativ wenige wurden im Laboratorium kultiviert und genau untersucht. Wie Bakterien, so sind auch die Archaeen, über die wir am meisten wissen, klein und es fehlen ihnen innere, membranumschlossene Organellen, was sie von Eukaryoten unterscheidet. Aber sie unterscheiden sich auch von Bakterien auf vielfältige Weise; dazu zählt die Chemie ihrer Zellwand, die Art von Lipiden, aus denen ihre Membran aufgebaut ist, und die Spannweite ihrer biochemischen Reaktionen, die sie ausführen. Eine andere überraschende Erkenntnis stammt aus Genomvergleichen: Obwohl Archaeen hinsichtlich ihrer äußeren Erscheinung Bakterien ähneln, sind ihre Genome sehr viel enger mit Eukaryoten verwandt als mit Bakterien (s. **Abb. 1.9**). Man hat sogar vorgeschlagen, dass der Stammbaum des Lebens nur zwei Hauptdomänen haben sollte, wovon die Archaeen und Eukaryoten eine Domäne ausmachen und Bakterien die andere. Die enge Verwandtschaftsbeziehung zwischen Archaeen und Eukaryoten hat auch unseren Blick darauf verändert, wie sich die früheste eukaryotische Zelle entwickelte – ein Thema, das später in diesem Kapitel angesprochen wird.

Zunächst glaubte man, dass Archaeen nur extreme Umgebungen besiedelten, wie Vulkane, Salzseen, saure heiße Quellen und Mägen von Rindern. Aber nun hat man erkannt, dass sie auch in angenehmeren Umgebungen wie Erde, Meerwasser und unserer Haut vorkommen. Entsprechend der breiten Vielfalt ökologischer Nischen, in denen man sie gefunden hat, besitzen die verschieden Arten der Archaeen eine sehr vielfältige Chemie. Man glaubt, dass sie die vorherrschende Lebensform in Erde und Meerwasser sind und dass sie eine wichtige Rolle bei der Wiederverwertung von Stickstoff und Kohlenstoff spielen, den beiden wichtigsten Elementen für alle Zellen.

1.2.5 Organismen besetzen den größten Teil unseres Planeten

Um das Leben auf der Erde zu verstehen, müssen wir mehr als nur seine Vielfalt verstehen. Wir müssen auch wissen, wo Leben auf unserem Planeten vorkommt und wie die verschiedenen lebenden Arten verteilt sind. Organismen besiedeln nahezu den ganzen Planeten und wir sind immer noch dabei, neue Habitate zu entdecken. Erstaunlicherweise leben manche Bakterien und Archaeen sogar kilometertief in der Erdkruste und in den tiefsten und feindlichsten Teilen der Meere.

Wie sind die wichtigsten Gruppen der Lebewesen innerhalb der verschiedenen Umgebungen verteilt? In der jüngsten Zeit wurden DNA-Sequenzierungen und andere fortschrittliche Techniken eingesetzt, um diese Frage anzugehen. Die gesamte Biomasse der Erde enthält schätzungsweise ca. 550 Gigatonnen (10^{15} Gramm) Kohlenstoff, wovon 450 Gigatonnen Kohlenstoff (Gt C) Pflanzen beitragen, 70 Gt C Bakterien, 7 Gt C Archaeen und 2 Gt C Tiere (**Abb. 1.14**). Pflanzen sind hauptsächlich terrestrisch, Bakterien und Archaeen kommen hauptsächlich im Boden und in der Erdkruste vor. Die gesamte terrestrische Biomasse ist 100-mal größer als jene in den Meeren, obgleich der größte Teil der tierischen Masse in den Meeren vorkommt. Die menschliche Biomasse ist 10-mal größer als jene aller messbaren wilden Tiere zusammengenommen, und während

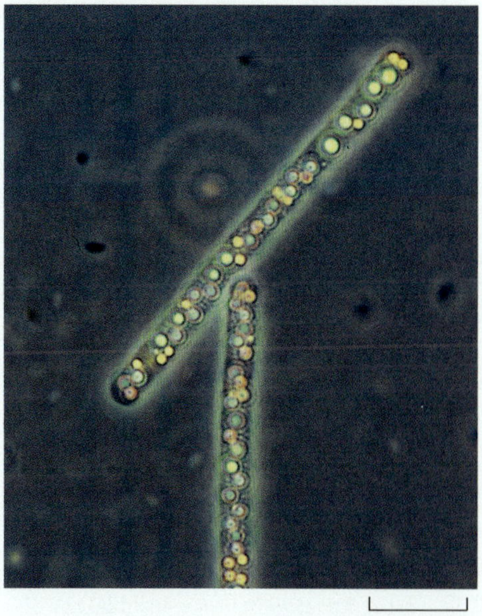

Abb. 1.13 Das Bakterium *Beggiatoa*. Es lebt in schwefelreichem Milieu (s. z. B. Abb. 1.15) und gewinnt seine Energie aus der Oxidation von H_2S – deshalb kann es Kohlenstoff sogar im Dunkeln fixieren. Man beachte die gelben Ablagerungen in den Zellen. (Mit freundlicher Genehmigung von Ralph W. Wolfe).

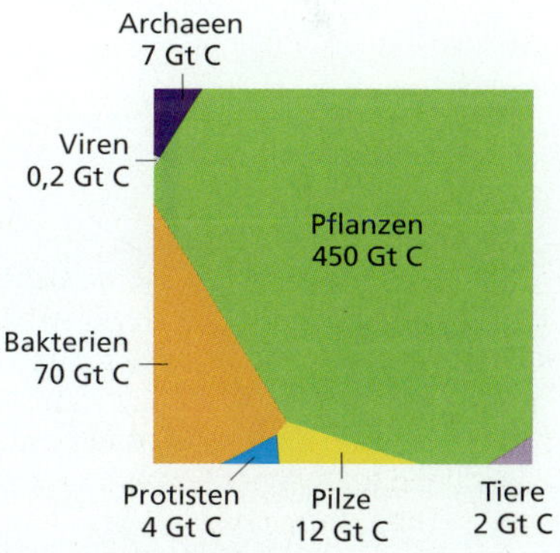

Abb. 1.14 Die Verteilung der lebenden Biomasse auf der Erde. Die gesamte Biomasse auf der Erde wird in Gigatonnen an Kohlenstoff (Gt C) ausgedrückt und auf ca. 550 Gt C geschätzt. In der gezeigten Grafik ist die Fläche jedes Taxons proportional zu dessen globaler Biomasse; damit machen Pflanzen etwa 80°% (45/550) der gesamten Biomasse aus, während auf Tiere nur 0,4 % (2/550) fallen. Diese jüngsten Schätzungen fußen auf verschiedenen fortschrittlichen Techniken, einschließlich der DNA-Sequenzierung und Fernerkundung. (Nach Y. N. Bar-On et al., *Proc. Natl. Acad. Sci. USA* 115: 6506–6511, 2018. Mit Erlaubnis der Autoren).

die menschliche Biomasse fortwährend zunimmt, nimmt diejenige der wilden Tiere ab, hauptsächlich aufgrund der menschlichen Aktivitäten.

Obwohl Menschen und Tiere nur einen kleinen Teil der irdischen Biomasse ausmachen, hängt ihre Existenz vollständig von anderen Lebensformen ab. Im nächsten Abschnitt werden wir einige der Wege anschauen, auf denen diese verschiedenen Lebensformen zusammenarbeiten, um Energie aus den unbelebten Bestandteilen der Erde einzufangen und wiederzugewinnen.

1.2.6 Zellen können durch verschiedene Quellen Freier Energie angetrieben werden

Lebewesen beziehen ihre Freie Energie auf unterschiedlichem Weg. Manche, wie Tiere, Pilze und die verschiedenen Bakterien, die im Verdauungstrakt des Menschen leben, erhalten sie, indem sie sich von anderen Lebewesen oder von den von ihnen gebildeten organischen Substanzen ernähren. Solche Organismen werden *organotroph* genannt (von griechisch *trophé* = Nahrung). Andere gewinnen ihre Energie unmittelbar aus der anorganischen Welt. Sie bilden zwei Gruppen: Die eine nutzt die Energie des Sonnenlichts, die andere Energie aus energiereichen Systemen der mineralischen Umgebung, also aus anorganischen Stoffen, die weit vom chemischen Gleichgewicht entfernt sind. Organismen der ersten Gruppe heißen *phototroph* (vom Licht lebend), die anderen heißen *lithotroph* (vom Gestein lebend). Organotrophe Organismen wie wir könnten nicht existieren, wenn es nicht diese primären Energieumwandler gäbe, die die häufigste Lebensform darstellen.

Zu den phototrophen Organismen gehören viele Bakterien, aber auch Algen und höhere Pflanzen. Sowohl wir selbst als auch die meisten Lebewesen, die wir normalerweise um uns herum sehen, sind von ihnen abhängig. Die phototrophen Organismen haben die gesamte Chemie unserer Umwelt verändert. Ein Paradebeispiel ist der atmosphärische Sauerstoff, der letztendlich ein Nebenprodukt ihrer Biosynthese-Aktivitäten ist.

Lithotrophe Organismen sind keine so auffallenden Erscheinungen in unserer Welt, denn sie sind mikroskopisch klein und leben meist in Umgebungen, die Menschen nicht oft aufsuchen: tief im Ozean, verborgen unter der Erde oder in verschiedenen anderen scheinbar unwirtlichen Milieus. Aber sie stellen einen bedeutenden Teil der Lebewesen dar, und sie sind in vielerlei Hinsicht wichtig für die Geschichte des Lebens auf der Erde.

Manche Lithotrophe erhalten ihre Energie aus *aeroben* Reaktionen, die molekularen Sauerstoff (O_2) aus der Umwelt nutzen. Da atmosphärischer Sauerstoff letztendlich ein Produkt lebender phototropher Organismen ist, leben diese aeroben Lithotrophen im Grunde von den Produkten früheren Lebens. Es gibt jedoch auch viele andere Lithotrophe, die *anaerob* (ohne Sauerstoffbedarf) an Orten leben, wo nur wenig oder gar kein Sauerstoff vorhanden ist – diese Bedingungen ähneln denen, die wohl in der Frühzeit des Lebens auf der Erde geherrscht haben, als sich noch kein Sauerstoff angereichert hatte.

Die eindrucksvollsten anaeroben Plätze dieser Art sind die heißen *hydrothermalen Schlote* – auch *Hydrothermalquellen (hydrothermal vents)* oder Schwarze Raucher (*black smokers*) genannt. Sie befinden sich in großen Tiefen auf dem Ozeanboden von Atlantik und Pazifik. Man findet sie im Bereich von Spreizungszonen, wo sich der Meeresboden auseinanderbewegt und wo sich durch langsames Aufwärtsquellen von heißem Magma aus dem Erdinneren neue Teile der Erdkruste bilden (**Abb. 1.15**). Meerwasser, das an solchen Stellen ins Sediment sickert, wird erhitzt und als submariner Geysir zurück nach oben getrieben – angereichert mit vielfältigen Mineralien aus dem darunterliegenden heißen Gestein. Ein typischer Cocktail aus solch einer heißen Tiefseequelle enthält H_2S, H_2, CO, Mn^{2+}, Fe^{2+}, Ni^{2+}, CH_4, NH_4^+ sowie phosphathaltige Verbindungen.

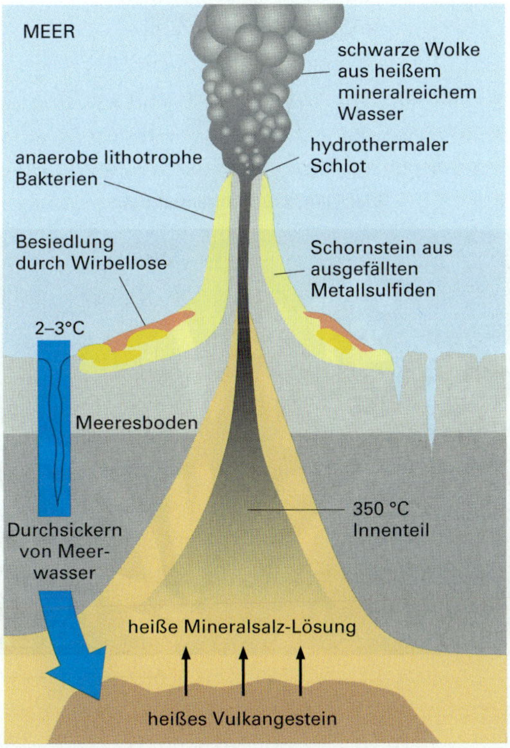

Abb. 1.15 Die Geologie eines heißen hydrothermalen Schlots im Meeresboden. Wie gezeigt, sickert Wasser dem heißen geschmolzenen Gestein (Basalt) entgegen, das an einer submarinen Spreizungszone aus dem Erdinneren aufsteigt. Dadurch wird es erhitzt und nach oben zurückgetrieben, wobei es eine Mischung von Mineralien, die aus dem heißen Magma herausgelöst wurden, mitnimmt. Es stellt sich ein Temperaturgradient zwischen ungefähr 350 °C im Bereich des Schlotzentrums und 2 bis 3 °C im umgebenden Ozeanwasser ein. Die in der hydrothermalen Flüssigkeit gelösten Salze fallen beim Abkühlen aus und bilden einen Schornstein. Um ihn herum siedeln sich entsprechend ihren Temperaturbedürfnissen in unterschiedlichen Entfernungen verschiedene Organismenklassen an. Ein typischer Schornstein solch eines sogenannten Schwarzen Rauchers (*black smoker*) kann mehrere Meter hoch sein und heißes, mineralreiches Wasser ausspeien. Gezeigt sind auch die Bereiche der lithotrophen Bakterien und die wirbellosen Meerestiere, die von ihnen abhängen (s. Abb. 1.16).

In der Nachbarschaft des hydrothermalen Schlots lebt eine dichte Bakterienpopulation von diesen spärlichen Nährstoffen und gewinnt Energie aus Reaktionen zwischen den verfügbaren chemischen Substanzen. Andere Organismen, wie verschiedene Muscheln und riesige Röhrenwürmer, siedeln sich ebenfalls in der Nähe von Hydrothermalquellen an und ernähren sich wiederum von den Bakterien. Auf diese Weise entsteht ein komplexes Ökosystem – analog zur Welt der Pflanzen und Tiere, zu der wir gehören – das aber durch geochemische Energie anstelle von physikalischer Solarenergie angetrieben wird (**Abb. 1.16**).

1.2.7 Manche Zellen fixieren für andere Stickstoff und Kohlenstoffdioxid

Um eine lebende Zelle zu erzeugen, benötigt man sowohl Materie als auch Energie. DNA, RNA und Proteine sind Stoffe aus gerade sechs chemischen Elementen: Wasserstoff (H), Kohlenstoff (C), Stickstoff (N), Sauerstoff (O), Schwefel (S) und Phosphor (P). Sie alle sind zwar reichlich im anorganischen Milieu (Boden, Wasser und Luft) enthalten, aber nicht in chemischen Formen, die einen leichten Einbau in Biomoleküle ermöglichen. Besonders atmosphärisches N_2 und CO_2 sind außerordentlich reaktionsträge. Es erfordert eine große Menge Freier Energie, um die Reaktionen anzutreiben, die aus diesen anorganischen Molekülen die organischen Verbindungen herstellen, die für weitere Biosynthesen nötig sind. Mit anderen Worten: Stickstoff und Kohlenstoffdioxid müssen gebunden (*fixiert*) werden, um N und C in eine Form zu bringen, die Organismen zugänglich ist. Viele Typen von Zellen besitzen keinen biochemischen Apparat, um diese Bindung auszuführen, und sind von anderen Zellklassen abhängig, die diese Arbeit für sie verrichten. Wir Tiere verlassen uns für unseren Bedarf an organischen Kohlenstoff- und Stickstoffverbindungen direkt oder indirekt auf Pflanzen. Pflanzen wiederum können zwar Kohlenstoffdioxid aus der Atmosphäre fixieren, jedoch fehlt ihnen die Fähigkeit, atmosphärischen Stickstoff zu binden, weshalb sie teilweise von Stickstoff fixierenden

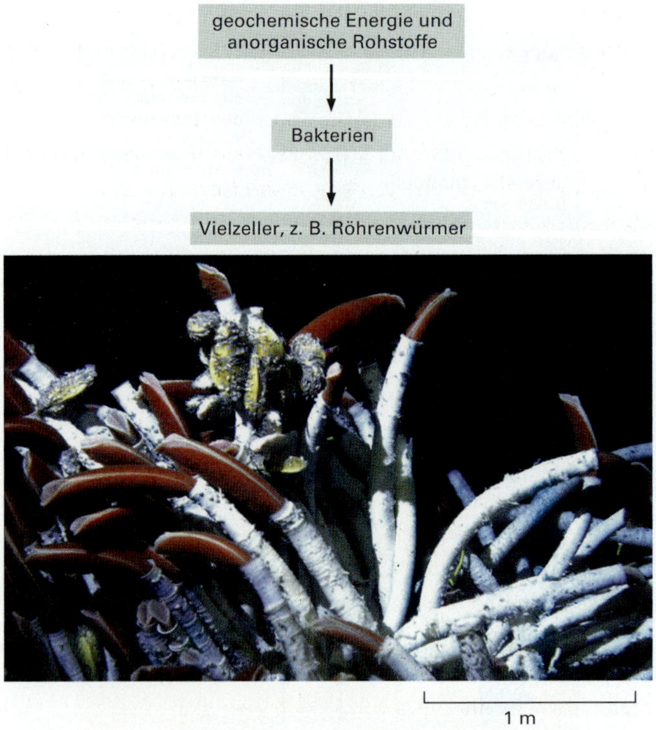

Abb. 1.16 Lebewesen, die in 2500 Meter Tiefe in der Nähe eines hydrothermalen Schlots auf dem Meeresboden leben. In direkter Nähe des heißen Schlots – bei Temperaturen von bis zu 120 °C – leben verschiedene lithotrophe Spezies von Bakterien und Archaeen auf der Basis von geochemischer Energie. Etwas weiter weg, wo die Temperatur niedriger ist, siedeln verschiedene wirbellose Tiere, die sich von diesen Mikroorganismen ernähren. Besonders bemerkenswert sind die riesigen, zwei Meter langen Röhrenwürmer *Riftia pachyptila*, die auf dem Foto zu sehen sind. Sie fressen nicht einfach lithotrophe Zellen aus der Umgebung, sondern leben in Symbiose mit ihnen; spezialisierte Organe in den Würmern beherbergen eine riesige Anzahl symbiotische, schwefeloxidierende Bakterien. Diese Mikroorganismen nutzen geochemische Energie und versorgen ihre Wirte, die weder eine Mund- noch eine Darmöffnung haben, mit Nährstoffen. Wahrscheinlich haben sich die Röhrenwürmer aus herkömmlichen Tieren entwickelt und sich erst sekundär an das Leben in der Nähe von hydrothermalen Schloten angepasst. (National Oceanic and Atmospheric Administration (NOAA), Wikimedia Commons).

Bakterien abhängig sind, die ihnen den nötigen Vorrat an organischen Stickstoffverbindungen liefern. Leguminosen wie die Erbse beherbergen z. B. symbiotische Stickstoff fixierende Bakterien in Knöllchen an ihren Wurzeln.

Da sich lebende Zellen sehr stark in einigen der grundlegendsten biochemischen Eigenschaften unterscheiden, haben Zellen mit sich ergänzenden Bedürfnissen und Fähigkeiten häufig enge Verbindungen entwickelt. Wie wir später sehen werden, haben sich manche dieser symbiotischen Verbindungen bis zu einem unumkehrbaren Punkt entwickelt – die Partner haben ihre jeweilige Individualität verloren, und sie haben ihre Kräfte verbunden, indem sie eine einzige zusammengesetzte Zelle gebildet haben ein *endosymbiotischer* Zusammenschluss, im Gegensatz zu einem *ektosymbiotischen* zwischen getrennten Organismen.

1.2.8 Genome diversifizieren sich im Verlauf der Evolution und erzeugen neue Organismenarten

Nachdem wir unsere augenblickliche Sicht auf die Diversität von Lebensformen behandelt haben, wie sie über die Erde verteilt sind und wie sie voneinander abhängen, wenden wir uns nun der Frage zu, wie diese große Vielfalt entstand. Das gesamte Leben hängt von der Speicherung der genetischen Information in Form des DNA-Genoms einer Zelle ab; somit konzentrieren wir uns nun darauf, wie sich Genome im Laufe der Evolution verändert haben.

Sowohl bei der Speicherung als auch beim Kopieren der genetischen Information können zufällige Unfälle und Fehler auftreten, die die Nukleotidsequenz verändern, sodass **Mutationen** entstehen. Wenn sich eine Zelle teilt, sind ihre beiden Tochterzellen daher häufig nicht ganz miteinander identisch oder unterscheiden sich ein wenig von der Mutterzelle. In seltenen Fällen kann der Fehler eine Änderung zum Besseren bewirken. Viel wahrscheinlicher richtet er aber einfach nur keinen ernsthaften Schaden für die Lebensaussichten der Zelle an. Häufig führt solch ein Fehler allerdings zu einer erheblichen Schädigung, indem er beispielsweise die Codierungssequenz für ein Schlüsselprotein oder ein RNA-Molekül unterbricht. Änderungen des ersten Typs neigen dazu, weitergegeben zu werden, da die abgewandelte Zelle eine gesteigerte Überlebens- und Vermehrungsfähigkeit besitzt. Änderungen durch Fehler des zweiten Typs nennt man *selektionsneutral*. Sie werden entweder weitergegeben oder auch nicht; denn in diesem Fall entscheidet bei der Konkurrenz um begrenzte Ressourcen allein der Zufall, ob die veränderte Zelle oder aber ihre „Wildtyp"-Cousins erfolgreicher sind. Dagegen führen Abwandlungen, die ernsthafte Schäden verursachen, ins Nichts – eine Zelle, der so etwas zustößt, stirbt und hinterlässt keine Nachkommen. Durch fortwährendes Wiederholen dieser Runden von Versuch und Irrtum – von *Mutation* und *natürlicher Auslese (Selektion)* – entwickeln sich Lebewesen. Ihre genetischen Eigenschaften ändern sich und eröffnen ihnen neue Möglichkeiten, um die Umwelt besser zu nutzen, um in Konkurrenz mit anderen zu überleben und um sich erfolgreich zu vermehren.

Im Verlauf der Evolution (*Phylogenese*) ändern sich manche Teile des Genoms schneller als andere. Ein DNA-Abschnitt, der nicht für ein Protein oder eine RNA codiert und keine signifikante Kontrollfunktion hat, kann sich mit einer Geschwindigkeit ändern, die nur durch die Häufigkeit zufälliger Fehler begrenzt ist. Auf der anderen Seite darf sich ein Gen, das für ein hoch optimiertes essenzielles Protein- oder RNA-Molekül codiert, nicht leicht ändern. Wenn dort ein Fehler entsteht, ist die befallene Zelle geschädigt und wird beseitigt. Gene dieser Art sind daher *hoch konserviert*. Während der mehr als 3,5 Milliarden Jahre Evolutionsgeschichte haben sich viele Merkmale des Genoms bis zur Unkenntlichkeit verändert – die am höchsten konservierten Gene sind jedoch bei allen lebenden Spezies sehr ähnlich geblieben.

Diese letzteren Gene müssen untersucht werden, wenn man im Stammbaum des Lebens Verwandtschaften zwischen den am weitesten voneinander entfernten Arten aufspüren möchte. Als Beispiel behandelten wir ein solches Gen – jenes für die ribosomale RNA – als wir die Einteilung der belebten Welt in die drei Domänen, Eukaryoten, Bakterien und Archaeen, einführten. Da die Bildung von Proteinen für alle lebenden Zellen fundamental ist, wurde dieser Ribosomenbestandteil seit frühestem Beginn der Geschichte des Lebens auf der Erde stark konserviert (**Abb. 1.17**).

Die ribosomalen RNA-Gene zeichnen sich dadurch aus, dass sie im Gegensatz zu den meisten Teilen des Genoms, die sich im Laufe der Evolution viel dramatischer verändert haben, so gut konserviert sind. Eine vollständige DNA-Sequenz eines Organismus – seine Genomsequenz – verrät alle Gene, die ein Organismus besitzt und ebenso diejenigen, die ihm fehlen. Wenn wir die drei Domänen der belebten Welt vergleichen, beginnen wir zu sehen, welche Gene allen gemeinsam sind und deshalb in der letzten gemeinsamen Vorfahrenzelle, dem Begründer der heute lebenden Dinge, vorhanden waren. Wir können auch jene Gene identifizieren, die für einen einzelnen Zweig des Stammbaums des

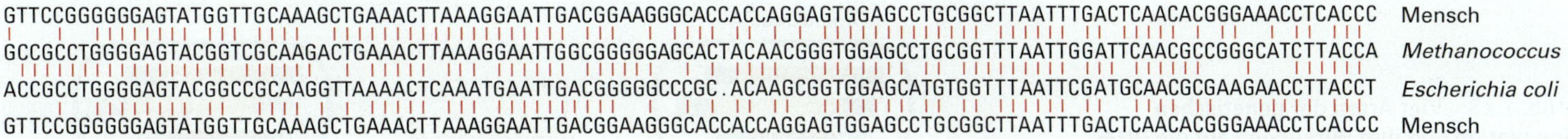

Abb. 1.17 **Genetische Information, die seit der Zeit des letzten gemeinsamen Vorfahren aller Lebewesen konserviert ist.** Hier ist ein Teil des Gens für die kleinere der beiden Hauptkomponenten der ribosomalen RNA gezeigt. (Das vollständige Molekül ist je nach Spezies etwa 1500–1900 Nukleotide lang.) Sich entsprechende Abschnitte der Nukleotidabfolge einer Archaee (*Methanococcus jannaschii*), eines Eubakteriums (*Escherichia coli*) und eines Eukaryoten (*Homo sapiens*) sind zueinander ausgerichtet. Stellen, an denen Nukleotide bei den Arten übereinstimmen, sind durch rote vertikale Linien markiert. Die Menschensequenz ist unten noch einmal wiederholt, damit man alle drei Zweiervergleiche erkennen kann. Ein Punkt in der Mitte der *E.-coli* -Sequenz kennzeichnet eine Stelle, an der ein Nukleotid während der Phylogenese entweder aus der Eubakterien-Linie entfernt (deletiert) wurde oder bei den beiden anderen Linien eingesetzt (inseriert) wurde. Bemerkenswerterweise besitzen die Sequenzen dieser drei Organismen, die die drei Reiche der Lebewesen repräsentieren, noch unverkennbare Ähnlichkeiten.

Lebens bezeichnend sind. Um solche Befunde zu erklären, müssen wir betrachten, wie neue Gene entstehen und allgemeiner, wie sich Genome entwickeln.

1.2.9 Neue Gene werden aus bereits vorhandenen Genen erzeugt

Das Rohmaterial der Entwicklung ist die bereits vorhandene DNA-Sequenz. Es gibt keinen natürlichen Mechanismus, um lange Abschnitte aus neuen zufälligen DNA-Sequenzen aufzubauen. In diesem Sinn ist kein Gen jemals vollständig „neu". Allerdings können auf verschiedenen Wegen gewisse Neuerungen entstehen (**Abb. 1.18**):

- *Intragene Mutation*: Ein vorhandenes Gen kann durch zufällige Veränderungen in seiner DNA-Sequenz modifiziert werden – durch verschiedene Fehlerarten, die bei der DNA-Replikation und ihrer Reparatur auftreten.
- *Genverdoppelung (Duplikation)*: Ein vorhandenes Gen kann aus Versehen verdoppelt werden, sodass ein Paar zunächst identischer Gene in einer Zelle entsteht. Diese beiden Gene können dann im Verlauf der Evolution divergieren.
- *Sequenzvermischung (Shuffling)*: Zwei oder mehrere vorhandene Gene brechen und vereinigen sich wieder zu einem hybriden Gen, das aus DNA-Segmenten besteht, die ursprünglich zu verschiedenen Genen gehörten.
- *Horizontale (interzelluläre) DNA-Übertragung (Transfer)*: Ein Stück DNA kann vom Genom einer Zelle in das einer anderen Zelle übertragen werden – auch in das einer anderen Spezies. Dieser Vorgang steht dem üblichen *vertikalen Gentransfer* gegenüber, durch den Erbinformation von den Eltern auf die Nachkommen weitergegeben wird.

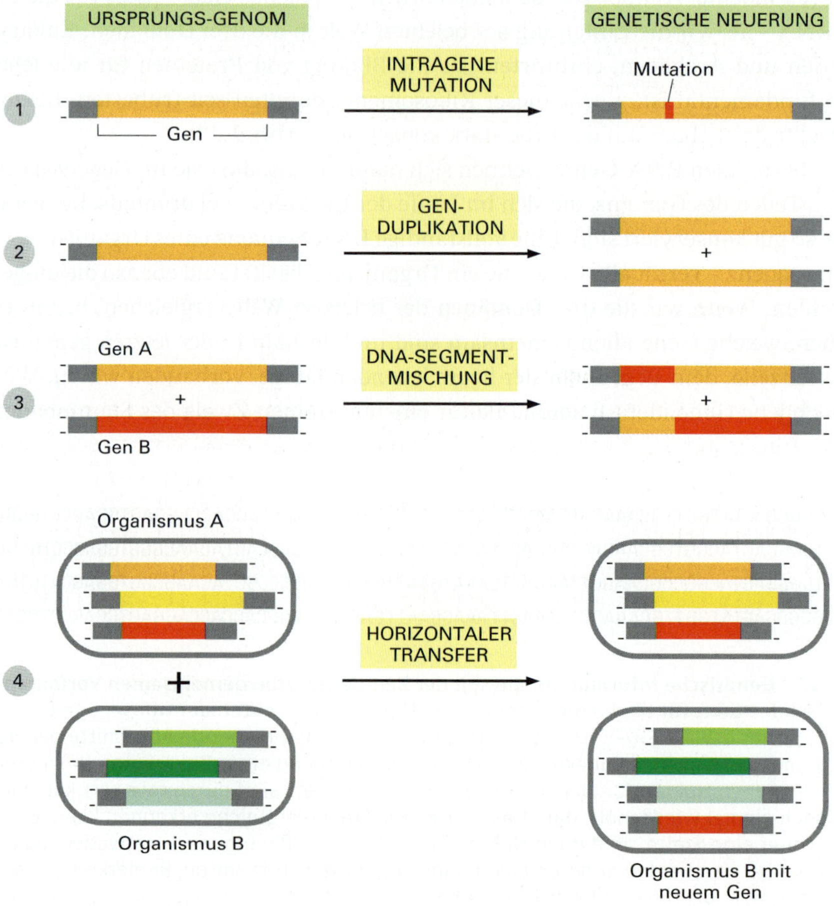

Abb. 1.18 Vier Arten der genetischen Innovation und ihre Wirkungen auf die DNA-Sequenz eines Organismus. Eine spezielle Form des horizontalen Transfers kommt vor, wenn Zellen von zwei verschiedenen Spezies eine dauerhafte symbiontische Beziehung eingehen. Dann werden unter Umständen Gene von einer der Zellen auf das Genom der anderen übertragen. Dies wird uns begegnen, wenn wir später die wahrscheinlichen evolutionären Ursprünge von Mitochondrien und Chloroplasten behandeln.

Jede dieser Änderungen hinterlässt eine charakteristische Spur in der DNA-Sequenz des Organismus, und es gibt eindeutige Hinweise dafür, dass alle vier Mechanismen während der Evolution häufig vorgekommen sind. In den Kapiteln 4 und 5 werden wir die zugrunde liegenden Mechanismen besprechen – jetzt konzentrieren wir uns aber erst einmal auf die Folgen.

1.2.10 Genverdoppelung lässt Familien verwandter Gene in einer einzigen Zelle entstehen

Jedes Mal, wenn sich eine Zelle in zwei Tochterzellen teilt, muss sie ihr gesamtes Genom verdoppeln. Manchmal führen Unfälle dazu, dass nur ein Teil des Genoms verdoppelt wird und eine einzelne Zelle daher ursprüngliche und duplizierte Segmente enthält. Sobald ein Gen auf diese Weise dupliziert wurde (s. Modus 2 in **Abb. 1.18**), können die beiden Kopien mutieren und sich darauf spezialisieren, in der Zelle und ihren Nachkommen eine neue Funktion auszuüben. Wiederholte Runden solcher Genduplikations- und Divergenzvorgänge haben über viele Millionen Jahre hinweg aus nur einem Gen eine ganze Familie von Genen in einem einzigen Genom entstehen lassen. Analysen der DNA-Sequenzen prokaryotischer Genome enthüllen viele Beispiele solcher **Genfamilien**: So haben im Bakterium *Bacillus subtilis* 47 % der Gene einen oder mehrere eindeutige Verwandte (**Abb. 1.19**).

Dieser obige Evolutionsvorgang muss von der genetischen Divergenz unterschieden werden, die auftritt, wenn sich eine Organismen-Art an einer Zweigstelle im Stammbaum in zwei getrennte Linien aufspaltet – beispielsweise als sich die Abstammungslinien von Mensch und Schimpansen trennten. Im letzteren Fall werden Gene im Lauf der Evolution allmählich verschieden, aber sie behalten wahrscheinlich in beiden Schwesterarten die gleichen einander entsprechenden Funktionen. Derartig verwandte Gene – also Gene in zwei unterschiedlichen Spezies, die vom gleichen Vorläufer-Gen im letzten gemeinsamen Vorfahren dieser Arten abstammen – werden **ortholog** genannt. Verwandte Gene, die aus einer Genduplikation innerhalb eines einzelnen Genoms hervorgegangen sind und dann wahrscheinlich unterschiedliche Funktionen übernommen haben, heißen **paralog**. Haben verwandte Gene in ihrer Abstammungsgeschichte einen von beiden Mechanismen durchlaufen, nennt man sie **homolog** – dies ist ein allgemeiner Terminus, der beide Verwandtschaftsarten umfasst (**Abb. 1.20**).

1.2.11 Die Funktion eines Gens lässt sich oft aus seiner Sequenz ableiten

Familienbeziehungen zwischen Genen sind nicht nur aus historischem Interesse wichtig, sondern auch, weil sie die Aufgabe, Genfunktionen zu entziffern, außerordentlich vereinfacht haben. Wenn man die Nukleotidsequenz eines neu entdeckten Gens

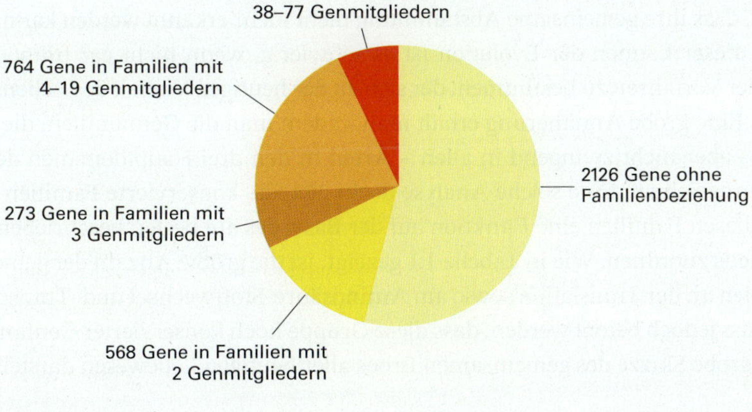

Abb. 1.19 Familien phylogenetisch verwandter Gene im Genom von *Bacillus subtilis*. Die größte Familie in diesem Bakterium besteht aus 77 Genen, die für verschiedene ABC-Transporter codieren – eine Klasse von Membrantransportproteinen namens ABC-Transporter, die in allen drei Reichen der Organismenwelt vorkommen. (Nach F. Kunst et al., *Nature* 390: 249–256, 1997).

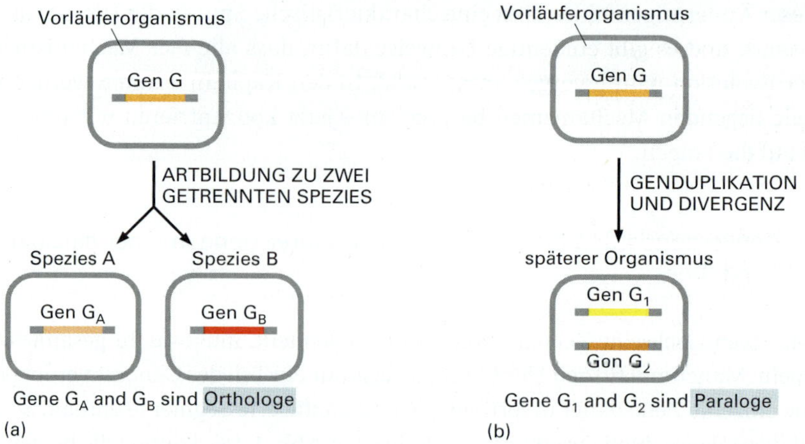

Abb. 1.20 Zwei Typen der Genhomologie, die auf unterschiedlichen evolutiven Wegen gründen. (a) Orthologe. (b) Paraloge. Gene, die durch einen der beiden Mechanismen verwandt sind, heißen Homologe.

bestimmt hat, ist es heute mithilfe von Computern möglich, die gesamte Datensammlung bekannter Gensequenzen nach Genen abzusuchen, die mit ihm verwandt sind. In vielen Fällen ist die Funktion eines oder mehrerer solcher Homologen schon experimentell bestimmt, – im Allgemeinen in einem der Modellorganismen, die an späterer Stelle in diesem Kapitel beschrieben werden. Da die Gensequenz die Genfunktion bestimmt, lässt sich häufig eine gute Einschätzung der Funktion des neuen Gens treffen; denn sie ist wahrscheinlich ähnlich derjenigen der bereits bekannten Homologe. Auf diese Weise ist es möglich, einen Großteil der Biologie eines Organismus zu entschlüsseln, indem man einfach die DNA-Sequenz seines Genoms analysiert.

1.2.12 Mehr als 200 Genfamilien sind allen drei Domänen des Lebens gemein

Wenn einem komplette Genomsequenzen von repräsentativen Vertretern aus allen drei Organismen-Reichen – Archaeen, Eubakterien und Eukaryoten – zur Verfügung stehen, kann man systematisch nach Homologen suchen, die diese enorme evolutionäre Diskrepanz überspannen. Auf diese Weise können wir damit beginnen, die gemeinsame Erbschaft aller Lebewesen zu inventarisieren. Allerdings treten dabei beträchtliche Schwierigkeiten auf. Beispielsweise haben manche Spezies einen Teil ihrer Vorfahren-Gene verloren. Andere Gene wurden nahezu sicher durch horizontalen Transfer von anderen Arten erworben – solche Gene stammen nicht wirklich von Vorfahren. Genomvergleiche lassen in der Tat stark vermuten, dass sowohl Abstammungslinien-spezifischer Genverlust als auch horizontaler Gentransfer (in manchen Fällen zwischen evolutiv weit auseinanderliegenden Arten) Hauptfaktoren der Evolution gewesen sind – zumindest bei Bakterien und Archaeen. Als weitere Schwierigkeit haben sich im Lauf der vergangenen zwei oder drei Milliarden Jahre manche Gene, die ursprünglich Organismen gemeinsam waren, durch Mutation so stark verändert, dass ihre gemeinsame Abstammung nicht mehr erkannt werden kann.

Wegen dieser Launen der Evolution ist es schwierig, wenn nicht gar unmöglich, den Gensatz der Vorfahren zu bestimmen, der sich zu der heutigen Vielfalt des Lebens aufgefächert hat. Eine grobe Annäherung erhält man, indem man die Genfamilien, die Vertreter in vielen – aber nicht zwingend in allen – Arten in den drei Hauptdomänen des Lebens haben, kennzeichnet. Eine solche Analyse deckt 264 alte konservierte Familien auf. Man kann all diesen Familien eine Funktion auf der Basis des am besten beschriebenen Familienmitglieds zuordnen. Wie in Tabelle 1.1 gezeigt, ist die größte Anzahl der gemeinsamen Genfamilien an der Translation sowie am Aminosäure-Stoffwechsel und -Transport beteiligt. Es muss jedoch betont werden, dass diese Gruppe hoch konservierter Genfamilien nur eine sehr grobe Skizze des gemeinsamen Erbes aller heutigen Lebewesen darstellt.

Tab. 1.1 Die Zahl der Genfamilien, eingeteilt nach Funktionen, die allen drei Reichen der Lebewesen gemeinsam sind.

Informationsverarbeitung	
Translation	63
Transkription	7
DNA-Replikation, Rekombination und Reparatur	13
Zellprozesse und Signalgebung	
Zellzykluskontrolle, Mitose und Meiose	2
Abwehrmechanismen	3
Signaltransduktionsmechanismen	1
Zellwand/Membranbiogenese	2
Intrazellulärer Verkehr und Sekretion	4
Posttranslationale Modifikation, Proteinumsatz, Chaperone	8
Stoffwechsel	
Energieerzeugung und -umwandlung	19
Kohlenhydrat-Stoffwechsel und -Transport	16
Aminosäure-Stoffwechsel und -Transport	43
Nukleotid-Stoffwechsel und -Transport	15
Coenzym-Stoffwechsel und -Transport	22
Lipid-Stoffwechsel und -Transport	9
Transport und Stoffwechsel anorganischer Ionen	8
Biosynthese, Transport und Katabolismus sekundärer Metaboliten	5
Wenig charakterisiert	
Allgemeine biochemische Funktion vorausgesagt, aber spezielle biologische Funktion nicht bekannt	24

Für diese Analyse wurden Genfamilien als „universell" bezeichnet, wenn sie in den Genomen von mindestens zwei verschiedenen Archaeen (*Archaeoglobus fulgidus* und *Aeropyrum pernix*), zwei entwicklungsgeschichtlich entfernten Bakterien (*Escherichia coli* und *Bacillus subtilis*) und einem Eukaryoten (Hefe, *Saccharomyces cerevisiae*) vorkommen.

(Daten aus R. I. Tatusov, E. V. Koonin, D. J. Lipman, *Science* 278: 631–637, 1997, mit Erlaubnis von AAAS; R. L. Tatusov et al., *BMC Bioinformatics* 4: 41, 2003, mit Erlaubnis von Biomed Central; und COGs Datenbank an der US National Library of Medicine.).

Zusammenfassung

Für den größten Teil der Menschheitsgeschichte war die belebte Welt um uns herum danach eingeteilt, was wir sehen können. Die Genomsequenzierung hat den Blick auf das Leben auf der Erde radikal verändert und wir können nun erkennen, dass Lebewesen drei großen Domänen zuzuordnen sind: Bakterien, Archaeen und Eukaryoten. Die Lebewesen in den beiden ersten Domänen sind mit dem bloßen Auge weitgehend unsichtbar und viele von ihnen lassen sich bis heute nicht in einem Laboratorium züchten – man kennt sie nur aufgrund ihrer DNA-Sequenzen. Aber sie stellen den allergrößten Teil der evolutionären Diversität dar und sie beinhalten Arten, die ihre Energie und ihre Nährstoffe aus anorganischen chemischen Quellen beziehen; solche Quellen sind die Reaktionsmischungen von Mineralien, die von hydrothermalen Schloten auf dem Meeresgrund freigesetzt werden. Diese Art von Ernährung hat vermutlich die ersten lebenden Zellen vor über 3,5 Milliarden Jahren versorgt. Die Eukaryoten (deren Zellen größer sind und eine Vielzahl an membranumschlossenen Organellen enthalten) entwickelten sich später in der Evolutionsgeschichte und sind infolgedessen als Gruppe weniger divers als Bakterien oder Archaeen. Eukaryoten, zu denen alle Pflanzen und Tiere zählen, sind die uns am vertrautesten Lebewesen und auf ihnen liegt der Schwerpunkt in diesem Buch.

Viele der Gene innerhalb eines einzelnen Organismus oder einer Art zeigen in ihren DNA-Sequenzen eine starke Familienähnlichkeit, woraus zu schließen ist, dass sie durch

Genduplikation und Divergenz aus demselben Vorfahren-Gen hervorgegangen sind. Familienähnlichkeiten (Homologien) werden auch sichtbar, wenn man Gensequenzen zwischen verschiedenen Spezies vergleicht. Mehr als 200 Genfamilien sind so stark konserviert, dass sie in allen drei Reichen der belebten Welt vertreten sind. Dies legt nahe, dass sie in der Vorfahrenzelle vorhanden waren, aus der sich alles Leben entwickelte. Bei gegebener DNA-Sequenz eines neu entdeckten Gens in irgendeinem Organismus ist es deshalb oft möglich, die Genfunktion von der bekannten Funktion eines homologen Gens in einem besser untersuchten Organismus abzuleiten.

1.3 Eukaryoten und der Ursprung der Eukaryotenzelle

Eukaryotenzellen sind im Allgemeinen größer und komplizierter als Bakterien- und Archaeenzellen, und auch ihre Genome sind größer und komplizierter. Die Zellgröße wird durch tiefgreifende Unterschiede in der Zellstruktur und -funktion ergänzt: Insbesondere enthalten Eukaryoten einen Satz verschiedener intrazellulärer Organellen – einzelne membranumschlossene Subkompartimente und große membranlose Zusammenschlüsse von Makromolekülen – wovon jedes eine eigene Zusammensetzung und Funktion hat. Manche Eukaryotenzellen führen ein unabhängiges Leben als einzelliger Organismus. Andere leben in vielzelligen Zusammenschlüssen – in der Tat sind all die komplexeren vielzelligen Lebewesen auf der Erde, einschließlich Pflanzen, Tiere und Pilze, aus eukaryotischen Zellen aufgebaut.

Wir beginnen mit der Besprechung, wie eukaryotische Zellen organisiert sind und wie sie sich aus älteren Prokaryoten entwickelt haben. Dann betrachten wir kurz, wie sich eukaryotische Genome von denjenigen der Prokaryoten unterscheiden und wie die Zellen in Vielzellern während der Embryonalentwicklung unterschiedlich spezialisiert werden, sodass sie zum Wohl des Lebewesens als Ganzes beitragen.

1.3.1 Eukaryotenzellen enthalten eine Vielzahl von Organellen

Definitionsgemäß befindet sich die DNA von Eukaryotenzellen in einem membranumschlossenen inneren Kompartiment, dem *Zellkern (Nukleus)*, der gewöhnlich die auffälligste Organelle ist (**Abb. 1.21**). Die langen DNA-Polymere im Zellkern sind mit Proteinen verpackt und bilden *Chromosomen*; diese werden im Lichtmikroskop nur dann sichtbar, wenn sie sich in Vorbereitung für die Zellteilung verdichten (kondensieren). Die Kernhülle, eine doppelschichtige Membran, umgibt den Zellkern und trennt die Kern-DNA vom *Cytoplasma*, dass in einer eukaryotischen Zelle alles zwischen der Plasmamembran und dem Zellkern beinhaltet. Wie in der **Abbildung 1.21** ersichtlich ist, ist die Kernhülle mit Kernporen durchsetzt; bei diesen handelt es sich um von Proteinkomplexen gebildeten Kanälen, die den Verkehr großer Moleküle zwischen dem Zellkern und dem Cytoplasma in beide Richtungen vermitteln.

Eukaryotische Zellen besitzen viele andere Eigenschaften, die sie von Bakterien- und Archaeenzellen unterscheiden. Sie sind in der Regel 10- bis 30-mal länger und haben ein 1000- bis 10 000-mal größeres Volumen als eine typische Prokaryotenzelle. Eukaryotenzellen besitzen ein ausgeklügeltes *Cytoskelett* im Cytoplasma, das aus mehreren Arten von Proteinfilamenten besteht (s. **Abb. 1.21**). Dieses bildet zusammen mit den vielen Proteinen, die sich an sie anheften, ein Netzt von Trägern, Seilen und Motoren, dass der Zelle mechanische Festigkeit verschafft und verschiedene andere Funktionen ausübt: Wenn sich die Zelle beispielsweise teilt, reorganisiert das Cytoskelett die reduplizierten Chromosomen, zieht sie auseinander und verteilt sie gleichmäßig auf die beiden Tochterzellen. Im Falle von tierischen Zellen und manchen freilebenden einzelligen Eukaryoten

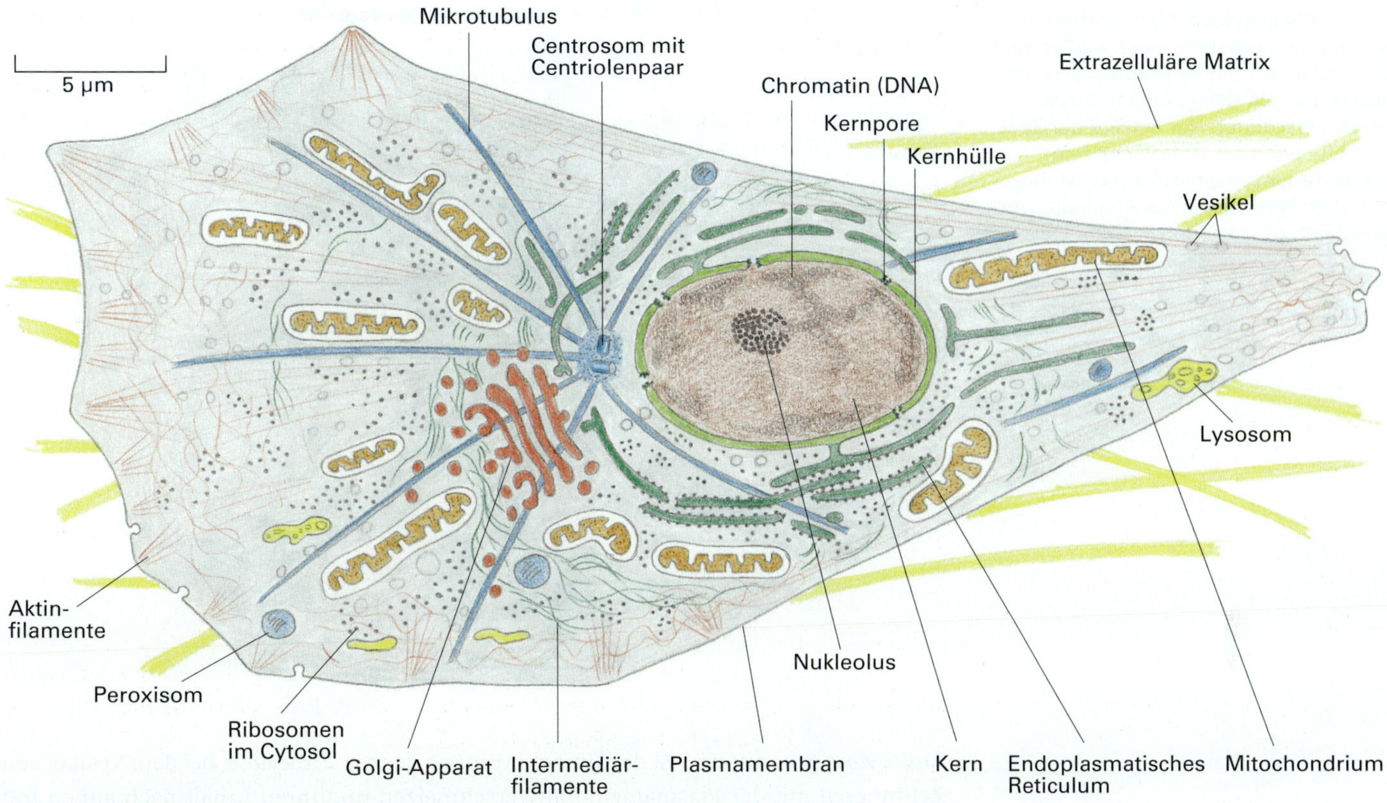

Abb. 1.21 **Die Hauptmerkmale von Eukaryotenzellen.** Die Zeichnung gibt den wichtigsten Inhalt einer typischen Tierzelle im Querschnitt wieder – fast alle Komponenten kommen aber auch in Pflanzen, Pilzen und in einzelligen Eukaryoten vor. Das Cytoskelett (in Kapitel 16 behandelt) besteht aus drei verschiedenen Proteinfilamentarten: Aktinfilamente (*rot*), Mikrotubuli (*blau*) und Intermediärfilamente (*grün*). Pflanzenzellen (nicht dargestellt) enthalten zusätzlich zu den hier gezeigten Bestandteilen noch Chloroplasten, und ihre Plasmamembran ist von einer festen äußeren Zellwand aus Zellulose umgeben. Dies bedeutet, dass sie weitgehend unbeweglich sind. In Wirklichkeit ist das Innere von Zellen weit beengter als in dieser vereinfachten Darstellung gezeigt.

kontrolliert das Cytoskelett die Gestalt der Zelle, treibt die Zellbewegungen an und lenkt sie. Da ihnen eine feste Zellwand fehlt, die charakteristisch für Bakterien und Archaeen ist, können diese eukaryotischen Zellen rasch ihre Form verändern, wodurch sie sich in manchen Fällen bewegen und andere Zellen und kleine Objekte – mittels der sog. Phagocytose (**Abb. 1.22**) – umschließen können.

Es gibt noch viele weitere membranumschlossene Organellen in Eukaryotenzellen. Im Gegensatz zum Zellkern sind die meisten von ihnen nur von einer einzelnen Membran umgeben. Die ausgedehnteste Organelle ist das *Endoplasmatische Reticulum (ER)*. Es ist der Ort, an dem die meisten Bestandteile der Zellmembran hergestellt werden sowie Stoffe, die für die Sekretion in das Äußere der Zelle bestimmt sind. Der *Golgi-Apparat* erhält seine Moleküle vom ER, verändert und verpackt sie für die Sekretion oder den Transport zu anderen Zellkompartimenten. *Lysosomen* sind kleine, unregelmäßig geformte Organellen, in denen sich die intrazelluläre Verdauung abspielt. *Peroxisomen* sind kleine Vesikel, in denen Wasserstoffperoxid eingesetzt wird, um giftige Moleküle zu inaktivieren.

Zwischen diesen nur von einer Membran umschlossenen Organellen findet ein fortwährender Materialaustausch statt, der hauptsächlich durch kleine *Transportvesikel* vermittelt wird; diese Knospen von der Membran einer Organelle ab und verschmelzen mit der Membran einer anderen. Um die Eukaryotenzelle mit ihrer Umgebung zu verbinden, spielt sich fortwährend ein ähnlicher vesikelvermittelter Austausch an der Zelloberfläche ab. Hier knospen Teile der Plasmamembran ab und bilden intrazelluläre Vesikel, die vom äußeren Medium eingefangenes Material in die Zelle befördern – der Vorgang wird

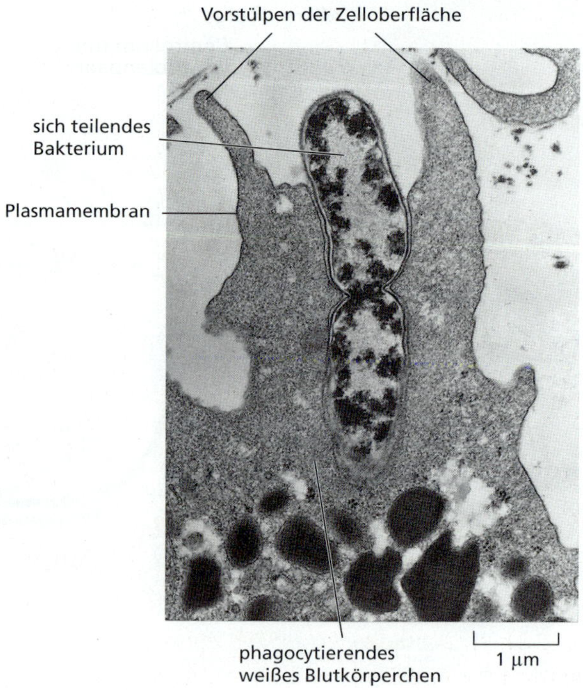

Abb. 1.22 Phagocytose. Eine elektronenmikroskopische Aufnahme eines weißen Blutkörperchens (neutrophiler Granulocyt) eines Säugetiers, das ein sich gerade teilendes Bakterium verschlingt. Nur der Teil der Zelle, der Vorwölbungen der Oberfläche zeigt, um das Bakterium zu umschließen, ist dargestellt. (Mit freundlicher Genehmigung von Dorothy Bainton).

Endocytose genannt und ist der Umkehrvorgang der sog. *Exocytose*, bei dem Vesikel vom Zellinneren mit der Plasmamembran verschmelzen und ihren Inhalt nach außen freisetzen (**Abb. 1.23**).

Außer dem Zellkern gibt es noch zwei weitere eukaryotische Zellorganellen, die von einer Doppelmembran umgeben sind: die *Mitochondrien* und in Pflanzenzellen und Algen die *Chloroplasten*. Mitochondrien nehmen Sauerstoff auf und gewinnen Energie aus der Oxidation von Nahrungsmolekülen, wie den Zuckern und Fetten, um den größten Teil des ATPs (Adenosintriphosphat) zu bilden, das die Energie für die Aktivitäten der Zelle liefert. *Chloroplasten* führen die Photosynthese in Pflanzenzellen und Algen durch, indem sie die Energie aus dem Sonnenlicht für die Synthese von Kohlenwasserstoffen aus atmosphärischem CO_2 und Wasser verwenden und diese energiereichen Produkte als Nahrung an die Wirtszelle liefern. In vielen Eukaryotenzellen ist grob die Hälfte des Plasmas durch membranumschlossene Organellen besetzt. Die umgebende Flüssigkeit heißt *Cytosol*. Sie enthält *Ribosomen*, die RNAs zu Proteinen translatieren; das Cytosol ist auch der Ort, an den die meisten anderen Stoffwechselreaktionen der Zelle stattfinden.

Außer den eben beschriebenen membranumschlossenen Organellen enthalten Eukaryotenzellen eine Vielzahl kleinerer Organellen, denen Membranen fehlen. Stattdessen werden viele Bestandteile, die zusammenarbeiten, in **biomolekularen Kondensaten** in enger Nachbarschaft zusammengehalten. Diese werden in den Kapiteln 3, 6 und 12 behandelt. Ein Beispiel dafür ist der Nucleolus, in dem der Aufbau der Ribosomen stattfindet (s. **Abb. 1.21**). **Abbildung 1.24** fasst die membranumschlossenen Organellen in Eukaryotenzellen zusammen, die jeweils an späterer Stelle des Kapitels näher besprochen werden.

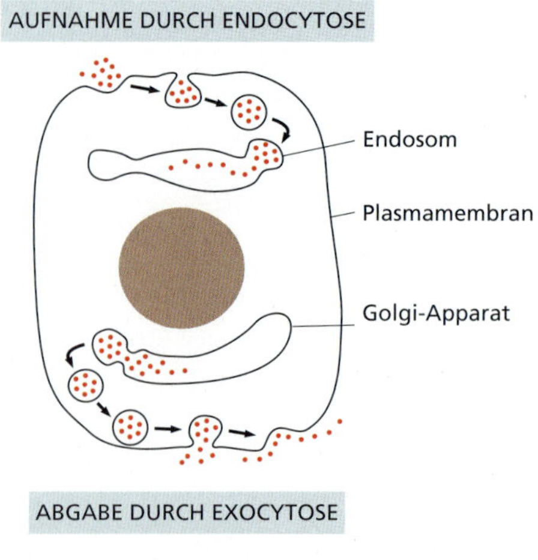

Abb. 1.23 Endocytose und Exocytose durch die Plasmamembran. Eukaryotenzellen importieren extrazelluläre Materialien durch Endocytose und sezernieren intrazelluläre Materialien durch Exocytose. Das endocytierte Material wird zunächst an Organellen (namens Endosomen) mit nur einer Membran geliefert, die in Kapitel 12 behandelt werden.

1.3.2 Mitochondrien entwickelten sich aus symbiotischen Bakterien, die von einer Ur-Archaee eingefangen wurden

Eine grundsätzliche Frage in der Evolution und der Zellbiologie lautet: Wie entstand die erste Eukaryotenzelle? Hinweise legen nahe, dass dies geschah, als eine Archaeenzelle und eine Bakterienzelle sich vor etwa zwei Milliarden Jahren zusammenschlossen, in einer Welt, die für mehr als 1,5 Milliarden Jahre nur Prokaryoten enthielt.

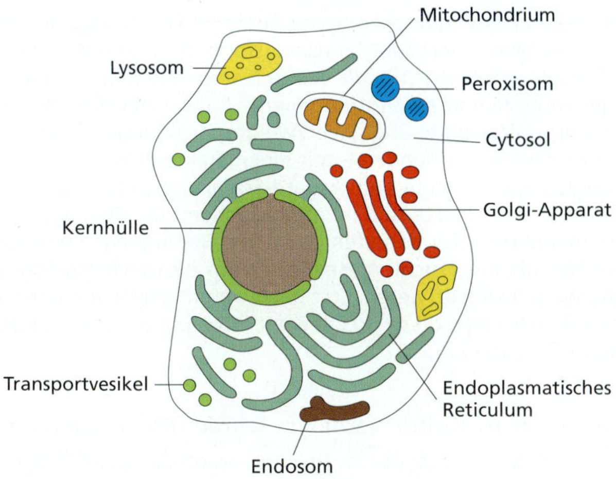

Abb. 1.24 Membranumschlossene Organellen sind durch das Cytoplasma der Eukaryotenzelle verteilt. Die in verschiedenen Farben gezeigten, membranumschlossenen Organellen sind jeweils darauf spezialisiert, eine andere Funktion auszuüben. Das Cytoplasma, das den Raum außerhalb dieser Organellen ausfüllt, heißt Cytosol.

Alle Eukaryotenzellen enthalten (oder enthielten einmal) Mitochondrien (**Abb. 1.25**). Mitochondrien haben eine ähnliche Größe wie Bakterien, und beide vermehren sich durch Teilung. Mitochondrien enthalten ihre eigene DNA, mit Genen, die Bakteriengenen ähneln. Sie enthalten auch ihre eigenen Ribosomen und Translationsfaktoren, die denen von Bakterien ähnlich sind. Diese und weitere Ähnlichkeiten zwischen Mitochondrien und heutigen Bakterien liefern schlagkräftige Beweise, dass sich Mitochondrien aus einem aeroben Bakterium entwickelten (ein Bakterium, das Energie durch Verbinden von Elektronen aus Nährstoffen mit Sauerstoff gewinnt), das von einer anaeroben Zelle eingefangen wurde. Diese beiden Zellen (und deren Nachkommen) waren dann in der Lage, eine endosymbiotische Beziehung zu entwickeln, bei der sie sich gegenseitige Stoffwechselunterstützung innerhalb eines gemeinsamen Cytoplasmas verschafften.

Es gibt auch gute Gründe anzunehmen, dass es sich bei der einfangenden Ahnenzelle um eine Archaeenzelle handelte. Wie wir gesehen haben, codieren die Genome der heutigen Archaeen für viele Proteine, die typisch für heutige Eukaryotenzellen sind. Die Archaeen, deren Gene denen von Eukaryoten am meisten ähneln, gehören zur Asgard-Linie, die erstmals durch Sequenzierung von DNA-Abschnitten identifiziert wurden, die man aus dem Meeresboden erhielt. Aber kein lebendes Beispiel wurde gesehen oder kultiviert – bis jüngst, nach einer heroischen, 12 Jahre langen Isolationsprozedur das erste

(a)

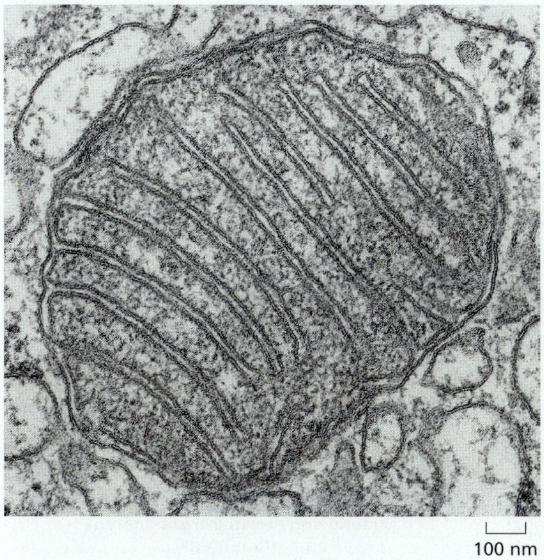

(b)

Abb. 1.25 Ein Mitochondrium. (a) Elektronenmikroskopische Aufnahme eines Querschnitts der Organelle. (b) Zeichnung eines Mitochondriums – um seine dreidimensionale Struktur zu zeigen, wurde ein Teil herausgeschnitten. Man beachte die glatte äußere Membran und die gewundene innere Membran, welche die Proteine beherbergt, die aus der Oxidation von Nahrungsmolekülen ATP erzeugen. (a, mit freundlicher Genehmigung von Daniel S. Friend und Erlaubnis von E. L. Bearer).

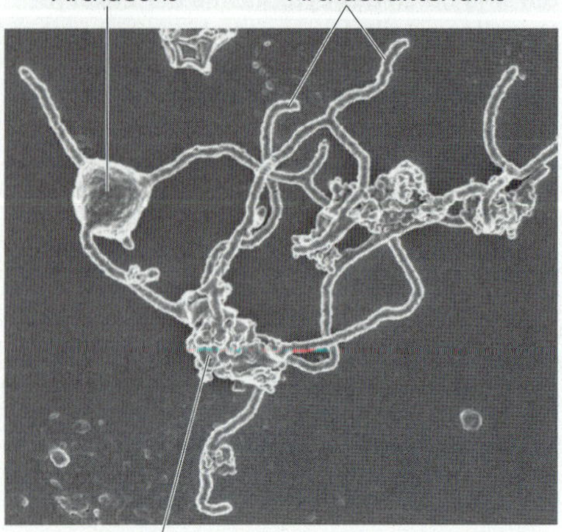

Abb. 1.26 Eine rasterelektronenmikroskopische Aufnahme einer Asgard-Archaee in Kultur. Diese anaerobe Zelle proliferiert sehr langsam, sie verdoppelt sich nur etwa alle 20 Tage (im Vergleich zum Bakterium *Escherichia coli*, das sich etwa alle halbe Stunde verdoppelt). Zu sehen sind ausgedehnte Membranausstülpungen aus ihrer Oberfläche – einschließlich „Blasen" und einzigartige verzweigte und unverzweigte Strukturen. Diese Ausstülpungen sind innig mit zwei anderen Spezies verbunden – mit einem Bakterium und einer Archaee – diese wurden, wie angezeigt, zusammen mit dem Asgard-Stamm als Ektosymbionten isoliert. Die Wissenschaftler haben das Tiefseesediment unter anaeroben Bedingungen mehr als 2000 Tage lang in einem Bioreaktor gehalten und damit Bedingungen wie auf dem Meeresboden nachgeahmt. Sie haben versucht, diese Proben aus diesem Bioreaktor unter einer Reihe verschiedener Bedingungen zu kultivieren. Erst nach vielen Jahren und wiederholten Subkultivierungen waren sie in der Lage, diese Archaee mit ihren Ektosymbionten zu isolieren. (Aus H. Imachi et al., *Nature* 57: 519–525, 2020).

Asgard-Archaebakterium in Kultur vermehrt wurde. Diese bemerkenswerte, lebende anaerobe Archaee glich keinem anderen Prokaryoten; sie besaß lange verzweigte Ausstülpungen und es schien, dass sie in einer ektosymbiotischen Beziehung mit einem Bakterium und einer anderen Archaee lebt – die beide mit ihr isoliert wurden (**Abb. 1.26**). Die Entdeckung der seltsamen Asgard-Archaee verschafft einen Blick darauf, wie eine Ahnen-Archeenzelle eventuell ein aerobes Bakterium eingefangen haben könnte, um die eukaryotische Linie zu beginnen. Der hypothetische Weg ist in **Abb. 1.27** dargestellt und in Kapitel 12 ausführlich behandelt.

1.3.3 Chloroplasten entwickelten sich aus einem symbiotischen photosynthesetreibenden Bakterium, das von einer eukaryotischen Ahnenzelle einverleibt wurde

Chloroplasten (**Abb. 1.28**) betreiben in Pflanzenzellen und Algen Photosynthese und nutzen dafür die Energie aus dem Sonnenlicht, um ihre eigene „Nahrung" (in Form von Kohlenhydrate) aus atmosphärischem CO_2 und Wasser zu synthetisieren. Wie Mitochondrien sind sie von einer Doppelmembran umschlossen, haben ihre eigenen „ringförmigen" Genome und vermehren sich durch Teilung. Sie haben sich nahezu sicher aus einem symbiotischen photosynthesetreibenden Bakterium entwickelt, das von einer eukaryotischen Ahnenzelle eingefangen wurde, die bereits Mitochondrien besaß. Das Bakterium mag durch Phagocytose aufgenommen worden sein – einen häufigen Vorgang bei Eukaryoten (s. **Abb. 1.22**).

Während manche einzelligen Eukaryoten Jäger sind, die davon leben, andere Zellen zu fangen und zu fressen (s. **Abb. 1.34**), besteht für eine Eukaryotenzelle, die mit Chloroplasten ausgestattet ist, keine Notwendigkeit, andere Zellen als Beute zu jagen. Sie ernährt sich durch die eingefangenen Chloroplasten, die sie von ihren eukaryotischen

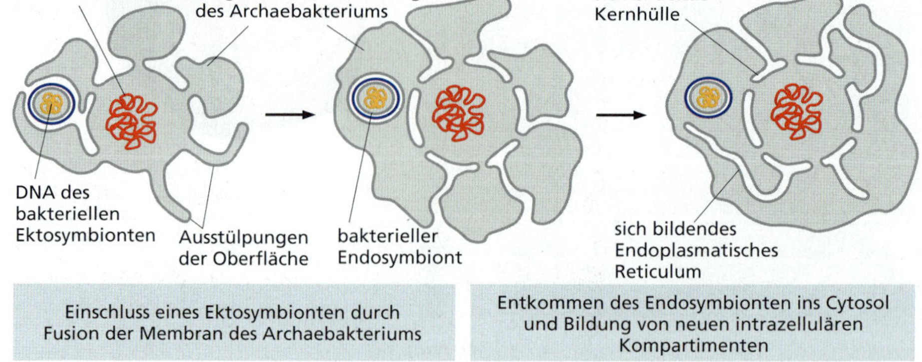

Abb. 1.27 Ein mögliches Modell für einige frühe Schritte in der Evolution der Eukaryotenzelle. In diesem Modell dehnten sich die Oberflächenausstülpungen einer Asgard-Ur-Archaeenzelle aus und umschlossen ein ektosymbiotisches aerobes Bakterium; dabei schufen sie eine symbiotische Beziehung zwischen den beiden Zellarten. Schließlich verschmolzen die Ausstülpungen miteinander und das Bakterium war als Endosymbiont im Cytoplasma der Archaee gefangen. Dort war es anfangs von einer inneren Membran umschlossen, die von der Plasmamembran der Archaee stammte (das Bakterium selbst hat seine eigenen Membranen beibehalten). An einem bestimmten Punkt entkam der Endosymbiont aus der umschließenden Membran, die von der Archaee stammte, und gelangte ins Cytosol, wo er sich schließlich zu einem Mitochondrium entwickelte – sowohl seine DNA als auch seine Membranen stammen von dem einverleibten Bakterium. Wie gezeigt, wird postuliert, dass die inneren Archaeenmembranen, die durch diesen Mechanismus der Ausbreitung von Ausstülpungen und Fusion erzeugt wurden, zunehmend sowohl den Zellkern als auch die von einer Membran umschlossenen Organellen, wie z. B das Endoplasmatische Reticulum, bildeten. Der Beweis für dieses allgemeine Modell der Evolution der Eukaryotenzelle wird noch weiter in Kapitel 12 behandelt. (Nach H. Imachi et al., *Nature* 57: 519–525, 2020 und aus D. A. Baum und B. Baum, *BMC Biol.* 12: 76–92, 2014).

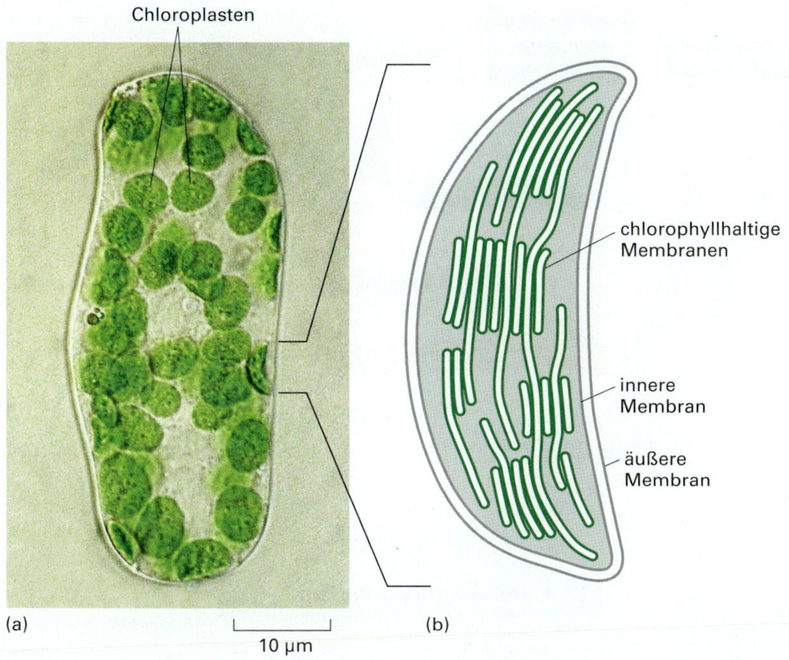

Abb. 1.28 Chloroplasten. Diese Organellen von Pflanzenzellen und einzelligen photosynthesetreibenden Eukaryoten fangen die Energie des Sonnenlichts ein. (a) Lichtmikroskopische Aufnahme einer einzelnen Zelle aus dem Blatt einer Blütenpflanze mit grünen Chloroplasten. (b) Schema eines Chloroplasten mit seinem stark gefalteten System von inneren Membranen, die die lichtabsorbierenden Chlorophyllmoleküle enthalten. (a, mit freundlicher Genehmigung von Preeti Dahiya).

Vorfahren geerbt hat. Dementsprechend besitzen Pflanzenzellen zwar noch ihren Cytoskelett-Bewegungsapparat, aber sie haben die Fähigkeit verloren, ihre Form rasch zu ändern und andere Zellen durch Phagocytose zu verschlingen. Stattdessen wickeln sie sich in eine feste, schützende Zellwand. Wenn wir manche Eukaryotenzellen als Jäger ansehen, kann man Pflanzenzellen als Zellen betrachten, die das Jagen zugunsten des Ackerbaus aufgegeben haben.

Pilze verkörpern noch einen anderen eukaryotischen Lebensstil. Wie Tierzellen besitzen sie Mitochondrien und keine Chloroplasten – jedoch haben sie eine feste Zellwand, die ihre Bewegungsfreiheit und ihre Phagocytosefähigkeit sehr einschränkt. Pilze sind sozusagen von Jägern zu Aasfressern geworden: Sie ernähren sich von den Nährstoffmolekülen, die andere Zellen sezernieren oder die bei der Zersetzung toter Zellen frei werden. Jegliche Verdauungsprozesse führen Pilze extrazellulär durch, indem sie Verdauungsenzyme nach außen sezernieren.

1.3.4 Eukaryoten haben zusammengesetzte Genome

Wie eben behandelt, hat die genetische Information von Eukaryotenzellen einen hybriden Ursprung – sie stammt sowohl von der anzestralen anaeroben Archaeenzelle als auch von den Bakterien, die sie als Endosymbionten adoptiert hat (**Abb. 1.29**). Der größte Teil dieser genetischen Information (DNA) ist im Kern archiviert, aber ein kleiner Teil befindet sich in den Organellen, die sich aus den eingefangenen Bakterien entwickelten – den Mitochondrien und bei Pflanzen- und Algenzellen in den Chloroplasten. Wenn die Mitochondrien-DNA und die Chloroplasten-DNA von der Kern-DNA getrennt und jeweils für sich sequenziert werden, zeigt sich, dass diese mitochondrialen und plastidialen Genome gestutzte Versionen entsprechender bakterieller Genome sind. In einer Menschenzelle besteht das Mitochondrien-Genom beispielsweise nur aus 16 569 Nukleotidpaaren und codiert für nur 13 Proteine und einen Satz von 24 RNAs, die an der Proteinsynthese beteiligt sind.

Viele der Gene, die in Mitochondrien und Chloroplasten fehlen, sind nicht verloren gegangen, sondern sind aus den Endosymbionten-Genomen in die DNA des Wirtszellkerns abgewandert. Somit enthält die Kern-DNA von Tieren viele Gene, die für

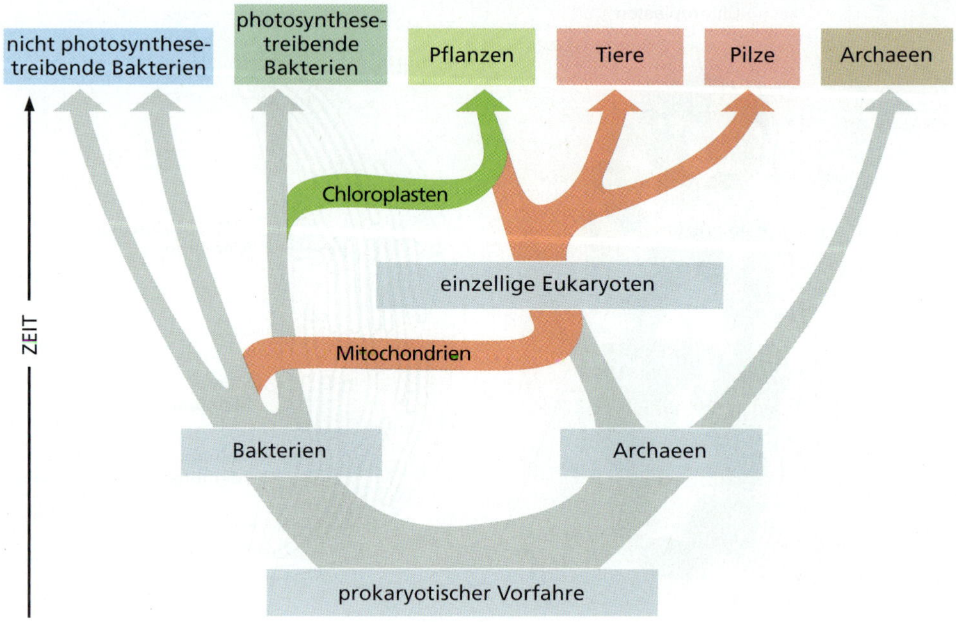

Abb. 1.29 Ein Modell für die Evolution der Eukaryotenzellen im Stammbaum des Lebens. Man glaubt, dass sich alle lebenden Zellen vor 3,5 bis 3,8 Milliarden Jahren aus einer prokaryotischen Ahnenzelle entwickelten (der letzte gemeinsame Vorfahre). Es scheint, dass viele Millionen Jahre später eine anaerobe Archaee in den Besitz eines aeroben bakteriellen Symbionten gelangte, der sich zu einem Mitochondrium entwickelte (s. Abb. 1.27). Noch später erwarb eine mitochondrienenthaltende Eukaryotenzelle ein photosynthesetreibendes Bakterium, das sich zu Chloroplasten entwickelte. Mitochondrien sind im Wesentlichen in Pflanzen, Tieren und Pilzen die gleichen, was darauf hinweist, dass sie vor der Auseinanderentwicklung der drei Linien vor etwa 1,5 Milliarden Jahren erworben wurden.

Proteine codieren, welche innerhalb der Mitochondrien lebensnotwendigen Funktionen dienen. Bei Pflanzen und Algen enthält die Kern-DNA ebenfalls viele Gene, die Proteine spezifizieren, die für die Chloroplasten notwendig sind. In beiden Fällen sind die DNA-Sequenzen dieser Zellkerngene ein deutlicher Hinweis darauf, dass sie von deren bakteriellen Vorfahren abstammen.

1.3.5 Eukaryoten-Genome sind groß

Die natürliche Selektion hat offensichtlich Mitochondrien mit einem kleinen Genom begünstigt. Im Gegensatz dazu durften sich die Kern-Genome der meisten Eukaryoten anscheinend beliebig vergrößern. Möglicherweise war es bei der Lebensweise der Eukaryoten von Vorteil, ein großes Genom zu besitzen. Räuberische Zellen z. B. müssen normalerweise größer als ihre Beute sein, und die Zellgröße steigt im Allgemeinen proportional zur Genomgröße. Was immer der Grund ist, das Genom der meisten Eukaryoten wurde 100-mal größer als dasjenige von Bakterien und Archaeen (**Abb. 1.30**).

Die Freiheit, mit DNA verschwenderisch umgehen zu können, hatte tiefgreifende Konsequenzen. Eukaryoten haben nicht nur mehr Gene als Prokaryoten, sie haben auch ungeheuer viel mehr DNA, die nicht für ein Protein oder eine RNA codiert. Das menschliche Genom enthält etwa 700-mal mehr Nukleotidpaare als das Genom eines typischen Bakteriums wie *Escherichia coli*. Aber es enthält nur 4,5-mal mehr proteincodierende Gene, weil ein sehr viel größerer Anteil des menschlichen Genoms nicht für ein Protein codiert (ungefähr 98,5 % im Vergleich zu 1 % bei *Escherichia coli*). Die geschätzten Genomgrößen und Genzahlen bei einigen ausgewählten Eukaryoten sind mit denjenigen des Bakteriums *Escherichia coli* in Tabelle 1.2 verglichen. Wir werden kurz besprechen, wie jeder dieser Organismen als Modellorganismus dient.

1.3.6 Eukaryoten-Genome enthalten viel Kontroll-DNA

Wie in Kapitel 4 behandelt wird, ist viel von unserer nicht für Proteine codierenden DNA so gut wie sicher entbehrlicher „Abfall“, der während der Evolution beibehalten

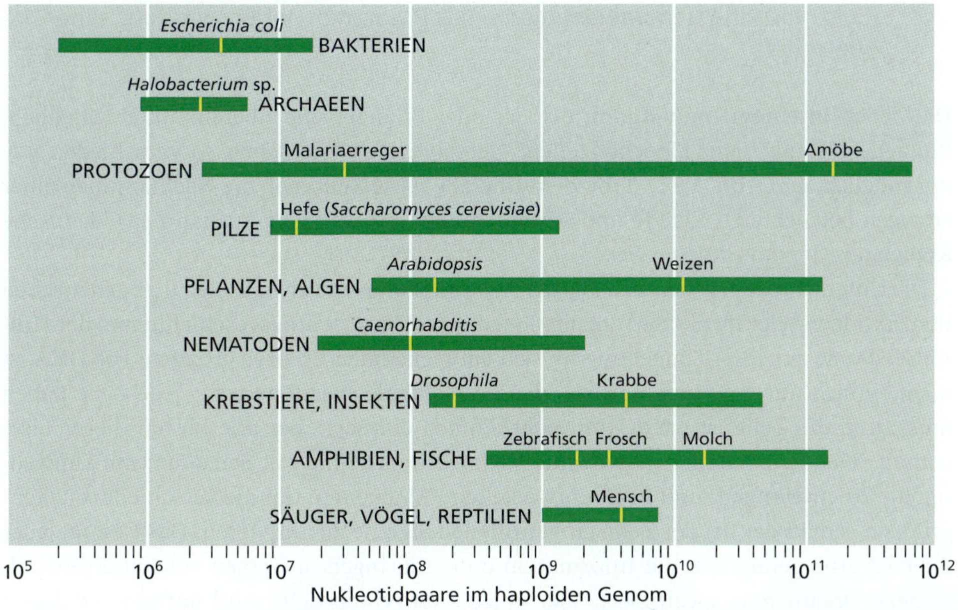

Abb. 1.30 Vergleich von Genomgrößen. Genomgrößen werden in Nukleotidpaaren („Basenpaaren“, bp) der DNA je haploidem Genom gemessen – also je Einzelkopie des Genoms. (Körperzellen von Organismen, die sich, wie wir selbst, geschlechtlich vermehren, sind im Allgemeinen diploid: Sie enthalten zwei Kopien („Sätze“) des Genoms – eine, die von der Mutter geerbt wurde und eine, die vom Vater geerbt wurde.) Man beachte, dass nahe verwandte Organismen sehr unterschiedliche Mengen an DNA besitzen können (wie durch die Länge der grünen Balken angezeigt), auch wenn sie eine ähnliche Anzahl proteincodierender Gene enthalten. (Daten aus T. R. Gregory, 2021. Tiergenomdatenbank: www.genomesize.com).

und wie alte Zeitungen aufgehoben wurde. Wenn wenig Druck besteht, ein Archiv klein zu halten, ist es einfacher, alles aufzuheben, anstatt nützliche Information auszuwählen und den Rest zu entsorgen. Gewisse Ausnahme-Spezies wie der Kugelfisch zeugen von der Nachlässigkeit ihrer Verwandtschaft. Sie haben es irgendwie fertig gebracht, große Mengen ihrer nicht codierenden DNA loszuwerden. Trotzdem ähneln sie in Struktur, Verhalten und Lebenstüchtigkeit verwandten Arten, die sehr viel mehr solcher DNA besitzen.

Selbst in kompakten Eukaryoten-Genomen, wie in dem des Kugelfischs, ist mehr nicht für Proteine codierende als proteincodierende DNA vorhanden, und wie in allen Eukaryoten hat zumindest ein Teil dieser nicht codierenden DNA mit Sicherheit wichtige Funktionen. Insbesondere regelt sie die Expression von Genen. Mithilfe dieser *regulatorischen* DNA haben Eukaryoten charakteristische, hoch entwickelte Wege hervorgebracht, um zu kontrollieren, wann und wo ein Gen in Aktion treten soll. Ausgefeilte Mechanismen für die Genregulation sind für die Bildung und Funktion komplexer vielzelliger Lebewesen, die viele verschiedene Zellarten haben, ganz entscheidend. Jede dieser Zellarten hat verschiedene Funktionen, was wir nun behandeln wollen.

Tab. 1.2 Einige Modellorganismen und ihre Genome.

Organismus	Ungefähre Genomgröße[a] (Nukleotidpaare)	Ungefähre Anzahl proteincodierender Gene
Escherichia coli (Bakterium)	$4{,}6 \times 10^6$	4300
Saccharomyces cerevisiae (Hefe)	$12{,}5 \times 10^6$	6600
Caenorhabditis elegans (Fadenwurm)	1000×10^6	20 000
Arabidopsis thaliana (Pflanze)	135×10^6	27 000
Drosophila melanogaster (Taufliege)	180×10^6	14 000
Danio rerio (Zebrafisch)	1400×10^6	26 000
Mus musculus (Maus)	2800×10^6	20 000
Homo sapiens (Mensch)	3100×10^6	20 000

[a] Die Genomgröße beinhaltet eine Schätzung für die Menge hochrepetitiver, nicht codierender DNA-Sequenzen, die nicht in Genomdatenbanken vertreten sind.
[b] Es gibt auch Gene, die für funktionale RNA-Moleküle codieren, welche aber nicht für Proteine codieren.

1.3.7 Eukaryotische Genome definieren das Programm der Entwicklung eines Vielzellers

Die Zellen in einem Individuum, ob Tier oder Pflanze, sind überaus unterschiedlich. Blutzellen, Hautzellen, Knochenzellen, Nervenzellen – sie sehen so verschieden wie nur möglich aus (**Abb. 1.31**). Trotzdem sind alle diese Zelltypen die Nachkommen einer einzigen befruchteten Eizelle und enthalten alle (mit wenigen Ausnahmen) identische Kopien des Genoms der Spezies.

Die Unterschiede ergeben sich aus der Art und Weise, wie diese Zellen ihre genetischen Instruktionen selektiv nutzen, entsprechend ihrer Entwicklungsgeschichte und der Hinweise, die sie aus ihrer Umgebung im sich entwickelnden Embryo erhalten. Die DNA ist nicht einfach nur eine Inventarliste, die die Moleküle spezifiziert, die jede Zelle haben muss; und die Zelle ist wiederum nicht einfach ein Sack, der alle Posten dieser Liste enthält. Vielmehr handelt sie wie eine Vielzweckmaschine mit Sensoren, um Umweltsignale zu empfangen, und hoch entwickelten Fähigkeiten, um die verschiedenen Gengruppen gemäß der bei der Zelle eingetroffenen Signale zu aktivieren. Das Genom jeder Zelle ist groß genug, um die Information unterzubringen, die einen vollständigen vielzelligen Organismus spezifiziert, aber in jeder einzelnen Zelle wird nur ein Teil dieser Information genutzt.

Eine hohe Anzahl der Gene im Eukaryoten-Genom codiert für Proteine, die die Aktivität anderer Gene regulieren, ein Thema, das wir in Kapitel 7 genauer behandeln. Die meisten dieser Regulatorgene codieren für *Transkriptionsregulatoren*; diese agieren durch direkte oder indirekte Bindung an die vielen verschiedenen DNA-Sequenzen, die kontrollieren, welche Gene exprimiert werden sollen und in welchem Ausmaß. Eukaryotengenome produzieren auch viele nicht codierende RNA-Moleküle; wie der Name nahelegt, werden sie nicht in Proteine translatiert, sondern kontrollieren die Genexpression auf vielfältige Weise. Das ausgedehnte Genom von Eukaryoten spezifiziert daher nicht nur die „Hardware“ der Zelle, sondern speichert auch die „Software“, die kontrolliert, wie die Hardware eingesetzt wird (**Abb. 1.32**).

Zellen empfangen Signale nicht nur passiv, sondern tauschen sie auch mit ihren Nachbarzellen aus. Somit reguliert zwar das interne Kontrollsystem jede Zelle eines sich entwickelnden Vielzeller-Organismus, allerdings – je nach ausgetauschter Nachricht – mit unterschiedlichen Folgen. Das erstaunliche Ergebnis ist ein genaues Ordnungsmuster verschiedener Zellarten, in dem jede Zelle die Merkmale besitzt, die an ihrer Position in der multizellulären Struktur funktionell richtig sind.

Abb. 1.31 Zellarten können hinsichtlich Größe und Form enorm variieren. Eine menschliche Nervenzelle im Vergleich mit einem menschlichen neutrophilen Granulocyten, einer Art weißer Blutkörperchen. Beide sind maßstabsgerecht gezeichnet.

Abb. 1.32 Genetische Kontrolle des Programms bei multizellulärer Entwicklung. Die Funktion eines Kontroll-Gens wird beim Löwenmäulchen *Antirrhinum* gezeigt. Hier bewirkt eine Mutation in einem einzelnen Gen für ein regulatorisches Protein, dass sich beblätterte Schösslinge anstelle von Blüten entwickeln. Da ein Kontrollprotein verändert wurde, nehmen die Zellen einen Typus an, der bei einer normalen Pflanze an anderer Stelle passend wäre. Die Mutante ist links, die normale Pflanze rechts abgebildet. (Mit freundlicher Genehmigung von Enrico Coen und Rosemary Carpenter).

1.3.8 Viele Eukaryoten leben als Einzelzellen

Viele Spezies eukaryotischer Zellen führen ein Einzelleben. Wie wir gesehen haben, sind manche dieser Einzeller Jäger, manche Photosynthesetreibende, wieder andere Aasfresser. **Abbildung 1.33** vermittelt etwas von der erstaunlichen Vielfalt einzelliger Eukaryoten, deren Anatomie bemerkenswert ausgeklügelt sein kann. Dazu gehören solche Strukturen wie Sinnesborsten, Photorezeptoren, gebogen schlagende Cilien, beinartige Anhänge, Mundteile, scharfe Pfeile und muskelartige, kontraktive Bündel. Auch wenn sie Einzeller sind, können sie doch so kompliziert, so vielseitig und so komplex in ihrem Verhalten sein wie viele Vielzeller (**Abb. 1.34**).

Menschen konzentrieren sich eher auf Pflanzen und Tiere und vernachlässigen einzellige Eukaryoten, weil sie (wie Bakterien und Archaeen) mikroskopisch klein sind. Aber dank DNA-Vergleichen wissen wir nun, dass die Genome einzelliger Eukaryoten weit mehr evolutionäre Vielfalt besitzen als die vielzelligen Tiere und Pflanzen. Dies bedeutet, dass Tiere und Pflanzen relativ spät in dem komplexen und faszinierenden Eukaryotenstammbaum auftraten. Anhand von Genomdaten können wir die vielen verschiedenen einzelligen Eukaryoten im Stammbaum des Lebens platzieren und unsere nächsten Verwandten identifizieren (**Abb. 1.35**). Wissenschaftler verwenden diese Information, um nach den Ursprüngen der Vielzelligkeit zu sondieren, mit dem Schwerpunkt darauf, was diese fremdartigen Geschöpfe uns über unsere eigene Evolutionsvergangenheit erzählen können.

Zusammenfassung

Eukaryotenzellen bewahren definitionsgemäß den größten Teil ihrer DNA in einem abgetrennten membranumhüllten Kompartiment – dem Zellkern – auf. Außerdem besitzen sie einen ausgeklügelten Satz anderer Organellen, die jeweils verschiedene Funktionen ausüben, wie die Oxidation von Molekülen aus der Nahrung und die ATP-Bildung in Mitochondrien. Eukaryoten enthalten auch ein Cytoskelett zur Unterstützung von Struktur und Bewegungen. Es gibt schlagende Beweise dafür, dass sich Mitochondrien und in Pflanzen und Algen die Chloroplasten aus eingefangenen symbiotischen Bakterien entwickelten; dies erklärt, warum diese Organellen ihre eigene DNA und Ribosomen enthalten.

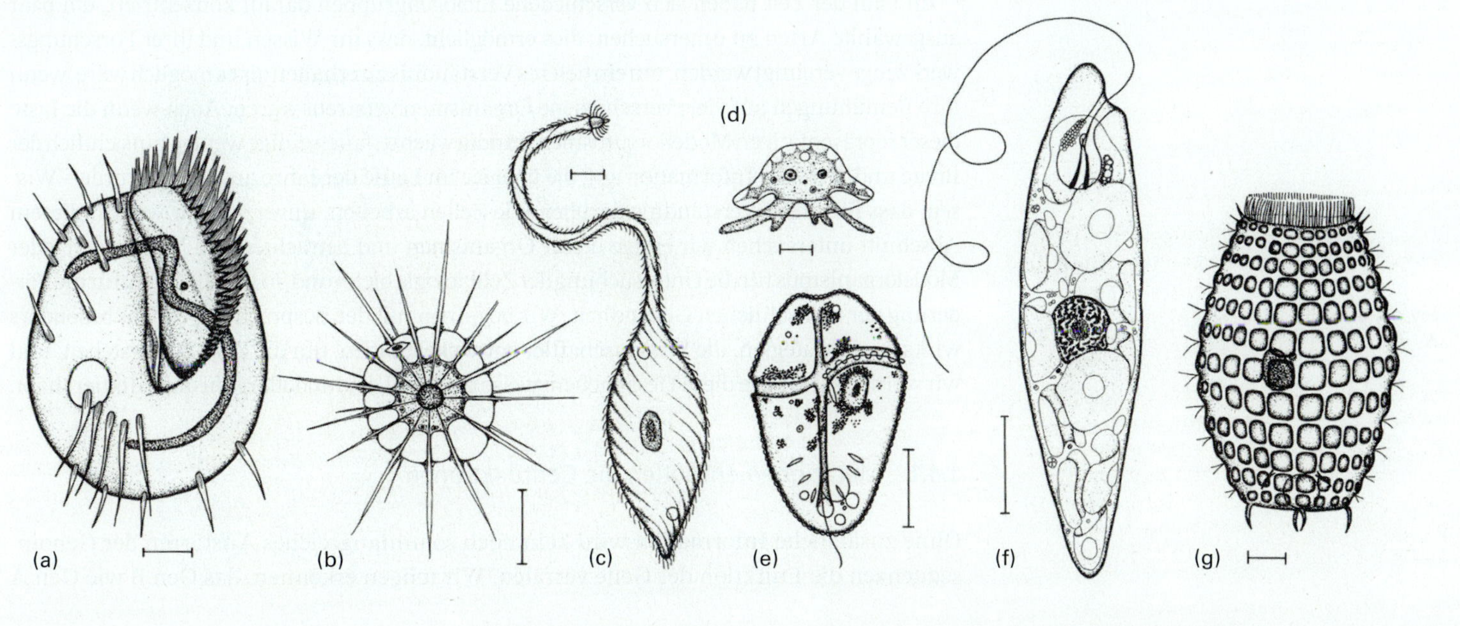

Abb. 1.33 **Eine kleine Auswahl von einzelligen Eukaryoten.** Die Zeichnungen sind in unterschiedlichen Maßstäben angefertigt – der Messbalken entspricht aber immer 10 µm. Die Organismen (a), (c) und (g) sind Ciliaten; (b) ist ein Sonnentierchen; (d) ist eine Amöbe; (e) ist ein Dinoflagellat; (f) ist eine Euglena. (Mit freundlicher Genehmigung aus M. A. Sleigh, Biology of Protozoa, Edinburgh: Edward Arnold, 1973).

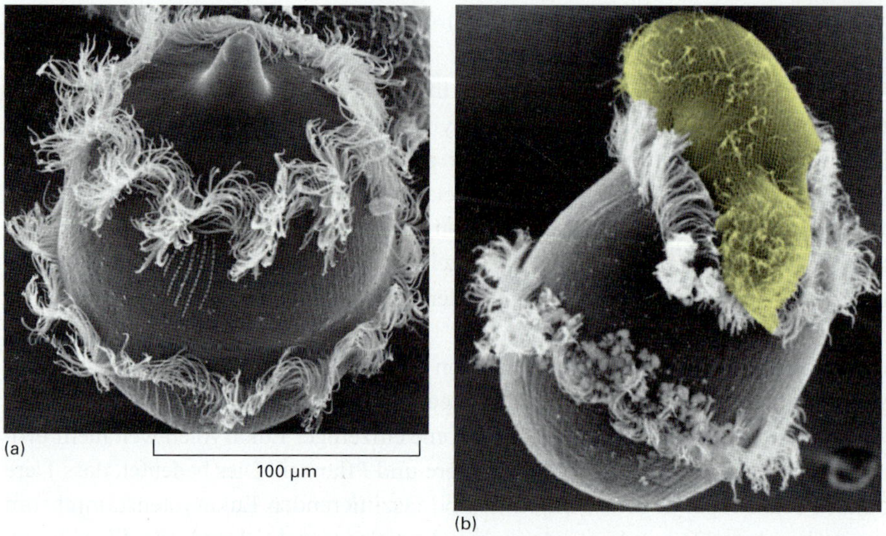

Abb. 1.34 Ein einzelliger Eukaryot, der andere Zellen frisst. (a) *Didinium* ist ein Fleisch fressendes Protozoon, das zur Gruppe der *Ciliaten* gehört. (Ein Protist ist definiert als ein freilebender einzelliger beweglicher Eukaryot.) *Didinium* hat einen kugeligen Körper von etwa 150 µm Durchmesser, der von zwei Cilienreihen umgürtet ist (Cilien sind wellenförmige, peitschenartige Anhängsel, die dauernde Schlagbewegungen ausführen). Sein Vorderende ist mit Ausnahme einer einzigen Vorwölbung wie eine Schnauze abgeflacht. (b) *Didinium* verleibt sich seine Beute ein. Normalerweise schwimmt *Didinium*, angetrieben durch den Synchronschlag seiner Cilien, mit großer Geschwindigkeit durch das Wasser. Wenn es aber auf eine passende Beute – meist eine andere Protisten-Art – trifft, schießt es von seinem Schnauzenbereich zahlreiche Betäubungspfeile ab. Dann dockt *Didinium* an die Beutezelle (künstlich *gelb* gefärbt) an und verschlingt sie durch Phagocytose. Dazu stülpt es sich wie ein hohler Ball von innen nach außen und umgreift das Opfer, das fast so groß wie es selbst sein kann. (Mit freundlicher Genehmigung von D. Barlow).

Eukaryotenzellen besitzen typischerweise 3- bis 8-mal so viele proteincodierende Gene wie Bakterien und Archaeen und dazu häufig Tausende Mal mehr nicht codierende DNA. Auch wenn wahrscheinlich der größte Teil dieser DNA unwichtig ist, ermöglicht ein Teil davon eine große Komplexität bei der Regulation der Genexpression, wie für die Konstruktion komplexer vielzelliger Lebewesen erforderlich, die viele verschiedene Zellarten enthalten.

1.4 Modellorganismen

Da anscheinend alle Zellen von einem gemeinsamen Vorfahren abstammen, dessen grundlegende Eigenschaften während der Evolution konserviert wurden, trägt das Wissen, das wir aus der Untersuchung eines Lebewesens erhalten, zu unserem Verständnis aller anderen bei, einschließlich uns selbst. Es stellt sich heraus, dass bestimmte Organismen für die Untersuchung im Laboratorium sehr viel zugänglicher sind als andere. Manche vermehren sich einfach und lassen sich mithilfe leistungsfähiger genetischer Techniken manipulieren. Manche sind durchscheinend und entwickeln sich im Laboratorium einfach aus einem befruchteten Ei zu einem vielzelligen Organismus; damit lässt sich leicht verfolgen, wie seine Zellen sich verhalten, um inneres Gewebe und Organe zu bilden.

Im Lauf der Zeit haben sich verschiedene Biologengruppen darauf konzentriert, ein paar ausgewählte Arten zu untersuchen; dies ermöglicht, dass ihr Wissen und ihrer Forschungswerkzeuge vereinigt werden, um ein tieferes Verständnis zu erhalten als es möglich wäre, wenn ihre Bemühungen auf viele verschiedene Organismen verstreut wären. Auch wenn die Liste dieser repräsentativen Modellorganismen ständig wächst, fallen einige wenige hinsichtlich der Breite und Tiefe der Information auf, die über sie im Laufe der Jahre angehäuft wurde – Wissen, dass für unser Verständnis darüber, wie Zellen arbeiten, unverzichtbar war. In diesem Abschnitt untersuchen wir einige dieser Organismen und betrachten den Nutzen den jeder Modelorganismus für die Untersuchung der Zellbiologie bietet und, in vielen Fällen, für die Förderung der menschlichen Gesundheit. Wir beginnen mit der Besprechung einiger besonders wirksamer Strategien, die Wissenschaftler entwickelt haben, um die Zelle zu verstehen, und wir werden sehen wie diese Herangehensweise die Wahl der Modellorganismen diktiert habt.

1.4.1 Mutationen enthüllen die Genfunktionen

Ohne zusätzliche Information wird kein noch so umfangreiches Anstarren der Genomsequenzen die Funktion der Gene verraten. Wir mögen erkennen, das Gen B wie Gen A

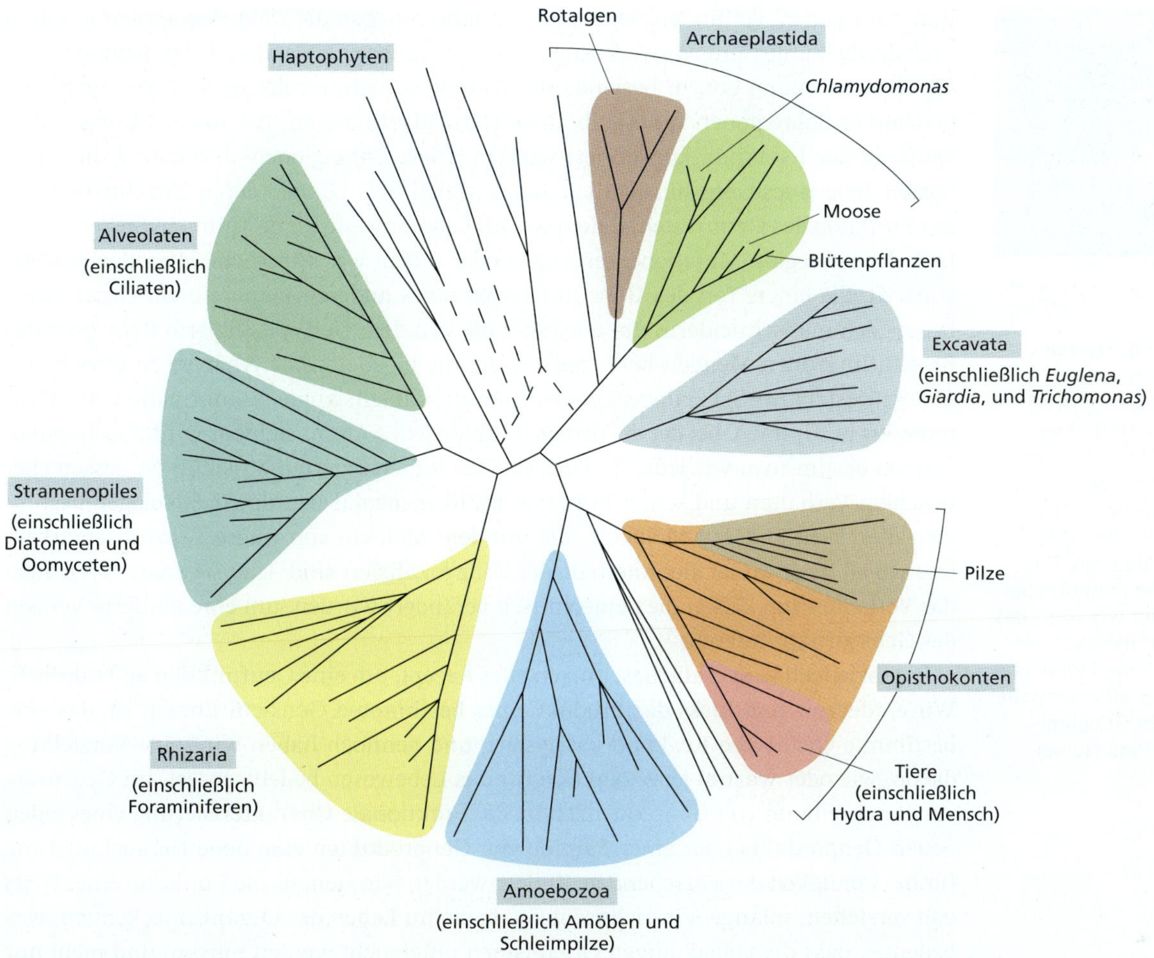

Abb. 1.35 Ein eukaryotischer Stammbaum des Lebens, der auf Genomvergleichen fußt. Die Länge der Linien ist proportional zum Ausmaß der Genomvielfalt, wobei gestrichelte Linien unsichere Verwandtschaftsbeziehungen anzeigen. Man beachte, dass Tiere und Pflanzen durch viele einzellige Spezies (einschließlich der Excavata) getrennt sind. Dies legt den Schluss nahe, dass die Vielzelligkeit mehrere Male unabhängig voneinander während der Eukaryotenevolution entstanden ist (Nach F. Burki, *Cold Spring Harb. Perspect. Biol.* 6: a016147, 2014).

ist, aber wie entdecken wir die Funktion von Gen A überhaupt erst? Und auch wenn wir die Funktion von Gen A kennen, wie testen wir, ob die Funktion von Gen B tatsächlich die gleiche ist, wie es die Sequenzähnlichkeit nahelegt? Wie verbinden wir die Welt der abstrakten genetischen Information, die in den vorausgegangenen Kapiteln eingeführt wurde, mit der Welt der lebenden Zellen und Organismen?

Die Analyse der Genfunktionen basiert auf zwei komplementären Ansätzen: Biochemie und Genetik. Die Biochemie untersucht direkt die Funktionen gereinigter Moleküle, wie etwa das Protein und die RNA, die von einem bestimmten Gen gebildet wurden: Zunächst erhalten wir das Molekül aus einem Organismus und untersuchen dann seine chemischen Aktivitäten näher. Im Gegensatz dazu startet die Genetik mit der Untersuchung von Mutanten: Entweder finden oder erzeugen wir einen Organismus, indem das bestimmte Gen verändert ist und wir untersuchen dann die Auswirkungen auf die Struktur und das Verhalten des mutierten Lebewesens (**Abb. 1.36**). Kombiniert mit der Biochemie können sorgfältige Untersuchungen eines Lebewesens (und seiner isolierten Zellen), das bei einem bestimmten Protein oder RNA-Molekül eine Mutation zeigt, die biologische Rolle des Moleküls verraten.

Biochemie und Genetik können in Kombination mit der Zellbiologie einen leistungsfähigen Weg eröffnen, um Gene und Moleküle direkt mit der Zell- und Organismusstruktur

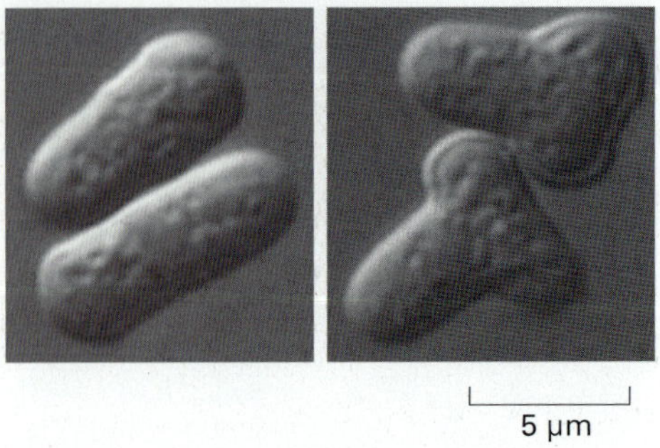

Abb. 1.36 Eine Änderung der Gestalt des Organismus, die von einer Genmutation herrührt. Rasterelektronenmikroskopische Aufnahmen (in Kapitel 9 behandelt) einer normalen Hefe (der Spezies *Schizosaccharomyces pombe*) im Vergleich mit einer Mutante, bei der die Änderung eines einzigen Gens die Zelle von einer Zigarrenform (*links*) in eine T-Form (*rechts*) umgewandelt hat. Das mutierte Gen hat demnach eine Funktion bei der Kontrolle der Zellform. Aber wie führt das Genprodukt diese Funktion auf molekularer Ebene aus? Das ist eine schwierige Frage, und um sie zu beantworten, ist eine biochemische Analyse nötig. (Mit freundlicher Genehmigung von Kenneth Sawin und Paul Nurse).

und -funktion zu verbinden. In den letzten Jahren haben die DNA-Sequenzinformation und die leistungsfähigen Werkzeuge der Molekularbiologie den Fortschritt bei dieser Unternehmung enorm beschleunigt. Durch Sequenzvergleiche können wir häufig bestimmte Subregionen innerhalb eines Gens identifizieren, die nahezu unverändert während der Evolution konserviert wurden. Diese Subregionen sind häufig die wichtigsten Teile eines Gens hinsichtlich der Funktion. Wir können deren einzelne Beiträge zur Funktion des Gens testen, indem wir im Laboratorium an bestimmten Stellen innerhalb der Subregion Mutationen erzeugen oder indem wir künstliche Hybridgene konstruieren, die einen Teil des Gens mit Teilen eines anderen kombinieren. Organismen lassen sich maßschneidern, um entweder die von dem Gen spezifizierte RNA oder das Protein in großen Mengen herzustellen, um die biochemische Analyse zu erleichtern. Molekularstruktur-Spezialisten können die dreidimensionale Konformation des Genprodukts bestimmen, bei der die genaue Position jedes Atoms sichtbar wird. Biochemiker können bestimmen, wie jeder Teil des genetisch spezifizierten Moleküls zu dessen chemischem Verhalten und seiner Funktion im Reagenzglas beiträgt. Zellbiologen bestimmen die vielen anderen Moleküle, die mit dem Molekül von Interesse wechselwirken, und wo all diese Moleküle innerhalb der Zelle lokalisiert sind. Und sie analysieren auch das Verhalten von Zellen die gentechnisch verändert wurden, um eine mutierte Version des Gens zu exprimieren.

Es gibt jedoch kein einfaches, universelles Rezept, um eine Genfunktion aufzudecken. Wir entdecken z. B., dass das Produkt eines bestimmten Gens ein Enzym ist, das eine bestimmte chemische Reaktion katalysiert; und dennoch haben wir keine Vorstellung davon, wie oder warum jene Reaktion für das Lebewesen bedeutsam ist. Im Gegensatz zur Beschreibung von Gensequenzen ist die funktionale Charakterisierung eines jeden neuen Genprodukts oder einer Familie von Genprodukten eine neue Herausforderung für die Findigkeit der Forschenden. Zudem werden wir niemals die Funktion eines Gens voll verstehen, solange wir nicht seine Aufgabe im Leben des Organismus kennen, was bedeutet, dass die vollständigen Organismen untersucht werden müssen und nicht nur isolierte Moleküle oder Zellen.

1.4.2 Die Molekularbiologie begann mit einem Schlaglicht auf ein Bakterium und seine Viren

Da lebende Organismen so komplex sind, wird ein Objekt für weitere Studien umso attraktiver, je mehr wir über irgendeine Spezies erfahren. Jede Entdeckung in einem solch ausgewählten Organismus wirft neue Fragen auf und verschafft neue Werkzeuge, mit denen allgemeine biologische Fragen in Angriff genommen werden können. Aus diesem Grund haben sich große Biologengemeinschaften dem Studium verschiedener Aspekte desselben **Modellorganismus** gewidmet.

In den Anfängen der Molekularbiologie war das ausgewählte Bakterium *Escherichia coli* (*E. coli,* s. **Abb. 1.11b**). Diese kleine, stäbchenförmige Zelle lebt normalerweise im menschlichen Darm und im Darm anderer Wirbeltiere, aber sie lässt sich leicht in einer einfachen Nährlösung in einer Kulturflasche oder Petrischale züchten; unter günstigen Bedingungen kann sich das Bakterium dort etwa alle 20 Minuten teilen. Es passt sich verschiedenen chemischen Bedingungen an und kann sich durch Mutation und Selektion mit bemerkenswerter Geschwindigkeit entwickeln.

Von besonderem frühem Interesse waren auch einige wenige Viren, die dieses Bakterium befallen – insofern als deren sehr viel kleineres Genom dafür sorgte, dass sie im Detail auch einfacher analysiert werden konnten.

Viren sind kleine Pakete aus genetischem Material, die sich als Parasiten entwickelten und von der Reproduktions- und Biosynthesemaschinerie der Wirtszellen, die sie befallen, abhängig sind. Viren sind eigentlich keine Lebewesen, weil sie für ihre Vermehrung von der Maschinerie ihrer Wirtszellen abhängig sind. Obwohl wir heute wissen, dass Viren hinsichtlich ihrer Anzahl die häufigsten aller biologischen Einheiten auf unserem Planeten sind, so sind sie doch viel zu klein, um im Lichtmikroskop gesehen zu werden. Aus diesem Grund waren sie bis zum Ende des 19. Jahrhunderts vollständig unauffindbar, bis ein paar wenige Viren als infektiöses Agens identifiziert wurden, das Filter passierte, die Bakterien zurückhalten. Sie werden jedoch von den noch feineren Filtern zurückgehalten, die nur noch großen Molekülen die Passage gestatten. Erst durch Erfindung des Elektronenmikroskops konnten Viren schließlich als winzige Partikel mit definierter Gestalt und Größe sichtbar gemacht werden. Wir wissen heute, dass sich Viren auf viele Familien verteilen, wobei die verschiedenen Familien individuelle Strukturen und Replikationsweisen besitzen (s. Kapitel 6 und 23).

Die Viren, die Bakterien befallen, heißen *Bakteriophagen*, und zwei, die *Escherichia coli* infizieren, haben eine entscheidende Rolle als Modellorganismen gespielt, die unser Verständnis von der molekularen Zellbiologie vorangebracht haben. Zunächst gab es detaillierte genetische Analysen dieser beiden Viren, Bakteriophage lambda und Bakteriophage T4. Auf diese folgte die Biochemie, welche die Analyse mutierter Gene dafür verwendete, spezifische Proteine zu identifizieren und zu charakterisieren, die von Interesse sind. Im Bakteriophagen T4, einem großen Virus mit einem doppelsträngigen DNA-Genom (**Abb. 1.37**) haben Genetiker beispielsweise über 100 verschiedene mutierte Gene erzeugt und dann charakterisiert. Es wurden Sätze von T4-Genen identifiziert, die für Bestandteile des Kopfs und des Schwanzes des Bakteriophagen codieren; dies gestattete biochemische Untersuchungen, um bedeutende Grundsätze biologischer

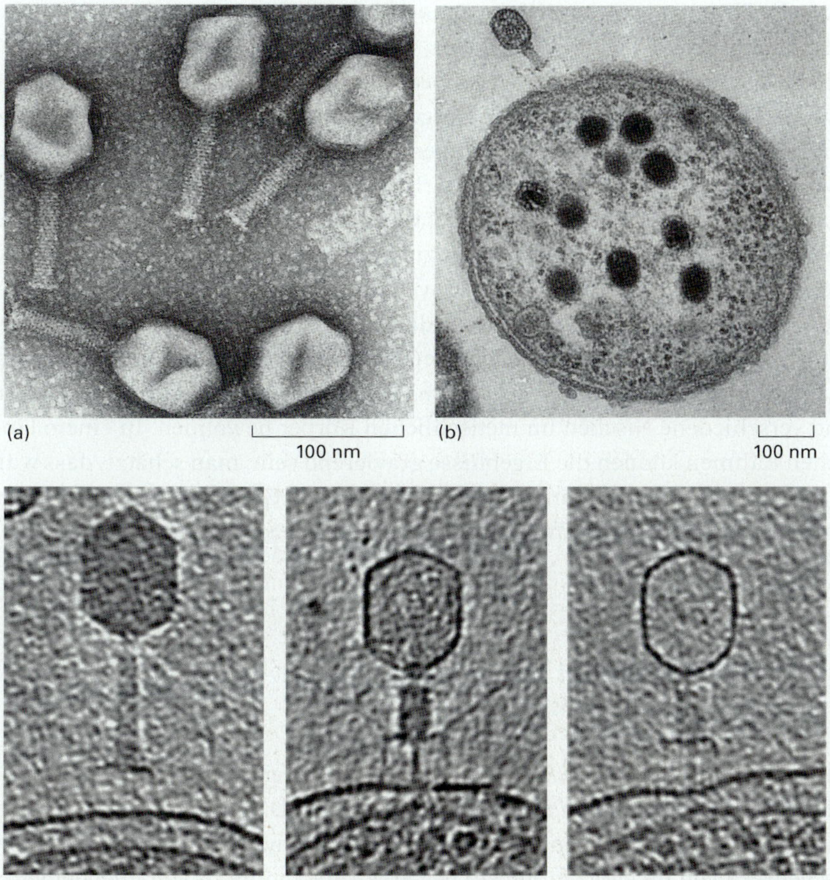

Abb. 1.37 **Der Bakteriophage T4.** (a) Elektronenmikroskopische Aufnahme der Partikel des T4-Bakteriophagen, ein Virus, das *Escherichia coli* infiziert. Der hexagonale Kopf dieses Virus enthält die Virus-DNA, der Schwanz den Apparat zur Injektion der DNA in ein Wirtsbakterium. (b) Ein Querschnitt durch ein *Escherichia-coli* -Bakterium mit einem T4-Phagen, der sich an seine Oberfläche geheftet hat. Die großen dunklen Objekte im Bakterium sind die Köpfe von neuen T4-Partikeln während ihres Zusammenbaus. Wenn sie reif sind, platzt das Bakterium auf und gibt sie frei. (c–e) Der Vorgang der DNA-Injektion in ein Bakterium, gezeigt mit ungefärbten, gefrorenen Proben mittels Kryo-Elektronenmikroskopie (in Kapitel 9 behandelt). (c) Das Anheften beginnt. (d) Angehefteter Zustand während der DNA-Injektion. (e) Der Viruskopf hat seine gesamte DNA ins Bakterium entleert. (a, mit freundlicher Genehmigung von James Paulson; b, mit freundlicher Genehmigung von Jonathan King und Erika Hartwig aus G. Karp, *Cell and Molecular Biology*, 2nd edn., New York: John Wiley & Sons, 1999. Mit Erlaubnis von John Wiley. c–e, mit freundlicher Genehmigung von Ian Molineux, Universität Texas, Austin, und Jun Liu).

Aufbauvorgänge zu enthüllen. Entsprechend ermöglichte ein Satz von T4-Genen, von dem Genetiker gezeigt hatten, dass er für die DNA-Replikation von T4 unverzichtbar ist, dass diese Proteine gereinigt werden konnten und Biochemiker die zentralen Mechanismen der DNA-Replikation im Reagenzglas entziffern konnten. Auf gleiche Weise waren es ausgedehnte Untersuchungen des Bakteriophagen lambda, die zu unserem frühen Verständnis von Transkriptionsregulatoren und Genregulationsnetzen führten (s. **Tafel 7.1 und Abb. 7.43**).

Wir wissen heute, dass diese beiden Bakteriophagen viele eng Verwandte haben, die in der Biosphäre verteilt sind. Verwandte des Bakteriophagen T4 beispielsweise kommen zahlreich im Meer vor, wo sie die weitverbreiteten marinen Cyanobakterien befallen. Insgesamt sind die Meeresviren in enormer Zahl vorhanden, schätzungsweise 10^{30}. Würde man sie aneinanderreihen, würden sie bis zu unseren nächsten Galaxien reichen; sie töten täglich ungefähr 20 % der gesamten mikrobiellen Biomasse der Meere. Weil diese Viren eine solch gewaltige Rolle im Nährstoffkreislauf spielen, beeinflussen sie die Ökologie der Erde grundlegend.

Auch wenn die Viren selbst keine lebenden Zellen sind, so dienen sie doch oft als Vektoren für dem Gentransfer zwischen Zellen. Ein Virus vermehrt sich in einer Zelle, verlässt diese mit einer schützenden Umhüllung und dringt in eine andere Zelle ein und infiziert sie; diese Zelle kann der gleichen oder einer anderen Art angehören. Häufig wird die infizierte Zelle durch die massive Proliferation der Viruspartikel in ihr getötet; manchmal aber, anstatt direkt neue Viruspartikel zu erzeugen, bleibt das Virus in seinem Wirt über viele Zellgenerationen als relativ harmloser Passagier bestehen – entweder als separates intrazelluläres DNA-Bruchstück, Plasmid genannt, oder als DNA-Sequenz, die in das eigene Genom der Zelle eingebaut ist. Bei ihren Reisen können Viren zufällig DNA-Fragmente aus dem Genom einer Wirtszelle mitnehmen und sie in eine andere Zelle übertragen. Solche Übertragungen genetischen Materials sind in Prokaryoten sehr häufig.

Viele Bakterien- und Archaeen-Arten besitzen die bemerkenswerte Fähigkeit, sogar nichtvirale DNA-Moleküle aus ihrer Umgebung aufzunehmen und dabei die genetische Information, die diese Moleküle tragen, einzufangen. Auf diesem Weg oder durch virusvermittelten Gentransfer können sich Bakterien und Archaeen in der Wildnis Gene aus benachbarten Zellen relativ leicht aneignen. Gene, die eine Antibiotikaresistenz oder die Fähigkeit ein Gift zu produzieren, verleihen, können beispielsweise von einer Spezies auf eine andere übertragen werden und verschaffen dem Empfängerbakterium einen Selektionsvorteil, wodurch dessen Ausbreitungsgeschwindigkeit enorm erhöht wird. Auf diese Weise haben sich neue und manchmal gefährliche Stämme antibiotikaresistenter Bakterien in bakteriellen Ökosystemen entwickelt, die Krankenhäuser und verschiedene Nischen im menschlichen Körper bewohnen. In einem längeren zeitlichen Rahmen können die Ergebnisse gravierend sein; man schätzt, dass während der letzten 100 Millionen Jahre zumindest 18 % aller Gene im heutigen Genom von *Escherichia coli* durch horizontalen Transfer von einer Spezies auf eine andere erworben wurden.

1.4.3 Die Konzentration auf *Escherichia coli* als Modellorganismus hat viele nachfolgende Entdeckungen beschleunigt

Der Standard-Laborstamm *Escherichia coli* K-12 besitzt ein Genom mit etwa 4,6 Millionen Nukleotidpaaren in einem einzelnen ringförmigen DNA-Molekül, das für ungefähr 4300 verschiedene Proteinarten codiert (**Abb. 1.38**). In molekularer Hinsicht haben wir wahrscheinlich von *Escherichia coli* ein besseres Verständnis als von irgendeinem anderen lebenden Organismus. Der größte Teil von unserem Verständnis der grundlegenden

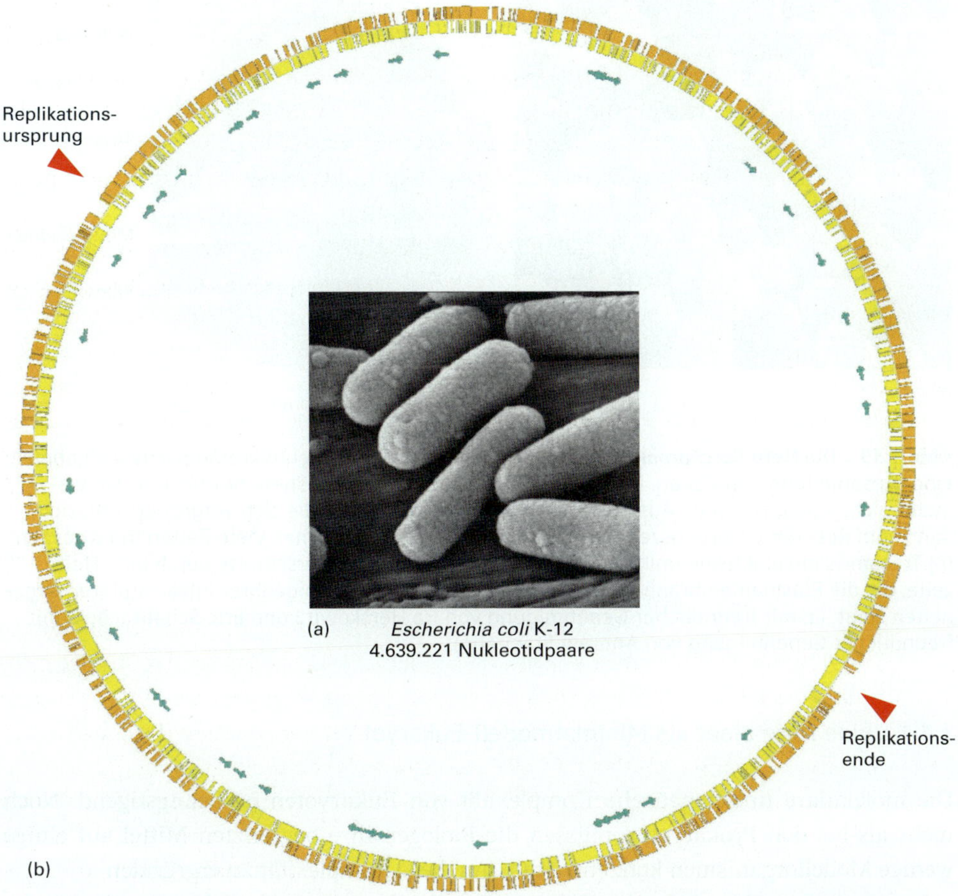

Abb. 1.38 Das Genom von *Escherichia. coli*. (a) Eine Gruppe von *Escherichia-coli*-Zellen, mit dem Rasterelektronenmikroskop betrachtet. (b) Diagramm des Genoms vom *Escherichia-coli* -Stamm K-12. Das Diagramm ist kreisförmig, weil die DNA von *E. coli* wie bei anderen Bakterien eine einzelne geschlossene Schleife bildet. Proteincodierende Gene sind entsprechend dem DNA-Strang, von dem sie transkribiert werden, als *gelbe* oder *orange Stäbe* dargestellt; Gene, die für RNA-Moleküle codieren, sind durch *grüne Pfeile* gekennzeichnet, wobei die Pfeilspitze die Transkriptionsrichtung anzeigt. Einige Gene werden von dem einen Strang der DNA-Doppelhelix transkribiert (in diesem Diagramm im Uhrzeigersinn), andere vom anderen Strang (gegen den Uhrzeigersinn). Der Beginn und das Ende der DNA-Replikation sind mit roten Pfeilspitzen gekennzeichnet. (a, Dr. Tony Brain und David Parker/Science Source; b, nach F. R. Blattner et al., *Science* 277: 1453–1462, 1997).

Mechanismen des Lebens – z. B., wie Zellen ihre DNA replizieren oder wie sie die Instruktionen entschlüsseln, die in der DNA enthalten sind, um die Synthese spezifischer RNAs und von Proteinen zu lenken – stammte ursprünglich aus Untersuchungen von *Escherichia coli* und seinen Viren. Dies liegt daran, dass die grundlegenden genetischen Mechanismen, wie sich herausgestellt hat, während der Evolution stark konserviert wurden und im Wesentlichen in unseren eigenen Zellen die gleichen sind wie in *Escherichia coli*.

Es muss erwähnt werden, dass wie bei anderen Bakterien die verschiedenen Stämme von *Escherichia coli* – obwohl sie als Mitglieder einer einzelnen Spezies klassifiziert sind – sich genetisch weit stärker unterscheiden als die verschiedenen Varietäten von einer Pflanze oder einem Tier. Ein *Escherichia-coli*-Stamm mag viele Hunderte Gene besitzen, die einem anderen fehlen, und die beiden Stämme könnten nur 50 % ihrer Gene gemeinsam haben. Diese Unterschiede sind größtenteils das Ergebnis eines ungezügelten horizontalen Gentransfers, der charakteristisch für diese und viele andere Bakterien- und Archaeen-Arten ist.

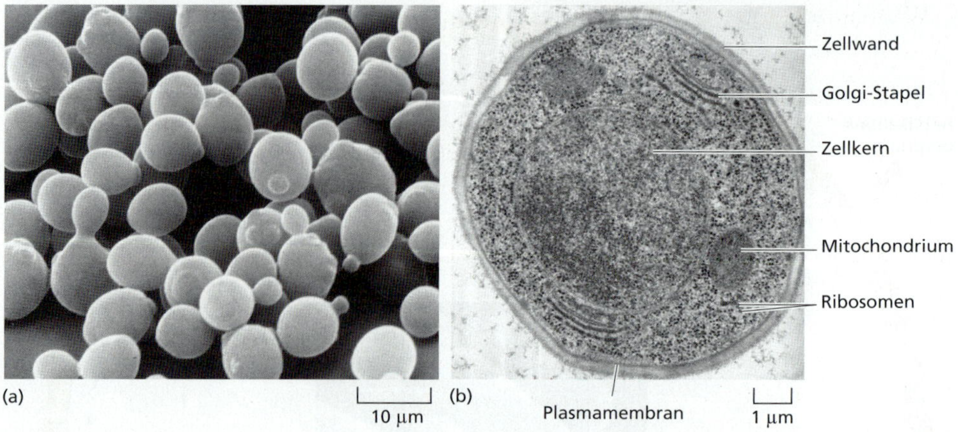

Abb. 1.39 Die Hefe *Saccharomyces cerevisiae*. (a) Rasterelektronenmikroskopische Aufnahme einer Ansammlung von Zellen. Diese Spezies wird auch als Sprosshefe bezeichnet. Sie vermehrt sich, indem sie einen Auswuchs bzw. eine Knospe bildet, die sich vergrößert und sich dann vom Rest der Ursprungszelle ablöst. Auf dem Bild erkennt man viele Zellen mit Knospen. (b) Transmissionselektronenmikroskopische Aufnahme eines Querschnitts durch eine Hefezelle, die die Plasmamembrann und die dicke Zellwand sowie einige ihrer intrazellulären Organellen zeigt. (a, mit freundlicher Genehmigung von Ira Herskowitz und Eric Schabtach; b, mit freundlicher Genehmigung von Andrew Staehelin).

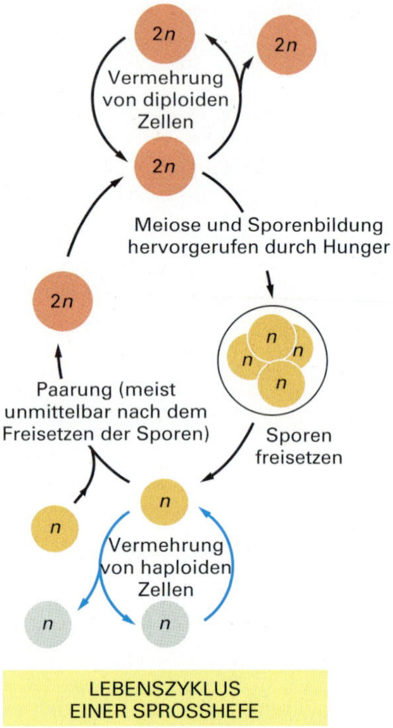

Abb. 1.40 Der Fortpflanzungszyklus der Hefe *Saccharomyces cerevisiae*. Abhängig von Umweltverhältnissen und Einzelheiten des Genotyps können Zellen dieser Spezies im diploiden Zustand mit einem doppelten Chromosomensatz (2n) oder im haploiden Zustand mit einem einfachen Chromosomensatz (1n) vorkommen. Die diploide Form kann sich entweder durch gewöhnliche Zellteilungszyklen vermehren oder aber die Meiose durchlaufen, um haploide Zellen zu erzeugen. Die haploide Form kann sich ebenfalls durch gewöhnliche Zellteilungszyklen vermehren, oder sie verschmilzt sexuell mit einer anderen haploiden Zelle, wodurch wieder eine diploide Zelle entsteht. Meiose wird durch Hunger ausgelöst und lässt Sporen entstehen – haploide Zellen in einem Ruhezustand, die widerstandsfähig gegen ungünstige Milieubedingungen sind.

1.4.4 Eine Hefe dient als Minimalmodell-Eukaryot

Die molekulare und genetische Komplexität von Eukaryoten ist beängstigend. Noch mehr als bei den Prokaryoten müssen die Biologen ihre begrenzten Mittel auf einige wenige Modellorganismen konzentrieren, um diese Komplexität zu ergründen.

Um die inneren Vorgänge der Eukaryotenzelle ohne die zusätzliche Komplexität der Vielzeller-Entwicklung zu analysieren, ist es vernünftig, eine Spezies zu untersuchen, die einzellig und so einfach wie möglich aufgebaut ist. Das beliebteste Minimalmodell eines Eukaryoten ist die Hefe *Saccharomyces cerevisiae* (**Abb. 1.39**) – die gleiche Spezies, die auch Bierbrauer und Bäcker benutzen.

Saccharomyces cerevisiae ist ein kleiner, einzelliger Vertreter aus dem Reich der Pilze und ist in Bezug auf seine Genomsequenz mit den Tieren sehr viel enger verwandt als mit den Pflanzen (s. **Abb. 1.35**). Sie ist widerstandsfähig und lässt sich leicht in einem einfachen Nährmedium züchten. Wie andere Pilze hat sie eine robuste Zellwand, ist verhältnismäßig sesshaft und besitzt Mitochondrien, aber keine Chloroplasten. Bei reichlich vorhandenen Nährstoffen wächst und teilt sie sich etwa alle 100 Minuten. Sie kann sich entweder vegetativ vermehren – also durch normale Zellteilung (*Mitose*) – oder geschlechtlich, indem sich zwei *haploide*, mit einem einfachen Chromosomensatz ausgestattete Hefezellen miteinander paaren und zu einer *diploiden* Zelle mit doppeltem Chromosomensatz (n=2) verschmelzen (*fusionieren*). Die diploide Zelle durchläuft dann eine Reduktionsteilung (*Meiose*), aus der wieder haploide Zellen hervorgehen (**Abb. 1.40**). Im Gegensatz zu den meisten Tieren kann sich Hefe daher sowohl im sexuell als auch asexuell vermehren, eine Wahl, die ein Experimentator einfach durch Verändern der Wachstumsbedingungen treffen kann.

Außer diesen Eigenschaften hat die Hefe eine weitere Besonderheit, die sie zu einem sehr nützlichen Organismus für genetische Untersuchungen macht: Ihr Genom ist für Eukaryoten-Verhältnisse ungewöhnlich klein (s. Tab. 1.2). Trotzdem reicht es für alle Grundleistungen aus, die jede Eukaryotenzelle erbringen muss. Mutanten sind für jedes Gen erhältlich und daher können die Folgen des Fehlens eines jeden Gens – eines nach dem anderen – unter jeder beliebigen Umweltbedingung beobachtet werden; dazu dient die in Kapitel 8 beschriebene Hochdurchsatz-Methode.

Während der letzten 50 Jahre haben ausgedehnte Untersuchungen an Hefezellen, die von vielen Laboratorien durchgeführt wurden, den Zugang zu vielen entscheidenden Vorgängen geliefert, die nur in Eukaryoten vorkommen. Dazu zählen der Zellteilungszyklus (die entscheidende Ereigniskette, durch die der Zellkern und all die anderen Bestandteile einer Zelle verdoppelt und verteilt werden, um aus einer Zelle zwei Tochterzellen zu erzeugen) und die Meiose (der Vorgang, bei dem die Reproduktionszellen eines Lebewesens gebildet werden). Wichtige Einblicke in die eukaryotische Chromosomenstruktur, die Organisation des Zellkerns, die Mechanismen der Genexpression, die Bildung von Organellen und die Art und Weise, wie Proteine von Zellen sezerniert werden, sind ebenfalls das Ergebnis der Arbeit mit Hefepilzen. Viele dieser grundlegenden Vorgänge ähneln sich bei der Hefe und beim Menschen so stark, dass ein menschliches Homolog eines Hefeproteins oft getreu seine Funktionen ausübt, wenn es künstlich in Hefezellen exprimiert wird.

1.4.5 Die Expressionsstärke aller Gene eines Organismus kann gemessen werden

Das Genom von *Saccharomyces cerevisiae* wurde 1997 vollständig sequenziert. Es besteht aus ungefähr 12 500 000 Nukleotidpaaren, einschließlich des kleinen Anteils von 78 520 Nukleotidpaaren Mitochondrien-DNA. Eine Hefezelle enthält somit nur etwa 2,7-mal mehr DNA als eine *Escherichia-coli*-Zelle, und ihr Genom codiert für nur etwa 1,5-mal so viele Einzelproteine (insgesamt für ungefähr 6600) wie das von *E. coli* (s. Tab. 1.2). Die Lebensweise von *Saccharomyces cerevisiae* gleicht in vieler Hinsicht derjenigen eines Bakteriums, und es scheint, dass auch Hefe unter dem Selektionsdruck stand (z. B. für schnelle Proliferation), ihr Genom kompakt zu halten.

Die Kenntnis der kompletten Genomsequenz eines Organismus – ob Hefe oder Mensch – eröffnet neue Einblicke in die Arbeitsweise von Zellen. Viele Dinge, die früher ungeheuer kompliziert erschienen, sind heute machbar. Mithilfe der in Kapitel 8 beschriebenen Techniken ist es jetzt möglich, die mRNA-Transkriptmengen, die von jedem Gen im Hefe-Genom unter beliebigen Umweltbedingungen gebildet werden, anzuzeigen. Es ist zudem möglich, in Echtzeit zu bestimmen, wie sich das Muster der Genaktivität ändert, wenn sich die Bedingungen wandeln. Diese Art von Analyse kann mit mRNA aus Mutanten, denen irgendein Gen fehlt, das uns gerade experimentell interessiert, wiederholt werden. Auf diese Weise lässt sich der Einfluss dieses Gens auf die Expression aller anderen Gene beobachten. Obwohl dieser Ansatz zuerst in der Hefe angewandt wurde, liefert er nun einen Weg, um das gesamte System von Kontrollen zu enthüllen, welche die Genexpression in irgendeinem Organismus beherrschen – sofern seine Gensequenz bekannt ist, und er gentechnisch manipuliert werden kann.

1.4.6 *Arabidopsis* wurde als Modellpflanze ausgewählt

Die großen vielzelligen Organismen, die wir um uns herum sehen – Pflanzen und Tiere – erscheinen uns extrem unterschiedlich, und doch haben wir gesehen, dass sie sich in ihrem phylogenetischen Ursprung viel näher stehen und sich in ihrer grundsätzlichen Zellbiologie viel ähnlicher sind als es die große Masse mikroskopischer Einzeller, die wir besprochen haben, untereinander ist. Während Bakterien und Archaeen durch vielleicht 3,5 Milliarden Jahre Evolution getrennt sind, liegen zwischen Wirbeltieren und Insekten nur etwa 700 Millionen Jahre separater Entwicklung, zwischen Fischen und Säugern etwa 450 Millionen Jahre und zwischen den verschiedenen Arten von Blütenpflanzen gar „nur“ etwa 150 Millionen Jahre (s. **Abb. 1.35**).

Abb. 1.41 ***Arabidopsis thaliana*** **(Thals Acker-Schmalwand).** Diese Pflanze dient als Hauptmodell zur Erforschung der Molekulargenetik von Pflanzen. (Mit Erlaubnis von Toni Hayden und der John Innes Foundation).

Wegen der engen phylogenetischen Beziehung zwischen allen Blütenpflanzen (s. **Abb. 1.35**) können wir wieder einen Einblick in die Zell- und Molekularbiologie dieser ganzen Organismenklasse erhalten, indem wir nur eine oder einige wenige Arten detailliert analysieren. Aus den fast 400 000 bekennten Spezies an Blütenpflanzen haben sich die Molekularbiologen ein kleines Unkraut aus der Familie der Kreuzblütler (Brassicacae) – die (Thal'sche) Acker-Schmalwand *Arabidopsis thaliana* (**Abb. 1.41**) – als Modellorganismus ausgewählt. Sie lässt sich in großen Mengen im Gewächshaus ziehen und erzeugt nach acht bis zehn Wochen Tausende von Nachkommen je Pflanze. *Arabidopsis* hat ein Genom von ungefähr 135 Millionen Nukleotidpaaren (das sind etwa 10-mal mehr als im Hefegenom) (s. Tab. 1.2).

Die Arbeit an *Arabidopsis* hat ein tiefes Verständnis zahlreicher Schlüsselmerkmale von Pflanzen geliefert, einschließlich der Mechanismen, welche die Blütenentwicklung und deren Koordination mit den Jahreszeiten steuern, die Fähigkeit, in Richtung Sonne zu wachsen, die hormonelle Signalgebung zwischen Zellen und die spezielle Art des angeborenen Immunsystems, welches Pflanzen zur Abwehr von Krankheitserregern verwenden. Der Vergleich der Entwicklungsprogramme von Pflanzen und Tieren hat ebenfalls einige gemeinsame Prinzipien erhellt und dabei einen Blick in die grundlegende Logik ermöglicht, durch welche große, hochdifferenzierte Vielzeller sich aus einzelligen Vorfahren entwickelten.

1.4.7 Die Welt der Tierzellen wird hauptsächlich durch einen Wurm, eine Fliege, einen Fisch, eine Maus und den Menschen repräsentiert

Obwohl Pflanzen 80 % der irdischen Biomasse ausmachen und Tiere weniger als 0.4 % (s. **Abb. 1.14**), geht die Mehrzahl aller benannten Spezies lebender Organismen auf das Konto von Tieren, und sie sind die bei Weitem am intensivsten untersuchten. Fünf Spezies wurden die herausragendsten Lebewesen für molekulare, zelluläre und entwicklungsbiologische Untersuchungen. In der Reihenfolge zunehmender Körpergröße sind dies der Fadenwurm *Caenorhabditis elegans*, die Fliege *Drosophila melanogaster*, der Zebrafisch *Danio rerio*, die Maus *Mus musculus* und der Mensch *Homo sapiens*. Innerhalb jeder Spezies wurden anhand vieler verschiedener Individuen Genomsequenzen ermittelt.

Caenorhabditis elegans (**Abb. 1.42**) ist ein kleiner, harmloser, bodenbewohnender Verwandter des ernteschädigenden Weizenälchens. Mehrere Eigenschaften machen ihn zu einem idealen Modellorganismus: Sein Generationszyklus dauert nur wenige Tage, er kann eingefroren beliebig lange im Zustand verminderter Aktivität überleben, er besitzt einen einfachen Körperbau, und er durchläuft einen ungewöhnlichen Entwicklungszyklus, durch den er sich für genetische Untersuchungen besonders eignet. *C. elegans* entwickelt sich mit Uhrwerksgenauigkeit aus einem befruchteten Ei zu einem ausgewachsenen Wurm mit exakt 959 Körperzellen (plus einer variablen Zahl von Ei- und Spermienzellen) – dies ist ein sehr ungewöhnlicher Grad an Vorhersagbarkeit für die tierische Entwicklung. Mittlerweile verfügen wir über eine detaillierte Beschreibung, wie diese Entwicklung abläuft – wie sich die Zellen teilen, bewegen und ihre Merkmale nach strikten

Abb. 1.42 ***Caenorhabditis elegans*****, der erste vielzellige Organismus, dessen gesamte Genomsequenz bestimmt wurde.** Dieser kleine Nematode (Fadenwurm) ist etwa 1 mm lang und lebt im feuchten Boden. Die meisten Exemplare sind Hermaphroditen, die sowohl Eier als auch Spermien bilden. (Mit freundlicher Genehmigung von Maria Gallegos, University of Wisconsin, Madison).

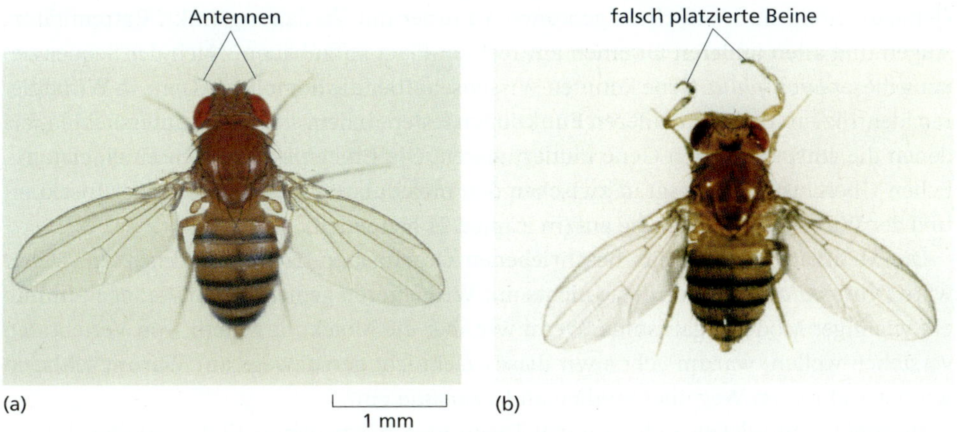

Abb. 1.43 ***Drosophila melanogaster.*** (a) Eine normale erwachsene Fruchtfliege *Drosophila*. Molekulargenetische Untersuchungen an dieser Fliege haben uns den Generalschlüssel in die Hand gegeben, um zu verstehen, wie Tiere sich aus einem befruchteten Ei zu einem ausgewachsenen Organismus entwickeln. (b) Eine ausgewachsene Fliegenmutante, bei der eine Mutation in einer DNA-Regulatorsequenz die Gene für die Bildung der Beine unnormal an Stellen aktiviert hat, die normalerweise den Antennen vorbehalten sind. Infolgedessen haben sich dort Beine entwickelt, wo Antennen sitzen sollten. (a, E. B. Lewis, mit freundlicher Genehmigung der Archive, California Institute of Technology; b, mit freundlicher Genehmigung von Matthew Scott).

und vorhersagbaren Regeln ändern (s. **Abb. 21.42**). Das etwa 100 Millionen Nukleotidpaare große Genom codiert für ungefähr 20 000 Proteine, und es steht eine große Menge von Mutanten und anderen Werkzeugen zur Verfügung, mit denen sich Genfunktionen untersuchen lassen. Obwohl sich der Körperbau des Wurms stark von unserem unterscheidet, sind die biologischen Grundmechanismen ausreichend konserviert, um den Wurm zu einem wertvollen Modell für viele entwicklungs- und zellbiologische Vorgänge zu machen, die im menschlichen Körper ablaufen. Somit waren beispielsweise Untersuchungen an diesem Modellorganismus entscheidend für das Verständnis der molekularen Mechanismen, die den Tod vieler Zellen vermitteln und regulieren, was dazu beiträgt, die Anzahl der Tierzellen sowohl in der normalen Entwicklung als auch während des Wachstums von Krebs beim Menschen zu kontrollieren. Dieser entscheidende Vorgang namens *programmierter Zelltod* oder *Apoptose* ist Gegenstand von Kapitel 18. Zudem haben Untersuchungen an *Caenorhabditis elegans* erstmals viele faszinierende Eigenschaften der RNA-Interferenz verraten (in Kapitel 7 und 8 behandelt). Sie haben auch wichtige Einblicke in die Art und Weise verschafft, wie Nervenzellen ihre ordentlichen Verbindungen herstellen (in Kapitel 21 behandelt) und viele weitere Gebiete der Zellbiologie inspiriert.

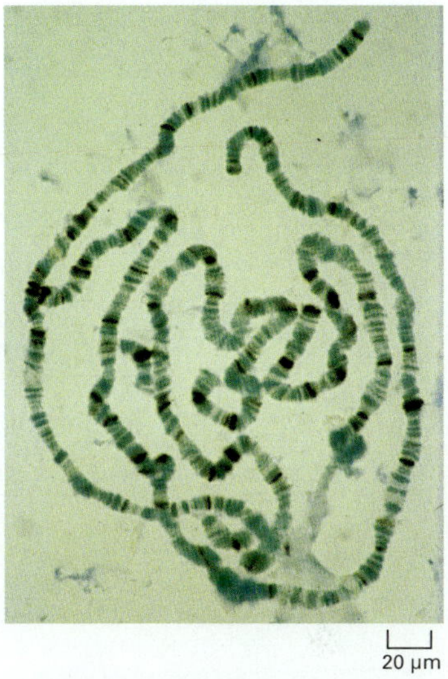

Abb. 1.44 **Riesenchromosomen aus den Speicheldrüsenzellen von *Drosophila*.** Da hier viele Runden der DNA-Replikation ohne eine dazwischenliegende Zellteilung stattgefunden haben, enthält jedes Chromosom in diesen ungewöhnlichen Zellen über 1000 identische DNA-Moleküle, die alle parallel gelagert sind. Deshalb sind sie im Lichtmikroskop gut sichtbar, wobei sie ein charakteristisches und reproduzierbares Bandenmuster aufweisen. Spezifische Banden lassen sich als Sitz von bestimmten Genen identifizieren. Eine mutierte Fliege, der ein Abschnitt im Bandenmuster fehlt oder verändert ist, prägt einen Phänotyp aus, der den Verlust der Gene dieser Region widerspiegelt (nicht gezeigt). Gene, die mit großer Geschwindigkeit transkribiert werden, entsprechen Banden mit einem „aufgeplusterten" Aussehen (= Puffs). Die *dunkelbraun* gefärbten Banden in der Abbildung sind Stellen, an denen ein bestimmtes Kontrollprotein an die DNA gebunden ist. Das Regulatorprotein wird durch Bindung spezifischer Antikörper identifiziert. (Mit Erlaubnis von B. Zink und R. Paro, aus R. Paro, *Trends Genet.* 6: 16–421, 1990. Mit Erlaubnis von Elsevier).

1.4.8 Untersuchungen an der Fruchtfliege *Drosophila* liefern einen Schlüssel zur Wirbeltier-Ontogenese

Die Frucht- oder Taufliege *Drosophila melanogaster* (**Abb. 1.43**) befindet sich länger als irgendein anderer Modellorganismus in der Hand von Genetikern. Tatsächlich beruhten die Grundlagen der klassischen Genetik weitgehend auf Untersuchungen an diesem Insekt. Vor mehr als 100 Jahren lieferte es z. B. den endgültigen Beweis dafür, dass Gene, die abstrakten Einheiten der Erbinformation, auf Chromosomen liegen – greifbaren physikalischen Objekten, deren Verhalten in der Eukaryotenzelle unter dem Lichtmikroskop verfolgt werden kann, deren Funktion anfangs jedoch unbekannt war. Dieser Beweis gründete auf einer der vielen Eigenschaften, die *Drosophila* besonders brauchbar für die Genetik machen: In manchen Zelltypen kommen Riesenchromosomen mit einem charakteristischen Bandenmuster vor (**Abb. 1.44**). Es zeigte sich, dass spezifische Änderungen in der Erbinformation mutierter Fliegen genau mit dem Verlust oder der Änderung spezifischer Banden dieser Riesenchromosomen in Beziehung stehen.

In neuerer Zeit hat uns *Drosophila* mehr als irgendein anderer Organismus gezeigt, wie wir die Kette von Ursache und Wirkung von der in der Chromosomen-DNA codierten genetischen Information bis zur Struktur des ausgewachsenen vielzelligen Körpers verfolgen können. *Drosophila*-Mutanten mit fehlplatzierten oder missgestalteten Körperteilen (**Abb. 1.43**) lieferten den Schlüssel zur Identifizierung und Charakterisierung der

Gene, die nötig sind, um einen geordneten Körper mit Verdauungstrakt, Extremitäten, Augen und allen anderen Organen am rechten Platz aufzubauen. Nach der Sequenzierung dieser *Drosophila*-Gene konnten Wissenschaftler die homologen Gene in Wirbeltieren identifizieren und dann deren Funktionen testen, indem sie Mäuse untersuchten, bei denen die entsprechenden Gene mutiert waren. Die Ergebnisse deckten einen erstaunlichen Übereinstimmungsgrad zwischen den molekularen Mechanismen der Insekten- und der Wirbeltier-Ontogenese auf (in Kapitel 21 behandelt).

Die Mehrzahl aller bereits beschriebenen Organismen-Arten sind Insekten. Daher wäre *Drosophila*, selbst wenn sie nichts mit Wirbeltieren gemeinsam hätte, noch immer ein wichtiger Modellorganismus. Wenn wir aber die Molekulargenetik von Vertebraten verstehen wollen, warum gehen wir dieses Ziel nicht geradewegs an? Warum schlagen wir den indirekten Weg über Studien an *Drosophila* ein?

Drosophila entwickelt sich in nur 9 Tagen vom befruchteten Ei zur adulten Fliege. Daher ist es erheblich leichter und billiger, sie aufzuziehen, als irgendein Wirbeltier. Außerdem hat sie ein viel kleineres Genom als Vertebraten – es umfasst nur ca. 180 Millionen Nukleotidpaare im Vergleich zu 3,1 Milliarden Nukleotidpaaren beim Menschen (s. Tab. 1.2). Ihr Genom codiert für etwa 14 000 Proteine, und mittlerweile können für praktisch jedes Gen Mutanten erzeugt werden. Aber außer den grundlegenden Beiträgen zur tierischen Entwicklung verschafft die Forschung an *Drosophila* weiterhin viele andere Einblicke in die Biologie; diese reichen von stark konservierten Mechanismen, die Krankheitserreger neutralisieren, bis zu Wegen, auf denen äußere Reize aus der Umgebung im Gehirn verarbeitet werden.

1.4.9 Der Frosch und der Zebrafisch liefern leicht zugängliche Wirbeltiermodelle

Lange Zeit wurden Frösche verwendet, um die frühen Schritte der Embryonalentwicklung in Wirbeltieren zu untersuchen, weil ihre Eier groß und leicht zu handhaben sind sowie außerhalb des Tieres befruchtet werden, sodass die sich anschließende Entwicklung des frühen Embryos leicht zu verfolgen ist (**Abb. 1.45**). *Xenopus laevis*, der Afrikanische Krallenfrosch, ist auch weiterhin ein wichtiger Modellorganismus. Obwohl er sich für genetische Analysen nur wenig eignet, besitzt das aus dem unbefruchteten *Xenopus*-Eiern isolierte Cytoplasma die bemerkenswerte Fähigkeit, die Bildung zellulärer Strukturen und Organellen im Reagenzglas zu rekapitulieren. Diese *Eierextrakte* ermöglichen leistungsfähige biochemische Ansätze, um so grundlegende Vorgänge wie den in Kapitel 17 beschriebenen Zellteilungszyklus zu untersuchen.

Der Zebrafisch, *Danio rerio*, eignet sich dagegen gut für genetische Untersuchungen. Sein Genom ist kompakt – nur halb so groß wie das der Maus oder des Menschen (s. Tab. 1.2) – und er hat eine Generationszeit von nur drei Monaten, was sehr viel kürzer ist als diejenige von *Xenopus laevis*. Es sind viele Mutanten bekannt, und er ist gentechnisch relativ einfach zu verändern. Zusätzlich hat der Zebrafisch noch den Vorteil, dass er während der ersten beiden Lebenswochen durchsichtig ist, sodass sich das Verhalten einzelner Zellen im lebenden Organismus beobachten lässt. All dies machte ihn zu einem zunehmend wichtigen Modell-Wirbeltier (**Abb. 1.46**) – einem, das für das Verständnis der Entwicklung von Herz und Kreislaufsystem besonders entscheidend war (wie in Kapitel 22 behandelt).

1.4.10 Die Maus ist der vorherrschende Modellorganismus für Säugetiere

Säugetiere haben typischerweise etwa doppelt so viele Gene wie *Drosophila*, ein 16-mal größeres Genom und millionen- oder gar milliardenmal mehr Zellen in ihren

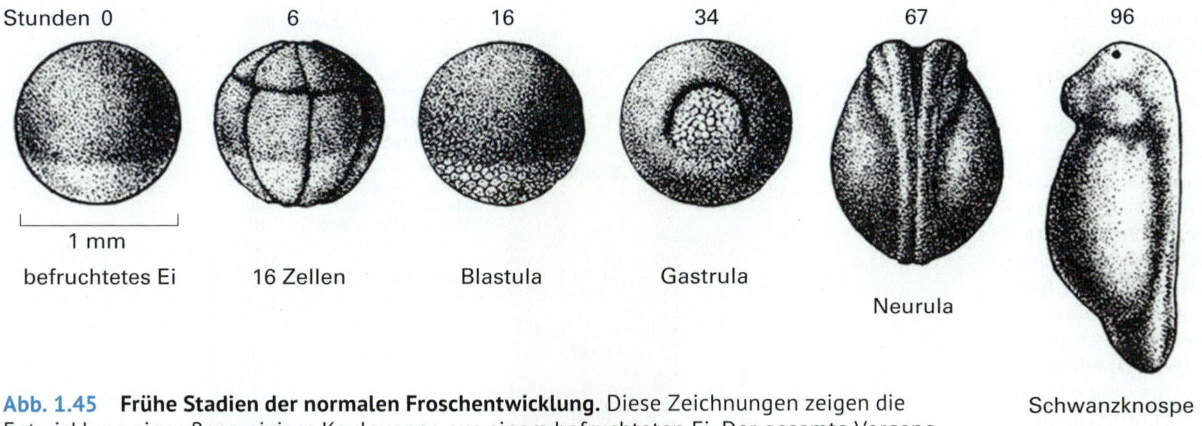

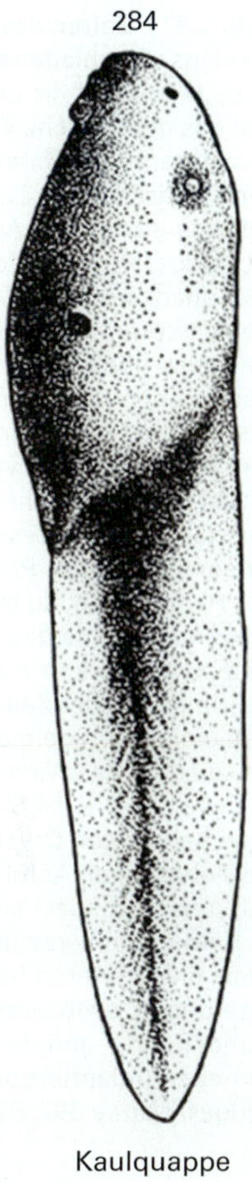

Abb. 1.45 Frühe Stadien der normalen Froschentwicklung. Diese Zeichnungen zeigen die Entwicklung einer *Rana-pipiens*-Kaulquappe aus einem befruchteten Ei. Der gesamte Vorgang findet außerhalb der Mutter statt, sodass die daran beteiligten Mechanismen experimentellen Untersuchungen leicht zugänglich sind. (Aus W. Shumway, *Anat. Rev.* 78: 139–147, 1940. Mit Erlaubnis von John Wiley & Sons).

ausgewachsenen Körpern. Trotzdem sind Säuger in Bezug auf Genomgröße, Genomfunktion, Zellbiologie und Molekularmechanismen eine sehr einheitliche Gruppe von Lebewesen. Selbst anatomisch unterscheiden sich Säugetiere vor allem in ihrer Größe und den Proportionen. Es gibt praktisch keinen Körperteil des Menschen, der nicht ein Gegenstück bei Elefant oder Maus hat – und umgekehrt. Die Evolution spielt großzügig mit quantitativen Merkmalen, aber sie ändert nicht so leicht die Logik der Grundstruktur.

Säugetiere besitzen in der Regel 1,5-mal mehr proteincodierende Gene als *Drosophila*, ein Genom, das etwa 16-mal größer ist, und einen ausgewachsenen Körper, der aus millionen- oder milliardenmal so vielen Zellen besteht. Um ein genaueres Maß dafür zu bekommen, wie stark sich Säuger-Arten genetisch ähneln, können wir die Nukleotidsequenzen von einander entsprechenden (orthologen) Genen vergleichen oder die Aminosäuresequenzen von Proteinen, für die diese Gene codieren. Die Ergebnisse für einzelne Gene und Proteine variieren enorm. Aber wenn wir die Aminosäuresequenz eines Proteins des Menschen mit dem orthologen Protein eines anderen Säugers – beispielsweise eines Elefanten – vergleichen, sind in der Regel 80 % der Aminosäuren identisch. Ein analoger Vergleich zwischen Mensch und Huhn zeigt eine Aminosäure-Übereinstimmung von etwa 70 % – es sind folglich doppelt so viele Unterschiede vorhanden, weil sich die Entwicklungslinien von Säugern und Vögeln vor längerer Zeit getrennt haben als die von Elefant und Mensch; sie haben mehr Unterschiede angehäuft (**Abb. 1.47**).

Da die Maus klein und widerstandsfähig ist und sich schnell vermehrt, wurde sie der bevorzugte Modellorganismus für experimentelle Untersuchungen über die molekulare Zellbiologie der Säugetiere. Man kennt viele natürliche Mutanten der Maus, die oft die Wirkung von entsprechenden Mutationen beim Menschen in bemerkenswertem Umfang nachahmen (**Abb. 1.48**). Zudem sind Methoden ausgearbeitet worden,

Abb. 1.46 Der Zebrafisch als Modell für Untersuchungen der Wirbeltierentwicklung. (a) Diese kleinen widerstandsfähigen tropischen Fische kommen in vielen heimischen Aquarien vor und sind für genetische Studien im Laboratorium geeignet. Sie sind ideal für Entwicklungsstudien, weil sich ihre Embryonen außerhalb der Mutter entwickeln und sie durchsichtig sind, sodass man Zellen und innere Strukturen im lebenden Organismus während der gesamten Entwicklung vom Ei bis zum erwachsenen Tier beobachten kann. (b) In diesem Fluoreszenzbild eines zwei Tage alten Embryos markiert ein rot fluoreszierendes Protein die sich entwickelnden Blutgefäße, und ein grün fluoreszierendes Protein markiert die sich entwickelnden Lymphgefäße. Bereiche, in denen sich die beiden Marker überschneiden, erscheinen *gelb*. (a, mit freundlicher Genehmigung von Steve Baskauf; b, aus H. M. Jung et al., *Development* 144: 2070–2081, 2017. Mit Erlaubnis von The Company of Biologists).

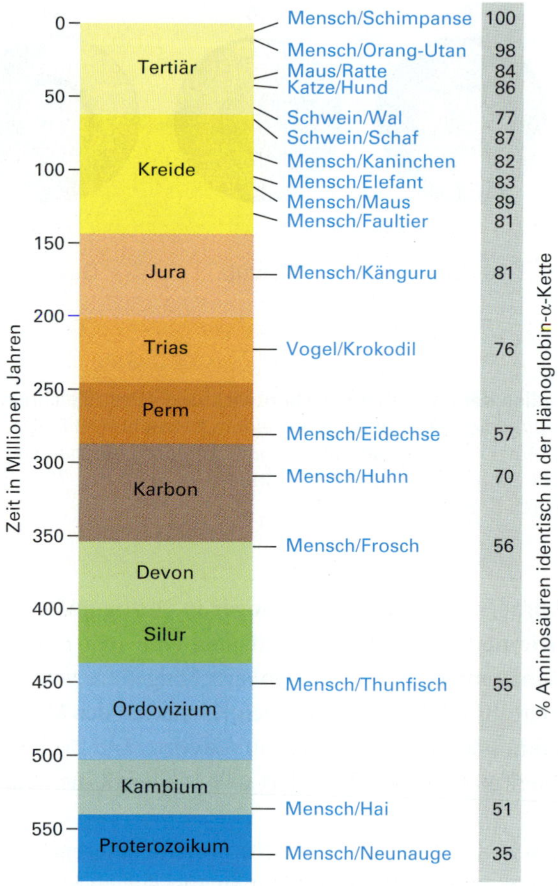

Abb. 1.47 Zeiten des Auseinanderentwickelns verschiedener Wirbeltiere. Die Skala links zeigt die ungefähre Datierung und das geologische Zeitalter des letzten gemeinsamen Vorfahren jedes angegebenen Tierpaars. Jede Zeitschätzung gründet auf Vergleichen von Aminosäuresequenzen orthologer Proteine. Je länger sich ein Tierpaar unabhängig entwickeln konnte, desto kleiner ist der Prozentsatz von Aminosäuren, die gleich blieben. Die Zeitskala wurde mit dem fossilen Beweis in Einklang gebracht, dass der letzte gemeinsame Vorfahre von Säugern und Vögeln vor etwa 320 Millionen Jahren lebte. Die Zahlen rechts geben Daten über die Aminosäuresequenzunterschiede für ein bestimmtes Protein an – die α-Kette von Hämoglobin. Zu beachten ist, dass dieses Protein zwar eine deutliche allgemeine Tendenz zu verstärkter Auseinanderentwicklung mit zunehmender Zeit zeigt, dass aber trotzdem einige Unregelmäßigkeiten auftreten. Sie spiegeln das Wirken der natürlichen Auslese wider – die Selektion hat anscheinend bei einigen Organismen, die speziellen physiologischen Anforderungen genügen mussten, besonders schnelle Änderungen im Hämoglobin erzwungen. Einige Proteine, die strikteren funktionellen Zwängen unterliegen, evolvieren viel langsamer als Hämoglobin – andere dagegen bis zu 5-mal schneller. (Adaptiert aus S. Kumar und S. B. Hedges, *Nature* 392: 917–920, 1998).

um die Funktion jedes beliebigen Maus-Gens sowie jedes beliebigen nicht codierenden Abschnitts des Maus-Genoms zu prüfen und zu analysieren, indem man künstliche Mutationen im relevanten Teil des Gens oder Genoms erzeugt, was wir in Kapitel 8 erklären.

Eine einzige nach speziellen Anweisungen hergestellte Maus-Mutante kann dem Zellbiologen eine Fülle von Informationen liefern. Sie zeigt die Folgen der ausgewählten Mutation in vielen verschiedenen Zusammenhängen – die Mutante prüft sozusagen die Wirkung des Gens simultan in allen unterschiedlichen Zelltypen des Körpers, die prinzipiell betroffen sein können. Untersuchungen an der Maus sind so grundlegend für das Verständnis der Säugerbiologie, dass wir ihnen in nahezu jedem Kapitel dieses Buchs begegnen werden.

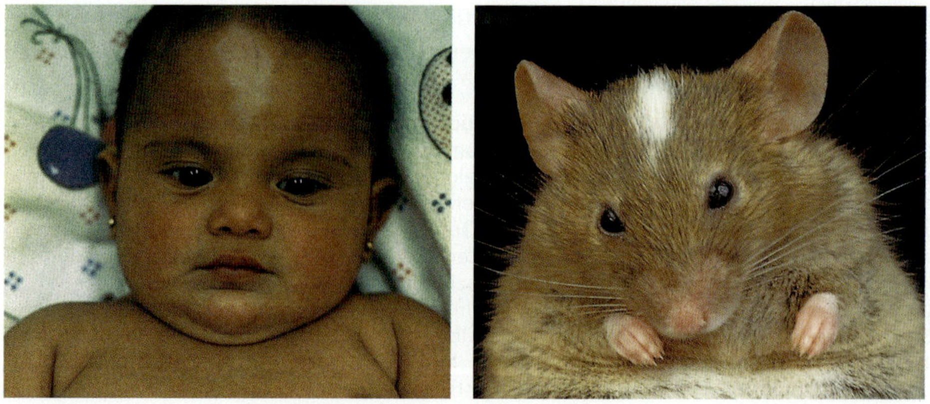

Abb. 1.48 Ähnliche Mutationen erzeugen die gleiche Auswirkung beim Menschen und der Maus. Das Menschenbaby und die Maus, die hier gezeigt sind, haben bemerkenswert gleichartige weiße Flecken auf der Stirn, weil beide im gleichen Gen (*Kit*), das für die Entwicklung, Wanderung und das Überleben einiger Pigmentzellen in der Haut nötig ist, Mutationen besitzen. (Mit freundlicher Genehmigung von R. A. Fleischman, aus Fleischmann et al. *Proc. Natl. Acad. Sci. USA* 88: 10885–10889, 1991).

1.4.11 Die COVID-19-Pandemie hat das Augenmerk der Wissenschaftler auf das SARS-CoV-2-Coronavirus gelenkt

Nachdem wir einige der bedeutendsten und gut untersuchten Modellorganismen besprochen haben – die auf der Zelle als ihrer grundlegenden Einheit fußen – wenden wir uns nun einem intensiv untersuchten Virus zu. Viren, die im Wesentlichen auf Zellen gedeihen, sind in allen drei Domänen des Lebens zu finden: in Bakterien, Archaeen und Eukaryoten. Wir haben sie bereits früher in diesem Kapitel eingeführt, als wir einige Viren von *Escherichia coli* besprochen haben; diese dienten als entscheidende experimentelle Systeme für die anfängliche Entwicklung der Molekularbiologie. Hier konzentrieren wir uns auf ein bedeutendes Virus, SARS-CoV-2, das unsere Zellen befällt und das, aufgrund der verbreiteten Aufmerksamkeit, die ihm Wissenschaftler entgegen brachten, ein Modellsystem für das Verständnis eukaryotischer Viren wurde. Aber bevor wir das Virus im Einzelnen behandeln, betrachten wir, wie Viren – in schützende Hüllen verpackte Genome – erstmals entstanden und wie sie sich im Laufe der Zeit entwickelt haben.

In Kapitel 6 wird besprochen, dass Zellen sich vermutlich zuerst in einer „RNA-Welt“ entwickelt haben, bevor es Proteine oder DNA-Moleküle gab. Wissenschaftler halten es für möglich, dass es sogar damals parasitäre genetische Elemente gab, und zwar in Form kleiner RNA-Moleküle, die aus entwickelteren Replikationseinheiten für ihre eigene Proliferation einen Vorteil zogen. Man glaubt, dass diese die Vorfahren der heutigen kleinsten Viren mit einzelsträngigen RNA-Genomen mit nur 3000 Nukleotiden sind. Damit sind virusartige Einheiten wahrscheinlich über 3 Milliarden Jahre ein allgegenwärtiges Merkmal des Lebens auf der Erde gewesen.

Ein Virus benötigt ein Genom, das zumindest für zwei Funktionen codiert: erstens, einen Nukleinsäurereplikationsvorgang, der viele Kopien seines Genoms erzeugt, sobald das Virus in die Wirtszelle gelangt ist, und zweitens, einen Genomverpackungsprozess, der diese neuen Genome mit einer schützenden Proteinhülle umschließt und damit dem Virus gestattet, die Wirtszelle zu verlassen und nachfolgend andere Zellen zu befallen. Aber die heute vorkommenden Viren haben sich über Milliarden von Infektionszyklen entwickelt, während derer ein ständiger Krieg zwischen den Wirtsorganismen und den Viren herrschte – dabei haben die Wirtszellen viele Virusabwehrmechanismen entwickelt und die Viren wiederum Wege, diese Abwehr zu überwinden. Durch zufällige Mutationszyklen und anschließende natürliche Selektion über eine lange Evolutionszeit sind die meisten Virusgenome daher weit größer als sie es für die beiden Kernfunktionen sein müssten. Viele ihrer zusätzlichen Gene codieren für Proteine, die den Viren helfen, die Abwehr der Wirtszellen zu umgehen.

Coronavirus-Genome sind große, einzelsträngige RNA-Moleküle, mit einer Länge von etwa 30 000 Nukleotiden. Die RNA ist in eine Proteinhülle gepackt, die mit einer Lipiddoppelschicht-Hülle bedeckt ist, aus welcher Protein-Spikes herausragen (**Abb. 1.49a und b**). Viele Coronastämme zirkulieren in Tierarten, darunter Schweine, Vögel und Fledermäuse. Manche Stämme zirkulieren auch im Menschen; diese sogenannten „endemischen“ Stämme verursachen nur milde Symptome und sind für etwa ein Viertel der üblichen Erkältungen verantwortlich. Aber in seltenen Fällen mutiert ein Coronavirus der Fledermaus auf eine Weise, die es ihm ermöglicht, Menschen zu infizieren; im Menschen kann es sehr schwere, sogar tödliche Erkrankungen verursachen. Man glaubt, dass die COVID-19-Pandemie von 2020 auf diese Weise entstand. Das Virus SARS-CoV-2, das COVID-19 verursacht, bildet 29 Proteine (**Abb. 1.49c**). Bei manchen handelt es sich um Strukturproteine, die das virale RNA-Genom in die Viruspartikel verpacken. Die Nicht-Strukturproteine sind für die Replikation des Virusgenoms innerhalb der Wirtszelle verantwortlich und darüber hinaus stellen sie sicher, dass die Virusgene,

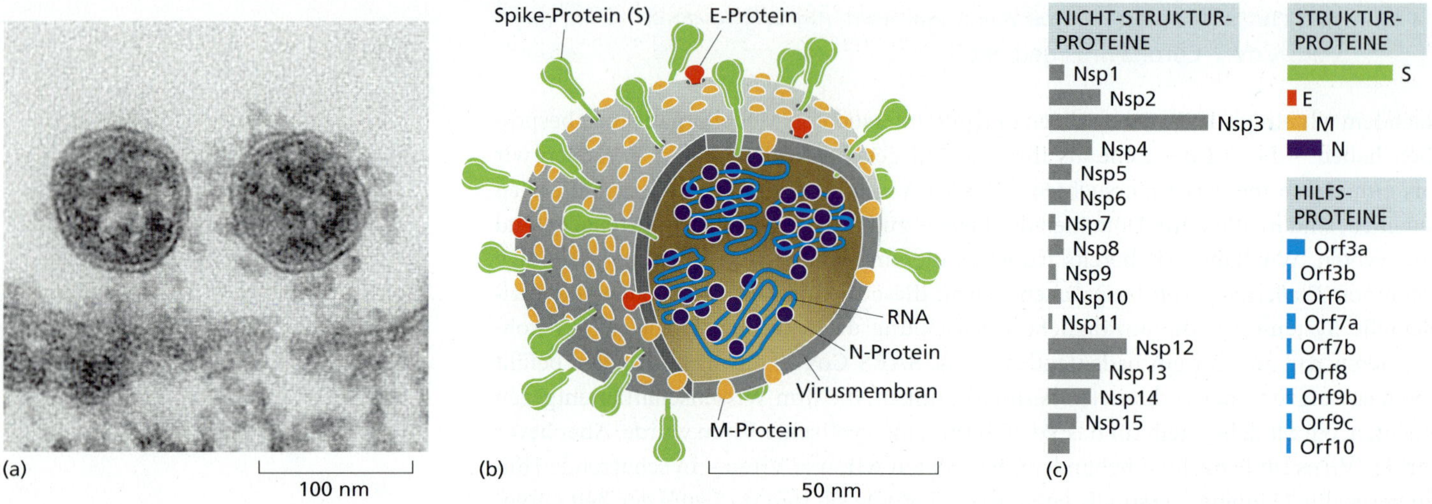

Abb. 1.49 Das Coronavirus. (a) Elektronenmikroskopische Aufnahme des SARS-CoV-2-Viruspartikels, das an der Oberfläche einer Affenzelle in Kultur haftet. (b) Schnittdarstellung des Virus, welche die herausragenden Spike-Proteinmoleküle und einige wenige andere wichtige Proteine aufzeigt. Das Spike-Protein ist das Hauptziel für Impfstoffe, die entwickelt wurden, um Infektionen zu blockieren, weil es das Virus an die Außenseite der Wirtszellen heftet und dann die Übertragung des Virusgenoms ins Zellinnere katalysiert. Wie gezeigt, wird das RNA-Genom ungleichmäßig in dem umhüllten Viruspartikel gepackt. (c) Die 29 von SARS-CoV-2 gebildeten Proteine verteilen sich auf drei verschiedene Kategorien. Der jeweilige Ort der Strukturproteine S, M, E und N im Virus ist in Bild B vermerkt. Jedes der Proteine, das in der Kategorie „akzessorisch" aufgelistet ist, spielt eine Rolle beim Schutz vor den Reaktionen des Wirts gegen das Virus. Zu den Funktionen der Nicht-Strukturproteine zählen die Bindung an Ribosomen, um die Proteinsynthese des Wirts zu blockieren (Nsp1), die Bildung einer Replikationsorganelle mit einer Doppelmembran aus Zellmembranen des Wirts (Nsp3, 4 und 6) und die Bildung der RNA-abhängigen RNA-Polymerase (Nsp7, 8 und 12). Die Art und Weise, auf die sich das Virus selbst reproduziert, sobald es innerhalb der Wirtszelle ist, ist in Abb. 5.62 gezeigt. (a, aus M. Laue et al. *Sci Rep.* 11: 3515, 2021. Mit Erlaubnis von Springer Nature).

einschließlich des viralen RNA-Polymerase-Komplexes, ordentlich in Proteine translatiert werden. Und, wie zu erwarten, helfen andere Proteine, die Immunabwehr des Wirts, die in Kapitel 24 behandelt wird, zu verhindern.

Das SARS-CoV-2-Virus ist eng mit den Coronaviren verwandt, die Erkältungen verursachen, und ebenso mit dem SARS-CoV-Virus, das 2002 aus Fledermäusen kam und fast 1 von 10 infizierten Personen tötete. Wir wissen immer noch nicht, was SARS-CoV- und SARS-CoV-2-Infektionen für den Menschen so viel gefährlicher machen als die durch andere eng Verwandte verursachten Infektionen, die nur eine milde Erkältung auslösen. Aber angesichts von Tausenden Forschungslaboratorien, die sich augenblicklich auf das Verstehen der Zellbiologie von SARS-CoV-2 konzentrieren, mit dem Ziel, die COVID-19-Pamdemie zu verbessern, sollten wir die Antwort auf diese Fragen in naher Zukunft kennen. Diese Untersuchungen bereiten uns sicher besser auf den Umgang mit anderen neuartigen Viren vor, die uns bedrohen werden.

1.4.12 Menschen sind einzigartig mit den Berichten über ihre Eigenheiten

Als Menschen haben wir natürlich besonderes Interesse am Genom des Menschen. Wir möchten wissen, wie unser Genom und deren Produkte arbeiten. Aber selbst wenn man eine Maus wäre und vorwiegend damit beschäftigt wäre, wie Mausgene und deren Produkte funktionieren, wären Menschen als Modell für genetische Vergleiche wegen einer bestimmten Eigenschaft verlockend: Wir führen durch medizinische Untersuchungen und Selbstbeobachtung Buch über unsere eigenen genetischen und andere Unvollkommenheiten. Die Menschenpopulation ist riesig – sie besteht heute aus über 7 Milliarden Individuen – und die Fähigkeit, sich selbst zu beobachten, bedeutet, dass eine große Informationsdatenbank über Mutationen im Menschen-Genom und deren Auswirkungen zur Verfügung steht. Die über 3 Milliarden Nukleotidpaare umfassende menschliche Genomsequenz ist für Hunderttausende verschiedener Menschen bestimmt worden. Dadurch ist es jetzt leichter als jemals zuvor, für jeden beliebigen Mutantenphänotyp im Menschen die verantwortliche genetische Veränderung auf molekularer Ebene zu identifizieren, die für einen bestimmten Mutanten-Phänotyp beim Menschen verantwortlich ist.

Was meinen wir eigentlich genau, wenn wir von *dem* menschlichen Genom reden? Wessen Genom? Zwei zufällig herausgegriffene Personen unterscheiden sich durchschnittlich an rund 4 Millionen Stellen in ihrer DNA-Sequenz (s. Tab. 4.3). Das menschliche Genom ist jedoch eine viel komplexere Sache: Es umfasst den gesamten Vorrat an verschiedenen Genvarianten, die sich in der Menschenpopulation finden. Wie in Kapitel 4 beschrieben, hilft uns das Wissen dieser Variation, die menschliche Biologie zu verstehen; beispielsweise, warum manche Personen für eine bestimmte Krankheit eher prädisponiert sind als andere, oder weshalb manche Menschen gut auf ein Medikament ansprechen, andere dagegen nur schlecht. Die genetische Variationsbreite im menschlichen Genom wird uns auch Hinweise auf unsere Geschichte liefern – einschließlich der Völkerwanderungen und Vermischungen unserer Vorfahren, die Infektionen, an denen sie litten, und die Nahrung, die sie aßen. Dies alles hat Spuren in den verschiedenen Ausformungen von Genen hinterlassen, die in den Menschengemeinschaften, die den Erdball bevölkern, überlebt haben. Indem Wissenschaftler diese Tatsache ausnutzten, haben sie faszinierende Aspekte unserer Vergangenheit entdeckt.

Wenn wir die Erkenntnisse aus Menschen, Mäusen, Fischen, Fliegen, Würmern, Hefen, Pflanzen und Bakterien zusammenfassen – indem wir Gensequenzähnlichkeiten nutzen, um die Übereinstimmungen zwischen einem Modellorganismus und einem anderen festzustellen – vergrößert sich unser Wissen über sie alle enorm.

1.4.13 Um Zellen und Organismen zu verstehen, brauchen wir Mathematik, Computer und quantitative Information

Mit der Kenntnis ganzer Genomsequenzen ausgestattet, können wir die Gene, Proteine und RNA-Moleküle in einer Zelle auflisten, und wir haben Methoden, die es uns gestatten, ein Bild des komplexen Netzes der Wechselwirkungen untereinander zu zeichnen. Aber wie können wir all diese Informationen so verarbeiten, dass wir verstehen, wie Zellen funktionieren? Sogar für einen einzelnen Zelltyp, der zu einer einzigen Organismenart gehört, ist die heute vorhandene Datenflut überwältigend. Die einfache und eher intuitive Argumentation, auf die sich Biologen gewöhnlich stützen, scheint angesichts solcher Komplexität zunehmend unpassend zu sein.

In der Tat ist die Schwierigkeit mehr als nur eine Sache der Datenflut. Biologische Systeme sind beispielsweise voll von Rückkoppelungsschleifen, und das Verhalten sogar des einfachsten Systems mit einer Rückkoppelung lässt sich sehr schwer allein durch Intuition vorhersagen (**Abb. 1.50**). Kleine Änderungen der Parameter können

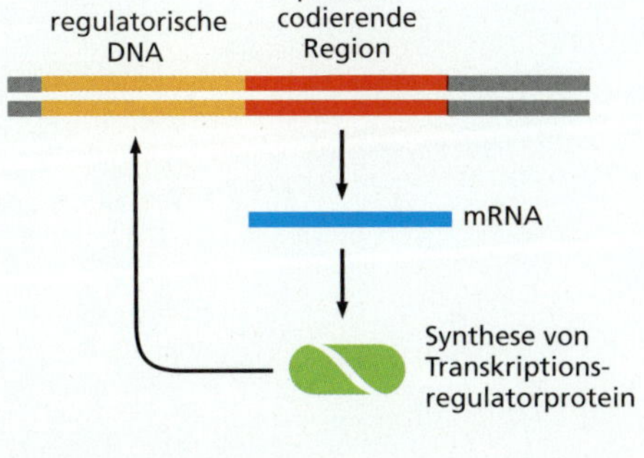

Abb. 1.50 Ein sehr einfacher Genregulationskreislauf. Ein einzelnes Gen reguliert seine eigene Expression, weil sein Proteinprodukt ein Transkriptionsregulator ist, der an die regulatorische DNA seines eigenen Gens bindet. Ein einfaches Schema wie dieses findet sich an vielen Stellen in diesem Buch. Es dient oft dazu, unser Wissen zusammenzufassen, aber viele Fragen bleiben dabei unbeantwortet. Wenn das Protein bindet, hemmt oder stimuliert es dann die Transkription des Gens? Wie stark hängt die Transkriptionsgeschwindigkeit von der Proteinkonzentration ab? Wie lange bleibt ein Proteinmolekül durchschnittlich an DNA gebunden? Wie lange dauert es, um jedes mRNA- oder Proteinmolekül herzustellen, und wie rasch wird jede Molekülart wieder abgebaut? Mathematische Modelle (wie in Kapitel 8 erklärt) zeigen, dass wir auf all diese und andere Fragen quantitative Antworten brauchen – durch direkte Beobachtungen und Experimente erhalten –, bevor wir das Verhalten selbst dieses einfachen Regelkreises vorhersagen können. Bei unterschiedlichen Parameterwerten könnte sich das System auf ein jeweils charakteristisches Fließgleichgewicht einpendeln; oder es könnte sich als Schalter verhalten, der in dem einen oder anderen alternativen Zustand verharren kann; oder es könnte oszillieren; oder es könnte große zufällige Schwankungen zeigen.

das Ergebnis radikal verändern. Um von einem Schaltbild zu einer Verhaltensvorhersage zu kommen, benötigen wir detaillierte quantitative Informationen, und um aus dieser Information Schlussfolgerungen zu ziehen, brauchen wir Mathematik und Computer.

Solche Werkzeuge für die quantitative Argumentation sind unverzichtbar, aber sie sind nicht allmächtig. Man könnte vielleicht glauben, dass man nur wissen müsste, wie jedes Protein in einer Zelle jedes andere Protein beeinflusst und wie die Expression jedes Gens durch andere Genprodukte reguliert wird, um berechnen zu können, wie sich die Zellen insgesamt verhalten – wie ein Astronom die Bahnen der Planeten oder ein Chemieingenieur die Stoffströme in einer Fabrik berechnen kann. Aber jeder Versuch, dieses Kunststück für so etwas wie eine lebende Zelle zu vollbringen, zeigt die Grenzen unseres derzeitigen Wissensstands. Unsere Information, so umfangreich sie auch ist, ist voller Lücken und Ungewissheiten. Zudem ist sie zum großen Teil eher qualitativ als quantitativ. Meistens fassen die Zellbiologen, die die Kontrollsysteme der Zelle untersuchen, ihr Wissen in einfachen Schemata zusammen, wie sie sich auch in diesem Buch überall finden, und nicht in Zahlen, Kurven und Differenzialgleichungen.

Eine der größten Herausforderungen für die heutigen Biologen ist es, den Schritt von der qualitativen Beschreibung und intuitiven Argumentation hin zur quantitativen Beschreibung und mathematischen Herleitung zu machen. Bis jetzt ist diese Aufgabe nur für sehr einfache Teilstücke der Maschinerie lebender Zellen gelöst – Subsysteme, die eine Handvoll verschiedener Proteine oder zwei oder drei kreuzregulierende Gene umfassen, bei denen Theorie und Experiment eng Hand in Hand gehen. In diesem Buch werden wir später einige dieser Beispiele behandeln, ein großer Teil von Kapitel 8 ist einigen neuen Ansätzen gewidmet, die dazu entworfen wurden, die zunehmend komplizierten Fragen der Biologie zu beantworten.

Wissen und Verständnis verleihen die Macht, um im gegebenen Fall eingreifen zu können – bei Menschen, um Krankheiten zu vermeiden oder zu bekämpfen; bei Pflanzen, um bessere Ernteerträge zu erzeugen; bei Bakterien, Archaeen und Pilzen, um sie zu unserem Nutzen zu kontrollieren. All diese biologischen Unternehmungen sind miteinander verbunden, weil die genetische Information sämtlicher Lebewesen in der gleichen Sprache geschrieben ist. Die neu erworbene Fähigkeit der Molekularbiologen, diese Sprache zu lesen und zu deuten, hat bereits begonnen, unser Verhältnis zu den Lebewesen zu verändern. Die Darstellung der Zellbiologie in den nachfolgenden Kapiteln wird den Leser hoffentlich darauf vorbereiten, das große biowissenschaftliche Abenteuer zu verstehen, das wir durch das restliche Jahrhundert hindurch prognostizieren, und vielleicht sogar dazu beizutragen.

Zusammenfassung

Leistungsfähige neue Techniken, einschließlich schneller und billiger Genomsequenzierung, ermöglichen rasche Fortschritte unseres Wissens über die menschliche Biologie, mit Konsequenzen für das Verständnis und die Behandlung menschlicher Krankheiten. Aber lebende Systeme sind unglaublich komplex, und einfachere Modellorganismen haben eine entscheidende Rolle bei der Enthüllung universeller genetischer und molekularer zellbiologischer Mechanismen gespielt. So hat beispielsweise die frühe Forschung am Bakterium Escherichia coli *und seinen Viren die Grundlagen geliefert, die erforderlich waren, um die grundlegenden genetischen Mechanismen in allen Zellen zu entschlüsseln. Die Forschung an der einzelligen Hefe* Saccharomyces cerevisiae*, die weiterhin als einfacher Modellorganismus für die eukaryotische Zellbiologie dient, hat die molekulare Basis für viele entscheidende Vorgänge aufgedeckt – Vorgänge, die während mehr als Milliarden von Jahren der* *eukaryotischen Evolution auffällig konserviert wurden. Auch haben Biologen eine kleine Anzahl vielzelliger Lebewesen für intensive Untersuchungen ausgewählt: Ein Wurm, eine Fliege, ein Fisch, die Maus und der Mensch dienen als Modellorganismen für Tiere; ein kleines Mitglied der Kreuzblütler dient als Modellorganismus für die Pflanzenbiologie. Sogar noch heute bleibt die Forschung, die sich auf diese und andere Modellorganismen konzentriert, für das Verständnis von uns selbst – sowie für den Antrieb wissenschaftlicher und medizinischer Fortschritte – entscheidend.*

Literatur

1 Allgemeines

Alberts, B., Hopkin, K., Johnson, A. et al. (2019). *Essential Cell Biology.* 5th ed. New York: Norton.

Barton, N.H., Briggs, D.E.G., Eisen, J.A. et al. (2007). *Evolution*. Cold Spring Harbor, NY: Cold Spring Harbor Laboratory Press.

Darwin, C. (1859). *On the Origin of Species.* London: Murray.

Hall, B.K. und Hallgrímsson, B. (2014). *Strickberger's Evolution.* 5th ed. Burlington, MA: Jones & Bartlett.

Lynch, M. (2007). *The Origins of Genome Architecture.* Oxford: Oxford University Press.

Madigan, M.T., Bender, K.S., Buckley, D.H. et al. (2018). *Brock Biology of Microorganisms.* 15th ed. London: Pearson.

Margulis, L. und Chapman, M.J. (2009). *Kingdoms and Domains: An Illustrated Guide to the Phyla of Life on Earth.* San Diego: Academic Press.

Moore, J.A. (1993). *Science as a Way of Knowing.* Cambridge, MA: Harvard University Press.

1.1 Die allgemeinen Merkmale von Zellen auf der Erde

Blain, J.C. und Szostak, J.W. (2014). Progress toward synthetic cells. *Annu. Rev. Biochem.* 83: 615–640.

Brenner, S., Jacob, F. und Meselson M. (1961). An unstable intermediate carrying information from genes to ribosomes for protein synthesis. *Nature* 190: 576–581

Gibson, D.G., Benders, G.A., Andrews-Pfannkoch, C. et al. (2008). Complete chemical synthesis, assembly, and cloning of a *Mycoplasma genitalium* genome. *Science* 319: 1215–1220.

Koonin, E.V. (2005). Orthologs, paralogs, and evolutionary genomics. *Annu. Rev. Genet.* 39: 309–338.

Noller, H. (2005). RNA structure: reading the ribosome. *Science* 309: 1508–1514.

Watson, J.D. und Crick, F.H.C. (1953). Molecular structure of nucleic acids: a structure for deoxyribose nucleic acid. *Nature* 171: 737–738. Genome.

1.2 Die Vielfalt der Genome und der Stammbaum des Lebens

Baker, B.J., De Anda, V., Seitz, K.W. et al. (2020). Diversity, ecology and evolution of Archaea. *Nat. Microbiol.* 5: 887–900.

Doolittle, W.F. und Brunet, T.D.P. (2016). What is the tree of life. *PLoS Genet.* 12 (4): e1005912.

Eme, L., Spang, A., Lombard, J. et al. (2017). Archaea and the origin of eukaryotes. *Nat. Rev. Microbiol.* 15 (12): 711–723.

Hug, L.A., Baker, B.J., Anantharaman, K. et al. (2016). A new view of the tree of life. *Nat. Microbiol.* 1: 16048.

Kerr, R.A. (1997). Life goes to extremes in the deep earth—and elsewhere?. *Science* 276: 703–704.

Woese, C. (1998). The universal ancestor. *Proc. Natl. Acad. Sci.* USA 95: 6854–6859.

1.3 Eukaryoten und der Ursprung der Eukaryotenzelle

Andersson, S.G., Zomorodipour, A., Andersson, J.O. et al. (1998). The genome sequence of *Rickettsia prowazekii* and the origin of mitochondria. *Nature* 396: 133–140.

Burki, F., Roger, A.J., Brown, M.W. et al. (2020). The new tree of eukaryotes. *Trends Ecol. Evol.* 35 (1): 43–55.

Carroll, S.B., Grenier, J.K. und Weatherbee, S.D. (2005). *From DNA to Diversity: Molecular Genetics and the Evolution of Animal Design*. 2nd ed. Maldon, MA: Blackwell Science.

Imachi, H., Nobu, M.K., Nakahara, N. et al. (2020). Isolation of an archaeon at the prokaryote—eukaryote interface. *Nature* 577: 519–525.

Spang, A., Caceres, E.F. und Ettema, T.J.G. (2017). Genomic exploration of the diversity, ecology, and evolution of the archaeal domain of life. *Science* 357 (6351): eaaf3883.

1.4 Modellorganismen

Adams, M.D., Celniker, S.E., Holt, R.A. et al. (2000). The genome sequence of *Drosophila melanogaster. Science* 287: 2185–2195.

Blattner, F.R., Plunkett, G., Bloch, C.A. et al. (1997). The complete genome sequence of *Escherichia coli* K-12. *Science* 277: 1453–1474.

Goffeau, A., Barrell, B.G., Bussey, H. et al. (1996). Life with 6000 genes. *Science* 274: 546–567.

International Human Genome Sequencing Consortium (2001). Initial sequencing and analysis of the human genome. *Nature* 409: 860–921.

Krupovic, M., Dolja, V.V. und Koonin, E.V. (2019). Origin of viruses: primordial replicators recruiting capsids from hosts. *Nat. Rev. Microbiol.* 17 (7): 449–458.

Lander, E.S. (2011). Initial impact of the sequencing of the human genome. *Nature* 470: 187–197.

Lynch, M. und Conery, J.S. (2000). The evolutionary fate and consequences of duplicate genes. *Science* 290: 1151–1155.

Masters, P.S. (2006). The molecular biology of coronaviruses. *Adv. Virus Res.* 66: 193–292.

Prangishvili, D., Bamford, D.H., Forterre, P. et al. (2017). The enigmatic archaeal virosphere. *Nat. Rev. Microbiol.* 15 (12): 724–739.

Reed, F.A. und Tishkoff, S.A. (2006). African human diversity, origins and migrations. *Curr. Opin. Genet. Dev.* 16: 597–605.

The *Arabidopsis* Initiative (2000). Analysis of the genome sequence of the flowering plant *Arabidopsis thaliana*. *Nature* 408: 796–815.

The *C. elegans* Sequencing Consortium (1998). Genome sequence of the nematode *C. elegans*: a platform for investigating biology. *Science* 282: 2012–2018.

Tinsley, R.C. und Kobel, H.R. (eds.) (1996). The Biology of *Xenopus*. Oxford: Clarendon Press. Weiss SR (2020) Forty years with coronaviruses. *J. Exp. Med.* 217 (5): e20200537.

2 Zellchemie und Bioenergetik

Auf den ersten Blick fällt es schwer, die Vorstellung hinzunehmen, dass jedes lebende Geschöpf nur ein chemisches System ist. Die unglaubliche Vielfalt der Lebensformen, ihr scheinbar zweckgerichtetes Verhalten sowie ihre Fähigkeit zu wachsen und sich zu vermehren – alle diese Eigenschaften grenzen Lebewesen vermeintlich von der Welt der Feststoffe, Flüssigkeiten und Gase ab, die die Chemie normalerweise beschreibt. Tatsächlich hat man bis Ende des 19. Jahrhunderts hinein vielfach angenommen, dass Tiere eine „Vital"- oder „Lebenskraft" besitzen – eine „anima", die für ihre besonderen Eigenschaften verantwortlich ist.

Heute wissen wir, dass es in Lebewesen nichts gibt, was nicht den Gesetzen der Chemie und Physik gehorcht. Jedoch ist die Chemie des Lebens tatsächlich von besonderer Art. Erstens beruht das Leben auf chemischen Reaktionen, die sich in wässriger Umgebung abspielen, und es gründet sich überwiegend auf Kohlenstoffverbindungen, deren Untersuchung daher als *Organische Chemie* bekannt ist. Zweitens, obwohl Zellen viele verschiedene kleine organische Moleküle enthalten, sind die meisten ihrer Kohlenstoffatome in riesige polymere Moleküle eingebaut – dabei handelt es sich um Ketten aus durchgehend miteinander verknüpften chemischen Untereinheiten. Die einzigartigen Eigenschaften dieser *Makromoleküle* ermöglichen es Zellen und Organismen, zu wachsen, sich zu reproduzieren und auch alles andere zu tun was das Leben kennzeichnet.

Drittens, und am bedeutendsten, ist die Zellchemie äußerst komplex: Sogar die einfachste Zelle ist weit komplizierter hinsichtlich ihrer Chemie als irgendein anderes bekanntes chemisches System. In der Tat erkennen wir nun, dass die vielen miteinander verbundenen Netzwerke chemischer Reaktionen in Zellen sogenannte *emergente Eigenschaften* entstehen lassen, welche die Entwicklung neuer experimenteller und konzeptueller Methoden für das Verständnis erfordern.

Ein großer Teil der Information dieses Kapitels ist in den neun doppelseitigen Tafeln dieses Kapitels (**Tafel 2.1 bis 2.9**), zusammengefasst – und in manchen Fällen weiter ausgearbeitet. Obwohl auf die Tafeln an den entsprechenden Stellen im Text verwiesen wird, sollten sie auch zur Auffrischung des Hintergrundwissens beim Lesen späterer Kapitel hilfreich sein.

Kapitelinhalt

Molekularbiologie der Zelle, 7. Auflage. Bruce Alberts, Rebecca Heald, Alexander Johnson, David Morgan, Martin Raff, Keith Roberts und Peter Walter.

KOHLENSTOFFSKELETT

Die einzigartige Rolle des Kohlenstoffs in der Zelle beruht auf seiner Fähigkeit, starke kovalente Bindungen mit anderen Kohlenstoffatomen einzugehen. Daher können Kohlenstoffatome Ketten miteinander bilden.

Ketten

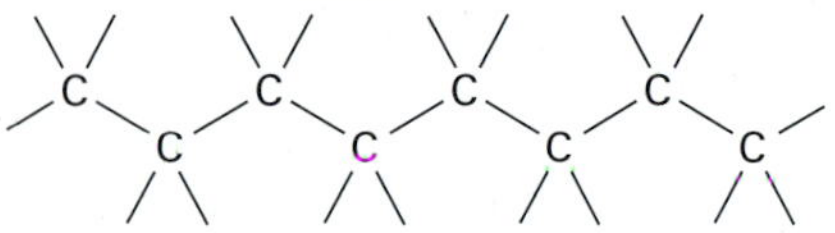

auch geschrieben als 

oder Verzweigungen

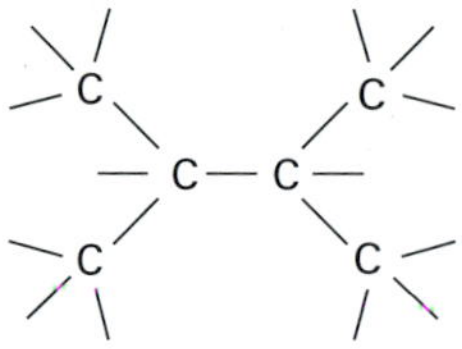

auch geschrieben als 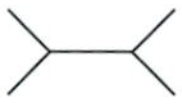

oder Ringe

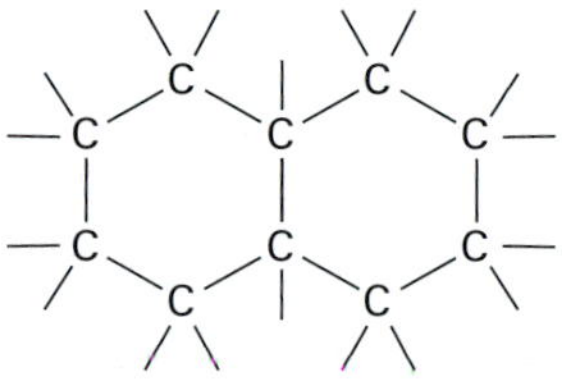

auch geschrieben als 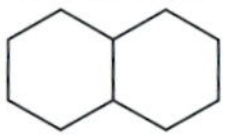

Kovalente Bindungen

Eine kovalente Bindung entsteht, wenn zwei Atome sehr dicht zusammenkommen und eines oder mehrere ihrer Außen-Elektronen teilen. Jedes Atom bildet eine festgelegte Zahl an kovalenten Bindungen in einer ganz bestimmten räumlichen Ausrichtung aus.

EINFACHBINDUNGEN: zwei anteilige Elektronen pro Bindung

DOPPELBINDUNGEN: insgesamt vier anteilige Elektronen pro Bindung

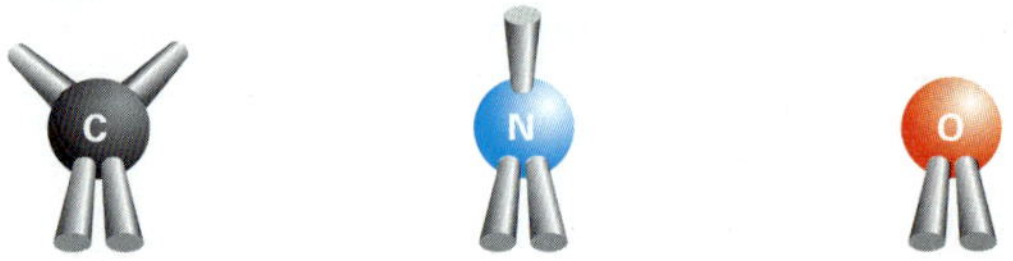

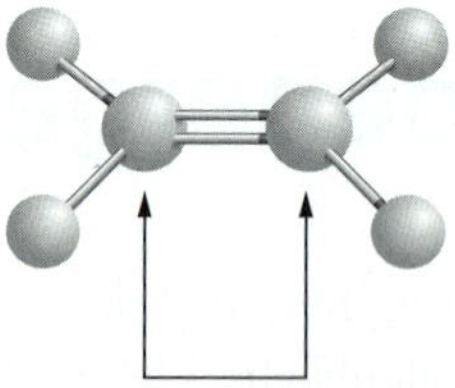

Atome, die durch zwei oder mehr kovalente Bindungen verbunden sind, können sich nicht frei um die Bindungsachse drehen. Diese Einschränkung beeinflusst die dreidimensionale Raumstruktur vieler Makromoleküle ganz wesentlich.

Die genaue räumliche Anordnung von kovalenten Bindungen beeinflusst die dreidimensionale Struktur und die Chemie von Molekülen. In dieser Übersichtstafel sehen wir, wie kovalente Bindungen in einer Vielzahl von biologischen Molekülen verwendet werden.

ALTERNIERENDE DOPPELBINDUNGEN

Die Kohlenstoffkette kann Doppelbindungen enthalten. Wenn diese an alternierenden Kohlenstoffatomen stehen, bewegen sich die Elektronen innerhalb des Moleküls und stabilisieren die Struktur durch eine Erscheinung, die Mesomerie (oder Resonanz) genannt wird.

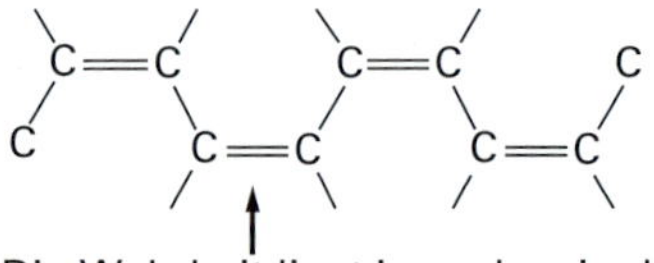

Die Wahrheit liegt irgendwo in der Mitte zwischen diesen beiden Strukturen.

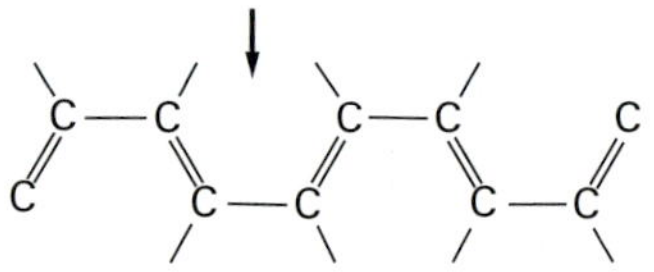

Wenn Resonanz in einer Ringverbindung auftritt, entsteht ein aromatischer Ring, eine sehr stabile Struktur

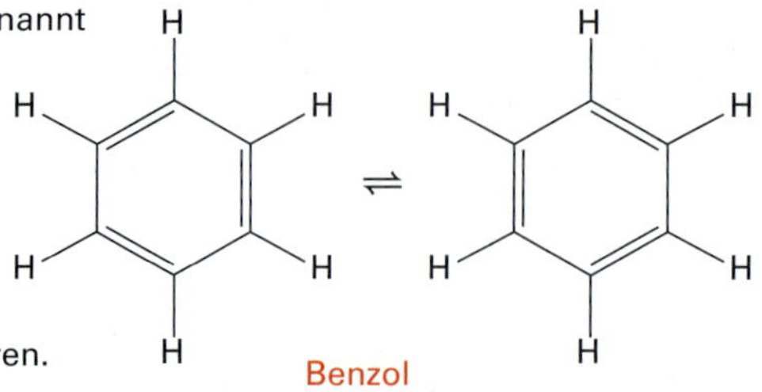

Benzol

oft geschrieben als 

KOHLENWASSERSTOFFE

Kohlenstoff und Wasserstoff bilden miteinander stabile Verbindungen, die Kohlenwasserstoffe. Diese sind nicht polar, bilden keine Wasserstoffbrücken und sind im Allgemeinen nicht in Wasser löslich.

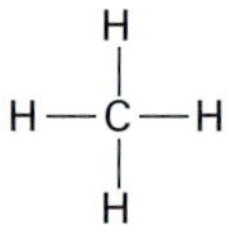

Methan

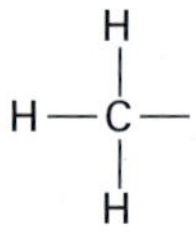

Methylgruppe

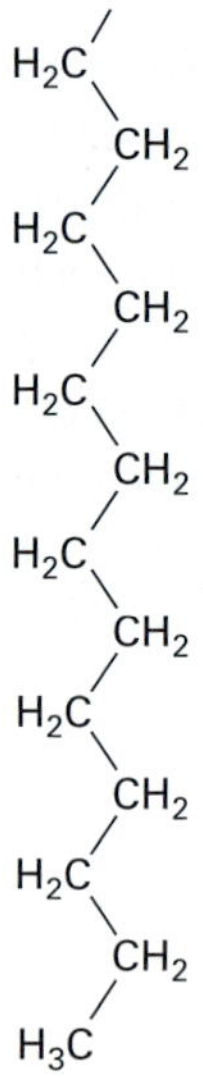

Teil des Kohlenwasserstoff-„schwanzes" eines Fettsäuremoleküls

Tafel 2.1 Chemische Bindung und die häufigsten Gruppen in biologischen Molekülen.

C-O-VERBINDUNGEN

Viele Biomoleküle enthalten einen Kohlenstoff an einen Sauerstoff gebunden. Zum Beispiel:

Alkohol

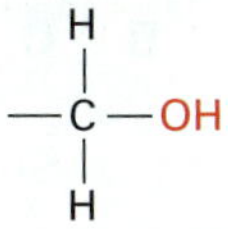

Die -OH-Gruppe wird **Hydroxy**gruppe genannt.

Aldehyd

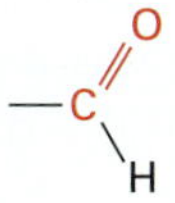

Keton

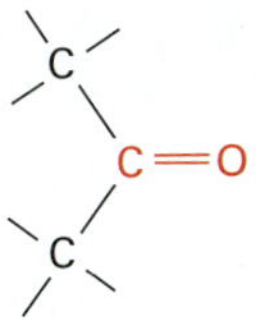

Die -C=O-Gruppe wird **Carbonyl**gruppe genannt.

Carbonsäure

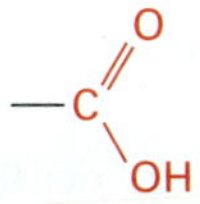

Die -COOH-Gruppe wird **Carboxy**gruppe genannt. In Wasser verliert sie ein H^+-Ion und wird zu $-COO^-$ (ein Carboxylation).

Ester Ester werden bei einer Kondensationsreaktion zwischen einer Säure und einem Alkohol gebildet.

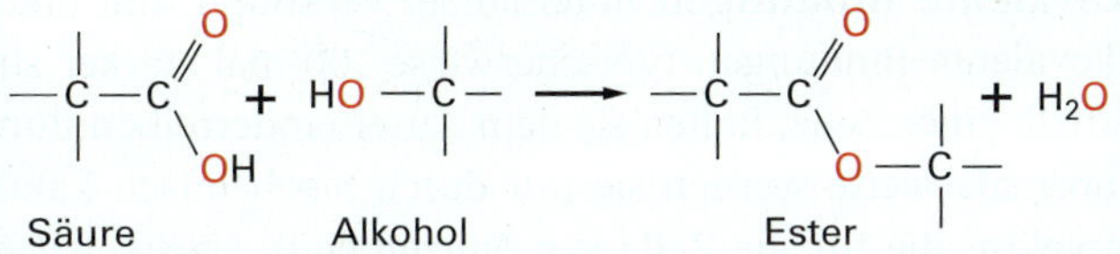

Säure Alkohol Ester

C-N-VERBINDUNGEN

Amine und Amide sind zwei wichtige Beispiele von Verbindungen, die einen Kohlenstoff an einen Stickstoff gebunden enthalten.

Amine verbinden sich in Wasser mit einem H^+-Ion und werden dadurch positiv geladen.

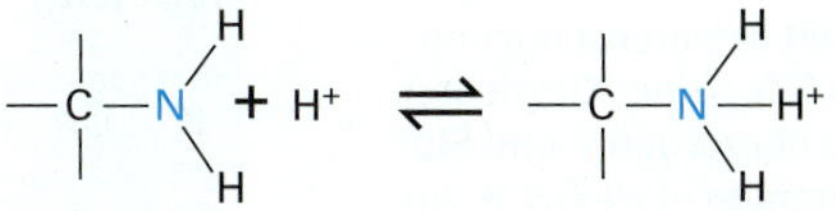

Amide werden durch Verbindung einer Säure mit einem Amin gebildet. Im Gegensatz zu Aminen sind sie in Wasser nicht geladen. Ein Beispiel ist die Peptidbindung, die Aminosäuren in einem Protein verbindet.

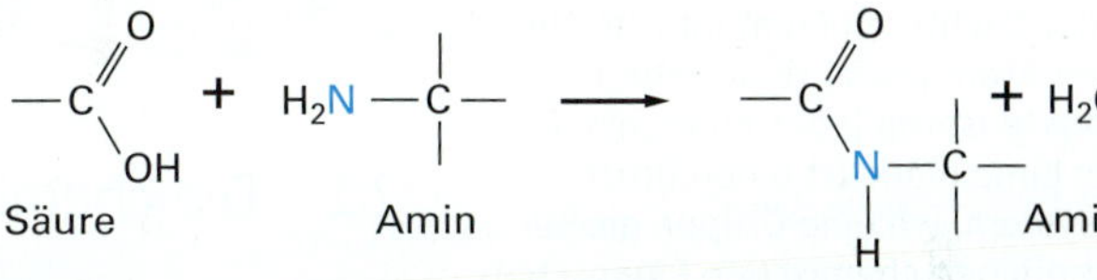

Säure Amin Amid

Stickstoff kommt auch in mehreren Ringverbindungen vor wie in wichtigen Bestandteilen der Nukleinsäuren: Purine und Pyrimidine.

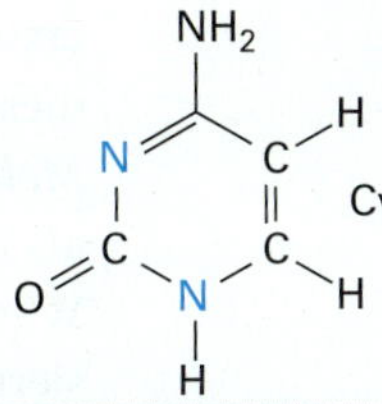

Cytosin (ein Pyrimidin)

THIOLGRUPPEN

—C—SH nennt man eine Thiolgruppe (auch Sulfhydrylgruppe). In der Aminosäure Cystein kann die Thiolgruppe in der reduzierten Form —C—SH vorkommen oder seltener in der oxidierten quervernetzenden Form —C—S—S—C—

PHOSPHATE

Anorganisches Phosphat ist ein stabiles Ion, das aus Phosphorsäure, H_3PO_4, entsteht. Es wird oft als (P) geschrieben.

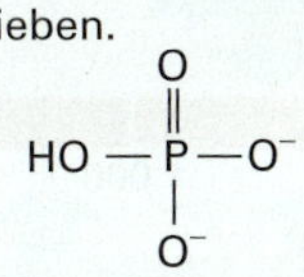

Phosphat-Ester können sich zwischen Phosphat und einer freien Hydroxygruppe ausbilden. **Phosphatgruppen** werden auf diese Weise häufig an Proteine angeheftet.

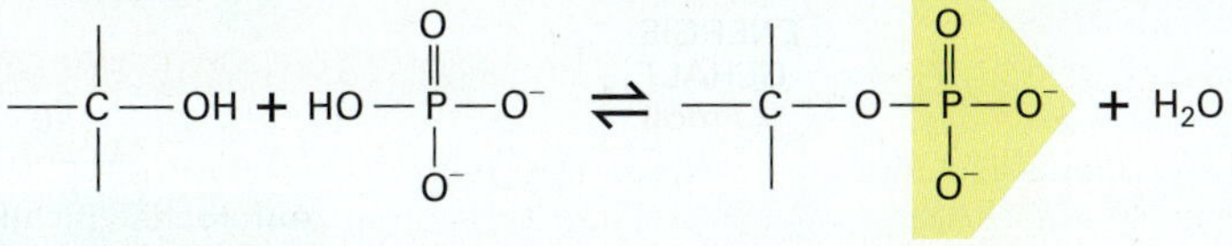

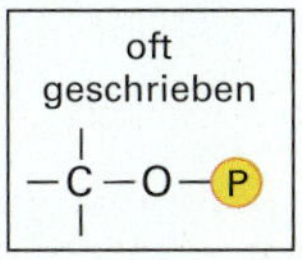

Die Verbindung von Phosphat mit einer Carboxygruppe oder mit zwei und mehr weiteren Phosphatgruppen gibt ein Säureanhydrid. Da Verbindungen dieser Art in der Zelle leicht hydrolysiert werden, sagt man manchmal, sie besitzen eine "energiereiche" Bindung.

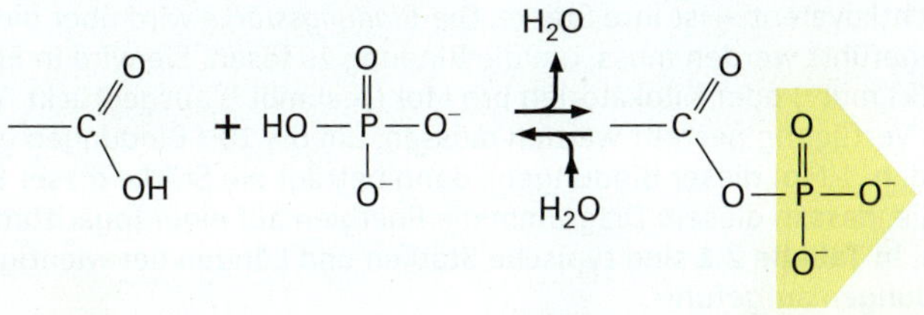

energiereiche Acylphosphatbindung (Carbonsäure-Phosphorsäureanhydrid), kommt in einigen Metaboliten vor

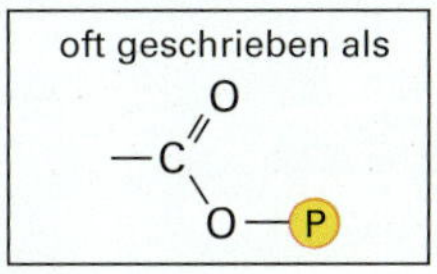

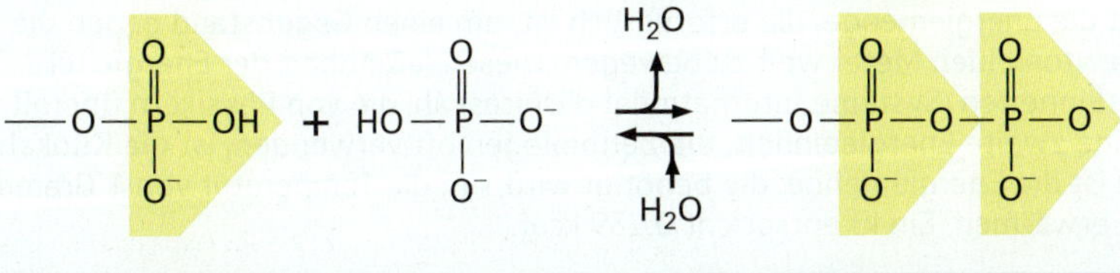

Phosphorsäureanhydrid - eine energiereiche Bindung in Molekülen wie ATP

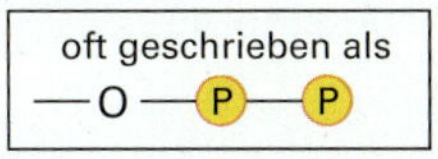

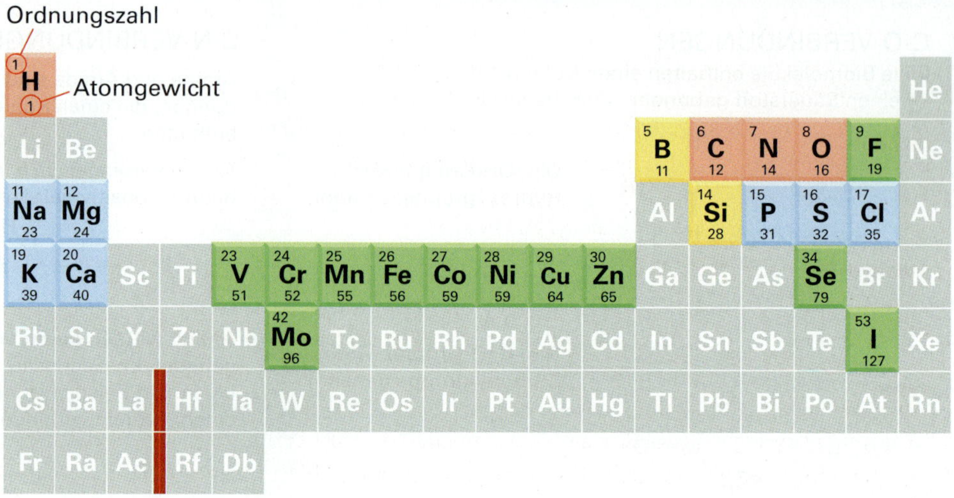

Abb. 2.1 In diesem Periodensystem sind die Hauptelemente in Zellen farbig unterlegt. Wenn man Elemente nach ihrer Ordnungszahl (auch Kernladungszahl genannt) ordnet und wie gezeigt anordnet, gliedern sie sich in senkrechte Spalten, die ähnliche Eigenschaften zeigen. Die vier *rot* hervorgehobenen Elemente machen 99 % der gesamten Anzahl an Atomen des menschlichen Körpers aus (und 96,5 % seines Gewichts). Weitere sieben, *blau* hervorgehobene Elemente machen zusammen etwa 0,9 % aus, *grün* dargestellte Elemente benötigt der Mensch in Spuren. Unklar ist noch, ob die *gelb* dargestellten Elemente für den Menschen essenziell sind oder nicht. Es scheint, dass die Chemie des Lebens vorwiegend die Chemie der leichteren Elemente ist. Die hier gezeigten Atomgewichte beziehen sich auf das häufigste Isotop jedes Elements. Die vertikale *rote* Linie markiert einen Bruch im Periodensystem, wo eine Gruppe großer Atome mit ähnlichen chemischen Eigenschaften weggelassen wurde.

2.1 Die chemischen Bestandteile einer Zelle

Lebende Organismen bestehen nur aus einer kleinen Auswahl der 92 natürlich vorkommenden Elemente; vier davon – Kohlenstoff (C), Wasserstoff (H), Stickstoff (N) und Sauerstoff (O) – machen 96,5 % des Gewichts eines Organismus aus (**Abb. 2.1**). Die Atome dieser Elemente sind über **kovalente Bindungen** miteinander verknüpft und bilden *Moleküle* (s. **Tafel 2.1**). Da kovalente Bindungen typischerweise 100-mal stärker sind als die Wärmeenergien innerhalb einer Zelle, halten sie dem Auseinanderreißen durch Wärmebewegungen Stand; normalerweise werden sie nur durch biochemisch katalysierte chemische Reaktionen gelöst, die für die Zelle von Nutzen sind. *Nichtkovalente Bindungen* sind weitaus schwächer (**Abb. 2.2**); aber Gruppen von ihnen ermöglichen es den Molekülen, sich gegenseitig zu erkennen und sich reversibel zu verbinden, was für die enorme Vielzahl biologischer Funktionen entscheidend ist.

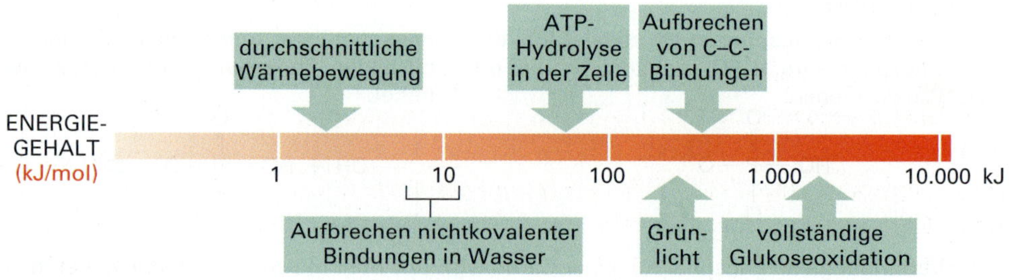

Abb. 2.2 Einige für Zellen wichtige Energien. Eine entscheidende Eigenschaft jeder Bindung – kovalent oder nichtkovalent – ist ihre Stärke. Die *Bindungsstärke* wird über die Energiemenge gemessen, die zugeführt werden muss, um die Bindung zu lösen. Sie wird in Einheiten von entweder Kilojoule (kJ mol^{-1}) oder Kilokalorien pro Mol (kcal mol^{-1}) ausgedrückt. Wenn somit 100 kJ Energie zur Verfügung gestellt werden müssen, um 6×10^{23} Bindungen einer speziellen Art zu lösen (d. h. 1 Mol dieser Bindungen), dann beträgt die Stärke dieser Bindung 100 kJ mol^{-1}. Beachten Sie, dass in diesem Diagramm die Energien auf einer logarithmischen Skala verglichen werden. In **Tabelle 2.1** sind typische Stärken und Längen der wichtigsten Klassen chemischer Bindungen aufgeführt.

Ein Joule (J) ist die Energiemenge, die erforderlich ist, um einen Gegenstand gegen die Kraft von einem Newton einen Meter weit zu bewegen. Diese Maßeinheit der Energie leitet sich von den SI-Einheiten (Système International d'Unités) ab, die von Physikern überall benutzt werden. Eine zweite Energieeinheit, die Zellbiologen oft verwenden, ist die Kilokalorie (kcal); eine Kalorie ist die Energiemenge, die benötigt wird, um die Temperatur von 1 Gramm Wasser um 1 °C zu erwärmen. Ein kJ entspricht 0,239 kcal.

2.1.1 Wasser wird über Wasserstoffbrücken zusammengehalten

Da 70 % des Zellgewichts Wasser ist, finden die Reaktionen, die Leben ermöglichen, in wässriger Umgebung statt. Man geht davon aus, dass das Leben auf der Erde in seichten Wasserkörpern begann, die lebensnotwendige Moleküle in konzentrierter Form besaßen. Die Bedingungen dieser urzeitlichen Umgebung haben der Chemie aller belebten Dinge einen dauerhaften Stempel aufgedrückt.

Die chemischen Eigenschaften des Wassers sind in **Tafel 2.2** zusammengefasst. In einem Wassermolekül (H_2O) sind die beiden H-Atome über kovalente Bindungen mit dem O-Atom verknüpft. Die beiden Bindungen sind hoch polar, da der Sauerstoff Elektronen stärker anzieht als dies der Wasserstoff vermag. Infolgedessen herrschen ein Übergewicht an positiver Ladung auf den beiden H-Atomen und an negativer Ladung auf dem O-Atom.

Wenn sich eine positiv geladene Region eines Wassermoleküls (d. h. eines seiner H-Atome) einer negativ geladenen Region (d. h. dem O) eines zweiten Wassermoleküls nähert, dann kann die elektrische Anziehung zwischen ihnen zu einer *Wasserstoffbrücke* führen (**Abb. 2.3a**). Diese Bindungen sind viel schwächer als kovalente Bindungen und werden durch die zufälligen Wärmebewegungen, die die Wärmeenergie der Moleküle widerspiegeln, leicht gelöst. Somit besteht jede Bindung nur für eine sehr kurze Zeit. Aber die kombinierte Wirkung vieler schwacher Bindungen kann gewaltig sein. Beispielsweise kann jedes Wassermolekül durch seine zwei H-Atome mit zwei anderen Wassermolekülen Wasserstoffbrücken bilden, wobei ein Netzwerk entsteht, in dem Wasserstoffbrücken fortwährend gelöst und gebildet werden. Nur wegen dieser Wasserstoffbrücken, die Wassermoleküle miteinander verbinden, ist Wasser bei Raumtemperatur flüssig – mit einem hohen Siedepunkt und einer hohen Oberflächenspannung – anstatt gasförmig.

Wasserstoffbrücken sind nicht auf Wasser beschränkt, und sie sind für vieles in der Biologie von zentraler Bedeutung. Diese Bindung stellt eine besondere Form der polaren Wechselwirkung dar, bei der ein elektropositives Wasserstoffatom von zwei elektronegativen Atomen geteilt wird. Das Wasserstoffatom in dieser Bindung kann als Proton betrachtet werden, das teilweise vom Donator-Atom abdissoziiert ist, was ihm gestattet, dass es von einem zweiten, Akzeptor-Atom geteilt wird. Im Gegensatz zu einer typischen elektrostatischen Wechselwirkung ist diese Bindung stark gerichtet – sie ist am stärksten, wenn zwischen all den drei beteiligten Atomen eine gerade Linie gezogen werden kann (**Abb. 2.3b**).

Moleküle wie z. B. Alkohole, die polare Bindungen enthalten und die mit Wasser Wasserstoffbrücken bilden können, lösen sich leicht in Wasser. Moleküle, die Ladungen tragen (Ionen), wechselwirken ebenfalls bevorzugt mit Wasser. Solche Moleküle werden als **hydrophil** bezeichnet, was bedeutet, dass sie Wasser lieben. Viele Moleküle in der wässrigen Umgebung einer Zelle fallen zwangsläufig in diese Kategorie, dazu zählen Zucker, DNA, RNA und die meisten Proteine. **Hydrophobe** (Wasser abweisende Moleküle) sind im Gegensatz dazu nicht geladen und bilden nur wenige oder keine Wasserstoffbrücken, somit lösen sie sich nicht in Wasser. Kohlenwasserstoffe sind ein wichtiges Beispiel dafür. In diesen Molekülen sind alle H-Atome durch weitgehend unpolare Bindungen kovalent mit C-Atomen verknüpft; somit können sie keine wirksamen Wasserstoffbrücken mit anderen Molekülen ausbilden (s. **Tafel 2.1**). Dies macht die Kohlenwasserstoffe insgesamt hydrophob – eine Eigenschaft, die in Zellen ausgenutzt wird, deren Membranen aus Molekülen mit langen Kohlenwasserstoffschwänzen aufgebaut sind (s. Kapitel 10).

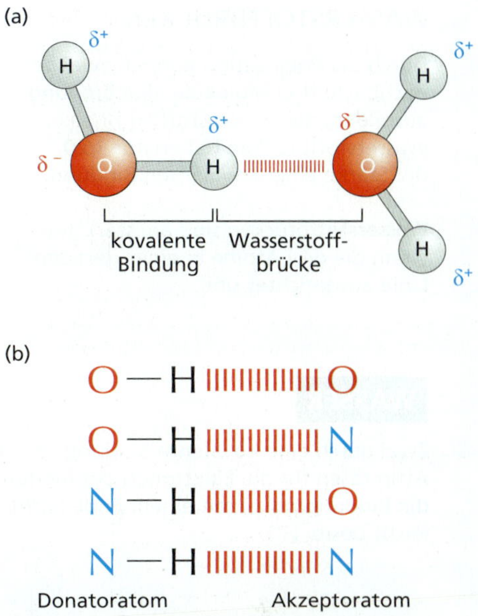

Abb. 2.3 Die nichtkovalente Wasserstoffbrücke. (a) Zwischen zwei Wassermolekülen bildet sich eine Wasserstoffbrücke aus. Die leicht positive Ladung, die mit dem Wasserstoffatom vergesellschaftet ist, wird elektrisch von der leicht negativen Ladung des Sauerstoffatoms angezogen. Dies verursacht, dass Wasser als großes Netzwerk mit Wasserstoffbrücken vorkommt (s. **Tafel 2.2**). (b) In Zellen bilden sich Wasserstoffbrücken üblicherweise zwischen Molekülen, die Sauerstoff oder Stickstoff enthalten. Das Atom Wasserstoff wird als H-Brücken-Donator angesehen, das Atom, das mit dem Wasserstoff in Wechselwirkung tritt, ist der H-Brücken-Akzeptor. Diese Art der Dipol-Dipol-Wechselwirkung ist von entscheidender Bedeutung in der Biologie. Aus diesem Grund und weil die Wasserstoffbrücke stark gerichtet ist, erhält sie eine besondere Aufmerksamkeit innerhalb der nichtkovalenten Anziehungen, die wir als Nächstes behandeln.

2.1.2 Vier Arten nichtkovalenter Anziehungen tragen dazu bei, Moleküle in Zellen zusammenzubringen

Vieles in der Biologie hängt von den spezifischen Bindungen verschiedener Moleküle ab, die durch drei nichtkovalente Bindungsarten verursacht werden: **elektrostatische**

WASSERSTOFFBRÜCKEN

Durch die Polarisation können zwei benachbarte H_2O-Moleküle eine Bindung ausbilden, die Wasserstoff(H)-Brücke. Wasserstoffbrücken haben nur 1/20 der Stärke einer kovalenten Bindung.

Wasserstoffbrücken sind am stärksten, wenn die drei Atome in einer geraden Linie ausgerichtet sind.

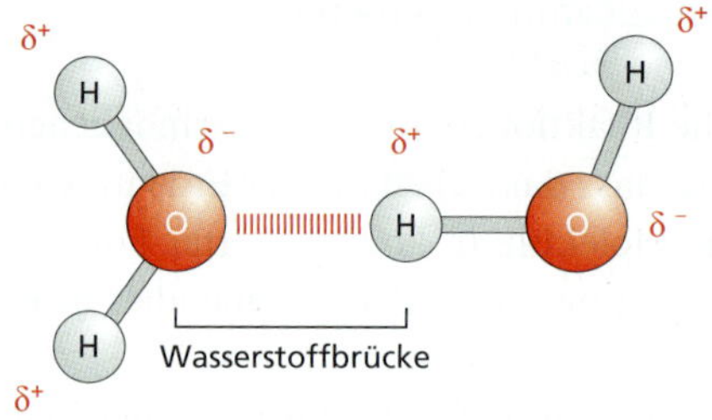

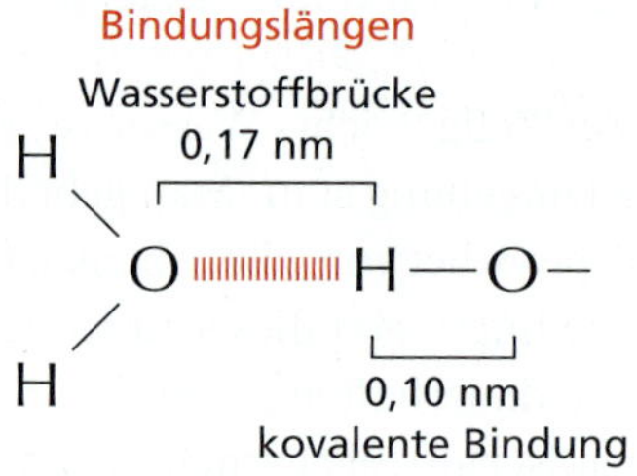

WASSER

Zwei durch eine kovalente Bindung verbunden Atome können unterschiedliche Affinitäten für die Elektronen der Bindung ausüben. In diesem Falle ist die Bindung polar, mit einem Ende leicht negativ (δ^-) und dem anderen Ende leicht positv (δ^+).

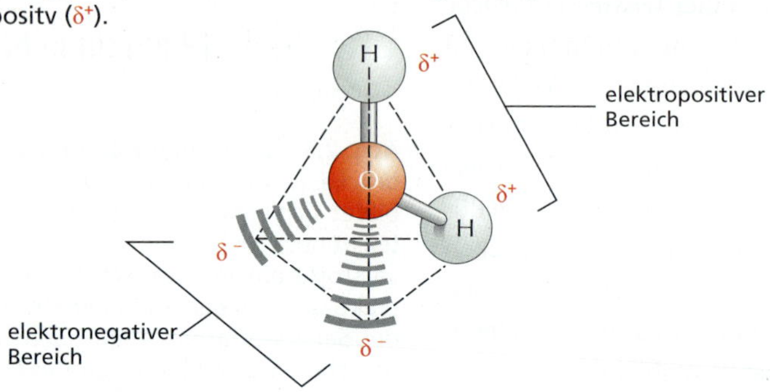

Obgleich Wasser eine neutrale Nettoladung hat (da es die gleiche Zahl Elektronen und Protonen trägt), sind die Elektronen asymmetrisch verteilt, wodurch das Molekül polar wird. Das Sauerstoffatom zieht Elektronen teilweise von den Wasserstoffkernen weg, sodass diese Kerne mit einer kleinen positiven Nettoladung zurückbleiben. Schwach negative Bereiche entstehen durch die überschüssige Elektronendichte nahe dem Sauerstoffatom an den äußeren beiden Ecken eines gedachten Tetraeders. Auf diesen Seiten betrachten wir die chemischen Eigenschaften von Wasser und sehen, wie Wasser das Verhalten biologischer Moleküle beeinflusst.

WASSERSTRUKTUR

Wassermoleküle verbinden sich vorübergehend in einem Wasserstoffbrücken-Netzwerk (Cluster). Selbst bei 37 °C sind 15 % der Wassermoleküle mit 4 anderen zu einer kurzlebigen Anordnung verbunden, das auch als fluktuierendes Netzwerk bezeichnet wird.

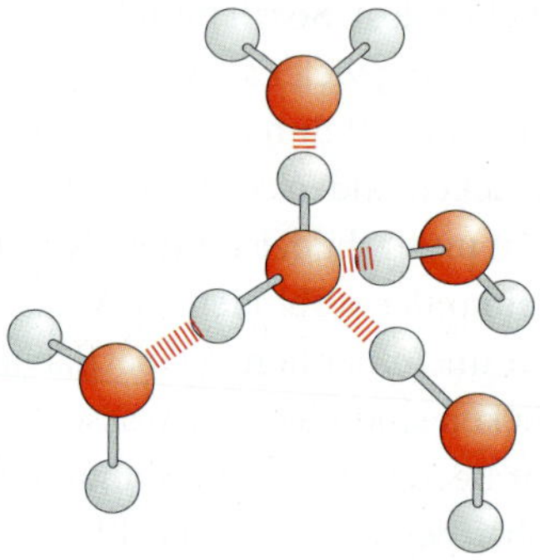

Die kohäsive Natur des Wassers ist für viele seiner ungewöhnlichen Eigenschaften verantwortlich, so für seine hohe Oberflächenspannung, seine hohe spezifische Wärme und seine hohe Verdampfungswärme.

HYDROPHILE MOLEKÜLE

Stoffe, die sich leicht in Wasser lösen, werden hydrophil genannt. Sie sind aus Ionen oder polaren Molekülen zusammengesetzt, die Wasser durch elektrische Ladungseffekte anziehen. Wassermoleküle umhüllen jedes Ion oder polare Molekül auf der Oberfläche eines Feststoffs und bringen sie in Lösung.

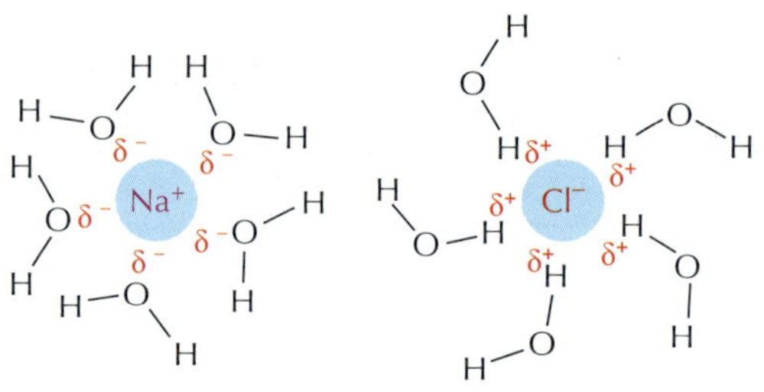

Ionische Substanzen, wie Natriumchlorid (Kochsalz) lösen sich, weil Wassermoleküle an die positive (Na^+) oder negative (Cl^-)-Ladung jedes Ions angelagert werden.

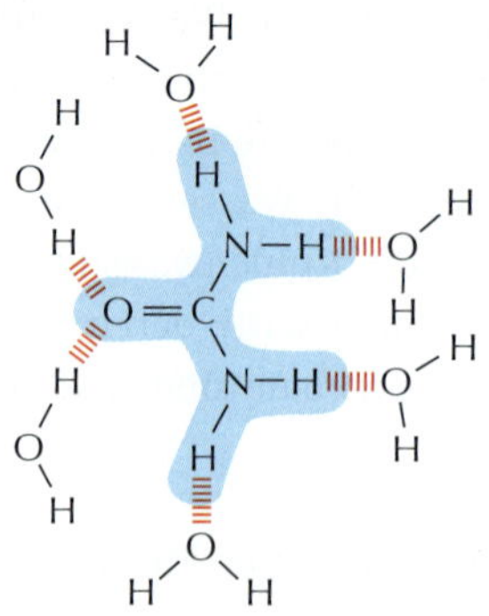

Polare Substanzen, wie Harnstoff, lösen sich, weil ihre Moleküle Wasserstoffbrücken mit den umgebenden Wassermolekülen ausbilden.

HYDROPHOBE MOLEKÜLE

Moleküle, die vorwiegend nicht polare Bindungen enthalten, sind im Allgemeinen in Wasser nicht löslich und werden hydrophob genannt. Das trifft besonders für Kohlenwasserstoffe zu, die viele C-H-Bindungen enthalten. Wassermoleküle werden nicht zu solchen Molekülen gezogen und haben daher geringeren Hang, sie zu umgeben und in Lösung zu bringen.

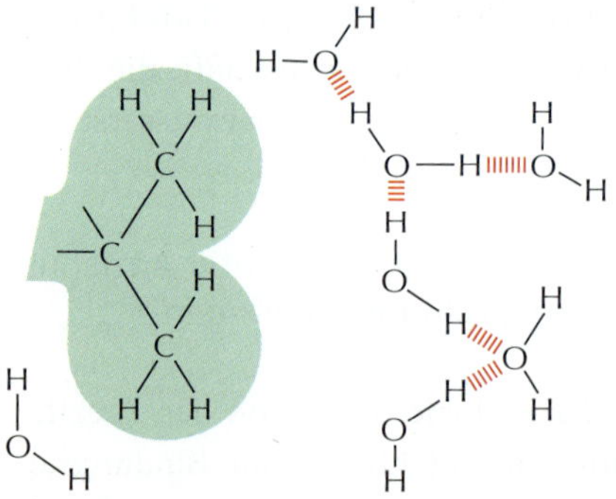

Tafel 2.2 Wasser und sein Einfluss auf das Verhalten biologischer Moleküle.

WASSER ALS LÖSUNGSMITTEL

Viele Substanzen, wie Rohrzucker, lösen sich in Wasser.
Das bedeutet, ihre Moleküle trennen sich und werden von Wassermolekülen umhüllt.

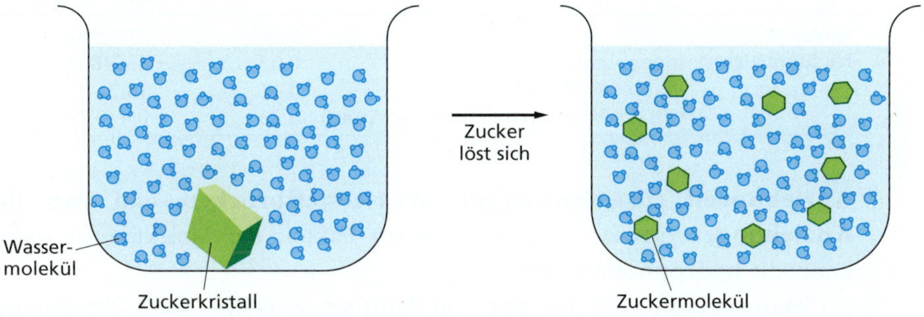

Wenn sich eine Substanz in einer Flüssigkeit löst, wird diese Mischung eine Lösung genannt. Die gelöste Substanz (in diesem Fall der Zucker) heißt der Solut, die lösende Flüssigkeit (in diesem Fall das Wasser) das Solvens. Wasser ist wegen seiner polaren Bindungen ein ausgezeichnetes Solvens für viele Substanzen.

SÄUREN

Substanzen, die Wasserstoffionen in die Lösung abgeben, werden Säuren genannt.

$$HCl \longrightarrow H^+ + Cl^-$$

Chlorwasserstoffsäure (starke Säure) → Wasserstoffion + Chloridion

Viele in der Zelle wichtige Säuren sind nur teilweise dissoziiert und werden deshalb schwache Säuren genannt – zum Beispiel die Carboxygruppe (-COOH), die dissoziiert und ein Wasserstoffion in die Lösung abgibt.

(schwache Säure)

Man beachte, dass dies eine reversibel Reaktion ist.

WASSERSTOFFIONEN-AUSTAUSCH

Positiv geladene Wasserstoffionen (H^+) können sich ohne weiteres von einem Wassermolekül zu einem anderen bewegen und erzeugen dadurch zwei Ionentypen.

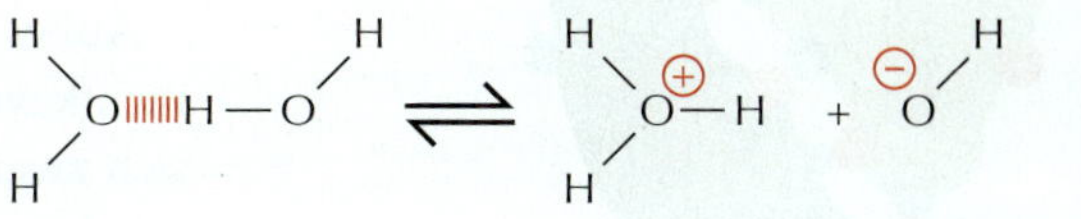

Hydronium-Ion Hydroxid-Ion

oft geschrieben: $H_2O \rightleftharpoons H^+ + OH^-$

Wasserstoff-ion Hydroxid-Ion

Da dieser Vorgang rasch umkehrbar ist, wechseln Wasserstoffionen dauernd zwischen Wassermolekülen. Reines Wasser enthält eine stabile Konzentration von Wasserstoffionen und Hydroxylionen im Gleichgewicht (beide 10^{-7} M).

pH

Die Acidität einer Lösung ist durch die Konzentration der in ihr enthalten H^+-Ionen definiert. Bequemlichkeitshalbar benutzen wir die pH-Skala mit

$$pH = -\log_{10}[H^+]$$

für reines Wasser

$[H^+] = 10^{-7}$ Mol/Liter

pH = 7.0

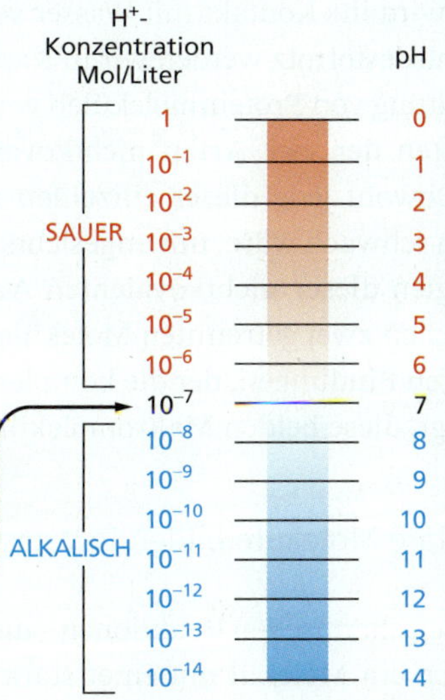

BASEN

Substanzen, die die Zahl der Wasserstoffionen in einer Lösung vermindern, nennt man Basen. Manche Basen, wie Ammoniak, verbinden sich unmittelbar mit Wasserstoffionen.

$$NH_3 + H^+ \longrightarrow NH_4^+$$

Ammoniak + Wasserstoffion → Ammoniumion

Andere Basen, wie Natriumhydroxid, vermindern die Zahl der H^+-Ionen indirekt, indem sie OH^--Ionen bilden, die sich direkt mit H^+-Ionen zu Wasser verbinden.

$$NaOH \longrightarrow Na^+ + OH^-$$

Natriumhydroxid (starke Base) → Natriumion + Hydroxid-Ion

Viele Basen in den Zellen sind nur teilweise mit H^+-Ionen assoziiert und werden „schwache Basen" genannt. Das gilt besonders für Verbindungen, die eine Amino ($-NH_2$)-gruppe besitzen, die eine schwache Tendenz hat, ein H^+-Ion aus dem Wasser reversibel aufzunehmen und dadurch die Menge der freien OH^--Ionen zu erhöhen.

$$-NH_2 + H^+ \rightleftharpoons -NH_3^+$$

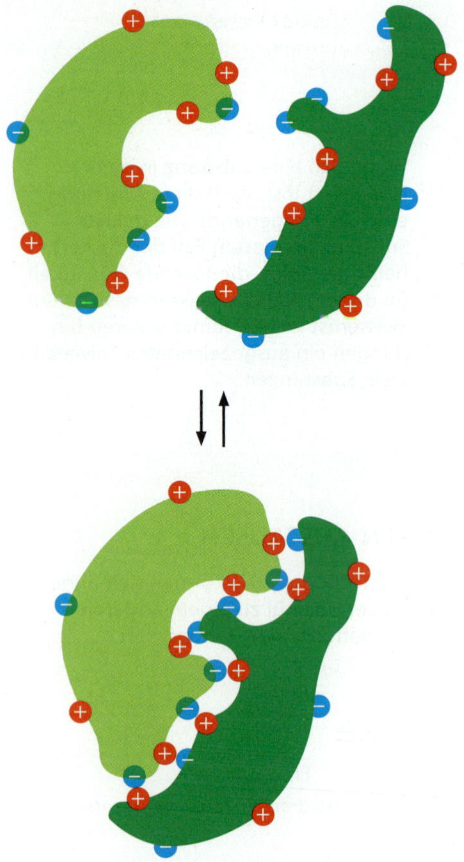

Abb. 2.4 **Das Schema zeigt, wie zwei Makromoleküle mit komplementären Oberflächen durch nichtkovalente Wechselwirkungen fest aneinander binden können.** Nichtkovalente chemische Bindungen sind nicht einmal 1/20 so stark wie kovalente Bindungen. Nur wenn sich viele davon gleichzeitig bilden, können sie eine enge Bindung erzeugen. Obwohl hier nur die elektrostatischen Wechselwirkungen gezeigt sind, tragen in Wirklichkeit alle vier nichtkovalenten Anziehungen zum Zusammenhalt zweier Makromoleküle bei.

Tab. 2.1 Kovalente und nichtkovalente chemische Bindungen.

Bindungstyp		Länge (nm)	Stärke (kJ $^{-1}$)	
			im Vakuum	in Wasser
Kovalent		0,10	377 (90)	377 (90)
Nichtkovalent:	Ionenbindung	0,25	335 (80)	12,6 (3)
	Wasserstoffbrücke	0,17	16,7 (4)	4,2 (1)
	van der Waals-Anziehung (je Atom)	0,35	0,4 (0,1)	0,4 (0,1)

Anziehungen (Ionenbindungen), **Wasserstoffbrücken** und **van der Waals-Anziehungen**, sowie von einem vierten Faktor, der Moleküle zusammenschieben kann: die **hydrophobe Kraft**.

Elektrostatische Anziehungen sind dann am stärksten, wenn die beteiligten Atome voll geladen oder ionisiert sind. Eine schwächere elektrostatische Anziehung findet zwischen Molekülen mit polaren kovalenten Bindungen statt. Wie Wasserstoffbrücken, so sind auch elektrostatische Anziehungen äußerst wichtig in der Biologie. Ein großes Molekül beispielsweise mit vielen polaren Gruppen wird ein Muster mit teilweise positiven und negativen Ladungen auf seiner Oberfläche haben. Wenn ein solches Molekül auf ein zweites Molekül, mit einem komplementären Satz an Ladungen trifft, dann werden die beiden sich durch elektrostatische Anziehung gegenseitig anziehen.

Außer den Wasserstoffbrücken und elektrostatischen Anziehungen kommt ein dritter nichtkovalenter Bindungstyp, die **van der Waal'sche Anziehung**, zum Tragen, wenn sich zwei beliebige Atome einander stark nähern. Die schwachen, unspezifischen Wechselwirkungen gehen zurück auf Schwankungen in der Verteilung von Elektronen in jedem Atom, was eine vorübergehende Anziehung hervorrufen kann, wenn die Atome eng benachbart sind. Solche Anziehungen treten in allen Molekülarten auf, sogar in unpolaren. **Tabelle 2.1** vergleicht die relative Länge und Stärke dieser drei nichtkovalenten Bindungen mit der Länge und Stärke kovalenter Bindungen – sowohl in Gegenwart als auch Abwesenheit von Wasser. Man beachte, dass Wasser durch die konkurrierenden Wechselwirkungen zwischen den beteiligten Molekülen die Stärke von sowohl elektrostatischen Anziehungen als auch von Wasserstoffbrücken innerhalb der Zelle erheblich verringert.

Der vierte Effekt, der oft Moleküle in Wasser zusammenbringt, ist genau genommen eigentlich keine Bindung. Eine sehr wichtige hydrophobe Kraft wird jedoch durch das Verdrängen unpolarer Oberflächen aus dem über Wasserstoffbrücken verbundenen Wassernetzwerk verursacht, wo sie andernfalls die sehr günstigen Wechselwirkungen zwischen Wassermolekülen beeinträchtigen würden. Indem zwei unpolare Oberflächen zusammengebracht werden, wird ihr Kontakt mit Wasser verringert; in dieser Hinsicht ist die Kraft unspezifisch. Nichtsdestotrotz werden wir in Kapitel 3 sehen, dass hydrophobe Kräfte für die ordentliche Faltung von Proteinmolekülen von wesentlicher Bedeutung sind.

Die Eigenschaften der vier Arten nichtkovalenter Anziehungen sind in **Tafel 2.3** wiedergegeben. Obwohl jede dieser einzelnen nichtkovalenten Anziehungen für sich genommen viel zu schwach wäre, um angesichts der Wärmebewegung wirksam zu sein, können die Energien dieser nichtkovalenten Anziehungen zusammengenommen eine starke Kraft zwischen zwei getrennten Molekülen entfalten. Es ist somit ein ganzer Satz von nichtkovalenten Bindungen, der die komplementären Oberflächen von zwei Makromolekülen befähigt, diese beiden Makromoleküle zusammenzuhalten (**Abb. 2.4**).

2.1.3 Einige polare Moleküle bilden in Wasser Säuren und Basen

Eine der einfachsten chemischen Reaktionen – die aber für Zellen äußerst wichtig ist – findet statt, wenn sich ein Molekül mit einer stark polaren kovalenten Bindung zwischen einem Wasserstoffatom und einem anderen Atom in Wasser löst. Das Wasserstoffatom in

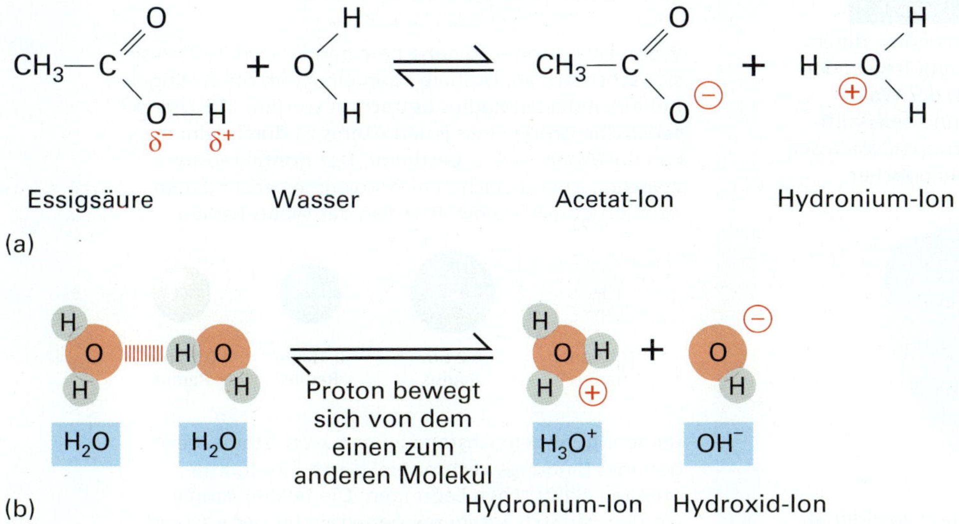

Abb. 2.5 Wie sich Protonen leicht in wässrige Lösung bringen. (a) Die Reaktion, die abläuft, wenn sich ein Essigsäuremolekül in Wasser löst. Bei pH 7 liegt fast die gesamte Essigsäure in Form von Acetat-Ionen vor. (b) Wassermoleküle tauschen andauernd Protonen miteinander aus, wodurch Hydronium- und Hydroxid-Ionen entstehen. Diese Ionen vereinigen sich umgekehrt mit hoher Geschwindigkeit wieder zu Wassermolekülen.

einem solchen Molekül hat sein Elektron weitestgehend an das Nachbaratom abgegeben und liegt daher als nahezu nackter positiv geladener Wasserstoffkern vor – mit anderen Worten als **Proton** (**H^+**). Wenn das polare Molekül von Wassermolekülen umgeben wird, wird das Proton von der partiellen negativen Ladung des O-Atoms eines benachbarten Wassermoleküls angezogen. Infolgedessen kann es von seinem ursprünglichen Partner leicht abdissoziieren und sich an das Sauerstoffatom des Wassers anlagern, sodass ein **Hydronium-Ion** (**H_3O^+**) entsteht (Abb. 2.5a). Auch die umgekehrte Reaktion findet sehr leicht statt, sodass in wässriger Lösung Protonen dauernd zwischen den Molekülen in der Lösung hin und her flitzen.
Substanzen, die beim Lösen in Wasser Protonen abgeben und somit H_3O^+ bilden, heißen **Säuren**. Je höher die Konzentration an H_3O^+, desto saurer ist die Lösung. H_3O^+ kommt sogar in reinem Wasser in einer Konzentration von 10^{-7} mol vor; dies ist das Ergebnis der Protonenbewegung von einem Wassermolekül zum anderen (Abb. 2.5b). Vereinbarungsgemäß wird die H_3O^+-Konzentration gewöhnlich als H^+-Konzentration bezeichnet, obwohl in einer wässrigen Lösung die meisten Protonen in Form von H_3O^+ vorliegen. Um keine unhandlichen Zahlen verwenden zu müssen, wird die H_3O^+-Konzentration mithilfe einer logarithmischen Skala ausgedrückt, die sogenannte **pH-Skala** (in Tafel 2.2 erläutert). Reines Wasser hat einen pH-Wert von 7,0 und ist neutral – das heißt, es ist weder sauer (pH-Wert < 7) noch basisch (pH-Wert > 7).

Säuren werden in starke und schwache Säuren unterteilt, je nachdem, wie leicht sie in Wasser Protonen abgeben. Starke Säuren, wie Salzsäure (HCl), geben ihre Protonen rasch ab. Demgegenüber ist Essigsäure eine schwache Säure, weil sie ihre Protonen in Wasser stärker festhält. Viele für Zellen wichtige Säuren sind schwache Säuren – z. B. Moleküle, die eine Carboxy(COOH)-Gruppe enthalten.

Weil das Proton eines Hydronium-Ions leicht auf viele Molekülarten, die in Zellen vorkommen, übergehen kann und dadurch deren Charakter verändert, muss die H_3O^+-Konzentration in einer Zelle (die Acidität) genau kontrolliert werden. Säuren – insbesondere schwache Säuren – geben ihre Protonen leichter ab, wenn die H_3O^+-Konzentration in Lösung gering ist, und erhalten sie eher zurück, wenn die Konzentration in Lösung hoch ist.

Das Gegenteil einer Säure ist eine **Base**. Jedes Molekül, das in der Lage ist, ein Proton von einem Wassermolekül aufzunehmen, heißt **Base**. Natriumhydroxid (NaOH) ist basisch (auch der Begriff *alkalisch* wird verwendet), weil es in wässriger Lösung leicht dissoziiert und Na^+- und OH^--Ionen bildet. Aufgrund dieser Eigenschaft wird NaOH als starke Base bezeichnet. In lebenden Zellen sind jedoch die schwachen Basen von größerer

SCHWACHE NICHTKOVALENTE CHEMISCHE BINDUNGEN

Organische Moleküle können mit anderen Molekülen durch drei Arten von Kurzstreckenkräften in Beziehung treten, den sogenannten nichtkovalenten Bindungen: van der Waals-Anziehungen, elektrostatische Anziehungen und asserstoffbrücken. Die Abstoßung von hydrophoben Gruppen von asser ist ebenfalls von Bedeutung für die Faltung biologischer Makromoleküle.

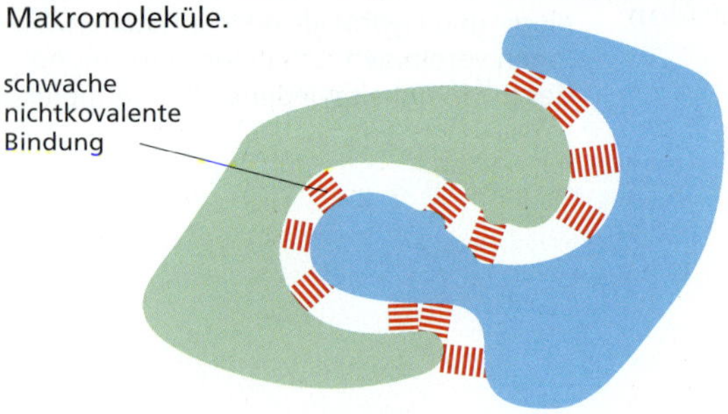

Schwache nichtkovalent chemische Kräfte haben weniger als 1/20 der Stärke einer starken kovalenten Bindung. Sie sind nur dann für eine ausreichend feste Bindung ausreichend, wenn viele sich gleichzeitig ausbilden.

WASSERSTOFFBRÜCKEN

Wie bereits für Wasser (Tafel 2-2) beschrieben, bilden sich Wasserstoffbrücken aus, wenn ein Wasserstoffatom zwischen zwei Elektronen anziehenden Atomen (meist Sauerstoff oder Stickstoff) eingeschlossen ist.

Wasserstoffbrücken sind am stärksten, wenn die drei Atome eine gerade Linie bilden:

Beispiele in Makromolekülen:

Aminosäuren in einer Polypeptidkette können über Wasserstoffbrücken zusammengehalten werden. Dies stabilisiert die Struktur von gefalteten Proteinen.

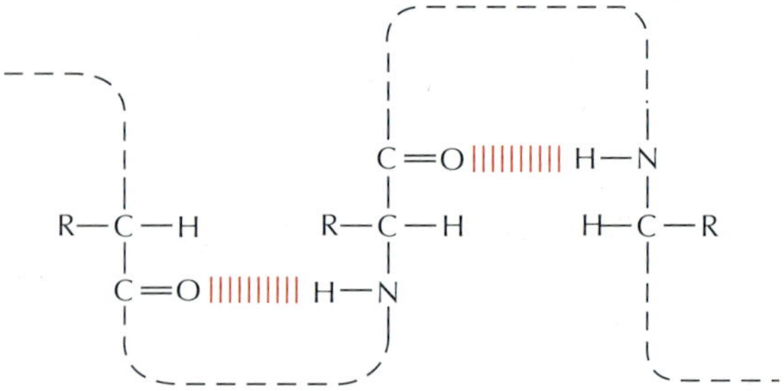

In einer DNA-Doppelhelix bilden zwei Basen, G und C, eine Wasserstoffbrücke.

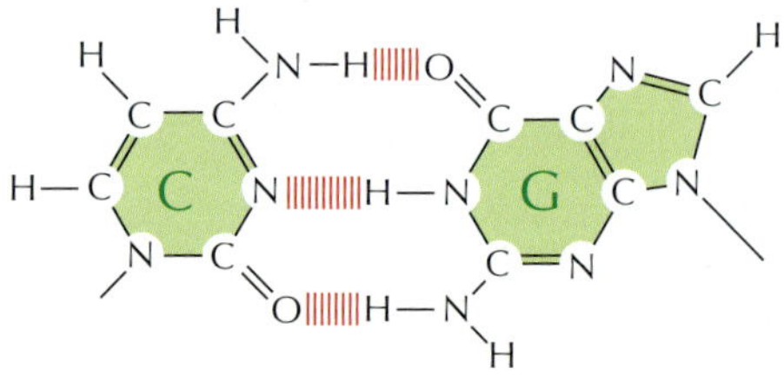

VAN DER WAALS-ANZIEHUNG

Wenn zwei Atome zu nahe beieinander sind, stoßen sie sich sehr stark ab. Deshalb kann ein Atom oft als Kugel mit einem festen Radius betrachtet werden. Die charakteristische Größe eines jeden Atoms ist durch seinen van der Waals-Radius bestimmt. Der Kontaktabstand zwischen irgendwelchen nichtkovalent verbundenen Atomen ist die Summe ihrer van der Waals-Radien.

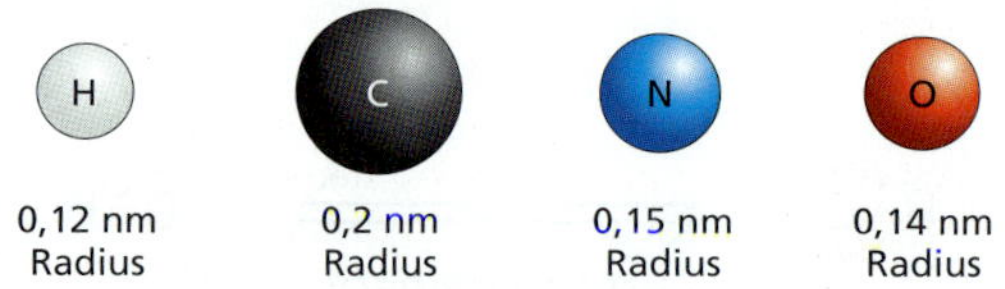

Bei sehr geringem Abstand zeigen zwei Atome stets geringes Bindungswechselspiel durch ihre fluktuierenden elektrischen Ladungen. Die beiden Atome werden dadurch zusammengehalten, bis der Abstand ihrer beiden Kerne ungefähr der Summe ihrer van der Waals-Radien entspricht. Obgleich jede einzelne dieser van der Waals-Anziehungen sehr gering ist, können sie doch wichtig werden, wenn die Oberflächen zweier Makromoleküle sehr gut zusammenpassen, denn dann sind viele Atome beteiligt.
Zu beachten ist, dass in einer kovalenten Bindung die Zentren der beiden Atome (ihre Atomkerne) viel näher stehen als die Summe ihrer van der Waals-Radien, also:

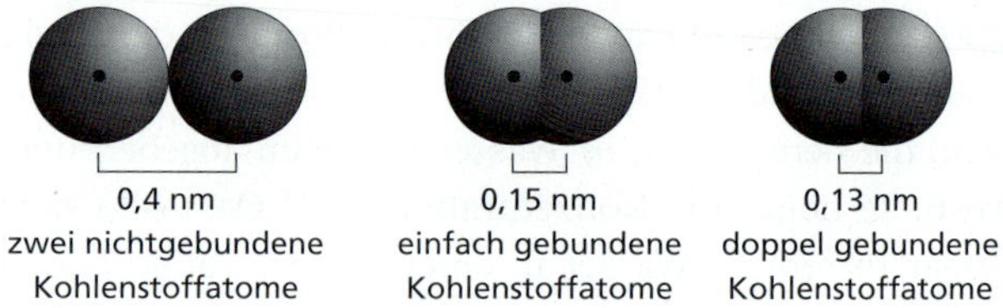

WASSERSTOFFBRÜCKEN IN WASSER

Jedes Molekül, das Wasserstoffbrücken zu einem anderen bilden kann, kann auch solche mit Wassermolekülen bilden. Durch diese Konkurrenz mit Wassermolekülen sind die Wasserstoffbrücken zwischen zwei in Wasser gelösten Molekülen verhältnismäßig schwach.

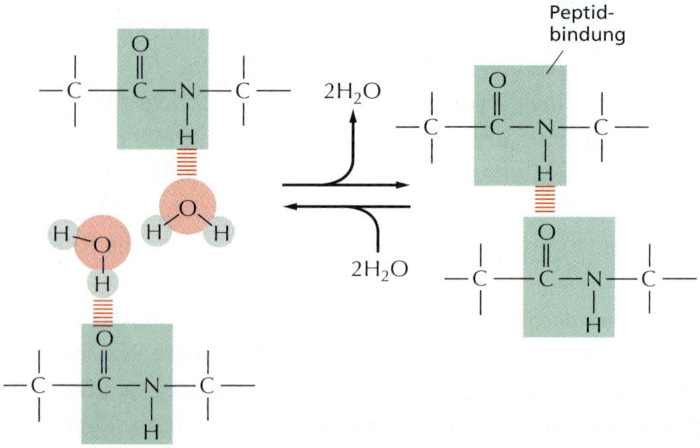

Tafel 2.3 **Die Haupttypen schwacher nichtkovalenter Bindungen, die Makromoleküle zusammenhalten.**

ELEKTROSTATISCHE ANZIEHUNGEN

Sowohl zwischen vollständig geladenen Gruppen (Ionenbindungen) als auch zwischen teilweise geladenen Gruppen auf polaren Molekülen treten Anziehungskräfte auf.

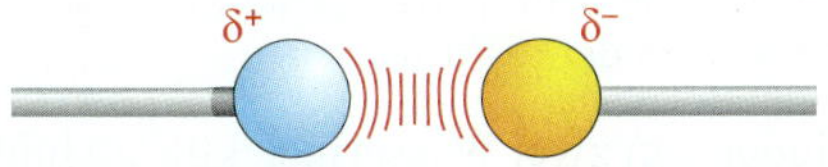

Die Anziehungskraft zwischen den beiden Ladungen, δ^+ und δ^-, vermindert sich mit dem Abstand der Ladungen umgekehrt proportional (Coulomb'sches Gesetz).

In Abwesenheit von Wasser sind elektrostatische Kräfte sehr stark. Sie bedingen die Festigkeit von Mineralien wie Marmor und Achat und die Kristallbindung im Kochsalz, NaCl.

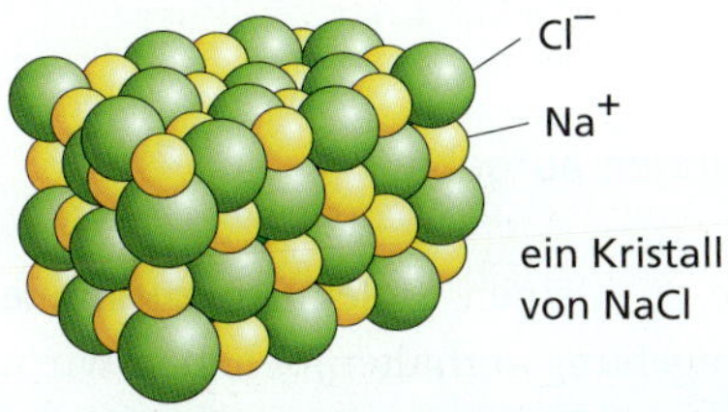

HYDROPHOBE KRÄFTE

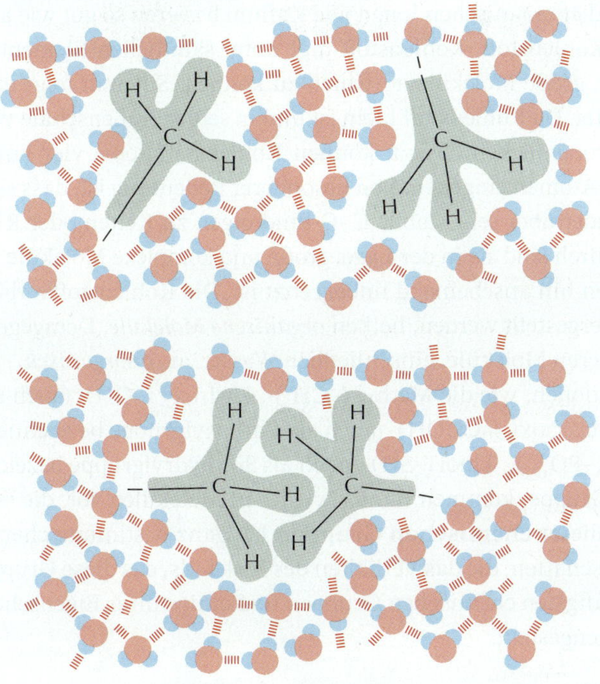

Wasser zwingt hydrophobe Gruppen zusammen, denn dadurch wird deren Reißkraft auf das durch Wasserstoffbrücken zusammengehaltene Wassernetzwerk vermindert. Von hydrophoben Gruppen, die auf diese Weise zusammengedrückt werden, sagt man zuweilen, sie werden durch „hydrophobe Bindungen" zusammengehalten, obgleich die Zusammenlagerung tatsächlich durch die Abstoßung durch das Wasser geschieht.

KATION–π-WECHSELWIRKUNGEN

Die Struktur eines typischen Proteins zeigt, dass es mehrere Kationen- π (pi) Wechselwirkungen enthält, wobei diese elektrostatischen Anziehungskräfte etwa halb so häufig sind wie die elektrostatischen Anziehungen zwischen positiv und negativ geladenen Aminosäureseitenketten. Bei dieser energetisch günstigen Wechselwirkung ist ein Kation gepaart mit den aromatischen () Elektronen von Tryptophan, Tyrosin- oder Phenylalanin-Seitenkette gepaart. Wie gezeigt, kann das kann das Kation entweder ein anorganisches Ion oder ein positiv geladene Lysin- oder Arginin-Seitenkette sein. Ein Tryptophan-Arginin-Paar ist das häufigste, wie hier dargestellt.

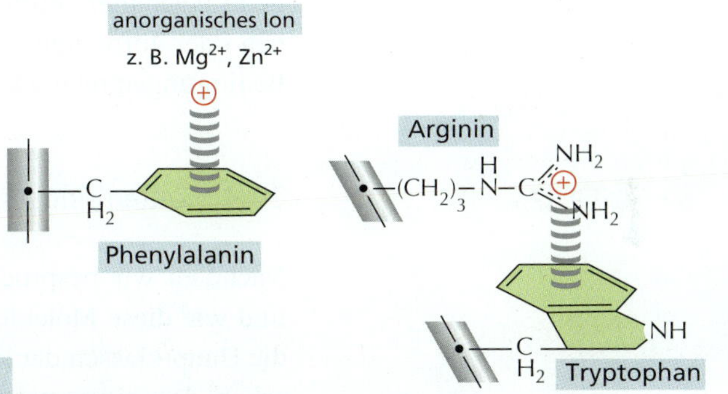

ELEKTROSTATISCHE ANZIEHUNGEN IN WÄSSRIGEN LÖSUNGEN

Geladene Gruppen sind durch ihre Wechselwirkungen mit Wassermolekülen abgeschirmt. Ionenbindungen sind deshalb in Wasser ziemlich schwach.

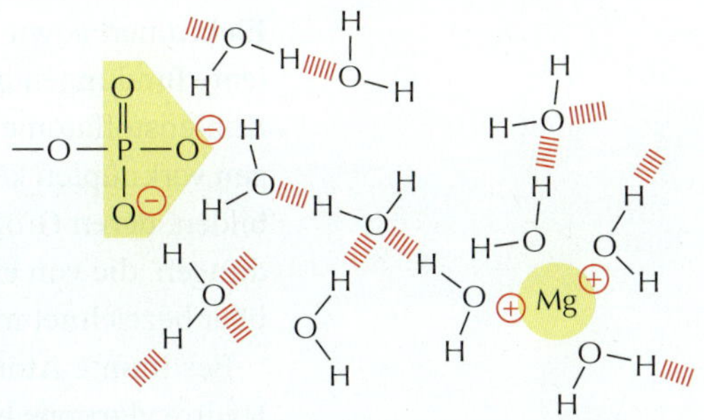

Ebenso können andere Ionen in Wasser sich um geladene Gruppen zusammenhäufen und dadurch die Anziehungen weiter schwächen.

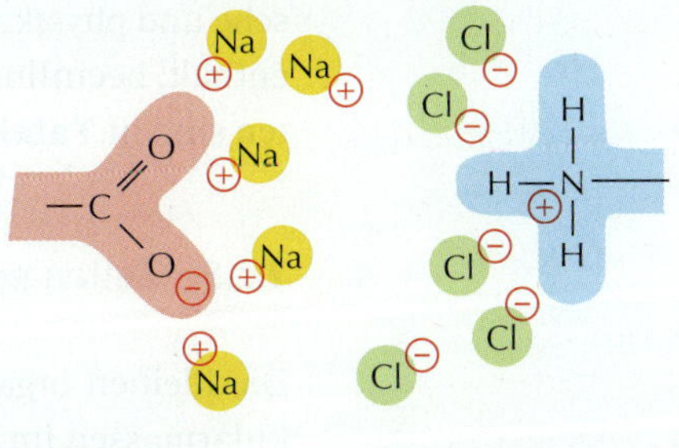

Obwohl elektrostatische Anziehungen durch Wasser und anorganische Ionen geschwächt werden, sind sie in biologischen Systemen von großer Bedeutung.

Bedeutung – also diejenigen, die eine schwache Neigung haben, von Wasser reversibel ein Proton aufzunehmen. Viele biologisch bedeutsame Moleküle enthalten eine Amino(NH_2)-Gruppe. Diese Gruppe ist eine schwache Base, die OH^- erzeugen kann, indem sie von Wasser ein Proton aufnimmt:

$$-NH_2 + H_2O \rightarrow -NH_3{}^+ + OH^-$$

(s. **Tafel 2.2**).

Da sich ein OH^--Ion mit einem H_3O^+-Ion verbindet, um zwei Wassermoleküle zu bilden, forciert ein Anstieg der OH^--Konzentration eine Abnahme der H_3O^+-Konzentration und umgekehrt. Somit ist das Produkt aus beiden Werten, $[OH^-] \times [H_3O^+]$ immer 10^{-14} (Mol/Liter)^2. Eine reine Wasserlösung enthält beide Ionen in gleicher Konzentration (10^{-7} mol) und macht sie damit neutral. Das Innere einer Zelle wird durch **Puffer** ebenfalls nahezu neutral gehalten. Puffer sind schwache Säuren und Basen, die Protonen nahe pH 7 abgeben oder aufnehmen können und damit die Umgebung der Zelle unter verschiedenen Bedingungen relativ konstant halten.

2.1.4 Zellen sind aus Kohlenstoffverbindungen aufgebaut

Nachdem wir besprochen haben, wie Atome zu kleinen Molekülen zusammentreten und wie diese Moleküle sich in wässriger Umgebung verhalten, schauen wir uns nun die Hauptklassen der kleinen Moleküle an, die in Zellen vorkommen. Wir werden dabei sehen, dass einige wenige Grundklassen von Molekülen, die nur aus einer Handvoll verschiedener Elemente bestehen, den unglaublichen Reichtum an Formen und Verhaltensweisen entstehen lassen, den man in Lebewesen antrifft.

Abgesehen vom Wasser und anorganischen Ionen wie Kalium basieren so gut wie alle Moleküle in einer Zelle auf Kohlenstoff. Kohlenstoff ragt unter sämtlichen Elementen durch seine Fähigkeit hervor, große Moleküle aufbauen zu können. Silicium folgt ihm darin als kümmerlicher Zweiter. Da Kohlenstoff klein ist und in seiner Außenschale vier Elektronen sowie vier Elektronenlücken besitzt, können Kohlenstoffatome vier kovalente Bindungen mit anderen Atomen eingehen. Von besonderer Bedeutung ist, dass sich Kohlenstoffatome untereinander über sehr stabile C–C-Bindungen zu Ketten oder Ringen verknüpfen können. Dadurch sind sie in der Lage, große und komplexe Moleküle zu bilden, deren Größe nach oben hin anscheinend unbegrenzt ist. Die Kohlenstoffverbindungen, die von einer Zelle hergestellt werden, heißen *organische Moleküle*. Demgegenüber bezeichnet man alle anderen Moleküle, einschließlich Wasser, als *anorganisch*.

Bestimmte Atom-Kombinationen, wie die Methyl ($-CH_3$)-, Hydroxy (–OH)- (auch als Hydroxylgruppe bezeichnet), Carboxy (–COOH)- (auch als Carboxylgruppe bezeichnet), Carbonyl (–C=O)-, Phosphat ($-PO_3{}^{2-}$)-, Thiol (–SH)- (auch als Sulfhydrylgruppe bezeichnet) und die Amino ($-NH_2$)-Gruppe, kommen immer wieder in Molekülen vor, die von Zellen gebildet werden. Jede dieser **chemischen Gruppen** hat ganz bestimmte chemische und physikalische Eigenschaften, die das Verhalten des Moleküls, das diese Gruppe enthält, beeinflussen. Die häufigsten chemischen Gruppen und einige ihrer Eigenschaften sind in **Tafel 2.1** zusammengestellt.

2.1.5 Zellen enthalten vier Hauptfamilien kleiner organischer Moleküle

Die kleinen organischen Moleküle der Zelle sind Kohlenstoffverbindungen, die Molekularmassen im Bereich zwischen 100 und 1000 Dalton besitzen und bis zu ca. 30 Kohlenstoffatome enthalten. Im Allgemeinen liegen sie in freier Lösung vor und haben viele verschiedene Bestimmungen. Einige dienen als *Monomer*-Einheiten dazu, um die

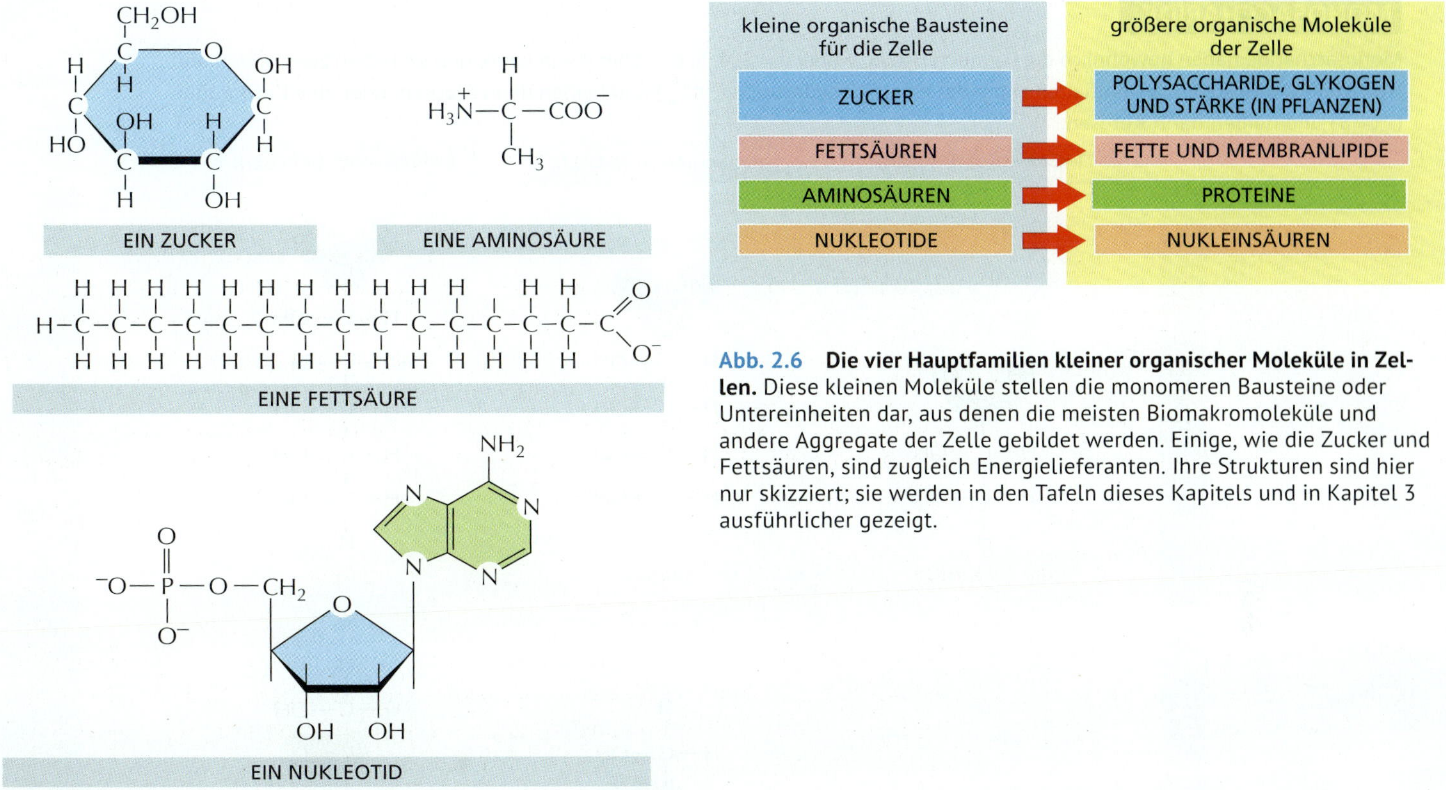

Abb. 2.6 Die vier Hauptfamilien kleiner organischer Moleküle in Zellen. Diese kleinen Moleküle stellen die monomeren Bausteine oder Untereinheiten dar, aus denen die meisten Biomakromoleküle und andere Aggregate der Zelle gebildet werden. Einige, wie die Zucker und Fettsäuren, sind zugleich Energielieferanten. Ihre Strukturen sind hier nur skizziert; sie werden in den Tafeln dieses Kapitels und in Kapitel 3 ausführlicher gezeigt.

riesigen polymeren *Makromoleküle* – die den größten Teil der Zellmasse ausmachen, Proteine, Nukleinsäuren und großen Polysaccharide – aufzubauen. Andere dienen als Energiequelle und werden in einem Netzwerk von intrazellulären Stoffwechselwegen zu anderen kleinen Molekülen ab- und umgebaut. Viele kleine Moleküle haben mehr als eine Funktion in der Zelle und können beispielsweise sowohl als Untereinheit für Makromoleküle als auch als Energiequelle dienen. Kleine organische Moleküle machen nur etwa ein Zehntel der gesamten organischen Zellmasse aus, aber sie sind sehr vielfältig. In dem gut untersuchten Bakterium *Escherichia coli* hat man nahezu 4000 verschiedene Arten kleiner organischer Moleküle gefunden.

Alle organischen Moleküle werden aus dem gleichen Sortiment einfachster Verbindungen synthetisiert und wieder zu diesen abgebaut. Aus diesem Grund sind die chemischen Verbindungen in einer Zelle miteinander verwandt, und die meisten können einer kleinen Zahl unterschiedlicher Familien zugeordnet werden. Im Großen und Ganzen enthalten Zellen vier Hauptfamilien kleiner organischer Moleküle: *Zucker*, *Fettsäuren*, *Aminosäuren* und *Nukleotide* (**Abb. 2.6**). Obwohl viele der in Zellen vorkommenden Verbindungen nicht zu ihnen gehören, machen die Mitglieder dieser vier Familien zusammen mit den aus ihnen gebildeten Makromolekülen einen Großteil der organischen Zellmasse aus.

Aminosäuren und die aus ihnen gebildeten Proteine sind Gegenstand von Kapitel 3. Eine Zusammenfassung der Strukturen und Eigenschaften der verbleibenden drei Familien – Zucker, Fettsäuren und Nukleotide – ist in **Tafel 2.4, 2.5** bzw. **2.6** gezeigt.

2.1.6 Die Chemie von Zellen wird von Makromolekülen mit bemerkenswerten Eigenschaften beherrscht

Gewichtsmäßig sind **Makromoleküle** die häufigsten kohlenstoffhaltigen Moleküle in einer lebenden Zelle (**Abb. 2.7**). Sie sind die Hauptbausteine, aus denen eine Zelle

MONOSACCHARIDE

Monosaccharide haben gewöhnlich die Formel $(CH_2O)n$, wobei n = 3, 4, 5, 6, 7 oder 8 sein kann, und sie haben zwei oder mehr Hydroxyl(-OH)-Gruppen. Sie enthalten entweder eine Aldehydgruppe ($-C{\overset{O}{\underset{H}{<}}}$) und heißen dann Aldosen, oder eine Ketogruppe ($>C=O$) und heißen dann Ketosen.

	3-Kohlenstoff (TRIOSEN)	5-Kohlenstoff (PENTOSEN)	6-Kohlenstoff (HEXOSEN)
ALDOSEN	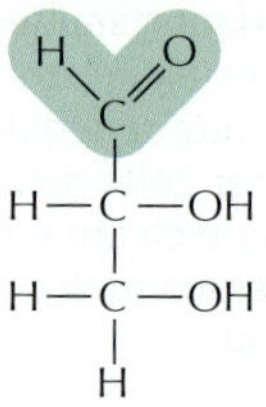 Glycerinaldehyd	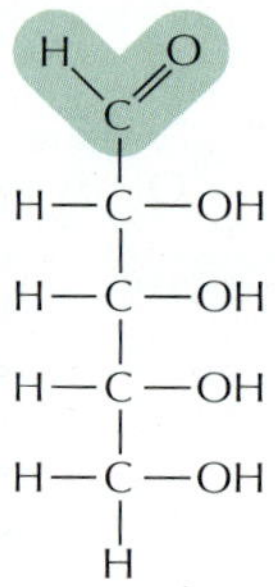 Ribose	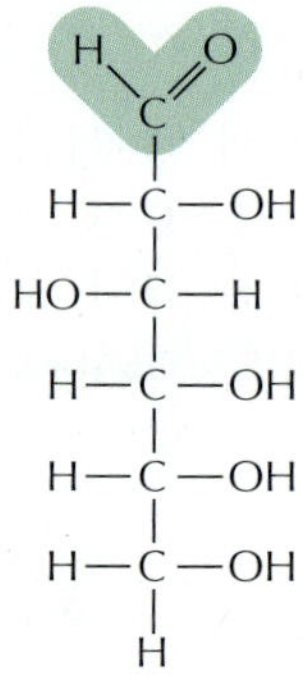 Glukose
KETOSEN	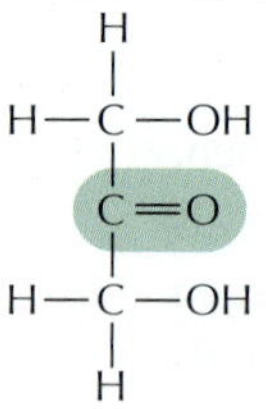 Dihydroxyaceton	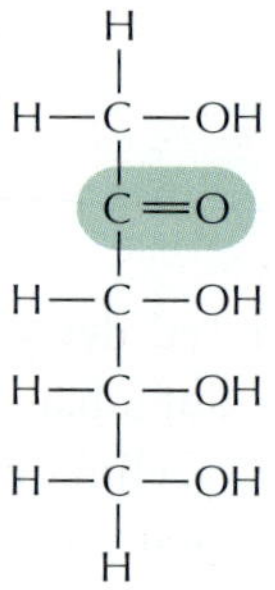 Ribulose	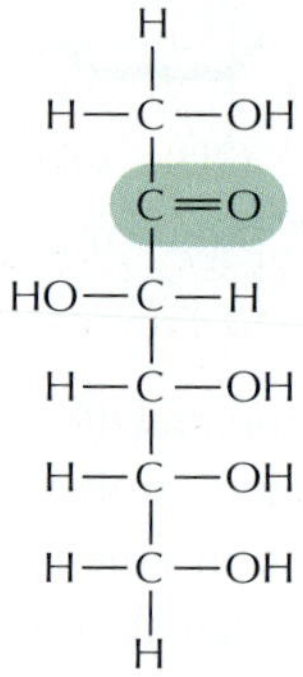 Fruktose

RINGBILDUNG

In wässriger Lösung strebt die Aldehyd- oder Ketogruppe eines Zuckers zur Reaktion mit einer Hydroxylgruppe des gleichen Moleküls und schließt dadurch das Molekül zu einem Ring.

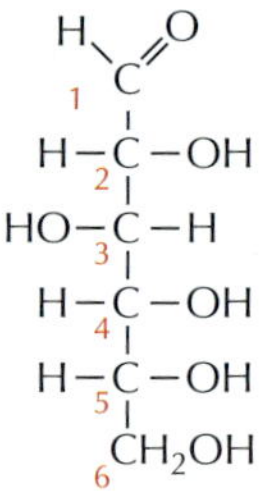

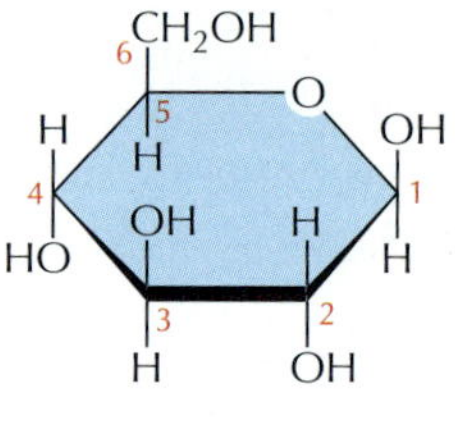

Glukose

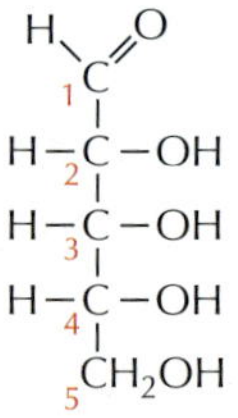

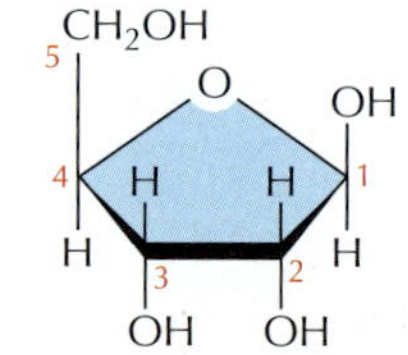

Ribose

Man beachte, dass jeder Kohlenstoff eine Nummer hat.

ISOMERE

Viele Monosaccharide unterscheiden sich nur in der räumlichen Anordnung der Atome – sie sind also Isomere. Zum Beispiel haben Glukose, Galaktose und Mannose die gleiche Summenformel ($C_6H_{12}O_6$), aber unterscheiden sich in der Anordnung um eines oder zwei der Kohlenstoffatome.

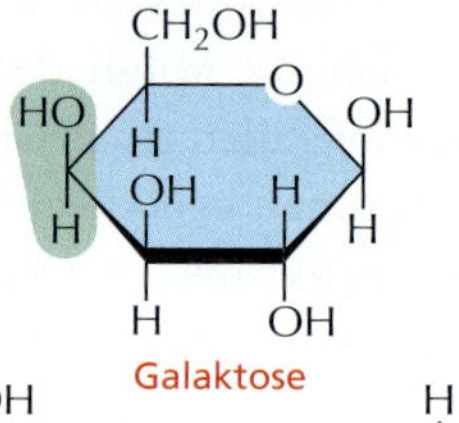

Galaktose

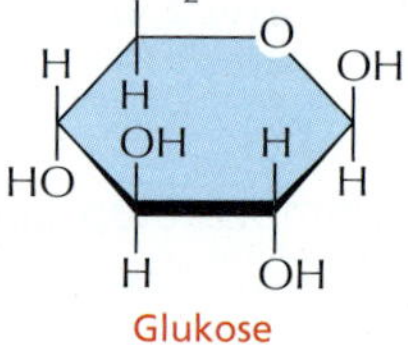

Glukose

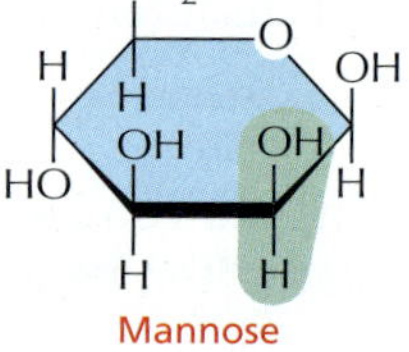

Mannose

Diese kleinen Unterschiede bewirken zwar nur minimale Unterschiede im chemischen Verhalten der Zucker. Aber sie werden von Enzymen und anderen Proteinen erkannt und haben deshalb wichtige biologische Auswirkungen.

Tafel 2.4 Ein Überblick über die Zuckerarten, die gewöhnlich in Zellen gefunden werden.

α- UND β-VERKNÜPFUNGEN

Die Hydroxylgruppe am Kohlenstoff, der die Aldehyd- oder Ketogruppe trägt, kann rasch von einer Lage in die spiegelbildlich andere wechseln. Diese beiden Stellungen werden als α und β unterschieden.

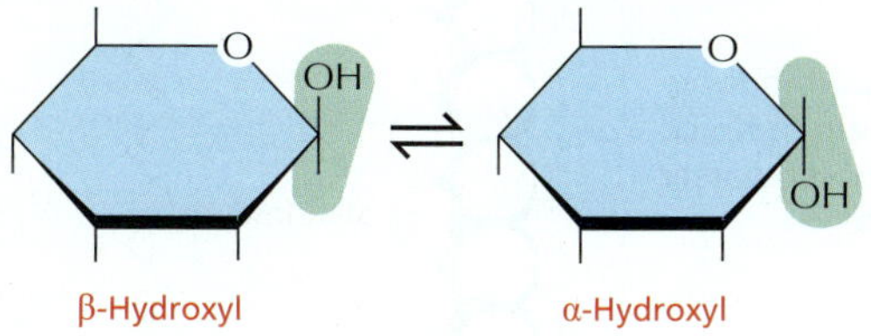

Sobald ein Zucker mit einem anderen verbunden ist, ist die α- oder β-Form eingefroren.

ZUCKERDERIVATE

Die Hydroxylgruppen eines einfachen Monosaccharids wie z. B. Glukose können durch andere Gruppen ersetzt werden.

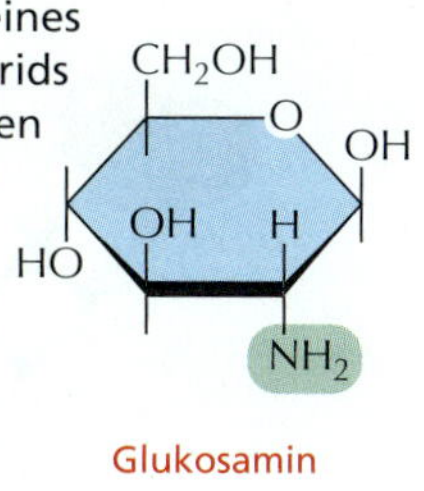

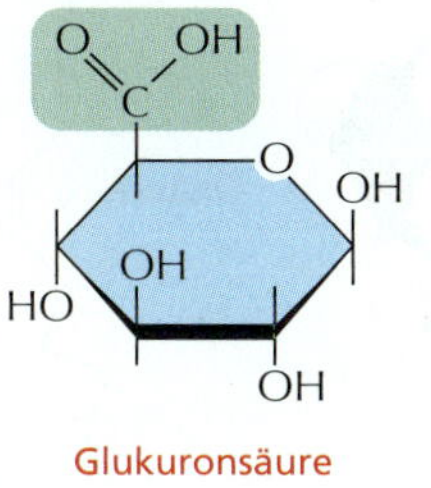

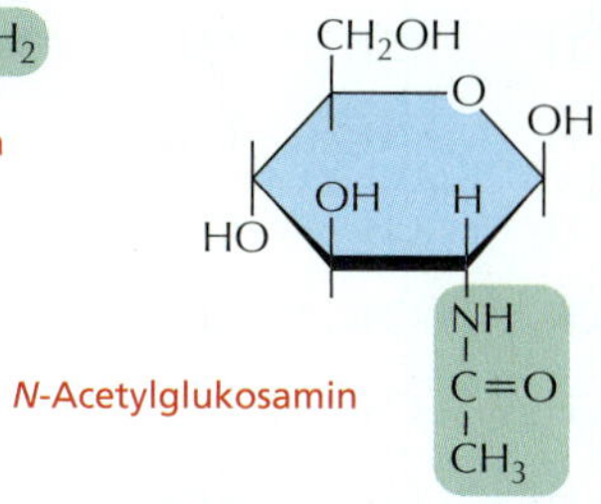

DISACCHARIDE

Der Kohlenstoff, der die Aldehyd- oder Ketogruppe trägt, kann mit irgendeiner Hydroxylgruppe eines zweiten Zuckers reagieren, um so ein Disaccharid mittels einer glykosidischen Bindung zu bilden.

Drei häufige Disaccharide sind:

Maltose (Glukose-α-1,4-Glukose),
Laktose (Galaktose-β-1,4-Glukose) und
Saccharose (Glukose-α-1,2-Fruktose).

Hier ist Saccharose gezeigt.

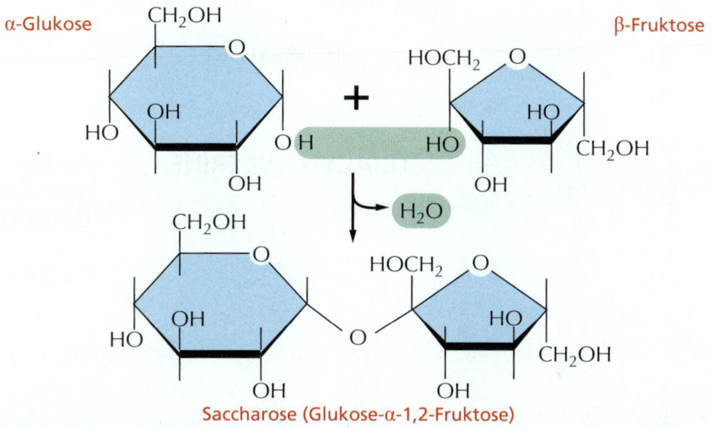

OLIGOSACCHARIDE UND POLYSACCHARIDE

Große lineare und verästelte Moleküle können aus einfachen sich wiederholenden Zuckereinheiten gebildet werden. Kurze Ketten werden Oligosaccaride genannt, lange Polysaccharide. Glykogen beispielsweise ist ein Polysaccharid, das gänzlich aus miteinander verknüpften Glukoseeinheiten aufgebaut ist.

KOMPLEXE OLIGOSACCHARIDE

In vielen Fällen ist eine Zuckersequenz nicht repetitiv. Sehr viele verschiedene Moleküle sind möglich.
Solche komplexen Oligosaccharide sind im Allgemeinen verbunden mit Proteinen oder Lipiden wie dieses Oligosaccarid, das Teil eines Zelloberflächenmoleküls ist, das eine definierte Blutgruppe bestimmt.

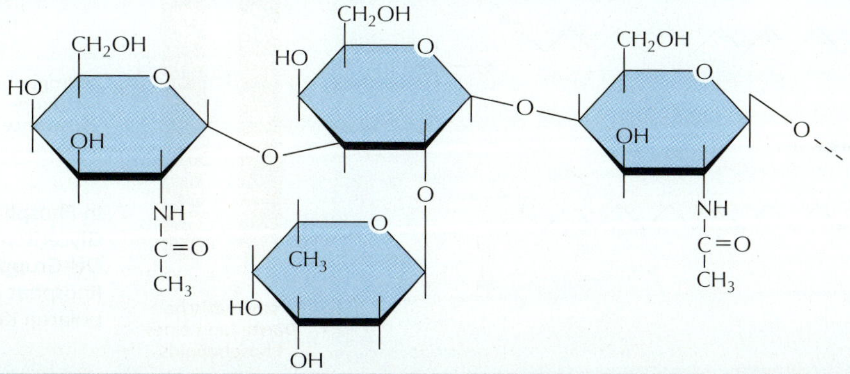

HÄUFIGE FETTSÄUREN

Dies sind Carbonsäuren mit langen Kohlenwasserstoffketten.

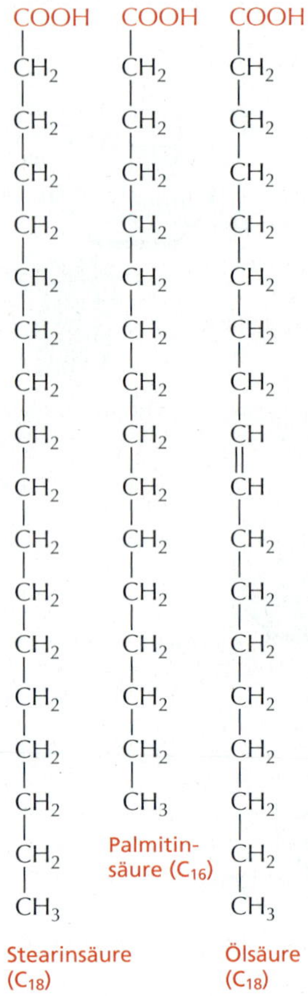

Es gibt Hunderte verschiedener Fettsäuren. Manche haben eine oder mehrere Doppelbindungen; diese nennt man ungesättigt. Fettsäuren ohne Doppelbindung nennt man gesättigt.

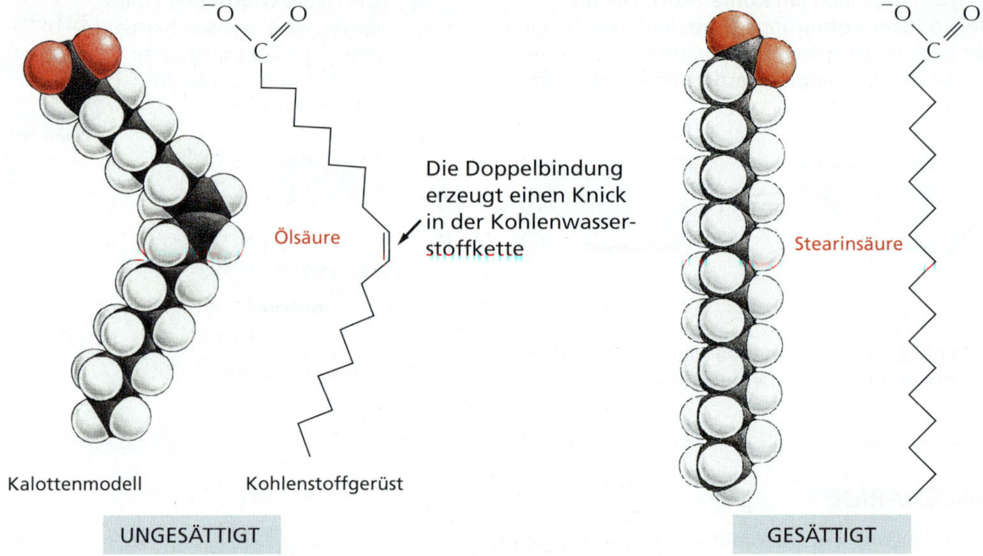

TRIACYLGLYCERINE

Fettsäuren werden als Energiereserve (Fett) durch Verknüpfung mit Glycerin in Form von Triacylglycerinen (Triglyceride) gespeichert.

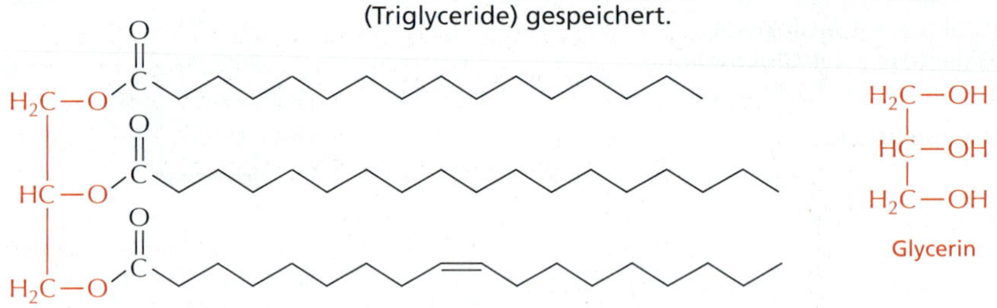

CARBOXYGRUPPE

In freiem Zustand ist die Carboxygruppe einer Fettsäure ionisiert.

Meist aber ist sie mit anderen Gruppen verknüpft, entweder als Ester

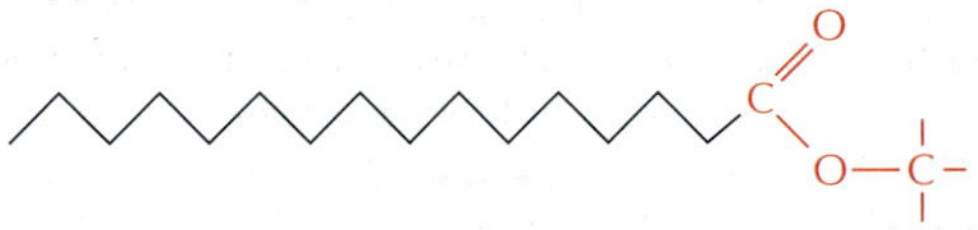

oder als Amid.

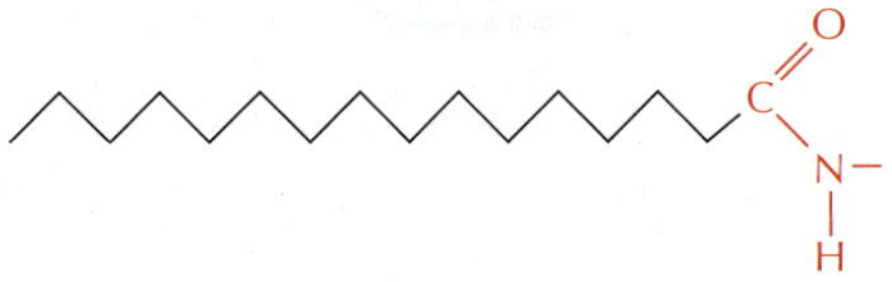

PHOSPHOLIPIDE

Phospholipide sind Hauptbestandteile der Zellmembranen.

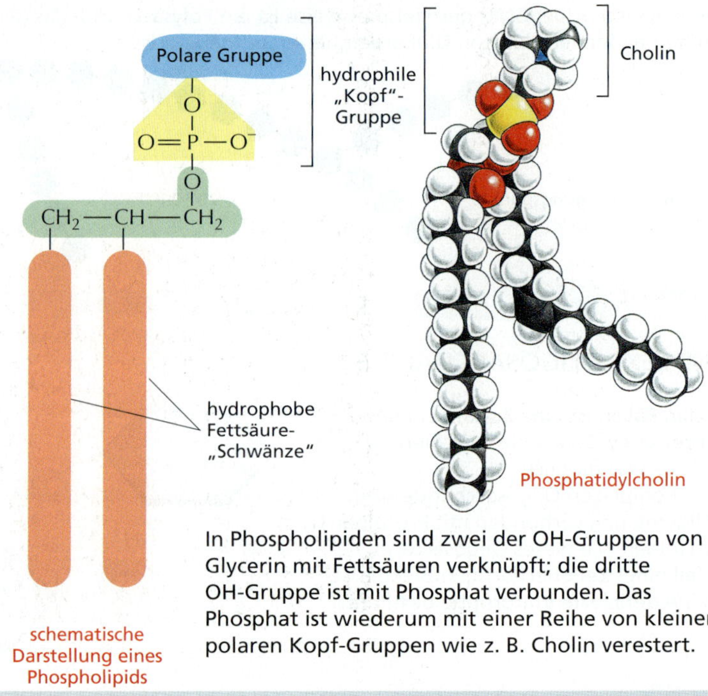

In Phospholipiden sind zwei der OH-Gruppen von Glycerin mit Fettsäuren verknüpft; die dritte OH-Gruppe ist mit Phosphat verbunden. Das Phosphat ist wiederum mit einer Reihe von kleinen polaren Kopf-Gruppen wie z. B. Cholin verestert.

Tafel 2.5 Fettsäuren und andere Lipide.

LIPID-AGGREGATE

Fettsäuren haben einen hydrophilen Kopf und einen hydrophoben Schwanz.

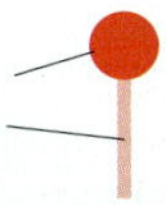

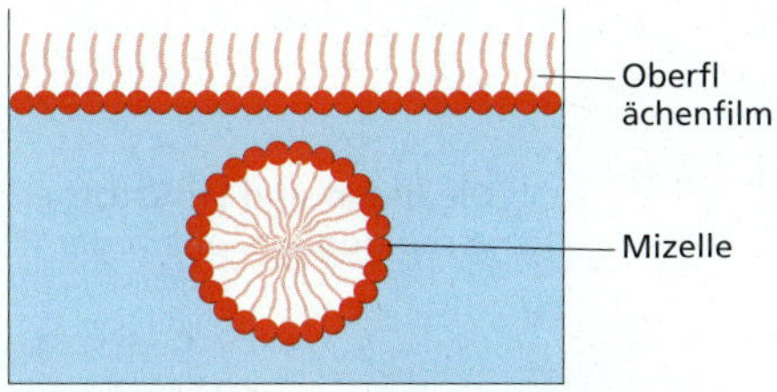

Sie können in Wasser einen Oberflächenfilm oder kleine Mizellen bilden.

Ihre Derivate können größeren Aggregate bilden, die durch hydrophobe Kräfte zusammengehalten werden.

Triacylglycerine (Triglyceride) können große kugelige Fetttröpfchen im Zell-Cytoplasma bilden.

Phospholipide und Glykolipide bilden sich selbstversiegelnde Lipid-Doppelschichten, die die Grundstruktur aller Zellmembranen sind.

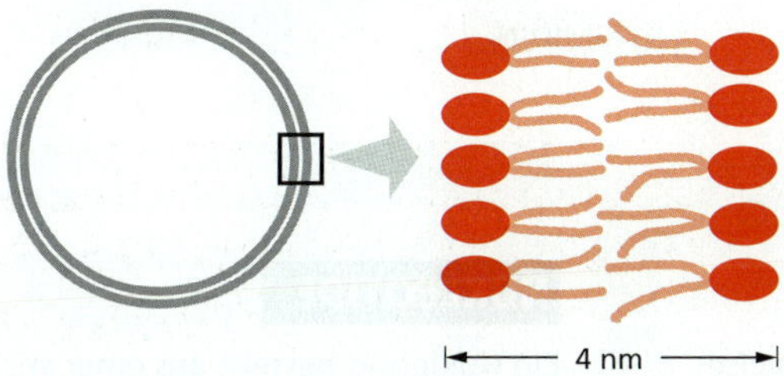

ANDERE LIPIDE

Lipide sind als die wasserunlöslichen Moleküle in Zellen definiert, die sich aber in organischen Solvenzien lösen. Zwei andere Arten von Lipiden sind die Steroide und die Polyisoprenoide. Sie beide sind aus Isopreneinheiten aufgebaut.

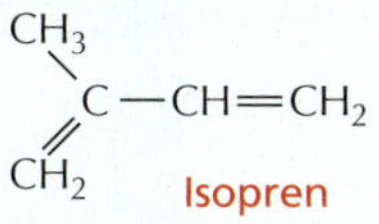

Isopren

STEROIDE

Steroide haben eine gemeinsame Mehrfachringstruktur

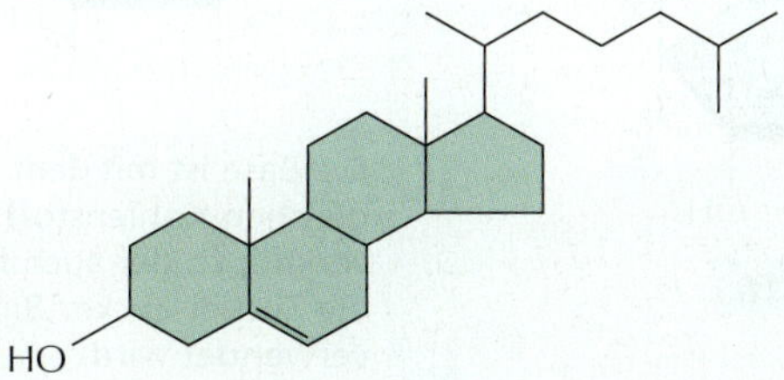

Cholesterin—kommt in vielen Membranen vor

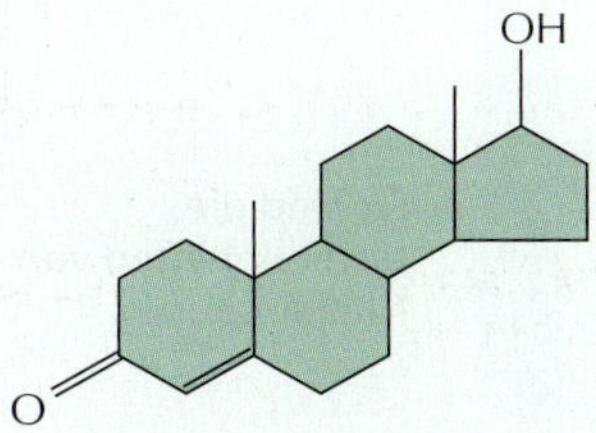

Testosteron—männliches Steroidhormon

GLYKOLIPIDE

Wie Phospholipide sind diese Verbindungen aus einer hydrophoben Region, die zwei langkettige Kohlenwasserstoff-Schwänze trägt und einer polaren Region, die allerdings hier einen oder mehrere Zuckerreste und kein Phosphat im Gegensatz zu Phospholipiden trägt, zusammengesetzt.

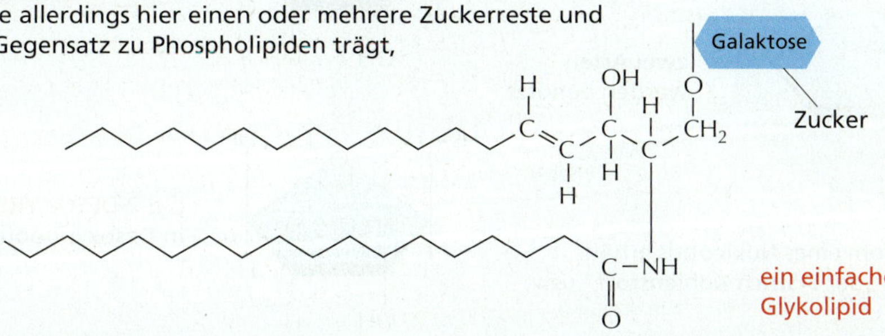

ein einfaches Glykolipid

POLYISOPRENOIDE

Langkettige Polymere von Isopren

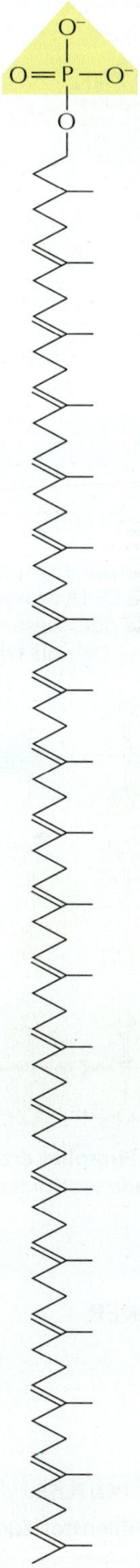

Dolicholphosphat—verwendet, um aktivierte Zucker bei der membrangebundenen Synthese von Glykoproteinen und einigen Polysacchariden zu transportieren.

BASEN

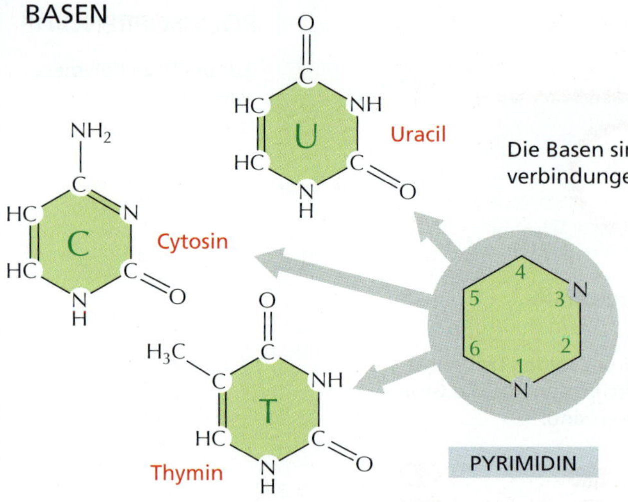

Die Basen sind Stickstoff enthaltende Ringverbindungen, entweder Purine oder Pyrimidine.

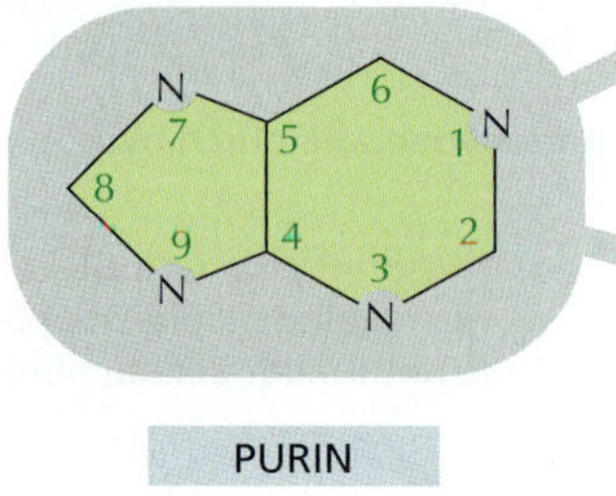

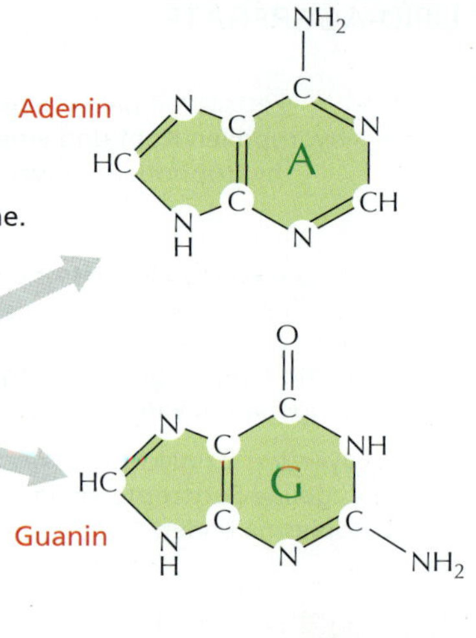

PHOSPHATE

Die Phosphatgruppen sind normalerweise an die C5-Hydroxygruppe des Zuckers Ribose oder Desoxyribose gebunden. Mono-, Di- und Triphosphate sind häufig,

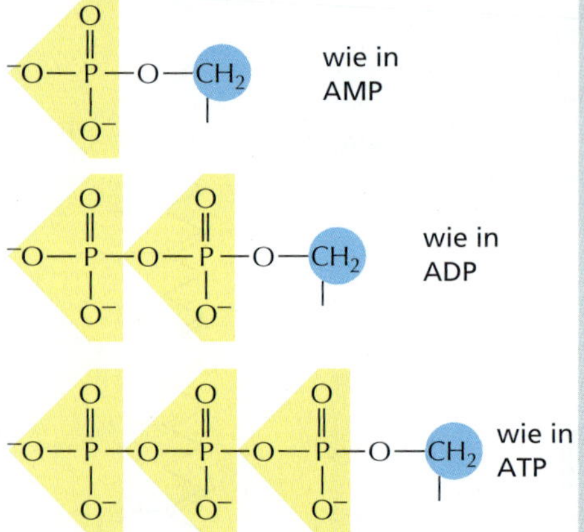

Das Phosphat erzeugt ein negativ geladenes Nukleotid.

NUKLEOTIDE

Ein Nukleotid besteht aus einer stickstoffenthaltenden Base, einem 5-Kohlenstoff-Zucker und einer oder mehreren Phosphatgruppen.

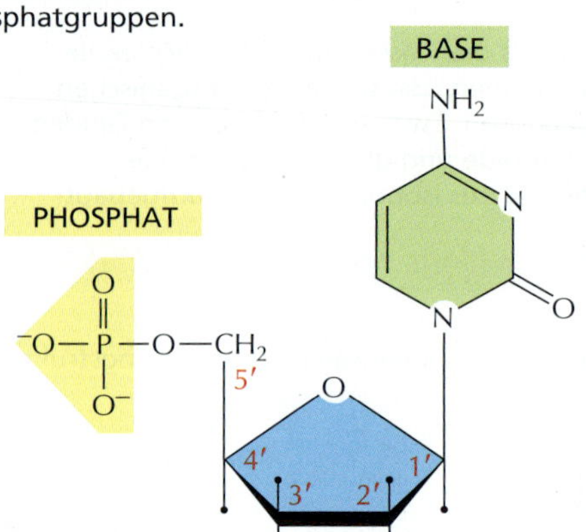

Sie sind die Untereinheiten von Nukleinsäuren.

ZUCKER

BASE-ZUCKER-VERKNÜPFUNG

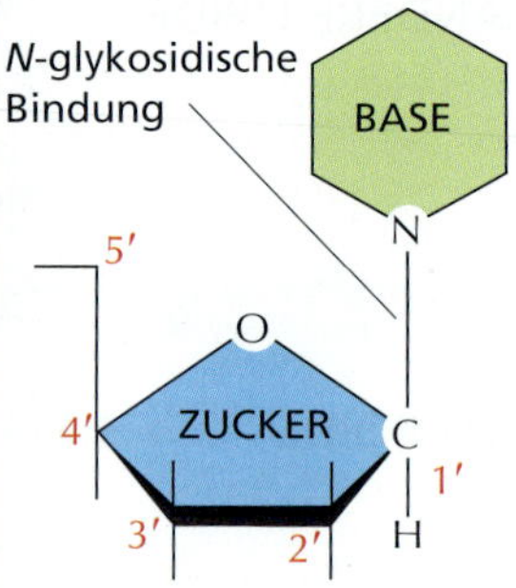

Die Base ist mit dem gleichen Kohlenstoff (C1) verknüpft, der auch für die Zucker-Zucker-Bindung verwendet wird.

ZUCKER

PENTOSE

ein 5-Kohlenstoffzucker

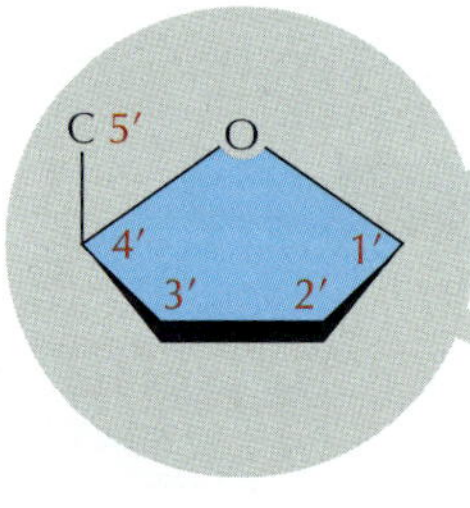

zwei Arten werden benutzt

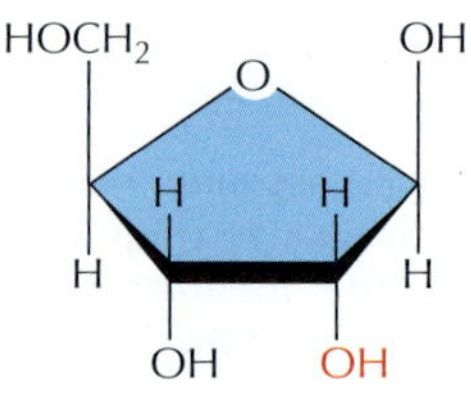

β-D-RIBOSE
in Ribonukleinsäure

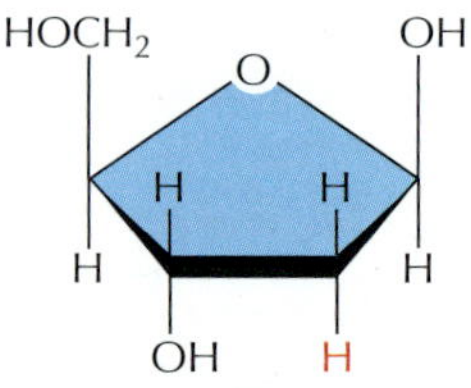

β-D-2-DESOXYRIBOSE
in Desoxyribonukleinsäure

Jedes nummerierte Kohlenstoffatom eines Nukleotids erhält einen Hochstrich; man sagt daher „der 5-Strich-Kohlenstoff" usw.

Tafel 2.6 **Eine Übersicht über die Nukleotide.**

NOMENKLATUR

Die Namen können verwirrend sein, aber die Abkürzungen sind klar:

BASE	NUKLEOSID	ABK.
Adenin	Adenosin	A
Guanin	Guanosin	G
Cytosin	Cytidin	C
Uracil	Uridin	U
Thymin	Thymidin	T

Ein Nukleosid oder Nukleotid ist entsprechend seiner stickstoffhaltigen Base bezeichnet. Die Abkürzungen mit einem Buchstaben werden verschiedentlich verwendet: (1) für die Base allein, (2) für das Nukleosid oder (3) für das ganze Nukleotid – aus dem Zusammenhang geht gewöhnlich hervor, was von den dreien gemeint ist. Wenn der Kontext nicht ausreicht, fügen wir die Begriffe „Base", „Nukleosid" oder „Nukleotid" hinzu – oder wir verwenden wie in den Beispielen unten den ganzen Dreibuchstaben-Code.

AMP = Adenosinmonophosphat
dAMP = Desoxyadenosinmonophosphat
UDP = Uridindiphosphat
ATP = Adenosintriphosphat

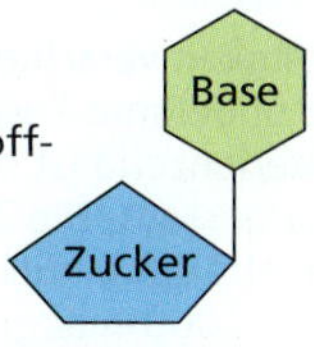

BASE + ZUCKER = NUKLEOSID

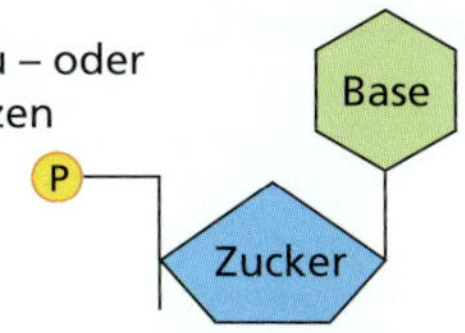

BASE + ZUCKER + PHOSPHAT = NUKLEOTID

NUKLEINSÄUREN

Nukleotide werden durch einen einzigen Typus einer Phosphodiesterbindung zwischen den 5'- und 3'-Kohlenstoffatomen zu Nukleinsäuren verknüpft. Die lineare Sequenz der Nukleotide in einer Nukleinsäurekette wird im Allgemeinen durch einen Einbuchstaben-Code abgekürzt, A—G—C—T—T—A—C—A, wobei das 5'-Ende linkerhand steht.

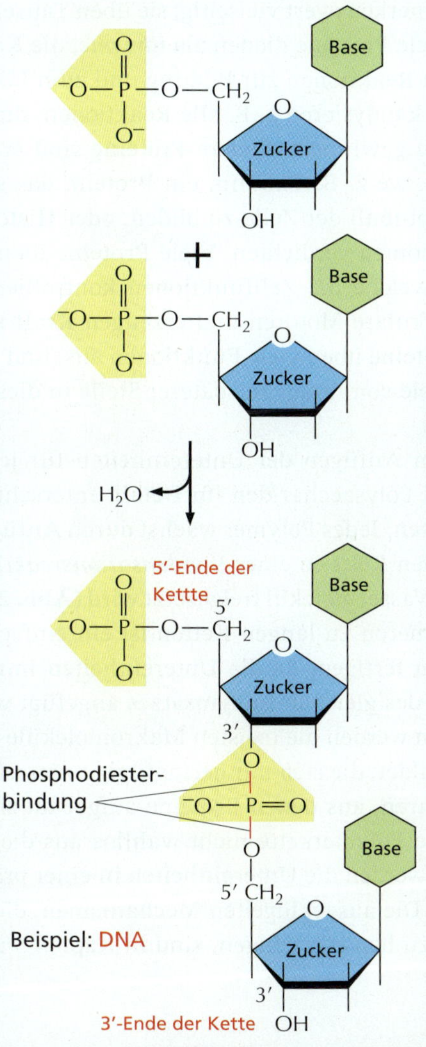

Beispiel: DNA

NUKLEOTIDE HABEN VIELE ANDERE FUNKTIONEN

1 Sie tragen chemische Energie in ihren leicht hydrolysierbaren Anhydridbindungen.

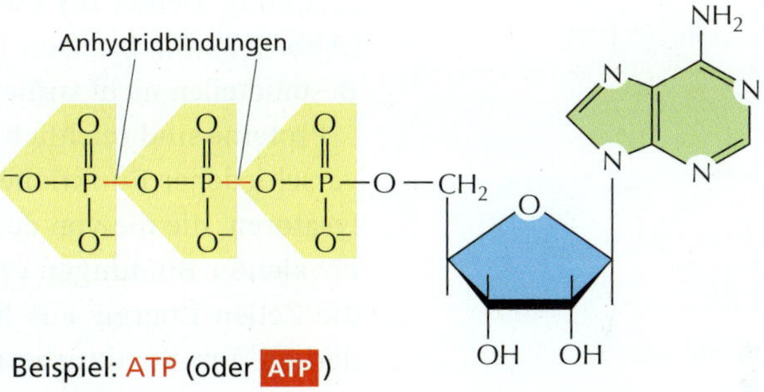

Beispiel: ATP (oder ATP)

2 Sie verbinden sich mit anderen Gruppen und bilden Coenzyme.

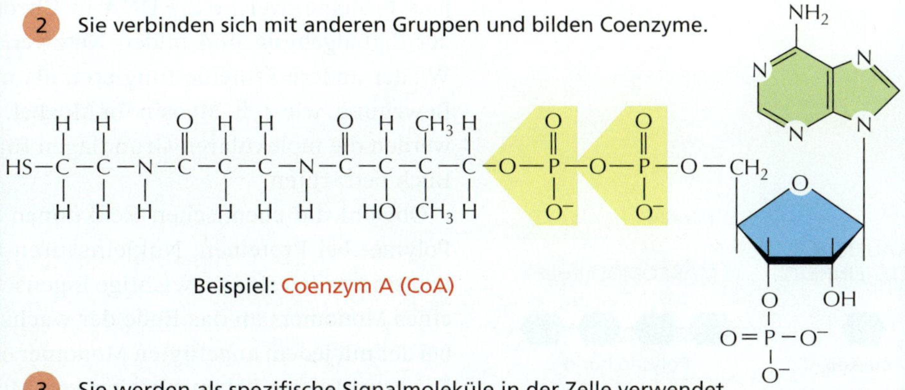

Beispiel: Coenzym A (CoA)

3 Sie werden als spezifische Signalmoleküle in der Zelle verwendet.

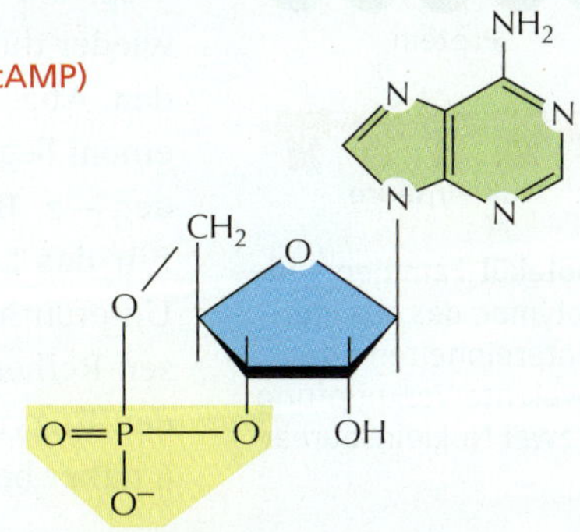

Beispiel: cyclisches AMP (cAMP)

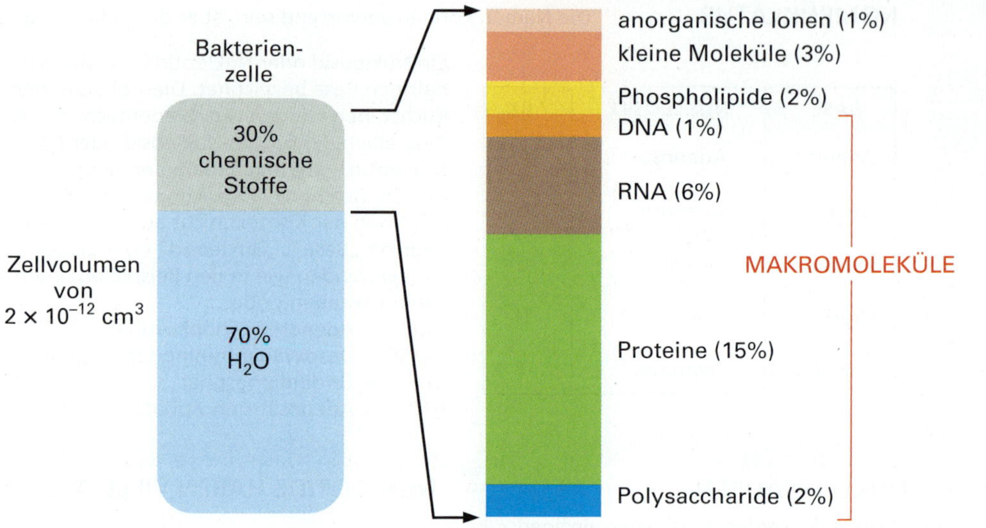

Abb. 2.7 **Die Häufigkeit verschiedener Moleküle in Zellen.** Die ungefähre Zusammensetzung einer Bakterienzelle ist hier in Bezug auf das Gewicht dargestellt. Die Zusammensetzung einer Tierzelle ist ähnlich, obgleich deren Volumen rund 1000-mal größer ist. Beachten Sie, dass Makromoleküle überwiegen. Zu den wichtigsten anorganischen Ionen zählen Na^+, K^+, Mg^{2+}, Ca^{2+} und Cl^-.

aufgebaut ist, und sie bestimmen die unverwechselbarsten Eigenschaften lebender Organismen. Die Makromoleküle in Zellen sind Polymere, die durch die kovalente Verknüpfung kleiner organischer Moleküle (sog. *Monomere*) zu langen Ketten entstehen (**Abb. 2.8**). Sie besitzen bemerkenswerte Eigenschaften, die sich aus ihren einfachen Bestandteilen nicht vorhersagen lassen.

Proteine sind reichlich vorhanden und bemerkenswert vielseitig; sie üben Tausende verschiedener Funktionen in Zellen aus. Viele Proteine dienen als *Enzyme*, die Katalysatoren, die die von den Zellen benötigten Reaktionen zur Bildung und zum Lösen kovalenter Bindungen erleichtern. Enzyme katalysieren z. B. alle Reaktionen, durch die Zellen Energie aus Nahrungsmolekülen gewinnen. Andere Proteine sind erforderlich, um Strukturbestandteile zu bilden, we z. B. Tubulin, ein Protein, das sich selbst zusammenbaut, um die langen Mikrotubuli der Zelle zu bilden, oder Histone, jene Proteine, welche die DNA in Chromosomen verdichten. Viele Proteine dienender Signalgebung und bilden Netzwerke, welche die Zellfunktionen kontrollieren. Wieder andere Proteine fungieren als molekulare Motoren und erzeugen Kraft und Bewegung, wie z. B. Myosin im Muskel. Proteine üben viele Funktionen aus, und wir werden die molekularen Grundlagen für viele von ihnen an späterer Stelle in diesem Buch betrachten.

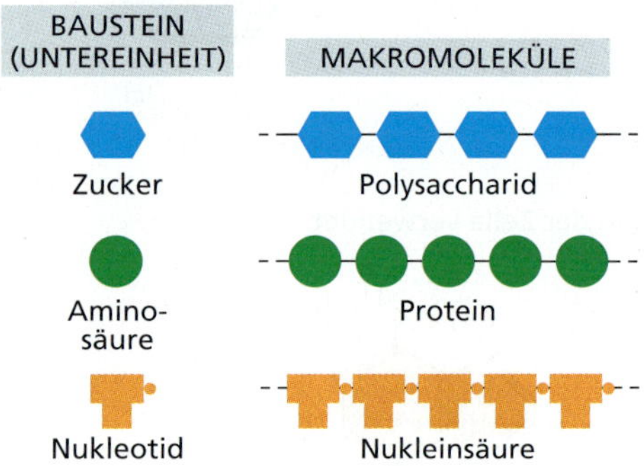

Abb. 2.8 **Drei Makromolekül-Familien.** Jedes Makromolekül ist ein Polymer, das aus kleinen Molekülen – den Untereinheiten oder Monomeren – durch kovalente Verknüpfung gebildet wurde. Es gibt zwei Nukleinsäurearten: RNA und DNA.

Obwohl die chemischen Reaktionen zum Anfügen der Untereinheiten für jedes Polymer bei Proteinen, Nukleinsäuren und Polysacchariden im Detail unterschiedlich sind, teilen sie sich wichtige Eigenschaften. Jedes Polymer wächst durch Anfügen eines Monomers an das Ende der wachsenden Kette in einer *Kondensationsreaktion*, bei der mit jedem angefügten Monomer ein Wassermolekül freigesetzt wird (**Abb. 2.9**). Die schrittweise Polymerisation von Monomeren zu langen Ketten ist ein einfacher Weg, um ein großes komplexes Molekül zu fertigen, da die Untereinheiten immer wieder durch die gleiche Reaktion mithilfe des gleichen Enzymsatzes angefügt werden. Abgesehen von einigen Polysacchariden werden die meisten Makromoleküle aus einem begrenzten Satz von Monomeren gebildet, die sich nur geringfügig unterscheiden – z. B. die 20 verschiedenen Aminosäuren, aus denen Proteine aufgebaut sind. Für das Leben ist es entscheidend, dass die Polymerkette nicht wahllos aus diesen Untereinheiten aufgebaut wird; stattdessen werden die Untereinheiten in einer präzisen Reihenfolge oder *Sequenz* hinzugefügt. Die ausgeklügelten Mechanismen, die es den Enzymen ermöglichen, diese Aufgabe zu bewerkstelligen, sind in Kapitel 5 und 6 näher beschrieben.

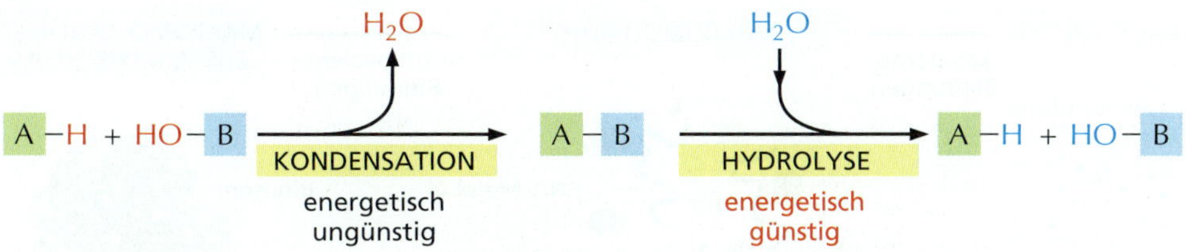

Abb. 2.9 Kondensation und Hydrolyse als entgegengesetzte Reaktionen. Die Makromoleküle der Zelle sind aus Untereinheiten (oder Monomeren) bestehende Polymere, die durch eine Kondensationsreaktion entstehen; durch Hydrolyse werden sie abgebaut. Die Kondensationsreaktionen sind allesamt energetisch ungünstig, somit ist für die Polymerbildung ein Energieeintrag erforderlich (s. Text).

2.1.7 Nichtkovalente Bindungen spezifizieren sowohl die exakte Form eines Makromoleküls als auch dessen Bindung an andere Moleküle

Die meisten kovalenten Bindungen in einem Makromolekül erlauben die Rotation der Atome, die sie verbinden, was der Polymerkette eine große Flexibilität verleiht. Grundsätzlich ermöglicht dies einem Makromolekül, eine nahezu unbegrenzte Anzahl von Formen oder *Konformationen* anzunehmen, wenn die zufällige Wärmeenergie die Polymerkette dazu veranlasst, sich zu winden und zu rotieren. Die Form der meisten biologischen Moleküle ist jedoch stark eingeschränkt. Das liegt an den vielen schwachen *nichtkovalenten Bindungen*, die sich zwischen verschiedenen Teilen desselben Moleküls ausbilden. Bilden sich diese nichtkovalenten Bindungen in ausreichender Zahl, kann die Polymerkette eine bestimmte Konformation stark bevorzugen, die durch die lineare Abfolge (Sequenz) der Monomere in ihrer Kette bestimmt ist. Die meisten der in Zellen vorkommenden Proteinmoleküle und viele der kleinen RNA-Moleküle falten sich auf diese Weise eng zu einer stark bevorzugten Konformation (**Abb. 2.10**).

Die vier Arten nichtkovalenter Bindungen, die in Biomolekülen wichtig sind, wurden bereits zuvor vorgestellt und werden in **Tafel 2.3** noch einmal erörtert. Außer der Fähigkeit, biologische Makromoleküle zu falten, können sie sich aufaddieren, um eine starke Anziehung zwischen zwei verschiedenen Molekülen zu bewirken (s. **Abb. 2.3**). Durch diese Art molekularer Wechselwirkungen wird eine große Spezifität erzeugt, besonders weil die engen Vielpunkt-Kontakte, die für eine starke Bindung nötig sind, es einem Makromolekül ermöglichen, aus den Tausenden von Molekülen in einer Zelle gerade das eine passende Molekül auszuwählen. Da die Stärke der Bindung von der Anzahl der

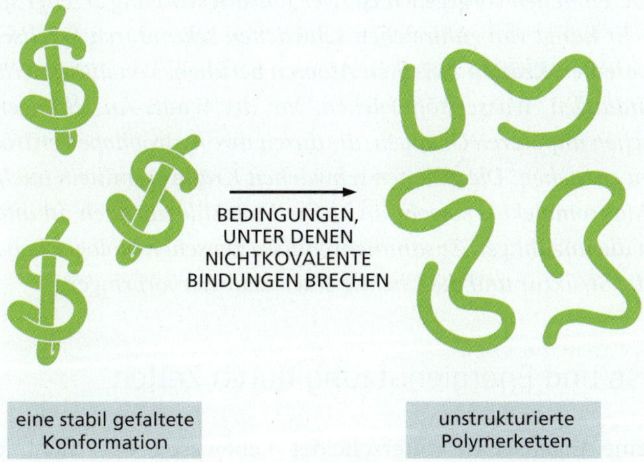

Abb. 2.10 Proteine und RNA-Moleküle falten sich zu einer stabilen dreidimensionalen Form oder Konformation. Wenn die nichtkovalenten Bindungen, die diese stabilisierte Konformation aufrechterhalten, gelöst werden, wird aus dem Molekül eine flexible Kette, die ihre biologische Aktivität verliert.

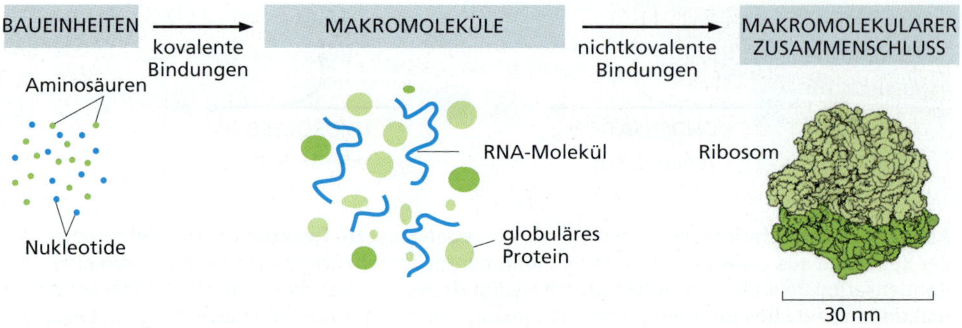

Abb. 2.11 Kleine Moleküle werden kovalent verknüpft zu Makromolekülen, die sich wiederum durch nichtkovalente Wechselwirkungen zu großen Komplexen zusammenbauen. Kleine Moleküle, Proteine und ein Ribosom, etwa im gleichen Maßstab gezeichnet. Ribosomen sind der zentrale Teil der Maschinerie, die die Zelle benutzt, um Proteine herzustellen. Jedes Ribosom besteht aus einem Komplex von ungefähr 90 verschiedenen Protein- und RNA-Makromolekülen.

ausgebildeten nichtkovalenten Bindungen abhängt, sind Wechselwirkungen nahezu jedes Affinitätsgrads möglich – es kann somit, wo immer zweckmäßig, eine rasche Dissoziation erfolgen.

Wie wir als Nächstes besprechen werden, bildet dieser Bindungstyp die Grundlage für die biologische Katalyse, die es Proteinen ermöglicht, als Enzyme zu fungieren. Außerdem erlauben nichtkovalente Wechselwirkungen die Verwendung der Makromoleküle als Bausteine zur Bildung von größeren Strukturen; dabei bilden sich komplizierte Maschinen mit vielen beweglichen Teilen, die solch komplexe Aufgaben wie die DNA-Replikation und die Proteinsynthese ausführen (**Abb. 2.11**).

Zusammenfassung

Lebende Organismen sind autonome, sich eigenständig vermehrende chemische Systeme. Sie sind aus einem speziellen und begrenzten Sortiment kleiner auf Kohlenstoff basierender Moleküle aufgebaut, die grundsätzlich bei allen Lebewesen gleich sind. Jedes dieser organischen Moleküle besteht aus einer kleinen Anzahl Atome, die miteinander in einer bestimmten Konfiguration durch kovalente Bindungen verbunden sind. Die Hauptgruppen der kleinen organischen Moleküle sind Zucker, Fettsäuren, Aminosäuren und Nukleotide.

Den Hauptteil der Trockenmasse einer Zelle bilden Proteine sowie die Nukleinsäuren RNA und DNA. Bei der Synthese der linearen Polymere dieser Makromoleküle werden die einzelnen Untereinheiten (Aminosäuren bei den Proteinen und Nukleotide bei RNA und DNA) in genauer Anordnung kovalent miteinander verknüpft. Die Proteinmoleküle und viele RNA-Moleküle falten sich zu einer einzigartigen Konformation, die durch die Sequenz der Untereinheiten vorgegeben ist. Der Faltungsvorgang erzeugt spezifische Moleküloberflächen. Er hängt von zahlreichen schwachen sekundären Wechselwirkungen ab, die auf nichtkovalenten Kräften zwischen Atomen beruhen. Von diesen Kräften gibt es vier Typen: Ionenbindungen, Wasserstoffbrücken, van der Waals-Anziehungen und Wechselwirkungen zwischen unpolaren Gruppen, die durch ihre hydrophobe Verdrängung aus dem wässrigen Milieu entstehen. Die gleichen schwachen Kräfte vermitteln auch die spezifische Bindung eines Makromoleküls sowohl an kleine Moleküle als auch an andere Makromoleküle, wodurch die unzähligen Zusammenschlüsse zwischen biologischen Molekülen entstehen, welche die Struktur und die Chemie einer Zelle hervorbringen.

2.2 Katalyse und Energienutzung durch Zellen

Insbesondere eine Eigenschaft unterscheidet Lebewesen von nicht lebender Materie: Sie schaffen und erhalten Ordnung in einem Universum, das ständig einer größeren

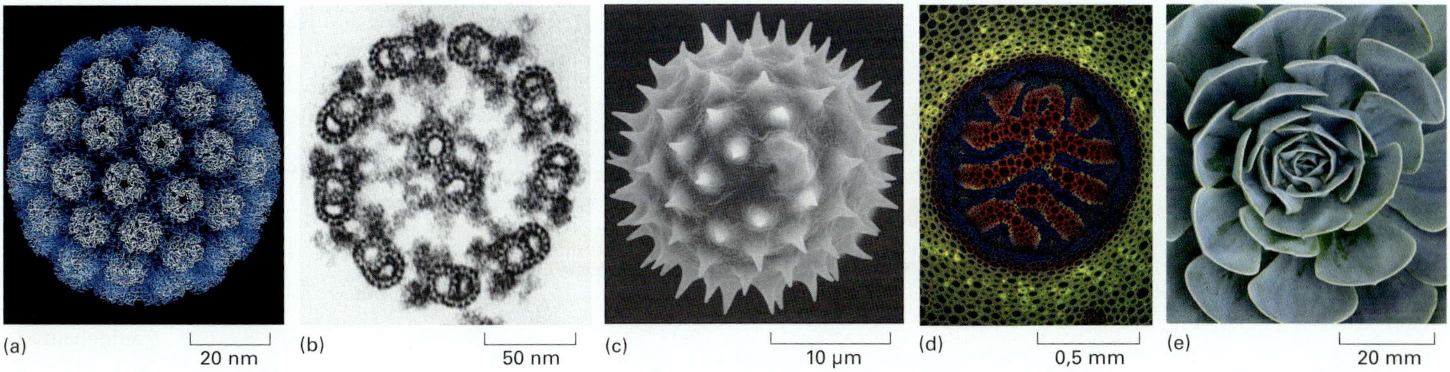

Unordnung zustrebt (**Abb. 2.12**). Um diese Ordnung zu bilden, müssen die Zellen eines lebenden Organismus ohne Unterlass chemische Reaktionen durchführen. Bei einigen dieser Reaktionen werden kleine organische Moleküle – Aminosäuren, Zucker, Nukleotide und Lipide – zerlegt oder verändert, um die vielen anderen kleinen Moleküle zur Verfügung zu stellen, die die Zelle braucht. Bei anderen Reaktionen werden die kleinen organischen Moleküle benutzt, um die enorme Vielfalt an Proteinen, Nukleinsäuren und anderen Makromolekülen zu erzeugen, die lebende Systeme mit allen ihren unverwechselbaren Eigenschaften auszeichnen. Man kann eine Zelle praktisch mit einer winzigen chemischen Fabrik vergleichen, in der in jeder Sekunde Millionen verschiedener Reaktionen stattfinden.

Abb. 2.12 **Biologische Strukturen sind hoch geordnet.** Gut definierte, ornamentale und schöne räumliche Muster findet man in Lebewesen auf jedem Organisationsniveau. Nach steigender Größe sortiert: (a) Proteinmoleküle in der Hülle eines Virus (ein Parasit, der, obwohl eigentlich nicht lebendig, die gleichen Molekülarten enthält, wie sie in lebenden Zellen vorkommen); (b) regelmäßige Anordnung der Mikrotubuli in einem Querschnitt durch einen Spermienschwanz; (c) Oberflächenkontur eines Pollenkorns (einer einzelnen Zelle); (d) Querschnitt eines Farnstängels, der die regelmäßige Anordnung der Zellen zeigt; (e) spiralige Anordnung der Blätter in einer Sukkulenten. (a, mit freundlicher Genehmigung von Robert Grant, Stéphane Crainic und James M. Hogle; b, mit freundlicher Genehmigung von Lewis Tilney; c, mit freundlicher Genehmigung von Colin MacFarlane und Chris Jeffreys; d, mit freundlicher Genehmigung von Jim Haseloff; e, mit freundlicher Genehmigung von Aron van de Selenib).

2.2.1 Der Zellstoffwechsel wird durch Enzyme organisiert

Die von einer Zelle ausgeführten chemischen Reaktionen würden normalerweise mit nennenswerter Geschwindigkeit nur bei wesentlich höheren Temperaturen ablaufen, als sie in lebenden Zellen vorkommen. Deshalb benötigt jede Reaktion eine spezifische Verstärkung ihrer chemischen Reaktivität. Dies ist eine äußerst wichtige Voraussetzung, denn sie ermöglicht, dass die Zelle ihre Chemie kontrollieren kann. Die Kontrolle geschieht durch spezielle biologische Katalysatoren. Diese sind nahezu immer Proteine, *Enzyme* genannt, obgleich es auch RNA-Katalysatoren gibt, die sogenannten *Ribozyme*. Jedes Enzym beschleunigt oder *katalysiert* nur eine der vielen möglichen Reaktionsarten, die ein bestimmtes Molekül eingehen kann. Enzymkatalysierte Reaktionen sind im Allgemeinen in Serie miteinander verbunden, sodass das Produkt der einen enzymkatalysierten Reaktion das Ausgangsmaterial oder *Substrat* der nächsten wird (**Abb. 2.13**). Diese langen linearen Reaktionsketten sind ihrerseits wiederum untereinander verbunden – auf diese Weise entsteht ein Netzwerk aus verknüpften Reaktionen, das es der Zelle ermöglicht, zu leben, zu wachsen und sich zu vermehren.

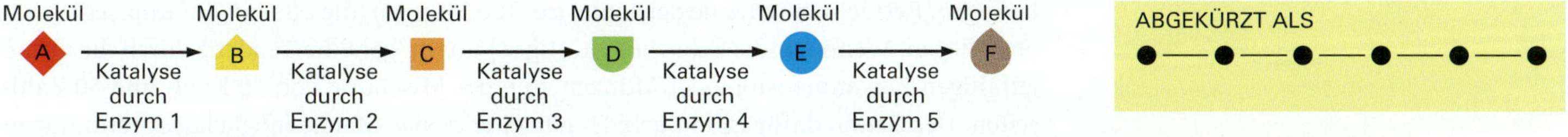

Abb. 2.13 **Wie ein Satz enzymkatalysierter Reaktionen einen Stoffwechselweg erzeugt.** Jedes Enzym katalysiert eine bestimmte chemische Reaktion, die das Enzym unverändert lässt. In diesem Beispiel wandelt ein Satz von Enzymen, die der Reihe nach arbeiten, Molekül A zu Molekül F um, sodass ein Stoffwechselweg entsteht. (**Abb. 2.62** zeigt ein Diagramm mit vielen Reaktionen in einer menschlichen Zelle, abgekürzt wie gezeigt).

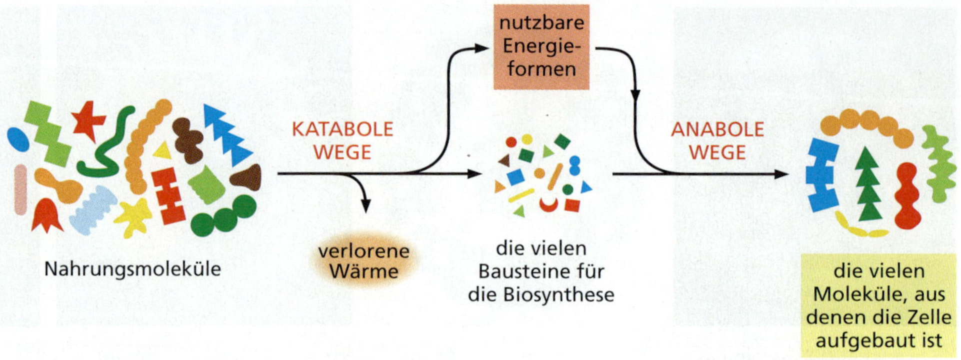

Abb. 2.14 Schematische Darstellung des Zusammenhangs von Abbau- und Aufbauwegen im Stoffwechsel. Der Abbau (Katabolismus) erzeugt sowohl die für die Biosynthese erforderlichen Bausteine als auch die Energie. Wie in diesem Schema angedeutet, geht ein Großteil der Energie, die in den chemischen Bindungen der Nahrungsmoleküle steckt, als Wärme verloren. Außerdem ist die Menge an Nahrung, die ein Organismus benötigt, der all seine Energie durch Katabolismus erhält, viel größer als die Molekülmenge, die er durch anabole Wege herstellen kann.

In Zellen laufen zwei gegensinnige Ströme chemischer Umsetzungen ab:

(1) Die *katabolen* (Abbau-)Wege bauen Nahrungsstoffe zu kleinen Molekülen ab und erzeugen dabei sowohl eine für die Zelle verwertbare Energieform als auch einige der kleinen Moleküle, die sie als Bausteine benötigt.

(2) Die *anabolen* oder *Biosynthese-* (Aufbau-)Wege nutzen die kleinen Moleküle und die beim Katabolismus gebundene Energie, um die Synthese der vielen anderen Moleküle anzutreiben, die eine Zelle ausmachen. Zusammen stellen diese beiden Reaktionsgeschehen den **Metabolismus** (Stoffwechsel) der Zelle dar (**Abb. 2.14**).

Die Einzelheiten des Zellstoffwechsels sind das traditionelle Untersuchungsgebiet der *Biochemie* und brauchen uns hier nicht unmittelbar zu interessieren. Aber die allgemeinen Prinzipien, durch die Zellen ihre Energie aus der Umgebung gewinnen und sie nutzen, um Ordnung zu schaffen, stehen im Zentrum der Zellbiologie. Wir beginnen deshalb mit der Besprechung der Frage, weshalb eine dauernde Energiezufuhr nötig ist, um Organismen am Leben zu erhalten.

2.2.2 Biologische Ordnung wird durch Freisetzen von Wärmeenergie aus Zellen möglich

Der allgemeine Hang der Dinge, ihre Ordnung zu verlieren, ist ein Grundgesetz der Physik, der *Zweite Hauptsatz der Thermodynamik*. Er besagt, dass im Universum oder in irgendeinem abgeschlossenen System – also einer Ansammlung von Materie, die vollständig vom Rest der Welt isoliert ist – der Grad der Unordnung insgesamt nur ansteigen kann. Dieses Gesetz hat so tiefgreifende Folgen für das Leben, dass es sich lohnt, es auf verschiedene Weisen anschaulich darzustellen.

Wir können den Zweiten Hauptsatz in Begriffen der Wahrscheinlichkeit ausdrücken und feststellen, dass sich Systeme spontan in die Richtung der größten Wahrscheinlichkeit bewegen. Betrachten wir eine Schachtel mit 100 Münzen, die alle mit der Kopfseite nach oben liegen. Wenn wir die Schachtel kräftig schütteln, geht die Tendenz durch die vielen zufälligen Zusammenstöße der Münzen zu einer Mischung von 50 Kopf- und 50 Zahlseiten. Der Grund dafür ist einfach: Es gibt eine riesige Menge möglicher Anordnungen der einzelnen Münzen in der Mischung, die zu einem 50:50-Ergebnis führen, aber nur eine einzige, bei der alle Münzen mit dem Kopf nach oben liegen. Die 50:50-Mischung ist somit die wahrscheinlichste und gleichzeitig die am wenigsten geordnete Mischung.

Abb. 2.15 Ein alltägliches Erlebnis des spontanen Hangs zur Unordnung. Um diese Tendenz umzukehren, braucht es Willensanstrengung und Energiezufuhr – Ordnung kommt nicht von selbst. Nach dem Zweiten Hauptsatz der Thermodynamik können wir sogar sicher sein, dass ein Mensch beim Aufräumen mehr Energie in Form von Wärme an die Umgebung abgibt, als er Energie für die Wiederherstellung des Status quo in diesem Zimmer aufwendet.

Der gleiche Grund steckt auch hinter einer ganz alltäglichen Erfahrung: Ohne Aufräumarbeiten wird unsere Wohnung immer unordentlicher. Der Hang zur Unordnung ist ein von selbst ablaufender *spontaner Vorgang*, der immer wieder Anstrengung erfordert, um ihn umzukehren (Abb. 2.15).

Das Maß an Unordnung in einem System lässt sich quantifizieren und als die **Entropie** des Systems ausdrücken: Je größer die Unordnung ist, desto größer ist die Entropie. Daher besteht die dritte Möglichkeit zur Formulierung des Zweiten Hauptsatzes der Thermodynamik darin, zu sagen, dass sich geschlossene Systeme spontan der Anordnung größter Entropie zuwenden (griech.: *entrépein* = zuwenden).

Lebende Zellen erzeugen durch ihr Überleben, Wachsen und Ausbilden komplexer Organismen Ordnung und scheinen dadurch den Zweiten Hauptsatz der Thermodynamik zu widerlegen. Wie ist das möglich? Die Antwort ist, dass eine Zelle eben kein abgeschlossenes System ist, sondern Energie aus ihrer Umgebung in Form von chemischen Bindungen in der Nahrung oder Photonen von der Sonne (oder selbst aus anorganischen Molekülen wie bei einigen chemosynthetisierenden Bakterien) aufnimmt und diese Energie dann benutzt, um in sich selbst Ordnung zu schaffen. Während der chemischen Reaktionen, die Ordnung erzeugen, wird ein Teil der von der Zelle aufgenommenen Energie in Wärme umgewandelt. Diese Wärme wird in die Umwelt abgegeben und erhöht dadurch die Unordnung der Umgebung, sodass die Gesamtentropie – also die Entropie der Zelle plus ihrer Umgebung – steigt, wie es der Zweite Hauptsatz der Thermodynamik fordert.

Um die Prinzipien zu verstehen, die diese Energieumwandlungen bestimmen, kann man sich eine Zelle vorstellen, die in einem Ozean von Materie schwimmt, der den Rest des Universums verkörpert. Während die Zelle lebt und wächst, schafft sie innere Ordnung; nach außen gibt sie jedoch ständig Wärme ab, während sie Moleküle synthetisiert und zu Zellstrukturen zusammenbaut. Wärme ist Energie in ihrer unordentlichsten Form – der zufälligen thermischen Molekülbewegung. Wenn die Zelle Wärme in das Materiemeer entlässt, erhöht sie darin die Stärke der thermischen Molekülbewegungen und somit die Zufälligkeit und die Unordnung. Der Zweite Hauptsatz der Thermodynamik ist erfüllt, denn der Ordnungsanstieg im Inneren der Zelle wird durch die

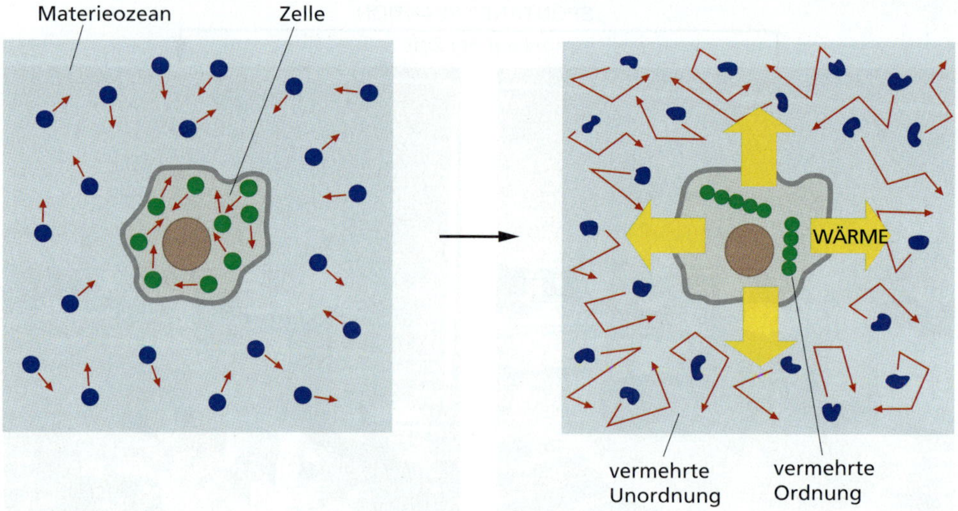

Abb. 2.16 Eine einfache thermodynamische Analyse einer lebenden Zelle. Im linken Diagramm sind die Moleküle innerhalb der Zelle und im umgebenden Rest des Universums (dem „Materieozean") in einem verhältnismäßig ungeordneten Zustand dargestellt. Im Diagramm rechts hat die Zelle aus der Umwelt Energie in Form von Nahrungsmolekülen aufgenommen und durch Reaktionen, die die Moleküle im Zellinhalt ordnen, Wärme erzeugt. Diese Wärme gibt sie an ihre Umgebung ab und steigert dadurch die Unordnung um die Zelle herum (hier dargestellt durch die *gezackten Pfeile* und die *verformten Moleküle* – sie deuten die infolge der Wärmezufuhr vermehrten Molekülbewegungen an). Wenn genug Wärme freigesetzt wird, ist als Ergebnis der Zweite Hauptsatz der Thermodynamik, der eine stetige Zunahme der Unordnung im Universum fordert, somit erfüllt, wenn die Zelle wächst und sich vermehrt. Eine detaillierte Übersicht befindet sich auf Tafel 2.7.

Ordnungsabnahme (= Entropiezunahme) im umgebenden Materieozean mehr als ausgeglichen (Abb. 2.16).

Woher kommt die Wärme, die die Zelle abgibt? Hier müssen wir uns an ein anderes wichtiges Gesetz der Physik, den *Ersten Hauptsatz der Thermodynamik*, erinnern. Dieser sagt aus, dass Energie zwar von einer Form in eine andere umgewandelt, aber weder erzeugt noch zerstört werden kann. In Abb. 2.17 sind einige gegenseitige Umwandlungen zwischen den verschiedenen Energieformen illustriert. Die relativen Mengen der verschiedenen Energieformen können sich infolge der chemischen Reaktionen in der Zelle ändern, aber der Erste Hauptsatz sagt uns, dass die Gesamtmenge an Energie immer unverändert bleiben muss. Beispielsweise nimmt eine Tierzelle Nahrungsstoffe auf und verwandelt einen Teil der Energie, die in den chemischen Bindungen zwischen den Atomen dieser Nahrungsmoleküle steckt (chemische Bindungsenergie), in die zufällige thermische Bewegung von Molekülen (Wärmeenergie) – es ist jene Energie, die unseren Körper warm hält.

Die Zelle kann mit der von ihr freigesetzten Wärmeenergie nichts anfangen, es sei denn, die Wärme erzeugenden Reaktionen im Zellinneren sind unmittelbar an Vorgänge gekoppelt, die molekulare Ordnung schaffen. Es ist diese strikte *Koppelung* der Wärmebildung an eine Zunahme von Ordnung, die den Stoffwechsel einer Zelle von dem verlustreichen Verbrennen von Brennmaterial in einem Feuer unterscheidet. An späterer Stelle werden wir zeigen, wie diese Koppelung stattfindet – für jetzt reicht es aus, die entscheidende Tatsache zu erkennen, dass die unmittelbare Verknüpfung zwischen dem „kontrollierten Verbrennen" von Nahrungsmolekülen und der Schaffung biologischer Ordnung notwendig ist, wenn Zellen in der Lage sein sollen, in einem dem Chaos zustrebenden Universum Inseln der Ordnung zu schaffen und zu erhalten.

2.2.3 Zellen gewinnen Energie durch die Oxidation organischer Moleküle

Alle Tier- und Pflanzenzellen erhalten ihre Arbeitskraft aus der Energie, die in den chemischen Bindungen organischer Moleküle gespeichert ist – seien es Zucker, die eine Pflanze als Eigennahrung photosynthetisiert hat, oder die Mischung von großen und kleinen Molekülen, die ein Tier gefressen hat. Um diese Energie zum Leben, Wachsen und Vermehren nutzen zu können, müssen Organismen sie in eine verwertbare Form umwandeln. Sowohl Pflanzen als auch Tiere gewinnen ihre Energie aus den Nahrungsmolekülen über einen Vorgang der stufenweisen Oxidation – also einer kontrollierten Verbrennung.

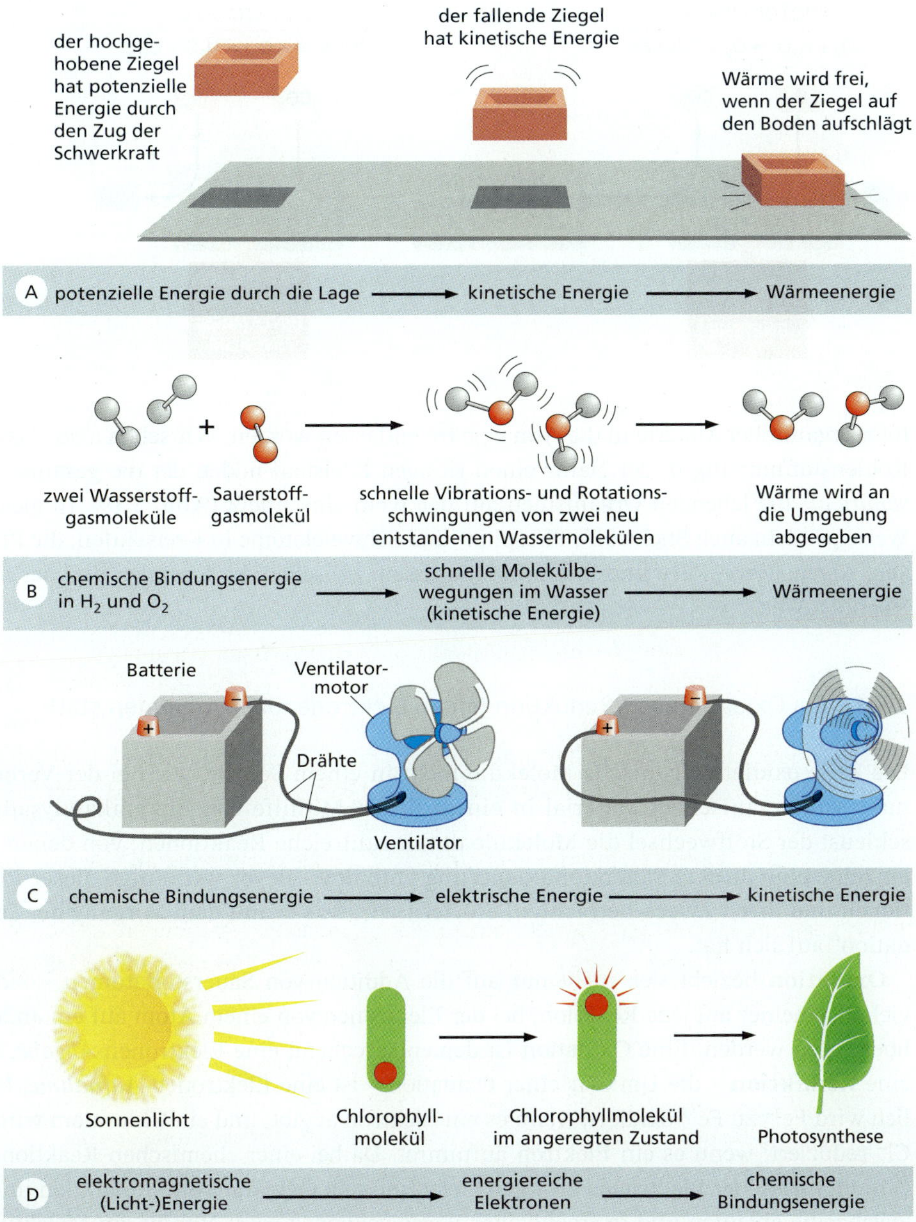

Abb. 2.17 Einige Umwandlungen zwischen verschiedenen Energieformen. (a) Aus der Höhe und dem Gewicht des Ziegels lässt sich genau vorhersagen, wie viel Wärme freigesetzt wird, wenn der Ziegel auf den Boden aufschlägt. (b) Die große Menge chemischer Bindungsenergie, die bei der Bildung von Wasser aus den H_2 und O_2 (durch die Knallgasreaktion) frei wird, wird zunächst in eine sehr schnelle Wärmebewegung der beiden neu entstandenen Wassermoleküle umgewandelt. Zusammenstöße mit anderen Molekülen verteilen diese kinetische Energiedurch Wärmeübertragung jedoch fast sofort gleichmäßig in der ganzen Umgebung, sodass die neu gebildeten H_2O-Moleküle ununterscheidbar von all den übrigen werden. (c) Durch später näher beschriebene gekoppelte Vorgänge können Zellen die chemische Bindungsenergie in kinetische Energie umwandeln, um beispielsweise molekulare Motorproteine anzutreiben; dies geschieht jedoch ohne die Zwischen-Umwandlung chemischer Energie in elektrische Energie, die ein menschengemachter Apparatur wie dieser Ventilator, benötigt. (d) Manche Zellen können auch Sonnenlicht einfangen, um mittels Photosynthese chemische Bindungen zu knüpfen.

Die Atmosphäre der Erde enthält einen erheblichen Anteil Sauerstoff, und in Anwesenheit von Sauerstoff ist die energetisch stabilste Form von Kohlenstoff das CO_2 und von Wasserstoff das H_2O. Daher kann eine Zelle Energie aus Zuckern oder anderen organischen Molekülen gewinnen, indem sie die darin enthaltenen Kohlenstoff- und Wasserstoffatome mit Sauerstoff vereinigt, sodass CO_2 und H_2O entstehen. Diesen Vorgang nennt man **aerobe Atmung (Respiration)**.

Photosynthese (ausführlich in Kapitel 14 erörtert) und Atmung sind gegenläufige Prozesse (**Abb. 2.18**), und die Transaktionen zwischen Pflanzen und Tieren finden folglich nicht in einer Richtung statt. Pflanzen, Tiere und Mikroorganismen haben so lange zusammen auf unserem Planeten gelebt, dass manche von ihnen für andere ein notwendiger Bestandteil der Umwelt geworden sind: Der bei der Photosynthese freigesetzte Sauerstoff wird für die Verbrennung organischer Moleküle während der aeroben Atmung verwendet – und einige der CO_2-Moleküle, die heute in einem grünen Blatt durch Photosynthese zu organischen Molekülen fixiert werden, sind gestern bei der Atmung eines Tieres oder bei der Atmung von Pilzen oder Bakterien während der Verarbeitung von

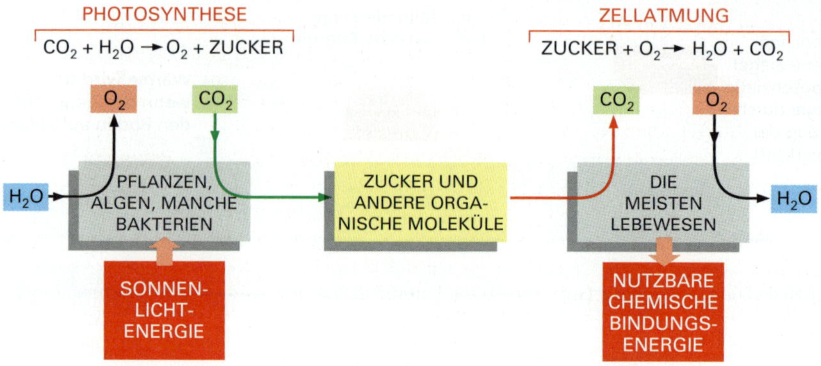

Abb. 2.18 Photosynthese und Atmung als Komplementärvorgänge in der belebten Welt. Die Photosynthese wandelt die elektromagnetische Energie des Sonnenlichts in chemische Bindungsenergie in Zuckern und weiteren organischen Molekülen um. Pflanzen, Algen und Cyanobakterien erhalten die Kohlenstoffatome, die sie dazu benötigen, aus atmosphärischem CO_2 und den Wasserstoff aus Wasser, dabei setzen sie als Nebenprodukt O_2 frei. Die bei der Photosynthese gebildeten organischen Moleküle dienen wiederum als Nahrung für andere Organismen. Viele dieser Organismen führen die aerobe Atmung aus – dabei wird O_2 benutzt, um die gleichen Kohlenstoffatome, die bei der Photosynthese in Zucker umgewandelt wurden, wieder zurück in CO_2 umzuwandeln. Dieser Vorgang liefert den atmenden Organismen die chemische Bindungsenergie, die sie zum Überleben benötigen. Die ersten Zellen auf der Erde waren vermutlich weder zur Photosynthese noch zur Atmung fähig, wie in Kapitel 14 näher erläutert wird. Die Photosynthese muss auf der Erde jedoch vor der Atmung entstanden sein, denn es gibt überzeugende Hinweise, dass Milliarden Jahre von Photosynthese nötig waren, bis sich eine ausreichende Menge von O_2 in der Atmosphäre anreichern konnte, um Atmung zu ermöglichen. Die heutige Erdatmosphäre enthält 21 % O_2.

toter organischer Materie in die Atmosphäre entlassen worden. Wir sehen also, dass die Kohlenstoffnutzung in der Natur einen riesigen Kreislauf bildet, der die gesamte *Biosphäre* (= alle lebenden Organismen auf der Welt) einschließt (**Abb. 2.19**). In gleicher Weise pendeln auch Stickstoff-, Phosphor- und Schwefelatome in Kreisläufen, die Pflanzen, Algen, Tiere, Pilze und Bakterien umfassen, zwischen der lebenden und der nicht lebenden Welt.

2.2.4 Bei Oxidation und Reduktion finden Elektronenübertragungen statt

Die Zelle oxidiert organische Moleküle nicht in einem Schritt, wie bei der Verbrennung von organischem Material in einem Feuer. Mithilfe von Enzymkatalysatoren schleust der Stoffwechsel die Moleküle durch zahlreiche Reaktionen, von denen nur einzelne eine direkte Sauerstoffanlagerung enthalten. Bevor wir einige dieser Reaktionen und ihren Zweck betrachten, erörtern wir, was es mit dem Vorgang der „Oxidation" auf sich hat.

Oxidation bezieht sich nicht nur auf die Addition von Sauerstoffatomen, sondern viel allgemeiner auf jede Reaktion, bei der Elektronen von einem Atom auf ein anderes übertragen werden. Eine Oxidation ist dementsprechend eine Elektronen-*Abgabe*, und eine **Reduktion** – die Umkehr einer Oxidation – ist eine Elektronen-*Aufnahme*. Folglich wird Fe^{2+} zu Fe^{3+} oxidiert, wenn es ein Elektron abgibt, und ein Chloratom wird zu Cl^- reduziert, wenn es ein Elektron aufnimmt. Da bei einer chemischen Reaktion die Gesamtanzahl der Elektronen erhalten bleibt, müssen Oxidation und Reduktion immer gleichzeitig ablaufen und in irgendeiner Weise gekoppelt sein: Nimmt ein Molekül bei einer Reduktion ein Elektron auf, muss ein anderes Molekül das Elektron bei einer Oxidation abgeben. Wenn beispielsweise ein Zuckermolekül zu CO_2 und H_2O oxidiert wird,

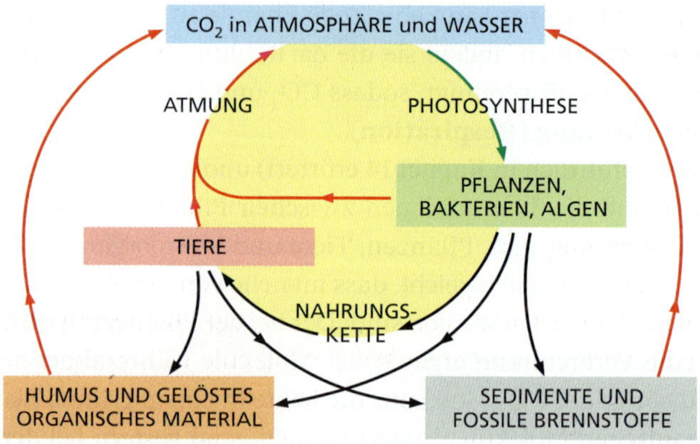

Abb. 2.19 Wie Kohlenstoffatome in der Biosphäre zirkulieren. Einzelne Kohlenstoffatome werden durch die Photosynthesetätigkeit von Bakterien, Algen und Pflanzen in die organischen Biomoleküle der belebten Welt eingebaut. Sie gelangen in Tiere, Mikroorganismen und organisches Material im Erdboden und Wasser in zyklischen Abläufen. CO_2 wird an die Atmosphäre zurückgegeben, wenn die organischen Moleküle von Zellen während der Atmung oxidiert oder von Menschen als fossile Brennstoffe verfeuert werden. In diesem Diagramm kennzeichnet der *grüne* Pfeil die Aufnahme von CO_2, der *rote* Pfeil hingegen die CO_2-Freisetzung. Wie in Kapitel 1 erwähnt, enthält die gesamte Biomasse der Erde schätzungsweise ca. 550 Gigatonnen (10^{15} Gramm) Kohlenstoff (GT C), wovon 450 Gt C Pflanzen sind, 70 Gt C Bakterien, 7 Gt C Archaeen und 2 Gt C Tiere (s. **Abb. 1.14**).

Abb. 2.20 Oxidation und Reduktion. (a) Wenn zwei Atome eine *polare* kovalente Bindung eingehen, nennt man das Atom, das den größeren Anteil der Elektronen erhält, reduziert, während das andere Atom mit dem geringeren Anteil als oxidiert bezeichnet wird. Das reduzierte Atom hat eine negative Teilladung (δ^-), da die positive Ladung des Atomkerns durch die Gesamtladung der ihn umgebenden Elektronen jetzt mehr als ausgeglichen ist. Das oxidierte Atom besitzt dementsprechend eine positive Teilladung (δ^+). (b) Das einzelne Kohlenstoffatom von Methan (CH_4) kann über den schrittweisen Ersatz seiner kovalent gebundenen Wasserstoffatome durch Sauerstoffatome zu dem einzelnen Kohlenstoffatom von Kohlenstoffdioxid (CO_2) umgewandelt werden. Bei jedem Schritt werden Elektronen vom Kohlenstoffatom weggeschoben (angedeutet durch die sich ändernde Stärke der *blauen* Schattierung), und das Kohlenstoffatom wird zunehmend positiver (symbolisiert durch die steigende Farbintensität des *roten* Pfeils). Jeder dieser Schritte ist unter den Bedingungen, die innerhalb einer Zelle herrschen, energetisch günstig.

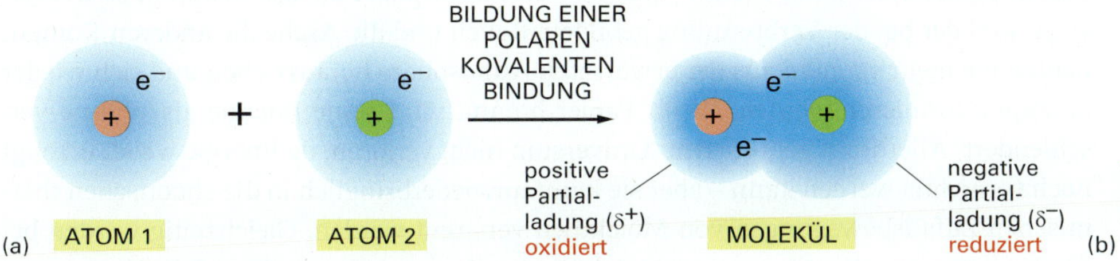

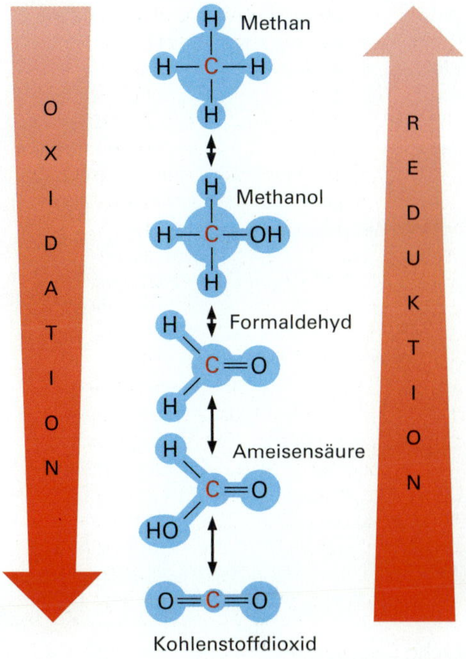

müssen die O_2-Moleküle, die an der Bildung von H_2O beteiligt sind, Elektronen aufnehmen und werden reduziert.

Warum bezeichnet man die Aufnahme von Elektronen als „Reduktion"? Der Begriff entstand, bevor irgendetwas über die Wanderung von Elektronen bekannt war. Ursprünglich beinhalteten Reduktionsreaktionen die Freisetzung von Sauerstoff – beispielsweise, wenn Metalle durch Erhitzen von Erzen gewonnen wurden – wodurch die Proben leichter wurden; mit anderen Worten ihre Masse „reduziert" wurde.

Es ist wichtig zu wissen, dass die Begriffe „Oxidation" und „Reduktion" auch gelten, wenn Elektronen zwischen Atomen, die durch eine kovalente Bindung verknüpft sind, nur teilweise verschoben werden (**Abb. 2.20**). Bindet ein Kohlenstoffatom kovalent an ein Atom mit einer starken Affinität für Elektronen, wie Sauerstoff, Chlor oder Schwefel, gibt es etwas mehr als die exakte Hälfte der gemeinsamen Elektronen ab und bildet eine *polare kovalente Bindung*. Weil die positive Ladung des Kohlenstoffkerns nun etwas größer ist als die negative Ladung seiner Elektronen, erhält das Atom eine partiell positive Ladung – es ist also oxidiert. Umgekehrt hat ein Kohlenstoffatom in einer C–H-Bindung etwas mehr als die exakte Hälfte der Bindungselektronen – es ist also reduziert (**Abb. 2.20b**).

Wenn ein Molekül in der Zelle ein Elektron (e^-) aufnimmt, nimmt es oft zugleich ein Proton (H^+) auf, denn in wässrigem Milieu sind Protonen frei verfügbar. In diesem Fall ist das Endergebnis die Addition eines Wasserstoffatoms (H^+/e^-) an das Akzeptormolekül (A):

$$A + e^- + H^+ \rightarrow AH$$

Obwohl an einer solchen *Hydrogenierung* ein Elektron plus ein Proton beteiligt sind statt nur einem Elektron, ist diese Reaktion trotzdem eine Reduktion – und ihr Gegenteil, die *Dehydrogenierung*, ist eine Oxidation. Man kann sehr einfach erkennen, ob ein organisches Molekül oxidiert oder reduziert wird: Eine Reduktion erfolgt, wenn die Anzahl der C–H-Bindungen größer wird, und eine Oxidation, wenn die Anzahl der C–H-Bindungen kleiner wird (**Abb. 2.20b**).

Zellen verwenden Enzyme, um die Oxidation von organischen Molekülen in kleinen Schritten über hintereinandergeschaltete Reaktionen zu katalysieren, die es möglich machen, die Nutzenergie zu ernten. Wir wenden uns nun dem Thema zu, wie Enzyme arbeiten, und lernen einige der Zwänge kennen, unter denen sie tätig sind.

2.2.5 Enzyme erniedrigen die Aktivierungsenergiebarrieren, die chemische Reaktionen überspringen müssen

Betrachten wir die Reaktion

$$\text{Papier} + O_2 \rightarrow \text{Rauch} + \text{Asche} + \text{Wärme} + CO_2 + H_2O$$

Papier brennt leicht und gibt dabei sowohl Energie in Form von Wärme als auch Wasser und Kohlenstoffdioxid in Form von Gas an die Atmosphäre ab. Die Reaktion ist irreversibel, weil der bei der Verbrennung gebildete Rauch und die Asche die anderen Komponenten nie mehr spontan aus der erwärmten Atmosphäre herausziehen und sich wieder zu Papier formieren werden. Wenn Papier brennt, wird seine Energie als Wärme verschleudert. Allerdings geht sie dem Universum nicht verloren, da Energie weder erzeugt noch vernichtet werden kann – aber sie kann unwiederbringlich in die chaotischen thermischen Zufallsbewegungen von Molekülen verstreut werden. Gleichzeitig werden bei der Verbrennung die Atome und Moleküle des Papiers umverteilt und in Unordnung gebracht. In der Sprache der Thermodynamik ist ein Verlust von *Freier Energie* eingetreten – das ist Energie, die genutzt werden kann, um Arbeit zu verrichten oder chemische Reaktionen anzutreiben. Dieser Verlust spiegelt die Abnahme der Ordnung wider, in der die Energie und die Moleküle im intakten Papier vorlagen.

Wir werden die Freie Energie gleich genauer betrachten, aber das allgemeine Prinzip ist schon intuitiv klar: Chemische Reaktionen laufen spontan nur in der Richtung ab, die zu einem Verlust von Freier Energie führt. Mit anderen Worten: Jede Handlung und Reaktion verläuft spontan in Richtung „bergab", dem Entropiegewinn zu. Eine solche „Bergab"-Reaktion bezeichnet man als *„energetisch günstig"*.

Obwohl die energetisch günstigste Form von Kohlenstoff unter normalen Bedingungen in CO_2 vorliegt und die von Wasserstoff in H_2O, verschwindet ein Lebewesen nicht spontan in einem Rauchwölkchen, und ein Buch fängt auch nicht von alleine Feuer. Das kommt daher, dass die Moleküle in einem Lebewesen oder Buch in einem verhältnismäßig stabilen Zustand vorliegen und aus diesem Zustand ohne Energiezufuhr nicht in einen Zustand niederer Energie gebracht werden können. Anders ausgedrückt: Ein Molekül braucht **Aktivierungsenergie** – sozusagen einen Schubs über die Energiehürde – bevor es in eine chemische Reaktion eintreten kann, die es in einem stabileren Zustand hinterlässt (**Abb. 2.21**). Beim brennenden Buch stellt die

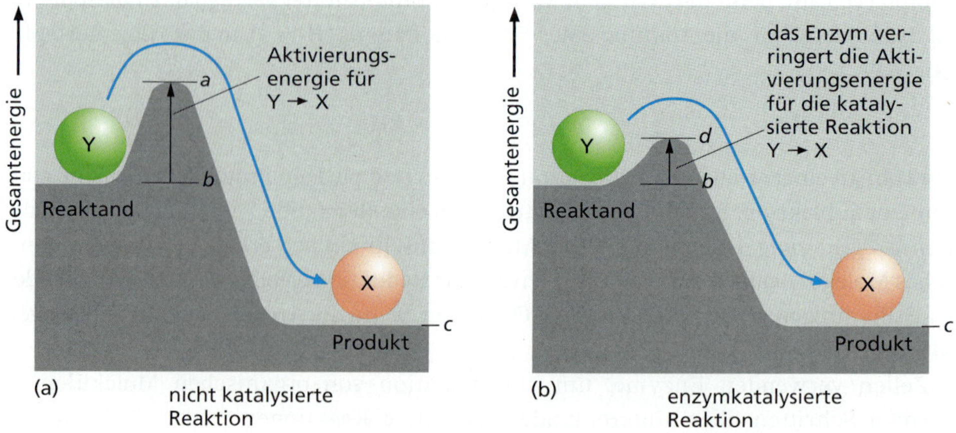

Abb. 2.21 Das wichtige Prinzip der Aktivierungsenergie. (a) Verbindung Y (ein Reaktand) befindet sich in einem relativ stabilen Zustand, und Energie ist nötig, um sie in Verbindung X (ein Produkt) umzuwandeln, obwohl sich X auf einem niedrigeren Gesamtenergieniveau befindet als Y. Daher findet diese Umwandlung nicht statt, es sei denn Verbindung Y kann genug Aktivierungsenergie (*Energie a minus Energie b*) aus der Umgebung aufnehmen, um über die Aktivierungshürde zu gelangen und die Reaktion auszuführen, die es in Produkt X umwandelt. Diese Zusatzenergie kann durch einen ungewöhnlich heftigen Zusammenstoß mit anderen Molekülen zugeführt werden. Für die umgekehrte Reaktion X → Y ist die Aktivierungsenergie viel größer (*Energie a minus Energie c*). Deshalb wird diese Reaktion sehr viel seltener ablaufen. Aktivierungsenergien sind stets positiv (> null). Man muss jedoch beachten, dass die Gesamtenergieänderung für die energetisch günstige Umwandlung Y → X *Energie c minus Energie b* ist, also eine negative Zahl. (b) Katalysatoren können die Energiebarrieren für bestimmte Reaktionen senken, was durch die mit *d* markierte Linie angedeutet ist. Enzyme sind besonders effektive Katalysatoren, weil sie die Aktivierungsenergie für die Reaktionen, die sie ausführen, erheblich reduzieren.

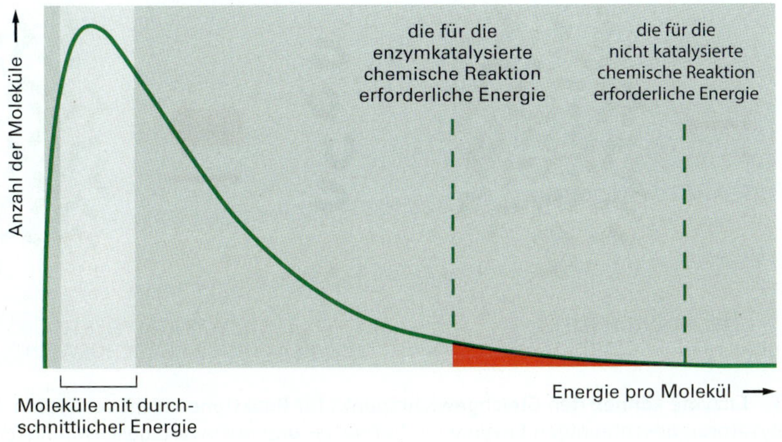

Abb. 2.22 Eine Erniedrigung der Aktivierungsenergie erhöht die Wahrscheinlichkeit einer Reaktion erheblich. Eine Population identischer Substratmoleküle besitzt in jedem beliebigen Augenblick Energien, die sich wie auf der Kurve angedeutet über einen Bereich erstrecken. Die verschiedenen Energien stammen aus Zusammenstößen mit Umgebungsmolekülen, durch die die Substratmoleküle auf und ab springen, vibrieren und sich drehen. Damit ein Molekül eine chemische Reaktion eingehen kann, muss seine Energie die entsprechende Aktivierungsenergie überschreiten (*gestrichelte Linie*). Dies geschieht bei den meisten zellulären Reaktionen praktisch nie ohne die Nachhilfe durch eine enzymatische Katalyse. Wie hier gezeigt, müssen die Substratmoleküle aber selbst mit Enzymkatalyse noch einen besonders heftigen Stoß abbekommen, um zu reagieren (*rot* markierte Fläche). Durch Erhöhen der Temperatur lässt sich ebenfalls die Anzahl der Moleküle steigern, die ausreichend Energie besitzen, um die für eine Reaktion benötigte Aktivierungsenergie zu überwinden; aber im deutlichen Gegensatz zur Enzymkatalyse ist dieser Effekt nichtselektiv und beschleunigt alle Reaktionen.

Hitze eines angezündeten Streichholzes die Aktivierungsenergie bereit. Im Fall der Moleküle im wässrigen Milieu innerhalb einer Zelle liefert im Allgemeinen ein ungewöhnlich starker Zufallszusammenstoß mit einem Molekül aus der Umgebung den Schubs über die Energiehürde. Solche Zusammenstöße werden mit steigender Temperatur immer heftiger.

In lebenden Zellen wird die Chemie streng kontrolliert, weil der Schubs über die Energiehürde durch eine spezielle Klasse von Proteinen, die **Enzyme**, stark unterstützt wird. Jedes Enzym bindet fest an ein oder mehrere Moleküle, die **Substrate**. Es hält das Substratmolekül so, dass die Aktivierungsenergie einer bestimmten chemischen Reaktion, die das gebundene Substrat durchlaufen kann, enorm herabgesetzt wird. Eine Substanz, die die Aktivierungsenergie einer Reaktion erniedrigt, heißt **Katalysator**. Katalysatoren steigern die Geschwindigkeit von chemischen Reaktionen, indem sie den Anteil der Zufallszusammenstöße mit Molekülen aus der Umgebung, die das Substrat über die Energiehürde heben können, stark erhöhen (**Abb. 2.22**). Enzyme zählen zu den wirksamsten Katalysatoren, die man kennt. Manche können Reaktionen um einen Faktor von 10^{14} oder mehr beschleunigen und ermöglichen dadurch Reaktionen, die bei den in Zellen herrschenden Temperaturen sonst nicht mit ausreichender Geschwindigkeit ablaufen würden.

2.2.6 Enzyme können Substratmoleküle entlang spezifischer Reaktionswege treiben

Ein Enzym kann den Gleichgewichtspunkt einer Reaktion nicht verändern. Der Grund ist einfach: Wenn ein Enzym (oder irgendein Katalysator) die Aktivierungsenergie für die Reaktion Y → X herabsetzt, setzt es unvermeidlich auch die Aktivierungsenergie für die Reaktion X → Y um exakt den gleichen Betrag herab (s. **Abb. 2.21**). Die Vorwärts- und Rückwärtsreaktionen werden deshalb durch ein Enzym um den gleichen Faktor beschleunigt, und der Gleichgewichtspunkt bleibt unverändert (**Abb. 2.23**). Egal wie stark ein Enzym eine Reaktion beschleunigt, es kann deren Richtung nicht ändern.

Trotz der obigen Beschränkung steuern Enzyme alle Reaktionen in Zellen auf speziellen Reaktionswegen. Dies liegt daran, dass Enzyme sowohl sehr wählerisch als auch sehr präzise sind. Jedes Enzym katalysiert im Allgemeinen nur eine ganz bestimmte Reaktion. Mit anderen Worten: Es erniedrigt selektiv die Aktivierungsenergie von nur einer der verschiedenen möglichen chemischen Reaktionen, die sein gebundenes Substratmolekül durchlaufen könnte. Auf diese Weise lenken Enzyme jedes einzelne der vielen verschiedenen Moleküle, die in einer Zelle vorkommen, entlang ganz bestimmter Reaktionswege (**Abb. 2.24**).

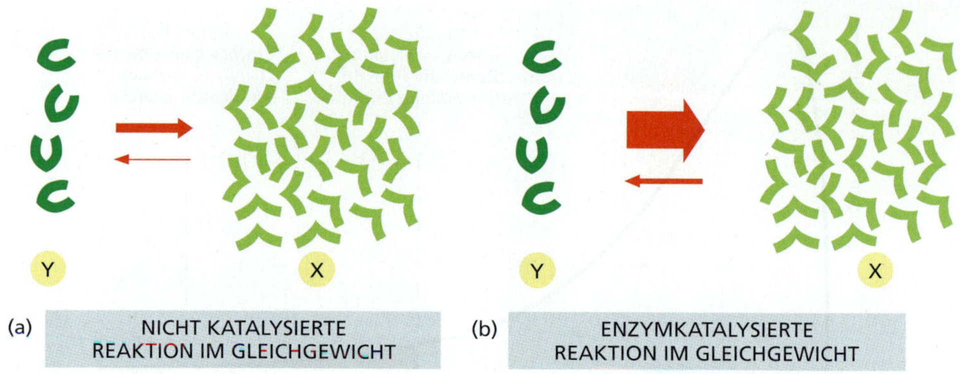

Abb. 2.23 Enzyme können den Gleichgewichtspunkt für Reaktionen nicht verändern. Wie alle Katalysatoren beschleunigen Enzyme die Vorwärts- und Rückwärtsgeschwindigkeit einer Reaktion um den gleichen Faktor. Deshalb ist sowohl für die hier gezeigte katalysierte als auch für die nicht katalysierte Reaktion die Anzahl der Moleküle, die den Übergang von X → Y vollziehen, gleich der Anzahl der Moleküle, die den Übergang von Y → X vollziehen, sobald das Verhältnis der Y-Moleküle zu den X-Molekülen 7 zu 1 beträgt. Mit anderen Worten, die beiden Reaktionen erreichen schließlich das Gleichgewicht an exakt dem gleichen Punkt, obwohl die katalysierte Reaktion das Gleichgewicht sehr viel früher erreicht.

Der Erfolg von Lebewesen lässt sich darauf zurückführen, dass eine Zelle viele verschiedene Enzymarten mit jeweils genau charakterisierten Eigenschaften bilden kann. Jedes Enzym hat eine einzigartige Form, die ein *Aktives Zentrum* enthält – eine Bindetasche oder -grube, in die nur ein ganz bestimmtes Substrat passt (**Abb. 2.25**). Wie alle anderen Katalysatoren, bleiben Enzymmoleküle nach der Beteiligung an der Substratumsetzung unverändert und können deshalb immer wieder erneut ihre Wirkung erfüllen. In Kapitel 3 besprechen wir weiter, wie Enzyme arbeiten.

2.2.7 Wie Enzyme ihre Substrate finden: die enorme Geschwindigkeit molekularer Bewegungen

Ein typisches Enzym katalysiert oft in jeder Sekunde die Umsetzung von ungefähr tausend Substratmolekülen. Das bedeutet, dass es in der Lage sein muss, ein neues Substratmolekül im Bruchteil einer Millisekunde zu binden. Sowohl Enzyme als auch ihre Substrate sind nur in verhältnismäßig kleinen Mengen in einer Zelle enthalten. Wie können sie sich dann aber so schnell finden? Eine schnelle Bindung ist möglich, weil die durch Wärmeenergie bewirkten Molekülbewegungen außerordentlich schnell sind. Diese Molekülbewegungen können grob in drei Klassen eingeteilt werden:

(1) die Bewegung eines Moleküls von einem Ort zu einem anderen (*Translationsbewegungen*),
(2) die schnelle Hin-und-her-Bewegung kovalent gebundener Atome relativ zueinander (*Schwingungs- oder Vibrationsbewegungen*) und
(3) Drehungen (*Rotationsbewegungen*). Alle diese Bewegungsformen sind wichtig, um die Oberflächen von miteinander wechselwirkenden Molekülen zusammenzubringen.

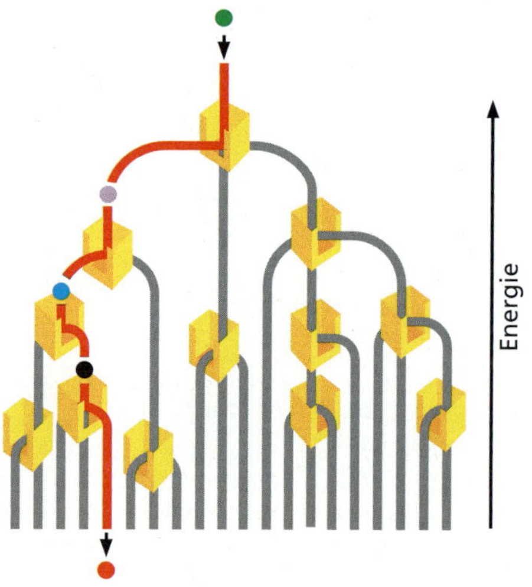

Abb. 2.24 Substratmoleküle werden mittels Enzymkatalyse durch einen spezifischen Reaktionsweg gelenkt. Ein Substratmolekül in einer Zelle (*grüne Kugel*) wird mithilfe einer Reihe von enzymkatalysierten Reaktionen in ein anderes Molekül (*rote Kugel*) umgewandelt. Wie angezeigt (*gelber Kasten*), sind mehrere Reaktionen bei jedem Schritt energetisch günstig, aber nur eine wird von jedem Enzym katalysiert. Dadurch bestimmen Enzymsätze den genauen Reaktionsweg, den jedes Molekül innerhalb der Zelle beschreitet.

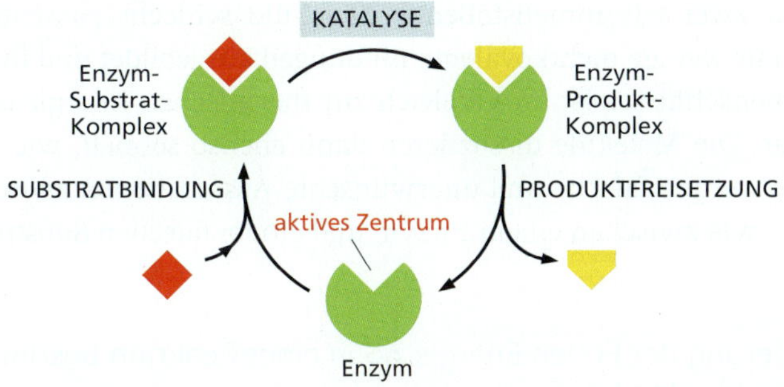

Abb. 2.25 Wie Enzyme arbeiten. Jedes Enzym hat ein Aktives Zentrum, an das ein oder mehrere Substratmoleküle binden und einen Enzym/Substrat-Komplex bilden. Am Aktiven Zentrum findet eine Reaktion statt, durch die ein Enzym/Produkt-Komplex entsteht. Das Produkt wird freigegeben, und das Enzym kann weitere Substratmoleküle für einen neuen Reaktionszyklus binden.

Die Geschwindigkeiten molekularer Bewegungen lassen sich mit verschiedenen spektroskopischen Verfahren messen. Selbst ein großes globuläres Protein ist dauernd in Schwingung und dreht sich ungefähr eine Million Mal in der Sekunde um seine Achse. Moleküle führen auch ständig Translationsbewegungen aus, durch die sie ihren Aufenthaltsraum in der Zelle sehr wirksam, in alle Richtungen wandernd, erforschen. Dieser Vorgang heißt **Diffusion**. Auf diese Weise stößt ein Molekül in einer Zelle in jeder Sekunde mit einer riesigen Anzahl anderer Moleküle zusammen. Wenn Moleküle in einem flüssigen Milieu zusammenstoßen und wieder voneinander abprallen, bewegt sich jedes einzelne Molekül anschließend in Form einer *Zufallsbewegung* (*random walk*) (**Abb. 2.26**). Bei einer solchen Wanderung ist die Durchschnittsentfernung, die ein Molekül in der Luftlinie durchwandert, proportional zur Quadratwurzel der benötigten Zeit. Wenn also ein Molekül 1 Sekunde braucht, um durchschnittlich 1 µm zurückzulegen, benötigt es 4 Sekunden für 2 µm, 100 Sekunden für 10 µm usw.
Das Innere einer Zelle ist sehr vollgestopft (**Abb. 2.27**). Trotzdem haben Versuche, bei denen Fluoreszenzfarbstoffe und andere markierte Moleküle in Zellen injiziert wurden, gezeigt, dass kleine organische Moleküle durch das wässrige Gel des Cytosols fast ebenso schnell hindurchdiffundieren wie durch Wasser. Beispielsweise benötigt ein kleines organisches Molekül im Durchschnitt nur eine Fünftelsekunde für eine Diffusionsstrecke von 10 µm. Diffusion ist somit für kleine Moleküle eine sehr wirksame Art, um die begrenzten Entfernungen in einer Zelle zu durchwandern (eine typische Tierzelle hat einen Durchmesser von etwa 15 µm).

Auch Proteine bewegen sich rasch in Zellen. Aber weil sich die großen Enzyme in einer Zelle langsamer bewegen als ihre niedermolekularen Substrate, kann man sie sich quasi als ortsfest vorstellen. Die Häufigkeit des Zusammentreffens von einem Enzymmolekül mit seinem Substrat hängt von der Konzentration der Substratmoleküle ab. Einige der häufigeren Substrate sind in der Zelle in einer Konzentration von 0,5 mM vorhanden. Da reines Wasser 55,5 M ist, kommt auf 10^5 Wassermoleküle nur ungefähr ein solches Substratmolekül – aber trotzdem wird das Aktive Zentrum eines Enzyms, das dieses Substrat bindet, in jeder Sekunde durch 500 000 Zufallszusammenstöße mit diesem Substrat bombardiert. (Für eine zehnfach geringere Substratkonzentration wäre die Trefferzahl auf 50 000 in jeder Sekunde vermindert usw.) Ein zufälliges Zusammentreffen zwischen dem Aktiven Zentrum des Enzyms und der passenden Oberfläche des Substrats führt oft unmittelbar zur Bildung eines Enzym-Substrat-Komplexes. Nun kann sehr schnell eine Reaktion ablaufen, in der eine kovalente Bindung gespalten oder gebildet wird. Wenn man bedenkt, wie rasch sich Moleküle bewegen und reagieren, erscheinen die beobachteten Geschwindigkeiten der Enzymkatalyse nicht mehr so unglaublich.

Zwei Moleküle, die über nichtkovalente Bindungen zusammengehalten werden, können auch dissoziieren. Die zahlreichen schwachen Bindungen, die sie miteinander bilden, halten so lange, bis sich die Moleküle wieder durch die thermischen Bewegungen voneinander trennen (*dissoziieren*). Allgemein gilt: Je stärker die Bindung zwischen Enzym und Substrat, desto geringer die Geschwindigkeit der *Dissoziation*. Wenn im

Abb. 2.26 Eine Zufallswanderung. Moleküle in Lösung bewegen sich aufgrund der ständigen Stöße, die sie beim Zusammenprall mit anderen Molekülen erhalten, auf zufällige Weise. Dadurch können kleine Moleküle rasch von einem Teil der Zelle in einen anderen diffundieren, wie im Text ausgeführt ist.

Abb. 2.27 Die gedrängte Struktur des Zellinneren. Gezeigt sind nur die maßstabsgerecht gezeichneten Makromoleküle in verschiedenen Farben. Enzyme und andere Makromoleküle diffundieren relativ langsam innerhalb der Zelle, dies liegt zum Teil daran, dass sie mit vielen anderen Makromolekülen in Wechselwirkung treten; dagegen diffundieren kleine Moleküle nahezu so schnell wie in Wasser. (Aus S. R. McGuffee und A. H. Elcock, *PLoS Compt. Biol.* 6(3): e1000694, 2020).

Gegensatz dazu zwei zusammenstoßende Moleküle schlecht passende Oberflächen haben, werden nur wenige nichtkovalente Bindungen ausgebildet und ihre Gesamtenergie des Zusammenschlusses ist im Vergleich zur thermischen Energie der Trennkräfte vernachlässigbar. Die Moleküle dissoziieren dann ebenso schnell, wie sie assoziieren. Auf diese Weise werden falsche und unerwünschte Assoziationen zwischen unpassenden Molekülen – wie zwischen einem Enzym und einem falschen Substrat – verhindert.

2.2.8 Die Änderung der Freien Energie Δ*G* in einer Reaktion bestimmt, ob sie spontan ablaufen kann

Obwohl Enzyme Reaktionen beschleunigen, können sie sie nicht in eine energetisch ungünstige Richtung zwingen. In Analogie zum Wasser bedeutet dies: Enzyme können Wasser nicht den Berg hinauflaufen lassen. Zellen müssen aber gerade das tun, um zu wachsen und sich zu vermehren: Sie müssen hoch geordnete und energiereiche Moleküle aus kleinen und einfachen Molekülen aufbauen. Wir werden sehen, dass dies durch Enzyme geschieht, die energetisch günstige Reaktionen, die Energie freisetzen und Wärme bilden, an energetisch ungünstige Reaktionen, die biologische Ordnung erzeugen, *koppeln*.

Was verstehen Zellbiologen unter dem Begriff „energetisch günstig" und wie lässt sich dies quantifizieren? Gemäß dem Zweiten Hauptsatz der Thermodynamik strebt das Universum einer maximalen Unordnung zu (größte *Entropie* oder höchste Wahrscheinlichkeit). Somit läuft eine chemische Reaktion nur dann spontan ab, wenn sie zu einer Nettozunahme der Unordnung im Universum führt (**Abb. 2.16**). Diese Unordnung im Universum kann am einfachsten mit einer Größe, der sogenannten *Freien Energie G* eines Systems, ausgedrückt werden; ein Begriff, den wir schon früher verwendet haben.

Freie Energie *G* ist ein Ausdruck für Energie, die für die Verrichtung von Arbeit zur Verfügung steht – z. B. um chemische Reaktionen anzutreiben. Der Wert von *G* ist nur dann interessant, wenn das System eine *Änderung* erfährt. Diese Änderung der Freien Energie, als **Δ*G*** (Delta *G*) bezeichnet, ist entscheidend, weil, wie in **Tafel 2.7** erklärt, **Δ*G*** ein direktes Maß für den Betrag der Unordnung ist, die im Universum entsteht, wenn eine Reaktion stattfindet. *Energetisch günstige Reaktionen* sind definitionsgemäß solche Reaktionen, die die Freie Energie vermindern – oder mit anderen Worten: Reaktionen, die ein *negatives* Δ*G* (< null) haben und die Unordnung im Universum vergrößern (**Abb. 2.28**).

Ein Beispiel für eine energetisch günstige Reaktion aus dem makroskopischen Bereich ist die „Reaktion", bei der sich eine zusammengedrückte Spiralfeder in den gestreckten Zustand ausdehnt und die gespeicherte elastische Energie als Wärme an die Umgebung abgegeben wird. Ein Beispiel im mikroskopischen Maßstab ist das Lösen von Salz in Wasser. Umgekehrt schaffen *energetisch ungünstige Reaktionen* mit *positivem* Δ*G* (> null) – beispielsweise wenn zwei freie Aminosäuren über eine geordnete Peptidbindung miteinander verknüpft werden – eine größere Ordnung im Universum. Derartige Reaktionen können deshalb nur ablaufen, wenn sie an eine zweite Reaktion gekoppelt sind, die ein ausreichend großes negatives Δ*G* hat, um dem Δ*G* des gesamten Vorgangs einen negativen Wert zu verleihen (**Abb. 2.29**).

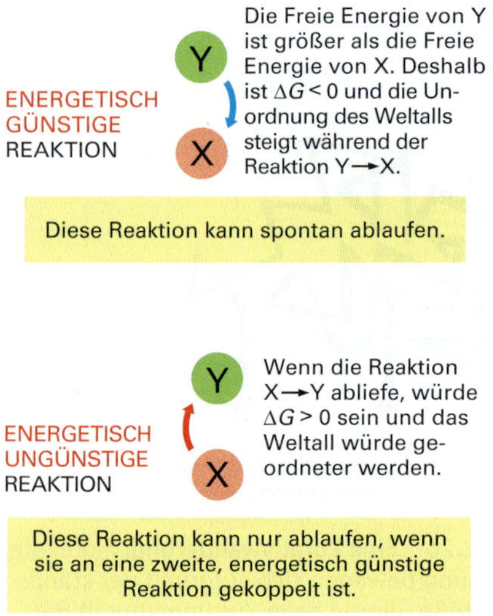

Abb. 2.28 Der Unterschied zwischen energetisch günstigen und energetisch ungünstigen Reaktionen und wie sie mit ΔG in Beziehung stehen.

2.2.9 Die Konzentration der Reaktionspartner beeinflusst Δ*G* und die Richtung der Reaktion

Wie wir nun wissen, verläuft eine Reaktion Y → X in Richtung Y → X, wenn die damit verbundene Änderung der Freien Energie Δ*G* negativ ist – so wie sich eine gespannte Feder, die sich selbst überlassen wird, entspannt und die gespeicherte Energie als Wärme an die Umgebung abgibt. Bei einer chemischen Reaktion hängt Δ*G* aber nicht nur von der Energie ab, die in jedem Molekül gespeichert ist, sondern auch von der Konzentration der Moleküle in der Reaktionsmischung. Wir erinnern uns, dass ΔG angibt, in welchem Grad eine Reaktion einen ungeordneteren – mit anderen Worten einen wahrscheinlicheren – Zustand des Universums hervorruft. Wenn wir uns die Münzen-Analogie aus Abschnitt 2.2.2 ins Gedächtnis zurückrufen, ist es sehr wahrscheinlich, dass eine Münze von der Kopfseite zur Zahlseite springt, wenn die geschüttelte Schachtel 90 Kopf- und 10 Zahlseiten enthält – enthält sie jedoch 10 Kopf- und 90 Zahlseiten, ist es weniger wahrscheinlich.

Aus genau dem gleichen Grund wird eine reversible Reaktion Y → X bei einem großen Überschuss von Y im Vergleich zu X in Richtung Y → X getrieben. Deshalb wird ΔG für den Übergang Y → X negativer (und für den Übergang X →Y positiver), wenn das Verhältnis von Y zu X steigt.

Wie groß der Konzentrationsunterschied sein muss, um eine gegebene Abnahme der chemischen Bindungsenergie (und die begleitende Wärmeabgabe) zu kompensieren, ist nicht intuitiv klar. Im späten 19. Jahrhundert wurde die Beziehung durch eine thermodynamische Analyse bestimmt, die es ermöglicht, die konzentrationsabhängigen und die konzentrationsunabhängigen Teile der Änderung der Freien Energie zu trennen; dies beschreiben wir als Nächstes.

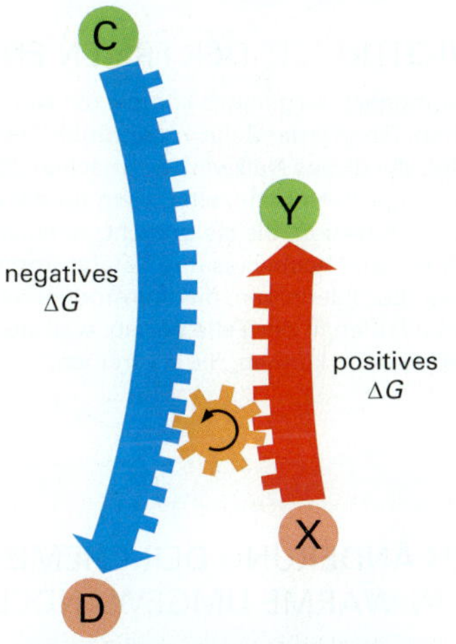

Die energetisch ungünstige Reaktion X→Y wird durch die energetisch günstige Reaktion C→D angetrieben, denn die Änderung der Freien Energie für das Paar gekoppelter Reaktionen ist < 0

Abb. 2.29 Wie Reaktionskoppelung benutzt wird, um energetisch ungünstige Reaktionen zum Laufen zu bringen.

2.2.10 Die Änderung der Freien Energie, ΔG^0, ermöglicht den Vergleich der Energetik verschiedener Reaktionen

Weil ΔG zu jedem beliebigen Zeitpunkt von der Konzentration der Moleküle in der Reaktionsmischung abhängt, ist es kein besonders nützlicher Wert, um die relativen Energien der verschiedenen Reaktionstypen zu vergleichen. Um Reaktionen auf eine vergleichbare Basis zu stellen, müssen wir uns der **Änderung der Freien Standardenergie** einer Reaktion, $\boldsymbol{\Delta G^0}$, zuwenden. ΔG^0 ist die Änderung der Freien Energie unter einer Standardbedingung, die so definiert ist, dass die Konzentrationen aller Reaktanden auf denselben Festwert von 1 Mol/Liter festgesetzt werden. In dieser Weise definiert, hängt ΔG^0 nur von den inneren Eigenschaften der reagierenden Moleküle ab.

Bei der einfachen Reaktion Y → X, bei 37 °C, steht ΔG^0 zu ΔG in folgender Beziehung:

$$\Delta G = \Delta G^0 + RT\ ln\frac{[X]}{[Y]},$$

wobei ΔG in Kilojoule pro Mol angegeben ist. [Y] und [X] bezeichnen die Konzentrationen von Y und X in Mol/Liter, ln ist der *natürliche Logarithmus*, und RT ist das Produkt aus der Gaskonstante R und der absoluten Temperatur T. Bei 37 °C ist $RT = 2{,}58\ \mathrm{J\ mol^{-1}}$. (1 Mol sind 6×10^{23} Moleküle einer Substanz).

Es wurde eine große Menge thermodynamischer Daten gesammelt, die es ermöglichte, die Änderung der Freien Standardenergie, ΔG^0, für wichtige Stoffwechselreaktionen einer Zelle zu bestimmen. Angesicht dieser ΔG^0-Werte, in Verbindung mit zusätzlichen Informationen über Metabolitenkonzentrationen und Reaktionswege, ist es möglich, eine quantitative Vorhersage über den Verlauf der meisten biologischen Reaktionen zu machen.

2.2.11 Die Gleichgewichtskonstante und ΔG^0 lassen sich leicht voneinander ableiten

Die Betrachtung obiger Gleichung zeigt, dass ΔG gleich dem Wert von ΔG^0 wird, wenn die Konzentrationen von Y und X gleich sind. Aber wenn die günstige Reaktion Y → X voranschreitet, dann nimmt die Konzentration des Produkts X zu und die Konzentration des Substrats Y ab. Diese Veränderung der relativen Konzentrationen führt dazu, dass [X]/[Y] zunehmend größer wird, wodurch das anfangs günstige ΔG immer weniger

DIE WICHTIGKEIT DER FREIEN ENERGIE FÜR ZELLEN

Leben ist möglich wegen des komplexen Netzwerks wechselwirkender Reaktionen, die in jeder Zelle vorkommen. Wenn man die Stoffwechselwege betrachtet, die dieses Netzwerk ausmachen, könnte man vermuten, dass die Zelle die Möglichkeit hatte, ein Enzym für die Ausführung einer jeden chemischen Reaktion, die sie braucht, zu entwickeln. Aber das ist nicht so. Obgleich Enzyme hochwirksame Katalysatoren sind, können sie nur solche Reaktionen beschleunigen, die thermodynamisch möglich sind; andere Reaktionen laufen in der Zelle nur ab, weil sie mit sehr günstigen Reaktionen *gekoppelt* werden können, die sie treiben.

Die Frage, ob eine Reaktion spontan ablaufen kann, oder ob sie statt dessen an eine andere Reaktion gekoppelt werden muss, ist für die Zellbiologie zentral. Die Antwort erhält man durch eine Größe, die die *Freie Energie* genannt wird: Die Gesamtänderung der Freien Energie während einer Folge von Reaktion-en bestimmt, ob die gesamte Reaktionsabfolge ablaufen kann – oder auch nicht. Auf dieser Tafel werden einige Grundvorstellungen – die sich aus einem bestimmten Gebiet der Chemie und Physik, der *Thermodynamik* herleiten – vorgestellt, um zu erkären, was Freie Energie ist und wehalb sie so wichtig für die Zelle ist.

DURCH ÄNDERUNG DER CHEMISCHEN BINDUNGSVERHÄLTNISSE FREIGESETZTE ENERGIE WIRD IN WÄRME UMGEWANDELT

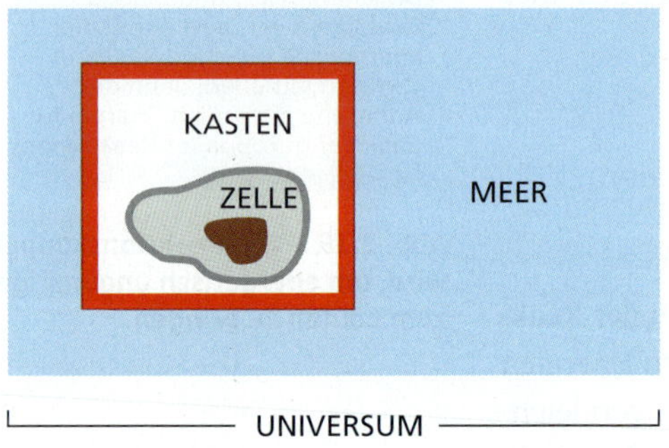

Ein geschlossenes System ist definiert als die Ansammlung von Molekülen, die keine Materie mit dem Rest des Weltalls austauschen (zum Beispiel die „Zelle im Kasten", die oben abgebildet ist).
Ein solches System wird Moleküle mit einer Gesamtenergie E enthalten. Diese Energie ist in verschiedener Weise verteilt: Ein Teil als Translationsenergie der Moleküle, ein anderer als ihre Vibrations- und Rotationsenergien, aber der größte Teil als Bindungsenergie zwischen den einzelnen Atomen, aus denen die Moleküle bestehen. bestehen. Angenommen eine Reaktion läuft im System ab. **Der Erste Hauptsatz der Thermodynamik** bestimmt zwangsläufig, welche Art von Reaktion im System ablaufen kann: Er stellt fest, dass *„bei jedem Vorgang die Energie des Weltalls erhalten bleibt"*. Wenn zum Beispiel die Reaktion $A \rightarrow B$ in dem geschlossenen System abläuft, wobei ein großer Teil der chemischen Bindungsenergie freigesetzt wird, wird diese Energie zunächst das Ausmaß (die Intensität) der Molekülbewegungen (Translation, Vibration, Rotation) im System erhöhen, was einer Temperaturerhöhung äquivalent ist. Jedoch werden diese verstärkten Bewegungen bald durch eine Anzahl von Molekülzusammenstößen aus dem System herausgetragen werden, da sie zunächst die Wände des Kastens, dann die Außenwelt (in unserem Beispiel durch das Meer dargestellt) aufheizen. Zum Schluss wird das System zu seiner Anfangstemperatur zurückkehren, und dann ist alle chemische Energie, die im Kasten freigesetzt wurde, in Wärme verwandelt und aus dem Kasten an die Umwelt übertragen worden. Nach dem Ersten Hauptsatz muss die Änderung der Energie im Kasten (ΔE_{Kasten}; hier einfach als ΔE bezeichnet) gleich, aber gegensinnig (mit umgekehrten Vorzeichen) der an das Universum abgegebenen Wärmeenergie sein, die wir als h bezeichnen wollen; also ist $\Delta E = -h$. Das heißt, die Energie im Kasten (E) nimmt ab, wenn Wärme das System verlässt.

E kann sich auch durch Arbeit, die an der Außenwelt geleistet wird, ändern. Als Beispiel lässt sich annehmen, dass der Kasten während der Reaktion eine kleine Volumenänderung (ΔV) erfährt. Da die Wände des Kastens, um dieser zu entsprechen, gegen den konstanten Druck (P) der Umwelt expandieren müssen, bedeutet dies Arbeit an der Umgebung und benötigt Energie. Die aufzuwendende Energie ist $P(\Delta V)$, und sie muss, entsprechend dem Ersten Hauptsatz, die Energie im Kasten um den gleichen Betrag erniedrigen. Bei den meisten Reaktionen wird chemische Bindungsenergie sowohl in Arbeit, als auch in Wärme umgewandelt. Die *Enthalpie* (H) ist eine zusammengesetzte Funktion, die diese beiden Parameter enthält ($H = E + PV$); genau genommen ist es die Enthalpieänderung (ΔH) in einem geschlossenen System und nicht die Energieänderung, die gleich der an die Außenwelt während einer Reaktion übertragenen Wärmeenergie ist. Reaktionen, bei denen H abnimmt, geben Wärme an die Umgebung ab; sie werden „exotherm" genannt, während Reaktionen, bei denen H zunimmt, als „endotherm" bezeichnet werden. Dementsprechend ist $-h = \Delta H$. Da jedoch die Volumenänderung bei den meisten biologischen Reaktionen zu vernachlässigen ist, lässt sich in guter Annäherung aussagen:

$$-h = \Delta H \approx \Delta E$$

DER ZWEITE HAUPTSATZ DER THERMODYNAMIK

Wir denken uns ein Gefäß, in dem 1.000 Münzen mit der Zahl nach oben liegen. Wenn man das Gefäß kräftig schüttelt, also die Münzen der statistischen Bewegung aussetzt, die alle Moleküle durch ihre häufigen Zusammenstöße miteinander erleiden, werden schließlich etwa die Hälfte der Geldstücke mit der Zahl nach unten zu liegen kommen. Der Grund für diese Umordnung liegt darin, dass es nur eine einzige Möglichkeit gibt, in der der ursprüngliche Zustand der Münzen (jede mit der Zahl nach oben) wiederhergestellt werden kann, während es viele (etwa 10^{298}) sind, in denen es einen Zustand mit Gleichverteilung zwischen Zahl und Adler gibt. Tatsächlich gibt es mehr Wege, zur 50 : 50-Verteilung zu kommen als zu irgendeiner anderen. Jeder Zustand hat eine Vorkommenswahrscheinlichkeit, die proportional der Zahl der Wege ist, auf denen er verwirklicht werden kann. Der **Zweite Hauptsatz der Thermodynamik** sagt aus, dass *„Systeme sich spontan von einem Zustand niedrigerer Wahrscheinlichkeit zu einem Zustand höherer Wahrscheinlichkeit bewegen werden"*. Da die Zustände niedrigerer Wahrscheinlichkeit auch diejenigen höherer Ordnung gegenüber denjenigen höherer Wahrscheinlichkeit sind, lässt sich der Zweite Hauptsatz auch formulieren als *„das Universum ändert sich dauernd zu einem Zustand größerer Unordnung"*.

Tafel 2.7 Freie Energie und biologische Reaktionen.

DIE ENTROPIE, *S*

Der Zweite Hauptsatz (jedoch nicht der Erste Hauptsatz) lässt einen die *Richtung* einer bestimmten Reaktion voraussagen. Aber, um ihn für diesen Zweck brauchbar zu machen, ist ein praktischer Standard für die Wahrscheinlichekeit, oder anders herum, für den Grad der Unordnung eines Zustand, nötig. Die Entropie (*S*) ist ein solches Maß. Sie ist eine logarithmische Funktion der Wahrscheinlichkeit, sodass die *Änderung der Entropie* (ΔS), die auftritt,wenn die Reaktion A⟶B ein Mol A in ein Mol B umwandelt, sich ergibt zu

$$\Delta S = R \ln p_B / p_A$$

wobei p_A und p_B die Wahrscheinlichkeiten der beiden Zustände A und B sind und *R* die Gaskonstante (8,31 JK^{-1} mol^{-1}) und ΔS in Entropie-Einheiten (ee) gemessen wird. In unserem Anfangsbeispiel mit den 1.000 Münzen ist die relative Wahrscheinlichkeit, dass alle Münzen Zahl (Zustand A) zeigen, gegenüber demjenigen der 50/50-Verteilung Zahl zu Adler (Zustand B) gleich dem Verhältnis der Anzahlen verschiedener Wege, auf denen dieses Ergebnis erhalten werden kann. man kann ausrechnen, dass $p_A = 1$ und $p_B = 1.000!/(500! \times 500!) = 10^{298}$ ist.

Deshalb ist die Entropie-Änderung der Reorientierung, wenn das Gefäß tüchtig geschüttelt und eine Mischung von gleicher Anzahl Zahl und Adler erhalten wird, gleich $R \ln 10^{298}$ oder ungefähr 1370 ee pro Mol solcher Gefäße (6×10^{23} Gefäße). Da nun also ΔS, wie es oben definiert wurde, positiv für den Übergang von A nach B ist ($p_B / p_A > 1$), sind Reaktionen mit einer Vermehrung von S (also solche, bei denen $\Delta S > 0$) begünstigt und werden spontan ablaufen.

Wie in Kapitel 2 diskutiert, bewirkt Wärme-Energie die ungerichtete Bewegung von Molekülen. Weil die Wärme-Übertragung aus einem geschlossenen System an die Umgebung die Zahl unterschiedlicher Anordnungen, in denen sich Moleküle in der Außenwelt befinden können, vermehrt, erhöht das deren Entropie. Man kann zeigen, dass die Freisetzung einer bestimmten Wärmemenge einen größeren Unordnungseffekt bei niedriger Temperatur hat als bei hoher und, dass der Wert von ΔS für die Umgebung in der oben gegebenen Definition (ΔS_{Meer}) genau der Wärmemenge (*h*) entspricht, die aus dem System auf die Umwelt übertragen wurde, geteilt durch die absolute Temperatur (*T*):

$$\Delta S_{Meer} = h / T$$

DIE GIBBS'SCHE FREIE ENERGIE *G*

Bei einem geschlossenen biologischen System möchte man gern eine einfache Moglichkeit haben, um vorauszusagen, ob eine gegebene Reaktion in diesem System spontan ablaufen wird oder nicht. Wir haben gesehen, dass die entscheidende Frage lautet, ob die Entropieänderung bei dieser Reaktion für das Weltall positiv oder negativ ist. In unserem idealisierten System, der Zelle im Kasten, gibt es zwei getrennte Anteile für die Entropieänderung des Alls – die Entropieänderung für das im Kasten eingeschlossene System und die Entropieänderung im umgebenden „Meer". Beide müssen zusammengezählt werden, um eine Voraussage treffen zu können. Es ist zum Beispiel möglich, dass eine Reaktion Wärme aufnimmt und dadurch die Entropie des Meeres vermindert ($\Delta S_{Meer} < 0$), aber gleichzeitig eine so starke Vermehrung der Unordnung im Kasten bewirkt ($\Delta S_{Kasten} > 0$), dass die Gesamtsumme $\Delta S_{Weltall} = \Delta S_{Meer} + \Delta S_{Kasten}$ größer als Null ist. In diesem Fall wird die Reaktion spontan ablaufen, auch dann, wenn das Meer während der Reaktion Wärme an den Kasten abgibt. Ein Beispiel für eine solche Reaktion ist das Auflösen von Natriumchlorid in einem Glas Wasser (dem Kasten) – ein Spontanvorgang, obwohl die Temperatur des Wassers beim Lösen des Salzes sinkt.

Chemiker haben es nützlich gefunden, eine Anzahl neuer„zusammengesetzter (Zustands-)Funktionen" zu definieren, die Kombinationen physikalischer Eigenschaften eines Systems beschreiben. Diese Eigenschaften, die so kombiniert werden können, enthalten die Temperatur (*T*), den Druck (*P*), das Volumen (*V*), die Energie (*E*) und die Entropie (*S*). Die Enthalpie (*H*) ist eine solche zusammengesetzte Funktion; aber für den Biologen die weitaus nützlichste kombinierte Funktion ist die *Gibbs'sche Freie Energie, G*. Sie dient als Buchführungsgrundlage, um Entropieänderungen des Weltalls, die bei einer chemischen Reaktion im Kasten erfolgen, abzuleiten, ohne die Entropieänderungen im Meer besonders zu berücksichtigen. Für einen Kasten vom Volumen *V* beim Druck *P* ist die Definition von *G*:

$$G = H - TS$$

worin *H* die Enthalpie, wie oben beschrieben ($E + PV$) ist, *T* die absolute Temperatur und *S* die Entropie. Jede dieser Größen gilt nur für den Kasteninhalt. Die Änderung der Freien Energie während der Reaktion im Kasten (das *G* der Produkte minus dem *G* der Ausgangsstoffe) wird als ΔG bezeichnet und ist, wie wir nun sehen werden, ein direktes Maß für die Größe der Unordnung, die im Weltall entsteht, wenn die Reaktion abläuft.

Bei konstanter Temperatur ist die Änderung der Freien Energie (ΔG) während einer Reaktion gleich $\Delta H - T\Delta S$. Wie wir bereits wissen, ist $\Delta H = -h$, die aus dem Meer aufgenommene Wärmemenge, und so folgt:

$$-\Delta G = -\Delta H + T\Delta S$$
$$-\Delta G = h + T\Delta S, \text{ und } -\Delta G/T = h/T + \Delta S$$

Da aber *h/T* gleich der Entropieänderung des Meeres (ΔS_{Meer}) ist und ΔS in der obigen Gleichung das ΔS_{Kasten},haben wir

$$-\Delta G/T = \Delta S_{Meer} + \Delta S_{Kasten} = \Delta S_{Universum}$$

Mit anderen Worten: **Die Freie Energie ist ein direktes Maß für die Entropieänderung des Weltalls.**

Daraus ergibt sich, dass eine Reaktion in der Richtung ablaufen wird, in der sich eine Änderung der Freien Energie (ΔG) ergibt, die kleiner als Null ist, denn dann wird eine positive Entropieänderung erfolgen, wenn die Reaktion abläuft.

Für einen komplexen Satz von gekoppelten Reaktionen mit vielen verschiedenen Molekülen lässt sich die gesamte Änderung der Freien Energie einfach dadurch berechnen, dass die Freien Energien aller der verschiedenen Molekülarten nach Ablauf der Reaktion verglichen werden. Für die gebräuchlichen Substanzen findet man solche Daten in Tabellenwerken. Auf diese Weise lässt sich die Richtung einer Reaktion voraussagen und ein postulierter Mechanismus beweisen oder widerlegen.

So kann man beispielsweise aus den gemessenen Werten des Protonengradienten über die innere Mitochondrienmembran und dem ΔG der ATP-Hydrolyse im Mitochondrium sicher sein, dass das Enzym **ATP-Synthase** den Durchtritt von mehr als einem Proton für jedes synthetisierte Molekül ATP benötigt.

Der Wert von ΔG einer Reaktion ist ein direktes Maß für die Entfernung dieser Reaktion vom Gleichgewicht. Der hohe negative Wert der ATP-Hydrolyse in einer Zelle spiegelt lediglich die Tatsache wider, dass die Zellen die ATP-Hydrolysereaktion bis zu 10 Größenordnungen vom Gleichgewicht entfernt halten. Wenn eine Reaktion ins Gleichgewicht kommt, ist $\Delta G = 0$, und die Reaktion verläuft mit genau gleicher Geschwindigkeit in der Hin- wie in der Rückrichtung. Bei der ATP-Hydrolyse wird das Gleichgewicht erreicht, wenn der allergrößte Teil des ATP hydrolysiert wurde, wie das in einer toten Zelle der Fall ist.

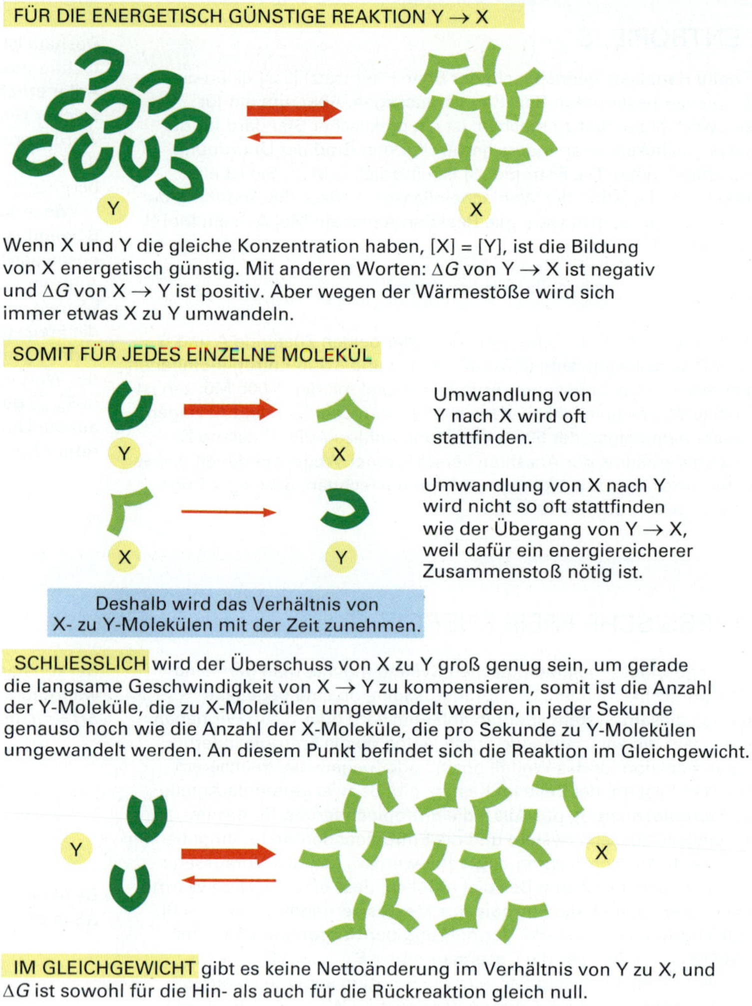

Abb. 2.30 **Chemisches Gleichgewicht.** Wenn eine Reaktion den Gleichgewichtszustand erreicht, ist der Hin- und Rückfluss der reagierenden Moleküle gleich und entgegengesetzt. In diesen Diagrammen weist die Breite der *roten* Pfeile auf die relative Geschwindigkeit hin, mit der ein *einzelnes* Molekül reagieren kann.

negativ wird. (Der Logarithmus einer Zahl x ist positiv für $x > 1$, negativ für $x < 1$ und null für $x = 1$.) Bei $\Delta G = 0$ ist schließlich ein chemisches **Gleichgewicht** erreicht; hier gleicht der Konzentrationseffekt gerade den Schub aus, den die Reaktion durch ΔG^0 erhält, und das Verhältnis von Substrat zu Produkt erreicht einen konstanten Wert (**Abb. 2.30**).

Wir können die **Gleichgewichtskonstante** K für die Reaktion Y → X definieren als

$$K = \frac{[X]}{[Y]},$$

wobei [X] die Konzentration des Produkts und [Y] die Konzentration des Reaktanden im Gleichgewicht ist. Wenn wir uns erinnern, dass

$$\Delta G = \Delta G^0 + RT \ln \frac{[X]}{[Y]}$$

ist und dass im Gleichgewicht $\Delta G = 0$ ist, sehen wir, dass

$$\Delta G^0 = -RT \ln \frac{[X]}{[Y]} = -RT \ln K$$

Bei 37 °C, wo $RT = 2{,}58$ ist, lautet deshalb die Gleichgewichtsgleichung

$$\Delta G^0 = -2{,}58 \ln K$$

Wenn wir diese Gleichung vom natürlichen Logarithmus (ln) zum üblicheren dekadischen Logarithmus (log) mit der Basis 10 umwandeln, erhalten wir

$$\Delta G^0 = -5{,}94 \log K$$

Die obige Gleichung verrät, wie das Gleichgewichtsverhältnis von X zu Y (ausgedrückt als Gleichgewichtskonstante K) von den inneren Eigenschaften der Moleküle abhängt (wie im Wert von ΔG^0 in Kilojoule pro Mol ausgedrückt). Beachten Sie, dass bei 37 °C pro 5,94 kJ mol^{-1} Unterschied an Freier Energie sich die Gleichgewichtskonstante um den Faktor 10 ändert (s. **Tab. 2.2**). Man beachte, dass dieser Betrag der Differenz an Freier Energie in etwa äquivalent zu der Freien Energie ist, die aus einer einzigen Wasserstoffbindung erhältlich ist.

Allgemeiner gesprochen, gilt für eine Reaktion, die mehrere Reaktanden und Produkte hat, wie z. B. A + B → C + D

$$K = \frac{[C][D]}{[A][B]}$$

Die Konzentrationen der beiden Reaktanden und der beiden Produkte werden vervielfacht, weil die Geschwindigkeit der Vorwärtsreaktion vom Aufeinandertreffen von A und B abhängt und die Rückwärtsreaktion vom Aufeinandertreffen von C und D. Somit ist bei 37 °C

$$\Delta G^0 = -5{,}94 \log \frac{[C][D]}{[A][B]}$$

ΔG^0 hat die Einheit Kilojoule pro Mol, und [A], [B], [C] und [D] bezeichnen die Konzentrationen der Reaktanden und Produkte in Mol/Liter.

2.2.12 Bei gekoppelten Reaktionen summieren sich die Änderungen der Freien Energie

Wir haben aufgezeigt, dass energetisch ungünstige Reaktionen an energetisch günstige gekoppelt werden können, um die ungünstigen voranzutreiben (s. **Abb. 2.29**). Thermodynamisch ausgedrückt ist dies möglich, weil die Gesamtänderung der Freien Energie für eine Reihe gekoppelter Reaktionen einfach die Summe der Änderungen der Freien Energien jedes Einzelschritts ist. Als Beispiel betrachten wir zwei aufeinanderfolgende Reaktionen

$$X \rightarrow Y \text{ und } Y \rightarrow Z,$$

deren ΔG^0- Werte +5 und -13 kJ mol^{-1} betragen. Wenn diese beiden Reaktionen aufeinanderfolgend ablaufen, beträgt das ΔG^0 der gekoppelten Reaktion -8 kJ mol^{-1}. Dies bedeutet, dass unter geeigneten Bedingungen die energetisch ungünstige Reaktion X → Y durch die energetisch günstige Reaktion Y → Z angetrieben werden kann, vorausgesetzt, die zweite Reaktion folgt der ersten. Beispielsweise haben in dem langen Stoffwechselweg, der Zucker zu CO_2 und H_2O umsetzt, mehrere Reaktionsschritte positive ΔG^0-Werte. Trotzdem läuft dieser Weg ab, weil das Gesamt-ΔG^0 für die Serie der aufeinanderfolgenden Reaktionen einen großen negativen Wert besitzt.

Für manche Zwecke ist die Ausbildung eines Reaktionswegs mit aufeinanderfolgenden Umsetzungen jedoch nicht geeignet. Oft ist der gewünschte Weg einfach nur X → Y, ohne weitere Umwandlungen von Y zu anderen Produkten. Zum Glück gibt es noch andere Methoden, um Reaktionen mithilfe von Enzymen aneinanderzukoppeln. Um zu

Tab. 2.2 Beziehung zwischen der Änderung der Freien Standardenergie ΔG^0 und der Gleichgewichtskonstanten K.

Gleichgewichtskonstante [X]/[Y] = K	Freie Energie von X minus Freie Energie von Y, in kJ mol^{-1} (oder kcal mol^{-1})
10^5	−29,7 (−7,1)
10^4	−23,8 (−5,7)
10^3	−17,8 (−4,3)
10^2	−11,9 (−2,8)
10	−5,9 (−1,4)
1	0
10^{-1}	5,9 (1,4)
10^{-2}	11,9 (2,8)
10^{-3}	17,8 (4,3)
10^{-4}	23,8 (5,7)
10^{-5}	29,7 (7,1)

Die Werte für die Gleichgewichtskonstante wurden für die einfache chemische Reaktion Y → X nach der im Text angegebenen Gleichung berechnet. Das hier tabellierte ΔG^0 ist in Kilojoule pro Mol (Kilokalorien in Klammern; 1 Kilojoule entspricht 0,239 Kilokalorien bzw. 1 kcal = 4,184 kJ) bei 37 °C angegeben. Wie im Text erklärt, stellt ΔG^0 die Differenz der Freien Energien unter Standardbedingungen dar, wenn alle Komponenten in einer Konzentration von 1,0 Mol pro Liter vorliegen. Ein Beispiel aus der Tabelle zeigt: Wenn für die Umsetzung Y → X eine günstige (= negative oder < null) Änderung der Freien Energie ΔG^0 von −17,8 kJ mol^{-1} (−4,3 kcal mol^{-1}) eintritt, liegen im Gleichgewicht 1000-mal mehr Moleküle im Zustand X als im Zustand Y vor (K = 1000).

erklären, wie dies möglich ist, müssen wir die aktivierten Transportermoleküle einführen, die wir als Nächstes besprechen wollen.

2.2.13 Aktivierte Transportermoleküle sind für Biosynthesen wichtig

Um Leben zu ermöglichen, muss die bei der Oxidation von Nahrungsmolekülen freigesetzte Energie vorübergehend gespeichert werden, bevor sie für den Aufbau der vielen anderen Moleküle, die eine Zelle benötigt, verwendet werden kann. Meistens wird die Energie als chemische Bindungsenergie in einem kleinen Satz aktivierter „Transporter (Carrier)-Moleküle" aufbewahrt, die eine oder mehrere energiereiche kovalente Bindungen enthalten. Diese Moleküle diffundieren schnell in der ganzen Zelle umher und tragen so ihre Bindungsenergie von den Orten der Energieerzeugung zu den Orten, wo Energie für Biosynthesen und andere Zellaktivitäten benötigt wird (**Abb. 2.31**).

Diese **aktivierten Transportermoleküle** (**Carrier**) oder „**Transportmetaboliten**" speichern Energie in einer leicht austauschbaren Form – entweder als leicht übertragbare chemische Gruppe oder als Elektronen, die auf hohem Energieniveau gehalten werden. Sie können bei Biosynthesereaktionen eine Doppelfunktion haben und sowohl als Energiequelle als auch als Quelle für chemische Gruppen dienen. Traditionell werden diese Moleküle auch *Coenzyme* genannt. Die wichtigsten aktivierten Trägermoleküle sind ATP und zwei eng miteinander verwandte Moleküle – NADH und NADPH. Wir als Nächstes behandeln werden, ermöglichen gekoppelte Reaktionen den Zellen sowohl die Bildung solcher aktivierter Trägermoleküle wie auch die Nutzung als „Geld", um für Reaktionen zu bezahlen, die sonst nicht ablaufen würden.

2.2.14 Die Bildung eines aktivierten Transporters ist an eine energetisch günstige Reaktion gekoppelt

Kopplungsmechanismen erfordern Enzyme und sind für alle Energieübertragungen der Zelle elementar. Das Prinzip einer gekoppelten Reaktion ist in **Abb. 2.32** durch eine mechanische Analogie dargestellt, in der eine energetisch günstige Reaktion durch Felsbrocken symbolisiert ist, die von einer Klippe fallen. Normalerweise wird die Energie der fallenden Steine vollständig als Reibungswärme verschleudert, wenn die Brocken auf dem Boden aufschlagen (so wie bei den fallenden Ziegeln in **Abb. 2.17**). Durch eine geschickte Anordnung kann jedoch ein Teil der Energie

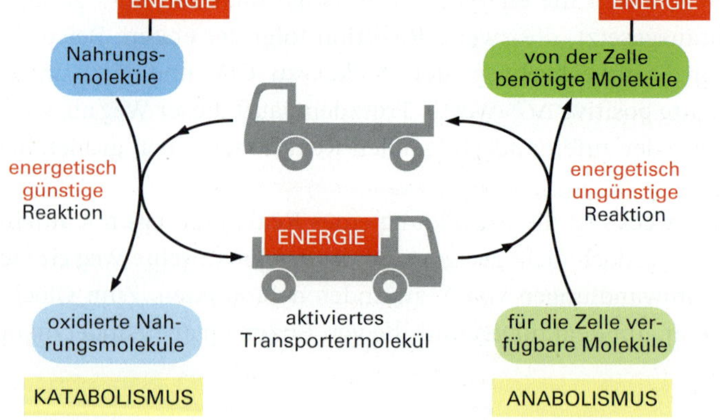

Abb. 2.31 Energietransfer und die Funktion der aktivierten Transportmetaboliten im Stoffwechsel. Aktivierte Transporter (*Carrier*)-Moleküle dienen sozusagen als Energiependler (*Shuttles*) – sie arbeiten als Zu- und Zwischenträger, die den Abbau von Nahrungsmolekülen und die Freisetzung ihrer Bindungsenergie (*Katabolismus*) mit den energiebenötigenden Biosynthesen kleiner und großer organischer Moleküle (*Anabolismus*) verbinden.

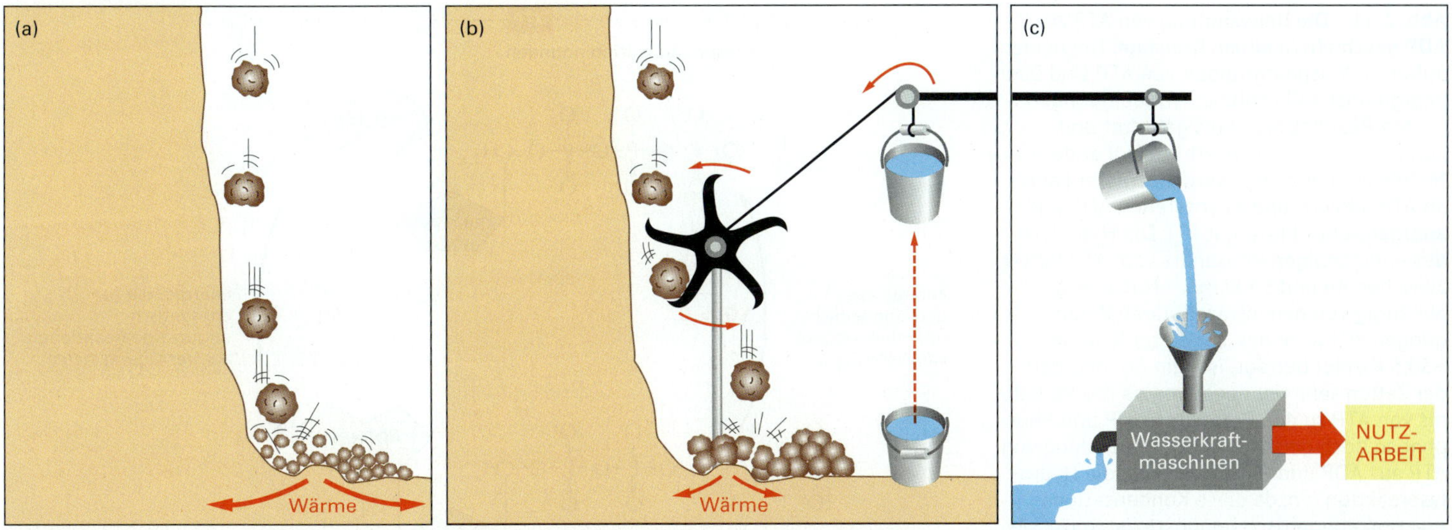

Kinetische Energie, nur in Wärmeenergie verwandelt.

Ein Teil der kinetischen Energie wird verwendet, um den Eimer mit Wasser zu heben, und ein entsprechend geringerer Teil wird als Wärme zerstreut.

Die potenzielle kinetische Energie, die im angehobenen Eimer mit Wasser gespeichert ist, kann benutzt werden, um hydraulische Maschinen anzutreiben, die allerhand nützliche Arbeit leisten.

Abb. 2.32 Ein mechanisches Modell, das das Prinzip der gekoppelten chemischen Reaktion veranschaulicht. Die spontane Reaktion in (a) dient als Analogie für die direkte Oxidation von Glukose zu CO_2 und H_2O, bei der lediglich Wärme entsteht. In (b) ist die gleiche Reaktion an eine zweite Reaktion gekoppelt. Diese zweite Reaktion ist eine Analogie für die Synthese aktivierter Transportermoleküle. In (b) wird die Energie in einer brauchbareren Form als in (a) erzeugt und kann benutzt werden, um verschiedene energetisch ungünstige Reaktionen anzutreiben (c).

nutzbringend verwendet werden, um ein Schaufelrad zu drehen, das einen Eimer mit Wasser anhebt (**Abb. 2.32b**). Nun erreichen die Steine den Boden erst, nachdem sie Arbeit am Schaufelrad geleistet haben – folglich ist die energetisch günstige Reaktion des Steinsturzes unmittelbar an die energetisch ungünstige Hebearbeit des Wassereimers *gekoppelt*. In **Abb. 2.32b** verlieren die fallenden Steine den Teil der Energie, der zur Arbeitsverrichtung verwendet wird. Daher schlagen sie weniger heftig auf dem Boden auf als in **Abb. 2.32a**, und es geht entsprechend weniger Energie als Wärme verloren.

Ähnliche Vorgänge finden in Zellen statt – dort übernehmen Enzyme die Funktion des Schaufelrads. Durch Mechanismen, die wir später in diesem Kapitel diskutieren, koppeln Enzyme eine energetisch günstige Reaktion, wie die Oxidation von Nahrungsstoffen, an eine energetisch ungünstige Reaktion, wie die Bildung eines aktivierten Transportermoleküls. In diesem Beispiel ist die bei der Oxidationsreaktion freigesetzte Wärmemenge genau um die Menge vermindert, die der in den energiereichen kovalenten Bindungen des aktivierten Transporters gespeicherten Energie entspricht. Und das aktivierte Trägermolekül nimmt ein Energiepaket auf, dessen Größe ausreicht, um eine chemische Reaktion irgendwo anders in der Zelle anzutreiben.

2.2.15 ATP ist das meistverwendete aktivierte Transportermolekül

Der wichtigste und gewandteste aktive Transporter in Zellen ist **ATP** (Adenosintriphosphat). Genau wie sich die in **Abb. 2.32b** im angehobenen Wassereimer gespeicherte Energie nutzen lässt, um hydraulische Maschinen zu betreiben, ist ATP ein praktischer und vielseitiger Energievorrat, um eine enorme Vielzahl chemischer Reaktionen in der Zelle anzutreiben. ATP wird durch Kopplung einer Reaktion erzeugt, die energetisch günstig ist, mit einer energetisch ungünstigen Phosphorylierungsreaktion, bei der eine Phosphatgruppe an **ADP** (Adenosindiphosphat) ankondensiert wird. Bei Bedarf gibt ATP das in dieser Bindung gespeicherte Energiepaket durch die Energie liefernde Hydrolyse zu ADP und anorganischem Phosphat

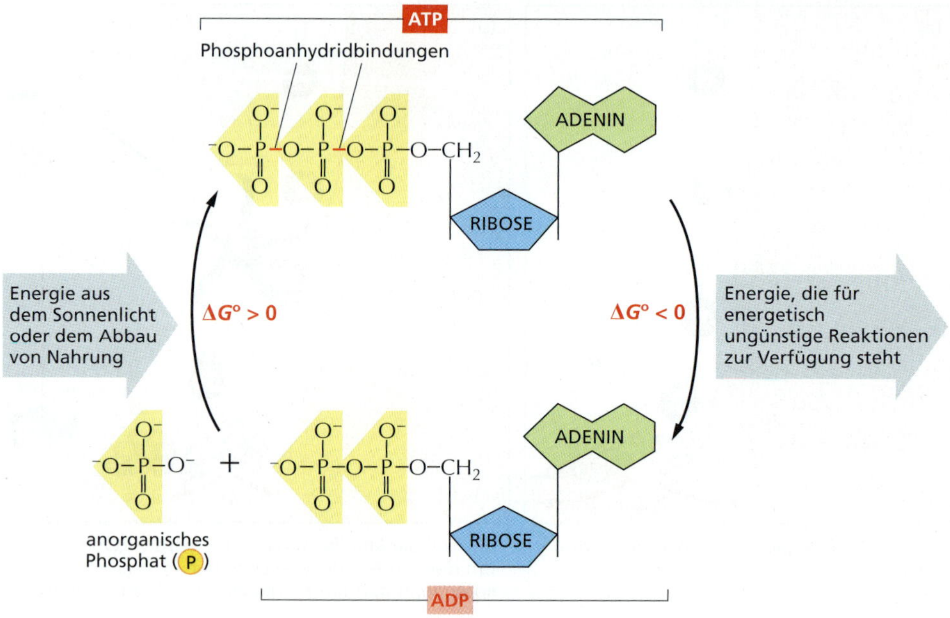

Abb. 2.33 Die Umwandlung von ATP zu ADP geschieht in einem Kreislauf. Die beiden äußeren Phosphatgruppen von ATP sind über energiereiche Phosphoanhydridbindungen an den Rest des Moleküls geheftet und können leicht hydrolysiert und auf andere Moleküle übertragen werden. Wasser kann an ATP addiert, und es entstehen ADP und anorganisches Phosphat (P_a). Die Hydrolyse des endständigen Phosphats vom ATP liefert zwischen 46 und 54 kJ mol^{-1} Nutzenergie, abhängig von den intrazellulären Bedingungen. (Obwohl das ΔG^0 dieser Reaktion −30,5 KJ/Mol beträgt, ist sein ΔG innerhalb der Zellen sehr viel negativer, da das Verhältnis von ATP zu den Produkten ADP und Phosphat so hoch gehalten wird). Die Bildung von ATP aus ADP und Phosphat kehrt die Hydrolysereaktion um; da diese Kondensationsreaktion energetisch ungünstig ist, muss sie an eine energetisch hoch günstige Reaktion gekoppelt sein, um ablaufen zu können.

(Pa) wieder ab (**Abb. 2.33**). Das dabei zurückgewonnene ADP steht dann für eine neue Runde der Energie speichernden Phosphorylierungsreaktion zu ATP zur Verfügung.

Die beiden äußersten Phosphatgruppen in ATP werden mit dem restlichen Molekül über zwei „energiereiche“ kovalente Bindungen verknüpft, weil jede dieser Phosphoanhydridbindungen bei der Hydrolyse eine große Menge Freier Energie freisetzt. Die ungewöhnlich hohe negative Änderung der Freien Energie für diese Hydrolysereaktionen ergibt sich durch eine Reihe von Faktoren. Die Freisetzung der endständigen Phosphatgruppe, wenn ATP zu ADP wird, beseitigt eine ungünstige Abstoßung zwischen benachbarten negativen Ladungen; zudem wird das freigesetzte anorganische Phosphat-Ion sowohl durch Resonanz als auch durch die Bildung einer günstigen Wasserstoffbrücke mit Wasser stabilisiert.

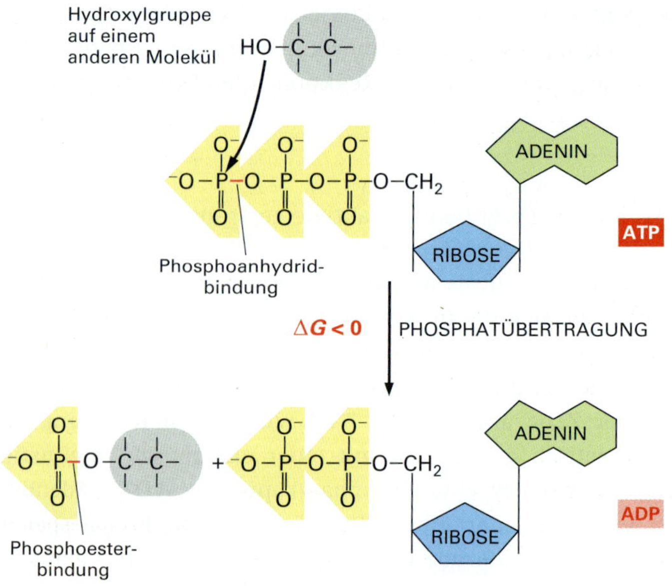

Abb. 2.34 Ein Beispiel einer Phosphatübertragungsreaktion. Da eine energiereiche Phosphoanhydridbindung von ATP in eine Phosphoesterbindung umgewandelt wird, ist diese Reaktion energetisch begünstigt, denn sie hat ein großes negatives ΔG. Reaktionen dieses Typs sind an der Synthese von Phospholipiden und an den Anfangsschritten der Reaktionen beteiligt, die Zucker abbauen, sowie an vielen anderen Stoffwechselwegen.

Die energetisch günstige Reaktion der ATP-Hydrolyse ist an viele ansonsten energetisch ungünstige Reaktionen gekoppelt, durch die benötigte Moleküle synthetisiert werden.

Viele dieser gekoppelten Reaktionen enthalten eine Übertragung (Transfer) der endständigen (terminalen) Phosphatgruppe von ATP auf andere Moleküle durch Phosphorylierungsreaktionen (**Abb. 2.34**).

Als der häufigste Energieträger in der Zelle ist ATP die prinzipielle Energiewährung. Um nur zwei Beispiele zu geben: Es liefert Energie, um die vielen Pumpen zu betreiben, die Moleküle und Ionen in die Zelle hinein- und hinaustransportieren (Kapitel 11). Außerdem liefert es die Energie für die molekularen Motoren, die Muskelzellen kontrahieren oder in Nervenzellen Stoffe von einem Ende des langen Axons zum anderen transportieren (Kapitel 16).

2.2.16 In ATP gespeicherte Energie wird häufig genutzt, um zwei Moleküle zu verknüpfen

Wir haben vorhin die Möglichkeit besprochen, dass eine energetisch günstige Reaktion an eine energetisch ungünstige Reaktion X → Y gekoppelt werden kann, um es ihr zu ermöglichen, abzulaufen. Bei diesem Vorgang katalysiert ein zweites Enzym die energetisch günstige Reaktion Y → Z und zieht alle X-Moleküle in Richtung Y. Wenn jedoch das Zielprodukt Y ist und nicht Z, ist dieses Verfahren unbrauchbar.

Eine typische Biosynthesereaktion ist eine Reaktion, bei der zwei Moleküle A und B über eine energetisch ungünstige *Kondensationsreaktion* zu der Verbindung A–B verknüpft werden B–H + A–OH → A–B + H_2O:Es gibt einen indirekten Weg für die Kondensation von B–H und A–OH zu A–B, bei dem eine Koppelung mit der Hydrolyse von ATP die Reaktion ablaufen lässt. Hierbei wird zunächst die Hydrolyseenergie von ATP benutzt, um A–OH in ein energiereicheres Zwischenprodukt umzuwandeln, das dann in einem zweiten Schritt direkt mit B–H zu A–B reagiert. Der einfachst mögliche Mechanismus umfasst die Übertragung einer Phosphatgruppe von ATP auf A–OH, sodass A–O–PO_3 entsteht. In diesem Fall enthält der Reaktionsweg die beiden Schritte:

1. A–OH + ATP → A–O–PO_3 + ADP
2. B–H + A–O–PO_3 → A–B + Phosphat

Nettoergebnis: A–OH + ATP + B–H → AB + ADP + Phosphat

Die energetisch sehr ungünstige Kondensationsreaktion wird dadurch erzwungen, dass sie enzymkatalysiert an die ATP-Hydrolyse gekoppelt ist (**Abb. 2.35a**).

Über genau solch einen Biosynthese-Reaktionstyp wird die Aminosäure Glutamin aus Glutaminsäure und Ammoniak gebildet (**Abb. 2.35b**). Wir werden gleich sehen, dass ähnliche, aber komplexere Mechanismen ebenfalls eingesetzt werden, um die großen Biomakromoleküle der Zelle aufzubauen.

2.2.17 NADH und NADPH sind wichtige Elektronentransporter

Andere wichtige aktivierte Transportermoleküle beteiligen sich an Oxidations/Reduktions(Redox)-Reaktionen und sind häufig Mitwirkende bei gekoppelten Reaktionen in Zellen. Diese aktivierten Transporter sind darauf spezialisiert, auf hohem Energieniveau gehaltene Elektronen (manchmal als „energiereiche" Elektronen bezeichnet) und Wasserstoffatome zu übertragen. Die wichtigsten dieser Elektronen-Carrier sind **NAD^+** (Nikotinamid-Adenin-Dinukleotid) und das nahe verwandte Molekül **$NADP^+$** (Nikotinamid-Adenin-Dinukleotid-Phosphat). Als Teil einer enzymkatalysierten

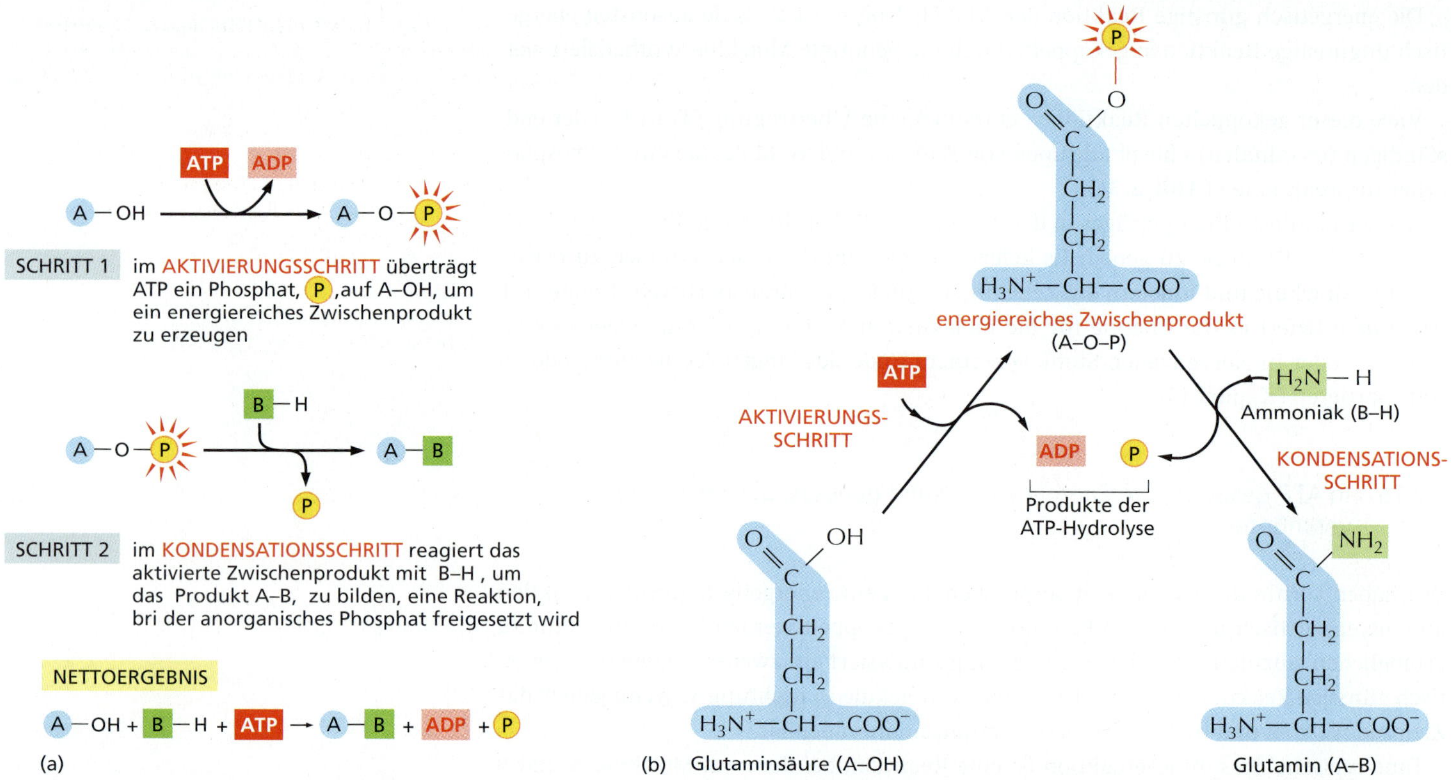

Abb. 2.35 **Ein Beispiel für eine energetisch ungünstige Biosynthesereaktion, die durch ATP-Hydrolyse angetrieben wird.** (a) Schematische Darstellung der im Text beschriebenen Kondensationsreaktion. In dieser Reaktionsserie wird zunächst eine Phosphatgruppe von ATP gespendet, um eine energiereiche Zwischenstufe, A–O–PO_3, zu bilden. Diese reagiert dann mit dem anderen Substrat B–H und bildet das Produkt A–B. (b) Die Reaktion zeigt die Biosynthese der Aminosäure Glutamin aus Glutaminsäure. Glutaminsäure, die dem in (A) gezeigten A–OH entspricht, wird zunächst in ein energiereiches phosphoryliertes Zwischenprodukt umgewandelt (entspricht der Verbindung A–O–PO_3 im Text). Dieses Zwischenprodukt reagiert dann mit Ammoniak (entspricht B–H), um Glutamin zu bilden. Bei diesem Beispiel finden beide Schritte an der Oberfläche des gleichen Enzyms, der *Glutamin-Synthase*, statt (nicht gezeigt). Die ATP-Hydrolyse kann diese energetisch ungünstige Reaktion antreiben, weil sie einen günstige Änderung der Freien Energie erzeugt (ΔG^0 -30,5 KJ/Mol), was größer ist als die Energie, die für die Synthese von Glutamin aus Glutaminsäure plus MH_3 erforderlich ist (ΔG^0 +14,2 KJ/Mol). Zur Klarheit ist die Glutaminsäure-Seitenkette in ungeladener Form dargestellt.

Reaktion, bei der ein Substratmolekül oxidiert wird, nimmt jedes jeweils ein „Energiepaket" auf, das aus zwei Elektronen plus einem Proton (H^+) besteht, und sie werden dabei zu **NADH** (*reduziertes* Nikotinamid-Adenin-Dinukleotid) bzw. **NADPH** (*reduziertes* Nikotinamid-Adenin-Dinukleotid-Phosphat) umgewandelt (**Abb. 2.36**). Diese Moleküle können demnach als Überträger eines Hydrid-Ions ($H^+ + 2e^- = H^-$) betrachtet werden.

Wie ATP ist NADPH ein aktivierter Transporter, der an vielen wichtigen Biosynthesereaktionen teilnimmt, die an sich energetisch ungünstig wären. NADPH entsteht nach dem allgemeinen Reaktionsschema in **Abb. 2.36a**. Im Verlauf spezieller energieliefernder Abbaureaktionen werden zwei Protonen vom Substratmolekül entfernt. Beide Elektronen, aber nur ein Wasserstoffatom (also ein Hydrid-Ion, H^-) werden vom Nikotinamidring des $NADP^+$ aufgenommen, sodass sich NADPH bildet, wobei ein zweites Wasserstoffatom als Proton (H^+) in die Lösung freigesetzt wird. Dies ist eine typische Redoxreaktion: Das Substrat wird oxidiert, und der Transportmetabolit $NADP^+$ wird reduziert.

Das durch NADPH transportierte Hydrid-Ion wird bereitwillig in einer angeschlossenen Oxidations/Reduktions-Reaktion abgegeben, weil der Nikotinamidring dabei wieder eine stabilere Elektronenanordnung besitzt. Bei diesen $NADP^+$-regenerierenden Redoxkoppelungen wird der Elektronendonator NADPH oxidiert und das

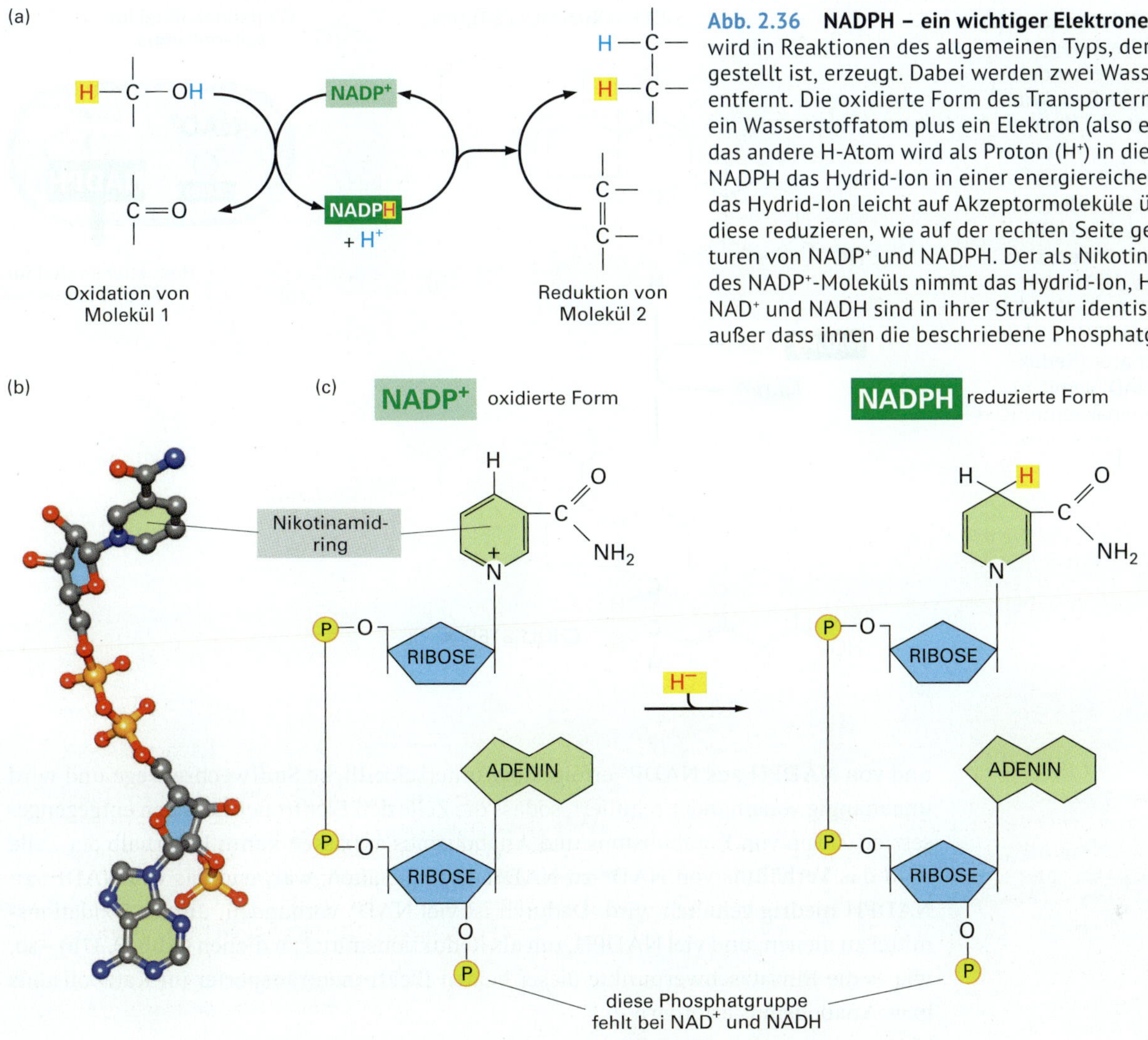

Abb. 2.36 NADPH – ein wichtiger Elektronentransporter. (a) NADPH wird in Reaktionen des allgemeinen Typs, der auf der linken Seite dargestellt ist, erzeugt. Dabei werden zwei Wasserstoffatome vom Substrat entfernt. Die oxidierte Form des Transportermoleküls, $NADP^+$, erhält ein Wasserstoffatom plus ein Elektron (also ein Hydrid-Ion, H^-), und das andere H-Atom wird als Proton (H^+) in die Lösung abgegeben. Da NADPH das Hydrid-Ion in einer energiereichen Bindung enthält, kann das Hydrid-Ion leicht auf Akzeptormoleküle übertragen werden und diese reduzieren, wie auf der rechten Seite gezeigt ist. (b, c) Die Strukturen von $NADP^+$ und NADPH. Der als Nikotinamidring bezeichnete Teil des $NADP^+$-Moleküls nimmt das Hydrid-Ion, H^-, auf, und bildet NADPH. NAD^+ und NADH sind in ihrer Struktur identisch zu $NADP^+$ und NADPH, außer dass ihnen die beschriebene Phosphatgruppe fehlt.

Elektronenakzeptor-Substrat reduziert. NADPH gibt sein Hydrid-Ion aus genau dem gleichem Grund bereitwillig an andere Moleküle ab, aus dem ATP seine Phosphatgruppe leicht überträgt: In beiden Fällen geht die Übertragung mit einer großen negativen Änderung der Freien Energie einher. Ein Beispiel für die Verwendung von NADPH in einer Biosynthesereaktion ist in **Abb. 2.37** gezeigt.

Dass NADPH eine Phosphatgruppe mehr besitzt als NADH, wirkt sich nicht auf die Eigenschaften von NADPH im Vergleich zu NADH aus, denn die Phosphatgruppe ist weit entfernt von der Region, die an der Elektronenübertragung beteiligt ist (**Abb. 2.36c**). Allerdings verleiht sie dem Molekül eine von NADH etwas abweichende Form, weshalb NADPH und NADH als Überträgersubstrate an unterschiedliche Enzymtypen binden. Auf diese Weise werden die beiden Elektronentransporter dazu benutzt, Elektronen (oder Hydrid-Ionen) zwischen verschiedenen Gruppen von Enzymen hin und her zu transportieren.

Warum braucht die Zelle diese Arbeitsteilung? Die Antwort liegt in der Notwendigkeit, zwei Gruppen von Elektronentransfer-Reaktionen unabhängig voneinander zu kontrollieren. NADPH arbeitet vornehmlich mit Enzymen zusammen, die anabole Reaktionen katalysieren, und liefert energiereiche Elektronen, die nötig sind, um energiereiche Biomoleküle zu synthetisieren. Dagegen hat NADH seinen Einsatzschwerpunkt in den katabolen Systemen der Reaktionen, die ATP durch die Oxidation von Nahrungsmolekülen erzeugen, wie wir in Kürze darstellen werden. Die Entstehung von NADH aus NAD^+

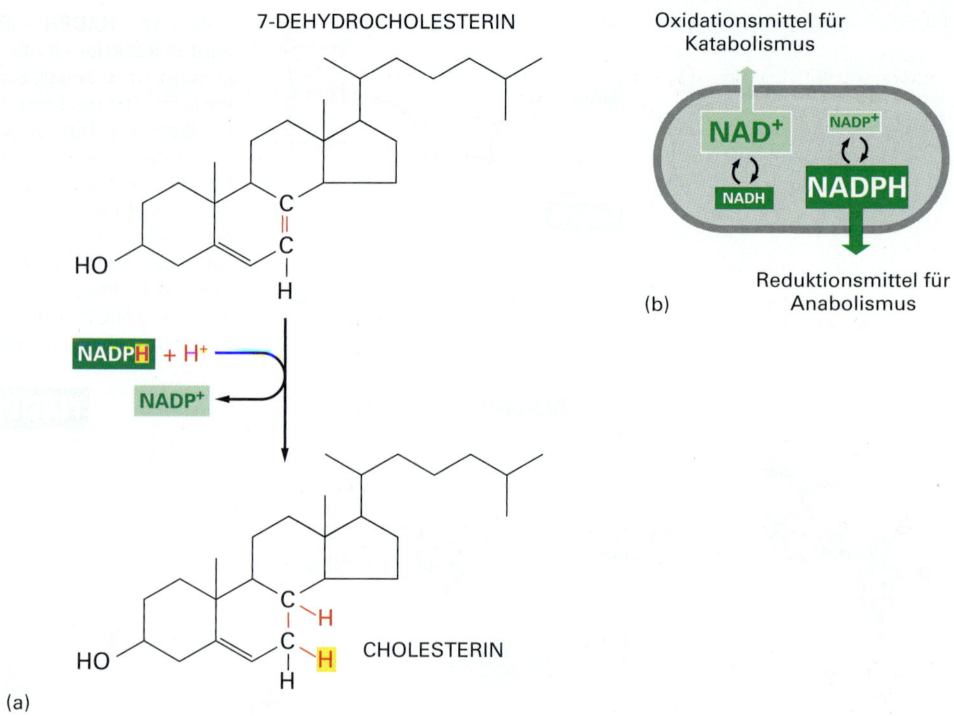

Abb. 2.37 NADPH als Reduktionsmittel. (a) Der letzte Schritt im Biosyntheseweg, der zu Cholesterin führt. Wie in vielen anderen Biosynthesereaktionen wird die Reduktion der C=C-Doppelbindung durch die Übertragung eines Hydrid-Ions (H^-) vom Trägermetaboliten NADPH und eines Protons (H^+) aus der Lösung erreicht. (b) Indem der NADPH-Spiegel hoch und der NADP-Spiegel niedrig gehalten wird, ändert sich das Redoxpotenzial für jedes der beiden Redoxpaare – NADPH:$NADP^+$ (s. Tafel 14.1). Dadurch wird, wie gezeigt, NADPH zu einem viel stärkeren Elektronendonator (Reduktionsmittel) als NADH und NAD^+ somit zu einem viel besseren Elektronenakzeptor (Oxidationsmittel) als $NADP^+$.

und von NADPH aus $NADP^+$ erfolgt über unterschiedliche Stoffwechselwege und wird unabhängig voneinander reguliert, sodass die Zelle den Elektronenfluss den entgegengesetzten Zielen von Katabolismus und Anabolismus anpassen kann. Innerhalb der Zelle wird das Verhältnis von NAD^+ zu NADH hoch gehalten, während das von $NADP^+$ zu NADPH niedrig gehalten wird. Dadurch ist viel NAD^+ vorhanden, um als Oxidationsmittel zu dienen, und viel NADPH, um als Reduktionsmittel zu dienen (Abb. 2.37b) – so, wie es die Einsatzschwerpunkte dieser beiden Elektronentransporter im Katabolismus bzw. Anabolismus erfordern.

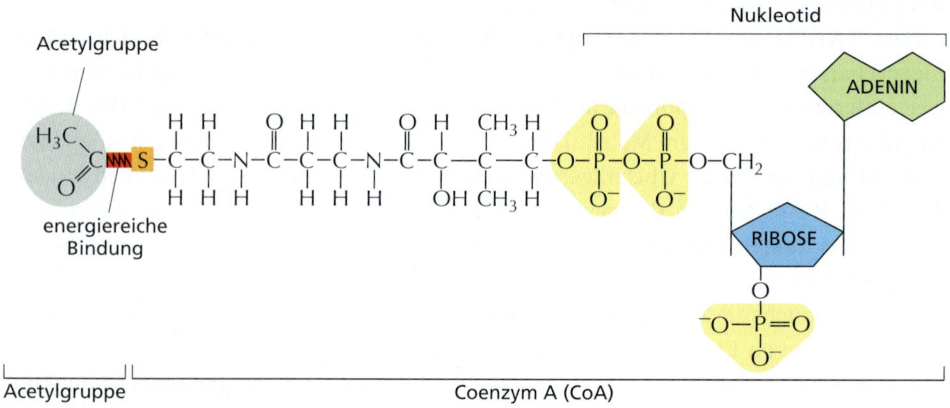

Abb. 2.38 Die Struktur des wichtigen aktivierten Transportmoleküls Acetyl-Coenzym A. Das Schwefelatom (*gelb*) bildet eine Thioesterbindung zum Acetylrest. Da es sich hierbei um eine energiereiche Bindung handelt, wird bei ihrer Hydrolyse viel Freie Energie verfügbar. Der Acetylrest kann deshalb leicht auf andere Moleküle übertragen werden.

Tab. 2.3 Einige aktivierte Trägermoleküle, die häufig im Stoffwechsel verwendet werden.

Aktivierter Transportmetabolit	Mit energiereicher Bindung übertragene Gruppe
ATP	Phosphat (HPO_4^{2-})
NADH, NADPH, $FADH_2$	Elektronen und Wasserstoff (e^-, –H/H$^+$)
Acetyl-CoA	Acetylgruppe (–$COCH_3$)
Carboxyliertes Biotin	Carboxygruppe (–COOH)
S-Adenosylmethionin	Methylgruppe (–CH_3)
Uridindiphosphatglukose	Glukose

2.2.18 Es gibt noch weitere aktivierte Transportmoleküle in Zellen

Andere aktivierte Transportmoleküle nehmen ebenfalls chemische Gruppen in stabilisierter energiereicher Bindung auf und transportieren sie. Zum Beispiel trägt Coenzym A eine leicht übertragbare Acetylgruppe in Thioesterbindung. In diesem aktivierten Zustand wird es als **Acetyl-CoA** (Acetyl-Coenzym A) bezeichnet. Acetyl-CoA (**Abb. 2.38**) dient dazu, bei der Biosynthese großer Moleküle Zweikohlenstoff(C_2)-Einheiten bereitzustellen und zu addieren.

In Acetyl-CoA und den anderen Überträgermolekülen macht die zu übertragende Gruppe nur einen kleinen Teil des Moleküls aus. Der Rest besteht aus einer großen organischen Portion, die als praktischer „Griff" dient und die Erkennung des Trägermoleküls durch spezifische Enzyme erleichtert. Bei Acetyl-CoA, und auch sonst sehr häufig, enthält dieser „Griff" ein Ribonukleotid (üblicherweise Adenosin). Diese bemerkenswerte Tatsache könnte ein Überbleibsel aus einem frühen Stadium der Evolution sein. Man nimmt heutzutage an, dass die Haupt-Katalysatoren der Urformen des Lebens – vor DNA oder Proteinen – RNA-Moleküle oder nahe Verwandte von ihnen waren, wie es in Kapitel 6 dargestellt ist. Es ist reizvoll, sich vorzustellen, dass viele der Transportermoleküle, die wir heute vorfinden, aus einer RNA-Urwelt stammen, in der ihre Nukleotidanteile nützlich waren, um sie an RNA-Enzyme (Ribozyme) zu binden.

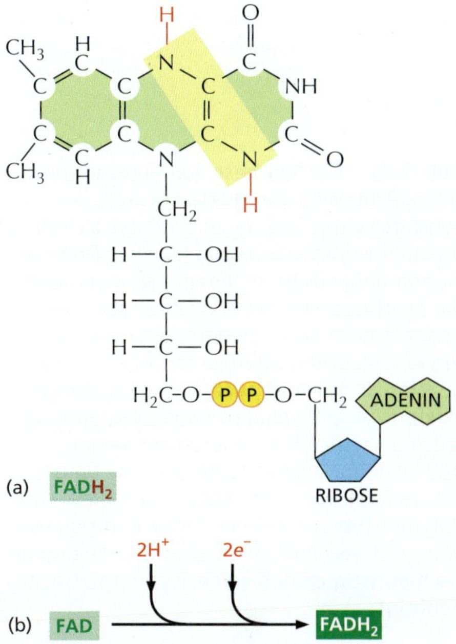

Abb. 2.39 **FADH$_2$ ist wie NADH und NADPH ein Überträger von Wasserstoff und energiereichen Elektronen.** (a) Struktur von FADH$_2$, die Wasserstoff übertragenden Atome sind *gelb* unterlegt. (b) Bildung von FADH$_2$ aus FAD (Flavinadenindinukleotid).

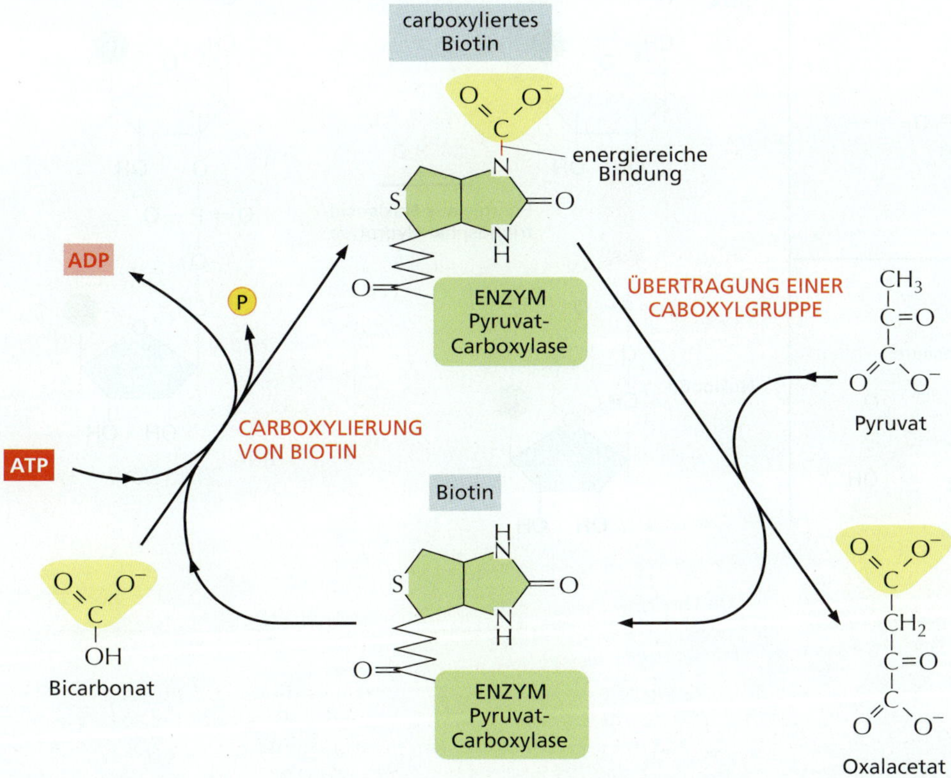

Abb. 2.40 **Eine Carboxygruppen-Übertragungsreaktion, die ein aktiviertes Transportermolekül benutzt.** Das Enzym *Pyruvat-Carboxylase* verwendet carboxyliertes Biotin, um bei der Synthese von Oxalacetat – einem Molekül, das für den Zitronensäurezyklus nötig ist – eine Carboxygruppe auf Pyruvat zu übertragen. Auch andere Enzyme arbeiten nach diesem Prinzip und übertragen mithilfe von enzymgebundenem Biotin, einem Vitamin aus der B-Gruppe, Carboxygruppen auf Akzeptormoleküle. Die für die Synthese von carboxyliertem Biotin erforderliche Energie stammt aus ATP – ein allgemeines Charakteristikum vieler Transporter-Aktivierungen.

Somit überträgt ATP Phosphat, NADPH Elektronen und Wasserstoff, und Acetyl-CoA überträgt Zweikohlenstoff-Acetylgruppen. **FADH$_2$** (reduziertes Flavin-Adenin-Dinukleotid) wird wie NADH für Elektronen- und Protonenübertragungen eingesetzt (**Abb. 2.39**). Die Reaktionen anderer aktivierter Transportmetabolite umfassen den Transfer von Methyl-, Carboxy- oder Glukosegruppen bei Biosynthesen (**Tab. 2.3**).

Die verwendeten aktivierten Transporter entstehen üblicherweise durch Reaktionen, die an die Hydrolyse von ATP gekoppelt sind, wie es **Abb. 2.40** als Beispiel darstellt. Somit stammt die Energie, die diese Gruppen für Biosynthesen verwertbar macht, letzten Endes immer aus den katabolen Stoffwechselreaktionen, bei denen ATP erzeugt wird. Gleichartige Vorgänge kommen auch bei der Synthese der sehr großen Moleküle der Zelle (Nukleinsäuren, Proteine und Polysaccharide) vor, die wir als Nächstes betrachten wollen.

2.2.19 Die Synthese von Biopolymeren wird durch die ATP-Hydrolyse angetrieben

Wie wir vorhin gesehen haben, bilden die Makromoleküle den überwiegenden Anteil der Trockenmasse einer Zelle (s. **Abb. 2.7**). Diese Moleküle sind aus Untereinheiten oder monomeren Grundbausteinen aufgebaut, die miteinander durch eine *Kondensationsreaktion*

Abb. 2.41 Die Synthese von Polysacchariden, Proteinen und Nukleinsäuren. Die Synthese eines Teils (a) eines Polysaccharids, (b) einer Nukleinsäure und (c) eines Proteins ist hier dargestellt. In jedem Fall beinhaltet die Synthese eine Kondensationsreaktion, in der Wasser verloren geht; die beteiligten Atome sind *rosafarben* schattiert. Nicht gezeigt ist der Verbrauch von energiereichen Nukleosidtriphosphaten für die Aktivierung jedes einzelnen Monomeren vor seiner Addition. Im Gegensatz dazu ist die umgekehrte Reaktion – der Abbau aller dieser drei Polymer-Typen – eine einfache Addition von Wasser (Hydrolyse, nicht gezeigt), die energetisch günstig ist und keinerlei Energieträger benötigt.

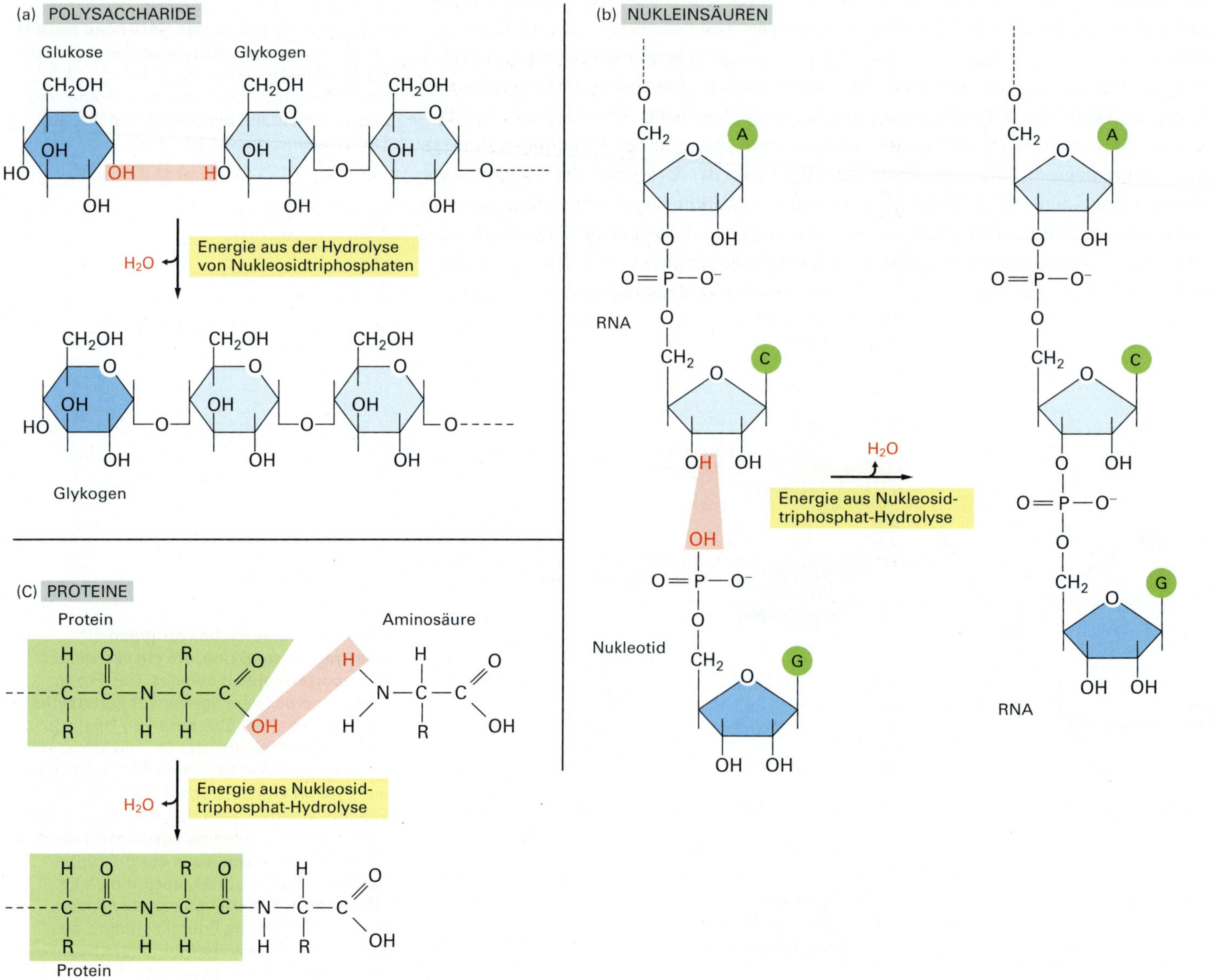

verbunden werden. Dabei werden von den beiden Reaktionspartnern die Bestandteile OH und H eines Wassermoleküls (H_2O) entfernt. Dementsprechend erfolgt die umgekehrte Reaktion – der Abbau aller Polymertypen – durch die enzymkatalysierte Addition von Wasser, also durch eine *Hydrolyse*. Hydrolysereaktionen sind energetisch günstig, während die biosynthetischen Kondensationen eine Energiezufuhr benötigen (s. **Abb. 2.9**).

Die Nukleinsäuren (DNA und RNA), Proteine und Polysaccharide sind Polymere, die durch wiederholtes Hinzufügen eines Monomers an das Ende einer wachsenden Kette gebildet werden. Die Synthesereaktionen dieser drei Biomakromolekültypen sind in **Abb. 2.41** skizziert. Der Kondensationsschritt hängt in jedem Fall von Energie aus der Hydrolyse von Nukleosidtriphosphaten ab. Trotzdem verbleiben – mit Ausnahme der Nukleinsäuren – in den Endprodukten keine Phosphatgruppen. Wie sind die Reaktionen, die die Energie der ATP-Hydrolyse freisetzen, an die Polymersynthesen gekoppelt?

Für jeden Makromolekültyp gibt es einen enzymkatalysierten Syntheseweg, der demjenigen ähnelt, den wir zuvor für die Synthese der Aminosäure Glutamin (s. **Abb. 2.35**) kennen gelernt haben. Das Prinzip ist genau das gleiche: Zunächst wird die OH-Gruppe, die bei der Kondensationsreaktion entfernt werden soll, aktiviert, indem sie über eine energiereiche Bindung mit einem zweiten Molekül verknüpft wird. Der tatsächliche Mechanismus, über den die ATP-Hydrolyse an die Synthese von Proteinen und Polysacchariden gekoppelt wird, ist allerdings insofern komplizierter als derjenige, der bei der Glutamin-Synthese verwendet wird, weil mehr als ein energiereiches Zwischenprodukt erforderlich ist, um die letzte energiereiche Bindung zu erzeugen; diese wird beim Kondensationsschritt gespalten (in Kapitel 6 ist dies für die Proteinsynthese ausführlich erklärt).

Jeder aktivierte Transporter kann nur bis zu einer bestimmten Grenze Biosynthesen antreiben. Das ΔG der Hydrolyse von ATP zu ADP und anorganischem Phosphat (P_a) hängt von der Konzentration aller Reaktionspartner ab. Unter den gewöhnlichen Bedingungen in einer Zelle liegt es zwischen –46 und –54 kJ mol^{-1}. Im Prinzip kann diese Hydrolysereaktion benutzt werden, um eine energetisch ungünstige Reaktion mit einem ΔG von etwa +40 kJ mol^{-1} anzutreiben – vorausgesetzt, es gibt einen passenden Reaktionsweg. Für manche Biosynthesereaktionen liefern aber sogar –50 kJ mol^{-1} keine ausreichende Antriebskraft. In diesen Fällen kann der Weg der ATP-Hydrolyse so verändert

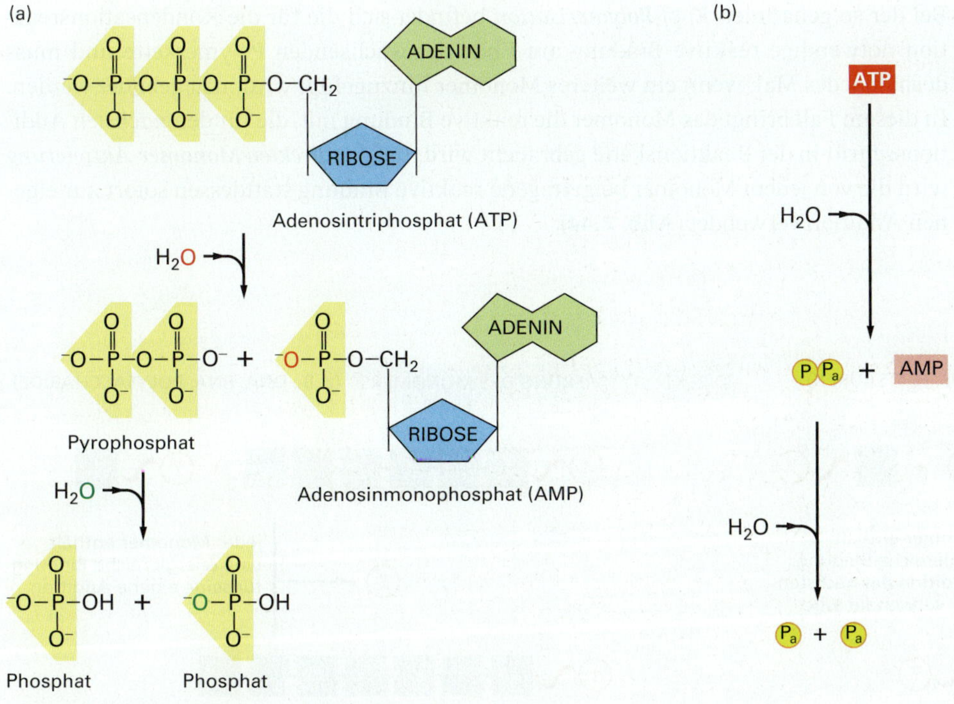

Abb. 2.42 Ein alternativer Weg der ATP-Hydrolyse, bei dem zuerst Pyrophosphat gebildet und anschließend hydrolysiert wird. Dieser Weg entlässt ungefähr doppelt so viel Freie Energie (ungefähr -100 kJ mol^{-1}) wie die vorher in **Abb. 2.33** gezeigte Reaktion und bildet AMP anstatt ADP. (a) In den beiden aufeinanderfolgenden Hydrolysereaktionen werden, wie angedeutet, Sauerstoffatome aus dem beteiligten Wassermolekül in den Produkten zurückgehalten, wogegen die Wasserstoffatome als Protonen (H^+) in die Lösung abdissoziieren (nicht dargestellt). (b) Zusammenfassung der Gesamtreaktion.

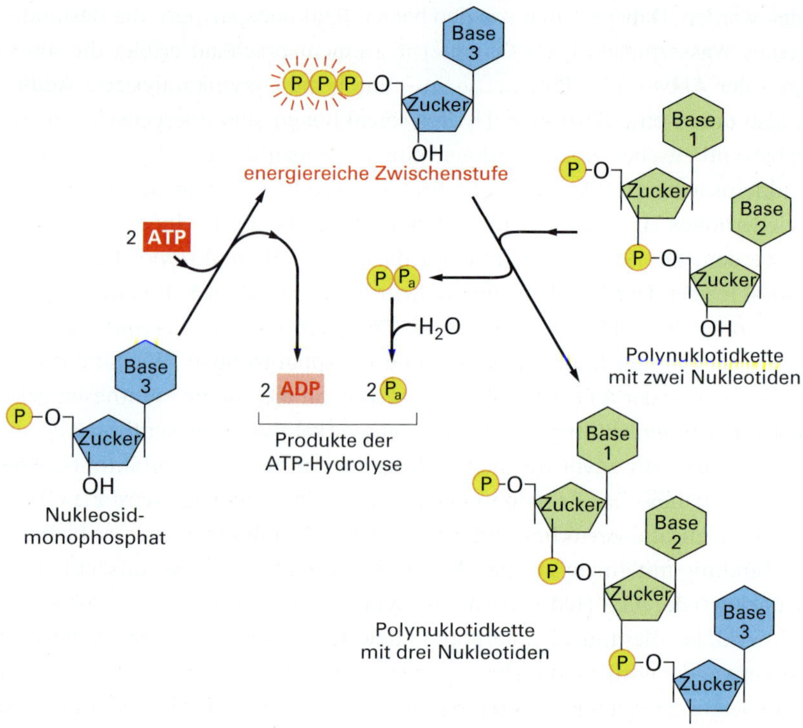

Abb. 2.43 Die Synthese eines Polynukleotids (RNA oder DNA) ist ein vielstufiger Vorgang, der durch die Hydrolyse von ATP angetrieben wird. Im ersten Schritt wird ein Nukleosidmonophosphat (ein Nukleotid) durch zwei aufeinanderfolgende Übertragungen der endständigen Phosphatgruppe von ATP aktiviert. Das dadurch entstandene energiereiche Zwischenprodukt – ein Nukleosidtriphosphat – bleibt frei in der Lösung, bis es mit dem wachsenden Ende einer RNA- oder DNA-Kette reagiert, wobei Pyrophosphat frei wird. Dessen Hydrolyse zu anorganischem Phosphat liefert viel Energie und wirkt dabei mit, die Gesamtreaktion in Richtung der hochgradig Ordnung schaffenden Polynukleotid-Synthese zu treiben. Für Einzelheiten s. Kapitel 5.

werden, dass zunächst AMP und anorganisches Pyrophosphat (PP_a) entstehen. Anschließend wird dann das Pyrophosphat – ein ebenfalls energiereiches Anhydridphosphat – in einer gekoppelten Reaktion hydrolysiert (**Abb. 2.42**). Der Gesamtvorgang liefert eine Änderung der Freien Energie von ungefähr -100 kJ mol^{-1}. Eine wichtige Biosynthesereaktion, die auf diese Weise betrieben wird, ist die Nukleinsäure (Polynukleotid)-Synthese aus Nukleosidtriphosphaten, wie es die rechte Seite von **Abb. 2.43** zeigt.

Man beachte, dass die Wege der Polymerisationsreaktionen für Biomakromoleküle in einer von zwei möglichen Richtungen orientiert sein können – diese unterscheiden sich hinsichtlich der Position der energiereichen Bindung, welche die Polymerisation antreibt. Bei der so genannten *Kopf-Polymerisation* befindet sich die für die Kondensationsreaktion notwendige reaktive Bindung am Ende der wachsenden Polymerkette und muss deshalb jedes Mal, wenn ein weiteres Monomer hinzugefügt wird, neu gebildet werden. In diesem Fall bringt das Monomer die reaktive Bindung mit, die für den *nächsten* Additionsschritt in der Reaktionskette gebraucht wird. Bei der *direkten Monomer-Aktivierung* wird die von jedem Monomer beigetragene reaktive Bindung stattdessen sofort zur eigenen Addition verwendet (**Abb. 2.44**).

Abb. 2.44 Die Ausrichtung der aktiven Zwischenstufen wird für wiederholte Kondensationsreaktionen, die zu biologischen Polymeren führen, genutzt. Das Kopf-Wachstum von Polymeren wird mit seiner Alternative, dem Schwanz-Wachstum, verglichen. Wie angedeutet, werden die beiden Mechanismen benutzt, um unterschiedliche Biomakromoleküle zu synthetisieren.

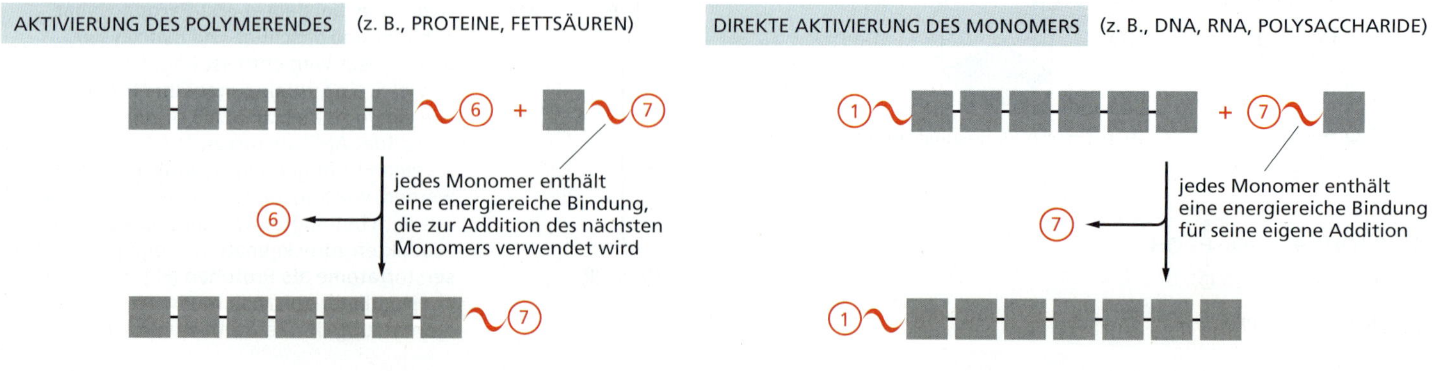

Wir werden in späteren Kapiteln sehen, dass beide Polymerisations-Typen in Zellen vorkommen. Die Synthesen von DNA, RNA und einigen einfachen Polysacchariden geschieht durch direkte Monomer-Aktivierung, während die Synthese von Proteinen durch Kopf-Polymerisation-Aktivierungsvorgänge vonstattengeht.

Zusammenfassung

Lebende Zellen müssen in sich Ordnung schaffen und aufrechterhalten, um zu überleben und zu wachsen. Das ist thermodynamisch nur möglich, weil den Zellen dauernd Energie zugeführt wird. Einen Teil davon setzen sie als Wärme frei, die in der Umgebung zu Unordnung führt. Die einzigen chemisch möglichen Reaktionen sind diejenigen, die den Gesamtbetrag der Unordnung im Universum erhöhen. Die Änderung der Freien Energie einer Reaktion, ΔG, misst diese Unordnung; damit eine Reaktion spontan abläuft, muss ΔG unter null liegen. Dieses ΔG hängt sowohl von den inneren Eigenschaften der reagierenden Moleküle als auch von deren Konzentrationen ab. Es lässt sich aus diesen Konzentrationen berechnen, wenn entweder die Gleichgewichtskonstante K für eine Reaktion oder ihre Änderung der Freien Standardenergie, ΔG^0, bekannt ist.

Die zum Leben benötigte Energie stammt letzten Endes aus der elektromagnetischen Strahlung der Sonne, die in Photosynthese treibenden Mikroorganismen und grünen Pflanzen die Bildung von organischen Molekülen antreibt. Tiere erhalten ihre Energie, indem sie organische Moleküle fressen und sie in einer Abfolge von enzymkatalysierten Reaktionsketten oxidieren. Diese katabolen Reaktionen sind an die Synthese von ATP, der allgemein gültigen Währung für zelluläre Energie, gekoppelt.

Um die Ordnung in Zellen dauerhaft aufrechtzuerhalten, sind energetisch günstige Reaktionen, wie die hydrolytische Spaltung von ATP, an energetisch ungünstige Reaktionen gekoppelt. Bei der Biosynthese von Makromolekülen wird ATP dazu verwendet, reaktive phosphorylierte Zwischenprodukte zu bilden. Da die energetisch ungünstige Biosynthesereaktion jetzt energetisch günstig wird, sagt man, dass ATP die Reaktion antreibt. Polymere Moleküle wie Proteine, Nukleinsäuren und Polysaccharide werden aus kleinen aktivierten Vorläufermolekülen durch wiederholte Kondensationsreaktionen aufgebaut, die durch ATP-Spaltung mit Energie versorgt werden. Weitere reaktive Moleküle, die man aktivierte Transporter (Transportmetabolite) oder Coenzyme nennt, übertragen andere chemische Gruppen bei Biosynthesen: NADPH überträgt Wasserstoff in Form eines Protons mit zwei Elektronen (Hydrid-Ion), Acetyl-Coenzym A überträgt Acetylgruppen (C_2-Einheiten) usw.

2.3 Wie Zellen Energie aus Nahrung gewinnen

Die dauernde Zufuhr von Energie, die Zellen benötigen, um die biologische Ordnung zu erzeugen und zu erhalten, lässt sie überleben. Sie stammt aus der chemischen Bindungsenergie ihrer Nahrungsmoleküle.

Die Proteine, Lipide und Polysaccharide, aus denen unsere Nahrung zum großen Teil besteht, müssen zu kleineren Molekülen abgebaut werden, bevor unsere Zellen sie nutzen können – entweder als Energiequelle oder als Bausteine für andere Moleküle. Die enzymatische Verdauung baut die großen Polymere in der Nahrung in ihre Monomere ab – Proteine zu Aminosäuren, Polysaccharide zu Zucker und Fette zu Fettsäuren und Glycerin. Nach der Verdauung gelangen die kleinen organischen Moleküle vom Blut in das Cytosol der Zellen, wo ihre allmähliche Oxidation beginnt.

Zucker sind besonders wichtige Brennstoffmoleküle. Sie werden in kleinen kontrollierten Schritten zu Kohlenstoffdioxid (CO_2) und Wasser (H_2O) oxidiert (**Abb. 2.45**). In

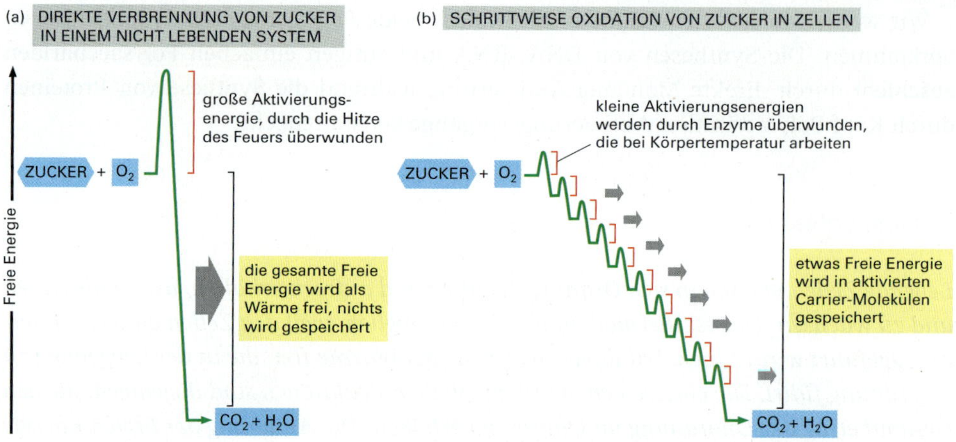

Abb. 2.45 Schematische Darstellung der kontrollierten schrittweisen Oxidation von Zucker in einer Zelle im Vergleich zur gewöhnlichen Verbrennung. (a) Wenn der Zucker in einem einzigen Schritt zu CO_2 und H_2O verbrannt wird, setzt dies eine viel größere Menge Energie frei als für nützliche Arbeit eingefangen werden könnte. (b) In der Zelle katalysieren Enzyme die Oxidation über eine Reihe von kleinen Schritten, wobei die Freie Energie in Paketen handlicher Größe auf Träger-Metabolite – meist ATP und NADH – übertragen wird. Es wird auch Wärme abgegeben, wodurch das Universum ausreichend ungeordnet wird, um den gesamten Weg energetisch günstig zu machen (ΔG ist negativ). Jeden Schritt katalysiert ein Enzym, das die Aktivierungsenergiehürde erniedrigt, die die zufälligen Zusammenstöße der Moleküle überwinden müssen, damit die Reaktion sich bei der innerhalb der Zelle herrschenden Temperatur abspielt (s. **Abb. 2.24**). Man beachte, dass die gesamte Freie Energie, die beim vollständigen oxidativen Abbau von Glukose zu CO_2 und H_2O – 2880 kJ mol^{-1} freigesetzt wird, in (a) und (b) genau die gleiche ist.

diesem Abschnitt verfolgen wir die Hauptstufen des Abbaus (Katabolismus) von Zuckern und zeigen, wie dabei in Tierzellen ATP, NADH und andere aktivierte Transportermoleküle entstehen. Ein ganz gleichartiger Abbau findet auch bei Pflanzen, Pilzen und vielen Bakterien statt. Wie wir noch sehen werden, ist die Oxidation von Fettsäuren genauso wichtig für Zellen. Andere Moleküle wie Proteine können ebenfalls als Energiequellen dienen, wenn sie in die entsprechenden enzymatischen Wege eingeschleust werden.

2.3.1 Die Glykolyse ist der zentrale ATP-erzeugende Stoffwechselweg

Der wichtigste Vorgang zur Oxidation von Zuckern ist die als **Glykolyse** bezeichnete Reaktionsfolge (von griech.: *glykys* = süß und *lysis* = Spaltung). Bei der Glykolyse entsteht ATP ohne Beteiligung von molekularem Sauerstoff (O_2-Gas). Sie läuft im Cytosol den Zellen der meisten Organismen ab, einschließlich vieler anaerober Mikroorganismen. Vermutlich entwickelte sich die Glykolyse sehr früh in der Geschichte des Lebens, bevor durch die Tätigkeit photosynthetisierender Organismen Sauerstoff in die Atmosphäre gelangte. Bei der Glykolyse wird ein Glukosemolekül mit sechs Kohlenstoffatomen in zwei Moleküle *Pyruvat* (Brenztraubensäure) mit je drei Kohlenstoffatomen umgewandelt. Um die Energie für die ersten Reaktionsschritte bereitzustellen, hydrolysiert die Zelle für jedes eingesetzte Glukosemolekül zwei Moleküle ATP. In den späteren Schritten werden jedoch vier Moleküle ATP erzeugt, sodass die Endbilanz der Glykolyse einen Nettogewinn von zwei Molekülen ATP für jedes abgebaute Glukosemolekül ergibt

Das Zusammenpuzzeln des gesamten Glykolysewegs in den 1930er-Jahren war ein wichtiger Triumph der Biochemie, da der Weg aus einer Serie von 10 enzymkatalysierten Reaktionen besteht. Jede bildet ein anderes Glykolyse-Zwischenprodukt, das als Substrat für den nächsten Schritt dient, und jede Reaktion wird von einem spezifischen Enzym katalysiert. Wie bei den meisten Enzymen enden auch die Namen dieser Enzyme mit dem Suffix „*ase*" – es wird entweder an den Reaktionstyp angehängt, den sie katalysieren (z. B. *Isomerase*, *Dehydrogenase*), oder an das Substrat (z. B. ATPase). Die Oxidation des Zuckers findet statt, wenn Elektronen durch NAD$^+$ von einigen der Kohlenstoffe entfernt werden (wodurch NADH entsteht), die vom Glukosemolekül stammen. Ein Teil der bei dieser Oxidation freigesetzten Energie treibt die direkte Synthese von ATP-Molekülen aus ADP und Phosphat an, etwas Energie verbleibt mit den Elektronen im aktivierten Elektronenträger NADH. Der Weg ist in **Abbildung 2.46** skizziert und in **Tafel 2.8** näher dargestellt.

Im Laufe der Glykolyse werden je Molekül Glukose zwei Moleküle NADH gebildet. Bei aeroben Organismen liefern die NADH-Moleküle ihre Elektronen an die Elektronentransportkette (Kapitel 14), und das dabei aus der NADH-Oxidation gebildete NAD$^+$ wird zur Wiederverwendung in die Glykolyse eingeschleust.

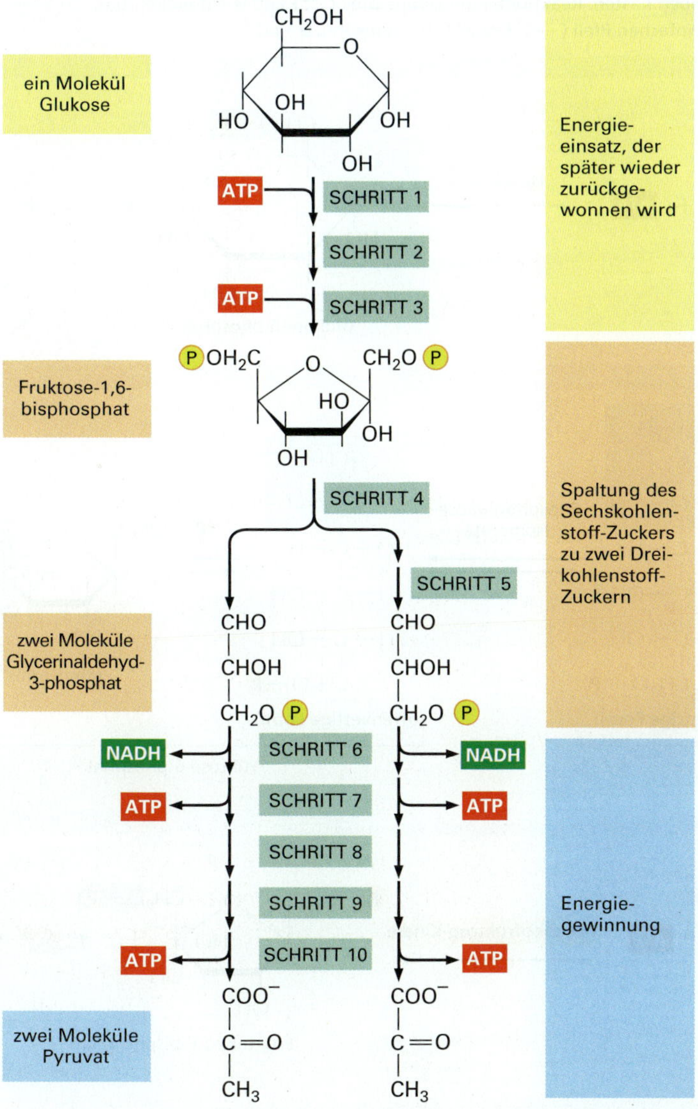

Abb. 2.46 Ein Überblick über die Glykolyse. Jeder der gezeigten 10 Schritte wird durch ein eigenes Enzym katalysiert. Zu beachten ist, dass Schritt 4 einen Sechskohlenstoff-Zucker in zwei Dreikohlenstoff-Zucker spaltet – deshalb muss die Zahl der Moleküle bei jedem nachfolgenden Schritt doppelt gezählt werden. Man beachte, dass auch eines der beiden Produkte von Schritt 4 in Schritt 5 modifiziert (isomerisiert) ist, damit es in ein zweites Molekül Glycerinaldehyd-3-phosphat umgewandelt wird – das andere Produkt von Schritt 4. Wie angezeigt, beginnt mit Schritt 6 die Phase der Energieerzeugung in der Glykolyse. Da bei der frühen Energieinvestitionsphase zwei Moleküle ATP hydrolysiert werden, hat die Glykolyse eine Nettosynthese von zwei ATP- und zwei NADH-Molekülen pro Glukosemolekül. Die Glykolyse heißt auch Embden-Meyerhof-Weg und ist damit nach den beiden Biochemikern benannt, die sie erstmals beschrieben haben. Alle Schritte der Glykolyse sind in **Tafel 2.8** zusammengefasst.

2.3.2 Die Glykolyse zeigt, wie Enzyme Oxidation und Energiespeicherung koppeln

Die Bildung von ATP während der Glykolyse zeigt besonders deutlich, wie Enzyme energetisch ungünstige Reaktionen mit günstigen Reaktionen koppeln und dabei viele chemische Reaktionen antreiben, die das Leben ermöglichen. Zwei zentrale Reaktionen der Glykolyse (Schritt 6 und 7) wandeln die Dreikohlenstoff-Zwischenstufe Glycerinaldehyd-3-phosphat (ein Aldehyd) zu 3-Phosphoglycerat (eine Carbonsäure; s. **Tafel 2.8**) um. Darin ist die Oxidation einer Aldehydgruppe (–CHO) zu einer Carboxygruppe (–COOH) enthalten. Die Gesamtreaktion stellt ausreichend Freie Energie bereit, um ein Molekül ADP zu ATP zu phosphorylieren und gleichzeitig zwei Elektronen plus ein Proton (H^+) vom Aldehyd auf NAD^+ zu übertragen, das dadurch zu NADH reduziert wird. Dabei wird immer noch so viel Energie als Wärme in die Umgebung abgegeben, dass die gesamte Reaktion energetisch günstig abläuft (ΔG^0 = -12,5 kJ mol^{-1}).

Diese bemerkenswerte Leistung ist in **Abb. 2.47** skizziert. Die chemischen Reaktionen werden durch zwei Enzyme, an die die Zucker-Zwischenstufen fest binden, exakt gesteuert. Das erste Enzym – die *Glycerinaldehyd-3-phosphat-Dehydrogenase* (*GAPDH*) – bildet über eine reaktionsfähige Cystein-SH-Gruppe des Enzymproteins eine kovalente

Für jeden Schritt ist der Teil des Moleküls, der eine Änderung erfährt, blau unterlegt, und der Name des Enzyms, das die Reaktion katalysiert, steht in einem gelben Kasten. Reaktionen mit Doppelpfeil (⇄) sind leicht umkehrbar, während solche mit einem einfachen Pfeil (⟶) tatsächlich unumkehrbar sind.

Schritt 1

Glukose wird durch ATP phosphoryliert, um ein Zuckerphosphat zu bilden. Die negative Ladung des Phosphats verhindert die Passage des Moleküls durch die Plasmamembran und hält so Glukose in der Zelle.

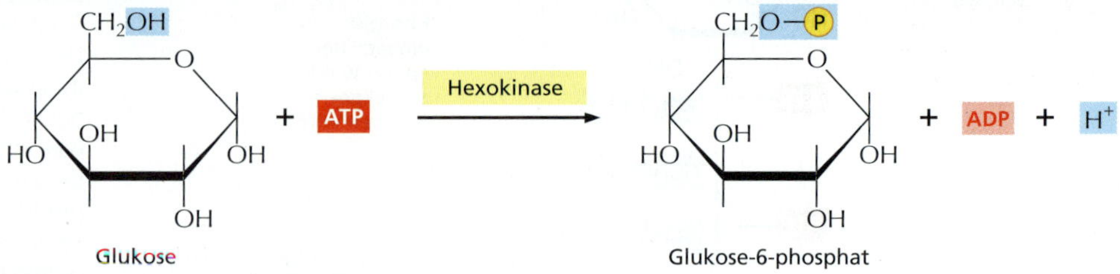

Schritt 2

Eine frei reversible Umlagerung der chemischen Struktur (Isomerisierung) bewegt den Carbonyl-Sauerstoff von Kohlenstoff 1 nach Kohlenstoff 2; es entsteht eine Ketose aus dem Aldose-Zucker. (s. Tafel 2–4)

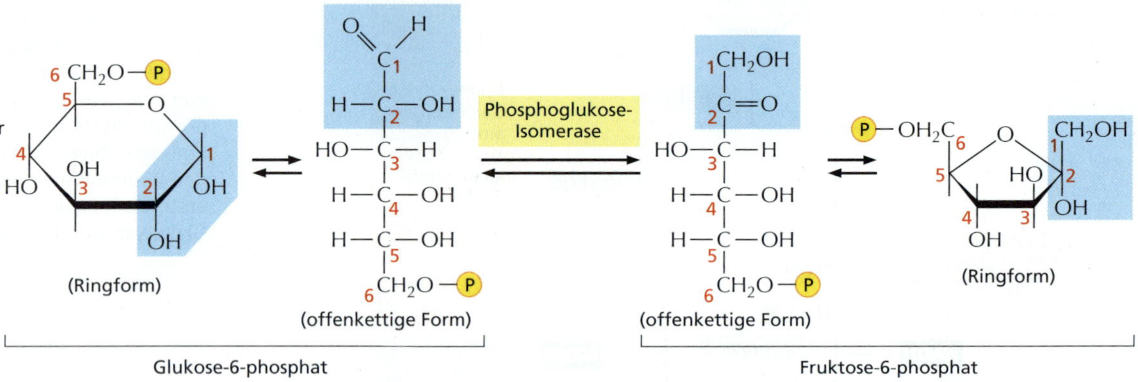

Schritt 3

Die neue Hydroxylgruppe an Kohlenstoff 1 wird durch ATP phosphoryliert, um die Bildung von zwei Drei-Kohlenstoff-Zuckerphosphaten vorzubreiten. Der Eintritt von Zuckern in die Glykolyse wird an diesem Schritt durch die Regelung des Enzyms Phosphofruktose-Kinase kontrolliert.

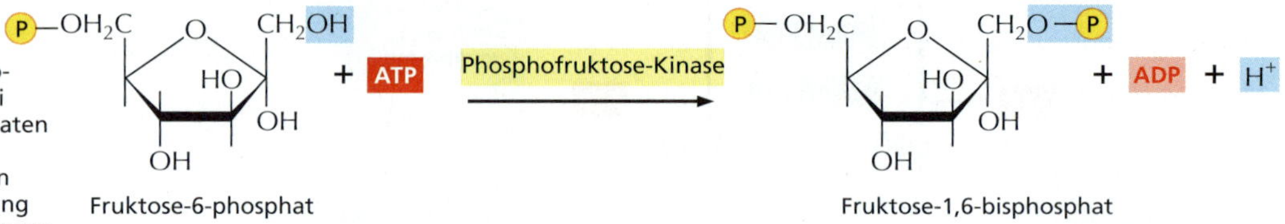

Schritt 4

Der Sechs-Kohlenstoff-Zucker wird gespalten, und es entstehen zwei Drei-Kohlenstoff-Moleküle. Nur das Glycerinaldehyd-3-phosphat kann gleich durch die Glykolyse gehen.

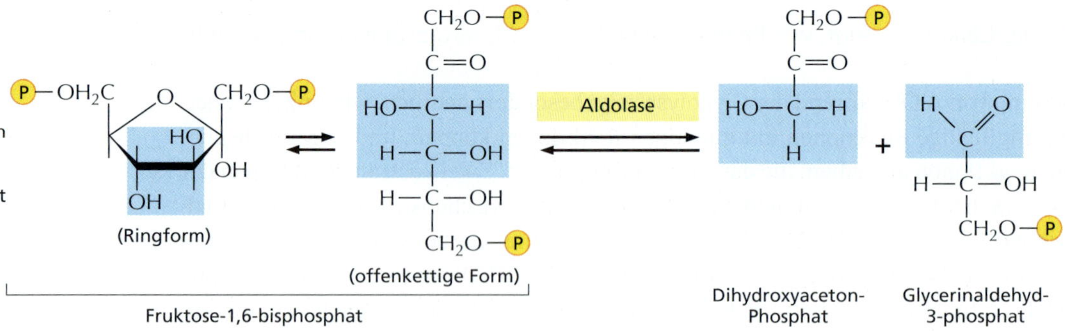

Schritt 5

Das andere Produkt von Schritt 3, Dihydroxyaceton-Phosphat, wird isomerisiert und bildet ebenfalls Glycerinaldehyd-3-phosphat.

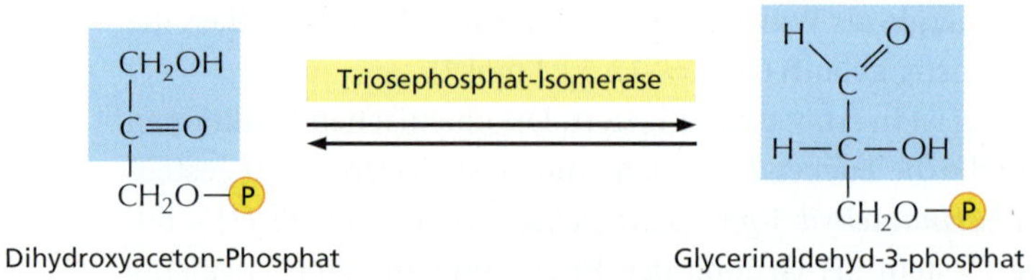

Tafel 2.8 **Details der 10 Stufen der Glykolyse.**

Schritt 6

Die beiden Moleküle Glycerinaldehyd-3-phosphat werden oxidert. Die Energie erzeugende Phase der Glykolyse beginnt, wenn NADH und eine neue energiereiche Anhydridbindung zu Phosphat gebildet wird.

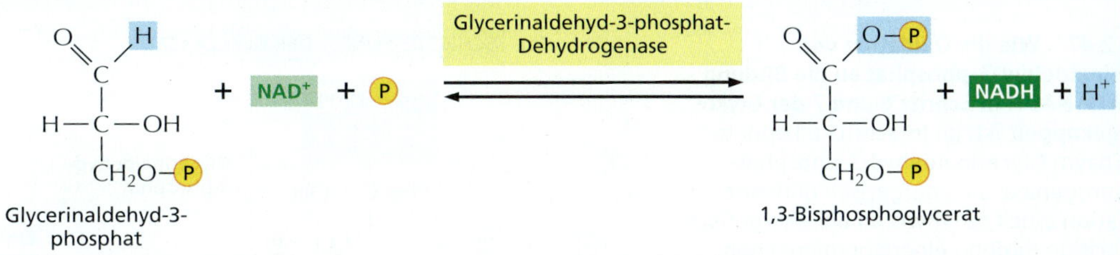

Schritt 7

Durch Übertragung der energiereichen Phoshatgruppe, die in Schritt 6 entstanden ist, auf ADP entsteht ATP.

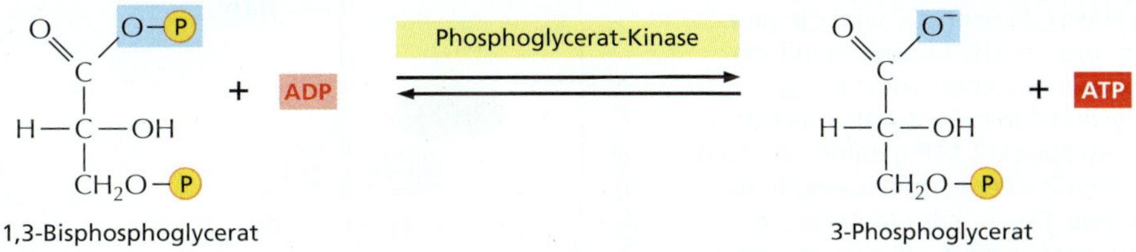

Schritt 8

Die zurückbleibende Phosphatester-Bindung von 3-Phosphoglycerat, die eine verhältnismäßig geringe Hydrolyseenergie besitzt, wird von Kohlenstoff 3 auf Kohlenstoff 2 übertragen. Es entsteht 2-Phosphoglycerat

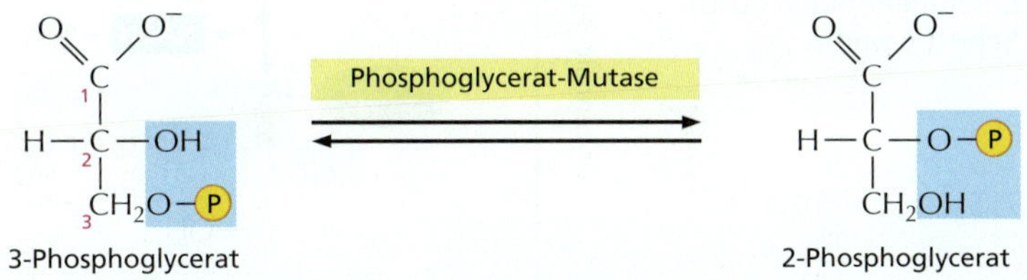

Schritt 9

Abspaltung von Wasser aus 2-Phosphoglycerat erzeugt eine energiereiche Enol-Phosphat-Bindung.

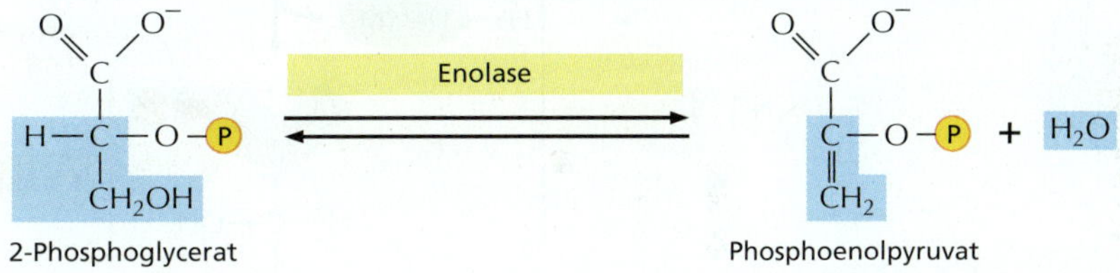

Schritt 10

Die Übertragung des energiereichen Phosphats aus Schritt 9 auf ADP erzeugt ein Molekül ATP. Damit ist die Glykolyse vollständig.

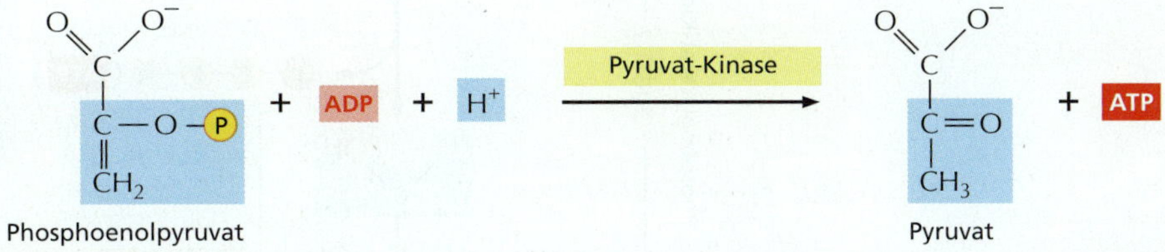

NETTO-ERGEBNIS DER GLYKOLYSE

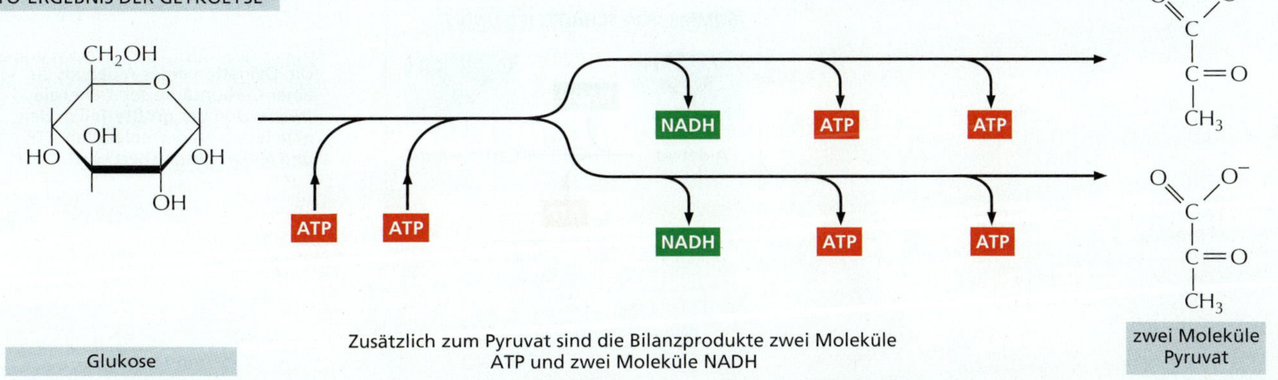

Zusätzlich zum Pyruvat sind die Bilanzprodukte zwei Moleküle ATP und zwei Moleküle NADH

Abb. 2.47 Wie die Oxidation von Glyceinaldehyd-3-phosphat an die Bildung von ATP NADH in Schritt 6 und 7 der Glykolyse gekoppelt ist. (a) In Schritt 6 koppelt das Enzym Glycerinaldehyd-3-phosphat-Dehydrogenase die energetisch günstige Oxidation eines Aldehyds an die energetisch ungünstige Bildung einer energiereichen Phosphatbindung. Gleichzeitig ermöglicht diese Oxidation die Speicherung von Energie in NADH. In Schritt 7 wird die neu gebildete energiereiche Phosphatbindung in 1,3-Bisphosphoglycerat vom Enzym Phosphoglycerat-Kinase auf ADP übertragen, dabei wird ein Molekül ATP gebildet, und auf dem oxidierten Zucker verbleibt eine freie Carboxygruppe. Der Teil des Moleküls, der eine Veränderung erfährt, ist *blau* unterlegt. Der Rest des Moleküls bleibt während dieser Reaktionen unverändert. (b) Zusammenfassung der chemischen Veränderungen durch die Reaktionen von Schritt 6 und 7.

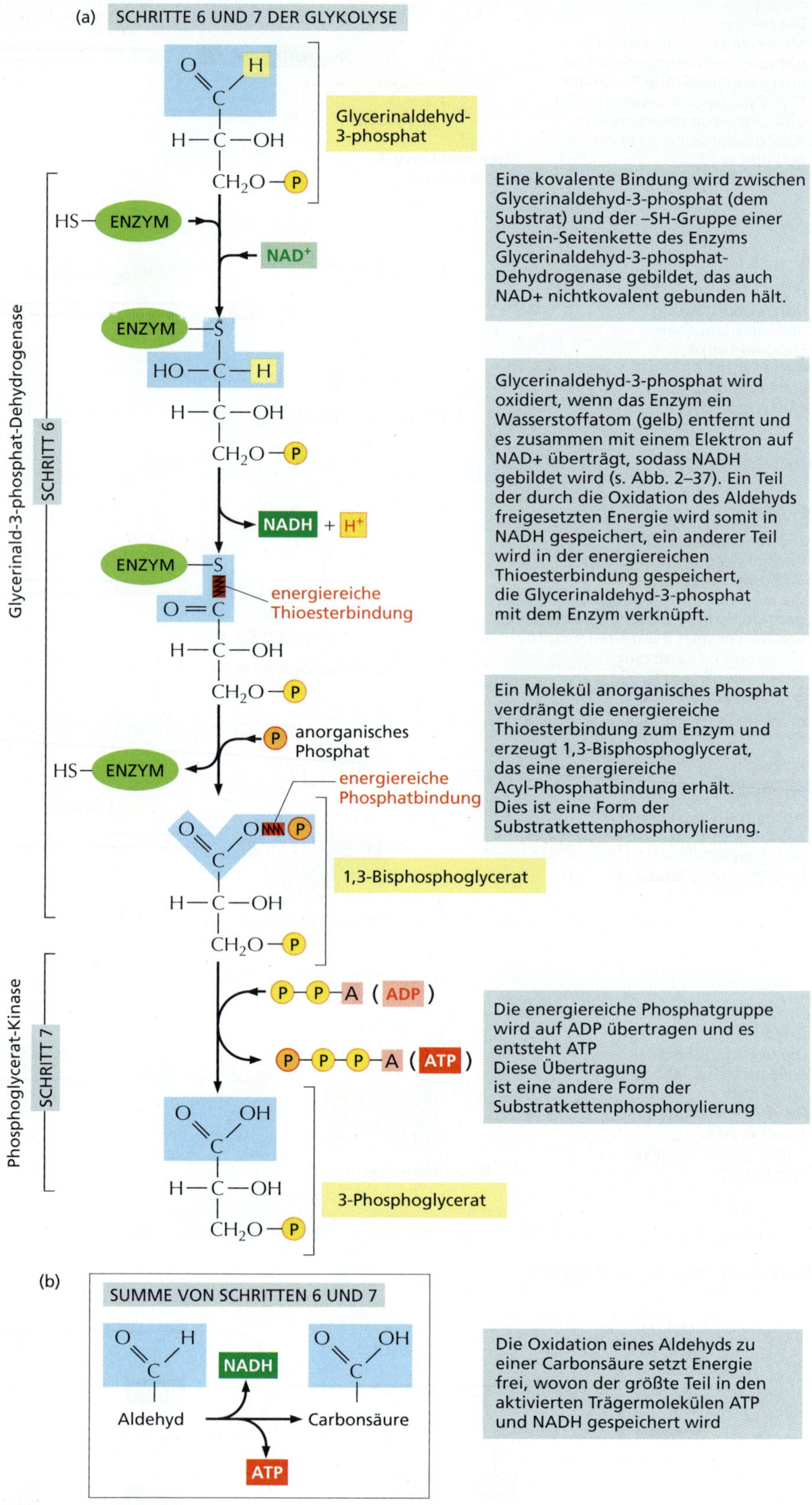

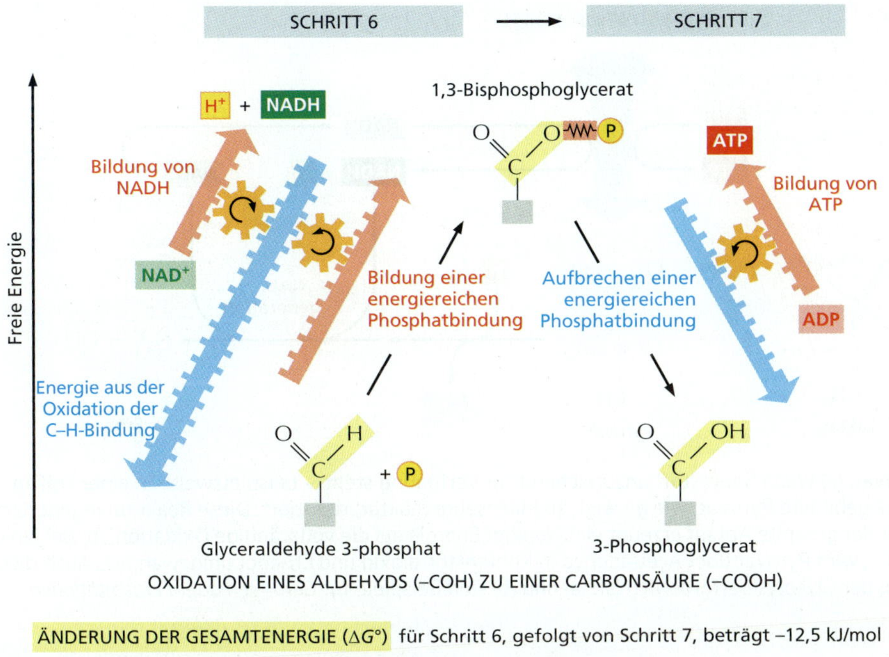

Abb. 2.48 Wie ein Paar gekoppelter Reaktionen die energetisch ungünstige Bildung von NADH und ATP in den Schritten 6 und 7 der Glykolyse antreibt. In diesem Diagramm sind die energetisch günstigen Reaktionen durch *blaue Pfeile* wiedergegeben und die energieverbrauchenden Reaktionen durch *rote Pfeile*. In Schritt 6 ist die durch die energetisch günstige Oxidation der C-H-Bindung in Glycerinaldehyd-3-phosphat (*blauer Pfeil*) groß genug, um zwei energieverbrauchende Reaktionen anzutreiben: Die Bildung von NADH und einer energiereichen Phosphatbindung in Schritt 7 treibt dann die Bildung von ATP an.

Bindung zur Aldehydgruppe des Zuckers und katalysiert die Oxidation dieses Aldehyd-Addukts zur Carbonsäure.

Dabei entsteht eine hoch reaktive Enzym-Substrat-Bindung, die durch ein anorganisches Phosphat-Ion ersetzt wird, um eine energiereiche Zucker-Phosphat-Zwischenstufe zu bilden. Diese Zwischenstufe (1,3-Bisphosphoglycerat) bindet dann an das zweite Enzym – die *Phosphoglycerat-Kinase*. Es katalysiert die energetisch günstige Übertragung der energiereichen Phosphatgruppe auf ADP, sodass ATP entsteht und Oxidation eines Zuckeraldehyds zu einer Carbonsäure abgeschlossen wird.

Wir haben uns diesen besonderen Oxidationsvorgang im Detail angesehen, weil er einen guten Einblick gibt, wie eine enzymvermittelte Energiespeicherung durch Koppelung von Reaktionen zustande kommt (**Abb. 2.48**). Schritt 6 und Schritt 7 sind die einzigen in der Glykolyse, die eine energiereiche Phosphatbindung unmittelbar aus anorganischem Phosphat (P_a) erzeugen. Somit sind sie der Grund für die Nettoausbeute von zwei Molekülen ATP und zwei Molekülen NADH für jedes oxidierte Molekül Glukose in der Glykolyse (**Tafel 2.8**).

Wie wir gerade gesehen haben, wird ATP leicht aus ADP gebildet, wenn Reaktionszwischenstufen entstehen, die energiereichere Phosphatbindungen enthalten als die endständige Phosphatbindung in ATP. Phosphatbindungen lassen sich nach ihrem Energiegehalt ordnen, indem man die Änderungen der Freien Standardenergie (ΔG^0) für die hydrolytische Spaltung der Bindungen miteinander vergleicht. **Abbildung 2.49** stellt

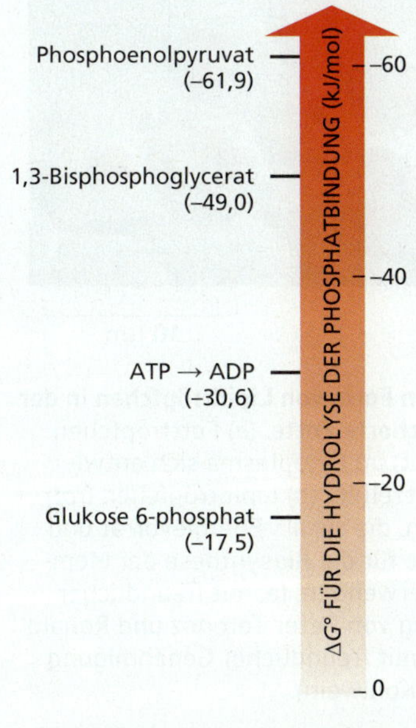

Abb. 2.49 Phosphatbindungen besitzen unterschiedliche Energien. Gezeigt sind Beispiele von während der Glykolyse gebildeten Molekülen mit verschiedenen Arten von Phosphatbindungen zusammen mit der Änderung der Freien Standardenergie für die Hydrolyse dieser Bindungen in kJ mol^{-1}. Die Übertragung einer Phosphatgruppe von einem Molekül auf ein anderes ist energetisch günstig, wenn die Änderung der Freien Standardenergie (ΔG^0) für die Hydrolyse der Phosphatbindung für das Donatormolekül negativer ist als die für den Akzeptor. (Man kann sich die Hydrolysereaktionen als Übertragungen der Phosphatgruppe auf Wasser vorstellen). Daher wird bereitwillig eine Phosphatgruppe von 1,3-Bisphosphoglycerat auf ADP übertragen, sodass ATP entsteht. Übertragungsreaktionen, die Phosphatgruppen in diesen Molekülen einbeziehen, sind in **Tafel 2.8** im Einzelnen gezeigt. Man beachte, dass Standardbedingungen oft *nicht* auf lebende Zellen zutreffen, wo die relativen Konzentrationen der Reaktanden und Produkte die tatsächliche Änderung der Freien Energie beeinflussen.

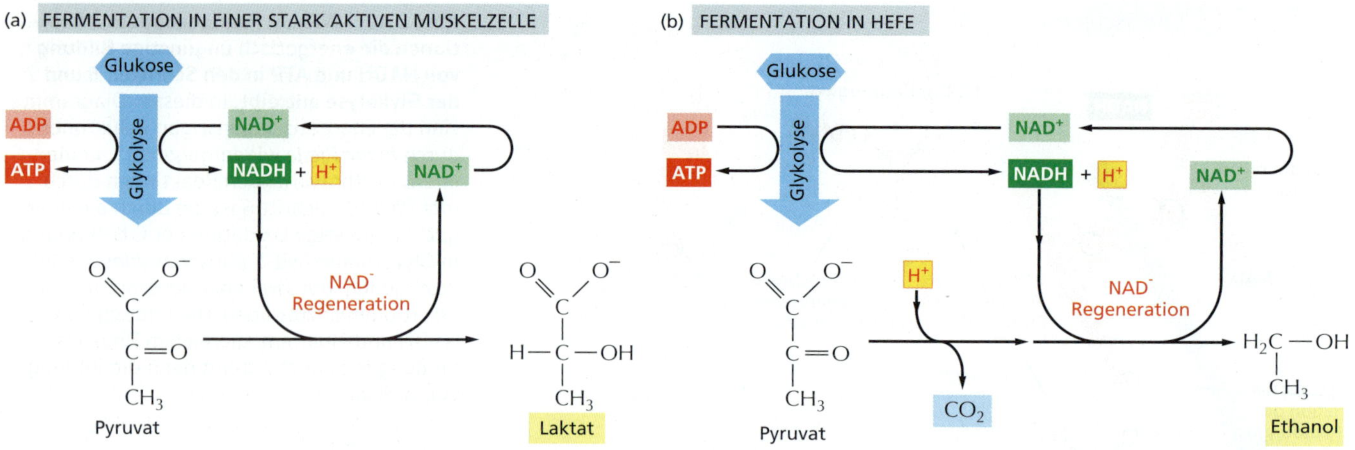

Abb. 2.50 Zwei Wege des anaeroben Abbaus von Pyruvat. (a) Wenn Sauerstoff unzureichend zur Verfügung steht – beispielsweise in einer kräftig kontrahierenden Muskelzelle – wird das in der Glykolyse gebildete Pyruvat, wie gezeigt, zu Milchsäure (Laktat) reduziert. Diese Reaktion regeneriert zwar das in Schritt 6 der Glykolyse benötigte NAD$^+$, aber der gesamte Ablauf erzeugt viel weniger Energie als die vollständige Oxidation. (b) Bei einigen Organismen, die anaerob wachsen können – wie Hefen –, wird Pyruvat über Acetaldehyd in Kohlenstoffdioxid und Ethanol umgewandelt. Auch dieser Vorgang bildet NAD$^+$ aus NADH, was für die Fortsetzung der Glykolyse erforderlich ist. (a) und (b) sind Beispiele für *Gärungen* oder *Fermentationen*.

die energiereichen Phosphoanhydridbindungen in ATP anderen Arten der Phosphatbindung gegenüber, von denen einige während der Glykolyse erzeugt werden.

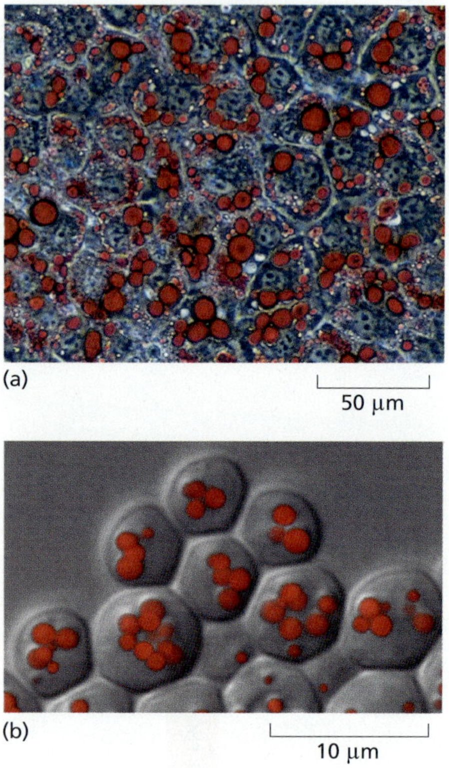

Abb. 2.51 In Form von Lipidtröpfchen in der Zelle gespeicherte Fette. (a) Fetttröpfchen (*rot* angefärbt) im Cytoplasma sich entwickelnder Fettzellen. (b) Lipidtröpfchen (*rot*) in Hefezellen, die sie als Energievorrat und als Bausteine für die Biosynthese der Membranlipide verwenden. (a, mit freundlicher Genehmigung von Peter Totonoz und Ronald M. Evans; b, mit freundlicher Genehmigung von Sepp D. Kohlwein).

2.3.3 Gärungen erzeugen ATP in Abwesenheit von Sauerstoff

In den meisten Tier- und Pflanzenzellen ist die Glykolyse nur das Vorspiel zum letzten Akt des Nahrungsmolekül-Abbaus. Diese Zellen befördern das in der Glykolyse erzeugte Pyruvat rasch in die Mitochondrien, in denen es zu CO_2 und Acetyl-CoA umgewandelt wird. Dessen Acetylgruppe wird dann vollständig zu CO_2 und H_2O oxidiert.

Für viele anaerobe Organismen, die keinen molekularen Sauerstoff benötigen, um zu wachsen und sich zu vermehren, bildet dagegen die Glykolyse die Hauptquelle für ATP. Bestimmte Tiergewebe wie der Skelettmuskel können auch dann weiterarbeiten, wenn molekularer Sauerstoff knapp ist. Unter anaeroben Bedingungen verbleiben Pyruvat und die NADH-Elektronen im Cytosol. Das Pyruvat wird zu Substanzen umgewandelt, die von der Zelle nach außen abgegeben werden – beispielsweise zu Ethanol und CO_2 in der Back- und Brauhefe und zu Laktat in Muskelzellen. Dabei gibt NADH Elektronen ab und wird wieder zu NAD$^+$ oxidiert. Diese Regeneration von NAD$^+$ ist nötig, um die Reaktionen der Glykolyse in Gang zu halten (**Abb. 2.50**). Energieliefernde Wege wie dieser heißen Gärung oder Fermentation.

2.3.4 Organismen lagern Nahrungsmoleküle in speziellen Speichern

Alle Organismen müssen ein hohes ATP/ADP-Verhältnis aufrechterhalten, um die biologische Ordnung in ihren Zellen zu wahren. Jedoch gelangen Tiere nur von Zeit zu Zeit an Nahrung, und Pflanzen müssen die lichtlose Nacht überleben, in der sie keinen Zucker durch Photosynthese bilden können. Deshalb wandeln sowohl Pflanzen als auch Tiere Zucker und Fette in spezielle Speicherformen um.

Um lange Fastenzeiten zu überstehen, speichern Tiere Fettsäuren in Form von Fetttröpfchen aus wasserunlöslichen *Triacylglycerinen* (auch Triglyceride genannt). Die Triacylglycerine werden in Tieren zumeist im Cytoplasma spezialisierter Fettzellen, die sog. Adipocyten (Fettzellen; **Abb. 2.51**), gespeichert. Zur kurzfristigen Energiespeicherung

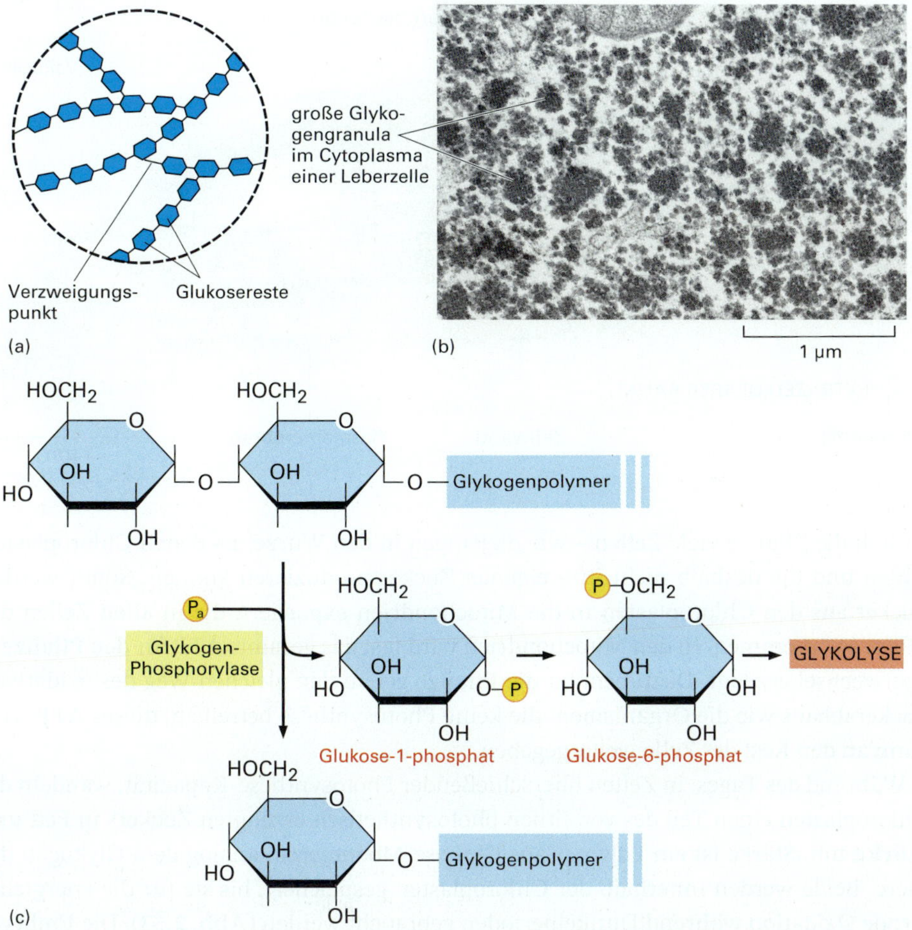

Abb. 2.52 Wie Tierzellen Glukose in Form von Glykogen speichern, um sich für Notzeiten Energie zu verschaffen. (a) Die Struktur von Glykogen: Stärke in Pflanzen ist ein sehr ähnliches verzweigtes Polymer aus Glukose, besitzt aber sehr viel weniger Verzweigungspunkte. (b) Eine elektronenmikroskopische Aufnahme zeigt Glykogenkörnchen im Cytoplasma einer Leberzelle. Jedes Körnchen enthält sowohl Glykogen als auch die für die Synthese und den Abbau von Glykogen erforderlichen Enzyme. (c) Das Enzym Glykogen-Phosphorylase baut Glykogen ab, wenn Zellen mehr Glukose benötigen. (b, mit freundlicher Genehmigung von Robert Fletterick und Daniel S. Friend, mit Erlaubnis von E. L. Bearer).

deponieren sie dagegen Zucker in dem großen, verzweigten, aus Glukose-Monomeren aufgebauten Polysaccharid **Glykogen**. Es kommt in kleinen Körnchen im Cytoplasma vieler Zelltypen vor, die größten Speicher sind in Leber- und Muskelzellen. Synthese und Abbau von Glykogen werden rasch dem Bedarf entsprechend geregelt. Wenn Zellen mehr ATP benötigen, als aus den im Blut zirkulierenden Nahrungsstoffen gewonnen werden kann, spalten die Zellen gespeichertes Glykogen. Dabei entsteht Glukose-1-phosphat, das für die Glykolyse rasch zu Glukose-6-phosphat umgewandelt werden kann (**Abb. 2.52**). Beim Fasten setzen Leberzellen Glukose, die aus dem Abbau ihrer Glykogenspeicher stammt, in die Blutbahn frei, damit sie von anderen Zellen genutzt werden kann; Muskelzellen legen dagegen ihren Vorrat für die eigene Verwendung an.

Der Menge nach ist **Fett** für Tiere ein weitaus wichtigerer Energiespeicher als Glykogen, weil es eine effizientere Speicherung darstellt. Dies hat zwei Ursachen: Erstens setzt die Oxidation eines Gramms Fett ungefähr die doppelte Energiemenge frei wie die Oxidation eines Gramms Glykogen, zweitens bindet Glykogen sehr viel Wasser, sodass Glykogen gemessen am Energiegehalt (oder „*Verbrennungswert*“) etwa sechsmal so schwer ist wie Fett. Durchschnittlich speichert ein erwachsener Mensch nur so viel Glykogen, dass er bei normaler Tätigkeit einen Tag lang damit auskommen kann, aber genug Fett, um fast einen Monat davon leben zu können.

Wenn unsere Hauptbrennstoffreserve Glykogen statt Fett wäre, würde unser Körpergewicht im Durchschnitt 30 kg mehr betragen.

Wie speichern Pflanzen Zucker und Fette? Pflanzen bilden in großen Mengen sowohl ATP als auch NADPH mittels Photosynthese, die in den Chloroplasten durchgeführt wird. Aber diese Organelle ist vom Rest der Pflanzenzelle durch eine Membran abgegrenzt, die für beide Arten der aktivierten Trägermoleküle undurchlässig ist. Zudem

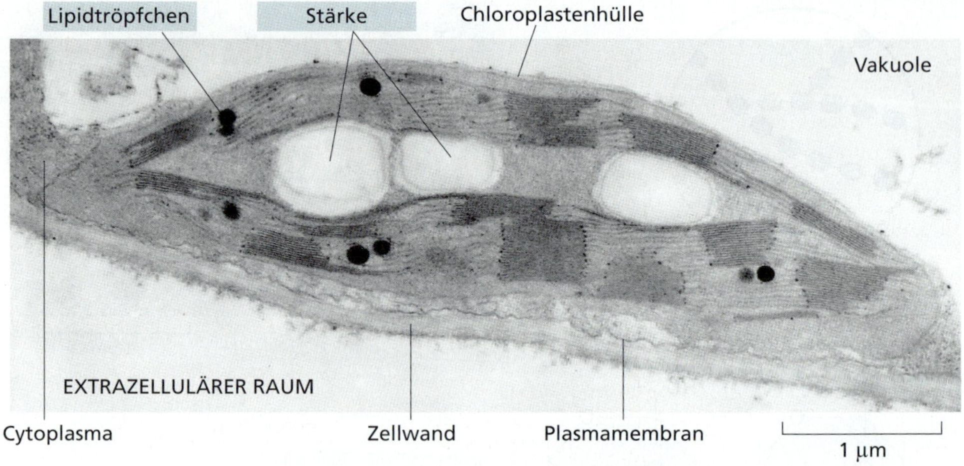

Abb. 2.53 Pflanzenzellen speichern sowohl Stärke als auch Fette in ihren Chloroplasten. Eine elektronenmikroskopische Aufnahme eines einzelnen Chloroplasten in einer Pflanzenzelle zeigt die Stärkekörnchen und Fetttröpfchen, die in dieser Organelle synthetisiert wurden. (Mit freundlicher Genehmigung von K. Plaskitt).

enthält die Pflanze viele Zellen – wie diejenigen in den Wurzeln – denen Chloroplasten fehlen und die deshalb nicht ihre eigenen Zucker produzieren können. Somit werden Zucker aus den Chloroplasten in die Mitochondrien exportiert, die in allen Zellen der Pflanze vorkommen. In den Mitochondrien wird fast das gesamte ATP für den Pflanzenstoffwechsel erzeugt. Dazu benutzt die Pflanze genau den gleichen Weg des oxidativen Zuckerabbaus wie die Organismen, die keine Photosynthese betreiben; dieses ATP wird dann an den Rest der Zelle weitergegeben.

Während des Tages, in Zeiten überschießender Photosynthese-Kapazität, wandeln die Chloroplasten einen Teil des von ihnen photosynthetisch erzeugten Zuckers in Fett und **Stärke** um. Stärke ist ein Polymer aus Glukose-Monomeren, analog dem Glykogen der Tiere. Beide werden innerhalb der Chloroplasten gespeichert, bis sie für die energieliefernde Oxidation während Dunkelperioden gebraucht werden (**Abb. 2.53**). Die Embryonen im Pflanzensamen müssen von der gespeicherten Energiequelle längere Zeit leben, bis sie keimen und Blätter bilden, welche die Lichtenergie einfangen können. Aus diesem Grund enthalten Pflanzensamen häufig sehr große Mengen an Fett und Stärke und stellen daher eine Hauptnahrungsquelle für Tiere und Menschen dar (**Abb. 2.54**).

2.3.5 Zwischen den Mahlzeiten gewinnen die meisten tierischen Zellen ihre Energie aus Fettsäuren, die sie aus Fetten erhalten

Kurz nach einer Mahlzeit stammt die meiste Energie, die ein Tier verbraucht, aus dem Zucker der Nahrung. Falls es überschüssigen Zucker gibt, wird dieser dazu verwendet,

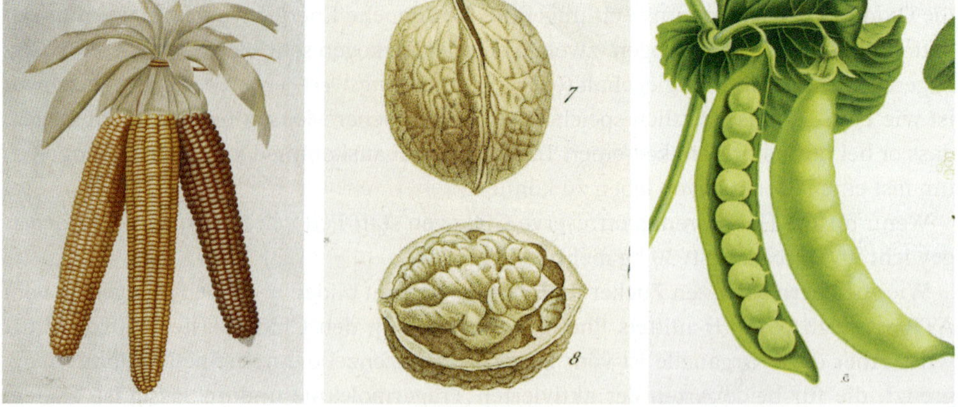

Abb. 2.54 Einige Pflanzensamen, die als wichtige Nahrungsmittel für den Menschen dienen. Mais, Nüsse und Erbsen enthalten große Stärke- und Fettvorräte, die den jungen Pflanzenembryo im Samen mit Energie und Bausteinen für Biosynthesen versorgen. (Mit freundlicher Erlaubnis der John Innes Foundation).

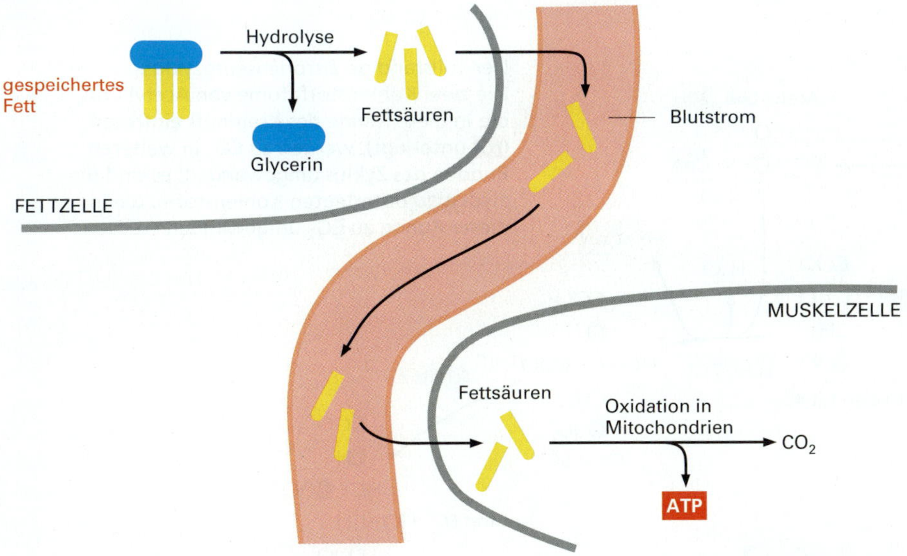

Abb. 2.55 Wie gespeicherte Fette für die Energieerzeugung in Tieren mobilisiert werden. Niedrige Blutglukosespiegel kurbeln die Hydrolyse von Triacylglycerin-Molekülen in Fetttröpfchen an, um Fettsäuren und Glycerin freizusetzen. Diese Fettsäuren gelangen in den Blutstrom, wo sie an das reichlich vorhandene Blutprotein, Serumalbumin, binden. Spezielle Fettsäuretransporter in der Plasmamembran von Zellen, die Fettsäuren oxidieren – wie Muskelzellen – bringen diese Fettsäuren dann ins Cytosol, aus dem sie zur Energieerzeugung in die Mitochondrien gelangen.

den Glykogenspeicher aufzufüllen oder Fette als stabile langfristige Nahrungsspeicher zu synthetisieren. Wenn es keine weitere Mahlzeit gibt, beginnt die Leber aus ihrem Glykogenspeicher Glukose freizusetzten, um die zirkulierenden Glukosespiegel aufrechtzuerhalten, und nun kommt auch das im Fettgewebe gespeicherte Fett ins Spiel. Am Morgen, nach dem nächtlichen Fasten, sind die Glykogenreserven erschöpft und die Fettsäureoxidation erzeugt den größten Teil des benötigten ATP.

Niedrige Blutglukosespiegel kurbeln den Abbau der Fette für die Energieerzeugung an. Wie in **Abbildung 2.55** dargestellt, werden die in den Fetttröpfchen in Adipocyten gespeicherten Fette zu Fettsäuren und Glycerin hydrolysiert; die freigesetzten Fettsäuren werden mit dem Blutstrom zu den Körperzellen gebracht. Insbesondere das Gehirn muss sich auf die zirkulierende Glukose verlassen – oder *Ketonkörper*, falls verfügbar – weil Fettsäuren vom Gehirn kaum genutzt werden.

Was sind Ketonkörper? Während längerer Fastenperioden, wenn der zirkulierende Vorrat an Glukose hauptsächlich durch Synthese aus Aminosäuren – die vom Abbau des Muskelproteins herrühren – erhalten wird, nimmt die Leber ihre Aufgabe als Stoffwechselknotenpunkt wahr; sie wandelt Fettsäuren zu den energiereichen Molekülen Acetoacetat und β -Hydroxybutyrat um. Diese Ketonkörper werden ins Blut freigesetzt um als alternativer Brennstoff in Herz- und Gehirnzellen zu dienen; dort werden sie im Zitronensäurezyklus oxidiert und es entsteht dabei ATP. Indem dabei der größte Teil des Energiebedarfs des Gehirns und Herzens gedeckt wird, erspart dieser Vorgang teilweise den Proteinabbau. Der Verzehr einer Nahrung, die sehr arm an Kohlenhydraten ist (eine *ketogene Diät*), führt zur Bildung von Ketonkörpern und kann bei den meisten Personen einen Gewichtsverlust verursachen. Ein spontaner Abbau von Acetoacetat zu Aceton

Abb. 2.56 Wege für die Bildung von Acetyl-CoA aus Zuckern und Fetten. In Eukaryotenzellen ist das Mitochondrium der Ort, an dem Acetyl-CoA aus den beiden Arten von Nahrungsmolekülen erzeugt wird. In dieser Organelle laufen daher die meisten Oxidationsreaktionen der Zelle ab, und der größte Teil des ATP wird hier synthetisiert. Aminosäuren (nicht dargestellt) können auch in Mitochondrien gelangen und werden dort zu Acetyl-CoA oder einem anderen Zwischenprodukt des Zitronensäurezyklus umgewandelt. Struktur und Funktion der Mitochondrien werden ausführlich in Kapitel 14 behandelt.

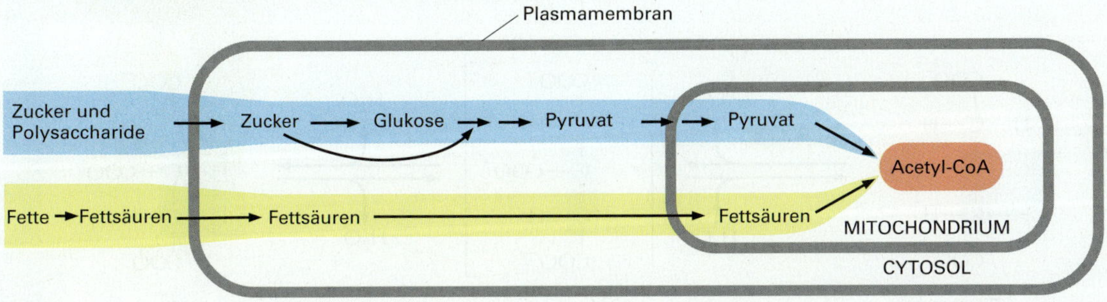

Der vollständige Zitronensäurezyklus. Die zwei Kohlenstoffatome von Acetyl CoA, die in diese Runde des Kreislaufs eintreten (rot unterlegt), werden zu CO_2 in weiteren Runden des Zyklus umgewandelt; es sind die zwei blau unterlegten Kohlenstoffe, die in dieser Runde zu CO_2 umgewandelt werden.

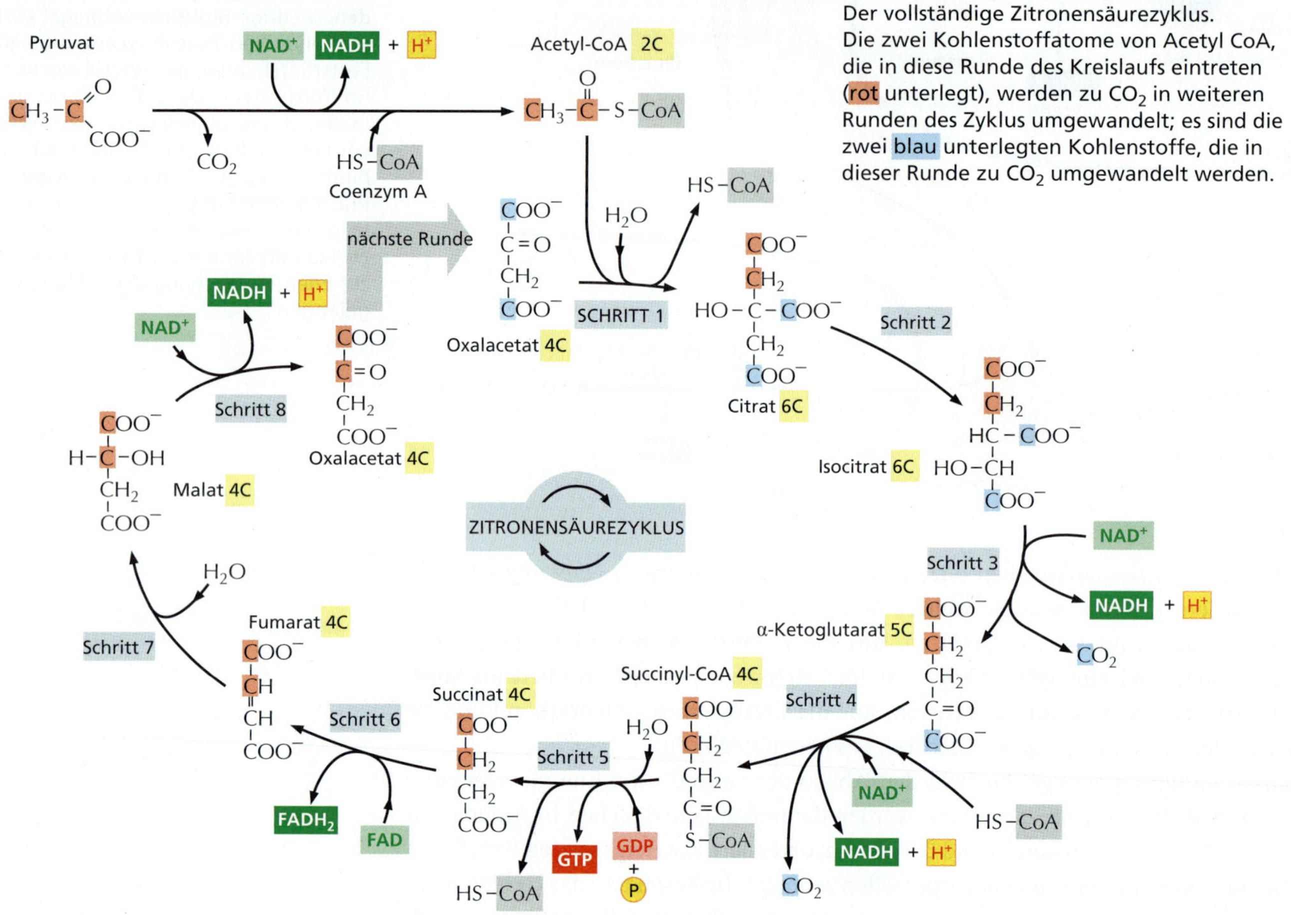

Einzelheiten der acht Schritte sind unten gezeigt. In diesem Teil der Tafel ist der Teil des Moleküls, der verändert wird, blau unterlegt; der Name des die Reaktion katalysierenden Enzyms steht in einem gelben Kasten

Schritt 1

Nachdem das Enzym ein Proton von der CH_3-Gruppe des Acetyl-CoA abgelöst hat, bildet die negativ geladene CH_2^--Gruppe eine Bindung zum Carbonyl-Kohlenstoff von Oxalacetat. Die anschließende hydrolytische Abspaltung von Coenzym A (CoA) treibt die Reaktion stark voran.

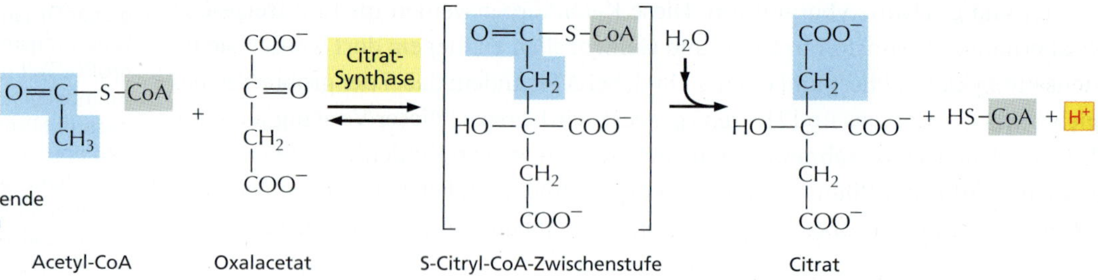

Schritt 2

Eine Isomerisierungsreaktion, bei der Wasser zunächst abgespalten und dann wieder zugeführt wird, verschiebt die Hydroxylgruppe von einem Kohlenstoffatom zu seinem Nachbarn.

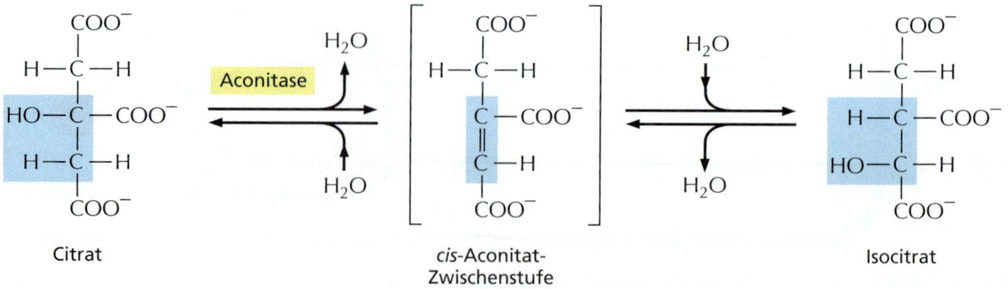

Tafel 2.9 Der vollständige Zitronensäurezyklus.

Schritt 3

Im ersten der vier Oxidationsschritte des Zyklus wird der Kohlenstoff, der die Hydroxylgruppe trägt, in eine Carbonylgruppe umgewandelt. Das unmittelbare Produkt ist instabil und verliert CO2, während es an das Enzym gebunden bleibt.

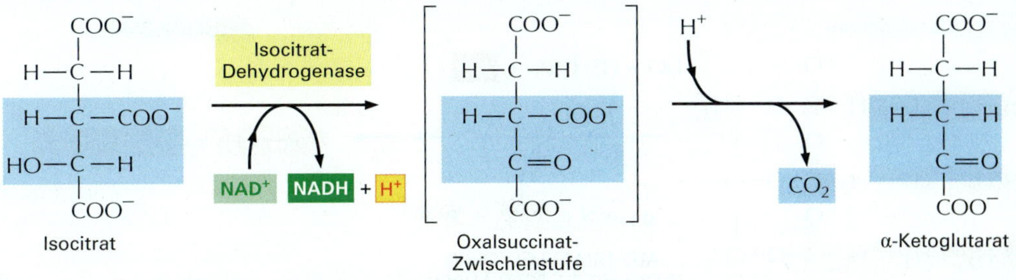

Schritt 4

Der α-*Ketoglutarat-Dehydrogenase-Komplex* ähnelt stark dem großen Enzymkomplex, der Pyruvat zu Acetyl-CoA umwandelt (*Pyruvat-Dehydrogenase*, Abb. 13-10). Er katalysiert in gleicher Weise eine Oxidation, die NADH, CO_2 und eine energiereiche Thioesterbindung mit Coenzym A (CoA) erzeugt.

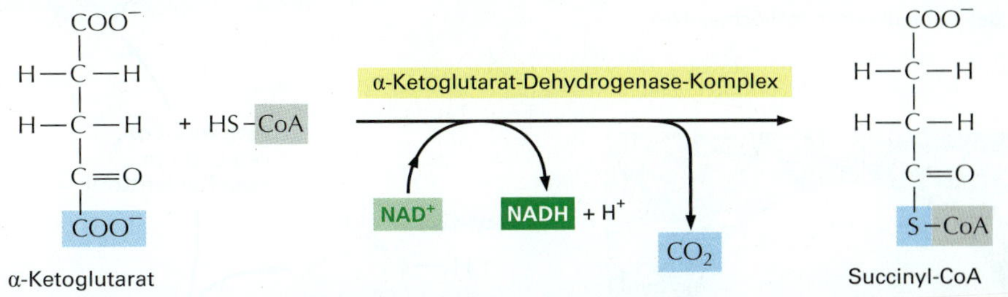

Schritt 5

Ein Phosphatmolekül aus der Lösung tauscht sich gegen CoA aus, wodurch eine energiereiche Phosphatbindung zum Succinat entsteht. Dieses Phosphat wird dann auf GDP weitergegeben, sodass GTP entsteht. (Bei Bakterien und Pflanzen wird stattdessen ATP gebildet.)

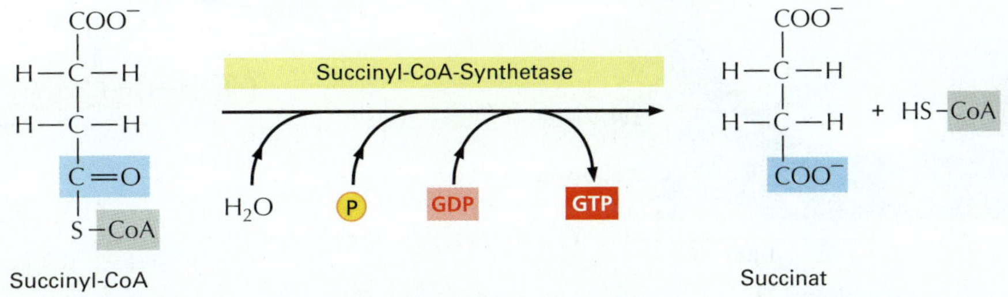

Schritt 6

Beim dritten Oxidationsschritt des Zyklus übernimmt FAD zwei Wasserstoffatome vom Succinat.

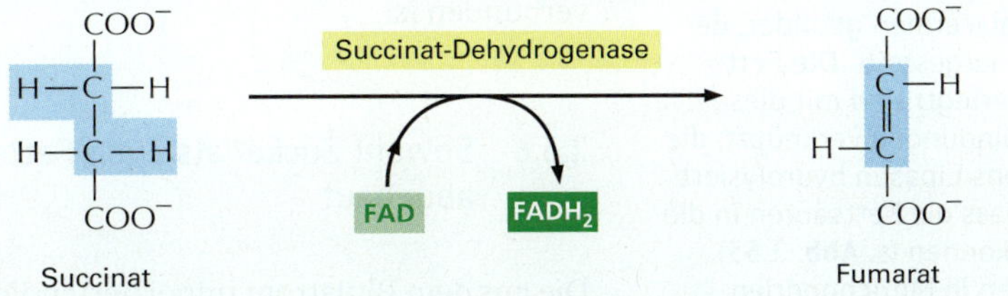

Schritt 7

Addition von Wasser an Fumarat setzt eine Hydroxylgruppe in Nachbarschaft zu einem Carboxylkohlenstoff.

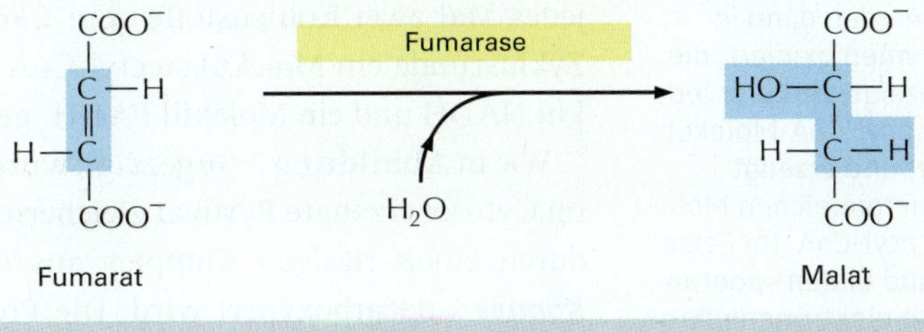

Schritt 8

Im letzten der vier Oxidationsschritte des Zyklus wird der Kohlenstoff, der die Hydroxylgruppe trägt, zu einer Carbonylgruppe umgewandelt, wodurch das Oxalacetat entsteht, das in Schritt 1 benötigt wird.

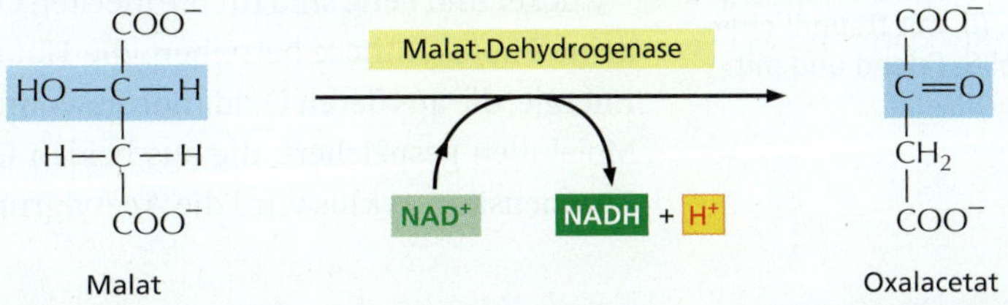

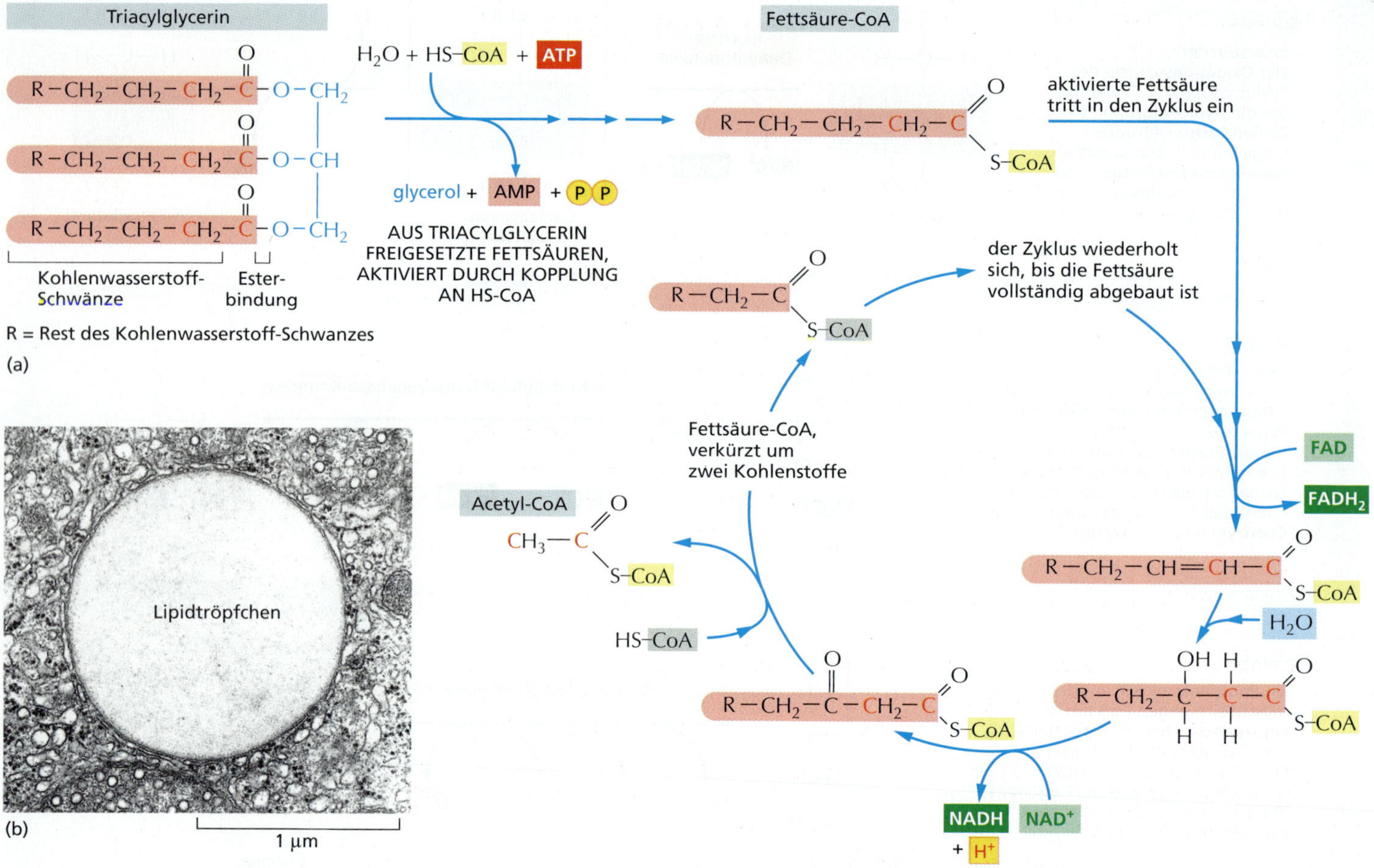

Abb. 2.57 Wie die Oxidation von Fettsäuren Acetyl-CoA erzeugt. (a) Fettsäuren werden in Form von Triacylglycerinen gebildet, der Glycerinteil ist *blau* dargestellt. Die Fettsäureketten (*rot* unterlegt) sind mit diesem Glycerin über Esterbindungen verknüpft, die durch Enzyme namens Lipasen hydrolysiert werden können, sodass die Fettsäuren in die Blutbahn gelangen können (s. **Abb. 2.55**). Sobald die Fettsäuren in Mitochondrien gelangen (s. **Abb. 2.56**), werden sie in einer ATP-verbrauchenden Reaktion an Coenzym A gekoppelt. Diese aktivierten Fettsäuren (Fettacyl-CoA-Moleküle) werden dann in einem Zyklus mit vier Enzymen oxidiert, die nicht gezeigt sind. Wie gezeigt, verkürzt jede Runde des Zyklus das Fettacyl-CoA-Molekül um zwei Kohlenstoffe (*rot*) und erzeugt jeweils ein Molekül der energiereichen Moleküle $FADH_2$, NADH und Acetyl-CoA. (b) Fette sind unlöslich in Wasser und bilden spontan große Fetttröpfchen. Diese elektronenmikroskopische Aufnahme zeigt ein Fetttröpfchen im Cytoplasma einer spezialisierten Fettzelle, einem Adipocyten. (b, mit freundlicher Genehmigung von Daniel S. Friend und mit Erlaubnis von E. L. Bearer).

verursacht den schlechten Atem, der oft mit solchen Diäten und mit längerem Fasten verbunden ist.

2.3.6 Sowohl Zucker als auch Fette werden in den Mitochondrien zu Acetyl-CoA abgebaut

Die aus dem Blutstrom importierten Fettsäuren gelangen in die Mitochondrien, in denen ihre gesamte Oxidation stattfindet (**Abb. 2.56**). Jedes Molekül Fettsäure (als aktiviertes *Fettsäure-CoA-Molekül*) wird in einem Reaktionszyklus vollständig abgebaut, bei dem jedes Mal zwei Kohlenstoffe vom Carboxyende abgeschnitten werden; dabei wird pro Zyklusrunde ein Molekül Acetyl-CoA erzeugt. Bei diesem Prozess wird auch ein Molekül NADH und ein Molekül $FADH_2$ gebildet (**Abb. 2.57**).

Wie in **Abbildung 2.56** gezeigt, wurde in Eukaryoten das durch Glykolyse aus Zuckern im Cytosol erzeugte Pyruvat gleichermaßen in Mitochondrien transportiert, wo es rasch durch einen riesigen Komplex aus drei Enzymen, namens *Pyruvat-Dehydrogenase-Komplex*, decarboxyliert wird. Die Produkte dieser Reaktion sind ein Molekül NADH und ein Molekül Acetyl-CoA sowie ein Molekül CO_2 als Abfall (s. **Tafel 2.9**).

Zucker und Fette sind für die meisten Organismen – einschließlich dem Menschen –, die keine Photosynthese betreiben, die Hauptenergiequellen. Der größte Teil der nutzbaren Energie, die aus deren Oxidation gewonnen werden kann, bleibt zunächst in Acetyl-CoA-Molekülen gespeichert, die aus beiden Quellen gebildet werden. In den Reaktionen des Zitronensäurezyklus wird die Acetylgruppe ($-COCH_3$) in Acetyl-CoA vollständig zu CO_2

und H_2O oxidiert. Dieser als Nächstes zu besprechende Zyklus spielt deshalb eine entscheidende Rolle im Energiestoffwechsel der aeroben Organismen.

2.3.7 Der Zitronensäurezyklus erzeugt NADH durch Oxidation von Acetylgruppen zu CO_2

Im 19. Jahrhundert erkannten Biologen, dass manche Zellen in Abwesenheit von Luft Gärungen ausführen (beispielsweise erzeugen Muskelzellen dann Milchsäure und Hefen Ethanol), während sie bei Luftzutritt O_2 verbrauchen und CO_2 plus H_2O bilden. Die Bemühungen zur Aufklärung der Wege des aeroben Stoffwechsels lenkten das Hauptaugenmerk schließlich auf die Oxidation von *Pyruvat* (Brenztraubensäure) und führten 1937 zur Entdeckung des **Zitronensäurezyklus**, der auch als *Tricarbonsäure-*, *Citrat-* oder *Krebszyklus* bekannt ist. In den meisten Zellen beträgt der Anteil des Zitronensäurezyklus an der gesamten Oxidation von Kohlenstoffverbindungen etwa zwei Drittel, und seine Haupt-Endprodukte sind CO_2 sowie energiereiche Elektronen in Form von NADH. Das CO_2 wird als Abfallprodukt ausgeschieden, während die energiereichen Elektronen von NADH in eine membrangebundene Elektronentransportkette (s. Kapitel 14) eingeschleust und schließlich mit molekularem O_2 zu H_2O vereinigt werden. Der Zitronensäurezyklus benötigt selbst kein O_2 (er verwendet Sauerstoffatome aus H_2O). In den nachfolgenden Reaktionen ist O_2 jedoch erforderlich, um ihn in Gang zu halten. Der Grund dafür ist, dass NADH keinen anderen effizienten Weg hat, seine Elektronen loszuwerden, damit dem Zyklus immer das erforderliche NAD^+ zur Verfügung steht.

Der Zitronensäurezyklus läuft in Eukaryotenzellen innerhalb der Mitochondrien ab. Der Vorgang beginnt, wenn die Acetylgruppe von Acetyl-CoA auf ein Vier-Kohlenstoff-Molekül, *Oxalacetat*, übertragen wird. Dabei entsteht eine Tricarbonsäure mit sechs Kohlenstoffatomen, *Zitronensäure*, nach der der nachfolgende Reaktionszyklus benannt ist. Darin wird das Zitronensäuremolekül stufenweise oxidiert, wobei die Energie dieser Oxidation an die Synthese von aktivierten Transportmetaboliten gekoppelt ist. Die Kette

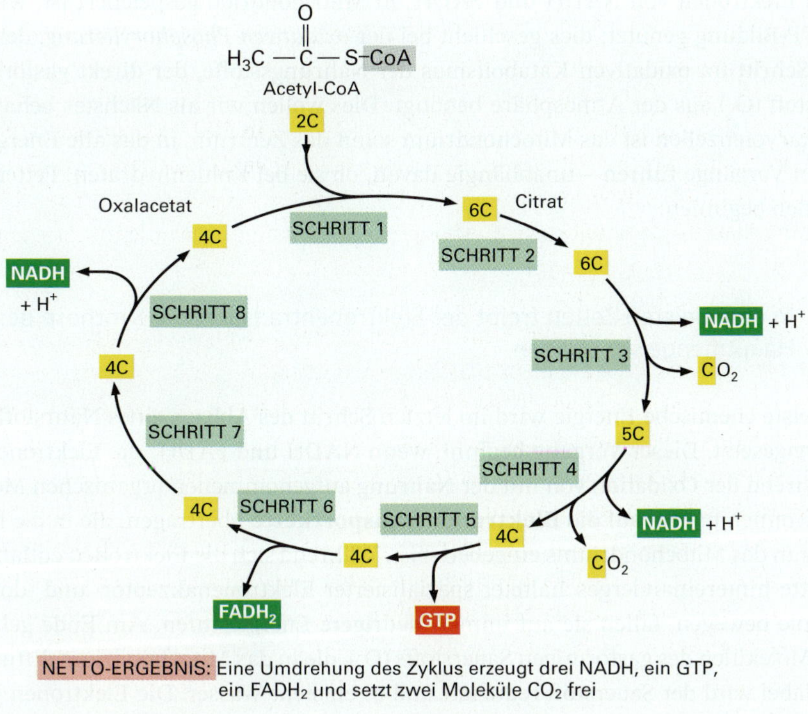

Abb. 2.58 Vereinfachte Übersicht über den Zitronensäurezyklus. Die Reaktion von Acetyl-CoA mit Oxalacetat startet den Zyklus durch die Bildung von Citrat (Zitronensäure). Bei jedem Durchlauf des Zyklus entstehen zwei Moleküle CO_2 als Abfallprodukte sowie drei Moleküle NADH, ein Molekül GTP und ein Molekül $FADH_2$. Die Zahl der Kohlenstoffatome jedes Zwischenprodukts ist in einem *gelben* Kasten angezeigt. (Für Details s. Tafel 2.9).

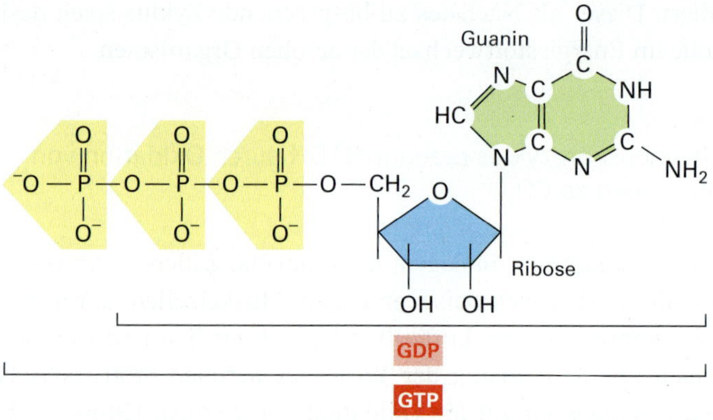

Abb. 2.59 Die Struktur von GTP, Guanosintriphosphat. GTP und GDP sind nahe verwandt mit ATP und ADP.

der acht Reaktionen bildet einen Kreisprozess, denn am Ende wird das Oxalacetat wieder regeneriert und tritt in einen neuen Durchlauf des Zyklus ein (**Abb. 2.58**).

Bislang haben wir erst eines der drei Paare aktivierter Transportmetabolite aufgezeigt, die im Zitronensäurezyklus erzeugt werden: NADH, die reduzierte Form des NAD^+/NADH-Elektronenträgersystems (s. **Abb. 2.36**). Außer den drei Molekülen NADH entstehen aber bei jeder Zyklusrunde noch ein Molekül $FADH_2$ (*reduziertes Flavin-Adenin-Dinukleotid*) aus FAD (s. **Abb. 2.39**) und ein Molekül **GTP**, Guanosintriphosphat, aus GDP. Die Struktur von GTP ist in **Abb. 2.59** dargestellt. GTP ist nahe mit ATP verwandt, und die Übertragung seiner endständigen Phosphatgruppe auf ADP erzeugt ein Molekül ATP bei jedem Durchlauf des Zyklus.

In **Tafel 2.9** ist der gesamte Zitronensäurezyklus dargestellt: Die zusätzlichen Sauerstoffatome, die nötig sind, um aus den Acetylgruppen, die in den Zitronensäurezyklus eintreten, CO_2 zu bilden, stammen nicht aus molekularem Sauerstoff, sondern aus Wasser (H_2O). Wie die Tafel zeigt, werden in jeder Zyklusrunde drei Moleküle H_2O aufgenommen, und die Sauerstoffatome aus einigen von ihnen gelangen schließlich in CO_2.

Außer Pyruvat und Fettsäuren treten auch einige Aminosäuren aus dem Cytosol in die Mitochondrien über. Dort werden sie zunächst entweder in Acetyl-CoA oder in ein Zwischenprodukt des Zitronensäurezyklus umgewandelt. Die große Energiemenge, die in den Elektronen von NADH und $FADH_2$ in Mitochondrien gespeichert ist, wird für die ATP-Bildung genutzt; dies geschieht bei der *oxidativen Phosphorylierung*, dem einzigen Schritt im oxidativen Katabolismus der Nahrungsstoffe, der direkt gasförmigen Sauerstoff (O_2) aus der Atmosphäre benötigt. Dies wollen wir als Nächstes behandeln. In Eukaryotenzellen ist das Mitochondrium somit das Zentrum, in das alle Energie liefernden Vorgänge führen – unabhängig davon, ob sie bei Kohlenhydraten, Fetten oder Proteinen beginnen.

2.3.8 In den meisten Zellen treibt der Elektronentransport die Synthese der Hauptmenge von ATP an

Die meiste chemische Energie wird im letzten Schritt des Abbaus eines Nährstoffmoleküls freigesetzt. Dieser Vorgang beginnt, wenn NADH und $FADH_2$ die Elektronen, die sie während der Oxidation von mit der Nahrung aufgenommenen organischen Molekülen gewonnen haben, auf die **Elektronentransportkette** übertragen, die in die innere Membran des Mitochondriums eingebettet ist. Während sich die Elektronen entlang dieser Kette hintereinandergeschalteter spezialisierter Elektronenakzeptor- und -donatormoleküle bewegen, fallen sie auf immer niedrigere Energiestufen. Am Ende gelangen sie zu Molekülen des gasförmigen Sauerstoffs (O_2), die in das Mitochondrium diffundiert sind; dabei wird der Sauerstoff reduziert und es entsteht Wasser. Die Elektronen haben

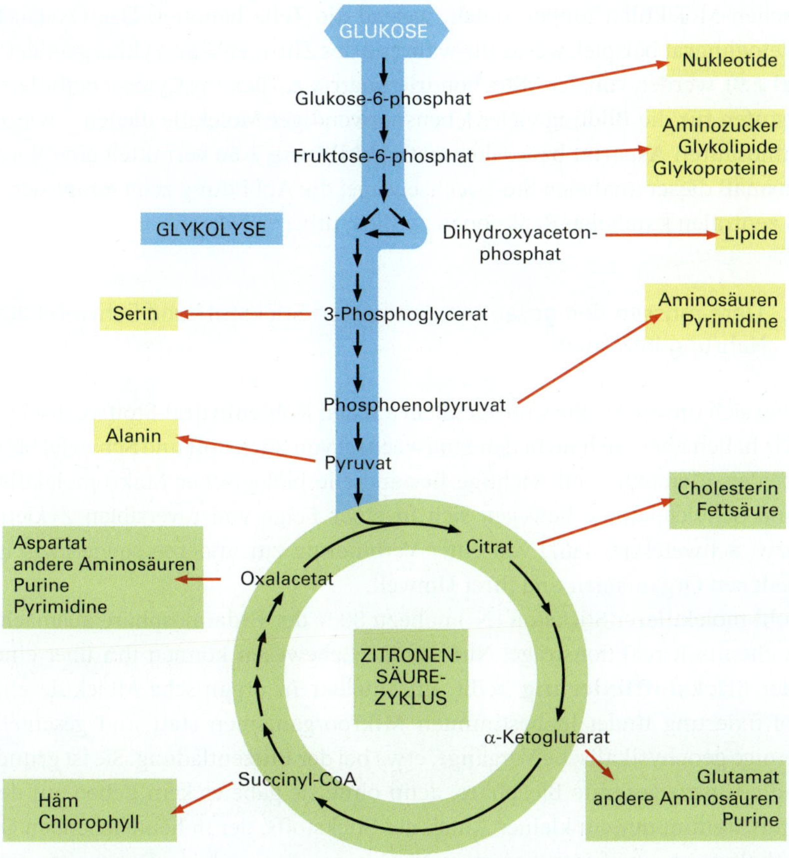

Abb. 2.60 Glykolyse und Zitronensäurezyklus liefern die Vorläufer, die zur Synthese vieler wichtiger Biomoleküle gebraucht werden. Die Aminosäuren, Nukleotide, Lipide, Zucker und anderen Moleküle, die hier als Produkte gezeigt sind, dienen ihrerseits als Vorläufer für viele Makromoleküle der Zellen. Jeder *schwarze* Pfeil in diesem Diagramm entspricht einer einzelnen enzymkatalysierten Reaktion. Die *roten* Pfeile stellen im Allgemeinen vielstufige Biosynthesewege dar, die für die Bildung der angezeigten Produkte nötig sind.

nun eine sehr niedrige Energiestufe erreicht, und die gesamte verfügbare Energie wurde den oxidierten Nahrungsmolekülen entzogen.

Die Energie, die die Elektronen bei dieser Elektronentransportkette abgeben, wird benutzt, um Protonen (H^+) aus dem innersten Mitochondrienkompartiment (der Matrix) durch die Membran in den Membranzwischenraum (und dann ins Cytosol) zu pumpen. Der entstehende elektrochemische Protonengradient an der inneren Mitochondrienmembran dient als Hauptenergiequelle für Zellen, die wie eine Batterie angezapft wird, um eine Vielzahl Energie benötigender Reaktionen zu versorgen. Die wichtigste dieser angeschlossenen Reaktionen ist die ATP-Erzeugung durch die Phosphorylierung von ADP. Ein Teil dieses Vorgangs heißt **oxidative Phosphorylierung** (s. Abb. 14.12). Die Nutzbarmachung chemischer Energie durch eine membranbasierte Elektronenübertragung ist eine der bemerkenswertesten Errungenschaften der Zellevolution – daher werden wir ihr ein eigenes Kapitel widmen (Kapitel 14).

2.3.9 Viele Biosynthesewege beginnen mit der Glykolyse oder dem Zitronensäurezyklus

Katabole Reaktionen, wie die jene der Glycolyse und des Zitronensäurezyklus, erzeugen sowohl Energie für die Zelle als auch die Bausteine, aus denen viele andere organische Moleküle aufgebaut werden. Bis jetzt haben wir die Energieerzeugung betont, anstatt der Gewinnung von Startmaterial zur Biosynthese. Aber viele der in der Glycolyse und im Zitronensäurezyklus gebildeten Zwischenprodukte werden für solche anabolen Stoffwechselwege abgezweigt; in diesen werden die Zwischenprodukte in einer Reihe enzymkatalysierter Reaktionen zu Aminosäuren, Nucleotiden, Fetten und anderen kleinen

DIE ESSENZIELLEN AMINOSÄUREN

THREONIN
METHIONIN
LYSIN
VALIN
LEUCIN
ISOLEUCIN
HISTIDIN
PHENYLALANIN
TRYPTOPHAN

Abb. 2.61 Die neun essenziellen Aminosäuren. Diese können Menschenzellen nicht synthetisieren, weshalb sie mit der Nahrung aufgenommen werden müssen.

organischen Molekülen umgewandelt, welche die Zelle benötigt. Das Oxalacetat und das α-Ketoglutarat beispielsweise, die während des Zitronensäurezyklus gebildet werden (s. **Tafel 2.9**), werden von der Mitochondrienmatrix zurück ins Cytosol befördert, wo sie als Vorstufen für die Bildung vieler lebensnotwendiger Moleküle dienen – wie z. B. für die Aminosäuren Aspartat bzw. Glutamat. **Abbildung 2.60** vermittelt eine Vorstellung vom Ausmaß dieser anabolen Stoffwechselwege; die Abbildung zeigt einige der Zweige, die von zentralen katabolen Reaktionen zu Biosynthesen führen.

2.3.10 Tiere müssen den gesamten benötigten Stickstoff und Schwefel aus der Nahrung beziehen

Bisher hat sich unsere Diskussion vor allem auf den Kohlenhydrat-Stoffwechsel konzentriert. Wir haben aber noch nicht den Stoffwechsel von Stickstoff und Schwefel betrachtet. Diese beiden Elemente sind wichtige Bestandteile biologischer Makromoleküle. Stickstoff- und Schwefelatome bewegen sich in einer Folge von reversiblen Zyklen (Stickstoff- bzw. Schwefelkreislauf) von einer Verbindung zur anderen sowie zwischen den verschiedenen Organismen und ihrer Umwelt.

Obwohl molekularer Stickstoff (N_2) nahezu 80 % der Erdatmosphäre ausmacht, ist er als Gas chemisch reaktionsträge. Nur wenige Lebewesen können ihn über einen Vorgang, der **Stickstofffixierung** heißt, unmittelbar in organische Moleküle einbauen. Stickstofffixierung findet in bestimmten Mikroorganismen statt und geschieht auch durch einige geophysikalische Vorgänge, etwa bei der Blitzentladung. Sie ist grundlegend notwendig für die gesamte Biosphäre, denn ohne sie gäbe es kein Leben auf der Erde. Allerdings stammt nur ein kleiner Anteil des Stickstoffs, der in heute lebenden Organismen enthalten ist, aus frisch fixiertem N_2-Gas der Atmosphäre. Der meiste organisch gebundene Stickstoff befindet sich bereits seit einiger Zeit im Kreislauf und wandert von einem Organismus zu einem anderen. Somit besitzen die heutigen Stickstofffixierungsreaktionen eher eine Auffüllfunktion für den gesamten Stickstoffvorrat.

Wirbeltiere erhalten praktisch ihren ganzen Stickstoff über die Proteine und Nukleinsäuren aus ihrer Nahrung. Im Körper werden diese Makromoleküle zu Aminosäuren und Nukleotid-Bausteinen abgebaut, und der in ihnen enthaltene Stickstoff wird verwendet, um neue Proteine und Nukleinsäuren zu synthetisieren oder um andere Moleküle aufzubauen. Ungefähr die Hälfte der 20 Aminosäuren, die in Proteinen vorkommen, sind für Wirbeltiere *essenzielle* Aminosäuren (**Abb. 2.61**). Das bedeutet, dass Vertebraten nicht in der Lage sind, sie aus anderen Nahrungsbestandteilen auf- oder umzubauen. Die anderen Aminosäuren können sie dagegen selbst synthetisieren, indem sie verschiedene Rohmaterialien – wie Zwischenprodukte des Zitronensäurezyklus – verwenden. Die essenziellen Aminosäuren werden von Pflanzen und anderen Organismen aufgebaut – in der Regel mithilfe langer und energetisch teurer Stoffwechselwege, die im Lauf der Vertebraten-Evolution verloren gegangen sind.

Die zur Herstellung von RNA und DNA notwendigen Nukleotide werden durch spezielle anabole Wege biosynthetisiert. Sämtliche Stickstoffe in den Purin- und Pyrimidin-Nukleobasen sowie einige ihrer Kohlenstoffe stammen aus den reichlich vorhandenen Aminosäuren Glutamin, Asparaginsäure und Glycin, während sich die Ribose- und Desoxyribosezucker von Glukose ableiten. Es gibt keine „essenziellen Nukleotide", die mit der Nahrung aufgenommen werden müssen.

Wie wir gesehen haben, können Aminosäuren aus der Nahrung, die nicht zur Biosynthese verwendet werden, oxidiert werden, um Stoffwechselenergie zu erzeugen. Die meisten ihrer Kohlenstoff- und Wasserstoffatome gelangen auf diese Weise schließlich in CO_2 und H_2O, während ihre Stickstoffatome zunächst verschiedene Verbindungen durchlaufen und am Ende als Harnstoff ausgeschieden werden. Jede Aminosäure wird

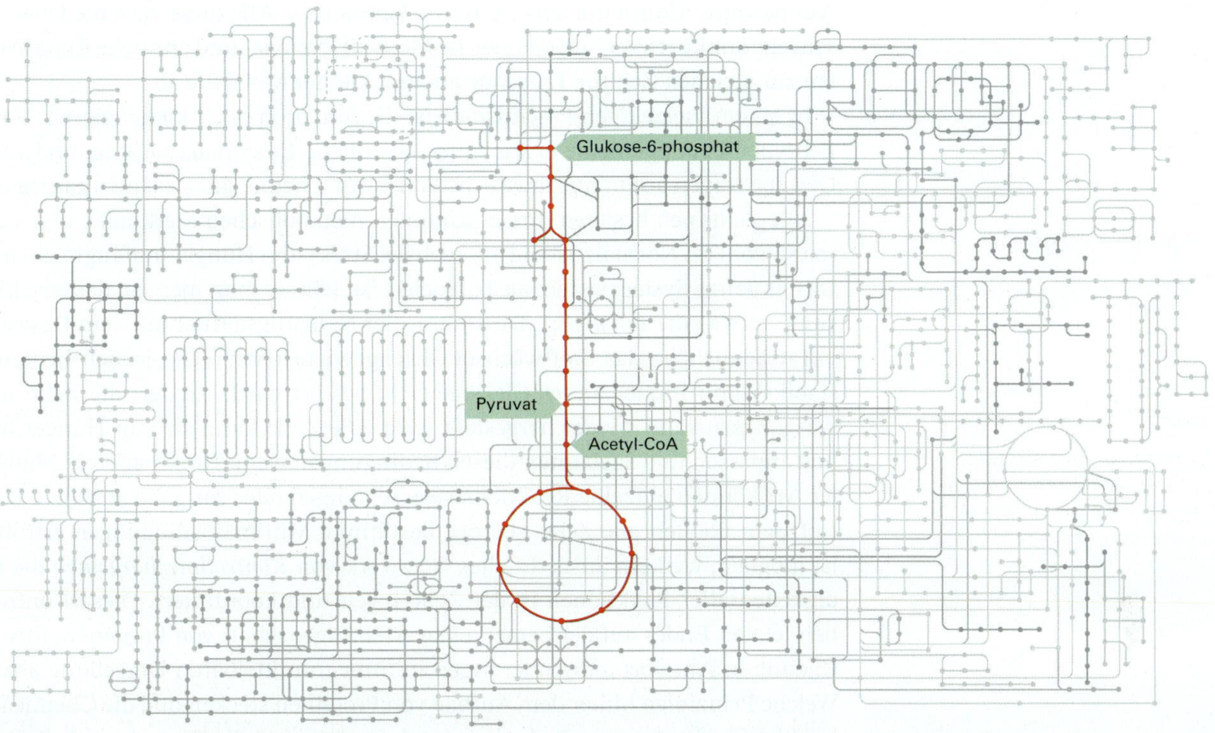

Abb. 2.62 Glykolyse und Zitronensäurezyklus sind der Mittelpunkt der ausgeklügelten Stoffwechselwege in menschlichen Zellen. Die Graphik zeigt schematisch ungefähr 2000 Stoffwechselreaktionen, wobei die Reaktionen von Glykolyse und Zitronensäurezyklus *rot* markiert sind. Viele andere Reaktionen führen entweder in diese zwei zentralen Stoffwechselwege und ergeben kleine Moleküle, die unter Energieerzeugung abgebaut (katabolisiert) werden, oder sie führen nach auswärts (wie in **Abb. 2.60**) und liefern Kohlenstoffverbindungen für anabole Biosynthesereaktionen. (Nach KEGG-Datenbank. Mit Erlaubnis der Kanehisa Laboratories).

anders abgebaut, und es gibt eine Vielzahl von enzymatischen Reaktionen für ihren Katabolismus.

Schwefel kommt auf der Erde in großer Menge in seiner am stärksten oxidierten Form vor, als Sulfat (SO_4^{2-}). Um für das Leben nützlich zu sein, muss der Schwefel zu Sulfid (S^{2-}) reduziert werden – der Oxidationszustand des Schwefels, der für die Synthese essenzieller biologischer Moleküle erforderlich ist, wie z. B. für die Aminosäuren Methionin und Cystein, Coenzym A sowie für die Eisen-Schwefel-Zentren, die für den Elektronentransport unverzichtbar sind (s. **Abb. 14.16**). Der Schwefelreduktionsprozess beginnt in Bakterien, Pilzen und Pflanzen, wo eine spezielle Gruppe von Enzymen ATP und die reduzierende Kraft nutzt, um einen Sulfat-Assimilierungsweg zu schaffen. Der Mensch und die Tiere können Sulfat nicht reduzieren und müssen deshalb den für ihren Stoffwechsel benötigten Schwefel mit der Nahrung aufnehmen.

2.3.11 Der Stoffwechsel ist hoch geordnet und geregelt

Abbildung 2.62 zeigt skizzenhaft, in welchem Ausmaß Glykolyse und Zitronensäurezyklus mit anderen Stoffwechselwegen verbunden sind, und vermittelt auf diese Weise, was für eine komplizierte Maschine die Zelle ist. Diese Kartierung gibt nur einige der vielen enzymatischen Wege in einer menschlichen Zelle wieder. Aus der Abbildung geht hervor, dass sich unsere Betrachtung des Zellstoffwechsels nur auf einen winzigen Teil des weiten Felds der Zellchemie beschränkt hat.

Alle diese Reaktionen, von denen jede ein anderes Enzym benötigt, laufen in einer Zelle ab, die einen Durchmesser von weniger als 0,1 mm besitzt. Außerdem ist das gleiche Molekül oft an vielen verschiedenen Abbau-, Umbau- und Aufbauwegen beteiligt. Beispielsweise ist Pyruvat das Substrat für über sechs verschiedene Enzyme, von denen jedes das Molekül in einer anderen Art und Weise chemisch verändert. Ein Enzym wandelt Pyruvat zu Acetyl-CoA um, ein anderes zu Oxalacetat, ein drittes setzt es zu der

Aminosäure Alanin um, ein viertes zu Laktat usw. Alle diese verschiedenen Stoffwechselwege konkurrieren um das gleiche Molekül Pyruvat, und ähnliche Konkurrenzen laufen zur gleichen Zeit für Tausende anderer kleiner Moleküle ab.

In einem vielzelligen Organismus ist die Situation noch komplizierter. Verschiedene Zelltypen benötigen eine etwas unterschiedliche Enzymausstattung, und verschiedene Gewebe tragen auf unterschiedliche Weise zur Chemie des Gesamtorganismus bei.

Alle Zelltypen besitzen ihre bestimmten metabolischen Merkmale, und sie kooperieren sowohl im Normalzustand als auch bei Stress und Hunger umfangreich miteinander. Da das ganze System so fein ausbalanciert ist, könnte man meinen, dass die kleinste Störung – etwa eine zeitweilige Drosselung der Nahrungsaufnahme – ein Desaster auslöst.

Tatsächlich ist das Stoffwechsel-Gleichgewicht einer Zelle jedoch bewundernswert stabil. Wann immer dieses Gleichgewicht gestört wird, reagiert die Zelle so, dass der Ausgangszustand wieder hergestellt wird. Die Zelle kann sich an Hunger und Krankheit anpassen und auch unter diesen Bedingungen weiterfunktionieren. Mutationen vieler Art können einzelne Reaktionswege schädigen oder gar ganz ausfallen lassen – und trotzdem überlebt die Zelle, solange bestimmte Minimalbedingungen erfüllt sind. Das ist möglich, weil ein ausgetüfteltes Netzwerk von *Kontrollmechanismen* die Geschwindigkeiten aller Reaktionen in der Zelle regelt und koordiniert. Diese Kontrollen beruhen letzten Endes auf der bemerkenswerten Eigenschaft von Proteinen, ihre Form und Chemie in Antwort auf Änderungen in ihrer unmittelbaren Umgebung abzuwandeln. Welche Prinzipien hinter dem Aufbau von Proteinen stecken und die Chemie ihrer Regelung ist für die gesamte Biologie zentral. Und es sind die Proteine, mit den wir uns als Nächstes befassen werden.

Zusammenfassung

Nahrungsmoleküle werden durch kontrollierte schrittweise Oxidation abgebaut, um ihre chemische Bindungsenergie in Form von ATP und NADH zur Verfügung zu stellen. Im Anschluss an den Abbau großer Nahrungsmoleküle zu ihren einfachen Untereinheiten agieren drei wichtige Reaktionsserien hintereinander. Dabei ist das Produkt einer Reaktion immer das Ausgangssubstrat der nächsten Reaktion. Bei den drei Abbau-Ebenen handelt es sich um:
(1) die Glykolyse im Cytosol,
(2) den Zitronensäurezyklus in der Mitochondrien-Matrix und
(3) die oxidative Phosphorylierung an der inneren Mitochondrienmembran.
Die Zwischenprodukte der Glykolyse und des Zitronensäurezyklus werden einerseits als Quelle für Stoffwechselenergie genutzt, aber auch, um viele der kleinen Moleküle bereitzustellen, die als Rohstoffe für Biosynthesen dienen. Tierzellen speichern Zuckermoleküle in Form von Glykogen, und Pflanzenzellen speichern sie als Stärke. Außerdem verwenden Pflanzen und Tiere auch Fette in großem Umfang als Nahrungs- und Energievorräte. Alle diese Speicherstoffe dienen wiederum uns Menschen als Hauptnahrungsquelle – zusammen mit den Proteinen, die den größten Anteil der Trockenmasse der Zellen ausmachen, die wir essen.

Literatur

2 Allgemein

Berg, J.M., Tymoczko, J.L., Gatto, G.J. et al. (2021). *Biochemistry.* 9th ed. New York: WH Freeman.

Miesfeld, R.L. und McEvoy, M.M. (2021). *Biochemistry.* 2nd ed. New York: Norton.

Moran, L.A., Horton, H.R., Scrimgeour, G. et al. (2012). *Principles of Biochemistry.* 5th ed. Upper Saddle River, NJ: Prentice Hall.

Nelson, D.L. und Cox, M.M. (2021). *Lehninger Principles of Biochemistry.* 8th ed. New York: Macmillan.

van Holde, K.E., Johnson, W.C. und Ho, P.S. (2005). *Principles of Physical Biochemistry.* 2nd ed. Upper Saddle River, NJ: Prentice Hall.

Voet, D., Voet, J.G. und Pratt, C.M. (2016). *Fundamentals of Biochemistry.* 5th ed. New York: Wiley.

2.1 Die chemischen Bestandteile einer Zelle

Atkins, P.W. (2003). *Molecules.* 2nd ed. New York: WH Freeman.

Baldwin, R.L. (2014). Dynamic hydration shell restores Kauzmann's 1959 explanation of how the hydrophobic factor drives protein folding. *Proc. Natl. Acad. Sci. USA* 111: 13052–13056.

Ball, P. (2017). Water is an active matrix of life for cell and molecular biology. *Proc. Natl. Acad. Sci. USA* 114: 13327–13335.

Bloomfield, V.A., Crothers, D.M. und Tinoco, I. (2000). *Nucleic Acids: Structures, Properties, and Functions.* Sausalito, CA: University Science Books.

Branden, C. und Tooze, J. (1999). *Introduction to Protein Structure.* 2nd ed. New York: Garland Science.

de Duve, C. (2005). *Singularities: Landmarks on the Pathways of Life.* Cambridge, UK: Cambridge University Press.

Dowhan, W. (1997). Molecular basis for membrane phospholipid diversity: why are there so many lipids?. *Annu. Rev. Biochem.* 66: 199–232.

Franks, F. (1993). *Water.* Cambridge, UK: Royal Society of Chemistry.

Henderson, L.J. (1927). *The Fitness of the Environment.* 1958 ed. Boston: Beacon.

Laage, D., Elsaesser, T. und Hynes, J.T. (2017). Water dynamics in the hydration shells of biomolecules. *Chem. Rev.* 117: 10694–10725.

Milo, R. und Phillips, R. (2009). A feeling for the numbers in biology. *Proc. Natl. Acad. Sci. USA* 106: 21465–21471.

Phillips, R. und Milo, R. (2015). *Cell Biology by the Numbers.* New York: Garland Science.

Taylor, M.E. und Drickamer, K. (2011). *Introduction to Glycobiology.* 3rd ed. New York: Oxford University Press.

van Meer, G., Voelker, D.R. und Feigenson, G.W. (2008). Membrane lipids: where they are and how they behave. *Nat. Rev. Mol. Cell Biol.* 9: 112–124.

Varki, A., Cummings, R.D., Esko, J.D., Freeze, H.H. et al. (eds.) (2009). *Essentials of Glycobiology.* Cold Spring Harbor, NY: Cold Spring Harbor Laboratory Press

2.2 Katalyse und Energienutzung durch Zellen

Alon, U. (2020). *An Introduction to Systems Biology: Design Principles of Biological Circuits.* 2nd ed. London: Chapman & Hall.

Atkins, P.W. (1994). *The Second Law: Energy, Chaos and Form.* New York: Scientific American Books.

Baldwin, J.E. und Krebs, H. (1981). The evolution of metabolic cycles. *Nature* 291: 381–382.

Berg, H.C. (1983). *Random Walks in Biology.* Princeton, NJ: Princeton University Press.

Dill, K.A. und Bromberg, S. (2010). *Molecular Driving Forces: Statistical Thermodynamics in Biology, Chemistry, Physics, and Nanoscience.* 2nd ed. New York: Garland Science.

Einstein, A. (1956). *Investigations on the Theory of the Brownian Movement.* New York: Dover.

Fruton, J.S. (1999). *Proteins, Enzymes, Genes: The Interplay of Chemistry and Biology.* New Haven, CT: Yale University Press.

Hohmann-Marriott, M.F. und Blankenship, R.E. (2011). Evolution of photosynthesis. *Annu. Rev. Plant Biol.* 62: 515–548.

Kauzmann, W. (1967). *Thermal Properties of Matter, Vol. 2. Thermodynamics and Statistics: With Applications to Gases.* New York: WA Benjamin.

Kornberg, A. (1989). *For the Love of Enzymes*. Cambridge, MA: Harvard University Press.

Kuriyan, J., Konforti, B. und Wemmer, D. (2012). *The Molecules of Life: Physical and Chemical Principles*. New York: Norton.

Lipmann, F. (1941). Metabolic generation and utilization of phosphate bond energy. *Adv. Enzymol.* 1: 99–162.

Lipmann, F. (1971). *Wanderings of a Biochemist*. New York: Wiley.

Nisbet, E.G. und Sleep, N.H. (2001). The habitat and nature of early life. *Nature* 409: 1083–1091.

Racker, E. (1980). From Pasteur to Mitchell: a hundred years of bioenergetics. *Fed. Proc.* 39: 210–215.

Sasselov, D.D., Grotzinger, J.P. und Sutherland J.D. (2020). The origin of life as a planetary phenomenon. *Sci. Adv.* 6: eaax3419.

Schrödinger, E. (1944 und 1958) *What Is Life? The Physical Aspect of the Living Cell and Mind and Matter, 1992 combined ed.* Cambridge, UK: Cambridge University Press.

Spang, A., Saw, J.H., Jørgensen, S.L. et al. (2015). Complex archaea that bridge the gap between prokaryotes and eukaryotes. *Nature* 52: 173–179.

Tinoco, I., Sauer, K., Wang, J.C. et al. (2013). *Physical Chemistry: Principles and Applications in Biological Sciences*. 5th ed. Glenview, IL: Pearson Education.

van Meer, G., Voelker, D.R. und Feigenson, G.W. (2008). Membrane lipids: where they are and how they behave. *Nat. Rev. Mol. Cell Biol.* 9: 112–124.

Walsh, C. (2001). Enabling the chemistry of life. *Nature* 409: 226–231.

Westheimer, F.H. (1987). Why nature chose phosphates. *Science* 235: 1173–1178.

2.3 Wie Zellen Energie aus Nahrung gewinnen

Caetano-Anollés, D., Kim, K.M., Mittenthal, J.E. et al. (2011). Proteome evolution and the metabolic origins of translation and cellular life. *J. Mol. Evol.* 72: 14–33.

Dismukes, G.C., Klimov, V.V., Baranov, S.V. et al. (2001). The origin of atmospheric oxygen on Earth: the innovation of oxygenic photosynthesis. *Proc. Natl. Acad. Sci. USA* 98: 2170–2175.

Fothergill-Gilmore, L.A. (1986). The evolution of the glycolytic pathway. *Trends Biochem. Sci.* 11: 47–51.

Friedmann, H.C. (2004). From *Butyribacterium* to *E. coli*: an essay on unity in biochemistry. *Perspect. Biol. Med.* 47: 47–66.

Huynen, M.A., Dandekar, T. und Bork, P. (1999). Variation and evolution of the citric-acid cycle: a genomic perspective. *Trends Microbiol.* 7: 281–291.

Koonin, E.V. (2014). The origins of cellular life. *Antonie van Leeuwenhoek* 106: 27–41.

Kornberg, H.L. (2000). Krebs and his trinity of cycles. *Nat. Rev. Mol. Cell Biol.* 1: 225–228.

Krebs, H.A. (1970). The history of the tricarboxylic acid cycle. *Perspect. Biol. Med.* 14: 154–170.

Lane, N. und Martin, W.F. (2012). The origin of membrane bioenergetics. *Cell* 151: 1406–1416.

Martijn, J. und Ettema, T.J.G. (2013). From archaeon to eukaryote: the evolutionary dark ages of the eukaryotic cell. *Biochem. Soc. Trans.* 41: 451–457.

Mulkidjanian, A.Y., Bychkov, A.Y., Dibrova, D.V. et al. (2012). Open questions on the origin of life at anoxic geothermal fields. *Orig. Life Evol. Biosph.* 42: 507–516.

Zimmer, C. (2009). On the origin of eukaryotes. *Science* 325: 666–668.

3

Proteine

Wenn wir uns eine Zelle unter dem Mikroskop anschauen oder ihre elektrische oder biologische Aktivität verfolgen, beobachten wir im Grunde Proteine. Proteine bilden den größten Teil der Trockenmasse einer Zelle. Sie sind nicht nur die Bauteile der Zellen, sondern führen auch die Mehrzahl aller Zellfunktionen aus. So bilden diejenigen Proteine, die Enzyme sind, die komplizierten molekularen Oberflächen, an denen die zahlreichen chemischen Reaktionen in einer Zelle katalysiert werden. In die Plasmamembran eingebettete Proteine erzeugen Kanäle und Pumpen, die den Durchgang kleiner Moleküle in die Zelle hinein und aus ihr heraus kontrollieren. Andere Proteine übermitteln Nachrichten von einer Zelle zur anderen oder dienen als Schalter, die Signale an der Plasmamembran sammeln und dann nach innen in den Zellkern weiterleiten. Wieder andere arbeiten als winzige molekulare Maschinen mit beweglichen Teilen: Beispielsweise treibt *Kinesin* Organellen durch das Cytoplasma, und *Topoisomerase* entknotet verhedderte DNA-Moleküle. Weitere spezialisierte Proteine wirken als Antikörper, Toxine, Hormone, Gefrierschutzmoleküle, elastische Fasern oder Lumineszenzquellen. Bevor wir verstehen können, wie Gene arbeiten, wie Muskeln kontrahieren, wie Nerven Elektrizität leiten, wie sich Embryonen entwickeln, oder wie unser Körper funktioniert, müssen wir uns zunächst gründliche Kenntnisse über Proteine aneignen.

3.1 Die atomare Struktur von Proteinen

Vom chemischen Standpunkt aus gesehen sind Proteine die strukturell komplexesten und funktionell am feinsten abgestimmten Moleküle, die wir kennen. Das verwundert einen nicht, wenn man sich vergegenwärtigt, dass sich die Struktur und Chemie jedes Proteins im Verlauf von Milliarden Jahren Evolutionsgeschichte entwickelt und angepasst hat. Die theoretischen Berechnungen der Populationsgenetiker enthüllen, dass über die evolutionsrelevanten Zeitabschnitte hinweg ein überraschend kleiner Selektionsvorteil ausreicht, damit sich eine zufällig veränderte Proteinsequenz innerhalb einer Population von Lebewesen ausbreitet. Sogar Experten kann diese bemerkenswerte Vielseitigkeit der Proteine in Erstaunen versetzen.

In diesem Abschnitt betrachten wir, wie die Stellung jeder Aminosäure in der langen Aminosäurekette, aus dem ein Protein besteht, seine dreidimensionale Konformation

Molekularbiologie der Zelle, 7. Auflage. Bruce Alberts, Rebecca Heald, Alexander Johnson, David Morgan, Martin Raff, Keith Roberts und Peter Walter.

bestimmt. Dann nutzen wir diese Kenntnisse über die Proteinstruktur auf atomarer Ebene, um zu erklären, wie die Form eines Proteinmoleküls seine Funktion in der Zelle festlegt.

3.1.1 Die Struktur eines Proteins wird durch seine Aminosäuresequenz bestimmt

In Proteinen kommen 20 verschiedene Aminosäurearten vor, die direkt in der DNA eines Organismus verschlüsselt sind. Jede von ihnen besitzt eigene chemische Eigenschaften. Jedes **Proteinmolekül** besteht aus einer langen unverzweigten Aminosäurekette, in der jede Aminosäure mit ihren Nachbarn über eine kovalente Peptidbindung (**Abb. 3.1a**) verknüpft ist. Daher werden Proteine auch als *Polypeptide* bezeichnet. Jeder Proteintyp hat eine charakteristische Aminosäuresequenz, und es gibt Tausende verschiedene Proteine in einer Zelle.

Die sich wiederholende Abfolge von Atomen entlang dem Rückgrat einer Polypeptidkette wird **Polypeptid-Grundgerüst** genannt. An dieses sich wiederholende Rückgrat sind die Anteile der Aminosäuren geheftet, die nicht an der Bildung der Peptidbindung beteiligt sind; es sind die 20 verschiedenen **Aminosäure-Seitenketten**, die jeder Aminosäure ihre individuellen Eigenschaften verleihen (**Abb. 3.1b**). Einige dieser Seitenketten sind unpolar und hydrophob („wasserscheu"), andere sind negativ oder positiv geladen, manche sind reaktiv usw. **Tafel 3.1** zeigt ihre Strukturformeln und in **Abb. 3.2** sind die für sie verwendeten Abkürzungen aufgelistet.

Wie in Kapitel 2 besprochen, verhalten sich Atome ähnlich wie harte Kugeln mit einem festen Radius – ihrem *van der Waals-Radius*. Andere Beschränkungen grenzen die möglichen Bindungswinkel in einer Polypeptidkette ein, und dies – sowie das Erfordernis, dass sich zwei Atome nicht überlappen können – grenzt die möglichen dreidimensionalen Anordnungen (*Konformationen*) der Proteine stark ein. Wie in **Abbildung 3.3** gezeigt,

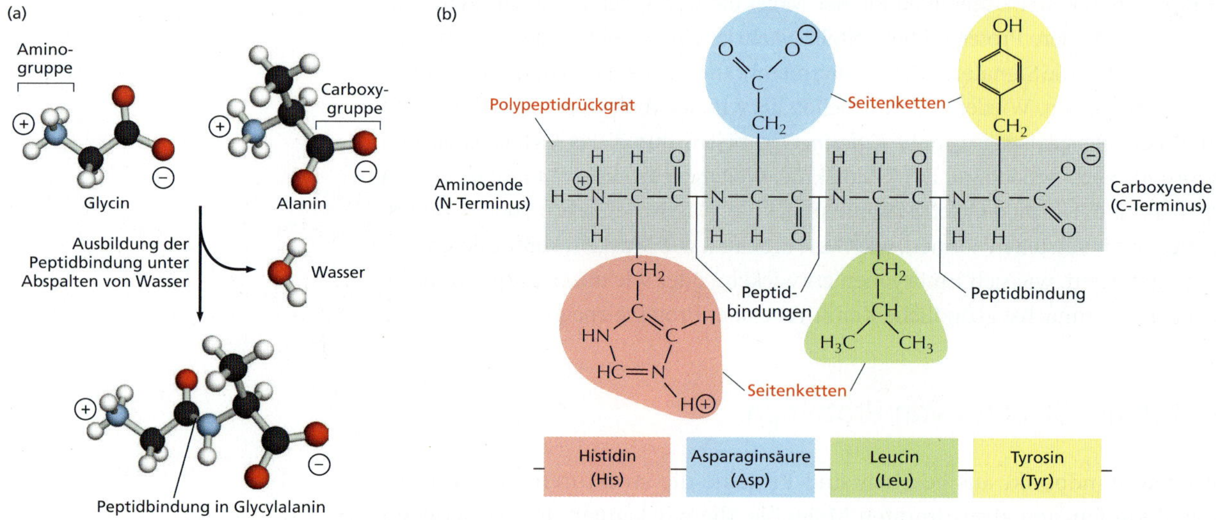

Abb. 3.1 Die Komponenten eines Proteins. (a) Die Bildung einer Peptidbindung. Diese kovalente Bindung bildet sich, wenn das Kohlenstoffatom der Carboxygruppe einer Aminosäure (wie z. B. Glycin) mit dem Stickstoffatom der Aminogruppe einer zweiten Aminosäure (wie z. B. Alanin) Elektronen teilt. Bei dieser Kondensationsreaktion wird, wie gezeigt, ein Wassermolekül freigesetzt (s. **Abb. 2.9**). In diesem Modell sind die Kohlenstoffatome schwarz, Sauerstoff *rot* und Wasserstoff *weiß*. (b) Eine zweidimensionale Darstellung eines kurzen Abschnitts des Polypeptidrückgrats mit angehefteten Seitenketten. Jeder Proteintyp variiert in der Sequenz (Abfolge) und der Anzahl der Aminosäuren. Die Sequenz der chemisch verschiedenen Seitenketten ergibt die Unterschiede zwischen den einzelnen Proteinen. Die beiden Enden einer Polypeptidkette unterscheiden sich chemisch: Das Ende mit der freien Aminogruppe (NH_2, das bei neutralem pH-Wert ein Proton aufnimmt und zu NH_3^+ wird) ist der Amino- oder N-Terminus (das Aminoende); das Ende mit der freien Carboxygruppe (COOH, die bei neutralem pH-Wert ein Proton verliert und zu COO^- wird) ist der Carboxy- oder C-Terminus (das Carboxyende). Man beachte, dass in vielen Abbildungen dieses Buchs einfachheitshalber NH_2 und COOH verwendet werden, um diese Enden zu bezeichnen, anstelle ihrer tatsächlichen ionisierten Formen. Die Aminosäuresequenz eines Proteins wird immer in Richtung von N nach C dargestellt und von links nach rechts gelesen.

AMINOSÄURE			SEITENKETTE
Asparaginsäure	Asp	D	sauer (negativ geladen)
Glutaminsäure	Glu	E	sauer (negativ geladen)
Arginin	Arg	R	basisch (positiv geladen)
Lysin	Lys	K	basisch (positiv geladen)
Histidin	His	H	basisch (positiv geladen)
Asparagin	Asn	N	ungeladen polar
Glutamin	Gln	Q	ungeladen polar
Serin	Ser	S	ungeladen polar
Threonin	Thr	T	ungeladen polar
Tyrosin	Tyr	Y	ungeladen polar

POLARE AMINOSÄUREN

AMINOSÄURE			SEITENKETTE
Alanin	Ala	A	unpolar
Glycin	Gly	G	unpolar
Valin	Val	V	unpolar
Leucin	Leu	L	unpolar
Isoleucin	Ile	I	unpolar
Prolin	Pro	P	unpolar
Phenylalanin	Phe	F	unpolar
Methionin	Met	M	unpolar
Tryptophan	Trp	W	unpolar
Cystein	Cys	C	unpolar

UNPOLARE AMINOSÄUREN

Abb. 3.2 Die 20 Aminosäuren, die üblicherweise in Proteinen vorkommen. Sowohl die Dreibuchstaben-Abkürzung als auch der Einbuchstaben-Code sind aufgelistet. Wie man sieht, gibt es genauso viele Aminosäuren mit polaren Seitenketten wie mit unpolaren Seitenketten; einige hier als polar gelistete Seitenketten sind jedoch groß genug, um einige nichtpolare Eigenschaften zu haben (z. B. Tyr, Thr, Arg, Lys). Die Strukturformeln zeigt **Tafel 3.1**.

limitieren diese sterischen Beschränkungen (die eine Delokalisierung der Elektronen in der Peptidbindung einschließt, welche diese Bindung planar macht) die Energiemaxima für die Bindungswinkel in Polypeptiden auf einen engen Bereich. Trotzdem kann sich eine so lange flexible Kette wie ein Protein immer noch auf viele verschiedene Weisen falten.

Die Faltung einer Proteinkette wird auch durch viele verschiedene *nichtkovalente („schwache") Bindungen* bestimmt, die sich zwischen Teilen der Kette ausbilden. An ihnen sind Atome des Polypeptid-Grundgerüsts und Atome der Aminosäure-Seitenketten beteiligt. Es gibt drei unterschiedliche Arten von schwachen Bindungen: *Wasserstoffbrücken*, *elektrostatische Anziehungen* und *van der Waals-Anziehungskräfte* (s. Kapitel 2). Eine einzelne nichtkovalente Bindung ist 30- bis 300-mal schwächer als die typischen

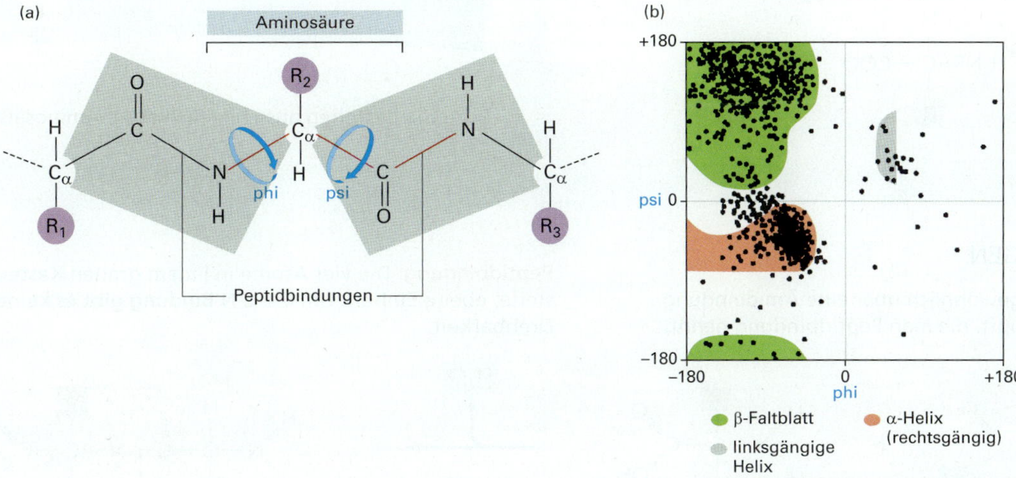

Abb. 3.3 Sterische Beschränkungen der Bindungswinkel in einer Polypeptidkette. (a) Jede Aminosäure trägt zum Grundgerüst der Peptidkette drei Bindungen (*rot*) bei. Weil sie einen teilweisen Doppelbindungscharakter besitzt, ist die Peptidbindung planar (= eben, *grau schattiert*) und erlaubt keine freie Drehung. Im Gegensatz dazu können Drehungen erfolgen: 1) um die C_α–C-Bindung, deren Drehungswinkel *psi* (ψ) heißt, und 2) um die N–C_α-Bindung, deren Drehungswinkel *phi* (ϕ) heißt. Übereinkommensgemäß kennzeichnet das Symbol R eine allgemeine Aminosäure-Seitenkette („Rest") (*violette Kreise*). (b) Die Konformation der Hauptketten-Atome in einem Protein wird durch das Paar der ϕ- und ψ-Winkel für jede Aminosäure bestimmt. Durch sterische Behinderung kommen die meisten möglichen Paare von ϕ- und ψ-Winkeln nicht vor. Im hier gezeigten sogenannten Ramachandran-Diagramm („Plot") entspricht jeder Punkt einem in einem Protein beobachteten ϕ/ψ-Winkelpaar. Die drei unterschiedlich schattierten Punktwolken spiegeln drei verschiedene „Sekundärstrukturen" wider, die wiederholt in Proteinen zu finden sind. Am hervorstechendsten sind die alpha-Helix und das beta-Faltblatt, wie im Text beschrieben. (b, aus J. Richardson, *Adv. Prot. Chem.* 34: 174–175, 1981. Mit Erlaubnis von Elsevier).

FAMILIEN VON AMINOSÄUREN

Die gewöhnlichen Aminosäuren werden nach den Eigenschaften ihrer Seitenketten eingeteilt:

saure
basische
ungeladen polare
unpolare

Die 20 Protein- Aminosäuren haben Drei-Buchstaben- oder Ein-Buchstaben-Abkürzungen erhalten.

So ist: Alanin = Ala = A

BASISCHE SEITENKETTEN

Lysin

(Lys, oder K)

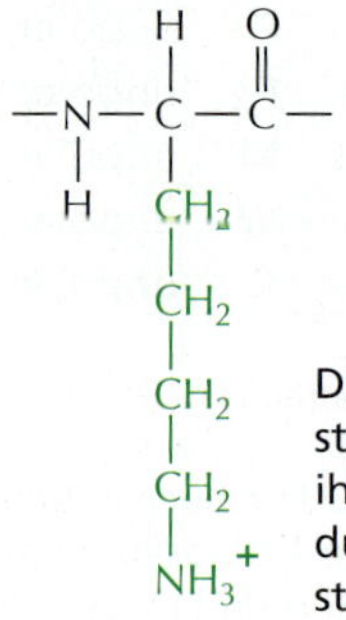

Arginin

(Arg, oder R)

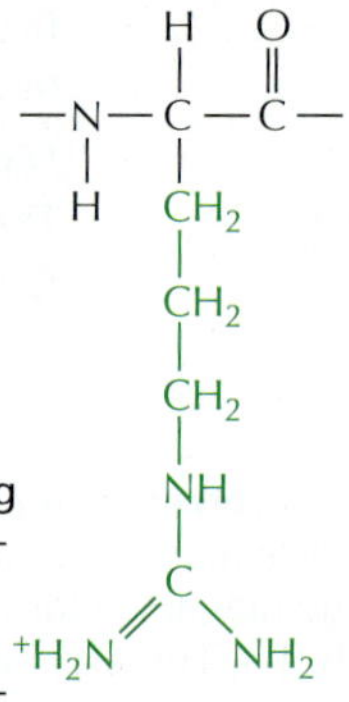

Diese Gruppe ist stark basich, da ihre positive Ladung durch Resonanz stabilisiert ist.

Histidin

(His, oder H)

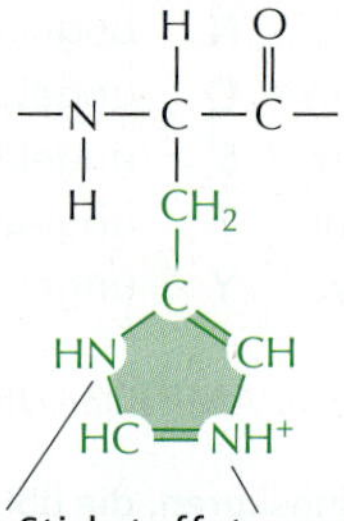

Diese Stickstoffatome haben eine verhältnismäßig geringe Affinität für H^+ und sind bei neutralem pH nur zum Teil positiv geladen.

DIE AMINOSÄUREN

Die allgemeine Formel einer Aminosäure ist

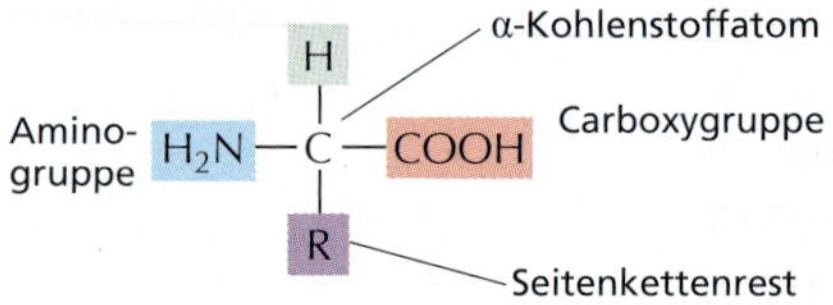

R ist meist eine von 20 verschiedenen Seitenketten. Bei pH = 7 sind sowohl die Aminogruppe als auch die Carboxygruppe ionisiert.

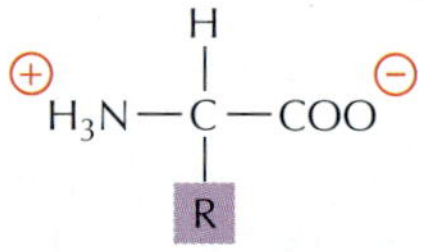

OPTISCHE ISOMERE

Das α-Kohlenstoffatom ist asymmetrisch, deswegen gibt es zwei Spiegelbild (oder Stereo)-Isomere, L und D.

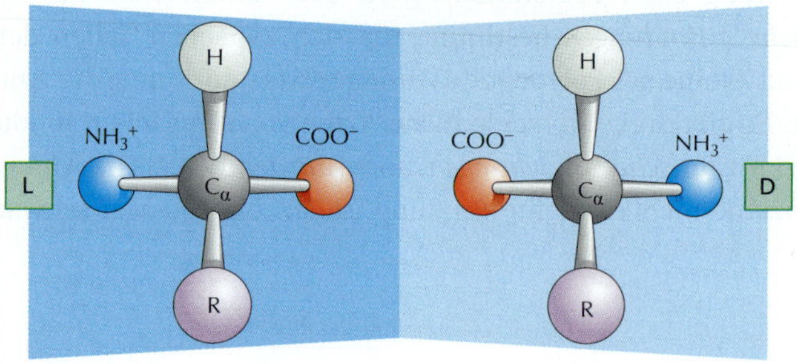

Proteine bestehen ausschließlich aus L-Aminosäuren.

PEPTIDBINDUNGEN

Aminosäuren sind gewöhnlich über eine Amidbindung miteinander verknüpft, die man Peptidbindung nennt.

Peptidbindung: Die vier Atome in jedem grauen Kasten bilden eine steife, ebene Einheit. Um die C-N-Bindung gibt es keine freie Drehbarkeit.

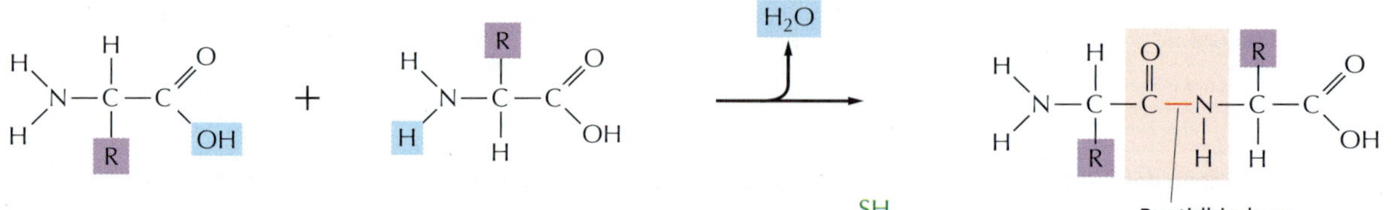

Proteine sind lange Polymere aus Aminosäuren, die durch Peptidbindungen miteinander verkettet sind; sie werden stets mit dem N-Terminus links geschrieben. Die Sequenz von diesem Tripetid ist His, Cys, Val.

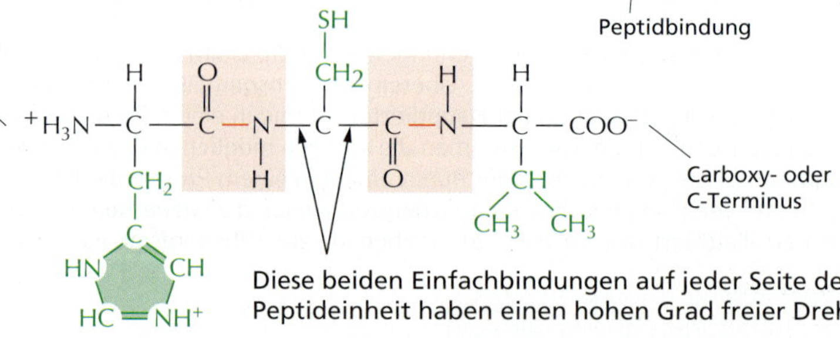

Diese beiden Einfachbindungen auf jeder Seite der steifen Peptideinheit haben einen hohen Grad freier Drehbarkeit.

Tafel 3.1 **Die 20 an der Synthese von Proteinen beteiligten Aminosäuren.**

SAURE SEITENKETTEN

Asparaginsäure

(Asp, oder D)

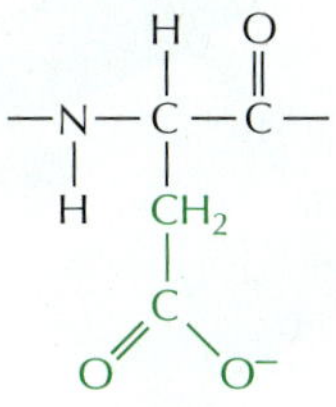

Glutaminsäure

(Glu, oder E)

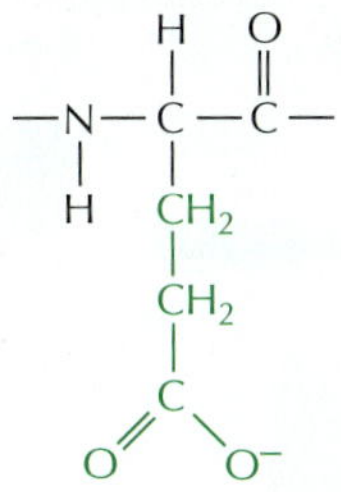

UNGELADENE POLARE SEITENKETTEN

Asparagin

(Asn, oder N)

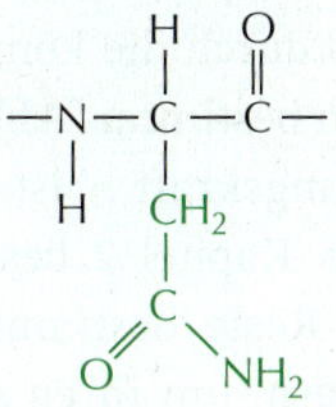

Glutamin

(Gln, oder Q)

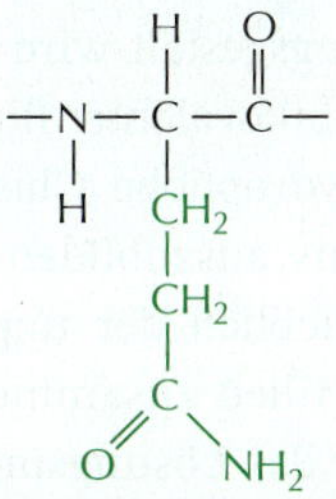

Obgleich der Amid-N bei neutralem pH-Wert ungeladen ist, ist er polar.

Serin

(Ser, oder S)

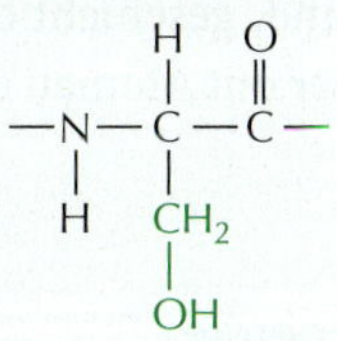

Threonin

(Thr, oder T)

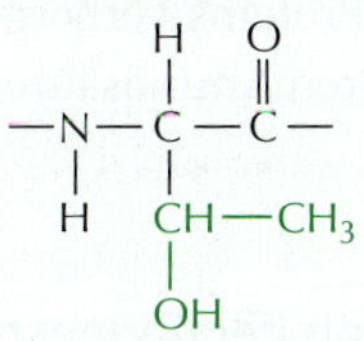

Tyrosin

(Tyr, oder Y)

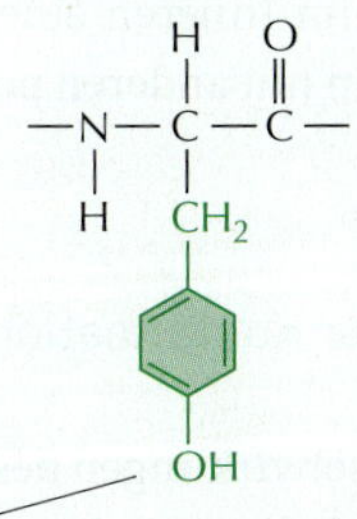

Diese OH-Gruppen sind polar.

UNPOLARE SEITENKETTEN

Alanin

(Ala, oder A)

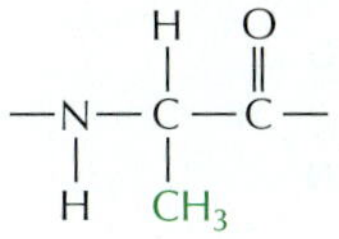

Valin

(Val, oder V)

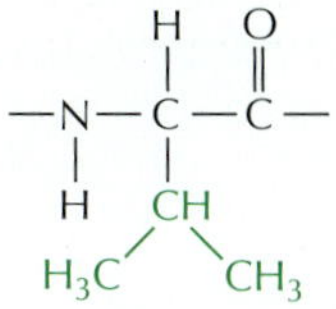

Leucin

(Leu, oder L)

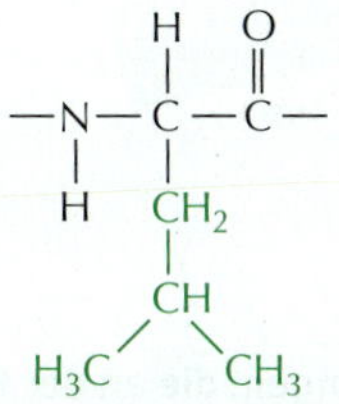

Isoleucin

(Ile, oder I)

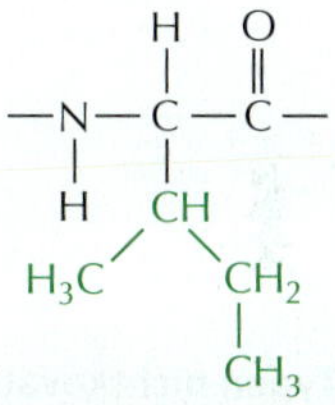

Prolin

(Pro, oder P)

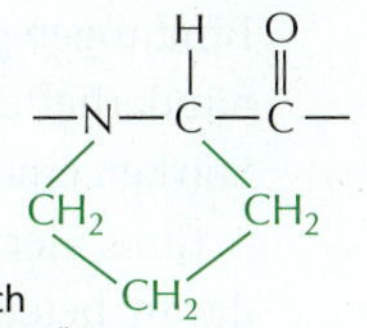

eigentlich eine Iminosäure

Prolin

(Phe, oder F)

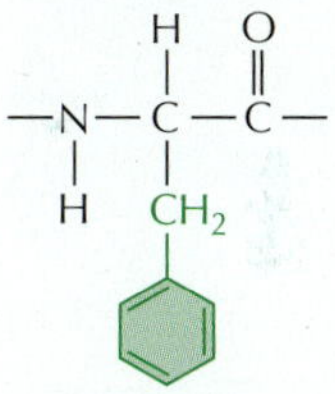

Methionin

(Met, oder M)

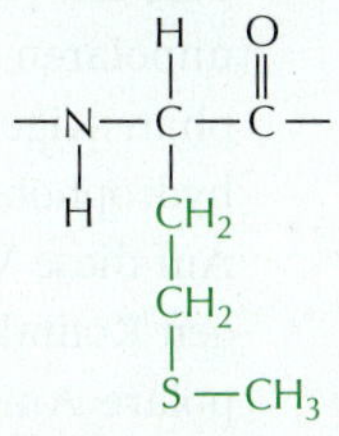

Tryptophan

(Trp, oder W)

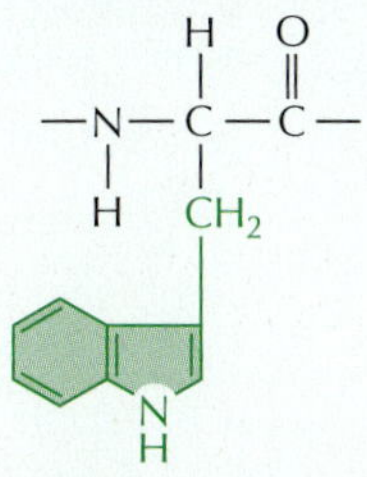

Glycin

(Gly, oder G)

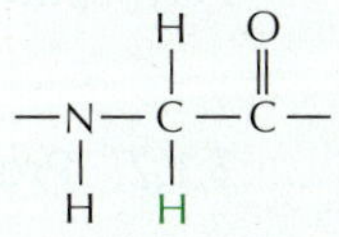

Cystein

(Cys, oder C)

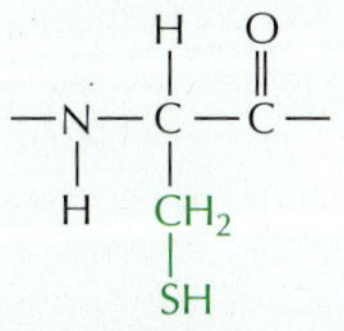

Zwischen zwei Cysteinseitenketten in einem Protein kann sich eine Disulfidbrücke (rot) ausbilden

– – CH_2 – S – S – CH_2 – –

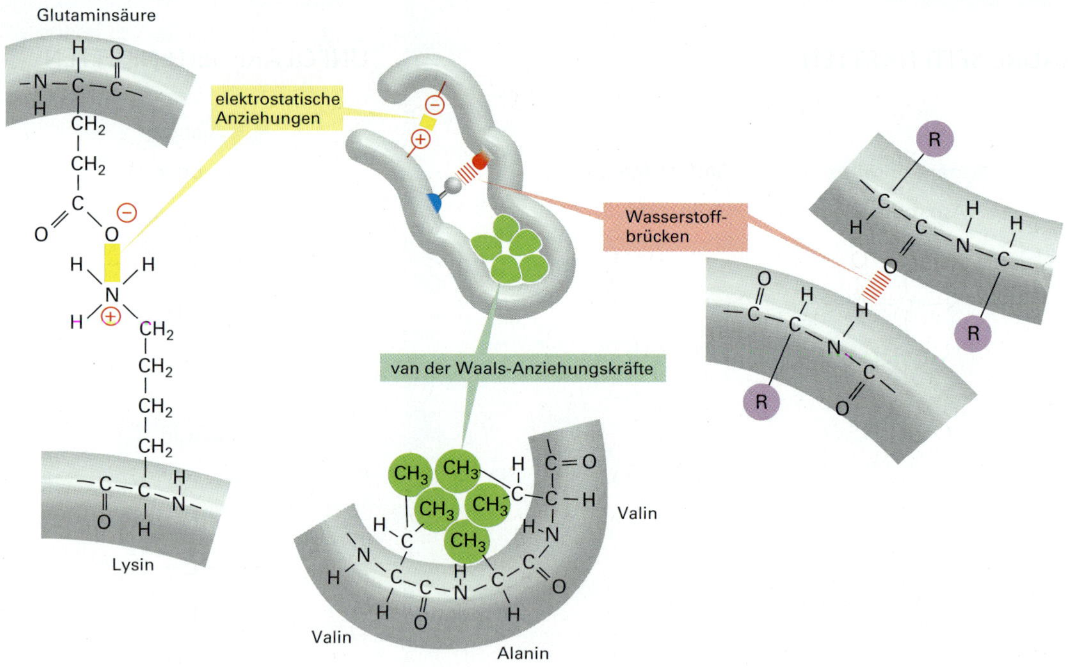

Abb. 3.4 **Drei Typen nichtkovalenter Bindungen, die an der Faltung eines Proteins beteiligt sind.** Eine einzelne solche Bindung ist zwar ziemlich schwach, aber oft wirken viele von ihnen gleichzeitig und erzeugen auf diese Weise eine feste Bindungsanordnung, wie im hier gezeigten Beispiel. (R entspricht einer Aminosäure-Seitenkette).

kovalenten Bindungen, die Biomoleküle zusammenhalten. Jedoch können viele schwache Bindungen gleichzeitig wirken und dadurch zwei Bereiche einer Polypeptidkette fest aneinanderheften. Die Stabilität jeder Faltungsgestalt wird deshalb durch die kombinierten Stärken einer großen Anzahl solcher nichtkovalenter Bindungen bestimmt (**Abb. 3.4**).

Eine vierte schwache Kraft – die hydrophobe Clusterbildungskraft – ist ebenfalls daran beteiligt, die Form eines Proteins auszubilden. Wie in Kapitel 2 beschrieben, streben hydrophobe Moleküle (einschließlich der unpolaren Reste bestimmter Aminosäuren) danach, sich in wässrigem Milieu zusammenzulagern, um ihren störenden Effekt auf das Wasserstoffbrückengitter des Lösungsmittels möglichst gering zu halten (**Tafel 2.2**). Ein wichtiger Faktor für die Steuerung der Faltung eines Proteins ist deshalb die Verteilung der polaren und unpolaren Aminosäuren in der Polypeptidkette. Die unpolaren Seitenketten von Aminosäuren wie Phenylalanin, Leucin, Valin oder Tryptophan neigen dazu, sich im Inneren eines Proteinmoleküls anzuhäufen (genauso wie sich hydrophobe Öltröpfchen in Wasser zusammenlagern und ein großes Fettauge bilden). Auf diese Weise vermeiden die hydrophoben Seitenketten zu viel energetisch ungünstigen Kontakt mit dem Wasser, das sie in einer Zelle umgibt. Im Gegensatz dazu streben polare Aminosäure-Seitenketten wie diejenigen von Arginin, Glutamin oder Histidin möglichst nahe an die Außenfläche eines Proteinmoleküls, wo sie Wasserstoffbrücken mit Wasser und anderen polaren Molekülen ausbilden können (**Abb. 3.5**). Wenn irgendwelche polaren Aminosäuren im Inneren eines Proteins verborgen sind, geschieht das meist durch Wasserstoffbrücken mit anderen polaren Aminosäuren oder mit Atomen des Polypeptid-Grundgerüsts.

3.1.2 Proteine falten sich zur Konformation mit der geringsten Energie

Als Ergebnis aller dieser Wechselwirkungen besitzt jedes Protein eine ganz spezielle dreidimensionale Struktur, die durch die Anordnung der Aminosäuren in der Polypeptidkette

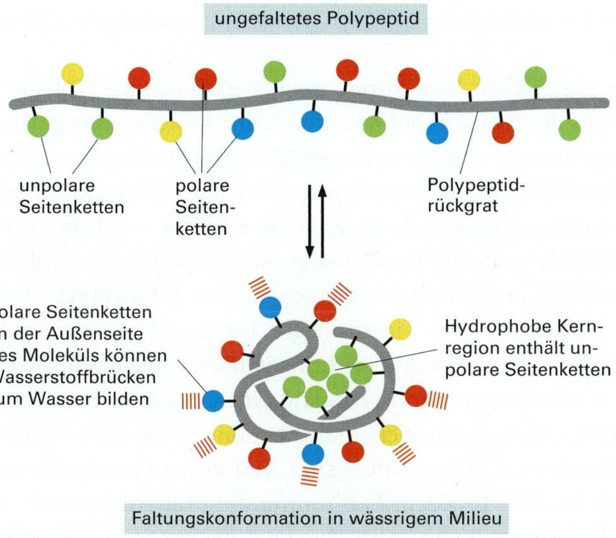

Abb. 3.5 Wie sich ein Protein zu einer festen Konformation faltet. Polare Aminosäure-Seitenketten neigen dazu, an der Außenseite des Proteins zu liegen, wo sie mit Wasser in Kontakt treten können. Dagegen bleiben unpolare Seitenketten im Inneren des Proteins verborgen und bilden einen dicht gepackten, hydrophoben Kern aus Atomen, die vor Wasser geschützt sind. Das Protein in diesem sehr schematischen Bild enthält nur 17 Aminosäuren; tatsächlich sind Proteine in der Regel viel länger.

bestimmt wird. Die endgültige Faltungsstruktur oder **Konformation** einer Polypeptidkette ist im Allgemeinen diejenige mit der geringsten Freien Energie. Biologen haben im Reagenzglas die Proteinfaltung mit hoch gereinigten Proteinen untersucht. Bestimmte Lösungsmittel, die nichtkovalente Wechselwirkungen stören, welche die gefaltete Kette zusammenhalten, falten ein Protein auf oder *denaturieren* es. Diese Behandlung wandelt das Protein in eine flexible Polypeptidkette um, die ihre natürliche Form verloren hat. Wenn das denaturierende Lösungsmittel entfernt wird, faltet sich das denaturierte Protein häufig wieder von selbst in seine native Ausgangskonformation zurück – man sagt, es *renaturiert* spontan. Das zeigt, dass alle nötige Information für die Ausbildung der dreidimensionalen Gestalt eines Proteins in seiner Aminosäuresequenz enthalten ist, ein entscheidender Punkt für das Verständnis der Zellbiologie.

Die meisten Proteine falten sich zu einer einzigen stabilen Konformation. Diese Konformation ist sehr dynamisch und erfährt durch Wärmeenergie ständige Veränderungen. Zudem kann sich die Proteinkonformation ändern, wenn das Protein mit anderen Molekülen in der Zelle in Wechselwirkung tritt. Wie wir später erfahren werden, ist diese Änderung der Form oft ausschlaggebend für die Funktion des Proteins.

Obwohl sich eine Proteinkette ohne äußere Hilfe in ihre richtige Konformation falten kann, unterstützen vielfach spezielle Proteine – sogenannte *molekulare Chaperone* (von frz. *chaperon* = Behüter, Anstandsdame) – die Proteinfaltung (s. Kapitel 6). Molekulare Chaperone binden an die teilweise gefaltete Polypeptidkette und helfen ihr, den energetisch günstigsten Faltungsweg zu durchlaufen. Chaperone sind im überfüllten Cytoplasma unbedingt erforderlich; denn sie hindern die vorübergehend freiliegenden hydrophoben Regionen der verschiedenen neu synthetisierten Proteinketten daran, sich zusammenzulagern und Proteinaggregate zu bilden. Trotzdem wird die endgültige dreidimensionale Form eines Proteins allein durch seine Aminosäuresequenz bestimmt – Chaperone machen den Faltungsvorgang lediglich zuverlässiger.

Die Beschreibung einer Proteinstruktur lässt sich vereinfachen, wenn man erkennt, dass sie aus einigen wenigen strukturellen Grundmotiven aufgebaut ist, die wir als Nächstes besprechen werden.

3.1.3 Die α-Helix und das β-Faltblatt sind allgemeine Faltungsmuster

Wenn man die räumlichen Strukturen vieler verschiedener Proteine vergleicht, zeigt sich, dass, obwohl die Gesamtkonformation jedes Proteins einzigartig ist, sehr häufig zwei regelmäßige Faltungsmuster in diesen Makromolekülen auftauchen. Beide Muster wurden vor 70 Jahren bei Untersuchungen von Haar und Seide entdeckt. Das erste zu beschreibende Faltungsmotiv – die sogenannte **α-Helix** – wurde im Protein *α-Keratin* gefunden, das die Filamente der Haare bildet. Ein Jahr nach der Entdeckung der α-Helix wurde eine zweite Faltungsstruktur – das sogenannte **β-Faltblatt** – im Protein *Fibroin*, dem Hauptbestandteil von Seide, identifiziert. Diese zwei Muster sind besonders häufig, weil sie sich allein durch Wechselwirkungen über Wasserstoffbrücken zwischen den N–H- und den C=O-Gruppen im Polypeptid-Grundgerüst ausbilden, ohne die Seitenketten der Aminosäuren einzubeziehen. Daher können sie, auch wenn sie mit manchen Aminosäure-Seitenketten inkompatibel sind, von vielen verschiedenen Aminosäuresequenzen erzeugt werden. In jedem Fall nimmt die Proteinkette eine regelmäßige, sich wiederholende Konformation an. **Abb. 3.6** zeigt die genauen Strukturen dieser beiden wichtigen Konformationen, die in den Bändermodellen der Proteine durch ein helikales Band bzw. eine Reihe von nebeneinander liegenden Pfeilen dargestellt sind.

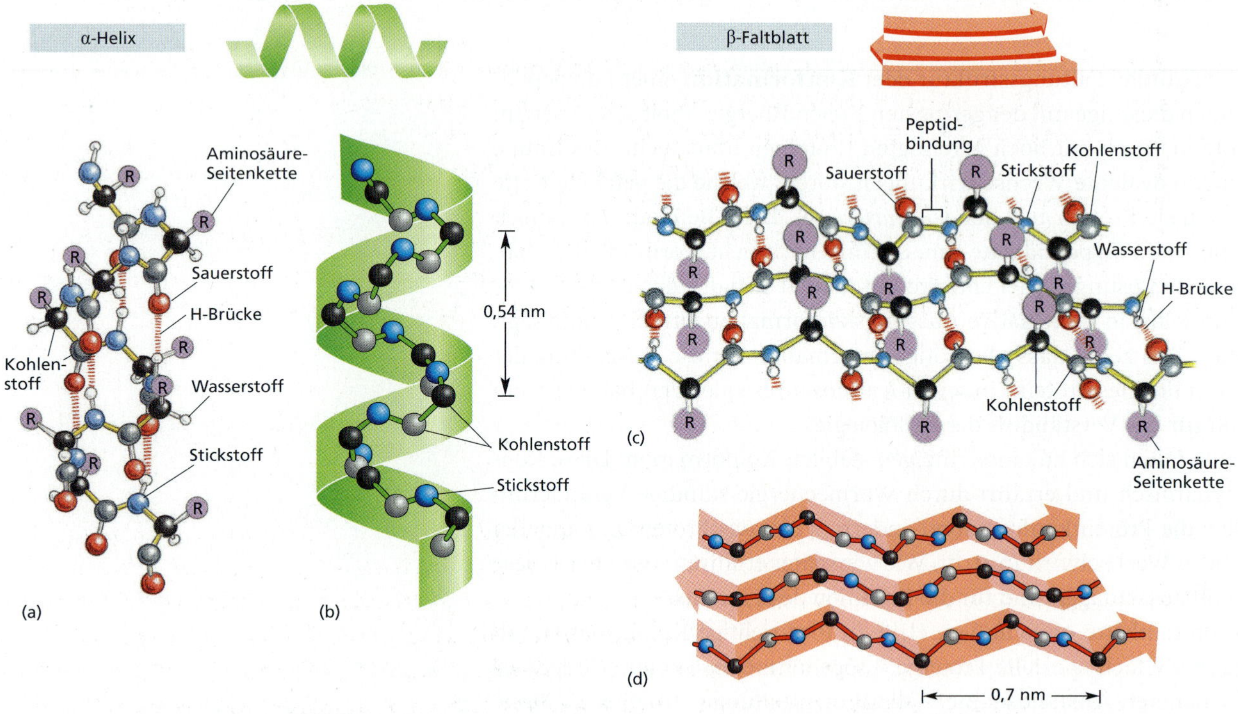

Abb. 3.6 Die regelmäßige Konformation des Polypeptid-Grundgerüsts in der α-Helix- und im β-Faltblatt. In (a) und (b) ist die α-Helix gezeigt. Der N–H-Anteil jeder Peptidbindung ist über eine Wasserstoffbrücke an den C=O-Anteil einer benachbarten, vier Peptidbindungen entfernten Peptidbindung in der gleichen Kette gebunden. Man beachte, dass alle N–H-Gruppen in diesem Diagramm nach oben zeigen und alle C=O-Gruppen nach unten (zum C-Terminus); dies verleiht der Helix eine Polarität, bei der der C-Terminus eine teilweise negative Ladung hat und der N-Terminus eine teilweise positive. Das β-Faltblatt ist in (c) und (d) dargestellt. Im gezeigten Beispiel verlaufen benachbarte Peptidketten in entgegengesetzten (*antiparallelen*) Richtungen. Die einzelnen Polypeptidketten oder Stränge in einem β-Faltblatt werden durch Wasserstoffbrücken zwischen Peptidbindungen aus verschiedenen Strängen zusammengehalten, wobei die Aminosäurereste jedes Strangs abwechselnd über und unter der Blattebene hervorstehen. Vereinbarungsgemäß zeigen bei Verwendung von Pfeilen für die Darstellung eines β-Faltblatts die Pfeilspitzen in Richtung C-Terminus. (a) und (c) zeigen alle Atome im Polypeptid-Grundgerüst, aber die Aminosäure-Seitenketten sind abgeschnitten und durch ein R symbolisiert (entsprechend der vor langer Zeit getroffenen Vereinbarung, R auf diese Weise zu verwenden). In (b) und (d) sind hingegen nur die Kohlenstoff- und Stickstoffatome des Rückgrats gezeigt.

Das Innere vieler Proteine enthält ausgedehnte β-Faltblatt-Bereiche. Wie **Abb. 3.7** zeigt, können sich β-Faltblätter entweder aus nebeneinander liegenden Abschnitten des Polypeptid-Rückgrats bilden, die in der gleichen Richtung verlaufen (parallele Faltung), oder aus einem Polypeptid-Rückgrat, das sich in sich selbst hin- und zurückfaltet, sodass jeder Kettenabschnitt in entgegengesetzter Richtung zu seinen unmittelbaren Nachbarn läuft (antiparallele Faltung). Beide β-Faltblatt-Arten bilden eine sehr feste Struktur – sie wird durch Wasserstoffbrücken stabilisiert, die Peptidbindungen aus benachbarten Ketten zusammenhalten (s. **Abb. 3.6c**).

Eine α-Helix entsteht, wenn sich eine einzelne Polypeptidkette in sich selbst verdrillt und sich zu einem festen Spiralzylinder aufwickelt. Zwischen jeder vierten Peptidbindung bildet sich eine Wasserstoffbrücke – sie verbindet die C=O-Gruppe einer Peptidbindung mit der N–H-Gruppe einer anderen Peptidbindung (s. **Abb. 3.6a**). Dadurch entsteht eine regelmäßige Schraube, die eine Windung auf 3,6 Aminosäure-Reste aufweist.

α-Helix-Abschnitte kommen zahlreich in Proteinen vor, die in Zellmembranen lokalisiert sind – beispielsweise in Transportproteinen und Rezeptoren. Meistens besitzen die Abschnitte von Transmembranproteinen, die die Lipid-Doppelschicht durchspannen, eine α-Helix-Struktur, die weitgehend aus Aminosäuren mit unpolaren Seitenketten besteht (s. Kapitel 10). Das hydrophile Polypeptid-Grundgerüst der α-Helix ist in sich selbst durch Wasserstoffbrücken stabilisiert und von der hydrophoben Lipidumgebung der Membran durch seine nach außen hervortretenden unpolaren Seitenketten abgeschirmt (s. auch **Abb. 10.19**).

In anderen Proteinen wickeln sich α-Helices umeinander und formen dadurch eine besonders stabile Struktur, die sogenannte **Doppelwendel**. Diese Struktur bildet sich, wenn zwei (oder in Einzelfällen drei oder vier) α-Helices die meisten ihrer unpolaren hydrophoben Reste an einer Seite tragen. Die Helices lagern sich dann so zusammen, dass alle lipophilen Flächen nach innen weisen (**Abb. 3.8**). Lange stäbchenförmige Doppelwendeln sind Strukturelemente vieler lang gestreckter Proteine. Beispiele hierfür sind das α-Keratin, das die intrazellulären Fasern bildet, die die Außenschicht der Haut und ihrer Anhangsgebilde verstärken, sowie das Myosin, das die Muskelkontraktion bewirkt.

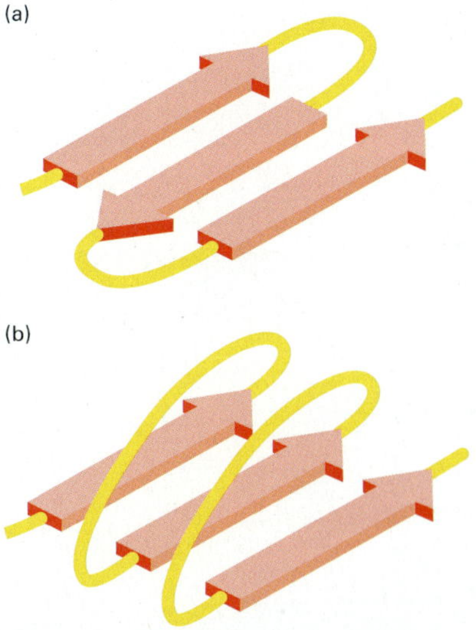

Abb. 3.7 Zwei Arten von β-Faltblattstrukturen. (a) Ein antiparalleles β-Faltblatt (s. auch **Abb. 3.6c**). (b) Ein paralleles β-Faltblatt. Beide Strukturen kommen häufig in Proteinen vor.

3.1.4 Vier Organisationsebenen tragen zur Proteinstruktur bei

Wissenschaftler unterscheiden vier Organisationsstufen eines Proteins, die nacheinander die Struktur eines Proteins hervorbringen. Die erste Ebene ist die Aminosäuresequenz des Proteins und wird als **Primärstruktur** bezeichnet. Diese Sequenz ist für jedes Protein einzigartig und durch das Gen festgelegt, das für jenes Protein codiert. Auf der nächsten Ebene bilden die Abschnitte, die für die α-Helices und β-Faltblätter verantwortlich sind, seine **Sekundärstruktur**. Die vollständige dreidimensionale Organisation einer Polypeptidkette – einschließlich seiner α-Helices und β-Faltblätter sowie der vielen Windungen und Kehren, die sich zwischen seinem N- und seinem C-Terminus bilden, heißt **Tertiärstruktur**. Und wenn schließlich ein Proteinmolekül aus mehr als einer Polypeptidkette zusammengesetzt ist, bezeichnet man diesen Komplex als **Quartärstruktur**.

Selbst ein kleines Proteinmolekül ist aus Tausenden von Atomen zusammengesetzt, die durch genau ausgerichtete kovalente und nichtkovalente Bindungen verknüpft sind. Bei der Darstellung dieser extrem komplizierten Strukturen werden Biologen durch computerbasierte dreidimensionale Darstellungsmethoden unterstützt.

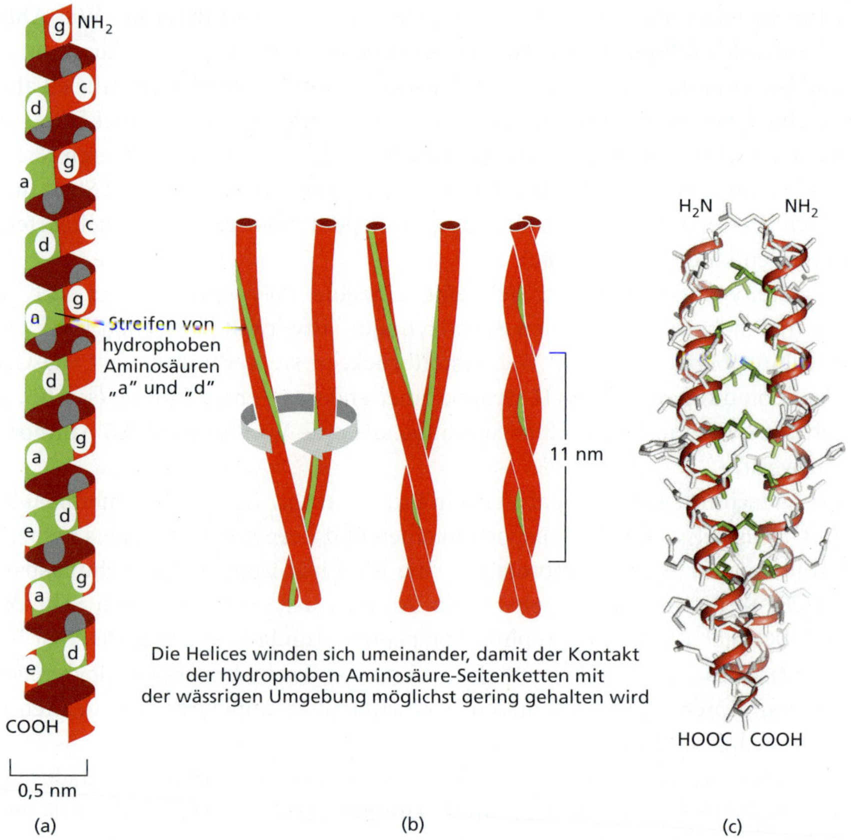

Abb. 3.8 **Eine Doppelwendel (*coiled-coil*).** (a) Eine einzelne α-Helix, deren aufeinanderfolgende Aminosäure-Seitenketten in der Siebenerfolge „abcdefg" von oben nach unten markiert sind. In einer solchen Sequenz liegen die Aminosäuren „a" und „d" auf der Zylinderfläche nahe beieinander und bilden einen „Streifen" (*grün*), der sich langsam um die α-Helix windet. Proteine, die Doppelwendeln bilden, besitzen typischerweise unpolare Aminosäuren in Position „a" und „d". (b) Zwei derartige α-Helices drillen sich demzufolge so umeinander, dass sich die unpolaren Seitenketten der gegenüberliegenden Stränge zusammenlagern. (c) Die durch Röntgenkristallographie analysierte atomare Struktur eines Doppelwendels. Das alpha-helikale Rückgrat ist *rot* dargestellt und die unpolaren Seitenketten sind *grün* abgebildet. Die *grau* dargestellten, hydrophileren Aminosäure-Seitenketten sind der wässrigen Umgebung ausgesetzt. Doppelwendeln können sich auch aus drei α-Helices bilden. (PDB-Code: 3NMD).

3.1.5 Proteindomänen sind Module, aus denen größere Proteine aufgebaut werden

Proteine kommen in einer großen Anzahl von Formen vor, und die meisten sind zwischen 50 und 2000 Aminosäurereste lang. Große Proteine bestehen aus mehreren kleineren Proteindomänen, die miteinander verknüpft sind. Eine **Domäne** ist eine Struktureinheit, die sich mehr oder weniger unabhängig voneinander faltet und vielleicht aus 40 bis 350 benachbarten Aminosäuren gebildet wird. Sie bildet eine modulare Einheit, aus der größere Proteine aufgebaut sind.

Um eine Proteinstruktur in drei Dimensionen zu zeigen, werden üblicherweise mehrere verschiedene Darstellungen verwendet, von denen jede eine andere Eigenschaft betont.

Beispielsweise zeigt **Abb. 3.9** vier Darstellungen einer Proteindomäne namens SH2, eine Struktur, die in vielen verschiedenen Proteinen in Eukaryotenzellen vorkommt und auf viele Zellsignale reagiert, um ausgewählte Moleküle dazu zu veranlassen, aneinander zu binden. Dadurch ändert sich das Verhalten der Zelle (s. Kapitel 15). Zur Tertiärstruktur dieser Domäne tragen zwei α-Helices und ein dreisträngiges, antiparalleles β-Faltblatt bei, welche ihre entscheidenden Sekundärstrukturelemente sind (**Abb. 3.9b**).

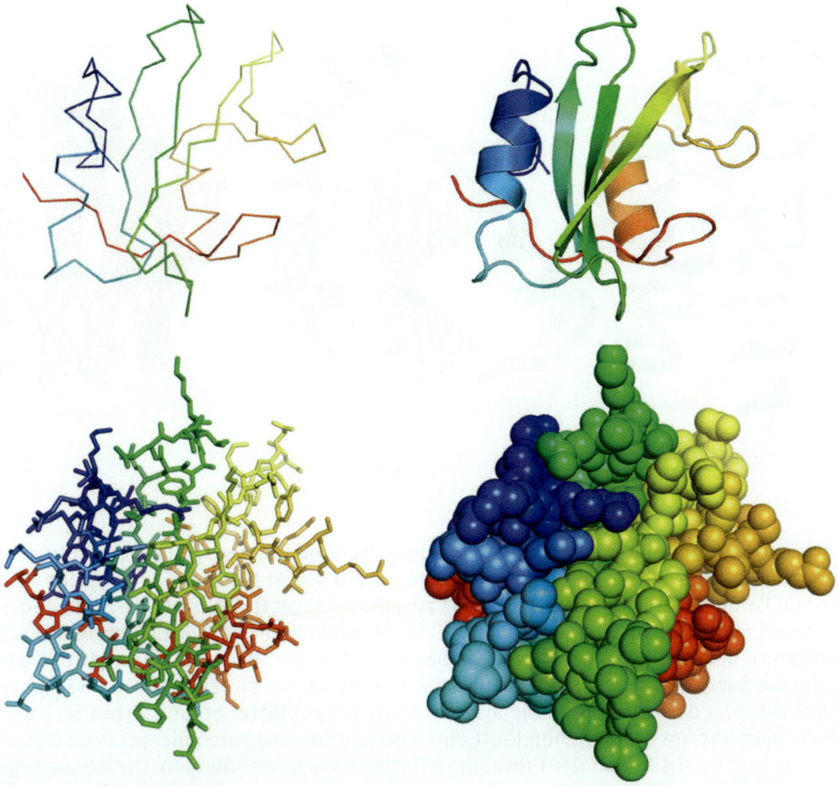

Abb. 3.9 Vier Darstellungen, die gewöhnlich zur Beschreibung der Struktur einer eines Proteins verwendet werden. Die SH2-Domäne ist aus einer Kette von 100 Aminosäuren aufgebaut und Teil vieler verschiedener Proteine. Hier ist ihre Struktur gezeigt als (a) Polypeptid-Rückgrat-Modell, (b) ein Bändermodell, (c) ein Drahtmodell, das die Aminosäure-Seitenketten beinhaltet, und (d) ein Kalottenmodell. Diese Bilder sind auf eine Weise angefärbt, die es erlaubt, dass man die Polypeptidkette von ihrem N-Terminus (*purpur*) bis zu ihrem C-Terminus (*rot*) verfolgen kann. (PDB-Code: 1SHA).

Abbildung 3.10 zeigt Bändermodelle von drei unterschiedlich organisierten Proteindomänen. Wie diese Beispiele veranschaulichen, kann der zentrale Kern einer Domäne aus α-Helices, β-Faltblätter oder aus zahlreichen Kombinationen dieser beiden grundlegenden Faltungselementen aufgebaut sein.

Die verschiedenen Domänen eines Proteins haben oft unterschiedliche Funktionen. Als Beispiel zeigt **Abbildung 3.11** die Src-Protein-Kinase, die an Signalketten in Wirbeltierzellen beteiligt ist (Src wird „sark“ ausgesprochen). Von diesem Protein nimmt man an, dass es drei Domänen besitzt: Die SH2- und die SH3-Domänen haben Regulationsfunktionen – sie reagieren auf Signale, welche die Kinase an- und abschalten –, während die C-terminale Domäne für die Kinase-Katalyseaktivität verantwortlich ist. Wir werden später in diesem Kapitel noch einmal auf dieses Protein zurückkommen, um zu erklären, wie Proteine molekulare Schalter bilden, die Informationen in Zellen übermitteln.

3.1.6 Proteine enthalten auch unstrukturierte Bereiche

Die kleinsten Proteinmoleküle enthalten nur eine einzige Domäne. Große Proteine können dagegen aus mehreren Dutzend Domänen bestehen, die meist durch kurze, verhältnismäßig unstrukturierte Abschnitte der Polypeptidkette miteinander verbunden sind.

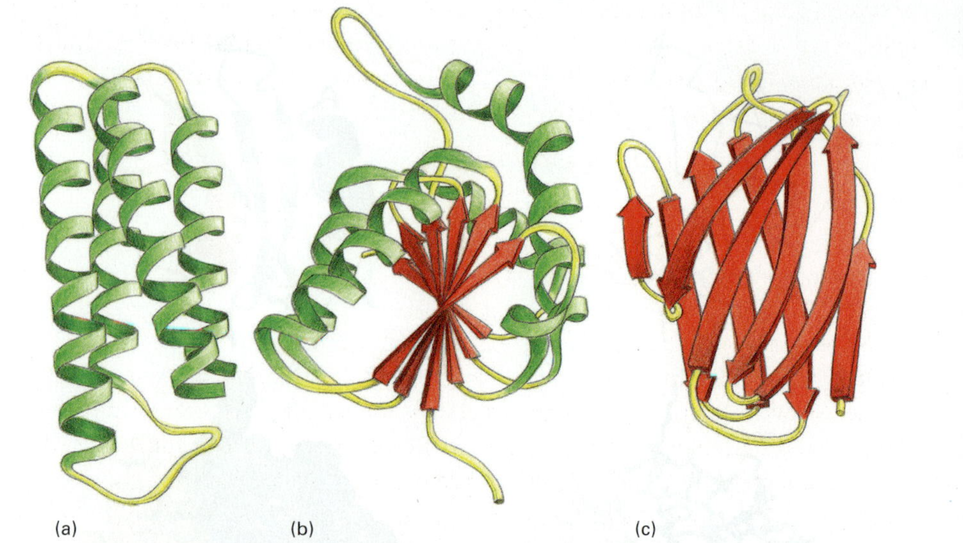

Abb. 3.10 Band-Modelle von drei verschiedenen Proteindomänen. (a) Cytochrom b_{562}, ein Einzeldomänen-Protein, das am Elektronentransport in den Mitochondrien beteiligt ist. Dieses Protein ist fast vollständig aus α-Helices zusammengesetzt. (b) Die NAD-Bindedomäne des Enzyms Laktat-Dehydrogenase, die aus einer Mischung von α-Helices und parallelen β-Faltblättern besteht. (c) Die variable Domäne einer leichten Immunglobulin(Antikörper)kette, die ein Sandwich aus zwei antiparallelen β-Faltblättern bildet. In diesen Beispielen sind die α-Helices *grün* dargestellt und die als geordnete β-Faltblätter organisierten Stränge durch *rote Pfeile* markiert. Im Allgemeinen läuft eine Polypeptidkette durch die gesamte Domäne hin und her und macht nur an der Proteinoberfläche scharfe Wendungen. Die herausragenden Schleifenbereiche (*gelb*) bilden häufig Bindungsstellen für andere Moleküle. (Angepasst mit freundlicher Genehmigung nach Zeichnungen von Jane Richardson).

Diese können als bewegliche Scharniere zwischen den Domänen agieren. Die Allgegenwart solcher intrinsisch ungeordneter Sequenzen, die sich aufgrund der Wärmebewegung fortwährend biegen und beugen, wurde erst gewürdigt, nachdem Bioinformatikmethoden entwickelt waren, die sie anhand ihrer Aminosäuresequenzen erkennen konnten. Augenblickliche Schätzungen legen nahe, dass ein Drittel aller eukaryotischen Proteine

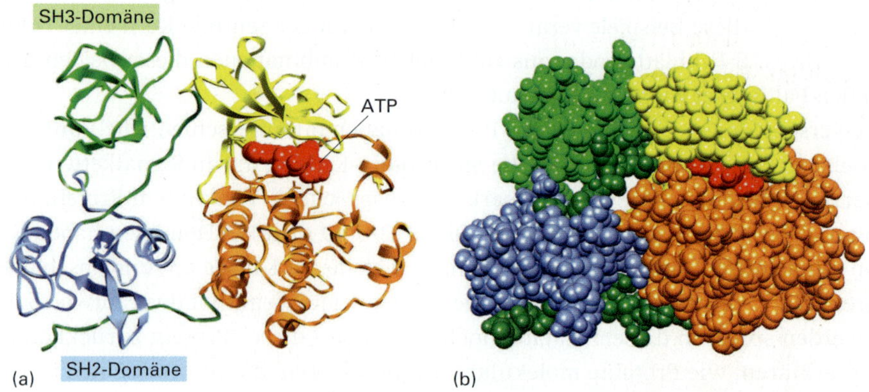

Abb. 3.11 Ein aus mehreren Domänen aufgebautes Protein. Im hier gezeigten Src-Protein besitzt eine zweigeteilte (*gelb* und *orange*) C-terminale Domäne eine Protein-Kinase-Aktivität, während die SH2- und SH3-Domänen Kontrollfunktionen haben. Man beachte, dass sowohl die SH2- als auch die SH3-Domäne ihre Benennung von diesem Protein haben; es handelt sich um Abkürzungen für „Src-Homologie 2" bzw. „Src-Homologie 3". (a) Ein Band-Modell mit dem Substrat ATP in *Rot*. (b) Ein Kalottenmodell mit dem Substrat ATP in *Rot*. Man beachte, dass die ATP-Bindungsstelle an der Kontaktfläche der beiden Lappen sitzt, die die Kinase-Domäne bilden. Das Humangenom codiert für etwa 300 unterschiedliche SH3-Domänen und für 120 SH2-Domänen. Die Struktur der SH2-Domäne ist in **Abb. 3.9** abgebildet. (PDB-Code: 2SRC).

in ihren Polypeptidketten auch längere – mehr als 30 Aminosäuren lange – *intrinsisch ungeordnete Regionen (IDRs, intrinsically disordered regions)* enthalten. Diese intrinsisch ungeordneten Regionen können sehr lang sein und sie haben wichtige Aufgaben in Zellen, wie an späterer Stelle in diesem Kapitel behandelt wird.

3.1.7 Alle Proteinstrukturen sind dynamisch und wechseln aufgrund von Wärmeenergie rasch zwischen einer Reihe eng verwandter Konformationen

Auch wenn sich ein Protein in eine Konformation mit der geringsten Freien Energie gefaltet hat, ist diese Konformation immer Wärmebombardierungen der vielen Moleküle aus den Brown'schen Bewegungen ausgesetzt, die ständig mit ihm zusammenstoßen. Daher sind die Atome im Protein ständig in Bewegung, wodurch benachbarte Bereiche des Proteins auf abgestimmte Weise hin und her schwingen. Diese Bewegungen können nun mithilfe spezieller NMR-Techniken verfolgt werden, wie in **Abb. 3.12** für das kleine Protein Ubiquitin gezeigt ist.

Aus jüngsten Untersuchungen, die verschiedene Analysearten verbinden, wissen wir, dass die Proteinfunktion diese raschen Fluktuationen ausnützt – z. B. wenn eine Schleife aus der Oberfläche eines Proteins herausspringt, um eine Bindungsstelle für ein zweites Molekül freizulegen. In der Tat ist die Funktion eines Proteins im Allgemeinen abhängig vom dynamischen Charakter dieses Proteins, was wir später erläutern, wenn wir die Proteinfunktion im Einzelnen behandeln.

3.1.8 Die Funktion hat einen winzigen Teil der vielen möglichen Polypeptidketten selektiert

Da jede der 20 Aminosäuren chemisch unterschiedlich ist und jede prinzipiell an jeder beliebigen Stelle einer Polypeptidkette vorkommen kann, gibt es $20 \times 20 \times 20 \times 20 = 160\,000$ verschiedene mögliche Polypeptidketten, die 4 Aminosäuren lang sind, und 20^n verschiedene mögliche Polypeptide mit einer Länge von n Aminosäuren. Für die Länge einer typischen Proteinkette von etwa 300 Aminosäuren ergeben sich folglich $20^{300} = 10^{390}$ verschiedene Polypeptidketten, die eine Zelle theoretisch herstellen kann. Diese Zahl ist so riesig, dass selbst die Herstellung nur eines Moleküls jeder Sorte mehr Atome erfordern würde als im Weltall vorhanden sind.

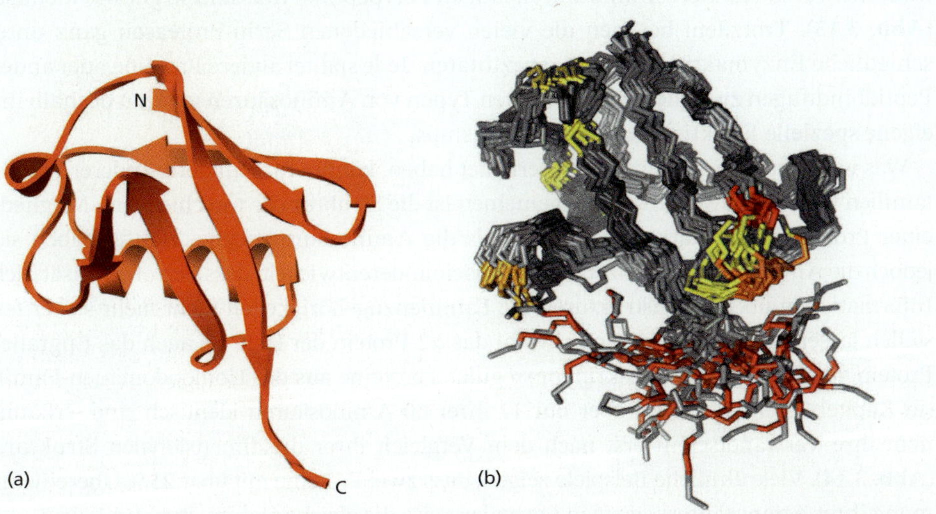

Abb. 3.12 Ein gefaltetes Proteinmolekül existiert als ein Ensemble eng verwandter Substrukturen oder Konformationen, wie hier für Ubiquitin gezeigt. (a) Ein Bändermodell, das die Ubiquitin-Struktur zeigt. Ubiquitin ist ein kleines Protein, das in Zellen breite Verwendung findet; oft ist es kovalent an längere Proteine geheftet, wie in den Kapiteln 6 und 15 beschrieben. (b) In diesem Diagramm ist eine Reihe von Rückgratkonformationen für Ubiquitin übereinandergelegt, um Bereiche offenzulegen, die rasch zwischen verschiedenen Substrukturen wechseln. Über diese Strukturen sind die Bewegungsraten der Atome des Proteins gelegt, wie in dipolaren NMR-Restkopplungsexperimenten beobachtet. Um die Stärke der Bewegung aufzuzeigen, wurde ein Farb-Code verwendet: *Rot* bedeutet am höchsten, gefolgt von *orange* und *gelb*. (a, PDB-Code: 1UBI; aus O. F. Lange et al., *Science* 320: 1471–1475, 2008. Mit Erlaubnis der AAAS).

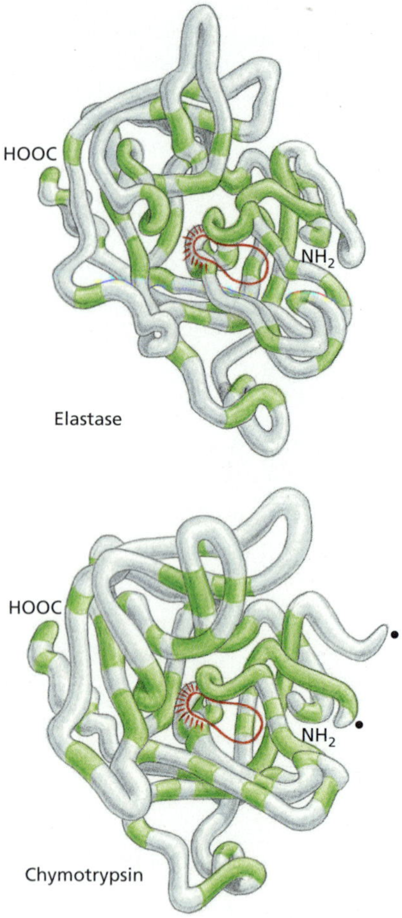

Abb. 3.13 Vergleich der Konformationen von zwei Serin-Proteasen. Die Konformationen des Polypeptid-Grundgerüsts von Elastase und Chymotrypsin. Obwohl nur die *grün* schattierten Aminosäuren in den Polypeptidketten der beiden Proteine identisch sind, ähneln sich ihre Konformationen trotzdem fast überall sehr stark. Das Aktive Zentrum jedes Enzyms ist *rot* umrandet. Dort werden die Proteinsubstrate gebunden und durch Hydrolyse gespalten. Die Serin-Proteasen haben ihren Namen von der Aminosäure Serin, die Teil des Aktiven Zentrums ist und unmittelbar an der Spaltungsreaktion teilnimmt. Die beiden Punkte auf der rechten Seite des Chymotrypsin-Moleküls markieren die neuen Enden, die entstehen, wenn dieses Enzym sein eigenes Rückgrat schneidet.

Nur ein geringer Teil dieser ungeheuren Menge theoretisch möglicher Polypeptidketten – schätzungsweise weniger als eine in einer Milliarde (10^9) – würde eine stabile dreidimensionale Konformation ausbilden. Und dennoch nimmt die Mehrheit der Proteine, die in Zellen vorkommen, eine einzigartige und stabile Konformation an. Wie ist das möglich? Die Antwort liegt in der natürlichen Auslese. Ein Protein mit einer unvorhersehbar variablen Struktur und biochemischen Aktivität verleiht der Zelle, die es enthält, keinen Überlebensvorteil. Deshalb würde ein solches Protein durch die natürliche Auslese eliminiert werden – über den langen Vorgang von Versuch und Irrtum, der der gesamten biologischen Evolution zugrunde liegt.

Durch die natürliche Auslese im Laufe der Evolution haben die Aminosäuresequenzen der heutigen Proteine chemische Eigenschaften, sodass nur eine einzige Konformation stabil ist, und außerdem birgt diese Konformation zugleich die fein abgestimmten chemischen Eigenschaften, durch die das Protein seine spezielle katalytische und strukturelle Funktion in der Zelle ausüben kann. Proteine sind so präzise gebaut, dass manchmal schon die Änderung nur weniger Atome in einer Aminosäure die Struktur des gesamten Moleküls so stark stört, dass seine ganze Funktion verloren geht. Und wenn, wie später in diesem Kapitel erörtert, bestimmte seltene Proteinfehlfaltungen auftreten, kann das für den Organismus, in dem dies geschieht, katastrophale Folgen haben.

3.1.9 Proteine können in viele Familien eingeteilt werden

Sobald sich ein Protein entwickelt, das sich zu einer stabilen Konformation mit brauchbaren Eigenschaften faltet, kann seine Struktur während der Evolution modifiziert werden, um ihm neue Funktionen zu verleihen. Wie wir in Kapitel 4 sehen werden, wurde der Vorgang durch genetische Mechanismen, bei denen gelegentlich doppelte Kopien eines Gens entstehen, enorm beschleunigt. Weil dies sich in der Vergangenheit häufig abgespielt hat, können heutige Proteine in Proteinfamilien eingeteilt werden, in der jedes Familienmitglied eine Aminosäuresequenz und eine dreidimensionale Konformation besitzt, die denen der anderen Familienmitglieder ähneln.

Als Beispiel betrachten wir die *Serin-Proteasen* – eine große Familie proteinspaltender (proteolytischer) Enzyme, zu der die Verdauungsenzyme Chymotrypsin, Trypsin und Elastase sowie mehrere Proteasen gehören, die an der Blutgerinnung beteiligt sind. Wenn wir den Protease-Anteil dieser Enzyme vergleichen, stellen wir fest, dass Teile ihrer Aminosäuresequenz übereinstimmen. Die Ähnlichkeit in ihrer dreidimensionalen Konformation ist noch auffälliger: Die meisten der feinen Drehungen und Windungen ihrer mehreren Hundert Aminosäuren langen Polypeptidketten sind so gut wie identisch (**Abb. 3.13**). Trotzdem besitzen die vielen verschiedenen Serin-Proteasen ganz unterschiedliche Enzymaktivitäten und -spezifitäten. Jede spaltet andere Proteine oder andere Peptidbindungen zwischen verschiedenen Typen von Aminosäuren und hat deshalb ihre eigene spezielle Funktion in einem Organismus.

Was wir über die Serin-Proteasen berichtet haben, könnte für Hunderte anderer Proteinfamilien wiederholt werden. Im Allgemeinen ist die Struktur der verschiedenen Mitglieder einer Proteinfamilie stärker konserviert als die Aminosäuresequenz. Häufig haben sich jedoch die Aminosäuresequenzen so weit auseinanderentwickelt, dass sich ohne zusätzliche Informationen über Raumstrukturen die Familienzugehörigkeiten nicht mehr sicher feststellen lassen. Beispielsweise sind sowohl das α2-Protein der Hefe als auch das Engrailed-Protein von *Drosophila* Transkriptionsregulatorproteine aus der Homöodomänen-Familie (in Kapitel 7 behandelt). Da aber nur 17 ihrer 60 Aminosäuren identisch sind, erkannte man ihre Verwandtschaft erst nach dem Vergleich ihrer dreidimensionalen Strukturen (**Abb. 3.14**). Viele ähnliche Beispiele zeigen, dass zwei Proteine mit über 25 % Übereinstimmung ihrer Aminosäuresequenzen normalerweise die gleiche Gesamtstruktur haben.

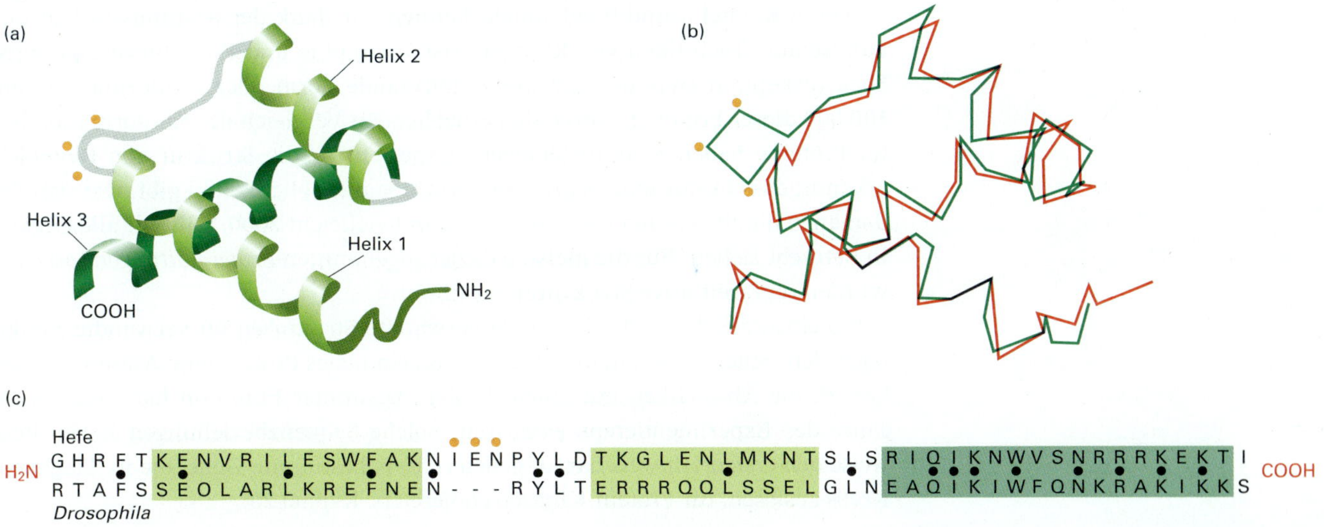

Abb. 3.14 Vergleich einer Klasse DNA-bindender Domänen – der Homöodomänen – bei einem Proteinpaar aus zwei Organismen, die durch über eine Milliarde Jahre Entwicklungsgeschichte voneinander getrennt sind. (a) Ein Band-Modell der Struktur, die beide Proteine gemeinsam besitzen. (b) Lage der α-Kohlenstoffpositionen. Die hier gezeigten dreidimensionalen Strukturen des α2-Proteins aus Hefe (*grün*) und des Engrailed-Proteins aus *Drosophila* (*rot*) wurden durch Röntgenkristallographie bestimmt. (c) Vergleich der Aminosäuresequenzen für den Bereich der Proteine, der in (a) und (b) abgebildet ist. *Schwarze Punkte* kennzeichnen Stellen mit identischen Aminosäuren; die *grünen* Unterlegungen dienen dazu, die drei in A gezeigten α-Helices zu markieren; *orange Punkte* markieren die Position eines Einschubs von drei Aminosäuren im α2-Protein. (Angepasst nach C. Wolberger et al., *Cell* 67: 517–528, 1991).

Die einzelnen Mitglieder einer großen Proteinfamilie haben häufig verschiedene Funktionen. Mutationen sind zufällige Ereignisse. Einige der Aminosäureänderungen, die Unterschiede zwischen Familienmitgliedern bewirken, wurden unzweifelhaft im Lauf der Evolution ausgewählt, weil sie zu nützlichen Änderungen der biologischen Aktivität führten und den jeweiligen Familienmitgliedern die verschiedenen Funktionseigenschaften verliehen, die sie heute besitzen. Viele andere Aminosäureänderungen sind jedoch einfach „neutral" – sie haben weder einen verbessernden noch einen schädigenden Effekt auf die Grundstruktur und -funktion des Proteins. Da Mutationen zufällig stattfinden, müssen auch zahlreiche schädigende Änderungen vorgekommen sein, die die dreidimensionale Struktur der Proteine so stark beeinträchtigten, dass sie unbrauchbar wurden. Derartige fehlerhafte Proteine gingen während der Evolution rasch verloren.

Proteinfamilien lassen sich leicht erkennen, wenn das Genom irgendeines Organismus sequenziert wird. So hat die Bestimmung der gesamten DNA-Sequenz des menschlichen Genoms gezeigt, dass wir etwa 20 000 für Proteine codierende Gene besitzen. Durch Sequenzvergleiche können wir die Produkte von mindestens 40 % unserer proteincodierenden Gene bekannten Proteinstrukturen zuordnen, die zu über 500 verschiedenen Proteinfamilien gehören. Die meisten Proteine in jeder Familie haben sich dahingehend entwickelt, dass sie etwas unterschiedliche Funktionen ausführen, wie schon in **Abb. 3.13** für die Enzyme Elastase und Chymotrypsin dargestellt. Diese Familienmitglieder heißen manchmal *Paraloge*, um sie von den vielen Orthologen zu unterscheiden – die evolutionär verwandten Proteine, die in verschiedenen Lebewesen die gleiche Aufgabe haben (wie die Maus- und die Mensch-Elastase).

Die gegenwärtige Datenbank der Proteinsequenzen enthält mehr als 100 Millionen Einträge und sie wächst sehr schnell, da immer mehr Genome sequenziert werden – dabei werden außerordentlich viele neue Gene entdeckt, die für Proteine codieren. Die Größe der codierten Polypeptide weist eine große Spannbreite auf – von sechs Aminosäuren bis hin zu gigantischen Proteinen aus 34 000 Aminosäuren (Titin, ein Strukturprotein im Muskel).

Wie in Kapitel 8 und 9 behandelt, kennen wir dank der leistungsstarken und fein auflösenden Techniken wie Röntgenkristallographie und Kernspinresonanz (NMR)-Spektroskopie inzwischen die dreidimensionale Form oder Konformation von über 100 000 dieser Proteine. Durch den eingehenden Vergleich der Konformation bekannter Proteine haben Strukturbiologen (Experten für die Struktur von Biomolekülen) erkannt, dass es nur eine begrenzte Anzahl von Möglichkeiten gibt, wie sich Proteindomänen nützlich falten können – insgesamt vielleicht 2000, falls wir alle Organismen in Betracht ziehen. Für die meisten dieser sogenannten *Proteinfaltungen (protein folds)* wurden repräsentative Strukturen bestimmt.

Proteinvergleiche sind wichtig, da verwandte Strukturen oft verwandte Funktionen nach sich ziehen. Wenn man entdeckt, dass ein neues Protein eine Aminosäuresequenz besitzt, die Ähnlichkeit mit einem Protein bekannter Funktion hat, lassen sich viele Jahre des Experimentierens einsparen. Solche Sequenzbeziehungen haben beispielsweise den ersten Hinweis darauf geliefert, dass bestimmte Gene, die in Säugetierzellen Krebs auslösen, für Protein-Kinasen codieren (s. Kapitel 20).

3.1.10 Manche Proteindomänen sind in vielen verschiedenen Proteinen zu finden

Die meisten Proteine bestehen wie gesagt aus mehreren Proteindomänen, in denen sich verschiedene Anteile der Polypeptidkette unabhängig gefaltet haben und kompakte Strukturen ausbilden. Solche Multidomänen-Proteine sind vermutlich entstanden, indem sich die für die einzelnen Domänen codierenden DNA-Sequenzen zufällig verknüpften und dadurch ein neues Gen erzeugten. Viele große Proteine haben sich durch Verknüpfen bereits vorhandener Domänen zu neuen Kombinationen zusammengelagert (**Abb. 3.15**). Dieser Evolutionsvorgang heißt *Domänenmischung (domain shuffling)*. An den Verwachsungsstellen von Domänen bildeten sich oft neuartige Bindungsflächen. Dort findet man viele der funktionellen Zentren, in denen Proteine kleine Moleküle binden.

Eine Gruppe von Proteindomänen war im Laufe der der Evolution besonders beweglich. Diese sogenannten *Proteinmodule* scheinen außerordentlich anpassungsfähige Strukturen zu haben. Die Struktur eines dieser Proteinmodule – der SH2-Domäne – zeigt **Abb. 3.9**, und die Strukturen einiger weiterer Proteinmodule sind in **Abb. 3.16** dargestellt.

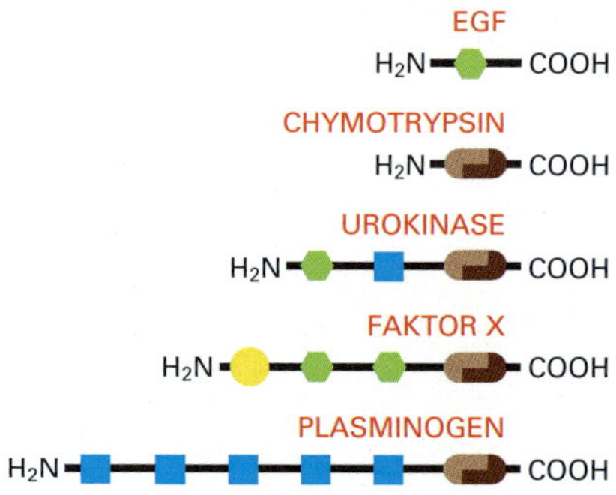

Abb. 3.15 Domänenmischung. Während der Evolution von Proteinen hat eine umfassende Vermischung von Proteinsequenz-Blöcken (Proteindomänen) stattgefunden. Die in dieser schematischen Darstellung durch gleiche Form und Farbe symbolisierten Anteile des jeweiligen Proteins sind entwicklungsgeschichtlich verwandt. Serin-Proteasen wie Chymotrypsin wurden aus zwei Domänen (*braun*) gebildet. In den drei weiteren Proteasen, die stärker reguliert und spezialisierter sind, wurden diese beiden Domänen mit einer oder mehreren anderen Domänen verbunden – je nach Protease sind diese Domänen homolog zu Domänen des Epidermalen Wachstumsfaktors EGF (*grün*), zu einem Calcium-Bindungsprotein (*gelb*) oder zur sogenannten Kringle-Domäne (*blau*). Chymotrypsin ist in **Abb. 3.12** abgebildet.

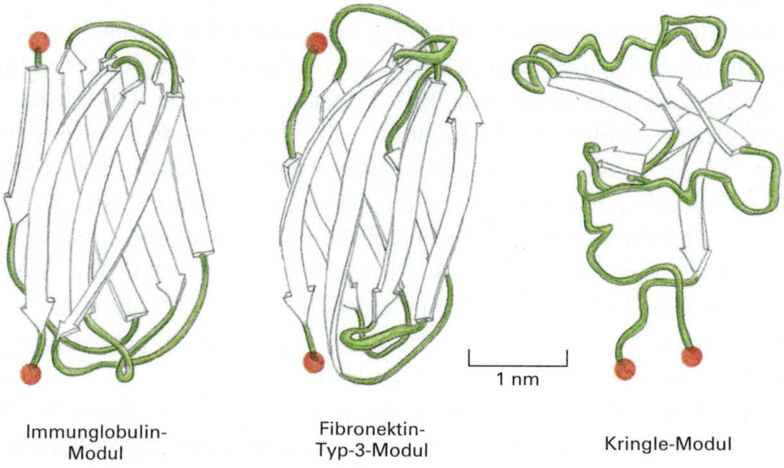

Abb. 3.16 Die dreidimensionalen Strukturen von drei häufigen Proteindomänen. In diesen Band-Modellen sind β-Faltblatt-Stränge als *Pfeile* und die N- und C-Enden als *rote Kugeln* dargestellt. Viele weitere solche Proteinmodule kommen in der Natur vor. (Nach D. J. Leahy et al., *Science* 258: 987–991, 1992, mit Erlaubnis der AAAS).

Jede dieser drei Domänen besitzt einen stabilen, aus β-Faltblatt-Strängen aufgebauten Kern, von dem die weniger geordneten Schleifen der Polypeptidkette abstehen. Diese Schleifen liegen strategisch günstig, um Bindungsstellen für andere Moleküle zu bilden – besonders eindrucksvoll zeigt sich dies bei der Immunglobulinfaltung, die die Grundlage der Antikörpermoleküle ist. Der Evolutionserfolg solcher auf β-Faltblättern basierenden Moleküle beruht darauf, dass diese Konstruktionsweise ein Gerüst schafft, an dem selbst kleine Änderungen in den abstehenden Schleifen neue Bindungsstellen für Liganden erzeugen können (s. **Abb. 3.40**).

Eine zweite Eigenschaft dieser Proteindomänen, die ihren praktischen Nutzen erklärt, ist die Leichtigkeit, mit der sie sich in andere Proteine einbauen lassen. Bei zwei der drei in **Abb. 3.16** gezeigten Module befinden sich die N- und C-Enden an den entgegengesetzten Polen der Domäne. Wenn die DNA, die für eine solche Domäne codiert, hintereinandergereihte Duplikationen (Tandem-Duplikation) erfährt, was in der Evolution von Genomen nicht unüblich ist (s. Kapitel 4), können die duplizierten Domänen leicht in Serie miteinander verknüpft werden. Dann bilden sie ausgedehnte Strukturen – entweder mit sich selbst oder mit anderen gleichgerichteten Domänen (**Abb. 3.17**). Steife gestreckte Strukturen, die aus hintereinanderliegenden Modulen zusammengesetzt sind, kommen besonders häufig in Molekülen der extrazellulären Matrix und in den extrazellulären Anteilen von Zelloberflächen-Rezeptorproteinen vor. Andere häufig verwendete Domänen – einschließlich der SH2-Domäne und dem Kringle-Modul (s. **Abb. 3.16**) – ähneln dagegen einem *Stecker*, wobei die N- und C-Enden eng benachbart sind. Solche Module werden häufig nach Genom-Umlagerungen als Einschub in einer Schleifen-Region eines zweiten Proteins untergebracht.

Ein Vergleich der Domänennutzung in verschiedenen Eukaryoten verrät, dass bei vielen verbreitet vorkommenden Domänen, wie den Protein-Kinasen, die relative Häufigkeit bei ganz unterschiedlichen Organismen wie Hefe, Pflanzen, Würmern, Fliegen und Mensch ähnlich ist. Aber es gibt einige bemerkenswerte Ausnahmen, wie die Antigen-Erkennungsdomäne des MHC (*Major Histocompatibility Complex*) (s. **Abb. 24.36**), die beim Menschen in 57 Kopien vorkommt, aber den vier anderen eben erwähnten Organismen fehlt. Derartige Domänen haben Spezialfunktionen, die in anderen Eukaryoten nicht vorkommen. Man nimmt an, dass sie während der Evolution einer strengen Auslese unterlagen, sodass die vielen Kopien entstanden.

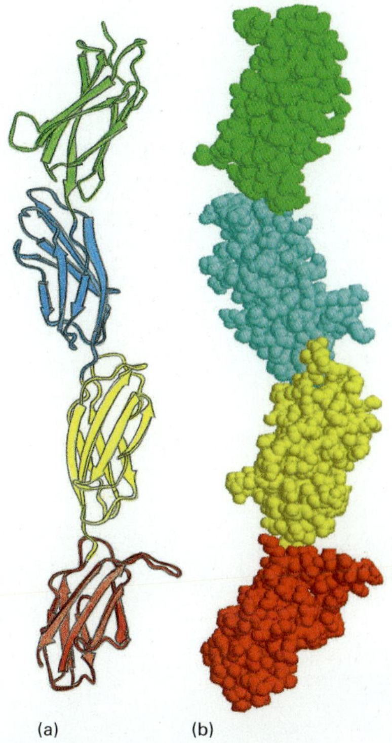

Abb. 3.17 Eine gestreckte Struktur, die aus einer Reihe von Proteindomänen besteht. Vier Fibronektin-Typ-3-Domänen (s. **Abb. 3.15**) aus dem extrazellulären Matrixmolekül Fibronektin sind in (a) als Band-Modell und in (b) als Kalotten-Modell abgebildet. (Verändert nach D. J. Leahy et al., *Cell* 84: 155–164. 1996).

3.1.11 Das Genom des Menschen codiert für einen komplexen Satz von Proteinen, der viele Wissenslücken erkennen lässt

Das Ergebnis der Sequenzierung des Genoms des Menschen war überraschend. Es zeigte sich, dass unsere Chromosomen nur etwa 21 000 Gene enthalten. Mit dieser Zahl stehen wir kaum besser da als das winzige Unkraut *Arabidopsis*, und basierend auf dieser Genzahl erscheinen wir nur 1,3-fach komplexer als ein Nematode. Die Genomsequenz hat auch enthüllt, dass Wirbeltiere nahezu alle ihre Proteindomänen von Invertebraten geerbt haben – nur 7 % der beim Menschen identifizierten Domänen sind wirbeltierspezifisch.

Allerdings ist jedes unserer Proteine im Durchschnitt komplizierter konstruiert (**Abb. 3.18**). Durch Domänenmischung während der Vertebraten-Evolution wurden viele neuartige Kombinationen von Proteindomänen geschaffen, sodass wir fast doppelt so viele Domänenkombinationen besitzen wie ein Wurm oder eine Fliege. Die besondere Variationsbreite unserer Proteine hat den Umfang der Möglichkeiten von

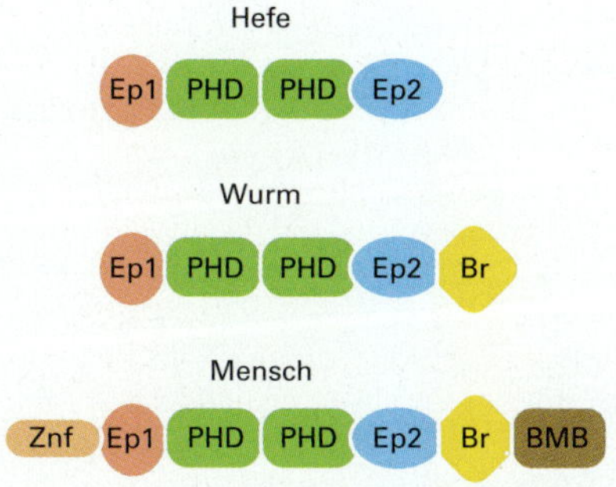

Abb. 3.18 Domänen einer Gruppe entwicklungsgeschichtlich verwandter Proteine, die eine ähnliche Funktion haben. Im Allgemeinen enthalten Proteine in komplexeren Organismen wie dem Menschen im Vergleich mit weniger komplexen Lebewesen wie die Hefe eher zusätzliche Domänen – dies ist für das hier verglichene DNA-bindende Protein der Fall.

Protein-Protein-Wechselwirkungen erheblich erweitert – jedoch ist es eine offene Frage, wie dies dazu beitrug, uns zu Menschen zu machen.

Die Kompliziertheit der Lebewesen ist atemberaubend, und es ist recht ernüchternd zu erkennen, dass wir zurzeit noch absolut gar nichts über die Funktion von mehr als 10 000 der im Genom des Menschen identifizierten Proteine wissen. Auf die nächste Generation von Zellbiologen warten somit enorme Herausforderungen und viele faszinierende Rätsel, die zu lösen sind.

3.1.12 Proteinmoleküle enthalten oft mehr als eine Polypeptidkette

Die gleichen schwachen nichtkovalenten Bindungen, die ein Protein in eine spezifische Konformation falten, ermöglichen es Proteinen auch, sich in einer Zelle zu größeren Strukturen zusammenzulagern. Jeder Bezirk einer Proteinoberfläche, der über nichtkovalente Bindungen mit einem anderen Molekül interagieren kann, heißt **Bindungsstelle**. Ein Protein kann Bindungsstellen für sehr verschiedenartige große und kleine Moleküle besitzen. Wenn eine Bindungsstelle die Oberfläche eines zweiten Proteins erkennt, entsteht durch die feste Bindung der beiden gefalteten Polypeptidketten ein größeres Proteinmolekül mit genau definierter Geometrie. Jede Polypeptidkette in einem solchen Protein ist eine **Proteinuntereinheit**. Und die genaue Art und Weise, auf welche diese Untereinheiten angeordnet sind, erzeugt die – bereits eingeführte – Quartärstruktur des Proteins.

Im einfachsten Fall bilden zwei identische, gefaltete Polypeptidketten einen symmetrischen Komplex aus zwei Proteinuntereinheiten (Dimer genannt), der über Wechselwirkungen zwischen zwei identischen Bindungsstellen zusammengehalten wird (**Abb. 3.19a**). In Zellen kommen üblicherweise symmetrische Proteinkomplexe vor, die aus mehreren Kopien einer einzelnen Polypeptidkette bestehen (s. z. B. **Abb. 3.19b**).

Viele andere Proteine einer Zelle bestehen aus zwei oder noch mehr verschiedenen Typen von Polypeptidketten. *Hämoglobin*, das Protein, das in roten Blutzellen Sauerstoff transportiert, enthält zwei identische α-Globin-Untereinheiten und zwei identische β-Globin-Untereinheiten, die symmetrisch angeordnet sind (**Abb. 3.20**). Solche Multidomänen-Proteine können sehr groß sein.

3.1.13 Einige globuläre Proteine bilden lange helikale Filamente

Die bisher besprochenen Proteine sind *globuläre Proteine*, bei denen sich die Polypeptidkette zu einer kompakten Form, wie einem Ball, mit einer unregelmäßigen Oberfläche faltet. Jedoch lagern sich manche dieser Proteine zu langen Filamenten zusammen, die die gesamte Länge einer Zelle durchspannen können. Am einfachsten kann eine lange Kette aus identischen Proteinmolekülen konstruiert werden, wenn jedes Molekül eine Bindungsstelle hat, die zu einer anderen Region auf der Oberfläche des gleichen Moleküls komplementär ist (**Abb. 3.21**). Beispielsweise ist ein Aktinfilament eine lange helikale Struktur aus vielen Kopien des Proteinmoleküls *Aktin* (**Abb. 3.22**). Aktin ist ein globuläres Protein, das in Eukaryotenzellen überaus reichlich vorhanden ist und in ihnen eines der Haupt-Filamentsysteme des Cytoskeletts bildet (Kapitel 16).

In diesem Buch werden wir vielen helikalen Strukturen begegnen. Weshalb ist die Helix eine derart häufige Struktur in der Biologie? Wie wir gesehen haben, werden biologische Strukturen oft durch die Verkettung von einander ähnlichen Untereinheiten zu langen, repetitiven Ketten aufgebaut. Wenn alle Untereinheiten identisch sind, können sich die benachbarten Untereinheiten in der Kette oft nur auf eine bestimmte Weise aneinanderlagern – nämlich indem sie ihre Stellung so justieren, dass die Freie Energie

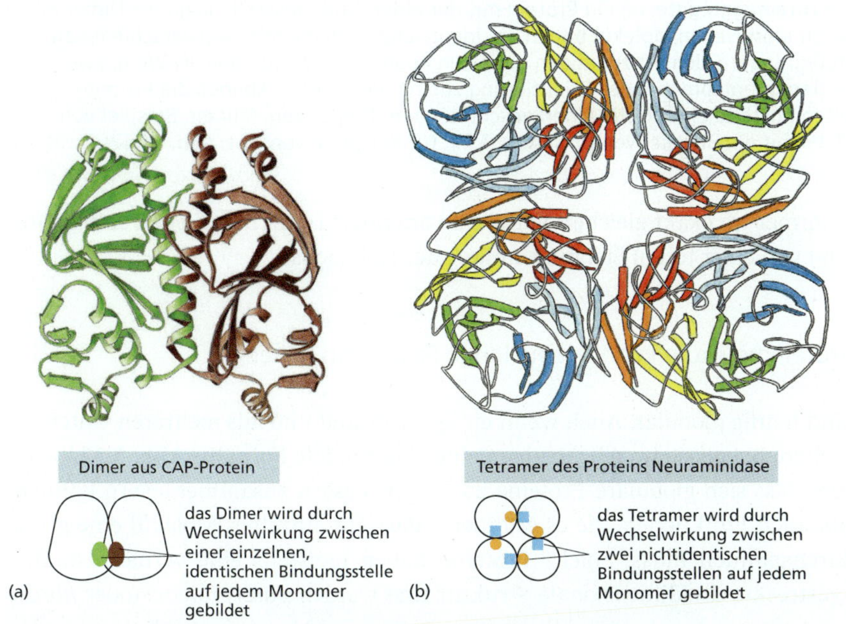

Abb. 3.19 Viele Proteinmoleküle enthalten mehrere Kopien der gleichen Proteinuntereinheit. (a) Ein symmetrisches Dimer. Das CAP-Protein, ein bakterielles Transkriptionsregulatorprotein, ist ein Komplex aus zwei identischen Polypeptidketten. (b) Ein symmetrisches Homotetramer. Das Enzym Neuraminidase kommt als Ring aus vier identischen Polypeptidketten vor. Sowohl für A als auch für B betont ein kleines Schema unterhalb der Struktur, wie die wiederholte Verwendung der gleichen Bindungswechselwirkung die Struktur bildet. In A verursacht die Verwendung der gleichen Bindungsstelle auf jedem Monomer (durch *braune* und *grüne Ovale* dargestellt) die Bildung eines symmetrischen Dimers. In B verursacht ein Paar nichtidentischer Bindungsstellen (durch *orangefarbene Kreise* und *blaue Quadrate* wiedergegeben) die Bildung eines symmetrischen Tetramers.

ihrer Kontakte untereinander minimal ist. Im Ergebnis ist dann jede Untereinheit relativ zum Nachbarn genauso angeordnet wie die nächste, sodass sich Untereinheit 3 genauso an Untereinheit 2 lagert wie Untereinheit 2 an Untereinheit 1 usw. Da es sehr unwahrscheinlich ist, dass sich die Untereinheiten in gestreckter Formation verbinden, führt diese Anordnung in der Regel zu einer Helix – eine Struktur, die einer Wendeltreppe oder einem gedrehten Seil ähnelt (**Abb. 3.23**). Je nach Drehung der Treppe bezeichnet man eine Helix entweder als rechts- oder als linksgängig (s. **Abb. 3.23e**). Wenn man eine Helix auf den Kopf stellt, ändert sich ihr Drehsinn nicht; wenn man sie jedoch spiegelt, kehrt er sich um.

Die Beobachtung, dass Helices in biologischen Strukturen sehr häufig vorkommen, gilt unabhängig davon, ob die Untereinheiten kleine, durch kovalente Bindungen verknüpfte Moleküle sind (beispielsweise die Aminosäuren in einer α-Helix) oder große Proteinmoleküle, die durch nichtkovalente Kräfte aneinandergebunden sind (beispielsweise die Aktinmoleküle in Aktinfilamenten). Eigentlich überrascht das nicht. Eine Helix ist keine extravagante-Anordnung, sondern entsteht einfach dadurch, dass viele gleichartige Untereinheiten aneinandergelagert werden, und jede Untereinheit zu ihrem

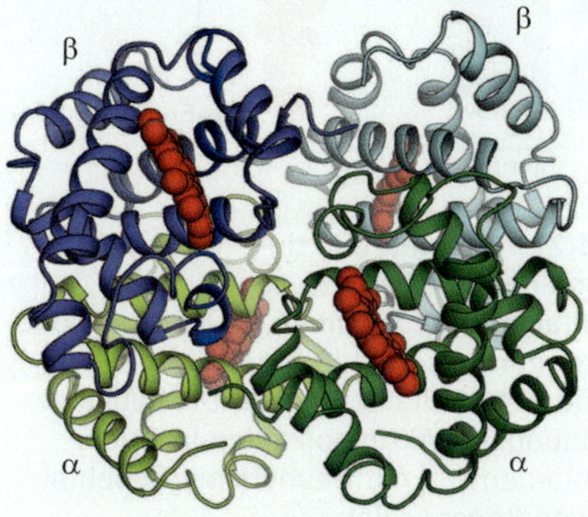

Abb. 3.20 Hämoglobin ist ein Protein, bei dem sich jeweils zwei von zwei verschiedenen Untereinheiten symmetrisch zusammenlagern. Dieses in großen Mengen vorkommende sauerstoffbefördernde Protein in roten Blutzellen besteht aus zwei Kopien α-Globin (*grün*) und zwei Kopien β-Globin (*blau*). Jede dieser vier Polypeptidketten enthält ein Häm-Molekül (*rot*), an das Sauerstoff (O_2) gebunden wird. Folglich transportiert jedes Molekül Hämoglobin vier Moleküle O_2. (PDB-Code: 2DHB).

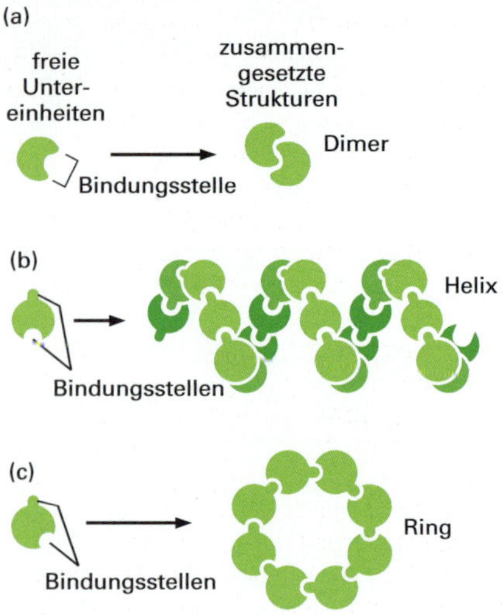

Abb. 3.21 Proteinaggregate. (a) Ein Protein mit nur einer Bindungsstelle kann ein Dimer mit einem anderen identischen Molekül bilden. (b) Identische Proteine mit zwei verschiedenen Bindungsstellen lagern sich oft zu langen helikalen Filamenten zusammen. (c) Wenn zwei Bindungsstellen in entsprechender Orientierung zueinander stehen, können die Proteinuntereinheiten anstelle einer Helix einen geschlossenen Ring bilden. (Für ein Beispiel von (a) s. Abb. 3.19; für ein Beispiel von (b) s. Abb. 3.22; für Beispiele von (c) s. Abb. 14.32).

Vorgänger immer im exakt gleichen Verhältnis orientiert ist, d. h. mit einer festen Drehung, gefolgt von einer festen Steigung entlang der Helixachse.

3.1.14 Proteinmoleküle können eine lange Faserform haben

Enzyme sind häufig globulär. Auch wenn einige groß sind und aus mehreren Untereinheiten bestehen, haben sie im Allgemeinen eine abgerundete Form. In Abb. 3.22 haben wir gesehen, dass sich globuläre Proteine zu langen Fasern zusammenlagern können. Aber es gibt auch Funktionen, die es erfordern, dass ein einzelnes Molekül eine große Strecke durchspannen muss. Solche Proteine haben meistens eine verhältnismäßig einfache, gestreckte dreidimensionale Struktur und werden *Faserproteine* (oder *fibröse Proteine*) genannt.

Eine große Familie intrazellulärer Faserproteine besteht aus α-Keratin – das wir eingeführt haben, als wir die α-Helix vorstellten – und seinen Verwandten. Keratinfasern sind außerordentlich widerstandsfähig und sind daher die Hauptkomponenten von langlebigen Strukturen wie Haaren, Nägeln und Horn. Ein α-Keratinmolekül ist ein Dimer aus zwei identischen helikalen Untereinheiten, in dem sich die beiden Helices als Doppelwendel umeinander winden (s. Abb. 3.8). Beide Enden der Doppelwendel sind durch globuläre Domänen bedeckt, die Bindungsstellen enthalten. Dadurch kann sich diese Klasse von Proteinen zu seilartigen *Intermediärfilamenten* zusammenlagern – sie bilden eine wichtige Komponente des Cytoskeletts, das das innere Strukturgerüst der Zelle formt (s. Abb. 16.62).

Faserproteine kommen besonders zahlreich außerhalb der Zelle vor – dort bilden sie die Hauptbestandteile der gallertigen *extrazellulären Matrix*, die Zellansammlungen als Gewebe zusammenhält. Zellen sezernieren die Proteine der extrazellulären Matrix in ihre Umgebung, wo sich diese dann oft zu flächigen Platten oder langen Fibrillen aggregieren. In Geweben von Tieren ist *Kollagen* das häufigste dieser Proteine. Ein Kollagenmolekül besteht aus drei langen Polypeptidketten, die an jeder dritten Position die unpolare Aminosäure Glycin enthalten. Durch diese Wiederholungsstruktur können sich die drei Ketten zu einer langen regelmäßigen *Kollagen-Tripelhelix* umeinander winden (Abb. 3.24). Viele Kollagenmoleküle heften sich dann „Seite-an-Seite" und „Ende-an-Ende" aneinander und schaffen so lange, überlappende Anordnungen. Auf diese Weise entstehen die äußerst zähen Kollagenfibrillen, die dem Bindegewebe seine Dehnungsfestigkeit verleihen (s. Kapitel 19).

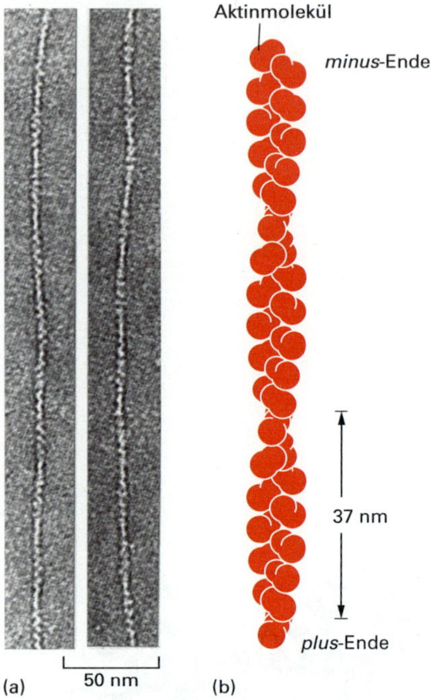

Abb. 3.22 Globuläre Aktinmonomere schließen sich zu Aktinfilamenten zusammen. (a) Transmissions-Elektronenmikrographie von negativ gefärbten Aktinfilamenten. (b) Die helikale Anordnung von Aktinmolekülen in einem Aktinfilament. (a, mit freundlicher Genehmigung von Roger Craig).

3.1.15 Extrazelluläre Proteine werden durch kovalente Vernetzung stabilisiert

Viele Proteinmoleküle werden entweder an der Außenseite der Plasmamembran einer Zelle angeheftet oder als Bestandteil der extrazellulären Matrix sezerniert. Alle derartigen Proteine sind den extrazellulären Bedingungen unmittelbar ausgesetzt. Um ihre Strukturen zu erhalten, werden die Polypeptidketten solcher Proteine oft durch kovalente Verbrückung stabilisiert. Diese Vernetzungen können entweder zwischen zwei Aminosäure-Seitenketten im gleichen Protein bestehen, oder sie verbinden verschiedene Polypeptidketten in einem großen Proteinkomplex, wie bei den eben beschriebenen Kollagenfasern.

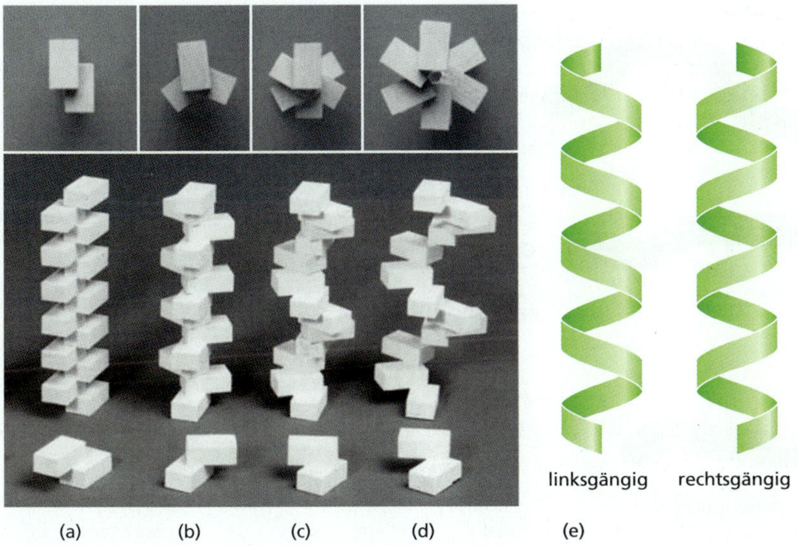

Abb. 3.23 Einige Eigenschaften einer Helix. (a–d) Eine Helix bildet sich, wenn mehrere Untereinheiten (hier durch rechtwinklige Blöcke wiedergegeben) in regelmäßiger Anordnung aneinander binden. Unten ist jede dieser Helices direkt von oben betrachtet dargestellt. Sie besitzen zwei (a), drei (b) oder sechs (c und d) Untereinheiten je Schraubenwindung. Die Helix in (d) ist zwar weniger steil als die Helix in (c), sie besitzt aber trotzdem die gleiche Anzahl von Untereinheiten in jeder Windung. (e) Eine Helix kann entweder rechts- oder linksgängig sein (s. Text). Als Bezug ist es nützlich, sich daran zu erinnern, dass gewöhnliche Metallschrauben, die beim Einschrauben rechts herum (im Uhrzeigersinn) gedreht werden, rechtsgängig sind. Zu beachten ist, dass eine Helix ihre Schraubenrichtung beibehält – unabhängig davon, ob man sie von oben oder von unten betrachtet.

Obwohl es eine Vielzahl von Vernetzungen gibt, sind kovalente Schwefel/Schwefel-Bindungen (*S–S-Bindungen* oder „*Disulfidbrücken*“) die häufigste Vernetzungsart zwischen Proteinen. Diese Disulfidbindungen entstehen, wenn neu synthetisierte Proteine für den Export aus der Zelle vorbereitet werden. Ihre Ausbildung wird durch ein Enzym im Endoplasmatischen Reticulum katalysiert, das die –SH-Gruppen von zwei Cystein-Seitenketten oxidiert, die im gefalteten Protein nahe beieinanderliegen (**Abb. 3.25**; s. auch Kapitel 12). Disulfidbindungen ändern die Konformation eines Proteins nicht, sondern dienen als atomare Klammern, die die günstigste Konformation verstärken. Beispielsweise behält Lysozym – ein Enzym unter anderem aus Tränenflüssigkeit, das die Zellwände vieler Bakterien auflöst – seine antibakterielle Wirksamkeit für lange Zeit, weil es durch solche Bindungen stabilisiert wird.

Im Cytosol der Zelle bilden sich im Allgemeinen keine Disulfidbindungen, weil dort die Konzentration an Reduktionsmitteln hoch ist und sie folglich wieder zu Cystein-SH-Gruppen umgewandelt werden. Anscheinend benötigen Proteine diese Art der Konformationsstabilisierung unter den verhältnismäßig milden Bedingungen, die innerhalb der Zelle herrschen, nicht.

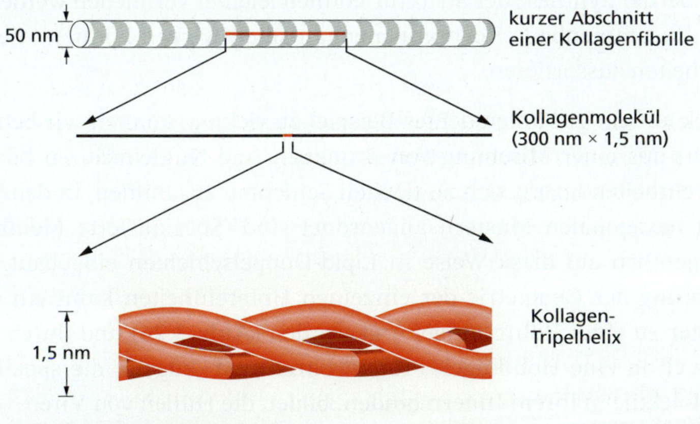

Abb. 3.24 Das Faserprotein Kollagen. Das Kollagenmolekül ist eine Tripelhelix aus drei gestreckten Proteinketten, die sich umeinander winden (*unten*). In der extrazellulären Matrix werden viele stäbchenförmige Kollagenmoleküle miteinander kovalent über ihre Lysin-Seitenketten vernetzt und bilden Kollagenfasern (*oben*), die die Zugfestigkeit von Stahl haben. Die Streifen auf der Kollagenfibrille ergeben sich durch die regelmäßige, sich wiederholende Anordnung der Kollagenmoleküle innerhalb der Fibrille.

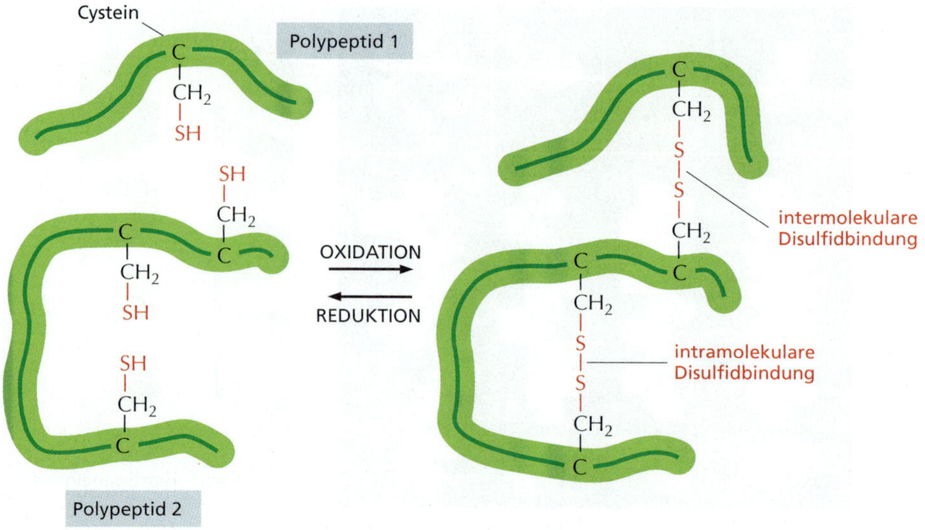

Abb. 3.25 Disulfidbindungen. Kovalente Disulfidbindungen („Schwefel/Schwefel-Brücken") bilden sich zwischen benachbarten Cystein-Seitenketten. Solche Vernetzungen können entweder zwei Teile derselben Polypeptidkette oder zwei verschiedene Polypeptidketten miteinander verbinden. Eine Disulfidbindung kann eine erhebliche stabilisierende Wirkung auf eine Proteinkonformation ausüben; denn die erforderliche Energie, um eine solche kovalente Bindung zu spalten, ist wesentlich größer als die Energie, die nötig ist, um eine ganze Gruppe nichtkovalenter Bindungen zu lösen (s. Tab. 2.1).

3.1.16 Proteinmoleküle dienen oft als Untereinheiten für den Zusammenbau großer Strukturen

Die gleichen Prinzipien, durch die sich ein Proteinmolekül mit seinesgleichen assoziieren kann, um Ringe oder Filamente zu bilden, sind auch am Werk, wenn viel größere Strukturen konstruiert werden sollen, die aus einer Reihe verschiedener Makromoleküle gebildet werden, wie Enzymkomplexe, Ribosomen, Viren oder Membranen. Diese großen Objekte werden nicht als einzelnes, kovalent verknüpftes Riesenmolekül hergestellt, sondern durch nichtkovalente Verbindung von vielen unabhängig voneinander synthetisierten Einzelmolekülen, die als Untereinheiten der endgültigen Struktur dienen.

Die Verwendung von kleineren Untereinheiten, um größere Strukturen aufzubauen, hat mehrere Vorteile:

1. Eine große Struktur, die aus einer oder wenigen sich wiederholenden kleineren Untereinheiten besteht, erfordert weniger genetische Information.
2. Aufbau und Abbau sind gut kontrollierbare, reversible Vorgänge, da die Untereinheiten durch zahlreiche, verhältnismäßig energiearme Bindungen zusammengehalten werden.
3. Irrtümer bei der Synthese der Struktur können leichter vermieden werden, weil während des Zusammenbaus Korrekturmechanismen wirken können, die fehlerhafte Untereinheiten aussortieren.

Um den Blick auf ein gut untersuchtes Beispiel zu richten, können wir betrachten, wie sich ein Virus aus einer Mischung von Proteinen und Nukleinsäuren bildet. Manche Proteinuntereinheiten lagern sich zu flachen Schichten zusammen, in denen die Untereinheiten in hexagonalen Mustern angeordnet sind. Spezialisierte Membranproteine werden gelegentlich auf diese Weise in Lipid-Doppelschichten eingebaut. Durch eine leichte Änderung der Geometrie der einzelnen Untereinheiten kann ein hexagonales Flächenmuster zu einer Röhre umgeformt werden (**Abb. 3.26**) und durch etwas mehr Änderung auch in eine Hohlkugel. Proteinröhren und -kugeln, die spezifische RNA- oder DNA-Moleküle in ihrem Innern binden, bilden die Hüllen von Viren.

Die Ausbildung von geschlossenen Strukturen, wie Ringen, Röhren oder Kugeln, verleiht zusätzliche Stabilität, weil sich dadurch die Anzahl der nichtkovalenten Bindungen zwischen den Proteinuntereinheiten erhöht. Da zudem eine solche Struktur durch gegenseitig abhängige, kooperative Wechselwirkungen zwischen den Untereinheiten gebildet wird, kann eine relativ kleine Änderung, die jede Untereinheit einzeln

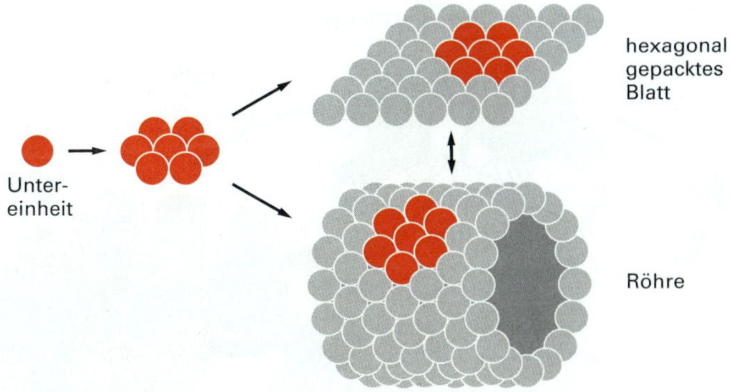

Abb. 3.26 Zusammenlagerung einzelner Proteinuntereinheiten durch mehrfache Protein-Protein-Kontakte. Hier sind hexagonal gepackte globuläre Proteinuntereinheiten gezeigt, die entweder flache Schichten oder Röhren bilden. Im Allgemeinen werden solch große Strukturen nicht als einzelne „Moleküle" betrachtet. Stattdessen werden sie, wie für das Aktinfilament zuvor schon beschrieben, als Zusammenlagerung vieler verschiedener Moleküle angesehen.

beeinflusst, verursachen, dass sich die Struktur auf- oder abbaut. Diese Prinzipien zeigen sich besonders eindrucksvoll bei der Proteinhülle (*Capsid*) vieler einfacher Viren, die die Form einer auf einem Ikosaeder basierenden Hohlkugel hat (**Abb. 3.27**). Capside sind oft aus vielen Hundert identischen Proteinuntereinheiten aufgebaut, die die Virus-Nukleinsäure einschließen und schützen (**Abb. 3.28**). Ein Capsid-Protein muss eine besonders anpassungsfähige Struktur besitzen – schließlich muss es viele verschiedene Kontakte ausbilden, damit ein kugeliges Capsid entsteht; und es muss diese Anordnung auch wieder ändern können, wenn die Nukleinsäure zur Virusreplikation freigesetzt werden soll, nachdem das Virus in eine Zelle eingedrungen ist.

3.1.17 Viele Strukturen in der Zelle können sich selbstständig zusammenbauen

Die Information für zahlreiche komplexe Zusammenlagerungen von Makromolekülen in Zellen muss in den Untereinheiten selbst enthalten sein, da sich isolierte Untereinheiten unter geeigneten Bedingungen spontan, ohne fremde Hilfe zur endgültigen Struktur zusammenfügen können. Das erste große makromolekulare Aggregat, von dem gezeigt wurde, dass es sich selbstständig aus seinen Komponenten zusammenlagern kann, war das *Tabakmosaikvirus (TMV)*. Dieses stäbchenförmige Virus besteht aus einem einschichtigen Hohlzylinder aus Hunderten identischen Proteinuntereinheiten, der um einen helikalen RNA-Kern angeordnet ist, welcher das Virusgenom darstellt (**Abb. 3.29**). Wenn die RNA und dissoziierte Proteinuntereinheiten in einer Lösung gemischt werden, vereinigen sie sich zu voll aktiven Virus-Partikeln. Der Aggregationsvorgang ist unerwartet kompliziert – unter anderem umfasst er die Ausbildung von Proteindoppelringen, die als Zwischenstufen dienen und sich an die wachsende Virushülle addieren.

Ein anderes komplexes Makromolekül-Aggregat, das sich selbstständig aus seinen Einzelkomponenten zusammenbauen kann, ist das bakterielle Ribosom. Diese Struktur besteht aus ungefähr 55 verschiedenen Proteinmolekülen und drei verschiedenen ribosomalen RNA-(rRNA-)Molekülen. Wenn eine Mischung der einzelnen Bestandteile im Reagenzglas unter geeigneten Bedingungen inkubiert wird, bildet sich spontan die ursprüngliche Ribosomenstruktur zurück. Besonders wichtig ist natürlich, dass solche selbstaggregierten Ribosomen in der Lage sind, Proteine zu synthetisieren. Erwartungsgemäß erfolgt der Wiederaufbau der Ribosomen über einen spezifischen Weg: Nachdem bestimmte Proteine an die RNA gebunden haben, wird dieser Ribonukleoprotein-Komplex von anderen Proteinen erkannt; dieses neue Aggregat wird dann von weiteren Proteinen erkannt – und so fort, bis die Struktur komplett ist.

Es ist immer noch nicht klar, wie manche ausgefeilten Selbstaggregationsvorgänge gesteuert werden. Beispielsweise besitzen zahlreiche Strukturen in einer Zelle anscheinend eine genau definierte Länge, die sehr viel größer ist als die ihrer makromolekularen Komponenten. Wie eine solche Längengenauigkeit erreicht wird, ist häufig noch ein

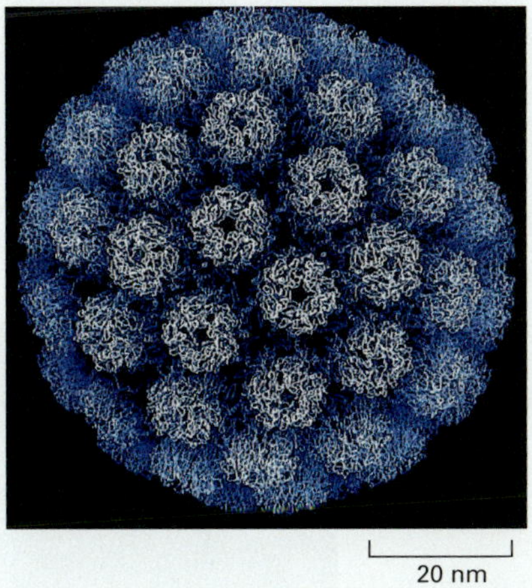

Abb. 3.27 Das Protein-Capsid eines Virus. Die Struktur des Affenvirus-SV40-Capsids wurde mithilfe der Röntgenkristallographie bestimmt. Wie bei den Capsiden vieler anderer Viren kennt man auch hier die atomaren Details. (Mit freundlicher Genehmigung von Robert Grant, Stephan Crainic und James M. Hogle).

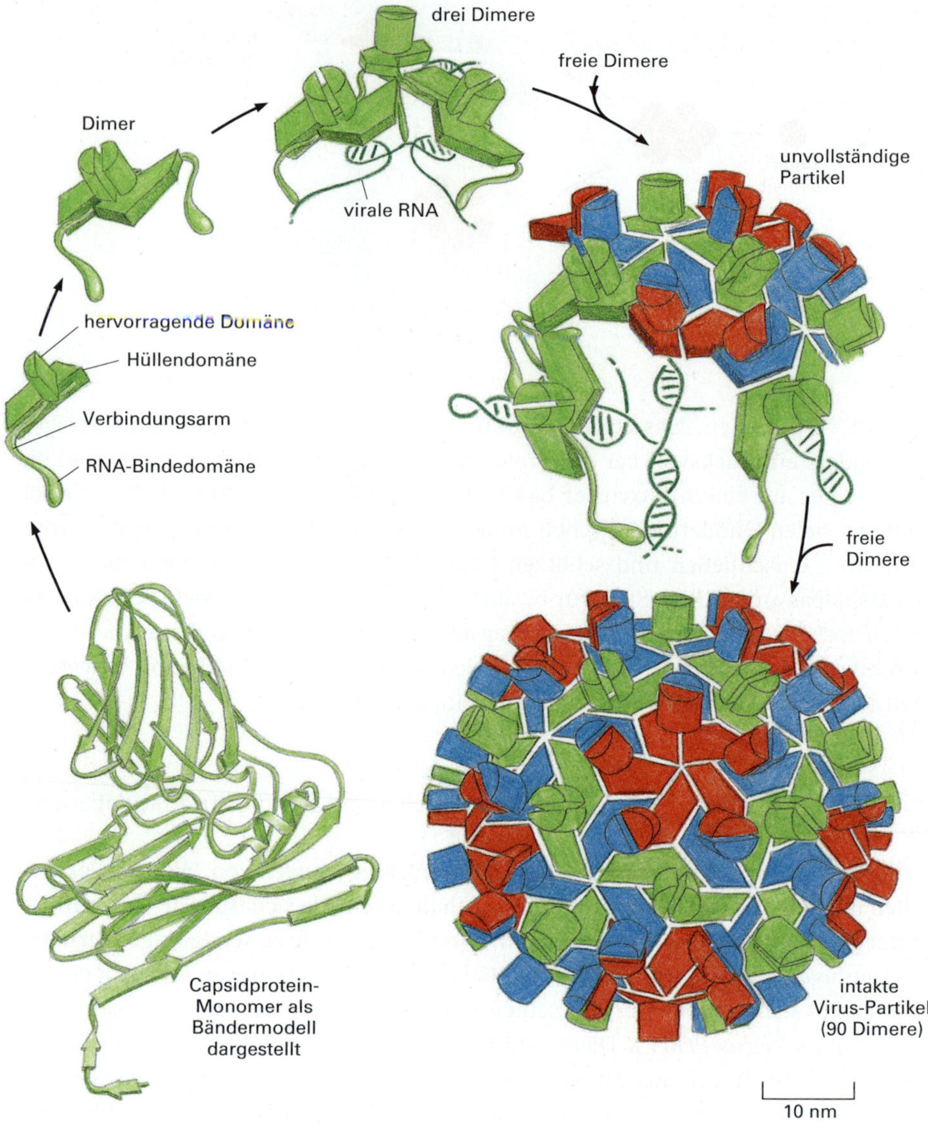

Abb. 3.28 Die Struktur eines kugeligen Virus. In Viren lagern sich viele Kopien einer einzelnen Proteinuntereinheit zusammen und bilden eine kugelige Hülle – das *Capsid*. Dieses Capsid umschließt das Virus-Genom, das entweder aus RNA oder aus DNA besteht. Aus geometrischen Gründen können maximal 60 dieser Untereinheiten exakt symmetrisch zu einer Kugel zusammengepackt werden. Sind jedoch leichte Unregelmäßigkeiten erlaubt, können auch mehr Untereinheiten benutzt werden, um ein noch größeres Capsid zu konstruieren. Beispielsweise ist das hier gezeigte Tomatenzwergbusch(*tomato bushy stunt*)-Virus(TBSV), ein kugeliges Virus mit einem Durchmesser von etwa 33 nm, das aus 180 identischen Kopien eines 386-Aminosäuren-Capsid-Proteins (90 Dimere) und einem 4500 Nukleotide langen RNA-Genom besteht. Um ein derart großes Capsid aufzubauen, muss das Protein fähig sein, sich in drei etwas unterschiedliche Umgebungen einzufügen. Dies erfordert drei leicht verschiedene Konformationen, wovon jede im hier gezeigten Virus-Partikel anders gefärbt ist. Die Abbildung zeigt den vermutlichen Weg der Virus-Zusammenlagerung. Die genaue dreidimensionale Struktur des Virus wurde durch Röntgenbeugung aufgeklärt. (Mit freundlicher Genehmigung von Steve Harrison).

Rätsel. Im einfachsten Fall bildet ein langes Kernprotein oder ein anderes Makromolekül ein Gerüst, das die Ausdehnung des endgültigen Aggregats vorgibt. Nach diesem Mechanismus wird beispielsweise die Länge des Tabakmosaikvirus festgelegt, wobei die RNA

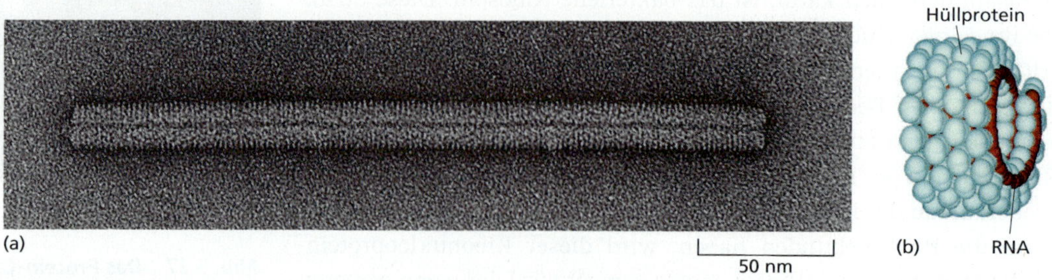

Abb. 3.29 Die Struktur des Tabakmosaikvirus (TMV). (a) Elektronenmikroskopische Aufnahme eines Virus-Partikels. Es besteht aus einem langen, schraubig gewundenen RNA-Einzelfaden, der in einen Proteinzylinder aus identischen Proteinuntereinheiten eingeschlossen ist. (b) Ein Modell, das einen Teil der Struktur des TMV zeigt. Ein 6395 Nukleotide langes RNA-Einzelstrangmolekül (*rot*) ist in eine helikale Hülle verpackt, die aus 2130 Kopien eines 158 Aminosäuren langen Hüllproteins (*weiß*) besteht. Aus gereinigter Virus-RNA und isolierten Proteinmolekülen können sich im Reagenzglas selbstständig voll infektiöse Virus-Partikel zusammenbauen. (a, mit freundlicher Genehmigung von Robley Williams; b mit freundlicher Genehmigung von Richard J. Feldman).

das maßgebende Innengerüst darstellt. In ähnlicher Weise bestimmt vermutlich ein Innenprotein, das mit Aktin wechselwirkt, die Länge der dünnen Filamente im Muskel.

3.1.18 Die Ausbildung komplexer biologischer Strukturen wird oft durch Aufbaufaktoren unterstützt

Nicht alle Zellstrukturen, die durch nichtkovalente Bindungen zusammengehalten werden, sind zur Selbstaggregation fähig. Eine Cilie oder eine Myofibrille aus einer Muskelzelle können sich beispielsweise nicht spontan aus einer Lösung ihrer makromolekularen Bestandteile bilden. In diesen Fällen liefern spezifische Enzyme und andere zelluläre Proteine einen Teil der Bauanleitung, indem sie als *Aufbaufaktoren* dienen, die zwar die Konstruktion steuern, aber keinen Anteil an den fertig zusammengesetzten Strukturen haben.

Sogar verhältnismäßig einfachen Strukturen können einige der Bestandteile fehlen, die nötig sind, um sich selbst zu aggregieren. Ein Beispiel hierfür sind manche Bakterien-Viren: Bei ihnen wird der aus vielen Kopien einer einzigen Proteinuntereinheit zusammengesetzte Kopf auf einem Hilfsgerüst aufgebaut, das aus einem anderen, vom Virus gebildeten Protein besteht und nur vorübergehend existiert. Da das Gerüstprotein in dem fertigen Virus-Partikel nicht enthalten ist, kann sich die Kopfstruktur nicht wieder spontan zusammenlagern, wenn sie zerlegt wird. In anderen Fällen ist proteolytische Spaltung ein notwendiger und irreversibler Schritt beim normalen Aggregationsvorgang – selbst bei einigen kleinen Proteinaggregaten wie dem Strukturprotein Kollagen und dem Hormon Insulin (**Abb. 3.30**). Nach diesen verhältnismäßig einfachen Beispielen leuchtet es ein, dass der Aufbau einer so komplizierten Struktur wie einer Cilie zeitliche und räumliche Ordnung erfordert, die durch zahlreiche Komponenten vermittelt wird.

3.1.19 Wenn Aufbauvorgänge fehlschlagen: der Fall von Amyloidfibrillen

Eine spezielle Klasse von Proteinstrukturen, die für einige normale Zellfunktionen verwendet wird, kann, falls sie nicht kontrolliert wird, außerdem zu menschlichen Krankheiten beitragen. Es handelt sich dabei um sich selbst ausbreitende, stabile β-Faltblatt-Aggregate, **Amyloidfibrillen** genannt. Diese Fibrillen werden aus einer Reihe identischer Polypeptidketten gebildet, die übereinander geschichtet einen fortlaufenden Stapel aus β-Faltblättern erzeugen; dabei sind die β-Stränge rechtwinklig zur Fibrillenachse ausgerichtet (**Abb. 3.31**).

Zwei dieser Stapel aus β-Faltblättern sind in einer Fibrille miteinander gepaart und bilden ein langes *Cross-beta-Filament*, mit vielen Hundert Monomeren, die eine unverzweigte Fibrillenstruktur erzeugen, die mehrere Mikrometer lang sein kann, mit einem Durchmesser von 5–15 nm (**Abb. 3.32**). Ein überraschend großer Teil aller Proteine besitzt die Fähigkeit, solche Strukturen zu bilden, weil nur ein kurzer Abschnitt der Polypeptidkette erforderlich ist, um das Rückgrat der Fibrille zu bilden. Zudem kann das Rückgrat eine Vielzahl verschiedener Sequenzen haben. Tatsächlich bilden jedoch nur sehr wenige Proteine diese Struktur innerhalb von Zellen aus.

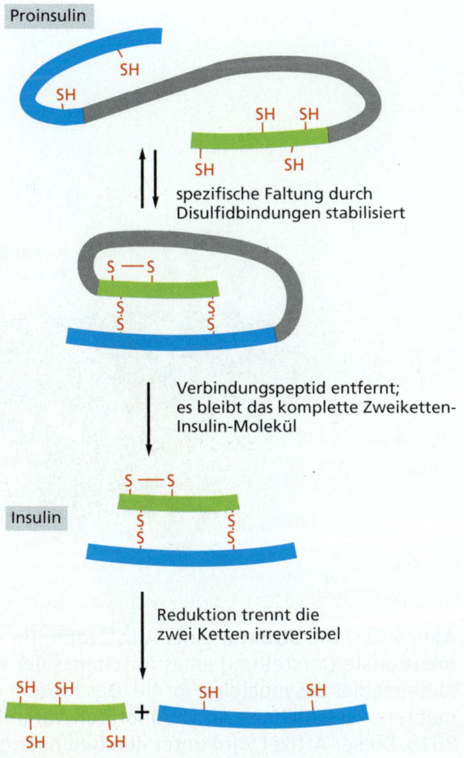

Abb. 3.30 **Proteolytische Spaltung beim Zusammenbau von Insulin.** Das Polypeptid-Hormon Insulin kann sich nicht in nennenswerter Ausbeute selbsttätig zurückbilden, wenn seine Disulfidbindungen durch Reduktion aufgelöst werden. Es wird zunächst als ein größeres Protein (*Proinsulin*) synthetisiert, das sich in eine spezifische Form faltet und dann durch ein proteolytisches Enzym gespalten wird. Durch das Herausschneiden eines Teils der Proinsulin-Polypeptidkette geht die Information verloren, die das fertige Insulinprotein benötigt, um sich spontan in seine normale Konformation zu falten. Daher kann es sich nicht wieder zusammenlagern, sobald es denaturiert ist und seine beiden Polypeptidketten getrennt sind.

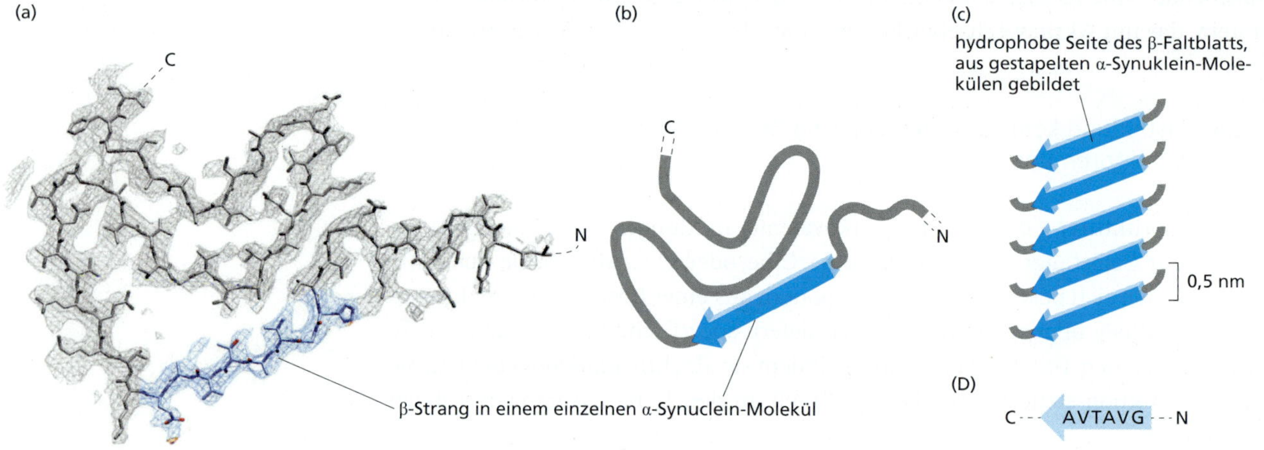

Abb. 3.31 Wie sich eine Amyloidfibrille aus einem mit Morbus Parkinson assoziierten Protein bildet. Hier ist die Struktur einer Hälfte einer Amyloidfibrille aus dem Protein α-Synuclein gezeigt; dessen anomale Aggregate tragen zur Parkinson-Erkrankung bei. Die Konformation des α-Synuclein-Monomers ist als Atommodell (a) und schematisch (b) gezeigt; dabei sind die β-Stränge, die das Cross-beta-Rückgrat des Filaments bilden, *blau* gefärbt (nur 57 der 140 Aminosäuren des α-Synucleins sind gezeigt). (c) zeigt, wie sich die Monomere verbinden und ein langes Blatt gestapelter β-Stränge bilden. Wie in Abbildung 3.32 gezeigt, paart sich das urspüngliche Blatt mit einem weiteren, identischen Blatt aus β-Strängen und bildet ein zweiblättriges Motiv, das sich über die gesamte Länge der Fibrille erstreckt. (d) Die Aminosäuresequenz, die einen hydrophoben Reißverschluss (*zipper*) bildet, der die beiden Blätter verbindet, die das Cross-beta-Rückgrat der Fibrille bilden. (Nach R. Guerrero-Ferreira et al., *eLife* 7:e36402, 2018. eLife Sciences Publications).

Im Menschen nehmen die Qualitätskontrollmechanismen, die die Proteine beherrschen, mit zunehmendem Alter allmählich ab; dadurch wird es manchmal für normale Proteine möglich, pathologische Aggregate zu bilden. In extremen Fällen kann die Anhäufung solcher Amyloidfibrillen im Zellinnern die Zellen töten und das Gewebe schädigen. Weil das Gehirn aus einer hoch organisierten Sammlung von Nervenzellen besteht, die sich nicht regenerieren können, ist es durch diese Art allmählicher Schädigung besonders gefährdet. Obwohl also Amyloidfibrillen sich in verschiedenen Geweben bilden können und obwohl man weiß, dass sie an mehreren Stellen im Körper Schäden verursachen können, sind neurodegenerative Erkrankungen die gravierendsten Amyloidpathologien. Man nimmt an, dass eine anomale Bildung von Amyloidfibrillen eine zentrale, ursächliche Rolle sowohl bei der Alzheimer- als auch bei der Parkinson-Erkrankung spielt.

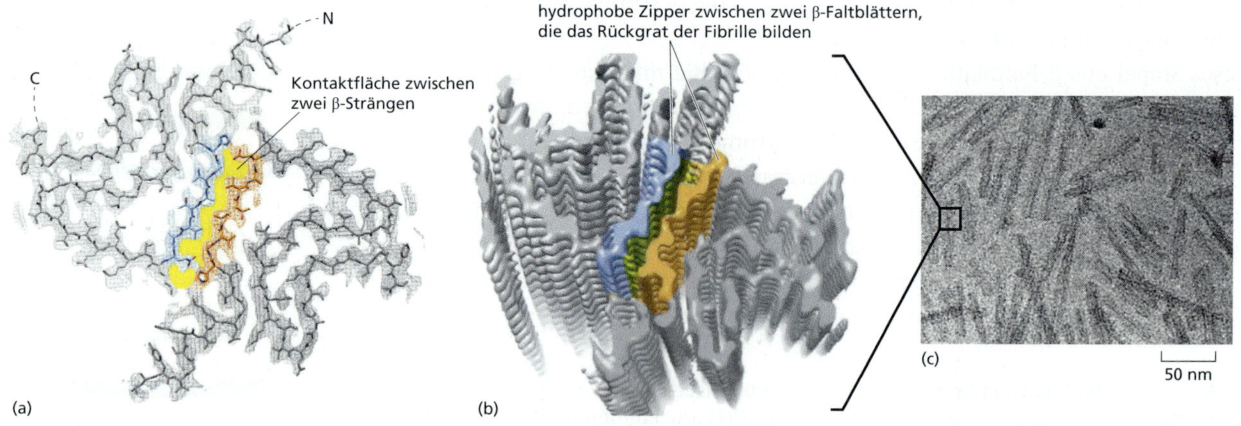

Abb. 3.32 Die Struktur einer Amyloidfibrille. (a) Wie sich zwei Monomere α-Synuclein paaren und eine Amyloidfibrille erzeugen. (b) Eine dreidimensionale Darstellung eines Abschnitts der vollständigen Fibrille, mit Kryoelektronenmikroskopie ermittelt. (c) Elektronenmikroskopische Aufnahme einer α-Synuclein-Fibrille. Das Protein α-Synuclein kann, wie einige andere amyloidbildende Proteine, aus der gleichen Polypeptidkette mehrere verschiedene Amyloidfibrillen-Varianten bilden – nur eine davon ist hier dargestellt. (Guerrero-Ferreira et al., 2018 *eLife* 7:e36402, 2018. Dieser Artikel wird unter den Bedingungen der Creative Commons Attribution License zur Verfügung gestellt.)

Prionenerkrankungen sind ein besonderer Typ dieser Pathologien. Sie sind besonders berüchtigt, weil sie im Gegensatz zur Alzheimer- oder Parkinson-Erkrankung von einem Organismus auf einen anderen übertragen werden können – vorausgesetzt, der zweite Organismus verzehrt Gewebe, das diese Proteinaggregate enthält. Eine Reihe eng verwandter Krankheiten – die Traberkrankheit (Scrapie) beim Schaf, die Creutzfeldt-Jacob-Krankheit (CJK) beim Menschen, Kuru beim Menschen und die bovine spongiforme Enzephalopathie (BSE) beim Rind – werden durch eine fehlgefaltete, aggregierte Form eines bestimmten Proteins namens PrP (für Prionprotein) verursacht. PrP sitzt normalerweise auf der Außenfläche der Plasmamembran, am markantesten in Neuronen, und hat die unglückliche Eigenschaft, Amyloidfibrillen zu bilden, die „infektiös" sind: Sie wandeln normal gefaltete PrP-Moleküle in die pathologische Form um (**Abb. 3.33**). Diese Eigenschaft erzeugt eine positive Rückkopplungsschleife, die die anomale PrP-Form, PrP* genannt, ausbreitet; damit überträgt sich die pathologische Konformation rasch von Zelle zu Zelle im Gehirn und verursacht schließlich den Tod. Es kann gefährlich sein, Gewebe von Tieren zu verzehren, die PrP* enthalten, wie durch die Übertragung von BSE (gewöhnlich als „Rinderwahnsinn" bezeichnet) vom Rind auf den Menschen bezeugt ist. Glücklicherweise ist PrP in Abwesenheit von PrP* außerordentlich schwer in seine anomale Form zu überführen.

Eine eng verwandte „Nur-Protein-Vererbung" wurde in Hefezellen beobachtet. Die Möglichkeit, infektiöse Proteine in der Hefe zu untersuchen, hat eine andere bemerkenswerte Eigenschaft der Prionen geklärt. Diese Proteinmoleküle können mehrere unterschiedliche Arten von Amyloidfibrillen aus der gleichen Polypeptidkette bilden. Zudem kann jeder Aggregattyp infektiös sein und normale Proteinmoleküle dazu zwingen, den gleichen anomalen Strukturtyp anzunehmen. Somit können aus der gleichen Polypeptidkette mehrere verschiedene Formen infektiöser Partikel entstehen.

Jüngste Daten legen nahe, dass zumindest einige der anomalen Amyloide, die sich in üblichen menschlichen neurologischen Erkrankungen bilden, die Krankheit fördern, indem sie sich im Gehirn von Zelle zu Zelle auf „prionartige" Weise ausbreiten; dabei wird die anormal gefaltete Form des Proteins durch benachbarte Zellen aufgenommen und es kommt zu einer weiten Verbreitung der gleichen anormalen Strukturen (z. B. α-Synuclein bei der Parkinsonerkrankung, Tau-Protein bei der Alzheimer-Erkrankung). Derzeit werden medikamentöse und Antikörperbehandlungen entwickelt, um die Ausbreitung der Prionen zu blockieren – und damit das furchtbare menschliche Leid zu verringern, das durch diese weitverbreitete Krankheit geschaffen wird.

3.1.20 Amyloidstrukturen können in Zellen auch nützliche Funktionen erfüllen

Amyloidfibrillen wurden anfangs deshalb untersucht, weil sie Krankheiten verursachen. Inzwischen weiß man aber, dass Zellen den gleichen Strukturtyp für nützliche Zwecke einsetzen. Beispielsweise speichern eukaryotische Zellen viele verschiedene Peptid- und Proteinhormone, die sie sezernieren wollen, in speziellen Sekretionsvesikeln. Diese Granula verpacken hohe Konzentrationen ihrer Fracht in dichten Kernen mit einer regelmäßigen

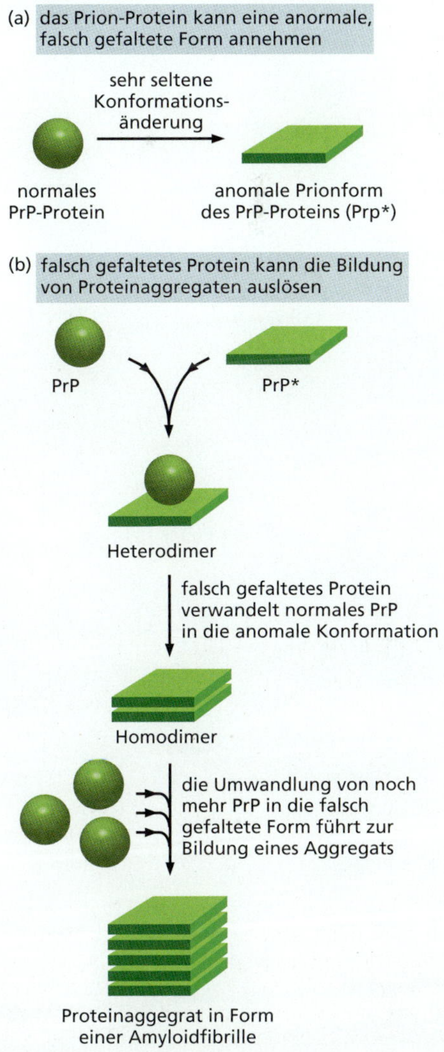

Abb. 3.33 Prionenerkrankungen werden durch Proteine verursacht, deren Fehlfaltung infektiös ist. (a) Schematische Darstellung des Typs der Konformationsänderung im Prion-Protein (PrP), durch den das Material für eine Amyloidfibrille gebildet wird. (b) Die selbstinfektiöse Eigenschaft der Proteinaggregation ist für die Prionenerkrankung wesentlich. Die fehlgefaltete Version des Proteins, PrP* genannt, veranlasst das normale PrP-Protein, mit dem es in Kontakt kommt, zur Konformationsänderung (wie gezeigt). PrP* ist äußerst stabil und wenn es verzehrt wird, kann es Amyloidfibrillen bilden, die die Gehirnzellfunktion stören; dadurch entsteht eine tödliche neurodegenerative Erkrankung. Manche der anomalen Amyloidfibrillen, die sich bei üblichen nichtinfektiösen neurodegenerativen Krankheiten bilden, darunter Morbus Parkinson und Morbus Alzheimer, scheinen sich auf ähnliche Weise von Zelle zu Zelle im Gehirn auszubreiten.

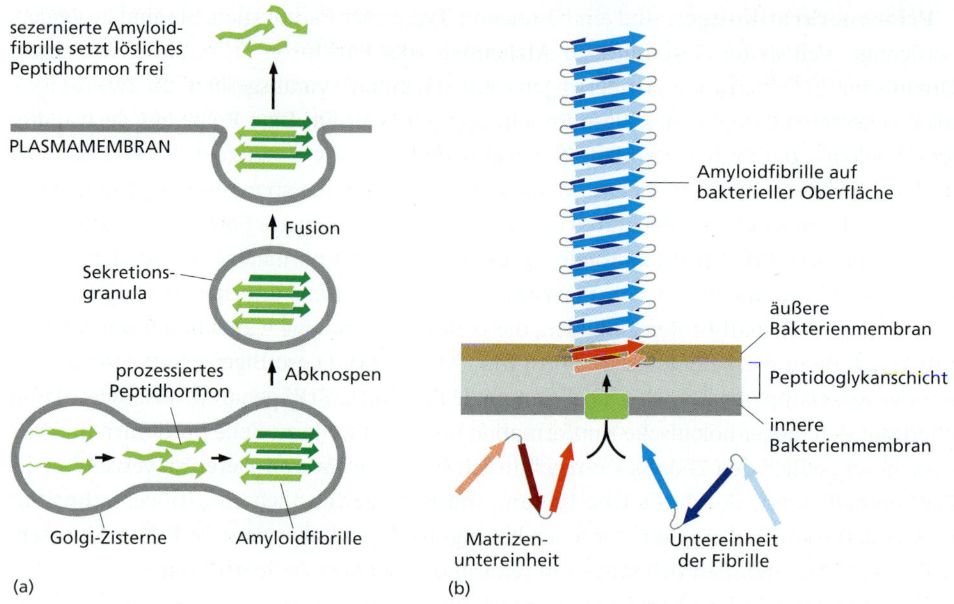

Abb. 3.34 Zwei normale Funktionen von Amyloidfibrillen. (a) In Eukaryotenzellen kann die Proteinfracht sehr dicht in sekretorische Vesikel gepackt und gespeichert werden, bis Signale eine Freisetzung dieser Fracht durch Exocytose auslösen. Beispielsweise werden Protein- und Peptidhormone des endokrinen Systems, wie Glukagon und Calcitonin, sehr effizient als kurze Amyloidfibrillen gespeichert; diese Fibrillen zerfallen, wenn sie in die äußere Umgebung der Zelle gelangen. (b) Bakterien bilden auf ihrer Oberfläche Amyloidfibrillen, indem sie die Vorläuferproteine sezernieren; diese Fibrillen erzeugen dann Biofilme, die helfen, eine große Anzahl einzelner Bakterien miteinander zu vernetzen und dadurch zu schützen.

Struktur (s. **Abb. 13.43**). Wir wissen nun, dass diese strukturierten Kerne aus Amyloidfibrillen bestehen; sie haben in diesem Fall eine Struktur, die sie nach der Sekretion durch Exocytose in Lösung bringt, sodass eine lösliche Fracht außerhalb der Zelle freigesetzt wird (**Abb. 3.34a**). Viele Bakterien verwenden Amyloidstrukturen in einer ganz anderen Weise: Sie sezernieren Proteine, die lange Amyloidfibrillen bilden, die aus der Zellumgebung herausragen und dazu beitragen, benachbarte Bakterien in Biofilmen zu halten (**Abb. 3.34b**). Da diese Biofilme den Bakterien helfen, in einer ungünstigen Umgebung zu überleben (dazu zählen auch Menschen, die mit Antibiotika behandelt werden), sind neue Arzneimittel für die Behandlung menschlicher Infektionen erfolgversprechend, die dieses aus bakteriellen Amyloidfibrillen gebildete Fasernetzwerk spezifisch unterbrechen.

Zusammenfassung

Die dreidimensionale Konformation eines Proteinmoleküls wird durch die Sequenz seiner Aminosäuren festgelegt. Eine große Anzahl nichtkovalenter Wechselwirkungen zwischen verschiedenen Teilen der Polypeptidkette stabilisieren die Faltungsstruktur eines Proteins: Aminosäuren mit hydrophoben Seitenketten neigen dazu, sich im Inneren des Moleküls anzuhäufen, und örtlich begrenzte Interaktionen über Wasserstoffbrücken zwischen benachbarten Peptidbindungen bewirken, dass α-Helices und β-Faltblätter entstehen.

Bereiche von fortlaufenden Aminosäuresequenzen falten sich zu globulären Proteindomänen. Solche Domänen enthalten im Allgemeinen 40 bis 350 Aminosäuren, und sie sind die modularen Einheiten, aus denen größere Proteine aufgebaut sind. Kleine Proteine bestehen typischerweise nur aus einer Domäne, während große Proteine mehrere Domänen enthalten, die durch relativ ungeordnete Polypeptidketten-Stücke verschiedener Länge verbunden sind. Während der Evolution der Organismen haben sich die DNA-Sequenzen, die für diese Domänen codieren, verdoppelt, sind mutiert und mit anderen Domänen kombiniert, sodass viele neue Proteine entstanden.

Für die Zusammenlagerung von Proteinen zu größeren Strukturen sind die gleichen nichtkovalenten Anziehungen verantwortlich, die auch die Proteinfaltung lenken. Proteine mit Bindungsstellen für Areale ihrer eigenen Oberfläche können sich zu Dimeren, Ringstrukturen, Hohlkugeln oder helikalen Polymeren vereinigen. Die Amyloidfibrille ist eine lange unverzweigte Struktur, die aus sich wiederholenden Stapeln von β-Faltblättern gebildet wird. Obwohl sich Mischungen aus Proteinen und Nukleinsäuren in vitro spontan zu komplexen, biologisch aktiven Strukturen zusammenlagern können, können sich nicht alle in einer Zelle vorhandenen Strukturen wieder spontan zurückbilden, wenn sie in ihre Bestandteile zerlegt werden, weil an vielen biologischen Aggregationsvorgängen Aufbaufaktoren beteiligt sind, die in der Endstruktur fehlen.

3.2 Proteinfunktion

Wir haben gesehen, dass jeder Proteintyp aus einer genauen Abfolge von Aminosäuren besteht, die es ihm ermöglicht, sich in einer ganz bestimmten Weise zu falten. Diese Proteine können auch bewegliche Teile besitzen, deren mechanisches Wirken an chemische Reaktionen gekoppelt ist. Diese Verbindung von Chemie und Bewegung verleiht Proteinen ihre außergewöhnlichen Fähigkeiten, die den dynamischen Vorgängen in lebenden Zellen zugrunde liegen.

In diesem Abschnitt werden wir erklären, wie Proteine selektiv an andere Moleküle binden und wie ihre Aktivität von solchen Bindungen abhängt. Wir werden sehen, dass die Fähigkeit, an andere Moleküle zu binden, Proteinen erlaubt, als Katalysatoren, Signalrezeptoren, Schalter, Motoren und Mikropumpen zu arbeiten. Die in diesem Abschnitt behandelten Beispiele erschöpfen das ungeheuer große funktionelle Repertoire von Proteinen bei Weitem nicht. Aber die Spezialfunktionen vieler Proteine, denen wir in anderen Kapiteln dieses Buchs begegnen werden, beruhen alle auf den gleichen hier vorgestellten Prinzipien.

3.2.1 Alle Proteine binden an andere Moleküle

Die biologischen Eigenschaften eines Proteins hängen von seinen physikalischen Wechselwirkungen mit anderen Molekülen ab. So heften sich Antikörper an Viren oder Bakterien und markieren sie zur Vernichtung; das Enzym Hexokinase bindet an Glukose und ATP und katalysiert dadurch die Reaktion zwischen den beiden Molekülen; Aktinmoleküle verknüpfen sich miteinander und lagern sich zu Aktinfilamenten zusammen – usw. Alle Proteine binden an andere Moleküle. In manchen Fällen ist diese Bindung sehr fest, in anderen Fällen ist sie locker und kurzlebig. Jedoch ist die Bindung immer sehr *spezifisch*. Das heißt, jedes Proteinmolekül bindet gewöhnlich nur einen oder höchstens einige wenige der vielen Tausend verschiedenen Molekül-Typen, mit denen es zusammentrifft. Die Substanz, die ein Protein bindet, ist sein **Ligand** (vom Lateinischen *ligare* = binden) – unabhängig davon, ob sie ein Ion, ein kleines organisches Molekül oder ein Makromolekül ist.

Die Fähigkeit eines Proteins, selektiv und mit hoher Affinität an einen Liganden zu binden, hängt von der Ausbildung verschiedener schwacher, nichtkovalenter Wechselwirkungen ab: Wasserstoffbrücken, elektrostatischen Anziehungen, van der Waals-Affinitätsbindungen und hydrophoben Kräften (**Tafel 2.3**). Weil jede Bindung für sich nur sehr schwach ist, müssen viele Bindungen gleichzeitig gebildet werden, um eine effektive Wechselwirkung zu erzielen. Das ist nur möglich, wenn die Oberflächenkontur des Ligandenmoleküls sehr genau mit der Oberfläche des Proteins übereinstimmt und zu ihr passt wie eine Hand in einen Handschuh (**Abb. 3.35**).

Den Bereich eines Proteins, an den ein Ligand bindet, nennt man *Bindungsstelle* oder *Bindungsort* des Liganden. Er besteht meist aus einer Vertiefung oder Furche in der Proteinoberfläche, die durch eine bestimmte Anordnung von Aminosäuren gebildet wird. Diese Aminosäuren können zu verschiedenen Abschnitten der Polypeptidkette gehören, die durch die Faltung des Proteins zusammengebracht wurden (**Abb. 3.36**). Andere Bereiche auf der Proteinoberfläche bilden im Allgemeinen Bindungsstellen für weitere Liganden aus, durch die die biologische Aktivität des Proteins kontrolliert werden kann. Wieder

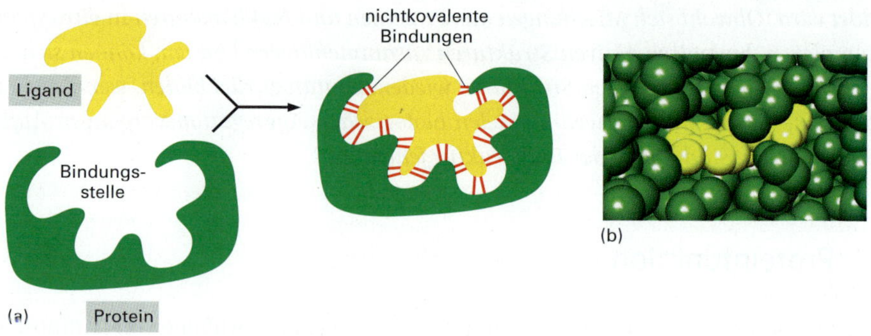

Abb. 3.35 Die selektive Bindung eines Proteins an ein anderes Molekül. Viele schwache Bindungen sind nötig, um ein Protein fest mit einem zweiten Molekül oder *Liganden* zu verbinden. Deshalb muss ein Ligand genau in die Bindungsstelle des Proteins passen (wie eine Hand in einen Handschuh), sodass zwischen den beiden Molekülen eine große Anzahl nichtkovalenter Bindungen ausgebildet werden kann. (a) Schema; (b) Kalottenmodell. (PDB-Code: 1G6N).

andere Anteile des Proteins dienen als Griffe, um das Protein an einer bestimmten Stelle in der Zelle zu positionieren. Ein Beispiel ist die bereits vorgestellte SH2-Domäne. Sie bringt oft als Antwort auf bestimmte Signale ein Protein zur Plasmamembran.

Obwohl die im Inneren eines Proteins verborgenen Atome keinen direkten Kontakt mit dem Liganden haben, liefern sie das Gerüst, das der Proteinoberfläche ihre Kontur und chemischen Eigenschaften verleiht. Selbst kleine Abwandlungen an den Aminosäuren im Inneren eines Proteinmoleküls können seine dreidimensionale Form so stark verändern, dass eine Bindungsstelle auf der Oberfläche zerstört wird.

3.2.2 Die Oberflächenkonformation eines Proteins bestimmt seine chemischen Eigenschaften

Die eindrucksvollen chemischen Fähigkeiten von Proteinen erfordern oft, dass die chemischen Gruppen auf ihrer Oberfläche auf eine Art und Weise miteinander in Beziehung

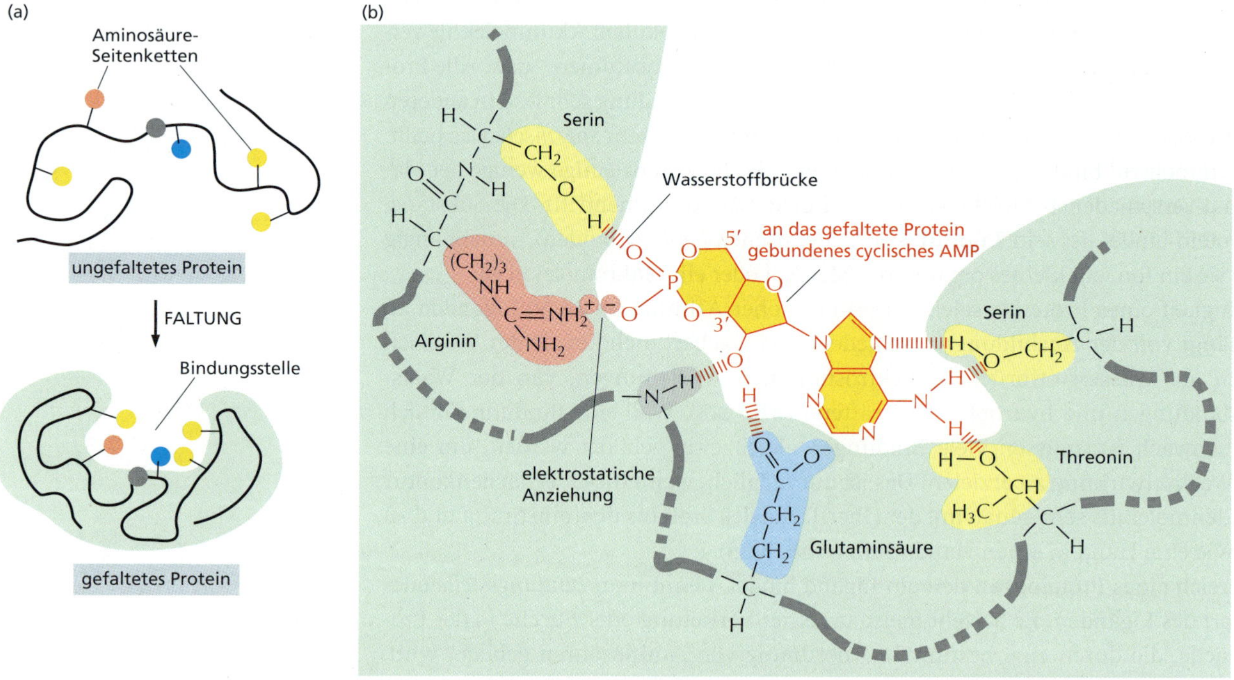

Abb. 3.36 Die Bindungsstelle eines Proteins. (a) Die Faltung der Polypeptidkette schafft typischerweise eine Spalte oder Vertiefung in der Oberfläche des Proteins. In dieser Furche sind mehrere Aminosäure-Seitenketten so angeordnet, dass sie nur mit ganz bestimmten Liganden nichtkovalente Bindungen eingehen können. (b) Vergrößerung einer Bindungsstelle. Die Zeichnung zeigt die Wasserstoffbrücken und elektrostatischen Wechselwirkungen zwischen einem Protein und seinem Liganden. In diesem Fall ist der gebundene Ligand ein Molekül cyclisches AMP, *dunkelgelb* dargestellt.

stehen, die die chemische Reaktivität einer oder mehrerer Aminosäure-Seitenketten erhöht. Diese Wechselwirkungen fallen in zwei Hauptklassen.

Erstens können benachbarte Anteile der Polypeptidkette so aufeinander einwirken, dass der Zutritt von Wassermolekülen zur Liganden-Bindungsstelle verhindert wird. Da Wassermoleküle leicht Wasserstoffbrücken ausbilden, die mit Liganden um Stellen auf der Proteinoberfläche konkurrieren, bilden Liganden festere Wasserstoffbrückenbindungen (und elektrostatische Wechselwirkungen) mit einem Protein, wenn Wasser ferngehalten wird. Zunächst mag es schwerfallen, sich einen Mechanismus vorzustellen, durch den ein so kleines Molekül wie Wasser daran gehindert werden kann, an die Oberfläche eines Proteins zu gelangen, ohne zugleich den Zutritt für den Liganden selbst zu behindern. Das Wasser baut sich jedoch seine eigene Falle: Wegen der starken Neigung von Wassermolekülen, miteinander Wasserstoffbrücken auszubilden, liegen Wassermoleküle in einem großen durch Wasserstoffbrücken vernetzten Gitterwerk vor (**Tafel 2.2**). Eine Liganden-Bindungsstelle kann trocken gehalten werden – was ihre Reaktivität erhöht – da es für einzelne Wassermoleküle energetisch ungünstig ist, aus diesem Gitterwerk auszubrechen, was sie aber tun müssten, um in die ligandenbindende Furche auf der Proteinoberfläche einzudringen.

Zweitens kann sich durch die Anhäufung benachbarter polarer Aminosäure-Seitenketten ihre chemische Reaktivität verändern. Werden beispielsweise bei der Faltung eines Proteins mehrere negativ geladene Seitenketten entgegen ihrer wechselseitigen Abstoßung zusammengebracht, verstärkt sich an dieser Stelle die Affinität für positive Ionen. Und wenn Aminosäure-Seitenketten miteinander über Wasserstoffbrücken in Beziehung stehen, können normalerweise nur wenig reaktive Seitenketten (wie etwa die –CH_2OH-Gruppe am Serin; **Abb. 3.37**) reaktiver werden, sodass sie an Reaktionen mitwirken können, die kovalente Bindungen bilden oder spalten.

Somit besitzt die Oberfläche jedes Proteinmoleküls eine einzigartige chemische Reaktivität, die nicht nur davon abhängt, welche Aminosäure-Seitenketten außen liegen, sondern auch von ihrer genauen Orientierung zueinander. Aus diesem Grund können sich nur leicht verschiedene Konformationen des gleichen Proteins enorm in ihrer Chemie unterscheiden.

3.2.3 Sequenzvergleiche zwischen Mitgliedern von Proteinfamilien decken entscheidende Liganden-Bindungsstellen auf

Wie wir zuvor beschrieben haben, können anhand der Genomsequenzen viele Proteindomänen zu Familien geordnet werden, bei denen man deutlich erkennt, dass ihre Mitglieder von einem gemeinsamen Vorfahren abstammen. Die dreidimensionalen

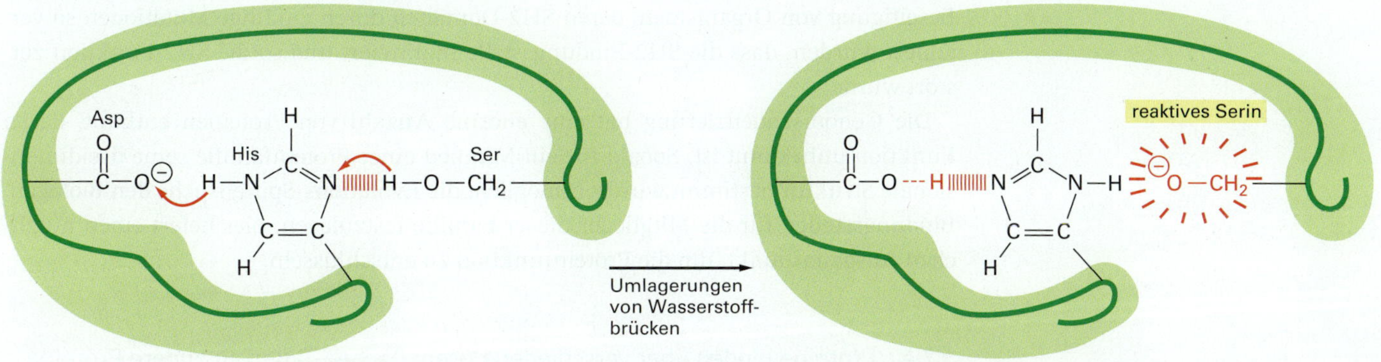

Abb. 3.37 Eine unübliche reaktive Aminosäure im Aktiven Zentrum eines Enzyms. Dieses Beispiel ist die *katalytische Triade* Asp-His-Ser, die in Chymotrypsin, Elastase und anderen Serin-Proteasen vorkommt (s. **Abb. 3.13**). Die Aspartat-Seitenkette (Asp) veranlasst Histidin (His) dazu, ein Proton von einem bestimmten Serin (Ser) abzuziehen. Dadurch wird das Serin aktiviert und dazu befähigt, eine kovalente Bindung mit dem Enzymsubstrat einzugehen und dadurch die Hydrolyse einer Peptidbindung zu bewirken. Die vielen Windungen der Polypeptidkette sind hier weggelassen.

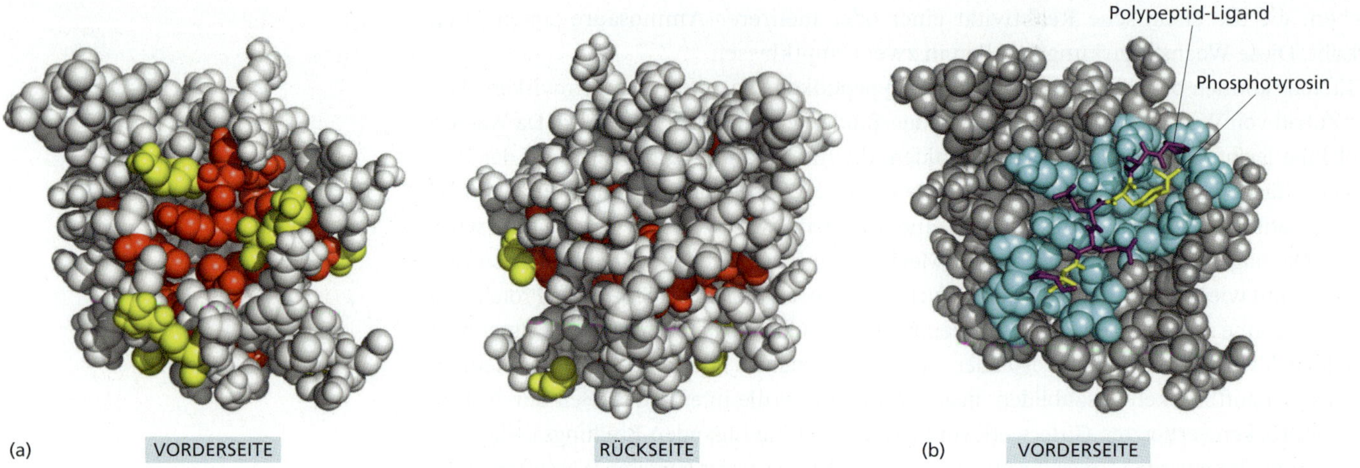

Abb. 3.38 Die Methode der Evolutions-Spurensuche am Beispiel der SH2-Domäne. (a) Vorder- und Rückansicht eines räumlichen Modells der SH2-Domäne. Evolutionär konservierte Aminosäuren, die sich auf der Proteinoberfläche befinden, sind *gelb* gefärbt und die mehr nach innen gewandten *rot*. (b) Struktur der SH2-Domäne mit ihrem gebundenen Polypeptid-Liganden. Aminosäuren im Umkreis von 0,4 nm des gebundenen Liganden sind *blau* markiert. Die beiden Schlüssel-Aminosäuren des Liganden sind *gelb* gefärbt und seine übrigen Aminosäuren *violett*. Man beachte den hohen Grad an Übereinstimmung zwischen (a) und (b). (Nach O. Lichtarge et al., *J. Mol. Biol.* 257: 342–358, 1996, PDB-Code: 1SPR, 1SPS).

Strukturen der Mitglieder einer Domänen-Familie sind sich bemerkenswert ähnlich. Selbst wenn die Übereinstimmung der Aminosäuresequenz auf 25 % sinkt, können die Atome des Polypeptid-Grundgerüsts einer Domäne die familientypische Proteinfaltung mit einer Genauigkeit von 0,2 Nanometern (2 Å) beibehalten.

Man kann eine bestimmte Methode – die sogenannte „*Evolutions-Spurensuche*“ (*evolutionary tracing*) – anwenden, um die Stellen in einer Proteindomäne zu identifizieren, die für ihre Funktion am wichtigsten sind. Diese Stellen, die an andere Moleküle binden, bleiben mit größter Wahrscheinlichkeit unverändert erhalten, während sich die Organismen entwickeln. Diejenigen Aminosäuren, die bei allen bekannten Mitgliedern der Domänen-Familie ganz oder nahezu unverändert geblieben sind, werden in einem Modell der dreidimensionalen Struktur eines Familienmitglieds markiert. Oft bilden dann die am wenigsten abgewandelten Positionen eine oder mehrere Anhäufungen (Cluster) auf der Proteinoberfläche, wie es **Abb. 3.38a** für die schon früher als Modell benutzte SH2-Domäne (s. **Abb. 3.9**) zeigt. Diese Cluster entsprechen meistens Liganden-Bindungsstellen.

Die SH2-Domäne hat die Funktion, zwei Proteine miteinander zu verbinden. Sie bindet ein SH2-haltiges Protein an ein zweites Protein, das eine phosphorylierte Tyrosin-Seitenkette in einer spezifischen Aminosäuresequenz-Umgebung enthält (**Abb. 3.38b**). Die Aminosäuren, die sich im Bereich der Bindungsstelle für das phosphorylierte Polypeptid befinden, haben sich während der langen Entwicklung der großen SH2-Familie von Protein-Erkennungsdomänen am wenigsten verändert. Mutation ist ein Zufallsprozess; das Überleben nicht. Somit produziert die natürliche Selektion (Zufallsmutation gefolgt von nicht zufälligem Überleben) die Sequenzkonservierung durch die bevorzugte Beseitigung von Organismen, deren SH2-Domänen durch zufällige Mutationen so verändert wurden, dass die SH2-Bindungsstelle inaktiviert und so die SH2-Funktion zerstört wurde.

Die Genomsequenzierung hat eine enorme Anzahl von Proteinen enthüllt, deren Funktion unbekannt ist. Sobald für ein Mitglied einer Proteinfamilie seine dreidimensionale Struktur bestimmt wurde, ermöglicht die Evolutions-Spurensuche den Biologen, Bindungsstellen für die Mitglieder dieser Familie festzulegen; dies liefert einen nützlichen Ausgangspunkt, um die Proteinfunktion zu entschlüsseln.

3.2.4 Proteine binden über verschiedene Grenzflächen-Typen an andere Proteine

Proteine können auf verschiedene Arten an andere Proteine binden. Vielfach nimmt ein Teil der Oberfläche des einen Proteins Kontakt mit einer Polypeptidketten-Schleife (einem „Strick“) auf, die aus dem zweiten Protein hervorragt (**Abb. 3.39a**). Durch solch

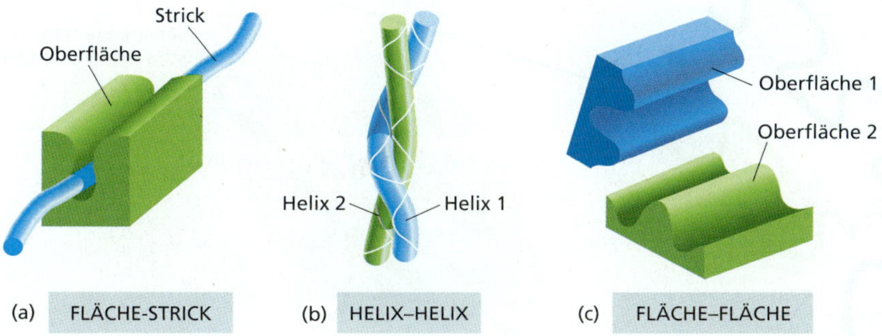

Abb. 3.39 Drei Arten, wie zwei Proteine aneinander binden können. Nur die wechselwirkenden Anteile der beiden Proteine sind gezeigt. (a) Eine starre Oberflächenstruktur des einen Proteins kann an eine hervorstehende Polypeptidketten-Schleife – einen „Strick" – des anderen Proteins binden. (b) Zwei α-Helices können sich umeinander wickeln und eine Doppelwendel bilden. (c) Häufig heften zwei komplementäre starre Oberflächenstrukturen zwei Proteine zusammen. Bindungswechselwirkungen können auch die Paarung von β-Strängen mit einbeziehen (s. z. B. **Abb. 3.19b**).

eine Flächen/Strick-Bindung erkennt beispielsweise die SH2-Domäne das phosphorylierte Polypeptid in einer Schleife seines Partnerproteins (s. oben, Abschnitt 3.2.3); und nach dem gleichen Prinzip erkennen auch Protein-Kinasen die Proteine, die sie phosphorylieren sollen (s. unten).

Ein zweiter Typ von Protein/Protein-Grenzflächenbindung entsteht, wenn sich zwei α-Helices – aus jedem Protein eine – umeinanderwinden und eine Doppelwendel bilden (**Abb. 3.39b**). Eine derartige Proteinverdrillung tritt in mehreren Familien von Transkriptionsregulatorproteinen auf (s. Kapitel 7).

Am häufigsten binden Proteine jedoch aneinander, indem ein starres Oberflächenareal eines Proteins genau zu einem komplementären Bereich des Bindungspartners passt (**Abb. 3.39c**). Diese Wechselwirkungen können sehr fest sein, da sich zwischen zwei gut zueinander passenden Flächen eine große Anzahl schwacher Bindungen ausbilden kann. Deshalb sind solche Flächen/Flächen-Kontakte äußerst spezifisch und ermöglichen es einem Protein, aus den vielen verschiedenen Proteinen in einer Zelle nur einen einzigen Partner auszuwählen.

3.2.5 Die Bindungsstellen von Antikörpern sind besonders vielseitig

Alle Proteine müssen an bestimmte Liganden binden, um ihre verschiedenen Funktionen auszuüben. Die Fähigkeit, fest und hoch selektiv zu binden, ist in ganz außerordentlichem Maß bei der Antikörper-Familie ausgeprägt (ausführlich behandelt in Kapitel 24).

Antikörper oder *Immunglobuline* sind Proteine, die vom Immunsystem als Antwort auf fremde Moleküle – beispielsweise Moleküle auf der Oberfläche eines in den Körper eingedrungenen Mikroorganismus – erzeugt werden. Jeder Antikörper bindet äußerst fest an ein ganz bestimmtes Zielmolekül. Dadurch inaktiviert er es entweder direkt oder markiert es zur Vernichtung. Ein Antikörper erkennt sein Zielmolekül, das **Antigen**, mit bemerkenswerter Spezifität. Da es Milliarden potenzieller Antigene gibt, mit denen wir in Berührung kommen könnten, müssen wir in der Lage sein, Milliarden verschiedener Antikörper zu bilden.

Antikörper sind Y-förmige Moleküle mit zwei identischen Bindungsstellen, die zu einer kleinen Region auf der Oberfläche des Antigenmoleküls komplementär sind. Eine genaue Untersuchung der Antigen-Bindungsstellen von Antikörpern zeigt, dass sie aus mehreren Polypeptidketten-Schleifen bestehen, die aus den Enden eines Paars eng zusammengelagerter Proteindomänen hervorragen (**Abb. 3.40**). Die Gene, die für verschiedene Antikörper codieren, erzeugen eine enorme Vielfalt an Antigen-Bindungsstellen, indem lediglich die Länge und Aminosäuresequenz der Bindungsstellen-Schleifen verändert wird, nicht aber die grundlegende Proteinstruktur.

Derartige Schleifen sind ideal, um andere Moleküle zu greifen. Sie ermöglichen, dass ein Ligand von vielen unterschiedlichen chemischen Gruppen der Aminosäure-Seitenketten eines Proteins umgeben wird und dass das Protein somit durch zahlreiche

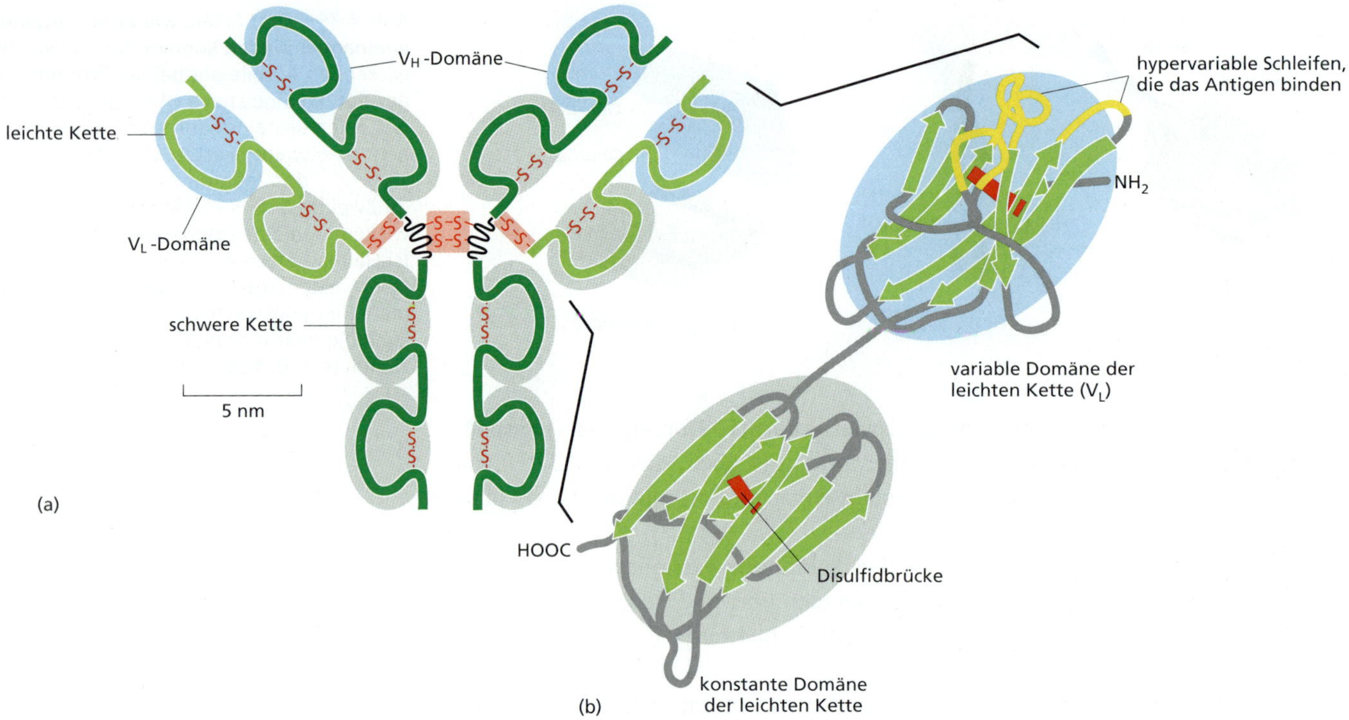

Abb. 3.40 Ein Antikörpermolekül. Ein Antikörper ist Y-förmig und besitzt zwei identische Antigen-Bindungsstellen – eine an jedem Arm des Y. (a) Schematische Zeichnung eines typischen Antikörpermoleküls. Das Protein ist aus vier Polypeptidketten zusammengesetzt (zwei identische schwere Ketten und zwei identische kürzere leichte Ketten), die durch Disulfidbindungen (*rot*) stabilisiert und zusammengehalten werden. Jede Kette besteht aus mehreren ähnlichen Domänen (hier sind die variablen Domänen *blau*, die konstanten Domänen *grau* gekennzeichnet). Die Antigen-Bindungsstelle befindet sich dort, wo die variable Domäne einer schweren Kette (V_H) und die variable Domäne einer leichten Kette (V_L) nahe zusammenkommen. Diese Domänen unterscheiden sich bei den verschiedenen Antikörpern am stärksten in der Aminosäuresequenz – daher ihr Name. (b) Bänderzeichnung einer einzelnen leichten Kette, die zeigt, dass sich die variabelsten Teile der Polypeptidkette (*orange*) als Schleifen an einem Ende der variablen Domäne (V_L) erstrecken und die Hälfte einer Antigen-Bindungsstelle des in A gezeigten Antikörpermoleküls bilden. Man beachte, dass sowohl die konstanten als auch die variablen Domänen aus einem Sandwich von zwei antiparallelen β-Faltblättern aufgebaut sind, die über eine Disulfidbindung (*rot*) verbunden sind.

schwache Wechselwirkungen an ihn binden kann. Deshalb werden Schleifen häufig genutzt, um die Liganden-Bindungsstellen von Proteinen zu bilden.

3.2.6 Die Bindungsstärke wird durch die Gleichgewichtskonstante gemessen

Die Moleküle in einer Zelle treffen wegen ihrer ständigen thermischen Zufallsbewegung häufig aufeinander. Wenn zusammenstoßende Moleküle schlecht passende Oberflächen haben, können sich nur wenige nichtkovalente Bindungen bilden, und die Moleküle trennen sich sofort wieder. Entstehen jedoch bei guter Passung zahlreiche nichtkovalente Bindungen, kann die Zusammenlagerung sehr lange anhalten (**Abb. 3.41**). Solche starken Wechselwirkungen kommen in Zellen immer dann zustande, wenn eine biologische Funktion erfordert, dass Moleküle lange Zeit assoziiert bleiben – etwa wenn sich verschiedene RNA- und Proteinmoleküle zusammenlagern, um eine subzelluläre Struktur wie ein Ribosom aufzubauen.

Die Stärke, mit der beliebige Molekülpaare aneinander binden, lässt sich direkt messen. Als Beispiel können wir uns einen Zustand vorstellen, bei dem eine Population identischer Antikörpermoleküle plötzlich auf eine Population von Liganden trifft, die in das umgebende Medium eindiffundieren: In kurzen Zeitabständen stößt eines der Ligandenmoleküle mit der Bindungsstelle eines Antikörpers zusammen und bildet einen Antikörper-Liganden-Komplex. Die Menge der Antikörper-Liganden-Komplexe nimmt deshalb zu – allerdings nicht unbegrenzt. Nach einiger Zeit gewinnt ein zweiter Vorgang, bei dem einzelne Antikörper-Liganden-Komplexe durch Wärmebewegungen auseinanderfallen, eine immer größere Bedeutung. Schließlich erreichen die Populationen von Antikörpermolekülen und Liganden einen stationären Zustand – oder ein Gleichgewicht –, in dem die Anzahl der Bindungsvorgänge (Assoziationen) je Sekunde genau der Anzahl der Lösungsvorgänge (Dissoziationen) entspricht (s. **Abb. 2.30**).

Aus den Konzentrationen von Ligand, Antikörper und Antikörper–Liganden-Komplex im Gleichgewichtszustand lässt sich eine zweckmäßige Messgröße für die Bindungsstärke errechnen – die **Gleichgewichtskonstante *K*** (**Abb. 3.42a**). Diese Konstante

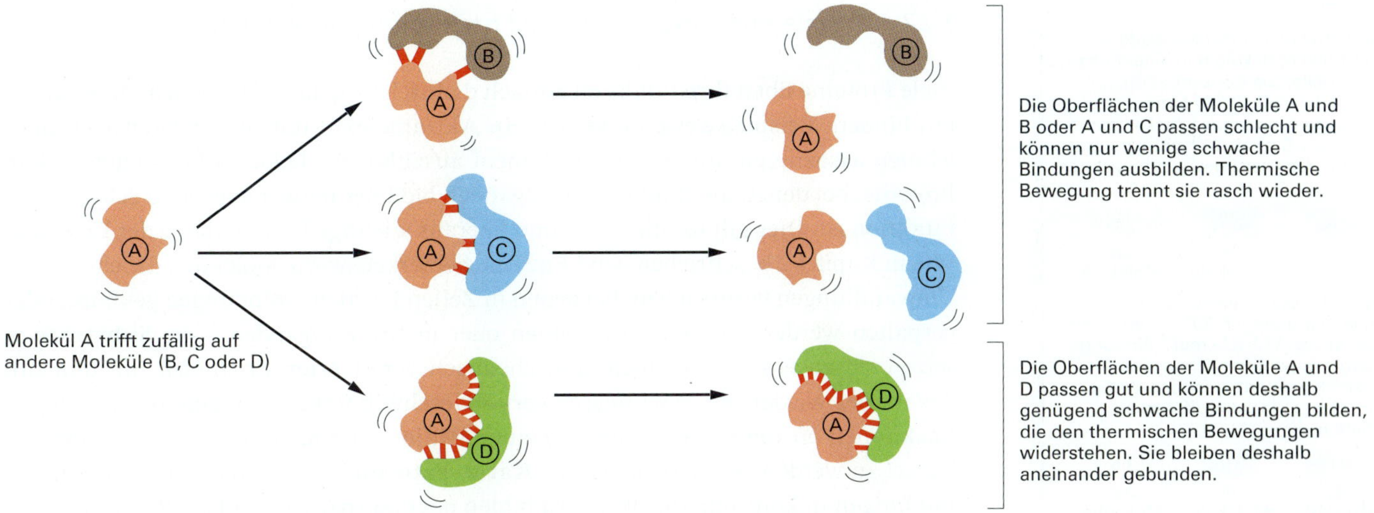

Abb. 3.41 Wie nichtkovalente Bindungen Wechselwirkungen zwischen Makromolekülen vermitteln.

wurde in Kapitel 2 ausführlich beschrieben, wo ihre Verbindung zu Änderungen der Freien Energie abgeleitet wurde. Die Gleichgewichtskonstante für eine Reaktion, bei der zwei Moleküle (A und B) aneinander binden und einen Komplex (AB) bilden, hat als Einheit Liter/Mol, und die Hälfte der Bindungsstellen ist mit dem Liganden besetzt, wenn die Ligandenkonzentration (in Mol/Liter) einen Wert erreicht, der gleich $1/K$ ist. Die Gleichgewichtskonstante ist umso größer, je größer die Stärke der Bindung ist; sie ist ein direktes Maß für die Differenz der Freien Energie zwischen dem freien und gebundenen Zustand der Bindungspartner (**Abb. 3.42b**). Selbst die Änderung einer geringen Anzahl nichtkovalenter Bindungen kann sich erheblich auf eine Bindungswechselwirkung auswirken, wie **Abb. 3.43** zeigt. (Man beachte, dass die Gleichgewichtskonstante, so wie sie hier definiert ist, die Assoziations- oder Affinitätskonstante, K_a, ist. Die Umkehr von K_a ist die **Dissoziationskonstante** K_d, die ebenfalls breite Anwendung findet).

Wir haben die Bindung eines Antikörpers an seinen Liganden als Beispiel benutzt, um den Effekt der Bindungsstärke auf den Gleichgewichtszustand zu erklären – die gleichen Prinzipien gelten aber auch für jedes andere Molekül und seinen Liganden. Wie wir gleich sehen werden, sind viele Proteine Enzyme – sie binden ihr Ligandenmolekül zunächst und katalysieren dann die Bildung oder Spaltung von kovalenten Bindungen in ihm.

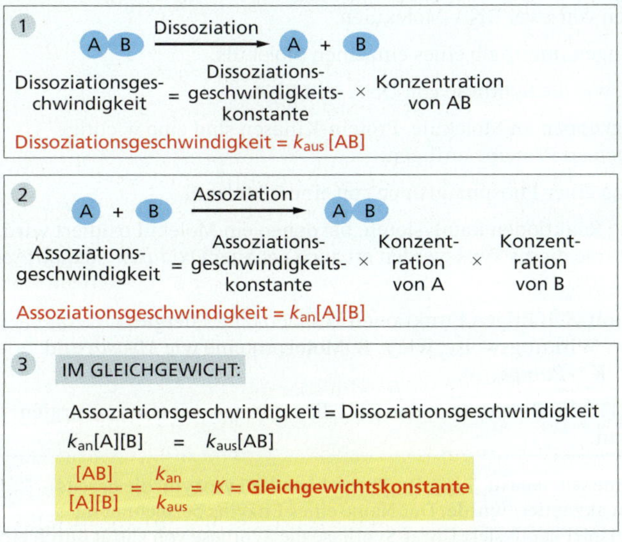

(a)

Beziehung zwischen Änderungen der Freien Standardenergie (ΔG0) und der Gleichgewichtskonstanten (37°C)	
Gleichgewichtskonstante $\frac{[AB]}{[A][B]} = K$ (Liter/Mol)	Freie Standardenergie von AB minus der Freien Energie von A+B (kJ/Mol)
1	0
10	–5,9
10^2	–11,9
10^3	–17,8
10^4	–23,7
10^5	–29,7
10^6	–35,6
10^7	–41,5
10^8	–47,4
10^9	–53,4
10^{10}	–59,4

(b)

Abb. 3.42 Änderung der Freien Standardenergie (ΔG^0) in Bezug zur Gleichgewichtskonstanten (*K*) (a) Das Gleichgewicht zwischen den Molekülen A und B und dem Komplex AB wird durch eine Balance zwischen den beiden in Kasten 1 und 2 gezeigten gegenläufigen Reaktionen aufrechterhalten. Die Moleküle A und B müssen zusammenstoßen, damit sie reagieren können. Deshalb ist die Assoziationsgeschwindigkeit dem Produkt ihrer Einzelkonzentrationen [A] × [B] proportional (eckige Klammern bedeuten Konzentrationen). Wie in Kasten 3 gezeigt, ist die Gleichgewichtskonstante *K* für diese Reaktion gleich dem Verhältnis der Geschwindigkeitskonstanten für die Assoziation und Dissoziation. (b) Kasten 3 gibt die Gleichgewichtskonstante für die Reaktion A + B ↔ AB an. Je größer ihr Wert ist, desto stärker ist die Bindung zwischen A und B. Man muss beachten, dass für jede Verminderung der Freien Energie um 5,94 kJ mol^{-1} die Gleichgewichtskonstante bei 37 °C um den Faktor 10 steigt. Die Gleichgewichtskonstante hat hier Einheiten von L mol^{-1}; bei einfachen Bindungswechselwirkungen heißt sie auch *Affinitätskonstante* oder *Assoziationskonstante* und wird mit K_a bezeichnet. Der Kehrwert von K_a wird Dissoziationskonstante, K_d, genannt (in Einheiten von mol L^{-1}).

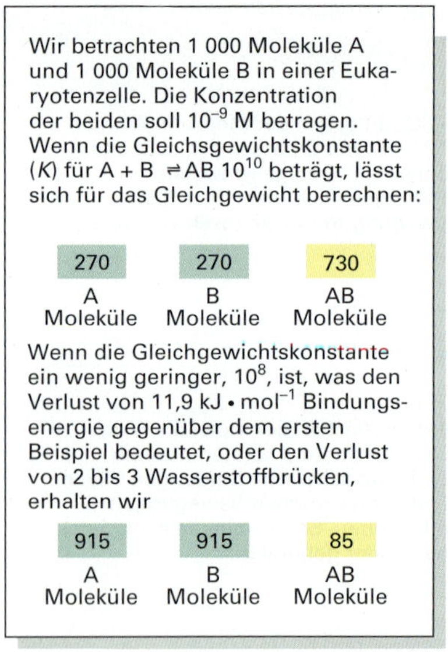

Abb. 3.43 **Kleine Änderungen in der Anzahl der schwachen Bindungen können drastische Auswirkungen auf eine Bindungswechselwirkung haben.** Dieses Beispiel verdeutlicht den dramatischen Effekt, den die Gegenwart oder die Abwesenheit einiger weniger schwacher nichtkovalenter Bindungen in einem biologischen Kontext haben.

3.2.7 Enzyme sind wirkungsvolle und hoch spezifische Katalysatoren

Viele Proteine üben ihre Funktion einfach dadurch aus, dass sie an ein anderes Molekül binden. Beispielsweise muss sich ein Aktinmolekül nur mit anderen Aktinmolekülen assoziieren, um ein Aktinfilament auszubilden. Jedoch gibt es auch andere Proteine, bei denen die Bindung des Liganden bloß der notwendige erste Schritt ihrer Funktion ist. Dies gilt für die große und überaus wichtige Proteinklasse der **Enzyme**. Wie in Kapitel 2 beschrieben, sind Enzyme bemerkenswerte Moleküle, die chemische Umwandlungen verursachen, bei denen in Zellen kovalente Bindungen geknüpft oder gespalten werden. Sie binden an einen oder mehrere Liganden – die **Substrate** –, setzen sie zu einem oder mehreren chemisch veränderten *Produkten* um und tun das immer wieder mit bewundernswerter Geschwindigkeit. Enzyme beschleunigen Reaktionen oft um einen Faktor von einer Million oder mehr, ohne dabei selbst verändert zu werden. Sie wirken also als **Katalysatoren**, die Zellen erlauben, kovalente Bindungen in kontrollierter Weise zu bilden oder zu spalten. Die Katalyse von geordneten Reihen chemischer Reaktionen durch Enzyme schafft und erhält die Zelle und macht Leben möglich.

Enzyme können nach ihrer chemischen Funktion in Klassen eingeteilt werden, die gleichartige chemische Reaktionen ausführen (**Tab. 3.1**). Jedes Enzym in einer solchen Klasse ist hoch spezifisch und katalysiert nur einen einzigen Umwandlungstyp. So addiert *Hexokinase* eine Phosphatgruppe ausschließlich an D-Glukose, beachtet aber nicht deren Isomeres L-Glukose; und das Blutgerinnungsenzym *Thrombin* schneidet nur eine einzige Blutproteinsorte zwischen einem ganz bestimmten Arginin und dessen benachbartem Glycin, aber nirgendwo sonst. Wie wir in Kapitel 2

Tab. 3.1 Einige häufige Enzymtypen.

Enzym	Katalysierte Reaktion
Hydrolasen	allgemeine Bezeichnung für Enzyme, die eine hydrolytische Spaltungsreaktion katalysieren; *Nukleasen* und *Proteasen* sind speziellere Bezeichnungen für Subklassen dieser Enzyme.
Nukleasen	bauen Nukleinsäuren durch Hydrolyse von Bindungen zwischen Nukleotiden ab. Endo- und Exonukleasen schneiden Nukleinsäuren *innerhalb* der Polypeptidketten bzw. *an* ihren Enden
Proteasen	bauen Proteine durch Hydrolyse von Bindungen zwischen Aminosäuren ab.
Synthasen	synthetisieren in anabolen Reaktionen Moleküle durch Kondensation von zwei kleineren Molekülen.
Ligasen	verbinden zwei Moleküle in einem energieabhängigen Vorgang. DNA-Ligase verknüpft beispielsweise über Phosphodiesterbindungen die Enden von zwei DNA-Molekülen
Isomerasen	katalysieren die Umlagerung von Bindungen innerhalb eines einzelnen Moleküls.
Polymerasen	katalysieren Polymerisationsreaktionen, wie die Synthese von DNA und RNA.
Kinasen	katalysieren das Anfügen von Phosphatgruppen an Moleküle; Protein-Kinasen sind eine wichtige Gruppe der Kinasen, die Phosphatgruppen an Proteine anfügen.
Phosphatasen	katalysieren die hydrolytische Entfernung einer Phosphatgruppe von einem Molekül.
Oxido-Reduktasen	allgemeine Bezeichnung für Enzyme, die Reaktionen katalysieren, bei denen ein Molekül oxidiert wird, während das andere reduziert wird; Enzyme dieses Typs werden oft auch genauer *Oxidasen*, *Reduktasen* oder *Dehydrogenasen* genannt.
ATPasen	hydrolysieren ATP; zahlreiche Proteine mit vielfältigen Funktionen besitzen eine Energie koppelnde ATPase-Aktivität als Teil ihrer Wirkungsweise, wie z. B. Motorproteine wie *Myosin* und Membrantransportproteine wie die *Na^+/K^+-Pumpe*.
GTPasen	hydrolysieren GTP. Eine große Familie GTP-bindender Proteine sind die GTPasen mit einer zentralen Rolle bei der Regulation von Zellprozessen.

Enzymnamen enden generisch mit dem Suffix „-ase“ – Ausnahmen bilden einige Enzyme wie Pepsin, Trypsin, Thrombin oder Lysozym, die bereits entdeckt und benannt waren, als diese Konvention Ende des 19. Jahrhunderts allgemein akzeptiert wurde. Der Name eines Enzyms bezeichnet im Allgemeinen das Substrat oder Produkt und die Art der katalysierten Reaktion. Zum Beispiel katalysiert Citrat-Synthase die Synthese von Citrat durch eine Kondensationsreaktion zwischen Acetyl-CoA und Oxalacetat.

besprochen haben, arbeiten Enzyme wie an einem Fließband zusammen, wobei das Produkt des einen Enzyms das Substrat des nächsten wird. Das Ergebnis ist ein dicht geflochtenes Netzwerk von Stoffwechselwegen, die die Zelle mit Energie versorgen, und die vielen großen und kleinen Moleküle erzeugen, die die Zelle benötigt (s. **Abb. 3.2**).

3.2.8 Die Substratbindung ist der erste Schritt der Enzymkatalyse

Für ein Protein, das eine chemische Reaktion katalysiert (ein Enzym), ist die Bindung des Substratmoleküls ein wesentlicher Anfangsschritt. Wenn wir das Enzym E nennen, das Substrat S und das Produkt P, ist der grundsätzliche Reaktionsweg im einfachsten Fall E + S → ES → EP → E + P. Die Substratmenge, die ein einzelnes Enzymmolekül in einem bestimmten Zeitraum umsetzen kann, ist begrenzt. Obgleich eine erhöhte Konzentration des Substrats auch die Geschwindigkeit, mit der das Produkt gebildet wird, steigert, erreicht diese Geschwindigkeit schließlich einen Maximalwert (**Abb. 3.44**). An diesem Punkt ist das Enzymmolekül mit Substrat gesättigt, und die maximale Reaktionsgeschwindigkeit (V_{max}) hängt allein davon ab, wie schnell das Enzym die Substratmoleküle umsetzen kann. Der Quotient aus der Maximalgeschwindigkeit und der Enzymkonzentration heißt *Wechselzahl (Umsatzzahl)*. Häufig liegt die Wechselzahl bei etwa 1000 umgesetzten Substratmolekülen pro Enzymmolekül je Sekunde, aber es sind auch Wechselzahlen zwischen 1 und 10 000 bekannt.

Die andere kinetische Messgröße, die oft zur Charakterisierung eines Enzyms benutzt wird, ist sein K_m-Wert (Michaelis-Konstante) – er entspricht der Konzentration des Substrats, bei der die Reaktion mit halber Maximalgeschwindigkeit abläuft (0,5 V_{max}) (**Abb. 3.44**). Ein *niedriger K_m-Wert* bedeutet, dass das Enzym seine maximale Katalysegeschwindigkeit bei einer *niedrigen Substratkonzentration* erreicht. Außerdem zeigt ein niedriger K_m-Wert im Allgemeinen an, dass das Enzym sehr fest an sein Substrat bindet, während ein *hoher K_m*-Wert einer schwachen Bindung entspricht. Die Methoden, die angewandt werden, um Enzyme auf diese Weise zu charakterisieren, sind in **Tafel 3.2** zusammengestellt und erklärt.

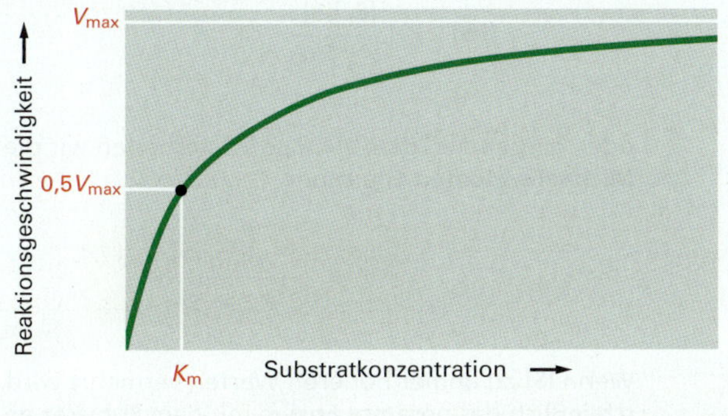

Abb. 3.44 Enzymkinetik. Die Geschwindigkeit einer enzymatischen Reaktion (V) steigt bei Erhöhung der Substratkonzentration so lange an, bis sie einen Maximalwert (V_{max}) erreicht. An diesem Punkt sind alle Substrat-Bindungsstellen der Enzymmoleküle besetzt, und die Reaktionsgeschwindigkeit wird allein durch die Geschwindigkeit des katalytischen Vorgangs im Aktiven Zentrum auf der Enzymoberfläche begrenzt. Bei den meisten Enzymen ist die Substrat-Konzentration, bei der die Reaktionsgeschwindigkeit halbmaximal ist (K_m), ein Maß für die Festigkeit der Substratbindung – also ein Maß für die Affinität von Substrat und Enzym. Ein hoher K_m-Wert entspricht einer schwachen Bindung (K_m nähert sich der Dissoziationskonstante, K_d, für die Substratbindung).

WOZU ENZYMKINETISCHE ANALYSE?

Enzyme sind die selektivsten und wirksamsten Katalysatoren, die wir kennen. Das Verständnis ihrer Mechanismen im Detail gibt eine wesentliche Handhabe zur Entwicklung neuer Therapeutika, für die Synthese nützlicher Chemikalien im Großmaßstab und für die kritische Einsicht in die Chemie von Zellen und Organismen. Die eingehende Untersuchung der Geschwindigkeit der chemischen Reaktion, die durch ein Enzym katalysiert wird – genauer, wie diese Geschwindigkeit sich nach Änderung der Konzentration von Substraten, Produkten, Hemmstoffen und Kontroll-Liganden ändert– gestattet es Biochemikern, sich ein exaktes Bild davon zu machen, wie dieses Enzym arbeitet. Beispielsweise war dies die Methode, durch die die ATP-erzeugende Reaktion der Glykolyse, die in Abb. 2–48 gezeigt wurde, entschlüsselt worden ist, sodass wir nun die logische Grundlage dieses wesentlichen enzymatischen Stoffwechselwegs einschätzen (und nutzen) können.

Auf dieser Tafel führen wir in das wichtige Gebiet der Enzymkinetik ein, die für das detaillierte Verständnis der Zellchemie, wie wir es nun besitzen, unabdingbar ist.

ENZYMKINETIK IM FLIESSGLEICHGEWICHT (STEADY STATE)

Viele Enzyme haben nur ein Substrat, das sie binden und bearbeiten, um Produkte nach dem Schema in Abb. 3–50A zu bilden. In diesem Fall lässt sich die Reaktion folgendermaßen formulieren

$$E + S \underset{k_{-1}}{\overset{k_1}{\rightleftharpoons}} ES \xrightarrow{k_{kat}} E + P$$

Hier haben wir angenommen, dass die Rückreaktion, in der sich E + P zu EP wiedervereinen, so selten abläuft, dass man sie vernachlässigen kann. In diesem Fall muss EP nicht dargestellt werden, und wir können die Geschwindigkeit der Reaktion V (lat. velocitas) ausdrücken als

$$V = k_{kat}[ES]$$

wobei ES die Konzentration des Enzym-Substrat-Komplexes und k_{kat} die Wechselzahl (Umsatzzahl), "Turnover number" ist, eine Geschwindigkeitskonstante, die gleich der Zahl der verarbeitenden Sustratmoleküle je Enzymmolekül in jeder Sekunde ist.

Wie aber verhält sich der Wert von [ES] zu den Konzentrationen, die wir direkt messen können, nämlich die Gesamtkonzentration des Enzyms $[E_0]$ und die Konzentration des Substrats [S]? Wenn Enzym und Substrat gemischt werden, wird die Konzentration zu Anfang rasch von Null auf ein so genanntes Fließgleichgewichtsniveau steigen, wie es nachstehend zu erkennen ist.

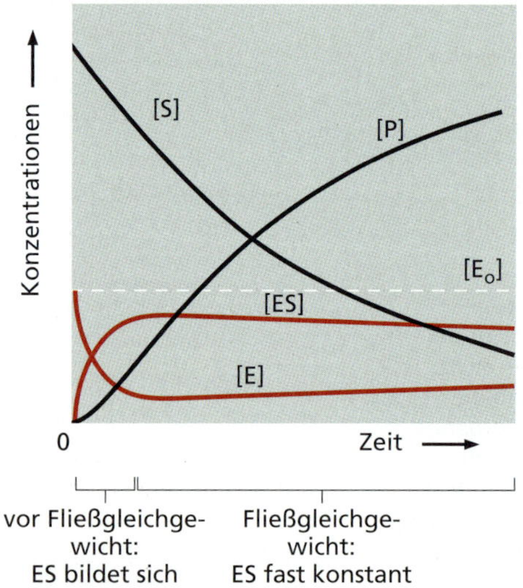

In diesem Gleichgewichts(=stationärem)-Zustand ist [ES] praktisch konstant, sodass

Geschwindigkeit des ES-Abbaus $k_{-1}[ES] + k_{cat}[ES]$	=	Geschwindigkeit der ES-Bildung $k_1[E][S]$

oder, da die Konzentration des freien Enzyms [E] gleich [E0] – [ES] ist, wird

$$[ES] = \left(\frac{k_1}{k_{-1} + k_{cat}}\right)[E][S] = \left(\frac{k_1}{k_{-1} + k_{cat}}\right)\left([E_o] - [ES]\right)[S]$$

Wenn wir das umordnen und die Konstante K_m umdefinieren als

$$\frac{k_{-1} + k_{cat}}{k_1}$$

erhalten wir

$$[ES] = \frac{[E_o][S]}{K_m + [S]}$$

oder, eingedenk, dass $V = k_{kat}$ [ES], erhalten wir die berühmte Michaelis-Menten-Gleichung

$$V = \frac{k_{cat}[E_o][S]}{K_m + [S]}$$

Wenn [S] zu immer höheren Werten vermehrt wird, wird schließlich das gesamte Enzym mit dem Substrat im Fließgleichgewicht verbunden. An diesem Punkt wird die Maximalgeschwindigkeit der Reaktion erreicht sein, bei der $V = V_{max} = k_{kat}$ [E] ist. Demnach ist es gebräuchlich, die Michaelis-Menten-Gleichung so zu schreiben

$$V = \frac{V_{max}[S]}{K_m + [S]}$$

Tafel 3.2 Einige Methoden, die zur Untersuchung von Enzymen benutzt werden.

DAS DOPPELREZIPROK-DIAGRAMM

Eine typische Auftragung von V gegen [S] für ein Enzym, das der Michaelis-Menten-Kinetik folgt, ist hier gezeigt. Aus diesem Diagramm ist weder der Wert von V_{max} noch der von K_m unmittelbar abzulesen

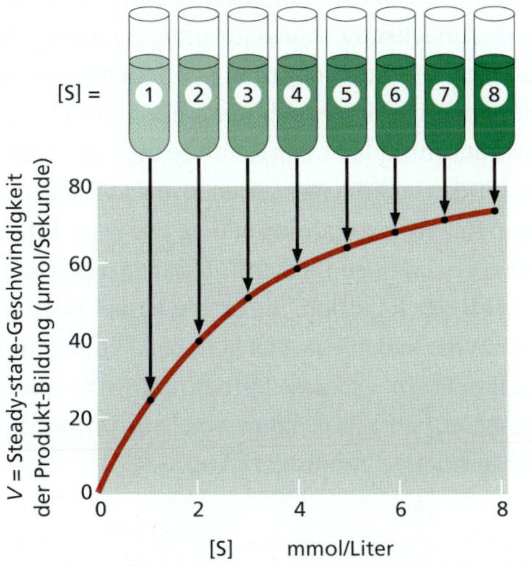

Um aus solchen Daten V_{max} und K_m zu erhalten, wird oft ein Doppelreziprok (Lineweaver-Burk)-Diagramm benutzt, in dem die Michaelis-Menten-Gleichung einfach so umgewandelt wurde, dass $1/V$ gegen $1/[S]$ aufgetragen werden kann.

$$1/V = \left(\frac{K_m}{V_{max}}\right)\left(\frac{1}{[S]}\right) + 1/V_{max}$$

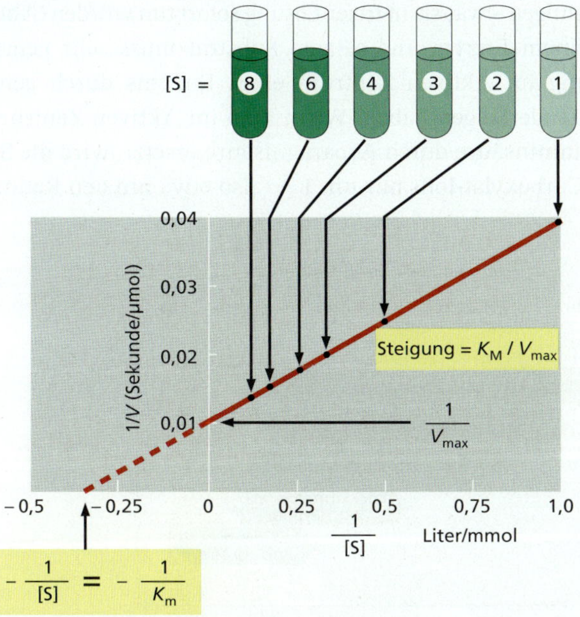

WAS BEDEUTEN K_m, k_{kat}, and k_{kat}/K_m

Wie im Text beschrieben, ist K_m ein ungefähres Maß für die Affinität eines Substrats zu seinem Enzym, numerisch gleich der Konzentration [S] bei V 0,5 V_{max}. Allgemein gilt: Je niedriger der Wert von K_m, desto fester die Bindung des Substrats. In den Fällen, in denen k_{kat} viel kleiner als K_{-1} ist, ist in der Tat K_m gleich K_d, der Dissoziationskonstante für die Substratbindung an das Enzym ($k_d = 1/K_a$, s. Abb.3–44).

Wir haben gesehen, dass k_{kat} die Wechselzahl des Enzyms ist. Bei sehr niedriger Substratkonzentration, wenn also $[S] \ll K_m$, ist der Großteil des Enzyms frei. Wir können also denken $[E] = [E_0]$, sodass die Michaelis-Menten-Gleichung zu $V = k_{kat}/K_m\,[E][S]$ wird. Demnach ist das Verhältnis k_{kat}/K_m gleich der Geschwindigkeitskonstanten der Reaktion zwischen freiem Enzym und freiem Substrat.

Ein Vergleich von k_{kat}/K_m für das gleiche Enzym mit verschiedenen Substraten oder für zwei Enzyme mit ihren jeweiligen Substraten wird oft als Maß der Enzym-Wirksamkeit benutzt.

Einfachheitshalber haben wir auf dieser Tafel Enzyme diskutiert, die nur ein Substrat verarbeiten, wie das Enzym Lysozym, das im Text beschrieben ist. Die meisten Enzyme haben zwei Substrate, von denen eines ein aktives Trägermolekül (Transportmetabolit) ist, wie NADH oder ATP.

Eine gleichartige, aber kompliziertere Analyse wird nötig, um die Kinetik solcher Enzyme zu bestimmen. Sie ermöglicht, die Ordnung der Substrat-Bindung und das Entstehen von kovalenten Zwischenstufen während des Ablaufs zu erkennen.

EINIGE ENZYME SIND DIFFUSIONSBEGRENZT

Die Werte von k_{kat}, K_m, und k_{kat}/K_m für eine kleine Auswahl von Enzymen sind hier zusammengestellt:

Enzym	Substrat	k_{kat} (sec^{-1})	K_m (M)	k_{kat}/K_m ($sec^{-1}\,M^{-1}$)
Acetylcholin-Esterase	Acetylcholin	$1{,}4 \times 10^4$	9×10^{-5}	$1{,}6 \times 10^8$
Katalase	H_2O_2	4×10^7	1	4×10^7
Fumarase	Fumarat	8×10^2	5×10^{-6}	$1{,}6 \times 10^8$

Da ein Enzym und sein Substrat aufeinandertreffen müssen, bevor sie miteinander reagieren können, hat k_{kat}/K_m einen Maximalwert, der durch die Geschwindigkeit der Zusammenstöße gegeben ist. Wenn jeder Treffer einen Enzym-Substrat-Komplex bildet, lässt sich aus der Diffusionstheorie berechnen, dass k_{kat}/K_m zwischen 10^{-8} und 10^{-9} $sec^{-1}M^{-1}$ liegen wird, wenn alle Folgeschritte unmittelbar erfolgen. Daher sagt man, Enzyme, wie Acetylcholin-Esterase oder Fumarase seien "perfekte" Enzyme, die sich bis zu einem Zustand entwickelt haben, bei dem tatsächlich so gut wie jeder Zusammenstoß mit ihren Substraten dies in das entsprechende Produkt umwandelt.

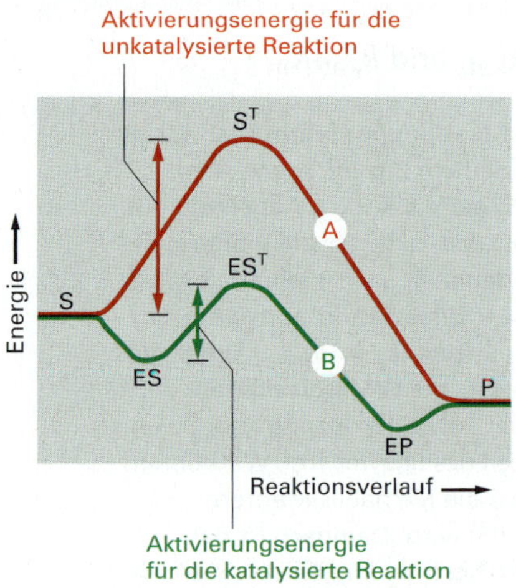

Abb. 3.45 Enzyme beschleunigen chemische Reaktionen durch Erniedrigung der Aktivierungsenergie. In diesem Beispiel gibt es einen einzigen Übergangszustand. Oft können jedoch sowohl die unkatalysierte Reaktion (a) als auch die enzymkatalysierte Reaktion (b) über mehrere Übergangszustände verlaufen. Der Übergangszustand mit der höchsten Energie (S^T und ES^T, T von engl. *transition* = Übergang) bestimmt die Aktivierungsenergie und begrenzt die Reaktionsgeschwindigkeit. (S = Substrat; P = Reaktionsprodukt; ES = Enzym-Substrat-Komplex; EP = Enzym-Produkt-Komplex).

3.2.9 Enzyme beschleunigen Reaktionen durch selektive Stabilisierung von Übergangszuständen

Durch Enzyme können außergewöhnlich hohe chemische Reaktionsgeschwindigkeiten erzielt werden – weitaus höhere als mit irgendwelchen synthetischen Katalysatoren. Dieser hohe Wirkungsgrad lässt sich mehreren Eigenschaften zuschreiben. Wenn zwei Moleküle reagieren müssen, erhöht das Enzym zunächst die Konzentration der Substratmoleküle am Katalyseort und hält die entsprechenden Atome in der richtigen Orientierung für die nachfolgende chemische Reaktion. Noch wichtiger ist jedoch, dass ein Teil der Energie aus der Bindung zwischen Enzym und Substrat unmittelbar zur Katalyse beiträgt. Substratmoleküle müssen eine Reihe von Zwischenzuständen veränderter Geometrie und Elektronenverteilung durchlaufen, bevor sie die endgültigen Reaktionsprodukte bilden. Die Freie Energie, die benötigt wird, um den am wenigsten stabilen Zwischenzustand, **Übergangszustand** genannt, zu erreichen, ist die *Aktivierungsenergie* der Reaktion. Sie ist die Haupt-Bestimmungsgröße für die Reaktionsgeschwindigkeit. Enzyme haben eine viel höhere Affinität zum Übergangszustand des Substrats als zu der stabilen Form. Da diese feste Bindung die Energie des Übergangszustands stark erniedrigt, beschleunigt das Enzym eine bestimmte Reaktion sehr, indem es die erforderliche Aktivierungsenergie herabsetzt (**Abb. 3.45**).

3.2.10 Enzyme können Säure- und Basen-Katalyse gleichzeitig einsetzen

Abbildung 3.46 vergleicht für fünf Reaktionen die spontanen Reaktionsgeschwindigkeiten mit den entsprechenden enzymkatalysierten Geschwindigkeiten. Man sieht, dass durch Enzyme beachtliche Geschwindigkeitsbeschleunigungen um Faktoren zwischen 10^9 und 10^{23} erreicht werden können. Dies ist möglich, weil Enzyme nicht nur fest an den Übergangszustand binden, sondern auch genau positionierte Atome enthalten, die die Elektronenverteilungen in den Atomen ändern, die unmittelbar an der Bildung oder Spaltung kovalenter Bindungen beteiligt sind. Peptidbindungen lassen sich in Abwesenheit von Enzymen spalten, indem sie entweder einer starken Säure oder einer starken Base ausgesetzt werden. Enzyme sind einzigartig, da sie Säure- und Basen-Katalyse gleichzeitig nutzen können. Das ist möglich, weil in einem Enzym die erforderlichen sauren und basischen Gruppen fest an das starre Rahmenwerk des Proteinmoleküls gebunden sind und somit daran gehindert werden, sich miteinander zu vereinigen – was sie in freier Lösung sofort tun würden (**Abb. 3.47**).

Die Passung zwischen einem Enzym und seinem Substrat muss sehr genau sein. Schon eine kleine Änderung im Aktiven Zentrum eines Enzyms durch genetische Manipulation kann tiefgreifende Folgen haben. Wenn man im Aktiven Zentrum eines Enzyms beispielsweise Glutaminsäure durch Asparaginsäure ersetzt, wird die Stellung des katalytisch wirkenden Carboxylat-Ions nur um 1 Å (also etwa um den Radius eines

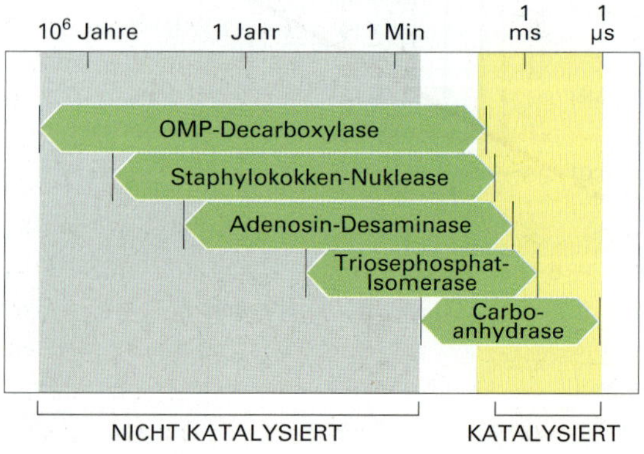

Abb. 3.46 Die Geschwindigkeitsbeschleunigungen, die durch fünf verschiedene Enzyme bewirkt werden. OMP = Orotidinmonophosphat. (Modifiziert nach A. Radzicka und R. Wolfenden, *Science* 267: 90–93, 1995).

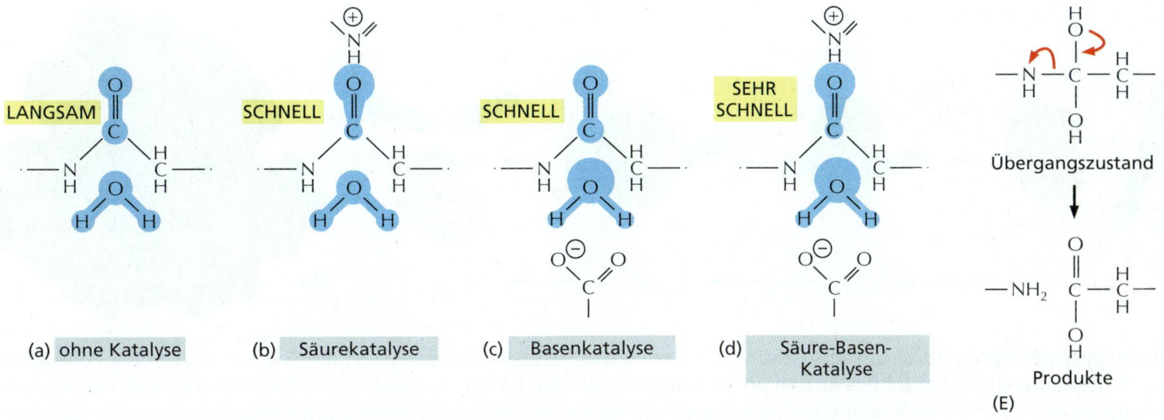

Abb. 3.47 **Gleichzeitige Säure-Katalyse und Basen-Katalyse durch ein Enzym.** (a) Schematische Darstellung des Starts der unkatalysierten Reaktion, die eine Peptidbindung hydrolysiert. Die Elektronenverteilung im Wasser und in den Carbonylbindungen ist *blau* symbolisiert. (b) Säuren neigen dazu, ein Proton (H^+) an Akzeptoratome abzugeben. Durch Paarung mit dem Carbonyl-Sauerstoff bewirkt eine Säure, dass sich Elektronen vom Carbonyl-Kohlenstoff wegbewegen, wodurch er den elektronegativen Sauerstoff eines angreifenden Wassermoleküls wesentlich stärker anzieht. (c) Basen neigen dazu, Protonen (H^+) aufzunehmen. Durch Paarung mit einem Wasserstoffatom des angreifenden Wassermoleküls bewirkt eine Base, dass sich Elektronen zum Wasser-Sauerstoff hinbewegen und ihn dadurch zu einer besseren Angriffsgruppe für den Carbonyl-Kohlenstoff machen. (d) Ein Enzym kann durch eine geeignete Anordnung der Atome auf seiner Oberfläche gleichzeitig eine Säure- und eine Basen-Katalyse ausführen. (e) Beim Angriff des Sauerstoffatoms im Wasser auf das Kohlenstoffatom der Carboxygruppe bildet sich ein tetraedrisches Zwischenprodukt und dieses zerfällt rasch zu Hydrolyseprodukten. Die *roten Pfeile* bezeichnen die Elektronenverschiebungen, die mit der Produktbildung einhergehen.

Wasserstoffatoms) verschoben – aber das genügt bereits, um die Aktivität des Enzyms auf ein Tausendstel zu vermindern.

3.2.11 Lysozym veranschaulicht, wie ein Enzym arbeitet

Um zu zeigen, wie Enzyme chemische Reaktionen katalysieren, untersuchen wir **Lysozym** – ein Enzym, das in Eiklar, Speichel, Tränen und anderen Ausscheidungen als natürliches Antibiotikum wirkt. Lysozym katalysiert das Schneiden von Polysaccharidketten in Zellwänden von Bakterien. Da die Bakterienzelle unter osmotischem Druck steht, führt bereits das Auftrennen einiger weniger Polysaccharidketten dazu, dass die Zellwand reißt und die Zelle platzt. Lysozym ist ein verhältnismäßig kleines und stabiles Protein, das sich leicht in großen Mengen isolieren lässt. Es war das erste Enzym, dessen Struktur (Mitte der 1960er-Jahre) durch Röntgenkristallographie im atomaren Detail ermittelt wurde.

Die durch Lysozym katalysierte Reaktion ist eine Hydrolyse: Ein Wassermolekül wird an eine Einfachbindung zwischen zwei benachbarten Zuckergruppen in der Polysaccharidkette angelagert und bewirkt dadurch die Spaltung der Bindung (s. **Abb. 2.9**). Die Reaktion ist energetisch günstig, denn die Freie Energie der zerschnittenen Polysaccharidkette ist niedriger als die Freie Energie der unversehrten Kette. Es besteht jedoch eine Energiehürde für die Reaktion (ihre Aktivierungsenergie). Insbesondere kann ein kollidierendes Wassermolekül eine Bindung zwischen zwei Zuckern nur aufbrechen, wenn das Polysaccharidmolekül in eine bestimmte Form verdreht wird – den Übergangszustand – in dem die Atome rings um die Bindung eine veränderte Geometrie und Elektronenverteilung haben. Für diese Verformung muss sehr viel Aktivierungsenergie durch Zufallszusammenstöße bereitgestellt werden, bevor die Reaktion stattfinden kann. In einer wässrigen Lösung und bei Raumtemperatur übersteigt die Energie der Zusammenstöße fast niemals die Aktivierungsenergie. Das reine Polysaccharid kann deshalb für Jahre im Wasser bleiben, ohne in nennenswertem Maße hydrolysiert zu werden.

Dieser Zustand ändert sich drastisch, wenn das Polysaccharid an Lysozym bindet. Weil das Substrat von Lysozym eine Polymerkette ist, hat sein Aktives Zentrum die Form

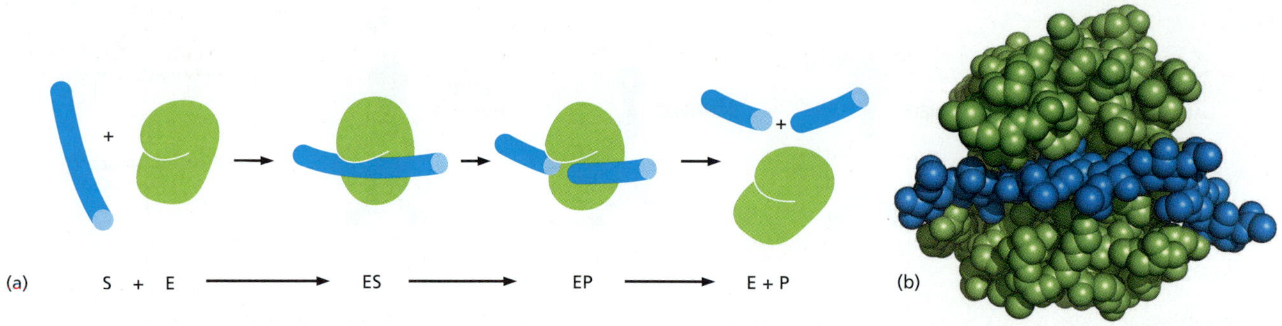

Abb. 3.48 Die von Lysozym katalysierte Gesamtreaktion. (a) Das Enzym Lysozym (E) katalysiert den Schnitt durch eine Polysaccharidkette, die das Substrat (S) darstellt. Zunächst bindet das Enzym an die Kette, sodass ein Enzym–Substrat-Komplex (ES) entsteht. Dann katalysiert es die Spaltung einer spezifischen kovalenten Bindung im Gerüst des Polysaccharids und bildet einen Enzym–Produkt-Komplex (EP), der rasch dissoziiert. Durch die Freigabe der getrennten Kettenstücke (der Produkte P) steht das Enzym wieder zur Verfügung, um ein weiteres Substratmolekül zu bearbeiten. (b) Kalottenmodell eines Lysozymmoleküls, das vor der Spaltungsreaktion einen kurzen Abschnitt der Polysaccharidkette gebunden hat. (PDB-Code: 3AB6).

einer langen Rinne, in die sechs verknüpfte Zucker gleichzeitig hineinpassen. Sobald das Polysaccharid bindet und den Enzym–Substrat-Komplex bildet, schneidet Lysozym das Polysaccharid, indem es ein Wassermolekül an eine der Zucker/Zucker-Bindungen anlagert. Die beiden Fragmentketten werden dann rasch freigesetzt, und das Enzym steht für die nächste Reaktionsrunde bereit (**Abb. 3.48**).

Eine beeindruckende Zunahme der Hydrolysegeschwindigkeit ist möglich, weil in der Mikroumgebung des Aktiven Zentrums von Lysozym Bedingungen geschaffen werden, welche die für die Hydrolyse nötige Aktivierungsenergie enorm herabsetzen. Lysozym verdreht im Besonderen einen der beiden Zucker, die über die aufzubrechende Bindung verbunden sind, aus seiner normalen stabilen Konformation. Die zu lösende Bindung wird dicht an zwei Aminosäuren mit sauren Seitenketten (eine Glutaminsäure und eine Asparginsäure) gehalten, die direkt an der Reaktion teilnehmen. **Abbildung 3.49** zeigt die drei zentralen Schritte dieser enzymkatalysierten Reaktion, die millionenfach schneller abläuft als die nicht katalysierte Hydrolyse.

Ähnliche Mechanismen benutzen auch andere Enzyme, um Aktivierungsenergien zu erniedrigen und die von ihnen katalysierten Reaktionen zu beschleunigen. Bei Reaktionen mit zwei oder mehr Reaktanden kann das Aktive Zentrum auch als eine Art Schablone oder Gussform dienen, die die Substrate in geeigneter Orientierung zusammenbringt, sodass sie miteinander reagieren können (**Abb. 3.50a**). Wie wir beim Lysozym gesehen haben, enthält das Aktive Zentrum eines Enzyms exakt angeordnete Atome, die eine Reaktion beschleunigen, indem sie mithilfe geladener Gruppen die Elektronenverteilung in den Substraten verändern (**Abb. 3.50b**). Wie wir ebenfalls gesehen haben, ändert die Bindung an das Enzym die Form von Substraten – sie verdreht und verzerrt chemische Bindungen im Substrat. Diese Änderungen treiben ein Substrat in einen bestimmten Übergangszustand (**Abb. 3.50c**). Außerdem bilden viele Enzyme wie das Lysozym während der Reaktion vorübergehend eine kovalente Bindung zwischen einer ihrer Aminosäure-Seitenketten und dem Substrat aus. Anschließende Reaktionsschritte stellen dann den ursprünglichen Zustand der Seitenkette wieder her, sodass das Enzym nach der Reaktion unverändert bleibt (s. **Abb. 2.47**).

3.2.12 Fest gebundene kleine Moleküle verleihen Proteinen zusätzliche Funktionen

Obwohl wir bisher die Vielseitigkeit der Enzyme – und der Proteine im Allgemeinen – als Aminosäureketten, die unterschiedlichste Funktionen ausüben können, hervorgehoben

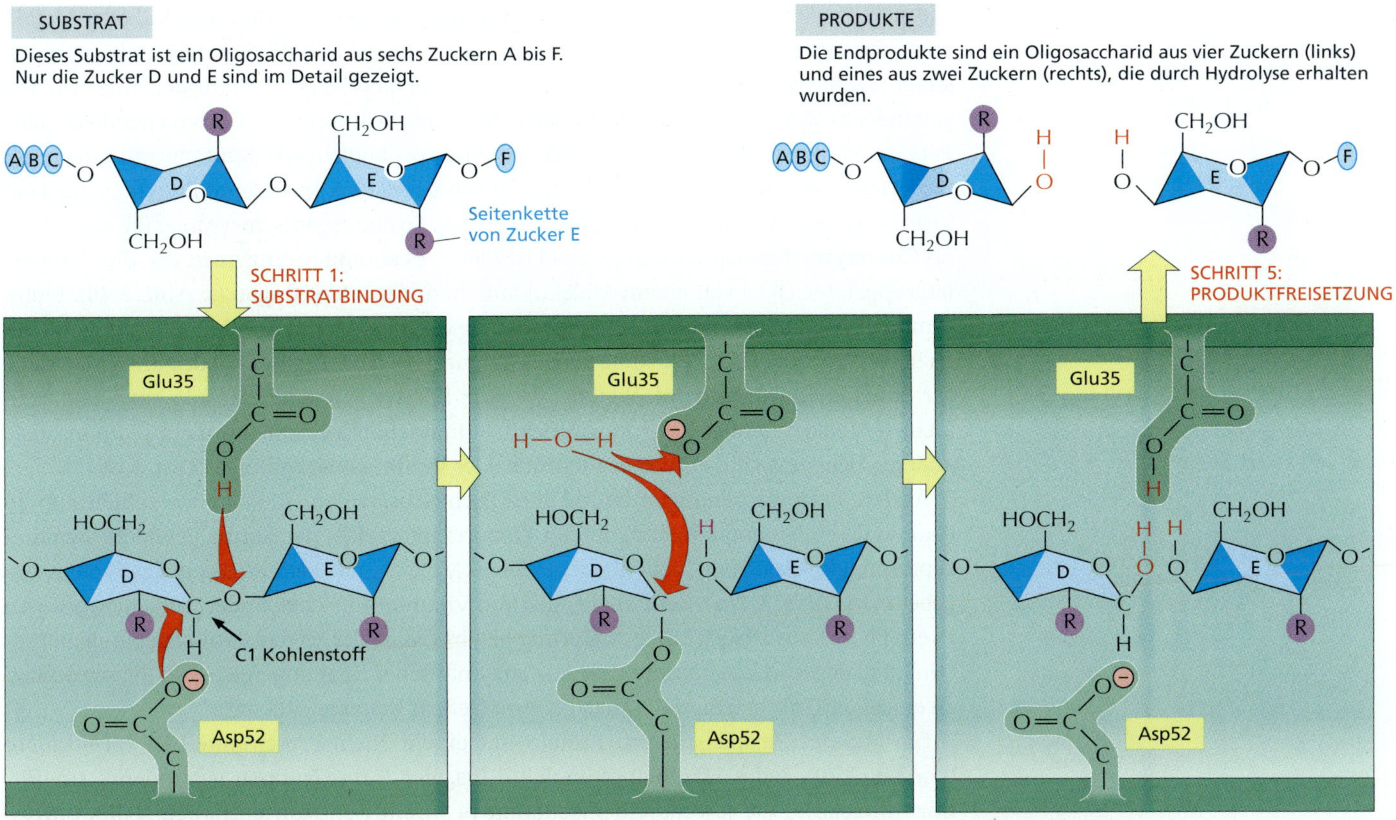

SCHRITT 2: BILDUNG VON RS ES

Im Enzym–Substrat-Komplex (ES) zwingt das Enzym den Zucker D in eine gespannte Konformation, wobei Glu35 so positioniert ist, dass es als Säure dienen kann, die die benachbarte Zucker/Zucker-Bindung durch Abgabe eines Protons (H^+) an Zucker E angreifen kann, und Asp52 ist bereit, das C1-Kohlenstoffatom von Zucker D anzugreifen

SCHRITT 3: ÜBERGANGSZUSTAND

Das Asp52 hat eine kovalente Bindung zwischen dem Enzym und dem C1-Kohlenstoffatom von Zucker D ausgebildet. Glu35 polarisiert dann ein Wassermolekül (*rot*), sodass dessen Sauerstoff leicht das C1-Kohlenstoffatom angreifen und Asp52 verdrängen kann.

SCHRITT 4: BILDUNG VON

Das Wassermolekül wird gespalten: Seine -OH-Gruppe heftet sich an Zucker D und sein verbleibendes Proton ersetzt das von Glu35 in Schritt 2 gespendete Proton. Damit ist die Hydrolyse abgeschlossen und das Enzym kehrt in seinen ursprünglichen Zustand zurück dabei bildet sich der abschließende Enzym-Produkt-Komplex (EP).

Abb. 3.49 Vorgänge im Aktiven Zentrum von Lysozym. Die Zeichnungen oben links und oben rechts zeigen die freien Substrate bzw. die freien Produkte, während die anderen drei Zeichnungen in den *grün* unterlegten Kästen die aufeinanderfolgenden Ereignisse am Aktiven Zentrum des Enzyms wiedergeben, wo eine kovalente Zucker-Zucker-Bindung gebogen und dann gelöst wird. Zu beachten ist die Konformationsänderung des Zuckers D im Enzym–Substrat-Komplex, im Vergleich mit seiner Konformation im freien Substrat. Diese geladene Konformation begünstigt die Bildung des im mittleren Kasten gezeigten Übergangszustands, dabei wird die für diese Reaktion erforderliche Aktivierungsenergie erheblich gesenkt. (Verändert nach D.J. Vocadlo et al., *Nature* 412:835–838, 2001).

haben, gibt es zahlreiche Fälle, in denen Aminosäuren allein nicht ausreichen. So wie Menschen Werkzeuge benutzen, um die Fähigkeiten und Geschicklichkeit ihrer Hände zu verbessern und zu erweitern, verwenden Proteine oft kleine Nicht-Proteinmoleküle, um Funktionen erfüllen zu können, die ausschließlich mit Aminosäuren nur schwer oder

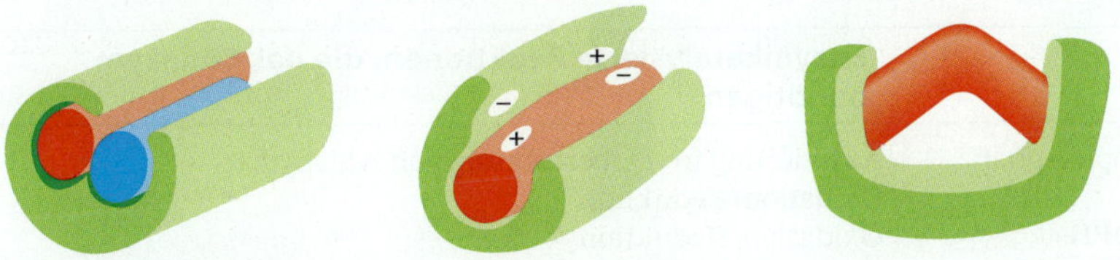

(a) Das Enzym bindet an zwei Substratmoleküle und richtet sie genau aus, sodass eine Reaktion zwischen beiden begünstigt wird.

(b) Die Bindung des Substrats an das Enzym bewirkt eine Umlagerung von Elektronen im Substrat, wodurch positive und negative Ladungen entstehen, die eine Reaktion begünstigen.

(c) Das Enzym verspannt das gebundene Substratmolekül und zwingt es dadurch in einen Übergangszustand, um die Reaktion zu begünstigen.

Abb. 3.50 Einige allgemeine Strategien der Enzymkatalyse. (a) Zusammenhalten der Substrate in genau passender Ausrichtung. (b) Ladungsstabilisierung in Reaktionszwischenstufen. (c) Mechanische Krafteinwirkung, die Bindungen im Substrat in Richtung des Übergangszustands verbiegt.

gar nicht machbar wären. Daher besitzen Enzyme häufig ein kleines Molekül oder Metallatom, das fest mit ihrem Aktiven Zentrum verbunden ist und die Katalysefunktion unterstützt. *Carboxypeptidase* z. B., ein Enzym, das Polypeptidketten schneidet, trägt ein fest gebundenes Zink-Ion in seinem Aktiven Zentrum. Während die Carboxypeptidase eine Peptidbindung spaltet, bildet das Zink-Ion eine vorübergehende Bindung mit einem der Substratatome und unterstützt dabei die Hydrolysereaktion. In anderen Enzymen dient ein kleines organisches Molekül dem gleichen Zweck. Solche organischen Moleküle werden oft als **Coenzyme** bezeichnet. Ein Beispiel ist *Biotin*; es kommt in Enzymen vor, die Carboxylatgruppen ($-COO^-$) von einem Molekül auf ein anderes übertragen (s. **Abb. 2.40**). Biotin nimmt an diesen Reaktionen teil, indem es eine vorübergehende kovalente Bindung mit der zu übertragenden $-COO^-$-Gruppe bildet; es eignet sich dazu besser als jede Aminosäure, die für Proteine verwendet wird. Weil der Mensch Biotin nicht synthetisieren kann und es in kleinen Mengen mit der Nahrung aufnehmen muss, handelt es sich um ein *Vitamin*. Viele andere Coenzyme sind entweder Vitamine oder Vitaminabkömmlinge (**Tab. 3.2**).

Andere Proteine benötigen häufig spezifische Zusätze aus kleinen Molekülen, um zu funktionieren. So empfängt das in den Photorezeptorzellen der Retina gebildete Signalrezeptorprotein *Rhodopsin* Licht über ein kleines Molekül, das *Retinal*, das in das Protein eingebettet ist (**Abb. 3.51a**). Retinal, das sich von Vitamin A ableitet, ändert seine Form, wenn es ein Photon absorbiert. Diese Änderung bewirkt, dass der an das Retinal gebundene Proteinanteil des Rhodopsins eine Kaskade enzymatischer Reaktionen auslöst, die schließlich zu einem elektrischen Signal führt, das zum Gehirn weitergeleitet wird.

Ein anderes Beispiel für ein Protein mit einem Nicht-Proteinanteil ist *Hämoglobin* (s. **Abb. 3.20**). Jedes Hämoglobinmolekül hat vier *Häm*-Gruppen gebunden – ringförmige Moleküle, die jeweils ein Eisenatom in ihrem Zentrum enthalten (**Abb. 3.51b**). Häm verleiht dem Hämoglobin und damit dem Blut seine rote Farbe. Indem es reversibel gasförmigen Sauerstoff (O_2) an das Eisenatom bindet, ermöglicht Häm, dass Hämoglobin in den Lungen Sauerstoff aufnehmen und ihn in den Geweben wieder abgeben kann.

Manchmal binden diese kleinen Moleküle kovalent und dauerhaft an ihr Protein und werden dadurch zu einem festen Bestandteil des Proteinmoleküls. Wir werden in Kapitel 10 sehen, dass Proteine häufig über kovalent gebundene Lipidmoleküle in Zellmembranen verankert sind. Auch an der Zelloberfläche exponierte Membranproteine und Proteine, die auf die Zellaußenseite sezerniert werden, sind oft durch kovalent angefügte Zucker und Oligosaccharide modifiziert.

3.2.13 Die Zelle reguliert die katalytischen Aktivitäten ihrer Enzyme

Eine lebende Zelle enthält Tausende Enzyme, von denen viele zur gleichen Zeit und im gleichen kleinen Volumen des Cytosols wirken. Durch ihre katalytische Aktivität

Tab. 3.2 Viele Vitaminderivate sind wichtige Coenzyme für Zellen des Menschen.

Vitamin	Coenzym	Enzymkatalysierte Reaktionen, die das Coenzym benötigen
Thiamin (Vitamin B_1)	Thiaminpyrophosphat	Aktivierung und Übertragung von Aldehyden
Riboflavin (Vitamin B_2)	FADH	Oxidation/Reduktion
Niacin (Nikotinsäure)	NADH, NADPH	Oxidation/Reduktion
Pantothensäure	Coenzym A	Acylgruppen-Aktivierung und -Übertragung
Pyridoxin (Vitamin B_6)	Pyridoxalphosphat	Aminosäure-Aktivierung; auch Glykogen-Phosphorylase
Biotin	Biotin	CO_2-Aktivierung und -Übertragung
Liponsäure	Lipoamid	Aktivierung von Acylgruppen; Oxidation/Reduktion
Folsäure	Tetrahydrofolsäure	Aktivierung und Übertragung von Einkohlenstoffgruppen
Cobalamin (Vitamin B_{12})	Cobalamin-Coenzyme	Isomerisierung; Methylgruppen-Übertragung

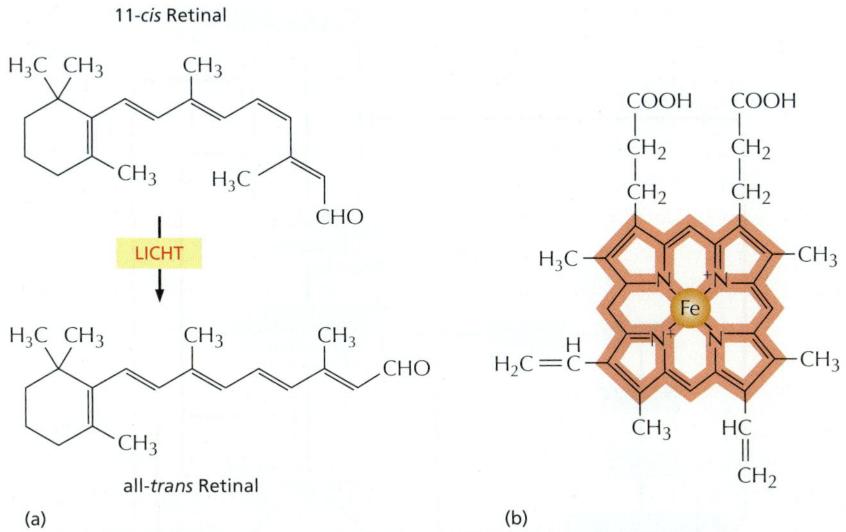

Abb. 3.51 Retinal und Häm. (a) Die Struktur von Retinal, dem lichtempfindlichen Molekül, das im Auge an das Rhodopsin gebunden ist. Die gezeigte Struktur isomerisiert, wenn sie Licht absorbiert. (b) Die Struktur einer Hämgruppe. Der kohlenstoffhaltige Häm(Porphyrin)-Ring ist *rot* gefärbt und das Eisenatom in seinem Zentrum *orange*. Eine Hämgruppe ist fest mit der Polypeptidkette von Globin koordiniert. Vier solche Monomere sind zum Hämoglobin assoziiert, dem Sauerstoff transportierenden Protein der Erythrocyten. (Die Struktur von Hämoglobin zeigt Abb. 3.20).

erzeugen sie ein komplexes mehrdimensionales Netzwerk aus Stoffwechselwegen, die jeweils eine chemische Reaktionskette darstellen, in der das Produkt des einen Enzyms zum Substrat des nächsten wird. In diesem Geflecht gibt es viele Knoten- und Verzweigungspunkte, an denen verschiedene Enzyme um das gleiche Substrat konkurrieren. Das System ist so kompliziert (s. Abb. 2.62), dass feinste Regelungen nötig sind, um zu kontrollieren, wann und wie schnell die einzelnen Reaktionen ablaufen sollen.

Die Regulierung erfolgt auf mehreren Ebenen. Auf der höchsten Ebene kontrolliert die Zelle, wie viele Moleküle von jedem Enzym sie synthetisiert, indem sie die Expression des Gens, das für das entsprechende Enzym codiert, justiert (s. Kapitel 7). Außerdem kontrolliert die Zelle die Enzymaktivitäten – dazu beschränkt sie spezielle Sätze von Enzymen auf bestimmte subzelluläre Kompartimente (in Kapitel 12 und 14 behandelt) oder indem sie auf einem Proteingerüst konzentriert werden. Wie an anderer Stelle in diesem Kapitel noch erklärt wird, werden Enzyme auch kovalent modifiziert, um ihre Aktivität zu steuern. Die Geschwindigkeit des Proteinabbaus durch gezielte Proteolyse stellt einen weiteren wichtigen Regulationsmechanismus dar (s. Abb. 6.89). Der üblichste Vorgang, durch den Reaktionsgeschwindigkeiten reguliert werden, ist jedoch die direkte, reversible Änderung der Aktivität eines Enzyms als Antwort auf spezifische Moleküle, die es binden.

Bei diesem häufigsten Kontrolltyp bindet ein Enzym ein Molekül, das kein Substrat ist, an eine spezielle Kontrollstelle des Enzyms, die außerhalb des Aktiven Zentrums liegt. Dadurch ändert sich die Geschwindigkeit, mit der das Enzym sein Substrat zu Produkten umsetzt. Im Fall der **Rückkopplungshemmung** beispielsweise wird ein Enzym, das an einer frühen Schaltstelle eines Reaktionswegs tätig ist, durch ein spätes Produkt dieses Stoffwechselwegs gehemmt. Wann immer sich also zu große Mengen des Endprodukts anhäufen, bindet dieses späte Produkt an das frühe regulierte Enzym – das Schlüsselenzym der Reaktionskette – und vermindert dessen Katalysegeschwindigkeit, sodass der weitere Zutritt von Substraten in diesen Reaktionskanal vermindert wird (Abb. 3.52). Wo sich Stoffwechselwege verzweigen oder kreuzen, gibt es gewöhnlich mehrere Kontrollpunkte durch unterschiedliche Endprodukte, von denen jedes seine eigene Synthese

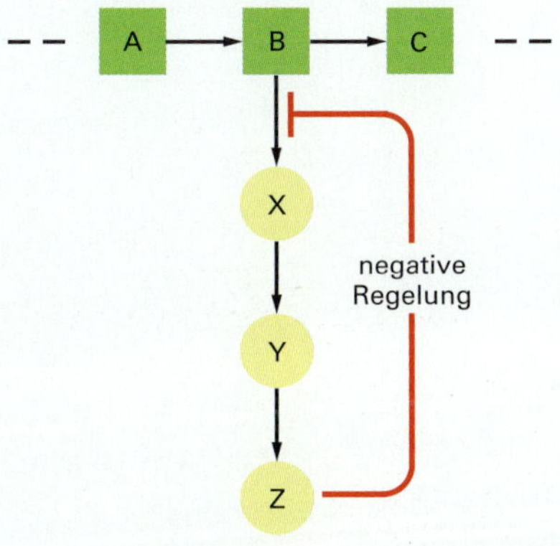

Abb. 3.52 Rückkopplungshemmung eines einfachen biosynthetischen Stoffwechselwegs. Das Endprodukt Z hemmt das erste Enzym, das für seine Synthese spezifisch ist und kontrolliert dadurch seinen eigenen Konzentrationsspiegel in der Zelle. Dies ist ein Beispiel für eine Negativ-Kontrolle.

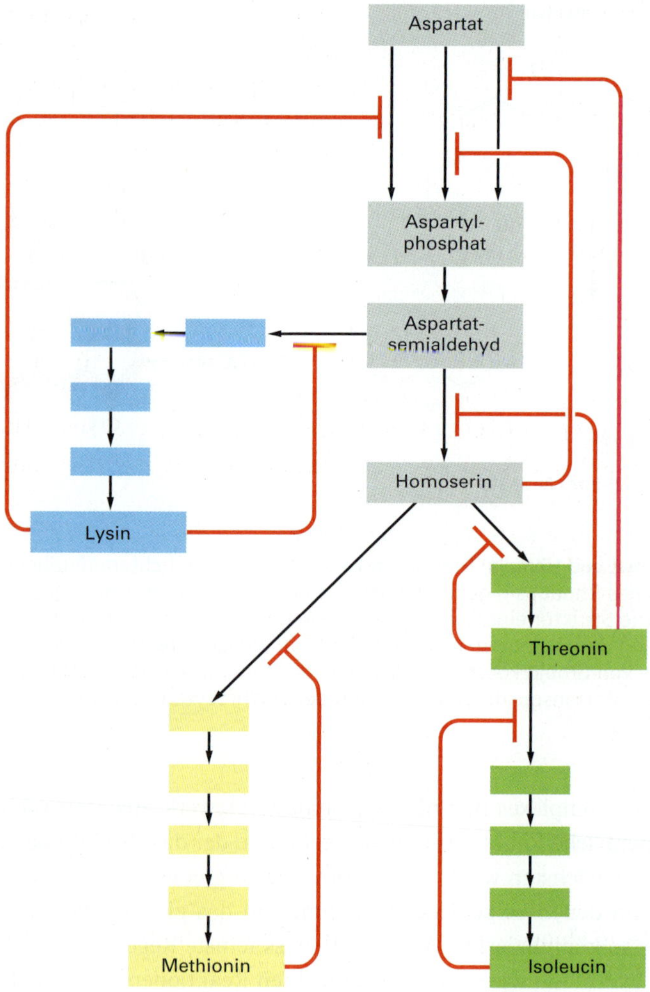

Abb. 3.53 Mehrfach-Rückkopplungshemmung. In diesem Beispiel, das die Biosynthesewege von vier verschiedenen Aminosäuren bei Bakterien zeigt, kennzeichnen die *roten Linien* Stellen, an denen Produkte rückkoppeln, um Enzyme zu hemmen. Jede Aminosäure kontrolliert das erste Enzym, das für ihre eigene Synthese spezifisch ist. Dadurch justiert sie die eigene Konzentrationshöhe und vermeidet eine verschwenderische oder möglicherweise gefährliche Anhäufung von Zwischenstufen. Die Produkte können auch unabhängig voneinander den Satz anfänglicher Reaktionen, der bei allen Synthesen gemeinsam vorkommt, hemmen. In diesem Fall katalysieren drei verschiedene Isoenzyme die gleiche Reaktion, und jedes Isoenzym wird durch ein anderes Produkt gehemmt.

reguliert (**Abb. 3.53**). Die Rückkopplungshemmung wirkt nahezu augenblicklich und wird schnell aufgehoben, wenn der Pegel des Produkts wieder sinkt.

Bei der Rückkopplungshemmung handelt es sich um eine *negative* Regelung – sie hindert ein Enzym daran zu wirken. Enzyme können aber auch einer *positiven* Regelung unterliegen, bei der die Enzymaktivität durch ein regulierendes Molekül verstärkt statt abgeschaltet wird. Eine positive Regelung findet statt, wenn ein Produkt aus einem Reaktionsweg des Stoffwechsel-Netzwerks die Aktivität eines Enzyms aus einem anderen Weg verstärkt. Beispielsweise führt eine Erhöhung der ADP-Konzentration durch ATP-Turnover zu einer Steigerung der Aktivität verschiedener Enzyme, die an der Oxidation von Zuckern beteiligt sind – infolgedessen wird dann vermehrt ADP zu ATP rephosphoryliert.

3.2.14 Allosterische Enzyme besitzen zwei oder mehr wechselwirkende Bindungsstellen

Eine auffällige Eigenschaft sowohl der positiven als auch der negativen Rückkopplungshemmung ist, dass sich die Form des regulierenden Moleküls oft völlig von der Form des Enzymsubstrats unterscheidet. Deshalb nennt man diese Wirkung auf ein Protein **Allosterie** (griech., *allos* = anders und *steréoma* = Stütze, hier bezogen auf die dreidimensionale Form). Als Biologen mehr über die Rückkopplungshemmung erfahren haben, wurde ihnen klar, dass viele Enzyme mindestens zwei verschiedene Bindungsstellen auf ihrer Oberfläche besitzen – ein **Aktives Zentrum**, das die Substrate erkennt und umsetzt, und eine **Kontrollstelle**, die ein regulierendes Molekül bindet. Diese beiden Bindungsstellen müssen irgendwie miteinander kommunizieren, damit die katalytischen Ereignisse am Aktiven Zentrum durch das regulierende Molekül, das an eine ganz andere Region auf der Proteinoberfläche bindet, beeinflusst werden können.

Mittlerweile ist bekannt, dass die Wechselwirkungen zwischen den unterschiedlichen Bindungsstellen eines Proteinmoleküls auf *Konformationsänderungen* im Protein beruhen – die Bindung eines Moleküls an eine der Stellen führt zu einer Verschiebung des Proteins aus einer Faltungsstruktur in eine etwas abweichende Faltungsform. Beispielsweise bewirkt bei einer Rückkopplungshemmung die Bindung eines Hemmstoffs an die Kontrollstelle des Proteins, dass das Protein eine Konformation annimmt, in der sein woanders auf dem Protein liegendes Aktives Zentrum außer Gefecht gesetzt wird.

Man nimmt heute an, dass die meisten Proteine allosterisch sind. Sie können viele leicht unterschiedliche Raumstrukturen annehmen; und die durch Bindung eines Liganden bewirkte Verschiebung von der einen Konformation in die andere kann die Proteinaktivität ändern. Das gilt nicht nur für Enzyme, sondern auch für viele andere Proteine wie Rezeptorproteine, Strukturproteine und Motorproteine. Bei allen Beispielen der allosterischen Regulierung hat jede Konformation des Proteins eine etwas andere Oberflächenkontur, und die Liganden-Bindungsstellen am Protein verändern sich, wenn das Protein seine Form wechselt. Wie wir als Nächstes besprechen werden, stabilisiert außerdem jeder Ligand die Konformation, die ihn am stärksten bindet, und drückt das Protein bei genügender Konzentration dadurch wie ein „Schalter" in die Konformation, die eine hohe Affinität für den Liganden hat.

3.2.15 Zwei Liganden mit gekoppelten Bindungsstellen beeinflussen ihre Bindungen gegenseitig

Die Wirkung der Bindung eines Liganden auf ein Protein ergibt sich aus einem grundsätzlichen chemischen Prinzip, das **Koppelung** genannt wird. Angenommen, ein Glukose bindendes Protein bindet in einigem Abstand auf der Proteinoberfläche auch noch ein anderes Molekül X. Wenn sich die Form der Bindungsstelle für X im Rahmen einer Konformationsänderung verändert, die durch die Glukosebindung veranlasst wurde, sind die Bindungsstellen für Glukose und X *gekoppelt*. Wann immer zwei Liganden vorzugsweise an die *gleiche* Konformation eines allosterischen Proteins binden, folgt aus grundsätzlichen thermodynamischen Prinzipien, dass jeder Ligand die Affinität des Proteins für den anderen Liganden steigern muss. Wenn z. B. die Verschiebung eines Proteins zur Konformation, die Glukose am besten bindet, ebenfalls bewirkt, dass die X-Bindungsstelle X besser bindet, wird das Protein Glukose in Anwesenheit von X besser binden, als wenn X nicht zugegen ist. Mit anderen Worten, X wird die Glukosebindung des Proteins positiv regulieren (**Abb. 3.54**).

Umgekehrt wirkt Koppelung in negativer Weise, wenn zwei Liganden bevorzugt an *verschiedene* Konformationen des gleichen Proteins binden. In diesem Fall wird die Bindung des ersten Liganden die Bindung des zweiten Liganden erschweren. Wenn also eine Formänderung durch Bindung von Glukose die Affinität des Proteins für Molekül X vermindert, wird die Bindung von X auch die Affinität des Proteins für Glukose herabsetzen (**Abb. 3.55**). Die Koppelungsverhältnisse sind quantitativ reziprok. Das heißt: Übt beispielsweise Glukose eine große Wirkung auf die Bindung von X aus, wird X auch einen großen Einfluss auf die Bindung von Glukose haben.

Die in **Abbildung 3.54 und 3.55** gezeigten Verhältnisse gelten für alle Proteine und liegen der gesamten Zellbiologie zugrunde. Im Rückblick erscheinen uns die Grundsätze so offensichtlich, dass wir sie heutzutage als selbstverständlich hinnehmen. Aber die Entdeckung der Koppelung bei Untersuchungen einiger weniger Enzyme in den 1950er-Jahren, gefolgt von einer ausgedehnten Analyse der allosterischen Mechanismen in Proteinen in

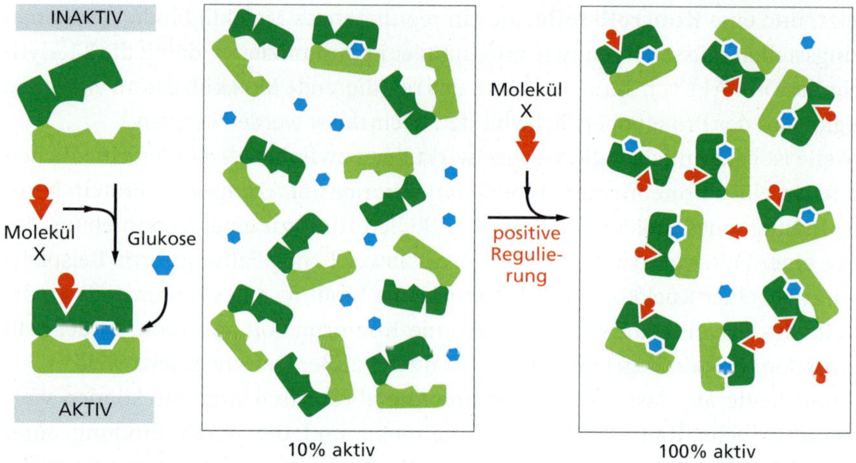

Abb. 3.54 Positive Regelung durch Konformationskoppelung zwischen zwei entfernten Bindungsstellen. In diesem Beispiel binden sowohl Glukose als auch Molekül X am besten an die *geschlossene* Konformation eines Proteins mit zwei Domänen. Da sowohl Glukose als auch Molekül X das Protein in den Zustand der geschlossenen Konformation verschieben, unterstützen sich die Liganden gegenseitig bei der Bindung. Man sagt deshalb, Glukose und Molekül X binden *kooperativ* an das Protein.

den frühen 1960er-Jahren, hatten revolutionäre Auswirkungen auf das Verständnis der Biologie. Da Molekül X in den gezeigten Beispielen an eine Stelle bindet, die abseits der Stelle liegt, wo die Katalyse stattfindet, muss es keine chemische Beziehung zum Substrat haben, das an das Aktive Zentrum bindet. Bei Enzymen, die auf die eben dargestellte Weise reguliert werden, kann zudem Molekül X die Enzymaktivität entweder einschalten (positive Kontrolle) oder abschalten (negative Kontrolle). Über diesen Mechanismus dienen **allosterische Proteine** allgemein als Schalter, die im Prinzip einem einzigen Molekül in der Zelle die Möglichkeit geben, das Schicksal aller anderen zu bestimmen.

3.2.16 Symmetrische Proteinaggregate erzeugen kooperative allosterische Übergänge

Ein durch negative Rückkopplung kontrolliertes Enzym, das nur aus einer Untereinheit besteht, kann seine Aktivität als Antwort auf einen 100-fachen Konzentrationsanstieg eines an es bindenden hemmenden Liganden höchstens von 90 % auf 10 % verringern (**Abb. 3.56**, *rote Kurve*). Reaktionen dieser Art reichen für eine optimale Zellregulation anscheinend nicht aus; und die meisten Enzyme, die durch Ligandenbindung ein- oder ausgeschaltet werden, bestehen aus symmetrischen Zusammenlagerungen identischer Untereinheiten. Bei dieser Anordnung kann die Bindung eines Ligandenmoleküls an eine einzige Bindungsstelle einer Untereinheit eine allosterische Änderung in dieser Untereinheit fördern, die auf die benachbarten Untereinheiten übertragen werden kann,

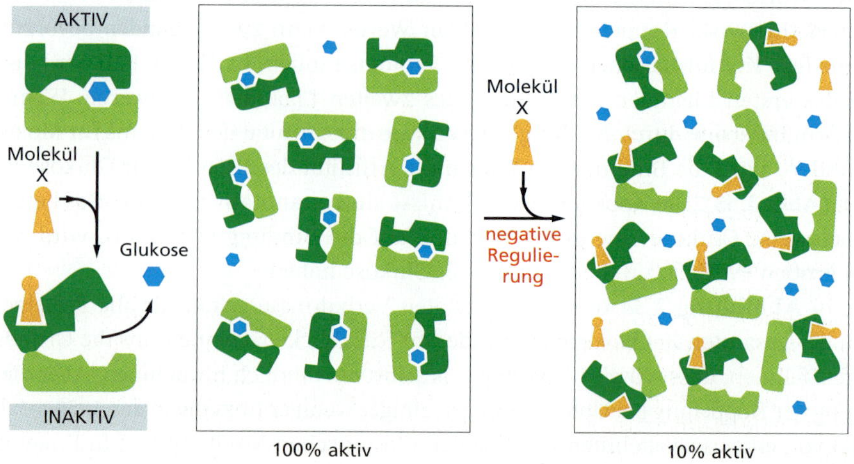

Abb. 3.55 Negative Regelung durch Konformationskoppelung zwischen zwei entfernten Bindungsstellen. Dieses Schema ähnelt dem der vorigen Abbildung – aber hier bevorzugt Molekül X die *offene* Konformation, während Glukose die *geschlossene* Konformation bevorzugt. Weil Glukose und Molekül X das Protein in entgegengesetzte Konformationen verschieben (offen gegen geschlossen), stört die Anwesenheit eines der beiden Liganden die Bindung des anderen.

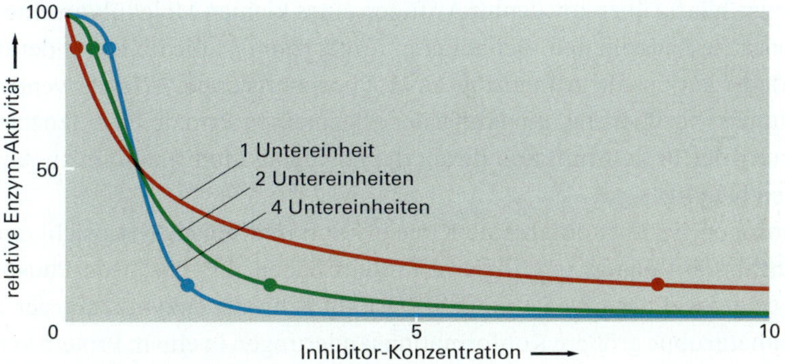

Abb. 3.56 Grafische Darstellung der Enzymaktivität, aufgetragen gegen die Konzentration eines hemmenden Liganden, für allosterische Mono- und Multiuntereinheiten-Enzyme. Um die Aktivität eines Enzyms, das aus einer einzigen Untereinheit besteht (*rote Kurve*), von 90 % auf 10 % zu erniedrigen (angezeigt durch die zwei Punkte auf der Kurve), ist ein 100facher Konzentrationsanstieg des Hemmstoffs erforderlich. Die Enzymaktivität berechnet sich nach der einfachen Beziehung $K = [I][P]/[IP]$, wobei P das aktive Protein ist, I der Hemmstoff (Inhibitor) und IP das inaktive, an den Hemmstoff gebundene Protein. Eine identische Kurve gilt für jede einfache Bindungs-Wechselwirkung zwischen zwei Molekülen A und B. Im Gegensatz dazu kann ein allosterisches Multi-Untereinheiten-Enzym schalterartig auf eine Änderung der Liganden (Hemmstoff)-Konzentration antworten: Die steile Ja/Nein-Antwort wird durch kooperatives Binden des Ligandenmoleküls verursacht (s. Abb. 3.57). Die *grüne* Kurve stellt das idealisierte Ergebnis für die kooperative Bindung von zwei hemmenden Ligandenmolekülen an ein allosterisches Enzym aus zwei Untereinheiten dar und die *blaue* Kurve die idealisierte Antwort eines Enzyms aus vier Untereinheiten. Wie die beiden Punkte auf den jeweiligen Kurven anzeigen, erfolgt die Aktivitätsabnahme von 90 % auf 10 % bei den komplexeren Enzymen innerhalb eines wesentlich engeren Bereichs der Inhibitor-Konzentration als bei dem monomeren Enzym.

und es ihnen dadurch erleichtert, den gleichen Liganden ebenfalls zu binden. Das Ergebnis ist ein *kooperativer allosterischer Übergang*, durch den bereits bei einer verhältnismäßig geringfügigen Änderung der Ligandenkonzentration in der Zelle das ganze Aggregat von der fast voll aktiven in die beinahe völlig inaktive Konformation übertreten kann, oder umgekehrt (**Abb. 3.56**, *blaue* Kurve).

Die einem kooperativen „Alles-oder-Nichts"-Übergang zugrunde liegenden Prinzipien sind für alle Proteine gleich, egal ob sie Enzyme sind oder nicht. Sie sind somit beispielsweise für die effektive Aufnahme und Freisetzung von O_2 durch Hämoglobin in unserem Blut entscheidend. Aber sie lassen sich vielleicht am besten anhand eines Enzyms veranschaulichen, das ein symmetrisches Dimer bildet – so wie das Modell in **Abb. 3.57**. Das erste Molekül eines hemmenden Liganden wird nur mit großer Schwierigkeit gebunden, da seine Bindung die energetisch günstige Symmetrie zwischen den beiden identischen Monomeren des Dimers zerstört. Ein zweites Hemmstoffmolekül bindet wesentlich leichter, denn seine Bindung bewirkt wieder die energetisch günstigen Monomer-Monomer-Kontakte eines symmetrischen Dimers – gleichzeitig führt sie zur vollständigen Inaktivierung des Enzyms.

Als eine Alternative zu diesem Modell der *induzierten Passform (induced fit)* für einen kooperativen allosterischen Übergang können wir ein solches symmetrisches Enzym derart betrachten, als hätte es nur zwei mögliche Konformationen; diese entsprechen den Strukturen „Enzym an" und „Enzym aus" in **Abb. 3.57**. In diesem Fall stört die Ligandenbindung ein Alles-oder-Nichts-Gleichgewicht zwischen diesen beiden Zuständen; dabei ändert sich der Anteil der aktiven Moleküle. Beide Modelle stellen richtige und nützliche Konzepte dar.

3.2.17 Viele Änderungen in Proteinen werden durch Phosphorylierung bewirkt

Proteine werden nicht nur durch die Bindung anderer Moleküle reguliert, sondern es gibt auch noch andere Methoden. Eukaryotenzellen justieren die Funktion eines Proteins

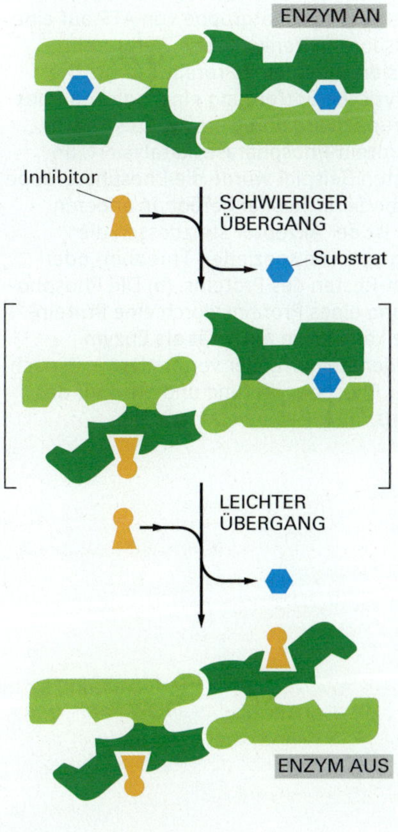

Abb. 3.57 Ein kooperativer allosterischer Übergang in einem Enzym aus zwei identischen Untereinheiten. Dieses schematische Modell veranschaulicht, wie die Konformation einer Untereinheit diejenige ihres Nachbarn beeinflussen kann. Die Bindung eines einzelnen Hemmstoffmoleküls (*orange*) an eine der Enzymuntereinheiten fällt schwer, denn die dadurch ausgelöste Konformationsänderung der Untereinheit zerstört die energetisch günstigen Wechselwirkungen in dem symmetrischen Enzym. Wenn diese Konformationsänderung jedoch einmal stattgefunden hat, erleichtert sie es der zweiten Untereinheit, den Inhibitor zu binden und die gleiche Konformationsänderung zu vollziehen – der Grund dafür liegt in dem Energiegewinn, der mit der Wiederherstellung der Symmetrie zwischen den beiden Untereinheiten einhergeht. Da die Bindung des ersten Ligandenmoleküls an eine Untereinheit die Affinität der anderen Untereinheit für den gleichen Liganden erhöht, fällt die Antwort eines dimeren Enzyms auf eine Konzentrationsänderung des Liganden viel steiler aus als die Antwort eines monomeren Enzyms (s. **Abb. 3.56**).

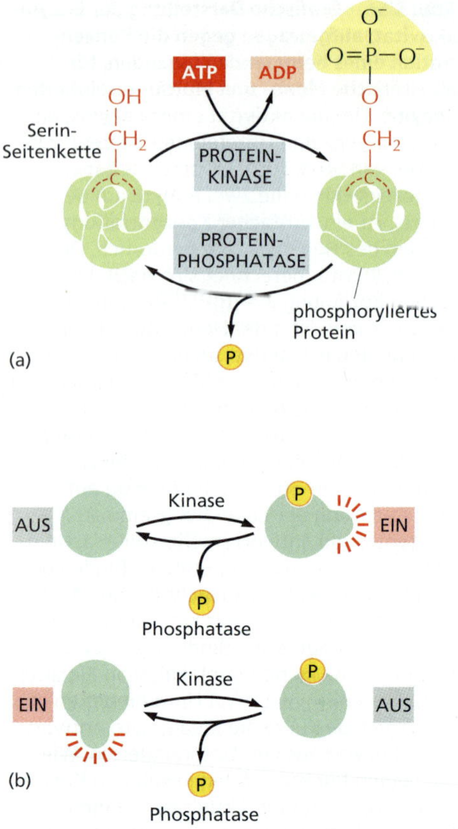

Abb. 3.58 Proteinphosphorylierung. In einer typischen Eukaryotenzelle sind viele tausend Proteine durch kovalente Bindung einer Phosphatgruppe modifiziert. (a) Die allgemeine Reaktion umfasst die Übertragung einer Phosphatgruppe von ATP auf eine Aminosäure-Seitenkette des Zielproteins, katalysiert durch eine Protein-Kinase. Die hydrolytische Entfernung einer solchen Phosphatgruppe wird durch ein zweites Enzym, eine Protein-Phosphatase, katalysiert. Im gezeigten Beispiel wurde die Phosphatgruppe an einen Serin-Rest angefügt; in anderen Fällen ist der Akzeptor stattdessen die OH-Gruppe von speziellen Threonin- oder Tyrosin-Resten des Proteins. (b) Die Phosphorylierung eines Proteins durch eine Protein-Kinase kann seine Aktivität als Enzym entweder steigern oder vermindern – je nach Ort der Phosphorylierung und Struktur des Proteins.

beispielsweise häufig über kovalentes Anfügen eines kleinen Moleküls an eine oder mehrere Aminosäure-Seitenketten. Bei höheren Eukaryoten ist die üblichste derartige regulierende Modifikation die Anheftung einer Phosphatgruppe. Wir verwenden deshalb die Proteinphosphorylierung, um einige der allgemeinen Prinzipien aufzuzeigen, die an der Steuerung der Proteinfunktion durch die kovalente Modifikation von Aminosäure-Seitenketten beteiligt sind.

Eine Phosphorylierung (durch eine Kinase) kann in dreifacher Hinsicht einen bedeutenden Einfluss auf das so modifizierte Protein haben. Erstens: Jede Phosphatgruppe ($-HPO_4^{2-}$) trägt zwei negative Ladungen. Deshalb kann die enzymkatalysierte Addition einer Phosphatgruppe größere Konformationsänderungen in einem Protein verursachen, indem dadurch beispielsweise eine Gruppe positiv geladener Aminosäure-Seitenketten elektrostatisch angezogen wird. Dies wiederum kann die Bindung von Liganden an anderen Stellen der Proteinoberfläche beeinflussen. Dadurch ändert sich die Proteinaktivität dramatisch. Die Entfernung der Phosphatgruppe durch eine zweite Klasse von Enzymen bringt das Protein in seine Ausgangskonformation zurück und stellt die Anfangsaktivität wieder her.

Zweitens: Eine angefügte Phosphatgruppe kann den Teil einer Struktur bilden, die unmittelbar von Bindungsstellen anderer Proteine erkannt wird. Wie zuvor besprochen, bindet die SH2-Domäne an eine kurze Peptidsequenz, die eine phosphorylierte Tyrosin-Seitenkette enthält (s. **Abb. 3.38b**). Über zehn andere weit verbreitete Domänen liefern Bindungsstellen, um ihr Protein an phosphorylierte Peptide in anderen Proteinmolekülen zu ziehen; jede erkennt eine phosphorylierte Aminosäure-Seitenkette in einem anderen Proteinzusammenhang. Drittens kann das Anfügen einer Phosphatgruppe eine Bindungsstelle maskieren, die andernfalls zwei Proteine zusammenhält, und so die Protein-Protein-Wechselwirkungen unterbrechen. Als Ergebnis der beiden letzten Effekte treiben die Proteinphosphorylierung und -dephosphorylierung sehr oft die kontrollierte Assoziation und Dissoziation von Proteinkomplexen an.

Die reversible Proteinphosphorylierung kontrolliert bei Enzymen und vielen verschiedenen Proteinsorten der Eukaryotenzelle die Aktivität, die Struktur und den Aufenthaltsort in der Zelle. Diese Art der Regelung ist so häufig, dass zu jedem gegebenen Zeitpunkt vermutlich mehr als ein Drittel der etwa 10 000 Proteine einer typischen Säugerzelle phosphoryliert sind – viele sogar mit mehr als einer Phosphatgruppe. Wie man erwarten kann, erfolgt das Anfügen und Entfernen von Phosphatgruppen bei spezifischen Proteinen oft als Antwort auf Signale, die bestimmte Änderungen des Zustands einer Zelle ankündigen. Beispielsweise werden die komplizierten Vorgänge, die bei der Teilung einer Eukaryotenzelle ablaufen, weitgehend über diesen Mechanismus zeitlich aufeinander abgestimmt (s. Kapitel 17); und viele Signale, die Zell-Zell-Wechselwirkungen vermitteln, werden durch eine Kaskade von Proteinphosphorylierungen und -dephosphorylierungen von der Plasmamembran zum Kern weitergeleitet (s. Kapitel 15).

3.2.18 Eine Eukaryotenzelle enthält eine große Vielfalt von Protein-Kinasen und Protein-Phosphatasen

Eine Proteinphosphorylierung ist die enzymkatalysierte Übertragung der endständigen Phosphatgruppe von einem ATP-Molekül auf die Hydroxygruppe einer Serin-, Threonin- oder Tyrosin-Seitenkette eines Proteins (**Abb. 3.58**). Diese Reaktion wird von einer **Protein-Kinase** katalysiert. Sie ist so gut wie irreversibel, weil bei der Spaltung der Phosphoanhydridbindung im ATP sehr viel Freie Energie abgegeben wird (Kapitel 2). Die umgekehrte Reaktion der hydrolytischen Entfernung einer Phosphatgruppe von einem Protein – die *Dephosphorylierung* – wird von einer **Protein-Phosphatase** katalysiert. Zellen enthalten Hunderte verschiedener Protein-Kinasen, von denen jede für

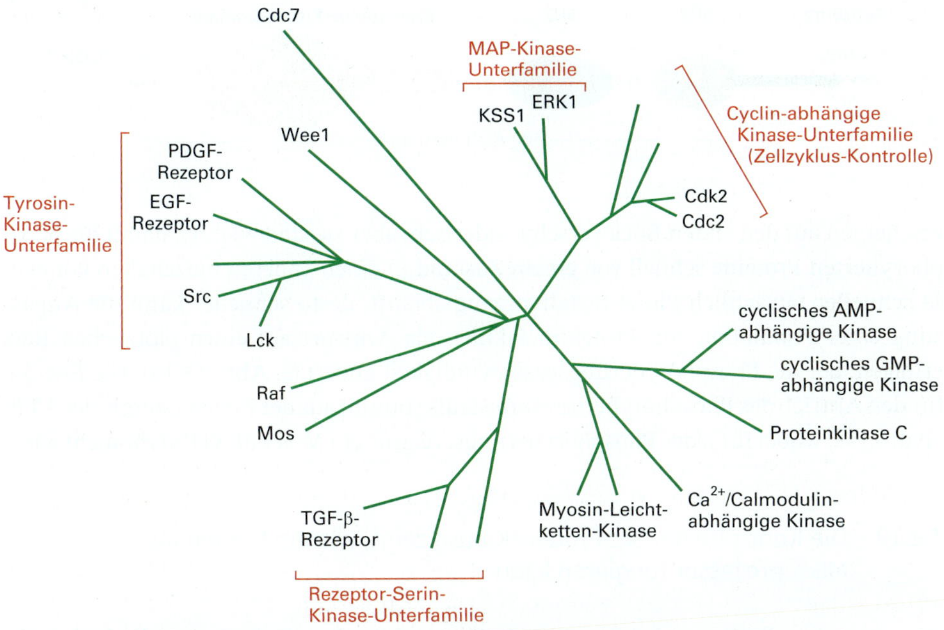

Abb. 3.59 Ein Evolutionsstammbaum ausgewählter Protein-Kinasen. Die Zelle eines höheren Eukaryoten enthält Hunderte solcher Enzyme und das Genom des Menschen codiert für über 500 von ihnen. Beachten Sie, dass hier nur einige – die in diesem Buch besprochenen Protein-Kinasen – gezeigt werden.

die Phosphorylierung eines anderen Proteins oder auch einer Gruppe von Proteinen zuständig ist. Es gibt auch viele verschiedene Protein-Phosphatasen. Einige sind hoch spezifisch, andere hydrolysieren ein breites Spektrum von Phosphoproteinen und werden erst durch kontrollierende Untereinheiten auf ein bestimmtes Substrat angesetzt. Der Zustand der Phosphorylierung eines Proteins – und damit seine Aktivität – hängt von den relativen Aktivitäten der Protein-Kinasen und Protein-Phosphatasen ab, die es modifizieren.

Die Protein-Kinasen, die Proteine in Eukaryotenzellen phosphorylieren, gehören zu einer sehr großen Enzymfamilie mit einer aus etwa 290 Aminosäuren bestehenden gemeinsamen katalytischen Kinasesequenz. An jeder Seite der Kinasesequenz besitzen die einzelnen Familienmitglieder unterschiedliche Aminosäuresequenzen (s. z. B. **Abb. 3.11**), und häufig sind in einzelne Schleifen der Kinasesequenz kurze, variierende Aminosäuresequenzen eingeschoben. Über einige dieser zusätzlichen Aminosäuresequenzen erkennen Kinasen den spezifischen Satz von Proteinen, den sie phosphorylieren sollen, oder binden an Strukturen, die sie in einem bestimmten Bereich der Zelle festhalten. Andere Abschnitte der Enzyme ermöglichen eine strenge Kontrolle ihrer Aktivität, sodass sie auf bestimmte Signale hin ein- und ausgeschaltet werden können, wie wir später sehen werden.

Indem man die Anzahl der Aminosäuresequenz-Unterschiede bei den verschiedenen Mitgliedern einer Proteinfamilie vergleicht, lässt sich ein Evolutionsstammbaum konstruieren, der vermutlich das Muster der Genverdoppelungen und Genveränderungen widerspiegelt, durch die diese Familie entstanden ist. **Abbildung 3.59** zeigt einen Stammbaum der Protein-Kinasen. Kinasen mit verwandter Funktion liegen oft auf benachbarten Ästen des Baums. Beispielsweise befinden sich die Protein-Kinasen, die bei der zellulären Signalübertragung Tyrosin-Seitenketten von Proteinen phosphorylieren, alle gehäuft in der oberen linken Ecke des Stammbaums. Die anderen aufgeführten Kinasen phosphorylieren entweder eine Serin- oder eine Threonin-Seitenkette, und viele sind in Gruppen organisiert, die anscheinend ihren Funktionen entsprechen: Transmembran-Signalübermittlung, intrazelluläre Signalverstärkung, Zellzyklus-Kontrolle usw.

Infolge der vereinten Aktivitäten von Protein-Kinasen und Protein-Phosphatasen werden die Phosphatgruppen von Proteinen dauernd umgesetzt – Phosphat wird an Seitenketten angefügt und dann rasch wieder entfernt. Solche Phosphorylierungszyklen

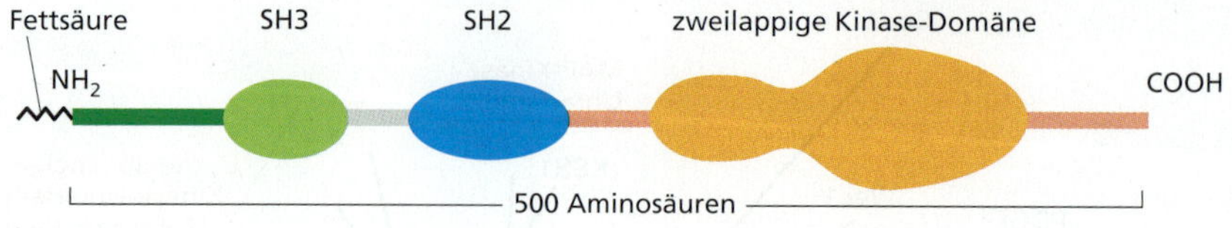

Abb. 3.60 Die Domänenstruktur der Src-Protein-Kinasen, kartiert entlang ihrer Aminosäuresequenz. Zur dreidimensionalen Struktur von Src s. **Abb. 3.11**.

erscheinen auf den ersten Blick verschwenderisch, aber sie sind wichtig, damit die phosphorylierten Proteine schnell von einem Zustand in einen anderen umschalten können. Je schneller tatsächlich dieser Schaltvorgang abläuft, desto schneller kann die Anpassung einer Population von Proteinmolekülen als Antwort auf einen plötzlichen Reiz erfolgen, der die Phosphorylierungsgeschwindigkeit ändert (s. **Abb. 15.15**). Die Energie für den Antrieb des Phosphorylierungskreislaufs stammt aus der Freien Energie der ATP-Hydrolyse, wobei für jedes Phosphorylierungsereignis ein Molekül ATP verbraucht wird.

3.2.19 Die Kontrolle der Src-Protein-Kinase zeigt, wie ein Protein als Mikroprozessor fungieren kann

Die vielen hundert verschiedenen Protein-Kinasen in einer Eukaryotenzelle bilden ein komplexes Netzwerk aus Signalwegen, die die Zellaktivitäten koordinieren, den Zellzyklus vorantreiben und Signale aus der Umgebung in die Zelle leiten. Zahlreiche extrazelluläre Signale müssen von der Zelle nicht nur aufgenommen, sondern auch verstärkt werden. Manche Protein-Kinasen (und andere Signalproteine) dienen bei diesem Vorgang als „Eingabe/Ausgabe"-Schalter, wie ein Mikroprozessor in elektronischen Schaltungen. Ein wichtiger Bestandteil der Signaleingabe an diese Proteine ist die Kontrolle mittels Phosphatgruppen, die durch Protein-Kinasen angefügt und durch Protein-Phosphatasen entfernt werden.

Ein solches Verhalten zeigt auch die Familie der Src-Protein-Kinasen (s. **Abb. 3.11**). Das *Src-Protein* (man spricht es „sark" aus; es ist nach der Tumorart, einem Sarkom, benannt, das seine Deregulierung verursachen kann) war die erste Tyrosin-Kinase, die entdeckt wurde – mittlerweile weiß man, dass sie das Mitglied einer Unterfamilie von neun sehr ähnlichen Protein-Kinasen ist, die ausschließlich in vielzelligen Tieren vorkommen. Wie der Evolutionsstammbaum in **Abb. 3.59** zeigt, deuten Sequenzvergleiche an, dass die Gruppe der Tyrosin-Kinasen erst verhältnismäßig spät entstanden ist, indem sie sich von den Serin/Threonin-Kinasen abgezweigt hat. Der Stammbaum zeigt auch, dass die Src-Proteine eine der verschiedenen Untergruppen der Tyrosin-Kinasen bilden.

Das Src-Protein und seine Verwandten enthalten einen kurzen N-terminalen Abschnitt, der kovalent mit einer stark hydrophoben Fettsäure verknüpft ist, durch die die Kinase fest in die Cytoplasmaseite der Plasmamembran verankert wird. Entlang der linearen Aminosäuresequenz folgen als Nächstes zwei peptidbindende Module – eine Src-Homolog-3-(SH3)- und eine SH2-Domäne – und danach die katalytische Kinase-Domäne (**Abb. 3.60**). Diese Kinasen liegen normalerweise in inaktiver Konformation vor, in der ein phosphoryliertes Tyrosin nahe dem C-Terminus an die SH2-Domäne gebunden ist und die SH3-Domäne mit einem inneren Peptid verknüpft ist, wodurch das Aktive Zentrum des Enzyms verzerrt und inaktiv gehalten wird.

Wie in **Abbildung 3.61** gezeigt, erfordert das Einschalten der Kinase mindestens zwei separate Eingaben: das Abspalten des C-terminalen Phosphats und das Binden der SH3-Domäne durch ein spezifisches aktivierendes Protein. Auf diese Weise signalisiert die Aktivierung der Src-Kinase die Vervollständigung einer bestimmten Reihe getrennter Ereignisse stromaufwärts (**Abb. 3.62**). Somit dienen die Mitglieder der Src-Familie der Protein-Kinasen als spezifische Mehrfachsignal-Sammler, die zum Aufbau des Netzwerks aus informationsverarbeitenden Vorgängen beitragen, die es der Zelle ermöglichen, nützliche Antworten auf Kombinationen von verschiedenen Bedingungen zu errechnen.

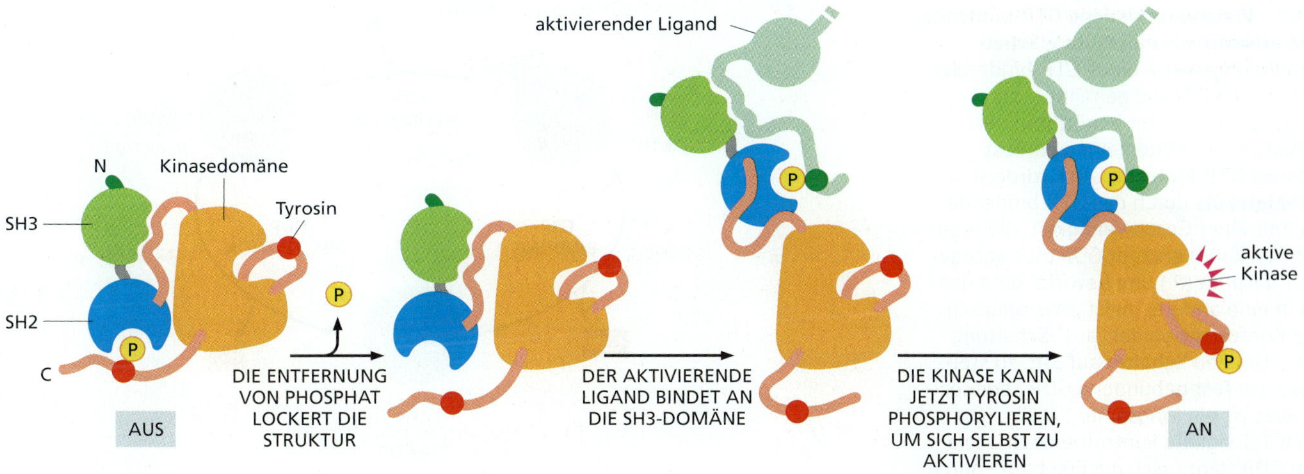

Abb. 3.61 Aktivierung einer Protein-Kinase vom Src-Typ durch zwei aufeinanderfolgende Ereignisse. Weil mehrere stromaufwärtige Ereignisse diese Prozesse ankurbeln müssen, kann die Kinase als Signalsammler dienen (s. Text). (Nach S. C. Harrison et al., *Cell* 112: 737–740, 2003).

3.2.20 Regulatorische GTP-bindende Proteine werden durch Erhalt und Verlust einer Phosphatgruppe an- und abgeschaltet

Eukaryotenzellen verfügen aber noch über einen zweiten Mechanismus, mit dem sie die Proteinaktivität durch Anfügen und Entfernen von Phosphatregulieren können. In diesem Fall wird das Phosphat aber nicht enzymatisch vom ATP auf das Protein übertragen. Stattdessen ist das Phosphat Bestandteil des Guanin-Nukleotids GTP (Guanosintriphosphat), das sehr fest an eine Proteinklasse bindet, die **GTP-bindenden Proteine**. Diese Proteine, auch GTPasen genannt, binden an andere Proteine, um deren Aktivitäten zu regulieren. Sie dienen als molekulare Schalter: Wenn GTP gebunden ist, sind die GTP-bindenden Proteine in ihrer „An"-Konformation, aber sie können GTP zu GDP hydrolysieren – wodurch ein Phosphat freigesetzt wird und das Protein in seine „Aus"-Konformation kippt. Wie die Proteinphosphorylierung, so ist auch dieser Vorgang umkehrbar: Die aktive Konformation wird durch Abdissoziation von GDP wiedererlangt, worauf die rasche Bindung eines neuen GTP-Moleküls erfolgt (**Abb. 3.63**).

In Zellen arbeiten Hunderte verschiedener GTP-bindende Proteine als solch molekularen Schalter. Sie enthalten allesamt Variationen der gleichen globulären Domäne, die eine Konformationsänderung erfährt, wenn dieses fest gebundene GTP zu GDP hydrolysiert wird. **Abbildung 3.64** zeigt die dreidimensionale Struktur eines prototypischen Vertreters dieser Familie, die *monomere GTPase* namens **Ras**, die eine wichtige Rolle bei der Signalgebung in der Zelle spielt.

Die entscheidende Rolle, die GTP-bindende Proteine bei intrazellulären Signalwegen spielen, wird in Kapitel 15 ausführlich behandelt.

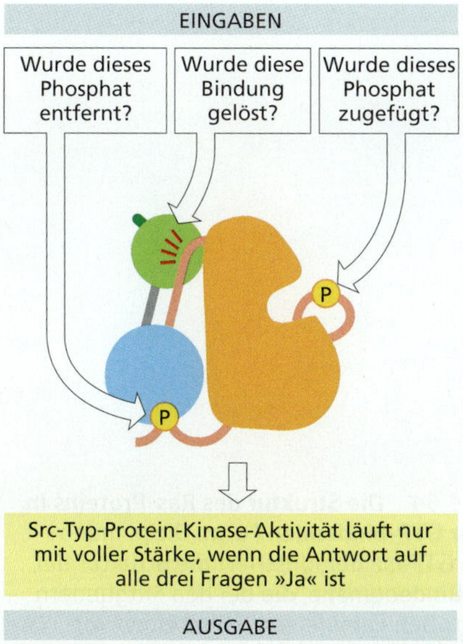

Abb. 3.62 Wie eine Protein-Kinase vom Src-Typ als Integrator wirkt. Die Unterbrechung der hemmenden Wechselwirkung, die für die SH3-Domäne dargestellt ist (*grün*), findet statt, wenn ihre Bindung an den gezeigten *orangefarbenen* Linker-Bereich durch eine festere Wechselwirkung mit einem aktivierenden Liganden ersetzt wird.

3.2.21 Proteine können durch kovalentes Anfügen anderer Proteine kontrolliert werden

Zellen enthalten eine spezielle Familie kleiner Proteine, deren Mitglieder mit vielen anderen Proteinen kovalent verbunden sind, um die Aktivität oder das Schicksal des zweiten Proteins zu bestimmen. In jedem Fall wird das Carboxyende des kleinen Proteins mit der Aminogruppe einer Lysin-Seitenkette eines „Ziel"-Proteins durch eine Isopeptidbindung verknüpft. Das zuerst entdeckte und am häufigsten verwendete derartige Protein ist **Ubiquitin** (**Abb. 3.65a**). Ubiquitin kann auf vielfältige Weise mit Zielproteinen verknüpft werden, wobei jede Weise eine andere Bedeutung für die Zellen hat. Die wichtigste Form der Ubiquitinanheftung erzeugt *Polyubiquitin*-Ketten, in denen – sobald das erste Ubiquitinmolekül an das Ziel geheftet ist – jedes nachfolgende Ubiquitinmolekül sich mit Lys48

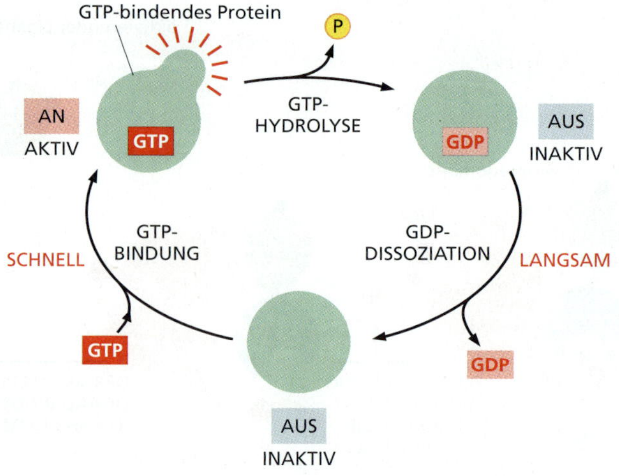

Abb. 3.63 Viele verschiedene GTP-bindende Proteine arbeiten als molekulare Schalter. Die Wirkungsweise eines GTP-bindenden Proteins – auch GTPase genannt – als physiologischer Schalter benötigt in der „an"-Schaltung im Allgemeinen ein fest gebundenes GTP-Molekül. Die Hydrolyse dieses GTP-Moleküls durch das GTP-bindende Protein (mit einer Geschwindigkeit, die reguliert werden kann) erzeugt GDP plus anorganisches Phosphat (P_a) und bewirkt, dass das Protein in eine andere, meist physiologisch inaktive Konformation der „aus"-Schaltung übergeht. Um den Schalter auf „an" zu stellen, muss das fest gebundene GDP abdissoziieren – dies ist ein langsamer Schritt, und auf die durch Zellsignale kontrollierte Dissoziation von GDP folgt rasch die Ersetzung durch GTP, (s. **Abb. 15.8**).

des vorhergehenden Ubiquitins verbindet; dabei wird eine Kette von Lys48-verknüpften Ubiquitinen erzeugt, die an eine einzelne Lysin-Seitenkette des Zielproteins geheftet ist. Diese Art von Polyubiquitin lenkt das Zielprotein ins Innere eines Proteasoms, wo es zu kleinen Peptiden verdaut wird (**Abb. 6.87**). Unter anderen Gegebenheiten werden nur einzelne Ubiquitinmoleküle an Proteine geheftet. Außerdem werden manche Zielproteine mit einer andersartigen Polyubiquitinkette modifiziert. Diese Modifikationen haben verschiedene funktionelle Konsequenzen für das betreffende Protein (**Abb. 3.65b**).

Mit einem anderen Mitglied der Ubiquitinfamilie, wie SUMO (*small **u**biquitin-related **mo**difier; kleiner Ubiquitin-verwandter Modifikator*), werden verwandte Strukturen erzeugt, wenn es kovalent an eine Lysin-Seitenkette von Zielproteinen geheftet wird. All diese Modifikationen sind reversibel, was nicht überrascht. Zellen enthalten Enzymsätze zur Ubiquitinierung und Deubiquitinierung (und Sumoylierung und Desumoylierung), die diese kovalenten Addukte beeinflussen; sie spielen dabei eine Rolle vergleichbar mit jener der Protein-Kinasen und -Phosphatasen, die Phosphate an Proteinseitenketten heften bzw. sie entfernen.

3.2.22 Ein ausgefeiltes Ubiquitin-Konjugationssystem wird zur Proteinmarkierung eingesetzt

Wie wählen Zellen Zielproteine für die Ubiquitinanheftung aus? Im ersten Schritt muss das Carboxyende des Ubiquitins aktiviert werden. Diese Aktivierung wird bewerkstelligt, wenn ein Protein namens *Ubiquitin aktivierendes Enzym* (E1) Energie aus der ATP-Hydrolyse dazu verwendet, über eine energiereiche kovalente Bindung (einen Thioester) Ubiquitin an sich selbst zu heften. E1 reicht dann dieses aktivierte Ubiquitin an

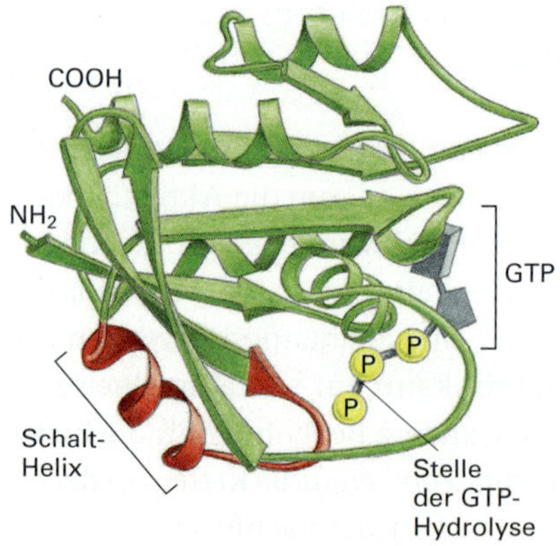

Abb. 3.64 Die Struktur des Ras-Proteins in seiner GTP-bindenden Form. Diese monomere GTPase demonstriert die Struktur der GTP-Bindedomäne, die bei den Mitgliedern der großen Familie von G-Proteinen vorkommt. Die *roten* Abschnitte ändern ihre Konformation, wenn das GTP-Molekül durch das Protein selbst zu GDP und anorganischem Phosphat hydrolysiert wird. Das GDP bleibt am Protein gebunden, während das Phosphat freigesetzt wird. Die besondere Funktion der „Schalt-Helix" in Proteinen, die mit Ras verwandt sind, wird im Text erklärt (s. **Abb. 3.68**). (PDB-Code: 121P).

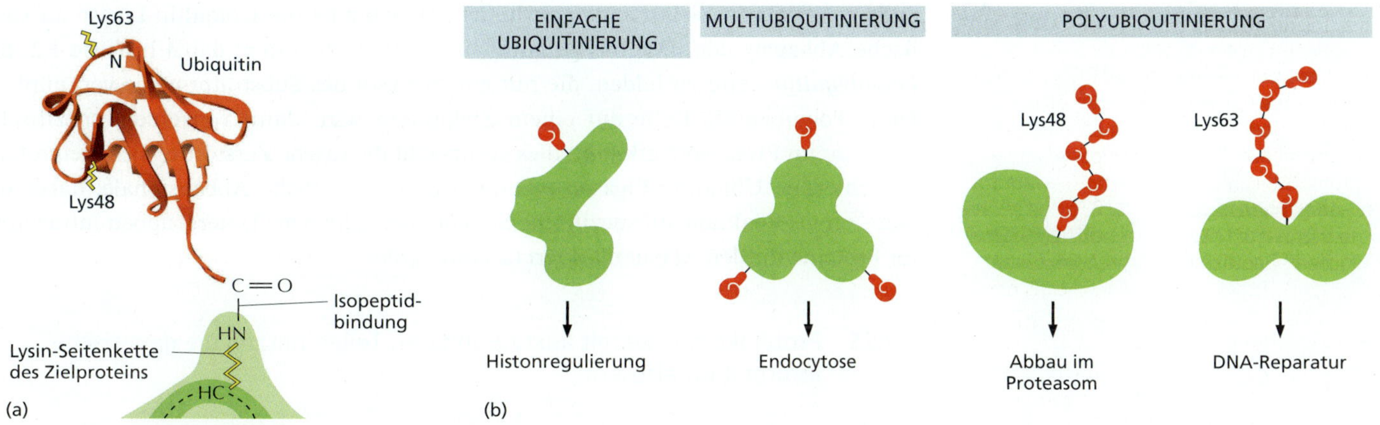

Abb. 3.65 Die Markierung von Proteinen durch Ubiquitin. (a) Die dreidimensionale Struktur von Ubiquitin, einem kleinen Protein aus 76 Aminosäuren. Eine Familie spezieller Enzyme koppelt ihr Carboxyende an die Aminogruppe einer Lysin-Seitenkette in einem Ziel-Proteinmolekül; dabei wird eine Isopeptidbindung gebildet. (b) Einige Modifikationsmuster, die für die Zelle spezifische Bedeutungen haben. Beachten Sie, dass die beiden Arten der Polyubiquitinierung sich darin unterscheiden, wie die Ubiquitinmoleküle miteinander verknüpft sind. Verknüpfung durch Lys48 signalisiert den Abbau im Proteasom (s. Abb. 6.87). Demgegenüber hat die Verknüpfung durch Lys63 andere Bedeutungen. Ubiquitinmarkierungen werden von Proteinen „gelesen", die den jeweiligen Modifikationstyp spezifisch erkennen.

ein Enzym eines Satzes von *Ubiquitin konjugierenden Enzymen* (E2) weiter; jedes dieser E2-Enzyme agiert gemeinsam mit einem Satz von Hilfsproteinen, den **Ubiquitin-Ligasen** (E3), welche die zu modifizierenden Zielproteine auswählen. In Säugetieren gibt es etwa 30 strukturell ähnliche, aber verschiedene E2-Enzyme sowie Hunderte verschiedener E3-Proteine, die mit spezifischen E2-Enzymen Komplexe bilden.

Abbildung 3.66 zeigt den Vorgang, bei dem Proteine für den Abbau im Proteasom markiert werden. Ähnliche Mechanismen dienen dazu, um Ubiquitin (und SUMO) an

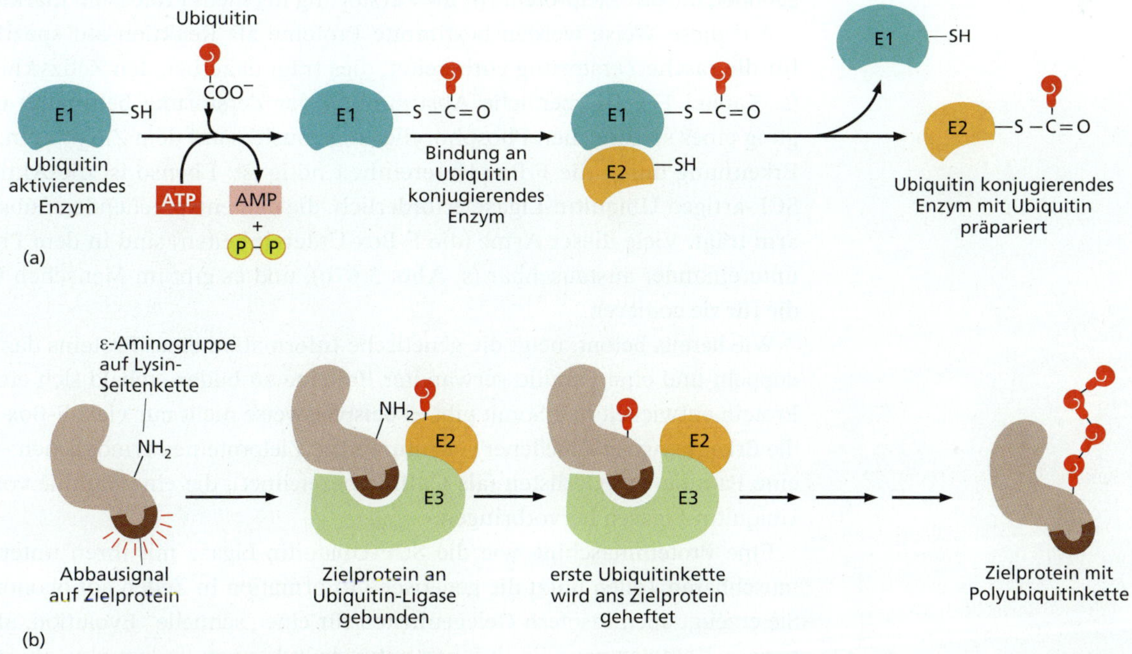

Abb. 3.66 Wie Ubiquitin an Proteine geheftet wird. (a) Ubiquitinaktivierung. Zunächst wird der C-Terminus von Ubiquitin aktiviert, indem er über eine energiereiche Thioesterbindung mit einer Cystein-Seitenkette des E1-Proteins verknüpft wird. Die Reaktion erfordert ATP und verläuft über ein kovalentes AMP-Ubiquitin-Zwischenprodukt. Das aktivierte Ubiquitin auf E1, auch Ubiquitin aktivierendes Enzym genannt, wird dann auf das Cystein in einem E2-Molekül übertragen. (b) Das Anfügen einer Polyubiquitin-Kette an ein Zielprotein. In einer Säugetierzelle gibt es mehrere Hundert verschiedene E2–E3-Komplexe. E2 werden Ubiquitin konjugierende Enzyme genannt. E3 heißen Ubiquitin-Ligasen. (Verändert nach D. R. Knighton et al., *Science* 253: 407–414, 1991).

andere Arten von Zielproteinen zu heften. Hier bindet die Ubiquitin-Ligase an spezifische Abbausignale, *Degrons* genannt, in Proteinsubstraten; dabei hilft sie E2, eine *Polyubiquitin*-Kette zu bilden, die mit einem Lysin des Substratproteins verknüpft ist. Diese Polyubiquitin-Kette auf einem Zielprotein wird dann von einem spezifischen Rezeptor im Proteasom erkannt; dies verursacht die rasche Zerstörung des Zielproteins. Verschiedene Ubiquitin-Ligasen erkennen unterschiedliche Abbausignale; dabei werden – oft als Reaktion auf spezifische Signale – verschiedene Untergruppen intrazellulärer Proteine für den Abbau markiert (s. **Abb. 6.89**).

3.2.23 Proteinkomplexe mit austauschbaren Teilen nutzen die genetische Information effizient

Für Zellen ist der kontrollierte Proteinabbau entscheidend, und wir werden die Struktur und Funktion einer dieser Familien von E3-Proteinen beschreiben, die Polyubiquitinketten an die Zielproteine heftet, um ein allgemeines Prinzip aufzuzeigen: wie die Zelle austauschbare Teile einsetzt, um ihre vielen Proteinkomplexe zu diversifizieren.

Die *SCF-Ubiquitin-Ligase* besitzt eine C-förmige Struktur, welche von fünf Proteinuntereinheiten gebildet wird, wovon die größte als Gerüst dient, auf der der restliche Komplex aufgebaut ist. Der Struktur liegt ein bemerkenswerter Mechanismus zugrunde (**Abb. 3.67**). An einem Ende des C sitzt ein E2-Ubiquitinenthaltendes Enzym. Am anderen Ende ist ein Substratbindungsarm, eine Untereinheit, die man als *F-Box-Protein* bezeichnet. Diese beiden Untereinheiten sind durch einen Spalt von etwa 5 nm voneinander getrennt. Wenn dieser Proteinkomplex aktiviert wird, dann bindet das F-Box-Protein an eine spezifische Stelle auf einem Zielprotein; dabei wird das Protein so in dem Spalt positioniert, dass einige seiner Lysin-Seitenketten das Ubiquitin konjugierende Enzym berühren. Dieses Enzym kann dann die wiederholte Anheftung eines Ubiquitinpolypeptids an diese Lysine katalysieren (s. **Abb. 3.67c**); dabei wird eine Polyubiquitinkette gebildet, die das Zielprotein für die Zerstörung in einem Proteasom markiert.

Auf diese Weise werden bestimmte Proteine als Reaktion auf spezifische Signale für die rasche Zerstörung vorbereitet; dies trägt dazu bei, den Zellzyklus anzutreiben (s. Kapitel 17). Die zeitliche Abstimmung der Zerstörung beinhaltet oft die Erzeugung eines spezifischen Phosphorylierungsmusters auf dem Zielprotein, das für seine Erkennung durch die F-Box-Untereinheit nötig ist. Ebenso ist die Aktivierung einer SCF-artigen Ubiquitin-Ligase erforderlich, die den entsprechenden Substratbindungsarm trägt. Viele dieser Arme (die F-Box-Untereinheiten) sind in dem Proteinkomplex untereinander austauschbar (s. **Abb. 3.67b**), und es gibt im Menschen über 70 Gene, die für sie codieren.

Wie bereits betont, neigt die genetische Information eines Proteins dazu, sich zu verdoppeln und eine Familie verwandter Proteine zu bilden, sobald sich ein erfolgreiches Protein entwickelt hat. Somit gibt es beispielsweise nicht nur viele F-Box-Proteine – die die Erkennung verschiedener Garnituren von Zielproteinen ermöglichen – sondern auch eine Familie von Gerüsten (als Culline bezeichnet), die eine Familie von SCF-artigen Ubiquitin-Ligasen hervorbringen.

Eine Proteinmaschine wie die SCF-Ubiquitin-Ligase mit ihren untereinander austauschbaren Teilen nutzt die genetische Information in Zellen auf ökonomische Weise. Sie erzeugt auch insofern Gelegenheiten für eine „schnelle“ Evolution, als sich für den ganzen Komplex neue Funktionen entwickeln können, indem eine alternative Version einer ihrer Untereinheiten gebildet wird.

Ubiquitin-Ligasen bilden eine breit gefächerte Familie von Proteinkomplexen. Manche dieser Komplexe sind weit größer und komplizierter als SCF, aber ihre zugrunde liegende enzymatische Funktion bleibt die gleiche (**Abb. 3.67d**).

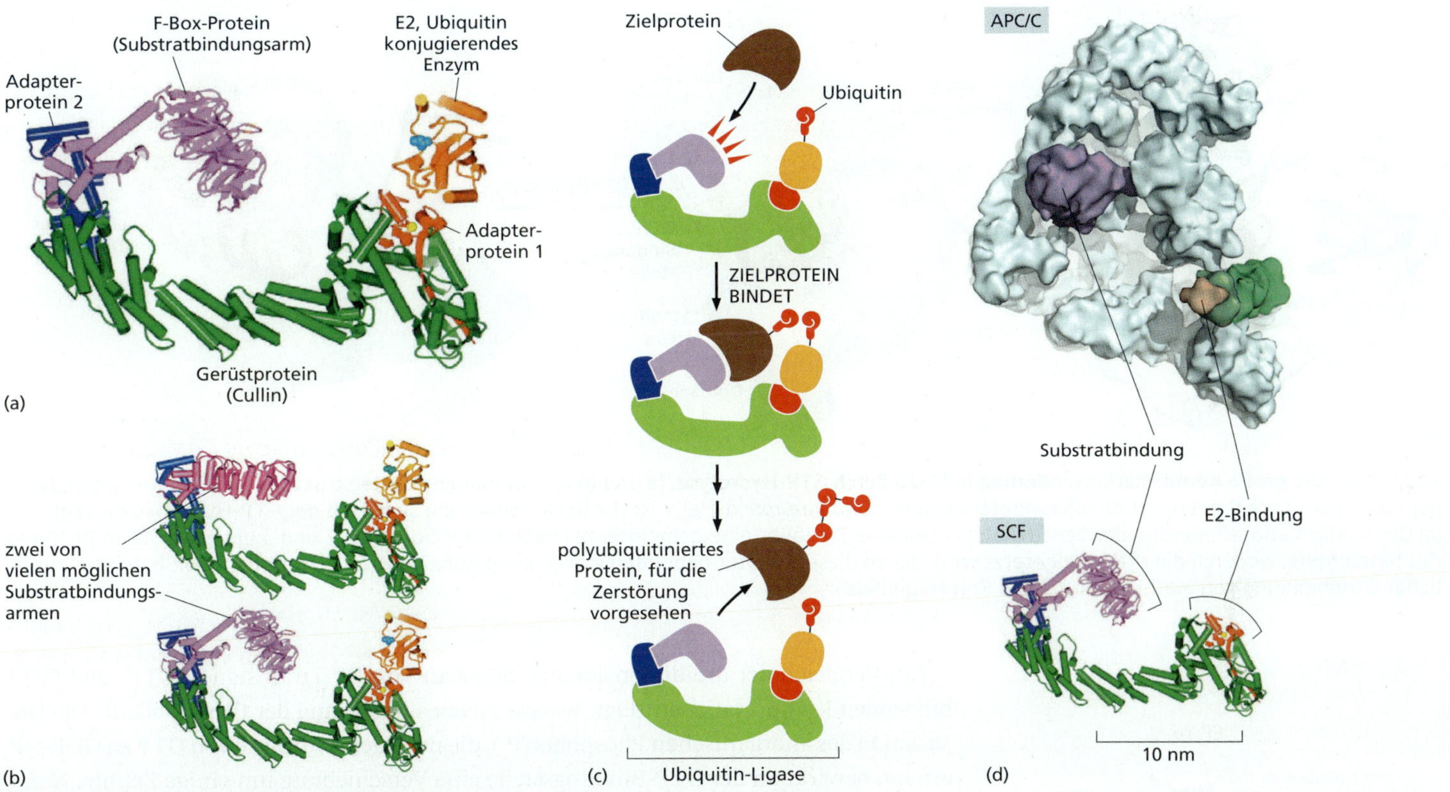

Abb. 3.67 **Die Struktur und Wirkungsweise einer SCF-Ubiquitin-Ligase.** (a) Die Struktur des aus fünf Proteinen bestehenden Ubiquitin-Ligase-Komplexes, der ein E2 (Ubiquitin konjugierendes Enzym) beinhaltet. Vier Proteine bilden den E3-Teil. Das hier als Adapterprotein 1 bezeichnete Protein ist das Rbx1/Hrt1-Protein. Adapterprotein 2 ist das Skp1-Protein und Cullin ist das Cul1-Protein. Eines der vielen verschiedenen F-Box-Proteine vervollständigt diesen Komplex. (b) Vergleich des gleichen Komplexes mit zwei verschiedenen Substratbindungsarmen, den F-Box-Proteinen Skp2 (*oben*) bzw. β-trCP1 (*unten*). (c) Die Bindung und Ubiquitinierung eines Zielproteins durch die SCF-Ubiquitin-Ligase. Wenn, wie angedeutet, eine Kette von Ubiquitinmolekülen an das gleiche Lysin des Zielproteins geheftet wird, dann wird dieses Protein für den raschen Abbau durch das Proteasom markiert. (d) Vergleich von SCF (*unten*) mit einer bei niedriger Auflösung elektronenmikroskopisch bestimmten Struktur einer Ubiquitin-Ligase namens Anaphase fördernder Komplex (*anaphase-promoting complex*, APC/C; *oben*) im gleichen Maßstab. APC/C ist ein großer Komplex aus 15 Proteinen. Wie in Kapitel 17 besprochen wird, kontrolliert seine Ubiquitinierung die späten Mitose-Stadien. Er ist mit SCF entfernt verwandt und enthält eine Cullin-Untereinheit (*grün*), die rechts entlang der Komplexseite liegt und in dieser Ansicht nur teilweise zu sehen ist. E2-Proteine sind hier nicht gezeigt, aber ihre Bindungsstellen sind *orangefarben* angedeutet, zusammen mit den *violetten* Substratbindungsstellen. (a und b nach G. Wu et al., *Mol. Cell* 11: 1445–1456, 2003. d, verändert nach P. Fonseca et al., *Nature* 470: 274–278, 2011).

3.2.24 Ein GTP-bindendes Protein zeigt, wie aus kleinen Proteinbewegungen große erzeugt werden können

Detaillierte Strukturen von einem Mitglied der Familie der GTP-bindenden Proteine, dem *EF-Tu-Protein*, liefern ein gutes Beispiel dafür, wie allosterische Änderungen in der Proteinkonformation große Bewegungen erzeugen können: durch die Vervielfältigung kleiner lokaler Konformationsänderungen. Wie in Kapitel 6 erörtert werden wird, ist EF-Tu ein häufig vorkommendes Molekül, das als Elongationsfaktor (daher die Abkürzung EF) bei der Proteinsynthese dient, indem es jedes Aminoacyl-tRNA-Molekül auf das Ribosom lädt. EF-Tu enthält eine Ras-artige Domäne (s. **Abb. 3.64**), und das tRNA-Molekül bildet einen engen Komplex mit seiner GTP-gebundenen Form. Dieses tRNA-Molekül kann seine Aminosäuren nur dann auf die wachsende Polypeptidkette übertragen, nachdem das von EF-Tu gebundene GTP hydrolysiert wurde, sodass EF-Tu sich ablöst. Da die GTP-Hydrolyse durch genaue Passung der tRNA an das mRNA-Molekül am Ribosom ausgelöst wird, dient EF-Tu als Faktor, der zwischen richtigen und falschen tRNA/mRNA-Paarungen unterscheidet (s. **Abb. 6.69**).

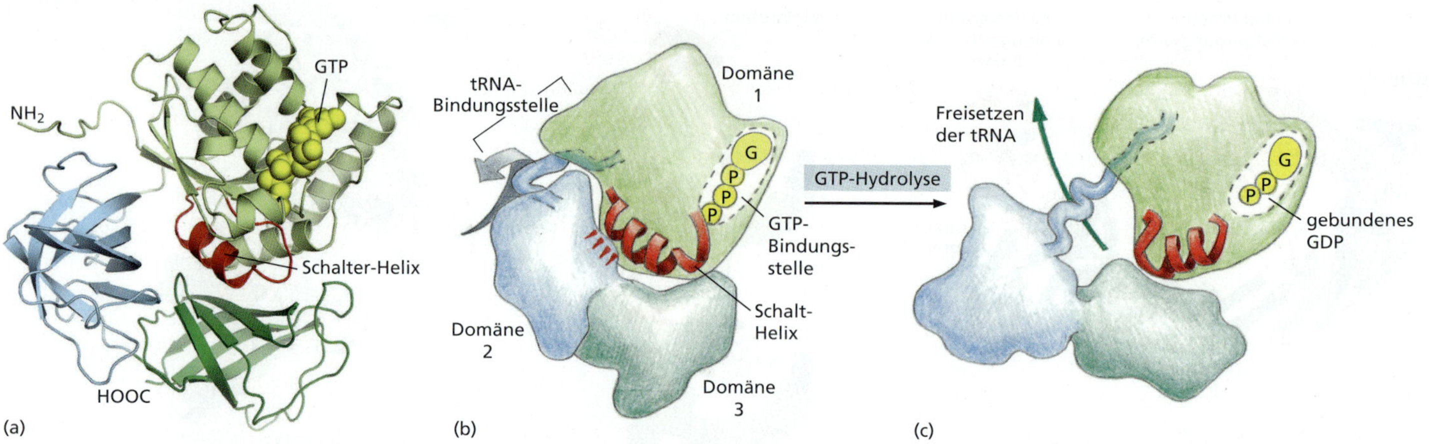

Abb. 3.68 Die große Konformationsänderung in EF-Tu durch GTP-Hydrolyse. (a und b) Die dreidimensionale Struktur von EF-Tu mit gebundenem GTP. Die obere Domäne ist dem Ras-Protein ähnlich, und ihre *rote* α-Helix ist die Schalt-Helix, die sich nach der GTP-Hydrolyse bewegt. (c) Die Konformationsänderung der Schalt-Helix in Domäne 1 erlaubt eine gemeinsame Drehung der Domänen 2 und 3 um etwa 90° in Richtung des Betrachters, wodurch die tRNA freigesetzt wird, die an diese Struktur gebunden war (s. auch **Abb. 3.69**). (a, PDB-Code: 1EFT; b, mit freundlicher Genehmigung von Mathias Sprinzl und Rolf Hilgenfeld).

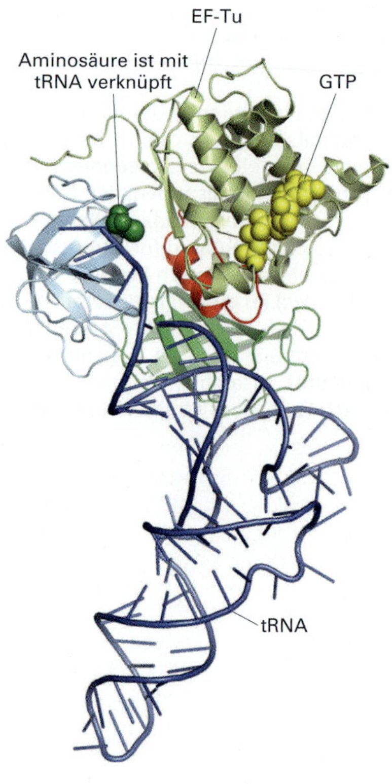

Abb. 3.69 Ein an EF-Tu gebundenes Aminoacyl-tRNA-Molekül. Beachten Sie, wie das gebundene Protein die Verwendung der an tRNA gebundenen Aminosäure (*dunkelgrün*) für die Proteinsynthese blockiert, bis die GTP-Hydrolyse die in **Abb. 3.68c** gezeigten Konformationsänderungen ankurbelt und der Protein–tRNA-Komplex sich ablöst. EF-Tu ist ein Bakterienprotein; in Eukaryoten kommt jedoch ein ganz ähnliches Protein vor, das EF-1 heißt. (PDB-Code: 1B23).

Ein Vergleich der dreidimensionalen Struktur von EF-Tu in seinen GTP- und GDP-bindenden Konformationen zeigt, wie die Neupositionierung der tRNA abläuft. Die Dissoziation des anorganischen Phosphats (P_a), die nach der Hydrolyse von GTP zu GDP + P_a erfolgt, bewirkt an der GTP-Bindungsstelle eine Verschiebung um einige Zehntel Nanometer, genau wie es auch beim Ras-Protein geschieht. Diese winzige Bewegung, die nur ein paar Wasserstoffatom-Durchmessern entspricht, bewirkt eine Konformationsänderung, die sich entlang eines wichtigen α-Helix-Abschnitts – der sogenannten *Schalt-Helix* – in der Ras-artigen Domäne des Proteins fortpflanzt. Die Schalt-Helix scheint wie ein Riegel zu wirken, der an einer spezifischen Stelle einer anderen Domäne des Moleküls einrastet und das Protein auf diese Weise in der geschlossenen Form hält. Die durch die GTP-Hydrolyse erzeugte Konformationsänderung bewirkt, dass sich die Schalt-Helix ablöst, wodurch andere Domänen des Proteins ungefähr 4 nm auseinanderschwingen können (**Abb. 3.68**). Diese Bewegung setzt die tRNA frei, und seine angeheftete Aminosäure kann für die Proteinsynthese genutzt werden (**Abb. 3.69**).

Aus diesem Beispiel wird ersichtlich, wie Zellen eine kleine chemische Änderung an der Oberfläche einer Proteindomäne ausnutzen können, um eine Bewegung durchzuführen, die 50-mal größer ist. Außerordentliche Formänderungen dieser Art liegen auch den sehr großen Bewegungen in Motorproteinen zugrunde, denen wir uns nun zuwenden wollen.

3.2.25 Motorproteine erzeugen gerichtete Bewegungen in Zellen

Wir haben gesehen, dass Konformationsänderungen in Proteinen eine wichtige Funktion bei der Proteinregulation und der zellulären Signalübertragung haben. Nun werden wir Proteine besprechen, deren Hauptaufgabe es ist, andere Moleküle zu bewegen. Diese **Motorproteine** erzeugen die Kräfte, die für die Muskelkontraktion und für das Kriechen und Schwimmen von Zellen verantwortlich sind. Motorproteine versorgen auch kleinräumigere intrazelluläre Bewegungen mit Kraft: Sie helfen dabei, dass sich die Chromosomen während der Mitose zu den gegenüberliegenden Polen einer Zelle bewegen (s. Kapitel 17), dass sich Organellen entlang molekularen Schienen innerhalb der Zelle bewegen (s. Kapitel 16), und dass sich Enzyme während der Synthese von neuen DNA-Molekülen entlang einem DNA-Strang bewegen (s. Kapitel 5). Alle diese grundlegenden Vorgänge benötigen Proteine, die bewegliche Anteile besitzen und als Kraft erzeugende Maschinen wirken.

Wie arbeiten diese Maschinen? Für Zellen stellt es eine Herausforderung dar, die Gestaltänderungen in Proteinen dafür zu verwenden, kontinuierliche Bewegungen in eine bestimmte Richtung zu erzeugen. Wenn ein Protein beispielsweise an einem langen Cytoskelettfilament entlanglaufen soll, kann es das bewältigen, indem es eine Reihe von Konformationsänderungen durchführt (**Abb. 3.70**). Werden diese Konformationsänderungen jedoch nicht in eine geordnete Abfolge gebracht, sind sie vollständig reversibel, und das Protein wandert zufällig und ungerichtet auf dem Faden hin und her. Wir können diese Sachlage auch aus anderer Perspektive betrachten: Die gerichtete Bewegung eines Proteins bedeutet aus physikalischer Sicht Arbeit. Nach den Gesetzen der Thermodynamik (Abschnitt 2.2.2 und **Tafel 2.7**) muss eine solche Bewegung daher aus irgendeiner Quelle Freie Energie nutzen – anderenfalls wäre das Protein ein Perpetuum mobile. Ohne Zufuhr von Energie kann das Protein folglich nur ziellos umhertaumeln.

Wie aber kann die Zelle einer Reihe von Konformationsänderungen eine Richtung verleihen? Um den ganzen Zyklus in eine Richtung zu zwingen, reicht es aus, nur eine der Formänderungen irreversibel zu machen. Bei den meisten Proteinen, die über weite Strecken in eine Richtung laufen können, erfolgt das durch Koppelung einer der Konformationsänderungen an die Hydrolyse eines an das Protein gebundenen ATP-Moleküls. Diese Methode ähnelt dem früher beschriebenen Mechanismus, der die allosterischen Formänderungen eines Proteins durch GTP-Hydrolyse antreibt. Bei der Hydrolyse von ATP oder GTP wird viel Freie Energie abgegeben. Daher ist es äußerst unwahrscheinlich, dass das Nukleotid-Bindungsprotein die umgekehrte Formänderung durchführt, die nötig wäre, um rückwärts zu laufen – schließlich müsste dazu auch die ATP- bzw. GTP-Hydrolyse durch Phosphatzugabe umgekehrt werden.

In dem in **Abbildung 3.71a** dargestellten Modell verschiebt die Bindung von ATP ein Motorprotein aus Konformation 1 in Konformation 2. Dann wird das gebundene ATP zu ADP und anorganischem Phosphat (P_a) hydrolysiert, was eine Änderung von Konformation 2 zu Konformation 3 verursacht. Schließlich treibt die Freisetzung von ADP und P_a das Protein in seine Ausgangskonformation 1 zurück. Da der Übergang 2 → 3 durch die Energie aus der ATP-Hydrolyse angetrieben wird, ist diese Reihenfolge der Konformationsänderungen praktisch irreversibel. Deshalb läuft der gesamte Zyklus nur in einer Richtung ab – für das gezeigte Beispiel bedeutet dies, dass sich das Proteinmolekül kontinuierlich nach rechts bewegt.

Viele Motorproteine erzeugen durch Verwendung einer ähnlichen Sperre in nur eine Richtung ablaufende Bewegungen – so auch das Muskel-Motorprotein *Myosin*, das an Aktinfilamenten (**Abb. 3.71b**) entlangwandert, oder die *Kinesin*-Proteine, die an Mikrotubuli entlanglaufen (s. Kapitel 16). Derartige Bewegungen können sehr schnell sein: Beispielsweise winden sich einige an der DNA-Replikation beteiligte Motorproteine – die *DNA-Helikasen* – mit einer Geschwindigkeit von bis zu 1000 Nukleotiden in der Sekunde an einem DNA-Strang entlang.

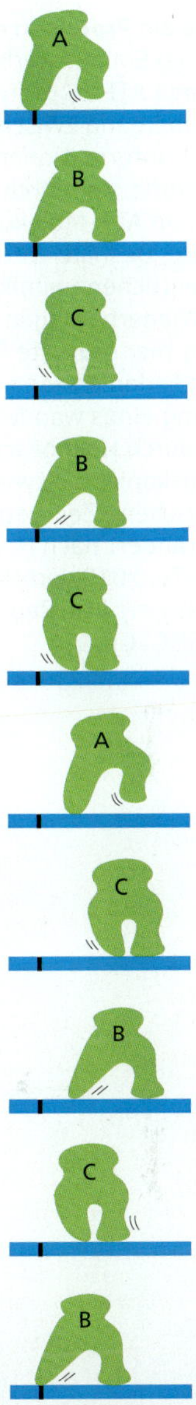

Abb. 3.70 Konformationsänderungen können verursachen, dass ein Protein entlang eines Cytoskelettfilaments „wandert", dies wird angetrieben durch die ständigen Zusammenstöße mit anderen Molekülen (Wärmeenergie). Das Protein wechselt zwischen drei verschiedenen Konformationen (a, b und c) hin und her, während es am Filament entlangwandert. Aber ohne einen Energieeintrag, um seine Bewegung in eine einzige Richtung anzutreiben, kann sich das Protein nur zufällig vor und zurück bewegen und gelangt schließlich nirgendwo hin.

3.2.26 Proteine bilden oft große Komplexe, die als Proteinmaschinen fungieren

Große, aus vielen Domänen aufgebaute Proteine können ausgefeiltere Funktionen ausüben als kleine Proteine mit einer einzelnen Domäne. Die eindrucksvollsten Aufgaben werden jedoch von großen Proteinzusammenschlüssen („Assemblierungen") bewältigt, die aus vielen Proteinmolekülen zusammengesetzt und über nichtkovalente Bindungen verknüpft sind. Nachdem es heutzutage möglich ist, die meisten biologischen Vorgänge im Labor in zellfreien Systemen nachzuvollziehen, wird klar, dass alle zentralen Vorgänge in der Zelle, wie die DNA-Replikation, die Proteinsynthese, das Vesikel-Knospen oder die Transmembran-Signalisierung, durch hoch koordiniert miteinander verknüpfte Sätze von zehn und mehr Proteinen katalysiert werden. Bei den meisten

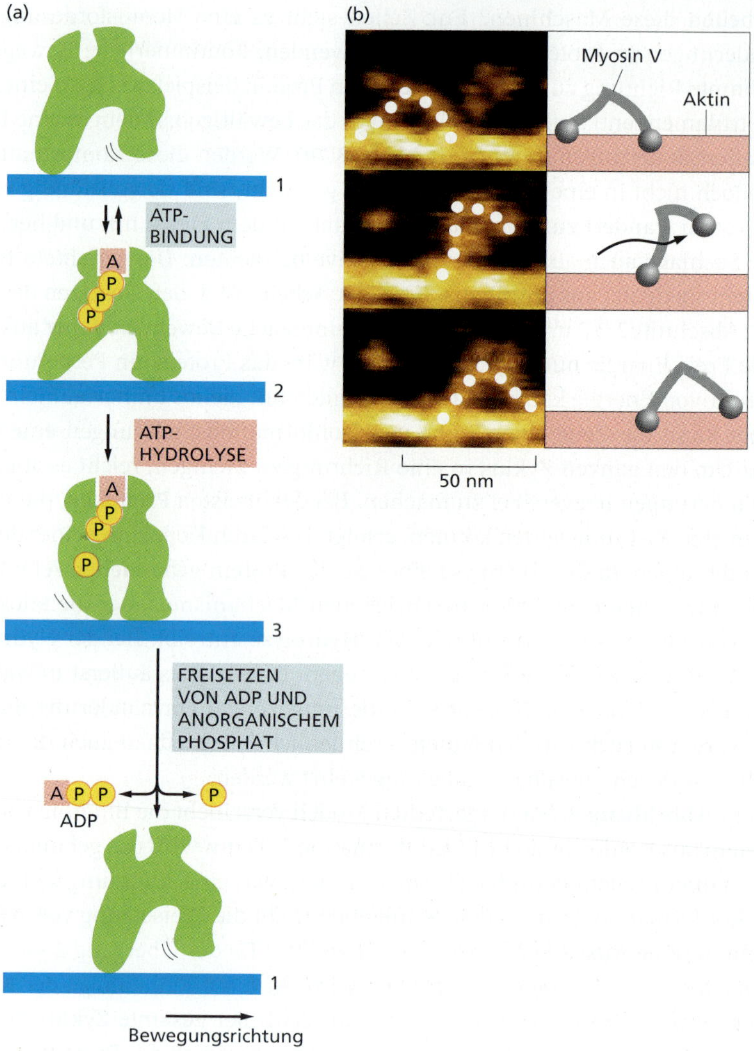

Abb. 3.71 Wie ein Protein in eine Richtung wandern kann. (a) Ein allosterisches Motorprotein, das durch ATP-Hydrolyse angetrieben wird. Der Übergang zwischen den drei verschiedenen Konformationen enthält einen irreversiblen Schritt, der durch die Hydrolyse eines gebundenen ATP-Moleküls mit Energie versorgt wird. Deshalb wird der ganze Zyklus im Wesentlichen unumkehrbar und gerichtet. Bei Wiederholungen des Zyklus bewegt sich das hier gezeigte Protein daher nach rechts am Faden entlang. (b) Direkte Sichtbarmachung eines wandernden Myosin-Motorproteins durch Hochgeschwindigkeits-Atomkraftmikroskopie; die zwischen den Schritten verstrichene Zeit betrug weniger als 0,5 s. (b, verändert nach N. Kodera et al., *Nature* 468: 72–76, 2010 veröffentlicht durch Macmillan Publishers Ltd. Reproduziert mit Erlaubnis von SNCSC).

dieser *Proteinmaschinen* bewirkt eine energetisch günstige Reaktion wie die Hydrolyse von gebundenen Nukleosidtriphosphaten (ATP oder GTP) eine geordnete Abfolge von Konformationsänderungen in einer oder mehreren einzelnen Proteinuntereinheiten, wodurch sich das gesamte Aggregat koordiniert und gerichtet bewegen kann. Auf diese Weise kann jedes Enzym direkt in Position gebracht werden, während die Maschine die aufeinanderfolgenden Reaktionen einer Reaktionsserie katalysiert (**Abb. 3.72**). Dies geschieht z. B. bei der Proteinsynthese am Ribosom (ein RNA-Protein oder *makromolekulare Maschine*, s. Kapitel 6) oder bei der DNA-Replikation, bei der ein großer Multiprotein-Komplex schnell am DNA-Faden entlangwandert (s. Kapitel 5).

Zellen haben Proteinmaschinen aus dem gleichen Grund entwickelt, weshalb Menschen mechanische und elektrische Maschinen erfunden haben: Für die Erfüllung fast jeder Aufgaben sind Arbeitsweisen, die räumlich und zeitlich durch gekoppelte Vorgänge koordiniert sind, viel effizienter als die Verwendung von vielen Einzelwerkzeugen.

3.2.27 Die ungeordneten Bereiche in Proteinen sind für eine Reihe von unterschiedlichen Funktionen entscheidend

Wissenschaftler entdeckten, dass Proteine eine überraschend große Anzahl intrinsisch ungeordneter Polypeptidketten enthalten. Wie bereits an früherer Stelle erwähnt,

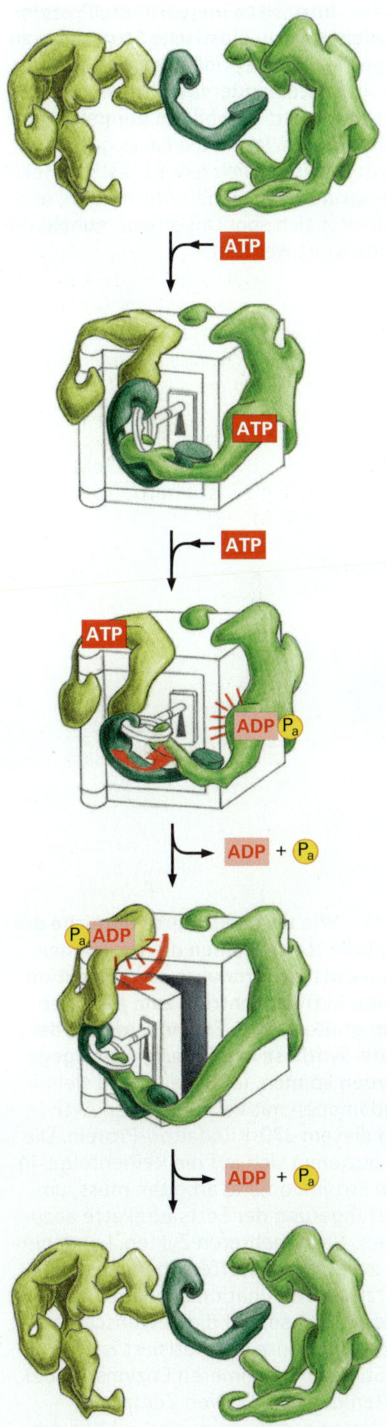

Abb. 3.72 Das Beispielschema zeigt, wie Proteinmaschinen komplizierte Funktionen ausführen. Diese Maschinen bestehen aus einzelnen Proteinen, die zusammenarbeiten, um eine spezielle Aufgabe zu erfüllen. In diesem Beispiel wird die Bewegung dieser Proteine oft durch die Hydrolyse eines gebundenen Nukleotids wie ATP oder GTP koordiniert. Derartige gerichtete allosterische Konformationsänderungen von Proteinen finden oft in großen Proteinkomplexen statt, dabei werden gerichtete Bewegungen innerhalb des Komplexes möglich, um die Aktivitäten seiner einzelnen Moleküle zu koordinieren.

enthält schätzungsweise ein Drittel aller eukaryotischen Proteine unstrukturierte Bereiche, die mehr als 30 Aminosäuren lang sind. Einige dieser Bereiche werden von einer begrenzten Untergruppe der 20 Aminosäuren gebildet und deshalb als *Domänen von geringer Komplexität* bezeichnet. Da viele ungesättigte Bereiche in einem bestimmten Protein über lange Zeiträume der Evolution konserviert wurden, muss ihre Gegenwart für die Organismen, die sie besitzen, von Nutzen sein. Was machen diese ungeordneten Bereiche?

Intrinsisch ungeordnete Bereiche von Proteinen bilden oft Bindungsstellen für andere Proteine, die hoch spezifisch sind (s.**Abb. 3.73a)**. Zudem ist die Art der Bindungswechselwirkung leicht kontrollierbar. Die meisten Protein-Phosphorylierungsstellen sind intrinsisch ungeordnete Bereiche und nicht Teil von globulären Domänen, und diese Bereiche sind von zentraler Bedeutung für Regulationsmechanismen. Ein Beispiel ist das eukaryotische Enzym RNA-Polymerase, das mRNAs erzeugt; es enthält einen unstrukturierten C-terminalen Schwanz aus 200 Aminosäuren, der kovalent modifiziert wird, wenn die RNA-Polymerase voranschreitet. Dabei werden zu verschiedenen Zeiten jeweils andere Proteine an den Transkriptionskomplex gebunden (s. **Abb. 6.23**). Ungeordnete Bereiche scheinen sich leicht zu entwickeln und der in **Abb. 3.73b** gezeigte Bindungstyp erleichtert die Feinabstimmung und Evolution von zellulären Signalnetzwerken (s. Kapitel 15).

Ein Beispiel für einen ganz anderen Funktionstyp ist Elastin, ein Protein, das in der extrazellulären Matrix in großen Mengen vorkommt und als hochungeordnetes Polypeptid gebildet wird. Die relativ lockeren und unstrukturierten Polypeptidketten von Elastin sind kovalent quervernetzt, um ein elastisches Netzwerk zu erzeugen, das sich wie ein Gummiband dehnen lässt (s. **Abb. 3.74**). Die entstehenden elastischen Fasern befähigen die Haut und andere Gewebe, wie Arterien und Lungen, sich zu dehnen ohne dabei zu reißen.

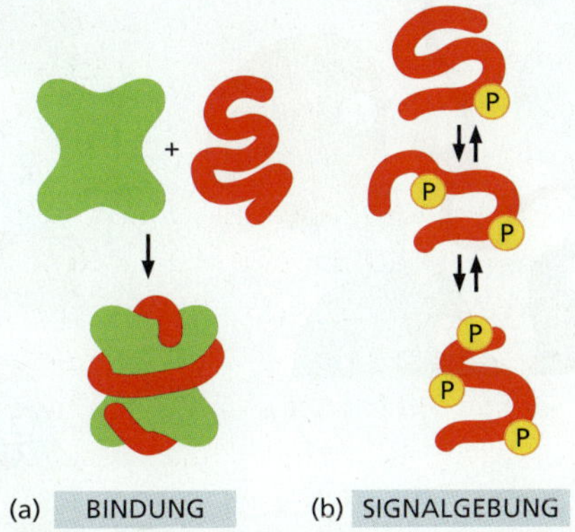

Abb. 3.73 Intrinsisch ungeordnete Proteinsequenzen bieten vielseitige Bindungsstellen. (a) unstrukturierte Bereiche von Polypeptidketten bilden oft Bindungsstellen für andere Proteine. Obwohl diese Bindungsereignisse hoch spezifisch sind, besitzen sie häufig eine geringe Affinität; der Grund hierfür sind die Kosten der Freien Energie für die Faltung des normalerweise ungefalteten Partners (und daher sind die Bindungen leicht umkehrbar).
(b) Unstrukturierte Bereiche können leicht kovalent modifiziert werden, um ihre Bindungsvorlieben zu ändern, und sie sind daher häufig an zellulären Signalvorgängen beteiligt. In diesem Schema sind mehrere Proteinphosphorylierungsstellen gekennzeichnet.

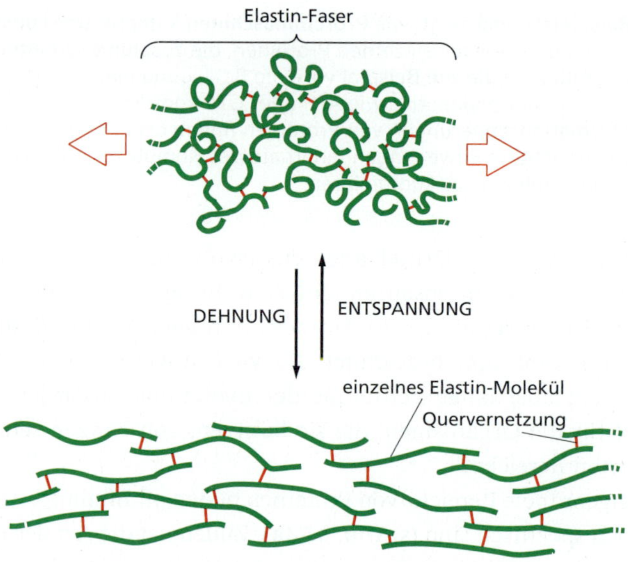

Abb. 3.74 Intrinsisch ungeordnete Proteinketten dienen dazu, elastische Strukturen zu erzeugen. Die Polypeptidketten des Proteins Elastin sind miteinander im Extrazellularraum quervernetzt und bilden gummiartige, elastische Fasern. Wenn die Faser gestreckt wird, entspiralisiert sich jedes Elastinmolekül zu einer ausgedehnteren Konformation, und es spiralisiert sich spontan erneut, sobald die dehnende Kraft wegfällt.

Eine spezifische Funktion der intrinsisch ungeordneten Bereiche ist deren Einsatz als Halteleinen, um Reaktanten zu konzentrieren und damit die jeweiligen Reaktionen zu beschleunigen. In großen Multienzymkomplexen beispielsweise können unstrukturierte Bereiche der Polypeptidkette dafür sorgen, dass Substrate nacheinander zu den aktiven Zentren befördert werden (**Abb. 3.75**).

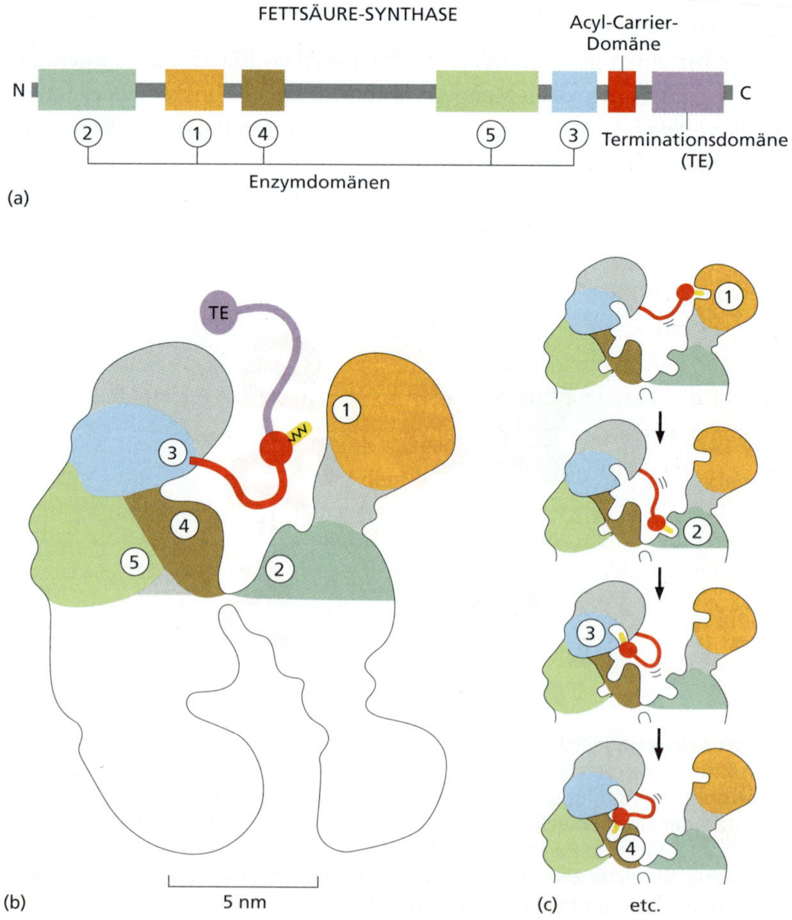

Abb. 3.75 Wie unstrukturierte Bereiche der Polypeptidkette als Leinen dienen können, an denen Zwischenprodukte einer Reaktion von einem Aktiven Zentrum zum nächsten in einem großen Multi-Enzymkomplex, der Fettsäure-Synthase in Säugern, weitergegeben werden können. (a) Gezeigt sind sieben Proteindomänen mit verschiedenen Aktivitäten in diesem 270-Kilodalton-Protein. Die Zahlen beziehen sich auf die Reihenfolge, in der jede Enzymdomäne arbeiten muss, um eine Verlängerung der Fettsäurekette abzuschließen. Nach mehreren Zyklen, bei denen jeweils zwei Kohlenstoffe angeheftet wurden, setzt die Terminationsdomäne das Endprodukt frei, sobald die gewünschte Länge der Fettsäure synthetisiert ist. (b) Die Struktur des dimeren Enzyms, wobei die Stellen der fünf Aktiven Zentren in einem Monomer angezeigt sind. (c) Wie eine flexible Leine dem Substrat, das mit der Acyl-Carrier-Domäne (*rot*) verbunden bleibt, erlaubt, von einem Aktiven Zentrum zu einem anderen in jedem Monomer weitergegeben zu werden; dadurch wird nach und nach das gebundene Fettsäure-Zwischenprodukt (*gelb*) verlängert und modifiziert. Die fünf Schritte werden so lange wiederholt, bis schließlich die Endlänge der Fettsäurekette erreicht ist. (Nur die Schritte 1 bis 4 sind hier gezeigt). (Nach T. Maier et al., *Q. Rev. Biophys.* 43: 373–422, 2010).

In ihrer allgemeinsten Rolle als Leine ermöglichen unstrukturierte Bereiche großen *Gerüstproteinen* mit mehreren Bindungsstellen Gruppen wechselwirkender RNA- und/oder Proteinmoleküle an einer bestimmten Stelle in einer Zelle zu konzentrieren, was wir als Nächstes besprechen werden.

3.2.28 Gerüste bringen Sätze wechselwirkender Makromoleküle zusammen und konzentrieren sie in ausgewählten Zellbereichen

Als Wissenschaftler die Einzelheiten der Zellbiologie schrittweise aufklärten, erkannten sie eine zunehmende Komplexität in der Zellchemie. Wir wissen nun, dass Proteinmaschinen eine vorherrschende Rolle spielen und dass deren Aktivitäten – wie die anderer Proteine – stark reguliert sind. Außerdem wurde klar, dass sich diese Maschinen oft an bestimmten Stellen in der Zelle befinden. Sie werden nur dann und dort aufgebaut und aktiviert, wann und wo sie gebraucht werden. Wenn beispielsweise extrazelluläre Signalmoleküle an Rezeptormoleküle in der Plasmamembran binden, rekrutieren die aktivierten Rezeptoren einen Satz anderer Proteine an der Innenseite der Plasmamembran und bilden einen großen Proteinkomplex, der das Signal weiterleitet (s. Kapitel 15).

Die Mechanismen beziehen oft **Gerüstproteine** ein, die Bindungsstellen für eine Vielzahl anderer Proteine und/oder RNA-Moleküle besitzen. Solche Gerüste dienen dazu, sowohl spezifische Sätze wechselwirkender Proteine zu verbinden als auch diese an spezifischen Stellen innerhalb der Zelle zu positionieren. Das eine Extrem sind starre Gerüste, wie das Cullin in der SCF-Ubiquitin-Ligase (s. **Abb. 3.67**). Das andere Extrem sind die großen flexiblen Gerüstproteine, die spezielle Bereiche mit einzigartiger Biochemie in der Zelle erzeugen. Netzwerke solch großer Gerüste liegen oft unter Bereichen der spezialisierten Plasmamembran. So wird beispielsweise das *Disc-large-Protein* (Dlg), ein Protein aus etwa 900 Aminosäuren, in einer speziellen Region unterhalb der Plasmamembran in Epithelzellen und an Synapsen konzentriert. Dlg enthält Bindungsstellen für mindestens sieben andere Proteine, durchsetzt mit Bereichen flexiblerer Polypeptidketten. Dlg ist ein evolutionär altes Protein, das in so verschiedenen Organismen wie Schwämmen, Würmern, Fliegen und Menschen konserviert ist; sein Name leitet sich vom Mutantenphänotyp ab, in dem es zuerst entdeckt wurde. Die Zellen in den Imaginalscheiben des *Drosophila*-Embryos mit einer Mutation im *Dlg*-Gen beenden die Proliferation nicht, wenn sie dies sollten, und sie bilden ungewöhnlich große Scheiben, deren Epithelzellen Tumoren bilden können.

Man nimmt an, dass Dlg und eine große Anzahl anderer Gerüstproteine wie das in **Abb. 3.76** schematisch gezeigte Protein funktionieren. Durch Bindung an einen spezifischen Satz wechselwirkender Proteine und/oder RNA-Moleküle können diese Gerüste die Geschwindigkeit der entscheidenden Reaktionen erhöhen, während sie diese außerdem auf bestimmte Zellbereiche beschränken, die das Gerüst enthalten. Aus ähnlichen Gründen machen Zellen auch von *RNA-Gerüstmolekülen* ausgiebig Gebrauch, wie in Kapitel 7 noch besprochen wird.

3.2.29 Makromoleküle können sich selbst zusammenlagern, um biomolekulare Kondensate zu bilden

Die bislang besprochenen makromolekularen Zusammenschlüsse und Proteinmaschinen sind durch physikalische Wechselwirkungen definiert, die einzelne Proteine und Nukleinsäuren an definierten Stellen relativ zu einander organisieren. Im Allgemeinen wird jede Kopie einer makromolekularen Maschine aus den gleichen Teilen gebildet und zur

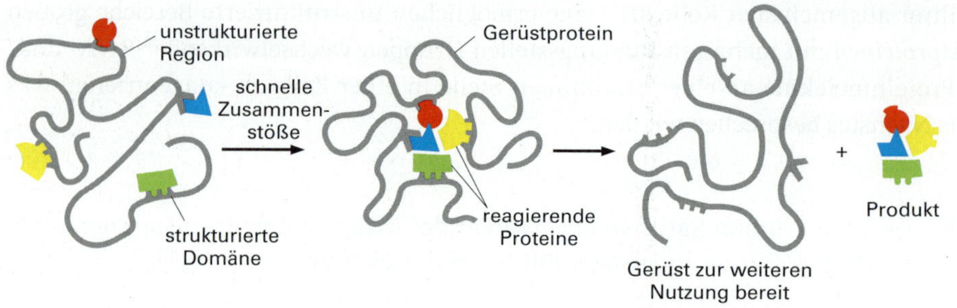

Abb. 3.76 Wie die durch Gerüstproteine erzeugte Nähe die Reaktionen in einer Zelle erheblich beschleunigen kann. In diesem Beispiel verbinden lange unstrukturierte Bereiche einer Polypeptidkette in einem großen Gerüstprotein eine Reihe strukturierter Domänen, die einen Satz reagierender Proteine oder RNA-Moleküle binden. Die unstrukturierten Bereiche dienen als flexible „Leinen", die die Reaktionsgeschwindigkeiten enorm steigern, indem sie ein schnelles zufälliges Aufeinandertreffen aller Moleküle verursachen, die an das Gerüst gebunden sind. (Zu spezifischen Beispielen der Proteinankettung s. Abb. 3.75 und Abb. 16.14; zu RNA-Gerüstmolekülen s. Abb. 7.82).

gleichen dreidimensionalen Struktur zusammengesetzt. So wird beispielsweise das bakterielle Ribosom, das für die Synthese neuer Proteine verantwortlich ist, aus 55 Proteinen und drei RNA-Molekülen gebildet, die als invarianter Komplex angeordnet sind (s. Abb. 6.65). Sogar im Fall von Proteinkomplexen mit flexiblen Gerüsten (s. Abb. 3.75) besitzt der molekulare Zusammenschluss ein charakteristische (ob gleich biegsame) Konformation.

Biomolekulare Kondensate sind dagegen ein anderer Typ einer zellulären Struktur, die aus Proteinen (und oft RNA) gebildet werden und über eine große Anzahl schwacher und sich beständig ändernder Wechselwirkungen zwischen ihnen zusammengehalten werden. Jedes Kondensat wird zumindest von einem Gerüstmakromolekül (ein Protein oder RNA-Molekül) gebildet, das in der Lage ist, entweder mit sich selbst oder mit anderen Makromolekülen viele unabhängige Wechselwirkungen einzugehen – diese führen ihrerseits wiederum viele andere Wechselwirkungen durch. Man nennt diese Makromolekültypen *multivalent*. Typischerweise ist jede dieser einzelnen Wechselwirkungen zwischen diesen multivalenten Proteinen und RNAs sehr schwach, sodass sie sich häufig bildet und wieder lst. Wenn irgendeine Wechselwirkung aufhört, so verhindern andere Wechselwirkungen an verschiedenen Stellen des Makromoleküls, dass es wegdiffundiert und erhöhen so seine lokale Konzentration. Mit der Zeit lösen sich einige dieser anderen Wechselwirkungen, neue haben sich bereits irgendwo gebildet. Auf diese Weise interagieren alle Proteine innerhalb des Kondensats fortwährend miteinander, auch wenn der spezifische Satz an Wechselwirkungen sich von einem Moment zum anderen ändert.

Die Bildung von Kondensaten dient dazu, eine Untergruppe der zellulären Makromoleküle in einem getrennten Kompartiment in der Zelle abzusondern und zu konzentrieren. In manchen Fällen führen diese Makromoleküle innerhalb des Kondensats eine spezialisierte Biochemie durch – dabei bilden sie eine biochemische „Fabrik", die effizient ein bestimmtes Produkt erzeugt, wie bei den Ribosomen, die im Nucleolus gebildet werden. In anderen Fällen kann das Absondern in einem Kondensat für eine Reihe von Makromolekülen als vorübergehendes Speicherdepot dienen, während ihre Aktivität blockiert ist, wie im Fall von Stresskörnchen, die sich bilden können, wenn eine Zelle gestört wird.

Es zeigt sich, dass die ungeordneten Proteindomänen mit geringer Komplexität oft die wechselnden, schwachen Bindungswechselwirkungen vermitteln, die ein Kondensat bilden; dabei leisten sie häufig einen wichtigen Beitrag zu deren Bildung. Außerdem können auch andere Bindungstypen die Kondensatbildung antreiben (Abb. 3.77a). Die dynamischen und sich ändernden Wechselwirkungen innerhalb eines Kondensats führen dazu, dass sich dieses wie eine Flüssigkeit verhält: Die Moleküle innerhalb des Kondensats stoßen gegeneinander und tauschen rasch ihre relativen Positionen; außerdem tauschen sie sich rasch gegen ihre Pendants außerhalb des Kondensats aus (Abb. 3.77b). Da das Kondensat von der umgebenden Flüssigkeit getrennt bleibt, wird der Kondensatbildungsvorgang häufig als **Flüssig-flüssig-Phasentrennung** oder Flüssig-flüssig-Entmischung bezeichnet.

Eine charakteristische Eigenschaft biomolekularer Kondensate, die deren dynamische Natur widerspiegelt, ist der rasche umkehrbare Aufbau und Abbau vieler dieser Strukturen. So verschwindet beispielsweise der Nukleolus während der Mitose und bildet sich

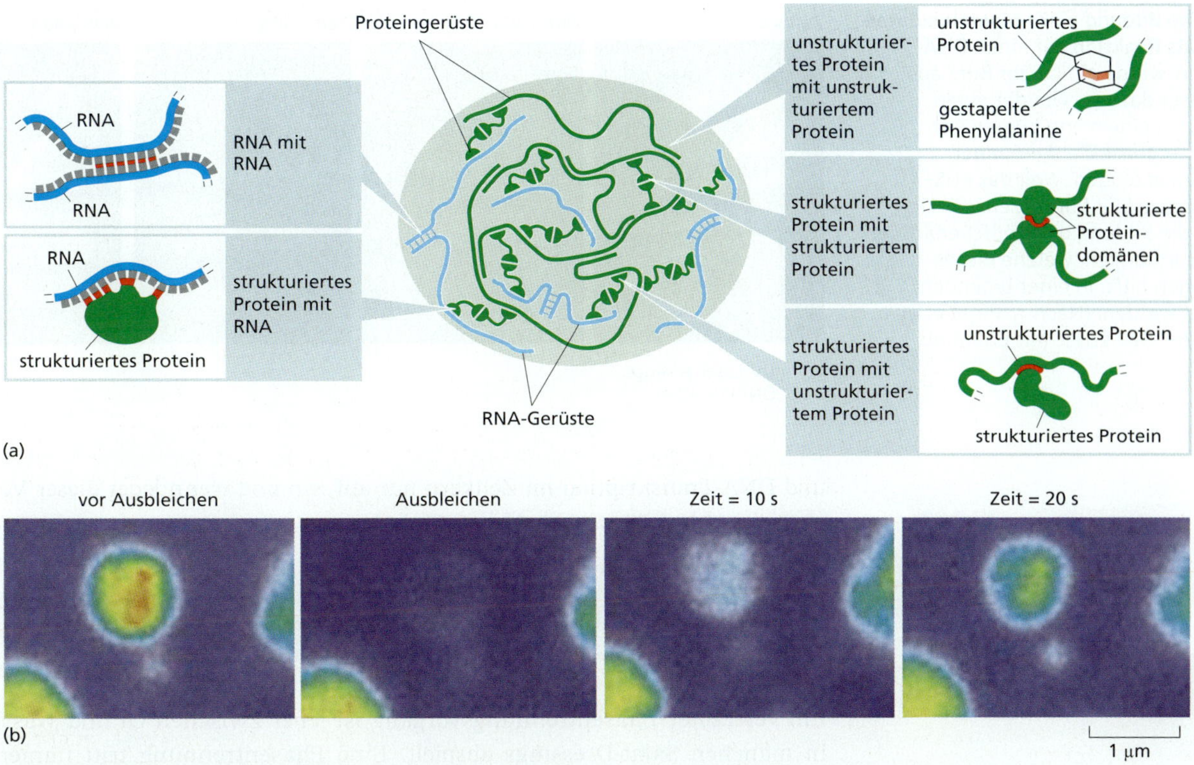

Abb. 3.77 Die multivalenten Wechselwirkungen zwischen Gerüstmolekülen, die die Bildung biomolekularer Kondensate antreiben. (a) Schematische Zeichnung eines biomolekularen Kondensats, das sowohl RNA als auch Proteine enthält; dargestellt sind einige Arten schwacher Bindungswechselwirkungen, die häufig beteiligt sind. Man beachte, dass die Domänen der Gerüstproteine mit geringer Komplexität häufig entscheidend für die Bildung dieser Kondensate sind und dass verschiedene Arten von Bindungswechselwirkungen dazu beitragen, dass sich diese unstrukturierten Bereiche aneinanderheften. Außer der Stapelung aromatischer Seitenketten (gezeigt ist Phenylalanin) zählen dazu Ionenanziehungen, Kation-Pi-Wechselwirkungen und die Bildung von geknickten Cross-Beta-Strukturen, die Amyloiden ähneln. (b) Die Fluoreszenz-Erholung nach Lichtausbleichung (FRAP) zeigt, dass die Proteinmoleküle innerhalb eines Kondensats beweglich sind. Hier wurden die vielen Nukleoli in einer Säugerzelle durch Fusion von GFP mit dem Gerüstprotein Fibrillin fluoreszenzmarkiert, und dieses Fibrillin in einem der Nucleoli wurde mit einem Blitz eines fokussierten Laserstrahls gebleicht. Die rasche Wiedererlangung der Fluoreszenz zeigt, dass das Fibrillin in diesem Kondensat fortwährend durch Fibrillinmoleküle in seiner Umgebung ausgetauscht wird. (b, aus R. D. Phair und T. Misteli. Nature: 604–609, 2000. Mit Genehmigung von Springer Nature).

in der frühen Interphase erneut, indem die anfänglich getrennten Tröpfchen, die sich auf den verschiedenen Chromosomen zu Beginn jeder Interphase bilden, verschmelzen (**Abb. 3.78**). Entsprechend tauchen die Fabriken zur DNA-Reparatur, DNA-Replikation

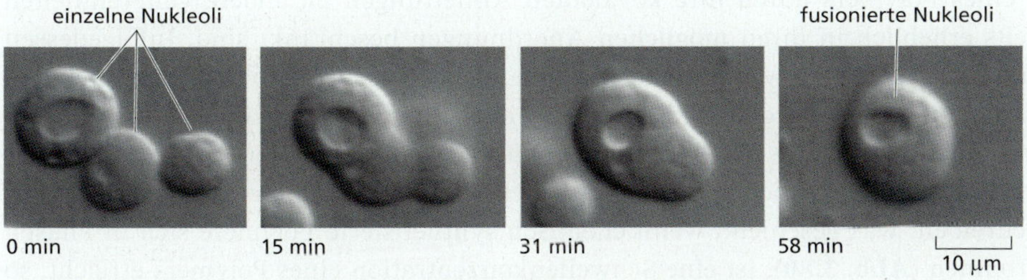

Abb. 3.78 Im Lichtmikroskop kann man die Fusion der sphärischen, tröpfchenartigen Nukleoli sehen. In diesen Experimenten kommen die Nukleoli innerhalb des Zellkerns vor, der aus einer *Xenopus*-Oocyte isoliert und unter Öl auf einem Objektträger platziert wurde. Hier sieht man, wie drei Nukleoli verschmelzen und ein größeres biomolekulares Kondensat bilden. Ein ganz ähnlicher Vorgang spielt sich nach jeder Zellteilungsrunde ab, wenn kleine Nukleoli sich zunächst auf vielen Chromosomen bilden, sich dann aber zu einem einzigen, großen Nukleolus vereinigen (s. **Abb. 6.47**). (Aus C. P. Brangwynne et al., *Proc. Natl. Acad. Sci. USA* 108: 4334–4339, 2011. Mit Genehmigung der National Academy of Sciences).

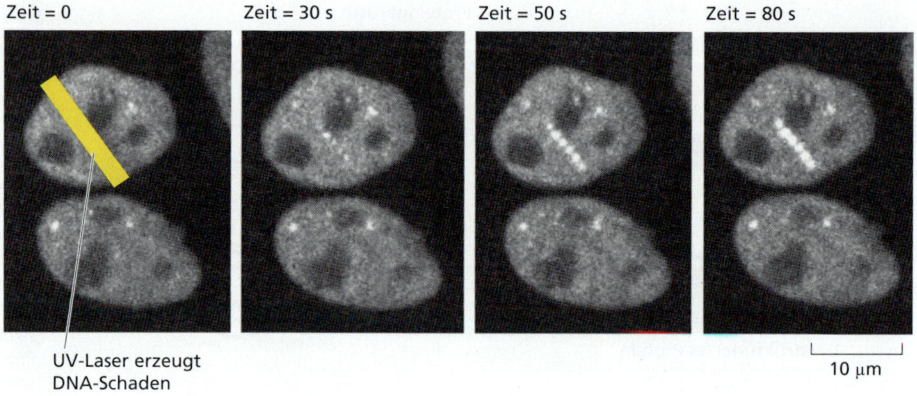

Abb. 3.79 Die Bildung eines biomolekularen Kondensats als Reaktion auf einen DNA-Schaden. Hierr wurde ein kurzer Blitz aus einem UV-Laser dazu verwendet einen DNA-Schaden in einem eng begrenzten Bereich im Interphase-Zellkern einer Säugerzelle zu erzeugen. Weil das FUS-Gerüstprotein mit GFP fluoreszenzmarkiert wurde, kann die Bildung der tröpfchenartigen DNA-Reparaturfabriken, welche dieses Gerüst erzeugen hilft, in einer lebenden Zelle verfolgt werden. (Nach A. Patel et al., *Cell* 162: 1066–1077 2015. Mit Erlaubnis von Elsevier).

und DNA-Transkription im Zellkern nur auf, wo und wenn jeder dieser Vorgänge sich abspielt (**Abb. 3.79**; s. auch **Abb. 6.51c**).

3.2.30 Klassische Untersuchungen der Phasentrennung haben für die biomolekularen Kondensate Bedeutung

Ein vertrauter Phasentrennungsvorgang ist jener zwischen Öl und Wasser, der sich in manchen Salat-Dressings abspielt. Eine Phasentrennung tritt immer dann auf, wenn die Bildung von zwei Phasen die Freie Energie einer Mischung minimiert, und sie erfordert die Überwindung der großen ungünstigen Änderung der Freien Energie, die durch die Entropiekosten der Entmischung verursacht wird. Im Beispiel vom Öl und Wasser gibt es somit sehr viel mehr Wege, die kleinen Ölmoleküle zwischen den Wassermolekülen zu verteilen, als es Wege gibt, die Ölmoleküle alle zusammen zu kondensieren. Der vollständig gemischte Zustand ist bei Weitem der wahrscheinlichste, und der Entmischungsvorgang beinhaltet deshalb eine große ungünstige (negative) Entropieänderung, die eine große, ungünstige (positive) Änderung in ΔG für die Phasentrennung erzeugt (es sei daran erinnert, dass $\Delta G = \Delta H - T\Delta S$ ist). Aber wegen eines sogar größeren, günstigen ΔG, das daher rührt, dass die Ölmoleküle daran gehindert werden, dass das Wasserstoffbrückennetzwerk der Wassermoleküle zerreißt, trennen sich Öl und Wasser in getrennte Phasen (s. **Tafel 2.2**). Für große Polymere, zu denen auch Proteine und Nukleinsäuren zählen, sind die Entropiekosten der Entmischung beträchtlich geringer als jene für eine gleichwertige Masse kleiner Moleküle. Der Grund ist der, dass die monomeren Untereinheiten eines Polymers durch ihre kovalenten Anheftungen an andere Untereinheiten bereits erheblich in ihren möglichen Anordnungen beschränkt sind. Infolgedessen kann eine Reihe relativ schwacher Anziehungen zwischen den Polymermolekülen oft eine ausreichend große Änderung der Freien Energie bewirken, um die Phasentrennung anzutreiben – dabei wird die ungünstige Änderung der Freien Energie der Entmischung überwunden. Chemiker haben *Phasendiagramme* entwickelt, um zu beschreiben, was geschieht, wenn chemisch synthetisierte Polymere sich in Phasen auftrennen (**Abb. 3.80**). Ist eine Schwellenkonzentration eines Polymers erreicht, so trennt sich die Lösung, wie dargestellt, in zwei getrennte Phasen, eine verdünnte und ein stark konzentrierte Phase. Die für unsere Betrachtungen wichtigste Eigenschaft ist jene, dass, wenn mehr Polymer bei einer konstanten Temperatur zugesetzt wird (**Abb. 3.80a**), seine Konzentration in jeder Phase die gleiche bleibt. Um die gesteigerte vorhandene Polymermenge aufzunehmen, steigt das Volumen der konzentrierten Phase und das Volumen der verdünnten Phase nimmt ab. Diese und andere

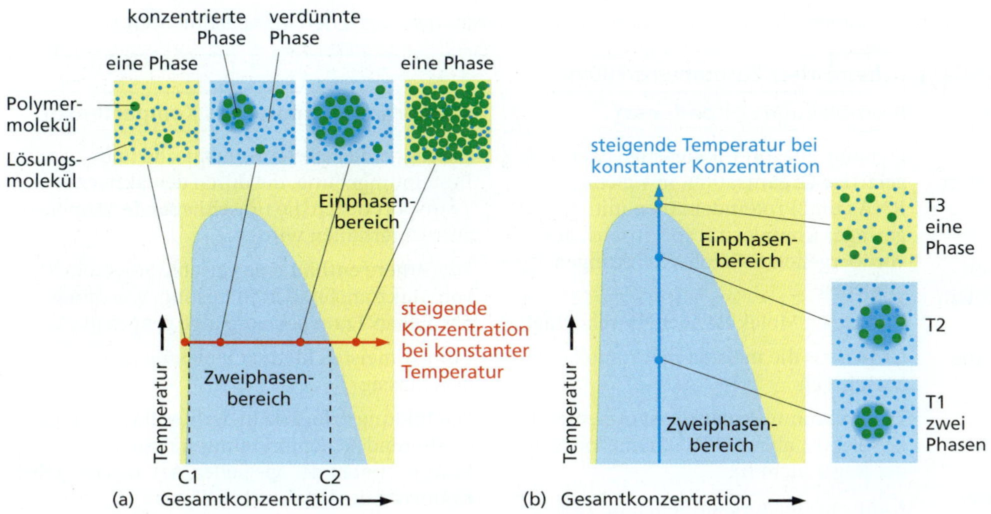

Abb. 3.80 Wie Phasendiagramme dazu verwendet werden, Phasentrennungen zu beschreiben. (a) Der Effekt der zunehmenden Polymerkonzentration bei konstanter Temperatur. Bei einer niedrigen Gesamtkonzentration eines Polymers (Ct) ist nur eine einzelne verdünnte Phase zu beobachten. Wenn aber die Polymerkonzentration steigt (*roter Pfeil*), beginnt die Phasentrennung für Ct > C1, und eine neue konzentrierte Phase bildet sich nun, wobei das Polymer bei der Konzentration C2 im Gleichgewicht ist mit einer verdünnten Phase bei der Polymerkonzentration C1. Wenn Ct weiter erhöht wird, steigt das Volumen der Phase mit der Polymerkonzentration C2, während die Phase im Gleichgewicht mit dem Polymer in der verdünnten Phase bei unveränderter Konzentration C1 bleibt. Schließlich gibt es für Ct > C2 nur eine einzige Phase mit der Konzentration Ct. Im gezeigten Beispiel ist C2 mehr als 10-mal so hoch wie C1. (b) Der Effekt einer Zunahme der Temperatur (*T*) bei einer konstanten Polymer-Gesamtkonzentration. Wenn die Temperatur in einer Lösung, die ein phasengetrenntes Polymer enthält, von T1 auf T2 erhöht wird (*blauer Pfeil*), dann steigt die Konzentration des Polymers in ihrer verdünnten Phase (C1), und die Konzentration des Polymers in ihrer konzentrierten Phase (C2) sinkt. Bei einer höheren kritischen Temperatur ist C1 = C2, und die beiden Phasen werden zu einer. Dies geschieht deshalb, weil die ungünstige Entropieänderung für die Entmischung (ΔS) einen zunehmend großen ungünstigen Beitrag zu der Änderung der Freien Nettoenergie bei höheren Temperaturen macht (über den Term $-T\Delta S$ in der Gleichung für ΔG), was schließlich jegliche Trennung der Phasen verhindert.

Eigenschaften der Phasentrennung sind von Bedeutung, wenn man biomolekulare Kondensate betrachtet, auch wenn Letztere im Allgemeinen aus Mischungen komplexerer biologischer Polymere (Proteine und RNA-Moleküle) zusammengesetzt sind.

3.2.31 Ein Vergleich von drei wichtigen Arten großer biologischer Zusammenschlüsse

Seit Langem hat man erkannt, dass Eukaryotenzellen viele membranumschlossene Kompartimente enthalten, die von zentraler Bedeutung für die Zellbiologie sind. Diese liegen als Organellen vor, wie z. B. der Zellkern, das Endoplasmatische Reticulum, der Golgi-Apparat und das Lysosom. Jede dieser Organellen konzentriert einen bestimmten Satz von Enzymen und Substraten, und erzeugt dabei in ihrem Inneren eine spezialisierte Biochemie. Diese Kompartimente werden Gegenstand von Kapitel 12 sein, in dem wir auch biomolekulare Kondensate genauer behandeln werden. In **Tabelle 3.3** vergleichen wir die Eigenschaften von Proteinmaschinen und biomolekularen Kondensaten, die in diesem Kapitel eingeführt wurden, und zwar sowohl untereinander als auch gegenüber membranumschlossenen Kompartimenten.

Tab. 3.3 Makromolekulare Maschinen im Vergleich mit biomolekularen Kondensaten und membranumschlossenen Kompartimenten.

	Vergleich von drei Arten großer biochemischer Zusammenschlüsse		
	Makromolekulare Maschine	**Biomolekulares Kondensat**	**Membranumschlossenes Kompartiment**
Eigenschaften	Feste makromolekulare Zusammensetzung, mit definierter Stöchiometrie und räumlicher Organisation der Bestandteile	Dynamische, oft flüssigartige oder gelartige Organisation, in welcher RNAs und Proteindomänen mit geringer Komplexität spezifische, aber vorübergehende Wechselwirkungen eingehen	Erzeugt eine getrennte chemische und Proteinumgebung, die durch den aktiven Transport durch die umschließende Membran aufrechterhalten wird
	Aus einem spezifischen Satz von Proteinmolekülen oder von Protein- und RNA-Molekülen gebildet	Für kleine Moleküle leicht durchdringbar	Das Innere enthält eine variable Stöchiometrie von Makromolekülen in Lösung, wie durch die obigen Transportvorgänge festgelegt
	Baut sich spontan zusammen und kann sich *de novo* bilden	Größer als die meisten makromolekularen Maschinen	Für die meisten kleinen Moleküle nicht durchlässig
	Nichtsdestotrotz ist der Zusammenbau in vielen Fällen reguliert, damit er sich an bestimmten Stellen, wie benötigt, abspielt	Die makromolekulare Zusammensetzung ist selektiv, aber die Stöchiometrie ist in der Regel nicht fix Kann sich *de novo* aufbauen und als Reaktion auf sich ändernde Bedingungen oder den Bedarf der Zelle abbauen	Die Bildung erfordert in der Regel ein bereits existierendes membranumschlossenes Kompartiment der speziellen Art, das für jedes Kompartiment unterschiedlich ist
Beispiele	SCR-Ubiquitin-Ligase	Nucleolus	Endoplasmatisches Reticulum
	DNA-Replikations-Proteinmaschine	Centrosom	Mitochondrium
	Ribosom	Stresskörnchen	Transportvesikel
	Kernpore	Neuronales RNA-Transportkörnchen	Lysosom

3.2.32 Viele Proteine werden durch kovalente Modifikationen kontrolliert, die sie zu spezifischen Stellen innerhalb der Zelle lenken

In diesem Kapitel haben wir nur einige wenige Arten beschrieben, wie Proteine posttranslational modifiziert werden können. Es gibt jedoch noch eine große Anzahl anderer derartiger Modifikationen; man kennt über 200 verschiedene Arten. Um einen Eindruck von der Vielfalt zu geben, zeigt **Tab. 3.4** einige wenige der modifizierenden Gruppen mit bekannten Regulationsaufgaben. Wie bei der zuvor beschriebenen Anheftung von Phosphat und Ubiquitin, werden diese Gruppen von Enzymen an Proteine angefügt und entfernt, dem Bedarf der Zelle entsprechend.

Eine große Anzahl von Proteinen wird an mehr als nur einer Aminosäure-Seitenkette modifiziert wird; verschiedene Regulationsereignisse erzeugen ein unterschiedliches Muster an derartigen Modifikationen. Ein eindrucksvolles Beispiel ist das Protein p53, das eine zentrale Rolle bei der Kontrolle der Zellreaktion auf schädliche Vorkommnisse spielt (s. **Abb. 17.60**). Durch vier verschiedene Arten molekularer Additionen kann dieses

Tab. 3.4 Einige Moleküle, die kovalent mit Proteinen verbunden werden, regulieren die Proteinfunktion.

Modifizierende Gruppe	**Einige bedeutende Funktionen**
Phosphat auf Ser, Thr oder Tyr	Treibt den Zusammenschluss eines Proteins zu größeren Komplexen an (s. Abb. 15.11).
Methyl an Lys	Trägt dazu bei, getrennte Bereiche im Chromatin zu erstellen, indem entweder Mono-, Di- oder Trimethyllysin gebildet wird (s. Abb. 4.34).
Acetyl an Lys	Hilft Gene in Chromatin zu aktivieren, indem es Histone modifiziert (s. Abb. 4.34).
Palmityl-Gruppe an Cys	Die Anheftung dieser Fettsäure treibt die Verbindung eines Proteins mit Membranen an (s. Abb. 10.18).
***N*- Acetylglukosamin** an Ser oder Thr	Kontrolliert die Enzymaktivität und die Genexpression bei der Glukosehomöostase.
Ubiquitin an Lys	Die Anheftung von Monoubiquitin reguliert den Transport von Membranproteinen in Vesikeln (s. Abb. 13.59). Eine Polyubiquitin-Kette markiert ein Protein für den Abbau (s. Abb. 3.66).

Ubiquitin ist ein Polypeptid von 76 Aminosäuren; es gibt mindestens 10 weitere mit Ubiquitin verwandte Proteine in Säugetierzellen.

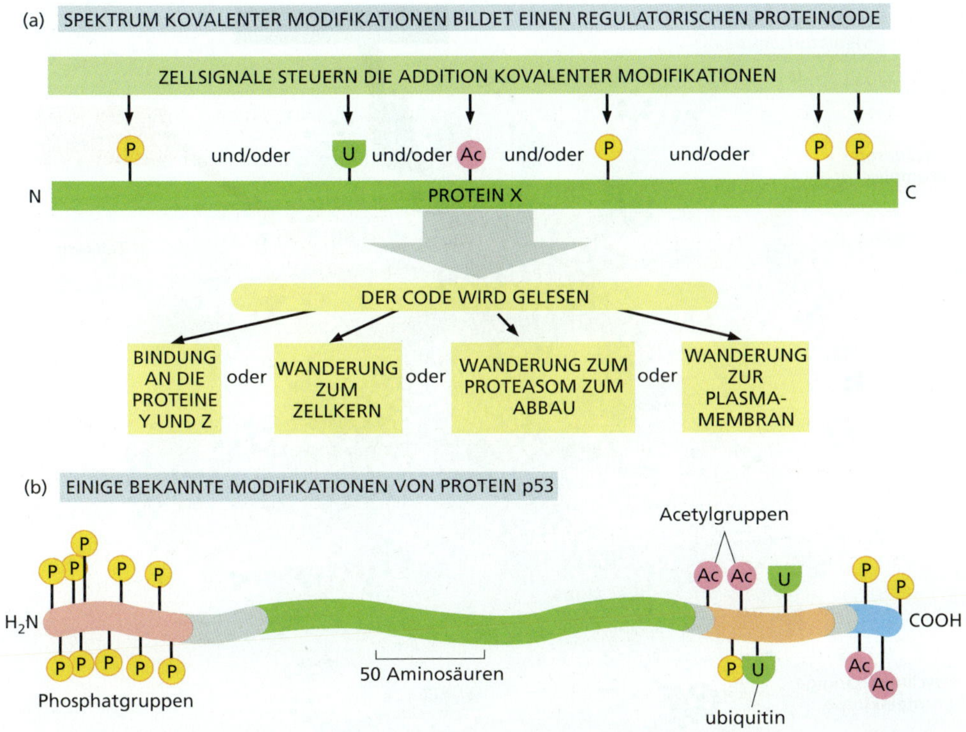

Abb. 3.81 Proteinmodifikation an mehreren Stellen und ihre Auswirkungen. (a) Von einem Protein, das eine posttranslationale Anheftung an mehr als einer seiner Aminosäure-Seitenketten aufweist, kann man sagen, dass es einen kombinatorischen Regulations-Code trägt. Über Signalnetze werden an mehrere Stellen eines Proteins Modifikationen angefügt (und entfernt), und der sich ergebende kombinatorische Regulationscode auf dem Protein wird gelesen, um das Verhalten des Proteins in der Zelle zu verändern. (b) Das Muster einiger kovalenter Modifikationen am Protein p53.

Protein an 20 verschiedenen Stellen modifiziert werden. Weil eine enorme Anzahl verschiedener Kombinationen dieser 20 Modifikationen möglich ist, kann das Verhalten des Proteins prinzipiell auf ungeheuer viele Weisen verändert werden. Solche Modifikationen erzeugen oft eine Stelle auf dem modifizierten Protein, über die es an ein Gerüstprotein in einem speziellen Zellbereich bindet; dabei wird es – über das Gerüst – mit den anderen Proteinen verbunden, die für eine Reaktion an dieser Stelle erforderlich sind. Zu den Effekten kann auch die Bewegung des modifizierten Proteins sowohl in ein spezifisches biomolekulares Kondensat hinein als auch aus ihn heraus gerechnet werden.

Man kann den Satz von kovalenten Modifikationen eines jeden Proteins als einen *kombinatorischen Regulationscode* betrachten. Als Reaktion auf ein Signal werden spezifische modifizierende Gruppen an ein Protein geheftet oder von ihm entfernt, und der Code verändert dann das Proteinverhalten – was die Aktivität oder Stabilität des Proteins, seine Bindungspartner und/oder seine spezifische Lage innerhalb der Zelle verändert (**Abb. 3.81**). Als Ergebnis kann die Zelle rasch und mit großer Anpassungsfähigkeit auf Veränderungen ihres Zustands oder ihrer Umgebung reagieren.

3.2.33 Der Zellfunktion liegen komplexe Netzwerke von Proteinwechselwirkungen zugrunde

Zellbiologen stehen im Informationszeitalter, in dem eine große Anzahl vollständiger Genomsequenzen entschlüsselt ist, zahlreichen Herausforderungen gegenüber. Eine dieser Aufgaben ist die Notwendigkeit, die Funktionsweise jeder der vielen Tausend Proteinmaschinen zu analysieren, die in einem Organismus wie dem Menschen vorkommen. Um einen derart bemerkenswerten Proteinkomplex zu verstehen, muss er aus seinen gereinigten Proteineinzelteilen wieder zusammengesetzt werden – nur so kann jedes Detail seiner Arbeitsweise unter kontrollierten Bedingungen im Reagenzglas, frei von allen anderen Zellbestandteilen, untersucht werden. Das allein ist schon eine ungeheure Aufgabe. Aber jeder dieser Proteinkomplexe steht auch noch mit anderen Makromolekülgruppen in Beziehung, sodass ein riesiges Netzwerk aus Protein–Protein- und

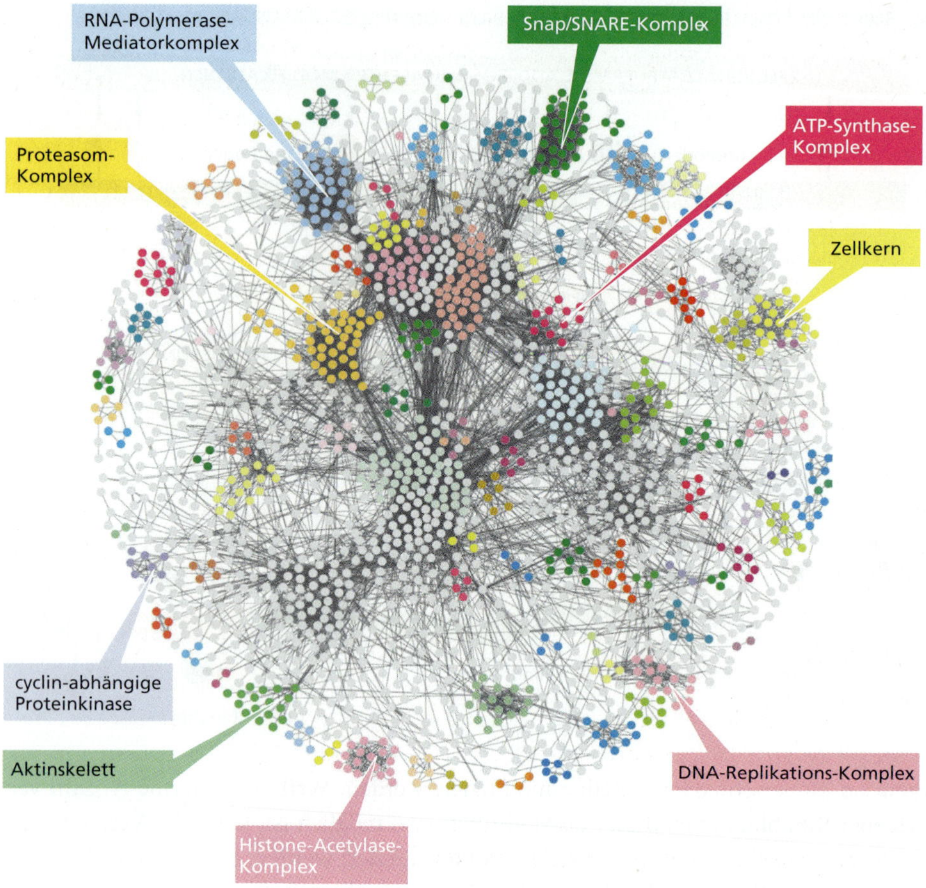

Abb. 3.82 Ein Netzwerk von Proteinbindungswechselwirkungen in Zellen der Fruchtfliege *Drosophila*. Jede Linie, die ein Punktepaar (Proteine) verbindet, weist auf eine Protein–Protein-Wechselwirkung hin. Die Markierungen dienen dazu, einige wenige stark interaktive Proteingruppen zu kennzeichnen, deren Funktionen im Text beschrieben sind. (Aus K. G. Guruharsha et al., *Cell* 147: 690–703, 2011. Mit Erlaubnis von Elsevier).

Protein–Nukleinsäure-Wechselwirkungen die gesamte Zelle durchzieht. Um eine Zelle wirklich zu „verstehen“, muss man folglich die meisten dieser Querbeziehungen ebenfalls analysieren.

Wir können eine Vorstellung von der Natur der intrazellulären Netzwerke aus dem besonders gut untersuchten Beispiel erhalten, das in Kapitel 16 ausgeführt ist: den vielen Dutzenden Proteinen, die mit dem Aktin-Cytoskelett wechselwirken, um das Aktinfilament-Verhalten zu kontrollieren (s. **Tafel 16.3**).

Biochemiker und Strukturbiologen sind grundsätzlich in der Lage, all diese verschiedenen Aktin-Hilfsproteine zu reinigen, um ihre Wirkung auf Actin-Filamente einzeln und in Kombination zu untersuchen und all ihre Protein-Protein-Wechselwirkungen und ihre Atomstrukturen zu bestimmen. Aber um das Aktin-Cytoskelett wirklich zu verstehen, ist es auch erforderlich, dass wir lernen, anhand dieser Daten zu berechnen, wie jede einzelne Mischung dieser Bestandteile, die in einer einzelnen Zelle vorhanden sind, den beobachteten Satz dreidimensionaler Netzwerke von Aktin-Strukturen, erzeugt – ein Ziel, dass augenblicklich außer Reichweite erscheint.

Um die Zelle zu verstehen, bedarf es jedoch weit mehr als Aktin zu verstehen. Wie in Kapitel 8 beschrieben wird, wurde in den letzten Jahren die Automatisierung einer Reihe leistungsfähiger Technologien genutzt, um enorme Karten von Proteinwechselwirkungen zu erzeugen (**Abb. 3.82**). Die erhaltenen Daten legen nahe, dass jedes der grob 10 000 verschiedenen Proteine in einer menschlichen Zelle mit fünf bis zehn verschiedenen Partnern in Wechselwirkung steht; dies zeigt die Herausforderungen, denen Wissenschaftler gegenüber stehen, die daran arbeiten, die Komplexität der Zellchemie zu verstehen.

Was hält die Zukunft bereit? Trotz der enormen Fortschritte der letzten Jahre können wir bis jetzt nicht für uns in Anspruch nehmen, dass wir auch nur die einfachsten bekannten Zellen verstehen, wie z. B. das kleine Bakterium *Mycoplasma*, das aus nur 500 Genprodukten aufgebaut ist (s. **Abb. 1.8**). Wie können wir dann hoffen, einen Menschen zu verstehen? Zweifelsohne wird eine große Menge neuer Biochemie unverzichtbar sein, bei der jedes einzelne aus einem Satz miteinander wechselwirkender Proteine aufgereinigt wird, sodass seine Chemie und Wechselwirkungen im Reagenzglas untersucht werden können. Aber zusätzlich werden leistungsfähigere Analysenetzwerke benötigt, die auf bis jetzt noch nicht erfundenen mathematischen und rechnergestützten Werkzeugen basieren (s. Kapitel 8). Es bleiben sicherlich viele wunderbare Herausforderungen für zukünftige Generationen von Zellbiologen.

3.2.34 Proteinstrukturen lassen sich vorhersagen und neue Proteine können entworfen werden

Weil die Strukturen und Funktionen von Proteinen in ihren Aminosäuresequenzen verschlüsselt sind, ist es grundsätzlich möglich, die Strukturen und Funktionen der Proteine direkt aus deren Aminosäuresequenz herzuleiten. Wir sollten auch in der Lage sein, Proteine mit vollständig neuen Strukturen und Funktionen zu erzeugen, indem wir neue Aminosäuresequenzen für diese Strukturen und Funktionen entwerfen – und sie in synthetischen Genen verschlüsseln. Ein Erfolg bei dem ersten Bemühen würde unsere Fähigkeit zum Verständnis, wie die Biologie eines Organismus in seiner DNA-Sequenz des Genoms verschlüsselt ist, transformieren. Ein Erfolg bei dem zweiten Unternehmen könnte zu einer neuen Generation von entworfenen Proteinen führen, die einige der Herausforderungen des 21. Jahrhunderts in Angriff nehmen, mit denen die Menschheit konfrontiert wird.

In beiden obigen Bereichen bestehen große Herausforderungen. Die erste Herausforderung ist, dass es für jede angenommene Aminosäuresequenz eine sehr große Anzahl von möglichen Strukturen gibt. Denn, wie wir gesehen haben, faltet sich ein Protein in den Zustand mit der geringsten Freien Energie; man benötigt die Physik, um die Energie jeder Proteinkonformation zu berechnen. Aber sogar für ein relativ kurzes Protein aus 100 Aminosäuren liegt die Anzahl möglicher Konformationen in der Größenordnung von 3^{100}, da jede Aminosäure durchschnittlich drei oder mehr rotierbare Bindungen besitzt. Eine erfolgreiche Vorhersage der Proteinstruktur und ein erfolgreiches Entwerfen neuer Proteine erfordert somit Rechenmethoden, um sehr effizient die riesige Anzahl von Strukturen durchsuchen zu können.

In den letzten Jahren erzielte man hierbei deutliche Fortschritte. So können für kleine Proteine oder für Proteine aus sehr großen Familien computergestützte Suchen nach dem Zustand der geringsten Energie oft exakt die Proteinstruktur aus der Aminosäuresequenz vorhersagen. Jüngst entwickelte maschinelle Lernansätze mithilfe künstlicher Intelligenz (KI) können sogar noch genauere Vorhersagen der Proteinstruktur treffen. Umgekehrt wurden viele neue Proteinstrukturen und -funktionen *de novo* geschaffen, indem Sequenzen entworfen wurden, in denen der niedrigste Energiezustand die gewünschte Struktur und Funktion besitzt (**Abb. 3.83**).

Während dieser Fortschritt nahe legt, dass das Proteinfaltungsproblem nicht unlösbar ist, bleiben riesige Herausforderungen. Noch schwieriger ist es, die Funktion aus der Struktur vorherzusagen: Während sich in manchen Fällen die Funktion aus der Strukturanalogie mit anderen, ähnlich strukturierten Proteinen und bereits bekannter Funktion vorhersagen lässt, kann dies problematisch sein, weil bereits ein paar wenige Aminosäureaustausche die Funktion erheblich verändern können; z. B. die Identität eines Substrats, auf das ein Enzym reagiert. So ist es zwar möglich, neue Proteine mit neuen Strukturen und Bindungsaktivitäten zu entwerfen, aber es bleibt eine große Herausforderung, die bemerkenswerten Aktivitäten der natürlichen Enzyme mit der

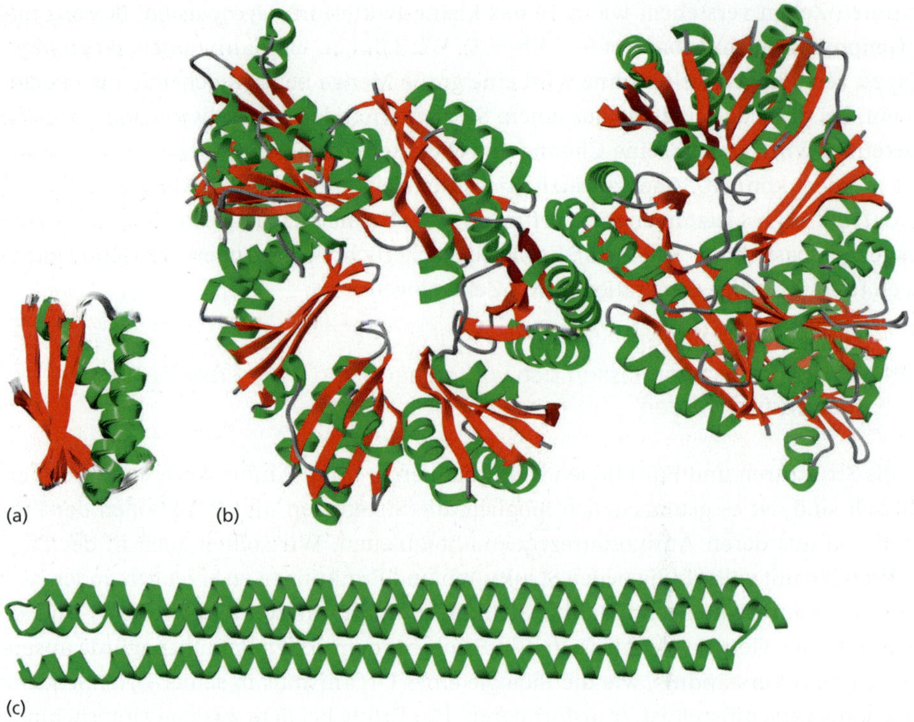

Abb. 3.83 **Einige Beispiele für am Reißbrett entworfene Proteine.** Die Aminosäuresequenzen der drei gezeigten Proteine wurden mit dem Computer bestimmt; die Auswahl erfolgte so, dass jedes Protein eine spezifisch entworfene dreidimensionale Konformation in ihrem niedrigsten Energiezustand annimmt. Nachdem jedes Protein mithilfe der Gentechnik in Bakterien produziert wurde, wurde seine tatsächliche Struktur bestimmt, und es zeigte sich, dass diese mit der vom Designer beabsichtigten übereinstimmte. (a) Ein kleines Protein mit 122 Aminosäuren. (b) Ein Protein, das eine oktaedrische Schale aus 24 identischen Untereinheiten erzeugt, von denen hier nur acht gezeigt sind. (c) Ein Protein, das aus einem antiparallelen Bündel mit drei Helices besteht. (a, PDB-Code: 2N76; b, PDB-Code 3VCD; c, PDP-Code: 4TQL).

hochentwickelten Informationsintegration und Krafterzeugung natürlicher molekularer Maschinen zu kombinieren.

Zusammenfassung

Die Funktion eines Proteins hängt im Wesentlichen von seinen einzelnen chemischen Eigenschaften auf seiner Oberfläche ab. Enzyme sind katalytische Proteine, die Geschwindigkeiten für das Eingehen und Lösen kovalenter Bindungen erheblich beschleunigen. Sie vollbringen dies, indem sie den energiereichen Übergangszustand eines bestimmten Reaktionswegs binden und dabei die Aktivierungsenergie der Reaktion herabsetzen. Die Geschwindigkeiten von enzymkatalysierten Reaktionen sind oft so schnell, dass sie ausschließlich diffusionsbegrenzt sind.

Proteine ändern ihre Form reversibel, wenn Liganden an ihre Oberfläche binden.

Die durch einen Liganden bewirkten allosterischen Änderungen einer Proteinkonformation beeinflussen die Bindung eines zweiten Liganden. Die Koppelung zwischen zwei Liganden-Bindungsstellen ist ein wichtiger Mechanismus zur Steuerung von Vorgängen in der Zelle. Stoffwechselwege werden beispielsweise durch Rückkopplungsregelung kontrolliert: Einige kleine Moleküle hemmen und andere kleine Moleküle aktivieren Enzyme früh in einer Stoffwechselkette. Auf diese Weise kontrollierte Enzyme bilden im Allgemeinen symmetrische Aggregate, sodass kooperative Konformationsänderungen eine starke Antwort auf Konzentrationsänderungen des regulierenden Liganden hervorrufen.

Der Einsatz von chemischer Energie kann Veränderungen der Proteinform in eine Richtung antreiben. Durch Koppelung einer allosterischen Konformationsänderung an beispielsweise die Hydrolyse eines fest gebundenen ATP-Moleküls, können Proteine Nutzarbeit leisten – etwa mechanische Kraft erzeugen oder sich gerichtet über weite Strecken bewegen. Die dreidimensionalen Strukturen von Proteinen haben enthüllt, wie eine durch Nukleosidtriphosphat-Hydrolyse hervorgerufene kleine örtliche Änderung verstärkt wird, um größere Änderungen an einer anderen Stelle des Proteins zu erzeugen.

Durch die Verknüpfung vieler unterschiedlicher Proteinmoleküle zu großen Aggregaten entstehen sehr effiziente Proteinmaschinen, in denen allosterische Bewegungen der Einzelkomponenten koordiniert werden. Solche Maschinen führen viele der wichtigsten Reaktionen und Vorgänge in der Zelle aus. Sie und andere Makromoleküle können in großen flüssigartigen Zusammenschlüssen zusammengebracht werden, den sogenannten biomolekularen Kondensaten, die durch schwache, sich ändernde Wechselwirkungen mit multivalenten Protein- und RNA-Gerüsten erzeugt werden.

Proteine sind vielen reversiblen posttranslationalen Modifikationen unterworfen, wie z. B. der kovalenten Addition einer Phosphat- oder Acetylgruppe an eine spezifische Aminosäure-Seitenkette. Das Anheften dieser modifizierenden Gruppen dient dazu, die Aktivität eines Proteins zu regulieren, seine Konformation, seine Bindung an andere Proteine und seine Lage innerhalb der Zelle zu ändern. In einer Zelle wird ein typisches Protein mit mehr als fünf verschiedenen Partnern wechselwirken. Das Verständnis dieser großen Proteinnetzwerke wird eine Biochemie erforderlich machen, durch die kleine Sätze wechselwirkender Proteine aufgereinigt werden können und ihre Chemie im Detail analysiert werden kann. Außerdem werden neue Computertechniken erforderlich sein, um der enormen Komplexität dieser Netzwerke einen Sinn zu verleihen.

Literatur

3 Allgemein

Berg, J.M., Tymoczko, J.L., Gatto, G.J. et al. (2021). *Biochemistry*. 9th ed. New York: W.H. Freeman; deutsch (2017) Biochemie, 8. Aufl. Spektrum, Heidelberg.

Branden, C. und Tooze, J. (1999). *Introduction to Protein Structure*. 2nd ed. New York: Garland Science.

Dickerson, R.E. (2005). *Present at the Flood: How Structural Molecular Biology Came About*. Sunderland, MA: Sinauer.

Kuriyan, J., Konforti, B. und Wemmer, D. (2013). *The Molecules of Life: Physical and Chemical Principles*. New York: Norton.

Petsko, G.A. und Ringe, D. (2004). *Protein Structure and Function*. London: New Science Press.

Steven, A.C., Baumeister, W, Johnson, L.N. et al. (2016). *Molecular Biology of Assemblies and Machines*. New York: Garland Science

3.1 Die atomare Struktur von Proteinen

Anfinsen, C.B. (1973). Principles that govern the folding of protein chains. *Science* 181: 223–230.

Caspar, D.L.D. und Klug, A. (1962). Physical principles in the construction of regular viruses. *Cold Spring Harb. Symp. Quant. Biol.* 27: 1–24.

Dill, K.A. und MacCallum, J.L. (2012). The protein-folding problem, 50 years on. *Science* 338: 1042–1046.

Eisenberg, D. (2003). The discovery of the alpha-helix and beta-sheet, the principal structural features of proteins. *Proc. Natl. Acad. Sci. USA* 100: 11207–11210.

Fraenkel-Conrat, H. und Williams, R.C. (1955). Reconstitution of active tobacco mosaic virus from its inactive protein and nucleic acidcomponents. *Proc. Natl. Acad. Sci. USA* 41: 690–698.

Goodsell, D.S. und Olson, A.J. (2000). Structural symmetry and protein function. *Annu. Rev. Biophys. Biomol. Struct.* 29: 105–153.

Greenwald, J. und Riek, R. (2010). Biology of amyloid: structure, function, and regulation. *Structure* 18: 1244–1260.

Harrison, S.C. (1992). Viruses. *Curr. Opin. Struct. Biol.* 2: 293–299.

Hudder, A., Nathanson, L. und Deutscher, M.P. (2003). Organization of mammalian cytoplasm. *Mol. Cell. Biol.* 23: 9318–9326.
Ke, P.C., Zhou, R., Serpell, L.C. et al. (2020). Half a century of amyloids: past, present and future. *Chem. Soc. Rev.* 49 (15): 5473–5509.
Li, P., Banjade, S., Cheng, H-C.et al. (2012). Phase transitions in the assembly of multivalent signalling proteins. *Nature* 483: 336–340.
Lindquist, S.L. und Kelly, J.W. (2011). Chemical and biological approaches for adapting proteostasis to ameliorate protein misfolding and aggregation diseases—progress and prognosis. *Cold Spring Harb. Perspect. Biol.* 3: a004507.
Maji, S.K., Perrin, M.H., Sawaya, M.R. et al. (2009). Functional amyloids as natural storage of peptide hormones in pituitary secretory granules. *Science* 325: 328–332.
Nelson, R., Sawaya, M.R., Balbirnie, M. et al. (2005). Structure of the cross-beta spine of amyloid-like fibrils. *Nature* 435: 773–778.
Nomura, M. (1973). Assembly of bacterial ribosomes. *Science* 179: 864–873.
Oldfield, C.J. und Dunker, A.K. (2014). Intrinsically disordered proteins and intrinsically disordered protein regions. *Annu. Rev. Biochem.* 83: 553–584.
Orengo, C.A. und Thornton, J.M. (2005). Protein families and their evolution—a structural perspective. *Annu. Rev. Biochem.* 74: 867–900.
Pauling, L. und Corey, R.B. (1951). Configurations of polypeptide chains with favored orientations around single bonds: two new pleated sheets. *Proc. Natl. Acad. Sci. USA* 37: 729–740.
Pauling, L., Corey, R.B. und Branson, H.R. (1951). The structure of proteins: two hydrogen-bonded helical configurations of the polypeptide chain. *Proc. Natl. Acad. Sci. USA* 37: 205–211.
Prusiner, S.B. (1998). Prions. *Proc. Natl. Acad. Sci. USA* 95: 13363–13383.
Toyama, B.H. und Weissman, J.S. (2011). Amyloid structure: conformational diversity and consequences. *Annu. Rev. Biochem.* 80: 557–585.
Weiss, M.C., Sousa, F.L., Mrnjavac, N. et al. (2006). The physiology and habitat of the last universal common ancestor. *Nat. Microbiol.* 1: 16116.
Wright, P.E. und Dyson, H.J. (2015). Intrinsically disordered proteins in cellular signalling and regulation. *Nat. Rev. Mol. Cell Biol.* 16 (1): 18–29.

3.2 Proteinfunktion

Alberts, B. (1998). The cell as a collection of protein machines: preparing the next generation of molecular biologists. *Cell* 92: 291–294.
Bahar, I., Jernigan, R.L. und Dill, K.A. (2017). *Protein Actions: Principles and Modeling.* New York: Garland Science.
Banani, S.F., Lee, H.O., Hyman, A.A. et al. (2017). Biomolecular condensates: organizers of cellular biochemistry. *Nat. Rev. Mol. Cell Biol.* 18: 285–298.
Benkovic, S.J. (1992). Catalytic antibodies. *Annu. Rev. Biochem.* 61: 29–54.
Berg, O.G. und von Hippel, P.H. (1985). Diffusion-controlled macromolecular interactions. *Annu. Rev. Biophys. Biophys. Chem.* 14: 131–160.
Bergeron-Sandoval, L.P., Safaee, N. und Michnick, S.W. (2016). Mechanisms and consequences of macromolecular phase separation. *Cell* 165: 1067–1079.
Bourne, H.R. (1995). GTPases: a family of molecular switches and clocks. *Philos. Trans. R. Soc. Lond. B Biol. Sci.* 349: 283–289.
Case, L.B., Ditlev, J.A. und Rosen, M.K. (2019). Regulation of transmembrane signaling by phase separation. *Annu. Rev. Biophys.* 48: 465–494.
Costanzo, M., Baryshnikova, A., Bellay, J. et al. (2010). The genetic landscape of a cell. *Science* 327: 425–431.
Deshaies, R.J. und Joazeiro, C.A.P. (2009). RING domain E3 ubiquitin ligases. *Annu. Rev. Biochem.* 78: 399–434.
Dickerson, R.E. und Geis, I. (1983). *Hemoglobin: Structure, Function, Evolution, and Pathology.* Menlo Park, CA: Benjamin Cummings.
Fersht, A.R. (2017). *Structure and Mechanism in Protein Science: A Guide to Enzyme Catalysis and Protein Folding.* Cambridge, UK: Kaissa Publications.

Hua, Z. und Vierstra, R.D. (2011). The cullin-RING ubiquitin-protein ligases. *Annu. Rev. Plant Biol.* 62: 299–334.

Huang, P.S., Boyken, S.E. und Baker, D. (2016). The coming of age of de novo protein design. *Nature* 537: 320–327.

Hunter, T. (2012). Why nature chose phosphate to modify proteins. *Philos. Trans. R. Soc. Lond. B Biol. Sci.* 367: 2513–2516.

Hyman, A.A., Weber, C.A. und Jülicher, F. (2014). Liquid–liquid phase separation in biology. *Annu. Rev. Cell Dev. Biol.* 30: 39–58.

Johnson, L.N. und Lewis, R.J. (2001). Structural basis for control by phosphorylation. *Chem. Rev.* 101: 2209–2242.

Kantrowitz, E.R. und Lipscomb, W.N. (1988). *Escherichia coli* aspartate transcarbamylase: the relation between structure and function. *Science* 241: 669–674.

Kerscher, O., Felberbaum, R. und Hochstrasser, M. (2006). Modification of proteins by ubiquitin and ubiquitin-like proteins. *Annu. Rev. Cell Dev. Biol.* 22: 159–180.

Koshland, D.E., Jr (1984). Control of enzyme activity and metabolic pathways. *Trends Biochem. Sci.* 9: 155–159.

Krogan, N.J., Cagney, G., Yu, H. et al. (2006). Global landscape of protein complexes in the yeast *Saccharomyces cerevisiae. Nature* 440: 637–643.

Lichtarge, O., Bourne, H.R. und Cohen, F.E. (1996). An evolutionary trace method defines binding surfaces common to protein families. *J. Mol. Biol.* 257: 342–358.

Lu, J., Cao, Q., Hughes, M.P. et al. (2020). CryoEM structure of the low-complexity domain of hnRNPA2 and its conversion to pathogenic amyloid. *Nat. Commun.* 11: 4090.

Maier, T., Leibundgut, M. und Ban, N. (2008). The crystal structure of a mammalian fatty acid synthase. *Science* 321: 1315–1322.

Monod, J., Changeux, J.P. und Jacob, F. (1963). Allosteric proteins and cellular control systems. *J. Mol. Biol.* 6: 306–329.

Perutz, M. (1990). *Mechanisms of Cooperativity and Allosteric Regulation in Proteins.* Cambridge, UK: Cambridge University Press.

Radzicka, A. und Wolfenden, R. (1995). A proficient enzyme. *Science* 267: 90–93.

Riback, J.A., Zhu, L., Ferrolino, M.C. et al. (2020). Composition-dependent thermodynamics of intracellular phase separation. *Nature* 581: 209–214.

Schramm, V.L. (2011). Enzymatic transition states, transition-state analogs, dynamics, thermodynamics, and lifetimes. *Annu. Rev. Biochem.* 80: 703–732.

Scott, J.D. und Pawson, T. (2009). Cell signaling in space and time: where proteins come together and when they're apart. *Science* 326: 1220–1224.

Taylor, S.S., Keshwani, M.M., Steichen, J.M. et al. (2012). Evolution of the eukaryotic protein kinases as dynamic molecular switches. *Philos. Trans. R. Soc. Lond. B Biol. Sci.* 367: 2517–2528.

Tunyasuvunakool, K., Adler, J., Wu, Z. et al. (2021). Highly accurate protein structure prediction for the human proteome. *Nature* 596: 590–596.

Vale, R.D. und Milligan, R.A. (2000). The way things move: looking under the ood of molecular motor proteins. *Science* 288: 88–95.

TEIL I II III IV V

GENETISCHE GRUNDMECHANISMEN

DNA, Chromosomen und Genome

4

Kapitelinhalt

Das Leben hängt von der Fähigkeit der Zellen ab, die genetischen Informationen, die für die Herstellung und Aufrechterhaltung eines lebenden Organismus nötig sind, zu bewahren, abzulesen und zu übersetzen. Diese *vererbbare Information* wird bei der Zellteilung von einer Zelle an ihre Tochterzellen, von einer Generation eines Lebewesens zur nächsten durch die reproduktiven Zellen des Organismus weitergegeben. Diese Anweisungen werden in jeder lebenden Zelle in Form ihrer **Gene** aufbewahrt, den Informationsträgern, die die Charaktermerkmale einer Art als Gesamtes und eines jeden Individuums bestimmen.

Als sich zu Beginn des 20. Jahrhunderts Genetik als eigene Wissenschaft entwickelte, waren die Wissenschaftler von Anfang an gefesselt von der Natur der genetischen Information. Sie wussten, dass diese kopiert und von einer Zelle an ihre Tochterzellen vererbt wird und dabei im Wesentlichen unverändert bleibt. Welche Art Molekül ist zu dieser genauen und praktisch unbegrenzten Replikation fähig und dabei auch noch in der Lage, eine präzise Kontrolle auszuüben, die eine vielzellige Entwicklung sowie das tägliche Leben jeder Zelle steuert? Welche Befehle enthält die genetische Erbinformation? Und wie kann die enorme Informationsmenge, die für die Entwicklung und Erhaltung eines Lebewesens nötig ist, in den winzigen Raum einer Zelle passen?

Die Antworten zu einigen dieser Fragen begannen sich im Laufe der 1940er-Jahre zu entwickeln. Damals erkannten Forscher bei Studien an einfachen Pilzen, dass Gene größtenteils aus Anweisungen für die Synthese von Proteinen bestehen. Proteine sind enorm vielseitige Makromoleküle, die die meisten zellulären Funktionen ausführen: Wie wir in Kapitel 3 gesehen haben, dienen sie als Bausteine für zelluläre Strukturen und bilden die Enzyme, die die meisten chemischen Reaktionen der Zelle ausführen. Sie regulieren auch die Genexpression (Kapitel 7) und sie ermöglichen es einer Zelle, mit anderen Zellen zu kommunizieren (Kapitel 15) und sich zu bewegen (Kapitel 16). Die Eigenschaften und Funktionen von Zellen und Organismen werden in großem Ausmaß durch die von ihr erstellten Proteine bestimmt und diese sind wiederum von ihren Genen vorgegeben.

Akribische Beobachtungen an Zellen und Embryonen im späten 19. Jahrhundert bereiteten den Weg für die Experimente, die zu der Erkenntnis führten, dass die Erbinformation auf Chromosomen, fadenartigen Strukturen im Zellkern einer eukaryotischen Zelle, weitergegeben wird; diese Chromosomen kann man im Lichtmikroskop sehen, wenn die Zelle anfängt sich zu teilen (**Abb. 4.1**). Später erkannte man mit den

Molekularbiologie der Zelle, 7. Auflage. Bruce Alberts, Rebecca Heald, Alexander Johnson, David Morgan, Martin Raff, Keith Roberts und Peter Walter.

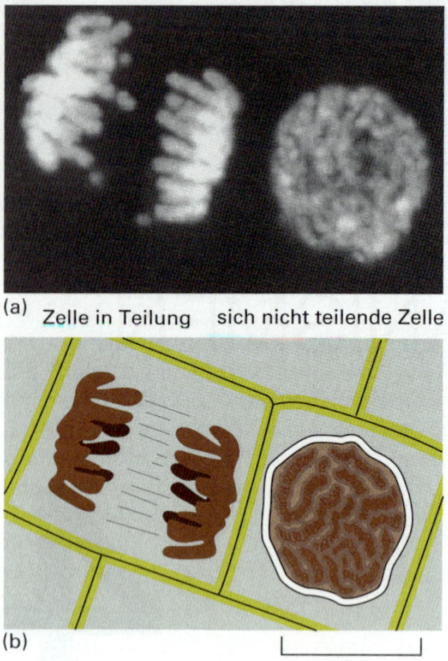

Abb. 4.1 **Chromosomen in Zellen.** (a) Lichtmikroskopische Aufnahme zweier benachbarter Pflanzenzellen. Die DNA wurde mit einem an sie bindenden fluoreszierenden Farbstoff (DAPI) gefärbt. Die DNA liegt in Chromosomen vor, die im Lichtmikroskop als kompakte wurstartige Strukturen sichtbar werden, unmittelbar bevor sich die Zelle teilt. Dies ist in der Zelle auf der linken Seite gut zu erkennen, wo der Übersicht halber ein einzelnes Chromosom *dunkelbraun* schattiert wurde. Die Zelle auf der rechten Seite, die sich nicht teilt, enthält die gleichen Chromosomen, aber diese können in dieser Phase des Zellzyklus nicht klar erkannt werden, weil sie in einer mehr auseinandergezogenen Konformation vorliegen. (b) Schematische Darstellung der Konturen der zwei Zellen und ihrer Chromosomen. (a, mit freundlicher Genehmigung von Peter Shaw).

aufkommenden biochemischen Analysen, dass Chromosomen aus Desoxyribonukleinsäure (DNA) und aus Protein aufgebaut sind, wobei beide in ungefähr gleichen Mengen vorkommen. Über mehrere Jahrzehnte glaubte man, dass die DNA nur ein Strukturelement sei. Der andere in den 1940er-Jahren erzielte, entscheidende Durchbruch war dann die Identifizierung der DNA als wahrscheinlicher Träger der genetischen Erbinformation. Dieser Durchbruch zum Verständnis der Zellen gelang durch Untersuchungen der Vererbung bei Bakterien (Abb. 4.2). Zu Beginn der 1950er-Jahre erschienen zwei Dinge noch völlig rätselhaft: wie Proteine durch Anweisungen der DNA spezifiziert werden können und wie diese Information für die Weitergabe von Zelle zu Zelle kopiert werden kann. Dieses Rätsel wurde 1953 mit einem Schlag gelöst, als James Watson und Francis Crick diese Mechanismen von ihrem Modell der DNA-Struktur ableiteten. Wie in Kapitel 1 dargestellt, löste die Bestimmung der Doppelhelix-Struktur sofort das Problem der Informationskopie oder *Replikation*. Außerdem ergaben sich hierdurch die ersten Hinweise, wie ein DNA-Molekül die Anweisungen für die Proteinsynthese codieren könnte. Heute ist die Tatsache, dass DNA das genetische Material ist, so grundlegend für biologische Gedanken, dass es schwerfällt nachzuvollziehen, welch riesige gedankliche Lücke durch diese bahnbrechende Entdeckung gefüllt wurde.

In diesem Kapitel beginnen wir mit der Beschreibung der DNA-Struktur. Wir werden sehen, dass die DNA trotz ihrer einfachen Chemie aufgrund ihrer Struktur und ihrer chemischen Eigenschaften ein ideales Ausgangsmaterial für Gene ist. Wir betrachten dann, wie sich die vielen Proteine in Chromosomen anordnen und diese DNA verpacken. Diese Verpackung muss auf geregelte Weise geschehen, sodass die Chromosomen bei jeder Zellteilung repliziert und korrekt zwischen den beiden Tochterzellen aufgeteilt werden können. Sie muss außerdem den Enzymen, die Schäden an der chromosomalen DNA reparieren, sowie spezialisierten Proteinen, die die Expression ihrer vielen Gene steuern, den Zugang ermöglichen.

In den letzten paar Jahrzehnten wurde unsere Fähigkeit revolutioniert, die exakte Reihenfolge der Untereinheiten in einem DNA-Molekül, wie in Kapitel 8 beschrieben, zu bestimmen. Das Ergebnis ist, dass wir jetzt die Reihenfolge der 3,1 Milliarden

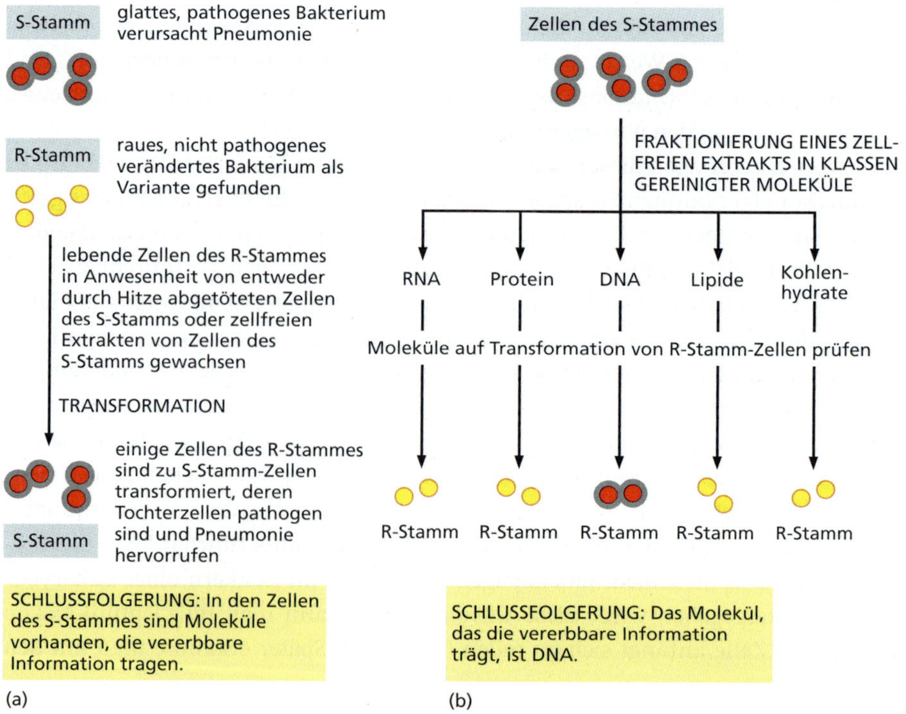

Abb. 4.2 **Erster experimenteller Nachweis der Tatsache, dass DNA das genetische Material ist.** Diese Experimente, in den 1920er- (a) und 1940er-Jahren (b) durchgeführt, zeigten schließlich, dass durch Zufügen von isolierter DNA zu Bakterien deren Eigenschaften verändert wurden und dass diese Änderung getreu an nachfolgende Generationen weitergegeben wurde. Zwei nahe verwandte Stämme des Bakteriums *Streptococcus pneumoniae* unterscheiden sich sowohl in Aussehen ihrer auf Agar gewachsenen Kolonien als auch in ihrer Pathogenität. Der eine Stamm erscheint glatt (S) und führt zum Tod, wenn er Mäusen injiziert wird, der andere erscheint rau (R) und ist nicht tödlich. (a) Dieses erste Experiment zeigt, dass eine im S-Stamm vorhandene Substanz den R-Stamm in einen S-Stamm umwandeln (oder transformieren) kann und dass diese Umwandlung nachfolgenden Bakteriengenerationen vererbt wird. (b) Dieses zweite Experiment, bei dem der R-Stamm mit verschiedenen Klassen aus dem S-Stamm gewonnener biologischer Moleküle inkubiert wurde, identifiziert die Substanz als DNA.

DNA-Untereinheiten kennen, die die Information für die Erzeugung eines Erwachsenen aus einem befruchteten Ei liefern, sowie die DNA-Sequenzen vieler Tausend anderer Lebewesen. Detaillierte Untersuchungen dieser Sequenzen liefern uns spannende Einblicke in den Evolutionsprozess der Genome, und mit diesem Thema endet das Kapitel.

Dies ist das erste von vier Kapiteln, die von den grundlegenden genetischen Mechanismen handeln – den Wegen, auf denen die Zelle die auf ihrer DNA chiffrierte genetische Information bewahrt, kopiert und exprimiert. Im nächsten Kapitel (Kapitel 5) betrachten wir die Mechanismen, mit denen eine Zelle ihre DNA akkurat kopiert und repariert; wir werden auch beschreiben, wie DNA-Sequenzen im Rahmen der genetischen Rekombination neu geordnet werden können. Das Hauptthema von Kapitel 6 ist die Genexpression, der Vorgang, durch den eine Zelle die auf der DNA codierte Information für die Synthese von Proteinen interpretiert. In Kapitel 7 beschreiben wir, wie die Genexpression durch die Zelle kontrolliert wird, sodass jedes der vielen Tausend auf ihrer DNA codierten Proteine nur zum rechten Zeitpunkt und am richtigen Ort im Laufe des Lebens einer Zelle hergestellt wird.

4.1 Struktur und Funktion von DNA

In den 1940er-Jahren hatten Biologen Schwierigkeiten, sich DNA als genetisches Material vorzustellen. Das Molekül erschien zu einfach: ein langes, aus nur vier sich chemisch ähnlichen Nukleotideinheiten aufgebautes Polymer. In den frühen 1950er-Jahren wurde DNA zum ersten Mal der Röntgenstrukturanalyse unterworfen, einer Technik zur Bestimmung der dreidimensionalen Atomstruktur eines Moleküls (die wir in Kapitel 8 besprechen werden). Die ersten Ergebnisse der Röntgenbeugung wiesen darauf hin, dass DNA aus zwei Strängen des Polymers aufgebaut ist, die in einer Schraube aufgewunden sind. Die Beobachtung der Doppelstrangnatur der DNA gab einen der wichtigsten Hinweise, die zur Watson-Crick-Struktur der DNA führten. Sobald diese im Jahr 1953 erstmals vorgeschlagen war, konnte das Potenzial der DNA für Replikation und Informationscodierung erkannt werden.

4.1.1 Ein DNA-Molekül besteht aus zwei komplementären Nukleotidketten

Ein **Desoxyribonukleinsäure(DNA)**-Molekül besteht aus zwei langen Polynukleotidketten, die aus vier unterschiedlichen Nukleotidbausteinen zusammengesetzt sind. Jede dieser Ketten wird als DNA-*Strang* bezeichnet. Die beiden Stränge laufen antiparallel zueinander und *Wasserstoffbrücken* zwischen den Basenanteilen der Nukleotide halten die zwei Stränge zusammen (**Abb. 4.3**). Wie wir in Kapitel 2 (**Tafel 2.6**) gesehen haben, ist ein Nukleotid aus einem Fünfkohlenstoff-Zucker mit einer angehängten Phosphatgruppe und einer stickstoffhaltigen Basen aufgebaut. Im Falle der Nukleotide der DNA ist der Zucker Desoxyribose mit einer einzigen angehängten Phosphatgruppe (daher der Name Desoxyribonukleinsäure), und die Basen sind entweder *Adenin (A)*, *Cytosin (C)*, *Guanin (G)* oder *Thymin (T)*. Die Nukleotide sind untereinander kovalent durch den Zucker und die Phosphatgruppe zu einer Kette verknüpft, die so ein „Rückgrat“ aus alternierendem Zucker-Phosphat-Zucker-Phosphat bilden (**Abb. 4.4**). Da nur die Basen der vier Nukleotid-Bausteine unterschiedlich sind, gleicht jede Polynukleotidkette einer DNA einer Zucker-Phosphat-Halskette (dem Rückgrat) mit vier verschiedenen Perlenarten (den vier Basen A, C, G und T). Diese Symbole (A, C, G und T) werden auch gemeinhin benutzt, um die vier verschiedenen Nukleotide, d. h. die Basen und ihre angehängten Zucker- und Phosphatgruppen, zu bezeichnen.

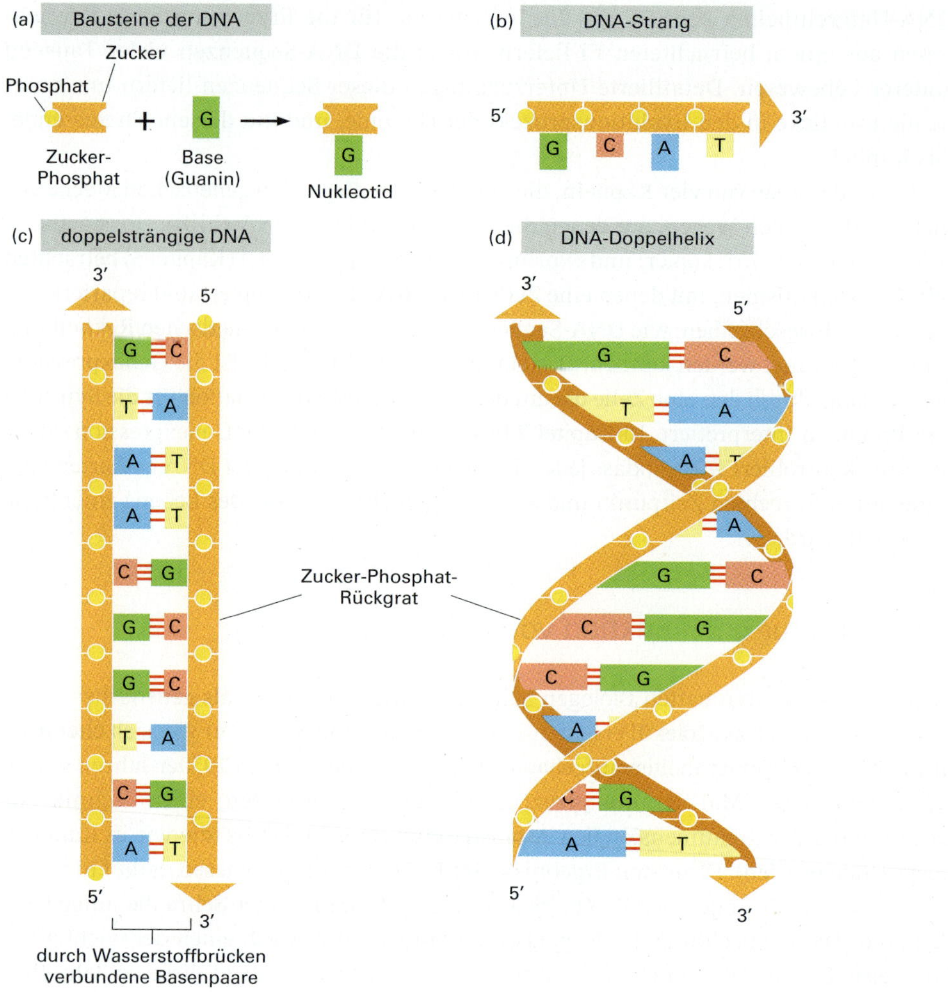

Abb. 4.3 **DNA und ihre vier Nukleotid-Bausteine.** (a) Jedes Nukleotid besteht aus Zucker-Phosphaten, die kovalent mit einer Base verbunden sind – in der Abbildung Guanin. (b) Die Nukleotide sind kovalent miteinander zu Polynukleotidketten verbunden, mit einem Zucker-Phosphat-Rückgrat, von dem die Basen Adenin, Cytosin, Guanin und Thymin (A, C, G und T) abstehen. (c) Ein DNA-Molekül ist aus zwei Polynukleotidketten zusammengesetzt (komplementäre DNA-Stränge), die durch Wasserstoffbrücken zwischen den gepaarten Basen zusammengehalten werden – hier mit entweder zwei (A–T) oder drei (G–C) *roten Linien* gekennzeichnet. Die Pfeilspitzen an den Enden der DNA-Stränge zeigen die Polarität der beiden Stränge an, die im DNA-Molekül antiparallel zueinander verlaufen (mit entgegengesetzten chemischen Polaritäten). (d) Obwohl in c das DNA-Molekül gestreckt gezeigt ist, ist es in Wirklichkeit, wie hier gezeigt, in eine Doppelhelix aufgewunden. Zu Einzelheiten, s. die folgenden Abbildungen.

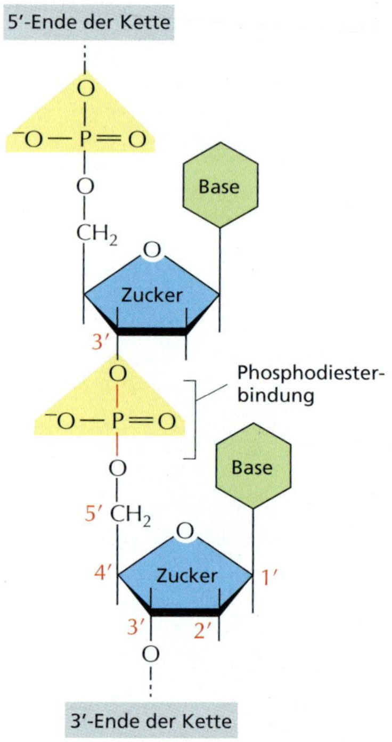

Abb. 4.4 **Die Nukleotiduntereinheiten innerhalb eines DNA-Strangs werden durch eine Phosphodiesterbindung zusammengehalten. Die Bindung verbindet den einen Zucker mit dem nächsten.** Die chemischen Unterschiede in den Esterbindungen – zwischen dem 5'-Kohlenstoff auf einem Zucker und dem 3'-Kohlenstoff auf dem anderen – sorgen, wie angezeigt, für die Polarität des entstehenden DNA-Strangs. Der Einfachheit halber sind hier nur zwei Nukleotide dargestellt.

Die Art, in der die Nukleotide aneinandergereiht sind, verleiht dem DNA-Strang eine chemische Polarität. Wenn wir uns jede Zuckereinheit als Baustein mit einer vorspringenden Feder, dem 5'-Phosphat, auf der einen Seite und einer Nut, dem 3'-Hydroxy, auf der anderen Seite vorstellen (s. **Abb. 4.3**), so hat jede Kette, die durch das Ineinanderfügen von Nut und Feder der Bausteine entsteht, die gleiche Orientierung. Zugleich sind die beiden Enden der Kette leicht zu unterscheiden, da das eine eine Nut, das 3'-Hydroxy, und das andere eine Feder, das 5'-Phosphat, aufweist. Diese Polarität einer DNA-Strangs wird dadurch angezeigt, dass das eine Ende als das *3* '-DNA *Ende*, das andere als das *5* '*-Ende* bezeichnet wird. Die Bezeichnungen stammen von der Orientierung des Desoxyribose-Zuckers (**Abb. 4.4**). Im Hinblick auf die Fähigkeit der DNA, Informationen weiterzugeben, kann die Nukleotidkette in einem DNA-Strang, die sowohl gerichtet als auch linear ist, ganz ähnlich wie die Buchstaben auf dieser Seite gelesen werden.

Die dreidimensionale Struktur der DNA – die DNA-**Doppelhelix** – entspringt den chemischen und strukturellen Eigenschaften ihrer beiden Polynukleotidketten. Da diese beiden DNA-Stränge durch Wasserstoffbrücken zwischen den Basen der beiden Stränge zusammengehalten werden, sind die Basen auf der Innenseite der Doppelhelix zu finden, und die beiden Zucker-Phosphat-Rückgrate liegen auf der Außenseite (s. **Abb. 4.3**). Jedes Mal ist eine größere Zwei-Ring-Base (ein Purin; s. **Tafel 2.6**) mit einer Ein-Ring-Base (einem Pyrimidin) gepaart. Dabei paart sich A immer mit T und G immer mit C

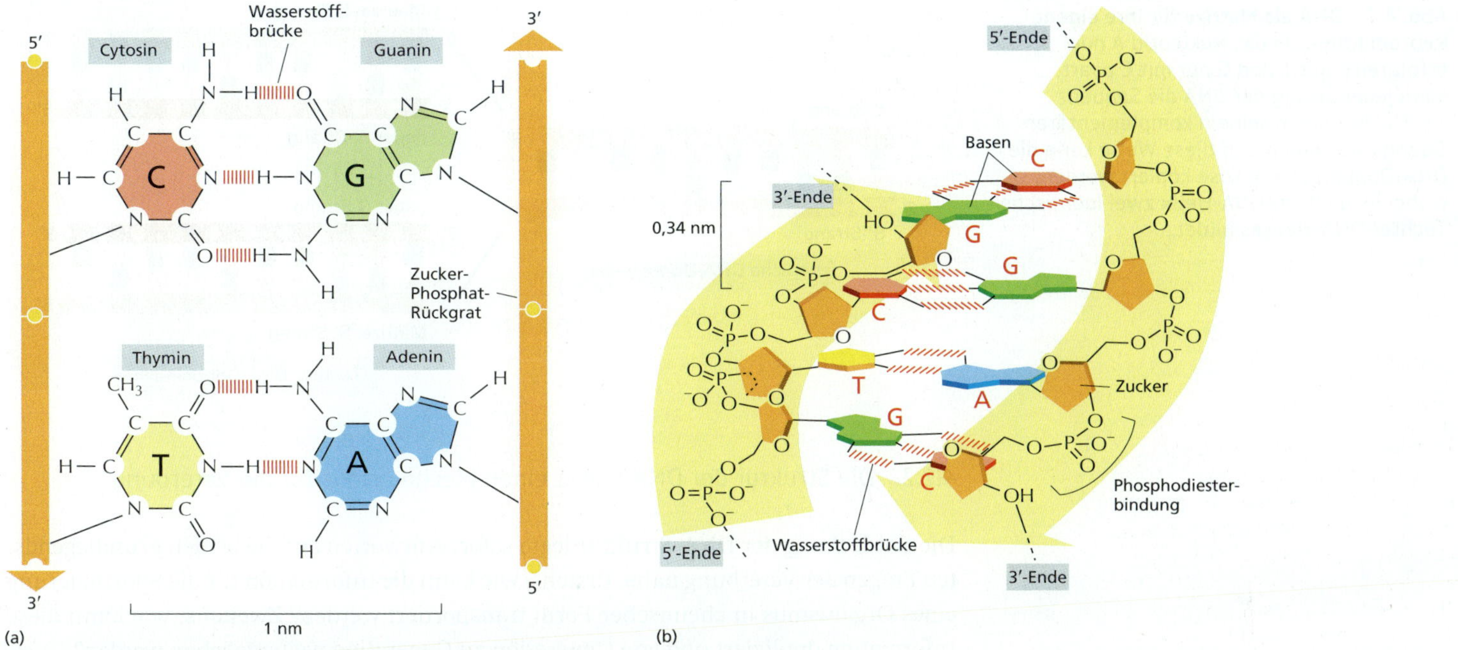

Abb. 4.5 Wie die beiden Stränge der DNA-Doppelhelix durch Wasserstoffbrücken zwischen komplementären Basenpaaren zusammengehalten werden. (a) Die schematische Darstellung zeigt, wie die Formen und chemischen Strukturen der Basen es erlauben, dass sich nur zwischen A und T sowie zwischen G und C stabile Wasserstoffbrücken bilden. Wie gezeigt, bilden sich zwischen A und T zwei Wasserstoffbrücken, zwischen G und C dagegen drei. Die Basen können sich nur auf diese Weise paaren, wenn die beiden Polynukleotidketten, in denen sie enthalten sind, antiparallel verlaufen; d. h. sie sind in entgegengesetzte Richtungen ausgerichtet. (b) Ein kurzer Abschnitt der Doppelhelix, von der Seite betrachtet. Es sind vier Basenpaare gezeigt; man beachte, dass sie senkrecht zur Achse der Helix liegen, im Gegensatz zur schematischen Darstellung in a. Wie in **Abbildung 4.4** gezeigt, sind die Nukleotide über *Phosphodiesterbindungen* kovalent miteinander verknüpft, die die 3'-Hydroxy(-OH)-Gruppe auf einem Zucker mit dem 5'-Phosphat (-PO_3) des nächsten verbinden (**Abb. 4.4**, zeigt, wie die Kohlenstoffatome in Zuckerring nummeriert sind). Diese Verknüpfung verleiht jedem Polynukleotidstrang eine chemische Polarität; d. h. seine beiden Enden unterscheiden sich chemisch. Das 3'-Ende trägt eine verknüpfte-OH-Gruppe, die an die 3'-Position des Zuckerrings geheftet ist; das 5'-Ende trägt eine freie Phosphatgruppe, die an die 5'-Position des Zuckerings geheftet ist.

(**Abb. 4.4**). Diese *komplementäre Basenpaarung* ermöglicht eine energetisch höchst günstige Packung der **Basenpaare** im Innern der Doppelhelix. Dabei hat jedes Basenpaar eine ähnliche Ausdehnung und hält die Zucker-Phosphat-Rückgrate entlang des DNA-Moleküls in einem konstanten Abstand. Zur Erhöhung der Effizienz der Basenpaarpackung winden sich die beiden Zucker-Phosphat-Rückgrate umeinander und bilden dabei eine rechtsgängige Doppelhelix mit einer vollständigen Drehung nach jeweils 10,4 Basenpaaren (**Abb. 4.5b** und **4.6**).

Die Glieder eines jeden Basenpaars können in der Doppelhelix nur dann zusammenkommen, wenn die beiden Stränge der Helix **antiparallel** laufen, d. h. nur dann, wenn die Orientierung des einen Strangs umgekehrt ist zu der des anderen Strangs (s. **Abb. 4.3** und **4.5**). Eine Konsequenz der DNA-Struktur und der Bedingungen für die Basenpaarung ist, dass jeder Strang des DNA-Moleküls eine Folge von Nukleotiden aufweist, die genau **komplementär** zur Nukleotidsequenz seines Partnerstrangs ist.

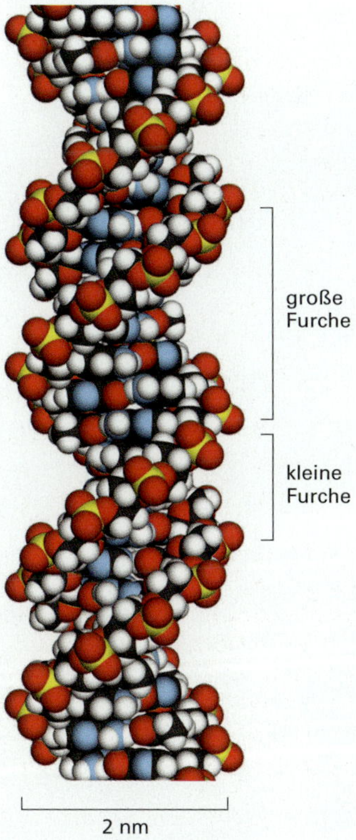

Abb. 4.6 Ein raumfüllendes Kalottenmodell der DNA-Doppelhelix. Die beiden Stränge winden sich umeinander und bilden eine rechtsgängige Helix (s. **Abb. 3.23**). Jede Windung der Helix enthält 10,4 Nukleotidpaare und der Mitte-zu-Mitte-Abstand zwischen benachbarten Nukleotidpaaren beträgt 0,34 nm. Die Windung der beiden Stränge umeinander erzeugt zwei Furchen in der Doppelhelix. Die breitere Furche heißt wie gezeigt große Furche und die schmalere wird als kleine Furche bezeichnet. Die Farben der Atome sind *blau* für N, *rot* für O *gelb* für P und *weiß* für H; C ist *schwarz*.

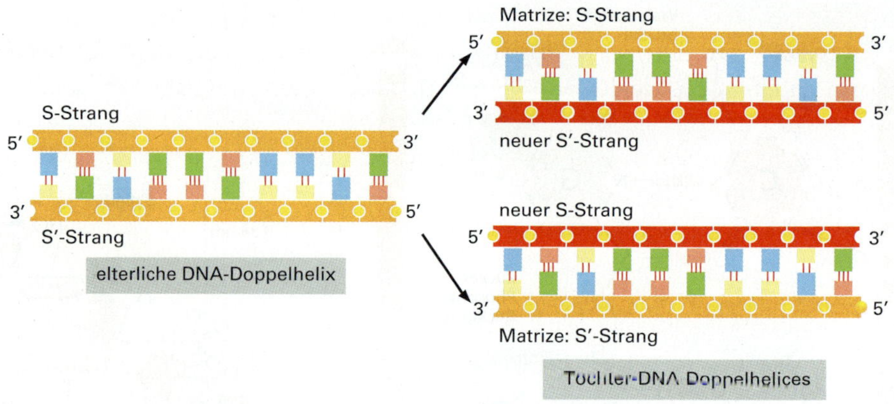

Abb. 4.7 DNA als Matrize für ihre eigene Reproduktion. Da das Nukleotid A nur erfolgreich mit T und G nur mit C paart, kann jeder Strang der DNA die Sequenz der Nukleotide in seinem komplementären Strang bestimmen. Auf diese Weise kann die DNA-Doppelhelix präzise kopiert werden, wobei jede Eltern-DNA-Helix zwei identische Tochter-DNA-Helices bildet.

4.1.2 Die Struktur der DNA bietet einen Mechanismus für die Vererbung

Die Entdeckung der DNA-Struktur legte sofort Antworten auf die beiden grundlegendsten Fragen der Vererbung nahe. Erstens, wie kann die Information für die Spezifizierung eines Organismus in chemischer Form transportiert werden? Zweitens, wie kann diese Information dupliziert und von Generation zu Generation weitergegeben werden?

Die Antwort auf die erste Frage ergab sich aus der Erkenntnis, dass die DNA ein lineares Polymer aus vier verschiedenen Monomeren ist, die in sehr langer definierter Abfolge (Sequenz) aufgereiht sind, wie die Buchstaben eines Dokuments in alphabetischer Schrift.

Die Antwort auf die zweite Frage ergab sich aus der Doppelstrang-Eigenschaft der Struktur. Da jeder DNA-Strang eine seinem Partnerstrang genau komplementäre Nukleotidabfolge aufweist, kann jeder Strang als **Matrize** oder Schablone für die Synthese eines neuen komplementären Strangs dienen. Mit anderen Worten, wenn wir die beiden DNA-Stränge mit S und S' bezeichnen, kann S als Matrize für die Herstellung eines neuen S'-Strangs und der S'-Strang als Matrize für die Herstellung eines neuen S-Strangs dienen (**Abb. 4.7**). Durch diesen herrlich einfachen Vorgang kann die genetische Information genau kopiert werden, indem sich der Strang S vom Strang S' trennt und jeder getrennte Strang als Matrize für die Herstellung eines neuen komplementären Partnerstrangs dient, der das genaue Abbild seines früheren Partners ist.

Die Fähigkeit eines jeden Strangs des DNA-Moleküls, als Matrize für die Herstellung eines komplementären Strangs zu dienen, ermöglicht es einer Zelle, ihr Genom zu kopieren oder zu *replizieren*, bevor es an ihre Abkömmlinge weitergegeben wird. In Kapitel 5 beschreiben wir die elegante Maschinerie, die eine Zelle nutzt, um diese schwierige Aufgabe zu verwirklichen.

Organismen unterscheiden sich voneinander, da ihre DNA-Moleküle unterschiedliche Nukleotidsequenzen haben und folglich unterschiedliche biologische Botschaften tragen. Aber wie wird dieses Nukleotidalphabet benutzt, um Botschaften zu vermitteln, und was teilen sie mit?

Wie oben erörtert, war bereits vor der Strukturbestimmung der DNA sehr wohl bekannt, dass Gene die Anweisungen für die Proteinbildung enthalten. Wenn Gene aus DNA bestehen, dann müssen die Proteine irgendwie in der DNA verschlüsselt sein. Wie in Kapitel 3 diskutiert, werden die Eigenschaften eines Proteins, die für seine biologische Funktion verantwortlich sind, durch seine dreidimensionale Struktur bestimmt, und seine Struktur wird wiederum durch die lineare Abfolge der Aminosäuren bestimmt, aus denen es zusammengesetzt ist. Die lineare Abfolge der Nukleotide in einem Gen kann daher irgendwie die lineare Abfolge der Aminosäuren eines Proteins festlegen. Die genaue Entsprechung des Vier-Buchstaben-Alphabets der DNA zum 20-Buchstaben-Alphabet der Proteine, der *genetische Code*, ist aus der DNA-Struktur nicht unmittelbar ersichtlich – es verging mehr als ein Jahrzehnt nach der Entdeckung der Doppelhelix, bis er entschlüsselt war. In Kapitel 6 werden wir diesen genetischen Code näher besprechen, wenn wir den Vorgang der Genexpression genauer ausführen. Durch ihn überführt eine Zelle die Nukleotidsequenz eines Gens zunächst in die Nukleotidsequenz eines RNA-Moleküls und anschließend in die Aminosäuresequenz eines Proteins (**Abb. 4.8**).

Die gesamte gespeicherte DNA-Information eines Organismus wird als **„Genom“** bezeichnet; es spezifiziert alle RNA-Moleküle und Proteine, die der Organismus jemals synthetisieren wird. (Der Ausdruck „Genom“ wird auch für die Beschreibung der DNA, die diese Information trägt, benutzt.) Die in einem Genom enthaltene Informationsmenge ist erstaunlich. Die Nukleotidsequenz eines sehr kleinen menschlichen Gens umfasst im Vier-Buchstaben-Alphabet geschrieben eine viertel Textseite (**Abb. 4.9**). Die vollständige Nukleotidsequenz eines menschlichen Genoms würde dagegen mehr als tausend Bücher von der Größe des vorliegenden Bandes füllen. Neben vielen anderen entscheidenden Informationen enthält das Humangenom etwa 20 000 für Proteine codierende Gene, die (durch alternatives Spleißen und andere Mechanismen, s. Kapitel 6 und 7) eine weit größere Anzahl verschiedener Proteine hervorbringen.

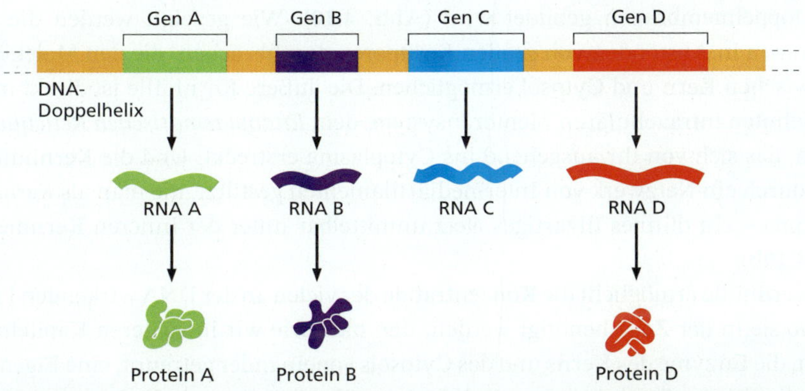

Abb. 4.8 Die meisten Gene enthalten die Information zur Herstellung von Proteinen. Wie wir in Kapitel 6 besprechen, produziert jedes proteincodierende Gen eine Reihe von RNA-Molekülen (mRNAs genannt), mit denen sie die Bildung eines spezifischen Proteinmoleküls steuern. Man beachte, dass für eine Minderheit der Gene das RNA-Molekül selbst das Endprodukt darstellt, wie hier für Gen C gezeigt.

Abb. 4.9 Die Nukleotidsequenz des *β* -Globin-Gens. Vereinbarungsgemäß schreibt man eine Nukleotidsequenz vom 5'-Ende zum 3'-Ende, und sie sollte in den aufeinanderfolgenden Reihen von links nach rechts und von oben nach unten gelesen werden, als wenn es sich um einen normalen deutschen Text handelte. Dieses Gen trägt die Information für die Aminosäuresequenz für einen der beiden Typen von Untereinheiten des Hämoglobinmoleküls. Ein anderes Gen, das α-Globin-Gen, trägt die Information für die andere Untereinheit (ein Sauerstoff tragendes Hämoglobinmolekül im Blut besteht aus vier Untereinheiten, je zwei von beiden Typen). Nur einer der beiden Stränge der das β-Globin-Gen tragenden DNA-Doppelhelix ist gezeigt; der andere Strang hat die genau komplementäre Sequenz. Die in *gelb* hervorgehobene DNA-Sequenz zeigt die drei Regionen des Gens, die die Aminosäuresequenz des β-Globin-Gens spezifizieren. Wir werden in Kapitel 6 sehen, wie Zellen diese drei Sequenzen auf der Ebene der mRNA zusammenspleißen, um ein Boten-RNA-Molekül zu erzeugen, und wie diese mRNA dann die Synthese eines *β*-Globin-Proteins in voller Länge lenkt.

CCCTGTGGAGCCACACCCTAGGGTTGGCCA
ATCTACTCCCAGGAGCAGGGAGGGCAGGAG
CCAGGGCTGGGCATAAAAGTCAGGGCAGAG
CCATCTATTGCTTACATTTGCTTCTGACAC
AACTGTGTTCACTAGCAACTCAAACAGACA
CCATGGTGCACCTGACTCCTGAGGAGAAGT
CTGCCGTTACTGCCCTGTGGGGCAAGGTGA
ACGTGGATGAAGTTGGTGGTGAGGCCCTGG
GCAGGTTGGTATCAAGGTTACAAGACAGGT
TTAAGGAGACCAATAGAAACTGGGCATGTG
GAGACAGAGAAGACTCTTGGGTTTCTGATA
GGCACTGACTCTCTCTGCCTATTGGTCTAT
TTTCCCACCCTTAGGCTGCTGGTGGTCTAC
CCTTGGACCCAGAGGTTCTTTGAGTCCTTT
GGGGATCTGTCCACTCCTGATGCTGTTATG
GGCAACCCTAAGGTGAAGGCTCATGGCAAG
AAAGTGCTCGGTGCCTTTAGTGATGGCCTG
GCTCACCTGGACAACCTCAAGGGCACCTTT
GCCACACTGAGTGAGCTGCACTGTGACAAG
CTGCACGTGGATCCTGAGAACTTCAGGGTG
AGTCTATGGGACCCTTGATGTTTTCTTTCC
CCTTCTTTTCTATGGTTAAGTTCATGTCAT
AGGAAGGGGAGAAGTAACAGGGTACAGTTT
AGAATGGGAAACAGACGAATGATTGCATCA
GTGTGGAAGTCTCAGGATCGTTTTAGTTTC
TTTTATTTGCTGTTCATAACAATTGTTTTC
TTTTGTTTAATTCTTGCTTTCTTTTTTTTT
CTTCTCCGCAATTTTTACTATTATACTTAA
TGCCTTAACATTGTGTATAACAAAAGGAAA
TATCTCTGAGATACATTAAGTAACTTAAAA
AAAAACTTTACACAGTCTGCCTAGTACATT
ACTATTTGGAATATATGTGTGCTTATTTGC
ATATTCATAATCTCCCTACTTTATTTTCTT
TTATTTTTAATTGATACATAATCATTATAC
ATATTTATGGGTTAAAGTGTAATGTTTTAA
TATGTGTACACATATTGACCAAATCAGGGT
AATTTTGCATTTGTAATTTTAAAAAATGCT
TTCTTCTTTTAATATACTTTTTTGTTTATC
TTATTTCTAATACTTTCCCTAATCTCTTTC
TTTCAGGGCAATAATGATACAATGTATCAT
GCCTCTTTGCACCATTCTAAAGAATAACAG
TGATAATTTCTGGGTTAAGGCAATAGCAAT
ATTTCTGCATATAAATATTTCTGCATATAA
ATTGTAACTGATGTAAGAGGTTTCATATTG
CTAATAGCAGCTACAATCCAGCTACCATTC
TGCTTTTATTTTATGGTTGGGATAAGGCTG
GATTATTCTGAGTCCAAGCTAGGCCCTTTT
GCTAATCATGTTCATACCTCTTATCTTCCT
CCCACAGCTCCTGGGCAACGTGCTGGTCTG
TGTGCTGGCCCATCACTTTGGCAAAGAATT
CACCCCACCAGTGCAGGCTGCCTATCAGAA
AGTGGTGGCTGGTGTGGCTAATGCCCTGGC
CCACAAGTATCACTAAGCTCGCTTTCTTGC
TGTCCAATTTCTATTAAAGGTTCCTTTGTT
CCCTAAGTCCAACTACTAAACTGGGGGATA
TTATGAAGGGCCTTGAGCATCTGGATTCTG
CCTAATAAAAAACATTTATTTTCATTGCAA
TGATGTATTTAAATTATTTCTGAATATTTT
ACTAAAAAGGGAATGTGGGAGGTCAGTGCA
TTTAAAACATAAAGAAATGATGAGCTGTTC
AAACCTTGGGAAAATACACTATATCTTAAA
CTCCATGAAAGAAGGTGAGGCTGCAACCAG
CTAATGCACATTGGCAACAGCCCCTGATGC
CTATGCCTTATTCATCCCTCAGAAAAGGAT
TCTTGTAGAGGCTTGATTTGCAGGTTAAAG
TTTTGCTATGCTGTATTTTACATTACTTAT
TGTTTTAGCTGTCCTCATGAATGTCTTTTC

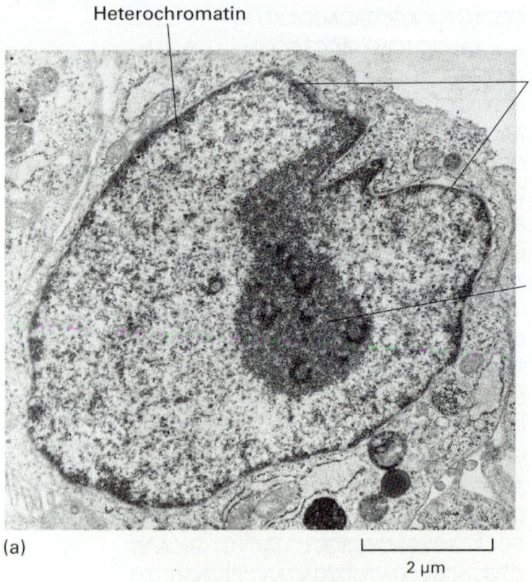

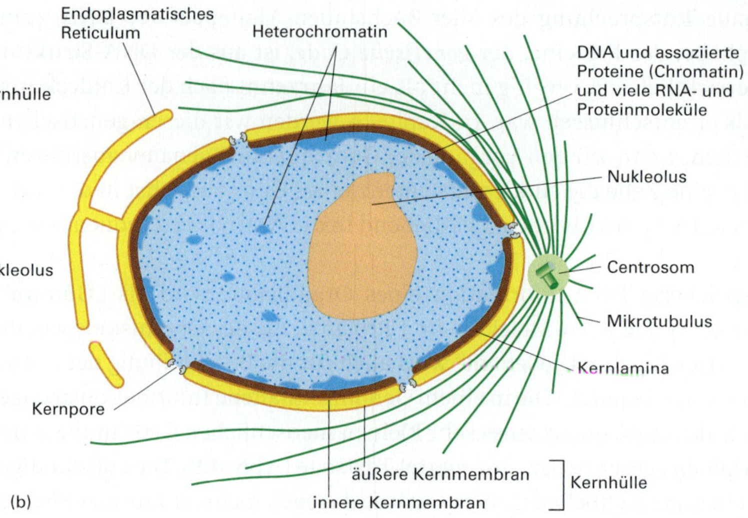

Abb. 4.10 Querschnitt durch einen typischen Zellkern. (a) Elektronenmikroskopische Aufnahme eines Dünnschnitts durch den Zellkern eines menschlichen Fibroblasten. (b) Schemazeichnung der Kernhülle aus zwei Membranen, von denen die äußere in die Membran des Endoplasmatischen Reticulums übergeht (s. auch Abb. 12.54). Der Raum im Endoplasmatischen Reticulum (das ER-Lumen) ist *gelb* gezeichnet; er bildet ein Kontinuum mit dem Raum zwischen den zwei Kernmembranen. Die Lipid-Doppelschichten der inneren und äußeren Membran des Kerns treffen an den Kernporen zusammen. Ein schichtartiges Netzwerk aus Filamenten (*braun*) innerhalb des Zellkerns bildet die Kernlamina und gibt mechanischen Halt für die Kernhülle (zu Einzelheiten s. Kapitel 12). Außerhalb der Kernhülle bildet ein Centrosom Mikrotubuli, die mithelfen, das Cytoplasma zu organisieren (s. Kapitel 15). Das dunkel erscheinende Heterochromatin enthält speziell verdichtete DNA-Regionen, die später behandelt werden. Prokaryotische Zellen (Archaeen und Bakterien) besitzen keinen Zellkern. Da ihnen eine Kernhülle fehlt, ist ihre DNA zusammen mit allen anderen Zellbestandteilen in einem einzigen Kompartiment lokalisiert, das von der Plsmamembran der Zelle begrenzt ist. (a, mit freundlicher Genehmigung von E. G. Jordan und J. McGovern).

4.1.3 Bei Eukaryoten ist die DNA in einem Zellkern eingeschlossen

Wie in Kapitel 1 besprochen, ist fast die gesamte DNA einer Eukaryotenzelle in einem Kern zusammengefasst, der etwa 10 % des gesamten Zellvolumens einnimmt. Dieses Kompartiment ist durch eine *Kernhülle* umschlossen, die von zwei konzentrischen Lipid-Doppelmembranen gebildet wird (**Abb. 4.10**). Wie gezeigt, werden die beiden Membranen in Abständen von großen Kernporen durchbrochen, die den Molekültransport zwischen Kern und Cytosol ermöglichen. Die äußere Kernhülle ist direkt mit dem ausgedehnten intrazellulären Membransystem, dem *Endoplasmatischen Reticulum*, verbunden, das sich von ihr ausgehend ins Cytoplasma erstreckt. Und die Kernhülle wird intern durch ein Netzwerk von Intermediärfilamenten gestützt, die man als *Kernlamina* bezeichnet – ein dünnes filzartiges Netz unmittelbar unter der inneren Kernmembran (**Abb. 4.10b**).

Die Kernhülle ermöglicht die Konzentration der vielen an der DNA wirkenden Proteine dort, wo sie in der Zelle benötigt werden, und hält, wie wir in späteren Kapiteln sehen werden, die Enzyme des Kerns und des Cytosols voneinander getrennt, eine Eigenschaft, die für die richtige Funktion einer Eukaryotenzelle lebensnotwendig ist.

Zusammenfassung

Genetische Information wird in der linearen Sequenz der Nukleotide der DNA übermittelt. Jedes DNA-Molekül ist eine aus zwei komplementären antiparallelen Nukleotidsträngen gebildete Doppelhelix, die durch Wasserstoffbrücken zwischen G-C- und A-T-Basenpaaren zusammengehalten wird. Für die Verdoppelung der genetischen Information wird ein DNA-Strang als Matrize für die Herstellung eines komplementären Strangs benutzt. Die in der DNA-Sequenz eines Lebewesens gespeicherte genetische Information enthält die Anweisungen für alle RNA-Moleküle und Proteine, die das Lebewesen jemals synthetisieren wird. Man sagt, dass sie das Genom des Lebewesens umfasst. Bei Eukaryoten ist die DNA im Zellkern – einem großen membranumschlossenen Kompartiment – enthalten.

4.2 Chromosomale DNA und ihre Verpackung in der Chromatinfaser

Die wichtigste Funktion der DNA ist das Tragen von Genen, also der Information, die alle RNA-Moleküle und Proteine spezifiziert, die ein Lebewesen aufbauen – einschließlich der Informationen, wann, in welchem Zelltyp und in welchen Mengen jedes RNA-Molekül und Protein hergestellt werden soll. Die Kern-DNA der Eukaryoten ist in Chromosomen aufgeteilt, von denen jedes ein enorm langes DNA-Molekül enthält. In diesem Abschnitt werden wir sehen, wie Gene in einem Chromosom im Allgemeinen angeordnet sind. Weiterhin werden wir die spezialisierten DNA-Sequenzen beschreiben, die die exakte Verdoppelung und Weitergabe als getrennte Einheit von einer an die nächste Generation ermöglichen.

Wir werden auch die besonderen Anforderungen der DNA-Verpackung betrachten. Wenn die Doppelhelices, die alle 46 Chromosomen in einer menschlichen Zelle enthalten, ausgestreckt aneinandergereiht werden könnten, würden sie eine Länge von etwa 2 Metern erreichen; der die DNA enthaltende Kern hat aber nur einen Durchmesser von etwa 6 μm. Dies ist äquivalent zur Packung eines 40 km langen extrem dünnen Fadens in einem Tennisball! Die komplexe Aufgabe der DNA-Verpackung wird durch spezialisierte Proteine erreicht, die an die DNA binden und sie in eine Folge von organisierten Windungen und Schleifen auffalten, die verhindern, dass die DNA ein unauflösbares Knäuel bildet. Erstaunlicherweise bleibt die DNA, obwohl eng verdichtet, trotzdem für die vielen Enzyme in der Zelle zugänglich, die sie verdoppeln, reparieren und ihre Gene zur Herstellung von RNA-Molekülen und Proteinen nutzen.

4.2.1 Die DNA von Eukaryoten ist in einen Satz von Chromosomen verpackt

Jedes **Chromosom** in einer eukaryotischen Zelle besteht aus einem einzigen, enorm langen linearen DNA-Molekül und Proteinen, die den dünnen DNA-Faden zu einem verdichteten Gebilde falten. Chromosomen sind neben den an der Verpackung der DNA beteiligten Proteinen auch mit vielen anderen Proteinen (sowie zahlreichen RNA-Molekülen) assoziiert, die im Laufe der Genexpression, der DNA-Verdoppelung und der DNA-Reparatur benötigt werden. Der Komplex aus DNA und fest gebundenen Proteinen wird *Chromatin* (von griech. *chroma* = Farbe, wegen seiner Färbbarkeit) genannt.

Bakterien fehlt ein spezielles Kernkompartiment und sie tragen im Allgemeinen ihre Gene auf einem einzigen DNA-Molekül, das oft ringförmig vorliegt (s. **Abb. 1.38**). An diese DNA sind auch Proteine angelagert, die sie verpacken und verdichten, aber sie unterscheiden sich von denen, die diese Aufgaben bei Eukaryoten ausführen. Obwohl die Bakterien-DNA mit ihren dazugehörigen Proteinen als Bakterien-„Chromosom“ bezeichnet wird, hat sie nicht die gleiche Struktur wie die Eukaryotenchromosomen, auf denen unser Hauptaugenmerk liegen wird.

Mit Ausnahme der Gameten (Eizellen und Spermien) und einiger weniger hoch spezialisierter Zellarten, die sich entweder gar nicht teilen können, weil sie keine DNA besitzen wie beispielsweise die roten Blutkörperchen, oder die ihre DNA ohne anschließende Zellteilung repliziert haben wie beispielsweise Megakaryocyten, enthält jeder menschliche Zellkern zwei Kopien eines jeden Chromosoms, eine von der Mutter, die andere vom Vater ererbt. Die mütterlichen und väterlichen Chromosomen eines Paars werden als **homologe Chromosomen (Homologe)** bezeichnet. Das einzige nichthomologe Chromosomenpaar sind die Geschlechtschromosomen in Männern, bei denen das *Y-Chromosom* vom Vater ererbt ist und das *X-Chromosom* von der Mutter. So enthält jede Menschenzelle insgesamt 46 Chromosomen, 22 bei Männern und Frauen gleiche Paare sowie zwei als Geschlechtschromosomen (X und Y bei Männern, X und X bei Frauen) bezeichnete Chromosomen. Diese Chromosomen des Menschen lassen sich durch unterschiedliche Anfärbung leicht unterscheiden. Dazu dient eine auf der DNA-Hybridisierung basierende Technik, mit der jedes Chromosom andersfarbig gefärbt wird (**Abb. 4.11**). Bei dieser (in Kapitel 8 näher beschriebenen) Methode dient ein kurzer Nukleinsäurestrang, der mit einem Fluoreszenzfarbstoff markiert ist, als Sonde, die ihre

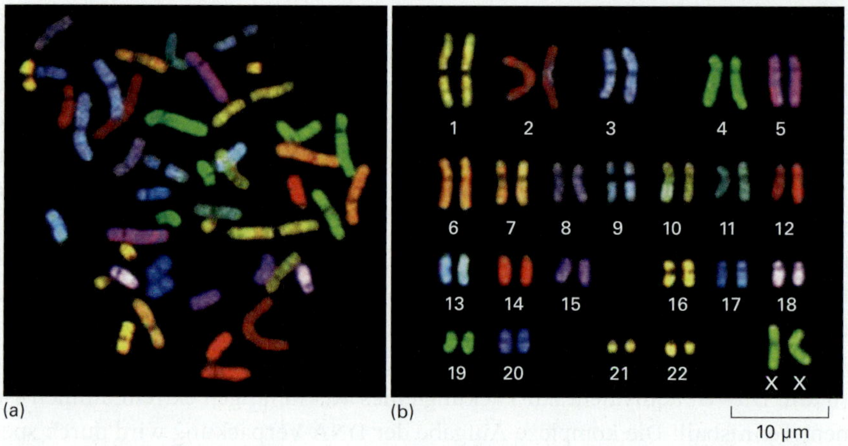

Abb. 4.11 Der vollständige Chromosomensatz des Menschen. Diese Chromosomen einer Frau wurden aus einer in Kernteilung (Mitose) begriffenen Zelle isoliert und sind daher hoch verdichtet. Jedes Chromosom wurde in einer anderen Farbe angefärbt, um unter dem Mikroskop seine eindeutige Identifikation zu ermöglichen (spektrale Karyotypisierung). Chromosomenfärbung wird durch Inkubation der Chromosomen mit einer Kollektion von DNA-Molekülen erreicht, deren Sequenz zu bekannten DNA-Sequenzen des Humangenoms passt. Der Satz von Sequenzen, die zu einem spezifischen Chromosom passen, ist mit einer Kombination von Fluoreszenzfarbstoffen verbunden. Beispielsweise sind die von Chromosom I erhaltenen DNA-Moleküle mit einer spezifischen Farbkombination markiert, die von Chromosom 2 mit einer anderen und so fort. Da die markierte DNA nur mit dem Chromosom, von dem sie abgeleitet wurde, Basenpaare ausbilden (hybridisieren) kann, wird jedes Chromosom mit der spezifischen Farbe markiert. Für solche Experimente werden die Chromosomen so behandelt, dass die doppelhelikale DNA getrennt wird, damit eine Basenpaarung mit der einzelsträngigen markierten DNA erfolgen kann, die Chromosomenstruktur aber möglichst intakt bleibt. (a) Die Chromosomen, wie sie ursprünglich von der lysierten Zelle freigesetzt wurden. (b) Dieselben Chromosomen nach ihrer Nummer geordnet. Diese Anordnung eines kompletten Chromosomensatzes wird als Karyotyp bezeichnet. (Nach N. McNeil and T. Ried, *Expert Rev. Mol. Med.* 2: 1–14, 2000. Mit Erlaubnis von Cambridge University Press).

komplementäre DNA-Sequenz herausfischt. Dadurch leuchtet das Chromosom an jeder Stelle auf, an der die Sonde bindet. Chromosomenfärbungen werden zumeist in einer Phase des Zellzyklus durchgeführt, wenn die Chromosomen besonders verdichtet und leicht sichtbar zu machen sind (wird in Kürze erläutert).

Ein anderer, traditionellerer Weg zur Unterscheidung der Chromosomen voneinander ist, sie mit Farbstoffen zu behandeln, die ein auffälliges und reproduzierbares Streifenmuster auf jedem Mitosechromosom erzeugen (Abb. 4.12). Diese Bandenmuster spiegeln Variationen der Chromatinstruktur und/oder Basenzusammensetzung wider, obgleich ihre Grundlage nicht gut verstanden ist. Nichtdestotrotz ist das Bandenmuster auf jedem Chromosomentyp einzigartig und es lieferte die erste Möglichkeit, jedes Chromosom verlässlich zu identifizieren und zu nummerieren.

Die Darstellung der 46 menschlichen Chromosomen während der Mitose (Abb. 4.11b) wird als **Karyotyp** des Menschen bezeichnet. Wenn Teile eines Chromosoms verloren gehen oder zwischen Chromosomen ausgetauscht werden, lassen sich diese Änderungen entweder als Änderungen im Bandenmuster oder – mit größerer Empfindlichkeit – als Änderungen im Muster der Chromosomenfärbung nachweisen (Abb. 4.13). Cytogenetiker benutzen diese Änderungen, um ererbte Chromosomenanomalien zu entdecken und die Umgruppierungen von Chromosomen aufzudecken, die in Krebszellen stattfinden, wenn diese bösartig werden (in Kapitel 20 behandelt).

4.2.2 Chromosomen enthalten lange Ketten von Genen

Chromosomen sind die Träger der Gene – der Funktionseinheiten der Vererbung. Ein Gen wird oft definiert als ein Stück DNA, das die Befehle zur Synthese eines bestimmten Proteins (oder einer Serie nahe verwandter Proteine) trägt, aber diese Definition ist zu eng gefasst. Die für Proteine codierenden Gene sind in der Tat in der Überzahl, und die meisten Gene mit deutlichen Mutanten-Phänotypen fallen in diese Rubrik. Zusätzlich gibt es jedoch auch viele „RNA-Gene" – DNA-Abschnitte, die als Endprodukt ein funktionell bedeutendes RNA-Molekül anstelle eines Proteins erzeugen. Über die RNA-Gene und ihre Produkte werden wir später noch mehr hören.

Wie erwartet, kann ein Zusammenhang zwischen der Komplexität eines Lebewesens und der Anzahl der Gene in seinem Genom bestehen (s. Tab. 1.2). So haben beispielsweise einfache Bakterien weniger als 500 Gene, Menschen dagegen etwa 25 000. Bakterien, Archaeen und einige einzellige Eukaryoten wie die Hefe haben kompakte Genome, die kaum mehr sind als Ketten dicht gepackter Gene. Die Chromosomen vielzelliger Pflanzen und Tieren sowie vieler anderer Eukaryoten enthalten neben den Genen große

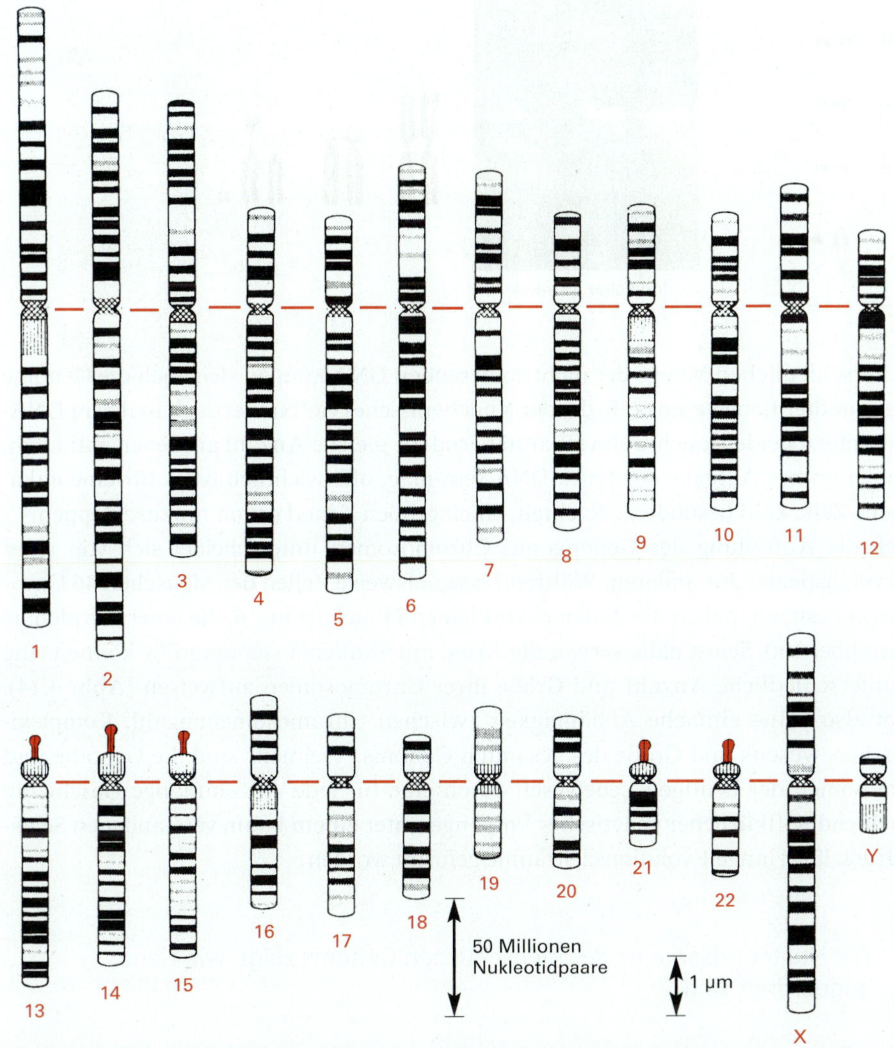

Abb. 4.12 Bandenmuster der Chromosomen des Menschen. Die Chromosomen 1–22 sind in der ungefähren Größenordnung nummeriert. Eine typische Zelle des Menschen enthält zwei eines jeden dieser Chromosomen plus zwei Geschlechtschromosomen – zwei X-Chromosomen bei einer Frau, ein X- und ein Y-Chromosom bei einem Mann. Die für die Erstellung dieser Karte benutzten Chromosomen wurden in einer frühen Phase der Mitose, wenn die Chromosomen nur unvollständig verdichtet sind, gefärbt. Die *horizontale rote Linie* markiert die Lage des Centromers (s. **Abb. 4.18**), das als Einschnürung an mitotischen Chromosomen erscheint; die roten Knöpfe an den Chromosomen 13, 14, 15, 21 und 22 weisen auf die Lage der Gene hin, die für die großen ribosomalen RNAs codieren und den Nukleolus bilden (erörtert in Kapitel 6). Diese Muster werden durch Färben der Chromosomen mit dem Giemsa-Farbstoff erhalten und können unter dem Lichtmikroskop beobachtet werden. (Verändert nach U. Francke, *Cytogenet. Cell Genet.* 31: 24–32, 1981. Mit Erlaubnis des Autors).

Mengen eingeschobener DNA, deren Funktion kaum verstanden ist (**Abb. 4.13**). Ein Teil dieser zusätzlichen DNA ist aber entscheidend für die richtige Kontrolle der Genexpression, und dies kann zum Teil erklären, warum es in vielzelligen Organismen, deren Gene während der Entwicklung nach komplizierten Regeln an- und ausgeschaltet werden müssen, so viel davon gibt (in Kapitel 7 und 21 erörtert).

Die unterschiedlichen nicht codierenden DNA-Mengen, die zumeist zwischen den Genen liegen, sind weit mehr als unterschiedliche Genzahlen für die variierende Genomgröße verantwortlich, die wir sehen, wenn wir eine Spezies mit einer anderen vergleichen (s. **Abb. 1.30**). So ist beispielsweise das Genom des Menschen 200-mal größer als das der Hefe *Saccharomyces cerevisiae*, umfasst aber nur ein 30stel von dem einiger Pflanzen und ist Amphibien und 200-mal kleiner als das einer Amöbenart. Wegen

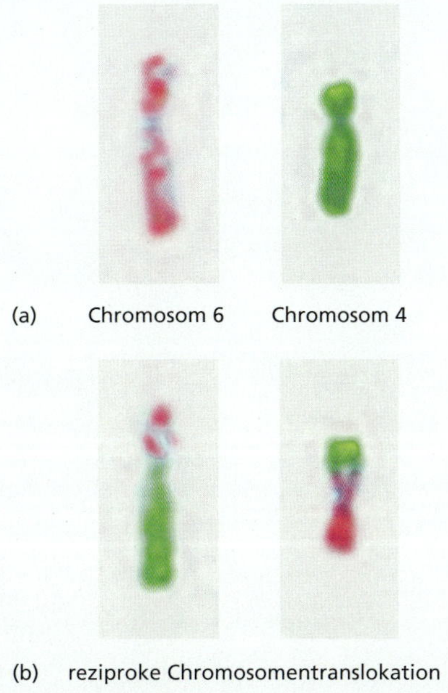

Abb. 4.13 Ein anomales Chromosom des Menschen. (a) Die beiden normalen menschlichen Chromosomen 4 und 6. (b) In einer Person, die eine *balancierte Translokation* trägt, hat zwischen der DNA-Doppelhelix des einen Chromosoms und der DNA-Doppelhelix des anderen Chromosoms aufgrund eines anomalen Rekombinationsereignisses ein Crossing-over stattgefunden. Die für die Chromosomen in jedem Satz verwendete Chromosomenfärbetechnik erlaubt sogar die Identifizierung von kurzen Chromosomenstücken, die transloziert wurden – in Krebszellen ein häufiges Ereignis. (Mit freundlicher Genehmigung von Zhenya Tang und der NIGMS Human Genetic Cell Repository at the Coriell Institute for Medical Research).

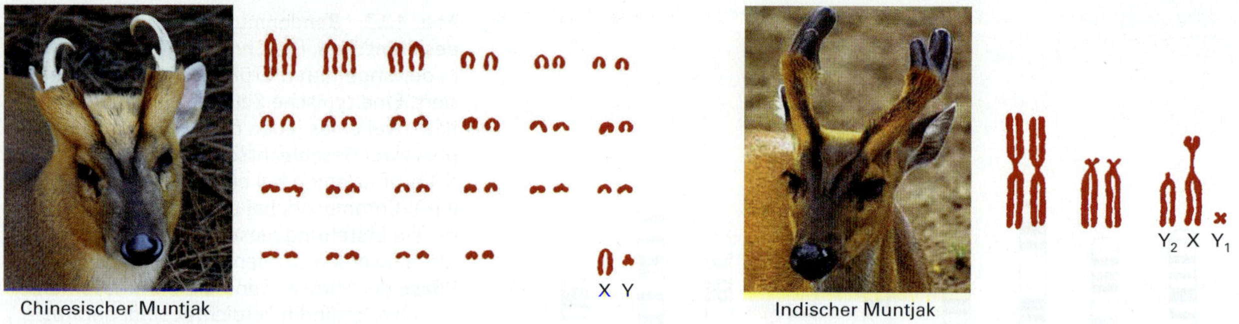

Abb. 4.14 Zwei nahe verwandte Hirscharten mit sehr unterschiedlicher Chromosomenzahl. Im Laufe der Evolution des Indischen Muntjak verschmolzen ursprünglich getrennte Chromosomen in einem Vorfahren, ohne einen größeren Einfluss auf das Tier zu haben. Die beiden Arten haben etwa die gleiche Anzahl Gene. (Foto des Chinesischen Muntjak mit freundlicher Genehmigung von Deborah Carreno, Natural Wonders Photography; Foto des Indischen Muntiak mit Freundlicher Genehmigung von Beatrice Bourgery).

der unterschiedlichen Menge der nicht codierenden DNA können sich auch die Genome eng verwandter Lebewesen (z. B. die der Knochenfische) vielhundertfach in ihrem DNA-Gehalt unterscheiden, auch wenn sie annähernd die gleiche Anzahl an Genen enthalten. Was auch immer Aufgabe der Extra-DNA sein mag, offensichtlich ist es für eine eukaryotische Zelle kein besonderer Nachteil, einen großen Anteil davon mitzuschleppen.

Auch die Aufteilung des Genoms auf Chromosomen unterscheidet sich von einer Eukaryotenspezies zur anderen. Während beispielsweise Zellen des Menschen 46 Chromosomen besitzen, haben die Zellen einer kleinen Hirschart nur 6, die einer Karpfenart dagegen über 100. Selbst nahe verwandte Arten mit ähnlicher Genomgröße können eine sehr unterschiedliche Anzahl und Größe ihrer Chromosomen aufweisen (**Abb. 4.14**). Es gibt also keine einfache Abhängigkeit zwischen Chromosomenanzahl, Komplexität des Lebewesens und Größe des gesamten Genoms. Vielmehr sind die Genome und Chromosomen der heutigen Lebewesen durch eine für jede Art einmalige Geschichte anscheinend willkürlicher genetischer Vorgänge unter einem kaum verstandenen Selektionsdruck über lange Evolutionszeiträume geformt worden.

4.2.3 Die Nukleotidsequenz des menschlichen Genoms zeigt, wie Gene angeordnet sind

Mit der Bestimmung der gesamten DNA-Sequenz des menschlichen Genoms im Jahre 2004 wurde es möglich, im Einzelnen zu sehen, wie die Gene entlang jedes Chromosoms angeordnet sind (**Abb. 4.15**). Es wird mehrere Dekaden dauern, bis die in der menschlichen Genomsequenz enthaltene Information in ihrer Gesamtheit analysiert ist, aber sie hat bereits zu einer enormen Anzahl vieler neuer Experimente geführt, was auch schon wesentliche Auswirkungen auf den Inhalt aller Kapitel dieses Buches gehabt hat.

Die erste auffällige Eigenschaft des Humangenoms ist, wie wenig von der DNA-Sequenz (nur etwa 1 %) für Proteine codiert (**Tab. 4.1** und **Abb. 4.16**). Erwähnenswert ist auch, dass nahezu die Hälfte der chromosomalen DNA aus beweglichen DNA-Stücken zusammengesetzt ist, die sich im Laufe der Evolution schrittweise selbst in die Chromosomen eingebaut und sich wie Parasiten im Genom vervielfältigt haben und als genomweite Wiederholungssequenzen auftauchen (s. **Abb. 4.63**). Wir werden diese *springenden Elemente* in späteren Kapiteln genauer besprechen.

Eine zweite auffällige Eigenschaft des menschlichen Genoms ist die große Durchschnittsgröße der Gene von 27 000 Nukleotidpaaren. Wie schon oben besprochen, verschlüsselt ein typisches Gen in seiner linearen Nukleotidfolge die Information für die lineare Sequenz der Aminosäuren eines Proteins. Nur etwa 1300 Nukleotide sind nötig, um ein Protein von Durchschnittsgröße (beim Menschen etwa 430 Aminosäuren) zu codieren. Der größte Teil der übrigen Sequenz eines Gens besteht aus langen Stücken

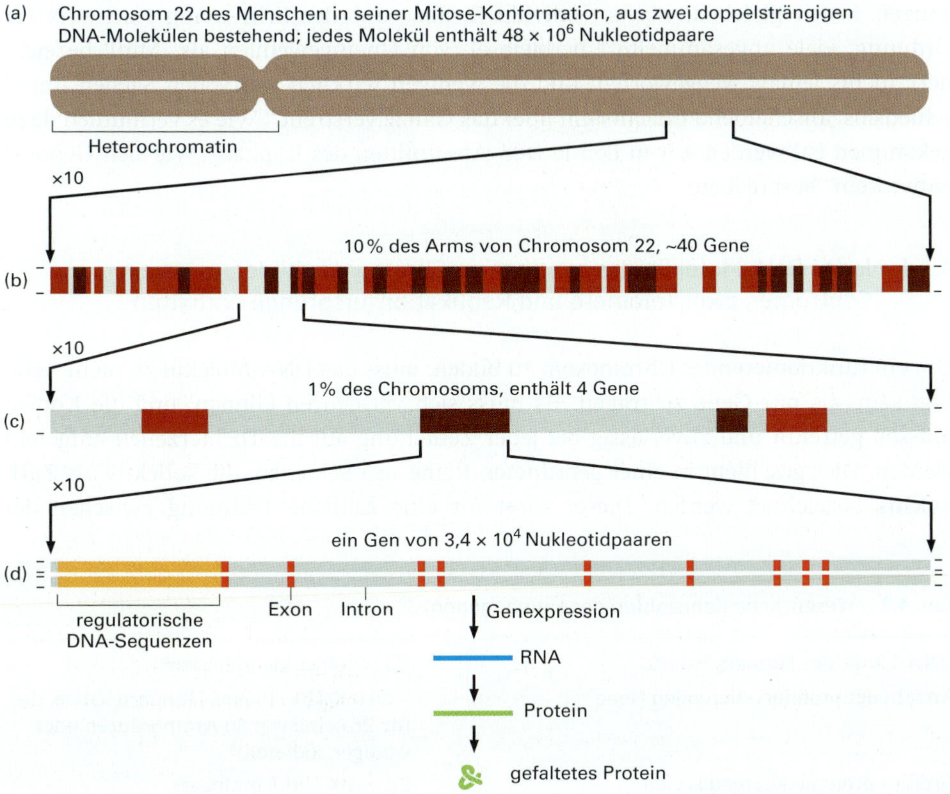

Abb. 4.15 Anordnung der Gene auf einem Chromosom des Menschen, wie aus der anfänglichen Sequenzierung des Humangenoms ermittelt. Chromosom 22, eines der kleinsten Menschenchromosomen, besteht aus 48×10^6 Nukleotidpaaren und stellt etwa 1,5 % des Genoms des Menschen dar. Der linke Arm des Chromosoms 22 besteht hauptsächlich aus kurzen repetitiven Sequenzen, die in einer besonders verdichteten Form des Chromatins (Heterochromatin) vorliegen, die später in diesem Kapitel besprochen wird. (b) Die 10-fache Vergrößerung eines Teils des Chromosoms 22 mit ungefähr 40 eingetragenen Genen. Die in *dunkelbraun* gekennzeichneten Gene sind bekannt, und die in *rot* gekennzeichneten sind vorausgesagte Gene. (c) Ein vergrößerter Ausschnitt von (b) mit vier Genen. (d) Die für ein Gen typische Gliederung in Introns und Exons wird nach einer weiteren 10-fachen Vergrößerung sichtbar. Jedes Exon (*rot*) codiert für einen Teil des Proteins, während die DNA-Sequenzen der Introns (*grau*) relativ unbedeutend sind (in Kapitel 6 ausführlicher behandelt). (Verändert nach International Human Genome Sequencing Consortium, *Nature* 409: 860–921, 2001.)

Das Humangenom ($3{,}1 \times 10^9$ Nukleotidpaare) enthält die Gesamtheit der genetischen Information, die zu unserer Spezies gehört. Nahezu das gesamte Genom ist auf 22 verschiedenen Autosomen und 2 Geschlechtschromosomen verteilt (s. **Abb. 4.11** und **4.12**), die sich im Zellkern befinden. Ein winziger Teil des Humangenoms (16 569 Nukleotidpaare – in mehreren Kopien pro Zelle) kommt in den Mitochondrien vor (in Kapitel 1 vorgestellt und in Kapitel 14 ausführlicher behandelt). Der Ausdruck *Genomsequenz des Menschen* bezieht sich auf die gesamte Nukleotidsequenz der DNA in den 24 Chromosomen und den Mitochondrien. Da eine somatische Zelle des Menschen diploid ist, enthält der Zellkern etwa die doppelte Menge an DNA oder $6{,}2 \times 10^9$ Nukleotidpaare, wenn die Zelle ihre Chromosomen in Vorbereitung auf eine Teilung nicht gerade verdoppelt.

nicht codierender DNA, die die relativ kurzen, für das Protein codierenden DNA-Stücke unterbricht. Wie in Kapitel 6 ausführlich besprochen, nennt man die codierenden Sequenzen **Exons** und eingeschobene, nicht codierende Sequenzen bezeichnet man als **Introns** (s. **Abb. 4.15** und **Tab. 4.1**). Die Mehrzahl der Gene des Menschen besteht also aus einer langen alternierenden Abfolge von Exons und Introns, wobei ein Gen hauptsächlich aus Introns besteht. Im Gegensatz dazu fehlen Introns in der Mehrzahl der Gene von Organismen, die kompakte Genome aufweisen (wie in Prokaryoten) oder sie enthalten relativ kurze Introns. Dies ist der Grund für die viel geringere Größe ihrer Gene und den viel höheren Anteil codierender DNA in ihren Chromosomen.

Zusätzlich zu Introns und Exons finden sich bei jedem Gen *Regulator-DNA-Sequenzen*, die dafür sorgen, dass das Gen zum richtigen Zeitpunkt an- oder abgeschaltet wird, in geeigneter Menge und nur in der richtigen Zelle exprimiert wird. Die Regulatorsequenzen eines typischen menschlichen Gens sind über Hunderttausende Nukleotidpaare ausgebreitet. Wie erwartet, sind diese Regulatorsequenzen in Organismen mit kompakteren Genomen viel stärker verdichtet und weniger zahlreich. Wir werden in Kapitel 7 besprechen, wie die Regulator-DNA-Sequenzen arbeiten. Detaillierte Untersuchungen von Genomsequenzen haben zur überraschenden Entdeckung geführt, dass das Humangenom außer 20 000 proteincodierenden Genen Tausende von Genen enthält, die für RNA-Moleküle codieren, die keine Proteine bilden. Sie haben stattdessen eine Vielzahl anderer wichtiger Funktionen. Obwohl die Aufgabe einiger dieser nicht codierenden RNA-Gene seit Jahrzehnten bekannt ist, bleiben sehr viele mysteriös, was in Kapitel 6 und 7 erörtert wird.

Zu guter Letzt hat die Nukleotidsequenz des Menschen aufgezeigt, dass das Informationsarchiv für die Herstellung eines Menschen in einem alarmierend chaotischen Zustand zu sein scheint. Ein Kommentator beschrieb unser Genom so: „In einigen Aspekten mag es unserer Garage, unserem Schlafzimmer, Kühlschrank oder unserem ganzen Leben gleichen: höchst individuell, aber unordentlich; wenig Nachweis für Ordnung; viele angesammelte Überbleibsel (von Uneingeweihten als ‚Müll' bezeichnet); nichts jemals weggeworfen; und die wenigen wirklich wertvollen Sachen unterschiedslos, anscheinend unachtsam, über das Ganze verstreut." Wie es vermutlich dazu gekommen ist, werden wir in den letzten Abschnitten des Kapitels „Wie sich Genome entwickeln" besprechen.

4.2.4 Jedes DNA-Molekül, das ein lineares Chromosom bildet, muss ein Centromer, zwei Telomere und Replikationsursprünge enthalten

Um ein funktionierendes Chromosom zu bilden, muss das DNA-Molekül zu mehr befähigt sein, als nur Gene zu tragen: Es muss sich vermehren können, und die Kopien müssen getrennt und zuverlässig bei jeder Zellteilung auf die Tochterzellen aufgeteilt werden. Dies geschieht in einer geordneten Reihe von Schritten, die kollektiv als **Zellzyklus** bezeichnet werden. Dieser sorgt für eine zeitliche Trennung zwischen der

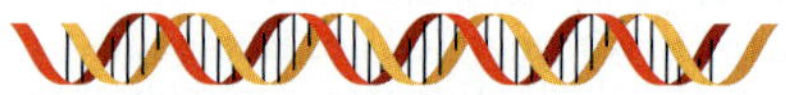

(a)

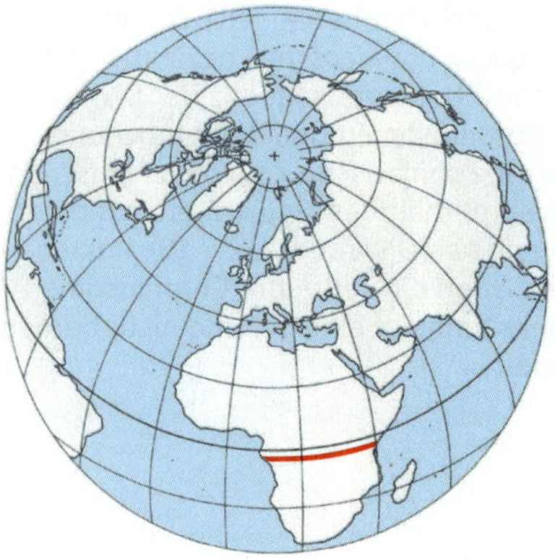

(b)

Abb. 4.16 Größenvergleich einiger Merkmale des menschlichen Genoms. Wenn der Abstand eines jeden Nukleotidpaars wie in (a) mit 1 mm gezeichnet wäre, würde sich das Genom des Menschen über 3100 km erstrecken, genug um den Äquator in Afrika, dem Ursprungsort von uns Menschen, zu queren (*rote Linie* in B). In diesem Maßstab würde ein proteincodierendes Gen im Durchschnitt alle 160 m erscheinen. Ein durchschnittliches Gen würde sich über 26 m erstrecken, aber die codierende Sequenz dieses Gens würde gerade etwas mehr als 1 m ausmachen.

Tab. 4.1 Wesentliche Kennzahlen des Humangenoms.

DNA-Länge des Humangenoms	$3{,}1 \times 10^9$ Nukleotidpaare[a]
Anzahl der proteincodierenden Gene	~ 20 000 (19 116 plus Hunderte Gene, die für Proteine von 50 Aminosäuren oder weniger codieren)[b]
Größtes proteincodierendes Gen	$2{,}5 \times 10^6$ Nukleotidpaare
Mittlere Größe eines proteincodierenden Gens	26 000 Nukleotidpaare
Mittlere Größe für Messenger-RNAs (einschließlich nicht translatierter 5'- und 3'-Regionen)	2938 Nukleotide
Mittlere Größe aminoisäurecodierender Sequenzen in Messenger-RNA-Sequenzen	1290 Nukleotide
Merkmale proteincodierender Gene	
Mittlere Größe der gebildeten Proteine	430 Aminosäuren
Kleinste Anzahl Exons je Gen	1 (1068 dieser ungespleißten Gene)
Größte Anzahl Exons je Gen	363
Mittlere Anzahl Exons je Gen	9,0
Mittlere Exonlänge	131 Nukleotidpaare
Mittlere Intronlänge	1747 Nukleotidpaare
Anzahl nicht codierender RNA-Gene	~ 5000 mit 4849 kommentiert[b]
Anzahl Pseudo-Gene[c]	über 20 000[d]
% DNA-Sequenz in Exons (proteincodierende Sequenz)	1 %
% der DNA in anderen hoch konservierten Sequenzen	3,5 %
% transkribierter DNA-Sequenz (in proteincodierenden plus kommentierten nicht codierenden RNA-Genen)	45 %
% der DNA in repetitiven Elementen hoher Kopienzahl	~ 50 %

(*a*) Die Sequenz von 2,85 Milliarden Nukleotiden ist exakt bekannt (Fehlerrate nur etwa eines von 100 000 Nukleotiden). Die restliche DNA besteht vorwiegend aus kurzen Sequenzen, die tandemartig viele Male wiederholt werden, wobei die Anzahl der Wiederholungen von Person zu Person schwankt. Diese hochrepetitiven Blöcke sind schwer exakt zu sequenzieren.
(*b*) RefSeq, mit mindestens einer geprüften/validierten mRNA (A. Piovesan *et al.*, *BMC Res. Notes* 12: 315–319, 2019). Zu Genen, die für winzige Proteine codieren, siehe T. F. Martinez *et al.*, *Nat. Chem. Biol.* 16: 458–468, 2020.
(*c*) eine beträchtliche Anzahl möglicher ncRNA-Gene ist immer noch nicht charakterisiert und nicht kommentiert.
(*d*) Ein Pseudo-Gen ist eine DNA-Sequenz, die einem funktionellen Gen sehr ähnelt, aber zahlreiche Mutationen enthält, die seine richtige Expression oder Funktion verhindern. Die meisten Pseudo-Gene sind immer noch nicht charakterisiert und nicht in Datenbanken kommentiert.

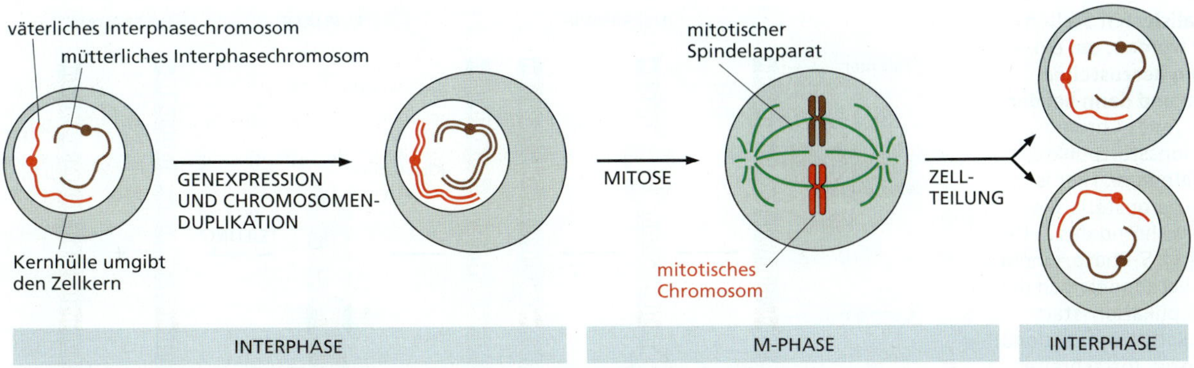

Abb. 4.17 Vereinfachte Darstellung des eukaryotischen Zellzyklus. Während der Interphase exprimiert die Zelle aktiv ihre Gene und synthetisiert dabei Proteine. Ebenfalls während der Interphase und vor der Zellteilung wird die DNA repliziert, und jedes Chromosom wird verdoppelt, um zwei eng gepaarte Schwester-DNA-Moleküle (Schwesterchromatiden genannt) zu erzeugen. Hier ist eine Zelle mit nur einem Chromosom als mütterliche und väterliche Kopie gezeigt. Wenn die DNA-Replikation vollendet ist, kann die Zelle in die M-Phase eintreten, in der die Mitose stattfindet und der Kern in zwei Tochterkerne geteilt wird. In dieser Phase kondensieren die Chromosomen, die Kernhülle zerfällt, und der mitotische Spindelapparat bildet sich aus Mikrotubuli und anderen Proteinen. Die verdichteten mitotischen Chromosomen werden durch die mitotische Spindel eingefangen, und ein voller Chromosomensatz wird zu jedem Ende der Zelle gezogen, indem die beiden Schwesterchromatiden eines Paars getrennt werden. Um jeden Chromosomensatz bildet sich erneut die Kernhülle; im letzten Schritt der M-Phase teilt sich die Zelle und erzeugt zwei Tochterzellen. Die meiste Zeit des Zellzyklus wird in der Interphase verbracht; die M-Phase ist vergleichsweise kurz und beträgt bei den meisten Säugetieren nur etwa eine Stunde.

Verdoppelung der Chromosomen und ihrer Auftrennung auf zwei Tochterzellen. Der eukaryotische Zellzyklus ist kurz in **Abb. 4.17** zusammengefasst und wird in Kapitel 17 ausführlich besprochen. Kurz gesagt, während einer langen *Interphase* werden die Gene exprimiert und die Chromosomen repliziert, wobei die beiden Replikate in Form eines *Schwesterchromatiden* paars zusammenbleiben. Während dieser Zeit sind die Chromosomen ausgedehnt und ein großer Teil ihres Chromatins liegt als lange Fäden im Zellkern vor, sodass sich die einzelnen Chromosomen nicht leicht unterscheiden lassen. Nur während der viel kürzeren Mitosephase verdichtet sich (kondensiert) jedes Chromosom, sodass sich seine beiden Schwesterchromatiden trennen und auf zwei Tochterzellkerne verteilen lassen. Die hoch verdichteten Chromosomen einer sich teilenden Zelle werden als *Mitosechromosomen* bezeichnet (**Abb. 4.18**). Dies ist die Form, in der die Chromosomen am leichtesten sichtbar gemacht werden können; tatsächlich stammen alle bisher in diesem Kapitel gezeigten Darstellungen der Chromosomen von Chromosomen in der Mitose.

Jedes Chromosom arbeitet als selbstständige strukturelle Einheit: Damit bei der Zellteilung eine Kopie an beide Tochterzellen weitergegeben werden kann, muss jedes Chromosom während der Interphase vollständig repliziert werden, sodass zwei identische DNA-Moleküle entstehen.

Außerdem müssen diese neu replizierten, enorm langen DNA-Kopien anschließend getrennt und zuverlässig an die beiden Tochterzellen weitergegeben werden. Diese grundlegenden Funktionen werden durch drei spezialisierte Nukleotidsequenzen auf der DNA reguliert, die jeweils spezialisierte Proteine binden, die den Replikations- und Segregationsapparat steuern (**Abb. 4.19**).

Untersuchungen bei der Sprosshefe, deren Chromosomen relativ klein und leicht zu manipulieren sind, haben die für diese Funktionen verantwortlichen minimalen DNA-Sequenzen identifiziert. Eine dieser Nukleotidsequenzen wirkt als **Replikationsursprung**; an ihr beginnt die Verdoppelung der DNA. Eukaryotische Chromosomen enthalten viele Replikationsursprünge, um sicherzustellen, dass das Chromosom rasch verdoppelt werden kann, wie wir in Kapitel 5 besprechen werden.

Nach der DNA-Verdoppelung bleiben die beiden Schwesterchromatiden, aus denen jedes Chromosom besteht, aneinandergeheftet und werden im weiteren Verlauf des

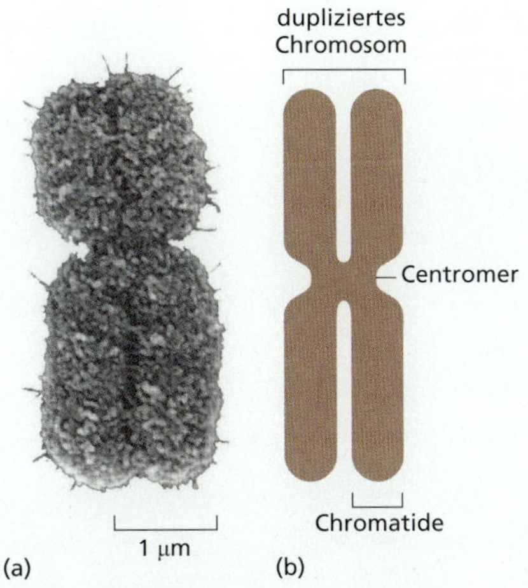

Abb. 4.18 Ein Mitosechromosom. Im Stadium der Metaphase der M-Phase kommt jedes Chromosom als ein kondensiertes verdoppeltes Chromosom vor, in dem die beiden replizierten Chromosomen, Schwesterchromatiden genannt, immer noch miteinander verbunden sind (s. **Abb. 4.17**). Der eingeschnürte Bereich zeigt die Lage des Centromers an. (a) Elektronenmikroskopische Aufnahme; (b) Schematische Zeichnung. (a, mit freundlicher Genehmigung von Terry D. Allen).

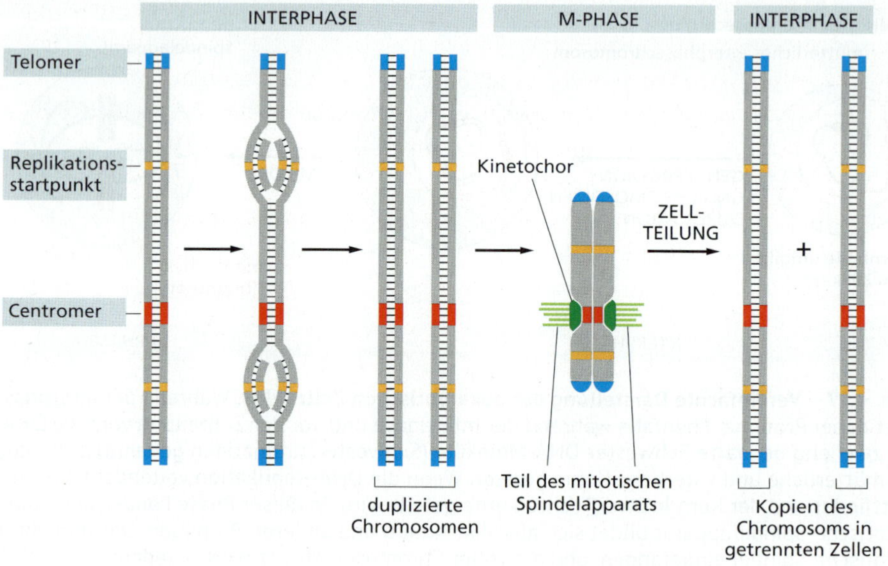

Abb. 4.19 Die drei spezialisierten Stellen auf der DNA, die benötigt werden, um ein eukaryotisches Chromosom herzustellen, das repliziert werden kann und dann bei der Mitose korrekt segregiert. Jedes Chromosom hat mehrere Replikationsstartpunkte, ein Centromer und zwei Telomere. Hier ist die Abfolge der Ereignisse dargestellt, die ein typisches Chromosom während des Zellzyklus durchläuft. In der sog. S-Phase, einem Abschnitt der Interphase, verdoppelt sich die DNA, beginnend an den Replikationsstartpunkten, von wo die Replikation bidirektional über das gesamte Chromosom fortschreitet. In der M-Phase bindet das Centromer die verdoppelten Chromosomen an den mitotischen Spindelapparat, sodass während der Mitose je eine Kopie an die beiden Tochterzellen weitergegeben wird. Die spezifische Struktur, die das Centromer an die Spindel heftet, ist ein Proteinkomplex namens Kinetochor (*dunkelgrün*). Das Centromer hilft auch, die verdoppelten Chromosomen zusammenzuhalten, bis sie für sie Trennung bereit sind. Die Telomere bilden spezielle Kappen an jedem Ende eines Chromosoms.

Zellzyklus zur Bildung der Mitosechromosomen weiter verdichtet. Eine zweite besondere DNA-Sequenz in der Sprosshefe, das **Centromer**, ermöglicht, dass bei der Zellteilung jeweils eine Kopie des verdoppelten und verdichteten Chromosoms in jede Tochterzelle gezogen wird. Ein als *Kinetochor* bezeichneter Proteinkomplex bildet sich am Centromer, befestigt die verdoppelten Chromosomen derart an der Mitosespindel, sodass die Trennung der beiden Schwesterchromatiden verursacht wird, wie wir in Kapitel 17 besprechen werden.

Die dritte spezialisierte DNA-Sequenz bildet die **Telomere**, die Enden eines Chromosoms. Telomere enthalten sich wiederholende Nukleotidsequenzen, welche die effiziente Replikation der Chromosomenenden ermöglichen. Telomere haben auch noch eine andere Funktion: Die wiederholten Telomer-DNA-Sequenzen bilden zusammen mit benachbarten Bereichen Strukturen, die verhindern, dass die Enden der Chromosomen in einer Zelle irrtümlich für gebrochene DNA gehalten werden, die repariert werden muss. Wir werden diesen Reparaturtyp und die Struktur und Funktion der Telomere in Kapitel 5 besprechen.

In Sprosshefezellen sind die drei zur Weitergabe eines Chromosoms nötigen Sequenzen verhältnismäßig kurz, typischerweise jeweils weniger als 1000 Basenpaare lang und belegen so nur einen kleinen Teil des Informationsgehalts eines Chromosoms. Während die Telomersequenzen bei allen Eukaryoten recht einfach und kurz sind, sind die die Centromere und Replikationsursprünge spezifizierenden DNA-Sequenzen bei höheren Lebewesen wesentlich größer als ihre Gegenstücke bei Hefe. So lassen Experimente beispielsweise vermuten, dass ein menschliches Centromer bis zu 1 Million Nukleotidpaare umfassen kann und dass es nicht notwendigerweise einen DNA-Abschnitt mit einer definierten Nukleotidsequenz enthalten muss. Stattdessen scheint ein menschliches Centromer aus einer großen, sich regelmäßig wiederholenden Protein-Nukleinsäure-Struktur zu bestehen, die vererbt werden kann, wenn sich ein Chromosom verdoppelt; wir werden dies an späterer Stelle in diesem Kapitel erörtern.

4.2.5 DNA-Moleküle sind in den Chromosomen hoch verdichtet

Alle eukaryotischen Lebewesen haben spezielle Wege, um DNA in Chromosomen zu verpacken. Wenn beispielsweise die 48 Millionen Nukleotidpaare der DNA des menschlichen Chromosoms 22 als eine lange, Doppelhelix ausgebreitet und Ende an Ende gereiht werden könnten, dann wäre das Molekül ausgestreckt etwa 1,5 cm lang. Wenn es jedoch als Mitosechromosom vorliegt, misst Chromosom 22 nur etwa 2 µm (s. **Abb. 4.11**), was einer Verdichtung um das 7000-Fache entspricht. Dieses bemerkenswerte Kunststück der Verdichtung wird von Proteinen ausgeführt, die die DNA in höhere Ordnungsebenen wickeln und falten.

Obwohl die DNA nicht so verdichtet ist wie in Mitosechromosomen, ist sie in menschlichen Interphase-Chromosomen immer noch dicht gepackt. Aber Interphase-Chromosomen haben eine dynamische Struktur. Spezifische Bereiche der Interphase-Chromosomen dekondensieren, um den Zugriff auf spezifische DNA-Sequenzen für die Genexpression, DNA-Reparatur und-Replikation zu ermöglichen – und sich dann erneut verdichten, wenn diese Vorgänge abgeschlossen sind. Die Verpackung der DNA in Chromosomen wird deshalb auf eine Weise bewerkstelligt, die bei Bedarf einen schnellen, lokalisierten Zugriff auf die DNA ermöglicht. In den nächsten Abschnitten erörtern wir die spezialisierten Proteine, die diese Verpackungsart möglich machen.

4.2.6 Nukleosomen sind die Grundeinheiten der Chromosomenstruktur bei Eukaryoten

Die Proteine, die an die DNA binden, um eukaryotische Chromosomen zu bilden, werden traditionsgemäß in zwei Klassen eingeteilt: die **Histone** und die *chromosomalen Nicht-Histon-Proteine*, wobei sie jeweils mit der gleichen Masse wie die DNA zu einem Chromosom beitragen. Den Komplex, den diese beiden Proteinklassen mit der Kern-DNA einer Eukaryotenzelle bilden, bezeichnet man als Chromatin (**Abb. 4.20**).

Histone sind für die erste und grundlegende Stufe der Chromosomenorganisation, einen Protein-DNA-Komplex namens **Nukleosom** verantwortlich. Wenn man Interphasekerne sehr vorsichtig aufbricht und ihren Inhalt unter dem Elektronenmikroskop betrachtet, scheint das Chromatin hauptsächlich ein Faden zu sein (**Abb. 4.21a**). Wenn dieses Chromatin einer Behandlung unterzogen wird, die seine teilweise Auffaltung bewirkt, wird es unter dem Elektronenmikroskop als „Perlenschnur" sichtbar (**Abb. 4.21b**). Die Schnur wird von der DNA gebildet, und jede Perle ist ein „Nukleosomkernpartikel", das aus einem Histonkern und um diesen gewickelter DNA besteht.

Die Nukleosomenkernpartikel lassen sich durch Chromatinverdau mit bestimmten Enzymen (sog. Nukleasen) isolieren, die die DNA schneiden. Nach kurzzeitigem Verdau wir die exponierte DNA zwischen den Nukleosomenkernpartikeln, die *Linker-DNA*, abgebaut. Jedes einzelne Nukleosomkernpartikel ist aus einem Komplex von acht Histonproteinen (je zwei Moleküle der Histone H2A, H2B, H3 und H4) und einem 147 Nukleotide langen, doppelsträngigen DNA-Stück aufgebaut. Das *Histon-Oktamer* bildet dabei einen Proteinkern, um den die doppelsträngige DNA gewunden ist (**Abb. 4.22**).)

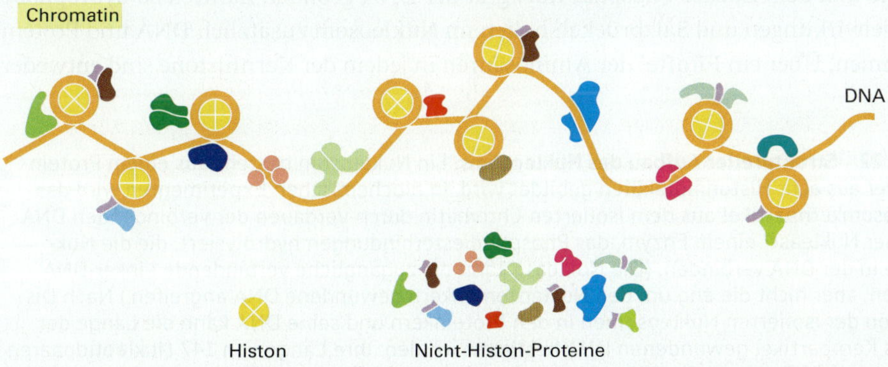

Abb. 4.20 Chromatin. Wie dargestellt, besteht Chromatin aus DNA, die an Histon- und Nicht-Histon-Proteine gebunden ist. Die Masse des vorhandenen Histon-Proteins ist in etwa gleich der Gesamtmasse von Nicht-Histon-Protein; letztere Klasse setzt sich – wie hier schematisch angezeigt – aus einer enormen Anzahl verschiedener Arten zusammen. Insgesamt besteht ein Chromosom massemäßig zu etwa einem Drittel aus DNA und zu zwei Dritteln aus Protein.

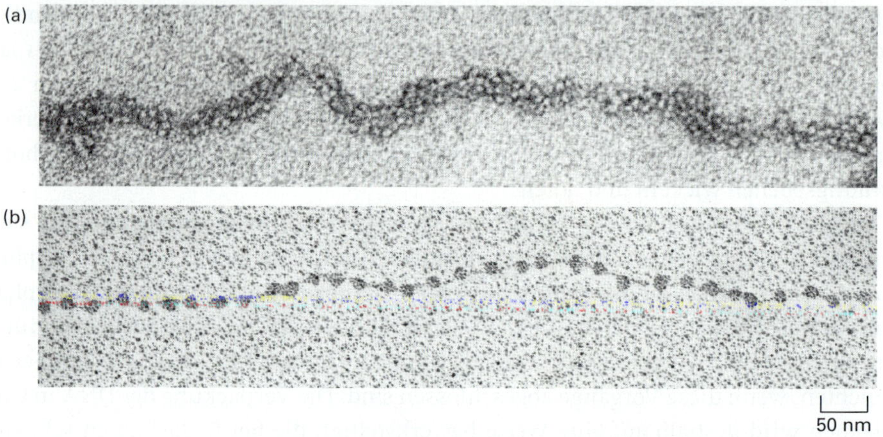

Abb. 4.21 Nukleosomen unter dem Elektronenmikroskop. (a) Direkt aus einem Interphasekern isoliertes Chromatin erscheint unter dem Elektronenmikroskop als Faden verbundener Nukleosomen. (b) Diese elektronenmikroskopische Aufnahme zeigt ein Stück Chromatin, das experimentell nach der Isolierung gestreckt oder dekondensiert wurde, um die Nukleosomen zu zeigen. (a, mit freundlicher Genehmigung von Barbara Hamkalo; b, mit freundlicher Genehmigung von Victoria Foe).

Das Stück Linker-DNA, das die Nukleosomkernpartikel voneinander trennt, kann in der Länge von einigen wenigen bis rund 80 Nukleotidpaaren variieren. (Der Ausdruck *Nukleosom* bezieht sich eigentlich auf das Nukleosomkernpartikel und eine seiner beiden benachbarten Linker-DNAs, wird aber oft synonym für das Nukleosomkernpartikel benutzt.) Im Durchschnitt wiederholen sich also Nukleosomen in Abständen von etwa 200 Nukleotidpaaren. So enthält beispielsweise eine diploide Menschenzelle mit $6{,}2 \times 10^9$ Nukleotidpaaren rund 30 Millionen Nukleosomen. Die Nukleosomenbildung verwandelt ein DNA-Molekül in einen Chromatinfaden von rund einem Drittel seiner ursprünglichen Länge.

4.2.7 Die Struktur des Nukleosomkernpartikels zeigt die Verpackung der DNA

Die hochaufgelöste Struktur des Nukleosomkernpartikels zeigt einen scheibenförmigen Histonkern, um den die DNA als linksgängige Schraube in 1,7 Windungen eng gewunden ist (**Abb. 4.23**). Die vier den Kern des Nukleosoms aufbauenden Histone sind mit 102–135 Aminosäuren alle ziemlich kleine Proteine, denen ein von drei α -Helices und zwei sie verbindenden Schleifen gebildetes, als *Histonfaltung* bekanntes Strukturmotiv gemeinsam ist (**Abb. 4.24**). Beim Aufbau des Nukleosoms binden die Histonfaltungen zuerst aneinander, um die H3-H4- und H2A-H2B-Dimere zu bilden; die H3-H4-Dimere lagern sich dann zu Tetrameren zusammen. Ein H3-H4-Tetramer bindet dann an zwei H2A-H2B-Dimere und erzeugt so ein kompaktes Histonoktamer, um den die DNA gewunden wird.

Zwischen DNA und Histon gibt es eine ausgedehnte Kontaktfläche: 142 Wasserstoffbrücken werden zwischen der DNA und dem Histonkern eines jeden Nukleosoms gebildet. Etwa die Hälfte dieser Bindungen wird zwischen den Aminosäure-Hauptketten der Histone und dem Zucker-Phosphat-Rückgrat der DNA gebildet. Zahlreiche hydrophobe Wechselwirkungen und Salzbrücken halten im Nukleosom zusätzlich DNA und Protein zusammen. Über ein Fünftel der Aminosäuren in jedem der Kernhistone sind entweder

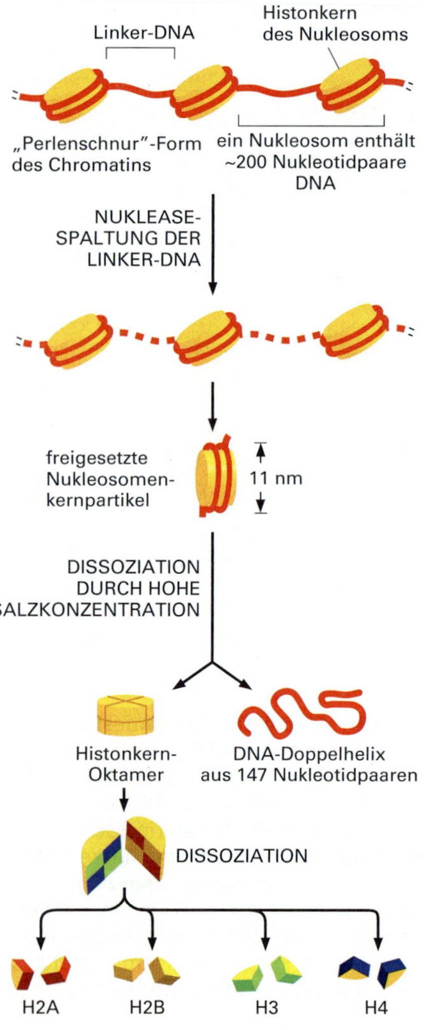

Abb. 4.22 Struktureller Aufbau des Nukleosoms. Ein Nukleosom besteht aus einem Proteinkern, der aus acht Histonmolekülen gebildet wird. In biochemischen Experimenten wird das Nukleosomkernpartikel aus dem isolierten Chromatin durch Verdauen der verbindenden DNA mit einer Nuklease, einem Enzym, das Phosphodiesterbindungen hydrolysiert, die die Nukleotide in der DNA verbinden. (Die Nuklease kann die zugängliche verbindende Linker-DNA abbauen, aber nicht die eng um den Nukleosomenkern gewundene DNA angreifen.) Nach Dissoziation der isolierten Nukleosomen in den Proteinkern und seine DNA kann die Länge der um das Kernpartikel gewundenen DNA bestimmt werden. Ihre Länge von 147 Nukleotidpaaren reicht aus, sie 1,7-mal um den Histonkern zu wickeln.

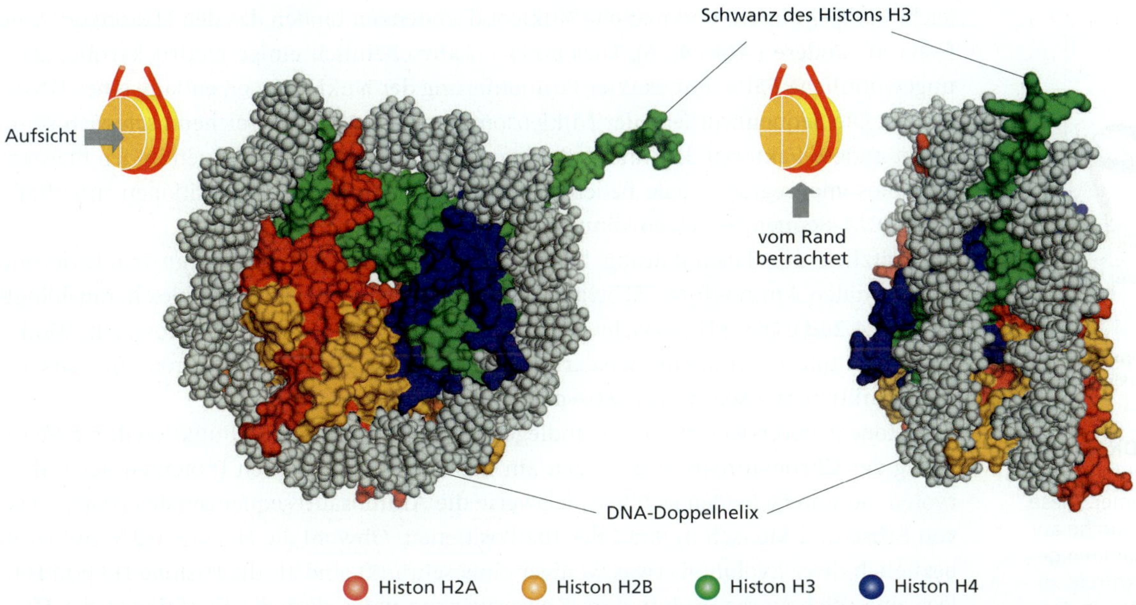

Abb. 4.23 Durch Röntgenstrukturanalyse eines Kristalls erschlossene Struktur eines Nukleosomkernpartikels. Jedes Histon ist gemäß dem Schema in Abb. 4.22 farbig gekennzeichnet. Die DNA ist in *hellgrau* gehalten. Ein N-terminaler Schwanz von H3 ist zu sehen, der aus dem Nukleosomenkern herausragt; die Positionen der Schwänze der anderen Histone konnten wegen deren Unordnung nicht bestimmt werden. (Aus K. Luger *et al.*, *Nature* 389: 251–260, 1997).

Lysin oder Arginin (zwei Aminosäuren mit basischen Seitenketten), und ihre positiven Ladungen können die negativen Ladungen des DNA-Rückgrats wirksam neutralisieren. Diese zahlreichen Wechselwirkungen erklären teilweise, warum eine DNA nahezu jeglicher Sequenz um einen Histon-Oktamerkern gewunden werden kann. Der Weg der DNA um die Histonspule verläuft nicht glatt; vielmehr zeigt die DNA, wie von der ungleichmäßigen Oberfläche des Histonkerns zu erwarten, mehrere Knicke.

Die Krümmung der DNA erfordert eine beträchtliche Kompression der kleinen Furche der DNA-Helix. Bestimmte Dinukleotide in der kleinen Furche lassen sich besonders

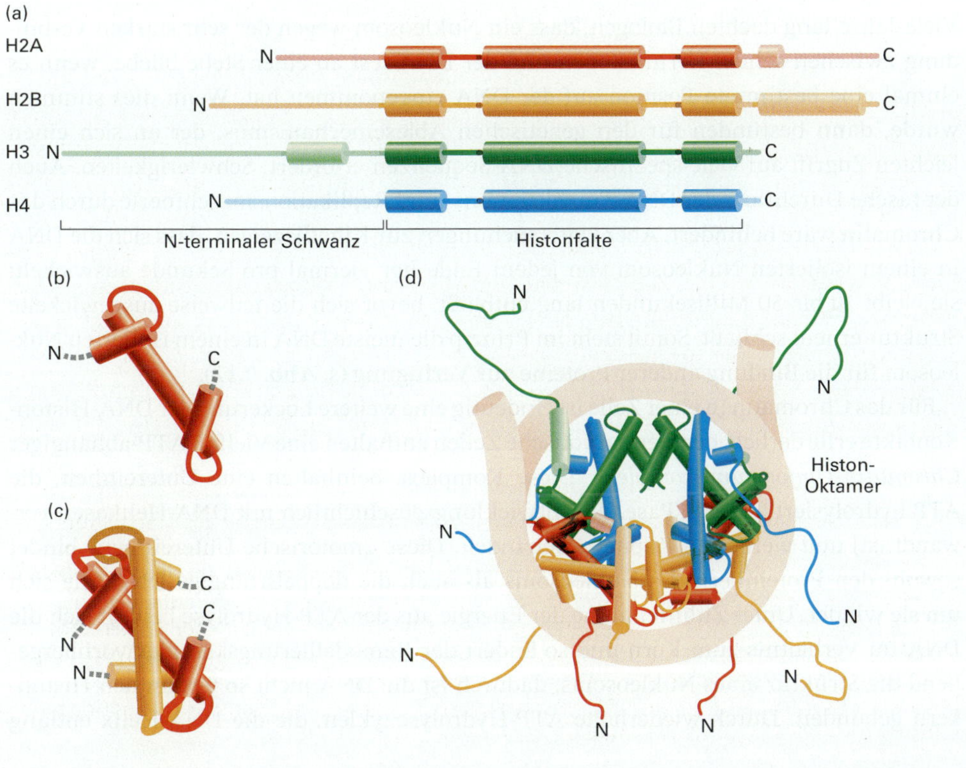

Abb. 4.24 Genereller Aufbau der Kernhistone. (a) Jedes Kernhiston besitzt, wie gezeigt, einen N-terminalen Schwanz, der verschiedenartig kovalent modifiziert werden kann, sowie eine Histonfaltungsregion. (b) Struktur der Histonfaltung, die von allen vier Kernhistonen eingenommen wird. (c) Histon 2A und 2B bilden durch eine als „Handschlag" bezeichnete Wechselwirkung ein Dimer. Die Histone H3 und H4 bilden durch gleichartige Wechselwirkungen ein Dimer. (d) Das fertige Histon-Oktamer, um das die DNA gewickelt ist. Beachten Sie, dass alle acht N-terminalen Histonschwänze aus der scheibenförmigen Kernstruktur herausragen. Ihre Konformation ist hoch flexibel und sie dienen als Bindungsstellen für eine Reihe anderer Proteine.

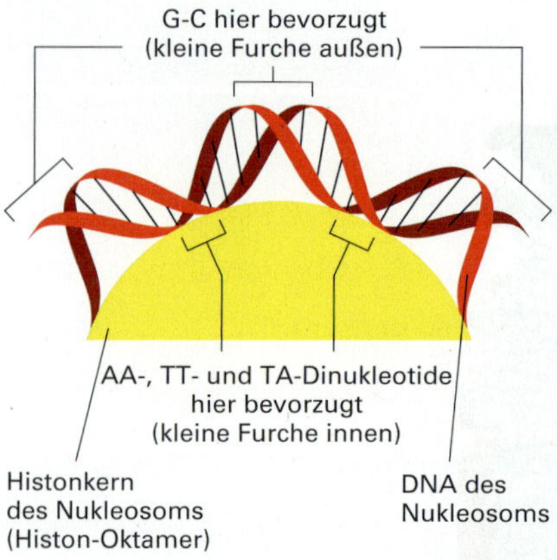

Abb. 4.25 Die Krümmung der DNA im Nukleosom. Die DNA-Helix macht 1,7 enge Windungen um das Histon-Oktamer. Diese Zeichnung zeigt, wie die kleine Furche auf der Innenseite der Windung zusammengepresst wird. Wegen einiger Struktureigenschaften des DNA-Moleküls liegen in der engen kleinen Furche bevorzugt die gezeigten Dinukleotide. Dies mag erklären, warum bestimmte DNA-Sequenzen an den Nukleosomenkern fester binden als andere.

leicht komprimieren, und manche Nukleotidsequenzen binden das den Histonkern viel fester als andere (**Abb. 4.25**). Dies erklärt wahrscheinlich einige eindrucksvolle, aber ungewöhnliche Fälle sehr exakter Positionierung der Nukleosomen entlang eines DNA-Stücks. Die Sequenzvorliebe der Nukleosomen muss jedoch ausreichend schwach sein, damit andere Faktoren dominieren können – insofern als Nukleosomen in den meisten Chromosomenregionen jede beliebige einer ganzen Anzahl von Positionen innerhalb einer DNA-Sequenz besetzen können.

Zusätzlich zur Histonfaltung besitzt jedes Histon einen langen unstrukturierten N-terminalen Aminosäure-„Schwanz", der aus dem DNA-Histon-Komplex heraushängt (s. **Abb. 4.24d**). Diese Histonschwänze sind Hot-Spots für verschiedene kovalente Modifikationen und kontrollieren wiederum entscheidende Aspekte der Chromatinstruktur und -funktion, wie wir in Kürze besprechen werden.

Histone gehören wegen ihrer grundlegenden Rolle bei der DNA-Funktion durch Steuerung der Chromatinstruktur zu den am höchsten konservierten Proteinen der Eukaryoten. So unterscheiden sich beispielsweise die Aminosäuresequenzen des Histons H4 von Erbse und Mensch in nur 2 der 102 Positionen. Obwohl die Histone H2A und H2B bezüglich ihrer Evolution etwas weniger eingeschränkt sind als die Histone H3 und H4, legt eine solch starke evolutionäre Konservierung nahe, dass die Funktionen der Histone nahezu alle ihre Aminosäuren einbeziehen, sodass eine Änderung in jeder einzelnen Position für die Zelle nachteilig wäre. Aber zusätzlich zu dieser bemerkenswerten Konservierung bilden eukaryotische Organismen kleinere Mengen spezialisierter Kernhistonvarianten, die in der Aminosäuresequenz von den Hauptformen abweichen. Wie später erörtert wird, führen diese Varianten zusammen mit einer überraschend großen Anzahl kovalenter Modifikationen, die an Histone in Nukleosomen angefügt werden können, zu einer Vielzahl an Chromatinstrukturen in Zellen.

4.2.8 Nukleosomen haben eine dynamische Struktur und sind häufig Veränderungen unterworfen, die von ATP-abhängigen Chromatin-Umformungskomplexen katalysiert werden

Viele Jahre lang dachten Biologen, dass ein Nukleosom wegen der sehr starken Verbindung zwischen seinen Kernhistonen und der DNA fest an einer Stelle bliebe, wenn es einmal eine bestimmte Position auf der DNA eingenommen hat. Wenn dies stimmen würde, dann bestünden für den genetischen Ablesemechanismus, der an sich einen leichten Zugriff auf viele spezifische DNA-Sequenzen erfordert, Schwierigkeiten. Auch der rasche Durchfluss der DNA-Transkriptions- und Replikationsmaschinerie durch das Chromatin wäre behindert. Aber Untersuchungen zur Kinetik zeigen, dass sich die DNA in einem isolierten Nukleosom von jedem Ende her viermal pro Sekunde auswickelt; sie bleibt 10 bis 50 Millisekunden lang entblößt, bevor sich die teilweise ausgewickelte Struktur erneut schließt. Somit steht im Prinzip die meiste DNA in einem isolierten Nukleosom für die Bindung anderer Proteine zur Verfügung (s. **Abb. 7.12**).

Für das Chromatin in einer Zelle ist eindeutig eine weitere Lockerung der DNA-Histon-Kontakte erforderlich, denn eukaryotische Zellen enthalten eine Vielfalt ATP-abhängiger *Chromatin-Umformungskomplexe*. Diese Komplexe beinhalten eine Untereinheit, die ATP hydrolysiert (eine ATPase, die entwicklungsgeschichtlich mit DNA-Helikasen verwandt ist) und werden in Kapitel 5 behandelt. Diese „motorische Untereinheit" bindet sowohl den Proteinkern des Nukleosoms als auch die doppelsträngige DNA, die sich um sie windet. Unter Zuhilfenahme der Energie aus der ATP-Hydrolyse bewegt sich die DNA im Verhältnis zum Kern und so ändert der Remodellierungskomplex vorübergehend die Struktur eines Nukleosoms; dadurch ist die DNA nicht so fest an den Histonkern gebunden. Durch wiederholte ATP-Hydrolysezyklen, die die DNA-Helix entlang

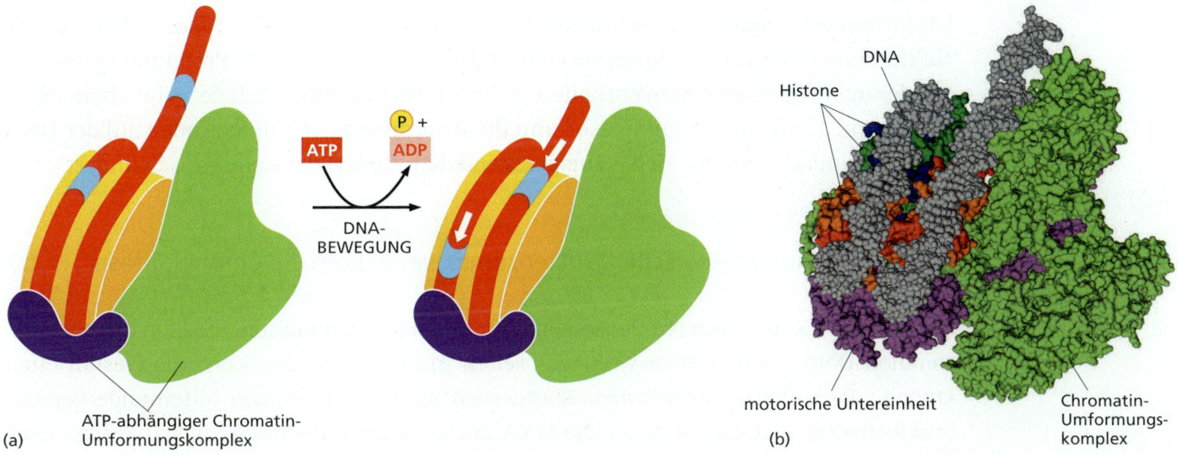

Abb. 4.26 Der vom ATP-abhängigen Chromatin-Umformungskomplex katalysierte Gleitvorgang des Nukleosoms. (a) Man vermutet, dass der Umformungskomplex unter Einsatz der Energie aus der ATP-Hydrolyse die DNA auf ihrem gebundenen Nukleosom weiterschiebt und die Anheftung an den Nukleosomenkern lockert. Jeder Zyklus von ATP-Bindung, ATP-Hydrolyse und Freisetzung der Produkte ADP und P_a schiebt die DNA bezogen auf das Histon-Oktamer in Richtung des Pfeils im Diagramm. Viele solcher Zyklen sind erforderlich, um das gezeigte Nukleosomengleiten zu erzeugen. (b) Die Struktur eines SWR1-Chromatinumformungskomplexes der Hefe. Dieser Komplex katalysiert den Austausch eines H2A-H2B-Dimers gegen ein Dimer, das eine H2A-Histonvariante enthält. Deren ATP-getriebene motorische Untereinheit ist violett gefärbt. (b, PDB-Code: 6GEJ).

des Nukleosomenkerns ziehen, können die Umformungskomplexe somit das *Nukleosomengleiten* katalysieren (**Abb. 4.26**). Da Nukleosomen auf diese Weise häufig neu positioniert werden, sind alle DNA-Sequenzen im Chromatin potenziell für die Bindung an andere Proteine in der Zelle verfügbar.

Durch Kooperation mit einer Vielzahl anderer Proteine, die an Histone binden und als *Histon-Chaperone* dienen, sind manche Umformungskomplexe außerdem in der Lage, von einem Nukleosom entweder den ganzen Nukleosomenkern oder einen Teil davon zu entfernen – dabei katalysieren sie entweder den Austausch seiner H2A-H2B-Histone oder die vollständige Entfernung des oktameren Kerns von der DNA (**Abb. 4.27**). Messungen zeigen, dass als Ergebnis solcher Prozesse ein typisches Nukleosom innerhalb der Zelle alle ein oder zwei Stunden auf der DNA ersetzt wird.

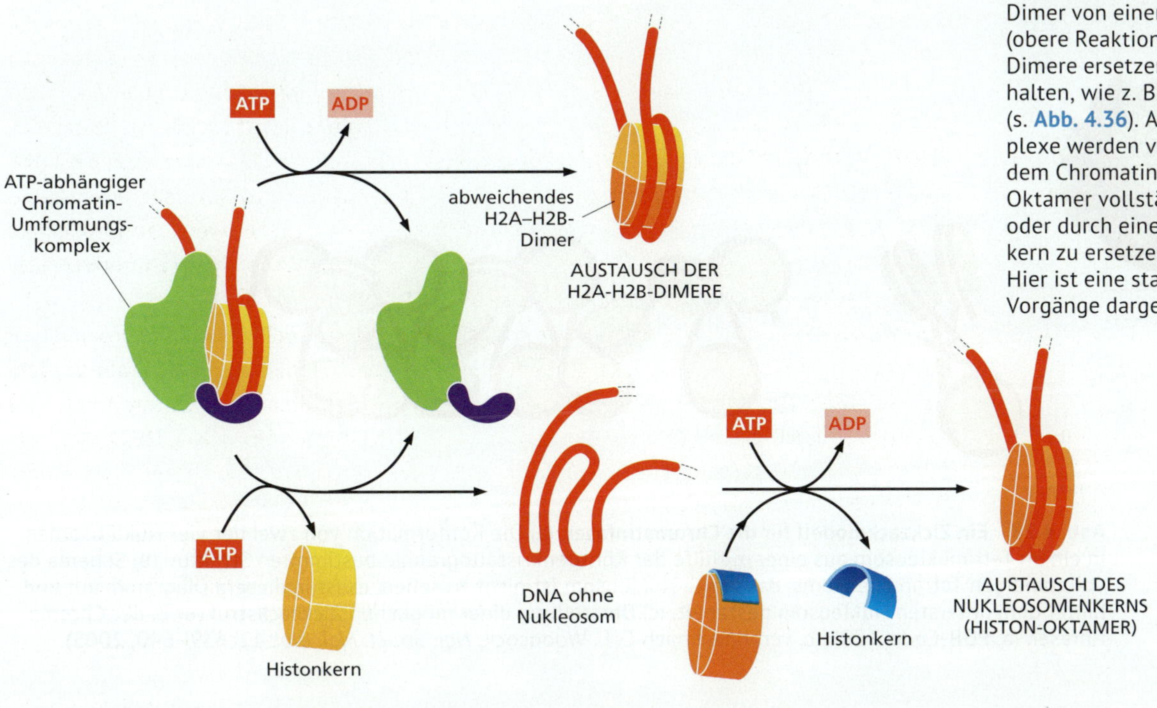

Abb. 4.27 Von ATP-abhängigen Chromatin-Umformungskomplexen katalysierte Nukleosomenbeseitigung und Histonaustausch. Manche Chromatinumformungskomplexe können das H2A-H2B-Dimer von einem Nukleosom entfernen (obere Reaktionsreihe) und sie durch Dimere ersetzen, die Histonvarianten enthalten, wie z. B. das H2Az-H2B-Dimer (s. **Abb. 4.36**). Andere Umformungskomplexe werden von spezifischen Stellen auf dem Chromatin angezogen, um das Histon-Oktamer vollständig zu beseitigen und/oder durch einen anderen Nukleosomenkern zu ersetzen (untere Reaktionsreihe). Hier ist eine stark vereinfachte Ansicht der Vorgänge dargestellt.

Zellen enthalten Dutzende verschiedener ATP-abhängiger Chromatin-Umformungskomplexe, die auf verschiedene Aufgaben spezialisiert sind, wobei pro fünf Nukleosomen etwa ein Komplex vorkommt. Die meisten sind große Proteinkomplexe, die 10 oder mehr Untereinheiten enthalten. Aufgrund der Anwesenheit der ATP-abhängigen Chromatin-Umformungskomplexe kann die Anordnung der Nukleosomen auf der DNA hoch dynamisch sein, die sich – entsprechend dem Bedarf der Zelle – rasch ändert.

4.2.9 Anziehungen zwischen Nukleosomen verdichten die Chromatinfaser

Enorm lange Ketten von Nukleosomen bilden sich auf den meisten Stücken der chromosomalen DNA, werden aber wohl nur selten in einer lebenden Zelle die Gestalt einer langen „Perlenkette" annehmen. Stattdessen sind Nukleosomen aufeinandergepackt und formen so Gebilde, in denen die DNA noch weiter verdichtet wird. Daher liegt nach sehr milder Lyse auf einem Elektronenmikroskop-Träger viel Chromatin als Faden vor, erheblich dicker als ein einzelnes Nukleosom (s. **Abb. 4.21a**).

Wie Nukleosomen zu der verdichteten Anordnung arrangiert werden, ist unklar. Man hat die Struktur eines Tetranukleosoms (ein Komplex aus vier Nukleosomen), die man durch Röntgenkristallographie und hochauflösende Elektronenmikroskopie von wiederhergestelltem Chromatin erhielt, dazu verwendet, ein Zickzackmodell für die Stapelung der Nukleosomen in einer 30-nm-Faser zu erhärten (**Abb. 4.28**). Aber die Kryoelektronenmikroskopie von sorgfältig präparierten Zellkernen legt nahe, dass die meisten Chromatinbereiche nicht so regelmäßig strukturiert sind.

Was verursacht, dass sich Nukleosomen aufeinanderstapeln? Koppelungen von Nukleosom zu Nukleosom, die Histonschwänze einbeziehen (insbesondere den H4-Schwanz), stellen einen wichtigen Faktor dar (**Abb. 4.29**). Ein weiterer wichtiger Faktor ist ein zusätzliches Histon, das häufig im Verhältnis 1:1 mit den Nukleosomenkernen vorkommt und als **Histon H1** bezeichnet wird. Dieses sogenannte Linker-Histon ist größer als die einzelnen Kernhistone, und es wurde während der Evolution weit weniger gut konserviert. Ein Nukleosom kann ein einzelnes Histon H1-Molekül binden; dieses H1-Molekül kontaktiert sowohl die DNA als auch das Histonoktamer und ändert den Weg der DNA, auf dem sie das Nukleosom verlässt (**Abb. 4.30**). Diese Änderung des Austrittswegs der DNA

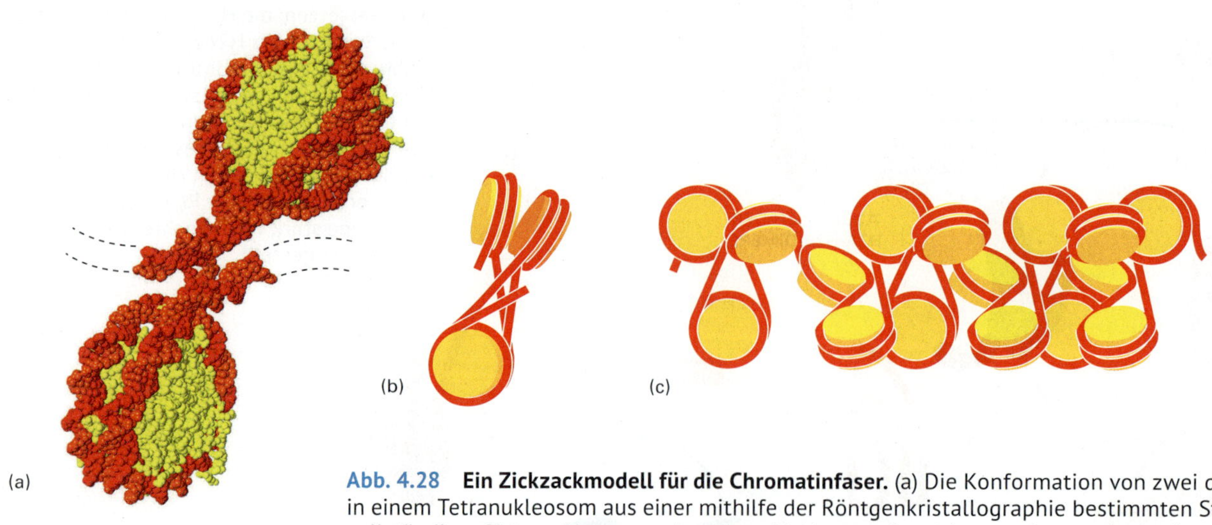

Abb. 4.28 Ein Zickzackmodell für die Chromatinfaser. (a) Die Konformation von zwei der vier Nukleosomen in einem Tetranukleosom aus einer mithilfe der Röntgenkristallographie bestimmten Struktur. (b) Schema des vollständigen Tetranukleosoms; das vierte Nukleosom ist nicht zu sehen, es ist in diesem Diagramm auf und hinter dem untersten Nukleosom gestapelt. (c) Darstellung einer möglichen Zickzackstruktur in der Chromatinfaser. (a, PDB-Code: 1ZBB; c, verändert nach C. L. Woodcock, *Nat. Struct. Mol. Biol.* 12: 639–640, 2005).

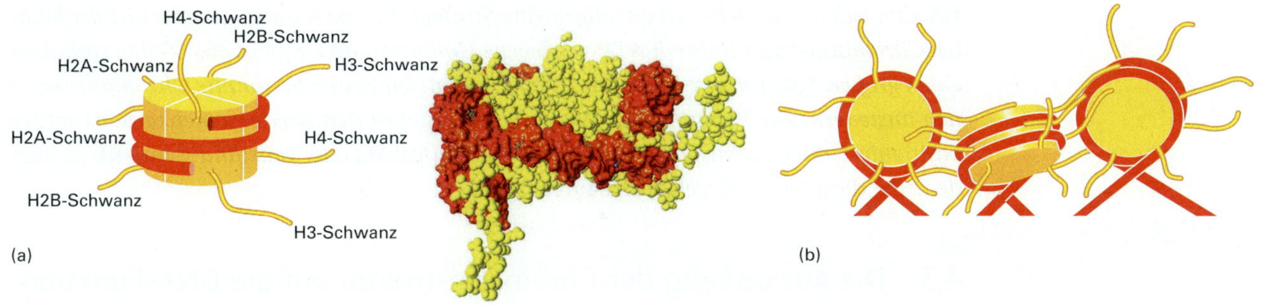

Abb. 4.29 Modell für die Rolle der Histonschwänze bei der Verdichtung von Chromatin. (a) Dieses schematische Diagramm zeigt die ungefähren Austrittsstellen der acht N-terminalen Histonschwänze – einer aus jedem Histonprotein – die von jedem Nukleosom ausgehen. Rechts ist die tatsächliche Struktur gezeigt. In der hoch auflösenden Struktur des Nukleosoms sind die meisten Histonschwänze nicht zusehen, was vermuten lässt, dass sie relativ unstrukturiert und sehr flexibel sind. (b) Wie dargestellt, nimmt man an, dass die Histonschwänze an den Wechselwirkungen zwischen Nukleosomen beteiligt sind, die dazu beitragen können, sie zu verpacken. (a, PDB-Code: 1KX5).

scheint die Verdichtung der Nukleosomen-DNA zu unterstützen (**Abb. 4.30**). Die meisten eukaryotischen Lebewesen bilden mehrere Histon H1-Proteine mit verwandten, aber ziemlich unterschiedlichen Aminosäuresequenzen. Die Gegenwart vieler anderer DNA-Bindungsproteine sowie von Proteinen, die direkt an Histone binden, fügt jeder beliebigen Nukleosomenanordnung sicherlich wichtige zusätzliche Eigenschaften hinzu.

Zusammenfassung

Ein Gen wird als Nukleotidsequenz in einem DNA-Molekül definiert, die als funktionelle Einheit bei der Bildung eines Proteins, einer Struktur-RNA oder eines katalytischen oder regulatorischen RNA-Moleküls wirkt. Bei Eukaryoten sind proteincodierende Gene normalerweise aus einer Reihe alternierender Introns und Exons zusammengesetzt, die mit Regulationsregionen der DNA assoziiert sind. Ein Chromosom wird von einem einzelnen, außergewöhnlich langen DNA-Molekül gebildet, das eine lineare Abfolge vieler Gene enthält und an einen großen Satz von Proteinen gebunden ist. Das Genom des Menschen umfasst 3,1 × 10⁹ DNA-Nukleotidpaare, die auf 22 verschiedene Autosomen (jeweils als zwei Kopien vorhanden) und 2 Geschlechtschromosomen verteilt sind. Nur ein kleiner Prozentsatz dieser DNA codiert für Proteine oder funktionelle RNAs. Ein chromosomales DNA-Molekül enthält noch drei weitere wichtige Nukleotidsequenzen: Die Replikationsursprünge und die Telomere ermöglichen die vollständige Replikation des DNA-Moleküls, während das Centromer die Schwester-DNA-Moleküle an der Mitosespindel befestigt und auf diese Weise in der M-Phase des Zellzyklus ihre korrekte Trennung und Verteilung auf die Tochterzellen ermöglicht.

Die DNA der Eukaryoten ist fest an eine gleiche Masse von Histonen gebunden, die eine sich wiederholende Reihung von DNA-Proteinpartikeln bilden, die Nukleosomen genannt werden. Das Nukleosom wird von einem oktameren Kern von Histonproteinen gebildet, um den die DNA-Doppelhelix gewunden ist. Nukleosomen treten im Abstand von etwa 200 Nukleotidpaaren auf und assoziieren mit benachbarten Nukleosomen, um eine kompaktere Chromatinfaser zu bilden. Die Chromatinstruktur muss äußerst dynamisch sein, um den Zugang zur DNA zu ermöglichen. Ein spontanes Auswickeln und Wiederaufwickeln der

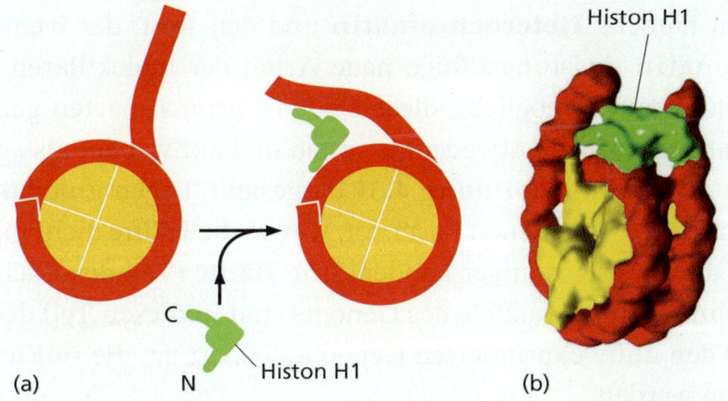

Abb. 4.30 Wie das Linker-Histon an das Nukleosom bindet. Gezeigt sind die Position und Struktur des Histons H1. H1 schränkt die DNA ein, wenn sie aus dem Nukleosom austritt und verdichtet dabei Chromatin. (a) Schema und (b) Struktur eines einzelnen Nukleosoms, hergeleitet aus einer mittels hochaufgelöster Elektronenmikroskopie bestimmten Struktur der rekonstruierten Chromatinfaser (c). (B und C, nach F. Song *et al.*, *Science* 344: 376–380, 2014).

DNA im Nukleosom selbst ist die allgemeine Strategie für die reversible Änderung der lokalen Chromatinstruktur durch ATP-getriebene Umformungskomplexe aus. Zellen enthalten einen großen Satz solcher Komplexe, die zu geeigneten Zeiten bestimmte Chromatinregionen ansteuern. Die Umformungskomplexe ermöglichen den Nukleosomenkernen, wieder positioniert, mit verschiedenen Histonen wieder aufgebaut oder vollständig entfernt zu werden oder die darunterliegende DNA freizulegen.

4.3 Die Auswirkung der Chromatinstruktur auf die DNA-Funktion

Nachdem wir beschrieben haben, wie DNA in Nukleosomen verpackt wird, sodass eine Chromatinfaser entsteht, wenden wir uns nun den Mechanismen zu, durch die verschiedene Chromatinstrukturen in unterschiedlichen Regionen des Zellgenoms erzeugt werden und wie sich dies auf die DNA-Funktion in Zellen auswirkt. Besonders auffällig ist, dass bestimmte Arten der Chromatinstruktur vererbt werden können; das heißt, die Struktur kann direkt von einer Zelle auf ihre Nachkommen weitergegeben werden. Weil das resultierende Zellgedächtnis auf der vererbten Chromatinstruktur basiert anstatt auf einer Änderung der DNA-Sequenz, erzeugt sie eine **epigenetischer Vererbung**. Die Vorsilbe *epi* kommt aus dem Griechischen und bedeutet „auf"; dies passt, weil die Epigenetik eine Form der Vererbung darstellt, die die auf der DNA basierende genetische Vererbung überlagert.

In Kapitel 7 werden wir die vielen unterschiedlichen Weisen, auf die die Expression der Gene reguliert wird, einführen. Dort erörtern wir die epigenetische Vererbung im Detail und stellen mehrere verschiedene Mechanismen zu ihrer Verwirklichung vor. Hier befassen wir uns nur mit den epigenetischen Mechanismen, die auf der Chromatinstruktur basieren. Dann betonen wir die Chemie, die das ermöglicht – die kovalente Modifikation der Histone in Nukleosomen. Diese Modifikationen dienen als Erkennungsstellen für Proteindomänen, die verschiedene Nicht-Histon-Proteinkomplexe mit verschiedenen Chromatinregionen verbinden. Insgesamt sind diese Komplexe so zahlreich, dass grob gesprochen Chromatin zu massenmäßig einem Drittel aus DNA, zu einem Drittel aus Histonen und zu einem Drittel aus Nicht-Histon-Proteinen besteht (**Abb. 4.30**). Die Unterschiede der erzeugten Chromatinstrukturen haben nicht nur auf die Genexpression entscheidende Auswirkungen, sondern auch auf viele andere DNA-abhängige Vorgänge – sie spielen eine wichtige Rolle bei der Entwicklung, dem Wachstum und dem Erhalt aller eukaryotischen Lebewesen, einschließlich uns selbst.

4.3.1 Die verschiedenen Regionen des menschlichen Genoms sind ganz unterschiedlich in Chromatin verpackt

Lichtmikroskopische Untersuchungen in den 1930er-Jahren unterschieden zwei Chromatinarten in den Interphasezellkernen vieler höherer eukaryotischer Zellen: eine stark verdichtete Form namens **Heterochromatin** und den Rest, der weniger kondensiert ist, das **Euchromatin**. Leistungsfähige neue Arten der molekularen Analyse haben es Wissenschaftlern nun ermöglicht, diese beiden Chromatinarten genauer zu klassifizieren. Chromatin wird jetzt entweder als „offen und aktiv" oder als „geschlossen und inaktiv" betrachtet. Wie in **Abbildung 4.31** dargestellt, liegen grob 80 % des menschlichen Genoms in der geschlossenen Form vor, wovon die Hälfte dicht in Heterochromatin verpackt ist; die andere, weniger kondensierte Hälfte (Teil des Euchromatins) wird als „still" bezeichnet. Nur etwa 20 % des Genoms sind in diesen Teil des Euchromatins gepackt, der mit den aktiv exprimierten Genen assoziiert ist, die in Kapitel 6 und 7 im Blickpunkt stehen werden.

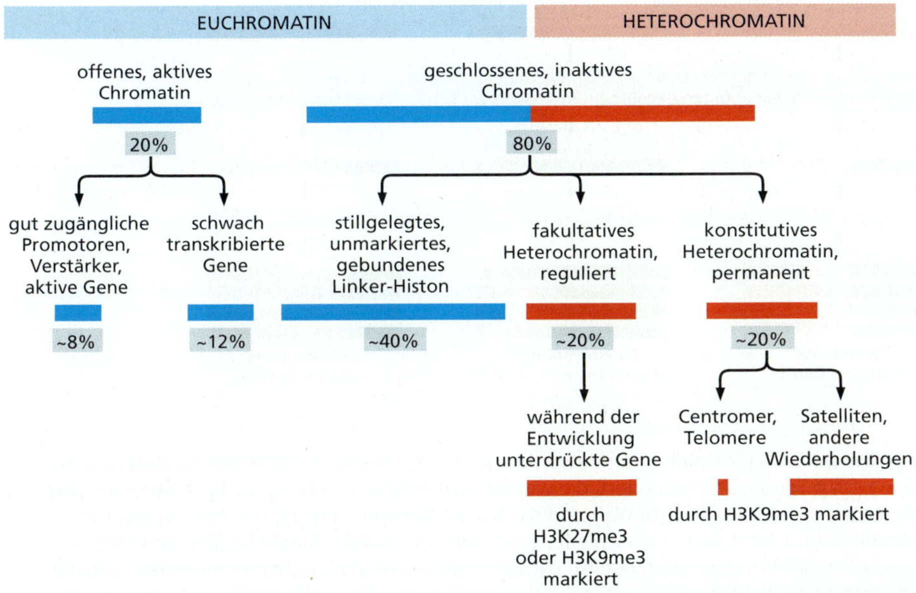

Abb. 4.31 Einige verschiedenartige Weisen, auf die DNA in einer Säugerzelle im Chromatin verpackt ist. Obgleich alle diese Chromatinarten auf langen Nukleosomenschnüren fußen, sind die Nukleosomen durch Assoziation mit verschiedenen Nicht-Histon-Proteinen unterschiedlich organisiert. Wie wir kurz besprechen, hängen diese Verbindungen von der besonderen Art und Weise ab, auf die die Histone in jedem Nukleosom kovalent „markiert" sind. Wie hier beispielsweise gezeigt, sind die H3-Histonmoleküle in Heterochromatin entweder mit trimethyliertem Lysin 9 (H3K9me3) oder mit trimethyliertem Lysin 27 (H3K27me3) markiert, je nach der bestimmten Struktur, die gebildet wird (s. **Abb. 4.40**).

4.3.2 Heterochromatin ist stark kondensiert und beschränkt die Genexpression

Heterochromatin stellt eine besonders kompakte Chromatinform dar (s. **Abb. 4.10**), und wir fangen schließlich an, seine molekularen Eigenschaften zu verstehen. Ein Teil des Heterochromatins ist in bestimmten spezifischen Chromosomenregionen hoch konzentriert, vor allem an den Centromeren und Telomeren, die zuvor vorgestellt wurden (s. **Abb. 4.19**). Es kommt aber auch an vielen anderen Stellen entlang des Chromosoms vor – Stellen, die gemäß dem Entwicklungszustand der Zelle variieren können.

Die Verpackung der DNA in Heterochromatin verhindert typischerweise die Genexpression. Wir wissen jedoch heute, dass der Begriff *Heterochromatin* mehrere verschiedene Arten von Chromatinverdichtung umfasst, die verschiedene Funktionen besitzen. Es gibt zwei breite Klassen, die als *konstitutives Heterochromatin* und als *fakultatives* Heterochromatin unterschieden werden (s. **Abb. 4.31**). Beim konstitutiven Heterochromatin sind dauerhaft viele Bereiche des Genoms verdichtet (daher die Bezeichnung), wohingegen das fakultative Heterochromatin reguliert werden kann, um die Genexpression zu kontrollieren.

Als Nächstes werden wir beschreiben, dass Heterochromatin die entscheidende Eigenschaft besitzt, um sich selbst auszubreiten.

4.3.3 Der heterochromatische Zustand breitet sich selbst entlang des Chromosoms aus und wird von einer Zellgeneration zu nächsten vererbt

Durch Fehler beim Wiederverbinden nach DNA-Doppelstrangbrüchen im Chromosom kann während der Reparatur ein Chromosomenstück, das normalerweise Euchromatin ist, irrtümlicherweise in die Nachbarschaft von Heterochromatin versetzt werden. Bemerkenswerterweise verursacht dies oft die Stilllegung (*silencing*) – Inaktivierung – der normalerweise aktiven Gene. Dieses Phänomen wird als **Positionseffekt** bezeichnet. Man hat die Positionseffekte zuerst in *Drosophila* entdeckt, inzwischen aber auch bei vielen Eukaryoten wie der Hefe, Pflanzen und dem Menschen. Positionseffekte werden durch Ausbreiten des heterochromatischen Zustands auf eine ursprünglich euchromatische Region verursacht und genaue Untersuchungen dieses Phänomens haben wichtige Hinweise auf die Mechanismen geliefert, die Heterochromatin erzeugen und aufrechterhalten. Bei Chromosomenbrüchen und deren Wiederverbindung auf die

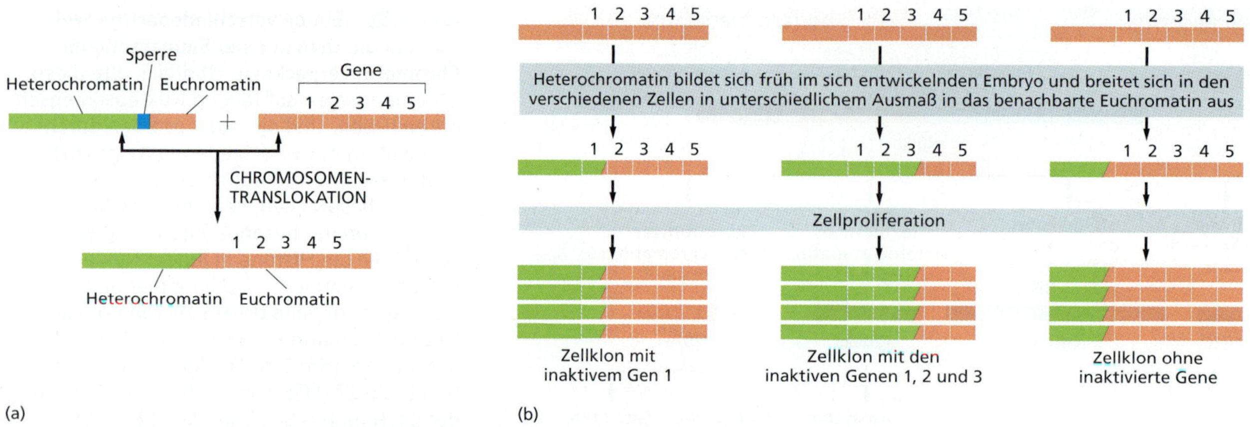

Abb. 4.32 Die Ursache der Positionseffekt-Variegation in *Drosophila*. (a) Normalerweise wird das Heterochromatin (*grün*) an der Ausbreitung in benachbarte Euchromatinbereiche (*rot*) durch spezielle *Sperr*-DNA-Sequenzen gehindert, die wir in Kürze erörtern. In Fliegen, die bestimmte Chromosomenumordnungen vererben, ist diese Sperre jedoch nicht mehr vorhanden. (b) Während der frühen Entwicklung solcher Fliegen kann sich Heterochromatin in benachbarte chromosomale DNA ausbreiten und setzt sich in verschiedenen Zellen über unterschiedliche Strecken fort. Die Ausbreitung hört irgendwann auf, aber das errichtete Heterochromatinmuster wird vererbt, sodass große Klone der Nachkommenzellen gebildet werden, bei denen die gleichen Nachbargene zu Heterochromatin verdichtet und damit inaktiviert sind (daher die „vielfältige" (engl. *variegated*) Erscheinung einiger dieser Fliegen; s. **Abb. 4.32**). Obwohl der Begriff „Ausbreitung" dazu verwendet wird, die Bildung von neuem Heterochromatin in der Nähe von zuvor vorhandenem Heterochromatin zu beschreiben, ist er nicht ganz korrekt. Es gibt Hinweise darauf, dass Heterochromatin während der Ausbreitung einige Chromatinbereiche „überspringen" und dabei die Gene, die darin liegen, von hemmenden Auswirkungen verschonen kann.

eben beschriebene Weise breitet sich die Stilllegungszone, in der Euchromatin in den Heterochromatinzustand umgewandelt wird, in verschiedenen frühen Zellen im Fliegenembryo über unterschiedlich lange Strecken aus. Bemerkenswerterweise werden diese Unterschiede über das restliche Leben des Tiers aufrechterhalten: Sobald in einer Zelle der Heterochromatinzustand in einem Chromatinstück errichtet ist, wird er von allen Nachkommen der Zelle stabil vererbt (**Abb. 4.32**). Dieses bemerkenswerte Phänomen, **Positionseffekt-Variegation** genannt, erkannte man zuerst durch detaillierte genetische Untersuchungen des fleckenweisen Verlusts an rotem Pigment im Fliegenauge (**Abb. 4.33**).

Zusammengenommen verweisen diese Beobachtungen auf eine grundlegende Eigenschaft der Heterochromatinbildung: Heterochromatin erzeugt mehr Heterochromatin. Dieser positive Rückkopplungsmechanismus kann sowohl räumlich als auch zeitlich wirken. Im ersten Fall breitet sich der Heterochromatinzustand entlang des Chromosoms aus, im letzteren Fall über Zellgenerationen, dabei pflanzt sich der Heterochromatinzustand von der Elternzelle auf ihre Töchter fort. Die Herausforderung besteht darin, den molekularen Mechanismus zu erklären, der diesem bemerkenswerten Verhalten zugrunde liegt.

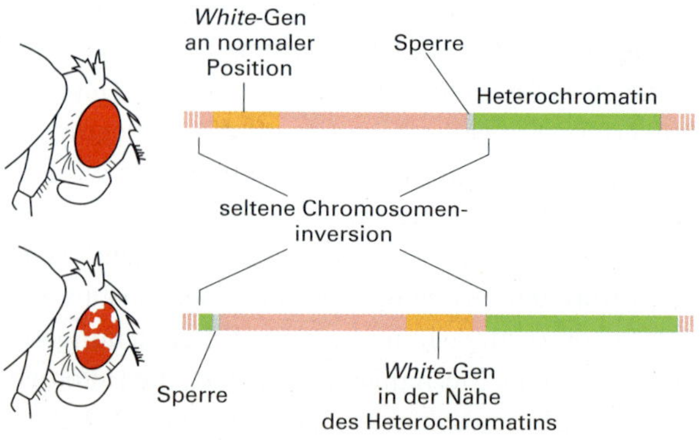

Abb. 4.33 Der Nachweis von Positionseffekten auf die Genexpression. Das White-Gen steuert in der Taufliege *Drosophila* die Bildung des Augenpigments; es ist nach der Mutation benannt, durch die es erstmals identifiziert wurde. Wildtypfliegen mit einem normalen White-Gen (White⁺) haben eine normale Pigmentbildung, wodurch sie rote Augen besitzen. Wenn aber das White-Gen mutiert und inaktiviert ist, dann bilden die Fliegenmutanten (White⁻) kein Pigment und haben weiße Augen. Bei Fliegen, bei denen das normale White⁺-Gen in die Nähe einer Heterochromatinregion verlagert worden ist, sind die Augen marmoriert, mit roten und weißen Flecken. Die weißen Flecken stellen Zelllinien dar, in denen das White⁺-Gen durch Heterochromatineffekte stillgelegt wurde. Im Gegensatz dazu stellen rote Flecken Zelllinien dar, in denen das White⁺-Gen exprimiert ist. Früh in der Entwicklung, wenn das Heterochromatin erstmals gebildet wird, breitet es sich in verschiedenen embryonalen Zellen in unterschiedlichem Ausmaß in das benachbarte Euchromatin aus (s. **Abb. 4.31**). Das Vorkommen von großen Flecken roter und weißer Zellen verrät, dass der Zustand der Transkriptionsaktivität – wie durch die Verpackung dieses Gens in das Chromatin in den Vorfahrenzellen festgelegt – von allen Tochterzellen weitervererbt wird.

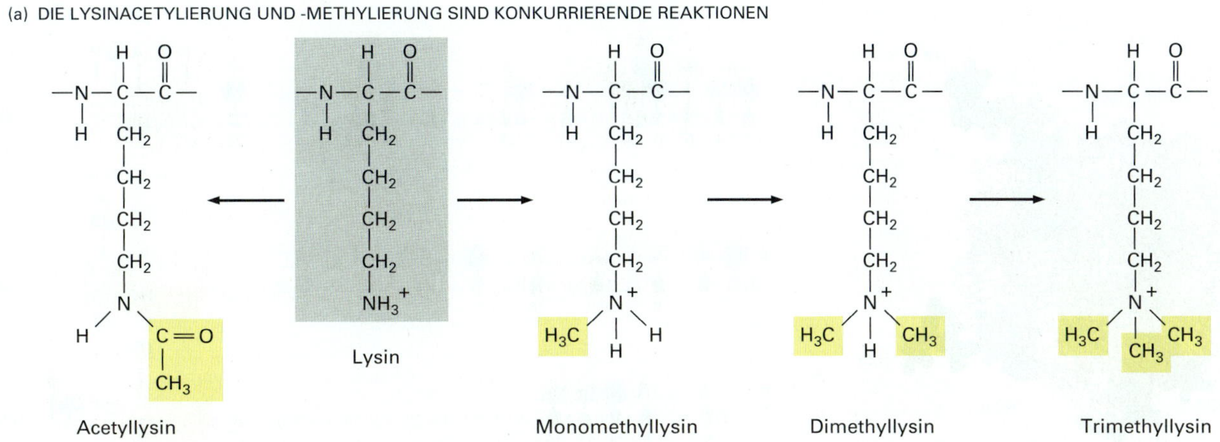

Abb. 4.34 Einige bedeutende Arten kovalenter Seitenkettenmodifikationen, die in nukleosomalen Histonen vorkommen. (a) Es sind drei verschiedene Stufen der Lysinmethylierung gezeigt; jede kann von einem anderen Bindungsprotein erkannt werden und somit kann jede eine andere Bedeutung für die Zelle haben. Man beachte, dass die Acetylierung die positive Ladung auf Lysin entfernt und dass, am wichtigsten, ein acetyliertes Lysin nicht methyliert werden kann und umgekehrt. (b) Die Serin-Phosphorylierung fügt einem Histon eine negative Ladung hinzu. Hier nicht gezeigte Modifikationen sind die Mono- oder Dimethylierung eines Arginins, die Phosphorylierung eines Threonins, die Anheftung einer ADP-Ribose an eine Glutaminsäure und die Addition einer Ubiquityl-, Sumoyl- oder Biotingruppe an ein Lysin.

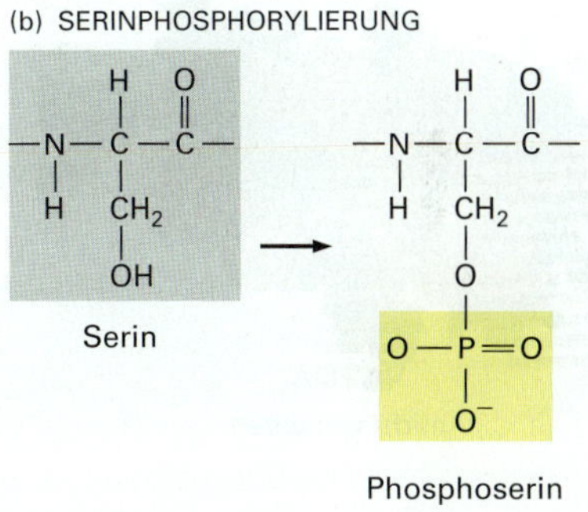

Als ersten Schritt kann man eine Suche nach den beteiligten Molekülen durchführen. Dies hat man mithilfe eines *genetischen Screenings* gemacht, bei dem eine hohe Anzahl von Mutanten erzeugt wird; dann werden diejenigen Mutanten ausgewählt, die bezüglich des fraglichen Prozesses Anomalien zeigen. Ausgiebige Untersuchungen in *Drosophila*, Pilzen und Mäusen haben über 100 Gene identifiziert, deren Produkte die Heterochromatinausbreitung und seine stabile Vererbung entweder verstärken oder unterdrücken – mit anderen Worten, Gene, die entweder als Verstärker oder als Suppressoren der Positionseffekt-Variegation dienen. Bei vielen dieser Gene hat sich herausgestellt, dass sie für Nicht-Histon-Chromosomenproteine codieren, die mit Histonen wechselwirken und an der Modifizierung oder dem Erhalt der Chromatinstruktur beteiligt sind. Dazu zählen Gene, die für manche Enzyme codieren, die kovalente Modifikationen an Histon-Seitenketten anfügen oder entfernen, was wir als Nächstes behandeln werden.

4.3.4 Die Kernhistone werden an vielen verschiedenen Stellen kovalent modifiziert

Die Aminosäure-Seitenketten der vier Histone im Nukleosomenkern sind Gegenstand einer bemerkenswerten Vielfalt kovalenter Modifikationen, dazu gehören die Acetylierung der Lysine, die Mono-, Di- und Trimethylierung der Lysine und die Phosphorylierung der Serine (**Abb. 4.34**). Eine große Zahl dieser Seitenkettenmodifikationen tritt auf den acht relativ unstrukturierten N-terminalen „Histonschwänzen" auf, die aus dem Nukleosom ragen (**Abb. 4.35**). Es gibt jedoch auch mehr als 20 spezifische Seitenkettenmodifikationen auf dem globulären Kern des Nukleosoms.

Alle oben genannten Modifikationsarten sind reversibel; ein Enzym dient dazu, einen bestimmten Modifikationstyp zu erzeugen, und ein anderes dazu, ihn zu beseitigen. Diese Enzyme sind hoch spezifisch. So werden zum Beispiel Acetylgruppen an spezifische Lysine durch eine Reihe verschiedener *Histon-Acetyltransferasen* (HATs)

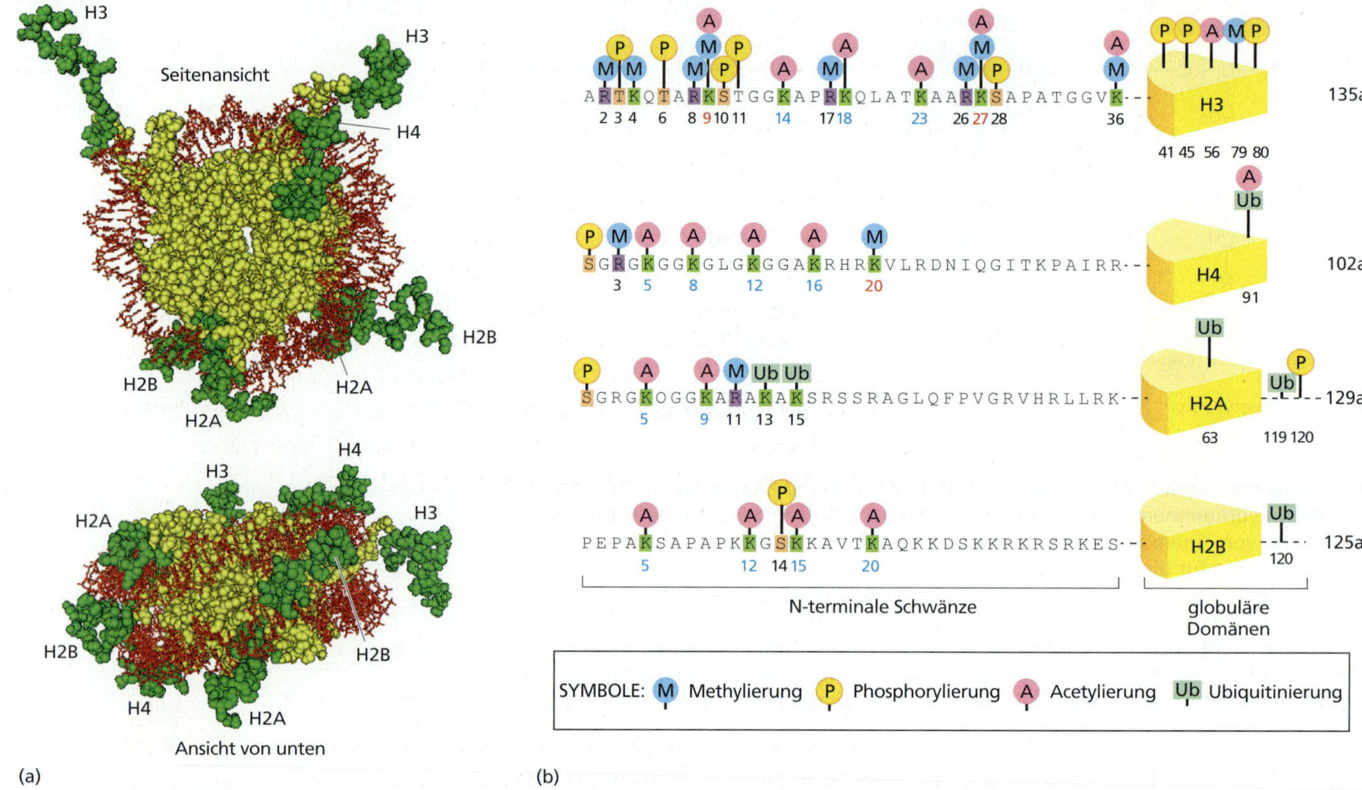

Abb. 4.35 Die kovalente Modifikation von Kernhistonschwänzen. (a) Die Struktur des Nukleosoms mit Hervorhebung der Lage der ersten 30 Aminosäuren jedes seiner acht N-terminalen Histonschwänze (*grün*). Diese Schwänze sind unstrukturiert und sehr flexibel, sodass sie ihre Konformation in Abhängigkeit von anderen gebundenen Proteinen ändern. (b) Gezeigt sind gut dokumentierte Modifikationen der vier Histonkern-Proteine. Obwohl hier nur ein einziges Symbol für die Methylierung verwendet wird (M), kann jedes Lysin (K) oder Arginin (R) auf mehrere verschiedene Weisen methyliert werden. So können beispielsweise Mono-, Di- oder Trimethyllysin-Gruppen ganz verschiedene Auswirkungen haben. Man beachte auch, dass manche Positionen (z. B. Lysin 9 von H3) entweder durch Methylierung oder durch Acetylierung modifiziert werden können, aber nicht durch beides. Die meisten gezeigten Modifikationen fügen an Histon ein relativ kleines Molekül an; die Ausnahme bildet Ubiquitin, ein Protein aus 76 Aminosäuren, das auch für andere Zellvorgänge verwendet wird (s. **Abb. 3.65**). Man beachte, dass die meisten dieser Modifikationen in unstrukturierten Bereichen vorkommen, einschließlich auf den kurzen Schwänzen am C-Terminus des Histons H2A und des Histons H2B; es gibt auch wichtige Modifikationen in strukturierten Histonfaltungen. (a, PDB-Code: 1KX5; Verändert nach D. Allis *et al.*, *Epigenetics*, 2nd ed., Overview and concepts. Cold Spring Harbor, NY: Cold Spring Harbor Laboratory Press, 2015)

angefügt und durch eine Reihe von *Histon-Deacetylase-Komplexen* (HDACs, engl. *histone deacetylase complexes*) entfernt. Entsprechend werden Methylgruppen durch eine Reihe verschiedener Histon-Methyltransferasen an Lysin-Seitenketten geheftet und durch eine Reihe von Histon-Demethylasen entfernt. Jedes Enzym wird an spezifischen Stellen auf dem Chromatin zu bestimmten Zeiten in der Lebensgeschichte jeder Zelle rekrutiert. Zum größten Teil hängt die anfängliche Rekrutierung von *Transkriptionsregulatorproteinen* ab (manchmal als „Transkriptionsfaktoren" bezeichnet). Wie wir in Kapitel 7 erklären werden, erkennen diese Proteine spezifische DNA-Sequenzen an den Chromosomen und binden an sie. Sie werden zu verschiedenen Zeiten und an verschiedenen Stellen im Leben eines Organismus gebildet; dabei legen sie fest, wo und wann die chromatin-modifizierenden Enzyme wirken werden. Auf diese Weise legt die DNA-Sequenz letzten Endes fest, wie Histone modifiziert werden. Aber wie wir kurz behandeln werden, können die kovalenten Modifikationen auf den Nukleosomen in Heterochromatin bestehen bleiben, lange nachdem die Transkriptionsregulatorproteine, die sie zunächst hervorgerufen haben, verschwunden sind; dadurch verschaffen sie der Zelle ein Gedächtnis ihrer Entwicklungsgeschichte. Am bemerkenswertesten ist, wie in dem oben erörterten verwandten Phänomen der Positionseffekt-Variegation, dass dieses

„Heterochromatin-Gedächtnis" von einer Zellgeneration zur nächsten weitergegeben werden kann.

Man findet sehr unterschiedliche Muster kovalenter Modifikationen auf verschiedenen Gruppen der Nukleosomen, je nach ihrer exakten Position im Genom und der Geschichte der Zelle. Die Modifikationen der Histone werden sorgfältig kontrolliert und sie können bedeutende Folgen haben. Die Acetylierung der Lysine auf den N-terminalen Schwänzen lockert die Chromatinstruktur – zum Teil deshalb, weil das Anfügen einer Acetylgruppe an Lysin dessen positive Ladung beseitigt; dadurch verringert sich die Affinität der Schwänze zu den benachbarten Nukleosomen. Die umfassendsten Wirkungen der Histonmodifikationen liegen jedoch in ihrer Fähigkeit, andere spezifische Proteine an einem modifizierten Chromatinabschnitt zu rekrutieren. Die Trimethylierung eines spezifischen Lysins auf dem H3-Histon-Schwanz z. B. zieht das Protein HP1 an und trägt zur Errichtung und Ausbreitung eines Heterochromatintyps bei (s. **Abb. 4.40**). Auf diese und viele andere Weisen agieren die rekrutierten Proteine mit den modifizierten Histonnen, um festzulegen, wie und wann Gene exprimiert werden sowie um andere entscheidende Chromosomenfunktionen zu bestimmen.

4.3.5 Chromatin erhält eine zusätzliche Vielfalt durch ortspezifisches Einfügen einer kleinen Reihe von Histonvarianten

Außer den vier hoch konservierten Standard-Kernhistonen enthalten Eukaryoten einige wenige Histonvarianten, die sich ebenfalls zu Nukleosomen zusammenbauen können. Diese Histone sind in weit kleineren Mengen vorhanden als die Haupt-Histone, und sie sind während der langen Evolutionszeiten nicht so gut konserviert worden. Für jedes der Kernhistone sind Varianten bekannt, mit Ausnahme von Histon H4; einige Beispiele sind in **Abb. 4.36** dargestellt.

Die Haupt-Histone werden vorwiegend während der S-Phase des Zellzyklus synthetisiert und direkt hinter der Replikationsgabel (s. **Abb. 5.32**) auf den DNA-Tochterhelices zu Nukleosomen zusammengebaut. Im Gegensatz dazu werden die meisten Histonvarianten während der gesamten Interphase synthetisiert. Oft werden sie in bereits gebildetes Chromatin eingefügt. Dies erfordert einen Histon-Austauschvorgang, der von ATP-abhängigen Chromatin-Umformungskomplexen katalysiert wird: dieser bindet

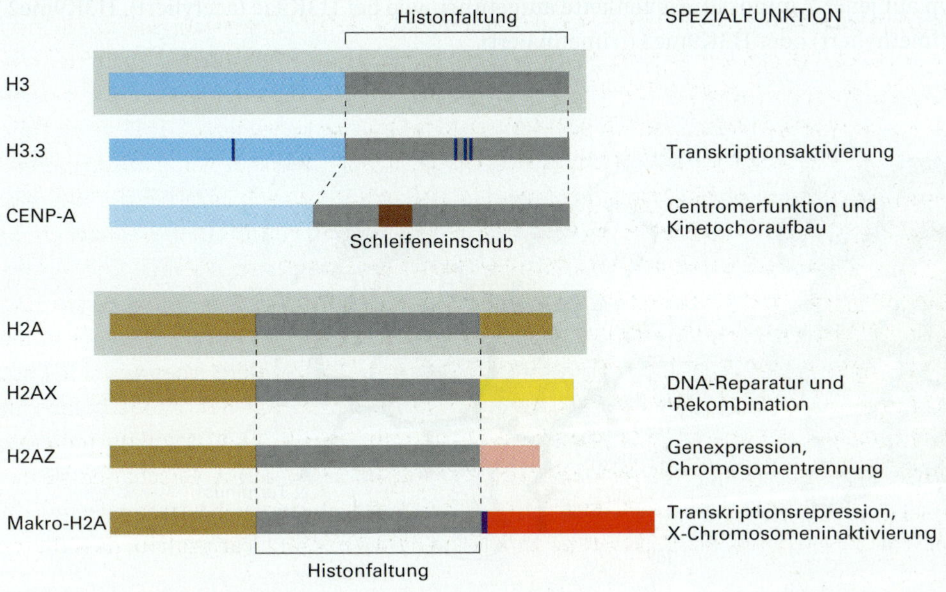

Abb. 4.36 Die Struktur einiger Histonvarianten im Vergleich mit dem Haupt-Histon, das sie im Histonoktamer ersetzen. Diese Histonvarianten werden an bestimmten Stellen auf dem Chromosom in die Nukleosomen eingefügt; dies geschieht durch ATP-abhängige Chromatin-Umformungsenzyme (s. **Abb. 4.27**). Die CENP-A-Variante (Centromer-Protein A) von Histon H3 wird später in diesem Kapitel besprochen (s. **Abb. 4.42**); andere Varianten werden in Kapitel 7 behandelt. Die Sequenzen, die in jeder Variante unterschiedlich gefärbt sind, unterscheiden sich von der entsprechenden Sequenz des Haupt-Histons. (Verändert nach K. Sarma und D. Reinberg, *Nat. Rev. Mol. Cell Biol.* 6: 139–149, 2005).

sowohl das veränderte Histon als auch das Nukleosom, welches das auszutauschende Histon enthält (s. **Abb. 4.27**). Diese Umformungskomplexe enthalten Untereinheiten, die sie dazu veranlassen, an spezifische Stellen auf dem Chromatin zu binden. Die Folge ist, dass jede Histonvariante auf hoch selektive Weise in das Chromatin eingefügt wird.

4.3.6 Kovalente Modifikationen und Histonvarianten arbeiten zusammen, um Chromosomenfunktionen zu steuern

Die Zahl der möglichen individuellen Markierungen auf einem einzelnen Nukleosom ist prinzipiell enorm. Und dieses Diversitätspotenzial ist noch größer, wenn wir mit einbeziehen, dass Nukleosomen Histonvarianten enthalten. Es ist jedoch bekannt, dass die Histonmodifikationen in koordinierten Sätzen auftreten. In Säugerzellen können mehr als 15 solcher Sätze identifiziert werden. Bis jetzt ist jedoch nicht klar, wie viele verschiedene Chromatinarten für die Zelle eine funktionelle Bedeutung haben.

Manche Kombinationen scheinen insofern eine bestimmte Bedeutung für die Zelle zu haben, als sie festlegen, wie und wann auf die in Nukleosomen verpackte DNA zugegriffen oder diese manipuliert wird; eine Tatsache, die zur Vorstellung eines *Histon-Codes* führte. Eine Art Markierung signalisiert beispielsweise, dass ein Chromatinstück neu repliziert wurde, eine andere signalisiert, dass die DNA in jenem Chromatin beschädigt wurde und repariert werden muss, während andere Markierungen signalisieren, wann und wie die Genexpression stattfinden sollte. Zahlreiche Regulatorproteine enthalten kleine Domänen, die an spezifische Markierungen binden, z. B. an ein trimethyliertes Lysin an einer spezifischen Stelle in einem der Histone (**Abb. 4.37**; s. auch **Abb. 9.52**). Diese Domänen sind oft als Module in einem einzigen großen Proteinkomplex miteinander verknüpft, wie z. B. in einem ATP-abhängigen Chromatinumformer. Dies ermöglicht dem Komplex, eine spezifische *Kombination* von Histonmodifikationen zu erkennen. Diese sog. Leser-Proteinkonplexe (**Abb. 4.38**) ermöglichen besondere Kombinationen von Markierungen auf dem Chromatin, um einen Satz zusätzlicher Proteine anzuziehen, sodass eine geeignete biologische Funktion zum richtigen Zeitpunkt ausgeführt wird.

Jede Markierung auf Nukleosomen wird folgendermaßen bezeichnet: zunächst wird eine Abkürzung für das bestimmte beteiligte Histon aufgeführt, geschrieben als H3, H4, H2A oder H2B. Dann folgt die markierte Aminosäureseitenkette, wofür deren Ein-Buchstaben-Abkürzung verwendet wird; nun folgt deren Abstand vom Aminoterminus des Histons – also z. B. H3K9 oder H4K4 (s. **Abb. 4.35**). Zuletzt wird der Modifizierungstyp auf jener Aminosäureseitenkette aufgeführt, wie bei H3K9ac (acetyliert), H3K9me2 (dimethyliert) oder H3K9me3 (trimethyliert).

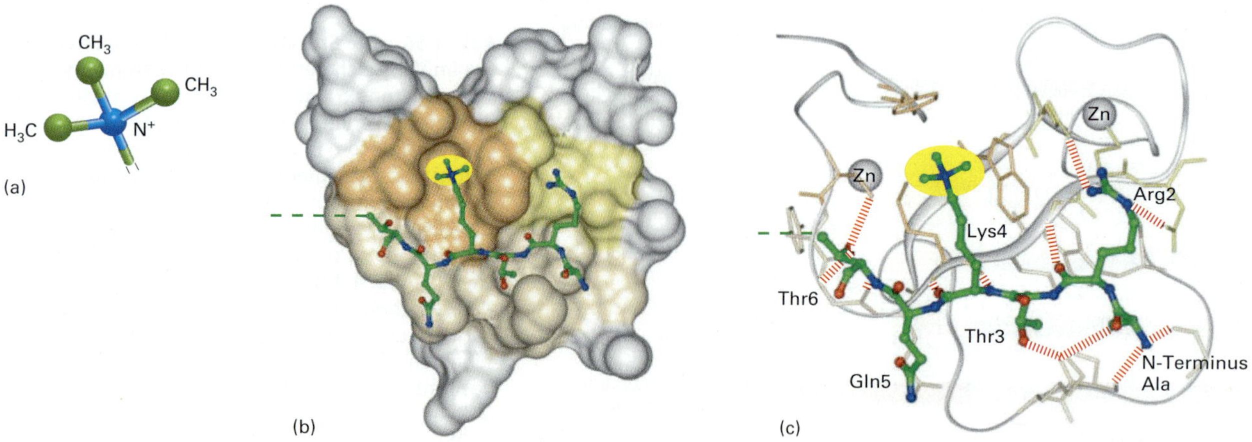

Abb. 4.37 Wie eine Markierung auf einem Nukleosom gelesen wird. Gezeigt ist die Struktur eines Proteinmoduls (eine sogenannte ING-PHD-Domäne), das spezifisch Histon H3 erkennt, das an Lysin 4 trimethyliert ist. (a) Eine Trimethyl-Gruppe. (b) Kalottenmodell einer ING-PHD-Domäne, die an einen Histonschwanz (*grün*, wobei die trimethylierten Gruppen *gelb* hervorgehoben sind) gebunden ist. (c) Das Bändermodell zeigt, wie die N-terminalen sechs Aminosäuren im H3-Schwanz erkannt werden. Die gestrichelten *roten Linien* stellen Wasserstoffbrücken dar. Dies ist eine von vielen PHD-Domänen, die methylierte Lysine auf Histonen erkennen; die verschiedenen Domänen dieser Familie binden fest an Lysine in den verschiedenen Positionen, und sie können zwischen einem mono-, di- und trimethylierten Lysin unterscheiden. Auf ähnliche Weise erkennen andere kleine Proteinmodule spezifische Histon-Seitenketten, die mit Acetylgruppen, Phosphatgruppen usw. markiert sind. (P.V. Peña *et al.*, *Nature* 442: 100–103, published 2006 by Nature Publishing Group. Reproduziert mit Erlaubnis).

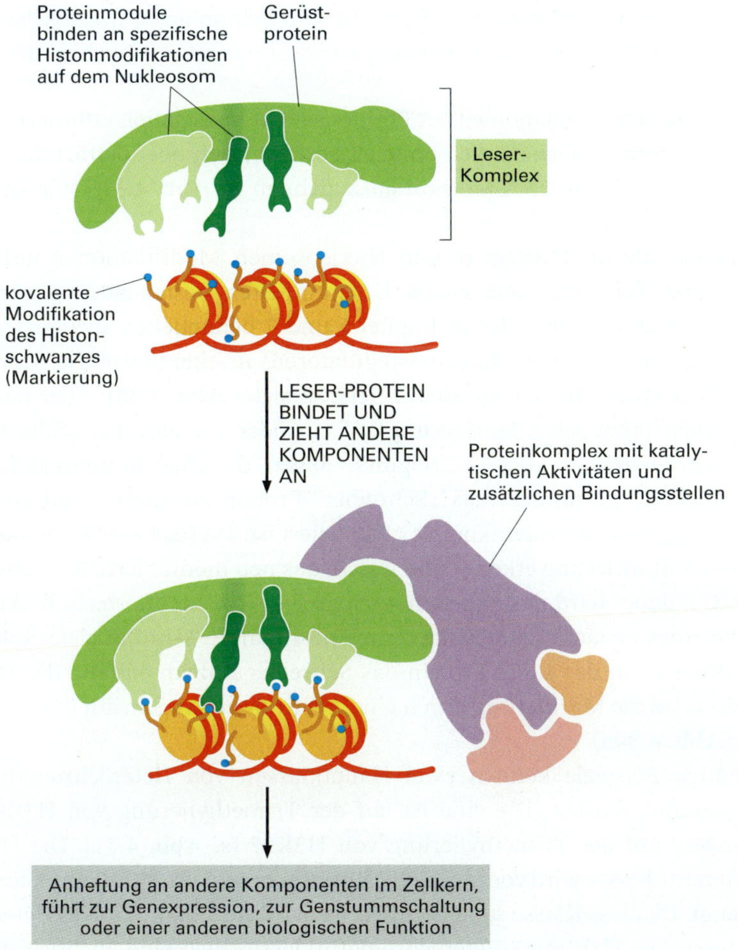

Abb. 4.38 Schematische Darstellung, wie eine spezifische Kombination von Histonmodifikationen von einem Leser-Proteinkomplex erkannt werden könnte. Hier ist ein großer Proteinkomplex (*grün*) schematisch dargestellt, der eine Reihe von Proteinmodulen enthält; jedes Modul erkennt eine spezifische Histonmarkierung. Der „Leser-Komplex" bindet nur eine solche Chromatinregion fest, die mehrere der verschiedenen Histonmarkierungen enthält, die er erkennt. Deshalb veranlasst nur eine bestimmte Kombination von Markierungen den Komplex dazu, an Chromatin zu binden und weitere Proteinkomplexe (*violett*) anzuziehen, die dann eine biologische Funktion katalysieren.

Alle kovalenten Anheftungen an Histone sind dynamisch; sie werden ständig beseitigt und mit Geschwindigkeiten angefügt, die sowohl von ihrer chromosomalen Lage als auch von den spezifischen Zuständen der Zelle abhängen. Da die Histonschwänze aus den Nukleosomen ragen und wahrscheinlich auch dann zugänglich sind, wenn das Chromatin verdichtet ist, scheinen sie ein besonders geeignetes Format für die Schaffung von Markierungen zu sein – das leicht verändert werden kann, wenn sich der Bedarf der Zelle ändert. Obwohl noch viel über die Bedeutung der verschiedenen Histonmodifikationen in Erfahrung gebracht werden muss, sind in **Tab. 4.2** einige wenige gut untersuchte Beispiele der Informationen aufgeführt, die im Histon-Modifikationen chiffriert sein können.

Tab. 4.2 Einige Auswirkungen von Histonmodifikationen.

Histonmodifikation	Assoziation mit Chromatintyp	Genexpression	Vorkommen (%)
H4K4me3	Stark zugängliches, geöffnetes Chromatin	AN	1
H3K9ac	Stark zugängliches, geöffnetes Chromatin	AN	1
H3K9me3	Heterochromatin (entweder konstitutiv, oft fakultativ)	AUS	25
H3K27me3	Fakultatives Heterochromatin	AUS	13

Im Allgemeinen arbeiten Modifikationssätze in Kombination, aber nur eine kleine Anzahl ihrer Bedeutungen ist klar. Wie sich diese verschiedenen hier aufgeführten Chromatinarten bilden s. **Abb. 4.40**.

4.3.7 Ein Komplex aus Leser- und Schreiber-Proteinen kann spezifische Chromatinmodifikationen entlang eines Chromosoms ausbreiten

Das schon beschriebene Phänomen der Positionseffekt-Variegation erfordert, dass einige modifizierte Chromatinformen die Fähigkeit besitzen, sich über beträchtliche Strecken auf dem chromosomalen DNA-Molekül auszudehnen (s. **Abb. 4.32**). Wie ist dies möglich?

Die Enzyme, die an Histone in den Nukleosomen Modifikationen anfügen oder beseitigen, sind Teil eines aus vielen Untereinheiten bestehenden Komplexes. Sie können anfangs durch eines der in Kapitel 6 und 7 behandelten sequenzspezifischen DNA-Bindungsproteine (Transkriptionsregulatoren) in eine bestimmte Chromatinregion gebracht werden (für ein spezielles Beispiel siehe **Abb. 7.23**). Aber nachdem ein Modifizierungsenzym seine Markierung auf ein oder ein paar benachbarte Nukleosomen „geschrieben" hat, können Ereignisse folgen, die einer Kettenreaktion ähneln. In einem solchen Fall arbeitet das „Schreiber"-Protein zusammen mit einem Leser-Protein, das im gleichen Proteinkomplex lokalisiert ist. Dieses Leser-Protein enthält ein Modul, das die Markierung erkennt und fest an das neu modifizierte Nukleosom bindet (s. **Abb. 4.37**); dabei wird das angeheftete Schreiber-Enzym allosterisch aktiviert und in der Nähe eines benachbarten Nukleosoms positioniert. Mithilfe vieler solcher Lese-Schreib-Zyklen kann das Leser-Protein das Schreiber-Enzym entlang der DNA befördern – dabei wird die Markierung durch eine Art Entlanghangeln auf dem Chromosom verbreitet (**Abb. 4.39a**).

Als wichtige Beispiele können zwei Hauptklassen von Heterochromatin in Säugerzellen genannt werden. Die eine ist auf der Trimethylierung von H3K9 zentriert und die andere auf der Trimethylierung von H3K27 (s. **Abb. 4.31**). Die H3K27me3-Heterochromatinklasse wird vom ausgiebig untersuchten *Polycomb*-Repressionskomplex (PRC) erzeugt. Da diese Klasse stark reguliert ist, wird sie als fakultatives Heterochromatin bezeichnet. Die H3K9me3-Heterochromatinklasse spielt eine wichtige strukturelle Rolle bei der Bildung des Centromers (kurz zu beschreiben) und bei der Stilllegung einer Vielzahl „selbstsüchtiger DNA"-Elemente. Man glaubte einst, dass sie in allen Zellen eines Vielzellers unverändert bleibt („konstitutives Heterochromatin"). Neuere Daten verraten jedoch, dass manche ihrer Formen reversibel sind und dass es dazu dienen kann, die Genexpression zu regulieren. Es wird beispielsweise dazu verwendet, Gene fest zu unterdrücken, die in der frühen Embryonalentwicklung aktiv sind, sobald sie nicht länger gebraucht werden (s. Kapitel 7).

Die H3K9me3-Heterochromatinklasse dient auch dazu, die häufige genetische Rekombination zu blockieren, die andernfalls zwischen hochrepetitiven DNA-Sequenzen in Genomen auftreten würde. Grob gesprochen sind 40 % des menschlichen Genoms in Heterochromatin gepackt, wobei das Verhältnis der H3K9me3- zur H3K27me3-Heterochromatinklasse etwa 2:1 beträgt (s. **Abb. 4.31**). **Abb. 1.40** skizziert, was über die zwei verschiedenen Prozesse bekannt ist, die diese häufigen Heterochromatinformen ausbreiten und aufrechterhalten.

Ein verwandter Vorgang dient dazu, spezifische Histonmodifikationen von einer Region der DNA zu beseitigen. In diesem Fall wird ein Lösch-Enzym, wie z. B. eine Histon-Demethylase oder eine Histon-Deacetylase, an dem Komplex rekrutiert, wodurch ein Lese-Lösch-Zyklus entsteht, der sich entlang eines Chromosoms ausbreitet (**Abb. 4.39b**).

In Wirklichkeit ist der Vorgang komplizierter als das eben beschriebene Schema. Sowohl die Schreiber als auch die Leser sind Teil eines Proteinkomplexes, der wahrscheinlich viele Leser und Schreiber sowie Löscher enthält und viele Markierungen auf dem Nukleosom erfordert, um sich auszudehnen. Zudem enthalten viele

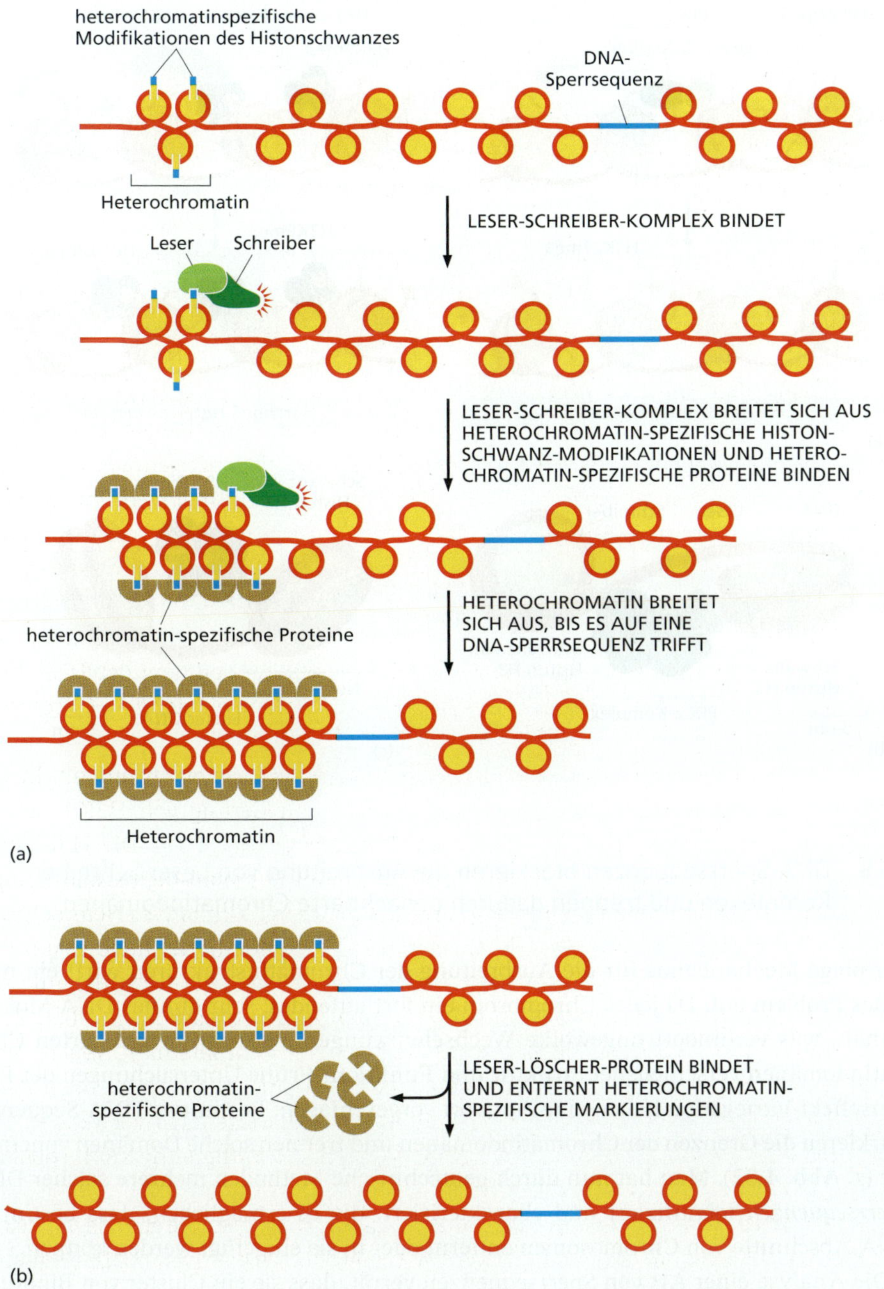

Abb. 4.39 Wie die Rekrutierung eines Leser-Schreiber-Komplexes und eines Leser-Löscher-Komplexes Chromatinveränderungen entlang eines Chromosoms ausbreiten kann. (a) Der Schreiber ist ein Enzym, das eine spezifische Modifikation auf einem oder mehreren der vier Nukleosomenhistone erzeugt. Nachdem der Schreiber ein paar Nukleosomen modifiziert im Anschluss an seine Rekrutierung an bestimmten Stellen auf dem Chromosom – z. B. durch ein Transkriptionsregulatorprotein – arbeitet er mit einem Leser-Protein zusammen, um mithilfe des gezeigten Leser-Schreiber-Komplexes seine Markierung von Nukleosom zu Nukleosom auszudehnen. Damit dieser Mechanismus funktioniert, muss der Leser die gleiche Histon-Modifikationsmarkierung lesen, die der Schreiber bildet, und seine Bindung an die Markierung sollte den Schreiber aktivieren. In diesem schematischen Beispiel wird dabei eine sich ausbreitende Welle der Chromatinverdichtung induziert, wodurch Heterochromatin gebildet wird. (b) Ein Leser-Löscher-Komplex (nicht gezeigt) kehrt die in A gezeigte Chromatinveränderung um. Wie im Text beschrieben, sind an den zwei Ausbreitungsereignissen zusätzliche Proteine beteiligt, einschließlich der ATP-abhängigen Chromatin-Umformungskomplexe.

dieser Leser-Schreiber-Komplexe ein ATP-abhängiges Chromatin-Umformungsprotein (s. **Abb. 4.27**), und Leser-, Schreiber- und Umformungsproteine arbeiten zusammen, um entweder lange Chromatinstücke zu verdichten oder zu dekondensieren, wenn der Schreiber immer weiter an der in Nukleosomen verpackten DNA entlangwandert.

Eine Vorstellung von der Komplexität kann man aus den Ergebnissen genetischer Screening-Experimente auf Gene ableiten, die die Ausbreitung und Stabilität des Heterochromatins in Tests z. B. für die Positionseffekt-Variegation in *Drosophila* (s. **Abb. 4.33**) entweder verstärken oder unterdrücken. Wie zuvor betont, kennt man über 100 solcher Gene, und die meisten davon codieren wohl für Untereinheiten in einem oder mehreren Leser-Schreiber-Umformungsproteinkomplexen. Jedoch müssen nahezu alle Einzelheiten noch durch künftige Forschung entschlüsselt werden.

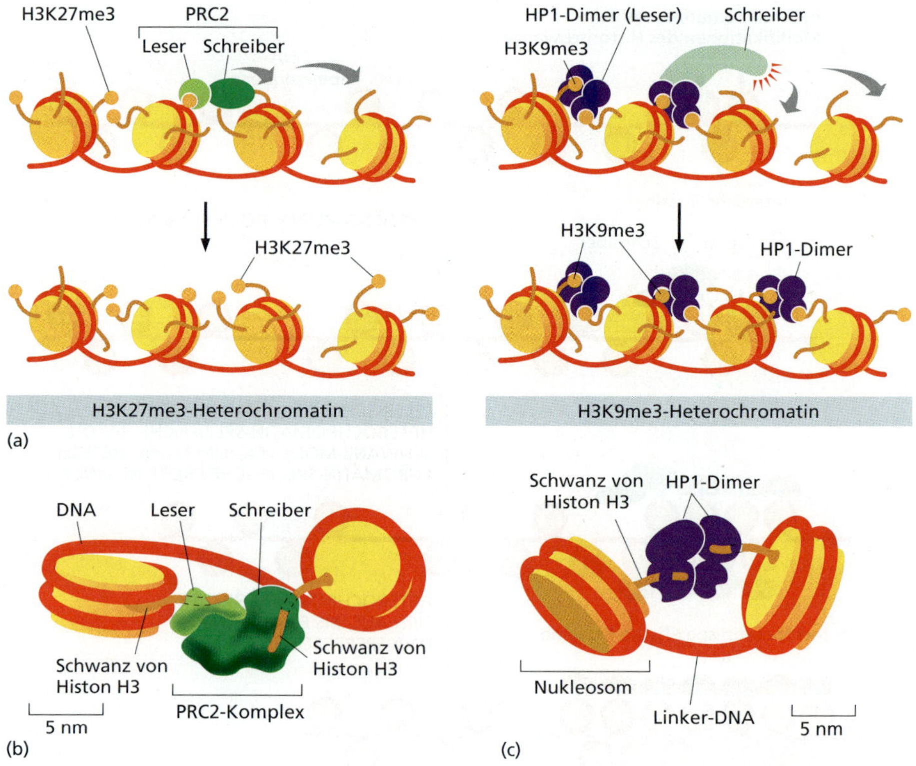

Abb. 4.40 Einige der Proteine, die für die Bildung von zwei Heterochromatinklassen in Säugerzellen erforderlich sind. (a) Schematische Diagramme, die die Leser-Schreiber-Komplexe für zwei Heterochromatinklassen vergleichen: eine, die die Ausbreitung von H3K27me3-Markierungen entlang von Chromatin katalysiert, und die andere, die die Ausbreitung von H3K9me3-Markierungen katalysiert. (b) die H3K27me3-Heterochromatinklasse wird vom *polycomb repressive complex* (PRC) gebildet. Dieser Komplex wurde erstmals in *Drosophila* entdeckt und besteht aus einem PRC1-Proteinkomplex, der die Anfangsmarkierung setzt, plus einem PRC2-Komplex, der sie ausbreitet. Hier ist die dreidimensionale Struktur eines PRC2-Leser-Schreiber-Komplexes gezeigt, der zwei benachbarte Nukleosomen verbrückt. (c) Der Leser für die Heterochromatinklasse H3K9me3, das HP1-Protein, ist im Vergleich zu seinem Schreiberenzym in sehr großen Mengen vorhanden. Außer der Bindung des Schreibers kommt es als Dimer vor, dessen zwei H3K9me3-Bindungsstellen es dazu befähigen, zwei benachbarte Nukleosomen, wie gezeigt, zu verbrücken; dabei hilft es, die markierten Nukleosomen zu verpacken (s. auch oberer Teil von a). (b, verändert nach S. Poepsel *et al.*, Nat, *Struct. Mol. Biol.* 25: 154–162, 2018; c, verändert nach S. Machida *et al.*, *Mol. Cell* 69: 385–397, 2018).

4.3.8 DNA-Sperrsequenzen blockieren die Ausbreitung von Leser-Schreiber-Komplexen und trennen dadurch benachbarte Chromatindomänen

Der obige Mechanismus für die Ausbreitung der Chromatinstrukturen wirft ein mögliches Problem auf. Da jedes Chromosom ein fortlaufendes, sehr dünnes DNA-Molekül enthält, was verhindert ungewollte Wechselwirkungen zwischen benachbarten Chromatindomänen verschiedener Struktur und Funktion? Frühe Untersuchungen der Positionseffekt-Variegation haben eine Antwort vorgeschlagen: Bestimmte DNA-Sequenzen markieren die Grenzen der Chromatindomänen und trennen solche Domänen voneinander (s. **Abb. 4.32**). Man hat nun durch gentechnische Methoden mehrere solcher DNA-*Sperrsequenzen* identifiziert und charakterisiert, die es ermöglichen, dass bestimmte DNA-Abschnitte von Chromosomen entfernt oder in sie eingefügt werden können.

Die Analyse einer Art von Sperrsequenzen verrät, dass sie ein Cluster von Bindungsstellen für Histon-Acetylasen enthält. Die Acetylierung der Lysin-Seitenkette ist mit der Methylierung derselben Seitenkette nicht kompatibel, und es sind spezifische Lysin-Methylierungen erforderlich, um das Heterochromatin auszubreiten (s. **Abb. 4.40**). Daher sind Histon-Acetylasen die logischen Kandidaten für die Bildung von Sperren, welche die Heterochromatinausbreitung stoppen, ebenso die Histon-Demethylierungs-Enzyme, die die Markierungen auf Histonen, die spezifisch für Heterochromatin sind, löschen (**Abb. 4.41**).

4.3.9 Centromere besitzen eine spezielle, ererbte Chromatinstruktur

Am Centromer – dem Bereich jedes Chromosoms, der für die ordentliche Anheftung an die Mitosespindel erforderlich ist – gibt es eine spezialisierte Chromatinstruktur. Bei vielen komplexen Lebewesen einschließlich des Menschen ist jedes Centromer in

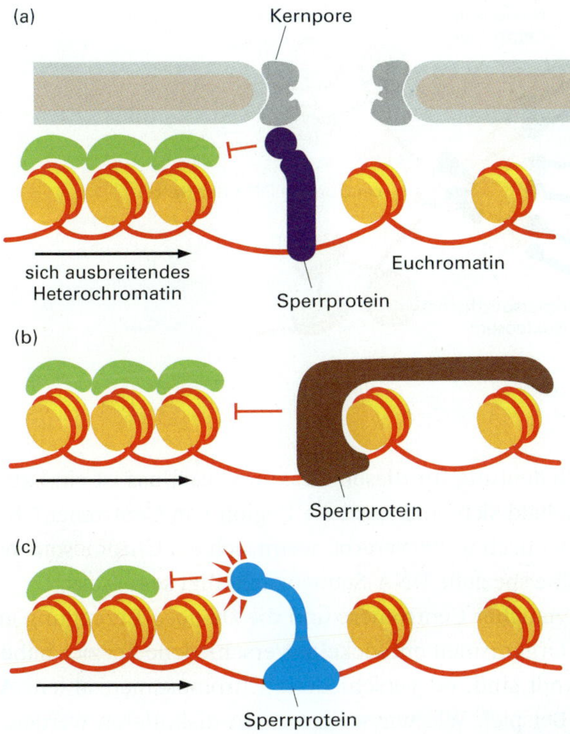

Abb. 4.41 Einige Wirkmechanismen der DNA-Sperrsequenzen. Diese Modelle sind von verschiedenen Analysen der Sperrenwirkung abgeleitet, und eine Kombination mehrerer dieser Modelle wirkt unter Umständen an der jeweiligen Stelle. (a) Die Ankettung einer Chromatinregion an eine große ortsfeste Stelle, wie den hier gezeigten Kernporenkomplex, kann eine Sperre bilden, die die Ausbreitung des Heterochromatins stoppt. (b) Die feste Bindung eines Sperrproteins an eine Nukleosomengruppe kann die Heterochromatinausbreitung verhindern. (c) Durch Rekrutierung einer Gruppe hoch aktiver histonmodifizierender Enzyme können die Sperren Histonmarkierungen löschen, die für die Heterochromatinausbreitung erforderlich sind. Beispielsweise konkurriert eine mögliche Acetylierung von Lysin 9 auf Histon H3 mit der Lysin-9-Methylierung und verhindert dabei die HP1-Proteinbindung, die erforderlich ist, um eine Hauptform von Heterochromatin zu bilden. (Verändert nach A. G. West und P. Fraser, *Hum. Mol. Genet.* 14: R101–R111, 2005).

ein Stück spezielles *Centromer-Chromatin* eingebettet, das während der Interphase bestehen bleibt – obgleich die centromervermittelte Anheftung an die Spindel und DNA-Bewegung nur während der Mitose vorkommen. Dieses Chromatin enthält eine als CENP-A (Centromer-Protein A; s. **Abb. 4.36**) bezeichnete centromerspezifische Histon-H3-Variante sowie zusätzliche Proteine, die die Nukleosomen in besonders dichte Anordnungen packen und die Kinetochore bilden, jene Strukturen, die für die Anheftung der Mitosespindel erforderlich sind (s. **Abb. 4.19**).

Eine spezifische DNA-Sequenz aus etwa 125 Nukleotidpaaren reicht in der Hefe *Saccharomyces cerevisiae* aus, um als Centromer zu dienen. Obwohl sie so klein ist, versammeln sich über ein Dutzend verschiedene Proteine auf dieser DNA-Sequenz; zu den Proteinen gehört die CENP-A-Variante von Histon H3, die zusammen mit den drei anderen Kernhistonen ein centromerspezifisches Nukleosom bildet. Die zusätzlichen Proteine am Hefecentromer bilden ein Kinetochor, das dieses Nukleosom mit einem einzigen Mikrotubulus aus der Mitosespindel der Hefe verbindet (**Abb. 4.42**).

In komplexeren Organismen sind die Centromere beträchtlich größer als diejenigen in der Sprosshefe. Die Centromere des Menschen z. B. erstrecken sich über mehrere Millionen von Nukleotidpaaren; sie enthalten Kopien von CENP-A und binden etwa 20 Mikrotubuli; sie scheinen aber keine centromerspezifische DNA-Sequenz zu enthalten. Diese Centromere bestehen größtenteils aus kurzen, wiederholten DNA-Sequenzen, die beim Menschen als *Alpha-Satelliten-DNA* bezeichnet werden. Aber die gleichen Wiederholungssequenzen finden sich auch an anderen (Nicht-Centromer-)Positionen auf Chromosomen, was zeigt, dass sie nicht ausreichen, um die Centromerbildung zu lenken. Viel überzeugender ist, dass man in manchen ungewöhnlichen Fällen beobachtet hat, wie sich neue menschliche Centromere („Neocentromere" genannt) spontan auf Chromosomenbruchstücken bilden. Manche dieser neuen Positionen waren ursprünglich euchromatisch und allesamt waren frei von Alpha-Satelliten-DNA (**Abb. 4.43**).

Es scheint, dass Centromere in komplexen Organismen durch einen Zusammenschluss von Proteinen definiert werden anstatt durch eine spezifische DNA-Sequenz.

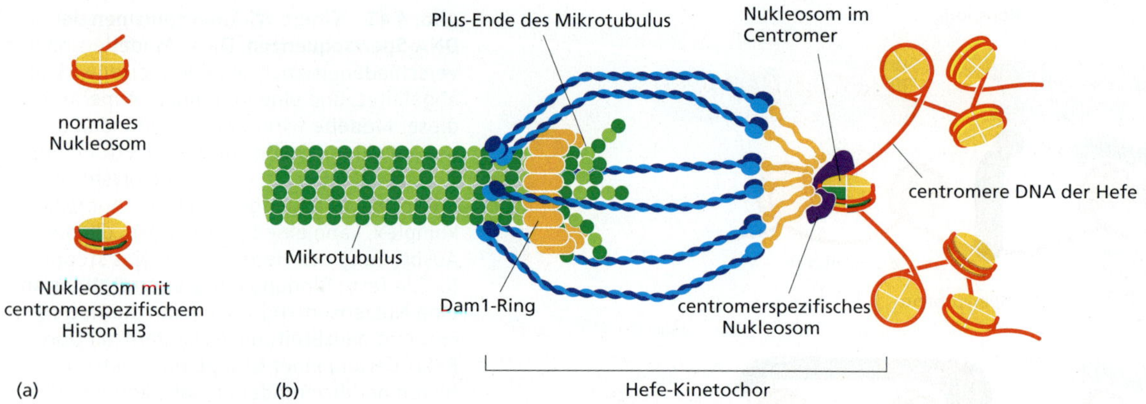

Abb. 4.42 Die Struktur eines einfachen Centromers. (a) Bei der Hefe *Saccharomyces cerevisiae* baut eine spezielle Centromer-DNA-Sequenz ein einzelnes Nukleosom auf, in dem zwei Kopien einer Histon-H3-Variante (bei den meisten Organismen CENP-A genannt) das normale H3 ersetzen. (b) Peptidsequenzen, die für diese Histonvariante einmalig sind (s. **Abb. 4.35**), helfen dann mit, weitere Proteine anzusammeln und zusammenzufügen, von denen manche ein Kinetochor bilden. Ungewöhnlich an dem Hefe-Kinetochor ist, dass es nur an einen einzelnen Mikrotubulus bindet; der Mensch besitzt weit größere Centromere und bildet Kinetochore, die 20 oder mehr Mikrotubuli umfassen können. Das Kinetochor wird in Kapitel 17 ausführlich behandelt. (Verändert nach A. Joglekar *et al.*, *Nat. Cell Biol.* 8: 381–383, 2006. Mit Erlaubnis von Macmillan Publishers Ltd).

Von entscheidender Bedeutung für diesen Zusammenschluss ist ein Satz von CENP-A-Nukleosomen. Und sobald sich eine spezielle Region von Centromer-Chromatin bildet, wird dieser Aufbau identisch weitervererbt, wenn sich ein Chromosom verdoppelt, trotz der Tatsache, dass keine spezielle DNA-Sequenz beteiligt sein muss.

Die Inaktivierung mancher Centromere und die *De-novo*-Erzeugung anderer können auftreten, wenn sich Organismen entwickeln. Verschiedene Spezies haben, selbst wenn sie recht nahe verwandt sind, oft verschiedene Chromosomenzahlen; **Abb. 4.14** zeigt hierzu ein extremes Beispiel. Wie wir weiter unten diskutieren werden, zeigen detaillierte genetische Vergleiche, dass viele Veränderungen der Chromosomenzahlen durch Chromosomenbrüche und -neuverknüpfungen entstanden sind; dabei wurden neue Chromosomen geschaffen, wovon manche anfangs anomale Centromerzahlen gehabt haben müssen – entweder mehr als eines oder überhaupt keines. Dennoch erfordert eine stabile Vererbung, dass jedes Chromosom ein und genau ein Centromer enthält. Es scheint, dass überzählige Centromere inaktiviert werden mussten und/oder neue Centromere geschaffen werden mussten, um die stabile Erhaltung der umgruppierten Chromosomensätze zu ermöglichen.

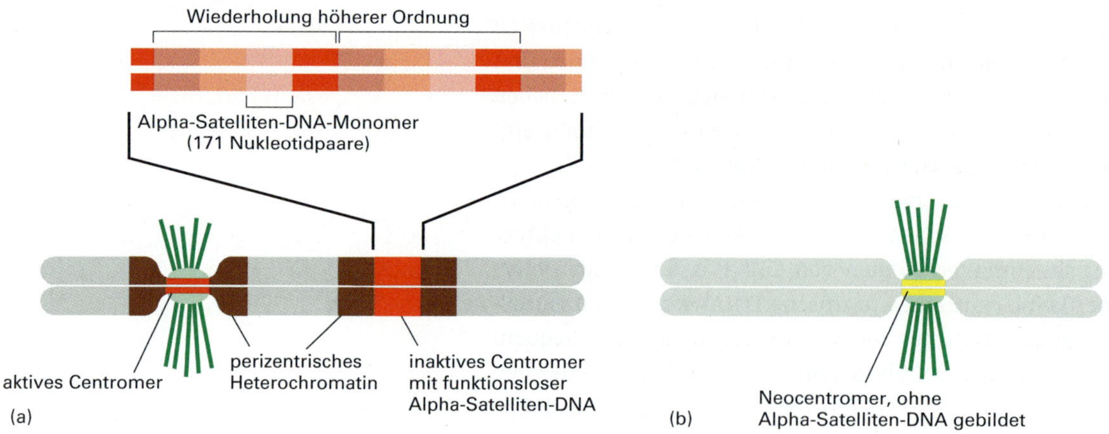

Abb. 4.43 Beweis der Formbarkeit der menschlichen Centromerbildung. (a) Eine Reihe A-T-reicher Alpha-Satelliten-DNA-Sequenzen liegt an jedem menschlichen Centromer (*rot*) viele Tausend Mal wiederholt vor und ist von perizentrischem Heterochromatin (*braun*) umgeben. Das perizentrische Heterochromatin enthält H3K9me3, zusammen mit dem HP1-Protein, und es stellt ein Beispiel für „klassisches" konstitutives Heterochromatin dar (s. **Abb. 4.31**).

Wie angedeutet, enthalten manche menschlichen Chromosomen zwei Blöcke Alpha-Satelliten-DNA, von denen jeder vermutlich in seinem ursprünglichen Chromosom als Centromer fungiert hat. (b) Bei einem kleinen Teil (1/2000) menschlicher Geburten beobachtet man zusätzliche Chromosomen in den Zellen der Kinder. Einige dieser zusätzlichen Chromosomen, die sich durch Brüche gebildet haben, enthalten Alpha-Satelliten-DNA-Sequenzen, die kooptiert wurden, um neue Centromere zu bilden (Neocentromere); anderen Neocentromeren fehlt die Alpha-Satelliten-DNA komplett; sie sind aus ursprünglich euchromatischer DNA entstanden.

4.3.10 Manche Chromatinformen können direkt vererbt werden

Die eben besprochenen Veränderungen der Centromeraktivität müssen, wenn sie einmal entstanden sind, über nachfolgende Zellgenerationen fortbestehen. Was könnte der Mechanismus dieses epigenetischen Vererbungstyps sein?

Man hat vorgeschlagen, dass die *De-novo*-Centromer-Bildung einen anfänglichen „Initiationsvorgang" benötigt, der die Bildung einer spezialisierten DNA-Proteinstruktur beinhaltet; diese enthält Nukleosomen, die mit der CENP-A-Variante von Histon H3 gebildet sind. Beim Menschen spielt sich dieser Initiationsvorgang leichter in Bereichen aus Alpha-Satelliten-DNA ab als auf anderen DNA-Sequenzen. Das vollständige Centromer bildet sich dann als eine Alles-oder-Nichts-Einheit, was nahelegt, dass die Erzeugung des Centromer-Chromatins ein hoch kooperativer Vorgang ist, der von einem anfänglichen Kristallisationspunkt ausgeht. Sobald sie sich einmal gebildet hat, wird diese spezielle Chromatinform an jede Tochterzelle weitergegeben, wenn sich eine Zelle teilt.

Sowohl die Ausbreitung als auch die Vererbung des Centromer-Chromatins ahmen das Phänomen der Positionseffekt-Variegation nach, dass wir an früherer Stelle besprochen haben (s. **Abb. 4.32**). Die Ausbreitung einer bestimmten Chromatinstruktur lässt sich durch die Wirkung der Leser-Schreiber-Komplexe erklären (s. **Abb. 4.39a**). Aber wie können wir die Vererbung des Centromer-Chromatins von einer Zellgeneration auf die nächste erklären?

Bemerkenswert ist, dass Experimente gezeigt haben, dass die H3-H4-Tetramere von jedem Nukleosom auf der Eltern-DNA-Helix von beiden Schwester-DNA-Helices an einer Replikationsgabel direkt ererbt werden, wobei sie auf beide gleichmäßig verteilt werden. Darauf folgt rasch die Anheftung von zwei H2A-H2B-Dimeren, um jedes zur Hälfte ererbte Nukleosom fertigzustellen, sowie die Ablagerung der neuen Histonoktamere, die benötigt werden, um die normale Nukleosomenausstattung wiederherzustellen (s. **Abb. 5.32**). Daher ist es einfach zu verstehen, wie ein neues Centromer nach jeder Zellteilungsrunde an der gleichen Stelle auf beiden Tochterchromosomen erzeugt werden könnte, sobald sich ein Satz CENP-A-haltiger Nukleosomen auf einem DNA-Stück zusammengebaut hat. Man muss nur annehmen, dass die Anwesenheit des CENP-A-Histons in einem vererbten Nukleosom selektiv weitere CENP-A-Histone auf seinen neu gebildeten Nachbarn rekrutiert.

Man glaubt, dass ein analoges Schema die Beobachtung erklärt, dass sowohl H3K9me3- als auch H3K29me3-Heterochromatin, sobald sie einmal gebildet sind, nach jeder Chromosomenreplikationsrunde direkt weitervererbt werden. In diesen Fällen werden die H3-H4-Tetramere, die ein bestimmtes modifiziertes Histon enthalten, an jede Tochter-DNA-Helix weitergegeben, gefolgt von der raschen Anheftung von H2A-H2B, um erneut speziell markierte Nukleosomen zu bilden. Die Wirkung der Leser-Schreiber-Komplexe kann dann die identischen Markierungen auf den neuen benachbarten Nukleosomen – entweder H3K9me3 oder H3K27me3 – ausbreiten (s. **Abb. 4.40**). Somit können die Aktivitäten der Leser-Schreiber-Komplexe nicht nur die Ausbreitung spezifischer Chromatinformen entlang eines Chromosoms erklären, sondern auch die Verbreitung des Heterochromatins über Zellgenerationen – von der Elternzelle zur Tochterzelle (**Abb. 4.44**).

In Wirbeltieren, nicht so in Fliegen, wird diese Vererbung von Heterochromatin oft durch einen zweiten Vorgang verstärkt, der die jeweils gleichen Gene stilllegt. Wie in Kapitel 7 beschrieben wird, gründet dieser Vorgang auf einem DNA-Methylierungssystem, dass ein ererbtes Muster methylierter C-Nukleotide erzeugt (s. **Abb. 7.47 und 7.48**).

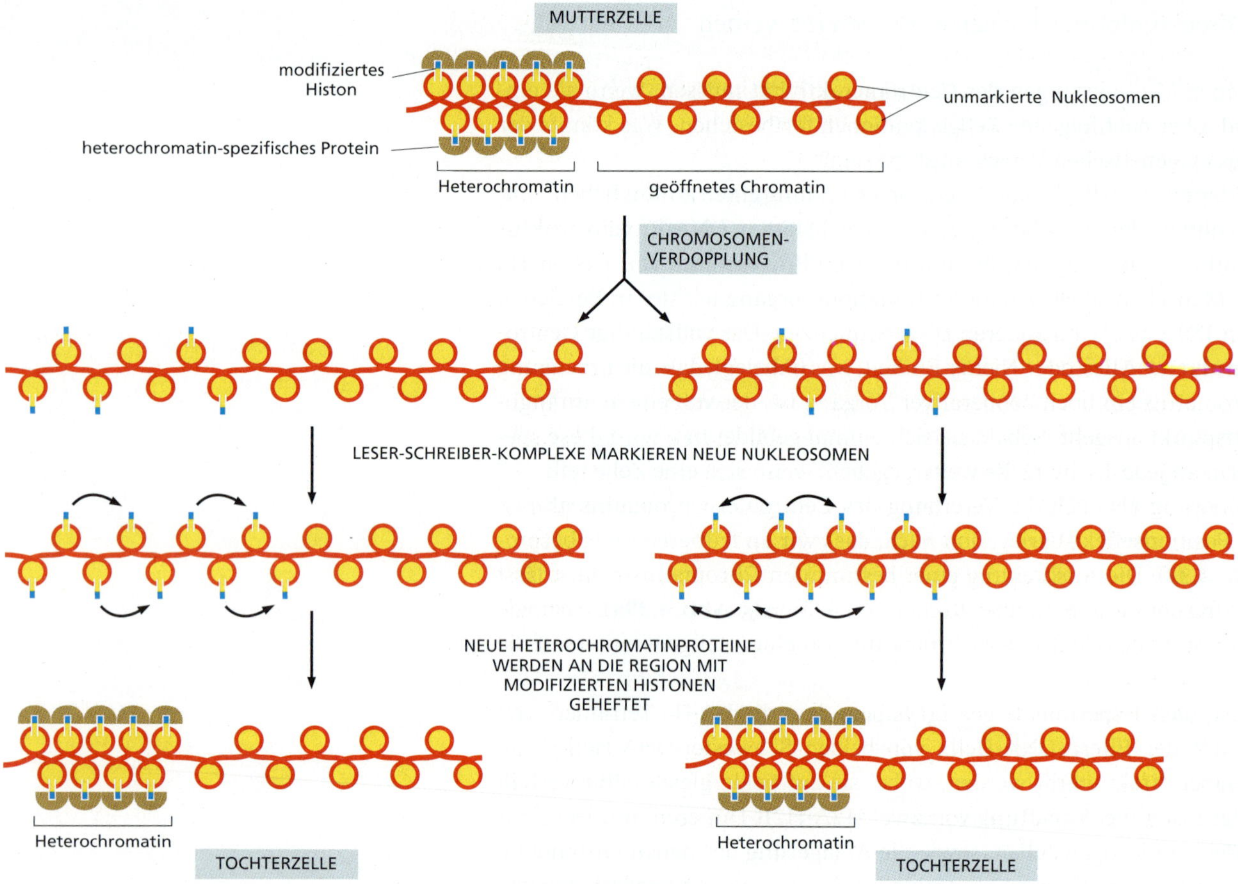

Abb. 4.44 Die Weitergabe von Heterochromatin über Generationen hinweg.

4.3.11 Anomales Heterochromatin, das während der Tumorprogression entsteht, trägt zu vielen Krebserkrankungen bei

Wie in Kapitel 20 beschrieben wird, entsteht Krebs durch eine Reihe zufälliger Veränderungen im Kontrollsystem einer Zelle, wovon jede vererbt wird und sich fortschreitend in einem Klon von Tochterzellen anhäuft. Viele dieser aufeinanderfolgenden Veränderungen sind das Ergebnis von Mutationen, die die DNA-Sequenz verändern, welche für ein wichtiges Regulatorprotein codiert, wie z. B. eine an der Zellsignalgebung beteiligte Protein-Kinase. Andere Mutationen, von denen man weiß, dass sie die Tumorprogression antreiben, verändern die Chromatinstruktur, z. B. durch Beeinträchtigung der Leser, Schreiber oder Löscher von Histonmarkierungen – oder indem sie einen Chromatin-Umformungskomplex verändern. Weil Veränderungen im Chromatin die Genexpression verändern, was wir in Kapitel 7 weiter untersuchen werden, ist dies nicht überraschend.

Weit überraschender ist die Entdeckung, dass eine Änderung in einer einzelnen Aminosäure in einem Histon Krebs verursachen kann. Wie alle sehr zahlreich vorkommenden Proteine ist jedes Histon in mehreren Kopien seines Histon-Gens verschlüsselt.

Infolge dessen sollte jede Mutation, die ein Histon verändert, weniger als 10 % der Moleküle verändern, was bedeutet, dass jeder beobachtete Effekt dominant sein muss – damit wird der große Überschuss normaler Histone aufgehoben. Solche *Onko-Histon*-Mutationen scheinen bei etwa 4 % aller Tumoren vorzukommen, und bei ein paar speziellen Krebsarten sind sie der vorherrschende Faktor. Im Besonderen ist eine Mutation, die das Lysin an Position 27 von Histon H3 in ein Methionin verwandelt (als

H3K27M bezeichnet) nahezu immer bei einer tödlichen Form von kindlichem Gehirntumor (diffuses intrinsisches Ponsgliom; DIPG) vorhanden; gelegentlich findet es sich auch bei akuten Myeloischen Leukämien und Melanomen bei Erwachsenen. Es zeigte sich, dass diese Mutation ihren dominanten Effekt durch anomal feste Bindung an den PCR2-Proteinkomplex ausübt, dabei ändert sich das Gesamtmuster und Ausmaß von H3K27me3-Modifikationen über das menschliche Genom hinweg (s. **Abb. 4.40**) – ein Befund, der die wichtige Rolle veranschaulicht, die Heterochromatin bei der Genkontrolle spielt.

Zusammenfassung

In den Chromosomen der Eukaryoten wird die DNA in langen Schnüren aus Nukleosomen zusammengefügt, doch ist eine große Vielfalt verschiedener Chromatinstrukturen möglich. Diese Vielfalt basiert auf einer umfangreichen Reihe reversibler kovalenter Modifikationen der vier Histone im Nukleosomenkern. Zu diesen Modifikationen zählen die Mono-, Di- und Trimethylierung vieler verschiedener Lysin-Seitenketten – eine wichtige Reaktion, die sich mit der Acetylierung nicht verträgt, die an den gleichen Lysinen vorkommen kann. Spezifische Kombinationen der Modifikationen markieren viele Nukleosomen und steuern so deren Wechselwirkungen mit anderen Proteinen. Diese Markierungen werden gelesen, wenn Proteinmodule, die Teil eines größeren Proteinkomplexes sind, an die modifizierten Nukleosomen in einer Region des Chromatins binden. Diese Leser-Proteine rekrutieren dann weitere Proteine, die verschiedene Funktionen ausführen.

Manche Leser-Proteinkomplexe enthalten ein Histon modifizierendes Enzym, wie z. B. eine Histon-Lysin-Methylase, die die gleiche Markierung „schreibt", wie sie der Leser erkennt. Ein Leser-Schreiber-Umformungskomplex dieses Typs kann eine spezifische Chromatinform entlang eines Chromosoms ausbreiten. Man glaubt, dass insbesondere große Bereiche des kondensierten Heterochromatins auf diese Weise gebildet werden. Heterochromatin findet man normalerweise um das Centromer und in der Nähe der Telomere, aber es kommt auch an vielen anderen Positionen in den Chromosomen vor. Die feste Verpackung der DNA in Heterochromatin legt normalerweise die Gene darin still.

Das Phänomen der Positionseffekt-Variegation liefert starke Hinweise auf die Vererbung kondensierter Chromatinzustände von einer Zellgeneration an die nächste. Ein ähnlicher Mechanismus scheint für die Aufrechterhaltung spezialisierten Chromatins an den Centromeren verantwortlich zu sein. Allgemeiner gesagt macht die Fähigkeit, spezifische Chromatinstrukturen über Zellgenerationen hinweg zu verbreiten, einen epigenetischen Zellgedächtnisprozess möglich; dieser spielt eine Rolle für den Erhalt der Reihe unterschiedlicher Zellzustände, die von komplexen vielzelligen Organismen benötigt werden.

4.4 Die Gesamtstruktur der Chromosomen

Nachdem wir die DNA- und Proteinmoleküle diskutiert haben, aus denen die Chromatinfaser aufgebaut ist, wenden wir uns nun der Organisation der Chromosomen auf einer höheren Ebene zu und der Art und Weise, wie ihre zahlreichen Domänen räumlich angeordnet werden. Ein typisches, in Nukleosomen verpacktes Chromosom wäre in der Lage, den Zellkern Tausende Male zu durchspannen. Daher muss es selbst in Interphase-Chromosomen eine höhere Faltungsebene geben. Wie wir sehen werden, beinhaltet die höhergeordnete Verpackung die Faltung jedes Chromosoms in eine Reihe großer Schleifen durch einen Vorgang, der durch ringförmige SMC (*structural maintainance of chromosome*)-Proteinkomplexe katalysiert wird.

Wir beginnen diesen Abschnitt zunächst mit der Beschreibung einiger ungewöhnlicher Chromosomen, die einfach zu beobachten sind. Obwohl sie außergewöhnlich sind, enthüllen diese speziellen Fälle Eigenschaften, die man für relevant für eukaryotische Chromosomen hält. Als Nächstes beschreiben wir, wie ein Interphase-Chromosom im Säuger-Zellkern angeordnet ist. Schließlich werden wir die Mechanismen besprechen, die während des Übergangs von der Interphase zur Mitose eine räumliche Verdichtung der Chromosomen verursachen.

4.4.1 Chromosomen sind zu großen Chromatinschleifen gefaltet

Einblicke in die Struktur der Chromosomen in Interphasezellen erhielt man aus Untersuchungen der steifen und enorm ausgestreckten Chromosomen in wachsenden Amphibien-Ocyten (unreife Eizellen). Diese sehr ungewöhnlichen **Lampenbürstenchromosomen** (die größten bekannten Chromosomen), die in Vorbereitung auf die Meisose gepaart sind, sind sogar im Lichtmikroskop klar erkennbar, wo wir ihre Anordnung in einer Reihe großer, von der linearen Chromosomenachse ausgehender Chromatinschleifen sehen (**Abb. 4.45**).

Abbildung 4.46 fasst die Lampenbürsten-Chromosomenstruktur zusammen. Jedes Chromosom wird von einer sehr langen DNA-Helix gebildet, die in Chromatin verpackt ist und mit der Schwester-DNA-Helix, einer sog. *Schwesterchromatide*, verbunden ist. Der größte Teil der DNA ist in der Nähe der Verbindung der beiden Chromatiden lokalisiert. Diese DNA ist stark verdichtet und es erfolgt praktisch keine Transkription; sie dient dazu, jede Chromatide entlang einer linearen Chromosomenachse zu organisieren. Im Gegensatz dazu ragen die stark transkribierten Bereiche der DNA aus der Achse als lange Schleifen heraus, deren Länge von Zehntausenden bis zu Hunderttausenden Nukleotidpaaren reicht.

Es hat sich gezeigt, dass Meiosechromosomen den Lampenbürstenzustand in wachsenden Oocyten aller Wirbeltiere annehmen, mit Ausnahme der Säuger. Wenn jedoch menschliche Spermachromosomen in Oocyten-Cytoplasma von Amphibien inkubiert werden, dann bilden sie Lampenbürstenchromosomen. Dies offenbart, dass Chromosomen hochdynamische Strukturen sind, die sich in unterschiedlichen Umgebungen jeweils neu strukturieren können.

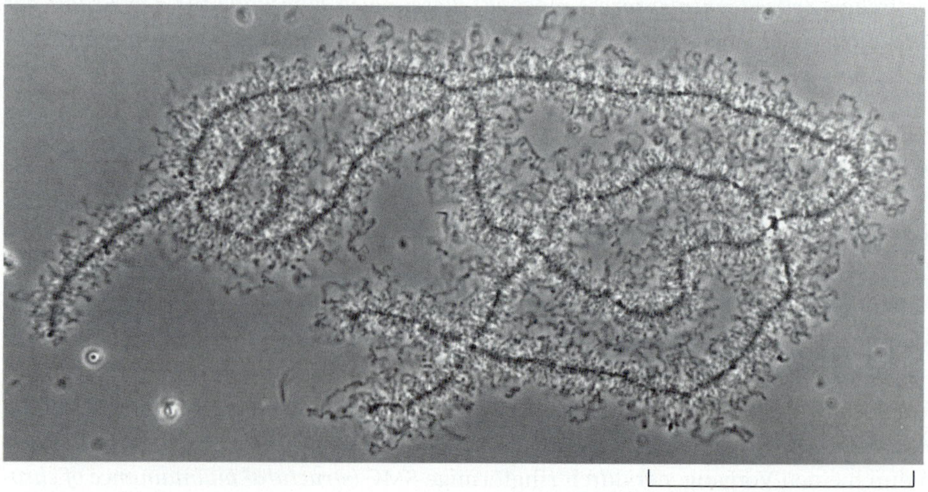

Abb. 4.45 Lichtmikroskopische Aufnahme eines Lampenbürstenchromosoms in einer Amphibien-Oocyte. Schon früh während der Oocytendifferenzierung wird jedes Chromosom repliziert, um dann in die Meiose einzutreten; die homologen replizierten Chromosomenpaare liegen nebeneinander und bilden diese stark expandierte Struktur. Jedes Lampenbürstenchromosom besteht aus zwei ausgerichteten Sätzen gepaarter Schwesterchromatiden, mit großen Chromatinschleifen als herausstechendes Merkmal. Der Chromosomensatz enthält Tausende von Schleifen, von denen jede eine bestimmte DNA-Sequenz enthält, die während des Wachstums der Oocyte auf die gleiche Weise ausgedehnt bleibt und einen riesigen RNA-Vorrat anhäuft. Das Lampenbürstenchromosomen-Stadium kann für Monate bis zu Jahren aufrechterhalten werden, während die Oocyte einen Vorrat an RNA und anderen Materialien anhäuft, die für ihre endgültige Entwicklung zu einem neuen Individuum notwendig sind. Erstmals beschrieben wurden diese Chromosomen im Jahre 1878. (Mit freundlicher Genehmigung von Joseph G. Gall).

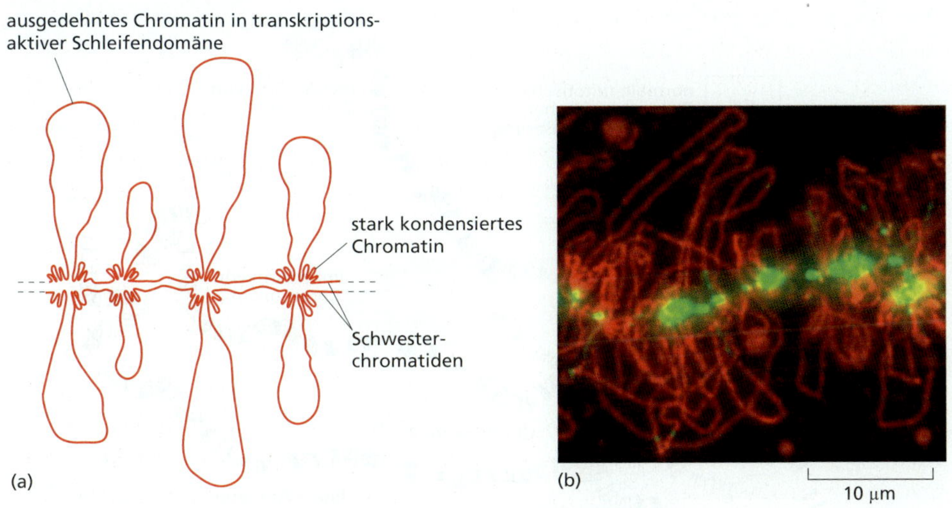

Abb. 4.46 Die Struktur von Lampenbürstenchromosomen. (a) Ein Modell für einen kleinen Teil eines Schwesterchromatidenpaars. Zwei identische DNA-Doppelhelices sind Seite an Seite angeordnet und in unterschiedliche Chromatinarten verpackt (s. **Abb. 4.45**). (b) Lichtmikroskopische Aufnahme von Lampenbürstenchromosomen in einem Axolotl (eine Salamanderart), deren transkriptionsaktive (RNA-Polymerase *rot*) und inaktive (DNA, die 5-Methyl-C enthält, *grün*) Chromatinbereiche angefärbt sind. Die Schleifen sind steif und ausgedehnt, da an ihnen eine ungewöhnlich hohe Transkription stattfindet, bei der die RNA-Polymerasen nur durch etwa 100 Nukleotidpaare getrennt sind. Der größte Rest der DNA in jedem Chromosom (der Hauptteil) bleibt verdichtet und sitzt dicht an der Chromatidenachse. (aus G. T. Morgan *et al.*, *Chromosome Res.* 20:925–942, 2012. Reproduziert mit Erlaubnis von Springer Nature).

4.4.2 Polytänchromosomen sind von besonderem Nutzen, um Chromatinstrukturen sichtbar zu machen

Weitere Einsichten kamen von einer anderen ungewöhnlichen Zellklasse – den *Polytänzellen* der Fliegen, wie z. B. der Taufliege *Drosophila*. In vielen Lebewesen wachsen manche Zellarten durch mehrfache DNA-Synthesezyklen ohne Zellteilung zu anomaler Größe heran. Solche Zellen, die eine erhöhte Anzahl der Standard-Chromosomen enthalten, nennt man *polyploid*. In den Speicheldrüsen der Fliegenlarven hat dieser Vorgang ein extremes Ausmaß erreicht; dadurch entstehen riesige Zellen, die Hunderte oder Tausende Kopien des Genoms enthalten. Zudem sind in diesem Fall alle Kopien jedes Chromosoms exakt nebeneinander ausgerichtet, wie Strohhalme in einer Schachtel, um riesige **Polytänchromosomen** zu erzeugen. Diese Chromosomen ermöglichen die Entdeckung von Eigenschaften, von denen man annimmt, dass sie auch von gewöhnlichen Interphase-Chromosomen geteilt werden, aber normalerweise schwer zu sehen sind.

Wenn man Polytänchromosomen aus den Speicheldrüsen von Fliegen im Lichtmikroskop betrachtet, sieht man deutliche, sich abwechselnde dunkle *Banden* und helle *Interbanden* (Zwischenbanden) (**Abb. 4.47**), die jeweils aus tausend identischen DNA-Sequenzen gebildet werden, die exakt nebeneinander angeordnet sind. Etwa 95 % der DNA in Polytänchromosomen befinden sich in den Banden, 5 % sind in den Zwischenbanden. Eine sehr dünne Bande kann 3000 Nukleotidpaare enthalten, während eine dicke Bande in jedem ihrer Chromatinstränge 200 000 Nukleotidpaare enthalten kann. Das Chromatin in jeder Bande erscheint dunkel, weil die DNA stärker kondensiert ist als die DNA in den Zwischenbanden; es kann auch eine höhere Proteinkonzentration enthalten (**Abb. 4.48**).

Es gibt etwa 3700 Banden und 3700 Interbanden im vollständigen Polytänchromosomensatz von *Drosophila*, eine Anzahl, die mit den 14 000 Genen der Fruchtfliege zu vergleichen ist (s. **Tab. 1.2**). Die Banden können durch ihre unterschiedliche Dicke und verschiedenen Abstände erkannt werden, und man hat jeder eine Nummer gegeben, um eine Chromosomen-„Karte" zu erstellen, die mit der bekannten Genomsequenz dieser Fliege verknüpft ist.

Die Polytänchromosomen von *Drosophila* bilden einen guten Ausgangspunkt für Untersuchungen darüber, wie das Chromatin im großen Maßstab organisiert ist. Im vorausgegangenen Abschnitt haben wir gesehen, dass es viele Chromatinformen gibt,

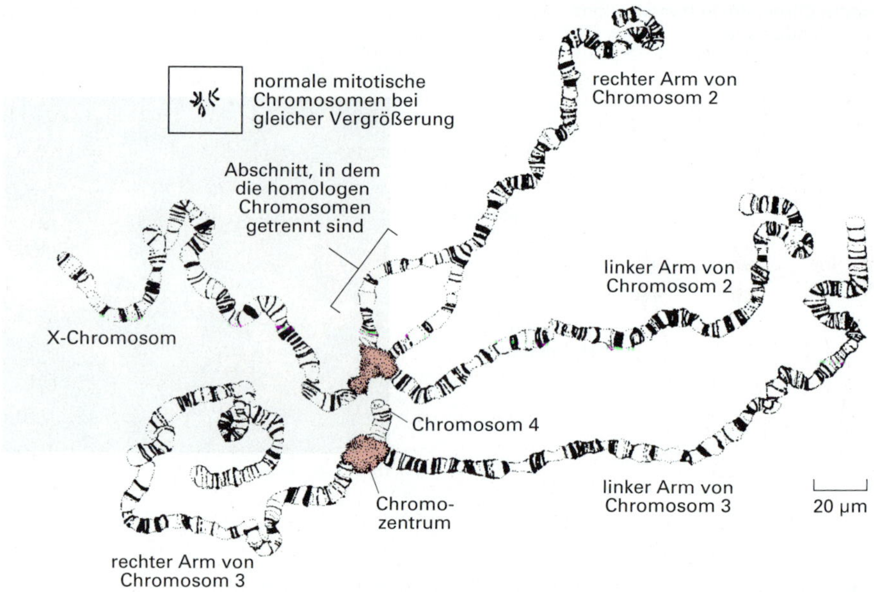

Abb. 4.47 Der gesamte Satz der Polytänchromosomen in einer Speicheldrüsenzelle von *Drosophila*. Für diese Zeichnung eines lichtmikroskopischen Bildes wurden die Riesenchromosomen zum besseren Sichtbarmachen durch Quetschen auf einem Objektträger ausgebreitet. *Drosophila* hat vier Chromosomen, und es sind vier verschiedene Chromosomenpaare vorhanden. Jedes Chromosom ist jedoch eng mit seinem homologen Gegenstück gepaart (sodass jedes Paar als eine einzige Struktur erscheint), was in den meisten Zellkernen nicht der Fall ist (außer während der Meiose). Jedes Chromosom wurde vielen Replikationsrunden unterworfen, und die Homologen und alle ihre Kopien sind exakt nebeneinander geblieben, was zu riesigen Chromatinbündeln geführt hat, die viele DNA-Stränge dick sind.

Die vier Polytänchromosomen sind normalerweise durch heterochromatische Abschnitte in der Nähe ihrer Centromere miteinander verbunden, die zu einem einzelnen großen „Chromozentrum" aggregiert sind (*rosa Bereich*); das Chromozentrum wurde durch die hier verwendete Quetschtechnik jedoch in zwei Hälften gerissen. (Verändert nach T. S. Painter, *J. Hered.* 25: 465–476, 1934. Mit Erlaubnis von Oxford University Press).

die jeweils Nukleosomen mit einer unterschiedlichen Kombination modifizierter Histone enthalten. Spezifische Sätze von Nicht-Histon-Proteinen versammeln sich auf diesen Nukleosomen, um die biologische Funktion auf verschiedene Weise zu beeinflussen. Die Rekrutierung einiger dieser Nicht-Histon-Proteine kann sich über lange Strecken entlang der DNA ausbreiten und eine ähnliche Chromatinstruktur an weite Teile des Genoms weitergeben (s. **Abb. 4.39a**). Bei niedriger Auflösung kann man deshalb Interphase-Chromosomen als ein Mosaik von Chromatinstrukturen ansehen, die jeweils bestimmte Nukleosomenmodifikationen mit einem bestimmten Satz an Nicht-Histon-Proteinen enthalten.

Polytänchromosomen ermöglichen uns, Einzelheiten dieses Domänenmosaiks im Lichtmikroskop zu sehen sowie einige der Veränderungen zu beobachten, die mit der Genexpression assoziiert sind. Durch Anfärben von *Drosophila*-Polytänchromosomen mit Antikörpern oder bei Verwendung der ChIP(Chromatinimmunpräzipitation)-Analyse (s. Kapitel 8) können die Orte der spezifischen Histonmodifikationen und Nicht-Histon-Proteine in Chromosomen über die gesamte DNA-Sequenz des Genoms von *Drosophila* kartiert werden. Die Ergebnisse legen nahe, dass in diesem Lebewesen drei

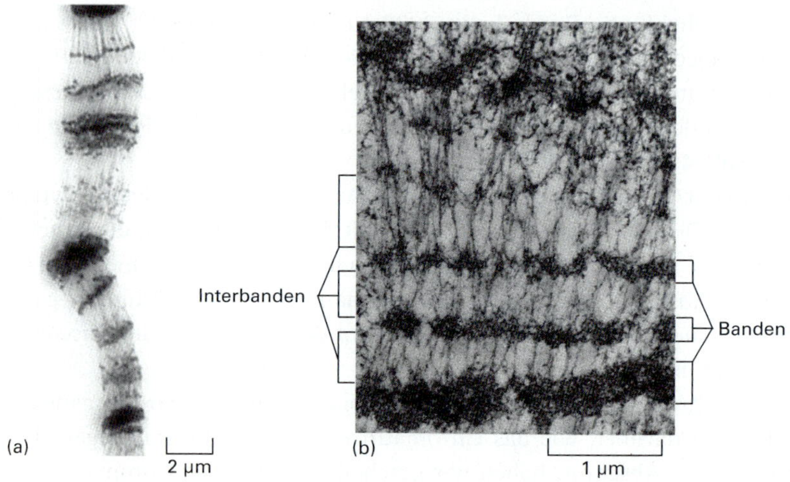

Abb. 4.48 Mikroskopische Aufnahmen von Polytänchromosomen aus der Speicheldrüse von *Drosophila*. (a) Lichtmikroskopische Aufnahme eines Teils eines Chromosoms. Die DNA wurde mit einem fluoreszierenden Farbstoff gefärbt, aber hier ist ein invertiertes Bild dargestellt, das die DNA schwarz anstatt weiß wiedergibt. Man sieht deutlich, dass die Banden Bereiche erhöhter DNA-Konzentration sind. Dieses Chromosom wurde durch eine Hochdruckbehandlung bearbeitet, sodass man das unterschiedliche Muster seiner Banden und Interbanden deutlicher zeigen kann. (b) Elektronenmikroskopische Aufnahme eines kleinen Abschnitts eines *Drosophila*-Polytänchromosoms im Dünnschnitt. Banden sehr unterschiedlicher Dicke lassen sich leicht unterscheiden, sie sind durch Interbanden getrennt, die weniger verdichtetes Chromatin enthalten. (a, nach D. V. Novikov *et al.*, *Nat. Methods* 4: 483–485, 2007 publiziert von der Nature Publishing Group. Reproduziert mit Erlaubnis von SNCSC; b, mit freundlicher Genehmigung von Veikko Sorsa).

Typen repressiven Chromatins vorherrschen, zusammen mit zwei Haupttypen von Chromatin auf aktiv transkribierten Genen, und dass jeder Typ mit einem anderen Komplex aus Nicht-Histon-Proteinen vergesellschaftet ist. Außer den fünf Haupttypen von Chromatin scheinen auch andere kleine Chromatinformen vorhanden zu sein, wovon jede unterschiedlich reguliert wird und verschiedene Aufgaben in der Zelle hat. Es gibt noch viel über die molekularen Strukturen zu lernen, die diesen Befunden zugrunde liegen.

4.4.3 Chromatinschleifen dekondensieren, wenn die in ihnen liegenden Gene exprimiert werden

Wenn ein Lebewesen mit Polytänchromosomen von einem Entwicklungszustand in einen anderen voranschreitet, tauchen sogenannte *chromosomale Puffs* auf, und andere Puffs bilden sich in den Polytänchromosomen zurück, wenn neue Gene exprimiert und alte abgeschaltet werden (**Abb. 4.49**). Beobachtungen an noch relativ kleinen Puffs, in denen das Bandenmuster noch sichtbar ist, lassen vermuten, dass die meisten Puffs durch Entfaltung einer einzelnen Chromatidenbande entstehen.

Die einzelnen Chromatinfasern, die einen Puff bilden, können im Elektronenmikroskop sichtbar gemacht werden. In günstigen Fällen sieht man Schleifen. Wenn in der Schleife Gene nicht exprimiert werden, nimmt die Schleife eine verdickte, kondensierte Struktur an. Wenn aber die Genexpression stattfindet, dehnt sich die Schleife stärker aus und ähnelt den Schleifen der Lampenbürstenchromosomen. Auch dies zeigt wieder einmal, dass Chromosomenstrukturen dynamisch sind, wie wir schon aus den Lampenbürsten-Experimenten geschlossen haben.

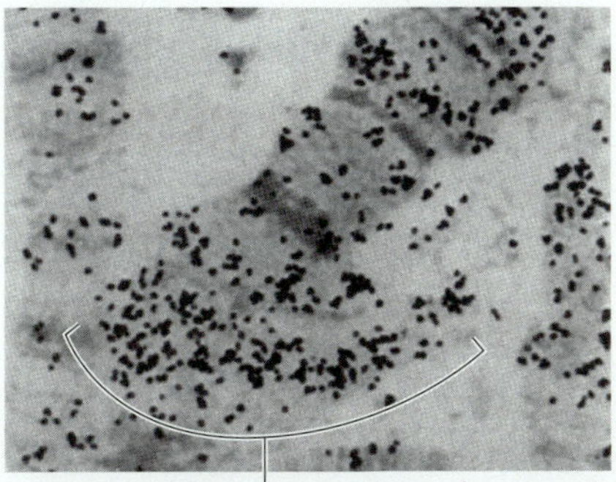

Abb. 4.49 RNA-Synthese in Polytänchromosomen-Puffs. Autoradiogramm eines einzelnen Puffs in einem Polytänchromosom aus den Speicheldrüsen der Zuckmücke *Chironomus tentans*, die Mücke, in der Polytänchromosomen im Jahre 1881 erstmals entdeckt wurden. Wie in Kapitel 1 umrissen und genauer in Kapitel 6 erörtert, ist der erste Schritt der Genexpression die Synthese eines RNA-Moleküls an der DNA als Matrize. Der dekondensierte Teil des Chromosoms ist mit der RNA-Synthese befasst und wurde mit ^{3}H-Uridin markiert, ein Vorstufenmolekül der RNA, das in die wachsenden RNA-Ketten eingebaut wird. Die schwarzen Punkte entstehen dort, wo die ausgesandte Radioaktivität mit der darüber liegenden fotografischen Emulsion reagiert. (Aus J. J. Bonner und M. L. Pardue, *Cell* 12:227– 234, 1977. Mit Erlaubnis von Elsevier).

4.4.4 Interphase-Chromosomen von Säugern besetzen bestimmte Bereiche im Zellkern, wobei ihr Heterochromatin und Euchromatin unterschiedlich verteilt ist

Betrachtet man Chromosomen nach Anfärbung im Lichtmikroskop, so offenbart sich, dass jedes der 46 Interphase-Chromosomen in einer menschlichen Zelle ein bestimmtes Gebiet innerhalb des Zellkerns besetzt; das heißt, dass die Chromosomen nicht weiträumig miteinander verwickelt sind (**Abb. 4.50**). Solche Bilder zeigen jedoch nur eine gemittelte Ansicht der DNA in jedem Chromosom. Durch Anfärben einer Heterochromatinregion eines Chromosoms zeigt sich, dass es oft eng mit der Kernhülle vergesellschaftet ist, ganz gleich, welches Chromosom untersucht wurde. Und Sonden, die bevorzugt chromosomale Bereiche mit einer hohen Dichte aktiver Gene anfärben, verraten, dass der größte Teil dieser Regionen sich aus dem Gebiet jedes Chromosoms in das Kernplasma und weg von der Kernhülle erstreckt (**Abb. 4.51**).

Untersuchungen an Säugerzellen zeigen auch, dass sich stark gefaltete Chromatinschleifen ausdehnen und ein größeres Volumen einnehmen, wenn ein Gen innerhalb von ihnen exprimiert wird. So zeigt beispielsweise **Abb. 4.52**, wie ein großes, stark transkribiertes Gen in einer menschlichen Zelle, das als ein Punkt in einer Interphasezelle erscheint, wenn es inaktiv ist, jetzt durch seine ausgedehnte Transkription wie eine Lampenbürstenschleife ausgedehnt ist.

In Kapitel 6 werden wir besprechen, dass das Innere des Zellkerns sehr heterogen ist, mit funktionell verschiedenen Bereichen; diese werden durch *biomolekulare Kondensate* erzeugt, die darauf spezialisiert sind, verschiedene biochemische Vorgänge zu beschleunigen: z. B. die RNA-Synthese, dass RNA-Spleißen und die DNA-Replikation. Die Tatsache, dass sich ein Abschnitt eines Chromosoms aus seinem Territorium wegbewegen

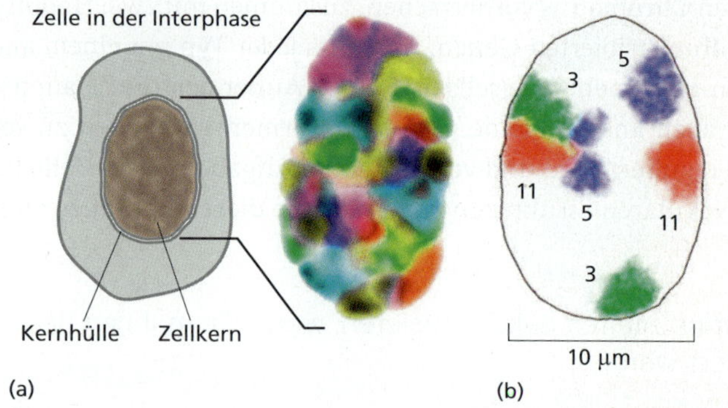

Abb. 4.50 Gleichzeitige Sichtbarmachung der Chromosomengebiete aller menschlichen Chromosomen in einem einzelnen Interphasezellkern. Hier sind die DNA-Sonden für ein bestimmtes Chromosom so markiert, dass sie bei einer bestimmten Wellenlänge fluoreszieren, und eine jeweils andere Farbstoffkombination wird verwendet, die Sonden für jedes Chromosom so zu markieren, dass jedes Chromosom anders fluoresziert. Diese Chromosomenfärbetechnik ermöglicht es, mithilfe der DNA-DNA-Hybridisierung jedes Chromosom wie in **Abb. 4.11** aufzuspüren. Daraus wurden dreidimensionale Rekonstruktionen erzeugt. (a) Im Fluoreszenzmikroskop sieht man, dass der Zellkern mit einem Flickenteppich aus verschiedenen Farben gefüllt ist. Mit Genehmigung aus Hübner *et al.*, 2010 / Annual Reviews (b) Um ihre Verteilung besser zu zeigen, sind drei Chromosomen herausgegriffen: die Chromosomen 3, 5 und 11. Man beachte, dass die homologen Chromosomenpaare, z. B. die beiden Exemplare von Chromosom 3, im Allgemeinen nicht zusammen lokalisiert sind. (Nach M. R. Hübner und D. L. Spector, *Ann. Rev. Biophys.* 39: 471–489, 2010. Mit Erlaubnis von Annual Reviews).

kann, wie wir gerade gesehen haben, erlaubt es, Zellkernkondensate zu verwenden, um verschiedene Reaktionen zu beschleunigen. Zu diesen Kondensaten zählen der auf die Ribosomenbildung spezialisierte Nukleolus und die an der RNA-Bildung beteiligten Zellkernflecken.

Obwohl viel über die DNA-Transkription bekannt ist und darüber, wie Gene auf der molekularen Ebene an- und abgeschaltet werden, verschieben wir diese Besprechung auf Kapitel 6 und 7. Hier konzentrieren wir uns stattdessen auf den Mechanismus, der das lange lineare DNA-Molekül in jedem Säugerchromosom in einer Reihe von Schleifen im Zellkern verpackt.

4.4.5 Eine biochemische Technik namens Hi-C verrät Details der Chromosomenorganisation

Wie in Kapitel 8 erklärt wird, ermöglichen neue automatisierte Technologien Wissenschaftlern, enorme Mengen an DNA-Sequenzierungen zu geringen Kosten durchzuführen. Eine leistungsfähige Methode zur Konformationserfassung von Chromosomen (*chromosome conformation capture*) namens Hi-C, die diese Fähigkeit nutzt, hat es möglich gemacht, die Häufigkeit zu bestimmen, mit der zwei Genomloci – entweder entlang eines einzelnen Chromosoms oder zwischen Chromosomen – zusammengehalten werden (**Abb. 4.53**).

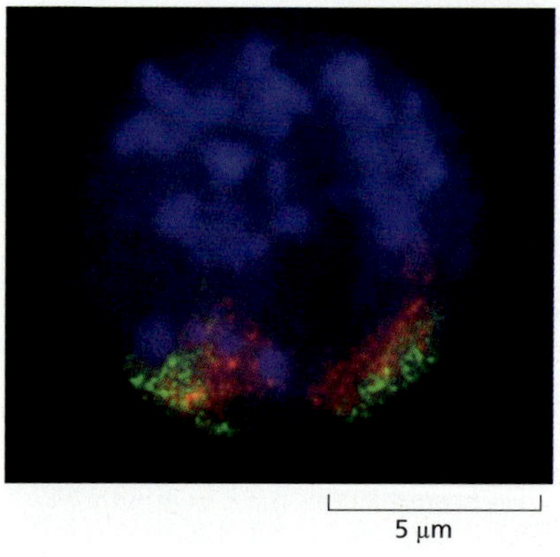

Abb. 4.51 Schleifenbildung von genreichen Bereichen des Genoms innerhalb von chromosomalen Territorien. In dieser lichtmikroskopischen Aufnahme eines Zellkerns wurde die DNA mit einem Farbstoff (*blau*) fluoreszenzmarkiert, zusätzlich wurde mithilfe einer Chromosomenfärbetechnik die gesamte DNA eines bestimmten Maus-Chromosoms *grün* gefärbt, und die genreichen Bereiche desselben Chromosoms wurden *rot* gefärbt. (Nach M. R. Hübner und D. L. Spector, *Ann. Rev. Biophys.* 39:471–489, 2010. Mit Erlaubnis von Annual Reviews).

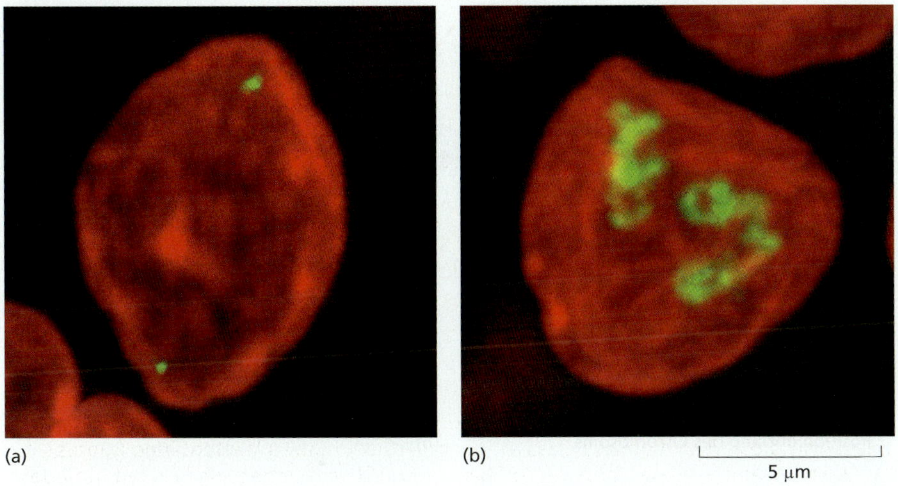

Abb. 4.52 Ein großes Gen bildet eine stark ausgedehnte Chromosomenschleife, wenn es in einer menschlichen Interphase-Zelle stark exprimiert wird. Das Thyreoglobulin-Gen codiert für das extrazelluläre Protein Thyreoglobulin, dass von den Zellen der Schilddrüse sezerniert wird. Dieses Gen ist sowohl ungewöhnlich lang (270 kb) als auch ungewöhnlich stark transkribiert. DNA- und RNA-Hybridisierungstechniken zeigen, dass es eine lange, steife Schleife bildet und sich aus jedem der beiden homologen Chromosomen, die es exprimieren, ins Innere des Zellkerns erstreckt. (a) Das Bild einer Zelle, die kein Thyreoglobulin bildet, zeigt den Tyreoglobulin-Locus als einen kleinen Punkt. (b) Bild einer Schilddrüsenzelle, die das Gen exprimiert. Experimente zeigen, dass sich diese Schleifen auf einen Punkt zurückziehen, falls die RNA-Synthese durch Behandlung mit einem Arzneistoff blockiert wird. (Mit freundlicher Genemigung von Irina Solovei, Ludwig-Maximilians-Universität, München.).

Die Anwendung der HI-C-Technik hat einige grundlegende Eigenschaften der Chromosomenorganisation enthüllt. Eine davon ist, dass jedes Interphase-Chromosom sein eigenes Territorium innerhalb des Zellkerns besetzt, d. h. die Genomloci innerhalb des Chromosoms haben häufiger miteinander Kontakt als die Loci auf verschiedenen Chromosomen; dies bedeutet, dass die Chromosomen nicht weiträumig verwickelt sind. Dies deckt sich mit früheren Befunden aus lichtmikroskopischen Untersuchungen von bestimmten Chromosomenbereichen, wie soeben beschrieben. Zudem haben Hi-C und verwandte Methoden zur Bestimmung der Chromosomenkonformation gezeigt, dass das Interphase-Chromosom in eine lange Reihe von *topologisch unterstützen Domänen*, oder TADs (*topologically assisted domains*), gefaltet ist, in denen zwei beliebige DNA-Sequenzen sehr viel wahrscheinlicher aufeinandertreffen als auf DNA-Sequenzen außerhalb dieser Domäne. Ihre Lage entlang solcher Chromosomen lässt sich aus den Serien von Quadraten ableiten, die man aus Messungen wie in **Abb. 4.54** erhält. Solche Messungen zeigen, dass DNA-Abschnitte in einem zusammenhängenden Satz (jene innerhalb einer TAD) eine relativ hohe Wahrscheinlichkeit besitzen (*dunkle Farbe* in der Abbildung), miteinander verbunden zu werden. Und weil jedes beliebige DNA-Segment

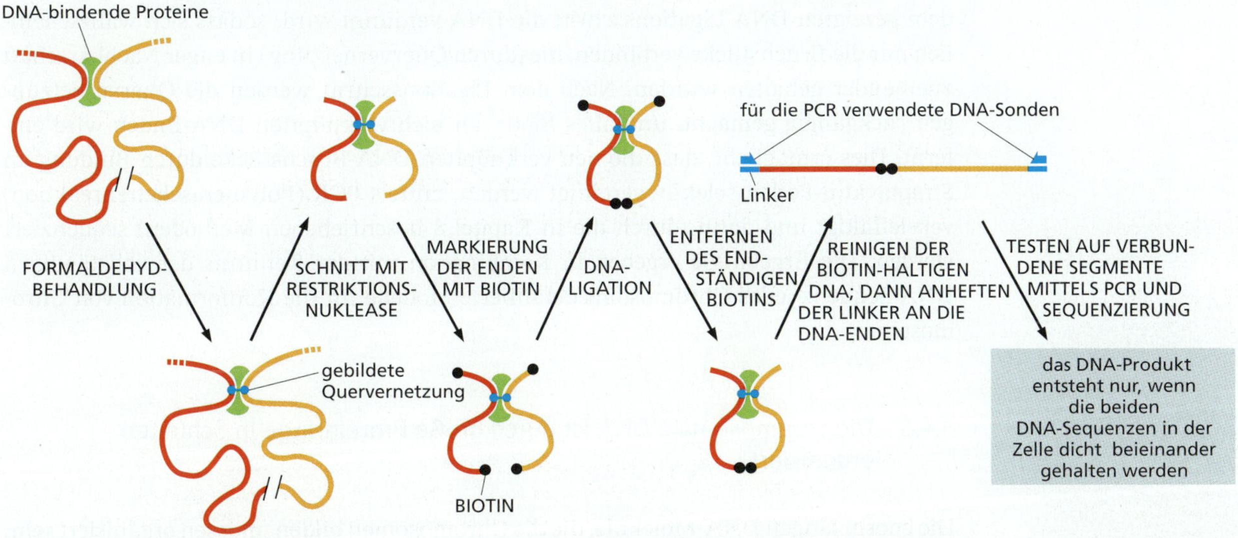

Abb. 4.53 Einsatz von Hi-C, um die Häufigkeit zu bestimmen, mit der zwei beliebige DNA-Sequenzen in Chromosomen nahe beieinander liegen.

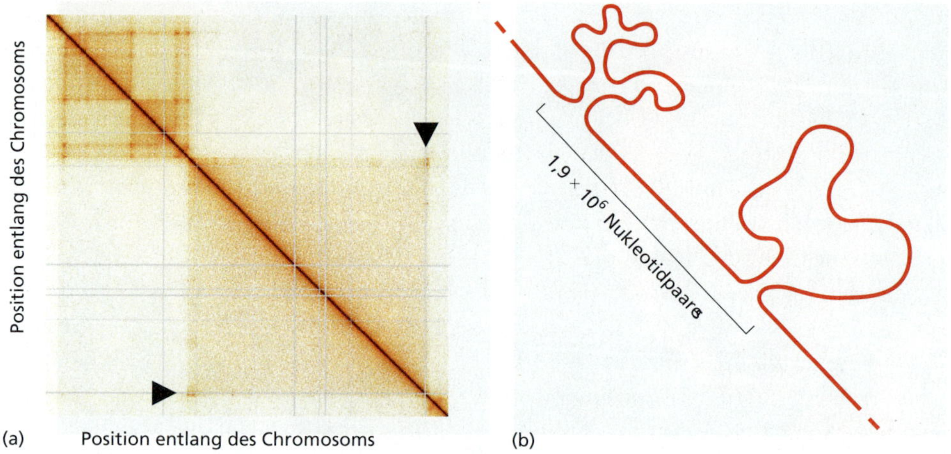

(a) (b)

Abb. 4.54 Techniken zur Konformationserfassung von Chromosomen zeigen topologisch assoziierte Schleifendomänen in Interphase-Chromosomen. (a) Darstellung der Ergebnisse für einen kleinen Abschnitt des menschlichen Chromosoms 8 in menschlichen Fibroblasten. Die Farbintensität entspricht der Häufigkeit, wie oft jede DNA-Sequenz aus einer 2-Kilobasen(kb)-Region, deren Chromosomenposition auf der X-Achse gekennzeichnet ist, mit einer anderen DNA-Sequenz aus einer 2-kb-Region verknüpft ist, deren Chromosomenposition auf der Y-Achse markiert ist (s. Abb. 4.53). Je dunkler die Farbe, desto öfter liegen diese beiden Regionen in enger Nachbarschaft innerhalb der Zelle. Der dunkle Streifen entlang der Diagonale rührt daher, dass die DNA-Sequenzen, die entlang des linearen Chromosoms sehr eng benachbart sind, eine hohe Wahrscheinlichkeit besitzen, miteinander in Wechselwirkung zu treten.

Das größte Quadrat zeigt eine topologisch assoziierte Domäne (TAD), wobei die Punkte in dem Diagramm (hier durch *schwarze Pfeilspitzen* hervorgehoben) die ungewöhnlich starken Kontakte zwischen den DNA-Sequenzen an der Basis einer einfachen Schleifendomäne zeigen, die etwa eine Million Nukleotidpaare enthält. Der Kasten links oben ist ein Beispiel für eine komplexere, „verschachtelte" TAD-Struktur. Hier werden die vielen Punkte als ein „Strauß" kleinerer Schleifenunterdomänen interpretiert, die sich zusammentun, um wie in (b) gezeigt eine größere Faltungsdomäne zu bilden; in (b) werden die Strukturen der beiden unterschiedlichen TADs schematisch verglichen. (a, mit freundlicher Genehmigung von Oliver Rando, University of Massachusetts Medical School. Die Daten für das menschliche Chromosom 8 (125 034 652 bis 126 909 657) stammen von N. Krietenstein *et al.*, *Mol. Cell* 78: 554–565, 2020).

in einer TAD mit vielen anderen Abschnitten in dieser TAD verbunden werden kann, schließt man daraus, dass das Chromatin innerhalb jeder TAD auf eine solche Weise gefaltet sein muss, dass es ihren DNA-Sequenzen möglich ist häufig auf irgendeine andere DNA-Sequenz innerhalb der Domäne zu treffen. Zahlreiche Daten dieser Art haben zu dem Schluss geführt, dass alle Interphase-Chromosomen als eine lange lineare Reihe gefalteter *Schleifendomänen* aus Chromatin organisiert sind, wobei die DNA in jeder Schleife verdichtet, aber äußerst beweglich ist. Obgleich eine typische Schleife in einem menschlichen Chromosom zwischen 5000 und 200 000 Nukleotidpaare der DNA enthalten mag, gibt es auch Schleifen mit einer Million Nukleotidpaaren; und es scheint grob 100 000 Schleifen im menschlichen Genom zu geben. Wie diese Schleifen gebildet sind, ist Gegenstand unserer nächsten Besprechung.

Bei der Hi-C-Technik werden Zellen mit quervernetzenden Agenzien wie z. B. Formaldehyd behandelt, um wie gezeigt kovalente DNA-Protein-DNA-Quervernetzungen zu erzeugen. Dann wird die DNA mit einem Enzym (eine sog. Restriktionsnuklease) behandelt, die die DNA in viele Teile zerstückelt; dabei schneidet sie an streng definierten Nukleotidsequenzen und bildet Sätze identischer „kohäsiver Enden" (s. **Abb. 8.23**). Diese Enden werden dann durch den Einbau biotinylierter Nukleotide markiert, damit sie später selektiv gereinigt werden können. Durch Inkubation mit einer DNA-Ligase können zwei beliebige DNA-Enden kovalent verknüpft werden. Wichtig ist hier, dass bereits vor dem gezeigten DNA-Ligationsschritt die DNA verdünnt wird, sodass sich wahrscheinlich nur die Bruchstücke verbinden, die (durch Quervernetzung) in enger Nachbarschaft zueinander gehalten wurden. Nach dem Ligationsschritt werden die Quervernetzungen rückgängig gemacht, und alles Biotin an nichtverknüpften DNA-Enden wird entfernt. Dies ermöglicht, dass die neu verknüpften DNA-Bruchstücke durch Bindung an Streptavidin-Perlen selektiv gereinigt werden, mittels PCR (Polymerasekettenreaktion) vervielfältigt und dann (durch die in Kapitel 8 beschriebenen Methoden) sequenziert werden. Die Ergebnisse ergeben in Kombination mit der Kenntnis der vollständigen DNA-Sequenz jedes Chromosoms detaillierte Modelle für die Konformation von Chromosomen.

4.4.6 Die chromosomale DNA ist durch große Proteinringe in Schleifen organisiert

Die enorm langen DNA-Moleküle, die die Chromosomen bilden, müssen organisiert sein, wenn sie als Träger der genetischen Information effektiv sein sollen, die jede Zelle zum Überleben und zur Vervielfältigung benötigt. Ein Mechanismus, um diese Organisation zu erzeugen, der universell erscheint, beinhaltet die Faltung der DNA zu Schleifen durch einen **SMC-Proteinkomplex**; bei diesem handelt es sich um einen großen Proteinring, der die DNA-Doppelhelix bindet und umschließt. Diese Ringe – die in Archaeen, Bakterien und Eukaryoten ähnlich funktionieren – besitzen die in **Abb. 4.55a** gezeigte Struktur. Die Untereinheiten, die dem Komplex seinen Namen verleihen, sind das Paar langer, superspiralisierter SMC(*structural maintenance of chromosomes*)-Proteine. Jedes lange SMC-Protein faltet sich auf sich selbst und bildet eine globuläre ATPase-Domäne, und zwei dieser Ketten lagern sich zu einem Ring zusammen, der groß genug ist, dass in Chromatin gepackte DNAihn passieren kann (man vergleiche die Ringgröße mit den Nukleosomen in **Abb. 4.55b**).

Durch Assoziation mit zusätzlichen Proteinen ermöglichen die beiden ATPase-Domänen in einem SMC-Proteinkomplex dem Ring, sich rasch entlang der DNA zu bewegen. Warum diese Art der Aktivität nützlich für die Zelle ist, versteht man vielleicht am leichtesten, wenn man die Aufgabe dieser Ringe in Bakterien betrachtet. Das Bakterienchromosom ist ein langes ringförmiges DNA-Molekül, dass von einem einzigen DNA-Replikationsursprung aus verdoppelt wird, sodass zwei identische DNA-Ringe entstehen. Jedes dieser beiden Tochterchromosomen muss auf eine andere Tochterzelle übertragen werden, wenn sich die Elternzelle teilt. Der erforderliche Trennungsvorgang beginnt, wenn eine Reihe von SMC-Proteinkomplexen in der Nähe des DNA-Replikationsursprungs auf die DNA geladen wird. Diese Proteinringe erzeugen dann eine Schleife auf jeder neuen DNA-Doppelhelix und setzen ihre Bewegung entlang der DNA kontinuierlich fort; dabei trennen sie klar die beiden Tochterchromosomen auf die in **Abb. 4.56a** gezeigte Weise voneinander. Ein zur Erklärung dieser Bewegung vorgeschlagenes Modell ist ebenfalls gezeigt (**Abb. 4.56b**).

Die DNA-Moleküle, welche die Eukaryotenchromosomen bilden, sind im Allgemeinen viel länger als diejenigen von Bakterienchromosomen; und daher braucht es viele verschiedene DNA-Replikationsursprünge, um jedes Chromosom zu kopieren (s. Kapitel 5).

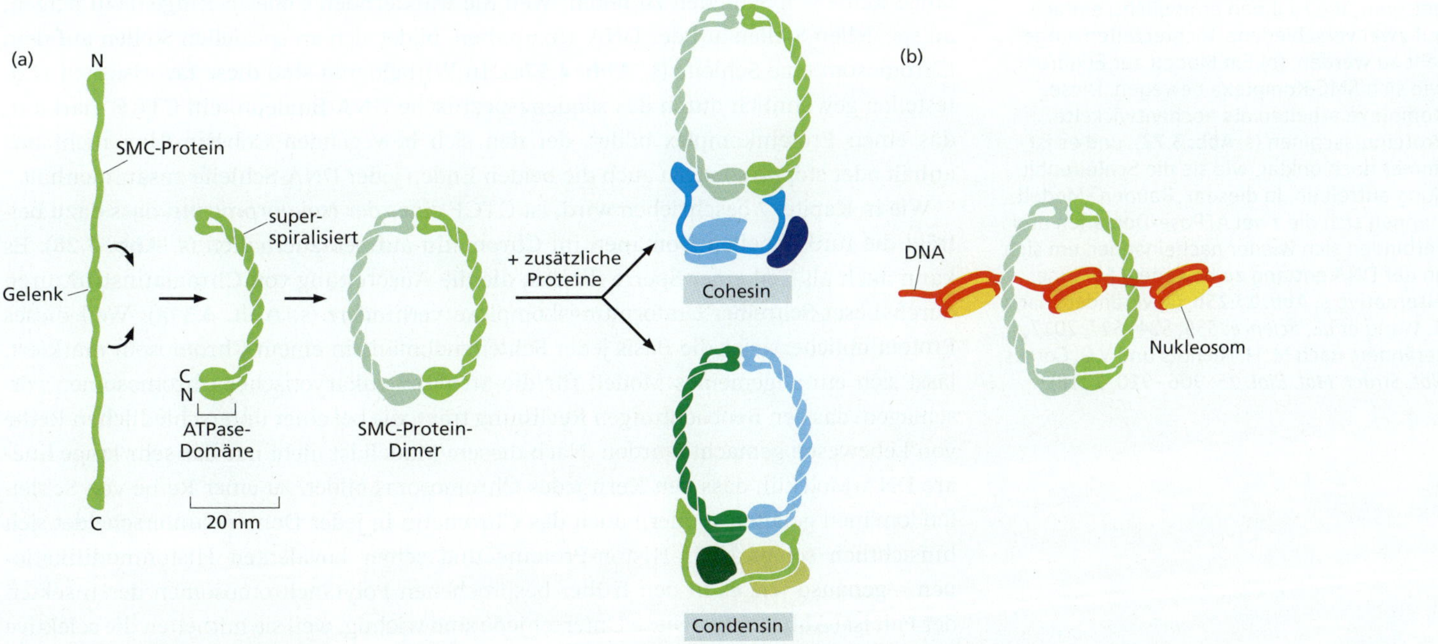

Abb. 4.55 **Die Bildung des SMC-Proteinkomplexes.** (a) Diese Strukturen spielen eine entscheidende Rolle in Bakterien, Archaeen und Eukaryoten. Wie angezeigt, bildet sich ihr Kern aus einem großen Protein von 1000 bis 1500 Aminosäuren, der sich auf sich selbst faltet, um eine antiparallele Superspirale mit einem globulären Kopf zu bilden; zwei dieser Moleküle paaren sich dann und bilden eine Ringstruktur mit einem flexiblen Gelenk an einem Ende und einer ATP-bindenden Domäne an dem anderen Ende. Dann werden weitere Untereinheiten angefügt, um wie gezeigt entweder Cohesin der Condensin zu bilden. (b) Ein SMC-Komplex im Vergleich zur Größe eines Nukleosoms.

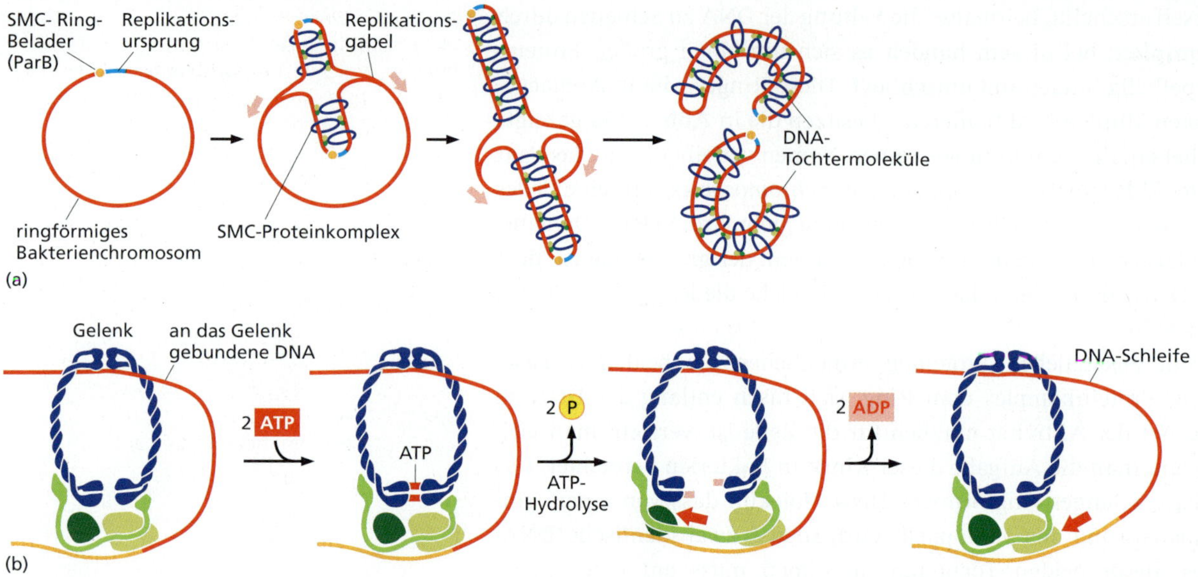

Abb. 4.56 Wie sich bewegende, SMC-haltige Proteinringe arbeiten, um Bakterienchromosomen zu trennen. (a) Eine dem Replikationsursprung benachbarte DNA-Sequenz auf dem Ringchromosom von *Bacillus subtillis* bindet ein Protein (ParB), das wiederholt bakterielle SMC-Proteinkomplexe lädt. Diese Komplexe verwenden die aus wiederholten ATP-Hydrolysezyklen freigesetzte Energie, um am ganzen Chromosom entlang zu wandern, bis zu der Stelle, an der sich die beiden am Ursprung gebildeten Replikationsgabeln treffen. Dabei werden die beiden großen DNA-Tochtermoleküle auf eine Weise getrennt, die es ihnen ermöglicht, einfach auf zwei verschiedene Tochterzellen aufgeteilt zu werden. (b) Ein Modell zur Erklärung, wie sich SMC-Komplexe bewegen. Diese Komplexe arbeiten als hochentwickelte Proteinmaschinen (s. **Abb. 3.72**), und es ist immer noch unklar, wie sie die Schleifenbildung antreiben. In diesem „Raupen"-Modell trennen sich die zwei ATPase-Domänen und verbinden sich wieder nacheinander, um sich an der DNA entlang zu bewegen. Für eine Alternative s. **Abb. 17.25b**. (a, verändert nach X. Wang *et al., Science*: 355: 524–527, 2017; b, verändert nach M. H. Nichols und V.G. Corces, *Nat. Struct. Mol. Biol.* 25: 906–910, 2018).

Zudem erfordert die exakte Trennung von zwei Tochterchromosomen einen Mechanismus, der erheblich ausgeklügelter ist als der Vorgang in Bakterien (s. Kapitel 17). Daher haben sich die SMC-Proteinkomplexe während der Eukaryotenevolution diversifiziert und spielen zwei unterschiedliche Rollen; jede von ihnen ist entscheidend für die Funktion von Chromosomen.

Während der Interphase ist der SMC-Proteinkomplex namens Cohesin entscheidend (wir werden sehen, dass sein Verwandter, Condensin, in der Mitose tätig wird). Man glaubt, dass Cohesin auf ähnliche Weise arbeitet wie sein bakterielles Gegenstück, mit der Ausnahme, dass die Cohesinringe an verschiedenen Stellen entlang eines Chromosoms geladen werden und dazu dienen, das lineare chromosomale DNA-Molekül in eine lange Reihe von Schleifen zu falten. Weil die wandernden Cohesin-Ringe dazu neigen, an speziellen Stellen auf der DNA anzuhalten, bildet sich an speziellen Stellen auf dem Chromosom eine Schleife (s. **Abb. 4.57a**). In Wirbeltieren sind diese favorisierten Haltestellen gewöhnlich durch das sequenzspezifische DNA-Bindeprotein CTCF markiert, das einen Proteinkomplex bildet, der den sich bewegenden Cohesin-Ring nicht nur anhält oder stoppt, sondern auch die beiden Enden jeder DNA-Schleife zusammenhält.

Wie in Kapitel 7 beschrieben wird, ist CTCF eines der *Isolatorproteine*, dass dazu beiträgt die funktionellen Domänen im Chromatin aufrechtzuerhalten (s. **Abb. 7.28**). Es kann auch als Teil einer Sperre dienen, die die Ausbreitung von Chromatinstrukturen durch Leser-Schreiber-Umformungskomplexe verhindert (s. **Abb. 4.39a**). Weil dieses Protein üblicherweise die Basis jeder Schleifendomäne in einem Chromosom markiert, lässt sich ein allgemeines Modell für die Struktur eukaryotischer Chromosomen vorschlagen, das den Beobachtungen Rechnung trägt, die bei einer unterschiedlichen Reihe von Lebewesen gemacht wurden. Nach diesem Modell ist nicht nur das sehr lange lineare DNA-Molekül, dass den Kern jedes Chromosoms bildet, zu einer Reihe von Schleifendomänen gefaltet, sondern auch das Chromatin in jeder Domäne unterscheidet sich hinsichtlich seiner Nicht-Histon-Proteine und seiner kovalenten Histonmodifikationen – genauso wie es in den früher besprochenen Polytänchromosomen der Insekten der Fall ist (**Abb. 4.57b**). Diese Unterschiede sind wichtig, weil sie mithelfen die selektive Genexpression zu kontrollieren.

Es war eine willkommene Bestätigung, dass ein neu entwickeltes Modell, welches sich auf Interphase-Chromosomen der Wirbeltiere bezieht, mit den Beobachtungen

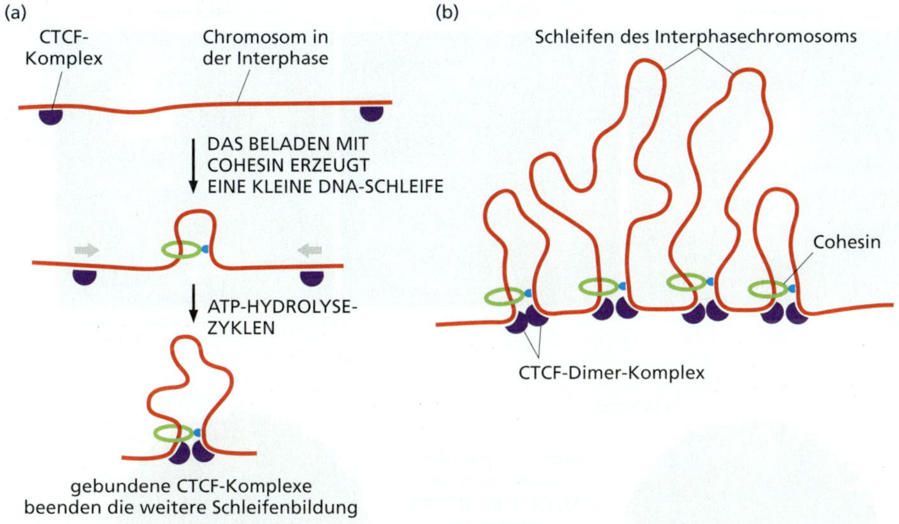

Abb. 4.57 Wandernde Cohesinringe teilen eukaryotische Interphase-Chromosomen in eine lange Reihe von Schleifendomänen. (a) Der SMC-Proteinkomplex Cohesin, unterstützt durch nicht gezeigte Hilfsproteine, wird auf Chromatin geladen, um eine kleine DNA-Schleife zu bilden. Dann vergrößern durch die Energie aus der ATP-Hydrolyse (s. **Abb. 4.56b**) angetriebene, wandernde Cohesinringe fortlaufend die Schleifen; sie stoppen, wenn sie auf jeder Seite auf einen DNA-gebundenen CTCF-Komplex treffen. Dann wird ein Proteinkomplex, der das CTCF-Dimer enthält, zur Schleifenbasis. (b) Schematische Darstellung eines Teils eines Interphase-Chromosoms, der als eine Reihe von Schleifendomänen organisiert ist.

übereinstimmt, die vor Jahrzehnten an Polytänchromosomen von *Drosophila* und den Lampenbürstenchromosomen von Amphibien gemacht wurden. Neue Methoden, die es in einzelnen Zellen ermöglichen, die Organisation von Interphase-Chromosomen zu bestimmen, enthüllen jedoch, dass – im Gegensatz zur Situation in diesen Spezialfällen – der größte Teil der Schleifen in einem typischen Interphase-Chromosom instabil ist: Obgleich diese Schleifen sich an bevorzugten Stellen bilden, ist ihre Position einer raschen Fluktutation unterworfen. Zudem können sich auch innerhalb von Schleifen Schleifen bilden (s. **Abb. 4.54**). Somit besitzt ein typisches Eukaryotenchromosom während der Interphase eine äußerst dynamische Struktur.

4.4.7 Euchromatin und Heterochromatin sind im Zellkern räumlich getrennt

Die gleichen Hi-C-Experimente, die die Grenzen der Schleifendomänen offenlegen (s. **Abb. 4.54**), enthüllen auch seltener auftretende Kontakte zwischen DNA-Abschnitten, die entweder auf verschiedenen Chromosomen liegen oder in der DNA-Sequenz auf dem gleichen Chromosom weit weit voneinander entfernt sind. Die Untersuchung dieser Abschnitte offenbart, dass jedes Chromosom in zwei Kompartimente unterteilt werden kann, innerhalb deren Loci bevorzugt miteinander wechselwirken, aber Wechselwirkungen mit den anderen Kompartimenten vermeiden – ungeachtet dessen, ob sie auf demselben oder auf einem anderen Chromosomen liegen. Es wurde gezeigt, dass diese beiden Kompartimente im Hinblick auf den Genreichtum, die Genexpression und den Replikationszeitpunkt eng mit Euchromatin und Heterochromatin übereinstimmen.

Dieser Befund steht im Einklang mit den Bildern, die man erhält, wenn man Zellen mit Antikörpersonden behandelt, die vorzugsweise diese verschiedenen Chromatinarten anfärben; diese Anfärbung erzeugt ein auffälliges Bild des Interphasezellkerns, in dem H3K9me3-Heterochromatin bevorzugt in der Kernperipherie lokalisiert ist, H3K27me3-Heterochromatin innerhalb davon und das offene Chromatin eher in inneren Bereichen zu finden ist (**Abb. 4.58a**).

Die Neigung von Heterochromatin, sich zusammenzulagern, lässt sich in Experimenten mit Chromatinbruchstücken nachahmen, die das häufig vorkommende heterochromatinspezifische Protein HP1 enthalten (s. **Abb. 4.40**). Diese Experimente haben zu der Hypothese geführt, dass Heterochromatin durch einen Mechanismus ähnlich einer Phasentrennung zusammengehalten wird, was durch viele kurzzeitige schwache

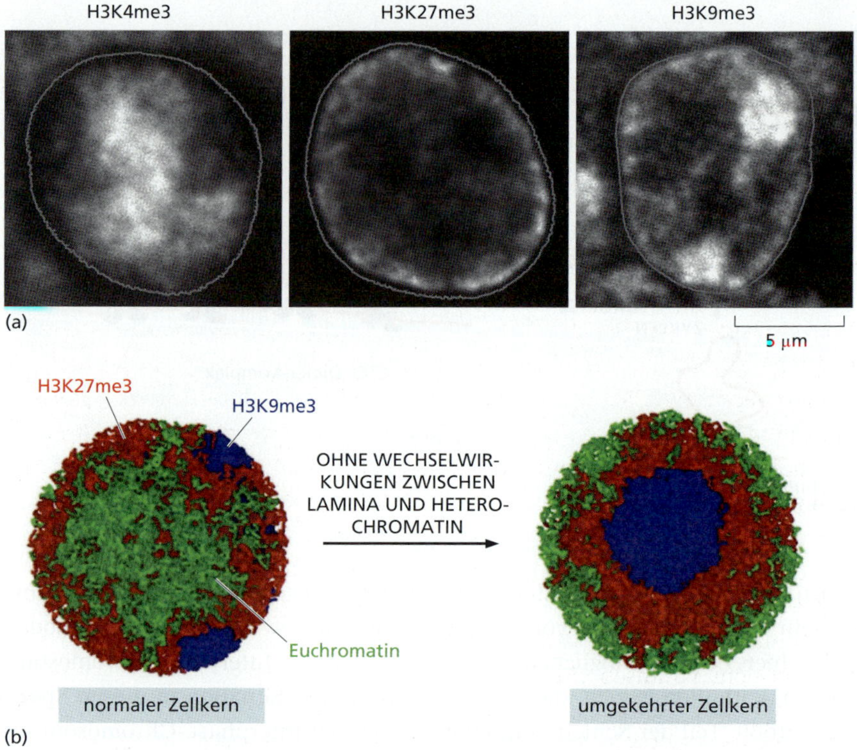

Abb. 4.58 Die Verteilung von Heterochromatin und von Euchromatin in einem Interphase-Zellkern. (a) In diesem Zellkern aus einem Maus-Fibroblasten wurde das Chromatin mit Antikörpern gegen Histone angefärbt, die drei verschiedene kovalente Modifikationen enthalten; einer erkennt die H3K4me3-Markierung in den aktiven Genen des Euchromatins (s. **Tab. 4.2**) und die anderen erkennen entweder die H3K27me3- oder die H3K9me3-Stilllegungsdomäne in Heterochromatin (s. **Tab. 4.2**). Diese Anreicherung des Heterochromatins in Richtung Kernperipherie findet sich in nahezu allen Tierzellen. (b) Die Polymermodellierung von Chromatin kann die fast universale Anordnung der drei Chromatinarten in A erklären; ebenso wie die ungewöhnliche Anordnung, die in den umgekehrt organisierten Zellkernen der Photorezeptorzellen nachtaktiver Tiere beobachtet wird, wenn angenommen wird, dass der einzige Unterschied in den letzteren Zellkernen die fehlenden Lamina-Heterochromatin-Wechselwirkungen sind. Diese Modelle gehen davon aus, dass die Chromatin-Chromatin-Wechselwirkungen zwischen dem HK9me3-Heterochromatintyp am stärksten sind, schwächer zwischen dem Heterochromatin vom Typ H3K27me3 und zwischen Euchromatin nicht vorkommen. (a, mit freundlicher Genehmigung von Irina Solovei; b verändert nach M. Falk *et al.*, *Nature* 570: 395–399, 2019. Reproduziert mit Erlaubnis von SNCSC).

Wechselwirkungen vermittelt wird (**Abb. 4.59**). Das sich selbst organisierende Heterochromatin ist zusätzlich durch eine Reihe von Proteinen an die Kernperipherie gekettet, die die Heterochromatinbereiche, die mit spezifischen Histonmodifikationen markiert sind, mit der Kernlamina verbinden. Die Lamina ist wiederum an dem inneren Ring der Kernhülle durch einen Satz von Transmembranproteinen verankert, die in die innere Kernmembran eingebettet sind (s. **Abb. 16.67**).

Die funktionale Bedeutung der Positionierung von Heterochromatin an der Zellkernperipherie bleibt unklar. Diese Anordnung von Chromatin im Zellkern überwiegt jedoch in Eukaryoten mit nur einer bekannten Ausnahme – die sog. *umgekehrten* Zellkerne der Stäbchenzellen von nachtaktiven Säugetieren, in denen Euchromatin und Heterochromatin vertauschte Positionen haben. Das innerste Zentrum des Stäbchenzellkerns ist von stark verdichtetem, nicht aktivem Chromatin besetzt, wohingegen aktives Euchromatin bei laufender Genexpression an die Kernperipherie verlagert ist (**Abb. 4.58b**). Trotz dieser Umkehr bleiben die Stäbchenzellkerne überaschenderweise voll funktionsfähig und hoch transkriptionsaktiv.

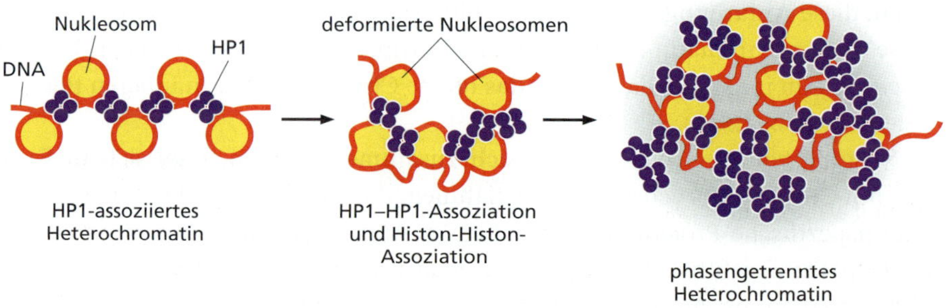

Abb. 4.59 Ein Modell zur Verdichtung und Cluster-Bildung von Heterochromatin durch kurzzeitige schwache Wechselwirkungen, die eine Phasentrennung bewirken. Entsprechend dieses Modells tragen sowohl die Assoziationen zwischen HP1-Molekülen als auch zwischen vorübergehend exponierten Aminosäuren des Histons in verformten Nukleosomen zu den vielen schwachen Wechselwirkungen bei, die das Heterochromatin verdichten. Zur Besprechung der Phasentrennung s. Kapitel 3. (Verändert nach S. Sanulli *et al.*, *Cold Sring Harb. Symp. Quant. Biol.* 84: 217–225, 2019).

4.4.8 Mitosechromosomen sind besonders stark verdichtet

Nachdem wir die dynamische Struktur der Interphase-Chromosomen besprochen haben, wenden wir uns nun den Mitosechromosomen zu. Bei fast allen eukaryotischen Zellen sind die Chromosomen während der Mitose leicht zu sehen, wenn sie zu hoch kondensierten Strukturen aufgewunden werden. Die Länge eines typischen Interphase-Chromosoms wird zwar nur auf etwa ein Zehntel reduziert, aber das Aussehen der Chromosomen ändert sich tiefgreifend.

Abbildung 4.18 zeigt ein typisches **Mitosechromosom** im Metaphase-Stadium der Mitose (Mitosephasen siehe **Tafel 17.1**). Die beiden DNA-Moleküle, die durch die Replikation während der Interphase des Zellteilungszyklus entstanden, werden getrennt gefaltet, wodurch zwei Schwesterchromosomen – oder *Schwesterchromatiden* – entstehen, die an ihren Centromeren zusammengehalten werden. Diese Chromosomen werden normalerweise von sehr unterschiedlichen Molekülen, einschließlich großer Mengen von Ribonukleoproteinen, bedeckt. Wenn diese Bedeckung entfernt wird, kann jede Chromatide im Elektronenmikroskop als in Schleifen gefaltetes Chromatin erkannt werden, das sich von einer zentralen Achse ausbreitet (**Abb. 4.60**).

Jüngste Experimente haben nun mit der Entschlüsselung begonnen, wie Interphase-Chromosomen kondensieren und Mitosechromosomen bilden. Der Vorgang ist eng verbunden mit dem Voranschreiten des Zellzyklus, der Gegenstand von Kapitel 17 sein wird. Er beginnt in der frühen M-Phase, wenn die Genexpression eingestellt wird und an den Histonen spezifische Modifikationen vorgenommen werden, die zur Reorganisation des Chromatins beitragen. Die meisten der ringförmigen *Cohesin*-Proteine, die die Interphase-Chromosomen organisieren, machen ihren Condensin-Verwandten Platz, deren ATP-getriebene Bewegungen – unterstützt durch das DNA-schneidende und wieder verbindende Enzym Topoisomerase II – die Verdichtung antreiben und eine lineare Chromosomenachse bilden (**Abb. 4.61**). Diese Achse ist hoch angereichert mit Condensin II und Topoisomerase II, und man glaubt, dass die kombinierte Wirkung dieser Enzyme jedes Chromosom in zwei Schwesterchromatiden teilt.

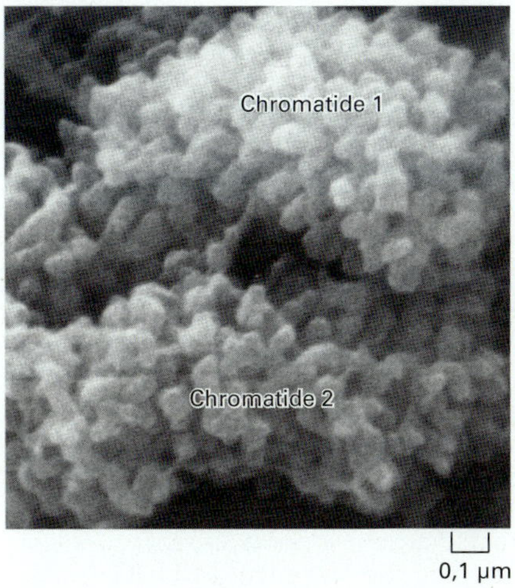

Abb. 4.60 Rasterelektronenmikroskopische Aufnahme eines Abschnitts nahe am Ende eines typischen Mitosechromosoms. Man nimmt an, dass jede knopfähnliche Erhebung die Spitze einer Schleifendomäne darstellt. Man beachte, dass die zwei gepaarten identischen Chromatiden deutlich voneinander unterschieden werden können. (Aus: M. P. Marsden und U. K. Laemmli, *Cell* 17: 849–858, 1979. Mit Erlaubnis von Elsevier).

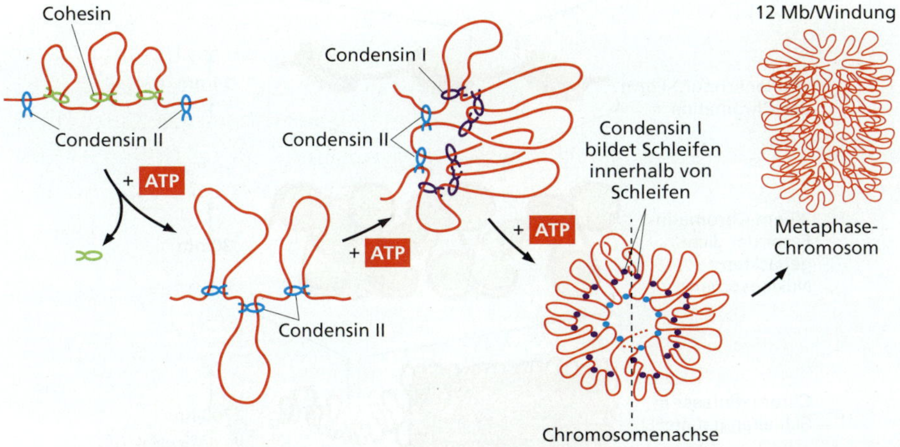

Abb. 4.61 Wie Chromosomen sich in der M-Phase falten. Es gibt 2 Arten von Condensinen in Säugerzellen, die als Condensine I und II bezeichnet werden. Wenn Zellen in die Mitose eintreten, dann geht die Interphaseorganisation der Chromatinschleifen, die durch Cohesin erzeugt wird (s. **Abb. 4.57**), innerhalb von Minuten verloren. Nun beginnt ein anderes SMC-Protein, Condensin II, sehr lange neue Chromatinschleifen mithilfe eines ähnlichen ATP-angetriebenen Mechanismus zu bilden. Diese neuen Schleifen werden von einer zentralen Chromosomenachse radial organisiert, und während die Condensin-II-Schleifen immer länger werden, wird innerhalb von ihnen von Condensin I ein zweiter Satz von Schleifen gebildet. Diese Organisation von „Schleifen innerhalb von Schleifen" in Kombination mit einer noch dichteren Windung der Chromatinschleifen um die mitotische Chromosomenachse erzeugt das kompakte Chromatin, das im finalen Metaphase-Chromosom beobachtet wird. Nicht gezeigt sind die speziellen Cohesin-Moleküle, welche die beiden Schwesterchromatiden zusammenhalten; wie in Kapitel 17 beschrieben, werden diese Cohesine nur in der Anaphase freigesetzt. (Verändert nach J. H. Gbicus *et al.*, *Science* 359: eaao6135, 2018).

Die Verdichtung des Chromosoms während der Mitose kann als die letzte Stufe in einer Hierarchie der Chromosomenverpackung angesehen werden (**Abb. 4.62**). Diese letzte DNA-Faltung erfüllt zumindest zwei wichtige Aufgaben: Zum einen liegen die Tochterchromatiden, wenn die Kondensation in der Metaphase vollendet ist, Seite an Seite und voneinander entflochten vor. So können die Tochterchromatiden getrennt werden, wenn der Mitoseapparat beginnt, sie auseinanderzuziehen. Zum anderen schützt die Verdichtung der Chromosomen das ziemlich brüchige DNA-Molekül vor dem Zerbrechen, wenn sie durch die Mitosespindel zur Trennung der Tochterzellen bewegt werden. Dies und andere entscheidende Einzelheiten der Mitose werden in Kapitel 17 im Detail behandelt.

Zusammenfassung

Chromosomen liegen während der Interphase im Allgemeinen im entwundenen Zustand vor, sodass die Einzelheiten ihrer Struktur schwer erkennbar sind. Bemerkenswerte Ausnahmen sind die spezialisierten Lampenbürstenchromosomen in den Oocyten von Wirbeltieren und die Polytänchromosomen aus den sekretorischen Riesenzellen von Insekten. Untersuchungen an diesen beiden Arten von Interphase-Chromosomen legen nahe, dass jedes lange DNA-Molekül in einem Chromosom in eine sehr große Anzahl abgegrenzter Domänen in Form von langen Chromatinschleifen unterteilt ist, die durch weitere Faltung verdichtet sind. Werden die in einer Schleife befindlichen Gene exprimiert, entfaltet sich die Schleife und ermöglicht dem Expressionsapparat leichten Zugriff auf die DNA. Neue Untersuchungen mithilfe empfindlicher biochemischer Techniken zeigen, dass die Interphase-Chromosomen in einem breiten Bereich der Eukaryoten auch in eine Reihe von Schleifendomänen gefaltet sind, und sie offenbaren eine zentrale Faltungsaufgabe für die ringförmigen Cohesin-Proteinkomplexe.

Interphase-Chromosomen besetzen unterschiedliche Gebiete im Zellkern; d. h. sie sind nicht weiträumig durchmischt. Der größte Teil des Chromatins in der Interphase kommt

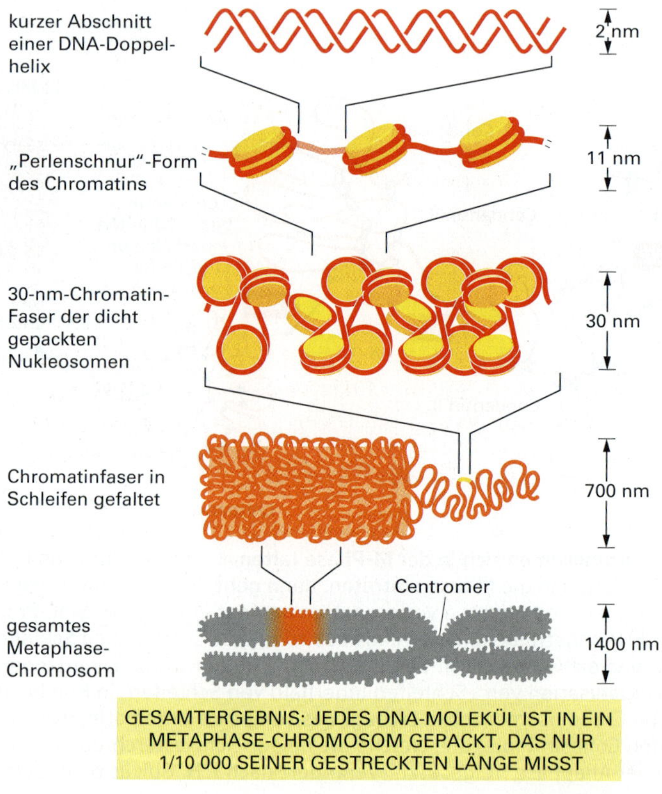

Abb. 4.62 Chromosomenorganisation. Dieses Modell zeigt einige der Verpackungsstufen des Chromatins, die ein hochgradig kondensiertes Mitosechromosom entstehen lassen.

als locker gefaltete Nukleosomenfasern vor. Dieses offene Chromatin wird jedoch durch Heterochromatinstücke unterbrochen, in denen die Nukleosomen einer zusätzlichen Verpackung unterzogen sind, die die DNA widerstandsfähig gegenüber der Genexpression macht. Heterochromatin hat die wichtige Eigenschaft, dass seine Art der Nukleosomenverpackung während der Chromosomenverdoppelung direkt vererbt werden kann. Dabei wird eine epigenetische Form des Zellgedächtnisses geschaffen. Zwei Heterochromatin-Hauptklassen enthalten unterschiedliche kovalente Histonmarkierungen, die durch bestimmte Leser-Schreiber-Enzymkomplexe verbreitet werden. Konstitutives Heterochromatin bildet sich auf wiederholten DNA-Sequenzen; markiert mit H3K9me3 findet es sich in großen Blöcken, die in und um die Centromere und nahe von Telomeren unverändert bleiben. Dieses Heterochromatin blockiert sowohl die Genexpression als auch die genetischer Rekombination. Fakultatives Heterochromatin kommt an vielen anderen Stellen auf Chromosomen vor, wo seine Gegenwart kontrolliert werden kann, sodass es eine entscheidende Aufgabe bei der Genregulation erfüllt. H3K27me3-Heterochromatin ist immer fakultativ; im Gegensatz dazu ist nur ein Teil des H3K9me3-Heterochromatins fakultativ, je nach seiner Lage.

Das Innere des Zellkerns ist hoch dynamisch: Heterochromatin sitzt oft in der Nähe der Kernhülle, und Chromatinschleifen bewegen sich von ihren Chromosomengebieten weg, wenn Gene sehr stark exprimiert werden. Dies spiegelt das Vorkommen nuklearer Subkompartimente wider, wo verschiedene Serien biochemischer Reaktionen durch eine erhöhte Konzentration ausgewählter Proteine und RNAs erleichtert werden.

Während der Mitose wird die Genexpression abgeschaltet und alle Chromosomen nehmen eine stark kondensierte Konformation an; dies vollzieht sich in einem Vorgang, der früh in der M-Phase einsetzt. Diese Kondensation verpackt die beiden DNA-Moleküle jedes replizierten Chromosoms als zwei getrennt gefaltete Chromatiden und wird durch die ATP-getriebenen Bewegungen der ringförmigen Condensin-Proteinkomplexe angetrieben.

4.5 Wie sich Genome entwickeln

In diesem letzten Kapitelabschnitt wollen wir einige der Wege besprechen, auf denen sich Gene und Genome im Laufe der Zeit entwickelt haben, um die ungeheure Vielfalt der heutigen Lebensformen auf unserem Planeten zu erzeugen. Unsere Sicht dieses Vorgangs der *Evolution* wurde durch die Sequenzierung des Genoms Tausender Lebewesen revolutioniert, die eine überraschende Fülle an Informationen nicht nur über die Familienbeziehungen unter den Lebewesen, sondern auch über molekulare Mechanismen der Evolution aufgedeckt hat.

Einen großen Teil der Chemie des Lebens teilen sich alle Organismen, von Bakterien bis zum Menschen, und es ist daher nicht überraschend, dass Gene mit ähnlichen Funktionen in den unterschiedlichsten Lebewesen gefunden werden. Die große Erkenntnis der letzten 30 Jahre war, in welchem Ausmaß die gegenwärtigen Nukleotidsequenzen vieler Gene konserviert sind. **Homologe** Gene – das sind Gene, die aufgrund ihrer gemeinsamen Abstammung eine ähnliche Nukleotidsequenz und eine ähnliche Funktion haben – können oft über weite phylogenetische Entfernungen wiedererkannt werden. Unverwechselbare Homologe zu vielen menschlichen Genen kommen in so verschiedenen Organismen wie Fadenwürmern, Taufliegen, Hefen, Pflanzen und sogar Bakterien vor. In vielen Fällen ist die Ähnlichkeit so stark, dass z. B. der für ein Protein codierende Anteil eines Hefe-Gens durch sein menschliches Homolog ersetzt werden kann – obwohl der Mensch und die Hefe durch über eine Milliarde Jahre an Entwicklungsgeschichte voneinander getrennt sind.

Nun wird die Sequenzierung des Humangenoms auf der Populationsebene durchgeführt, mit mehr als einer Million Genome, die bis jetzt zum Vergleich zur Verfügung stehen; das Ausmaß, in welchem die natürliche Selektion unsere eigene DNA-Sequenz einschränkt, wird bis ins Kleinste untersucht. Die Ergebnisse sind nützlich, um genau offenzulegen, welche Stückchen unseres Genoms funktional sind. Zudem bringen diese Daten das Feld der *Präzisionsmedizin* voran, mit gesundheitlichen Auswirkungen sowohl für Individuen, deren Genome sequenziert werden, als auch für künftige Generationen.

Wie wir in Kapitel 3 besprochen haben, ist das Erkennen von Sequenzhomologien ein wichtiges Hilfsmittel geworden, um auf die Gen- und Proteinfunktion zu schließen. Obwohl eine solche Homologie eine Gleichartigkeit der Funktion nicht garantiert, hat sich doch gezeigt, dass sie ausgezeichnete Anhaltspunkte dafür gibt. So ist es oft möglich, die Funktion eines menschlichen Gens, für das weder biochemische noch genetische Informationen vorliegen, einfach durch Vergleich der Sequenz mit der von gut untersuchten Genen bei anderen, einfacher zu untersuchenden Organismen vorherzusagen.

Sequenzen einzelner Gene sind im Allgemeinen oft viel strikter konserviert als die Struktur des gesamten Genoms. Aspekte der Genomorganisation wie Genomgröße, Chromosomenzahl, Anordnung der Gene auf den Chromosomen, Anzahl und Größe der Introns und die Menge an repetitiver DNA unterscheiden sich ganz wesentlich zwischen Lebewesen sowie auch die Gesamtzahl ihrer Gene.

4.5.1 Genomvergleiche verraten funktionelle DNA-Sequenzen durch deren Konservierung während der Evolution

Das erste Hindernis bei der Interpretation der Sequenz von 3,1 Milliarden Nukleotidpaaren im Humangenom ist die Tatsache, dass die Nukleotidsequenz des größten Teils davon (etwa 90 %) wahrscheinlich funktionell bedeutungslos ist. Die Bereiche des Genoms, die für Aminosäuresequenzen von Proteinen codieren (die Exons), kommen typischerweise in kurzen Segmenten vor (mittlere Größe 130 Nukleotidpaare), kleine Inseln in einem DNA-Meer, von dem man annimmt, dass seine genaue Nukleotidsequenz zumeist wenig Auswirkungen hat. Diese Anordnung macht es schwierig, alle Exons in einem DNA-Abschnitt zu identifizieren, und es ist oft schwer, genau zu bestimmen, wo ein Gen beginnt und wo es endet.

Eine wichtige Herangehensweise, unser Genom zu entziffern, ist die Suche nach DNA-Sequenzen, die zwischen verschiedenen Spezies ziemlich ähnlich sind – auf der Grundlage, dass DNA-Sequenzen, die eine Funktion erfüllen, mit höherer Wahrscheinlichkeit konserviert werden als diejenigen ohne Funktion. Man nimmt z. B. an, dass Mensch und Maus vor etwa 90×10^6 Jahren von einem gemeinsamen Vorfahren abzweigten, eine Zeitspanne, die lang genug ist, um die Mehrzahl der Nukleotide ihrer Genome durch zufällige Mutationsereignisse zu ändern. Folglich werden sich nur die Bereiche der beiden Genome ähneln, in denen Mutationen die Funktion beeinträchtigt hätten und für das Tier, das sie trägt, nachteilig gewesen wären, sodass sie durch natürliche Auslese eliminiert worden wären. Solche sehr ähnlichen Bereiche sind als *konservierte DNA-Regionen* bekannt. Neben dem Identifizieren von DNA-Sequenzen, die für funktionell wichtige Exons und RNA-Moleküle codieren, enthalten diese konservierten Abschnitte regulatorische DNA-Sequenzen sowie Sequenzen mit noch nicht bekannter Funktion, die aber irgendwie bedeutend zu sein scheinen. Dagegen enthalten die meisten *nicht konservierten Bereiche* solche DNA, deren Sequenz höchstwahrscheinlich keine wichtige Funktion hat.

Das Leistungsvermögen dieser Methode lässt sich steigern, indem man eine größere Anzahl von Tieren vergleicht, deren Genome vollständig sequenziert wurden; dazu zählen Ratte, Huhn, Fisch, Schimpanse und Hund sowie natürlich Maus und

Mensch. Indem auf diese Weise die Ergebnisse eines sehr langen natürlichen „Experiments“, das Hunderte von Millionen Jahre dauerte, enthüllt wurden, haben derartige vergleichende DNA-Sequenzuntersuchungen die interessantesten Regionen unseres Genoms aufgezeigt. Die Vergleiche ergaben, dass etwa 4,5 % des menschlichen Genoms aus Sequenzen bestehen, die in vielen Spezies konserviert sind. Völlig unerwartet codiert nur ein Viertel dieser Sequenzen für Proteine (s. **Tab. 4.1**). Die meisten dieser konservierten Sequenzen bestehen aus DNA, von der man glaubt, dass sie Cluster von Proteinbindungsstellen enthält, die an der Genrugulation beteiligt sind. Andere dagegen erzeugen RNA-Moleküle, die nicht in Proteine translatiert werden, sondern für andere Zwecke wichtig sind.

Vergleicht man die DNA-Sequenzen von Hunderttausenden einzelner Menschen, so zeigen weitere 5 % unseres Genoms in der menschlichen Population eine verringerte Variation, was den Schluss naheliegt, dass diese Sequenzen in diesen 5 % des Genoms ebenfalls wichtig sind. Zusammengenommen legen diese Untersuchungen nahe, dass nur etwa 10 % des menschlichen Genoms Nukleotidsequenzen enthalten, die tatsächlich von Belang sind.

Diese bedeutsame Frage, wie viel der DNA-Sequenz des menschlichen Genoms funktionell relevant ist, sorgte kurz für Verwirrung durch eine Reihe von Veröffentlichungen, die 2012 von einem großen staatlich geförderten US-Genomprojekt namens ENCODE entstanden sind. Diese Veröffentlichungen enthielten die Ergebnisse einer breit angelegten Studie, die mithilfe empfindlicher Tests gemacht wurde, die das Vorkommen von RNA-Molekülen in Zellen in extrem niedriger Konzentration aufspüren können. Daraus ergab sich, , dass 76 % der gesamten DNA-Sequenz in menschlichen Zellen transkribiert wird, um RNA-Moleküle zu erzeugen. Obwohl viele dieser Transkripte in Konzentrationen gefunden wurden, bei denen weniger als ein einzelnes RNA-Molekül auf eine Zelle kommt, verwendeten die ENCODE-Wissenschaftler solche Daten, um zu belegen, dass der größte Teil der menschlichen DNA funktional ist, mit sehr wenig „Abfall“. Diese Behauptung erfuhr breite Aufmerksamkeit, zusammen mit der ebenfalls geäußerten Vermutung, dass unser Genom Zehntausende zuvor unentdeckte Gene enthält, die RNA-Moleküle erzeugen, die nicht für Proteine codieren.

Wie bereits festgestellt, besteht ein starker wissenschaftlicher Konsens darüber, dass der größte Teil des Humangenoms aus DNA besteht, deren Nukleotidsequenz für die biologische Funktion irrelevant ist – und sogenannten Abfall (*junk*) darstellt. Diese Schlussfolgerung beruht auf dem Befund, dass die natürliche Selektion diese Sequenzen angesichts der unausweichlichen zufälligen Änderungen von Genomen, die im Laufe der Zeit stattfinden, nicht bewahrt; dies zeigt sich sowohl beim Vergleich verschiedener Arten als auch an detaillierten Untersuchungen menschlicher Variation. Die Tatsache, dass diese DNA-Sequenzen nichtsdestotrotz gelegentlich ein RNA-Molekül produzieren, kann mit dem „Hintergrundrauschen“ in der Genexpression erklärt werden. Obgleich die Genexpression sehr genau ist, ist sie dennoch nicht perfekt, und es treten gelegentlich biochemische Fehler auf. Solche Fehler sind zu erwarten, und solange sie auf niedrigem Niveau gehalten werden, glaubt man, dass sie wenig oder keine Bedeutung für die Zelle haben.

4.5.2 Änderungen im Genom werden durch Fehler bei den normalen Kopier- und Erhaltungsmechanismen der DNA sowie durch springende DNA-Elemente verursacht

Evolution beruht auf Zufällen und Fehlern, gefolgt von nicht zufälligem Überleben. Die meisten genetischen Änderungen, die auftreten, sind ganz einfach die Ergebnisse von Fehlern im Laufe der normalen Vorgänge, durch die Genome kopiert oder nach Schäden repariert werden, wenn auch die Aktivität springender DNA-Elemente (weiter unten behandelt) eine wichtige Funktion hat. Wie wir in Kapitel 5 erklären werden, sind die Mechanismen zur Wartung der DNA-Sequenzen erstaunlich genau, aber sie sind nicht perfekt. DNA-Sequenzen werden mit so erstaunlicher Genauigkeit vererbt, dass in einer menschlichen Keimbahn typischerweise nur eines von tausend Nukleotidpaaren in einer Million Jahre zufällig geändert wird. Trotzdem wird in einer Population 10 000 diploider Individuen jede mögliche Nukleotidsubstitution im Laufe von einer Million Jahren – einer kurzen Zeitspanne für die Evolution der Arten – etwa 20-mal „ausprobiert" worden sein.

Fehler bei der DNA-Replikation, der DNA-Rekombination oder der DNA-Reparatur können entweder zu einer einfachen lokalen Änderung in der DNA-Sequenz führen, sogenannten *Punktmutationen*, wie z. B. der Substitution eines Basenpaars gegen ein anderes, oder zu weiträumigeren genomischen Umlagerungen wie Deletionen, Duplikationen, Inversionen oder Translokationen von einem Chromosom auf ein anderes. Zusätzlich zu diesen seltenen Fehlern der genetischen Maschinerie enthalten Genome mobile DNA-Elemente, eine wichtige Quelle für genetische Veränderungen (s. **Tab. 5.3**). Diese springenden DNA-Elemente (*Transposons*) sind parasitäre DNA-Sequenzen, die sich in dem Genom, das sie besiedeln, ausbreiten können. Bei diesem Vorgang zerstören sie oft die Funktion oder ändern die Regulation der vorhandenen Gene. Gelegentlich erzeugen sie neue Gene durch Fusion zwischen Transposonsequenzen und Abschnitten der vorhandenen Gene. Diese DNA-Transpositionsereignisse haben insofern über die langen Zeiträume der Evolution tiefgreifend auf Genome eingewirkt, als fast die Hälfte der DNA im menschlichen Genom aus erkennbaren Überbleibseln früherer Transpositionsereignisse besteht (**Abb. 4.63**). Man nimmt an, dass sogar noch mehr Teile unseres Genoms von Transpositionen stammen, die sich vor so langer Zeit ereigneten (> 10^8 Jahre), dass sich aufgrund der Mutationsanhäufungen die Sequenzen nicht mehr auf Transposons zurückverfolgen lassen.

4.5.3 Die Genomsequenzen zweier Spezies unterscheiden sich im Verhältnis zur Dauer ihrer getrennten Entwicklung

Die Unterschiede zwischen den Genomen aller Arten haben sich im Laufe von über 3 Milliarden Jahren angesammelt. Obwohl wir keine direkten Aufzeichnungen der Änderungen während dieser Zeit haben, können Wissenschaftler den Vorgang der Genomevolution durch genauen Vergleich der Genome heutiger Lebewesen rekonstruieren.

Das grundlegende Organisationsnetzwerk für vergleichende Genomik ist der phylogenetische Stammbaum. Ein einfaches Beispiel ist der Stammbaum, der die Abzweigung der Menschen von den Menschenaffen darstellt (**Abb. 4.64**). Die wichtigste Unterstützung für diesen Stammbaum stammt aus Vergleichen von Genomsequenzen. Beispielsweise

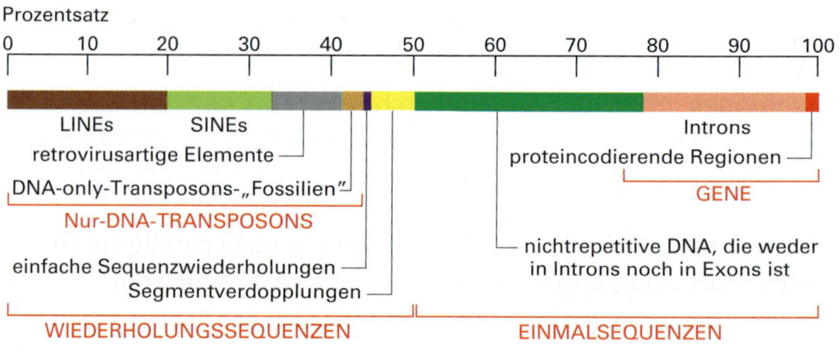

Abb. 4.63 Eine Darstellung des Nukleotidsequenzgehalts des sequenzierten Humangenoms. Die LINEs (*long interspersed nuclear elements*, lange eingeschobene Kernelemente), SINEs (*short interspersed nuclear elements*, kurze eingeschobene Kernelemente), retrovirusartige Elemente und DNA-only-Transposons sind mobile genetische Elemente, die sich in unserem Genom vervielfältigt haben, indem sie sich selbst replizierten und neue Kopien an verschiedenen Stellen einfügten. Diese mobilen genetischen Elemente werden in Kapitel 5 besprochen (s. **Tab. 5.3**). Einfache Sequenzwiederholungen sind kurze Nukleotidsequenzen (weniger als 14 Nukleotidpaare), die über lange Abschnitte immer wieder wiederholt werden. Segmentverdoppelungen sind große DNA-Sequenzblöcke (1000–200 000 Nukleotidpaare), die an zwei oder mehr Stellen im Genom vorkommen. Die am meisten wiederholten DNA-Blöcke im Heterochromatin sind bis jetzt noch nicht vollständig sequenziert worden; deshalb sind etwa 10 % der menschlichen DNA-Sequenzen in diesem Diagramm nicht dargestellt. (Daten mit freundlicher Genehmigung von E. Margulies).

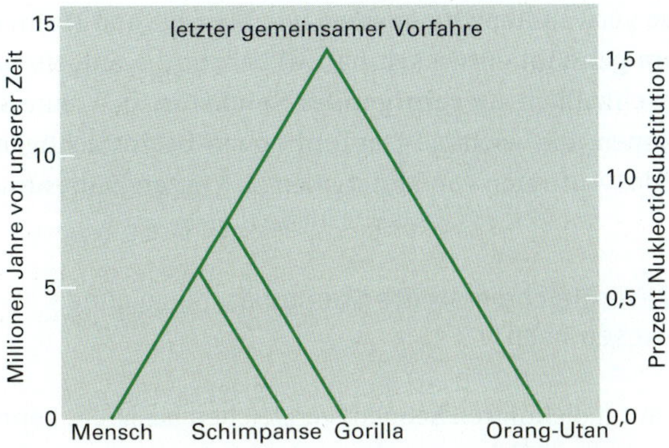

Abb. 4.64 Phylogenetischer Stammbaum, der die Verwandtschaft zwischen dem Menschen und den Menschenaffen anhand von Nukleotidsequenzdaten zeigt. Man schätzt, dass sich die Sequenzen der homologen Abschnitte der Genome der vier Spezies, wie angegeben, um etwas mehr als 1,5 % von ihrem letzten gemeinsamen Vorfahren unterscheiden. Da Basenänderungen unabhängig voneinander in beiden divergierenden Linien auftreten, zeigt ein paarweiser Sequenzvergleich die doppelte Sequenzdivergenz vom letzten gemeinsamen Urahnen. So zeigt beispielsweise ein Sequenzvergleich zwischen Mensch und Orang-Utan normalerweise eine Sequenzdivergenz von etwas über 3 %, während ein Vergleich Mensch-Schimpanse eine Divergenz von ungefähr 1,2 % ergibt. (Verändert nach F. C. Chen and W. H. Li, *Am. J. Hum. Genet.* 68: 444–456, 2001).

zeigen Vergleiche zwischen den Sequenzen von menschlichen Genen oder Proteinen mit denen der Menschenaffen üblicherweise die geringsten Unterschiede zwischen Mensch und Schimpanse und die meisten zwischen Mensch und Orang-Utan.

Für nahe verwandte Lebewesen wie Mensch und Schimpanse lassen sich die Gensequenzen des ausgestorbenen, letzten gemeinsamen Vorfahren der beiden Arten relativ leicht rekonstruieren (Abb. 4.65). Die große Ähnlichkeit zwischen Mensch- und Schimpansengenen beruht hauptsächlich auf der kurzen Zeit, die für die Ansammlung von Mutationen in den beiden Linien zur Verfügung stand, weniger auf den funktionellen Beschränkungen, die die Sequenzen gleich gehalten haben. Darauf weist die Beobachtung hin, dass die Genome von Mensch und Schimpanse nahezu identisch sind, sogar dort, wo es keine Funktionseinschränkung bezüglich der Nukleotidsequenz gibt – wie in der dritten Position „synonymer“ Codons (Codons, die die gleiche Aminosäure spezifizieren, sich aber in ihrem dritten Nukleotid unterscheiden).

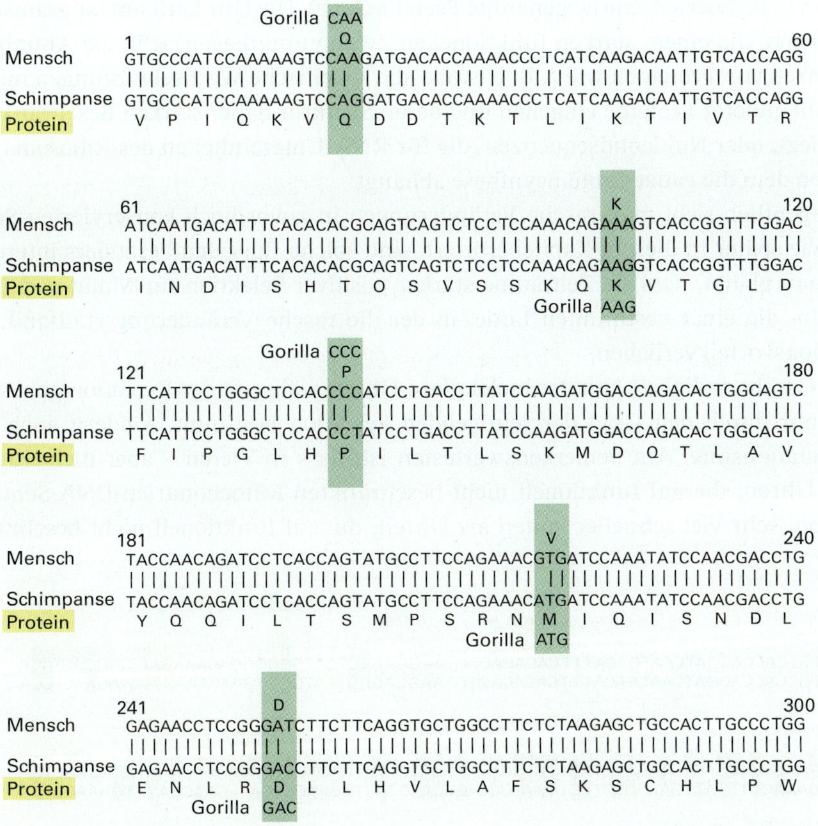

Abb. 4.65 Aufspüren der Vorläufersequenz durch Sequenzvergleich der codierenden Regionen des Leptin-Gens von Mensch und Schimpanse. Von links nach rechts und von oben nach unten gelesen, ist ein fortlaufender 300-Nukleotidabschnitt eines für Leptin codierenden Gens dargestellt. Leptin ist ein Hormon, das die Nahrungsaufnahme und Energienutzung in Abhängigkeit von den Fettreserven reguliert. Wie durch die *grün* hinterlegten Codons angedeutet, unterscheiden sich die zwei Sequenzen nur in 5 (von insgesamt 441) Nukleotiden. Wenn man darüber hinaus die von der Sequenz des Menschen und des Schimpansen codierten Aminosäuren anschaut, unterscheidet sich die codierte Aminosäure in nur einer der fünf Positionen. Für jede der fünf unterschiedlichen Nukleotidpositionen ist auch die korrespondierende Sequenz des Gorillas angegeben. In zwei Fällen stimmt die Sequenz des Gorillas mit der des Menschen überein, während sie in den anderen drei Positionen mit der des Schimpansen übereinstimmt. Wie sah die Sequenz des Leptin-Gens des letzten gemeinsamen Vorfahren aus? Die einfachste Annahme ist die, dass die Evolution dem Weg gefolgt ist, der die geringste Zahl von Mutationen im Einklang mit den Daten benötigt. Daher ist es wahrscheinlich, dass die Leptinsequenz des letzten gemeinsamen Vorfahren identisch war mit den Sequenzen von Mensch und Schimpanse, wenn sie übereinstimmen. Wenn sie nicht übereinstimmen, wird die Sequenz des Gorillas als Entscheidungshilfe hinzugezogen, eine Schlussfolgerung, die unter Einschluss von Sequenzen aus anderen großen Affen getestet werden sollte. Zur Vereinfachung werden nur die ersten 300 Nukleotide der für Leptin codierenden Sequenz gezeigt. Die restlichen 141 sind bei Mensch und Schimpanse identisch.

Bei weniger nahe verwandten Organismen wie Mensch und Huhn (die sich seit etwa 300 Millionen Jahre getrennt entwickelt haben) beruht die aufgefundene Sequenzkonservierung fast ausschließlich auf **reinigender Selektion** (d. h. eine Selektion, die Individuen mit Mutationen, die wichtige Genfunktionen beeinträchtigen, eliminiert) und nicht auf einer für das Auftreten von Mutationen zu kurzen Zeitspanne.

4.5.4 Durch DNA-Vergleiche erstellte Stammbäume zeichnen die Verwandtschaft aller Lebewesen nach

Stammbäume, die auf molekularen Sequenzvergleichen basieren, können mit dokumentierten fossilen Funden verglichen werden; wir bekommen unser bestes Bild von der Evolution, indem wir die zwei Ansätze verbinden. Die dokumentierten fossilen Funde bleiben auch weiterhin unverzichtbar als Quelle einer absoluten Zeitskala, die auf dem Zerfall von Radioisotopen in fossilhaltigen Gesteinsformationen beruht. Weil aber die fossile Aufzeichnung viele Lücken hat, ist es schwierig, den genauen Zeitpunkt der Divergenz zweier Spezies aus der fossilen Datenquelle zu bestimmen, selbst für Arten, die gute Fossilien mit klarer Morphologie liefern.

Stammbäume, deren Zeitmessung gemäß den fossilen Aufzeichnungen kalibriert wurde, legen nahe, dass Veränderungen in den Sequenzen einzelner Gene oder Proteine mit einer nahezu konstanten Geschwindigkeit eintreten, auch wenn Geschwindigkeitsabweichungen von der Norm um bis das Doppelte in einzelnen Abstammungslinien beobachtet werden. Dies verschafft uns eine *molekulare Uhr* für die Evolution – oder vielmehr einen Satz molekularer Uhren, die den unterschiedlichen DNA-Sequenz-Kategorien entsprechen. Wie im Beispiel in **Abbildung 4.66** gezeigt, läuft die Uhr am schnellsten und regelmäßigsten bei solchen Sequenzen, die keiner reinigenden Selektion unterworfen sind. Dazu zählen Anteile von Introns, die keine Spleiß- oder Kontrollsignale beinhalten, die dritte Position von synonymen Codons oder durch Mutation irreversibel inaktivierte Gene (sogenannte Pseudo-Gene). Die Uhr läuft am langsamsten bei Sequenzen, die einem starken funktionellen Zwang unterliegen, z. B. die Aminosäuresequenzen von Proteinen wie z. B. Histone, die spezifische Wechselwirkungen mit einer Vielzahl anderer Proteine eingehen und deren Struktur daher starken Beschränkungen unterliegt, oder Nukleotidsequenzen, die für RNA-Untereinheiten des Ribosoms codieren, von dem die ganze Proteinsynthese abhängt.

Gelegentlich sieht man rasche Veränderungen in zuvor hoch konservierten Sequenzen. Wie später in diesem Kapitel erörtert, sind solche Episoden besonders interessant, weil man glaubt, dass sie Zeiträume starker positiver Selektion für Mutationen widerspiegeln, die einer bestimmten Linie, in der die rasche Veränderung stattfand, einen Selektionsvorteil verliehen.

Die Geschwindigkeit, mit der molekulare Uhren während der Evolution gehen, wird nicht nur durch den Grad der reinigenden Selektion bestimmt, sondern auch durch die Mutationsrate. Am bemerkenswertesten ist, dass in Tieren – aber nicht in Pflanzen – Uhren, die auf funktionell nicht beschränkten Mitochondrien-DNA-Sequenzen basieren, sehr viel schneller laufen als Uhren, die auf funktionell nicht beschränkten

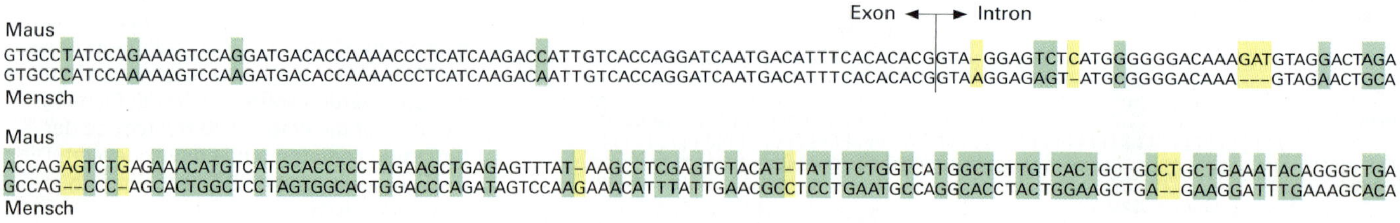

Abb. 4.66 Die sehr unterschiedlichen Evolutionsraten der Exons und Introns, dargestellt als Vergleich eines Teils der Leptin-Gene von Maus und Mensch. Beginnend oben links und endend unten rechts werden die DNA-Sequenzen eines Exons und seiner benachbarten Introns beim Leptin-Gen des Menschen und der Maus verglichen. Positionen, in denen sich die Sequenzen durch eine Nukleotidsubstitution unterscheiden, sind *grün* unterlegt, Positionen, die sich durch Einfügen oder Weglassen von Nukleotiden unterscheiden, sind *gelb* unterlegt. Man beachte: Die codierende Sequenz des Exons ist dank reinigender Selektion viel stärker konserviert als die benachbarte Intronsequenz.

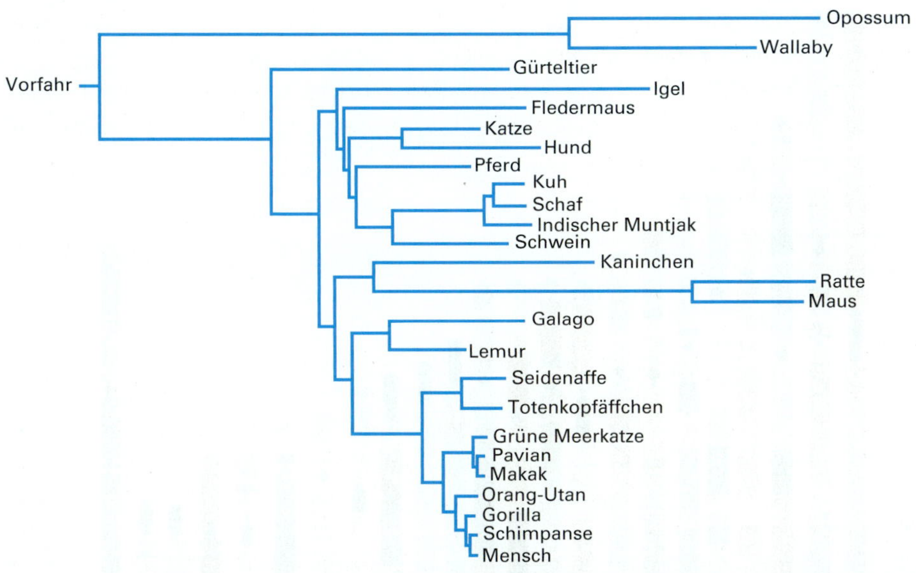

Abb. 4.67 Ein phylogenetischer Baum, der die evolutionären Beziehungen einiger rezenter Säugetiere zeigt. Die Länge jeder Linie ist proportional zur Anzahl der „neutralen Austausche“ – d. h. zu Nukleotidänderungen an Stellen, von denen man annimmt, dass dort keine reinigende Selektion vorkommt. (Nach G. M. Cooper *et al.*, *Genome Res.* 15: 901–913, 2005.)

nuklearen Sequenzen fußen; dies ist auf eine ungewöhnlich hohe Mutationsrate in den tierischen Mitochondrien zurückzuführen.

DNA-Kategorien, für die die Uhr schnell geht, sind für neuere Evolutionsereignisse am informativsten. Die mitochondriale DNA-Uhr wurde z. B. dazu verwendet, die Aufspaltung der Neandertaler-Linie und derjenigen des modernen Menschen *Homo sapiens* aufzuzeichnen. Um ältere Evolutionsereignisse zu untersuchen, muss man DNA untersuchen, für die die Uhr langsamer geht; somit wurde die Aufspaltung der Hauptzweige des Lebensbaumes – Bakterien, Archaeen und Eukaryoten – von Untersuchungen an Sequenzen abgeleitet, die ribosomale RNA spezifizieren.

Im Allgemeinen haben molekulare Uhren, wenn passend ausgewählt, eine höhere Zeitauflösung als fossile Befunde und sind ein verlässlicherer Leitfaden beim Aufbau eines detaillierten phylogenetischen Stammbaums als die klassischen Methoden, die auf familiären Ähnlichkeiten der Anatomie und Embryonalentwicklung beruhen. So war z. B. der Familienbaum der Menschenaffen und des Menschen erst entschieden, als in den 1980er-Jahren genügend molekulare Sequenzdaten zusammengekommen waren, um den schon in **Abb. 4.64** gezeigten Stammbaum aufzustellen. Und mit den riesigen DNA-Sequenzmengen, die heute von einer großen Vielzahl von Säugetieren vorliegen, erhält man sehr viel bessere Abschätzungen unserer Verwandtschaft mit ihnen (**Abb. 4.67**).

4.5.5 Ein Vergleich der Chromosomen von Mensch und Maus zeigt, wie sich die Strukturen des Genoms auseinanderentwickeln

Wie man erwarten würde, zeigen die Genome von Mensch und Schimpanse viel mehr Ähnlichkeit als die von Mensch und Maus. Auch wenn alle drei Genome etwa die gleiche Größe haben und auch etwa nahezu identische Gensätze enthalten, hatten die Maus- und Humanlinien annähernd 90 Millionen Jahre gegenüber 6 Millionen Jahren beim Menschen und Schimpansen, um durch angehäufte Mutationen zu divergieren. Wie in **Abbildung 4.67** aufgezeigt, haben die Nagerlinien (durch Ratte und Maus in **Abb. 4.67** repräsentiert) obendrein ungewöhnlich schnelle molekulare Uhren und sind von der Humanlinie weit rascher divergiert, als man andernfalls erwartet hätte.

Während die Art und Weise, wie das Genom in den Chromosomen organisiert ist, zwischen Menschen und Schimpansen nahezu identisch ist, ist diese Organisation

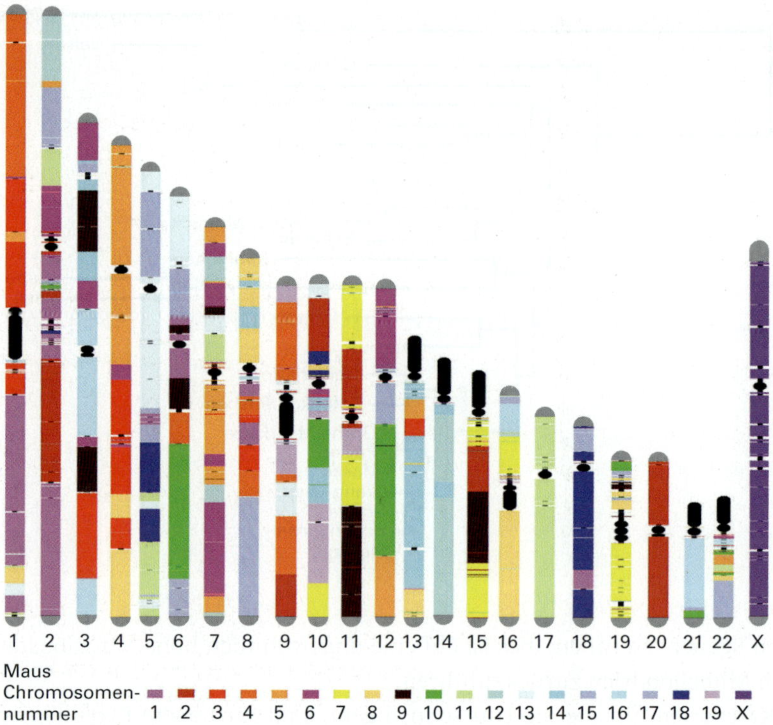

Abb. 4.68 Syntenie zwischen Human- und Mauschromosomen. In diesem Diagramm ist oben der menschliche Chromosomensatz gezeigt, wobei jeder Teil eines jeden Chromosoms in Übereinstimmung mit dem Mauschromosom gefärbt ist, mit dem Syntenie besteht. Die für jedes Mauschromosom verwendete Farbcodierung ist unten gezeigt. Hoch repetitive Heterochromatinbereiche (wie die Centromere), die schwierig zu sequenzieren sind, können auf diese Weise nicht kartiert werden; diese sind *schwarz* gefärbt. (Nach E. E. Eichler und D. Sankoff, *Science* 301: 793–797, 2003. Mit Erlaubnis der AAAS)

zwischen dem Menschen und der Maus erheblich divergiert. Nach groben Schätzungen haben insgesamt etwa 180 Chromosomen-Bruch- und -Wiederverknüpfungsereignisse in der Maus- und der Humanlinie große DNA-Sequenz-Blöcke bewegt, seit diese beiden Spezies einen letzten gemeinsamen Vorfahren hatten. Daher weichen die Chromosomen in ihrem Gesamtaufbau stark voneinander ab, obwohl ihre Zahl mit 23 pro haploidem Genom beim Menschen gegenüber 20 bei der Maus ähnlich ist. Trotz dieses weitläufigen genomischen Mischens kommen aber noch viele große DNA-Blöcke vor, in denen die Gene bei Mensch und Maus in der gleichen Reihenfolge vorliegen. Diese Bereiche konservierter Genabfolge auf Chromosomen werden als *Syntenie*-Blöcke bezeichnet. **Abbildung 4.68** zeigt das Ausmaß dieser Syntenie, indem sie darstellt, wie Segmente der verschiedenen Mauschromosomen auf dem menschlichen Chromosomensatz kartiert sind. Für sehr viel weiter entfernt verwandte Wirbeltiere, wie Huhn und Mensch, war die Anzahl der Bruch- und Wiederverknüpfungsereignisse weit größer und die Syntenie-Bereiche sind viel kürzer; außerdem sind diese Bereiche wegen der Divergenz der DNA-Sequenzen, die sie enthalten, oft schwer zu unterscheiden.

Eine unerwartete Schlussfolgerung aus dem detaillierten Vergleich der vollständigen Maus- und Humangenomsequenzen, die sich durch nachfolgende Vergleiche zwischen Genomen anderer Wirbeltiere bestätigte, ist, dass kleine DNA-Sequenzblöcke mit überraschend hoher Geschwindigkeit aus Genomen entfernt und an sie angefügt werden. Wenn wir also annehmen, dass unser gemeinsamer Vorfahr ein Genom der menschlichen Größe hatte (etwa 3,1 Milliarden Nukleotidpaare), dann hätten Mäuse etwa 45 % dieses Genoms durch angehäufte Deletionen während der vergangenen 90 Millionen Jahre verloren; der Mensch hätte hingegen etwa 25 % verloren. Diese Deletionen wurden jedoch durch nennenswerte Sequenzzugewinne als Folge von vielen kleinen Chromosomenduplikationen und durch Vermehrung der Transposons kompensiert. Die Folge dieser Reihe von Gewinnen und Verlusten ist, dass man glaubt, dass unsere Genomgröße, bezogen auf den letzten gemeinsamen Vorfahren des Menschen und der Maus, praktisch unverändert ist; das Mausgenom ist hingegen nur etwa 0,4 Milliarden Nukleotide kleiner.

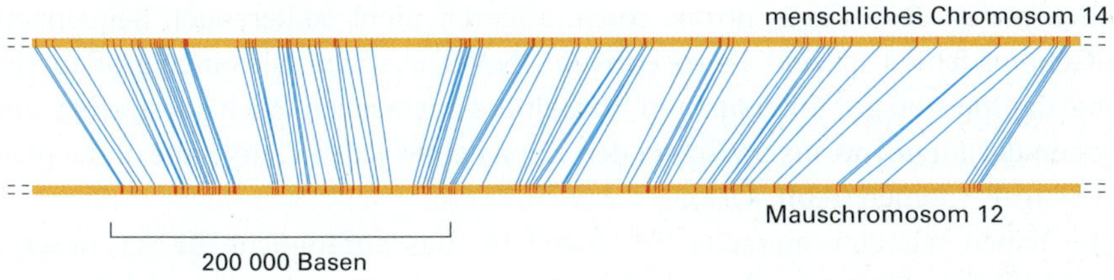

Abb. 4.69 Vergleich eines Syntenie-Anteils des Maus- und Humangenoms. Etwa 90 % der beiden Genome können auf diese Weise zur Deckung gebracht werden. Man beachte: Während es eine identische Anordnung der übereinstimmenden Indexsequenzen (*rote Markierungen*) gibt, hat ein Netto-DNA-Verlust in der Mauslinie stattgefunden, der über alle Regionen verteilt ist. Diese Art Nettoverlust ist typisch für alle derartigen Regionen, und führt dazu, dass das Mausgenom 14 % weniger DNA enthält als das Humangenom. (Verändert nach dem Maussequenzierungskonsortium, *Nature* 420: 520–562, 2002 veröffentlicht durch die Nature Publishing Group. Reproduziert mit Erlaubnis von SNCSC).

Gute Belege für den Verlust von DNA-Sequenzen in kleinen Blöcken während der Evolution kann man aus detaillierten Vergleichen der Syntenie-Regionen im Human- und Mausgenom erhalten. Das relative Schrumpfen des Mausgenoms lässt sich aus solchen Vergleichen klar erkennen – mit dem Nettoverlust von Sequenzen, die über lange DNA-Strecken verstreut sind, die ansonsten homolog sind (**Abb. 4.69**).

DNA wird Genomen durch zwei Vorgänge hinzugefügt: Durch die spontane Duplikation von Chromosomenabschnitten, die typischerweise Zehntausende Nukleotidpaare lang sind (was in Kürze erörtert wird), und durch Einfügen neuer Kopien aktiver springender Gene (die meisten Transposonumlagerungen führen zur Verdoppelung, da die ursprüngliche Kopie des Transposons dort bleibt, wo sie war, wenn eine Kopie sich an einer neuen Stelle einfügt; als Beispiel siehe **Abb. 5.59**). Der Vergleich der aus Transposons abgeleiteten DNA-Sequenzen im Menschen und in der Maus lässt sofort einige der Sequenzergänzungen erkennen (**Abb. 4.70**). Im Gegensatz dazu sind die Sequenzen und Positionen der Transposons im Menschen und Schimpansen sehr ähnlich, was darauf hinweist, dass deren Bewegung stattfand, bevor die beiden Spezies divergierten.

Es bleibt ein Geheimnis, warum alle Säugetiere Genomgrößen von rund 3 Milliarden Nukleotidpaaren aufrechterhalten haben, die nahezu identische Gensätze enthalten, auch wenn nur ungefähr 90 % dieser DNA nicht unter sequenzspezifischen Funktionsbeschränkungen zu sein scheinen.

4.5.6 Die Größe eines Wirbeltiergenoms spiegelt die relative Geschwindigkeit der DNA-Ergänzung und des DNA-Verlusts in einer Abstammungslinie wider

In weiter entfernt verwandten Wirbeltieren kann die Genomgröße beträchtlich schwanken. Somit hat das Hühnergenom mit 1 Milliarde Nukleotidpaaren nur etwa ein Drittel der Größe des Säugergenoms, auch wenn es nahezu die gleiche Anzahl an Genen enthält. Ein besonders bemerkenswertes Beispiel ist der Kugelfisch *Fugu rubripes* (**Abb. 4.71a**), dessen Genom für ein Wirbeltier winzig ist (0,4 Milliarden Nukleotidpaare im Vergleich zu 1 Milliarde oder mehr bei vielen anderen Fischen). Die geringe Größe des *Fugu*-Genoms ist größtenteils auf die geringe Größe seiner Introns und Zwischengenbereiche

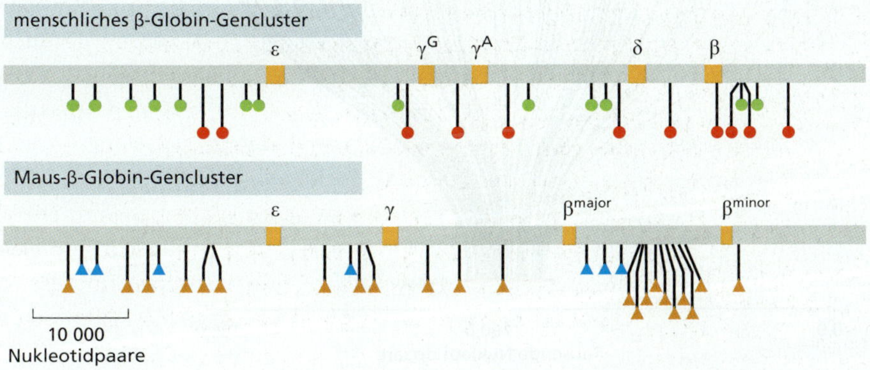

Abb. 4.70 Ein Vergleich der β-Globin-Gencluster in den Genomen von Mensch und Maus zeigt die Insertionsstellen springender Elemente. Dieser Abschnitt des Genoms des Menschen trägt fünf funktionsfähige β-Globin-artige Gene (*orange*); die vergleichbare Region des Genoms der Maus enthält nur vier. Die Lage der Alu-Sequenz des Menschen wird durch *grüne Kreise* und die der menschlichen L1-Sequenzen durch *rote Kreise* angegeben.
Das Genom der Maus trägt andere, aber verwandte springende Elemente: Die Lage der B1-Elemente (die verwandt sind mit der Alu-Sequenz des Menschen) ist durch *blaue Dreiecke* angezeigt, und die Lage der L1-Elemente der Maus (die mit den L1-Elementen des Menschen verwandt sind) ist durch *orange Dreiecke* angezeigt. Das Fehlen von springenden Elementen in Globinstruktur-Genen kann auf reinigende Selektion zurückgeführt werden, die alle Einfügungen, die die Funktion des Gens beeinträchtigten, vernichtet haben würde. (Mit freundlicher Genehmigung von Ross Hardison und Webb Miller).

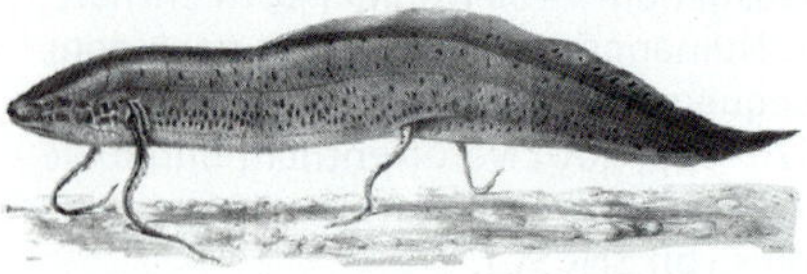

Abb. 4.71 Zwei Fische mit ganz unterschiedlichen Genomgrößen. Der Kugelfisch, *Fugu rubripes* (a), besitzt eine Genomgröße, die 300-mal kleiner ist als diejenige des Westafrikanischen Lungenfisches, *Protopterus annectens* (b). (a, mit freundlicher Genehmigung von Byrappa Venkatesh; b, History and Art Collection/Alamy Stock Photo).

zurückzuführen. Den *Fugu*-Introns sowie anderen nicht codierenden Sequenzen des *Fugu*-Genoms fehlen speziell die repetitiven DNA-Sequenzen, die einen großen Teil der Genome der meisten gut untersuchten Wirbeltiere ausmachen. Nichtsdestotrotz sind die Positionen der *Fugu*-Introns zwischen den Exons eines jeden Gens nahezu die gleichen wie in Säugergenomen (**Abb. 4.72**).

Heute haben wir eine einfache Erklärung für das anfängliche Rätsel dieser stark unterschiedlichen Genomgrößen in ähnlichen Lebewesen: Da alle Wirbeltiere einen ständigen Prozess von DNA-Verlust und DNA-Ergänzungen erfahren, hängt die Größe eines Genoms nur vom Gleichgewicht zwischen diesen entgegengesetzten Vorgängen ab, die über Millionen Jahre wirken. Beispielsweise angenommen, in der Linie, die zum *Fugu* führt, verlangsamte sich die Geschwindigkeit der DNA-Ergänzung außerordentlich. Über lange Zeiträume führte dies zu einer bedeutenden „Säuberung" dieses Fischgenoms von DNA-Sequenzen, deren Verlust tolerierbar war. Das Ergebnis ist ein ungewöhnlich kompaktes Genom, relativ frei von Schrott (*junk*) und Müll, das aber durch reinigende Selektion die Wirbeltier-DNA-Sequenzen bewahrt hat, die funktionell wichtig sind. Dies macht *Fugu* mit seinen 400 Millionen Nukleotidpaaren zu einer wertvollen Quelle für die Genomforschung, die zum Ziel hat, den Menschen zu verstehen. Am anderen Ende der Skala besitzen manche Fische – wie z. B. die primitiv aussehenden Lungenfische – enorme Genome, die mehr als 300-mal größer sind als jenes von *Fugu* und 30-mal größer als das des Menschen (**Abb. 4.71b**). Der größte Teil der Extra-DNA besteht aus Transposons und anderen wiederholten DNA-Sequenzen, was nahelegt, dass die Anfügungen ans Genom den Verlust in dieser Linie bei Weitem überstiegen.

4.5.7 Sequenzvergleiche vieler Spezies identifizieren viele konservierte DNA-Sequenzen unbekannter Funktion

Die jetzt in Datenbanken frei zugängliche Menge an DNA-Sequenzen (Hunderte Milliarden Nukleotidpaare) stellt eine reiche Datenquelle dar, die Wissenschaftler für viele Zwecke durchstöbern können. Diese Information kann nicht nur dazu dienen, die Evolutionswege zu entwirren, die zu den rezenten Lebewesen geführt haben, sondern auch viele Einblicke in die Funktionsweise von Zellen und Lebewesen verschaffen. Die vielleicht bemerkenswerteste Entdeckung in diesem Bereich war die Beobachtung, dass eine auffällige Menge DNA-Sequenz, die nicht für Proteine codiert, während der Säugetierevolution konserviert wurde (s. **Tab. 4.1**). Dies wird am deutlichsten sichtbar, wenn wir DNA-Syntenie-Blöcke vieler verschiedener Spezies in eine Reihe bringen und vergleichen

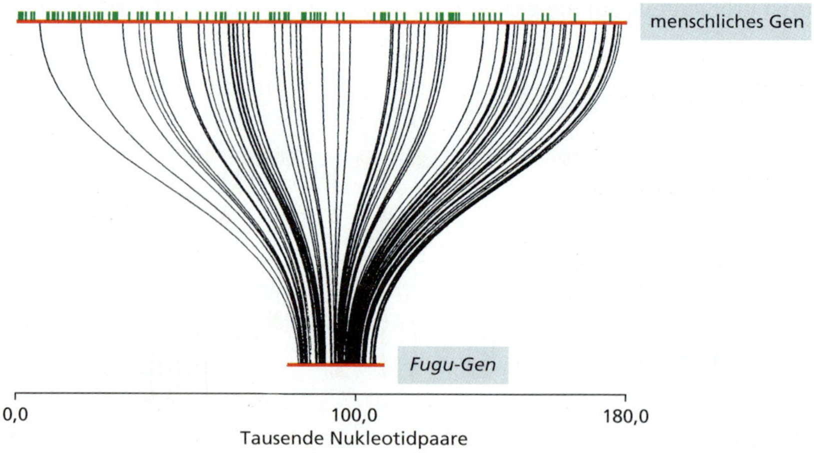

Abb. 4.72 Vergleich der genomischen Sequenzen des für das Protein Huntingtin codierenden Gens von Mensch und *Fugu*. Beide Gene (in *rot* gezeichnet) enthalten 67 kurze Exons, die, wie durch die sie verbindenden Linien angedeutet, genau miteinander korrespondierten. Das Gen des Menschen ist 7,5-mal so lang wie das Gen des *Fugu* (180 000 gegen 24 000 Nukleotidpaare). Der Größenunterschied beruht in Gänze auf längeren Introns im Gen des Menschen. Die größere Intronlänge beim Menschen ist teilweise auf die Gegenwart von Retrotransposons zurückzuführen, deren Positionen durch *grüne vertikale Linien* markiert sind; die *Fugu*-Introns enthalten überhaupt keine Retrotransposons. Mutationen im Huntingtin-Gen des Menschen verursachen Chorea Huntington, eine neurodegenerative Erbkrankheit. (Verändert nach S. Baxendale *et al.*, *Nat. Genet.* 10: 67–76, 1995, mit freundlicher Genehmigung von Springer Nature).

und dabei eine große Anzahl sogenannter *konservierter Multispeziessequenzen* identifizieren; einige davon codieren für Proteine, die meisten jedoch nicht.

Von vielen der konservierten Sequenzen, die nicht für Proteine codieren, weiß man nun, dass sie nicht translatierte RNA-Moleküle bilden, wie die Tausende *langer nicht codierender RNAs (lncRNAs)*, von denen man annimmt, dass sie eine wichtige Rolle bei der Regulation der Gen-Transkription spielen. Wie wir in Kapitel 7 sehen werden, handelt es sich bei vielen anderen um DNA-Regionen, die über das gesamte Genom verstreut sind; sie binden direkt Proteine, die an der Genregulation beteiligt sind. Aber die Funktion eines großen Teils der konservierten, nicht codierenden DNA bleibt ein Rätsel. Dieses Rätsel betont, wie viel mehr wir noch über die grundlegenden biologischen Mechanismen erfahren müssen, die in Tieren und anderen komplexen Lebewesen wirken; die Auflösung hat sicher weitreichende Folgen für die Medizin.

Wie können Zellbiologen das Rätsel der nicht codierenden konservierten DNA angehen? Traditionell beginnen Versuche, die Funktion einer unbekannten DNA-Sequenz zu bestimmen, damit, dass man nach den Folgen schaut, die deren experimentelle Zerstörung mit sich bringt. Aber von vielen DNA-Sequenzen, die für ein Lebewesen in freier Natur entscheidend sind, kann man erwarten, dass sie keine nennenswerte Auswirkung auf dessen Phänotyp unter Laborbedingungen haben: Was eine Maus zum Überleben in einem Laborkäfig braucht, ist weit weniger als das, was sie in freier Wildbahn benötigt. Zudem verraten populationsgenetische Berechnungen, dass nur ein winziger Selektionsvorteil – weniger als 0,1 % Überlebensunterschied – ausreichen kann, um den Erhalt einer bestimmten DNA-Sequenz über eine Evolutionszeitspanne stark zu begünstigen. Es sollte deshalb nicht überraschen, dass viele konservierte DNA-Sequenzen vom Mausgenom entfernt werden können, ohne dass dies einen nennenswerten Effekt auf diese Maus im Laboratorium hätte.

4.5.8 Veränderungen in zuvor konservierten Sequenzen können mithelfen, die entscheidenden Schritte in der Evolution zu entziffern

Angesichts der Genomsequenzinformation können wir eine andere interessante Frage angehen: Welche Veränderungen in unserer DNA haben bewirkt, dass sich der Mensch so stark von anderen Tieren unterscheidet – oder was macht den Unterschied zwischen irgendeiner einzelnen Spezies und ihren Verwandten aus? Sobald beispielsweise die Human- und die Schimpansen-Genomsequenzen verfügbar waren, fingen Wissenschaftler an, nach DNA-Sequenzveränderungen zu suchen, die für die auffälligen Unterschiede zwischen uns und den Schimpansen verantwortlich sein könnten. 3,1 Milliarden Nukleotidpaare in zwei Spezies zu vergleichen, mag als unmögliche Aufgabe erscheinen. Aber die Arbeit wurde viel einfacher, indem man die Suche auf 35 000 klar definierte konservierte Multispezies-Sequenzen beschränkte (insgesamt etwa 5 Millionen Nukleotidpaare), die Teile des Genoms darstellen, die höchstwahrscheinlich eine wichtige Funktion erfüllen. Obwohl diese Sequenzen stark konserviert sind, sind sie nicht perfekt konserviert. Vergleicht man die Version in einer Spezies mit derjenigen in einer anderen Spezies, so findet man im Allgemeinen, dass sie sich in kleinem Umfang auseinanderentwickelt haben, was einfach der Zeit entspricht, die seit dem letzten gemeinsamen Vorfahr verstrichen ist. Bei einem kleinen Teil der Fälle sieht man jedoch Zeichen einer plötzlichen Beschleunigung der Evolution. Beispielsweise haben DNA-Sequenzen, die in anderen Säugerarten stark konserviert wurden, während der sechs Millionen Jahre der menschlichen Evolution, seit wir uns vom Schimpansen wegentwickelt haben, außerordentlich schnell Nukleotidaustausche angehäuft. Man glaubt, dass diese *beschleunigt veränderten Regionen des Menschen* (HARs, engl. *human accelerated regions*) Funktionen widerspiegeln, die besonders wichtig dafür waren, uns auf irgendeine nützliche Weise zu verändern.

Etwa 50 solcher Stellen wurden in einer Untersuchung identifiziert, von denen ein Viertel in der Nähe von Genen lokalisiert ist, die mit der neuronalen Entwicklung zu tun haben. Die Sequenz, die die rascheste Änderung aufwies (18 Änderungen zwischen Mensch und Schimpanse im Vergleich zu nur zwei Änderungen zwischen Schimpanse und Huhn) wurde weiter untersucht, und man stellte fest, dass sie für ein nicht codierendes RNA-Molekül, HAR1F (*human accelerated region* 1F) mit 118 Nukleotiden codiert, das während einer entscheidenden Phase in der Gehirnentwicklung in der menschlichen Hirnrinde gebildet wird. Die Funktion dieser HAR1F-RNA ist bis jetzt nicht bekannt, aber Funde dieser Art regen weitere Untersuchungen an, die hoffentlich Licht auf entscheidende Eigenschaften des menschlichen Gehirns werfen werden.

Eine verwandte Herangehensweise bei der Suche nach wichtigen Mutationen, die zur menschlichen Evolution beigetragen haben, beginnt ebenfalls mit DNA-Sequenzen, die während der Säugerevolution konserviert wurden; aber anstatt nach beschleunigten Veränderungen einzelner Nukleotide zu suchen, konzentriert sie sich stattdessen auf Chromosomenstellen, die in den 6 Millionen Jahren, seit sich unsere Linie und diejenige der Schimpansen aufgetrennt hat, Deletionen erfahren haben. Es wurden über 500 solche Sequenzen, die in anderen Spezies konserviert wurden, aber beim Menschen verloren gingen, entdeckt. Jede Deletion beseitigt im Durchschnitt 95 Nukleotide DNA-Sequenz. Nur eine dieser Deletionen beeinträchtigt eine proteincodierende Region: Vom Rest nimmt man an, dass er Regionen verändert, die darauf Einfluss nehmen, wie benachbarte Gene exprimiert werden – eine Erwartung, die in manchen Fällen experimentell bestätigt wurde. Ein großer Anteil der vermeintlichen, auf diese Weise identifizierten Regulatorregionen liegt in der Nähe von Genen, die die Neuralfunktion beeinflussen, und/oder in der Nähe von Genen, die an der Steroid-Signalgebung beteiligt sind; dies legt nahe, dass Änderungen im Nervensystem und in Immun- oder Fortpflanzungsfunktionen in der menschlichen Evolution eine besonders wichtige Rolle gespielt haben.

4.5.9 Mutationen in den DNA-Sequenzen, die die Genexpression kontrollieren, haben viele evolutive Veränderungen in Wirbeltieren angetrieben

Die riesige Ansammlung von Genomsequenzdaten, die nun angehäuft ist, kann auf viele andere Weisen erforscht werden, um Ereignisse zu enthüllen, die sich sogar vor Hunderten von Millionen Jahren abspielten. Man kann beispielsweise versuchen, die Ursprünge der Regulatorelemente in der DNA zu verfolgen, die in der Wirbeltierevolution eine entscheidende Rolle spielten. Eine derartige Untersuchung begann mit der Identifizierung von beinahe 3 Millionen nicht codierender Sequenzen mit einer durchschnittlichen Länge von 28 Basenpaaren, die in der jüngsten Wirbeltierevolution konserviert wurden, während sie in älteren Vorfahren fehlen. Jede dieser speziellen nicht codierenden Sequenzen repräsentiert wahrscheinlich eine funktionelle Innovation, die typisch für einen Ast des Wirbeltierstammbaums ist; von den meisten nimmt man an, dass sie aus Regulator-DNA bestehen, die die Expression eines Nachbargens steuert. Vorausgesetzt, dass vollständige Genomsequenzen vorliegen, kann man die Gene identifizieren, die am nächsten liegen und somit wohl am wahrscheinlichsten unter den Einfluss dieser neuen Regulatorelemente gefallen sind. Indem man viele verschiedene Spezies mit bekannten Divergenzzeiten vergleicht, kann man auch abschätzen, wann jedes dieser Regulatorelemente zu einem konservierten Merkmal wurde.

Diese Erkenntnisse legen bemerkenswerte Evolutionsunterschiede zwischen den verschiedenen Gen-Funktionsklassen nahe (**Abb. 4.73**). Konservierte Regulatorelemente, die aus der frühen Wirbeltierevolution stammen – d. h. von vor über 300 Millionen

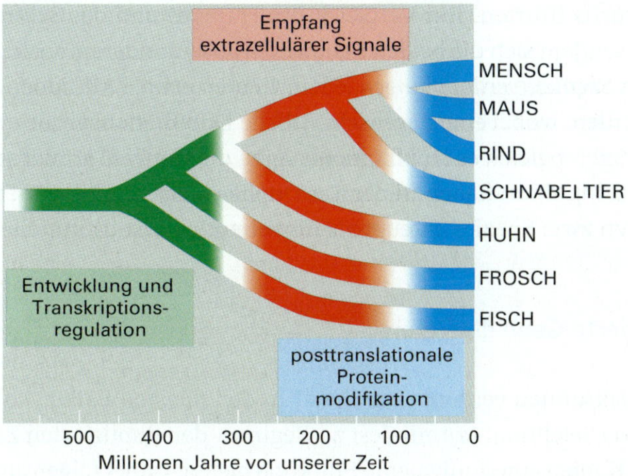

Abb. 4.73 Die Arten der Veränderung der Genregulation, von denen man vermutet, dass sie während der Evolution unserer Wirbeltiervorfahren vorherrschten. Um die in dieser Zeichnung zusammengefasste Information zu erzeugen, wurde wo immer möglich die Art von Gen, die von jeder konservierten nicht codierenden Sequenz reguliert wird, von der Identität des nächstgelegenen proteincodierenden Gens abgeleitet. Der Zeitpunkt, zu dem eine konservierte Sequenz in der Wirbeltierlinie fixiert wurde, wurde dann dazu verwendet, um die gezeigten Schlussfolgerungen zu ziehen. (Verändert nach C. B. Lowe *et al.*, Science 333: 1019–1024, 2011).

Jahren, also zu der Zeit, als sich die Säugerlinie von der Linie abtrennte, die zu Vögeln und Reptilien führte – scheinen zumeist mit Genen vergesellschaftet zu sein, die für Transkriptionsregulatorproteine codieren, sowie für Proteine, die eine Funktion bei der Organisation der Embryonalentwicklung haben. Dann kam ein Zeitabschnitt, in dem die regulatorischen DNA-Innovationen entstanden, die am nächsten zu Genen waren, die für Rezeptoren extrazellulärer Signale codieren. Schließlich scheinen sich im Verlauf der letzten 100 Millionen Jahre die Regulationsinnovationen in der Nachbarschaft von Genen konzentriert zu haben, die für Proteine (wie die Proteinkinasen) codieren, die andere Proteine nach der Translation modifizieren.

Viele Fragen über diese Phänomene und darüber, was sie bedeuten, sind noch nicht beantwortet. Eine mögliche Interpretation ist, dass die Logik – der Schaltplan – des Genregulationsnetzwerks in Wirbeltieren früh errichtet wurde und dass die jüngere evolutive Veränderung hauptsächlich durch die Feinabstimmung quantitativer Parameter stattgefunden hat. Dies könnte erklären helfen, warum unter den Säugetieren beispielsweise der grundlegende Körperplan – die Topologie der Gewebe und Organe – größtenteils konserviert wurde.

4.5.10 Die Duplikation eines Gens liefert auch eine wichtige Quelle für genetische Neuerungen während der Evolution

Die Evolution hängt von der Schaffung neuer Gene sowie der Modifikation bereits vorhandener Gene ab. Wie spielt sich dies ab? Wenn wir Organismen vergleichen, die sehr unterschiedlich zu sein scheinen – beispielsweise einen Primaten mit einem Nager oder eine Maus mit einem Fisch – stoßen wir selten auf Gene in der einen Art, die keine Homologe in der anderen Art haben. Gene ohne homologe Entsprechungen sind relativ rar, sogar dann, wenn wir solch divergierende Organismen wie einen Säuger und einen Wurm vergleichen. Andererseits finden wir häufig Genfamilien, die eine unterschiedliche Anzahl von Vertretern in verschiedenen Spezies haben. Um solche Familien zu erzeugen, wurden Gene wiederholt verdoppelt, und die Kopien sind dann divergiert, um neue Funktionen zu übernehmen, die sich oft von Spezies zu Spezies unterscheiden.

Genduplikation scheint mit hoher Frequenz bei allen Evolutionslinien vorzukommen, und sie scheint zum vorher behandelten dynamischen Vorgang der DNA-Ergänzung beizutragen. In einer detaillierten Untersuchung spontaner Duplikationen in der Hefe beobachtete man häufig Duplikationen mit 50 000 bis 250 000 Nukleotidpaaren, wovon die meisten Tandem-Wiederholungen waren. Diese scheinen sich aus DNA-Replikationsfehlern zu ergeben, die zu der ungenauen Reparatur eines chromosomalen

Doppelstrangbruchs führten. Ein Vergleich des Human- und des Schimpansengenoms offenbart, dass, seitdem sich die beiden Lebewesen auseinanderentwickelten, alle Millionen Jahre durch *Segmentverdopplungen* jedem Genom etwa 5 Millionen Nukleotidpaare hinzugefügt wurden, wobei eine durchschnittliche Duplikationsgröße etwa 50 000 Nukleotidpaare beträgt (obgleich es Duplikationen gibt, die fünfmal größer sind). Wenn man die Nukleotide zählt, dann haben in der Tat Duplikationsereignisse mehr Unterschiede zwischen unseren zwei Spezies erzeugt als Einzelnukleotidsubstitutionen.

4.5.11 Duplizierte Gene divergieren

Was ist das Schicksal neu verdoppelter Gene? In den meisten Fällen, so wird angenommen, gibt es keine Selektion – zumindest zu Beginn – den duplizierten Zustand beizubehalten, da beide Kopien eine äquivalente Funktion bieten. Daher folgen auf Duplikationen oft in dem einen oder dem anderen Gen Mutationen, die zum Verlust der Funktion führen. Dieser Zyklus würde funktionell den Ein-Gen-Zustand wiederherstellen, der vor der Duplikation herrschte. Tatsächlich gibt es viele Beispiele in heutigen Genomen, in denen offensichtlich eine Kopie eines duplizierten Gens durch mehrere Mutationen irreversibel inaktiviert wurde. Es ist zu erwarten, dass im Laufe der Zeit die Sequenzähnlichkeit zwischen einem solchen **Pseudo-Gen** und dem funktionsfähigen Gen, aus dessen Verdoppelung es hervorging, durch die Anhäufung vieler Mutationen im Pseudo-Gen verringert wird – und der homologe Bezug ist schließlich nicht mehr nachweisbar.

Ein anderer möglicher Verlauf der Genduplikation ist, dass beide Kopien funktionell bleiben, während sie in ihrer Sequenz und ihrem Expressionsmuster divergieren und unterschiedliche Funktionen annehmen. Dieser Vorgang der „Duplikation und Divergenz“ erklärt sicherlich das Vorhandensein großer Genfamilien mit ähnlichen Funktionen bei biologisch komplexen Lebewesen und ist vermutlich ein wichtiger Faktor in der Evolution höherer biologischer Komplexität. Eine Untersuchung vieler verschiedener Eukaryotengenome legt nahe, dass die Wahrscheinlichkeit, dass ein bestimmtes Gen eine Duplikation erfährt, die sich in den meisten oder allen Individuen einer Spezies ausbreitet, pro 1 Million Jahre bei etwa 1 % liegt.

Duplikationen des gesamten Genoms bieten besonders eindringliche Beispiele des Duplikations/Divergenz-Zyklus. Eine Verdoppelung des gesamten Genoms kann recht einfach eintreten: Es ist nur eine Runde der Genomreplikation in einer Keimbahn-Zelllinie ohne nachfolgende Zellteilung nötig. Anfangs verdoppelt sich einfach die Chromosomenzahl. Solche plötzlichen Anstiege im Ploidiegrad eines Organismus sind recht alltäglich, besonders bei Pilzen und Pflanzen. Nach einer Duplikation des gesamten Genoms liegen alle Gene als verdoppelte Kopien vor. Außer wenn das Verdoppelungsereignis erst so kurz zurückliegt, dass nur wenig Zeit für nachfolgende Änderungen im Aufbau des Genoms war, kann das Resultat einer Duplikation des gesamten Genoms jedoch schwer von einer Reihe abschnittsweiser Duplikationen – die zu verschiedenen Zeiten eintraten – unterschieden werden. So ist beispielsweise bei Säugetieren sehr unsicher, ob Duplikationen des ganzen Genoms auftraten oder stückweise Duplikationen von DNA-Abschnitten. Nichtsdestoweniger ist es aber deutlich, dass ein großer Teil der Genduplikationen in weiter Vergangenheit stattfand.

Die Analyse des Zebrafisch-Genoms, in dem vermutlich zumindest eine Duplikation des ganzen Genoms vor Hunderten Millionen Jahren eintrat, hat etwas Licht in den Vorgang der Genduplikation und Divergenz gebracht. Während viele Verdoppelungen der Zebrafisch-Gene anscheinend durch Mutation verloren gingen, hat sich ein ansehnlicher Teil – vielleicht nicht weniger als 30 bis 50 % – in dem beide Kopien aktiv blieben, funktionell auseinanderentwickelt. In vielen Fällen ist der auffälligste Unterschied zwischen den duplizierten Genen, dass sie in unterschiedlichen Geweben oder in unterschiedlichen Entwicklungsstadien exprimiert werden. Eine bestechende Theorie, um ein solches Endergebnis zu erklären, legt nahe, dass unterschiedliche, leicht störende Mutationen in beiden Kopien eines duplizierten Gens schnell auftreten. So könnte beispielsweise die eine Kopie ihre Expression in einem bestimmten Gewebe aufgrund einer Kontrollmutation verlieren, während die andere Kopie ihre Expression in einem zweiten Gewebe verliert. Daraufhin wären beide Genkopien nötig, um den vollen Umfang der Funktionen abzudecken, die vorher durch ein einzelnes Gen gegeben waren; und so wären nun beide Kopien gegen einen Verlust durch inaktivierende Mutationen geschützt. Über eine längere Zeitperiode könnte dann jede Kopie weitere Änderungen erfahren, durch die sie neue spezialisierte Eigenschaften erwirbt.

4.5.12 Die Evolution der Globin-Genfamilie zeigt den Beitrag von DNA-Duplikationen zur Evolution der Organismen

Die Globin-Genfamilie stellt ein gutes Beispiel dar, wie DNA-Duplikation neue Proteine erzeugt, denn ihre evolutionäre Vergangenheit ist besonders gut erforscht worden. Die eindeutigen Übereinstimmungen in der Aminosäuresequenz und in der Struktur der heutigen Globin-Gene zeigen uns, dass sie alle von einem gemeinsamen ursprünglichen Gen abstammen müssen, obgleich einige von ihnen an weit auseinanderliegenden Stellen im Säugergenom zu finden sind.

Einige der in der Vergangenheit liegenden Ereignisse, durch die die verschiedenen Arten Sauerstoff tragender Hämoglobinmoleküle entstanden sind, können wir rekonstruieren, indem wir die verschiedenen Formen des Proteins in Organismen untersuchen, die auf ganz unterschiedlichen Stufen des Stammbaums stehen. Ein Molekül wie das Hämoglobin wurde notwendig, um vielzelligen Tieren zu ermöglichen, über eine bestimmte Größe hinauszuwachsen, da große Tiere sich nicht einfach auf die Diffusion von Sauerstoff durch die Körperoberfläche verlassen konnten, um ihr Gewebe ausreichend mit Sauerstoff zu versorgen. Aber Sauerstoff spielt eine grundlegende Rolle im Leben fast aller Lebewesen, und sauerstoffbindende Proteine, die homolog zum Hämoglobin sind, lassen sich sogar in Pflanzen, Pilzen und Bakterien finden. In Tieren ist das einfachste sauerstofftragende Molekül eine Globinpolypeptidkette von ungefähr 150 Aminosäuren, die bei vielen marinen Würmern, Insekten und einfachen Fischen zu finden ist. Das Hämoglobinmolekül höherer Vertebraten ist jedoch aus zwei Arten von Globinketten zusammengesetzt. Es scheint, dass vor etwa 500 Millionen Jahren, gerade bevor Fische und Säuger sich von ihrem gemeinsamen Vorfahren auseinanderentwickelten, eine Serie von Genmutationen und -verdoppelungen aufgetreten ist. Diese Ereignisse erzeugten zunächst zwei, nur wenig unterschiedliche Globin-Gene im Genom jedes Individuums, die für die α- und β-Globinketten codierten. Diese verbinden sich und bilden ein Hämoglobinmolekül, das aus zwei α-Ketten und zwei β-Ketten besteht (**Abb. 4.74**). Die vier Sauerstoffbindungsstellen treten im $\alpha_2\beta_2$-Molekül miteinander in Wechselwirkung und bewirken eine allosterische Veränderung im Molekül, während es Sauerstoff bindet und freisetzt, wodurch Hämoglobin Sauerstoff wirkungsvoller aufnehmen und abgeben kann als die Ein-Ketten-Version.

Noch später im Verlauf der Evolution der Säuger unterlag das Gen für die β-Kette offensichtlich Mutation und Duplikation, wodurch eine zweite β-ähnliche Kette entstand, die spezifisch im Fötus synthetisiert wird. Das damit gebildete Hämoglobin hatte eine höhere Affinität zum Sauerstoff als das adulte Hämoglobin und hilft dadurch, den Transfer des Sauerstoffs von der Mutter zum Fötus zu erleichtern. Das Gen für die neue β-ähnliche Kette wurde wiederum dupliziert und mutierte dann wieder, sodass zwei neue Gene, ε und γ, entstanden, wovon die ε-Kette in der Entwicklung früher gebildet wird (um $\alpha_2\varepsilon_2$ zu bilden) als die fötale γ-Kette, die $\alpha_2\gamma_2$ bildet. Noch später im Verlauf

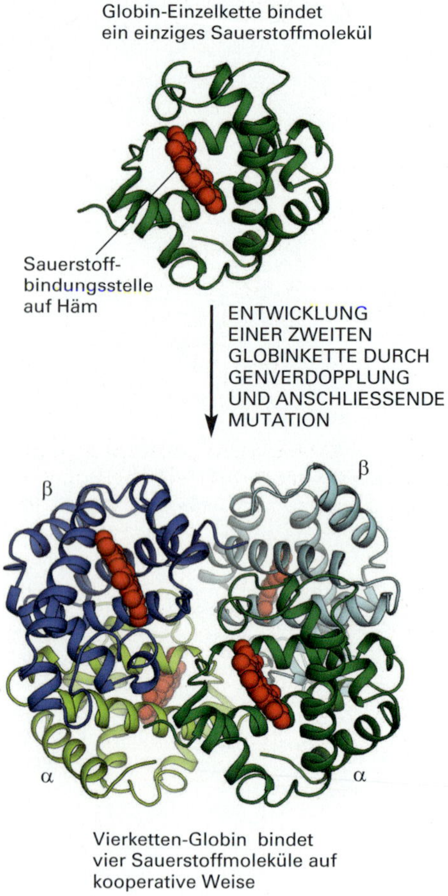

Abb. 4.74 Vergleich der Struktur von einkettigen und vierkettigen Globinen. Das hier gezeigte vierkettige Globin ist Hämoglobin, ein Komplex aus zwei α- und zwei β-Globinketten. Das einkettige Globin mancher einfacher Wirbeltiere stellt ein Zwischenprodukt in der Evolution des vierkettigen Globins dar. Hat es Sauerstoff gebunden, liegt es als Monomer vor, ohne Sauerstoff dimerisiert es. (PDB-Code: 2DHB).

der Evolution der Primaten erfolgte eine erneute Verdoppelung des Gens für die adulte β-Kette, wodurch ein δ-Globin entstand, das zu einer selteneren Form des Hämoglobins ($\alpha_2\delta_2$) führte, die ausschließlich bei erwachsenen Primaten gebildet wird (**Abb. 4.75**).

Jedes dieser duplizierten Gene wurde durch Punktmutationen modifiziert, die sich auf die Eigenschaften des endgültigen Hämoglobinmoleküls auswirkten, sowie durch Änderungen in den Kontrollbereichen, die sowohl das zeitliche Auftreten als auch das Ausmaß der Expression des Gens beeinflussen. Als Ergebnis wird jedes Globin in unterschiedlichen Mengen und zu unterschiedlichen Zeiten der menschlichen Entwicklung synthetisiert.

Die Geschichte dieser Genduplikationen spiegelt sich in der Anordnung der Hämoglobingene im Genom wider. Im menschlichen Genom sind die Gene, die von dem ursprünglichen β-Gen stammen, in einer Serie homologer DNA-Sequenzen innerhalb von 50 000 Nukleotidpaaren hintereinander auf einem Chromosom angeordnet. Ein ähnliches Cluster der menschlichen α-Globin-Gene ist auf einem anderen Chromosom lokalisiert. Nicht nur andere Säugetiere, sondern auch Vögel haben ihre α- und β-Globin-Cluster auf verschiedenen Chromosomen. Beim Frosch *Xenopus* liegen sie aber zusammen, was nahelegt, dass ein Translokationsereignis in der Linie der Vögel und Säuger die beiden Gencluster vor rund 300 Millionen Jahren voneinander trennte, schon bald, nachdem unsere Vorfahren sich von den Amphibien abzweigten (s. **Abb. 4.75**).

Es gibt mehrere duplizierte Globin-DNA-Sequenzen im α- und β-Globin-Gencluster, die keine funktionellen Gene, sondern Pseudo-Gene enthalten. Sie zeigen eine starke Homologie zu den funktionellen Genen, wurden aber durch Mutationen, die ihre Expression als funktionsfähige Proteine verhindern, inaktiviert. Das Vorkommen solcher Pseudo-Gene zeigt, dass, wie erwartet, nicht jede DNA-Duplikation zu einem neuen funktionsfähigen Gen führt. In der Tat glaubt man, dass das menschliche Genom mehr Pseudo-Gene enthält als Gene.

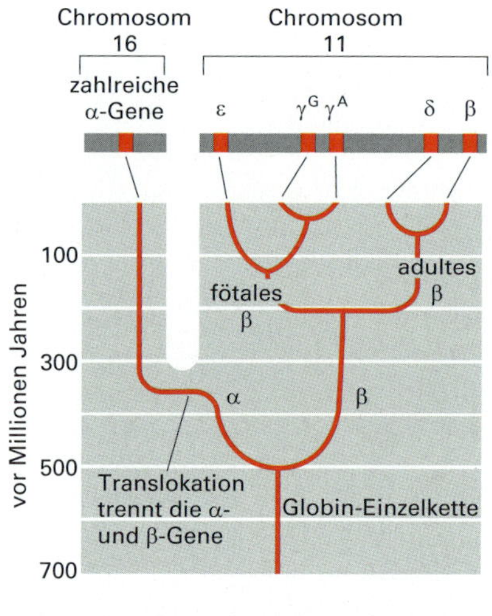

Abb. 4.75 Schema der Evolution der Globinketten, die Sauerstoff im Blut von Tieren transportieren. Das Schema illustriert die Genfamilie der β-artigen Globine. Eine relativ neue Genduplikation des γ-Kette-Gens erzeugte γ^G und γ^A, fötale β-artige Ketten mit identischer Funktion. Die Verteilung der Globin-Gene im Genom des Menschen ist im oberen Teil der Abbildung dargestellt.

4.5.13 Gene, die für neue Proteine codieren, können durch Rekombination von Exons entstehen

Die Rolle der DNA-Duplikation im Verlauf der Evolution ist nicht auf die Entstehung großer Genfamilien beschränkt. Sie kann auch bei der Entstehung neuer einzelner Gene von Bedeutung sein, wenn kurze, duplizierte DNA-Segmente zusammengefügt werden. Die Proteine, die von so entstandenen Genen codiert werden, können an den ähnlichen, sich wiederholenden Proteindomänen erkannt werden, die kovalent hintereinandergeschaltet sind. Beispielsweise werden die Immunglobuline (**Abb. 4.76**), aber auch die meisten Faserproteine wie etwa das Kollagen, von Genen codiert, die durch wiederholte Duplikationen aus einer ursprünglichen DNA-Sequenz hervorgegangen sind.

Bei Genen, die auf diese Weise entstanden sind, aber auch bei vielen anderen Genen, codiert jedes einzelne Exon häufig für eine Proteineinheit mit individueller Faltung, eine sogenannte Domäne. Man glaubt, dass die Organisation der codierenden DNA-Sequenzen als Serie solcher Exons, die durch lange Introns getrennt sind, die Evolution neuer Proteine bedeutend erleichtert hat. Die für die Entstehung eines neuen, für ein Protein mit sich wiederholenden Domänen codierenden Gens nötige Verdoppelung kann leicht durch Bruch und Wiedervereinigung der DNA irgendwo in den langen Introns zu beiden Seiten eines Exons entstehen, das für eine nützliche Proteindomäne codiert;

ohne Introns gäbe es nur ein paar Stellen im ursprünglichen Gen, an denen durch einen rekombinationsbedingten Austausch zwischen DNA-Molekülen die Domäne dupliziert werden könnte, ohne sie zu zerstören. Zudem enthalten Introns oft Sequenzen, die im Genom viele Male wiederholt werden, was die Rekombination zwischen verschiedenen Introns erleichtert. Dadurch, dass die Rekombination an vielen potenziellen Stellen auftreten kann anstatt an nur einigen wenigen, erhöhen die Introns die Wahrscheinlichkeit dafür, dass ein Duplikationsereignis ein neues Protein hervorbringt.

Allgemein gesprochen, durch das Sequenzieren ganzer Genome wissen wir, dass Baugruppen von Genen – sowohl einzelne Exons als auch ihre Kontrollelemente – als Bausteine dienten, die verdoppelt und über das Genom verschoben wurden, um die heutige Diversität des Lebens zu schaffen. Beispielsweise werden somit viele heutige Proteine als Flickenteppiche aus verschiedenen Domänenfamilien gebildet, was ihre komplexe Entwicklungsgeschichte widerspiegelt (s. **Abb. 3.15**).

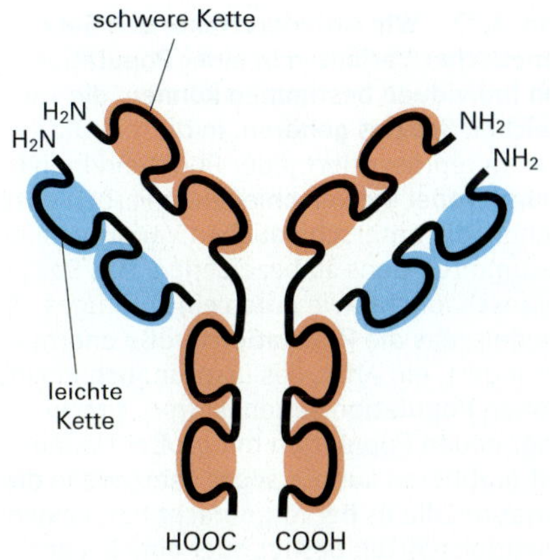

Abb. 4.76 Schematische Darstellung eines Antikörper(Immunglobulin)-Moleküls. Dieses Molekül ist ein Komplex aus zwei identischen schweren Ketten (*orange*) und zwei identischen leichten Ketten (*blau*). Jede schwere Kette besteht aus vier ähnlichen, kovalent verbundenen Domänen, während jede leichte Kette aus zwei solchen Domänen besteht. Jede Domäne wird durch ein separates Exon codiert; es wird vermutet, dass alle diese Exons durch wiederholte Duplikationen eines einzigen Ur-Exons entstanden.

4.5.14 Neutrale Mutationen breiten sich oft aus und werden in einer Population mit einer Wahrscheinlichkeit fixiert, die von der Populationsgröße abhängt

Bei einem Vergleich von zwei Arten, die sich vor mehreren Millionen Jahren auseinanderentwickelten, macht es keinen Unterschied, an welchem Individuum von jeder Art der Vergleich vorgenommen wird. So unterscheidet sich beispielsweise eine normale DNA-Sequenz des Menschen von der des Schimpansen um 1 %. Wird dagegen der gleiche Bereich des Genoms von zwei zufällig ausgewählten Menschen verglichen, betragen die Unterschiede normalerweise etwa 0,1 %. Bei weiter entfernt verwandten Lebewesen übertreffen die Inter-Spezies-Unterschiede die Intra-Spezies-Variationen noch mehr. Jede „feste Abweichung" zwischen Mensch und Schimpanse (d. h. jede Abweichung, die nun für alle oder fast alle Individuen einer Art charakteristisch ist) begann als neue Mutation in einem einzelnen Individuum. Wenn die Größe der sich miteinander paarenden Population, in der die Mutation auftrat, mit N angenommen wird, ist die Allelfrequenz für einen diploiden Organismus am Anfang $1/(2N)$. Wie kann eine so seltene Mutation in einer Bevölkerung festgeschrieben und so zu einem Charakteristikum der Art statt nur bei ein paar vereinzelten Individuen werden?

Die Antwort auf diese Frage hängt von den funktionellen Folgen der Mutation ab. Falls die Mutation eine signifikant schädigende Wirkung hat, wird sie einfach durch reinigende Selektion eliminiert und wird nicht fixiert werden. (Im extremsten Fall wird das die Mutation tragende Individuum ohne Nachkommen sterben.) Andererseits werden die seltenen Mutationen, die ihren Trägern einen größeren Reproduktionsvorteil verschaffen, sich rasch in der Population ausbreiten. Da sich Menschen sexuell vermehren und genetische Rekombination jedes Mal geschieht, wenn sich ein Gamet bildet (in Kapitel 5 behandelt), ist das Genom eines jeden Individuums, das die Mutation ererbt, ein einmaliges Mosaik aus von vielen Vorfahren ererbten Abschnitten. Die betrachtete Mutation zusammen mit ein wenig benachbarter Sequenz – letztlich von dem Individuum ererbt, bei dem sie auftrat – wird dann einfach ein Stück dieses riesigen Mosaiks.

Die meisten nicht schädlichen Mutationen sind auch nicht vorteilhaft. Diese selektiv neutralen Mutationen können sich ebenfalls über eine Population ausbreiten und fixiert werden; sie machen einen Großteil der evolutionären Veränderung der Genome aus. Wie wir beispielsweise früher gesehen haben, sind sie für die meisten DNA-Sequenzunterschiede zwischen Affen und Menschen verantwortlich. Die Ausbreitung neutraler Mutationen geschieht nicht so schnell wie diejenige der seltenen äußerst vorteilhaften Mutationen. Sie hängt von einer zufälligen Variation der Anzahl mutationstragender Nachkommen ab, die von jedem mutationstragenden Individuum erzeugt

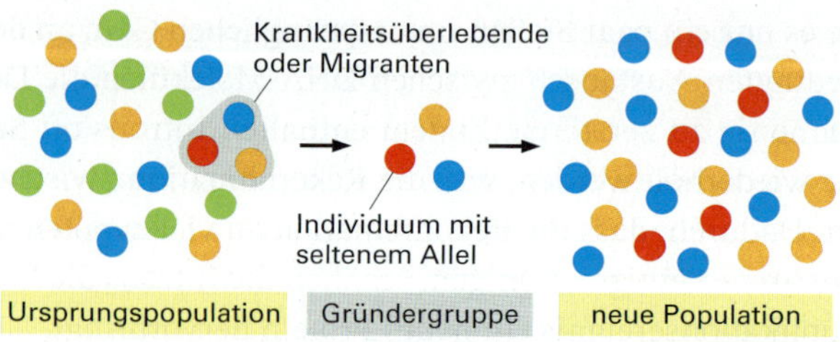

Abb. 4.77 **Wie Gründereffekte den Satz genetischer Varianten in einer Population von Individuen bestimmen können, die zur gleichen Spezies gehören.** In diesem Diagramm repräsentiert jeder Punkt ein Individuum, wobei die verschiedenen Farben dazu dienen, die unterschiedlichen Varianten eines bestimmten Gens zu bezeichnen. Das Beispiel veranschaulicht, wie durch ein zufälliges Ereignis, das die Populationsgröße enorm verringert, ein Allel, das ursprünglich in einer großen Population selten ist (*rot*), sich in einer neuen Population mit großer Häufigkeit etablieren kann – sogar dann, wenn die Mutation, die es hervorgebracht hat, keinen Selektionsvorteil besitzt oder eine leicht schädliche Wirkung hat.

werden: Durch eine Art „Zufallswanderung" wird das mutierte Allel unter Umständen ausgelöscht oder weit verbreitet. Dies lässt sich mit einem mathematischen Modell für eine idealisierte, sich miteinander paarende Population darstellen, unter der Annahme einer konstanten Populationsgröße und zufälliger Paarung. Auch wenn keine der Annahmen auf die menschliche Populationsgeschichte zutrifft, zeigt der idealisierte Fall die allgemeinen Grundsätze.

Wenn eine neutrale Mutation in einer sich frei paarenden Population der Größe N auftritt, ist die Wahrscheinlichkeit, dass die Mutation schließlich fixiert wird, $1/(2N)$. Dies deshalb, weil es in der diploiden Population $2N$ Genkopien gibt, und jede von ihnen hat die gleiche Chance, die vorherrschende Version während der langen Zeit zu werden. Für fixierte Mutationen zeigt die Mathematik, dass die Zeit, bis sie fixiert werden, etwa $4N$ Generationen beträgt. Eine detaillierte Analyse der Daten zur genetischen Variation beim Menschen lässt vermuten, dass die Population etwa 10 000 betrug, als das heutige Muster der genetischen Variation weitgehend festgelegt war. Unter diesen Umständen war die Wahrscheinlichkeit, dass eine neue, selektiv neutrale Mutation fixiert würde, klein (1/20 000), während die Durchschnittszeit zur Fixierung in der Größenordnung von 800 000 Jahren lag (wenn man eine Generationszeit von 20 Jahren annimmt). Da wir wissen, dass die menschliche Population seit der Einführung der Landwirtschaft vor etwa 15 000 Jahren enorm zugenommen hat, spiegeln die meisten heute üblichen genetischen Varianten beim Menschen die Mischung der genetischen Varianten wider, die bereits lange vor dieser Zeit vorhanden war, als die menschliche Population noch klein war.

Ähnliche Argumente erklären andere Phänomene mit wichtigen praktischen Konsequenzen für die genetische Beratung. In einer isolierten Gemeinschaft, die von einer kleinen Gründergruppe abstammt, wie die Bewohner von Island oder die Juden von Osteuropa, können genetische Varianten, die in der menschlichen Population als Ganzes selten sind, oft sehr häufig sein – sogar dann, wenn diese Varianten eine leicht schädliche Wirkung haben (**Abb. 4.77**).

4.5.15 Wir können die menschliche Geschichte durch Genomuntersuchungen verfolgen

Die Genome von Vorläuferorganismen können erschlossen, aber niemals direkt beobachtet werden: DNA ist sehr stabil verglichen mit den meisten organischen Molekülen, aber sie ist nicht perfekt stabil und ihr fortschreitender Abbau, sogar unter den besten Umständen, bedeutet, dass es extrem schwierig ist, aus Fossilien, die älter als 1 Million Jahre sind, Sequenzinformation zu extrahieren. Obwohl ein modernes Lebewesen wie der Pfeilschwanzkrebs (*Limulus polyphemus*) einem fossilen Vorgänger, der vor 200 Millionen Jahren lebte, bemerkenswert ähnlich ist, gibt es allen Grund anzunehmen, dass das Genom des Pfeilschwanzkrebses sich auf ganz ähnliche Weise und mit ähnlicher Geschwindigkeit verändert hat wie in allen anderen evolutionären Linien. Die Selektion muss wichtige funktionelle Eigenschaften des Pfeilschwanzkrebsgenoms erhalten haben, um die morphologische Stabilität der Linie zu begründen. Vergleiche zwischen verschiedenen heutigen Lebewesen zeigen jedoch, dass der der reinigenden Selektion unterworfene Teil eines Genoms klein ist; daher ist es angemessen anzunehmen, dass das Genom der heutigen Pfeilschwanzkrebse sich also von dem des ausgestorbenen Vorfahren, den wir nur aus Fossilien kennen, beträchtlich unterscheidet, während für die Funktion entscheidende Eigenschaften bewahrt wurden.

Es ist möglich, durch Untersuchung von DNA-Proben aus altem Material direkte Sequenzinformationen zu erhalten, wenn diese nicht zu alt sind. In den letzten Jahren haben technische Fortschritte die DNA-Sequenzierung aus außergewöhnlich gut erhaltenen, über 100 000 Jahre alten Knochenfragmenten erlaubt. Obgleich jede DNA, die so alt ist, unvollständig bewahrt ist, können Genomsequenzen aus vielen Millionen kurzer DNA-Sequenzen rekonstruiert werden. Im Jahre 2010 haben Forscher die Analysen des ersten Neandertaler-Genoms abgeschlossen, das sie aus DNA erhielten, die aus Knochenfragmenten von Fossilien aus einer Höhle in Kroatien stammte. Der durchschnittliche Unterschied in der DNA-Sequenz zwischen dem Menschen und dem Neandertaler zeigt, dass sich unsere beiden Linien irgendwann vor 270 000 bis 440 000 Jahren auftrennten, lange vor der Zeit, von der man annimmt, dass der Mensch aus Afrika ausgewandert ist. Die Neandertaler gehören zu unseren engsten Verwandten und sie lebten nebeneinander mit den Vorfahren des modernen Menschen in Europa und Westasien. Durch Vergleiche von Genomsequenzen des Neandertalers mit solchen von Menschen aus verschiedenen Teilen der Welt offenbarten diese Untersuchungen, dass viele moderne Menschen – insbesondere diejenigen aus Europa und Asien – etwa 2 % ihres Genoms mit dem Neandertaler teilen. Diese genetische Überlappung zeigt, dass sich unsere Vorfahren mit Neandertalern paarten – bevor sie sie verdrängten oder aktiv ausrotteten – auf dem Weg aus Afrika heraus. Diese und andere alte Verwandtschaftsbeziehungen, die immer noch entdeckt werden, haben somit eine dauerhafte Markierung im menschlichen Genom hinterlassen (**Abb. 4.78**).

Aber was ist mit der Entzifferung der Genome weit älterer Vorfahren, derjenigen, für die keine brauchbaren DNA-Proben isoliert werden können? Bei Organismen, die so eng miteinander verwandt sind wie der Mensch und der Schimpanse, haben wir gesehen, dass dies nicht schwierig sein muss. Ein Vergleich mit der Gorilla-Sequenz kann dazu verwendet werden herauszufinden, welche der wenigen Sequenzunterschiede zwischen Menschen und Schimpansen von unserem gemeinsamen Vorfahren vor etwa 6 Millionen Jahren ererbt wurden (s. **Abb. 4.65**). Für einen Vorfahren, der eine große Anzahl verschiedener heute lebender Organismen erzeugt hat, kann die DNA-Sequenz vieler Spezies gleichzeitig verglichen werden, um viel von der Vorfahrensequenz zu entziffern; dies erlaubt es Wissenschaftlern, DNA-Sequenzen zeitlich viel weiter zurückzuverfolgen. Beispielsweise sollte es möglich sein, aus den bald zu erwartenden Genomsequenzen vieler rezenter Säugetiere den größten Teil der Genomsequenz des 100 Millionen Jahre alten gemeinsamen Vorfahren herzuleiten, der Vorgänger so unterschiedlicher Arten wie Hund, Maus, Kaninchen, Gürteltier und Mensch ist (s. **Abb. 4.67**). Sobald die Aminosäuresequenz eines Proteins abgeleitet wurde, kann dieses Protein mithilfe der in Kapitel 8 beschriebenen rekombinanten DNA-Methoden leicht in reiner Form produziert werden. Durch die „Wiederbelebung" des ausgelöschten Proteins können seine biochemischen Eigenschaften mit denjenigen seiner modernen Gegenstücke verglichen werden. Diese Vorgehensweise lässt sich an mehreren Verzweigungspunkten in der Evolutionsgeschichte des Proteins wiederholen, sodass die Messung der schrittweisen Evolution des Proteins über viele Millionen Jahre direkt erfolgen kann. Dieser Ansatz verschafft den Wissenschaftlern eine leistungsfähige Möglichkeit, die Evolution in Aktion zu veranschaulichen. Er kann auch dazu beitragen zu verstehen, warum moderne Proteine so aussehen und sich so verhalten, wie sie es tun.

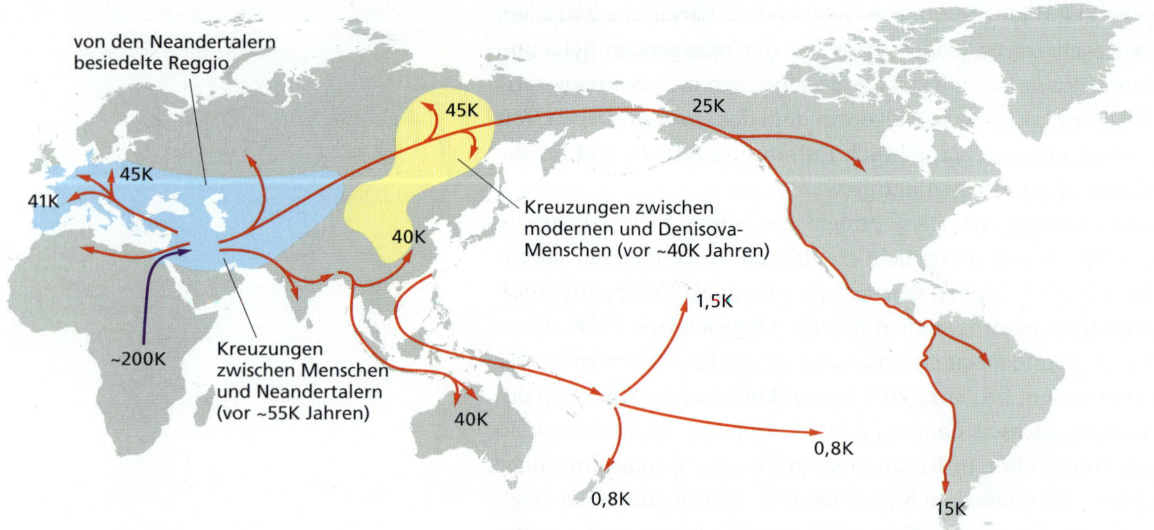

Abb. 4.78 **Nachverfolgen des Verlaufs der menschlichen Geschichte mittels Genomsequenzanalysen.** Der moderne Mensch entstand in Afrika vor etwa 200 000 bis 300 000 Jahren, wo man die frühesten Fossilien von *Homo sapiens* gefunden hat. Eine kleine Gruppe – vielleicht nur 10 000 Individuen – wanderten nach Norden, und ihre Nachkommen breiteten sich über den Erdball aus. Als diese Vorfahren vor etwa 60 000–80 000 Jahren Afrika verließen (*lila* Pfeil), trafen sie auf Neandertaler, die die *blau* markierte Region bewohnten. Infolge der Verpaarung trugen die Menschen, die nachfolgend sich über Europa und Asien ausbreiteten (*rote Pfeile*), mit sich Spuren der Neandertaler-DNA. Viele von denen, die gen Osten wanderten, verpaarten sich später auch mit den Denisova-Menschen (*gelb*), ein zweiter alter Menschentyp. Später setzten die Vorfahren des Menschen ihre globale Verbreitung fort bis in die Neue Welt, sie erreichten Nordamerika vor etwa 25 000 Jahren und die südlichen Regionen von Südamerika 10 000 Jahre später. Dieses Szenario fußt auf vielen Datenarten, einschließlich fossilen Aufzeichnungen, anthropologischen Studien und den Genomsequenzen der Neandertaler, Denisova-Menschen und modernen Menschen von überall auf der Welt. (Verändert nach M. A. Jobling *et al.*, *Human Evolutionary Genetics*, 2. Aufl. New York: Garland Science, 2014).

4.5.16 Die Sequenzierung Hunderttausender menschlicher Genome verrät viel Variation

Auch wenn die meisten üblichen Allelvariationen von Genen zwischen heutigen Menschen aus Variationen bei einer vergleichsweise winzigen Gruppe von Ahnen hervorgegangen sind, ist die Gesamtzahl der gefundenen Variationen beim modernen Menschen sehr groß. Dies liegt daran, dass bei der Replikation und dem Erhalt unserer DNA-Sequenzen unvermeidbare Fehler auftreten (s. Kapitel 5). Infolgedessen wird jede Person mit 50–100 neuen Veränderungen, sog. *De-novo*-Mutationen, in den von ihren Eltern ererbten DNA-Sequenzen geboren. Neue Mutationen treten somit konstant auf und häufen sich in menschlichen Populationen an. Aber die überwiegende Mehrheit dieser Varianten, die entstehen, sind extrem selten in der menschlichen Population als Ganzes, da sie innerhalb einer riesigen Anzahl von neuen Geburten entstehen.

Moderne DNA-Sequenzierungstechniken haben es ermöglicht, die Genomsequenzen von Millionen von Menschen zu bestimmen, zu Kosten, die nun unterhalb von 1000 US-$ pro Genom liegen. Bevor wir erläutern, was diese Daten zeigen, ist es wichtig, ein paar wenige Grundbegriffe zu definieren. Eine *Variante* ist typischerweise definiert als ein Genomort, an den zwei oder mehr Versionen einer Sequenz in der menschlichen Population vorkommen; ein *Allel* bezieht sich dagegen auf die spezifische Form, die jede derartige Variante in einer bestimmten Person annehmen kann. Weil Menschen diploide Lebewesen sind und zwei haploide Genome in ihren Zellen beherbergen (eines von ihrer Mutter und eines von ihrem Vater), kann, falls es für eine Variante X die Allele A und B gibt, der Genotyp eines Individuums entweder A/A, A/B oder B/B an dieser Stelle sein.

Jede menschliche Genomsequenz wird mit einem „menschlichen Referenzgenomaufbau" verglichen, der mithilfe des öffentlichen Humangenomprojekts auf Grundlage der anfänglichen Sequenzen von mehreren Individuen erzeugt wurde. Für diese Vergleiche wurden Sequenz-Reads für Millionen oder Milliarden von DNA-Bruchstücken aus einer Person mithilfe eines Rechners mit dem Referenzaufbau abgestimmt (der eine haploide Repräsentation darstellt und an jeden Locus nur ein Allel enthält). Dann werden die Stellen, an denen das sequenzierte Individuum „alternative" Allele im Verhältnis zu der Referenz zeigt, identifiziert.

Wenn dies für viele Personen gemacht wurde, dann zeigt sich, dass Einzel-Nukleotid-Varianten (SNVs, *single-nucleotide variants*) die überwiegende Mehrheit der Unterschiede bei Menschen ausmachen. *SNVs* sind Punkte in der Genomsequenz, an denen manche haploide menschliche Genome ein Nucleotid besitzen, während andere ein anderes haben. Sie wurden aufgrund ihres zahlreichen Vorkommens, ihrer relativ einfachen Aufspürung und ihres Werts für genetische Untersuchungen ausgiebig charakterisiert. Historisch war der Begriff „Einzel-Nukleotid-Polymorphismus" oder SNP für SNVs reserviert, die mit einer Häufigkeit von etwa 1 % in der menschlichen Population vorkommen. Heutzutage gibt es jedoch keine präzise Schwelle, um zwischen „seltenen" und „üblichen" Variationen zu unterscheiden; diese umspannen Häufigkeiten zwischen einer einzelnen privaten Variation (die nur in einem haploiden Genom innerhalb einer Person vorkommt) bis zu 50 % (eine Variante mit zwei Allelen, die mit gleicher Häufigkeit in menschlichen Genomen vorkommen).

Wichtig zu wissen ist, das SNVs nur einen Variationstyp bei Menschen darstellen. *Strukturvarianten*, wie z. B. Deletionen, Duplikationen, Inversionen oder Umgruppierungen verschiedener Länge sind ebenfalls vorherrschende Merkmale in unseren Genomen. Zusätzliche Variationsarten – darunter Insertionen mobiler Elemente und wiederholte Ausdehnungen oder Kontraktionen von geringer Komplexität – sind ebenfalls wichtige Bestandteile der menschlichen genetischen Diversität.

Zwei Haploide menschliche Genome, die Proben der modernen Weltbevölkerung darstellen, werden sich in grob 1 von 1000 Nukleotiden unterscheiden. Diese Zahl variiert jedoch beträchtlich zwischen menschlichen Populationen, und sie ist durch historische Faktoren beeinflusst, wie z. B. Populations-Flaschenhälsen, Fortpflanzungsmustern und Populationsgrößen von Vorfahren. Und je ähnlicher die Genome sind, um so enger verwandt sind zwei Personen miteinander. Die obige Anzahl beinhaltet nicht die beträchtliche Strukturdiversität, die in menschlichen Genomen vorkommt. Weil sie oft Zehn- oder Hundertausende von Nukleotiden beeinflussen, leisten Strukturvarianten in der Tat einen großen Beitrag zur Gesamtzahl der Unterschiede auf der Nucleotidebene zwischen zwei beliebigen menschlichen Genomen (**Tab. 4.3**).

4.5.17 Die meisten in der menschlichen Population beobachteten Varianten sind häufige Allele, die zumeist einen schwachen Effekt auf dem Phänotyp haben

Ein Vergleich von irgendeinem menschlichen Genom mit dem menschlichen Referenzgenom findet typischerweise 3 bis 5 Millionen Orte, an denen die sequenzierte Person zumindest ein Allel beherbergt, das sich von der Referenzzusammensetzung unterscheidet. Manche dieser Varianten sind in dieser Person heterozygot, was heißt, dass die Person zwei verschiedene Allele beherbergt – typischerweise eines, das zur Referenz passt, und ein „alternatives" Allel. Mehr als 95 % aller innerhalb einer bestimmten Person beobachteten Varianten sind vergleichsweise häufig, was deren alten Ursprung widerspiegelt. Ein kleiner Teil der abweichenden Allele ist selten; manche davon repräsentieren, wie

Tab. 4.3 Typische Unterschiede zwischen irgendeiner Sequenz und dem menschlichen Referenzgenom.

Art des Unterschieds	Größe der Nucleotidpaare	Unterschiede pro Genom
Einzel-Nucleotid-Variation (SNV)	1	3–4 Millionen
Kleine Deletion oder Insertion (Indel)	1–49	0,4–0,5 Millionen
Einfache Sequenzwiederholungen von geringer Komplexität (Mikrosatelliten- und Satelliten-DNA-Wiederholungen)	1–20	100 000
Insertion mobiler Elemente (SINE, LINE)	3000–7000	2000
Strukturvariation (Deletionen, Duplikationen und Inversionen)	50 bis > 1 000 000	Zehntausende; die Länge korreliert umgekehrt mit der Häufigkeit.
Karyotypisch sichtbare Anomalien (z. B. an Aneuploidien)	Chromosomenmaßstab	Sehr selten; die meisten sind tödlich

Mit freundlicher Genehmigung von Greg Cooper und Rick Myers, Hudson Alpha Institute for Biotechnology, Huntsville, AL; basierend auf H. J. Abel *et al.*, *Nature* 583: 83–88, 2020; gnomAD (https://www.nature.com/immersive/d42859-020-00002-x/index.html; und https://www.internationalgenome.org).

bereits beschrieben, *De-novo* -Mutationen und sind extrem selten; möglicherweise kommen sie nur in dieser Person vor.

Wie in Kapitel 8 beschrieben werden wird, sind die SNVs, die im menschlichen Genom häufig vorkommen, außerordentlich nützlich für genetische Kartierungsanalysen, sog. genomweite Assoziationsstudien (GWAS). Hier versucht man, spezifische, menschliche Merkmale (Phänotypen) mit einer großen Reihe von Allelen zu verbinden, die in der menschlichen Population relativ üblich sind. Der größte Teil dieser häufigen SNVs hat wenig oder keine Auswirkung auf die menschliche Fitness. Dies ist zu erwarten, da schädliche SNVs während der menschlichen Evolution der Selektion zum Opfer fallen und daher selten sein sollten. Es ist wichtig zu wissen, dass diese Eigenschaft im Allgemeinen für alle Variationen gilt, einschließlich der Strukturvariation. Übliche Strukturvariationen neigen in der Tat dazu, nicht schädlich zu sein, falls doch, dann wären sie nicht mit einer nennenswerten Häufigkeit endstanden. Über alle Formen der Variation hinweg ist die Allelhäufigkeit von entscheidender Bedeutung: Übliche Allelvarianten haben zumeist eher schwache Auswirkungen auf den menschlichen Phänotyp, und Varianten mit großen Auswirkungen sind eher selten. Andererseits ist es wichtig zu erwähnen, dass eine Variante, nur weil sie selten ist, den Phänotyp noch lange nicht beeinflusst; die meisten seltenen Varianten haben in der Tat wenig oder keine Auswirkung.

4.5.18 Forensische Analysen nutzen spezielle DNA-Sequenzen mit ungewöhnlich hohen Mutationsraten aus

Während die Mutationsraten beim Menschen im Allgemeinen recht niedrig sind, schätzungsweise normalerweise in der Größenordnung von 10^{-8} (das ist grob eine Mutation pro 100 Millionen Basenpaare), stechen bestimmte Sequenzen mit außerordentlich hohen Mutationsraten hervor. Ein besonderes Beispiel stellen die CACA-Wiederholungen dar, die überall im Genom des Menschen und in den Genomen anderer Eukaryoten zu finden sind. Genomabschnitte mit dem Motiv $(CA)_n$ werden aufgrund eines möglichen Verschiebens zwischen der Matrize und dem neu synthetisierten Strang während der DNA-Replikation relativ ungenau repliziert; so kann der genaue Wert von *n* von Genom zu Genom über einen recht weiten Bereich schwanken. Diese Wiederholungen bieten ideale auf DNA beruhende genetische Marker, da die Menschen an jedem dieser Loci heterozygot sind und eine Wiederholungslänge (*n*) von ihrer Mutter, eine andere von ihrem Vater ererbt haben. Während sich die Werte von *n* so selten ändern, dass die meisten CACA-Wiederholungen von den Eltern auf das Kind getreu übertragen werden, ändern sie sich oft genug, um eine hohe Heterozygosität in der Population der Menschen zu erhalten. Deshalb liefern diese sowie andere einfache Wiederholungen mit außergewöhnlich hoher Variabilität einen DNA-Fingerabdruck, der bei der Identifizierung von Einzelpersonen durch DNA-Analysen bei Verbrechensermittlung, Vaterschaftsklagen und anderen gerichtsmedizinischen Anwendungen zum Einsatz kommt (s. **Abb. 8.37**).

4.5.19 Ein Verständnis der menschlichen Variation ist für die Verbesserung der Medizin entscheidend

Während die meisten Variationen im menschlichen Genom vermutlich nur einen schwachen Einfluss auf den Phänotyp haben, müssen Untergruppen unserer Genomsequenzvariationen für die vererbbaren Aspekte der menschlichen Individualität verantwortlich sein. Weil es nun möglich ist, einzelne Genome günstig und rasch zu sequenzieren, können wir sogar seltene Allele mit spezifischen Phänotypen verbinden. Wir wissen, dass sogar ein einzelner Nukleotidaustausch, der eine Aminosäure in einem Protein verändert, eine schwere Krankheit verursachen kann, wie beispielsweise die Sichelzell-Erkrankung, die, obwohl nicht selten, durch eine solche Mutation im Hämoglobin verursacht wird. Wir wissen auch, dass die Gendosis – eine Verdopplung oder Halbierung der Kopienanzahl einiger Gene – eine tiefgreifende Auswirkung auf die Entwicklung hat, indem die Konzentration des Genprodukts verändert wird, wie es auch Änderungen in einer der vielen regulatorischen DNA-Sequenzen vermögen, die über die riesige Ausdehnung nicht codierender DNA im menschlichen Genom verstreut sind (s. Kapitel 7).

Einige der vielen Unterschiede zwischen den Genomen von zwei beliebigen Menschen haben substanzielle Auswirkungen auf die menschliche Gesundheit, die Physiologie, das Verhalten und die Physis. Eine wesentliche Herausforderung in der modernen Humangenetik ist es, diese Unterschiede von der Mehrheit zu unterscheiden, die nur eine geringe Auswirkung haben. Es gibt bedeutende Fortschritte; wir kennen jetzt die Nukleotidveränderungen, die Ursache für Tausende seltener ererbter Merkmale und Krankheiten sind. Diese und andere Ergebnisse erweitern unser Verständnis von der menschlichen Biologie enorm. Dieses Verständnis ist für das neue Gebiet der Präzisionsmedizin entscheidend, in dem sowohl die Krankheitsprävention als auch die Behandlung von Krankheiten maßgeschneidert sein werden, um den individuellen genetischen Unterschieden Rechnung zu tragen.

Zusammenfassung

Vergleiche der Nukleotidsequenzen heutiger Genome haben unser Verständnis der Evolution von Genen und Genomen revolutioniert. Dank der außergewöhnlich hohen Genauigkeit der DNA-Replikations- und DNA-Reparaturvorgänge treten zufällige Fehler selten auf (z. B. nur 50–100 neue Mutationen pro Neugeborenes). Es ist daher nicht überraschend, dass ein Vergleich der Chromosomen von Mensch und Schimpanse – die durch etwa 12 Millionen Jahre Evolution getrennt sind (Verdopplung der ca. 6 Millionen Jahre, seit Menschen und Schimpansen einen gemeinsamen Vorfahren hatten) – nur bei ca. 1 % der Basenpaare fixierte Veränderungen offenlegen. Es sind nicht nur unsere proteincodierenden Sequenzen äußerst ähnlich, sondern auch deren Reihenfolge auf jedem Chromosom ist nahezu identisch. Obgleich eine substanzielle Anzahl von Abschnittsverdoppelungen und Abschnittsdeletionen stattgefunden haben, sind sogar die Positionen der Transposons, die einen großen Teil unserer nicht codierenden DNA ausmachen, weitgehend unverändert.

Werden die Genome von zwei weiter entfernten Lebewesen verglichen – beispielsweise das des Menschen mit dem der Maus, die durch etwa 90 Millionen Jahre getrennt sind – werden sehr viel mehr Unterschiede aufgefunden. Während die Selektion aufspürbare Signaturen auf allen Zeitskalen hinterlässt, einschließlich z. B. durch Vergleiche von menschlichen Genomen untereinander oder durch Vergleiche eng verwandter Genome von Mensch und Schimpanse, sind die Wirkungen der Selektion bei größeren Abständen betonter. Vergleiche zwischen Genomen des Menschen und der Maus z. B. legen offen, dass die meisten codierenden Sequenzen (Exons) und viele regulatorische Bereiche durch die Selektionswirkung stark konserviert wurden, während riesige Teile unseres jeweiligen Genoms in einem solchen Ausmaß verändert wurden, dass man unter allen keinerlei Ähnlichkeit erkennen kann.

Aufgrund der reinigenden Selektion ist der Vergleich der Genomsequenzen vieler verwandter Spezies ein besonders vielversprechender Weg, DNA-Sequenzen mit wichtigen Funktionen zu finden. Während man geschätzt hat, dass zwischen 8 und 10 % des menschlichen Genoms infolge der reinigenden Selektion konserviert wurden, bleibt die Funktion des größten Teils dieser DNA (Zehntausende Sequenzelemente, die über die Säugerevolution hindurch konserviert wurden) ein Rätsel. Experimente, die deren Funktionen beschreiben, lehren uns weiterhin viele neue Erkenntnisse zur Wirbeltierbiologie.

Andere Sequenzvergleiche zeigen, dass ein großer Teil der genetischen Komplexität der heutigen Organismen auf die Ausdehnung alter Genfamilien zurückgeht. DNA-Duplikation und nachfolgende Divergenz waren demnach eine wichtige Quelle genetischer Erneuerung während der Evolution. Auf einer kürzeren Zeitskala unterscheiden sich die diploiden Genome von zwei beliebigen Menschen voneinander sowohl durch Nukleotidsubstitutionen (Einzelnukleotidvariationen) als auch aufgrund ererbter DNA-Ergänzungen und DNA-Verluste (Strukturvariationen). Die Entschlüsselung der Auswirkungen dieser Unterschiede wird sowohl die Medizin als auch unser Verständnis von der Biologie des Menschen verbessern.

Literatur

4 Allgemeines

Hartwell, L., Goldberg, M.L., Fischer, J.A. et al. (2017). *Genetics: From Genes to Genomes.* 6th ed. Boston: McGraw-Hill.

Jobling, M., Hollox, E., Hurles, M., et al. (2014). *Human Evolutionary Genetics.* 2nd ed. New York: Garland Science.

Strachan, T. und Read, A.P. (2019). *Human Molecular Genetics.* 5th ed. New York: Garland Science.

4.1 Struktur und Funktion von DNA

Avery, O.T., MacLeod, C.M. und McCarty, M. (1944). Studies on the chemical nature of the substance inducing transformation of pneumococcal types. *J. Exp. Med.* 79: 137–158.

Meselson, M. und Stahl, F.W. (1958). The replication of DNA in *E. coli*. *Proc. Natl. Acad. Sci. USA* 44: 671–682.

Perutz, M.F. (1993). Co-chairman's remarks: Before the double helix. *Gene* 135: 9–13.

Watson, J.D. und Crick, F.H.C. (1953). Molecular structure of nucleic acids; a structure for deoxyribose nucleic acid. *Nature* 171: 737–738.

4.2 Chromosomale DNA und ihre Verpackung in der Chromatinfaser

Bowman, G.D. und McKnight, J.N. (2017). Sequence-specific targeting of chromatin remodelers organizes precisely positioned nucleosomes throughout the genome. *Bioessays* 39: 1–8.

Clapier, C.R., Iwasa, J., Cairns, B.R. et al. (2017). Mechanisms of action and regulation of ATP-dependent chromatin-remodelling complexes. *Nat. Rev. Mol. Cell Biol.* 18: 407–422.

Luger, K., Mäder, A.W., Richmond, R.K. et al. (1997). Crystal structure of the nucleosome core particle at 2.8 Å resolution. *Nature* 389: 251–260.

Maeshima, K., Ide, S. und Babokhov, M. (2019). Dynamic chromatin organization without the 30-nm fiber. *Curr. Opin. Cell Biol.* 58: 95–104.

Miga, K.H., Koren, S., Rhie, A. et al. (2020). Telomere-to-telomere assembly of a complete human X chromosome. *Nature* 585: 79–84.

Talbert, P.B. und Henikoff, S. (2021). Histone variants at a glance. *J. Cell Sci.* 134: jcs244749.

Zhao, Y. und Garcia, B.A. (2015). Comprehensive catalog of currently documented histone modifications. *Cold Spring Harb. Perspect. Biol.* 7: a025064.

Zhou, C.Y., Johnson, S.L., Gamarra, N.I. et al. (2016). Mechanisms of ATP-dependent chromatin remodeling motors. *Annu. Rev. Biophys.* 45: 153–181.

Zhou, K., Gaullier, G. und Luger, K. (2019). Nucleosome structure and dynamics are coming of age. *Nat. Struct. Mol. Biol.* 26: 3–13.

4.3 Die Auswirkung der Chromatinstruktur auf die DNA-Funktion

Allis, C.D. und Jenuwein, T. (2016). The molecular hallmarks of epigenetic control. *Nat. Rev. Genet.* 17: 487–500.

Black, B.E., Jansen, L.E.T., Foltz, D.R. et al. (2011). Centromere identity, function, and epigenetic propagation across cell divisions. *Cold Spring Harb. Symp. Quant. Biol.* 75: 403–418.

Elgin, S.C.R. und Reuter, G. (2013). Position-effect variegation, heterochromatin formation, and gene silencing in *Drosophila*. *Cold Spring Harb. Perspect. Biol.* 5: a017780.

Filion, G.J., van Bemmel, J.G., Braunschweig, U. et al. (2010). Systematic protein location mapping reveals five principal chromatin types in *Drosophila* cells. *Cell* 143: 212–224.

Fodor, B.D., Shukeir, N., Reuter, G. (2010). Mammalian *su (var)* genes in chromatin control. *Annu. Rev. Cell Dev. Biol.* 26: 471–501.

Giles, K.E., Gowher, H., Ghirlando, R. et al. (2011). Chromatin boundaries, insulators, and long-range interactions in the nucleus. *Cold Spring Harb. Symp. Quant. Biol.* 75: 79–85.

Kasinath, V., Poepsel, S. und Nogales, E. (2019). Recent structural insights into polycomb repressive complex 2 regulation and substrate binding. *Biochemistry* 58: 346–354.

Nicetto, D. und Zaret, K.S. (2019). Role of H3K99me3 heterochromatin in cell identity establishment and maintenance. *Curr. Opin. Genet. Dev.* 55: 1–10.

Sanulli, S., Gross, J.D. und Narlikar, G.J. (2019). Biophysical properties of HP1-mediated heterochromatin. *Cold Spring Harb. Symp. Quant. Biol.* 84: 217–225.

Sullivan, L.L. und Sullivan, B.A. (2020). Genomic and functional variation of human centromeres. *Exp. Cell Res.* 389: 111896.

Xu, M., Long, C., Chen, X. et al. (2010). Partitioning of histone H3-H4 tetramers during DNA replication-dependent chromatin assembly. *Science* 328: 94–98.

4.4 Die Gesamtstruktur der Chromosomen

Callan, H.G. (1982). Lampbrush chromosomes. *Proc. R. Soc. Lond. Biol. Sci.* 214: 417–448.

Cremer, T. und Cremer, M. (2010). Chromosome territories. *Cold Spring Harb. Perspect. Biol.* 2: a003889.

Feodorova, Y., Falk, M., Mirny, L.A. et al. (2020). Viewing nuclear architecture through the eyes of nocturnal mammals. *Trends Cell Biol.* 30: 276–289.

Ghirlando, R. und Felsenfeld, G. (2016). CTCF: making the right connections. *Genes Dev.* 30: 881–891.

Gibcus, J.H., Samejima, K., Goloborodko, A. et al. (2018). A pathway for mitotic chromosome formation. *Science* 359: eaao6135.

Hildebrand, E.M. und Dekker, J. (2020). Mechanisms and functions of chromosome compartmentalization. *Trends Biochem. Sci.* 45: 385–396.

Kharchenko, P.V., Alekseyenko, A.A., Schwartz, Y.B. et al. (2011). Comprehensive analysis of the chromatin landscape in *Drosophila melanogaster. Nature* 471: 480–485.

Kinoshita, K. und Hirano, T. (2017). Dynamic organization of mitotic chromosomes. *Curr. Opin. Cell Biol.* 46: 46–53.

Krietenstein, N., Abraham, S., Venev, S.V. et al. (2020). Ultrastructural details of mammalian chromosome architecture. *Mol. Cell.* 78: 554–565.e7.

Kumar, Y., Sengupta, D. und Bickmore, W. (2020). Recent advances in the spatial organization of the mammalian genome. *J. Biosci.* 45: 18.

Maeshima, K. und Laemmli, U.K. (2003). A two-step scaffolding model for mitotic chromosome assembly. *Dev. Cell* 4: 467–480.

Terakawa, T., Bisht, S., Eeftens, J.M. et al. (2017). The condensing complex is a mechanochemical motor that translocates along DNA. *Science* 358: 672–676.

4.5 Wie sich Genome entwickeln

Doolittle, W.F. und Brunet, T.D.P. (2017). On causal roles and selected effects: our genome is mostly junk. *BMC Biol.* 15: 116.

Friedli, M. und Trono, D. (2015). The developmental control of transposable elements and the evolution of higher species. *Annu. Rev. Cell Dev. Biol.* 31: 429–451.

Green, R.E., Krause, J., Briggs, A. et al. (2010). A draft sequence of the Neanderthal genome. *Science* 328: 710–722.

Harmston, N., Baresic, A. und Lenhard, B. (2013). The mystery of extreme non-coding conservation. *Philos. Trans. R. Soc. Lond. B Biol. Sci.* 368: 20130021.

International Human Genome Sequencing Consortium (2001). Initial sequencing and analysis of the human genome. *Nature* 409: 860–921.

International Human Genome Sequencing Consortium (2004). Finishing the euchromatic sequence of the human genome. *Nature* 431: 931–945.

Kellis, M., Wold, B., Snyder, M.B. et al. (2014). Defining functional DNA elements in the human genome. *Proc. Natl. Acad. Sci. USA* 111: 6131–6138.

Kostka, D., Holloway, A.K. und Pollard, K.S. (2018). Developmental loci harbor clusters of accelerated regions that evolved independently in ape lineages. *Mol. Biol. Evol.* 35: 2034–2045.

Lander, E.S. (2011). Initial impact of the sequencing of the human genome. *Nature* 470: 187–197.

Lappalainen, T., Scott, A.J., Brandt, M. et al. (2019). Genomic analysis in the age of human genome sequencing. *Cell* 177: 70–84.

Mouse Genome Sequencing Consortium (2002). Initial sequencing and comparative analysis of the mouse genome. *Nature* 420: 520–562.

Ponting, C.P. (2017). Biological function in the twilight zone of sequence conservation. *BMC Biol.* 15 (71): 183–252.

5 Replikation, Reparatur und Rekombination von DNA

Kapitelinhalt

Die Fähigkeit von Zellen, in einem chaotischen All hochgradige Ordnung aufrechtzuerhalten, hängt von der genauen Verdopplung riesiger Mengen genetischer Information ab, die als DNA in chemischer Form vorliegt. Dieser Vorgang, die *DNA-Replikation*, muss stattfinden, bevor sich eine Zelle in zwei genetisch identische Tochterzellen teilen kann. Die Erhaltung der Ordnung erfordert außerdem die ununterbrochene Überwachung und Reparatur dieser genetischen Information, da die DNA in Zellen immer wieder durch Umwelteinflüsse, wie Chemikalien oder Strahlung, sowie durch hohe Temperaturen und reaktive Moleküle, die innerhalb der Zelle entstehen, geschädigt wird. In diesem Kapitel beschreiben wir die Proteinmaschinerie, die die zelluläre DNA repliziert und repariert. Diese Maschinerie katalysiert einige der schnellsten und genauesten Vorgänge, die in der Zelle stattfinden. Und ihre Mechanismen zeigen die Eleganz und Leistungsfähigkeit der zellulären Chemie.

Während das kurzfristige Überleben einer Zelle davon abhängen kann, schädliche Veränderungen in ihrer DNA zu vermeiden, erfordert das langfristige Überleben, dass die gleichen DNA-Sequenzen über viele Generationen hinweg veränderbar sind, damit eine evolutionäre Anpassung an sich ändernde Umstände möglich ist. Wir werden sehen, dass trotz der großen Anstrengungen, mit denen Zellen ihre DNA schützen, gelegentlich Änderungen in der DNA-Sequenz unvermeidlich sind. Diese Änderungen erzeugen die genetische Vielfalt, die im Zusammenspiel mit der Selektion die Evolution der Organismen ermöglicht.

Wir beginnen dieses Kapitel mit einer kurzen Diskussion der Änderungen, die in der DNA stattfinden, wenn sie von Generation zu Generation weitergegeben wird. Danach beschäftigen wir uns mit den Mechanismen – DNA-Replikation und DNA-Reparatur – die dafür verantwortlich sind, diese Änderungen zu beschränken. Schließlich betrachten wir einige der faszinierendsten Wege, DNA-Sequenzen zu verändern – diejenigen der DNA-Rekombination; dazu gehört die Bewegung besonderer DNA-Sequenzen innerhalb der Chromosomen, der sogenannten transponierbaren Elemente.

5.1 Die Erhaltung der DNA-Sequenzen

Das Überleben eines einzelnen Organismus hängt in hohem Maß von seiner genetischen Stabilität ab. Nur in seltenen Fällen versagen die DNA-Erhaltungsmechanismen der

Molekularbiologie der Zelle, 7. Auflage. Bruce Alberts, Rebecca Heald, Alexander Johnson, David Morgan, Martin Raff, Keith Roberts und Peter Walter.

Zelle; dann entsteht in der DNA eine dauerhafte Veränderung, eine sogenannte **Mutation**. Sie kann einen Organismus zerstören, wenn sie eine lebenswichtige Stelle der DNA-Sequenz betrifft.

5.1.1 Mutationsraten sind sehr niedrig

Die **Mutationsrate**, also die Häufigkeit, mit der Veränderungen in der DNA-Sequenz auftreten, kann durch Experimente mit einem Bakterium wie *E. coli* direkt bestimmt werden. *E. coli* lebt in unserem Darmtrakt und wird häufig als Modellorganismus in Laboratorien verwendet (s. **Abb. 1.38**). Unter Laborbedingungen teilt sich *E. coli* etwa einmal in 30 Minuten. Eine große Population von mehreren Milliarden Zellen kann daher aus einer Zelle in weniger als einem Tag entstehen. In einer solchen Population kann der kleine Anteil von Bakterien bestimmt werden, in denen ein bestimmtes Gen eine schädliche Mutation trägt, wenn dieses Gen nicht für das Überleben des Bakteriums notwendig ist. Zum Beispiel kann die Mutationsrate eines Gens bestimmt werden, das die Zellen benötigen, um den Zucker Laktose als Energiequelle zu nutzen. Dafür lässt man die Zellen in Gegenwart eines anderen Zuckers, z. B. Glukose, wachsen. Anschließend testet man sie, um festzustellen, wie viele von ihnen die Fähigkeit verloren haben, bei Laktose-Mangel zu überleben. Der geschätzte Anteil geschädigter Gene ist geringer als die tatsächliche Mutationsrate, da viele Mutationen *still* (*silent*) sind (z. B. Mutationen, die ein Codon verändern, nicht aber die Aminosäure, für die es steht; oder solche, die eine Aminosäure verändern, ohne die Funktionsfähigkeit des vom Gen codierten Proteins zu beeinträchtigen). Unter Berücksichtigung dieser stillen Mutationen zeigt sich, dass Bakterien eine Mutationsrate von drei Nukleotiden pro 10^{10} kopierter Nukleotide zeigen.

Es ist andererseits möglich, die Keimbahnmutationsrate in komplexeren, sich sexuell reproduzierenden Lebewesen wie dem Menschen zu messen. Dazu sequenziert man das vollständige Genom einer Familie – Eltern und Nachkommen – direkt und vergleicht die Sequenzen. Es zeigt sich, dass etwa 70 neue Einzelnukleotid-Mutationen in der Keimbahn eines jeden Nachkommens entstanden sind. Auf die Größe des Humangenoms normiert ist die Mutationsrate ein Nukleotidaustausch pro 10^8 Nukleotide pro menschlicher Generation. Dies ist eine leichte Unterschätzung, da manche Keimbahnmutationen tödlich sind und deshalb bei den Nachkommen nicht vorkommen; weil jedoch nur eine relativ kleine Menge des menschlichen Genoms entscheidende Information trägt, hat dieser Vorgang eine vernachlässigbare Auswirkung auf die gemessene Mutationsrate. Man schätzt, dass etwa 100 Zellteilungen in der Keimbahn vom Zeitpunkt der Befruchtung bis zur Bildung der Eizellen und Spermien stattfinden, die dann später mit der Bildung der nächsten Generation fortfahren. Somit ist die menschliche Mutationsrate in Bezug auf Zellteilungen (anstatt menschliche Generationen) etwa 1 Mutation pro 10^{10} kopierter Nukleotide.

Obwohl *E. coli*-Bakterien und Menschen große Unterschiede in ihrer Fortpflanzungsweise und Generationszeit aufweisen, sind die Mutationsraten von beiden extrem gering und innerhalb eines Faktors von jeweils drei, wenn sie auf eine einzige DNA-Replikationsrunde normiert werden. Wir werden später im Kapitel sehen, dass die grundlegenden Mechanismen, die diese geringen Mutationsraten gewährleisten, seit der Frühgeschichte der Zellen auf der Erde konserviert wurden.

5.1.2 Geringe Mutationsraten sind unerlässlich für das Leben, wie wir es kennen

Da viele Mutationen schädlich sind, kann keine Art es sich leisten, sie mit erheblicher Häufigkeit in der Keimbahn anzusammeln. Obwohl die beobachtete Mutationshäufigkeit gering ist, nimmt man doch an, dass sie die Zahl an wichtigen Proteinen, auf die

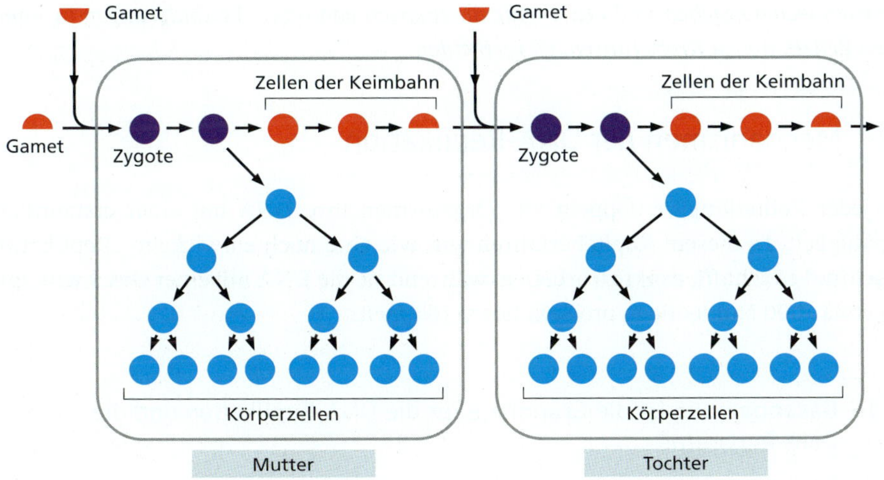

Abb. 5.1 Zellen der Keimbahn und somatische Zellen erfüllen grundlegend verschiedene Funktionen. In sich geschlechtlich fortpflanzenden Lebewesen übertragen die Zellen der Keimbahn (*rot*) die genetische Information auf die nächste Generation. Zu dieser Zelllinie gehören die spezialisierten Reproduktionszellen – die Gameten (Eier und Spermien, *Halbkreise*) – die nur die Hälfte der Chromosomenzahl anderer Zellen des Körpers enthalten (*Vollkreise*). Wenn bei der Befruchtung zwei Gameten zusammenkommen, bilden sie ein befruchtetes Ei oder Zygote (*lila*), die wieder einen vollständigen Chromosomensatz enthält. Aus der Zygote gehen sowohl die Keimzellen als auch die somatischen Zellen (*blau*) hervor. Somatische Zellen bilden den Organismus, tragen aber nicht mit ihrer DNA zur nächsten Generation bei.

sich ein Organismus verlassen kann, auf ungefähr 30 000 beschränkt. Bei einer höheren Anzahl lebensnotwendiger Gene steigt die Wahrscheinlichkeit, dass zumindest eine entscheidende Komponente eine schädigende Mutation erleiden wird, dramatisch an. Nach der gleichen Überlegung würde eine zehnfach höhere Mutationshäufigkeit die Zahl essenzieller Proteine in einem Organismus auf etwa 3000 begrenzen. In diesem Fall wäre die Evolution vermutlich bei Organismen stehen geblieben, die beträchtlich weniger komplex als eine Taufliege sind.

Sich sexuell fortpflanzende Tiere oder Pflanzen haben zwei Zellgruppen: **Keimzellen** und **somatische** Zellen. Die Keimzellen übertragen die genetische Information von den Eltern auf die Nachkommen; die somatischen Zellen bilden den Körper des Lebewesens (**Abb. 5.1**). Wir haben gesehen, dass Keimzellen vor hohen Mutationsraten geschützt werden müssen, um die Art zu erhalten. Aber auch die somatischen Zellen vielzelliger Lebewesen müssen vor genetischen Schäden bewahrt werden, um die Organisationsstruktur des Körpers korrekt aufrechtzuerhalten. Nukleotidaustausche in somatischen Zellen können veränderte Zellen entstehen lassen, von denen sich einige durch „lokale" natürliche Auslese rasch auf Kosten des restlichen Organismus vermehren. Im Extremfall entsteht so die unkontrollierte Zellwucherung, die wir als Krebs kennen. Diese Krankheit ist im Wesentlichen auf eine Anhäufung von Veränderungen in der DNA-Sequenz von Körperzellen zurückzuführen, wie wir in Kapitel 20 besprechen werden. Ein starker Anstieg der Mutationshäufigkeit hätte wahrscheinlich eine verheerende Zunahme der Krebserkrankungen zur Folge, weil sich gefährliche somatische Zellvarianten viel schneller ansammeln würden. Vielzeller wie wir brauchen also absolut die erstaunlich hohe Genauigkeit, mit der die DNA-Sequenz repliziert und aufrechterhalten wird, sowohl für den Fortbestand der Arten mit großer Anzahl an Genen (Keimbahnstabilität) als auch zur Verhütung von Krebs, der durch Mutationen in somatischen Zellen entsteht (somatische Stabilität).

Zusammenfassung

In allen Zellen werden DNA-Sequenzen mit äußerst hoher Wiedergabetreue erhalten und verdoppelt. Die Mutationsrate von etwa einem Nukleotidaustausch auf 10^{10} Nukleotide bei jeder DNA-Replikation ist bei so unterschiedlichen Organismen wie Bakterien und Menschen sehr ähnlich. Aufgrund dieser großen Wiedergabetreue bleibt die Sequenz des menschlichen Genoms (ungefähr $3{,}1 \times 10^9$ Nukleotidpaare) unverändert oder erfährt jedesmal nur wenige Nukleotidaustausche, wenn eine typische menschliche Zelle sich teilt. Das erlaubt es den Menschen, genaue genetische Instruktionen von einer Generation zur *nächsten weiterzugeben und auch – für die meisten von uns – Veränderungen in somatischen Zellen, die zu Krebs führen, zu vermeiden.*

5.2 Mechanismen der DNA-Replikation

Vor jeder Zellteilung verdoppeln alle Organismen ihre DNA mit einer erstaunlichen Genauigkeit. In diesem Kapitel erfahren wir, wie eine hoch entwickelte „Replikationsmaschine" es schafft, exakt zu arbeiten, während sie die DNA mit einer Geschwindigkeit von etwa 1000 Nukleotiden pro Sekunde verdoppelt.

5.2.1 Basenpaarung ist die Grundlage für die DNA-Replikation und die DNA-Reparatur

Wie bereits in Kapitel 1 erwähnt, ist das *Kopieren* der DNA ein Vorgang, den die Zelle verwendet, um die Nukleotidsequenz eines DNA-Strangs durch komplementäre Basenpaarung (A mit T, G mit C) in eine komplementäre Nukleotidsequenz umzukopieren (**Abb. 5.2**). Der Vorgang erfordert die Trennung der DNA-Helix in zwei separate *Matrizenstränge* und beinhaltet die Erkennung jedes einzelnen Nukleotids im DNA-Matrizenstrang durch ein freies (nicht polymerisiertes), komplementäres Nukleotid. Die Trennung der DNA-Helix macht die Donator- und Akzeptorgruppen für die Wasserstoffbrücken auf jeder einzelnen Base für die Basenpaarung zugänglich. Die passenden freien Nukleotide werden dadurch für ihre enzymkatalysierte Polymerisation aufgereiht und in eine neue Nukleinsäurekette umgewandelt.

Das erste nukleotidverknüpfende Enzym wurde 1957 entdeckt und als **DNA-Polymerase** bezeichnet. Die Substrate für dieses Enzym sind, wie sich herausstellte, Desoxyribonukleosidtriphosphate, die an einer einzelsträngigen DNA-Matrize zusammengesetzt werden. Der schrittweise ablaufende Mechanismus dieser Reaktion ist in **Abb. 5.3** und **5.4** dargestellt.

5.2.2 Die Replikationsgabel ist unsymmetrisch

Während der DNA-Replikation in einer Zelle dient jeder der beiden ursprünglichen DNA-Stränge als Matrize für die Bildung eines vollständigen neuen Strangs. Jede Tochterzelle einer sich teilenden Zelle erhält eine neue DNA-Doppelhelix, die sich aus einem alten und einem neuen Strang zusammensetzt (**Abb. 5.5**). Diese Art der Replikation der DNA-Doppelhelix wird als „semikonservativ" bezeichnet. Wie wird das tatsächlich erreicht?

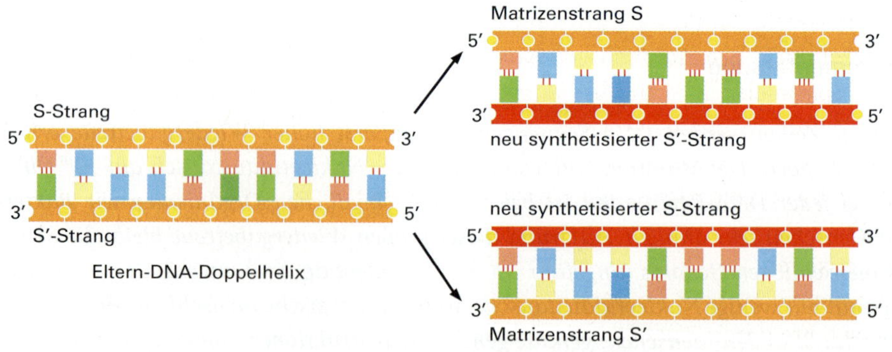

Abb. 5.2 Die DNA-Doppelhelix dient als Matrize für ihre eigene Verdopplung. Da das Nukleotid A nur mit T und das G nur mit C erfolgreich paart, kann jeder DNA-Doppelhelix-Strang – hier mit S-Strang bezeichnet und seine Ergänzung mit S'-Stran – als Matrize dienen und die Nukleotidsequenz seines komplementären Strangs spezifizieren. Auf diese Weise können beide Stränge einer DNA-Doppelhelix genau kopiert werden, wodurch zwei exakte Kopien der ursprünglichen Doppelhelix entstehen. Wie komplementäre Nukleotide Basenpaarungen bilden, ist in **Abb. 4.5** gezeigt.

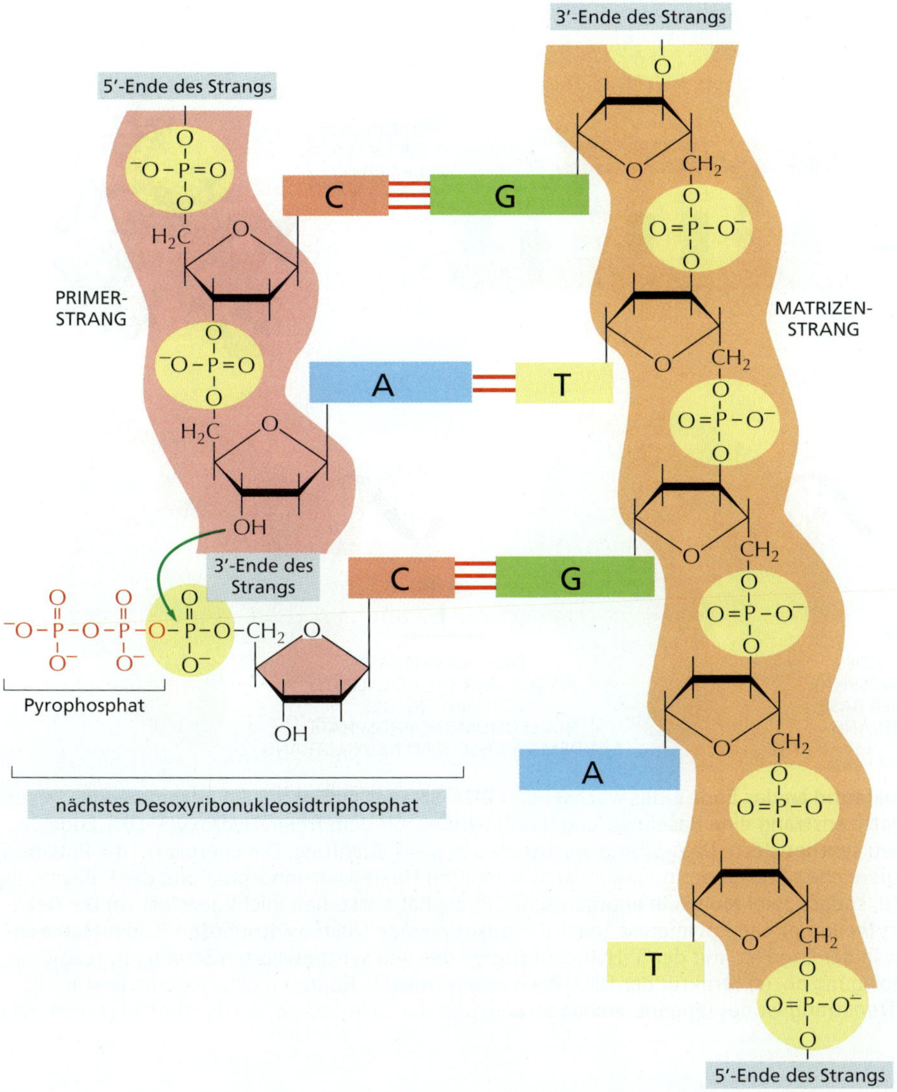

Abb. 5.3 Die Chemie der DNA-Synthese. Nukleotide treten als Desoxyribonukleosidtriphosphat in die Reaktion ein und das Anfügen des Desoxyribonukleotids an das 3'-Ende einer Polynukleotidkette ist die grundlegende Reaktion, durch die neue DNA synthetisiert wird. Wie dargestellt, steuert die Basenpaarung zwischen einem herankommenden Desoxyribonukleosidtriphosphat und einem vorhandenen DNA-Strang (dem *Matrizenstrang*) die Ausbildung eines neuen DNA-Strangs und gewährleistet, dass seine Nukleotidsequenz komplementär zu derjenigen der Matrize ist.

Anfang der 1960er-Jahre durchgeführte Analysen an vollständigen, sich replizierenden Chromosom des Bakteriums *Escherichia coli* enthüllten einen abgegrenzten Replikationsbereich, der sich an der elterlichen DNA-Doppelhelix entlangbewegt. Wegen ihrer *Y*-förmigen Struktur bezeichnete man diese aktive Region als **DNA-Replikationsgabel** (**Abb. 5.6**). An einer Replikationsgabel wird die DNA der beiden neuen Tochterstränge durch einen Multienzymkomplex synthetisiert, der die DNA-Polymerase enthält.

Zunächst schien der einfachste Mechanismus für die DNA-Replikation kontinuierliches Nukleotid-an-Nukleotid-Wachstum der beiden neuen Stränge zu sein, während sich die Replikationsgabel am DNA-Molekül entlangbewegt. Wegen der antiparallelen Anordnung der beiden Stränge in der DNA (s. **Abb. 5.2**) müsste nach diesem Mechanismus der eine Tochterstrang in 5'→3'-Richtung, der andere in 3'→5'-Richtung wachsen. Eine solche Replikationsgabel würde zwei verschiedene DNA-Polymerase-Enzyme benötigen. So attraktiv das Modell auch erscheint, die DNA-Polymerasen können an Replikationsgabeln nur in 5'→3'-Richtung synthetisieren.

Wie kann dann aber die DNA in 3'→5'-Richtung wachsen? Die Antwort kam Ende der 1960er-Jahre durch Experimente, bei denen man Kulturen sich teilender Bakterien für

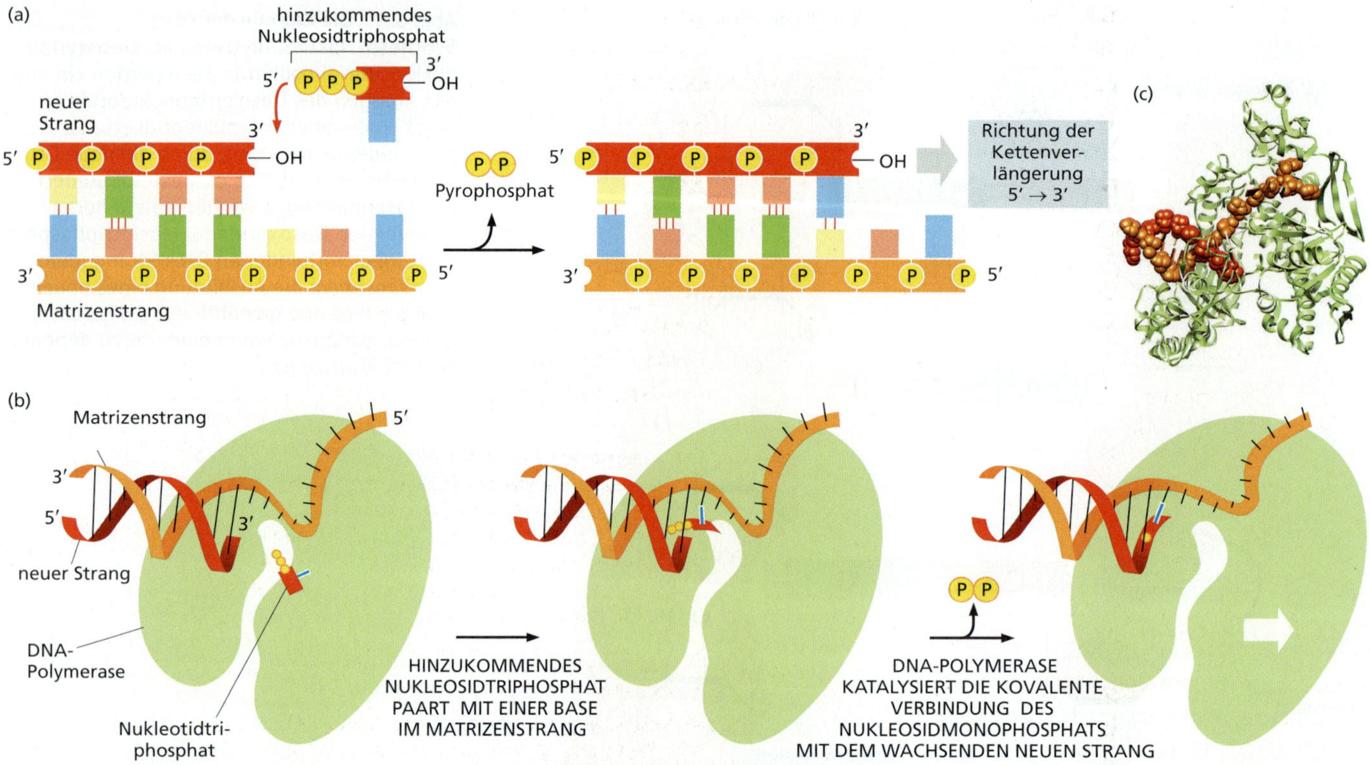

Abb. 5.4 Wie die DNA-Polymerase ein Desoxyribonukleotid an das Ende eines wachsenden DNA-Strangs anfügt. (a) Ein ankommendes Desoxynukleosidtriphosphat bildet mit seinem Partner im Matrizenstrang eine Basenpaarung. Dann wird es mit dem freien Hydroxy(3'-OH)-Ende des wachsenden DNA-Strangs kovalent verbunden. Der neu synthetisierte DNA-Strang wächst also in 5'→3'-Richtung. Die Energie für die Polymerisierungsreaktion stammt aus der Hydrolyse der energiereichen Phosphatbindung im ankommenden Nukleosidtriphosphat und der Freisetzung von Pyrophosphat, das anschließend hydrolysiert wird, sodass zwei Moleküle anorganisches Phosphat entstehen (nicht gezeigt). (b) Die Reaktion wird von dem Enzym DNA-Polymerase katalysiert (*hellgrün*). Die Polymerase lenkt das ankommende Nukleosidtriphosphat zum Matrizenstrang und positioniert es so, dass sein 5'-Triphosphat in der Lage ist, mit der 3'-Hydroxylgruppe des neu synthetisierten Strangs zu reagieren. Der *weiße Pfeil* zeigt die Richtung der Polymerase-Bewegung an. (c) Struktur der DNA-Polymerase, mittels Röntgenkristallografie bestimmt; gezeigt ist auch die sich replizierende DNA. Der Matrizenstrang ist der längere, *orange* Strang, und der DNA-Strang, der synthetisiert wird, *ist rot gefärbt*. (c, PDB-Code: 1KRP).

wenige Sekunden hoch radioaktives ^{3}H-Thymidin zusetzte. Dabei wird nur die zuletzt replizierte DNA direkt hinter der Replikationsgabel markiert. Dieses Experiment zeigte, dass an der wachsenden Replikationsgabel vorübergehend 1000 bis 2000 Nukleotide lange DNA-Stücke vorkommen, die man heute gewöhnlich als *Okazaki-Fragmente* bezeichnet. (Später entdeckte man solche Replikationszwischenprodukte auch bei Eukaryoten; dort sind sie nur 100 bis 200 Nukleotide lang). Es konnte gezeigt werden, dass die Okazaki-Fragmente ausschließlich in 5'→3'-Richtung synthetisiert und erst hinterher zu langen DNA-Ketten zusammengefügt werden.

Eine Replikationsgabel hat also eine unsymmetrische Struktur (**Abb. 5.7**). Der kontinuierlich synthetisierte Tochterstrang wird **Leitstrang** (*leading strand*) genannt. Seine Synthese eilt der Synthese des anderen Tochterstrangs, der diskontinuierlich synthetisiert und als **Folgestrang** (*lagging strand*) bezeichnet wird, etwas voraus. Für den Folgestrang ist damit die Richtung der Nukleotidpolymerisation entgegengesetzt zu der Gesamtrichtung des Wachstums der DNA-Kette. Die Synthese des Folgestrangs nach einem diskontinuierlichen „Steppstich"-Mechanismus bedeutet, dass für die DNA-Replikation nur die DNA-Polymerase vom 5'→3'-Typ erforderlich ist.

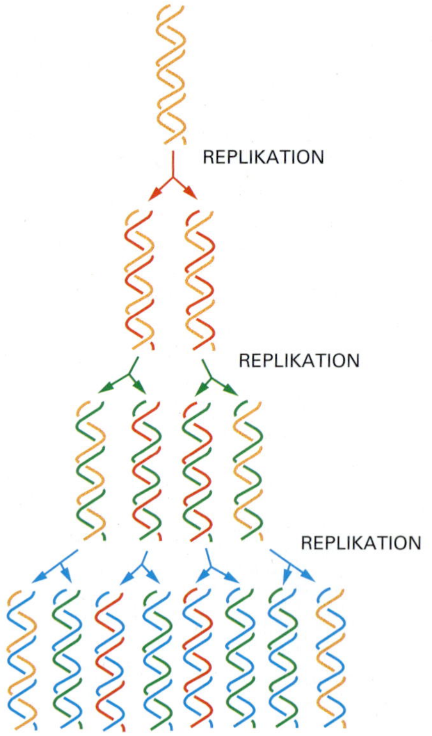

Abb. 5.5 In jeder DNA-Replikationsrunde dient jeder der beiden DNA-Stränge als Matrize für die Bildung eines neuen, komplementären Strangs. Die DNA-Replikation ist *semikonservativ*, weil jede DNA-Doppelhelix aus einem vorhandenen (alten) und einem neu synthetisierten Strang besteht.

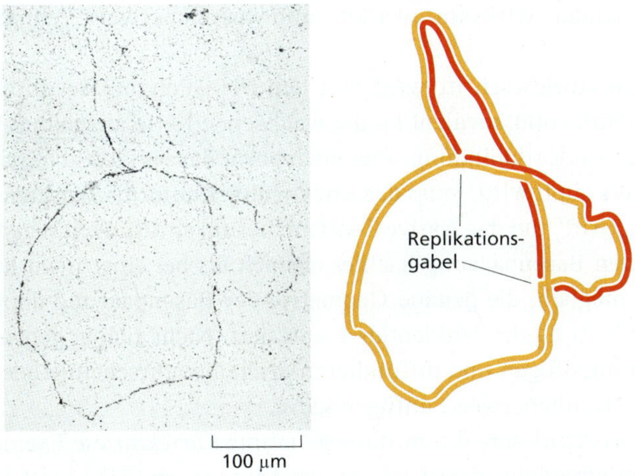

Abb. 5.6 Zwei Replikationsgabeln auf einem *Escherichia-coli*-Chromosom, ein großes ringförmiges DNA-Molekül, bewegen sich in entgegengesetzte Richtungen. Jede Replikationsgabel hat eine Y-förmige Struktur und bewegt sich entlang der DNA, hinter ihr erscheint neu replizierte DNA. Der Stamm des Y ist die Ausgangs-DNA-Doppelhelix und die beiden Arme des Y enthalten die neu synthetisierte DNA. Das linke Bild erhielt man, indem man *Escherichia coli* mehrere Stunden lang radioaktives Thymin angeboten hat, die DNA vorsichtig auf Filterpapier isoliert hat und einen fotografischen Film auf die DNA legte. Da der Film der Radioaktivität ausgesetzt war, erhält man ein Bild der DNA, wenn der Film entwickelt und unter dem Lichtmikroskop betrachtet wird. Das Diagramm rechts interpretiert das Ergebnis, wobei die Ausgangs-DNA-Stränge *orange* und die neu synthetisierten DNA-Stränge *rot* sind. Während ihrer Isolierung für dieses Experiment faltete sich die *Escherichia coli*-DNA auf sich selbst, worauf die Überkreuzung der Doppelhelix zurückzuführen ist. (J. Cairns, *Cold Spring Harb. Symp. Quant. Biol.* 38:43–46, 1963. Mit freundlicher Genehmigung von Cold Spring Harbor Laboratory Press).

5.2.3 Die hohe Genauigkeit der DNA-Replikation verlangt mehrere „Korrekturlese"-Mechanismen

Wie bereits oben besprochen, ist die Kopiergenauigkeit bei der DNA-Replikation so hoch, dass höchstens ein Fehler auf 10^{10} kopierte Basenpaare auftritt. Diese Genauigkeit ist viel höher, als man alleine durch die Eigenschaften der komplementären Basenpaarung erwarten würde. Die komplementären Standardbasenpaare (s. **Abb. 4.5**) sind nicht die einzig möglichen. Bei einer nur geringfügigen Änderung der geometrischen Verhältnisse in der Helix können sich z. B. zwischen G und T zwei Wasserstoffbrücken ausbilden. Außerdem liegen in normaler DNA vorübergehend die seltenen Konfigurationen der vier DNA-Basen (sog. Tautomere) im Verhältnis von 1 zu 10^4 bis 10^5 vor. Sie bilden andere Basenpaare, ohne dass sich die Helix geometrisch ändert: Die seltene tautomere Form von C paart sich z. B. mit A statt mit G.

Wenn die DNA-Polymerase eine solche Fehlpaarung zwischen einem neu hinzukommenden Desoxyribonukleosidtriphosphat und der DNA-Matrize hinnähme, würde das falsche Nukleotid in den neuen DNA-Strang eingebaut, und es entstünden häufig Mutationen. Die hohe Genauigkeit der DNA-Replikation hängt nicht nur von der komplementären Basenpaarung, sondern auch von mehreren „Korrekturlese"-Mechanismen

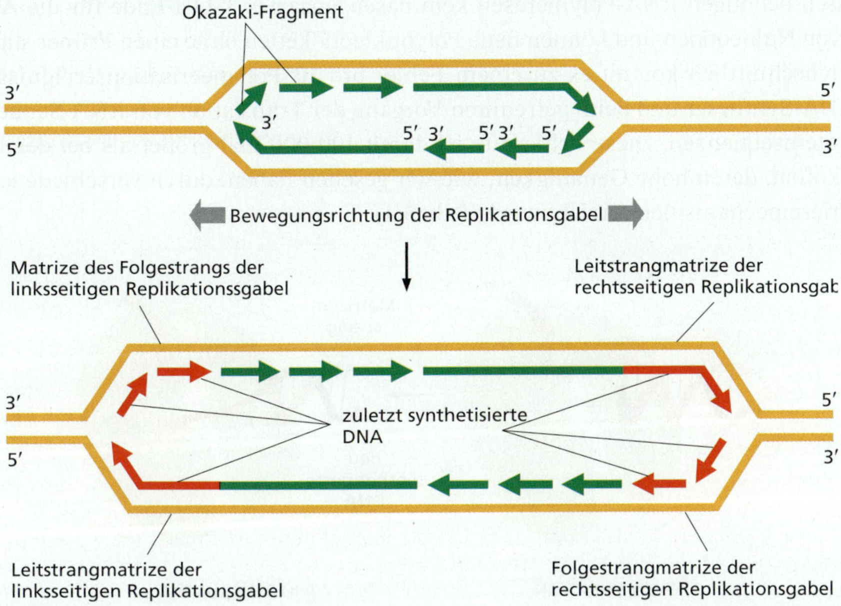

Abb. 5.7 An jeder Replikationsgabel wird der DNA-Folgestrang in Teilen synthetisiert. Das obere Diagramm zeigt zwei Replikationsgabeln, die sich wie in **Abb. 5.6** auf einem DNA-Doppelhelixmolekül in entgegengesetzte Richtungen bewegen; das untere Diagramm zeigt die beiden gleichen Gabeln kurze Zeit später. Da beide Tochterstränge in 5'→3'-Richtung synthetisiert werden, muss die DNA am Folgestrang zunächst als Reihe kurzer DNA-Moleküle gebildet werden, die später miteinander verknüpft werden. Um den Folgestrang zu replizieren, verwendet die DNA-Polymerase auf dieser Seite der Gabel einen Steppstichmechanismus: Sie synthetisiert ein kurzes DNA-Stück in 5'→3'-Richtung, hält an und wird dann von ihrer Proteinmaschine rückwärts in Richtung Gabel bewegt, um das nächste Fragment zu synthetisieren.

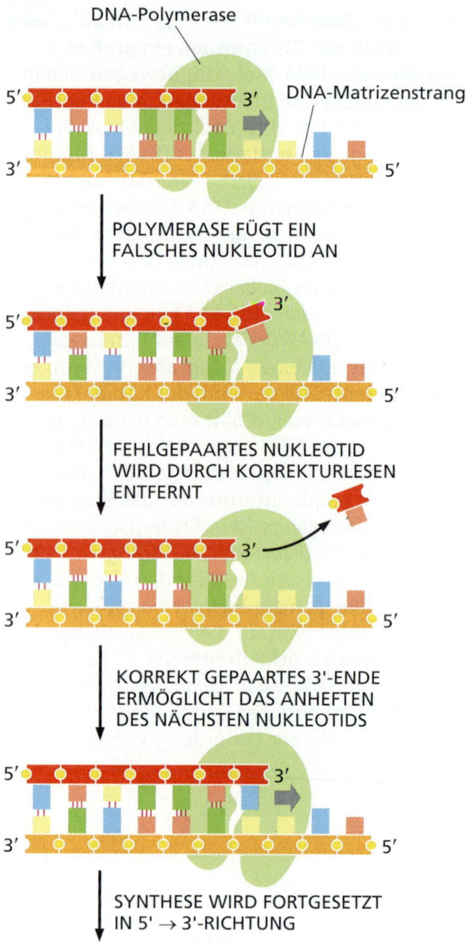

Abb. 5.8 Während der DNA-Synthese liest die DNA-Polymerase ihre eigene Arbeit Korrektur. Falls irrtümlich ein falsches Nukleotid an den wachsenden Strang angefügt wird, hält die DNA-Polymerase an, schneidet es aus dem Strang und ersetzt es durch das korrekte Nukleotid, bevor die Synthese fortgesetzt wird.

ab, die nacheinander wirksam werden und möglicherweise entstandene Fehler beseitigen.

Der erste Korrekturleseschritt wird von der DNA-Polymerase durchgeführt, kurz bevor ein neues Nukleotid kovalent an die wachsende Kette angehängt wird. Nach der komplementären Nukleotidbindung, aber noch bevor das Nukleotid mit der wachsenden Kette kovalent verknüpft wird, muss das Enzym eine Konformationsänderung erfahren, bei der sich sein „Griff" um das Aktive Zentrum herum strafft. Weil sich diese Änderung bei einer korrekten Basenpaarung leichter abspielt als bei einer nicht korrekten, ist es der Polymerase möglich, die genaue Geometrie der Basenpaarung doppelt zu prüfen, bevor sie die Anheftung des Nukleotids katalysiert. Nicht richtig gepaarte Nukleotide sind schwieriger anzufügen und diffundieren deshalb wahrscheinlicher weg, bevor die Polymerase sie irrtümlicherweise anfügen kann.

Die nächste Korrekturlesereaktion, die sogenannte *Korrekturlese-Exonukleaseaktivität* (*exonucleolytic proofreading*), findet sofort nach den seltenen Fällen statt, in denen ein falsches Nukleotid kovalent an den wachsenden Strang gebunden hat. DNA-Polymerasen wählen die DNA-Ketten, die sie verlängern, sehr genau aus. Sie brauchen das 3'-OH-Ende eines basengepaarten *Primerstrangs* (*primer* = Vorlage, Startstück) (s. **Abb. 5.4**). DNA-Moleküle mit einem falschen, nicht basengepaarten Nukleotid am 3'-OH-Ende des Primer-Strangs sind schlechte Matrizen, da die DNA-Polymerase Schwierigkeiten hat, einen solchen Strang zu verlängern. DNA-Polymerasemoleküle begegnen solchen fehlgepaarten DNA-Molekülen mithilfe eines speziellen katalytischen Zentrums, das je nach Polymerase entweder in einer gesonderten Untereinheit oder in einer gesonderten Proteindomäne des Polymerase-Moleküls liegt. Diese *3'→5'-Korrekturlese-Exonukleaseaktivität* entfernt so lange ungepaarte oder falsch gepaarte Reste vom Primer-Ende, bis ausreichend Nukleotide entfernt wurden und wieder ein basengepaartes 3'-OH-Ende zur Verfügung steht, an dem die DNA-Synthese beginnen kann. So wirkt die DNA-Polymerase als „selbstkorrigierendes" Enzym, das seine eigenen Polymerisationsfehler entfernt, während es an der DNA entlangwandert (**Abb. 5.8** und **5.9**).

Die Notwendigkeit eines vollkommen basengepaarten Primer-Endes ist eine Voraussetzung für die Selbstkorrekturfähigkeit der DNA-Polymerase. Einem solchen Enzym ist es offenbar unmöglich, die DNA-Synthese *de novo* ohne vorhandenen Primer zu beginnen. Die an der Gentranskription beteiligten RNA-Polymerasen benötigen dagegen keine derartige exonukleolytische Selbstkorrektur: Fehler bei der RNA-Synthese werden nicht an die nächste Generation weitergegeben, deshalb sind sie langfristig ohne Bedeutung. Infolgedessen benötigen RNA-Polymerasen kein basengepaartes 3'-OH-Ende für die Anheftung von Nukleotiden und können neue Polynukleotidketten ohne einen Primer starten.

Durchschnittlich kommt es zu einem Fehler pro 10^4 Polymeerisationsereignisse bei der RNA-Syntheser und beim getrennten Vorgang der Translation von RNA-Sequenzen zu Proteinsequenzen. Diese Fehlerrate ist damit 100 000-mal größer als bei der DNA-Replikation, deren hohe Genauigkeit, wie wir gesehen haben, durch verschiedene Korrekturlesemechanismen erreicht wird (**Tab. 5.1**).

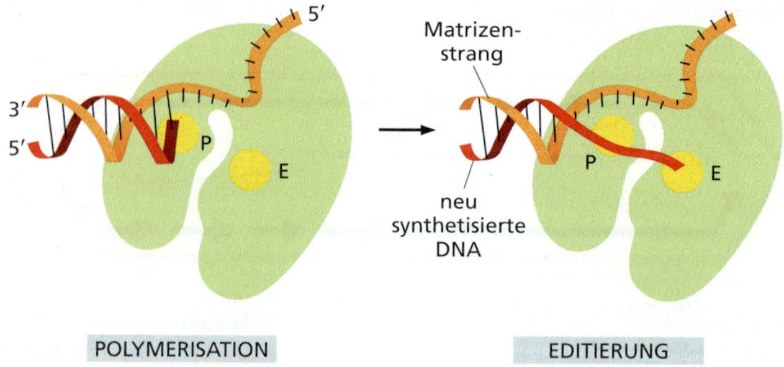

Abb. 5.9 DNA-Polymerase enthält getrennte Stellen für die DNA-Synthese und das Korrekturlesen. Die DNA-Polymerase, die das zu replizierende DNA-Molekül „umarmt", wird im Polymerisierungsmodus (*links*) und im Korrekturlese- oder Editierungs-Modus (*rechts*) gezeigt. Die Katalysestellen für die Polymerisierungsakitvität (P) und die Editierungsaktivität (E) sind gekennzeichnet. Wenn die Polymerase ein falsches Nukleotid anfügt, dann löst der neu synthetisierte DNA-Strang (*rot*) vorübergehend die Paarungen vom Matrizenstrang (*orange*), und sein 3'-Ende wandert in die Editierungsstelle (E), damit das falsche Nukleotid beseitigt wird. Diese Diagramme fußen auf der mittels Röntgenkristallografie bestimmten Struktur des *Escherichia-coli*-DNA-Polymerase-Moleküls.

Tab. 5.1 Drei Replikationsschritte gewähren die hohe Genauigkeit der DNA-Replikation.

Replikationsschritt	Fehler pro zugefügtes Nukleotid
5'→3'-Polymerisation	10^{-5}
3'→5' exonukleolytische Korrekturleseaktivität	10^{-2}
Fehlpaarungs-Korrekturlesesystem	10^{-3}
Kombiniert	10^{-10}

Das Fehlpaarungs-Korrekturlesesystem wird in Abschnitt 5.2.9 beschrieben. Für den Polymerisationsschritt beschreibt „Fehler pro zugefügtes Nukleotid" die Wahrscheinlichkeit, dass ein falsches Nukleotid an die wachsende Kette angefügt wird. Für die anderen beiden Schritte beschreibt „Fehler pro zugefügtes Nukleotid" die Wahrscheinlichkeit, dass ein Fehler nicht korrigiert wird. Jeder Schritt verringert deshalb das Risiko eines Endfehlers um den gezeigten Faktor.

5.2.4 Die DNA-Replikation in 5'→3'-Richtung ermöglicht eine wirksame Fehlerkorrektur

Das Gebot der Genauigkeit erklärt möglicherweise auch, warum die DNA-Replikation nur in 5'→3'-Richtung verläuft. Wenn es eine DNA-Polymerase gäbe, die die Desoxyribonukleosidtriphosphate so anknüpfte, dass die Ketten in 3'→5'-Richtung wüchsen, dann würde nicht das neu hinzukommende Mononukleotid, sondern das wachsende 5'-Primer-Ende die aktivierende Triphosphatgruppe liefern müssen, die für die kovalente Bindung nötig ist (s. **Abb. 5.3**). In diesem Fall könnten falsch angeheftete Nukleotide nicht einfach durch Hydrolyse entfernt werden, denn dadurch würde ein „nacktes" 5'-Primer-Ende der Kette entstehen und die DNA-Synthese würde sofort stoppen (s. **Abb. 5.3**). Es ist daher nur möglich, eine fehlgepaarte Base zu korrigieren, wenn sie an das 3'-Ende der DNA-Kette angeheftet wurde. Obwohl der Steppstichmechanismus zur DNA-Replikation kompliziert zu sein scheint, hält er die Polymerisation in 5'→3'-Richtung aufrecht, die für das Korrekturlesen der Exonuklease erforderlich ist.

Trotz dieser Schutzvorrichtungen gegen DNA-Replikationsfehler hinterlassen DNA-Polymerasen gelegentlich Fehler in der DNA, die sie herstellen. Wie wir jedoch später in diesem Kapitel sehen werden, haben Zellen jedoch eine weitere Chance, diese Fehler durch einen sogenannten *Fehlpaarungs-Korrekturlesemechanismus* (*strand-directed mismatch repair*) zu korrigieren. Bevor wir uns diesem Mechanismus zuwenden, werden wir jedoch die Funktion anderer Proteintypen an der Replikationsgabel beschreiben, die Teil einer großen Proteinmaschine sind, die die DNA repliziert.

5.2.5 Ein besonderes nukleotidpolymerisierendes Enzym synthetisiert kurze RNA-Primermoleküle

Am Leitstrang ist nur einmal, zu Beginn der Replikation, ein Primer erforderlich: Hat sich die Replikationsgabel einmal gebildet, steht der DNA-Polymerase immer ein basengepaartes Kettenende zur Verfügung, an das sie weitere Nukleotide anfügen kann. Am Folgestrang der Gabel aber muss die DNA-Polymerase, immer wenn sie ein kurzes Okazaki-Fragment synthetisiert hat (was nur ein paar Sekunden dauert), an einer weiter vorne gelegenen Stelle des Matrizenstrangs mit der Synthese eines neuen Teilstücks beginnen (s. **Abb. 5.7**). Jedes Mal, wenn dies geschieht, ist ein spezieller Mechanismus erforderlich, um einen basengepaarten Primer-Strang zu erzeugen, damit diesen die DNA-Polymerase verlängern kann. Dies erfordert ein Enzym namens DNA-Primase, das aus Ribonukleosidtriphosphaten kurze **RNA-Primer** am Folgestrang synthetisiert (**Abb. 5.10**). Diese Primer sind bei Eukaryoten ungefähr 10 Nukleotide lang und werden in Abständen von 100 bis 200 Nukleotiden am Folgestrang synthetisiert. Auch die Synthese des Leitstrangs erfordert einen RNA-Primer – jedoch nur ganz zu Beginn.

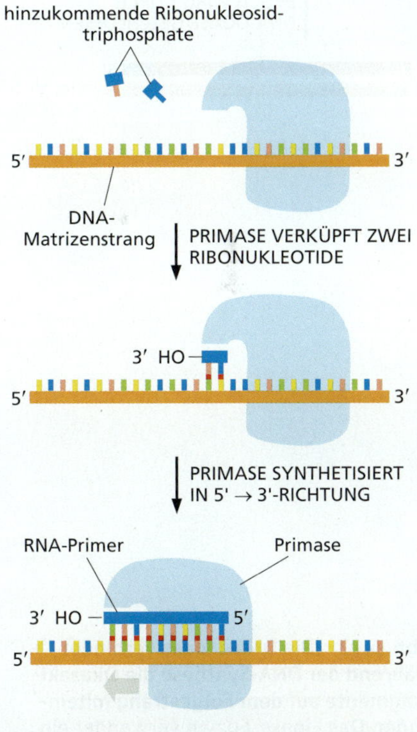

Abb. 5.10 RNA-Primer werden von einer RNA-Polymerase namens DNA-Primase synthetisiert, die einen DNA-Strang als Matrize verwendet. Wie die DNA-Polymerase synthetisiert die Primase in 5'→3'-Richtung. Anders als die DNA-Polymerase kann die Primase jedoch eine neue Polynukleotidkette beginnen, indem sie zwei Nukleosidtriphosphate verknüpft, ohne das ein basengepaartes 3'-Ende als Startpunkt erforderlich wäre. Eine DNA-Primase verwendet Ribonukleosidtriphosphate anstelle von Desoxyribonukleosidtriphosphaten, und sie ist weit weniger exakt als eine DNA-Polymerase.

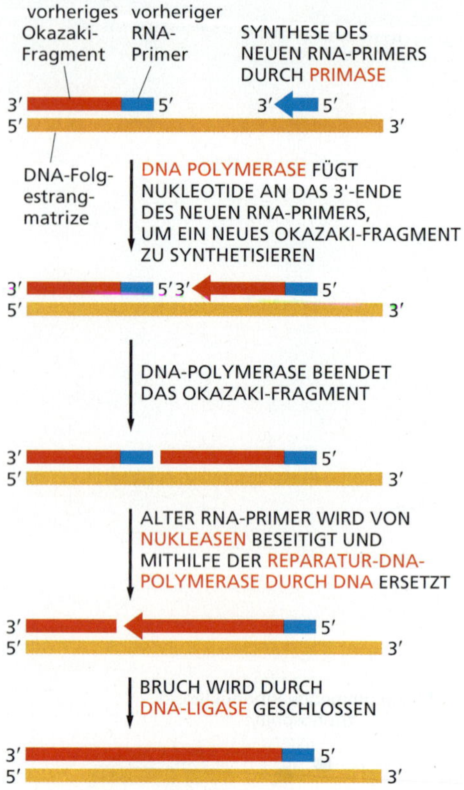

Abb. 5.11 Verschiedene Enzyme arbeiten der Reihe nach, um am Folgestrang DNA zu synthetisieren. Bei Eukaryoten werden die RNA-Primer in Abständen von ungefähr 200 Nukleotiden auf dem Folgestrang gebildet, und jeder Primer ist ungefähr 10 Nukleotide lang. Diese Primeren werden an der Replikationsgabel durch die DNA-Polymerase ausgedehnt, um Okazaki-Fragmente zu erzeugen. Die Primer werden nachfolgend von Nukleasen beseitigt, welche den RNA-Strang in der RNA-DNA-Hybrid-Helix erkennen und ihn zerstören; dies hinterlässt Lücken, die von einer exakten „Reparatur"-DNA-Polymerase aufgefüllt werden, die während des Auffüllens Korrektur liest. Schließlich werden die fertiggestellten DNA-Fragmente von einem Enzym namens DNA-Ligase miteinander verknüpft; dieses Enzym katalysiert die Bildung einer Phosphodiesterbindung zwischen dem 3'-Hydroxylende eines Fragments und dem 5'-Phosphatende des nächsten, wodurch die Zucker-Phosphat-Rückgrate aneinandergekoppelt werden. Diese bruchversiegelnde Reaktion erfordert einen Energieeinsatz in Form von ATP (s. **Abb. 5.12**).

Die chemische Struktur der RNA wurde in Kapitel 1 eingeführt und wird im Detail in Kapitel 6 beschrieben. Hier erinnern wir uns nur, dass RNA- und DNA-Struktur einander sehr ähnlich sind. Ein RNA-Strang kann mit einem DNA-Strang über Basenpaarung eine DNA-RNA-Hybriddoppelhelix bilden, wenn beide Nukleotidsequenzen zueinander komplementär sind. Die Synthese der RNA-Primer funktioniert daher nach demselben Matrizenprinzip wie die DNA-Synthese. Da ein RNA-Primer ein korrekt gepaartes Nukleotid mit einer 3'-OH-Gruppe enthält, kann er an diesem Ende von einer DNA-Polymerase verlängert werden und ein Okazaki-Fragment beginnen.

Die Synthese des Okazaki-Fragments endet, wenn die DNA-Polymerase auf den RNA-Primer am 5'-Ende des vorhergehenden Fragments stößt. Damit aus den vielen am Folgestrang gebildeten DNA-Fragmenten ein kontinuierlicher Strang wird, tritt sehr schnell ein spezielles DNA-Reparatursystem in Aktion, das die RNA-Primer entfernt und durch DNA ersetzt. Ein Enzym namens **DNA-Ligase** verbindet das 3'-Ende des neuen DNA-Fragments mit dem 5'-Ende des vorhergehenden Fragments und bringt damit den ganzen Vorgang zum Abschluss (**Abb. 5.11** und **5.12**).

Warum wird wohl ein abzutrennender RNA-Primer verwendet und kein DNA-Primer? Das Argument, dass eine sich selbst korrigierende Polymerase keine Ketten *de novo* anfangen kann, lässt sich umkehren: Ein Enzym, das neue Ketten startet, ist nicht zu wirksamer Selbstkorrektur fähig. So muss jedes Enzym, das die Synthese von Okazaki-Fragmenten startet, notwendigerweise eine relativ ungenaue Kopie herstellen. Wenn diese ungenauen Kopien bestehen bleiben dürften, wäre die Zunahme der Gesamtmutationsrate enorm. Daher kann man mit gutem Grund annehmen, dass die Verwendung von RNA statt DNA als Primer einen erheblichen Vorteil mit sich brachte, da die Ribonukleotide im Primer diesen automatisch als „zweifelhafte Kopie" zur Beseitigung und zum Austausch durch DNA kennzeichnen, welche von einer äußerst genauen DNA-Polymerase gebildet wurde.

Abb. 5.12 Die DNA-Ligase verbindet während der DNA-Synthese die Okazaki-Fragmente auf dem Folgestrang miteinander. Das Ligase-Enzym verwendet ein Molekül ATP, um das 5'-Phosphat eines Fragments zu aktivieren (Schritt 1), bevor sie mit dem 3'-Hydroxy des anderen Fragments eine neue Bindung knüpft (Schritt 2).

5.2.6 Besondere Proteine helfen, die DNA-Doppelhelix vor der Replikationsgabel zu öffnen

Damit die DNA-Synthese ablaufen kann, muss die DNA-Doppelhelix vor der Replikationsgabel geöffnet („geschmolzen") werden, sodass die hinzukommenden

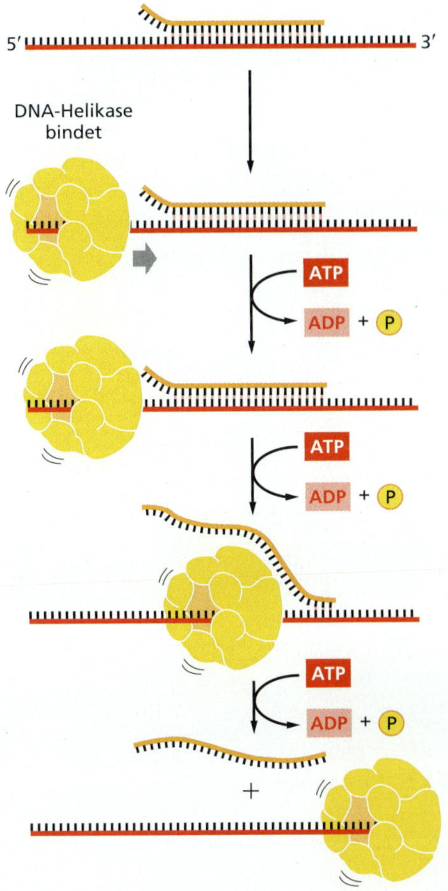

Abb. 5.13 Wie DNA-Helikase-Enzyme Stränge trennen können, während sie entlang eines DNA-Einzelstrangs wandern. Dargestellt ist ein Experiment, in dem ein kurzes, komplementäres DNA-Fragment mit einem langen DNA-Strang hybridisiert, sodass sich ein DNA-Doppelhelixbereich bildet. Weil die zugefügte, gereinigte DNA-Helikase wie ein „wandernder Keil" arbeitet, wird die Doppelhelix aufgeschmolzen, wenn die Helikase an dem DNA-Einzelstrang in eine Richtung entlangläuft. Das kurze DNA-Fragment wird in einer Reaktion freigesetzt, die sowohl das Helikase-Protein als auch ATP erfordert. Die schnelle, schrittweise Fortbewegung der Helikase wird durch ATP-Hydrolyse angetrieben (in Abb. 3.71a schematisch dargestellt). Wie gezeigt, bestehen viele DNA-Helikasen aus einem Ring von sechs Untereinheiten.

Desoxyribonukleosidtriphosphate mit den Matrizensträngen Basenpaare ausbilden können. Die Doppelhelix ist aber unter Normalbedingungen sehr beständig; die Basenpaare schließen sich so stark zusammen, dass fast die Temperatur siedenden Wassers nötig wäre, um die beiden Stränge im Reagenzglas zu trennen. Aus diesem Grund sind zwei weitere Arten von Replikationsproteinen – DNA-Helikasen und Einzelstrang-DNA-Bindungsproteine – erforderlich, um die Doppelhelix zu öffnen und somit die geeignete einzelsträngige DNA-Matrize bereitzustellen, welche die DNA-Polymerase kopieren kann.

DNA-Helikasen wurden zunächst als Proteine isoliert, die ATP hydrolysieren können, wenn sie an einzelsträngige DNA gebunden sind. Wie in Kapitel 3 erläutert, kann ATP-Bindung und -Hydrolyse die Form eines Proteinmoleküls periodisch verändern, sodass das Protein mechanische Arbeit verrichten kann. DNA-Helikasen nutzen dieses Prinzip, um sich schnell auf einem DNA-Einzelstrang zu bewegen. Wenn sie auf einen doppelsträngigen Bereich treffen, laufen sie auf demselben Strang weiter und stemmen dabei die Doppelhelix vor ihnen auseinander. Diese Bewegung in eine Richtung kann mit einer Geschwindigkeit von bis zu 1000 Nukleotiden pro Sekunde ablaufen (**Abb. 5.13** und **5.14**).

Die beiden DNA-Stränge haben eine entgegengesetzte Polarität, und im Prinzip könnte eine Helikase die DNA-Doppelhelix vor einer Replikationsgabel entwinden, indem sie entweder in 5'→3'-Richtung entlang des einen Strangs oder in 3'→5'-Richtung entlang des anderen Strangs wandert. Man findet tatsächlich beide Arten von DNA-Helikasen. In den am besten verstandenen Replikationssystemen in Bakterien hat eine Helikase, die an der Folgestrangmatrize in 5'→3'-Richtung wandert, anscheinend die wichtigere Funktion.

Einzelstrang-Bindungsproteine (*single-strand DNA-binding [SSB] proteins*) binden fest und kooperativ an einzelsträngige, von Heilkasen erzeugte DNA. Zudem bedecken und begradigen *SSB*-Proteine alle Bereiche einzelsträngiger DNA und verhindern dabei die Ausbildung von kurzen Haarnadelhelices, die sich ansonsten in den Einzelsträngen bilden (**Abb. 5.15** und **5.16**). Diese Bereiche kommen regelmäßig in der Leitstrangmatrize vor. Wenn sie nicht beseitigt werden, können sie die von der DNA-Polymerase katalysierte DNA-Synthese behindern.

5.2.7 Ein gleitender Ring hält die wandernde DNA-Polymerase an der DNA fest

Wären die meisten DNA-Polymerasemoleküle auf sich allein gestellt, würden sie nur eine kurze Nukleotidfolge synthetisieren und dann von der DNA-Matrize abfallen. Ein Hilfsprotein (namens PCN in Eukaryoten) bildet jedoch eine Gleitklammer, welche die

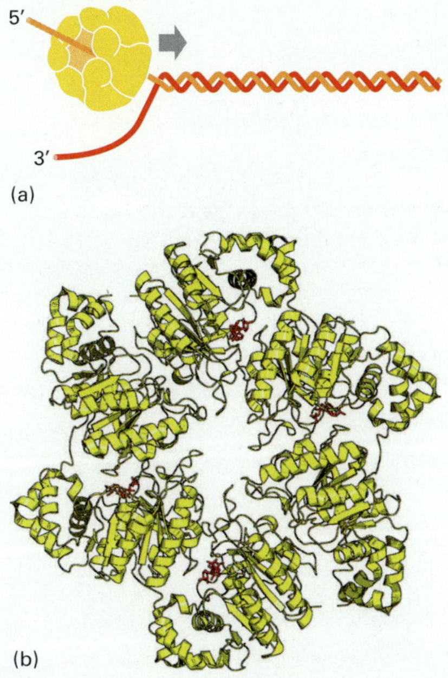

Abb. 5.14 Die Struktur einer DNA-Helikase. (a) Maßstabsgetreue Darstellung des Proteins als hexamerer Ring und einer Replikationsgabel. (b) Durch Röntgenbeugung bestimmte, detaillierte Struktur der replikativen Helikase des Bakteriophagen T7. Sechs identische Untereinheiten binden und hydrolysieren ATP in geordneter Weise, sodass sie das Molekül entlang eines DNA-Einzelstrangs bewegen, der durch das zentrale Loch führt. *Rot* kennzeichnet in der Struktur gebundene ATP-Moleküle. (PDB-Code: 1E0J).

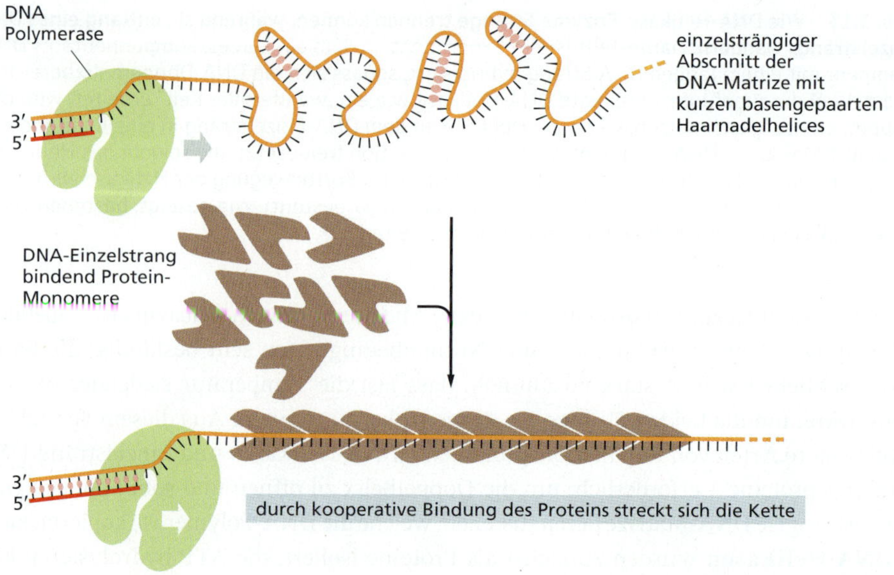

Abb. 5.15 Die Wirkung von Einzelstrang-Bindungsproteinen auf die Struktur einzelsträngiger DNA. Da jedes Proteinmolekül sich bevorzugt in der Nähe eines bereits gebundenen Moleküls anlagert, bilden sich am DNA-Einzelstrang lange Reihen aus Proteinmolekülen. Durch diese *kooperative Bindung* streckt sich die DNA-Matrize, sodass der DNA-Polymerisationsprozess erleichtert wird. Die „Haarnadelhelices" in der nackten Einzelstrang-DNA bilden sich, wenn zufällig kurze Regionen komplementärer Nukleotidsequenzen zusammenpassen.

Polymerase fest auf der DNA hält, wenn se sich bewegt, sie aber frei lässt, sobald sie auf einen doppelsträngigen DNA-Bereich trifft.

Wie kann eine solche Klammer die DNA-Polymerase daran hindern, sich von der DNA zu lösen, ohne gleichzeitig die schnelle Wanderung des Enzyms entlang der DNA zu behindern? Die mittels Röntgenbeugung bestimmte dreidimensionale Struktur des Klammerproteins verriet, dass es einen großen Ring um die Doppelhelix bildet. Eine Seite des Rings bindet an die Rückseite der DNA-Polymerase, und der ganze Ring gleitet mit der Polymerase ungehindert an der DNA entlang. Das Zusammensetzen der Klammer an der DNA erfordert einen besonderen Proteinkomplex, den **Klammer-Ladeprotein-Komplex**, der sich auf regulierte Weise öffnen und schließen kann.

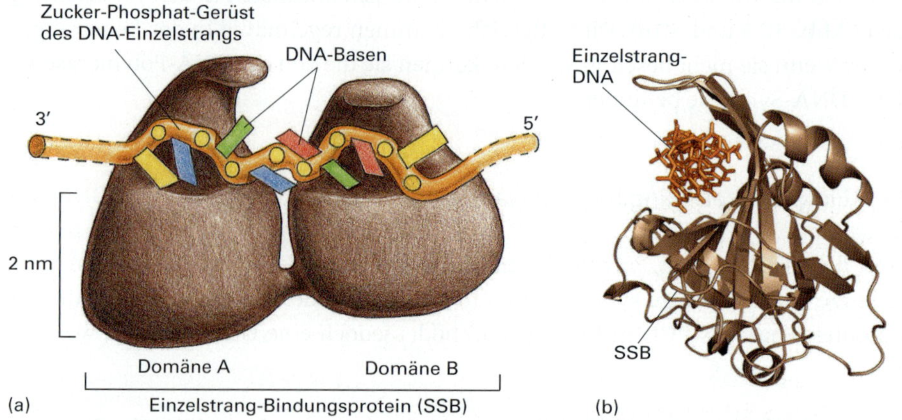

Abb. 5.16 An DNA gebundenes Einzelstrang-Bindungsprotein des Menschen. (a) Vorderansicht der zwei DNA-bindenden Domänen des Proteins (RPA genannt), die zusammen acht Nukleotide abdecken. Beachten Sie, dass die DNA-Basen in diesem Protein-DNA-Komplex frei zugänglich bleiben. (b) Das Diagramm zeigt die dreidimensionale Struktur mit Blick auf das Ende eines DNA-Strangs (*orange*), der senkrecht zur Papierebene liegt. (PDB-Code: 1JMC).

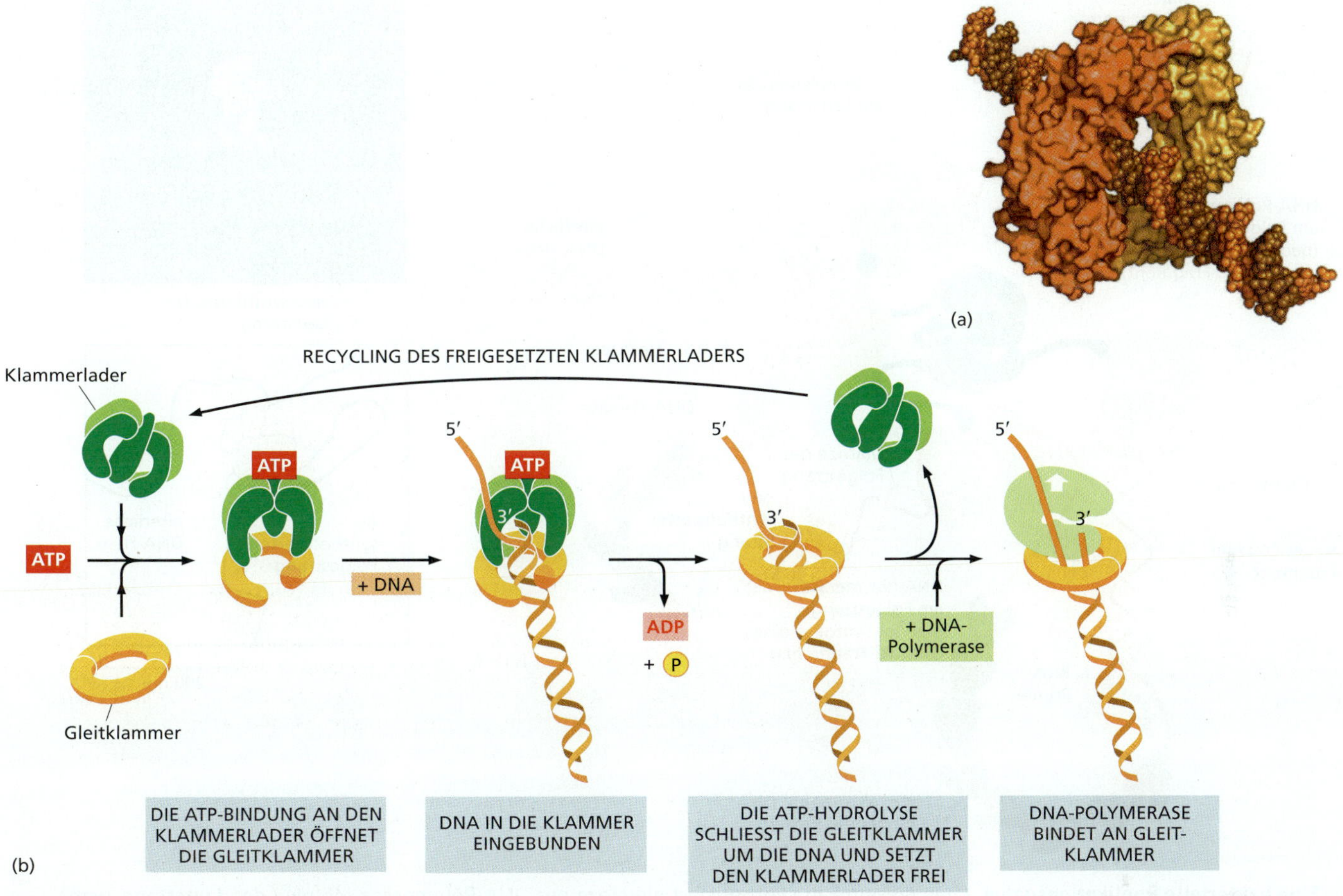

Abb. 5.17 Die Gleitklammer, die die DNA-Polymerase an der DNA festhält. (a) Die durch Röntgenkristallografie bestimmte Struktur des Gleitklammerproteins von *Escherichia coli.* Eine DNA-Helix wurde hinzugefügt, um zu zeigen, wie sich das Protein um die DNA legt. (b) Das Schema zeigt, wie die Klammer auf die DNA geladen wird. Die Struktur des Klammerladers (*grün*) ähnelt einer Schraubenmutter, deren Gewinde den Furchen der doppelsträngigen DNA entspricht. Der Lader bindet an ein freies Klammermolekül und erzwingt eine Lücke in dessen aus Untereinheiten bestehenden Ring, sodass dieser Ring um die DNA gleiten kann. Der Lader „schraubt" dann die offene Klammer auf die doppelsträngige DNA, bis sie auf das 3'-Ende eines Primers trifft; an diesem Punkt hydrolysiert der Lader ATP und setzt die Klammer frei, wodurch sich diese um die DNA schließen kann. In der hier vereinfacht gezeigten Reaktion fällt der Klammerlader ab, sobald sich die Klammer zusammengebaut hat. Bei bakteriellen Replikationsgabeln bleibt der Klammerlader an die Polymerase gebunden, sodass er am Folgestrang bereit ist, bei jedem Beginn eines neuen Okazaki-Fragments eine neue Klammer zusammenzubauen. (a, nach X.P. Kong *et al.*, *Cell* 69:425–437, 1992; PDB-Code: 3BEP; b, nach B. A. Kelch *et al.*, *Science* 334: 1675–1680, 2011).

Auf der Leitstrangmatrize ist die gleitende DNA-Polymerase fest an die Klammer gebunden; diese Verbindung bleibt über lange Zeit bestehen. Auf der Folgestrangmatrize nutzt die DNA-Polymerase ebenfalls die Klammer, aber jedes Mal, wenn die Polymerase das 5'-Ende des vorhergehenden Okazaki-Fragments erreicht, setzt sich die Polymerase selbst aus der Klammer frei und löst sich von der Matrize. Mithilfe des Klammerladers, der ATP hydrolysiert, wenn er eine neue Klammer auf eine Primer-Matrize-Verbindung lädt (**Abb. 5.17**), lagert sich dieses Polymerasemolekül des Folgestrangs an eine neue Klammer an, die auf dem RNA-Primer des nächsten Okazaki-Fragments zusammengebaut wird.

5.2.8 Die Proteine an der Replikationsgabel wirken zusammen als „Replikationsmaschine"

Bisher haben wir die DNA-Replikation als Prozess betrachtet, der von einem Satz unabhängig voneinander wirkender Replikationsproteine ausgeführt wird. In Wirklichkeit sind aber die meisten dieser Proteine zu einem großen Multienzymkomplex zusammengelagert, der schnell DNA synthetisiert. Man kann diesen Komplex mit einer winzigen Nähmaschine vergleichen, die aus Proteinteilen aufgebaut ist und durch die Hydrolyse von Nukleosidtriphosphaten angetrieben wird. Wie eine Nähmaschine bleibt der Replikationskomplex bezogen auf seine unmittelbare Umgebung feststehend; die DNA kann man als einen langen Stoffstreifen ansehen, der durch sie hindurch „gefädelt" wird. Zwar ist der Replikationskomplex bisher bei *E. coli* und einigen seiner Viren am ausgiebigsten untersucht worden, jedoch ist ein sehr ähnlicher Komplex auch bei Eukaryoten wirksam (s. unten).

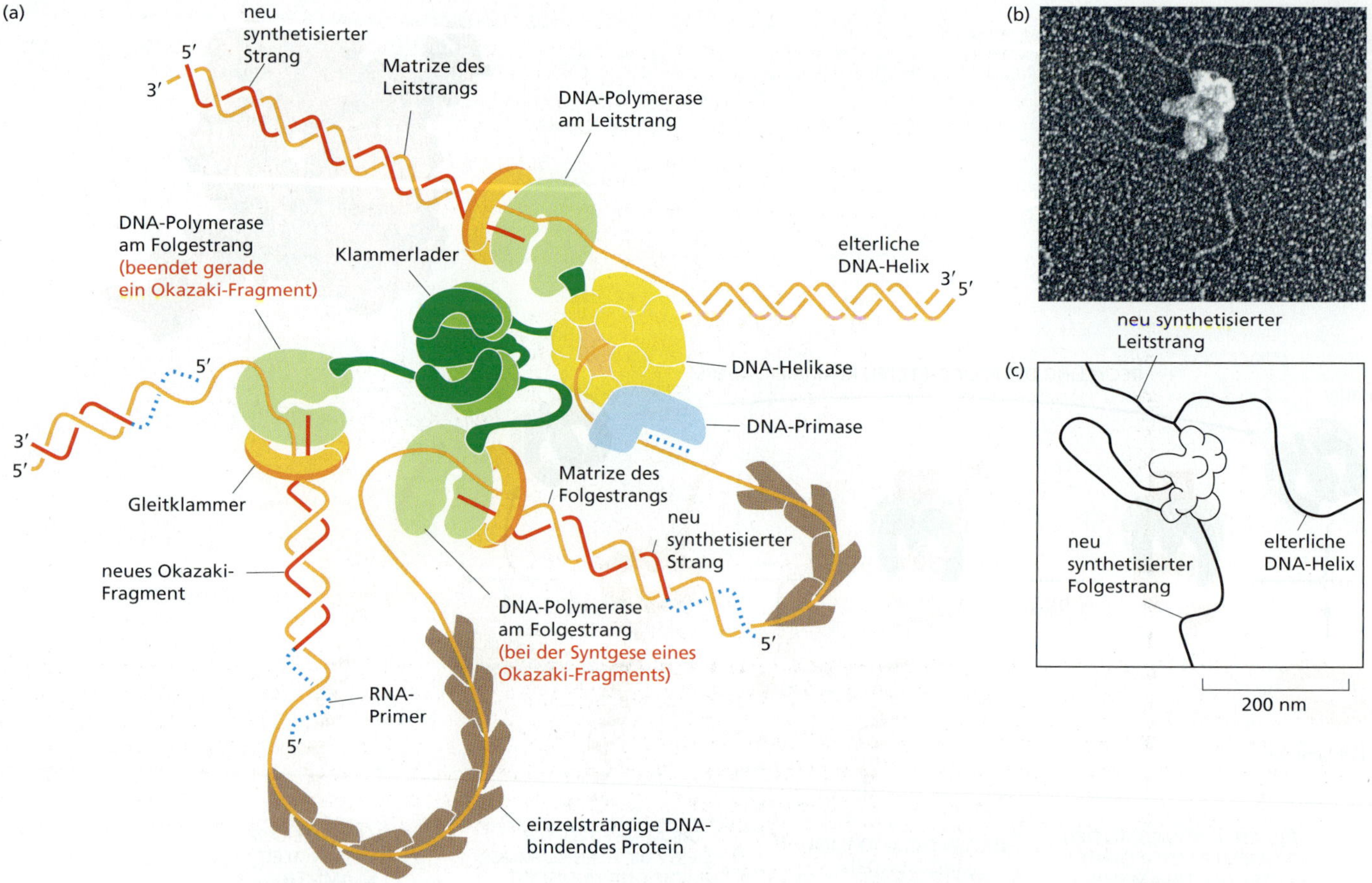

Abb. 5.18 Eine bakterielle Replikationsgabel. (a) In diesem Fall synthetisiert ein einzelnes DNA-Polymerase-Molekül den Leitstrang, während für die DNA-Synthese des Folgestrangs – abwechselnd – zwei DNA-Polymerasen verwendet werden. Alle diese Polymerasemoleküle, die identisch sind, werden durch flexible „Arme", die sich aus dem Klammerlader erstecken, an der Gabel an Ort und Stelle gehalten. Zusätzliche Wechselwirkungen (z. B. zwischen der DNA-Helikase und der Primase) stellen sicher, dass alle einzelnen Komponenten als eine gut koordinierte Proteinmaschine zusammenarbeiten. (b) Eine elektronenmikroskopische Aufnahme zeigt die Replikationsmaschine des Bakteriophagen T4, während sie an einer Matrize entlanggleitet und DNA synthetisiert. (c) Eine Interpretation der elektronenmikroskopischen Aufnahme als Skizze: Man beachte besonders die DNA-Schleife des Folgestrangs. Anscheinend haben sich bei der Vorbereitung dieser Probe für die Elektronenmikroskopie die Replikationsproteine teilweise vom vorderen Ende der Replikationsgabel abgelöst. (b, mit freundlicher Genehmigung von Jack Griffith; s. P. D. Chastain *et al.*, *J. Biol. Chem.* 278: 21276–21285, 2003. Mit Erlaubnis der American Society for Biochemistry and Molecular Biology).

Wie die verschiedenen Proteine an der Replikationsgabel in Bakterien zusammenarbeiten, ist in **Abb. 5.18** zusammengefasst. An der Vorderseite der Replikationsgabel öffnet die DNA-Helikase die DNA-Helix. An der Gabel arbeiten mehrere identische DNA-Polymerasemoleküle, je eines am Leit- und am Folgestrang. Während das DNA-Polymerasemolekül auf dem Leitstrang kontinuierlich arbeiten kann, müssen die DNA-Polymerasemoleküle für jedes Okazaki-Fragment auf dem Folgestrang in kurzen Abständen immer wieder neu mit der Synthese beginnen, wobei sie einen kurzen RNA-Primer verwenden, der von einer DNA-Primase hergestellt wird. Die enge Verbindung all dieser Proteinkomponenten erhöht die Effizienz der Replikation und wird durch ein Zurückfalten des Folgestrangs möglich (wie in der Abbildung gezeigt). Diese Anordnung vereinfacht außerdem jedes Mal das Laden der Polymeraseklammer, wenn ein Okazaki-Fragment synthetisiert wird: Das Ladeprotein und die Folgestrang-DNA-Polymerase bleiben an ihrem Platz an der Replikationsgabel, auch wenn sie sich von ihrer DNA-Matrize ablösen. Die Replikationsproteine sind so zu einem einzigen großen Gebilde (gesamte molekulare Masse > 10^6 Dalton) zusammengelagert. Auf diese Weise wird die DNA auf beiden Seiten der Gabel koordiniert und effizient repliziert.

Die DNA-Replikationsmaschine hinterlässt am Folgestrang eine Reihe nicht verknüpfter Okazaki-Fragmente, die noch die RNA enthalten, die an ihrem 5'-Ende als Primer

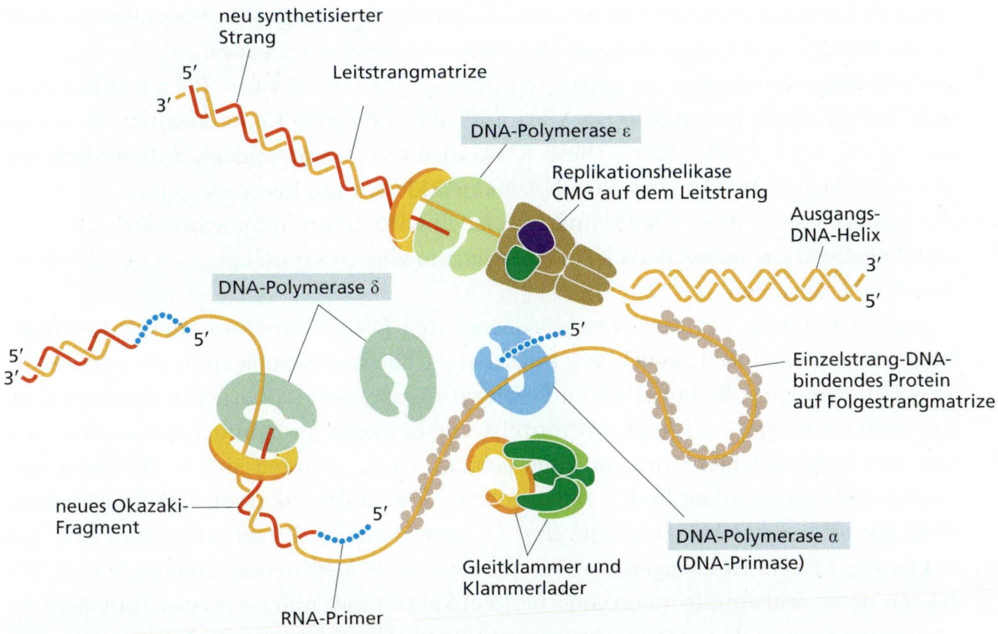

Abb. 5.19 Schematisches Diagramm einer eukaryotischen Replikationsgabel. Man glaubt, dass im Gegensatz zu bakteriellen Replikationsproteinen diejenigen von Eukaryoten weitgehend unabhängig funktionieren und deshalb für die langsamere Geschwindigkeit der Replikationsgabel verantwortlich sind. Man beachte, dass die eukaryotische CMG-Helikase entlang der Leitstrangmatrize unidirektional wandert, wohingegen die früher behandelte bakterielle Helikase in eine Richtung entlang der Folgestrangmatrize wandert (s. **Abb. 5.18**). In beiden Fällen wird die DNA-Doppelhelix rasch vor der sich bewegenden Replikationsgabel durch Verwendung von Energie aus der ATP-Hydrolyse auseinandergezogen.

diente. Wie schon erörtert, ist das Entfernen der RNA und das Verbinden der Fragmente Aufgabe der DNA-Reparaturenzyme hinter der Replikationsgabel (s. **Abb. 5.11**).

5.2.9 Die DNA-Replikation verläuft in Eukaryoten und Bakterien grundsätzlich ähnlich

Unsere Kenntnisse über die DNA-Replikation stammen meist aus der Untersuchung gereinigter Multienzymsysteme aus Bakterien und Bakteriophagen, die *in vitro* DNA replizieren können. Die Erforschung solcher Systeme in den 1970er-Jahren wurde wesentlich dadurch erleichtert, dass man zuvor in vielen verschiedenen Replikationsgenen Mutanten aufgespürt hatte. Diese Mutanten konnte man für die Identifizierung und die Reinigung der entsprechenden Replikationsproteine benutzen. Das erste Säuger-Replikationssystem, das *in vitro* zuverlässig DNA replizieren konnte, wurde Mitte der 1980er-Jahre beschrieben. Inzwischen hat man in der Hefe *Saccharomyces cerevisiae* Mutanten in Genen für fast alle Replikationskomponenten isoliert und charakterisiert. Daher weiß man heute sehr viel über die Enzymologie der DNA-Replikation in Eukaryoten, und es ist offensichtlich, dass die grundlegenden Merkmale der DNA-Replikation – einschließlich der Geometrie der Replikationsgabel und der Verwendung von 5’→3’-DNA-Polymerasen, Helicasen, Klammern, Klammerladern und Einzelstrang-bindende Proteine – ähnlich sind.

Es gibt jedoch einige wichtige Unterschiede bezüglich der DNA-Replikation zwischen Bakterien und Eukaryoten. Am wichtigsten ist vielleicht, das Eukaryoten drei verschiedene Arten von DNA-Polymerasen an jeder Replikationsgabel verwenden (**Abb. 5.19**). Die Polymerase ε (Pol ε) synthetisiert den Leitstrang, wohingegen die Pol α und Pol δ die Okazaki-Fragmente des Folgestrangs synthetisieren. Jeder Polymerasetyp besitzt spezielle Eigenschaften, die ihn für seine Aufgabe geeignet machen. Pol ε bindet sowohl an die Gleitklammer als auch an die Replikations-Helikase, wodurch sie ohne abzufallen sehr lange Abschnitte von Leitstrang-DNA synthetisieren kann. Pol α beinhaltet als eine ihrer Untereinheiten eine DNA-Primase, die alle neuen Ketten beginnt, indem sie eine kurze RNA synthetisiert. Diese RNA wird durch eine andere Untereinheit von Pol α verlängert, die nur etwa 20 DNA-Nukleotide anfügt, bevor sie abfällt. Die Pol δ, die zusammen mit einer Gleitklammer geladen wird, übernimmt schließlich und vollendet die Synthese jedes Okazaki-Fragments, um eine Gesamtlänge von etwa 200 Nukleotiden herzustellen.

Die Verwendung von drei verschiedenen Arten DNA-Polymerase an der Replikationsgabel ist Teil einer Entwicklung hin zu einer höheren Komplexität, die sich bei der Replikation eukaryotischer DNA im Vergleich zu jener von Bakterien beobachten lässt. Ein weiteres Beispiel dafür ist das Einzelstrang-bindende Protein der Eukaryoten, das von drei verschiedenen Untereinheiten gebildet wird, während sich in Bakterien nur eine einzige Untereinheit findet. Entsprechend besteht die eukaryotische Replikations-Helikase (die sog. CMG-Helikase) aus 11 verschiedenen Proteinuntereinheiten, das bakterielle Enzym ist dagegen ein Hexamer aus sechs identischen Untereinheiten. Wir wissen nicht, warum die eukaryotische Replikationsmaschinerie so viel komplexer ist als diejenige von Bakterien; es gibt jedoch mehrere Möglichkeiten. In Eukaryoten muss die DNA-Replikation mit dem ausgeklügelten Mitosevorgang abgestimmt werden; sie hat es außerdem mit DNA zu tun, die in Nukleosomen verpackt ist – Themen, die wir im nächsten Teil des Kapitels behandeln. Es kann auch sein, dass die unterschiedliche Komplexität zwischen Bakterien und Eukaryoten im Wesentlichen den Evolutionsdruck widerspiegelt, mit weniger Genen auszukommen, dem Bakterien unterliegen.

Ein weiterer wichtiger Unterschied zwischen den eukaryotischen und bakteriellen Replikationsproteinkomplexen besteht in den detaillierten Strukturen ihrer einzelnen Protein-Bestandteile. Mit Ausnahme der Gleitklammer haben die Replikationsproteine in Bakterien vollständig andere Strukturen und Aminosäuresequenzen als diejenigen ihrer eukaryotischen Gegenstücke. Die einfachste Erklärung dieser überraschenden Tatsache ist, dass über Hunderte von Millionen Jahren sich die DNA-Replikationsmaschinerie in Eukaryoten und Bakterien unabhängig voneinander entwickelte, obgleich sie auf die gleichen Grundmechanismen hinauslief. Diese Situation steht im Kontrast zu anderen grundlegenden Vorgängen in der Zelle, wie z. B. die Transkription und Translation, bei denen die grundlegenden Bestandteile (RNA-Polymerase und das Ribosom) bei Bakterien und Eukaryoten sehr ähnlich sind – und bei denen die Strukturen aus einem gemeinsamen Vorfahren konserviert sind.

5.2.10 Ein stranggesteuertes Fehlpaarungs-Korrekturlesesystem entfernt Replikationsfehler, die von der Replikationsmaschine übersehen wurden

Da sich Bakterien wie *Escherichia coli* alle 30 Minuten einmal teilen können, ist es bei ihnen relativ leicht, große Populationen durchzumustern und so auch seltene Mutanten zu finden, bei denen ein bestimmter Prozess verändert ist. Eine interessante Klasse von Mutanten umfasst solche mit Veränderungen in den sogenannten *Mutator-Genen*, die die spontane Mutationsrate erheblich steigern. Es kann daher nicht überraschen, dass eines dieser *Mutator*-Gene für eine defekte Form der zuvor beschriebenen 3'→5'-Korrekturlese-Exonukleasen codiert, die eine Untereinheit des DNA-Polymerase-Enzyms ist (s. **Abb. 5.8** und **5.9**). Die mutierte DNA-Polymerase kann nicht mehr wirksam Korrektur lesen, und es sammeln sich viele Kopierfehler in der DNA an, die normalerweise beseitigt worden wären.

Bei der Untersuchung anderer *Escherichia-coli*-Mutanten mit anomal hoher Mutationshäufigkeit entdeckte man ein zusätzliches Korrekturlesesystem, das allem Zellen auf der Erde gemein ist; es beseitigt Replikationsfehler, die von der Polymerase gemacht werden und von der Korrekturlese-Exonuklease übersehen werden. Diese Fehler hinterlassen fehlgepaarte Basenpaarungen hinter der Replikationsgabel, die nachfolgend von einem **stranggesteuerten Fehlpaarungs-Korrekturlesesystem** (*strand-directed mismatch repair*) erkannt und korrigiert werden. Dieses System findet Fehlpaarungen in normaler DNA über deren Befähigung, die DNA-Doppehelix zu verdrehen; diese Verdrehung nimmt enorm zu, wenn sich nichtkomplementäre Basen paaren, die nicht zusammenpassen.

Wenn jedoch dieses Reparatursystem nun aber einfach Fehlpaarungen in frisch replizierter DNA erkennen und nach dem Zufallsprinzip eines der beiden fehlgepaarten Nukleotide ausschneiden würde, dann würde es in der Hälfte der Fälle den ursprünglichen Matrizenstrang so „korrigieren“, dass er zu dem falschen Nukleotid passt. Damit würde die Fehlerhäufigkeit insgesamt gleich bleiben. Damit die Fehler wirksam beseitigt werden, darf das Korrekturlesesystem nur das Nukleotid im neu synthetisierten Strang entfernen, in dem der Kopierfehler aufgetreten ist.

Der Mechanismus zur Unterscheidung der Stränge, der vom Fehlpaarungs-Korrekturlesesystem von *E. coli* verwendet wird, bedient sich der Methylierung bestimmter A-Reste in der DNA. Alle A-Reste in der Sequenz GATC werden mit Methylgruppen versehen – aber erst einige Zeit, nachdem die Sequenz synthetisiert wurde. Damit enthalten nur die neu synthetisierten Stränge unmittelbar hinter der Replikationsgabel GATC-Sequenzen, die noch nicht methyliert sind. Die Erkennung dieser nicht methylierten GATCs (die mit mthylierten GATCs basengepaart sind) ermöglicht es, neue DNA-Stränge anfänglich von alten zu unterscheiden. Dies ist die Voraussetzung dafür, dass selektiv nur deren Fehlpaarungen entfernt werden. Der fünfschrittige Fehler-Korrekturprozess beinhaltet die Erkennung einer Fehlpaarung, die Identifizierung des neu synthetisierten Strangs, das Ausschneiden des Teils mit den falsch eingebauten Nukleotiden, die Neusynthese des ausgeschnittenen Abschnitts mithilfe des alten Strangs als Matrize sowie die Verknüpfung entlang des DNA-Rückgrats. Das Fehlpaarungs-Korrekturlesesystem verringert die Anzahl der Fehler während der DNA-Replikation um einen zusätzlichen Faktor von 10^2 bis 10^3 (s. **Tab. 5.1**).

In eukaryotischen Zellen arbeitet ein ähnliches Fehlpaarungs-Korrekturlesesystem, verwendet aber eine andere Strategie, um die neuen synthetisierten DNA-Stränge von den Elternsträngen zu unterscheiden. Ein neu synthetisierter DNA-Folgestrang enthält vorübergehend Einzelstrangbrüche, bevor die Reihe von Okazaki-Fragmenten bearbeitet und miteinander verknüpft wird. Jede Lücke trägt in der Regel eine Gleitklammer, die auf der DNA verbleibt, nachdem die DNA-Polymerase sich von ihr gelöst hat, um mit dem nächsten Fragment zu beginnen. Gemeinsam signalisieren die Klammer und der Einzelstrangbruch den Fehlpaarungs-Reparaturproteinen, die Fehlpaarung mithilfe des elterlichen DNA-Strangs als Matrize zu korrigieren (**Abb. 5.20**).

Die zwei Seiten der Klammer unterscheiden sich, und der Klammerlader lädt die Klammer immer in gleicher Ausrichtung im Hinblick auf das 3'-Ende des zuvor synthetisierten Okazaki-Fragments. Da alle Klammern auf der DNA bezogen auf den Replikationsvorgang in die gleiche Richtung „zeigen“, können die ausgerichtete Klammern von der Fehlpaarungs-Reparaturmaschinerie genutzt werden, um die neu synthetisierte DNA von der elterlichen DNA zu unterscheiden. Es ist nicht gesichert, wie sich die Strangunterscheidung im Leitstrang abspielt (in dem Lücken in der neu synthetisierten DNA selten sein sollten); da aber auch die ausgerichteten Gleitklammern hinter der Leitstrang-Poymerase zurückgelassen werden, können sie auf dieselbe Weise wie auf dem Folgestrang alte von neuer DNA signalisieren. Die jüngste Entdeckung eines Korektursystems, das falsch eingebaute Ribonukleotide entfernt, lässt eine weitere Möglichkeit

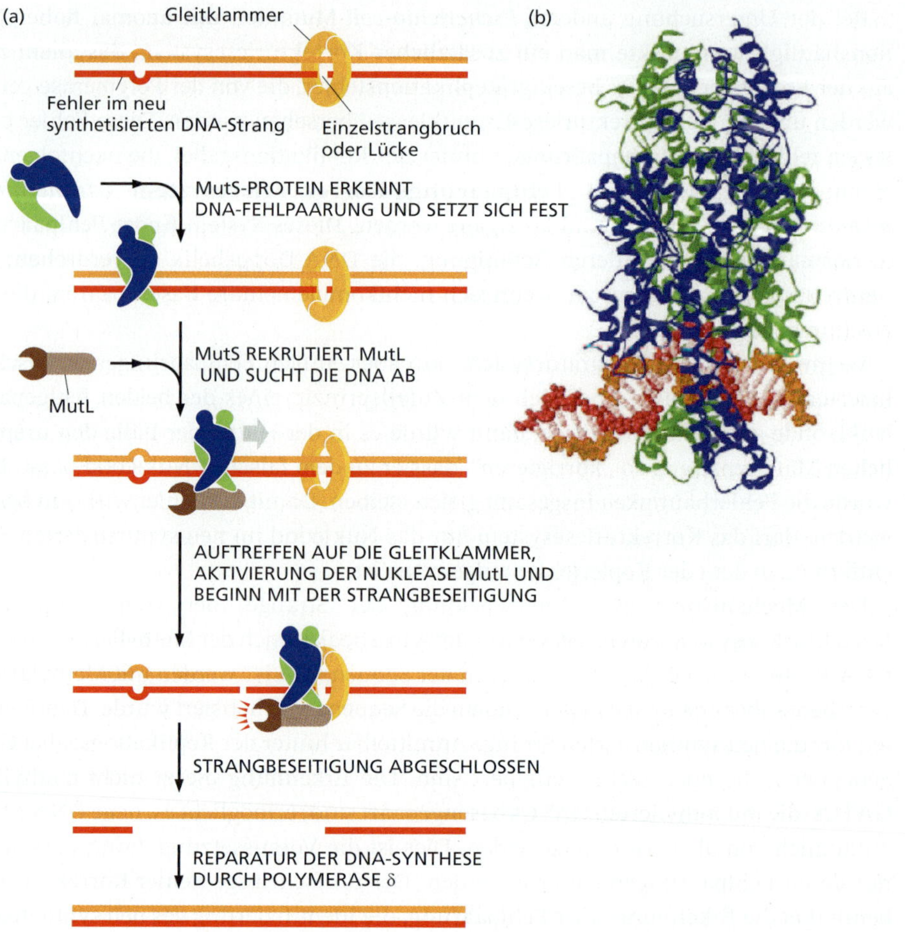

Abb. 5.20 Stranggesteuerte Fehlpaarungsreparatur in Eukaryoten. (a) Das *MutS*-Protein bindet an ein fehlgepaartes Basenpaar, rekrutiert das *MutL*-Protein und der Komplex tastet die in der Nähe gelegene DNA nach einer Lücke und einer Gleitklammer ab, deren Ausrichtung festlegt, welcher Strang geschnitten werden soll und seine zu ersetzenden Nukleotide. Wenn diese angetroffen werden, wird *MutL* aktiviert und beginnt die DNA zu schneiden. In den meisten Organismen wird *MutL* von einer anderen Nuklease begleitet und zusammen beseitigen sie die neu synthetisierte DNA, wobei sie an der Lücke beginnen und sich bis hinter die Fehlpaarung ausdehnen. Die Lücke wird dann durch die DNA-Polymerase δ aufgefüllt und von der DNA-Ligase versiegelt. (b) Die Struktur des *MutS*-Proteins, das an eine DNA-Fehlpaarung gebunden ist. Das Protein ist ein Dimer, das die DNA-Doppelhelix wie gezeigt umgreift und im Bereich der Fehlpaarung knickt. Anscheinend durchsucht das *MutS*-Protein die DNA nach Fehlpaarungen, indem es prüft, welche Stellen leicht geknickt werden können. Dies sind die Bereiche mit Fehlpaarungen. (PDB-Code: 1EWQ).

erkennen, um neu synthetisierte DNA von elterlicher DNA zu unterscheiden, was wir im nächsten Abschnitt behandeln.

Die Fehlpaarungskorrektur ist für alle Zellen von entscheidender Bedeutung; ihre Wichtigkeit beim Menschen zeigt sich bei Personen, die eine defekte Kopie des Fehlpaarungs-Reparatur-Gens geerbt haben (zusammen mit einem funktionsfähigen Gens auf der anderen Chromosomenkopie). Diese Menschen besitzen eine ausgeprägte Prädisposition für bestimmte Krebstypen. Bei einer Art von Darmkrebs beispielsweise, dem sogenannten *erblichen nichtpolypösen Dickdarmkrebs* (*HNPCC*, engl. *Hereditary nonpolyposis colon cancer*), lässt die spontane schädliche Mutation des verbleibenden, funktionsfähigen Gens einen Zellklon somatischer Zellen entstehen, die aufgrund ihres defekten Korrekturlesesystems sehr schnell Mutationen anhäufen. Die meisten Krebserkrankungen entwickeln sich in Zellen, die viele Mutationen angehäuft haben (s. Kap. 20), und daher haben Zellen, denen ein Korrekturlesesystem fehlt, ein stark erhöhtes Risiko, Krebs zu entwickeln. Glücklicherweise erben die meisten Menschen zwei intakte Kopien der Gene, die für Korrekturleseproteine codieren. Das schützt uns, da es sehr unwahrscheinlich ist, dass beide Kopien in derselben Zelle mutieren.

5.2.11 Der fälschliche Einbau von Ribonukleotiden während der DNA-Replikation wird korrigiert

Wir haben gesehen, dass Zellen mehrere Möglichkeiten zur Fehlerkorrektur haben, wenn in die neu replizierte DNA falsche Desoxynucleotide eingebaut wurden.

Manchmal jedoch unterläuft den DNA-Polymerasen eine andere Art von Fehler, die nicht durch falsche Basenpaarung verursacht wird: In diesem Fall wird anstelle eines Desoxyribonukleotids ein Ribonukleotid eingebaut. Diese Moleküle unterscheiden sich durch eine einzige – OH-Gruppe in Zuckerteil des Nukleotids. Wenn sie in die DNA eingebaut werden, schwächen sie die DNA-Kette an dieser Stelle und machen sie für Brüche sehr anfällig. Falls sie nicht repariert würden, würden diese „schwachen Verknüpfungen" hohe Mutationsraten und Genomumgruppierungen verursachen. Auch wenn es zu keinem Strangbruch kommt, so verdreht ein falsch eingebautes Ribonukleotid die DNA-Doppelhelix und kann manche Polymerasen während des nächsten DNA-Replikationszyklus anhalten.

Obgleich DNA-Polymerasen Desoxyribonukleotide den Ribonukleotiden deutlich bevorzugen (um etwa den Faktor eine Million), ist die Konzentration der Ribonukleotide in der Zelle viel höher als diejenige ihrer Desoxy-Gegenstücke, rund 500-fach für ATP, das viele verschiedene Verwendungen in der Zelle hat. Dieses Konzentrationsungleichgewicht bedeutet, dass ein Ribonukleotid etwa einmal pro mehrere Tausend Nukleotide fälschlicherweise in die synthetisierte DNA eingebaut wird. Diese Fehler werden von spezifischen Nukleasen korrigiert, die die DNA-Kette schneiden, wenn sie auf ein Ribonukleotid treffen; dies führt dazu, dass das Ribonukleotid ausgeschnitten und durch DNA ersetzt wird. Dies geschieht auf ganz ähnliche Weise, auf die RNA-Primer durch DNA ersetzt werden, um die Folgestrang-Synthese abzuschließen (s. **Abb. 5.11**). Da dieser Reparaturvorgang nur in der neu synthetisierten DNA Lücken erzeugt, hat man vorgeschlagen, dass diese vorübergehenden Brüche dem Fehlpaarungs-Reparatursystem „zu erkennen" geben, welcher Strang zu reparieren ist; diese Hinweise sind insbesondere den Leitstrang besonders wichtig.

5.2.12 DNA-Topoisomerasen verhindern, dass sich die DNA während der Replikation verknäult

Während sich eine Replikationsgabel entlang doppelsträngiger DNA bewegt, wirft sie das sogenannte „Windungs-Problem" auf: Die beiden Elternstränge, die umeinander gewunden sind, müssen entwunden und getrennt werden, damit die Replikation ablaufen kann. Pro zehn an der Gabel replizierter Nukleotidpaare muss eine vollständige Windung der elterlichen Doppelhelix entwunden werden. Im Prinzip kann diese Entwindung durch schnelle Rotation des gesamten Chromosoms vor einer sich bewegenden Gabel erreicht werden; dies ist jedoch energetisch äußerst ungünstig (insbesondere für lange Chromosomen) und stattdessen wird die DNA vor einer Replikationsgabel überdreht (**Abb. 5.21**). Die Überdrehung wiederum wird von Enzymen, den **DNA-Topoisomerasen**, fortwährend aufgelöst.

Man kann eine DNA-Topoisomerase als reversible Nuklease ansehen, die kovalent an eine Phosphatgruppe in der DNA bindet und auf diese Weise eine Phosphodiesterbindung in der DNA-Kette spaltet. Diese Spaltung ist reversibel, und die Phosphodiesterbindung bildet sich wieder zurück, wenn das Protein sich ablöst.

Eine der Topoisomerasen, *Topoisomerase I* genannt, erzeugt einen vorübergehenden Einzelstrangbruch (*nick*), sodass die DNA-Stränge beiderseits dieser Stelle frei gegeneinander rotieren können. Die dem Einzelstrangbruch gegenüberliegende Phosphodiesterbindung wirkt dabei als Drehgelenk (**Abb. 5.22**). Jede Spannung in der DNA kann nun abgebaut werden, indem das Molekül in der geeigneten Richtung rotiert. Dadurch muss sich bei der Replikation nur ein kurzer Abschnitt der Helix drehen, nämlich nur der Bereich unmittelbar vor der Replikationsgabel. Da die kovalente Bindung zwischen dem DNA-Topoisomeraseprotein und dem DNA-Phosphat die Energie der gespaltenen Phosphodiesterbindung speichert, kann der DNA-Strang schnell und ohne

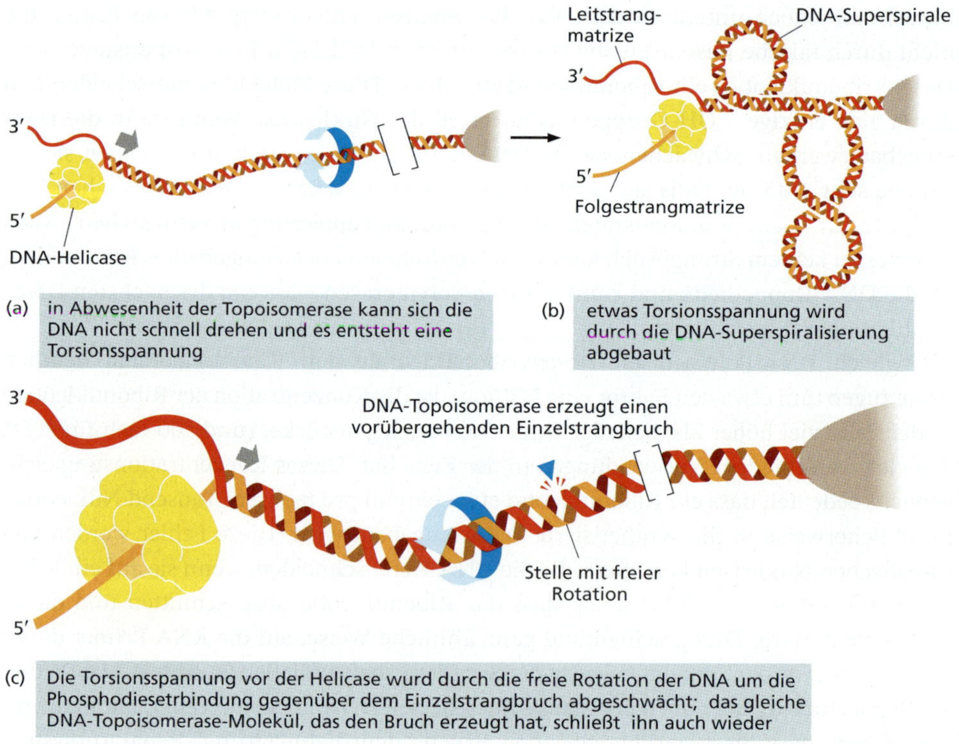

Abb. 5.21 Das „Windungs-Problem" bei der DNA-Replikation. (a) Vor einer bakteriellen Replikationsgabel, die sich jede Sekunde um 500 Nukleotide vorwärtsbewegt, muss die parentale DNA-Helix mit etwa 50 Umdrehungen pro Sekunde rotieren. Die Klammern repräsentieren etwa 20 Umdrehungen der DNA. (b) Wenn die Enden der DNA-Doppelhelix fixiert bleiben (oder schwer rotieren können), baut sich eine Spannung vor der Replikationsgabel auf, da sie überdreht wird. Etwas von dieser Spannung kann durch die Superspiralisierung aufgefangen werden, bei der sich die DNA-Doppelhelix um sich selbst windet. Wenn sich die Spannung jedoch weiter aufbaut, dann kommt die Replikationsgabel schließlich zum Halten, weil ein weiteres Abwickeln mehr Energie erfordert, als die DNA-Helikase an der Gabel liefern kann. (c) Die DNA-Topoisomerase baut diese Spannung ab, indem sie vorübergehend Einzelstrangbrüche in der DNA erzeugt, die eine rasche Drehung um die gegenüber des Bruchs liegenden Einzelstränge ermöglicht.

zusätzliche Energiezufuhr wieder geschlossen werden. In dieser Hinsicht unterscheidet sich der Mechanismus des Wiederverbindens von dem der DNA-Ligase, der bereits unter Abschnitt 5.2.5 beschrieben wurde (s. **Abb. 5.12**).

Ein zweiter Topoisomerasetyp, die *Topoisomerase II*, bildet mit beiden Strängen der DNA-Helix gleichzeitig eine kovalente Bindung und erzeugt vorübergehend einen *Doppelstrangbruch*. Aktiviert werden diese Enzyme von Stellen auf dem Chromosom, an denen sich zwei Doppelhelices überkreuzen, wie diejenigen, die durch Überspiralisierung (*supercoiling*) vor einer Replikationsgabel erzeugt werden (s. **Abb. 5.21b**). Wenn die Topoisomerase II an eine solche Kreuzungsstelle bindet (s. **Abb. 5.23**), dann setzt sie unter ATP-Hydrolyse drei aufeinanderfolgende Reaktionen in Gang: (1) Sie schneidet die eine Doppelhelix vorübergehend durch, sodass ein „Durchgang" entsteht; (2) sie veranlasst die zweite, in der Nähe befindliche Doppelhelix, diesen Durchgang zu passieren; (3) sie schließt den Bruch wieder und löst sich von der DNA. An durch Überspiralisierung erzeugten Crossing-over-Stellen geschieht die Passage der Doppelhelix durch das Tor in die Richtung, die die Überspiralisierung verringern wird. Auf diese Weise können die Typ-II-Topoisomerasen – wie die Typ-I-Topoisomerase – den Überdrehungsgrad, der vor einer Replikationsgabel erzeugt wurde, reduzieren.

Ihr Reaktionsmechanismus erlaubt es DNA-Typ-II-Topoisomerasen auch, miteinander verflochtene DNA-Moleküle zu trennen. Diese Eigenschaft der Topoisomerase II ist besonders wichtig, um die schweren DNA-Verknäuelungsprobleme zu verhindern, die andernfalls durch die DNA-Replikation umtstünden. Wenn man beispielsweise temperaturempfindliche Hefemutanten, die eine bei 37 °C inaktive Form der Topoisomerase II produzieren, auf eben diese Temperatur erwärmt, dann bleiben ihre Chromosomen nach der Replikation ineinander verhakt und können sich nicht trennen. Wie nützlich Topoisomerasen II beim Entwirren der Chromosomen vor Mitosebeginn sind, weiß jeder zu würdigen, der schon damit gekämpft hat, ohne Schere eine stark verhedderte Angelschnur oder einen großen Fadenknäuel zu entwirren.

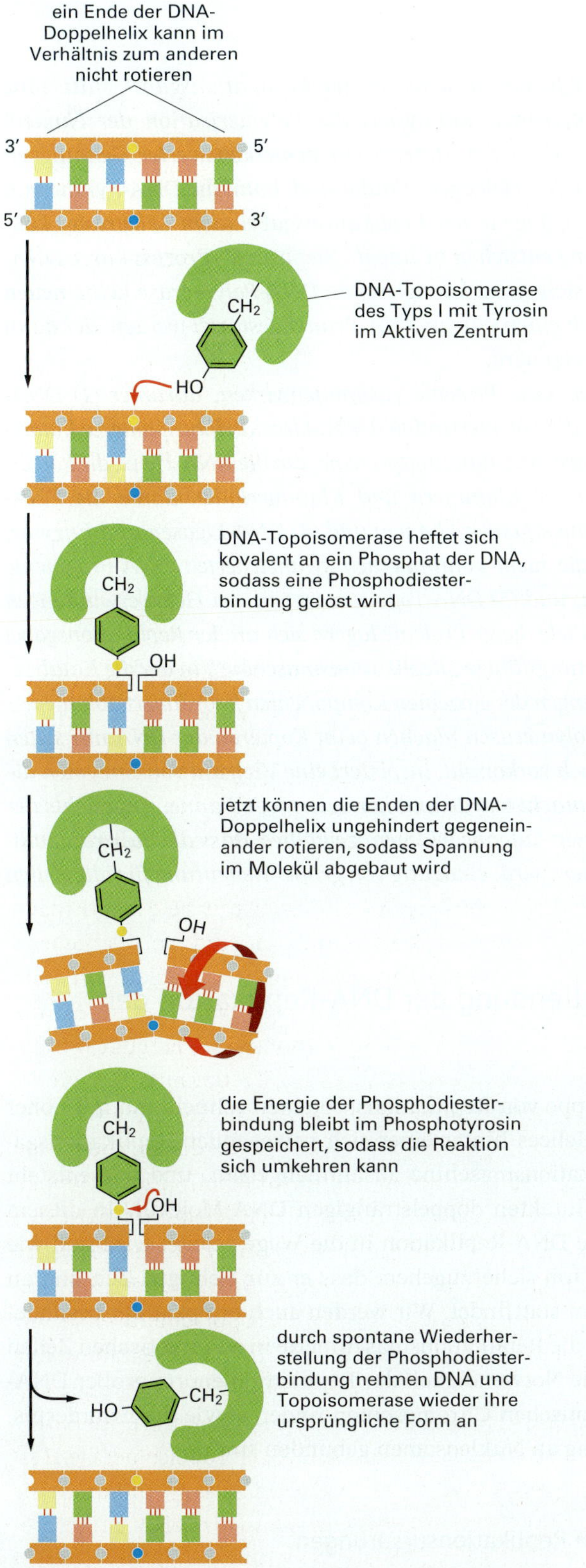

Abb. 5.22 Das reversible Einführen von Einzelstrangbrüchen, katalysiert von der DNA-Topoisomerase I. Diese Enzyme bilden, wie man hier erkennt, vorübergehend eine kovalente Bindung mit der DNA aus, sodass die DNA um die kovalenten Bindungen an der *blauen* Phosphatgruppe frei drehbar ist. Bei der Umkehrung der Reaktion werden das Enzym und die DNA wiederhergestellt, der einzige Unterschied ist, dass sich die Spannung in der DNA löst.

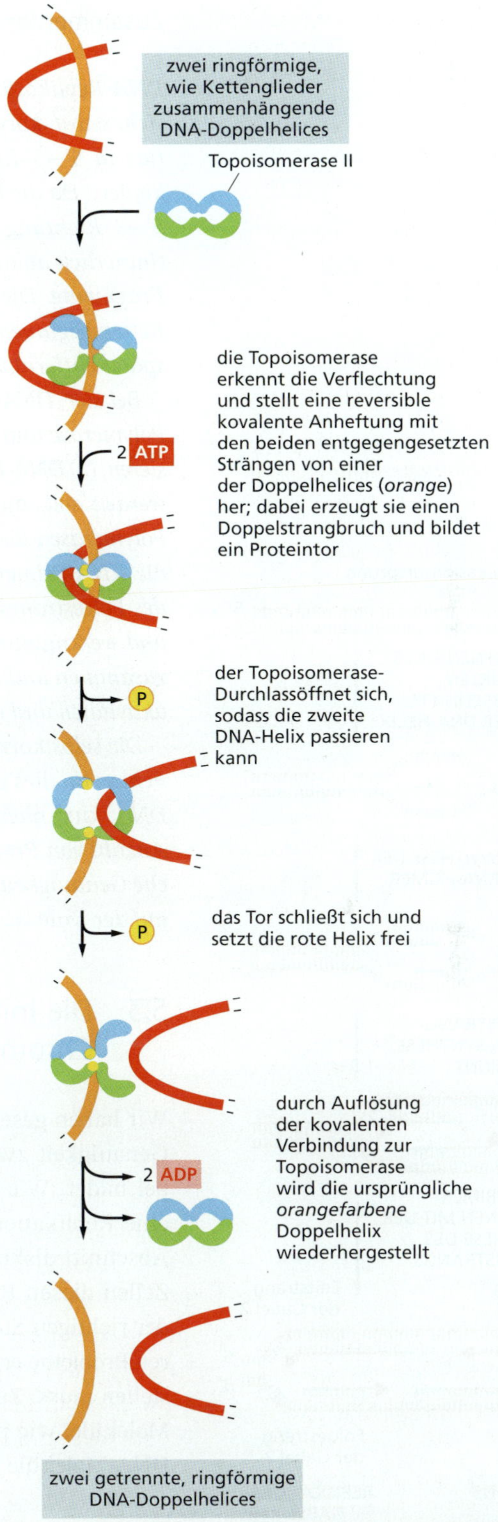

Abb. 5.23 Der von der DNA-Topoisomerase II katalysierte „DNA-Helix-Durchgang". Im Gegensatz zur Topoisomerase des Typs I hydrolysieren die Typ-II-Enzyme ATP, das gebraucht wird, um nach jedem Zyklus das Enzym freizusetzen und in die Ausgangslage zurückzuführen. Die kleinen *gelben* Kreise stellen die 5'-Phosphate im DNA-Rückgrat dar, die mit der Topoisomerase kovalent verknüpft werden. Typ-II-Topoisomerasen sind besonders wichtig für sich rasch teilende Zellen; zum Teil deswegen sind sie wirksame Ziele für eine große Antibiotikaklasse, die Fluorchinolone, die zur Behandlung vieler verschiedener Arten bakterieller Infektionen eingesetzt werden. Diese Arzneistoffe hemmen die bakterielle Topoisomerase II im dritten Schritt in der Abbildung und erzeugen dabei hohe Zahlen an Doppelstrangbrüchen, die für sich rasch teilende Zellen zum Tode führen.

Zusammenfassung

DNA-Replikation findet an einer Y-förmigen Struktur, der Replikationsgabel, statt. Eine sich selbst korrigierende DNA-Polymerase katalysiert die Polymerisation der Nukleotide in 5'→3'-Richtung; dabei wird die DNA-Matrize mit bemerkenswerter Genauigkeit kopiert. Da die beiden Stränge der DNA-Helix gegenläufig sind, kann die DNA-Synthese in 5'→3'-Richtung nur an einem der Stränge in der Replikationsgabel (dem Leitstrang) kontinuierlich ablaufen. Am Folgestrang entstehen in einem „Steppstich"-Prozess kurze DNA-Fragmente. Diese müssen, da die sich selbst korrigierende DNA-Polymerase keine neuen Ketten beginnen kann, jeweils durch einen kurzen RNA-Primer gestartet werden, der dann später entfernt und durch DNA ersetzt wird.

Bei der DNA-Replikation müssen viele Proteine zusammenwirken, darunter (1) DNA-Polymerase und DNA-Primase, um die Polymerisation der Nukleosidtriphosphate zu katalysieren; (2) DNA-Helikasen und Einzelstrang-Bindungsproteine, um die DNA-Helix, die kopiert werden soll, auseinanderzuwinden; (3) Klammern und Klammerlader, damit die DNA-Polymerasen längere DNA-Abschnitte ergreifen können; und (4) DNA-Ligasen und Enzyme, die RNA-Primer abbauen, damit die nicht kontinuierlich synthetisierten DNA-Fragmente des Folgestrangs verbunden werden; und (5) DNA-Topoisomerasen, um Helixverwindungen und -verknäulungen zu entfernen. Viele dieser Proteine lagern sich an der Replikationsgabel zusammen und bilden eine sehr leistungsfähige „Replikationsmaschine", in der die Katalyseaktivitäten und räumlichen Bewegungen der einzelnen Komponenten koordiniert ablaufen.

Die selbstkorrigierenden DNA-Polymerasen machen beim Kopieren der DNA nur selten Fehler; da dies gelegentlich aber doch vorkommt, inspiziert eine Vielzahl von Enzymen die DNA, kurz nachdem der Fehler gemacht wurde und korrigiert jede Panne. Angesichts der Anzahl von Proteinen, die sich dieser Aufgabe widmen, zeigt dies, dass die außerordentliche Genauigkeit, mit der DNA kopiert wird, eindeutig von großer Bedeutung für alle Zellen auf der Erde ist.

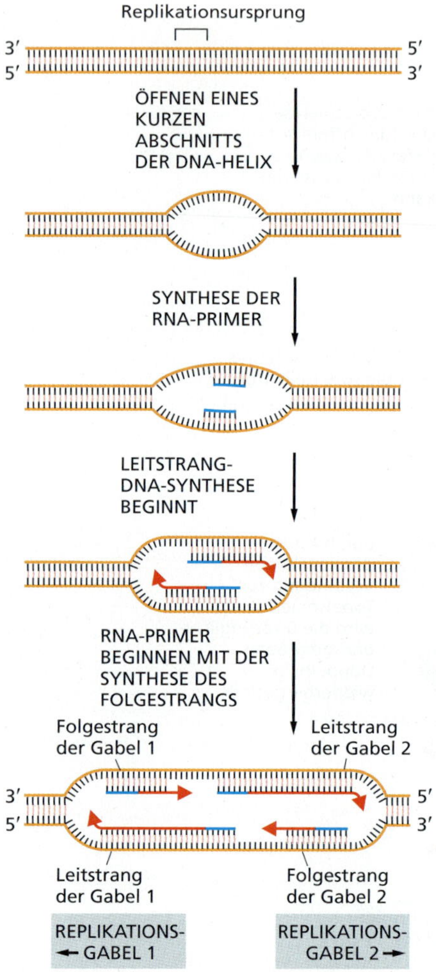

Abb. 5.24 Bei der Initiation der Replikationsgabel entsteht eine Replikationsblase. Das Schema zeigt im Überblick die Vorgänge bei der Bildung der Replikationsgabeln an einem Replikationsursprung. Im letzten Schritt wandern die beiden Replikationsgabeln auseinander, und sind durch eine sich ausdehnende *Replikationsblase* voneinander getrennt.

5.3 Die Initiation und Vollendung der DNA-Replikation der Chromosomen

Wir haben gesehen, wie eine Gruppe von Replikationsproteinen schnell und mit hoher Genauigkeit zwei Tochter-DNA-Helices hinter einer sich bewegenden Replikationsgabel bildet. Wie wird diese Replikationsmaschine zusammengebaut, und wie entsteht eine Replikationsgabel in einem intakten doppelsträngigen DNA-Molekül? In diesem Abschnitt diskutieren wir, wie die DNA-Replikation in die Wege geleitet wird und wie Zellen diesen Prozess regulieren, um sicherzugehen, dass er zur richtigen Zeit und an der richtigen Stelle im Chromosom stattfindet. Wir werden auch ein paar der besonderen Probleme erklären, denen sich die Replikationsmaschinerie in eukaryotischen Zellen stellen muss. Zu ihnen gehören die Notwendigkeit der Replikation enorm großer DNA-Moleküle, wie man sie in eukaryotischen Chromosomen findet, sowie die Erfordernis, DNA-Moleküle zu kopieren, die eng an Nukleosomen gebunden sind.

5.3.1 DNA-Synthese beginnt an Replikationsursprüngen

Wie bereits diskutiert, ist die DNA-Doppelhelix normalerweise sehr stabil: Die beiden DNA-Stränge sind durch eine große Anzahl Wasserstoffbrücken zwischen den Basen fest miteinander verbunden. Um die Doppelhelix als Vorlage zu benutzen, muss sie geöffnet und die Einzelstränge müssen getrennt werden, damit die ungepaarten Basen freiliegen. Wie wir sehen werden, beginnt der Ablauf der DNA-Replikation mithilfe von

Initiatorproteinen, die doppelsträngige DNA binden und die beiden Stränge auseinanderdrängen, indem sie die Wasserstoffbrücken zwischen den Basen zerstören.

Die Stellen, an denen die DNA-Helix zuerst geöffnet wird, werden als **Replikationsursprünge** (*replication origins*) bezeichnet (**Abb. 5.24**). In einfachen Zellen, wie Bakterien oder Sprosshefen, sind die Ursprünge durch DNA-Sequenzen gekennzeichnet, die mehrere Hundert Nukleotidpaare lang sind. Dieser DNA-Bereich enthält kurze Sequenzen, an die Initiatorproteine binden, sowie Abschnitte, die leicht zu öffnen sind. In **Abbildung 4.5a** haben wir gesehen, dass ein A-T-Basenpaar durch weniger Wasserstoffbrücken zusammengehalten wird als ein G-C-Basenpaar. Deshalb sind an A-T-Basenpaaren reiche DNA-Stränge leichter voneinander zu trennen, und die DNA an Replikationsursprüngen enthält typischerweise viele A-T-Basenpaare.

Auch wenn der grundlegende Prozess der Bildung der Replikationsgabel (in **Abb. 5.24** dargestellt) in Bakterien und Eukaryoten gleich ist, gibt es zwischen den beiden Gruppen von Organismen erhebliche Unterschiede in den Details des Ablaufs und in seiner Regulation. Wir werden zunächst den Fall in Bakterien beschreiben und uns anschließend der komplexeren Situation in Hefen, Säugern und anderen Eukaryoten zuwenden.

5.3.2 Bakterielle Chromosomen haben typischerweise einen einzigen Replikationsursprung

Das Genom von *Escherichia coli* besteht aus einem einzelnen ringförmigen DNA-Molekül mit $4{,}6 \times 10^6$ Nukleotidpaaren. Die DNA-Replikation startet an einem einzigen Replikationsursprung. Die zwei dort zusammengebauten Replikationsgabeln laufen (mit etwa 1000 Nukleotiden pro Sekunde) in entgegengesetzter Richtung um das Chromosom, bis sie sich ungefähr auf halbem Wege treffen (**Abb. 5.25**). Der einzige Punkt, den *E. coli* bei der DNA-Replikation kontrollieren kann, ist die Initiation: Haben sich die Gabeln einmal am Ursprung gebildet, bewegen sie sich mit einer relativ konstanten Geschwindigkeit, bis die Replikation beendet ist. Daher überrascht es nicht, dass der Initiationsschritt der DNA-Replikation ein streng regulierter Prozess ist. Er beginnt, sobald mehrere spezialisierte Kopien von Initiatorproteinen (in ihrem ATP-gebundenen Zustand) an spezifische DNA-Stellen im Replikationsursprung binden und dabei die DNA um sich herum zu einem großen Protein-DNA-Faden aufwickeln, was auf die DNA-Doppelhelix eine Torsionsspannung ausübt (**Abb. 5.26**). Diese Spannung wird zum Teil durch das Schmelzen der AT-reichen Sequenzen gemildert. Dieser Protein-DNA-Komplex zieht dann zwei DNA-Helikasen an, die jeweils an einen Helikase-Lader gebunden sind. Diese werden – in entgegengesetzte Richtungen zeigend – um benachbarte DNA-Einzelstränge platziert, deren Basen durch den Aufbau des *Initiator*-Protein-DNA-Komplexes freigelegt wurden. Das Helikase-Beladungsprotein entspricht dem Klammerlader, dem wir oben begegnet sind; es hat die zusätzliche Aufgabe, die Helikase in einer inaktiven Form zu halten, bis sie geladen wird. Sobald die Helikasen geordnet auf die DNA geladen sind, fallen die Belader ab und die Helikasen beginnen, die DNA zu entwinden; sie legen dabei ausreichend einzelsträngige DNA frei, damit die DNA-Primasen die ersten RNA-Primer synthetisieren können. Daraufhin lagern sich sehr schnell auch die übrigen Replikationsproteine zusammen, um zwei Replikationsgabeln zu erzeugen, die sich nun in entgegengesetzter Richtung vom Ursprung wegbewegen und während ihrer Wanderung ständig DNA synthetisieren.

Bei *E. coli* wird die Wechselwirkung zwischen dem Initiatorprotein und dem Replikationsursprung streng reguliert: Die Initiation der Replikation findet nur statt, wenn genügend Nährstoffe vorhanden sind, sodass das Bakterium eine vollständige Replikationsrunde durchlaufen kann. Die Initiation wird auch kontrolliert, um sicherzustellen, dass pro Zellteilung nur eine DNA-Replikationsrunde stattfindet. Nachdem

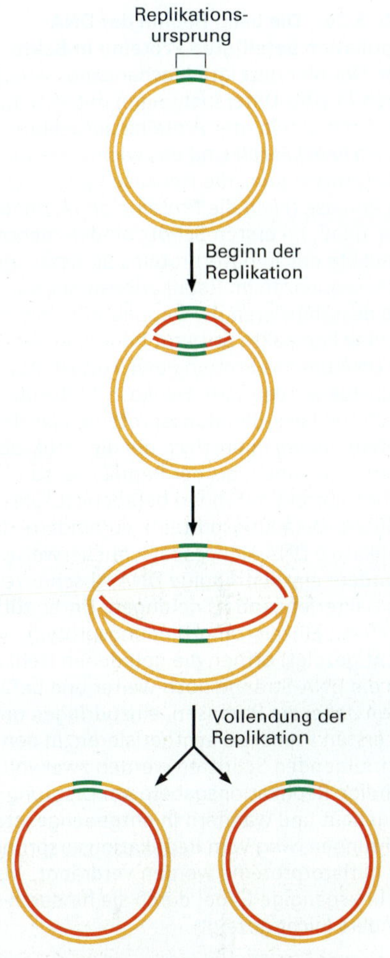

Abb. 5.25 DNA-Replikation eines Bakteriengenoms. *Escherichia coli* braucht etwa 30 Minuten, um sein Genom von $4{,}6 \times 10^6$ Nukleotidpaaren zu verdoppeln. Der Einfachheit halber wurden am Folgestrang die Okazaki-Fragmente weggelassen. Bisher ist noch nicht ganz klar, was geschieht, wenn sich die beiden aus entgegengesetzter Richtung kommenden Replikationsgabeln einander nähern und am Ende der Replikation zusammenstoßen, die Replikationsmaschinerie zerfällt jedoch in diesem Prozess in ihre Untereinheiten.

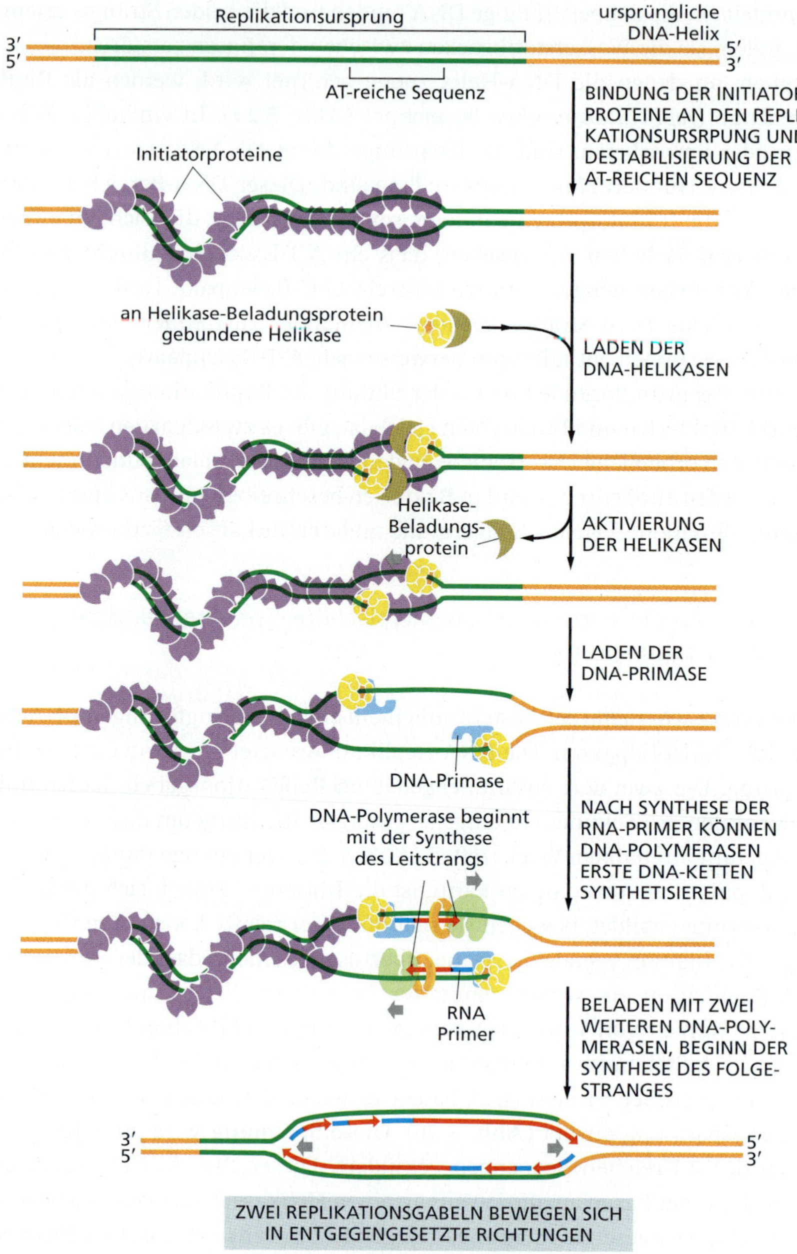

Abb. 5.26 Die beim Beginn der DNA-Replikation beteiligten Proteine in Bakterien. Der hier gezeigte Mechanismus wurde durch *In-vitro*-Untersuchungen mit Mischungen hoch gereinigter Proteine aufgeklärt. Bei *Escherichia coli* sind das wichtigste Initiatorprotein (*lila*), die Helikase (*gelb*) und die Primase (*blau*) die Proteine dna*A*, dna*B* bzw. dna*G*. Im ersten Schritt binden mehrere Moleküle des Initiatorproteins an bestimmte DNA-Sequenzen im Replikationsursprung und destabilisieren die Doppelhelix, indem sie eine kompakte Struktur bilden, in der die DNA um das Protein gewickelt ist. Als Nächstes werden zwei Helikase-Moleküle durch Helikase-Beladungsproteine (das dna*C*-Protein; *braun*) importiert, die die Helikasen solange hemmen, bis der Replikationsursprung korrekt mit ihnen beladen ist. Die Helikase-Beladungsproteine verhindern, dass replikative DNA-Helices fälschlicherweise in andere einzelsträngige DNA-Abschnitte des Bakteriengenoms gelangen. Unterstützt durch ein Einzelstrang-Bindungsprotein (nicht gezeigt) öffnen die geladenen Helikasen die DNA-Stränge noch weiter und befähigen dabei die Primasen, einzudringen und die ersten Primer zu synthetisieren. In den nachfolgenden Schritten werden zwei vollständige Replikationsgabeln am Ursprung aufgebaut und wandern in entgegengesetzte Richtungen, weg vom Replikationsursprung. Die Initiatorproteine werden verdrängt, wenn die linksgängige Gabel durch sie hindurchwandert (nicht gezeigt).

die Replikation in Gang gesetzt ist, wird das Initiatorprotein durch Hydrolyse seines gebundenen ATP-Moleküls inaktiviert und der Replikationsursprung erfährt eine „Refraktärperiode". Diese Refraktärperiode wird durch eine Verzögerung der Methylierung neu eingebauter Adenin-Nukleotide im Ursprung verursacht (**Abb. 5.27**). Der Start einer weiteren Replikationsrunde wird verhindert, bis diese A-Nukleotide

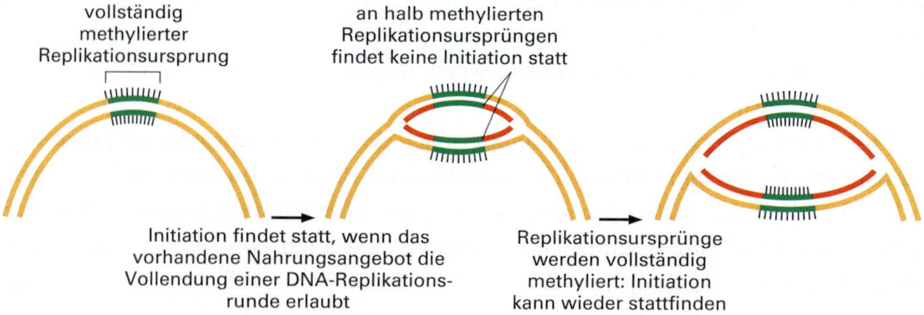

Abb. 5.27 Die Methylierung des *Escherichia-coli*-Replikationsursprungs verzögert die erneute Initiation der DNA-Replikation. DNA wird an GATC-Sequenzen methyliert, von denen 11 im Replikationsursprung über eine Spanne von 250 Nukleotiden verteilt sind. In seinem halbmethylierten Zustand ist ein Strang der DNA methyliert, der andere unmethyliert, der Replikationsursprung durch ein Hemmprotein (Seq A, nicht gezeigt) gebunden, das die Fähigkeit der Initiatorproteine, den DNA-Ursprung aufzuwickeln, blockiert. Ungefähr 15 Minuten nach Beginn der Replikation werden die halbmethylierten Ursprünge durch eine DNA-Methylase vollständig methyliert; Seq A löst sich nun ab, sodass der Replikationsursprung aktiv werden kann. Für die Methylierung der GATC-Sequenzen von *E. coli* ist ein einziges Enzym, die Dam-Methylase, verantwortlich. Wie an früherer Stelle in diesem Kapitel erörtert, wird die Verzögerung der Methylierung von GATC-Sequenzen nach der Replikation vom Fehlpaarungs-Korrekturlesesystem in *E. coli* genutzt, um den neu synthetisierten DNA-Strang vom elterlichen DNA-Strang zu unterscheiden; in diesem Fall sind die wichtigen GATC-Sequenzen über das ganze Chromosom verteilt, und sie sind nicht an Seq A gebunden.

methyliert sind und das Initiatorprotein wieder im ATP-gebundenen Zustand ist; diese Bedingungen treffen nur dann zu, wenn die Zelle in der Lage ist, eine neue Replikationsrunde durchzuführen.

5.3.3 Eukaryotische Chromosomen haben mehrere Replikationsursprünge

Wir haben gesehen, wie bei Bakterien zwei Replikationsgabeln am gleichen Replikationsursprung beginnen und sich in entgegengesetzter Richtung vom Ursprung entfernen, bis die gesamte DNA eines einzelnen ringförmigen Chromosoms repliziert ist. Das Genom der Bakterien ist so klein, dass diese beiden Replikationsgabeln das gesamte Chromosom in ungefähr 30 Minuten verdoppeln können. Da die meisten eukaryotischen Chromosomen viel größer sind, muss die Zelle eine andere Strategie anwenden, um die Replikation in angemessener Zeit durchzuführen.

In den frühen 1960er-Jahren wurde eine Methode entwickelt, die es zulässt, den allgemeinen Ablauf der Chromosomenreplikation bei Eukaryoten zu bestimmen. Die Methode ähnelt der Strategie zur Sichtbarmachung der bakteriellen Replikation, der wir früher schon begegnet sind (s, **Abb. 5.6**). Hierfür werden in Zellkultur wachsende Zellen von Tier oder Mensch für kurze Zeit mit ^{3}H-Thymidin behandelt, sodass die während dieser Zeit replizierte DNA radioaktiv markiert wird. Die Zellen werden dann vorsichtig lysiert, und die DNA wird auf der Oberfläche eines Objektträgers ausgestrichen, der mit einer fotografischen Emulsion beschichtet ist. Nach Entwicklung der Emulsion im Dunkeln wird das Muster der markierten DNA durch *Autoradiographie* sichtbar gemacht. Man kann die Zeit für die radioaktive Markierung so einrichten, dass sich die Replikationsgabeln einige Mikrometer an der DNA entlangbewegen. Dann lässt sich die replizierte DNA mithilfe eines Lichtmikroskops als Linien von Silberkörnchen erkennen (die Radioaktivität schwärzt fotografische Emulsionen genauso wie Licht), obgleich das DNA-Molekül selbst zu dünn ist, um erkannt zu werden. Auf diese Weise können sowohl die Geschwindigkeit als auch die Bewegungsrichtung der Replikationsgabel bestimmt werden (**Abb. 5.28**). Aus der Geschwindigkeit, mit der die Spuren der replizierten DNA mit steigender Markierungszeit in ihrer Länge zunehmen, wurde abgeschätzt, dass die eukaryotischen Replikationsgabeln mit einer Geschwindigkeit von etwa 50 Nukleotidpaaren in einer Sekunde wandern. Dies ist etwa ein Zwanzigstel der Geschwindigkeit, mit der sich die bakteriellen Replikationsgabeln fortbewegen. Diese Verlangsamung spiegelt möglicherweise die Schwierigkeit wider, in Chromatin verpackte DNA zu replizieren.

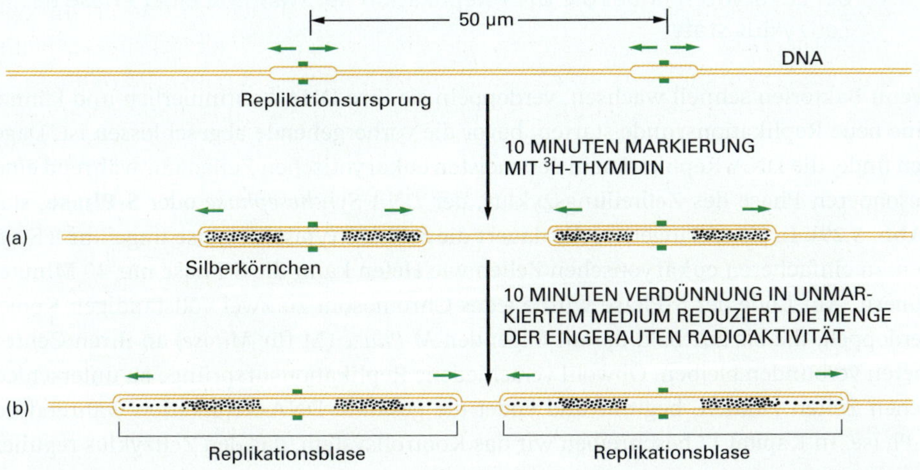

Abb. 5.28 Experimente zum erstmaligen Nachweis der Art und Weise, in der sich die Replikationsgabeln bilden und auf eukaryotischen Chromosomen fortbewegen. Die in Kulturen menschlicher Zellen neu synthetisierte DNA wurde kurz mit hoch radioaktivem Thymidin (^{3}H-Thymidin) markiert. In dem in (a) gezeigten Experiment wurden die Zellen lysiert und die DNA auf einem Objektträger gespreitet, der danach mit einer fotografischen Emulsion beschichtet wurde. Als nach mehreren Monaten die Emulsion entwickelt wurde, war eine Linie von Silberkörnchen über der radioaktiven DNA erkennbar. In dieser Abbildung wird die DNA (*braun*) nur gezeigt, um die Interpretation der Autoradiographie zu erleichtern; die nicht markierte DNA ist bei solchen Experimenten unsichtbar. Das Experiment in (b) war das gleiche, abgesehen davon, dass eine weitere Inkubation in unmarkiertem Medium zusätzliche DNA-Synthese mit niedriger Radioaktivität zuließ. In den paarweise angeordneten dunklen Spuren in (b) konnten Silberkörner entdeckt werden, die in entgegengesetzter Richtung weniger wurden. Dadurch konnte eine bidirektionale Gabelwanderung ausgehend von einem zentralen Replikationsursprung, an dem sich eine Replikationsblase bildet, nachgewiesen werden (s. **Abb. 5.24**). Man vermutet, dass eine Replikationsgabel nur dann stoppt, wenn sie auf eine zweite Replikationsgabel trifft, die in die entgegengesetzte Richtung wandert, oder wenn sie das Ende eines Chromosoms erreicht; auf diese Weise wird schließlich die gesamte DNA repliziert.

Ein durchschnittliches Chromosom des Menschen besteht aus einem einzigen, linearen DNA-Molekül mit etwa 150 Millionen Nukleotidpaaren. Um ein solches DNA-Molekül von einem Ende bis zum anderen mit nur einer Replikationsgabel zu replizieren, würde man bei einer Geschwindigkeit von 50 Nukleotiden pro Sekunde $0{,}02 \times 150 \times 10^6 = 3{,}0 \times 10^6$ Sekunden (ungefähr 35 Tage) benötigen. Die oben beschriebenen autoradiographischen Experimente bestätigen, was man erwarten konnte: Es gibt viele Replikationsgabeln, die zu getrennten Replikationsblasen gehören, die gleichzeitig über jedes eukaryotische Chromosom wandern.

Es existieren inzwischen schnellere und ausgeklügeltere Methoden, um die Initiation der DNA-Replikation zu beobachten und die Bewegung der Replikationsgabeln über ganze Genome hinweg zu verfolgen. Wenn eine Zellpopulation so synchronisiert werden kann, dass alle Zellen die DNA-Replikation gleichzeitig beginnen, dann lässt sich die Menge jedes DNA-Abschnitts im Genom zu bestimmten Zeitpunkten mithilfe einer in Kapitel 8 beschriebenen DNA-Sequenzierungsmethode bestimmen. Weil ein Genomsegment, das repliziert wurde, doppelt so viel DNA enthält wie ein nicht repliziertes Segment, kann die Initiation der Replikationsgabel sowie die Gabelbewegung über das ganze Genom hinweg exakt beobachtet werden.

Experimente dieser Art haben Folgendes ergeben: (1) Etwa 30 000–50 000 Replikationsursprünge werden jedes Mal, wenn sich eine menschliche Zelle teilt, verwendet. (2) Das Humangenom hat viel mehr (vielleicht zehnmal mehr) potenzielle Ursprünge als diese, und verschiedene Zellarten verwenden unterschiedliche Ursprungsätze. Diese überzähligen Ursprünge können einer Zelle unter Umständen ermöglichen, ihre eigenen aktiven Ursprünge mit anderen Eigenschaften ihrer Chromosomen, wie z. B. welche Gene exprimiert werden, abzustimmen. Diese überzähligen Ursprünge liefern auch „Absicherungen“ für den Fall, dass ein primärer Ursprung ausfällt. (3) Replikationsursprünge „zünden“ nicht gleichzeitig; stattdessen werden sie oft in einer vorgeschriebenen Reihenfolge in einem bestimmten Zelltyp aktiviert. (4) Ungeachtet dessen, wenn ein bestimmter Ursprung zündet oder wo er auf dem Chromosom sitzt, wandern die Replikationsgabeln allesamt mit gleicher Geschwindigkeit. (5) Wie bei den Bakterien treten die Replikationsgabeln in Paaren auf und bilden eine Replikationsblase, wenn sie sich von einem gemeinsamen Startpunkt ausgehend in entgegengesetzte Richtung fortbewegen: Sie stoppen nur dann, wenn sie auf eine Replikationsgabel treffen, die in entgegengesetzte Richtung wandert (oder wenn sie ein Chromosomenende erreichen). Auf diese Weise können viele Replikationsgabeln unabhängig voneinander auf jedem Chromosom arbeiten und dabei zwei komplette Tochter-DNA-Helices bilden.

5.3.4 Bei Eukaryoten findet die DNA-Replikation nur während einer Phase des Zellzyklus statt

Wenn Bakterien schnell wachsen, verdoppeln sie ihre DNA kontinuierlich und können eine neue Replikationsrunde starten, bevor die vorhergehende abgeschlossen ist. Dagegen findet die DNA-Replikation in den meisten eukaryotischen Zellen nur während einer besonderen Phase des Zellteilungszyklus, der *DNA-Synthesephase* oder **S-Phase**, statt (**Abb. 5.29**). In einer Säugetierzelle dauert die S-Phase typischerweise ungefähr 8 Stunden; in einfacheren eukaryotischen Zellen wie Hefen kann die S-Phase nur 40 Minuten dauern. Am Ende der S-Phase wurde jedes Chromosom zu zwei vollständigen Kopien verdoppelt, die bis zur bald darauf folgenden *M-Phase* (M für *Mitose*) an ihren Centromeren verbunden bleiben. Obwohl verschiedene Replikationsursprünge zu unterschiedlichen Zeiten zünden, beginnt und endet die gesamte DNA-Replikation während der S-Phase. In Kapitel 17 beschreiben wir das Kontrollsystem, das den Zellzyklus reguliert und erklären, warum der Übergang zur nächsten Phase den erfolgreichen Abschluss der vorhergehenden Phase verlangt.

In den folgenden Abschnitten werden wir erläutern, wie die Replikation auf eukaryotischen Chromosomen beginnt und wie dieser Vorgang mit dem Zellzyklus abgestimmt ist.

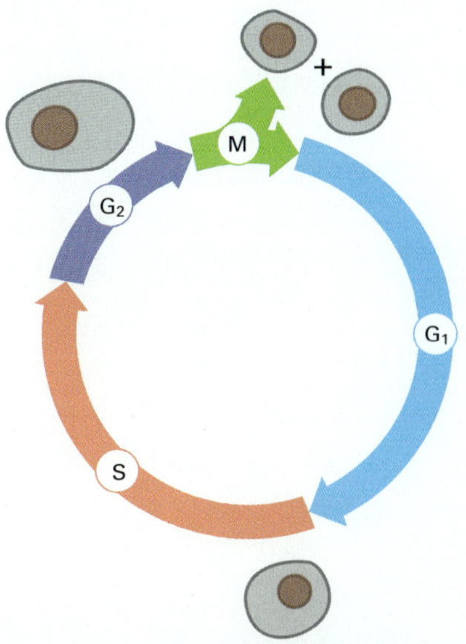

Abb. 5.29 Die vier aufeinanderfolgenden Phasen eines normalen eukaryotischen Zellzyklus. Während der G_1-, S- und G_2-Phase wächst die Zelle kontinuierlich. In der M-Phase stoppt das Wachstum, der Zellkern teilt sich und es entstehen zwei Zellen. DNA-Replikation findet nur in einem Abschnitt der Interphase, der sogenannten S-Phase, statt. G_1 ist die Gap-Phase („Lückenphase") zwischen der M- und der S-Phase; G_2 ist die Gap-Phase zwischen der S- und der M-Phase. Viele eukaryotische Zellen verbringen nur einen kleinen Teil ihrer Zeit in der S.Phase.

5.3.5 Eukaryotischen Replikationsursprüngen ist die Replikation durch den Aufbau eines Ursprungserkennungskomplexes „gestattet"

Nachdem wir gesehen haben, dass das eukaryotische Chromosom mithilfe mehrerer Replikationsursprünge, die zu bestimmten Zeitpunkten in der S-Phase die Replikation starten, repliziert wird, wollen wir uns mit der Natur dieser Ursprünge befassen. In diesem Kapitel haben wir bereits beschrieben, dass Replikationsursprünge bei Bakterien als spezifische Sequenzen bestimmt wurden. Sie ziehen Initiatorproteine an, die dann die DNA-Replikationsmaschinerie zusammenbauen. Wir werden sehen, dass dies auf die einzellige Sprosshefe, *Saccharomyces cerevisiae*, zutrifft, aber es gilt nicht streng für die meisten anderen Eukaryoten.

Für die Sprosshefe hat man die Lage jedes Replikationsursprungs auf jedem Chromosom bestimmt. Das in **Abb. 5.30** dargestellte Chromosom – Chromosom III von *Saccharomyces cerevisiae* – ist eines der kleinsten bekannten Chromosomen, mit einer Länge von weniger als 1/100 der Länge eines typischen Chromosoms des Menschen. Seine wichtigsten Replikationsursprünge sind ungefähr 30 000 Nukleotide voneinander entfernt; aber nur eine Untergruppe dieser Ursprünge wird von einer bestimmten Zelle genutzt. Dennoch kann dieses Chromosom innerhalb von etwa 15 Minuten repliziert werden

Die minimale DNA-Sequenz, die bei *Saccharomyces cerevisiae* für die Steuerung der Initiation der DNA-Replikation erforderlich ist, wurde bestimmt, indem man ein DNA-Segment nahm, das einen Replikationsursprung umspannt, und immer kleinere DNA-Fragmente auf ihre Fähigkeit hin testete, als Ursprünge zu fungieren. Diese DNA-Sequenzen, die als Replikationsursprung dienen können, enthalten (1) eine Bindungsstelle für einen großen, aus mehreren Untereinheiten bestehenden Initiatorproteinkomplex namens **ORC (*origin recognition complex*, Ursprungserkennungskomplex)**, (2) ein DNA-Stück, das A- und T-reich ist und deshalb leicht zu schmelzen ist, und (3) zumindest eine Bindungsstelle für Proteine, die die ORC-Bindung erleichtern, wahrscheinlich indem sie die lokale Chromatinstruktur angleichen.

5.3.6 Eigenschaften des menschlichen Genoms, die Replikationsursprünge definieren, müssen noch voll verstanden werden

Verglichen mit der Situation in der Sprosshefe sind die Replikationsdeterminanten bei anderen Eukaryoten schwieriger zu entdecken. Es konnten jedoch spezifische menschliche DNA-Sequenzen von je mehreren tausend Nukleotidpaaren Länge identifiziert werden, die ausreichen, um als Replikationsursprünge zu dienen. Diese Ursprünge sind auch dann noch funktionsfähig, wenn sie durch rekombinante DNA-Methoden in einen

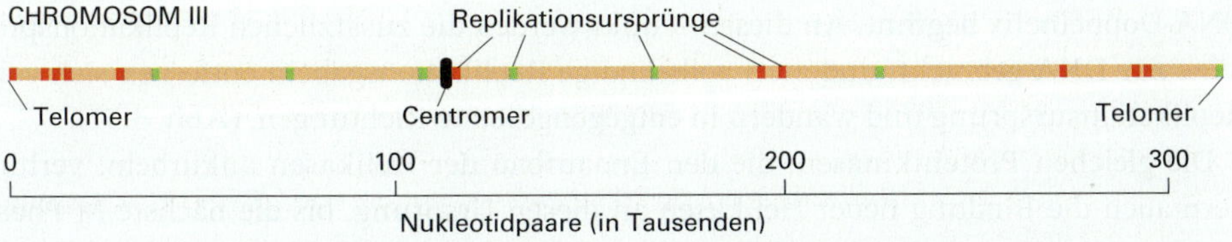

Abb. 5.30 Die DNA-Replikationsursprünge auf Chromosom III der Hefe *Saccharomyces cerevisiae*. Dieses Chromosom ist eines der kleinsten bekannten eukaryotischen Chromosomen und trägt insgesamt 180 Gene. Wie gezeigt, enthält es 18 Replikationsursprünge; diese werden aber mit unterschiedlicher Häufigkeit verwendet. Diejenigen in *Rot* werden normalerweise in weniger als 10 % der Zellteilungen verwendet, während diejenigen in *Grün* in 90 % der S-Phasen zum Einsatz kommen.

anderen Chromosomenbereich verlegt werden, in dem das Chromatin aber relativ dekondensiert vorliegen muss. Vergleiche solcher DNA-Sequenzen haben jedoch keine gemeinsamen DNA-Sequenzen enthüllt, wie bei den Ursprüngen von Bakterien und Hefen.

Trotzdem bindet ein ORC, der einem ORC der Hefe stark ähnelt, an Replikationsursprünge und startet beim Menschen die DNA-Replikation. Viele der anderen Proteine, die im Initiationsprozess der Hefe mitwirken, haben beim Menschen gleichfalls wichtige Aufgaben.

Der Startmechanismus bei der Hefe und der beim Menschen sind somit ähnlich, obgleich eine Eigenschaft des Genoms, anders als eine spezifische DNA-Sequenz, eine zentrale Rolle spielt bei der Anziehung eines ORC an einen Replikationsursprung eines Säugers.

Replikationsursprünge sind oft frei von Nukleosomen und man hat vorgeschlagen, dass DNA, die Schwierigkeiten hat, sich um ein Histon zu legen, dazu beitragen kann, Replikationsursprünge zu definieren. Eine nahegelegene Transkriptionsaktivität auf dem Genom spielt unter Umständen ebenso eine Rolle bei der Aktivierung bestimmter Ursprünge, indem die lokale Chromatinstrukturen verändert werden, wie wir in Kapitel 7 beschreiben. Diese Vorstellung trägt zur Erklärung bei, warum unterschiedliche Zellarten – die verschiedene Gensätze exprimieren – häufig unterschiedliche Ursprünge benutzen. Diese Vorstellung steht im Einklang damit, dass Ursprünge, die am frühesten in der S-Phase zünden, eher neben stark transkribierten Genombereichen sitzen.

Und schließlich zünden einander benachbarte Ursprünge zusammen, und es erscheint wahrscheinlich, dass die dreidimensionale Chromosomenstruktur Replikationsursprünge derart in Domänen organisiert, dass die Ursprünge in einer bestimmten Domäne gleichzeitig zünden. Wahrscheinlich arbeiten all diese Einflüsse zusammen, um festzulegen, wie Replikationsursprünge von Säugern von einer Zelle ausgewählt werden; dies erklärt die Schwierigkeiten, die Wissenschaftler mit der präzisen Definition ihrer charakteristischen Eigenschaften hatten.

5.3.7 Die Eigenschaften des ORC stellen sicher, dass jede Region der DNA nur einmal und nicht öfter in jeder S-Phase repliziert wird

Sobald in Bakterien das Startprotein geordnet an den einzigen Replikationsursprung gebunden hat, scheint der Aufbau der Replikationsgabel mehr oder weniger automatisch zu folgen. Bei Eukaryoten ist die Situation wegen eines grundlegenden Problems, das Eukaryoten mit der Replikation von Chromosomen haben, ganz anders. Denn wie wird bei den vielen Stellen, an denen die Replikation beginnt, der Vorgang reguliert, um zu gewährleisten, dass die gesamte DNA genau einmal und nicht öfter kopiert wird?

Die Antwort liegt in der Art und Weise, wie das Protein der Replikationsgabel an den Replikationsursprüngen reguliert wird. Dieser Sachverhalt wird in Kapitel 17 behandelt, wo wir die Maschinerie betrachten, die dem Zellteilungszyklus zugrunde liegt. Kurz gesagt, wird während der G_1-Phase ein symmetrischer Komplex aus zwei unvollständigen Helikasen durch den gebundenen ORC auf die DNA geladen.

Beim Übergang von der G_1- zur S-Phase kommen dann spezialisierte Proteinkinasen ins Spiel und steuern den schlussendlichen Aufbau der beiden Replikations-Helikasen; dabei positionieren sie auf jedem der zwei komplementären DNA-Einzelstränge jeweils eine Helikase, die dann in entgegengesetzte Richtungen wandern, damit das Öffnen der DNA-Doppelhelix beginnt. An diesem Punkt werden die zusätzlichen Replikationsproteine zur DNA gebracht, und zwei vollständige Replikationsgabeln entfernen sich vom Replikationsursprung und wandern in entgegengesetzte Richtungen, (**Abb. 5.31**).

Die gleichen Proteinkinasen, die den Endaufbau der Helikasen ankurbeln, verhindern auch die Bindung neuer Helikasen an diesen Ursprung, bis die nächste M-Phase

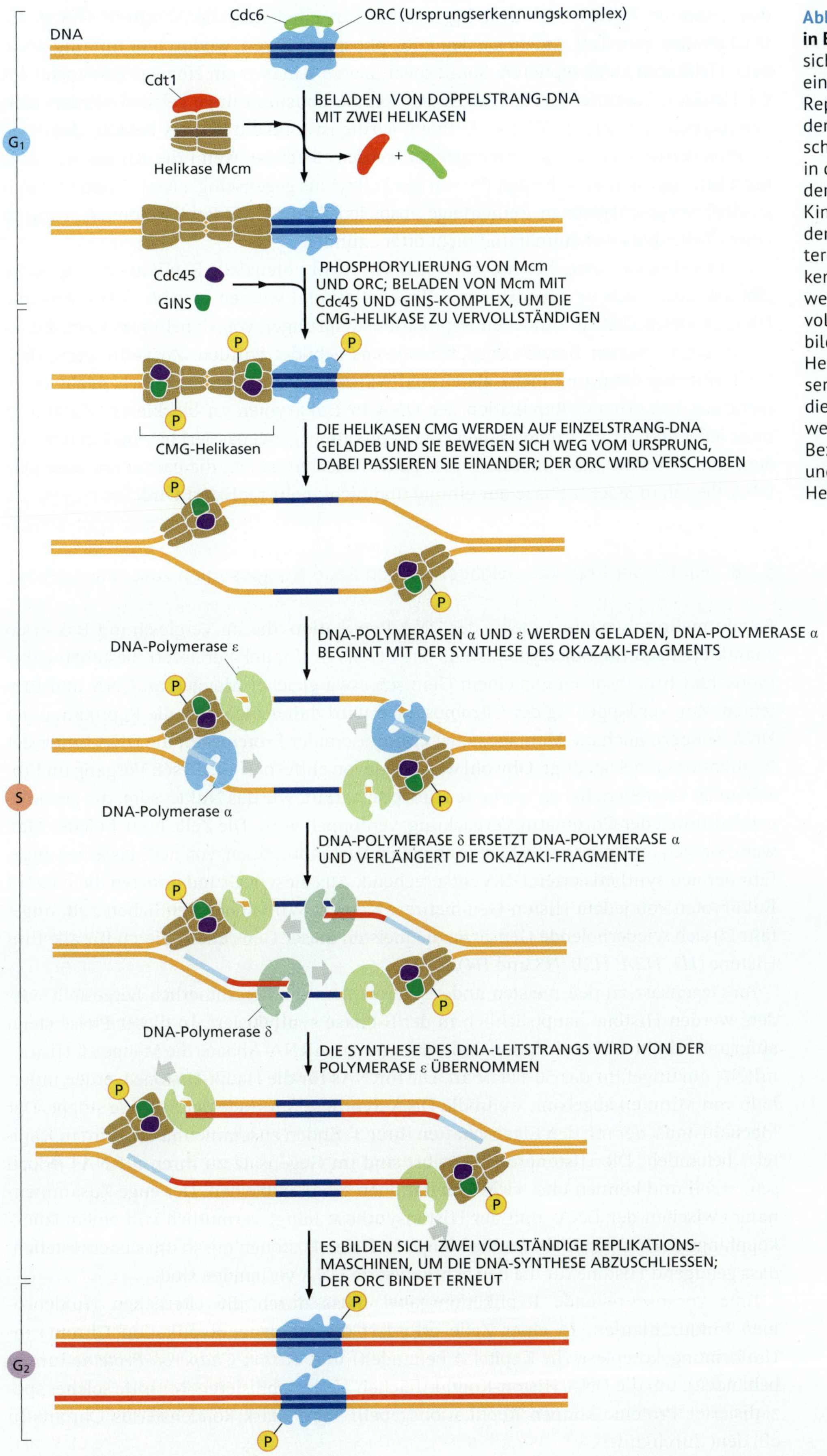

Abb. 5.31 Initiation der DNA-Replikation in Eukaryoten. Dieser Mechanismus stellt sicher, dass jeder Replikationsursprung nur einmal pro Zellzyklus aktiviert wird. Ein Replikationsursprung kann nur genutzt werden, wenn Mcm-Helikasen (die den enzymatischen Kern der replikativen Helikasen bilden) in der G_1-Phase geladen werden. Zu Beginn der S-Phase phosphorylieren spezialisierte Kinasen sowohl die *Mcm*-Helikasen als auch den ORC, wobei Erstere aktiviert und Letzterer inaktiviert werden. Diese Kinasen lenken auch den Aufbau zusätzlicher Proteine, welche die Helikasen fertigstellen, um die vollständig aktiven Replikationshelikasen zu bilden, die sog. CMG-Helikasen. Neue *Mcm*-Helikasen können nicht am Ursprung gelassen werden, solange die Zelle weiter durch die Mitose zur nächsten G_1-Phase schreitet, wenn der Orc dephosphoryliert ist. Die Bezeichnung CNG leitet sich von *Cdc45*, *Mcm*, und *GINS* ab, den Bestandteilen der aktiven Helikase (s. **Abb. 5.19**).

den gesamten Zyklus von vorne beginnt (zu Einzelheiten siehe Abschnitt 17.3.1). Sie machen dies zum Teil, indem sie den ORC phosphorylieren, wodurch er unfähig wird, neue Helikasen zu akzeptieren. Somit spezifizieren Kinasen ein einziges Zeitfenster für die Helikase-Vorstufen, in dem diese auf Replikationsursprünge geladen werden können (G_1-Phase, wenn die Kinase-Aktivität gering ist) und ein zweites Fenster, damit sie zu ihrer aktiven Form zusammengebaut werden (S-Phase, wenn die Kinase-Aktivität hoch ist). Weil sich diese beiden Phasen des Zellzyklus gegenseitig ausschließen und sich in einer vorgeschriebenen Reihenfolge abspielen, kann jeder Replikationsursprung in einem Zellzyklus nur einmal und nicht öfter „zünden".

Da es auf Eukaryotenchromosomen sehr viel mehr potenzielle Replikationsursprünge gibt als tatsächlich in irgendeinem Zellzyklus genutzt werden (s. **Abb. 5.30**), wird die DNA an vielen ORC-gebundenen Replikationsursprüngen von Gabeln repliziert, die an einem benachbarten Bereich des Chromosoms gebildet wurden. Zu verhindern, dass jeder einzelne Ursprung mehr als einmal während der S-Phase zündert, reicht somit nicht aus, die erneute Replikation der DNA in Eukaryoten zu blockieren. Zusätzlich muss jeder ORC-DNA-Komplex, den eine Replikationsgabel passiert hat, inaktiviert werden, und es ist die Kombination dieser beiden Mechanismen, die garantiert, dass jede DNA-Region in jeder S-Phase nur einmal und nicht mehr repliziert wird.

5.3.8 Hinter der Replikationsgabel werden neue Nukleosomen zusammengebaut

Es gibt mehrere weitere Aspekte der DNA-Replikation, die im Vergleich mit Bakterien charakteristisch für Eukaryoten sind. Wie bereits in Kapitel 4 erläutert, bestehen eukaryotische Chromosomen aus einem Gemisch etwa gleicher Mengen an DNA und Proteinen. Zur Verdoppelung der Chromosomen wird daher nicht nur die Replikation der DNA, sondern auch die Montage neuer chromosomaler Proteine auf die DNA hinter der Replikationsgabel benötigt. Obwohl wir weit davon entfernt sind, diesen Vorgang im Einzelnen zu verstehen, haben wir erste Hinweise darauf, wie das Nukleosom, die grundlegende Einheit der Chromatin-Verpackung, verdoppelt wird. Die Zelle braucht jedes Mal, wenn sie sich teilt, eine große Menge an neuen Histonproteinen, von der Masse her ungefähr der neu synthetisierten DNA entsprechend. Aus diesem Grund besitzen die meisten Eukaryoten von jedem Histon-Gen mehrere Kopien. Wirbeltierzellen haben z. B. ungefähr 20 sich wiederholende Gensätze; die meisten dieser Gensätze codieren für alle fünf Histone (*H1*, *H2A*, *H2B*, *H3* und *H4*).

Im Gegensatz zu den meisten anderen Proteinen, die kontinuierlich hergestellt werden, werden Histone hauptsächlich in der S-Phase synthetisiert. In dieser Phase steigt aufgrund erhöhter Transkription und verringerten mRNA-Abbaus die Menge an Histon-mRNA um ungefähr das 50-Fache an. Die mRNAs für die Haupt-Histone werden innerhalb von Minuten abgebaut, wenn die DNA-Synthese am Ende der S-Phase stoppt. Der Mechanismus, der mit den Eigenschaften ihrer 3'-Enden zusammenhängt, wird in Kapitel 7 behandelt. Die Histonproteine selbst sind im Gegensatz zu ihren mRNAs jedoch sehr stabil und können über viele Generationen erhalten bleiben. Der enge Zusammenhang zwischen der DNA- und der Histonsynthese hängt vermutlich von einem Rückkopplungsmechanismus ab, der die Menge an freien Histonen misst, um sicherzustellen, dass genügend Histone für die neu synthetisierte DNA vorhanden sind.

Eine voranschreitende Replikationsgabel muss durch die elterlichen Nukleosomen hindurchlaufen. In einer Zelle erfordert die effiziente Replikation Chromatin-Umformungskomplexe (in Kapitel 4 behandelt) und *Histon-Chaperon-Proteine* (unten behandelt), um die DNA-Histon-Kontaktflächen zu destabilisieren. Mithilfe solcher spezialisierter Proteine können Replikationsgabeln sogar stark kondensiertes Chromatin effizient durchlaufen.

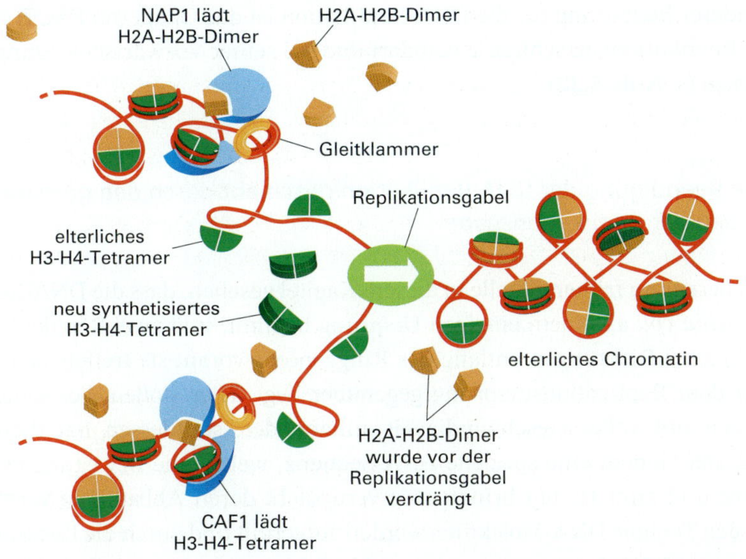

Abb. 5.32 Bildung von Nukleosomen hinter einer Replikationsgabel. Elterliche *H3–H4*-Tetramere bleiben mit der Gabel verbunden und werden zufällig auf jedes Tochter- DNA-Molekül verteilt, wobei jede Tochter in etwa die gleiche Anzahl erbt. Im Gegensatz dazu werden *H2A–H2B*-Dimere vollständig von der Gabel freigesetzt, während diese voranschreitet. Diese Freisetzung beginnt unmittelbar vor der Replikationsgabel und wird durch das *Histon*-Chaperon FACT erleichtert, das sich mit der Gabel fortbewegt. FACT besitzt mehrere globuläre Proteindomänen, die über bewegliche Verbindungsstücke (*lnker*) verbunden sind und mit einem Nucleosom mehrere Kontakte herstellen können, um bei seinem Abbau zu unterstützen. Zusätzliche Histon-Chaperone (*NAP1* und *CAF1*) statten die Tochtermoleküle wieder mit einem vollen Histonsatz aus, indem sie sowohl elterliche als auch neu synthetisierte Histone verwenden. Obgleich in der Abbildung nicht gezeigt, wurde vorgeschlagen, das FACT direkt die elterlichen *H3–H4*-Tetramere an Bestandteile der Replikationsmaschinerie übergibt, die sie wiederum an *CAF1*-Chaperone weitergibt, die sie gleichmäßig auf zwei Tochtermolekülen ablegen. Die Art und Weise, auf welche Histone hinter einer Replikationsgabel verteilt werden, bedeutet, dass manche Tochternukleosomen nur elterliche Histone oder nur neu synthetisierte Histone enthalten, aber die meisten enthalten Hybride aus alten und neuen. Der Einfachheit halber ist die DNA-Doppelhelix als einzelne *rote* Linie dargestellt.

Während die Replikationsgabel über das Chromatin wandert, werden die Histone vorrübergehend verdrängt und lassen etwa 600 Nukleotidpaare „freier" DNA in ihrem Kielwasser zurück. Der Wiederaufbau der Nukleosomen hinter einer wandernden Gabel geschieht auf faszinierende Weise. Wenn über ein Nukleosom eine Replikationsgabel hinweggeht, dann scheint das Histon-Oktamer in ein *H3-H4*-Tetramer und zwei *H2A-H2B*-Dimere zerlegt zu werden (s. Kapitel 4), die allesamt von der DNA freigesetzt werden. Die *H3-H4*-Tetramere bleiben in der Nachbarschaft der Gabel locker mit mehreren Proteinen an der Replikationsgabel verbunden (in erster Linie mit CMG-Helikasen) und werden zufällig auf den einen oder den anderen Tochterdoppelstrang verteilt, während die Gabel voranschreitet. Im Gegensatz dazu werden die *H2A-H2B*-Dimere vollständig von der Gabel freigesetzt und viele diffundieren zu vollständig verschiedenen Chromosomen. Frisch hergestellte *H3-H4*-Tetramere werden an die neu synthetisierte DNA angefügt, um die „Zwischenräume" auszufüllen, und *H2A-H2B*-Dimere – von denen die Hälfte alt und die Hälfte neu ist – werden dann zufällig hinzugefügt, um die Nukleosomen hinter der Gabel zu vervollständigen (**Abb. 5.32**). Die Bildung neuer Nukleosomen hinter einer Replikationsgabel hat wichtige Auswirkungen auf den eigentlichen DNA-Replikationsvorgang. Während die DNA-Polymerase δ den Folgestrang diskontinuierlich synthetisiert (s. **Abb. 5.19**), wird die Länge jedes Okazaki-Fragments von dem Punkt bestimmt, an dem die DNA-Polymerase δ durch ein neu gebildetes Nukleosom blockiert wird. Diese enge Kopplung zwischen Nukleosomenverdopplung und DNA-Replikation erklärt wahrscheinlich, warum die Länge der Okazaki-Fragmente in Eukaryoten (~200 Nukleotide) annähernd mit der Nukleosomen-Wiederholungslänge übereinstimmt.

Damit hinter einer Replikationsgabel geordnet und rasch neue *H3–H4*-Tetramere und *H2A–H2B*-Dimere hinzugefügt werden können, sind ***Histon*-Chaperone** (auch *Chromatinaufbaufaktoren*, engl. *Chromatin assembly factors* genannt) erforderlich. Diese Komplexe aus mehreren Untereinheiten binden die stark basischen Histone und setzen sie auf DNA nur im richtigen Umfeld für den Aufbau frei. Beispielsweise werden manche Histon-Chaperone zusammen mit ihrer Histon-Fracht zu der neu replizierten DNA gelenkt, dies geschieht durch eine spezifische Wechselwirkung mit der Gleitklammer (s. **Abb. 5.32**). Wie wir gesehen haben, werden diese Klammern hinter den wandernden Replikationsgabeln zurückgelassen und manche scheinen gerade lange genug zu verweilen, damit die Histon-Chaperone ihre Aufgaben abschließen können. Weil sie so gut an Histone binden, helfen manche Histon-Chaperone auch beim Abbau von Nukleosomen.

Von besonderer Bedeutung für die DNA-Replikation ist das Chaperon FACT, das an der Spitze der Replikationsmaschinerie wandert und bei seiner Vorwärtsbewegung Nukleosomen zerlegt (s. **Abb. 5.32**).

5.3.9 Die Beendigung der DNA-Replikation geschieht durch den geordneten Abbau der Replikationsgabel

Wir haben bereits an früherer Stelle in diesem Kapitel gesehen, dass die DNA-Replikation von *Escherichia coli* an einem einzigen Ursprung beginnt, und zwei Replikationsgabeln schreiten in zwei Richtungen entlang des Ringgenoms voran; sie treffen sich an einem Punkt, der dem Replikationsursprung gegenüber liegt. Hier stoßen die beiden Gabeln nicht einfach mit voller Geschwindigkeit aufeinander; stattdessen hat dieser Punkt auf dem *E. coli*-Genom eine spezielle DNA-Sequenz, welche die Bewegung jeder Gabel verlangsamt und zum Halten bringt; dies verursacht deren Abbau. Die verbleibenden Lücken in den Tochter-DNA-Molekülen werden aufgefüllt und durch die Reparatur-DNA-Polymerase und DNA-Ligase versiegelt (s. **Abb. 5.11** und **5.12**), und die beiden fertiggestellten Bakteriengenome werden mithilfe der Topoisomerase getrennt (s. **Abb. 5.23**).

Wie zu erwarten, ist die Situation in Eukaryoten komplizierter. Erstens benötigt jede Replikationsrunde viele Stopp-Ereignisse, grob genauso viele wie Startereignisse an den Replikationsursprüngen. Somit kommt es in Säugerzellen zu etwa 30 000–50 000 Stoppereignisse in jeder S-Phase. Zweitens ist der Abbruch der Replikationsgabeln in Eukaryoten weitgehend unabhängig von irgendeiner zugrunde liegenden DNA-Sequenz in Genom. Stattdessen ist das grundlegende Stoppsignal eine Frontalbegegnung mit einer Gabel, die in entgegengesetzte Richtung wandert. Wenn sich zwei Gabeln treffen, wird die CNG-Helikase an jeder Gabel durch Anfügen von Ubiquitin kovalent modifiziert (s. **Abb. 3.65**), was deren Zerlegung und Beseitigung von der DNA verursacht. Ohne die Helikase fallen die anderen Replikationsproteine rasch von der Gabel ab. Nachfolgend füllen die Reparatur-DNA-Polymerase und die DNA-Ligase alle verbliebenen Lücken und verschließen sie. Eukaryotische Replikationsgabeln haben auch mit dem Chromosomenenden zu kämpfen. Man glaubt, dass hier die CNG-Helikase einfach vom Ende des DNA-Moleküls abgleitet, was zum Zerfall der anderen Gabel-Proteine führt. Die Replikation der DNA bis zum äußersten Chromosomenende stellt für die eukaryotische Zelle jedoch eine besondere Herausforderung dar, was wir als Nächstes beschreiben werden.

5.3.10 Die Telomerase repliziert Chromosomenenden

Wir haben bereits früher in diesem Kapitel gesehen, dass die Synthese des Folgestrangs an der Replikationsgabel diskontinuierlich nach einem Steppstich-Mechanismus erfolgt, der kurze DNA-Fragmente herstellt, die an RNA-Primer geheftet sind. Der letzte RNA-Primer, der auf der Folgestrangmatrize synthetisiert wird, kann nichtdurch DNA ersetzt werden, weil es keinen Primer vor ihm gibt, der der Reparatur-Polymerase ein 3'-OH-Ende zur Verfügung stellt. Ohne einen Mechanismus, der mit diesem Problem umgeht, würde bei jeder Zellteilung DNA an den Enden aller Chromosomen verloren gehen.

Bakterien vermeiden dieses „Enden-Replikations“-Problem, indem sie ringförmige DNA-Moleküle als Chromosomen besitzen, wie wir gesehen haben. Eukaryoten lösen es auf raffiniertere Weise: Sie haben an den Enden ihrer Chromosomen besondere Nukleotidsequenzen, die in Strukturen namens *Telomere* eingebettet sind (s. Kapitel 4). Telomere enthalten viele Tandemwiederholungen einer kurzen Sequenz, die in so verschiedenen Lebewesen wie Protozoen, Pilzen, Pflanzen und Säugern ähnlich ist. Beim Menschen lautet die Sequenz der Wiederholungseinheit GGGTTA, und sie wird an jedem Telomer in etwa tausendmal wiederholt.

Die Telomer-DNA-Sequenzen werden von sequenzspezifischen DNA-Bindungsproteinen erkannt, die das Enzym **Telomerase** anziehen. Dieses füllt die Sequenzen jedes Mal wieder auf, wenn sich eine Zelle teilt. Die Telomerase erkennt die Spitze einer bestehenden Telomer-DNA-Wiederholungssequenz und verlängert sie in 5'→3'-Richtung. Dazu verwendet sie eine RNA-Matrize, die eine Komponente des Enzyms selbst ist, um die neuen DNA-Kopien der Wiederholung zu synthetisieren (**Abb. 5.33**). Der enzymatische Teil der Telomerase ähnelt anderen *Reversen* (*Rücklauf-* oder *Umkehr-*) *Transkriptasen*, Proteine, die DNA mithilfe einer RNA-Matrize synthetisieren; in diesem Fall trägt die Telomerase-RNA jedoch auch zum Aktiven Zentrum bei und ist für eine effiziente Katalyse unverzichtbar. Nach der Verlängerung der elterlichen DNA durch die Telomerase kann die Replikation des Folgestrangs am Chromosomenende durch normale DNA-Polymerasen vervollständigt werden, indem diese neu angefügten Verlängerungen als Matrize für die Synthese des komplementären Strangs dienen (**Abb. 5.34**).

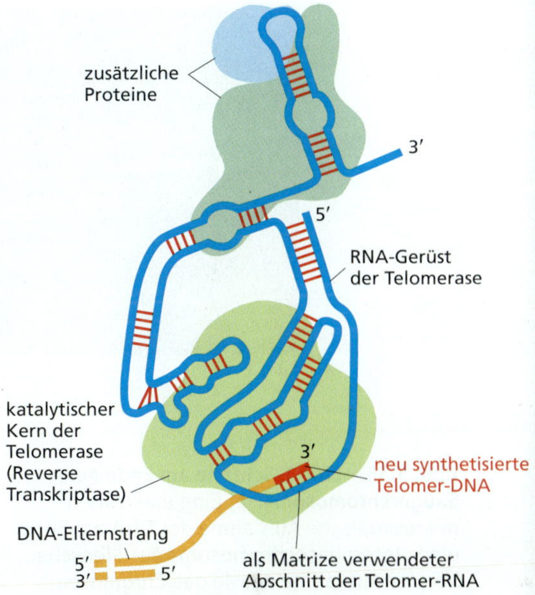

Abb. 5.33 Schenatische Struktur der menschlichen Telomerase. Dieses große Enzym besteht aus 10 Proteinuntereinheiten und einer RNA aus 451 Nukleotiden. Die RNA bildet das Gerüst des Komplexes, liefert die Matrize für die Synthese neuer DNA-Telomerwiederholungen und hilft, das Aktive Zentrum zu bilden. Die Synthesereaktion selbst wird von der Reversen-Transkriptase-Domäne des Proteins ausgeführt (*grün* dargestellt), in Verbindung mit der RNA. Eine Reverse Transkriptase ist eine spezielle Form eines Polymeraseenzyms, das eine RNA-Matrize verwendet, um einen DNA-Strang herzustellen; an der Telomerase ist einzigartig, dass sie ihre eigene RNA-Matrize in sich trägt. Die Telomerase hat auch mehrere zusätzliche Proteinkomplexe (von denen einige in *Dunkelgrün* und *Blau* dargestellt sind), die nötig sind, um das Enzym aufzubauen und um bei vielen Organismen – jedoch nicht beim Menschen – es ans Ende der Chromosomen zu bringen. (Verändert nach T. H. D. Nguyen et al. *Nature* 557: 190–195, 2018).

5.3.11 Telomere sind in spezialisierten Strukturen verpackt, die die Chromosomenenden schützen

Die Chromosomenenden konfrontieren Zellen mit einem weiteren Problem. Wenn ein Chromosom zufällig in zwei Teile zerbricht, wird der Bruch rasch repariert, wie wir im nächsten Unterkapitel sehen werden (s. **Abb. 5.35**). Telomere müssen von diesen zufälligen Brüchen klar unterschieden werden, andernfalls versucht die Zelle, Telomere zu „reparieren", was Chromosomenfusionen und andere genetische Anomalien verursachen würde. Telomere besitzen mehrere Eigenschaften, um dies zu verhindern.

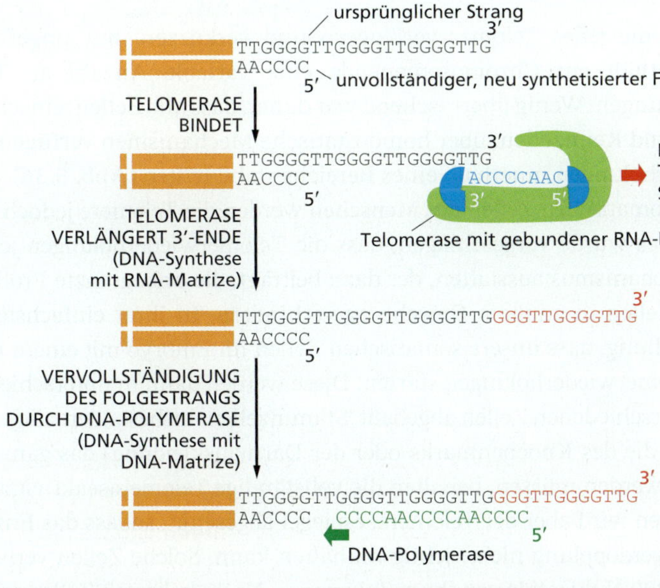

Abb. 5.34 Telomerreplikation. Die Abbildung zeigt die Reaktionen, die die Wiederholungssequenzen synthetisieren, die die Enden der Chromosomen (Telomere) von eukaryotischen Organismen bilden. Das 3'-Ende der parentalen Folgestrangmatrize wird durch DNA-Synthese an einer RNA-Matrize verlängert; dies ermöglicht dem unvollständigen DNA-Tochterstrang, der mit ihr gepaart ist, die Synthese bis zum Ende des Chromosoms. Die Synthese des letzten Stückchens Folgestrang wird von der DNA-Polymerase α ausgeführt, die eine DNA-Primase als eine Untereinheit besitzt. Die DNA-Polymerase α ist das gleiche Enzym, das zum Starten der Synthese jedes Okazaki-Fragments auf dem Folgestrang dient; es beginnt seine Synthese mit RNA (nicht gezeigt) und fährt mit DNA fort (*grün*). Dargestellt ist die Telomersequenz des Ciliaten *Tetrahymena*, in dem diese Reaktionen zuerst entdeckt wurden.

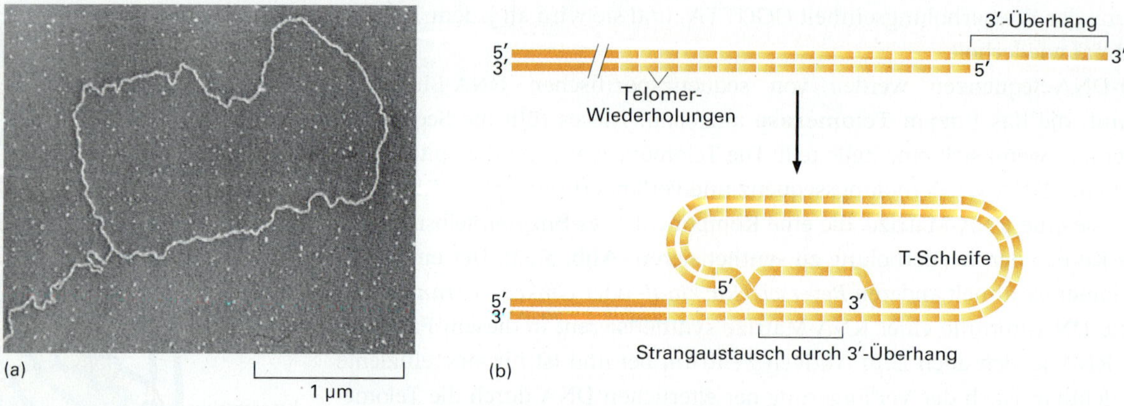

Abb. 5.35 Eine T-Schleife am Ende eines Säugerchromosoms. (a) Eine elektronenmikroskopische Aufnahme der DNA am Ende eines Interphasechromosoms des Menschen. Vor der Aufnahme wurde das Chromosom fixiert, die Proteine entfernt, und das Chromosom künstlich verdickt. Die hier sichtbare Schleife ist ungefähr 15 000 Nukleotidpaare lang. (b) Die Struktur einer T-Schleife. (Aus J. D. Griffith *et al.*, *Cell* 97: 503–514, 1999. Mit Erlaubnis von Elsevier).

Eine spezialisierte Nuklease knabbert das 5'-Ende eines Telomers an und hinterlässt ein vorstehendes einzelsträngiges 3'-Ende. Dieses vorstehende Ende – in Kombination mit den GGGTTA-Wiederholungen in Telomeren – zieht eine Proteingruppe an, die eine schützende Chromosomenkappe, *Shelterin* genannt, bildet. Insbesondere schützt Shelterin Telomere davor, als beschädigte DNA behandelt zu werden. Eine andere Eigenschaft der Telomere bietet zusätzlichen Schutz. Wenn menschliche Telomere künstlich quervernetzt und im Elektronenmikroskop betrachtet werden, beobachtet man Strukturen, die sogenannten „T-Schleifen", in denen das vorstehende einzelsträngige Ende des Telomers eine Schleife macht und sich selbst in die DNA-Doppelhelix der Telomer-Wiederholungssequenz einführt (s. **Abb. 5.35**). Eine mögliche Erklärung ist, dass T-Schleifen durch Shelterin reguliert werden, um die Chromosomenenden zu „verstecken".

5.3.12 Die Länge der Telomere wird von Zellen und Organismen reguliert

Da die Vorgänge, die jedes Telomer verlängern und verkürzen, nur ungefähr ausgewogen sind, enthält ein Chromosomenende eine variable Anzahl an Telomer-Sequenzwiederholungen. Wenig überraschend war daher, dass alle Zellen, einschließlich der Stammzellen und Keimzellen, über homöostatische Mechanismen verfügen, die die Anzahl der Wiederholungen innerhalb eines Bereichs stabil halten (**Abb. 5.36**).

In den meisten somatischen Zellen des Menschen werden die Telomere jedoch allmählich verkürzt, und es wurde vorgeschlagen, dass die Telomerwiederholungen jede Zelle mit einem Zählmechanismus ausstatten, der dazu beiträgt, die unbegrenzte Proliferation unberechenbarer Zellen in adultem Gewebe zu verhindern. In ihrer einfachsten Form besagt diese Vorstellung, dass unsere somatischen Zellen im Embryo mit einem vollständigen Satz von Telomerwiederholungen starten. Diese werden dann in unterschiedlichem Ausmaße in den verschiedenen Zellen abgebaut. Stammzellen, insbesondere diejenigen in Geweben, die (wie die des Knochenmarks oder der Darmauskleidung) das ganze Leben hindurch erneuert werden müssen, behalten die vollständige Telomeraseaktivität. In vielen anderen Zellarten wird aber der Telomerasespiegel abgesenkt, sodass das Enzym mit der Chromosomenverdopplung nicht richtig mithalten kann. Solche Zellen verlieren bei jeder Teilung 100–200 Nukleotide von ihren Telomeren. Nach mehreren Zellgenerationen erben die Abkömmlinge dieser Zellen Chromosomen, denen die funktionsfähigen Telomere fehlen und die infolge dieses Defekts eine DNA-Schaden-Reaktion aktivieren, die dazu führt, dass sie sich endgültig aus dem Zellzyklus zurückziehen und ihre Zellteilungen einstellen. Dieser Prozess wird als *replikative Zellalterung* (*replicative cell senescence*) bezeichnet (s. Kapitel 17 und 20). Theoretisch könnte ein solcher Mechanismus Schutz vor unkontrollierter Zellproliferation bieten, wie man sie bei anomalen Zellen in somatischen Geweben findet, und uns auf diese Weise vor Krebs bewahren.

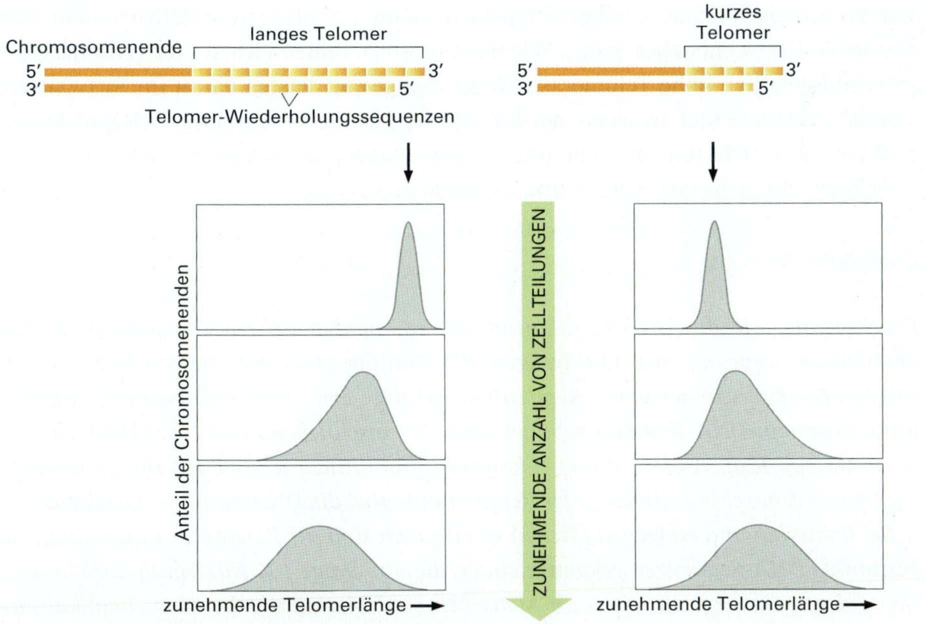

Abb. 5.36 Hefezellen kontrollieren die Länge ihrer Telomere. Bei diesem Experiment wurde das Telomer an einem bestimmten Chromosom bezogen auf die durchschnittliche Länge entweder künstlich verlängert (*links*) oder verkürzt (*rechts*). Nach vielen Zellteilungen erholt sich das Chromosom: Es zeigt eine durchschnittliche Telomerlänge und eine Längenverteilung, wie sie typisch für die anderen Chromosomen der Hefezelle ist. Ein ähnlicher Rückkopplungsmechanismus, der die Telomerlänge kontrolliert, wurde für Keimbahnzellen und Stammzellen von Säugern vorgeschlagen.

Die Theorie, dass die Telomerlänge als eine Art „Messlatte" die Zellteilungen zählt und auf diese Weise die Lebensdauer einer Zelle reguliert, wurde auf verschiedene Weise überprüft. Für bestimmte menschliche Zelltypen, die in Kultur gehalten werden, bestätigen die experimentellen Ergebnisse diese Theorie. Fibroblasten des Menschen können normalerweise 60 Zellteilungen in Kultur durchlaufen, bevor sie replikativ altern. Wie die meisten somatischen Zellen des Menschen können Fibroblasten nur geringe Mengen von Telomerase herstellen, und ihre Telomere werden bei jeder Zellteilung kürzer. Wenn die Telomerase durch Einführung eines voll aktiven Telomerase-Gens in Fibroblasten exprimiert wird, bleibt die Telomerlänge erhalten, und viele Zellen können nun unendlich proliferieren. Mit diesen Vorstellungen steht die Beobachtung im Einklang, dass in etwa 90 % der Krebszellen das Telomerase-Gen wieder reaktiviert wurde und dabei die normalen Sicherheitsmechanismen umgangen werden.

Es wurde vorgeschlagen, dass diese Art der Zellproliferationskontrolle irgendwie für die Alterung von höheren Lebewesen verantwortlich sein kann. Diese Ideen wurden mithilfe transgener Mäuse überprüft, die überhaupt keine Telomerase herstellen können. Die Telomere von Chromosomen der Maus sind etwa fünfmal länger als die Telomere von menschlichen Chromosomen; die transgenen Mäuse müssen daher über drei oder mehr Generationen hinweg gezüchtet werden, bis ihre Telomerlänge der des Menschen entspricht. Es ist deshalb vielleicht nicht überraschend, dass diese Mäuse sich anfänglich normal entwickeln. Bei Mäusen späterer Generationen treten jedoch zunehmend Defekte in einigen ihrer am meisten proliferierenden Gewebe auf. Zudem scheinen die Mäuse vorzeitig zu altern und besitzen eine ausgeprägte Neigung, Tumoren zu entwickeln. In diesen und anderen Eigenschaften ähneln die Mäuse Menschen, die unter der Erbkrankheit *Dyskeratosis congenita* leiden. Personen, die unter dieser Krankheit leiden, tragen eine funktionsfähige und eine nichtfunktionsfähige Kopie des Telomerase-RNA-Gens; sie haben vorzeitig verkürzte Telomere und sterben normalerweise an fortschreitendem Knochenmarksversagen. Sie entwickeln auch eine Lungenvernarbung und Leberzirrhose und zeigen Anomalien in mehreren Epidermisstrukturen (einschließlich Haut, Haarfollikel und Nägel).

Die obigen Beobachtungen machen deutlich, dass es für einen Organismus riskant ist, die Zellproliferation über den Abbau der Telomere zu kontrollieren, da in einem Gewebe nicht alle Zellen ohne funktionsfähige Telomere die Teilung einstellen werden. Manche werden genetisch instabil, teilen sich jedoch weiter und bringen so Zellvarianten hervor, aus denen Krebs entstehen kann. Wie oben erörtert, bilden viele dieser veränderten Zellen schlussendlich hohe Telomerasespiegel und gewährleisten damit ihr fortwährendes Überleben. Um es klar zu sagen, der Einsatz der Telomerverkürzung als Regulationsmechanismus ist nicht narrensicher, und wie viele Mechanismen in der Zelle scheint er ein Gleichgewicht zwischen Nutzen und Risiko anzustreben.

Zusammenfassung

Die Proteine, die die DNA-Replikation starten, binden an DNA-Sequenzen in einem Replikationsursprung und katalysieren die Bildung einer Replikationsblase mit zwei entgegengesetzt wandernden Replikationsgabeln. Der Vorgang beginnt, wenn ein Initiatorprotein-DNA-Komplex gebildet wird, der anschließend eine DNA-Helikase auf die DNA-Matrize lädt. Andere Proteine kommen dann hinzu und bilden die „Multienzym-Replikationsmaschine", die an jeder Replikationsgabel die DNA-Synthese katalysiert.

Bei Bakterien und einigen einfachen Eukaryoten sind die Replikationsursprünge durch bestimmte DNA-Sequenzen gekennzeichnet, die nur einige 100 Nukleotidpaare lang sind. Bei anderen Eukaryoten wie beim Menschen sind Merkmale, die einen Replikationsursprung kennzeichnen, weniger gut definiert und hängen wahrscheinlich mehr von Strukturmerkmalen der Chromosomen als von spezifischen DNA-Sequenzen ab.

Bakterien haben typischerweise einen einzigen Replikationsursprung in ihrem ringförmigen Chromosom. Mit Replikationsgabel-Geschwindigkeiten bis zu 1000 Nukleotiden pro Sekunde können sie ihr Chromosom in weniger als einer Stunde verdoppeln. Bei Eukaryoten findet die DNA-Replikation nur in einem Abschnitt des Zellzyklus, der S-Phase, statt. Die Replikationsgabel bei Eukaryoten bewegt sich etwa zwanzigmal langsamer als die bakterielle Replikationsgabel; die sehr viel längeren eukaryotischen Chromosomen brauchen jeweils mehrere Replikationsursprünge, um die Replikation in einer S-Phase von 8 Stunden Dauer zu vollenden, wie es für menschliche Zellen typisch ist. Die verschiedenen Replikationsursprünge in diesen eukaryotischen Chromosomen werden nacheinander aktiviert; der Zeitpunkt der Aktivierung hängt zum Teil davon ab, welche Gene augenblicklich transkribiert werden sowie von der Chromatinstruktur auf einem Chromosom.

Nachdem die Replikationsgabel vorbeigekommen ist, wird die Chromatinstruktur wiederhergestellt. Dabei lagern sich neue Histone an die alten an, die direkt an die DNA-Tochterstränge weitergegeben wurden.

Eukaryoten lösen das Problem der „Enden-Replikation" ihrer linearen Chromosomen mittels einer speziellen Struktur der Enden, den Telomeren, deren Synthese ein besonderes nukleotidpolymerisierendes Enzym, die Telomerase, benötigt. Die Telomerase verlängert die Telomer-DNA, indem sie eine RNA-Matrize verwendet, die ein integraler Bestandteil des Enzyms ist. Sie stellt eine sich oft wiederholende DNA-Sequenz her, die sich normalerweise über Tausende von Nukleotidpaaren am Chromosomenende erstreckt. Telomere haben spezialisierte Strukturen, die sie von gebrochenen Chromosomenenden unterscheiden; dies gewährleistet, dass sie nicht wie beschädigte DNA behandelt werden.

5.4 DNA-Reparatur

Die Erhaltung der genetischen Stabilität, die ein Lebewesen zum Überleben braucht, erfordert nicht nur einen extrem genauen Apparat für die DNA-Replikation, sondern auch einen Mechanismus für die Reparatur der vielen zufälligen Schäden, die immer wieder in der DNA auftreten. Solche spontanen DNA-Veränderungen sind meist kurzlebig, denn sie werden von Korrekturprozessen, der sogenannten **DNA-Reparatur**, sofort wieder beseitigt. Von den Zehntausenden zufälliger Veränderungen, die täglich in der

Tab. 5.2 Erbkrankheiten mit Defekten in der DNA-Reparatur.

Name der Krankheit oder des Verantwortlichen Gens	Phänotyp	Betroffenes Enzym oder Prozess
MSH2, 3, 6, MLH1, PMS2	Dickdarmkrebs	Fehlpaarungs-Reparatursystem
Polymerase-Korrekturlesen-assoziierte Polyposis	Dickdarmkrebs	Korrekturlesen durch DNA-Polymerase ε
Aicardi-Goutières-Syndrom	Enzephalopathie, neurologische Dysfunktion, Genominstabilität	Entfernen von falsch eingebauten Ribonukleotiden in der DNA
Xeroderma pigmentosum (XP), Gruppen A–G	Hautkrebs, UV-Empfindlichkeit, neurologische Anomalien	Basen-Exzisionsreparatur
Cockayne-Syndrom	UV-Empfindlichkeit, Entwicklungsanomalien	Kopplung der Nukleotid-Exzisionsreparatur an die Transkription
XP-Variante	UV-Empfindlichkeit, Hautkrebs	Synthese durch die DNA-Polymerase ν über eine Schadstelle hinweg
Ataxia teleangiectatica (ATL)	Leukämie, Lymphome, Empfindlichkeit gegenüber Röntgenstrahlung, Genominstabilität	ATM-Protein, eine Proteinkinase, die durch DNA-Doppelstrangbrüche aktiviert wird
Sekel-Syndrom	Zwergwuchs, Mikroenzephalie	ATR-Protein, eine Proteinkinase, die durch DNA-Einzelstrangbrüche aktiviert wird
BRCA-1	Brust- und Eierstockkrebs	Reparatur durch homologe Rekombination
BRCA-2	Brust-, Eierstock- und Prostatakrebs	Reparatur durch homologe Rekombination
Ataxia-teleangiectatica-artige Erkrankung (ATLD)	Leukämie, Lymphom, Gammastrahlenempfindlichkeit, Genominstabilität	*Mre11*-Protein, erforderlich für die Bearbeitung von DNA-Doppelstrangbrüchen
Werner-Syndrom	vorzeitige Alterung, Krebs an mehreren Stellen, Genominstabilität	zusätzliche 3'-Exonuklease und DNA-Helikase zur Reparatur
Bloom-Syndrom	Krebs an mehreren Stellen, beeinträchtigtes Wachstum, Genominstabilität	DNA-Helikase für die Rekombination
Fanconi-Anämie Gruppen A–W	angeborene Fehlbildungen, Leukämie, Genominstabilität	Reparatur von Überkreuzungen der DNA-Stränge
46 BR-Patienten	Hypersensibilität gegen DNA-schädigende Substanzen, Genominstabilität	DNA-Ligase I

DNA durch Hitze, Stoffwechselentgleisungen, verschiedene Strahlenarten und Substanzen aus der Umwelt auftreten, bleiben nur ein paar als Mutationen (weniger als 0,02 %) in der DNA erhalten. Der Rest wird mit einer bemerkenswerten Effizienz durch das DNA-Reparatursystem entfernt.

Die Bedeutung der DNA-Reparatur wird aus dem enormen Aufwand ersichtlich, den die Zellen hinsichtlich der ausführenden Enzyme betreiben: In den meisten Genomen dienen mehrere Prozent ihrer Codierungskapazität DNA-Reparaturfunktionen. Die Bedeutung der DNA-Reparatur kann man außerdem an der erhöhten Mutationsrate ablesen, die auf die Inaktivierung eines DNA-Reparatur-Gens folgt. Viele DNA-Reparaturproteine und die dafür verantwortlichen Gene wurden ursprünglich bei Bakterien gefunden. Heute wissen wir jedoch, dass sie in vielen Organismen einschließlich des Menschen vorkommen. Bei den Untersuchungen an Bakterien wurden Mutanten isoliert und charakterisiert, die eine erhöhte Mutationsrate aufwiesen oder anfälliger für DNA-schädigende Substanzen waren.

Neuere Untersuchungen zu den Folgen einer mangelhaften DNA-Reparatur beim Menschen haben viele Krankheiten mit verminderter DNA-Reparatur in Zusammenhang gebracht (**Tab. 5.2**). So haben wir bereits gesehen, dass Veränderungen in einem Gen, dessen Produkte normalerweise für die Reparatur der bei der DNA-Replikation entstehenden fehlgepaarten Basen gebraucht werden, wegen einer erhöhten Mutationsrate zu einer erblichen Veranlagung für Dickdarmkrebs und Krebs einiger anderer Organe führen. Bei *Xeroderma pigmentosum (XP)*, einer anderen Krankheit, reagieren die betroffenen Individuen extrem empfindlich auf ultraviolette Strahlung, da sie unfähig

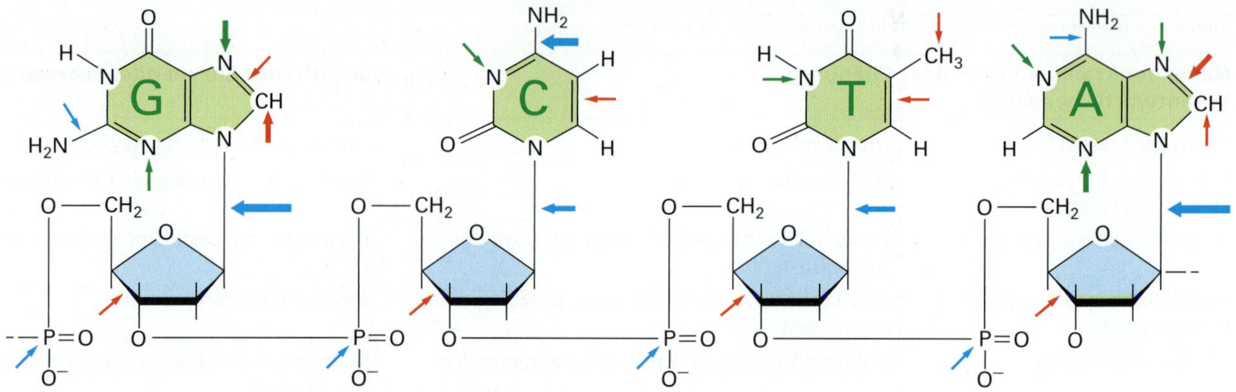

Abb. 5.37 Ein Überblick über die spontanen Veränderungen, die eine DNA-Reparatur erforderlich machen. Hier sind die Stellen in den einzelnen Nukleotiden angegeben, die durch spontane oxidative Schädigung (*rote Pfeile*), hydrolytische Angriffe (*blaue Pfeile*) und Methylierung (*grüne Pfeile*) verändert werden. Die Dicke der Pfeile entspricht der relativen Häufigkeit der einzelnen Vorgänge (s. **Tab. 5.3**). (Nach T. Lindahl, *Nature* 362: 709–715, 1993).

sind, DNA-Schäden zu reparieren, welche durch diese Sonnenlichtkomponente verursacht werden. Dieser Reparaturdefekt führt zu einer erhöhten Mutationsrate; die Folge sind schwerwiegende Hautschädigungen und eine erhöhte Anfälligkeit für bestimmte Hautkrebsformen. Darüber hinaus beeinträchtigen Mutationen in den *Brca1*- und *Brca2*-Genen einen DNA-Reparaturtyp, die *homologe Rekombination*, und sind eine Hauptursache für erblichen Brust- und Eierstockkrebs.

5.4.1 Ohne DNA-Reparatur würden spontane DNA-Schäden die DNA-Sequenz schnell verändern

Obwohl die DNA ein sehr stabiles Molekül ist, so wie es die Speicherung genetischer Information verlangt, ist sie ein komplexes organisches Molekül, das auch unter normalen zellulären Bedingungen für spontane Veränderungen anfällig ist, die ohne Reparatur zu Mutationen führen würden (**Abb. 5.37** und **Tab. 5.3**). Die DNA jeder menschlichen Zelle verliert beispielsweise täglich etwa 18 000 Purinbasen (Adenin und Guanin), weil ihre *N*-Glykosyl-Bindung zur Desoxyribose spontan bricht, eine als *Depurinierung*

Tab. 5.3 Endogene DNA-Läsionen, die in einer diploiden Säugerzelle in 24 Stunden entstehen und repariert werden.

DNA-Läsion	Reparierte Anzahl in 24 Stunden
Hydrolyse	
Depurinierung	18 000
Depyrimidinierung	600
Cytosin-Desaminierung	100
5-Methylcytosin-Desaminierung	10
Oxidation	
8-oxo-Guanin	1500
Ringgesättigte Pyrimidine (Thyminglykol, Cytosinhydrate)	2000
Lipidperoxidationsprodukte (M1G, Etheno-A, Etheno-C)	1000
Nichtenzymatische Methylierung durch *S*-Adenosylmethionin	
7-Methylguanin	6000
3-Methyladenin	1200
Nichtenzymatische Methylierung durch nitrosierte Polyamine und Peptide	
*O*⁶-Methylguanin	20–100

Die hier in der Tabelle aufgeführten DNA-Läsionen sind das Ergebnis normaler chemischer Reaktionen, die in Zellen stattfinden. Zellen, die externen Chemikalien und Strahlung ausgesetzt sind, erleiden stärkere und verschiedenartigere Formen von DNA-Schäden. (Nach T. Lindahl und D. E. Barnes, *Cold Spring Harb. Symp. Quant. Biol.* 65: 127–133, 2000).

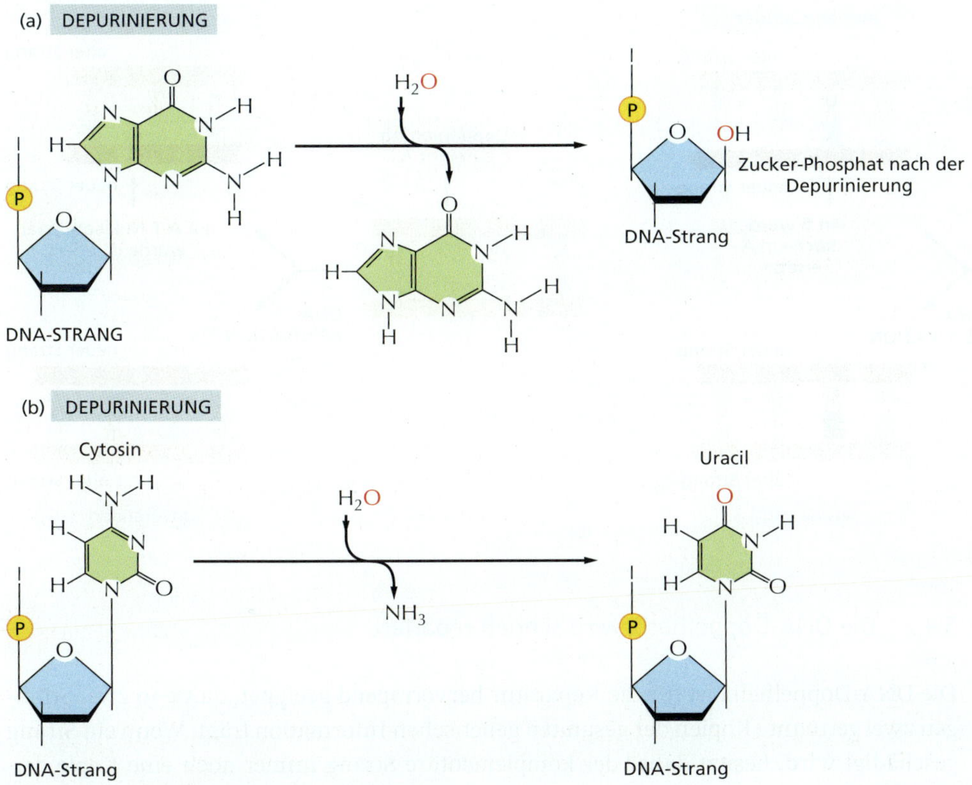

Abb. 5.38 Depurinierung und Desaminierung sind die häufigsten spontanen chemischen Reaktionen, von denen bekannt ist, dass sie einen ernsthaften DNA-Schaden in Zellen verursachen. (a) Die Depurinierung kann Guanin (oder Adenin) von der DNA entfernen. (b). Die häufigste Desaminierungsreaktion wandelt Cytosin in Uracil um, das, wie wir gesehen haben, normalerweise in DNA nicht vorkommt. Aber auch andere Basen werden desaminiert. Sowohl die Depurenierung als auch die Desaminierung finden normalerweise an der DNA-Doppelhelix statt; keine der Reaktionen bricht das Phosphodiester-Rückgrat.

bezeichnete Hydrolysereaktion. Ebenso wird die Zahl der spontanen *Desaminierungen* von Cytosin zu Uracil auf 100 pro Genom und Tag geschätzt (**Abb. 5.38**). Geschädigt werden DNA-Basen außerdem durch reaktionsfähige Stoffwechselprodukte der Zelle (z. B. des energiereichen Methyl-Donators *S*-Adenosylmethionin) oder durch Chemikalien aus der Umwelt. Ultraviolettes Sonnenlicht kann z. B. zwei benachbarte Thymidinbasen kovalent verbinden und so Thymindimere erzeugen (**Abb. 5.39**). Wenn dies nicht korrigiert würde, würden die meisten Veränderungen entweder zur Deletion von einem oder mehreren Basenpaaren oder zu einer Basenpaarsubstitution in der Tochter-DNA-Kette führen, wenn die DNA repliziert wird (**Abb. 5.40**). Die Mutationen würden dann bei DNA-Replikationen an alle künftigen Zellgenerationen weitergegeben. Eine so große Anzahl an nicht reparierten zufälligen Veränderungen in der DNA-Sequenz hätte verheerende Folgen – und zwar sowohl in der Keimbahn als auch im Körpergewebe.

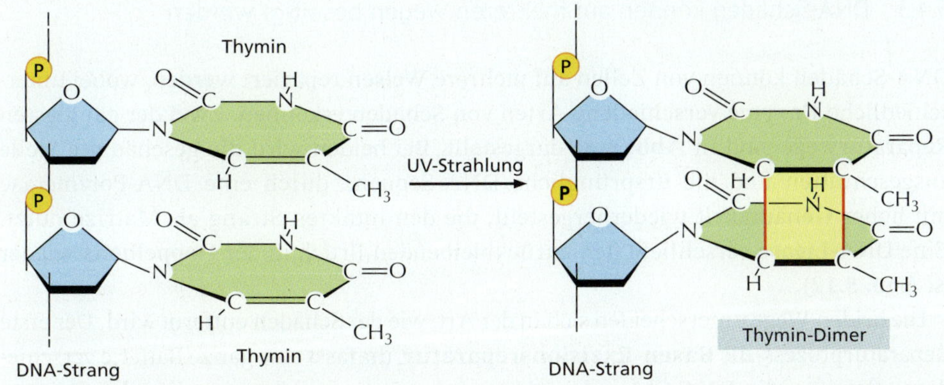

Abb. 5.39 Die ultraviolette Strahlung des Sonnenlichts kann die Bildung von *Thymin*-Dimeren verursachen. Zwei benachbarte Tyminbasen wurden miteinander kovalent verknüpft und bilden ein Thymin-Dimer. Hautzellen, die Sonnenlicht ausgesetzt werden, sind besonders empfänglich für diesen DNA-Schadenstyp. Auch zwischen einem benachbarten Thymin und Cytosin können sich Dimere ausbilden.

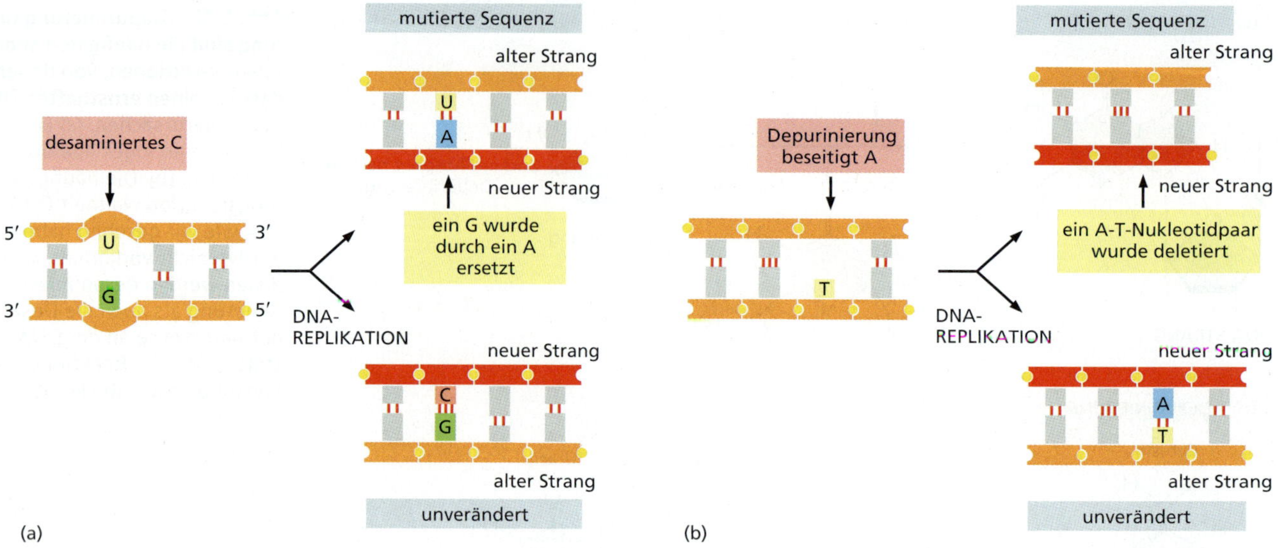

Abb. 5.40 Chemische Modifikationen von Nukleotiden können, falls sie nicht repariert werden, Mutationen erzeugen. (a) Die Desaminierung von Cytosin führt, wenn sie nicht korrigiert wird, bei der DNA-Replikation zur Substitution einer Base. Wie in **Abb. 5.43** gezeigt, entsteht bei der Cytosindesaminierung Uracil. Uracil unterscheidet sich von Cytosin in seinen Basenpaarungseigenschaften und paart bevorzugt mit Adenin. Die DNA-Replikationsmaschinerie fügt deshalb ein Adenin in den neuen Strang ein, wenn sie auf ein Uracil im Matrizenstrang trifft. (b) Die Depurinierung, falls nicht repariert, kann zum Verlust eines Nukleotidpaars führen. Wenn die Replikationsmaschinerie auf ein fehlendes Purin im Matrizenstrang trifft, kann sie, wie hier dargestellt, zum nächsten vollständigen Nukleotid springen und dadurch eine Nukleotiddeletion im DNA-Tochtermolekül bewirken. In anderen Fällen platziert die Replikationsmaschinerie falsche Nukleotide gegenüber der fehlenden Base, was wiederum zu einer Mutation führt (nicht gezeigt).

5.4.2 Die DNA-Doppelhelix wird schnell repariert

Die DNA-Doppelhelix ist für die Reparatur hervorragend geeignet, da sie in zwei Strängen zwei getrennte Kopien der gesamten genetischen Information trägt. Wenn ein Strang geschädigt wird, besitzt daher der komplementäre Strang immer noch eine Kopie derselben Information. Diese Kopie wird normalerweise als Matrize verwendet, um die korrekte Sequenz im geschädigten Strang wiederherzustellen.

Einen Hinweis auf die Bedeutung der doppelsträngigen Helix bei der sicheren Speicherung genetischer Information liefert die Tatsache, dass sie von allen Zellen genutzt wird. Nur ein paar kleine Viren verwenden Einzelstrang-DNA oder RNA als genetisches Material. Die verschiedenen Reparatursysteme, die in diesem Abschnitt beschrieben werden, funktionieren mit diesen Nukleinsäuren nicht. Daher ist die Wahrscheinlichkeit sehr groß, dass, sobald ein Schaden aufgetreten ist, in diesen einzelsträngigen Virus-Genomen permanente Nukleotidveränderungen stattfinden. Es scheint, dass nur Organismen mit winzigen Genomen (und daher winzigen Zielen für DNA-Schädigungen), ihre genetische Information erfolgreich in einem Molekül speichern können, bei dem es sich nicht um eine DNA-Doppelhelix handelt.

5.4.3 DNA-Schäden können auf mehreren Wegen beseitigt werden

DNA-Schäden können von Zellen auf mehrere Weisen repariert werden, wobei unterschiedliche Enzyme verschiedene Arten von Schäden erkennen. Zwei der gängigsten Reparaturwege sind in **Abb. 5.41** dargestellt. Bei beiden wird die geschädigte Stelle ausgeschnitten und die ursprüngliche DNA-Sequenz durch eine DNA-Polymerase mit hoher Genauigkeit wiederhergestellt, die den intakten Strang als Matrize nutzt. Eine DNA-Ligase verschließt den zurückbleibenden Bruch in der Doppelhelix wieder (s. **Abb. 5.12**).

Die beiden Wege unterscheiden sich in der Art, wie der Schaden entfernt wird. Der erste Reparaturprozess, die **Basen-Exzisionsreparatur**, umfasst eine ganze Batterie verschiedener Enzyme, die *DNA-Glykosylasen*, von denen jede einzelne nur einen bestimmten Typ einer veränderten Base erkennt und ihre hydrolytische Entfernung aus dem DNA-Rückgrat katalysiert. Es gibt viele Arten dieser Enzyme, darunter solche für das Abspalten desaminierter Cs, desaminierter As, verschiedener Typen alkylierter und oxidierter

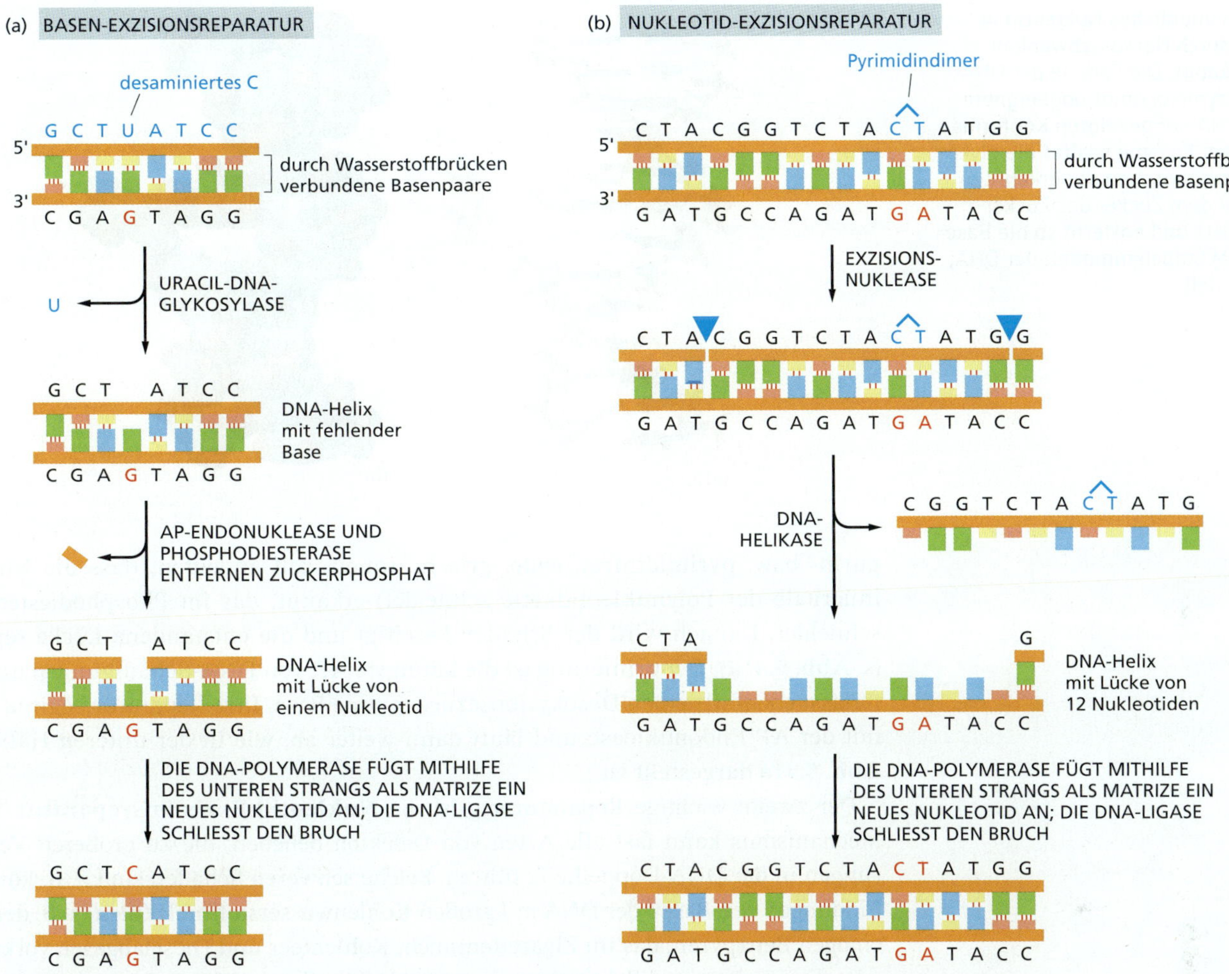

Abb. 5.41 Zwei wichtige Wege der DNA-Reparatur im Vergleich. (a) *Basen-Exzisionsreparatur.* Am Anfang dieses Wegs steht eine DNA-Glykosylase. Im hier gezeigten Beispiel entfernt das Enzym Uracil-DNA-Glykosylase ein zufällig desaminiertes Cytosin in der DNA. Im Anschluss an die Tätigkeit dieses Enzyms (oder einer anderen DNA-Glykosylase, die andersartige Schäden erkennt) wird das Zuckerphosphat mit der fehlenden Base ausgeschnitten; dazu treten nacheinander die AP-Endonuklease und eine Phosphodiesterase in Aktion. Die Lücke von einem Nukleotid wird dann von DNA-Polymerase und DNA-Ligase aufgefüllt. Im Endeffekt wird dabei das U, das durch die zufällige Desaminierung entstand, wieder durch ein C ersetzt. Der Verlust einer Base kann entweder durch die Handlung von DNA-Glycosylasen stattfinden, die beschädigte Basen erkennen, oder durch spontane chemische Reaktionen (s. **Abb. 5.37**). Die AP-Endonuklease trägt ihren Namen deshalb, weil sie in der DNA-Helix alle Stellen erkennt, an denen einem Desoxyribosezucker die Base fehlt; solche Defekte können durch Verlust eines Purins (*Apurin-Stelle, apurinic site*) oder eines Pyrimidins (*Apyrimidin-Stelle, apyrimidic site*) entstehen. (b) *Nukleotid-Exzisionsreparatur.* Nachdem ein Multienzymkomplex in Bakterien eine sperrige Schadstelle wie z. B. ein Pyrimidindimer erkannt hat (s. **Abb. 5.39**), wird beiderseits des Defekts jeweils geschnitten, und eine mit dem Komplex verbundene DNA-Helikase entfernt dann den ganzen Abschnitt des beschädigten Strangs. Bei Bakterien arbeitet die Exzisionsreparaturmaschinerie wie dargestellt. Ist beim Menschen die beschädigte DNA erst einmal erkannt, wird eine Helikase rekrutiert, um die DNA-Doppelhelix lokal zu entwinden. Als Nächstes dringt die Exzisionsnuklease ein und schneidet an jeder Seite des Schadens, wobei sie eine Lücke von etwa 30 Nukleotiden hinterlässt, die nachfolgend aufgefüllt wird. Die Nukleotid-Exzisionsreparatur-Maschinerie sowohl von Bakterien als auch vom Menschen kann mehrere Arten von DNA-Schäden erkennen und reparieren.

Basen, der Basen mit geöffnetem Ring und der Basen, deren C=C-Doppelbindung fälschlicherweise in eine C–C-Einfachbindung umgewandelt ist. Wie werden veränderte Basen in der Doppelhelix erkannt? Ein entscheidender Schritt ist das enzymabhängige Herausschwenken (*flipping-out*) des veränderten Nukleotids aus der Helix, das es der DNA-Glykolase ermöglicht, alle Seiten des Nukleotids nach einem Schaden abzusuchen (**Abb. 5.42**). Man nimmt an, dass diese Enzyme an der DNA entlanglaufen, die Base herausschwenken und so den Zustand jedes Basenpaars überprüfen. Sobald das Enzym eine beschädigte Base findet und erkennt, entfernt es diese Base von ihrem Zucker.

Dieser durch die Tätigkeit der DNA-Glykosylase erzeugte „Zahnlücke" wird von einem Enzym namens *AP-Endonuklease* (AP steht für *apurinic* oder *apyrimidic*, also

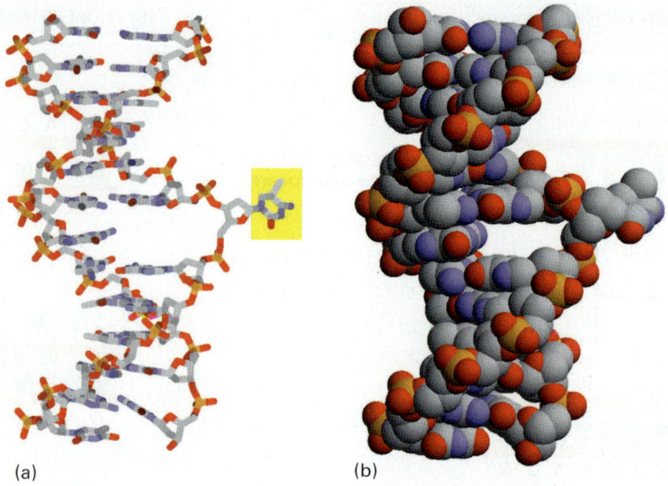

Abb. 5.42 Ein unübliches Nukleotid in der DNA wird durch Herausschwenken seiner Base erkannt. Die Familie der DNA-Glykosylaseenzyme erkennt ungeeignete Basen in der DNA der gezeigten Konformation. Jedes dieser Enzyme spaltet die glykosidische Bindung zwischen der erkannten Base (*gelb*) und dem Zucker des Zucker-Phosphat-Gerüsts und entfernt so die Base aus der DNA. (a) Stäbchenmodell der DNA; (b) Kalottenmodell.

purin- bzw. pyrimidinfrei; *endo*, griech.: innen, soll andeuten, dass die Nuklease innerhalb der Polynukleotidkette schneidet) erkannt, das im Phosphodiestergerüst schneidet. Danach wird der Schaden beseitigt und die entstandene Lücke repariert (s. **Abb. 5.41a**). Depurinierung ist die häufigste Art von DNA-Schädigungen und hinterlässt ebenfalls einen Desoxyribosezucker ohne Base. Ihre Reparatur beginnt direkt mit der AP-Endonuklease und läuft dann weiter ab, wie in der unteren Hälfte von **Abb. 5.41a** dargestellt ist.

Der zweite wichtige Reparaturweg ist die **Nukleotid-Exzisionsreparatur**. Dieser Mechanismus kann fast alle Arten von Defekten beheben, die zu größeren Veränderungen in der DNA-Doppelhelix führen. Solche schweren Schäden sind z. B. kovalente Bindungen von Basen der DNA mit großen Kohlenwasserstoffmolekülen (z. B. dem Carcinogen Benzpyren, das im Zigarettenrauch, Kohlenteer und Dieselabgasen vorkommt) oder die durch Sonnenlicht entstandenen Pyrimidindimere (T-T, T-C und C-C). In diesen Fällen ist ein großer Multienzymkomplex aktiv, der nicht nach einzelnen ausgetauschten Basenpaaren sucht, sondern nach Verformungen der Doppelhelix. Wird eine solche unförmige Schadstelle gefunden, dann wird das Phosphodiestergerüst des defekten Strangs beiderseits der abnormen Struktur geschnitten, und die gesamte Schadstelle wird von einer Helikase als einzelsträngiges Oligonukleotid aus der Doppelhelix herausgelöst. Anschließend wird die Lücke in der DNA-Doppelhelix in der üblichen Weise durch DNA-Polymerase und DNA-Ligase repariert (**Abb. 5.41b**).

Eine Alternative zur Basen- und Nukleotid-Exzisionsreparatur ist das direkte chemische Rückgängigmachen des DNA-Schadens, und diese Strategie wird selektiv für die rasche Beseitigung bestimmter hoch mutagener oder cytotoxischer Defekte eingesetzt. Beispielsweise wird die Methylgruppe beim Alkylierungsdefekt O^6-Methylguanin durch direkte Übertragung auf einen Cysteinrest im Reparaturprotein selbst beseitigt. Weil bei dieser Reaktion das Reparaturprotein zerstört wird, kann jedes derartige Molekül nur einmal eingesetzt werden. In einem anderen Beispiel werden Methylgruppen im Alkylierungsdefekt 1-Methyladenin und 3-Methylcytosin durch eine eisenabhängige Demethylase „abgebrannt", unter Freisetzung von Formaldehyd aus der methylierten DNA und Wiederherstellung der nativen Base.

5.4.4 Die Kopplung der Nukleotid-Exzisionsreparatur an die Transkription gewährleistet, dass die wichtigste DNA der Zelle wirksam repariert wird

Die gesamte DNA einer Zelle wird ständig auf Schäden überwacht, und die beschriebenen Reparaturmechanismen wirken auf alle Teile des Genoms. Zellen besitzen jedoch einen

Weg, die DNA-Reparatur zu den DNA-Sequenzen zu lenken, die am allerdringendsten gebraucht werden. Sie bewerkstelligen dies, indem sie die RNA-Polymerase – das Enzym, das DNA als ersten Schritt der Genexpression in RNA transkribiert – mit dem Nukleotid-Exzisionsreparaturweg koppeln. Wie oben behandelt, kann dieses Reparatursystem viele verschiedene DNA-Schadensarten korrigieren. Die RNA-Polymerase stoppt an DNA-Defekten und lenkt die Reparaturmaschinerie durch den Einsatz von Kopplungsproteinen an diese Stellen; dabei werden selektiv Gene repariert, die von der Zelle derzeit verwendet werden. Bei Bakterien, bei denen Gene relativ kurz sind, kann sich die angehaltene RNA-Polymerase von der DNA lösen, die DNA wird repariert und das Gen wird wieder von Anfang an transkribiert. Bei Eukaryoten, wo Gene enorm lang sein können, wird eine komplexere Reaktion verwendet, um die RNA-Polymerase abzusichern, den Schaden zu reparieren und dann die Polymerase erneut zu starten.

Die Bedeutung der transkriptionsgekoppelten Exzisionsreparatur sieht man bei Personen mit dem *Cockayne-Syndrom*, das durch einen Defekt dieser Kopplung verursacht wird. Diese Personen leiden an verlangsamtem Wachstum, Skelettanomalien und fortschreitender neuraler Retardierung und sind gegenüber Sonnenlicht äußerst empfindlich. Man glaubt, dass die meisten dieser Probleme von RNA-Polymerasemolekülen herrühren, die an DNA-Schadensstellen innerhalb wichtiger Gene dauerhaft gestoppt werden.

5.4.5 Die Chemie der DNA-Basen erleichtert die Erkennung von Schäden

Die DNA-Doppelhelix ist anscheinend für die Reparatur bestens geeignet. Wie oben erwähnt, enthält sie eine Sicherheitskopie der genetischen Information. Ebenso wichtig ist, dass die Eigenschaften der Basen die Unterscheidung zwischen intaktem und defektem Strang erleichtern. So lässt jede mögliche Desaminierung in der DNA eine unnatürliche Base entstehen, die von einer spezifischen DNA-Glykosylase gleich erkannt und entfernt werden kann. Die einfachste Purinbase, die sich spezifisch mit C paaren kann, ist beispielsweise das Hypoxanthin, aber Hypoxanthin wird in der DNA nicht verwendet, vermutlich, weil es das unmittelbare Desaminierungsprodukt von A ist (**Abb. 5.43a**). Stattdessen paart sich G, mit einer zweiten Aminogruppe, mit C; G kann sich nicht durch spontane Desaminierung aus A bilden und sein eigenes Desaminierungsprodukt (Xanthin) ist ebenfalls unverwechselbar (**Abb. 5.43**).

Wie in Kapitel 6 beschrieben, hat die RNA in der Evolution vermutlich früher als die DNA als genetisches Material gedient, und es ist wahrscheinlich, dass der genetische Code anfangs aus den vier Nukleotiden A, C, G und U bestand. Das wirft die Frage auf, warum das U der RNA in der DNA durch T (5-Methyl-U) ersetzt wurde. Wie wir gesehen haben, verwandelt sich C durch spontane Desaminierung in U, und dieser Vorgang wird von der Uracil-DNA-Glykosylase unschädlich gemacht. Wenn jedoch DNA Uracil als natürliche Base enthalten würde, wäre es für das Reparatursystem nicht möglich, ein desaminiertes C von einem natürlich vorkommenden U zu unterscheiden.

Eine besondere Situation findet man in der DNA der Wirbeltiere, in der einzelne C-Nukleotide in spezifischen C-G-Sequenzen methyliert sind, die bei inaktiven Genen vorkommen (s. Kapitel 7). Die zufällige Desaminierung dieser methylierten C-Nukleotide ergibt das natürliche Nukleotid T (**Abb. 5.43b**), das dann mit dem G des zweiten Strangs eine Fehlpaarung eingeht. Bei der Reparatur der desaminierten, methylierten C-Nukleotide erkennt eine besondere DNA-Glykosylase fehlgepaarte T-Basen in der Sequenz T-G und entfernt das T. Dieser Reparaturmechanismus muss allerdings recht ineffizient sein, da an methylierten C-Nukleotiden in der DNA der Wirbeltiere außergewöhnlich häufig Mutationen stattfinden. Obwohl in der DNA des Menschen nur etwa 3 % der C-Nukleotide methyliert sind, machen erstaunlicherweise Mutationen in diesen methylierten Nukleotiden ungefähr ein Drittel aller einzeln ausgetauschten Basen aus, die man bei Erbkrankheiten des Menschen gefunden hat.

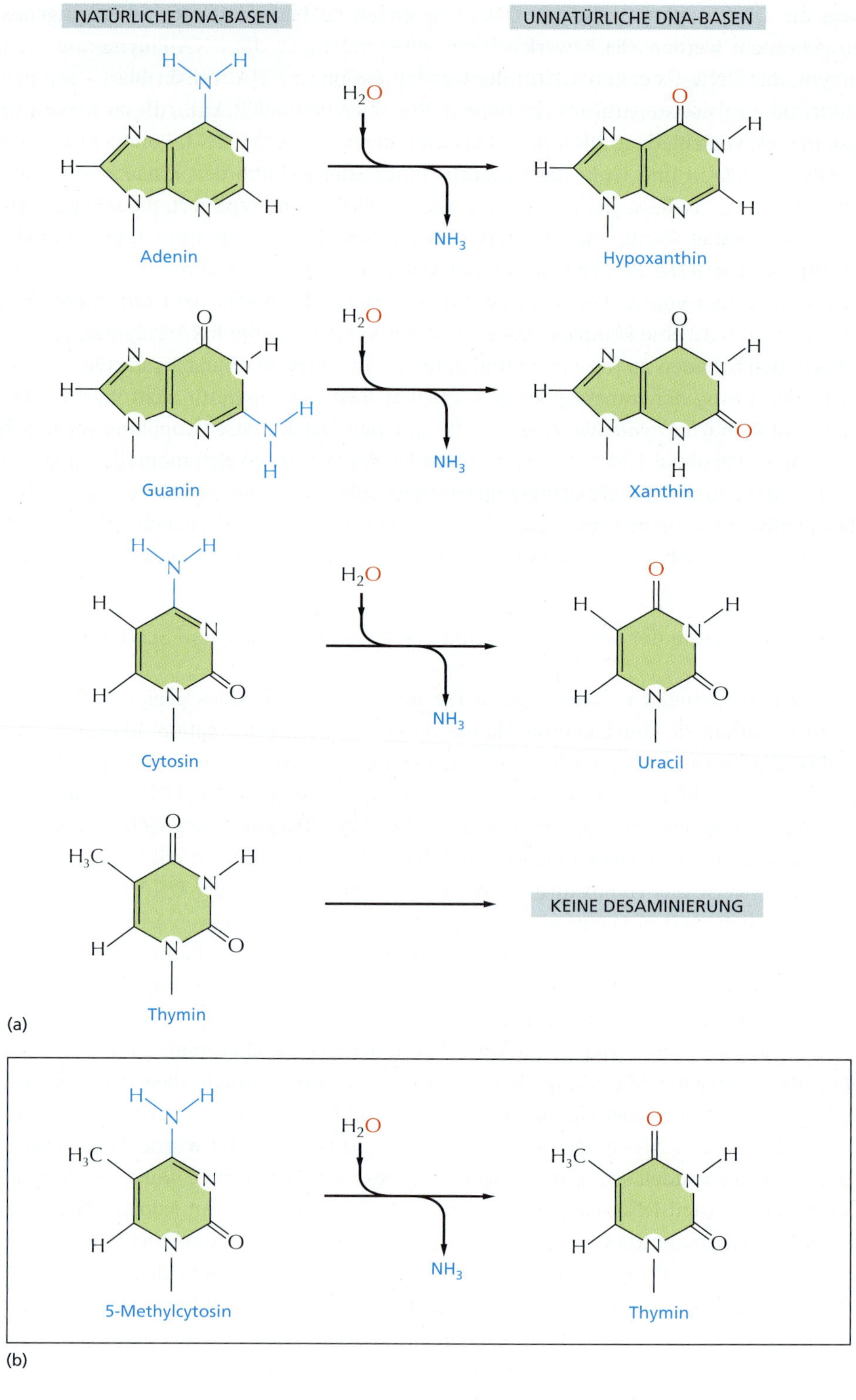

Abb. 5.43 Die Desaminierung von Nukleotiden in der DNA. Das Sauerstoffatom, das durch die Reaktion mit Wasser angelagert wird, ist jeweils *rot* dargestellt. (a) Die Produkte der spontanen Desaminierung von A und G werden, wenn sie in der DNA vorkommen, als unnatürlich erkannt und deshalb leicht gefunden und wie bei der Desaninierung von C zu U repariert. T besitzt keine Aminogruppe, die desaminiert werden könnte. (b) In der DNA der Wirbeltiere sind etwa 3 % der C-Nukleotide methyliert; diese Veränderung trägt dort zur Steuerung der Genexpression bei (s. Kapitel 7). Werden solche 5-Methyl-C-Nukleotide zufällig desaminiert, verwandeln sie sich in das natürliche Nukleotid T, dem jedoch im anderen Strang ein G gegenübersteht, sodass sich eine Fehlpaarung ergibt.

5.4.6 In Notfällen werden spezielle Transläsions-DNA-Polymerasen eingesetzt

Wenn die DNA einer Zelle schwer beschädigt ist, reichen die besprochenen Reparaturmechanismen oft nicht aus, um den Schaden zu bewältigen. In diesen Fällen kommt eine andere Strategie zum Zug, eine Strategie, die für die Zelle ein Risiko bedeutet. Die äußerst exakten replikativen DNA-Polymerasen stoppen, wenn sie auf beschädigte DNA stoßen. In Notfällen bedienen sich Zellen daher vielseitig einsetzbarer, aber weniger exakter Reservepolymerasen, als *Transläsions-DNA-Polymerasen* bezeichnet, um über den DNA-Schaden hinwegzureplizieren.

Menschliche Zellen enthalten sieben Transläsions-DNA-Polymerasen, von denen manche eine bestimmte DNA-Schadensart erkennen und das erforderliche Nukleotid korrekt anheften können, um die korrekte Sequenz wiederherzustellen. Beispielsweise fügt eine solche Polymerase zwei As gegenüber einen Thymin-Dimer an (**Abb. 5.39**). Andere schätzen die fehlende Sequenz lediglich ab, insbesondere wenn die Matrize ausgiebig beschädigt wurde. Sogar wenn sie eine unbeschädigte DNA-Sequenz kopieren, sind diese Enzyme nicht so exakt wie normale Replikationspolymerasen. Zum einen fehlt den Transläsions-DNA-Polymerasen die exonukleolytische Korrekturleseaktivität; außerdem sind viele bei Weitem nicht so wählerisch wie die Replikationspolymerase bei der Entscheidung, welches Nukleotid zuerst eingebaut werden soll. Aus diesem Grund darf jede derartige Transläsions-Polymerase nur ein oder einige wenige Nukleotide anfügen, bevor die hoch exakte Replikationspolymerase die DNA-Synthese wiederaufnimmt.

Trotz ihrer Nützlichkeit, die es ermöglicht, dass schwer beschädigte DNA repliziert wird, stellen diese Transläsions-DNA-Polymerasen, wie oben angemerkt, ein Risiko für die Zelle dar. Sie sind wahrscheinlich für die meisten Basensubstitutions- und Einzelnukleotid-Deletionsmutationen verantwortlich, die sich im Genom ansammeln. Sie erzeugen nicht bloß häufig Mutationen, wenn sie beschädigte DNA kopieren, sondern erzeugen wahrscheinlich auch Mutationen – in geringem Ausmaß – auf nicht beschädigter DNA. Offensichtlich ist es wichtig für die Zelle, diese Polymerasen streng zu regulieren und sie nur an beschädigten DNA-Stellen zu aktivieren. Wie sich dies für jede Transläsionspolymerase genau abspielt, muss noch erforscht werden, aber in **Abb. 5.44** wird ein Modellkonzept gezeigt. Das gleiche Prinzip dieses Modells gilt für viele DNA-Reparaturvorgänge, die in diesem Kapitel behandelt werden: Weil die Enzyme, die diese Reaktionen ausführen, für das Genom potenziell gefährlich sind, dürfen sie nur an den entsprechenden Schadensstellen ins Spiel kommen.

5.4.7 Doppelstrangbrüche werden mit hoher Effizienz repariert

Ein besonders gefährlicher DNA-Schaden entsteht, wenn beide Stränge der Doppelhelix brechen und daher kein intakter Strang als Matrize für die exakte Reparatur zurückbleibt. Brüche dieser Art können durch ionisierende Strahlung, Replikationsfehler, Oxidationsmittel und andere Metaboliten in der Zelle entstehen. Würden diese Brüche nicht repariert, würden sie bald zur Fragmentierung von Chromosomen und zum Verlust von Genen führen, wenn sich die Zelle teilt. Zwei verschiedene Mechanismen haben sich entwickelt, um mit dieser Schadensart umzugehen, indem eine intakte Doppelhelix wiederhergestellt wird: die **nichthomologe End-zu-End-Verknüpfung** (*nonhomologous end-joining*) und die *homologe Rekombination* (**Abb. 5.45**).

Am einfachsten zu verstehen ist die **nichthomologe End-zu-End-Verknüpfung**, bei der die Enden an der Bruchstelle bearbeitet werden, um die beschädigten Nukleotide zu entfernen und dann einfach durch DNA-Ligation wieder verbunden werden. Dies führt normalerweise zum Verlust von Nukleotiden an der Verknüpfungsstelle (**Abb. 5.46**). Dieser „Enden-Verbindungs-Mechanismus“ kann als „nicht schöne, aber schnelle“ Lösung zur Reparatur von Doppelstrangbrüchen betrachtet werden und er ist in somatischen Säugerzellen der vorherrschende Weg zur Reparatur solcher Brüche. Obwohl dadurch die DNA-Sequenz an der Bruchstelle in der Regel verändert wird, also eine Mutation entsteht, scheint es sich dabei um eine akzeptable Lösung des Problems der Wiederverbindung gebrochener Chromosomen zu handeln, da nur ein kleiner Anteil des Säugergenoms lebensnotwendig ist. Wenn ein Mensch 70 Jahre alt ist, enthält eine typische Körperzelle über 2000 solcher „Narben“, die über das ganze Genom verteilt sind; sie

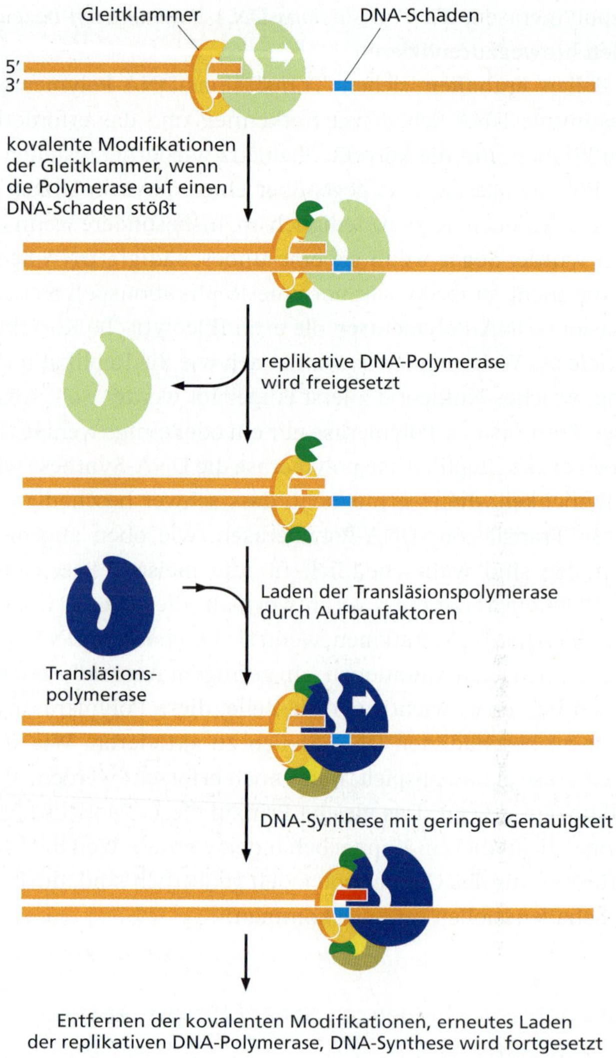

Abb. 5.44 Wie Transläsions-DNA-Polymerasen beschädigte Matrizen verwenden können. Gemäß diesem Modell wird eine an der Stelle mit DNA-Schaden angehaltene Replikationspolymerase von der Zelle als hilfebedürftig erkannt. Spezialisierte Enzyme modifizieren kovalent die Gleitklammer (typischerweise wird sie ubiquitiniert – s. Abb. 3.65), die die replikative DNA-Polymerase freisetzt und zusammen mit der beschädigten DNA eine Transläsionspolymerase, die spezifisch für diesen Schadenstyp ist, anzieht. Sobald der Schaden umgangen ist, wird die kovalente Modifikation der Klammer beseitigt, die Transläsionspolymerase löst sich ab, und die äußerst exakte Replikationspolymerase kommt wieder ins Spiel.

repräsentieren Stellen, an denen die DNA durch nichthomologe End-zu-End-Verknüpfung nicht exakt repariert wurde. Aber die nichthomologe End-zu-End-Verknüpfung stellt noch eine andere Gefahr da: Sie kann gelegentlich Umgruppierungen im Genom erzeugen, bei denen ein gebrochenes Chromosom mit einem anderen kovalent verknüpft wird. Dies kann zu Chromosomen mit zwei Centromeren und Chromosomen ohne Centromer führen. Beide Chromosomenaberrationsarten werden während der Zellteilung falsch verteilt. Wie bereits diskutiert, verhindert die spezialisierte Telomerstruktur, dass die Enden von Chromosomen irrtümlich mit Doppelstrangbrüchen verwechselt und auf diese Weise „repariert" werden.

Eine sehr viele exaktere Art der Reparatur eines Doppelstrangbruchs ist ebenso möglich (Abb. 5.45b). Hier wird das beschädigte DNA-Molekül mithilfe einer zweiten DNA-Doppelhelix – einer, mit identischer (oder fast identischer) DNA-Sequenz – repariert, die als Matrize dient. Diese Reaktion verwendet die *homologe Rekombination*, ein Mechanismus, der an späterer Stelle in diesem Kapitel beschrieben wird. Die meisten Organismen verwenden sowohl die nichthomologe End-zu-End-Verknüpfung als auch die homologe Rekombinationsreparatur, um DNA-Doppelstrangbrüche zu reparieren. Beim Menschen herrscht die nichthomologe End-zu-End-Verknüpfung vor; die homologe Rekombination findet nur während der S- und der G_2-Phase statt, wenn ein neu repliziertes Tochtermolekül als Matrize zur Verfügung steht, um den Schaden am anderen Tochtermolekül zu reparieren, das benachbart bleibt.

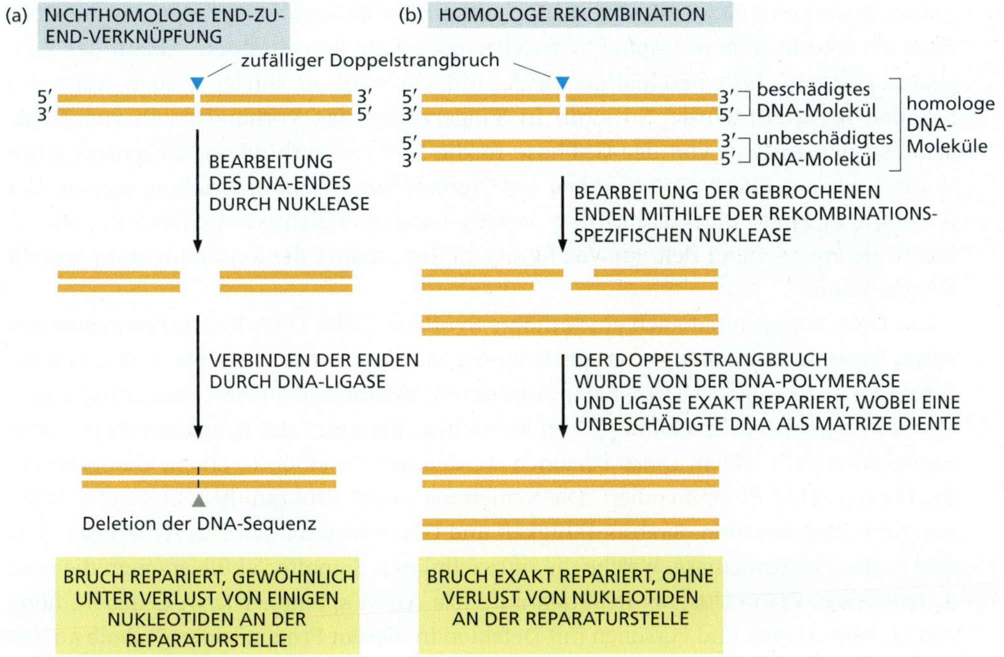

Abb. 5.45 Zellen können Doppelstrangbrüche auf zwei Weisen reparieren. (a) Bei der Nichthomologen End-zu-End-Verknüpfung wird der Bruch zunächst durch eine Nuklease „gereinigt", welche die gebrochenen Enden trimmt, um bündige Enden zu erzeugen. Die bündigen Enden werden dann durch eine DNA-Ligase miteinander verbunden. Bei dem Reparaturvorgang gehen in der Regel einige Nukleotide verloren, was durch die *schwarzen Linien* in der reparierten DNA angedeutet ist. (b) Wenn in einer der beiden duplizierten DNA-Doppelhelices nach der DNA-Replikation, aber vor Trennung der Chromosomenkopien ein Doppelstrangbruch stattfindet, dann kann die unbeschädigte Doppelhelix als Matrize dienen, um die beschädigte Doppelhelix mittels homologer Rekombination zu reparieren. Auch wenn er komplizierter als die nichthomologe End-zu-End-Verknüpfung ist, so stellt dieser Vorgang exakt die ursprüngliche DNA-Sequenz an der Bruchstelle wieder her. Die homologe Rekombination wird im nächsten Teil dieses Kapitels genauer beschrieben. Obwohl die nichthomologe End-zu-End-Verknüpfung und die homologe Rekombination die beiden wichtigsten Wege sind, auf denen Zellen Doppelstrangbrüche reparieren, bestehen zusätzliche Mechanismen.

5.4.8 DNA-Schädigungen halten den Zellzyklus auf

Wir haben eben gesehen, dass Zellen mehrere Enzymsysteme enthalten, die DNA-Schädigungen erkennen und ihre Reparatur unterstützen. Da die Erhaltung einer intakten DNA-Sequenz über die Generationen hinweg für eukaryotische Zellen von

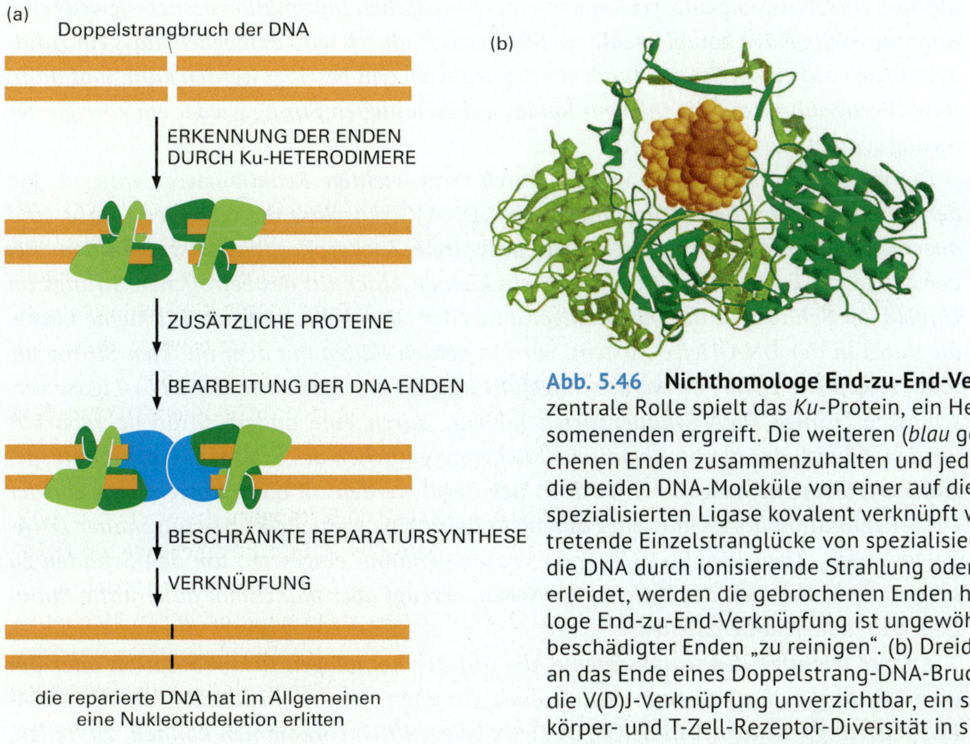

Abb. 5.46 Nichthomologe End-zu-End-Verknüpfung (*nonhomologous end-joining*). (a) Eine zentrale Rolle spielt das *Ku*-Protein, ein Heterodimer, das rasch die gebrochenen Chromosomenenden ergreift. Die weiteren (*blau* gezeigten) Proteine sind nötig, um die gebrochenen Enden zusammenzuhalten und jedes beschädigte Nukleotid zu beseitigen, bevor die beiden DNA-Moleküle von einer auf die nichthomologe End-zu-End-Verknüpfung spezialisierten Ligase kovalent verknüpft werden. Während dieses Vorgangs wird jede auftretende Einzelstranglücke von spezialisierten Reparatur-Polymerasen aufgefüllt. Wenn die DNA durch ionisierende Strahlung oder einen chemischen Angriff Doppelstrangbrüche erleidet, werden die gebrochenen Enden häufig chemisch beschädigt. Die nichthomologe End-zu-End-Verknüpfung ist ungewöhnlich vielseitig, wenn es darum geht, jede Art beschädigter Enden „zu reinigen". (b) Dreidimensionale Struktur eines *Ku*-Heterodimers, an das Ende eines Doppelstrang-DNA-Bruchstücks gebunden. Das *Ku*-Protein ist auch für die V(D)J-Verknüpfung unverzichtbar, ein spezifischer Vorgang, mit dessen Hilfe die Antikörper- und T-Zell-Rezeptor-Diversität in sich entwickelnden B- bzw. T-Zellen erzeugt wird (in Kapitel 24 behandelt). Die Mechanismen der V(D)J-Verknüpfung und der nichthomologen End-zu-End-Verknüpfung zeigen viele mechanistische Ähnlichkeiten, aber Ersterer ist auf spezifische Doppelstrangbrüche angewiesen, die von der Zelle gewollt erzeugt werden. (Aus. R. Walker, R. A. Corpina und J. Goldberg, *Nature* 412: 607–614, 2001. Mit Erlaubnis von Springer Nature; PDB-Code: 1JEQ, 1JEY).

großer Bedeutung ist, verzögern sie den Ablauf des Zellzyklus so lange, bis die DNA repariert wurde. Wie in Kapitel 17 beschrieben, wird der geordnete Ablauf des Zellzyklus gestoppt, falls beschädigte DNA entdeckt wird; er startet wieder, wenn der Schaden repariert wurde. So kann in Säugerzellen das Vorhandensein von DNA-Schäden den Eintritt von der G_1-Phase in die S-Phase verhindern; außerdem kann es die S-Phase, sofern sie begonnen hat, verlangsamen und den Übergang von der G_2- in die M-Phase blockieren. Diese Verzögerungen erleichtern die DNA-Reparatur, indem sie ausreichend Zeit zur Verfügung stellen, sodass die Reparatur fertiggestellt werden kann.

Ein DNA-Schaden hat auch eine erhöhte Synthese vieler DNA-Reparaturenzyme zur Folge. Diese Reaktion hängt von speziellen Signalproteinen ab, die weitere für die Schadensreparatur geeignete DNA-Reparaturenzyme synthetisieren. Die Bedeutung dieses Mechanismus zeigt der Phänotyp von Menschen, die unter der Krankheit *Ataxia teleangiectatica (AT)* leiden. Diese Personen werden mit Defekten in einem Gen geboren, das für das *ATM*-Protein codiert. Die Symptome dieser Erbkrankheit sind unter anderem Neurodegeneration, Krebsanfälligkeit und Genominstabilität. Das *ATM*-Protein ist eine große Protein-Kinase, welche die intrazellulären Signalmoleküle erzeugt, die zum Anhalten des Zellzyklus, als Reaktion auf viele Arten spontaner DNA-Schäden, nötig sind (s. **Abb. 17.60**); und Personen mit Defekten in diesem Protein leiden deshalb an den Auswirkungen nicht reparierter DNA-Defekte.

Zusammenfassung

Genetische Information kann nur deswegen stabil in DNA-Sequenzen gespeichert werden, weil eine große Gruppe von DNA-Reparaturenzymen kontinuierlich die DNA nach Schäden absucht und diese repariert. Die meisten Reparatursysteme hängen von der Tatsache ab, dass ein DNA-Molekül zwei Kopien seiner genetischen Information besitzt – jeweils eine Kopie auf den beiden komplementären Strängen. Dadurch wird es möglich, dass ein zufälliger Bruch auf einem Strang durch ein Reparaturenzym beseitigt werden kann und dann unter Bezugnahme auf die Information im unbeschädigten Strang wieder ein korrigierter Strang synthetisiert werden kann.

Die meisten DNA-Schäden werden durch zwei wichtige Reaktionswege entfernt. Bei der Basen-Exzisionsreparatur entfernt eine DNA-Glykosylase die veränderte Base, und anschließend wird das so entstandene basenfreie Zuckerphosphat ausgeschnitten. Bei der Nukleotid-Exzisionsreparatur wird ein kleiner Abschnitt des betroffenen Strangs im Umfeld der Schadstelle als Oligonukleotid aus der DNA-Helix entfernt. Die kleine Lücke, die dabei in der DNA-Helix entsteht, wird in beiden Fällen mit dem intakten Strang als Matrize von der DNA-Polymerase aufgefüllt und anschließend von der DNA-Ligase verschlossen. Einige DNA-Schadensarten können durch eine andere Strategie repariert werden – durch das direkte chemische Rückgängigmachen des Schadens – die durch spezialisierte Proteine ausgeführt wird. In der Regel werden all diese Korrekturen vor der DNA-Replikation abgeschlossen. Falls nicht, wird eine spezielle Klasse ungenauer DNA-Polymerasen, Transläsions-DNA-Polymerasen genannt, eingesetzt, um den Schaden zu umgehen; dies erlaubt der Zelle zu überleben, erzeugt aber manchmal dauerhafte Mutationen an den Schadensstellen.

Andere wichtige Reparatursysteme, die auf der homologen Rekombination oder der nichthomologen End-zu-End-Verknüpfung beruhen, sind erforderlich, um die DNA-Doppelstrangbrüche, die in der DNA-Helix gelegentlich vorkommen können, zu heilen. In den meisten Zellen bewirkt eine Zunahme der DNA-Schäden eine Verzögerung im Ablauf des Zellzyklus. Dies gewährleistet, dass ein DNA-Schaden behoben wird, bevor eine Zelle sich teilt.

5.5 Homologe Rekombination

In den beiden vorangegangenen Abschnitten haben wir die Mechanismen diskutiert, mit deren Hilfe die DNA-Sequenzen der Zellen von Generation zu Generation mit sehr geringen Änderungen erhalten bleiben. In diesem Abschnitt untersuchen wir eine Gruppe von DNA-Reparaturmechanismen, die von einem Vorgang der homologen Rekombination abhängen. Das Schlüsselmerkmal der **homologen Rekombination** (auch *allgemeine Rekombination* genannt) ist ein Austausch von DNA-Strängen zwischen einem Paar homologer DNA-Doppelhelix-Sequenzen. Ein solcher Strangaustausch zwischen zwei Regionen der Doppelhelix, die eine sehr ähnliche oder identische Nukleotidsequenz haben, erlaubt einem DNA-Doppelhelix-Abschnitt, verlorene oder beschädigte Information auf einem zweiten DNA-Doppelhelix-Abschnitt wiederherzustellen. Weil die Information der DNA-Sequenz, die zur Schadensbehebung verwendet wird, von einem anderen DNA-Molekül kommen kann, kann die homologe Rekombination viele DNA-Schadensarten reparieren. Sie ermöglicht beispielsweise die exakte Reparatur von Doppelstrangbrüchen, wie bereits erwähnt (s. **Abb. 5.45b**). Wie früher aufgezeigt, können diese Doppelstrangbrüche durch reaktive Chemikalien oder Bestrahlungen entstehen (beispielsweise durch Radongas, das sich in manchen alten Kellern ansammelt). Aber häufiger entstehen sie durch Pannen bei der DNA-Replikation – wenn Gabeln angehalten werden oder aus einem anderen Grund brechen. Die homologe Rekombination korrigiert diese Pannen sorgfältig, und weil sie während nahezu jeder DNA-Replikationsrunde auftreten, ist dieser Reparaturweg für jede sich teilende Zelle unverzichtbar. Die homologe Rekombination kann auch andere DNA-Schadensarten reparieren (z. B. kovalente Quervernetzungen zwischen den beiden Strängen der DNA-Doppelhelix); sie ist vielleicht der vielseitigste DNA-Reparaturmechanismus, der der Zelle zur Verfügung steht. Dies erklärt wahrscheinlich, warum ihr Mechanismus und die Proteine, die sie ausführen, in praktisch allen Zellen auf der Erde konserviert wurden.

Außerdem werden wir sehen, dass die homologe Rekombination in sich sexuell fortpflanzenden Lebewesen eine spezielle Rolle spielt. Während der Meiose, einem wesentlichen Schritt in der Bildung der Gameten (Spermien und Eizellen), katalysiert sie den ordnungsgemäßen Austausch von Blöcken genetischer Information zwischen einander entsprechenden (homologen) mütterlichen und väterlichen Chromosomen. Dies erzeugt neue DNA-Sequenzkombinationen in den Chromosomen, die an die Nachkommen weitergegeben werden, was der nächsten Generation einzigartige Eigenschaften verleiht, auf welche die natürliche Selektion einwirken kann.

5.5.1 Die homologe Rekombination hat in allen Zellen gemeinsame Merkmale

Die gegenwärtige Betrachtung der homologen Rekombination als einen entscheidenden DNA-Reparaturmechanismus in allen Zellen entwickelte sich allmählich aus seiner anfänglichen ursprünglichen Entdeckung als Schlüsselkomponente in den spezialisierten Vorgängen der Meiose in Pflanzen und Tieren. Die nachfolgende Entdeckung, dass die homologe Rekombination auch in weniger komplexen Einzellern vorkommt, machte sie für molekulare Untersuchungen weit zugänglicher. Das meiste, was wir somit über die Biochemie der genetischen Rekombination wissen, stammt aus Untersuchungen mit Bakterien, insbesondere *Escherichia coli* und seinen Viren, sowie aus Experimenten mit einfachen Eukaryoten wie Hefen. Aus diesen Organismen mit einer kurzen Generationszeit und relativ kleinen Genomen konnte man eine große Anzahl von Mutanten isolieren, deren Rekombinationsprozesse defekt waren. Die Proteine, die in der jeweiligen Mutante defekt waren, wurden identifiziert und danach biochemisch charakterisiert. Es wurden nahe Verwandte dieser Proteine in komplexeren Eukaryoten wie Fliegen, Mäuse und Menschen gefunden, und in jüngerer Zeit ist es möglich geworden, auch in diesen Spezies die homologe Rekombination direkt zu untersuchen. Diese Untersuchungen offenbaren, dass die grundlegenden Vorgänge, die die homologe Rekombination katalysieren, allen Zellen gemeinsam sind.

5.5.2 Die DNA-Basenpaarung lenkt die homologe Rekombination

Das Kennzeichen der homologen Rekombination ist, dass sie sich nur zwischen DNA-Doppelhelices abspielt, die ausgedehnte Bereiche mit Sequenzähnlichkeiten (Homologien) haben. Es überrascht nicht, dass die Basenpaarung diesem Erfordernis zugrunde liegt: bevor sich zwei DNA-Doppelhelices der homologen Rekombination unterziehen, tasten sich die beiden DNA-Sequenzen gegenseitig ab, indem sie mögliche Basenpaarungen zwischen einem Einzelstrang aus einer DNA-Doppelhelix und dem komplementären Einzelstrang der anderen Doppelhelix ausprobieren. Die Rekombination wird gestartet, wenn eine Paarung gefunden wird; die Paarung muss nicht perfekt sein, aber sie muss eng genug sein, damit die homologe Rekombination stattfindet. Wie wir sehen werden, wird der Vorgang sorgfältig kontrolliert und von einer Gruppe spezialisierter Proteine gelenkt.

5.5.3 Die homologe Rekombination kann fehlerfrei Doppelstrangbrüche der DNA reparieren

Im Gegensatz zur früher besprochenen nichthomologen End-zu-End-Verknüpfung (NHEJ, engl. *nonhomologous end-joining*) repariert die homologe Rekombination Doppelstrangbrüche exakt, ohne Verlust oder Veränderung von Nukleotiden an der Reparaturstelle. Damit die homologe Rekombination diese Aufgabe erfüllen kann, muss die beschädigte DNA zunächst in die Nachbarschaft zur homologen, aber nicht beschädigten DNA-Doppelhelix gebracht werden, die als Matrize für die Reparatur dienen kann. Aus diesem Grund findet die homologe Rekombination oft direkt nach der DNA-Replikation statt, wenn zwei Tochter-DNA-Moleküle eng beisammen liegen und eines davon als Matrize für die Reparatur des anderen dienen kann. Wie wir sehen werden, erzeugt der DNA-Replikationsvorgang selbst ein spezielles Pannenrisiko, das diesen Reparaturtyp erfordert.

Einer der einfachsten Wege, auf dem die homologe Rekombination Doppelstrangbrüche reparieren kann, ist in **Abb. 5.47** gezeigt. Im Wesentlichen führen der gebrochene DNA-Doppelstrang und der Matrizendoppelstrang einen „Partnertausch" aus, sodass einer der beschädigten Stränge den komplementären Strang der intakten DNA-Doppelhelix als Matrize für die Reparatur verwenden kann. Sobald sich die beschädigte und die Matrizen-DNA-Doppelhelices benachbart sind (was z. B. nach der DNA-Replikation vorkommt), werden die Enden der gebrochenen DNA mithilfe spezialisierter Nukleasen getrimmt oder herausgeschnitten, um überhängende, einzelsträngige 3'-Enden zu erzeugen. Im nächsten Schritt erfolgt der **Strangaustausch** (auch *Stranginvasion* genannt), wobei eines der einzelsträngigen 3'-Enden vom beschädigten DNA-Molekül die Matrizen-Duplex mittels Basenpaarung nach homologen Sequenzen absucht. Sobald die stabile Basenpaarung errichtet ist (welche den Schritt des Strangaustauschs abschließt), verlängert eine exakte DNA-Polymerase den eindringenden Strang, indem sie die vom unbeschädigten Matrizenmolekül gelieferte Information verwendet und somit die beschädigte DNA wiederherstellt. In den folgenden Abschnitten behandeln wir diese Schritte der homologen Rekombination genauer, wobei die Betonung auf den Proteinen liegt, die diesen bemerkenswerten Vorgang steuern.

5.5.4 Eine spezialisierte Bearbeitung von Doppelstrangbrüchen legt die Reparatur durch homologe Rekombination fest

Sobald es zu einem Doppelstrangbruch kommt, konkurrieren die nichthomologe End-zu-End-Verknüpfung und die homologe Rekombination um die Reparatur des Schadens. Aber die spezialisierte Nuklease, welche die DNA-Enden ausschneidet, um mit der homologen Rekombination zu beginnen, wird während der S- und G_2-Phase (durch ihre Phosphorylierung mittels zellzyklus-kontrollierter Kinasen) äußerst aktiv, und gewöhnlich gewinnt zu diesen Zeitpunkten die homologe Rekombination, was die Verwendung eines neu replizierten DNA-Tochtermoleküls als Matrize gestattet. Die initiierende Nuklease (in Eukaryoten *Mre11*-Komplex genannt) trimmt rückwärts in 5'→3'-Richtung und lässt dabei auf beiden Seiten des Bruchs 3'-Enden hervorstehen, die mehrere Tausend Nukleotide lang sein können. Das Einzelstrang-Bindeprotein (das gleiche, das an Replikationsgabeln verwendet wird) bedeckt dann die exponierten Einzelstränge und schützt

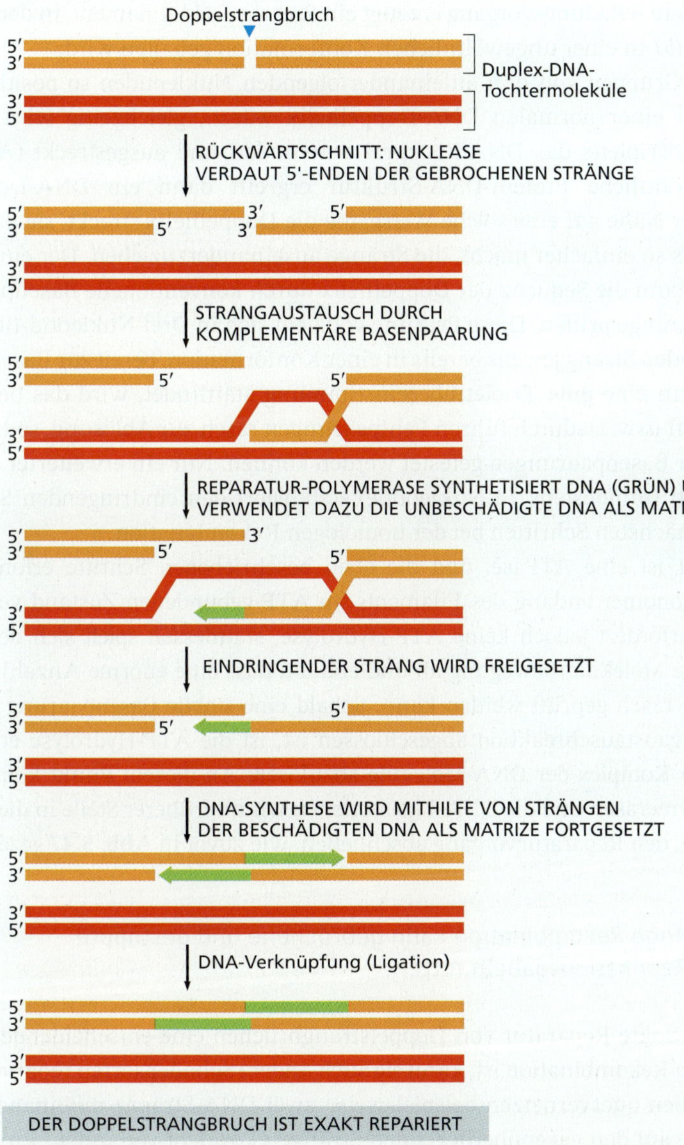

Abb. 5.47 Ein Mechanismus, der mithilfe der homologen Rekombination Doppelstrangbrüche repariert. Die homologe Rekombination kann als eine flexible Reaktionsreihe betrachtet werden, wobei der genaue Reaktionsweg sich von Fall zu Fall unterscheidet. Der hier gezeigte Weg stellt eine der wichtigsten Formen zur Reparatur von Doppelstrangbrüchen dar; es bestehen aber auch andere eng verwandte Wege. Allen gemeinsam sind die beiden ersten Schritte – Ausschneiden und Stranginvasion – aber danach divergieren sie. Die Rekombinationsreparatur von manchen Doppelstrangbrüchen beispielsweise schreitet durch eine Holliday-Junction voran, eine Struktur, die wir an späterer Stelle in diesem Kapitel behandeln.

sie dabei vor anderen Nukleasen in der Zelle; dabei wird sichergestellt, dass es zu keiner intramolekularen Basenpaarung kommt. Die Bildung dieser hervorstehenden Enden verhindert, dass eine nichthomologe End-zu-End-Verknüpfung stattfindet und sie übergibt den Reparaturvorgang an die homologe Rekombination.

5.5.5 Der Strangaustausch wird durch das RecA/Rad51-Protein gelenkt

Von all den Schritten der homologen Rekombination ist der Strangaustausch am schwersten vorstellbar. Wie sucht der eindringende Einzelstrang rasch eine DNA-Doppelhelix nach einer komplementären Sequenz ab? Wie findet der Austausch statt, wenn die Homologe einmal gefunden wurden? Wie wird die inhärente Stabilität der Matrizen-Doppelhelix überwunden, um während dieses Vorgangs nach Basenpaarungen zu suchen?

Die Antworten auf diese Fragen stammen aus biochemischen und Strukturuntersuchungen des Hauptproteins, das diese Kunststücke ausführt, in *Escherichia coli* ***RecA*** und in praktisch allen Eukaryoten ***Rad51*** genannt. Eine spezielle Gruppe von Hilfsproteinen lädt einen Satz von *RecA/Rad51*-Monomeren auf einen hervorstehenden DNA-Einzelstrang (wie jener in **Abb. 5.47**), wobei ein kooperativ gebundenes Filament gebildet wird, das das ursprünglich vorhandene Einzelstrang-Bindeprotein verdrängt. Dieser geordnete Beladungsvorgang erzeugt ein Protein-DNA-Filament, in dem die DNA von *RecA/Rad51* in einer ungewöhnlichen Konformation gehalten wird:

Es werden Gruppen von drei aufeinanderfolgenden Nukleotiden so positioniert, als wenn sie Teil einer normalen DNA-Doppelhelix wären, gleichzeitig wird zwischen benachbarten Tripletts das DNA-Rückgrat entwunden und ausgestreckt (**Abb. 5.48**). Diese ungewöhnliche Protein-DNA-Struktur ergreift dann ein DNA-Doppelhelix-Molekül in der Nähe auf eine solche Weise, die die Doppelhelix streckt, sie dabei destabilisiert und es so einfacher macht, die Stränge auseinanderzuziehen. Der eindringende Strang kann dann die Sequenz der Doppelhelix durch konventionelle Basenpaarung an einem ihrer Stränge prüfen. Diese Prüfung vollzieht sich in Drei-Nukleotid-Blöcken, die im eindringenden Strang jeweils bereits in einer Konformation, bereit zur Basenpaarung, sind: Nur wenn eine gute Triplettübereinstimmung stattfindet, wird das benachbarte Triplett geprüft usw. Dadurch führen Fehlpaarungen rasch zur Ablösung, sodass Millionen möglicher Basenpaarungen getestet werden können. Nur ein erweiterter Basenpaarungsabschnitt (mindestens 15 Nukleotide) stabilisiert den eindringenden Strang und führt zu den nächsten Schritten bei der homologen Rekombination.

RecA/Rad51 ist eine ATPase, und die oben beschriebenen Schritte erfordern, dass jedes RecA-Monomer entlang des Filaments im ATP-gebundenen Zustand vorliegt. Die Suche selbst erfordert jedoch keine ATP-Hydrolyse; stattdessen spielt sich der Vorgang durch einfache Molekularbewegung ab und erlaubt, dass eine enorme Anzahl potenzieller Sequenzen rasch geprüft werden kann. Sobald eine stabile Basenpaarung stattfindet und die Strangaustauschreaktion abgeschlossen ist, ist die ATP-Hydrolyse erforderlich, um *RecA* vom Komplex der DNA-Moleküle abzulösen. An diesem Punkt können DNA-Reparaturpolymerasen und die DNA-Ligase, denen wir an früherer Stelle in diesem Kapitel begegneten, den Reparaturvorgang abschließen, wie zuvor in **Abb. 5.47** gezeigt.

5.5.6 Homologe Rekombination kann gebrochene und gestoppte DNA-Replikationsgabeln retten

Obgleich die exakte Reparatur von Doppelstrangbrüchen eine entscheidende Funktion der homologen Rekombination ist, kann sie auch andere Schadensarten reparieren. Manche Chemikalien quervernetzen beispielsweise zwei DNA-Stränge miteinander, indem sie Nukleotide auf den gegenüberliegenden Strängen kovalent verbinden. Ein spezieller

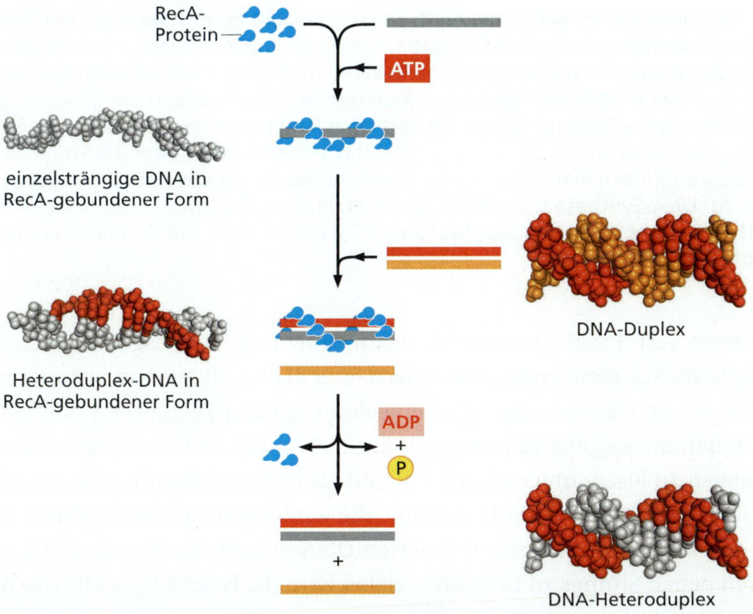

Abb. 5.48 Durch RecA-Protein katalysierte Stranginvasion. Unser Verständnis von dieser Reaktion basiert zum Teil auf Strukturen, die mit röntgenkristallographischen Untersuchungen vom bakteriellen *RecA*-Protein, an einzel- und doppelsträngiger DNA gebunden, bestimmt wurden. Diese DNA-Strukturen (ohne *RecA*-Protein gezeigt) sind auf der linken Seite des Diagramms zu sehen. Die Reaktion beginnt, wenn sich ATP-gebundenes *RecA (blau)* mit einzelsträngiger DNA verbindet (typischerweise über ein hervorstehendes 3'-Ende, wie in **Abb. 5.46** gezeigt) und sie in einer langgestreckten Form hält, in der Gruppen von je drei Basen durch ein gestrecktes und gewundenes Rückgrat voneinander getrennt sind. Dann bindet der *RecA*-gebundene Einzelstrang an die DNA-Doppelhelix, destabilisiert sie und erlaubt dadurch, dass der Einzelstrang seine Sequenz mittels Basenpaarung abfragt, jeweils drei Basen gleichzeitig. Wird ein längeres Gegenstück gefunden, wird die Struktur durch ATP-Hydrolyse abgebaut, was die Ablösung des Proteins und den Austausch eines DNA-Einzelstrangs gegen einen anderen zur Folge hat; dabei entsteht ein neuer *Heteroduplex* aus den komplementären Strängen der beiden unterschiedlichen DNA-Moleküle. In der Hefe findet sich in den meisten Fällen kein passendes Gegenstück bei irgendeinem Bindungsereignis, in diesem Fall fällt der *RecA*-gebundenen DNA-Einzelstrang rasch ab und beginnt eine neue Suche. (PDB-Code: 3CMX).

Satz von Enzymen trennt die Stränge und schneidet auf beiden Strängen das beschädigte Stück aus. An diesem Punkt wurde die beschädigte DNA in einen Doppelstrangbruch umgewandelt, der durch homologe Rekombination exakt repariert werden kann, wie bereits erörtert. Entsprechend können Proteine irrtümlich mit DNA kovalent verknüpft werden, und diese Stellen können ebenso durch Nukleasen in Doppelstrangbrüche umgewandelt werden, wodurch die Reparatur mithilfe der homologen Rekombination möglich wird. Aber die vielleicht bedeutendste Rolle spielt die homologe Rekombination bei der Rettung gebrochener oder gestoppter DNA-Replikationsgabeln. Eine Replikationsgabel kann durch vielerlei Ereignisse angehalten werden, und hier betrachten wir zwei Beispiele. Der erste Vorfall entsteht durch eine unbeabsichtigte Einzelstranglücke in der elterlichen DNA-Helix, die unmittelbar vor einer Replikationsgabel liegt. Wenn die Gabel diesen Punkt erreicht, fällt sie auseinander – was ein gebrochenes und ein intaktes Tochterchromosom zur Folge hat. Weil es sich hier um einen „einseitigen" Doppelstrangbruch handelt, kann er nicht durch nichthomologe End-zu-End-Verknüpfung repariert werden, und die homologe Rekombination wird entscheidend. Die gebrochene Gabel kann mithilfe einiger grundlegender Reaktionen exakt repariert werden; Reaktionen, die wir bereits für die Reparatur von Doppelstrangbrüchen behandelt haben (**Abb. 5.49**). Mit leichten Abwandlungen kann dieser schon vorgestellte Reaktionssatz viele verschiedene DNA-Schadensarten exakt reparieren, vorausgesetzt dass eine unbeschädigte DNA-Doppelhelix-Matrize verfügbar ist.

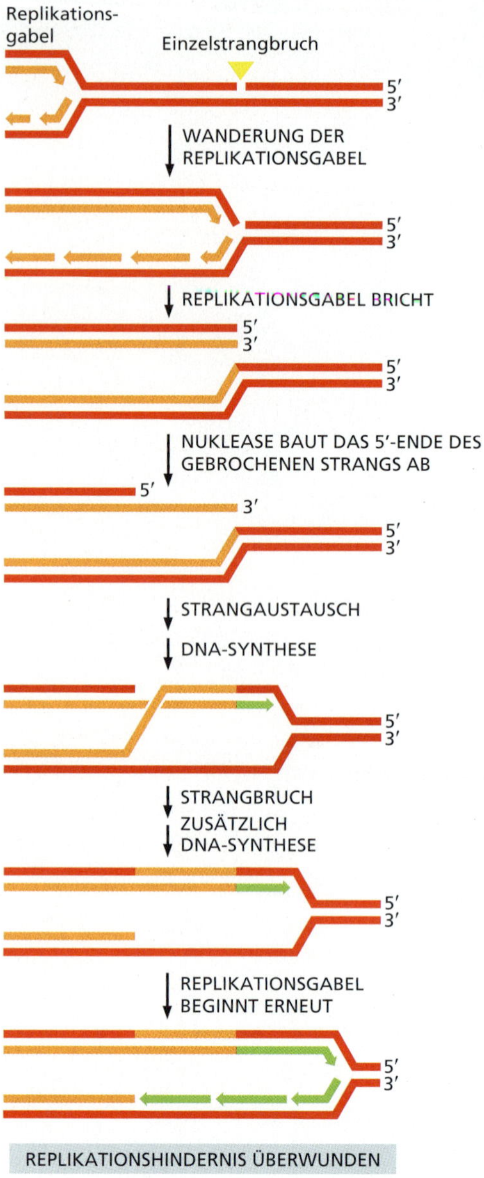

Abb. 5.49 Reparatur einer gebrochenen Replikationsgabel durch homologe Rekombination. Wenn eine wandernde Replikationsgabel auf einen Einzelstrangbruch trifft, dann bricht sie auseinander, kann aber durch homologe Rekombination repariert werden. Der Vorgang verwendet viele der in **Abb. 5.47** gezeigten Reaktionen und durchläuft die gleichen grundlegenden Schritte. *Grüne* Stränge stellen die Synthese neuer DNA dar, die nach dem Brechen der Replikationsgabel stattfindet. Dieser Weg gestattet es der Gabel, hinter die Stelle zu gelangen, die in der ursprünglichen Matrize gebrochen war, indem sie die unbeschädigte Doppelhelix als Matrize zur DNA-Synthese verwendet. (Nach M. M. Cox, *Proc. Natl. Acad. Sci. USA* 98: 8173–8180, 2001. Copyright 2001 National Academy of Sciences, USA. Mit Erlaubnis der National Academy of Sciences).

Eine andere Art Problem entsteht, wenn eine Replikationsgabel versucht, durch bestimmte DNA-Schadensarten zu wandern, was die Replikationsmaschinerie verstopft und die Gabel zum Halten bringt. Weil eine derartig beschädigte DNA häufig tief in den Kern der Replikationsgabel hinein gerät, kann sie nicht einfach repariert werden. Um dieses Problem zu lösen, unterstützt die Replikationsmaschine mithilfe einer Reihe von Strangaustauschreaktionen, ähnlich denen, die wir behandelt haben (**Abb. 5.50**). Dieses Manöver gestattet einem neu synthetisierten DNA-Strang, als Matrize für die Synthese des anderen neuen Strangs zu fungieren, dabei wird die beschädigte Matrize umgangen und die Replikation kann voranschreiten.

5.5.7 DNA-Reparatur durch homologe Rekombination bringt Risiken für die Zelle mit sich

Obgleich die homologe Rekombination geschickt die Aufgabe der exakten Reparatur von Doppelstrangbrüchen und anderer DNA-Schadensarten löst, birgt sie einige Gefahren für die Zelle, da sie manchmal einen Schaden „repariert" und dabei ein falsches Genomstückchen als Matrize verwendet. Manchmal wird beispielsweise ein gebrochenes menschliches Chromosom „repariert", indem das Homolog vom anderen Elter anstelle der Schwesterchromatide als Matrize verwendet wird. Weil sich mütterliche und väterliche Chromosomen an vielen Stellen auf ihrer Länge bezüglich der DNA-Sequenz unterscheiden, kann dieser Reparaturtyp die Sequenz der reparierten DNA von der mütterlichen in die väterliche Sequenz oder umgekehrt umwandeln. Das Ergebnis dieser fehlerhaften Rekombination wird **Heterozygotieverlust** genannt. Dies kann schwerwiegende Folgen haben, wenn das für die Reparatur verwendete Homolog eine schadhafte Mutation enthält, weil das Rekombinationsereignis die „gute" Kopie zerstört. Heterozygotieverlust ist, obgleich er selten vorkommt, ein entscheidender Schritt bei der Entstehung vieler Krebsarten (s. Kapitel 20).

Zellen unternehmen große Anstrengungen, um das Risiko von derartigen Pannen zu minimieren; in der Tat wird nahezu jeder Schritt der homologen Rekombination sorgfältig reguliert. Wir erinnern uns, dass beispielsweise der erste Schritt (die Resektion der gebrochenen Enden) mit dem Zellzyklus abgestimmt wird: Er tritt in erster Linie in der S- und G_2-Phase des Zellzyklus auf, wobei die Verwendung einer Tochter-Doppelhelix als Reparaturmatrize bevorzugt wird (entweder als teilweise repliziertes Chromosom oder als voll replizierte Schwesterchromatide; s. **Abb. 5.47**). Die enge Nachbarschaft der beiden Tochterchromosomen verringert die Gefahr der Verwendung anderer Genomsequenzen im Reparaturvorgang.

Das Beladen der bearbeiteten DNA-Enden mit *RecA* oder *Rad52* und die sich anschließende Strangaustauschreaktion werden ebenfalls streng von der Zelle kontrolliert, und es wird eine Reihe von Hilfsproteinen benötigt, um diese Schritte zu regulieren.

Es gibt viele derartige Proteine, und wie sie genau die homologe Rekombination koordinieren und kontrollieren, bleibt ein Rätsel, obwohl wir verstehen, wie einige wenige von ihnen arbeiten (oben beschrieben). Wir wissen, dass die Enzyme, die die

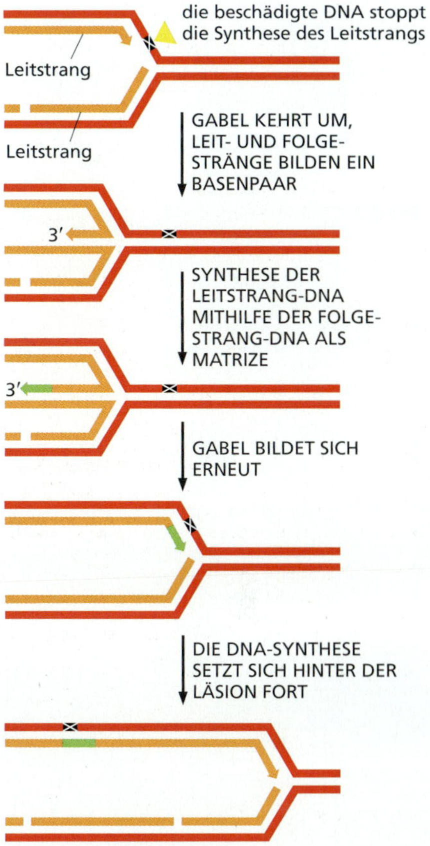

Abb. 5.50 Reparatur einer gestoppten Replikationsgabel durch „Gabelumkehr". Dieser Mechanismus kommt zum Tragen, wenn eine Replikationsgabel anhält, weil sie auf eine bestimmte Art beschädigter Nukleotide trifft. Eine spezialisierte Helikase (nicht gezeigt) zieht die neu synthetisierten DNA-Stränge von ihren parentalen Matrizen weg und ermöglicht ihnen, miteinander komplementäre Basenpaarungen zu bilden, sodass die Replikationsgabel stoppt. An diesem Punkt sind zwei Ergebnisse möglich: Weil die beschädigte DNA exponiert wurde, kann sie im ersten Fall durch konventionelle Reparaturmechanismen repariert werden, und die Gabel kann erneut gestartet werden. Im zweiten Fall, kann die DNA-Synthese wie gezeigt den Schaden mithilfe neu synthetisierter Tochter-DNA (anstelle des beschädigten Elternstrangs) als Matrize umgehen. Dieses Schema gestattet der Replikationsgabel durch den DNA-Schaden zu wandern, der später repariert werden kann. Obwohl die Anfangsschritte der Replikationsgabel-Umkehr gut verstanden sind, bleibt es dennoch ein Geheimnis, wie die Gabel anschließend erneut startet.

Rekombinationsreparatur katalysieren, in Eukaryoten in relativ hoher Konzentration gebildet werden und in einer inaktiven Form über den Zellkern verstreut sind. Als Reaktion auf einen DNA-Schaden strömen sie rasch zu den DNA-Schadensstellen, werden aktiviert und bilden „Reparaturfabriken", in denen viele Läsionen offensichtlich zusammen repariert werden (**Abb. 5.51**). Die Bildung dieser Fabriken entsteht wahrscheinlich durch viele schwache Wechselwirkungen zwischen verschiedenen Reparaturproteinen und zwischen Reparaturproteinen und beschädigter DNA, was zur Bildung der in Kapitel 3 behandelten biomolekularen Kondensate führt (s. **Abb. 3.77**). Man glaubt, dass die hohe lokale Konzentration der entsprechenden Proteine und ihrer Substrate innerhalb dieser Kondensate die Geschwindigkeit und Effizienz des Reparaturvorgangs steigert.

In Kapitel 20 werden wir sehen, dass sowohl zu viel als auch zu wenig an homologer Rekombination beim Menschen zu Krebs führen kann, Ersteres durch Reparatur mithilfe der „falschen" Matrize (wie oben beschrieben) und Letzteres durch eine gesteigerte Mutationsrate, die durch eine ineffiziente DNA-Reparatur verursacht wird. Offensichtlich hat sich ein empfindliches Gleichgewicht entwickelt, das diesen Vorgang auf der unbeschädigten DNA im Zaum hält, während die Reparatur wirksam und rasch an DNA-Schäden tätig werden kann, sobald solche Schäden auftreten.

Es überrascht nicht, dass Mutationen der Bestandteile, die diese homologe Rekombination ausführen und regulieren, für mehrere vererbte Krebsformen verantwortlich sind. Zwei davon, das *Brca1*- und *Brca2*-Protein, wurden zuerst entdeckt, weil Mutationen in ihren Genen zu einer stark erhöhten Brustkrebshäufigkeit führen. Weil diese Mutationen eine ineffiziente Reparatur der homologen Rekombination verursachen, kann die Anhäufung von DNA-Schäden in einem kleinen Teil von Zellen Krebs entstehen lassen. *Brca1* reguliert einen frühen Schritt bei der Bearbeitung gebrochener Enden; ohne dieses Protein werden solche Enden nicht korrekt für die homologe Rekombination bearbeitet und stattdessen werden beschädigte Moleküle der fehleranfälligen nichthomologen End-zu-End-Verknüpfung zugeführt (s. **Abb. 5.45**). Nach der Resektion wird *Brca2* benötigt,

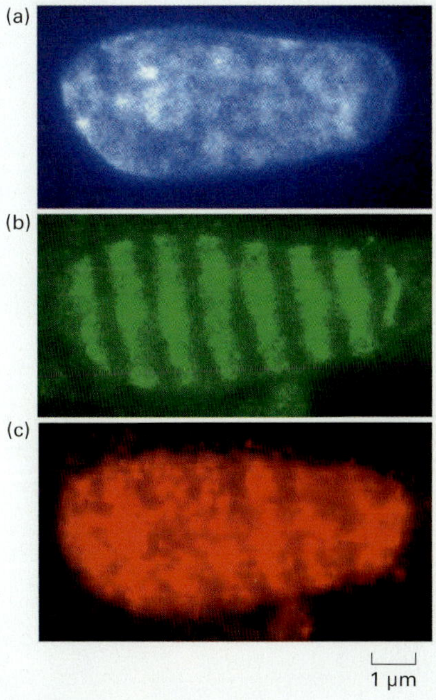

Abb. 5.51 Das Experiment zeigt die rasche Lokalisierung der Reparaturproteine an DNA-Doppelstrangbrüchen. Menschliche Fibroblasten wurden mit Röntgenstrahlen bestrahlt, um DNA-Doppelstrangbrüche zu erzeugen. Bevor die Röntgenstrahlen auf die Zellen trafen, passierten sie ein mikroskopisches Gitter mit Röntgenstrahlen absorbierenden „Balken" im Abstand von 1 µm. Dies erzeugte ein gestreiftes DNA-Schadensmuster, wodurch ein Vergleich der beschädigten und der unbeschädigten DNA im selben Zellkern möglich war. (a) Gesamt-DNA in einem Fibroblastenzellkern, mit dem Farbstoff DAPI angefärbt. (b) Stellen neuer DNA-Synthese aufgrund einer Schadensreparatur, angezeigt durch den Einbau von *BrdU* (ein Thyminanalogon) und nachfolgende Anfärbung mit einem fluoreszenzgekoppelten Antikörper gegen BrdU (*grün*). (c) Die Lage des *Mre11*-Komplexes auf der geschädigten DNA ist durch Antikörper gegen die *Mre11*-Untereinheit (*rot*) sichtbar gemacht. *Mre11* ist eine 5'→3'-Nuklease, die die hervorstehenden einzelsträngigen DNA-Enden erzeugt, die für die Stranginvasion nötig sind (s. **Abb. 5.46**). (a), (b) und (c) wurden 30 Minuten nach der Röntgenbestrahlung aufgearbeitet. (Aus B. E. Nelms *et al.*, *Science* 280: 590–592, 1998. Mit Erlaubnis der AAAS).

um das Protein *Rad51* korrekt auf die hervorstehenden einzelsträngigen DNA-Enden zu laden, in Vorbereitung für den Strangaustausch.

5.5.8 Homologe Rekombination ist für die Meiose entscheidend

Wir haben gesehen, dass die homologe Rekombination eine Gruppe von Reaktionen verwenden kann – darunter die Bearbeitung gebrochener Enden, Strangaustausch, begrenzte DNA-Synthese und- Ligation –, um DNA-Sequenzen zwischen zwei Doppelhelices mit der gleichen Nukleotidsequenz auszutauschen und dabei die beschädigte DNA zu reparieren. Wir beschreiben nun, wie die homologe Rekombination verwendet wird, um gewollt Material zwischen zwei verschiedenen Chromosomen auszutauschen, damit DNA-Moleküle erzeugt werden, die neue Genkombinationen tragen. Dies ist ein häufiger und notwendiger Teil der Meiose, die bei sich sexuell fortpflanzenden Lebewesen vorkommt, wie z. B. bei Pilzen, Pflanzen und Tieren.

Bei der Meiose ist die homologe Rekombination integraler Bestandteil des Vorgangs, durch den Chromosomen auf Keimzellen (Spermien und Eizellen in Tieren) aufgeteilt werden. Den Meiosevorgang erörtern wir ausführlicher in Kapitel 17; in den folgenden Abschnitten besprechen wir, wie die homologe Rekombination während der Meiose Chromosomen-*Crossing-over* und *Genkonversion* erzeugt, was Hybridchromosomen zur Folge hat, die genetische Information sowohl von den väterlichen als auch von den mütterlichen Homologen enthalten (**Abb. 5.52**). Diese Mechanismen ähneln im Prinzip stark denjenigen, die zur Reparatur von Doppelstrangbrüchen verwendet werden.

5.5.9 Die meiotische Rekombination beginnt mit einem programmierten Doppelstrangbruch

Die homologe Rekombination in der Meiose beginnt mit einem verwegenen Zug: Ein spezialisierter *Spo11*-Protein-Komplex bricht beide Stränge der DNA-Doppelhelix in einem

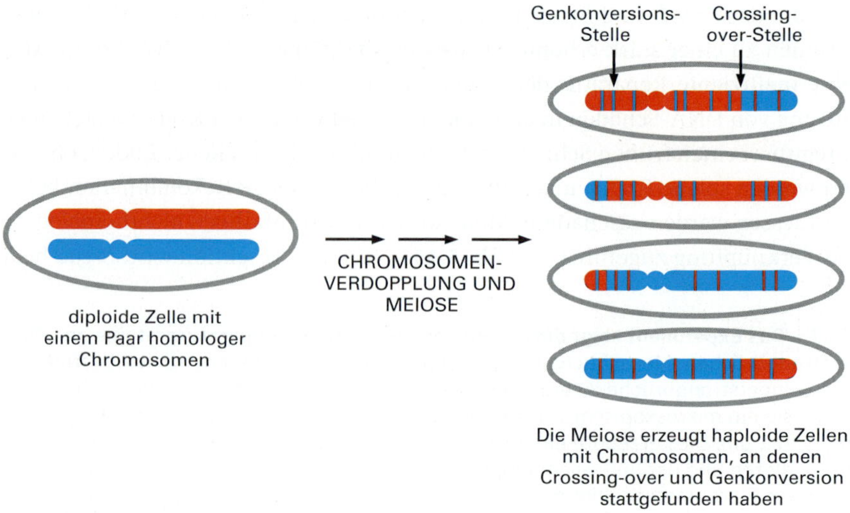

Abb. 5.52 Das Crossing-over der Chromosomen spielt sich in der Meiose ab. Die Meiose ist der Vorgang, bei dem eine diploide Zelle zu vier haploiden Keimzellen führt (in Kapitel 17 ausführlich beschrieben). Die Meiose erzeugt Keimzellen, in denen die väterliche und die mütterliche genetische Information (*rot* und *blau*) durch Crossing-over der Chromosomen neu zusammengestellt wurden. Außerdem treten wie eingezeichnet viele kurze Regionen mit Genkonversionen auf.

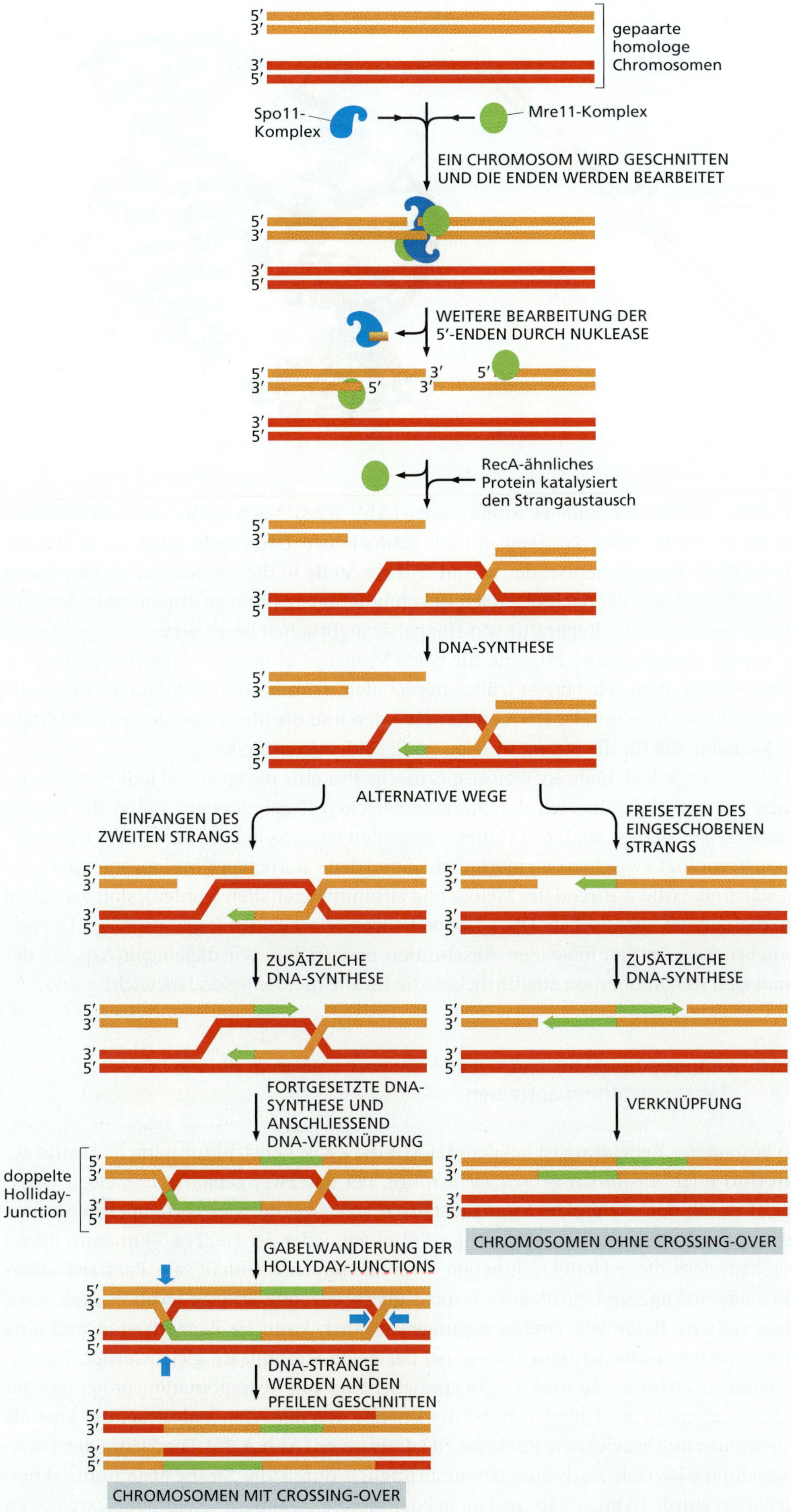

Abb. 5.53 Die homologe Rekombination kann in der Meiose ein Crossing-over erzeugen. Sobald der *Spo1*-Komplex die DNA-Doppelhelix aufbricht und der *Mre11*-Komplex die Enden bearbeitet, kann die homologe Rekombination entlang alternativer Wege fortschreiten. Einer (rechte Abbildungsseite) ähnelt stark der in Abb. 5.47 gezeigten Reparaturreaktion des Doppelstrangbruchs und führt zu Chromosomen, die ohne Crossing-over repariert wurden. Der andere Weg (linke Bildseite, mit Strangbrüchen, wie durch die *blauen Pfeile* angezeigt) schreitet durch eine doppelte Holliday-Junction voran und erzeugt zwei Chromosomen, die ein Crossing-over durchgeführt haben. In der Meiose werden mütterliche und väterliche Homologe dicht beieinander gehalten (s. Abb. 17.54) und beide Rekombinationsarten treten zwischen ihnen auf.

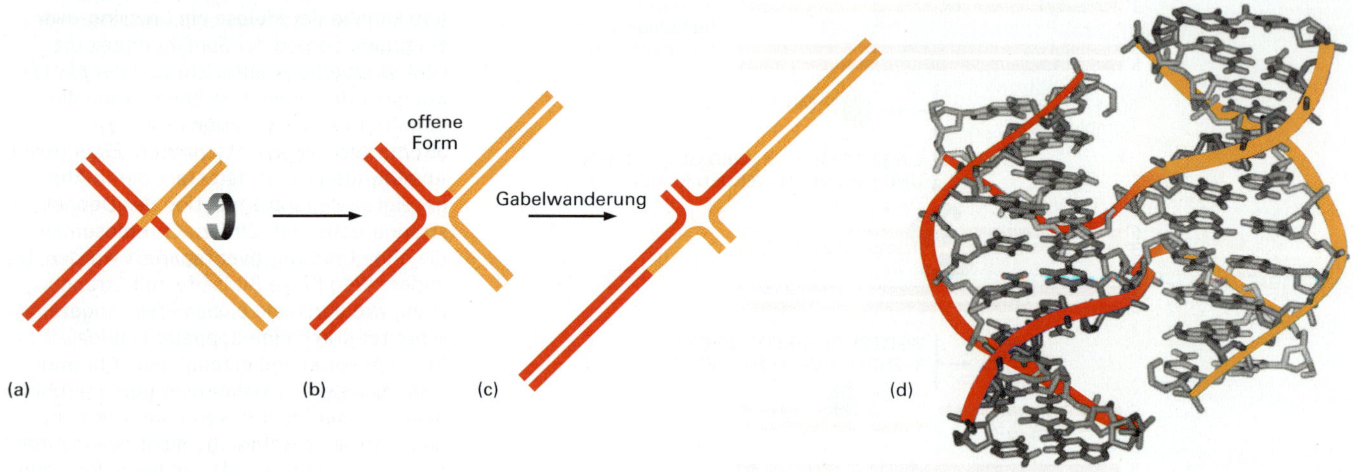

Abb. 5.54 Eine Holliday-Junction. Die anfänglich gebildete Struktur (a) wird gewöhnlich mit zwei sich kreuzenden Strängen wie in Abb. 5.54 geschaffen. Die Isomerisierung der Holliday-Junction (b) führt zu einer offenen, symmetrischen Struktur, die von spezialisierten Proteinen gebunden wird. (c) Diese Proteine „bewegen" die Holliday-Junctions durch eine koordinierte Reihe von Strangwanderungsreaktionen, die das Brechen und die Bildung von Basenpaaren einschließen (s. Abb. 5.55). (d) Die dreidimensionale Struktur der Holliday-Junction in der in (b) abgebildeten offenen Form. Die Holliday-Junction ist nach dem Wissenschaftler benannt, der als Erster ihre Bildung vorgeschlagen hat. (PDB-Code: 1DCW).

der beiden rekombinierenden Chromosomen (Abb. 5.53). Nach der Katalyse dieser Reaktion bleibt der Komplex kovalent mit der gebrochenen DNA verbunden, ganz ähnlich wie die DNA-Topoisomerase, der wir an frühere Stelle in diesem Kapitel begegnet sind (s. Abb. 5.22). Viele der nachfolgenden Rekombinationsreaktionen ähneln stark denjenigen, die bereits für die Reparatur von Doppelstrangbrüchen beschrieben wurden; in der Tat werden einige gleiche Proteine für beide Vorgänge eingesetzt. Der *Mre11*-Komplex beispielsweise, dem wir bereits früher begegneten, trimmt die DNA-Enden, wobei die Proteine zusammen mit der DNA entfernt werden und die überstehenden einzelsträngigen 3'-Enden, die für die Stranginvasion nötig sind, zurückbleiben.

Es kommen jedoch mehrere meiosespezifische Proteine ins Spiel und lenken die Reaktionen etwas anders, dies hat die charakteristischen Ergebnisse zur Folge, die bei der Meiose zu beobachten sind. Ein Hauptunterschied ist, dass bei der Meiose die Rekombination bevorzugt zwischen den mütterlichen und den väterlichen Chromosomenhomologen stattfindet (die während der Meiose eng zusammengehalten werden), statt zwischen neu replizierten identischen DNA-Doppelhelices wie bei der Reparatur von Doppelstrangbrüchen. In den folgenden Abschnitten beschreiben wir diejenigen Aspekte der homologen Rekombination ausführlicher, die für die Meiose besonders wichtig sind.

5.5.10 Holliday-Junctions werden von Enzymen erkannt, die die Gabelwanderung antreiben

Von besonderer Bedeutung ist bei der Meiose eine Zwischenstruktur namens **Holliday-Junction** oder *Austausch gekreuzter Stränge*, bei der zwei gepaarte homologe DNA-Helices durch den reziproken Strangaustausch von zwei der vier vorhandenen Stränge zusammengehalten werden; ein Strang stammt von jeder der Helices. Man kann davon ausgehen, dass diese Holliday-Junction zwei Strangpaare enthält: ein Paar sich überkreuzende Stränge und ein Paar sich nicht überkreuzende Stränge (Abb. 5.54a). Aber indem sie eine Reihe von Drehbewegungen erfährt, kann sie isomerisieren und eine offene, symmetrische Struktur bilden, bei der beide Strangpaare gleichwertige Positionen besetzen (Abb. 5.54b und d). Ein spezieller Satz von Rekombinationsproteinen, der an dieses offene Isomer bindet, nutzt die Energie aus der ATP-Hydrolyse, um eine als *Gabelwanderung* bezeichnete Reaktion zu katalysieren (Abb. 5.55). Dies dehnt den DNA-Heteroduplex-Bereich stark aus, der ursprünglich durch die Strangaustauschreaktion geschaffen wurde (Abb. 5.54b und c). Bei der Meiose „wandern" Heteroduplexregionen

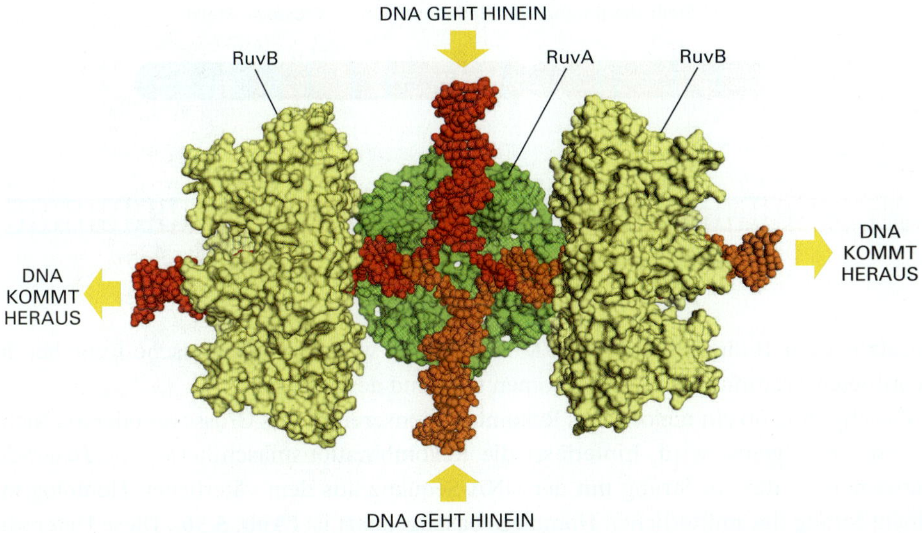

Abb. 5.55 Enzymkatalysierte Strangbewegung durch Strangwanderung an einer Holliday-Junction. Einen Tetramer des *RuvA*-Proteins (*grün*) und zwei Hexamere des *RuvB*-Proteins (*gelb*) binden an die offene Form der Junction. Das *RuvB*-Protein, das den bei der DNA-Replikation verwendeten hexameren Helikasen ähnelt (**Abb. 5.14**), nutzt die Energie der ATP-Hydrolyse, um die DNA rasch durch die Holliday-Junction zu verschieben und so den Heteroduplexbereich wie gezeigt zu vergrößern. Das *RuvA*-Protein koordiniert diese Bewegung und fädelt die DNA-Stränge ein, um zu verhindern, dass sie sich verhedern. Dieses Beispiel stammt von *Escherichia coli,* aber ähnliche Mechanismen arbeiten in sich sexuell fortpflanzenden Lebewesen. (PDB-Code: 1IXR, 1C7Y).

oft über Tausende von Nukleotiden ab der ursprünglichen Stelle des Doppelstrangbruchs. Der Schritt, in dem diese Wanderung vorkommt, ist in **Abb. 5.53** eingezeichnet. Wie in der Abbildung gezeigt, treten Holliday-Junctions meist paarweise auf und werden dann als Doppel-Holliday-Junction bezeichnet.

5.5.11 Homologe Rekombination erzeugt während der Meiose Crossing-over zwischen mütterlichen und väterlichen Chromosomen

Wie zuvor in **Abbildung 5.53** gezeigt, hat die homologe Rekombination während der Meiose zwei grundlegende Ergebnisse. Beim Menschen werden etwa 90 % der Doppelstrangbrüche, die während der Meiose gebildet werden, als Nicht-Crossing-over gelöst (s. rechter Teil von **Abb. 5.53**). Hier trennen sich die beiden ursprünglichen DNA-Doppelhelices in unveränderter Form voneinander, außer einem Heteroduplex-Bereich, der sich in der Nähe des ursprünglichen Doppelstrangbruchs bildete. Diese Reaktionsserie ähnelt derjenigen, die oben für die Reparatur von Doppelstrangbrüchen beschrieben wurde.

Das andere Ergebnis ist weit tiefgreifender: Es bildet sich eine Doppel-Holliday-Junction, die durch spezialisierte Enzyme (*blaue Pfeile* links in **Abb. 5.53**) geschnitten wird, um ein *Überkreuzen* (*Crossover*) zu erzeugen. Die beiden ursprünglichen Teile jedes Chromosoms stromaufwärts und stromabwärts der beiden Holliday-Junctions werden dabei getauscht, dabei entstehen zwei Chromosomen, von denen man sagt, sie haben sich „überkreuzt" – jedes dieser Chromosomen enthält eine große Anzahl sowohl mütterlich als auch väterlich geerbter Gene.

Wie entscheidet die Zelle, welche Doppelstrangbrüche als Crossover aufzulösen sind? Die Antwort weiß man bis heute nicht, aber wir wissen, dass die Entscheidung von Bedeutung ist. Die relativ wenigen Crossover, die sich tatsächlich bilden, sind entlang der Chromosomen so verteilt, dass die Gegenwart eines Crossovers an einer Stelle irgendwie ein Crossing-over in benachbarten Regionen verhindert. Der als *Crossover-Kontrolle* bezeichnete Regulationsmechanismus ist faszinierend, jedoch noch wenig verstanden; er gewährleistet vermutlich die in etwa gleichmäßige Verteilung von Crossover-Punkten entlang der Chromosomen. Er gewährleistet auch, dass jedes Chromosom – egal wie klein – zumindest ein Crossing-over während jeder Meiose erfährt. Bei vielen Organismen finden ungefähr zwei Crossover pro Chromosom während jeder Meiose statt, jeweils eines pro Arm. Wie in Kapitel 17 in Einzelheiten behandelt, spielen diese Crossover

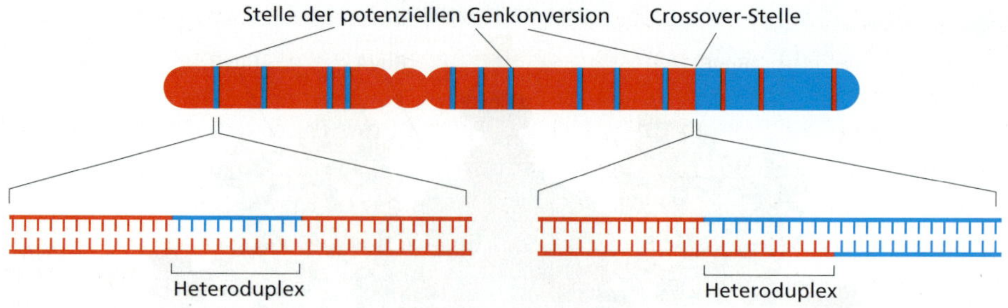

Abb. 5.56 Während der Meiose gebildete Heteroduplices. Heteroduplex-DNA kommt an Rekombinationsstellen vor, die entweder als Crossover oder als Nicht-Crossover aufgelöst werden. Weil sich die DNA-Sequenzen der mütterlichen und väterlichen Chromosomen an vielen Stellen über ihre Länge hinweg unterscheiden, enthalten Heteroduplices oft eine kleine Anzahl an Basenfehlpaarungen und sie sind deshalb potenzielle Stellen der Genkonversion (s. Abb. 5.57).

zusätzlich zur Bildung neuer DNA-Moleküle eine wichtige mechanische Rolle bei der geordneten Trennung der Chromosomen während der Meiose.

Gleichgültig, ob ein meiotisches Rekombinationsereignis als Crossover oder als Nicht-Crossover aufgelöst wird, hinterlässt die Rekombinationsmaschinerie eine *Heteroduplexregion*, in der ein Strang mit der DNA-Sequenz aus dem väterlichen Homolog mit einem Strang des mütterlichen Homologs basengepaart ist (**Abb. 5.56**). Diese Heteroduplexregionen können einen kleinen Prozentsatz fehlgepaarter Basenpaare tolerieren und wegen der Strangwanderung erstrecken sie sich oft über Tausende Nukleotidpaare. Aufgrund der vielen in der Meiose vorkommenden Nicht-Crossover-Ereignisse erzeugen sie dabei verstreute Stellen in den Keimzellen, an denen kurze DNA-Sequenzen aus einem Homolog in das andere Homolog eingesetzt wurden. Heteroduplexbereiche markieren Stellen einer möglichen *Genkonversion* – d. h. Stellen, an denen die vier in der Meiose gebildeten haploiden Chromosomen drei Kopien einer kurzen DNA-Sequenz aus einem Homolog und nur eine Kopie dieser Sequenz aus dem anderen Homolog enthalten; dies wird jetzt erklärt.

5.5.12 Die homologe Rekombination hat oft eine Genkonversion zur Folge

Ein Grundgesetz der Genetik besagt, dass bei der sexuellen Fortpflanzung – abgesehen von der Mitochondrien-DNA, die nur über die Mutter vererbt wird – jeder Elternteil den gleichen genetischen Beitrag zu den Nachkommen leistet: Vater und Mutter vererben jeweils einen kompletten Satz von Genen weiter. Auf diesem Gesetz basiert die exakte Verteilung der Chromosomen in den Keimzellen (Eizellen und Spermien), die sich während der Meiose abspielt. Wenn eine diploide Zelle in einem Elter die Meiose durchläuft, um vier haploide Keimzellen zu produzieren (s. Kapitel 21), dann sollte genau eine Hälfte der Gene, die auf die vier Zellen verteilt wurden, mütterlich sein (Gene, die die diploide Zelle von ihrer Mutter erhalten hat) und die exakt andere Hälfte sollte väterlich sein (vom Vater des Elters erhaltene Gene). In manchen Organismen, z. B. in Pilzen, kann man alle vier Tochterzellen, die aus einer einzelnen Zelle durch Meiose entstanden sind, isolieren und untersuchen. Dabei stellt man in seltenen Fällen fest, dass die genetischen Standardregeln verletzt werden. So findet man gelegentlich nach der Meiose die mütterliche Form eines Gens in drei Kopien, während die väterliche Version nur einmal vorhanden ist. Alternative Versionen des gleichen Gens nennt man **Allele**, und die Abweichung von ihrer erwarteten Verteilung während der Meiose wird als **Genkonversion** bezeichnet. Genetische Untersuchungen zeigen, dass typischerweise nur kleine Abschnitte der DNA eine Genkonversion erfahren; in vielen Fällen ändert sich nur ein Teil des Gens. Wie ist dies möglich?

Mehrere Wege können in der Zelle zu einer Genkonversion führen, aber einer der wichtigsten ergibt sich aus einer besonderen Konsequenz der Rekombination während der Meiose. Wir haben gesehen, dass sowohl Crossing-over als auch Nicht-Crossing-over DNA-Heteroduplexbereiche erzeugen. Wenn die beiden Stränge, die einen Heteroduplexbereich ausmachen, nicht identische Nukleotidsequenzen haben, bilden sich fehlgepaarte Basenpaare, und diese werden oft durch das Fehlpaarungs-Reparatursystem der Zelle repariert (s. **Abb. 5.20**). Im Gegensatz zu dem, was nach der DNA-Replikation geschieht, wählt jedoch das Fehlpaarungssystem in der Meiose zufällig den Strang aus, der als Matrize dient; dies führt dazu, dass ein Allel verloren geht und das andere verdoppelt wird (**Abb. 5.57**). Somit kann die Genkonversion (die „Umwandlung" von einem Allel in ein anderes) – ursprünglich als eine rätselhafte Abweichung von den Regeln der Genetik angesehen – als eine direkte Folge der Mechanismen der homologen Rekombination während der Meiose betrachtet werde kann.

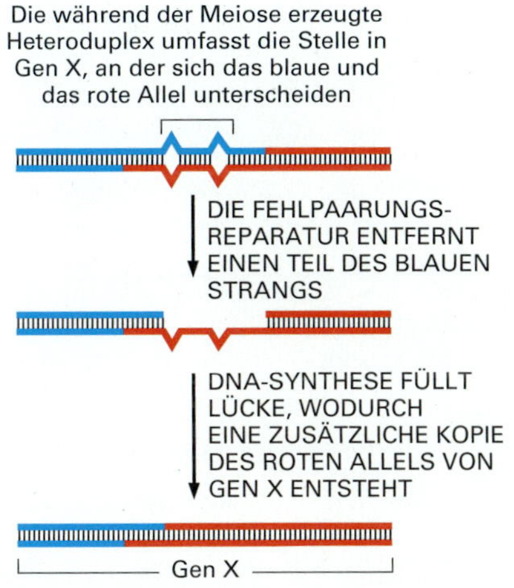

Abb. 5.57 Durch Fehlpaarungskorrektur verursachte Genkonversion. Bei diesem Vorgang werden Heteroduplexverbindungen an den Stellen der homologen Rekombination zwischen mütterlichen und väterlichen Chromosomen gebildet. Wenn die mütterlichen und väterlichen DNA-Sequenzen leicht unterschiedlich sind, gibt es im Heteroduplexmolekül einige fehlgepaarte Basen, die durch das DNA-Fehlpaarungs-Reparatursystem korrigiert werden können (s. **Abb. 5.20**). Da keiner der DNA-Stränge neu synthetisiert ist, kann eine solche Reparatur entweder die Nukleotidsequenzen des mütterlichen oder des väterlichen Strangs entfernen. Die Folge dieser Fehlpaarungsreparatur ist die Genkonversion. Sie wird durch eine Abweichung von der gleichmäßigen Verteilung mütterlicher und väterlicher Allelkopien sichtbar, die normalerweise in der Meiose erfolgt.

Zusammenfassung

Die homologe Rekombination beschreibt eine flexible Reaktionsserie, die den Austausch von DNA-Sequenzen zwischen einem Paar identischer oder nahezu identischer DNA-Doppelhelix-Moleküle zur Folge hat. Dieser Vorgang ist für die fehlerfreie Reparatur eines Chromosomenschadens, insbesondere von Doppelstrangbrüchen und gebrochenen oder gestoppten Replikationsgabeln, in allen Zellen von besonderer Wichtigkeit. Die homologe Rekombination ist auch für das Crossing-over von Chromosomen während der Meiose verantwortlich. Die homologe Rekombination findet auf einer Reihe von Wegen statt, aber ein Strangaustauschschritt ist ihnen gemeinsam, bei dem ein Einzelstrang aus einer DNA-Doppelhelix in eine zweite Doppelhelix eindringt und mit einem Strang Basenpaarungen bildet und den anderen Strang verdrängt. Die von Proteinen der RecA/Rad51-Familie katalysierte Reaktion kann nur stattfinden, wenn der eindringende Strang mit einem der Stränge der Doppelhelix einen kurzen Abschnitt aufeinanderfolgender Nukleotidpaare bilden kann. Dieses Erfordernis stellt sicher, dass homologe Rekombination nur zwischen identischen oder sehr ähnlichen DNA-Sequenzen vorkommt.

Wenn sie als DNA-Reparaturmechanismus verwendet wird, findet die homologe Rekombination gewöhnlich zwischen einem beschädigten DNA-Molekül und seinem gerade verdoppelten Schwestermolekül statt, wobei die unbeschädigte Doppelhelix als Matrize für die fehlerfreie Reparatur der beschädigten Kopie fungiert.

In der Meiose wird die homologe Rekombination durch vorsätzliche, sorgfältig regulierte Doppelstrangbrüche eingeleitet und spielt sich vorzugsweise zwischen homologen Chromosomen anstatt den neu replizierten Schwesterchromatiden ab. Das Ergebnis können entweder zwei Chromosomen sein, die sich überkreuzt haben (Crossing-over, d. h. Chromosomen, bei denen die DNA auf beiden Seiten der DNA-Paarung von zwei verschiedenen Homologen stammt), oder zwei Nicht-Crossing-over-Chromosomen. Im letzteren Fall sind die beiden sich ergebenden Chromosomen identisch mit den beiden ursprünglichen Homologen, mit Ausnahme von relativ kleinen DNA-Sequenzänderungen an der Rekombinationsstelle.

5.6 Transposition und konservative ortsspezifische Rekombination

Wir haben gesehen, dass die homologe Rekombination den Austausch von DNA-Sequenzen zwischen Chromosomen zur Folge haben kann. Die Reihenfolge der Gene auf den wechselwirkenden Chromosomen bleibt aber nach der homologen Rekombination normalerweise die gleiche, da die rekombinierenden Sequenzen sehr ähnlich sein müssen, damit sich der Vorgang abspielt. In diesem Abschnitt beschreiben wir zwei sehr unterschiedliche Rekombinationsarten – **Transposition** (auch *transpositionelle Rekombination* genannt) und **konservative ortsspezifische Rekombination** – die keine nennenswerten Bereiche homologer DNA erfordern. Diese beiden Arten von Rekombinationsreaktionen können die Gen-Reihenfolge entlang eines Chromosoms ändern und können ganze DNA-Sequenzblöcke ins Genom einfügen.

Transposition und konservative ortsspezifische Rekombination sind hauptsächlich dafür zuständig, eine große Vielfalt spezialisierter DNA-Abschnitte – insgesamt *bewegliche genetische Elemente* (*mobile genetic elements*) genannt – von einer Stelle im Genom an eine andere zu verschieben. Wir werden sehen, dass die Größe dieser beweglichen genetischen Elemente zwischen wenigen Hundert und mehreren Zehntausend Nukleotidpaaren schwanken kann, und jedes trägt normalerweise einen einzigartigen Gensatz. Oft codiert eines dieser Gene für ein spezialisiertes Enzym, das die Bewegung nur dieses Elements und seiner eng Verwandten katalysiert; dadurch wird diese Art der Rekombination möglich.

Tatsächlich enthalten alle Zellen bewegliche genetische Elemente (umgangssprachlich als „springende Gene" bezeichnet). Wie in Kapitel 4 erklärt, haben sie im entwicklungsgeschichtlichen Zeitmaßstab eine tiefgreifende Auswirkung auf die Gestaltung rezenter Genome gehabt. Zum Beispiel lässt sich fast die Hälfte der DNA des menschlichen Genoms auf diese Elemente zurückführen (s. **Abb. 4.63**). Im Laufe der Zeit hat die zufällige Mutation ihre Nukleotidsequenzen verändert, und infolgedessen sind nur noch einige wenige der vielen Kopien dieser Elemente in unserer DNA aktiv und zur Bewegung fähig. Beim Rest handelt es sich um molekulare Fossilien, deren Vorkommen entscheidende Hinweise auf unsere Entwicklungsgeschichte liefert.

Bewegliche genetische Elemente betrachtet man oft als molekulare Parasiten (sie heißen auch „egoistische DNA"); sie bestehen fort, weil die Zelle sie nicht loswerden kann. Sie sind sicherlich nahe daran gewesen, unser Genom zu überfluten. Bewegliche DNA-Elemente können jedoch der Zelle von Nutzen sein. Beispielsweise sind die Gene, die sie tragen, manchmal vorteilhaft für den Wirt, wie im Fall der unten behandelten Antibiotikaresistenz in Bakterienzellen. Die Wanderung der beweglichen genetischen Elemente erzeugt auch viele der genetischen Variationen, von denen die Evolution abhängt, weil bewegliche genetische Elemente nicht nur sich selbst bewegen, sondern auch benachbarte Sequenzen des Wirtsgenoms gelegentlich umgruppieren. Somit gehen die bei Bakterien, *Drosophila*, dem Menschen und anderen Lebewesen beobachteten spontanen Mutationen oft auf die Bewegung mobiler genetischer Elemente zurück. Während viele dieser Mutationen für den Organismus schädlich sind, sind manche vorteilhaft und können sich in der Population ausbreiten. Es ist nahezu sicher, dass viel von der Vielfalt des Lebens, die wir rings um uns sehen, ursprünglich von der Bewegung mobiler genetischer Elemente herrührt.

In diesem Abschnitt stellen wir bewegliche genetische Elemente vor und beschreiben die Mechanismen, die sie dazu befähigen, sich in einem Genom von einer Stelle zu einer anderen zu bewegen. Wie oben erwähnt, springen diese Elemente mithilfe einer Vielzahl unterschiedlicher Mechanismen, die sich in zwei breite Klassen, *Transposition* und *konservative ortsspezifische Rekombination*, einteilen lassen. Wir beginnen mit der Transposition, dem bei Weitem vorherrschendsten dieser beiden Vorgänge.

5.6.1 Durch Transposition können bewegliche genetische Elemente in jede DNA-Sequenz eingebaut werden

Mobile genetische Elemente, die sich durch Transposition bewegen, heißen **Transposons** oder **transponierbare Elemente**. Bei der Transposition wirkt ein bestimmtes Enzym namens *Transposase*, das gewöhnlich vom Transposon selbst codiert wird, auf eine spezifische DNA-Sequenz an jedem Ende des Transposons ein und verursacht, dass sich dieses an einer neuen Ziel-DNA-Stelle einfügt. Die meisten Transposons sind nur wenig wählerisch bei der Auswahl ihres Zielorts, und sie können sich deshalb an

Tab. 5.4 Drei Hauptklassen transponierbarer Elemente.

Beschreibung der Klassen und Struktur	Spezialisierte Enzyme, erforderlich für die Wanderung	Art der Bewegung	Beispiele
DNA-only-Transposons			
 kurze invertierte Wiederholungen an beiden Enden	Transposase	wandert als DNA, entweder durch Ausschneiden oder nach einem replikativen Weg	P-Element (*Drosophila*), Ac-Ds (Mais), Tn3 (*Escherichia coli*), Tam3 (Löwenmäulchen), Fledermaus Helraiser
Retrovirusartige Retrotransposons			
 direkt wiederholte lange terminale Wiederholungen (LTRs) an den Enden	Reverse Transkriptase und Integrase	wandert als DNA-Zwischenstufe, die von einem Promotor im LTR produziert wird	Copia und Gypsy (*Drosophila*), Ty1 (Hefe), HEVRK (Mensch), Bs1 (Mais), EVADE (*Arabidopsis*)
Nichtretrovirale Retrotransposons			
 Poly-A am 3'-Ende des RNA-Transkripts, 5'-Ende ist oft verkürzt	Reverse Transkriptase und Endonuklease	wandert als RNA-Zwischenstufe, die oft von einem benachbarten Promotor synthetisiert wird	I-Element (*Drosophila*), L1 (Mensch), Cin4 (Mais), Karma (Reis)

Diese Elemente sind zwischen 1000 bis ungefähr 12 000 Nukleotidpaare lang; jede Familie enthält viele Mitglieder, von denen hier nur einige aufgelistet sind. Manche Viren können sich durch Transpositionsmechanismen auch in Wirtschromosomen integrieren und auch wieder herausbewegen. Diese Viren sind mit den ersten beiden Transposonklassen verwandt.

vielen verschiedenen Stellen in einem Genom einfügen. Insbesondere ist nicht generell eine Sequenzähnlichkeit zwischen den Enden des Elements und der Zielsequenz erforderlich. Die meisten Transposons wandern nur selten. Bei Bakterien beträgt die Transpositionsrate in der Regel einmal pro 10^5 Zellteilungen. Eine signifikant häufigere Bewegung würde wahrscheinlich das Genom der Wirtszelle zerstören. In Pflanzen und Tieren ist die Situation eine andere: Bei den Nachkommen ist es üblich, dass sie verglichen mit ihren Eltern Hunderte neuer Insertionen tragen. Diese hohe Rate wird teilweise deshalb toleriert, weil diese Genome typischerweise große Mengen nicht notwendiger DNA-Sequenzen tragen, in denen wahrscheinlich der größte Teil der Insertionen stattfindet.

Auf der Grundlage ihrer Struktur und ihrer Transpositionsmechanismen können transponierbare Elemente in drei große Klassen unterteilt werden: *DNA-only-Transposons* (*Nur-DNA-Transposons*), *retrovirusartige Retrotransposons* und *nichtretrovirale Retrotransposons*. Die Unterschiede zwischen ihnen sind in **Tab. 5.4** kurz zusammengefasst, und jede Klasse wird der Reihe nach behandelt.

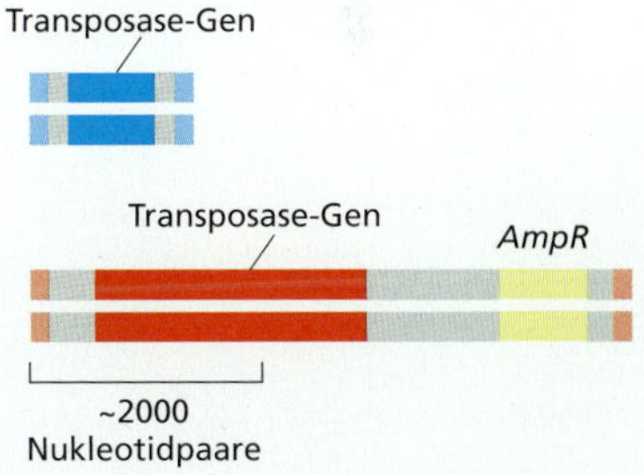

Abb. 5.58 Transposons codieren oft für Komponenten, die sie für die Transposition benötigen. Hier sind zwei Arten von bakteriellen DNA-only-Transposons gezeigt. Jedes enthält ein Gen, das für eine *Transposase* (*dunkelblau* und *rot*) codiert – ein Enzym, das die Bewegung des Elements katalysiert – sowie kurze DNA-Sequenzen (*hellblau* und rosa), die von der passenden Transposase erkannt werden. Die kurzen Sequenzen (zwei in jedem Transposon) sind in der Regel so angeordnet, dass die eine eine umgekehrte Wiederholung der anderen ist. Manche Transposons tragen zusätzliche Gene (*gelb*), die für Enzyme codieren, die Antibiotika wie z. B. Ampicillin (*AmpR*) inaktivieren. Die Ausbreitung dieser Transposons stellt ein ernsthaftes Problem für die Medizin dar, weil dadurch viele krankheitsverursachende Bakterien gegen im 20. Jahrhundert entwickelte Antibiotika resistent wurden.

5.6.2 DNA-only-Transposons können sich durch Collage(Cut-and-Paste)-Mechanismen bewegen

DNA-only-Transposons, so bezeichnet, weil sie während ihrer Wanderung nur aus DNA bestehen, sind in Bakterien vorherrschend, und sie sind zum großen Teil dafür verantwortlich, dass sich in Bakterienstämmen eine Antibiotikaresistenz ausbreitet. Als Antibiotika wie Penicillin und Streptomycin in den 1950er-Jahren erstmals breit verfügbar waren, waren die meisten Bakterien, die beim Menschen Krankheiten verursachen, empfindlich für diese Antibiotika. Jetzt hat sich die Situation dramatisch geändert – Antibiotika wie Penicillin (und seine modernen Abkömmlinge) sind gegen viele heutige Bakterienstämme nicht mehr wirksam, einschließlich jener, die Gonorrhö und bakterielle Lungenentzündung auslösen. Die Verbreitung der Antibiotikaresistenz geht im Wesentlichen auf Gene zurück, die für Antibiotika inaktivierende

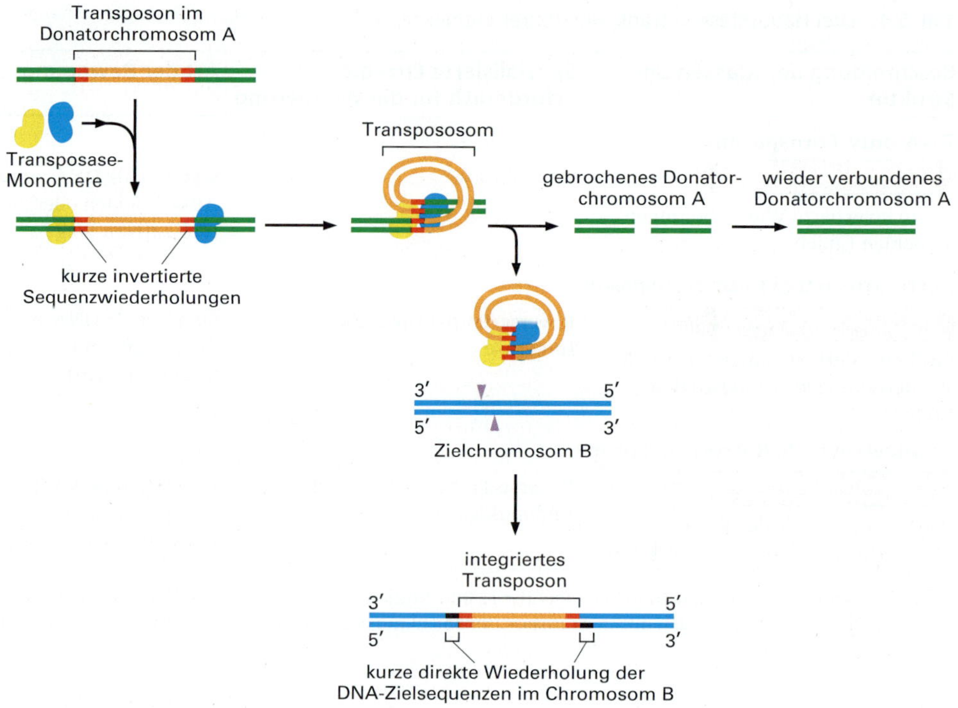

Abb. 5.59 Transposition durch Schneiden und Einfügen (Cut-and-Paste-Transposition). DNA-only-Transposons werden in Chromosomen durch die invertierten DNA-Sequenzwiederholungen (*rot*) an ihren Enden erkannt. Diese Sequenzen, die nur 20 Nukleotide lang sein können, reichen aus, um die DNA zwischen ihnen mithilfe des entsprechenden Transposaseenzyms zu bewegen. Die Bewegung eines DNA-only-Transposons von einer chromosomalen Stelle zur anderen beginnt, indem das Enzym Transposase die beiden invertierten DNA-Sequenzen zusammenführt und so eine DNA-Schleife bildet. Die Insertion in das Zielchromosom erfolgt durch die Transposase mittels versetzter Schnitte an einer zufälligen Stelle (*violette Pfeilspitzen*). Nach der Transposition werden die Einzelstranglücken, die durch den versetzten Bruch geschaffen wurden, von der DNA-Polymerase und der DNA-Ligase repariert (*schwarz*). Die Insertionsstelle wird daher, wie dargestellt, von kurzen, direkten Wiederholungen der DNA-Zielsequenz flankiert. Obwohl der Schnitt im Donatorchromosom (*grün*) wieder verschlossen wird, ändert sich bei diesem Prozess oft die DNA-Sequenz, sodass an der ursprünglichen Stelle des ausgeschnittenen transponierbaren Elements eine Mutation entsteht (nicht gezeigt).

Enzyme codieren, die in Transposons enthalten sind (**Abb. 5.58**). Obwohl sich diese mobilen Elemente nur innerhalb der Zellen umgruppieren können, die sie bereits tragen, können sie durch den Mechanismus des horizontalen Gentransfers (s. **Abb. 1.18**) von einer Zelle zur nächsten befördert werden. Sobald ein Transposon in eine neue Zelle eingeführt ist, kann es sich selbst ins Genom integrieren und durch normale DNA-Replikationsvorgänge und Zellteilung an alle Nachkommen weitergegeben werden.

DNA-only-Transposons können sich von der Ursprungs- zur Zielstelle durch eine *Cut-and-Paste-Transposition* (*Collage-Transposition*) verlagern (**Abb. 5.59**). Hier wird das Transposon buchstäblich von einer Stelle auf einem Genom ausgeschnitten und an einer anderen eingefügt. Diese Reaktion erzeugt eine kurze Verdopplung der DNA-Zielsequenz an der Insertionsstelle; diese direkten Wiederholungssequenzen, die das Transposon flankieren, können zum Nachweis der vorausgehenden Transpositionsereignisse herangezogen werden. Solche „Signaturen“ liefern oft wertvolle Hinweise bei der Identifizierung von Transposons in Genomsequenzen.

Wenn beim Cut-and-paste-Mechanismus ein DNA-only-Transposon aus seiner ursprünglichen Stelle ausgeschnitten wird, entsteht ein „Loch“ im Chromosom. Dieser Bruch kann durch die rekombinatorische Reparatur des Doppelstrangbruchs perfekt verschlossen werden – vorausgesetzt, dass das Chromosom gerade repliziert wurde und eine identische Kopie der beschädigten Wirtssequenz verfügbar ist. Alternativ kann eine nichthomologe End-zu-End-Verknüpfung (NHEJ) den Bruch verschließen; in diesem Fall wird die DNA-Sequenz oft verändert, die ursprünglich das Transposon flankierte, wodurch eine Mutation an der Stelle im Chromosom entsteht, an der das Transposon ausgeschnitten wurde (s. **Abb. 5.45**).

Bemerkenswert ist, dass der gleiche Mechanismus, der dazu dient, Cut-and-Paste-Transposons aus der DNA herauszuschneiden, auch im sich entwickelnden Immunsystem von Wirbeltieren wirkt und die DNA-Umgruppierungen katalysiert, die die Antikörper- und T-Zell-Diversität erzeugen. Man bezeichnet diesen in Kapitel 24 besprochenen Vorgang als *V(D)J-Rekombination*. Die V(D)J-Rekombination kommt nur in Vertebraten vor und ist entwicklungsgeschichtlich ziemlich neu, aber ihr Mechanismus stammt wahrscheinlich von sehr viel älteren Cut-and-Paste-Transposons ab.

5.6.3 Manche DNA-only-Transposons bewegen sich, indem sie sich replizieren

Obwohl Transpositionen nach der Cut-und-paste-Methode insbesondere in Bakterien üblich sind, gibt es noch andere Art und Weisen, wie sich DNA-only-Transposons bewegen können. Diese schließen die Replikation des Transposons und die Wanderung der Kopie an eine neue Stelle im Genom ein; dabei bleibt das ursprüngliche Transposon intakt und verbleibt an seinem ursprünglichen Ort. Dies kann auf mehrere verschiedene Weisen stattfinden, und wir behandeln hier nur eine, die typisch für eine große Klasse von DNA-only-Transposons ist, die sog. *Helitrons*. Sie kommen zwar in allen Zweigen des Lebens vor, jedoch sind diese Transposons besonders in Pflanzen und Tieren üblich, wo sie mehrere Prozent des Genoms ausmachen können. Sie tragen ein Gen für einen ungewöhnlichen Transposase-Typ, einen, der sowohl als sequenzspezifische Nuklease als auch als Helikase arbeitet und dabei die Bewegung des Transposons lenkt (**Abb. 5.60**).

Wegen des ihrer Bewegung zugrundeliegenden Mechanismus übertragen Helitrons oft einen kleinen Abschnitt des Genoms an die neuen Positionen. Aus diesem Grund hält man sie für besonders wichtig bei der Umstrukturierung genetischer Information, um neue Lebewesen zu erzeugen, die über Zeiträume der Evolution der natürlichen Selektion unterworfen sind.

5.6.4 Manche Viren nutzen einen Transpositionsmechanismus, um sich in die Chromosomen der Wirtszelle einzunisten

Manche Viren werden als bewegliche genetische Elemente betrachtet, da sie Transpositionsmechanismen verwenden, um ihr Genom in das der Wirtszelle einzufügen. Die Nukleotidsequenz, die die Viren bildet, codiert aber im Gegensatz zu Transposons auch für Proteine, die die genetische Information in Viruspartikel verpacken. Diese Viruspartikel können dann die ursprüngliche Wirtzelle verlassen, um andere Zellen zu infizieren. Wie in Kapitel 1 behandelt, entwickelten sich die meisten Viren wahrscheinlich aus übertragbaren Elementen, die Gene von ihren Wirtszellen aufgegriffen haben. Auch wenn solche gekaperten Gene ursprünglich in der Zelle anderen Zwecken dienten, codieren sie nun nach einen langen Mutations- und Selektionsprozess für Strukturproteine von Viren, was es ihnen ermöglicht, der Zelle zu entkommen. Viren zählen zu den zahlreichsten biologischen „Einheiten" auf der Erde, und wir behandeln sie ausführlicher in Kapitel 23. Die Viren, die sich in Chromosomen des Wirts einbauen, bewerkstelligen dies im Allgemeinen, indem sie einen der ersten zwei in **Tab. 5.4** aufgeführten Mechanismen einsetzten; genauer gesagt, indem sie sich wie DNA-only-Transposons oder wie retrovirusartige Retrotransposons verhalten. Tatsächlich stammen viele unserer Kenntnisse über diese Mechanismen aus Untersuchungen von Viren, die sie ebenfalls verwenden.

Transposition hat eine Schlüsselrolle im Lebenszyklus vieler Viren. Am bekanntesten sind die **Retroviren**, zu denen auch das AIDS-Virus des Menschen, HIV, gehört. Außerhalb der Zelle existiert das Virus als einzelsträngiges RNA-Genom, das zusammen mit einer viruscodierten **Reversen Transkriptase (Rücklauf-** oder **Umkehr-Transkriptase)** in eine Proteinhülle oder ein *Capsid* verpackt ist. Während der Virusinfektion dringt die virale RNA in die Zelle ein und wird durch die Reverse Transkriptase, die DNA entweder nach einer RNA- oder einer DNA-Matrize synthetisieren kann, in ein doppelsträngiges DNA-Molekül umgeschrieben (**Abb. 5.61**). Der Begriff

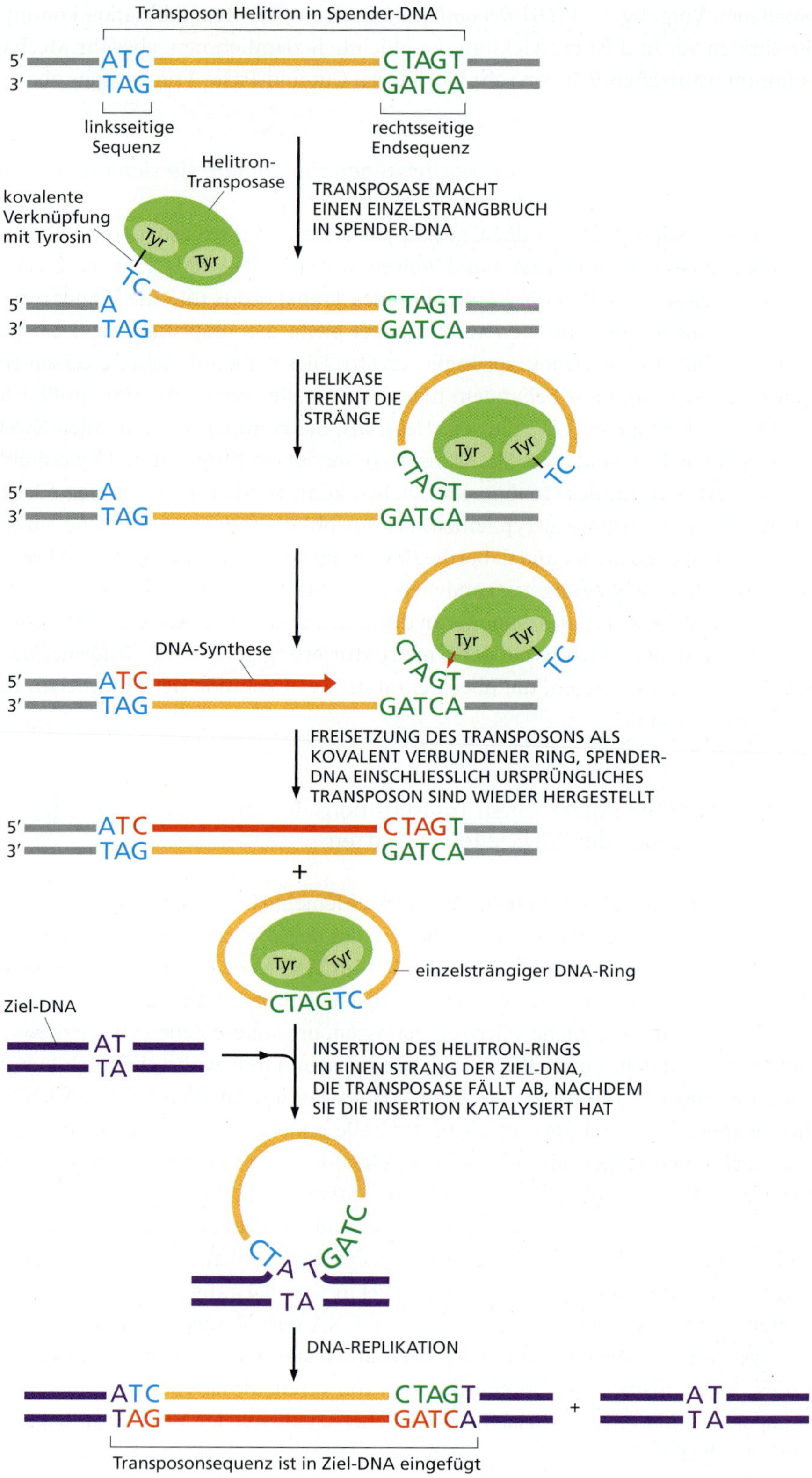

Abb. 5.60 Transpositionsmechanismus durch Helitrons, eine Art DNA-only-Transposon. Für die Bewegung dieser jüngst entdeckten Transposons wurden mehrere Mechanismen vorgeschlagen; einer davon ist hier dargestellt. Dieses Modell fußt auf Untersuchungen des bei Fledermäusen vorkommenden Helraiser Helitrons. Der Vorgang beginnt damit, dass die Transposase (*grün*) an einem Ende des Transposons (*blau*) einen Einzelstrangbruch setzt und mithilfe der Helikase den Einzelstrang freilegt. Eine zweite, transposase-vermittelte Reaktion setzt das Transposon in Form einer einzelsträngigen DNA frei, die sich im Wirtsgenom an neue Stellen begeben kann. Die Transposase (die mit der einzelstträngigen DNA unterwegs ist) kann dann die kovalente Insertion des Transposons an einer neuen Stelle in der Wirts-DNA katalysieren. Bei der Transposition mittels Helitrons werden oft auch benachbarte Gensequenzen des Wirts mitgenommen. Dies geschieht, wenn im dritten Schritt die Transposase über ihre eigene CTAGT-Sequenz springt und ihre Wirts-DNA stromabwärts an einer ähnlichen DNA-Sequenz schneidet. Entsprechend dem Modell erzeugt das Springen einen einzelsträngigen DNA-Ring, der sowohl das Helitron als auch die Wirts-DNA enthält. Beide werden in die Ziel-DNA eingefügt.

Retrovirus bezieht sich auf die Fähigkeit der Viren, die normale Flussrichtung der genetischen Information von DNA zu RNA umzukehren (s. **Abb. 1.4**).

Sobald die Reverse Transkriptase ein doppelsträngiges DNA-Molekül erzeugt hat, werden spezifische Sequenzen in der Nähe seiner beiden Enden durch eine vom Virus

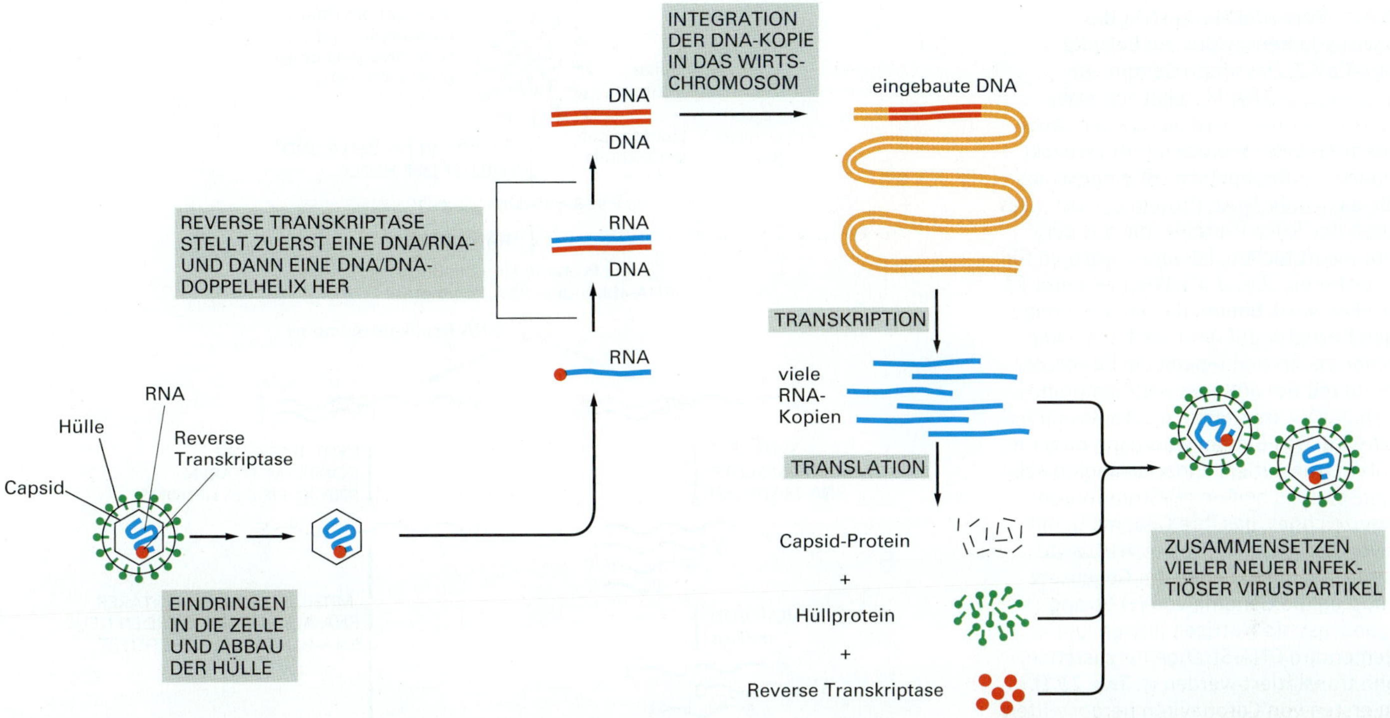

Abb. 5.61 Der Lebenszyklus eines Retrovirus. Das Genom eines Retrovirus besteht aus einem RNA-Molekül (*blau*), das typischerweise 7000 bis 12 000 Nukleotide lang ist. Es ist in ein Protein-Capsid verpackt, das von einer lipidbasierten Hülle umgeben ist; diese Hülle enthält viruscodierte Hüllproteine (*grün*). In einer infizierten Zelle stellt das Enzym *Reverse Transkriptase* (*rote Kreise*) zunächst eine DNA-Kopie des Virus-RNA-Moleküls her, dann einen zweiten DNA-Strang und produziert so eine doppelsträngige DNA-Kopie des RNA-Genoms. Die Integration dieser DNA-Doppelhelix in das Wirtschromosom wird dann von einem viruscodierten Integrase-Enzym katalysiert. Dieser Einbau ist Voraussetzung für die Synthese neuer Virus-RNA-Moleküle durch die RNA-Polymerase der Wirtszelle, dem Enzym, das DNA in RNA transkribiert (s. Kapitel 6). Wie angezeigt, wird dann die virale RNA von der Wirtszell-Maschinerie dazu verwendet, das Capsid, die Hülle und die Reverse-Transkriptase-Proteine zu bilden, die zur Bildung neuer Viruspartikel erforderlich sind.

codierte Transposase namens *Integrase* erkannt. Die Integrase fügt dann die virale DNA durch einen Mechanismus, der dem von DNA-only-Transposons verwendeten Cut-and-paste ähnelt, in das Chromosom ein (s. **Abb. 5.59**).

5.6.5 Manche RNA-Viren replizieren und exprimieren ihre Genome ohne Zuhilfenahme von DNA als Zwischenstufe

Retroviren sind nicht die einzigen Viren, die Genome in Form von RNA haben. Auch andere Viren besitzen einzelsträngige RNA-Genome, aber im Gegensatz zu Retroviren replizieren und exprimieren viele ihre Genome, ohne jemals DNA zu verwenden; das heißt, sie sind *RNA-only-Viren*. SARS-CoV-2 beispielsweise, das Coronavirus, das der COVID-19-Pandemie zugrunde liegt, repliziert sein einzelsträngiges RNA-Genom mithilfe einer speziellen, viruscodierten *RNA-abhängigen RNA-Polymerase*. Nach dem das Virusgenom in eine Zelle gelangt ist, wird es direkt von Ribosomen translatiert, als wenn es sich um ein *mRNA*-Molekül handeln würde; dabei entstehen viele verschiedene viruscodierte Proteine, darunter die RNA-abhängige RNA-Polymerase. (Wir behandeln *mRNA* und den Vorgang der Translation in Kapitel 6 in Einzelheiten). Die Polymerase baut sich mit mehreren anderen Virusproteinen und ein paar wenigen Wirtsproteinen zum vollständigen *Replikase-Komplex* zusammen. Diese spezialisierte Replikase, die keinen Primer benötigt, um die Synthese zu starten, beginnt am 3'-Ende des Virusgenoms und stellt eine komplementäre RNA-Kopie des gesamten Genoms her (**Abb. 5.62**). Mithilfe der komplementären Kopie als Matrize synthetisiert die Replikase dann die neuen Genome, die daraufhin mit neu synthetisierten Virusproteinen zu vollständigen Viruspartikeln verpackt werden. Der gesamte virale Replikationsvorgang dauert etwa 10 Stunden, und eine einzelne infizierte Zelle kann 1000 neue Viruspartikel bilden, die sich auf andere Zellen innerhalb desselben Wirts ausbreiten oder in Aerosolen auf neue Wirte über gehen können. Da Corona Viren keine DNA verwenden, können alle Schritte der Virusreplikation außerhalb des Zellkerns stattfinden. Im Falle von SARS-CoV-2 läuft

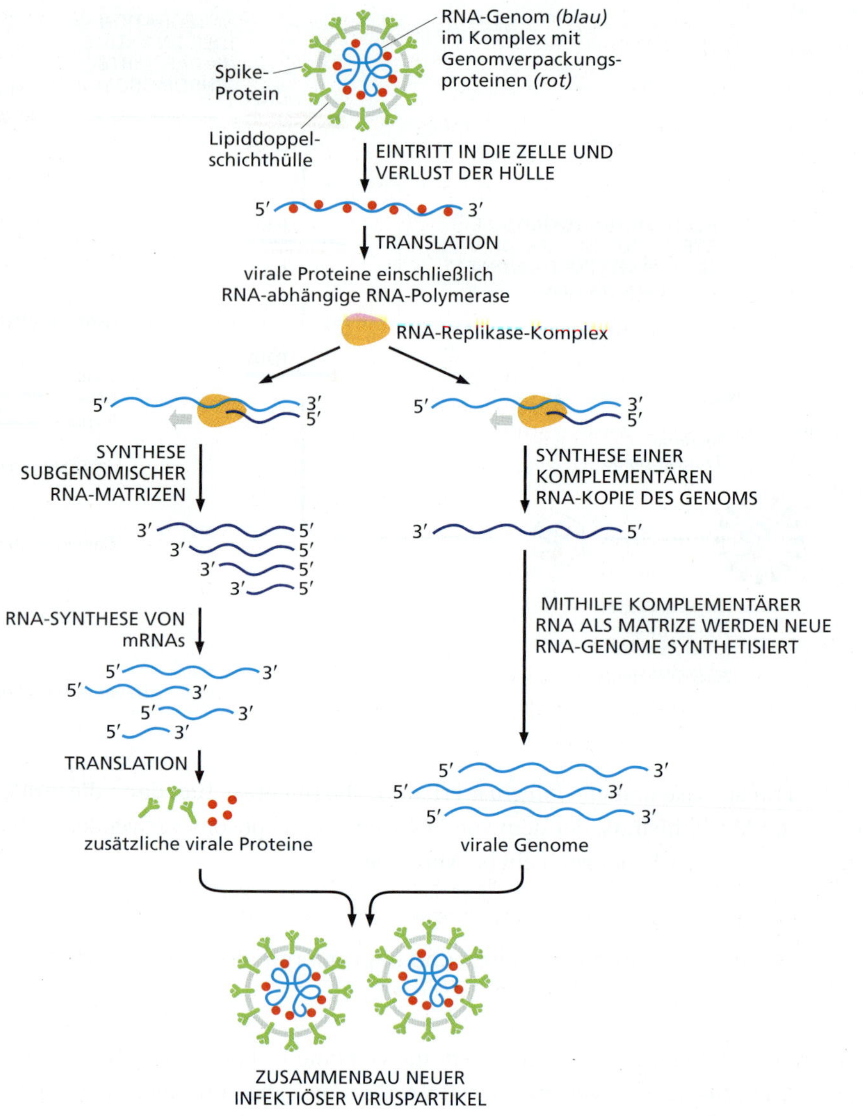

Abb. 5.62 Vereinfachte Ansicht des Coronavirus-Lebenszyklus am Beispiel von Sars-CoV-2. Das virale Genom, ein einzelsträngiges RNA-Molekül von etwa 30 000 Nukleotiden, wird auf ganzer Länge mit einem RNA-Bindeprotein (*rot*) verpackt und in eine Lipiddoppelschicht eingeschlossen, die das virale *Spike*-Protein enthält. (Das Aussehen der *Spike*-Proteine, die aus der Lipidhülle auftauchen, ist verantwortlich für die Bezeichnung „Corona"). Wie in Kapitel 23 beschrieben wird, binden die *Spike*-Proteine an einen Rezeptor auf der Oberfläche empfänglicher Zellen und lenken die Fusion der Virushülle mit der äußeren Zellmembran, wodurch das Virusgenom ins Cytoplasma freigesetzt wird. Das Genom wird dann direkt in ein Protein translatiert. Einzelsträngige RNA-Viren dieses Typs heißen [+]-Strang-Viren, was kennzeichnet, das ihre Genome unmittelbar von der Maschinerie der Wirtszelle translatiert werden können. Im Gegensatz dazu müssen die Genome von [−]-Strang-Viren zunächst als Matrizen dienen, um komplementäre DNA-Stränge herzustellen, die dann translatiert werden (s. Tab. 23.1). Zu den ersten von Coronaviren hergestellten Proteinen gehören diejenigen, welche die RNA-abhängige RNA-Polymerase bilden, die für die Bildung neuer Virusgenome verantwortlich ist, indem sie RNA mithilfe einer RNA als Matrize synthetisiert. Der Replikase-Komplex (zu dem die Polymerase und mehrere andere locker assoziierte Proteine gehören) synthetisiert zunächst vollständige nicht codierende Kopien des Virusgenoms. Diese komplementären Kopien dienen wiederum dem Replikase-Komplex als Matrizen zu Synthese neuer Genome. Die Replikase stellt auch eine Reihe kurzer codierender RNAs her, die für die Bildung zusätzlicher Virusproteine, einschließlich dem Spike, benötigt werden. Sobald neue Virusgenome und- Proteine synthetisiert wurden, bauen sich neue Viruspartikel zusammen und verlassen die Zelle. Obwohl nur ein paar wenige Virusproteine in dem Diagramm dargestellt sind, codiert das Virus für mindestens 27 unterschiedliche Proteine, einige davon organisieren die Doppelmembranstrukturen, in denen das Virus repliziert wird, während andere diverse Reaktionen des Immunsystems auf die Infektion hemmen.

die Virusreplikation in Cytoplasma innerhalb von Kompartimenten mit einer doppelten Membran ab, die von dem Virus aus dem Endoplasmatischen Reticulum kommandiert werden, einer Organelle, die in Kapitel 12 ausführlich beschrieben wird. Man glaubt, dass diese virusinduzierten Kompartimente das Virus vor den vielen antiviralen Abwehrmechanismen der Zelle während der Virusreplikation und dem Virus-Zusammenbau schützen.

Mehrere Eigenschaften unterscheiden Coronaviren von anderen RNA-only-Viren, wie z. B. solchen, die Grippe oder Kinderlähmung verursachen. Am ungewöhnlichsten ist vielleicht die Fähigkeit der Replikase-Komplexe von Coronaviren, Korrektur zu lesen, während sie ihre RNA-Genome kopieren. Dieses Korrekturlesen geschieht auf ganz ähnliche Weise, wie wir es für die DNA-Polymerase an früherer Stelle in diesem Kapitel gesehen haben: ein falsch hinzugefügtes Nukleotid wird von einer 3'→5'-Exonuklease ausgeschnitten, die im Replikase-Komplex sitzt, wodurch die Replikase eine weitere Chance erhält, dass korrekte Nukleotid hinzuzufügen. Diese Eigenschaft bringt es mit sich, dass Coronaviren nicht so schnell mutieren wie die meisten anderen RNA-Viren, denen die Fähigkeit zum Korrekturlesen fehlt. Wie in Kapitel 23 erörtert wird, erklärt die relativ hohe Mutationsrate des Grippevirus, warum jedes Jahr neue Impfstoffe nötig werden, und dies ist unter Umständen bei Coronaviren nicht immer der Fall.

Das Korrekturlesen hat auch andere wichtige Auswirkungen. Wie bereits an früherer Stelle in diesem Kapitel erörtert, ist die Zahl der lebensnotwendigen Proteine, die ein Genom enthalten kann, umso größer, je kleiner die Mutationsrate ist. Das Korrekturlesen gestattet den Coronaviren ein größeres Genom als es für RNA-Viren charakteristisch ist; beispielsweise 30 000 Nukleotide des SARS-CoV-2-Genoms (die für mindestens 27 Proteine codieren) im Vergleich zu 13 500 Nukleotiden des Grippevirus (die für etwa zehn Proteine codieren). Das Korrekturlesen beeinträchtigt auch die Entwicklung antiviraler Arzneistoffe. Virus-Replikasen sind attraktive Ziele für solche Arzneistoffe; dies liegt zum Teil daran, dass in nicht infizierten Wirtszellen keine ähnlichen Enzyme existieren, was das Risiko von Nebenwirkungen verringert. Bei Arzneistoffen dieses Typs (z. B. Remdesivir) handelt es sich typischerweise um Nukleosidtriphosphat-Analoga, die die RNA-Replikase „täuschen", sodass diese sie in die wachsenden RNA-Ketten einbaut. Sobald die Analoga – die ungeeignete 3'-Enden besitzen – eingebaut sind, verhindern sie die weitere Kettenverlängerung (s. **Abb. 8.42**). Bei Coronaviren können beim Korrekturlesen viele dieser Analoga ausgeschnitten werden und damit wird deren Wirksamkeit verringert. Eine verwandte Strategie (die von Molnupiravir verwendet wird) nutzt Nukleosidtriphosphat-Analoga, die durch die Virus-Replikase in die RNA eingebaut werden, das Korrekturlesen überstehen, aber in der nächsten Replikationsrunde falsche Basenpaarungen eingehen und dabei eine Reihe tödlicher Mutationen einführen.

Eine andere auffällige Eigenschaft von Coronaviren ist die Art und Weise, wie sie viele verschiedene Proteine aus einem Genom herstellen, das auf einem einzelnen RNA-Molekül sitzt. Wie bereits erwähnt, wird das Virusgenom, sobald es in eine Zelle gelangt, wie ein *mRNA*-Molekül behandelt und in ein Protein translatiert. Im nächsten Kapitel werden wir jedoch sehen, dass viele eukaryotische *mRNAs* nur für ein einzelnes Protein codieren können. Die Bildung eines Coronavirus aus vielen verschiedenen Proteinen von einem einzelnen RNA-Genom erfordert eine Reihe ungewöhnlicher Schritte, von denen manche nur bei Coronaviren vorzukommen scheinen. Das allgemeine Thema der *mRNA*-Translation und deren Regulation werden wir in den Kapiteln 6 und 7 behandeln. Aber zunächst wenden wir uns wieder der Besprechung der Transposons zu, von denen manche, hinsichtlich der Art und Weise, wie sie sich in ihren Wirtsgenomen von Ort zu Ort bewegen, stark Viren ähneln.

5.6.6 Retrovirusartige Retrotransposons ähneln Retroviren, können aber nicht von Zelle zu Zelle wandern

Die genetische Information der Retroviren wird über einen Mechanismus in die Chromosomen ein- und ausgebaut, den auch die große Klasse der **retrovirusartigen Retrotransposons** nutzt (s. **Tab. 5.4**). Diese transponierbaren Elemente findet man bei sehr unterschiedlichen Organismen, so bei Hefe, Fliegen und Säugern. Im Gegensatz zu Viren haben sie nicht die Fähigkeit, die Zelle, in der sie ansässig sind, zu verlassen; stattdessen werden sie mithilfe normaler DNA-Replikations- und Zellteilungsvorgänge an alle Nachkommen dieser Zelle weitergegeben. Der erste Schritt bei ihrer Transposition ist die Transkription des vollständigen Transposons; dabei entsteht eine RNA-Kopie des Elements, die normalerweise mehrere Tausend Nukleotide lang ist. Dieses Transkript, das in Form einer Messenger-RNA von der Wirtszelle translatiert wird, codiert für eine Reverse Transkriptase. Dieses Enzym stellt über ein gemischtes RNA-DNA-Zwischenprodukt eine doppelsträngige DNA-Kopie des RNA-Moleküls her; dies spiegelt exakt die frühen Infektionsschritte durch ein Retrovirus wider (s. **Abb. 5.59**). Wie ein Retrovirus integriert sich das lineare doppelsträngige DNA-Molekül dann an einer Stelle auf dem Chromosom; dazu verwendet es das Enzym Integrase, das ebenfalls von dem

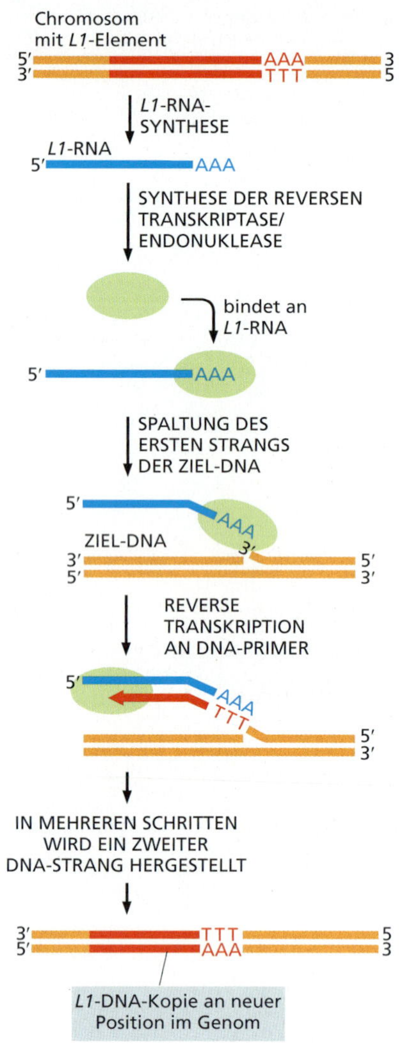

Abb. 5.63 Transposition durch ein nichtretrovirales Retrotransposon. Die Transposition durch das *L1*-Element (*rot*) beginnt, wenn eine Endonuklease, die Teil eines Komplexes mit der an das 3'-Ende der *L1*-DNA (*blau*) gebunden Reversen Transkriptase *L1* (*grün*) ist, die Ziel-DNA an der Stelle schneidet, an der die Insertion stattfinden soll. Dieser Schnitt legt ein 3'-OH-Ende in der Ziel-DNA frei, das dann als Primer für die Reverse Transkription genutzt wird. Es entsteht eine einzelsträngige DNA-Kopie des Elements, die direkt mit der Ziel-DNA verbunden ist. In folgenden Reaktionsschritten entsteht durch die Weiterverarbeitung der einzelsträngigen DNA-Kopie eine neue doppelsträngige DNA-Kopie des *L1*-Elements, die an der Stelle eingefügt wird, an der die anfängliche Spaltung stattgefunden hat.

Element codiert wird. Die Struktur und Mechanismen dieser Integrasen ähneln stark denjenigen der Transposasen der DNA-only-Transposons.

5.6.7 Ein Großteil des menschlichen Genoms besteht aus nichtretroviralen Retrotransposons

Ein erheblicher Teil vieler Chromosomen von Wirbeltieren besteht aus sich wiederholenden DNA-Sequenzen. In menschlichen Chromosomen sind diese Wiederholungen meistens mutierte und gekürzte Versionen eines **nichtretroviralen Retrotransposons**, dem dritten wichtigen Transposontyp (s. **Tab. 5.4**). Obwohl die meisten Kopien dieser Transposons im menschlichen Genom unbeweglich sind, können sich einige wenige immer noch bewegen. Bewegungen des *L1-Elements* (manchmal auch als LINE oder *long interspersed nuclear element* bezeichnet) sind identifiziert worden, von denen manche beim Menschen Krankheiten verursachen: Beispielsweise wird eine bestimmte Art der Hämophilie durch eine Insertion des *L1*-Elements in das Gen des Faktors VIII, eines Blutgerinnungsfaktors, verursacht (s. **Abb. 6.25**).

Nichtretrovirale Retrotransposons findet man in vielen Organismen; sie wandern über einen andersartigen Mechanismus, der einen Komplex aus einer Endonuklease und einer Reversen Transkriptase erfordert. Wie in **Abbildung 5.63** dargestellt, spielen die RNA und die Reverse Transkriptase eine sehr viel direktere Rolle beim Rekombinationsereignis als bei den oben beschriebenen retrovirusartigen Retrotransposons.

Die Untersuchung menschlicher Genomsequenzen hat gezeigt, dass die Masse der nichtretroviralen Retrotransposons – zum Beispiel die vielen Kopien des *Alu*-Elements, ein Vertreter der SINE-Familie (*short interspersed nuclear elements*; kurze, eingeschobene nukleäre Elemente) – nicht ihre eigenen Endonuklease- oder Reverse Transkriptase-Gene trägt. Dennoch haben sie sich erfolgreich genug vermehrt, um größere Bestandteile unseres Genoms zu werden – vermutlich durch Ausnutzen von Enzymen, die von anderen aktiven *L1*-Elementen codiert werden. Zusammen machen die LINEs und die SINEs über 90 % des Humangenoms aus (s. **Abb. 4.62**); von Ersteren gibt es 500 000 Kopien, von Letzteren über eine Million.

5.6.8 Unterschiedliche transponierbare Elemente überwiegen in unterschiedlichen Organismen

Wir haben verschiedene Typen transponierbarer Elemente beschrieben: (1) DNA-only-Transposons, deren Bewegung auf dem Brechen und Wiederverbinden von DNA basiert; (2) retrovirusartige Retrotransposons, deren Bewegung ebenfalls über Brechen und Wiederverbinden der DNA stattfindet, bei denen jedoch RNA eine Schlüsselfunktion als Matrize für das DNA-Rekombinationssubstrat hat; (3) nichtretrovirale Retrotransposons, in denen eine RNA-Kopie des Elements wesentlich für die Insertion des Elements in die Ziel-DNA ist und als Matrize für die Reverse Transkription an einem Ziel-DNA-Primer dient.

Interessanterweise überwiegen in verschiedenen Organismen unterschiedliche Transposons: In Bakterien sind z. B. die häufigsten transponierbaren Elemente DNA-only-Transposons; nur wenige Elemente sind vorhanden, die den nichtretroviralen Retrotransposons ähnlich sind. In Hefezellen sind die häufigsten beweglichen Elemente retrovirusartige Retrotransposons, während in *Drosophila* DNA-only-, retrovirale und nichtretrovirale Transposons gefunden werden. Auch das Genom des Menschen enthält alle drei Klassen; wie jedoch unten beschrieben, unterscheiden sie sich sehr in ihrer Evolutionsgeschichte.

5.6.9 Genomsequenzen lassen erkennen, zu welchem ungefähren Zeitpunkt transponierbare Elemente sich bewegt haben

Die Nukleotidsequenz des Menschengenoms ist wie ein „fossiles Protokoll", das die Aktivität der Transposons während der Evolution aufgezeichnet hat. Wenn man die Sequenzen der Überbleibsel der ungefähr 3 Millionen transponierbarer Elemente des Humangenoms sorgfältig vergleicht, kann man die Bewegungen der Transposons in den Genomen unserer Vorfahren während der letzten paar Hundert Millionen Jahre verfolgen. Zum Beispiel scheinen die Cut-and-paste DNA-only-Transposons sehr aktiv gewesen zu sein, bevor sich die Menschen und Altweltaffen auseinanderentwickelt haben (vor 25 bis 35 Millionen Jahren). Da die Elemente aber allmählich inaktivierende Mutationen angehäuft haben, sind sie in der zum Menschen führenden Linie nicht mehr aktiv. Ähnliches gilt für die retrovirusartigen Transposons: Obwohl unser Genom mit Relikten retrovirusartiger Transposons übersät ist, scheint heutzutage keines mehr aktiv zu sein. Man nimmt an, dass sich nur eine einzige Familie retrovirusartiger Retrotransposons seit der Auseinanderentwicklung von Menschen und Schimpansen vor ungefähr 6 Millionen Jahren bewegt hat. Auch die nichtretroviralen Retrotransposons sind sehr alt; im Gegensatz zu den anderen Klassen bewegen sich aber einige von ihnen wie erwähnt immer noch in unseren Genomen. Man schätzt beispielsweise, dass die *De-novo*-Wanderung von *Alu*-Elementen einmal pro 100–200 menschliche Geburten vorkommt. Die Wanderung der nichtretroviralen Retrotransposons ist für einen kleinen, aber signifikanten Anteil der neuen menschlichen Mutationen verantwortlich – vielleicht zwei Mutationen von jeweils tausend.

Bei Mäusen ist die Situation anders. Obwohl das Genom der Maus und das des Menschen ungefähr die gleiche Menge der drei Transposonarten enthalten, sind beide Retrotransposonarten bei Mäusen noch sehr aktiv. Sie sind für ungefähr 10 % der neuen Mutationen verantwortlich.

Wir beginnen zwar erst zu verstehen, wie die Bewegung von Transposons die Genome der heutzutage lebenden Säugetiere geformt hat. Es wurde dennoch vorgeschlagen, dass plötzliche Ausbrüche der Transposonaktivität bei kritischen Schritten in der Auseinanderentwicklung der Säugetierarten von einem gemeinsamen Vorfahren beteiligt waren, ein Prozess, der vor ungefähr 170 Millionen Jahren begann. Heute können wir uns nur fragen, wie viele unserer einzigartigen, menschlichen Eigenschaften von der ehemaligen Aktivität von beweglichen genetischen Elementen herrühren, deren Überbleibsel in unseren Chromosomen verstreut zu finden sind.

5.6.10 Die konservative ortsspezifische Rekombination kann DNA reversibel umordnen

Ein anderer Typ der Rekombination, bekannt als *konservative ortsspezifische Rekombination*, gruppiert andere Arten beweglicher DNA-Elemente um. Bei diesem Reaktionsweg erfolgt das Schneiden und Wiederverbinden an zwei besonderen Stellen, eine in jedem der beiden beteiligten DNA-Moleküle, wobei das Rekombinationsereignis von einem spezialisierten Enzym ausgeführt wird, das die beiden DNA-Doppelhelices an diesen speziellen Sequenzen schneidet und wiederverbindet. Abhängig von den Positionen und relativen Orientierungen der beiden Rekombinationsstellen kann entweder DNA-Integration, DNA-Exzision oder DNA-Inversion vorkommen (**Abb. 5.64a**). Bei einer anderen Ausrichtung dieser beiden Sequenzen in einem Chromosom erzeugt die konservative orstspezifische Rekombination alternativ eine DNA-Inversion (**Abb. 5.64b**).

Die in **Abbildung 5.64a** veranschaulichte konservative ortsspezifische Rekombination wird oft von DNA-Viren verwendet, um ihr Genom in und aus dem Genom ihrer Wirtszellen zu bewegen. Wenn die Virus-DNA ins Wirtsgenom eingebaut ist, wird sie

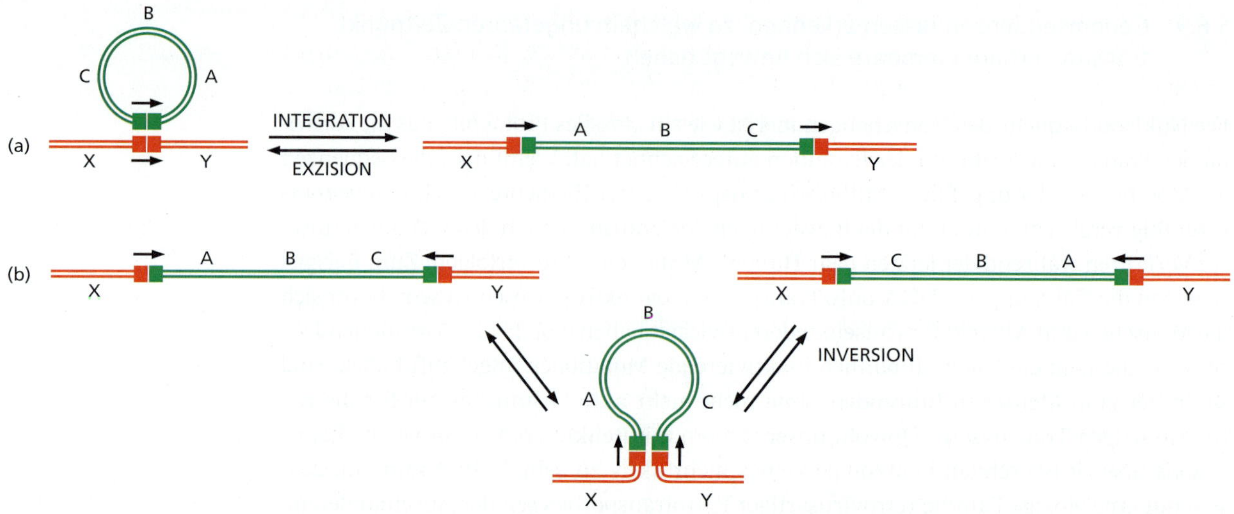

Abb. 5.64 Zwei Arten von DNA-Umordnungen, die durch konservative ortsspezifische Rekombination entstehen. Der einzige Unterschied zwischen den Reaktionen in (a) und (b) ist die relative Orientierung der beiden Stellen in der DNA (durch *Pfeile* gezeigt), an denen ein ortsspezifisches Rekombinationsereignis stattfindet. (a) Über eine Integrationsreaktion kann ein ringförmiges DNA-Molekül in ein zweites DNA-Molekül eingefügt werden; durch die umgekehrte Reaktion (Exzision) kann es das Molekül wieder verlassen und den ursprünglichen DNA-Ring bilden. Viele bakterielle Viren können sich auf diese Weise in Wirtschromosomen ein- und wieder ausbauen. (b) Die konservative ortsspezifische Rekombination kann auch einen bestimmten DNA-Abschnitt im Chromosom umkehren. Ein gut untersuchtes Beispiel der DNA-Inversion durch ortsspezifische Rekombination läuft im Bakterium *Salmonella enterica* Serotyp Typhimurium ab, was wir im nächsten Abschnitt behandeln.

zusammen mit der Wirts-DNA repliziert und getreu an alle Nachkommenzellen weitergegeben. Wenn die Wirtszelle einen Schaden erleidet (z. B. durch UV-Bestrahlung), dann kann das Virus die ortsspezifische Rekombinationsreaktion umkehren, sein Genom ausschneiden und es in ein Viruspartikel verpacken. Auf diese Weise können sich viele Viren als ein Bestandteil des Wirtsgenoms selbst passiv replizieren, sie können aber auch das sinkende Schiff verlassen, indem sie ihr Genom ausschneiden und es in eine schützende Hülle verpacken, bis sie auf eine neue, gesunde Wirtszelle treffen.

Die konservative ortsspezifische Rekombination unterscheidet sich hinsichtlich mehrerer Eigenschaften von der Transposition. Erstens benötigt die ortsspezifische Rekombination spezielle DNA-Sequenzen auf der Spender- und der Empfänger-DNA (daher die Bezeichnung ortsspezifisch). Diese Sequenzen enthalten Erkennungsstellen für die spezielle Rekombinase, die diese Umgruppierung katalysiert. Im Gegensatz dazu erfordert die Transposition nur, dass das Transposon eine spezielle Sequenz hat; bei den meisten Transposons kann die Empfänger-DNA eine nahezu beliebige Sequenz haben. Zweitens sind die Reaktionsmechanismen grundlegend verschieden. Die Rekombinasen, die die ortsspezifische Rekombination katalysieren, ähneln insofern Topoisomerasen, als sie vorübergehend energiereiche kovalente Bindungen mit der DNA bilden und diese Energie dazu nutzen, alle DNA-Umgruppierungen abzuschließen, ohne dass eine neue DNA-Synthese erforderlich wird (s. **Abb. 5.22**). Somit werden alle Phosphatbindungen, die während eines Rekombinationsereignisses gelöst werden, beim Abschluss der Rekombination wiederhergestellt (daher die Bezeichnung „konservativ"). Im Gegensatz dazu hinterlässt die Transposition in der DNA Lücken, die mithilfe der DNA-Polymerase und DNA-Ligase geschlossen werden müssen.

5.6.11 Konservative ortsspezifische Rekombination kann verwendet werden, um Gene ein- oder auszuschalten

Viele Bakterien verwenden die konservative ortsspezifische Rekombination, um die Expression bestimmter Gene zu kontrollieren. Ein gut untersuchtes Beispiel kommt in

Salmonella-Bakterien vor, einem Lebewesen, das beim Menschen der Hauptverursacher von Lebensmittelvergiftungen ist. Das als **Phasenvariation** bezeichnete Umschalten der Genexpression folgt aus der gelegentlichen Inversion eines spezifischen 1000 Nukleotidpaare umfassenden DNA-Stücks, die durch eine konservative ortspezifische, vom *Salmonella*-Genom codierte Rekombinase vermittelt wird. Dieser Wechsel ändert die Expression des Zelloberflächenproteins Flagellin, für das das Bakterium zwei verschiedene Gene besitzt (**Abb. 5.65**). Die DNA-Inversion ändert die Ausrichtung eines Promotors (eine DNA-Sequenz, die die Transkription eines Gens steuert), der innerhalb des umgedrehten DNA-Segments liegt. In der einen Ausrichtung des Promotors synthetisiert das Bakterium den einen Flagellintyp, in der anderen Ausrichtung des Promotors den anderen Typ. Die Rekombinationsreaktion ist umkehrbar, was den Bakterienpopulationen den Hin- und Herwechsel zwischen den beiden Flagellintypen erlaubt. Inversionen treten nur selten auf, und weil solche Änderungen im Genom während der nachfolgenden Replikationszyklen getreu kopiert werden, haben ganze Bakterienklone den einen oder den anderen Flagellintyp (**Abb. 5.65**).

Die Phasenvariation hilft mit, die Bakterienpopulation vor der Immunantwort ihres Wirbeltierwirts zu schützen. Wenn der Wirt gegen den einen Flagellintyp Antikörper bildet, sind einige wenige Bakterien, deren Flagellin durch Geninversion verändert wurde, immer noch in der Lage, zu überleben und sich zu vervielfältigen.

5.6.12 Bakterielle konservative ortsspezifische Rekombinasen sind ein leistungsstarkes Werkzeug für Zell- und Entwicklungsbiologen

Wie viele der Mechanismen, die von Zellen und Viren verwendet werden, sind auch die ortsspezifischen Rekombinasen von Wissenschaftlern eingesetzt worden, um eine Vielzahl von Fragestellungen zu untersuchen. Zur Aufklärung der Funktion bestimmter Gene in komplexen, mehrzelligen Organismen können gentechnische Methoden angewandt werden, um Würmer, Fliegen oder Mäuse hervorzubringen, die sowohl ein Gen für ein Enzym zur ortsspezifischen Rekombination tragen als auch eine sorgfältig entworfene Ziel-DNA, die ein interessierendes Gen enthält, flankiert von DNA-Stellen, die vom Rekombinationsenzym erkannt werden. Zum gewünschten Zeitpunkt kann das enzymcodierende Gen angeregt werden, die Ziel-DNA-Sequenz umzuordnen. Eine solche Umordnung wird häufig benutzt, um ein spezifisches Gen in bestimmten Geweben

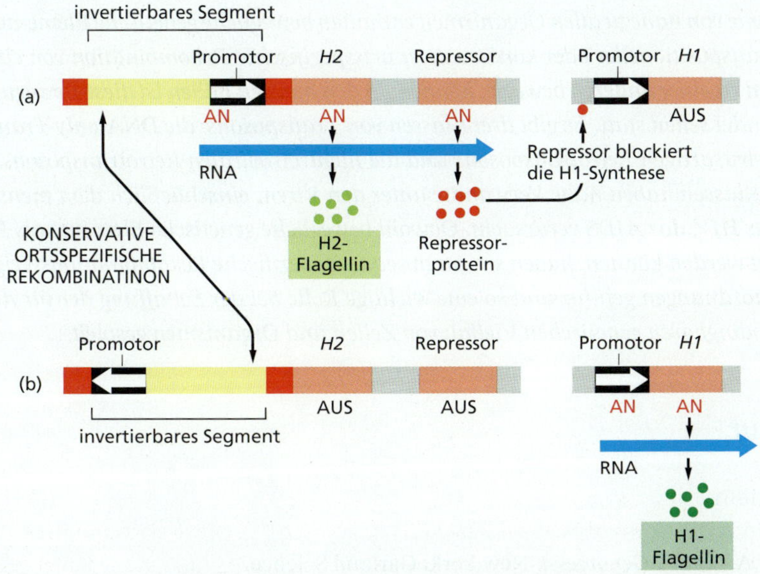

Abb. 5.65 Umschalten der Genexpression durch DNA-Inversion in Bakterien. Welches der beiden Flagellin-Gene in einem *Salmonella*-Bakterium zur Bildung von Flagellin verwendet wird, wird von einer konservativen ortsspezifischen Rekombination kontrolliert, die ein kleines promotorhaltiges DNA-Segment invertiert. (a) In einer Ausrichtung aktiviert der Promotor die Transkription des *H2-Flagellin*-Gens zusammen mit der Transkription des Repressorprotein, das die Expression des *H1-Flagellin*-Gens blockiert. Promotoren und Repressoren werden in Kapitel 7 genauer beschrieben; hier halten wir nur einfach fest, dass ein Promotor erforderlich ist, um ein Gen zu exprimieren, und dass ein Repressor diesen Vorgang blockiert. (b) Wenn der Promotor umgelagert wird, dann schaltet er nicht mehr *H2* oder den Repressor an, und das *H1*-Gen, das dadurch der Repression entkommt, wird stattdessen exprimiert. Die Inversionsreaktion erfordert spezifische DNA-Sequenzen (*rot*) und ein Rekombinase-Enzym, das vom invertierbaren DNA-Segment codiert wird. Weil dieser konservative ortsspezifische Rekombinationsmechanismus nur selten aktiviert wird (etwa einmal pro 10^5 Zellteilungen), wird die Bildung des einen oder anderen Flagellintyps in jedem Zellklon normal vererbt.

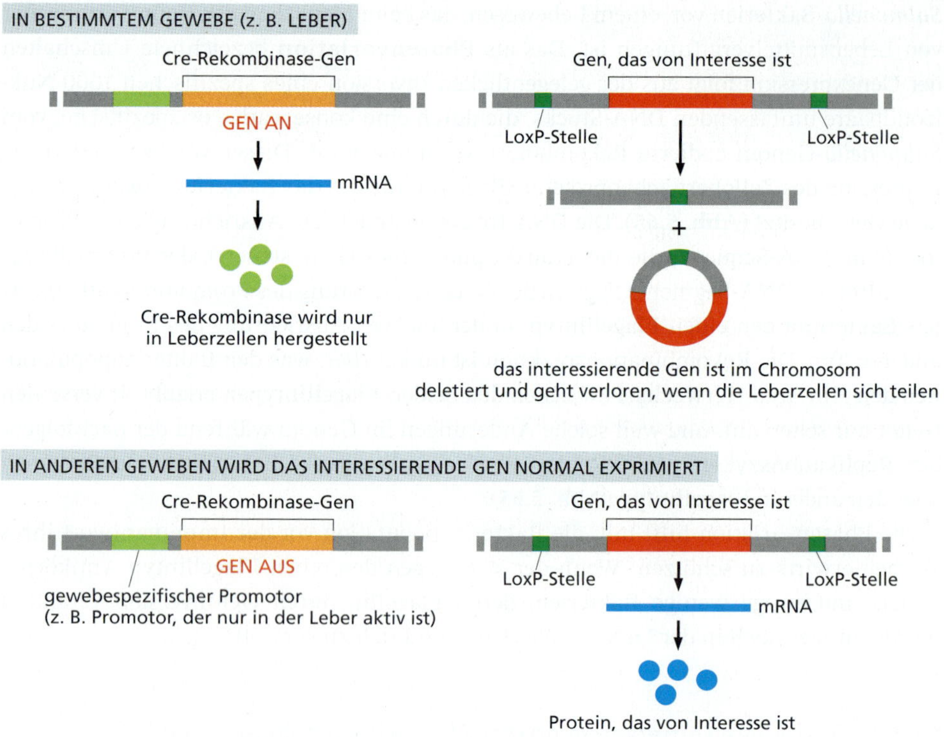

Abb. 5.66 Wie ein konservatives ortsspezifisches Rekombinationsenzym aus Bakterien dazu verwendet werden kann, spezifische Gene aus bestimmten Mausgeweben zu entfernen. Die Technik erfordert die Insertion von zwei speziell gentechnisch veränderten DNA-Molekülen in die Keimbahn des Tiers. Das erste enthält das Gen für eine Rekombinase (in diesem Fall die Cre-Rekombinase aus dem Bakteriophagen P1) unter der Kontrolle eines gewebsspezifischen Promotors, der gewährleistet, dass die Rekombinase nur in diesem Gewebe exprimiert wird. Das zweite DNA-Molekül enthält das Gen, das von Interesse ist, flankiert von DNA-Sequenzen der Erkennungsstellen für die Rekombinase (in diesem Fall LoxP-Stellen). Die Maus ist gentechnisch so verändert, dass sie nur diese Kopie des Gens von Interesse enthält. Wenn die Rekombinase nur in der Leber exprimiert wird, wird daher das interessierende Gen dort und nur dort entfernt. Wie in Kapitel 7 beschrieben, kennt man viele gewebsspezifische Promotoren; zudem sind viele dieser Promotoren nur zu bestimmten Zeiten in der Entwicklung aktiv. Somit ermöglicht es diese Methode, die Auswirkung der Deletion jedes interessierenden Gens zu bestimmten Zeiten während der Entwicklung jedes Gewebes zu untersuchen.

eines vielzelligen Lebewesens zu entfernen (**Abb. 5.66**). Diese Strategie ist besonders nützlich, wenn das Gen, das im Fokus des Interesses steht, eine Schlüsselrolle bei der frühen Entwicklung vieler Gewebe spielt und eine vollständige Deletion des Gens aus der Keimbahn sehr früh in der Embryogenese den Tod verursachen würde. Die gleiche Strategie kann auch dazu dienen, ein bestimmtes Gen in einem interessierenden Gewebe künstlich zu exprimieren; hier wird durch die ausgelöste Deletion ein starker Transkriptionspromotor mit dem interessierenden Gen verbunden. Mit diesem Werkzeug kann man grundsätzlich den Einfluss jedes Proteins in jedem gewünschten Gewebe eines intakten Tieres bestimmen.

Zusammenfassung

Die Genome von nahezu allen Organismen enthalten bewegliche genetische Elemente, die sich mittels transpositioneller oder konservativer ortsspezifischer Rekombination von einer Stelle im Genom zu einer anderen bewegen können. In den meisten Fällen ist diese Bewegung zufällig und findet selten statt. Es gibt drei Klassen von Transposons: die DNA-only-Transposons, die retrovirusartigen Retrotransposons und die nichtretroviralen Retrotransposons. Die ersten zwei Klassen haben nahe Verwandte unter den Viren, einschließlich dem menschlichen Retrovirus HIV, das AIDS verursacht. Obwohl bewegliche genetische Elemente als Parasiten betrachtet werden können, haben sie durch sequenzspezifische Rekombinationsereignisse zu DNA-Umordnungen geführt und so eine wichtige Rolle bei der Schaffung der für die Evolution unabdingbaren genetischen Vielfalt von Zellen und Organismen gespielt.

Literatur

5 Allgemein

Brown, T.A. (2017). *Genomes 4*. New York: Garland Science.

Friedberg, E.C., Walker, G.C., Siede, W. et al. (2005). *DNA Repair and Mutagenesis*. Washington, DC: ASM Press.

Haber, J.E. (2013). *Genome Stability: DNA Repair and Recombination*. New York: Garland Science.

Stent, G.S. (1971). *Molecular Genetics: An Introductory Narrative*. San Francisco: WH Freeman.

Watson, J., Baker, T., Bell, S. et al. (2013). *Molecular Biology of the Gene*. 7th ed. Menlo Park, CA: Benjamin Cummings.

5.1 Die Erhaltung der DNA-Sequenzen

Catarina, D. und Eichler, E.E. (2013). Properties and rates of germline mutations in humans. *Trends Genet*. 29: 575–584.

Conrad, D.F., Keebler, J., DePristo, M. et al. (2011). Variation in genome-wide mutation rates within and between human families. *Nat. Genet*. 43: 712–714.

Hedges, S.B. (2002). The origin and evolution of model organisms. *Nat. Rev. Genet*. 3: 838–849.

King, M.C. und Wilson, A.C. (1965). Evolution at two levels in humans and chimpanzees. *Science* 188: 107–116.

5.2 Mechanismen der DNA-Replikation

Kornberg, A. (1960). Biological synthesis of DNA. *Science* 131: 1503–1508.

Li, J.J. und Kelly, T.J. (1984). SV40 DNA replication *in vitro*. *Proc. Natl. Acad. Sci. USA* 81: 6973–6977.

Meselson, M. und Stahl, F.W. (1958). The replication of DNA in *E.* coli. *Proc. Natl. Acad. Sci. USA* 44: 671–682.

Modrich, P. (2016). Mechanisms in *E. coli* and human mismatch repair (Nobel Lecture). *Angew. Chem. Int. Ed. Engl*. 55 (30): 8490–8501.

Okazaki, R., Okazaki, T., Sakabe, K. et al. (1968). Mechanism of DNA chain growth. I. Possible discontinuity and unusual secondary structure of newly synthesized chains. *Proc. Natl. Acad. Sci. USA* 59: 598–605.

Yao, N.Y. und O'Donnell, M.E. (2021). The DNA replication machine: structure and dynamic function. In: *Macromolecular Protein Complexes III: Structure and Function* (eds. J.R. Harris und J. Marles-Wright), 233–258. Cham, Switzerland: Springer. *Subcellular Biochemistry*, Vol. 96.

5.3 Die Initiation und Vollendung der DNA-Replikation der Chromosomen

Bell, S.P. und Labib, K. (2016). Chromosome duplication in *Saccharomyces cerevisiae*. *Genetics* 203 (3): 1027–1067.

Chan, S.R. und Blackburn, E.H. (2004). Telomeres and telomerase. *Philos. Trans. R. Soc. Lond. B Biol. Sci*. 359: 109–121.

Dewar, J.M. und Walter, J.C. (2017). Mechanisms of DNA replication termination. *Nat. Rev. Mol. Cell Biol*. 18: 507–516.

On, K.F., Jaremko, M., Stillman, B. et al. (2018). A structural view of the initiators for chromosome replication. *Curr. Opin. Struct. Biol*. 53: 131–139.

Roake, C.M. und Artandi, S.E. (2020). Regulation of human telomerase in homeostasis and disease. *Nat. Rev. Mol. Cell Biol*. 21: 384–397.

Schvartzman, J.B., Hernandez, P., Krimer, D.B. et al. (2019). Closing the DNA replication cycle: from simple circular molecules to supercoiled and knotted DNA catenanes. *Nucleic Acids Res*. 47 (14): 7182–7198.

Wang, Y., Sušac, L. und Feigon, J. (2019). Structural biology of telomerase. *Cold Spring Harb. Perspect. Biol*. 11 (12): a032383.

5.4 DNA-Reparatur

Her, J. und Bunting, S.F. (2018). How cells ensure correct repair of DNA double-strand breaks. *J. Biol. Chem.* 293 (27): 10502–10511.

Lindahl, T. (1993). Instability and decay of the primary structure of DNA. *Nature* 362: 709–715.

Sancar, A. (2016). Mechanisms of DNA repair by photolyase and excision nuclease (Nobel Lecture). *Angew. Chem. Int. Ed. Engl.* 55 (30): 8502–8527.

Van den Heuvel, D., Van der Weegen, Y., Boer, D.E.C. et al. (2021). Transcription-coupled DNA repair: from mechanism to human disorder. *Trends Cell Biol.* 31 (5): 359–371.

Yang, W. und Gao, Y. (2018). Translesion and repair DNA polymerases: diverse structure and mechanism. *Annu. Rev. Biochem.* 87: 239–261.

Zhao, B., Rothenberg, E., Ramsden, D.A. et al. (2020). The molecular basis and disease relevance of non-homologous DNA end joining. *Nat. Rev. Mol. Cell Biol.* 21: 765–781.

5.5 Homologe Rekombination

Cox, M.M. (2001). Historical overview: searching for replication help in all of the rec places. *Proc. Natl. Acad. Sci. USA* 98: 8173–8180.

Haber, J.E. (2016). A life investigating pathways that repair broken chromosomes. *Annu. Rev. Genet.* 50: 1–28.

Holliday, R. (1990). The history of the DNA heteroduplex. *BioEssays* 12: 133–142.

Kreuzer, K.N. und Brister, J.R. (2010). Initiation of bacteriophage T4 DNA replication and replication fork dynamics: a review in the Virology Journal series on bacteriophage T4 and its relatives. *Virol. J.* 7: 358.

Szostak, J.W., Orr-Weaver, T.K., Rothstein, R.J. et al. (1983). The double-strand break repair model for recombination. *Cell* 33: 25–35.

Wyatt, H.D.M. und West, S.C. (2014). Holliday junction resolvases. *Cold Spring Harb. Perspect. Biol.* 6 (9): a023192.

Zickler, D. und Kleckner, N. (2015). Recombination, pairing, and synapsis of homologs during meiosis. *Cold Spring Harb. Perspect. Biol.* 7 (6): a016626.

5.6 Transposition und konservative ortsspezifische Rekombination

Comfort, N.C. (2001). From controlling elements to transposons: Barbara McClintock and the Nobel Prize. *Trends Biochem. Sci.* 26: 454–457.

Huang, C.R., Burns, K.H. und Boeke, J.D. (2012). Active transposition in genomes. *Annu. Rev. Genet.* 46: 651–675.

Payer, L.M. und Burns, K.H. (2019). Transposable elements in human genetic disease. *Nat. Rev. Genet.* 20 (12): 760–772.

Varmus, H. (1988). Retroviruses. *Science* 240: 1427–1435.

Wie Zellen das Genom ablesen: von der DNA zum Protein

6

Der Fortschritt in der Zell- und Molekularbiologie war seit der Entdeckung der DNA-Struktur in den frühen 1950er-Jahren erstaunlich. Wir kennen heute die vollständigen Genomsequenzen vieler Organismen, was faszinierende Details ihrer Biochemie enthüllte sowie wichtige Hinweise gab, wie sich diese Lebewesen entwickelt haben. Auch für Hunderttausende einzelner Menschen hat man ganze Genomsequenzen erhalten, ebenso für einige wenige unserer heute ausgestorbenen Verwandten, wie den Neandertaler. Das Wissen um die begrenzte Menge an genetischer Information, die für das Leben eines komplexen Organismus', wie wir es sind, benötigt wird, beschränkt auch die zu erwartenden biochemischen und strukturellen Eigenschaften einer Zelle und zeigt, dass Biologie nicht unendlich komplex ist.

Wie in Kapitel 1 behandelt, spezifiziert der größte Teil der genetischen Information in der DNA die Sequenz der Aminosäuren in Proteinen. Aber diese DNA steuert die Proteinsynthese nicht direkt. Stattdessen nutzt sie RNA als molekulare Zwischenstufe. Sobald die Zelle ein bestimmtes Protein braucht, wird die Nukleotidsequenz des entsprechenden Bereichs des DNA-Moleküls eines Chromosoms zunächst in RNA abgeschrieben (den Vorgang nennt man *Transkription*). Diese RNA-Kopien von DNA-Abschnitten dienen als Matrize für die Proteinsynthese (ein Vorgang, den man *Translation* nennt). Der Fluss der genetischen Information in der Zelle verläuft daher von der DNA über die RNA zum Protein. Alle Zellen, von den Bakterien bis zum Menschen, exprimieren ihre genetische Information auf diese Weise – ein Grundsatz, der so fundamental ist, dass er als das *zentrale Dogma* in der Molekularbiologie bezeichnet wird (**Abb. 6.1**).

Trotz dieser Universalität gibt es wichtige Variationen zwischen den Organismen; diese betreffen die Art und Weise, wie Information von der DNA zum Protein fließt. Wesentlich dabei ist, dass RNA-Transkripte in eukaryotischen Zellen Gegenstand einer Reihe von Bearbeitungsschritten im Zellkern sind, darunter das *RNA-Spleißen*, bevor sie den Zellkern verlassen dürfen und in ein Protein übersetzt (*translatiert*) werden. Wie wir in diesem Kapitel behandeln, können diese Bearbeitungsschritte entscheidend die „Bedeutung" eines RNA-Moleküls verändern, und deshalb sind sie ausschlaggebend für das Verständnis, wie eukaryotische Zellen ihr Genom lesen.

Kapitelinhalt

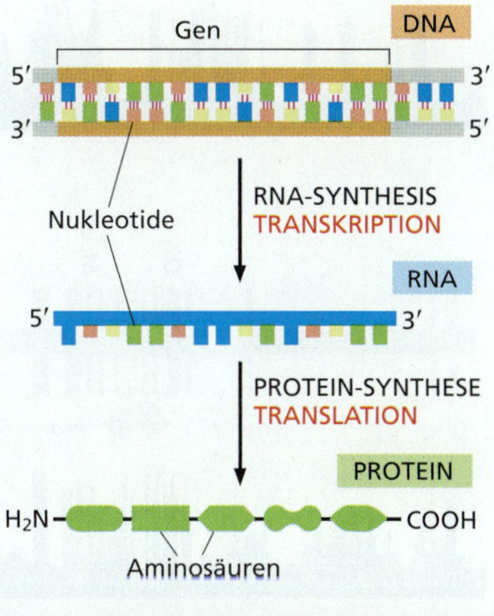

Abb. 6.1 Die genetische Information steuert die Proteinsynthese. Der Fluss der genetischen Information von der DNA zur RNA (Transkription) und von der DNA zum Protein (Translation) geschieht in allen lebenden Zellen. Wie wir in Kapitel 5 gesehen haben, kann die DNA auch kopiert – oder repliziert – werden, um neue DNA-Moleküle zu erzeugen.

Molekularbiologie der Zelle, 7. Auflage. Bruce Alberts, Rebecca Heald, Alexander Johnson, David Morgan, Martin Raff, Keith Roberts und Peter Walter.

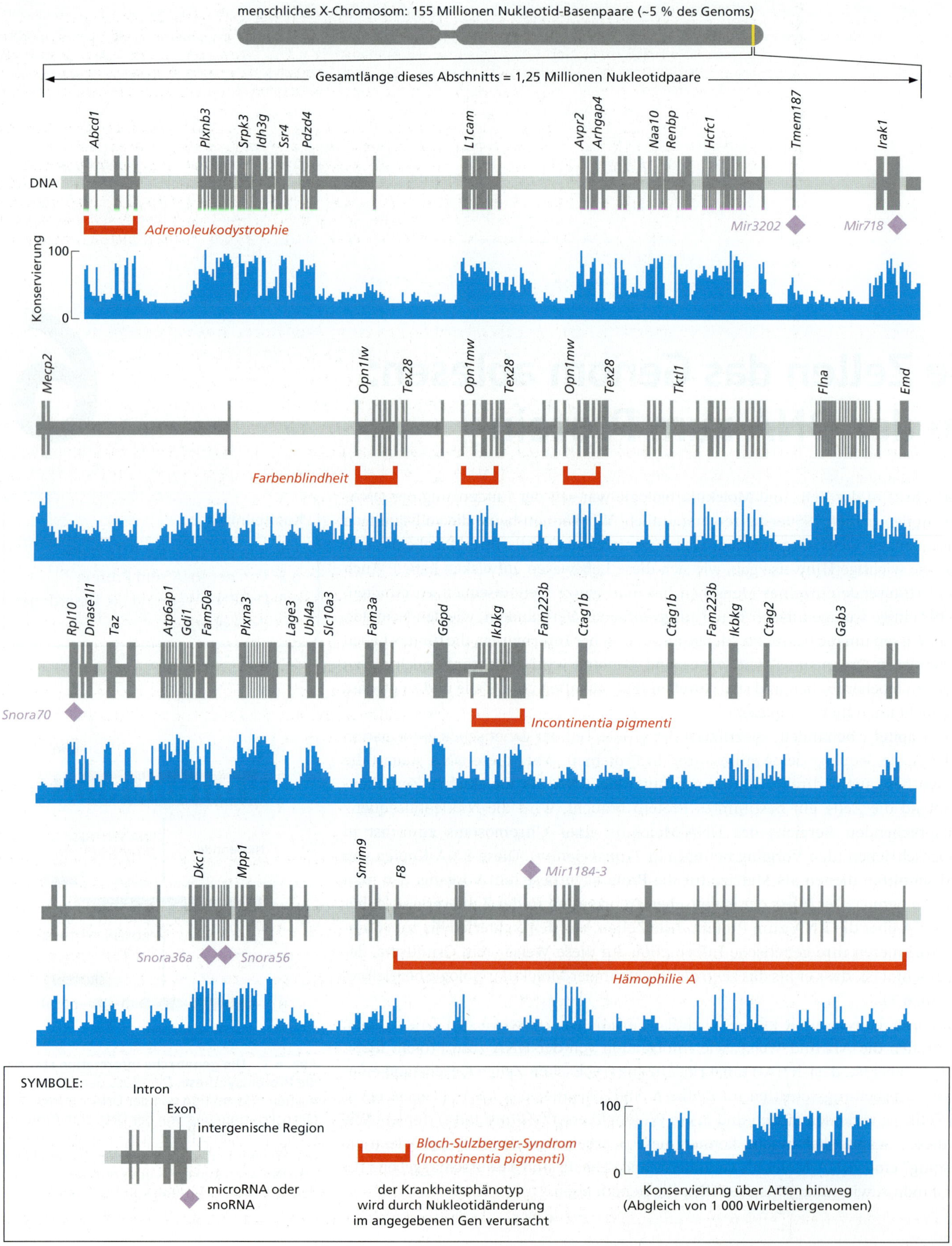
menschliches X-Chromosom: 155 Millionen Nukleotid-Basenpaare (~5 % des Genoms)
Gesamtlänge dieses Abschnitts = 1,25 Millionen Nukleotidpaare
Abcd1
Plxnb3
Srpk3
Idh3g
Ssr4
Pdzd4
L1cam
Avpr2
Arhgap4
Naa10
Renbp
Hcfc1
Tmem187
Irak1
DNA
Adrenoleukodystrophie
Mir3202
Mir718
Konservierung
100
0
Mecp2
Opn1lw
Tex28
Opn1mw
Tex28
Opn1mw
Tex28
Tktl1
Flna
Emd
Farbenblindheit
Rpl10
Dnase1l1
Taz
Atp6ap1
Gdi1
Fam50a
Plxna3
Lage3
Ubl4a
Slc10a3
Fam3a
G6pd
Ikbkg
Fam223b
Ctag1b
Ctag1b
Fam223b
Ikbkg
Ctag2
Gab3
Snora70
Incontinentia pigmenti
Dkc1
Mpp1
Smim9
F8
Mir1184-3
Snora36a
Snora56
Hämophilie A
SYMBOLE:
Intron
Exon
intergenische Region
microRNA oder snoRNA
Bloch-Sulzberger-Syndrom (Incontinentia pigmenti)
der Krankheitsphänotyp wird durch Nukleotidänderung im angegebenen Gen verursacht
100
0
Konservierung über Arten hinweg (Abgleich von 1 000 Wirbeltiergenomen)

Abb. 6.2 **Schematische Abbildung eines kleinen Teils des menschlichen *X* -Chromosoms.** Wie in der Symbollegende zusammengefasst, sind die bekannten proteincodierenden Gene (von *Abcd1* bis *F8*) mit einer *dunkelgrauen* zentralen Linie dargestellt und die codierenden Regionen (Exons) sind durch *dunkelgraue* Balken angezeigt, die sich über und unterhalb der zentralen Linie erstrecken. Nicht codierende RNAs mit bekannter Funktion sind durch *violette Rauten* angedeutet. Das *blaue* Histogramm zeigt, in welchem Ausmaß Teile des menschlichen Genoms mit anderen Wirbeltierarten konserviert wurden. Es ist wahrscheinlich, dass zusätzliche, zurzeit noch unerkannte Gene ebenfalls innerhalb dieses Teils des menschlichen Genoms liegen.
Gene, deren Mutation eine menschliche Erbkrankheit verursachen, sind mit *roten Klammern* angezeigt. Das *Abcd1*-Gen codiert für ein Protein, das Fettsäuren ins Peroxisom befördert; Mutationen in diesem Gen verursachen eine Demyelinierung der Nerven, was zu kognitiven oder Bewegungsstörungen führen kann. *Incontinentia pigmenti* ist eine Krankheit der Haut, Haare, Nägel, Zähne und Augen. *Hämophilie A* ist eine Bluterkrankheit, die durch eine Mutation im Faktor-VIII-Gen verursacht wird, das für ein Blutgerinnungsprotein codiert (Abb. 6.25b). Da Männer nur eine einzige Kopie des *X*-Chromosoms besitzen, betreffen die meisten der hier gezeigten Krankheiten nur Männer. Frauen, die eines dieser defekten Gene ererbt haben, sind oft ohne Symptome, da von ihrem anderen *X*-Chromosom ein funktionsfähiges Protein hergestellt wird. (Mit freundlicher Genehmigung von Alex Williams, Daten erhalten von der Universität von Kalifornien, Genom-Browser, http://genome.ucsc.edu).

Obwohl wir in diesem Kapitel unser Augenmerk auf die Bildung von Proteinen richten, die vom Genom codiert werden, sehen wir, dass bei vielen Genen RNA das Endprodukt ist. Wie Proteine, so falten sich auch diese RNAs zu exakten dreidimensionalen Strukturen, die in der Zelle eine strukturelle und katalytische Funktion haben. Auch wenn die Funktionen vieler nicht codierender RNAs noch nicht bekannt sind, wurden einige äußerst genau untersucht und werden in diesem und dem folgenden Kapitel behandelt.

Man hätte erwarten können, dass die in Genomen vorhandene Information auf strukturierte Weise angeordnet ist, ähnlich wie in einem Wörterbuch oder einem Telefonbuch. Aber es stellt sich heraus, dass die Genome der meisten Vielzeller überraschend unordentlich sind, was deren chaotische Evolutionsgeschichte widerspiegelt. Wie in Kapitel 4 erörtert (s. **Abb. 4.15d**), bestehen die Gene in diesen Lebewesen aus einer langen Kette von sich abwechselnden kurzen Exons und langen Introns. Zudem sind kleine DNA-Sequenzstückchen, die für Proteine codieren, mit dazwischenliegenden großen Blöcken scheinbar bedeutungsloser DNA über das ganze Genom verteilt. Manche Bereiche des Genoms enthalten viele Gene, andere überhaupt keine. Die Gene für Proteine, die in der Zelle zusammenarbeiten, liegen oft auf verschiedenen Chromosomen, während benachbarte Gene normalerweise für Proteine codieren, deren Funktionen nichts miteinander zu tun haben. Genome zu entschlüsseln, ist daher nicht einfach. Sogar mithilfe sehr leistungsfähiger Computer ist es für Forschende immer noch schwierig, bei fehlendem direktem experimentellem Beweis den Anfang und das Ende von Genen genau zu lokalisieren, geschweige denn vorauszusagen, zu welchem Zeitpunkt ein Gen während der Lebensdauer eines Organismus exprimiert wird. Dennoch leisten die Zellen unseres Körpers genau das mehr als tausendmal in einer Sekunde.

Die Probleme, mit denen sich Zellen bei der Entschlüsselung ihrer Genome auseinandersetzen müssen, können anhand eines winzigen Bereichs des Humangenoms eingeschätzt werden (**Abb. 6.2**). Die gezeigte Region repräsentiert weniger als 1/2000stel unseres Genoms und beinhaltet mindestens 48 Gene, die für Proteine codieren, sowie 6 Gene für nicht codierende RNAs. Wenn wir das gesamte menschliche Genom betrachten, können wir die Fähigkeit unserer Zellen, eine solch große Datenmenge so rasch und exakt zu handhaben, nur bestaunen.

In diesem Kapitel werden wir erläutern, wie Zellen die genetische Information in ihren Genomen entschlüsseln und nutzen. Man hat viel darüber gelernt, wie die genetischen Baupläne, die in einem Alphabet aus nur vier „Buchstaben“ – den vier unterschiedlichen DNA-Nukleotiden – geschrieben sind, die Entstehung eines Bakteriums, einer Taufliege oder eines Menschen steuern. Trotzdem haben wir noch lange nicht vollständig verstanden, wie die in einem Genom gespeicherte Information auch nur das einfachste einzellige Bakterium mit etwa 500 Genen entstehen lässt, ganz zu schweigen von der Entwicklung eines Menschen mit ungefähr 25.000 Genen. Vieles liegt noch im Dunkeln: Faszinierende Herausforderungen warten daher auf die nächste Generation von Zellbiologen.

6.1 Von der DNA zur RNA

Zellen lesen und exprimieren die genetische Information ihrer Gene mithilfe der Transkription und Translation. Da viele identische RNA-Kopien von demselben Gen hergestellt werden können und jedes RNA-Molekül die Synthese vieler identischer Proteinmoleküle steuern kann, können Zellen bei Bedarf von einem einzelnen Gen große Proteinmengen herstellen. Jedes Gen kann jedoch mit unterschiedlicher Effizienz transkribiert und translatiert werden, sodass die Zelle in der Lage ist, von manchen Proteinen sehr viel und von anderen sehr wenig herzustellen (**Abb. 6.3**). Wie wir im nächsten Kapitel sehen werden, kann die Zelle außerdem die Expression jedes ihrer Gene steuern und an den aktuellen Bedarf anpassen, zumeist indem sie die RNA-Herstellung kontrolliert und viele Gene werden in manchen Zellen überhaupt nicht exprimiert.

Eines der zentralen Probleme bei der Herstellung von Proteinen aus der in Genomen vorhandenen Information ist, dass die meisten Schritte von der klassischen Basenpaarung der Nukleinsäuren abhängen, die selbst nur eine geringe Spezifität besitzt. In vielen Zusammenhängen ist eine korrekte Basenpaarung nur 10- bis 100-mal thermodynamisch stabiler als ein nicht korrektes Basenpaar; somit gründen die meisten Schritte der Genexpression auf Mechanismen, die sowohl die Spezifität der Basenpaarung verbessern, als auch die vielen Fehler zu korrigieren, die vorkommen. Ein zentrales Thema dieses Kapitels ist daher die Art und Weise, wie Zellen mit dem grundlegend ungenauen Basenpaarungsvorgang umgehen, der das Herzstück für den Mechanismus bildet, welchen sie zum Lesen ihres Genoms verwenden.

6.1.1 RNA-Moleküle sind einzelsträngig

Sobald eine Zelle einen Teil ihrer genetischen Informationen benötigt, schreibt sie als Erstes die entsprechende DNA-Nukleotidsequenz, das Gen, in eine RNA-Nukleotidsequenz um (**Abb. 6.4**). In der RNA liegt die Information in einer anderen chemischen Form, aber in der gleichen „Sprache" wie in der DNA vor – in der Sprache der Nukleotidsequenz. Daher lautet die Bezeichnung für die Bildung von RNA-Molekülen ausgehend von der DNA *Transkription* („Umschreiben").

Die RNA ist wie die DNA ein lineares Polymer, das aus vier verschiedenen Nukleotidbausteinen besteht, die über Phosphodiesterbindungen miteinander verbunden sind (s. **Abb. 6.4**). Sie unterscheidet sich chemisch von der DNA in zweierlei Hinsicht: (1) Die Nukleotide der RNA sind *Ribonukleotide*, da sie den Zucker Ribose (daher der Name

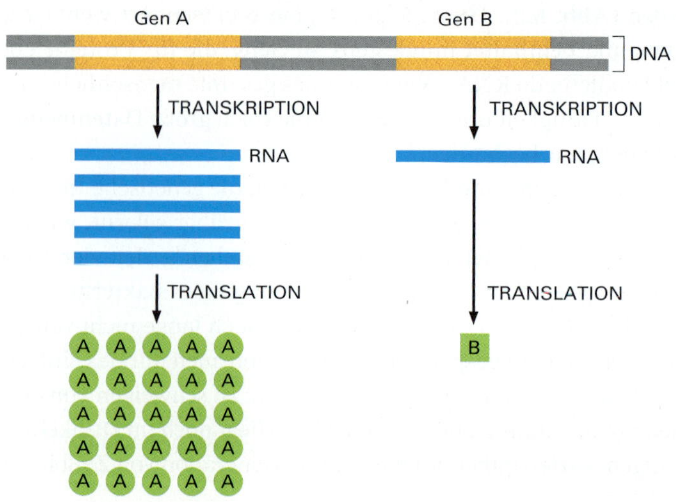

Abb. 6.3 Gene können verschieden wirksam exprimiert werden. In diesem Beispiel wird Gen *A* effizienter transkribiert als Gen *B*, und jedes RNA-Molekül, das es erzeugt, wird ebenfalls häufiger translatiert. Daher ist die Menge an Protein *A* in der Zelle viel höher als die an Protein *B*. In dieser und späteren Abbildungen sind die Anteile der DNA, die transkribiert werden, *orangefarben* dargestellt.

*Ribo*nukleinsäure) anstatt Desoxyribose enthalten, (2) RNA enthält, wie DNA, die Basen Adenin (A), Guanin (G) und Cytosin (C), statt Thymin (T) enthält sie jedoch Uracil (U) (**Abb. 6.5**). Da U, wie T, über Wasserstoffbrücken mit A paaren kann (**Abb. 6.6**), gelten die für die DNA beschriebenen Eigenschaften der komplementären Basenpaarung (s. Kapitel 4 und 5) auch für RNA (in der RNA paart G mit C und A mit U).

Trotz dieser nur kleinen chemischen Unterschiede sind die Gesamtstrukturen von DNA und RNA voneinander sehr verschieden. Während DNA in einer Zelle immer als doppelsträngige Helix vorliegt, ist RNA einzelsträngig. RNA-Ketten können sich deshalb zu einer bestimmten Struktur falten, ähnlich wie sich eine Polypeptidkette zu ihrer endgültigen Proteinstruktur faltet (**Abb. 6.7**). Wie wir später noch sehen werden, ermöglicht die Fähigkeit, sich in komplexe, dreidimensionale Strukturen zu falten, manchen RNA-Molekülen sogar, katalytische oder strukturelle Funktionen auszuüben.

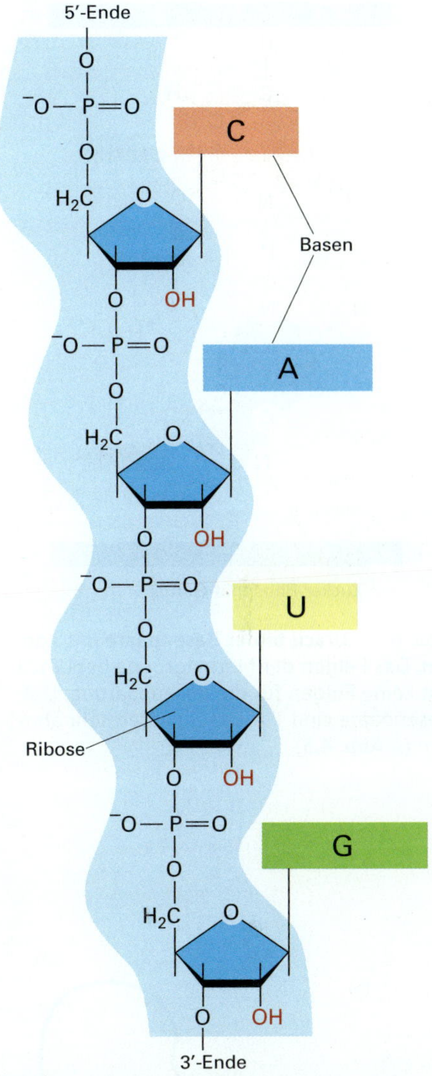

Abb. 6.4 Ein kurzes RNA-Stück. Die Phosphodiesterbindung zwischen den Nukleotiden in der RNA ist die gleiche wie in der DNA.

6.1.2 Die Transkription erzeugt RNA, die komplementär zu einem der DNA-Stränge ist

Die gesamte RNA in einer Zelle entsteht durch **DNA-Transkription**, einem Prozess, der der DNA-Replikation (s. Kapitel 5) ähnelt. Transkription beginnt mit dem Öffnen und Entwinden eines kleinen Bereichs der DNA-Doppelhelix, wodurch die Basen der DNA-Stränge freigelegt werden. Einer der beiden DNA-Stränge der Doppelhelix dient dann als Matrize für die Synthese eines RNA-Moleküls. Wie bei der DNA-Replikation wird die Nukleotidsequenz der RNA-Kette durch die komplementäre Basenpaarung zwischen den neu hinzukommenden Ribonukleotiden und der DNA-Matrize festgelegt. Ist die Paarung erfolgreich (A mit T, U mit A, G mit C und C mit G), wird das hinzukommende Ribonukleotid mit der wachsenden RNA-Kette durch eine enzymatisch katalysierte Reaktion kovalent verknüpft. Das Anhängen jeweils eines Nukleotids nach dem anderen verlängert also die RNA-Kette, das *Transkript*, dessen Sequenz komplementär zu dem DNA-Strang ist, der als Matrize gedient hat (**Abb. 6.8**).

Die Transkription unterscheidet sich jedoch in mehreren grundlegenden Aspekten von der Replikation. Im Gegensatz zu einem neu gebildeten DNA-Strang bleibt der RNA-Strang nicht über Wasserstoffbrücken mit seinem DNA-Matrizenstrang verbunden.

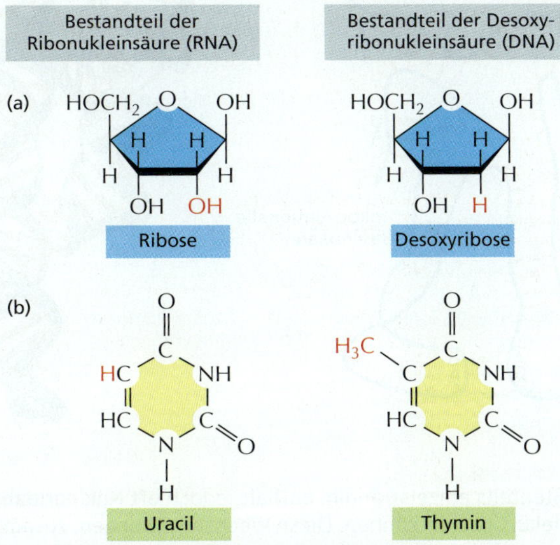

Abb. 6.5 Die chemische Struktur der RNA. (a) RNA enthält den Zucker Ribose, der sich von der Desoxyribose in der DNA durch eine zusätzliche OH-Gruppe unterscheidet. (b) RNA enthält die Base Uracil, die sich von Thymin, ihrer entsprechenden Base in der DNA, durch das Fehlen einer CH_3-Gruppe unterscheidet.

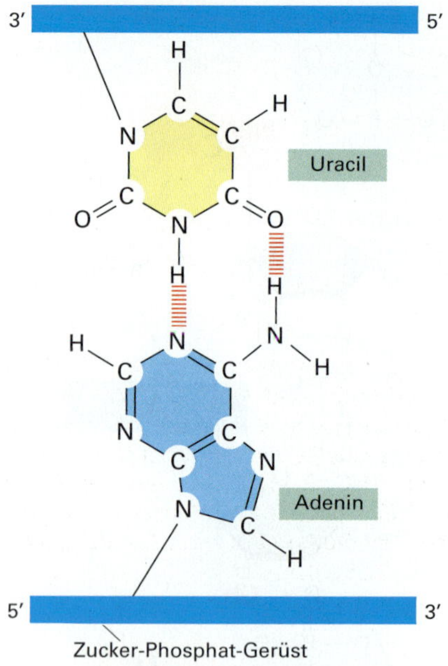

Abb. 6.6 Uracil bildet Basenpaare mit Adenin. Das Fehlen der Methylgruppe bei Uracil hat keine Folgen für die Basenpaarung; U-A-Basenpaare sind T-A-Basenpaaren sehr ähnlich (s. **Abb. 4.5**).

Stattdessen wird direkt hinter der Stelle, an der die Ribonukleotide angefügt werden, die RNA-Kette wieder durch die sich neu bildende DNA-Doppelhelix verdrängt. Durch Transkription entstandene RNA-Moleküle werden also von ihrer DNA-Matrize als Einzelstränge freigesetzt. Darüber hinaus sind RNA-Moleküle viel kürzer als DNA-Moleküle, da sie nur von einem begrenzten Abschnitt der DNA kopiert werden. Ein DNA-Molekül in einem Chromosom des Menschen kann bis zu 250 Millionen Nukleotidpaare lang sein; die meisten RNA-Moleküle sind dagegen nicht länger als ein paar Tausend Nukleotide, manche sind sogar wesentlich kürzer.

6.1.3 RNA-Polymerasen führen die DNA-Transkription aus

Die Transkription erfolgt durch bestimmte Enzyme, die sogenannten **RNA-Polymerasen**. So wie die DNA-Polymerasen, die die DNA-Replikation katalysieren (s. Kapitel 5), katalysieren RNA-Polymerasen die Bildung von Phosphodiesterbindungen und verknüpfen auf diese Art Nukleotide zu einer linearen Kette. Die RNA-Polymerase bewegt sich schrittweise entlang der DNA und windet die DNA-Helix direkt vor ihrem aktiven Polymerisationszentrum auseinander, um einen neuen Bereich des Matrizenstrangs für die komplementäre Basenpaarung freizulegen. Auf diese Weise wird die wachsende RNA-Kette Nukleotid für Nukleotid in 5'→ 3'-Richtung verlängert (**Abb. 6.9**). Die Substrate sind Ribonukleosidtriphosphate (ATP, CTP, UTP und GTP), und wie bei der DNA-Replikation stellt die Hydrolyse einer energiereichen Bindung die Energie für das Ablaufen der Reaktion zur Verfügung (s. **Abb. 5.4**).

Die beinahe sofortige Trennung des RNA-Strangs von der DNA während seiner Synthese bedeutet, dass in relativ kurzer Zeit viele RNA-Kopien eines Gens hergestellt

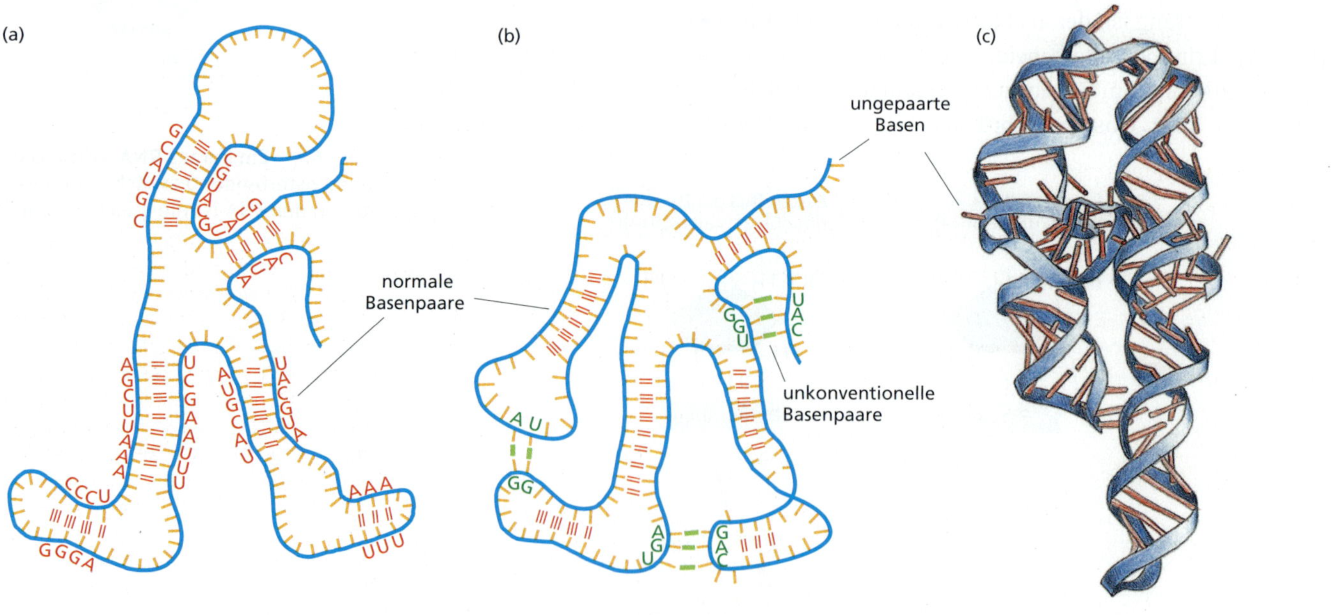

Abb. 6.7 ***RNA*** **kann sich zu besonderen Strukturen falten.** RNA ist größtenteils einzelsträngig, enthält jedoch oft Nukleotidabschnitte, die sich mit komplementären Sequenzen an einer anderen Stelle desselben Moleküls paaren können. Diese Wechselwirkungen, zusammen mit zusätzlichen, „unkonventionellen" Basenpaar-Wechselwirkungen (z. B. A–G), ermöglichen die dreidimensionale Faltung eines RNA-Moleküls, dessen resultierende Struktur von seiner Nukleotidsequenz abhängt. (a) Diagramm einer gefalteten RNA-Struktur mit konventionellen (G–C und A–U) Basenpaar-Wechselwirkungen. (b) Bildung unkonventioneller (*grün*) Basenpaar-Wechselwirkungen faltet die in A gezeigte, hypothetische Struktur noch weiter. (c) Reale Struktur einer RNA, eine, die ihr eigenes Spleißen katalysiert. Jede konventionelle Basenpaarungs-Wechselwirkung wird durch eine „Leitersprosse" in der Doppelhelix angedeutet. Basen in anderen Konfigurationen sind als gebrochene Sprossen dargestellt.

werden können, da die Synthese neuer RNA-Moleküle bereits beginnen kann, bevor die vorherige RNA-Kette fertiggestellt ist (**Abb. 6.10**). Wenn dicht aufeinanderfolgende RNA-Polymerasemoleküle sich mit einer Geschwindigkeit von 50 Nukleotiden je Sekunde bewegen, dann können mehr als tausend Transkripte in einer Stunde von einem einzigen Gen synthetisiert werden.

Obwohl RNA-Polymerase und DNA-Polymerase die gleiche chemische Reaktion katalysieren, gibt es einige wichtige Unterschiede zwischen den Aktivitäten beider Enzyme. Der offensichtlichste Unterschied besteht darin, dass die RNA-Polymerase die Verknüpfung von Ribonukleotiden und nicht von Desoxyribonukleotiden katalysiert. Außerdem kann die RNA-Polymerase, im Gegensatz zu den DNA-Polymerasen der Replikation, eine Nukleotidkette ohne einen Primer beginnen. Dieser Unterschied ist wahrscheinlich deshalb möglich, weil die Transkription nicht so genau sein muss wie die DNA-Replikation (s. **Tab. 5.1**). RNA-Polymerasen unterläuft ungefähr ein Fehler pro 10^4 kopierten Nukleotiden (die Fehlerhäufigkeit der DNA -Polymerase beim direkten Kopieren und Korrekturlesen liegt bei einem Fehler pro 10^7 kopierten Nukleotiden), aber die Folgen eines Fehlers bei der RNA-Transkription sind weniger schwerwiegend, da die RNA kein dauerhafter Speicher für genetische Information in Zellen ist. Und schließlich übernehmen RNA-Polymerasen den gesamten Arbeitsablauf, im Gegensatz zu DNA-Polymerasen, die ihre Produkte in Abschnitten herstellen, die später zusammengeheftet werden; d.h. dieselbe RNA-Polymerase, die ein RNA-Molekül beginnt, muss es auch zum Abschluss bringen, ohne von der DNA-Matrize abzufallen.

Obwohl RNA-Polymerasen nicht annähernd so sorgfältig wie DNA-replizierende DNA-Polymerasen arbeiten, haben sie dennoch einen einfachen Korrekturlesemechanismus. Wenn ein falsches Ribonukleotid der wachsenden RNA-Kette angefügt wird, kann die Polymerase umkehren und in ihrem Aktiven Zentrum eine Exzisionsreaktion durchführen. Diese ähnelt einer umgekehrten Polymerisationsreaktion, jedoch ersetzt ein Wassermolekül das Pyrophosphat und ein Nukleosidmonophosphat wird freigesetzt.

Angesichts dessen, dass sowohl die DNA- als auch die RNA-Polymerasen eine matrizenabhängige Nukleotidpolymerisation ausführen, würde man erwarten, dass die beiden Enzymarten strukturell verwandt sind. Die röntgenkristallographischen Untersuchungen zeigen jedoch, dass die beiden Enzyme mit Ausnahme eines entscheidenden Mg^{2+}-Ions im katalytischen Zentrum tatsächlich ziemlich verschieden sind. In der Tat scheinen matrizenabhängige Nukleotid-Polymerisationsenzyme zweimal unabhängig voneinander während der frühen Evolution der Zellen entstanden zu sein. Die eine Linie führte zu den heutigen DNA-Polymerasen und Reversen Transkriptasen, die in Kapitel 5

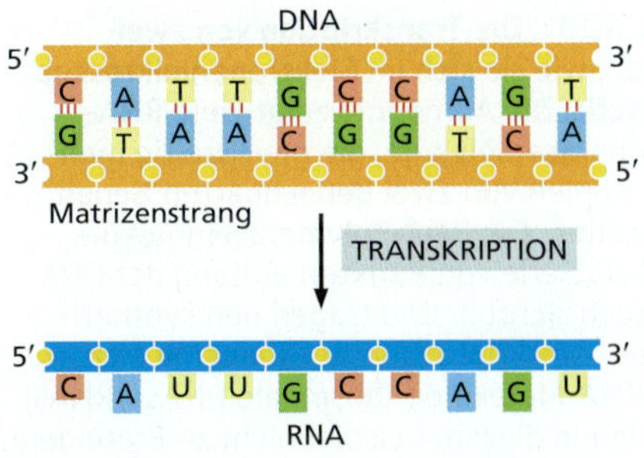

Abb. 6.8 Die DNA-Transkription bildet ein einzelsträngiges RNA-Molekül, das komplementär zu einem der beiden DNA-Stränge der Doppelhelix ist. Man beachte, dass die im RNA-Molekül erzeugte Basensequenz der Basensequenz im Nicht-Matrizen-DNA-Strang entspricht, außer dass jedes T in der DNA durch ein U ersetzt ist.

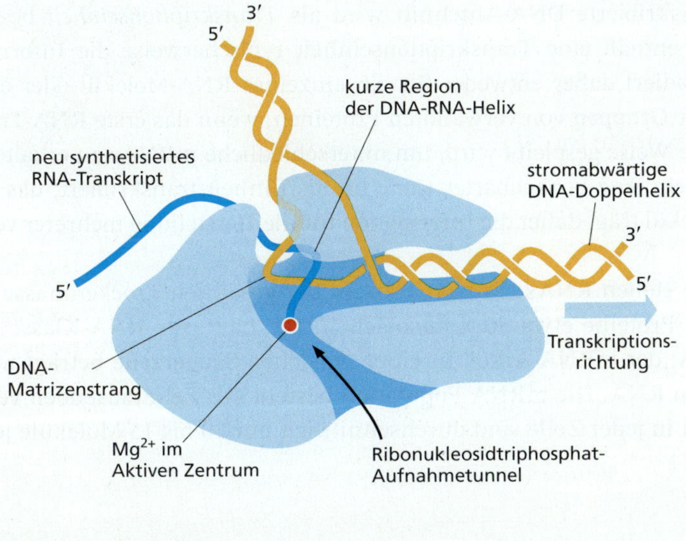

Abb. 6.9 Die RNA-Polymerase transkribiert DNA. Die RNA-Polymerase (*hellblau*) bewegt sich schrittweise entlang der DNA und entwindet die Doppelhelix in ihrem Aktiven Zentrum, durch das Mg^{2+} (*rot*) angezeigt, das für die Katalyse erforderlich ist. Während sie sich fortbewegt, fügt sie in mit einem freigelegten DNA-Strang als Matrize nacheinander einzelne Nukleotide an die Polymerisationsstelle der RNA-Kette an. Das RNA-Transkript ist daher eine komplementäre Kopie von einem der beiden DNA-Stränge. Ein kurzes Stück DNA–RNA-Hybridhelix (ungefähr neun Nukleotide lang) wird nur vorübergehend gebildet und bewegt sich mit der Polymerase an der DNA entlang, während sich die DNA-Doppelhelix dahinter erneut bildet. Die neuen Nukleotide kommen als Ribonukleosidtriphosphate (ATP, UTP, CTP und GTP) hinzu. Die Energie, die in ihren Phosphodiesterbindungen gespeichert ist, liefert die Energie für die Polymerisationsreaktion. Die Abbildung fußt auf einer röntgenkristallographischen Struktur und zeigt eine Polymerase im Aufschnitt; der zum Betrachter zeigende Teil wurde abgeschnitten, um den Blick aufs Innere freizugeben. (Nach P. Cramer *et al.*, *Science* 288: 6403–649, 2000; PDB-Code: 1HQM).

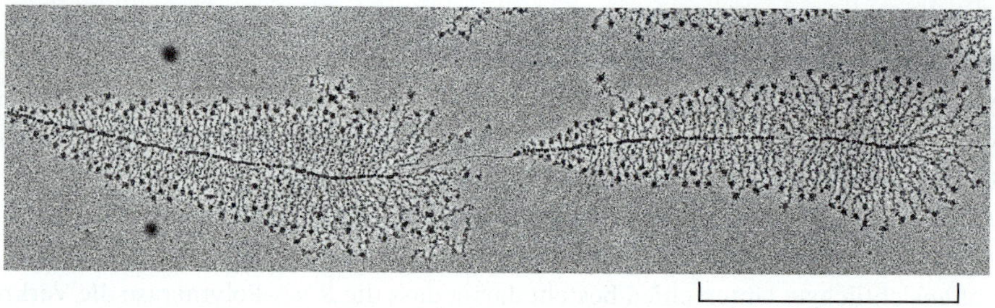

Abb. 6.10 Die Transkription von zwei Genen, wie sie sich im Elektronenmikroskop darstellt. Die Aufnahme zeigt viele RNA-Polymerasemoleküle, die gleichzeitig mehrere Kopien von zwei benachbarten Genen herstellen. Die RNA-Polymerasemoleküle sind als Serie von Punkten entlang der DNA deutlich sichtbar und tragen neu synthetisierte Transkripte (dünne Fäden) mit sich. Die RNA-Moleküle (ribosomale RNAs; rRNAs) werden in diesem Beispiel nicht zu Proteinen translatiert, sondern direkt als Komponenten von Ribosomen eingesetzt, den Apparaten, in denen die Translation stattfindet. Die Partikel am 5'-Ende (dem freien Ende) jedes rRNA-Transkripts entsprechen wahrscheinlich frühen Stufen des Zusammenbaus der Ribosomen. Aus den relativen Längen der neu synthetisierten Transkripte kann gefolgert werden, dass die RNA-Polymerasemoleküle von rechts nach links transkribieren. (Mit freundlicher Genehmigung von Ulrich Scheer.)

behandelt wurden, sowie zu einigen wenigen RNA-Polymerasen aus Viren. Die andere Linie bildete alle RNA-Polymerasen, die wir in diesem Kapitel behandeln.

6.1.4 Zellen stellen verschiedene Kategorien von RNA-Molekülen her

Die Mehrzahl der Gene einer DNA legt die Aminosäuresequenz von Proteinen fest. RNA-Moleküle, die durch Transkription dieser Gene entstehen (und letztlich die Synthese der Proteine steuern) werden als **messenger-RNA** (**Boten-RNA,** mRNA) bezeichnet. Das Endprodukt anderer Gene ist dagegen die RNA selbst. Diese RNAs werden als **nicht codierende RNA*s*** bezeichnet, weil sie nicht für Proteine codieren. In einem gut untersuchten eukaryotischen Einzeller, der Hefe *Saccharomyces cerevisiae*, bilden über 1200 Gene (mehr als 15 % aller Gene) RNA als Endprodukt. Der Mensch produziert etwa 5000 verschiedene nicht codierende RNAs. Diese RNAs können wie Proteine als enzymatische, strukturelle und regulatorische Komponenten für vielfältige in der Zelle ablaufende Prozesse dienen. In Kapitel 5 haben wir uns bereits mit einer solchen RNA beschäftigt, die als Matrizen-RNA fest in das Enzym Telomerase eingebaut ist. In diesem Kapitel werden wir sehen, dass *ribosomale RNA(rRNA)*-Moleküle den Kern der Ribosomen bilden, die *Transfer-RNA*-Moleküle (*tRNA*) Adapter sind, die Aminosäuren auswählen und an einem Ribosom so platzieren, dass sie in ein Protein eingebaut werden. Die *kleinen Kern-RNA*-Moleküle (snRNA, engl. *small nuclear RNA*) steuern das Spleißen von prä-mRNA zu mRNA.

In Kapitel 7 werden wir sehen, dass *microRNA(miRNA)*-Moleküle und *kleine Interferenz-RNA(siRNA)*-Moleküle als Schlüsselregulatoren der eukaryotischen Genexpression dienen und dass *piwi-wechselwirkende RNAs* (*piRNAs*, engl. *piwi-interacting RNAs*) die Keimbahn von Tieren vor Transposons schützen; wir behandeln auch die *langen nicht codierenden RNAs* (*lncRNAs*), ein vielfältiger Satz von RNAs, deren Funktionen gerade erst entschlüsselt wird (**Tab. 6.1**).

Jeder transkribierte DNA-Abschnitt wird als *Transkriptionseinheit* bezeichnet. Bei Eukaryoten enthält eine Transkriptionseinheit typischerweise die Information eines Gens und codiert daher entweder für ein einzelnes RNA-Molekül oder ein einzelnes Protein (oder Gruppen von verwandten Proteinen, wenn das erste RNA-Transkript auf verschiedene Weise gespleißt wird, um unterschiedliche mRNAs zu erhalten). Bei Bakterien wird ein Satz benachbarter Gene oft als Einheit transkribiert; das entstehende mRNA-Molekül trägt daher die Information für die Herstellung mehrerer verschiedener Proteine.

Insgesamt stellen RNAs ein paar Prozent der gesamten Trockenmasse einer Zelle, wohingegen Proteine etwa 50 % ausmachen. Die häufigste RNA-Klasse in der Zelle ist die rRNA; der mRNA-Anteil in einer typischen Säugerzelle beträgt nur 3 bis 5 % der gesamten RNA. Die mRNA-Population besteht aus Zehntausenden verschiedener Spezies, und in jeder Zelle sind durchschnittlich nur 10 bis 15 Moleküle jeder Spezies vorhanden.

Tab. 6.1 Hauptklassen von zellulären RNAs.

RNA-Klasse	Funktion
mRNAs	messenger-RNAs, codieren für Proteine
rRNAs	ribosomale RNAs, bilden die Grundstruktur der Ribosomen und katalysieren die Proteinsynthese
tRNAs	Transfer-RNAs, wesentlich für die Proteinsynthese als Adapter zwischen mRNA und Aminosäuren
Telomerase-RNA	dient als Matrize für das Enzym Telomerase, das die Enden der Chromosomen verlängert
snRNAs	kleine Kern-RNAs, werden für eine Vielfalt von Prozessen im Kern benötigt, z. B. beim Spleißen von prä-mRNA
snoRNAs	kleine RNAs im Nukleolus (*small nucleolar RNAs*), werden benötigt, um rRNAs weiterzubearbeiten und chemisch zu modifizieren
IncRNA	Lange, nicht codierende RNAs, von denen nicht alle eine Funktion besitzen; manche dienen als Gerüst und regulieren verschiedene Zellprozesse, darunter die Inaktivierung des X-Chromosoms
miRNAs	mikroRNAs, regulieren die Genexpression durch Blockieren der Translation ausgewählter mRNAs und verursachen deren Abbau
siRNAs	kleine Interferenz-RNAs, schalten die Genexpression dadurch aus, dass sie die Degradation ausgewählter mRNAs steuern und helfen kompakte Chromatinstrukturen aufbauen
piRNAs	piwi-wechselwirkende RNAs, binden an piwi-Proteine und schützen die Keimbahn vor beweglichen Elementen

6.1.5 In der DNA enthaltene Signale teilen der RNA-Polymerase mit, wo sie anfangen und aufhören soll

Um ein Gen exakt zu transkribieren, muss die RNA-Polymerase erkennen, an welcher Stelle im Genom sie mit der Transkription anfangen und wo sie aufhören muss. RNA-Polymerasen in Bakterien und Eukaryoten lösen diese Aufgabe auf etwas unterschiedliche Arten. Da dieser Prozess in Bakterien einfacher ist, werden wir uns zunächst damit beschäftigen.

Die Initiation der Transkription ist ein besonders wichtiger Schritt bei der Genexpression: Sie ist der Hauptpunkt, an dem Zellen kontrollieren, welches Protein in welchem Ausmaß transkribiert werden soll. Das bakterielle RNA-Polymerase-Kernenzym ist ein Komplex aus mehreren Untereinheiten, der RNA – angeleitet durch eine DNA-Matrize – synthetisiert. Eine zusätzliche Untereinheit, *Sigma (σ)-Faktor* genannt, verbindet sich mit dem Kernenzym und hilft ihm, die Signale in der DNA zu erkennen, die der Polymerase den Beginn eines Gens anzeigen (**Abb. 6.11**). Den σ-Faktor und das Kernenzym bezeichnet man zusammen als das *RNA-Polymerase-Holoenzym*; dieser Komplex haftet nur schwach an der bakteriellen DNA, wenn die beiden aufeinandertreffen, und das Holoenzym gleitet typischerweise schnell an der DNA entlang, bevor es sich wieder ablöst. Wenn jedoch ein Polymerase-Holoenzym auf eine bestimmte Nukleotidsequenz trifft, die den Startpunkt für die RNA-Synthese anzeigt, **Promotor** genannt, bindet die Polymerase fest, weil ihr σ-Faktor einen spezifischen Kontakt mit den Rändern der Basen herstellt, die auf der Außenseite der DNA-Doppelhelix liegen (Schritt 1 in **Abb. 6.11a**).

Das am Promotor fest gebundene RNA-Polymerase-Holoenzym öffnet die Doppelhelix, um eine kurze Nukleotidabfolge auf jedem der beiden Stränge freizulegen (Schritt 2 in **Abb. 6.11a**). Der Bereich der ungepaarten DNA (etwa 10 Nukleotide) heißt *Transkriptionsblase* und wird durch die Bindung des σ-Faktors an die nicht gepaarten Basen auf einem der exponierten Stränge stabilisiert. Dann fungiert der andere exponierte DNA-Strang als Matrize für die komplementäre Basenpaarung mit ankommenden Ribonukleotiden, von denen zwei von der Polymerase verknüpft werden, um eine RNA-Kette

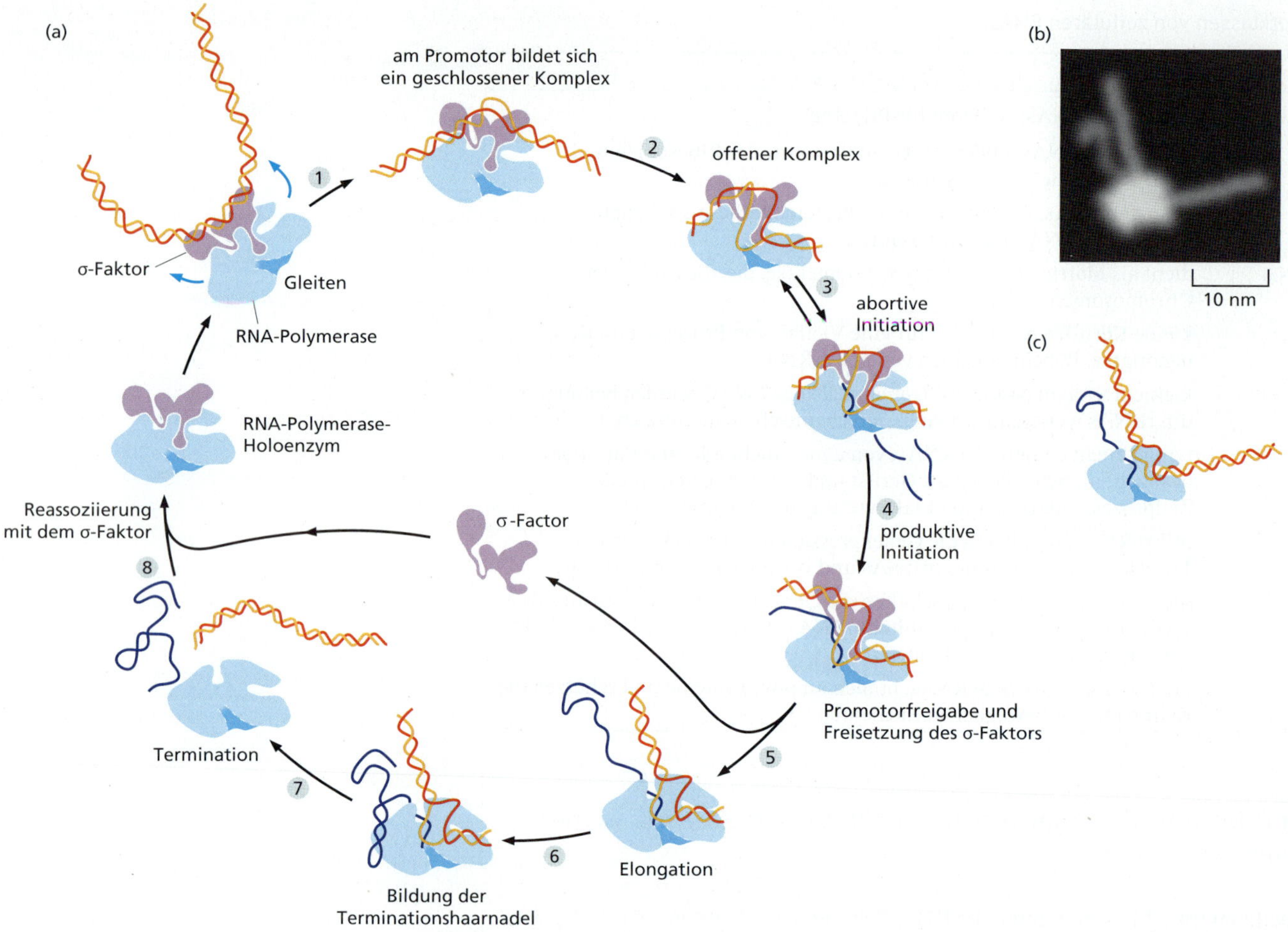

Abb. 6.11 Der Transkriptionszyklus einer bakteriellen RNA-Polymerase. (a) Zunächst (Schritt 1) bildet sich das RNA-Polymerase-Holoenzym (Polymerase-Kernenzym mit σ-Faktor) und findet eine Promotor-DNA-Sequenz (s. **Abb. 6.12**). Die Polymerase windet die DNA an der Stelle auf, an der die Transkription starten soll (Schritt 2), und beginnt zu transkribieren (Schritt 3). Diese anfängliche RNA-Synthese („abortive Initiation") ist relativ ineffizient, da kurze, unvollständige Transkripte oft freigesetzt werden. Sobald jedoch die RNA-Polymerase es geschafft hat, eine ungefähr zehn Nukleotide lange RNA-Kette zu synthetisieren, bricht sie ihre Wechselwirkungen mit der Promotor-DNA ab (Schritt 4) und setzt schließlich den σ-Faktor frei – während sich die Polymerase um die DNA kontrahiert, in den Elongationsmodus der RNA-Synthese übergeht und sich dabei entlang der DNA bewegt (Schritt 5). Während der Elongation arbeitet die Polymerase mit einer hohen Prozessivität, d.h. sie löst sich erst von der DNA ab und setzt die neu synthetisierte RNA frei, wenn sie auf ein Terminationssignal trifft (Schritte 6 und 7). Terminationssignale werden normalerweise von der DNA codiert und wirken oft, indem sie haarnadelförmige RNA-Strukturen bilden, die zu einer Lockerung des Griffs der Polymerase um die RNA führen. Bei Bakterien werden alle RNA-Moleküle von einer einzigen RNA-Polymeraseart synthetisiert. Der hier gezeigte Zyklus trifft daher sowohl auf die mRNA-Synthese als auch auf die Bildung struktureller und katalytischer RNAs zu. (b) Zweidimensionales Bild einer verlängernden bakteriellen RNA-Polymerase, durch Rasterkraftmikroskopie erstellt. (c) Schematische Interpretation des Bildes in (b). (Nach K. M. Herbert *et al.*, *Annu. Rev. Biochem.* 77: 149–176, 2008. Mit Erlaubnis von Annual Reviews).

zu beginnen (Schritt 3 in **Abb. 6.11a**). Etwa die ersten zehn Nukleotide der RNA werden synthetisiert, indem die RNA-Polymerase an den Promotor gebunden bleibt und die stromaufwärtige DNA in ihr Aktives Zentrum hineinzieht; dabei dehnt sich die Transkriptionsblase aus. Dieser Vorgang erzeugt eine beträchtliche Spannung und die kurzen RNAs werden oft freigesetzt, dabei wird die Spannung gemildert und die Polymerase, die an Ort und Stelle bleibt, gezwungen, die Synthese nochmals zu beginnen. Schließlich wird dieser Vorgang der *abortiven Initiation* (Initiationsabbruch) überwunden, und die erzeugte Spannung hilft dem Kernenzym, sich von seinen Wechselwirkungen mit der Promotor-DNA zu befreien (Schritt 4 in **Abb. 6.11a**) und den σ-Faktor abzuwerfen. An diesem Punkt beginnt die Polymerase, die DNA hinabzuwandern und schrittweise RNA zu synthetisieren: Die Polymerase bewegt sich für jedes angefügte Nukleotid eine Base vorwärts. Während dieses Vorgangs dehnt sich die Transkriptionsblase an der

Vorderseite der Polymerase kontinuierlich aus und zieht sich hinter ihr zusammen. Die Kettenverlängerung setzt sich fort (mit einer Geschwindigkeit von etwa 50 Nukleotiden/Sekunde bei bakteriellen RNA-Polymerasen), bis das Enzym auf ein zweites Signal stößt, den **Terminator** (Schritt 6 in **Abb. 6.11a**). Dort stoppt die Polymerase und setzt sowohl die DNA-Matrize als auch die neu synthetisierte RNA-Kette frei (Schritt 7 in **Abb. 6.11a**).

Nachdem das Polymerase-Kernenzym sich am Terminator von der DNA abgelöst hat, verbindet sie sich wieder mit einem freien σ-Faktor, um ein Holoenzym zu bilden, das den Transkriptionsvorgang von Neuem beginnen kann (Schritt 8 in **Abb. 6.11a**).

Der Vorgang der Transkriptionsinitiation ist kompliziert und erfordert, dass das RNA-Polymerase-Holoenzym und die DNA eine Reihe von Konformationsänderungen erfahren. Zunächst öffnet sich die DNA-Doppelhelix an Promotoren, gefolgt von einer zunehmend fester werdenden Umklammerung von DNA und RNA durch das Enzym, die sicherstellen soll, dass es sich nicht vor Beendigung der Transkription eines Gens ablöst. Wenn sich eine RNA-Polymerase zu früh ablöst, muss sie am Promotor von Neuem beginnen.

Wie stoppen die Terminationssignale in der DNA die synthetisierende Polymerase? Das Terminationssignal der meisten bakteriellen Gene besteht aus einer Abfolge von A-T-Nukleotidpaaren, denen eine spiegelsymmetrische DNA-Sequenz vorausgeht. Wenn diese Sequenz in RNA transkribiert wird, bildet sie eine „Haarnadel"-Struktur durch Watson–Crick-Basenpaarung (s. **Abb. 6.9**). Wenn die Polymerase den Terminator transkribiert, dann könnte die entstehende Haarnadelstruktur mithelfen, das RNA-Transkript freizulassen, das durch relativ schwache A-T- und U-A-Basenpaare n Ort und Stelle gehalten wird (Schritt 7 in **Abb. 8.11a**). Wie wir sehen werden, beinflusst die Faltung von RNA zu spezifischen Strukturen viele Schritte beim Entziffern des Genoms.

6.1.6 Bakterielle Start- und Stopp-Signale sind in ihrer Nukleotidsequenz heterogen

Wie wir gerade gesehen haben, umfassen Transkriptionsinitiation und -termination eine Reihe komplizierter struktureller Veränderungen in Proteinen, DNA- und RNA-Molekülen. Die von der DNA codierten Signale, die diese Veränderungen auslösen, sind nur schwer zu erkennen. Der Vergleich verschiedener bakterieller Promotoren hat in der Tat einen überraschenden Variationsgrad gezeigt. Trotzdem enthalten sie alle verwandte Sequenzen, was teilweise die Tatsache widerspiegelt, dass Bereiche der DNA direkt vom σ-Faktor erkannt werden. Diese gemeinsamen Kennzeichen werden oft in Form einer *Konsensussequenz* zusammengefasst (**Abb. 6.12**). Eine **Konsensus-Nukleotidsequenz** erhält man, indem man mehrere Sequenzen mit der gleichen grundlegenden Funktion miteinander vergleicht und die in jeder Position am häufigsten vorkommenden Nukleotide zusammenzählt. Dabei handelt es sich also um ein Aufsummieren oder einen „Durchschnitt" von einer großen Anzahl einzelner Nukleotidsequenzen. Ein exakterer Weg, um die Bandbreite der von einem Protein erkannten DNA-Sequenzen zu zeigen, ist die Verwendung eines *Sequenzlogos*, das die relative Häufigkeit jedes Nukleotids in jeder Position verrät **(Abb. 6.12c)**.

Die unterschiedlichen DNA-Sequenzen der einzelnen bakteriellen Promotoren bestimmen ihre jeweillge Stärke (die Anzahl der Initiationsereignisse pro Zeiteinheit). Jeder Promotor wurde also während der Evolution so fein abgestimmt, dass er die Transkription so oft wie nötig startet. Auf diese Weise ist in der Evolution ein breites Spektrum an verschieden starken Promotoren entstanden. Promotoren von Genen, die für häufig vorkommende Proteine codieren, sind wesentlich stärker als solche, die zu Genen seltener Proteine gehören. Die Nukleotidsequenzen der Promotoren sind für diese Unterschiede verantwortlich.

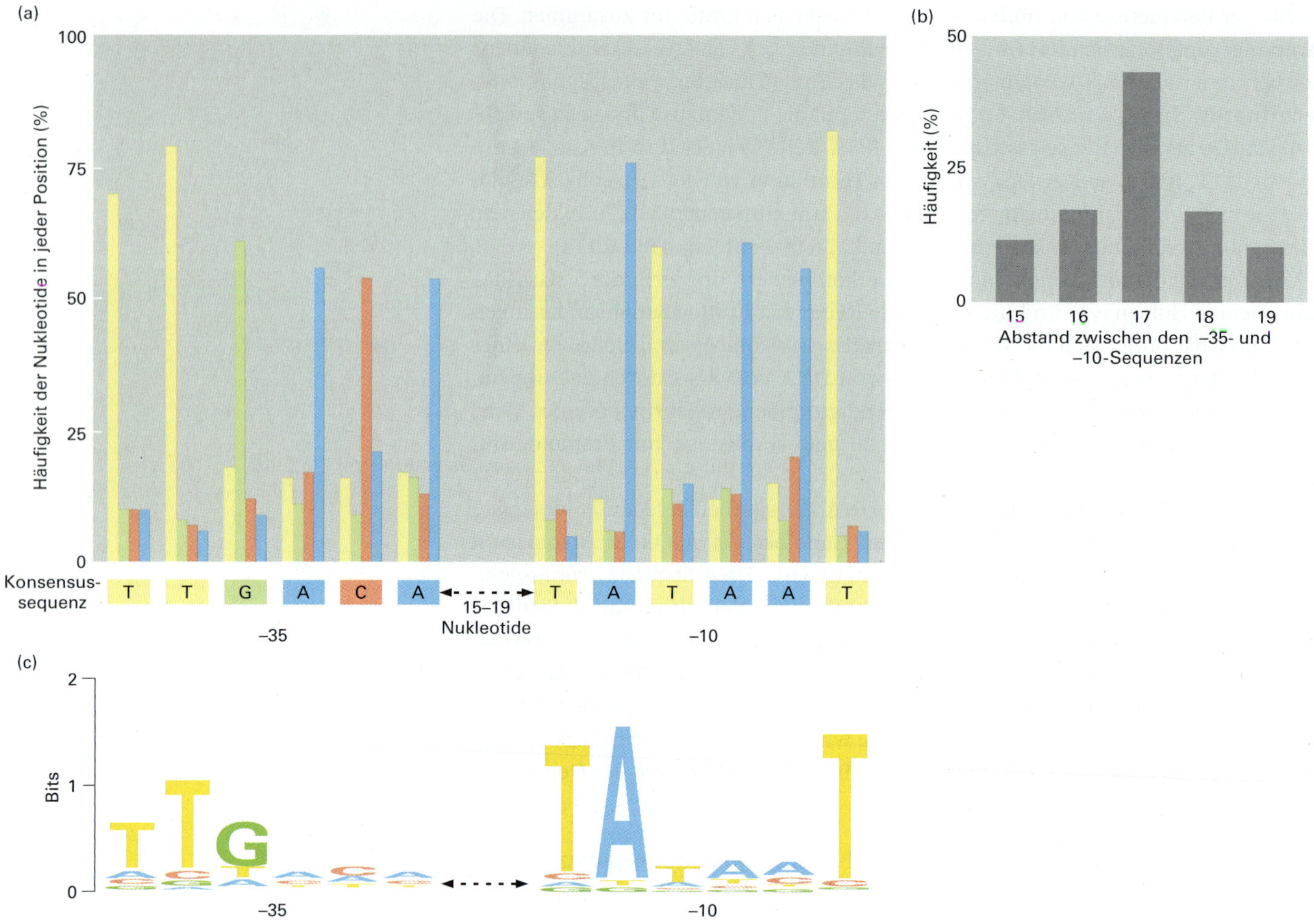

Abb. 6.12 **Konsensus-Nukleotidsequenz und Sequenzlogo der wichtigsten Klasse von *Escherichia-coli*-Promotoren.** (a) Auf der Grundlage eines Vergleichs von 300 Promotoren ist die Häufigkeit für jedes der vier Nukleotide an jeder Position im Promotor angegeben. Die Konsensussequenz direkt *unter* dem Histigramm spiegelt in jeder Position das am häufigsten gefundene Nukleotid in der Promotorensammlung wider. Die Promotoren sind durch zwei hexamere DNA-Sequenzen gekennzeichnet, die -35- und die -10-Sequenzen, die so nach ihrer ungefähren relativen Lage zum Transkriptionsstartpunkt (+1) bezeichnet werden. Die Nukleotidsequenz zwischen den -35- und -10-Hexameren weist wenig Ähnlichkeit unter den Promotoren auf, aber der Abstand ist wichtig. Zur Vereinfachung ist nur die Nukleotidsequenz eines DNA-Einzelstrangs aufgeführt; in Wirklichkeit sind Promotoren doppelsträngige DNA. Die in der Abbildung gezeigten Nukleotide werden vom σ-Faktor erkannt, einer Untereinheit des RNA-Polymerase-Holoenzyms. (b) Die Verteilung der Abstände zwischen den -35- und -10-Hexameren, die in *Escherichia coli* -Promotoren gefunden wurde. (c) Ein *Sequenzlogo*, das die gleiche Information wie die Tafel in (a) zeigt. Hier ist die Höhe jedes Buchstabens proportional zur Häufigkeit, mit der diese Base an jener Stelle über eine breite Vielfalt von Promotorsequenzen vorkommt. Die Gesamthöhe aller Buchstaben an jeder Position ist proportional zum Informationsgehalt (in Bits ausgedrückt) an dieser Stelle. So ist beispielsweise der gesamte Informationsgehalt einer Position, die mehrere verschiedene Basen tolerieren kann, klein (siehe die drei letzten Basen der -35-Sequenzen), aber statistisch größer als der Zufall.

Auch Transkriptionsterminatoren bestehen wie bakterielle Promotoren aus einer Vielfalt von Sequenzen; ihre wichtigste Gemeinsamkeit ist die Fähigkeit, eine einfache RNA-Haarnadelstruktur zu bilden. Da eine fast grenzenlose Anzahl von Nukleotidsequenzen dazu in der Lage ist, sind Terminatorsequenzen sehr viel heterogener als Promotorsequenzen.

Wir haben bakterielle Promotoren und Terminatoren etwas ausführlicher erläutert, um einen wichtigen Aspekt bei der Analyse von Genomen zu illustrieren. Obwohl wir einiges über bakterielle Promotoren und Terminatoren wissen und „Durchschnitts“-Sequenzen erstellen können, um ihre hervorstechendsten Merkmale zusammenzufassen, erschwert die Vielfalt ihrer Nukleotidsequenzen es der Forschung, solche Sequenzen einfach durch Absuchen der Nukleotidsequenz eines Genoms zu finden. Die entsprechenden Sequenzen im Eukaryotengenom zu finden, ist sogar noch schwieriger – teilweise aufgrund der überschüssigen DNA, die in diesen Genomen steckt. Oft werden

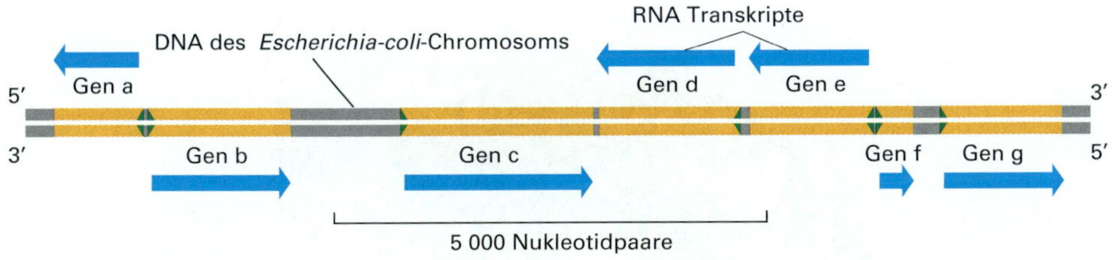

Abb. 6.13 Die Transkriptionsrichtungen an einem kurzen Abschnitt eines Bakterienchromosoms. Bei manchen Genen dient bei der Transkription der eine Strang, bei anderen Genen der andere Strang als Matrize. Die Transkriptionsrichtung wird von der Ausrichtung des Promotors am Anfang eines jeden Gens festgelegt (*grüne Pfeilspitzen*). Ungefähr 0,2 % (9000 Basenpaare) des *Escherichia coli*-Chromosoms sind hier dargestellt. Bei der Transkription der Gene von *links* nach *rechts* dient der untere Strang als Matrize, bei jener von *rechts* nach *links* der obere Strang. Die nicht transkribierte DNA ist *grau* gekennzeichnet.

zusätzliche Informationen benötigt, beispielsweise aus Experimenten, um die kurzen DNA-Signale in einem Genom zu orten und genau zu interpretieren.

Wie in **Abbildung 6.12** gezeigt, sind Promotorsequenzen asymmetrisch, was sicherstellt, dass die RNA-Polymerase nur in einer Richtung binden kann. Da die Polymerase nur in 5'–3'-Richtung synthetisieren kann, spezifiziert die Promotorausrichtung den als Matrize zu verwendenden Strang. Genomsequenzen lassen erkennen, dass der als Matrize für die RNA-Synthese verwendete DNA-Strang von Gen zu Gen variiert, je nach Ort und Ausrichtung des Promotors (**Abb. 6.13**).

Nachdem wir die Transkription bei Bakterien beschrieben haben, werden wir uns nun mit der Situation bei Eukaryoten beschäftigen, bei denen die Synthese von RNA-Molekülen sehr viel ausgeklügelter ist.

6.1.7 Die Transkriptionsinitiation bei Eukaryoten benötigt viele Proteine

Im Gegensatz zu Bakterien, die nur einen einzigen RNA-Polymerasetyp besitzen, enthalten eukaryotische Zellkerne drei: *RNA-Polymerase I*, *RNA-Polymerase II* und *RNA-Polymerase III*. Die Strukturen der drei Polymerasen sind ähnlich. Die Polymerasen haben einige Untereinheiten und Strukturmerkmale gemeinsam, aber transkribieren verschiedene Kategorien von Genen (**Tab. 6.2**). Die RNA-Polymerasen I und III transkribieren die Gene der Transfer-RNA, der ribosomalen RNA und mehrerer kleiner RNAs. Die RNA-Polymerase II transkribiert die meisten Gene, einschließlich aller proteincodierenden Gene. Wir werden uns deswegen im Folgenden auf dieses Enzym konzentrieren.

Die eukaryotische RNA-Polymerase II hat viele strukturelle Gemeinsamkeiten mit der bakteriellen RNA-Polymerase (**Abb. 6.14**), doch gibt es mehrere bedeutende Unterschiede in der Arbeitsweise dieser beiden Enzyme, von denen wir zwei direkt anschauen wollen:

1. Während die bakterielle RNA-Polymerase nur einen einzigen Transkriptions-Initiationsfaktor (σ) benötigt, um die Transkription zu starten, benötigen eukaryotische RNA-Polymerasen viele derartige Faktoren, zusammengenommen als *allgemeine Transkriptionsfaktoren* bezeichnet.
2. Die Initiation der eukaryotischen Transkription muss sich mit den Problemen befassen, die die Verpackung der DNA in Nukleosomen und in Chromatinstrukturen höherer Ordnung (s. Kapitel 4) aufwirft. Diese Verpackung fehlt bakteriellen Chromosomen.

Tab. 6.2 Die drei RNA-Polymerasen in eukaryotischen Zellen.

Art der Polymerase	Transkribierte Gene
RNA-Polymerase I	5,8S-, 18S- und 28S-rRNA-Gene
RNA-Polymerase II	alle proteincodierenden Gene, außerdem snoRNA-Gene, miRNA-Gene, siRNA-Gene, lncRNA-Gene und die meisten snRNA-Gene
RNA-Polymerase III	tRNA-Gene, 5S-rRNA-Gene, einige snRNA-Gene und Gene anderer kleiner RNAs

Die rRNAs sind nach ihrem „S"-Wert benannt, der sich auf ihre Sedimentationsgeschwindigkeit in einer Ultrazentrifuge bezieht. Je größer der S-Wert, desto größer die *r*RNA.

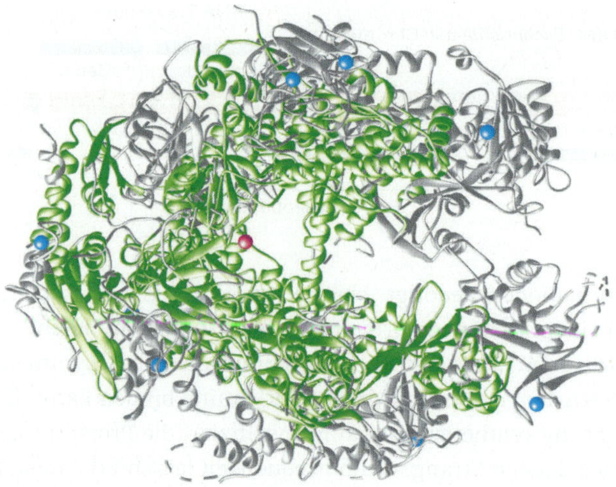

Abb. 6.14 Strukturelle Ähnlichkeit zwischen einer bakteriellen RNA-Polymerase und einer eukaryotischen RNA-Polymerase II. Bereiche der beiden RNA-Polymerasen, die ähnliche Strukturen haben, sind *grün* dargestellt. Die eukaryotische Polymerase ist größer als das bakterielle Enzym (12 Untereinheiten anstatt 5); einige der zusätzlichen Regionen sind *grau* dargestellt. Die *roten* Kugeln stehen für Mg-Atome, die auf dem Aktiven Zentrum vorkommen, wo sich die Polymerisierung abspielt; die *blauen* Kugeln kennzeichnen dagegen Zn-Atome, die als Strukturkomponenten dienen. Die RNA-Polymerasen aller heutigen Zellen (Bakterien, Archaeen und Eukaryoten) sind eng verwandt, was darauf hindeutet, dass die grundlegenden Eigenschaften dieser Enzyme bereits vorhanden waren, bevor sich die drei Hauptzweige des Lebens voneinander getrennt haben. (Mit freundlicher Genehmigung von P. Cramer und R. Kornberg).

6.1.8 Um die Transkription zu starten, benötigt die RNA-Polymerase II allgemeine Transkriptionsfaktoren

Die **allgemeinen Transkriptionsfaktoren** helfen, die eukaryotische RNA-Polymerase richtig an den Promotor zu binden und die beiden DNA-Stränge auseinanderzudrücken, um die Transkription zu ermöglichen. Sobald die Transkription begonnen hat, unterstützen sie die Freisetzung der RNA-Polymerase vom Promotor, um den Elongationsmodus zu starten. Diese Proteine heißen „allgemeine" Faktoren, weil sie an nahezu alle Promotoren binden, die von der RNA-Polymerase II benutzt werden. Sie bestehen aus einem Satz wechselwirkender Proteine und werden willkürlich als TFIIA, TFIIB usw. bezeichnet (TFII steht für „Transkriptionsfaktor für die Polymerase II"). Im weitesten Sinn entsprechen die eukaryotischen allgemeinen Transkriptionsfaktoren in ihren Funktionen dem bakteriellen σ-Faktor.

Abbildung 6.15 zeigt, wie sich die allgemeinen Transkriptionsfaktoren an einem RNA-Polymerase-II-Promotor zusammenlagern und **Tab. 6.3** fasst ihre Aktivitäten

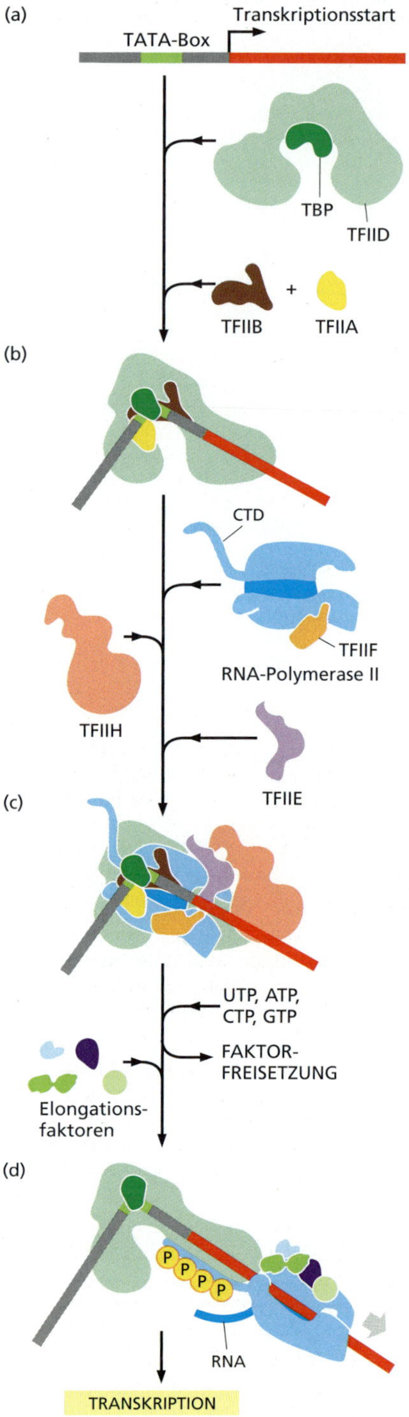

Abb. 6.15 Die Initiation der Transkription eines eukaryotischen Gens durch die RNA-Polymerase II. Die RNA-Polymerase II benötigt verschiedene allgemeine Transkriptionsfaktoren, um mit der Transkription zu beginnen. (a) Viele Promotoren enthalten eine als TATA-Box bezeichnete DNA-Sequenz, die sich beim Menschen 30 Nukleotide entfernt von der Transkriptionsstartstelle befindet. (b) Die TATA-Box wird von dem Transkriptionsfaktor TFIID mittels seiner Untereinheit TBF erkannt und gebunden, was die benachbarte Bindung von TFIIB und TFIIA ermöglicht (c). Die RNA-Polymerase und der Rest der allgemeinen Transkriptionsfaktoren bauen sich am Promotor zusammen. (d) TFIIH nutzt dann die Energie aus der ATP-Hydrolyse, um die DNA-Doppelhelix am Transkriptionsstartpunkt aufzubrechen, sodass der Matrizenstrang lokal frei bleibt. TFIIH phosphoryliert außerdem den langen C-terminalen Polypeptidschwanz der RNA-Polymerase II, der auch C-terminale Domäne heißt (CTD). Daraufhin wird die Polymerase von den allgemeinen Faktoren freigesetzt und beginnt mit der Elongationsphase der Transkription. Bei den meisten Genen bleibt TFIID an den Promotor gebunden, während die meisten anderen allgemeinen Transkriptionsfaktoren freigesetzt werden, wenn die Polymerase mit der Transkription beginnt.

Tab. 6.3 Allgemeine Transkriptionsfaktoren, die zur Initiation der Transkription durch die eukaryotische RNA-Polymerase II nötig sind.

Name	Anzahl der Untereinheiten	Rolle bei der Initiation der Translation
TFIID	12	erkennt die TATA-Box und andere DNA-Sequenzen in der Nähe des Transkriptionsstartpunkts
TFIIB	1	erkennt das BRE-Element in Promotoren; positioniert die RNA-Polymerase exakt am Transkriptionsstartpunkt
TFIIA	2	Nicht allen Promotoren erforderlich; stabilisiert die Bindung von TFIID
TFIIF	3	stabilisiert die RNA-Polymerase-Wechselwirkung mit TBP und TFIIB; hilft mit, TFIIE und TFIIH anzuziehen
TFIIE	2	zieht TFIIH an und reguliert ihn
TFIIH	10	entwindet DNA am Transkriptionsstartpunkt, phosphoryliert Ser5 der RNA-Polymerase-CTD (C-terminale Domäne); setzt die RNA-Polymerase vom Promotor frei

TFIID besteht aus TBF und ~11 weiteren Untereinheiten, die TAFs (TBP-assoziierte Faktoren, *TBP-associated factors*) genannt werden; CTD, C-terminale Domäne.

zusammen. Die Anlagerung beginnt mit der Bindung des TFIID an einen kurzen Sequenzabschnitt der DNA-Doppelhelix, der hauptsächlich aus T- und A-Nukleotiden besteht. Diese Sequenz ist die TATA-Sequenz oder **TATA-Box**, die sie erkennende Untereinheit des TFIID wird als TBP (TATA-bindendes Protein) bezeichnet. Die TATA-Box liegt gewöhnlich 25 Nukleotidpaare stromaufwärts vor dem Startpunkt der Transkription. Sie ist nicht die einzige DNA-Sequenz, die den Start der Transkription signalisiert (**Abb. 6.16**); für viele RNA-Polymerase-II-Promotoren ist sie jedoch die wichtigste. Die Bindung von TFIID bewirkt eine starke Verformung der DNA der TATA-Box (**Abb. 6.17**). Möglicherweise dient diese Verformung inmitten eines riesigen Genoms als physikalisches Erkennungszeichen für einen aktiven Promotor. Sie bringt die DNA-Sequenzen auf beiden Seiten der Verformung enger zusammen und ermöglicht dadurch die folgenden Schritte der Proteinanlagerung. Die weiteren allgemeinen Transkriptionsfaktoren lagern sich mit der RNA-Polymerase II zusammen, um einen vollständigen *Transkriptions-Initiationskomplex* zu bilden (s. **Abb. 6.15**). TFIIH ist der komplizierteste der allgemeinen Transkriptionsfaktoren. Er besteht aus neun Untereinheiten und ist nahezu so groß

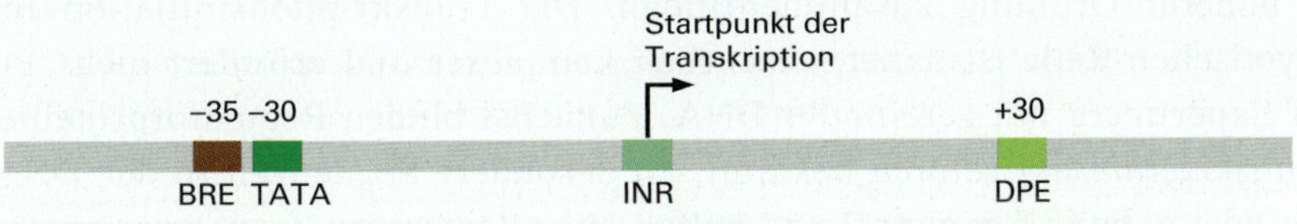

Element	Konsensus-sequenz	allgemeiner Transkriptions-faktor
BRE	G/C G/C G/A C G C C	TFIIB
TATA	T A T A A/T A A/T	TBP Untereinheit von TFIID
INR	C/T C/T A N T/A C/T C/T	TFIID
DPE	A/G G A/T C G T G	TFIID

Abb. 6.16 Konsensussequenzen, die in direkter Nachbarschaft von eukaryotischen RNA-Polymerase-II-Startpunkten liegen. Die Namen der Konsensussequenzen (*erste Spalte*) und die allgemeinen Transkriptionsfaktoren, die sie erkennen (*letzte Spalte*), sind angegeben. N bedeutet irgendein Nukleotid, und zwei durch einen Schrägstrich getrennte Nukleotide bedeutet, dass beide Nukleotide mit der gleichen Wahrscheinlichkeit an dieser Position vorkommen können. In Wirklichkeit ist jede Konsensussequenz eine gekürzte Darstellung eines Histogramms, wie es in **Abb. 6.12** gezeigt wird. In den meisten RNA-Polymerase-II-Startpunkten sind nur zwei oder drei der vier Sequenzen vorhanden. Beispielsweise haben die meisten RNA-Polymerase-II-Promotoren eine TATA-Box; die Promotoren, die keine haben, besitzen typischerweise eine „starke" INR-Sequenz. Die meisten DNA-Sequenzen, die die Transkriptionsinitiation beeinflussen, liegen „stromaufwärts" des Transkriptionsstartpunkts; einige wenige jedoch, so wie das hier erwähnte DPE-Element, befinden sich im transkribierten Abschnitt.

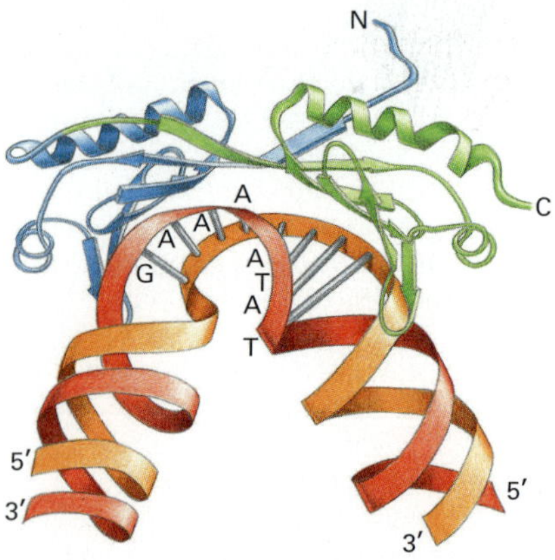

Abb. 6.17 Die dreidimensionale Struktur des an die *DNA* gebundenen TBP (TATA-bindenden Proteins). Das TBP, eine Untereinheit des allgemeinen Transkriptionsfaktors TFIID, ist verantwortlich für das Erkennen und Binden an die TATA-Box-Sequenz in der DNA (*rot*). Die Bindung von TBP bewirkt eine einzigartige Krümmung der DNA, bei der zwischen Knickstellen ein teilweise entwundener DNA-Bereich liegt. Diese Krümmung dient vermutlich als Erkennungszeichen, das weitere allgemeine Transkriptionsfaktoren anzieht. Das TBP besteht aus einer einzelnen Polypeptidkette, die zu zwei sehr ähnlichen Domänen gefaltet ist (*blau* und *grün*). (Verändert nach J. L. Kim *et al.*, *Nature* 365: 520–527, 1993. Mit Erlaubnis von Macmillan Publishers Ltd).

wie die RNA-Polymerase II selbst; und wie wir bald sehen werden, führt er mehrere enzymatische Schritte aus, die für die Initiation der Transkription benötigt werden.

Nachdem die RNA-Polymerase II auf der Promotor-DNA einen Transkriptions-Initiationskomplex gebildet hat, muss sie Zugang zum Matrizenstrang am Transkriptionsstartpunkt bekommen. TFIIH macht diesen Schritt durch Hydrolyse von ATP und Entwinden der DNA-Stränge an der Startstelle möglich; dabei wird der Matrizenstrang exponiert. Danach verharrt die Polymerase II, wie die bakterielle Polymerase, zunächst am Promotor und synthetisiert kurze RNA-Ketten, bis sie eine Reihe von Konformationsänderungen erfährt, die es ihr ermöglichen, sich vom Promotor wegzubewegen und in die Elongationsphase der Transkription einzutreten. Ein wichtiger Schritt bei diesem Übergang ist die Anheftung von Phosphatgruppen an den „Schwanz" der RNA-Polymerase (als CTD oder C-terminale Domäne bezeichnet). Beim Menschen besteht die CTD aus 52 Tandem-Wiederholungen einer sieben Aminosäuren umfassenden Sequenz, die aus der RNA-Polymerase-Kernstruktur herausragen. Während der Transkriptionsinitiation wird das Serin, das an der fünften Position in der Wiederholungssequenz sitzt (*Ser5*), durch TFIIH phosphoryliert; TFIIH enthält in einer seiner anderen Untereinheiten eine Proteinkinase. Durch diese Phosphorylierungen angekurbelt, kann die Polymerase sich dann aus dem Komplex der allgemeinen Transkriptionsfaktoren lösen (s. **Abb. 6.15d**). Während dieses Vorgangs erfährt sie mehrere Konformationsänderungen, die ihre Wechselwirkung mit der DNA festigen. Neue Proteine kommen hinzu und ermöglichen ihr, über einen langen Bereich hinweg und in manchen Fällen über Stunden zu transkribieren, ohne sich von der DNA zu lösen.

Sobald die Polymerase mit der Elongation des RNA-Transkripts begonnen hat, lösen sich die meisten allgemeinen Transkriptionsfaktoren von der DNA und stehen für eine neue Transkriptionsinitiation mit einer neuen RNA-Polymerase zur Verfügung. Wie wir bald sehen werden, hat die Phosphorylierung des RNA-Polymerase-II-Schwanzes eine zusätzliche Funktion: Sie bewirkt, dass Komponenten des RNA-Verarbeitungsprozesses an die Polymerase binden und so bereitstehen, um die frisch transkribierte RNA, noch während sie aus dem Enzym hervorkommt, zu modifizieren.

6.1.9 Bei Eukaryoten benötigt die Initiation der Transkription auch einen Aktivator, einen Mediator und chromatinmodifizierende Proteine

Das gerade beschriebene Modell für die Initiation der Transkription stammt aus *In-vitro*-Experimenten, die mithilfe gereinigter Proteine und DNA durchgeführt wurden. Die DNA eukaryotischer Zellen liegt jedoch, wie bereits in Kapitel 4 beschrieben, in Nukleosomen verpackt vor, die sich wiederum in Chromatinstrukturen höherer Ordnung zusammenfinden. Die Transkriptionsinitiation in einer eukaryotischen Zelle ist daher wesentlich komplexer und erfordert mehr Proteine als im Experiment mit gereinigter DNA. Zunächst binden Regulatorproteine, auch als *Transkriptionsaktivatoren* bekannt, an besondere Sequenzen in der DNA (Verstärker oder *enhancer* genannt) und helfen, die allgemeinen Transkriptionsfaktoren und die RNA-Polymerase II zum Transkriptionsstartpunkt hinzuführen (**Abb. 6.18**). Die Funktion dieser Aktivatoren wird in Kapitel 7 erläutert, da sie einen der Hauptwege darstellen, wie Zellen ihre Genexpression regulieren. Hier soll nur festgestellt werden, dass ihre Anwesenheit auf der DNA für die Initiation der Transkription in Eukaryoten nötig ist. Die eukaryotische Transkriptionsinitiation *in vivo* braucht des Weiteren einen großen Proteinkomplex namens *Mediator*, der die korrekte Kommunikation zwischen den Aktivatorproteinen, der Polymerase II und den allgemeinen Transkriptionsfaktoren herstellt. Der Mediator positioniert auch den TFIIH korrekt

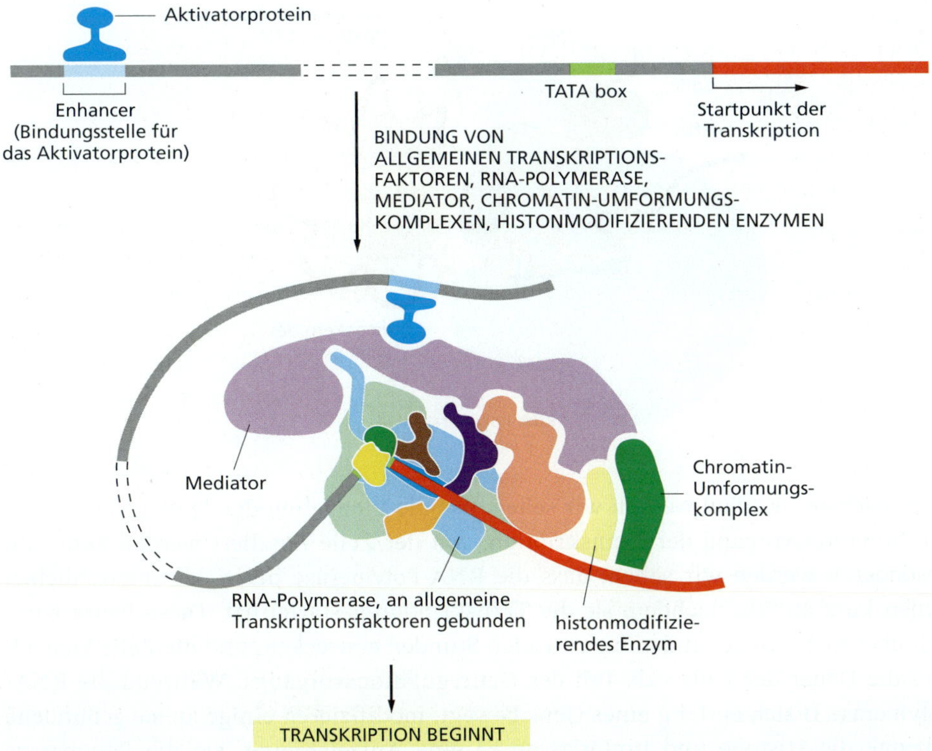

Abb. 6.18 Transkriptionsinitiation durch die RNA-Polymerase II in einer eukaryotischen Zelle. Die Transkriptionsinitiation *in vivo* benötigt Transkriptionsaktivatorproteine. Wie in Kapitel 7 beschrieben, binden diese Proteine an spezifische kurze Sequenzen der DNA, die in Regulationsbereichen, den sog. Verstärkern (engl *enhancer*) liegen. Obwohl hier nur ein Aktivator (in *blau*) dargestellt ist, verwendet ein typisches eukaryotisches Gen mehrere DNA-gebundene Transkriptionsaktivatorproteine, die zusammen die Geschwindigkeit und das Muster der Transkription über viele Zellarten hinweg festlegen. Oft wirken diese Proteine über Entfernungen von vielen Tausend Nukleotidpaaren entlang der DNA (durch gestrichelte Linien dargestellt) und unterstützen die Zusammenlagerung der RNA-Polymerase, der allgemeinen Transkriptionsfaktoren und des Mediators am Promotor. Außerdem werden ATP-abhängige Chromatin-Umformungskomplexe und histonmodifizierende Enzyme an den meisten Genen benötigt. Eine der Hauptaufgaben des Mediators ist es, den Zusammenbau dieser Proteine am Promotor zu koordinieren, sodass die Transkription beginnen kann. Wie in Kapitel 4 erläutert, ist die eukaryotische DNA im Grundzustand in Nukleosomen und Chromatinstrukturen höherer Ordnung gepackt; zur Vereinfachung ist das Chromatin in der Abbildung nicht dargestellt.

in der Nähe des RNA-Polymeraseschwanzes, was die Phosphorylierung des Schwanzes sowie die nachfolgende Freisetzung der Polymerase vom Promotor erleichtert, um mit der RNA-Synthese zu beginnen. Schließlich benötigt die Transkriptionsinitiation der Zelle oft die lokale Anwesenheit von chromatinmodifizierenden Enzymen, darunter Chromatin-Umformungskomplexe und histonmodifizierende Enzyme. Wie bereits in Kapitel 4 erwähnt, können beide Enzymarten den Zugang zu chromatinverpackter DNA verbessern und erleichtern dadurch den Zusammenbau der Transkriptionsinitiations-Maschinerie auf der DNA.

Zusammengefasst, wie in **Abb. 6.18** schematisch dargestellt, müssen viele Proteine (weit mehr als hundert einzelne Untereinheiten) sich am Transkriptionsstartpunkt sammeln, um die Transkription in einer eukaryotischen Zelle zu initiieren.

Wir werden im folgenden Kapitel zu einigen dieser Proteine zurückkehren – insbesondere zu den Transkriptionsaktivatorproteinen, Chromatinumformungskomplexen und den histonmodifizierenden Enzymen –, wenn wir behandeln, wie eukaryotische Zellen die Transkriptionsinitiation regulieren.

6.1.10 Die Verlängerung bei der Transkription benötigt Hilfsfaktoren

Sobald die RNA-Polymerase mit der Transkription begonnen hat, bewegt sie sich nicht gleichförmig, sondern ruckartig an der DNA entlang und legt bei manchen Sequenzen eine kurze Pause ein, während sie andere sehr schnell transkribiert. Sowohl bakterielle als auch eukaryotische RNA-Polymerasen sind im Elongationsmodus mit vielen *Elongationsfaktoren* verbunden, die die Wahrscheinlichkeit verringern, dass die RNA-Polymerase sich ablöst, bevor sie das Ende des Gens erreicht hat. Diese Faktoren binden typischerweise kurz nach der Initiation an die RNA-Polymerase und helfen ihr dabei, sich durch Nukleosomen (**Abb. 6.19**) und durch die große Vielfalt verschiedener DNA-Sequenzen, die in Genen vorkommen, zu bewegen.

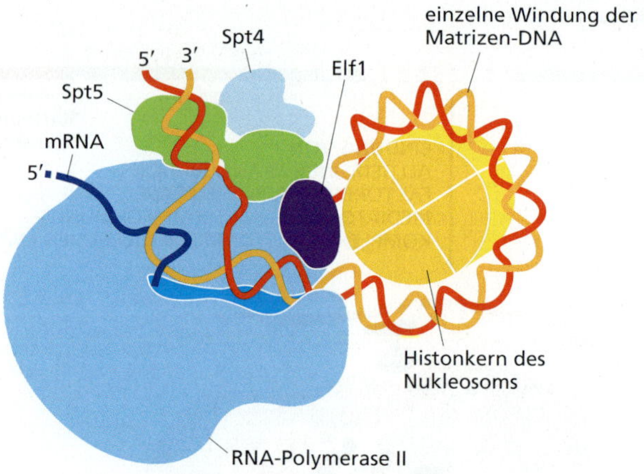

Abb. 6.19 Struktur einer RNA-Polymerase II, die durch ein Nukleosom hindurch transkribiert. In der hier dargestellten Struktur, die mittels Kryoelektronenmikroskopie bestimmt wurde, ist die Polymerase etwa die Hälfte der Strecke durch die DNA des Nukleosoms gewandert; dabei lässt sie die Verbindung einer der beiden Schleifen der DNA-Doppelhelix mit dem Histonkern bestehen. Die Polymerase ist *blau* gezeigt, mit drei Elongationsfaktoren (*Spt4, Spt5* und *Elf1*) verbunden, die der Polymerase helfen, über Nukleosomen hinweg zu transkribieren. Diese Faktoren arbeiten auf verschiedene Weisen: Sie bilden einen Keil, um die DNA vom Histonkern wegzustemmen, wenn die Polymerase voranschreitet; sie destabilisieren direkt die Histon-DNA-Wechselwirkungen, indem sie eine positiv geladenen Oberfläche vor die RNA-Polymerse schieben; und sie reduzieren die intrinsische „Klebrigkeit" der RNA-Polymerase an Nukleosomen. Außer den drei Faktoren wird die eukaryotische Transkription typischerweise durch ATP-abhängige Chromatinumformungskomplexe unterstützt, welche die zufällig angehaltene Polymerase ausfindig machen und retten, sowie durch Histonchaperone, die Nukleosomen vor einer wandernden RNA-Polymerase teilweise abbauen können und nach ihr wieder zusammenbauen können. (Basierend auf dem PDB-Code 6IR9).

Im nächsten Kapitel werden wir sehen, das die Elongation der Transkription, wie der Initiationsvorgang der Transkription, von der Zelle reguliert werden kann; im Besonderen werden wir sehen, dass die RNA-Polymerase bei vielen menschlichen Genen kurz anhält, nachdem sie die Transkription gestartet hat. Diese Pause kann sich über mehrere Sekunden bis zu vielen Stunden erstrecken, und die Zelle kontrolliert die Dauer der Pause als Teil des Genregulationsvorgangs. Während die RNA-Polymerase II sich entlang eines Gens bewegt, modifizieren einige an sie gebundene Enzyme die Histone und hinterlassen so eine Aufzeichnung, wo die Polymerase gewesen ist. Obgleich nicht ganz klar ist, wie die Zelle diese Information nutzt, kann dies unter Umständen helfen, ein Gen immer wieder zu transkribieren, sobald es zum ersten Mal aktiv wurde.

6.1.11 Die Transkription erzeugt superhelikale Spannung

Nukleosomen sind nicht das einzige Hindernis für die Verlängerung durch eine RNA-Polymerase, und in diesem Abschnitt beschreiben wir eine völlig andere Art von Barriere, eine, die sowohl auf bakterielle als auch eukaryotische Polymerase zutrifft. Um diesen Punkt einzuführen, müssen wir uns zunächst mit einer der DNA-Doppelhelix innewohnenden Eigenschaft befassen, dem sogenannten **DNA-Supercoiling**. DNA-Supercoiling ist eine Konformation, die die DNA als Anpassung an superhelikale Spannung einnehmen kann. Alternativ erzeugt die Einführung verschiedener Schleifen oder Windungen (*coils*) in ein doppelhelikales DNA-Molekül eine solche Spannung. **Abbildung 6.20** veranschaulicht warum. Ungefähr zehn Nukleotidpaare liegen in jeder helikalen Windung einer DNA-Doppelhelix. Man stelle sich eine Helix vor, deren beide Enden fixiert sind (so wie im ringförmigen DNA-Molekül eines bakteriellen Chromosoms oder in einer eng geklammerten Schleife, wie man sie für eukaryotische Chromosomen annimmt). In diesem Fall wird sich ein großes DNA-Supercoil bilden, wenn zehn Nukleotide geöffnet (auseinandergewunden) werden, wodurch die entstehende Spannung abgebaut wird. Die Bildung dieses DNA-Supercoils ist energetisch begünstigt, weil sie die normale helikale Windung der verbleibenden basengepaarten Bereiche wiederherstellt, die andernfalls wegen der fixierten Enden überdreht werden müssten.

Superhelikale Spannung entsteht auch, wenn eine RNA-Polymerase sich entlang einer DNA bewegt, die an ihren Enden fixiert ist. Solange die Polymerase nicht schnell rotieren kann (eine solche Rotation ist unwahrscheinlich, wenn man die Größe der RNA-Polymerasen und ihrer gebundenen Transkripte bedenkt), wird eine sich bewegende Polymerase vor sich eine positive superhelikale Spannung und hinter sich eine negative superhelikale Spannung in der DNA aufbauen (s. **Abb. 6.20c**).

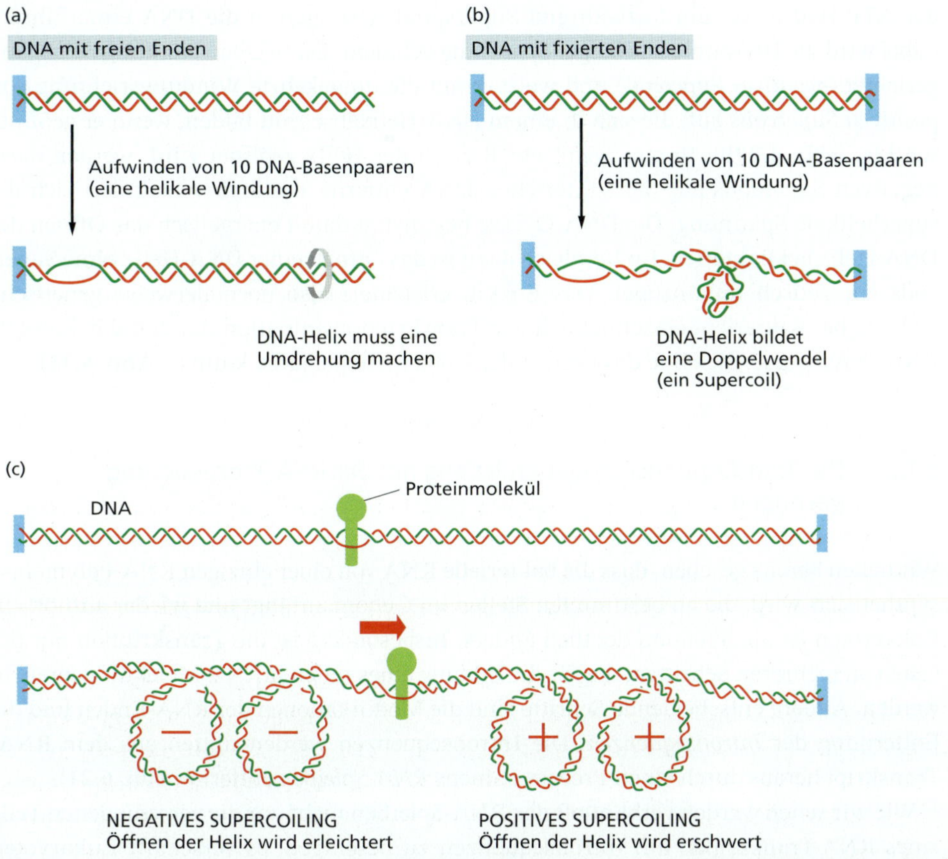

Abb. 6.20 Superhelikale Spannung in der DNA bewirkt die Superspiralisierung der DNA (DNA-Supercoiling). (a) In einer DNA mit einem freien Ende (oder mit einem Einzelstrangbruch, der als Drehpunkt wirkt) dreht sich die DNA-Doppelhelix einmal je zehn geöffneter Basenpaare. (b) Verhindert man die Rotation, wird durch Öffnen der Helix superhelikale Spannung in die DNA eingeführt. Im gezeigten Beispiel enthält die DNA-Helix 10 Helixwindungen, von denen eine geöffnet ist. Eine Möglichkeit, sich dieser Spannung anzupassen, wäre, die helikale Windung von 10 auf 11 Nukleotidpaare je Umdrehung in der Doppelhelix zu erhöhen. Die DNA wehrt sich jedoch gegen eine solche sprungfederartige Deformation und befreit sich lieber von der superhelikalen Spannung, indem sie Supercoils (Verdrillungen) bildet. Das Resultat ist, dass sich ein DNA-Supercoil je zehn geöffneter Nukleotidpaare in der DNA-Doppelhelix bildet. Das hier ausgebildete Supercoil ist ein positives Supercoil. (c) Supercoiling der DNA wird durch ein Protein hervorgerufen, das sich zwischen den beiden Strängen der DNA-Doppelhelix vorwärts bewegt. Die beiden hier gezeigten Enden der DNA sind nicht fähig, frei gegeneinander zu rotieren, und es gilt die Annahme, dass das Protein bei seiner Wanderung ebenfalls keine freien Drehungen ausführen kann. Unter diesen Bedingungen bekommt die DNA, wie gezeigt, durch die Bewegung des Proteins vor dem Protein ein Plus an helikalen Windungen (was positive Superspiralen induziert) und hinter dem Protein ein Minus an helikalen Windungen (was negative Superspiralen induziert). Weil das lokale Auseinanderziehen der beiden Stränge der Doppelhelix die Spannung der negativen Superspiralen abbaut, geschieht dies eher hinter dem sich bewegenden Protein als vor ihm.

Wenn diese Spannung nicht abgemildert wird, dann wird die Polymerase zum Stillstand kommen, weil eine weitere Entwindung mehr Energie benötigt, als der Transkriptionsvorgang liefern kann. Man glaubt, dass bei Eukaryoten der Aufbau einer milden Spannung einen Vorteil bietet: Die positive superhelikale Spannung vor der Polymerase erleichtert das teilweise Entwickeln der DNA in den Nukleosomen insofern, als die Freisetzung der DNA vom Histonkern mithilft, diese Spannung abzubauen. Die Spannung kann auch durch DNA-Topoisomerase-Enzyme abgebaut werden, wie wir im vorherigen Kapitel für die ähnliche Spannung gesehen haben, die während der DNA-Replikation von DNA-Polymerasen erzeugt wird (s. **Abb. 5.21**). Bei Bakterien (nicht jedoch bei Eukaryoten) verwendet eine spezialisierte Topoisomerase namens DNA-Gyrase die Energie der ATP-Hydrolyse, um fortwährend Superspiralisierungen in die DNA einzuführen; dabei wird die DNA unter ständiger Spannung gehalten. Diese Überspannung ist negativ gerichtet (*negatives Supercoil*) und weist damit die umgekehrte Windungsrichtung von *positiven Supercoils* auf, die sich in einem DNA-Helixabschnitt bilden, wenn er geöffnet wird (s. **Abb. 6.20b**). Immer wenn ein Bereich der Helix geöffnet wird, werden diese negativen Supercoils aus der bakteriellen DNA entfernt. Dadurch vermindert sich die superhelikale Spannung. Die DNA-Gyrase begünstigt damit energetisch das Öffnen der DNA-Helix bei Bakterien. Im Vergleich dazu ist das Öffnen einer DNA-Helix ohne Supercoils energetisch ungünstiger. Das Enzym erleichtert also normalerweise genetische Abläufe bei Bakterien, einschließlich der Transkriptionsinitiation durch die bakterielle RNA-Polymerase, die ohne das Öffnen der Helix nicht ablaufen kann (s. **Abb. 6.11**).

6.1.12 Die Transkriptionselongation ist eng mit der RNA-Prozessierung gekoppelt

Wir haben bereits gesehen, dass die bakterielle RNA von einer einzigen RNA-Polymerase synthetisiert wird, die an bestimmten Stellen im Genom anfängt und wieder aufhört. In Eukaryoten ist die Situation deutlich anders. Insbesondere ist die Transkription nur der erste von mehreren Schritten, die für die Bildung eines reifen mRNA-Moleküls gebraucht werden. Andere entscheidende Schritte sind die Modifikationen der RNA-Enden und die Entfernung der *Intronsequenzen*. Die Intronsequenzen werden mitten aus dem RNA-Transkript heraus durch einen Prozess namens *RNA-Spleißen* entfernt (**Abb. 6.21**).

Wie wir sehen werden verbknüpft das RNA-Spleißen nicht nur die verschiedenen Teile eines RNA-Transkripts, um Intronsequenzen zu beseitigen; es verschafft Eukaryoten auch die Fähigkeit, mehrere verwandte, jedoch verschiedene Proteine vom selben Gen zu synthetisieren.

Beide Enden der eukaryotischen mRNAs sind modifiziert: am 5'-Ende durch *capping* und am 3'-Ende durch *Polyadenylierung* (**Abb. 6.22**). Diese speziellen Enden ermöglichen es der Zelle festzustellen, ob beide Enden eines mRNA-Moleküls vorhanden sind (und ob somit die Botschaft in Ordnung ist), bevor sie die RNA aus dem Zellkern exportiert und sie in ein Protein translatiert.

Es hat sich ein einfacher Mechanismus entwickelt, um all die obigen RNA-Weiterverarbeitungschritte mit der Transkriptionselongation zu verbinden. Wie bereits diskutiert, ist ein zentraler Schritt der Transkriptionsinitiation durch die RNA-Polymerase II die Phosphorylierung des RNA-Polymerase-II-Schwanzes, CTD (C-terminale Domäne) genannt. Diese Phosphorylierung schreitet allmählich voran, während die RNA-Polymerase die Transkription einleitet und entlang der DNA wandert. Dies erlaubt nicht nur das Ablösen der Polymerase von den anderen Proteinen am Transkriptionsstartpunkt, sondern ermöglicht auch die Bindung neuer Proteine an den Polymeraseschwanz, die eine Funktion bei der Transkriptionselongation und bei der RNA-Prozessierung haben, was wir in den folgenden Abschnitten behandeln. Manche dieser Prozessierungs-Proteine, so glaubt man, „springen" vom Schwanz der Polymerase auf das wachsende RNA-Molekül, um ihre Prozessierungsreaktionen zu beginnen, sobald diese RNA das Enzym verlässt. Daher kann man die RNA-Polymerase II in ihrem Elongationsmodus als eine „RNA-Fabrik" betrachten, die nicht nur entlang der DNA wandert und ein RNA-Molekül synthetisiert, sondern auch die von ihr hergestellte RNA aufarbeitet (**Abb. 6.23**). Voll ausgestreckt ist die CTD fast zehnmal länger als die restliche RNA-Polymerase. Diese flexible Proteindomäne dient als Gerüst oder Leine, die eine Vielzahl von Proteinen in der Nachbarschaft hält, sodass sie bei Bedarf rasch tätig werden können. Diese Gerüstbildungs-Strategie, die die Gesamtgeschwindigkeit einer Reihe nachfolgender Reaktionen stark beschleunigt, wird in der Zelle oft benutzt (s. **Abb. 3.76**).

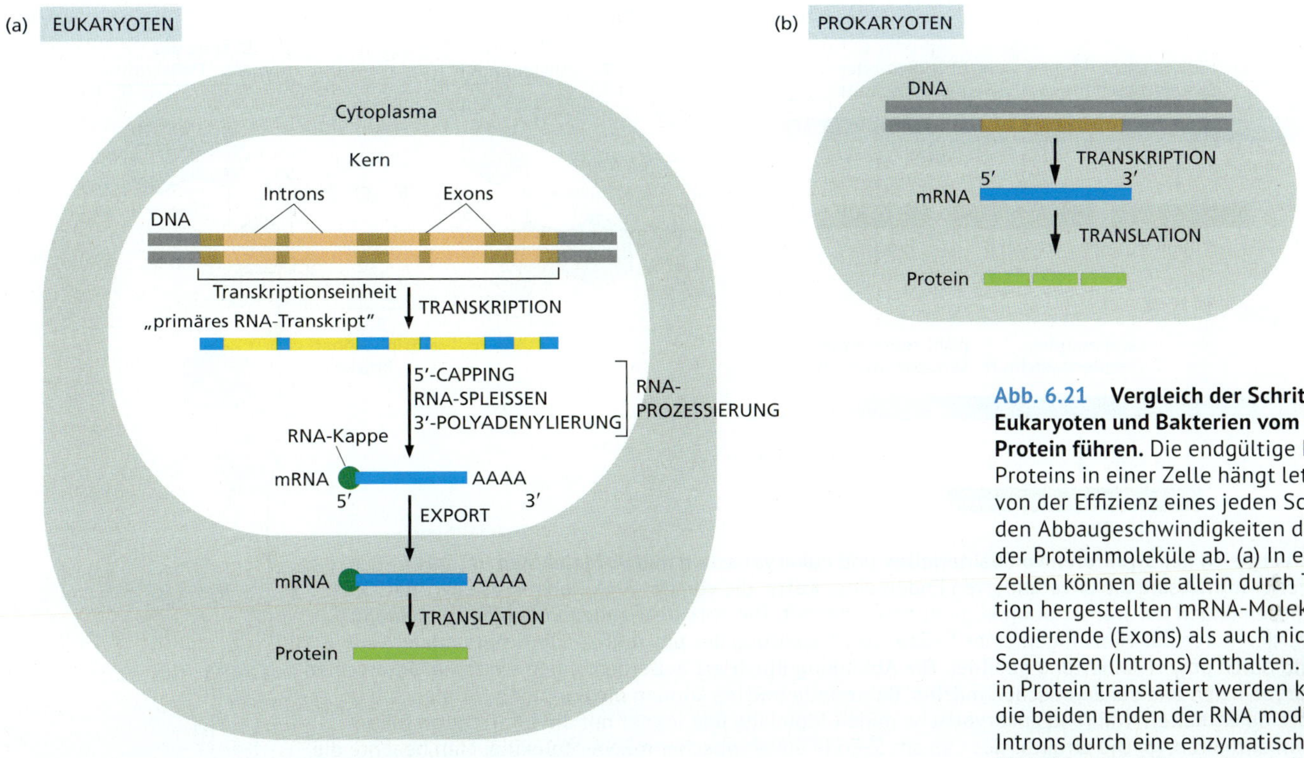

Abb. 6.21 Vergleich der Schritte, die bei Eukaryoten und Bakterien vom Gen zum Protein führen. Die endgültige Menge eines Proteins in einer Zelle hängt letzten Endes von der Effizienz eines jeden Schritts und von den Abbaugeschwindigkeiten der RNA und der Proteinmoleküle ab. (a) In eukaryotischen Zellen können die allein durch Transkription hergestellten mRNA-Moleküle sowohl codierende (Exons) als auch nicht codierende Sequenzen (Introns) enthalten. Bevor die RNA in Protein translatiert werden kann, werden die beiden Enden der RNA modifiziert und die Introns durch eine enzymatisch katalysierte RNA-Spleißreaktion entfernt. Die daraus entstehende mRNA wird aus dem Kern ins Cytoplasma transportiert. Der Einfachheit halber sind diese Schritte hier so dargestellt, als ob sie einer nach dem anderen abliefen, in Wirklichkeit sind sie miteinander gekoppelt, und verschiedene Reaktionen können gleichzeitig stattfinden. Zum Beispiel wird typischerweise das RNA-Cap angehängt und mit dem Spleißen begonnen, bevor die Transkription beendet ist. In einer Zelle existieren daher wegen dieser Kopplung normalerweise keine vollständigen primären Transkripte – RNAs in voller Länge, die theoretisch hergestellt würden, wenn keine Prozessierung stattfände. (b) Bei Bakterien ist die Synthese von mRNA-Molekülen wesentlich einfacher. Das 5'-Ende eines mRNA-Moleküls entsteht bei der Transkriptionsinitiation, das 3'-Ende bei der Transkriptionstermination durch die RNA-Polymerase. Da Bakterien keinen Kern haben, finden Transkription und Translation in einem gemeinsamen Kompartiment statt, und die Translation einer bakteriellen mRNA beginnt oft, bevor ihre Synthese beendet wurde. Wie angezeigt, erzeugt eine einzelne bakterielle mRNA typischerweise mehrere verschiedene Proteine, ein weiteres Merkmal, das Eukaryoten von Bakterien unterscheidet.

6.1.13 RNA-Capping ist die erste Modifikation eukaryotischer prä-mRNAs

Sobald die RNA-Polymerase eine etwa 20 Nukleotide lange RNA-Kette hergestellt hat, wird das 5'-Ende des neuen RNA-Moleküls durch das Anfügen eines Caps („Kappe") modifiziert, die aus einem veränderten Guaninnukleotid besteht (s. **Abb. 6.22b**). Drei Enzyme katalysieren nacheinander die Capping-Reaktion: Eine Phosphatase entfernt ein Phosphat vom verbliebenen Triphosphat am 5'-Ende des wachsenden RNA-Moleküls, eine Guanyltransferase fügt ein GMP in umgekehrter Bindungsorientierung (5'→t' anstatt 5'→a') an das eben gebildete 5'-Diphosphat an, und eine Methyltransferase überträgt eine Methylgruppe auf das Guanosin (**Abb. 6.24**). Da alle drei Enzyme an den RNA-Polymeraseschwanz binden, der an der Ser5-Position phosphoryliert ist – die Modifikation, die während der Transkriptionsinitiation durch TFIIH angefügt wird – stehen sie bereit, das 5'-Ende des wachsenden Transkripts zu verändern, sobald es aus der Polymerase auftaucht.

Das 7-Methylguanosin-Cap signalisiert das 5'-Ende eukaryotischer mRNAs und dient der Zelle als Markierung, um mRNA-Moleküle von anderen zellulären RNA-Molekülen leichter unterscheiden zu können. Die RNA-Polymerasen I und III z. B. stellen während der Transkription RNAs ohne Cap her, teilweise deswegen, weil sie keine CTD haben. Das Cap bindet im Kern an einen Proteinkomplex namens CBC (*cap-binding complex; Cap-bindender Komplex*), der, wie wir in den folgenden Abschnitten sehen werden, bei Prozessierung und Export einer künftigen RNA mithilft. Das 5'-Cap erfüllt außerdem eine wichtige Funktion bei der Translation von mRNAs im Cytosol, wie wir später in diesem Kapitel noch erläutern werden.

Obwohl die überwiegende Mehrheit der eukaryotischen mRNAs eine 7-Methylguanosin-Kappe an ihren 5'-Enddn besitzt, kommt auf manchen mRNAs ein alternativer Cap-Typ vor, speziell ein Nicotinamid-Adenin-Dinukleotidphosphat ($NADP^+$). In Kapitel 2 haben wir bereits gesehen, dass $NADP^+$ ein wichtiger Cofaktor für viele biochemische Reaktionen ist, und es wird durch dieRNA-Polymerase selbst

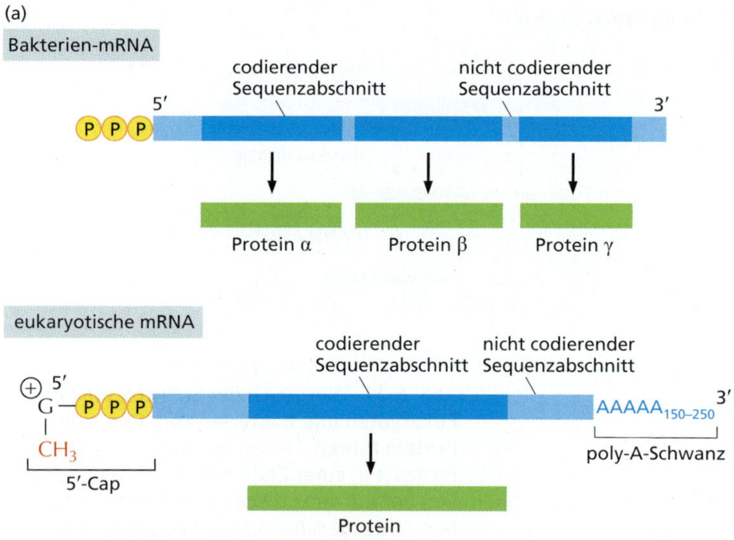

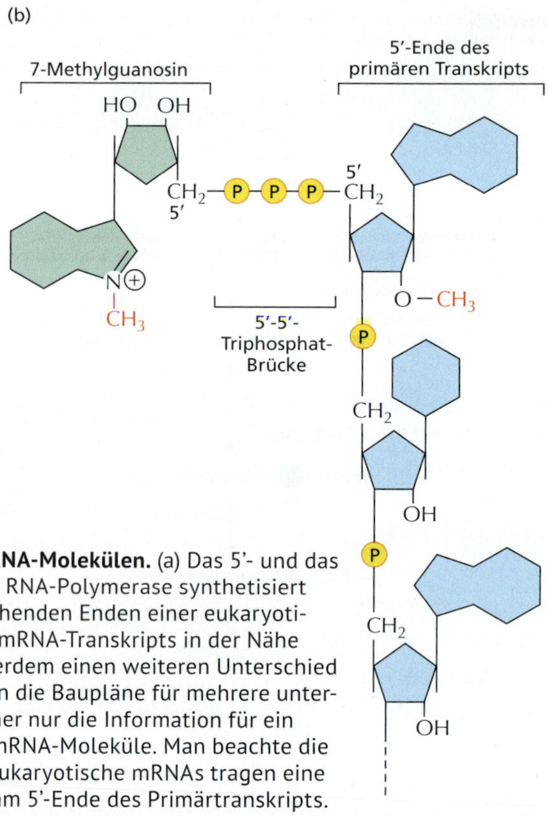

Abb. 6.22 Ein Vergleich der Strukturen von bakteriellen und eukaryotischen mRNA-Molekülen. (a) Das 5'- und das 3'-Ende bakterieller mRNA sind die unveränderten Enden einer Kette, die von der RNA-Polymerase synthetisiert wurde, die an diesen Enden die Transkription beginnt bzw. beendet. Die entsprechenden Enden einer eukaryotischen mRNA werden durch das Hinzufügen eines 5'-Cap, durch Spaltung des prä-mRNA-Transkripts in der Nähe des 3'-Endes und durch poly-*A*-Anheftung gebildet. Die Abbildung illustriert außerdem einen weiteren Unterschied zwischen prokaryotischen und eukaryotischen mRNAs: Bakterielle mRNAs können die Baupläne für mehrere unterschiedliche Proteine enthalten, während eukaryotische mRNA-Moleküle fast immer nur die Information für ein einzelnes Protein enthalten. (b) Die Struktur des Cap am 5'-Ende eukaryotischer mRNA-Moleküle. Man beachte die ungewöhnliche 5'-5'-Bindung des 7-Methyl-G an den Rest der RNA. Die meisten eukaryotische mRNAs tragen eine zusätzliche Modifikation: die Methylierung der 2'-OH-Gruppe des Ribosezuckers am 5'-Ende des Primärtranskripts. Obwohl die genaue Rolle dieser Modifizierung jahrelang rätselhaft blieb, zeigen jüngste Arbeiten, dass sie Zellen bei der Unterscheidung ihrer eigenen mRNAs von derjenigen eindringender Viren hilft, denen typischerweise eine solche Modifizierung fehlt.

an bestimmte mRNAs als erstes Nukleotid angefügt, wenn mit einem neuen mRNA-Molekül begonnen wird. Die Rolle dieses besonderen Cap-Typs der mRNA ist nicht mit Sicherheit bekannt, aber eine Hypothese behauptet, dass sie der Zelle einen Weg verschafft, die Expression von einigen ihrer Gene mit Gesundheitszustand ihres gesamten Stoffwechsels zu verknüpfen.

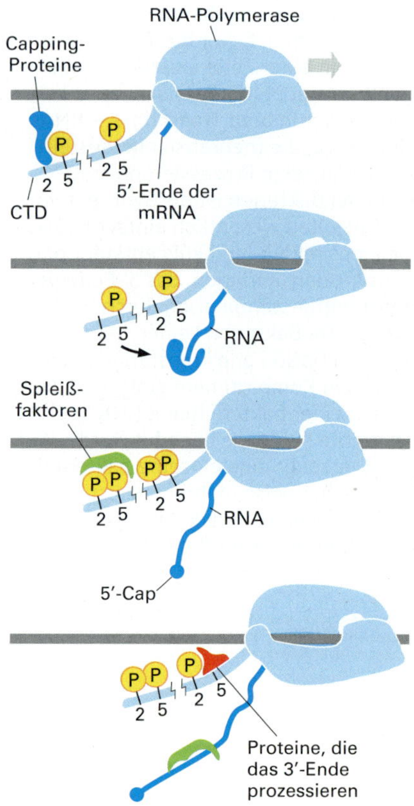

Abb. 6.23 Die eukaryotische RNA-Polymerase II als „RNA-Synthese- und -Bearbeitungsmaschine". Wenn die Polymerase DNA zu RNA transkribiert, trägt sie auch prä-mRNA-Prozessierungs-Proteine auf ihrem Schwanz, die dann zum richtigen Zeitpunkt auf die wachsende RNA-Kette übertragen werden. Der Schwanz enthält 52 Tandem-Wiederholungen einer Sequenz aus sieben Aminosäuren, und in jeder Wiederholung sind zwei Serien. Das Capping-Protein bindet zunächst an den RNA-Polymerase-Schwanz, wenn dieser spät im Transkriptions-Initiationsprozess an *Ser5* der Siebenergruppen-Wiederholung phosphoryliert wird (s. Abb. 6.15). Diese Strategie stellt sicher, dass das RNA-Molekül wirksam mit einem Cap versehen wird, sobald sein 5'-Ende aus der RNA-Polymerase auftaucht. Während die Polymerase mit der Transkription fortfährt, wird ihr Schwanz ausgiebig von einer Kinase, die mit der verlängernden Polymerase verbunden ist, an den *Ser2*-Positionen phosphoryliert; der Schwanz wird schließlich an den *Ser5* -Positionen dephosphoryliert. Diese weiteren Modifikationen ziehen Spleiß- und 3'-Ende-prozessierende Proteine zu der sich bewegenden Polymerase und positionieren sie, sodass sie auf die neu synthetisierte RNA einwirken können, wenn diese aus der RNA-Polymerase auftaucht. Es gibt viele RNA-Prozessierungs-Enzyme, und nicht alle bewegen sich zusammen mit der Polymerase. Zum Beispiel werden für das RNA-Spleißen nur ein paar entscheidende Komponenten auf den Schwanz der Polymerase befördert. Sobald sie an ein auftauchendes RNA-Molekül gebunden sind, dienen sie als Keimbildungsort, an den die fehlenden Komponenten binden können. Sobald die RNA-Polymerase II die Transkription beendet hat, wird sie von der DNA freigesetzt, die Phosphatreste an ihrem Schwanz werden von löslichen Protein-Phosphatasen entfernt, und sie kann erneut mit einer Transkription beginnen. Nur die vollständig dephosphorylierte Form der RNA-Polymerase II ist in der Lage, die RNA-Synthese an einem Promotor zu beginnen.

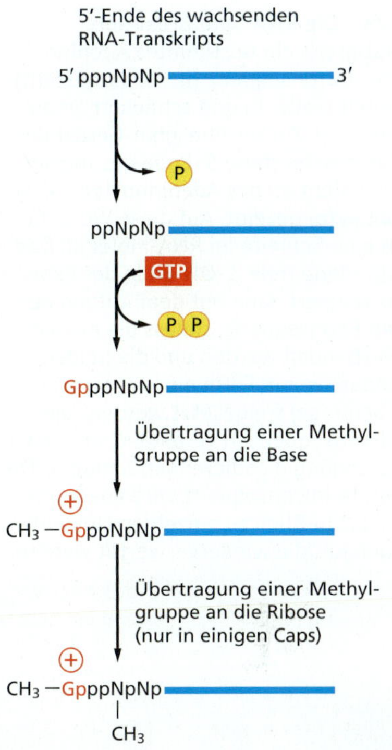

Abb. 6.24 Die Reaktionen, die jedes durch die RNA-Polymerase II synthetisierte RNA-Molekül am 5'-Ende mit einem Cap abschließen. Das endgültige Cap enthält eine neuartige 5'→5'-Verbindung zwischen dem positiv geladenen 7-Methyl-G-Rest und dem 5'-Ende des RNA-Transkripts (s. **Abb. 6.22b**). Der Buchstabe N symbolisiert ein beliebiges der vier Ribonukleotide, wobei das Nukleotid, das eine RNA-Kette beginnt, normalerweise ein Purin ist (ein A oder G). (Nach A. J. Shatkin, *BioEssays* 7: 275–277, 1987. Mit Erlaubnis von John Wiley & Sons).

6.1.14 Intronsequenzen werden aus neu transkribierten prä-mRNAs durch RNA-Spleißen entfernt

Wie in Kapitel 4 bereits diskutiert wurde, werden die proteincodierenden Sequenzen eukaryotischer Gene normalerweise von dazwischenliegenden, nicht codierenden Sequenzen unterbrochen (Introns). Diese Eigenschaft eukaryotischer Gene, die 1977 entdeckt wurde, kam für die Forschung vollkommen unerwartet. Die Forscher waren bis zu diesem Zeitpunkt nur mit bakteriellen Genen vertraut, die normalerweise aus einem kontinuierlichen Abschnitt codierender DNA bestehen und direkt in mRNA transkribiert werden. Nun aber fand man, dass eukaryotische Gene in kleinen Stücken codierender Sequenzen (*exprimierende Sequenzen* oder **Exons**) vorliegen, zwischen denen eingestreut sich längere Bereiche *intervenierender Sequenzen* (**Introns**) befinden. Daher macht der codierende Bereich eines eukaryotischen Gens häufig nur einen kleinen Teil der gesamten Genlänge aus (**Abb. 6.25**).

Sowohl Intron- als auch Exonsequenzen werden in RNA transkribiert. Die Intronsequenzen werden aus der neu synthetisierten RNA durch den Vorgang des ***RNA-Spleißens*** entfernt. Die meisten RNA-Spleißvorgänge, die in einer Zelle stattfinden, dienen der Herstellung von mRNA; sie werden als prä-mRNA-Spleißen (oder Vorläufer-mRNA-Spleißen) bezeichnet und wir werden uns im weiteren Verlauf auf diesen Vorgang beziehen. Erst nachdem sowohl die Prozessierung der 5'- und 3'-Enden als auch das Spleißen stattgefunden haben, wird ein RNA-Transkript als „mRNA-Molekül" bezeichnet.

Jedes Spleißereignis entfernt ein Intron durch zwei aufeinanderfolgende Phosphoryl-Transferreaktionen, auch bekannt als Umsteuerungen. Diese verbinden zwei Exons miteinander, indem sie das Intron zwischen ihnen als „Lasso" (*lariat*, Wurfschlinge) entfernen (**Abb. 6.26**). Die Maschinerie, die prä-mRNA -Spleißen katalysiert, ist jedoch sehr komplex. Sie besteht aus fünf zusätzlichen RNA-Molekülen und mehreren Hundert Proteinen; je Spleißereignis hydrolysiert sie viele ATP-Moleküle. Diese zusätzliche Komplexität stellt sicher, dass das Spleißen exakt und gleichzeitig flexibel genug ist, um die enorme Intronvielfalt einer typischen eukaryotischen Zelle zu bewältigen. Durchschnittlich gibt es 11 Introns in jedem der annähernd 20 000 menschlichen proteincodierenden Gene, sodass die Zelle diesem Schritt der Genexpression beträchtliche Ressourcen widmen muss.

Es mag verschwenderisch erscheinen, große Mengen an Introns durch RNA-Spleißen zu entfernen. Aber der Vorgang verschafft der Zelle einen Vorteil. Bei vielen Lebewesen kann das Transkript eines bestimmten Gens auf mehr als nur eine Weise gespleißt

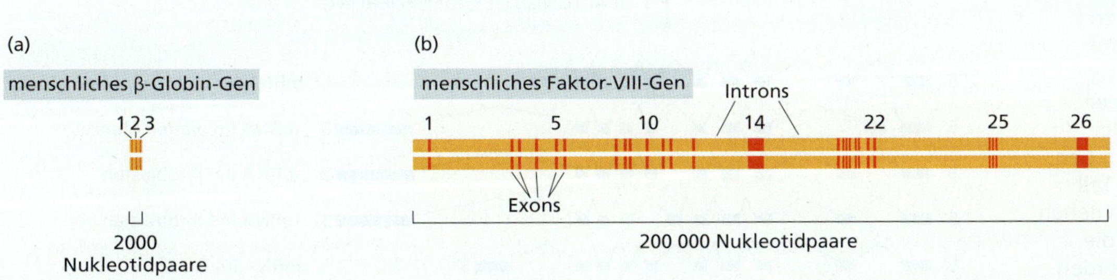

Abb. 6.25 Struktur zweier Gene des Menschen, die die Anordnung von Introns und Exons zeigen. (a) Das relativ kleine *β-Globin*-Gen, das eine Untereinheit des sauerstofftransportierenden Proteins Hämoglobin codiert, enthält 3 Exons (s. auch **Abb. 4.9**). (b) Das wesentlich längere *Faktor-VIII* -Gen enthält 26 Exons. Es codiert für ein Protein (*Faktor VIII*), das ein Bestandteil der Blutgerinnungskaskade ist. Die vorherrschende Form der Hämophilie rührt von Mutationen in diesem Gen her.

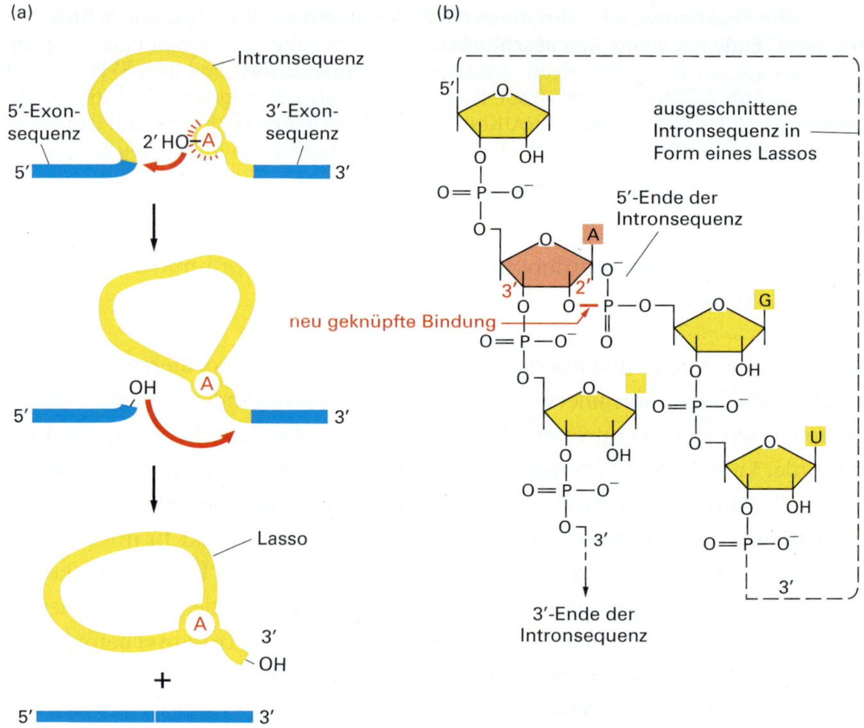

Abb. 6.26 Die RNA-Spleißreaktion. (a) Zuerst greift ein bestimmtes Adeninnukleotid der Intronsequenz (in *rot* dargestellt) die 5'-Spleißstelle an und schneidet an diesem Punkt das Zucker-Phosphat-Gerüst der RNA. Das geschnittene 5'-Ende des Introns bindet kovalent an das Adeninnukleotid, wie im Detail in (b) gezeigt. Auf diese Weise bildet sich eine Schleife im RNA-Molekül. Das so entstandene freie 3'-OH-Ende der Exonsequenz reagiert dann mit dem Anfang der nächsten Exonsequenz, sodass die beiden Exons verbunden werden und die beiden Intronsequenzen in Form eines „Lassos" (*Lariat*, Schlinge) freigesetzt werden. Die beiden Exonsequenzen verbinden sich so zu einer durchgängig codierenden Sequenz. Die freigesetzte Intronsequenz wird ausgesondert und schließlich zu einzelnen Nukleotiden abgebaut, die wiederverwertet werden.

werden, und dies erlaubt es demselben gen, eine Reihe unterschiedlicher, aber verwandter Proteine zu bilden (**Abb. 6.27**). Man hat vorgeschlagen, dass 95 % der menschlichen Gentranskripte auf mehr als eine Weise gespleißt werden, aber dies ist nahezu sicher eine Überschätzung: Viele der Spleißprodukte, die entdeckt werden können, sind das Ergebnis von Spleißfehlern und erzeugen keine funktionsfähigen Proteine. Nichtsdestotrotz ist das *alternative Spleißen* in vielen Organismen ein Schlüsselmerkmal der Genexpression, und wir werden später zu diesem Thema zurückkehren, nachdem wir die Zellmaschinerie beschrieben haben, die diese Basisreaktion ausführt.

6.1.15 Nukleotidsequenzen markieren die Spleißstellen

Der Mechanismus des prä-mRNA-Spleißens (s. **Abb. 6.26**) verlangt, dass die Spleißmaschinerie drei Abschnitte der Vorstufen-RNA erkennen muss: die 5'-Spleißstelle, die 3'-Spleißstelle und den Verzweigungspunkt in der Intronsequenz, an dem sich die ausgeschnittene „Lasso" (Schlingen)-Struktur bildet. Es ist daher nicht überraschend,

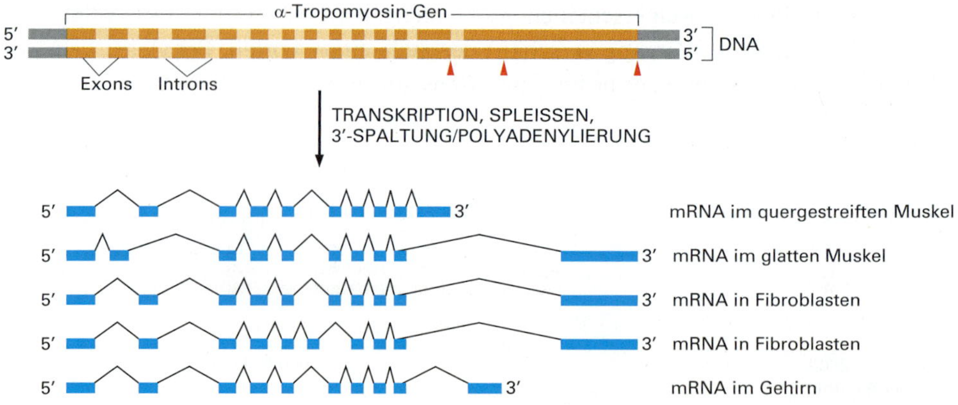

Abb. 6.27 Alternatives Spleißen des *α-Tropomyosin*-Gens der Ratte. α-Tropomyosin ist ein Doppelwendel (*coiled-coil*)-Protein (s. **Abb. 3.8**), das an der Regulation der Kontraktion von Muskelzellen beteiligt ist. Das Primärtranskript kann, wie in der Abbildung dargestellt, auf mehrere Arten gespleißt werden. So entstehen verschiedene mRNAs, die in unterschiedliche Proteine übersetzt werden. Einige der Spleißmuster sind für bestimmte Zelltypen spezifisch. So unterscheidet sich z. B. das *α*-Tropomyosin der quergestreiften Muskulatur von dem der glatten Muskulatur, das von demselben Gen abstammt. Die Pfeilspitzen im oberen Teil der Abbildung geben die Stellen an, an denen durch Spaltung und Polyadenylierung die 3'-Enden der reifen mRNAs gebildet werden.

dass jede dieser Stellen eine Konsensus-Nukleotidsequenz hat, die sich von Intron zu Intron wenig unterscheidet und die Zelle darauf hinweist, wo gespleißt werden muss (**Abb. 6.28**). Diese Konsensussequenzen sind jedoch relativ kurz und besitzen eine umfangreiche Sequenzvariabilität; wie wir in Kürze sehen werden, benutzt die Zelle weitere Informationstypen, um letztendlich zu entscheiden, wo genau auf jedem RNA-Molekül das Spleißen stattzufinden hat.

6.1.16 RNA-Spleißen wird durch Spleißosomen ausgeführt

Im Gegensatz zu den anderen Schritten der mRNA-Bildung, die wir bisher behandelt haben, geschieht das RNA-Spleißen hauptsächlich durch RNA-Moleküle anstatt durch Proteine. Spezialisierte RNA-Moleküle erkennen Nukleotidsequenzen, die bestimmen, wo das Spleißen stattfinden soll, und bilden auch das Aktive Zentrum, das die Spleißreaktion katalysiert. Diese RNA-Moleküle sind verhältnismäßig kurz (jeweils unter 200 Nukleotiden) und es gibt fünf von ihnen (U1, U2, U4, U5 und U6). Sie heißen snRNAs **(*small nuclear RNAs*, kleine Kern-RNAs)** und sind mit jeweils mindestens sieben Proteinuntereinheiten vergesellschaftet, mit denen sie ein snRNP (*small nuclear ribonucleoprotein*, kleines Kernribonukleoprotein) bilden. Diese snRNPs bilden den Kern des **Spleißosoms**, also des großen Komplexes aus RNA- und Proteinmolekülen, der in der Zelle das Spleißen der prä-mRNA ausführt. Die Erkennung der 5'-Spleißverbindung der Stelle des Verzweigungspunkts, und der 3'-Spleißverbindung wird durch Basenpaarung zwischen den snRNAs und den RNA-Sequenzen im prä-mRNA-Substrat durchgeführt.

Das Spleißosom ist eine komplexe und dynamische Maschine. Wenn man es *in vitro* untersucht, dann versammeln sich einige Komponenten des Spleißosoms auf der prä-mRNA; während die Spleißreaktion voranschreitet, treten neue Komponenten hinzu, während diejenigen, die bereits ihre Aufgaben erfüllt haben, abgeworfen werden (**Abb. 6.29**). Viele Wissenschaftler glauben jedoch, dass innerhalb der Zelle das Spleißosom ein bereits vorhandener, lockerer Zusammenschluss von allen Komponenten ist – der als koordinierte Einheit RNA einfängt, spleißt und freisetzt und jedes Mal, wenn ein Spleißen durchgeführt wird, ausgedehnte Umgruppierungen erfährt.

6.1.17 Das Spleißosom treibt mit der Hydrolyse von ATP eine komplexe Abfolge von RNA-RNA-Umlagerungen an

Die Spleißreaktion hat im Vergleich zu den typischen Katalysevorgängen in der Zelle, die in Kapitel 2 eingeführt wurden, viele ungewöhnliche Eigenschaften. Erstens scheint das Spleißen äußerst ineffizient zu sein, es erfordert mehr als Hundert Proteine, fünf RNA-Moleküle und die Hydrolyse von acht ATP-Molekülen, um eine einzelne Spleißung hervorzubringen. Viele Gene benötigen mehrfache Spleißvorgänge, um ein einzelnes funktionsfähiges mRNA-Molekül herzustellen (mehr als 20 im Beispiel in **Abb. 6.25b**), und der Vorgang scheint ungewöhnlich komplex zu sein. Zweitens erfordert jede Spleißreaktion, dass die Katalysestelle für diese Reaktion *de novo* auf jedem prä-mRNA-Molekül in einem komplexen mehrstufigen Prozess aufgebaut wird. Drittens, wie bereits erwähnt, wird das Aktive Zentrum des Spleisosoms (das beide Schritte der Spleißreaktion katalysiert) von RNA-Molekülen (den snRNAs) gebildet, anstelle von Proteinen (**Abb. 6.30**), wobei die Proteine erforderlich sind, um diese RNAs korrekt zu positionieren. Im letzten Abschnitt dieses Kapitels beschreiben wir die Struktur und chemischen Eigenschaften von RNA-Molekülen, die es ihnen erlauben, als Katalysatoren zu wirken, sowie die Hypothese, dass die heute existierenden, RNA-basierten Reaktionsmechanismen „Überbleibsel" von alten, biologischen Nur-RNA-Systemen sind.

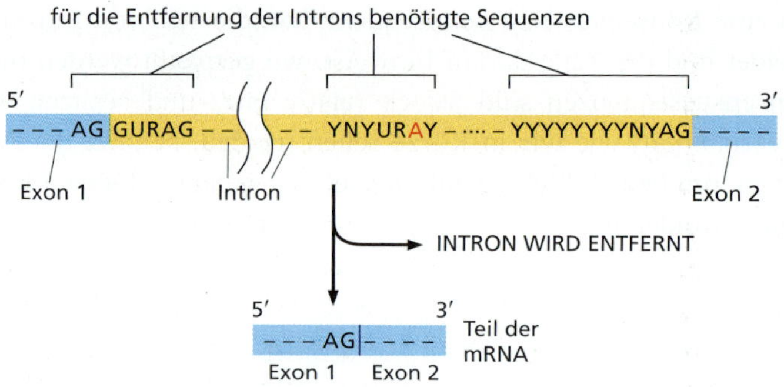

Abb. 6.28 Die Konsensus-Nukleotidsequenzen eines RNA-Moleküls, die den Beginn und das Ende der meisten Introns beim Menschen markieren. Die drei gezeigten Abschnitte der Nukleotidsequenz werden gebraucht, um eine Intronsequenz auszuschneiden. Hier stehen A, G, C und U für die Standardnukleotide, R für Purine (A oder G), Y für Pyrimidine (C oder U). Das *rot* hervorgehobene A bildet den Verzweigungspunkt des durch Spleißen entstehenden „Lassos" (= Schlinge) (s. **Abb. 6.25**). Nur das GU am Anfang des Introns und das AG an seinem Ende sind die einzigen unveränderlichen Nukleotide innerhalb der Konsensussequenz für das Spleißen. Mehrere verschiedene Nukleotide können die restlichen Positionen besetzen, obgleich die angegebenen Nukleotide bevorzugt werden. Die Abstände auf der RNA zwischen den drei Spleiß-Konsensussequenzen schwanken stark. Dabei ist jedoch der Abstand zwischen dem Verzweigungspunkt und der 3'-Spleißstelle normalerweise viel kürzer als der zwischen der 5'-Spleißstelle und dem Verzweigungspunkt.

Wie können wir die ungewöhnliche biochemische Komplexität des Spleißens im Vergleich mit anderen Schritten der Genexpression vernünftig begründen? Wie wir jetzt kurz behandeln, hat sich das Prä-mRNA-Spleißen aus einem sehr viel einfacheren, reine RNA-basierten Vorgang entwickelt und seine Komplexität ist unter Umständen in Teilen ein Beispiel für das, was manche Evolutionsbiologen „überbordende Bürokratie" nennen, wobei im Lauf der Zeit immer mehr Teile hinzukommen, die jetzt für den Vorgang benötigt werden, ohne ihn zwangsläufig irgendwie zu verbessern. Wir wissen jedoch, dass ein Teil der Komplexität des Prä-mRNA-Spleißens Vorteile verschafft. Auch wenn die ATP-Hydrolyse für die Spleißreaktion an sich nicht erforderlich ist, verhindern die zahlreichen ATP-Hydrolyseschritte, das die Reaktion zum Halten kommt oder rückwärts läuft; und wie wir in Kürze sehen werden, erhöhen sie die Genauigkeit beim Spleißen der prä-mRNA.

Die meisten Spleißosomenproteine, die ATP hydrolysieren, verwenden die freigesetzte Energie, um bestehende RNA–RNA-Wechselwirkungen zu unterbrechen, sodass neue entstehen können. Diese RNA–RNA-Umgruppierungen ermöglichen es, dass die Spleißsignale auf der prä-mRNA im Spleißvelauf mehre Male untersucht werden. Beispielsweise erkennt die *U1*-snRNP anfangs die 5'-Spleißstelle durch konventionelle Basenpaarung; während das Spleißen voranschreitet, werden diese Basenpaare gelöst (mithilfe der Energie aus der ATP-Hydrolyse) und U1 wird durch U6 ersetzt (s. **Abb. 6.30a und b**), entsprechend wird der Verzweigungspunkt zweimal „untersucht", das erste Mal vom Verzweigungspunkt-Bindeprotein und das zweite Mal vom U2-snRNP (s. **Abb. 6.29**). Auf diese Weise kontrolliert das Spleißosom die Spleißsignale immer wieder, bevor sich das aktive Zentrum für die zwei Trans-Veresterungsreaktionen bildet (s. **Abb. 6.30c**), wodurch die Gesamtgenauigkeit zunimmt. Man beachte, dass beide Katalyseschritte der Spleißreaktion am gleichen Aktiven Zentrum ablaufen (die zweite Reaktion ist nahezu die Umkehr der ersten). ATP-vermittelte Umgruppierungen sind zwischen den beiden Reaktionen erforderlich, um die prä-mRNA korrekt für die zweite Reaktion erneut zu positionieren. Dies hilft zu gewährleisten, dass Spleißunfälle nur selten auftreten.

Ein allgemeiner Vorgang, das *kinetische Korrekturlesen*, das mit der ATP-Hydrolyse vergesellschaftet ist, erhöht die Spleißosomengenauigkeit weiter. Weil eine nicht korrekte, also eine Basen-Fehlpaarungswechselwirkung schwächer sein wird als eine korrekte, werden sich nicht korrekte Wechselwirkungen schneller trennen als korrekte.

Abb. 6.29 Der Mechanismus des prä-mRNA-Spleißens. Das Spleißen von RNA wird durch ein Ensemble von snRNPs (als *farbige Gebilde* dargestellt) katalysiert, die zusammen mit anderen Proteinen (von denen die meisten nicht dargestellt sind) das Spleißosom bilden. Das Spleißosom erkennt die Spleißsignale auf einem prä-mRNA-Molekül, führt die beiden Enden des Introns zusammen und bildet das Aktive Zentrum, das die Ausbildung und das Lösen der beiden erforderlichen kovalenten Bindungsschritte katalysiert (s. **Abb. 6.26a**). Wie gezeigt, wird nahezu jeder Schritt von der Hydrolyse eines ATP-Moleküls begleitet, wodurch verhindert wird, dass die Reaktion stoppt oder rückwärts läuft; und wie unten behandelt, nimmt die Spleißgenauigkeit zu. Obwohl in diesem vereinfachten Diagramm nur sechs ATP-Moleküle gezeigt sind, benötigen manche Schritte mehr als ein ATP-Molekül, und bei jeder Spleißreaktion werden insgesamt acht ATP-Moleküle verbraucht. Wie im letzten Schritt angezeigt, verbleibt ein Satz von Proteinen, der sog. Exon-Junction-Komplex (EJC, engl. *exon junction complex*) auf dem gespleißten mRNA-Molekül; seine nachfolgende Rolle wird in Kürze besprochen werden.

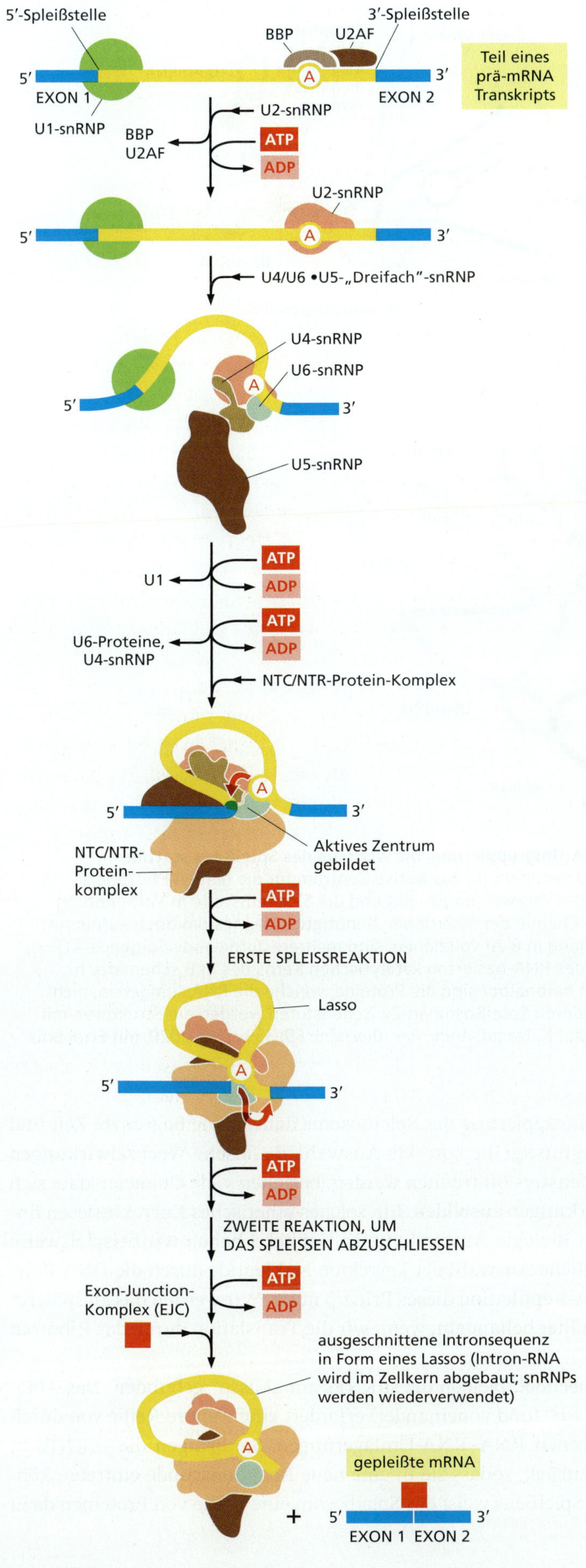

Das U1-snRNP bildet Basenpaare mit der 5′-Spleißverknüpfung. BBP (*branch-point binding protein, Verzweigungspunkt-Bindungsprotein*) erkennt die Verzweigungsstelle und bindet zusammen mit U2AF (*U2 auxiliary factor, U2-Hilfsfaktor*), das den Polypyrimidinstrang und die 3′-Spleißstelle erkennt (s. **Abb. 6.28**).

U2-snRNP verdrängt BBP und U2AF und bildet Basenpaare mit der Konsensussequenz der Verzweigungsstelle.

U4/U6•U5-„Dreifach"-snRNP tritt in die Reaktion ein. In diesem Dreifach-snRNP werden die U4- und U6-snRNAs durch Basenpaarwechselwirkungen fest zusammengehalten. Nachfolgende Umgruppierungen brechen die U4/U6-Basenpaare auseinander und gestatten somit, dass U6 U1 an der 5'-Spleißstelle verdrängt. Dabei werden U4-snRNP und einige der Proteine der U6sn-RNP abgestoßen.

Durch Hinzukommen vom NTC/NTR-Proteinkomplex werden die snRNPs so positioniert, dass sich das Aktive Zentrum des Spleißosoms bildet und der Verzweigungspunkt in die Nähe zur 5'-Spleißstelle kommt.

Das Lasso ist gebildet. Zusätzliche Umgruppierungen bringen die beiden Exonsegmente zusammen und platzieren sie im Aktiven Zentrum.

Gespleißte RNA wird freigetzt. Bestandteile des Spleißosoms werden mithilfe der ATP-Hydrolyse wiederverwertet, um sie erneut einzusetzen.

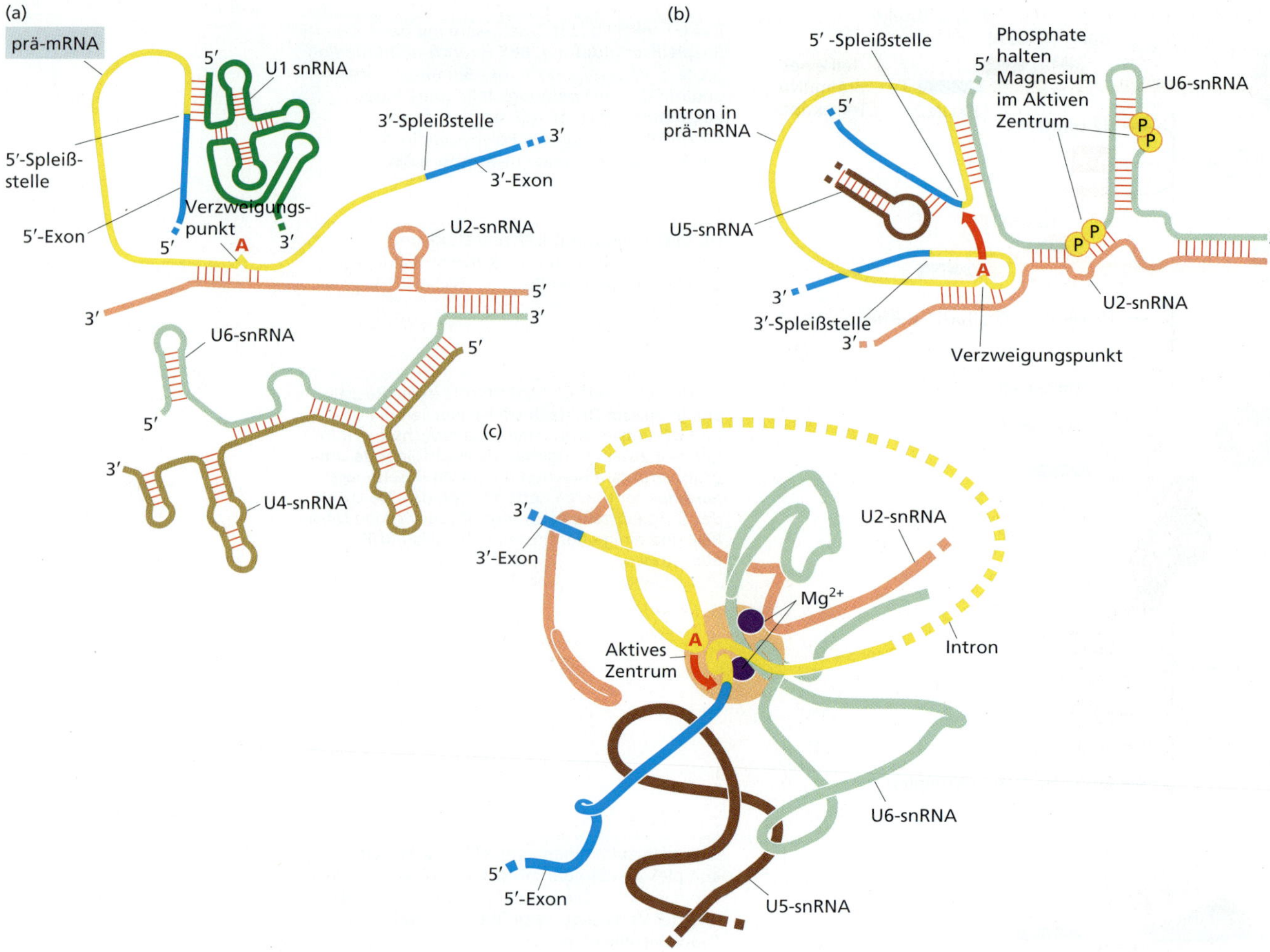

Abb. 6.30 Ein Beispiel für eine durch ATP-Hydrolyse angetriebene RNA–RNA-Umgruppierung, die während des Spleißens stattfindet. Schematisches Diagramm der Anordnung von RNA-Molekülen vor (a) und nachdem (b) das Aktive Zentrum für die beiden Phosphoryl-Übertragungsreaktionen gebildet wurde. Diese Umgruppierung bringt auch den Verzweigungspunkt und die 5'-Spleißstelle in Vorbereitung für die erste Reaktion zusammen. Das Aktive Zentrum (das die beiden für die Chemie der Reaktionen benötigten Magnesiumionen aufnimmt) wird von U2 und U6 gebildet. Um die Umwandlung der Konformation in A in jene in B zu vollziehen, sind mehrere aufeinanderfolgende ATP-abhängige Umgruppierungschritte erforderlich. (c) Die tatsächliche Struktur des RNA-basierten katalytischen Kerns des in B schematisch gezeigten Spleißosoms, mittels Kryoionenmikroskopie bestimmt. Der Einfach halbhalber sind die Proteine, welche die RNAs umgeben, nicht gezeigt, obgleich ihre Konformationen bekannt sind. Auch für die meisten anderen Spleißosomen-Zwischenstufen wurden die Strukturen mit hoher Auflösung bestimmt. (b verändert nach M. E. Wilkinson, C. Charenton und K. Nagai, *Annu. Rev. Biochem.* 89: 359–398, 2020. Mit Erlaubnis von Annual Reviews).

Jede ATP-vermittelte Umgruppierung des Spleißosoms dauert eine begrenzte Zeit und diese Zeitverzögerung begünstigt die korrekte Auswahl, da falsche Wechselwirkungen sich während dieses Zeitfensters oft trennen werden, bestehen viele Chancen, dass sich die korrekten Wechselwirkungen ausbilden. Ein solches kinetisches Korrekturlesen findet innerhalb der ganzen Biologie Anwendung. In Kapitel 5 haben wir beispielsweise gesehen, dass die anfängliche Auswahl der korrekten Nukleotide durch die DNA-Polymerase während der DNA-Replikation dieses Prinzip nutzt. Wir werden das an späterer Stelle in diesem Kapitel näher behandeln, wenn wir die Translation durch das Ribosom beschreiben.

Ist die Spleißreaktion beendet, bleiben die snRNPs am „Lasso“ gebunden. Das Ablösen der snRNPs vom „Lasso“ (und voneinander) erfordert eine weitere Reihe von durch ATP-Hydrolyse angetriebenen RNA–RNA-Umlagerungen. Sie bringen die snRNPs in ihren Ausgangszustand zurück, sodass sie in eine neue Reaktionsrunde eintreten können. Beim Abschluss des Spleißens weist das Spleißosom eine Reihe von Proteinen dazu an, an die mRNA in der Nähe der Position zu binden, die früher durch das Intron besetzt war. Diese Proteine heißen Exon-Junction-Komplex (EJC, engl. *exon junction complex*). Sie markieren die Stelle eines erfolgreichen Spleißvorgangs, und wie wir an späterer Stelle in diesem Kapitel sehen werden, beeinflussen sie das nachfolgende Schicksal der mRNA.

6.1.18 Andere Eigenschaften der prä-mRNA und ihrer Synthese helfen bei der Erklärung, wie die richtigen Spleißstellen gewählt werden

Wie in **Abbildung 6.31** gezeigt, variiert die Länge von Intronsequenzen stark, wobei einige über 100 000 Nukleotide umfassen. Man würde daher häufige Spleißfehler erwarten – darunter fallen z. B. das Überspringen von Exons (*exon skipping*) und die Verwendung versteckter (kryptischer) Spleißstellen (**Abb. 6.32**). Um diese Probleme klein zu halten, werden die Mechanismen des Spleißosoms, die der Genauigkeit dienen, noch durch zwei weitere Strategien ergänzt, die die Genauigkeit des Spleißens zusätzlich verbessern. Ein Genauigkeitsgewinn entsteht daraus, dass das Spleißen an die Transkription gekoppelt ist (**Abb. 6.33**). Wenn die Transkription fortschreitet, dann trägt der phosphorylierte Schwanz der RNA-Polymerase mehrere Komponenten, die die Bildung des Spleißosoms stimulieren (s. **Abb. 6.23**), und diese Komponenten werden von der Polymerase direkt auf die RNA übertragen, wenn die RNA aus der Polymerase auftaucht. Diese Strategie hilft der Zelle, die Übersicht über die Introns und Exons zu behalten: Beispielsweise wird den snRNPs an einer 5'-Spleißstelle anfänglich nur eine einzige 3'-Spleißstelle präsentiert, die am nächsten zur Polymerase auftaucht; die potenziellen, weiter stromabwärts gelegenen Stellen sind noch nicht synthetisiert worden. Die Koordination der Transkription mit dem Spleißen ist besonders wichtig, um ein irrtümliches Überspringen von Exons zu vermeiden.

Ein anderer Mechanismus mit der Bezeichnung „*Exondefinition*" hilft ebenfalls Zellen, die entsprechenden Spleißstellen auszuwählen. Die Exonlänge scheint sehr viel einheitlicher zu sein als die Intronlänge und beträgt im Durchschnitt bei einer großen Vielzahl eukaryotischer Organismen etwa 150 Nukleotidpaare (**Abb. 6.31**). Durch Exondefinition kann die Spleißmaschinerie die relativ einheitlich langen Exonsequenzen statt der Intronsequenzen ausfindig machen. Dies geschieht auf folgende Weise: Wenn die RNA-Synthese voranschreitet, versammelt sich eine Gruppe weiterer Komponenten

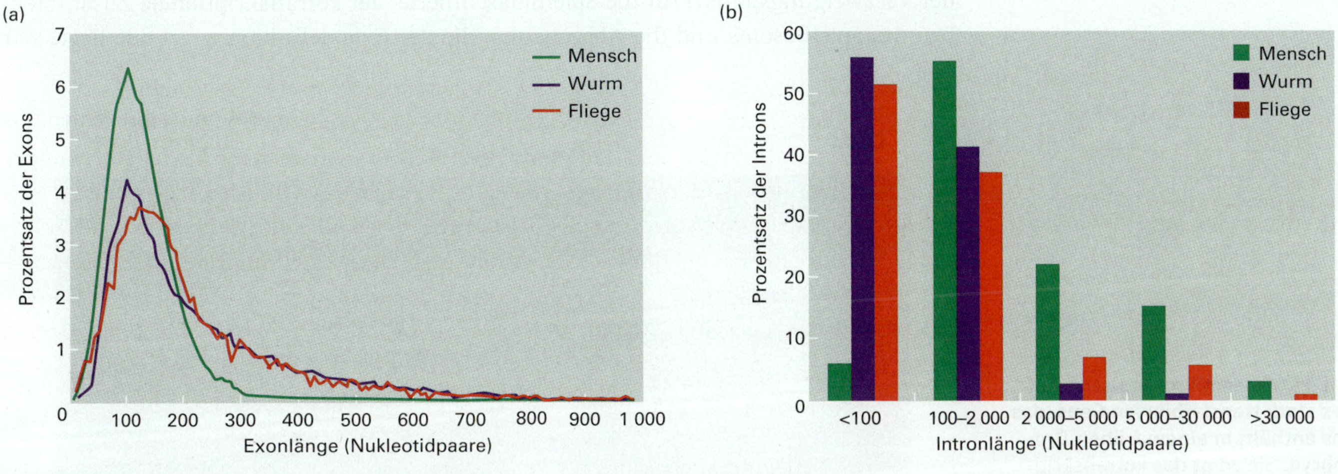

Abb. 6.31 Variationen der Intron- und Exonlänge in den Genomen des Menschen, des Wurms und der Fliege. (a) Größenverteilung der Exons. (b) Größenverteilung der Introns. Man beachte, dass die Exonlänge sehr viel einheitlicher ist als die Intronlänge. (Verändert nach dem International Human Genome Sequencing Consortium, *Nature* 409: 860–921, 2001. Mit Erlaubnis von Springer Nature).

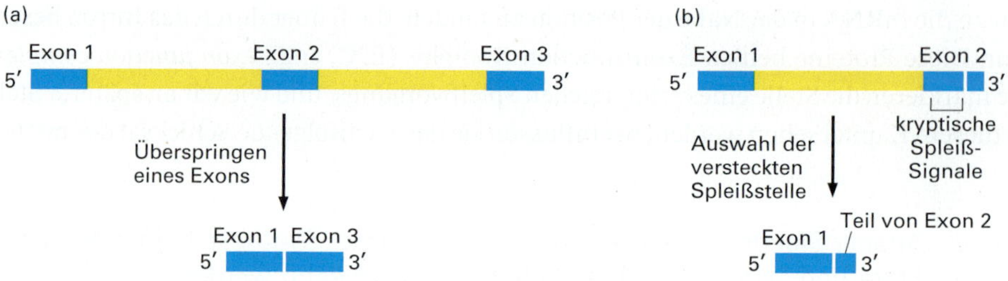

Abb. 6.32 Zwei Arten von möglichen Spleißfehlern. (a) Überspringen eines Exons. (b) Auswahl kryptischer Spleißstellen. Kryptische Spleißsignale sind Nukleotidsequenzen auf der RNA, die den echten Spleißsignalen sehr ähneln und manchmal fälschlicherweise vom Spleißosom benutzt werden.

(insbesondere SR-Proteine; ihr Name kommt daher, dass sie eine Serin- und Arginin-reiche Domäne enthalten) an den Exonsequenzen und hilft beginnend am 5'-Ende der RNA mit, die 3'- und 5'-Spleißstellen abzugrenzen (**Abb. 6.34**). Diese Proteine rekrutieren wiederum U1-snRNA, die die stromabwärtige Exongrenze markiert, und U2AF, das zusammen mit BBP die andere festlegt. Durch die auf diese Weise spezifisch markierten Exons – wobei die relativ einheitliche Größe der Exons ausgenutzt wird – kann die Zelle die Genauigkeit erhöhen, mit der die anfänglichen Spleißkomponenten auf die wachsende RNA übertragen werden, und kann so dazu beitragen, ein Übersehen einer Spleißstelle zu vermeiden. Für die weitere Unterstützung der Zelle bei der Abgrenzung der Exons und ihrer Unterscheidung von Introns binden manche SR-Proteine fest an spezifische RNA-Sequenzen, – oft *Spleiß-Verstärker* (*splicing enhancers*) genannt – die vorwiegend in Exons vorkommen. Da mehrere verschiedene Codons die meisten Aminosäuren spezifizieren, kann sich ein Spleißverstärker ohne Änderung der Aminosäuresequenz, die vom Exon codiert wird, entwickeln.

Sowohl das Abstecken der Exon- und Introngrenzen als auch der Zusammenbau des Spleißosoms an einem RNA-Molekül beginnen, während dieses noch von der Polymerase verlängert wird (**Abb. 6.33**) Da jedoch die eigentliche Spleißreaktion verspätet sein kann, werden Intronsequenzen nicht zwangsläufig in der Reihenfolge von einem prä-mRNA-Molekül entfernt, in der sie auf der RNA-Kette liegen.

6.1.19 RNA-Spleißen zeigt eine erstaunliche Flexibilität

Wir haben gesehen, dass die Auswahl der Spleißstellen von verschiedenen Eigenschaften des prä-mRNA-Transkripts abhängt. Dazu gehören die Stärke der drei RNA-Signale, die von der Spleißmaschinerie erkannt werden (die 5'- und 3'-Spleißverbindungen und der Verzweigungspunkt) für die Spleißmaschinerie, der kotranskriptionale Zusammenbau des Spleißosoms und die Abgrenzung, die der Exondefinition zugrunde liegt. Wir

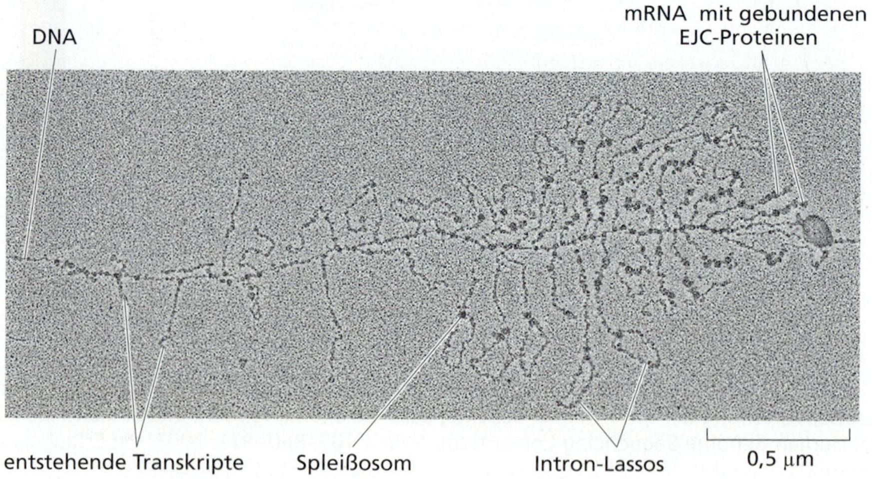

Abb. 6.33 Elektronenmikroskopische Aufnahme eines stark transkribierten Gens, das viele Introns enthält, in einem frühen *Drosophila* -Embryo. Sie zeigt das kotranskriptionale Spleißen der RNA-Transkripte. (Mit freundlicher Genehmigung von Victoria Foe. Friday Harbor Laboratories, Friday Harbor WA).

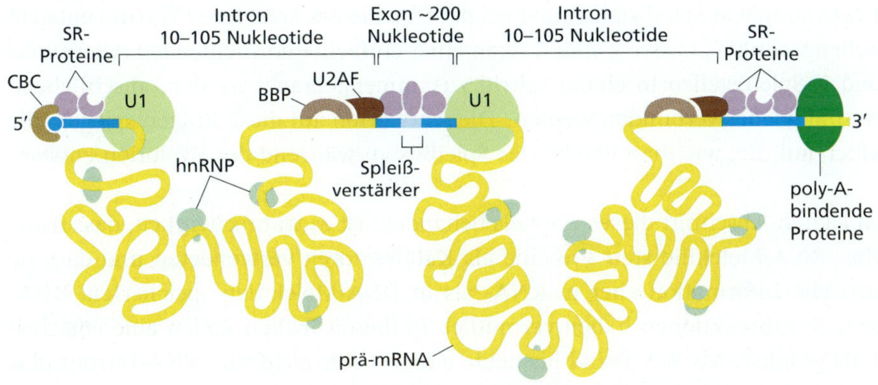

Abb. 6.34 Die Exondefinitions-Hypothese. SR-Proteine binden an jede Exonsequenz in der prä-mRNA und wirken mit, die snRNPs an die richtigen Intron–Exon-Grenzen zu führen. Diese Abgrenzung der Exons durch die *SR*-Proteine findet kotranskriptional statt und beginnt am CBC (Cap-bindenden Komplex) des 5'-Endes. Es wurde auch vorgeschlagen, dass eine Gruppe von Proteinen, als heterogene Kernribonukleoproteine (*hnRNPs*) bezeichnet, sich bevorzugt an Intronsequenzen anlagern und dass diese Vorliebe das Spleißosom bei der Unterscheidung zwischen Introns und Exons unterstützt. (Verändert nach R. Reed, *Curr. Opin. Cell Biol.* 12: 340–345, 2000. Mit Erlaubnis von Elsevier).

wissen nicht genau, wie exakt das Spleißen normalerweise ist, weil es, wie wir später sehen werden, mehrere Qualitätskontrollsysteme gibt, die solche mRNAs, deren Spleißen misslingt, rasch zerstören. Wir wissen jedoch, dass das Spleißen im Vergleich zu anderen Schritten in der Genexpression ungewöhnlich flexibel ist.

So bedeutet z. B. eine Mutation in einer Nukleotidsequenz, die wesentlich für das Spleißen eines Introns ist, nicht unbedingt, dass das Intron insgesamt nicht mehr gespleißt werden kann. Stattdessen lässt eine Mutation normalerweise ein neues Spleißmuster entstehen (**Abb. 6.35**). Häufig wird ein Exon einfach übersprungen (**Abb. 6.35b**). In anderen Fällen bewirkt die Mutation, dass eine kryptische Spleißstelle verwendet wird (**Abb. 6.35c**). Offenbar hat sich die Spleißmaschinerie während der Evolution dahingehend entwickelt, dass sie das bestmögliche Muster von Spleißstellen aussucht und, falls dieses durch eine Mutation geschädigt ist, das nächstbeste Muster usw. Diese inhärente Plastizität des RNA-Spleißprozesses deutet darauf hin, dass durch zufällige Mutationen verursachte Änderungen im Spleißmuster für die Evolution von Genen und Lebewesen wichtig waren. Es bedeutet auch, dass Mutationen, die das Spleißen beeinflussen, sehr nachteilig für das Lebewesen sein können: Außer dem in **Abb. 6.35** gezeigten Beispiel der β -Thalassämie, spielt fehlerhaftes Spleißen eine wichtige Rolle für die Ausbildung der cystischen Fibrose, der Vorderlappendemenz, der Parkinson-Erkrankung, der Retinitis pigmentosa, der spinalen Muskelatrophie, der Muskeldystrophie, des vorzeitigen Alterns und bei Krebs. Man schätzt, dass von den vielen Punktmutationen, die beim Menschen erbliche Erkrankungen verursachen, 10 % ein anomales Spleißen des Gens erzeugen, das die Mutation enthält.

Die Flexibilität des RNA-Spleißens bedeutet außerdem, dass die Zelle das RNA-Spleißmuster einfach steuern kann. Weiter oben in diesem Kapitel haben wir gesehen, dass alternatives Spleißen verschiedene Proteine aus demselben Gen entstehen lassen kann und dass dies eine übliche Strategie ist, um das Codierpotenzial der Genome zu steigern. Manche Beispiele von alternativem Spleißen sind konstitutiv, d.h. dass alternativ gespleißte mRNAs kontinuierlich von den Zellen eines Organismus hergestellt werden. In vielen Fällen werden jedoch die Spleißmuster so von der Zelle gesteuert, dass verschiedene Formen des Proteins zu unterschiedlichen Zeitpunkten und in unterschiedlichen Geweben hergestellt werden (s. **Abb. 6.27**). In Kapitel 7 werden wir diesen Aspekt nochmals behandeln und einige spezifische Beispiele von reguliertem RNA-Spleißen vorstellen.

6.1.20 Spleißosom-katalysiertes RNA-Spleißen entwickelte sich aus RNA-Selbstspleiß-Mechanismen

Als das Spleißosom entdeckt wurde, hat es die Molekularbiologen zunächst vor ein Rätsel gestellt. Wieso haben RNA-Moleküle und nicht Proteine eine so wichtige Funktion

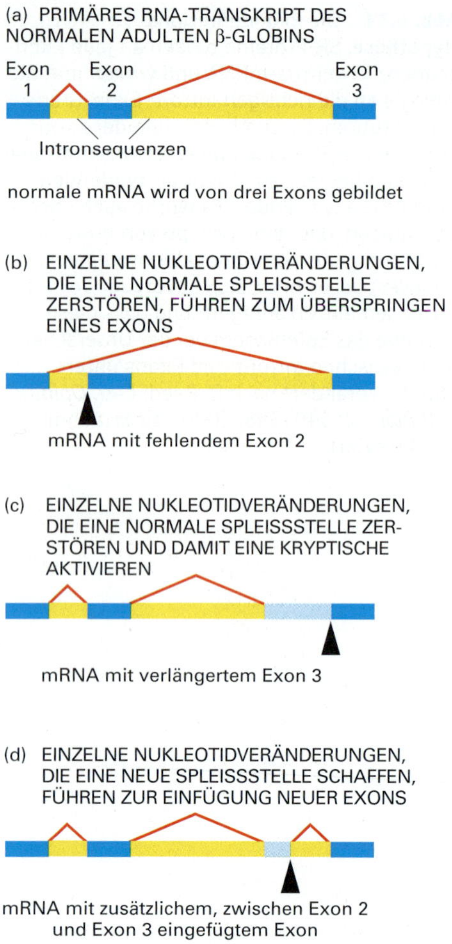

Abb. 6.35 Anomales Prozessieren des primären RNA-Transkripts des β-Globins bei Menschen, die unter der Krankheit β-Thalassämie leiden. Bei den gezeigten Beispielen wird die Krankheit (eine schwere Anämie aufgrund anomaler Hämoglobinsynthese) durch Spleißstellen-Mutationen im Genom der betroffenen Personen verursacht. Die *dunkelblauen Bereiche* stellen die drei normalen Exonsequenzen dar; die *roten Linien* verbinden die verwendeten 5'- und 3'-Spleißstellen an. Die *hellblauen Bereiche* stehen für neue Nukleotidsequenzen, die aufgrund einer Mutation (*schwarze Pfeilspitzen*) in das reife RNA-Molekül integriert worden sind. Man beachte, dass, falls eine Mutation eine normale Spleißstelle ohne eine Partnerstelle zurücklässt, ein Exon übersprungen wird (wie in b) oder eine oder mehrere in der Nähe liegende, anormale kryptische Spleißstellen als Partnerstellen verwendet werden (wie in c). (Zum Teil verändert nach S. H. Orkin, in The Molecular Basis of Blood Diseases [G. Stamatoyannopoulos *et al.*, Hrsg.], S. 106–126. Philadelphia: Saunders, 1987).

bei der Erkennung von Spleißstellen und bei der Chemie des Spleißens? Warum entsteht ein Zwischenprodukt („Lasso"), statt dass in einer einfacher erscheinenden Alternative die 5'- und 3'-Spleißstellen in einem Schritt zusammengebracht werden, anschließend gespalten und wieder verbunden werden? Die Antworten auf diese Fragen spiegeln die Weise wider, auf die, wie man glaubt, das Spleißosom während der Evolution entstanden ist.

Wie im letzten Abschnitt dieses Kapitels behandelt, ist es wahrscheinlich, dass frühe Zellen eher RNA-Moleküle statt Proteine als Katalysatoren verwendeten und dass sie ihre genetische Information eher in RNA- als in DNA-Molekülen speicherten. RNA-katalysierte Spleißreaktionen haben vermutlich in diesen frühen Zellen eine entscheidende Rolle gespielt. Als Beleg sind bis heute einige *selbstspleißende* RNA-Introns (das sind Intronsequenzen in der RNA, deren Herausspleißen in Abwesenheit von Proteinen oder anderen RNA-Molekülen stattfinden kann) erhalten geblieben, z. B. in den nukleären rRNA-Genen des Ciliaten *Tetrahymena*, in ein paar Genen des Bakteriophagen T4 sowie in einigen Genen der Mitochondrien und Chloroplasten. In diesen Fällen faltet sich das RNA-Molekül zu einer spezifischen dreidimensionalen Struktur, die die Intron/Exon-Verbindungen zusammenbringt und die beiden Transveresterungsreaktionen direkt katalysiert. Eine selbstspleißende Intronsequenz kann im Reagenzglas als solche erkannt werden, indem man ein reines RNA-Molekül, das die Intronsequenz enthält, inkubiert und die Spleißreaktion beobachtet. Weil die grundlegende Chemie einiger selbstspleißender Reaktionen sowie die Struktur des Aktiven Zentrums mancher selbstspleißender RNAs so sehr dem Spleißosom der prä-mRNA ähnelt, ist es sehr wahrscheinlich, dass sich der sehr viel kompliziertere Vorgang des prä-mRNA-Spleißens aus einer einfacheren, älteren Form des Selbstspleißens der RNA entwickelte.

6.1.21 RNA-Bearbeitungsenzyme erzeugen das 3'-Ende eukaryotischer mRNAs

Wir haben gesehen, dass das 5'-Ende der von der RNA-Polymerase II hergestellten prä-mRNA ein Cap erhält, kaum dass sie die RNA-Polymerase verlassen hat. Während sich die Polymerase am Gen entlang weiterbewegt, baut sich das Spleißosom an der RNA zusammen und steckt die Intron- und Exon-Begrenzungen ab. Der lange C-terminale Schwanz der RNA-Polymerase koordiniert diese Prozesse, indem er die Cap- und Spleißkomponenten direkt auf die RNA überträgt, sobald diese aus dem Enzym auftaucht. In diesem Abschnitt werden wir beschreiben, wie ein ähnlicher Mechanismus sicherstellt, dass das 3'-Ende der prä-mRNA ordnungsgemäß bearbeitet wird, wenn die RNA-Polymerase II das Ende des Gens erreicht.

Die Position des 3'-Endes jedes mRNAs-Moleküls wird durch Signale spezifiziert, die von der Nukleotidsequenz der DNA codiert werden (**Abb. 6.36**). Diese Signale werden in RNA transkribiert, während die RNA-Polymerase II sich durch sie hindurchbewegt, und werden dann als RNA von einer Serie von RNA-bindenden Proteinen und RNA-Prozessierungs-Enzymen erkannt (**Abb. 6.37**). Zwei Proteine mit mehreren Untereinheiten, als Spaltungsstimulationsfaktor F (CstF, engl. *cleavage stimulation factor*) und Spaltungs- und Polyadenylierungs-Spezifizitätsfaktor (CPSF, engl. *cleavage and polyadenylation specificity factor*) bezeichnet, sind besonders wichtig. Beide Proteine bewegen sich auf dem Polymeraseschwanz mit und werden auf die 3'-Ende-Prozessierungssequenz eines RNA-Moleküls übertragen, sobald dieses die Polymerase verlässt.

Sobald die beiden Proteine an ihre Erkennungssequenz auf dem auftauchenden RNA-Molekül binden, lagern sich weitere Proteine an, um die RNA zu spalten (dabei wird es von der RNA-Polymerase freigesetzt) und das 3'-Ende der mRNA herzustellen. Sobald die RNA geschnitten ist, fügt das Enzym *poly-A-Polymerase* (PAP) nacheinander ungefähr 200 A-Nukleotide an das durch die Spaltung entstandene 3'-Ende an (**Abb. 6.37**).

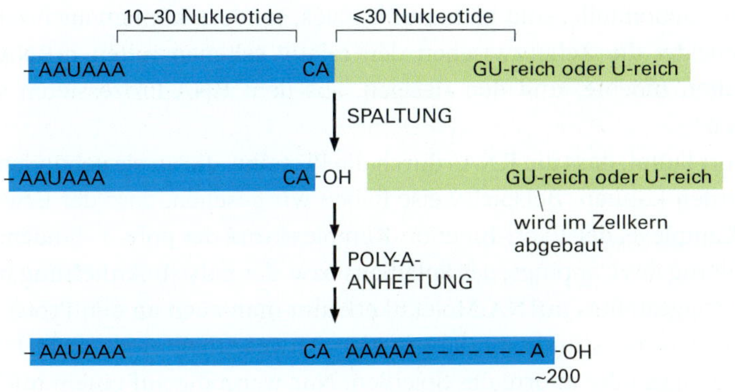

Abb. 6.36 Konsensus-Nukleotidsequenzen in der RNA, die die Spaltung und Polyadenylierung steuern, um das 3'-Ende einer eukaryotischen RNA zu bilden. Diese Sequenzen liegen im Genom und werden von spezifischen Proteinen erkannt – als RNA, nachdem sie transkribiert wurden. CPSF bindet das Hexamer AAUAAA, CstF bindet das GU-reiche Element jenseits der Spaltstelle (Abb. 6.37), und ein dritter Faktor, der für die Spaltung benötigt wird, erkennt die CA-Sequenz. Wie schon andere in diesem Kapitel diskutierte Konsensus-Nukleotidsequenzen (s. Abb. 6.12) stehen die hier gezeigten Sequenzen für optimale Sequenzen: in der Realität kommt eine Vielfalt von einzelnen Spaltungs- und Polyadenylierungssignalen vor.

Das Vorläufermolekül für diese Anheftungen ist ATP, und es wird die gleiche Art von 5'→3'-Bindungen geknüpft wie bei der normalen RNA-Synthese. Poly-*A*-Polymerasen brauchen aber im Gegensatz zu anderen RNA-Polymerasen keine Matrize, folglich wird der poly-*A* -Schwanz eukaryotischer mRNA nicht direkt vom Genom codiert. Während der poly-A-Schwanz synthetisiert wird, lagern sich sogenannte poly-A-Bindungsproteine an und helfen über einen noch unklaren Mechanismus, die endgültige Länge des Schwanzes zu bestimmen.

Nachdem das 3'-Ende eines eukaryotischen prä-mRNA-Moleküls geschnitten wurde, fährt die RNA-Polymerase II mit der Transkription fort. Manchmal transkribiert sie noch bis zu mehrere Hundert Nukleotide. Zwei Faktoren erhöhen jedoch die Wahrscheinlichkeit, dass eine RNA-Polymerase die Transkription beendet, kurz nachdem sie das RNA-Signal für die Spaltung am 3'-Ende und die Polyadenylierung synthetisiert hat. Die Rekrutierung der vielen für die Bearbeitung des 3'-Endes erforderlichen Proteine (die stattfindet, während einige von ihnen immer noch an den Schwanz der RNA-Polymerase gebunden sind) verursacht zunächst eine Konformationsänderung in der Polymerase, wodurch diese verlangsamt wird und ihre Prozessivität abnimmt.

Nachdem zweitens die Spaltung am 3'-Ende stattgefunden hat, fehlt der neu synthetisierten RNA, die aus der Polymerase auftaucht, eine 5'-Cap-Struktur. Diese ungeschützte RNA wird rasch von einer 5'→3'-Exonuklease abgebaut, und wenn sie die Polymerase einholt, veranlasst sie die RNA-Polymerase die Matrize loszulassen und die Transkription zu beenden.

Im einfachsten Fall trägt ein Gen eine einzige Stelle für die Spaltung und Polyadenylierung der RNA am 3'-Ende. Aber viele Gene besitzen mehrere solche Stellen und können daher eine Vielzahl von mRNAS erzeugen, die sich an ihren 3'-Enden unterscheiden. Im nächsten Kapitel behandeln wir, dass Zellen die Bearbeitung des 3'-Endes regulieren können, um aus demselben Gen unterschiedliche Proteine – auf eine dem alternativen Spleißen analoge Weise – zu bilden.

6.1.22 Reife eukaryotische mRNAs werden selektiv aus dem Kern exportiert

Die eukaryotische *prä*-mRNA -Synthese und das Prozessieren laufen in geordneter Weise im Zellkern ab. Aber von der synthetisierten prä-mRNA ist nur ein kleiner Teil, die reife mRNA, weiterhin für die Zelle von Nutzen. Der größte Teil des Rests, ausgeschnittene Introns, abgebrochene RNAs, falsch gespleißte prä-mRNAs und versehentlich

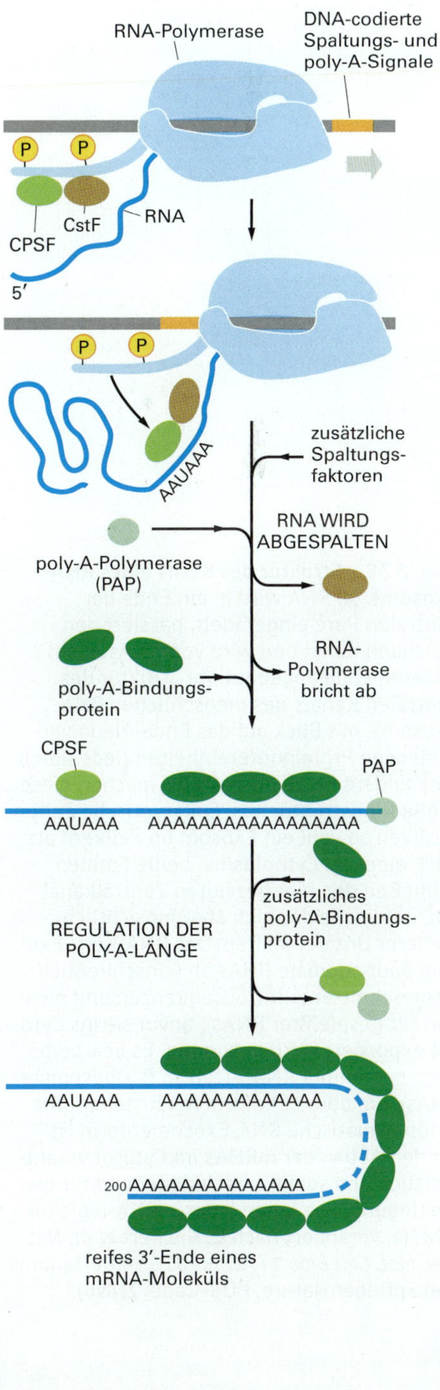

Abb. 6.37 Einige der wichtigsten Schritte, die das 3'-Ende einer eukaryotischen mRNA erzeugen. Dieser Prozess ist wesentlich komplizierter als der entsprechende in Bakterien, bei dem die RNA-Polymerase einfach am Terminationssignal anhält und sowohl das 3'-Ende ihres Transkripts als auch die DNA-Matrize freigibt (s. Abb. 6.11).

transkribierte Genomteile, sind nicht nur nutzlos, sondern können auch schädlich sein. Wie unterscheidet die Zelle zwischen den relativ seltenen reifen mRNA-Molekülen, die sie behalten möchte, und den riesigen, aus dem RNA-Prozessieren stammenden Abfallmengen?

Die Antwort lautet, dass die RNAs durch die Proteine, die an sie gebunden sind, unterschieden werden können. Beispielsweise haben wir gesehen, dass der Erwerb der Cap-bindenden Komplexe, der Exon-Junction-Komplexe und der poly-*A* -bindenden Proteine die Fertigstellung des Cappings, des Spleißens bzw. der poly-*A* -Anheftung markiert. Ein ordentlich fertiggestelltes mRNA-Molekül erkennt man auch an den Proteinen, die ihm fehlen. Beispielsweise stünde die langfristige Anwesenheit eines snRNP-Proteins für ein unvollständiges oder anormales Spleißen. Nur wenn die auf einem mRNA-Molekül vorhandenen Proteine allesamt zu erkennen geben, dass die Prozessierung erfolgreich abgeschlossen wurde, wird die mRNA aus dem Zellkern ins Cytosol exportiert, wo sie zu einem Protein translatiert werden kann. Nicht ordentlich prozessierte mRNAs und anderer RNA-Abfall (beispielsweise ausgeschnittene Intronsequenzen) werden im Zellkern zurückgehalten, wo sie schließlich durch das **RNA-Exosom im Zellkern** – ein großer Proteinkomplex, dessen Inneres reich an 3'→5'-RNA-Exonukleasen ist – abgebaut werden (**Abb. 6.38**). In der Tat ist das Schicksal der allermeisten RNAs im Zellkern der Abbau; nur diejenigen, welche die richtige Proteinkonstellation besitzen, werden verschont.

Die häufigsten aller Proteine, die sich an prä-mRNA-Moleküle anlagern, wenn diese aus der transkribierenden RNA-Polymerase auftauchen, sind die *hnRNPs* (heterogene nukleäre Ribonukleoproteine). Manche dieser Proteine (beim Menschen gibt es ungefähr 30 verschiedene davon) entwinden die Haarnadelhelices aus der RNA, sodass Spleiß- und andere Signale der RNA besser erkannt werden können. Andere verpacken die RNA der sehr langen Intronsequenzen, die man typischerweise in Genen komplexer Organismen findet (s. **Abb. 6.31**); sie helfen unter Umständen, den von der RNA-Bearbeitung übriggebliebenen Abfall von den vollständig reifen mRNAs zu unterscheiden.

Erfolgreich prozessierte mRNA-Moleküle werden durch die **Kernporenkomplexe** (NPCs, engl. *nuclear pore complexes*) geleitet – wässrige Kanäle in der Kernmembran, die das Kernplasma direkt mit dem Cytosol verbinden (**Abb. 6.39**). Kleine Moleküle (kleiner als 40 000 Dalton oder mit einem Durchmesser von etwa 5 nm) können frei durch diese Kanäle hindurchdiffundieren. Die meisten Makromoleküle in einer Zelle, einschließlich der mit Proteinen verbundenen mRNAs, sind jedoch entschieden zu groß, um die Poren ohne besonderen Hilfsmechanismus zu passieren. Die Zellen setzen Energie ein, um solche Makromoleküle aktiv in beide Richtungen durch die Kernporenkomplexe zu befördern.

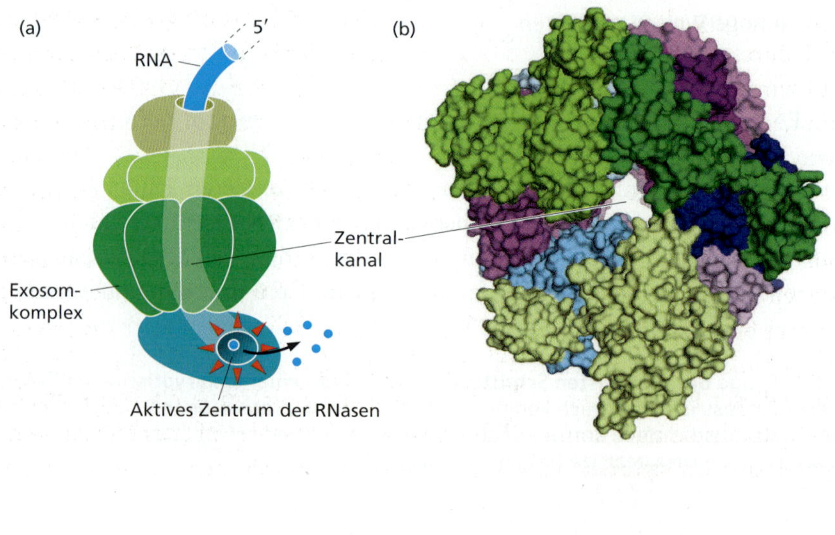

Abb. 6.38 Struktur des Kerns eines RNA-Exosoms. (a) RNA wird in ein Ende der zentralen Pore eingefädelt, passiert den zentralen Kanal und wird von RNAsen am anderen Ende abgebaut. (b) Struktur des zentralen Kanals des menschlichen RNA-Exosoms, mit Blick auf das Ende. Neun verschiedene Proteinuntereinheiten (jede durch eine andere Farbe dargestellt) machen diese große Ringstruktur aus. Eukaryotische Zellen besitzen sowohl ein Exosom im Zellkern als auch eines im Cytoplasma; beide Formen schließen den hier gezeigten Zentralkanal ein, unterscheiden sich aber hinsichtlich weiterer Untereinheiten. Das RNA-Kern-Exosom baut anomale RNAs ab (einschließlich ausgeschnittener Intronsequenzen und nicht korrekt gespleißter RNAs), bevor sie ins Cytosol exportiert werden können. Es bearbeitet auch bestimmte RNA-Arten (z. B. ribosomale RNAs), um deren Endform herzustellen. Die cytoplasmatische RNA-Exosomenform ist für den Abbau der mRNAs im Cytosol verantwortlich und somit ausschlaggebend für die Festlegung, wie lange jedes mRNA-Molekül lebt. (a, verändert nach C. Kilchert *et al. Nat. Rev. Mol. Cell Biol.* 17: 227, 2016. Mit Erlaubnis von Springer Nature; PDB-Code: 2NN6).

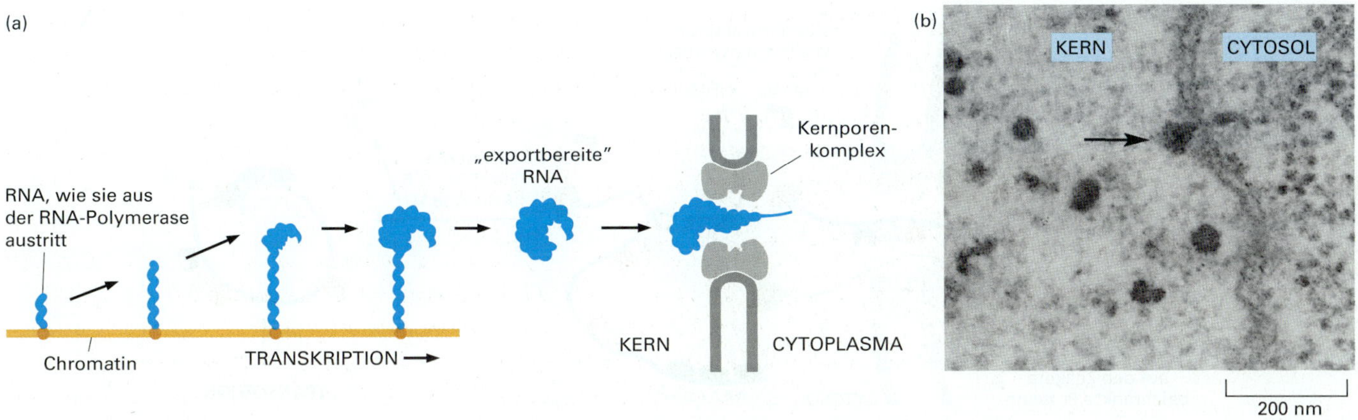

Abb. 6.39 Der Transport eines großen mRNA-Moleküls durch den Kernporenkomplex. (a) Die Reifung eines mRNA-Moleküls, während es von der RNA-Polymerase synthetisiert wird und von einer Vielfalt von Kernproteinen verpackt wird. Die Zeichnung dieser ungewöhnlich großen und häufigen Insekten-RNA – Balbiani-Ring-mRNA genannt – beruht auf elektronenmikroskopischen Aufnahmen, ähnlich wie die in (b) dargestellte. (a, verändert nach B. Daneholt, *Cell* 88: 585–588, 1997. Mit Erlaubnis von Elsevier; b, aus B. J. Stevens und H. Swift, ursprünglich veröffentlicht in *J. Cell. Biol.* 31: 55–77, 1966. Mit Erlaubnis von The Rockefeller University Press).

Wie in Kapitel 12 ausführlich behandelt wird, werden Makromoleküle mithilfe von *Kerntransportrezeptoren* durch Kernporenkomplexe befördert; diese geleiten das Makromolekül vom Zellkern zum Cytoplasma oder umgekehrt, je nachdem, um welches Makromolekül es sich handelt. Damit sich der mRNA-Export ereignet, muss ein spezifischer Kerntransportrezeptor auf die mRNA geladen werden – ein Schritt, der in vielen Organismen gemeinsam mit der 3'-Spaltung und der Polyadenylierung stattfindet.

Der Export von mRNA–Protein-Komplexen aus dem Kern kann am Beispiel der ungewöhnlich häufigen mRNA der *Balbiani-Ring-Gene* der Insekten im Elektronenmikroskop verfolgt werden. Während diese Gene transkribiert werden, kann man beobachten, wie die neu gebildete prä-mRNA von Proteinen (unter anderem *hnRNP*- und *SR*-Proteinen und Komponenten des Spleißosoms) verpackt wird. Dieser Protein-prä-mRNA-Komplex erfährt eine Reihe struktureller Veränderungen, die wahrscheinlich RNA-Prozessierungs-Ereignisse widerspiegeln und in einer „Haken-Faser-Struktur" gipfeln (**Abb. 6.37**). Diese gekrümmte Faser diffundiert durch das Kernplasma, dringt in den Kernporenkomplex ein (mit ihrem 5'-Cap voran). Sie erfährt weitere strukturelle Änderungen, während sie sich durch die Pore hindurchbewegt (**Abb. 6.39**).

Solche Beobachtungen haben gezeigt, dass die prä-mRNA- und die mRNA-Protein-Komplexe dynamische Strukturen sind, die während der RNA-Synthese, der Prozessierung und des Exports spezifische Proteine hinzugewinnen und auch wieder verlieren (**Abb. 6.40**).

Die Wanderung eines einzelnen mRNA-Moleküls vom Zellkern zum Cytosol lässt sich auch durch Fluoreszenzmarkierung im Zeitverlauf beobachten. Ein typisches RNA-Molekül wird von seiner Transkriptionsstelle freigesetzt und verbringt mehrere Minuten damit, zu einer Kernpore zu diffundieren, bis es auf einen Kernpoenkomplex trifft. Während dieser Zeit ist es wahrscheinlich, dass weitere RNA-Prozessierungsvorgänge stattfinden und dass die RNA zuvor gebundene Proteine abwirft und neue bekommt. Sobald sie am Poreneingang angekommen ist, wartet die „ausfuhrbereite" mRNA einige Sekunden, währenddessen der Abschluss der Prozessierung stattfinden könnte; dann wird sie sehr rasch durch die Pore befördert. Manche mRNA-Proteinkomplexe sind sehr groß, und es bleibt ein Rätsel, wie sie sich so schnell (in etwa in 10 Millisekunden) durch die Kernporenkomplexe bewegen.

Manche dieser Proteine, die an die mRNA angelagert worden sind, während sie sich noch im Zellkern befand, können das Schicksal der RNA beeinflussen, nachdem sie in das Cytoplasma transportiert wurde. Somit können also die Stabilität einer mRNA im

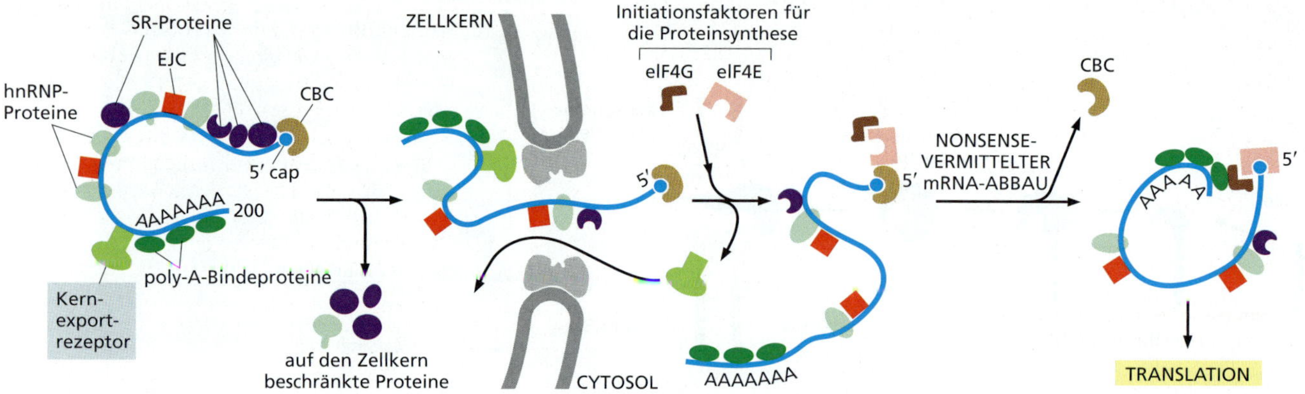

Abb. 6.40 **Schematische Darstellung eines ausfuhrbereiten mRNA-Moleküls und seines Transports durch die Kernpore.** Wie gezeigt, wandern manche Proteine mit der mRNA, wenn diese die Kernpore passiert, wohingegen andere im Zellkern verbleiben. Einige der Kernproteine, die verloren gehen, werden schließlich durch cytosolische Versionen ersetzt, so z. B. diejenigen, welche die 5'-Cap binden. Bei manchen Spezies (u. a. beim Menschen) gibt es verschiedene Poly-*A* -bindende Proteine im Zellkern und dem Cytosol; andere Spezies besitzen nur ein einziges Poly-*A* -bindendes Protein. Der Kern-Exportrezeptor für mRNAs ist ein Komplex aus Proteinen, der an ein mRNA-Molekül bindet, sobald es korrekt gespleißt und polyadenyliert wurde. Nachdem die mRNA ins Cytosol exportiert wurde, löst sich dieser Exportrezeptor von der mRNA ab und wird erneut in den Zellkern importiert, wo er erneut verwendet werden kann. Die letzte hier gezeigte Überprüfung, *Nonsense-vermittelter mRNA-Abbau* (*nonsense-mediated decay*) genannt, wird an späterer Stelle im Kapitel beschrieben.

Cytosol, die Effizienz, mit der sie in ein Protein translatiert wird, und auch ihre letztendliche Bestimmung in der Zelle durch im Zellkern erworbene Proteine festgelegt werden, die mit der RNA im Cytosol verbunden bleiben, nachdem sie den Zellkern verlassen hat.

Aber bevor wir uns damit beschäftigen, was mit den exportierten mRNAs geschieht, werden wir uns kurz damit auseinandersetzen, wie die Synthese und das Prozessieren nicht codierender RNA-Moleküle ablaufen. Es gibt viele Arten nicht codierender RNAs, die von Zellen gebildet werden (s. **Tab. 6.1**), aber hier konzentrieren wir uns auf die rRNAs, die bei der Translation von mRNAs in Proteine von entscheidender Bedeutung sind.

6.1.23 Die Synthese und das Bearbeiten vieler nicht codierender RNAs erfolgen auch im Kern

Von allen RNA-Molekülen in einer typischen Zelle macht die mRNA nur einige wenige Prozent aus. Der weitaus größte Teil zellulärer RNA hat strukturelle und katalytische Funktionen (s. **Tab. 6.1**). Die häufigsten RNAs einer Zelle sind die ribosomalen RNAs (rRNAs) – sie stellen etwa 80 % der RNA in sich schnell teilenden Zellen. Wie später in diesem Kapitel diskutiert wird, bilden diese RNAs den Kern des Ribosoms. Im Gegensatz zu Bakterien, bei denen alle RNA-Typen einer Zelle von einer einzigen Art RNA-Polymerase synthetisiert werden, besitzen Eukaryoten eine eigene, spezialisierte Polymerase, die RNA-Polymerase I, die ausschließlich rRNA-Moleküle herstellt. Die RNA-Polymerase I ähnelt in ihrer Struktur der bereits besprochenen RNA-Polymerase II. Die Abwesenheit eines C-terminalen Schwanzes bei der Polymerase I hilft jedoch zu erklären, warum ihre Transkripte weder mit einem Cap versehen noch polyadenyliert werden.

Da mehrere Translationsdurchgänge eines mRNA-Moleküls zu einer enormen Vervielfältigung von Proteinmolekülen führen, können viele Proteine, die in einer Zelle sehr häufig vorkommen, mittels eines Gens hergestellt werden, das nur in einer Kopie je haploidem Genom vorkommt (s. **Abb. 6.3**). Dagegen sind die RNA-Komponenten des Ribosoms die endgültigen Genprodukte. Daher muss eine wachsende Säugerzelle in

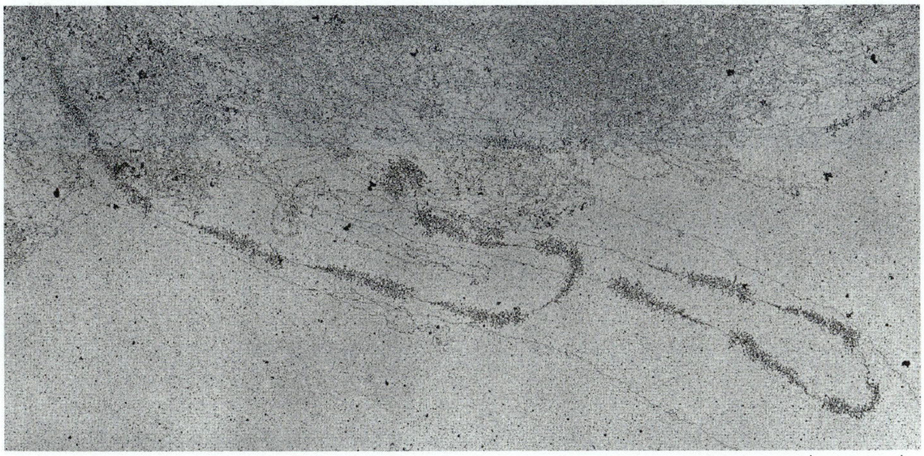

Abb. 6.41 Transkription von in Tandem-Wiederholungen angeordneten rRNA-Genen, wie man sie im Elektronenmikroskop beobachten kann. Das Muster von abwechselnd transkribierten Genen und nicht transkribierten Bereichen ist ohne weiteres sichtbar. Eine Aufnahme höherer Auflösung wurde in Abb. 6.10 gezeigt. (Aus V. E. Foe, *Cold Spring Harb. Symp. Quant. Biol.* 42: 723–740, 1978. Mit Erlaubnis von Cold Spring Harbor Laboratory Press).

jeder Zellgeneration ungefähr 10 Millionen Kopien jedes ribosomalen RNA-Typs synthetisieren, um ihre 10 Millionen Ribosomen aufzubauen. Die Zelle kann die benötigten Mengen ribosomaler RNAs nur herstellen, weil sie viele Kopien der **rRNA-Gene** besitzt, die für **ribosomale RNAs (rRNAs)** codieren. Selbst *Escherichia coli* braucht sieben Kopien seines rRNA-Gens, um den zellulären Ribosomenbedarf zu decken. Zellen des Menschen enthalten etwa 200 rRNA-Genkopien im haploiden Genom, die in kleinen Clustern über fünf verschiedene Chromosomen verteilt sind (s. Abb. 4.12). Dagegen enthalten Zellen des Froschs *Xenopus* ungefähr 600 rRNA-Genkopien im haploiden Genom in einem einzigen Cluster auf einem Chromosom (Abb. 6.41).

Es gibt vier Arten von eukaryotischen rRNAs; jede ist nur einmal in jedem Ribosom vorhanden. Drei der vier rRNAs (18S, 5,8S und 28S) werden hergestellt, indem ein großes Vorläufer-rRNA-Molekül chemisch modifiziert und geschnitten wird (Abb. 6.42). Die vierte rRNA-Art (5S) entsteht aus einem anderen Gencluster durch eine andere Polymerase, die Polymerase III, und benötigt keine chemische Modifikation.

In der 13 000 Nukleotide langen Vorläufer-rRNA kommt es zu ausgiebigen chemischen Modifikationen, bevor die reifen 18S-, 5,8S- und 28S-rRNAs aus ihr ausgeschnitten werden.

Diese Modifikationen umfassen ungefähr 100 Methylierungen der 2'-OH-Gruppen der Nukleotidzucker und 100 Isomerisierungen von Uridin- zu Pseudouridinnukleotiden (Abb. 6.43a). Die Funktion dieser Modifikationen ist nicht im Detail bekannt, aber sie tragen möglicherweise zum Ribosomenaufbau bei und sie könnten außerdem die

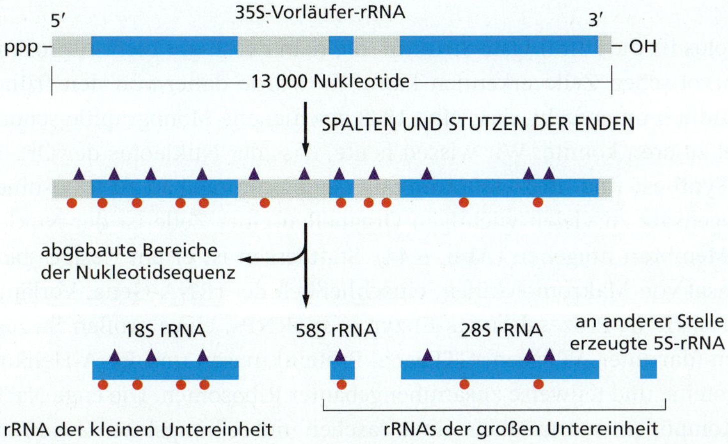

Abb. 6.42 Die chemische Modifizierung und das nukleolytische Prozessieren eines eukaryotischen Vorläufer-rRNA-Moleküls zu drei getrennten ribosomalen RNAs. Eine Vorläufer-rRNA wird auf zwei Arten chemisch modifiziert (farblich codiert wie in Abb. 6.43 dargestellt), bevor sie geschnitten wird. Ungefähr die Hälfte der Nukleotidsequenz dieser Vorläufer-RNA wird entfernt und im Kern durch das RNA-Exosom abgebaut. Die Prozessierung der ribosomalen RNAs beginnt, während sie immer noch transkribiert werden; die entstehenden Transkripte beginnen ebenfalls sich mit den Ribosomenproteinen zusammenzubauen (s. Abb. 6.10). Die rRNAs werden aufgrund ihrer „S"-Werte benannt, die sich auf ihre Sedimentationsgeschwindigkeiten in einer Ultrazentrifuge beziehen. Je größer der S-Wert, desto größer die rRNA.

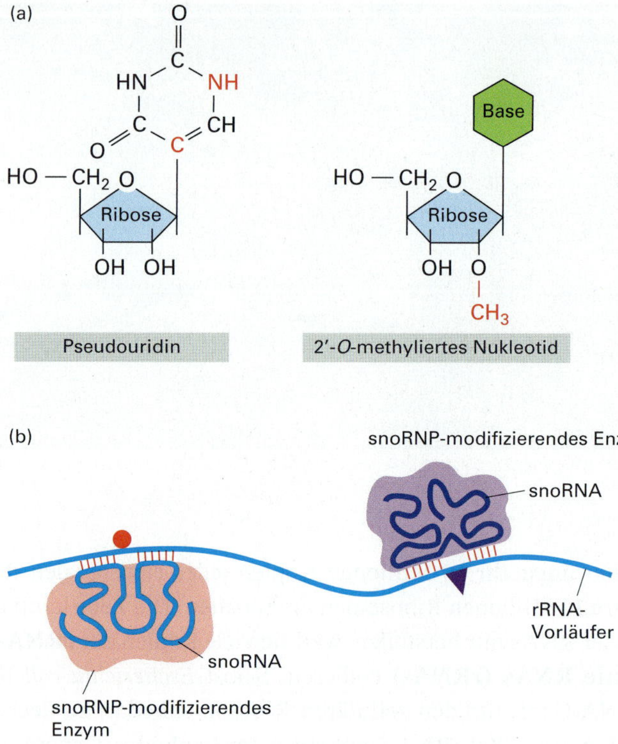

Abb. 6.43 Modifikationen der Vorläufer-rRNA durch Leit-RNAs. (a) Zwei häufige kovalente Modifikationen an der *r*RNA. Die Unterschiede zu den ursprünglich eingefügten Nukleotiden sind durch *rote* Atome sichtbar gemacht. Pseudouridin ist ein Uridinisomer; die Base ist relativ „gedreht" und ist mit dem *roten* C anstatt mit dem *roten* N oder dem Zucker verknüpft (vgl. mit **Abb. 6.5b**). (b) Wie gezeigt, orten snoRNAs die zu modifizierenden Stellen, indem sie über Basenpaarungen an die komplementären Sequenzen auf der Vorläufer-rRNA binden. Die snoRNAs sind an Proteine gebunden, und die entsprechenden Komplexe werden als snoRNPs (kleine nukleoläre Ribonukleoproteine, engl. *small nucleolar ribonucleoproteins*) bezeichnet. Die snoRNPs enthalten sowohl die Leitsequenzen als auch die Enzyme, die die rRNA modifizieren.

Funktion des Ribosoms leicht verändern. Jede Modifikation erfolgt an einer bestimmten Stelle in der Vorläufer-*r*RNA. Diese Positionen werden durch „Leit-RNAs" festgelegt, die sich selbst über Basenpaarungen an die Vorläufer-rRNA anlagern und dadurch ein RNA-modifizierendes Enzym zur richtigen Stelle bringen (**Abb. 6.43b**). Andere Leit-RNAs fördern die Spaltung der Vorläufer-rRNA zu reifen rRNAs, wahrscheinlich indem sie Konformationsänderungen in der Vorläufer-rRNA bewirken, durch die diese Stellen den Nukleasen ausgesetzt werden. Alle diese Leit-RNAs sind Mitglieder einer großen Klasse von RNAs, die als **kleine nukleoläre *RNAs*** (snoRNAS, engl. ***small nucleolar RNAs***) bezeichnet werden, weil sie ihre Funktionen in einem Kompartiment des Kerns, dem Nukleolus, ausführen. Viele snoRNAs werden von den Introns anderer Gene codiert, besonders jener, die für ribosomale Proteine codieren. Sie werden daher von der RNA-Polymerase II synthetisiert und durch Prozessieren ausgeschnittener Intronsequenzen erhalten.

6.1.24 Der Nukleolus ist eine Ribosomenfabrik

Der Nukleolus ist die auffälligste Struktur, die man durch ein Lichtmikroskop im Kern einer eukaryotischen Zelle erkennen kann. Er wurde daher von den frühen Cytologen so gründlich untersucht, dass eine 1898 erschienene Monographie schon ungefähr 700 Artikel zitieren konnte. Wir wissen heute, dass der Nukleolus der Ort ist, an dem die rRNA-Synthese und -Prozessierung und der Zusammenbau zu Ribosomen stattfindet. Im Gegensatz zu vielen wichtigen Organellen einer Zelle ist der Nukleolus nicht von einer Membran umgeben (**Abb. 6.44**). Stattdessen ist er ein riesiges biomolekulares Kondensat von Makromolekülen, einschließlich der rRNA-Gene, Vorläufer-rRNAs, reifer rRNAs, rRNA-Prozessierungs-Enzyme, snoRNPs, eines großen Satzes von Aufbaufaktoren (darunter ATPasen, GTPasen, Proteinkinasen und RNA-Helikasen), ribosomaler Proteine und teilweise zusammengebauter Ribosomen. Die enge Nachbarschaft all dieser Komponenten ermöglicht einen raschen und reibungslosen Zusammenbau der

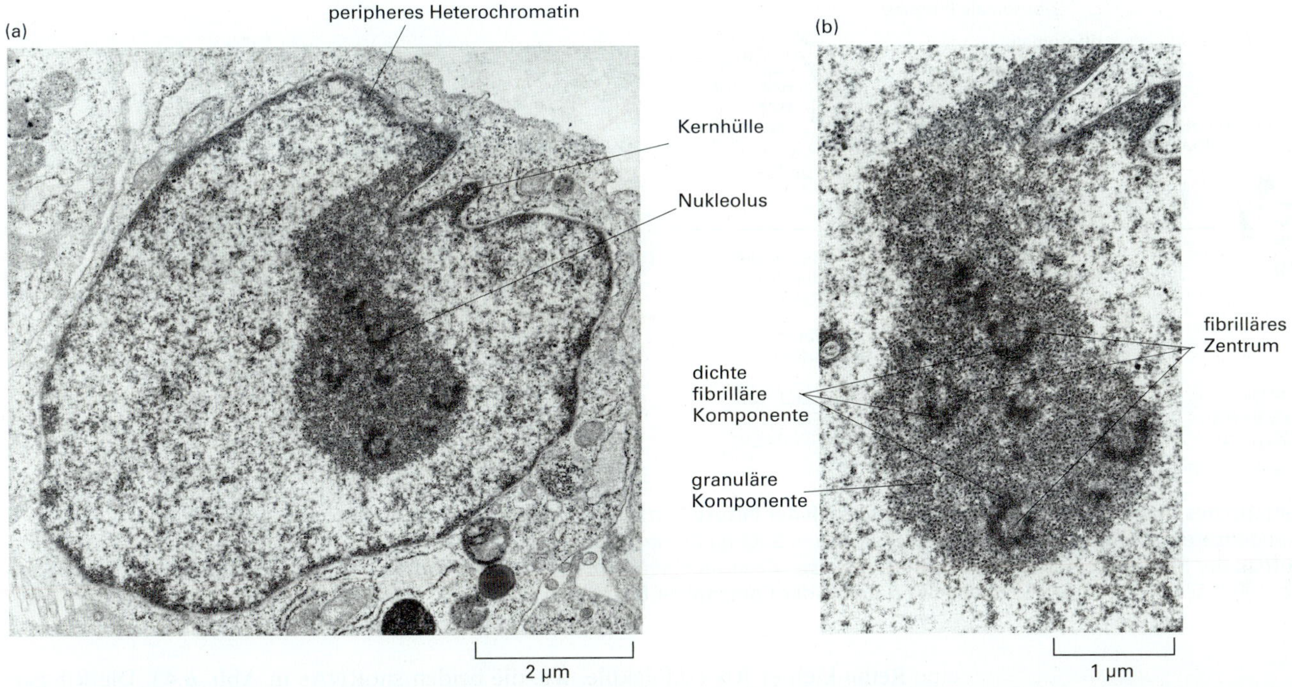

Abb. 6.44 Die elektronenmikroskopische Aufnahme eines Dünnschnitts durch einen Nukleolus aus einem Menschenfibroblasten zeigt seine drei unterscheidbaren Zonen. (a) Bild des gesamten Kerns. (b) Höher auflösende Ansicht des Nukleolus. Man nimmt an, dass die Transkription der rRNA-Gene zwischen dem fibrillären Zentrum und der dichten fibrillären Komponente stattfindet. Man nimmt an, dass das Prozessieren der rRNAs und ihr Zusammenbau zu den beiden Untereinheiten der Ribosomen auf dem Weg von den dichten fibrillären Komponenten zu den umgebenden granulären Komponenten abläuft (s. Abb. 6.46). (Mit freundlicher Genehmigung von E. G. Jordan und J. McGovern).

Ribosomen. In Kapitel 12 behandeln wir die Bildung von membranlosen Organellen; hier halten wir fest, dass ihr Aufbau wahrscheinlich von dem in Kapitel 3 beschriebenen Typ der Phasentransformation angetrieben ist (s. **Abb. 3.77**). Die enge, aber lockere Assoziation all dieser Bestandteile, die es ermöglicht, dass die Ribosomen rasch und reibungslos aufgebaut werden, verleiht dem Nukleolus flüssigartige Eigenschaften (**Abb. 6.45**).

Die rRNA-Gene selbst spielen eine wichtige Rolle bei der Nukleolusbildung (**Abb. 6.46**). In einer diploiden menschlichen Zelle liegen die rRNA-Gene in zehn Clustern verteilt vor, die sich in der Nähe des Endes von fünf verschiedenen Chromosomen befinden (s. **Abb. 4.12**). Während der Interphase steuern diese zehn Chromosomen DNA-Schleifen (die rRNA-Gene enthalten) zum Nukleolus bei; wenn die Chromosomen kondensieren, zerbricht der Nukleolus und verschwindet dann. In der Telophase der Mitose, wenn die Chromosomen zu ihrem halbverstreuten Zustand zurückkehren, bilden die Enden der zehn Chromosomen erneut kleine Nukleoli, die dann zu einem einzigen Nukleolus verschmelzen (**Abb. 6.47** und **Abb. 6.48**). Wie man erwarten könnte, spiegelt die Größe des Nukleolus die Anzahl der Ribosomen wider, die eine Zelle herstellt. Seine Größe kann daher in verschiedenen Zellen unterschiedlich sein und kann sich auch in einer einzelnen Zelle ändern. Bei Zellen, die ungewöhnlich große Mengen an Proteinen herstellen, nimmt er nahezu 25 % des gesamten Kernvolumens ein.

Der Ribosomenaufbau ist ein komplexer Vorgang, der außer den Proteinen und RNA-Molekülen, aus denen das fertige Ribosom besteht, mehr als 200 Proteine benötigt, die den Aufbau des fertigen Ribosoms unterstützen. Dazu zählen *Chaperone* (an späterer Stelle in diesem Kapitel behandelt), ATP-abhängige RNA-Helikasen, Nukleasen und eine breite Vielfalt RNA-bindender Proteine. Zusätzlich benötigt der Zusammenbau

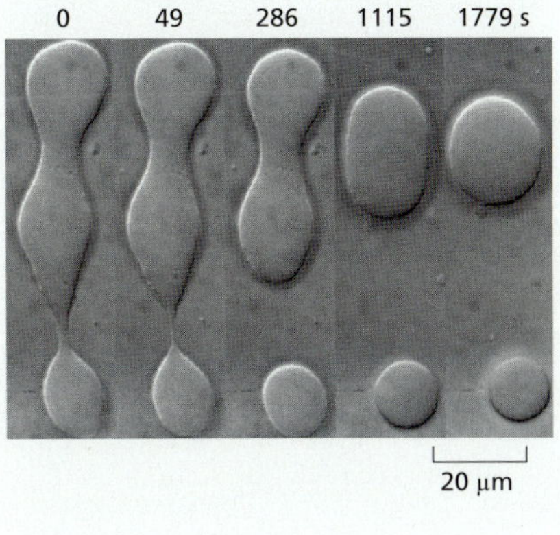

Abb. 6.45 Nukleoli weisen ein flüssigartiges Verhalten auf, wenn man sie *in vitro* betrachtet. Der Zeitverlauf zeigt das Schicksaal von drei Nukleoli aus Frosch-Oozyten, die begonnen haben, miteinander zu fusionieren. Die untere Fusionsverbindung bricht schließlich, während sich die andere verstärkt und das Fusionsereignis abgeschlossen wird. Dieses Experiment wurde *in vitro* unter Mineralöl ausgeführt, und die Nukleoli wurden mithilfe der Differenzial-Interferenz-Kontrastmikroskopie beobachtet (s. Kapitel 9). (Aus C. P. Brangwynne *et al. Proc. Natl. Acad Sci USA* 108: 4334–4339, 2011. Mit Erlaubnis der National Academy of Sciences).

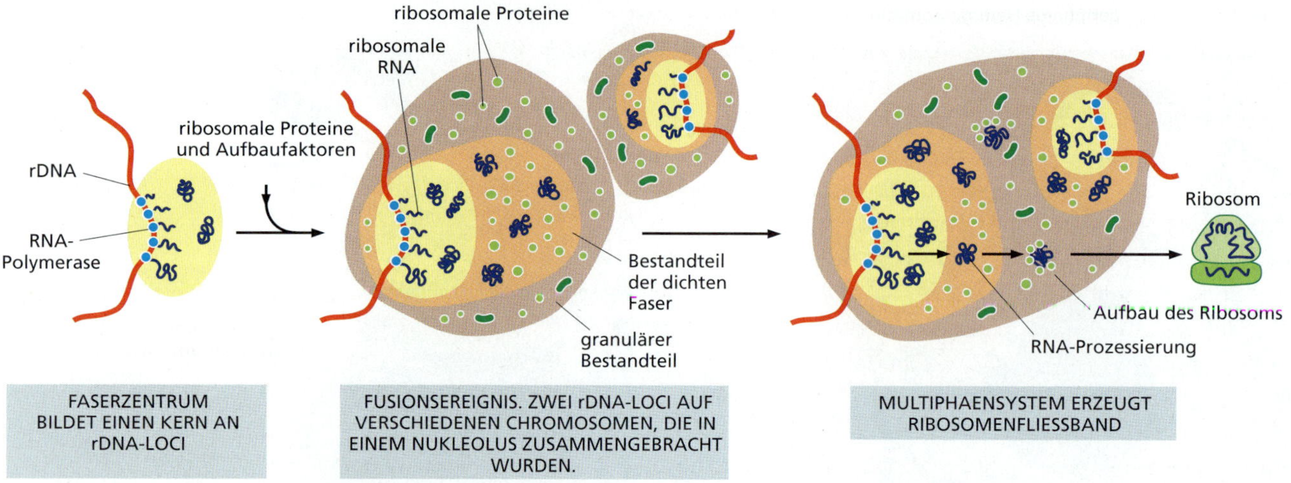

Abb. 6.46 Schematisches Diagramm der Nukleolusbildung nach der Mitose. Entsprechend diesem Modell bildet sich der Nukleolus aus drei verschiedenen Kondensaten, wovon jedes einen unterschiedlichen Satz an Komponenten besitzt. Man hat vorgeschlagen, dass diese Anordnung den korrekten Aufbau der RNA-Protein-Komplexe fördert, ganz so wie er an einem Fließband zu beobachten ist. (Verändert nach A. R. Strom und C. P. Brangwynne, *J. Cell Sci.* 132: jcs235093, 2019. Mit Erlaubnis der Company of Biologists).

eine Reihe kleiner RNA-Moleküle, wie die beiden snoRNAs in **Abb. 6.43**. Die Ribosomenbildung ähnelt in vielerlei Hinsicht dem Vorgang, bei dem ein Spleißosom gebildet wird, wie wir bereits in diesem Kapitel behandelt haben. Im Besonderen spielen sich viele ATP-getriebene Strukturumgruppierungen der RNA ab, während der Zusammenbau voranschreitet. Ein wesentlicher Unterschied besteht jedoch darin, dass ein neues Spleißosom für jeden Spleißvorgang neu gebaut und abgebaut werden muss, während ein Ribosom – sobald es einmal gebildet ist – stabil ist und wiederholt genutzt wird, um viele mRNAs in Proteine zu translatieren. Man schätzt, dass in menschlichen Zellen jedes Ribosom durchschnittlich 3000 einzelne Proteine in seiner Lebenszeit herstellt. Den Ribosomenaufbau kennt man in kleinsten Einzelheiten und in **Abb. 6.49** sind nur einige wenige Schlüsselmerkmale skizziert.

Neben seiner zentralen Funktion bei der Ribosomen-Biogenese ist der Nukleolus der Ort, an dem andere nicht codierende RNAs gebildet und andere RNA–Protein-Komplexe zusammengebaut werden. Zum Beispiel besteht das *U6*-snRNP, das ein wesentlicher Bestandteil des prä-mRNA-Spleißen ist (s. **Abb. 6.29**), aus einem RNA-Molekül und sieben Proteinen. Die U6-snRNA wird von snoRNAs im Nukleolus chemisch modifiziert und mit ihren Proteinen im Zellkern zusammengebaut. Andere wichtige RNA–Protein-Komplexe, darunter die Telomerase (s. Kapitel 5) und das Signalerkennungspartikel (s. Kapitel 12), werden ebenfalls im Nukleolus montiert. Schließlich werden auch die tRNAs (*Transfer*-RNAs), die die Aminosäuren für die Proteinsynthese bereitstellen, im Nukleolus bearbeitet. Wie die rRNA-Gene sind auch diejenigen, die für tRNAs codieren, im Nukleolus versammelt. Daher kann man den Nukleolus als eine große Fabrik ansehen, in der die Transkription und die Bearbeitung vieler verschiedener, nicht codierender RNAs stattfinden, die mit Proteinen zu einer großen Vielfalt von Ribonukleoproteinkomplexen montiert werden.

6.1.25 Der Kern enthält eine Vielzahl subnukleärer biomolekularer Kondensate

Obwohl der Nukleolus die auffälligste Struktur im Kern ist, wurden bereits andere membranlose Kompartimente beobachtet und untersucht (**Abb. 6.50**). Zu diesen Körperchen gehören die Cajal-Körperchen (nach dem Wissenschaftler S. Raó y Cajal benannt, der sie 1906 zuerst beschrieb) und im Chromatin liegende granuläre Cluster (auch als *speckles*

= *Tüpfel* bezeichnet). Wie der Nukleolus sind auch diese anderen Kompartimente sehr dynamisch, je nach Bedarf der Zelle. Ihr Aufbau geschieht wahrscheinlich durch die Zusammenlagerung von Protein- und RNA-Bestandteilen, die an der Synthese, dem Zusammenbau und der Speicherung von Makromolekülen, die eine Funktion bei der Genexpression haben, beteiligt sind. Cajal-Körperchen sind die Orte, an denen die snRNAs und die snoRNAs sich ihrem letzten Reifungsschritt unterziehen und an denen die snRNPs wiederverwertet werden, wobei ihre RNAs nach den Umordnungen, die während des Spleißens stattgefunden haben (s. Abschnitt 6.1.16), wieder in ihre „Grundeinstellung" gebracht werden. Dagegen wurde für die im Chromatin liegenden granulären Cluster vorgeschlagen, dass es sich bei ihnen um Vorratslager handelt, in denen reife snRNPs und andere RNA-Prozessierungskomponenten gespeichert werden, die für ihren Einsatz bei der Herstellung von mRNAs bereit gehalten werden.

Wissenschaftler hatten Schwierigkeiten, die exakten Funktionen dieser kleinen Kompartimente zu ermitteln – zum Teil deshalb, weil sich ihr Erscheinungsbild dramatisch ändern kann, wenn Zellen den Zellzyklus durchlaufen oder auf Änderungen in ihrer Umgebung reagieren. Zudem hat die Zerstörung eines bestimmten Kernkörperchentyps oft nur geringe Auswirkungen auf die Funktionsfähigkeit der Zelle. Es scheint, dass die Hauptfunktion dieser Aggregate darin besteht, Komponenten in hoher Konzentration zusammenzubringen, um ihren Zusammenbau zu beschleunigen. Man schätzt beispielsweise, dass das Zusammenbauen der *U4/U6*-snRNP (s. **Abb. 6.29**) in Cajal-Körperchen zehnmal schneller vonstattengeht, als es der Fall wäre, wenn die gleiche Anzahl an Komponenten im Zellkern verstreut wäre. Folglich sind Cajal-Körperchen in vielen Zellarten entbehrlich, sie sind jedoch in Situationen absolut erforderlich, in denen Zellen rasch proliferieren müssen, wie z. B. in der frühen Wirbeltierentwicklung. Hier muss die Proteinsynthese (die vom RNA-Spleißen abhängt) besonders rasch ablaufen und Verzögerungen können tödlich sein.

Angesichts der Bedeutung der Kernkompartimente beim RNA-Prozessieren könnte man erwarten, dass das prä-mRNA-Spleißen in einem bestimmten Bereich des Kerns abläuft, da hierfür viele RNA- und Proteinkomponenten benötigt werden. Das Zusammenbauen der Spleißkomponenten an der prä-mRNA erfolgt jedoch kotranskriptional. Daher muss, wie wir gesehen haben, das Spleißen an vielen verschiedenen Stellen der Chromosomen stattfinden. Obwohl eine typische Säugerzelle größenordnungsmäßig 15 000 Gene

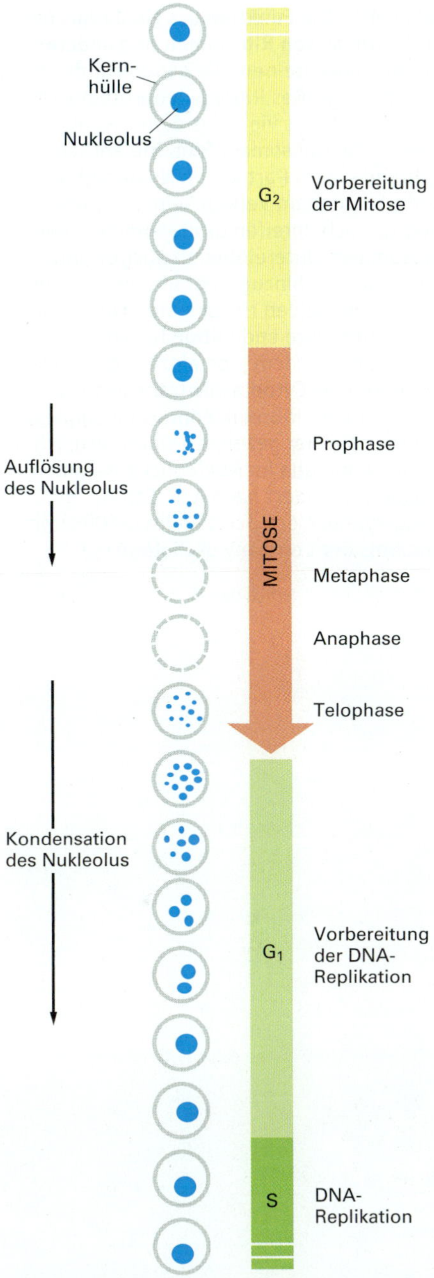

Abb. 6.47 Veränderungen im Erscheinungsbild des Nukleolus in einer menschlichen Zelle während des Zellzyklus. In diesem Diagramm ist lediglich der Zellkern dargestellt. In den meisten eukaryotischen Zellen zerfällt die Kernmembran während der Mitose, wie durch die *gestrichelten Kreise* angedeutet wird.

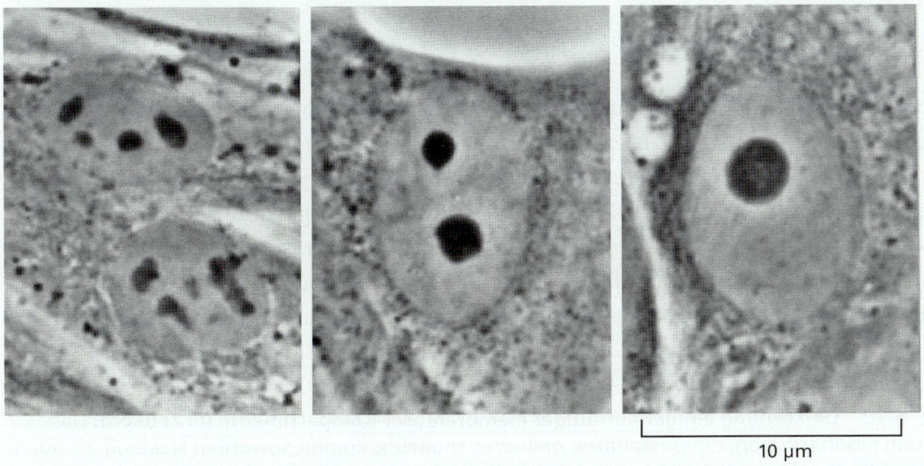

Abb. 6.48 Fusion von Nukleoli *in vivo*. Diese lichtmikroskopischen Aufnahmen von in Kultur gehaltenen menschlichen Fibroblasten zeigen die verschiedenen Stadien der Fusion von Nukleoli. Nach der Mitose beginnt jedes der 10 Chromosomen, das einen rRNA-Gencluster enthält, einen winzigen Nukleolus zu bilden. Während diese wachsen, vereinigen sie sich schnell miteinander und bilden den einzelnen, großen Nukleolus, wie er typischerweise in Interphasezellen vorkommt. (Mit freundlicher Genehmigung von E. G. Jordan und J. McGovern.)

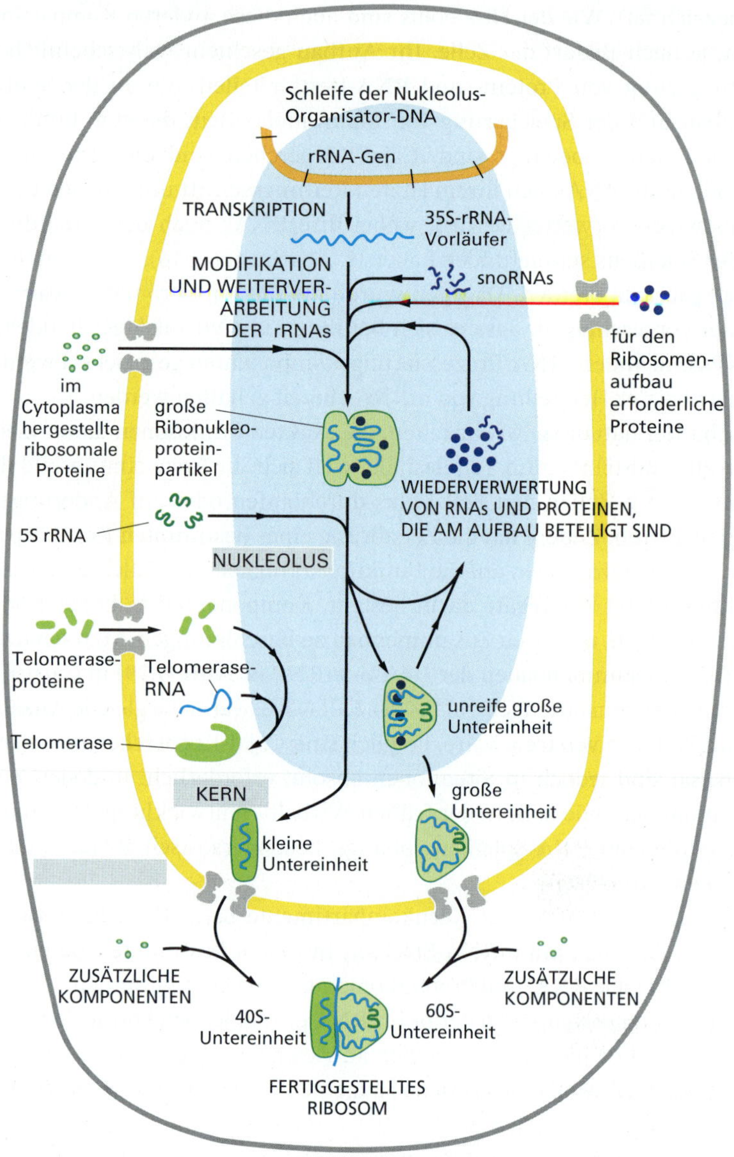

Abb. 6.49 Die Funktion des Nukleolus bei der Synthese von Ribosomen und anderen Ribonukleoproteinen. Die 45S-Vorläufer-rRNA wird in ein großes Ribonukleoproteinpartikel verpackt, das viele aus dem Cytoplasma importierte ribosomale Proteine enthält. Während dieses Partikel im Nukleolus verbleibt, werden im Verlauf seiner Verarbeitung zu noch unreifen großen und kleinen ribosomalen Untereinheiten ausgewählte Komponenten hinzugefügt und andere verworfen. Die beiden ribosomalen Untereinheiten erhalten ihre endgültige funktionsfähige Form erst, nachdem jede einzeln durch die Kernporen ins Cytoplasma transportiert wurde. Andere Ribonukleoproteinkomplexe, darunter die hier gezeigte Telomerase, werden ebenfalls im Nukleolus zusammengebaut. (Verändert nach A. R. Strom und C. P. Brangwynne, *J. Cell Sci.* 132: jcs235093. Mit Erlaubnis der Company of Biologists.)

exprimiert, finden Transkription und RNA-Spleißen möglicherweise nur an einigen Tausend Stellen im Kern statt. Diese Stellen sind sehr dynamisch und entstehen vielleicht aus der Zusammenlagerung von Transkriptions- und Spleißkomponenten, die kleine *Fabriken* bilden; so werden spezifische Kondensate genannt, die ausgewählte Komponenten, die biochemische Fließbänder bilden, in hoher lokaler Konzentration enthalten (**Abb. 6.51**). Man glaubt in der Tat, dass anfängliche Transkriptions- und RNA-Bearbeitungsrunden sehr langsam und vielleicht aufgrund der beschränkten Konzentrationen von

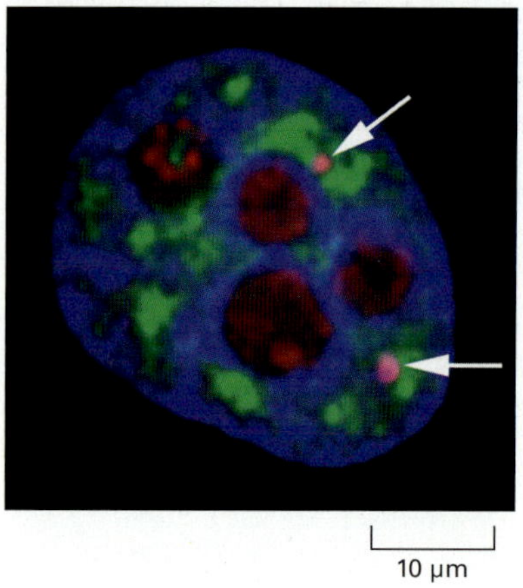

Abb. 6.50 Darstellung einiger auffälliger membranloser Kompartimente im Zellkern. Das Protein Fibrillarin (*rot*), ein Bestandteil mehrerer snoRNPs, kommt sowohl in Nukleoli als auch in Cajal-Körperchen vor; Letztere sind durch die Pfeile angezeigt. Die Cajal-Körperchen (nicht jedoch die Nukleoli) sind durch Anfärben einer ihrer Hauptkomponenten, des Proteins Coilin, hervorgehoben. Die Überlagerung der snoRNP mit Coilin erscheint *rosa*. Die im Chromatin liegenden granulären Cluster (*grün*) wurden mithilfe eines Antikörpers gegen ein Protein, das am prä-mRNA-Spleißen beteiligt ist, nachgewiesen. DNA ist mithilfe des Farbstoffs DAPI *blau* gefärbt. (Aus J. R. Swedlow und A. I. Lamond, *Genome Biol.* 2: 1–7, 2001. Aufnahme mit freundlicher Genehmigung von Judith Sleeman).

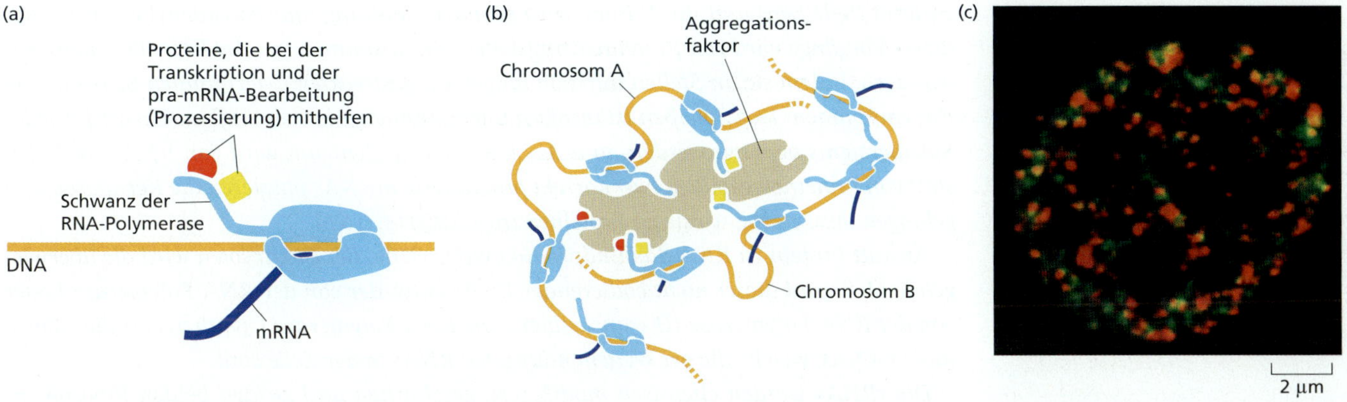

Abb. 6.51 Ein Modell für eine mRNA-Fabrik. Die mRNA-Bildung wird im Zellkern effizienter durch eine Zusammenlagerung von Komponenten, die für die Transkription und die Bearbeitung der prä-mRNA gebraucht werden; dabei entsteht eine spezialisierte Biochemiefabrik. In (a) werden verschiedene Komponenten in der Nähe einer transkribierenden RNA-Polymerase auf dem Schwanz getragen (s. **Abb. 6.23**). In (b) ist eine große Anzahl von RNA-Polymerase-Schwänzen zusammengebracht worden, um ein Kondensat zu bilden, das stark mit den für die Synthese und die Prozessierung der prä-mRNAs benötigten Komponenten angereichert ist. Solch ein Modell kann für mehrere Tausend Stellen aktiver RNA-Transkription und -Prozessierung verantwortlich sein, die typischerweise im Zellkern einer Säugerzelle beobachtet werden, von denen jede einen Durchmesser von ungefähr 100 nm hat und schätzungsweise durchschnittlich etwa 10 RNA-Polymerase-II-Moleküle zusätzlich zu vielen anderen Proteinen enthält. (c) Hier wurden in der gleichen Säugerzelle mRNA-Produktionsfabriken und DNA-Replikationsfabriken sichtbar gemacht, indem verschieden modifizierte Nukleotide kurz in jede Nukleinsäure eingebaut wurden und die gebildete RNA bzw. DNA mithilfe von Antikörpern aufgespürt wurde; ein Antikörper (*grün*) detektiert die neu synthetisierte DNA und der andere (*rot*) die neu synthetisierte RNA. (c, aus D. G. Wansink *et al.*, *J. Cell Sci.* 107: 1449–1456, 1994. Mit Erlaubnis von The Company of Biologists).

Schlüsselkomponenten fehleranfällig sind. Nur wenn eine Fabrik vollständig aufgebaut ist, wird die mRNA-Bildung schneller und exakter. Man beobachtet Cluster von Interchromatingranula – die einen Vorrat an RNA-Prozessierungskomponenten enthalten – in der Nähe von Transkriptionsstellen, als ob sie bereit wären, den Vorrat wieder aufzufüllen. Wir können somit den Zellkern als in dynamische Kondensate verschiedener Größe organisiert ansehen, zwischen denen snRNPs, snoRNPs und andere Kernkomponenten rasch diffundieren, sodass hohe Konzentrationen der vielen für jeden Schritt der RNA-Bildung benötigten Komponenten aufrechterhalten werden.

Zusammenfassung

Bevor die Synthese eines bestimmten Proteins beginnen kann, muss zuerst das entsprechende mRNA-Molekül durch Transkription hergestellt werden. Bakterien besitzen eine einzige RNA-Polymerase (das Enzym, das die Transkription von der DNA in RNA katalysiert). Ein RNA-Molekül wird hergestellt, nachdem dieses Enzym die Transkription an einem Promotor beginnt, die RNA durch Kettenverlängerung synthetisiert, die Transkription am Terminator beendet und sowohl die DNA-Matrize als auch das fertige mRNA-Molekül freisetzt. Bei eukaryotischen Zellen ist der Ablauf der Transkription wesentlich komplexer, und es sind drei RNA-Polymerasen vorhanden – als Polymerasen I, II und III bezeichnet – die evolutionär untereinander und mit der bakteriellen Polymerase verwandt sind.

Die RNA-Polymerase II synthetisiert eukaryotische mRNA. Dieses Enzym benötigt eine Reihe weiterer Proteine, die allgemeinen Transkriptionsfaktoren, um die Transkription auf einer DNA-Matrize zu beginnen. Es erfordert sogar noch mehr Proteine (einschließlich Transkriptionsaktivatorproteine, Chromatin-Umformungskomplexe und histonmodifizierende Enzyme), um die Transkription auf den Chromatinmatrizen innerhalb der Zelle zu starten.

Während der Elongationsphase der Transkription wird die entstehende RNA durch drei verschiedene Arten von Prozessierungs-Ereignissen verändert: Ein besonderes Nukleotid wird an ihr 5'-Ende angehängt (Capping), Intronsequenzen werden aus ihrem Inneren entfernt (Spleißen) und ihr 3'-Ende wird gebildet (Spaltung und Polyadenylierung). Jeder dieser Vorgänge wird von Proteinen eingeleitet, die zusammen mit der RNA-Polymerase II wandern, indem sie an Stellen auf dem langen ausgestreckten C-terminalen Schwanz des Enzyms binden. Das Spleißen ist insofern ungewöhnlich, als viele Aufbauschritte für jedes Spleißereignis benötigt werden, und das katalytische Zentrum wird von RNA-Molekülen statt von Proteinen gebildet. Nur korrekt prozessierte mRNAs passieren die Kernporen und gelangen ins Cytosol, wo sie zu Proteinen translatiert werden.

Anstatt Protein ist RNA das Endprodukt vieler Gene. Bei Eukaryoten wird die überwiegende Mehrzahl dieser nicht codierender RNAs entweder von der RNA-Polymerase I oder von der RNA-Polymerase III transkribiert. Die RNA-Polymerase I synthetisiert die ribosomalen RNAs, welche die bei Weitem häufigsten RNAs in der Zelle sind.

Die rRNAs werden chemisch modifiziert, geschnitten und zu den beiden Ribosomenuntereinheiten im Nukleolus – einer abgegrenzten membranlosen Organelle – zusammengebaut, die auch an der Weiterverarbeitung kleinerer RNA–Protein-Komplexe in der Zelle beteiligt ist. Zusätzliche biomolekulare Kondensate im Zellkern (darunter die Cajal-Körperchen und im Chromatin liegende granuläre Cluster) sind Stellen, an denen Komponenten, die an der RNA-Prozessierung beteiligt sind, zusammengebaut, gespeichert und wiederverwerte werden. Die hohe Konzentration der Komponenten in solchen und anderen biomolekularen Kondensaten gewährleisten, dass die Vorgänge rasch und effizient katalysiert werden.

6.2 Von der RNA zum Protein

Im vorhergehenden Abschnitt haben wir gesehen, dass die Endprodukte mancher Gene RNA-Moleküle sind, so wie die RNAs, die in snRNPs und Ribosomen vorkommen. Die meisten Gene einer Zelle werden jedoch in mRNA-Moleküle umgeschrieben, die als Zwischenprodukte auf dem Weg zum Endprodukt Protein dienen. In diesem Teil werden wir erläutern, wie die Zelle die in einem mRNA-Molekül enthaltene Information in ein Proteinmolekül umwandelt. Diese Meisterleistung der Translation zog die Aufmerksamkeit der Biologen in den späten 1950er-Jahren auf sich, als das „Codierungsproblem" aufgeworfen wurde: Wie wird die Information, die sich in einer linearen Abfolge von Nukleotiden in der RNA befindet, in eine lineare Abfolge von chemisch sehr verschiedenen Bausteinen – den Aminosäuren der Proteine – umgewandelt? Diese faszinierende Frage verursachte damals große Aufregung. Die Natur hatte hier ein Rätsel gestellt, das erst nach mehr als 3 Milliarden Jahren Evolution von einem der Evolutionsprodukte, dem Menschen, gelöst werden konnte. Und tatsächlich, nicht nur der genetische Code wurde Schritt für Schritt entschlüsselt; im Jahr 2000 wurde außerdem die raffinierte Maschinerie, mit deren Hilfe Zellen den Code lesen, das Ribosom, bis ins atomare Detail aufgeklärt.

6.2.1 Eine mRNA wird in Nukleotid-Dreiergruppen entschlüsselt

Sobald eine mRNA durch Transkription und Prozessierung hergestellt wurde, wird die in ihrer Nukleotidsequenz enthaltene Information genutzt, um ein Protein zu synthetisieren. Die Transkription als Mittel zur Übertragung von Informationen lässt sich einfach verstehen: Da DNA und RNA chemisch und strukturell sehr ähnlich sind, kann die DNA über komplementäre Basenpaarung als direkte Matrize für die RNA-Synthese dienen. Wie schon der Begriff *Transkription* deutlich macht, ist dies vergleichbar mit dem Umschreiben einer handgeschriebenen Nachricht in einen gedruckten Text. Die Sprache

GCA GCC GCG GCU	AGA AGG CGA CGC CGG CGU	GAC GAU	AAC AAU	UGC UGU	GAA GAG	CAA CAG	GGA GGC GGG GGU	CAC CAU	AUA AUC AUU	UUA UUG CUA CUC CUG CUU	AAA AAG	AUG	UUC UUU	CCA CCC CCG CCU	AGC AGU UCA UCC UCG UCU	ACA ACC ACG ACU	UGG	UAC UAU	GUA GUC GUG GUU	UAA UAG UGA
Ala	Arg	Asp	Asn	Cys	Glu	Gln	Gly	His	Ile	Leu	Lys	Met	Phe	Pro	Ser	Thr	Trp	Tyr	Val	Stopp
A	R	D	N	C	E	Q	G	H	I	L	K	M	F	P	S	T	W	Y	V	

Abb. 6.52 Der genetische Code. Unter den dreibuchstabigen Abkürzungen für die einzelnen Aminosäuren ist jeweils die einbuchstabige Standardabkürzung angegeben (s. **Tafel 3.1** für den vollständigen Namen und die Struktur jeder Aminosäure). Standardmäßig werden die Codons so geschrieben, dass ihr 5'-terminales Nukleotid links steht. Man beachte, dass die meisten Aminosäuren durch mehr als ein Codon repräsentiert sind, und dass es in dem Satz von Codons, der für eine Aminosäure steht, Regelmäßigkeiten gibt. Codons für dieselbe Aminosäure neigen dazu, dieselben Nukleotide an der ersten und zweiten Stelle zu enthalten und sich nur in ihrer letzten Position zu unterscheiden. Drei Codons stehen nicht für eine Aminosäure, sondern wirken als Terminationsstellen (Stopp-Codons) und signalisieren das Ende der proteincodierenden Sequenz. Ein Codon, *AUG*, wirkt sowohl als Initiationscodon, indem es den Beginn einer proteincodierenden Sequenz anzeigt, als auch als Codon für Methionin.

und die Form der Nachricht ändern sich dabei nicht, und die verwendeten Symbole sind ähnlich.

Dagegen bedeutet die Übertragung der Information von der RNA zum Protein eine **Übersetzung (Translation)** der Information in eine andere Sprache, die ganz unterschiedliche Symbole verwendet. Außerdem kann diese Übersetzung nicht als direkte Eins-zu-eins-Übertragung zwischen mRNA und Protein betrachtet werden, da in der mRNA nur vier verschiedene Nukleotide, im Protein aber zwanzig verschiedene Aminosäuren vorkommen. Stattdessen wird die Nukleotidsequenz eines Gens mithilfe der mRNA als Mittler in die Aminosäuresequenz eines Proteins übersetzt. Dabei gelten Regeln, die als **genetischer Code** bekannt sind. Dieser Code wurde in den frühen 1960er-Jahren entschlüsselt.

Die Nukleotidsequenz der mRNA wird in aufeinanderfolgenden Dreiergruppen abgelesen. Da die RNA ein lineares Polymer aus vier verschiedenen Nukleotiden ist, gibt es $4 \times 4 \times 4 = 64$ mögliche Kombinationen von Nukleotid-Dreiergruppen: die Tripletts AAA, AUA, AUG usw. In Proteinen findet man jedoch gewöhnlich nur 20 verschiedene Aminosäuren. Entweder werden manche Tripletts nie verwendet oder aber der Code ist degeneriert und manche Aminosäuren werden durch mehr als ein Triplett festgelegt. Die zweite Vermutung ist die richtige, wie durch den vollständig entschlüsselten genetischen Code in **Abb. 6.52** deutlich wird. Jede Gruppe von drei aufeinanderfolgenden Nukleotiden in der mRNA wird **Codon** genannt, und jedes Codon steht entweder für eine Aminosäure oder signalisiert die Beendigung des Translationsprozesses.

Im Prinzip kann eine RNA-Sequenz, je nachdem, wo der Ableseprozess beginnt, in eines der drei möglichen **Leseraster** (oder Leserahmen) translatiert werden (**Abb. 6.53**). Nur einer der drei möglichen Leserahmen in einer mRNA codiert jedoch für das benötigte Protein. Wir werden später sehen, wie ein spezielles „Zeichensetzungs-Signal" am Anfang jeder RNA-Botschaft das korrekte Leseraster zu Beginn der Proteinsynthese setzt.

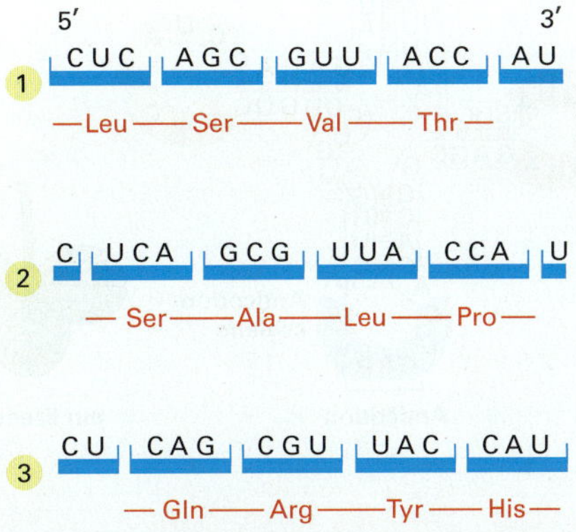

Abb. 6.53 Die drei möglichen Leseraster bei der Proteinsynthese. Bei der Translation (Übersetzung) einer Nukleotidsequenz (*blau*) in eine Aminosäuresequenz (*rot*) wird die Abfolge der Nukleotide in einem mRNA-Molekül vom 5'-Ende her zum 3'-Ende hin in aufeinanderfolgenden Gruppen von drei Nukleotiden abgelesen. Die gleiche RNA-Sequenz kann deshalb, abhängig vom Leseraster, drei völlig unterschiedliche Aminosäuresequenzen ergeben. In Wirklichkeit enthält aber nur eines dieser Leseraster die tatsächliche Botschaft.

6.2.2 tRNA-Moleküle wählen die zu den mRNA-Codons passenden Aminosäuren aus

Die Codons eines mRNA-Moleküls erkennen nicht direkt die Aminosäuren, für die sie stehen: Ein Nukleotidtriplett kann z. B. nicht direkt an die Aminosäure binden. Die Translation der mRNA in Protein hängt von Adaptermolekülen ab, die das Codon erkennen und binden können und gleichzeitig an einer anderen Stelle ihrer Oberfläche die Aminosäure binden können. Diese Adapter sind eine Gruppe kleiner RNA-Moleküle, etwa 80 Nukleotide lang, die als **Transfer-RNAs (**tRNAs**)** bezeichnet werden.

Wir haben früher in diesem Kapitel bereits gesehen, dass RNA-Moleküle sich in definierte dreidimensionale Strukturen falten können. Die tRNA-Moleküle sind ein gutes Beispiel: Vier kurze Abschnitte der gefalteten tRNA sind doppelhelikal und bewirken, dass das Molekül, wenn es schematisch in zwei Dimensionen gezeichnet wird, wie ein Kleeblatt aussieht (**Abb. 6.54**). Z. B. kann eine 5'-GCUC-3'-Sequenz in einem Bereich einer Polynukleotidkette eine relativ starke Basenpaarungs-Wechselwirkung mit einer 5'-GAGC-3'-Sequenz in einem anderen Bereich desselben Moleküls eingehen. Das Kleeblatt wird weiter gefaltet und bildet eine kompakte L-förmige Struktur, die von zusätzlichen Wasserstoffbrücken zwischen verschiedenen Bereichen des Moleküls zusammengehalten wird (s. **Abb. 6.54b und c**).

Zwei Bereiche ungepaarter Nukleotide, die an den Enden des L-förmigen Moleküls liegen, sind wesentlich für die Funktion der tRNA bei der Proteinsynthese. Einer dieser Bereiche bildet das **Anticodon**, ein Triplett von drei aufeinanderfolgenden Nukleotiden, das mit dem komplementären Codon eines mRNA-Strangs paart. Der andere ist ein kurzer, einzelsträngiger Bereich, der am 3'-Ende des Moleküls liegt und die Aminosäure bindet, die zu dem Codon passt.

Wir haben oben gesehen, dass der genetische Code degeneriert ist, d.h. dass verschiedene Codons für eine Aminosäure stehen können. Diese Degeneration bedeutet, dass es entweder mehr als eine tRNA für viele der Aminosäuren gibt oder dass manche tRNA-Moleküle mit mehr als einem Codon paaren können. Tatsächlich gibt es beide Möglichkeiten. Manche Aminosäuren haben mehr als eine tRNA, und manche tRNAs sind so gebaut, dass eine exakte Basenpaarung nur bei den ersten beiden Positionen eines

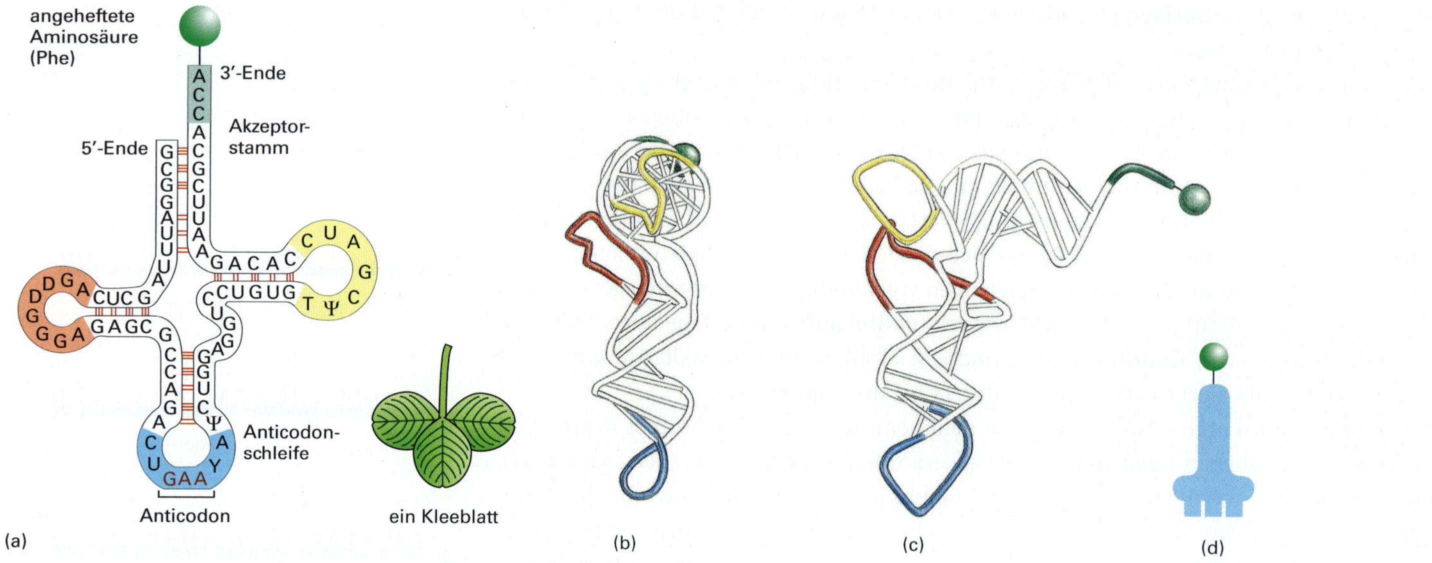

5′ GCGGAUUUAGCUCAGDDGGGAGAGCGCCAGACUGAAYAΨCUGGAGGUCCUGUGTΨCGAUCCACAGAAUUCGCACCA 3′

(e) Anticodon

Abb. 6.54 Ein tRNA-Molekül. Eine für die Aminosäure Phenylalanin (Phe) spezifische tRNA ist auf verschiedene Weisen dargestellt. (a) Die Kleeblattstruktur zeigt die komplementäre Basenpaarung (*rote Linien*), die die doppelhelikalen Bereiche des Moleküls hervorbringen. Das Anticodon ist eine aus drei Nukleotiden bestehende Sequenz, die mit einem Codon der mRNA Basenpaarungen eingehen kann. Die Aminosäure, die durch das Codon–Anticodon-Paar bestimmt wird, ist an das 3'-Ende der tRNA gebunden. tRNAs enthalten einige ungewöhnliche Basen, die durch chemische Modifikationen entstehen, nachdem die tRNA synthetisiert wurde. Die Basen ψ (steht für Pseudouridin, s. **Abb. 6.43**) und D (steht für Dihydrouridin, s. **Abb. 6.53**) z. B. entstehen aus Uracil. (b und c) Auf röntgenkristallographischen Analysen beruhende Ansicht des in Wirklichkeit L-förmigen Moleküls. Obwohl hier die tRNA für die Aminosäure Phenylalanin dargestellt ist, haben alle tRNAs sehr ähnliche Strukturen. (d) Das tRNA-Symbol, das wir in diesem Buch verwenden. (e) Die lineare Nukleotidsequenz des Moleküls. Einander entsprechende Stellen in (a), (b) und (c) sind farbig unterlegt.

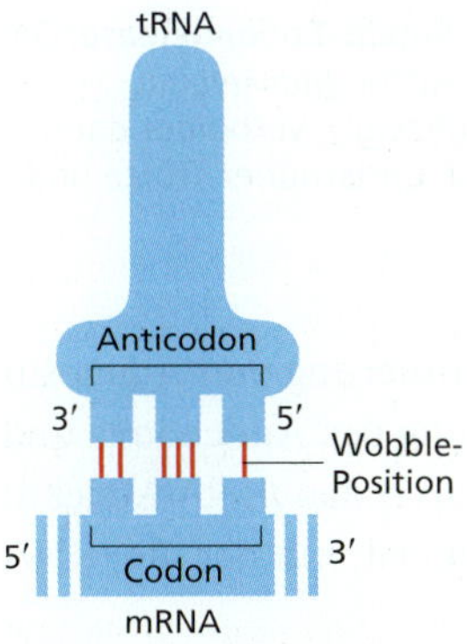

Bakterien

Wobble-Base des Codons	mögliche Basen des Anticodons
U	A, G oder I
C	G oder I
A	U oder I
G	C oder U

Eukaryoten

Wobble-Base des Codons	mögliche Basen des Anticodons
U	A, G oder I
C	G oder I
A	U
G	C

Abb. 6.55 Wobble-Basenpaarung zwischen Codons und Anticodons. Wenn an der dritten Position des Codons, also der Wobble-Position, das in der ersten Spalte aufgelistete Nukleotid steht, dann kann es mit jedem der in der zweiten Spalte aufgelisteten Nukleotide paaren. So kann z. B. die tRNA, wenn sich Inosin in der Wobble-Position des tRNA-Anticodons befindet, jedes von drei verschiedenen Codons bei Bakterien und jedes von zwei verschiedenen Codons bei Eukaryoten erkennen. Das Inosin der tRNAs bildet sich durch Desaminierung von Adenosin (s. **Abb. 6.57**), eine chemische Modifikation, die erfolgt, nachdem die tRNA synthetisiert wurde. Die nicht standardmäßigen Basenpaarungen, wie die mit Inosin, sind allgemein schwächer als konventionelle Basenpaarungen. Die Codon–Anticodon-Basenpaarung ist bei der ersten und zweiten Position des Codons stringenter: Hier ist nur konventionelle Basenpaarung erlaubt. Die Unterschiede bei den Wobble-Basenpaarungs-Wechselwirkungen zwischen Bakterien und Eukaryoten kommen vermutlich von kleinen Strukturunterschieden zwischen den bakteriellen und eukaryotischen Ribosomen, den Proteinsynthesemaschinen. (Verändert nach C. Guthrie and J. Abelson, in The Molecular Biology of the Yeast *Saccharomyces*: Metabolism and Gene Expression, S. 487–528. Cold Spring Harbor, New York: Cold Spring Harbor Laboratory Press, 1982).

Codons notwendig ist, und eine Fehlpaarung (oder *Wobble* = taumeln, wackeln) bei der letzten Position toleriert werden kann (**Abb. 6.55**). Diese „wacklige"-Basenpaarung erklärt, warum so viele der alternativen Codons für eine Aminosäure sich nur in ihrem letzten Nukleotid unterscheiden (s. **Abb. 6.52**). Bei Bakterien müssen dank der Wobble-Basenpaarung nur 31 *t*RNA-Moleküle zur Verfügung stehen, um die 20 Aminosäuren zu ihren 61 Codons zu führen. Die genaue Anzahl von tRNAs ist jedoch von Art zu Art unterschiedlich. Menschen haben fast 500 *t*RNA-Gene, die für tRNAs mit 48 verschiedenen Anticodons codieren.

6.2.3 tRNAs werden kovalent modifiziert, bevor sie den Kern verlassen

Wie die meisten eukaryotischen RNAs werden die tRNAs kovalent verändert, bevor sie den Kern verlassen dürfen. Eukaryotische tRNAs werden von der RNA-Polymerase III synthetisiert. Sowohl die bakteriellen als auch die eukaryotischen tRNAs werden typischerweise als große Vorläufer-tRNAs synthetisiert und dann zur reifen *t*RNA zurechtgestutzt. Manche *t*RNA-Vorläufer (sowohl bei Bakterien als auch bei Eukaryoten) enthalten außerdem Introns, die herausgespleißt werden müssen. Diese Spleißreaktion unterscheidet sich chemisch vom bereits in diesem Kapitel behandelten prä-mRNA-Spleißen: Statt dass sich ein Lariat („Lasso")-Zwischenprodukt bildet, erfolgt das *t*RNA-Spleißen über einen von Proteinen katalysierten Cut-and-Paste(Collage)-Mechanismus (**Abb. 6.56**). Sowohl das Zurechtstutzen als auch das Spleißen können nur stattfinden, wenn die Vorläufer-*t*RNA korrekt in ihre Kleeblattkonfiguration gefaltet wurde. Da falsch gefaltete *t*RNA-Vorläufer nicht richtig weiterverarbeitet werden können, nimmt man an, dass das Spleißen und Zurechtstutzen als eine Art Qualitätskontrolle bei der Herstellung von tRNAs dienen. Diejenigen, die den Test nicht bestehen, werden vom Kern-Exosom abgebaut (s. **Abb. 6.38**).

Alle tRNAs werden chemisch modifiziert. Ungefähr jedes zehnte Nukleotid eines reifen *t*RNA-Moleküls ist eine veränderte Version eines G-, U-, C- oder A-Standardribonukleotids. Mehr als 50 verschiedene Arten der *t*RNA-Modifikation sind bekannt; einige sind in **Abb. 6.57** dargestellt. Manche der modifizierten Nukleotide liegen

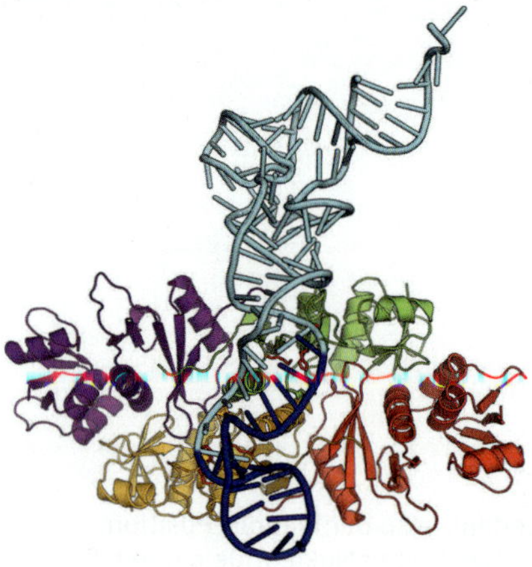

Abb. 6.56 Struktur einer an eine Vorläufer-tRNA gebundenen tRNA-Spleiß-Endonuklease. Die Endonuklease (ein Enzym mit vier Untereinheiten) entfernt das tRNA-Intron (*dunkelblau, unten*). Ein zweites Enzym, eine multifunktionale tRNA-Ligase (nicht gezeigt), verbindet dann die beiden tRNA-Hälften. (Mit freundlicher Genehmigung von Hong Li, Christopher Trotta und John Abelson; PDB-Code: 2A9L).

innerhalb des Anticodons, besonders Inosin, das durch Desaminierung von Adenosin entsteht; sie beeinflussen die Konformation und die Basenpaarung des Anticodons und erleichtern so die Erkennung des passenden mRNA-Codons durch das *t*RNA-Molekül (s. **Abb. 6.55**). Andere Modifikationen beeinflussen die Genauigkeit, mit der die *t*RNA an die richtige Aminosäure bindet.

6.2.4 Spezifische Enzyme koppeln jede Aminosäure an ihr entsprechendes *t*RNA-Molekül

Wir haben bereits gesehen, dass Zellen eine Reihe verschiedener tRNAs herstellen, um den genetischen Code der DNA zu lesen. Wir werden jetzt erklären, wie *t*RNA-Moleküle an die eine von 20 Aminosäuren gekoppelt werden, die ihr passender Partner ist. Die Erkennung und Kopplung der richtigen Aminosäure hängt von Enzymen, den **Aminoacyl-*t*RNA-Synthetasen**, ab, die Aminosäuren kovalent an ihre passenden *t*RNA-Moleküle koppeln (**Abb. 6.58** und **Abb. 6.59**). In den meisten Zellen gibt es für jede Aminosäure ein eigenes Synthetaseenzym (also 20 Synthetasen insgesamt): Ein Enzym koppelt Glycin an alle tRNAs, die Codons für Glycin erkennen, ein anderes koppelt Alanin an alle tRNAs, die Codons für Alanin erkennen usw. Viele Bakterien besitzen jedoch weniger als 20 Synthetasen, und das gleiche Synthetaseenzym ist für die Koppelung von mehr als einer Aminosäure an die jeweils entsprechende *t*RNA verantwortlich. In diesen Fällen koppelt ein Synthetaseenzym die gleichen Aminosäuren an zwei unterschiedliche tRNAs, von denen nur eine das der Aminosäure entsprechende Anticodon trägt. Ein zweites Enzym modifiziert anschließend chemisch jede falsch angeheftete Aminosäure, sodass sie nun dem Anticodon der *t*RNA entspricht, mit der sie kovalent verbunden ist.

Die von der Synthetase katalysierte Reaktion, die die Aminosäure an das 3'-Ende der *t*RNA bindet, ist eine der vielen zellulären Reaktionen, die durch die Hydrolyse von ATP

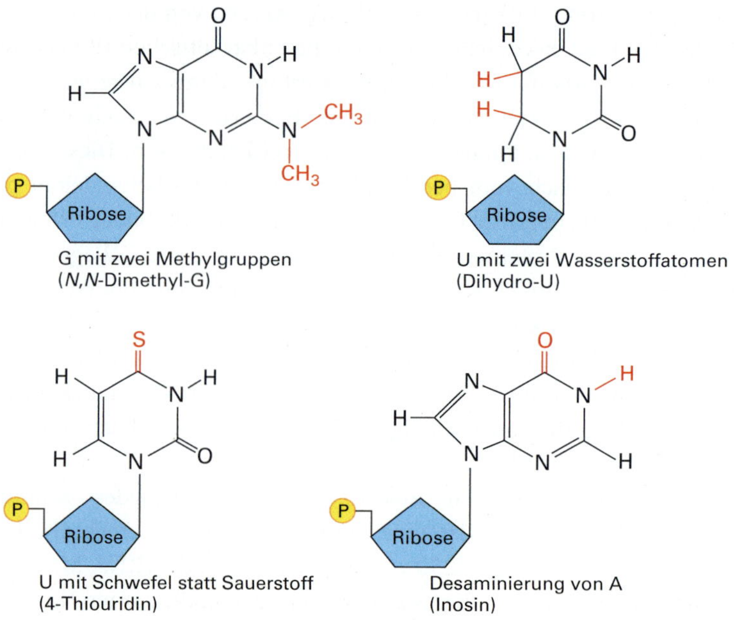

Abb. 6.57 Einige der ungewöhnlichen Nukleotide, die in tRNA-Molekülen vorkommen. Diese Nukleotide entstehen durch kovalente Modifikationen eines normalen Nukleotids, nachdem es in eine RNA-Kette eingebaut wurde. Zwei andere Arten modifizierter Nukleotide sind in **Abb. 6.43** gezeigt. In den meisten tRNA-Molekülen sind etwa 10 % der Nukleotide modifiziert (s. **Abb. 6.54**). Wie in **Abb. 6.55** gezeigt, kommt Inosin manchmal an der Wobble-Position im tRNA-Anticodon vor.

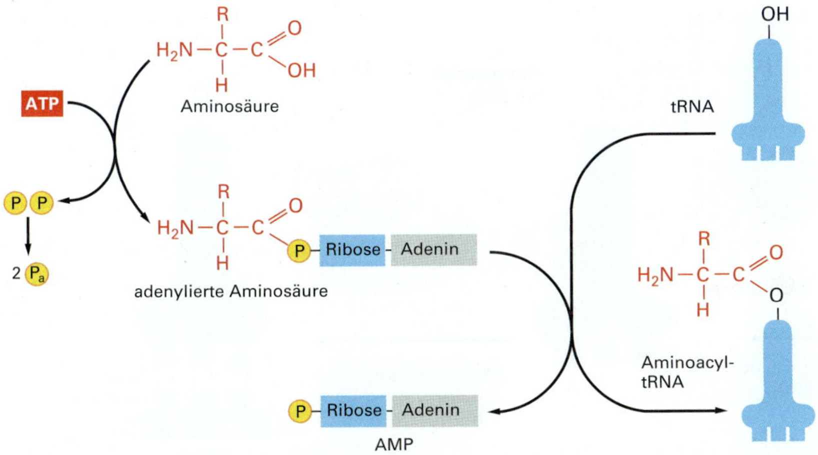

Abb. 6.58 Aminosäureaktivierung durch Synthetasen. Eine Aminosäure wird durch das Enzym Aminoacyl-tRNA-Synthetase in zwei Schritten an seine entsprechende tRNA geheftet. Die Hydrolyseenergie des ATP wird – wie gezeigt – benutzt, um eine Aminosäure über eine energiereiche Bindung an ihre tRNA zu koppeln. Die Aminosäure wird zunächst durch die direkte Bindung ihrer Carboxygruppe an AMP unter Bildung einer *adenylierten Aminosäure* aktiviert. Diese Verknüpfung mit AMP, normalerweise eine energetisch ungünstige Reaktion, wird durch die Hydrolyse der Phosphorsäureanhydrid-Bindungen des ATP getrieben, das das AMP abgibt. Ohne das Synthetaseenzym zu verlassen, wird die AMP-gebundene Carboxygruppe der Aminosäure dann auf eine Hydroxygruppe des Zuckers am 3'-Ende der tRNA übertragen. Diese Übertragung koppelt die Aminosäure über eine aktivierte Esterbindung an die tRNA und bildet so das endgültige Aminoacyl-tRNA-Molekül. Das Synthetaseenzym ist in dieser schematischen Darstellung nicht gezeigt.

angetrieben werden (s. Abschnitte 2.2.13 und 2.2.14). Sie bildet eine energiereiche Bindung zwischen der *t*RNA und der Aminosäure aus. Die Energie dieser Bindung wird später in der Proteinsynthese genutzt, um die Aminosäure kovalent in die wachsende Polypeptidkette einzubauen.

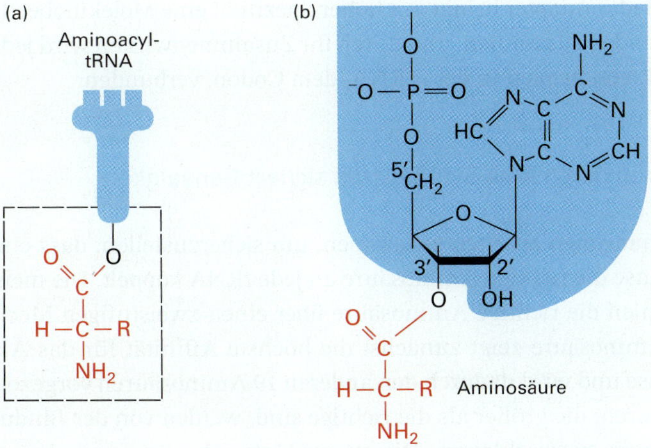

Abb. 6.59 Die Struktur der Aminoacyl-tRNA-Bindung. Die Carboxygruppe der Aminosäure bildet eine Esterbindung mit einem Riboserest. Da die Hydrolyse dieser Esterbindung von einer günstigen Veränderung der Freien Energie begleitet wird, bezeichnet man eine in dieser Weise angekoppelte Aminosäure als aktiviert. (a) Schematische Zeichnung der Struktur. Die Aminosäure ist an das Nukleotid am 3'-Ende der tRNA gebunden (s. **Abb. 6.54**). (b) Vollständige Strukturformel des eingerahmten Teils von (a). Es gibt zwei Hauptklassen von Synthetaseenzymen: Eine koppelt die Aminosäure direkt an die 3'-OH-Gruppe der Ribose, die andere koppelt sie anfänglich an die 2'-OH-Gruppe. Im letzteren Fall wird die Aminosäure durch eine folgende Umesterungsreaktion auf die 3'-Position übertragen. Die „R-Gruppe" an der Aminosäure ist ein Standardsymbol, die dazu dient, die Seitenkette der Aminosäure darzustellen.

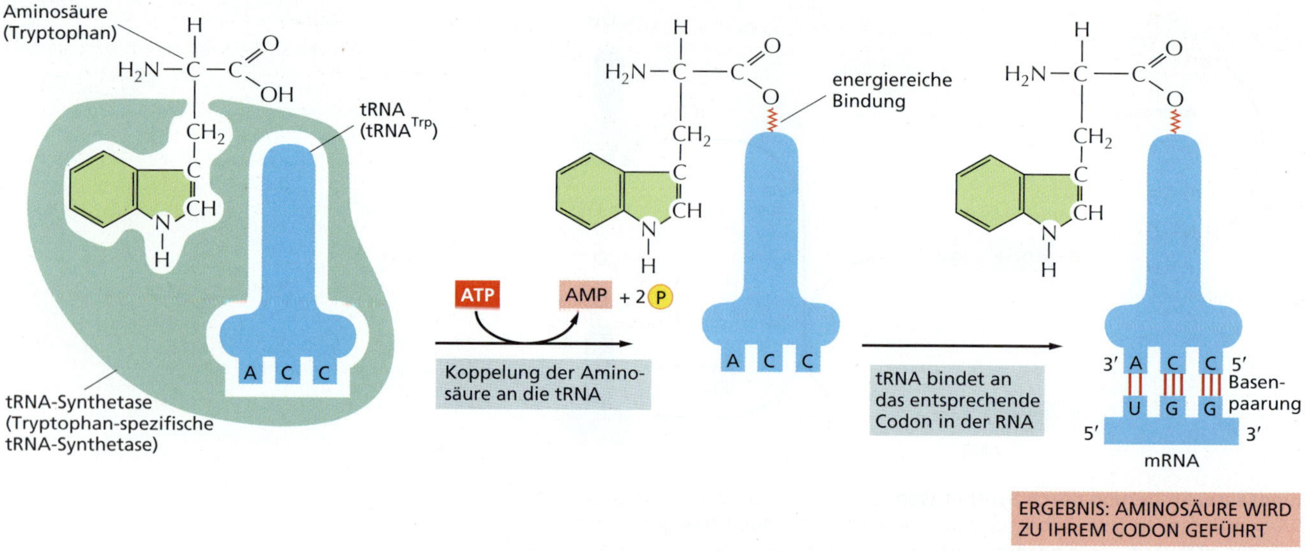

Abb. 6.60 **Der genetische Code wird mithilfe zweier hintereinander wirkender Adapter übersetzt.** Der erste Adapter ist das Aminoacyl-tRNA-Synthetaseenzym, das eine bestimmte Aminosäure an ihre entsprechende tRNA heftet; der zweite Adapter ist das tRNA-Molekül, dessen *Anticodon* Basenpaarungen mit dem passenden Codon der mRNA bildet. Fehler in einem der beiden Vorgänge führen dazu, dass eine falsche Aminosäure in die Proteinkette eingebaut wird. Bei der gezeigten Reaktionskette wird die Aminosäure Tryptophan (Trp) zu ihrem mRNA-Codon UGG geführt.

Die Aminoacyl-*t*RNA-Synthetasen und die tRNAs sind für die Entschlüsselung gleich wichtig (**Abb. 6.60**). Dies wurde durch ein Experiment bewiesen, in dem eine Aminosäure (Cystein), nachdem sie an ihre *t*RNA gebunden hatte, chemisch in eine andere Aminosäure (Alanin) umgewandelt wurde. Wenn mit solchen „Hybrid"-Aminoacyl-*t*RNA-Molekülen in einem zellfreien System Proteinsynthese durchgeführt wurde, dann wurde die falsche Aminosäure überall dort in die Proteinkette eingebaut, wo ihre *t*RNA verwendet wurde. Obwohl Zellen über verschiedene Kontrollmechanismen verfügen, um derartige Fehler zu vermeiden (s. u.), zeigt das Experiment deutlich, dass der genetische Code mithilfe zweier Gruppen von Adaptern übersetzt wird, die hintereinander tätig werden. Jeder Adapter bringt mit hoher Spezifität eine Moleküloberfläche mit einer anderen, passenden zusammen, und durch ihr Zusammenwirken wird jede Aminosäure mit ihrem Nukleotidtriplett in der mRNA, dem Codon, verbunden.

6.2.5 Editieren durch RNA-Synthetasen sichert Genauigkeit

Mehrere Mechanismen arbeiten zusammen, um sicherzustellen, dass eine Aminoacyl-*t*RNA-Synthetase die richtige Aminosäure an jede *t*RNA koppelt. Die meisten Synthetaseenzyme wählen die richtige Aminosäure über einen zweistufigen Mechanismus aus. Die richtige Aminosäure zeigt zunächst die höchste Affinität für das Aktive Zentrum ihrer Synthetase und wird dadurch den anderen 19 Aminosäuren vorgezogen. Insbesondere Aminosäuren, die größer als die richtige sind, werden von der Bindungstasche des Aktiven Zentrums ausgeschlossen. Die genaue Unterscheidung zwischen zwei sehr ähnlichen Aminosäuren wie Isoleucin und Valin (sie unterscheiden sich nur in einer Methylgruppe) ist jedoch in einem einzelnen Schritt nur schwer zu erreichen. Eine zweite Stufe der Unterscheidung folgt, nachdem die Aminosäure kovalent an AMP gebunden wurde (s. **Abb. 6.58**): Wenn die *t*RNA bindet, versucht die Synthetase, die adenylierte Aminosäure in eine zweite Editier-Tasche im Enzym zu zwängen. Die präzisen Ausmaße dieser Tasche schließen die richtige Aminosäure aus; die Tasche ist jedoch für eng verwandte Aminosäuren zugänglich. In der Editier-Tasche wird eine Aminosäure vom AMP (oder von der *t*RNA selbst, falls die Aminoacyl-*t*RNA-Bindung schon ausgebildet wurde) durch

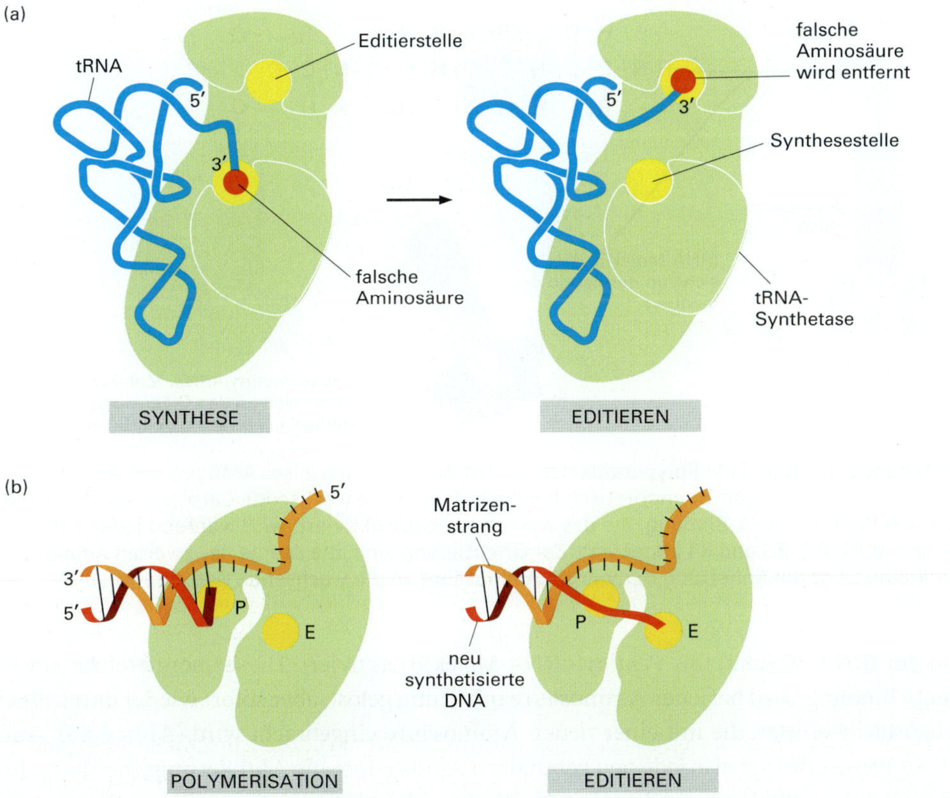

Abb. 6.61 Editieren durch Hydrolyse in der Biologie. (a) Aminoacyl-tRNA-Synthetasen korrigieren ihre eigenen Kopplungsfehler durch hydrolytisches Editieren von falsch angehängten Aminosäuren. Wie im Text beschrieben, werden Fehler selektiv beseitigt, da die richtige Aminosäure von der Editierstelle auf der Synthetase zurückgewiesen wird. (b) Die Fehlerkorrektur, die von der DNA-Polymerase ausgeführt wird, wie im vorherigen Kapitel beschrieben. Hier hängt die Fehlerbeseitigung von einer Fehlpaarung mit der Matrize ab (s. **Abb. 5.89**). (P, Polymerisationsstelle; E, Editierstelle).

Hydrolyse entfernt. Dieses hydrolytische Editieren, das analog zum Korrekturlesen der Exonuklease der DNA-Polymerasen ist, erhöht die Gesamtgenauigkeit der *t*RNA-Beladung, sodass auf 40 000 Kopplungen nur etwa ein Fehler kommt (**Abb. 6.61**).

Die *t*RNA-Synthetase muss auch die richtigen tRNAs erkennen. Ausgedehnte, einander ergänzende strukturelle und chemische Entsprechungen zwischen der Synthetase und ihrer *t*RNA ermöglichen der Synthetase, mehrere Merkmale der *t*RNA zu überprüfen (**Abb. 6.62**). Die meisten *t*RNA-Synthetasen erkennen direkt das passende Anticodon; diese Synthetasen enthalten drei benachbarte nukleotidbindende Taschen, von denen jede einzelne komplementär in Form und Ladung zu einem Nukleotid im Anticodon ist. Für die anderen Synthetasen ist die Nukleotidsequenz des Aminosäure-Akzeptorarms (Akzeptorstamm) das ausschlaggebende Erkennungsmerkmal. In den meisten Fällen werden jedoch die Nukleotide an verschiedenen Stellen der *t*RNA von der Synthetase „gelesen", wodurch die exakte Verknüpfung der Aminosäuren mit ihren entsprechenden tRNAs gesteigert wird.

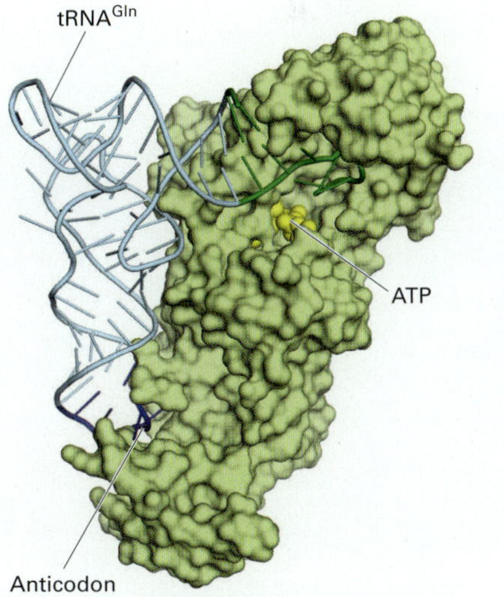

Abb. 6.62 Die Erkennung eines tRNA-Moleküls durch seine zugehörige Aminoacyl-tRNA-Synthetase. Bei dieser tRNA (einer tRNA^{Gln}) sorgen ganz bestimmte Nukleotide im Anticodon (*dunkelblau*) und im aminosäurebindenden Arm (*grün*) dafür, dass das Synthetaseenzym (*gelbgrün*) die richtige tRNA erkennt. Das bei der Kopplungsreaktion verwendete ATP-Molekül ist *gelb* dargestellt. (Mit freundlicher Genehmigung von Tom Steitz; PDB-Code: 1QRS).

6.2.6 Aminosäuren werden an das C-terminale Ende einer wachsenden Polypeptidkette angehängt

Nachdem wir beschrieben haben, dass jede Aminosäure zuerst an spezifische *t*RNA-Moleküle gekoppelt wird, die als Adapter dienen, wenden wir uns jetzt dem Mechanismus zu, durch den sie zu Proteinen zusammengefügt werden. Die Grundreaktion der Proteinsynthese ist die Bildung einer Peptidbindung zwischen der Carboxygruppe am Ende einer wachsenden Polypeptidkette und der freien Aminogruppe einer hinzukommenden Aminosäure.

Ein Protein wird dementsprechend von seinem Aminoende zu seinem Carboxyende hin synthetisiert, eine Aminosäure nach der anderen. Während des gesamten Vorgangs bleibt das wachsende Carboxyende der Polypeptidkette durch seine kovalente Koppelung

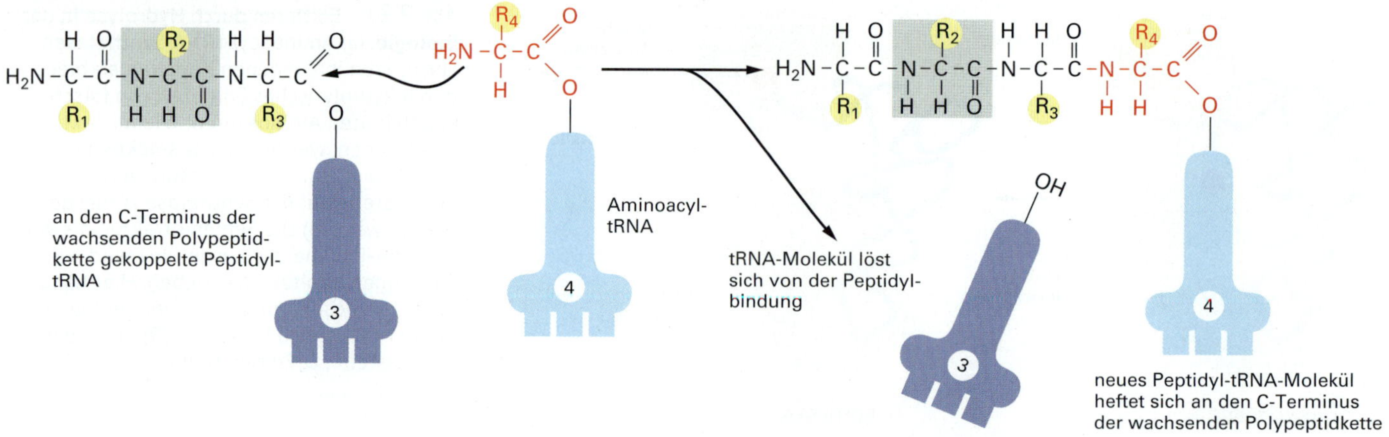

Abb. 6.63 Der Einbau einer Aminosäure in ein entstehendes Protein. Eine Polypeptidkette wächst durch schrittweises Anfügen von Aminosäuren an ihr C-terminales Ende. Die Bildung der einzelnen Peptidbindungen ist energetisch begünstigt, weil das wachsende Carboxyende durch die kovalente Bindung an ein tRNA-Molekül aktiviert ist. Die Peptidyl-tRNA-Bindung, die das wachsende Ende aktiviert, wird während jeder Anheftung regeneriert. Die Aminosäureseitenketten wurden mit R1, R2, R3 und R4 abgekürzt. Zur Orientierung sind alle Atome der zweiten Aminosäure in der Polypeptidkette *grau* unterlegt. Die Abbildung zeigt die Anheftung der vierten Aminosäure an die wachsende Kette.

an ein *t*RNA-Molekül (als *Peptidyl-tRNA*-Molekül) aktiviert. Diese energiereiche kovalente Bindung wird bei jeder Aminosäureanheftung gelöst, aber sofort wieder durch eine ebensolche ersetzt, die mit einer neuen Aminosäure eingebracht wird (**Abb. 6.63**). Auf diese Weise erbringt also jede neu gebundene Aminosäure die Aktivierungsenergie nicht für die eigene Bindung, sondern für die Bindung der nächsten Aminosäure. Dies ist ein Beispiel für den in **Abb. 2.44** beschriebenen Polymer-*Endaktivierungsmechanismus.*

6.2.7 Die Botschaft der RNA wird in Ribosomen entschlüsselt

Die Proteinsynthese wird durch die im mRNA-Molekül enthaltenen Informationen gesteuert. Um das korrekte Leseraster beizubehalten und die hohe Genauigkeit zu sichern (ungefähr 1 Fehler je 10 000 Aminosäuren), läuft die Proteinsynthese im **Ribosom** ab. Dabei handelt es sich um eine komplexe katalytische Maschine, die aus mehr als 50 verschiedenen Proteinen (*ribosomalen Proteinen*) und mehreren RNA-Molekülen, den ribosomalen RNAs (rRNAs), besteht. Im Cytoplasma einer typischen Eukaryotenzelle findet man Millionen von Ribosomen (**Abb. 6.64**), und es dauert etwa eine Minute, um ein durchschnittlich

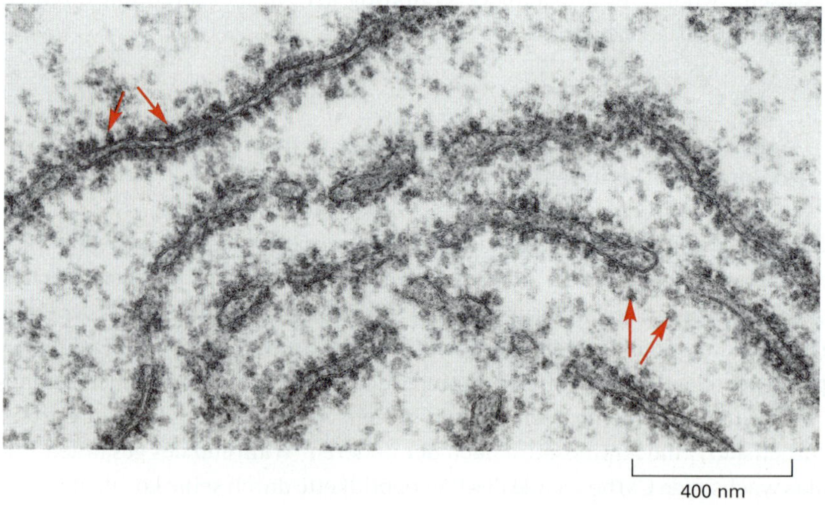

Abb. 6.64 Ribosomen im Cytoplasma einer eukaryotischen Zelle. Diese elektronenmikroskopische Aufnahme zeigt einen Dünnschnitt durch einen kleinen Bereich des Cytoplasmas. Die Ribosomen erscheinen als schwarze Punkte (*rote Pfeile*). Manche liegen ungebunden im Cytosol, andere hängen an Membranen des Endoplasmatischen Reticulums. (Mit freundlicher Genehmigung von Daniel S. Friend, mit Erlaubnis von E. L. Bearer.)

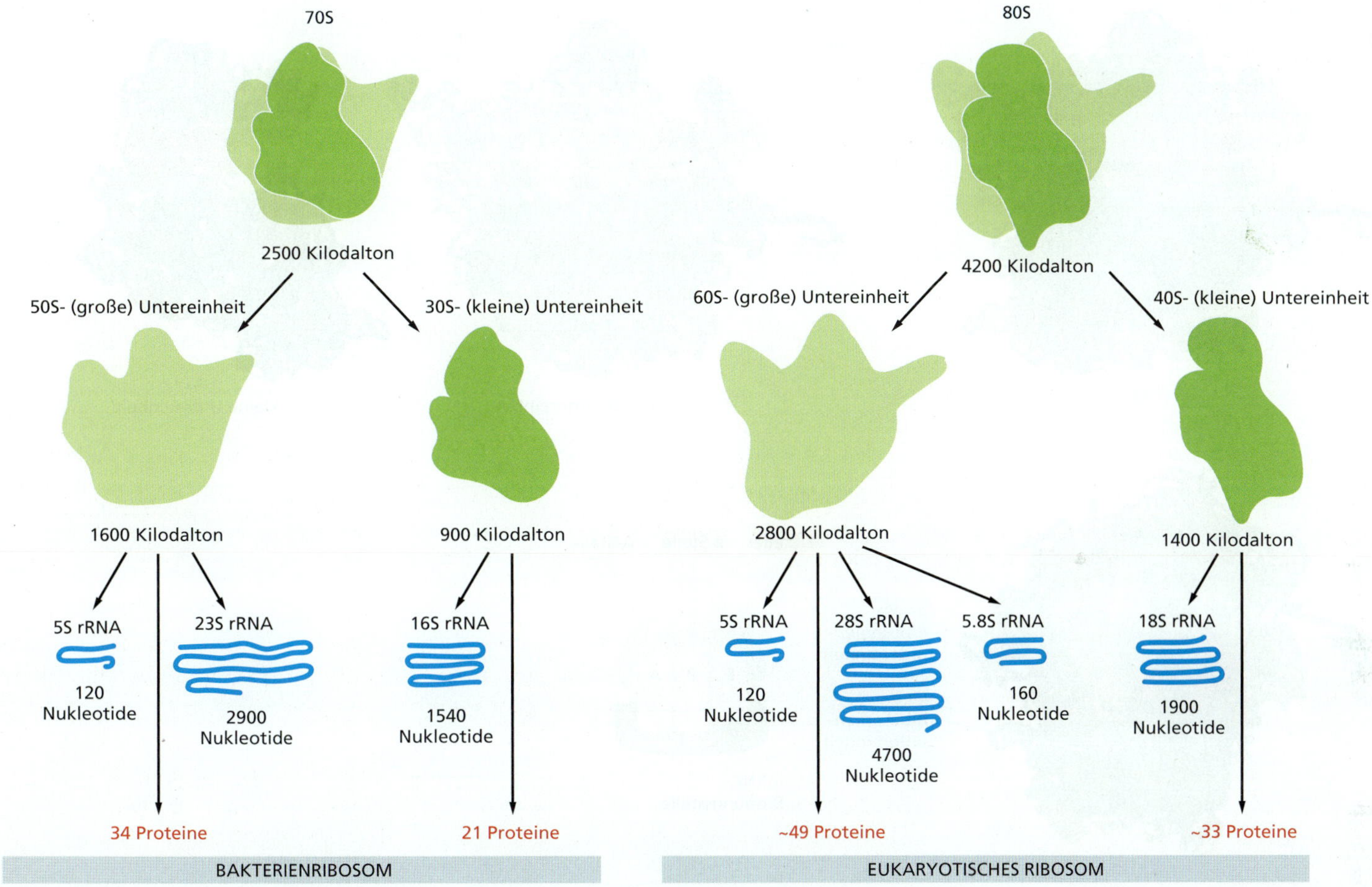

Abb. 6.65 Ein Vergleich der Struktur bakterieller und eukaryotischer Ribosomen. Trotz der Unterschiede in Zahl und Größe der rRNA- und Proteinbestandteile sind beide Ribosomen einander in Struktur und Funktion sehr ähnlich. Die 18S- und 28S-rRNA-Moleküle des eukaryotischen Ribosoms enthalten zwar viele Nukleotide, die man in ihrem bakteriellen Gegenstück nicht findet, diese zusätzlichen Nukleotide liegen aber als mehrfache Insertionen vor, die vermutlich zusätzliche Domänen bilden und die Grundstruktur der rRNA im Wesentlichen unverändert lassen.

großes Protein zu synthetisieren. Wie wir an früherer Stelle in diesem Kapitel gesehen haben, werden die großen und kleinen Ribosomenuntereinheiten im Nukleolus zusammengebaut, wo sich neu transkribierte und modifizierte rRNAs mit ribosomalen Proteinen zusammenlagern, die nach ihrer Synthese im Cytoplasma in den Kern transportiert wurden. Diese beiden ribosomalen Untereinheiten werden nach ihrem Zusammenbau ins Cytoplasma exportiert, wo sie sich jeweils weiter zusammenlagern und zu vollständig reifen Ribosomen verbinden, um Proteine zu synthetisieren (**Abb. 6.49**).

Eukaryotische und bakterielle Ribosomen haben ähnliche Strukturen und Funktionen und bestehen aus einer großen und einer kleinen Untereinheit, die zusammenkommen, um ein vollständiges Ribosom mit einer Masse von mehreren Millionen Dalton zu bilden (**Abb. 6.65**). Die kleine Untereinheit stellt den Rahmen zur Verfügung, in dem die tRNAs und die Codons der mRNA exakt aufeinander abgestimmt werden. Die große Untereinheit dagegen katalysiert die Bildung der Peptidbindung, durch die die Aminosäuren zu einer Polypeptidkette verknüpft werden.

Die beiden Untereinheiten liegen getrennt vor, wenn sie gerade kein Protein synthetisieren. Sie lagern sich an einem mRNA-Molekül zusammen, normalerweise in der Nähe seines 5'-Endes, um mit der Synthese eines Proteins zu beginnen. Die mRNA wird dann durch das Ribosom gezogen, jeweils drei Nukleotide auf einmal. Sobald ihre Codons in das Aktive Zentrum des Ribosoms gelangen, wird die mRNA-Nukleotidsequenz in eine Aminosäuresequenz übersetzt. Dabei fungieren die tRNAs als Adapter, sodass die Aminosäuren in der richtigen Reihenfolge an das wachsende Ende der Polypeptidkette angehängt werden. Wird ein Stopp-Codon erreicht, setzt das Ribosom das fertige Protein frei, und seine beiden Untereinheiten trennen sich wieder. Die Untereinheiten können dann wieder mit der Synthese eines anderen Proteins an selben oder einem anderen mRNA-Molekül

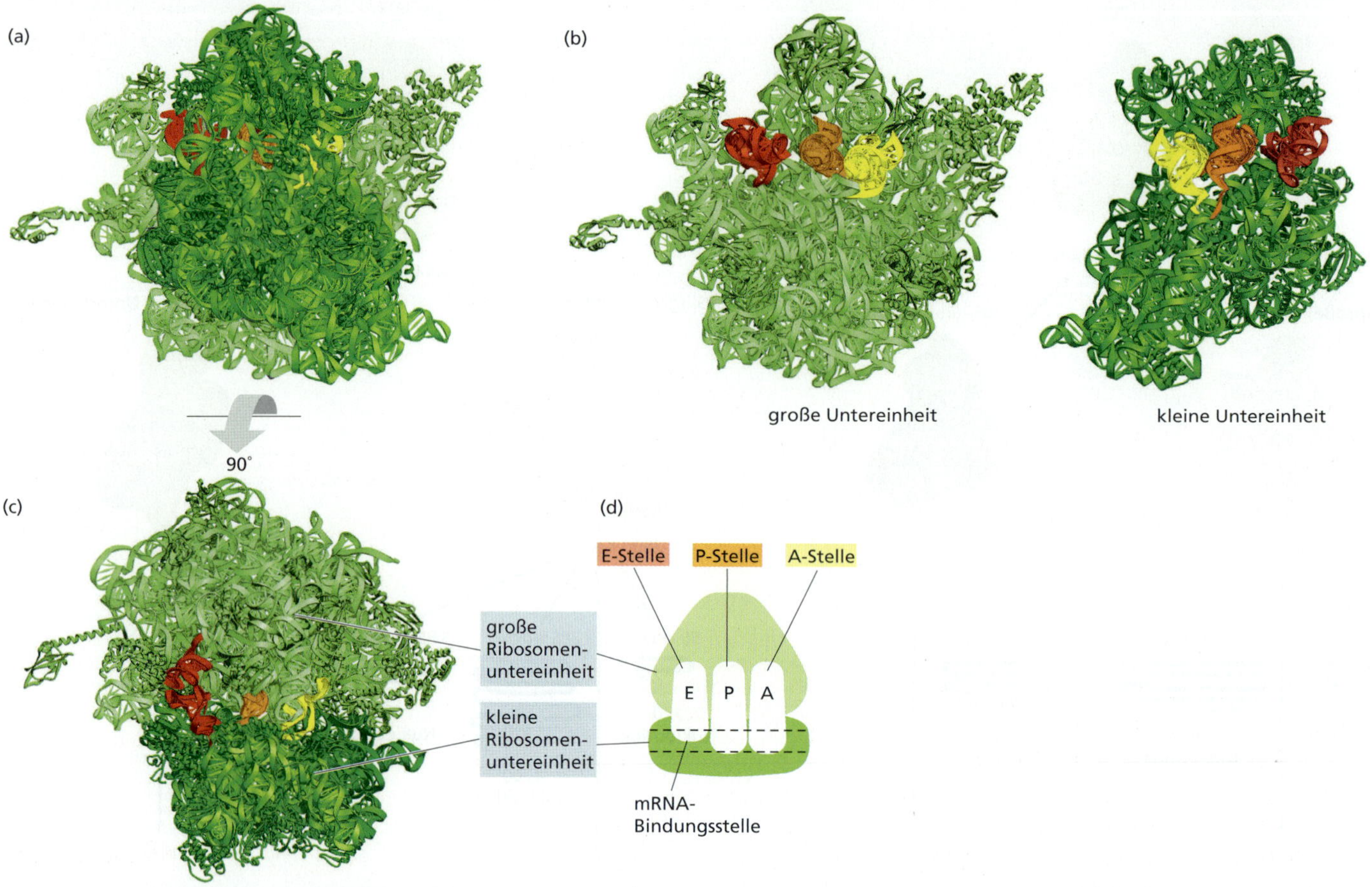

Abb. 6.66 Die RNA-Bindungsstellen in einem Ribosom. Jedes Ribosom hat eine Bindungsstelle für die mRNA und drei Bindungsstellen für die tRNA: die A-, P- und E-Stellen (Abkürzungen für Aminoacyl-tRNA, Peptidyl-tRNA und Ausgang/*Exit*). (a) Struktur eines bakteriellen Ribosoms mit der kleinen Untereinheit vorne (*dunkelgrün*) und der großen Untereinheit hinten (*hellgrün*). Sowohl die rRNAs als auch die ribosomalen Proteine sind abgebildet. tRNAs sind an die E- (*rot*), die P- (*orange*) und die A-Stelle (*gelb*) gebunden dargestellt. Zwar sind hier alle drei tRNA-Bindungsstellen besetzt dargestellt, man nimmt jedoch an, dass während der Proteinsynthese nicht mehr als zwei der Bindungsstellen gleichzeitig ein tRNA-Molekül enthalten (s. Abb. 6.68). (b) Die getrennt gezeigte große (*links*) und kleine (*rechts*) Ribosomenuntereinheit sind so angeordnet, als ob das Ribosom in (a) wie ein Buch geöffnet wäre. (c) Das vollständige Ribosom aus (a) ist um 90° gedreht, die große Untereinheit befindet sich oben, die kleine Untereinheit unten. (d) Sehr schematische Darstellung eines Ribosoms (in derselben Orientierung wie in c), die in den folgenden Abbildungen des Ribosoms verwendet werden wird. (a, b und c, verändert nach M. M. Yusupov *et al.*, *Science* 292: 883–896, 2001. Mit Erlaubnis der AAAS.)

beginnen. Im Durchschnitt fügen eukaryotische Ribosomen etwa vier Aminosäuren pro Sekunde an eine Polypeptidkette an; die Ribosomen von Bakterien arbeiten sogar noch schneller und erreichen eine Geschwindigkeit von ungefähr 20 Aminosäuren pro Sekunde.

Wie koordiniert ein Ribosom die verschiedenen Bewegungen, die für eine effiziente Translation benötigt werden? Ein Ribosom enthält vier Bindungsstellen für RNA-Moleküle: eine ist für die mRNA und drei (als A-, P- und E-Stellen bezeichnet) sind für tRNAs bestimmt (**Abb. 6.66**). Ein *t*RNA-Molekül bindet nur fest an die A- und P-Stellen, wenn sein Anticodon Basenpaarungen mit einem komplementären Codon des durch das Ribosom gefädelten mRNA-Moleküls eingeht (wobei Wobble-Paarung erlaubt ist) (**Abb. 6.67**). Die A- und P-Stellen liegen so nahe beieinander, dass ihre beiden *t*RNA-Moleküle Basenpaarungen mit benachbarten Codons des mRNA-Moleküls eingehen müssen. Durch diese Eigenschaft des Ribosoms wird das richtige Leseraster auf der mRNA beibehalten.

Hat die Proteinsynthese einmal begonnen, wird jede neue Aminosäure in einem Reaktionszyklus angehängt, der vier Hauptschritte enthält: *t*RNA-Bindung (Schritt 1), Bildung der Peptidbindung (Schritt 2), Translokation der großen Untereinheit (Schritt 3) und Translokation der kleinen Untereinheit (Schritt 4). Das Ergebnis dieser zwei Translokationsschritte ist, dass das gesamte Ribosom entlang der mRNA um drei Nukleotide weiterwandert und für den Start des nächsten Zyklus positioniert wird. **Abbildung 6.68** zeigt den vierstufigen Prozess und beginnt an dem Punkt, an dem drei Aminosäuren bereits miteinander verknüpft wurden und sich ein *t*RNA-Molekül, das kovalent an das C-terminale Ende des kurzen Polypeptids gebunden ist, in der P-Stelle des Ribosoms befindet. Im ersten Schritt bindet eine mit der nächsten Aminosäure beladene *t*RNA über Basenpaarungen mit dem Codon der mRNA an die A-Stelle, sodass die P- und die A-Stellen tRNAs enthalten, die an benachbarte Codons gebunden haben. Im zweiten

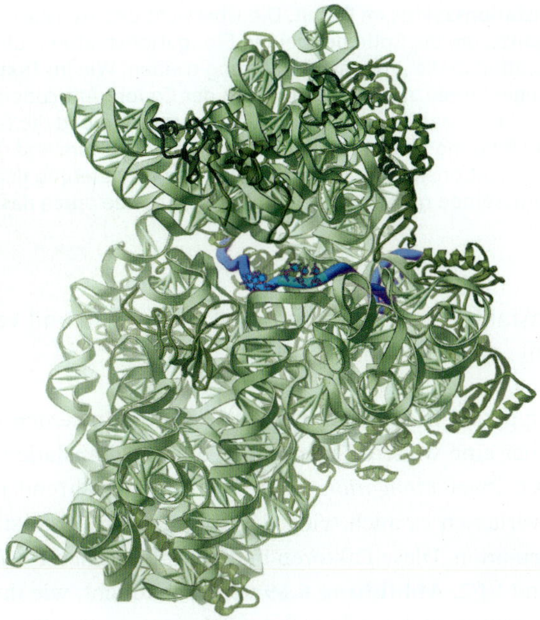

Abb. 6.67 Der Weg der mRNA (*blau*) durch die kleine Ribosomenuntereinheit. Die Ausrichtung ist die gleiche wie für die kleine Untereinheit in der rechtsstehenden Darstellung in **Abb. 6.66b**. Dies erlaubt, die Position der drei tRNA-Bindungsstellen mit derjenigen der hier gezeigten mRNA zu vergleichen. (Mit freundlicher Genehmigung von Harry F. Noller, basierend auf Daten von G. Z. Yusopova *et al.*, *Cell* 106: 233–241, 2001).

Schritt wird das Carboxyende der Polypeptidkette von der in der P-Stelle liegenden *t*RNA abgekoppelt (durch Lösen der energiereichen Bindung zwischen der *t*RNA und ihrer Aminosäure) und über eine Peptidbindung mit der freien Aminogruppe der Aminosäure verknüpft, die an dem *t*RNA-Molekül in der A-Bindungsstelle hängt. Diese entscheidende Reaktion bei der Proteinsynthese wird von einer *Peptidyltransferase* der großen Untereinheit des Ribosoms katalysiert. Im dritten Schritt verschiebt sich die große Untereinheit im Verhältnis zur mRNA, die von der kleinen Untereinheit gehalten wird; dabei verlagern sich die Akzeptorstämme der beiden tRNAs zur E- und P-Stelle der großen Untereinheit. Im vierten Schritt verschiebt eine weitere Reihe von Konformationsänderungen die kleine Untereinheit und ihre gebundene mRNA um genau drei Nukleotide; dabei wird die verbrauchte *t*RNA aus der E-Stelle ausgeworfen und das Ribosom in den Grundzustand gebracht, sodass es bereit ist, die nächste Aminoacyl-*t*RNA zu empfangen, usw.

Dieser Vier-Takt-Zyklus läuft jedes Mal ab, wenn eine Aminosäure an die Polypeptidkette gehängt wird. Die Kette wächst von ihrem Amino- zu ihrem Carboxyende.

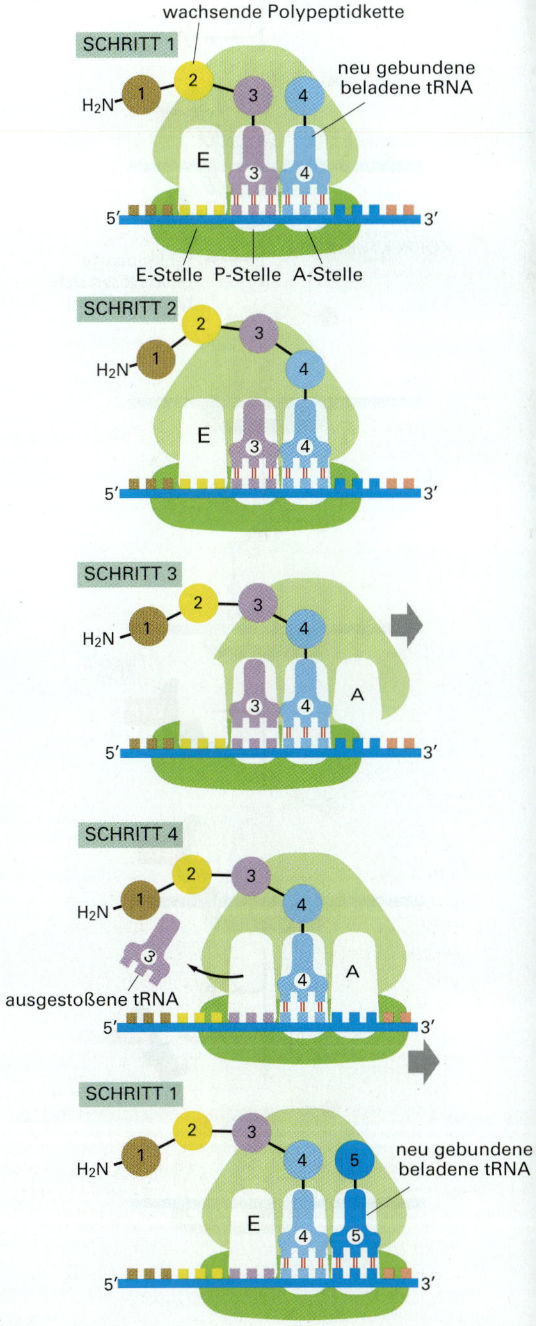

Abb. 6.68 Die Translation eines mRNA-Moleküls. Jede Aminosäure, die an das wachsende Ende einer Polypeptidkette angehängt wird, wird durch komplementäre Basenpaarung zwischen dem Anticodon ihres tRNA-Moleküls und dem nächsten Codon der mRNA-Kette ausgewählt. Da nur je einer der verschiedenen tRNA-Typen, die in einer Zelle vorhanden sind, mit dem Codon paaren kann, bestimmt das Codon, welche Aminosäure an das Ende der Polypeptidkette angehängt wird. Der dargestellte Zyklus aus vier Schritten läuft während der Synthese eines Proteins immer wieder ab. In Schritt 1 bindet ein Aminoacyl-tRNA-Molekül an die freie A-Stelle des Ribosoms. In Schritt 2 bildet sich eine neue Peptidbindung, und in Schritt 3 bewegt sich die große Untereinheit im Verhältnis zur kleinen Untereinheit und lässt die beiden tRNAs in gemischten Stellen: die eine tRNA in P auf der großen Untereinheit und in A auf der kleinen; die andere tRNA in E auf der großen Untereinheit und in P auf der kleinen. In Schritt 4 verschiebt sich die kleine Untereinheit und befördert ihre mRNA drei Nukleotide weiter durch das Ribosom. Dies bringt das Ribosom wieder in Grundstellung mit einer ganz leeren A-Stelle, bereit, das nächste Aminoacyl-tRNA-Molekül zu binden. Wie dargestellt, wird die mRNA in 5′→3′-Richtung abgelesen. Der N-Terminus des Proteins entsteht zuerst, und bei jedem Zyklus wird eine Aminosäure an den C-Terminus der Polypeptidkette angefügt.

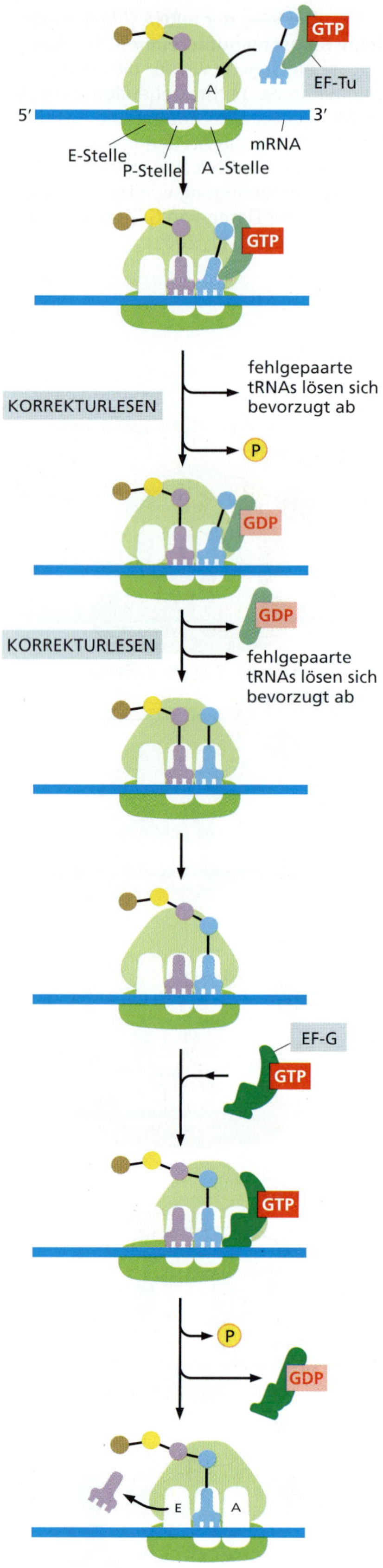

Abb. 6.69 Der Translationszyklus im Detail. Die Übersicht des Translationsvorgangs aus Abb. 6.68 wurde ergänzt, um die Rolle der beiden Elongationsfaktoren EF-Tu und EF-G zu zeigen, die die Translation in die „Vorwärts"-Richtung treiben. Wie im Text erklärt, verschafft EF-Tu auch zwei Gelegenheiten zum Korrekturlesen der Codon–Anticodon-Paarung. Auf diese Weise werden unkorrekt gepaarte tRNAs bevorzugt abgewiesen und die Genauigkeit der Translation verbessert. Die Bindung eines EF-G-Moleküls an das Ribosom und die nachfolgende *GTP*-Hydrolyse des Elongationsfaktors führen zu einer Umgruppierung der Ribosomenstruktur, sodass die zu entschlüsselnde mRNA um genau drei Nukleotide durch das Ribosom hindurchbewegt wird.

6.2.8 Elongationsfaktoren treiben die Translation voran und verbessern die Genauigkeit

Der Zyklus der Polypeptid-Elongation, der in **Abb. 6.68** in seinen Grundzügen dargestellt ist, verfügt über eine weitere Eigenschaft, die die Translation besonders effizient und genau gestaltet. Zwei *Elongationsfaktoren* dringen während jedes Zyklus in das Ribosom ein und verlassen es auch wieder. Dabei hydrolysieren sie *GTP* zu GDP und ändern ihre Konformation. Diese Faktoren heißen in Bakterien EF-Tu und EF-G und in Eukaryoten EF1 und EF2. **Abbildung 6.69** veranschaulicht, wie ihre Zyklen der Ribosomenzusammenlagerung und der Zerfall der Ribosomen zum Proteinsynthesevorgang beiträgt, der eben in **Abb. 6.68** skizziert wurde. Unter bestimmten *In-vitro* -Bedingungen kann man die Ribosomen dazu bringen, Proteine ohne die Hilfe dieser Elongationsfaktoren und *GTP*-Hydrolyse zu synthetisieren. Diese Synthese ist jedoch sehr langsam, ineffizient und ungenau. Der Vorgang der Proteinsynthese wird durch die Koppelung der durch GTP-Hydrolyse angetriebenen Veränderungen der Elongationsfaktoren mit den verschiedenen Übergängen zwischen den ribosomalen Konformationsstadien außerordentlich beschleunigt, was sicherstellt, dass die vielen benötigten Veränderungen nur in „Vorwärts"-Richtung ablaufen.

Außer der Vorwärtsbewegung der Translation erhöht EF-Tu auch deren Genauigkeit. Wie wir in Kapitel 3 besprochen haben, kann EF-Tu gleichzeitig an GTP und an Aminoacyl-tRNAs binden (s. **Abb. 3.68** und **3.69**), und in genau dieser Form geschieht die anfängliche Codon–Anticodon-Wechselwirkung in der A-Stelle des Ribosoms. Wegen der Änderung der Freien Energie, die mit der Basenpaarbildung verknüpft ist, wird eine korrekte Codon–Anticodon-Paarung fester binden als eine nicht korrekte Wechselwirkung. Aber dieser Affinitätsunterschied ist relativ bescheiden und kann nicht der alleinige Grund für die hohe Genauigkeit der Translation sein.

Um die Genauigkeit der Amino-acyl-*t*RNA-Bindung im ersten Schritt der Proteinsynthese zu steigern, arbeiten das Ribosom und EF-Tu auf folgende Weise zusammen: Zunächst beurteilt die *16S*-rRNA in der kleinen Untereinheit des Ribosoms die Korrektheit der Codon–Anticodon-Paarung, indem sie sich um sie faltet und ihre molekularen Eigenschaften abprüft (**Abb. 6.70**). Wenn eine korrekte Paarung gefunden wird, dann schließt sich die rRNA eng um das Codon–Anticodon-Paar, was zu einer Konformationsänderung im Ribosom führt, die die GTP-Hydrolyse durch EF-Tu auslöst. Nur wenn GTP hydrolysiert ist, lässt EF-Tu die Aminoacyl-*t*RNA aus dem Griff frei und erlaubt, dass sie für die Proteinsynthese verwendet wird. Weil falsche Codon–Anticodon-Paarungen nicht sofort die Konformatiosänderung auslösen, fallen die meisten dieser fehlgepaarten tRNAs vom Ribosom ab, bevor sie zur Proteinsynthese verwendet werden können (s. den ersten Korrekturleseschritt in **Abb. 6.69**).

Nachdem GTP hydrolysiert ist und EF-Tu sich vom Ribosom gelöst hat, hat das Ribosom eine zweite Gelegenheit zu verhindern, dass eine falsche Aminosäure an die wachsende Kette geheftet wird. Dies entsteht aufgrund zeitlicher Verzögerung, bevor die von der *t*RNA beförderte Aminosäure sich auf dem Ribosom in ihre korrekte Position begibt. Diese zeitliche Verzögerung ist bei korrekten Codon–Anticodon-Paarungen nicht nur

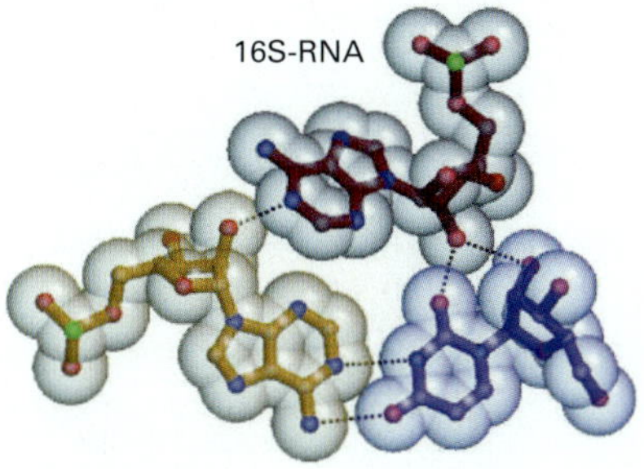

Abb. 6.70 **Erkennung der korrekten Codon–Anticodon-Paarung durch die rRNA der kleinen Ribosomenuntereinheit.** Gezeigt ist die Wechselwirkung zwischen einem Nukleotid der rRNA der kleinen Untereinheit und dem ersten Nukleotidpaar eines korrekt gepaarten Codon–Anticodons; ähnliche Wechselwirkungen spielen sich zwischen anderen Nukleotiden der rRNA und der zweiten und dritten Position des Codon–Anticodon-Paars ab. Die rRNA der kleinen Untereinheit kann dieses Netzwerk aus Wasserstoffbrücken nur bilden, wenn ein Anticodon korrekt zu einem Codon passt. Wie im Text erklärt, steigert diese Codon–Anticodon-Überwachung durch die rRNA der kleinen Untereinheit die Exaktheit der Proteinsynthese. (Aus J. M. Ogle *et al.*, *Science* 292: 897–902, 2001. Mit Erlaubnis der AAAS).

kürzer als bei nicht korrekten, sondern falsch gepaarte tRNAs lösen sich schneller ab als richtig gebundene, weil ihre Wechselwirkung mit dem Codon schwächer ist. Somit verlassen die meisten verbliebenen, nicht korrekt gebundenen *t*RNA-Moleküle (sowie eine erhebliche Anzahl korrekt gebundener Moleküle) das Ribosom, ohne für die Proteinsynthese verwendet zu werden (s. den zweiten Korrekturleseschritt in **Abb. 6.69**). Die beiden hintereinander agierenden Korrekturleseschritte sind hauptsächlich für die 99,99 %-ige Genauigkeit des Ribosoms bei der Translation der RNA zu Protein verantwortlich,.

6.2.9 Die induzierte Passform und das kinetische Korrekturlesen helfen biologischen Vorgängen, die inhärenten Beschränkungen der komplementären Basenpaarung zu überwinden

Wir haben in diesem und den vorausgegangenen Kapiteln gesehen, dass die DNA-Replikation, -Reparatur, Transkription und Translation sich allesamt auf die komplementäre Basenpaarung stützen – G mit C und A mit T (U). Wenn jedoch nur der Unterschied bezüglich der Wasserstoffbrücken berücksichtigt wird, dann sollte eine korrekte gegenüber einer unkorrekten Paarung einen Affinitätsunterschied um einen Faktor von nur 10 bis 100 ausmachen. Diese Vorgänge haben eine Genauigkeit, die weit höher ist, als dass nur dieser Unterschied dafür verantwortlich sein könnte. Obgleich die Mechanismen, die dazu verwendet werden, zusätzliche Spezifität aus der komplementären Basenpaarung „herauszuquetschen", sich von einem Vorgang zum anderen unterscheiden, erscheinen zwei Grundsätze, veranschaulicht durch das Ribosom, allgemeingültig zu sein.

Der erste ist die **induzierte Passform** (*induced fit*). Wir haben gesehen, dass, bevor eine Aminosäure an eine wachsende Polypeptidkette angeheftet wird, sich das Ribosom um die Codon–Anticodon-Wechselwirkung faltet, und nur wenn die Paarung korrekt ist, wird diese Faltung fertiggestellt und die Reaktion darf weiter ablaufen. Somit wird die Codon–Anticodon-Wechselwirkung zweimal überprüft – einmal bei der anfänglichen komplementären Basenpaarung und ein zweites Mal bei der Faltung des Ribosoms, die von der Korrektheit der Paarung abhängt. Der gleiche Grundsatz der induzierten Passform ist bei der Transkription durch RNA-Polymerase zu sehen; hier bildet ein hinzukommendes Nukleosidtriphosphat anfangs eine Basenpaarung mit der Matrize; an diesem Punkt faltet sich das Enzym um das Basenpaar (und überprüft dabei dessen Korrektheit), und indem es dies macht, erzeugt es das Aktive Zentrum des Enzyms. Dann heftet das Enzym das Nukleotid kovalent an die wachsende Kette. Falsche Basen blockieren diese induzierte Passform; weil ihre Geometrie „falsch" ist, beeinträchtigen nicht korrekte Basenpaarungen diese induzierte Passform, und sie lösen sich deshalb wahrscheinlich ab, bevor sie in die wachsende Kette eingebaut werden können.

Ein zweites Prinzip, die Spezifität der komplementären Basenpaarung zu erhöhen, ist das **kinetische Korrekturlesen**. Wir haben gesehen, dass nach der anfänglichen Codon–Anticodon-Paarung und Konformationsänderung des Ribosoms *GTP* hydrolysiert wird. Dies erzeugt einen irreversiblen Schritt und startet die Uhr für eine zeitliche Verzögerung, während der die Aminoacyl-*t*RNA sich in die richtige Position für die

Katalyse begibt. Während dieser Verzögerung ist die Wahrscheinlichkeit sich abzulösen für diese nicht korrekten Codon–Anticodon-Paare, die irgendwie durch die Kontrolle der induzierten Passform geschlüpft sind, weit höher als für korrekte Paare. Dafür gibt es zwei Gründe: (1) Die Wechselwirkung der falschen *t*RNA mit dem Codon ist schwächer und (2) für nicht korrekte Paarungen dauert die Verzögerung länger als für korrekte.

In seiner allgemeinsten Form bezieht sich das kinetische Korrekturlesen auf eine zeitliche Verzögerung, die mit einem irreversiblen Schritt wie der ATP- oder GTP-Hydrolyse beginnt und in deren Verlauf ein nicht korrektes Substrat sich wahrscheinlicher ablöst als ein korrektes. In diesem Fall erhöht das kinetische Korrekturlesen somit die Spezifität der komplementären Basenpaarung weit über das hinaus, was durch einfache thermodynamische Verbindung allein möglich ist. In der Tat kann das kinetische Korrekturlesen die Genauigkeit einer Reaktion von einem Fehler pro 10^x auf nur einen Fehler pro 10^{2x} steigern, unter der Annahme, dass die Unterschiede der Dissoziationsgeschwindigkeiten der Spezifität der molekularen Wechselwirkungen zugrunde liegen.

Diese Spezifitätszunahme durch kinetisches Korrekturlesen kostet Energie in Form von ATP- oder GTP-Hydrolyse. Das kineteische Korrekturlesen findet sich bei biologischen Vorgängen, die von der DNA-Replikation und DNA-Reparatur bis zum RNA-Spleißen und der Proteintranslation reichen; damit hilft es, dass Leben möglich wird, indem es die Spezifität biochemischer Reaktionen enorm steigert.

6.2.10 Genauigkeit bei der Translation erfordert einen großen Einsatz Freier Energie

Die Translation durch ein Ribosom ist ein Kompromiss zwischen den gegensätzlichen Beschränkungen, die durch Genauigkeit und Geschwindigkeit vorgegeben sind. Wir haben z. B. gesehen, dass die Translationsgenauigkeit (1 Fehler pro 10^4 verknüpfte Aminosäuren) von einer zeitlichen Verzögerung bei der Anheftung jeder neuen Aminosäure an eine wachsende Polypeptidkette abhängt. Daraus ergibt sich bei Bakterien eine Einbaugeschwindigkeit von 20 Aminosäuren in der Sekunde. Bakterienmutanten mit einer bestimmten Veränderung in ihrer kleinen ribosomalen Untereinheit haben längere Verzögerungen und translatieren mit einer wesentlich höheren Genauigkeit. Die Geschwindigkeit der Proteinsynthese in diesen Mutanten ist jedoch so gering, dass sie kaum überleben können.

Wir haben auch gesehen, dass die beobachtete Genauigkeit der Proteinsynthese nur unter Verbrauch einer großen Menge an Freier Energie erreicht wird. Dies war zu erwarten, da für jede Erhöhung des Ordnungsgrads in einer Zelle ein Preis gezahlt werden muss, wie wir bereits in Kapitel 2 diskutiert haben. In den meisten Zellen verbraucht die Proteinsynthese mehr Energie als jeder andere Biosyntheseweg. Mindestens vier energiereiche Phosphatbindungen müssen für jede synthetisierte Peptidbindung gespalten werden: Zwei werden beim Beladen eines tRNA-Moleküls mit einer Aminosäure verbraucht (s. **Abb. 6.58**), zwei weitere treiben Schritte im Reaktionszyklus des Ribosoms während der Synthese an (s. **Abb. 6.69**). Zusätzliche Energie wird jedes Mal verbraucht, wenn eine falsche Aminosäurekopplung von einer tRNA-Synthetase hydrolysiert werden muss (s. **Abb. 6.61**) und wann immer eine falsche tRNA ins Ribosom gelangt, GTP-Hydrolyse auslöst und abgestoßen wird (s. **Abb. 6.69**). Um wirklich leistungsfähig zu arbeiten, müssen diese Korrekturlesemechanismen auch einen beträchtlichen Anteil von richtigen Wechselwirkungen beseitigen. Aus diesem Grund sind die Energiekosten für das Korrekturlesen sogar noch höher.

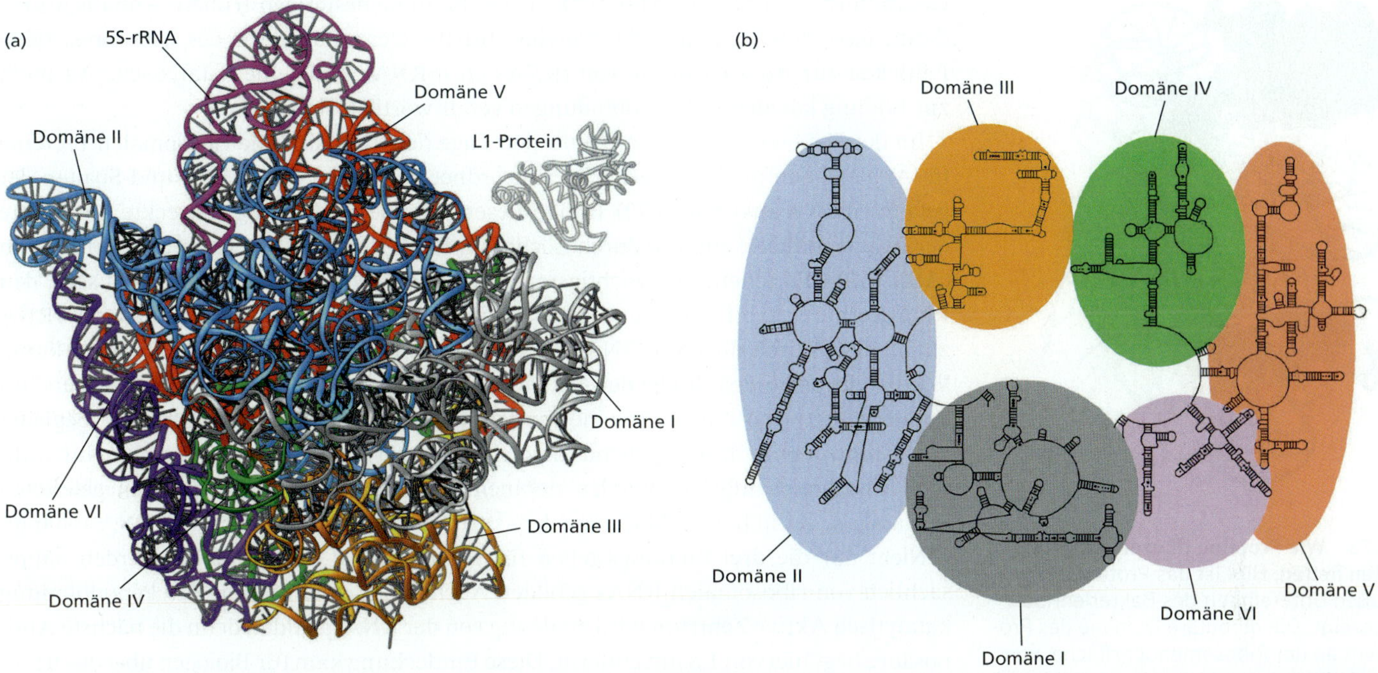

Abb. 6.71 Durch Röntgenkristallographie bestimmte Struktur der rRNAs in der großen Untereinheit des Ribosoms von Bakterien. (a) Dreidimensionale Strukturen der rRNAs der großen Untereinheit (5S und 23S), wie sie innerhalb des Ribosoms erscheinen. Eine der Proteinuntereinheiten des Ribosoms (L1) wurde als Bezugspunkt ebenfalls dargestellt, da sie eine charakteristische Vorwölbung des Ribosoms bildet. (b) Schematische Darstellung der Sekundärstruktur der *23S*-rRNA zur Verdeutlichung des ausgedehnten Netzwerks von Basenpaarungen. Die Struktur wurde in sechs „Domänen" aufgeteilt, deren Farben denen der dreidimensionalen Struktur in (a) entsprechen. Die Sekundärstruktur wurde stark abstrahiert gezeichnet, um einen möglichst großen Anteil in zwei Dimensionen darstellen zu können. Aus dem gleichen Grund wurden auch mehrere Unterbrechungen in der RNA-Kette eingeführt, obwohl die *23S*-rRNA in Wirklichkeit ein einziges RNA-Molekül ist. So stehen z. B. Domäne III und IV in direktem Zusammenhang, obwohl im Bild eine Lücke erscheint. (Nach N. Ban *et al.*, *Science* 289: 905–920, 2000. Mit Erlaubnis der AAAS).

6.2.11 Das Ribosom ist ein Ribozym

Das Ribosom ist ein großer Komplex, der massenmäßig aus zwei Dritteln RNA und einem Drittel Protein besteht. Die Bestimmung der gesamten dreidimensionalen Struktur seiner kleinen und großen Untereinheit im Jahr 2000 war ein großer Triumph der modernen Strukturbiologie. Die ribosomalen RNAs sind zu stark verdichteten, exakt dreidimensionalen Strukturen gefaltet, die den Ribosomenkern bilden und seine

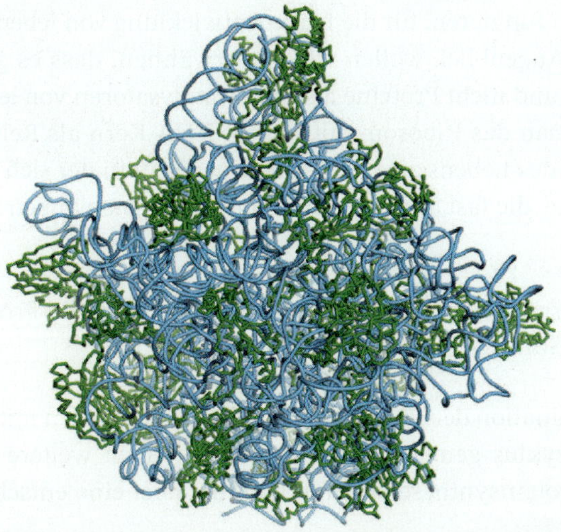

Abb. 6.72 Lage der Proteinbestandteile der großen Ribosomenuntereinheit von Bakterien. Die rRNAs (5S und 23S) sind *blau*, die Proteine der großen Untereinheit sind *grün* dargestellt. Diese Ansicht ist in Richtung Ribosomenrückseite bezogen auf Abb. 6.66a; die Grenzfläche mit der kleinen Untereinheit zeigt in die Buchseite. (PDB-Code: 1FFK).

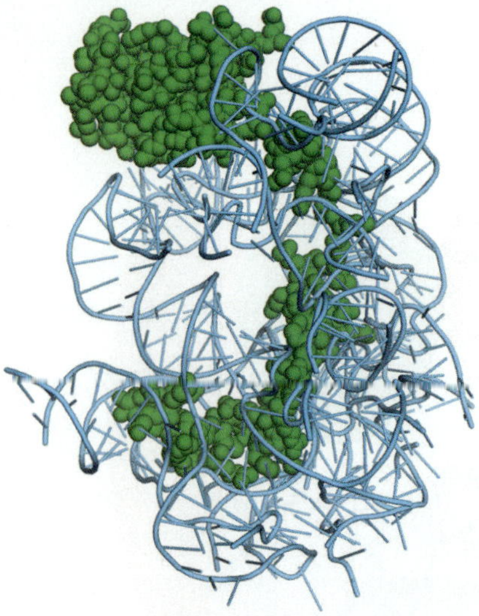

Abb. 6.73 Wie Proteine ribosomale RNA gestalten helfen. Hier ist das Protein *L15* in der großen Untereinheit des Bakterienribosoms gezeigt. Die globuläre Domäne des Proteins liegt an der Ribosomenoberfläche, von wo aus ein lang gestreckter Abschnitt bis tief in den RNA-Kern des Ribosoms eindringt. Das Protein ist *grün*, ein Anteil des ribosomalen RNA-Kerns ist *blau* dargestellt. (Aus D. Klein *et al.*, *J. Mol. Biol.* 340: 141–177, 2004. PDB-Code: 1S72).

Gesamtform bestimmen (**Abb. 6.71**). Diese Befunde bestätigen frühere Anhaltspunkte dafür, dass rRNAs, und nicht Proteine, für die Gesamtstruktur des Ribosoms, seine Fähigkeit zur Auszurichtung von tRNAs an mRNAs und seine katalytische Aktivität zur Bildung kovalenter Peptidbindungen verantwortlich sind.

Im deutlichen Gegensatz zur zentralen Lage der RNA sind die ribosomalen Proteine im Allgemeinen an der Oberfläche angeordnet. Sie füllen die Lücken und Spalten der gefalteten RNA aus (**Abb. 6.72**). Einige dieser Proteine senden lang gestreckte Abschnitte der Polypeptidkette aus, die durch Löcher im RNA-Kern ins Innere vordringen können (**Abb. 6.73**). Es scheint die wichtigste Funktion der ribosomalen Proteine zu sein, den RNA-Kern zu stabilisieren und gleichzeitig die Konformationsänderungen der rRNA zuzulassen, durch die diese RNA erst wirksam die Proteinsynthese katalysieren kann. Wie bereits behandelt, findet der Aufbau der eukaryotischen Ribosomen vorwiegend im Zellkern statt; ribosomale Proteine werden im Cytoplasma synthetisiert und – begleitet von *Chaperonen* – in weitgehend ungefalteter Form zum Zellkern gebracht. Nur während Ribosomen aufgebaut werden, nehmen diese Proteine ihren endgültigen, gefalteten Zustand an, der in hohem Maße von dem strukturellen Rahmenwerk der rRNA abhängt.

Nicht nur die drei Bindungsstellen für tRNAs (A-, P- und E-Stelle) werden hauptsächlich von ribosomalen RNAs gebildet. Auch das für die Bildung der Peptidbindung katalytisch Aktive Zentrum wird eindeutig von der RNA gebildet, denn die nächste Aminosäure liegt hiervon 1,8 nm entfernt. Diese Entdeckung kam für Biologen überraschend, weil RNA im Gegensatz zu Proteinen keine leicht ionisierbaren funktionellen Gruppen enthält, die dazu dienen können, hoch entwickelte Reaktionen wie die Bildung der Peptidbindung zu katalysieren. Zudem hat man im Aktiven Zentrum des Ribosoms keine Metall-Ionen beobachtet, die oft von RNA-Molekülen dazu verwendet werden, chemische Reaktionen zu katalysieren (wie im früher behandelten Fall für das RNA-Spleißen). Man glaubt stattdessen, dass die *23S*-rRNA eine hoch strukturierte Tasche bildet, die die beiden Reaktanden (die wachsende Polypeptidkette und die Aminoacyl-*t*RNA) über ein Netzwerk von Wasserstoffbrücken exakt ausrichtet und dabei deren kovalente Verknüpfung enorm beschleunigt. Eine weitere Überraschung bereitete die Entdeckung, dass die *t*RNA in der P-Stelle eine funktionelle OH-Gruppe zum Aktiven Zentrum beiträgt und direkt an der Katalyse teilnimmt. Dieser Mechanismus gewährleistet unter Umständen, dass die Katalyse nur dann stattfindet, wenn die *t*RNA der P-Stelle korrekt im Ribosom positioniert ist.

RNA-Moleküle mit katalytischer Aktivität heißen auch **Ribozyme**. Wir haben schon früher in diesem Kapitel erfahren, dass das Spleißosom ebenfalls ein Ribozym ist, obgleich sein katalytisches Zentrum von mehreren verschiedenen RNA-Molekülen gebildet wird, anstelle von einer einzigen RNA, wie im Fall des Ribosoms. Im letzten Abschnitt dieses Kapitels werden wir betrachten, was die Fähigkeit von RNA-Molekülen, als Katalysatoren zu fungieren, für die frühe Entwicklung von lebenden Zellen bedeutet haben könnte. Im Augenblick wollen wir nur erwähnen, dass es gute Gründe gibt zu glauben, dass RNA und nicht Proteine als erste Katalysatoren von lebenden Zellen dienten. Somit könnte man das Ribosom mit seinem RNA-Kern als Relikt aus einer frühen Zeit der Geschichte des Lebens ansehen – aus einer Zeit, in der sich die Proteinsynthese in Zellen entwickelte, die fast ausschließlich von Ribozymen angetrieben wurden.

6.2.12 Nukleotidsequenzen in der mRNA geben an, wo die Proteinsynthese beginnen soll

Initiation und Termination der Translation haben Eigenschaften mit dem oben beschriebenen Elongationszyklus gemeinsam, besitzen aber noch weitere Eigenschaften. Der Stelle, an der die Proteinsynthese beginnt, kommt dabei eine entscheidende Bedeutung

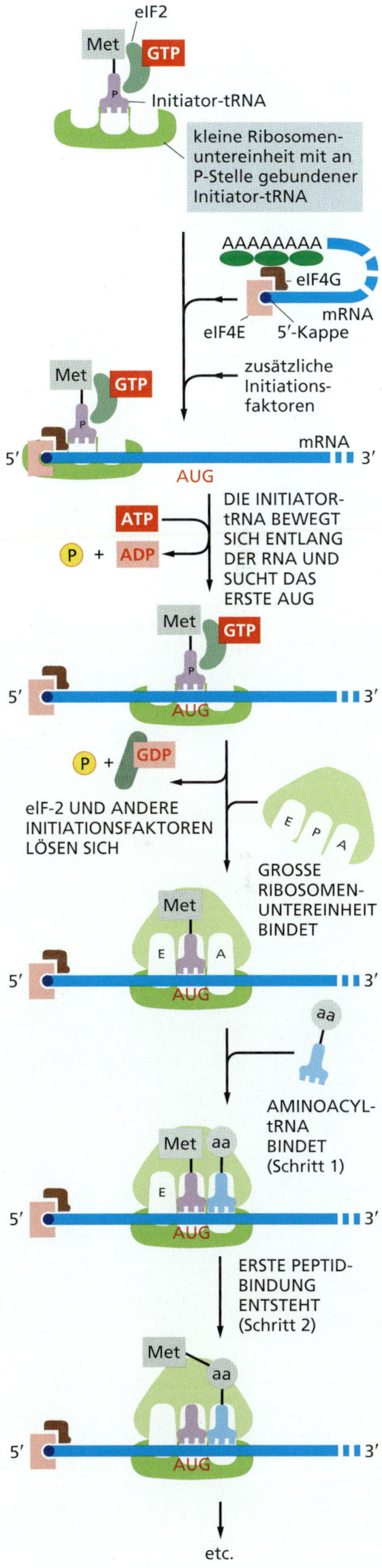

Abb. 6.74 Die Initiationsphase der Proteinsynthese in Eukaryoten. Nur drei der vielen Translationsinitiationsfaktoren, die für diesen Vorgang gebraucht werden, sind gezeigt. Außer einem Initiator-*AUG*-Codon erfordert eine effiziente Translationsinitiation auch den poly-*A* -Schwanz der mRNA mit, der von den poly-*A* -bindenden Proteinen gebunden ist. So stellt der Translationsapparat sicher, dass beide Enden der mRNA intakt sind, bevor mit der Proteinsynthese begonnen wird. Die Kommunikation zwischen dem 5'- und dem 3'-Ende der mRNA wird, zumindest teilweise, wie gezeigt, durch Wechselwirkungen zwischen den poly-*A* -bindenden Proteinen und ElF4D vermittelt. Obwohl in der Abbildung nur ein *GTP*-Hydrolyseereignis dargestellt ist, weiß man von einem zweiten, das direkt vor der Vereinigung von großer und kleiner Ribosomenuntereinheit stattfindet. In den beiden letzten in der Abbildung gezeigten Schritten hat das Ribosom mit dem Standard-Elongationszyklus begonnen, der in Abb. 6.68 gezeigt ist.

zu: Sie bestimmt das Leseraster, in dem die gesamte Botschaft gelesen wird. Würde auf dieser Stufe ein Fehler von einem einzigen Nukleotid gemacht, gleich in welcher Richtung, so würde jedes folgende Codon der Botschaft falsch abgelesen. Es entstünde ein funktionsloses Protein mit einer unverständlichen Aminosäuresequenz. Die Initiation ist noch in anderer Hinsicht wichtig: Für die meisten Gene ist sie der letzte Moment, in dem sich eine Zelle entscheiden kann, ob die mRNA tatsächlich translatiert wird, sodass ein Protein entsteht. Die Geschwindigkeit dieses Schritts ist somit ein bestimmender Faktor für die Geschwindigkeit, mit der ein bestimmtes Protein synthetisiert wird. Wir werden in Kapitel 7 noch sehen, wie sich die Regulation dieses Schritts abspielt.

Die Translation einer mRNA beginnt gewöhnlich am Codon *AUG*, wobei für die Initiation der Translation eine eigene *t*RNA benötigt wird. Diese **Initiator**-tRNA ist immer mit der Aminosäure Methionin (Bakterien verwenden ein chemisch modifiziertes Methionin, das *N* -Formylmethionin) beladen, sodass alle neu synthetisierten Proteine als erste Aminosäure ein Methionin an ihrem N-Terminus tragen, also an dem Ende des Proteins, das zuerst synthetisiert wird. Dieses Methionin wird später in der Regel durch eine spezifische Protease entfernt. Die Initiator-*t*RNA kann von Initiationsfaktoren speziell erkannt werden, weil sie eine Nukleotidsequenz hat, die sich von derjenigen der *t*RNA unterscheidet, die normalerweise mit Methionin beladen ist.

Bei Eukaryoten bindet die Initiator-tRNA, die an Methionin gekoppelt ist (Met-*t*RNA*i*), zuerst zusammen mit anderen Proteinen, den sogenannten **eukaryotischen Initiationsfaktoren**, oder **eIFs**, an die kleine ribosomale Untereinheit. Von allen Aminoacyl-tRNAs einer Zelle kann nur die mit Methionin beladene Initiator-*t*RNA fest an die kleine Ribosomenuntereinheit binden, ohne dass das vollständige Ribosom vorhanden sein muss, und im Gegensatz zu anderen tRNAs bindet sie direkt an die P-Stelle (Abb. 6.74). Als Nächstes bindet die kleine ribosomale Untereinheit an das 5'-Ende eines RNA-Moleküls, das dank seines 5'-Caps, das zuvor zwei Initiationsfaktoren, eIF-4E und eIF-4G, gebunden hat, erkannt wird (s. Abb. 6.40). Die kleine ribosomale Untereinheit bewegt sich dann entlang der RNA vorwärts (von 5' nach 3') und sucht nach dem ersten *AUG*. Zusätzliche Initiationsfaktoren, die als ATP-betriebene Helikasen arbeiten, erleichtern diese Bewegung. Bei etwa 90 % der mRNAs beginnt die Translation an dem ersten *AUG*-Codon, das die kleine Untereinheit findet. Die Initiationsfaktoren lösen sich dann ab und geben den Weg frei, damit die große Untereinheit sich an den Komplex anlagern kann und das Ribosom vervollständigt. Die Initiator-*t*RNA verbleibt an der P-Stelle, während die A-Stelle frei ist. Die Proteinsynthese kann daher beginnen (s. Abb. 6.69).

In eukaryotischen mRNAs beeinflussen die Nukleotide in unmittelbarer Nähe der Startstelle die Effizienz der *AUG*-Erkennung während des Absuchens der RNA. Wenn dieser Erkennungsbereich von der Konsensus-Erkennungssequenz (5'-ACCAUGG-3', nach ihrem Entdecker als Kozak-Sequenz benannt) stark abweicht, kann die suchende ribosomale Untereinheit manchmal das erste *AUG*-Codon der mRNA ignorieren und stattdessen zum zweiten oder dritten *AUG*-Codon springen. Häufig nutzen Zellen dieses Phänomen, das als „durchlässiges Absuchen" (*leaky scanning*) bezeichnet wird, um zwei oder mehr Proteine mit unterschiedlichen N-Termini aus dem gleichen mRNA-Molekül herzustellen. Dieser Mechanismus erlaubt es manchen Genen, die gleichen Proteine mit und ohne Signalsequenz an ihrem N-Terminus zu bilden und damit beispielsweise das Protein zwei verschiedenen Kompartimenten der Zelle zuzuleiten.

Die Proteinsynthese bei Eukaryoten beginnt in der Regel an einem *AUG* -Codon, es gibt aber Ausnahmen. Bei manchen Proteinen beginnt die Translation an einem Codon, das sich von *AUG* durch eine einzelne Base, insbesondere an der dritten Position unterscheidet. In diesen Fällen wird die normale Initiator-*t*RNA verwendet (die ein Methionin trägt), da aber das Codon-Anticodon-Paar nicht perfekt ist, erfolgt die Translation dieser Proteine normalerweise nicht so effizient wie die Translation derjenigen, die mit *AUG* beginnen. Diese Abweichung von der Norm erlaubt es der Zelle, sehr kleine Mengen von manchen Proteinen verglichen mit anderen, herzustellen. In einigen wenigen seltenen Fällen kann die Translation jedoch mit einer vollständig anderen *t*RNA beginnen. Beispielsweise beginnen einige wenige Proteine mit einem CUG-Codon, und eine Leucin-*t*RNA (das perfekte Codon-Anticodon-Paar) beginnt die Translation mit Leucin als erster Aminosäure. Im nächsten Kapitel werden wir behandeln, wie diese und andere Abweichungen vom Standard-Translations-Initiations-Vorgang verwendet werden können, um die Proteinsynthese als Reaktion auf Signale aus der Umwelt zu regulieren.

Der Mechanismus mit dem ein Start-Codon bei Bakterien ausgewählt wird, unterscheidet sich grundlegend von demjenigen bei Eukaryoten. Bakterielle mRNAs besitzen keine 5'-Caps, um den Ribosom zu signalisieren, wo es mit der Suche nach dem Translationsstart beginnen soll. Stattdessen enthält jede bakterielle mRNA eine spezifische Ribosomen-Bindungsstelle (Shine-Dalgarno-Sequenz genannt, nach ihren Entdeckern), die ein Paar wenige Nukleotide stromaufwärts des *AUG*s sitzt, an dem die Tanslation beginnen soll. Diese Nukelotidsequenz, mit der Konsnsussequenz 5'-AGCAGGU-3', paart mit der *16S*-rRNA der kleinen ribosomalen Untereinheit und bringt damit das Ribosom am *AUG*-Codon in Stellung. Eine Gruppe von Initiationsfaktoren organisiert diese Wechselwirkung sowie den darauffolgenden Zusammenbau der großen ribosomalen Untereinheit, um das Ribosom zu vervollständigen.

Anders als ein eukaryotisches Ribosom kann ein bakterielles Ribosom sich daher ohne weiteres an einem Start-Codon zusammenlagern, das im Inneren eines mRNA-Moleküls liegt, vorausgesetzt eine Ribosomenbindungsstelle liegt mehrere Nukleotide vor ihm. Daher sind bakterielle mRNAs häufig *polycistronisch*, d.h. dass sie für mehrere vollständige Proteine codieren, die alle von demselben mRNA-Molekül aus translatiert werden (**Abb. 6.75**). Dagegen codiert eine eukaryotische mRNA im Allgemeinen nur für ein einziges Protein oder genauer einen einzelnen Satz verwandter Proteine. Im nächsten Kapitel werden wir sehen, dass es einige Ausnahmen von dieser Verallgemeinerung gibt, bei denen eine eukaryotische mRNA die Information für zwei oder mehr Proteine tragen kann.

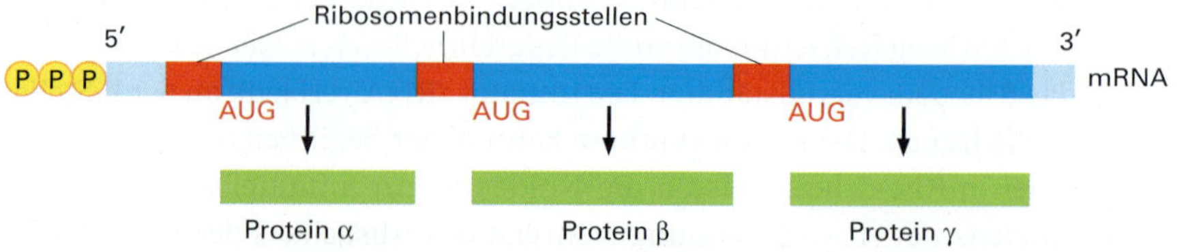

Abb. 6.75 Die Struktur eines typischen bakteriellen mRNA-Moleküls. Anders als eukaryotische Ribosomen, die normalerweise ein Cap am 5'-Ende an der mRNA benötigen, beginnen prokaryotische Ribosomen mit der Translation an Bindungsstellen für Ribosomen (Shine–Dalgarno-Sequenz), die sich überall in einem mRNA-Molekül befinden können. Diese Eigenschaft von Ribosomen erlaubt es den Bakterien, mehr als eine Proteinart aus einem mRNA-Molekül zu synthetisieren.

6.2.13 Stopp-Codons markieren das Ende der Translation

Das Ende einer proteincodierenden Botschaft wird durch die Anwesenheit eines von drei *Stopp-Codons* signalisiert (UAA, UAG oder UGA) (s. **Abb. 6.52**). Diese werden nicht von einer *t*RNA erkannt und stehen nicht für eine Aminosäure, sondern signalisieren dem Ribosom, die Translation zu beenden. Proteine, die als *Freisetzungsfaktoren* (*release factors*) bekannt sind, binden an jedes Ribosom, bei dem ein Stopp-Codon in der A-Stelle liegt. Diese Bindung zwingt die Peptidyltransferase des Ribosoms, ein Wassermolekül statt einer Aminosäure auf die Peptidyl-*t*RNA zu übertragen (**Abb. 6.76**). Dadurch wird das Carboxyende der wachsenden Polypeptidkette von ihrer Bindung an ein *t*RNA-Molekül befreit, und da normalerweise nur diese Bindung die wachsende Polypeptidkette ans Ribosom gekoppelt hält, wird die vollständige Kette ins Cytoplasma freigesetzt. Das Ribosom gibt dann sein gebundenes mRNA-Molekül frei und trennt sich in seine kleine und große Untereinheit. Diese Untereinheiten lagern sich dann auf diesem oder einem anderen mRNA-Molekül zusammen, um eine neue Protein-Syntheserunde zu beginnen.

Während der Translation bewegt sich die wachsende Polypeptidkette durch einen großen wassergefüllten Ausgang (ungefähr 10 nm × 1,5 nm) in der großen Untereinheit des Ribosoms. Die Wände dieses Tunnels, die vorwiegend aus *23S*-rRNA bestehen, bestehen aus einem Flickenteppich winziger hydrophober Oberflächen, die in eine größere hydrophile Oberfläche eingebettet liegen. Da diese Struktur zu keiner Peptidstruktur komplementär ist, kleidet sie den Tunnel mit einer Art „Teflon"-Schicht aus, sodass eine Polypeptidkette leicht hindurchgleiten kann. An späterer Stelle in diesem Kapitel werden wir sehen, dass zwar in dem Ausgangstunnel etwas Proteinfaltung stattfinden kann, der größte Teil jedoch dann gefaltet wird, wenn das neu synthetisierte Protein aus dem Ribosom auftaucht.

6.2.14 Proteine werden von Polyribosomen hergestellt

Die Synthese der meisten Proteinmoleküle benötigt zwischen 20 Sekunden und einigen Minuten. Während dieser kurzen Zeit finden normalerweise viele Initiationsereignisse auf einem mRNA-Molekül statt, das gerade translatiert wird. Sobald das vorhergehende Ribosom genug von der Nukleotidsequenz translatiert hat, um aus dem Weg zu sein, wird das 5'-Ende der mRNA in ein neues Ribosom eingefädelt. Aus diesem Grund liegen die meisten mRNA -Moleküle, und insbesondere diejenigen, die in hoher Konzentration gebildet werden, in der Zelle normalerweise als *Polyribosomen* (oder *Polysomen*) vor, in denen mehrere Ribosomen in einem Abstand von mindestens 80 Nukleotiden auf einem einzigen mRNA-Molekül angeordnet sind (**Abb. 6.77**). Diese mehrfachen Initiationsereignisse ermöglichen der Zelle, viel mehr Proteinmoleküle in einer Zeiteinheit herzustellen, als möglich wäre, wenn jedes Molekül erst fertiggestellt werden müsste, bevor das nächste begonnen werden könnte. Man schätzt, dass in einer typischen menschlichen Zelle etwa ein Drittel der mRNAs keine Ribosomen gebunden hat; der Rest besitzt 10–20 Ribosomen pro mRNA.

6.2.15 Es gibt kleine Abweichungen vom genetischen Standardcode

Wie in Kapitel 1 diskutiert, gilt der genetische Code (s. **Abb. 6.52**) für alle drei Hauptformen des Lebens und liefert damit einen wichtigen Beweis für die gemeinsame Abstammung allen Lebens auf der Erde. Es gibt, wenn auch selten, Abweichungen von diesem Code. Zum Beispiel übersetzt *Candida albicans*, der am meisten verbreitete pathogene

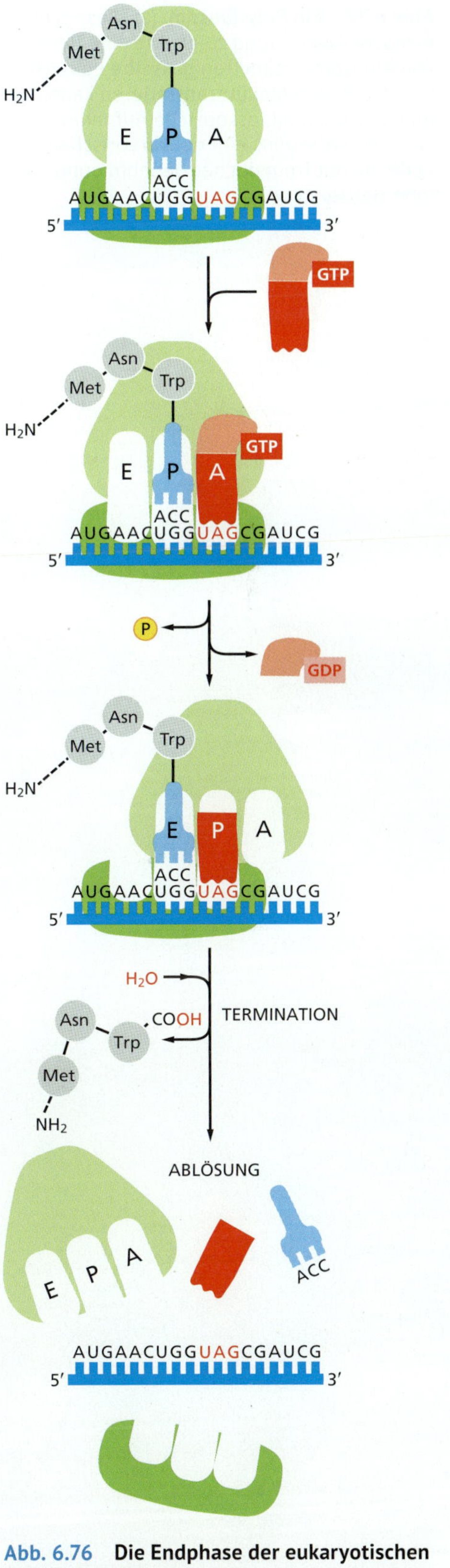

Abb. 6.76 Die Endphase der eukaryotischen Proteinsynthese. Die Bindung eines Freisetzungsfaktors aus zwei Untereinheiten an eine A-Stelle mit einem Stopp-Codon beendet die Translation. Freisetzungsfaktoren sind Proteine, die tRNAs hinsichtlich ihrer Gesamtform und Ladungsverteilung ähneln.

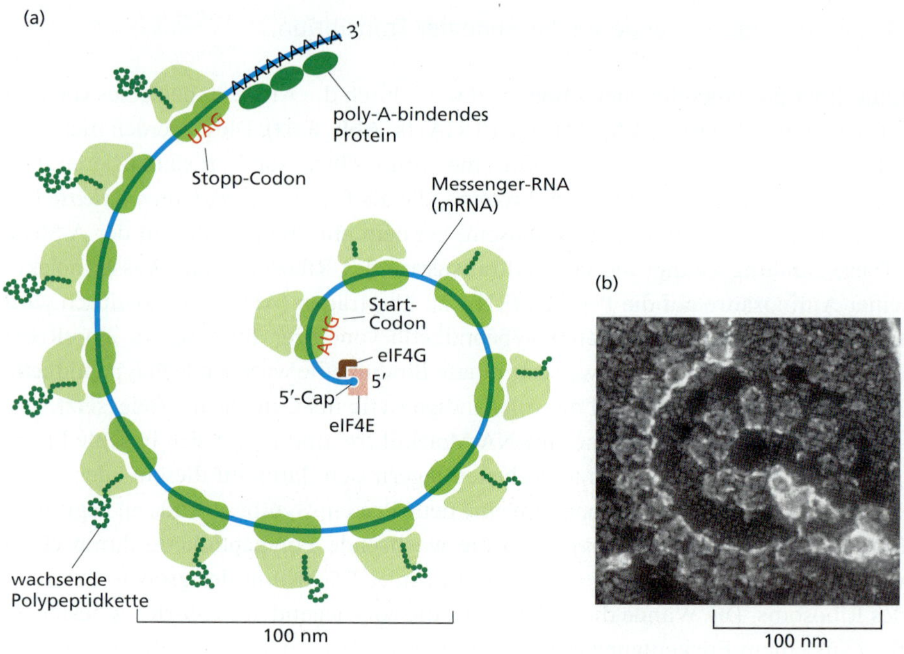

Abb. 6.77 Ein Polyribosom. (a) Diese schematische Darstellung zeigt, wie eine Reihe von Ribosomen simultan dasselbe eukaryotische mRNA-Molekül translatieren kann. (b) Elektronenmikroskopische Aufnahme eines Polyribosoms einer eukaryotischen Zelle. (b, mit freundlicher Genehmigung von John Heuser).

Pilz beim Menschen, das Codon CUG als Serin, wogegen fast alle anderen Organismen es als Leucin übersetzen.

Und bei manchen Ciliaten (eukaryotische Einzeller, die sich selbst mithilfe von Cilien antreiben), spezifizieren drei konventionelle Stopp-Codons bestimmte Aminosäuren, und das Ende der Translation wird stattdessen durch das 3'-Ende der mRNA signalisiert. Mitochondrien vieler Spezies (die ihr eigenes Genom besitzen und für einen großen Teil ihres Translationsapparats codieren) weichen grob vom Standard-Code ab.

In Mitochondrien von Säugetieren wird z. B. AUA zu Methionin translatiert, während es im Cytosol der Zellen in Isoleucin übersetzt wird (s. **Tab. 14.4**). Diese Art der Abweichung im genetischen Code ist in den Organismen oder den Organellen, in denen sie sich abspielt, „fest verdrahtet".

Eine häufige Art der Abweichung, manchmal als *Translationsrecodierung* bezeichnet, dient dazu, Selenocystein in Proteine einzubauen. In diesem Fall kann benachbarte Nukleotidsequenzinformation in der mRNA die Bedeutung des genetischen Codes an einer bestimmten Stelle des mRNA-Moleküls verändern. Der Standardcode ermöglicht Zellen, Proteine aus nur 20 Aminosäuren herzustellen. Bakterien, Archaeen und Eukaryoten verfügen jedoch über Selenocystein als 21. Aminosäure, die direkt in eine wachsende Polypeptidkette eingebaut werden kann. Selenocystein ist essenziell für die wirksame Funktion einer Vielzahl von Enzymen; es enthält ein Selenatom anstelle des Schwefelatoms des Cysteins. Selenocystein entsteht enzymatisch aus einem Serin, das an ein besonderes *t*RNA-Molekül gebunden ist. Dieses paart mit dem UGA-Codon, einem Codon, das normalerweise den Translationsstopp signalisiert. Die mRNAs der Proteine, bei denen Selenocystein an der Stelle eines UGA-Codons eingebaut werden soll, tragen benachbart zusätzliche Nukleotidsequenzen, die dieses Recodierungsereignis auslösen (**Abb. 6.78**).

6.2.16 Inhibitoren der prokaryotischen Proteinsynthese werden als Antibiotika eingesetzt

Viele der leistungsfähigsten Antibiotika, die heute verwendet werden, hemmen die bakterielle Proteinsynthese. Obwohl Chemiker diese Verbindungen verbessert haben,

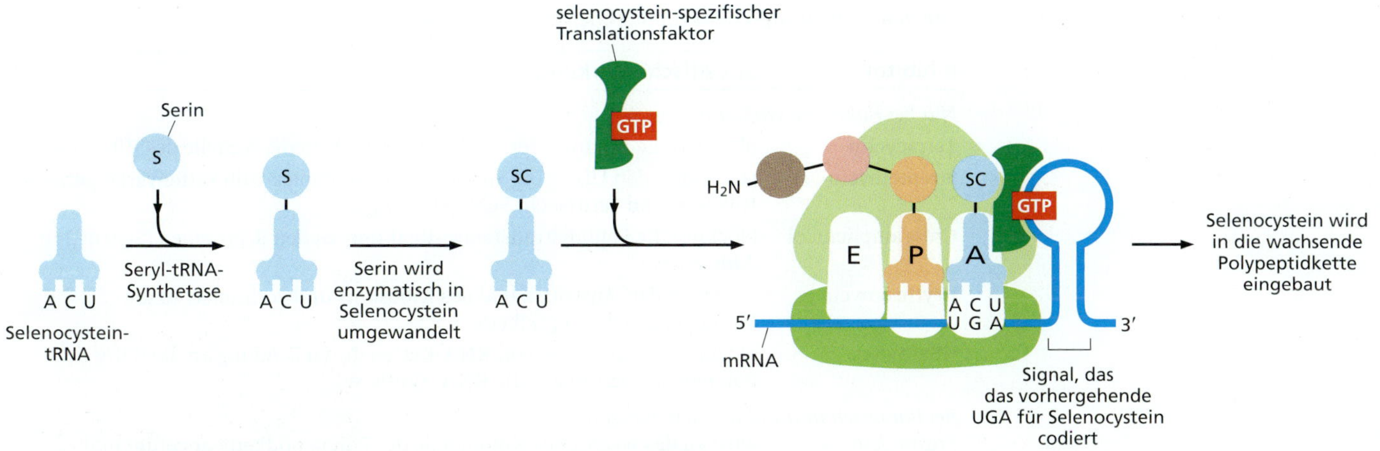

Abb. 6.78 Einbau von Selenocystein in eine wachsende Polypeptidkette. Eine besondere tRNA wird von der normalen Seryl-tRNA-Synthetase mit Serin beladen, und das Serin wird im Folgenden enzymatisch zu Selenocystein umgewandelt. Eine spezielle RNA-Struktur in der mRNA (eine Stamm- und Schleifenstruktur mit einer bestimmten Nukleotidsequenz) signalisiert, dass Selenocystein beim benachbarten UGA-Codon eingebaut werden soll. Wie gezeigt, braucht dieser Einbau einen Selenocystein-spezifischen Translationsfaktor. Nachdem Selenocystin angefügt wurde, wird die Translation fortgesetzt, bis ein übliches Stopp-Codon erscheint.

wurden die meisten ursprünglich aus Bakterien und Pilzen isoliert; man glaubt, dass sie im Laufe der Evolution aufgrund der Kriegsführung zwischen konkurrierenden Mikroben entstanden sind. Weil viele dieser Arzneistoffe selektiv für Bakterienribosomen sind, können Menschen hohe Dosen aufnehmen, ohne dass diese toxisch wirken. Viele Antibiotika lagern sich in die Taschen der ribosomalen RNAs und beeinträchtigen dadurch die reibungslose Arbeit des Ribosoms; andere blockieren spezifische Teile des Ribosoms, wie z. B. den Ausgangskanal (**Abb. 6.79**). **Tabelle 6.4** führt einige der gängigen Antibiotika dieser Art zusammen mit anderen Inhibitoren der Proteinsynthese auf; einige davon wirken auch in eukaryotischen Zellen und können daher nicht als Antibiotika eingesetzt werden.

Da die Inhibitoren bestimmte Schritte bei den Vorgängen hemmen, die von der DNA zum Protein führen, sind viele der in **Tab. 6.4** aufgelisteten Substanzen für zellbiologische Untersuchungen nützlich. Am meisten werden bei solchen Untersuchungen *Chloramphenicol*, *Cycloheximid* und *Puromycin* eingesetzt, die spezifisch die Proteinsynthese hemmen. In eukaryotischen Zellen hemmt z. B. Chloramphenicol nur in Mitochondrien

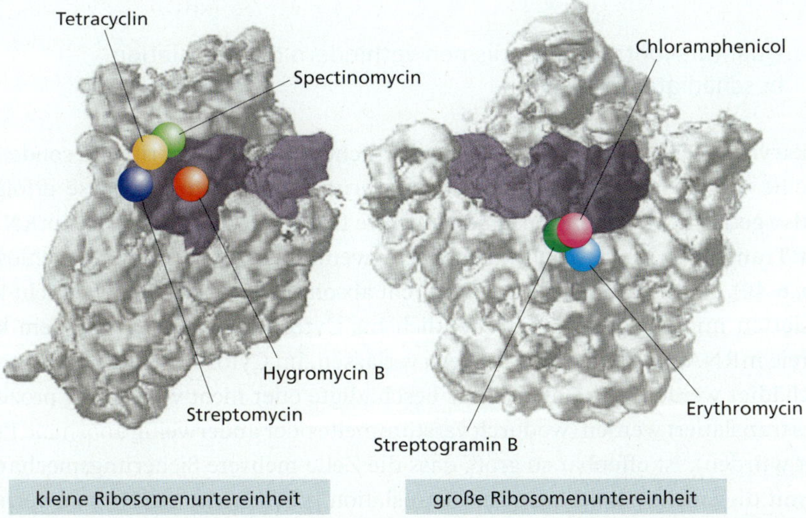

Abb. 6.79 Bindungsstellen für Antibiotika auf bakteriellen Ribosomen. Die kleine (*links*) und die große (*rechts*) Untereinheit des Ribosoms sind so angeordnet, als hätte man das Ribosom wie ein Buch aufgeschlagen. Die Antibiotikabindungsstellen sind mit farbigen Kugeln markiert, und die gebundenen tRNA-Moleküle sind *violett* dargestellt (s. **Abb. 6.62**). Die meisten der aufgeführten Antibiotika binden direkt an Taschen, die von ribosomalen RNA-Molekülen gebildet werden. Hygromycin B löst Fehler bei der Translation aus, Spectinomycin blockiert die Verschiebung der Peptidyl-tRNA von der A-Stelle zur P-Stelle, und Streptogramin B verhindert die Verlängerung des wachsenden Peptids. **Tabelle 6.4** listet die Hemmmechanismen von weiteren üblicherweise verwendeten Antibiotika auf. (Verändert nach J. Poehlsgaard und S. Douthwaite, *Nat. Rev. Microbiol.* 3: 870–881, 2005).

Tab. 6.4 Inhibitoren der Protein- oder RNA-Synthese.

Inhibitor	Spezifische Wirkung
Nur bei Bakterien wirksam	
Tetracyclin	blockiert die Bindung der Aminoacyl-tRNA an die A-Stelle des Ribosoms
Streptomycin	verhindert den Übergang vom Initiationskomplex zum kettenverlängernden Ribosom und verursacht Fehlcodierung
Chloramphenicol	blockiert die Peptidyltransferase-Reaktion an den Ribosomen (Schritt 2 in **Abb. 6.68**)
Erythromycin	bindet an den Austrittskanal des Ribosoms und verhindert so die Verlängerung der Peptidkette
Rifamycin	blockiert die Initiation von RNA-Ketten durch Bindung an die RNA-Polymerase (verhindert die RNA-Synthese)
Bei Bakterien und Eukaryoten wirksam	
Puromycin	wird an das wachsende Kettenende der Polypeptidkette angefügt und bewirkt dadurch ihre vorzeitige Freisetzung
Actinomycin D	bindet an DNA und blockiert die Bewegung der RNA-Polymerase (verhindert die RNA-Synthese)
Bei Eukaryoten, aber nicht bei Bakterien wirksam	
Cycloheximid	blockiert die Translokationsreaktion der Ribosomen (Schritt 3 in **Abb. 6.64**)
Haringtonin	blockiert die die A-Stelle der 60S-Ribosomenuntereinheit nach der Translationsinitiation, aber vor der Elongation (s. **Abb. 6.74**)
Anisomycin	Blockiert die mPeptidyl-Transferase-Reaktion auf Ribosomen (Schritt 2 in **Abb. 6.68**)
α-Amanitin	blockiert die RNA-Synthese, indem es bevorzugt an die RNA-Polymerase II bindet

Die Ribosomen eukaryotischer Mitochondrien (und Chloroplasten) ähneln hinsichtlich ihrer Empfindlichkeit gegenüber Inhibitoren häufig den Ribosomen der Prokaryoten. Deswegen können manche dieser Antibiotika schädliche Auswirkungen auf menschliche Mitochondrien haben.

die Proteinsynthese an Ribosomen (und bei Pflanzen in Chloroplasten), was den vermuteten bakteriellen Ursprung dieser Organellen widerspiegelt (s. Kapitel 14). Cycloheximid dagegen beeinflusst nur die Ribosomen im Cytoplasma. Puromycin ist besonders interessant, weil es ein Strukturanalogon eines an eine Aminosäure gebundenen *t*RNA-Moleküls und daher ein faszinierendes Beispiel für molekulares Mimikry ist: Das Ribosom hält es für eine echte beladene *t*RNA und hängt es kovalent an den C-Terminus der wachsenden Polypeptidkette an. Dadurch wird das Polypeptid vorzeitig beendet und freigesetzt. Wie zu erwarten, hemmt Puromycin die Proteinsynthese bei Prokaryoten und Eukaryoten.

6.2.17 Qualitätskontrollmechanismen verhindern die Translation beschädigter mRNAs

Bei Eukaryoten schließt die mRNA-Synthese nicht nur die Transkription, sondern auch eine Reihe von ausgeklügelten RNA-Prozessierungs-Schritten ein. Diese erfolgen im Kern, also getrennt von den Ribosomen, und die für exportbereit gehaltene mRNA wird erst zur Translation ins Cytosol transportiert, wenn das Prozessieren abgeschlossen ist (s. **Abb. 6.40**). Diese Maßnahme ist aber nicht absolut sicher, und manche nicht korrekt prozessierten mRNAs werden versehentlich ins Cytosol geschickt. Außerdem können fehlerfreie mRNAs, wenn sie den Zellkern verlassen, im Cytosol brechen oder anderweitig beschädigt werden. Die Gefahr, dass beschädigte oder nicht vollständig prozessierte mRNAs translatiert werden (wodurch verstümmelte oder anderweitig anormale Proteine gebildet würden), ist offenbar so groß, dass die Zelle mehrere Sicherungsmechanismen hat, damit dies nicht passiert. Um die Translation gebrochener mRNAs zu vermeiden,

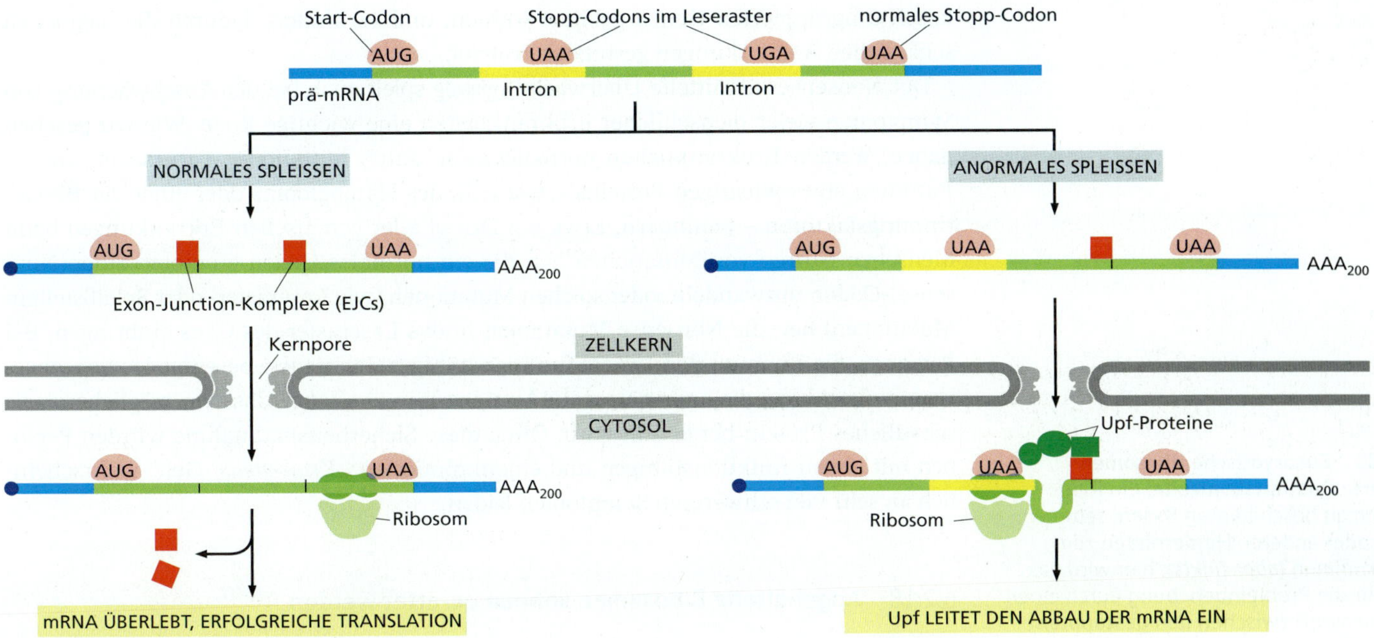

Abb. 6.80 Nonsense-vermittelter mRNA-Abbau. Wie rechts gezeigt, wird durch einen Fehler beim Spleißen einer prä-mRNA oft ein vorzeitiges Stopp-Codon in das Leseraster für das Protein eingeführt. Die anomalen RNAs werden durch den Nonsense-vermittelten Abbauweg zerstört. Um diesen Mechanismus zu aktivieren, trifft zunächst ein Ribosom auf ein mRNA-Molekül, das Exon-Junction-Komplexe (EJC) trägt, um erfolgreich abgeschlossene Spleißungen zu markieren; dieses Ribosom führt rasch eine „Test"-Translationsrunde durch. Wenn die mRNA das Ribosom passiert, werden die EJCs abgestreift, und erfolgreiche mRNAs werden freigesetzt, um sich mehreren Translationsrunden zu unterziehen (*linke Seite*). Wenn jedoch im Leseraster ein Stopp-Codon erreicht wird, bevor der letzte Exon-Junction-Komplex erreicht ist (*rechte Seite*), erfährt die mRNA einen Nonsense-vermittelten mRNA-Abbau; dieser wird durch Upf-Proteine (*grün*) ausgelöst, die an jeden EJC binden. Man beachte, dass dieser Mechanismus sicherstellt, dass zur Auslösung des Nonsense-vermittelten mRNA-Abbaus das vorzeitige Stopp-Codon im selben Leseraster sein muss wie das des normalen Proteins. (Verändert nach J. Lykke-Andersen *et al.*, *Cell* 103: 1121–1131, 2000).

werden z. B. das 5'-Cap und der poly-*A* -Schwanz vom Translationsinitiationsapparat erkannt, bevor die Translation beginnt (s. **Abb. 6.74**).

Eines der leistungsfähigsten mRNA-Überwachungssysteme, **Nonsense-vermittelter mRNA-Abbau** (**NMD**, engl. *nonsense-mediated mRNA decay*) genannt, verhindert, dass fehlerhafte mRNAs aus dem Zellkern entweichen. Dieser Mechanismus kommt zum Tragen, wenn die Zelle feststellt, dass ein mRNA-Molekül ein Nonsense-(Stopp-)Codon (UAA, UAG oder UGA) an der falschen Stelle hat. Diese Situation rührt meist von einem mRNA-Molekül her, das nicht korrekt gespleißt wurde, da durch abweichendes Spleißen gewöhnlich zufällige Nonsense-Codons in das Leseraster der mRNA eingeführt werden, insbesondere bei Lebewesen wie dem Menschen, deren Introns groß sind.

Der Nonsense-vermittelte mRNA-Abbaumechanismus beginnt, wenn ein mRNA-Molekül vom Zellkern ins Cytosol gebracht wird. Sobald das 5'-Ende der mRNA aus der Kernpore auftaucht, trifft die mRNA auf ein Ribosom, das mit ihrer Translation beginnt. Während die Translation fortschreitet, werden die an jeder vollständigen Spleißstelle (s. **Abb. 6.29**) der mRNA gebundenen Exon-Junction-Komplexe (EJC) offenbar vom sich bewegenden Ribosom verdrängt. Das normale Stopp-Codon sollte sich innerhalb des letzten Exons befinden; wenn also das Ribosom mit der Zeit dieses Stopp-Codon erreicht, dann dürfen keine weiteren EJC mehr an die mRNA gebunden sein. Ist dies der Fall, dann „besteht" die mRNA die Überprüfung und wird ins Cytosol freigesetzt, wo sie nun erst richtig translatiert werden kann (**Abb. 6.80**). Wenn jedoch das Ribosom auf ein vorzeitiges Stopp-Codon stößt, wenn noch EJCs gebunden sind, dann wird das mRNA-Molekül rasch abgebaut. Auf diese Weise erlaubt die erste Translationsrunde der Zelle, die Eignung jedes mRNA-Moleküls zu testen, während es den Zellkern verlässt.

Der Nonsense-vermittelte Abbau könnte in der Evolution besonders wichtig gewesen sein; er ermöglichte den Zellen, leichter neue Gene zu erkunden, die durch DNA-Umgruppierungen, Mutationen oder alternative Spleißmuster zustande kamen – indem nur diejenigen mRNAs für die Translation ausgewählt wurden, die ein Protein in vollständiger Länge bilden können. Der Nonsense-vermittelte Abbau ist auch in Zellen des sich entwickelnden Immunsystems von Bedeutung, bei denen die ausgiebig stattfindenden DNA-Umgruppierungen (*rearrangements*) (s. **Abb. 24.28**) oft vorzeitige Stopp-Codons hervorbringen. Das Überwachungssystem baut die mRNAs ab, die von derart falsch umgruppierten Genen gebildet werden, und verhindert dadurch die möglichen schädlichen Auswirkungen gestutzter Proteine.

Der Nonsense-vermittelte Überwachungsweg spielt auch bei der Abschwächung von Symptomen vieler menschlicher Erbkrankheiten eine wichtige Rolle. Wie wir gesehen haben, werden Erbkrankheiten normalerweise durch Mutationen verursacht, die die Funktion eines wichtigen Proteins – wie z. B. des Hämoglobins oder eines der Blutgerinnungsfaktoren – behindern. Etwa ein Drittel aller genetischen Erkrankungen beim Menschen rühren von Mutationen her, die ein normales Codon zu einem Stopp(Nonsense)-Codon umwandeln, oder solchen Mutationen (wie Leseraster- oder Spleißstellen-Mutationen) her, die Nonsense-Mutationen in das Leseraster des Gens einbringen. Bei Personen, die ein mutiertes und ein funktionsfähiges Gen tragen, beseitigt der Nonsense-vermittelte Abbau die anormale mRNA und verhindert dabei, dass ein möglicherweise schädliches Protein hergestellt wird. Ohne diese Sicherheitsmaßnahme würden Personen mit einem funktionsfähigen und einem mutierten „*Krankheits* -Gen" wahrscheinlich an sehr viel schwereren Symptomen leiden.

6.2.18 Angehaltene Ribosomen können gerettet werden

Sogar wenn ein mRNA-Molekül all die anfänglichen Inspektionen passiert hat, können weitere Probleme entstehen, wenn es im Cytosol translatiert wird, und die Zelle verfügt über mehrere Wege damit umzugehen. Gewissermaßen fungiert die Translation an Ribosomen als ständiger Sensor für die „Gesundheit" der mRNA, und wenn eines zum Halten kommt, dann stoßen die stromaufwärts von ihm gelegenen Ribosomen mit diesem (und miteinander) zusammen; dadurch entsteht eine Kette nicht funktionsfähiger Ribosomen. Wenn beispielsweise eine mRNA bricht und ihr dadurch ein Stopp-Codon im Raster fehlt, dann wird das Ribosom bis zum 3'-Ende der RNA translatieren, wird aber nicht freigesetzt werden. Beschädigte RNA-Basen (die keine stabilen Codon-Anticodon-Wechselwirkungen bilden können), stabile sekundäre mRNA-Strukturen und Abschnitte mit seltenen Codons (d.h. Codons, die nur sehr geringe Konzentrationen ihrer passenden tRNAs haben) können ebenfalls Ribosomen zum Stillstand bringen. Obwohl einige dieser Probleme dadurch gelöst werden können, indem das Ribosom ausreichend Zeit erhält, werden andere aktiv von der Zelle angegangen, durch Mechanismen, die insgesamt als *ribosomenassoziierte Qualitätskontrolle* bezeichnet werden (**Abb. 6.81**). Obgleich sich die detaillierten Wege für die verschiedenen Hindernisse, welche die Ribosomen aufhalten, unterscheiden, haben sie drei Schritte gemeinsam: Die mRNA wird abgebaut, das entstehende Protein wird abgebaut und das gestoppte Ribosom wird entlassen, sodass es wieder verwendet werden kann.

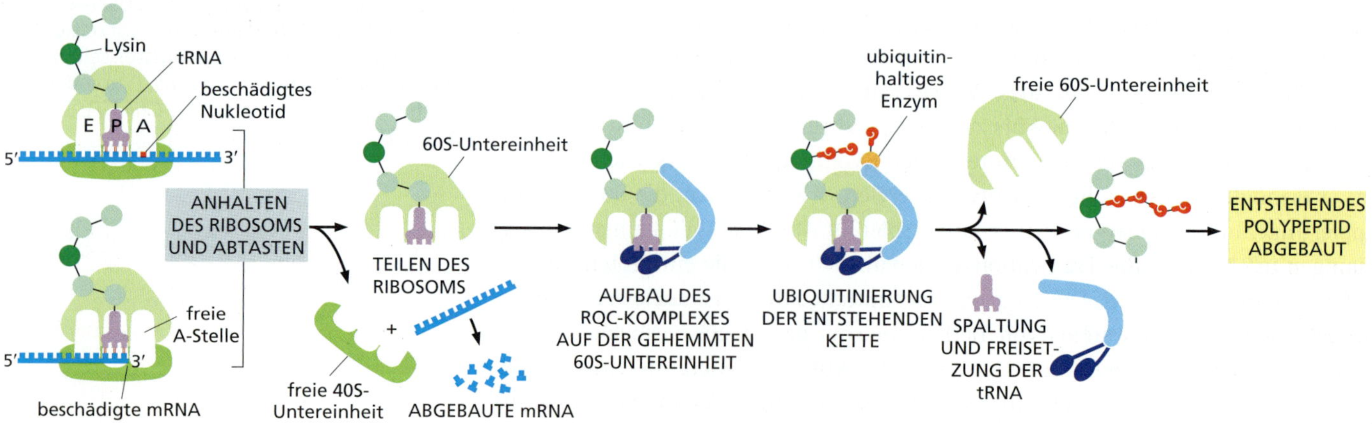

Abb. 6.81 Eukaryotische ribosomenassoziierte Qualitätskontrolle. Ein Ribosom kann an beschädigten Basen, seltenen Codons oder anderen Hindernissen zum Halten kommen (*oben linkts*); hier wird das Signal für die Problembehebung durch einen Zusammenstoß zwischen den gestoppten Ribosom und dem Ribosom direkt stromaufwärts von ihm erzeugt. Ribosomen stoppen auch an den Enden gebrochener mRNAs (*unten links*); in diesem Fall ist die leere A-Stelle der Hinweis für die Rettung. Obwohl die Mechanismen sich irgendwie unterscheiden, je nach Beschaffenheit des Stopps, wird im Allgemeinen ein zum Halten gekommenes Ribosom gespalten (die 40S-Untereinheit wird unverzüglich freigesetzt für die erneute Verwendung), die mRNA wird abgebaut und die 60S-Untereinheit, die eine in seiner P-Stelle eingeschlossene tRNA enthält, die an ein teilweise synthetisiertes Protein geheftet ist, wird durch den Ribosomen-Qualitätskontrolle (RQC)-Komplex gerettet (*blau* dargestellt). Das entstehende Protein wird ubiquitiniert und die tRNA von ihm abgespalten, dabei wird das Protein vom Ribosom befreit. Wie noch beschrieben werden wird, dient diese Ubiquitinierung als Signal zur Zerstörung des Proteins. (Verändert nach C. A. P. Joazeiro, *Nat. Rev. Mol. Cell Biol.* 20: 368–383, 2019 Mit Erlaubnis von Springer Nature).

Alle diese Schritte haben einen erkennbaren Nutzen: Der erste beseitigt eine beschädigte mRNA, sodass sie keine weiteren Probleme verursachen kann; der zweite verhindert, dass ein fehlerhaftes Protein in die Zelle entlassen wird; und der dritte rettet einen wertvollen RNA-Protein-Maschinenkomplex, der für seinen Aufbau viele Ressourcen erfordert. Man schätzt, dass jedes Ribosom in einer menschlichen Zelle etwa 3000 Proteinmoleküle synthetisiert, und die Fähigkeit, zum Halten gekommene Ribosomen zu retten (anstatt sie abzubauen), bildet einen wichtigen Beitrag für deren Langlebigkeit.

6.2.19 Das Ribosom koordiniert die Faltung, enzymatische Modifikation und den Aufbau neu synthetisierter Proteine

Die Genexpression ist noch nicht beendet, wenn der genetische Code verwendet wurde, um die Aminosäurekette eines Proteins herzustellen. Eine neue Polypeptidkette muss, um in der Zelle von Nutzen zu sein, in ihre einzigartige dreidimensionale Konformation gefaltet werden, an kleine Moleküle binden, die sie als Kofaktoren für ihre Funktion benötigt, von Proteinkinasen oder anderen proteinmodifizierenden Enzymen in geeigneter Weise verändert werden und sich mit den Proteinuntereinheiten zusammenlagern, mit denen sie gemeinsam ihre Funktion ausübt (**Abb. 6.82**).

Die Informationen, die für die oben genannten Schritte benötigt werden, sind letztlich in der Aminosäuresequenz enthalten, die das Ribosom synthetisiert, wenn es ein mRNA-Molekül in eine Polypeptidkette translatiert. Wie bereits in Kapitel 3 diskutiert, vergräbt ein Protein bei seiner Faltung die meisten seiner hydrophoben Reste in einem inneren Kern. Zusätzlich bildet sich eine große Anzahl nichtkovalenter Wechselwirkungen zwischen mehreren Bereichen des Moleküls aus. Es ist die Summe aller dieser energetisch günstigen Umordnungen, die das endgültige Faltungsmuster der Polypeptidkette als Konformation mit der geringsten Freien Energie festlegt (s. Abschnitt 3.1.2).

Für manche Proteine beginnt die Faltung in Austrittskanal des Ribosoms. Obwohl der Austrittstunnel zu eng ist, um die Faltung des vollständigen Proteins unterzubringen, weitet er sich zu seinem Ende hin, und einfache Strukturen wie kurze α -Helices können sich bilden, während das wachsende Peptid mittels Translationsvorgang durchgeschoben wird. Aber der Hauptteil der Proteinfaltung beginnt, wenn das Protein aus dem Austrittstunnel des Ribosoms auftaucht, wo das neue Protein auf Enzyme trifft, die seinen N-Terminus modifizieren. Wir haben bereits in diesem Kapitel gesehen, dass die Translation einer typischen mRNA immer mit einem Methionin beginnt (s. **Abb. 6.74**); in den meisten eukaryotischen Proteinen (70 % der cytosolischen Proteine) wird jedoch diese Aminosäure abgespalten und der resultierende N-Terminus durch Acetylierung modifiziert. Die Enzyme, die diese und andere Modifikationen ausführen, besitzen eine schwache Affinität zum Ribosom und „schweben" (d.h. sie verbinden sich rasch mit dem Ribosom und fallen wieder ab) in der Nähe des Ausgangstunnels – in Position, um auf das wachsende Protein einzuwirken, wenn es erstmals auftaucht.

6.2.20 Molekulare Chaperone vermitteln die Faltung der meisten Proteine

Die meisten Proteine falten sich während ihrer Synthese nicht von allein, sondern benötigen dazu eine spezielle Proteinklasse, die **molekularen Chaperone**. Molekulare Chaperone sind nützlich für Zellen, da es viele verschiedene Faltungswege für ungefaltete oder teilweise gefaltete Proteine gibt. Ohne Chaperone würden manche dieser Wege nicht zur korrekt gefalteten (und stabilsten) Form führen, stattdessen wäre das Protein in Strukturen „kinetisch gefangen", die Sackgassen sind. Manche dieser Sackgassen-Konfigurationen würden irreversibel aggregieren und letztlich nicht-funktionsfähige

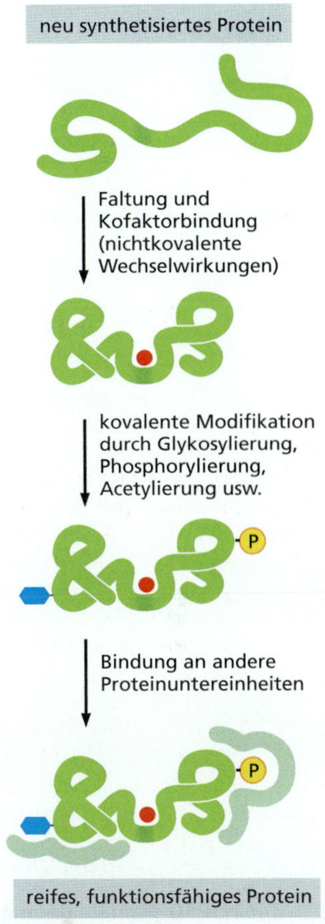

Abb. 6.82 Schritte bei der Bildung eines funktionsfähigen Proteins. Wie dargestellt, ist die Translation einer mRNA-Sequenz am Ribosom in eine Aminosäuresequenz nicht das Ende des Proteinbildungsvorgangs. Um zu funktionieren, muss sich die vollständige Polypeptidkette in ihre korrekte dreidimensionale Konformation falten, gegebenenfalls Kofaktoren binden und sich mit Partnerproteinketten zusammenlagern (falls es welche gibt). Diese Veränderungen werden durch die Ausbildung nichtkovalenter Bindungen gesteuert. Wie gezeigt, enthalten viele Proteine auch bestimmte kovalent modifizierte Aminosäuren. Obwohl die häufigsten dieser Modifikationen Proteinglykosylierungen und -phosphorylierungen sind, sind mehr als 200 verschiedene kovalente Modifikationstypen bekannt. Wie im Text beschrieben, beginnen viele dieser Schritte noch während das Protein synthetisiert wird.

(und potenziell gefährliche) Strukturen hervorbringen. Wie wir in Kürze sehen werden, helfen Chaperone dieses Problem zu lösen, indem die teilweise gefaltete Region eines Proteins wiederholt gebunden und freigesetzt wird, sodass es weitere Chancen erhält, sich korrekt zu falten.

Viele molekulare Chaperone heißen *Hitzeschockproteine* (*Hsp* abgekürzt), weil ihre Synthese in Zellen drastisch ansteigt, nachdem diese kurzzeitig einer erhöhten Temperatur ausgesetzt wurden (z. B. 42 °C bei Zellen, die normalerweise bei 37 °C leben). Dieser Anstieg spiegelt ein vorhandenes Rückkopplungssystem wider, das auf jeden Anstieg fehlgefalteter Proteine reagiert (so wie sie bei erhöhter Temperatur entstehen), indem es die Synthese der Chaperone ankurbelt, die die Rückfaltung unterstützen. Sogar unter normalen Bedingungen sind die Hitzeschockproteine jedoch in so großer Zahl vorhanden, dass man alle Proteine als in eine reiche Suppe dieser Moleküle eingebettet ansehen kann.

Es gibt mehrere große wichtige Familien molekularer Chaperone, zu denen die *Hsp60*- und *Hsp70*-Proteine gehören. Verschiedene Mitglieder dieser Familien arbeiten in verschiedenen Organellen. Mitochondrien (s. Kapitel 12) enthalten ihre eigenen Hsp60- und Hsp70-Moleküle, die sich von denen im Cytosol unterscheiden. Ein spezielles Hsp70-Protein namens *BiP* ist an der Faltung von Proteinen im Endoplasmatischen Reticulum beteiligt.

Insgesamt besitzt der Mensch 13 Hsp70-Proteine, einschließlich einer Gruppe, die sich mit dem Ribosom verbindet und mithilft, nahezu alle auftauchenden Proteine korrekt zu falten, sie bewerkstelligen dies, indem sie kurze Sequenzen (jeweils etwa fünf Aminosäuren) rasch binden und freisetzen, während ein neues Protein durch den Austrittskanal

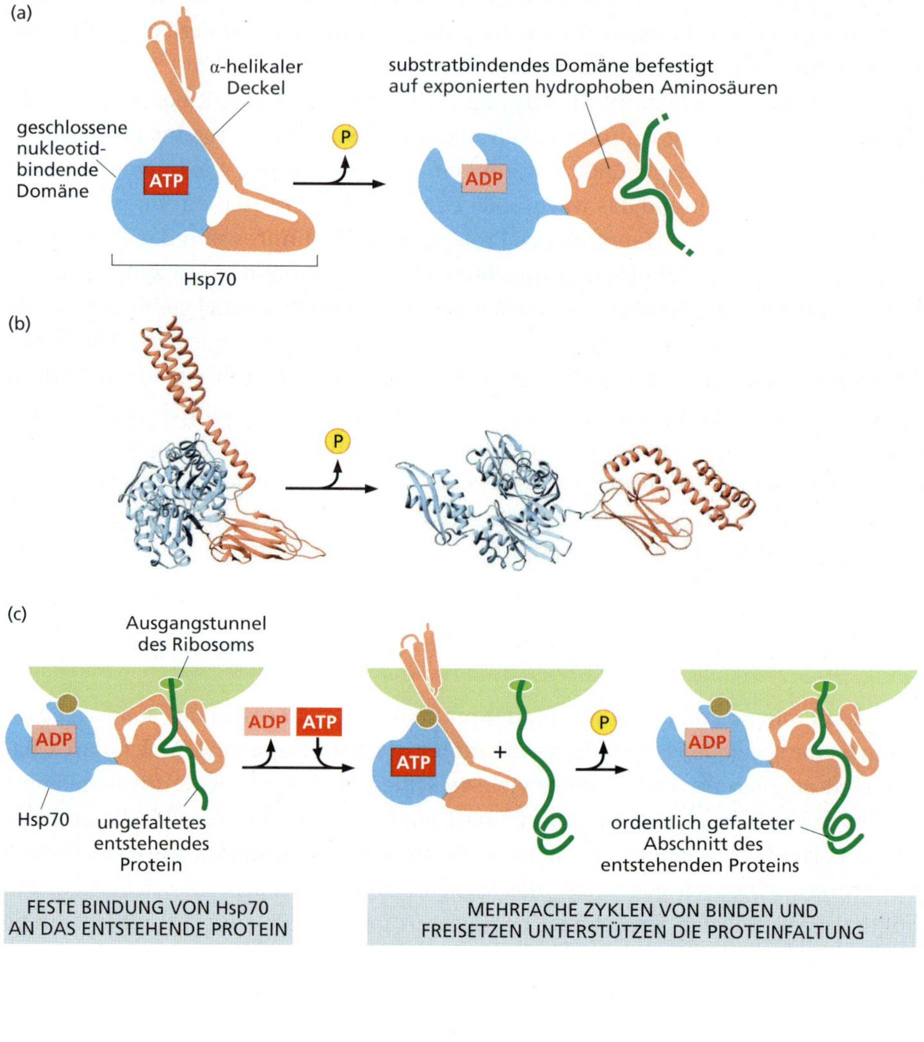

Abb. 6.83 Die HSP70 -Familie der molekularen Chaperone. Diese gehören zu den häufigsten aller Proteine, und machen mehrere Prozente der Gesamtproteine einer Zelle aus; daher spielen sie eine wichtige Rolle innerhalb der Zelle. (a) Diese Abschnitte hydrophober Aminosäuren, die in fehlgefalteten Proteinen unnormal exponiert sind (*grün*), lösen die Hydrolyse von ATP zu ADP aus, dabei verursachen sie, dass sich Hxp70 auf seinem Substrat schließt und es in einer ausgedehnten Konformation einschließt. Die erneute Bindung eines anderen ATP-Moleküls öffnet die Hsp70-„Klammer", dabei wird das Substrat in seiner ausgedehnten Form freigesetzt. Wiederholte Zyklen von Hsp70-Klammerung und -Freisetzung, an denen häufig mehrere Hsp70 -Moleküle auf derselben Zielstruktur beteiligt sind, helfen mit, das Zielprotein zu falten, indem seine hydrophoben Bereiche von der Aggregation ferngehalten werden. Dies kann solange fortgesetzt werden, bis diese Bereiche in den Kern des korrekt gefalteten Proteins eingepasst sind. (b) Die dreidimensionalen Strukturen von Hsp70, die den in A schematisch gezeigten Mechanismus erzeugen. (c) Manche Hxp70-Familienmitglieder binden an das Ribosom und agieren früh im Leben eines neu synthetisierten Proteins. Unterstützt durch andere Proteine (nicht gezeigt) binden ATP-gebundene Hsp70-Moleküle rasch das entstehende Protein, wenn es aus dem Ribosom auftaucht, und setzen es frei. (b, PDB-Codes: 2KHO und 4JNE).

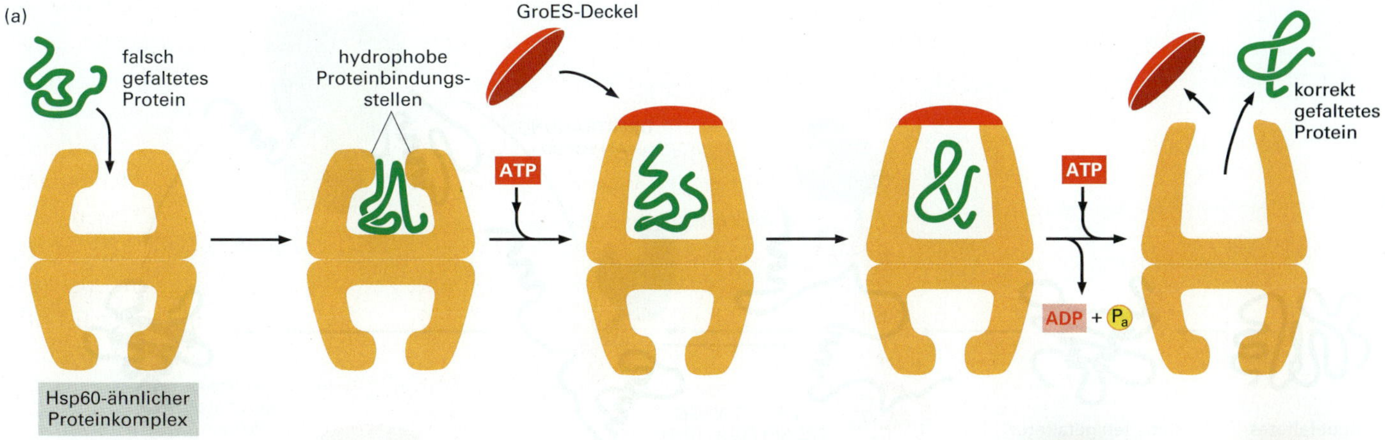

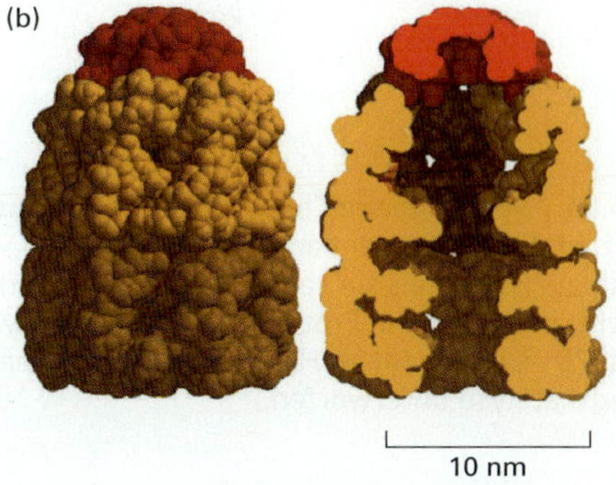

Abb. 6.84 Die Struktur und Funktion der Hsp60-Familie molekularer Chaperone. (a) Ein fehlgefaltetes Protein wird anfangs durch hydrophobe Wechselwirkungen mit der exponierten Oberfläche der Öffnung eingefangen. Die anfängliche Bindung hilft oft, das fehlgefaltete Protein aufzufalten. Die darauf folgende Bindung von ATP und einem Deckel setzt das Substratprotein in einen umschlossenen Raum frei, wo es eine neue Gelegenheit erhält sich zu falten. Nach etwa 10 Sekunden findet die ATP-Hydrolyse statt, wodurch die Bindung des Deckels abgeschwächt wird. Die anschließende Bindung weiterer ATP-Moleküle wirft den Deckel ab und das Protein wird freigesetzt. Wie angedeutet, arbeitet jeweils immer nur eine Hälfte des symmetrischen Fasses zu einer bestimmten Zeit an einem Klientenprotein. Diese Hsp-Art von Chaperon ist auch als Chaperonin bekannt; es wird als Hsp60 in Mitochondrien, TRiC1 im Cytosol von Wirbeltierzellen und GroEL in Bakterien bezeichnet. (b) Die Struktur von GroEL mit seinem gebundenen GroES-Deckel, wie man sie durch Röntgenkristallographie ermittelt hat. Links ist die Außenseite der fassähnlichen Struktur dargestellt und rechts ein Längsschnitt durch ihr Zentrum. (b, verändert nach B. Bukau und A. L. Horwich, *Cell* 92: 351–366, 1998. Mit Erlaubnis von Elsevier).

geschoben wird. Wenn eines dieser Chaperone auf eine Sequenz trifft, die reich an hydrophoben Aminosäuren ist, die typischerweise den Kern gefalteter Proteine bilden, klammert es sich an sie und verzögert dabei die Faltung des auftauchenden Proteins, bis genug vom Protein hergestellt wurde, um mit der korrekten Faltung zu beginnen. Hydrophobe Abschnitte, die früh aus dem Ribosom auftauchen, werden auf diese Weise daran gehindert, mit anderen hydrophoben Oberflächen Aggregate zu bilden, solange sie nicht in den Kern des entstehenden Proteins ordentlich gefaltet werden können. Die erforderlichen Klammer- und Freisetzungsreaktionen von Hsp70 werden durch die ATP-Hydrolyse reguliert, welche durch die nukleotidbindende Domäne von Hsp70 katalysiert wird (**Abb. 6.83**).

Die meisten Proteine werden zumindest teilweise gefaltet, wenn sie vom Ribosom freigesetzt werden; aber die abschließende Faltung vollzieht sich bei vielen erst, wenn zusätzliche Hsp70-Moleküle entfernt vom Ribosom sich mit ihnen verbinden. Indem sie mehrere ATP-Hydrolysezyklen erfahren, ermöglichen diese Hsp70-Moleküle Proteinen, ihre Faltung abzuschließen.

Manche von der Zelle produzierten Proteine können sich nicht allein durch die Hilfe der Hsp70-Proteine falten und andere Chaperontypen kommen ins Spiel. Ein Beispiel für eine wichtige Klasse sind die Hsp60-Proteine. Diese bilden eine große fassförmige Struktur, die agiert, nachdem ein Protein voll synthetisiert wurde, aber bevor es sich korrekt gefaltet hat. Dieser Chaperontyp, manchmal als *Chaperonin* bezeichnet, bildet eine „Isolationskammer" für den Faltungsvorgang (**Abb. 6.84**). Wie wir gesehen haben, sind nicht korrekt gefaltete Proteine oft durch exponierte hydrophobe Abschnitte charakterisiert. Der Eingang zur Hsp-Kammer ist seinerseits hydrophob und zieht diese Abschnitte an. In Verbindung mit der ATP-Bindung schließt sich der Kammerdeckel, und zwingt dabei das nicht korrekt gefaltete Protein ins kammerinnere; dies verursacht, dass sich die Kammeruntereinheiten verdrehen, wobei manche der hydrophoben Oberflächen der

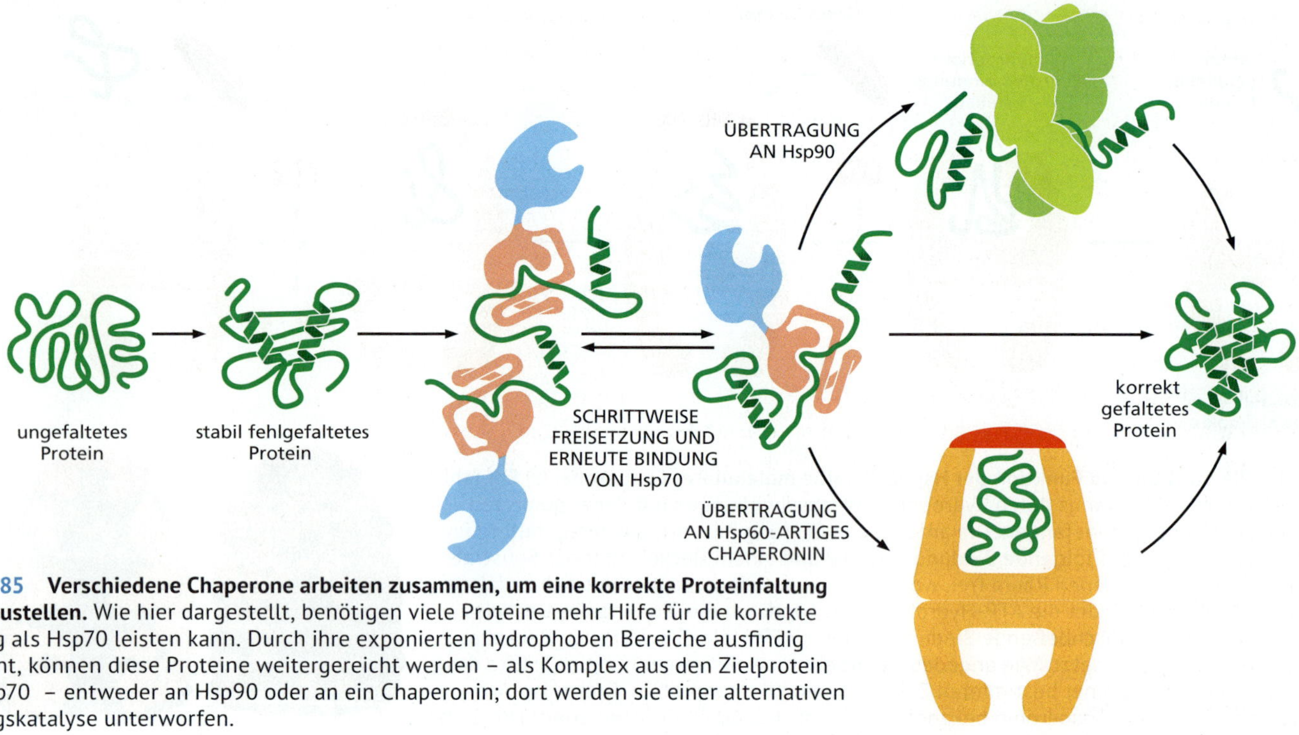

Abb. 6.85 Verschiedene Chaperone arbeiten zusammen, um eine korrekte Proteinfaltung sicherzustellen. Wie hier dargestellt, benötigen viele Proteine mehr Hilfe für die korrekte Faltung als Hsp70 leisten kann. Durch ihre exponierten hydrophoben Bereiche ausfindig gemacht, können diese Proteine weitergereicht werden – als Komplex aus den Zielprotein mit Hsp70 – entweder an Hsp90 oder an ein Chaperonin; dort werden sie einer alternativen Faltungskatalyse unterworfen.

inneren Kammer aus dem Weg geschoben werden und durch hydrophile Oberflächen ersetzt werden. Dabei enthält das Substratprotein eine Chance, sich zu seiner endgültigen Konfiguration zu falten (die im Allgemeinen hydrophile Aminosäure auf seiner Außenseite favorisiert) in Abwesenheit irgendeines anderen Proteins, mit dem es aggregieren könnte. Wenn ATP hydrolysiert wird, springt der Deckel auf und das Substratprotein – ob korrekt gefaltet oder nicht – wird aus der Kammer freigesetzt.

Die Faltung und Aufrechterhaltung der enormen Proteindiversität in Zellen erfordert eine große Spannbreite von Chaperonen mit vielseitigen Überwachungs- und Korrekturfähigkeiten. Obwohl sich unsere Besprechung nur auf zwei Chaperonarten konzentriert, besitzen Zellen eine Vielzahl weiterer Chaperone. Dazu zählt ein *Hsp90*-Chaperon, das sich mechanische Kräfte zunutze machen kann, um Proteinen bei der Faltung als Teil eines Chaperonnetzwerks zu helfen (**Abb. 6.85**).

Die Hsp70-, Hsp60- und Hsp90-Chaperone benötigen oft viele Zyklen der ATP-Bindung und -Hydrolyse, um eine einzelne Polypeptidkette korrekt zu falten. Die Energie dient dazu, in jeder dieser Chaperon- „Maschinen" Bewegungen zu erzeugen, durch die sie zwischen Bindungs- und Freisetzungskonformationen hin und her wechseln. Damit wird, wie wir es schon für die Transkription, das Spleißen und die Translation gesehen haben, eine enorme Menge Freier Energie von Zellen eingesetzt, um die Genauigkeit eines biologischen Vorgangs zu verbessern – in diesem Fall für die korrekte Faltung von Proteinen.

6.2.21 Die korrekte Faltung neu synthetisierter Proteine wird auch durch die Translationsgeschwindigkeit und den Untereinheiten-Aufbau unterstützt

Außer den äußerst zahlreichen Chaperonen helfen zwei weitere Mechanismen bei der korrekten Faltung neu synthetisierter Proteine. Erstens ist die Translation kein gleichmäßiger Vorgang; das Ribosom bewegt sich nicht gleichmäßig, sondern translatiert manche RNA-Sequenzen rasch und pausiert an anderen. Die Pausen werden typischerweise von einer

Reihe seltener Codons verursacht (die mehr Zeit für die zugehörigen, in geringer Menge vorhandenen, beladenen tRNAs benötigen, damit diese durch Diffusion in das Ribosom gelangen) oder durch mRNA-Sekundärstrukturen, die sich vor dem Ribosom bilden und die reibungslose Passage verlangsamen oder vorübergehen blockieren. Man glaubt, dass viele dieser Pausen nicht zufällig sind. Sie sind vielmehr beabsichtigt, um zusätzliche Zeit für problematischer Teile neu synthetisierter Proteine zu gewinnen, damit diese sich falten, wenn sie das Ribosom verlassen. Wenn dies stimmt, dann bedeutet dies, dass ein mRNA-Molekül zusätzlich zur Codierung für ein Protein Äderungen in der Translationsgeschwindigkeit spezifiziert, die zu den Faltungseigenschaften seines Proteins passen.

Ein zweiter Mechanismus spiegelt die Tatsache wider, dass ein Proteinmolekül typischerweise nicht isoliert arbeitet; stattdessen schließt es sich in der Regel mit anderen Untereinheiten zusammen und bildet vielschichtige Strukturen. Wenn ein Protein aus dem Ribosom auftaucht, beginnt es häufig sich mit einem oder mehreren seiner vollständig gefalteten Partneruntereinheiten zusammenzulagern, die, in dem sie als komplementäre Oberflächen agieren, dem neu synthetisierten Protein helfen, seine korrekte dreidimensionale Struktur anzunehmen. Wir haben sowohl in Bakterien als auch Eukaryoten gesehen, dass ein bestimmtes mRNA-Molekül gleichzeitig durch viele Ribosomen translatiert werden kann. Bei Proteinkomplexen, die aus vielen identischen Untereinheiten aufgebaut sind, sind daher vollständig synthetisierte Proteinmoleküle immer in der Nähe, um bei der Faltung der gerade synthetisierten zu helfen. Bei Bakterien können von derselben mRNA verschiedene Proteine translatiert werden; dies verschafft den verschiedenen Untereinheiten eines Proteinkomplexes die Gelegenheit, dass sie einander wirksam bei der Faltung unterstützen. Bei Eukaryoten wird von jeder mRNA typischerweise nur ein einzelnes Protein produziert, daher hat man vorgeschlagen, dass mRNAs, die für verschiedene Untereinheiten eines Proteinkomplexes codieren, in Nachbarschaft gehalten werden. Dies geschieht eventuell durch eine Information im nicht translatierten Teil der Botschaft, was eine hohe lokale Konzentration an reifen Untereinheiten verschafft sodass diese beim Aufbau und der Faltung neu synthetisierter Untereinheiten helfen können.

6.2.22 Proteine, denen die korrekte Faltung misslingt, werden mittels Polyubiquitin für die Zerstörung markiert

Wir haben gesehen, dass die Zelle auf viele Ressourcen setzt, um sicher zu stellen, dass ein neu synthetisiertes Protein ordnungsgemäß gefaltet wird. Dennoch kommt es gelegentlich vor, dass es normalen Proteinen einfach nicht gelingt, sich trotz zahlreicher Versuche korrekt zu falten. Zudem können Fehler bei der Transkription, dem RNA-Spleißen und der Translation fehlerhafte Proteine hervorbringen, die sich niemals ordentlich falten werden. Und schließlich können Proteine, die sich zwar einmal korrekt gefaltet haben, durch chemische Reaktionen (wie eine Oxidation) beschädigt werden, was ihre Fehlfaltung zur Folge hat. In all diesen Fällen zerstört die Zelle das fehlerhafte Protein. Obwohl die Zelle viele Hinweise nutzt, um sich zu vergewissern, ob ein bestimmtes Protein fehlgefaltet ist, ist der wichtigste Hinweis ein exponierter hydrophober Abschnitt – das gleiche Signal, dass von Chaperonen erkannt wird. Die fortgesetzte Anwesenheit eines Chaperons zeigt damit an, dass dem Protein die Faltung misslungen ist. In diesem Fall erkennt eine Reihe spezialisierter Enzyme das hydrophobe Stück (möglicherweise mithilfe von Chaperonen) und heftet dass kleine Protein Ubiquitin an ein benachbartes Lysin (s. **Abb. 3.65a**). Nachfolgend werden weitere Ubiquitinmoleküle angefügt, sodass eine Polyubiquitinkette entsteht. Wie wir in Kapitel 3 gesehen haben, wird die Modifizierung von Proteinen mit Ubiquitin für viele Zwecke in der Zelle eingesetzt. Die besondere Art der Ubiquitinverknüpfung, die uns hier betrifft, ist eine Kette aus Ubiquitinmolekülen, die miteinander am Lysin 48 verbunden sind (s. **Abb. 3.65b**); dies ist das Unterscheidungsmerkmal der Ubiquitinmarkierung,

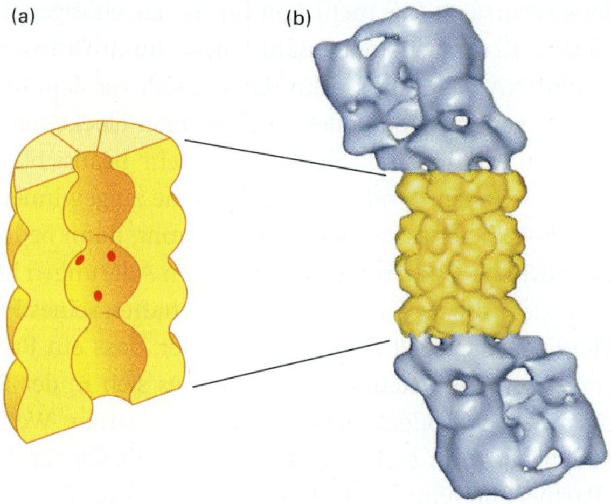

Abb. 6.86 **Das Proteasom.** (a) Blick auf die Struktur eines Längsschnitts durch den inneren 20S-Zylinder, wie er durch Röntgenkristallographie bestimmt wurde. Die Aktiven Zentren der Proteasen sind durch *rote Punkte* markiert. (b) Das vollständige Proteasom. Der Zentralzylinder (*gelb*) trägt an jedem seiner Enden eine 19S-Kappe (*blau*). Die komplexe Kappe bindet selektiv die Proteine, die mit Ubiquitin für den Abbau markiert wurden; wenn das Protein außerdem eine locker strukturierte Region enthält, dann verwendet die Kappe die ATP-Hydrolyse, um seine Polypeptidkette weiter zu falten und sie durch den engen Kanal (s. **Abb. 6.87**) ins Innere des 20S-Zylinders zum Abbau zu kurzen Peptiden zu fängeln. (b, aus W. Baumeister *et al.*, *Cell* 92: 367–380, 1998. Mit Erlaubnis von Elsevier).

die ein Protein für die Zerstörung markiert. Diese Polyubiquitinkette übergibt das Protein an eine Protein-Zerstörungsmaschine, eine komplexe Protease, das sog. *Proteasom*.

6.2.23 Das Proteasom ist eine kompartimentierte Protease mit gesonderten Aktiven Zentren

Proteosomen sind sehr zahlreich und machen annähernd 1 % der gesamten Proteine in Zellen aus. Sie sind im Cytosol und Zellkern verstreut; aber das Proteasom zerstört auch Proteine, die ins Endoplasmatische Reticulum (ER) gelangt sind. Im letzteren Fall entdeckt ein ER-basiertes Überwachungssystem Proteine, die sich entweder nicht richtig gefaltet oder falsch zusammengelagert haben, nachdem sie in das ER gelangt sind, und bringt sie zum Abbau durch das Proteasom zurück ins Cytosol (*Retrotranslokation*) (s. Kapitel 12).

Jedes Proteasom besteht aus einem zentralen Hohlzylinder, dem 20S-Proteasomenkern, der aus vielen Proteinuntereinheiten gebildet wird, die sich zu einem Stapel aus vier

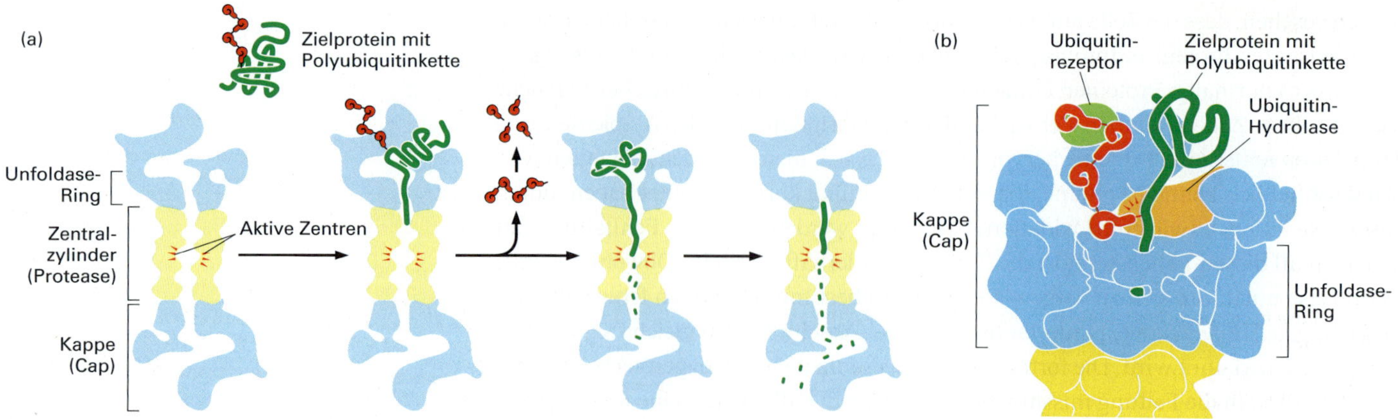

Abb. 6.87 **Prozessiver Proteinverdau durch das Proteasom.** (a) Die Kappe des Proteasoms erkennt Proteine, die durch eine Polyubiquitinkette markiert sind (s. **Abb. 3.65b**). Der größte Teil dieser Proteine enthält auch eine nicht gefaltete Region, und die Kappe transloziert diese Proteine in den Nukleosomenkern, wo sie verdaut werden. Vor der Wanderung durch die Proteasomenkappe wird Ubiquitin vom Substratprotein abgespalten und wiederverwertet. Die Translokation in den Kern des Proteasoms wird durch einen Ring von ATPasen vermittelt, die das Substratprotein auffalten, wenn es durch den Ring und in den Proteasomenkern gefädelt wird. (b) Detaillierte Struktur der Proteasomenkappe. Die Kappe schließt einen Ubiquitinrezeptor ein, der ein ubiquitiniertes Protein an Ort und Stelle hält, während Versuche unternommen werden, es in den Proteasomenkern zu ziehen, und eine Ubiquitin-Hydrolase, die Ubiquitin von dem Protein abschneidet. (a, aus S. Prakash und A. Matouschek, *Trends Biochem. Sci.* 29: 593–600, 2004. Mit Erlaubnis von Elsevier; b, nach G. C. Lander *et al.*, *Nature* 482: 186–191, 2012).

heptameren Ringen zusammenlagern. Manche der Untereinheiten sind Proteasen, deren Aktive Zentren zum Innern der Zylinderkammer zeigen und damit verhindern, dass die hoch wirksamen Proteasen ungezügelt in der Zelle um sich greifen. Jedes Ende des Zylinders ist normalerweise mit einem großen Proteinkomplex (der *19S-Kappe*, *19S-Cap*) assoziiert, der einen aus sechs Untereinheiten bestehenden Proteinring enthält, durch den Zielproteine in den Proteasomenkern gefädelt werden, wo sie abgebaut werden (**Abb. 6.86**). Die durch die ATP-Hydrolyse angetriebene Einfädelreaktion entfaltet die Zielproteine, wenn sie durch die Kappe wandern, wodurch sie den Proteasen ausgesetzt sind, die den Proteasomenkern auskleiden (**Abb. 6.87**). Die Proteine, die die Ringstruktur in der Kappe des Proteasoms aufbauen, gehören zu der großen Proteinklasse der Unfoldasen, die man als *AAA-Proteine* bezeichnet. Viele von ihnen wirken als Hexamere, und sie haben mit den DNA-Helikasen, die ATP-abhängig DNA entwinden (**Abb. 6.88**; s. auch **Abb. 5.14**), mechanistische Eigenschaften gemeinsam.

Eine zentrale Eigenschaft des Proteasoms und ein Grund für seine Komplexität ist die *Prozessivität* seines Mechanismus: Im Gegensatz zu einer „einfachen" Protease, die eine Substratpolypeptidkette nur einmal spaltet, bevor sie sich wieder ablöst, bleibt das Substrat ans Proteasom so lange gebunden, bis es vollständig in kleine Peptide zerstückelt wurde.

Man würde erwarten, dass eine so effiziente Maschine wie das Proteasom streng reguliert wäre; insbesondere muss sie anomale Proteine von den richtig gefalteten unterscheiden können. Die 19S-Kappe des Proteasoms wirkt als kontrollierte „Schleuse" an den Eingängen zur inneren Proteolysekammer, und nur die zu zerstörenden Proteine werden durch die Kappe gefädelt.

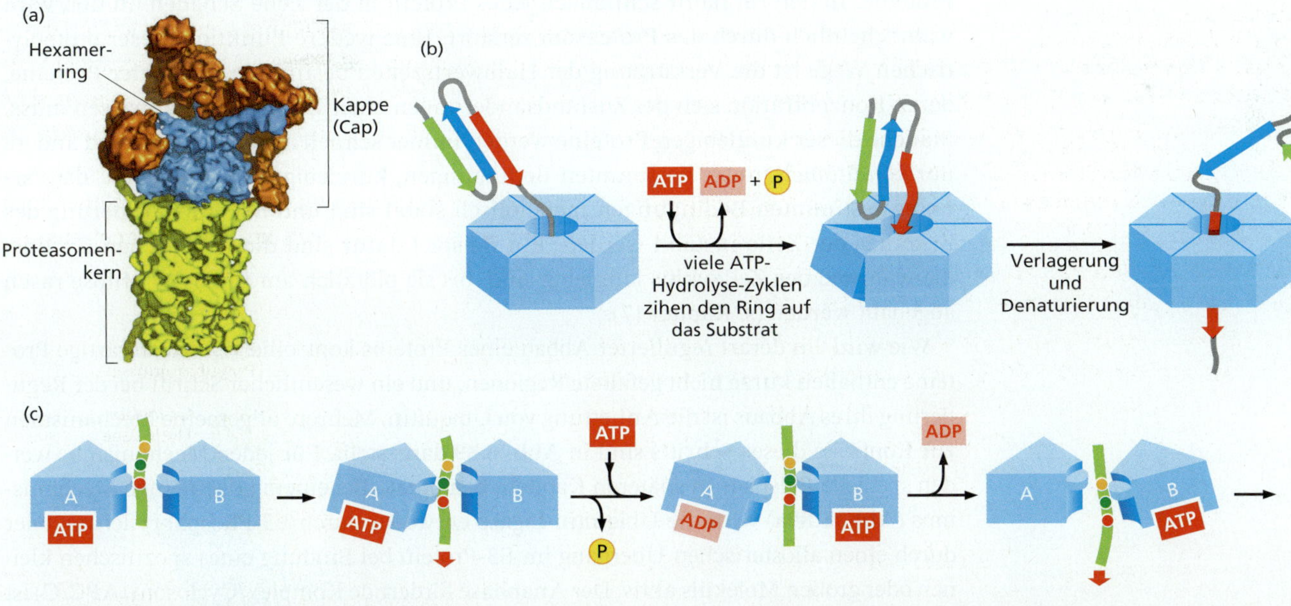

Abb. 6.88 Eine hexamere Proteinunfoldase. (a) Die Proteasomenkappe enthält einen hexameren Ring (*blau*), durch den die zu zerstörenden Proteine gefädelt werden. Der hexamere Ring (auch Unfoldase-Ring genannt) wird von sechs Untereinheiten gebildet, die jeweils zur *AAA-*Proteinfamilie gehören. (b) Modell für die ATP-abhängige Unfoldase-Aktivität der AAA-Proteine. Die ATP-gebundene Form eines hexameren Rings aus AAA-Proteinen ergreift ein gefaltetes Substratprotein, und eine durch ATP-Hydrolyse angetriebene Konformationsänderung zieht das Substrat weiter und spannt die Ringstruktur. An diesem Punkt kann sich das Substratprotein, an dem gezogen wird, teilweise auffalten und weiter in die Pore eindringen oder es kann seine Struktur beibehalten und sich teilweise entziehen. Manche Proteinsubstrate erfordern unter Umständen Hunderte von ATP-Hydrolyse- und Ablösungszyklen, bevor sie erfolgreich durch den AAA-Proteinring gezogen werden; manche Proteine widersetzen sich weiterhin diesen Bemühungen und werden schlussendlich de-ubiquitiniert und freigesetzt. (c) Wie vermutlich das fortgesetzte Kippen der benachbarten Untereinheiten (von denen nur zwei gezeigt sind), durch ATP-Hydrolyse angetrieben, die nicht gefaltete Polypeptidkette durch den hexameren Ring in das Proteasom zieht. Die Bewegungen der Ringuntereinheiten ähneln einer entlanghangelnden Bewegung auf dem Substratprotein, wobei die Hände oft abgleiten bis das Substrat entfaltet ist. Sobald das Auffalten geschehen ist, bewegt sich das Substratprotein relativ rasch durch den Ring mittels wiederholter ATP-Hydrolyse-Runden. (a, nach G. C. Lander *et al.*, *Nature* 482: 186–191, 2012. Mit Erlaubnis von Springer Nature; b, verändert nach R. T. Sauer *et al.*, *Cell* 119: 9–18, 2004).

Wir haben oben gesehen, dass für die Zerstörung markierte Proteine dadurch unterschieden werden, dass sie einen bestimmten Typ einer Polyubiquitinkette tragen. Diese Kette bindet spezifisch an einen Rezeptor in der 19S-Cap des Proteasoms und hier erfolgt eine zweite Kontrolle durch die Zelle, um festzulegen ob das Protein zerstört wird oder nicht. Wenn das Protein zusätzlich zur Ubiquitinmarkierung eine nicht gefaltete Region besitzt (die sich durch die Markierung erstrecken kann), wird diese von der 19S-Cap fest ergriffen, de-ubiquitiniert und durch die Kappe in den Proteasomenkern gezogen. Ubiquitinierte Proteine, denen eine solche Region fehlt, werden typischerweise de-ubiquitiniert und wieder in die Lösung entlassen.

Wie zu erwarten, besteht eine Konkurrenz zwischen Chaperonen und der Proteinabbaumaschinerie hinsichtlich fehlgefalteter Proteine. Proteine, die rasch gefaltet werden, entkommen der Zerstörung (zumindest früh in ihrem Leben, bevor sie Schäden anhäufen); dagegen werden diejenigen, die viele Runden der Chaperon-unterstützten Faltung erfahren, mit höherer Wahrscheinlichkeit abgebaut. Manche Chaperone können solche Proteine, die auch nach vielen Versuchen nicht ordentlich gefaltet bleiben, direkt der Proteinzerstörungsmaschinerie übergeben. Man schätzt, dass zwischen 1 und 5 % aller neu synthetisierten Proteine keine korrekte Faltung gelingt und sie vom Proteasom abgebaut werden.

6.2.24 Viele Proteine werden durch geregelten Abbau kontrolliert

Eine Funktion der intrazellulären proteolytischen Mechanismen ist, wie gerade beschrieben, die Erkennung und Zerstörung fehlgefalteter oder anders anormaler Proteine. In der Tat häuft schließlich jedes Protein in der Zelle Schäden an und wird wahrscheinlich durch das Proteasom zerstört. Eine weitere Funktion dieser proteolytischen Wege ist die Verkürzung der Halbwertszeiten bestimmter normaler Proteine, deren Konzentration sich bei Zustandsänderungen einer Zelle schnell anpassen muss. Manche dieser kurzlebigen Proteine werden immer schnell abgebaut, während andere nur *konditionell*, unter bestimmten Bedingungen, kurzlebig sind. Das heißt, dass sie unter bestimmten Bedingungen metabolisch stabil sind und bei einer Änderung des Zustands der Zelle instabil werden. Ein Beispiel dafür sind die mitotischen Cycline, die während des Zellzyklus langlebig sind, bis sie plötzlich am Ende der Mitose rasch abgebaut werden (s. Kapitel 17).

Wie wird ein derart regulierter Abbau eines Proteins kontrolliert? Viele derartige Proteine enthalten kurze nicht gefaltete Regionen, und ein wesentlicher Schritt bei der Regulierung ihres Abbaus ist die Anheftung von Ubiquitin. Mehrere allgemeine Mechanismen zur Kontrolle dieses Schritts sind in **Abb. 6.89** dargestellt. Für jeden Mechanismus werden spezielle Beispiele in späteren Kapiteln behandelt. Bei einem allgemeinen Mechanismus (**Abb. 6.89a**) wird die Ubiquitin-Ligase entweder durch E3-Phosphorylierung oder durch einen allosterischen Übergang im E3-Protein bei Bindung eines spezifischen kleinen oder großen Moleküls aktiv. Der Anaphase fördernde Komplex/Cyclosom (APC/C) ist z. B. eine Ubiquitin-Ligase mit vielen Untereinheiten, die durch die zellzyklusabhängige Anlagerung einer Untereinheit in der Mitose aktiviert wird. Der aktivierte APC erkennt dann spezifische Aminosäuresequenzen in Mitosecyclen und mehreren anderen Regulatoren des Metaphase-Anaphase-Übergangs und ubiquitiniert sie; dadurch werden sie zum Proteasom gesandt (s. **Abb. 17.18**). Ein weiteres Beispiel für den regulierten Abbau haben wir bereits in diesem Kapitel kennengelernt, wo ein entstehendes Polypeptid, das sich aus einem pausierten Ribosom erstreckt, ubiquitiniert und damit für die Zerstörung vorgemerkt wird. Hier ist das Signal, um die Ubiquitin-Ligase in die Nachbarschaft des Ziels zu bringen, eine „verklebte" Ribosomenuntereinheit (s. **Abb. 6.81**).

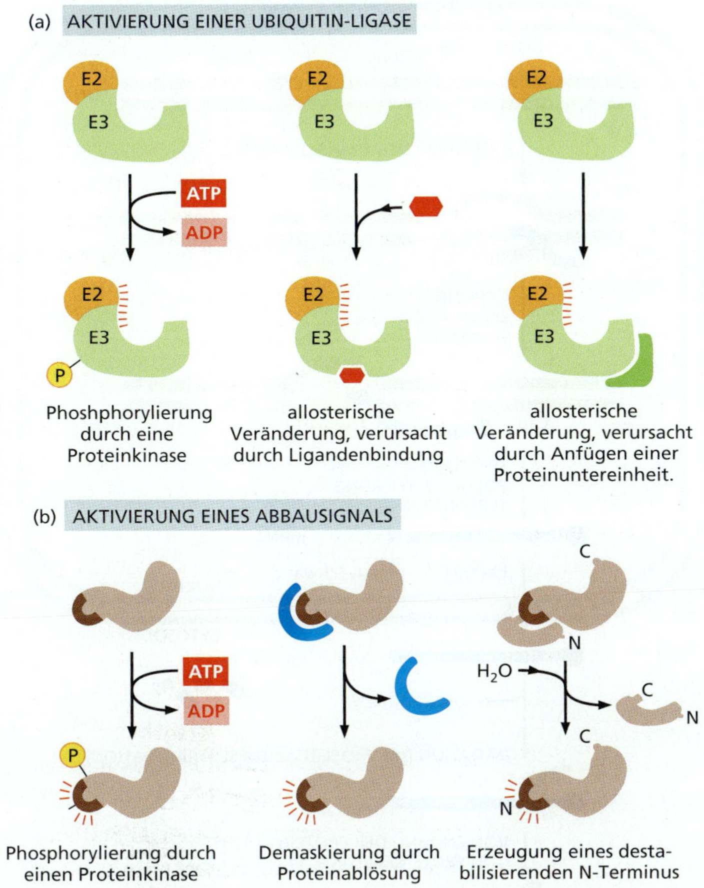

Abb. 6.89 Zwei allgemeine Wege, den Abbau eines spezifischen Proteins einzuleiten. (a) Aktivierung eines spezifischen E3-Moleküls erzeugt eine neue Ubiquitin-Ligase. Eukaryotische Zellen haben viele verschiedene E3-Moleküle, wobei jedes von einem anderen Signal aktiviert wird. (b) Die Entstehung eines exponierten Abbausignals in einem Protein, das abgebaut werden soll. Dieses Signal bindet eine Ubiquitin-Ligase und bewirkt so die Anheftung einer Polyubiquitinkette an ein in der Nachbarschaft gelegenes Lysin des Zielproteins. Von allen sechs dargestellten Reaktionswegen weiß man, dass sie von Zellen genutzt werden, um den Transport ausgewählter Proteine für den Abbau ins Proteasom einzuleiten.

Alternativ kann außerdem als Antwort auf intrazelluläre Signale oder Signale aus der Umwelt eine Ubiquitinierungsstelle in einem Protein erzeugt werden (**Abb. 6.89b**). Eine typische Weise, ein solches Signal zu erzeugen, ist die Phosphorylierung einer bestimmten Aminosäuresequenz, die die Erkennungsstelle einer Ubiquitin-Ligase auf dem Protein vervollständigt.

Eine andere Möglichkeit sind bereits vorhandene Abbausignale, die durch das regulierte Ablösen einer Proteinuntereinheit freigelegt werden. Schließlich können starke Abbausignale auch durch das Spalten einer einzelnen Peptidbindung entstehen, vorausgesetzt dass diese Spaltung ein neues N-terminales Ende entstehen lässt, das von einem spezifischen E3-Enzym als „destabilisierender“ N-terminaler Rest erkannt wird. Dieses E3-Protein erkennt nur bestimmte Aminosäuren am N-Terminus eines Proteins; somit führen nicht alle Proteinspaltungsvorgänge zum Abbau des gebildeten C-terminalen Bruchstücks.

Beim Menschen sind nahezu 70 % der Proteine an ihren N-terminalen Resten acetyliert, und wir wissen, dass diese Modifizierung von einem spezifischen E3-Enzym erkannt wird, das die Ubiquitinierung des Proteins steuert und es für den Abbau zum Proteasom sendet. Somit trägt die Mehrheit der menschlichen Proteine ihr eigenes Zerstörungssignal. Es wurde vorgeschlagen, dass, wenn ein Protein korrekt gefaltet ist (und davor, wenn es in Kontakt mit einem Chaperon ist), dieser acetylierte N-Terminus verborgen und daher für das E3-Enzym nicht zugänglich ist. Wenn das Protein altert und beschädigt wird (oder von Anfang an sich nicht richtig faltet), ist nach dieser Vorstellung das Zerstörungssignal freigelegt, und das Protein wird zerstört.

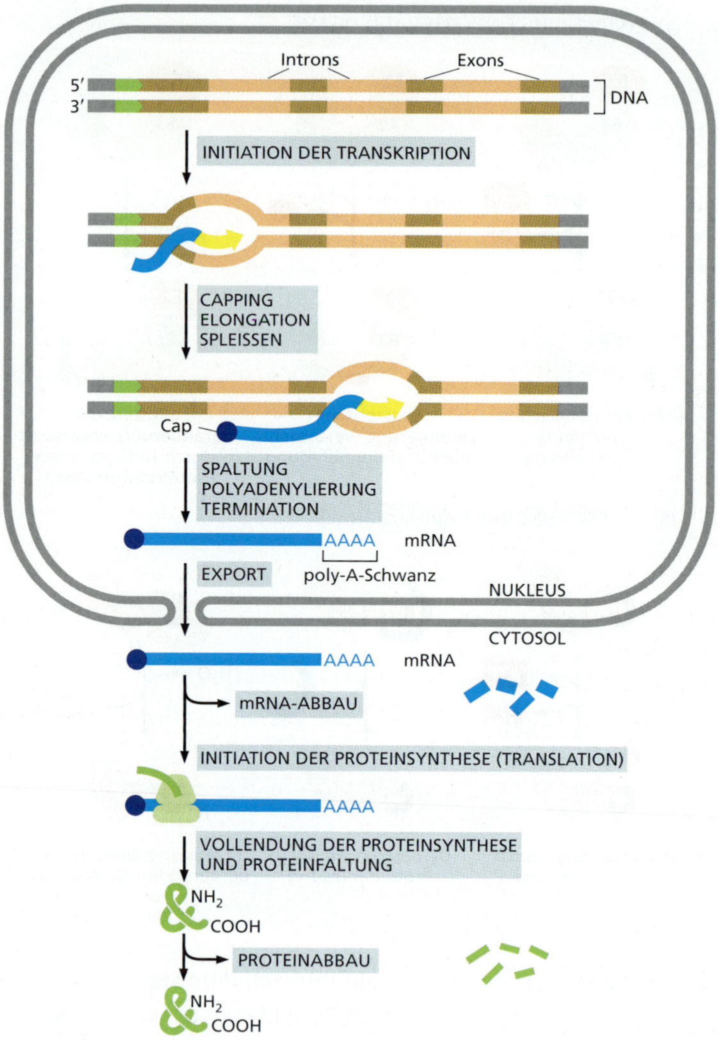

Abb. 6.90 Die Produktion eines Proteins durch eine eukaryotische Zelle: eine Zusammenfassung. Die endgültige Menge eines jeden Proteins in einer eukaryotischen Zelle hängt von der Effizienz jedes gezeigten Schritts ab.

6.2.25 Es sind viele Schritte von der DNA zum Protein

Wir haben in diesem Kapitel bisher gesehen, dass viele verschiedene Arten chemischer Reaktionen nötig sind, um ein richtig gefaltetes Protein nach der im Gen enthaltenen Information herzustellen (**Abb. 6.90**). Die Ausbeute an korrekt gefaltetem Protein in einer Zelle hängt daher von der Effizienz ab, mit der jeder der vielen Schritte ausgeführt wird. Wir wissen auch, dass die Zelle enorme Ressourcen aufwendet, um selektiv Proteine abzubauen, insbesondere jene, die sich nicht richtig gefaltet haben oder im Laufe des Alterungsprozesses Schäden angehäuft haben. Es ist das Gleichgewicht zwischen der Syntheserate und der Abbaurate, das die Menge jedes Proteins in der Zelle ausmacht.

Im nächsten Kapitel werden wir erläutern, dass Zellen die Fähigkeit haben, die Menge ihrer Proteine ihrem Bedarf entsprechend anzupassen. Im Prinzip kann jeder der in **Abb. 6.90** dargestellten Schritte für jedes einzelne Protein reguliert werden. Wie wir in Kapitel 7 sehen werden, gibt es Beispiele für die Regulation für jeden Schritt vom Gen zum Protein.

Zusammenfassung

Die Translation der Nukleotidsequenz eines RNA-Moleküls in ein Protein findet im Cytosol an einer großen Ansammlung von Ribonukleoproteinen statt, dem Ribosom. Jede zur Proteinsynthese verwendete Aminosäure wird zunächst an ein tRNA-Molekül gekoppelt, das über komplementäre Basenpaarung eine Gruppe von drei Nukleotiden in der mRNA (Codons) erkennt. Während eine mRNA durch ein Ribosom gefädelt wird, wird seine Nukleotidsequenz von einem Ende zum anderen in Gruppen von drei Nukleotiden entsprechend dem genetischen Code gelesen.

Um mit der Translation zu beginnen, bindet eine kleine ribosomale Untereinheit über das Start-Codon (AUG), das von einer einzigartigen Initiator-tRNA erkannt wird, an das mRNA-Molekül. Eine große ribosomale Untereinheit bindet, vervollständigt dadurch das Ribosom, und dieses beginnt mit der Elongationsphase der Proteinsynthese. In dieser Phase binden Aminoacyl-tRNAs, die spezifische Aminosäuren tragen, nacheinander über Codon–Anticodon-Basenpaarungen an das passende Codon in der mRNA. Jede Aminosäure wird an das C-terminale Ende einer wachsenden Polypeptidkette mittels eines Zyklus von vier aufeinanderfolgenden Schritten angehängt: Aminoacyl-tRNA-Bindung, Bildung der Peptidbindung und zwei Ribosomentranslokationen. Elongationsfaktoren nutzen die GTP-Hydrolyse sowohl dazu, diese Reaktionen anzutreiben als auch um die Genauigkeit der Aminosäureauswahl zu verbessern. Das mRNA-Molekül bewegt sich Codon für Codon in 5'-3'-Richtung durch das Ribosom, bis eines der drei Stopp-Codons erreicht wird. Ein Freisetzungsfaktor bindet dann an das Ribosom, beendet die Translation und setzt das vollendete Polypeptid frei.

Eukaryotische und bakterielle Ribosomen sind einander sehr ähnlich, trotz der Unterschiede in Anzahl und Größe ihrer rRNA- und Proteinkomponenten. Die rRNA hat eine dominierende Funktion bei der Translation; sie legt die Struktur des Ribosoms im großen Ganzen fest, bildet die Bindungsstellen für die tRNAs, bringt passende tRNAs zu den Codons der mRNA und bildet das Aktive Zentrum der Peptidyltransferase, die Aminosäuren während der Translation miteinander verknüpft.

Mehrere verschiedene Typen molekularer Chaperone, darunter Hsp60 und Hsp70, zeigen, wie die Energie aus der ATP-Hydrolyse verwendet wird, damit neu synthetisierte Proteine ihre korrekte dreidimensionale Konformation annehmen. Dieser Vorgang der Proteinfaltung konkurriert außerdem mit einem Kontrollmechanismus, der Proteine zerstört, die nicht normal gefaltet sind; dies geschieht, indem exponierte hydrophobe Stücke und andere unstrukturierte Bereiche erkannt werden. In diesem Fall wird Ubiquitin von einer Ubiquitin-Ligase kovalent an ein fehlgefaltetes Protein gekoppelt, und die daraus entstehende Polyubiquitinkette wird von der Kappe eines Proteasoms erkannt. Nach der Erkennung wird das Protein aufgefaltet und zu seinem proteolytischen Abbau in das Innere des Proteasoms gefädelt. Ein sehr ähnlicher proteolytischer Mechanismus, der auf besonderen Abbausignalen beruht, die von Ubiquitin-Ligasen erkannt werden, wird genutzt, um sowohl die Halbwertszeit vieler normal gefalteter Proteine festzulegen als auch ausgewählte Proteine als Antwort auf bestimmte Signale aus der Zelle zu entfernen.

6.3 Die RNA-Welt und die Ursprünge des Lebens

Wir haben gesehen, dass die Expression der Erbinformation eine außerordentlich komplexe Maschinerie erfordert und von der DNA über das Zwischenprodukt RNA zum Protein verläuft. Diese Maschinerie stellt ein zentrales Paradoxon dar: Wenn Nukleinsäuren erforderlich sind, um Proteine zu synthetisieren, und Proteine wiederum erforderlich sind, um Nukleinsäuren zu synthetisieren, wie konnte dann ein solches System voneinander abhängiger Komponenten überhaupt entstehen? Eine weit verbreitete Sichtweise ist, dass es, bevor die modernen Zellen sich entwickelt haben, auf der Erde eine RNA-Welt gab (**Abb. 6.91**). Nach dieser Hypothese speicherten RNAs nicht nur die genetische

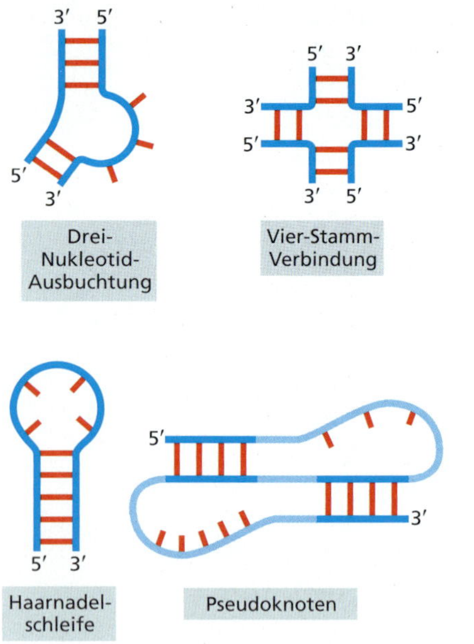

Abb. 6.92 Einige übliche Elemente der RNA-Struktur. Übliche komplementäre Basenpaarungswechselwirkungen sind durch *rote* Sprossen in den doppelhelikalen Teilen der RNA angezeigt.

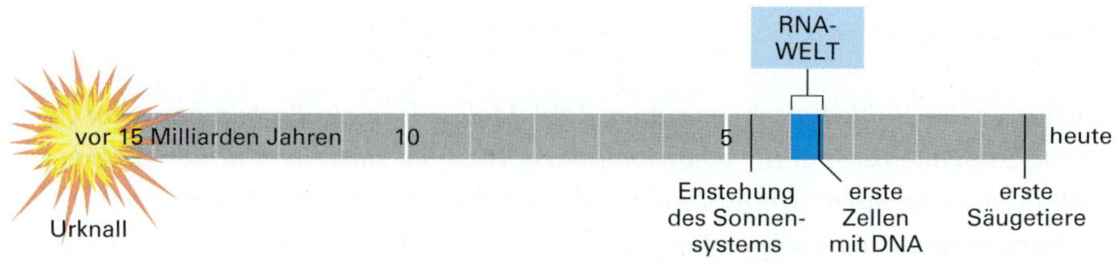

Abb. 6.91 Zeitachse für die Entstehung des Universums, das die mögliche frühe Existenz einer „RNA-Welt" in der Evolution der irdischen Lebenssysteme aufzeigt. Die Hypothese einer RNA-Welt stützt sich auf die Tatsache, dass unter den heutigen biologischen Molekülen einzig die RNA dazu fähig ist, sowohl als Träger der genetischen Information als auch als Katalysator für chemische Reaktionen zu wirken. In diesem Abschnitt besprechen wir die Eigenschaften der RNA und wie sie in frühen Zellen besonders wichtig gewesen sein könnten.

Information, sondern katalysierten auch direkt chemische Reaktionen in primitiven Zellen – und dienten somit als Enzyme („Ribozyme"). Die DNA übernahm erst später im Evolutionsverlauf die Funktion als genetisches Material, und Proteine wurden die wichtigsten Katalysatoren und Strukturkomponenten der Zelle. Wenn diese Vorstellung richtig ist, hat der Übergang von der RNA-Welt zur DNA-Welt nie vollständig stattgefunden. Wie wir in diesem Kapitel gesehen haben, katalysiert RNA auch in heutigen Zellen immer noch mehrere grundlegende Reaktionen, die als molekulare Überbleibsel aus einer früheren Welt angesehen werden können.

6.3.1 Einzelsträngige RNA-Moleküle können sich zu hoch komplizierten Strukturen falten

Wir haben in diesem Kapitel gesehen, dass RNA genetische Information in mRNAs tragen kann, und in Kapitel 5 sahen wir, dass die Genome mancher Viren einzig aus RNA bestehen. Wir haben auch gesehen, dass komplementäre Basenpaarung und andere Arten von Wasserstoffbrücken zwischen Nukleotiden der gleichen RNA-Kette auftreten können, was das RNA-Molekül dazu veranlasst, sich – festgelegt durch seine Nukleotidsequenz – auf einzigartige Weise zu falten (s. z. B. **Abb. 6.54** und **6.71**). Vergleiche vieler RNA -Strukturen haben konservierte Strukturmotive enthüllt, kurze Elemente, die oft als Teile größerer Strukturen vorkommen (**Abb. 6.92**)

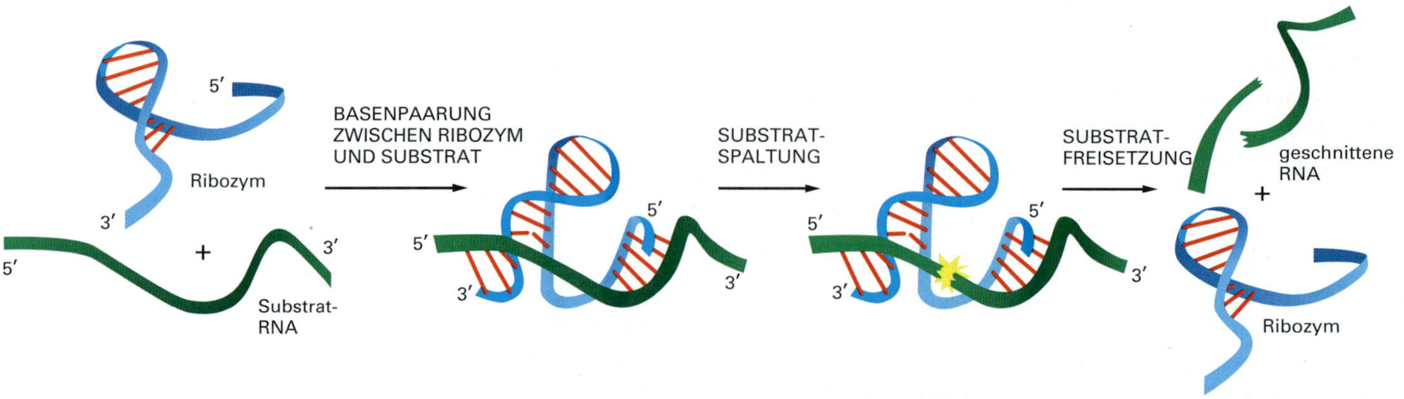

Abb. 6.93 Die Aktivität eines gut untersuchten Ribozyms. Dieses einfache RNA-Molekül katalysiert die Spaltung einer zweiten RNA an einer bestimmten Stelle. Dieses Ribozym findet man eingebettet in größere RNA-Genome, in sogenannten Viroiden, die Pflanzen infizieren. Die Spaltung, die in der Natur an einer entfernten Stelle auf demselben RNA-Molekül stattfindet, das das Ribozym enthält, ist ein Schritt bei der Replikation des Viroidgenoms. Obwohl in der Abbildung nicht dargestellt, benötigt die Reaktion ein Magnesium-Ion im Aktiven Zentrum. (Verändert nach T. R. Cech und O. C. Uhlenbeck, *Nature* 372: 39–40, 1994).

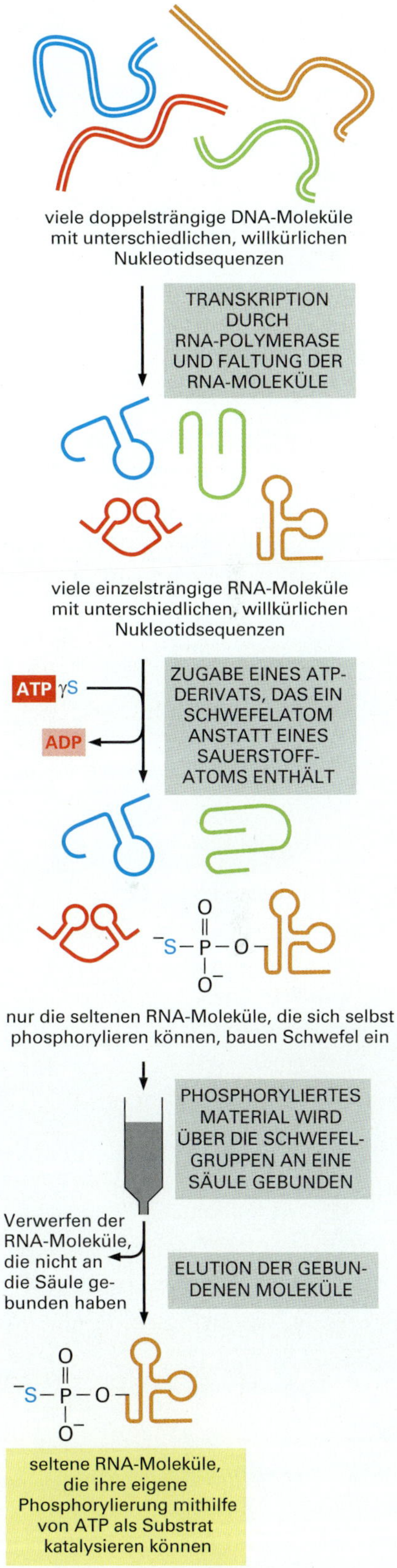

Abb. 6.94 ***In-vitro*-Selektion eines synthetischen Ribozyms.** Man beginnt mit einer großen Sammlung von im Laboratorium synthetisierten verschiedener Nukleinsäuremolekülen. Die seltenen RNA-Moleküle, die über eine spezifische katalytische Aktivität verfügen, können isoliert und untersucht werden. Obwohl hier mur ein bestimmtes Beispiel (das eines autophosphorylierenden Ribozyms) dargestellt ist, wurden Abweichungen dieser Methode angewandt, um viele der in Tab. 6.5 aufgeführten Ribozyme herzustellen. Für die hier gezeigte Strategie werden die RNA-Moleküle während des Phosphorylierungsschritts genügend verdünnt, um eine „Kreuz"-Phosphorylierung zusätzlicher RNA-Moleküle zu verhindern. In Wirklichkeit sind mehrere Wiederholungen dieses Vorgangs notwendig, um die sehr seltenen RNA-Moleküle mit katalytischer Aktivität zu selektieren. Daher wird das RNA-Material, das zunächst von der Säule eluiert wird, in DNA umgeschrieben, anschließend vervielfältigt (mittels Reverser Transkriptase und PCR, s. Kapitel 8), dann zurück in RNA umgeschrieben und schließlich mehreren Selektionsrunden unterworfen. (Verändert nach J. R. Lorsch und J. W. Szostak, *Nature* 371: 31–36, 1994.)

Die Proteinkatalyse erfordert eine Oberfläche mit einzigartigen Konturen und chemischen Eigenschaften, auf der ein bestimmter Satz von Substraten reagieren kann (in Kapitel 3 behandelt). Auf genau die gleiche Weise kann ein RNA-Molekül mit einer entsprechend gefalteten Gestalt als Katalysator dienen (**Abb. 6.93**). Wie viele Proteine so arbeiten auch diese Ribozyme, indem sie Metall-Ionen in ihren Aktiven Zentren platzieren. Diese Eigenschaft verleiht ihnen eine größere Bandbreite katalytischer Aktivitäten, als die beschränkten chemischen Gruppen einer Polynukleotidkette verschaffen können.

6.3.2 Ribozyme lassen sich im Laboratorium herstellen

Viele unserer Rückschlüsse über die RNA-Welt stammen aus Experimenten, bei denen große Ansammlungen von RNA-Molekülen mit zufälligen Nukleotidsequenzen im Laboratorium erzeugt werden. Die selten vorkommenden RNA-Moleküle, die eine durch den Experimentator spezifizierte Eigenschaft haben, werden dann ausgewählt und untersucht (**Abb. 6.94**). In Experimenten dieses Typs sind RNAs entstanden, die eine große Vielfalt biochemischer Reaktionen katalysieren können (**Tab. 6.5**), mit Steigerungen der Reaktionsgeschwindigkeit, die nur wenige Größenordnungen geringer sind als die der schnellsten Proteinenzyme. Angesichts dieser Befunde ist nicht klar, warum in modernen Zellen die Zahl der Proteinkatalysatoren diejenige der Ribozyme stark übersteigt.

Tab. 6.5 Einige biochemische Reaktionen, die von Ribozymen katalysiert werden können.

Aktivität	Ribozyme
Bildung einer Peptidbindung bei der Proteinsynthese	ribosomale RNA
RNA-Spaltung, RNA-Ligation	selbstspleißende RNAs; RNase P; auch *in vitro* selektierte RNA
DNA-Spaltung	selbstspleißende RNAs
RNA-Spleißen	selbstspleißende RNAs, RNAs des Spleißosoms
RNA-Polymerisation	*in vitro* selektierte RNA
RNA- und DNA -Phosphorylierung	*in vitro* selektierte RNA
RNA-Aminoacylierung	*in vitro* selektierte RNA
RNA-Alkylierung	*in vitro* selektierte RNA
Bildung einer Amidbindung	*in vitro* selektierte RNA
Bildung einer glykosidischen Bindung	*in vitro* selektierte RNA
Oxidations-/Reduktionsreaktionen	*in vitro* selektierte RNA
Bildung einer Kohlenstoff–Kohlenstoff-Bindung	*in vitro* selektierte RNA
Bildung einer Phosphoamidbindung	*in vitro* selektierte RNA
Disulfidaustausch	*in vitro* selektierte RNA

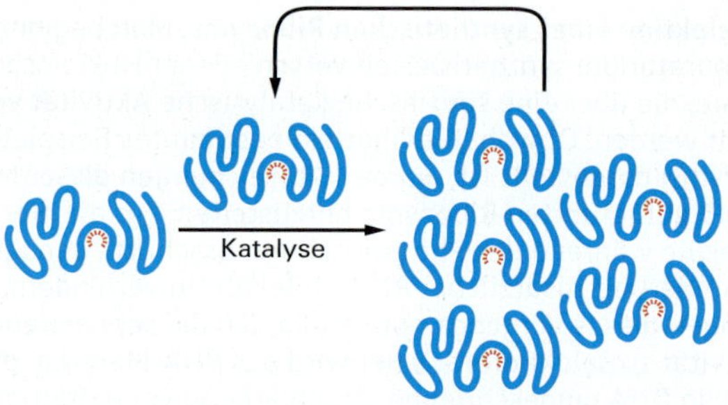

Abb. 6.95 **Ein RNA -Molekül, das seine eigene Synthese katalysieren kann.** Dieser hypothetische Vorgang würde sowohl die Synthese eines zweiten RNA-Strangs komplementär zum Originalstrang (nicht gezeigt) als auch die Verwendung dieses zweiten RNA-Moleküls als Matrize zur Bildung weiterer RNA-Moleküle mit der ursprünglichen Sequenz erfordern. Die *roten* Strahlen symbolisieren das Aktive Zentrum dieses hypothetischen RNA-Enzyms (Ribozym).

Experimente haben jedoch gezeigt, dass RNA-Moleküle sehr viel mehr Schwierigkeiten als Proteine haben, an flexible hydrophobe Substrate zu binden und Taschen zu bilden, die spezifisch für verschiedene kleine Moleküle sind. Wie dem auch sei, die Verfügbarkeit von 20 Aminosäurearten verschafft den Proteinen wohl eine weitaus größere Anzahl an Bindungs- und Katalysestrategien.

6.3.3 RNA kann sowohl Informationen speichern als auch chemische Reaktionen katalysieren

RNA-Moleküle haben eine Eigenschaft, die Proteine nicht haben: Sie können direkt die Bildung exakter Kopien ihrer eigenen Sequenz steuern. Diese Fähigkeit beruht auf der komplementären Basenpaarung von Nukleotiduntereinheiten, die es einer RNA ermöglicht, als Matrize für die Bildung einer anderen zu dienen. Wie wir in diesem und im vorhergehenden Kapitel bereits gesehen haben, ist ein solcher komplementärer Matrizenmechanismus die Grundlage der DNA-Replikation und Transkription in heutigen Zellen. Die effiziente Synthese der RNA durch einen komplementären Matrizenmechanismus benötigt aber Katalysatoren, um die Polymerisationsreaktion zu fördern: Ohne Katalysatoren wäre die Polymerbildung langsam, fehleranfällig und wenig leistungsfähig.

Da die RNA alle Eigenschaften hat, die ein Molekül braucht, um eine Vielzahl chemischer Reaktionen einschließlich seiner eigenen Synthese zu katalysieren (**Abb. 6.95**), wurde vorgeschlagen, dass RNA vor langer Zeit als Katalysator für ihre eigene matrizenabhängige RNA-Synthese diente. Obwohl sich selbst replizierende Systeme von RNA-Molekülen noch nicht in der Natur gefunden wurden, haben Wissenschaftler bedeutende Fortschritte gemacht, sie im Labor zu konstruieren. Experimente dieses Typs können nicht beweisen, dass selbstreplizierende RNA-Moleküle wesentlich an der Entstehung des Lebens auf der Erde beteiligt waren, aber sie können dazu beitragen, zu beurteilen, ob ein solches Szenario möglich ist.

Heutzutage besteht ein breites Interesse, die aufregende Möglichkeit zu untersuchen, dass einst eine primitive Lebensform bestand, oder vielleicht in manchen wasserhaltigen Regionen unter der Marsoberfläche sogar noch besteht. An vielversprechende Orte des Planeten werden Fahrzeuge entsandt, um unterirdische Proben für eine eventuelle Rückkehr zur Erde zu sammeln. Damit ist die Hoffnung verknüpft, dass Wissenschaftler durch die Analyse dieser proben Szenarien wie das soeben beschriebene weiterentwickeln können.

6.3.4 Wie ist die Proteinsynthese entstanden?

Die molekularen Prozesse, die der Proteinsynthese in heutigen Zellen zugrunde liegen, scheinen unlösbar komplex. Obwohl wir die meisten von ihnen verstehen, machen sie in konzeptueller Hinsicht weniger Sinn als die DNA-Transkription, die DNA-Reparatur und die DNA-Replikation. Es ist besonders schwierig sich vorzustellen, wie die Proteinsynthese sich entwickelt hat, da sie heute mittels eines komplexen, eng verzahnten Systems von Protein- und RNA-Molekülen abläuft. Ganz offensichtlich kann kein Protein existiert haben, bevor eine frühe Version eines Translationsapparates vorhanden war. So attraktiv die Vorstellung einer RNA-Welt für die Vergegenwärtigung des frühen Lebens ist, sie erklärt nicht, wie das heutige System der Proteinsynthese entstand.

In heutigen Zellen werden manche kurzen Peptide (wie die Antibiotika) ohne Ribosomen synthetisiert; Peptid-Synthetase-Enzyme bauen diese Peptide mit ihrer richtigen Aminosäuresequenz zusammen, ohne dass eine mRNA deren Synthese steuert. Es ist plausibel, dass sich diese nicht codierte primitive Version der Proteinsynthese erstmals während der RNA- Welt entwickelte, wo sie von RNA-Molekülen katalysiert worden wäre. Diese Vorstellung stellt kein konzeptionelles Problem dar, weil, wie wir gesehen haben, die rRNA in heutigen Zellen die Bildung der Peptidbindung katalysiert. Zudem hat sich gezeigt, dass kurze einfache Peptide (z. B: Polylysin) die Funktion von im Labor geschaffenen Ribozymen erhöhen; dies lässt die Möglichkeit aufkommen, dass die ersten Peptide hinsichtlich ihrer Fähigkeit, RNA-Molekülen bei der Faltung zu helfen, sich miteinander zu verbinden und Reaktionen zu katalysieren „selektiert" wurden. Diese Vorstellungen erklären jedoch nicht, wie der genetische Code – der das Herzstück der Proteinsynthese in heutigen Zellen ist – sich entwickelt haben könnte. Wir wissen auch, dass im Labor hergestellte Ribozyme spezifische Aminoacylierungsreaktionen ausführen können, d.h. sie können bestimmte Aminosäuren bestimmten *t*RNA*s* zuordnen. Es ist deshalb möglich, dass *t*RNA-artige Adapter, die jeweils zu einer bestimmten Aminosäure passen, in der RNA-Welt entstanden sein könnten und den Beginn des genetischen Codes kennzeichnen. Auch wenn wir über die Entwicklung des Codes nur spekulieren können, so haben dennoch Wissenschaftler plausible Szenarien geliefert, in denen die ersten Codons nur etwa 10 der heutigen 20 Aminosäuren spezifiziert haben.

Sobald sich die codierte Proteinsynthese entwickelt hatte, konnte der Übergang zu einer proteindominierten Welt stattfinden, wobei die Proteine aufgrund ihrer größeren Vielfalt mit 20 statt vier verschiedenen Untereinheiten schließlich die Mehrzahl der katalytischen und strukturellen Aufgaben übernehmen konnten. Obwohl diese Vorstellungen sehr spekulativ sind, stehen die bekannten Eigenschaften der RNA- und Proteinmoleküle im Einklang mit diesen Vorstellungen.

6.3.5 Alle heutigen Zellen verwenden DNA als Erbmaterial

Wenn die auf der RNA-Welt basierenden Spekulationen richtig sind, dann hätten diese frühen Zellen sich von den Zellen, die wir heute kennen, grundlegend darin unterschieden, dass in den früheren Zellen die Information in RNA statt in DNA gespeichert war (**Abb. 6.96**).

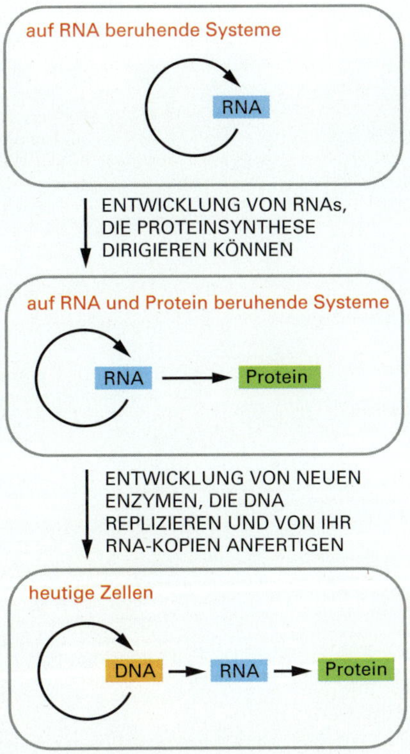

Abb. 6.96 **Die Hypothese, dass RNA vor DNA und Proteinen in der Evolution entstanden ist.** In den frühesten Zellen könnten RNA-Moleküle (oder ihre nächsten Entsprechungen) genetische, strukturelle und katalytische Funktionen gehabt haben. In heutigen Zellen ist DNA der Speicher genetischer Informationen, und Proteine führen die große Mehrheit der katalytischen Funktionen in einer Zelle durch. RNA dient heute vor allem als Vermittler bei der Proteinsynthese, auch wenn sie Katalysator für eine Anzahl entscheidender Reaktionen geblieben ist.

Beweise dafür, dass die RNA vor der DNA in der Evolution entstanden ist, kann man aus den chemischen Unterschieden zwischen den Molekülen ableiten. Ribose kann, wie Glukose und andere einfache Kohlenhydrate, aus Formaldehyd (HCHO) entstehen, einer einfachen Chemikalie, die sich ohne Weiteres unter experimentellen Laborbedingungen bildet, die denjenigen der primitiven Erde nachempfunden sind. Der Zucker Desoxyribose kann nicht so leicht hergestellt werden; in heutigen Zellen entsteht er aus Ribose durch eine von einem Proteinenzym katalysierte Reaktion, was vermuten lässt, dass Ribose vor Desoxyribose in Zellen vorhanden war. Vermutlich hat die DNA später die Bühne betreten, hat dann aber bewiesen, dass sie auf die Dauer als Träger für genetische Informationen besser geeignet ist. Insbesondere die Desoxyribose in ihrem Zucker-Phosphat-Gerüst macht DNA-Ketten chemisch stabiler als RNA-Ketten, sodass DNA viel größere Längen erreichen kann, ohne zu brechen.

Da DNA und RNA ähnliche Basenpaarungsregeln für ihre matrizenabhängige Synthese verwenden, ist es nicht schwer, sich den Übergang zwischen diesen beiden vorzustellen. Im Einklang mit dieser Vorstellung steht die Tatsache, dass ein im Labor geschaffenes Ribosom sowohl RNA mithilfe einer DNA-Matrize als auch DNA mithilfe einer RNA-Matrize synthetisieren kann.

Die anderen Unterschiede zwischen RNA und DNA – die doppelhelikale Struktur der DNA und die Verwendung von Thymin statt Uracil – erhöhen noch die DNA-Stabilität, da sie die Reparatur der vielen unvermeidbaren Unfälle, die dem Molekül widerfahren, erleichtern (s. Kapitel 5).

Zusammenfassung

Ausgehend von unserem Wissen über heutige Organismen und die Moleküle, die sie enthalten, scheint es wahrscheinlich, dass die Entwicklung der charakteristischen autokatalytischen Mechanismen, die grundlegend für lebende Systeme sind, mit der Evolution von RNA-Molekülfamilien begonnen hat, die ihre eigene Replikation katalysieren konnten. DNA ist eher ein später Zusatz gewesen: Da die Anhäufung von Proteinkatalysatoren die Entstehung komplexerer und leistungsfähigerer Zellen ermöglichte, hat die DNA-Doppelhelix die RNA als stabileres Molekül für die Speicherung der von solchen Zellen in zunehmender Menge benötigten genetischen Information verdrängt.

Literatur

6 Allgemein

Berg, J.M., Tymoczko, J.L., Gatto, G. et al. (2019). *Biochemistry.* 9th ed. New York: Macmillan Learning.

Brown, T.A. (2018). *Genomes 4.* New York: Garland Science.

Cold Spring Harbor Symposia on Quantitative Biology, Vol 31: The Genetic Code (1966). Cold Spring Harbor, NY: Cold Spring Harbor Laboratory Press.

Cold Spring Harbor Symposia on Quantitative Biology, Vol 66: The Ribosome (2001). Cold Spring Harbor, NY: Cold Spring Harbor Laboratory Press.

Cold Spring Harbor Symposia on Quantitative Biology, Vol 84: RNA Control and Regulation (2019). Cold Spring Harbor, NY: Cold Spring Harbor Laboratory Press.

Craig, N., Green, R., Greider, C. et al. (2021). *Molecular Biology: Principles of Genome Function.* 2nd ed. Oxford: Oxford University Press.

Darnell, J. (2011). *RNA: Life's Indispensable Molecule.* Cold Spring Harbor, NY: Cold Spring Harbor Laboratory Press.

Goldberg, M.L., Fischer, J., Hood, L. et al. (2021). *Genetics: From Genes to Genomes.* 7th ed. Boston: McGraw-Hill.

Judson, H.F. (1996). *The Eighth Day of Creation.* 25th anniversary ed. Cold Spring Harbor, NY: Cold Spring Harbor Laboratory Press.

Lodish, H., Berk, A., Kaiser, C. et al. (2021). *Molecular Cell Biology.* 9th ed. New York: Macmillan Learning.

Stent, G.S. (1971). *Molecular Genetics: An Introductory Narrative.* San Francisco: WH Freeman.

6.1 Von der DNA zur RNA

Berget, S.M., Moore, C. und Sharp, P.A. (1977). Spliced segments at the 5' terminus of adenovirus 2 late mRNA. *Proc. Natl. Acad. Sci. USA* 74: 3171–3175.

Brenner, S., Jacob, F. und Meselson, M. (1961). An unstable intermediate carrying information from genes to ribosomes for protein synthesis. *Nature* 190: 576–581.

Bresson, S. und Tollervey, D. (2018). Surveillance-ready transcription: nuclear RNA decay as a default fate. *Open Biol.* 8 (3): 170270.

Chow, L.T., Gelinas, R.E., Broker, T.R. et al. (1977). An amazing sequence arrangement at the 5' ends of adenovirus 2 messenger RNA. *Cell* 12: 1–8.

Cramer, P. (2019). Organization and regulation of gene transcription. *Nature* 573: 45–54.

Fica, S.M., Tuttle, N., Novak, T. et al. (2013). RNA catalyses nuclear pre-mRNA splicing. *Nature* 503: 229–234.

Gamarra, N. und Narlikar, G.J. (2021). Collaboration through chromatin: motors of transcription and chromatin structure. *J. Mol. Biol.* 433: 166876.

Kumar, A., Clerici, M., Muckenfuss, L.M. et al. (2019). Mechanistic insights into mRNA 3'-end processing. *Curr. Opin. Struct. Biol.* 59: 143–150.

Neugebauer, K.M. (2019). Nascent RNA and the coordination of splicing with transcription. *Cold Spring Harb Perspect Biol.* 11 (8): a032227.

Proudfoot, N.J. (2016). Transcriptional termination in mammals: stopping the RNA polymerase II juggernaut. *Science* 352.

Roberts, J.W. (2019). Mechanisms of bacterial transmission termination. *J. Mol Biol.* 431 (20): 4030–4039.

Roeder, R.G. (2019). 50+ years of eukaryotic transcription: an expanding universe of factors and mechanisms. *Nat. Struct. Mol. Biol.* 26: 783–791.

Ruskin, B., Krainer, A.R., Maniatis, T. et al. (1984). Excision of an intact intron as a novel lariat structure during pre-mRNA splicing *in vitro*. *Cell* 38: 317–331.

Sato, H., Das, S., Singer, R.H. et al. (2020). Imaging of DNA and RNA in living eukaryotic cells to reveal spatiotemporal dynamics of gene expression. *Annu. Rev. Biochem.* 89: 159–187.

Staley, J.P. und Woolford, J.L. (2009). Assembly of ribosomes and spliceosomes: complex ribonucleoprotein machines. *Curr. Opin. Cell Biol.* 21: 109–118.

Stewart, M. (2019). Polyadenylation and nuclear export of mRNAs. *J. Biol. Chem.* 294: 2977–2987.

Strom, A.R. und Brangwynne, C.P. (2019). The liquid nucleome—phase transitions in the nucleus at a glance. *J. Cell Sci.* 132: jcs235093.

Wan, R., Bai, R. und Shi, Y. (2019). Molecular choreography of pre-mRNA splicing by the spliceosome. *Curr. Opin. Struct. Biol.* 59: 124–133.

Wilkinson, M.E., Charenton, C. und Nagai, K. (2020). RNA splicing by the spliceosome. *Annu. Rev. Biochem.* 89: 1.1–1.30.

Zinder, J.C. und Lima, C.D. (2017). Targeting RNA for processing or destruction by the eukaryotic RNA exosome and its cofactors. *enes Dev.* 31: 88–100.

6.2 Von der RNA zum Protein

Anfinsen, C.B. (1973). Principles that govern the folding of protein chains. *Science* 181: 223–230.

Bard, J.A.M., Goodall, E.A., Greene, E.R. et al. (2018). Structure and function of the 26S proteasome. *Annu. Rev. Biochem.* 87: 697–724.

Cohue, P., Hurt, E. und Panse, V.G. (2017). Eukaryotic ribosome assembly, transport and quality control. *Nat. Struct. Mol. Biol.* 24: 689–699.

Crick, F.H.C. (1966). The genetic code: III. *Sci. Am.* 215: 55–62.

Finley, D., Chen, X. und Walters, K.J. (2016). Gates, channels, and switches elements of the proteasome machine. *Trends Biochem. Sci.* 41: 77–93.

Gomez, M.A.R. und Ibba, M. (2020). Aminoacyl-*t*RNA synthetases. *RNA* 26: 910–936.

Hershko, A., Ciechanover, A. und Varshavsky, A. (2000). The ubiquitin system. *at. Med.* 6: 1073–1081.

Klinge, S. und Woolford, J.L. (2019). Ribosome assembly coming into focus. *Nat. Rev. Mol. Cell Biol.* 20: 116–131.

Kramer, G., Shiber, A. und Bukau, B. (2019). Mechanisms of cotranslational maturation of newly synthesized proteins. *Annu. Rev. Biochem.* 88: 337–364.

Kurosaki, T., Popp, M.W. und Maquat, L.E. (2019). Quality and quantity control of gene expression by nonsense-mediated mRNA decay. *Nat. Rev. Mol. Cell Biol.* 20: 406–420.

Lin, J., Zhou, D., Steitz, T.A. et al. (2018). Ribosome-targeting antibiotics: modes of action, mechanisms of resistance, and implications for drug design. *Annu. Rev. Biochem.* 87: 451–478.

Noller, H.F. (2017). The parable of the caveman and the Ferrari: protein synthesis and the RNA world. *Philos. Trans. R. Soc. Lond. B Biol. Sci.* 372 (1716): 20160187.

Schuller, A.P. und Green, R. (2018). Roadblocks and resolutions in eukaryotic translation. *Nat. Rev. Mol. Cell Biol.* 19: 526–541.

Simonovic, M. und Steitz, T.A. (2009). A structural view on the mechanism of the ribosome-catalyzed peptide bond formation. *Biochim. Biophys. Acta* 1789 (9–10): 612–623.

Voorhees, R.M. und Ramakrishnan, V. (2013). Structural basis of the translational elongation cycle. *Annu. Rev. Biochem.* 82: 203–236.

6.3 Die RNA-Welt und die Ursprünge des Lebens

Cech, T.R. (2009). Crawling out of the RNA world. *Cell* 136: 599–602.

Joyce, G.F. und Szostak, J.W. (2018). Protocells and RNA self-replication. *Cold Spring Harb. Perspect. Biol.* 10: a034801.

Kruger, K., Grabowski, P., Zaug, P. et al. (1982). Self-splicing RNA: autoexcision and autocyclization of the ribosomal RNA intervening sequence of *Tetrahymena*. *Cell* 31: 147–157.

Orgel, L. (2000). Origin of life. A simpler nucleic acid. *Science* 290: 1306–1307.

Tjhung, K.F., Shokhirev, M.N., Horning, D.P. et al. (2020). An RNA polymerase ribozyme that synthesizes its own ancestor. *Proc. Natl. Acad. Sci. USA* 117: 2906–2913.

7

Kontrolle der Genexpression

Die DNA eines Organismus codiert für alle RNA- und Proteinmoleküle, die zum Aufbau seiner Zellen notwendig sind. Trotzdem würde es uns die Beschreibung der vollständigen DNA-Sequenz eines Organismus – gleichgültig, ob es sich um die paar Millionen Nukleotide eines Bakteriums oder um die mehreren Milliarden Nukleotide eines Menschen handelt – nicht ermöglichen, den Organismus zu rekonstruieren, genauso wenig, wie es möglich wäre, ein Theaterstück von Shakespeare aus einem englischen Wörterbuch abzuleiten. In beiden Fällen stehen wir vor dem gleichen Problem, nämlich: Wie werden die Elemente der DNA-Sequenz bzw. des Wörterbuches benutzt? Unter welchen Bedingungen wird jedes einzelne Genprodukt hergestellt und – wenn es hergestellt ist – welche Funktion übt es aus?

In diesem Kapitel konzentrieren wir uns auf die erste Hälfte dieses Problems: Wir werden die Regeln und Mechanismen betrachten, nach denen eine Gruppe von Genen in jeder Zelle selektiv aktiviert werden kann und auch die Menge jedes Genprodukts bestimmen. Diese Mechanismen arbeiten auf vielen Ebenen, und wir werden jede Ebene der Reihe nach behandeln. Wir beginnen mit einer Übersicht über einige der beteiligten Grundprinzipien.

Kapitelinhalt

7.1 Ein Überblick über die Genkontrolle

Die verschiedenen Zelltypen eines vielzelligen Organismus unterscheiden sich sowohl in ihrer Morphologie als auch in ihrer Funktion wesentlich voneinander. Vergleichen wir beispielsweise bei einem Säuger ein Neuron mit einer Leberzelle, sind die Unterschiede so extrem, dass es schwierig wird sich vorzustellen, dass beide Zellen das gleiche Genom enthalten (**Abb. 7.1**). Aus diesem Grund, und weil die Zelldifferenzierung häufig irreversibel ist, nahmen die Biologen ursprünglich an, dass Gene im Verlauf der Differenzierung selektiv verloren gehen. Jetzt wissen wir jedoch, dass die Zelldifferenzierung im Allgemeinen ohne Veränderungen in der Nukleotidsequenz des Zellgenoms zustande kommt.

Molekularbiologie der Zelle, 7. Auflage. Bruce Alberts, Rebecca Heald, Alexander Johnson, David Morgan, Martin Raff, Keith Roberts und Peter Walter.

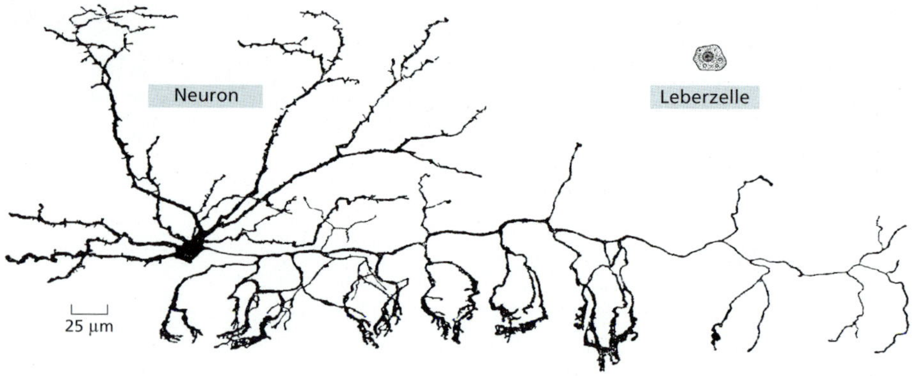

Abb. 7.1 Ein Neuron und eine Leberzelle teilen das gleiche Genom. Die langen Äste dieses Neurons aus der Retina ermöglichen es ihm, elektrische Signale von vielen Zellen zu empfangen und diese Signale an viele benachbarte Zellen weiterzuleiten. Die Leberzelle, die im gleichen Maßstab gezeichnet ist, ist an vielen Stoffwechselvorgängen beteiligt, darunter die Verdauung und Entgiftung von Alkohol und Arzneistoffen. Beide Zelltypen enthalten das gleiche Genom, aber sie exprimieren unterschiedliche RNAs und Proteine. (Neuron nach S. Ramón y Cajal, Histologie du Système Nerveux de l'Homme et de Vertèbres, 1909–1911. Paris: Maloine; Nachdruck Madrid: CSIC, 1972).

7.1.1 Die verschiedenen Zelltypen eines vielzelligen Organismus enthalten die gleiche DNA

Die Zelltypen eines vielzelligen Organismus entwickeln sich unterschiedlich, weil sie verschiedene RNA- und Proteinmoleküle synthetisieren und anreichern. Erste Hinweise darauf, dass sie dies ohne Änderung ihrer DNA-Sequenz tun, stammen von klassischen Experimenten an Fröschen. Wenn der Kern einer vollständig differenzierten Froschzelle in ein Frosch-Ei injiziert wird, dessen Kern vorher entfernt wurde, ist der injizierte Spenderkern in der Lage, die Empfänger-Eizelle zur Entwicklung einer normalen Kaulquappe zu programmieren (**Abb. 7.2a**). Da diese Kaulquappe das vollständige Spektrum differenzierter Zellen enthält, die alle ihre DNA-Sequenzen vom Kern der ursprünglichen Spenderhautzelle erhalten haben, muss gefolgert werden, dass die differenzierte Zelle keine wesentlichen DNA-Sequenzen verloren hat. Ähnliche Rückschlüsse ließen Experimente mit verschiedenen Pflanzen zu. Hierbei wurden Stücke von differenzierten Zellgeweben in Kulturmedium kultiviert und danach in einzelne Zellen zerlegt. Oft können dann diese individuellen Zellen eine vollständige, ausgewachsene Pflanze regenerieren (**Abb. 7.2b**). Schließlich wurde dieses Prinzip in Säugern wie Schafen, Rindern, Schweinen, Ziegen, Hunden und Mäusen nachgewiesen (**Abb. 7.2c**).

Die differenzierte DNA-Sequenzierung von Genomen in verschiedenen Geweben zeigt auch, dass die Änderungen der Genexpression, welche der normalen Entwicklung vielzelliger Lebewesen zugrunde liegen, im Allgemeinen keine DNA-Sequenzveränderungen des Genoms einbeziehen.

7.1.2 Verschiedene Zelltypen synthetisieren einen unterschiedlichen Satz von RNAs

In einem ersten Ansatz zum Verständnis der Zelldifferenzierung würde man gerne wissen, wie viele Unterschiede es zwischen den verschiedenen Zelltypen überhaupt gibt. Obwohl wir noch keine exakte Antwort für jeden Zelltyp haben, können doch einige allgemeingültige Feststellungen getroffen werden:

1. Viele Abläufe sind allen Zellen gemeinsam, und zwei beliebige Zellen ein und desselben Organismus haben deshalb viele Genprodukte gemeinsam. Hierzu zählen die Strukturproteine der Chromosomen, RNA- und DNA-Polymerasen, DNA-Reparaturenzyme, ribosomale Proteine und RNAs, Enzyme, die zentrale Stoffwechselreaktionen katalysieren, und viele Proteine, die das Cytoskelett bilden, wie Aktin (**Abb. 7.3a**).
2. Einige Proteine kommen reichlich in den spezialisierten Zellen vor, in denen sie wirksam sind, können aber sonst nirgendwo gefunden werden, selbst mit den empfindlichsten Nachweismethoden. So wird z. B. Hämoglobin spezifisch nur in den roten

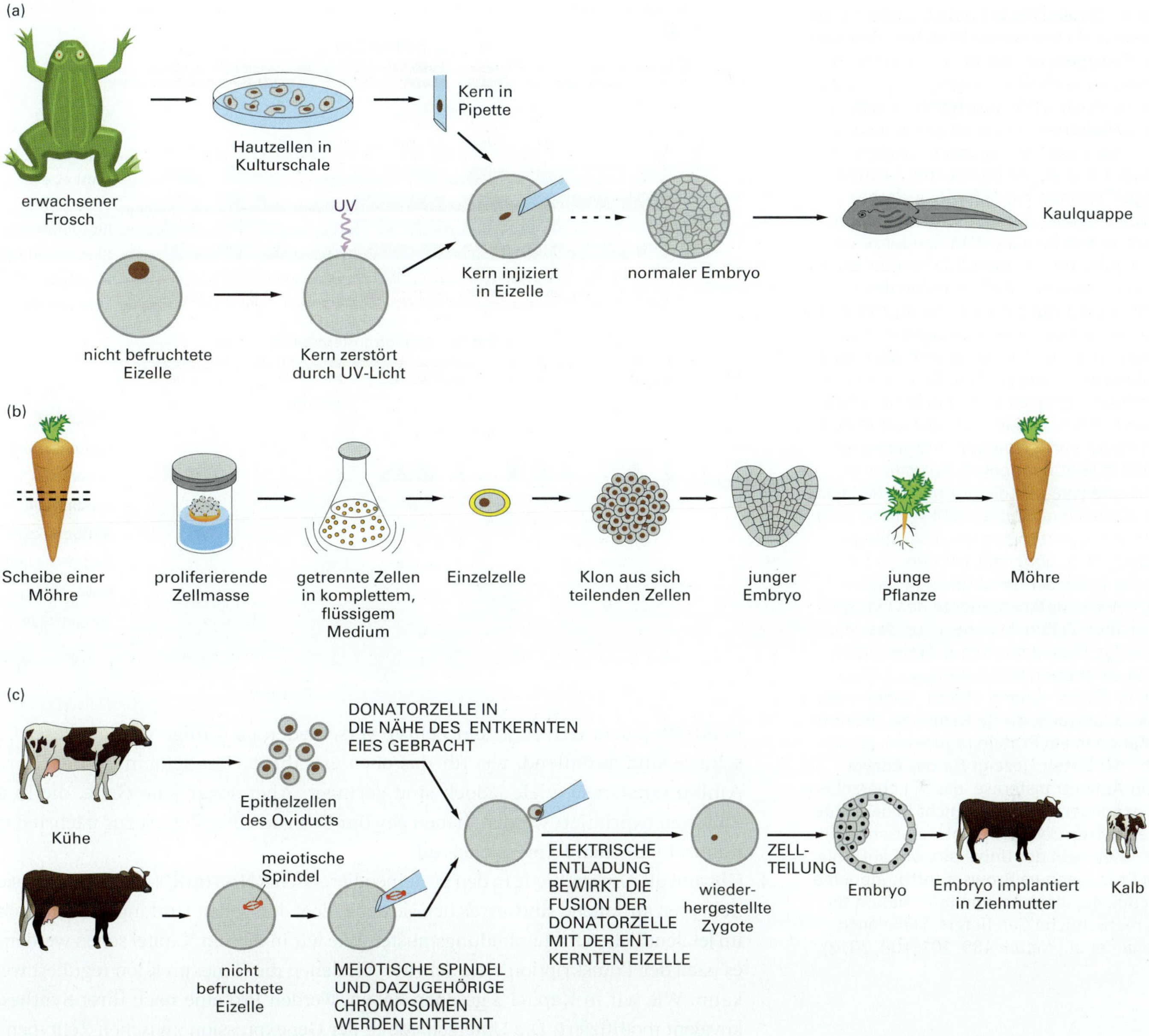

Abb. 7.2 Differenzierte Zellen enthalten alle zur Bildung eines kompletten Organismus nötigen genetischen Informationen. (a) Der in ein entkerntes Ei transplantierte Kern einer Hautzelle eines erwachsenen Froschs kann die Entwicklung einer ganzen Kaulquappe bewirken. Der *unterbrochene Pfeil* deutet an, dass ein weiterer Transferschritt nötig ist, um dem transplantierten Genom Zeit zu geben, sich einer embryonalen Umgebung anzupassen. Dabei wird ein Kern des sich entwickelnden frühen Embryos in eine weitere entkernte Eizelle gebracht. (b) Bei vielen Pflanzenarten behalten die differenzierten Zellen die Fähigkeit zur „Entdifferenzierung". Dadurch kann aus einer einzelnen Zelle ein Klon von Nachkommen hervorgehen, aus dem später eine vollständige Pflanze entstehen kann. (c) Ein Zellkern aus einer differenzierten Zelle von einer ausgewachsenen Kuh wurde in eine entkernte Eizelle einer anderen Kuh eingebracht, aus der ein Kalb entstehen kann. Verschiedene, aus differenzierten Zellen desselben Spenders hervorgegangene Kälber sind alle Klone dieses Spenders und somit genetisch identisch. (a, verändert nach J. B. Gurdon, *Sci. Am.* 219: 24–35, 1968. Mit Erlaubnis von Scientific American).

Blutkörperchen (Erythrocyten) exprimiert, wo es Sauerstoff bindet, und das Enzym Tyrosin-Aminotransferase (das in der Nahrung Tyrosin abbaut) wird in der Leber, aber nicht in den meisten anderen Geweben exprimiert (**Abb. 7.3b**).

3. RNA-Untersuchungen deuten darauf hin, dass in einer typischen Zelle des Menschen zu jeder Zeit 30–60 % der ungefähr 25 000 Gene in bedeutendem Ausmaß exprimiert werden. Es gibt etwa 21 000 proteincodierende Gene und grob geschätzt 9000 nicht codierende RNA-Gene im Menschen. Vergleicht man die mRNA-Muster in verschiedenen Zelllinien des Menschen, so findet man, dass die Höhe der Expression von

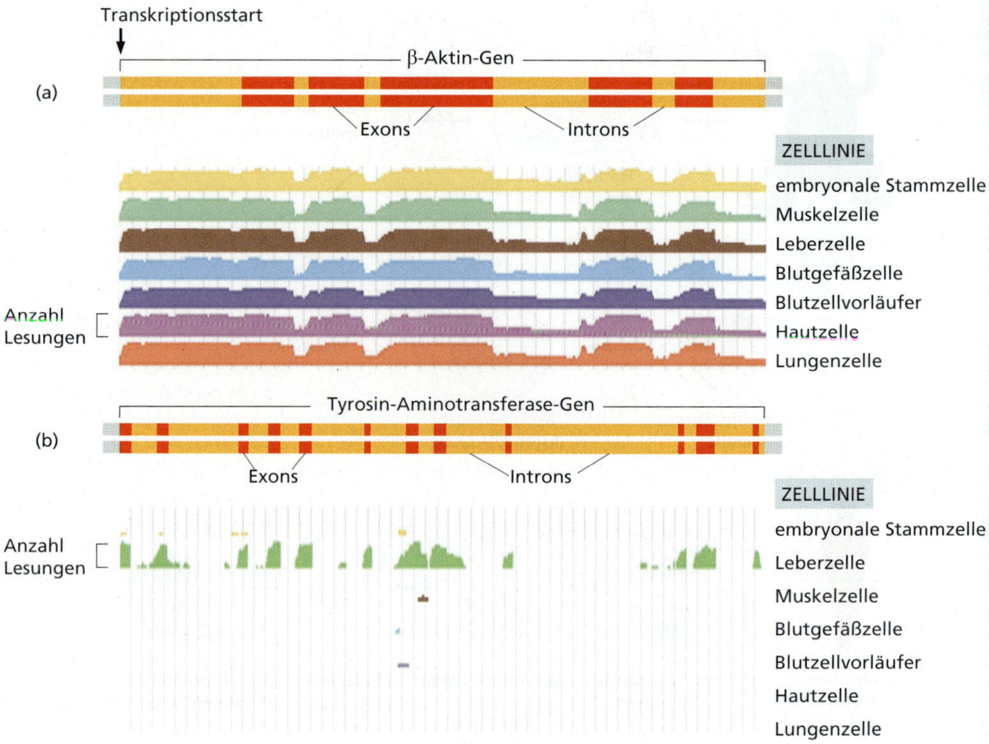

Abb. 7.3 Unterschiede im RNA-Spiegel von zwei menschlichen Genen in sieben verschiedenen Geweben. Um die RNA-Daten durch die RNA-seq-Technik (s. Abschnitt 8.5.19) zu erhalten, wurde RNA von menschlichen, in Kultur gehaltenen Zelllinien gesammelt, die jeweils von einem der sieben verschiedenen Gewebe stammen. Millionen von „Sequenzlesungen" wurden aus jeder RNA-Probe erhalten und über das menschliche Genom kartiert, indem man die RNA-Sequenzen den DNA-Sequenzen des menschlichen Genoms zuordnete. An jeder Stelle entlang des Genoms ist die Höhe der Farbspur proportional zur Anzahl der Sequenzlesungen, die an diesem Punkt zum Genom passen. Wie in der Abbildung zu sehen, sind die Exonsequenzen in den transkribierten Genen in hohem Ausmaß vorhanden, was ihre Gegenwart in den reifen mRNAs widerspiegelt. Intronsequenzen sind in weit geringerem Ausmaß vorhanden und spiegeln die prä-mRNA-Moleküle wider, die noch nicht gespleißt wurden, plus die Intronsequenzen, die herausgespleißt, aber noch nicht abgebaut wurden. (a) Die Daten für eines der für Aktin codierenden Gene, einer Hauptkomponente des Cytoskeletts in allen Zellen. Man beachte, dass das linksseitige Ende der reifen *β*-Aktin-mRNA nicht in ein Protein translatiert wird. Wie später in diesem Kapitel erklärt, haben viele mRNAs 5'-untranslatierte Regionen, die ihre Translation in ein Protein regulieren. (b) Die gleiche Art Daten, gezeigt für das Enzym Tyrosin-Aminotransferase, das in Leberzellen stark exprimiert wird, aber nicht in den anderen getesteten Zellarten. (Informationen für beide Tafeln von der University of California, Santa Cruz, Genome Browser (http://genome.ucsc.edu), die diese Art von Information für jedes menschliche Gen liefert. Siehe auch S. Djebali et al., *Nature* 489: 101–108, 2012).

praktisch jedem Gen in jedem Zelltyp verschieden ist. Einige wenige dieser Unterschiede sind auffallend, wie für das oben erwähnte Hämoglobin und die Tyrosin-Aminotransferase, viele jedoch sind geringer. Aber sogar jene Gene, die in allen Zellarten exprimiert werden, haben gewöhnlich von einer Zellart zur nächsten einen unterschiedlichen Expressions*grad*.

4. Obwohl die Unterschiede in den proteincodierenden RNAs (mRNAs) bei spezialisierten Zelltypen auffallend sind, erreichen sie doch nicht den vollen Umfang der Unterschiede im letztendlichen Proteinbildungsmuster. Wie wir in diesem Kapitel sehen werden, gibt es nach der Transkription viele Schritte, bei denen die Genexpression reguliert werden kann. Wie wir in Kapitel 3 gesehen haben, werden Proteine nach ihrer Synthese oft kovalent modifiziert. Die Unterschiede in der Genexpression zwischen Zelltypen werden deshalb am effizientesten durch Methoden aufgedeckt, die direkt die Ebene der Proteine zusammen mit ihren posttranslationalen Modifikationen aufzeigen (**Abb. 7.4**).

7.1.3 Das in einer Zelle vorhandene Spektrum an mRNAs kann dazu dienen, die Zellart genau zu identifizieren

Wir haben gesehen, dass jede Zellart einen charakteristischen Satz an mRNAs hervorbringt. Wenn alle in einer Zelle vorhandenen mRNAs bekannt sind, kann daher die Zellart zweifelsfrei identifiziert werden, mithilfe zuvor bekannter Kenntnisse der Zelllinien oder Gewebsanalysen. Dieser Ansatz wird dadurch möglich, dass die Nukleotidsequenz aller von einer einzelnen Zelle gebildeten mRNAs bestimmt werden kann. Weil menschliche Zellen in etwa 20 000 mRNA-bildende Gene besitzen, liefert daher beispielsweise diese Strategie eine sehr feine Auflösung der Unterschiede zwischen unseren verschiedenen individuellen Zellen.

In Allgemeinen stimmt der mRNA-Ansatz gut mit der traditionellen Einteilung der Zellarten überein, die auf Anfärben und Mikroskopie gründet, aber die mRNA-Strategie hat auch gezeigt, dass viele Zellen, die gleich „aussehen", sich hinsichtlich ihres mRNA-Inhalts

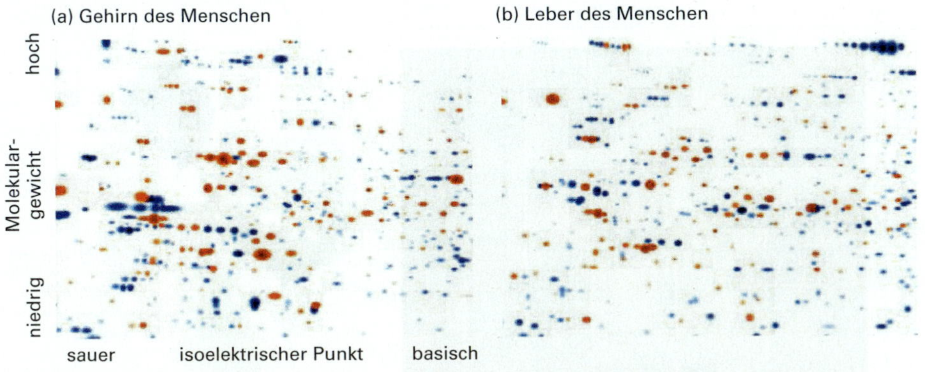

Abb. 7.4 Unterschiede in den exprimierten Proteinen in zwei Geweben des Menschen, (a) Gehirn und (b) Leber. Diese Proteine wurden der Größe nach (von oben nach unten) und nach dem isoelektrischen Punkt, d. h. dem pH, an dem das Protein keine Nettoladung hat (von links nach rechts), aufgetrennt. Die künstlich *rot* angefärbten Proteinflecken sind beiden Proben gemeinsam; die in *Blau* sind spezifisch für dieses Gewebe. Die Unterschiede zwischen den zwei Gewebeproben übertreffen die Ähnlichkeiten bei Weitem: Selbst von beiden Proben exprimierte Proteine zeigen im Allgemeinen eine deutlich unterscheidbare Expressionshöhe. Diese Methode trennt Proteine nach Größe und Ladung; daher erscheint ein Protein, das beispielsweise mehrere verschiedene Phosphorylierungszustände hat, als Reihe horizontaler Flecken (s. oberer rechter Teil in b). Für jede Probe ist nur ein kleiner Ausschnitt des gesamten Proteinspektrums gezeigt. Die verwendete Methode, um Proteine in diesen Platten zu zeigen, heißt *zweidimensionale Gelelektrophorese* (s. **Abb. 8.16**). Obwohl sie zur Darstellung des Ausmaßes der Proteinunterschiede zwischen den zwei Zellarten hilfreich ist, liefern neue, auf der Massenspektrometrie (s. Abschnitt 8.3.5) fußende Methoden weit detailliertere Informationen, einschließlich der Identität jedes Proteins, der Position jeder Modifikation und der Beschaffenheit der Modifikation. (Mit freundlicher Genehmigung von Tim Myers und Leigh Anderson, Large Scale Biology Corporation).

und deshalb hinsichtlich ihrer Funktion signifikant unterscheiden können. Diese Strategie hat damit viele neue Zellarten identifiziert, von denen die meisten Untergruppen von Zellarten sind, die auf klassischem Weg bereits identifiziert waren (**Abb. 7.5**).

Die Fähigkeit, den mRNA-Inhalt einzelner Zellen zu bestimmen, erlaubt auch eine neue Einschätzung davon, wie sich die in einem Gewebe (z. B. Leber) vorhandenen Zellen entsprechend ihrer Lage im Gewebe unterscheiden.

7.1.4 Signale von außen können eine Zelle dazu veranlassen, die Expression ihrer Gene zu verändern

Obwohl die spezialisierten Zellen eines vielzelligen Organismus charakteristische Genexpressionsmuster haben, ist jede Zelle in der Lage, ihr Genexpressionsmuster als Antwort auf Signale von außen zu verändern. Wird z. B. eine Leberzelle einem Glukokortikoidhormon ausgesetzt, wird die Produktion einer Reihe von Proteinen erheblich gesteigert, doch sobald das Hormon nicht mehr vorhanden ist, fällt die Bildung dieses Proteins auf sein normales, unstimuliertes Niveau zurück. Glukokortikoide werden während Hungerperioden oder in Zeiten starker Anstrengung freigesetzt und signalisieren der Leber, die Erzeugung von Energie aus Aminosäuren und anderen kleinen Molekülen zu erhöhen; zu der Gruppe der Proteine, deren Produktion induziert wird, gehört das früher erwähnte Enzym Tyrosin-Aminotransferase. Wird das Hormon nicht mehr ausgeschüttet, sinkt die Produktion dieses Proteins auf das normale, nicht stimulierte Niveau in Leberzellen ab.

Andere Zelltypen antworten auf Glukokortikoide auf andere Weise. Fettzellen verringern z. B. die Expression der Tyrosin-Aminotransferase, während einige andere Zelltypen überhaupt keine Reaktion auf Glukokortikoide zeigen. Diese Beispiele belegen ein allgemein gültiges Charakteristikum der Zellspezialisierung: Verschiedene Zelltypen

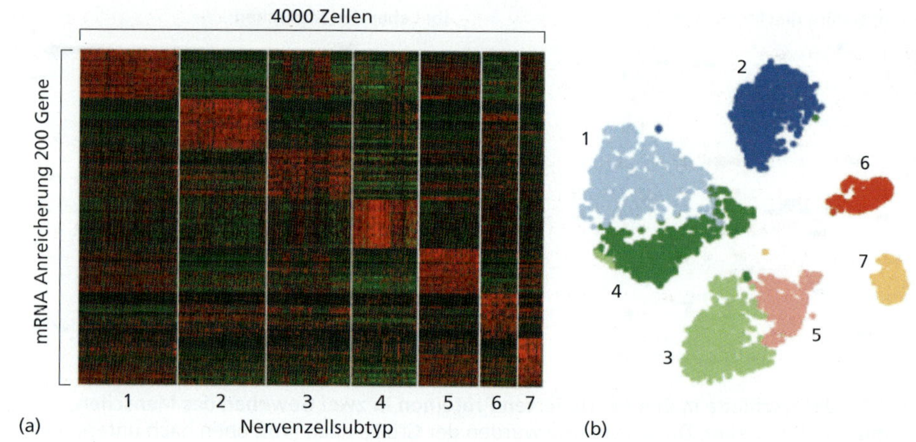

Abb. 7.5 Klassifizierung einer Neuronengruppe in Mäusegehirn in sieben verschiedene Subtypen mittels mRNA-Sequenzierung einzelner Zellen. Für dieses Experiment wurden etwa 4000 einzelne Nervenzellen (die als Reaktion auf einen bestimmten Reiz aktiviert wurden) aus dem Gehirn entfernt und voneinander getrennt. Die von jeder Zelle gebildeten mRNAs wurden isoliert und ihre Sequenzen mithilfe der in Kapitel 8 beschriebenen Methoden bestimmt. Auf der Grundlage des Spektrums der von jeder Zelle produzierten mRNAs konnten die 4000 verschiedenen Zellen in 7 einzelne Subtypen eingeteilt werden. Innerhalb jedes Subtyps waren die mRNAs von Zelle zu Zelle ähnlich, aber zwischen Subtypen unterschieden sie sich signifikant. (a) Hier ist die Konzentration der für etwa 200 verschieden Gene entdeckten mRNAs für jede Zelle als winziges Rechteck dargestellt, dessen Farbintensität proportional zur Menge dieser mRNA in dieser Zelle ist, wobei *rot* eine gesteigerte Expression und *grün* eine verringerte Expression im Verhältnis zu allen Proben anzeigt. Diese Daten sind für jede der 4000 Zellen entlang der X-Achse aufgetragen. Die Zellen sind so angeordnet, dass ähnliche Zellen nebeneinander liegen. Auf diese Weise ist es möglich, allein mithilfe von mRNA-Sequenzdaten sieben verschiedene Neuronenarten zu erkennen. Um die Ähnlichkeiten hervorzuheben, sind die Daten für die 25 mRNAs, die in jedem der sieben Subtypen spezifisch angereichert sind, durch *rote Blöcke* angezeigt ~. (b) Zur Analyse der mRNA-Daten mithilfe einer mathematischen Methode, als unüberwachte Clusterbildung (engl. *unsupervised clustering*) bezeichnet (s. **Abb. 8.66**), können die sieben verschiedenen Subtypen leicht auf einem zweidimensionalen „Cluster-Diagramm“ unterschieden werden, wobei jeder Punkt eine einzelne Zelle darstellt. Außerdem kann auf diese Weise das Ausmaß der Unterschiede zwischen den Subgruppen analysiert werden. Beispielsweise sind die Subtypen 1 und 4 enger miteinander verwandt hinsichtlich der mRNAs, die sie herstellen, als die Subtypen 1 und 7. Diese Analyse hilft uns zu verstehen, wie das Gehirn Sinnesinformationen verarbeitet, und zeigt, dass Nervenzellen, obwohl sie unter dem Mikroskop gleich aussehen, sich hinsichtlich ihrer Genexpressionsmuster und daher hinsichtlich ihrer Funktionen signifikant unterscheiden können. (a und b, aus M. B. Chen *et al.*, *Nature* 587: 437–442, 2020, https//doi.org/10.1038/S41586-020-2905-5. Mit Erlaubnis von Springer Nature).

beantworten das gleiche extrazelluläre Signal auf sehr unterschiedliche Weise. Andere Eigenschaften des Genexpressionsmusters ändern sich nicht und sind so für den dauerhaft unterschiedlichen Charakter der Zellart verantwortlich.

7.1.5 Genexpression kann auf vielen Stufen der Informationsübertragung von der DNA zur RNA zum Protein reguliert werden

Wenn die Unterschiede zwischen verschiedenen Zelltypen eines Organismus auf der Expression bestimmter Gene beruhen, auf welchem Niveau erfolgt dann die Kontrolle der Genexpression? Wie wir im vorigen Kapitel gesehen haben, gibt es viele Schritte auf dem Weg von der DNA zum Protein. Wir wissen jetzt, dass sie im Prinzip alle reguliert werden können. So kann eine Zelle, wie in **Abb. 7.6** dargestellt, die von ihr hergestellten Proteine regulieren, indem sie (1) kontrolliert, wann und wie oft ein bestimmtes Gen transkribiert wird (**Transkriptionskontrolle**); (2) festlegt, wie RNA-Transkripte gespleißt oder bearbeitet werden (**RNA-Prozessierungs-Kontrolle**); (3) auswählt, welche fertiggestellten mRNAs vom Zellkern ins Cytoplasma exportiert und wo sie im Cytoplasma lokalisiert werden (**RNA-Transport- und-Lokalisationskontrolle**); (4) bestimmt, welche mRNA-Moleküle im Cytoplasma durch Ribosomen translatiert werden (**Translationskontrolle**); (5) einzelne mRNA-Moleküle im Cytoplasma selektiv destabilisiert

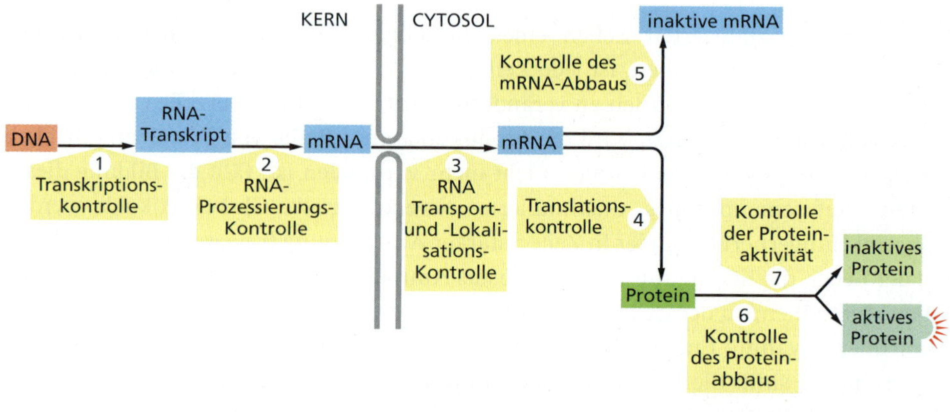

Abb. 7.6 Sieben Schritte der Expressionskontrolle bei Eukaryoten. In diesem Kapitel werden nur die Schritte 1–5 diskutiert. Schritt 7, die Regelung der Proteinaktivität, findet hauptsächlich durch kovalente posttranslationale Modifikationen statt, dazu zählen Phosphorylierung, Acetylierung und Ubiquitinierung (s. **Tab. 3.4**). Schritt 6 wurde in Kapitel 3 und 6 eingeführt und wird nachfolgend in anderen Kapiteln des Buchs erörtert.

(**mRNA-Abbaukontrolle**); (6) selektiv spezifisch Proteinmoleküle abbaut (**Proteinabbaukontrolle**) und (7) spezifisch Proteinmoleküle aktiviert, inaktiviert, abbaut oder platziert (**Proteinaktivitätskontrolle**).

Für die meisten Gene sind Transkriptionskontrollen am wichtigsten. Dies ergibt vor allem deshalb einen Sinn, weil von allen möglichen Kontrollpunkten, die in der Abb. 7.6 dargestellt sind, nur die Transkriptionskontrolle sicherstellt, dass die Zelle keine überflüssigen Zwischenprodukte herstellt. In den folgenden Abschnitten diskutieren wir die DNA- und Proteinkomponenten, die die Transkriptionsinitiation regulieren, bevor wir uns weiter der Besprechung anderer Kontrollarten zuwenden.

Zusammenfassung

Das Genom einer Zelle enthält in seiner vollständigen DNA-Sequenz die Information zur Herstellung vieler Tausender verschiedener Protein- und RNA-Moleküle. Eine Zelle aktiviert in typischer Weise nur einen Teil ihrer Gene, und die verschiedenen Zelltypen in einem vielzelligen Organismus entstehen, weil unterschiedliche Gruppen von Genen aktiv sind. Darüber hinaus können Zellen ihr Genexpressionsmuster als Antwort auf Veränderungen in ihrer Umgebung ändern. Die Regulation der Genexpression ist somit entscheidend für das Leben. Obwohl im Prinzip alle der vielen Schritte, die an der Genexpression beteiligt sind, reguliert werden können, ist für die meisten Gene die Initiation der RNA-Transkription der bedeutendste Kontrollpunkt.

7.2 Transkriptionskontrolle durch sequenzspezifische DNA-Bindeproteine

Wie legt eine Zelle fest, welche ihrer Tausenden von Genen transkribiert werden? Vielleicht das wichtigste Konzept – eines, das für alle Spezies auf der Erde gilt – fußt auf einer Proteingruppe, den **Transkriptionsregulatoren**. Diese Proteine erkennen spezifische DNA-Sequenzen (typischerweise 5–12 Nukleotidpaare lang), die oft ***cis*-Regulationssequenzen** genannt werden, weil sie auf demselben Chromosom sein müssen (d. h. *in cis*) wie die Gene, die sie kontrollieren. Transkriptionsregulatoren binden an diese Sequenzen, die über das ganze Genom verstreut sind, und diese Bindung setzt eine Reihe von Reaktionen in Gang, die letztendlich bestimmen, welche Gene transkribiert werden und mit welcher Geschwindigkeit. Etwa 10 % der proteincodierenden Gene der meisten Lebewesen sind Transkriptionsregulatoren vorbehalten, was sie zu einer der größten Proteinklassen in der Zelle macht. Ein vorhandener Transkriptionsregulator erkennt typischerweise eine spezifische *cis*-regulatorische Sequenz, die sich von denen unterscheidet, die von den anderen Transkriptionsregulatoren erkannt werden, die somit einen entscheidenden Teil der in Genen verschlüsselten Information ausmachen. Die Transkription eines Gens wird wiederum von einer einzigartigen Sammlung an *cis*-DNA-Regulationssequenzen kontrolliert. Diese liegen typischerweise in der Nähe des Gens, oft im Zwischengenbereich direkt stromaufwärts vom Transkriptionsstartpunkt des Gens. Obgleich einige wenige Gene von einer einzelnen *cis*-Regulationssequenz kontrolliert werden, die von einem einzelnen Transkriptionsregulator erkannt wird, hat die Mehrzahl komplexe Anordnungen von *cis*-Regulationssequenzen, von denen jede von einem anderen Transkriptionsregulator erkannt wird. Es sind deshalb die Position, Identität und Anordnung der *cis*-Regulationssequenzen – die ein wichtiger Teil der ins Genom eingebetteten Information sind –, die schließlich die Zeit und den Ort bestimmen, zu der bzw. an dem das Gen transkribiert wird.

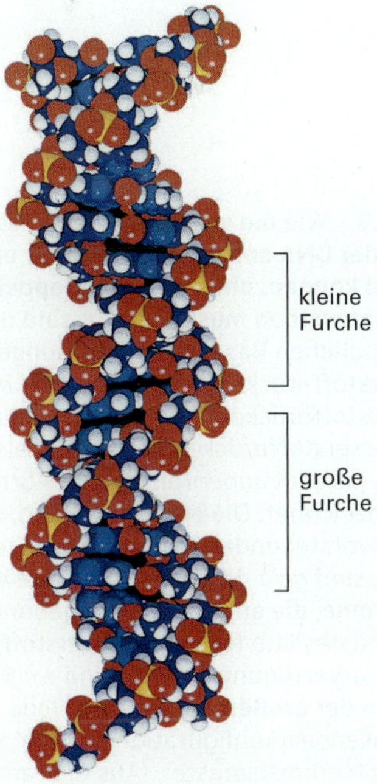

Abb. 7.7 Doppelhelikale Struktur der DNA. Ein Kalottenmodell der DNA, das die große und die kleine Furche auf der Außenseite der Doppelhelix zeigt. Die Atome sind wie folgt vereinbarungsgemäß farbig markiert: Kohlenstoff, *dunkelblau*; Stickstoff, *hellblau*; Wasserstoff, *weiß*; Sauerstoff, *rot*; Phosphor, *gelb*.

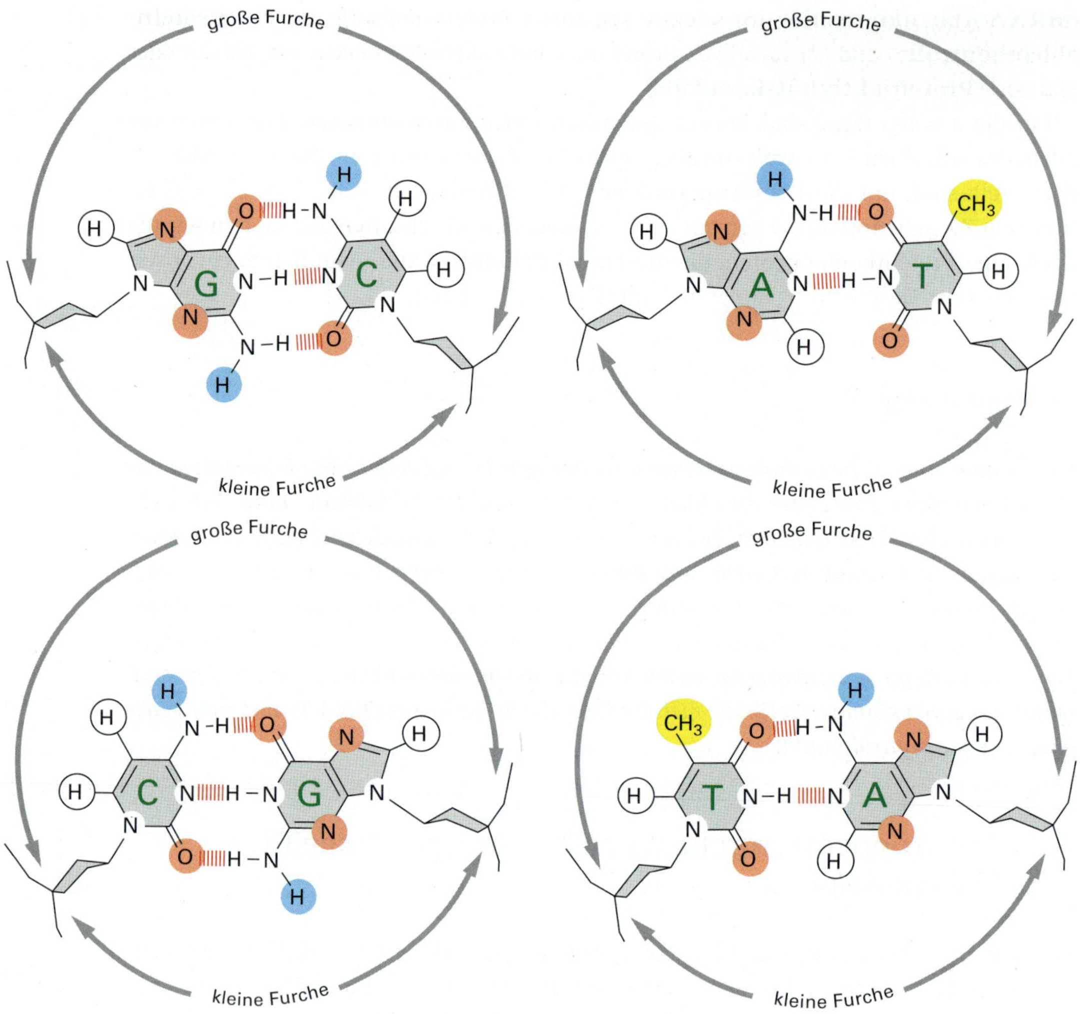

Abb. 7.8 **Wie die verschiedenen Basenpaare der DNA anhand ihrer Ränder erkannt werden können, ohne dass die Doppelhelix geöffnet werden muss.** Gezeigt sind die vier möglichen Basenpaaranordnungen; Wasserstoffbrücken-Donatoren sind *blau*, Wasserstoffbrücken-Akzeptoren sind *rot*, und die Wasserstoffbrücken selbst sind als Reihe kurzer, parallel angeordneter *roter* Striche gekennzeichnet. Die Methylgruppen, die die hervorstehenden hydrophoben Stellen bilden, sind *gelb* dargestellt, und die Wasserstoffatome, die an Kohlenstoff gebunden sind und deshalb für eine Wasserstoffbrücke nicht zur Verfügung stehen, sind *weiß* markiert. In der großen Furche zeigt jede der vier Basenpaarkonfigurationen ein einzigartiges Merkmalsmuster. (Aus C. Branden und J. Tooze, Introduction to Protein Structure, 2nd Edn. New York: Garland Publishing, 1999. Mit Erlaubnis von Taylor & Francis).

Wir beginnen unsere Besprechung mit der Beschreibung, wie Transkriptionsregulatoren die in *cis*-Regulationssequenzen vorhandene Information „lesen"; später im Kapitel werden wir erörtern, wie sie ihre Funktionen ausüben.

7.2.1 Die Nukleotidsequenz in der DNA-Doppelhelix kann von Proteinen gelesen werden

Wie in Kapitel 4 diskutiert, besteht die DNA in einem Chromosom aus einer sehr langen Doppelhelix, die sowohl eine große als auch eine kleine Furche hat (**Abb. 7.7**). Transkriptionsregulatoren müssen kurze, spezifische *cis*-Regulationssequenzen innerhalb dieser Struktur erkennen. Als man sie erstmals in den 1960er-Jahren entdeckte, nahm man an, dass diese Proteine einen direkten Zugang zum Inneren der Doppelhelix benötigen, um eine DNA-Sequenz von der anderen zu unterscheiden, analog zur komplementären Basenpaarung. Heute weiß man jedoch, dass die Außenseite der Doppelhelix mit DNA-Sequenzinformation besetzt ist, die von den Transkriptionsregulatoren direkt erkannt wird: Die äußere Kante jedes Basenpaars präsentiert sowohl in der großen als auch in der kleinen Furche ein anderes Muster von Wasserstoffbrücken-Donatoren, Wasserstoffbrücken-Akzeptoren und hydrophoben Stellen, wodurch jede Base von den

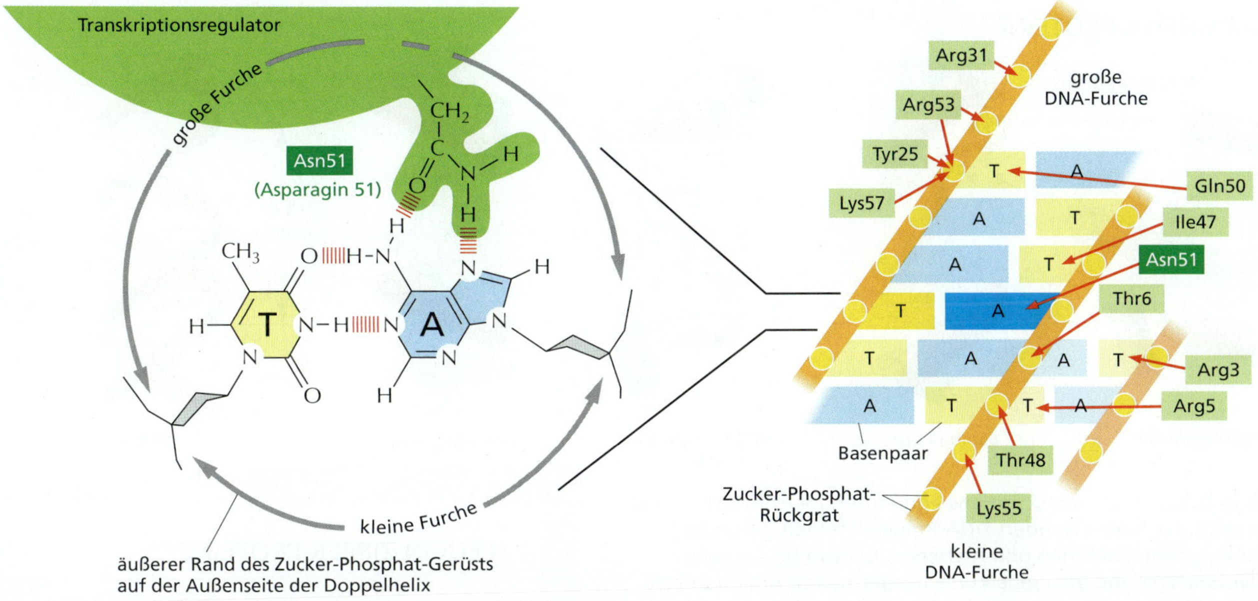

Abb. 7.9 Bindung eines Transkriptionsregulators an eine spezifische DNA-Sequenz. *Links* ist eine einzelne Kontaktstelle zwischen einem Transkriptionsregulator und einer DNA gezeigt; solche Kontakte gestatten es dem Protein, die DNA-Sequenz von der Außenseite der DNA-Doppelhelix zu „lesen". *Rechts* ist der vollständige Satz von Kontakten zwischen einem Transkriptionsregulator (ein Mitglied der Homöodomänenfamilie – s. **Tafel 7.1**) und seiner *cis*-Regulationssequenz gezeigt. Der DNA-bindende Teil des Proteins ist 60 Aminosäuren lang und die Aminosäuren, welche die DNA direkt berühren, werden nummeriert, wobei mit dem Aminende begonnen wird. Obwohl die Wechselwirkungen in der großen Furche die wichtigsten sind, sieht man auch, dass das Protein sowohl die kleine Furche als auch die Phosphate im Zucker-Phosphat-Rückgrat kontaktiert. (Siehe S. C. Wolberger *et al.*, *Cell* 67: 517–528, 1991).

drei anderen unterschieden werden kann (**Abb. 7.8**). Da die große Furche breiter ist und mehr molekulare Eigenschaften zeigt als die kleine Furche, bilden nahezu alle Transkriptionsregulatoren die Mehrzahl der Kontakte mit der großen Furche aus – wie wir noch sehen werden.

7.2.2 Transkriptionsregulatoren enthalten Strukturmotive, die DNA-Sequenzen lesen können

In der Biologie beruht molekulare Erkennung im Allgemeinen auf dem exakten Zusammenpassen der Oberflächen zweier Moleküle. Die Untersuchungen an den Transkriptionsregulatoren lieferten die besten Beispiele für dieses Prinzip. Ein Transkriptionsregulator erkennt eine spezifische *cis*-Regulationssequenz, weil die Oberfläche des Proteins komplementär zu den Oberflächeneigenschaften der Doppelhelix ist, die die Sequenz aufweist. Jeder Transkriptionsregulator bildet eine Reihe von Kontakten mit der DNA, an denen Wasserstoffbrücken, Ionenbindungen und hydrophobe Wechselwirkungen beteiligt sind. Obwohl die einzelnen Bindungen schwach sind, stellen die etwa 20 Kontakte, die sich normalerweise zwischen Proteinen und DNA ausbilden, sicher, dass die Wechselwirkung sowohl hochgradig spezifisch als auch sehr stark ist (**Abb. 7.9**). In der Tat gehören DNA–Protein-Wechselwirkungen zu den stärksten und spezifischsten molekularen Wechselwirkungen, die in der Biologie bekannt sind.

Obwohl jedes Beispiel der Protein–DNA-Erkennung für sich im Detail einmalig ist, zeigen die mittels Röntgenkristallographie und Kernspinresonanzspektroskopie (NMR) durchgeführten Untersuchungen an Hunderten von Transkriptionsregulatoren, dass viele dieser Proteine das eine oder andere einer kleinen Gruppe DNA-bindender Strukturmotive enthalten (**Tafel 7.1**). Jedes dieser Motive benutzt entweder α-Helices oder β-Faltblätter, um an die große Furche der DNA zu binden. Die Aminosäureseitenketten, die aus diesen Proteinmotiven herausragen, stellen spezifische Kontakte mit der DNA her. Somit kann ein bestimmtes Strukturmotiv dazu dienen, viele verschiedene *cis*-Regulationssequenzen zu erkennen, je nach vorhandener Seitenkette.

HELIX-TURN-HELIX-PROTEINE

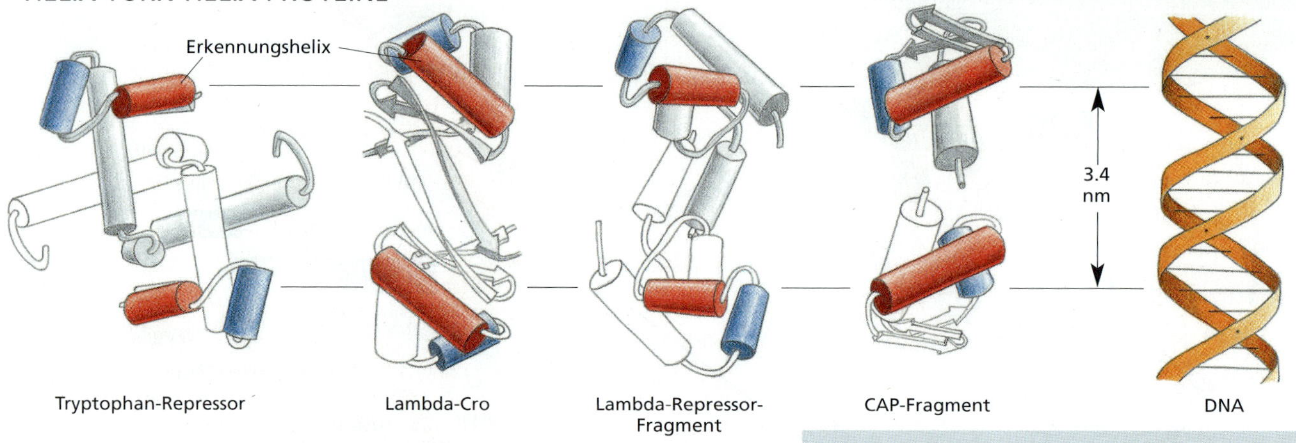

Ursprünglich in bakteriellen Transkriptionsregulatoren identifiziert, wurde dieses Motiv seither in vielen Hundert DNA-Bindeproteinen gefunden, sowohl bei Eukaryoten, Bakterien und Archaeen. Es besteht aus zwei α-Helices (*blau und rot*), die über eine kurze ausgestreckte Aminosäurenkette verbunden sind, die die „Wende" (turn) darstellt. Die beiden Helices werden in einem festen Winkel zueinander gehalten, in erster Linie durch Wechselwirkungen zwischen den beiden Helices. Die mehr C-terminale Helix (*in rot*) heißt Erkennungshelix, weil sie in die große DNA-Furche passt; ihre Aminosäureseitenketten, die sich von Protein zu Protein unterscheiden, spielen eine wichtige Rolle bei der Erkennung spezifischer DNASequenzen, an die das Protein bindet. Alle hier gezeigten Proteine binden DNA als Dimere, in denen die beiden Kopien der Erkennungshelix (*in rot*) durch genau eine Windung der DNA-Helix (3,4 nm) getrennt sind; dadurch passen beide Erkennungshelices des Dimers in die große DNA-Furche.

HOMÖODOMÄNENPROTEINE

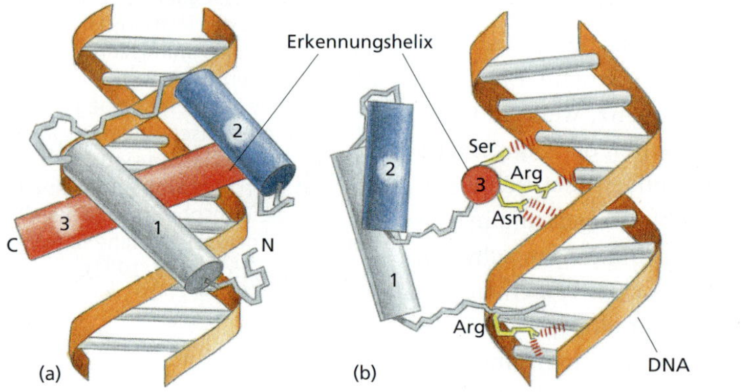

Nicht lange, nachdem in Bakterien die ersten Transkriptionsregulatoren entdeckt worden waren, führte die genetische Analyse der Fruchtfliege Drosophila zur Charakterisierung einer wichtigen Genklasse, der homöotischen Selektorgene, die eine entscheidende Rolle bei der Organisation der Fliegenentwicklung spielen (in Kapitel 21 behandelt). Später wurde gezeigt, dass diese Gene für Transkriptionsregulatoren codieren, die DNA über ein Strukturmotiv mit der Bezeichnung „Homöodomäne" binden. Gezeigt sind zwei verschiedene Ansichten derselben Struktur. (A) Die Homöodomäne ist in drei α-Helices gefaltet, die über hydrophobe Wechselwirkungen eng zusammengepackt sind. Der Teil, der die Helices 2 und 3 beinhaltet, ähnelt stark dem Helix-turn-Helix-Motiv. (B) Die Erkennungshelix (Helix 3; rot) bildet wichtige Kontakte mit der großen DNA-Furche. Das Asparagin (Asn) von Helix 3 berührt beispielsweise ein Adenin, wie in Abb. 7–8 gezeigt. Ein flexibler Arm, der an Helix 1 geheftet ist, bildet Kontakte mit Nukleotidpaaren in der kleinen Furche.

LEUCIN-ZIPPER-PROTEINE

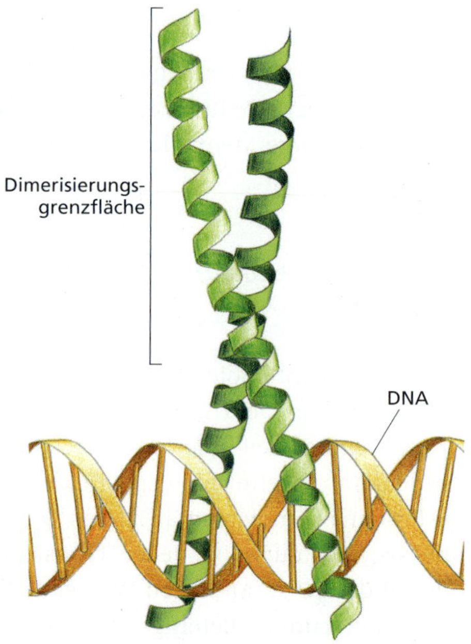

Das Leucin-Zipper-Motiv hat seinen Namen von der Art und Weise, wie die beiden α-Helices, eine von jedem Monomer, zusammengebunden sind, sodass sie eine kurze Doppelwendel (coiled-coil) bilden. Diese Proteine binden DNA als Dimere, wobei die beiden langen α-Helices durch Wechselwirkungen zwischen hydrophoben Aminosäureseitenketten (oft von Leucinen) zusammengehalten werden, die aus einer Seite jeder Helix herausragen. Direkt hinter der Dimerisierungskontaktfläche trennen sich die beiden α-Helices voneinander und bilden eine Y-förmige Struktur, die es ihren Seitenketten gestattet, die große DNA-Furche zu berühren. Das Dimer packt somit die Doppelhelix wie eine Wäscheklammer auf einer Wäscheleine.

Tafel 7.1 Häufige Strukturmotive in Transkriptionsregulatoren.

β-FALTBLATT-DNA-ERKENNUNGSPROTEINE

In den anderen in dieser Tafel gezeigten DNA-Binde-Motiven sind α-Helices die primären, zur Erkennung spezifischer DNA-Sequenzen verwendeten Mechanismen. In einer großen Gruppe von Translationsregulatoren liest jedoch ein zweisträngiges β-Faltblatt, mit Aminosäureseitenketten, die aus dem Faltblatt in Richtung DNA herausragen, die Information auf der Oberfläche der großen Furche. Wie im Fall einer α-Erkennungshelix kann dieses β-Faltblattmotiv dazu verwendet werden, viele verschiedene DNA-Sequenzen zu erkennen; welche DNA-Sequenz genau erkannt wird, hängt von der Sequenz der Aminosäuren ab, die das β-Faltblatt bilden. *S*-Adenosylmethionin ist für dieses Protein erforderlich, um DNA zu binden. Damit reguliert das kleine Molekül die Aktivität des DNA-bindenden Proteins.

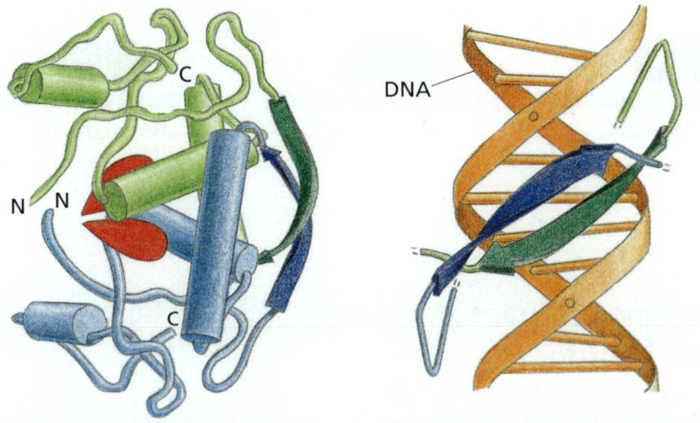

ZINKFINGERPROTEINE

Diese Gruppe der DNA-Binde-Motive beinhaltet ein oder mehrere Zink-Atome als Strukturkomponenten. Alle derartigen zinkkoordinierten DNA-Binde-Motive heißen „Zinkfinger", was sich auf ihre Erscheinung in frühen Schemata (links) bezieht. Sie fallen in mehrere unterschiedliche Strukturgruppen, von denen wir hier nur eine betrachten. Das Motiv hat eine einfache Struktur, in der ein Zink-Atom eine α-Helix und ein β-Faltblatt zusammenhält (Mitte). Dieser Zinkfingertyp findet sich oft in Clustern, bei denen die α-Helix jedes Fingers die große DNA-Furche berührt und dabei einen nahezu fortlaufenden Abschnitt aus α-Helices entlang der Furche bildet. Auf diese Weise wird eine starke und spezifische Wechselwirkung zwischen DNA und Protein durch eine sich wiederholende strukturelle Grundeinheit aufgebaut. Drei solche Finger sind rechts gezeigt.

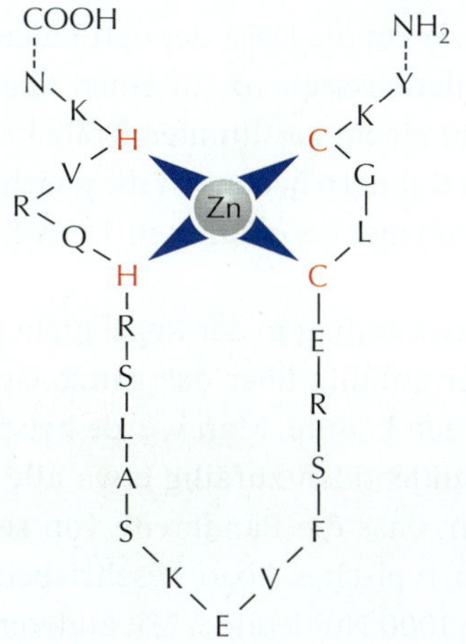

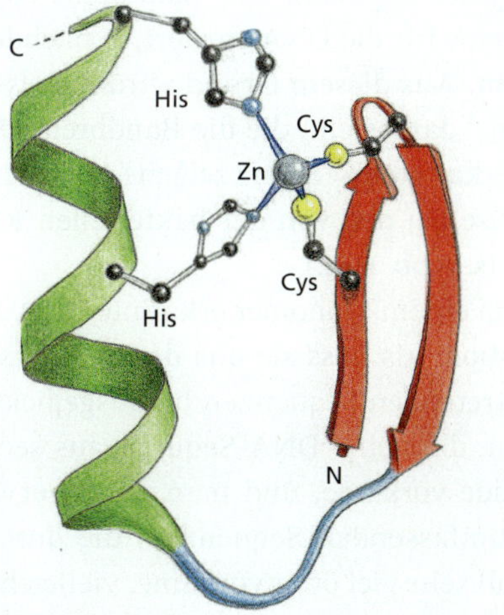

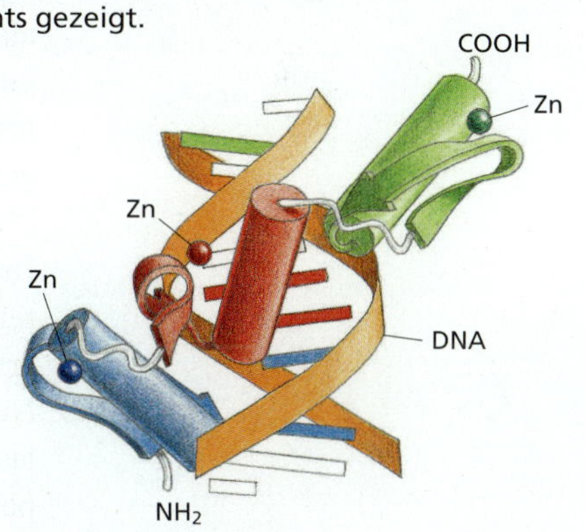

HELIX-LOOP-HELIX-PROTEINE

Verwandt mit dem Leucin-Zipper, besteht das Helix-Loop-Helix-Motiv aus einer kurzen α-Helix, die über eine Schleife (loop; rot) mit einer zweiten, längeren α-Helix verbunden ist. Die Flexibilität dieser Schleife erlaubt es, dass sich eine Helix zurückfaltet und gegen die andere lehnt, dabei wird die Dimerisierungsfläche gebildet. Wie gezeigt, bindet diese Zwei-Helix-Struktur sowohl an DNA als auch an die Zwei-Helix-Struktur eines zweiten Proteins, um entweder ein Homodimer oder ein Heterodimer zu erzeugen. Zwei α-Helices, die aus der Dimerisierungsfläche herausragen, stellen spezifische Kontakte zur großen DNA-Furche her.

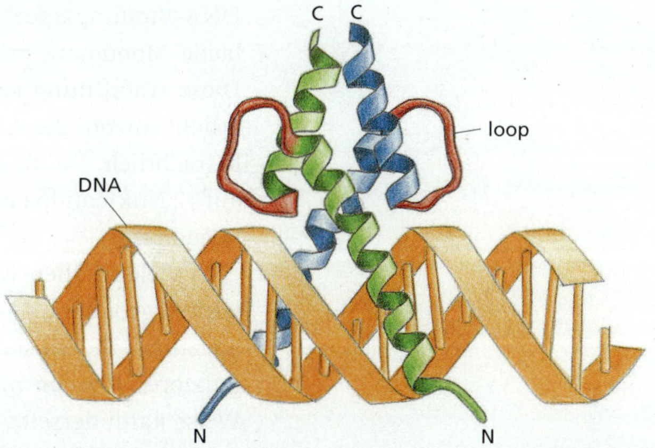

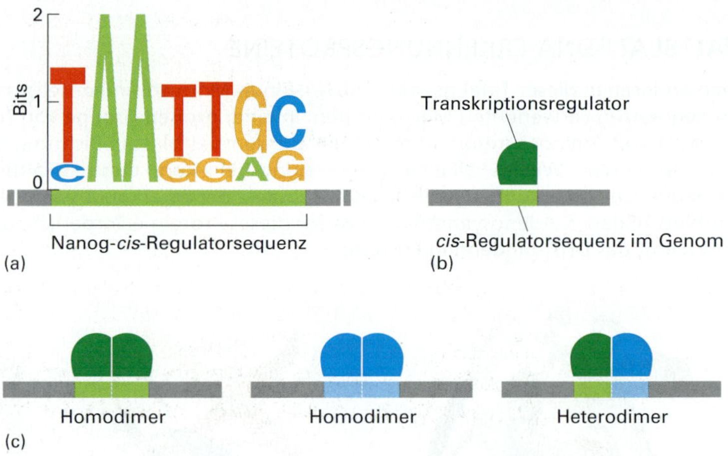

Abb. 7.10 Transkriptionsregulatoren und *cis*-Regulationssequenzen. (a) Darstellung der *cis*-Regulationssequenz für Nanog, ein Mitglied der Homöodomänen-Familie, das in embryonalen Stammzellen ein Haupttranskriptionsregulator ist. Diese „Logo"-Form (s. **Abb. 6.12**) zeigt, dass das Protein eine Sammlung nahe verwandter DNA-Sequenzen erkennen kann, und gibt das bevorzugte Nukleotidpaar in jeder Position an. *cis*-Regulationssequenzen werden nahezu immer als doppelsträngige DNA „gelesen", aber in einem Logo ist typischerweise nur ein Strang gezeigt. (b) Darstellung der *cis*-Regulationssequenz als *grünes Kästchen*, in ein längeres DNA-Molekül (*grau*) eingebettet. (c) Viele Transkriptionsregulatoren bilden Dimere (Homodimere und Heterodimere). Im gezeigten Beispiel werden von zwei Transkriptionsregulatoren drei verschiedene DNA-Bindungsspezifitäten gebildet.

7.2.3 Die Dimerisierung von Transkriptionsregulatoren erhöht deren Affinität zu und Spezifität für DNA

Ein Monomer eines typischen Transkriptionsregulators erkennt etwa 4–8 Nukleotidpaare einer DNA. Es ist jedoch nicht so, dass sequenzspezifische DNA-Bindeproteine eng an eine einzelne DNA-Sequenz binden und all die anderen zurückweisen; stattdessen erkennt jeder Regulator eine Bandbreite eng verwandter Sequenzen, wobei die Affinität des Proteins für die DNA variiert, je nachdem, wie gut die DNA der optimalen Sequenz entspricht. Aus diesem Grund wird die *cis*-Regulationssequenz für einen Regulator oft als „Logo" dargestellt, die die Bandbreite der von einem bestimmten Transkriptionsregulator erkannten Sequenz zeigen (**Abb. 7.10**). In Kapitel 6 haben wir die gleiche Darstellungsweise bei den von der bakteriellen RNA-Polymerase erkannten DNA-Sequenzen gesehen (s. **Abb. 6.12**).

Die von einem Monomer erkannte DNA-Sequenz enthält in der Regel nicht genügend Information, als dass sie aus der Menge solcher zufällig über das ganze Genom verteilt auftretenden Sequenzen herausgepickt werden könnte. Man würde beispielsweise erwarten, dass eine DNA-Sequenz aus sechs Nukleotiden zufällig etwa alle 4096 (4^6) Nukleotide vorkäme, und man würde erwarten, dass die Bandbreite von sechs Nukleotide umfassenden Sequenzen, die durch ein typisches Logo beschrieben werden, per Zufall sehr viel öfter vorkäme, vielleicht alle 1000 Nukleotide. Mit anderen Worten, für ein Bakteriengenom von $4{,}6 \times 10^6$ Nukleotiden, ganz zu schweigen von einem Säugergenom von 3×10^9 Nukleotiden, reicht diese Information nicht aus, um die Transkription einzelner Gene exakt zu kontrollieren. Es muss deshalb weitere Beiträge zur DNA-Bindungsspezifität geben. Viele Transkriptionsregulatoren bilden Dimere, wobei beide Monomere mit der DNA nahezu identische Kontakte herstellen (**Abb. 7.10c**). Diese Anordnung verdoppelt die Länge der erkannten *cis*-Regulationssequenzen und erhöht sowohl die Affinität als auch die Spezifität der Transkriptionsregulatorbindung beträchtlich. Da die vom Protein erkannte DNA-Sequenz von etwa 6 Nukleotidpaaren auf 12 Nukleotidpaare angestiegen ist, gibt es viel weniger zufällig auftretende passende Sequenzen.

In vielen Fällen werden Heterodimere aus zwei verschiedenen Transkriptionsregulatoren gebildet und diese Konfiguration steigert auch sowohl die Affinität als auch die Spezifität, indem sie die erkannte DNA-Sequenz ausdehnt. Manche Transkriptionsregulatoren können mit mehr als einem Proteinpartner Heterodimere bilden; auf diese Weise kann derselbe Transkriptionsregulator „wiederverwendet" werden, um mehrere verschiedene DNA-Bindungsspezifitäten zu erzeugen (s. **Abb. 7.10c**).

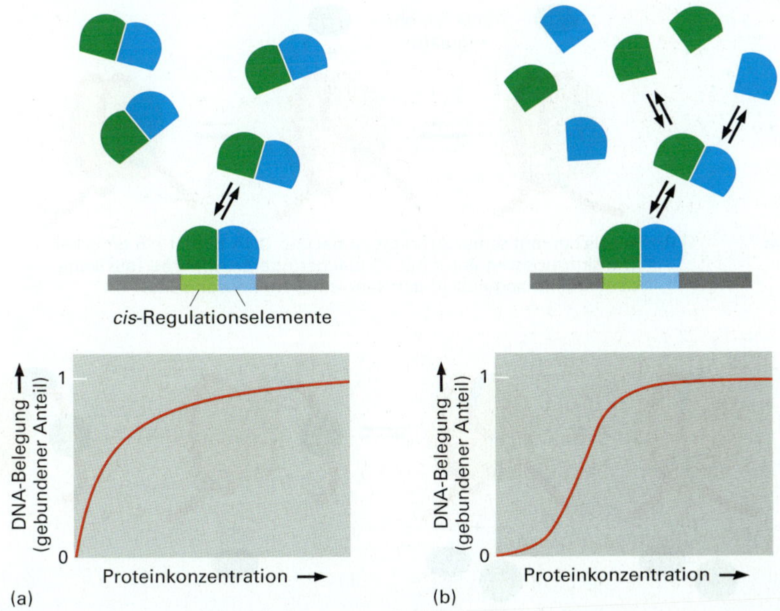

Abb. 7.11 Die Belegung einer *cis*-Regulationssequenz durch einen Transkriptionsregulator. (a) Nichtkooperative Bindung durch ein stabiles Heterodimer. (b) Kooperative Bindung durch Komponenten eines Heterodimers, die in Lösung vorwiegend Monomere sind. Die Kurvenform unterscheidet sich von jener in (a), weil der Proteinanteil, der in der Form vorliegt, die DNA binden kann (das Heterodimer), mit steigender Proteinkonzentration zunimmt.

7.2.4 Viele Transkriptionsregulatoren binden kooperativ an DNA

Im einfachsten Fall ist die Ansammlung nichtkovalenter Bindungen, die die obigen Dimere- oder Heterodimere zusammenhalten, so ausgedehnt, dass diese Strukturen sich obligatorisch bilden und tatsächlich niemals auseinanderfallen. In diesem Fall ist die Bindungseinheit das Homodimer oder das Heterodimer, und die Bindungskurve für den Transkriptionsregulator (der DNA-Anteil, der in Abhängigkeit von der Proteinkonzentration gebunden ist) hat eine exponentielle Standardform (**Abb. 7.11a**).

In vielen Fällen werden die Homodimere bzw. Heterodimere jedoch nur schwach zusammengehalten; sie kommen vorwiegend als Monomere in Lösung vor, und dennoch werden Dimere auf der entsprechenden DNA-Sequenz beobachtet. In diesem Fall sagt man, dass die Proteine kooperativ an DNA binden, und die Kurve, die ihre Bindung beschreibt, ist S-förmig (**Abb. 7.11b**). *Kooperative Bindung* bedeutet, dass über eine Spannweite von Transkriptionsregulator-Konzentrationen hinweg die Bindung, mehr als für die nichtkooperative Bindung, ein Alles-oder-Nichts-Phänomen ist; d. h. bei den meisten Proteinkonzentrationen ist die *cis*-Regulatorsequenz entweder nahezu leer oder nahezu voll besetzt und selten irgendwas dazwischen. Die hinter der kooperativen Bindung stehende Mathematik wird in Kapitel 8 erörtert (s. **Abb. 8.81a**).

7.2.5 Die Nukleosomenstruktur fördert die kooperative Bindung von Transkriptionsregulatoren

Wie wir eben gesehen haben, tritt die kooperative Bindung der Transkriptionsregulatoren an DNA oft deshalb auf, weil die beteiligten Proteine nur eine schwache Affinität zueinander haben. Es gibt jedoch einen zweiten, indirekten Mechanismus für die kooperative Bindung, der von der Nukleosomenstruktur der eukaryotischen Chromosomen herrührt.

Im Allgemeinen binden Transkriptionsregulatoren an DNA in Nukleosomen mit geringerer Affinität als an nackte DNA. Für diesen Unterschied gibt es zwei Gründe. Erstens kann die Oberfläche der *cis*-Regulationssequenz, die vom Transkriptionsregulator erkannt wird, auf dem Nukleosom nach innen zeigen, zum Histonkern, und deshalb für das Regulatorprotein nicht einfach verfügbar sein. Zweitens, auch wenn die

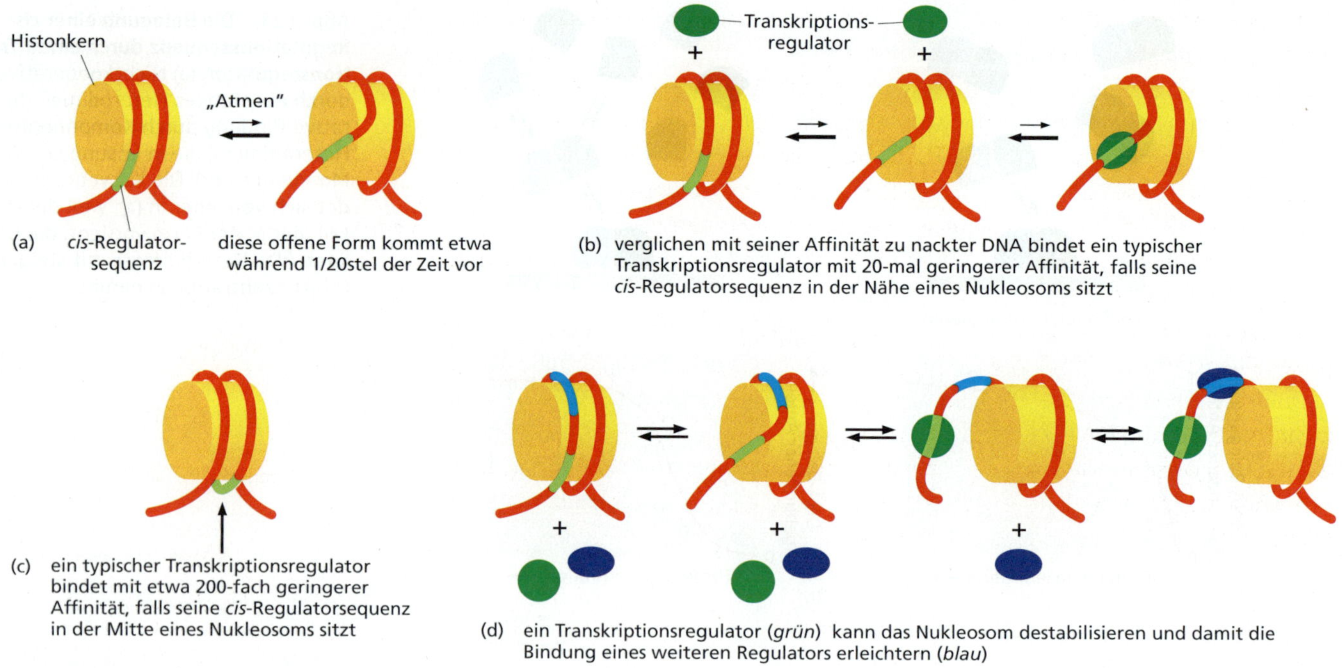

Abb. 7.12 Wie Nukleosomen die Bindung von Transkriptionsregulatoren beeinflussen.

Oberfläche der *cis*-Regulatorsequenz auf der Nukleosomenaußenseite exponiert ist, erzeugen viele Transkriptionsregulatoren, wenn sie binden, feine Veränderungen in der DNA-Konformation, und diesen Veränderungen steht die enge Wicklung der DNA um den Histonkern gegenüber. Viele Transkriptionsregulatoren verursachen z. B. eine Biegung oder einen Knick in der DNA, wenn sie binden.

In Kapitel 4 haben wir gesehen, dass die Nukleosomenumformung die Struktur des Nukleosoms verändern kann, was den Transkriptionsregulatoren den Zugang zur DNA gestattet. Sogar ohne Umformung können Transkriptionsregulatoren jedoch einen beschränkten Zugang zur DNA in einem Nukleosom erhalten. Die DNA am Ende eines Nukleosoms „atmet", wodurch die DNA vorübergehend exponiert wird und es den Regulatoren erlaubt zu binden. Dieses Atmen kommt in der Mitte des Nukleosoms viel seltener vor; deshalb sind die Stellen, an denen die DNA das Nukleosom verlässt, viel leichter zu besetzen als diejenigen in der Mitte des Nukleosoms (**Abb. 7.12**).

Diese Eigenschaften des Nukleosoms fördern die kooperative DNA-Bindung durch Transkriptionsregulatoren. Wenn ein Transkriptionsregulator ein durch das Nukleosomenatmen erzeugtes Zeitfenster wahrnimmt, kann er in das Nukleosom gelangen, indem er an die exponierte DNA bindet und verhindert, dass die DNA erneut den Nukleosomenkern fester umwickelt. Wenn dies geschieht, kann die Affinität eines zweiten Transkriptionsregulators für eine benachbarte *cis*-Regulationssequenz einfach durch diese Lockerung der DNA vom Histonkern erhöht werden. Wenn zwei Transkriptionsregulatoren auch miteinander wechselwirken (wie früher beschrieben), kann der kooperative Effekt sogar größer sein.

In manchen Fällen kann die kombinierte Wirkung der Regulatorproteine schließlich den gesamten Histonkern des Nukleosoms verdrängen. Wenn ihre Affinität zu DNA und ihre Konzentrationen ausreichend hoch sind, können viele Transkriptionsregulatoren das Atmen der Nukleosomen ausnutzen und in Nukleosomen „eindringen". Wie wir zudem in Kapitel 5 gesehen haben, öffnen passierende Replikationsgabeln, die vorübergehend Histone verdrängen, zusätzliche Zeitfenster für Transkriptionsregulatoren, an DNA zu binden.

Obwohl Nukleosomen im Allgemeinen die DNA-Bindung der Transkriptionsregulatoren hemmen, können manche Regulatoren – wenn ihre *cis*-Regulatorsequenzen auf der

Nukleosomenoberfläche exponiert sind – mit nahezu der gleichen Affinität binden wie an nackte DNA, indem sie ihre Bindungsstellen besetzen, während die DNA immer noch fest um den Histonkern gewickelt ist (**Abb. 7.13**). Transkriptionsregulatoren mit dieser Eigenschaft heißen manchmal *Pionierfaktoren*, weil sie häufig die ersten Proteine sind, die an DNA binden, wenn ein zuvor stillgelegtes Gen transkriptionsaktiv wird. Obgleich ihre Bindung typischerweise das Nukleosom destabilisiert, üben Pionierfaktoren wahrscheinlich ihre wichtigsten Effekte aus, indem sie weitere Proteine anziehen, welche die Chromatinstruktur verändern, wie die Nukleosomenumformungskomplexe. Wenn ein Transkriptionsregulator seine *cis*-Regulationssequenz auf einem Nukleosom bindet und einen Chromatinumformungskomplex anzieht, kann die örtliche Aktion des Umformungskomplexes einem zweiten Transkriptionsregulator erlauben, wirksam in der Nähe zu binden.

Unsere Besprechung hat betont, wie Transkriptionsregulatoren paarweise zusammenarbeiten können. Aber in der Realität kooperiert oft eine größere Anzahl durch wiederholte Verwendung der gleichen Prinzipien. Es ist die kooperative Bindung der Cluster von Transkriptionsregulatoren auf der DNA, die wahrscheinlich erklärt, warum viele wichtige Regulationssequenzen in Eukaryotengenomen nukleosomenfrei sind.

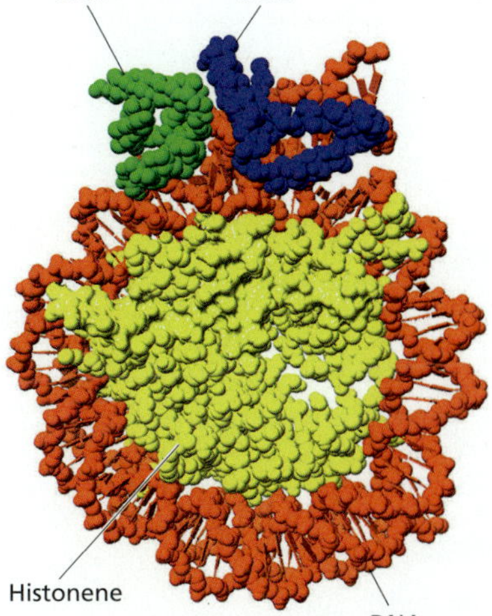

Abb. 7.13 Zwei kooperierende Transkriptionsregulatoren. Oct4 (*grün*) und Sox 2 (*blau*), an ein Nukleosom gebunden. Diese beiden Transkriptionsregulatoren arbeiten zusammen und spielen eine Schlüsselrolle bei der Erhaltung embryonaler Stammzellen (s. **Abb. 7.36** und **7.37**). Es ist nur der DNA-bindende Teil eines jeden Regulatorproteins gezeigt. (Mit freundlicher Genehmigung von Nicolas H. Thomä und Alicia K. Michael. PDB-Code: 6T90).

7.2.6 Die DNA-Bindung durch Transkriptionsregulatoren ist dynamisch

Bis jetzt haben wir Transkriptionsregulatoren als statisch behandelt – wir haben sie entweder als an DNA gebunden oder frei in Lösung betrachtet. Aber in der Realität ist die Situation äußerst dynamisch; die Transkriptionsregulatormoleküle sind in ständiger Bewegung, binden rasch an DNA und fallen von ihr ab. In den meisten Fällen bleibt ein Transkriptionsregulatormolekül an seiner *cis*-Regulationssequenz nur eine kurze Weile, wird aber rasch durch andere Moleküle des gleichen Regulators ersetzt. Wenn wir also eine *cis*-Regulationssequenz als vollständig an ihren passenden Trarnskriptionsregulator gebunden betrachten, dann ist dieser Zustand ein Durchschnitt im Zeitverlauf vieler einzelner Bindungs- und Ablöseereignisse.

Indem man an einen Transkriptionsregulator eine fluoreszierende Markierung heftet, ist es möglich, einzelne Regulatormoleküle in lebenden Zellen zu verfolgen, während sie zufällig innerhalb des Zellkerns diffundieren, um an ihre *cis*-Regulationssequenzen zu binden und sich dann wieder von ihnen zu lösen. In diesen *Einzelmolekül-Verfolgungsexperimenten* lassen sich verschiedene Zustände des Regulators auf der Grundlage der Beweglichkeit des markierten Proteins über kurze Zeitspannen unterscheiden. Ein äußerst beweglicher Regulatorzustand lässt sich für die freie Proteindiffusion im Kernplasma beobachten. Auf der anderen Seite hat der an die DNA gebundene Regulator insofern einen Zustand mit sehr geringer Beweglichkeit als seine beschränkten Bewegungen denen eines Histonmoleküls ähneln, das auf die gleiche Weise markiert wurde (**Abb. 7.14**).

Während ein Histon stabil an ein Nukleosom gebunden bleibt, verbleiben die Transkriptionsregulatoren nur vorübergehend in einem DNA-gebundenen Zustand

Abb. 7.14 Verfolgung einzelner Moleküle eines Transkriptionsregulators im Zellkern einer lebenden Zelle. Indem man eine Fluoreszenzmarkierung an den Glucocorticoid-Rezeptor koppelt (Kapitel 9) lässt sich das Verhalten dieses Transkriptionsregulators in lebenden Zellen verfolgen, dazu dient ein Mikroskop, das dessen Fluoreszenz aufzeichnet. Rechenmethoden ermöglichen es dann, das beobachtete Verhalten solcher Moleküle in Sätze einzelner Mobilitätsgruppen einzuteilen, von denen zwei hier gezeigt sind. (a) Probenspuren beobachteter einzelner Moleküle des Glucocorticoid-Rezeptors in der frei diffundierenden Mobiltätsgruppe. Die dargestellten Positionen wurden für insgesamt 10 Sekunden bestimmt. (b) Spuren einzelner, an DNA gebundener Moleküle, mit über ein Zeitintervall von 120 Sekunden bestimmten Positionen. (a und b, mit freundlicher Genehmigung von D. A. Garcia und G. L. Hager).

geringer Beweglichkeit. Man beobachtet, dass einzelne Regulatormoleküle ihren DNA-gebundenen Zustand mit einer breiten Vielfalt an Geschwindigkeiten verlassen – manche Moleküle verbleiben nur für einen Bruchteil einer Sekunde, während andere Minuten lang bleiben. Wie lassen sich diese Unterschiede erklären? Wir haben an früherer Stelle in diesem Kapitel gesehen (s. **Abb. 7.10**), dass jeder Transkriptionsregulator eine bevorzugte *cis*-Regulationssequenz besitzt; aber er kann auch – wenngleich mit geringerer Affinität – an verwandte DNA-Sequenzen binden. Weil die Vorwärtsgeschwindigkeiten, mit denen Regulatorprotein ihre *cis*-Regulationssequenzen „finden" weitgehend unabhängig von der exakten Nukleotidsequenz dieser DNA sind, spiegeln sich Affinitätsunterschiede darin wider, wie lang ein Protein auf der DNA gebunden bleibt – je höher die Affinität, desto länger bleibt das Protein gebunden.

Jedes Protein, wie etwa ein Transkriptionsregulator, das fest an einen spezifischen Satz von DNA-Sequenzen bindet, wird auch, wenn auch sehr viel schwächer, an eine beliebigen DNA-Sequenz binden. Diese schwache Bindung ist hilfreich, weil sie einem Regulator erlaubt, nach seinem Ziel durch „Abtasten" der DNA in der Nachbarschaft der ursprünglichen Chromosomenstelle zu suchen, die er bindet. Den meisten derartigen Regulatoren wird es nicht gelingen, eine passende *cis*-DNA-Regulationssequenz zu finden, und man glaubt, dass diese es sind, die innerhalb von Sekunden abfallen. Die wenigen, die über Minuten verbleiben, haben sich wahrscheinlich mit einer passenden *cis*-Regulationssequenz verbunden. Da aber sogar diese Regulatoren nicht für lange Zeiträume auf der DNA verbleiben, müssen sie beständig durch ein anderes solches Molekül ersetzt werden. Somit wird das in diesem Buch gezeigte statische Bild wie üblich dem Zustand hektischer Betriebsamkeit nicht gerecht, der innerhalb einer Zelle herrscht.

Zusammenfassung

Transkriptionsregulatoren erkennen kurze Abschnitte doppelhelikaler DNA einer definierten Sequenz, cis*-Regulationssequenzen genannt, und bestimmen dadurch, welches der Tausende von Genen in einer Zelle transkribiert wird. Transkriptionsregulatoren bestimmen viele Zelleigenschaften, und ihre Bedeutung spiegelt sich in der Tatsache wider, dass sie etwa 10 % der proteincodierenden Gene in den meisten Lebewesen ausmachen. Obwohl jeder Transkriptionsregulator einzigartige Eigenschaften besitzt, binden die meisten in Form von Homodimeren oder Heterodimeren an die DNA; sie erkennen die DNA mithilfe einer kleinen Anzahl von Strukturmotiven. Transkriptionsregulatoren arbeiten typischerweise in Gruppen und binden kooperativ an DNA, eine Eigenschaft, der mehrere Mechanismen zugrunde liegen; einige davon nutzen die Verpackung von DNA in Nukleosomen.*

7.3 Transkriptionsregulatoren schalten Gene an und aus

Nachdem wir gesehen haben, wie Transkriptionsregulatoren an *cis*-Regulationssequenzen binden, die ins Genom eingebettet sind, können wir nun besprechen, wie diese Proteine, sobald sie einmal gebunden haben, die Gentranskription beeinflussen. Die Situation in Bakterien ist einfacher als in Eukaryoten (zum Beispiel, weil hier die Chromatinstruktur kein Thema ist), und wir behandeln die bakteriellen Mechanismen, bevor wir zur komplexeren Situation in Eukaryoten kommen.

7.3.1 Der Tryptophanrepressor schaltet Gene aus

Das Genom des Bakteriums *Escherichia coli* besteht aus einem einzigen ringförmigen DNA-Molekül von ungefähr $4{,}6 \times 10^6$ Nukleotidpaaren, welches für etwa 4300 Proteine

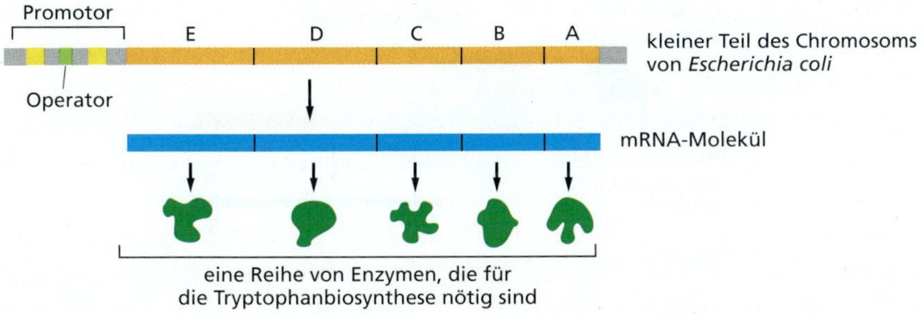

Abb. 7.15 Ein Cluster bakterieller Gene kann von einem einzigen Promotor transkribiert werden. Jedes dieser fünf Gene codiert für ein anderes Enzym, und alle diese Enzyme sind nötig, um die Aminosäure Tryptophan aus einfacheren Molekülen zu synthetisieren. Die Gene werden als ein einzelnes mRNA-Molekül transkribiert, eine Eigenschaft, die ihre koordinierte Expression erlaubt. Gen-Cluster, die als eine einzige mRNA transkribiert werden, sind bei Bakterien häufig. Jedes derartige Cluster wird *Operon* genannt, weil seine Expression von einer *cis*-Regulationssequenz namens *Operator* (*grün*) innerhalb des Promotors kontrolliert wird. (In dieser und den nachfolgenden Abbildungen stellen die *gelben* Blöcke im Promotor DNA-Sequenzen dar, die die RNA-Polymerase binden; s. Abb. 6.12).

codiert. Nur jeweils ein Teil dieser Proteine wird in einem Zeitabschnitt gebildet. Alle Bakterien regulieren beispielsweise die Expression vieler ihrer Gene in Abhängigkeit von den Nahrungsquellen, die in der Umgebung vorhanden sind. In *Escherichia coli* codieren beispielsweise fünf Gene für Enzyme, die für die Bildung der Aminosäure Tryptophan benötigt werden. Diese Gene sind auf dem Chromosom als Cluster angeordnet und werden von einem einzigen *Promotor* als langes mRNA-Molekül transkribiert; solche koordiniert transkribierten Cluster heißen *Operons* (Abb. 7.15). Solche Operons sind in Bakterien üblich, in Eukaryoten sind sie jedoch selten; hier werden Gene typischerweise individuell transkribiert und reguliert (s. Abb. 6.75 und 6.90).

Wenn die Tryptophankonzentrationen niedrig sind, wird das Operon transkribiert; die entstehende mRNA wird translatiert, sodass ein ganzer Satz von Biosyntheseenzymen entsteht; diese Enzyme arbeiten zusammen, um Tryptophan aus weit einfacheren Molekülen zu synthetisieren. Ist jedoch ausreichend Tryptophan vorhanden – z. B. wenn das Bakterium sich im Darm eines Säugetieres befindet, das gerade eine proteinreiche Mahlzeit verspeist hat – dann wird die Aminosäure in die Zelle transportiert und die Bildung der Enzyme, die nun nicht mehr gebraucht werden, wird abgeschaltet.

Wir verstehen jetzt genau, wie diese Repression des Tryptophanoperons zustande kommt. Innerhalb des Operon-Promotors befindet sich eine *cis*-Regulationssequenz, die von einem Transkriptionsregulator erkannt wird. Wenn dieser Regulator an diese Sequenz bindet, blockiert er für die RNA-Polymerase den Zugang zum Promotor und verhindert dabei die Transkription des Operons (und damit die Bildung der tryptophanerzeugenden Enzyme). Der Transkriptionsregulator wird als *Tryptophanrepressor* bezeichnet und seine *cis*-Regulationssequenz als *Tryptophanoperator*. Diese Komponenten werden auf einfache Weise kontrolliert: Der Repressor kann nur dann an DNA binden, wenn er auch mehrere Tryptophanmoleküle gebunden hat (Abb. 7.16).

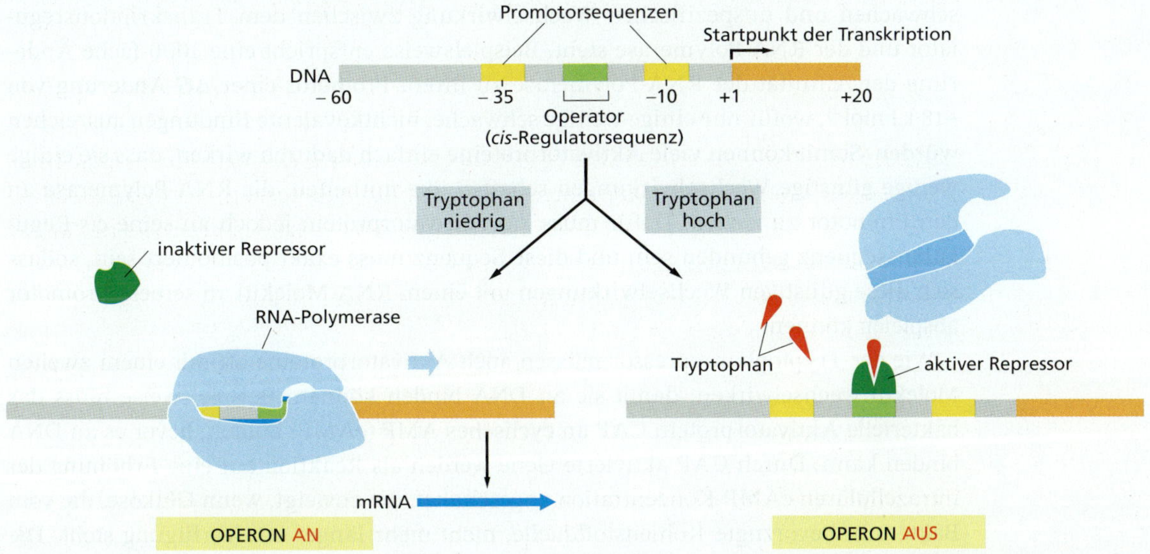

Abb. 7.16 Gene können durch Repressorproteine abgeschaltet werden. Ist die Tryptophankonzentration in einem Bakterium gering (*links*), bindet die RNA-Polymerase (*blau*) an den Promotor und transkribiert die fünf Gene des Tryptophanoperons. Ist die Tryptophankonzentration jedoch hoch (*rechts*), wird das Tryptophan-Repressorprotein (*dunkelgrün*) aktiviert und bindet an den Operator (*hellgrün*), wo es die Bindung der RNA-Polymerase an den Promotor blockiert. Immer wenn die Konzentration des Tryptophans in der Zelle abnimmt, fällt der Transkriptionsregulator von der DNA ab, dadurch kann die Polymerase das Operon wieder transkribieren. Der Tryptophanrepressor ist – wenn auch in der Abbildung nicht gezeigt – ein stabiles Protein-Dimer.

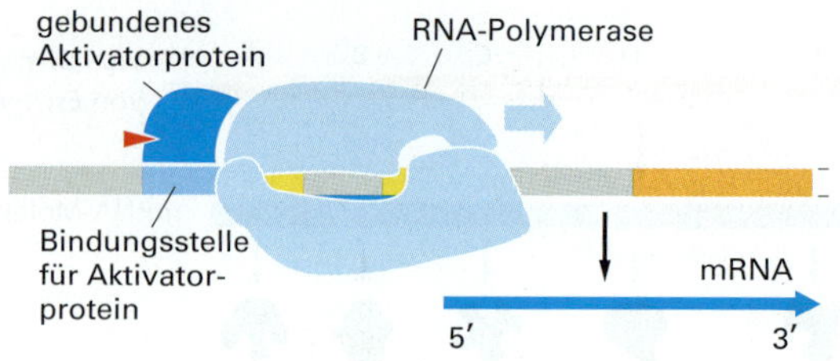

Abb. 7.17 Gene können durch Aktivatorproteine angeschaltet werden. Ein Aktivatorprotein bindet an seine *cis*-Regulationssequenz auf der DNA und wechselwirkt mit der RNA-Polymerase, um ihr beim Start der Transkription zu helfen. Ohne Aktivator kann der Promotor die Transkription nicht wirksam starten. In Bakterien wird die Bindung des Aktivators an die DNA oft durch die Wechselwirkung eines Metaboliten oder eines anderen kleinen Moleküls (*rotes Dreieck*) mit dem Aktivatorprotein kontrolliert. Das *Lac*-Operon arbeitet auf diese Weise, wie wir in Kürze besprechen werden.

Beim Tryptophanrepressor handelt es sich um ein allosterisches Protein, und die Bindung von Tryptophan verursacht eine feine Änderung der dreidimensionalen Struktur, sodass das Protein fest an die Operatorsequenz binden kann. Wann immer die Konzentration an freiem Tryptophan im Bakterium absinkt, fällt Tryptophan vom Repressor ab, der Repressor bindet nicht länger an DNA und das Tryptophanoperon wird transkribiert. Der Repressor ist somit ein einfaches Element, das die Bildung eines Satzes von Biosyntheseenzymen an- und abschaltet, je nach Verfügbarkeit des Endprodukts des Synthesewegs, den die Enzyme katalysieren.

Das Tryptophanrepressorprotein selbst kommt immer in der Zelle vor. Das Gen, von dem es codiert wird, wird fortwährend auf niedrigem Niveau transkribiert, sodass immer eine kleine Menge des Repressorproteins gebildet wird. Somit kann das Bakterium sehr rasch auf einen Anstieg oder Abfall der Tryptophankonzentration reagieren.

7.3.2 Repressoren schalten Gene ab und Aktivatoren schalten sie an

Wie sein Name nahelegt, ist der Tryptophanrepressor ein *Transkriptionsrepressorprotein*: In seiner aktiven Form schaltet er Gene ab oder *reprimiert* sie. Manche bakteriellen Transkriptionsregulatoren machen das Gegenteil: Sie schalten Gene an oder *aktivieren* sie. Diese *Transkriptionsaktivatorproteine* arbeiten an Promotoren, die – im Gegensatz zum Promotor für das Tryptophanoperon – nur beschränkt fähig sind, von selbst RNA-Polymerase zu binden und zu positionieren. Diese nur schwach funktionierenden Promotoren können jedoch durch Aktivatorproteine voll funktionsfähig gemacht werden, die an benachbarte *cis*-Regulationssequenzen und an die RNA-Polymerase binden, um ihr bei der Initiation der Transkription zu helfen (**Abb. 7.17**).

DNA-gebundene Aktivatorproteine können die Geschwindigkeit der Transkriptionsinitiation um das 1000-Fache steigern, ein Wert, der im Einklang mit einer relativ schwachen und unspezifischen Wechselwirkung zwischen dem Transkriptionsregulator und der RNA-Polymerase steht. Beispielsweise entspricht eine 1000-fache Änderung der Affinität der RNA-Polymerase zu ihrem Promotor einer ΔG-Änderung von ~18 kJ mol^{-1}, wofür nur einige wenige schwache, nichtkovalente Bindungen ausreichen würden. Somit können viele Aktivatorproteine einfach dadurch wirken, dass sie einige wenige günstige Wechselwirkungen schaffen, die mithelfen, die RNA-Polymerase an den Promotor zu ziehen. Dafür muss das Aktivatorprotein jedoch an seine *cis*-Regulationssequenz gebunden sein und diese Sequenz muss exakt positioniert sein, sodass sich diese günstigen Wechselwirkungen mit einem RNA-Molekül an seinem Promotor abspielen können.

Wie der Tryptophanrepressor müssen auch Aktivatorproteine oft mit einem zweiten Molekül wechselwirken, damit sie an DNA binden können. Beispielsweise muss das bakterielle Aktivatorprotein CAP an cyclisches AMP (cAMP) binden, bevor es an DNA binden kann. Durch CAP aktivierte Gene werden als Reaktion auf eine Erhöhung der intrazellulären cAMP-Konzentration angeschaltet, die ansteigt, wenn Glukose, die vom Bakterium bevorzugte Kohlenstoffquelle, nicht mehr länger zur Verfügung steht. Die

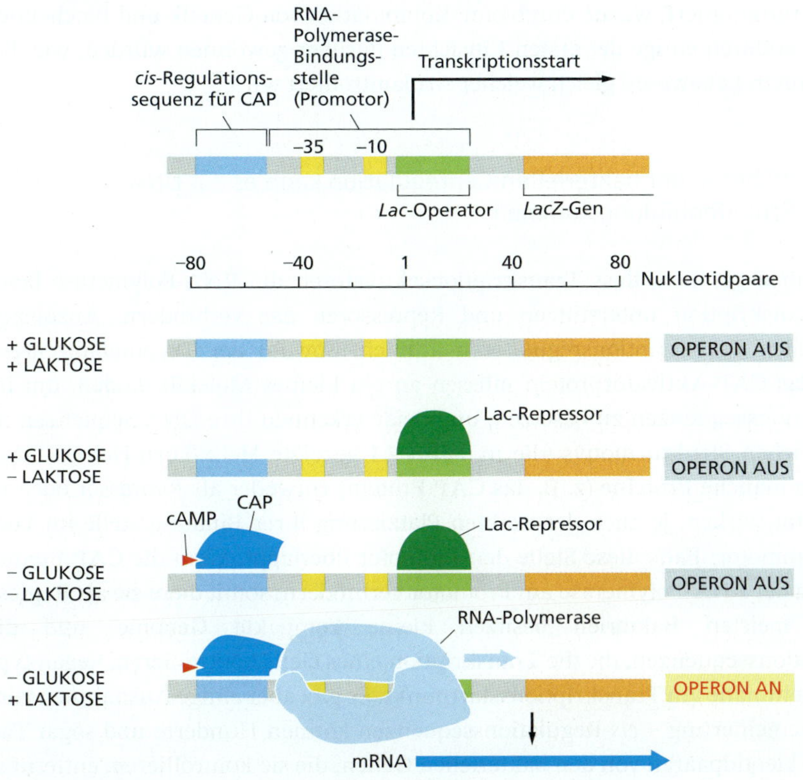

Abb. 7.18 Wie das *Lac*-Operon von zwei Transkriptionsregulatoren kontrolliert wird, wodurch es nur bei Bedarf exprimiert wird. *LacZ*, das erste Gen des *Lac*-Operons, codiert für das Enzym *β*-Galaktosidase, das das Disaccharid Laktose in Galaktose und Glukose spaltet. Fehlt Laktose, bindet der *Lac*-Repressor an die *cis*-Regulationssequenz, *Lac*-Operator genannt, und schaltet die Expression des Operons ab. Laktosezugabe erhöht die Konzentration einer verwandten Verbindung, der Allolaktose. Allolaktose bindet an den *Lac*-Repressor, der dadurch zu einer Konformationsänderung veranlasst wird und die Operator-DNA aus seinem Griff entlässt (nicht gezeigt). Dies beseitigt einen Block zur Expression des *Lac*-Operons, aber das Operon schaltet sich nur dann an, wenn der Zucker Glukose, eine bevorzugte Kohlenstoffquelle, fehlt. Dies liegt daran, dass in Abwesenheit von Glukose cyclisches AMP (*rote Dreiecke*) von der Zelle gebildet wird. Dieses kleine Molekül ist erforderlich, damit CAP an die DNA bindet und die Transkription aktiviert.

Folge ist, dass CAP die Produktion von Enzymen antreibt, die dem Bakterium die Verdauung anderer Zucker gestatten.

7.3.3 Sowohl ein Aktivator als auch ein Repressor kontrollieren das *Lac*-Operon

Die Aktivität eines einzelnen Promotors wird oft durch mehrere verschiedene Transkriptionsregulatoren kontrolliert. Beispielsweise wird das *Lac*-Operon in *Escherichia coli* sowohl durch den *Lac*-Repressor als auch den CAP-Aktivator kontrolliert, den wir soeben beschrieben haben. Das *Lac*-Operon codiert für Proteine, die für den Import und die Verdauung des Disaccharids Laktose, einem wichtigen Nährstoff in der Milch, erforderlich sind. In Abwesenheit von Glukose (die bevorzugte Energiequelle der Zelle) bildet das Bakterium cAMP, das CAP dazu aktiviert, Gene anzuschalten, die es der Zelle gestatten, alternative Kohlenstoffquellen zu benutzen – einschließlich Laktose. Es wäre jedoch verschwenderisch, wenn CAP die Expression des *Lac*-Operons induzieren würde, falls keine Laktose vorhanden wäre. Somit schaltet der *Lac*-Repressor in Abwesenheit von Laktose das Operon ab. Diese Anordnung befähigt die Kontrollregion des *Lac*-Operons, die beiden Signale zu verknüpfen, sodass das Operon nur dann stark exprimiert wird, wenn zwei Bedingungen zutreffen: Glukose muss fehlen und Laktose muss vorhanden sein (**Abb. 7.18**). Dieser genetische Schaltkreis verhält sich ganz so wie der Schalter, der in einem Computer eine logische Operation ausführt. Wenn Laktose vorhanden ist UND Glukose fehlt, dann führt die Zelle das entsprechende Programm aus – in diesem Fall die Transkription der Gene, die die Aufnahme und Verwendung der Laktose gestatten.

Alle Transkriptionsregulatoren, ob sie nun Repressoren oder Aktivatoren sind, müssen an DNA binden, um ihre Wirkungen zu entfalten. Auf diese Weise wirkt jedes Regulationsprotein selektiv und kontrolliert nur die Gene, die eine *cis*-Regulationssequenz beherbergen, die von ihm erkannt wird. Vor über 60 Jahren zog die Funktion des *Lac*-Operons die Aufmerksamkeit der Biologen zum ersten Mal auf sich. Die Art und Weise, wie es funktioniert, wurde durch eine Kombination von Genetik und Biochemie aufgedeckt, wodurch einige der ersten Einsichten darüber gewonnen wurden, wie die Transkription in Lebewesen gleich welcher Art kontrolliert wird.

7.3.4 Während der bakteriellen Genregulation kann es zur DNA-Schleifenbildung kommen

Wir haben gesehen, dass Transkriptionsaktivatoren die RNA-Polymerase beim Start der Transkription unterstützen und Repressoren das verhindern. Ansonsten sind die beiden Transkriptionsregulatoren ähnlich: Sowohl der Tryptophanrepressor als auch das CAP-Aktivatorprotein müssen an ein kleines Molekül binden, um ihre *cis*-Regulationssequenzen zu besetzen, und beide erkennen ihre DNA-Sequenzen mithilfe des gleichen Strukturmotivs (die in **Tafel 7.1** gezeigte Helix-Turn-Helix). Tatsächlich können manche Proteine (z. B. das CAP-Protein) entweder als Repressor oder auch als Aktivator wirken, je nach der exakten Platzierung ihrer Bindungsstelle im Verhältnis zum Promotor: Falls diese Stelle den Promotor überlappt, kann die CAP-Bindung den Aufbau der RNA-Polymerase am Promotor verhindern; somit dient sie als Repressoor.

Die meisten Bakterien besitzen kleine kompakte Genome, und die *cis*-Regulationssequenzen, die die Transkription eines Gens kontrollieren, liegen typischerweise sehr nahe am Transkriptionsstartpunkt. Es gibt aber einige Ausnahmen von dieser Verallgemeinerung – *cis*-Regulationssequenzen können Hunderte und sogar Tausende von Nukleotidpaaren von den bakteriellen Genen, die sie kontrollieren, entfernt sein. In diesen Fällen bildet die dazwischenliegende DNA eine Schleife aus, was es dem Transkriptionsregulator, der an einer entfernten Stelle auf der DNA gebunden hat, gestattet, mit der RNA-Polymerase in Kontakt zu treten (**Abb. 7.19**). Somit dient die DNA hier als Leine, was die Wahrscheinlichkeit, dass der Regulator mit einer promotorgebundenen Polymerase zusammentrifft, im Vergleich zu der Situation, bei der der Regulator frei in Lösung vorliegt, enorm erhöht. Wir werden demnächst sehen, dass, obgleich sie in Bakterien die Ausnahme ist, die DNA-Schleifenbildung vermutlich bei der Regulation nahezu jedes eukaryotischen Gens vorkommt.

Man hat vorgeschlagen, dass sich die kompakten, einfachen genetischen Schalter, die sich in Bakterien finden, als Reaktion auf große Populationsgrößen entwickelten, wo die Konkurrenz um Wachstum einen Selektionsdruck auf Bakterien ausübte, möglichst kleine Genome auszubilden. Im Gegensatz dazu scheint es einen geringen Selektionsdruck gegeben zu haben, die Genome von Vielzellern klein zu halten.

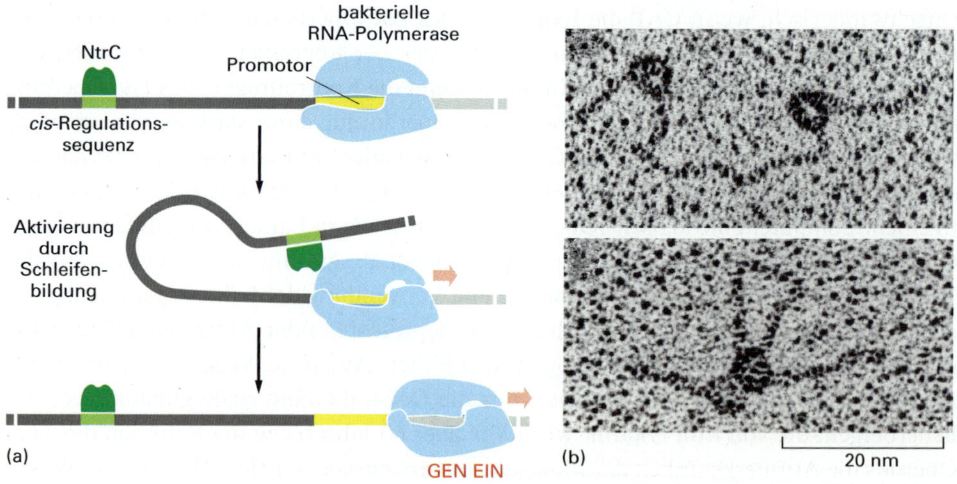

Abb. 7.19 Transkriptionsaktivierung in Bakterien durch DNA-Schleifenbildung. (a) Das NtrC-Protein ist ein bakterieller Transkriptionsregulator, der die Transkription aktiviert; dies geschieht durch direkten Kontakt mit der RNA-Polymerase. (b) Elektronenmikroskopische Aufnahme der Wechselwirkung zwischen NtrC und RNA-Polymerase; die dazwischenliegende DNA bildet eine Schleife. (b, mit freundlicher Genehmigung von Harrison Echols und Sydney Kustu).

7.3.5 In Eukaryoten kontrollieren komplexe Schalter die Gentranskription

Verglichen mit der Situation in Bakterien bezieht die Transkriptionsregulation in Eukaryoten viel mehr Proteine und weit längere DNA-Abschnitte ein. Sie erscheint oft verwirrend komplex. Dennoch gelten viele gleiche Prinzipien. Wie in Bakterien werden die Zeit und der Ort jedes zu transkribierenden Gens durch seine *cis*-Regulationssequenzen spezifiziert, die von den Transkriptionsregulatoren, die an sie binden, „gelesen" werden. Sobald sie an DNA gebunden sind, helfen positive Transkriptionsregulatoren (Aktivatoren) der RNA-Polymerase, mit der Transkription der Gene zu beginnen, und negative Regulatoren (Repressoren) blockieren diesen Vorgang. Wie wir gesehen haben, sind in Bakterien die meisten dieser Wechselwirkungen zwischen DNA-gebundenen Transkriptionsregulatoren und RNA-Polymerasen (ob sie nun die Transkription aktivieren oder reprimieren) direkt; d. h. sie berühren einander. Im Gegensatz dazu sind diese Wechselwirkungen in Eukaryoten nahezu immer indirekt: Viele dazwischenliegende Proteine, einschließlich der Histone und einem großen Proteinkomplex namens Mediator, wirken zwischen dem DNA-gebundenen Transkriptionsregulatoren und der RNA-Polymerase. Zudem ist es in Vielzellern üblich, dass Dutzende von Transkriptionsregulatoren ein einzelnes Gen kontrollieren, wobei die *cis*-Regulationssequenz über Zehntausende von Nukleotidpaaren verstreut ist. Die DNA-Schleifenbildung gestattet es den DNA-gebundenen Regulationsproteinen, miteinander und schließlich die RNA-Polymerase am Promotor zu kontrollieren. Viele der beteiligten Protein–Protein-Wechselwirkungen besitzen eine geringe Affinität und man glaubt, dass sie die Bildung biomolekularer Kondensate auslösen, die Reaktionen erleichtern können, die eine solch große Anzahl verschiedener Komponenten benötigen (s. Kapitel 3). Und da fast die die gesamte DNA in eukaryotischen Lebewesen in Nukleosomen und Strukturen höherer Ordnung organisiert ist, muss schließlich die Transkriptionsinitiation in Eukaryoten dieses inhärente Hindernis überwinden.

In den nächsten Abschnitten behandeln wir diese Eigenschaften der Transkriptionsinitiation in Eukaryoten und machen dabei deutlich, wie sie zusätzliche Kontrollebenen bieten, die sich in Bakterien nicht finden.

7.3.6 Eine eukaryotische Genkontrollregion schließt viele *cis*-Regulationssequenzen ein

In Eukaryoten transkribiert die RNA-Polymerase II alle für Proteine codierenden Gene und viele nicht codierende RNA-Gene. Diese Polymerase erfordert fünf allgemeine Transkriptionsfaktoren (insgesamt 27 Untereinheiten, s. **Tab. 6.3** und **Abb. 6.15**); dagegen benötigt die bakterielle RNA-Polymerase II nur einen einzigen Transkriptionsfaktor, die σ-Untereinheit. Wie wir in Kapitel 6 gesehen haben, bietet der schrittweise Zusammenbau der allgemeinen Transkriptionsfaktoren an einem eukaryotischen Promotor im Prinzip viele Schritte, an denen die Zelle die Geschwindigkeit der Transkriptionsinitiation als Reaktion auf Transkriptionsregulatoren beschleunigen oder verlangsamen kann.

Da die vielen *cis*-Regulationssequenzen, die die Expression eines typischen Gens kontrollieren, oft über lange DNA-Abschnitte verteilt sind, verwenden wir hier den Begriff **Genkontrollregion** für die gesamte DNA, die an der Kontrolle und Initiierung der Transkription eines eukaryotischen Gens beteiligt ist. Diese umfasst den **Promotor**, an dem die allgemeinen Transkriptionsfaktoren und die Polymerase einen Komplex bilden, und alle ***cis*-Regulationssequenzen**, an die die Transkriptionsregulatoren binden, die die Geschwindigkeit der Genaktivierungsvorgänge am Promotor regulieren (**Abb. 7.20**). Bei Tieren und Pflanzen ist es nicht ungewöhnlich, dass die Regulationssequenzen eines Gens über eine Strecke in der Größenordnung von 100 000 Nukleotidpaaren verstreut

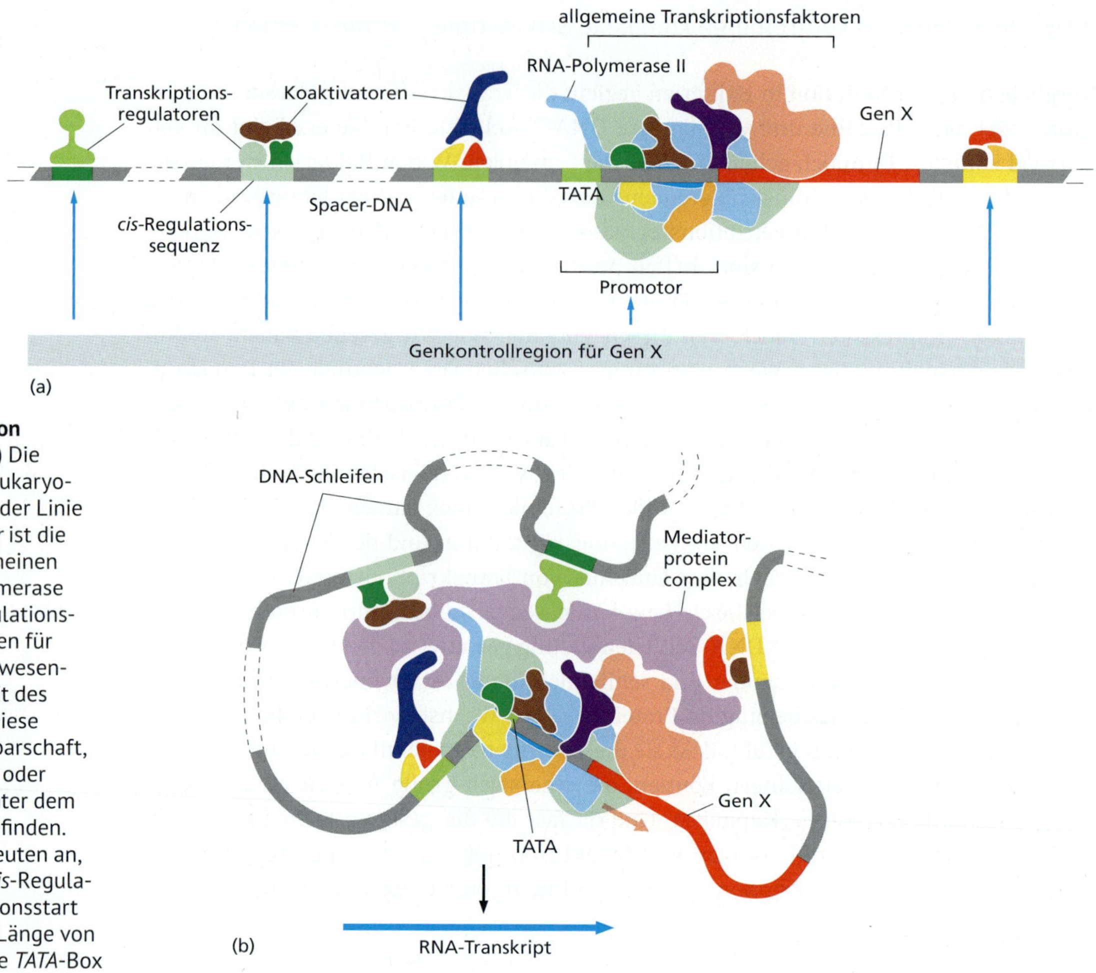

Abb. 7.20 Die Transkription wird von Genkontrollregionen kontrolliert. (a) Die Genkontrollregion eines typischen eukaryotischen Gens, wobei die DNA in gerader Linie angeordnet gezeigt ist. Der *Promotor* ist die DNA-Sequenz, an der sich die allgemeinen Transkriptionsfaktoren und die Polymerase sammeln (s. Abb. 6.15). Die *cis*- Regulationssequenzen dienen als Bindungsstellen für Transkriptionsregulatoren, deren Anwesenheit auf der DNA die Geschwindigkeit des Transkriptionsbeginns beeinflusst. Diese Sequenzen können sich in der Nachbarschaft, in weiter Entfernung stromaufwärts oder sogar innerhalb von Introns oder hinter dem Gen stromabwärts vom Promotor befinden. Die gestrichelten DNA-Abschnitte deuten an, dass die DNA-Länge zwischen den *cis*-Regulationssequenzen und dem Transkriptionsstart variiert, manchmal erreicht sie eine Länge von Zehntausenden Nukleotidpaaren. Die *TATA*-Box ist eine DNA-Erkennungssequenz für den allgemeinen Transkriptionsfaktor TFIID (s. Abb. 6.15 und 6.17).(b) Die DNA-Schleifenbildung gestattet den Transkriptionsregulatoren, die an irgendeine dieser Positionen gebunden sind, mit den am Promotor versammelten Proteinen zu interagieren. Wie im Schema gezeigt, wirken viele Genregulatorproteine durch den „Mediator" (in Kapitel 6 beschrieben), während andere die allgemeinen Transkriptionsfaktoren und die RNA-Polymerase direkt beeinflussen. Transkriptionsregulatoren wirken auch dadurch, dass sie Proteine rekrutieren, die die Chromatinstruktur des Promotors verändern (nicht hier gezeigt, aber an späterer Stelle im Kapitel behandelt). Während der Mediator und die allgemeinen Transkriptionsfaktoren für alle von der Polymerase II transkribierten Gene gleich sind, sind die Transkriptionsregulatoren und die relative Lage ihrer Bindungsstellen zum Promotor für jedes Gen verschieden. An besonders komplexen Genkontrollregionen können die vielen Proteine, die sich zusammenbauen, aufgrund der großen Anzahl von Wechselwirkungen mit geringer Spezifität, Phasenübergänge erfahren; diese verschmelzen die Protein- und DNA-Komponenten noch weiter, die für die Transkriptionsinitiation benötigt werden – was vermutlich den Vorgang beschleunigt.

liegen. Im Augenblick können wir einen Großteil dieser DNA als „Spacer"-Sequenz (Abstandshalter) betrachten, die von Transkriptionsregulatoren nicht direkt erkannt wird. Wir werden später in diesem Kapitel sehen, dass ein Teil dieser DNA transkribiert (aber nicht translatiert) wird in lange, nicht codierende RNAs (IncRNAs), die verschiedene Funktionen in der Zelle haben.

In diesem Kapitel wird die Bezeichnung **„Gen"** vereinfachend für einen DNA-Abschnitt verwendet, der in ein funktionales RNA-Molekül transkribiert wird, das entweder für ein Protein codiert oder in der Zelle eine andere Funktion hat (s. Tab. 6.1). Die klassische Definition eines Gens schließt jedoch auch die Genkontrollregion mit ein, da darin vorkommende Mutationen einen veränderten Phänotyp erzeugen können. Das alternative Spleißen von RNA verkompliziert die Definition sogar noch weiter – ein Punkt, auf den wir später zurückkommen werden.

Im Gegensatz zu der kleinen Anzahl von *allgemeinen Transkriptionsfaktoren*, bei denen es sich um reichlich vorhandene Proteine handelt, die sich an der Promotorsequenz aller Gene ansammeln, die von der RNA-Polymerase II transkribiert werden, gibt es Tausende von unterschiedlichen *Transkriptionsregulatoren*, die darauf spezialisiert sind, bestimmte Gene an- und abzuschalten. Wie wir gesehen haben, wird jedes eukaryotische Gen in der Regel individuell transkribiert. Es überrascht nicht, dass die Regulation jedes eukaryotischen Gens sich im Detail von der jedes anderen Gens unterscheidet, und es ist schwierig, einfache Regeln für die Genregulation zu formulieren, die in jedem Fall gelten. Wir können jedoch einige Verallgemeinerungen darüber machen,

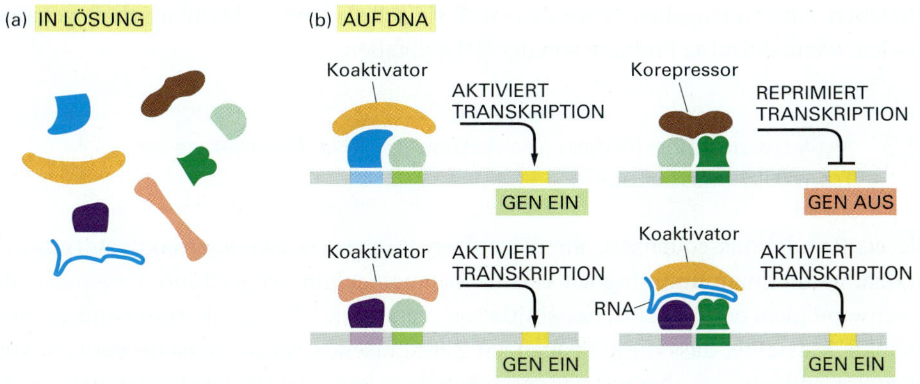

Abb. 7.21 Eukaryotische Transkriptionsregulatoren fügen sich zu Komplexen auf der DNA zusammen. In (a) werden sieben verschiedene Proteine und ein RNA-Molekül gezeigt. Die Natur und die Funktion des von ihnen gebildeten Komplexes hängen von den spezifischen *cis*-Regulationssequenzen ab, die den Zusammenbau auslösen. In (b) aktivieren einige der gebildeten Komplexe die Gentranskription, während andere die Transkription unterdrücken. Man beachte, dass die *roten* und *grünen* Proteine sind sowohl an aktivierenden als auch an hemmenden Komplexen beteiligt sind. Proteine, die selbst nicht an DNA binden, sondern sich auf anderen DNA-gebundenen Transkriptionsregulatoren ansammeln, heißen oft Koaktivatoren oder Korepressoren. In diesen Komplexen befinden sich auch lange nicht codierende RNA-Moleküle (unten rechts). Wie später in diesem Kapitel beschrieben, wirken diese RNAs oft als Gerüste, um Gruppen von Proteinen zusammenzuhalten.

wie Transkriptionsregulatoren, sobald sie an Genkontrollregionen in der DNA gebunden haben, eine Kette von Ereignissen in Gang setzen, die zur Genaktivierung oder-repression führen.

7.3.7 Eukaryotische Transkriptionsregulatoren arbeiten in Gruppen

In Bakterien haben wir gesehen, dass Proteine wie der Tryptophanrepressor, der *Lac*-Repressor und das CAP-Protein von sich aus an DNA binden und direkt die RNA-Polymerase am Promotor beeinflussen. Im Gegensatz dazu finden sich eukaryotische Transkriptionsregulatoren in der Regel an ihren *cis*-Regulationssequenzen in Gruppen zusammen. Oft binden zwei oder mehr Regulatoren kooperativ, wie früher in diesem Kapitel behandelt (s. **Abb. 7.10**). In einigen besonders komplexen Genkontrollregionen können sich mehrere Zehn oder sogar Hunderte solcher Proteine auf der DNA zusammenbauen. Außerdem schließt sich eine umfangreiche Gruppe von aus mehreren Untereinheiten bestehenden Proteinen an, *Koaktivatoren* und *Korepressoren* genannt. Typischerweise erkennen diese Koaktivatoren und Korepressoren selbst keine spezifischen DNA-Sequenzen; sie werden durch spezifische Wechselwirkungen mit DNA-gebundenen Transkriptionsregulatoren zu diesen Sequenzen gebracht.

Wie ihre Namen vermuten lassen, sind Koaktivatoren typischerweise an der Aktivierung der Transkription und Korepressoren an deren Repression beteiligt. In den folgenden Abschnitten werden wir sehen, dass Koaktivatoren und Korepressoren auf eine Vielzahl von Weisen agieren können, um die Transkription zu beeinflussen, nachdem sie durch Transkriptionsregulatoren auf dem Genom lokalisiert wurden.

Wie in **Abbildung 7.21** gezeigt, kann ein individueller Transkriptionsregulator oft an mehr als nur einem Typ von Regulationskomplex beteiligt sein. Ein Protein könnte z. B. in einem Fall als Teil eines Komplexes fungieren, der die Transkription aktiviert, und in einem anderen Fall als Teil eines Komplexes, der die Transkription reprimiert. Somit fungieren eukaryotische Transkriptionsregulatoren als Einzelteile für regulatorische Komplexe, deren Funktion von der Zusammenstellung der einzelnen Komponenten abhängt. Jedes eukaryotische Gen wird daher von einer „Gemeinschaft" von Proteinen reguliert, die allesamt vorhanden sein müssen, damit das Gen auf seinem richtigen Niveau exprimiert wird. Oft sind die Protein–Protein-Wechselwirkungen zwischen den Transkriptionsregulatoren und zwischen den Regulatoren und Koaktivatoren zu schwach, als dass sie sich in Lösung zusammenbauen könnten; die geeignete Kombination von *cis*-Regulationssequenzen kann jedoch als Kristallisationspunkt für den Aufbau dieser Komplexe auf der DNA fungieren (**Abb. 7.18**). In sehr großen und komplexen Genkontrollregionen ist dieser Aufbau u. U. von einem Phasenübergang begleitet, um ein biomolekulares Kondensat zu bilden, wodurch alle Komponenten sogar noch effizienter zusammengehalten werden, weil sie selbst dann in Nachbarschaft gehalten werden, wenn einzelne Proteine von der DNA abfallen.

7.3.8 Aktivatorproteine fördern den Aufbau der RNA-Polymerase am Transkriptionsstartpunkt

Die *cis*-Regulationssequenzen, an die eukaryotische Transkriptionsaktivatorproteine binden, nannte man ursprünglich *Verstärker* (engl. *enhancer*), weil ihre Gegenwart die Geschwindigkeit der Transkriptionsinitiation „verstärkte". Es war überraschend, als man erstmals feststellte, dass diese Sequenzen Zehntausende Nukleotidpaare entfernt vom Promotor sein können; aber wie wir gesehen haben, kann die DNA-Schleifenbildung, die damals noch nicht allgemein bekannt war, eine Erklärung für diese anfangs rätselhafte Beobachtung liefern.

Wie können Ansammlungen von Aktivatorproteinen die Geschwindigkeit der Transkriptionsinitiation erhöhen, wenn sie einmal an die DNA gebunden haben? Bei den meisten Genen arbeiten mehrere Mechanismen zusammen. Ihre letztendliche Funktion ist es, die RNA-Polymerase II am Promotor zu platzieren und sie dort freizusetzen sodass die Transkription beginnen kann.

Manche Aktivatorproteine binden direkt an einen oder mehrere allgemeine Transkriptionsfaktoren, wodurch sie deren Aufbau am Promotor beschleunigen, der – durch DNA-Schleifenbildung – in die Nähe des Aktivators gebracht wurde. Die meisten Transkriptionsaktivatoren ziehen jedoch Koaktivatoren an, die dann biochemische Aufgaben ausführen, die erforderlich sind, um die Transkription zu starten. Einer der vorherrschendsten Koaktivatoren ist der große *Mediator*-Proteinkomplex, der aus über 30 Untereinheiten zusammengesetzt ist. Mit etwa der gleichen Größe wie die RNA-Polymerase selbst dient der Mediator als Brücke zwischen den DNA-gebundenen Transkriptionsaktivatoren, der RNA-Polymerase und den allgemeinen Transkriptionsfaktoren und erleichtert deren Aufbau am Promotor (s. **Abb. 7.20**).

7.3.9 Eukaryotische Transkriptionsaktivatoren lenken die Modifizierung der lokalen Chromatinstruktur

Die eukaryotischen allgemeinen Transkriptionsfaktoren und die RNA-Polymerase sind von sich aus nicht in der Lage, sich auf einem Promotor zusammenzubauen, der in Nukleosomen verpackt ist. Außer dass sie den Aufbau der Transkriptionsmaschinerie am Promotor lenken, fördern eukaryotische Transkriptionsaktivatoren – sobald sie an ihre *cis*-Regulationssequenzen gebunden haben – die Transkription, indem sie die Chromatinstruktur des Promotors verändern und damit die zugrunde liegende DNA zugänglicher machen. Die Enzyme, welche die Chromatinstruktur verändern, sind in der Regel Untereinheiten von Koaktivatoren, bei denen es sich typischerweise um Multiproteinkomplexe handelt, wobei die verschiedenen Untereinheiten unterschiedliche Funktionen ausüben. Ein solcher Koaktivator kann beispielsweise eine Untereinheit besitzen, die sich mit spezifischen DNA-gebundenen Transkriptionsregulatoren verbindet; eine andere verbindet sich mit allgemeinen Transkriptionsfaktoren, und mehrere andere verändern die Chromatinstruktur auf andere Weise.

Kovalente Histonmodifikationen, Nukleosomenumformung, Nukleosomenbeseitigung und Histonersetzung sind die wichtigsten Wege, um Chromatin lokal zu verändern (s. Kapitel 4). Eukaryotische Transkriptionsaktivatoren nutzen alle vier dieser Mechanismen: Somit ziehen sie Koaktivatoren an, darunter Histon-Modifikationsenzyme, ATP-abhängige Chromatin-Umformungskomplexe und Histon-Chaperone. Diese Proteine arbeiten oft kooperativ, um die Chromatinstruktur der Promotoren zu verändern, sodass die DNA zugänglicher wird (Abb. 7.22).

Oft muss eine Reihe einzelner Ereignisse auftreten, die letztendlich von Transkriptionsregulatoren gelenkt werden, bevor die RNA-Polymerase sich auf einem Promotor aufbauen kann. Die Einzelheiten hängen vom zu regulierenden Gen ab. In dem in Abbildung 7.23 veranschaulichten Beispiel wird eine Reihe spezifischer Modifikationen am Histonschwanz durch einen Transkriptionsaktivator ausgelöst; diese Modifikationen ziehen dann weitere Proteine an den Promotor, einschließlich eines Chromatinumformungskomplexes und einem allgemeinen Transkriptionsfaktor. Diese Proteine können wiederum weitere Proteine am Pronotor rekrutieren, während sie auch benachbarte Nukleosomen destabilisieren.

Weil die lokalen, von einem Transkriptionsregulator gesteuerten Chromatinveränderungen oft die Bindung weiterer Proteine erlauben – sowohl direkt (s. Abb. 7.12) als auch indirekt, wie soeben beschrieben – findet typischerweise eine Kaskade von Ereignissen auf den Kontrollregionen eukaryotischer Gene statt, um deren Transkription zu regulieren. Während die RNA-Polymerase II durch ein Gen transkribiert, findet eine andere Art der Chromatinmodifikation statt. Die Histone unmittelbar vor der Polymerase können durch von der Polymerase beförderte Enzyme acetyliert, durch Histon-Chaperone entfernt und hinter der wandernden Polymerase wieder abgelegt werden. Dann werden diese Histone rasch desacetyliert und methyliert, ebenfalls durch Komplexe, die von der Polymerase aktiviert werden. Zurück bleiben Nukleosomen, die besonders transkriptionsresistent sind. Dieser bemerkenswerte Vorgang scheint eine ungewollte erneute Transkriptionsinitiation hinter der wandernden Polymerase zu verhindern, die sich im Wesentlichen einen Weg durch das Chromatin bahnen muss, während sie transkribiert.

Abb. 7.22 Eukaryotische Transkriptionsaktivatorproteine steuern lokale Änderungen der Chromatinstruktur. Nukleosomenumformung, Nukleosomenbeseitigung, Ersetzen von Histonen und bestimmte Histonmodifikationen begünstigen den Start der Transkription (s. Tab. 4.2). Wie gezeigt, werden manche dieser Veränderungen durch verschiedene Arten ATP-abhängiger Chromatinumformungskomplexe angetrieben (s. Abb. 4.26 und 4.27); die meisten beziehen auch Histonchaperone ein (nicht gezeigt). Diese Veränderungen verbessern die Zugänglichkeit der DNA und erleichtern die Bindung der RNA-Polymerase und der allgemeinen Transkriptionsfaktoren.

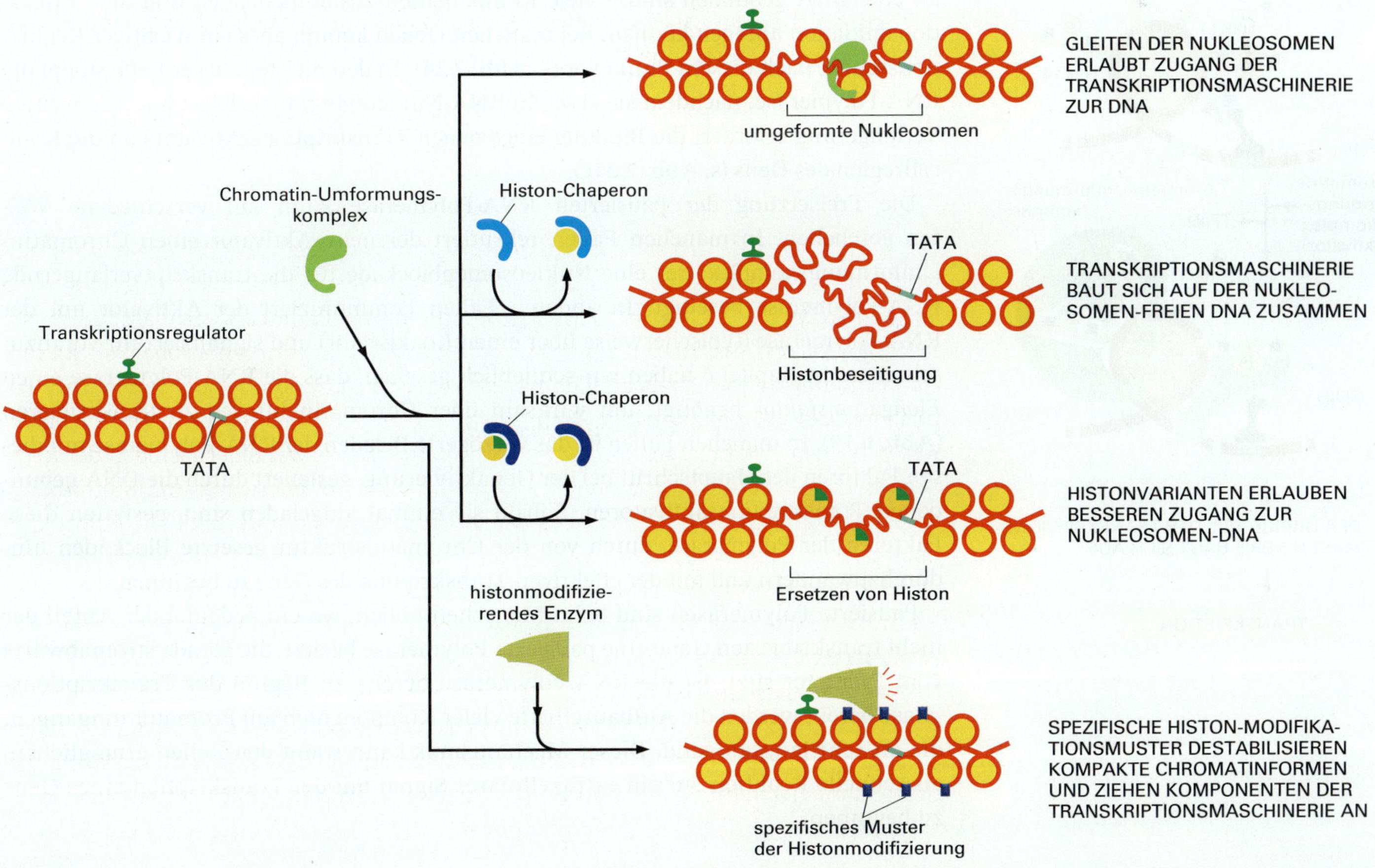

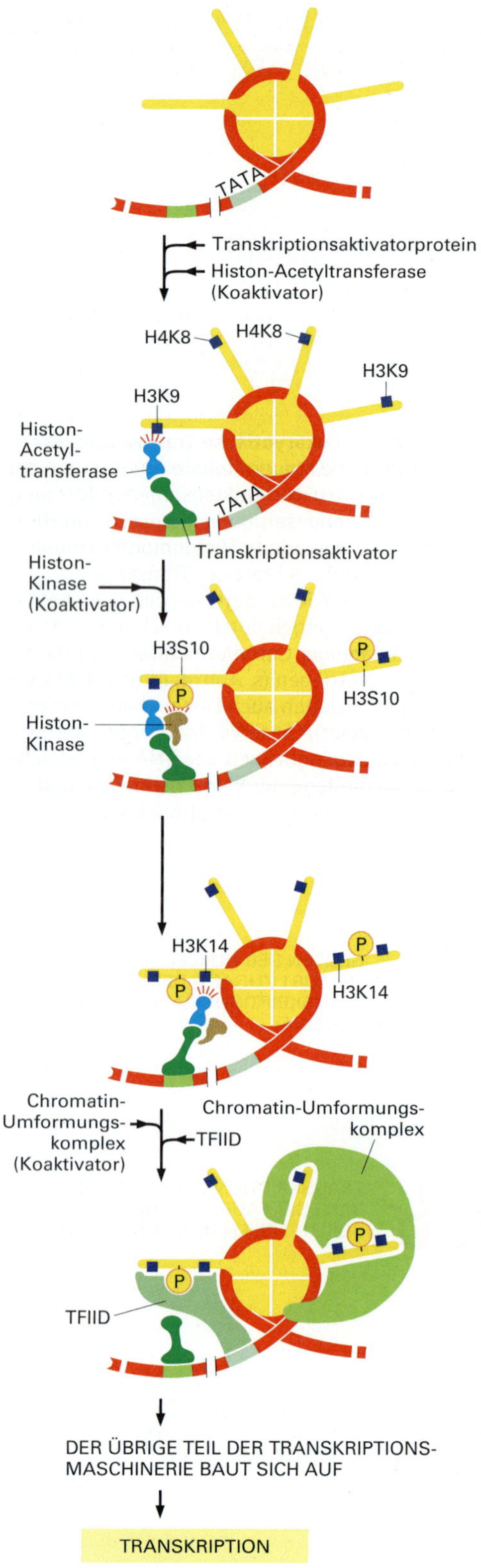

Abb. 7.23 Aufeinanderfolgende Histonmodifikationen während der Transkriptionsinitiation. Das Beispiel stammt vom Promotor des menschlichen Interferongens; ein Transkriptionsaktivator bindet an in Chromatin verpackte DNA und zieht eine Histon-Acetyltransferase an, die Lysin 9 von Histon H3 und Lysin 8 von Histon H4 acetyliert (s. **Abb. 4.35**). Dann phosphoryliert eine Histon-Kinase, Teil eines anderen Koaktivators, der vom selben Transkriptionsaktivator angezogen wird, Serin 10 des Histons H3; sie kann dies aber erst dann tun, nachdem Lysin 9 acetyliert wurde. Diese Serin-Modifikation signalisiert dann der ursprünglichen Histon-Acetyltransferase, die Position K14 von Histon H3 zu acetylieren. Als Nächstes binden der Transkriptionsfaktor TFIID und ein Chromatin-Umformungskomplex an Chromatin, um die nachfolgenden Schritte der Transkriptionsinitiation zu fördern. Sowohl TFIID als auch der Umformungskomplex erkennen acetylierte Histonschwänze durch eine *Bromodomäne*, eine Proteindomäne, die darauf spezialisiert ist, diese bestimmte Markierung auf Histonen zu lesen; eine Untereinheit jedes Proteinkomplexes trägt eine Bromodomäne. Die Bindung des TFIID verursacht einen scharfen Knick in der DNA (nicht gezeigt, aber s. **Abb. 6.17**), was das Gleiten des Nukleosoms an eine andere Position erleichtert; dabei wird die Transkriptionsstartstelle für die Bindung der RNA-Polymerase II frei. Die Histon-Acetyltransferase, die Histon-Kinase und der Chromatin-Umformungskomplex sind allesamt Untereinheiten von Koaktivatoren. Die gezeigte Reihenfolge der Ereignisse gilt für einen speziellen Promotor; bei anderen Genen können die Schritte in einer anderen Reihenfolge stattfinden oder einzelne Schritte können entfallen. (Verändert nach T. Agalioti, G. Chen und D. Thanos, *Cell* 111: 381–392, 2002).

Wenn wir an späterer Stelle in diesem Kapitel die RNA-*Interferenz* behandeln, wird die mögliche Gefahr einer solch ungewollten Transkription für die Zelle offensichtlich.

7.3.10 Manche Transkriptionsaktivatoren arbeiten, indem sie die pausierte RNA-Polymerase freisetzen

Bis jetzt haben wir uns darauf konzentriert, wie Transkriptionsregulatoren – sobald sie an eine DNA gebunden sind – viele Komponenten zusammenbauen und die Translationsinitiation anregen können. Bei manchen Genen kommt aber ein wichtiger Regulationsschritt nach diesem Punkt vor (s. **Abb. 7.24**). In den meisten dieser Fälle stoppt die RNA-Polymerase, nachdem sie etwa 50 RNA-Nukleotide transkribiert hat. Die weitere Verlängerung erfordert die Bindung eines neuen Transkriptionsaktivators an die Kontrollregion des Gens (s. **Abb. 7.24c**).

Die Freisetzung der pausierten RNA-Polymerase kann auf verschiedene Weisen geschehen. In manchen Fällen rekrutiert der neue Aktivator einen Chromatin-Umformungskomplex, der eine Nukleosomenblockade für die transkriptverlängernde RNA-Polymerase beseitigt. In anderen Fällen kommuniziert der Aktivator mit der RNA-Polymerase (typischerweise über einen Koaktivator) und signalisiert ihr voranzuschreiten. In Kapitel 6 haben wir schließlich gesehen, dass die RNA-Polymerase einen *Elongationsfaktor* benötigt, um wirksam über Chromatin hinweg zu transkribieren (**Abb. 6.19**). In manchen Fällen ist das verzögerte Beladen der RNA-Polymerase mit diesen Faktoren der Hauptschritt bei der Genaktivierung, gesteuert durch die DNA-gebundenen Transkriptionsaktivatoren. Sobald sie einmal aufgeladen sind, gestatten diese Faktoren der Polymerase, durch von der Chromatinstruktur gesetzte Blockaden hindurchzuwandern und mit der effektiven Transkription des Gens zu beginnen.

Pausierte Polymerasen sind beim Menschen üblich, wo ein bedeutender Anteil der nicht transkribierten Gene eine pausierte Polymerase besitzt, die gerade stromabwärts vom Promotor sitzt. Ist die RNA-Polymerase bereits zu Beginn der Transkriptionsphase bereit, werden die Aufbauschritte vieler Komponenten am Promotor umgangen, die oft sehr langsam sind. Dieser Mechanismus kann somit den Zellen ermöglichen, als schnelle Reaktion auf ein extrazelluläres Signal mit der Transkription eines Gens zu beginnen.

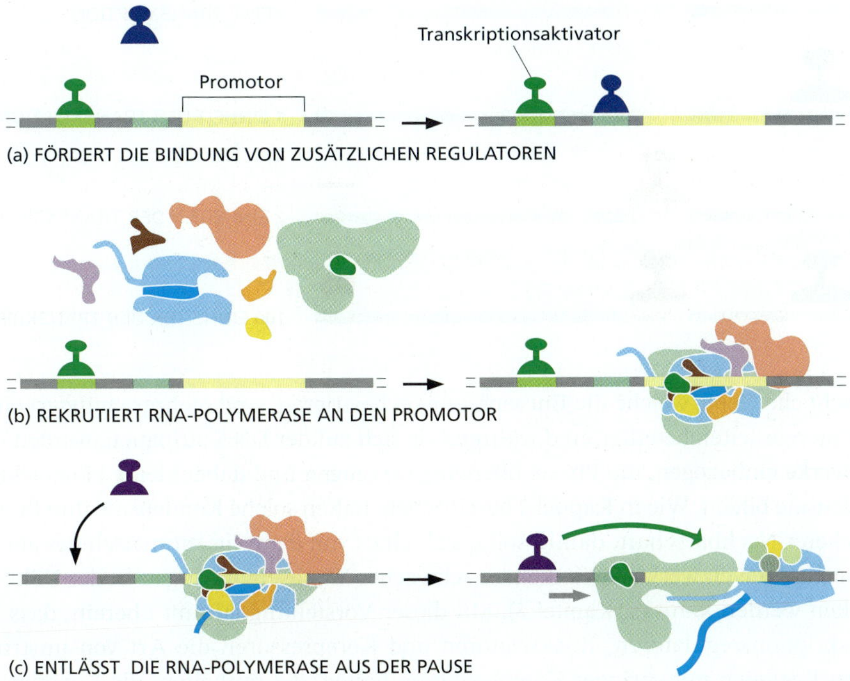

Abb. 7.24 Verschiedene Transkriptionsregulatoren können auf verschiedenen Stufen arbeiten. (a) Wie bereits in diesem Kapitel beschrieben (s. **Abb. 7.12**), kann ein DNA-gebundener Transkriptionsaktivator die DNA-Bindung durch zusätzliche Transkriptionsregulatoren fördern. (b) Wie in **Abb. 7.20** und **7.22** ausführlicher gezeigt, steuern die meisten Transkriptionsaktivatoren den Aufbau der RNA-Polymerase an den Promotoren; dies kann sich über eine Vielzahl von Mechanismen abspielen. (c) Sobald sie an DNA gebunden sin, setzen manche anderen Transkriptionsaktivatoren RNA-Polymerasemoleküle frei, die, nachdem sie etwa 50 RNA-Nukleotide transkribiert haben, pausieren. Der Einfachheit halber sind viele der für die Transkriptionsinitiation benötigten zusätzlichen Proteine nicht gezeigt.

7.3.11 Transkriptionsaktivatoren arbeiten synergistisch

Wir haben gesehen, dass Komplexe aus Transkriptionsaktivatoren und Koaktivatoren sich kooperativ auf der DNA aufbauen. Wir haben ebenfalls gesehen, dass diese Ansammlungen verschiedene Schritte bei der Transkriptionsinitiation fördern können. Im Allgemeinen ist der gemeinsame Effekt von verschiedenen Faktoren, die zusammenarbeiten, um eine Reaktion zu verstärken, nicht nur die Summe der Verstärkungen, die durch jeden Faktor allein verursacht würden, sondern das Produkt dieser Verstärkungen. Wenn z. B. Faktor A die Freie Energie für eine Reaktion um einen bestimmten Wert erniedrigt und damit die Reaktion um den Faktor 100 beschleunigt und Faktor B durch Wirkung auf einen anderen Teil der Reaktion das Gleiche tut, so werden A und B gemeinsam die Energiebarriere um das Doppelte erniedrigen und die Reaktion um das 10 000-Fache beschleunigen. Selbst wenn A und B einfach das gleiche Protein anziehen, dann nimmt die Affinität dieses Proteins zur Reaktionsstelle multiplikativ zu. Also weisen Transkriptionsaktivatoren häufig das auf, was man *transkriptionale Synergie* nennt, wobei mehrere DNA-gebundene Aktivatorproteine zusammenarbeiten, um eine Transkriptionsgeschwindigkeit zu erzeugen, die weit höher ist als die Summe der allein wirkenden Transkriptionsgeschwindigkeiten (**Abb. 7.25**).

Als Ergebnis hängt die Transkription eines Gens letztendlich vom Spektrum der Regulationsproteine ab, die stromaufwärts und stromabwärts von seiner Transkriptionsstartstelle gebunden haben, zusammen mit den Koaktivatorproteinen, die sie zur DNA bringen.

7.3.12 Die Kondensatbildung steigert wahrscheinlich die Effizienz der Transkriptionsinitiation

Wir haben in breiter konzeptueller Hinsicht die vielen verschiedenen Proteinarten behandelt, die sich zusammenbauen müssen, damit die Transkription eines typischen Gens beginnt. Für besonders komplexe Genkontrollregionen, wie solche für wichtige

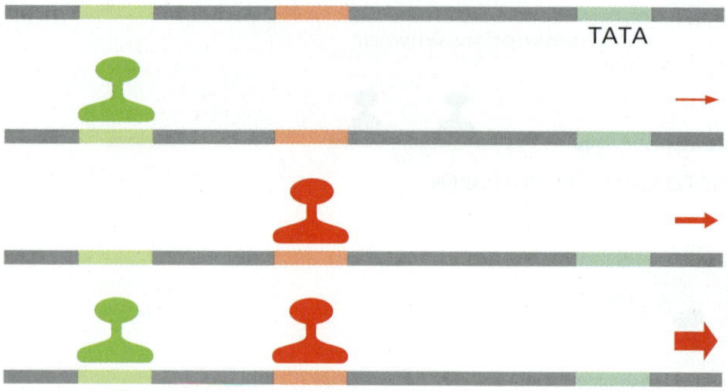

Abb. 7.25 Transkriptionale Synergie. In diesem Experiment wird die durch drei experimentell konstruierte Kontrollregionen gesteuerte Transkriptionsgeschwindigkeit in eukaryotischen Zellen verglichen. Es zeigt sich eine transkriptionale Synergie, d. h. ein mehr als additiver Effekt der Aktivatoren, die zusammenarbeiten. Eine solche Transkriptionssynergie wird nicht nur zwischen verschiedenen Transkriptionsaktivatoren desselben Organismus beobachtet; sie zeigt sich auch zwischen Aktivatorproteinen aus verschiedenen eukaryotischen Arten, wenn sie experimentell in die gleiche Zelle eingeführt werden. Letztere Beobachtung spiegelt den hohen Konservierungsgrad der Transkriptionsmaschinerie wider, die für die eukaryotische Transkriptionsinitiation verantwortlich ist.

menschliche Gene, welche die Entwicklung orchestrieren, sind mehrere hundert einzelner Untereinheiten beteiligt, und während sie sich auf der DNA aufbauen, werden sie in Netzwerke einbezogen, die Phasenübergänge erzeugen und dabei kleine biomolekulare Kondensate bilden. Wie in Kapitel 3 beschrieben, halten solche Kondensate ihre Proteine in lockerer Nachbarschaft, damit, sollte sich eines von dem Zusammenschluss ablösen, es von einem Netzwerk schwankender schwacher Wechselwirkungen in der Nähe festgehalten werden kann (s. Kapitel 3). Mit dieser Vorstellung stimmt überein, dass viele Transkriptionsregulatoren, Koaktivatoren und Korepressoren die Art von unstrukturierten Regionen mit geringer Komplexität enthalten, die mithelfen, die Kondensatbildung anzutreiben.

Wie mag dies der Transkription helfen? Zumindest manche dieser Transkriptionskondensate enthalten zusätzliche Kopien von Schlüsselproteinen, darunter den Mediator-Komplex (**Abb. 7.26**). Man hat vorgeschlagen, dass die Anwesenheit dieser zusätzlichen Kopien im selben Kondensat die Transkriptionsinitiation zu einem effizienten, aber hoch dynamischen Prozess macht, wobei sich die Proteine innerhalb des Kondensats rasch auf der DNA austauschen. Gemäß dieser Ansicht repräsentiert **Abb. 7.20b** nur eine Momentaufnahme der Transkriptionsinitiation. Ob sich solche Kondensate auf den meisten eukaryotischen Genen bilden, die gerade transkribiert werden – oder eher auf solchen, deren Regulation besonders komplex ist – bleibt noch zu bestimmen.

7.3.13 Eukaryotische Transkriptionsrepressoren können die Transkription auf verschiedene Weise hemmen

Obgleich der „Grundzustand" eukaryotischer DNA, die in Nukleosomen verpackt ist, sich der Transkription widersetzt, verwenden Eukaryoten trotzdem noch Transkriptionsregulatoren, um die Transkription individueller Gene zu unterdrücken. Diese Transkriptionsrepressoren können rasch ein Gen abschalten, das gerade aktiv transkribiert wird, und sie können sogar die Transkriptionsgeschwindigkeit unter den sehr niedrigen

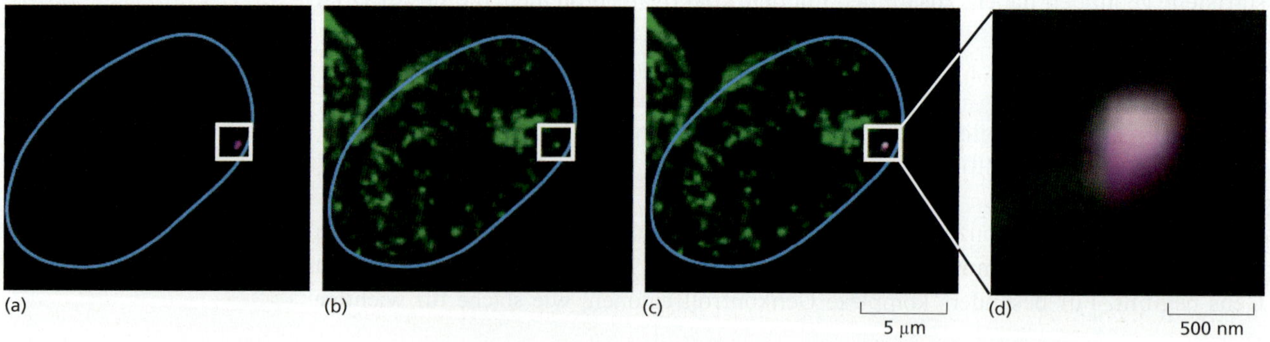

Abb. 7.26 Kondensatbildung an der Transkriptionskontrollregion des *Nanog*-Gens in einer embryonalen Stammzelle der Maus. Die Zelle wurde fixiert und in (a) wurde das *Nanog*-Gen durch Hybridisierung einer komplementären Nukleotidsequenz identifiziert, die an einen roten Fluorophor geheftet war, entsprechend der als FISH bezeichneten Prozedur (s. **Abb. 8.32**). Nanog ist ein Schlüssel-Transkriptionsregulator in embryonalen Stammzellen (s. **Abb. 7.10**), und seine eigene Regulationsregion ist eine der komplexesten in Mausgenom. Der Zellkern ist durch *blaue Ovale* gekennzeichnet. (b) Eine Untereinheit des Mediators ist mit einem grün fluoreszierenden Protein fusioniert (s. **Abb. 9.16**) und hier dargestellt. (c) Die beiden vorhergehenden Bilder wurden verschmolzen, und in (d) ist der Teil des Bildes im *weißen Quadrat* zehnfach vergrößert. Die Größe und diffuse Beschaffenheit des „Kleckses" legen ein Kondensat nahe, das eine große Anzahl von Proteinen enthält. Man beachte, dass zusätzliche Kondensate des Mediators durch den Zellkern hindurch sichtbar sind und u. U. Kondensate an anderen Verstärkern repräsentieren können. Diese Kondensate sind viel kleiner als diejenigen der Kern-Organellen, wie der in Kapitel 6 behandelte Nukleolus. (Aus B. R. Sabari *et al.*, *Science* 361: eaar3958, 2018. Mit Erlaubnis der AAAS).

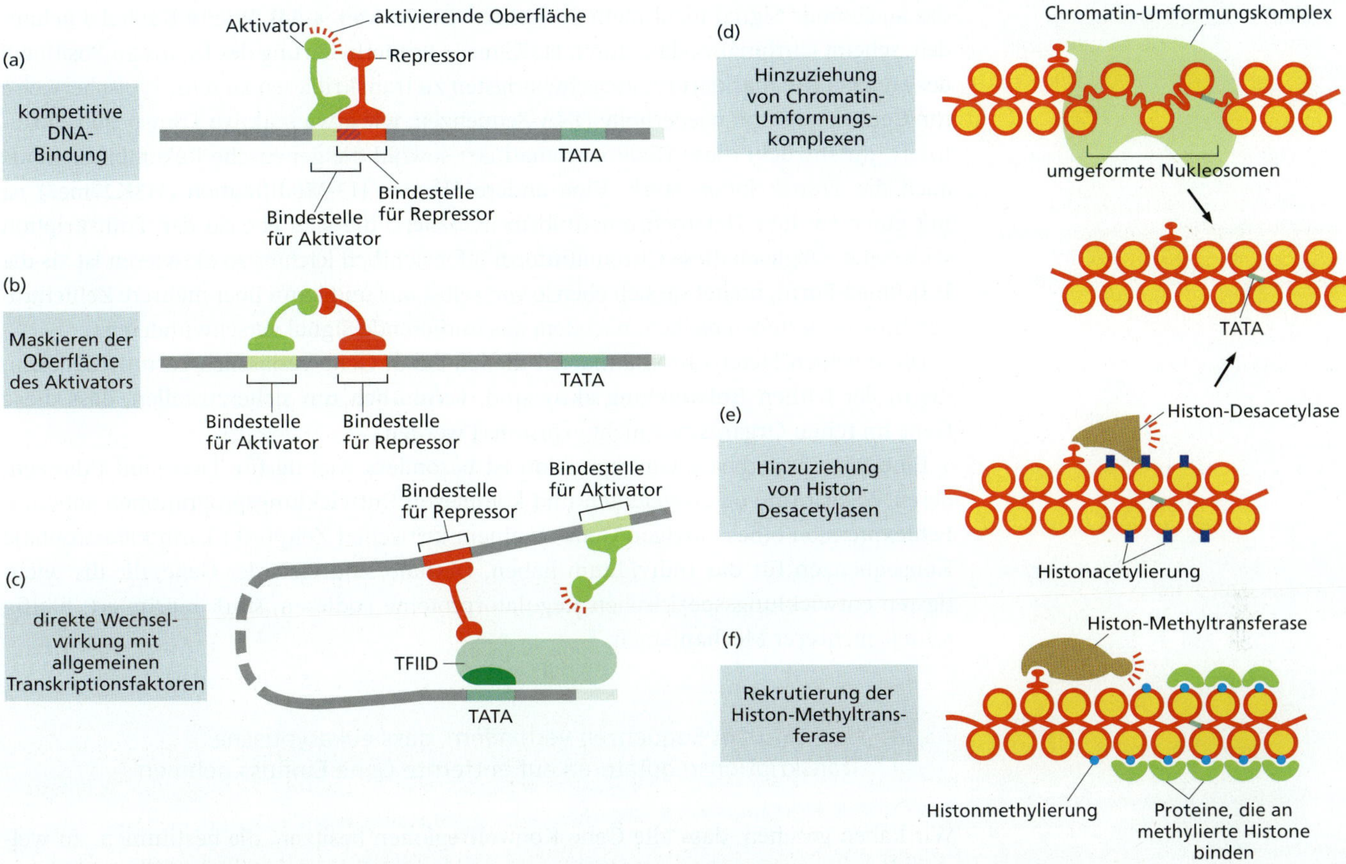

Abb. 7.27 Sechs Wege, wie eukaryotische Repressorproteine arbeiten können. (a) Ein Repressorprotein konkurriert mit Aktivatorproteinen um die Bindung an dieselbe DNA-Kontrollsequenz. (b) Sowohl Aktivator- als auch Repressorproteine binden nahe beieinander auf der DNA, und der Repressor maskiert den Aktivator und verhindert damit, dass er funktioniert (z. B: indem die Rekrutierung seiner Koaktivatoren blockiert wird). (c) Der Repressor „vergiftet" die Anlagerung der allgemeinen Transkriptionsfaktoren, indem er an sie bindet und eine Zwischenstufe stabilisiert. (d) Der Repressor rekrutiert einen Chromatin-Umformungskomplex, der die Nukleosomen in der Promotorregion in ihren prätranskriptionalen Zustand zurückbringt. (e) Der Repressor zieht eine Histon-Desacetylase zum Promotor, wodurch die für die Transkriptionsinitiation benötigte Histonacetylierung beseitigt wird (s. Abb. 7.23). (f) Die Heterochromatinbildung wird ausgelöst, wenn ein Repressor eine spezifische Histon-Methyltransferase anzieht, die entweder Lysin 9 oder Lysin 27 auf Histon H3 trimethyliert. Dabei entstehen entweder H3K9me3- oder H3K27me3-markierte Nukleosomen. Dann verbreiten „Lese-Schreib"-Mechanismen jeden methylierten Nukleosomentyp über Tausende von Nukleotidpaaren entlang der DNA; sie helfen auch mit, dass das Methylierungsmuster über Zellteilungen hinweg vererbt wird (s. Abb. 4.40 und 4.44). Der letzte Schritt bei der Heterochromatinbildung findet statt, wenn jeder modifizierte Nukleosomentyp weitere Proteine anzieht, welche die DNA verdichten und sie in einer transkriptionslosen Form halten.

Grundwert drücken. Wie die früher behandelten Transkriptionsaktivatoren wirken Transkriptionsrepressoren oft auf einzelne Gene. Aber anders als die bereits in diesem Kapitel behandelten Repressoren der Bakterien konkurrieren die meisten eukaryotischen Repressoren nicht direkt mit der RNA-Polymerase um den Zugang zur DNA; vielmehr verwenden sie eine Vielzahl anderer Mechanismen, von denen einige in Abb. 7.27 dargestellt sind. Wie die Transkriptionsaktivierung kann die Transkriptionsrepression an einem vorhandenen Ziel-Gen über mehr als nur einen Mechanismus arbeiten, wodurch eine besonders effiziente Repression gewährleistet ist.

Die verschiedenen in Abb. 7.27 dargestellten Repressionsmechanismen haben unterschiedliche Konsequenzen für den Aufwand, mit dem ein reprimiertes Gen reaktiviert werden kann. Bei den meisten Mechanismen lässt sich der reprimierte Zustand relativ leicht und rasch umkehren, z. B., indem einfach der Repressor inaktiviert wird. Aber der letzte Mechanismus – eine gerichtete Methylierung spezifischer Histon-Aminosäuren, die eine ungewöhnlich stark kondensierte Form von Chromatin erzeugt, auch als Heterochromatin bezeichnet – ist selbstverstärkend und kann sich sogar dann ausbreiten, wenn das auslösende Signal nicht mehr vorhanden ist. (s. **Abb. 4.44**). Wie in Kapitel 4 behandelt, scheint Chromatin, dass durch H3K9me3 (Trimethylierung des Lysins an Position 9 des Histons H3) markiert ist, am schwierigsten zu transkribieren zu sein. Typischerweise um Centromere und wiederholte DNA-Sequenzen, wie etwa inaktive Transposons, lokalisiert, unterdrückt diese Heterochromatinart sowohl die genetische Rekombination als auch die Transkription stark. Eine andere Histon- H3-Modifikation (H3K27me3) ist mit einer zweiten Heterochromatinform assoziiert, die sich ebenso der Transkription widersetzt. Obgleich diese Chromatinform offensichtlich leichter zu aktivieren ist als die H3K9me3-Form, breitet sie sich ebenso von selbst aus und kann über mehrere Zellteilungen hinweg bestehen bleiben, nachdem das initiierende Signal verschwunden ist.

Diese beiden Heterochromatinarten dienen dazu, Gene verlässlich zu unterdrücken, die in der frühen Entwicklung aktiv sind, vermutlich um sicherzustellen, dass diese Gene im reifen Organismus nicht exprimiert werden.

Eine feste, vererbbare Genrepression ist besonders wichtig für Tiere und Pflanzen, deren Wachstum von ausgefeilten und komplexen Entwicklungsprogrammen abhängt. Fehlexpression eines einzigen Gens zu einem kritischen Zeitpunkt kann katastrophale Konsequenzen für das Individuum haben. Deshalb sind viele der Gene, die die wichtigsten entwicklungsspezifischen Regulatorproteine codieren, stark reprimiert, häufig mittels mehrerer Mechanismen.

7.3.14 Isolator-DNA-Sequenzen verhindern, dass eukaryotische Transkriptionsregulatoren auf entfernte Gene Einfluss nehmen

Wir haben gesehen, dass alle Gene Kontrollregionen besitzen, die bestimmen, zu welchen Zeiten, unter welchen Bedingungen und in welchen Geweben das Gen exprimiert wird. Wir haben ebenfalls gesehen, dass eukaryotische Transkriptionsregulatoren über sehr lange DNA-Abschnitte hinweg agieren können, wobei die dazwischenliegende DNA in Schleifen gelegt wird. Wie werden dann Kontrollregionen verschiedener Gene davor bewahrt, dass sie einander stören? Was verhindert beispielsweise, dass ein an die Kontrollregion eines Gens gebundener Transkriptionsregulator in die falsche Richtung eine Schleife bildet und die Transkription eines benachbarten Gens ungewollt beeinflusst? Und falls komplexe Regulationsregionen biomolekulare Kondensate bilden, was hält alle Kontrollregionen davon ab, ein riesiges Kondensat zu bilden, bei dem die Regulationsinformation durcheinander kommen würde?

Um eine solche Wechselwirkung zwischen Regulationsdomänen zu vermeiden, gliedern mehrere Arten von DNA-Elementen das Genom in eigenständige Regulationsdomänen auf. In Kapitel 4 haben wir *Sperrsequenzen* behandelt, die verhindern, dass sich Heterochromatin in Gene ausbreitet, die exprimiert werden müssen (**Abb. 4.41**). Ein zweiter DNA-Elementtyp, der *Isolator*, bewahrt die *cis*-Regulationssequenzen davor, dass sie Amok laufen und unpassende Gene aktivieren (**Abb. 7.28**). Wie wir in Kapitel 4 gesehen haben, fungieren Isolatorsequenzen, indem sie Chromatinschleifen bilden, ein Effekt, der durch spezialisierte Bindeproteine vermittelt wird (s. **Abb. 4.57** und **7.28b**).

Abb. 7.28 Schematische Zusammenfassung der Eigenschaften von Isolatoren und Sperrsequenzen. (a) Isolatoren blockieren direktional die Wirkung von *cis*-Verstärkern, während Sperrsequenzen die Ausbreitung von Heterochromatin verhindern. Wie Sperrsequenzen vermutlich arbeiten, ist in **Abb. 4.41** dargestellt. (b) Isolator-Bindeproteine (*violett*) halten Chromatin in Schleifen und begünstigen dabei „korrekte" Verstärker-Promotor- Verbindungen. Somit wird Gen B ordnungsgemäß reguliert und seine *cis*-Regulatorsequenzen werden davor bewahrt, die Transkription von Gen A zu beeinflussen. Das wichtigste Isolator-Bindeprotein in Säugern wird CTCF genannt.

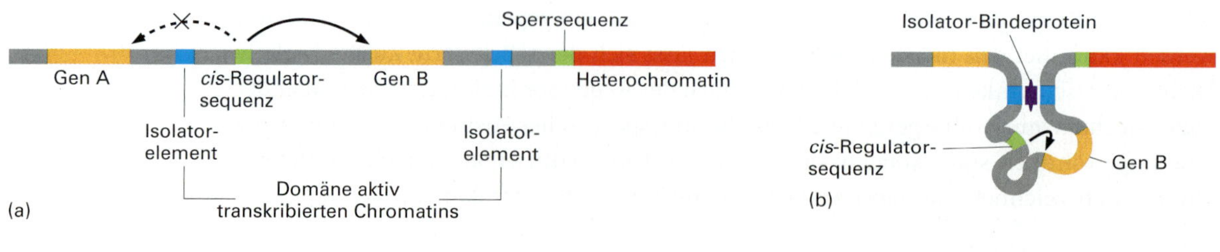

Die Schleifen, so nimmt man an, halten ein Gen und seine Kontrollregion in ungefährer Nachbarschaft und helfen mit, dass sich die Kontrollregion nicht auf benachbarte Gene ausweitet. Allgemeiner ausgedrückt hilft die Verteilung der Isolatoren und ihrer Sperrsequenzen in einem Genom, es in unabhängige Domänen der Genregulation und Chromatinstruktur zu unterteilen (Kapitel 4).

Die Verteilung der über 10 000 Schleifen auf der Sammlung von Säugerchromosomen kann sich ändern, wenn sich Zellen differenzieren oder wenn sie auf Änderungen in ihrer Umwelt reagieren. Außerdem sind diese von Isolatoren gebildeten Schleifen nicht statisch; stattdessen unterziehen sie sich einem fortwährenden Vorgang der Schleifenausstülpung und-freisetzung, der durch Kohäsionsringe des Proteins angetrieben wird (s. **Abb. 4.57**). Man hat vorgeschlagen, dass der Ausstülpungsprozess seinerseits dazu beiträgt, Verstärker neben ihre passenden Promotoren zu platzieren, indem sie aneinander vorbei gleiten, während, unpassende Verstärker-Promotor-Verbindungen gelöst werden, indem sie physisch getrennt werden.

Obwohl Chromosomen zu geordneten Domänen organisiert sind, die die Kontrollregionen davon abhalten, willkürlich zu interagieren, gibt es spezielle Umstände, unter denen eine auf einem Chromosom gelegene Kontrollregion ein Gen aktiviert, das auf einem anderen Chromosom liegt. Obgleich wir von diesem Mechanismus noch nicht viel verstehen, zeigt er die extreme Vielseitigkeit der Transkriptionsregulationsstrategien.

Zusammenfassung

Transkriptionsregulatoren schalten in Zellen die Transkription einzelner Gene an und ab. In Prokaryoten binden diese Proteine typischerweise an spezifische DNA-Sequenzen, die nahe am RNA-Polymerase-Startpunkt liegen und je nach Beschaffenheit des Kontrollproteins und der genauen Lage der Bindungsstelle in Bezug auf den Startpunkt die Transkription des Gens entweder aktivieren oder blockieren. Die Flexibilität der DNA erlaubt es auch Transkriptionsregulatoren, die an entfernt gelegenen Stellen gebunden sind, auf die RNA-Polymerase am Promotor einzuwirken, indem die dazwischenliegende DNA Schleifen bildet. Die Regulation der Gene höherer Eukaryoten ist weit komplexer, entsprechend der größeren Genomgröße und der größeren Zellvielfalt, die sich ausbildet. Ein einzelnes eukaryotisches Gen wird normalerweise von vielen Genregulatorproteinen kontrolliert, die an Sequenzen gebunden sind, die Zehn- oder sogar Hunderttausende von Nukleotidpaaren vom Promotor, der die Transkription des Gens steuert, entfernt sein können. Eukaryotische Aktivatoren und Repressoren wirken über eine Vielzahl von Mechanismen, die im Allgemeinen eine lokale Modifikation der Chromatinstruktur verursachen und den Zusammenbau allgemeiner Transkriptionsfaktoren und der RNA-Polymerase am Promotor kontrollieren. Sie bewerkstelligen dies, indem sie Koaktivatoren und Korepressoren anziehen, Proteinkomplexe, die die nötigen biochemischen Reaktionen ausführen. Die Zeit, zu der jedes Gen transkribiert wird, und der Ort, an dem es transkribiert wird, sowie seine Transkriptionsrate unter unterschiedlichen Bedingungen werden durch das Spektrum der in der Zelle vorhandenen Transkriptionsregulatoren bestimmt, die an die Kontrollregion des Gens binden.

7.4 Molekulargenetische Mechanismen schaffen und erhalten spezialisierte Zelltypen

Obwohl alle Zellen die Fähigkeit besitzen müssen, als Antwort auf Änderungen in ihrer Umwelt Gene ein- und abzuschalten, haben die Zellen vielzelliger Organismen diese Fähigkeit in besonderem Ausmaß entwickelt. Im Einzelnen bedeutet dies, dass, wenn eine Zelle in einem vielzelligen Organismus sich einmal festgelegt hat, sich zu einem speziellen Zelltyp zu differenzieren, diese Schicksalswahl im Allgemeinen über viele aufeinanderfolgende Zellgenerationen beibehalten wird; dies bedeutet wiederum, dass die an der Wahl beteiligten Änderungen der Genexpression in Erinnerung bleiben müssen. Dieses Phänomen des *Zellgedächtnisses* ist eine grundsätzliche Vorbedingung zur Schaffung organisierter Gewebe und zur Aufrechterhaltung stabiler Differenzierungszustände von Zellen. Im Gegensatz dazu sind andere Veränderungen in der Genexpression bei Eukaryoten sowie die meisten derartigen Änderungen bei Bakterien nur vorübergehend. Der Tryptophanrepressor z. B. schaltet die Tryptophan-Gene in Bakterien nur in Anwesenheit von Tryptophan aus; sobald Tryptophan aus dem Medium entfernt wird, werden die Gene wieder eingeschaltet und die Nachkommen der Zellen werden keine Erinnerung daran haben, dass ihren Vorläufern Tryptophan angeboten worden war.

In diesem Abschnitt untersuchen wir einige spezifische Beispiele, die veranschaulichen, wie Zellarten spezifiziert und aufrechterhalten werden und wie einfach Genregulationseinheiten kombiniert werden können, um die „logischen Schaltkreise" zu erzeugen, durch die Zellen Signale abstimmen und sich an Ereignisse in ihrer Vergangenheit erinnern. Wir beginnen damit, indem wir eine solche komplexe Genkontrollregion näher betrachten, die genaustens untersucht wurde.

7.4.1 Komplexe genetische Schalter, die die *Drosophila*-Entwicklung regulieren, sind aus kleineren Molekülen aufgebaut

Wir haben gesehen, dass Transkriptionsregulatoren an verschiedenen Stellen entlang langer DNA-Abschnitte positioniert werden können und dass diese Proteine Koaktivatoren und Korepressoren, die letztendlich die RNA-Polymerase positionieren und aktivieren, ins Spiel bringen können, damit die RNA-Polymerase mit der Transkription beginnt. Hier besprechen wir, wie die zahlreichen Transkriptionsregulatoren, die an die Kontrollregion eines Gens gebunden sind, externe Information abstimmen können, sodass sie das Gen dazu veranlassen können, dass es an der richtigen Stelle und zum richtigen Zeitpunkt transkribiert wird.

Die Expression des *Even-skipped* (*Eve*)-Gen von *Drosophila* spielt eine wichtige Rolle bei für die Entwicklung des *Drosophila*-Embryos. Ist dieses Gen durch Mutation inaktiv, werden viele Teile des Embryos nicht gebildet und der Embryo stirbt in einem frühen Entwicklungsstadium. Wie in Kapitel 21 besprochen, ist der Embryo im frühesten Entwicklungsstadium, in dem *Eve* aktiv ist, eine einzige Zelle mit vielen Kernen in einem gemeinsamen Cytoplasma. Das Cytoplasma ist jedoch nicht einheitlich: Es enthält eine Mischung aus Transkriptionsregulatoren, die ungleichmäßig über die Gesamtlänge des Embryos verteilt sind; dadurch entstehen *Positionsinformationen*, die einen Teil des Embryos von einem anderen unterscheiden (**Abb. 7.29**). Obwohl die Kerne anfänglich identisch sind, beginnen sie rasch unterschiedliche Gene zu aktivieren, da

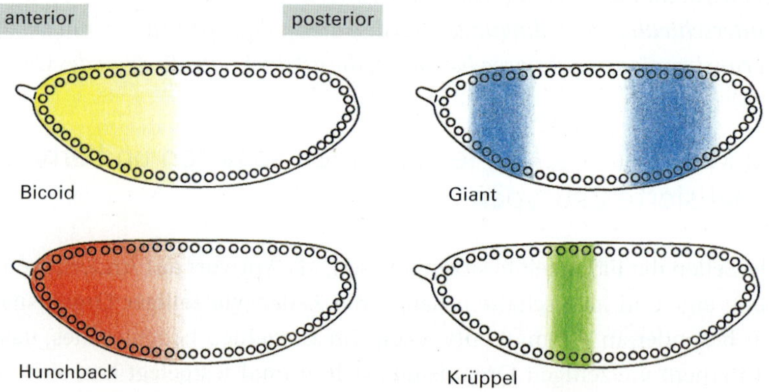

Abb. 7.29 Die ungleichmäßige Verteilung von Transkriptionsregulatoren in einem frühen *Drosophila*-Embryo. In diesem Stadium ist der Embryo ein Syncytium mit vielen Kernen in einem gemeinsamen Cytoplasma. Obwohl die Zellkerne nur in einer Scheibe des Embryos gezeigt sind, sind sie in Wirklichkeit in drei Dimensionen um die innere Oberfläche der Riesenzelle angeordnet.

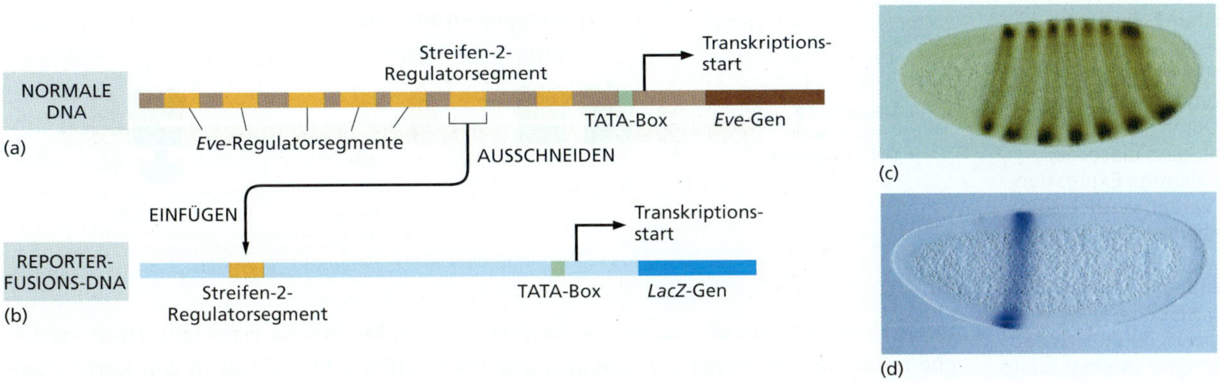

Abb. 7.30 Experiment, das die modulare Konstruktion der Regulationsregion des *Eve*-Gens zeigt. (a) Ein Abschnitt der *Eve*-Regulationsregion aus 480 Nukleotidpaaren wurde entfernt und (b) stromaufwärts von einem Testpromotor eingefügt, der die Synthese des Enzyms β-Galactosidase steuert (das Produkt des *LacZ*-Gens von *Escherichia coli;* s. **Abb. 7.18**). (c, d) Wenn dieses künstliche Konstrukt wieder in das Genom des *Drosophila*-Embryos eingeführt wurde, dann exprimierten die Embryonen (d) β-Galactosidase (durch histochemische Färbung nachweisbar) exakt an der Position des zweiten der sieben *Eve*-Streifen. (c) Der vollständige Satz der *Eve*-Streifen wurde mithilfe von Antikörpern detektiert, die gegen das Eve-Protein gerichtet waren. β-Galactosidase lässt sich leicht nachweisen und bietet somit einen bequemen Weg, die durch eine Genkontrollregion spezifizierte Expression zu überwachen. β-Galactosidase nennt man einen Reporter, sowie sie auch hier eingesetzt wurde, weil sie über die Aktivität einer Genkontrollregion „berichtet". (Mit freundlicher Genehmigung von Stephan Small und Michael Levine).

sie unterschiedlichen Transkriptionsregulatoren ausgesetzt sind. Die Kerne in der Nähe des anterioren Endes des sich entwickelnden Embryos werden z. B. von einem Satz von Genregulatorproteinen kontrolliert, der sich von der Gruppe unterscheidet, die in der Mitte und denjenigen, die am posterioren Ende des Embryos vorkommen.

Die DNA-Regulationssequenzen des *Eve*-Gens sind dazu bestimmt, die Konzentrationen von Transkriptionsregulatoren in jeder Position über die Gesamtlänge des Embryos zu „lesen", und sie bewirken, dass das *Eve*-Gen in sieben exakt positionierten Streifen exprimiert wird; jeder dieser Streifen ist anfänglich fünf bis sechs Kerne breit. Wie wird dieses Meisterstück an Informationsverarbeitung erreicht? Obwohl vieles davon noch nicht verstanden ist, konnten einige allgemeine Prinzipien aus Untersuchungen von *Eve*- und anderen *Drosophila*-Genen, die auf eine ähnliche Weise reguliert werden, abgeleitet werden.

Die Kontrollregion des *Eve*-Gens ist sehr lang (ungefähr 20 000 Nukleotidbasenpaare). Sie wird von einer Reihe relativ einfacher Kontrollmodule gebildet, von denen jedes viele Kontrollsequenzen enthält und für die Spezifizierung eines bestimmten Streifens der *Eve*-Expression über die Gesamtlänge des Embryos verantwortlich ist. Der modulare Aufbau der *Eve*-Genkontrollregion zeigt sich anhand von Experimenten, bei denen ein bestimmtes Kontrollmodul (z. B. dasjenige, das Streifen 2 spezifiziert) von seiner normalen Position stromaufwärts vom *Eve*-Gen ausgeschnitten, vor ein Reporter-Gen platziert und in das *Drosophila*-Genom wiedereingeführt wird. Untersucht man sich entwickelnde Embryonen, die von Fliegen mit dieser genetischen Konstruktion abstammen, zeigt sich, dass das *Reporter*-Gen genau an der Position von Streifen 2 exprimiert wird, aber nicht an den Positionen der anderen Streifen (**Abb. 7.30**). Ähnliche Experimente lassen auf das Vorhandensein anderer Kontrollmodule schließen, von denen jedes einen anderen Streifen spezifiziert.

7.4.2 Das *Eve*-Gen von *Drosophila* wird durch kombinatorische Kontrollen reguliert

Eine detaillierte Untersuchung des Streifen-2-Moduls ermöglichte Einblicke dazu, wie es die Positionsinformationen liest und interpretiert. Das Modul enthält Erkennungssequenzen für zwei Transkriptionsregulatoren (Bicoid und Hunchback), die die *Eve*-Transkription aktivieren, und für zwei andere (Krüppel und Giant), die die *Eve*-Transkription blockieren (**Abb. 7.31**). Die relative Konzentration dieser vier Proteine bestimmt, ob sich am Streifen-2-Modul ein Proteinkomplex bildet, der die Transkription des *Eve*-Gens aktiviert. **Abbildung 7.32** zeigt die Verteilungen der vier Transkriptionsregulatoren über die Region eines *Drosophila*-Embryos, in der sich der Streifen 2 ausbildet. Man glaubt, dass eines der beiden Repressorproteine durch die Bindung an die DNA das Streifen-2-Modul ausschaltet, während sowohl Bicoid als auch Hunchback an die DNA

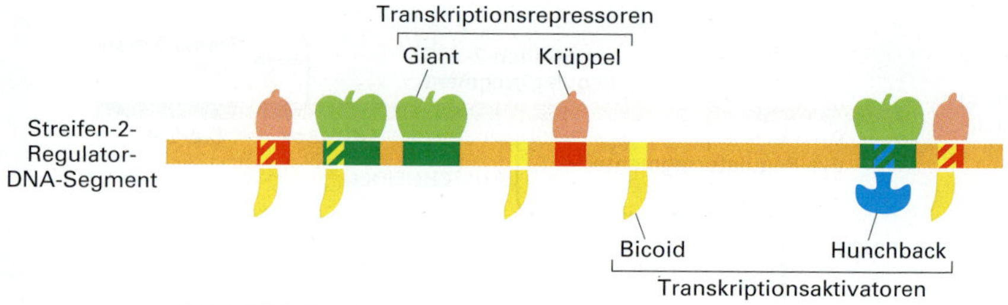

Abb. 7.31 Die *Eve*-Streifen-2-Einheit. Das Segment der in **Abb. 7.30** nachgewiesenen *Eve*-Kontrollregion enthält *cis*-Regulationssequenzen für vier Transkriptionsregulatoren. Durch genetische Experimente ist bekannt, dass diese vier Kontrollproteine für die richtige Expression des Streifens 2 von *Eve* verantwortlich sind. Fliegen, denen z. B. die beiden Genaktivatoren Bicoid und Hunchback fehlen, können *Eve* nicht effizient in Streifen 2 exprimieren. Bei Fliegen, denen einer der beiden Genrepressoren Giant oder Krüppel fehlt, dehnt sich der Streifen aus und bedeckt eine anormal breite Region des Embryos. Wie gezeigt, überlappen sich in manchen Fällen die Bindungsstellen für die Transkriptionsregulatoren, und die Proteine können um die Bindung an die DNA konkurrieren. Z. B. schließen sich die Bindung von Krüppel und Bicoid an der Bindungsstelle rechts außen gegenseitig aus.

binden müssen, um die maximale Aktivierung des Moduls zu erreichen. Dieses einfache regulatorische Schema reicht aus, um das Streifen-2-Modul nur in den Kernen einzuschalteten (und deswegen die Expression des *Eve*-Gens), in denen die Konzentration sowohl von Bicoid als auch von Hunchback hoch sind und sowohl Krüppel als auch Giant fehlen. Diese Kombination von Aktivatoren und Repressoren liegt nur in einer Region des Embryos im frühen Entwicklungsstadium vor. Es ist nicht genau bekannt, wie diese vier Transkriptionsregulatoren mit Koaktivatoren und Korepressoren wechselwirken, um das Endniveau der Transkription innerhalb des Streifens zu spezifizieren, aber das Ergebnis stützt sich sehr wahrscheinlich auf die Konkurrenz zwischen Aktivatoren und Repressoren, die über die in **Abb. 7.21**, **7.22** und **7.27** skizzierten Mechanismen wirken.

Das Streifen-2-Modul ist insofern autonom, als es Streifen 2 spezifiziert, wenn es aus seinem normalen Zusammenhang herausgenommen wird (s. **Abb. 7.30**). Von den anderen regulatorischen Streifenmodulen nimmt man an, dass sie ähnlich konstruiert sind und Positionsinformationen lesen, die von anderen Transkriptionsregulatorkombinationen dargeboten werden. Die vollständige *Eve*-Gen-Kontrollregion bindet über 20 verschiedene Transkriptionsregulatoren. Sieben Regulatorkombinationen – eine Kombination pro Streifen – spezifizieren die *Eve*-Expression, während viele andere Kombinationen (alle diejenigen, die in dem Bereich zwischen den Streifen des Embryos zu finden sind) die alle Streifenelemente stumm halten. Dabei wird aus einer Reihe kleinerer Module, von denen jedes aus einer einzigartigen Anordnung kurzer *cis*-Regulationssequenzen besteht, die von spezifischen Transkriptionsregulatoren erkannt werden, eine große und komplexe Kontrollregion aufgebaut.

Das *Eve*-Gen selbst codiert für ein Transkriptionsregulatorprotein, das, nachdem sein Expressionsmuster in sieben Streifen vorliegt, die Expression anderer *Drosophila*-Gene reguliert. Dadurch wird der Embryo, wenn die Entwicklung fortschreitet, in immer kleinere Abschnitte unterteilt, aus denen schließlich die verschiedenen Körperteile der adulten Fliege entstehen, wie in Kapitel 21 beschrieben wird.

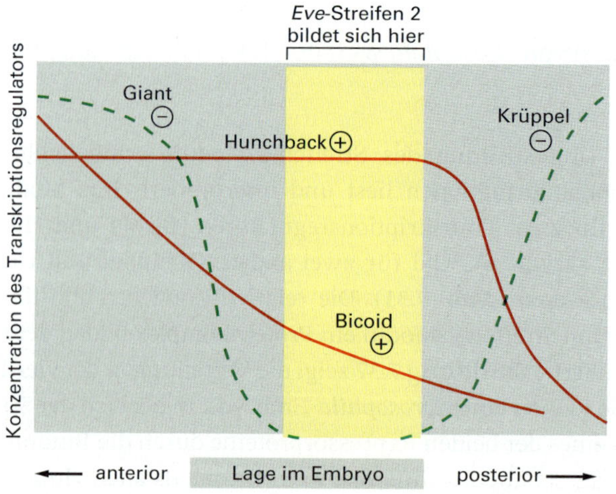

Abb. 7.32 Die Verteilung der Transkriptionsregulatoren, die für die Expression von *Eve* in Streifen 2 verantwortlich ist. Die Verteilung dieser Proteine wurde sichtbar gemacht, indem man einen sich entwickelnden Embryo mit Antikörpern gegen jedes der vier Proteine färbte; gezeigt ist eine Kurve der Färbeintensitäten. Die Expression von *Eve* im Streifen 2 tritt nur an der Stelle auf, an der die beiden Aktivatoren (Bicoid und Hunchback) vorhanden sind und die beiden Repressoren (Giant und Krüppel) fehlen. Bei Fliegenembryonen, denen Krüppel fehlt, breitet sich z. B. der Streifen 2 nach posterior aus. Eine ähnliche Ausweitung des Streifens 2 nach posterior tritt auf, wenn die DNA-Bindungsstellen für Krüppel im Streifen-2-Modul durch Mutation inaktiviert sind (s. auch **Abb. 7.31**).

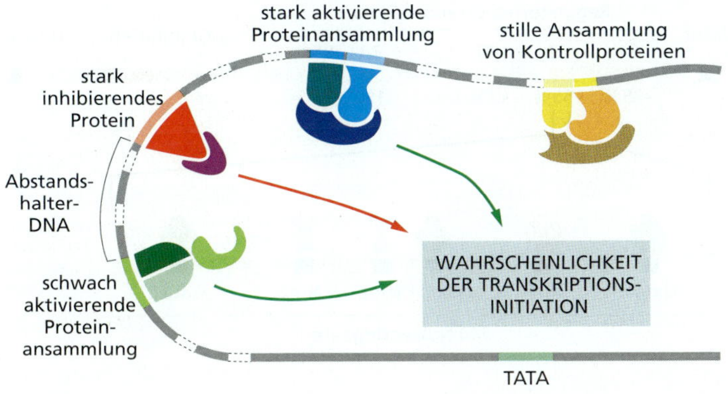

Abb. 7.33 Informationsverarbeitung vieler Eingangsdaten an einem Promotor. Mehrere Gruppen von Transkriptionsregulatoren, Koaktivatoren und Korepressoren können zusammenarbeiten, um die Transkriptionsinitiation an einem Promotor zu beeinflussen, wie sie es bei dem in der vorausgehenden Abb. 7.31 gezeigten *Eve*-Streifen-2-Modul tun. Bis jetzt ist noch nicht bekannt, wie die Verarbeitung der vielen Informationseingänge erfolgt, aber es ist wahrscheinlich, dass die endgültige Transkriptionsaktivität des Gens aus einem Wettbewerb zwischen Aktivatoren und Repressoren resultiert, die nach den in den Abb. 7.21, 7.19, 7.22 und 7.27 zusammengefassten Mechanismen arbeiten. Für besonders komplexe Genkontrollregionen wurde vorgeschlagen, wie bereits gesehen, dass dieser Wettstreit in lokalisierten biomolekularen Kondensaten, die durch Netzwerke schwacher Wechselwirkungen gebildet werden, stattfindet und aufaddiert wird.

Eve ist ein Beispiel für die komplexen Transkriptionskontrollregionen, die sich in Pflanzen und Tieren finden. Wie dieses Beispiel zeigt, können Kontrollregionen auf viele verschiedene Einflüsse (Input) reagieren, diese Informationen integrieren und eine komplexe räumliche und zeitliche Antwort (Output) erzeugen, während die Entwicklung fortschreitet. Wie jedoch all diese Mechanismen genau zusammenarbeiten, um den End-Output zu erzeugen, ist nur in groben Umrissen verstanden (**Abb. 7.33**).

7.4.3 Transkriptionsregulatoren werden von extrazellulären Signalen ins Spiel gebracht

Das obige Beispiel von *Drosophila* zeigt klar die Leistung der kombinatorischen Kontrolle, aber dieser Fall ist insofern ungewöhnlich, als die Kerne direkt Positionshinweisen in Form der Konzentrationen von Transkriptionsregulatoren ausgesetzt sind. In den Embryonen der meisten anderen Lebewesen und in allen Adulten befinden sich die Kerne in getrennten Zellen, und extrazelluläre Information (einschließlich der Positionshinweise)

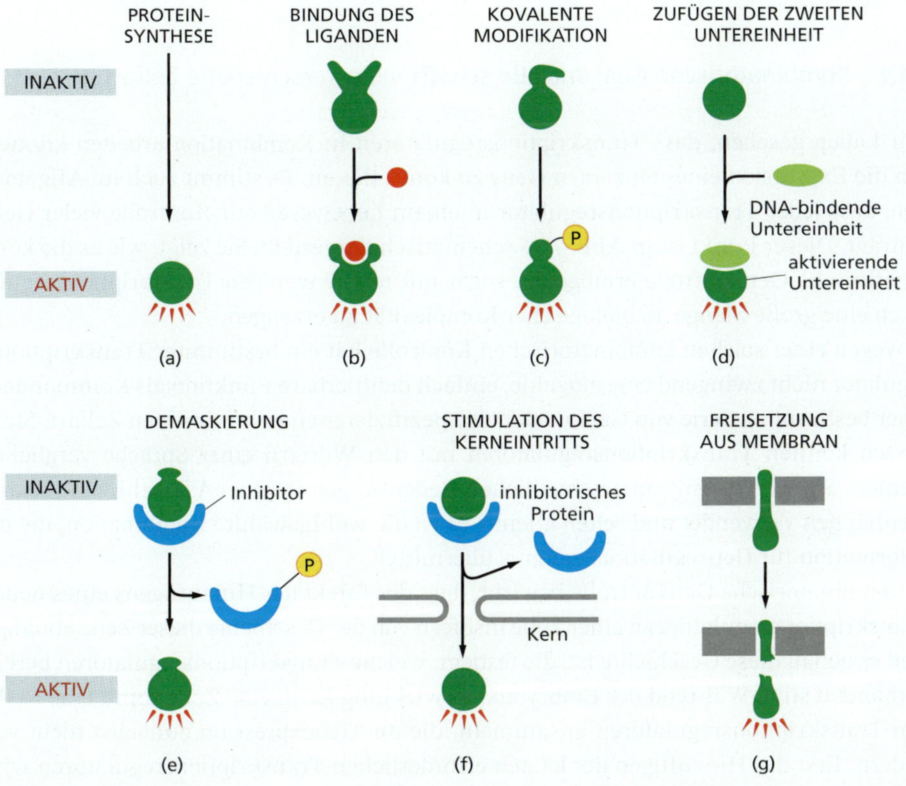

Abb. 7.34 Einige Möglichkeiten, wie die Aktivität von Transkriptionsregulatoren in eukaryotischen Zellen reguliert wird. (a) Das Protein wird nur dann gebildet, wenn es benötigt wird, und durch Proteolyse rasch abgebaut, damit es sich nicht anhäuft. (b) Aktivierung durch Ligandenbindung. (c) Aktivierung durch kovalente Modifikation. Hier ist eine Phosphorylierung gezeigt, aber es sind viele andere Modifikationen möglich (s. Tab. 3.4). (d) Bildung eines Komplexes zwischen einem DNA-bindenden Protein und einem anderen Protein mit einer transkriptionsaktivierenden Domäne. (e) Demaskierung einer aktivierenden Domäne durch Phosphorylierung eines hemmenden Proteins. (f) Aktivierung des Kerneintritts durch Entfernen eines hemmenden Proteins, das sonst den Eintritt des Kontrollproteins in den Kern verhindert. (g) Freisetzung eines Transkriptionsregulators aus einer Doppelschichtmembran durch regulierte Proteolyse.

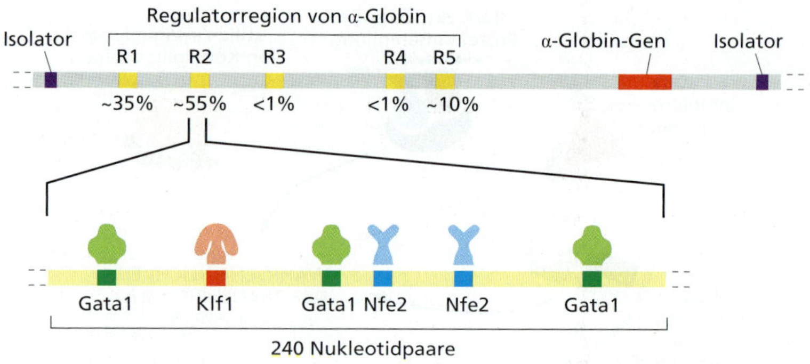

Abb. 7.35 Modulare Struktur der Kontrollregion für das α-Globin-Gen der Maus. Jedes der fünf Module (R1–R5) kann unabhängig als Verstärker agieren, d. h. sie können jeweils die Transkription eines Reporterkonstrukts aktivieren (s. **Abb. 7.30b**). Aber die Expressionsmuster in einem sich entwickelnden Embryo unterscheiden sich für die verschiedenen Module etwas voneinander. Wie durch die Prozentangaben angezeigt, unterscheidet sich jedes Modul in den Beiträgen, die es zu der Gesamttranskriptionsrate in erythroiden Zellen leistet, wobei die Gesamtmenge der mRNA in etwa gleich der Summe der von den einzelnen Modulen gebildeten ist. Die additiven Eigenschaften dieser Kontrollregion legen nahe, dass die Module allesamt den selben Schritt in der Transkription betreffen. Die Kombination der Transkriptionsregulatoren, die das R2-Modul erkennen, das aktivste der fünf, ist in erweiterter Ansicht gezeigt. Diese drei Transkriptionsregulatoren werden in erythroiden Zellen hergestellt und fehlen in den meisten anderen Zellarten, was erklärt, warum die Expression des Globin-Gens nur in erythroiden Zellen stattfindet. Die meisten dieser gleichen Proteine binden auch an andere α-Globin-Regulationsmodule, was mit den additiv arbeitenden Modulen konsistent ist. Wie gezeigt, flankieren Isolatorsequenzen das Gen (einschließlich seiner Kontrollregion), was es dem α-Globin-Gen erlaubt, unabhängig von anderen Genen auf demselben Chromosom reguliert zu werden (s. **Abb. 7.28**). Man glaubt, dass die Module R3 und R4 keinen signifikanten Beitrag zu der Gesamttranskription des α-Globin-Gens leisten, das sie aber einmal funktionsfähige Module waren, die im langsamen Evolutionsverlauf verschwinden, weil sie allmählich Mutationen anhäufen. (Mit freundlicher Genehmigung von Helena Francis und Douglas Higgs).

muss die Plasmamembran passieren, um Signale im Cytosol zu erzeugen, die verschiedene Transkriptionsregulatoren dazu veranlassen, in unterschiedlichen Zellarten aktiv zu werden. Einige der verschiedenen Mechanismen, von denen man weiß, dass sie dazu verwendet werden, Transkriptionsregulatoren zu aktivieren, sind in **Abb. 7.34** dargestellt, und in Kapitel 15 erörtern wir, wie extrazelluläre Signale diese Veränderungen auslösen.

Analog zu dem bereits erörterten Beispiel in der Taufliege sind auch die Verstärker bei Säugetieren modular. Ein Beispiel ist die Kontrollregion, die für die Regulierung des α-Globin-Gens verantwortlich ist; dieses codiert für eine der Untereinheiten von Hämoglobin (s. **Abb. 3.20**). Hier breiten sich fünf verschiedene Module über etwa 25 000 Nukleotidpaare aus. (**Abb. 7.35**). Wenn man ein Modul von den anderen vier trennt, dann kann jedes der fünf Module als unabhängiger Verstärker arbeiten, um die Bildung von α-Globin zu spezifizieren; dies bewerkstelligen sie aber nur in erythroiden Zellen, den Vorläufern der roten Blutkörperchen (Erythrocyten), da nur erythroide Zellen die entsprechenden Transkriptionsregulatoren exprimieren. Erythrocyten, die hohe Hämoglobinkonzentrationen enthalten, sind insofern ungewöhnlich, als sie keine DNA besitzen und sich hinsichtlich der Synthese dieses Proteins auf ihre Vorläuferzellen verlassen.

7.4.4 Kombinatorische Genkontrolle schafft viele verschiedene Zellarten

Wir haben gesehen, dass Transkriptionsregulatoren in Kombination arbeiten können, um die Expression eines einzelnen Gens zu kontrollieren. Es stimmt auch im Allgemeinen, dass jeder Transkriptionsregulator in einem Lebewesen zur Kontrolle vieler Gene beiträgt. Dieser Punkt ist in **Abb. 7.36** schematisch dargestellt. Sie zeigt, wie es die kombinatorische Genkontrolle ermöglicht, sogar mit relativ wenigen Transkriptionsregulatoren eine große Menge an biologischer Komplexität zu erzeugen.

Wegen einer solchen kombinatorischen Kontrolle hat ein bestimmter Transkriptionsregulator nicht zwingend eine einzelne, einfach definierbare Funktion als Kommandeur einer bestimmten Serie von Genen oder als Spezifizierer einer bestimmten Zellart. Stattdessen können Transkriptionsregulatoren mit den Wörtern einer Sprache verglichen werden: Sie werden mit unterschiedlichen Bedeutungen in einer Vielzahl von Zusammenhängen verwendet und selten alleine; es ist die wohlgewählte Kombination, die die Information für Genregulationsereignis übermittelt.

Kombinatorische Genkontrolle bewirkt, dass der Effekt des Hinzufügens eines neuen Transkriptionsregulators zu einer Zelle insofern von der Geschichte dieser Zelle abhängt, weil es genau diese Geschichte ist, die festlegt, welche Transkriptionsregulatoren bereits vorhanden sind. Während der Embryonalentwicklung kann eine Zelle somit eine Reihe von Transkriptionsregulatoren ansammeln, die die Genexpression zunächst nicht verändern. Erst das Hinzufügen der letzten erforderlichen Transkriptionsregulatoren wird

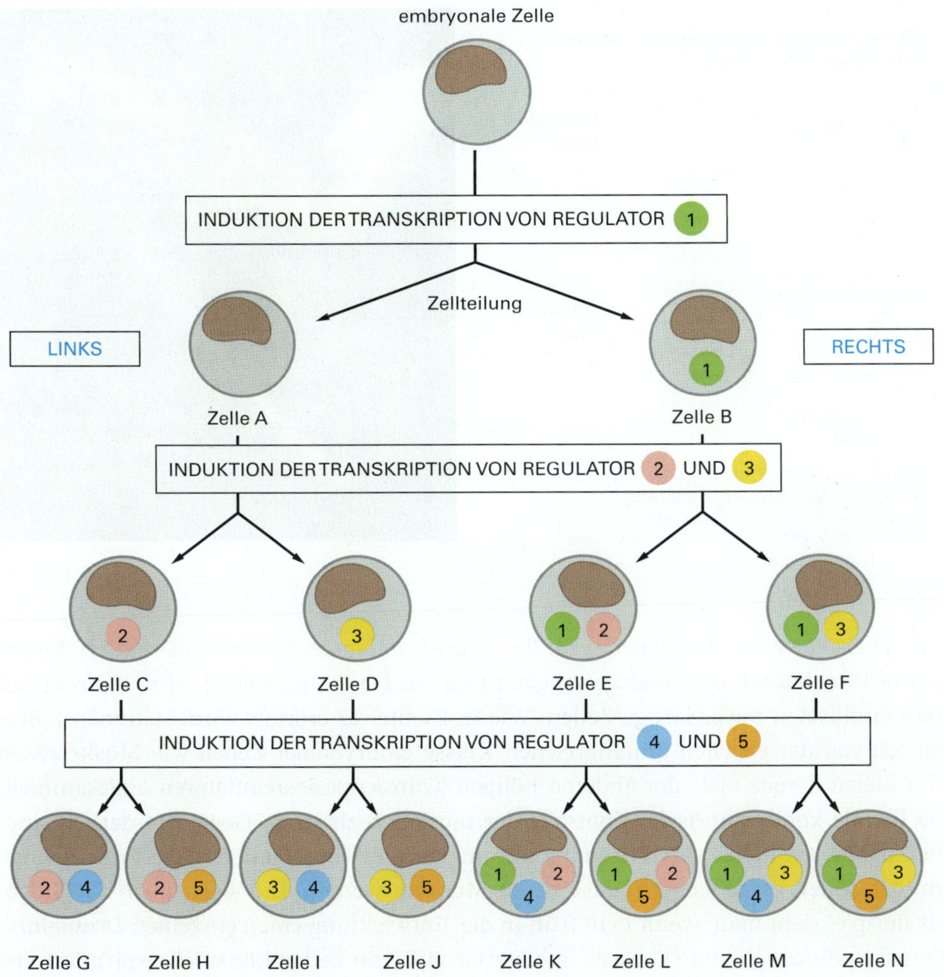

Abb. 7.36 Die Bedeutung der kombinatorischen Genkontrolle für die Entwicklung. Durch Kombination weniger Transkriptionsregulatoren können viele verschiedene Zelltypen im Verlauf der Entwicklung entstehen. In diesem vereinfachten Schema wird nach jeder Zellteilung eine „Entscheidung" zur Synthese von einem aus einem Paar von Transkriptionsregulatoren (dargestellt als eingekreiste Zahlen) getroffen. Indem sie ihre relative Lage im Embryo „spürt", wird die auf der *linken Seite* des Embryos gelegene Tochterzelle immer zur Synthese von geradzahligen Proteinen eines jeden Paars induziert, während die Tochterzelle auf der *rechten Seite* des Embryos zur Synthese der ungeradzahligen Proteine eines jeden Paars angeregt wird. Man nimmt an, dass sich die Bildung jedes Transkriptionsregulators, sobald sie gestartet wurde, selbst aufrechterhält (s. Abb. 7.42). So wird durch das Zellgedächtnis die endgültige kombinatorische Spezifikation Schritt für Schritt aufgebaut. In diesem rein hypothetischen Beispiel werden acht Zelltypen (G bis N) mithilfe von fünf verschiedenen Transkriptionsregulatoren erzeugt.

die Regulationsbotschaft abschließen und zu großen Veränderungen in der Genexpression führen.

Die Bedeutung der Transkriptionsregulator-Kombinationen für die Spezifikation der Zellarten kann am einfachsten durch ihre Fähigkeit gezeigt werden – wenn künstlich in einer spezifischen Kombination exprimiert –, eine Zellart in eine andere umzuwandeln. Durch beispielsweise die künstliche Expression von drei nervenzellspezifischen Transkriptionsregulatoren in Leberzellen können diese in funktionsfähige Nervenzellen umgewandelt werden (**Abb. 7.37**). In manchen Fällen reicht sogar die Expression eines einzigen Transkriptionsregulators aus, um eine Zellart in eine andere umzuwandeln.

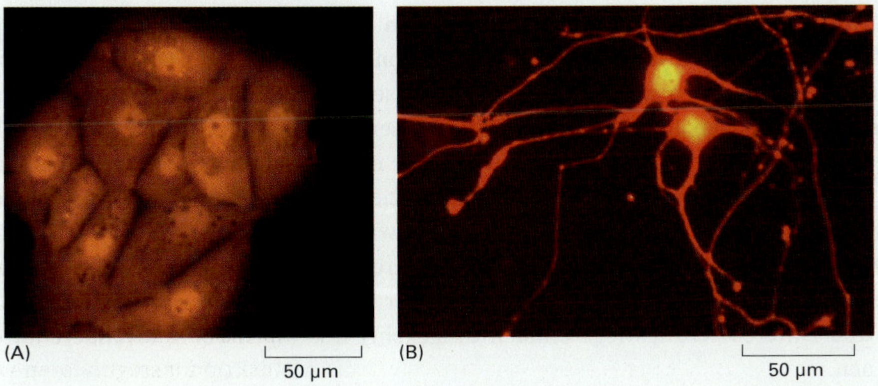

Abb. 7.37 Ein kleiner Satz von Transkriptionsregulatoren kann eine differenzierte Zellart in eine andere umwandeln. In diesem Experiment wurden (a) in Kultur gehaltene Leberzellen über die künstliche Expression von drei nervenzellspezifischen Transkriptionsregulatoren in (b) Nervenzellen umgewandelt. Beide Zellarten exprimieren ein künstliches *rot* fluoreszierendes Protein, was dazu dient, sie sichtbar zu machen. An dieser Umwandlung ist die Aktivierung vieler nervenspezifischer Gene sowie die Repression vieler leberspezifischer Gene beteiligt. (Aus S. Marro *et al.*, *Cell Stem Cell* 9: 374–382, 2011. Mit Erlaubnis von Elsevier).

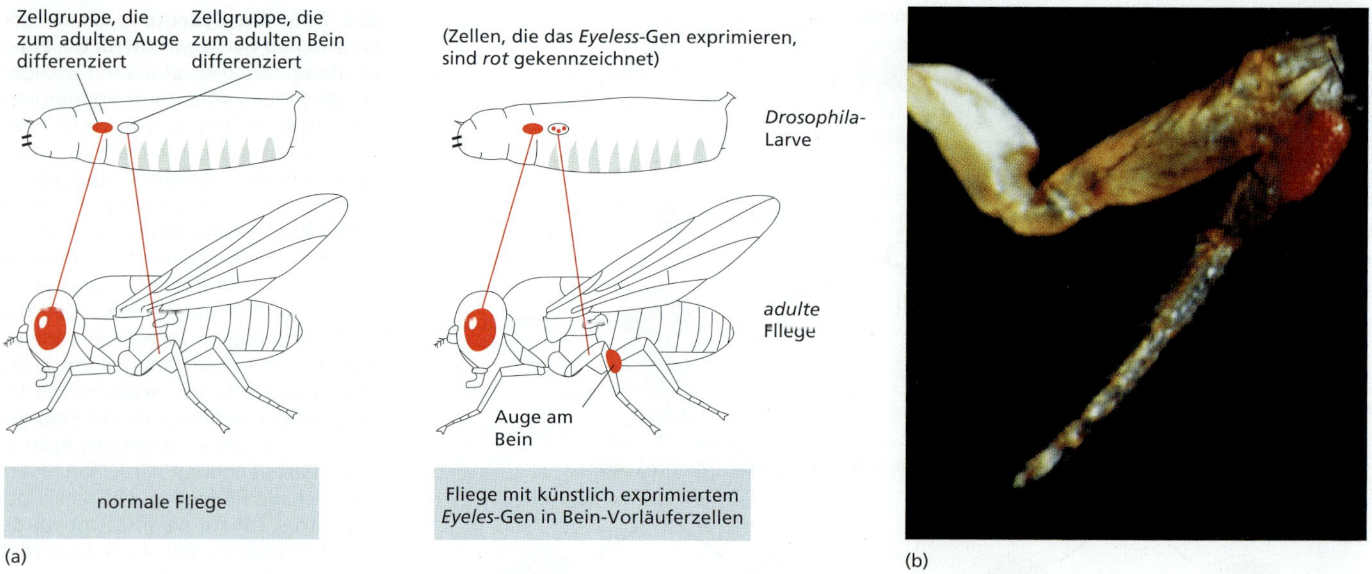

Abb. 7.38 Expression des *Eyeless*-Gens von *Drosophila* in den Vorläuferzellen des Beins löst die Entwicklung eines Auges am Bein aus. (a) Das vereinfachte Schema zeigt, was geschieht, wenn das *Eyeless*-Gen in einer Taufliegenlarve normal exprimiert (*links*) oder zusätzlich künstlich in Zellen exprimiert wird, die sich normalerweise zu Beingewebe entwickeln (*rechts*). (b) Fotografie eines anormalen Beins, das ein an der falschen Stelle liegendes Auge trägt (s. auch **Abb. 21.32**). Der Transkriptionsregulator heißt Eyeless, weil seine Inaktivierung in ansonsten normalen Fliegen den Verlust von Augen bewirkt. (b, mit freundlicher Genehmigung von Walter Gehring).

Wenn beispielsweise das Gen, das für den Transkriptionsregulator MyoD codiert, künstlich in Fibroblasten aus Bindegewebskulturen der Haut eingebracht wird, dann bilden die Fibroblasten muskelartige Zellen. Wie in Kapitel 22 erörtert wird, stammen Fibroblasten von der gleichen umfangreichen Klasse embryonaler Zellen wie Muskelzellen und haben bereits viele der anderen nötigen Transkriptionsregulatoren angesammelt, die für die kombinatorische Kontrolle der muskelspezifischen Gene erforderlich sind; die Zugabe von MyoD vervollständigt die einzigartige Kombination, die erforderlich ist, um die Zellen so zu steuern, dass sie zu Muskeln werden. Ein sogar noch auffälligeres Beispiel sieht man, wenn man früh in der Entwicklung einen einzelnen *Drosophila*-Transkriptionsregulator (Eyeless) in einer Gruppe von Zellen künstlich exprimiert, die normalerweise zur Bildung von Beinteilen führen würde. Hier verursacht die anomale Genexpressionsveränderung, dass sich augenartige Strukturen in den Beinen entwickeln. (**Abb. 7.38**).

7.4.5 Spezialisierte Zellarten können experimentell neu programmiert werden, sodass sie zu pluripotenten Stammzellen werden

Die künstliche Manipulation von Transkriptionsregulatoren kann verschiedene differenzierte Zellen auch dazu bringen, sich zu pluripotenten Stammzellen zu *entdifferenzieren*, die fähig sind, die verschiedenen Zellarten im Körper entstehen zu lassen, die wie in Kapitel 22 behandelt. Wenn somit in kultivierten Mausfibroblasten drei spezifische Transkriptionsregulatoren künstlich exprimiert werden, dann wird ein Teil der Zellen zu **induzierten pluripotenten Stammzellen (iPS-Zellen)** – Zellen, die aussehen und sich verhalten wie die pluripotenten embryonalen Stammzellen (ES-Zellen), die aus Embryonen gewonnen werden (**Abb. 7.39**). Dieser experimentelle Ansatz wurde angepasst, um iPS-Zellen aus einer Vielzahl spezialiserter Zellarten zu bilden, einschließlich aus dem Menschen entnommener Zellen. Solche menschlichen iPS-Zellen können dann dazu gebracht werden, eine Population differenzierter Zellen für die Untersuchung oder Behandlung von Krankheiten zu erzeugen, wie wir in Kapitel 22 erörtern.

Obwohl man einmal dachte, dass die Zelldifferenzierung irreversibel sei, ist jetzt klar, dass durch manipulierende Kombinationen der **Transkriptionsregulatoren** Zellarten und Differenzierungswege einfach umgekehrt und anderweitig verändert werden können.

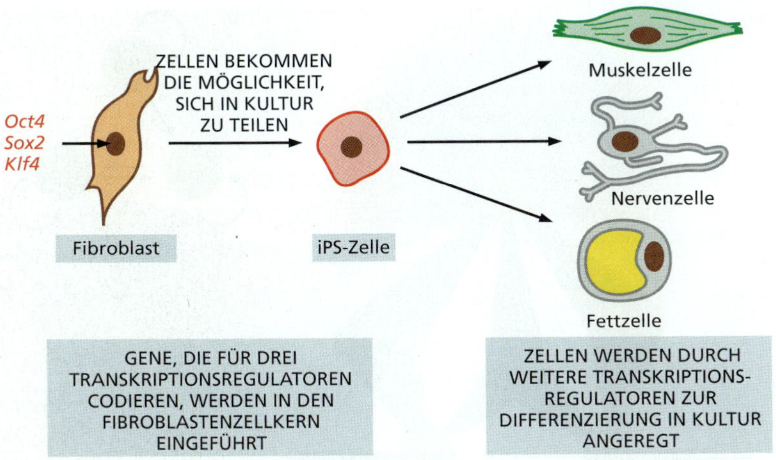

Abb. 7.39 Eine Kombination aus Transkriptionsregulatoren kann eine differenzierte Zelle dazu bringen, sich zu einer pluripotenten Zelle zu entdifferenzieren. Die künstlich induzierte Expression einer Serie von drei Genen, von denen jedes für einen Transkriptionsregulator codiert, kann einen Fibroblasten zu einer pluripotenten Zelle mit Eigenschaften ähnlich einer embryonalen Stammzelle (ES-Zelle) umprogrammieren. Wie ES-Zellen können solche induzierten pluripotenten Stammzellen (iPS-Zellen) in Kultur unbegrenzt proliferieren und durch geeignete extrazelluläre Signalmoleküle stimuliert werden, um sich zu nahezu jeder Zellart zu differenzieren, die im Körper vorkommt. Transkriptionsregulatoren wie *Oct4*, *Sox2* und *Klf4* werden oft als *Transkriptions-Master-Regulatoren* bezeichnet, weil ihre Expression ausreicht, um eine Änderung der Zellidentität auszulösen. Wie zwei dieser Transkriptionsregulatoren mit der DNA in einem Nukleosom wechselwirken, ist in **Abb. 7.13** gezeigt.

7.4.6 Kombinationen von Transkriptions-Master-Regulatoren spezifizieren Zellarten, indem sie die Expression vieler Gene kontrollieren

Wie wir in der Einführung zu diesem Kapitel gesehen haben, unterscheiden sich verschiedene Zellarten vielzelliger Lebewesen enorm hinsichtlich der Proteine und RNAs, die sie exprimieren. Beispielsweise exprimieren nur Muskelzellen spezifische Aktin- und Myosinarten, die den kontraktilen Apparat bilden, während Nervenzellen all die Proteine herstellen und zusammensetzen müssen, die zur Bildung der Dendriten und Synapsen nötig sind. Wir haben gesehen, dass diese zelltypspezifischen Expressionsmuster durch eine Kombination sog. **Transkriptions-Master-Regulatoren** organisiert werden. In vielen Fällen binden diese Proteine direkt an *cis*-Regulationssequenzen von Genen, die für den jeweiligen Zelltyp spezifisch sind. Somit bindet MyoD direkt an *cis*-Regulationssequenzen, die in den Kontrollregionen der muskelspezifischen Gene lokalisiert sind. In anderen Fällen kontrollieren die Hauptregulatoren die Expression „stromabwärtiger" Transkriptionsregulatoren, die wiederum an die Kontrollregionen anderer zelltypspezifischer Gene binden und deren Synthese kontrollieren.

Die Spezifizierung eines bestimmten Zelltyps bezieht typischerweise Änderungen in der Expression mehrerer Tausend Gene ein. Gene, deren Proteinprodukte in dieser Zellart benötigt werden, werden in hohem Maß exprimiert, während die nicht benötigten typischerweise herabreguliert werden. Wie man sich vorstellen kann, kann das Muster der Bindung zwischen den Hauptregulatoren und all den regulierten Genen extrem kompliziert sein (**Abb. 7.40**). Wenn wir bedenken, dass viele dieser regulierten Gene Kontrollregionen haben, die Zehntausende von Nukleotidpaaren umspannen, entsprechend dem oben behandelten Beispiel *Eve*, können wir beginnen, die enorme Komplexität der Zelltypspezifikation zu würdigen.

Eine ungeklärte Frage in der Biologie ist, wie die Information in einem Genom verwendet wird, um Vielzeller zu spezifizieren. Obwohl wir eine allgemeine Vorstellung von der Antwort haben, können wir noch lange nicht verstehen, wie eine einzelne Zellart vollständig spezifiziert wird, ganz zu schweigen von einem ganzen Lebewesen.

7.4.7 Spezialisierte Zellen müssen rasch Gensätze an- und abschalten

Obwohl sie im Allgemeinen ihre Identität bewahren, müssen spezialisierte Zellen konstant auf Änderungen ihrer Umwelt reagieren. Zu den wichtigsten Veränderungen gehören Signale von anderen Zellen, die das Verhalten des ganzen Organismus koordinieren. Viele dieser Signale leiten vorübergehende Änderungen der Gentranskription ein, und

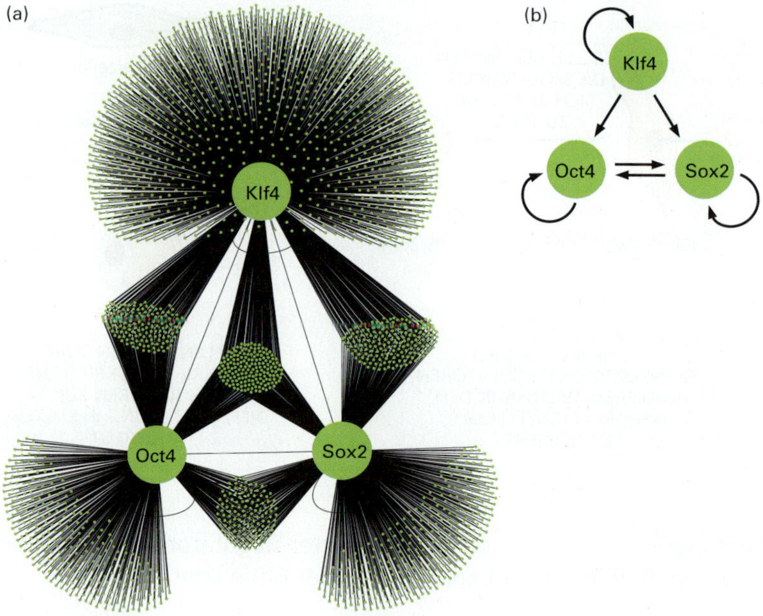

Abb. 7.40 Ein Teil des Transkriptionsnetzwerks, das embryonale Stammzellen spezifiziert. (a) Die drei Transkriptions-Master-Regulatoren aus Abb. 7.39 sind als große Kreise gezeigt. Gene, deren *cis*-Regulationssequenzen von jedem Regulator in embryonalen Stammzellen gebunden sind, sind durch einen kleinen *grünen* Punkt (der das Gen darstellt) wiedergegeben und durch eine dünne Linie verbunden (die die Bindungswechselwirkung darstellt). Man beachte, dass viele der Zielgene von mehr als nur einem der Regulatoren gebunden sind. (b) Die Master-Regulatoren kontrollieren ihre eigene Expression. Wie hier gezeigt, binden die drei Transkriptionsregulatoren an ihre eigenen Kontrollregionen (durch rückgekoppelte Pfeile angedeutet) sowie an jene der anderen Master-Regulatoren (durch gerade Pfeile angedeutet). (Mit freundlicher Genehmigung von Trevor Sorrells, basierend auf Daten von J. Kim *et al.*, *Cell* 132: 1049–1061, 2008).

wir erörtern die Beschaffenheit dieser Signale ausführlich in Kapitel 15. Hier betrachten wir, wie spezialisierte Zellarten rasch und entschlossen Gruppen von Genen als Reaktion auf ihre Umgebung an- und abschalten. Auch wenn die Kontrolle der Genexpression kombinatorisch ist, kann die Wirkung eines einzelnen Transkriptionsregulators entscheidend für das Ein- oder Abschalten eines bestimmten Gens sein, einfach dadurch, dass es die zur höchstmöglichen Aktivierung oder Hemmung dieses Gens nötige Kombination vervollständigt. Diese Situation ist analog zur Eingabe der letzten Zahl bei einem Zahlenschloss: Das Schloss wird sich nur öffnen, wenn die anderen Zahlen zuvor schon eingegeben wurden. Zudem kann die gleiche Zahl die Kombination verschiedener Schlösser vervollständigen. Entsprechend kann die Zugabe eines bestimmten Proteins viele verschiedene Gene anschalten.

Ein Beispiel ist die rasche Kontrolle der Genexpression durch das menschliche *Glukokortikoid-Rezeptorprotein*. Um an seine *cis*-Regulationssequenzen im Genom zu binden, muss dieser Transkriptionsregulator zuerst einen Komplex mit einem Molekül eines Glukokortikoidhormons, beispielsweise Kortison (s. Abb. 15.65 und 15.66), bilden. Der Körper setzt dieses Hormon in Hungerzeiten und bei harter körperlicher Arbeit frei, wo es neben anderen Wirkungen die Zellen der Leber stimuliert, die Glukogenese aus Aminosäuren und anderen kleinen Molekülen zu erhöhen. Um auf diese Weise zu reagieren, müssen die Leberzellen die Expression vieler unterschiedlicher Gene erhöhen, die für Stoffwechselenzyme wie die früher in diesem Kapitel erörterte Tyrosin-Aminotransferase codieren (s. Abb. 7.3). Obwohl alle diese Gene unterschiedliche und komplexe Kontrollregionen haben, beruht ihre höchstmögliche Expression auf der Bindung des Hormon–Glukokortikoidrezeptor-Komplexes an seine *cis*-regulatorische Sequenz, die in der Kontrollregion jedes dieser Gene vorkommt. Wenn der Körper sich erholt hat und das Hormon nicht länger zugegen ist, fällt die Expression eines jeden Gens in der Leber wieder auf das normale Niveau. Auf diese Weise kann ein einzelner Transkriptionsregulator die Expression vieler verschiedener Gene rasch kontrollieren (Abb. 7.41).

Die Effekte des Glukokortikoidrezeptors sind nicht auf Leberzellen beschränkt. Auch in anderen Zellarten bewirkt die Aktivierung dieses Transkriptionsregulators durch das Hormon Änderungen im Expressionsniveau vieler Gene; die betroffenen Gene unterscheiden sich aber häufig von denen, die in der Leber von ihm kontrolliert werden. Wie wir gesehen haben, hat jede Zellart ihren eigenen individuellen Satz von

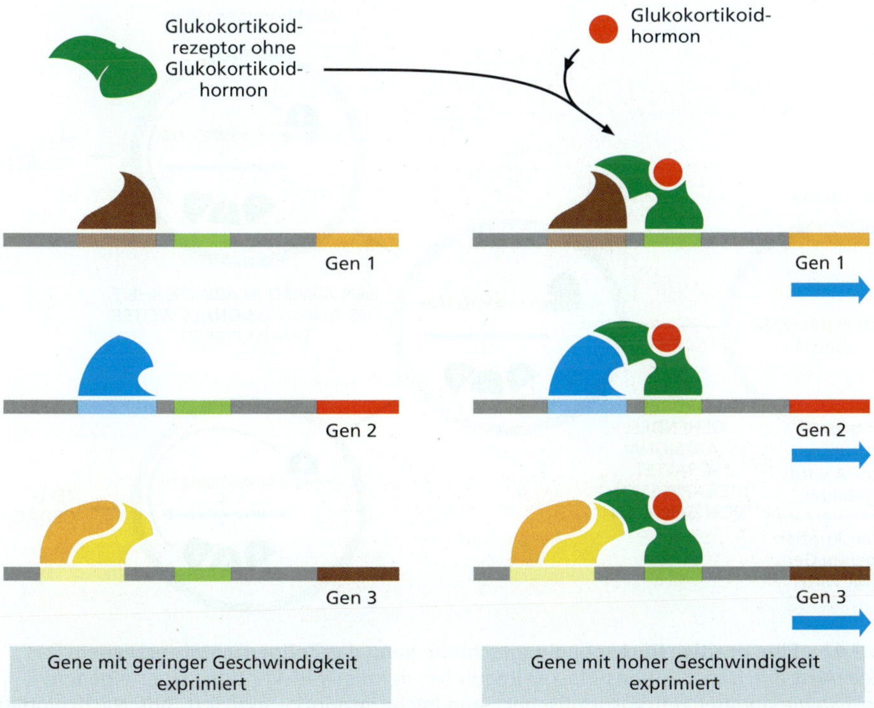

Abb. 7.41 Ein einzelner Transkriptionsregulator kann die Expression mehrerer unterschiedlicher Gene koordinieren. Die Funktion des Glukokortikoidrezeptors ist schematisch dargestellt. Auf der *linken* Seite ist eine Serie von Genen gezeigt, deren Kontrollregion von verschiedenen Transkriptionsregulatoren gebunden wird. Diese gebundenen Proteine reichen jedoch nicht aus, die Transkription vollständig zu aktivieren. Auf der *rechten* Seite ist der Effekt dargestellt, den die Zugabe eines weiteren Transkriptionsregulators bewirkt – des Glukokortikoidrezeptors im Komplex mit dem Glukokortikoidhormon, für den eine *cis*-Regulationssequenz in der Kontrollregion jedes Gens vorliegt. Der Glukokortikoidrezeptor vervollständigt die für die maximale Transkriptionsinitiation benötigte Kombination der Transkriptionsregulatoren, und die Gene werden nun maximal als Set eingeschaltet. Wenn das Hormon nicht mehr vorhanden ist, löst sich der Glukokortikoidrezeptor von der DNA und die Gene kehren auf ihr Niveau vor der Stimulation zurück.

Transkriptionsregulatoren, und aufgrund der kombinatorischen Kontrolle beeinflussen diese ganz wesentlich die Auswirkung des Glukokortikoidrezeptors. Da der Rezeptor in der Lage ist, sich mit unterschiedlichen zelltypspezifischen Sätzen von Transkriptionsregulatoren zusammenzulagern, kann er in verschiedenen Zellarten ein unterschiedliches Wirkspektrum erzeugen, wenn er durch Hormone angeschaltet wird.

7.4.8 Differenzierte Zellen behalten ihre Identität bei

Sobald sich eine Zelle zu einer bestimmten Zellart differenziert hat, wird sie im Allgemeinen differenziert bleiben und alle ihre Nachkommenzellen behalten die gleiche Zellart bei. Manche hoch spezialisierten Zellen, darunter Skelettmuskel- und Nervenzellen teilen sich niemals wieder, sobald sie sich differenziert haben – d. h. sie sind *endgültig differenziert* (wie in Kapitel 17 behandelt). Aber viele andere differenzierte Zellen – wie Fibroblasten, Zellen der glatten Muskulatur und Leberzellen – teilen sich viele Male im Leben eines Individuums. Wenn sie dies tun, entstehen aus diesen spezialiserten Zellen nur ihresgleichen: Aus Zellen der glatten Muskulatur entstehen keine Leberzellen und aus Leberzellen keine Fibroblasten.

Damit eine proliferierende Zelle ihre Identität behält – eine Eigenschaft, die man als **Zellgedächtnis** bezeichnet – müssen die für die Identität verantwortlichen Genexpressionsmuster erinnert und über nachfolgende Zellteilungen an ihre Tochterzellen weitergegeben werden. Somit muss in dem in **Abb. 7.36** behandelten Modell die Produktion jedes Transkriptionsregulators, wenn einmal begonnen, in den Tochterzellen aus jeder Zellteilung fortgesetzt werden. Wie wird so eine endlose Fortsetzung bewerkstelligt?

Zellen besitzen mehrere Wege, um sicherzustellen, dass ihre Tochterzellen sich daran erinnern können, welche Zellart sie sein sollen. Einer der einfachsten und wichtigsten ist eine positive Rückkopplungsschleife, wobei ein Zellart-Haupt-Transkriptionsregulator die Transkription seines eigenen Gens aktiviert, zusätzlich zur Transkription anderer zelltypspezifischer Gene, die erforderlich sind, um die Zellart beizubehalten. Jedes Mal, wenn sich eine Zelle teilt, wird der Regulator auf beide Tochterzellen verteilt, wo er mit

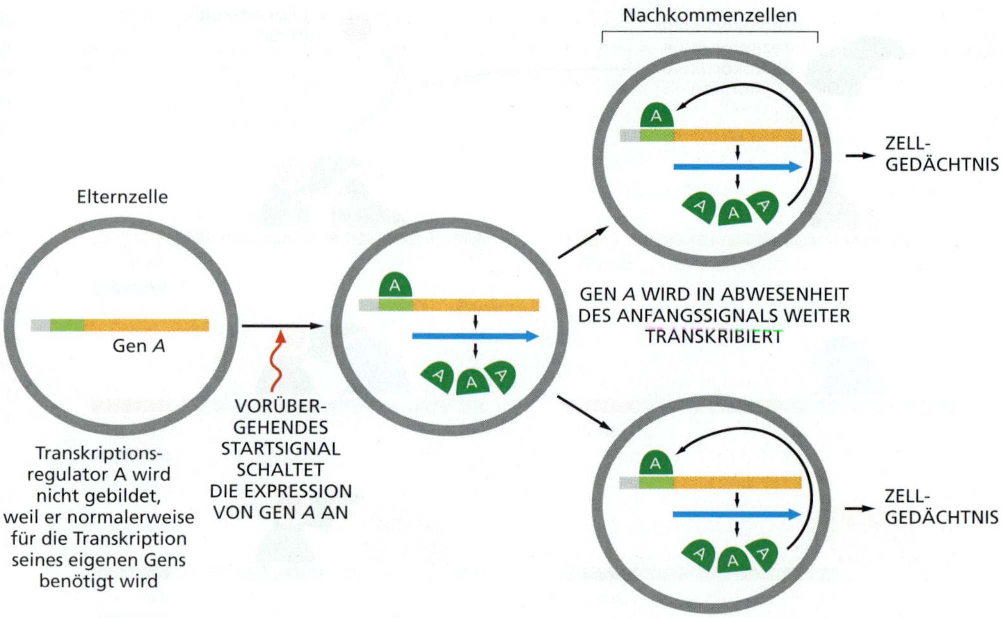

Abb. 7.42 Eine positive Rückkoppelungsschleife kann das Zellgedächtnis erzeugen. Das Protein A ist ein Transkriptions-Master-Regulator, der die Transkription seines eigenen Gens – sowie anderer zelltypspezifischer Gene (nicht gezeigt) – aktiviert. Alle Nachkommen der Ursprungszelle werden sich deshalb „erinnern", dass ihre Vorläuferzelle ein vorübergehendes Signal bekommen hatte, das die Produktion von Protein A in Gang brachte.

der Stimulierung der positiven Rückkopplungsschleife fortfährt und bei jeder Zellteilung mehr von sich und der Zellartproteine erzeugt, die er kontrolliert. Die positive Rückkopplung ist für die Errichtung von „selbsterhaltenden" Regelkreisen der Genexpression entscheidend, damit eine Zelle sich in ihr bestimmtes Schicksal fügt – und dann diese Information an ihre Nachkommen weitergibt (**Abb. 7.42**).

Wie zuvor in **Abbildung 7.40b** gezeigt, binden die Hauptregulatoren, die zum Erhalt der Pluripotenz von iPS-Zellen nötig sind, an *cis*-Regulationssequenzen in ihren eigenen Kontrollregionen und liefern damit Beispiele für diesen Typ der positiven Rückkopplungsschleife. Außerdem aktivieren die meisten dieser pluripotenten Stammzellregulatoren auch die Transkription anderer Hauptregulatoren, was zu einer komplexen Reihe indirekter Rückkopplungsschleifen führt. Wenn beispielsweise A B aktiviert und B A aktiviert, dann bildet dies eine positive Rückkopplungsschleife, bei der A seine eigene Expression aktiviert, wenn auch indirekt. Die Reihe der im iPS-Schaltkreis beobachteten direkten und indirekten Rückkopplungsschleifen ist typisch für andere spezialisierte Zellschaltkreise. Eine solche Netzwerkstruktur verstärkt das Zellgedächtnis und erhöht die Wahrscheinlichkeit, dass ein bestimmtes Genexpressionsmuster auf nachfolgende Generationen übertragen wird. Wenn beispielsweise die Konzentration an A unter die kritische Schwelle fällt, um seine eigene Synthese zu stimulieren, dann kann sie der Regulator B retten. Bei einer fortlaufenden Anwendung dieses Mechanismus kann eine komplexe Reihe positiver Rückkopplungsschleifen zwischen vielen Transkriptionsregulatoren einen differenzierten Zustand über viele Zellteilungen hinweg stabil halten.

Durch Transkriptionsregulatoren gebildete positive Rückkopplungsschleifen sind wahrscheinlich der vorherrschende Weg, um sicherzustellen, dass Tochterzellen sich erinnern, welche Zellart sie sein sollen. Sie kommen in allen Spezies auf der Erde vor. Beispielsweise bilden viele Bakterien und einzellige Eukaryoten unterschiedliche Zellarten, und positive Rückkopplungsschleifen liegen im Zentrum der Mechanismen, die ihren Zelltyp über viele Zellteilungsrunden hinweg aufrechterhalten. Auch Pflanzen und Tiere machen ausgiebig Gebrauch von Transkriptions-Rückkopplungsschleifen;

wie wir in Kapitel 4 gesehen haben und an späterer Stelle im Kapitel nochmals erklären werden, haben sie zusätzliche, spezialisierte Mechanismen, um das Zellgedächtnis noch stärker zu machen (s. z. B. **Abb. 4.44**). Wir werden zu diesen zusätzlichen Mechanismen später im Kapitel zurückkehren; aber zunächst betrachten wir kurz, wie Kombinationen von Transkriptionsregulatoren und *cis*-Regulationssequenzen kombiniert werden können, um andere nützliche logische Einheiten für die Zelle zu schaffen.

7.4.9 Transkriptionsschaltkreise erlauben der Zelle, logische Operationen auszuführen

Einfache Genregulationsschalter lassen sich kombinieren, um alle möglichen Arten von Kontrollvorrichtungen zu erzeugen, genauso wie einfache elektronische Schaltelemente in einem Computer verbunden werden können, um viele verschiedene Operationsarten auszuführen. Eine Untersuchung der Genregulationsschaltkreise hat enthüllt, dass bestimmte einfache Anordnungsmuster (*Netzwerkmotive* genannt) immer wieder in Zellen aus sehr unterschiedlichen Spezies gefunden werden. Beispielsweise sind *positive* und *negative Rückkopplungsschleifen (feedback loops)* in allen Zellen üblich (**Abb. 7.43**). Während Erstere eine einfache Gedächtnisvorrichtung erzeugt (**Abb. 7.42**), wird Letztere oft dazu verwendet, um die Expression eines Gens nahe bei seiner Standardrate zu halten, unabhängig von den Schwankungen der biochemischen Bedingungen innerhalb einer Zelle. Angenommen ein Transkriptionsrepressorprotein bindet beispielsweise an die Kontrollregion seines eigenen Gens und übt eine starke negative Rückkopplung aus, sodass die Transkription mit sehr niedriger Geschwindigkeit abläuft, wenn die Konzentration des Repressorproteins über einem kritischen Wert liegt (ermittelt über seine Affinität zu seiner DNA-Bindungsstelle). Die Konzentration des Proteins wird dann nahe am kritischen Wert gehalten werden, da jeder Umstand, der ein Absinken unter diesen Wert verursacht, zu einer steilen Zunahme der Synthese führt, und jeder Anstieg oberhalb dieses Wertes verursacht, dass die Synthese abgeschaltet wird. Solche Anpassungen brauchen aber Zeit, sodass bei einer plötzlichen Änderung der Bedingungen eine Störung der Genexpression verursacht wird, die stark, aber vorübergehend ist. Wenn es andererseits eine Verzögerung in der Rückkopplungsschleife gibt, dann sind das Ergebnis spontane Oszillationen bei der Expression des Gens (s. **Abb. 15.18**). Die Einzelheiten dieser negativen Rückkopplungsschleife legen fest, welche der von der Rückkopplungsschleife erzeugten Verhaltensweisen stattfinden wird; z. B. wie fest der Transkriptionsregulator an seine *cis*-Regulationssequenz bindet, seine Synthesegeschwindigkeit und seine Abbaugeschwindigkeit. Wir erörtern diese Themen mit quantitativen Bezügen ausführlicher in Kapitel 8.

Mit zwei oder mehr Transkriptionsregulatoren wird die Bandbreite der möglichen Schaltkreise viel komplexer. Manche Bakterienviren enthalten einen üblichen Typ eines Zwei-Gen-Schaltkreises, der zwischen der Expression des einen und der Expression des anderen Gens hin und her pendelt (**Abb. 7.43**). Eine andere übliche Schaltkreisanordnung ist die *Vorwärts-Schleife (feed-forward loop)*; eine solche Schleife kann als Filter dienen, der auf anhaltende Eingangssignale reagiert, aber solche vernachlässigt, die

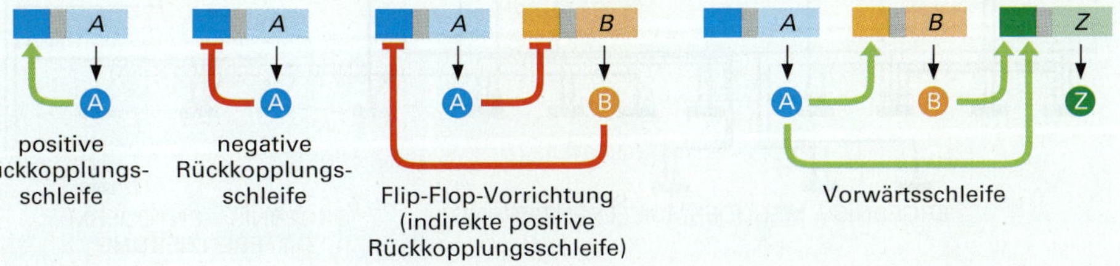

Abb. 7.43 Übliche Typen von Netzwerkmotiven in Transkriptionsschaltkreisen. A und B stellen Transkriptionsregulatoren dar, Pfeile zeigen eine positive Transkriptionskontrolle an, während Linien mit Balken eine negative Transkriptionskontrolle darstellen. In der Vorwärts-Schleife (*feed-forward loop*) stellen A und B Tanskriptionsregulatoren dar, die beide die Transkription des Zielgens *Z* aktivieren (s. auch **Abb. 8.88**).

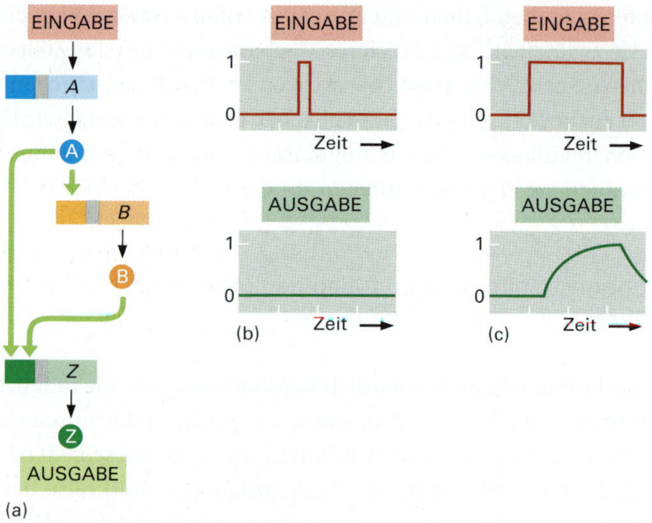

Abb. 7.44 Wie eine Vorwärts-Schleife die Dauer eines Signals messen kann. (a) In diesem theoretischen Beispiel müssen die Transkriptionsregulatoren A und B beide für die Transkription von *Z* vorhanden sein, und Gen *A* wird nur dann aktiv, wenn ein Eingangssignal vorhanden ist. (b) Wenn das Eingangssignal an Gen *A* kurz ist, dann bleibt Gen *A* nicht lange genug aktiv, als dass sich der Transkriptionsregulator B anreichern könnte, und das *Z*-Gen wird nicht transkribiert. (c) Wenn das Signal an Gen *A* bestehen bleibt, häufen sich die Transkriptionsregulatoren A und B an, und *Z* wird transkribiert. Diese Anordnung gestattet es der Zelle, rasche Schwankungen des Eingangssignals zu ignorieren und nur auf anhaltende Spiegel zu reagieren. Diese Strategie könnte dazu dienen, zwischen zufälligem Rauschen und einem echten Signal zu unterscheiden. Das hier gezeigte Verhalten wurde für einen bestimmten Satz von Parameterwerten berechnet, die die quantitativen Eigenschaften der Transkriptionsregulatoren A, B und dem Produkt von *Z* zusammen mit ihren Synthesen beschreiben. Mit anderen Parameterwerten kann die Vorwärts-Schleife im Prinzip andere „Berechnungs"-Arten durchführen. Man hat in Zellen viele Vorwärts-Schleifen entdeckt. Wie in Kapitel 8 erklärt, werden die theoretischen Analysen benötigt, um Forschern bei der Unterscheidung – und anschließend der Testung – der verschiedenen Wege zu helfen, auf denen diese Schaltkreise arbeiten (s. Abb. 8.87 und 8.88). (Verändert nach S. S. Shen-Orr, R. Milo, S. Mangan und U. Alon, *Nat. Genet.* 31: 64–68, 2002).

kurz sind (**Abb. 7.44**). Obwohl sie als Evolutionsprodukte ohne Fortschrittsplanung oder Entwurf entstanden sind, ähneln diese verschiedenen Netzwerkmotive einigen der Miniatur-Logik-Bauteile in elektronischen Schaltkreisen. Und wie die vom Menschen entworfenen Schaltkreise können sie auf überraschend anspruchsvolle Weise Information verarbeiten.

Die einfachen, eben beschriebenen „Bauteile" sind oft miteinander verbunden, um außerordentlich komplexe Schaltkreise zu erzeugen (**Abb. 7.45**). Jede Zelle in einem sich

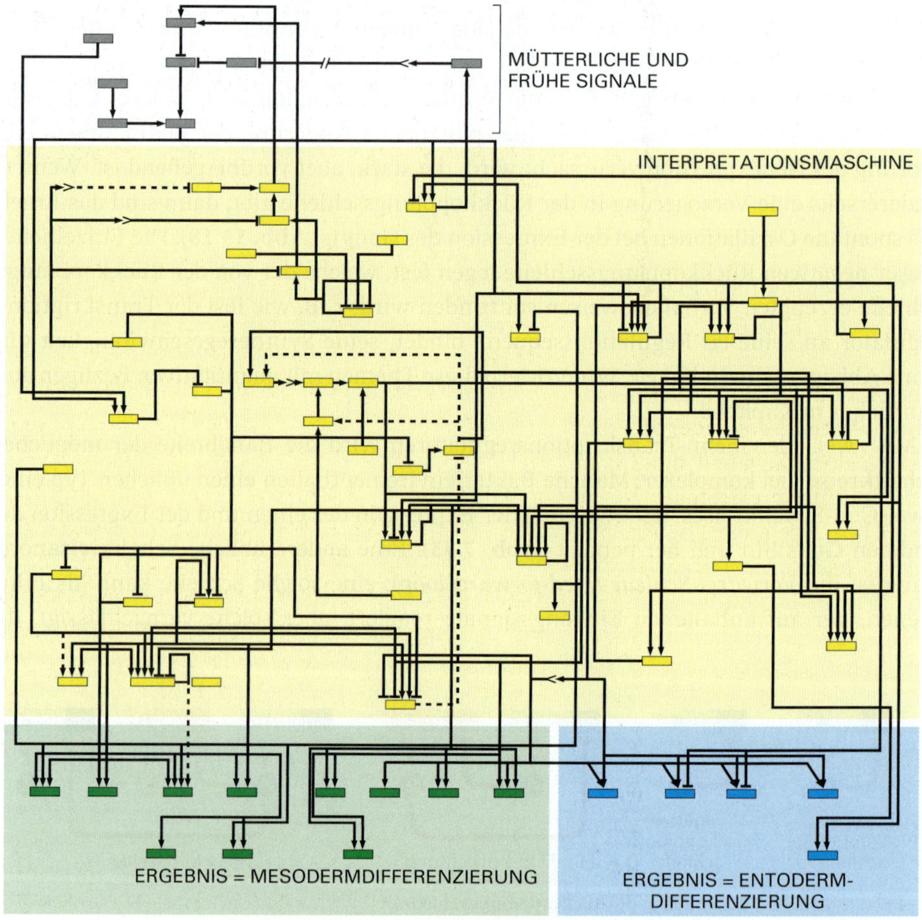

Abb. 7.45 Der außerordentlich komplexe Schaltkreis, der einen Teil des sich entwickelnden Seeigel-Embryos spezifiziert. Jedes der *farbigen kleinen Kästchen* stellt ein anderes Gen dar. Die *gelben* codieren für Transkriptionsregulatoren und die *grünen* und *blauen* für Proteine, die Zellen des Mesoderms bzw. des Entoderms ihre spezialisierten Eigenschaften verleihen. *Grau* dargestellte Gene sind hauptsächlich in der Mutter aktiv und geben dem Ei Hinweise, die für die richtige Entwicklung gebraucht werden. Wie in **Abbildung 7.43** zeigen *Pfeile* Fälle, in denen ein Transkriptionsregulator die Transkription eines anderen Gens aktiviert. Die in *Balken* endenden Linien weisen auf eine Genrepression hin. (Aus I. S. Peter und E. H. Davidson, *Nature* 474: 635–639, 2011. Mit Erlaubnis von Springer Nature).

entwickelnden Vielzeller ist mit einer ähnlich komplexen Kontrollmaschinerie ausgestattet und muss tatsächlich ihr kompliziertes System ineinandergreifender Transkriptionsschalter verwenden, um zu berechnen, wie sie sich zu jedem Zeitpunkt als Reaktion auf die vielen verschiedenen früher und gegenwärtig eingegangenen Daten verhalten soll. Wir beginnen jetzt erst zu verstehen, wie man solche komplexen intrazellulären Regelnetzwerke untersucht. In der Tat ist es ohne neue Herangehensweisen gekoppelt mit quantitativer Information, die weit exakter und vollständiger sein muss, als wir sie bis jetzt haben, unmöglich, das Verhalten eines Systems wie das in **Abb. 7.45** gezeigte vorherzusagen: Wie in Kapitel 8 erklärt wird, reicht das Zeichnen eines Schaltkreises allein nicht aus, um biologische Mechanismen tiefgreifend zu verstehen.

Zusammenfassung

Die vielen unterschiedlichen Zelltypen bei Tieren und Pflanzen werden weitgehend durch Mechanismen erzeugt, die zur Transkription verschiedener Gruppen von Genen in verschiedenen Zellen führen. Die Transkription jedes einzelnen Gens wird durch eine Kombination von Transkriptionsregulatorproteinen kontrolliert. Jeder Zelltyp in einem höheren eukaryotischen Organismus enthält einen spezifischen Satz von Transkriptionsregulatoren, der die Expression nur jener Gene gewährleistet, die für diesen Zelltyp geeignet sind. Ein vorgegebener Transkriptionsregulator kann bei einer Vielzahl von Bedingungen aktiv sein und ist typischerweise an der Regulation vieler verschiedener Gene beteiligt.

Da spezialisierte Tierzellen ihren einzigartigen Charakter über viele Zellteilungszyklen und sogar in Zellkultur aufrechterhalten können, müssen Mechanismen vorkommen, die das Zellgedächtnis sicherstellen.

Direkte oder indirekte positive Rückkopplungsschleifen, die Transkriptionsregulatoren dazu befähigen, ihre eigene Synthese fortzusetzen, bieten den einfachsten Mechanismus für das Zellgedächtnis. Transkriptionsschaltkreise verschaffen der Zelle auch die Mittel, viele andere logische Operationen auszuführen. Einfache Transkriptionsschaltkreise, die zu großen Regulationsnetzwerken kombiniert sind, treiben hoch entwickelte Embryonalentwicklungsprogramme an, für deren vollständige Entschlüsselung neue Ansätze benötigt werden.

7.5 Mechanismen, die das Zellgedächtnis in Pflanzen und Tieren verstärken

Bis jetzt haben wir in diesem Kapitel betont, dass die Regulation der Gentranskription durch Proteine entweder direkt oder indirekt mit DNA verbunden sein kann. DNA selbst kann jedoch kovalent modifiziert sein, und wie wir in Kapitel 4 gesehen haben können bestimmte Chromatinzustandsarten vererbt werden. In diesem Abschnitt werden wir sehen, wie diese Phänomene auch Gelegenheiten für die Regulation der Genexpression – insbesondere in Säugetieren – bieten. Am Ende dieses Abschnitts erörtern wir, wie die Transkription eines ganzen Chromosoms mithilfe solcher Mechanismen abgeschaltet werden kann und wie dieser Zustand über viele Zellteilungen hinweg aufrechterhalten werden kann.

7.5.1 Das DNA-Methylierungsmuster kann bei der Teilung von Vertebratenzellen vererbt werden

In Zellen der Wirbeltiere schafft die Methylierung von Cytosin einen Mechanismus, mit dessen Hilfe Genexpressionsmuster auf Nachkommenzellen weitergegeben werden

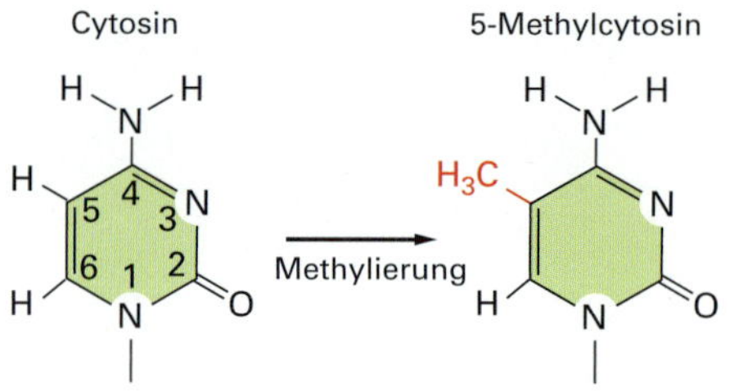

Abb. 7.46 Die Bildung von 5-Methylcytosin erfolgt durch Methylierung von Cytosin in der DNA-Doppelhelix. Bei Wirbeltieren ist dieses Ereignis größtenteils auf ausgewählte Cytosin (C)-Nukleotide innerhalb der Sequenz CG beschränkt. CG-Sequenzen werden manchmal auch als CpG-Sequenzen bezeichnet, wobei das p eine Phosphatbindung anzeigt, um es deutlich von einem CG-Basenpaar zu unterscheiden. In diesem Kapitel benutzen wir weiterhin die einfachere CG-Nomenklatur, um dieses Dinukleotid zu kennzeichnen.

können. Die methylierte Form von Cytosin, 5-Methylcytosin (5-Methyl-C), hat die gleiche Beziehung zu Cytosin (C) wie Thymin zu Uracil, und die Modifikation hat genauso wenig Einfluss auf die Basenpaarung (Abb. 7.46). Die **DNA-Methylierung** der Wirbeltiere ist hauptsächlich auf Cytosin (C)-Nukleotide in der Sequenz CG beschränkt, die mit genau der gleichen Sequenz (in umgekehrter Richtung) auf dem anderen Strang der DNA-Helix gepaart ist. Folglich kann ein einfacher Vorgang die direkte Vererbung des vorhandenen Musters der DNA-Methylierung auf die Tochterstränge ermöglichen. Ein als *Erhaltungs-Methyltransferase* bezeichnetes Enzym wirkt ausschließlich an solchen CG-Sequenzen, die mit bereits methylierten CG-Sequenzen basengepaart sind. Als Folge wirkt das DNA-Methylierungsmuster auf dem elterlichen Strang als Vorlage zur Methylierung des DNA-Tochterstrangs, sodass dieses Muster unmittelbar nach der DNA-Replikation weitergegeben wird (Abb. 7.47).

Obgleich DNA-Methylierungsmuster über die in Abb. 7.47 gezeigten Mechanismen in differenzierten Zellen beibehalten werden können, verändern sich Methylierungsmuster im Laufe der Säugerentwicklung. Kurz nach der Befruchtung erfolgt eine über das ganze Genom reichende Welle der Demethylierung, bei der die meisten Methylgruppen von der DNA entfernt werden. Diese Demethylierung kann entweder durch Unterdrückung der Aktivität der Erhaltungs-Methyltransferase erreicht werden, was einen passiven Verlust der Methylgruppen nach jeder Runde der DNA-Replikation bedeutet, oder durch *DNA-Methylasen*, die aktive Methylgruppen von der DNA entfernen. Später in der Entwicklung kommen mehrere *De-novo-DNA-Methyltransferasen* ins Spiel und methylieren etwa 70 % der CG-Sequenzen im Genom. Diese ausgiebige Metthylierung findet weitgehend ohne Unterscheidung statt, obwohl an spezifische Sequenzen im Genom gebundene Proteine die Methylierung dieser Sequenzen blockieren können. Außerdem lenken manche sequenzspezifischen DNA-Bindeproteine DNA-Methylasen an spezifische Stellen im Genom, was eine sehr hohe örtliche Methylierungsdichte in der Nachbarschaft dieser DNA-gebundenen Proteine zur Folge hat. Umgekehrt können DNA-Demythylasen auch direkt in bestimmte Genomregionen gelenkt werden, was zu einem Verlust der Methylgruppen in diesen Regionen führt. Trotz dieser selektiven Mechanismen ähneln sich die Gesamtmethylierungsmuster differenzierter Zellarten weitgehend, und viele methylierte Positionen scheinen – von sich aus – wenig oder überhaupt keinen Einfluss auf die Genexpression zu haben.

Die DNA-Methylierung hat mehrere Anwendungen in der Wirbeltierzelle. Eine sehr wichtige Aufgabe der Demethylasen ist es, mit anderen Genexpressions-Kontrollmechanismen zusammenzuarbeiten, um eine besonders wirksame Form der

Abb. 7.47 Wie DNA-Methylierungsmuster getreu vererbt werden. Bei den DNAs der Vertebraten ist ein großer Anteil der Cytosinnukleotide in der Sequenz CG methyliert (s. Abb. 7.46). Weil es ein Methyl-dirigiertes Methylierungsenzym gibt (die Erhaltungs-Methyltransferase), kann, wie gezeigt, eine jede Methylierungsstelle an die DNA der Nachkommen vererbt werden, sobald ein DNA-Methylierungsmuster erstellt wurde.

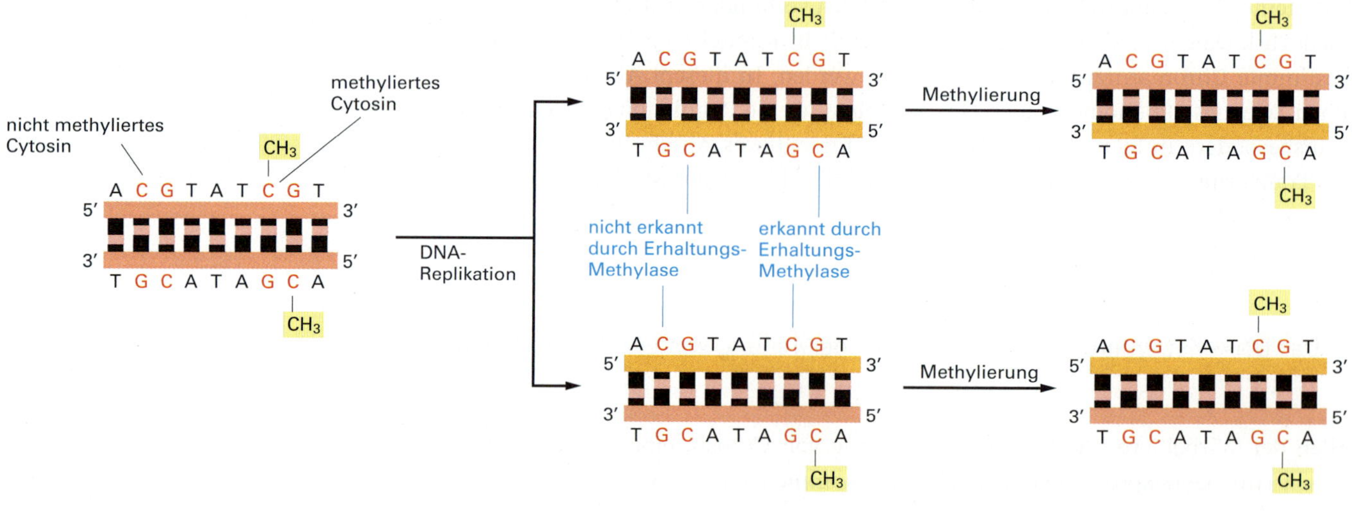

Genrepression zu errichten. Diese Kombination von Mechanismen ermöglicht, dass nicht benötigte eukaryotische Gene in sehr hohem Maße reprimiert werden können. Beispielsweise kann die Geschwindigkeit, mit der ein Wirbeltiergen transkribiert wird, von einem Gewebe zum anderen um den Faktor 10^6 schwanken. Die nicht exprimierten Wirbeltiergene sind hinsichtlich der Transkription weit weniger „undicht" als Bakteriengene, bei denen der größte bekannte Unterschied der Transkriptionsgeschwindigkeit zwischen exprimierten und nicht exprimierten Genzuständen nur etwa das 1000-Fache beträgt.

Die DNA-Methylierung trägt dazu bei, die Transkription auf mehrere Weisen zu reprimieren. Die Methylgruppen auf methylierten Cytosinen liegen in der Nähe der großen DNA-Furche und beeinträchtigen direkt die Bindung von Proteinen (Transkriptionsregulatoren sowie allgemeine Transkriptionsfaktoren), die für den Start der Transkription erforderlich sind. Außerdem enthalten die Zellen ein Repertoire an Proteinen, die spezifisch an methylierte DNA binden. Die am besten charakterisierten dieser Proteine verbinden sich mit histonmodifizierenden Enzymen, was zu einem reprimierten Chromatinzustand führt, bei dem die Chromatinstruktur und die DNA-Methylierung synergistisch agieren (**Abb. 7.48**).

Viele Gene, die nur in differenzierten Zellen benötigt werden, werden in embryonalen Zellen auf diese Weise stark unterdrückt. Wenn die Differenzierung voranschreitet, werden sie aktiviert, obgleich dieser Vorgang typischerweise viele Schritte erfordert, an denen häufig „Pionierfaktoren" beteiligt sind (s. **Abb. 7.13**) sowie Histon-Demethylasen und DNA-Demethylasen. Die letzteren Enzyme wandeln 5-Methyl-C in 5-Hydroxymethyl-C um, das später durch C ersetzt wird, entweder bei der DNA-Reparatur (s. **Abb. 5.41a**) oder passiv durch mehrere DNA-Replikationsrunden. Außerdem werden viele in embryonalen Geweben aktive Gene während der Differenzierung mittels des in **Abb. 7.48** gezeigten Mechanismus unterdrückt. Die Reaktivierung dieser Gene ist einer der Hauptschritte bei der Rückwandlung differenzierter Zellen in Stammzellen, wie in Kapitel 22 erklärt wird.

7.5.2 CG-reiche Inseln sind bei Säugern mit vielen Genen assoziiert

Aufgrund der Arbeitsweise von DNA-Reparaturenzymen gehen methylierte C-Nukleotide im Genom gewöhnlich im Verlauf der Evolution verloren. Durch zufällige Desaminierung eines nicht methylierten C entsteht ein U (s. **Abb. 5.38b**), das normalerweise nicht in der DNA vorkommt und deshalb leicht durch das DNA-Reparaturenzym Uracil-DNA-Glykosylase erkannt wird. Dabei wird das Desaminierungsprodukt ausgeschnitten und dann durch C ersetzt wird (wie in Abschnitt 5.4.5 besprochen). Eine zufällige Desaminierung eines 5-Methyl-C kann jedoch nicht auf diese Weise repariert werden, da das Desaminierungsprodukt ein T ist und es so von den anderen, nicht mutierten T-Nukleotiden in der DNA nicht zu unterscheiden wäre. Obwohl es ein spezielles Reparatursystem zur Entfernung dieser falschen Ts gibt, werden viele Desaminierungen nicht erkannt, sodass die methylierten C-Nukleotide im Genom dazu tendieren, im Verlauf der Evolution zu T zu mutieren.

Auf diese Weise gingen im Verlauf der Evolution mehr als drei von jeweils vier CG-Resten verloren. Dies hinterließ Wirbeltiere mit einem auffälligen Defizit an diesen Dinukleotiden. Das Verhältnis spiegelt wahrscheinlich ein Gleichgewicht zwischen dem methylierten CG-Verlust durch DNA-Reparatur und dem CG-Gewinn durch zufällige Mutationen wider. Die verbliebenen CG-Sequenzen sind sehr ungleich im Genom verteilt; sie konzentrieren sich mit einer im Vergleich zum Durchschnitt 10-fach höheren Dichte in bestimmten Abschnitten von um 1000 Nukleotiden Länge, den sogenannten

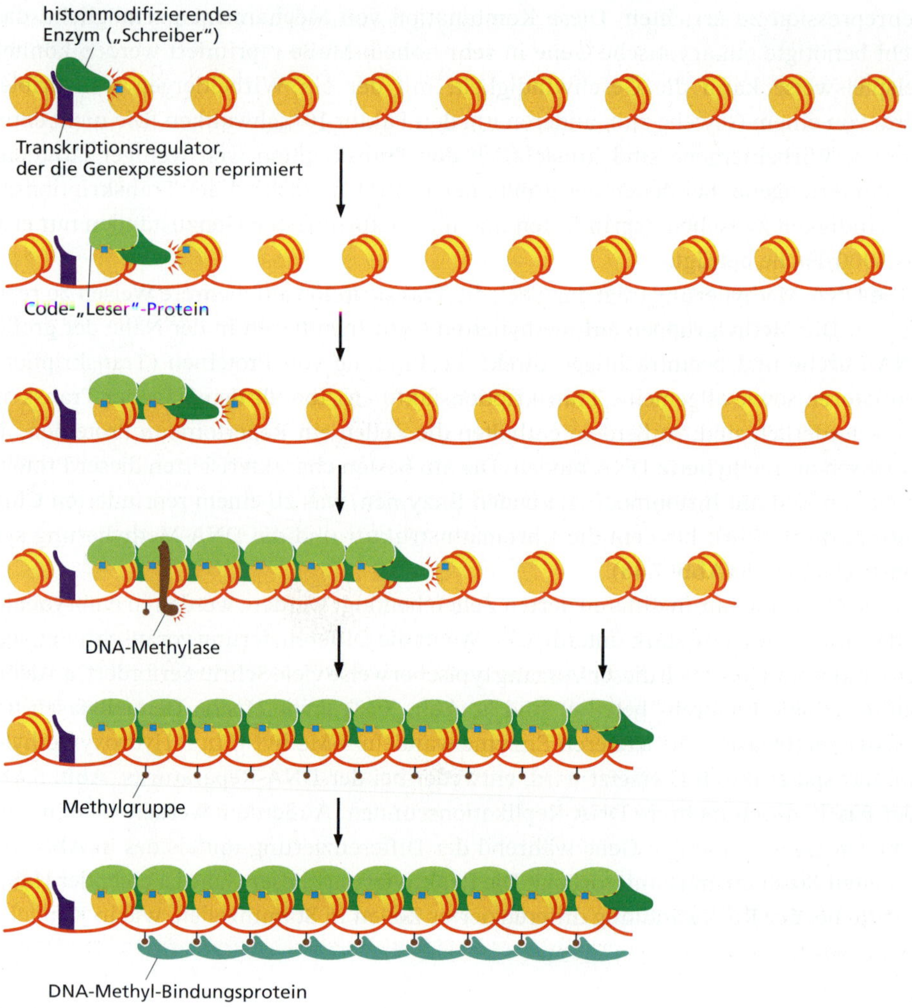

Abb. 7.48 Viele Mechanismen können eine stabile Genrepression erzeugen. In diesem schematischen Beispiel errichten Histon-Leser- und-Schreiber-Proteine (in Kapitel 4 behandelt), ausgelöst durch Transkriptionsregulatorproteine, eine repressive Chromatinform, deren Nukleosomen durch Trimethylierung spezifischer Lysine (Aminosäuren) in Histonen markiert sind (s. Abb. 4.35 sowie Abb. 7.27f). Eine zusätzliche Repressionsschicht kann vorkommen wenn eine *De-novo*-DNA-Methylase von den modifizierten Histonen und Methylasen in der Nähe der Cytosine in der DNA angezogen wird; und diese wiederum von DNA-Methyl-Bindungsproteinen gebunden sind. Während der DNA-Replikation werden manche der modifizierten (*blaue Punkte*) Histone auf das eine Tochterchromosom vererbt und manche auf das andere, und in jeder Tochterzelle können sie die Rekonstruktion des gleichen Chromatinmodifizierungsmusters veranlassen (Abb. 4.44). Zur gleichen Zeit wird der in Abb. 7.47 gezeigte Mechanismus dazu führen, dass beide Tochterchromosomen das gleiche Methylierungsmuster erben. Dies verursacht, dass die beiden Mechanismen für die Vererbung eines unterdrückten Gens sich gegenseitig verstärken, was die Vererbung von Histon- und DNA-Modifikationen auf Tochterzellen erklärt. Es kann außerdem die Neigung mancher Chromatinmodifikationen, sich entlang eines Chromosoms auszubreiten, erklären (s. Abb. 4.39). Diese beiden Heterochromatinarten werden auf verschiedenen Genen auf- und abgebaut, während die Säugetierentwicklung voranschreitet, je nachdem, ob das Genprodukt benötigt wird. Wenn beispielsweise die Vorläuferzellen im Entoderm zu Hepatocyten der Leber differenzieren, werden schätzungsweise 6000 Gene mit dieser repressiven Chromatinform entpackt und werden aktiv transkribiert. Etwa zur selben Zeit werden 1600 in Entodermzellen aktive Gene in diesen Chromatintyp gepackt und damit in Hepatocyten stark unterdrückt.

CG-Inseln. Das Humangenom enthält in etwa 20 000 CG-Inseln und sie enthalten in der Regel Promotoren von Genen. So haben beispielsweise 60 % der menschlichen proteincodierenden Gene Promotoren, die in CG-Inseln eingebettet sind, und diese schließen tatsächlich alle Promotoren der sogenannten *Haushalts*-Gene ein – diejenigen Gene, die für die vielen Proteine codieren, die für die Lebensfähigkeit der Zelle unverzichtbar sind und deshalb in nahezu allen Zellen exprimiert werden (Abb. 7.49). Über die Zeiträume

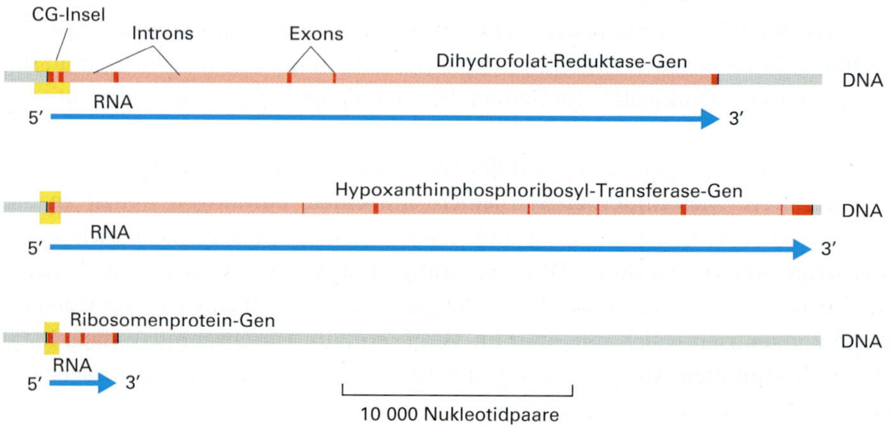

Abb. 7.49 Die CG-Inseln um die Promotoren von drei Haushalts-Genen bei Säugetieren. Die *gelben Kästen* zeigen das Ausmaß jeder Insel. Wie bei den meisten Genen der Säugetiere sind die Exons (*dunkelrot*) im Verhältnis zu den Introns (*hellrot*) sehr kurz. (Verändert nach A. P. Bird, *Trends Genet.* 3: 342–347, 1987. Mit Erlaubnis von Elsevier).

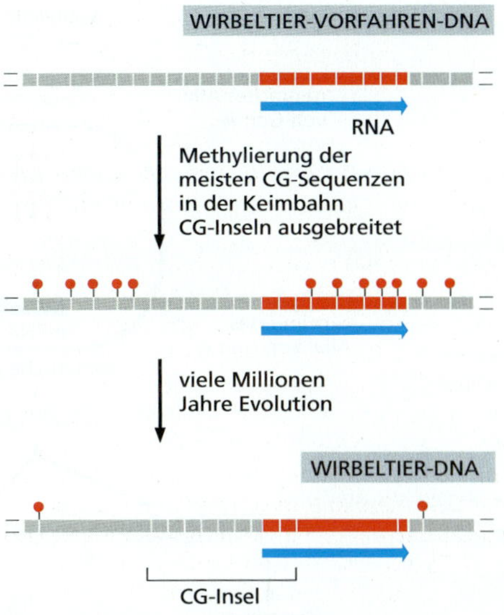

Abb. 7.50 Ein Mechanismus, der sowohl den auffälligen Mangel an CG-Sequenzen als auch ihre Ansammlung in CG-Inseln im Vertebratengenom erklärt. *Vertikale Weiße Linien* markieren die Lage von CG-Dinukleotiden in der DNA-Sequenz, während *rote Kreise* die Gegenwart einer Methylgruppe an einem CG-Dinukleotid anzeigen. CG-Sequenzen, die in Kontrollsequenzen von Genen liegen, die in Keimzellen transkribiert werden, sind nicht methyliert und werden daher in der Evolution bevorzugt erhalten. Methylierte CG-Sequenzen dagegen neigen dazu, durch die Desaminierung von 5-Methyl-C zu T verloren zu gehen, es sei denn, die CG-Sequenz ist lebenswichtig.

der Evolution blieben die CG-Inseln von der beschleunigten Mutationsrate des Großteils der CG-Sequenzen verschont, weil sie in der Keimbahn unmethyliert verblieben (**Abb. 7.50**).

Die CG-Inseln bleiben auch in den meisten Körpergeweben unmethyliert, egal ob das zugehörige Gen exprimiert wird oder nicht. Der nicht methylierte Zustand wird durch eine Gruppe von Proteinen aufrechterhalten, die spezifisch an nicht methylierte CG-Sequenzen im Genom binden und die benachbarten Nukleosomen modifizieren, indem sie Histon H3 (an Lysin an der Position 4; s. **Abb. 4.35**) methylieren. Die modifizierten Nukleosomen weisen irgendwie die *De-novo*-Methylasen ab und dabei wird der nicht methylierte Zustand fortwährend aufrechterhalten. Nicht methylierte CG-Inseln besitzen mehrere Eigenschaften, die sie für Promotoren besonders geeignet machen. Manche der Proteine, die sie vor der Methylierung schützen, rekrutieren beispielsweise zusätzliche histonmodifizierende Enzyme, die das Chromatin dekomprimieren, wodurch die Inseln besonders „promotorfreundlich" werden. Die Folge ist, dass die RNA-Polymerase oft an Promotoren innerhalb der CG-Inseln gebunden ist – sogar dann, wenn das zugehörige Gen nicht aktiv transkribiert wird. An nicht methylierten CG-Inseln ist somit die Konkurrenz zwischen der Polymerase-Bindung und dem Nukleosomenaufbau an Promotoren somit immer zugunsten der Polymerase gekippt. Zusätzliche Schritte sind für den letzten „Schubs" erforderlich, damit die benachbarten Gene transkribiert werden; diese werden durch Transkriptionsregulatoren gesteuert, die an *cis*-Regulationssequenzen der DNA binden (oft deutlich stromaufwärts von den CG-Inseln).

7.5.3 Die genomische Prägung fußt auf der DNA-Methylierung

Säugerzellen sind diploid; sie enthalten einen Satz von Genen, der vom Vater geerbt wurde, und einen, der von der Mutter stammt. Die Expression einer kleinen Minderheit der Gene hängt davon ab, von welchem Elter das Gen vererbt wurde: Wenn die väterlich vererbte Genkopie aktiv ist, ist die mütterlich vererbte stillgelegt oder umgekehrt. Dieses Phänomen bezeichnet man als **genomische Prägung** (engl. *genomic imprinting*).

Beim Menschen sind etwa 300 Gene geprägt. Da nur eine Kopie eines geprägten Gens exprimiert wird, kann die Prägung schädliche Mutationen „demaskieren", die normalerweise von der anderen funktionsfähigen Kopie überdeckt wären. Das Angelman-Syndrom beispielsweise, eine Erkrankung des Nervensystems beim Menschen, die die geistige Fähigkeit herabsetzt und schwere Sprachstörungen verursacht, resultiert aus einer Gendeletion auf einem Chromosomenhomolog und der Stilllegung durch Prägung des intakten Gens auf dem anderen Homolog.

Das Gen für den *Insulin-ähnlichen Wachstumsfaktor 2* (*Igf2*) in der Maus ist ein gut untersuchtes Beispiel für genomische Prägung. Mäuse, die kein *Igf2* exprimieren, sind bei der Geburt nur halb so groß wie normale Mäuse. Nur die väterliche Kopie von *Igf2* wird jedoch transkribiert und nur diese Genkopie spielt eine Rolle für den Phänotyp. Folglich sind Mäuse, die ein mutiertes *Igf2*-Gen vom Vater ererbt haben, zwergwüchsig, während Mäuse mit einem von der Mutter ererbten defekten *Igf2*-Gen normal sind.

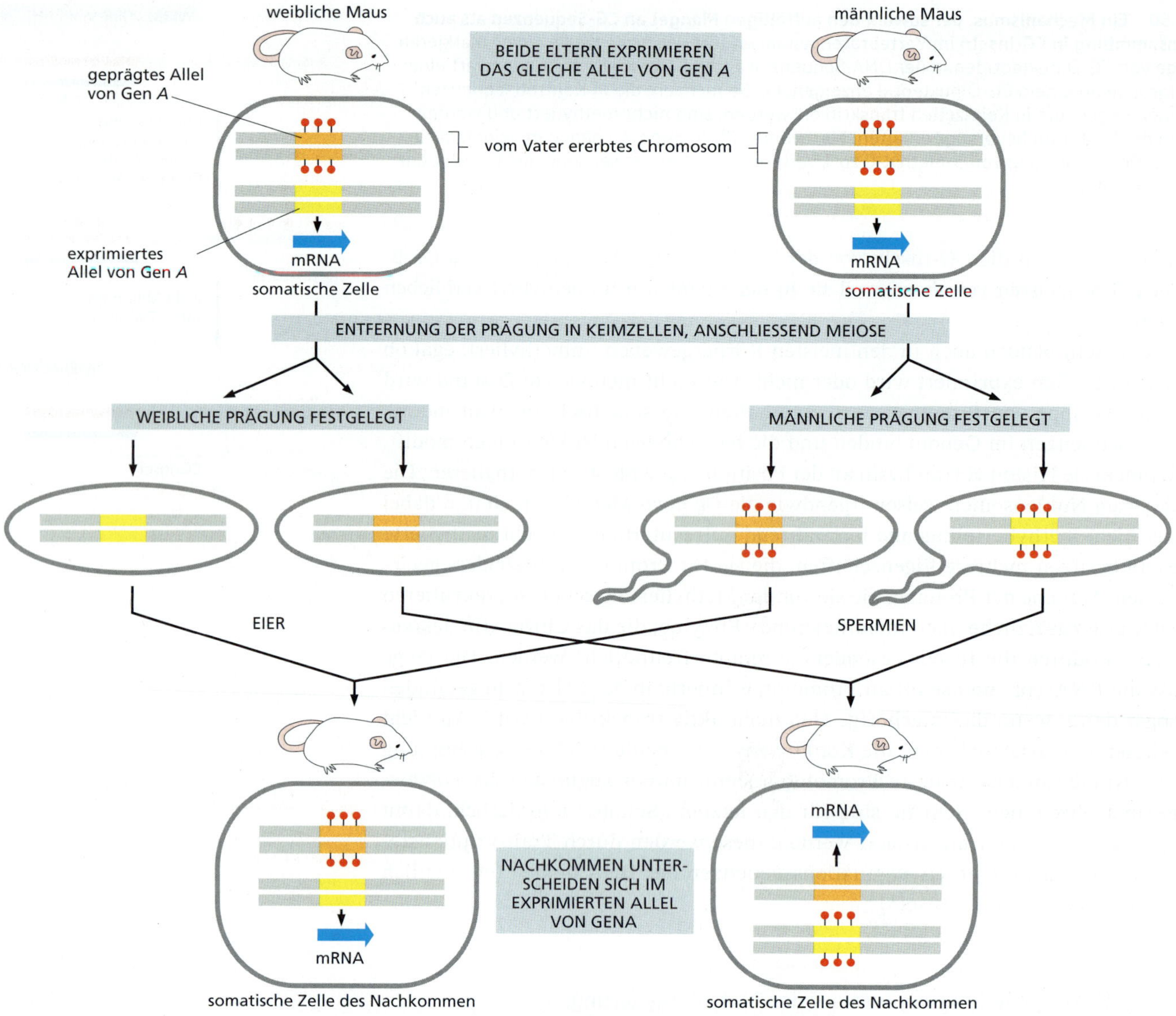

Abb. 7.51 Wie die Prägung in der Maus ein nicht mendelndes Vererbungsmuster verursachen kann. Der *obere* Teil der Abbildung zeigt ein Paar homologer Chromosomen in somatischen Zellen von zwei erwachsenen Mäusen, einem Männchen und einem Weibchen. In dem Beispiel haben beide Mäuse das obere Homolog von ihrem Vater, das untere von ihrer Mutter geerbt, und die väterliche Kopie eines der Prägung unterliegenden Gens (*orange* gekennzeichnet) ist methyliert, was seine Expression verhindert. Die von der Mutter ererbte Kopie des gleichen Gens (*gelb*) wird exprimiert. Der Rest der Abbildung zeigt das Ergebnis einer Kreuzung dieser zwei Mäuse. Während der Keimzellbildung, aber vor der Meiose wird die Prägung zuerst entfernt und dann später in einem geschlechtsspezifischen Muster wiederhergestellt (s. den *Mittelteil* der Abbildung). In den vom Weibchen gelieferten Eizellen sind beide Allele des Gens *A* nicht methyliert. In den Spermien des Männchens sind beide Allele des Gens *A* methyliert. Im *unteren* Teil der Abbildung sind zwei der möglichen an die Nachkommen vererbten Prägemuster gezeigt; die *linke* Maus hat das gleiche Prägemuster wie die beiden Eltern, während die *rechte* Maus das entgegengesetzte Muster hat. Wenn die zwei Allele von Gen *A* verschieden sind (wenn eines beispielsweise für ein mutiertes Protein codiert), können diese verschiedenen Prägemuster phänotypische Unterschiede in der Nachkommenschaft hervorrufen, obwohl sie genau die gleiche DNA-Sequenz in den beiden Allelen des Gens *A* tragen. Prägung stellt eine wichtige Ausnahme zum klassischen „Mendel'schen" Vererbungsverhalten dar, und es wird geschätzt, dass bei der Maus mehrere Hundert Gene auf diese Art beeinflusst werden. Die große Mehrheit der Gene der Maus wird jedoch nicht geprägt, und daher gelten die Regeln der Mendel'schen Vererbung für den größten Teil des Mausgenoms.

Im frühen Embryo werden die Gene, die der genomischen Prägung unterliegen, je nachdem, ob sie von einem Spermien- oder einem Eizellchromosom stammen, durch Methylierung markiert. DNA-Methylierung wird so als Markierung zur Unterscheidung zweier Kopien eines sonst identischen Gens genutzt (**Abb. 7.51**). Da solch geprägte Gene irgendwie vor der DNA-Demethylierungswelle geschützt sind, die kurz nach der Befruchtung stattfindet (Abschnitt 7.5.1), ermöglicht es den während

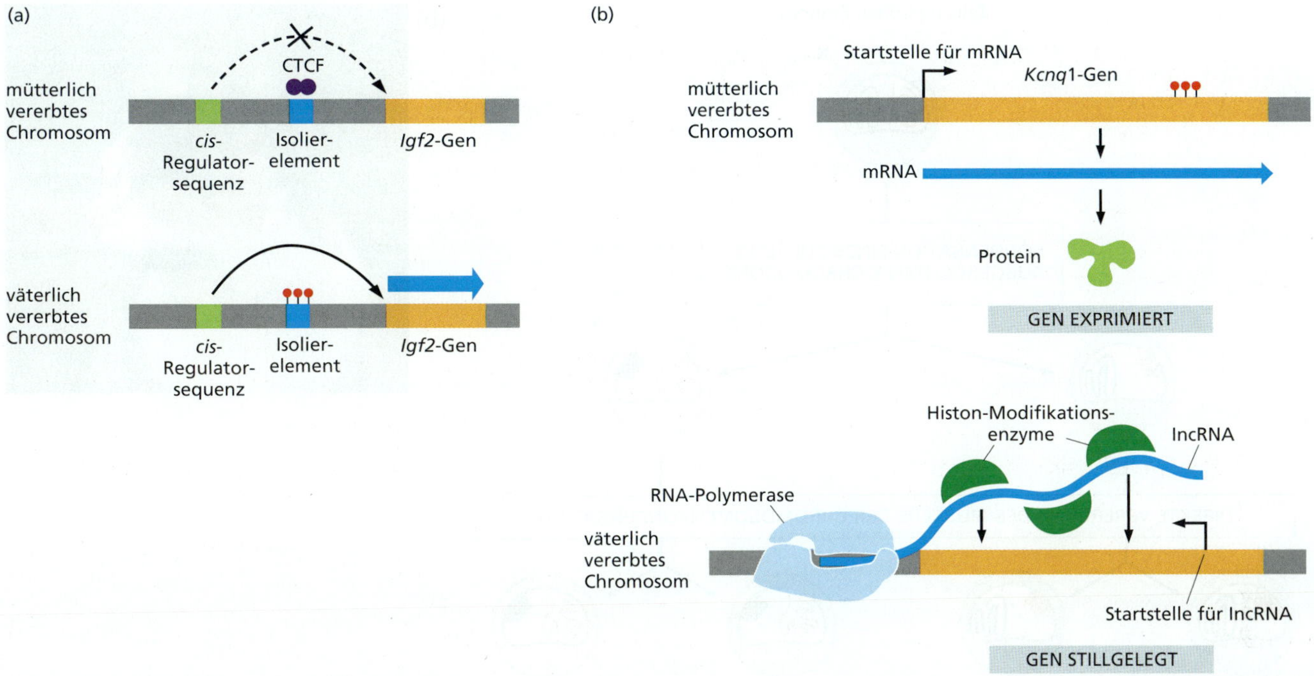

Abb. 7.52 Einige Mechanismen der Prägung. (a) Auf Chromosomen, die von der Mutter ererbt wurden, bindet ein Protein namens CTCF an einen Isolator (s. **Abb. 7.28**) und blockiert die Kommunikation zwischen *cis*-Regulationssequenzen (*grün*) und dem *Igf2*-Gen (*orange*). *Igf2* wird deshalb vom mütterlich ererbten Chromosom nicht exprimiert. Wegen der Prägung ist der Isolator auf dem vom Vater stammenden Chromosom methyliert (*rote Kreise*); dies inaktiviert den Isolator, indem die Bindung des CTCF-Proteins blockiert wird, und erlaubt den *cis*-Regulationssequenzen, die Transkription des *Igf2*-Gens zu aktivieren. Bei anderen Beispielen der Prägung blockiert die Methylierung einfach die Genexpression, indem sie die für die Transkription eines Gens erforderlichen Bindeproteine behindert. (b) Prägung des *Kcnq1*-Gens der Maus. Auf dem von der Mutter stammenden Chromosom wird die Synthese der lncRNA durch Methylierung der DNA (*rote Kreise*) blockiert und das *Kcnq1*-Gen wird exprimiert. Auf dem Chromosom väterlicher Herkunft wird die lncRNA synthetisiert, verbleibt an Ort und Stelle und blockiert durch das Steuern von Chromatinstrukturveränderungen die Expression des *Kcnq1*-Gens. Obgleich die histonmodifizierenden Enzyme so dargestellt sind, als würden sie an die lncRNA direkt binden, werden sie wahrscheinlich durch weitere Proteine indirekt rekrutiert.

der Embryonalentwicklung gebildeten Körperzellen, sich an die Herkunft der beiden Kopien eines Gens zu „erinnern" und ihre Expression entsprechend zu kontrollieren. Meist schaltet die Methylmarkierung die Expression benachbarter Gene ab. In einigen Fällen jedoch kann sie die Expression eines Gens aktivieren. Im Fall von *Igf2* beispielsweise hemmt die Methylierung eines Isolatorelements auf dem vom Vater ererbten Chromosom seine Funktion und ermöglicht entfernten *cis*-Regulationssequenzen, die Transkription des *Igf2*-Gens zu aktivieren. Auf dem von der Mutter ererbten Chromosom ist der Isolator nicht methyliert und das *Igf2*-Gen wird daher nicht transkribiert (**Abb. 7.52a**).

Andere Fälle der Prägung gründen auf der DNA-Methylierung, aber sie verwenden verschiedene „stromabwärtige" Mechanismen. Manche verwenden *lange nicht codierende RNAs* (lncRNAs), die als RNA-Moleküle von über 200 Nukleotiden Länge definiert sind, die nicht für Proteine codieren. Wir besprechen lncRNAs am Ende dieses Kapitels umfassender; hier konzentrieren wir uns auf die Rolle einer spezifischen lncRNA beim Prägen. Im Falle des *Kcnq1*-Gens, das für einen spannungskontrollierten Calciumkanal codiert, der für die korrekte Herzfunktion nötig ist, wird die lncRNA nur vom väterlichen Allel gebildet (das nicht methyliert ist), sie wird aber nicht von der RNA-Polymerase freigesetzt, sondern verbleibt stattdessen an ihrem Syntheseort auf der DNA-Matrize. Diese RNA wiederum rekrutiert histonmodifizierende und DNA-methylierende Enzyme, die die Bildung von repressivem Chromatin steuern, wodurch das proteincodierende Gen stillgelegt wird, das in der Nähe auf dem Chromosom väterlicher Herkunft angeordnet ist (**Abb. 7.52b**). Das Gen mütterlicher Herkunft ist andererseits diesem Effekt gegenüber immun, weil die eingeprägte Methylierung die Synthese der lncRNA blockiert, aber die Transkription des benachbarten proteincodierenden Gens gestattet. Wie bei *Igf2* stammt die Spezifität der *Kcnq1*-Prägung von ererbten Methylierungsmustern; der Unterschied liegt in der Art und Weise, wie diese Muster die unterschiedliche Genexpression zustande bringen.

Warum es überhaupt eine genomische Prägung gibt, ist ein Rätsel. Bei Wirbeltieren ist sie auf die Säuger beschränkt, die sich im Mutterleib entwickeln, und viele genomisch geprägten Gene haben eine Funktion bei der Embryonalentwicklung. Eine Vorstellung ist, dass genomische Prägung einen Kompromiss im evolutionären Kampf darstellt

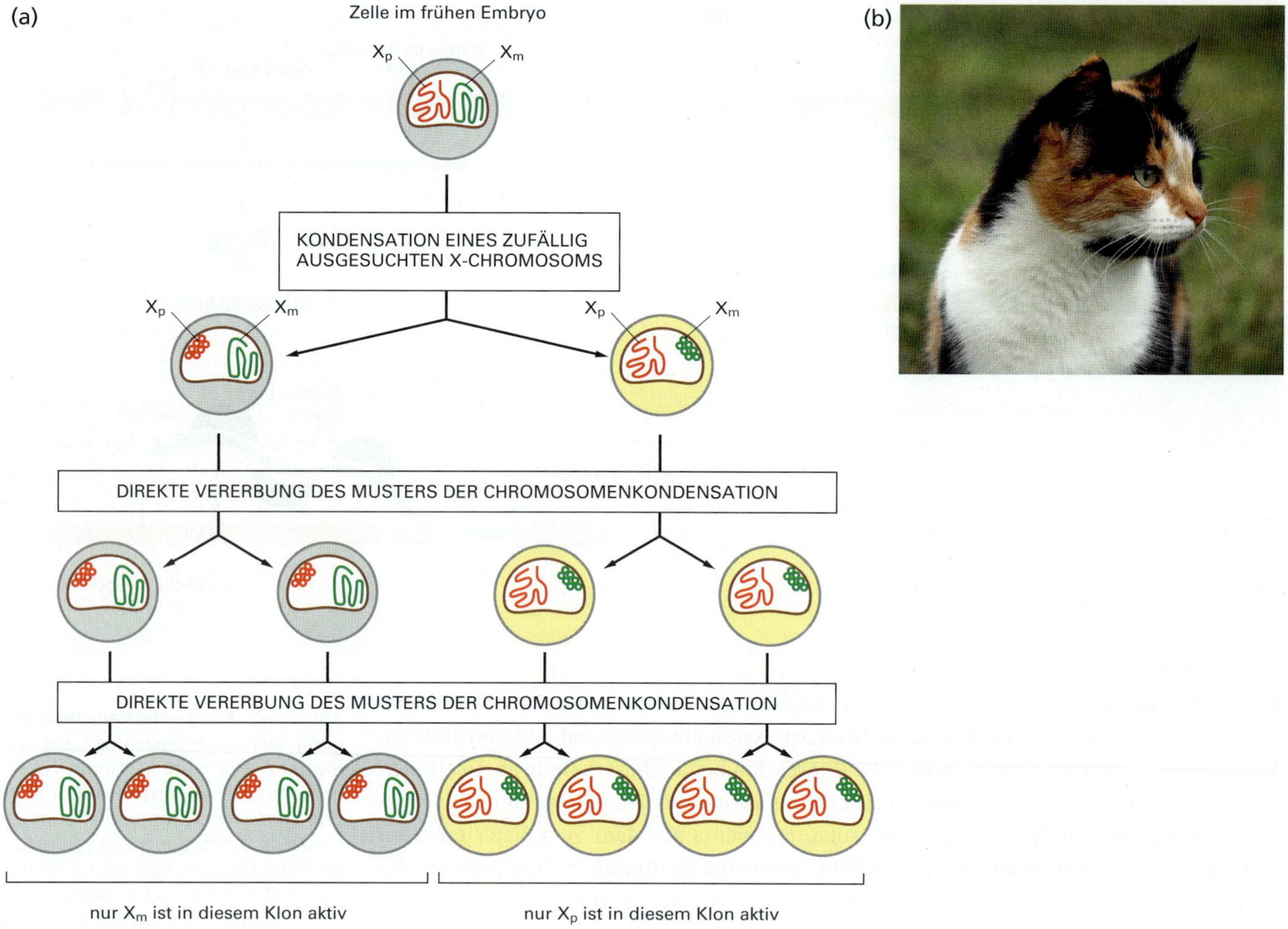

Abb. 7.53 X-Inaktivierung. Die klonale Vererbung eines kondensierten inaktiven X-Chromosoms in weiblichen Säugern.

zwischen Männchen, um größere Nachkommen zu erzeugen, und Weibchen, um die Größe des Nachwuchses zu beschränken, durch „Halbierung" der Dosis bestimmter Genprodukte, die das Wachstum beschleunigen könnte. Was auch immer sein Zweck sein mag, die genomische Prägung liefert einen überraschenden Hinweis, dass neben der Nukleotidsequenz auch andere Eigenschaften der DNA vererbt werden können.

7.5.4 Chromosomenweite Änderungen in der Chromatinstruktur können vererbt werden

Wir haben gesehen, dass die DNA-Methylierung und bestimmte Chromatinstrukturzustände vererbbar sind und so Genexpressionsmuster über viele Zellgenerationen bewahrt werden. Das vielleicht auffälligste Beispiel dafür gibt es bei Säugetieren, bei denen die Änderung in der Chromatinstruktur eines ganzen Chromosoms den Expressionsgrad aller Gene auf diesem Chromosom beeinflussen kann.

Männchen und Weibchen unterscheiden sich in ihren *Geschlechtschromosomen*. Weibchen besitzen zwei X-Chromosomen, während Männchen ein X- und ein Y-Chromosom haben. Beim Menschen unterscheiden sich die X- und Y-Chromosomen radikal im Gengehalt: Das X-Chromosom ist dreimal länger und enthält etwa 900 proteincodierende Gene, verglichen mit den 55 proteincodierenden Genen des Y-Chromosom. Säugetiere haben daher den Mechanismus der *Dosiskompensation* entwickelt, um die Dosis der X-chromosomalen Genprodukte zwischen Männchen und Weibchen auszugleichen. Das richtige Verhältnis der Genprodukte der X-Chromosomen zu denen der *Autosomen*

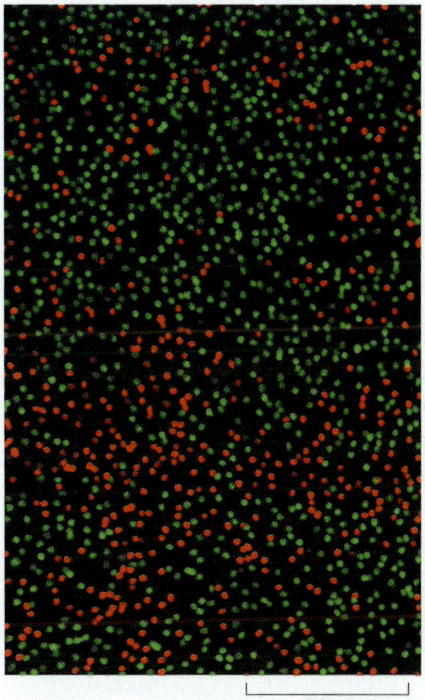

Abb. 7.54 Photorezeptorzellen in der Netzhaut einer weiblichen Maus zeigen Muster der X-Chromosomen-Inaktivierung. Mithilfe von gentechnischen Methoden (in Kapitel 8 beschrieben) wurde die Keimbahn der Maus so verändert, dass eine Kopie des X-Chromosoms (falls aktiv) ein grün fluoreszierendes Protein bildet und die andere Kopie ein rot fluoreszierendes. Beide Proteine sammeln sich im Zellkern an, und in den hier gezeigten Zellfeldern ist klar zu erkennen, dass nur eines der beiden Chromosomen in jeder Zelle aktiv ist. Wenn beide Chromosomen aktiv wären, würden die Zellkerne sowohl rot als auch grün fluoreszieren, und daher gelb erscheinen. (Aus H. Wu *et al.*, *Neuron* 81: 103–119, 2014. Mit Erlaubnis von Elsevier).

(Nicht-Geschlechtschromosomen) wird sorgfältig kontrolliert, und Mutationen, die diese Dosiskompensation beeinträchtigen, sind im Allgemeinen tödlich.

Säugetiere erreichen die Dosiskompensation durch die transkriptionale Inaktivierung eines der beiden X-Chromosomen in den somatischen Zellen des Weibchens, ein Vorgang, der als **X-Inaktivierung** bezeichnet wird. Die Folge dieser X-Inaktivierung ist, dass zwei X-Chromosomen innerhalb desselben Zellkerns nebeneinander existieren können, den gleichen diffusiblen Transkriptionsregulatoren ausgesetzt sind und sich dennoch vollständig in ihrer Expression unterscheiden.

In der frühen Entwicklung des weiblichen Embryos, wenn er aus wenigen Hundert Zellen besteht, wird eines der beiden X-Chromosomen in jeder Zelle in eine Art Heterochromatin stark verdichtet. In placentalen Säugetieren scheint die anfängliche Wahl, welches X-Chromosom inaktiviert wird, das von der Mutter (X_m) oder das vom Vater (X_p) ererbte, zufällig zu sein. Sobald entweder X_p oder X_m inaktiviert wurde, bleibt es über alle folgenden Zellteilungen dieser Zelle und ihrer Nachkommen inaktiviert, was uns zeigt, dass der Zustand der Inaktivierung getreu über viele Zyklen der DNA-Replikation und Mitose erhalten wird. Da die X-Inaktivierung zufällig geschieht und erst stattfindet, nachdem schon mehrere Hundert Zellen gebildet wurden, stellt jedes Weibchen ein Mosaik klonaler Zellgruppen dar, bei denen entweder X_p oder X_m inaktiviert ist (**Abb. 7.53**). Diese klonalen Gruppen sind im erwachsenen Tier in kleinen Haufen verteilt, da die Schwesterzellen während späterer Stadien der Entwicklung bevorzugt eng beieinander bleiben (**Abb. 7.54**). So erzeugt die Inaktivierung des X-Chromosoms beispielsweise die rote und schwarze „Schildpatt"-Färbung des Fells mancher weiblicher Katzen (**Abb. 7.53b**). Bei diesen „Glückskatzen" trägt ein X-Chromosom ein Gen, das rote Haarfarbe erzeugt, das andere X-Chromosom trägt ein Allel des gleichen Gens, das schwarze Haarfarbe erzeugt; die zufällige Inaktivierung erzeugt Flecken von Zellen unterschiedlicher Farbe. Im Gegensatz zu den Weibchen sind die männlichen Katzen dieses genetischen Bestands entweder durchgängig rot oder durchgängig schwarz, entsprechend dem X-Chromosom, das sie von ihrer Mutter geerbt haben. Auch wenn die X-Chromosomen-Inaktivierung über Tausende von Zellteilungen aufrechterhalten wird, wird sie während der Keimzellbildung aufgehoben, sodass alle haploiden Oocyten ein aktives X-Chromosom enthalten und X-gekoppelte Genprodukte exprimieren können.

7.5.5 Die X-Chromosomeninaktivierung bei weiblichen Säugern wird durch die Synthese langer nicht codierender RNAs ausgelöst

Beim Menschen beginnt der chromosomenweite Inaktivierungsvorgang mit der Synthese einer langen, nicht codierenden RNA, **Xist** genannt, deren Gene auf dem X-Chromosom liegen. Dieses Transkript (etwa 20 000 Nukleotide lang) wird von nur einem der beiden X-Chromosomen in Frauen synthetisiert, und wie genau diese anscheinend zufällige Wahl getroffen wird, bleibt noch zu entdecken. Sobald ein **Xist-RNA**-Molekül synthetisiert wurde, verlässt es nicht das X-Chromosom, von dem es stammt; stattdessen diffundiert es nur entlang dieses Chromosoms. Am Ende werden etwa 2000 Xist-Moleküle pro X-Chromosom synthetisiert, und sie bedecken schließlich das Chromosom, das sie

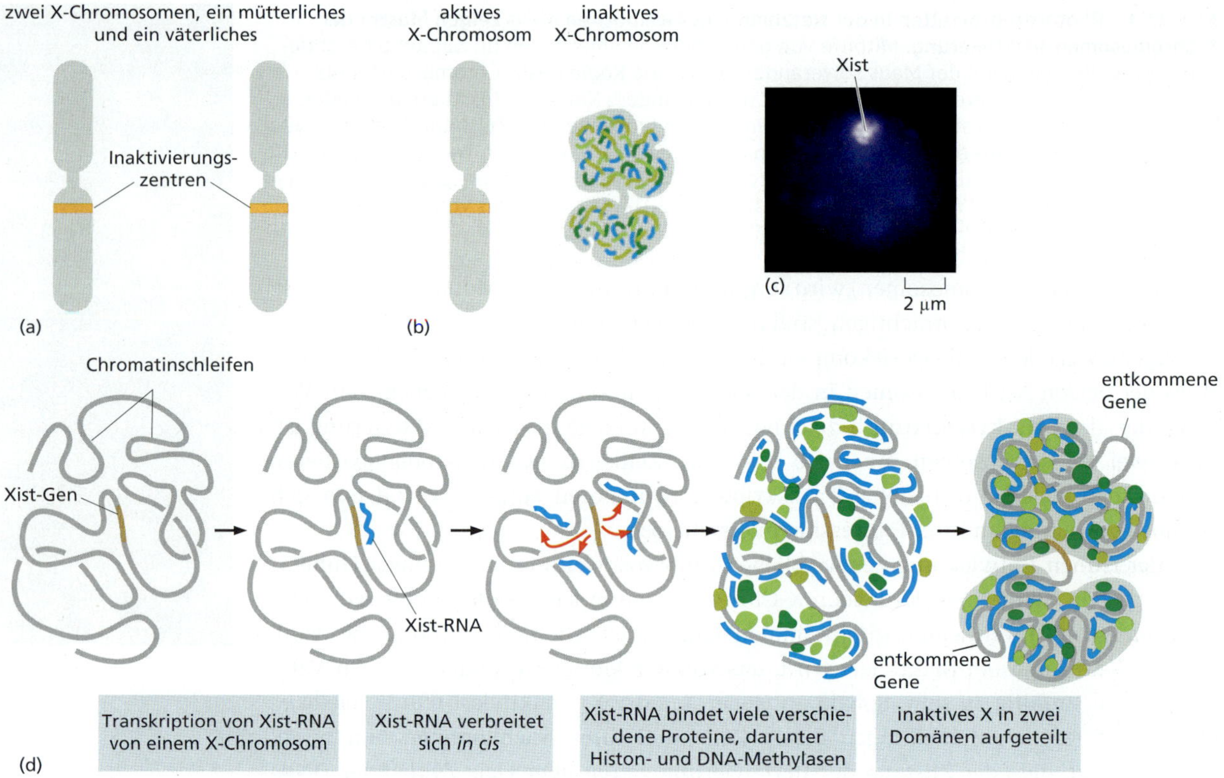

Abb. 7.55 Die X-Chromosomen-Inaktivierung bei Säugetieren. Die beiden X-Chromosomen in weiblichen Säugern (a) vor und (b) nach der X-Inaktivierung. (c) in einem frühen Stadium der X-Chromosomeninaktivierung wurden Mauschromosomen mit einer Fluoreszierenden Sonde hybridisiert, die komplementär zur Xist-RNA ist, die nur das inaktive X-Chromosom bedeckt; die restliche DNA wurde mit einem Farbstoff blau gefärbt. (d) Eine schematische Illustration, wie die fortwährende Synthese der Xis-RNA am Xist-Locus Xist-Moleküle über das Chromosom hinweg nach außen bewegt. Während Xist-Moleküle das Chromosom überziehen, beginnen sie, sich mit einer Vielzahl von Strukturproteinen und Enzymen zu verbinden, die Histone und DNA modifizieren. Obgleich einige dieser Proteine an das Chromosom gebunden werden, bevor sich Xist ausbreitet (nicht gezeigt) werden die meisten in direkte Verbindung mit Xist gebracht. Die 2 wichtigsten Chromosomendomänen, die beim Abschluss des Inaktivierungsprozesses erzeugt werden, sind vermutlich biomolekulare Kondensate. Gene, die dem Inaktivierungsvorgang entkommen, sind als Schleifen dargestellt, die sich aus den kompakten Domänen erstrecken. (b und d, basierend auf einer von Agnese Loda und Edith Heard gelieferten Abbildung; c aus L. Giorgetti *et al.*, *Nature* 535: 575–579, 2016. Reproduziert mit Erlaubnis von SNCSC).

produziert. Die Ausbreitung von Xist entlang des Chromosoms verursacht selbst nicht die Stilllegung der Transkription. Diese lange RNA enthält Bindungsstellen für viele verschiedene Proteine, welche die tatsächliche Genstilllegung ausführen. Dazu zählen DNA-Methylasen, histonmodifizierende Enzyme und Strukturkomponenten, die für das inaktive X-Chromatin spezifisch sind. Infolgedessen kommt es zu einer ausgiebigen Methylierung des inaktiven X-Chromatins (einschließlich an CG-Inseln), und das Chromosom wird zu kompakten Strukturen gefaltet, die sich im Allgemeinen der Transkription widersetzen (**Abb. 7.55**). Diese mehrfachen Schichten die sich jeweils selbst ausbreiten können (s. **Abb. 7.48**), stellen sicher, dass das zufällig ausgewählte X-Chromosom über viele Zellteilungen hindurch inaktiv bleibt.

Nicht jedes Gen auf dem inaktiven X-Chromosom wird für die Transkription stillgelegt. Von den etwa 900 proteincodierenden Genen auf dem menschlichen X-Chromosom bleiben 15–20 % aktiv exprimiert, nachdem die chromosomenweite Inaktivierung abgeschlossen ist. Und bei vielen dieser Gene müssen beide Kopien – eine vom aktiven X und eine vom inaktiven X – exprimiert werden, um einen ausreichenden Spiegel ihrer Genprodukte zu erhalten, sodass die Entwicklung ordentlich ablaufen kann.

Wie gelingt es ausgewählten Genen der Stilllegung zu entkommen, nachdem der größte Teil des X-Chromosoms eine Inaktivierung der Transkription erfahren hat? Wie wir in Kapitel 4 und auch früher in diesem Kapitel gesehen haben, kommen transkriptionsaktive Gene im Allgemeinen in DNA-Schleifen vor, welche durch Isolatorproteine wie CTCF an Ort und Stelle gehalten werden (s. **Abb. 7.28**), und dies trifft auf die „entkommenen Gene" des inaktiven X-Chromosoms zu. Man glaubt, dass sich diese Schleifen aus dem Großteil des dicht gepackten Chromosoms hervorstrecken. Im Gegensatz dazu liegen die meisten inaktiven Gene im Innern des inaktiven X-Chromosoms, dem CTCF fehlt. Man hat vorgeschlagen, dass die X-Inaktivierung von der Bildung eines spezialisierten biomolekularen Kondensats begleitet ist, in dem die für die Genexpression benötigten Proteine und RNAs bei einer hohen lokalen Konzentration gehalten werden;

gemäß diesem Modell würden sich die Schleifen der aktiven Genen nach außen erstrecken, jenseits der Grenze des Kondensats.

Wir haben die Art und Weise beschrieben, auf welche die placentalen Säugetiere mit der Dosis-Kompensation auf dem X-Chromosom umgehen, aber die Einzelheiten dieses Vorgangs unterscheiden sich von denjenigen in den meisten anderen Tieren bedeutsam. Bei den Beuteltieren (Marsupialier) beispielsweise ist die Auswahl, welches X-Chromosom inaktiviert wird, nicht zufällig; stattdessen wird das vom Vater ererbte X-Chromosom automatisch stillgelegt. Und bei Fliegen findet die Dosis-Kompensation in Männchen statt, wo das einzelne X-Chromosom etwa auf das 2-fache hochreguliert wird, um auf die weibliche Dosis zu kommen. Und bei Nematoden schließlich verringern die Zwitter (Hermaphroditen) die Genexpression auf beiden X-Chromosomen um grob die Hälfte, damit sie zur Chromosomendosis des einzelnen X-Chromosoms in Männchen passt.

Die grundlegend unterschiedlichen Mechanismen der Dosiskompensation bei Tieren legen nahe, dass es sich dabei um eine relativ junge Innovation der Evolution handelt. Wir besitzen einige Hinweise für ihren Ursprung beim Menschen. Einige der Schlüsselkomponenten bei der X-Inaktivierung sind auch an der Unterdrückung der vielen Transposons im menschlichen Genom beteiligt, ein Vorgang, den wir an späterer Stelle in diesem Kapitel behandeln. Man hat vorgeschlagen, dass sich Xist aus mehreren Transposons entwickelt hat, die sich in unser X-Chromosom eingebaut haben, die schließlich die Zelle zur Inaktivierung des ganzen Chromosoms „ausgetrickst“ haben.

7.5.6 Stabile Genexpressionsmuster können auf Tochterzellen übertragen werden

Die Prägung und die X-Chromosomen-Inaktivierung sind Beispiele der **monoallelen Genexpression**, wo in einem diploiden Genom nur eine der beiden Genkopien exprimiert wird. Zusätzlich zu den etwa 1000 Genen auf dem X-Chromosom und den ungefähr 300 Genen, die geprägt sind, gibt es weitere 1000–2000 menschliche Gene, die eine monoallele Expression zeigen. Wie bei der X-Chromosomen-Inaktivierung (aber anders als bei der Prägung) geschieht die Wahl, welche Genkopie exprimiert und welche stillgelegt wird, oft zufällig. Sobald aber die Wahl einmal getroffen wurde, kann sie über viele Zellteilungen hinweg bestehen bleiben. Weil die Wahl oft relativ spät in der Entwicklung getroffen wird, können die Zellen im selben Gewebe desselben Individuums verschiedene Kopien eines bestimmten Gens exprimieren. Mit anderen Worten, Körpergewebe sind oft Mosaike, in denen verschiedene Zellklone Genexpressionsmuster mit feinen Unterschieden haben. Der für diese Art der monoallelen Expression verantwortliche Mechanismus und seine Erhaltung über Zellteilungen hinweg sind nicht im Einzelnen bekannt, und sein allgemeiner Zweck – falls es einen gibt – ist kaum verstanden. Man weiß jedoch, dass mehrere verschiedene Mechanismen zu einer monoallelen Vererbung beitragen können, was wir nun erklären wollen.

Betrachtet man die allgemeine Frage des Zellgedächtnisses, ist es hilfreich, zur Besprechung der verschiedenen Zellarten in einem Lebewesen zurückzukehren. Wie wir gesehen haben, bleibt eine Zelle normalerweise spezialisiert, sobald sie sich in einem Organismus in einen bestimmten Zelltyp differenziert hat, und wenn sie sich teilt, erben ihre Töchter die gleichen spezialisierten Eigenschaften. Der für eine Zelle vielleicht einfachste Weg, sich an ihre Identität zu erinnern, verläuft über eine positive Rückkopplungsschleife, in der ein Transkriptions-Master-Regulator entweder direkt oder indirekt die Transkription seines eigenen Gens aktiviert (s. **Abb. 7.42**). Wie wir bereits früher in diesem Kapitel behandelt haben, verschaffen ineinandergreifende positive Rückkopplungsschleifen vom in **Abb. 7.40b** gezeigten Typ eine größere Stabilität, indem sie den Schaltkreis gegen Konzentrationsschwankungen irgendeines Transkriptionsregulators abpuffern. Da Transkriptionsregulatoren im Cytosol synthetisiert werden und durch den Zellkern diffundieren, beeinflussen Rückkopplungsschleifen, die auf diesem Mechanismus fußen, beide Genkopien in einer diploiden Zelle. Wie in diesem Abschnitt erörtert, kann jedoch das Genexpressionsmuster eines Gens auf einem Chromosom von der Kopie des gleichen Gens auf dem anderen Chromosom abweichen (wie bei der X-Chromosomen-Inaktivierung oder der Prägung), und derartige Unterschiede können ebenfalls über viele Zellteilungen hinweg vererbt werden und sie können nicht mit diesem Typ der Transkriptions-Rückkopplungsschleife erklärt werden.

Die Fähigkeit einer Tochterzelle, sich an das Genexpressionsmuster zu erinnern, das in der Elternzelle vorlag, ist ein Beispiel für **epigenetische Vererbung**, die wir als eine vererbbare Änderung im Phänotyp einer Zelle oder eines Organismus definieren, die nicht von Änderungen der Nukleotidsequenz in der DNA herrührt.

In **Abbildung 7.56** stellen wir vier selbstausbreitende Mechanismen vor, die eine epigenetische Vererbung erzeugen können, die in *cis* arbeiten und nur eine Chromosomenkopie betreffen, den selbstausbreitenden Mechanismen gegenüber, die in *trans* arbeiten und beide Chromosomenkopien eines Gens betreffen.

Wichtig ist es anzumerken, dass viele Änderungen der Genexpression, die in Zellen vorkommen, vorübergehend sind und von der andauernden Gegenwart eines Signals abhängen, dass von außerhalb der Zelle stammt. Verschwindet das Signal, so verschwindet auch das neue Genexpressionsmuster; mit anderen Worten, das Muster ist

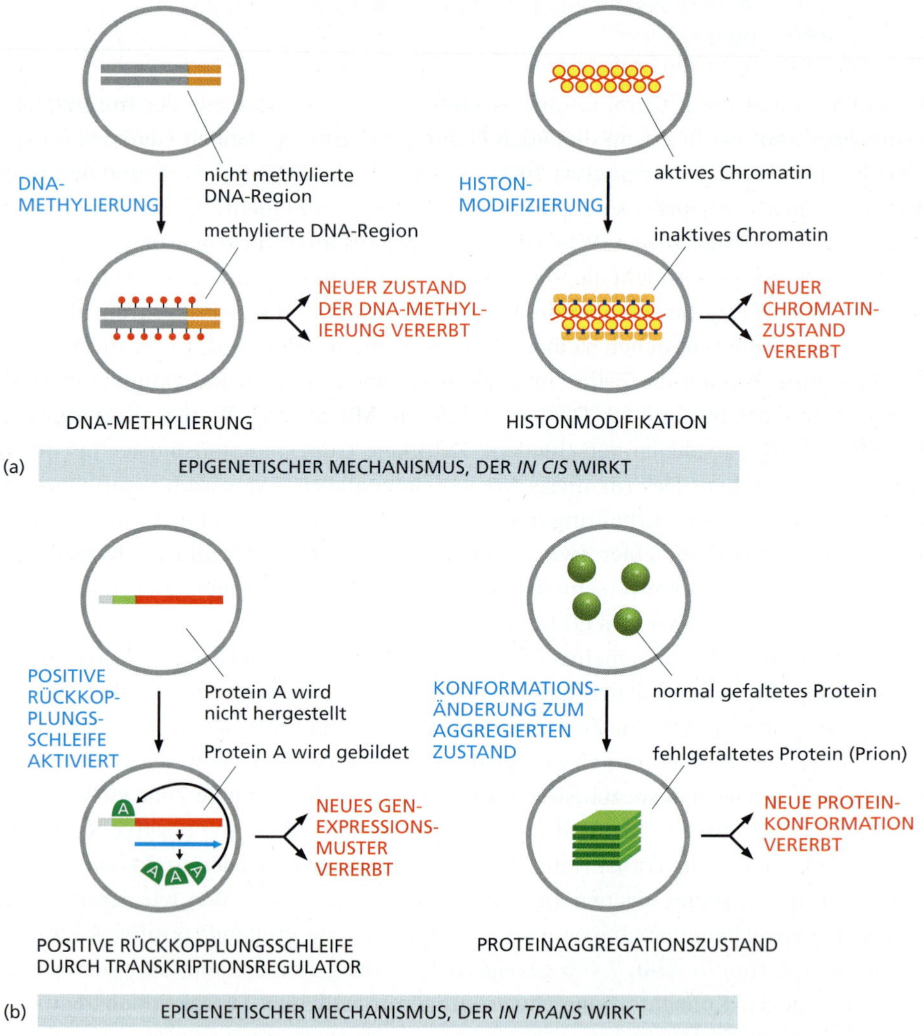

Abb. 7.56 Vier verschiedene Mechanismen, die eine epigenetische Form der Vererbung in einem Organismus erzeugen können. (a) Zwei epigenetische Mechanismen, die in *cis* wirken. Wie in diesem Kapitel besprochen, kann eine Erhaltungs-Methylase spezifische Cytosinmethylierungsmuster weitergeben (s. **Abb. 7.47**). Wie in Kapitel 4 alternativ besprochen, kann ein histonmodifizierendes Enzym, das dieselbe kovalente Modifikation wiederherstellt, die es an das Chromatin gezogen hat, bewirken, dass die Chromatinstruktur selbstpropagierend ist (s. **Abb. 4.44**). Man beachte, dass der Begriff „epigenetisch" manchmal missbraucht wird, um sich auf alle kovalenten Modifikationen der Histone zu beziehen, egal ob sie selbstausbreitend sind oder nicht. Aber viele Histonmodifikationen werden jedesmal gelöscht, wenn eine Zelle sich teilt, und deshalb passen sie nicht zu unserer Definition. (b) Zwei epigenetische Mechanismen, die in *trans* wirken. Durch Transkriptionsregulatoren gebildete positive Rückkopplungsschleifen finden sich in allen Spezies und sind wahrscheinlich die häufigste Form des Zellgedächtnisses. Wie in Kapitel 3 besprochen, können manche Proteine selbstverbreitende Prionen bilden (**Abb. 3.33**). Wenn diese Proteine an der Genexpression beteiligt sind, können sie ein besonderes Genexpressionsmuster auf Tochterzellen übertragen.

nicht direkt vererbbar (s. Kapitel 15). Die Änderungen der Genexpression – sowohl vererbbare als auch nicht vererbbare – sind für die Funktion aller Zellen auf der Erde entscheidend. Und die vor über 60 Jahren gemachte Entdeckung, dass die Genexpression von Zellen reguliert werden kann, zählt zu den grundlegendsten Prinzipien der Biologie.

Zusammenfassung

Zusätzlich zu den positiven Rückkopplungsschleifen, die von Transkriptionsregulatoren erzeugt werden, können eukaryotische Zellen ererbte Formen der DNA-Methylierung und ererbte Chromosomenkondensationszustände als zusätzliche Mechanismen zur Erzeugung eines Zellgedächtnisses der Genexpressionsmuster verwenden. Ein besonders dramatischer Fall, der die Chromatinkondensation einbezieht, ist die Inaktivierung eines vollständigen X-Chromosoms bei weiblichen Säugern. Dem Phänomen der genomischen Prägung bei Säugetieren, bei dem die Expression eines Gens davon abhängt, ob es vom Vater oder von der Mutter ererbt wurde, liegt die DNA-Methylierung zugrunde. All diese Mechanismen erlauben es Zellen, Genexpressionsmuster an ihre Nachkommenzellen weiterzugeben, was zur epigenetischen Vererbung beiträgt, die komplexen vielzelliges Lebes ermöglicht.

7.6 Posttranskriptionale Kontrolle

Im Prinzip könnte jeder Schritt der Genexpression kontrolliert werden. Tatsächlich kann man auch Beispiele für jede Art der Regulation finden, und von vielen Genen weiß man, dass sie über mehrere Mechanismen reguliert werden. Wie wir gesehen haben, ist die Kontrolle der Initiation der Gentranskription für alle Gene die wichtigste Form der Kontrolle. Aber andere wichtige Kontrollen können auch später auf dem Weg von der DNA zum Protein eingreifen, um die Menge des hergestellten Genprodukts zu regulieren – und in manchen Fällen die exakte Aminosäuresequenz des Proteinprodukts festzulegen. Diese **posttranskriptionalen Kontrollen**, die ihre Funktion ausüben, nachdem die RNA-Polymerase an den Promotor des Gens gebunden und die RNA-Synthese bereits begonnen hat, sind für die Regulation vieler Gene entscheidend.

In den folgenden Abschnitten werden wir die Vielfalt der posttranskriptionalen Regulation in der zeitlichen Abfolge der Regulationsereignisse betrachten, die auf ein RNA-Molekül nach Beginn der Transkription einwirken können (**Abb. 7.57**).

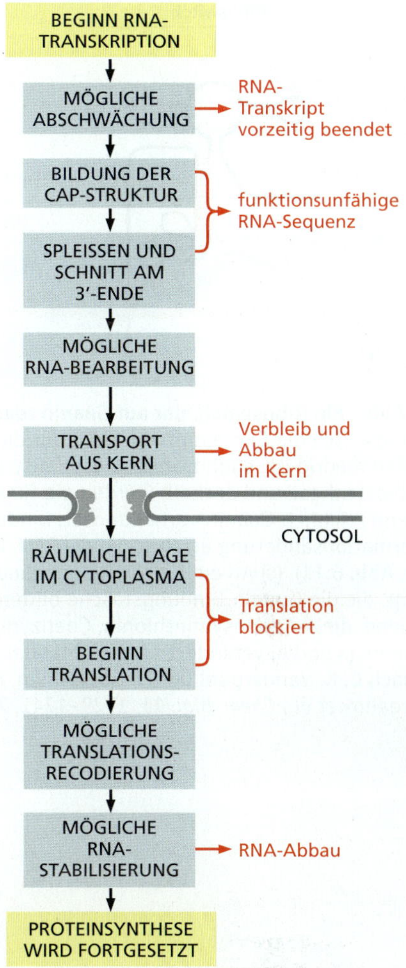

Abb. 7.57 Mechanismen der posttranskriptionalen Kontrolle der Genexpression. Die endgültige Synthesegeschwindigkeit eines Proteins kann im Prinzip durch irgendeinen der mit Großbuchstaben aufgelisteten Schritte kontrolliert werden, obwohl nur ein paar wenige der hier abgebildeten Schritte wahrscheinlich entscheidend sind für die Regulation eines bestimmten Proteins. Wie wir besprechen werden, ermöglichen es auch die Spaltung am 3'-Ende, das Spleißen, die Editierung und die Translationsrecodierungsschritte der Zelle, mehr als eine Proteinvariante aus demselben Gen zu erzeugen.

7.6.1 Transkriptionsabschwächung bewirkt eine vorzeitige Beendigung der Transkription einiger RNA-Moleküle

Seit Langem weiß man, dass die Expression bestimmter Gene durch eine vorzeitige Beendigung der Transkription gehemmt wird, ein Phänomen, das *Transkriptionsabschwächung* (engl. *attenuation*) genannt wird. In einigen dieser Fälle nimmt die wachsende RNA-Kette eine Struktur an, durch die sie mit der RNA-Polymerase derart in Wechselwirkung tritt, dass die Transkription abbricht. Wird das Genprodukt benötigt, binden Kontrollproteine an die wachsende Kette und beseitigen die Abschwächung, sodass die Transkription eines vollständigen RNA-Moleküls möglich wird.

Ein gut untersuchtes Beispiel der Transkriptionsabschwächung ereignet sich während des Lebenszyklus des HIV, des menschlichen Immunschwächevirus, dem Verursacher des erworbenen Immunschwächesyndroms (AIDS). Wenn das HIV-Genom sich in das Wirtsgenom integriert hat, wird die virale DNA durch die zelluläre RNA-Polymerase II transkribiert (s. **Abb. 5.61**). Diese Wirtspolymerase beendet aber

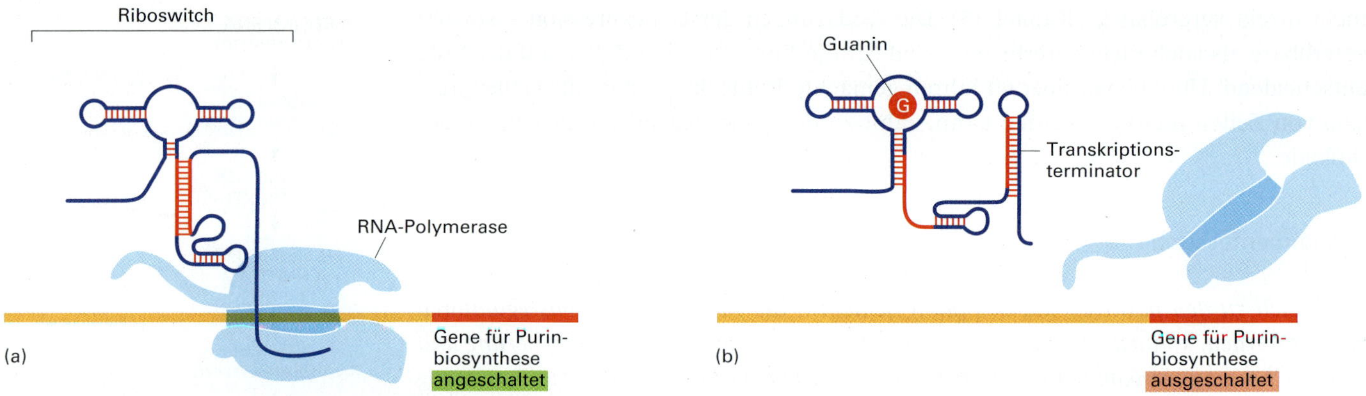

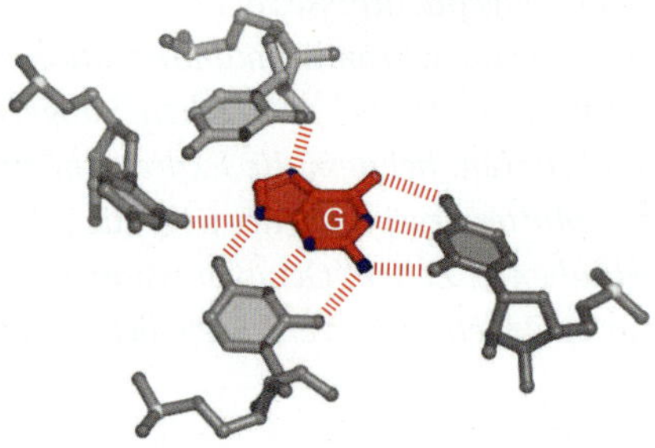

(c)

Abb. 7.58 Ein Riboswitch, der auf Guanin reagiert. In diesem Beispiel aus Bakterien kontrolliert der Riboswitch die Expression der Gene für die Purinbiosynthese. (a) Wenn die Guaninkonzentration in Zellen niedrig ist, dann transkribiert eine transkriptverlängernde RNA-Polymerase die Gene der Purinbiosynthese und deshalb werden die für die Guaninsynthese benötigten Enzyme exprimiert. (b) Wenn reichlich Guanin vorhanden ist, bindet es den Riboswitch und verursacht, dass dieser eine Konformationsänderung erfährt, die die RNA-Polymerase dazu zwingt, die Transkription einzustellen (s. **Abb. 6.11**). (c) An ein Riboswitch gebundenes Guanin (*rot*). Es sind nur diejenigen Nukleotide gezeigt, die die Guanin-Bindungstasche bilden. Es existieren viele andere Riboswitche, dazu zählen auch jene, die *S*-Adenosylmethionin, Coenzym B_{12}, Flavinmononukleotid, Adenin, Lysin und Glycin erkennen. (a und b, verändert nach M. Mandal und R. R. Breaker, *Nat. Rev. Cell Biol.* 5: 451–463, 2004, und nach C. K. Vanderpool und S. Gottesman, *Mol. Microbiol.* 54: 1076–1089, 2004; c, verändert nach A. Serganov *et al.*, *Chem. Biol.* 11: 1729–1741, 2004. PDB-Code: 1Y27).

üblicherweise die Transkription, nachdem sie Transkripte von einigen Hundert Nukleotiden hergestellt hat, und ist deswegen nicht in der Lage, das ganze Genom des Virus effizient zu transkribieren. Wenn die Bedingungen für das Wachstum des Virus günstig sind, verhindert ein vom Virus codiertes Protein namens Tat, das an eine spezifische Haarnadelstruktur in der entstehenden RNA bindet, die eine „hervorspringende Base" enthält, die vorzeitige Beendigung (s. **Abb. 6.89**). Sobald Tat an diese besondere RNA-Struktur (TAR genannt) gebunden hat, versammelt es mehrere Wirtszellproteine, die es der RNA-Polymerase ermöglichen, die Transkription fortzusetzen. Die normale Funktion zumindest einiger dieser Proteine ist es, das Pausieren und den vorzeitigen Abbruch der RNA-Polymerase zu verhindern, wenn sie normale Gene der Zelle transkribiert. Offensichtlich ist ein vorhandener Mechanismus der Zelle von HIV übernommen worden, um die Transkription seines eigenen Genoms durch ein einziges Virusprotein kontrollieren zu können.

7.6.2 Riboswitche stellen wahrscheinlich eine alte Form der Genkontrolle dar

In Abschnitt 6.3 haben wir die Vorstellung erörtert, dass RNA sowohl die Funktion von DNA als auch von Protein innehatte und sowohl Erbinformation speicherte als auch chemische Reaktionen katalysierte, bevor die modernen Zellen auf der Erde entstanden. Die Entdeckung der *Riboswitche* zeigte, dass RNA auch Kontrollvorrichtungen bilden kann. Riboswitche sind kurze RNA-Sequenzen, die bei Bindung kleiner Moleküle, wie Metaboliten, ihre Konformation ändern. Riboswitche sitzen oft in der Nähe des 5'-Endes der mRNAs, und sie falten sich, während die mRNA synthetisiert wird, und blockieren oder erlauben das Voranschreiten der RNA-Polymerase, je nachdem, ob das kleine Regulatormolekül gebunden ist oder nicht (**Abb. 7.58**).

Riboswitche sind besonders in Bakterien üblich, in denen sie wichtige kleine Metaboliten in der Zelle wahrnehmen und die Genexpression entsprechend anpassen. Jeder Riboswitch erkennt nur ein bestimmtes kleines Molekül mit hoher Spezifität. In vielen

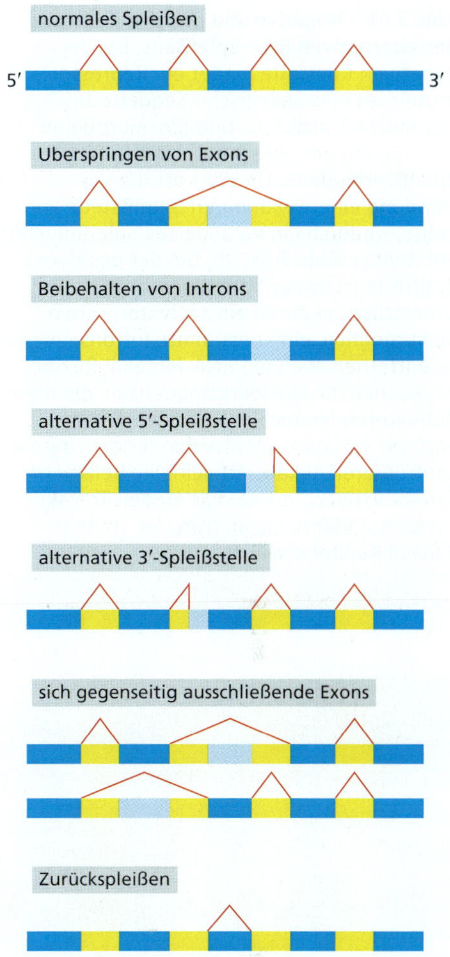

Abb. 7.59 Muster des alternativen Spleißens. Die *dunkelblauen Kästchen* markieren Exonsequenzen, die in beiden mRNAs vertreten sind. Die *hellblauen Kästchen* markieren mögliche Exonsequenzen, die nur in einer der mRNAs auftreten. Die Kästchen werden mit *roten Linien* verbunden, um anzudeuten, wo Intronsequenzen (*gelb*) entfernt werden. Beim Zurückspleißen (wird später im Kapitel behandelt) wird ein einzelnes Exon als ringförmiges RNA-Molekül entfernt. (Verändert nach H. Keren et al., *Nat. Rev. Genet.* 11: 345–355, 2010. Mit Erlaubnis von Macmillan Publishers Ltd).

Fällen wird jede chemische Eigenschaft des kleinen Moleküls durch die RNA gelesen (**Abb. 7.58c**).

Zudem sind die beobachteten Bindungsaffinitäten so fest wie diejenigen, die man normalerweise zwischen kleinen Molekülen und Proteinen beobachtet.

Riboswitche sind vielleicht insofern die ökonomischsten Beispiele von Gen-Kontrollvorrichtungen, als sie die Notwendigkeit für Regulatorproteine insgesamt umgehen. In dem in **Abbildung 7.58** gezeigten Beispiel kontrolliert der Riboswitch die Transkriptionselongation, aber Riboswitche regulieren auch andere Schritte der Genexpression, wie wir an späterer Stelle in diesem Kapitel noch sehen werden. Die Tatsache, dass hoch entwickelte Gen-Kontrollvorrichtungen aus kurzen RNA-Sequenzen gebildet werden, unterstützt die Hypothese einer frühen „RNA-Welt" stark.

7.6.3 Durch alternatives RNA-Spleißen können verschiedene Formen eines Proteins von ein und demselben Gen entstehen

Wie in Kapitel 6 besprochen, verkürzt das RNA-Spleißen die Transkripte vieler eukaryotischer Gene, indem die Intronsequenzen aus den mRNA-Vorläufern entfernt werden. Eine Zelle kann das RNA-Transkript auf verschiedene Weise spleißen und dadurch unterschiedliche Polypeptidketten von demselben Gen herstellen – ein Prozess, der **alternatives RNA-Spleißen** genannt wird (**Abb. 7.59** und **Abb. 6.27**). Viele tierische Gene bilden auf diese Weise mehrere Proteine.

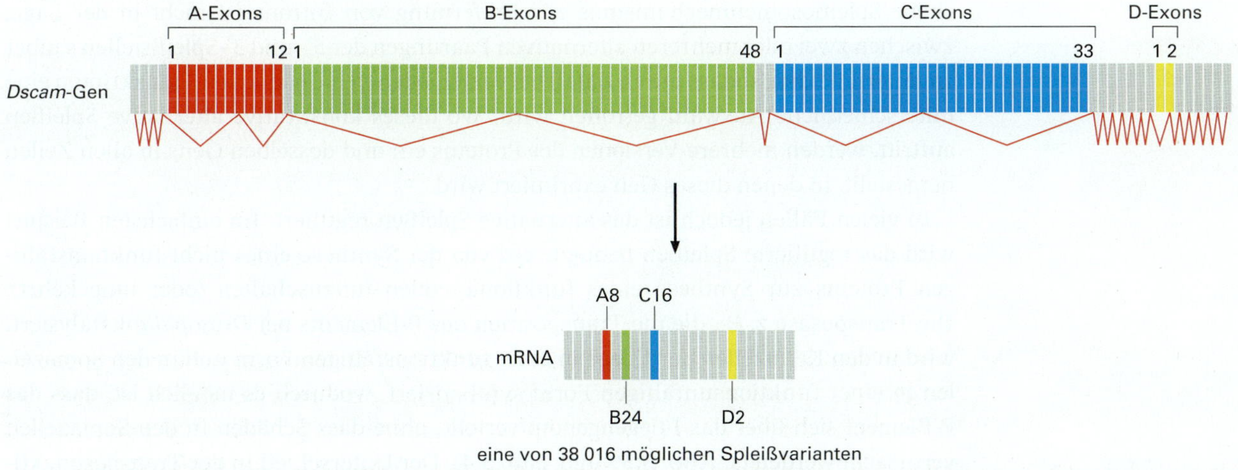

Abb. 7.60 Alternatives Spleißen des RNA-Transkripts des *Dscam*-Gens von *Drosophila*. DSCAM-Proteine haben mehrere verschiedene Funktionen. In Zellen des Fliegen-Immunsystems vermitteln sie die Phagocytose bakterieller Krankheitserreger. In Zellen des Nervensystems sind DSCAM-Proteine für die Verschaltung der Nervenzellen nötig. Die endgültige mRNA enthält 24 Exons, von denen 4 (mit a, b, c und d bezeichnet) im *Dscam*-Gen als Gruppen alternativer Exons vorliegen. Jede RNA enthält 1 von 12 Alternativen für Exon A (*rot*), 1 von 48 Alternativen für Exon B (*grün*), 1 von 33 Alternativen für Exon C (*blau*) und 1 von 2 Alternativen für Exon D (*gelb*). In der Abbildung ist nur eines der vielen möglichen Spleißmuster (angedeutet durch die *rote Linie* und die reife mRNA darunter) dargestellt. Jede Variante des DSCAM-Proteins würde sich in ungefähr die gleiche Gestalt falten (vorzugsweise eine Serie extrazellulärer immunoglobulinartiger Domänen, verbunden mit einer membrandurchspannenden Region, s. **Abb. 24.48**, aber die Aminosäuresequenz der Domänen würde sich abhängig vom Spleißmuster unterscheiden. Die Diversität der DSCAM-Varianten trägt ebenso zur Plastizität des Immunsystems wie zur Bildung komplexer neuronaler Schaltkreise bei). (Verändert nach D. L. Black, *Cell* 103: 367–370, 2000. Mit Erlaubnis von Elsevier).

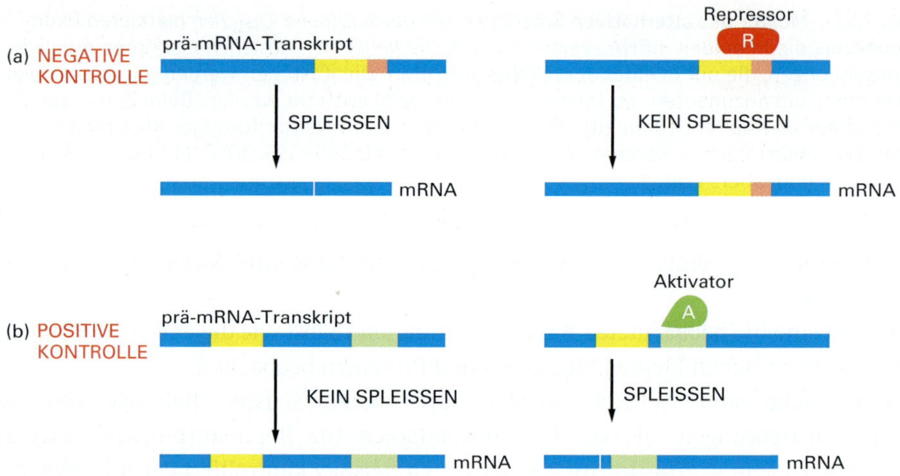

Abb. 7.61 Negative und positive Kontrolle des alternativen RNA-Spleißens. Bei der negativen Kontrolle bindet ein Repressorprotein an eine spezifische Sequenz des prä-mRNA-Transkripts und blockiert damit den Zugang der Spleißmaschinerie zu einer Spleißverbindung. Dies hat oft die Verwendung einer sekundären Spleißstelle zur Folge, wodurch ein verändertes Spleißmuster entsteht (s. **Abb. 7.59**). (b) Bei der positiven Kontrolle ist es der Spleißmaschine ohne Unterstützung durch ein Aktivatorprotein nicht möglich, eine bestimmte Intronsequenz zu entfernen. Weil ein RNA-Molekül flexibel ist, können die Nukleotidsequenzen, die diese Aktivatoren binden, viele Nukleotidpaare entfernt von den Spleißverbindungen, die sie kontrollieren, lokalisiert sein. Sie heißen oft *Spleißverstärker* in Analogie zu den Transkriptionsverstärkern, die an früherer Stelle in diesem Kapitel erwähnt wurden.

Falls es verschiedene Spleißmöglichkeiten an mehreren Stellen des Transkripts gibt, kann ein einzelnes Gen zu Dutzenden von Proteinen führen. Ein einzelnes Gen bei *Drosophila* kann im Prinzip durch alternatives Spleißen theoretisch zu etwa 38 000 unterschiedlichen Proteinen führen (**Abb. 7.60**), jedoch konnte bisher nur ein Teil dieser Formen experimentell beobachtet werden. Bedenken wir, dass das *Drosophila*-Genom im Prinzip etwa 14 000 proteincodierende Gene hat, dann wird deutlich, dass die Komplexität der Proteine eines Lebewesens die Anzahl seiner Gene weit überschreiten kann. Dieses Beispiel zeigt auch die Gefahr, die Anzahl der Gene mit der Komplexität eines Lebewesens gleichzusetzen. Ein Beispiel: Alternatives Spleißen ist bei einzelligen Sprosshefen selten, aber sehr üblich bei Fliegen. Die Sprosshefe hat etwa 6200 Gene, von denen nur rund 300 gespleißt werden, und fast alle haben nur ein einziges Intron. Ein Vergleich anhand der Tatsache, dass Fliegen nur zwei- bis dreimal so viele Gene wie Hefen haben, bedeutet, den Unterschied in der Komplexität dieser zwei Genome weit zu unterschätzen.

Es gibt Fälle, wo das alternative Spleißen deshalb auftritt, weil es eine „*Intronsequenzmehrdeutigkeit*" (engl. *intron sequence ambiguity*) gibt: Der normale, in Kapitel 6 besprochene Spleißosomenmechanismus zur Entfernung von Introns ist nicht in der Lage, zwischen zwei oder mehreren alternativen Paarungen der 5'- und 3'-Spleißstellen sauber zu unterscheiden, sodass durch Zufall bei verschiedenen individuellen Transkripten eine unterschiedliche Auswahl getroffen wird. Wo dieses konstitutive alternative Spleißen auftritt, werden mehrere Versionen des Proteins ein und desselben Gens in allen Zellen hergestellt, in denen dieses Gen exprimiert wird.

In vielen Fällen jedoch ist das alternative Spleißen reguliert. Im einfachsten Beispiel wird das regulierte Spleißen benutzt, um von der Synthese eines nicht funktionsfähigen Proteins zur Synthese eines funktionierenden umzuschalten (oder umgekehrt). Die Transposase z. B., die die Transposition des P-Elements bei *Drosophila* katalysiert, wird in den Keimzellen der Fliege in einer funktionsfähigen Form und in den Somazellen in einer funktionsunfähigen Form synthetisiert, wodurch es möglich ist, dass das P-Element sich über das Fliegengenom verteilt, ohne dass Schäden in den Somazellen verursacht werden (s. **Abb. 5.59** und **Tab. 5.4**). Der Unterschied in der Transposonaktivität konnte auf die Anwesenheit einer Intronsequenz in der Transposase-RNA zurückgeführt werden, die nur in den Keimzellen entfernt wird.

Das regulierte RNA-Spleißen kann, neben der Befähigung zum Wechsel von der Synthese eines funktionierenden Proteins zu der einer nicht funktionierenden Form (oder umgekehrt), gemäß den Bedürfnissen der Zelle unterschiedliche Versionen eines Proteins in unterschiedlichen Zelltypen erzeugen. Tropomyosin beispielsweise wird in unterschiedlichen Zellen in unterschiedlichen Formen hergestellt (s. **Abb. 6.27**). Zelltypspezifische Formen vieler anderer Proteine werden auf die gleiche Weise gebildet.

Das RNA-Spleißen kann entweder negativ reguliert werden, indem ein Kontrollmolekül den Zugang zu einer bestimmten Spleißstelle auf der RNA für die Spleißmaschinerie blockiert, oder positiv, indem ein Kontrollmolekül die Spleißmaschine zu einer andernfalls ignorierten Spleißstelle lenkt (**Abb. 7.61**).

Aufgrund der Plastizität des RNA-Spleißens kann die Blockade einer „starken" Spleißstelle eine „schwache" Stelle freigeben und in einem anderen Spleißmuster resultieren. Somit kann man das Spleißen eines Vorläufer-RNA-Moleküls als feines Gleichgewicht zwischen konkurrierenden Spleißstellen ansehen – ein Gleichgewicht, das leicht durch die Einwirkung von RNA-gebundenen Regulationsproteinen auf das Spleißen aus der Balance gebracht werden kann.

7.6.4 Die Definition eines Gens wurde nach der Entdeckung des alternativen RNA-Spleißens geändert

Die Entdeckung, dass Eukaryoten gewöhnlich Introns enthalten und dass ihre codierenden Sequenzen in mehr als einer Art zusammengesetzt werden können, hat die Diskussion um die Definition des Gens neu belebt. Die erste klare Definition eines Gens in der Terminologie der Molekularbiologie wurde in den frühen 1940er-Jahren aus Arbeiten über die biochemische Genetik des Pilzes *Neurospora* erhalten. Bis dahin wurde ein Gen als Abschnitt des Genoms definiert, der als Einheit der Meiose segregiert und durch den ein definierbares Phänotypmerkmal entsteht, wie z. B. rote oder weiße Augen bei *Drosophila* oder glatte oder runzlige Samen bei Erbsen. Die Arbeiten an *Neurospora* zeigten, dass die meisten Gene mit solchen Abschnitten auf dem Genom zusammenfallen, die die Synthese eines einzelnen Enzyms bestimmen. Dies führte zu der Ansicht, dass ein Gen für eine Polypeptidkette codiert. Diese Hypothese hat sich für die weitere Forschung als enorm fruchtbar erwiesen, und je mehr man in den 1960er-Jahren über den Mechanismus der Genexpression lernte, desto mehr wurde ein Gen als ein Stück DNA erkannt, das in RNA transkribiert wird, das entweder für eine einzelne Polypeptidkette (oder eine einzelne Struktur-RNA, wie beispielsweise ein tRNA- oder ein rRNA-Molekül) codiert. Die Entdeckung der Introns in den späten 1970er-Jahren konnte noch leicht mit der ursprünglichen Definition eines Gens in Einklang gebracht werden, vorausgesetzt, dass nur eine einzige Polypeptidkette durch die RNA spezifiziert wurde, die von irgendeiner DNA transkribiert wurde. Es ist jetzt jedoch klar, dass viele DNA-Sequenzen bei eukaryotischen Zellen zwei oder mehrere unterscheidbare (aber verwandte) Proteine mithilfe des alternativen Spleißens hervorbringen. Wie sollen wir nun ein Gen definieren?

Es ist relativ selten, dass zwei sehr verschiedene eukaryotische Proteine von einer einzelnen Transkriptionseinheit hergestellt werden, und in den Fällen betrachtet man zwei Proteine als von verschiedenen Genen gebildet, die sich auf dem Chromosom überlappen. Es scheint jedoch unnötig kompliziert, die meisten Proteinvarianten, die durch alternatives Spleißen entstehen, als solche zu betrachten, die von überlappenden Genen abstammen. Sinnvoller ist es, die ursprüngliche Definition zu modifizieren und eine DNA-Sequenz als einzelnes proteincodierendes Gen zu werten, wenn sie als eine Einheit transkribiert wird und für einen Satz von nahe verwandten Polypeptidketten (Proteinisoformen) codiert. Diese Definition eines Gens wird auch jenen DNA-Sequenzen gerecht, die für Proteinvarianten codieren, die durch andere posttranskriptionale Prozesse als das RNA-Spleißen entstehen, wie z. B. Transkriptspaltung und RNA-Editierung (s. unten).

7.6.5 Rückwärtsspleißen kann ringförmige RNA-Moleküle erzeugen

Wir haben gesehen, dass das Spleißen von prä-mRNA bemerkenswert plastisch ist, und jüngste Entdeckungen haben eine neue Überraschung zu Tage gefördert. Manche prä-mRNAs unterziehen sich einem Vorgang, der als „Rückwärtsspleißen" bezeichnet wird; hier wird eine 3'-Spleißstelle mit einer stromabwärtigen 5'-Spleißsstelle verbunden, wobei die normale Verbindungsreihenfolge umgekehrt wird (s. **Abb. 7.59**). Dieser Vorgang setzt typischerweise eine einzelne Exonsequenz in Form eines kovalent geschlossenen, ringförmigen RNA-Moleküls frei. Diese ungewöhnlichen RNAs werden zwar aus dem Zellkern exportiert, aber selten in ein Protein translatiert. Man hat vorgeschlagen, dass sie stattdessen komplementäre RNAs sowie RNA-Bindeproteine „aufsaugen" und Gerüste für RNA-Protein-Komplexe aus vielen Untereinheiten liefern. Weil ihnen freie Enden fehlen, die für RNA-abbauende Enzyme die normalen Substrate sind, sind diese ringförmigen RNAs sehr viel stabiler als typische mRNAs. Obgleich sie in der Regel in kleinen Mengen gebildet werden, ermöglicht es ihre Stabilität, dass sie sich in Zellen zu hohen Konzentrationen anhäufen, und mehrere spezifische ringförmige RNAs sind in Zellen des Säugetiergehirns und im Immunsystem besonders vorherrschend. Obgleich wir noch viel über diese eigenartigen RNAs zu lernen haben, sind sie ein Beispiel für die vielen Überraschungen, welche die RNA-Biologie für uns noch auf Lager hat. Wir werden dieses allgemeine Thema nochmals am Ende des Kapitels betrachten, wenn wir die Diversität nicht codierender RNAs behandeln.

7.6.6 Eine Änderung der Stelle der RNA-Transkriptspaltung und der Polyadenylierung kann den carboxyterminalen Bereich eines Proteins verändern

In Kapitel 6 haben wir gehört, dass das 3'-Ende des mRNA-Moleküls bei Eukaryoten nicht wie in Bakterien durch den Abschluss der RNA-Synthese durch die RNA-Polymerase gebildet wird. Stattdessen entsteht es durch eine Spaltungsreaktion an der RNA, die durch zusätzliche Faktoren katalysiert wird, während das Transkript verlängert wird (s. **Abb. 6.36**). Die Zelle kann die Stelle dieser Spaltung kontrollieren, sodass das Carboxyende des entsprechenden Proteins verändert wird. Im einfachsten Fall der alternativen Spaltung und Polyadenylierung ist eine Proteinvariante nur eine gestutzte Version der anderen; in vielen Fällen liegen jedoch die alternativen Schnitt- und Polyadenylierungsstellen innerhalb von Intronsequenzen und das Spleißmuster wird dadurch verändert. Dieser Vorgang kann zwei eng verwandte Proteine erzeugen, die sich nur in den Aminosäuresequenzen an ihren C-terminalen Enden unterscheiden. Eine Untersuchung von RNAs, die vom Humangenom in einer Vielzahl von Zellarten gebildet werden, zeigen, dass 50 % der menschlichen proteincodierenden Gene mRNA-Arten erzeugen, mit mehr als einer Polyadenylierungsstelle.

Ein gut untersuchtes Beispiel der regulierten Polyadenylierung ist der Wechsel von der Synthese eines membrangebundenen zur Synthese eines sezernierten Antikörpers während der Entwicklung der B-Lymphocyten (s. **Abb. 24.22**). Zu Beginn der Lebensgeschichte eines B-Lymphocyten wird der von ihm produzierte Antikörper in der Plasmamembran verankert, wo er als Rezeptor für ein Antigen wirkt. Die Stimulierung durch das Antigen veranlasst die Zelle, sich zu vermehren und mit der Sezernierung ihres Antikörpers zu beginnen. Die sezernierte Form des Antikörpers ist mit der membrangebundenen Form mit Ausnahme des äußersten Carboxyendes identisch. In diesem Teil des Proteins trägt die membrangebundene Form eine lange Kette hydrophober Aminosäuren, die die Lipid-Doppelmembran durchdringen, während die sezernierte Form hier eine viel kürzere Folge hydrophiler Aminosäuren aufweist. Der Wechsel von einem membrangebundenen zu einem sezernierten Antikörper wird über eine Änderung der Schnitt- und Polyadenylierungsstelle in der RNA erzeugt, wie in **Abb. 7.62** skizziert.

Die Änderung wird durch einen Anstieg in der Konzentration einer Untereinheit eines Proteins (CStF) bewirkt, das die Spaltung der RNA fördert (s. **Abb. 6.36**). Die erste

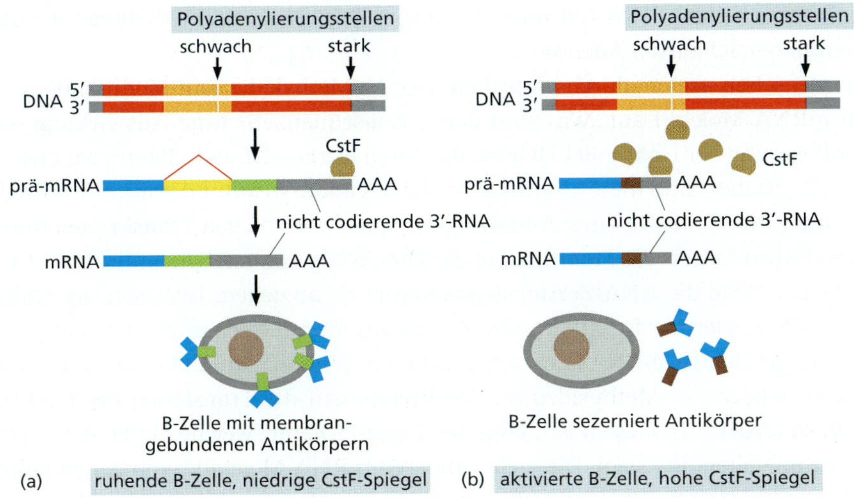

Abb. 7.62 Die Regulation der RNA-Spaltungs- und poly-A-Anheftungsstelle bestimmt, ob ein Antikörpermolekül sezerniert wird oder membrangebunden bleibt. (a) Bei nicht stimulierten B-Lymphocyten wird ein langes RNA-Transkript gebildet, und die Intronsequenz (*gelb*) nahe seinem 3'-Ende wird durch RNA-Spleißen entfernt, um ein mRNA-Molekül zu erzeugen, das für ein membrangebundenes Antikörpermolekül codiert. In der Abbildung ist nur ein Teil des Antikörpergens gezeigt; das tatsächliche Gen und seine mRNA würden sich noch weiter links im Diagramm erstrecken. (b) Nach Antigenstimulierung wird das RNA-Transkript stromaufwärts von der 3'-Spleißstelle des Introns geschnitten und polyadenyliert. Als Folge davon verbleibt ein Teil der Intronsequenz als codierende Sequenz in dem kurzen Transkript und spezifiziert den hydrophilen C-terminalen Anteil des sezernierten Antikörpermoleküls (*braun*). (Nach D. Di Giamartino *et al.*, *Mol. Cell* 43: 853–866, 2011).

Spalt- und poly-A-Anheftungsstelle, auf die eine transkribierende RNA-Polymerase stößt, ist suboptimal und wird normalerweise in nicht stimulierten B-Lymphocyten übergangen, was zur Synthese der längeren RNA-Transkripte führt. Wenn der B-Lymphocyt aktiviert ist, um Antikörper zu bilden, dann bildet er mehr CStF; infolgedessen wird nun die RNA an der suboptimalen Stelle gespalten und das kürzere Transkript wird hergestellt. So kann die Änderung in der Konzentration eines allgemeinen RNA-Prozessierungsfaktors drastische Auswirkungen auf die Expression eines spezifischen Gens haben.

7.6.7 Nukleotide in der mRNA können kovalent modifiziert werden

Im vorausgegangenen Kapitel haben wir gesehen, wie spezialisierte Proteine die 5'- und 3'-Enden eukaryotischer mRNAs modifizieren und wie ein komplexer Aufbau aus Proteinen und RNA-Molekülen Intronsequenzen beseitigt. mRNA-Moleküle sind jedoch Gegenstand von über 100 weiteren kovalenten Änderungsarten, vorwiegend chemischen Modifikationen einzelner Basen, von denen ein paar wenige in **Abb. 7.63** gezeigt sind. Der Grund für die meisten dieser Modifikationen einzelner mRNAs bleibt ein Rätsel. Wir wissen nicht, welche Aufgaben sie erfüllen oder ob sie biologisch überhaupt von Bedeutung sind, insofern als viele von ihnen u. U. einfach „Nebeneffekte" aus den Vorgängen, welche die sehr zahlreichen tRNA- und rRNA-Moleküle modifizieren, darstellen (s. **Abb. 6.43** und **6.57**).

Eine der bekanntesten und am besten verstandenen mRNA-Modifikationen ist die Methylierung der Aminogruppe auf Adenin, die zu N^6-Methyladenosin führt (s. **Abb. 7.63**). Diese Anheftung wird ständig durch Proteinkomplexe entfernt, die Demethylasen oder „Radiergummis" enthalten, welche die Modifikation zu einer vorübergehenden Sache machen. Die für diese Modifikation verantwortlichen Methylasen agieren typischerweise während die RNA transkribiert wird; sie erkennen kurze Sequenzen

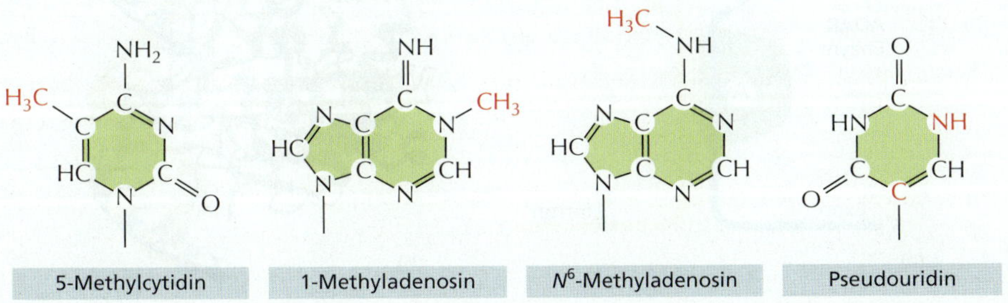

Abb. 7.63 Vier der am üblichsten der vielen kovalenten Basenmodifikationen, die in der mRNA vorkommen. Unterschiede zu normalen Nukleosiden sind *rot* dargestellt. Jede Base ist mit dem Zucker Ribose (nicht gezeigt) über die angezeigte Bindung verknüpft, um das Nukleosid zu bilden.

in der auftauchenden RNA (oft mithilfe anderer Proteine) und methylieren die diesen Sequenzen benachbarten Adenosine.

Bei Menschen treten durchschnittlich 1–3 N^6-Methyladenosin-Modifikationen auf jedem mRNA-Molekül auf. Was sind deren Konsequenzen? Eine Auswirkung ist die Destabilisierung der Haarnadel-Helices, die durch intramolekulare Basenpaarung gebildet werden. Dabei kann diese Modifikation die Sekundärstruktur der mRNA verändern, was in manchen Fällen zu einer Änderung des Spleißmusters von Transkripten führt. In anderen Fällen fördert die Modifikation die Zerstörung von mRNAs mithilfe von Leser-Proteinen, welche die RNA-Zerstörungsmaschinerie anziehen. Insbesondere während der Zelldifferenzierung ist eine rasche Zerstörung bestimmter mRNAs wichtig, wenn die früher gebildeten mRNAs „entsorgt" werden müssen. Schließlich weiß man, dass andere spezifische N^6-Methyladenosin-Modifikationen die Translation der modifizierten mRNA fördern. In diesem Fall kommen Leser-Proteine, welche die Translationsmaschinerie anziehen, ins Spiel. Die vielen anderen mRNA-Moleküle, von denen einige in **Abb. 7.62** gezeigt sind, sind weit weniger verstanden, aber manche helfen u. U. ebenfalls genau festzulegen, wie mit jeder mRNA in der Zelle zu verfahren ist.

7.6.8 RNA-Editierung kann den Inhalt der RNA-Botschaft verändern

Die von den Zellen genutzten molekularen Mechanismen sind eine stetige Quelle von Überraschungen. Ein Beispiel ist die kovalente Modifizierung der RNA, durch die die Nukleotidsequenz verändert wird und damit die codierte Botschaft, die sie trägt – ein als RNA-**Editierung** bezeichneter Vorgang.

In Tieren gibt es zwei grundsätzliche Arten von mRNA-Editierung: die Desaminierung von Adenin, bei der Inosin entsteht (A-zu-I-Editierung), und nicht so häufig die Desaminierung von Cytosin, bei der sich Uracil bildet (C-zu-U-Editierung; s. **Abb. 5.43**). Weil diese chemischen Modifikationen die Paarungseigenschaften der Basen ändern (I paart mit C und U paart mit A), können sie tiefgreifende Auswirkungen auf den Informationsgehalt der RNA haben. Wenn das Editieren in einer codierenden Region stattfindet, kann es entweder die Aminosäuresequenz des Proteins verändern oder durch ein vorzeitiges Stopp-Codon ein gestutztes Protein erzeugen. Editierungen, die sich außerhalb codierender Sequenzen abspielen, können das Muster der prä-mRNA-Spleißung, den Transport der mRNA vom Zellkern ins Cytosol, die Effizienz, mit der die RNA translatiert wird, oder die Basenpaarung zwischen microRNAs (miRNAs) und ihren mRNA-Zielen beeinträchtigen, eine Genregulationsform, die an späterer Stelle in diesem Kapitel behandelt wird.

Die A-zu-I-Editierung herrscht besonders beim Menschen vor, wo es bei etwa tausend Genen vorkommt. Enzyme namens *ADARs* (*Adenosindesaminasen agierend an*

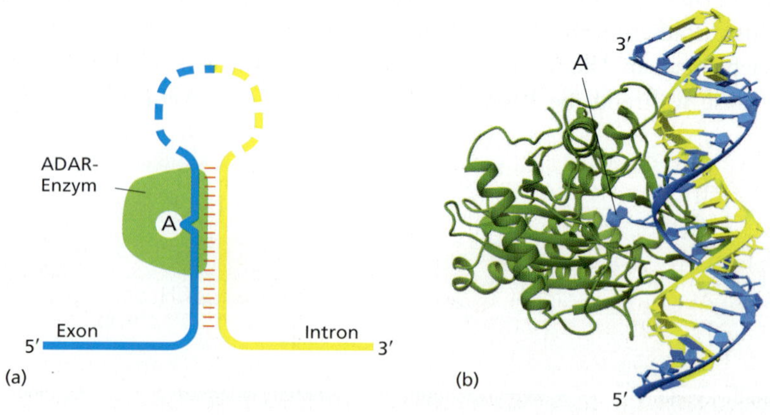

Abb. 7.64 Mechanismen der A-zu-I-RNA-Editierung bei Säugern. (a) Typischerweise existiert eine zur Editier-Position komplementäre Sequenz in einem Intron, und die resultierende doppelsträngige RNA zieht ein A-zu-I-editierendes Enzym (ADAR) an. Im gezeigten Fall wird das Editieren im Exon durchgeführt; in den meisten Fällen jedoch geschieht dies in den nicht codierenden Anteilen der mRNA. Das Editieren durch *ADAR* findet im Zellkern statt, bevor die prä-mRNA vollständig prozessiert wurde. Mäuse und Menschen besitzen zwei *ADAR*-Gene: ADR1 wird in vielen Geweben exprimiert und ist in der Leber für die korrekte Entwicklung der roten Blutkörperchen erforderlich; ADR2 wird nur im Gehirn exprimiert, wo es für die richtige Gehirnentwicklung nötig ist. (b) Das menschliche Enzym ADR2, an doppelsträngige RNA gebunden. Das zu editierende Adenin ist aus der RNA-Doppelhelix ausgeklappt zu sehen und tief in der katalytischen Tasche des Enzyms vergraben. Das Umklappen von Basen, das dem Enzym Zugang zur gesamten Base ermöglicht, wird auch in Enzymen beobachtet, die DNA reparieren (s. **Abb. 5.42**). (PDB-Code: 5ED1).

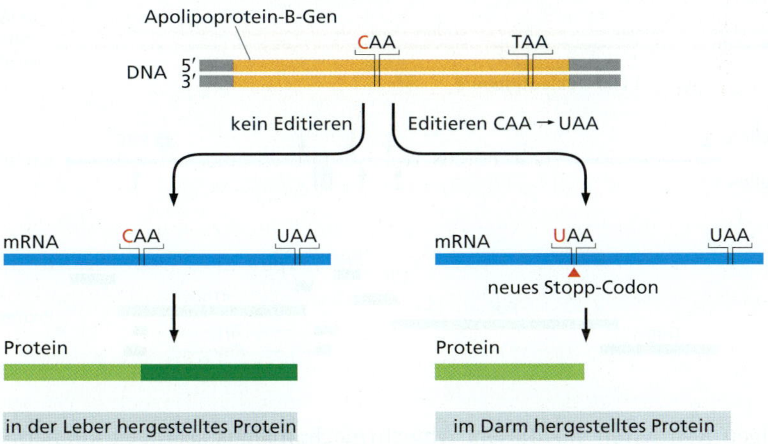

Abb. 7.65 Die C-zu-U-RNA-Editierung erzeugt eine gestutzte Form von Apolipoprotein B. Wie dargestellt, erzeugt eine gewebsspezifische Editierung in der Mitte einer codierenden Sequenz eine gestutzte Version des Proteins im Darm.

RNA, engl. *adenosine deaminases acting on RNA*) führen diesen Editiertyp durch; diese Enzyme erkennen eine doppelsträngige RNA-Struktur, die sich durch Basenpaarung zwischen der zu editierende Stelle und einer komplementären Sequenz, die irgendwo auf dem gleichen RNA-Molekül sitzt, normalerweise in einem Intron, bildet (**Abb. 7.64**). Die Struktur der doppelsträngigen RNA spezifiziert, ob die mRNA editiert werden soll, und falls ja, wo genau die Editierung vorgenommen werden soll. Ein besonders wichtiges Beispiel der A-zu-I-Editierung findet an der Vorläufer-mRNA statt, die für einen Transmitter-kontrollierten Ionenkanal im Gehirn codiert. Ein einziger Bearbeitungsschritt ändert ein Glutamin zu einem Arginin; die betroffene Aminosäure liegt an der inneren Wand des Kanals, und der durch das Editieren bewirkte Austausch ändert die Permeabilität des Kanals für Ca^{2+}. Mutierte Mäuse, die diese Editierung nicht durchführen können, sind anfällig für epileptische Anfälle und sterben während oder kurz nach der Entwöhnung, was zeigt, dass die Editierung der Ionenkanal-RNA normalerweise für eine ordnungsgemäße Gehirnentwicklung entscheidend ist.

Die C-zu-U-Editierung, die von einem anderen Enzymsatz durchgeführt wird, ist bei Säugetieren ebenfalls sehr wichtig. In bestimmten Darmzellen beispielsweise erfährt die mRNA für Apolipoprotein B eine C-zu-U-Editierung, die ein vorzeitiges Stopp-Codon erzeugt und deshalb eine verkürzte Form dieses Proteins hervorbringt. In Zellen der Leber wird das Editier-Enzym nicht exprimiert, und das Apolipoprotein B wird in voller Länge gebildet. Die beiden Proteinisoformen haben unterschiedliche Eigenschaften und jede spielt eine Rolle im Fettstoffwechsel, die für das Organ, das sie produziert, spezifisch ist (**Abb. 7.65**).

Warum die RNA-Editierung überhaupt existiert, ist ein Rätsel. Eine Vorstellung ist, sie sei im Laufe der Evolution entstanden, um „Fehler" im Genom zu korrigieren. Eine andere ist, dass sie der Zelle eine etwas schludrige Möglichkeit gibt, von einem einzigen Gen geringfügig unterschiedliche Proteine herzustellen. Eine dritte Möglichkeit ist, dass sich die RNA-Editierung ursprünglich aus einem Abwehrmechanismus gegen Retroviren und Retrotransposons entwickelte und später nur von der Zelle angepasst wurde, um die Bedeutung bestimmter mRNAs zu verändern. Die letzte Erklärung wird durch die Tatsache gestützt, dass die RNA-Editierung eine wichtige Rolle bei der Zellabwehr spielt. Die RNA-Genome mancher Retroviren, einschließlich HIV, werden ausgiebig editiert, nachdem sie Zellen infiziert haben. Dieses Hypereditieren erzeugt viele schädliche Mutationen im viralen RNA-Genom und verursacht auch, dass virale mRNAs im Zellkern zurückgehalten werden, wo sie schließlich abgebaut werden. Obwohl sich manche

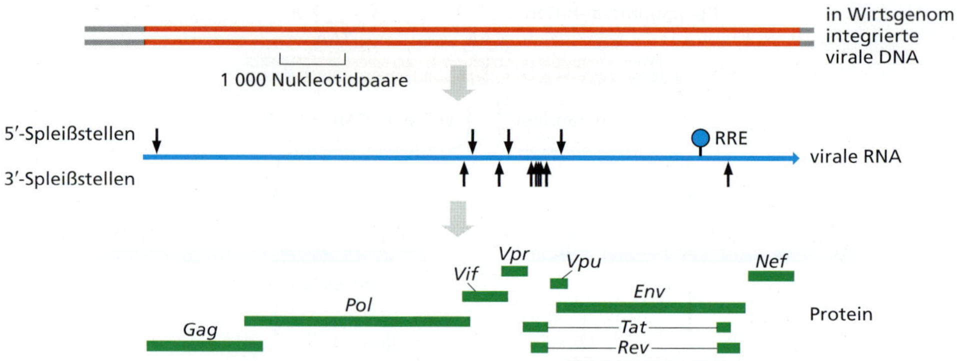

Abb. 7.66 Das kompakte Genom von HIV, dem AIDS-Virus des Menschen. Die Lage der neun *HIV*-Gene ist *grün* dargestellt. Die *rote Doppellinie* stellt eine in die Wirts-DNA (*grau*) integrierte DNA-Kopie des Virusgenoms dar. Man beachte, dass die codierenden Regionen mehrerer *HIV*-Gene überlappen und die von *Tat* und *Rev* durch Introns geteilt sind. Die *blaue Linie unten* in der Mitte der Abbildung stellt das prä-mRNA-Transkript der viralen DNA dar, auf der alle möglichen Spleißstellen (*Pfeile*) markiert sind. Es gibt viele alternative Möglichkeiten, das virale Transkript zu spleißen; beispielsweise behält die Env-mRNA das Intron, das aus den mRNAs von *Tat* und *Rev* entfernt wird. Das auf Rev reagierende Element (Rev response element; RRE) ist als *blauer* Kreis mit Stiel angedeutet. Es ist ein 234 Nukleotide langes Stück RNA, das sich in eine definierte Struktur falten kann; Rev erkennt eine besondere Haarnadelstruktur innerhalb dieses größeren Gebildes. Das *Gag*-Gen codiert für ein Protein, das in mehrere kleinere Proteine gespalten wird, die das virale Capsid bilden. Das *Pol*-Gen codiert für ein Protein, das in die Reverse Transkriptase, die RNA in DNA umschreibt, und die Integrase, die am Einbau des Virusgenoms (als doppelsträngige DNA) in das Wirtsgenom beteiligt ist, gespalten wird. Das *Env*-Gen codiert für die Hüllproteine (s. **Abb. 5.61**). Tat, Rev, Vif, Vpr, Vpu und Nef sind kleine Proteine mit unterschiedlichen Funktionen. So reguliert beispielsweise Rev den Kernexport (s. **Abb. 7.67**) und Tat reguliert die Elongation der Transkription über das gesamte integrierte virale Genom (s. Abschnitt 7.6.1).

der heutigen Retroviren vor diesem Abwehrmechanismus schützen können, trägt die RNA-Editierung vermutlich dazu bei, viele Viren in Schach zu halten.

7.6.9 Das menschliche AIDS-Virus veranschaulicht, wie der RNA-Transport aus dem Zellkern kontrolliert werden kann

Man schätzt, dass bei Säugetieren nur etwa 5 % der gesamten synthetisierten Menge der RNA jemals den Zellkern verlässt. In Kapitel 6 haben wir gesehen, dass die meisten RNA-Moleküle bei Säugetieren einer ausgeprägten Bearbeitung unterliegen und die „übrig gebliebenen" RNA-Fragmente (ausgeschnittene Introns und hinter der Spalt-/poly-A-Stelle gelegene RNA-Sequenzen) im Zellkern abgebaut werden. Unvollständig prozessierte und sonst wie beschädigte RNAs werden ebenfalls im Rahmen der Qualitätskontrolle für die RNA-Produktion im Zellkern abgebaut.

Wie in Kapitel 6 beschrieben, wird der Export von RNA-Molekülen aus dem Zellkern verzögert, bis deren Bearbeitung abgeschlossen ist. Mechanismen, die gezielt diesen Kontrollpunkt überwinden, können jedoch zur Regulation der Genexpression verwendet werden. Diese Eigenschaft bildet die Grundlage für eines der am besten verstandenen Beispiele des **kontrollierten Kerntransports** von mRNA, das bei HIV, dem AIDS auslösenden Virus, auftritt.

HIV ist, wie wir in Kapitel 5 gesehen haben, ein Retrovirus – ein RNA-Virus, das, einmal in einer Zelle angekommen, die Bildung einer doppelsträngigen DNA-Kopie von seinem einzelsträngigen RNA-Genom steuert, die dann in das Genom des Wirts eingebaut wird (s. **Abb. 5.61**). Sobald sie eingebaut ist, kann die DNA des Virus als langes RNA-Molekül durch die RNA-Polymerase II der Wirtszelle transkribiert werden. Dieses Transkript wird dann auf viele unterschiedliche Arten zu über 30 unterschiedlichen mRNAs gespleißt, die wiederum zu einer Vielzahl unterschiedlicher Proteine translatiert werden (**Abb. 7.66**). Um Virusnachkommen zu bilden, müssen ganze, nicht gespleißte Transkripte des Virus aus dem Zellkern in das Cytosol exportiert werden, wo sie dann in virale Capside verpackt werden und als virales Genom dienen. Dieses große Transkript sowie bestimmte alternativ gepleißte HIV-mRNAs, die für die Bildung viraler Proteine erforderlich sind, tragen immer noch die vollständigen Introns. Die übliche Blockade des Kernexports von ungespleißten RNAs der Wirtszelle stellt somit ein spezielles Problem für HIV dar.

Die Blockade wird durch ein viruscodiertes Protein (Rev genannt) umgangen, das an eine spezifische, innerhalb eines viralen Introns gelegene RNA-Sequenz (genannt „auf Rev reagierendes Element", RRE) bindet. Das Rev-Protein interagiert mit einem Kernexportrezeptor (*Crm1*), worauf trotz der Gegenwart der Intronsequenzen der Transport viraler RNAs durch die Kernporen in das Cytosol erfolgt. (Wie Exportrezeptoren im Detail funktionieren, besprechen wir in Kapitel 12).

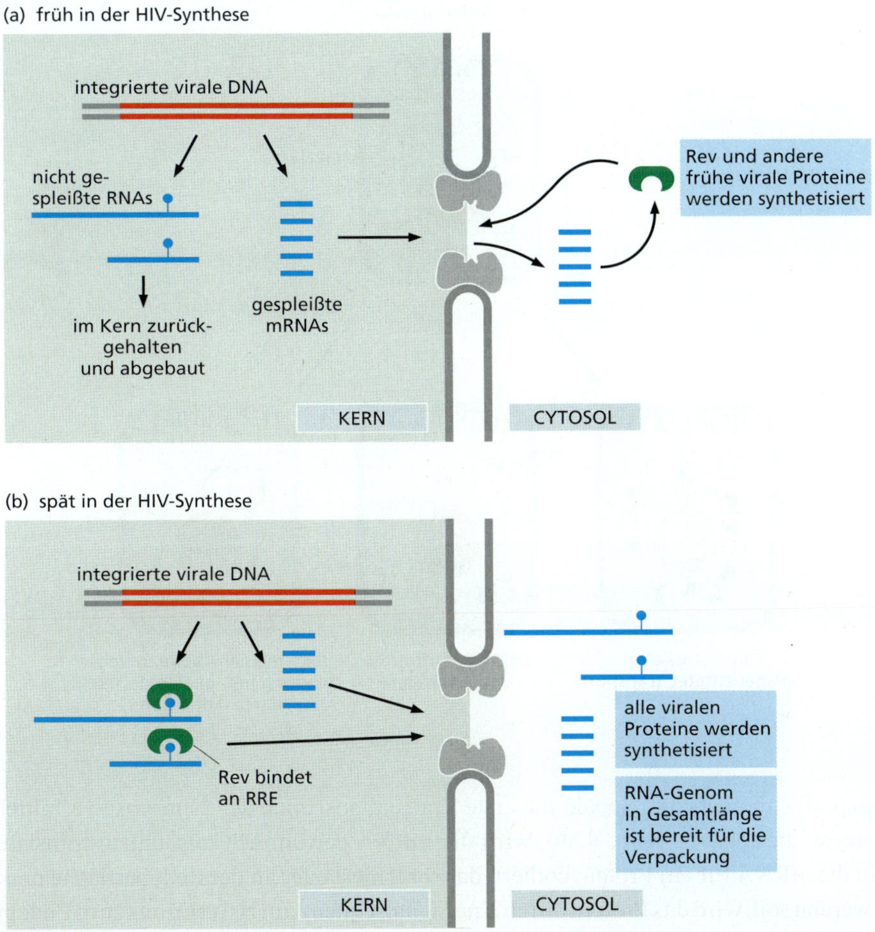

Abb. 7.67 Regelung des Exports aus dem Kern durch das HIV-Rev-Protein. (a) Früh bei der HIV-Infektion werden nur vollständig gespleißte RNAs (die die codierenden Sequenzen für Rev, Tat und Nef tragen) vom Kern exportiert und translatiert. (b) Sobald sich genug Rev-Protein angesammelt hat und in den Kern transportiert worden ist, können nicht gespleißte virale RNAs vom Kern exportiert werden. Viele dieser RNAs werden zu Proteinen translatiert, und die Transkripte voller Länge werden zu neuen Viruspartikeln verpackt.

Die Regulation des Kerntransports durch Rev hat mehrere wichtige Folgen für das Wachstum und die Pathogenese von HIV. Es stellt nicht nur den Kerntransport bestimmter nicht gespleißter RNAs sicher, sondern teilt die Virusinfektion in eine frühe Phase, bei der Rev von einer völlig gespleißten RNA translatiert wird und alle intronhaltigen viralen RNAs im Kern zurückbleiben und abgebaut werden, und eine späte Phase, in der nicht gespleißte RNAs dank der Funktion von Rev exportiert werden. Diese zeitliche Abstimmung erlaubt dem Virus die Replikation, indem die Genprodukte in ungefähr der Reihenfolge bereitgestellt werden, in der sie benötigt werden (**Abb. 7.67**). Die Regulation durch Rev und durch Tat, dem HIV-Protein, das der vorzeitigen Beendigung entgegenwirkt, erlaubt dem Virus, Latenz zu erlangen, ein Zustand, in dem das HIV-Genom ins Wirtszellgenom integriert wurde, aber die Bildung viraler Proteine vorübergehend nachgelassen hat. Falls nach dem anfänglichen Eintritt in eine Wirtszelle die Umstände für eine Replikation des Virus zu schlecht werden, werden Rev und Tat in zu geringen Mengen hergestellt, um die Transkription und den Export nicht gespleißter RNAs zu ermöglichen. Dies bremst den Wachstumszyklus des Virus, bis sich die Bedingungen verbessern, woraufhin die Mengen an Rev und Tat ansteigen und das Virus in den Replikationszyklus eintreten kann.

7.6.10 mRNAs lassen sich besonderen Regionen des Cytosols zuordnen

Sobald ein neu synthetisiertes mRNA-Molekül die Kernpore passiert hat und in das Cytosol gelangt, wird es normalerweise von einem Ribosom in Empfang genommen und in eine

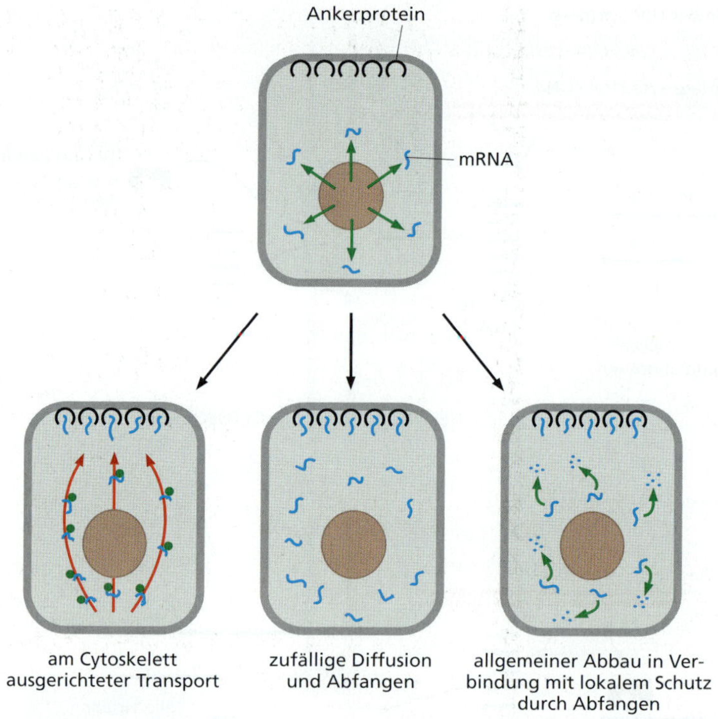

Abb. 7.68 Mechanismen zur Lokalisation von mRNAs. Die zu lokalisierende mRNA verlässt den Kern durch Kernporen (*oben*). Einige lokalisierte mRNAs (*linkes Diagramm*) bewegen sich durch die Anlagerung an Motoren des Cytoskeletts zu ihren Bestimmungsorten. Diese Motoren nutzen die Energie der ATP-Hydrolyse, um die mRNAs gerichtet entlang der Filamente des Cytoskeletts (*rot*) zu bewegen (s. Kapitel 16). An ihrem Ziel werden die mRNAs durch Ankerproteine (*schwarz*) an Ort und Stelle gehalten. Andere mRNAs diffundieren ungerichtet durch das Cytosol und werden an ihrer Zielposition einfach durch Ankerproteine festgehalten (*mittlere Zeichnung*). Als weiteres Merkmal werden einige mRNAs (*rechtes Diagramm*) im Cytosol abgebaut, wenn sie nicht durch zufällige Diffusion an einen lokalisierten Anker-Proteinkomplex (*schwarz*) binden, der die mRNA festhält und vor dem Abbau schützt. Diese Mechanismen benötigen spezifische Signalsequenzen auf der mRNA, die gewöhnlich in der 3'-UTR zu finden sind. In allen Fällen blockieren andere RNA-gebundene Komponenten die Translation der mRNA, bis sie am richtigen Ort angekommen ist. Oft werden sogar die zusätzlichen Signale benötigt, um die Translation zu beginnen. (Verändert nach H. D. Lipshitz und C. A. Smibert, *Curr. Opin. Gen. Dev.* 10: 476–488, 2000).

Polypeptidkette übersetzt. Sobald die erste Translationsrunde den Nonsense-vermittelten Abbautest „besteht" (s. **Abb. 6.80**), wird die mRNA gewöhnlich tatsächlich translatiert. Wenn die mRNA für ein Protein codiert, das sezerniert oder an der Zelloberfläche präsentiert werden soll, wird das Protein durch eine Signalsequenz am N-Terminus zum Endoplasmatischen Reticulum (ER) gelenkt. In diesem Fall, wie in Kapitel 12 behandelt, erkennen Elemente des Proteinsortierapparats der Zelle die Signalsequenz, sobald diese das Ribosom verlässt, und lotsen den gesamten Komplex aus Ribosom, mRNA und entstehendem Protein zur Membran des ER, wo der Rest der Polypeptidkette synthetisiert wird. In anderen Fällen wird das gesamte Protein an freien Ribosomen im Cytosol synthetisiert, und Signale in der fertiggestellten Polypeptidkette können dann das Protein zu anderen Stellen in der Zelle leiten.

Viele mRNAs werden selbst an besondere Orte in der Zelle geleitet. Dies gestattet der Zelle, ihre mRNA-Moleküle nahe an den Stellen zu positionieren, an denen das codierte Protein benötigt wird. Die RNA-Lokalisierung hat man in vielen Organismen beobachtet, einschließlich einzelliger Pilze, Pflanzen und Tiere, und es ist wahrscheinlich, dass es sich um einen üblichen Mechanismus handelt, den Zellen verwenden, um die Bildung von Proteinen auf hohem Niveau an spezifischen Stellen zu konzentrieren. Diese Strategie verschafft der Zelle auch andere Vorteile. Sie gestattet beispielsweise die Errichtung von Asymmetrien im Cytosol der Zelle, ein wichtiger Schritt in vielen Entwicklungsphasen.

Die Lokalisierung der mRNA, gekoppelt mit der Translationskontrolle, gestattet der Zelle außerdem, die Genexpression in ihren verschiedenen Teilen unabhängig zu regulieren. Diese Eigenschaft ist besonders wichtig in großen, stark polarisierten Zellen wie Neuronen; in diesen Zellen werden spezifische mRNAs über weite Entfernungen hinweg, entlang von Axonen und Dedriten, transportiert und die Translation der mRNAs, die dort lokalisiert werden, wird oft durch die Aktivität der Synapse kontrolliert.

Die bekannten Mechanismen für die mRNA-Lokalisierung erfordern allesamt spezifische Signale in der mRNA selbst (**Abb. 7.68**). Diese Signale sind in der Regel in der *3'-untranslatierten Region* (*UTR*) konzentriert, der RNA-Region, die vom Stopp-Codon, das die Proteinsynthese beendet, bis zum Beginn des poly-A-Schwanzes reicht (**Abb. 7.69**). Wie in Nervenzellen ist diese mRNA-Lokalisierung normalerweise mit

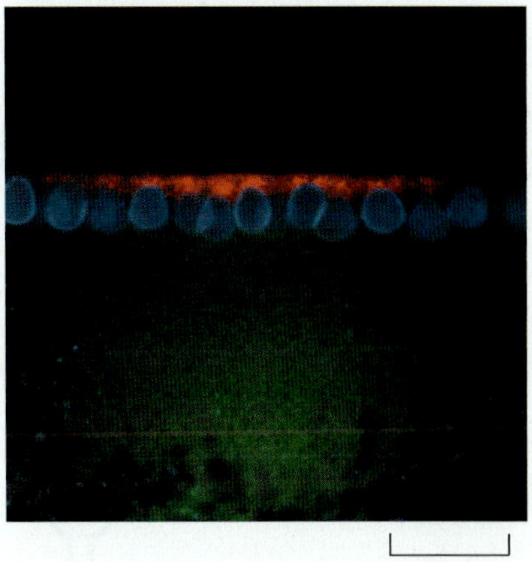

Abb. 7.69 Ein Experiment, das die Bedeutung der 3'-UTR für den Transport von mRNA an spezifische Orte im Cytoplasma zeigt. Für dieses Experiment wurden durch *In-vitro-* Transkription von DNA in Gegenwart von fluoreszenzmarkierten Derivaten von Ribonukleosidtriphosphaten zwei unterschiedlich fluoreszenzmarkierte RNAs hergestellt. Die eine RNA (markiert mit einem *roten* Fluorochrom) enthält die für das *Drosophila*-Protein Hairy codierende Region sowie die anschließende 3'-UTR. Die andere RNA (*grün* markiert) enthält auch die für Hairy codierende Region, die 3'-UTR wurde jedoch entfernt. Die beiden RNAs wurden gemischt und in einen *Drosophila*-Embryo in einem frühen Entwicklungsstadium injiziert, in dem viele Kerne in einem syncytialen Cytoplasma zu finden sind (s. **Abb. 7.29**). Als die markierten RNAs nach 10 Minuten sichtbar gemacht wurden, war die *hairy*-RNA von voller Länge (*rot*) auf die apikale Seite der Kerne (*blau*) begrenzt, während das Transkript ohne 3'-UTR (*grün*) nicht lokalisiert wurde und als diffuse Wolke zu sehen ist. Hairy ist einer von vielen Transkriptionsregulatoren, die im sich entwickelnden Embryo von *Drosophila* die Information über die Position festlegen. Die Lokalisation seiner mRNA (die, wie in diesem Experiment gezeigt, von der 3'-UTR abhängig ist) ist für die richtige Entwicklung der Fliege notwendig. (Mit freundlicher Genehmigung von Simon Bullock und David Ish-Horowicz).

Translationskontrollen gekoppelt, um sicherzustellen, dass die örtlich konzentrierte mRNA ruht, bis sie gebraucht wird.

Das Ei von *Drosophila* bietet ein besonders auffälliges Beispiel der mRNA-Lokalisierung. Die für den Transkriptionsregulator Bicoid codierende mRNA wird durch Anlagerung an das Cytoskelett in der anterioren Spitze des sich entwickelnden Eies angesammelt. Wenn die Translation dieser mRNA durch die Befruchtung ausgelöst wird, bildet sich ein Gradient des Bicoid-Proteins, der bei der Steuerung der Entwicklung der Vorderhälfte des Embryos eine wichtige Funktion erfüllt (s. **Abb. 7.29** und **21.19**). Viele mRNAs in somatischen Zellen sind auf eine ähnliche Weise angeordnet. Beispielsweise ist die mRNA, die für Aktin codiert, bei Säugerfibroblasten durch ein 3'-UTR-Signal an der Zellrinde angelagert, die viele Aktinfilamente enthält.

Wir haben in Kapitel 6 gelesen, dass mRNA-Moleküle den Zellkern verlassen und zahlreiche Markierungen in Form von RNA-Modifikationen (das 5'-Cap und der 3'-poly-A-Schwanz) und gebundenen Proteinen (z. B. Exon-Junction-Komplexe) tragen, die den erfolgreichen Abschluss der verschiedenen prä-mRNA-Prozessierungsschritte signalisieren. Wie wir gerade gehört haben, kann die 3'-UTR praktisch eine „Postleitzahl" enthalten, durch die die mRNA an verschiedene Stellen der Zelle geleitet wird. Weiter unten werden wir auch erfahren, dass die mRNA außerdem Informationen trägt, die die durchschnittliche Lebensdauer einer jeden mRNA im Cytosol und die Effizienz, mit der jede mRNA in Protein translatiert wird, festlegt. Im weiteren Sinne gleichen die nicht translatierten Regionen der eukaryotischen mRNA den Transkriptionskontrollregionen der Gene: Ihre Nukleotidsequenz enthält Informationen über den richtigen Gebrauch der RNA, und spezielle Proteine, die diese Information interpretieren, binden an diese Sequenz. Neben der Information über die Aminosäuresequenz enthalten also mRNA-Moleküle noch andere Informationsarten.

7.6.11 Untranslatierte Bereiche der mRNAs kontrollieren ihre Translation

Einer der häufigsten Wege, nach der mRNA-Synthese die Menge eines Proteins zu regulieren, ist, die Translationsinitiation zu kontrollieren. Auch wenn sich die Details der Translationsinitiation zwischen Eukaryoten und Bakterien (wie wir in Kapitel 6 gesehen haben) unterscheiden, verwenden sie alle die gleichen grundlegenden Kontrollstrategien.

In mRNAs von Bakterien wird wenige Nukleotide vor dem initiierenden AUG-Codon stets ein konservierter Nukleotidabschnitt, die *Shine–Dalgarno-Sequenz*, gefunden und sie wird benötigt, um die Proteinsynthese zu beginnen (**Abb. 6.75**). In Bakterien beinhalten Translationskontrollmechanismen im Allgemeinen entweder eine Freilegung oder die Blockade der Shine–Dalgarno-Sequenz (**Abb. 7.70**).

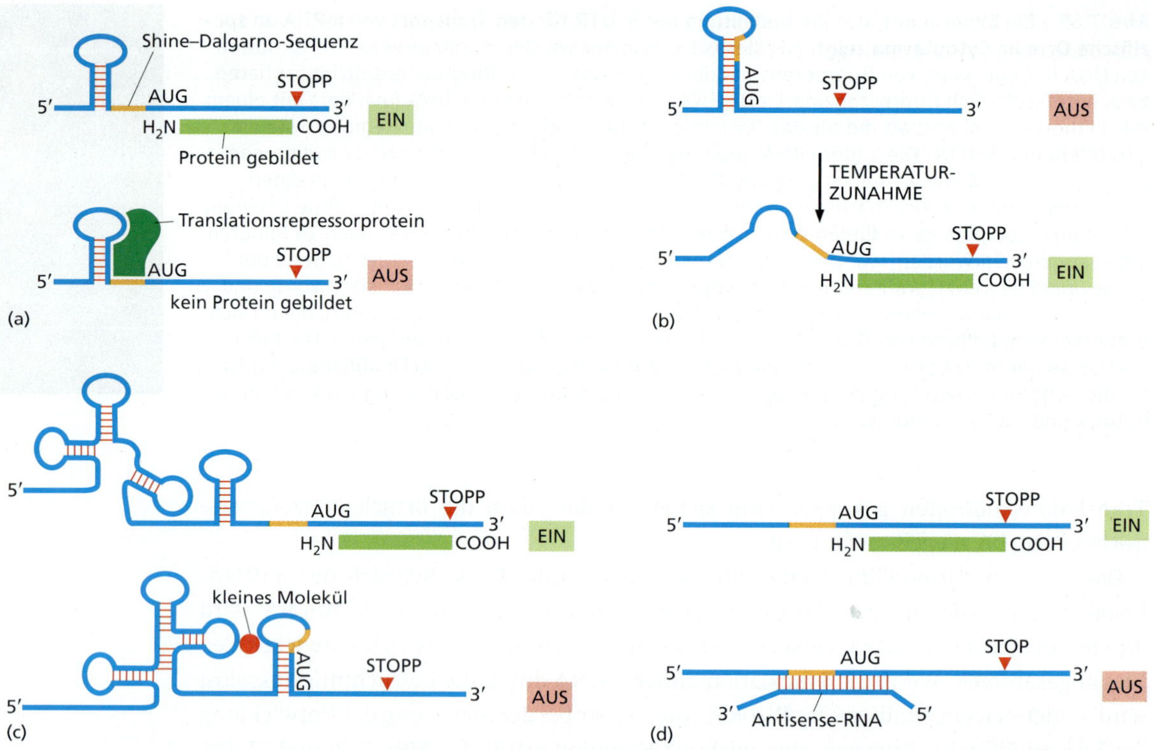

Abb. 7.70 Mechanismen der Translationskontrolle. Obgleich diese Beispiele von Bakterien stammen, sind viele gleiche Prinzipien in Eukaryoten wirksam. (a) Sequenzspezifische RNA-Bindungsproteine reprimieren die Translation spezifischer mRNAs, indem sie für Ribosomen den Zugang zur Shine–Dalgarno-Sequenz (*orange*) blockieren. Beispielsweise reprimieren manche ribosomalen Proteine die Translation ihrer eigenen RNA. Diese negative Rückkopplung erlaubt der Zelle, die ausgewogenen Mengen der verschiedenen Komponenten, die zur Bildung der Ribosomen erforderlich sind, korrekt aufrechtzuerhalten. (b) Ein RNA-„Thermosensor" erlaubt eine wirksame Translationsinitiation nur bei erhöhten Temperaturen, bei denen die Haarnadelstruktur geschmolzen wurde. Ein Beispiel kommt beim Humanpathogen *Listeria monocytogenes* vor, bei dem die Translation seiner Virulenzgene bei 37 °C, der Temperatur des Wirts, zunimmt. (c) Die Bindung eines kleinen Moleküls an einen Riboswitch verursacht eine große Strukturänderung der RNA, wodurch eine andere Reihe von Stamm-Schleifen-Strukturen gebildet wird. Im gebundenen Zustand wird die Shine–Dalgarno-Sequenz (*orange*) verborgen und dadurch die Translationsinitiation blockiert. In vielen Bakterien wirkt *S*-Adenosylmethionin auf diese Weise, um die Bildung der Enzyme zu blockieren, die es synthetisieren. (d) Eine „Antisense"-RNA, die irgendwo vom Genom gebildet wurde, geht Basenpaarungen mit einer spezifischen mRNA ein und blockiert ihre Translation. Viele Bakterien regulieren die Expression der Eisenspeicherproteine auf diese Weise.

Auf mRNAs von Eukaryoten gibt es keine solche Sequenz; stattdessen wird, wie wir in Kapitel 6 besprochen haben, die Auswahl eines AUG-Codons als Translationsstartstelle zum Großteil durch seine Nähe zum Cap am 5'-Ende des mRNA-Moleküls bestimmt, der Stelle, an der die kleine ribosomale Untereinheit an die mRNA bindet und mit der Suche nach dem initiierenden AUG-Codon beginnt. In Eukaryoten können Translationsrepressoren an das 5'-Ende der mRNA binden und dadurch die Translationsinitiation hemmen (s. **Abb. 7.74**). Eine besonders wichtige Art der Translationskontrolle der Eukaryoten stützt sich auf kleine RNAs (microRNAs oder miRNAs genannt), die an mRNAs binden und die hergestellte Proteinmenge verringern, wie später in diesem Kapitel behandelt wird.

7.6.12 Die Phosphorylierung eines Initiationsfaktors regelt die gesamte Proteinsynthese

Eukaryotische Zellen senken die Geschwindigkeit ihrer Proteinsynthese als Reaktion auf verschiedene Bedingungen, einschließlich Mangel an Wachstumsfaktoren oder Nährstoffen, Infektionen durch Viren und Hitzeschock. (Diese Reaktion durch den TOR-Signalweg koordiniert, der in Kapitel 17 beschrieben wird; s. **Abb. 17.61**).Ein großer Teil der verringerten Translation wird durch die Phosphorylierung des

Translationsinitiationsfaktors eIF-2 durch eine spezifische Proteinkinase verursacht, die auf sich ändernde Bedingungen reagiert.

Die normale Funktion des eIF-2 ist in Abschnitt 6.2.10 besprochen worden (s. **Abb. 6.74**). Er bildet einen Komplex mit GTP und vermittelt die Bindung der Methionyl-Initiator-tRNA an die kleine Ribosomenuntereinheit, die sich dann an das 5'-Ende der mRNA heftet und ihre Suche an der mRNA beginnt. Nach dem Erkennen eines AUG-Codons hydrolysiert das eIF-2-Protein das gebundene GTP zu GDP, was zu einer Konformationsänderung im Protein führt, wodurch es von der kleinen Ribosomenuntereinheit entlassen wird. Die große Ribosomenuntereinheit verbindet sich nun mit der kleinen, um das komplette Ribosom zu bilden, das die Proteinsynthese beginnt.

Da eIF-2 sehr fest an GDP gebunden ist, wird ein Guanin-Nukleotid-Austauschfaktor (s. Abschnitt 3.2.22), als eIF-2B bezeichnet, zur Freisetzung des GDP von eIF-2 benötigt, damit ein neues GTP binden kann, wie es die Wiederverwendung von eIF-2 erfordert (**Abb. 7.71a**).

Wenn eIF-2 phosphoryliert ist, bindet es an eIF-2B ungewöhnlich fest, wodurch der Austauschfaktor inaktiviert wird. Weil es mehr eIF-2 als eIF-2B in Zellen gibt, kann selbst ein Bruchteil an phosphoryliertem eIF-2 alles verfügbare eIF-2B einfangen. Ohne diesen Austauschfaktor bleibt GDP an nahezu alle phosphorylierten eIF-2 gebunden, was die Proteinsynthese enorm verlangsamt (**Abb. 7.71b**).

Die Regulierung der Menge an aktivem eIF-2 ist in Säugerzellen besonders wichtig. Wie in Kapitel 17 beschrieben, ist die Herabregulierung von eIF-2 Teil des Mechanismus, der es Zellen ermöglicht, einen Ruhezustand (als G_0 bezeichnet) einzunehmen, in dem sie sich nicht teilen und in dem die gesamte Proteinsynthese auf etwa ein 1/5 der Geschwindigkeit in proliferierenden Zellen reduziert ist.

7.6.13 Initiation an AUG-Codons oberhalb des Start-Codons kann die Translation bei Eukaryoten regulieren

Wir haben in Kapitel 6 gesehen, dass die Translation bei Eukaryoten normalerweise am ersten AUG nach dem 5'-Ende der mRNA beginnt, dem ersten AUG, das die kleine Ribosomenuntereinheit auf ihrer Suche antrifft. Die Nukleotide unmittelbar um das AUG

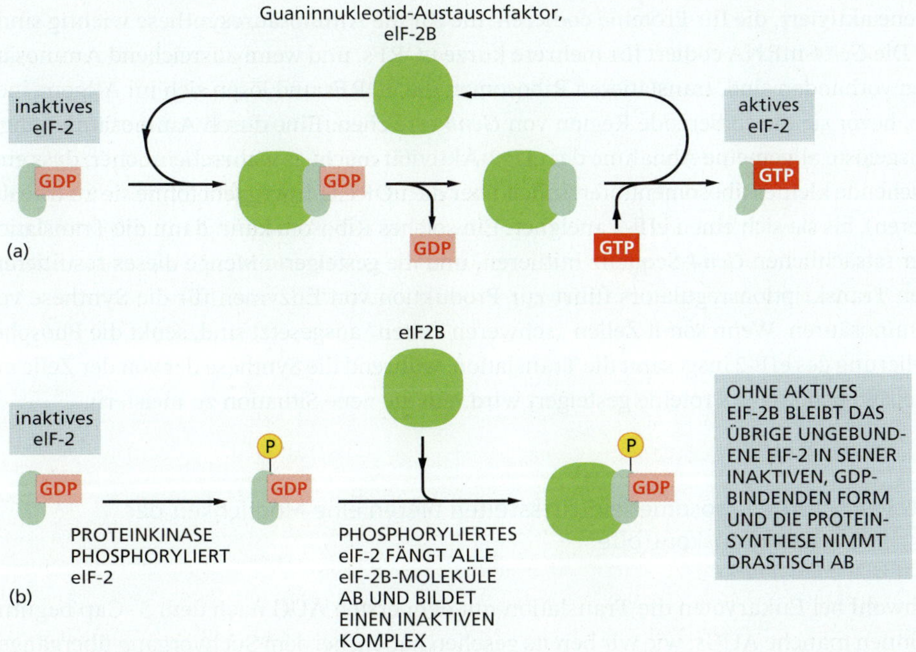

Abb. 7.71 **Der eIF-2-Kreislauf.** (a) Wiederverwendung von benutztem eIF-2 durch einen Guaninnukleotid-Austauschfaktor (eIF-2B). (b) Phosphorylierung von eIF-2 kontrolliert die Geschwindigkeit der Proteinsynthese durch Bindung an eIF-2B.

beeinflussen ebenfalls die Wirksamkeit der Translationsinitiation. Wenn die Erkennungsstelle schwach ist, wird die Ribosomenuntereinheit auf ihrer Suche das erste AUG-Codon auf der mRNA manchmal überlesen und stattdessen zum zweiten oder dritten AUG-Codon weiterlaufen. Dieses Phänomen, das als „durchlässige Suche" (engl. *leaky scanning*) bekannt ist, ist eine oft benutzte Strategie, um von derselben mRNA zwei oder mehr nahe verwandte Proteine herzustellen, die sich nur in ihrem N-Terminus unterscheiden. Eine besonders wichtige Anwendung dieses Mechanismus ist die Bildung des gleichen Proteins mit und ohne Signalsequenz am N-Terminus. Dies ermöglicht, dass das Protein an zwei unterschiedliche Orte in der Zelle (z. B. sowohl zu Mitochondrien als auch zum Cytosol) geleitet wird. Zellen können die relativen Mengen der durch „durchlässige Suche" hergestellten Proteinisoformen kontrollieren; beispielsweise führt ein zelltypspezifischer Anstieg in der Menge des Initiationsfaktors eIF-4F zu einer bevorzugten Nutzung des AUG, das am nächsten zum 5'-Ende der mRNA liegt, sogar wenn dies von nichtoptimalen Nukleotiden umgeben ist.

Ein weiterer bei Eukaryoten gefundener Kontrolltyp nutzt einen oder mehrere kurze *offene Leseraster* – kurze DNA-Abschnitte, die mit einen Start-Codon (ATG) beginnen und mit einem Stopp-Codon enden, ohne Stopp-Codons dazwischen – die zwischen dem 5'-Ende der mRNA und dem Beginn des Gens liegen. Häufig sind die Aminosäuresequenzen, die durch diese vorangestellten offenen Leseraster (uORFs, engl. *upstream open reading frames*) codiert sind, nicht wichtig; vielmehr haben diese uORFs eine reine Kontrollfunktion. Ein auf dem mRNA-Molekül vorhandenes uORF senkt im Allgemeinen die Translation des nachgelagerten Gens, da es einen Ribosomeninitiationskomplex auf der Suche abfängt und das Ribosom so das uORF translatiert und von der mRNA abspringt, bevor es die eigentliche proteincodierende Sequenz erreicht.

Man würde erwarten, dass, wenn die Aktivität eines allgemeinen Translationsfaktors (wie des oben besprochenen eIF-2) vermindert wird, die Translation aller mRNAs ebenso vermindert würde. Entgegen dieser Erwartung kann jedoch die Phosphorylierung von eIF-2 selektive Effekte zeigen und sogar die Translation von bestimmten mRNAs, die uORFs enthalten, erhöhen. Auf diese Weise können sich Zellen einem Mangel an bestimmten Nährstoffen anpassen, indem sie die Synthese aller Proteine beenden, mit Ausnahme derer, die für eine Synthese der fehlenden Substrate nötig sind. In allen Einzelheiten wurde der Mechanismus für eine bestimmte Hefe-mRNA aufgeklärt, die für ein mit *Gcn4* bezeichnetes Protein codiert, ein Transkriptionsregulator, der viele Gene aktiviert, die für Proteine codieren, die für die Aminosäuresynthese wichtig sind.

Die *Gcn4*-mRNA codiert für mehrere kurze uORFs, und wenn ausreichend Aminosäuren vorhanden sind, translatieren Ribosomen die uORFs und lösen sich im Allgemeinen ab, bevor sie die codierende Region von *Gcn4* erreichen. Eine durch Aminosäuremangel ausgelöste allgemeine Abnahme der eIF-2-Aktivität macht es wahrscheinlicher, dass eine suchende kleine Ribosomenuntereinheit über die uORFs hinweggeht (ohne sie zu translatieren), bis sie sich einen eIF-2 aneignet. Ein solches Ribosom kann dann die Translation der tatsächlichen *Gcn4*-Sequenz initiieren, und die gesteigerte Menge dieses resultierenden Transkriptionsregulators führt zur Produktion von Enzymen für die Synthese von Aminosäuren. Wenn somit Zellen „schweren Zeiten" ausgesetzt sind, senkt die Phosphorylierung des eIF-2 insgesamt die Translation, während die Synthese der von der Zelle am meisten benötigten Proteine gesteigert wird, um die neue Situation zu meistern.

7.6.14 Interne Ribosomeneintrittsstellen bieten eine Möglichkeit der Translationskontrolle

Obwohl bei Eukaryoten die Translation mit dem ersten AUG nach dem 5'-Cap beginnt, können manche AUGs, wie wir bereits gesehen haben, bei dem Suchvorgang übergangen

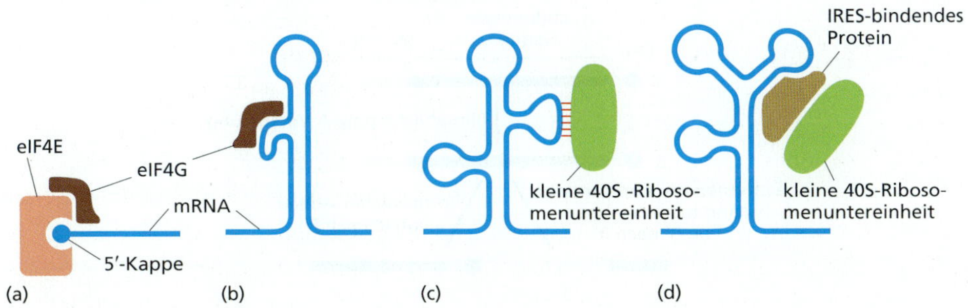

Abb. 7.72 Interne Ribosomeneintrittsstellen (IRESs) können die Translationsinitiation über eine Vielzahl von Mechanismen fördern. (a) Der normale Cap-abhängige Mechanismus braucht die eIF-4G-Bindung an die Kappe, um mit dem Aufbau der anderen Translationskomponenten zu beginnen (s. **Abb. 6.74**). (b) Die Kappe und eIF-4E werden durch direkte Bindung von eIF-4G an eine spezifische RNA-Struktur umgangen, die von der IRES gebildet wird. (c) Die kleine Ribosomenuntereinheit bindet direkt über Basenpaarung zwischen Sequenzen in der IRES und der 18S-rRNA an IRES, wodurch sie so positioniert wird, dass sie mit der Translation beginnt. (d) Spezialisierte Proteine binden an eine IRES und ziehen dann die kleine Ribosomenuntereinheit an.

werden. Es gibt eine weitere Möglichkeit, durch die Zellen die Translation an Stellen fern vom 5'-Ende der mRNA beginnen können. Hier wird die Translation mithilfe einer besonderen RNA-Sequenz begonnen, die als **interne Ribosomeneintrittsstelle (IRES)** bezeichnet wird. In einigen Fällen liegen zwei unterschiedliche proteincodierende Sequenzen als Tandem auf derselben mRNA; die Translation der ersten Sequenz geschieht über den üblichen Suchmechanismus, wobei das erste anzutreffende AUG genutzt wird, und die Translation der zweiten vollzieht sich über eine IRES; diese IRES-Sequenzen sind weit entfernter in der mRNA. Sie sind mehrere Hundert Nukleotide lang und falten sich in bestimmte Strukturen, welche die Notwendigkeit einer 5'-Kappe und des sie erkennenden Translationsfaktors, eIF-4, umgehen (**Abb. 7.72**).

Man schätzt, dass 10 % aller mRNAs in Säugetieren eine IRES enthalten. Manche dieser Proteinsynthese-Startstellen werden durch äußere Signale wie Stress spezifisch aktiviert. Aber die am besten verstandenen Beispiele kommen bei Viren vor, die IRES als Teil einer Strategie verwenden, damit ihre eigenen mRNA-Moleküle translatiert werden, während die normale 5'-Cap-abhängige Translation der Wirts-mRNAs blockiert wird.

Bei der Infektion bilden diese Viren eine im Genom des Virus codierte Protease, die den Translationsfaktor eIF-4G der Wirtszelle spaltet und ihn dadurch unfähig macht, an eIF-4E, den Cap bindenden Komplex, zu binden (**Abb. 6.74**). Dies legt den größten Teil der Wirtszelltranslation still und lenkt den Translationsapparat wirkungsvoll zu den IRES-Sequenzen um, die sich auf den viralen mRNAs befinden. (Das geschnittene eIF-4G ist noch in der Lage, die Translation an diesen internen Stellen zu initiieren).

Die vielen Weisen, auf die Viren die Proteinsynthesemaschinerie ihrer Wirtszellen zu ihrem eigenen Vorteil manipulieren, überrascht Biologen immer wieder. Die vielen Ergebnisse dieses evolutionären „Wettrüstens" zwischen Menschen und Krankheitserregern hat zu vielen grundlegenden Einsichten in die Arbeitsweisen der Zelle geführt, und wir werden diesem Thema in Kapitel 23 nochmals begegnen.

7.6.15 Eine Veränderung der mRNA-Stabilität kann die Genexpression regulieren

Die meisten mRNAs der Bakterien sind sehr instabil und haben eine Halbwertszeit von weniger als ein paar Minuten. Exonukleasen, die in 3'→5'-Richtung arbeiten, sind normalerweise für den raschen Abbau der mRNAs zuständig. Da bakterielle mRNAs sowohl sehr rasch synthetisiert als auch sehr rasch wieder abgebaut werden, kann sich ein Bakterium schnell an Veränderungen seiner Umwelt anpassen.

In der Regel sind die mRNAs der eukaryotischen Zellen viel stabiler. Einige, wie z. B. die des β-Globins, haben eine Halbwertszeit von mehr als 10 Stunden. Aber die meisten sind deutlich instabiler und haben eine Halbwertszeit von weniger als 30 Minuten. Die mRNAs, die für Proteine wie die Wachstumsfaktoren und Transkriptionsregulatoren codieren, deren Bildungsgeschwindigkeit sich in Zellen rasch ändern muss, besitzen besonders kurze Halbwertszeiten.

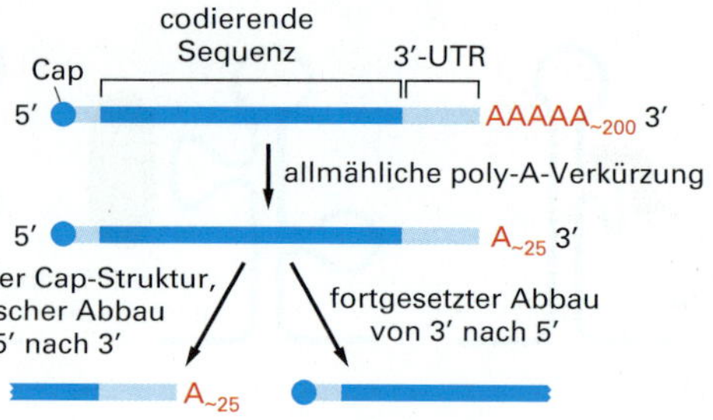

Abb. 7.73 Zwei Mechanismen für den Abbau eukaryotischer mRNA. Sobald eine reife mRNA aus dem Cytosol exportiert wurde, kürzen Enzyme, die sog. Deadenylasen, allmählich ihren poly-A-Schwanz. Wenn eine kritische Schwelle der poly-A-Schwanz-Länge auftritt, dann werden die beiden gezeigten Abbaumechanismen ausgelöst, wahrscheinlich durch den Verlust der poly-A-bindenden Proteine. Obwohl der 5'→3'- und der 3'→5'-Abbau hier an verschiedenen RNA-Molekülen gezeigt werden, können beide Vorgänge zusammen am selben Molekül ablaufen. (Verändert nach C. A. Beelman und R. Parker, *Cell* 81: 179–183, 1995).

In Kapitel 6 haben wir gesehen, dass die Zelle über mehrere Mechanismen verfügt, um nicht richtig prozessierte RNAs rasch zu zerstören. Aber jetzt konzentrieren wir uns auf das schlussendliche Schicksal eines typischen „normalen" eukaryotischen RNA-Moleküls. Es gibt zwei allgemeine Mechanismen, um die mRNA schließlich abzubauen. Beide beginnen mit einer schrittweisen Verkürzung des poly-A-Schwanzes durch eine Exonuklease, ein Vorgang, der beginnt, sobald die mRNA das Cytosol erreicht. In gewissem Sinn wirkt diese poly-A-Verkürzung als Zeitmesser, der die Lebensdauer jeder mRNA herunterzählt. Sobald der poly-A-Schwanz auf eine kritische Länge gekürzt ist (etwa 25 Nukleotide beim Menschen), laufen die beiden Abbauwege zusammen. Auf dem einen Weg wird das 5'-Cap entfernt (ein Vorgang, den man Decappping nennt) und die „freigelegte" mRNA wird rasch von ihrem 5'-Ende her abgebaut. Auf dem anderen Weg wird die mRNA weiterhin von ihrem 3'-Ende her abgebaut, durch den poly-A-Schwanz in die codierenden Sequenzen hinein (**Abb. 7.73**).

Nahezu alle mRNAs unterliegen den beiden Abbauarten, die gleichzeitig auf dem selben mRNA-Molekül vorkommen können. Spezifische Nukleotidsequenzen legen fest, wie schnell jeder Schritt abläuft und damit wie lange jede mRNA in der Zelle bestehen bleibt und in der Lage ist, Protein zu bilden. Die 3'-UTR-Sequenzen sind besonders wichtig bei der Kontrolle der mRNA-Lebensdauer, und sie tragen oft Bindungsstellen für bestimmte Proteine, die die Geschwindigkeit der poly-A-Verkürzung, des Decappings oder des 3'→5'-Abbaus steigern oder drosseln. Die Halbwertszeit einer mRNA wird auch dadurch beeinflusst, wie effizient sie translatiert wird. Die poly-A-Verkürzung und das Decapping konkurrieren direkt mit der Maschinerie, die die mRNA translatiert; deshalb wirken sich alle Faktoren, die die Translationseffizienz einer mRNA erhöhen, auf ihren Abbau gegenteilig aus.

Obwohl die poly-A-Verkürzung die Halbwertszeit der meisten eukaryotischen mRNAs verkürzt, können manche mRNAs durch einen spezialisierten Mechanismus abgebaut werden, der diesen Schritt insgesamt umgeht. In diesen Fällen schneiden spezifische Endonukleasen die mRNA intern, sodass sie von einem Ende das Cap und vom anderen den poly-A-Schwanz entfernen, wodurch beide Hälften schnell abgebaut werden. Die auf diese Weise zerstörten mRNAs tragen spezifische Nukleotidsequenzen, oft in den 3'-UTRs, die als Erkennungssequenzen für diese Endonukleasen dienen. Diese Strategie macht es besonders einfach, die Stabilität dieser mRNAs streng zu regulieren, indem die Endonukleasestelle als Reaktion auf äußere Signale blockiert oder exponiert wird. Die Zugabe von Eisen zu Zellen verringert beispielsweise die Stabilität der mRNA, die für das Rezeptorprotein codiert, das das Eisen transportierende Protein Transferrin bindet; dies verursacht, dass der Rezeptor in geringerem Maße gebildet wird. Diese Wirkung wird durch das eisenempfindliche RNA-bindende Protein Aconitase vermittelt. Bei Eisenmangel kann die Aconitase an die 3'-UTR der Transferrinrezeptor-mRNA binden, so die endonukleolytische Spaltung der mRNA verhindern und eine Erhöhung der Rezeptorproduktion bewirken (**Abb. 7.74a**). Durch Zugabe von Eisen wird die Aconitase von der mRNA freigesetzt, wodurch die Spaltungsstelle exponiert wird und somit die Stabilität der mRNA abnimmt (**Abb. 7.74b**).

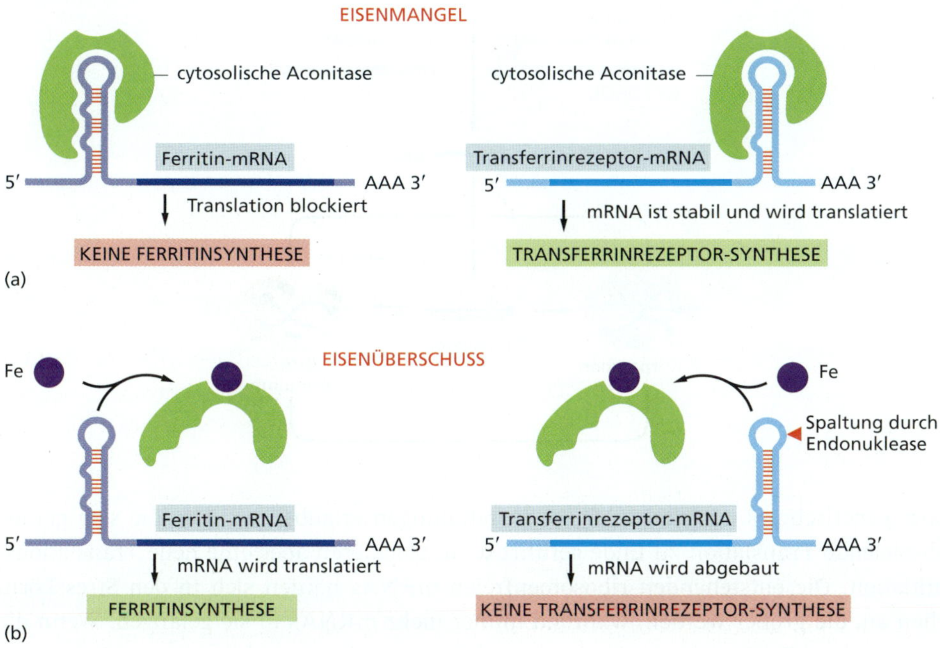

Abb. 7.74 Zwei durch Eisen vermittelte posttranslationale Kontrollen. (a) Während des Eisenmangels blockiert die Bindung der Aconitase an die 5'-UTR der Ferritin-mRNA die Translationsinitiation; ihre Bindung an die 3'-UTR der Transferrinrezeptor-mRNA blockiert eine Endonuklease-Schnittstelle und stabilisiert dabei die mRNA. (b) Als Reaktion auf die Zunahme der Eisenkonzentration im Cytosol steigert eine Zelle ihre Ferritinsynthese, um das zusätzliche Eisen zu binden, und sie senkt die Synthese des Transferrinrezeptors, um weniger Eisen durch die Plasmamembran zu befördern. Beide Reaktionen werden durch das gleiche auf Fe-Ionen reagierende Kontrollprotein, Aconitase, ausgelöst, das gemeinsame Eigenschaften in einer Haarnadelstruktur in den mRNAs von Ferritin und vom Transferrinrezeptor erkennt. Aconitase dissoziiert von der mRNA, wenn es ein Fe-Ion bindet. Da der Transferrinrezeptor und das Ferritin durch verschiedene Mechanismen reguliert werden, antworten ihre Spiegel entgegengesetzt auf Eisen-Konzentrationen, obwohl sie durch das gleiche eisenabhängige Kontrollprotein reguliert werden. (Verändert nach M. W. Hentze *et al.*, *Science* 238: 1570–1573, 1987 und J. L. Casey *et al.*, *Science* 240: 924–928, 1988).

7.6.16 P-Körperchen und Stressgranula sind an der Regulation der mRNA-Stabilität beteiligt

In Kapitel 6 haben wir gesehen, dass große Aggregate ausRNA und Proteinen membranlose Kompartimente im Zellkern bilden können, wie Nukleoli und Cajal-Körperchen. Das Cytosol enthält solche biomolekularen Kondensate, und hier behandeln wir zwei von ihnen: die Prozessierungs- oder *P-Körperchen* und die *Stresskörnchen*, die beide eine Rolle bei der Handhabung von mRNAs spielen (**Abb. 7.75**). Wenn eine mRNA im Cytosol nicht länger aktiv translatiert wird, wandert sie oft zu *P-Körperchen*, wo es mehrere Schicksalsmöglichkeiten gibt. *P-Körperchen* sind reich an mRNA-abbauenden Enzymen, und mRNAs, die bereits eine bedeutende Verkürzung des poly-A-Schwanzes erfahren haben, werden innerhalb der *P-Körperchen* noch weiter abgebaut. Alternativ können manche intakten mRNAs in *P-Körperchen* in einer Form gespeichert werden, bei der die Translation unterdrückt ist. Je nach Bedarf der Zelle können diese mRNAs dann zum Cytosol zurückgebracht und „reaktiviert" werden, um wider die Translation aufzunehmen (**Abb. 7.76**). Auf diese Weise gespeicherte mRNAs codieren oft für Proteine, welche die Zelle rasch benötigt, und diese Strategie umgeht die zeitraubenden Schritte der *De-novo*-Bildung von mRNA.

Stresskörnchen sind dynamische membranlose Organellen, die sich bilden, wenn die Zelle eine plötzliche Translationsblockade erfährt, entweder durch Hunger, Hemmstoffe

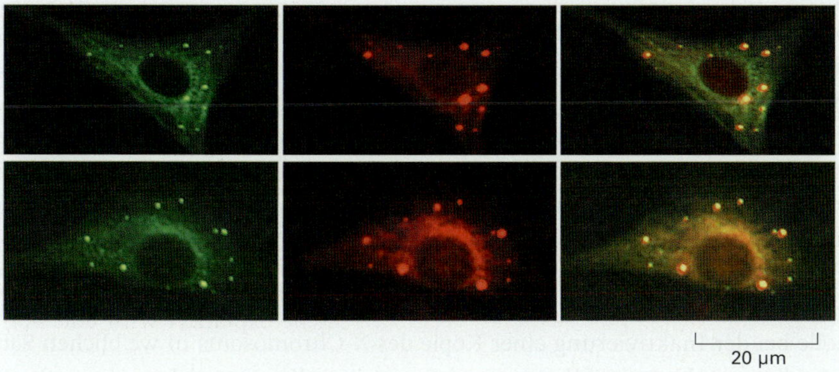

Abb. 7.75 Sichtbarmachen der P-Körperchen. Menschliche Zellen wurden mit einem Antikörper gegen eine Komponente des Enzyms Dcp1a (*decapping enzyme*, *linke Bilder*), das an der mRNA das Cap beseitigt, und gegen das Protein Argonaut (*mittlere Bilder*) gefärbt. Wie an späterer Stelle in diesem Kapitel beschrieben, ist Argonaut eine Schlüsselkomponente der RNA-Interferenzwege, und sowohl es als auch das kappenabbauende Enzym destabilisieren mRNAs. Die Überlagerungen (*rechte Bilder*) zeigen, dass die beiden Proteine im Cytoplasma gemeinsam in den sogenannten P-Körperchen lokalisieren. (Verändert nach J. Liu *et al.*, *Nat. Cell Biol.* 7: 719–723, 2005. Reproduziert mit Erlaubnis von SNCSC).

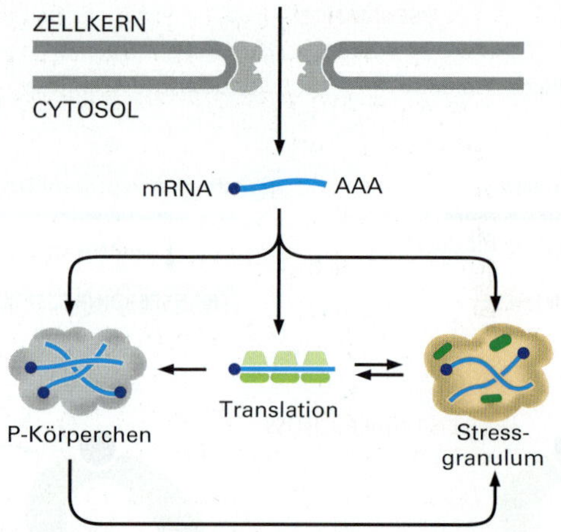

Abb. 7.76 Mögliches Schicksal eines intakten mRNA-Moleküls. Ein aus dem Zellkern freigesetztes mRNA-Molekül kann aktiv translatiert (*Mitte*), in P-Körperchen abgebaut (*links*) oder, wenn die Zelle gestresst ist, in Stresskörnchen befördert werden (*rechts*). Wenn sich die Bedürfnisse der Zelle ändern, können gespeicherte mRNAs reaktiviert und zum Cytosol zurückgebracht werden, damit sie in ein Proteintranslatiert werden. Obwohl nicht gezeigt, werden alle mRNA-Moleküle schließlich abgebaut, und einige der letzten Schritte laufen in P-Körperchen ab.

oder genetische Manipulation. Diese Behandlungen erlauben es, dass die sich gerade abspielende Translation zu Ende geführt wird, blockieren aber eine neue Translationsinitiation. Die entstehenden ribosomenfreien mRNAs häufen sich in den Stresskörnchen an, die größer werden, während immer mehr mRNAs in sie gelangen. Wenn die stressreichen Bedingungen abnehmen, schrumpfen die Stresskörnchen, während sie die gespeicherten mRNAs ins Cytosol freisetzen; dort nehmen die mRNAs wieder ihre Translation auf. Wenn eine Zelle die große Investition gemacht hat, ein ordentlich prozessiertes mRNA-Molekül zu erzeugen, kontrolliert sie offensichtlich sein nachfolgendes Schicksal sorgfältig.

Zusammenfassung

Viele Schritte auf dem Weg von der RNA zum Protein werden durch die Zellen reguliert, um die Genexpression zu kontrollieren. Außer der Kontrolle im Anfangsstadium der Transkription werden die meisten Gene auf mehreren Ebenen reguliert. Zu den Regulationsmechanismen zählen: (1) RNA-Transkriptabschwächung durch vorzeitige Beendigung, (2) alternative RNA-Spleißstellenauswahl, (3) Kontrolle der 3'-Endenbildung durch Schneiden und poly-A-Anheftung, (4) kovalente RNA-Modifikationen einschließlich RNA-Editierung, (5) Kontrolle des Transports vom Zellkern zum Cytosol, (6) Lokalisierung der mRNAs in bestimmten Zellregionen, (7) Kontrolle des Translationsstarts und (8) regulierter mRNA-Abbau. Die meisten dieser Kontrollvorgänge erfordern die Erkennung spezifischer Sequenzen oder Strukturen im zu regulierenden RNA-Molekül, eine Aufgabe, die entweder durch Regulationsproteine oder regulatorische RNA-Moleküle erfüllt wird.

7.7 Regulation der Genexpression durch nicht codierende RNAs

Im vorigen Kapitel haben wir das zentrale Dogma eingeführt, demgemäß der Fluss der genetischen Information von der DNA über die RNA zum Protein verläuft (s. **Abb. 6.1**). Aber wir haben immer wieder in diesem Buch gesehen, dass RNA-Moleküle neben ihrer Übermittlerfunktion für genetische Information viele andere entscheidende Aufgaben in der Zelle wahrnehmen. Unter diesen nicht codierenden RNAs sind rRNA- und tRNA-Moleküle, die für das Lesen des genetischen Codes und die Proteinsynthese verantwortlich sind. Das RNA-Molekül in der Telomerase dient als Matrize für die Replikation der Chromosomenenden, snoRNAs modifizieren ribosomale RNA und snRNAs lenken das RNA-Spleißen. Früher in diesem Kapitel haben wir gesehen, dass Xist-RNA eine wichtige Rolle bei der Inaktivierung einer Kopie des X-Chromosoms in weiblichen Säugern spielt. In diesem Abschnitt führen wir einige weitere Klassen nicht codierender RNAs ein, die bedeutende Rollen bei der Regulierung der Genexpression spielen sowie beim Schutz des Genoms vor Viren und transponierbaren Elementen. Diese RNAs ermöglichen auch neue leistungsfähige experimentelle Techniken bei der Genom-Editierung.

7.7.1 Kleine nicht codierende RNA-Transkripte regulieren durch RNA-Interferenz viele tierische und pflanzliche Gene

Wir beginnen unsere Besprechung mit einer Gruppe kurzer RNAs, die **RNA-Interferenz** oder **RNAi** ausführen. Hier dienen kurze einzelsträngige RNAs (20–30 Nukleotide) als Leit-RNA, die selektiv – über komplementäre Basenpaarung – andere RNAs in der Zelle umgruppiert und bindet. Wenn es sich bei dem Ziel um eine reife mRNA handelt, können die kleinen nicht codierenden RNAs ihre Translation hemmen oder sogar ihre rasche Zerstörung katalysieren. Falls das RNA-Zielmolekül sich im Transkriptionsvorgang befindet, kann die kleine nicht codierende RNA an es binden und die Bildung repressiver Chromatinarten auf seiner angehefteten DNA-Matrize steuern, um die weitere Transkription zu blockieren (**Abb. 7.77**). Drei Klassen kleiner nicht codierender RNAs arbeiten auf diese Weise – microRNAs (miRNAs), *kleine interferierende RNAs* (siRNAs, engl. *small interfering RNAs*) und *piwi-wechselwirkende RNAs* (piRNAs, engl. *piwi-interacting RNAs*) – und wir behandeln sie nacheinander in den folgenden Abschnitten. Obwohl sie sich sowohl hinsichtlich der Weise, wie die kurzen Stücke einzelsträngiger RNA erzeugt werden, als auch hinsichtlich ihrer letztendlichen Funktionen unterscheiden, orten alle drei RNA-Arten ihre Ziele über eine RNA–RNA-Basenpaarung und im Allgemeinen verursachen sie eine Verringerung der Genexpression.

7.7.2 miRNAs regulieren die mRNA-Translation und -Stabilität

Der Mensch exprimiert beispielsweise über 1000 verschiedene **microRNAs (miRNAs)**, und diese scheinen zumindest ein Drittel aller menschlichen proteincodierenden Gene zu regulieren. Sobald sie hergestellt sind, gehen die miRNAs mit bestimmten mRNAs Basenpaarungen ein und regulieren so deren Translation und Stabilität. Die miRNA-Vorstufen werden von der RNA-Polymerase II synthetisiert, mit einem Cap versehen und polyadenyliert. Sie unterliegen dann einer speziellen Art von Prozessierung, nach der sich die miRNA (typischerweise 23 Nukleotide lang) mit einer Reihe von Proteinen zu einem Komplex namens RISC (*RNA-induzierter Stilllegungskomplex*, engl. *RNA-induced silencing complex*) zusammenlagert. Sobald sich der RISC gebildet hat, spürt er seine Ziel-mRNAs auf, indem er nach komplementären Nukleotidsequenzen sucht (**Abb. 7.78**). Diese Suche wird durch das Argonaut-Protein erheblich erleichtert, eine Komponente

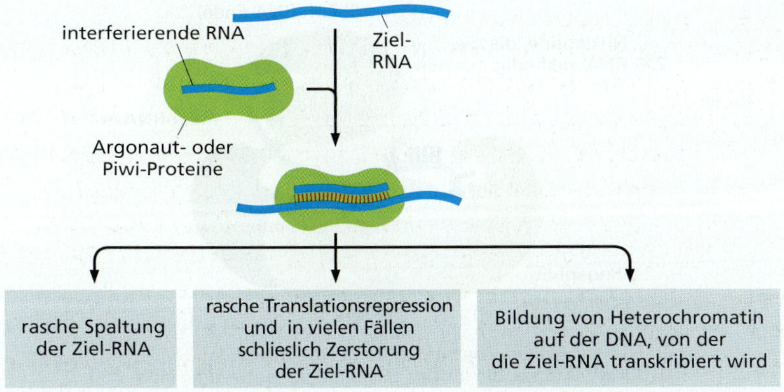

Abb. 7.77 RNA-Interferenz in Eukaryoten. Einzelsträngige interferierende RNAs lokalisieren Ziel-RNAs über die komplementäre Basenpaarung, und an diesem Punkt sind, wie gezeigt, mehrere Schicksale möglich. Wie im Text beschrieben, gibt es mehrere Arten von RNA-Interferenz; die Art und Weise, wie die doppelsträngige RNA gebildet und bearbeitet wird, sowie das letztendliche Schicksal der Ziel-RNA hängen von dem jeweiligen System ab.

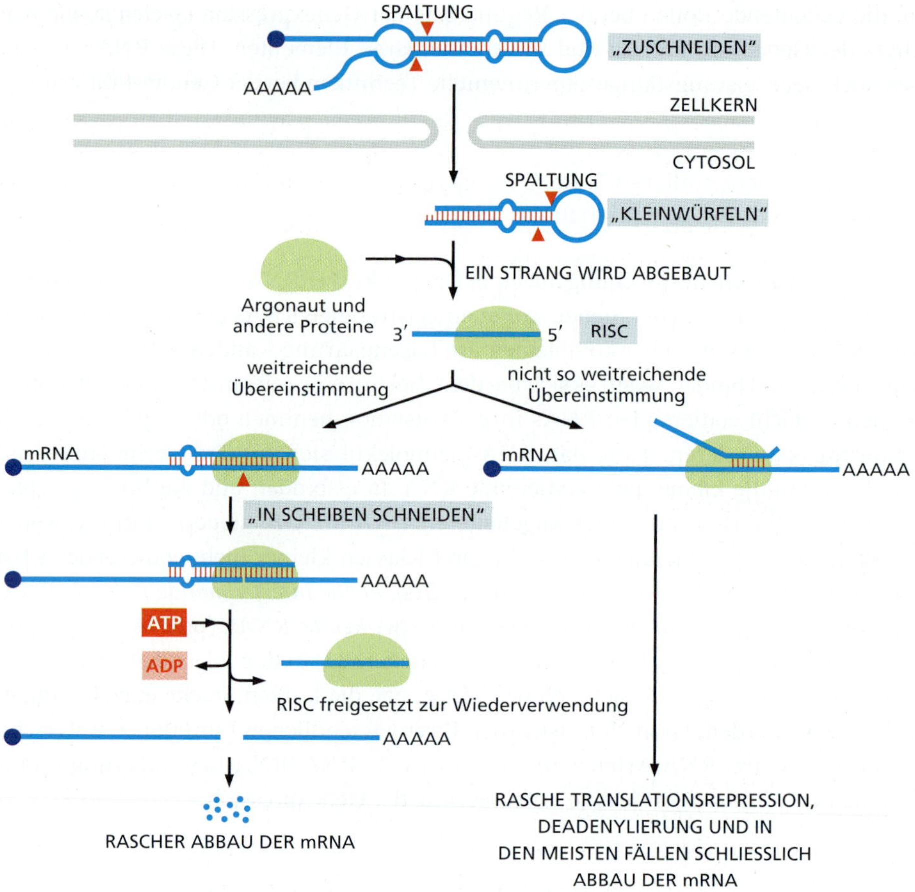

Abb. 7.78 miRNA-Prozessierung und Wirkmechanismus. Die miRNA-Vorstufe bildet über die Komplementarität zwischen einem Teil ihrer Sequenz und einem anderen eine doppelsträngige Struktur. Diese RNA wird beschnitten, während sie noch im Zellkern ist, und dann ins Cytosol exportiert, wo sie vom Enzym Dicer noch weiter geschnitten („in Würfel geschnitten“) wird, sodass die richtige miRNA entsteht. Argonaut, in Verbindung mit anderen Komponenten des RISC, verbindet sich zunächst mit beiden Strängen der miRNA, spaltet dann einen davon und verwirft ihn. Der andere Strang lenkt RISC durch Basenpaarung zu spezifischen mRNAs. Wenn die RNA–RNA-Paarung weitreichend ist, wie man es üblicherweise in Pflanzen beobachtet, dann schneidet Argonaut die Ziel-mRNA („in Scheiben“) und verursacht dadurch ihren raschen Abbau. Bei Säugern erstreckt sich die miRNA–mRNA-Paarung oft nicht weiter als bis zu einer kurzen 7-Nukleotid-„Keim“-Region in der Nähe des 5'-Endes der miRNA. Diese weniger ausgedehnte Basenpaarung führt zur raschen Hemmung der Translation, und in den meisten Fällen schließlich zur Zerstörung der mRNA.

des RISC, die die 5'-Region der miRNA festhält, sodass sie optimal für die Basenpaarung mit einem anderen RNA-Molekül positioniert ist (**Abb. 7.79**). In Tieren erstreckt sich die Basenpaarung normalerweise über zumindest sieben Nukleotidpaare und findet zumeist in der 3'-UTR der Ziel-mRNA statt.

Sobald die mRNA von der miRNA gebunden wurde, sind mehrere Auswirkungen möglich. Wenn die Basenpaarung ausgedehnt ist (was beim Menschen unüblich, aber bei Pflanzen üblich ist), wird die mRNA vom Argonaut-Protein gespalten, wodurch ihr poly-A-Schwanz entfernt und sie den Exonukleasen ausgesetzt wird (s. **Abb. 7.73**). Auf die Spaltung der mRNA folgt die Freisetzung des RISC (mit der assoziierten miRNA), der nun weitere mRNAs ausfindig machen kann (s. **Abb. 7.78**). Somit kann eine einzelne miRNA katalytisch arbeiten und viele komplementäre mRNAs zerstören. Man kann sich

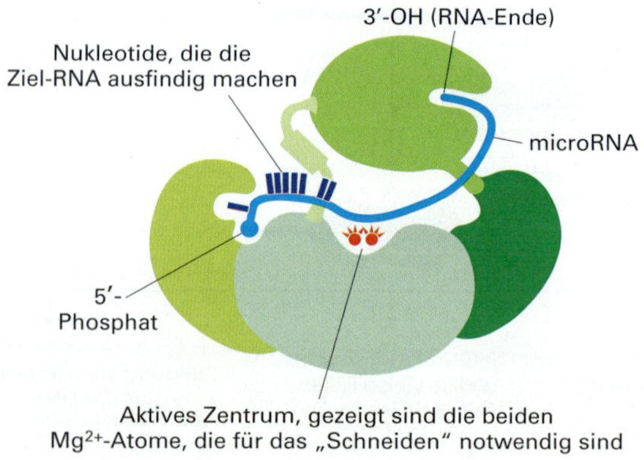

Abb. 7.79 Menschliches Argonaut-Protein, das eine miRNA trägt. Das Protein ist in vier Strukturdomänen gefaltet, jede ist mit einer anderen Farbe kenntlich gemacht. Die miRNA ist in einer ausgestreckten Form gehalten, die optimal für die Bildung der RNA–RNA-Basenpaare ist. Das Aktive Zentrum von Argonaut, das eine Ziel-RNA schneidet, wenn sie mit einer miRNA ausgiebig Basenpaare ausgebildet hat, ist *rot* gezeigt. Viele Argonaut-Proteine (z. B. drei von vier der menschlichen Proteine) haben kein Katalysezentrum und binden deshalb Ziel-RNAs, ohne sie zu schneiden. (Nach C. D. Kuhn und L. Joshua-Tor, *Trends Biochem. Sci.* 38: 262–271, 2003).

somit diese miRNAs als Leitsequenzen vorstellen, die die abbauenden Nukleasen mit spezifischen mRNAs in wiederholten Kontakt bringen.

Falls die Basenpaarung zwischen der miRNA und der mRNA nicht so ausgedehnt ist (wie man bei den meisten menschlichen miRNAs beobachtet), schneidet Argonaut die mRNA nicht; stattdessen wird die Translation der mRNA durch die Rekrutierung von Deadenylasen reprimiert – die den poly-A-Schwanz verkürzen – und anderen Proteinen, die direkt den Zugang der mRNA zu den Proteinen blockieren, die für ihre Translation erforderlich sind. In vielen Fällen werden die blockierten mRNAs zu den P-Körperchen befördert (s. **Abb. 7.76**), wo sie, vor den Ribosomen verborgen, entweder abgebaut oder zu einem späteren Zeitpunkt ins Cytosol freigesetzt werden, um wieder translatiert zu werden.

Mehrere Eigenschaften machen die miRNAs zu besonders nützlichen Regulatoren der Genexpression. Erstens kann ein einzelnes miRNA-Molekül eine ganze Reihe verschiedener mRNAs regulieren, solange die mRNAs in ihren UTRs eine kurze komplementäre Sequenz tragen. Diese Situation ist beim Menschen üblich, wo eine einzelne miRNA Hunderte verschiedener mRNAs kontrollieren kann. Zweitens kann die Regulation durch miRNAs kombinatorisch sein. Wie an früherer Stelle für Transkriptionsregulatoren besprochen, erweitert die kombinatorische Kontrolle die für die Zelle verfügbaren Möglichkeiten enorm, indem die Genexpression anstatt mit nur einem Regulator mit einer Kombination verschiedener Regulatoren verknüpft ist.

Wie viele Transkriptionsregulatoren, so können auch miRNAs kooperativ ihre Ziel-mRNAs binden, falls ihre Erkennungsstellen entsprechend verteilt sind. Die Grundlage für die kooperative Bindung ist ein Gerüstprotein, das zwei verschiedene RISCs in einem festen Abstand schwach zusammenhält; dabei werden seine einzelnen miRNA-mRNA-Bindungsenergien gekoppelt. Drittens nimmt eine miRNA im Vergleich zu einem Protein relativ wenig Raum im Genom ein. Tatsächlich ist ihre geringe Größe der Grund dafür, dass die miRNAs erst vor kurzem entdeckt wurden. Obwohl wir erst jetzt beginnen, die volle Bedeutung von miRNAs zu würdigen, ist es klar, dass sie einen sehr wichtigen Teil des zellulären Repertoires für die Regulation der Expression der Zellgene darstellen. Wir behandeln spezielle Beispiele von miRNAs, die wichtige Funktionen in der Entwicklung haben, in Kapitel 21.

7.7.3 RNA-Interferenz wird auch als zellulärer Abwehrmechanismus verwendet

Viele der Proteine, die an dem eben beschriebenen miRNA-Regulationsmechanismus beteiligt sind, haben auch eine weitere Funktion als Abwehrmechanismus: Sie koordinieren den Abbau fremder RNA-Moleküle, insbesondere jener, die in doppelsträngiger Form vorkommen. Viele springende Elemente und Viren bilden im Laufe ihres Lebenszyklus zumindest vorübergehend doppelsträngige RNA, und RNA-Interferenz hält solche potenziell schädlichen Eindringlinge in Schach. Wie wir sehen werden, liefert diese Form von RNAi der Forschung auch eine wirkungsvolle Experimentaltechnik, um die Expression einzelner Gene einer Zelle abzuschalten.

Die Anwesenheit doppelsträngiger RNA in der Zelle löst RNAi aus, indem sie einen Proteinkomplex anlockt, der *Dicer* enthält, die gleiche Nuklease, die miRNAs prozessiert (s. **Abb. 7.78**). Dieses Protein spaltet die doppelsträngige RNA in kleine Bruchstücke (etwa 23 Nukleotidpaare), die man **siRNAs** (***small interfering RNAs***, kleine interferierende RNAs Interferenz-RNAs) nennt. Diese doppelsträngigen siRNAs werden dann von Argonaut und anderen Komponenten des RISC gebunden. Wie wir oben für miRNAs gesehen haben, wird ein Strang des RNA-Doppelstrangs von Argonaut geschnitten und verworfen. Das einzelsträngige siRNA-Molekül, das übrig bleibt, lenkt RISC zurück zu komplementären RNA-Molekülen, die vom Virus oder transponierbaren Elementen gebildet werden. Weil die Paarung in der Regel exakt ist, schneidet Argonaut diese Moleküle, was zu deren rascher Zerstörung führt.

Jedes Mal, wenn RISC ein neues RNA-Molekül spaltet, wird RISC wieder freigesetzt. Somit kann ein einzelnes RNA-Molekül – so wie wir es bei miRNAs gesehen haben – katalytisch arbeiten und viele komplementäre RNAs zerstören. Manche Organismen verwenden einen weiteren Mechanismus, der die RNAi-Antwort noch weiter verstärkt. In diesen Organismen verwenden RNA-abhängige RNA-Polymerasen siRNAs als Primer, um zusätzliche Kopien der doppelsträngigen RNAs zu bilden, die dann zu siRNAs geschnitten werden. Diese Vermehrung gewährleistet, dass die RNA-Interferenz, sobald sie begonnen hat, sogar dann weiter wirken kann, nachdem die gesamte auslösende doppelsträngige RNA abgebaut oder ausgedünnt wurde. So können beispielsweise Tochterzellen die spezifische RNA-Interferenz weiterführen, die in der Mutterzelle ausgelöst wurde.

In manchen Organismen kann RNA-Interferenzaktivität durch die Übertragung von RNA-Fragmenten von Zelle zu Zelle verbreitet werden. Dies ist besonders wichtig für Pflanzen (deren Zellen, wie wir in Kapitel 19 erfahren werden, durch dünne, verbindende Kanäle vernetzt sind), da es so einer ganzen Pflanze möglich ist, resistent gegen ein RNA-Virus zu werden, obwohl nur wenige ihrer Zellen infiziert wurden. Im weiteren Sinn ähnelt die RNAi-Antwort bestimmten Aspekten des tierischen Immunsystems; in beiden Fällen erzeugt ein eindringender Organismus eine individuelle Reaktion, und der Wirt wird – durch Vermehrung der „Angriffs"-Moleküle – systemisch geschützt.

Wir haben gesehen, dass miRNAs und siRNAs, obwohl auf unterschiedliche Weise erzeugt, auf einige der gleichen Proteine bauen und ihre Ziele auf grundsätzlich ähnliche Weise suchen. Weil siRNAs in den verschiedensten Spezies zu finden sind, glaubt man, dass sie die älteste Form der RNA-Interferenz darstellen, mit miRNAs als spätere evolutionäre Verfeinerung. Diese siRNA-vermittelten Abwehrmechanismen sind für Pflanzen, Würmer und Insekten besonders entscheidend. In Säugetieren hat ein proteinbasiertes Immunsystem (in Kapitel 24 beschrieben) größtenteils die Aufgabe der Virenabwehr übernommen.

7.7.4 RNA-Interferenz kann die Heterochromatinbildung steuern

Der eben beschriebene siRNA-Interferenzweg stoppt nicht zwangsläufig mit der Zerstörung der Ziel-RNA-Moleküle. In manchen Fällen kann die RNA-Interferenzmaschinerie auch selektiv die *Synthese* der Ziel-RNAs abschalten. Damit dies abläuft, vereinigen sich die kurzen, vom Protein Dicer gebildeten siRNAs mit einer Gruppe von Proteinen (einschließlich Argonaut), um den RITS-Komplex (*RNA-induzierter transkriptionaler Stilllegungskomplex*, engl. *RNA-induced transcriptional silencing complex*) zu bilden. Mithilfe einzelsträngiger siRNA als Leitsequenz bindet dieser Komplex komplementäre RNA-Transkripte, wenn sie an einer transkribierenden RNA-Polymerase II entstehen (**Abb. 7.80**). Auf diese Weise auf dem Genom positioniert, zieht der RITS-Komplex Enzyme an, die benachbarte Histone und DNA kovalent modifizieren, und bewirkt schließlich die Bildung der „konstitutiven" Form von Heterochromatin. Wie in Kapitel 4 beschrieben, wird diese Heterochromatinform durch die H3K9me3-Markierung unterschieden, und in vielen Fällen beinhaltet sie auch die DNA-Methylierung (**Abb. 7.48**). Obwohl wahrscheinlich ein geringes Maß der Transkription bestehen bleibt (und wichtig sein mag, um fortwährend zu signalisieren, wo das Heterochromatin gebildet werden sollte) ist diese Heterochromatinform, wie wir gesehen haben, im Allgemeinen widerstandsfähig gegenüber der Transkription und schaltet die Gene, die innerhalb von ihr liegen, wirksam ab.

In manchen Fällen werden auch eine RNA-abhängige RNA-Polymerase und ein Dicer-Enzym durch den RITS-Komplex rekrutiert, um fortwährend weitere siRNAs *in situ*

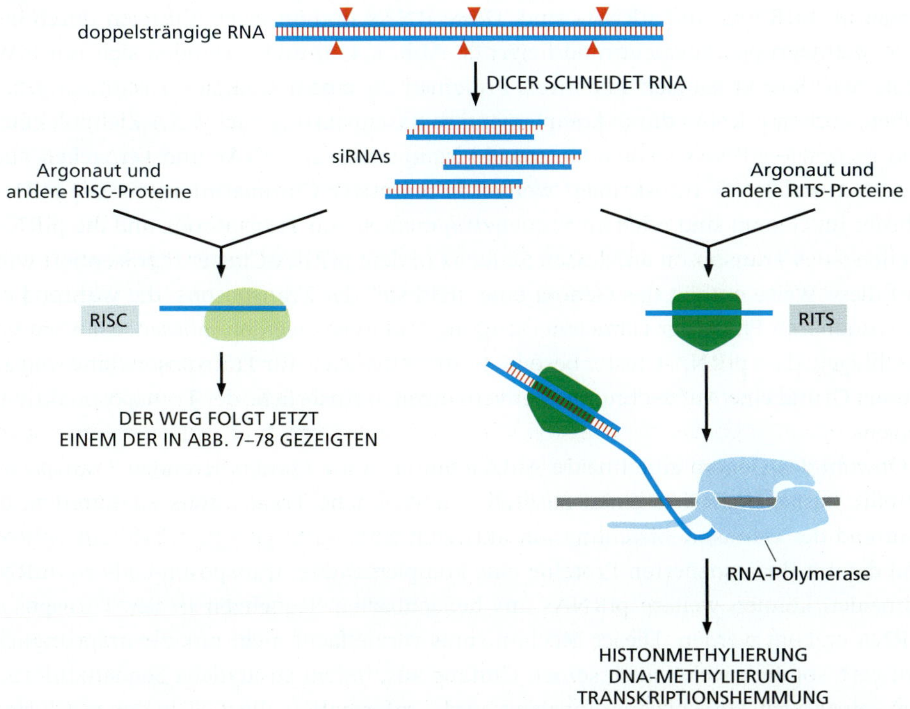

Abb. 7.80 Durch siRNA gesteuerte RNA-Interferenz. In vielen Organismen kann doppelsträngige RNA sowohl die Zerstörung der komplementären mRNAs (*links*) als auch die Stilllegung der Transkription (*rechts*) ankurbeln. Die Änderung der Chromatinstruktur, die durch den gebundenen RITS- (*RNA-induzierte transkriptionale Stilllegung*, engl. *RNA-induced transcriptional silencing*) Komplex eingeleitet wird, ähnelt derjenigen in Abb. 7.48.

zu erzeugen. Diese positive Rückkopplungsschleife gewährleistet sogar dann die fortgesetzte Repression des Zielgens, wenn die ursprünglich initiierenden siRNA-Moleküle verschwunden sind.

Die RNAi-gesteuerte Heterochromatinbildung ist ein besonders wichtiger zellulärer Abwehrmechanismus, der die Ausbreitung transponierbarer Elemente im Genom beschränkt, indem er ihre DNA-Sequenzen in einer transkriptionsstummen Form hält. Der gleiche Mechanismus wird aber auch bei manchen anderen Vorgängen in der Zelle verwendet. Beispielsweise indem in beide Richtungen komplementäre RNA-Transkripte erzeugt werden, die Basenpaare bilden können, um eine doppelsträngige RNA zu bilden. Diese doppelsträngige RNA kurbelt den RNA-Interferenzweg an und stimuliert die Bildung von Heterochromatin, das die Centromeren umgibt. Dieses Heterochromatin ist wiederum nötig, damit die Centromere während der Mitose die Chromosomen exakt trennen können.

7.7.5 piRNAs schützen die Keimbahn vor springenden Elementen

Ein drittes RNA-Interferenzsystem baut auf **piRNAs (piwi-wechselwirkende RNAs**, engl. *piwi-interacting RNAs*, benannt nach Piwi, einer mit Argonaut verwandten Proteinklasse), die in vielen Lebewesen vorkommen und eine Reihe verschiedener Funktionen ausführen. Hier beschreiben wir eine ihrer wichtigsten Rollen, nämlich transponierbare Elemente (Transposomen) in der Keimbahn von Tieren unter Kontrolle zu halten. Die Keimbahn ist für Bewegungen von Transposons besonders empfänglich, weil viele der Histonmodifikationen und methylierten DNA-Stellen während der Gametenerzeugung „gelöscht" werden, wobei vorübergehend Transposons aus ihren normalen Beschränkungen freigesetzt werden. piRNAs bedecken diese Verwundbarkeit. Im Gegensatz zu miRNAs und siRNAs werden sie von spezialisierten piRNA-„Clustern" im Genom als lange, einzelsträngige RNA-Moleküle synthetisiert, die dann aufgebrochen und von spezialisierten bearbeitenden Enzymen (die sich von den früher besprochenen Dicer-Enzymen unterscheiden) in Fragmente zurechtgeschnitten werden, die geringfügig länger als miRNAs und siRNAs sind. Diese RNAs sind an ihren 3'-Enden durch eine 2'-*O*-Methylgruppe kovalent modifiziert (s. **Abb. 6.43a**) und verbinden sich mit PiWi-Proteinen. Sobald sie sich mit ihren Proteinen zu einem Komplex zusammengebaut haben, suchen piRNAs durch komplementäre Basenpaarung nach RNA-Zielmolekülen, und ganz wie siRNAs spalten sie sowohl komplementäre RNAs und verpacken auch die DNA, auf der sie transkribiert werden in repressive Chromatinformen. Die piRNA-Cluster im Genom sind reich an Sequenzfragmenten von Transposons und die piRNAs greifen jedes Transposon an, dessen Sequenz in dem piRNA-Cluster repräsentiert wird. Auf diese Weise enthält das Genom eine „Hitliste" der Transposons, die während der verwundbaren Phase der Gametenerzeugung inaktiviert werden müssen. Man hat vorgeschlagen, dass piRNA-Cluster besonders attraktive Ziele für Transposons sind und aus diesem Grund eine Aufzeichnung aller vergangenen Ausbrüche der Transposonaktivität tragen.

Obwohl das Genom eine lineare Aufzeichnung von zu inaktivierenden Transposons enthält, besitzen piRNAs einen zusätzlichen Weg, jene Transposons anzugreifen, die während der Gametenentstehung am aktivsten sind. Kurz gesagt, sobald eine piRNA und die mit ihr assoziierten Proteine eine komplementäre, transposon-codierte mRNA schneidet, können weitere piRNAs aus benachbarten Sequenzen in der Transposon-mRNA erzeugt werden. Dieser Mechanismus vervielfacht nicht nur die ursprüngliche Antwort, sondern weitet auch seinen Umfang aus, indem zusätzliche Sequenzinformation von aktiven Transposons eingebaut wird – Information, die u. U. in den pi-Clustern selbst nicht vorhanden ist.

Viele Geheimnisse umranken die piRNAs. Über eine Million piRNA-Arten sind in den Genomen vieler Säugetiere verschlüsselt und in den Hoden exprimiert, wenngleich nur ein Anteil gegen die vorhandenen Transposons gerichtet ist. Sind die anderen piRNAs Überbleibsel ehemaliger Invasoren? Decken sie so viel „Sequenzraum" ab, dass sie vor jeder fremden DNA weitgehend Schutz bieten können? Eine andere kuriose Eigenschaft der piRNAs ist, dass viele von ihnen (insbesondere, wenn die Basenpaarung nicht perfekt sein muss) eigentlich die vom Organismus gebildeten mRNAs angreifen müssten, dies aber nicht tun. Man hat vorgeschlagen, dass die große Anzahl von piRNAs ein System bilden könnte, um „eigene" RNAs von „fremden" RNAs zu unterscheiden und nur Letztere anzugreifen. Wenn das der Fall ist, muss es für die Zelle einen speziellen Weg geben, ihre eigenen RNAs zu schützen. Eine Vorstellung ist, dass RNAs, die in der vorausgegangenen Generation eines Organismus gebildet wurden, irgendwie registriert werden und in nachfolgenden Generationen von einem piRNA-Angriff verschont bleiben. Eine andere Idee besagt, dass alle legitimen mRNAs spezialisierte Sequenzen tragen, die sie vor einem Angriff bewahren. Ob dieser Mechanismus tatsächlich existiert oder nicht, und falls ja, wie er dann arbeitet, sind Fragen, die unser unvollständiges Verständnis der vollen Bedeutung der RNA-Interferenz zeigen.

7.7.6 RNA-Interferenz wurde ein schlagkräftiges Werkzeug für Experimente

Obwohl die RNA-Interferenz wahrscheinlich in der Evolution zunächst als Abwehrmechanismus gegen Viren und springende Elemente entstand, wurde sie, wie wir gesehen haben, vollauf in viele Aspekte der normalen Zellbiologie integriert – von der Kontrolle der Genexpression bis zur Feinabstimmung der Chromosomenstruktur. RNA-Interferenz wurde auch von Wissenschaftlern zu einem leistungsfähigen experimentellen Werkzeug entwickelt, das die Inaktivierung nahezu jedes Gens gestattet, indem eine RNAi-Antwort gegen das Gen hervorgerufen wird. Diese Technik, die leicht in kultivierten Zellen und manchmal in ganzen Tieren und Pflanzen ausgeführt wird, hat neue genetische Ansätze in der Zell- und Molekularbiologie ermöglicht. Wir werden sie im nächsten Kapitel ausführlicher behandeln, in dem wir moderne genetische Methoden besprechen, die zur Untersuchung von Zellen eingesetzt werden (s. Abschnitt 8.5.15). Die RNAi besitzt auch ein großes Potenzial bei der Behandlung menschlicher Krankheiten. Da viele Krankheiten beim Menschen von der Fehlexpression von Genen herrühren, ist die Fähigkeit, diese Gene durch experimentell in Zellen eingeführte komplementäre siRNA-Moleküle abzuschalten, medizinisch vielversprechend.

Obwohl der Transport von RNA-Molekülen in das entsprechende Gewebe bei der Verwendung von RNAi in der menschlichen Therapie ein ständiges Problem war, wird die Strategie derzeit zur Behandlung einer seltenen Krankheit, der Transthyretin-Amyloidose genutzt. Diese Erbkrankheit, welche die Herz- und Nervenfunktion betrifft, wird durch Anhäufung eines mutierten Proteins verursacht, und siRNAs, die über komplementäre Basenpaarung an die mutierte mRNA gerichtet sind, verringern ihre Symptome. In diesem Fall werden die siRNAs mithilfe einer speziellen Kombination von Lipiden, die winzige Vesikel bilden, welche die siRNA einschließen, an die Leber geliefert (den Hauptsyntheseort des mutierten Proteins).

7.7.7 Zellen besitzen zusätzliche Mechanismen, um Transposons und eingebaute virale Genome in Schach zu halten

Aus den vorangegangenen Abschnitten sollte klar geworden sein, dass Zellen in einem ewigen „Wettrüsten“ mit parasitären DNA-Elementen wie Transposons und Viren gefangen sind. In der Tat scheint es, dass unser eigenes Genom mit solchen Elementen nahezu überrannt wurde; trotz unserer vielen Abwehrmechanismen machen sie nahezu die Hälfte unserer DNA aus (s. **Abb. 4.63**). Der größte Teil dieser Elemente hat Mutationen angehäuft, die verhindern, dass sie aktiv sind; aber dieser Vorgang ereignete sich wahrscheinlich erst, nachdem Wirtszellmechanismen ins Spiel kamen, um sie in Schach zu halten.

Wir haben gesehen, wie siRNAs und piRNAs Überwachungssysteme aufbauen, um die Transkription von transponierbaren Elementen zu überwachen, damit deren Transkripte zerstört und ihre DNA in repressive Chromatinformen gepackt werden. Obgleich diese überlappenden Abwehrmechanismen hochwirksam zu sein scheinen, haben Zellen zumindest eine weitere Strategie für die Erkennung und Stilllegung von Transposons und integrierten Viren entwickelt. Im Gegensatz zu den RNA-basierten Strategien, welche die komplementäre Basenpaarung verwenden, um diese Genomeindringlinge zu erkennen, verwendet dieses zusätzliche System einen speziellen Satz sequenzspezifischer DNA-Bindeproteine, um das Genom zu überwachen. Wenn diese Proteine eine DNA-Sequenz erkennen, die in einem Transposon oder einem integrierten Virusgenom vorhanden ist, binden sie direkt an diese Sequenz und rekrutieren sowohl Histon-„Schreiber“, welche H3K9me3-Markierungen auf benachbarte Histone setzten, als auch DNA-Methylasen, die umgebende DNA stark methylieren. Wie an früherer Stelle in diesem Kapitel behandelt, kann diese repressive Chromatinform sich dann ausbreiten und die darunterliegende DNA widerstandsfähig gegen die Transkription und Rekombination machen (s. **Abb. 7.48**). Unser Genom codiert für Hunderte verschiedener sequenzspezifischer DNA-Proteine (KRAB-ZPF Proteine genannt), die diese Überwachung ausführen, und sie decken eine breite Vielfalt transponierbarer DNA-Elemente und viraler Sequenzen ab. Die meisten erkennen eine DNA-Sequenz, die für das zu transponierende Element entscheidend ist (oder im Fall integrierter Virusgenome für das zu vervielfältigende Virus), was es dem Element erschwert, durch eine Mutation zu entkommen. Es kommt jedoch offensichtlich zu einem solchen Entkommen, weil sich die KRAB-ZPF-Proteine (im Vergleich mit anderen menschlichen Genen) rasch entwickeln, um anscheinend mit den mutierten Versionen residenter transponierbarer Elemente Schritt zu halten. Ihre Entwicklung legt auch nahe, dass die KRAB-ZPF-Proteine sich leicht durch Mutation anpassen können, um neue parasitäre Elemente anzugreifen, die u. U. ins Genom gelangen.

Wenn transponierbare Elemente unkontrolliert bleiben, stellen sie für die Zelle viele Herausforderungen dar. Ihre Sequenzen können als Rekombinationsstellen dienen, was zu Crossovern zwischen nicht homologen Chromosomen führt; es kommt zu Doppelstrangbrüchen im Wirtsgenom, wenn sie sich bewegen, und sie können codierende oder Regulationssequenzen unterbrechen, wenn sie sich an einer neuen Stelle einbauen. Auf der anderen Seite hat ihre Bewegung eine Variationsquelle geliefert, die für die natürliche Selektion notwendig ist. Aber die vielen verschiedenen Strategien, welche Wirtszellen entwickelt haben, um diese Eindringlinge zu neutralisieren, legen nahe, dass die kurzfristigen Gefahren alle langfristigen Vorteile bei weitem überwiegen müssen.

7.7.8 Bakterien verwenden kleine nicht codierende RNAs, um sich vor Viren zu schützen

In den vorausgegangenen Abschnitten haben wir die Abwehrsysteme von Tieren und Pflanzen herausgestellt, aber es ist wichtig, dass man sich vergegenwärtigt, dass Bakterien und Archaeen den allergrößten Teil der irdischen Diversität ausmachen. Es überrascht daher nicht, dass Viren, welche diese einzelligen Lebewesen infizieren, die Zahl der Pflanzen- und Tierviren bei Weitem übertreffen. Viele Bakterienarten (und nahezu alle Archaeenarten) verwenden ein Lager kleiner nicht codierender RNA-Moleküle, um eindringende Viren aufzuspüren und zu zerstören. Viele Eigenschaften dieses Abwehrmechanismus, als **CRISPR** bezeichnet, ähneln denen von miRNAs, siRNAs und piRNAs, die wir bereits kennengelernt haben. Wenn Bakterien und Archaeen erstmals von einem Virus befallen werden, werden kurze Bruchstücke dieser viralen DNA in ihr Genom eingebaut werden – dazu dient ein Vorgang, den wir erst zu verstehen beginnen. Diese dienen insofern als „Impfstoffe", als sie Matrizen für die Bildung kleiner nicht codierender RNAs werden, die **crRNAs** (CRISPR-RNAs), die danach das Virus zerstören, sollte es die Nachkommen der ursprünglichen Zelle erneut infizieren. Dieser Aspekt des CRISPR-Systems ähnelt insofern sowohl der adaptiven (erworbenen) Immunität beim Menschen als auch der piRNA-basierten Überwachung, als die Zelle eine Aufzeichnung vergangener Kontakte trägt, die dazu dient, vor künftigen Expositionen zu schützen.

In den meisten Fällen verbinden sich crRNAS mit speziellen Proteinen, die es ihnen erlauben, eindringende Virusgenome aufzuspüren und zu zerstören, die typischerweise aus doppelsträngiger DNA bestehen. Viele einzelne CRISPR-Systeme kommen über verschiedene Bakterien- und Archaeenarten hinweg vor. Hier skizzieren wir nur einen der häufigsten und am besten verstandenen Wege und beschreiben seine drei Schritte (**Abb. 7.81**). Im ersten Schritt werden virale DNA-Sequenzen in spezielle Regionen des Bakteriengenoms, als CRISPR (geclusterte regulär unterbrochene kurze palindromische Wiederholung, engl. *clustered regularly interspersed short palindromic repeat*)-Loci bezeichnet, eingebaut; diese sind benannt nach den eigenartigen DNA-Sequenzen, die zuerst die Aufmerksamkeit der Wissenschaftler erweckte. In seinem einfachsten Fall besteht ein CRISPR-Locus aus mehreren Hundert Wiederholungen einer Wirts-DNA-Sequenz, die mit einer großen DNA-Sequenzsammlung (typischerweise jeweils 25–70 Nukleotidpaare) durchsetzt ist, die von früheren Kontakten mit Viren und anderer Fremd-DNA stammt. Die neueste virale Sequenz wird immer am 5'-Ende des CRISPR-Locus eingebaut, dem Ende, das zuerst transkribiert wird. Jeder Locus trägt deshalb eine zeitliche, geordnete Aufzeichnung vorangegangener Infektionen. Viele Bakterien- und Archaeenarten tragen mehrere große CRISPR-Loci in ihren Genomen und sind damit gegen eine große Bandbreite von Viren immun.

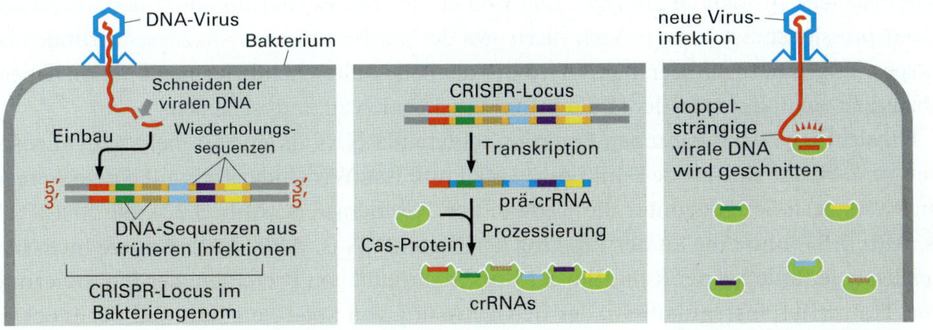

SCHRITT 1: kurze virale DNA-Sequenz wird in den CRISPR-Locus eingefügt

SCHRITT 2: RNA wird vom CRISPR-Locus transkribiert, prozessiert und an Cas-Protein gebunden

SCHRITT 3: kleine crRNA im Komplex mit Cas sucht und zerstört virale Sequenzen

Abb. 7.81 CRISPR-vermittelte Immunität in Bakterien und Archaebakterien. Nach der Infektion durch ein Virus (*linkes Bild*) wird ein kleines Stückchen des viralen Genoms in den CRISPR-Locus eingebaut. Damit dies passiert, muss ein kleiner Anteil der infizierten Zellen die anfängliche Virusinfektion überleben. Die überlebenden Zellen, oder allgemeiner ihre Nachkommen, transkribieren den CRISPR-Locus und bearbeiten das Transkript zu crRNAs (*mittleres Bild*). Bei einer erneuten Infektion mit einem Virus, gegen das die Population bereits „geimpft" wurde, wird die eindringende virale DNA durch eine komplementäre crRNA zerstört (*rechtes Bild*). Damit ein CRISPR-System effektiv sein kann, dürfen die crRNAs nicht den eigentlichen CRISPR-Locus zerstören, auch wenn die crRNAs eine zu ihm komplementäre Sequenz besitzen. Wie ist dies möglich? In vielen Spezies muss es zusätzliche kurze Nukleotidsequenzen auf dem Zielmolekül geben, damit crRNAs es angreifen können. Da diese sogenannten PAM (Protospacer benachbartes Motiv, engl. *protospacer adjacent motif*)-Sequenzen außerhalb der crRNA-Sequenzen liegen, bleibt der Wirts-CRISPR-Locus verschont (s. Abb. 8.57).

Im zweiten Schritt wird der CRISPR-Locus transkribiert, um ein langes RNA-Molekül zu bilden, das dann zu viel kürzeren (etwa 30 Nukleotide) crRNAs verarbeitet wird. Diese crRNAs bilden einen Komplex mit Cas(CRISPR-assoziierten)-Proteinen und im letzten Schr spüren sie komplementäre virale DNA-Sequenzen auf und steuern deren Zerstörung durch Nukleasen. Obgleich strukturell unähnlich, entsprechen Cas-Proteine den oben besprochenen Argonaut- und Piwi-Proteinen: Sie halten kleine einzelsträngige RNAs in einer ausgestreckten Konformation, die in diesem Fall zum Aufspüren komplementärer Basenpaare mit doppelsträngiger DNA optimiert ist.

Wir haben noch viel über die CRISPR-basierte Immunität in Bakterien und Archaebakterien zu lernen. Der Mechanismus, über den Virussequenzen zunächst identifiziert und ins Wirtsgenom eingebaut werden, ist kaum verstanden. Zudem werden die crRNAs in verschiedenen Bakterien- und Archaeenarten auf verschiedene Weisen hergestellt, und in manchen Fällen können die crRNAs sowohl virale RNAs als auch DNAs angreifen. Wie erwartet haben viele Viren Anti-CRISPR-Systeme gegen die Abwehrsysteme ihrer Wirte entwickelt. Diese Anti-CRISPRs reichen von Virusproteinen, die an das Cas-Protein binden und es inaktivieren, bis zu speziellen Umhüllungen, die sich um virale DNA bilden und sie vor dem CRISPR-Angriff während der Replikation, der Genexpression und des Virusaufbaus schützen.

In Kapitel 8 werden wir sehen, wie bakterielle CRISPR-Systeme künstlich in Pflanzen und Tiere eingebracht worden sind, wo sie die Fähigkeit, Genome zu manipulieren, revolutioniert haben.

7.7.9 Lange nicht codierende RNAs haben in der Zelle verschiedene Funktionen

In diesem und den vorausgegangenen Kapiteln haben wir gesehen, dass nicht codierende RNA-Moleküle viele Funktionen in der Zelle haben. Dennoch bleiben viele nicht codierende RNAs übrig, deren Funktion immer noch unbekannt ist. Viele RNAs unbekannter Funktion gehören zu einer Gruppe, die **lange nicht codierende RNAs (lncRNAs)** genannt werden. Diese werden willkürlich als über 200 Nukleotide lange RNAs definiert, die nicht für Proteine codieren. Die schiere Anzahl der lmcRNAS (schätzungsweise 5000 für das menschliche Genom z. B.) kam für Wissenschaftler überraschend.

Die meisten lncRNAs werden von der RNA-Polymerase II transkribiert und besitzen 5'-Caps und poly-A-Schwänze, und in vielen Fällen werden sie gespleißt. Es war schwierig, lncRNAs exakt zu beschreiben, weil, wie nun bekannt ist, von etwa 75 % des Humangenoms RNA in niedrigen Konzentrationen gebildet wird. Man denkt, dass die meisten dieser RNAs vom „Hintergrundrauschen" der Transkription stammen und rasch abgebaut werden. Gemäß dieser Vorstellung bieten solche nichtfunktionalen RNAs keine Fitnessvorteile oder-nachteile für den Organismus und sind ein toleriertes Nebenprodukt der komplexen Genexpressionsmuster, die in Vielzellern gebildet werden müssen. Aus diesen Gründen ist es schwierig, die Anzahl der lncRNAs, die in der Zelle wahrscheinlich eine Funktion haben, abzuschätzen und sie von der Hintergrundtranskription zu unterscheiden.

Hinsichtlich der biologischen Funktion sollten lncRNAs als ein Sammelbegriff angesehen werden, der eine große Funktionsvielfalt umfasst. Wir sind bereits auf einige wenige lncRNAs gestoßen, darunter die RNA in der Telomerase (s. **Abb. 5.33**), die Xist-RNA (s. **Abb. 7.55**) und eine an der Prägung beteiligte RNA (s. **Abb. 7.52**). Andere lncRNAs spielen eine Rolle bei der Kontrolle der Enzymaktivität von Proteinen, der Inaktivierung von Transkriptionsregulatoren, der Beeinflussung von Spleißmustern und der Blockierung der Translation bestimmter mRNAs durch komplementäre Basenpaarung.

Dennoch gibt es drei verbindende Eigenschaften der lncRNAs, die die Basis für ihre vielen Aufgaben in der Zelle sein können. Die erste ist, dass lncRNAs als *Gerüst-RNA-Moleküle* fungieren können, die Gruppen von Proteinen zusammenhalten, um deren Funktionen zu koordinieren (**Abb. 7.82a**; s. auch **7.21**). Wir haben bereits Beispiele bei der Telomerase, dem Ribosom und der X-Inaktivierung gesehen, wo das RNA-Molekül Proteinkomponenten zusammenhält und organisiert. Diese RNA-basierten Gerüste entsprechen den in Kapitel 3 behandelten (s. **Abb. 3.76**). RNA-Moleküle eignen sich gut als Gerüste: Kleine RNA-Sequenzstückchen, oft die Teile, die die Stamm-Schleifen-Strukturen bilden, können als Bindungsstellen für Proteine dienen, und diese können aneinandergereiht sein, mit zufälligen RNA-Sequenzen dazwischen. Diese Eigenschaft mag ein Grund sein, warum lncRNAs eine relativ geringe Konservierung der Primärsequenz über die Arten hinweg zeigen.

Das zweite Hauptmerkmal der lncRNAs ist ihre Fähigkeit, als Leitsequenzen zu dienen, indem sie über Basenpaarung an spezifische RNA- oder DNA-Zielmoleküle binden. Bei diesem Vorgang bringen sie Proteine, die an sie gebunden sind, in enge Nachbarschaft zu DNA- und RNA-Sequenzen (**Abb. 7.82b**). Dieses Verhalten hat Ähnlichkeit mit demjenigen der snoRNAs (s. **Abb. 6.43**), miRNAs (**Abb. 7.78**), siRNAs (s. **Abb. 7.80**) und crRNAs (s. **Abb. 7.81**), die allesamt auf diese Weise wirken, um Proteinenzyme zu spezifischen Nukleinsäuresequenzen zu lotsen.

Ein drittes Charakteristikum der RNA im Allgemeinen ist die Fähigkeit, biomolekulare Kondensate zu organisieren, jene membranlosen Zusammenschlüsse aus Proteinen und Nukleinsäuren, die in diesem und den vorangegangenen Kapiteln behandelt wurden. So ist beispielsweise rRNA für die Bildung des Nukleolus entscheidend, und nicht translatierte RNA liefert dass Rahmenwerk für die P-Körperchen und Stresskörnchen. Die Neigung der RNA, Kondensate zu bilden, stammt zum Teil von ihrer Fähigkeit, viele Proteine zu binden, wie oben behandelt, aber auch daher, dass viele RNAs viele schwache intrazelluläre Wechselwirkungen ausbilden können, die von sich aus zur Kondensierung führen können. Man glaubt, dass manche lncRNAs nur die Organisation und Bildung solcher Kondensate antreiben.

In manchen einfachen Fällen arbeiten lncRNAs über einfache Basenpaarung, ohne Enzyme oder andere Proteine einzubeziehen. Eine Anzahl von lncRNA-Genen ist beispielsweise in proteincodierende Gene eingebettet, aber sie werden in die „falsche Richtung" transkribiert. Diese (gegensinnigen) *Antisense-RNAs* können mit der mRNA (die in die „richtige" Richtung transkribiert wurde) komplementäre Basenpaare bilden und deren Translation in das Protein blockieren (s. **Abb. 7.70d**). Andere Antisense-lncRNAs bilden mit prä-mRNAs Basenpaare, wenn diese synthetisiert werden, und ändern das RNA-Spleißmuster, indem sie bevorzugte Spleißstellensequenzen maskieren. Wieder andere wirken als „Schwämme", indem sie Basenpaare mit miRNAs bilden und dabei deren Wirkungen abschwächen.

Schließlich ist anzumerken, dass manche lncRNAs nur *in cis* arbeiten, d. h. sie beeinflussen nur das Chromosom, von dem sie transkribiert wurden. Dies tritt häufig dann auf, wenn die transkribierte RNA noch nicht von den RNA-Polymerasen freigesetzt

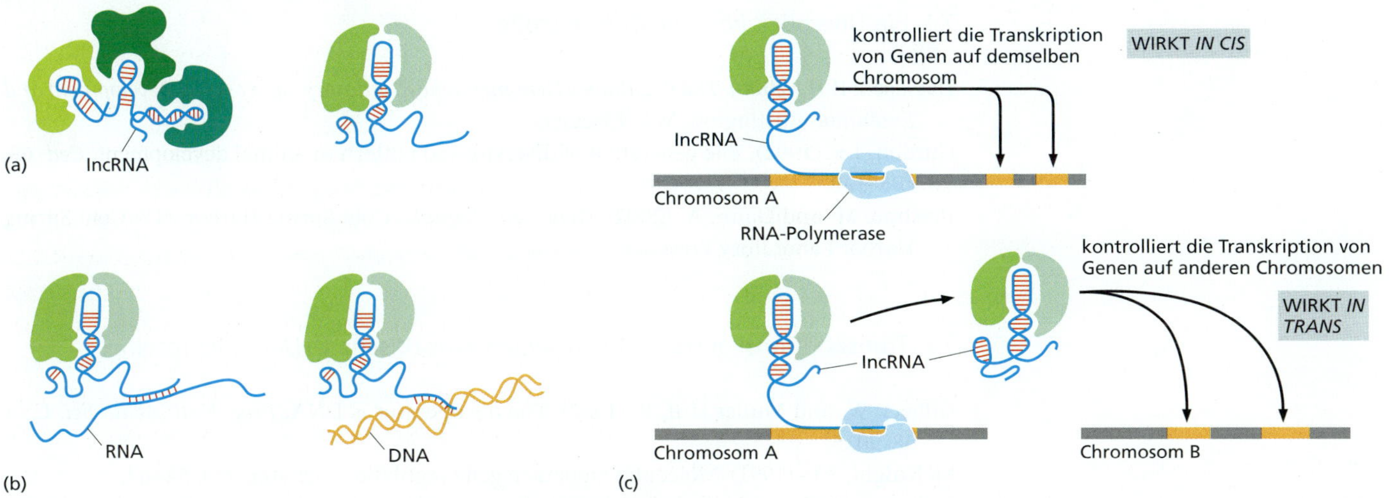

Abb. 7.82 Funktionen der langen nicht codierenden RNAs (lncRNAs). (a) Wie in Kapitel 6 beschrieben, können sich RNAs zu kurzen, spezifischen dreidimensionalen Strukturen falten, deren spezifische Eigenschaften von Proteinen erkannt werden. Somit können lncRNAs als Gerüste dienen, die Proteine zusammenbringen, welche beim selben Vorgang zusammenarbeiten; dabei werden ihre Wechselwirkungen erleichtert und die Reaktionen, die sie katalysieren, werden beschleunigt. (b) lncRNAs können auch über die Bildung komplementärer Basenpaare Proteine an spezifischen Sequenzen auf crRNA- oder DNA-Molekülen lokalisieren. (c) In manchen Fällen wirken lncRNAs an Synthesestellen nur *in cis*, z. B. wenn die RNA von der RNA-Polymerase, die sie gebildet hat, an Ort und Stelle festgehalten wird (*oben*). Aber wie gezeigt, diffundieren andere lncRNAs jedoch weg von ihren Syntheseorten und wirken somit *in trans*.

wurde (**Abb. 7.82c**) oder wenn das fertige RNA-Molekül nicht vom Chromosom wegdiffundiert, wie im Fall von Xist (s. **Abb. 7.55**). Viele lncRNAs verlassen jedoch ihre Synthesestelle und wirken in *trans*. Obwohl die am besten verstandenen lncRNAs im Zellkern arbeiten, finden sich auch viele im Cytosol. Die Funktionen – falls vorhanden – der überwiegenden Mehrheit dieser cytosolischen lncRNAs ist noch unbekannt.

Zusammenfassung

RNA-Moleküle haben neben der Funktion als Informationsträger zur Spezifizierung der Aminosäurenreihenfolge während der Proteinsynthese viele andere Verwendungen. Obwohl wir in anderen Kapiteln auf nicht codierende RNAs gestoßen sind (z. B. tRNAs, rRNAs, snoRNAs), hat die hohe Anzahl der von Zellen gebildeten nicht codierenden RNAs die Wissenschaftler überrascht. Eine gut verstandene Anwendung nicht codierender RNAs ist die RNA-Interferenz, bei der sich Leit-RNAs (miRNAs, siRNAs, piRNAs) mit mRNAs paaren. RNA-Interferenz kann dazu führen, dass mRNA-Moleküle entweder zerstört werden oder ihre Translation reprimiert wird. Sie kann auch bewirken, dass bestimmte Gene in Heterochromatin verpackt werden, um so ihre Transkription zu hemmen. In Bakterien und Archaeen dient die RNA-Interferenz als eine adaptive Immunantwort, um Viren zu zerstören, die sie befallen. Vor Kurzem wurde eine große Familie langer nicht codierender RNAs (lncRNAs) durch detaillierte Genomanalysen entdeckt. Obwohl die Funktion (falls es überhaupt eine gibt) der meisten dieser RNAs unbekannt ist, dienen manche als RNA-Gerüste, um spezifische Proteine und RNA-Moleküle zusammenzubringen, damit erforderliche Reaktionen beschleunigt werden.

Literatur

7 Allgemein

Barressi, M.J.F. und Gilbert, S.F. (2020). *Developmental Biology.* 12th ed. Sunderland, MA: Sinauer Associates.

Brown, T.A. (2017). *Genomes 4*. New York: Garland Science.

Craig, N., Green, R., Greider, C. et al. (2021). *Molecular Biology: Principles of Genome Function.* 2nd ed. Oxford: Oxford University Press.

Goldberg, M.L., Fischer, J., Hood, L. et al. (2021). *Genetics: From Genes to Genomes.* 7th ed. Boston: McGraw-Hill.

Watson, J., Baker, T., Bell, S. et al. (2013). *Molecular Biology of the Gene.* 7th ed. Menlo Park, CA: Benjamin Cummings.

7.1 Ein Überblick über die Genkontrolle

Davidson, E.H. (2006). *The Regulatory Genome: Gene Regulatory Networks in Development and Evolution*. Burlington, MA: Elsevier.

Gurdon, J.B. (1992). The generation of diversity and pattern in animal development. *Cell* 68: 185–199.

Ptashne, M. und Gann, A. (2002). *Genes and Signals*. Cold Spring Harbor, NY: Cold Spring Harbor Laboratory Press.

7.2 Transkriptionskontrolle durch sequenzspezifische DNA-Bindeproteine

Gilbert, W. und Muller-Hill, B. (1967). The *lac* operator is DNA. *Proc. Natl. Acad. Sci. USA* 58: 2415.

McKnight, S.L. (1991). Molecular zippers in gene regulation. *Sci. Am.* 264: 54–64.

Weirauch, M.T. und Hughes, T.R. (2011). A catalogue of eukaryotic transcription factor types, their evolutionary origin, and species distribution. In: *A Handbook of Transcription Factors* (ed. T.R. Hughes), 25–74. New York: Springer.

7.3 Transkriptionsregulatoren schalten Gene an und aus

Beckwith, J. (1987). The operon: an historical account. In: *Escherichia coli and Salmonella typhimurium: Cellular and Molecular Biology* Vol. 2 (eds. F.C. Neidhart, J.L. Ingraham, K.B. Low, et al.), 1439–1443. Washington, DC: ASM Press.

Goldstein, I. und Hager, G.L. (2018). Dynamic enhancer function in the chromatin context. *Wiley Interdiscip. Rev. Syst. Biol. Med.* 10 (1): 10.1002/wsbm.1390.

Hahn, S. (2018). Phase separation, protein disorder, and enhancer function. *Cell* 175 (7): 1723–1725.

Hnisz, D., Shrinivas, K., Young, R.A. et al. (2017). A phase separation model for transcriptional control. *Cell* 169 (1): 13–23.

Jacob, F. und Monod, J. (1961). Genetic regulatory mechanisms in the synthesis of proteins. *J. Mol. Biol.* 3: 318–356.

McSwiggen, D.T., Mir, M., Darzacq, X. et al. (2019). Evaluating phase separation in live cells: diagnosis, caveats, and functional consequences. *Genes Dev.* 33 (23–24), 1619–1634.

Patel, A.B., Greber, B.J. und Nogales, E. (2020). Recent insights into the structure of TFIID, its assembly, and its binding to core promoter. *Curr. Opin. Struct. Biol.* 61: 17–24.

Ptashne, M. (2004). *A Genetic Switch: Phage Lambda Revisited*. 3rd ed. Cold Spring Harbor, NY: Cold Spring Harbor Laboratory Press.

Soutourina, J. (2018). Transcription regulation by the Mediator complex. *Nat. Rev. Mol. Cell Biol.* 19 (4): 262–274.

7.4 Molekulargenetische Mechanismen schaffen und erhalten spezialisierte Zelltypen

Alon, U. (2007). Network motifs: theory and experimental approaches. *Nature* 8: 450–461.

Hobert, O. (2011). Regulation of terminal differentiation programs in the nervous system. *Annu. Rev. Cell Dev. Biol.* 27: 681–696.

Lawrence, P.A. (1992). *The Making of a Fly: The Genetics of Animal Design*. New York: Blackwell Scientific.

Rickels, R. und Shilatifard, A. (2018). Enhancer logic and mechanics in development and disease. *Trends Cell Biol.* 28 (8): 608–630.

7.5 Mechanismen, die das Zellgedächtnis in Pflanzen und Tieren verstärken

Brahma, S. und Henikoff, S. (2020). Epigenome regulation by dynamic nucleosome unwrapping. *Trends Biochem. Sci.* 45 (1): 13–26.

Deaton, A.M. und Bird, A. (2011). CpG islands and the regulation of transcription. *Genes Dev.* 25 (10): 1010–1022.

Galupa, R. und Heard, E. (2018). xX-chromosome inactivation: a crossroads between chromosome architecture and gene regulation. *Annu. Rev. Genet.* 52: 535–566.

Klemm, S.L., Shipony, Z. und Greenleaf, W.J. (2019). Chromatin accessibility and the regulatory epigenome. *Nat. Rev. Genet.* 20 (4): 207–220.

Ondi cˇ ova, M., Oakey, R.J. und Walsh, C.P. (2020). Is imprinting the result of "friendly fire" by the host defense system?. *PLoS Genet.* 16 (4): e1008599.

Schmitz, R.J., Lewis, Z.A. und Goll, M.G. (2019). DNA methylation: shared and divergent features across eukaryotes. *Trends Genet.* 35 (11): 818–827.

7.6 Posttranskriptionale Kontrolle

Breaker, R.R. (2018). Riboswitches and translation control. *Cold Spring Harb. Perspect. Biol.* 10 (11): a032797.

Chen, L.L. (2020). The expanding regulatory mechanisms and cellular functions of circular RNAs. *Nat. Rev. Mol. Cell Biol.* 21 (8): 475–490.

Das, S., Vera, M., Gandin, V. et al. (2021). Intracellular mRNA transport and localized translation. *Nat. Rev. Mol. Cell Biol.* 22: 483–504.

Gottesman, S. und Storz, G. (2011). Bacterial small RNA regulators: versatile roles and rapidly evolving variations. *Cold Spring Harb. Perspect. Biol.* 3: a003798.

Hershey, J.W.B., Sonenberg, N. und Mathews, M.B. (2012). Principles of translational control: an overview. *Cold Spring Harb. Perspect. Biol.* 4: a011528.

Kortmann, J. und Narberhaus, F. (2012). Bacterial RNA thermometers: molecular zippers and switches. *Nat. Rev. Microbiol.* 10: 255–265.

Schwartz, S. (2016). Cracking the epitranscriptome. RNA 22 (2): 169–174.

Tauber, D., Tauber, G. und Parker, R. (2020). Mechanisms and regulation of RNA condensation in RNP granule formation. *Trends Biochem. Sci.* 45 (9): 764–778.

Thompson, S.R. (2012). Tricks an IRES uses to enslave ribosomes. *Trends Microbiol.* 20: 558–566.

Tian, B. und Manley, J.L. (2017). Alternative polyadenylation of mRNA precursors. *Nat. Rev. Mol. Cell Biol.* 18 (1): 18–30.

Yablonovitch, A.L., Deng, P., Jacobson, D. et al. (2017). The evolution and adaptation of A-to-I RNA editing. *PLoS Genet.* 13 (11): e1007064.

7.7 Regulation der Genexpression durch nicht codierende RNAs

Bartel, D.P. (2018). Metazoan microRNAs. *Cell* 173 (1): 20–51.

Czech, B., Munafo, M., Ciabrelli, F. et al. (2018). piRNA-guided genome defense: from biogenesis to silencing. *Annu. Rev. Genet.* 52: 131–157.

Fire, A., Xu, S., Montgomery, M.K. et al. (1998). Potent and specific genetic interference by double-stranded RNA in *Caenorhabditis elegans*. *Nature* 391: 806–811.

Geis, F.K. und Goff, S.P. (2020). Silencing and transcriptional regulation of endogenous retroviruses: an overview. *Viruses* 12 (8): 884.

Ozata, D.M., Gainetdinov, I., Zoch, A. et al. (2019). PIWI-interacting RNAs: small RNAs with big functions. *Nat. Rev. Genet.* 20 (2): 89–108.

Statello, L., Guo, C.J., Chen, L.L. et al. (2021). Gene regulation by long non-coding RNAs and its biological functions. *Nat. Rev. Mol. Cell Biol.* 22 (2): 96–118.

Wiedenheft, B., Sternberg, S.H. und Doudna, J.A. (2012). RNA-guided genetic silencing systems in bacteria and archaea. *Nature* 482: 331–338.

TEIL III

METHODEN FÜR DIE ARBEIT MIT ZELLEN

8 Untersuchung von Zellen, Molekülen und Systemen

Der wissenschaftliche Fortschritt wird oft vom technologischen Fortschritt angetrieben. Das gesamte Gebiet der Zellbiologie beispielsweise entstand, als Optiker lernten, kleine Linsen mit ausreichend hoher Qualität zu schleifen, um Zellen und ihre Substrukturen zu beobachten. Die Innovationen des Linsenschleifens und nicht irgendein konzeptioneller oder philosophischer Fortschritt erlaubten es Hooke und van Leeuwenhoek, eine bis dahin unentdeckte zelluläre Welt zu erkunden, in der in einem kleinen Wassertropfen winzige Geschöpfe umeinanderpurzeln und umherwirbeln (**Abb. 8.1**).

Für die Biologie verspricht das 21. Jahrhundert besonders aufregend und fruchtbar zu werden. Neue Methoden zur Erforschung von Zellen, Proteinen, DNA und RNA treiben eine Informationsexplosion an und erlauben es Wissenschaftlern in nie gekannter Weise, Zellen und ihre Makromoleküle zu untersuchen. Wir haben heute Zugang zu Sequenzen von Milliarden von Nukleotiden, die den vollständigen molekularen Bauplan für Hunderte von Organismen darstellen – angefangen bei Mikroben und Senfkräutern, über Würmer, Fliegen, Mäuse, Hunde und Schimpansen bis hin zum Menschen. Durch den Einsatz hoch wirksamer neuer Techniken können wir diese Informationen entschlüsseln, was uns nicht nur hilft, umfangreiche Gen- und Proteinkataloge bis ins Detail anzulegen, sondern wir beginnen auch zu verstehen, wie einzelne Komponenten zusammenwirken, damit funktionierende Zellen und Organismen entstehen. Das langfristige Ziel ist kein geringeres als zu verstehen, was in einer Zelle geschieht, wenn sie auf ihre Umgebung reagiert oder sich mit Nachbarzellen austauscht.

In diesem und dem folgenden Kapitel stellen wir die hauptsächlich angewandten Methoden zur Untersuchung von Zellen und ihren molekularen Komponenten vor. Kapitel 9 beschreibt die bemerkenswerten Fortschritte in der Mikroskopie, die dazu beigetragen haben, unser Verständnis von der Struktur und Funktion der Zellen zu speisen. In diesem Kapitel behandeln wir zunächst die sich rasch entwickelnden Methoden zur Analyse der Moleküle und Gene, die das Zellverhalten antreiben. Wir stellen die Techniken vor, die zur Bestimmung der Proteinstruktur, ihrer Funktion und Wechselwirkungen eingesetzt werden, und wir behandeln die Durchbrüche der DNA-Technologie, die weiterhin unser Verständnis der Zellfunktion revolutionieren.

Wir beenden dieses Kapitel mit einer Übersicht über einige mathematische Herangehensweisen, die uns helfen, mit der enormen Komplexität von Zellen umzugehen. Indem

Kapitelinhalt

Molekularbiologie der Zelle, 7. Auflage. Bruce Alberts, Rebecca Heald, Alexander Johnson, David Morgan, Martin Raff, Keith Roberts und Peter Walter.

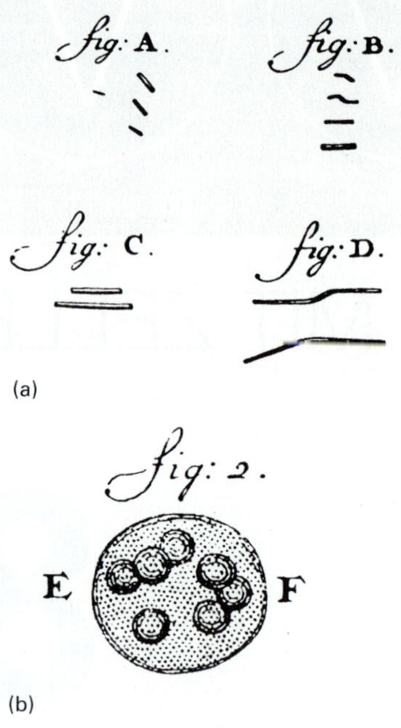

Abb. 8.1 Mikroskopisch kleines Leben. Ein Beispiel der „*diverse animalcules*", wie van Leeuwenhoek sie mithilfe seines einfachen Mikroskops gesehen hat. (a) Bakterien, die er in der Substanz fand, die er zwischen seinen Zähnen herausgekratzt hatte. Die in „*fig:* B" gezeigten Bakterien beschreibt er als „zunächst vorwärts und dann rückwärts schwimmend" (1692). (b) Die eukaryotische Grünalge *Volvox* (1700). (Mit freundlicher Genehmigung der John Innes Foundation).

wir Zellen als dynamische Systeme mit vielen sich bewegenden Teilen betrachten, können mathematische Ansätze bisher verborgene Einsichten darüber geben, wie die vielen Komponenten der Zellen zusammenarbeiten, um die speziellen Eigenschaften des Lebens zu erzeugen.

8.1 Isolierung von Zellen und ihre Aufzucht in Kultur

Wie in Kapitel 1 beschrieben, werden zahlreiche Modellorganismen von Forschern eingesetzt, um die molekularen Grundlagen der Zellbiologie zu enträtseln. Im ersten Abschnitt dieses Kapitels befassen wir uns mit Lebewesen und Zellen, die sich für Proteinuntersuchungen in der Zelle am besten eignen. Typischerweise erhalten wir Zugang zu diesen Proteinen, indem wir große Zellzahlen physikalisch aufbrechen. Einzellige Lebewesen, wie Bakterien und die Hefe, lassen sich im Laboratorium leicht in großen Mengen herstellen, sie sind reiche Proteinquellen, und die Proteine sind an grundlegenden Zellvorgängen beteiligt. Ein tiefes Verständnis der menschlichen Proteine in bestimmten Zellarten erfordert jedoch menschliche Zellen oder zumindest Zellen aus einem Säugetier. Bestimmte tierische Gewebe können dafür verwendet werden, aber diese bestehen eher aus einer heterogenen Mischung von Zellarten. Um so viele Informationen wie nur möglich über die Zellen in einem Gewebe zu erhalten, haben Biologen Verfahren entwickelt, die die Zellen aus dem Gewebe herauslösen und je nach Zellart trennen. Man erhält relativ homogene Zellpopulationen, die entweder direkt oder nach ihrer Vermehrung als reine Kultur analysiert werden können.

8.1.1 Zellen können aus Geweben isoliert und in Kultur herangezogen werden

Intakte Gewebe liefern das realistischste Untersuchungsmaterial, da sie die Zellen repräsentieren, die im Körper tatsächlich vorkommen. Für manche biochemischen Ansätze lässt sich das Protein von Interesse in ausreichender Menge erhalten, ohne dass das Gewebe oder das Organ in Zellarten getrennt werden muss. Beispiele dafür sind Histonisolate aus Kalbsthymus, Aktin aus Kaninchenmuskel oder Tubulin aus Rinderhirn. Für die Mehrheit der Proteine sind Gewebe jedoch keine ideale Quelle und spezifische, in Kultur gezogene Zellarten sind die bessere Lösung. Kultivierte Zellen liefern eine homogenere Zellpopulation für die Extraktion von Material, und man kann mit ihnen im Labor erheblich einfacher arbeiten. In einer geeigneten Umgebung können die meisten Tierzellen in einer Gewebekulturschale leben, sich vermehren und ausdifferenzieren. Man kann die Zellen fortwährend unter dem Mikroskop beobachten oder biochemisch untersuchen, und die Wirkung einer Zugabe oder Entfernung bestimmter Moleküle wie Hormone oder Wachstumsfaktoren lässt sich systematisch untersuchen.

Experimente, die mit Zellkulturen durchgeführt werden, bezeichnet man als *In-vitro*-Experimente (wörtlich „im Glas") im Gegensatz zu Experimenten mit intakten Organismen, die *In-vivo*-Experimente (wörtlich „im lebenden Organismus") genannt werden. Diese Ausdrücke können verwirrend sein, denn sie werden von Biochemikern häufig in einem ganz anderen Sinne benutzt. In biochemischen Laboratorien bezeichnet man eine *In-vitro*-Reaktion als eine, die zwar im Reagenzglas, aber in Abwesenheit von lebenden Zellen ausgeführt wird, wogegen *in vivo* jede Reaktion meint, die in einer lebenden Zelle stattfindet (selbst wenn die Zellen in Kultur wachsen).

Gewebekulturen gibt es seit 1907, als man mit einem Experiment eine Kontroverse in der Neurobiologie klären wollte. Zur Diskussion stand die als Neuronendoktrin bekannte Hypothese, die besagt, dass jeder Nervenstrang aus einer einzelnen Nervenzelle herauswächst und nicht das Fusionsprodukt vieler Zellen ist. Zur Überprüfung dieses Streitpunkts platzierte man kleine Stücke von Rückenmark auf Lymphflüssigkeit in einer warmen, feuchten Kammer und betrachtete sie in regelmäßigen Zeitabständen unter dem Mikroskop. Nach etwa einem Tag konnte man beobachten, dass aus einzelnen Nervenzellen lange, dünne Fortsätze (Axone) in die Klümpchen wuchsen. Dieses Experiment unterstützte ganz klar die Neuronendoktrin und legte das Fundament für die Revolution der Zellkultur.

In diesen historischen Experimenten mit den Nervenfasern wurden Kulturen aus kleinen Gewebestücken, Explantate genannt, verwendet. Die heutigen Kulturen sind üblicherweise Suspensionen von Zellen, die aus Geweben herausgelöst wurden. Im ersten Schritt zur Isolierung einzelner Zellen zerstört man die extrazelluläre Matrix und die Zell–Zell-Verbindungen, welche die Zellen zusammenhalten. Für diesen Zweck wird eine Probe typischerweise mit proteolytischen Enzymen behandelt (wie Trypsin und Collagenase), um die Proteine in der extrazellulären Matrix zu verdauen, sowie mit Agenzien (wie Ethylendiamintetraessigsäure oder EDTA), die das Ca^{2+} als Chelatkomplex binden, von dem die Zell–Zell-Adhäsionen abhängen. Das Gewebe lässt sich dann durch vorsichtiges Schütteln in einzelne Zellen auflösen.

Im Gegensatz zu Hefe sind die meisten Gewebezellen nicht darauf eingerichtet, in Suspension zu leben, und benötigen für Wachstum und Zellteilung eine feste Unterlage. In Zellkulturen bildet normalerweise die Plastik-Kulturschale diese Unterlage. Zellen stellen jedoch unterschiedliche Ansprüche, und manche proliferieren oder differenzieren sich nur, wenn die Kulturschale mit Materialen beschichtet wurde, an die sich Zellen anheften.

Kulturen, die direkt aus den Geweben eines Organismus hergestellt werden, nennt man *Primärkulturen*. Sie können mit oder ohne anfänglichen Fraktionierungsschritt zur Trennung der verschiedenen Zelltypen hergestellt werden. In den meisten Fällen kann man der Primärkultur Zellen entnehmen und sie zur Herstellung einer großen Zahl von sogenannten Sekundärkulturen wiederholt rekultivieren. Man kann sie auf diese Weise über Wochen und Monate wiederholt subkultivieren (*passagieren*). Solche Zellen zeigen viele der differenzierten Eigenschaften ihres Ursprungsgewebes (**Abb. 8.2**): Fibroblasten sezernieren weiterhin Kollagen; Zellen aus der embryonalen Skelettmuskulatur verschmelzen und bilden Muskelfasern, die in der Kulturschale spontan kontrahieren; Nervenzellen senden Axone aus, die elektrisch reizbar sind und mit anderen Nervenzellen Synapsen bilden; und Epithelzellen wachsen zu ausgedehnten Schichten heran, die die Eigenschaften eines intakten Epithels zeigen. Da diese Phänomene in der Kultur erhalten bleiben, lassen sie sich in einer Art und Weise untersuchen, wie es im intakten Gewebe häufig nicht möglich ist.

Embryonale Stammzellen sind ein wichtiger Zelltyp, der aus den frühen Säugetierembryo isoliert wird. Wie in Kapitel 22 beschrieben wird, sind diese Zellen pluripotent; d. h. sie besitzen das Potenzial zu allen Zellarten im Körper zu differenzieren. Wenn sie in Gegenwart von geeigneten extrazellulären Signalfaktoren und Nährstoffen kultiviert werden, können Stammzellen so gelenkt werden, dass sie zu einer Reihe spezieller Zellarten differenzieren. Unter manchen Bedingungen ist es sogar möglich, diese Zellen so zu stimulieren, dass sie sich zu dreidimensionalen vielzelligen Strukturen aufbauen die Miniaturversionen bestimmter Organe, wie z. B. des Darms, entsprechen. Solche *Organoide* sind ein leistungsfähiges Werkzeug für die Analyse der Gewebsfunktion (s. Kapitel 22).

Zellkulturen sind nicht auf tierische Zellen beschränkt. Wenn ein Stückchen Pflanzengewebe in einem sterilen Medium kultiviert wird, das Nährstoffe und geeignete Wachstumsregulatoren enthält, werden viele der Zellen dazu angeregt, unbegrenzt auf unorganisierte Weise zu proliferieren und eine Masse relativ undifferenzierter Zellen zu bilden, den *Kallus*. Wenn die Nährstoffe und Wachstumsfaktoren mit Bedacht eingesetzt werden, kann man die Bildung eines Sprosses und von apikalen Wurzelmeristemen

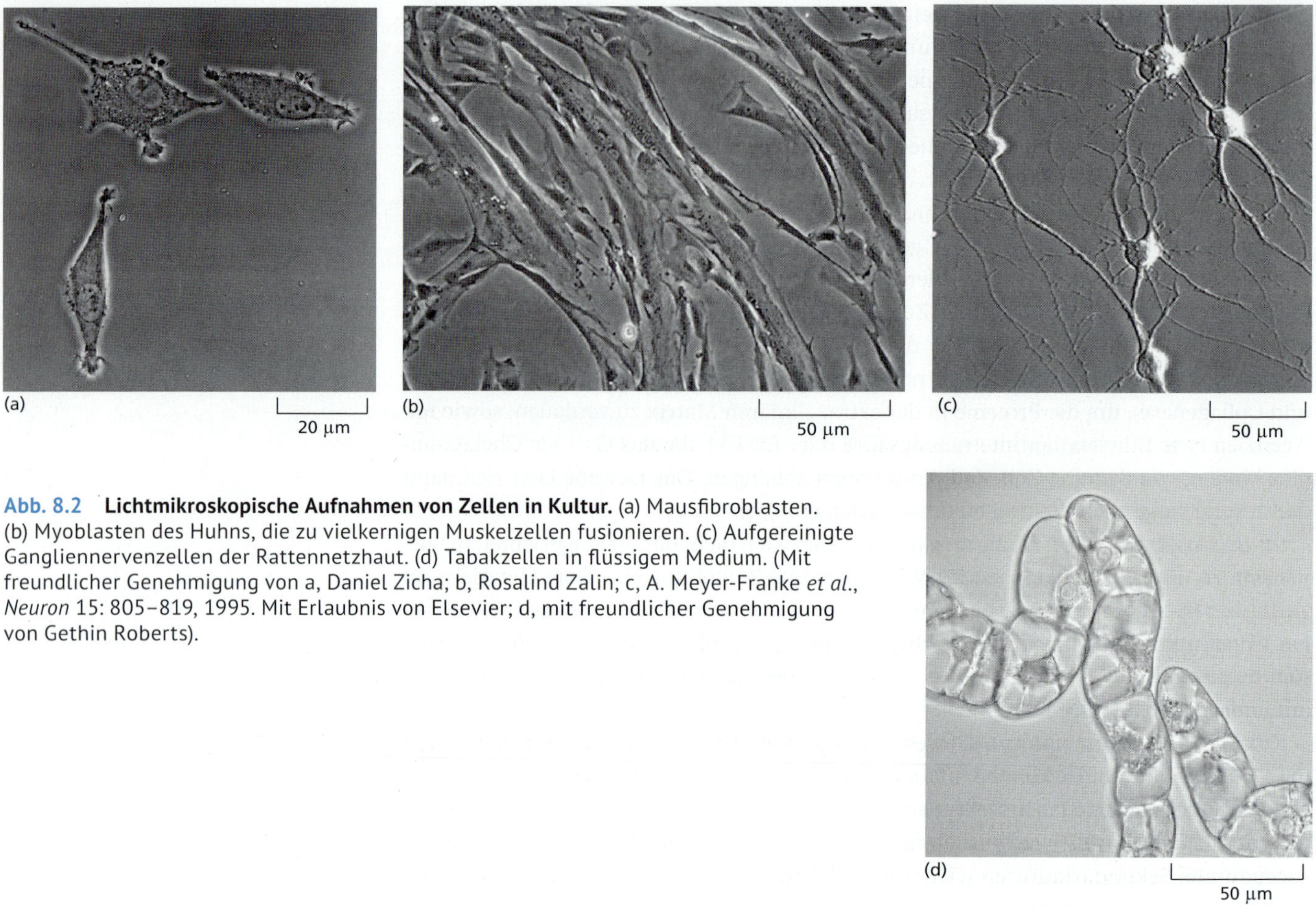

Abb. 8.2 Lichtmikroskopische Aufnahmen von Zellen in Kultur. (a) Mausfibroblasten. (b) Myoblasten des Huhns, die zu vielkernigen Muskelzellen fusionieren. (c) Aufgereinigte Gangliennervenzellen der Rattennetzhaut. (d) Tabakzellen in flüssigem Medium. (Mit freundlicher Genehmigung von a, Daniel Zicha; b, Rosalind Zalin; c, A. Meyer-Franke *et al.*, *Neuron* 15: 805–819, 1995. Mit Erlaubnis von Elsevier; d, mit freundlicher Genehmigung von Gethin Roberts).

innerhalb des Kallus induzieren und in vielen Fällen eine vollständige neue Pflanzen regenerieren. Wie bei tierischen Zellen kann der Kallus in Einzelzellen zerlegt werden, die als Suspensionskultur wachsen und sich teilen (s. **Abb. 8.2d**).

8.1.2 Eukaryoten-Zelllinien sind eine viel genutzte Quelle für homogene Zellen

Die durch Gewebetrennung erhaltenen Zellkulturen haben ein Problem – die Zellen sterben irgendwann. Die meisten Vertebratenzellen stellen nach einer endlichen Zahl von Zellteilungen in Kultur das Wachstum ein; man nennt diesen Prozess *replikative Zellalterung* (Zellseneszenz; s. Kapitel 17). Normale menschliche Fibroblasten beispielsweise teilen sich in Kultur nur 25–40-mal. Die begrenzte Vermehrungsfähigkeit spiegelt die fortschreitende Verkürzung und Freilegung der Telomere dieser Zellen und Entfernung ihrer Kappen wider; Telomere sind die repetitiven DNA-Sequenzen samt den assoziierten Proteinen, die die Enden eines jeden Chromosoms bedecken (s. Kapitel 5). In den somatischen Zellen des menschlichen Körpers wird das Enzym *Telomerase*, das normalerweise die Telomeren erneuert, nicht gebildet, weswegen ihre Telomere bei jeder Zellteilung kürzer werden. Menschliche Fibroblasten kann man oft zu unbegrenzter Vermehrung bringen, wenn man ihnen das Gen zuführt, das die katalytische Untereinheit der Telomerase codiert; in diesem Fall können sie als „unsterbliche" Zelllinie vermehrt werden.

Es gibt aber auch menschliche Zellen, denen man mit diesem Trick nicht zur Unsterblichkeit verhelfen kann. Obwohl sich ihre Telomere nicht verkürzen, stellen sie nach einer begrenzten Zahl von Teilungen die Vermehrung ein, denn Kulturbedingungen verursachen eine übermäßige Stimulation der Zellproliferation, die einen kaum verstandenen Schutzmechanismus aktiviert, der die Zellteilung stoppt – ein Vorgang, den man manchmal auch „Kulturschock“ nennt. Um diese Zellen unsterblich zu machen, muss man mehr tun, als nur Telomerase einzuführen; man muss auch noch die Schutzmechanismen inaktivieren. Dies kann durch die Einführung von krebsfördernden Onkogenen wie diejenigen aus Tumorviren (s. Kapitel 20) erreicht werden.

Anders als menschliche Zellen stellen die meisten Nagerzellen die Bildung ihrer Telomerase nicht ab und ihre Telomere verkürzen sich nicht bei jeder Zellteilung. Deshalb können sich manche Nagerzellarten in Kultur unbegrenzt teilen, wenn der Kulturschock vermieden wird. Zudem finden in Nagerzellen in Kultur oft spontane genetische Veränderungen statt, die die Kontrollpunkt-Mechanismen inaktivieren und dadurch spontan unsterbliche Zellen hervorbringen.

Zelllinien können sehr leicht aus Krebszellen gewonnen werden, doch diese Kulturen unterscheiden sich von den Zellen, die aus normalen Zellen hergestellt wurden, in mehrfacher Weise und werden deshalb als *transformierte Zelllinien* bezeichnet. Transformierte Zelllinien wachsen häufig ohne Anheftung an eine Oberfläche, und sie können in der Kulturschale eine viel höhere Dichte erreichen. Ähnliche Eigenschaften kann man auch experimentell bei normalen Zellen erreichen, wenn man sie mit einem tumorinduzierenden Virus oder chemisch transformiert. Die entstehenden transformierten Zelllinien lösen gewöhnlich Tumoren aus, wenn sie in ein entsprechendes Tier injiziert werden.

Transformierte und nicht transformierte Zelllinien sind für die Zellforschung äußerst nützlich: als Quelle für große Mengen an Zellen eines einheitlichen Typs, vor allem da man sie bei –196 °C in flüssigem Stickstoff für unbegrenzte Zeit lagern kann, ohne dass sie ihre Lebensfähigkeit nach dem Auftauen einbüßen. Es ist jedoch sehr wichtig zu bedenken, dass Zelllinien sich fast immer in wesentlichen Eigenschaften von ihren normalen Vorläufern im Ursprungsgewebe unterscheiden.

Einige der am häufigsten verwendeten Zelllinien sind in **Tab. 8.1** aufgeführt. Unterschiedliche Zelllinien haben verschiedene Vorteile; im Gegensatz zu vielen anderen Zellarten, die während der Mitose kugelig werden, bleiben die vom Rattenkänguru stammenden PtK-Epithelzelllinien beispielsweise flach; dadurch kann man den Mitoseapparat leicht in Aktion beobachten.

Tab. 8.1 Einige häufig verwendete Zelllinien.

Zelllinie[a]	Zelltyp und Herkunft
NIH-3T3	Fibroblast (Maus)
MDCK	Epithelzelle der Niere (Hund)
HeLa	Epithelzelle des Gebärmutterhalses (Mensch)
PtK1	Epithelzelle der Niere (Rattenkänguru)
L6	Myoblast (Ratte)
PC12	chromaffine Zelle (Ratte)
COS	Nierenfibroblast (Affe)
HEK293	Nierenepithelzelle (Mensch)
CHO	Eierstockepithelzelle (Chinesischer Hamster)

[a]Viele dieser Zelllinien wurden von Tumoren gewonnen. Alle sind in der Lage, sich in Zellkultur unbegrenzt zu vermehren; sie exprimieren wenigstens einige der differenzierten Eigenschaften ihrer Ursprungszellen.

8.1.3 Hybridoma-Zelllinien sind Fabriken, die monoklonale Antikörper erzeugen

Wie wir in diesem Kapitel und das ganze Buch hindurch sehen werden, sind Antikörper besonders nützliche Werkzeuge für die Zellbiologie. Ihre große Spezifität erlaubt es, ausgewählte Proteine unter den vielen Tausenden, die jede Zelle normalerweise produziert, exakt sichtbar zu machen. Antikörper stellt man oft her, indem man Tiere mit dem Protein von Interesse impft und nachfolgend aus dem Serum des Tieres die für dieses Protein spezifischen Antikörper isoliert. Von einem einzigen immunisierten Tier kann man jedoch nur begrenzte Antikörpermengen bekommen, und die gebildeten polyklonalen Antikörper sind eine heterogene Antikörpermischung, deren Antikörper eine Vielzahl verschiedener antigener Stellen auf einem Makromolekül erkennen, die sich von Tier zu Tier unterscheidet. Zudem machen die Antikörper, die spezifisch für das Antigen sind, nur einen Teil der im Serum gefundenen Antikörper aus. Eine alternative Technologie, die die Produktion unbeschränkter Mengen identischer Antikörper gestattet und die Spezifität und den Nutzen antikörperbasierter Methoden enorm steigert, ist die Bildung monoklonaler Antikörper durch Hybridoma-Zelllinien.

Dieses Verfahren beinhaltet die Vermehrung eines Zellklons, der aus einem einzelnen Antikörper produzierenden B-Lymphocyt entstanden ist. Mit ihm kann nun ein

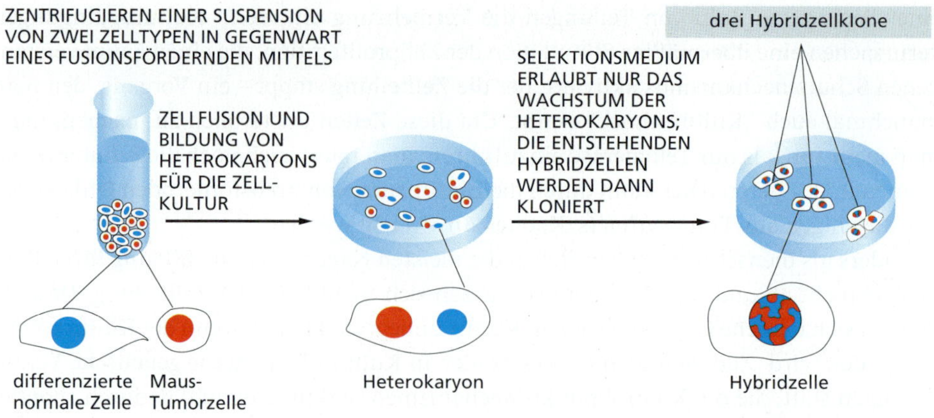

Abb. 8.3 Die Herstellung von Hybridzellen. Man kann eine Zelle mit einer anderen fusionieren und ein *Heterokaryon* bilden, eine Hybridzelle mit zwei getrennten Zellkernen. Normalerweise wird dafür eine Zellsuspension mit bestimmten inaktivierten Viren oder mit Polyethylenglykol behandelt, die beide die Plasmamembran von Zellen derart verändern, dass sie zur Fusion gebracht werden. Schließlich tritt der Heterokaryon in die Mitose ein und erzeugt eine Hybridzelle, in der sich die beiden getrennten Kernhüllen aufgelöst haben, sodass alle Chromosomen in einem einzigen großen Zellkern zusammengebracht werden können. Aus solchen Hybridzellen können unsterbliche Hybridzelllinien entstehen. Wenn eine der ursprünglichen Zellen von einer Tumorzelllinie stammte, dann nennt man die Hybridzelle ein Hybridom.

homogener Antikörper in großen Mengen erhalten werden. B-Lymphocyten besitzen in Kultur normalerweise eine begrenzte Lebensdauer. Fusioniert man aber einzelne Antikörper bildende B-Lymphocyten einer immunisierten Maus mit Zellen, die von einer transformierten B-Lymphocyten-Zelllinie stammen, können Hybride entstehen, die sowohl einen bestimmten Antikörper bilden als auch sich unbegrenzt in Kultur vermehren können (**Abb. 8.3**). Diese **Hybridome** werden als individuelle Klone weiter vermehrt, und jeder Klon ist eine stabile Quelle für einen einzigen **monoklonalen Antikörper**. Jeder monoklonale Antikörpertyp erkennt eine spezifische antigene Determinante, beispielsweise ein bestimmtes Cluster von fünf bis sechs Aminosäuren auf der Oberfläche eines Proteins. Dank ihrer einheitlichen Spezifität sind monoklonale Antikörper für viele Zwecke viel nützlicher als polyklonale Antiseren.

Ein wichtiger Vorteil der Hybridom-Technik ist, dass man monoklonale Antikörper gegen Moleküle herstellen kann, die nur einen geringeren Bestandteil einer komplexen Mischung darstellen. In einem gewöhnlichen Antiserum, das gegen eine solche Mischung hergestellt wird, wäre der Anteil der Antikörpermoleküle gegen diese einzelne Komponente zu klein, um brauchbar zu sein. Wenn aber die B-Lymphocyten, die die verschiedenen Komponenten dieses Antiserums produzieren, in Hybridome verwandelt werden, ist es möglich, individuelle Hybridoma-Klone aus einer großen Mischung zu untersuchen und den einen Klon, der den gewünschten monoklonalen Antikörper produziert, zu selektieren; das ausgewählte „unsterbliche" Hybridom kann dann vermehrt werden, womit der gewünschte Antikörper in theoretisch unbegrenzten Mengen zur Verfügung steht. Im Prinzip kann ein monoklonaler Antikörper gegen jedes Protein in einer biologischen Probe hergestellt werden. Hat man erst einmal einen Antikörper, kann er dazu verwendet werden, das Protein in Zellen und Geweben zu orten, seine Bewegung zu verfolgen und das Protein für die Untersuchung seiner Struktur und Funktion aufzureinigen.

Monoklonale Antikörper sind nicht nur nützliche Forschungswerkzeuge, sondern auch wertvoll für die Behandlung einer Reihe menschlicher Erkrankungen. Beispielsweise können bestimmte Krebserkrankungen durch intravenöse Infusion mit monoklonalen Antikörpern behandelt werden, die an Signalrezeptoren auf der Krebszelloberfläche binden und diese Rezeptoren hemmen, dabei wird die Proliferation der Tumorzellen verringert. In anderen Fällen können monoklonale Antikörper, die spezifische Immunregulatoren auf der Zelloberfläche binden, den immunologischen Angriff von Krebszellen fördern. Monoklonale Antikörper, die spezifische immunstimulierende Moleküle binden und hemmen, können nützliche Therapien für Autoimmunerkrankungen verschaffen, wie z. B. Rheumatoide Arthritis. Monoklonale Antikörper gegen spezifische Virusproteine können die Infektion herabsetzen. Angesichts ihrer ausgezeichneten Spezifität ist es wahrscheinlich, dass monoklonale

Antikörper auch weiterhin als wirksame Therapien gegen diese und andere Erkrankungen entwickelt werden.

Zusammenfassung

Gewebe können in ihre (Zell-)Komponenten zerlegt werden. Einzelne Zelltypen werden aufgereinigt und für eine biochemische Analyse genutzt oder sie dienen dazu, Zellkulturen anzulegen. Viele Tier- und Pflanzenzellen überleben und vermehren sich unter Kulturbedingungen, wenn ihnen ein geeignetes Kulturmedium mit Nährstoffen und entsprechenden Signalmolekülen zur Verfügung steht. Obgleich viele Tierzellen nach einer begrenzten Zahl von Zellteilungen die Teilung einstellen, können Zellen, die durch spontane Mutationen oder genetische Eingriffe unsterblich wurden, auf unbegrenzte Zeit als Zelllinien gehalten werden. Hybridomzellen werden zur Produktion unbegrenzter Mengen einheitlicher monoklonaler Antikörper eingesetzt, die zum Auffinden und Aufreinigen zellulärer Proteine sowie zur Diagnose und Behandlung von Krankheiten dienen.

8.2 Aufreinigung von Proteinen

Die Aufgabe, einen einzigen Proteintyp aus tausend anderen Proteinen zu isolieren, die in einer Zelle vorhanden sind, ist schwierig, muss aber gelöst werden, um die Proteinfunktion *in vitro* zu untersuchen. Wie wir später in diesem Kapitel sehen werden, kann die *rekombinante DNA-Technologie* diese Aufgabe stark vereinfachen, indem sie Zellen maßschneidert, damit sie große Mengen eines bestimmten Proteins produzieren, wodurch dessen Aufreinigung einfacher wird. Egal ob die Proteinquelle eine gentechnisch veränderte Zelle oder natürliches Gewebe ist, beginnt ein Aufreinigungsverfahren normalerweise mit der subzellulären Fraktionierung, um die Komplexität der Materials zu verringern; danach folgen Aufreinigungsschritte zunehmender Spezifität.

8.2.1 Zellen können in Fraktionen ihrer Bestandteile aufgetrennt werden

Um ein Protein aufzureinigen, muss es zunächst aus der Zelle extrahiert werden. Zellen können auf verschiedene Weise aufgebrochen werden: durch osmotischen Schock, durch Ultraschall, durch Passage durch eine enge Öffnung unter hohem Druck oder durch Zermahlen in einem Mixer. Diese Verfahren zerreißen viele Membranen der Zelle in Fragmente (einschließlich der Plasmamembran und der Membranen des Endoplasmatischen Reticulums), die sich spontan unter Bildung kleiner geschlossener Vesikel wieder verschließen. Geht man aber vorsichtig vor, bleiben bei dem Zellaufschluss Organellen wie Kerne, Mitochondrien, der Golgi-Apparat, Lysosomen und Peroxisomen weitgehend intakt. Die Zellsuspension verwandelt sich in einen dicken Brei (*Homogenat* oder *Extrakt* genannt), der eine Vielzahl membranumschlossener Organellen enthält, von jeweils charakteristischer Größe, Ladung und Dichte. Vorausgesetzt dass das Homogenisationsmedium sorgfältig ausgewählt wurde (das kann für jedes Organell nur empirisch bestimmt werden), behalten die verschiedenen Komponenten – einschließlich der aus dem Endoplasmatischen Reticulum entstehenden Vesikel, Mikrosomen genannt – die meisten ihrer ursprünglichen biologischen Eigenschaften.

Die verschiedenen Komponenten des Homogenats müssen nun getrennt werden. Solche Zellfraktionierungen wurden erst möglich, nachdem in den frühen 1940er-Jahren *präparative Ultrazentrifugen* in den Handel kamen, in denen die Zellextrakte bei hohen Geschwindigkeiten geschleudert werden konnten (**Abb. 8.4**). Dieses Verfahren trennt die Zellkomponenten nach Größe und Dichte. Allgemein gilt: Auf die größten Objekte

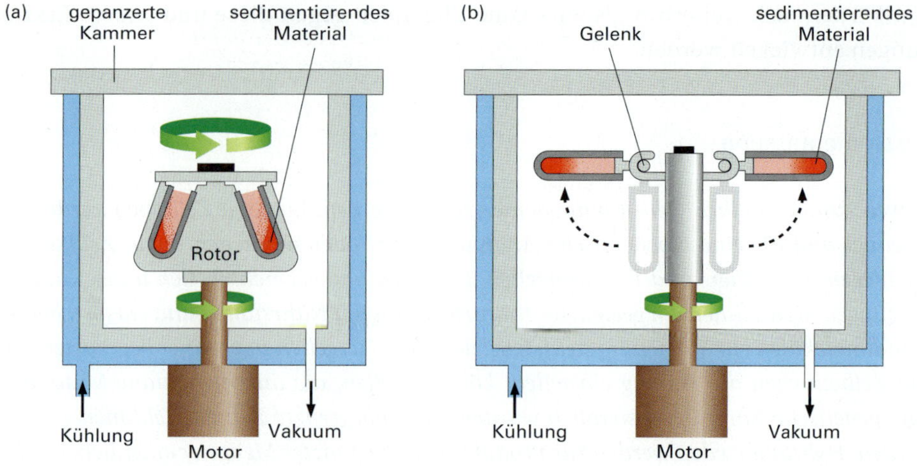

Abb. 8.4 Die präparative Ultrazentrifuge. (a) Die Probe befindet sich in Röhrchen, die in einen Ring gewinkelter zylindrischer Bohrungen in einem Metall*rotor* eingesetzt werden. Die rasche Rotation des Rotors erzeugt enorme Zentrifugalkräfte, die, wie gezeigt, die Sedimentation der Partikel auf der unteren Seite der Probenröhrchen bewirken. Das Vakuum vermindert die Reibung und verhindert ein Aufheizen des Rotors; ein Kühlsystem kann die Probe bei 4 °C halten. (b) Manche Auftrennungsmethoden benötigen einen anderen Rotortyp, *Schwingbecherrotor* genannt. Hier werden die Probenröhrchen in Metallröhrchen auf Gelenken platziert, die es den Röhrchen erlauben, nach außen zu schwingen, wenn der Rotor sich dreht. Die Probenröhrchen stehen somit während der Rotation waagerecht, und die Proben setzen sich auf dem Boden ab, nicht auf der Seite der Röhrchen, was eine bessere Trennung der unterschiedlich großen Komponenten ermöglicht (s. Abb. 8.5 und 8.6).

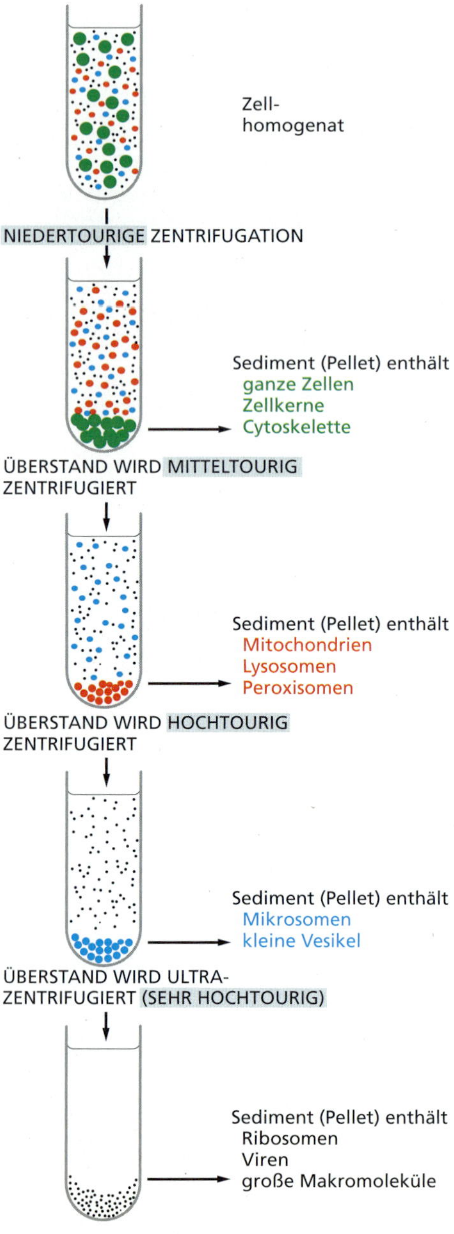

wirkt die größte Zentrifugalkraft und sie bewegen sich am schnellsten. Bei relativ geringer Geschwindigkeit bilden die großen Komponenten, etwa die Zellkerne, am Boden des Zentrifugenröhrchens ein Sediment (auch Pellet oder Niederschlag genannt). Bei etwas höherer Geschwindigkeit enthält der Niederschlag Mitochondrien, und bei noch höheren Geschwindigkeiten und längerer Zentrifugationsdauer können zunächst Vesikel und dann Ribosomen gewonnen werden (**Abb. 8.5**). Alle diese Fraktionen sind inhomogen; viele Verunreinigungen lassen sich jedoch entfernen, wenn man das Sediment resuspendiert und die Zentrifugation mehrmals wiederholt.

Die Zentrifugation ist der erste Schritt der meisten Fraktionierungen, aber sie trennt nur Komponenten, die sich in ihrer Größe deutlich unterscheiden. Eine verfeinerte Trennung kann erreicht werden, wenn man das Homogenat in dünner Schicht auf eine im Zentrifugenröhrchen befindliche Salzlösung schichtet. Während der Zentrifugation bewegen sich die verschiedenen Komponenten als getrennte Banden durch die Lösung, jede mit einer anderen Geschwindigkeit; diesen Prozess nennt man *Geschwindigkeitssedimentation* (**Abb. 8.6a**). Damit dieses Verfahren und damit die Trennung auch optimal funktionieren kann, müssen die Banden an einer Vermischung durch Konvektion gehindert werden, die dann eintritt, wenn sich eine dichtere Lösung (die z. B. die Organellen enthält) über einer weniger dichten befindet (die Salzlösung). Dies lässt sich erreichen, indem man das Zentrifugenröhrchen mithilfe einer Mischapparatur mit einem flachen Saccharosegradienten füllt, der die Lösung im Röhrchen stabilisiert. Der entstehende Dichtegradient – die höchste Dichte wird am Boden des Röhrchens erreicht – hält jeden

Abb. 8.5 Zellfraktionierung durch Zentrifugation. Wiederholte Zentrifugation bei zunehmend höheren Geschwindigkeiten trennt Zellhomogenate in ihre Komponenten auf. Allgemein gilt: Je kleiner die subzelluläre Komponente, desto größer muss die Zentrifugalkraft sein, damit sie sedimentiert. Typische Werte für die verschiedenen Zentrifugationsschritte, die in der Abbildung gezeigt werden, sind: niedertourig: 1000-fache Schwerkraft für 10 Minuten, mitteltourig: 20 000-fache Schwerkraft für 20 Minuten, hochtourig: 80 000-fache Schwerkraft für 1 Stunde, und sehr hochtourig: 150 000-fache Schwerkraft für 3 Stunden.

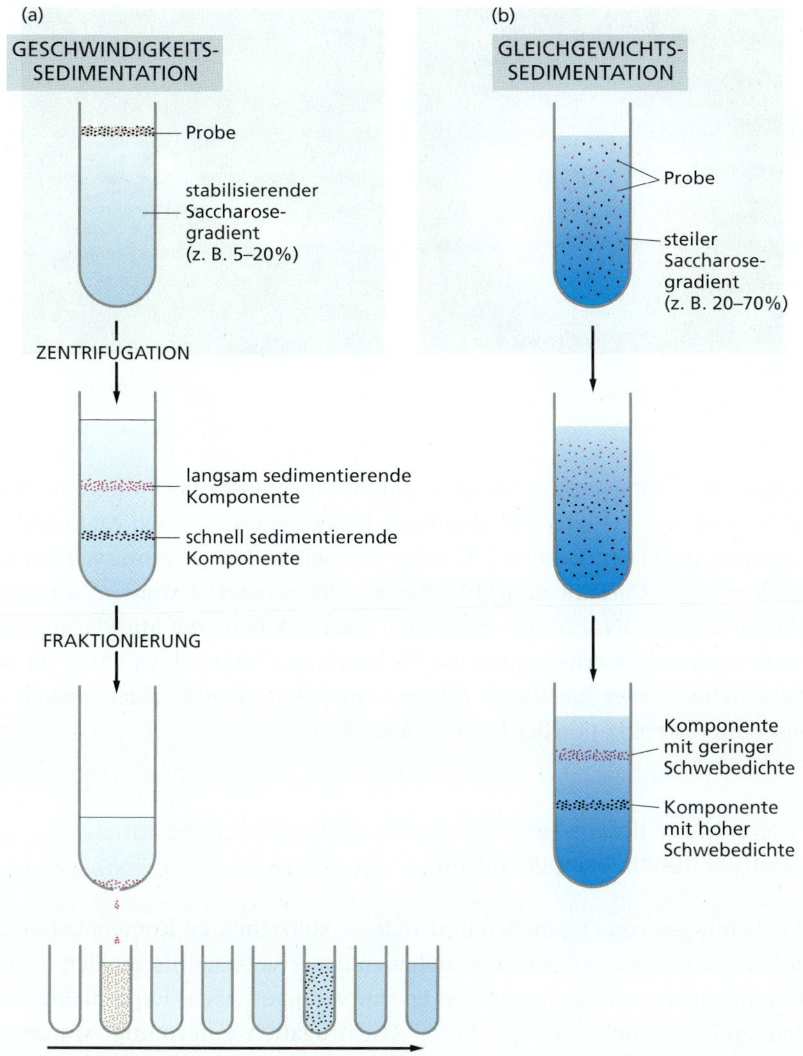

Abb. 8.6 Vergleich von Geschwindigkeitssedimentation und Gleichgewichtssedimentation. (a) Bei der Geschwindigkeitssedimentation wandern subzelluläre Komponenten mit unterschiedlichen Geschwindigkeiten gemäß ihrer Größe und Form, wenn sie vorsichtig über eine Saccharoselösung geschichtet wurden. Um die sedimentierenden Banden gegen konvektive Vermischung zu stabilisieren, die schon durch geringe Unterschiede in Temperatur oder Lösungskonzentration verursacht werden kann, enthält das Zentrifugenröhrchen einen flachen Saccharosegradienten, dessen Konzentration zum Boden hin zunimmt (typischerweise von 5 % auf 20 % Saccharose). Nach der Zentrifugation werden die verschiedenen Komponenten einzeln isoliert, am einfachsten durch Anstechen des Plastik-Zentrifugenröhrchens mit einer Nadel und Auffangen der Tropfen vom Boden, wie hier dargestellt. (b) Bei der Gleichgewichtssedimentation bewegen sich die subzellulären Komponenten entlang des Gradienten hinauf oder hinab, bis sie eine Position erreicht haben, bei der ihre Dichte mit der der umgebenden Lösung übereinstimmt. Hier ist ein Saccharosegradient dargestellt, doch können bei Verwendung von Caesiumchlorid auch dichtere Gradienten hergestellt werden, die zur Auftrennung von Proteinen und Nukleinsäuren besonders geeignet sind. Die sich im Gleichgewicht einstellenden Banden werden gesammelt, wie in (a) gezeigt.

Abschnitt der Salzlösung dichter als die Lösung über ihr und verhindert dadurch, dass die Trennung durch konvektives Vermischen an Schärfe einbüßt.

Lässt man einen Zellextrakt durch einen Saccharosegradienten sedimentieren, werden die verschiedenen Zellkomponenten in einzelne Banden getrennt, die anschließend einzeln isoliert werden können. Die relative Geschwindigkeit, mit der jede Komponente sedimentiert, hängt in erster Linie von ihrer Größe und Form ab und wird üblicherweise als ihr Sedimentationskoeffizient oder S-Wert angegeben. Heutige Ultrazentrifugen rotieren mit Geschwindigkeiten bis zu 80 000 UpM und erreichen dabei Kräfte bis zur 500 000-fachen Schwerkraft. Bei diesen enormen Kräften sedimentieren selbst kleine Makromoleküle, wie tRNA-Moleküle oder einfache Enzyme, in zumutbarer Zeit und können gemäß ihrer Größe voneinander getrennt werden.

Die Ultrazentrifuge wird auch eingesetzt, um Zellbestandteile aufgrund ihrer Schwebedichte zu trennen, unabhängig von ihrer Größe und Form. In diesem Fall wird die Probe durch einen steilen Dichtegradienten sedimentiert, der eine sehr hohe Konzentration von Saccharose oder Caesiumchlorid enthält. Jede zelluläre Komponente bewegt sich anfänglich durch den Gradienten wie in **Abb. 8.6a**, aber sie erreicht irgendwann eine Position, an der die Dichte der Lösung ihrer eigenen Dichte entspricht. Hier schwebt die Komponente und kann nicht weiter sedimentieren. Dadurch entsteht eine Reihe einzelner Banden, und je näher sie dem Boden des Röhrchens sind, desto höher ist die Schwebedichte der Komponenten (**Abb. 8.6b**). Diese Methode bezeichnet man

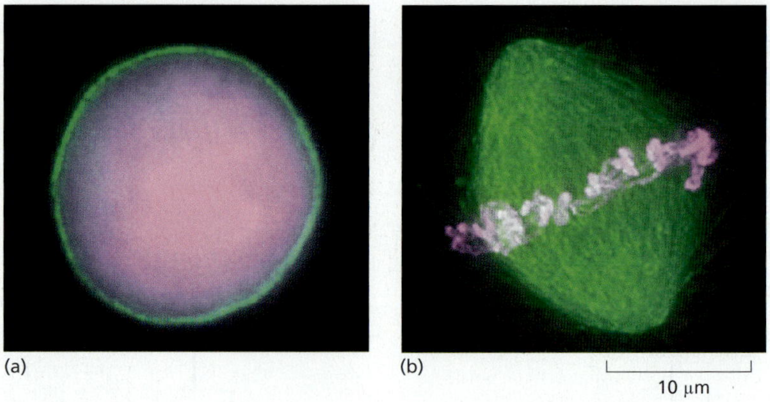

Abb. 8.7 Die Bildung subzellulärer Strukturen in einem Cytoplasmaextrakt. Aus den unbefruchteten Eiern des Frosches *Xenopus laevis* wurde konzentriertes Cytoplasma isoliert. Nach Zugabe von Chromosomen aus *Xenopus* -Spermien wurden diese Extrakte dazu angeregt, den Zellzyklus zu durchlaufen. (a) In einem Interphase-Extrakt bildet sich eine Kernhülle (*grün*) um die Spermienchromosomen (*pink*). (b) In einem Metaphase-Extrakt zerfällt die Kernhülle und die Mikrotubuli (*grün*) bilden eine Mitosespindel, an welche die kondensierten Chromosomen (*pink*) geheftet sind. (b, T. Maresca *et al. J. Cell Biol.* 169 (6): 859–869, 2005, https//doi.org/10.1083/icb.200503031. Mit Erlaubnis der Rockefeller University Press).

als *Gleichgewichtssedimentation*; sie ist so empfindlich, dass selbst Makromoleküle, die schwere Isotope, wie ^{13}C oder ^{15}N eingebaut haben, von denselben Makromolekülen, die die leichten normalen Isotope (^{12}C oder ^{14}N) beinhalten, getrennt werden können. Tatsächlich war die Caesiumchlorid-Methode 1957 entwickelt worden, um markierte von nicht markierter DNA zu unterscheiden; die DNA hatte die Markierung erhalten, nachdem man einer Bakterienpopulation ^{15}N-markierte Nukleotidvorläufer im Medium verabreicht hatte. Dieses klassische Experiment lieferte den direkten Beweis für die semikonservative Replikation der DNA (s. **Abb. 5.5**).

8.2.2 Zellextrakte liefern Systeme, die für die Untersuchung von Zellfunktionen zugänglich sind

Die Untersuchungen von Organellen und anderen subzellulären Komponenten, die mithilfe der Ultrazentrifuge isoliert wurden, haben unser Verständnis von den Funktionen der unterschiedlichen Zellkomponenten enorm vorangetrieben. Experimente an Mitochondrien und Chloroplasten, die durch Zentrifugation aufgereinigt waren, zeigten z. B. die zentrale Rolle dieser Organellen bei der Umwandlung von Energie in zellverwertbare Formen. Ähnlich werden die aus dem rauen und glatten Endoplasmatischen Reticulum entstandenen Vesikel (Mikrosomen) voneinander getrennt und als funktionierende Modelle dieser Kompartimente in der intakten Zelle analysiert.

Hoch konzentrierte Zellextrakte, insbesondere Extrakte aus Oocytem aus dem unverdünnten Cytoplasma von *Xenopus laevis* (Afrikanischer Krallenfrosch), haben in ähnlicher Weise eine entscheidende Rolle bei der Untersuchung von komplexen und hoch geordneten Vorgängen gespielt, wie dem Zellteilungszyklus, dem Aufbau und der Funktion der Mitosespindel (**Abb. 8.7**) und den Schritten des Vesikeltransports, der an der Beförderung von Proteinen über den Sekretionsweg beteiligt ist.

Zellextrakte bilden im Prinzip auch das Ausgangsmaterial für die vollständige Trennung in alle einzelnen makromolekularen Komponenten der Zelle. Wir werden nun hauptsächlich am Beispiel der Proteine zeigen, wie eine solche Trennung erreicht werden kann.

8.2.3 Proteine können chromatographisch aufgetrennt werden

Proteinfraktionierung erfolgt meistens durch **Säulenchromatographie**. Hierbei passiert eine gemischte Proteinlösung eine Säule aus einer festen porösen Matrix (Trägermaterial). Die verschiedenen Proteine werden bei ihrer Wanderung durch die Säule

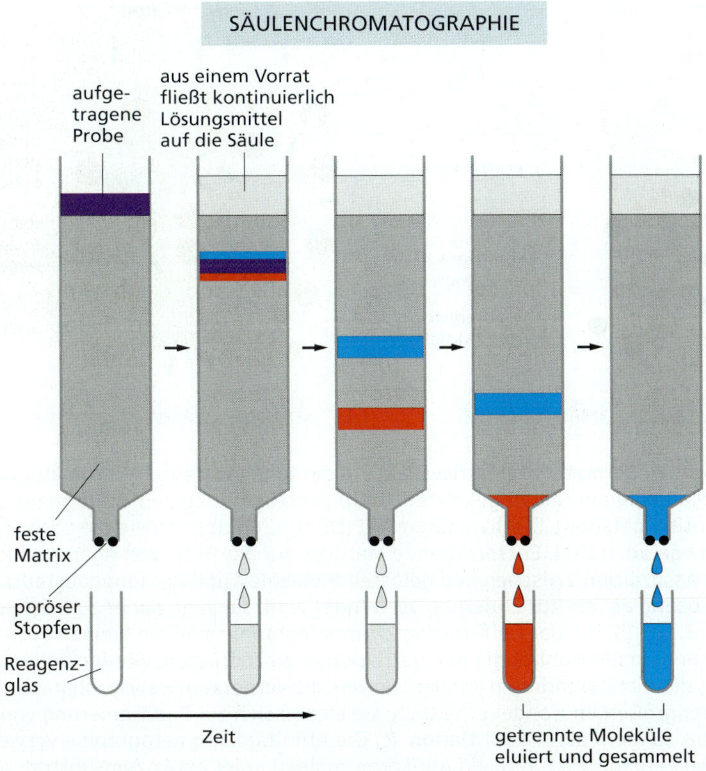

Abb. 8.8 Die Auftrennung von Molekülen durch Säulenchromatographie. Die Probe, eine Mischung verschiedener Moleküle, wird oben auf eine zylindrische Glas- oder Plastiksäule aufgetragen, die mit einer festen, permeablen Matrix (Trägermaterial) wie z. B. Zellulose gefüllt ist. Ein großes Volumen an Lösungsmittel wird nun langsam durch die Säule gegeben und beim Austropfen am anderen Ende der Säule in einzelnen Röhrchen aufgefangen. Da unterschiedliche Komponenten der Probe mit verschiedenen Geschwindigkeiten durch die Säule wandern, werden sie aufgetrennt und sind hinterher in verschiedenen Röhrchen zu finden.

aufgrund der Wechselwirkungen mit der Matrix in unterschiedlichem Ausmaß verlangsamt. Sie können getrennt gesammelt werden, wenn die Lösung am Ende der Säule heraustropft (**Abb. 8.8**). Je nach Wahl der Matrix erfolgt die Trennung der Proteine gemäß ihrer Ladung (*Ionenaustausch-Chromatographie*), ihrer Hydrophobizität (*hydrophobe Chromatographie*), ihrer Größe (*Gelfiltrationschromatographie*) oder ihrer Fähigkeit, bestimmte kleine Moleküle oder andere Makromoleküle zu binden (*Affinitätschromatographie*).

Unterschiedliche Matrixmaterialien sind erhältlich. Ionenaustauschersäulen (**Abb. 8.9a**) sind mit kleinen Perlen gepackt, die entweder eine positive oder eine negative Ladung tragen, sodass Proteine nach der Anordnung der Ladung auf ihrer Oberfläche getrennt werden. Hydrophobe Säulen enthalten Perlen, aus denen hydrophobe Seitenketten herausragen, wodurch Proteine mit exponierten hydrophoben Regionen selektiv verlangsamt werden. Gelfiltrationssäulen (**Abb. 8.9b**) trennen Proteine nach ihrer Größe; sie sind mit winzigen porösen Perlen gefüllt: Moleküle, die klein genug sind, in diese Poren einzudringen, werden in diesen Poren verweilen. Größere Moleküle dagegen bewegen sich schneller in der Lösung, die die Perlen umspült; sie verlassen die Säule vor den kleinen Molekülen. Über die Auftrennung der Moleküle hinaus ist die Gelfiltrationschromatographie auch eine simple Methode, um die Größe von Molekülen zu bestimmen.

Die **Affinitätschromatographie** (**Abb. 8.9c**) nutzt die biologisch wichtigen Bindungswechselwirkungen auf Proteinoberflächen. Koppelt man ein Substratmolekül kovalent an eine inerte Matrix, z. B. ein Polysaccharidkügelchen, wird das Enzym, das spezifisch dieses Substrat umsetzt, häufig durch die Matrix zurückgehalten und kann dann in nahezu reiner Form eluiert (ausgewaschen) werden. Entsprechend können kurze DNA-Oligonukleotide einer speziell festgelegten Sequenz immobilisiert und zur Aufreinigung von DNA-bindenden Proteinen, die *in vivo* Nukleotidsequenzen auf Chromosomen erkennen, herangezogen werden. Eine weitere Möglichkeit ist die Kopplung

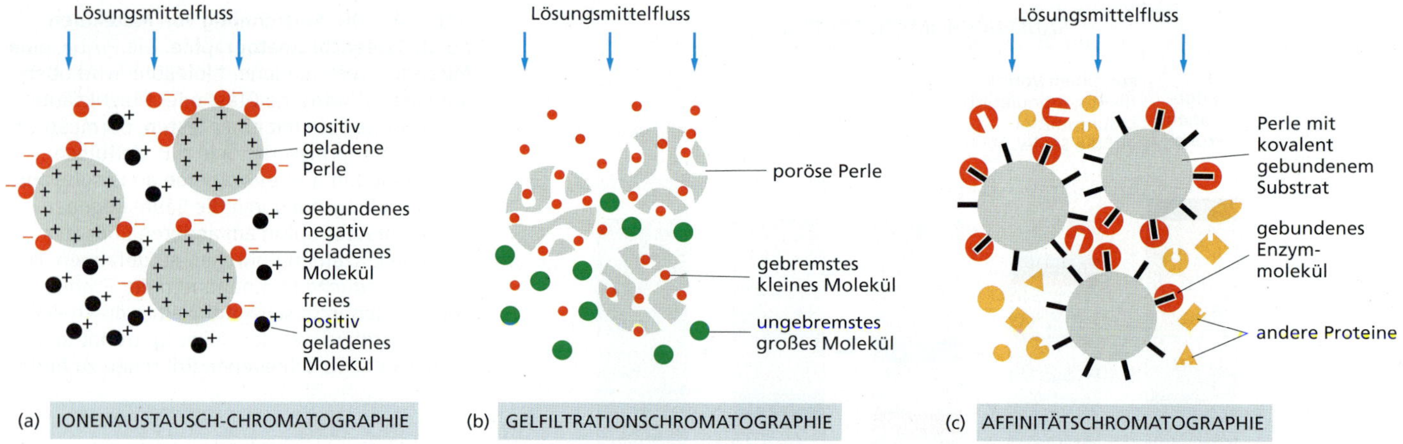

Abb. 8.9 Drei für die Chromatographie gebräuchliche Arten von Trägermaterial (Matrices). (a) Bei der Ionenaustausch-Chromatographie trägt die unlösliche Matrix Ionenladungen, die die Wanderung von Molekülen entgegengesetzter Ladung verzögern. Zu den Trägermaterialien, die zur Trennung von Proteinen eingesetzt werden, gehören die positiv geladene Diethylaminoethyl (DEAE)-Zellulose sowie die Carboxymethyl (CM)-Zellulose und die Phospho (P)-Zellulose, die beide negativ geladen sind. Entsprechende Matrices auf der Basis von Agarose oder anderen Polymeren werden ebenfalls häufig verwendet. Die Stärke der Assoziation zwischen den gelösten Molekülen und der Ionenaustauschmatrix hängt sowohl von der Ionenstärke als auch vom pH-Wert der Lösung ab, die zur Eluierung verwendet wird; sie kann daher zum Erreichen der bestmöglichen Trennung systematisch variiert werden (s. Abb. 8.10). (b) Bei der Gelfiltrationschromatographie sind die kleinen Perlen, die die Matrix bilden, inert, aber porös. Moleküle, die klein genug sind, in die Hohlräume der Matrixperlen einzudringen, werden daher gebremst und wandern langsamer durch die Säule als größere Moleküle, die nicht eindringen können. Perlen aus vernetzten Polysacchariden (Dextran, Agarose oder Acrylamid) sind mit einem weiten Bereich an Porengrößen im Handel erhältlich; sie eignen sich zur Fraktionierung von Molekülen unterschiedlicher Molekülmasse, von weniger als 500 Dalton bis zu mehr als 5×10^6 Dalton. (c) Die Affinitätschromatographie verwendet eine unlösliche Matrix, die kovalent mit einem spezifischen Liganden verknüpft ist, z. B. ein Antikörpermolekül oder ein Enzymsubstrat, an das ein Protein spezifisch binden wird. Enzymmoleküle, die an solche immobilisierten Substrate binden, können mit einer konzentrierten Lösung der freien Form des Substratmoleküls von der Säule gewaschen werden; Moleküle, die an immobilisierte Antikörper gebunden haben, werden durch Dissoziation des Antikörper–Antigen-Komplexes mit konzentrierter Salzlösung oder Lösungen mit niedrigem bzw. hohem pH-Wert freigesetzt. Bei den Affinitätssäulen lässt sich häufig schon mit einem einzigen Lauf ein hoher Aufreinigungsgrad erzielen.

spezifischer Antikörper an die Matrix, um die Proteine aufzureinigen, die durch die Antikörper erkannt werden (*Immunaffinitätschromatographie* genannt). Wegen der hohen Spezifität dieser Affinitätssäulen lässt sich manchmal in einem einzigen Schritt eine 1000- bis 10 000-fache Anreicherung erzielen.

Wenn man mit einer komplexen Proteinmischung startet, dann erzeugt ein einzelner Durchgang durch eine Ionenaustausch- oder Gelfiltrationssäule keine sehr hoch aufgereinigten Fraktionen, da diese Methoden jeweils für sich den Anteil eines bestimmten Proteins in der Mischung um höchstens das 20-Fache steigern. Da die meisten der einzelnen Proteine weniger als 1/1000 des Gesamtproteins der Zelle ausmachen, ist es in der Regel erforderlich, mehrere verschiedene Säulentypen nacheinander zu verwenden, um eine ausreichende Reinheit zu erhalten, wobei die Affinitätschromatographie am effizientesten ist (**Abb. 8.10**).

Das Auflösungsvermögen einer konventionellen Säulenchromatographie wird durch Inhomogenitäten der Füllmaterialien (wie Zellulose) begrenzt, die einen ungleichmäßigen Fluss des Lösungsmittels durch die Säule verursachen. Spezielle, aus winzigen Kügelchen (3–10 µm im Durchmesser) bestehende Chromatographieharze (gewöhnlich auf Basis von Silikagel) können mit einem Spezialgerät zu einem sehr homogenen Säulenbett gepackt werden. In solchen **Hochleistungs-Flüssigkeitschromatographie** (**HPLC**, engl. *high-performance liquid chromatography*)-Säulen lässt sich eine hohe Auftrennung erreichen. In der HPLC werden die gelösten Stoffe mit hohem Druck durch die Säule gegeben und das Gleichgewicht zwischen den gelösten Stoffen und dem Inneren der winzigen Kugeln stellt sich sehr

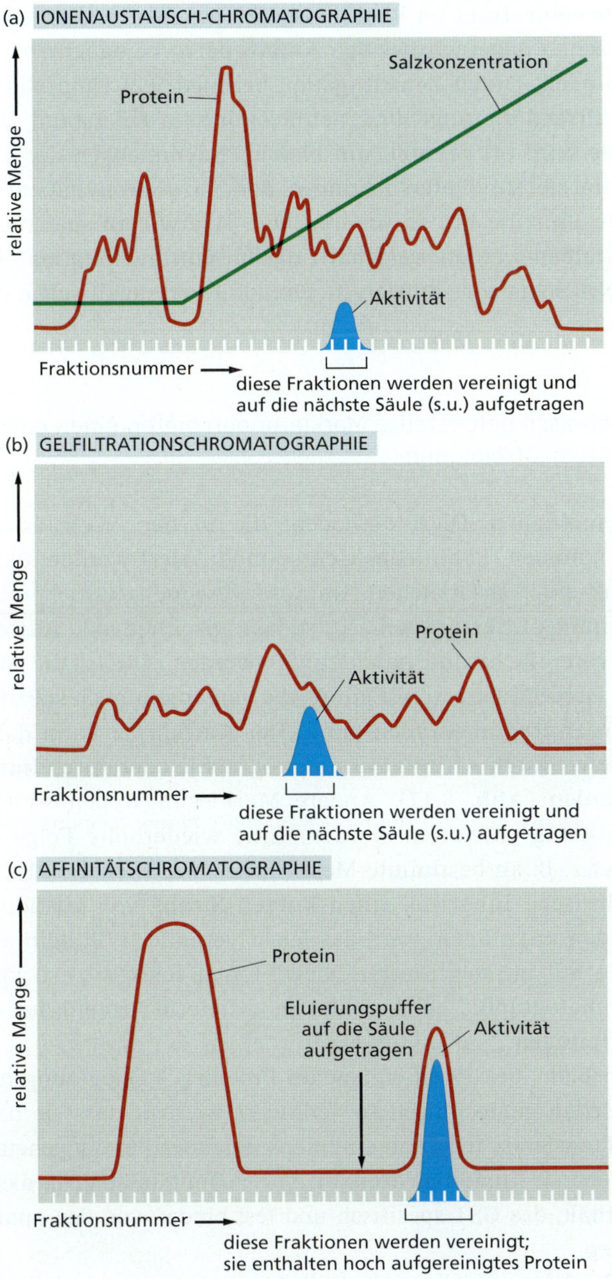

Abb. 8.10 Proteinaufreinigung durch Chromatographie. Typische Ergebnisse bei der Aufreinigung eines Proteins, wenn drei verschiedene chromatographische Schritte nacheinander angewendet werden. In diesem Beispiel wurde ein Zellhomogenat zunächst durch eine mit Ionenaustauscherharz gefüllte Säule geschickt (a). Die Säule wurde gewaschen, um alle nicht gebundenen Verunreinigungen zu entfernen, dann wurden die gebundenen Proteine mit einer Lösung graduell ansteigender Salzkonzentration eluiert. Proteine mit der schwächsten Affinität für das Ionenaustauscherharz verließen die Säule zuerst und fanden sich in den frühen Fraktionen. Die verbliebenen Proteine wurden nacheinander entsprechend ihrer Affinität für das Harz ausgewaschen – die am stärksten gebundenen Proteine (= höchste Affinität) benötigten die höchste Salzkonzentration. Das gesuchte Protein wurde aufgrund seiner enzymatischen Aktivität nachgewiesen; es befand sich in mehreren Fraktionen. Die Aktivität-haltigen Fraktionen wurden vereinigt und auf eine Gelfiltrationssäule aufgetragen (b). Die Eluierungsposition der noch immer unreinen Fraktion wurde wieder enzymatisch bestimmt. Wieder wurden die aktiven Fraktionen vereinigt und auf einer dritten Säule, der Affinitätssäule (c), bis zur Homogenität aufgereinigt. Die Affinitätssäule enthielt ein immobilisiertes Substrat des Enzyms.

schnell ein, sodass gelöste Substanzen mit unterschiedlichen Affinitäten für die Matrix auch bei schnellem Durchfluss effizient voneinander getrennt werden. HPLC ist daher die Methode der Wahl, wenn es um die Trennung von vielen Proteinen und kleinen Molekülen geht.

8.2.4 Immunpräzipitation ist eine schnelle Affinitätsaufreinigungsmethode

Die Immunpräzipitation ist eine hilfreiche Variation der Affinitätschromatographie. Spezifische Antikörper, die das aufzureinigende Protein erkennen, werden auf kleine Agarose-Perlen aufgebracht. Anstatt in eine Säule gepackt zu werden, wie bei der Affinitätschromatographie, wird einfach eine kleine Menge der antikörperbeschichteten

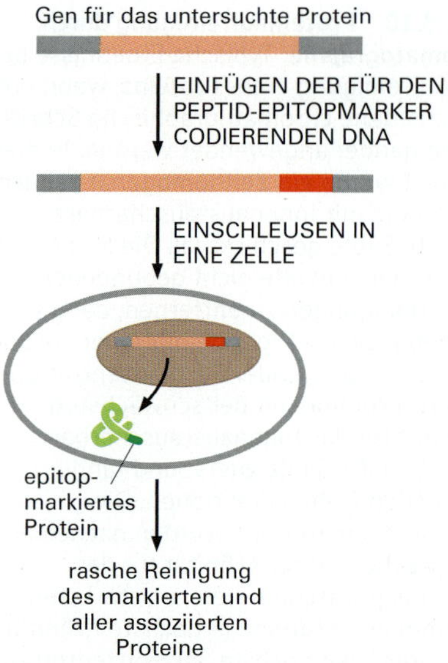

Abb. 8.11 Die Epitopmarkierung zur Aufreinigung von Proteinen. Mit den Standardmethoden der Gentechnik wird eine kurze Aminosäuresequenz an das zu untersuchende Protein gehängt. Wenn die Markierung (*tag*) selbst eine antigene Determinante oder ein *Epitop* ist, kann sie das Ziel eines entsprechenden, kommerziell erhältlichen Antikörpers sein, der dazu verwendet werden kann, das Protein durch Immunpräzipitation oder Affinitätschromatographie aufzureinigen.

Perlen zum Proteinextrakt im Reaktionsgefäß gegeben und eine kurze Zeit in Suspension gemischt – dabei wird es den Antikörpern ermöglicht, an die gewünschten Proteine zu binden. Durch Zentrifugation bei niedriger Umdrehung sedimentieren die Perlen, während die ungebundenen Proteine im Überstand verworfen werden. Diese Methode wird oft genutzt, um kleine Enzymmengen aus Zellextrakten aufzureinigen, um sie für Untersuchungen der Enzymaktivität zu verwenden oder auf assoziierte Proteine hin zu untersuchen. Wie wir an späterer Stelle in diesem Kapitel beschreiben werden, verschafft die Immunpräzipitation eine Methode, um DNA- oder RNA-Sequenzen zu identifizieren, die von spezifischen Proteinen erkannt werden.

8.2.5 Gentechnisch hergestellte Markierungen bieten einen einfachen Weg für die Proteinaufreinigung

Mithilfe rekombinanter DNA-Methoden, die in den nächsten Abschnitten zur Besprechung kommen, kann jedes Gen so modifiziert werden, dass sein zugehöriges Protein mit einer zusätzlichen Aminosäuresequenz versehen ist, die ein spezifisches Erkennungs-Etikett verschafft, sodass anschließende Aufreinigungsschritte des Proteins vereinfacht und beschleunigt werden. Oft ist die Markierung selbst eine antigene Determinante (ein *Epitop*), die von einem hoch spezifischen monoklonalen Antikörper erkannt werden kann. Der Antikörper kann dann zur Aufreinigung des Proteins durch Affinitätschromatographie oder durch Immunpräzipitation verwendet werden (**Abb. 8.11**). Andere Markierungstypen sind speziell für die Proteinaufreinigung entworfen worden. Eine wiederholte Folge der Aminosäure Histidin bindet z. B. an bestimmte Metall-Ionen wie Nickel und Kupfer. Gelingt es durch gentechnische Eingriffe, einen kurzen Strang von Histidinresten an eines der Proteinenden anzufügen, wird das leicht veränderte Protein an einer (Metall-) Affinitätssäule mit immobilisierten Nickel-Ionen selektiv zurückgehalten. Metall-Affinitätschromatographie kann so das modifizierte Protein aus einer komplexen Mischung aufreinigen.

Es gibt auch Fälle, bei denen ein ganzes Protein als Erkennungsmarker verwendet wird. Wenn Zellen gentechnisch so verändert werden, dass sie das kleine Enzym Glutathion-*S*-Transferase (GST) an ein interessierendes Protein geheftet synthetisieren, kann das entstehende **Fusionsprotein** an einer Affinitätssäule, die das Substratmolekül Glutathion enthält, das GST spezifisch und fest bindet, von den anderen Zellinhalten gereinigt werden.

Als weitere Verfeinerung dieser Technik kann man gentechnisch eine Aminosäuresequenz, die die Spaltstelle einer hoch spezifischen Protease bildet, zwischen das Protein der Wahl und die Markierung schleusen. Da die Aminosäuresequenzen an den Spaltstellen sehr selten zufällig in Proteinen zu finden sind, kann die Markierung später abgespalten werden, ohne das aufgereinigte Protein zu zerstören.

Diese Art der spezifischen Spaltung wird bei einer besonders leistungsfähigen Aufreinigungsmethode verwendet, die man als *Tandem-Affinitätsaufreinigungs-Markierung* („TAP-tagging"; engl. *tandem affinity purification tagging*) bezeichnet. Hier wird ein Ende des Proteins so konstruiert, dass es zwei Erkennungsmarkierungen erhält, die durch eine Protease-Schnittstelle voneinander getrennt sind. Die Markierung ganz am Ende des Konstrukts ist so gewählt, dass sie irreversibel an eine Affinitätssäule bindet, sodass die Säule zur Beseitigung kontaminierender Proteine ausgiebig gewaschen werden kann. Die Spaltung durch die Protease setzt dann das Protein frei, das nun mithilfe der zweiten Markierung weiter aufgereinigt wird. Weil diese Zwei-Stufen-Strategie mit relativ kleinem Aufwand einen besonders hohen Proteinaufreinigungsgrad ermöglicht, wird sie in der Zellbiologie ausgiebig verwendet.

8.2.6 Aufgereinigte zellfreie Systeme sind für die exakte Beschreibung von Molekülfunktionen erforderlich

Aufgereinigte zellfreie Systeme bieten ein Mittel, biologische Abläufe ohne die komplexen Nebenreaktionen einer lebenden Zelle zu studieren. Um dies zu ermöglichen, werden Zellhomogenate mit dem Ziel fraktioniert, jedes einzelne Makromolekül aufzureinigen, das notwendig ist, um einen bestimmten biologischen Prozess zu katalysieren. Beispielsweise wurden die Mechanismen der Proteinbiosynthese mit Zellhomogenaten entschlüsselt, die in der Lage waren, RNA-Moleküle in Protein zu übersetzen. Durch schrittweise Fraktionierung dieser Homogenate fand man die Bestandteile der Proteinsynthesemaschinerie: die Ribosomen, die tRNAs und verschiedene Enzyme. Als die Komponenten einmal aufgereinigt zur Verfügung standen, konnte jede einzeln zugefügt oder entzogen werden, womit sich ihre exakte Funktion im Gesamtprozess bestimmen ließ.

Ein Hauptziel für Zellbiologen ist es, jeden biologischen Prozess in einem aufgereinigten zellfreien System zu rekonstruieren. Nur auf diesem Weg können alle für den Vorgang erforderlichen Komponenten festgelegt und ihre Konzentrationen kontrolliert werden, was erforderlich ist, um ihren exakten Wirkmechanismus auszuarbeiten. Es gibt noch viel zu tun, doch ist ein Großteil unseres Wissens über die Molekularbiologie der Zelle schon durch Nutzung zellfreier Systeme gewonnen worden. So erforschte man damit die molekularen Einzelheiten der DNA-Replikation und Transkription, des RNA-Spleißens, der Proteintranslation, der Muskelkontraktion und des Partikeltransports entlang der Mikrotubuli sowie vieler anderer Vorgänge, die sich in der Zelle abspielen.

Zusammenfassung

Zellpopulationen können biochemisch analysiert werden, indem man die Zellen aufbricht und ihren Inhalt fraktioniert, was die Entwicklung funktionsfähiger zellfreier Systeme erlaubt. Um die molekularen Details komplexer zellulärer Prozesse zu bestimmen, ist der Einsatz hoch spezifischer zellfreier Systeme erforderlich. Dazu müssen alle beteiligten Proteine und andere Komponenten hoch aufgereinigt werden. Die Proteine in löslichen Zellextrakten können mithilfe der Säulenchromatographie aufgereinigt werden. In Abhängigkeit von der Säulenmatrix lassen sich biologisch aktive Proteine auf Basis ihres Molekulargewichts, ihrer Hydrophobizität, ihrer Ladungseigenschaften oder ihrer Affinität zu anderen Molekülen trennen. Bei einer typischen Aufreinigung wird die Probe nacheinander über mehrere Säulen gegeben, wobei die angereicherten Fraktionen von einer Säule auf die nächste übertragen werden. Die später beschriebenen DNA-Techniken ermöglichen es, an Proteine spezielle Erkennungsmarkierungen (tags) *zu heften, wodurch ihre Aufreinigung enorm vereinfacht wird.*

8.3 Proteine analysieren

Proteine führen die meisten zellulären Vorgänge aus: Sie katalysieren Stoffwechselreaktionen, nutzen die Nukleotidhydrolyse, um mechanische Arbeit zu verrichten, und dienen als die wichtigsten Strukturelemente der Zelle. Die enorme Vielfalt von Proteinstrukturen und -funktionen hat die Entwicklung einer Vielzahl von Techniken angeregt, um sie zu untersuchen.

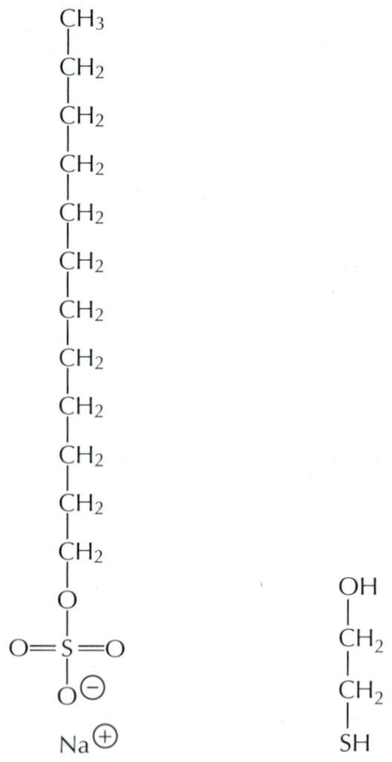

SDS   β-Mercaptoethanol

Abb. 8.12 Das Detergens Natriumdodecylsulfat (SDS) und das Reduktionsmittel β-Mercaptoethanol. Diese beiden Verbindungen dienen dazu, Proteine für die SDS-Polyacrylamid-Gelelektrophorese in Lösung zu bringen. SDS ist hier in seiner ionisierten Form dargestellt.

8.3.1 Proteine können mithilfe der SDS-Polyacrylamid-Gelelektrophorese aufgetrennt werden

Gewöhnlich tragen Proteine eine positive oder negative Nettoladung, je nachdem welche Mischung geladener Aminosäuren sie enthalten. Legt man ein elektrisches Feld an eine Proteinlösung, wandert das Protein mit einer Geschwindigkeit, die von seiner Nettoladung sowie seiner Größe und Form abhängt. Diese Eigenschaft nutzt die **Natrium-Dodecylsulfat-Polyacrylamid-Gelelektrophorese** (engl. *sodium dodecyl sulfate polyamide-gel electrophoresis*; **SDS-PAGE**). Sie verwendet als inerte Matrix, durch die das Protein wandert, ein stark vernetztes Gel aus Polyacrylamid. Das Gel wird durch Polymerisation von Monomeren hergestellt; die Porengröße des Gels kann so eingestellt werden, dass sie klein genug ist, um die Laufgeschwindigkeit der gesuchten Proteine zu verlangsamen. Die Proteine sind in einem Lösungsmittel aufgelöst, das ein starkes, negativ geladenes Detergens wie Natriumdodecylsulfat (engl. *sodium dodecyl sulphate*, SDS) enthält (**Abb. 8.12**). Dieses Detergens bindet an hydrophobe Bereiche der Proteinmoleküle und veranlasst sie, sich in ausgestreckte Polypeptidketten zu entfalten; dabei werden die einzelnen Proteine löslich und aus ihren Assoziationen mit anderen Protein- oder Lipidmolekülen befreit. Meist setzt man noch ein Reduktionsmittel zu, z. B. *β*-Mercaptoethanol (s. **Abb. 8.12**), das alle Disulfidbindungen in Proteinen löst, sodass alle Polypeptide eines aus mehreren Untereinheiten bestehenden Proteins getrennt analysiert werden können.

Was geschieht, wenn man eine Mischung von SDS-gelösten Proteinen durch eine Gelplatte aus Polyacrylamid laufen lässt? Jedes Proteinmolekül bindet zahlreiche negativ geladene Detergensmoleküle, die die dem Protein eigene Ladung maskieren und die es daher bei Anlegen einer Spannung zur positiven Elektrode wandern lassen. Proteine derselben Größe wandern mit etwa derselben Geschwindigkeit durch das Gel, da (1) ihre native Struktur durch SDS völlig entfaltet wurde und sie daher die gleiche Form haben, und (2) sie dieselbe Menge an SDS-Molekülen binden und daher dieselbe negative Ladungsmenge tragen. Größere Proteine mit höherer Ladung sind stärkeren elektrischen Kräften ausgesetzt, aber auch einem größeren Widerstand. In der freien Lösung würden sich diese beiden Effekte aufheben, aber im Netz des Polyacrylamidgels, das wie ein Molekularsieb wirkt, werden große Proteine viel stärker verlangsamt als kleine. Daher wird eine komplexe Proteinmischung zumeist gemäß ihren molaren Massen in eine Reihe diskreter Proteinbanden aufgetrennt (**Abb. 8.13**). Durch Färben der Proteine im Gel, z. B. mit dem Farbstoff Coomassie-Blau, lassen sich die Hauptproteine leicht nachweisen. Wenn kleine Proteinmengen vorhanden sind und empfindlichere Methoden erforderlich sind, können die Gele mit einer Silberfärbung behandelt werden, die sogar noch Mengen bis zu 10 ng Protein je Bande nachweisen. Für manche Zwecke können spezifische Proteine auch mit einem radioaktiven Isotop markiert werden; wird das Gel einem Film oder einem Strahlungsdetektor ausgesetzt, erhält man ein *Autoradiogramm*, auf dem die markierten Proteine sichtbar sind (s. **Abb. 8.16**).

Die SDS-PAGE ist weit verbreitet, weil sie zur Auftrennung aller Arten von Proteinen verwendet werden kann, einschließlich der in Wasser unlöslichen – wie viele Membranproteine. Da das Verfahren Polypeptide der Größe nach trennt, kann es Informationen über die molare Masse und die Untereinheiten-Zusammensetzung aller Arten von Proteinen liefern. Die Fotografie in **Abb. 8.14** zeigt ein Gel, das zur Analyse der aufeinanderfolgenden Schritte bei der Aufreinigung eines Proteins benutzt wurde.

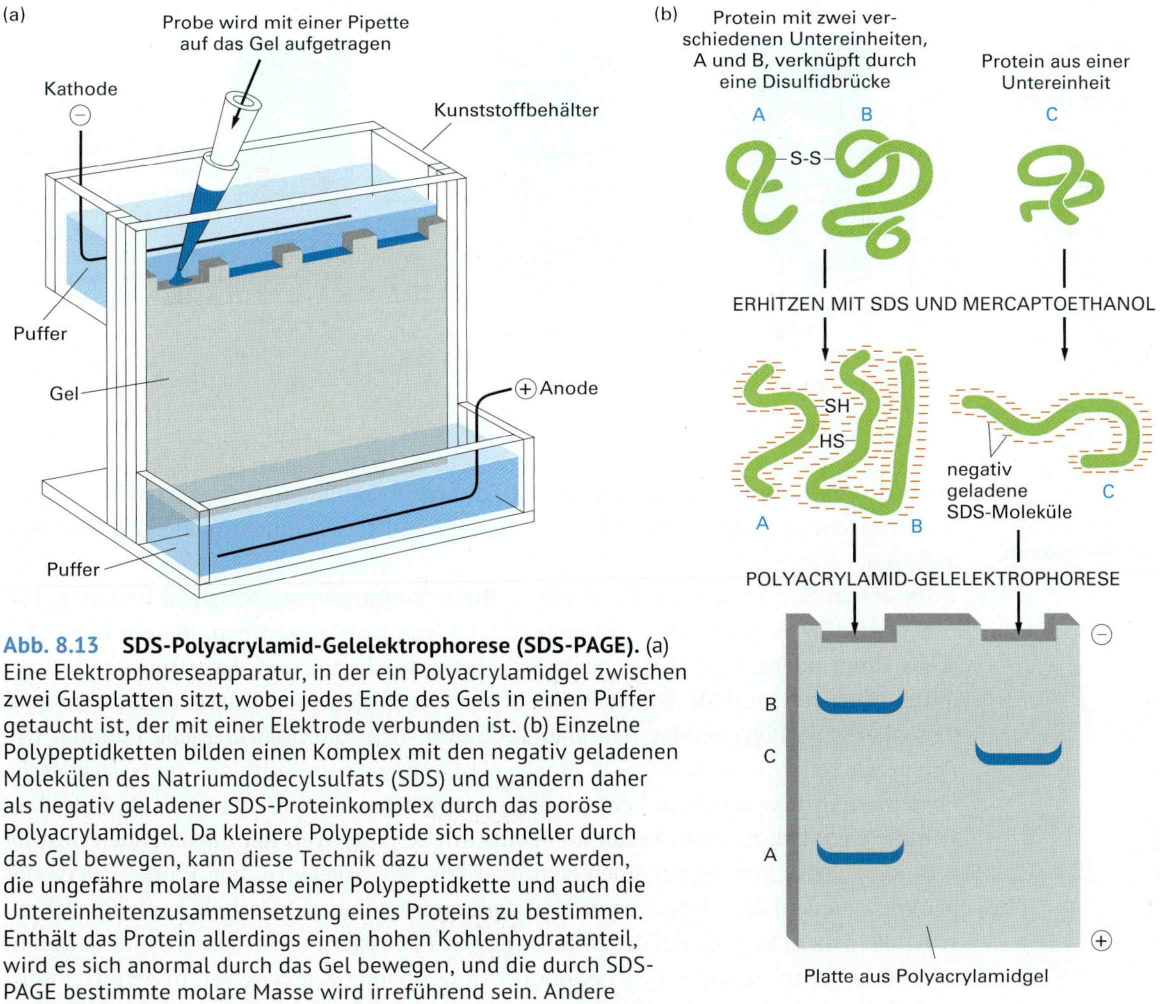

Abb. 8.13 SDS-Polyacrylamid-Gelelektrophorese (SDS-PAGE). (a) Eine Elektrophoreseapparatur, in der ein Polyacrylamidgel zwischen zwei Glasplatten sitzt, wobei jedes Ende des Gels in einen Puffer getaucht ist, der mit einer Elektrode verbunden ist. (b) Einzelne Polypeptidketten bilden einen Komplex mit den negativ geladenen Molekülen des Natriumdodecylsulfats (SDS) und wandern daher als negativ geladener SDS-Proteinkomplex durch das poröse Polyacrylamidgel. Da kleinere Polypeptide sich schneller durch das Gel bewegen, kann diese Technik dazu verwendet werden, die ungefähre molare Masse einer Polypeptidkette und auch die Untereinheitenzusammensetzung eines Proteins zu bestimmen. Enthält das Protein allerdings einen hohen Kohlenhydratanteil, wird es sich anormal durch das Gel bewegen, und die durch SDS-PAGE bestimmte molare Masse wird irreführend sein. Andere Modifikationen, wie die Phosphorylierung, können ebenfalls kleine Veränderungen bei der Proteinwanderung im Gel verursachen.

8.3.2 Die zweidimensionale Gelelektrophorese bietet eine bessere Proteinauftrennung

Weil verschiedene Proteine ähnliche Größen, Formen, Massen und Gesamtladungen haben können, können die meisten Auftrennungstechniken wie die SDS-Polyacrylamid-Gelelektrophorese oder Ionenaustausch-Chromatographie normalerweise nicht alle Proteine einer Zelle oder selbst einer Organelle trennen. Im Gegensatz dazu kann die

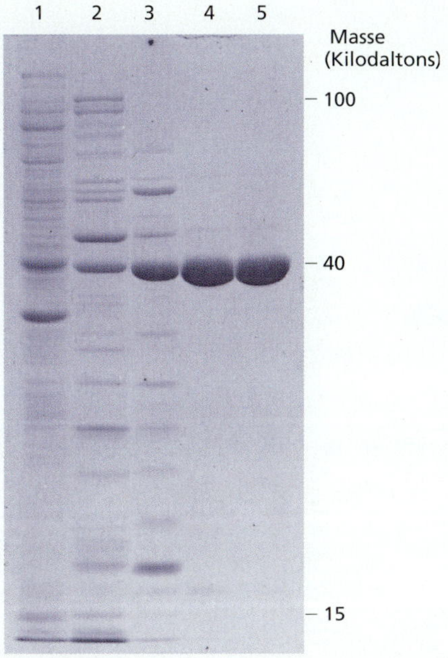

Abb. 8.14 Analyse von Proteinproben durch SDS-Polyacrylamid-Gelelektrophorese. Die Fotografie zeigt ein mit Coomassie-Blau gefärbtes Gel, mit dem die Proteine in aufeinanderfolgenden Stadien einer Enzymaufreinigung nachgewiesen wurden. Die äußerste linke Spur (Spur 1) enthält die komplexe Proteinmischung des Ausgangszellextrakts, und jede nachfolgende Spur analysiert die Proteine, die nach einer chromatographischen Trennung der Proteinprobe aus der vorherigen Spur noch übrig geblieben sind (s. **Abb. 8.10**). In jeder Gelspur wurde die gleiche Gesamtmenge an Protein (10 µg) aufgetragen. Einzelne Proteine erscheinen normalerweise als scharfe, gefärbte Banden, die sich allerdings verbreitern, wenn sie viel Protein enthalten. (Aus T. Formosa und B. M. Alberts, *J. Biol. Chem.* 261: 6107–6118, 1986).

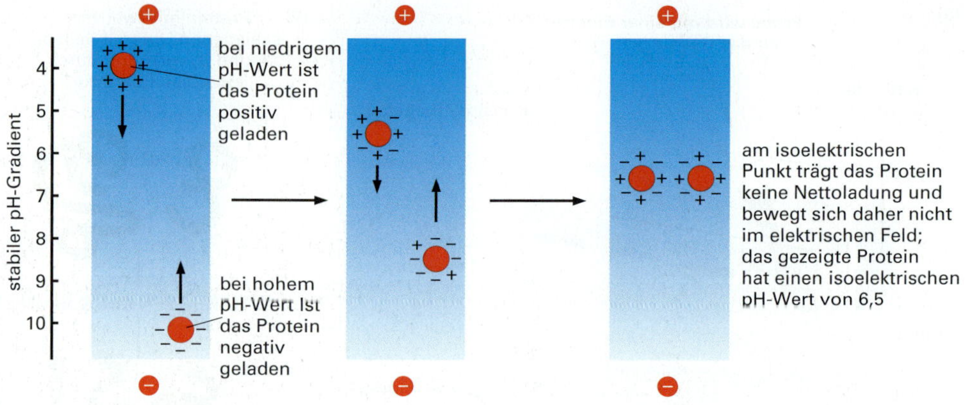

Abb. 8.15 Auftrennung von Proteinmolekülen durch isoelektrische Fokussierung. Bei niedrigem pH-Wert (hohe H^+-Konzentration) sind die Carboxygruppen der Proteine ungeladen (–COOH) und ihre stickstoffhaltigen basischen Gruppen vollständig ionisiert (z. B. $-NH_3^+$), was den meisten Proteinen eine positive Nettoladung verleiht. Bei hohem pH-Wert sind die Carboxygruppen negativ ($-COO^-$) und die basischen Gruppen ungeladen (z. B. $-NH_2$), womit die meisten Proteine insgesamt negativ geladen sind. An seinem *isoelektrischen Punkt* trägt ein Protein keine Nettoladung, da sich positive und negative Ladungen ausgleichen. Wenn daher ein Gelröhrchen mit festgelegtem pH-Gradienten einem starken elektrischen Feld in entsprechender Richtung ausgesetzt wird, wandert jedes Protein so lange, bis es an seinem isoelektrischen Punkt, wie gezeigt, eine scharfe Bande bildet.

zweidimensionale Gelelektrophorese, die eine Kombination zweier verschiedener Trennverfahren ist, bis zu 2000 Proteine in Form einer zweidimensionalen Proteinkarte auflösen.

Im ersten Schritt werden die Proteine ihren Ladungen entsprechend getrennt. Die Probe wird in einem kleinen Volumen einer Lösung aufgenommen, die ein nichtionisches (ungeladenes) Detergens, neben β-Mercaptoethanol und dem Denaturierungsmittel Harnstoff, enthält. Dieser Puffer bringt alle Proteine in Lösung, denaturiert und dissoziiert alle Polypeptidketten, aber verändert nicht die ursprüngliche Ladung. Die Polypeptidketten werden dann in einem pH-Gradienten mithilfe des als *isoelektrische Fokussierung* bezeichneten Verfahrens getrennt. Das Verfahren beruht darauf, dass sich die Nettoladung eines Proteinmoleküls mit dem pH-Wert der umgebenden Lösung verändert. Jedes Protein hat einen charakteristischen isoelektrischen Punkt, das ist der pH-Wert, an dem das Protein keine Nettoladung trägt und sich deshalb in einem elektrischen Feld nicht bewegt. Bei der isoelektrischen Fokussierung werden Proteine in einem schmalen Röhrchen mit Polyacrylamidgel elektrophoretisch getrennt; in dem Gel wird ein pH-Gradient durch eine Mischung von besonderen Puffern eingestellt. Jedes Protein bewegt sich bis zu der Stelle im Gradienten, die seinem isoelektrischen Punkt entspricht, und bleibt dort stehen (**Abb. 8.15**). Das ist die erste Dimension der zweidimensionalen Gelelektrophorese.

Im zweiten Schritt wird das schmale Gelröhrchen, das die getrennten Proteine enthält, in SDS getaucht und entlang der oberen Kante einer SDS-Polyacrylamidgel-Platte platziert. Dann wird eine Elektrophorese wie bei der eindimensionalen SDS-PAGE durchgeführt, und jede Polypeptidkette wandert im Gel an einen bestimmten Punkt. Die einzigen nicht auflösbaren Proteine sind diejenigen, die sowohl identische Größen als auch identische isoelektrische Punkte besitzen – eine relativ seltene Situation. Sogar Spuren von jeder Polypeptidkette können auf dem Gel durch verschiedene Färbevorgänge detektiert werden – oder man bedient sich der Autoradiographie, falls die ursprüngliche Proteinprobe mit einem Radioisotop markiert war (**Abb. 8.16**). Die Auflösung der Technik ist so hoch, dass sie zwei Proteine voneinander trennen kann, die sich nur in einer einzigen geladenen Aminosäure oder einer einzigen negativ geladenen Phosphorylierungsstelle unterscheiden.

8.3.3 Spezifische Proteine können durch Blotting mit Antikörpern aufgespürt werden

Ein spezifisches Protein kann nach seiner Auftrennung auf einem Polyacrylamidgel identifiziert werden, indem alle auf dem Gel vorhandenen Proteine einem spezifischen

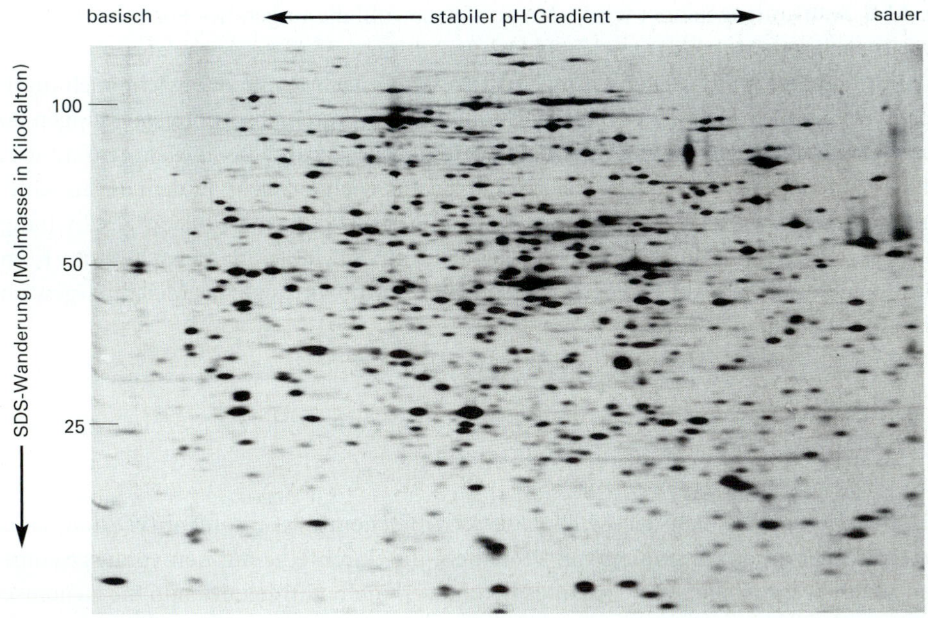

Abb. 8.16 Zweidimensionale Polyacrylamid-Gelelektrophorese. Alle Proteine einer *Escherichia-coli*-Bakterienzelle sind in diesem Gel aufgetrennt worden; jeder Fleck entspricht einer einzelnen Polypeptidkette. Die Proteine waren zuerst aufgrund ihrer unterschiedlichen isoelektrischen Punkte durch isoelektrische Fokussierung in horizontaler Richtung getrennt worden. Anschließend wurden sie in Gegenwart von SDS mittels Elektrophorese (von oben nach unten) entsprechend ihrer molaren Masse fraktioniert. Man beachte, dass die Proteine in sehr unterschiedlichen Mengen vorliegen. Das Kulturmedium enthielt eine radioaktiv markierte Mischung von Aminosäuren, sodass alle Bakterienproteine radioaktiv markiert wurden und durch Autoradiographie nachweisbar waren. (Mit freundlicher Genehmigung von Patrick O'Farrell).

Antikörper ausgesetzt werden, der mit einem radioaktiven Isotop oder einem Fluoreszenzfarbstoff markiert wurde. Diese Prozedur wird normalerweise ausgeführt, nachdem alle getrennten Proteine auf eine Nitrozellulose- oder eine Nylonmembran übertragen wurden. Indem man die Membran auf ein Gel legt und die Proteine mit einem starken elektrischen Strom aus dem Gel treibt, werden die Proteine auf die Membran übertragen. Dann wird die Membran mit einer Lösung eines markierten Antikörpers getränkt, um das interessierende Protein nachzuweisen. Diese Proteinnachweismethode nennt man **Western Blotting** oder **Immunblotting** (Abb. 8.17). Empfindliche Western-Blotting-Methoden können sehr kleine Mengen eines spezifischen Proteins (1 ng oder weniger) in einem Gesamtzellextrakt oder in anderen heterogenen Proteinmischungen detektieren. Die Methode kann sehr nützlich sein, wenn man die Menge eines spezifischen Proteins in der Zelle bestimmen oder die Veränderungen dieser Mengen unter verschiedenen Bedingungen messen möchte.

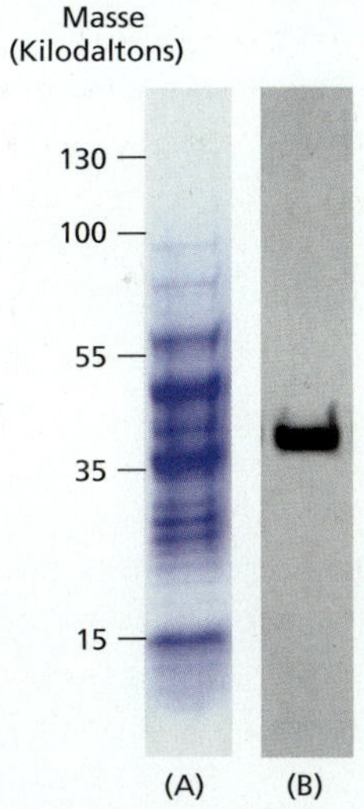

Abb. 8.17 Western Blotting. In diesem Experiment wurden Proteine aus der Sprosshefe *Saccharomyces cerevisiae* auf einem Polyacrylamid-Gel getrennt. In (a) wurde das Gel mit Coomassie Blue gefärbt, um die häufigsten Proteine zu zeigen. In (b) wurden die Proteine des Gels auf eine Membran übertragen und mit einem Antikörper behandelt, der gegen spezifische Proteine gerichtet ist. Nicht gebundene Antikörper wurden weggewaschen und die an das Protein gebundenen Antikörper wurden mithilfe einer Fluoreszenzmarkierung aufgespürt. Bei dieser empfindlichen Western-Blot-Methode lassen sich kleine Mengen eines einzelnen seltenen Proteins in einer komplexen Mischung anderer Proteine detektieren. (Mit freundlicher Genehmigung von Jonathan Asfaha).

8.3.4 Hydrodynamische Messungen offenbaren die Größe und Form eines Proteinkomplexes

Die meisten Proteine in einer Zelle sind Untereinheiten größerer Komplexe, und wenn man die Größe und Form dieser Komplexe kennt, dann bringt dies oft Erkenntnisse hinsichtlich ihrer Funktion. Diese Information kann man auf mehreren Wegen erhalten. Manchmal kann ein Komplex direkt durch die in Kapitel 9 beschriebene Elektronenmikroskopie dargestellt werden. Ein komplementärer Ansatz setzt auf die hydrodynamischen Eigenschaften eines Komplexes, d. h. sein Verhalten, wenn er durch ein flüssiges Medium wandert. Gewöhnlich werden zwei getrennte Messungen durchgeführt. Eine Messung betrifft die Geschwindigkeit des Komplexes, wenn er sich unter dem Einfluss eines durch eine Ultrazentrifuge erzeugten Zentrifugalfeldes bewegt (s. Abb. 8.6a). Der erhaltene Sedimentationskoeffizient (der S-Wert) hängt sowohl von der Größe als auch von der Form des Komplexes ab und drückt an sich keine besonders nützliche Information aus. Wenn jedoch eine zweite hydrodynamische Messung gemacht wird – indem die Wanderung eines Komplexes durch eine Gelfiltrationschromatographie-Säule

(s. **Abb. 8.9b**) aufgezeichnet wird – lassen sich sowohl die ungefähre Form des Komplexes als auch sein Molekulargewicht berechnen.

Mithilfe einer analytischen Ultrazentrifuge kann das Molekulargewicht auch direkt bestimmt werden. Dieses komplexe Gerät erlaubt Proteinabsorptionsmessungen an einer Probe, während diese Zentrifugalkräften ausgesetzt ist. Bei diesem Ansatz wird die Probe so lange zentrifugiert, bis sie ein Gleichgewicht erreicht, in dem die auf einen Proteinkomplex einwirkenden Zentrifugalkräfte exakt dessen Diffusionsgeschwindigkeit ausgleichen. Weil dieser Gleichgewichtspunkt vom Molekulargewicht eines Komplexes abhängt und nicht von dessen besonderer Form, lässt sich das Molekulargewicht direkt berechnen.

8.3.5 Die Massenspektrometrie liefert eine hochempfindliche Methode zur Identifizierung unbekannter Proteine

Ein häufiges Problem in der Zellbiologie und Biochemie ist die Identifizierung eines Proteins oder einer Sammlung von Proteinen, die durch eine auf den vorausgegangenen Seiten besprochene Aufreinigungsmethode erhalten wurden. Da nun die Genomsequenzen der meisten Versuchsorganismen bekannt sind, sind Kataloge aller von diesen Organismen gebildeten Proteine erhältlich. Die Aufgabe, ein unbekanntes Protein (oder eine Sammlung unbekannter Proteine) zu identifizieren, reduziert sich somit darauf, einige der Aminosäuresequenzen, die in der unbekannten Probe vorhanden sind, mit bekannten katalogisierten Genen abzugleichen. Diese Aufgabe wird heutzutage nahezu ausnahmslos durch den Einsatz der Massenspektrometrie in Verbindung mit Computerrecherchen in Datenbanken durchgeführt.

Geladene Teilchen besitzen eine sehr exakte Dynamik, wenn sie in einem Vakuum einem elektrischen oder magnetischen Feld ausgesetzt werden. Die Massenspektrometrie nutzt dieses Prinzip, um Ionen nach ihrem Masse-zu-Ladungs-Verhältnis (m/z) zu trennen. Sie ist eine überaus empfindliche Technik. Sie erfordert sehr wenig Material und kann die präzise Masse von intakten Proteinen und der von diesen durch enzymatische oder chemische Spaltung abstammenden Peptide bestimmen. Die ermittelten Massen besitzen höchste Genauigkeit, oft mit einem Fehler unter 1 ppm.

Die Massenspektrometrie wird mithilfe von komplexen Instrumenten mit drei wichtigen Komponenten durchgeführt (**Abb. 8.18a**). Die erste ist die *Ionenquelle*, die winzige Mengen einer Peptidprobe in ein Gas umwandelt, das individuell geladene Peptidmoleküle enthält. Diese Ionen werden durch ein elektrisches Feld in die zweite Komponente, den *Massenanalysator*, hinein beschleunigt, in dem elektrische oder magnetische Felder dazu dienen, die Ionen auf der Grundlage ihres Masse-zu-Ladungs-Verhältnisses zu trennen. Schließlich kollidieren die getrennten Ionen mit einem *Detektor*, der ein Massenspektrum erzeugt, das eine Reihe von Peaks (Spitzen) enthält, die die Masse der Moleküle in der Probe darstellen.

Es gibt viele verschiedene Arten von Massenspektrometern, die sich hauptsächlich hinsichtlich der Beschaffenheit ihrer Ionenquellen und Massenanalysatoren unterscheiden. Eine der üblichsten Ionenquellen nutzen eine Technik namens *MALDI* (von engl. *matrix-assisted laser desorption ionization*). Bei dieser Herangehensweise werden die Proteine in der Probe zunächst durch eine Protease wie Trypsin in kurze Peptide gespalten. Diese Peptide werden mit einer organischen Säure gemischt und dann auf einem Metall- oder Keramikträger getrocknet. Ein Laserstrahl wird kurz auf die Probe gerichtet, was einen Gasausstoß ionisierter Peptide erzeugt, die jeweils eine oder mehrere positive Ladungen tragen. In vielen Fällen wird die MALDI-Ionenquelle mit einem TOF(*time-of-flight*)-Massenanalysator gekoppelt; dieser ist eine lange Kammer, in der die ionisierten Peptide durch ein elektrisches Feld in Richtung eines Detektors

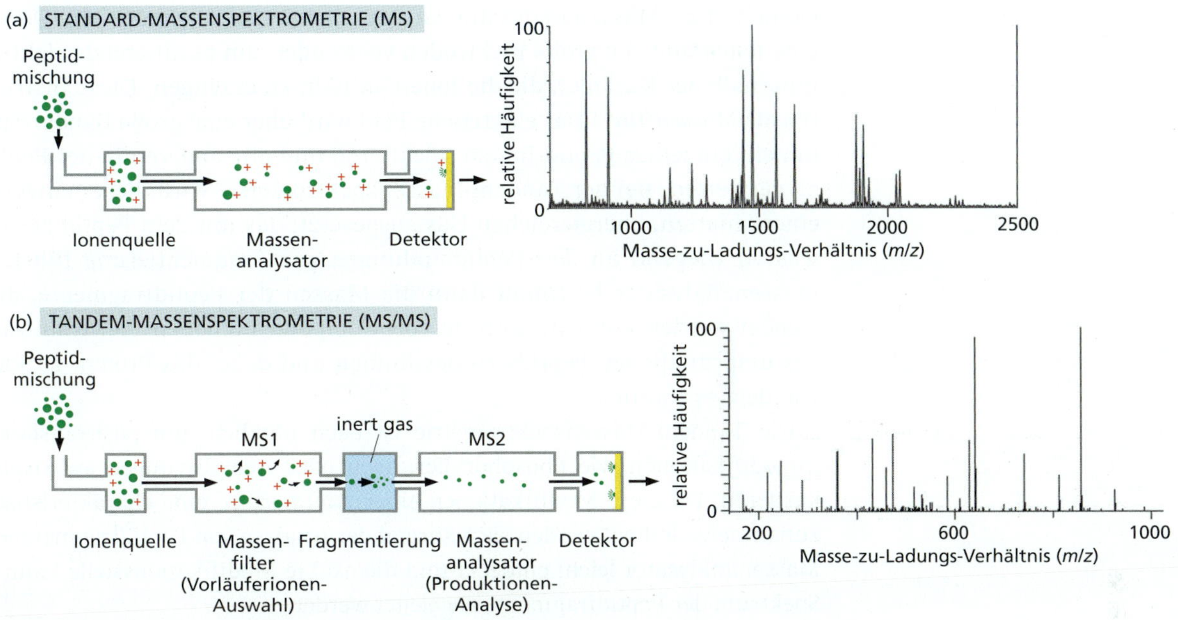

Abb. 8.18 **Das Massenspektrometer.** (a) In der Biologie verwendete Massenspektrometer enthalten eine Ionenquelle, die gasförmige Peptide oder andere Moleküle unter Bedingungen erzeugt, durch die die meisten Moleküle positiv geladen werden. Die beiden wichtigsten Ionenquellen sind MALDI und Elektrospray, wie im Text beschrieben. Die Ionen werden in einen Massenanalysator hinein beschleunigt, der sie auf der Grundlage ihrer Massen und Ladungen durch eine der drei Hauptmethoden trennt: 1) *Time-of-flight* (*TOF*)-Analysatoren bestimmen das Masse-zu-Ladungs-Verhältnis jedes Ions in der Mischung aus der Geschwindigkeit, mit der es sich von der Ionenquelle zum Detektor bewegt. 2) *Quadrupol-Massenfilter* enthalten eine lange Kammer, durch die sich vier Elektroden ziehen, die oszillierende elektrische Felder erzeugen, die die Flugbahn der Ionen bestimmen; indem man die Eigenschaften des elektrischen Feldes über eine große Bandbreite variiert, kann eine Bandbreite von Ionen mit spezifischen Masse-zu-Ladungs-Verhältnissen durch die Kammer zum Detektor gelangen, während andere Ionen verworfen werden. 3) *Ionenfallen* enthalten Donut-förmige Elektroden, die ein dreidimensionales Feld erzeugen, das alle Ionen in einer kreisförmigen Kammer einfängt; die Eigenschaften des elektrischen Feldes können über eine große Spannweite variiert werden, sodass nur spezifische Ionen zum Detektor durchgelassen wird. (b) Die Tandem-Massenspektrometrie verwendet typischerweise zwei Massenanalysatoren, die durch eine Kollisionskammer mit einem inerten energiegeladenen Gas voneinander getrennt sind. Das elektrische Feld des ersten Massenanalysators wird angepasst, um ein spezifisches Peptid-Ion, *Vorläufer-Ion* genannt, auszuwählen, das dann zur Kollisionskammer gelenkt wird. Der Zusammenstoß des Peptids mit Gasmolekülen verursacht eine zufällige Peptidfragmentierung, in erster Linie an den Peptidbindungen, was zu einer hoch komplexen Mischung von Fragmenten führt, die eine oder mehrere Aminosäuren aus dem gesamten ursprünglichen Peptid enthalten. Dann wird der zweite Massenanalysator verwendet, um die Massen der Fragmente (*Produkt-* oder *Tochter-Ionen* genannt) zu messen. Unter Zuhilfenahme von Computern kann das Fragmentmuster dazu verwendet werden, die Aminosäuresequenz des ursprünglichen Peptids herzuleiten.

beschleunigt werden. Ihre Masse und Ladung bestimmen die Zeit, die sie bis zum Erreichen des Detektors benötigen: Große Peptide bewegen sich langsamer und stärker geladene Moleküle schneller. Die präzise Masse der in der Ausgangsprobe vorhandenen Peptide lässt sich durch Analyse der einfach geladenen Peptide bestimmen. Diese Information wird dann zum Durchsuchen von Genomdatenbanken verwendet, in denen die Massen aller Proteine und all ihrer vorhergesagten Peptidfragmente aus den Genomsequenzen des Lebewesens tabellarisch erfasst sind. Oft kann man eine eindeutige Übereinstimmung mit einem bestimmten offenen Leseraster herstellen, wenn man die Masse nur einiger weniger Peptide kennt, die von einem bestimmten Protein stammen.

Durch das Hintereinanderschalten von zwei Massenspektrometern (eine Anordnung, die man Tandem-Massenspektrometrie oder MS/MS nennt; **Abb. 8.18b**) ist es möglich, direkt die Aminosäuresequenzen einzelner Peptide in einer komplexen Mischung zu bestimmen. Das oben beschriebene MALDI-TOF-Instrument ist für diese Methode nicht ideal. Stattdessen verwendet MS/MS typischerweise eine *Elektrospray*-Ionenquelle, die einen fortwährenden dünnen Strom von Peptiden erzeugt, die ionisiert und in den ersten Massenanalysator hinein beschleunigt werden. Der Massenanalysator ist typischerweise entweder ein *Quadrupol* oder eine *Ionenfalle*, die große Elektroden verwendet, um oszillierende elektrische Felder innerhalb der Kammer, die die Ionen enthält, zu erzeugen. Diese Instrumente agieren als *Massenfilter*: Das elektrische Feld wird über eine große Bandbreite angepasst, um ein einzelnes Peptid-Ion zu selektieren und alle anderen in der Peptidmischung zu verwerfen. Bei der Tandem-Massenspektrometrie wird dieses einzelne Ion dann einem inerten, energiereichen Gas ausgesetzt, das mit dem Peptid zusammenstößt, was vorwiegend an den Peptidbindungen zur Fragmentierung führt. Der zweite Massenanalysator bestimmt dann die Massen der Peptidfragmente, die dazu verwendet werden können, mithilfe von Computermethoden die Aminosäuresequenz des ursprünglichen Peptids zu bestimmen und dabei das Protein zu identifizieren, von dem es stammt.

Die Tandem-Massenspektrometrie ist auch nützlich, um posttranslationale Proteinmodifikationen wie Phosphorylierungen oder Acetylierungen aufzuspüren und zu kartieren. Da diese Modifikationen einer Aminosäure eine charakteristische Massenzunahme verleihen, werden sie während der Analyse von Peptidfragmenten im zweiten Massenanalysator leicht entdeckt und die exakte Modifikationsstelle kann oft aus dem Spektrum der Peptidfragmente abgeleitet werden.

Eine solche leistungsfähige „zweidimensionale" Massenspektrometrie-Technik kann dazu dienen, alle in einer Organelle oder einer anderen komplexen Proteinmischung vorhandenen Proteine zu bestimmen. Zunächst wird die vorliegende Proteinmischung mit Trypsin verdaut, um kurze Peptide zu erzeugen. Als Nächstes werden diese Peptide durch automatisierte Hochleistungs-Flüssigkeitschromatographie (HPLC, engl. *high performance liquid chromatography*) getrennt. Jede Peptidfraktion aus der Chromatographiesäule wird direkt in eine Elektrospray-Ionenquelle auf einem Tandem-Massenspektrometer (MS/MS) injiziert, was für jedes Peptid in der Mischung die Aminosäuresequenz und die posttranslationalen Modifikationen liefert. Diese oft als LC-MS/MS bezeichnete Methode wird verwendet, um Hunderte oder Tausende von Proteinen in komplexen Proteinmischungen von bestimmten Organellen oder ganzen Zellen zu identifizieren. Sie kann auch dazu dienen, alle Phosphorylierungsstellen in der Zelle zu kartieren oder alle Proteine, die das Ziel anderer posttranslationaler Modifikationen wie Acetylierung oder Ubiquitinierung sind.

8.3.6 Sätze interagierender Proteine können mithilfe biochemischer Methoden identifiziert werden

Die meisten Proteine in der Zelle erfüllen ihre Aufgaben im Verbund mit anderen Proteinen; will man die biologischen Funktionen von unbekannten Proteinen charakterisieren, ist es wichtig, alle ihre Bindungspartner zu kennen.

Eine Schlüsselmethode zur Identifizierung von Proteinen, die einander fest binden, ist die *Co-Immunpräzipitation*. Ein spezifisches Zielprotein wird, wie früher beschrieben, aus einem Zelllysat mittels eines spezifischen Antikörpers, der an Perlen gekoppelt ist, ausgefällt (Immunpräzipitation). Ist das Zielprotein im Moment der Antikörperbindung fest genug an ein anderes Protein gebunden, wird auch das Partnerprotein ausgefällt und kann durch Massenspektrometrie identifiziert werden. Diese Methode ist sehr hilfreich zur Identifizierung von Proteinen, die im Zellinneren Bestandteil eines Komplexes sind, einschließlich derer, die sich nur vorübergehend zu Komplexen zusammenfinden – etwa wenn extrazelluläre Signalmoleküle Zellen stimulieren (s. Kapitel 15).

8.3.7 Optische Methoden können Proteinwechselwirkungen verfolgen

Wenn bekannt ist, dass zwei Proteine – oder ein Protein und ein kleines Molekül – assoziiert sind, ist es wichtig, die Art ihrer Wechselwirkung detaillierter zu untersuchen. Proteine können mehr oder weniger dauerhaft aneinander binden (wie die Untereinheiten der RNA-Polymerase oder des Proteasoms) oder nur vorübergehende Kontakte eingehen, die nur wenige Millisekunden andauern (wie eine Proteinkinase und ihr Substrat). Um zu verstehen, wie ein Protein innerhalb einer Zelle funktioniert, müssen wir ermitteln, wie fest es an andere Protein bindet, wie rasch es sich von diesen ablöst und wie kovalente Modifikationen, kleine Moleküle oder andere Proteine diese Wechselwirkungen beeinflussen.

Wie in Kapitel 3 behandelt (s. **Abb. 3.42**) ist das Ausmaß, in dem zwei Proteine wechselwirken, durch die Geschwindigkeiten bestimmt, mit denen sie sich zusammenlagern und auseinanderfallen. Diese Geschwindigkeiten hängen von der Geschwindigkeitskonstanten der Assoziierung (k_{an}) bzw. der Geschwindigkeitskonstanten der Dissoziierung (k_{ab}) ab. Die kinetische Geschwindigkeitskonstante k_{ab} ist eine besonders nützliche Zahl, weil sie wertvolle Information darüber liefert, wie lange zwei Proteine aneinander gebunden bleiben. Das Verhältnis der beiden kinetischen Konstanten zueinander (k_{an}/k_{ab}) ergibt eine andere nützliche Zahl, die Gleichgewichtskonstante (K, auch bekannt als $K_{äq}$ oder K_a), deren Kehrwert die meistens verwendete Dissoziationskonstante K_d ist. Die Gleichgewichtskonstante ist hilfreich als allgemeiner Indikator der Affinität der Wechselwirkung und sie kann dazu verwendet werden, die Menge des gebundenen Komplexes bei verschiedenen Konzentrationen der beiden Proteinpartner abzuschätzen – dabei verschafft sie Einblicke in die Bedeutung der Wechselwirkung bei den innerhalb der Zelle gefundenen Proteinkonzentrationen.

Eine große Bandbreite an Methoden kann dazu verwendet werden, für einen Komplex aus zwei Proteinen die Bindungskonstanten zu bestimmen. In einem einfachen *Gleichgewichtsbindeexperiment* werden zwei Proteine über einen Bereich verschiedener Konzentrationen gemischt und bis zum Erreichen des Gleichgewichts inkubiert, dann wird die Menge des gebundenen Komplexes gemessen; die Hälfte des Proteinkomplexes wird bei einer Konzentration gebunden sein, die gleich K_d ist. Für Gleichgewichtsexperimente werden oft radioaktive oder fluoreszierende Markierungen auf einem der Partnerproteine verwendet, gekoppelt mit biochemischen oder optischen Methoden, um die Menge des gebundenen Proteins zu messen. In einem komplexeren *kinetischen Bindeexperiment* werden die kinetischen Geschwindigkeitskonstanten mithilfe schneller Methoden bestimmt, die eine Echtzeitmessung der Bildung eines gebundenen Komplexes im zeitlichen Verlauf (um k_{an} zu bestimmen) oder der Dissoziation eines gebundenen Komplexes im zeitlichen Verlauf (um k_{ab} zu bestimmen) gestatten.

Optische Techniken liefern besonders schnelle, bequeme und exakte Bindungsmessungen, und in manchen Fällen müssen die Proteine noch nicht einmal markiert werden. Bestimmte Aminosäuren (z. B. Tryptophan) zeigen eine schwache Fluoreszenz, die sich mit empfindlichen Fluorimetern detektieren lässt. In vielen Fällen ändert sich die Fluorenzenzintensität oder das Emissionsspektrum der fluoreszierenden Aminosäuren, die an der Kontaktfläche zwischen Proteinen sitzen, wenn sich zwei Proteine verbinden. Wenn diese Veränderung durch die Fluorimetrie detektiert werden kann, dann liefert sie ein einfaches und empfindliches Maß der Proteinbindung, das sowohl für Gleichgewichts- als auch kinetische Bindexperimente nützlich ist. Eine verwandte, aber breiter verwendbare optische Bindetechnik fußt auf der *Fluoreszenz-Anisotropie*, eine Veränderung des polarisierten Lichtes, das von einem fluoreszenzmarkierten Protein im gebundenen und im freien Zustand ausgesandt wird (**Abb. 8.19**).

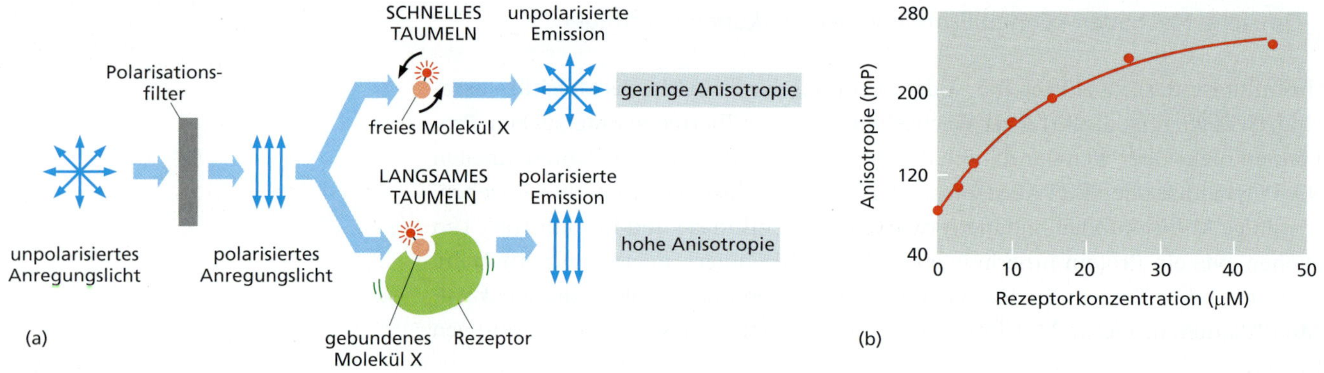

Abb. 8.19 Messung der Bindung mit Fluoreszenz-Anisotropie. Diese Methode hängt von einem fluoreszenzmarkierten Protein ab, das mit polarisiertem Licht mit der entsprechenden Wellenlänge für die Anregung bestrahlt wird; ein Fluorimeter dient dazu, die Intensität und Polarisierung des ausgesandten Lichtes zu messen. Wenn das fluoreszierende Protein an einer Stelle fixiert ist und deshalb während der kurzen Zeitspanne zwischen Anregung und Emission nicht rotiert, dann wird das ausgesandte Licht mit dem gleichen Winkel wie das Anregungslicht polarisiert. Dieser gerichtete Effekt heißt *Fluoreszenz-Anisotropie*. Proteinmoleküle in Lösung drehen sich oder taumeln jedoch schnell, sodass die Menge der anisotropen Fluoreszenz abnimmt. Größere Moleküle taumeln langsamer und haben deshalb eine höhere Fluoreszenz-Anisotropie. (a) Um die Bindung zwischen einem kleinen Molekül und einem großen Rezeptorprotein zu messen, wird das kleinere Molekül mit einem Fluorophor markiert. In Abwesenheit seines Bindungspartners taumelt das Molekül schnell, was zu einer niedrigen Fluoreszenz-Anisotropie führt (*oben*). Wenn das kleine Molekül jedoch an seinen größeren Partner bindet, taumelt es nicht so schnell, was zu einem Anstieg der Fluoreszenz-Anisotropie führt (*unten*). (b) In dem hier gezeigten Gleichgewichtsbindeexperiment war ein kleiner, fluoreszierender Peptidligand in geringer Konzentration vorhanden, und der Betrag der Fluoreszenz-Anisotropie (in Millipolarisierungseinheiten, mP) wurde nach Inkubation mit verschiedenen Konzentrationen des größeren Proteinrezeptors für den Liganden gemessen. Aus der Hyperbel, die den Daten entspricht, kann man sehen, dass 50 % Bindung bei etwa 10 μM auftraten, was gleich der Dissoziationskonstante K_d für die Bindungswechselwirkung ist.

Eine andere optische Methode, um Proteinwechselwirkungen zu sondieren, verwendet das *grün fluoreszierende Protein* (GFP; weiter unten genauer behandelt) und seine verschiedenfarbigen Derivate. Bei dieser Anwendung werden die beiden betrachteten Proteine mit verschiedenen Fluoreszenzfarbstoffen markiert, sodass das Emissionsspektrum des einen Farbstoffs mit dem Absorptionsspektrum des zweiten überlappt. Wenn die beiden Proteine sehr engen Kontakt miteinander haben (zwischen ca. 1 und 5 nm), wird die Energie des von dem einen Farbstoff absorbierten Lichts auf den anderen Farbstoff übertragen. Diese **Fluoreszenzresonanz-Energietransfer (FRET)** genannte Energieübertragung lässt sich bestimmen, indem der erste Farbstoff angeregt und die Emission des zweiten gemessen wird (s. **Abb. 9.26**). Wenn diese Methode mit der Fluoreszenzmikroskopie kombiniert wird, kann sie dazu verwendet werden, Protein–Protein-Wechselwirkungen an bestimmten Orten innerhalb lebender Zellen zu charakterisieren (in Kapitel 9 behandelt).

8.3.8 Die Proteinstruktur lässt sich mithilfe der Röntgenbeugung bestimmen

Ein tiefes Verständnis der Proteinfunktion in der Zelle erfordert die Kenntnis der dreidimensionalen Struktur in atomarer Auflösung, dabei wird die exakte Position jeder Aminosäure im Protein preisgegeben. Die Strukturanalyse verschafft beeindruckende Einblicke in den Mechanismus, der der Enzymaktivität eines Proteins zugrunde liegt, sowie in seine Wechselwirkungen mit anderen Proteinen oder kleinen Molekülen. Zur Entschlüsselung der Proteinstruktur werden zahlreiche Methoden eingesetzt. In diesem Kapitel behandeln wir gut etablierte Methoden, die von der Röntgen-Kristallographie und der Kern-Magnet-Resonanz-Spektroskopie abhängen. Kapitel 9 beschreibt jüngst entwickelte Methoden, mithilfe derer die Elektronenmikroskopie zur Bestimmung hochaufgelöster Strukturen größerer Proteine und Proteinkomplexe verwendet wird. Über viele Jahrzehnte war die vorherrschende Technik für die Strukturanalyse von Proteinen die **Röntgen-Kristallstrukturanalyse**. Röntgenstrahlen sind ebenso wie Licht eine Form der elektromagnetischen Strahlung, allerdings mit viel kürzerer Wellenlänge, typischerweise um 0,1 nm (der Durchmesser eines Wasserstoffatoms). Wird ein enger, gebündelter Röntgenstrahl auf eine Probe aus reinem Protein gelenkt, passieren die meisten Röntgenstrahlen die Probe ungehindert. Ein kleiner Anteil wird jedoch von den Atomen in der Probe gestreut. Handelt es sich bei der Probe um einen streng geordneten Kristall, werden sich die gestreuten Wellen an einigen Punkten gegenseitig verstärken und auf einem geeigneten Röntgenstrahlendetektor als Beugungsfleck erscheinen (**Abb. 8.20**).

Der langsamste Schritt bei dieser Technik ist wohl die Herstellung eines geeigneten Proteinkristalls. Dieser Schritt erfordert große Mengen an reinem Protein und bedeutet

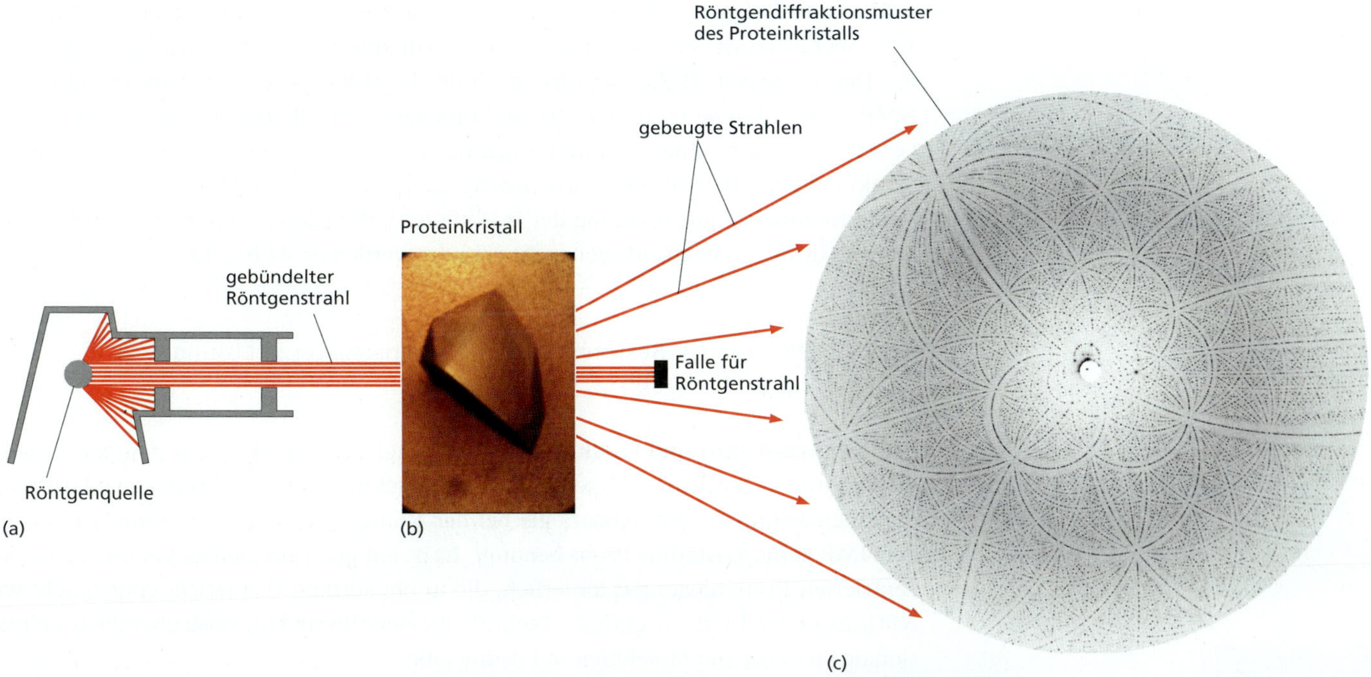

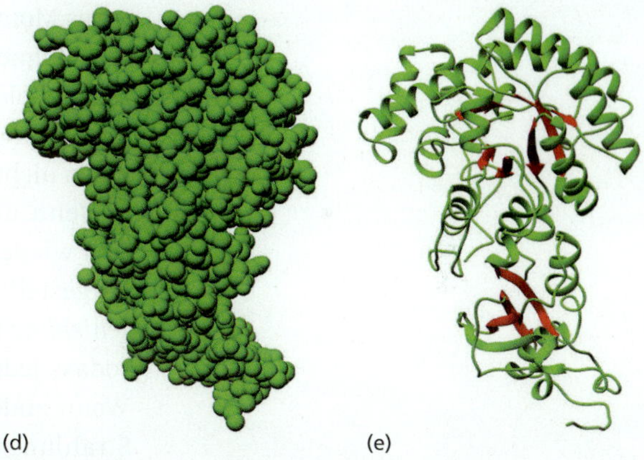

Abb. 8.20 Röntgen-Kristallographie (a) Ein schmaler Röntgenstrahl wird auf einen streng geordneten Kristall (b) gelenkt. Bei dem hier abgebildeten Proteinkristall handelt es sich um 1,5-Ribulosebisphosphat-Carboxylase (Rubisco), ein Enzym, das bei der CO_2-Fixierung in der Photosynthese eine wichtige Funktion hat. Ein Teil des Strahls wird von den Kristallatomen gestreut. Die gestreuten Wellen verstärken sich an einigen Punkten gegenseitig und erscheinen als Muster von Beugungsflecken (c). Dieses Beugungsmuster dient zusammen mit der Aminosäuresequenz des Proteins zur Erstellung eines Atommodells (d). Eine vereinfachte Version des Modells (e) zeigt die wichtigsten Strukturmerkmale des Proteins deutlicher (α-Helices, *grün*; β -Stränge, *rot*) des Proteins. Die in a bis e dargestellten Komponenten sind nicht maßstabsgerecht abgebildet. (b, mit freundlicher Genehmigung von C. Branden; c, mit freundlicher Genehmigung von J. Hajdu und I. Andersson; d und e, PDB-Code: 1RBL).

häufig ein Jahre andauerndes Probieren auf der Suche nach den richtigen Bedingungen für die Kristallisation. Die Lage und Intensität jedes Punkts im Röntgenbeugungsmuster enthält die Information über die Lage der Atome im Kristall, durch die es entstanden ist. Rechnergestützte Rechenmethoden verarbeiten das Beugungsmuster und erzeugen eine dreidimensionale Elektronendichtekarte.

Die Interpretation dieser Karte, d. h. die Übersetzung ihrer Konturen in eine dreidimensionale Struktur, ist überaus kompliziert und erfordert die Kenntnis der Aminosäuresequenz des Proteins. In einem weitgehend empirischen Verfahren wird durch einen Computer die bestmögliche Übereinstimmung zwischen Sequenz und Elektronendichteverteilung ermittelt. Die Zuverlässigkeit des letztlich ermittelten Atommodells hängt von der Auflösung der ursprünglichen kristallographischen Daten ab: 0,5 nm Auflösung ergibt eine schwach auflösende Karte des Polypeptidgerüsts, wogegen eine Auflösung von 0,15 nm eine zuverlässige Zuordnung der Nicht-Wasserstoffatome im Molekül zulässt.

Ein vollständiges Atommodell ist häufig zu kompliziert, um direkt von Nutzen zu sein, aber es lassen sich vereinfachte Versionen ableiten, die die wichtigsten strukturellen Details zeigen. Bisher wurden mithilfe der Röntgen-Kristallstrukturanalyse oder NMR-Spektroskopie (s. unten) die dreidimensionalen Strukturen von Zehntausenden verschiedener Proteine bestimmt – genug, um eine Gruppierung von gemeinsamen Strukturmerkmalen zu Molekülfamilien zuzulassen. Es scheint, dass diese Strukturen oder Proteinfaltungen während der Evolution häufig besser konserviert wurden als die Aminosäuresequenzen, aus denen sie gebildet werden (s. **Abb. 3.13**).

8.3.9 NMR kann zur Bestimmung der Proteinstruktur in Lösung eingesetzt werden

Die **Kernresonanzspektroskopie** (**NMR**, engl. *nuclear magnetic resonance*) wurde viele Jahre zur Strukturanalyse bei kleinen Molekülen, kleinen Proteinen oder Proteindomänen herangezogen. Anders als bei der Röntgen-Kristallstrukturanalyse wird bei der NMR keine kristalline Probe benötigt. Es ist lediglich ein kleines Volumen einer konzentrierten Proteinlösung erforderlich, die in ein starkes Magnetfeld eingebracht wird. NMR ist in der Tat die wichtigste Technik, die detaillierte Hinweise über die dreidimensionale Struktur von Molekülen in Lösung gibt.

Bestimmte Atomkerne, ganz besonders die des Wasserstoffs, besitzen ein magnetisches Moment oder einen Spin, d. h. sie sind wie ein kleiner Stabmagnet mit einer inneren Magnetisierung ausgestattet. Wenn sie in einem NMR-Experiment einem starken Magnetfeld ausgesetzt sind, dann richtet sich der Spin dieser Kerne am Magnetfeld aus, aber sie können durch Radiofrequenz(RF)-Pulse der elektromagnetischen Strahlung in einen nicht mehr am Feld ausgerichteten Anregungszustand versetzt werden.

Wenn die angeregten Wasserstoffkerne in den Grundzustand zurückkehren und sich wieder ausrichten, emittieren sie RF-Strahlung, die gemessen und als Spektrum dargestellt werden kann. Das Signal der ausgesandten Strahlung, als *chemische Verschiebung* bezeichnet, hängt von der Umgebung jedes einzelnen Wasserstoffkerns ab, sodass jeder Kern in einem Protein eine leicht unterschiedliche Verschiebung zeigt. Wenn zudem ein Kern angeregt ist, beeinflusst er die Absorption und Emission der Strahlung anderer Kerne, die in seiner Nachbarschaft liegen. Eine geniale Weiterentwicklung der grundlegenden NMR-Technik, die zweidimensionale (2D-)NMR, ermöglicht es, die Signale von Wasserstoffatomen in verschiedenen Aminosäureresten zu unterscheiden. Außerdem können die kleinen Änderungen in diesen Signalen identifiziert und gemessen werden, die auftreten, wenn diese Wasserstoffkerne nahe genug beieinanderliegen und sich so gegenseitig beeinflussen können: Weil die Größe einer solchen Änderung Rückschlüsse auf die Entfernung zwischen dem wechselwirkenden Paar von Wasserstoffatomen zulässt, kann die NMR-Spektrometrie Informationen über die Entfernungen zwischen den Teilen eines Proteinmoleküls liefern. Eine zusätzliche Information kann man mittels heteronuklearer 2D-NMR erhalten, die Wasserstoffkerne parallel mit Kernen eines Stickstoffisotops analysiert. Durch Kombination dieser Information mit der Kenntnis der Aminosäuresequenz ist es prinzipiell möglich, die dreidimensionale Struktur eines Proteins von einem Computer errechnen zu lassen (**Abb. 8.21**).

Aus technischen Gründen wird die NMR vorwiegend zur Strukturbestimmung von kleinen Proteinen mit ca. 20 000 Dalton oder weniger verwendet. Da NMR-Untersuchungen in Lösung durchgeführt werden, biete die Methode auch ein komfortables Mittel, um Veränderungen in der Proteinstruktur zu beobachten; z. B. etwa während der Proteinfaltung oder wenn das Protein an ein anderes Molekül bindet. NMR-Untersuchungen sind auch für Nicht-Proteinmoleküle sehr wertvoll, wie bei der Bestimmung der dreidimensionalen

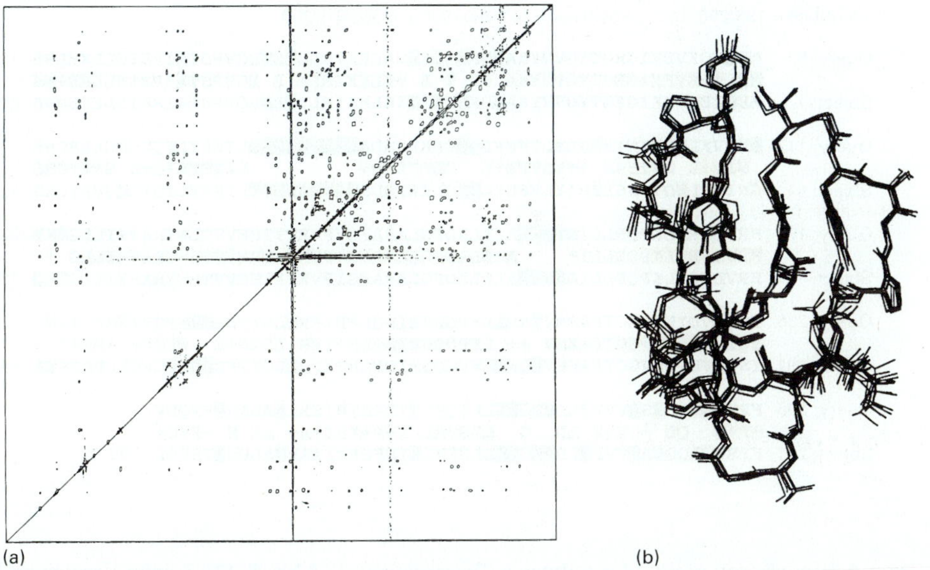

Abb. 8.21 **NMR-Spektroskopie.** (a) Ein Beispiel für die mit einem NMR-Gerät gewonnenen Daten. Dieses NMR-Spektrum das Verschiebungen der Wasserstoffkerne in zwei Dimensionen zeigt, stammt von der C-terminalen Domäne des Enzyms Zellulase. Die Flecken außerhalb der Diagonale entsprechen Wechselwirkungen zwischen eng benachbarten Wasserstoffatomen im Protein und liefern damit Informationen über die Entfernungen zwischen ihnen. Komplexe Computerprogramme in Verbindung mit der bekannten Aminosäuresequenz gestatten die Ableitung möglicher Strukturen. (b) Zehn übereinandergelagerte Enzymstrukturen, die alle die Entfernungsvorgaben gleich gut erfüllen; sie vermitteln eine gute Vorstellung von der wahrscheinlichen dreidimensionalen Struktur. (Mit freundlicher Genehmigung von P. Kraulis).

Struktur von RNA-Molekülen und den komplexen Kohlenhydratseitenketten von Glykoproteinen.

Ein Hauptproblem der Strukturbiologie ist die Analyse großer Proteinkomplexe, die schwer zu kristallisieren und zu groß für die NMR-Analyse sind. Die Einzelpartikelanalyse durch Kryo-Elektronenmikroskopie verschafft einen relativ unkomplizierten Ansatz für die Analyse großer makromolekularer Zusammenschlüsse, was wir in Kapitel 9 beschreiben werden

8.3.10 Proteinsequenz und Proteinstruktur geben Hinweise auf die Proteinfunktion

Nachdem wir die Aufreinigung und Analyse von Proteinen besprochen haben, wenden wir uns nun einer häufig vorkommenden Situation in der Zell- und Molekularbiologie zu: Ein Forscher hat ein Gen identifiziert, das für einen biologischen Vorgang wichtig ist, besitzt aber keine direkten Kenntnisse über die chemischen Eigenschaften seines Proteinprodukts.

Dank der zahlreichen in Genomdatenbanken katalogisierten Protein- und Aminosäuresequenzen kann die Funktion eines Gens – und die des von ihm codierten Proteins – durch einfachen Vergleich seiner Sequenz mit denen von früher charakterisierten Genen vorhergesagt werden. Da die Aminosäuresequenz die Proteinstruktur bestimmt und die Struktur die biologische Funktion diktiert, haben Proteine mit einer ähnlichen Aminosäuresequenz eine ähnliche Struktur und auch häufig ähnliche biochemische Funktionen, selbst wenn sie aus nur weitläufig verwandten Organismen stammen. Damit beginnt die Untersuchung eines neu entdeckten Proteins in der modernen Zellbiologie mit einer Suche nach zuvor charakterisierten Proteinen mit ähnlichen Aminosäuresequenzen.

Die Suche nach ähnlichen Genen oder Proteinen in Sammlungen bekannter Sequenzen geschieht einfach über das Internet: Man wählt eine geeignete Datenbank und gibt die gewünschte Sequenz ein. Ein sequenzvergleichendes Programm – das gängigste ist BLAST (*Basic Local Alignment Search Tool*) – durchsucht die Datenbanken nach ähnlichen Sequenzen. Die eingegebene Sequenz wird sozusagen an den archivierten entlanggeschoben und die Sequenzen werden gegeneinander abgeglichen, bis eine Aufeinanderfolge

```
Score = 399 bits (1025, Expect = e-111
Identities = 198/290 (68%), Positives = 241/290 (82%), Gaps = 1/290

Query: 57   MENFQKVEKIGEGTYGVVYKARNKLTGEVVALKKIRLDTETEGVPSTAIREISLLKELNH 116
             ME ++KVEKIGEGTYGVVYKA +K T E +ALKKIRL+ E EGVPSTAIREISLLKE+NH
Sbject: 1   MEQYEKVEKIGEGTYGVVYKALDKATNETIALKKIRLEQEDEGVPSTAIREISLLKEMNH 60

Query: 117  PNIVKLLDVIHTENKLYLVFEFLHQDLKKFMDASALTGIPLPLIKSYLFQLLQGLAFCHS 176
              NIV+L DV+H+E ++YLVFE+L  DLKKFMD+         LIKSYL+Q+L G+A+CHS
Sbject: 61  GNIVRLHDVVHSEKRIYLVFEYLDLDLKKFMDSCPEFAKNPTLIKSYLYQILHGVAYCHS 120

Query: 177  HRVLHRDLKPQNLLINTE-GAIKLADFGLARAFGVPVRTYTHEVVTLWYRAPEILLGCKY 235
             HRVLHRDLKPQNLLI+    A+KLADFGLARAFG+PVRT+THEVVTLWYRAPEILLG +
Sbject: 121 HRVLHRDLKPQNLLIDRRTNALKLADFGLARAFGIPVRTFTHEVVTLWYRAPEILLGARQ 180

Query: 236  YSTAVDIWSLGCIFAEMVTRRALFPGDSEIDQLFRIFRTLGTPDEVVWPGVTSMPDYKPS 295
             YST VD+WS+GCIFAEMV ++ LFPGDSEID+LF+IFR LGTP+E  WPGV+ +PD+K +
Sbject: 181 YSTPVDVWSVGCIFAEMVNQKPLFPGDSEIDELFKIFRILGTPNEQSWPGVSCLPDFKTA 240

Query: 296  FPKWARQDFSKVVPPLDEDGRSLLSQMLHYDPNKRISAKAALAHPFFQDV 345
             FP+W  QD + VVP LD  G  LLS+ML Y+P+KRI+A+ AL H +F+D+
Sbject: 241 FPRWQAQDLATVVPNLDPAGLDLLSKMLRYEPSKRITARQALEHEYFKDL 290
```

Abb. 8.22 Ergebnisse einer BLAST-Suche. Sequenzdatenbanken können durchsucht werden, um ähnliche Aminosäure- oder Nukleotidsequenzen zu finden. Hier dargestellt ist die Suche nach Proteinen, die Ähnlichkeit mit dem menschlichen Zellzyklus-Regulationsprotein *Cdc1* haben; gefunden wurde Mais-*Cdc1* (*Sbjct*), das in seiner Aminosäuresequenz zu 68 % identisch zum menschlichen *Cdc2* ist. Die Übereinstimmung beginnt am Aminosäurerest 57 des (angefragten) *Query* -Proteins, was darauf schließen lässt, dass das menschliche Protein eine N-terminale Region besitzt, die es im Maisprotein nicht gibt. Die *grün* markierten Reste weisen auf Sequenzunterschiede hin, die *gelben* zeigen die Übereinstimmungen. Wenn die beiden Aminosäuren identisch sind, ist der Rest im Einbuchstabencode angegeben; ähnliche Aminosäuresubstitutionen werden mit einem Pluszeichen (+) versehen. In unserem Beispiel musste nur eine einzige Lücke (*gap*) in die *Query*-Sequenz eingeführt werden – kenntlich gemacht durch einen *roten Pfeil* an Position 194 – um die beiden Sequenzen maximal gegeneinander abzugleichen. Die Übereinstimmungsrate (*score* = Trefferzahl), die mit zwei verschiedenen Einheiten ausgedrückt wird, berücksichtigt „Strafen" für Substitutionen und Unterbrechungen; je höher der *Score*-Wert ist, umso höher ist die Übereinstimmung. Die statistische Signifikanz der Übereinstimmung (des Alignments) wird im Erwartungswert (E, *Expect*) ausgedrückt; der E-Wert beschreibt, wie oft ein solch guter Wert zufällig auftritt. Je niedriger der E-Wert, desto signifikanter ist die Übereinstimmung. Der in diesem Beispiel extrem niedrige E-Wert (e^{-111}) bedeutet eine sichere Signifikanz. E-Werte, die viel größer als 0,1 sind, lassen nicht auf (Sequenz-)Verwandtschaft schließen. Ein E-Wert von 0,1 bedeutet beispielsweise, dass eine solche Übereinstimmung mit einer Wahrscheinlichkeit von 0,1 (1 von 10) zufällig vorkommt.

von Aminosäuren ganz oder teilweise übereinstimmt (**Abb. 8.22**). Solche Vergleiche können die Funktionen von individuellen Proteinen, Proteinfamilien oder sogar des größten Teils der Proteinausstattung eines neu sequenzierten Organismus vorhersagen.

Wie in Kapitel 3 erklärt, sind viele Proteine, die die gleiche Konformation annehmen und verwandte Funktionen besitzen, zu weit entfernt verwandt, als dass sie allein über Vergleiche ihrer Aminosäuresequenzen identifiziert werden könnten (s. **Abb. 3.13**). Könnte man die dreidimensionale Struktur eines Proteins verlässlich aus seiner Aminosäuresequenz vorhersagen, könnten wir aus der Sequenzinformation in Genomdatenbanken besser auf die Proteinfunktion schließen. In den letzten Jahren hat man große Fortschritte bei der Vorhersage der exakten Proteinstruktur gemacht. Diese Vorhersagen basieren zum Teil auf unseren Kenntnissen von Tausenden von Proteinstrukturen, die bereits mithilfe der Röntgenkristallographie und NMR-Spektroskopie bestimmt wurden, und zum andern Teil auf Berechnungen, die unser Wissen über die auf Atome wirkenden physikalischen Kräfte nutzen. Es bleibt jedoch eine beachtliche und wichtige Aufgabe, die Struktur von großen Proteinen oder solchen mit vielen Domänen vorherzusagen oder auch Strukturen mit dem sehr hohen Auflösungsgrad vorherzusagen, den man z. B. zur Unterstützung computerbasierter Arzneistoffforschung braucht.

Während die Erkenntnisse über verwandte Sequenzen und Strukturen für ein neues Protein viele Hinweise auf seine Funktion liefern, ist es gewöhnlich nötig, diese Erkenntnisse durch direkte Experimente zu testen. Die in Sequenzvergleichen erhaltenen Hinweise zeigen dem Forscher jedoch normalerweise die richtige Richtung für die Experimente, und deshalb sind Sequenzvergleiche zu einer der wichtigsten Strategien in der modernen Zellbiologie geworden.

Zusammenfassung

Es gibt viele Methoden zur Identifizierung von Proteinen und zur Untersuchung ihrer biochemischen Eigenschaften, Strukturen und Wechselwirkungen mit anderen Proteinen. Zu den leistungsfähigsten und üblicherweise verwendeten Methoden zählen die Proteinauftrennung mittels Polyacrylamid-Gelektrophorese Proteinanalyse durch Massenspektrometrie und die hochauflösende Strukturbestimmung. Da Proteine mit ähnlichen Strukturen auch häufig ähnliche Funktionen besitzen, lässt sich die biochemische Aktivität eines Proteins oft vorhersagen, wenn man in Datenbanken nach zuvor charakterisierten Proteinen mit ähnlichen Aminosäuresequenzen sucht.

8.4 DNA analysieren und manipulieren

Bis in die frühen 1970er-Jahre war DNA für die Biochemiker das am schwierigsten zu analysierende Molekül der Zelle. Unglaublich lang und chemisch völlig monoton wie er war, konnte der Strang von Nukleotiden, der die genetische Information eines Organismus bildet, nur indirekt durch Proteinsequenzierung oder durch genetische Analysen bestimmt werden. Heute hat sich diese Situation völlig umgekehrt: Die DNA hat sich vom analytischen Problemfall der Zelle zum am leichtesten zu untersuchenden Molekül gewandelt. Es ist nun möglich, die gesamte Nukleotidsequenz eines Bakterien- oder Pilzgenoms innerhalb von Stunden und die Sequenz eines individuellen Humangenoms in weniger als einem Tag zu bestimmen. Sobald die Nukleotidsequenz eines Genoms bekannt ist, kann jedes beliebige einzelne Gen leicht isoliert werden, und große Mengen des Genprodukts (sei es RNA oder Protein) können entweder dadurch hergestellt werden, dass man das Gen in Bakterien oder Tierzellen einführt und diese Zellen dann dazu bringt, das fremde Gen zu überexprimieren, oder indem man das Genprodukt *in vitro* synthetisiert. Auf diese Weise können Proteine und RNA-Moleküle, die eventuell nur in winzigen Mengen in lebenden Zellen vorhanden sind, in großen Mengen für biochemische und Strukturanalysen gebildet werden. Dieser Ansatz kann auch dazu dienen, große Mengen menschlicher Proteine (wie z. B. Insulin, Interferon oder Blutgerinnungsproteine) für den Einsatz als menschliche Pharmazeutika zu gewinnen. Wie wir später in diesem Kapitel sehen werden, ist es Wissenschaftlern ebenso möglich, ein isoliertes Gen zu verändern und es zurück in die Keimbahn eines Tieres oder einer Pflanze zu übertragen, sodass es ein funktionaler und vererbbarer Teil des entsprechenden Genoms wird. Auf diese Weise kann die biologische Rolle eines beliebigen Gens durch Beobachtung – im ganzen Lebewesen – der sich aus dieser Veränderung ergebenden Folgen abgeschätzt werden.

Die Möglichkeit, DNA im Reagenzglas oder im Organismus gezielt zu verändern – als **rekombinante DNA-Technologie** oder **Gentechnik** bekannt – hatte dramatische Auswirkungen auf alle Aspekte der Zell- und Molekularbiologie. Wir beschreiben nun die Schlüsselmerkmale dieser Techniken.

8.4.1 Restriktionsnukleasen zerschneiden große DNA-Moleküle in definierte Fragmente

Im Gegensatz zu einem Protein ist ein Gen keine diskrete Einheit in der Zelle, sondern ein kleiner Abschnitt eines viel längeren DNA-Moleküls. Obwohl DNA-Moleküle in der Zelle durch mechanische Kräfte statistisch in kleinere Stücke zerbrochen werden können, wäre ein Bruchstück mit einem einzelnen Gen in einer Säugerzelle nur eines unter hunderttausend oder mehr DNA-Fragmenten und von den anderen nicht zu unterscheiden. Wie könnte man ein solches Gen von allen anderen trennen? Da alle DNA-Moleküle aus ungefähr der gleichen Mischung derselben vier Nukleotide bestehen, lassen sie sich nicht einfach trennen, wie das bei Proteinen auf der Grundlage ihrer unterschiedlichen Ladungs- und biochemischen Eigenschaften möglich ist.

Eine Lösung dieses Problems begann sich abzuzeichnen, als man die **Restriktionsenzyme** entdeckte. Diese Enzyme, die aus Bakterien aufgereinigt werden können, schneiden die DNA-Doppelhelix an spezifischen Stellen, die durch ihre lokale Nukleotidsequenz definiert werden. Dadurch wird das lange, doppelsträngige DNA-Molekül in Fragmente von genau definierter Länge zerlegt.

Wie viele Werkzeuge der Gentechnik wurden die Restriktionsnukleasen durch Forscher entdeckt, die ein faszinierendes biologisches Phänomen zu verstehen versuchten.

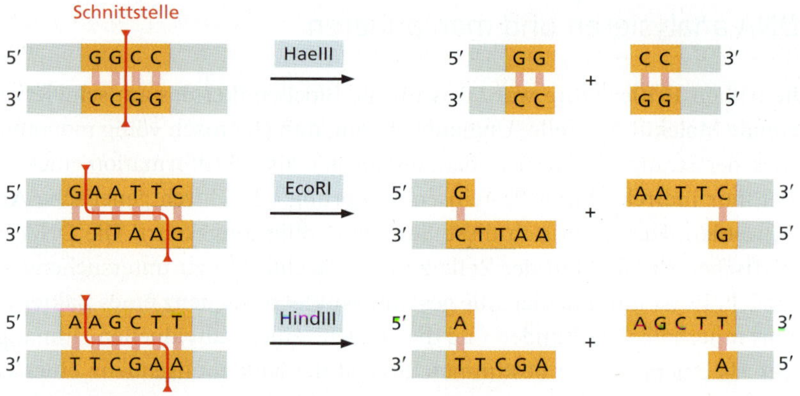

Abb. 8.23 Restriktionsnukleasen schneiden DNA an spezifischen Nukleotidsequenzen. Wie die sequenzspezifischen DNA-Bindeproteine, denen wir in Kapitel 7 begegnet sind (s. **Abb. 7.9**), arbeiten Restriktionsenzyme oft als Dimere, und die DNA-Sequenz, die jedes Restriktionsenzym erkennt und schneidet, ist oft zu einem zentralen Punkt symmetrisch. Hier sind beide Stränge der DNA-Doppelhelix an spezifischen Punkten innerhalb der Zielsequenz (*orange*) geschnitten. Manche Enzyme wie HaeIII scheiden gerade durch die Doppelhelix und hinterlassen zwei DNA-Moleküle mit stumpfen Enden; bei anderen, wie EcoRI und HindIII, sind die Schnitte auf jedem Strang gestaffelt. Diese staffelförmigen Schnitte erzeugen „klebrige" Enden – kurze, einzelsträngige Überhänge, die den geschnittenen DNA-Molekülen helfen, sich wieder über komplementäre Basenpaarung zu verbinden. Diese Wiederverbindung von DNA-Molekülen wird beim DNA-Klonieren wichtig, wie wir unten besprechen. Gewöhnlich erhält man Restriktionsnukleasen von Bakterien und ihre Bezeichnungen spiegeln ihren Ursprung wider: Das Enzym EcoRI stammt beispielsweise aus *Escherichia coli*. Hunderte verschiedener Restriktionsenzyme sind käuflich erhältlich.

Man hatte beobachtet, dass bestimmte Bakterien immer „fremde" DNA abbauten, die experimentell in sie eingebracht wurde. Die Suche nach einem verantwortlichen Mechanismus enthüllte dann eine unerwartete Klasse bakterieller Nukleasen, die DNA an spezifischen Nukleotidsequenzen schneiden. Die bakterieneigene DNA wird mithilfe der Methylierung dieser gleichen Sequenzen vor dem Schneiden geschützt, so wird das eigene Genom des Bakteriums davor bewahrt, durch fremde DNA überflutet zu werden. Weil diese Enzyme die DNA-Übertragung in Bakterien restringieren (beschränken), nannte man sie Restriktionsnukleasen. Die Anstrengungen zur Lösung dieses scheinbar geheimnisvollen biologischen Rätsels setzten die Entwicklung von Technologien in Gang, die für immer die Art und Weise veränderten, wie Zell- und Molekularbiologen lebende Dinge untersuchen.

Verschiedene Bakterienarten bilden unterschiedliche Restriktionsnukleasen, die jeweils an verschiedenen spezifischen Nukleotidsequenzen schneiden (**Abb. 8.23**). Da diese Zielsequenzen kurz sind – im Allgemeinen vier bis acht Nukleotidpaare – entstehen rein zufällig viele solcher Schnittstellen in jedem langen DNA-Molekül. Der Grund, warum Restriktionsnukleasen im Laboratorium so nützlich sind, ist der, dass jedes Enzym ein bestimmtes DNA-Molekül immer an der gleichen Stelle schneidet. Somit wird in einer gegebenen DNA-Probe (die viele identische Moleküle enthält) eine bestimmte Restriktionsnuklease verlässlich den immer gleichen Satz an DNA-Bruchstücken erzeugen.

Die Größe der entstehenden Bruchstücke hängt von der Länge der Zielsequenzen der Restriktionsnukleasen ab. Wie in **Abb. 8.23** gezeigt, schneidet das Enzym HaeIII an einer Sequenz von vier Nukleotidpaaren; man würde erwarten, dass eine Sequenz dieser Länge rein zufällig etwa alle 256 Nukleotidpaare (1 von 4^4) vorkommt. Im Vergleich dazu würde man von einer Restriktionsnuklease mit einer Zielsequenz von acht Nukleotidpaaren erwarten, dass sie die DNA durchschnittlich alle 65536 Nukleotidpaare (1 von 4^8) schneidet. Diese unterschiedliche Sequenzselektivität macht es möglich, ein langes DNA-Molekül in Bruchstückgrößen zu schneiden, die für eine gegebene Anwendung am geeignetsten sind.

8.4.2 Die Gelelektrophorese trennt DNA-Moleküle unterschiedlicher Größe

Die gleichen gelelektrophoretischen Methoden, die sich als so nützlich für die Proteinanalyse erwiesen haben (s. **Abb. 8.13**), können auch bei DNA-Molekülen angewandt werden. Tatsächlich ist das Verfahren einfacher als für Proteine: Da jedes Nukleotid in einer Nukleinsäure bereits eine negative Ladung trägt (auf der Phosphatgruppe), ist das negativ geladene Detergens SDS, das die Proteine einheitlich in Richtung Kathode wandern ließ, hier überflüssig. Größere DNA-Fragmente wandern langsamer, weil ihr

Vorankommen in größerem Ausmaß von der Gelmatrix behindert wird. In weniger als einer Stunde werden die DNA-Bruchstücke entsprechend ihrer Größe über das Gel verteilt und bilden eine Leiter mit diskreten Banden, die jeweils aus einer Ansammlung von DNA-Molekülen identischer Länge bestehen (**Abb. 8.24a, b**). Um DNA-Moleküle zu trennen, die länger als 500 Nukleotidpaare sind, wird das Gel aus einer verdünnten Agaroselösung (ein aus Seetang isoliertes Polysaccharid) hergestellt. Bei DNA-Fragmenten, die kürzer als 500 Nukleotide sind, ermöglichen spezielle Polyacrylamidgele die Trennung von Molekülen, die sich um nur ein Nukleotid unterscheiden (s. **Abb. 8.24c**).

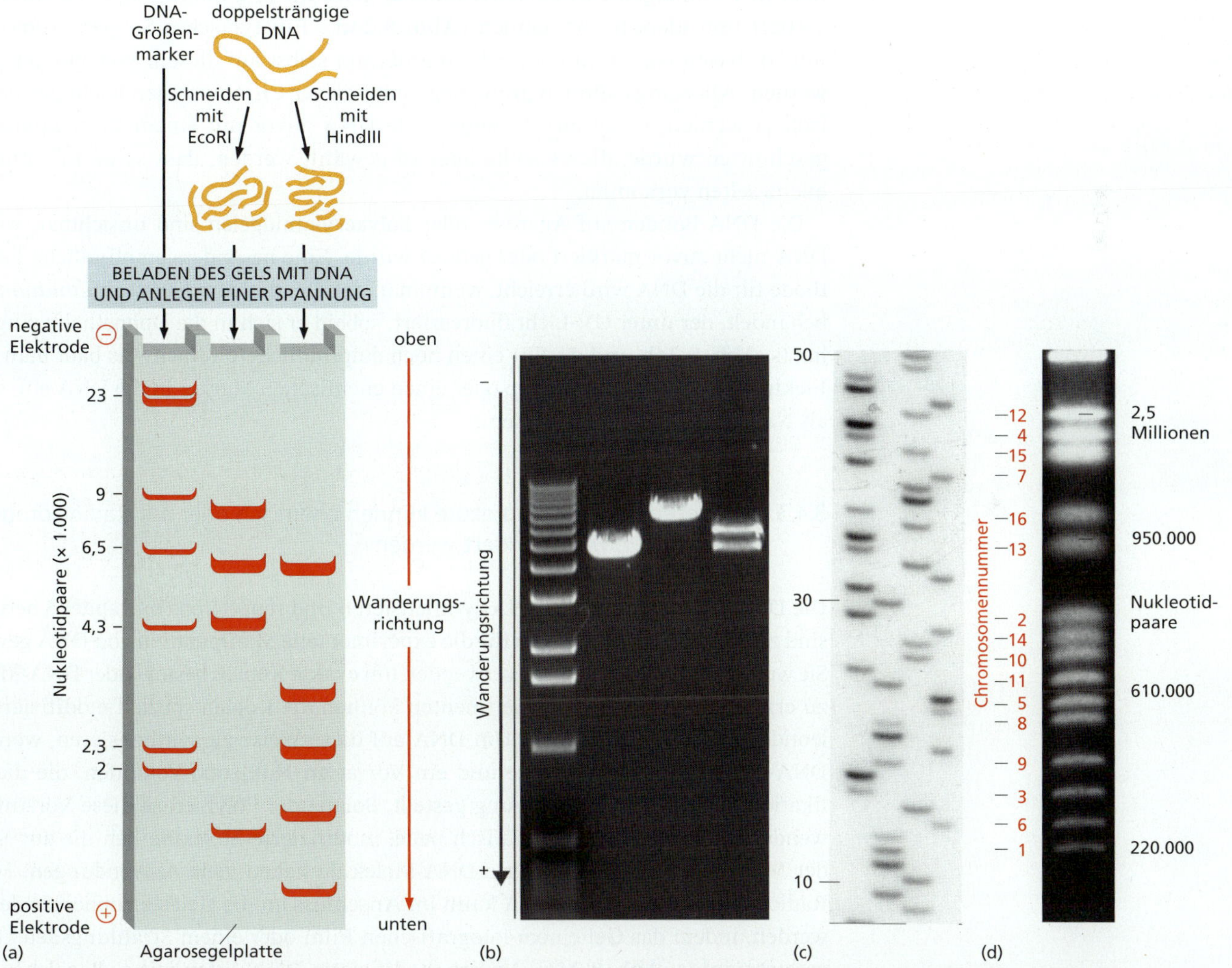

Abb. 8.24 DNA-Moleküle können mithilfe der Gelelektrophorese der Größe nach getrennt werden. (a) Die schematische Darstellung vergleicht die Ergebnisse, wenn das DNA-Molekül (in diesem Fall das Genom eines Virus, das Wespen infiziert) mit zwei verschiedenen Restriktionsnukleasen, EcoRI (*Mitte*) und HindIII (*rechts*), geschnitten wird. Die Bruchstücke werden dann durch Gelelektrophorese mithilfe einer Gelmatrix aus Agarose getrennt. Weil größere Bruchstücke langsamer wandern als kleinere, enthalten die untersten Banden auf dem Gel die kleinsten DNA-Bruchstücke. Die Größe der Bruchstücke lässt sich schätzen, indem man sie mit einem Satz von DNA-Fragmenten bekannter Größe vergleicht (*links*). (b) Die Fotografie von einem Agarosegel zeigt DNA-„Banden", die mit Ethidiumbromid angefärbt wurden. (c) Ein Polyacrylamidgel mit kleinen Poren wurde zur Trennung kurzer DNA-Moleküle verwendet, die sich in nur einem Nukleotid unterscheiden. Hier sind die Ergebnisse einer Didesoxy-Sequenzierungsreaktion gezeigt, die an späterer Stelle in diesem Kapitel erklärt wird. Von links nach rechts werden die vier Spuren durch Zugabe von kettenabbrechenden G-, A-, T- oder C-Nukleotiden erzeugt (s. **Abb. 8.42**). Die DNA-Moleküle wurden mit ^{32}P markiert, und das gezeigte Bild wurde erzeugt, indem man einen fotografischen Film über das Gel legte und damit der Strahlung von ^{32}P aussetzte; so entstanden die dunklen Banden, die sich nach der Filmentwicklung beobachten lassen. (c) Eine Pulsfeld-Agarose-Gelelektrophorese, mit der hier die 16 verschiedenen Chromosomen der Hefe (*Saccharomyces cerevisiae*) fößenbereich von 220 000 bis 2,5 Millionen Nukleotidpaaren getrennt wurden. Zur Färbung der DNA vergl. (b). DNA-Moleküle mit einer Größe bis zu 10^7 Nukleotidpaaren können so getrennt werden. (b, Dr d12 / Wikimedia Commons / CC BY SA 3.0; c, mit freundlicher Genehmigung von Leander Lauffer und Peter Walter; d, aus D. Vollrath und R. W. Davis, *Nucleic Acids Res.* 15: 7865–7876, 1987. Mit Erlaubnis von Oxford University Press).

Mit einer Variante der Agarose-Gelelektrophorese, der *Pulsfeld-Gelelektrophorese*, gelingt es sogar, extrem lange DNA-Moleküle zu trennen – sogar ganze Chromosomen. Die normale Gelelektrophorese versagt bei sehr großen DNA-Molekülen, da das konstante elektrische Feld sie „ausgestreckt und Kopf-voran“ in einer schlangenartigen Konfiguration durch das Gel laufen lässt, mit einer Geschwindigkeit, die unabhängig von ihrer Länge ist. Bei der Pulsfeld-Gelelektrophorese dagegen ändert sich die Richtung des elektrischen Feldes periodisch, was die Moleküle zwingt, sich neu zu orientieren, bevor sie sich weiter durch das Gel schlängeln. Für diese Neuorientierung benötigen große Moleküle viel mehr Zeit, sodass längere Moleküle sich langsamer bewegen als kürzere. Folglich können ganze Bakteriengenome oder Hefechromosomen in Pulsfeldgelen in einzelne Banden getrennt und damit aufgrund ihrer Größe sortiert und identifiziert werden (**Abb. 8.24d**). Ein typisches Säugerchromosom ist mit 10^8 Basenpaaren immer noch zu groß, um selbst auf diesem Weg gut getrennt zu werden. Allerdings können große Segmente dieser Chromosomen leicht getrennt und isoliert werden, wenn die chromosomale DNA zuvor mit einem Restriktionsenzym geschnitten wurde; dieses sollte aber so gewählt werden, dass seine Erkennungssequenz selten vorkommt.

Die DNA-Banden auf Agarose- oder Polyacrylamidgelen sind unsichtbar, wenn die DNA nicht zuvor markiert oder gefärbt wurde. Eine besonders empfindliche Färbemethode für die DNA wird erreicht, wenn man das Gel mit dem Farbstoff *Ethidiumbromid* behandelt, der unter UV-Licht fluoresziert, sobald er sich in die Doppelhelix eingelagert hat (s. **Abb. 8.24b und d**). Für einen noch empfindlicheren Nachweis baut man vor der Elektrophorese ein Radioisotop oder einen chemischen Marker in die DNA ein, was wir als Nächstes beschreiben werden.

8.4.3 Aufgereinigte DNA-Moleküle können chemisch oder mit Radioisotopen spezifisch *in vitro* markiert werden

Die DNA-Polymerasen, die DNA synthetisieren und reparieren (in Kapitel 5 behandelt), sind zu wichtigen Werkzeugen für die experimentelle Manipulation von DNA geworden. Sie werden oft im Reagenzglas verwendet, um exakte Kopien bestehender DNA-Moleküle zu erzeugen. In manchen Experimenten können die Kopien speziell modifizierte Nukleotide enthalten (**Abb. 8.25**). Um DNA auf diese Weise zu synthetisieren, werden der DNA-Polymerase eine Matrize und ein Vorrat an Nukleotid-Vorstufen, die die Modifikation enthalten, zur Verfügung gestellt. Solang die Polymerase diese Vorstufen verwenden kann, stellt sie automatisch neue, modifizierte Moleküle her, die zur Sequenz der Matrize passen. Modifizierte DNA-Moleküle haben viele Anwendungen. Mit dem Radioisotop ^{32}P markierte DNA kann im Anschluss an die Gelelektrophorese detektiert werden, indem das Gel einem fotografischen Film oder einem Strahlungsdetektor ausgesetzt wird (s. **Abb. 8.24c**). Andere modifizierte DNA-Arten wie z. B. solche, die mit Digoxigenin markiert sind (s. **Abb. 8.25b**), sind hilfreich, um DNA-Moleküle in ganzen Zellen sichtbar zu machen, ein Thema, das wir an späterer Stelle in diesem Kapitel besprechen werden.

8.4.4 Gene können mithilfe von Bakterien kloniert werden

Jedes DNA-Fragment kann kloniert werden. In der Molekularbiologie bezieht sich der Begriff **DNA-Klonierung** auf die Herstellung identischer Kopien eines DNA-Moleküls (typischerweise Milliarden), also die Vervielfältigung einer bestimmten DNA-Sequenz (oft eines bestimmten Gens) vom restlichen Zellgenom. Man beachte, dass an anderer

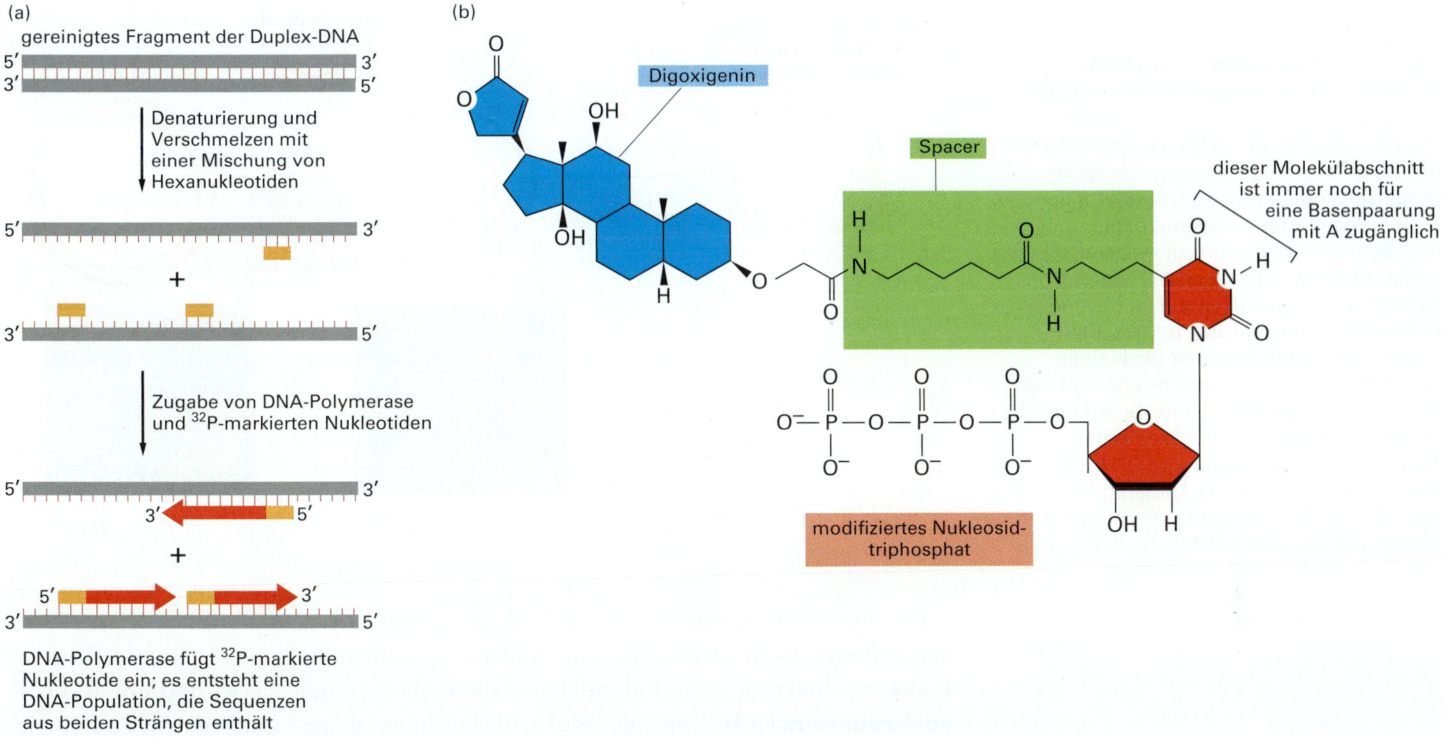

Abb. 8.25 **Markierungstechniken für DNA-Moleküle *in vitro*.** (a) Mit aufgereinigter DNA-Polymerase lassen sich radioaktiv markierte Nukleotide in ein DNA-Molekül einbauen, wenn sie neue DNA-Moleküle synthetisiert. Auf diese Weise können von jeder DNA-Sequenz radioaktiv markierte Versionen im Labor hergestellt werden. (b) Die in (a) gezeigte Technik kann natürlich auch zur Herstellung nichtradioaktiv markierter DNA-Sonden dienen; man lässt dann durch die DNA-Polymerase eine spezifische chemische Markierung einbauen, z. B. das hier dargestellte modifizierte Nukleotid, das mit einem entsprechenden Antikörper leicht nachweisbar ist. Die am Nukleosidtriphosphat angehängte Base ist ein Thymidin-Analogon, in dem die Methylgruppe des T durch einen molekularen Abstandshalter (Spacer) ersetzt wurde, der mit dem pflanzlichen Steroid Digoxigenin verknüpft ist. Um die DNA sichtbar zu machen, weist man Digoxigenin mit einem spezifischen Antikörper nach, der mit einer sichtbaren Markierung, z. B. einem Fluoreszenzfarbstoff, verknüpft ist. Auch andere chemische Markierungen, etwa Biotin, können an Nukleotide gekoppelt und in vergleichbarer Weise eingesetzt werden. Die einzigen Erfordernisse sind, dass die modifizierten Nukleotide korrekte Basenpaarungen bilden und der DNA-Polymerase „normal" erscheinen.

Stelle im Buch sich Klonieren auf die Erzeugung vieler genetisch identischer Zellen bezieht, ausgehend von einer einzelnen Zelle oder sogar die Erzeugung genetisch identischer Organismen (s. z. B. Abb. 7.2). In allen Fällen bezieht sich „Klonierung" auf den Vorgang, viele identische Kopien herzustellen; wir werden in diesem Kapitel den Begriff in Bezug auf Methoden verwenden, die darauf ausgerichtet sind, viele identische Kopien eines definierten Nukleinsäureabschnitts zu erzeugen.

Die Klonierung von DNA kann auf mehrere Weisen erfolgen. Die einfachste fügt ein bestimmtes DNA-Fragment in die aufgereinigte DNA eines selbstreplizierenden genetischen Elements ein, in der Regel ein Plasmid. Die meist verwendeten **Plasmidvektoren** sind kleine, ringförmige, doppelsträngige DNA-Moleküle, die von Plasmiden stammen, die natürlicherweise in Bakterienzellen vorkommen. Sie machen nur einen kleinen Teil der gesamten bakteriellen Wirtszell-DNA aus, aber sie lassen sich wegen ihrer geringen Größe leicht von den viel größeren chromosomalen DNA-Molekülen trennen. Um die aufgereinigten Plasmidringe als Klonierungsvektoren benutzen zu können, werden sie mit Restriktionsenzymen geschnitten, wobei lineare DNA-Moleküle entstehen. Die DNA, die kloniert werden soll, wird zum geschnittenen Plasmid gegeben und mithilfe des Enzyms DNA-Ligase verknüpft (Abb. 8.26 und Abb. 8.27). Wie in Kapitel 5 erörtert, wird dieses Enzym von der Zelle dazu verwendet, die während der DNA-Replikation erzeugten Okazaki-Fragmente zusammenzufügen. Der rekombinante DNA-Ring wird wieder in Bakterienzellen eingebracht; diese werden so vorbehandelt, dass sie kurzzeitig für DNA durchlässig sind. Während diese Zellen wachsen und sich teilen, verdoppeln sie ihre Zahl und damit die rekombinanten Plasmide etwa alle 30 Minuten; es entsteht eine riesige Anzahl von Kopien der DNA-Ringe mit Fremd-DNA (Abb. 8.28). Sobald die Zellen lysiert sind, kann das klonierte DNA-Fragment leicht wiederhergestellt werden, indem es mit der gleichen Restriktionsnuklease, mit der es eingefügt wurde, aus der Plasmid-DNA herausgeschnitten und anschließend durch Gelelektrophorese von der Plasmid-DNA getrennt wird. Zusammengenommen erlauben diese Schritte die Vervielfältigung und Aufreinigung jedes DNA-Abschnitts aus dem Genom eines Organismus.

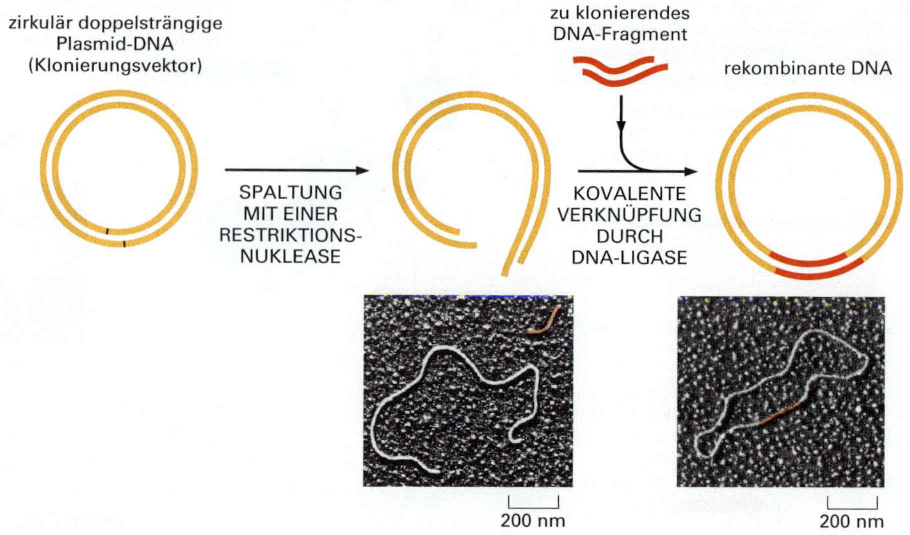

Abb. 8.26 Die Insertion eines DNA-Fragments in ein bakterielles Plasmid mit dem Enzym DNA-Ligase. Das Plasmid wird mit einer Restriktionsnuklease geschnitten (die im gezeigten Fall gestaffelte Enden produziert) und mit dem zu klonierenden DNA-Fragment (es wurde mit dem gleichen Restriktionsenzym vorbereitet) gemischt. DNA-Ligase und ATP werden zugesetzt. Die gestaffelten Enden finden sich durch Basenpaarung, und die DNA-Ligase verschließt kovalent die kleinen Schnitte im DNA-Rückgrat; es entsteht ein vollständiges, rekombinantes DNA-Molekül. In den begleitenden mikroskopischen Aufnahmen ist die eingefügte DNA *rot* gefärbt. (Mikroskopische Aufnahme mit freundlicher Genehmigung von Huntington Potter und David Dressler).

Ein besonders nützlicher Plasmidvektor basiert auf dem natürlich vorkommenden F-Plasmid von *Escherichia coli*. Anders als kleinere bakterielle Plasmide liegt der F-Faktor – und sein gentechnisch hergestellter Abkömmling, das **künstliche Bakterienchromosom** (**BAC**, engl. *bacterial artificial chromosome*) – nur in ein bis zwei Kopien pro *Escherichia coli*-Zelle vor. Die Tatsache, dass BACs in so geringer Anzahl gehalten werden, bedeutet, dass sie sehr lange DNA-Sequenzen – bis zu 1 Million Nukleotidpaare– stabil aufbewahren können. Bei nur wenigen BAC-Kopien pro Bakterium ist es weniger wahrscheinlich, dass die klonierten DNA-Fragmente durch Rekombination mit den Fragmenten in anderen Plasmidkopien durcheinandergemischt werden. Wegen dieser Stabilität, der Bereitschaft, große DNA-Fragmente zu akzeptieren, und ihrer einfachen Handhabung sind BACs die bevorzugten Vektoren für die Handhabung großer Fragmente fremder DNA.

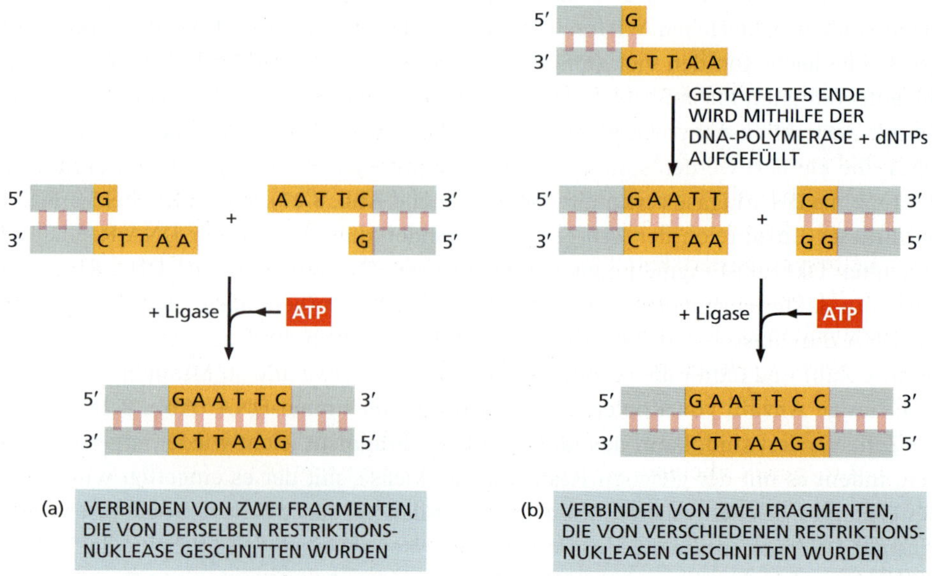

Abb. 8.27 Die DNA-Ligase kann zwei beliebige DNA-Fragmente *in vitro* verknüpfen, um rekombinante DNA-Moleküle zu erzeugen. ATP liefert die Energie, die nötig ist, um das Zucker-Phosphat-Rückgrat der DNA zu versiegeln (s. **Abb. 5.12**). (a) DNA-Ligase kann problemlos zwei DNA-Fragmente verbinden, die von der gleichen Restriktionsnuklease erzeugt wurden, in diesem Fall von EcoRI. Man beachte, dass die von diesem Enzym erzeugten, gestaffelten Enden der beiden Fragmente in der Lage sind, korrekte Basenpaarungen miteinander zu bilden, was deren Wiederverbindung enorm erleichtert. (b) Die DNA-Ligase kann auch dazu dienen, DNA-Fragmente zu verbinden, die von unterschiedlichen Restriktionsnukleasen erzeugt wurden – z. B. von EcoRI und HaeIII. In diesem Fall wird DNA-Polymerase plus eine Mischung von Desoxyribonukleosidtriphosphaten (dNTPs) verwendet, um die von EcoRI erzeugten, gestaffelten Schnitte aufzufüllen, bevor die Fragmente ligiert werden. Jedes in der Abbildung gezeigte DNA-Fragment ist so ausgerichtet, dass seine 5'-Enden, wie angezeigt, am linken Ende des oberen Strangs bzw. am rechten Ende des unteren Strangs sind.

Abb. 8.28 Vermehrung von DNA-Fragmenten in einer Bakterienzelle. Um ein bestimmtes DNA-Fragment zu klonieren, wird dieses zunächst in einen Plasmidvektor eingebaut, wie in Abb. 8.26 gezeigt. Die entstehende rekombinante Plasmid-DNA wird dann in ein Bakterium eingeführt, wo sie millionenfach repliziert wird, wenn sich das Bakterium teilt. Der Einfachheit halber ist das Bakteriengenom nicht gezeigt.

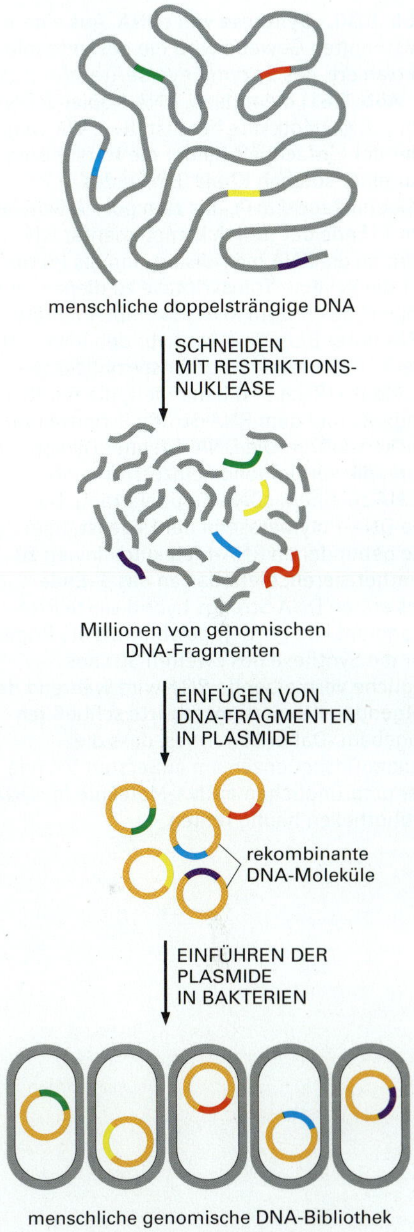

Abb. 8.29 Menschliche Genombibliotheken, die DNA-Fragmente enthalten, die das gesamte Humangenom repräsentieren, können mithilfe von Restriktionsnukleasen und DNA-Ligase konstruiert werden. Eine solche genomische Bibliothek besteht aus einem Satz von Bakterien, von denen jedes ein anderes menschliches DNA-Fragment trägt. Zur Vereinfachung sind hier nur die *gefärbten* DNA-Fragmente in der Bibliothek gezeigt. In Wirklichkeit werden auch alle *grauen* Fragmente repräsentiert.

8.4.5 Eine DNA-Bibliothek kann ein vollständiges Genom repräsentieren

Oft ist es hilfreich, ein Genom in viel kleinere Bruchstücke zu zerteilen und jedes Fragment mithilfe eines Plasmidvektors getrennt zu klonieren. Dieser Ansatz ist nützlich, da Wissenschaftler so mit leicht zu handhabenden, diskreten Stücken eines Genoms arbeiten können, anstatt mit ganzen, schwer in den Griff zu bekommenden Chromosomen.

Bei dieser Strategie wird genomische DNA mithilfe einer Restriktionsnuklease in kleine Stücke geschnitten (oder in manchen Fällen, indem DNA mechanisch geschert wird) und die ganze Sammlung an DNA-Fragmenten wird in Plasmidvektoren ligiert, wobei man Bedingungen wählt, die den Einbau eines einzelnen DNA-Fragments in jedes Plasmidmolekül begünstigen. Diese rekombinanten Plasmide werden dann in einer Konzentration in *Escherichia coli* eingeführt, die sicherstellt, dass nicht mehr als ein Plasmidmolekül von jedem Bakterium aufgenommen wird. Die Sammlung der klonierten Plasmidmoleküle wird als **DNA-Bibliothek** bezeichnet. Weil die DNA-Fragmente direkt von der chromosomalen DNA des interessierenden Lebewesens stammen, stellt die sich ergebende Sammlung – **Genombibliothek** genannt – das gesamte Genom dieses Organismus dar (**Abb. 8.29**), das über Zehntausende einzelner Bakterienkolonien verstreut ist.

Auch ein anderes Klonierungsvorgehen ist möglich, eines, das proteincodierende Gene anreichert: Zuerst werden nur die DNA-Sequenzen ausgewählt, die in mRNA transkribiert werden und deshalb auch proteincodierenden Genen entsprechen. Hierzu extrahiert man die mRNA aus den Zellen und stellt eine DNA-Kopie jedes vorhandenen mRNA-Moleküls her – die sogenannte *komplementäre DNA* oder *cDNA*. Das Enzym Reverse Transkriptase aus Retroviren, das nach einem RNA-Muster eine komplementäre DNA-Kette synthetisiert, katalysiert diese Kopierreaktion. Die entstandenen einzelsträngigen cDNA-Moleküle werden durch die DNA-Polymerase in doppelsträngige Moleküle umgewandelt, und diese werden in einen Plasmid- oder Virusvektor eingeführt und kloniert (**Abb. 8.30**). Jeden so erhaltenen Klon bezeichnet man als **cDNA-Klon** und die gesamte Kollektion von Klonen aus einer mRNA-Präparation als **cDNA-Bibliothek**.

Der wichtigste Vorteil der cDNA-Klone gegenüber den Genoklonen ist, dass sie die ununterbrochene codierende Sequenz eines Gens enthalten. Wenn das Ziel der Klonierung die Herstellung des Proteins in großer Menge ist, indem das klonierte Gen in einer Bakterienzelle oder einer anderen Zellart exprimiert wird, dann beginnt man am besten mit cDNA.

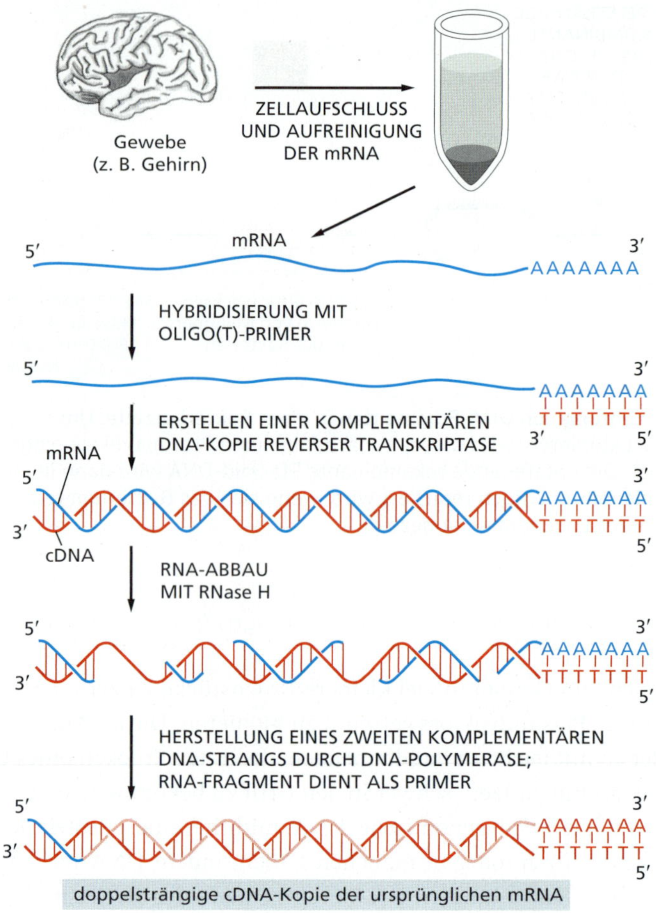

Abb. 8.30 **Synthese von cDNA.** Aus einem bestimmten Gewebe wird die gesamte mRNA extrahiert; das Enzym Reverse Transkriptase (s. **Abb. 5.61**) dient dazu, DNA-Kopien (cDNA) der mRNA-Moleküle herzustellen. Wir zeigen hier der Einfachheit halber die Herstellung nur einer solchen Kopie. Ein kurzes Oligonukleotid (dT), das zum poly-A-Schwanz am 3'-Ende der mRNA komplementär ist, wird an die RNA hybridisiert, um als Primer für die Reverse Transkriptase zu dienen; nun kopiert das Enzym RNA in komplementäre DNA unter Bildung einer hybriden RNA–DNA-Helix. Diese wird mit einer spezialisierten Nuklease (RNase H) behandelt, die nur RNA angreift und dem RNA-Strang Schnitte und Lücken zufügt. Die DNA-Polymerase kopiert dann die verbleibende einzelsträngige cDNA zu einem cDNA-Doppelstrang. Da die DNA-Polymerase in der Lage ist, über die gebundenen RNA-Moleküle hinweg zu synthetisieren, dient das an das 3'-Ende des ersten DNA-Strangs hybridisierte RNA-Fragment wie gezeigt gewöhnlich als Primer für die Synthese des zweiten Strangs. Jegliche verbleibende RNA wird während der folgenden Klonierungsschritte schließlich abgebaut. Daher kommt es, dass die Nukleotidsequenzen am äußersten 5'-Ende der ursprünglichen mRNA-Moleküle in cDNA-Bibliotheken häufig fehlen.

Die Klonierung von DNA in Bakterien revolutionierte die Untersuchung von Genomen und wird auch heutzutage noch häufig verwendet. Es gibt jedoch einen einfacheren Weg, um DNA zu klonieren und Genombibliotheken vollständig *in vitro* zu erzeugen. Wir behandeln diesen Ansatz, die sog. Polymerase-Kettenreaktion, kurz. Aber zunächst betrachten wir eine grundlegende, bedeutsame Eigenschaft der DNA und RNA: die sog. *Hybridisierung*.

8.4.6 Die Hybridisierung liefert einen leistungsfähigen, aber einfachen Weg, um spezifische Nukleotidsequenzen aufzuspüren

Unter normalen Bedingungen werden die beiden Stränge der DNA-Doppelhelix über Wasserstoffbrücken zwischen den komplementären Basenpaaren zusammengehalten (s. **Abb. 4.3**). Aber diese relativ schwachen, nichtkovalenten Bindungen können ziemlich leicht gelöst werden. Eine solche *DNA -Denaturierung* löst die beiden Stränge voneinander, bricht aber nicht die kovalenten Bindungen, die die Nukleotide innerhalb jedes Strangs miteinander verbinden. Der vielleicht einfachste Weg, um diese Trennung zu erreichen, beinhaltet die Erwärmung der DNA auf etwa 90 °C. Wenn die Bedingungen umgekehrt werden – durch langsames Absenken der Temperatur – dann werden die komplementären Stränge zusammenkommen und wieder eine Doppelhelix bilden. Diese **Hybridisierung**, oder *DNA-Renaturierung*, wird durch die Wiederausbildung der Wasserstoffbrücken zwischen komplementären Basenpaaren angetrieben (**Abb. 8.31**).

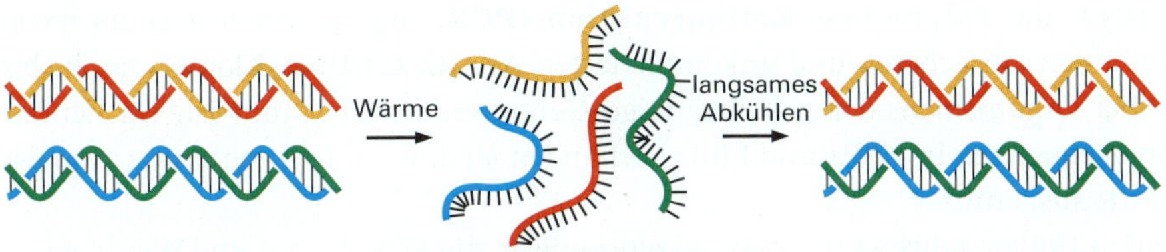

Abb. 8.31 Ein DNA-Molekül kann eine Denaturierung und Renaturierung (Hybridisierung) erfahren. Damit zwei einzelsträngige Moleküle hybridisieren, müssen sie komplementäre Nukleotidsequenzen besitzen, die eine Basenpaarung gestatten. In diesem Beispiel sind die *roten* und *orangefarbenen* Stränge zueinander komplementär, und die *blauen* und *grünen* Stränge sind zueinander komplementär. Hier ist eine Denaturierung durch Erwärmung gezeigt, doch kann DNA auch nach einer Denaturierung durch Alkalibehandlung renaturiert werden.

Diese grundlegende Fähigkeit einzelsträngiger Nukleinsäuremoleküle, sowohl von DNA als auch von RNA, mit einem einzelsträngigen Molekül komplementärer Sequenz eine Doppelhelix zu bilden, liefert eine leistungsfähige und empfindliche Technik, um spezifische Nukleotidsequenzen aufzuspüren. Heutzutage entwirft man einfach ein kurzes, einzelsträngiges DNA-Molekül (oft *DNA-Sonde* genannt), das zu der interessierenden Nukleotidsequenz komplementär ist. Da die Nukleotidsequenzen so vieler Genome bekannt sind – und in öffentlich zugänglichen Datenbanken gespeichert werden – ist das Entwerfen einer Sonde für die Hybridisierung an jeder gewünschten Stelle im Genom unkompliziert. Sonden sind einzelsträngig, typischerweise 30 Nukleotide lang und werden gewöhnlich von einem kommerziellen Dienstleister für Centbeträge pro Nukleotid synthetisiert. Eine DNA-Sequenz aus 30 Nukleotiden wird zufallsmäßig nur alle 1×10^{18} Nukleotide (4^{30}) vorkommen; selbst im Humangenom mit 3×10^9 Nukleotidpaaren wird eine DNA-Sonde, die entworfen wurde, um zu einer einzigartigen 30 Nukleotide langen Sequenz zu passen, höchst unwahrscheinlich – rein zufällig – irgendwo anders im Genom hybridisieren. Die Hybridisierungsbedingungen können so gesetzt werden, dass sogar eine einzelne Fehlpaarung die Hybridisierung mit „Beinahe"-Sequenzen verhindert. Die ausgezeichnete Spezifität der Nukleinsäurehybridisierung kann leicht durch das in **Abb. 8.32** gezeigte *In-situ* -Hybridisierungsexperiment (*in situ* lateinisch für „am Ort") erkannt werden. Wie wir dieses Kapitel hindurch sehen werden, hat die Nukleinsäurehybridisierung viele Anwendungen in der modernen Zell- und Molekularbiologie; eine der leistungsfähigsten ist die Klonierung mithilfe der Polymerase-Kettenreaktion, was wir als Nächstes besprechen werden.

8.4.7 Gene können *in vitro* mithilfe der PCR kloniert werden

Genom- und cDNA-Bibliotheken waren früher der einzige Weg, um Gene zu klonieren, und sie werden immer noch zur Klonierung sehr großer Gene und zur Sequenzierung ganzer Genome eingesetzt. Eine leistungsfähige und vielseitige Methode zur Vervielfältigung

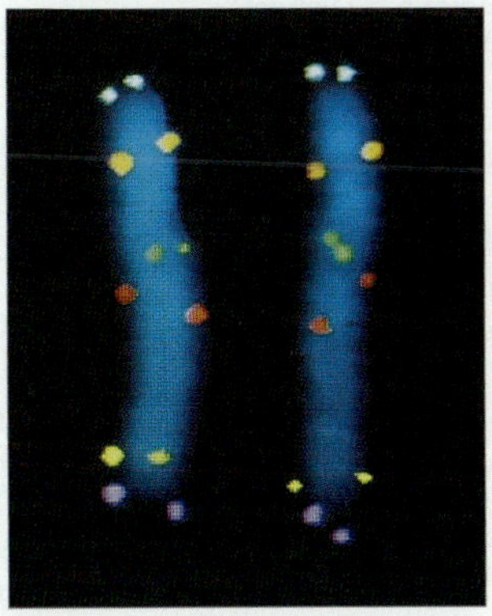

Abb. 8.32 *In-situ*-Hybridisierung zur Lokalisierung spezifischer Gene auf isolierten Chromosomen. Hier wurden sechs verschiedene DNA-Sonden eingesetzt, um die Positionen ihrer komplementären Nukleotidsequenzen auf dem menschlichen Chromosom 5 zu markieren, das aus einer mitotischen Zelle in der Metaphase isoliert wurde. Die DNA-Sonden waren mit unterschiedlichen chemischen Gruppen markiert (s. **Abb. 8.25b**) und konnten mit fluoreszierenden Antikörpern, die spezifisch für diese Gruppen sind, nachgewiesen werden. Die chromosomale DNA wurde zum Teil denaturiert, um den Sonden die Ausbildung von Basenpaaren mit ihren komplementären Sequenzen zu ermöglichen. Sowohl die väterliche als auch die mütterliche Kopie des Chromosoms 5 sind nebeneinander zu sehen. Jede Sonde markiert zwei Stellen auf jedem Chromosom, da jedes Metaphase-Chromosom gerade seine DNA repliziert hat und deshalb zwei identische DNA-Helices enthält. Die hier verwendete Technik hat den Spitznamen FISH, für Fluoreszenz-*in-situ*-Hybridisierung. (Mit freundlicher Genehmigung von David C. Ward).

von DNA, die **Polymerase-Kettenreaktion (PCR**, engl. *polymerase chain reaction*), liefert einen einfacheren und unkomplizierten Ansatz zur DNA-Klonierung, insbesondere bei Organismen, deren vollständige Genomsequenz bekannt ist. Da heutzutage Genomsequenzen in Hülle und Fülle vorhanden sind, wird die Klonierung zumeist mit der PCR ausgeführt.

In den 1980er-Jahren erfunden, revolutionierte die PCR die Art und Weise, wie DNA und RNA analysiert werden. Die Technik kann jede Nukleotidsequenz selektiv vervielfältigen und wird vollständig im Reagenzglas (oder vielmehr im Reaktionsgefäß) ausgeführt. Da sie ohne Bakterien auskommt, ist die PCR einfach und schnell: Milliarden Kopien von Nukleinsäuresequenzen können innerhalb von Stunden erzeugt werden. Ausgehend von einem vollständigen Genom ermöglicht es die PCR, DNA aus einer spezifizierten Region – ausgewählt durch den Experimentator – enorm zu vervielfältigen und dabei effektiv die DNA vom restlichen Genom, das nicht vervielfältigt wird, zu „reinigen". Weil die PCR so leistungsstark Nukleinsäuren vervielfältigt, ist sie bemerkenswert empfindlich: Die Methode kann dazu verwendet werden, Spuren von DNA in einem Tropfen Blut, der an einem Tatort hinterlassen wurde, aufzuspüren oder einige wenige Kopien eines viralen Genoms in einer Speichelprobe einer Person.

Der Erfolg der PCR hängt von der Selektivität der DNA-Hybridisierung ab sowie von der Fähigkeit der DNA-Polymerase, eine DNA-Matrize getreu über wiederholte Replikationsrunden *in vitro* zu kopieren. Wie in Kapitel 5 behandelt, fügt dieses Enzym Nukleotide an das 3'-Ende eines wachsenden DNA-Strangs an (s. **Abb. 5.4**). Um DNA zu kopieren, benötigt die Polymerase einen DNA-Primer – eine kurze Nukleotidsequenz, die ein 3'-Ende liefert, von dem aus die Synthese beginnen kann. Die für die PCR vom Experimentator entworfenen Primer werden chemisch synthetisiert, und sie „lenken" die Polymerase zu dem Teil des Genoms, der kopiert werden soll. DNA-Primer können so entworfen werden, dass sie in einzigartiger Weise jede Stelle in einem Genom auffinden.

Die PCR ist ein sich wiederholender Vorgang, bei dem der Vervielfältigungszyklus Dutzende Male wiederholt wird. Zu Beginn jedes Zyklus werden die beiden Stränge der doppelsträngigen DNA-Matrize getrennt und an jeden der beiden Stränge wird ein anderer Primer gebunden. Diese Primer markieren die rechte und linke Begrenzung der zu vervielfältigenden DNA. Danach kann die DNA-Polymerase jeden Strang unabhängig replizieren (**Abb. 8.33**). In nachfolgenden Zyklen dienen alle neu von der Polymerase synthetisierten DNA-Moleküle als Matrizen für die nächste Replikationsrunde

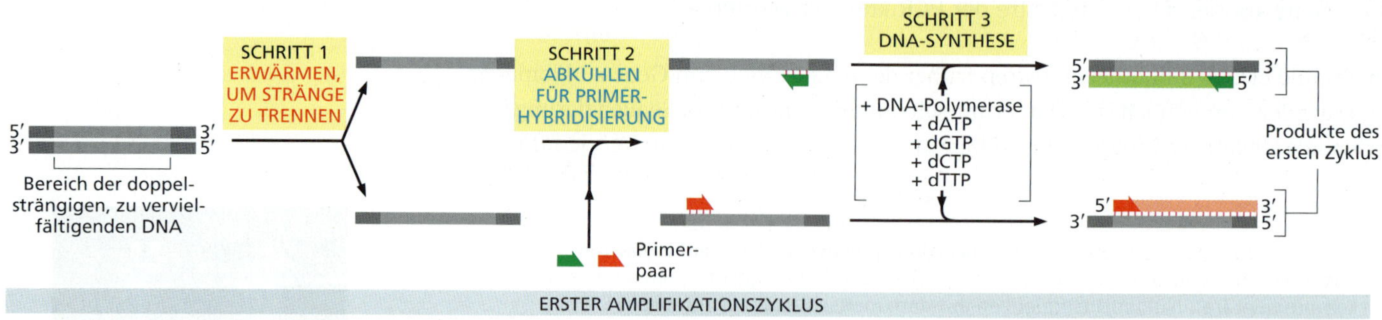

Abb. 8.33 Ein Primerpaar steuert die Synthese eines gewünschten DNA-Abschnitts im Reaktionsgefäß. Jeder PCR-Zyklus umfasst drei Schritte: (a) Die doppelsträngige DNA wird kurz erhitzt, um die beiden Stränge zu trennen. (b) Die DNA wird einem großen Überschuss eines spezifischen Primerpaars ausgesetzt – das dazu entworfen wurde, den zu vervielfältigenden DNA-Bereich einzugrenzen – und die Probe wird gekühlt, damit die Primer mit den komplementären Sequenzen in den beiden DNA-Strängen hybridisieren können. (c) Diese Mischung wird mit DNA-Polymerase und den vier Desoxynukleosidtriphosphaten inkubiert, sodass DNA ausgehend von den beiden Primern synthetisiert werden kann. Zur Vervielfältigung der DNA wird der Zyklus viele Male wiederholt, indem die Probe erneut erhitzt wird, um die neu synthetisierten DNA-Stränge zu trennen (s. **Abb. 8.34**). Die Technik hängt vom Einsatz einer speziellen DNA-Polymerase ab, die aus einem wärmeliebenden Bakterium isoliert wurde; diese Polymerase ist bei weit höheren Temperaturen stabil als eukaryotische DNA-Polymerasen; deshalb wird sie bei der in Schritt 1 gezeigten Wärmebehandlung nicht denaturiert. Somit muss das Enzym nicht nach jedem Zyklus erneut zugesetzt werden.

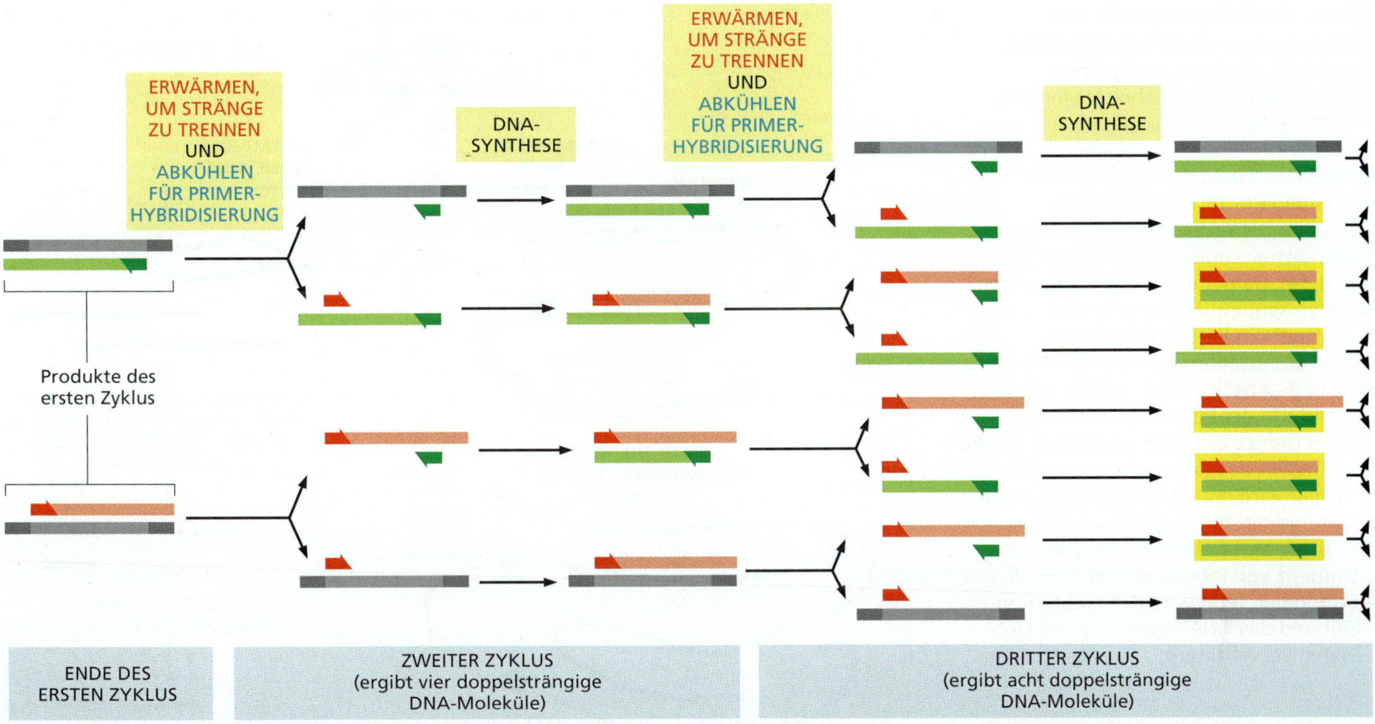

Abb. 8.34 Die PCR verwendet wiederholte Runden der Strangtrennung, Hybridisierung und Synthese, um DNA zu vervielfältigen. Wenn das in Abb. 8.35 skizzierte Verfahren wiederholt wird, dann dienen alle neu synthetisierten Fragmente wiederum als Matrizen. Weil die Polymerase und die Primer nach dem ersten Zyklus in der Probe bleiben, besteht die PCR einfach aus dem Erhitzen und Abkühlen derselben Probe im selben Reaktionsgefäß, immer und immer wieder. Jeder Zyklus verdoppelt die im vorangegangen Zyklus synthetisierte DNA-Menge, sodass innerhalb weniger Zyklen ein vorherrschendes DNA-Fragment existiert: Es ist identisch zur Sequenz, die von den beiden Primern auf der Originalvorlage eingegrenzt wurde. Im hier abgebildeten Beispiel ist zu sehen, dass drei Reaktionszyklen 16 DNA-Ketten liefern, von denen jeweils 8 (*gelb eingerahmt*) exakt dem einen bzw. dem anderen Strang der ursprünglichen eingegrenzten Sequenz entsprechen. Nach vier weiteren Zyklen enthalten 240 der 256 DNA-Ketten exakt die ursprüngliche Sequenz, und nach einigen weiteren Zyklen haben praktisch alle DNA-Stränge dieselbe Länge. Typischerweise werden 20–30 Zyklen durchgeführt, um eine DNA-Region ausgehend von genomischer DNA effektiv zu klonieren; das restliche Genom wird nicht vervielfältigt und seine Konzentration ist deshalb im Vergleich zur vervielfältigten Region vernachlässigbar.

(**Abb. 8.34**). Durch diesen sich wiederholenden Vervielfältigungsprozess können viele Kopien der ursprünglichen Sequenz hergestellt werden – nach 20 bis 30 Zyklen sind es Milliarden.

Die PCR ist jetzt die Methode der Wahl, um relativ kurze DNA-Fragmente (unter 10000 Nukleotide) zu klonieren. Jeder Zyklus benötigt nur etwa fünf Minuten, und die Automatisierung der ganzen Prozedur ermöglicht eine zellfreie Klonierung eines DNA-Fragments innerhalb weniger Stunden. Die ursprüngliche Matrize für die PCR kann entweder DNA oder RNA sein, sodass diese Methode zur Gewinnung eines genomischen Klons (vollständig mit Introns und Exons) oder einer cDNA-Kopie einer mRNA verwendet werden kann (**Abb. 8.35**).

8.4.8 Die PCR wird auch für diagnostische und forensische Anwendungen eingesetzt

Die PCR-Methode ist äußerst empfindlich; sie kann ein einzelnes DNA-Molekül in einer Probe entdecken, wenn zumindest ein Teil der Sequenz dieses Moleküls bekannt ist. Spuren von RNA können ebenso analysiert werden, wenn sie zunächst mit der Reversen Transkriptase in DNA umgeschrieben werden. Aus diesen Gründen wird die PCR häufig für Zwecke eingesetzt, die über die einfache Klonierung hinausgehen.

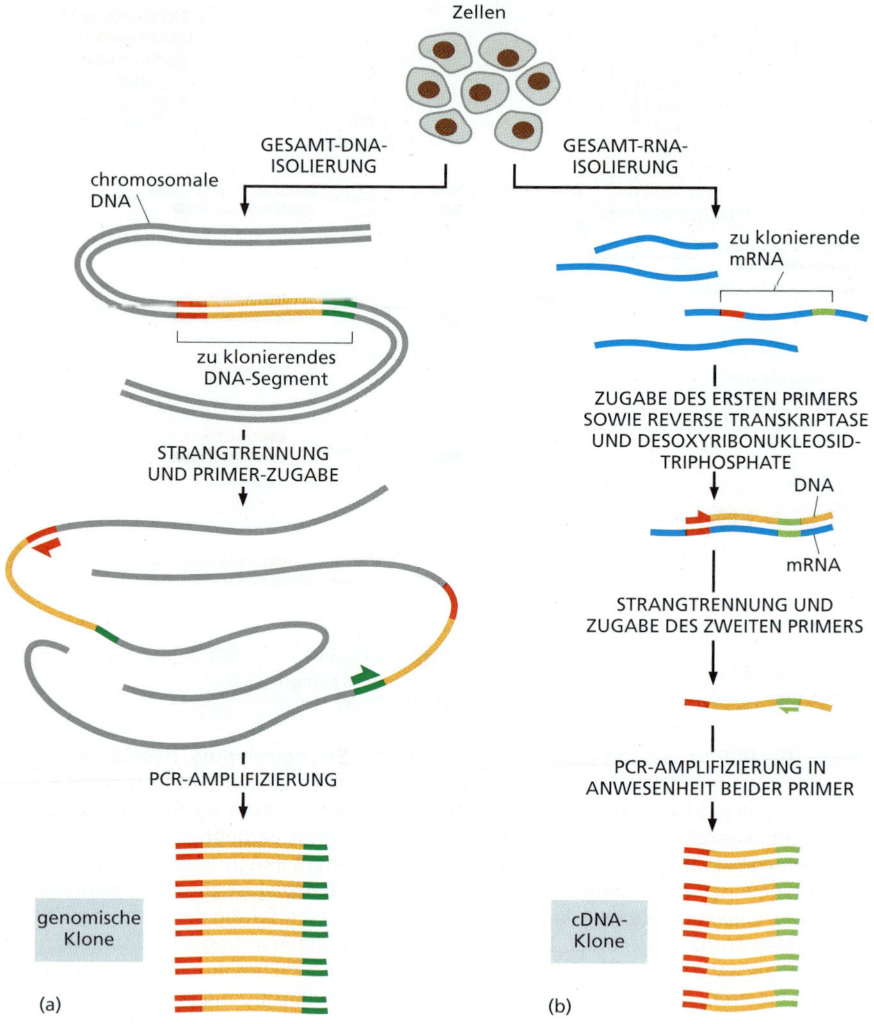

Abb. 8.35 Der Einsatz der PCR zur Gewinnung von genomischen oder cDNA-Klonen. (a) Für die Klonierung eines chromosomalen DNA-Abschnittes mithilfe der PCR muss zunächst die gesamte genomische DNA aus Zellen isoliert und aufgereinigt werden. Nach Zugabe der flankierenden PCR-Primer zu dem zu klonierenden DNA-Abschnitt durchläuft die Reaktionsmischung viele PCR-Zyklen (s. **Abb. 8.34**). Da nur die DNA zwischen den Primern (einschließlich derselben) vermehrt wird, eröffnet die PCR die Möglichkeit, einen kurzen Abschnitt chromosomaler DNA selektiv in praktisch reiner Form zu erhalten. (b) Um mithilfe der PCR einen cDNA-Klon von einem Gen zu erhalten, wird zunächst die gesamte mRNA aus Zellen gewonnen. Der erste Primer wird mit der mRNA-Population gemischt und die zugefügte Reverse Transkriptase stellt einen zur spezifischen RNA-Sequenz von Interesse komplementären DNA-Strang her. Jetzt wird der zweite Primer zugefügt und das DNA-Molekül durch viele PCR-Zyklen vervielfältigt.

Sie kann z. B. verwendet werden, um eindringende Krankheitserreger in sehr frühen Infektionsstadien nachzuweisen. In diesem Fall werden kurze Sequenzen, die komplementär zu einem Genomabschnitt des infektiösen Agens sind, als Primer eingesetzt, und nach vielen, sich anschließenden Vervielfältigungszyklen können sogar die wenigen Kopien eines eindringenden Bakterien- oder Virusgenoms in einer menschlichen Probe aufgespürt werden (**Abb. 8.36**). Bei vielen Infektionen hat die PCR den Einsatz von Antikörpern gegen Mikrobenmoleküle, um die Anwesenheit des Eindringlings zu entdecken, ersetzt. Die PCR wird auch dazu verwendet, die Echtheit einer Nahrungsquelle zu bestätigen – z. B. ob eine Rindfleischprobe tatsächlich von einer Kuh stammt.

Schließlich hat die PCR in der Forensik breite Anwendung gefunden. Die extreme Empfindlichkeit der Methode gestattet es den Forensikern, DNA aus winzigsten Blutspuren oder anderen Gewebe zu isolieren, um einen *DNA-Fingerabdruck* von der Person zu erhalten, die die Probe hinterlassen hat.

Mit der möglichen Ausnahme eineiiger Zwillinge unterscheidet sich das Genom jedes Menschen in der DNA-Sequenz von dem jeder anderen Person auf der Erde. Indem man Primerpaare verwendet, die auf Genomsequenzen zielen, von denen bekannt ist, dass sie in der menschlichen Population hoch variabel sind, ermöglicht es die PCR, einen charakteristischen Fingerabdruck für jede Person zu erzeugen (**Abb. 8.37**). Derartige

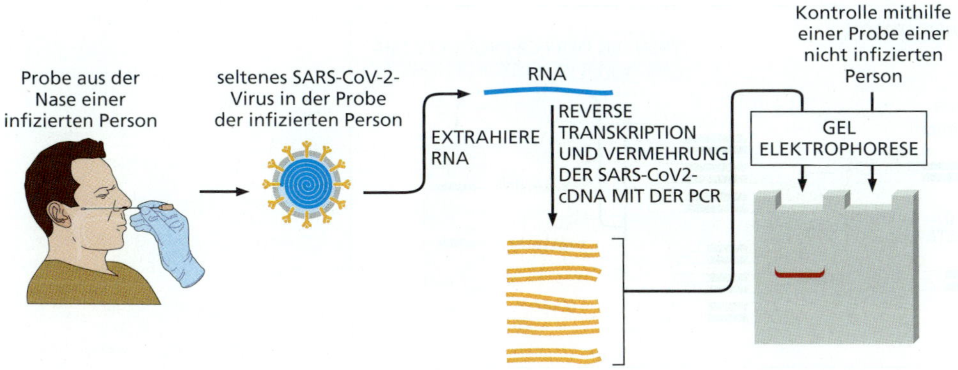

Abb. 8.36 Die PCR kann dazu dienen, die Anwesenheit eines Virusgenoms in einer Blutprobe aufzuspüren. Wegen ihrer Fähigkeit, das Signal von einem einzelnen Nukleinsäuremolekül enorm zu vervielfältigen, ist die PCR eine außerordentlich empfindliche Methode, um Spuren eines Virus in einer Speichel-, Blut- oder Gewebeprobe aufzuspüren, ohne dass das Virus aufgereinigt werden muss. Beim Coronavirus, SARS-CoV-2, dem Virus, das COVID-19 verursacht, ist das Genom wie hier gezeigt ein einzelsträngiges RNA-Molekül. Typischerweise wird nur ein kurzer Abschnitt des Virusgenoms (100–200 Nukleotide) vervielfältigt. Obwohl es wie hier gezeigt möglich ist, die vervielfältigte DNA mithilfe der Gelelektrophorese sichtbar zu machen, wird sie in der Regel durch schnelle optische Methoden detektiert, die an späterer Stelle im Kapitel behandelt werden (s. **Abb. 8.64**). Viele andere Viren, die Menschen infizieren – wie HIV – werden mithilfe dieser Strategie aufgespürt.

forensische Analysen können nicht nur dazu verwendet werden, diejenigen zu identifizieren, die etwas Kriminelles getan haben, sondern auch – genauso wichtig – diejenigen zu entlasten, die fälschlicherweise angeklagt wurden.

8.4.9 Die PCR und synthetische DNA sind ideale Quellen spezifischer Gensequenzen für die Klonierung

Die PCR ist eine leistungsfähige Technik zur Herstellung großer Mengen spezifischer DNA-Sequenzen *in vitro*. Für viele Zwecke – wie die eben beschriebenen – besteht keine Notwendigkeit, dass PCR-Produkt für die weitere Analyse in ein Bakterienplasmid einzubauen. Bestimmte Experimente erfordern jedoch die Klonierung einer spezifischen DNA-Sequenz in einem Plasmid in Bakterien oder in anderen Zellen. Plasmide sind beispielsweise wichtig für die Herstellung und biochemische Analyse spezifischer Proteine, wie wir später behandeln. In diesen Fällen kann die gewünschte DNA-Sequenz einfach durch PCR-Vermehrung hergestellt werden. Die Schnittstellen der Restriktionsnuklease im PCR-Produkt werden dann geschnitten, um, wie bereits beschrieben, den Einbau in das geeignete Plasmid zu ermöglichen.

In den letzten Jahren hat eine Methode namens Gibson-Aufbau (nach seinem Erfinder benannt) die Notwendigkeit für Restriktionsnukleasen bei der Plasmidkonstruktion verringert. Mithilfe einer Restriktionsnuklease wird ein ringförmiges Plasmid geschnitten, wobei stumpfe Enden entstehen. Parallel dazu wird das gewünschte DNA-Fragment mittels PCR-vermittelter Vermehrung einer Genom- oder cDNA-Sequenz erzeugt (s. **Abb. 8.35**). Von Bedeutung ist, dass die PCR-Primer so entworfen werden, dass die Enden des PCR-Produkts 15–40 Basenpaare der gleichen Sequenz enthalten, welche die Schnittstelle im Plasmid umgibt. Dann werden das PCR-Produkt und das Plasmid mit einer 5''-Exonuklease behandelt, die gerade einen DNA-Strang an den Enden aller DNA-Moleküle abbaut, dabei bleiben einzelsträngige klebrige Enden auf dem PCR-Produkt zurück, die mit komplementärer DNA auf dem Plasmid hybridisieren werden (**Abb. 8.38**). Die DNA-Polymerase füllt dann die Lücken auf, und die DNA-Ligase verbindet die DNA-Stränge. Das entstehende Produkt wird je nach Wunsch in Bakterien oder andere Zellarten eingeführt. Diese Methode lässt sich auch dazu verwenden, eine Reihe von DNA-Fragmenten in einem einzelnen Plasmid zu verbinden. Jedes Ende eines DNA-Fragments muss Sequenzen mit den Enden des Fragments gemeinsam haben, mit dem es verbunden werden soll. Nach der Behandlung mit der 5'-Exonuklease finden alle komplementären klebrigen Enden einander und werden dabei in der richtigen Reihenfolge im Plasmid zusammengesetzt. Auf diese Weise lassen sich große Gene aus vielen Subfragmenten zusammenbauen.

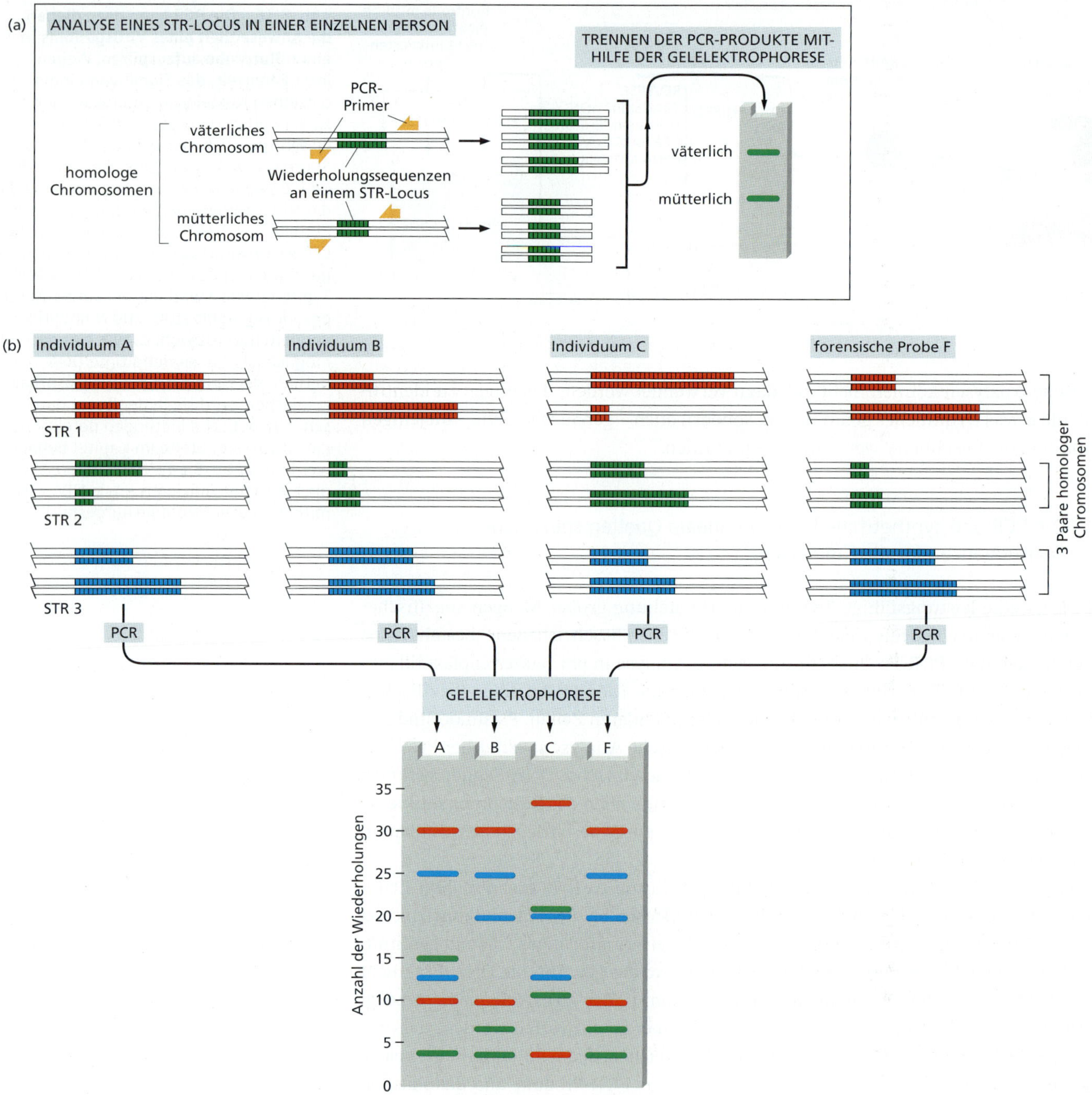

Abb. 8.37 **Anwendung der PCR zu forensischen Zwecken, um eine Person von einer anderen zu unterscheiden.** Die analysierten DNA-Sequenzen sind kurze Tandem-Wiederholungen (*short tandem repeats*, STRs), die aus Sequenzen wie CACACA … oder GTGTGT … bestehen. STRs finden sich an verschiedenen Stellen (Loci) im menschlichen Genom. Die Anzahl der Wiederholungen in jedem STR-Locus variiert sehr stark in einer Population; sie reicht von 4 bis 40 in verschiedenen Individuen. Wegen der Variabilität dieser Sequenzen erbt ein Individuum gewöhnlich von jedem Elternteil eine andere Anzahl von Wiederholungen in jedem STR-Locus; zwei nicht verwandte Personen besitzen daher selten dasselbe Sequenzpaar an einem bestimmten STR-Locus. (a) Eine PCR-Analyse mit Primern, die einzigartige Sequenzen auf jeder Seite eines bestimmten STR-Locus erkennen, erzeugt zwei Banden amplifizierter DNA bei jedem Individuum, wobei die eine Bande die mütterliche, die andere die väterliche STR-Variante darstellt. Die Länge des amplifizierten DNA-Abschnitts und damit seine Position nach einer Gelelektrophorese hängen von der exakten Anzahl der Wiederholungen an diesem Locus ab. (b) In dem hier skizzierten Beispiel werden die gleichen drei STR-Loci in Proben von drei Verdächtigen (Individuum A, B und C) analysiert; man erhält für jede Person sechs Banden. Obwohl verschiedene Personen mehrere Banden gemeinsam haben können, ist das Gesamtmuster für jede Person charakteristisch. Daher kann das Bandenmuster als „DNA-Fingerabdruck" dienen, um ein Individuum nahezu eindeutig zu identifizieren. Die vierte Spur (F) zeigt das Ergebnis von den gleichen PCR-Vervielfältigungen, die an einer hypothetischen forensischen DNA-Probe durchgeführt wurden, die von einem einzelnen Haar oder einem winzigen Blutfleck stammen könnte, die am Tatort zurückgelassen wurden. Je mehr Loci man untersucht, desto mehr kann man den Ergebnissen vertrauen. Untersucht man die Variabilität an 5 bis 10 verschiedenen STR-Loci, ist die Wahrscheinlichkeit, dass zwei Individuen denselben Fingerabdruck haben, etwa 1 zu 10 Milliarden. Im hier gezeigten Fall können die Personen *A* und *C* von Verhören befreit werden, wohingegen B auf jeden Fall verdächtig bleibt. Man geht ganz ähnlich vor, wenn es gilt, eine Vaterschaft nachzuweisen.

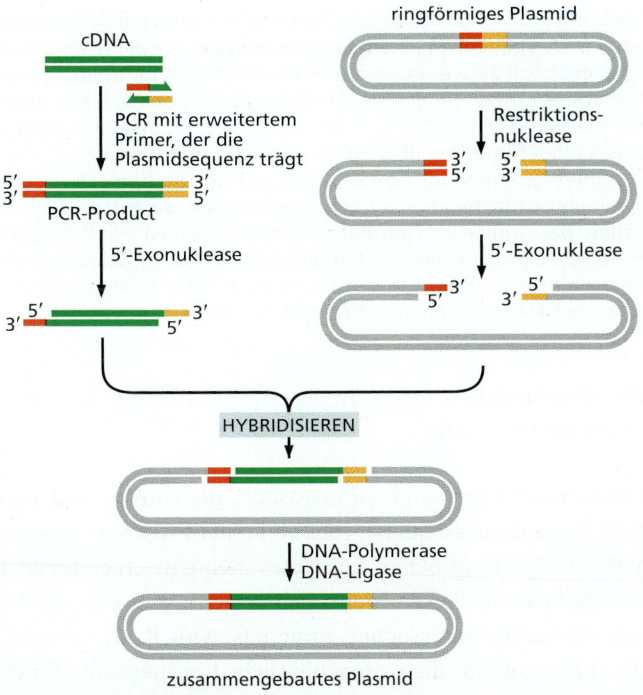

Abb. 8.38 DNA-Klonierung mittels Gibson-Aufbau. Oft ist es hilfreich, ein DNA-Fragment, wie bereits beschrieben (s. Abb. 8.26), in ein ringförmiges Bakterienplasmid einzufügen. Beim Gibson-Aufbau wird, wie hier gezeigt, ein Plasmid mithilfe einer Restriktionsnuklease an spezifischen Stellen geschnitten. Parallel dazu wird die zu klonierende DNA-Sequenz mithilfe der PCR von einer cDNA oder einer anderen Quelle vervielfältigt. Außer den Sequenzen, die zu den Enden der zu vervielfältigenden DNA komplementär sind, umfassen die PCR-Primer 15 bis 40 Nukleotide einer Sequenz, die zur Sequenz auf jeder Seite der Schnittstelle im linearisierten Plasmid passt. Das PCR-Produkt und das Plasmid werden mit einer 5'-Exonuklease behandelt, welche die DNA vom 5'-Ende her partiell verdaut, sodass einzelsträngige 3'-Überhänge entstehen. Diese einzelsträngigen Überhänge hybridisieren mit ihrer komplementären Sequenz, und fügen, wie gezeigt, dabei das PCR-Produkt fein säuberlich in das Plasmid ein. Die dann zugefügten DNA-Polymerasen füllen alle Lücken in der Sequenz, die DNA-Ligase versiegelt die Brüche und liefert ein vollständiges Plasmid.

Ein weiterer Vorteil ergab sich in den letzten Jahren dadurch, dass die Kosten der Methoden für die chemische DNA-Synthese rasch sanken. Kurze einzelsträngige DNA-Moleküle, sog. *Oligonukleotide*, lassen sich billig herstellen und wurden über Jahrzehnte als Sonden und Primer für die PCR und andere Methoden eingesetzt. In jüngster Zeit wurde es möglich, sehr viel größere doppelsträngige DNA-Moleküle bis zu ein paar wenigen Tausend Basenpaare lang günstig zu synthetisieren. Somit ist es für viele Zwecke einfacher, ein gewünschtes DNA-Fragment von einer Firma zu bestellen, die DNA synthetisiert, als diese DNA mittels PCR herzustellen. Wenn die Enden des synthetisierten DNA-Fragments identisch sind mit denjenigen eines geschnittenen Plasmids, dann kann die synthetisierte DNA geradewegs durch den Gibson-Aufbau in ein Plasmid eingebaut werden (s. **Abb. 8.38**). Mithilfe mehrerer synthetischer DNA-Fragmente mit ineinandergreifenden Enden ist es möglich, sehr große DNA-Abschnitte (die sich der Größe kleiner Genome nähern) aus rein synthetischer DNA aufzubauen.

Wir werden an späterer Stelle in diesem Kapitel sehen, dass die Untersuchung der Gen- und Proteinfunktion oft Methoden erfordert, mit denen ein mutiertes Gen oder Protein erzeugt wird, das spezifische Punktmutationen enthält, die seine Funktion verändern. Bei der *ortsgerichteten Mutagenese* wird eine mutierte DNA-Sequenz durch kluge Anwendung der PCR und synthetischer DNA hergestellt. Wenn das Ziel eine einzelne Punktmutation ist, dann kann einer der beiden PCR-Primer so maßgeschneidert werden, dass er die Mutation einschließt, während er immer noch ausreichend flankierende Sequenzen besitzt, um mit der nicht mutierten Quell-DNA zu hybridisieren. Die PCR erzeugt dann ein DNA-Produkt, an dessen einem Ende die Mutation sitzt. Dieses mutierte DNA-Fragment kann sich dann in einem Plasmid mit anderen Teilen des Gens zusammenbauen. Werden in einer DNA-Sequenz mehrere Mutationen benötigt, dann ist der einfachste Ansatz der Kauf einer synthetischen DNA, welche die Mutationen enthält, und diese dann in das gewünschte Plasmid einzubauen.

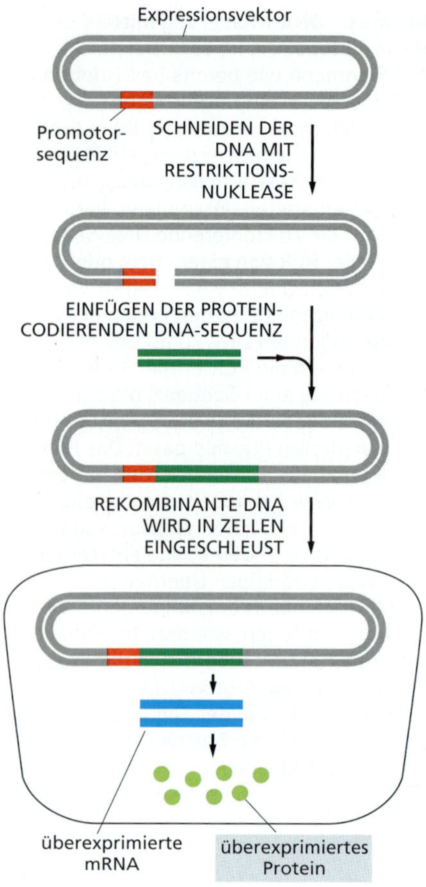

Abb. 8.39 Herstellung großer Mengen eines Proteins in Zellen durch Klonierung einer proteincodierenden DNA-Sequenz in einem Expressionsvektor. Ein Plasmidvektor wurde so konstruiert, dass ein hoch aktiver Promotor in der Nachbarschaft eines eingefügten proteincodierenden Gens große Mengen an mRNA produziert. Je nach den Eigenschaften des Klonierungsvektors wird das Plasmid in eine Bakterien-, Hefe-, Insekten- oder Säugerzelle eingefügt, in der das eingefügte Gen effizient in mRNA transkribiert und in Protein translatiert wird. Wenn das zu überexprimierende Gen keine Introns besitzt (typisch für Gene von Bakterien, Archaeen und einfachen Eukaryoten), kann es einfach mittels PCR von genomischer DNA kloniert werden. Bei klonierten Tier- oder Pflanzengenen ist es oft bequemer, das Gen als cDNA zu erhalten, entweder aus einer cDNA-Bibliothek (s. **Abb. 8.32**) oder direkt durch PCR aus RNA kloniert, die aus diesem Lebewesen isoliert wurde (s. **Abb. 8.30**). Alternativ kann die für das Protein codierende DNA durch chemische Synthese hergestellt werden.

8.4.10 Die DNA-Klonierung ermöglicht, dass jedes Protein in großen Mengen produziert werden kann

Mithilfe des genetischen Codes (und vorausgesetzt, die Intron- und Exongrenzen sind bekannt) kann die Aminosäuresequenz jedes von einem Genom codierten Proteins hergeleitet werden. Wie früher besprochen, kann diese Sequenz oft einen wichtigen Hinweis auf die Funktion des Proteins liefern, wenn sich zeigt, dass es eine ähnliche Aminosäuresequenz hat wie ein bereits untersuchtes Protein (s. **Abb. 8.22**). Obwohl diese Strategie oft erfolgreich ist, liefert sie nur die wahrscheinliche biochemische Funktion des Proteins, z. B. ob das Protein einer Kinase oder einer Protease ähnelt. Dem Experimentator bleibt es oft vorbehalten, diese Annahme zu verifizieren (oder zu widerlegen) und, am wichtigsten, die biologische Funktion des Proteins im Gesamtorganismus aufzudecken.

Eine wichtige Herangehensweise bei der Bestimmung der Genfunktion ist es, das Gen zu verändern (oder in manchen Fällen sein Expressionsmuster), die veränderte Kopie zurück in die Keimbahn des Organismus zu bringen und die Funktion des normalen Gens durch die Änderungen herzuleiten, die durch die Genveränderung verursacht wurden. Im nächsten Abschnitt dieses Kapitels werden verschiedene Techniken für die Umsetzung dieser Strategie besprochen. Aber es ist genauso wichtig, die biochemischen und strukturellen Eigenschaften eines Genprodukts zu untersuchen, wie im ersten Teil dieses Kapitels skizziert. Einer der vielleicht wichtigsten Beiträge der DNA-Klonierung zur Zell- und Molekularbiologie ist die Fähigkeit, jedes Protein in nahezu unbegrenzter Menge herzustellen, sogar die seltenen – solange das dafür codierende Gen bekannt ist. Eine Produktion auf solch hohem Niveau wird gewöhnlich in lebenden Zellen mithilfe von Expressionsvektoren ausgeführt (**Abb. 8.39**). Dies sind im Allgemeinen Plasmide, die entworfen wurden, um eine große Menge stabiler mRNA zu bilden, die effizient in ein Protein translatiert werden kann, wenn das Plasmid in Bakterien-, Hefe-, Insekten- oder Säugerzellen eingeführt wird. Um zu verhindern, dass die hohe Konzentration fremder Proteine das Zellwachstum beeinträchtigt, ist der Expressionsvektor oft so entworfen, dass die Synthese der fremden mRNA und des Proteins verzögert wird, bis kurz bevor die Zellen geerntet und lysiert werden (**Abb. 8.40**).

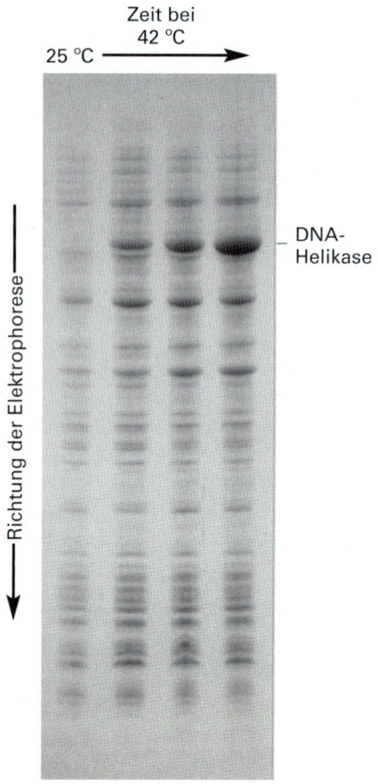

Abb. 8.40 Herstellung großer Mengen eines Proteins mittels eines Plasmid-Expressionsvektors. In diesem Beispiel wurden Bakterienzellen mit einem Expressionsvektor, der eine DNA-Helikase überproduziert, transfiziert. Die Transkription dieser codierenden Sequenz steht in diesem Expressionsvektor unter der Kontrolle eines viralen Promotors, der nur bei Temperaturen von 37 °C und darüber aktiviert wird. Das gesamte zelluläre Protein wurde durch SDS-Polyacrylamid-Gelelektrophorese analysiert, zunächst aus Bakterien, die bei 25 °C aufgezogen wurden (es wird keine Helikase gebildet), und dann aus den gleichen Bakterien, nachdem sie bis zu zwei Stunden bei 42 °C wachsen konnten (Helikase wurde zur dominierenden Proteinspezies in dem Lysat). (Mit freundlicher Genehmigung von Kevin Hacker).

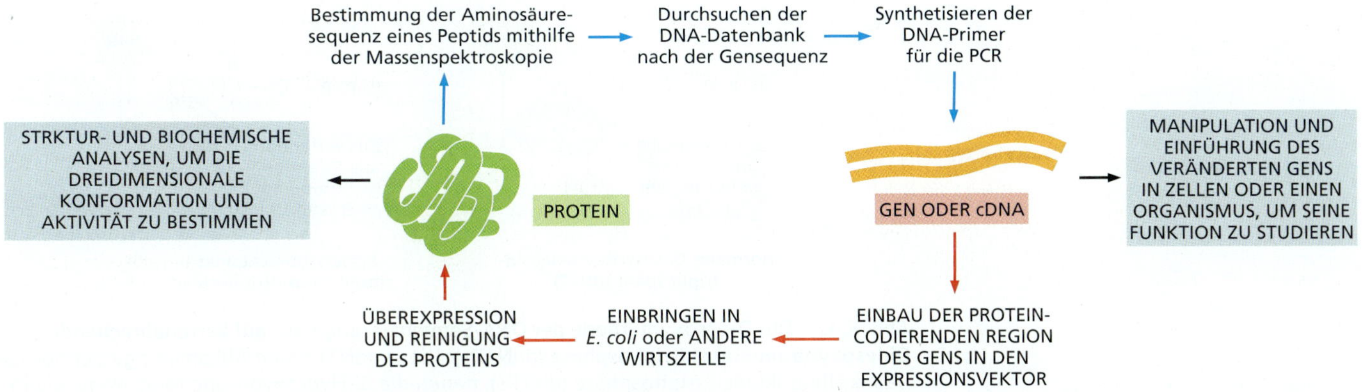

Abb. 8.41 Rekombinante DNA-Techniken machen es möglich, experimentell vom Gen zum Protein und vom Protein zum Gen zu gelangen. Nachdem ein Gen identifiziert wurde (*rechts*), kann seine proteincodierende Sequenz in einen Expressionsvektor eingefügt werden, um große Mengen des Proteins herzustellen (s. Abb. 8.41), das dann biochemisch oder strukturell untersucht werden kann. Wenn ein Protein auf Basis seiner biochemischen Eigenschaften aufgereinigt wurde, kann die Massenspektroskopie (s. Abb. 8.18) dazu verwendet werden, eine partielle Aminosäuresequenz zu erhalten; diese wird dann dazu eingesetzt, eine Genomsequenz auf die entsprechende Nukleotidsequenz abzusuchen. Das vollständige Gen kann anschließend durch PCR von einem sequenzierten Genom kloniert werden (s. Abb. 8.35). Das Gen kann auch manipuliert und in Zellen oder Lebewesen eingebracht werden, um seine Funktion zu untersuchen, ein Thema, dem sich der nächste Abschnitt in diesem Kapitel widmet.

Weil das gewünschte, von einem Expressionsvektor gebildete Protein innerhalb der Zelle produziert wird, muss es im Anschluss an die Zelllyse durch Chromatographie von den Wirtszellproteinen gereinigt werden. Da es aber in der Zelle so zahlreich vorkommt (oft 1–10 % des gesamten Zellproteins), ist die Aufreinigung in der Regel in nur wenigen Schritten einfach zu bewerkstelligen. Wie wir bereits gesehen haben, ist es auch möglich, eine molekulare Markierung – eine Gruppe von Histidinresten oder ein kleines Markerprotein – an das exprimierte Protein anzufügen, um die einfache Aufreinigung mittels Affinitätschromatographie zu erleichtern (s. Abb. 8.11). Eine Vielzahl von Expressionsvektoren ist erhältlich, jeder maßgeschneidert zur Funktion in der Art von Zelle, in der das Protein hergestellt werden soll.

Diese Technologie wird auch eingesetzt, um große Mengen medizinisch nützlicher Proteine herzustellen, darunter Hormone (wie Insulin und Wachstumsfaktoren), die als Pharmazeutika verwendet werden, und virale Proteine zur Verwendung in Impfstoffen. Expressionsvektoren gestatten es Wissenschaftlern auch, viele biologisch interessante Proteine in ausreichend großen Mengen für detaillierte Strukturuntersuchungen herzustellen. Nahezu alle dreidimensionalen Proteinstrukturen, die in diesem Buch abgebildet sind, stammen von auf diese Weise produzierten Proteinen. Die rekombinanten DNA-Techniken erlauben somit Wissenschaftlern, mit Leichtigkeit vom Protein zum Gen zu gelangen und umgekehrt, sodass die Funktionen beider an mehreren Fronten erforscht werden können (Abb. 8.41).

8.4.11 DNA kann rasch durch Didesoxysequenzierung sequenziert werden

Die meisten derzeitigen Methoden zur Manipulation von DNA, RNA und Proteinen bauen auf die vorherige Kenntnis der Nukleotidsequenz des interessierenden Genoms. Aber wie werden diese Sequenzen zunächst bestimmt? In den späten 1970er-Jahren entwickelten die Forscher mehrere Strategien, um die Nukleotidsequenz jedes aufgereinigten DNA-Fragments zu bestimmen. Diejenige, die am meisten genutzt wurde, ist die **Didesoxysequenzierung** oder **Sanger-Sequenzierung** (nach ihrem Erfinder benannt). Diese Methode verwendet DNA-Polymerase, zusammen mit speziellen kettenabbrechenden Nukleotiden, sog. Didesoxyribonukleosidtriphosphate (Abb. 8.42).

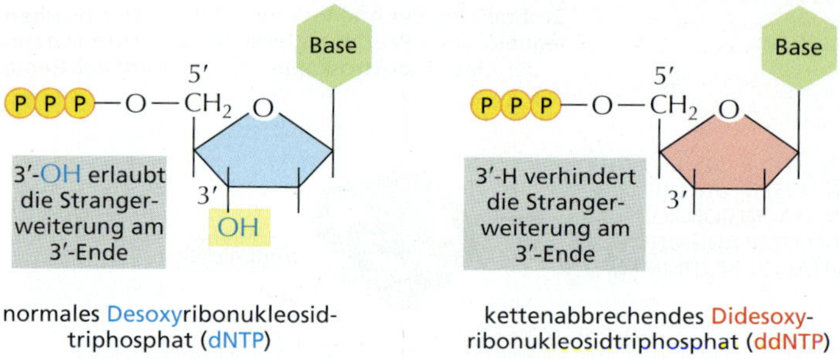

Abb. 8.42 Die Didesoxymethode der DNA-Sequenzierung baut auf kettenabrechende Didesoxyribonukleosidtriphosphate (ddNTPs). Diese ddNTPs sind Abkömmlinge der normalen Desoxiribonukleosidtriphosphate (dNTPs), denen die 3'-Hydroxygruppe fehlt. Wenn sie in einen wachsenden DNA-Strang eingebaut werden, blockieren sie die weitere Verlängerung dieses Strangs.

Didesoxysequenzierungsreaktionen erzeugen eine Sammlung verschiedener DNA-Kopien, die an jeder Position in der ursprünglichen DNA-Sequenz enden. Bei der ursprünglichen Form dieser Methode werden vier getrennte Sequenzierunmgsreaktionen durchgeführt, jede mit einem anderen Didesoxyribonukleotid; die DNA-Kopien wurden radioaktiv markiert und auf Polyacrylamidgelen getrennt, die dann einem Film ausgesetzt wurden, um vier Bandenleitern zu erzeugen; diese wurden dann manuell gelesen, um die Sequenz zu lüften (s. **Abb. 8.24c**). Diese aufwändige Methode wurde Anfang der 1980er-Jahre durch Techniken ersetzt, die einfacher, sicherer und vollständig automatisiert sind: Roboter mischen die Reaktanten – einschließlich der vier verschiedenen kettenabrechenden Didesoxyribonukleotide, von denen jedes mit einem unterschiedlich gefärbten Fluoreszenzfarbstoff markiert ist – und laden die Reaktionsproben auf lange, dünne Kapillargele; diese trennen die Reaktionsprodukte in eine Reihe unterschiedlicher Banden. Dann zeichnet ein Detektor die Farbe jeder Bande auf, und ein Rechner übersetzt die Information in eine Nukleotidsequenz (**Abb. 8.43**).

8.4.12 Sequenzierungsmethoden der nächsten Generation haben die DNA- und RNA-Analyse revolutioniert

Die automatisierte Didesoxysequenzierung wurde in den späten 1990er-Jahren und frühen 2000er-Jahren eingesetzt, um die Nukleotidsequenzen vieler Genome zu bestimmen, einschließlich jener von *Escherichia coli*, Hefe, Fruchtfliegen, Nematoden und Menschen. Sie wird auch heutzutage weiterhin verwendet als ein kostengünstiger Ansatz für die Sequenzierung in kleinen Maßstab. Aber neuere Methoden, die seit 2005 entwickelt wurden, sind nun im Einsatz für die meisten großmaßstäblichen Analysen. Mit diesen sog. *Sequenzierungstechnologien der zweiten Generation* (engl. *second-generation sequencing technologies*) sind die DNA-Sequenzierungskosten dramatisch gesunken, und die Anzahl der sequenzierten Genome ist enorm angestiegen. Diese raschen Methoden ermöglichen es, dass viele Genome innerhalb von Wochen sequenziert werden können; dies ermöglicht Forschern Tausende einzelner Humangenome zu untersuchen, die Abweichung in der Nukleotidsequenz zwischen Menschen auf der ganzen Erde zu katalogisieren und die Mutationen aufzudecken, die das Risiko verschiedener Krankheiten – vom Krebs bis zum Autismus – erhöhen. Diese Methoden haben es auch möglich gemacht, die Genomsequenz ausgestorbener Spezies zu bestimmen, darunter der Neandertaler und das Wollmammut. Durch Genomsequenzierung vieler eng verwandter Spezies haben diese Methoden uns auch geholfen, die molekulare Grundlage der evolutionären Schlüsselereignisse im Stammbaum des Lebens zu verstehen. Die Fähigkeit zu

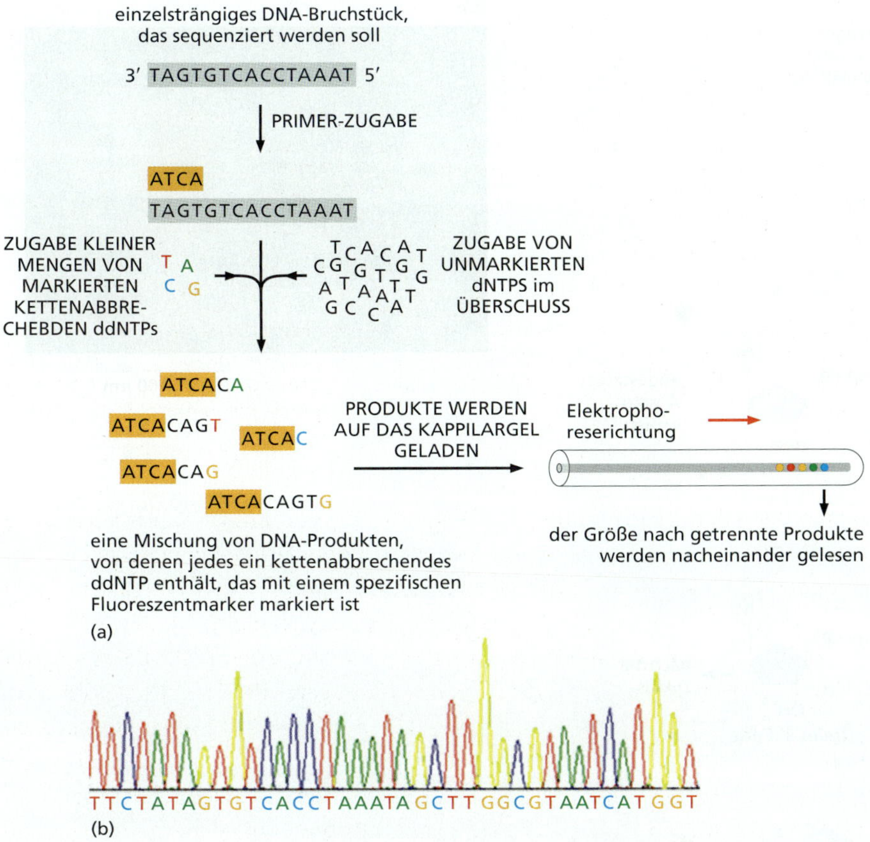

Abb. 8.43 Die automatisierte Didesoxysequenzierung setzt auf einen Satz von vier ddNTPs, die jeweils eine einzigartig gefärbte Fluoreszenzmarkierung tragen. (a) Um die vollständige Sequenz eines einzelsträngigen DNA-Fragments *(grau)* zu bestimmen, wird die DNA zunächst mit einem kurzen DNA-Primer (*orange*) hybridisiert. Dann wird die DNA mit DNA-Polymerase (nicht gezeigt), einem Überschuss normaler dNTPs und einer Mischung kleiner Mengen aller vier kettenabrechenden ddNTPs gemischt; jedes ddNTP ist mit einer Fluoreszenzmarkierung einer verschiedenen Farbe markiert. Da die kettenabrechenden ddNTPs nur gelegentlich eingebaut werden, erzeugt jede Reaktion einen unterschiedlichen Satz an DNA-Kopien, die an verschiedene Stellen in der Sequenz die Kette abrechen. Die Reaktionsprodukte werden auf ein langes, dünnes Kapillargel geladen und mittels Elektrophorese aufgetrennt. Eine Kamera liest die Farbe jeder Bande auf dem Gel und speist die Daten in einen Rechner ein, der die Sequenz zusammenbaut (nicht gezeigt). Die gelesene Sequenz (engl. *sequence read*) vom Gel ist komplementär zur Sequenz des ursprünglichen DNA-Moleküls. (b) Ein winziger Teil der Daten aus einem solchen automatisierten Sequenzlauf. Jeder farbige Peak repräsentiert ein Nukleotid in der DNA-Sequenz.

raschen DNA-Sequenzierung hat große Auswirkungen auf alle Zweige der Biologie, der Landwirtschaft und der Medizin gehabt; man kann sich kaum vorstellen, wo wir ohne sie wären.

Heutzutage finden mehrere Sequenzierungsmethoden der zweiten Generation breite Anwendung. Die üblichste ist die *Illumina-Sequenzierung*, nach der Firma benannt, welche die Ausrüstung und Reagenzien herstellt. Dieser Ansatz beginnt mit der Konstruktion von Bibliotheken kleiner DNA-Fragmente, welche die DNA des vollständigen Genoms darstellen. Anstelle von bakteriellen Zellen zur Erzeugung dieser Bibliotheken werden sie mithilfe der PCR-Vervielfältigung von Milliarden DNA-Fragmenten hergestellt, von denen jedes an die Glasoberfläche einer Durchflusszelle geheftet ist. Die Vervielfältigung wird so ausgeführt, dass die mittels PCR erzeugten Kopien eines ursprünglichen DNA-Fragments, anstatt in der Lösung wegzufließen, in der Nachbarschaft des ursprünglichen DNA-Fragments gebunden bleiben; dies hat ein Cluster von etwa 1000 identischen Kopien jenes kleinen Stückchens des Genoms zur Folge. Diese Cluster – von denen eine Milliarde in eine einzelne Durchflusszelle passen – werden dann gleichzeitig, d. h. parallel, sequenziert.

Die Sequenzierung wird mithilfe kettenabrechender Nukleotide durchgeführt, mit einzigartig gefärbten Fluoreszenzmarkierungen. Im Gegensatz zur konventionellen Didesoxysequenzierung können die Fluoreszenzmarkierung und die chemische Gruppe, welche die Verlängerung blockiert, beide entfernt werden. Sobald die DNA-Polymerase das fluoreszierende, kettenabrechende Nukleotid angefügt hat, hält ein Foto der Reaktion die Farbe fest, um die Identität des angefügten Nukleotids preiszugeben. Dann wird die Farbmakierung und die kettenabrechende Gruppe entfernt, wodurch es der DNA-Polymerase gestattet wird, das nächste Nukleotid anzufügen (**Abb. 8.44**). Dieser Zyklus wird Hunderte Male wiederholt, um die DNA-Sequenz in jedem Cluster zu

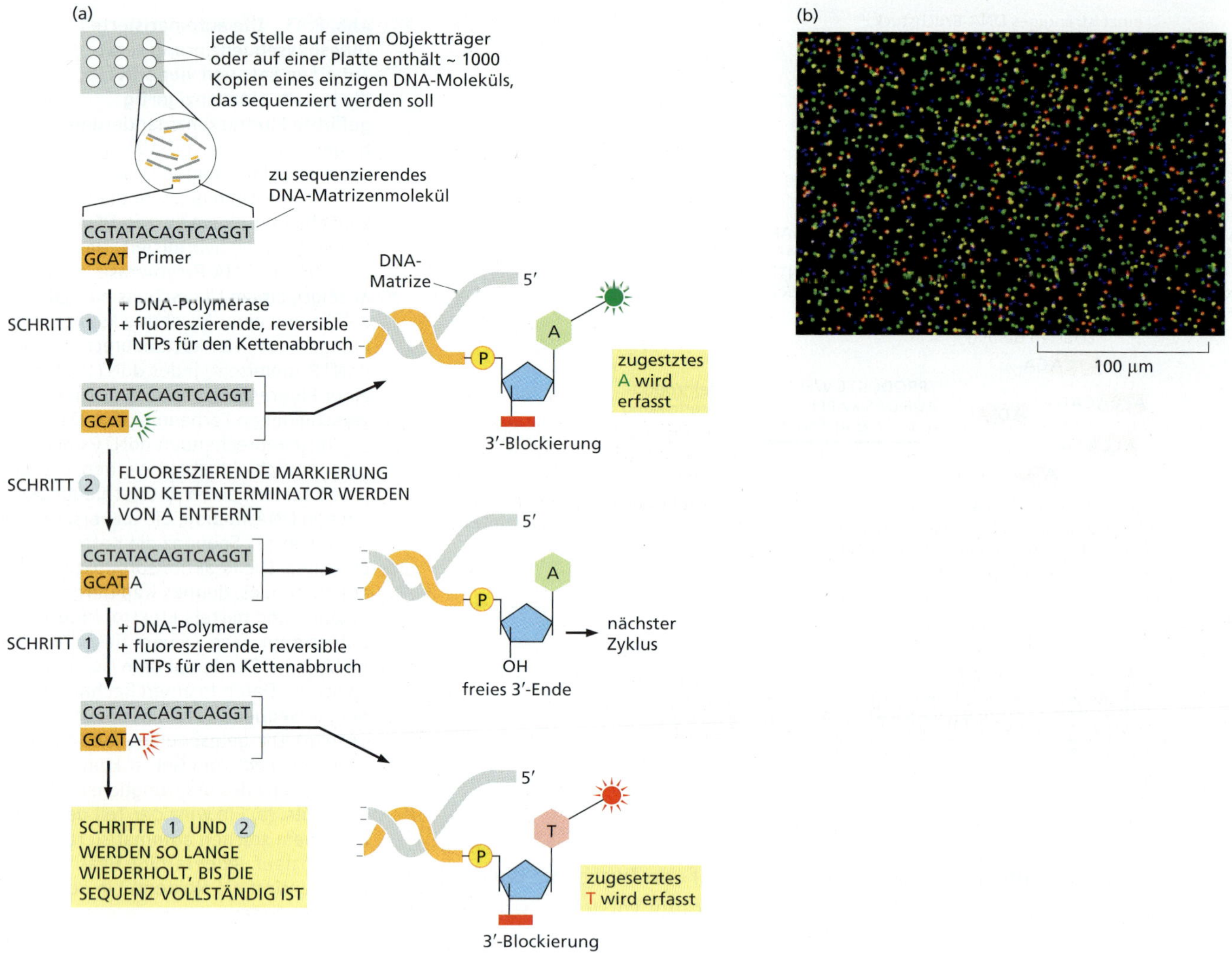

Abb. 8.44 **Grundlagen der Illumina-Sequenzierung.** (a) Ein Genom oder eine andere große DNA-Probe wird in Millionen kurzer Bruchstücke zerlegt. Diese Fragmente werden an die Oberfläche einer Durchflusszelle geheftet und mittels PCR vervielfältigt, sodass DNA-Cluster entstehen, die jeweils etwa Tausend Kopien eines einzelnen DNA-Fragments enthalten. Die große Anzahl der Cluster deckt das vollständige Genom ab. Im ersten Schritt werden die verankerten DNA-Cluster mit DNA-Polymerase inkubiert sowie mit einem speziellen Satz aller vier Nukleosidtriphosphate (NTPs), jeweils mit zwei reversiblen chemischen Modifikationen: ein einzigartig gefärbter Fluoreszenzmarker und eine chemische 3'-Gruppe, die die DNA-Synthese beendet. Normale dNTPs sind nicht vorhanden. Nachdem von der DNA-Polymerase ein Nukleotid angeheftet wurde, zeichnet eine hochauflösende Digitalkamera die Fluoreszenzfarbe an jedem DNA-Cluster auf. Im zweiten Schritt wird die DNA chemisch behandelt, um die Fluoreszenzmarkierungen und chemischen Blocker zu beseitigen. Ein neuer Satz fluoreszierender, reversibler Terminator-NTPs wird dann zugefügt, um eine weitere DNA-Synthese runde zu starten. Diese Schritte werden solange wiederholt, bis die Sequenz vollständig ist. Die Schnappschüsse jeder Syntheserunde werden von einem Rechner zusammengesetzt, um die Sequenz jedes DNA-Fragments zu erhalten. Die Sequenz der Millionen überlappender DNA-Fragmente kann dann dazu verwendet werden, eine vollständige Genomsequenz zu rekonstruieren. (b) Ein Bild von der Oberfläche der Illumina-Durchflusszelle; sie zeigt einzelne DNA-Cluster nach einer DNA-Syntheserunde mit farbigen NTPs. (b, Mit freundlicher Genehmigung von Illumina, Inc.)

liefern. Milliarden dieser Cluster werden parallel sequenziert. Dann wird im Rechner die vollständige Genomsequenz rekonstruiert, in dem die Sequenzen aller Fragmente zusammengeflickt werden, wobei die Überlappungen zwischen den Fragmenten als Richtschnur dienen.

Die Illumina-Sequenzierung liefert kurze DNA-Sequenzen von wenigen hundert Nukleotiden, die sich manchmal nur schwer zu vollständigen Genomsequenzen zusammenbauen lassen, wegen der vielen Wiederholungssequenzen, die oft in Genomen vorkommen. Die jüngst entwickelten *Sequenzierungsmethoden der dritten Generation* (engl. *third-generation sequencing-methods*) sind in der Lage wesentlich längere DNA-Moleküle

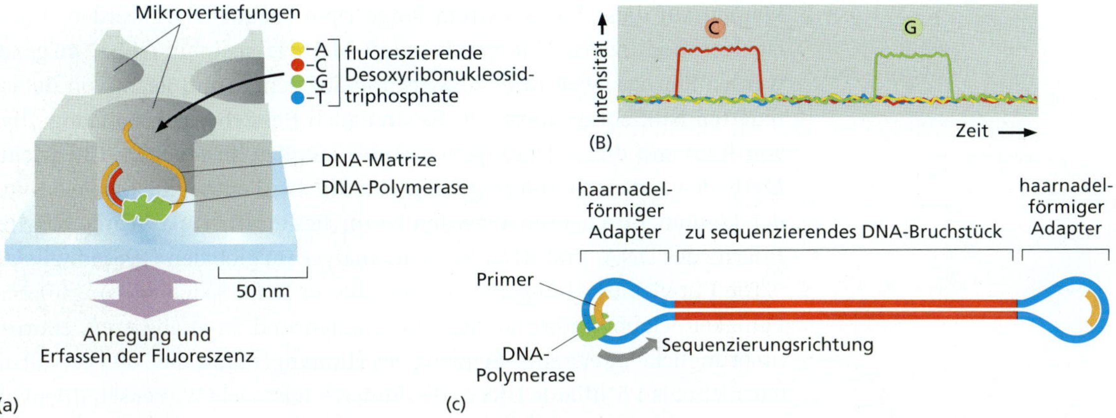

Abb. 8.45 Die Einzel-Molekül-Sequenzierung in Echtzeit (engl. *Single-molecule real-time* [*SMRT*] *sequencing*). (a) Die SMRT-Sequenzierung verwendet eine Durchflusszelle mit Tausenden winziger Vertiefungen (*wells*), die jeweils eine einzelne DNA-Polymerase, eine einzelne DNA-Matrize und vier fluoreszenzmarkierte Desoxyribonukleosidtriphosphate enthalten. Die anfängliche Bindung eines Nukleotids an die Matrize erzeugt ein lokales Fluoreszenzsignal, dass verschwindet, wenn die endständigen Phosphate während des Einbaus des Nukleotids in die DNA beseitigt werden. Um die Hintergrundfluoreszenz von ungebundenen Nukleotiden zu verringern, werden nur die unteren 30 nm der Vertiefung beleuchtet, sodass nur in einem kleinen Volumen (20 Zeptoliter oder 20×10^{-21} Liter) detektiert wird. (b) Detektion fluoreszierender Signale in der Vertiefung zeigen vorübergehende Pulse einer einzelnen Farbe, was auf das eingebaute Nukleotid hinweist. (c) Die SMRT-Sequenzierung wird oft mit einer ringförmigen DNA-Matrize durchgeführt; diese ist so konstruiert, dass Haarnadel-Adapter-DNAs an jedes Ende der zu sequenzierenden DNA geheftet sind. Mithilfe eines Primers, der zum Adapter passt, kann die DNA-Polymerase dann die Matrize wie in a gezeigt replizieren. Das bei dieser Methode verwendete Enzym ist eine *strangverdrängende* Polymerase, die doppelsträngige DNA trennt, während sie entlang der Matrize wandert; dies ermöglicht ihr viele Male entlang eines vollständigen ringförmigen Moleküls zu wandern. Somit werden beide DNA-Stränge wiederholt sequenziert, was dem Experimentator erlaubt, Sequenzfehler zu eliminieren, die durch zufällige, von der Polymerase gemachte Fehler entstehen.

zu sequenzieren. Zwei Methoden sind besonders vielversprechend. Die erste ist die Einzel-Molekül-Sequenzierung in Echtzeit (eng. *Single-molecule real-time* [*SMRT*] *sequencing*). Die in einer Anordnung winziger Vertiefungen (*wells*) ausgeführt wird; jede dieser Vertiefungen enthält eine einzelne DNA-Polymerase, die an ihre Bodenfläche geheftet ist. Der Schlüssel zur SMRT-Sequenzierung ist, dass sie Desoxyribonukleosid-triphosphate verwendet, in denen der Fluoreszenzfarbstoff an das endständige Phosphat geheftet ist. Während die DNA-Polymerase die Matrizen-DNA kopiert, erzeugt die Bindung eines fluoreszierenden Nukleotids ein Farbsignal, das seine Identität verrät. Das Signal verschwindet, wenn das fluoreszierende endständige Phosphat während des Einbaus des Nukleotids in die wachsende DNA-Kette freigesetzt wird (s. **Abb. 5.4**). Die Sequenz der DNA wird somit durch die Farben der kurzen Fluoreszenzpulse offengelegt, die bei der Bindung jedes Nukleotids auftreten (**Abb. 8.45**). Da sehr lange DNA-Fragmente (Tausende Kilobasen) mit dieser Methode gelesen werden können und Zehntausende Reaktionen parallel analysiert werden können, sind vollständige Genomsequenzen innerhalb kurzer Zeiträume erhältlich. Es ist auch möglich, ringförmige DNA-Matrizen zu verwenden, die wiederholt auf beiden Strengen sequenziert werden. Dies verbessert die Genauigkeit der resultierenden Sequenz erheblich (s. **Abb. 8.45c**).

Eine andere Sequenzierungsmethode der dritten Generation, die sog. Nanoporen-Sequenzierung, benötigt überhaupt keine DNA-Synthese, sondern verwendet stattdessen den Transport eines einzelsträngigen DNA-Moleküls durch eine winzige Proteinpore in einer Membran. An dieser Membran wird eine Spannung angelegt, die einen Strom durch die Pore zur Folge hat. Der Durchdritt der Nukleotide durch die Pore erzeugt winzige Verschiebungen des elektrischen Stroms durch die Membran, und die einzigartige Gestalt jeder Nukleotidbase hat eine leicht unterschiedliche Unterbrechung des Stroms zur Folge. Die Messung dieser winzigen Veränderungen des Stroms verrät die Identität jedes Nukleotids, während es die Pore passiert. Wie bei der SMRT-Sequenzierung können auf diese Weise extrem lange DNAs sequenziert werden. Ein weiterer Vorteil ist, dass modifizierte Nukleotide (wie 5-Methylcytosin, in Abb. 7.46 gezeigt) identifiziert werden können, weil ihre Auswirkung auf dem Strom leicht von dem der nicht modifizierten Nukleotide abweicht. Es sind auch Bestrebungen im Gang, die Sequenzierung von RNA mit dieser Herangehensweise möglich zu machen. Ein wichtiger Vorteil der Methode ist, dass sie mit tragbaren Handinstrumenten, die ins Feld mitgenommen werden können, durchgeführt werden kann; dies eröffnet spannende Möglichkeiten für den Einsatz der DNA- und RNA-Sequenzanalyse im globalen Gesundheitswesen.

Die Entwicklung billigerer und schnellerer DNA-Sequenzierungsmethoden hat unsere Fähigkeit, Genominformationen zu erhalten und zu analysieren, enorm verbessert. Die ursprüngliche „Referenz“-Sequenz des Humangenoms, die 2003 vervollständigt war, kostete mehr als 1 Milliarde US$ und erforderte, dass viele Wissenschaftler von überall auf der Welt 13 Jahre lang zusammenarbeiten mussten. Die enormen Fortschritte der vergangenen 15 Jahre haben es ermöglicht, dass eine einzelne Person die Sequenz eines einzelnen Humangenoms in weniger als 1 Tag, zu Kosten von unter 1000 US$ fertigstellen kann.

Wie oben erwähnt, werden derzeit Sequenzierungsmethoden der nächsten Generation für die direkte RNA-Sequenzierung entwickelt. Augenblicklich wird die RNA-Sequenzierung typischerweise jedoch durch Umwandlung der RNA in cDNA durchgeführt (mithilfe der Reversen Transkriptase), und es wird eine der oben beschriebenen Methoden für die DNA-Sequenzierung verwendet. Wichtig ist es, in Erinnerung zu behalten, dass, obwohl Genome von Zelle zu Zelle und von Gewebe zu Gewebe die gleichen bleiben, die von diesem Genom erzeugte RNA enorm variieren kann. Wir werden an späterer Stelle in diesem Kapitel sehen, dass die Sequenzierung des vollständigen RNA-Repertoires aus einer Zelle oder einem Gewebe (die sog. **abdeckende RNA-Sequenzierung** oder **RNA-seq** (engl. ***deep RNA-sequencing***)) ein leistungsfähiger Weg ist, um zu verstehen, wie die im Genom vorhandene Information von verschiedenen Zellen unter verschiedenen Umständen verwendet wird. Die RNA-seq ist außerdem ein wertvolles Werkzeug, Genome zu kommentieren, was wir als Nächstes besprechen werden.

8.4.13 Um nützlich zu sein, müssen Genomsequenzen annotiert werden

Auf den ersten Blick verraten lange Nukleotidstränge nichts darüber, wie diese genetische Information die Entwicklung eines lebenden Organismus lenkt – oder sogar, welche Arten von DNA-, Protein- und RNA-Molekülen vom Genom gebildet werden. Der Vorgang der **Genom-Annotierung** (**Genom-Kommentierung**) versucht, alle die Gene (sowohl proteincodierende als auch nicht codierende) in einem Genom zu markieren und jedem eine Rolle zuzuschreiben. Die Genom-Annotierung strebt auch an, detailliertere Arten der Genominformation zu verstehen, wie z. B. *cis*-Regulationssequenzen, die die Zeit und den Ort spezifizieren, zu der bzw. an dem ein bestimmtes Gen exprimiert wird, und ob seine mRNA einem alternativen Spleißen unterliegt, um verschiedene Protein-Isotypen zu bilden. Dies ist ganz klar eine gewaltige Aufgabe, und wir sind weit entfernt davon, dies für irgendeine Lebensform abzuschließen, nicht einmal für das einfachste Bakterium. Für viele Lebewesen kennen wir die ungefähre Anzahl der Gene, und für sehr einfache Organismen verstehen wir die Funktionen von etwa der Hälfte ihrer Gene.

In diesem Abschnitt besprechen wir ganz allgemein, wie Gene in Genomsequenzen identifiziert werden und welche Hinweise wir über ihre Rolle durch einfaches Untersuchen ihrer Sequenzen herauslesen können. Später im Kapitel wenden wir uns dem schwierigeren Problem der experimentellen Bestimmung der Genfunktion zu.

Wie fängt man es an, den Sinn einer Genomsequenz zu verstehen? Der erste Schritt ist in der Regel die *In-silico*-Übersetzung des vollständigen Genoms in ein Protein. Es

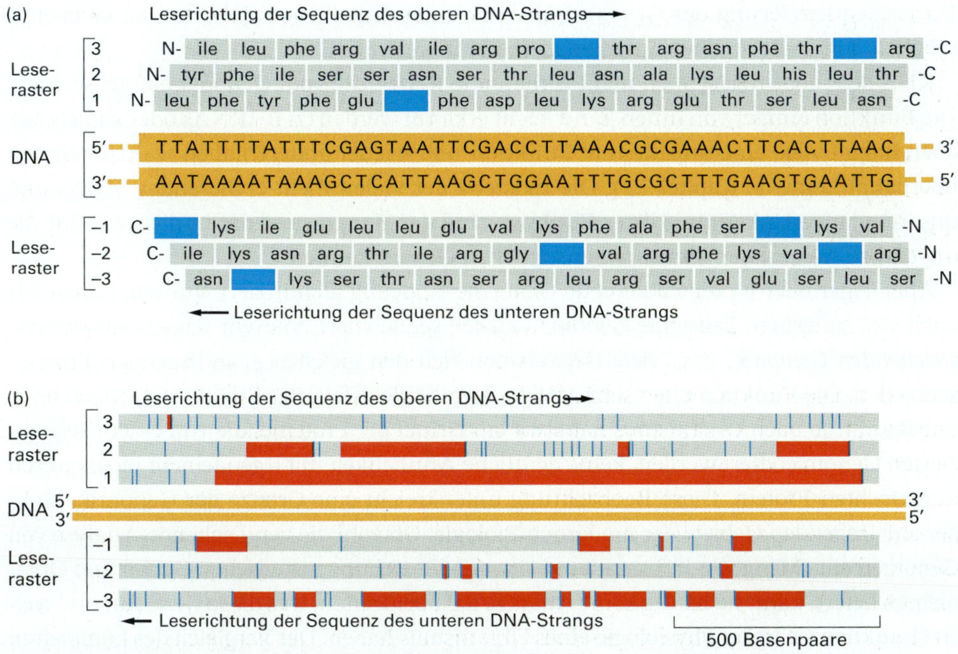

Abb. 8.46 Bestimmung der proteincodierenden Abschnitte in einer DNA-Sequenz. (a) Jede DNA-Region kann im Prinzip sechs verschiedene Aminosäuresequenzen codieren, da auf jedem Strang jedes der drei verschiedenen Leseraster zur Interpretation der Nukleotidsequenz herangezogen werden kann. Man beachte, dass eine Nukleotidsequenz immer in 5'→3'-Richtung gelesen wird und ein Polypeptid vom N- zum C-Terminus codiert. Liest man eine zufällige Nukleotidsequenz in einem bestimmten Leseraster, wird man im Durchschnitt alle 20 Aminosäuren auf ein Stopp-Codon für die Proteinsynthese stoßen. In dieser Beispielsequenz von 48 Basenpaaren ist jedes dieser Signale (*Stopp-Codon*) *blau* gekennzeichnet: Nur das Leseraster 2 ist frei von Stopp-Signalen. (b) Die Suche in einem 1700 bp langen DNA-Abschnitt nach einer möglichen proteincodierenden Sequenz. Die Information ist wie in (a) dargestellt: Jedes Stopp-Signal der Proteinsynthese ist als *blaue Linie* gezeichnet, und die Abschnitte zwischen möglichen Start- und Stopp-Signalen (s. Abschnitt 6.2.12, 6.2.1.3) sind durch *rote Balken* repräsentiert. Nur das Leseraster 1 codiert für ein Protein, das 475 Aminosäuren lang ist.

gibt für jedes doppelsträngige DNA-Stück sechs verschiedene Leseraster (drei für jeden Strang). In Kapitel 6 haben wir gesehen, dass eine Zufalls-Nukleotidsequenz, im Raster gelesen, etwa alle 20 Aminosäuren ein Stopp-Codon enthält; proteincodierende Regionen werden im Gegensatz dazu in der Regel viele längere Abschnitte ohne Stopp-Codons enthalten (**Abb. 8.46**). Als **offene Leseraster** (ORFs, engl. *open reading frames*,) bekannt, kennzeichnen sie gewöhnlich echte proteincodierende Gene. Diese Zuordnung wird oft doppelt überprüft, indem die ORF-Aminosäuresequenz mit den vielen Datenbanken dokumentierter Proteine aus anderen biologischen Arten verglichen wird. Wird eine Übereinstimmung gefunden, auch eine unvollkommene, ist es sehr wahrscheinlich, dass das ORF für ein funktionales Protein codiert (s. **Abb. 8.22**).

Diese Strategie funktioniert sehr gut bei kompakten Genomen, bei denen Intronsequenzen selten sind und ORFs sich oft über viele Hundert Aminosäuren erstrecken. In vielen Tieren und Pflanzen beträgt die durchschnittliche Exongröße 150–200 Nukleotidpaare, und in der Regel ist zusätzliche Information erforderlich, um unzweideutig alle Exons eines Gens zu lokalisieren. Obwohl es möglich ist, Genome auf Spleißsignale und andere Merkmale abzusuchen, die mithelfen, Exons zu identifizieren (z. B. Codonvorlieben), besteht eine der leistungsfähigsten Methoden einfach darin, die gesamte RNA zu sequenzieren, die in lebenden Zellen vom Genom gebildet wird. Wie aus **Abb. 7.3** ersichtlich ist, kann diese RNA-seq-Information, wenn auf die Genomsequenz kartiert, dazu verwendet werden, alle Introns und Exons sogar komplexer Gene exakt zu lokalisieren.

Durch Sequenzierung der Gesamt-RNA aus unterschiedlichen Zellarten ist es ebenso möglich, Fälle alternativen Spleißens zu identifizieren.

RNA-seq identifiziert auch nicht codierende RNAs, die vom Genom gebildet werden. Die Funktion einiger von ihnen kann leicht erkannt werden (z. B. tRNAs oder snoRNAs), doch haben viele eine unbekannte Funktion und wieder andere haben wahrscheinlich überhaupt keine (s. Kapitel 7.7). Die Existenz der vielen nicht codierenden RNAs und unsere relative Unkenntnis ihrer Funktion sind der Hauptgrund dafür, dass wir nur die ungefähre Anzahl der Gene im menschlichen Genom kennen.

Aber sogar über proteincodierende Gene, die eindeutig identifiziert wurden, haben wir noch viel zu lernen. Tausende Genome wurden sequenziert, und wir wissen aus der *vergleichenden Genomik*, dass viele Organismen sich den gleichen grundlegenden Proteinsatz teilen. Die Funktion einer sehr großen Anzahl identifizierter Proteine ist jedoch noch unbekannt. Je nach Organismus hat etwa ein Drittel der Proteine, die von einem sequenzierten Genom codiert werden, keine deutliche Ähnlichkeit mit irgendeinem biochemisch untersuchten Protein. Diese Beobachtung unterstreicht eine Grenze der Genomik, eines der aufstrebenden Gebiete der modernen Biologie. Obwohl die vergleichende Analyse von Genomen eine Menge an Informationen über die Beziehungen zwischen Genen und Organismen liefert, kann sie häufig keine Aussage darüber treffen, was diese Gene tun und welche Funktion sie in der Physiologie eines Organismus haben. Der Vergleich des kompletten Gensatzes mehrerer thermophiler Bakterien beispielsweise lässt keinen Schluss darauf zu, warum sich diese Organismen bei 70 °C und darüber wohl fühlen. Und eine Untersuchung des Genoms des unglaublich strahlungsresistenten Bakteriums *Deinococcus radiodurans* erklärt nicht, wieso dieser Organismus einen Strahlenstoß überlebt, der selbst Glas zerschmettert. Weitere biochemische und genetische Untersuchungen, denen wir uns im letzten Abschnitt dieses Kapitels zuwenden, sind nötig, um zu erkennen, wie diese Gene und die von ihnen codierten Proteine im Kontext eines Lebewesens funktionieren.

Zusammenfassung

Die Technik der DNA-Klonierung erlaubt es, von jedem gewünschten Abschnitt einer DNA- oder RNA-Sequenz unter Millionen anderer Sequenzen in einer Zelle eine Kopie anzufertigen und in unbegrenzten Mengen in reiner Form herzustellen. DNA-Sequenzen können durch Einfügen des gewünschten DNA-Fragments in das Chromosom eines selbstreplizierenden genetischen Elements, z. B. eines bakteriellen Plasmids, vermehrt werden. Die resultierenden genomischen DNA-Bibliotheken werden in Millionen von Bakterien aufbewahrt, und jede Bakterienzelle trägt ein anderes kloniertes DNA-Fragment. Individuelle Zellen dieser Bibliothek stellen große Mengen von einzelnen klonierten DNA-Fragmenten her, sobald man es ihnen ermöglicht, sich zu vermehren. Durch Umgehen sowohl der Klonierungsvektoren als auch der Bakterienzellen ermöglicht die Polymerase-Kettenreaktion (PCR) die direkte Klonierung mit einer DNA-Polymerase und DNA-Primern – vorausgesetzt, die zu untersuchende DNA-Sequenz ist schon bekannt.

Mit denselben Verfahren kann man DNA-Klone erhalten, die komplementär zu mRNA-Molekülen sind, allerdings muss man zunächst von der mRNA eine DNA-Kopie, cDNA genannt, herstellen. Anders als bei den genomischen Klonen fehlen den cDNA-Klonen die Intronsequenzen. Damit sind sie die bevorzugten Klone, wenn es um die Analyse des Proteinprodukts eines Gens geht.

Nukleinsäure-Hybridisierungsreaktionen sind eine empfindliche Methode, irgendeine Nukleotidsequenz von Interesse nachzuweisen. Wegen der enormen Spezifität dieser Hybridisierungsreaktion kann man eine einzelsträngige, radioaktiv oder chemisch markierte Nukleotidsequenz als Sonde einsetzen, um selbst in einer Zelle oder einem Zellextrakt mit Millionen verschiedener DNA- und RNA-Sequenzen einen

Partnerstrang zu finden. Die DNA-Hybridisierung macht es auch möglich, die PCR zur Vervielfältigung irgendeines Abschnitts irgendeines Genoms zu nutzen, sobald dessen Sequenz bekannt ist.

Die Nukleotidsequenz jedes Genoms kann durch automatisierte Verfahren, die auf mehreren verschiedenen Strategien gründen, rasch und einfach ermittelt werden. Durch den Vergleich der Genomsequenzen verschiedener Organismen können wir evolutionäre Verwandtschaften zwischen Genen und Organismen verfolgen, was sich bei der Entdeckung neuer Gene und der Vorhersage ihrer Funktion als sehr wertvoll erwiesen hat.

8.5 Untersuchung der Genexpression und -funktion

Letztendlich will man verstehen, wie Gene – und die Proteine, für die sie codieren – in einem intakten Organismus funktionieren. Obwohl es widersinnig klingen mag, einer der direktesten Wege, herauszufinden was ein Gen macht, ist zu schauen, was mit dem Organismus geschieht, wenn das Gen fehlt. Die Untersuchung von mutierten Organismen, die in ihrer Nukleotidsequenz Veränderungen oder Deletionen aufweisen, ist in der Biologie ein bewährtes Vorgehen und bildet die Basis für das wichtige Feld der **Genetik**. Da Mutationen zelluläre Prozesse unterbrechen können, enthalten Mutanten häufig den Schlüssel zum Verständnis von Genfunktionen. Beim klassischen Vorgehen der Genetik beginnt man mit der Isolierung von Mutanten mit einem interessanten oder ungewöhnlichen Aussehen: zum Beispiel Taufliegen mit weißen Augen oder aufgebogenen Flügeln. Ausgehend vom **Phänotyp** – dem Erscheinungsbild oder dem Verhalten eines individuellen Organismus – arbeitet man sich zurück, um den **Genotyp** – die Art des Gens, das für die charakteristische Erscheinung verantwortlich ist – zu bestimmen (**Tafel 8.1**).

Heutzutage, da zahlreiche Genomsequenzen zur Verfügung stehen, beginnt die Erkundung der Genfunktion meist mit einer DNA-Sequenz. Die Herausforderung hierbei ist, die Sequenz in die Funktion zu übertragen. Man kann, wie wir schon zuvor in diesem Kapitel besprochen haben, in den Datenbanken eine Suche nach gut charakterisierten Proteinen starten, die eine ähnliche Aminosäuresequenz aufweisen wie das Protein, das von dem neu entdeckten Gen codiert wird. Von dort kann das Protein überexprimiert und aufgereinigt werden, und die im ersten Teil dieses Kapitels beschriebenen Methoden können dazu eingesetzt werden, seine biochemischen Eigenschaften und seine dreidimensionale Struktur zu untersuchen. Eine direktere Bestimmung aber, wie ein Gen in einer Zelle oder einem Organismus funktioniert, geht nur über den effektivsten Ansatz, nämlich die Untersuchung von Mutanten, denen das Gen entweder vollständig fehlt oder die eine veränderte Version des Gens besitzen. Die Bestimmung, welche zellulären Prozesse in solchen Mutanten unterbrochen oder verändert wurden, erhellt oft die biologische Funktion des Gens.

In diesem Abschnitt beschreiben wir mehrere Ansätze zur Bestimmung der Genfunktion, die entweder von einem Individuum mit einem interessanten Phänotyp oder von einer DNA-Sequenz ausgehen. Wir beginnen mit der klassischen genetischen Herangehensweise, die mit einem *genetischen Screening* zur Isolierung bestimmter Mutanten startet und auf eine Identifizierung des Gens oder der Gene hinausläuft, die für den beobachteten Phänotyp verantwortlich sind. Danach beschreiben wir eine ganze Reihe von Techniken, die manchmal unter den Begriff *Reverse Genetik* fallen. Hier beginnt die Untersuchung mit einem Gen oder einer Gensequenz und dem Versuch, seine Funktion zu bestimmen. Bei diesem Ansatz ist viel intelligente Detektivarbeit erforderlich: die Suche nach ähnlichen Sequenzen in anderen Lebewesen und die Ermittlung, wann und wo das Gen exprimiert wird; dazu die Herstellung mutierter Organismen und die Charakterisierung ihres Phänotyps.

GENE UND PHÄNOTYPEN

Gen: funktionelle Einheit der Vererbung, entspricht üblicherweise einem DNA-Segment, das für ein einzelnes Protein codiert.

Genom: die gesamten DNA-Sequenzen eines Organismus

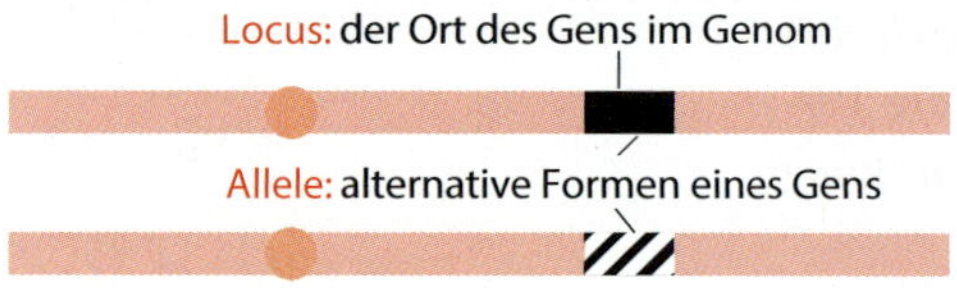

Wildtyp: der normale, natürlich vorkommende Typus

Mutante: unterscheidet sich vom Wildtyp wegen einer genetischen Änderung (Mutation)

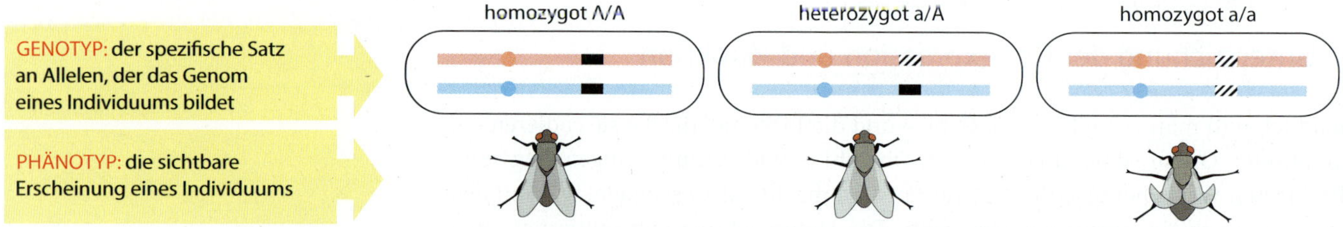

Allel A ist dominant (relativ zu a); Allel a ist rezessiv (relativ zu A)

In dem obigen Beispiel stimmt der Phänotyp des Heterozygoten mit dem Phänotyp des einen homozygoten Individuums überein; in Fällen, bei denen sich das heterozygote Individuum von beiden homozygoten unterscheidet, spricht man von zwei kodominanten Allelen.

CHROMOSOMEN

Ein Chromosom am Anfang des Zellzyklus in der G_1-Phase; der lange Balken steht für ein langes DNA-Doppelhelixmolekül

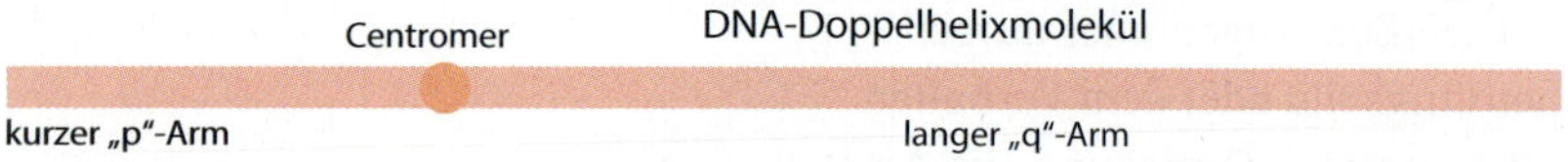

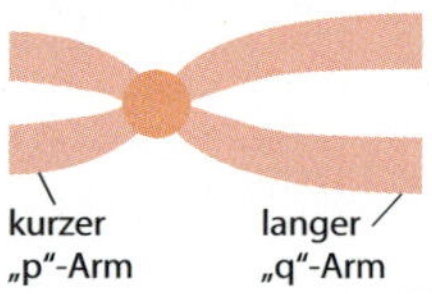

Ein Chromosom am Ende des Zellzyklus in der Metaphase; es ist dupliziert und kondensiert und besteht aus zwei identischen Schwesterchromatiden (jedes enthält ein DNA-Doppelhelixmolekül), die am Centromer verbunden sind.

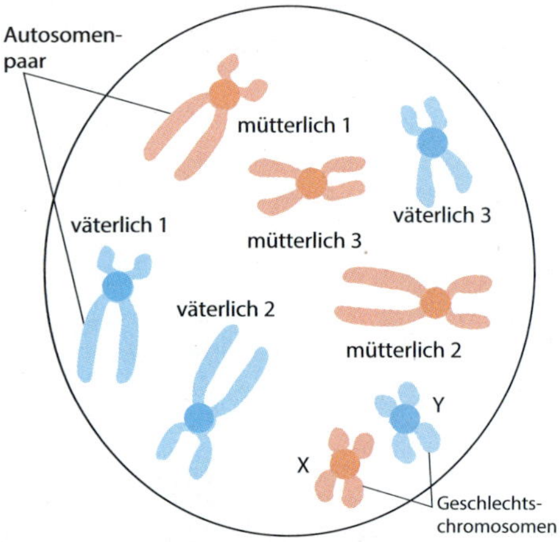

Ein normaler diploider Chromosomensatz, wie er in der Metaphase zu beobachten ist. Dazu wird die Zelle in der Metaphase aufgebrochen und die verstreuten Chromosomen werden gefärbt. Hier ist ein schematisiertes Beispiel aus drei Autosomenpaaren (Chromosomen, die symmetrisch von beiden Eltern und unabhängig vom Geschlecht vererbt werden) und zwei Geschlechtschromosomen (ein X-Chromosom von der Mutter und ein Y-Chromosom vom Vater) zu sehen. Die Anzahl und Art der Geschlechtschromosomen und ihre Bedeutung bei der Festlegung des Geschlechts unterscheiden sich von einer Organismenklasse zur nächsten, ebenso wie die Anzahl der Autosomenpaare.

DER HAPLOID-DIPLOID-ZYKLUS DER SEXUELLEN REPRODUKTION

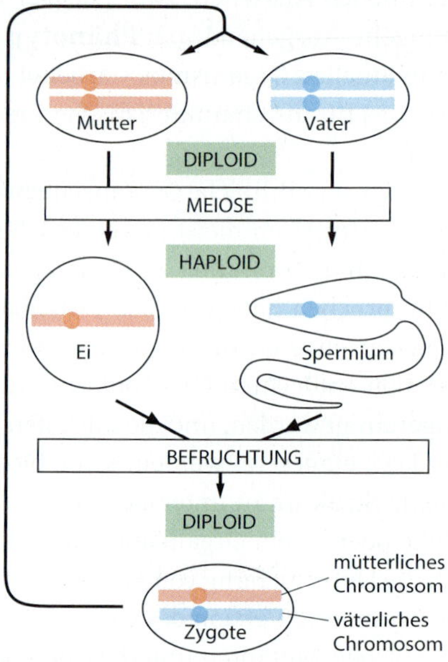

Aus Gründen der Vereinfachung ist der Zyklus nur für ein Chromosom/ein Chromosomenpaar dargestellt.

MEIOSE UND GENETISCHE REKOMBINATION

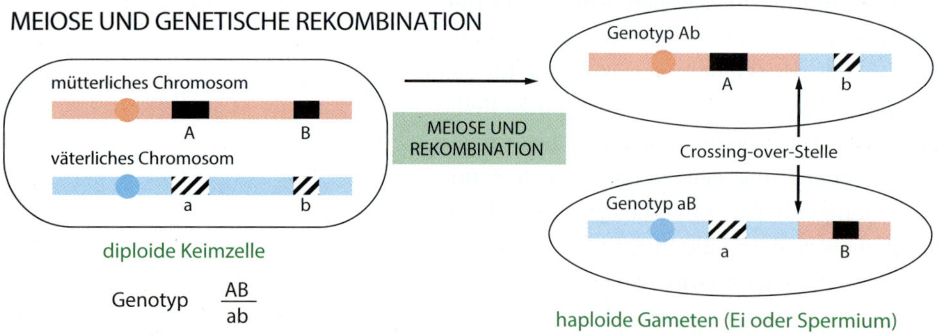

Je weiter zwei Loci auf einem Chromosom voneinander entfernt sind, umso höher ist die Wahrscheinlichkeit, dass sie durch ein Crossing-over, das an einer beliebigen Stelle zwischen ihnen geschieht, getrennt werden. Werden folglich zwei Gene in x % der Gameten umsortiert, spricht man davon, dass ihr Abstand auf der Genkarte X Karteneinheiten (oder X Centimorgan) beträgt.

Tafel 8.1 **Übersicht zur klassischen Genetik**

ARTEN VON MUTATIONEN

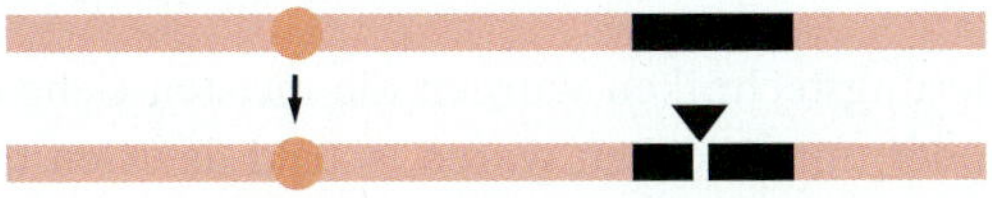

PUNKTMUTATION: betrifft einen einzelnen Ort im Genom, der einem einzelnen Nukleotidpaar entspricht oder einem sehr kleinen Teil eines Gens

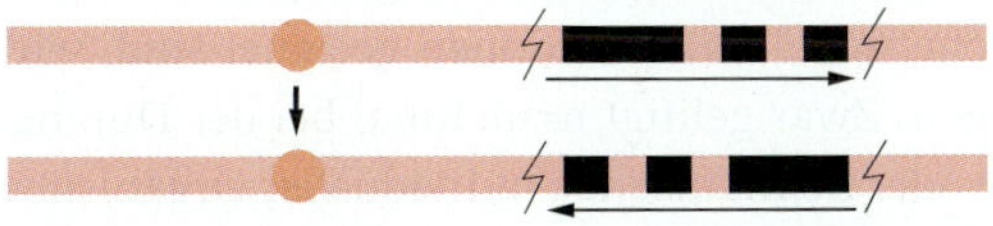

INVERSION: kehrt die Richtung eines Segments auf einem Chromosom um

DELETION: deletiert einen Chromosomenabschnitt

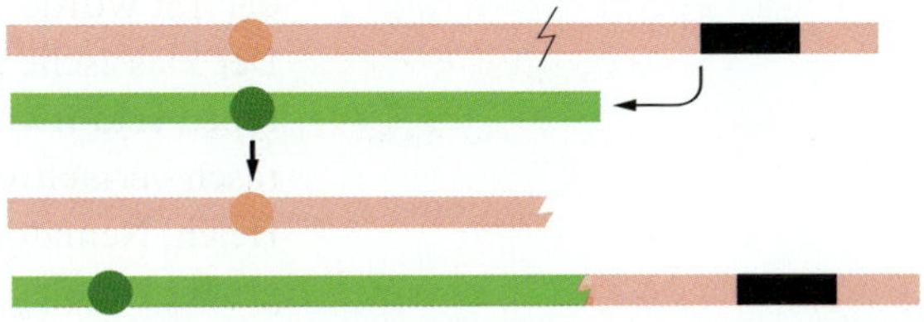

TRANSLOKATION: Abbrechen eines Chromosomensegments und Übertragung auf und Anheften an ein anderes Chromosom

letale Mutation: verursacht das vorzeitige Absterben eines sich entwickelnden Organismus.

konditionale Mutation: der von dieser Mutation produzierte Phänotyp tritt nur unter bestimmten Bedingungen, den *restriktiven* Bedingungen, auf. Unter anderen, den *permissiven* Bedingungen, kann man den Phänotyp nicht beobachten. Bei einer *temperaturempfindlichen* Mutation, ist die restriktive Bedingung typischerweise die hohe Temperatur, die permissive Bedingung die niedrige Temperatur.

Funktionsverlust-Mutation: vermindert oder verhindert die Funktion eines Gens. Hierbei handelt es sich um die am häufigsten auftretende Klasse von Mutationen. Funktionsverlust-Mutationen sind üblicherweise *rezessiv*, d.h. der Organismus funktioniert normal, solange er wenigstens eine normale Kopie des betroffenen Gens besitzt.

Null-Mutation: eine Funktionsverlust-Mutation, die die Aktivität des Gens vollständig zerstört

Funktionsgewinn-Mutation: steigert die Aktivität des Gens oder aktiviert es unpassenderweise; diese Mutationen sind meist *dominant*.

dominant-negative Mutation: dominant agierende Mutation, die die Genaktivität blockiert, führt zu einem Funktionsverlust-Phänotyp selbst in Gegenwart einer normalen Genkopie. Dieses Phänomen tritt auf, wenn das Produkt des mutierten Gens die Funktion des normalen Genprodukts behindert.

Suppressor-Mutation: unterdrückt den phänotypischen Effekt einer anderen Mutation, sodass die Doppelmutante normal erscheint. Eine *intragene* Suppresssor-Mutation liegt innerhalb des Gens, das durch die erste Mutation betroffen ist; eine *extragene* Supressor-Mutation befindet sich in einem zweiten Gen, dessen Genprodukt aber häufig direkt mit dem Produkt des ersten Gens interagiert.

ZWEI GENE ODER EINS

Angenommen, es gibt zwei Mutationen, die denselben Phänotyp hervorrufen. Wie kann man herausfinden, ob die Mutationen im selben Gen liegen? Handelt es sich um rezessive Mutationen (was meist der Fall ist), kann ein Komplementationstest Antwort geben.

Im einfachsten Fall des Komplementationstests wird ein Organismus, der für die eine Mutation homozygot ist, mit einem zweiten Organismus – homozygot für die andere Mutation – gepaart. Der Phänotyp des Nachwuchses beantwortet die Frage.

KOMPLEMENTATION:
MUTATIONEN IN ZWEI VERSCHIEDENEN GENEN

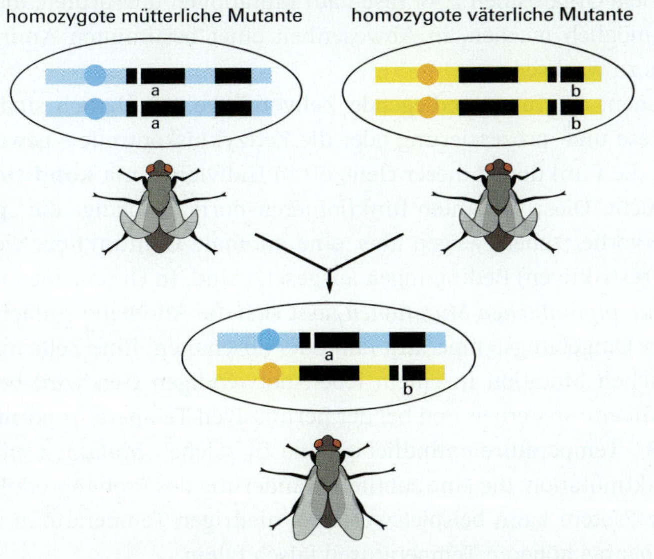

hybrider Nachwuchs zeigt den normalen Phänotyp: eine normale Kopie jedes Gens ist vorhanden

KEINE KOMPLEMENTATION:
ZWEI VERSCHIEDENE MUTATIONEN IM SELBEN GEN

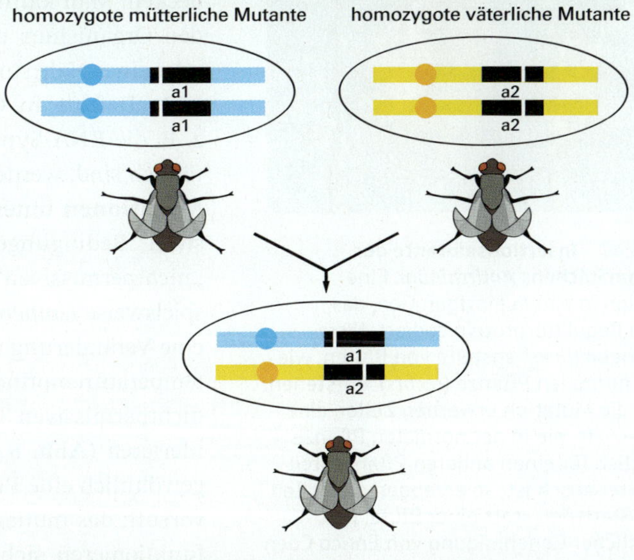

hybrider Nachwuchs zeigt den mutierten Phänotyp: es sind keine normale Kopien des mutierten Gens vorhanden

8.5.1 Klassische Genetische Screenings identifizieren Mutanten mit spezifischen Anomalien

Vor dem Zeitalter der Genklonierungstechniken wurden die meisten Gene durch Vorgänge identifiziert, die gestört oder unterbrochen waren, sobald das Gen mutierte. In der Tat wurde das Konzept des Gens von der Vererbung solcher Anomalien abgeleitet. Der klassische genetische Ansatz – Identifizierung von Genen, die für mutierte Phänotypen verantwortlich sind – lässt sich am leichtesten in Organismen ausführen, die sich rasch vermehren und die für genetische Manipulationen geeignet sind, wie Bakterien, Hefen, Nematoden und Taufliegen. Zwar gelingt manchmal bei der Durchsicht extrem großer Populationen – Tausende oder Zehntausende individueller Organismen – die Entdeckung einer spontanen Mutation, doch lässt sich die Isolierung von Mutanten effizienter gestalten, wenn man mit DNA-schädigenden Chemikalien oder durch Bestrahlung Mutationen künstlich hervorruft. Durch die Behandlung von Organismen mit solchen Mutagenen lässt sich rasch eine große Anzahl mutierter Individuen erzeugen, die man auf einen Defekt von Interesse hin untersuchen kann.

Eine Alternative zur chemischen oder Strahlenmutagenese ist die *Insertionsmutagenese*. Diese Methode vertraut darauf, dass exogene DNA nach dem Zufallsprinzip in das Genom inseriert wird und Mutationen hervorrufen kann, wenn das eingeschobene Fragment dabei ein Gen oder dessen Kontrollsequenz unterbricht. Da die DNA-Sequenz des inserierten Fragments bekannt ist, kann sie als molekularer Marker zur anschließenden Identifizierung und Klonierung des unterbrochenen Gens dienen (**Abb. 8.47**). Bei *Drosophila* hat der Einsatz des transponierbaren P-Elements zur Inaktivierung von Genen die Untersuchung der Genfunktionen revolutioniert. Transponierbare Elemente (s. **Tab. 5.4**) wurden auch zur Erzeugung von Mutanten in Bakterien, Hefen, Mäusen und der Blütenpflanze *Arabidopsis* eingesetzt.

Sobald man eine Sammlung von Mutanten in einem Modellorganismus angelegt hat, muss man normalerweise Tausende von einzelnen Organismen untersuchen, um den interessierenden veränderten Phänotyp zu finden. Eine solche Reihenuntersuchung nennt man **genetisches Screening**. Je größer das Genom ist, desto unwahrscheinlicher ist es, dass ein bestimmtes Gen mutiert ist. Je größer also das Genom eines Organismus ist, umso umfangreicher wird die Screening-Aufgabe. Der Phänotyp, nach dem gesucht wird, kann einfach oder komplex sein. Einfache Phänotypen sind am leichtesten zu entdecken: Man kann viele Organismen z. B. rasch auf Mutationen überprüfen, die es für den Organismus unmöglich machen, in Abwesenheit einer bestimmten Aminosäure oder eines Nährstoffs zu wachsen.

Abb. 8.47 Insertionsmutante des Löwenmäulchens *Antirrhinum*. Eine Mutation in einem einzigen Gen, das für ein Regulatorprotein codiert, lässt Blatttriebe (*links*) anstelle von Blüten, wie in der normalen Pflanze (*rechts*), entstehen. Durch die Mutation erwerben Zellen eine Eigenschaft, die in der normalen Pflanze eigentlich für einen anderen Pflanzenteil charakteristisch ist; so erzeugen die Zellen einen Blatttrieb statt einer Blüte. (Mit freundlicher Genehmigung von Enrico Coen und Rosemary Carpenter).

Da Defekte in Genen, die für grundlegende Zellvorgänge erforderlich sind – wie z. B. die RNA-Synthese und -prozessierung oder die Zellzykluskontrolle – gewöhnlich tödlich sind, werden die Funktionen dieser Gene oft in Individuen mit **konditionalen Mutationen** untersucht. Diese Mutanten funktionieren normal, solange die „permissiven" Bedingungen vorherrschen, zeigen aber eine anomale Genfunktion, wenn sie „nichtpermissiven" (restriktiven) Bedingungen ausgesetzt sind. In Organismen mit beispielsweise *temperaturempfindlichen Mutationen* lässt sich die Anomalie einfach durch eine Veränderung der Umgebungstemperatur ein- oder abschalten. Eine Zelle mit einer temperaturempfindlichen Mutation in einem lebensnotwendigen Gen wird bei einer nichtpermissiven Temperatur sterben und bei der permissiven Temperatur normal proliferieren (**Abb. 8.48**). Temperaturempfindliche Gene in solchen Mutanten enthalten gewöhnlich eine Punktmutation, die eine subtile Veränderung des Proteinprodukts hervorruft; das mutierte Protein kann beispielsweise bei niedrigen Temperaturen normal funktionieren, sich aber bei höheren Temperaturen falsch falten.

Temperaturempfindliche Mutationen waren entscheidend an der Auffindung von Bakteriengenen beteiligt, die für die zur DNA-Replikation erforderlichen Proteine codieren.

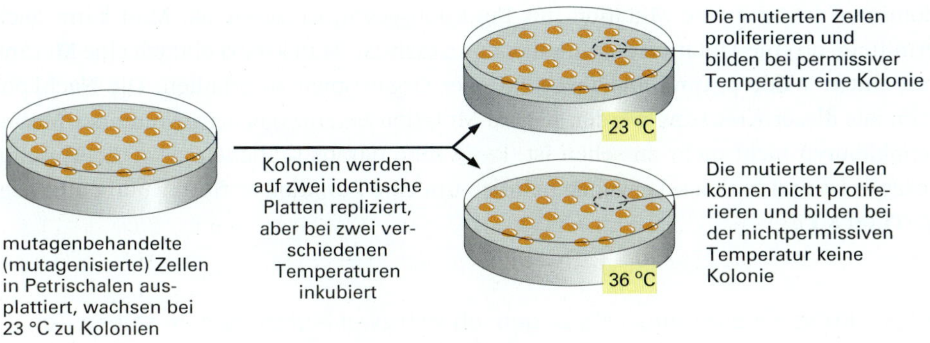

Abb. 8.48 Suche nach temperaturempfindlichen Mutanten in Bakterien oder Hefe. Mutagenisierte Zellen werden bei permissiven Temperaturen auf Kulturplatten ausgestrichen. Sie teilen sich und bilden Kolonien, die mithilfe der Replikatechnik auf zwei gleiche Petrischalen übertragen werden. Eine der Schalen wird bei der permissiven, die andere bei der restriktiven Temperatur inkubiert. Zellen, die beispielsweise eine temperaturempfindliche Mutation in einem Gen enthalten, das essenziell für die Vermehrung ist, können sich nur bei der normalen, permissiven Temperatur teilen, wachsen aber nicht bei einer erhöhten, (restriktiven) Temperatur.

Diese Mutanten wurden bei einem Screening von mutagenbehandelten Bakterienpopulationen isoliert, die die Produktion von DNA einstellten, sobald sie von 30 °C auf 42 °C erwärmt wurden. Diese Mutanten wurden später dazu verwendet, um die entsprechenden DNA-Replikationsproteine zu identifizieren und zu charakterisieren (s. Kapitel 5). Ein ähnliches Screening auf temperaturempfindliche Mutanten in der Hefe trug zur Identifizierung vieler Proteine bei, die mit der Regulation des Zellzyklus sowie mit dem Proteintransport durch den sekretorischen Stoffwechselweg zu tun haben. Mit gleichartigen Screening-Verfahren wurden Enzymfunktionen in den Hauptstoffwechselwegen bei Bakterien und Hefen aufgeklärt (s. Kapitel 2), und es wurden viele Genprodukte identifiziert, die für die geordnete Entwicklung des *Drosophila*-Embryos (s. Kapitel 21) verantwortlich sind.

8.5.2 Mutationen können den Verlust oder den Gewinn einer Proteinfunktion verursachen

Genmutationen werden im Allgemeinen in „Funktionsverlust"- oder „Funktionsgewinn"-Mutationen eingeteilt. Eine Funktionsverlust-Mutation hat ein Genprodukt zur Folge, das entweder nicht oder nicht ausreichend funktioniert (**Abb. 8.49**); damit kann es die normale Funktion des Gens offenbaren. Aus einer Funktionsgewinn-Mutation resultiert ein Genprodukt, das zu stark, zur falschen Zeit oder am falschen Platz oder auf eine neue Weise funktioniert.

Ein wichtiger früher Schritt bei der genetischen Analyse jeder mutierten Zelle oder jedes mutierten Organismus ist die Feststellung, ob die Mutation einen Funktionsverlust oder einen Funktionsgewinn verursacht. Ein Standardtest stellt fest, ob die Mutation *dominant* oder *rezessiv* ist. Eine dominante Mutation verursacht auch in Gegenwart einer einzigen Kopie des *Wildtyp*-Gens den Mutantenphänotyp. Von einer rezessiven Mutation spricht man, wenn die Mutation in Gegenwart einer einzigen Kopie des *Wildtyp*-Gens keinen Mutantenphänotyp mehr hervorrufen kann.

In der überwiegenden Mehrzahl der Fälle handelt es sich bei rezessiven Mutationen um einen Funktionsverlust und bei dominanten Mutationen um einen Funktionsgewinn – obgleich Fälle beschrieben wurden, bei denen eine Funktionsverlust-Mutation

Abb. 8.49 Genmutationen können das Proteinprodukt auf zahlreiche Weisen beeinträchtigen. In diesem Beispiel hat das Wildtyp-Protein eine bestimmte Zellfunktion, die durch die *roten Strahlen* angedeutet ist. Es sind Mutationen gezeigt, die entweder diese Funktion beseitigen oder das Protein bei höheren Temperaturen inaktivieren. Das konditionale Mutantenprotein trägt einen Aminosäureaustausch (*rot*), der die korrekte Faltung des Proteins bei 37 °C verhindert, aber bei 25 °C eine normale Faltung und Funktion erlaubt. Solche temperaturempfindlichen konditionalen Mutationen sind besonders hilfreich zur Untersuchung lebenswichtiger Gene (s. **Abb. 8.48**). In manchen Fällen erhöht die Mutation die Aktivität des mutierten Proteins.

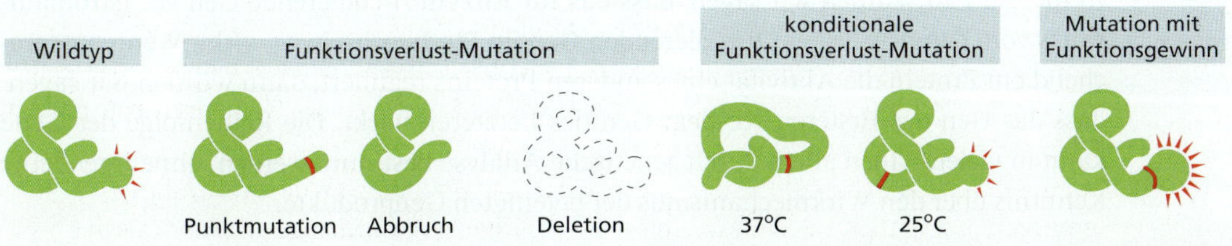

Abb. 8.50 Ein Komplementationstest enthüllt, dass zwei verschiedene Gene für den gleichen anomalen Phänotyp verantwortlich sein können. Bei dieser Kreuzung wird eine Albino-Henne (*weiß*) mit einem Albino-Hahn eines anderen Stamms gepaart. Die daraus hervorgehenden Nachkommen (*unten*) haben eine normale Färbung. Diese Wiederherstellung des Wildtyp-Federkleids zeigt, dass die beiden weißen Züchtungen deshalb weiß sind, weil sie Mutationen in verschiedenen Genen haben. (Aus W. Bateson, Mendel's Principles of Heredity. 1. Aufl., Cambridge, UK: Cambridge University Press, 1913).

dominant ist oder eine Mutation mit Funktionsgewinn rezessiv ist. Man kann leicht ermitteln, ob eine Mutation dominant oder rezessiv ist. Man kreuzt einfach eine Mutante mit einem Wildtyp, um diploide Zellen oder Organismen zu erhalten. Die Nachkommen aus dieser Kreuzung werden für die Mutation heterozygot sein. Wenn der Mutantenphänotyp nicht mehr zu sehen ist, kann man daraus schließen, dass die Mutation rezessiv ist und es sich sehr wahrscheinlich um eine Funktionsverlust-Mutation handelt (s. **Tafel 8.1**).

8.5.3 Komplementationstests zeigen, ob sich zwei Mutationen im selben Gen oder in verschiedenen Genen befinden

Bei einem groß angelegten genetischen Screening kann man viele verschiedene Mutanten erhalten, die alle den gleichen Phänotyp zeigen. Die Defekte können in verschiedenen Genen liegen, die aber am gleichen biologischen Ablauf beteiligt sind, oder es kann sich um verschiedene Mutationen im selben Gen handeln. Alternative Formen des gleichen Gens nennt man **Allele**. Der häufigste Unterschied zwischen zwei Allelen ist der Austausch eines einzigen Nukleotidpaars, aber verschiedene Allele können auch Deletionen, Substitutionen und Duplikationen tragen. Wie können wir entscheiden, ob zwei Mutationen, die denselben Phänotyp hervorbringen, im selben Gen oder in verschiedenen Genen liegen? Wenn die Mutationen rezessiv sind – wenn sie beispielsweise den Funktionsverlust eines bestimmten Gens repräsentieren – kann man einen **Komplementationstest** durchführen, um die Ein-oder-Zwei-Gen-Frage zu entscheiden. Um die Komplementation in einem diploiden Organismus zu testen, wird ein Individuum, das in Bezug auf eine Mutation homozygot ist – es besitzt zwei identische Allele des betrachteten mutierten Gens – mit einem Individuum gekreuzt, das für die andere Mutation homozygot ist. Befinden sich die beiden Mutationen im selben Gen, zeigen die Nachkommen den mutierten Phänotyp, da sie auch durch die Kreuzung keine normale Kopie des fraglichen Gens erhalten haben. Befinden sich dagegen die Mutationen in verschiedenen Genen, haben alle Nachkommen den normalen Phänotyp, denn sie tragen von jedem Gen eine normale und eine mutierte Kopie. Die Mutationen komplementieren einander und stellen den normalen Phänotyp her (s. **Abb. 8.50**). Komplementationstests von Mutanten, die beim Screening identifiziert worden waren, konnten zeigen: Hefe benötigt fünf verschiedene Gene, um den Zucker Galaktose zu verdauen; *Escherichia coli* braucht 20 Gene, um eine funktionstüchtige Geißel aufzubauen; 48 Gene sind am Zusammenbau der Viruspartikel des Bakteriophagen T4 beteiligt; und Hunderte von Genen sind nötig, damit ein Fadenwurm aus einem befruchteten Ei zu einem erwachsenen Tier heranwächst.

8.5.4 Genprodukte können durch epistatische Analyse in Stoffwechselwegen angeordnet werden

Sobald eine Gruppe von Genen identifiziert wurde, die an einem bestimmten biologischen Prozess beteiligt ist, ist es hilfreich, die Reihenfolge zu bestimmen, in der die Gene aktiv werden. Die Reihenfolge der Gene ist vielleicht am einfachsten für Stoffwechselwege zu erklären, bei denen z. B. Enzym *A* nötig ist, um das Substrat für Enzym *B* zu produzieren. In diesem Fall würden wir sagen, dass das für Enzym *A* codierende Gen vor (stromaufwärts von) dem für Enzym *B* codierenden Gen im Stoffwechselweg wirkt. Wenn entsprechend ein Protein die Aktivität eines anderen Proteins reguliert, dann würden wir sagen, dass das Gen des Ersteren vor dem Gen des Letzteren wirkt. Die Reihenfolge der Gene kann in vielen Fällen allein durch genetische Analyse bestimmt werden, ohne irgendeine Kenntnis über den Wirkmechanismus der beteiligten Genprodukte.

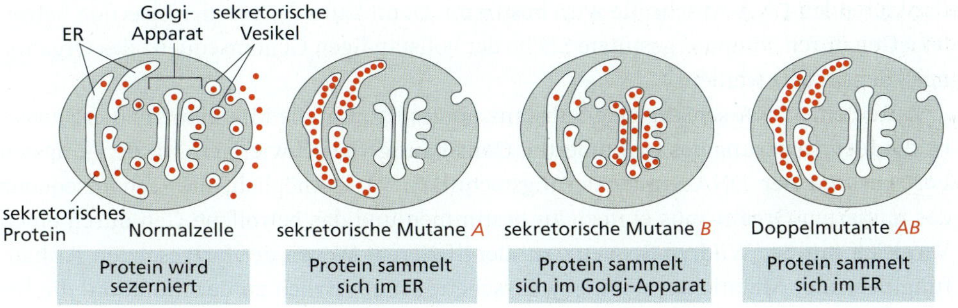

Abb. 8.51 Durch Genetik lässt sich die Reihenfolge der Funktion von Genen bestimmen. In normalen Zellen werden sekretorische Proteine in Vesikel gepackt, die später mit der Plasmamembran fusionieren und ihren Inhalt in das extrazelluläre Medium sezernieren. Zwei Mutanten, A und B, sezernieren keine Proteine. In der Mutante A sammelt sich das sekretorische Protein im ER an. In Mutante B geschieht dies im Golgi-Apparat. In der Doppelmutante AB sammelt sich das Protein im ER; dies deutet daraufhin, dass im Sekretionsweg das in Mutante A defekte Gen vor dem defekten Gen der Mutante B zum Einsatz kommt.

Angenommen, wir haben einen biochemischen Prozess, der aus einer Reihenfolge von Schritten besteht, sodass die Ausführung von Schritt B vom Abschluss des vorausgehenden Schritts A abhängig ist; und angenommen, Gen *A* ist für Schritt A erforderlich und Gen *B* für Schritt B. Dann wird eine Null-Mutation (eine Mutation, die die Funktion vollständig aufhebt) in Gen *A* den Prozess an Schritt A anhalten, gleichgültig, ob Gen *B* funktionsfähig ist oder nicht. Demgegenüber wird eine Null-Mutation in Gen *B* Schritt B nur dann anhalten, wenn Gen *A* immer noch aktiv ist. In einem solchen Fall nennt man Gen *A epistatisch* für Gen *B*. Durch Phänotypvergleiche der verschiedenen Kombinationen von Mutationen können wir somit die Reihenfolge aufdecken, in der die Gene wirken. Diese Art der Analyse nennt man **epistatische Analyse**. Beispielsweise wurde der Stoffwechselweg der Proteinsekretion in der Hefe auf diese Weise untersucht. Verschiedene Mutationen in diesem Ablauf führen zu einer anomalen Proteinansammlung im Endoplasmatischen Reticulum (ER) oder im Golgi-Apparat. Stellt man eine Hefezelle her, die beide Mutationen trägt, also eine, die die Proteinverarbeitung im ER blockiert, *und* eine weitere, die den Golgi-Apparat mit Proteinen füllt, werden sich die Proteine im ER ansammeln. Das weist darauf hin, dass Proteine das ER passieren müssen, um zum Golgi-Apparat zu gelangen, bevor sie sezerniert werden können (**Abb. 8.51**). Genaugenommen kann eine epistatische Analyse nur Informationen über die Genreihenfolge in einem Weg liefern, wenn beide Mutationen Null-Allele sind. Wenn die Mutationen eine Teilfunktion behalten, sind ihre epistatischen Wechselwirkungen unter Umständen schwer zu interpretieren.

Manchmal zeigt eine Doppelmutante einen neuen oder stärkeren Phänotyp als jede Einzelmutante für sich allein. Diese Art der genetischen Wechselwirkung nennt man einen *synthetischen* Phänotyp, und wenn der Phänotyp den Tod des Organismus bedeutet, spricht man von *synthetischer Letalität*. In den meisten Fällen weist ein synthetischer Phänotyp darauf hin, dass die beiden Gene auf zwei verschiedenen, parallelen Wegen wirken, von denen jeder den gleichen Zellvorgang vermitteln kann. Wenn in der Doppelmutante beide Wege gestört sind, dann scheitert der Prozess insgesamt und man beobachtet den synthetischen Phänotyp.

8.5.5 Mutationen, die für einen Phänotyp verantwortlich sind, können durch eine DNA-Analyse identifiziert werden

Sobald in einem genetischen Screening eine Sammlung mutierter Organismen mit interessanten Phänotypen erhalten wurde, besteht die nächste Aufgabe darin, das für den veränderten Phänotyp verantwortliche Gen oder die Gene zu identifizieren. Wurde der Phänotyp durch Insertionsmutagenese erzeugt, lässt sich das unterbrochene Gen ziemlich leicht lokalisieren. DNA-Fragmente, die die Insertion (z. B. ein Transposon oder ein Retrovirus) enthalten, werden mittels PCR amplifiziert und die Nukleotidsequenz der flankierenden DNA-Abschnitte wird bestimmt. Dann kann das von der Insertion betroffene Gen durch computergestützte Suche der vollständigen Genomsequenz des Organismus identifiziert werden.

Wurde eine DNA-schädigende Substanz eingesetzt, um die Mutationen zu erzeugen, ist die Identifizierung des inaktivierten Gens häufig viel schwieriger. Mit den jüngsten Fortschritten der DNA-Sequenzierungstechniken ist es möglich, die Genomsequenz des mutierten Organismus einfach zu bestimmen und das betroffene Gen durch einen Vergleich mit der Wildtyp-Sequenz zu identifizieren. Wegen der fortgesetzten Anhäufung neutraler Mutationen wird es wahrscheinlich zusätzlich zu der Mutation, die für den Phänotyp verantwortlich ist, Unterschiede zwischen den beiden Genomsequenzen geben. Ein Weg, um zu beweisen, dass die Mutation ursächlich ist, ist, die vermeintliche Mutation in einen normalen Organismus einzuführen und zu bestimmen, ob sie den mutierten Phänotyp verursacht oder nicht. Wie dies bewerkstelligt wird, werden wir an späterer Stelle in diesem Kapitel besprechen.

8.5.6 Die schnelle und kostengünstige DNA-Sequenzierung hat die humangenetischen Untersuchungen revolutioniert

Die genetischen Screenings in experimentellen Modellorganismen waren spektakulär erfolgreich darin, Gene zu identifizieren und sie mit verschiedenen Phänotypen in Verbindung zu bringen, darunter viele, die zwischen diesen Organismen und dem Menschen konserviert sind. Aber wie können wir Menschen direkt untersuchen? Sie reproduzieren sich nicht rasch, können nicht mit Mutagenen behandelt werden, und falls sie einen Defekt in einem lebensnotwendigen Vorgang hätten, wie z. B. der DNA-Replikation, dann würden sie schon lange vor ihrer Geburt sterben.

Trotz ihrer Beschränkungen im Vergleich zu Modellorganismen werden Menschen zunehmend attraktiv für genetische Untersuchungen. Weil die menschliche Population so groß ist, sind in allen menschlichen Genen spontan nichtletale Mutationen entstanden, in vielfältiger Ausführung. Ein nennenswerter Anteil dieser Mutationen ist im Genom der heutigen Menschen noch vorhanden. Schädliche Mutationen werden häufig entdeckt, wenn die mutierten Personen medizinische Hilfe suchen.

Mit den jüngsten Fortschritten, die die Sequenzierung ganzer Humangenome billig und schnell gemacht haben, können wir solche Mutationen nun identifizieren und ihre Evolution und Vererbung auf eine Weise untersuchen, die vor wenigen Jahren noch unmöglich gewesen wäre. Durch Sequenzvergleiche von Tausenden von Humangenomen aus der ganzen Welt können wir nun damit beginnen, die DNA-Unterschiede, die eine Person von einer anderen unterscheiden, direkt zu identifizieren. Diese Unterschiede geben Hinweise auf unseren evolutionären Ursprung und können dazu verwendet werden, die Ursachen von Krankheiten zu erforschen.

8.5.7 Gekoppelte Polymorphismenblöcke wurden von unseren Vorfahren weitergegeben

Wenn wir die Sequenzen vieler Humangenome vergleichen, finden wir, dass sich zwei beliebige Personen in etwa 1 Nukleotidpaar pro 1000 unterscheiden. Wie in Kapitel 4 beschrieben, gehen die meisten dieser Variationen auf den Austausch eines einzelnen Nukleotids zurück, und werden **Einzelnukleotid**-*Varianten* (*SNV*) genannt, während andere Veränderungen aufgrund von Änderungen der Chromosomenstruktur, wie Deletionen und Umgruppierungen, auftreten. Genetische Untersuchungen am Menschen haben enorm von einem bestimmten Typ von Sequenzvarianten profitiert, der in mehr

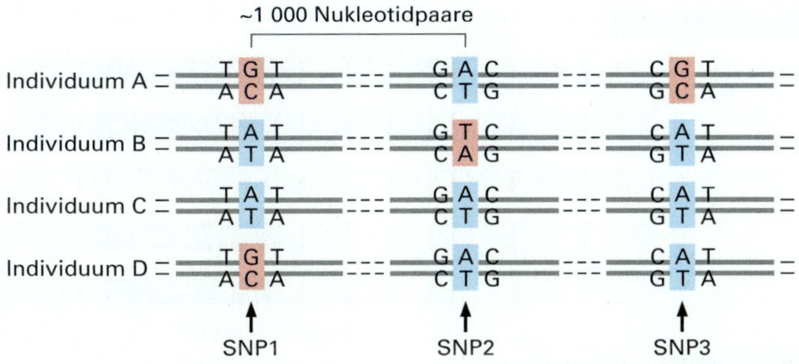

Abb. 8.52 **Einzelnukleotid-Polymorphismen (SNPs) sind Stellen im Genom, an denen häufig zwei oder mehr alternativ mögliche Nukleotide in der Population zu finden sind.** Die meisten derartigen Variationen im Humangenom treten an Stellen auf, wo sie die Funktion eines Gens nicht signifikant beeinflussen.

als 1 % der Bevölkerung vorkommt und **Polymorphismus** genannt wird – wovon die meisten **Einzelnukleotid-Polymorphismen** oder **SNPs** (engl. *single-nucleotide polymorphism*) sind (**Abb. 8.52**). Obwohl diese häufig auftretenden Varianten im ganzen Genom zu finden sind, sind sie nicht zufällig verstreut – oder sogar unabhängig. Stattdessen pflanzen sie sich in Gruppen fort, den sogenannten **Haplotypblöcken** – Kombinationen von Polymorphismen, die als Einheit vererbt werden.

Um zu verstehen, warum es solche Haplotypblöcke gibt, müssen wir unsere Evolutionsgeschichte betrachten. Man denkt, dass sich der moderne Mensch von einer relativ kleinen Population ausbreitete – vielleicht 200 000 Individuen – die vor 200000 Jahren in Afrika existierten. In dieser kleinen Gruppe unserer Vorfahren werden manche Individuen einen Satz Genvarianten getragen haben, andere einen anderen Satz. Die Chromosomen eines heutigen Menschen repräsentieren eine Mischkombination von Chromosomensegmenten unterschiedlicher Mitglieder dieser kleinen Vorfahrenspopulation. Da uns nur etwa zehntausend Generationen von ihnen trennen, sind große Segmente dieser Vorfahrenchromosomen von den Eltern auf das Kind weitergegeben worden, ohne durch Crossing-over-Ereignisse während der Meiose zerbrochen zu werden. Wie in Kapitel 5 besprochen, ereignen sich während der Meiose nur wenige Crossing-over zwischen jedem Satz homologer Chromosomen (s. **Abb. 5.52**).

Die Folge ist, dass bestimmte Sätze von DNA-Sequenzen – und ihre verbundenen Polymorphismen – in gekoppelten Gruppen vererbt wurden, mit nur geringer genetischer Umgruppierung über die Generationen. Dies sind die Haplotypblöcke. Wie Gene, die in verschiedenen allelen Formen auftreten, so kommen auch Haplotypblöcke in einer begrenzten Anzahl von Varianten vor, die in der menschlichen Population üblich sind; jeder Block repräsentiert eine Kombination von DNA-Polymorphismen, die von einem bestimmten Vorfahren vor langer Zeit weitergegeben wurden.

8.5.8 Sequenzvarianten können bei der Suche nach Mutationen helfen, die mit Krankheiten verbunden sind

Mutationen, die auf reproduzierbare Weise auf seltene, aber klar definierte Anomalien zurückgehen, wie Albinismus, Hämophilie (Bluterkrankheit) oder kongenitale Taubheit, können oft durch Untersuchungen betroffener Familien identifiziert werden. Solche Einzelgen- oder monogenen Erkrankungen werden oft als *mendelnd* bezeichnet, weil ihr Vererbungsmuster leicht zu verfolgen ist. Personen, die diese verursachende Mutation erben, werden die Anomalie aufweisen, ungeachtet von Umweltfaktoren wie Ernährung oder Betätigung. Aber bei vielen üblichen Krankheiten sind die genetischen Wurzeln

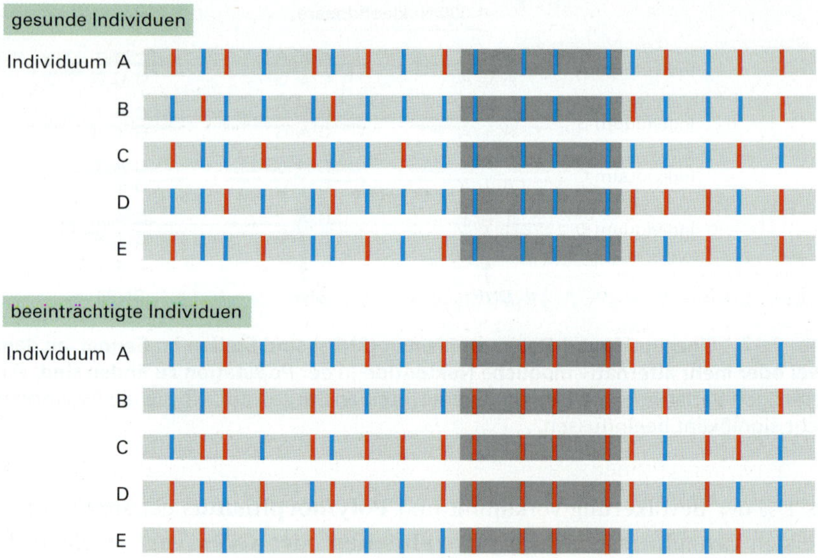

Abb. 8.53 Gene, die das Risiko, eine übliche Krankheit zu entwickeln, beeinflussen, können oft durch Kopplung an SNPs verfolgt werden. Hier werden die SNP-Muster von zwei Personengruppen verglichen – eine Gruppe gesunder Kontrollpersonen und eine Gruppe, die von einer bestimmten üblichen Krankheit betroffen ist. Gezeigt ist ein Segment eines typischen Chromosoms. Für die meisten polymorphen Stellen in diesem Segment ist es eine Sache des Zufalls, ob eine Person die eine SNP-Variante hat (*rote vertikale Balken*) oder eine andere (*blaue vertikale Balken*). Diese Zufälligkeit sieht man sowohl bei der Kontrollgruppe als auch bei der betroffenen Gruppe. In dem Teil des Chromosoms, der *dunkelgrau* unterlegt ist, sieht man jedoch eine Tendenz: Alle normalen Personen besitzen die blauen SNP-Varianten, wohingegen alle betroffenen Personen die roten SNP-Varianten haben. Dies legt nahe, dass diese Region ein Gen enthält oder sich in der Nähe eines Gens befindet, das genetisch mit diesen roten SNP-Varianten gekoppelt ist und Personen für die Krankheit prädisponiert. Mithilfe sorgfältig ausgewählter Kontrollen und Tausender betroffener Personen kann dieser Ansatz helfen, krankheitsbezogene Gene zu verfolgen, auch wenn sie das Risiko, diese Krankheit zu entwickeln, nur geringfügig erhöhen.

komplexer. Statt nur von einem einzelnen Allel oder einem einzelnen Gen stammen solche Krankheiten von einer Kombination vieler beitragender Gene. Und oft haben Umweltfaktoren starke Einflüsse auf die Schwere der Krankheit. Für solche *multigenen* Krankheiten wie Diabetes oder Arthritis sind oft Populationsstudien hilfreich, um die Gene nachzuverfolgen, die das Risiko für den Ausbruch der Krankheit erhöhen.

In Populationsstudien sammeln Forscher DNA-Proben von einer großen Personenzahl, die die Krankheit haben, und vergleichen sie mit Proben einer Gruppe, die nicht an der Krankheit leidet. Sie schauen nach Varianten – z. B. SNPs – die bei den Personen mit der Krankheit üblicher sind. Weil DNA-Sequenzen, die auf einem Chromosom nahe beieinander liegen, eher zusammen vererbt werden, könnte die Anwesenheit solcher SNPs anzeigen, dass ein Allel, das das Krankheitsrisiko erhöht, sich in der Nähe befinden könnte (**Abb. 8.53**). Obwohl prinzipiell die Krankheit von dem SNP selbst verursacht sein könnte, ist der Übeltäter sehr viel wahrscheinlicher eine Veränderung, die nur mit dem SNP verknüpft ist, als Teil eines Haplotypblocks.

Solche *genomweiten Assoziationsstudien* wurden verwendet, um nach Genen zu suchen, die Personen für übliche Krankheiten prädisponieren, darunter Diabetes, Koronararterienerkrankungen, rheumatoide Arthritis und sogar Depressionen. Bei vielen dieser Erkrankungen erhöhen die identifizierten DNA-Polymorphismen das Krankheitsrisiko nur leicht. Zudem spielen Umweltfaktoren (z. B. Ernährung, Bewegung) eine wichtige Rolle für den Ausbruch und die Schwere der Krankheit. Nichtsdestoweniger führt die Identifizierung der mit diesen Polymorphismen verknüpften, potenziellen Krankheitsgene zu einem mechanistischen Verständnis einiger unserer verbreitetsten Krankheiten.

8.5.9 Die Genomik beschleunigt die Entdeckung seltener Mutationen, die uns für eine ernsthafte Krankheit prädisponieren

Die Polymorphismen, die uns bis jetzt erlaubt haben, einige der Gene zu identifizieren, die unser Krankheitsrisiko erhöhen, sind weit verbreitet. Sie sind vor langer Zeit in unserer evolutionären Vergangenheit aufgetaucht und sind nun – in der einen der anderen Form – in einem substanziellen Anteil der Population vorhanden. Man denkt, dass solche Polymorphismen für etwa 90 % der Unterschiede zwischen dem Genom einer Person und dem einer anderen verantwortlich sind. Aber wenn wir versuchen, diese üblichen Varianten mit Unterschieden in der Krankheitsanfälligkeit oder anderen Erbmerkmalen zu verbinden, wie z. B. der Größe, finden wir, dass sie nicht so viel Vorhersagekraft besitzen, wie wir erwartet haben: Die meisten bewirken eine relativ kleine Zunahme – d. h. weniger als das Doppelte – des Risikos, eine verbreitete Krankheit zu entwickeln.

Ein Teil des Problems besteht darin, dass viele Mutationen, die direkt für komplexe menschliche Krankheiten verantwortlich sind, eher in unserer jüngeren Evolutionsgeschichte auftauchten – während eines Zeitabschnitts, in dem sich die menschliche Population von ein paar wenigen Millionen Individuen vor 10 000 Jahren auf die heutigen 7 Milliarden ausdehnte. Da die jüngsten Mutationen seltener vorkommen als die alten Polymorphismen, die in der menschlichen Population verbreitet sind, könnten sie von den eben beschriebenen genomweiten Assoziationsstudien übersehen worden sein.

Im Gegensatz zu Polymorphismen können seltene DNA-Varianten – diejenigen, die im Menschen seltener sind als SNPs – große Auswirkungen auf das Risiko haben, eine häufige Krankheit zu entwickeln. Man hat zum Beispiel gefunden, dass eine große Anzahl von Mutationen mit Funktionsverlust, die jede für sich selten ist, die Prädisposition für Autismus und Schizophrenie stark erhöhen. Viele davon sind *De-novo*-Mutationen, die spontan in den Zellen der Keimbahn in dem einen oder anderen Elternteil entstanden sind. Die Tatsache, dass diese Mutationen mit einer gewissen Häufigkeit spontan auftreten, könnte uns helfen zu erklären, warum diese verbreiteten Krankheiten – jede in etwa bei 1 % der Population beobachtet – bei uns erhalten bleiben, obwohl die betroffenen Personen nur wenige oder keine Nachkommen hinterlassen könnten. Diese seltenen Mutationen können in jedem von Hunderten verschiedener Gene entstehen, was viel von der klinischen Variabilität des Autismus und der Schizophrenie erklären könnte.

Jetzt, da die DNA-Sequenzierung schneller und preisgünstiger geworden ist, ist der effizienteste Weg, diese seltenen Mutationen mit großen Auswirkungen zu identifizieren, indem man die Gene einer großen Zahl betroffener Personen mit denen nichtbetroffener Kontrollen vergleicht. Wenn die Schlüsselvarianten identifiziert sind, dann besteht die größte Herausforderung darin zu bestimmen, wie sie die Individuen beeinträchtigen, die Träger sind, und wie kleine Variationen in mehreren Genen den Krankheitspolymorphismus hervorbringen.

8.5.10 Die Zellfunktionen eines bekannten Gens können mithilfe der Gentechnik untersucht werden

Wie wir gesehen haben, beginnt die klassische Genetik mit einem mutierten Phänotyp und identifiziert die Mutationen und folglich die Gene, die dafür verantwortlich sind. Die Technik der DNA-Rekombination hat einen anderen genetischen Zugang ermöglicht – einen, der bei einer Vielzahl genetisch zugänglicher Arten breite Anwendung findet. Anstatt von einem mutierten Organismus auszugehen und ihn zur Identifizierung eines Gens und dessen Proteins zu verwenden, beginnt ein Forscher mit einem bestimmten Gen, erzeugt in diesem Mutationen und damit mutierte Zellen oder Organismen, um dann in ihnen die Funktion dieses Gens zu analysieren. Da dieser Zugang die traditionelle Richtung der genetischen Analyse umkehrt – indem er von Genen zu Mutationen läuft statt umgekehrt – wird er manchmal als **Reverse Genetik** bezeichnet. Und weil das Genom des Organismus auf eine bestimmte Weise vorsätzlich verändert wird, heißt dieser Ansatz auch *Genomtechnik* (*genome engineering*) oder *Genom-Editierung.* Wir werden in diesem Kapitel sehen, dass dieser Ansatz erweitert werden kann, sodass ganze Sammlungen von Organismen geschaffen werden können, von denen jeder ein anderes verändertes Gen besitzt.

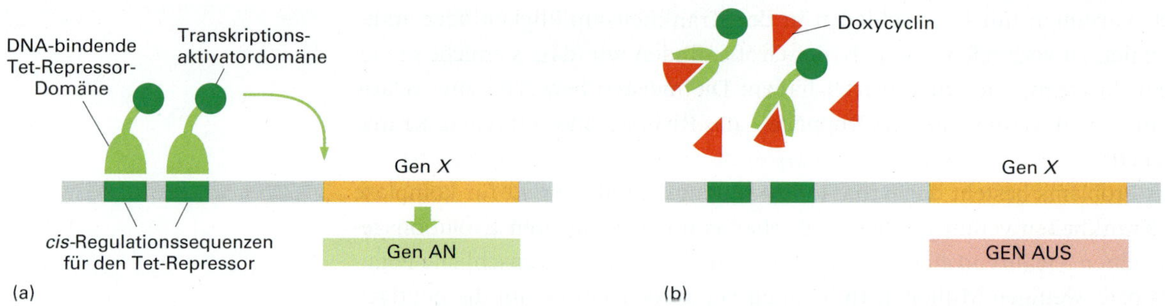

Abb. 8.54 Gentechnisch veränderte Gene können mit kleinen Molekülen an- und abgeschaltet werden. Hier wurde das DNA-Bindeprotein eines bakteriellen Proteins (der Tetracyclin- oder Tet-Repressor) mit einem Teil eines Säuger-Transkriptionsaktivators verschmolzen und in kultivierten Säugerzellen exprimiert. Im veränderten Gen *X*, das anstelle des normalen Gens vorhanden ist, ist seine gewöhnliche Genkontrollregion durch *cis*-Regulationssequenzen ersetzt, die vom Tetracyclin-Repressor erkannt werden. In Abwesenheit von Doxycyclin (eine besonders stabile Form von Tetracyclin) wird das veränderte Gen exprimiert; in Anwesenheit von Doxycyclin wird das Gen abgeschaltet, weil der Arzneistoff dazu führt, dass der Tetracyclin-Repressor von der DNA abfällt. Diese Strategie kann in Mäusen auch genutzt werden, indem die veränderten Gene in die Keimbahn eingebracht werden. In vielen Geweben kann das Gen einfach durch Zugabe von Doxycyclin zum Trinkwasser des Tiers oder durch dessen Entfernung an- und abgeschaltet werden. Wenn das Tetracyclin-Repressor-Konstrukt unter die Kontrolle einer gewebespezifischen Genkontrollregion gebracht wird, dann wird das gentechnisch veränderte Gen nur in diesem Gewebe an- und abgeschaltet.

Es gibt verschiedene Wege, ein Gen von Interesse zu verändern. Im einfachsten Fall kann das Gen einfach aus dem Genom gelöscht (deletiert) werden, obgleich dies in einem diploiden Organismus erfordert, dass beide Kopien – auf jedem Chromosomenhomolog eine – deletiert werden. Solche „*Gen-Knockouts*“ sind besonders hilfreich, wenn das Gen nicht lebensnotwendig ist. Durch Reverse Genetik kann das fragliche Gen (auch wenn es lebenswichtig ist) auch durch eines ersetzt werden, das im falschen Gewebe oder zur falschen Zeit in der Entwicklung exprimiert wird; diese Art der Manipulation liefert oft wichtige Hinweise auf die normale Funktion des Gens. Bei einem besonders leistungsfähigen Ansatz wies ein interessierendes Gen kann beispielsweise so modifiziert, dass es auf Anweisung des Experimentators exprimiert wird (**Abb. 8.54**). Schließlich können Gene auch so verändert werden, dass sie in den meisten Zell- und Gewebsarten normal exprimiert, aber in bestimmten Zell- oder Gewebsarten – ausgewählt durch den Experimentator – deletiert werden (s. **Abb. 5.66**). Dieser Ansatz ist besonders nützlich, wenn ein Gen in verschiedenen Geweben verschiedene Funktionen hat.

Man kann auch feinere Veränderungen an einem Gen vornehmen. Manchmal genügt es, nur geringfügige Veränderungen an der Proteinstruktur vorzunehmen, um herauszufinden welcher Teil des Proteins für seine Funktion wichtig ist. Die Aktivität eines Enzyms beispielsweise lässt sich durch Austausch einer einzigen Aminosäure in seinem Aktiven Zentrum untersuchen. Durch die Genomtechnik ist es auch möglich, in einem Tier neue Proteinarten zu erschaffen. Ein Gen kann beispielsweise mit dem Gen für ein fluoreszierendes Protein verschmolzen werden. Wenn dieses veränderte Gen in das Genom eingebracht wird, kann das Protein im lebenden Organismus durch Nachweis der Fluoreszenz verfolgt werden.

Veränderte Gene können auf verschiedene Weisen geschaffen werden. Die einfachste Art ist vielleicht, die DNA, aus der das Gen besteht, chemisch zu synthetisieren. Auf diese Weise kann der Forscher jede mögliche Variante des normalen Gens spezifizieren. Es ist auch möglich, mithilfe der rekombinanten DNA-Technologie veränderte Gene zu konstruieren, wie bereits in diesem Kapitel beschrieben. Wenn man sie einmal erhalten hat, können veränderte Gene auf vielerlei Wegen in Zellen eingeführt werden. DNA kann mit einer Glas-Mikropipette in eine Säugerzelle injiziert werden oder sie wird mittels eines Virus eingebracht, das genetisch manipuliert wurde, um fremde Gene aufzunehmen. Pflanzenzellen werden häufig mit dem Genmaterial beschossen: DNA-Proben werden auf winzige Goldkügelchen aufgetragen und dann tatsächlich mit einer speziellen „Kanone" durch die Pflanzenzellwand geschossen. Handelt es sich um die Einführung von DNA in Bakterien- oder verschiedene andere Zellen, ist die *Elektroporation* die Methode der Wahl. Hierbei macht ein kurzfristiger Elektroschock die Zellmembran vorübergehend durchlässig; in dieser Zeit kann die Fremd-DNA in das Cytoplasma eindringen.

Um seine zugedachte Rolle zu spielen, muss sich das veränderte Gen, sobald es in eine Zelle eingebracht wurde, mit dem Genom der Zelle rekombinieren, sodass das normale Gen ersetzt wird. Bei einfachen Organismen wie Bakterien und Hefen findet dieser Vorgang häufig statt, indem die der Zelle eigene homologe Rekombinationsmaschinerie verwendet wird (s. Kapitel 5). In komplexeren Organismen, die aufwendigere Entwicklungsprogramme haben, ist das Verfahren komplizierter, weil das veränderte Gen in die Keimbahn eingeführt werden muss, was wir als Nächstes beschreiben.

8.5.11 Tiere und Pflanzen kann man genetisch verändern

Tiere und Pflanzen, die entweder durch Gen-Insertion, -Deletion oder -Austausch genetisch manipuliert wurden, nennt man **transgene** (oder **gentechnisch veränderte**) **Organismen**, und alle zugeführten, fremden oder veränderten Gene bezeichnet man als **Transgene**. Wir besprechen transgene Pflanzen später in diesem Kapitel und konzentrieren uns bei unserer Besprechung im Augenblick auf transgene Mäuse. Wird ein DNA-Molekül mit dem mutierten Gen einer Maus in eine Mauszelle übertragen, ist es möglich, das mutierte Gen so zu steuern, dass es das normale Gen durch homologe Rekombination ersetzt. Nutzt man diese seltenen „Gen-Targeting"-Ereignisse aus, kann jedes beliebige Gen in einer Mauszelle durch direkten Genaustausch verändert oder inaktiviert werden. In dem Fall, in dem beide interessierende Genkopien vollständig inaktiviert oder deletiert sind, nennt man das resultierende Tier eine **„Knockout"-Maus**. Diese Technik ist in **Abb. 8.55** zusammengefasst.

Die Möglichkeit, transgene Mäuse zu züchten, denen ein bekanntes normales Gen fehlt, ist ein bedeutender Fortschritt, und die Technik wurde dazu verwendet, die Funktion vieler *Maus*-Gene zu ermitteln (**Abb. 8.56**). Wenn ein Gen in der frühen Entwicklung arbeitet, wird die entsprechende Knockout-Maus sterben, bevor sie ausgewachsen ist. Diese tödlichen Defekte können sorgfältig untersucht werden, um die Funktion des fehlenden Gens zu bestimmen. Wie in Kapitel 5 beschrieben, nutzt eine besonders hilfreiche Technik die Vorteile eines sequenzspezifischen Rekombinationssystems, um das Zielgen in einem bestimmten Gewebe oder zu einer bestimmten Zeit beeinflussen – und damit auch zerstören – zu können (s. **Abb. 5.66**). In diesem Fall wird das Zielgen in embryonalen Stammzellen (ES-Zellen) durch eine voll funktionstüchtige Genversion ersetzt, die von einem Paar kurzer DNA-Sequenzen flankiert ist, den *lox-Abschnitten*, die vom *Cre-Rekombinase*-Protein erkannt werden. Die entstehenden transgenen Mäuse sind phänotypisch völlig normal; man kreuzt sie mit transgenen Mäusen, die das *Cre-Rekombinase*-Gen unter der Kontrolle eines induzierbaren Promotors exprimieren. In den spezifischen Zellen bzw. Geweben, in denen Cre eingeschaltet ist, katalysiert es die Rekombination der lox-Sequenzen, wodurch das Zielgen ausgeschnitten und seine Wirkung ausgeschaltet wird (s. **Abb. 22.7**).

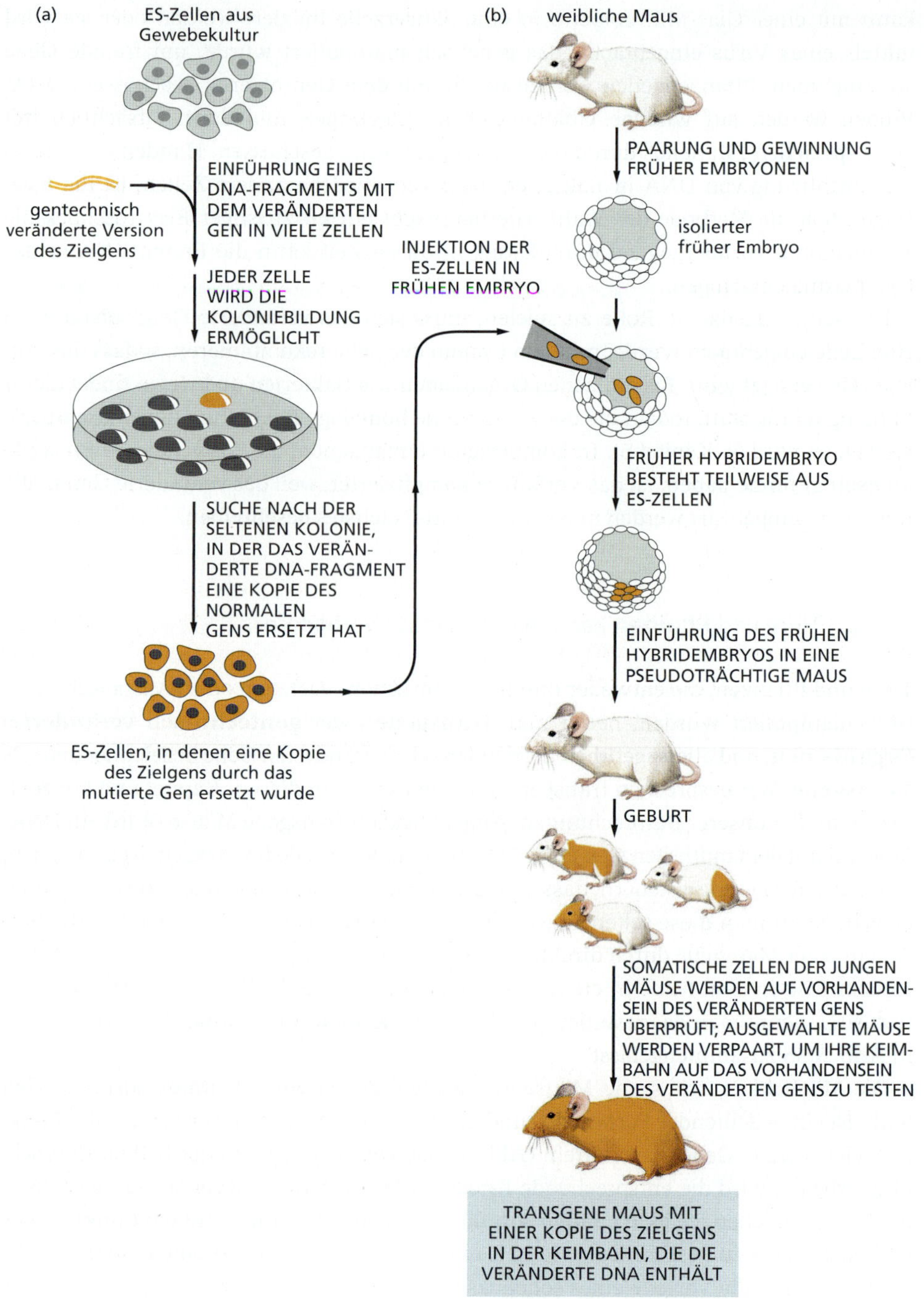

Abb. 8.55 Überblick über das Verfahren des Genaustauschs in der Maus. Im ersten Schritt (a) wird eine veränderte Version des Zielgens in kultivierte ES-Zellen (embryonale Stammzellen) eingeführt. Diese Zellen werden in Kapitel 22 ausführlich beschrieben. Durch homologe Rekombination wird in sehr wenigen ES-Zellen das normale durch das veränderte Gen ersetzt. Diese Zellen können durch PCR identifiziert und kultiviert werden; sie produzieren viele Nachkommenzellen, in denen eines der beiden normalen Gene durch das veränderte Gen ersetzt ist. Im nächsten Schritt (b) des Verfahrens werden die veränderten ES-Zellen in einen sehr frühen Mausembryo eingeführt; die Zellen werden in den wachsenden Embryo eingegliedert, und die sich daraus entwickelnde Maus wird einige somatische Zellen (*orange* markiert) enthalten, die das veränderte Gen tragen. Einige dieser Mäuse werden auch veränderte Keimbahnzellen besitzen. Kreuzt man diese mit einer normalen Maus, werden sich unter den Nachkommen einige befinden, die eine Kopie des veränderten Gens in allen Zellen tragen. Nun paart man die Mäuse mit dem Transgen in ihrer Keimbahn, um sowohl männliche als auch weibliche Tiere zu erhalten, die jeweils für die Genersetzung heterozygot sind (d. h. sie haben eine normale und eine mutierte Kopie des Gens). Werden diese zwei Mäuse gepaart (nicht gezeigt), dann wird ein Viertel ihrer Nachkommen für das veränderte Gen homozygot sein.

Abb. 8.56 Transgene Mäuse, die gentechnisch verändert wurden, um eine mutierte DNA-Helikase zu exprimieren, zeigen verfrühte Alterung. Die Helikase wird vom *Xpd* -Gen codiert und ist an der Transkription und DNA-Reparatur beteiligt. Verglichen mit einer Wildtyp-Maus gleichen Alters (a) zeigt eine transgene Maus, die ein fehlerhaftes *Xpd* -Gen exprimiert (b), viele Symptome vorzeitigen Alterns, einschließlich Osteoporose, Auszehrung, frühes Ergrauen, Unfruchtbarkeit und verkürzte Lebenszeit. Die hier angewendete Mutation im *Xpd* -Gen schwächt die Aktivität der Helikase und ahmt eine Mutation nach, die beim Menschen Trichothiodystrophie verursacht – eine Störung, die durch sprödes Haar, Skelettanomalien und eine stark verringerte Lebenserwartung charakterisiert ist. Diese Ergebnisse weisen darauf hin, dass eine Anhäufung von DNA-Schäden zum Alterungsprozess sowohl des Menschen als auch der Maus beiträgt. (Aus J. de Boer *et al.*, *Science* 296: 1276–1279, 2002. Mit Erlaubnis der AAAS).

8.5.12 Das bakterielle CRISPR-System wurde angepasst, um Genome in einer breiten Artenvielfalt zu bearbeiten

Eine der Schwierigkeiten bei der Schaffung transgener Mäuse mit der eben beschriebenen Prozedur ist, dass das eingeführte DNA-Molekül (das das experimentell veränderte Gen trägt) sich oft zufällig ins Genom einbaut, und deshalb müssen viele ES-Zellen einzeln geprüft werden, um eine solche zu finden, die die „korrekte" Genersetzung hat.

Die kreative Verwendung des CRISPR-Systems, das in Bakterien als Abwehr gegen Viren entdeckt wurde, hat dieses Problem größtenteils gelöst. Wie in Kapitel 7 beschrieben, verwendet das CRISPR-System eine Leit-RNA-Sequenz, um (durch komplementäre Basenpaarung) doppelsträngige DNA aufzuspüren, die es dann schneidet (s. **Abb. 7.81**). Das Gen, das für die Schlüsselkomponente dieses Systems codiert, das bakterielle *Cas9*-Protein, wurde in eine Vielzahl von Organismen übertragen, wo es den Vorgang zur Herstellung transgener Organismen enorm vereinfacht (**Abb. 8.57a und b**). Die Grundstrategie sieht folgendermaßen aus: In kultivierten Zellen wird *Cas9*-Protein zusammen mit einer Leit-RNA exprimiert; Letztere ist vom Experimentator dazu entworfen worden, um auf eine bestimmte Stelle im Genom abzuzielen. *Cas9* und die Leit-RNA verbinden sich, der Komplex wird zur passenden Sequenz auf dem Genom gebracht, und das *Cas9*-Protein erzeugt einen Doppelstrangbruch. Wie wir in Kapitel 5 gesehen haben, werden diese Brüche in der Regel durch nichthomologe End-zu-End-verknüpfung repariert; dies hat oft kleine Sequenzfehler oder Deletionen zur Folge, welche die Genfunktion stören. In vielen Fällen reicht dieser Reparaturvorgang aus, um das Gen zu inaktivieren, insbesondere wenn es dadurch zu einer Rasterverschiebung in der Nähe der beginnenden

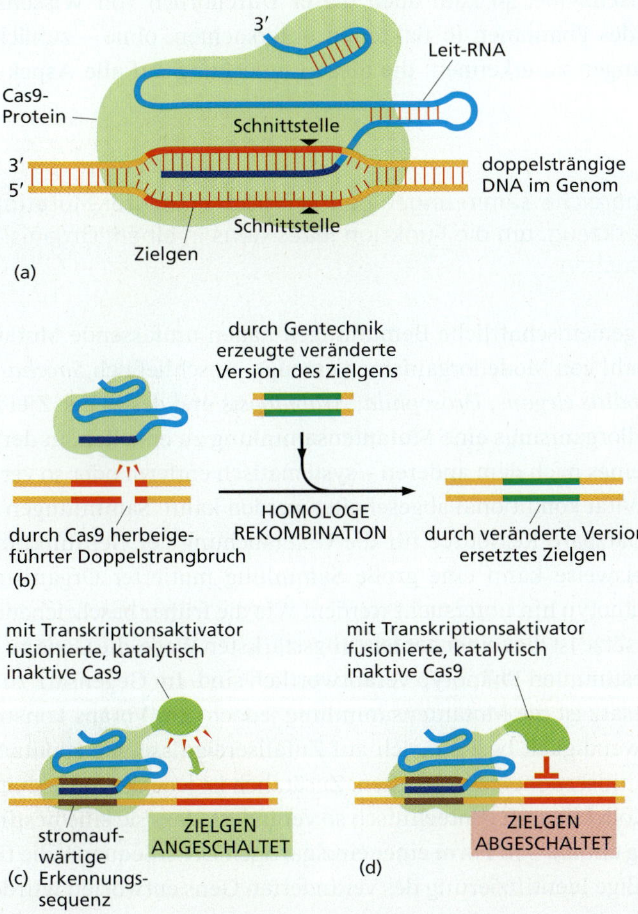

Abb. 8.57 Die Verwendung von CRISPR, um die Genfunktion in einer Vielzahl von Arten zu untersuchen. (a) Das *Cas9*-Protein (in der interessierenden Spezies künstlich exprimiert) bindet an eine vom Experimentator entworfene Leit-RNA, die auch exprimiert wurde. Der Teil der RNA in *hellblau* ist für die Verbindung mit *Cas9* nötig; der in *dunkelblau* wird durch den Experimentator spezifiziert, damit er zu einer Position auf dem Genom passt. Das einzige weitere Erfordernis ist, dass die benachbarte Genomsequenz ein kurzes PAM (*protospacer adjacent motif*, nicht gezeigt) einschließt, das für *Cas9* zum Schneiden gebraucht wird. Wie in Kapitel 7 beschrieben, erlaubt diese Abfolge dem CRISPR-System in Bakterien sein eigenes Genom von dem eingedrungener Viren zu unterscheiden. (b) Wenn *Cas9* angewiesen wird, Doppelstrangbrüche in einem Gen zu erzeugen, dann wird dieser Bruch im Allgemeinen durch die nichthomologe End-zu-End-Verknüpfung repariert (nicht gezeigt), die lokale Sequentfehler einführt, welche die Genfunktion zum Erliegen bringt. Eine exaktere Mutation kann wie hier gezeigt gesetzt werden, wenn der Doppelstrangbruch durch homologe Rekombination mit einem vom Experimentator zur Verfügung gestellten veränderten Gen repariert wird. (c, d) Indem man eine Mutantenform von *Cas9* verwendet, die DNA nicht mehr schneiden kann, kann *Cas9* auch dazu dienen, ein normalerweise ruhendes Gen zu aktivieren (c) oder ein aktiv exprimiertes Gen abzuschalten (d). (Nach P. Mali *et al.*, *Nat. Methods* 10: 957–963, 2013).

codierenden Sequenz kommt. Wenn das Ziel ein exaktes Ausschalten oder Ersetzen des Gens ist, können die *Cas9* und die Leit-RNA zusammen in ES-Zellen exprimiert werden, mit einer veränderten homologen Gensequenz, welche die Zelle dazu verwendet, den Doppelstrangbruch durch homologe Rekombination zu reparieren. Auf diese Weise kann das normale Gen selektiv durch das CRISPR-System beschädigt und mit hoher Effizienz durch das experimentell veränderte Gen ersetzt werden.

Das CRISPR-System hat eine Vielzahl anderer Verwendungen. Seine besondere Leistung liegt in seiner Fähigkeit, mit *Cas9* Tausende verschiedener Positionen in einem Genom durch die einfachen Regeln der komplementären Basenpaarung anzupeilen. Wenn somit ein katalytisch inaktives *Cas9*-Protein mit einem Transkriptionsaktivator oder einem Repressor verschmolzen wird, ist es grundsätzlich möglich, jedes beliebige Gen an- und abzuschalten, indem, am eine Leit-RNA liefert, die zu einer einzigartigen Sequenz im Promotor des Gens passt (**Abb. 8.57c und d**).

Das CRISPR-System hat gegenüber anderen Strategien mehrere Vorteile, um die Genexpression experimentell zu manipulieren. Erstens ist es für den Experimentator relativ leicht, die Leit-RNA zu entwerfen: Sie folgt einfach den Standardregeln der Basenpaarung. Zweitens muss das zu kontrollierende Gen nicht verändert werden; das CRISPR-System verwendet DNA-Sequenzen, die bereits im Genom vorhanden sind. Drittens können zahlreiche Gene gleichzeitig kontrolliert werden. *Cas9* muss nur einmal exprimiert werden, aber viele Leit-RNAs können in derselben Zelle exprimiert werden; diese Strategie erlaubt es dem Experimentator, einen ganzen Satz von Genen auf einmal an- oder abzuschalten.

Der Export des CRISPR-Systems von Bakterien in praktisch alle anderen Versuchsorganismen (einschließlich Maus, Zebrafisch, Würmer, Fliegen, Reis und Weizen) hat die Untersuchung der Genfunktion revolutioniert. Wie bereits die frühere Entdeckung der Restriktionsenzyme, so kam auch dieser Durchbruch von Wissenschaftlern, die ein faszinierendes Phänomen in Bakterien untersuchten, ohne – zunächst – die enormen Auswirkungen zu erkennen, die diese Entdeckung auf alle Aspekte der Biologie haben würde.

8.5.13 Umfangreiche Sammlungen gentechnisch erzeugter Mutationen bieten ein Werkzeug, um die Funktion jedes Gens in einem Organismus zu untersuchen

Umfangreiche gemeinschaftliche Bemühungen haben umfassende Mutationsbibliotheken einer Vielzahl von Modellorganismen erzeugt, einschließlich *Saccharomyces cerevisiae*, *Caenorhabditis elegans*, *Drosophila*, *Arabidopsis* und der Maus. Ziel ist es letztlich, für jeden Modellorganismus eine Mutantensammlung zu erstellen, in der jedes Gen des Organismus – eines nach dem anderen – systematisch entfernt oder so verändert wurde, dass seine Aktivität konditional abgeschaltet werden kann. Sammlungen dieser Art liefern eine unschätzbare Ressource für die Untersuchung der Genfunktion auf Genomniveau. Beispielsweise kann eine große Sammlung mutierter Organismen auf einen bestimmten Phänotyp hin untersucht werden. Wie die früher beschriebenen klassischen genetischen Ansätze ist dies einer der leistungsstärksten Wege, die Gene zu identifizieren, die für einen bestimmten Phänotyp verantwortlich sind. Im Gegensatz zum klassischen genetischen Ansatz ist die Mutantensammlung jedoch „im Voraus konstruiert“, sodass hier keine Notwendigkeit besteht, sich auf Zufallsereignisse wie spontane Mutationen oder Transposoninsertionen zu verlassen. Zusätzlich ist jede der individuellen Mutanten innerhalb der Kollektion oft gentechnisch so verändert, dass sie eine bestimmte molekulare Markierung enthält – in Form einer einzigartigen DNA-Sequenz, die für die schnelle und routinemäßige Identifizierung des veränderten Gens entworfen wurde (**Abb. 8.58**).

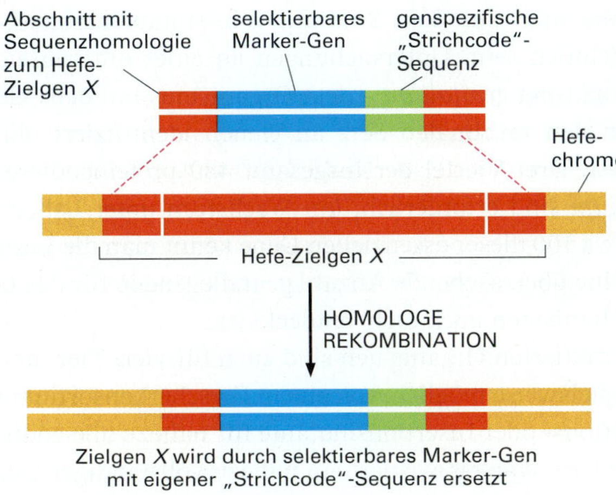

Abb. 8.58 Das Anlegen einer strichcodierten Sammlung mutierter Organismen. Eine für Hefe konstruierte Deletionskassette enthält Sequenzen, die zu den beiden Enden des Zielgens *X* (*rot*) homolog sind, einen selektierbaren Marker (*blau*) und eine einzigartige, etwa 20 Nukleotidpaare lange Strichcodesequenz (*grün*). Diese DNA wird in Hefe eingeführt und ersetzt dort das Zielgen durch homologe Rekombination. Zellen mit einem erfolgreichen Genaustausch werden über die Expression des selektierbaren Markergens identifiziert, typischerweise ein Gen, das eine Arzneistoffresistenz verleiht. Mithilfe einer ganzen Sammlung solcher Kassetten, jede spezifisch für ein einzelnes Gen, wurde eine Bibliothek von Hefemutanten erstellt, die für jedes Gen eine Mutante enthält. Lebenswichtige Gene können nicht auf diese Weise untersucht werden, da ihr Verschwinden aus dem Genom dazu führt, dass die Zelle stirbt. In diesem Fall wird das Zielgen durch eine Genversion ersetzt, die vom Experimentator reguliert werden kann (s. Abb. 8.54). Das Gen kann dann abgeschaltet werden und die daraus folgenden Auswirkungen können beobachtet werden, bevor die Zellen sterben.

In *Saccharomyces cerevisiae* wurde vor einigen Jahren die Aufgabe bewerkstelligt, einen vollständigen Satz von 6000 Mutanten zu erzeugen, denen jeweils nur ein Gen fehlt. Da jeder Mutantenstamm eine individuelle Strichcode-Sequenz hat, die in sein Genom eingebettet ist, kann eine beliebig große Mischung dieser Stämme unter verschiedenen Selektionsbedingungen – wie Nährstoffentzug, Temperaturveränderung oder in Gegenwart verschiedener Medikamente – aufgezogen werden, und die überlebenden Zellen lassen sich aufgrund der einzigartigen Sequenzmarkierungen in ihren Genomen rasch identifizieren. Durch Beobachtung, wie gut sich jede Mutante in der Mischung behauptet, lässt sich ungefähr herauslesen, welche Gene unter den verschiedenen Wachstumsbedingungen zum Überleben notwendig, nützlich oder irrelevant sind (Abb. 8.59).

Ähnliche Methoden lassen sich mithilfe des früher beschriebenen CRISPR-Systems auf menschliche Zellen anwenden. Mithilfe viraler Expressionsvektoren kann eine große Bibliothek verschiedener Leit-RNAs in einer Zellpopulation exprimiert werden, sodass nur eine Leit-RNA in jeder Zelle exprimiert wird, zusammen mit *Cas9*. Nachdem die Zellen unter verschiedenen Bedingungen gewachsen sin, werden die überlebenden Zellen einem Genom-Screnning unterzogen, um die Häufigkeit von Leit-RNAs in der Population zu messen. Leit-RNAs, die auf für das Überleben unverzichtbare Gene zielen, werden aus der Population verschwinden; dagegen werden sich solche, die das Überleben steigern, ansammeln – dies liefert wichtige Hinweise zur Funktion jener Gene unter den getesteten Bedingungen.

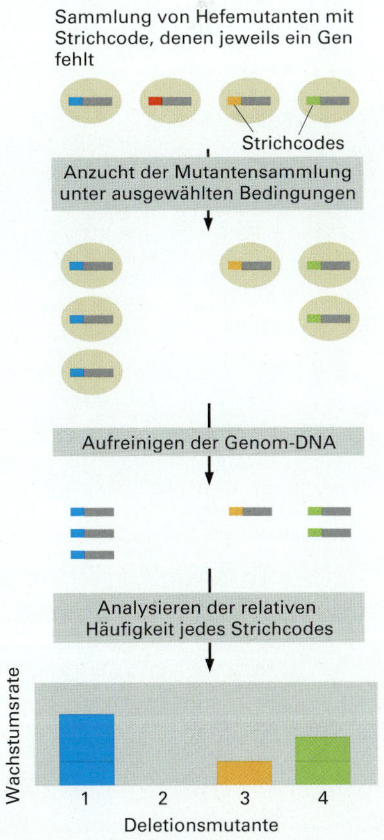

Abb. 8.59 Genomweite Screenings nach Fitness mithilfe einer großen Sammlung von mit Strichcode versehenen Deletionsmutanten der Hefe. Eine große Sammlung von Hefemutanten, bei denen jeweils ein anderes Gen deletiert wurde und die in gleichen Mengen vorhanden sind, lässt man unter vom Experimentator ausgewählten Bedingungen wachsen. Manche Mutanten (*blau*) wachsen normal, andere weisen jedoch ein verringertes Wachstum (*orange* und *grün*) oder überhaupt kein Wachstum auf (*rot*). Die Fitness jeder Mutante wird auf folgende Weise experimentell bestimmt: Nachdem die Wachstumsphase abgeschlossen ist, wird die (aus der Mischung der Stämme isolierte) genomische DNA aufgereinigt und die relative Häufigkeit jeder Mutante wird bestimmt, indem die Häufigkeit des Auftretens jedes DNA-Strichcodes gemessen wird, der zu jeder Deletion passt. Dies kann bewerkstelligt werden, indem man die vereinigte genomische DNA sequenziert oder sie mit Mikroarrays hybridisiert (s. Abb. 8.64), die DNA-Oligonukleotide enthalten, die zu jedem Strichcode komplementär sind. Auf diese Weise kann der Beitrag jedes Gens zum Wachstum unter den spezifizierten Bedingungen rasch nachgeprüft werden. Dieser Untersuchungstyp hat offengelegt, dass von den etwa 6000 codierenden Genen in der Hefe nur etwa 1000 unter Standard-Wachstumsbedingungen lebensnotwendig sind.

Die Kenntnisse, die man aus dem Studium von Mutantenbibliotheken gewinnen kann, können beträchtlich sein. Untersuchungen an einer umfangreichen Mutantensammlung von *Mycoplasma genitalium* – dem Organismus mit dem kleinsten bekannten Genom – haben den minimalen Satz an Genen identifiziert, der für zelluläres Leben erforderlich ist. Drei Viertel der insgesamt 480 proteincodierenden Gene von *Mycoplasma genitalium* sind erforderlich, um Wachstum unter Laborbedingungen zu ermöglichen. Von etwa 100 dieser essenziellen Gene kennt man die Funktion nicht. Das bedeutet aber, dass eine überraschende Anzahl grundlegender, für das Leben notwendiger molekularer Mechanismen noch nicht entdeckt ist.

Sammlungen von mutierten Organismen sind auch für viele Tier- und Pflanzenarten erhältlich. Es ist beispielsweise möglich, von einem Forscherkonsortium telefonisch oder per E-Mail eine Deletions- oder Insertionsmutante für nahezu alle codierenden Gene in *Drosophila* zu „bestellen". Analog existiert ein nahezu vollständiger Satz von Mutanten für die Modellpflanze *Arabidopsis*. Und die Anpassung des CRISPR-Systems zur Anwendung bei der Maus bedeutet, dass wir in naher Zukunft damit rechnen können, dass wir jedes Gen im Mausgenom in verschiedenen Entwicklungsstadien – willkürlich – an- und abschalten können. Obgleich wir über die Funktion der meisten Gene in den meisten Organismen immer noch nichts wissen, erlauben diese Technologien eine Untersuchung der Genfunktion in einem Maßstab, der vor einem Jahrzehnt noch unvorstellbar war.

8.5.14 RNA-Interferenz ist ein einfacher und schneller Weg, um die Genfunktion zu testen

Das „Ausknocken" (oder die konditionale Expression) eines Gens in einem Organismus und die Untersuchung der Folgen ist der schlagkräftigste Ansatz, die Funktionen des Gens zu verstehen. **RNA-Interferenz** (abgekürzt **RNAi**) ist ein besonders bequemer alternativer Ansatz. Wie in Kapitel 7 besprochen, nutzt diese Methode den natürlichen Mechanismus vieler Pflanzen, Tiere und Pilze, mit dem sich diese vor bestimmten Viren und transponierbaren Elementen schützen. Diese Technik führt in eine Zelle oder einen Organismus ein doppelsträngiges RNA-Molekül ein, dessen Nukleotidsequenz zur Sequenz eines Teils des Gens passt, das inaktiviert werden soll. Nach der Prozessierung der RNA hybridisiert sie mit der vom Zielgen gebildeten RNA (entweder mRNA oder nicht codierende RNA) und verringert deren Expression über den in **Abb. 7.78** gezeigten Mechanismus.

RNAi wird häufig dazu verwendet, in *Drosophila* und in Kulturen von Säugerzelllinien Gene zu inaktivieren. In der Tat gestattet es ein Satz von 15 000 *Drosophila*-RNAi-Molekülen (eins pro codierendes Gen) den Forschern, innerhalb weniger Monate die Rolle jedes Fliegen-Gens in jedem Vorgang zu testen, der mithilfe kultivierter Zellen beobachtet werden kann. Die RNAi-Technik hat auch ausgiebige Verwendung bei der Untersuchung der Genfunktion in ganzen Organismen gefunden, darunter der Fadenwurm *Caenorhabditis elegans*. Bei der Arbeit mit den Würmern ist die Einführung von doppelsträngiger RNA recht einfach: Die RNA kann direkt in den Darm der Tiere injiziert werden oder das Tier wird mit *Escherichia coli*-Bakterien gefüttert, die gentechnisch so verändert sind, dass sie die RNA produzieren (**Abb. 8.60**). Die RNA wird vervielfältigt, verteilt sich über den Wurmkörper und blockiert die Expression des Zielgens in verschiedenen Geweben. RNAi wird zurzeit verwendet, um dem gesamten Satz an Wurm-Genen eine Funktion zuzuweisen (**Abb. 8.61**).

Eine verwandte Technik wird auch bei Mäusen angewandt. In diesem Fall werden die RNAi-Moleküle den Mäusen nicht injiziert oder an sie verfüttert; stattdessen verwendet man rekombinante DNA-Techniken, um transgene Tiere herzustellen, die die RNAi unter der Kontrolle eines induzierbaren Promotors exprimieren. Oft ist dies eine

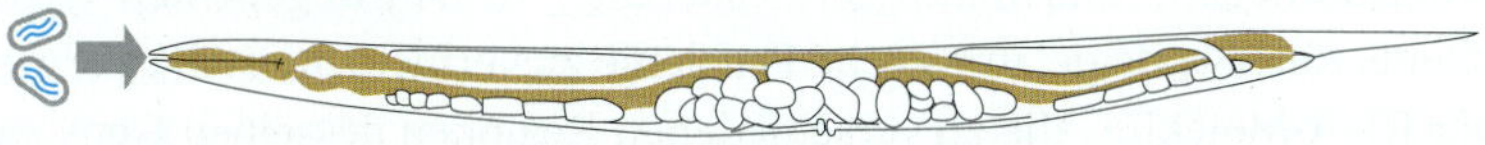

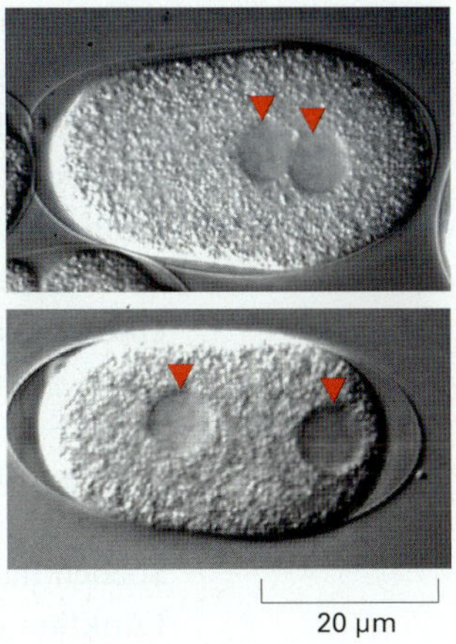

Abb. 8.60 Die Genfunktion kann durch RNA-Interferenz getestet werden. (a) Doppelsträngige RNA (dsRNA) kann in *Caenorhabditis elegans* durch Fütterung der Tiere mit dsRNA exprimierenden *Escherichia coli*-Bakterien oder durch direkte Injektion von dsRNA in den Verdauungstrakt eingeführt werden. (b) Embryo des Wildtyp-Wurms. Die Vorkerne von Eizelle und Spermium (*rote* Pfeilspitzen) treffen sich in der posterioren Hälfte des Embryos kurz nach der Befruchtung. (c) In einem Embryo, in dem ein bestimmtes Gen durch RNAi inaktiviert wurde, wandern die Vorkerne nicht. Dieses Experiment hat eine wichtige, aber zuvor unbekannte Funktion dieses Gens in der Embryonalentwicklung offenbart. (b, c, aus P. Grönczy et al., *Nature* 408: 331–336, 2000. Reproduziert mit Erlaubnis von SNCSC).

speziell entworfene RNA, die sich durch Basenpaarung über sich selbst zurückfalten kann und dabei eine doppelsträngige Region erzeugt, die von der RNAi-Maschinerie erkannt wird. Im einfachsten Fall inaktiviert dieser Vorgang nur die Gene, die exakt zur RNAi-Sequenz passen. Je nach verwendetem induzierbaren Promotor kann die RNAi nur in einem spezifizierten Gewebe oder nur zu einer bestimmten Zeit in der Entwicklung hergestellt werden; so können die Funktionen der Zielgene bis ins kleinste Detail untersucht werden.

Die RNAi ist ein einfaches und wirksames Werkzeug zur Analyse der Genfunktion in vielen Organismen, aber sie besitzt im Vergleich zu echten genetischen Knockouts einige potenzielle Einschränkungen. Aus unbekannten Gründen inaktiviert die RNAi nicht alle Gene gleich effizient. Zudem sind in ganzen Organismen bestimmte Gewebe unter Umständen resistent gegenüber der Wirkung von RNAi (z. B. Neuronen in Nematoden).

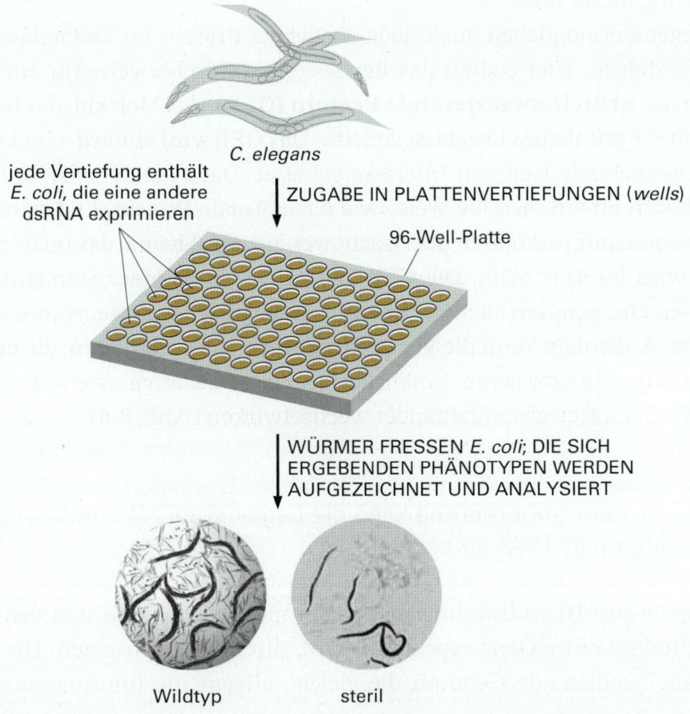

Abb. 8.61 Die RNA-Interferenz bietet eine bequeme Methode, um genomweite genetische Screenings durchzuführen. In diesem Experiment wird jede Vertiefung (*well*) der 96-Well-Platte mit *Escherichia coli*-Bakterien gefüllt, die jeweils eine andere doppelsträngige RNA produzieren als die von den anderen *Escherichia coli*-Zellen in den anderen Vertiefungen produzierte. Jede Interferenz-RNA passt zur Nukleotidsequenz eines einzelnen *Caenorhabditis elegans*-Gens und inaktiviert es dabei. Etwa 10 Würmer werden in jede Vertiefung gegeben, wo sie die genetisch veränderten Bakterien aufnehmen. Die Platte wird mehrere Tage inkubiert, sodass die RNAs Zeit bekommen, ihre Zielgene zu inaktivieren – und die Würmer Zeit genug haben, zu wachsen, sich zu paaren und Nachkommen zu erzeugen. Die Platte wird dann – kontrolliert durch einen Roboter – unter einem Mikroskop untersucht, um nach Genen zu suchen, die die Überlebens-, Reproduktions-, Entwicklungs- und Verhaltensfähigkeiten des Wurms beeinträchtigen. Gezeigt sind hier normale Würmer sowie Würmer, die aufgrund der Inaktivierung eines bestimmten „Fruchtbarkeitsgens" eine verminderte Reproduktionsfähigkeit aufweisen. (Aus B. Lehner *et al.*, *Nat. Genet.* 38: 896–903, 2006. Mit Erlaubnis von Nature).

Ein anderes Problem entsteht dadurch, dass viele Organismen große Genfamilien enthalten, deren Mitglieder Sequenzähnlichkeiten aufweisen. RNAi erzeugt deshalb manchmal „Kollateralschäden“ und inaktiviert zusätzlich zu den angepeilten Genen auch verwandte Gene. Eine Strategie, um solche Probleme zu vermeiden, ist die Verwendung vieler kleiner RNA-Moleküle, die zu verschiedenen Regionen desselben Gens passen. Schließlich müssen die Ergebnisse jedes RNAi-Experiments als starker Hinweis auf eine normale Genfunktion, aber nicht unbedingt als Beweis dafür angesehen werden.

8.5.15 Reportergene verraten, wann und wo ein Gen exprimiert wird

Soeben haben wir einige Ansätze besprochen, die dazu verwendet werden können, die Funktion eines Gens in kultivierten Zellen oder, noch besser, in einem intakten Lebewesen zu beurteilen. Obgleich diese Information für das Verständnis der Genfunktion entscheidend ist, verrät sie im Allgemeinen nicht den molekularen Mechanismus, über den das Genprodukt in der Zelle arbeitet. Beispielsweise verrät uns die Genetik selten von selbst alle Orte im Organismus, an denen das Gen exprimiert wird oder wie seine Expression kontrolliert wird. Sie zeigt nicht zwingend an, ob das Gen im Zellkern, dem Cytosol, auf der Zelloberfläche oder in einem der zahlreichen Kompartimente der Zelle wirkt. Sie offenbart auch nicht, wie ein Genprodukt seinen Ort oder sein Expressionsmuster verändern könnte, wenn sich die äußere Umgebung der Zelle verändert. Wichtige Einblicke in die Genfunktion lassen sich einfach dadurch erhalten, indem man beobachtet, wann und wo ein Gen exprimiert wird. Eine Vielzahl von Ansätzen, die zumeist eine Form der Gentechnik einbeziehen, kann diese entscheidende Information leicht liefern.

Wie schon in Kapitel 7 ausführlich besprochen, wird die Gentranskription von *cis*-regulatorischen DNA-Sequenzen kontrolliert, die sich stromauf- oder stromabwärts von der codierenden Region befinden. Diese regulatorischen Sequenzen, die exakt festlegen, wann und wo das Gen exprimiert wird, können leicht untersucht werden, indem man ein Reportergen unter ihre Kontrolle stellt und diese rekombinanten DNA-Moleküle in Zellen einbringt (**Abb. 8.62**). Auf diese Weise kann das normale Expressionsmuster eines Gens bestimmt werden sowie der Beitrag einzelner *cis*-Regulationssequenzen bei der Errichtung dieses Musters.

Reportergene ermöglichen auch, jedes beliebige Protein im Zeitverlauf in lebenden Zellen zu verfolgen. Hier codiert das Reportergen typischerweise für ein Fluoreszenzprotein, oft das **grün fluoreszierende Protein (GFP)**, das Molekül, das lumineszierenden Quallen ihr grünliches Leuchten verleiht. Das GFP wird einfach – im Leseraster – an das proteincodierende Gen von Interesse geheftet. Das resultierende *GFP-Fusionsprotein* verhält sich oft auf dieselbe Weise wie das normale Protein, und seine Verbreitung kann fluoreszenzmikroskopisch überwacht werden, ein Thema, das im nächsten Kapitel behandelt wird (s. **Abb. 9.10**). Die GFP-Fusion wurde zu einer Standardstrategie, um nicht nur den Ort, sondern auch die Bewegung spezifischer Proteine in lebenden Zellen zu verfolgen. Außerdem kann die Verwendung vieler GFP-Varianten, die bei verschiedenen Wellenlängen fluoreszieren, Einblicke darüber verschaffen, wie verschiedene Zellen in einem lebenden Gewebe miteinander wechselwirken (**Abb. 8.61**).

8.5.16 Die *In-situ*-Hybridisierung kann die Lage der mRNAs und nicht codierenden RNAs aufzeigen

Mithilfe der *In-situ*-Hybridisierung ist es auch möglich, die Zeit und den Ort, an dem das RNA-Produkt eines Gens exprimiert wird, direkt zu beobachten. Die Strategie liefert für proteincodierende Gene oft die gleiche allgemeine Information wie die oben

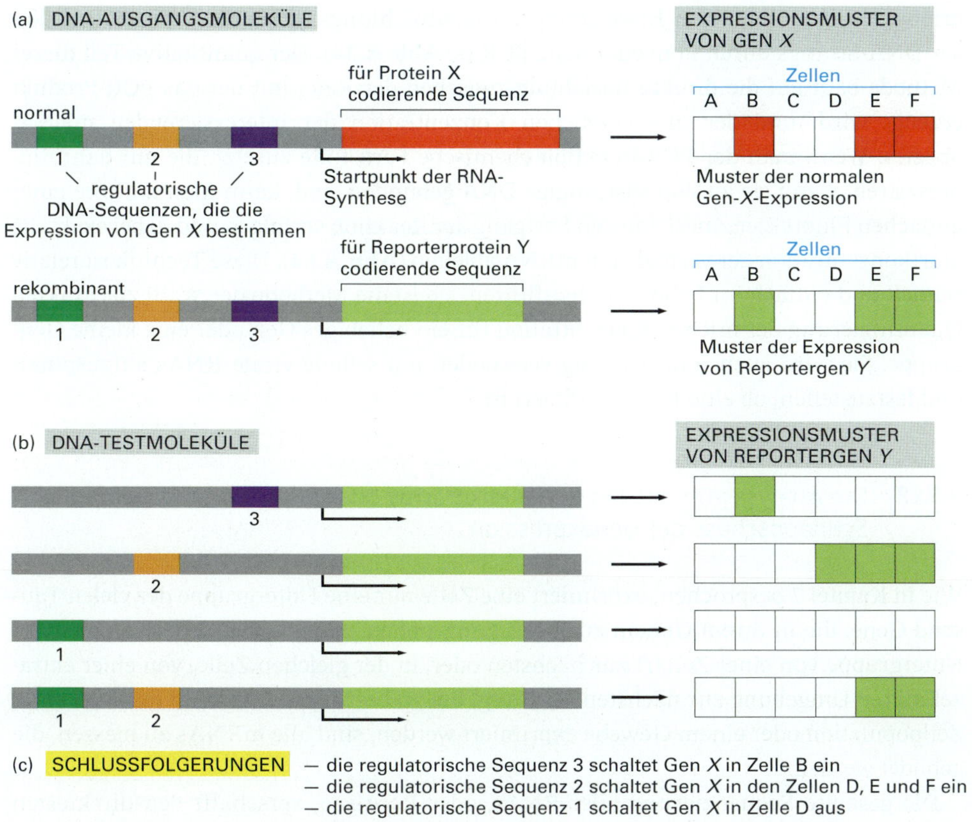

Abb. 8.62 Das Expressionsmuster eines Gens wird mithilfe eines Reporterproteins bestimmt. (a) Die codierende Sequenz von Protein *X* wurde hier durch die codierende Sequenz des Reporterproteins *Y* ersetzt. Die Expressionsmuster für *X* und *Y* sind gleich. (b) Verschiedene DNA-Fragmente mit möglichen regulatorischen Sequenzen wurden in unterschiedlichen Kombinationen zusammengefügt, um Test-DNA-Moleküle zu produzieren, die das Reportergen *Y* codieren. Diese rekombinanten DNA-Moleküle wurden nach Einführung in verschiedene Typen von Säugerzellen auf Expression getestet; die Ergebnisse sind in (c) zusammengefasst. Für Experimente in eukaryotischen Zellen stehen zwei häufig verwendete Reporterproteine zur Verfügung: das Enzym β-Galaktosidase (β-Gal) (s. **Abb. 7.30**) und das grün fluoreszierende Protein (GFP) (s. **Abb. 9.16**).

beschriebenen Reportergen-Ansätze; sie ist jedoch entscheidend wichtig für Gene, deren Endprodukt RNA statt Protein ist. Der *In-situ*-Hybridisierung sind wir schon früher im Kapitel begegnet (s. **Abb. 8.32**); sie setzt auf die Grundprinzipien der Nukleinsäure-Hybridisierung. Typischerweise fixiert man das Gewebe leicht, sodass dessen RNA in einer exponierten Form vorliegt und mit einer markierten komplementären DNA- oder RNA-Sonde hybridisieren kann. Das Verfahren macht es möglich, die Muster der differenziellen Genexpression in Geweben zu beobachten und den Aufenthaltsort spezifischer RNAs zu bestimmen (**Abb. 8.63**). Ein Vorteil der *In-situ*-Hybridisierung gegenüber anderen Ansätzen ist, dass keine Gentechnik erforderlich ist. Sie ist somit oft einfacher und schneller und kann für genetisch nicht zugängliche Arten verwendet werden.

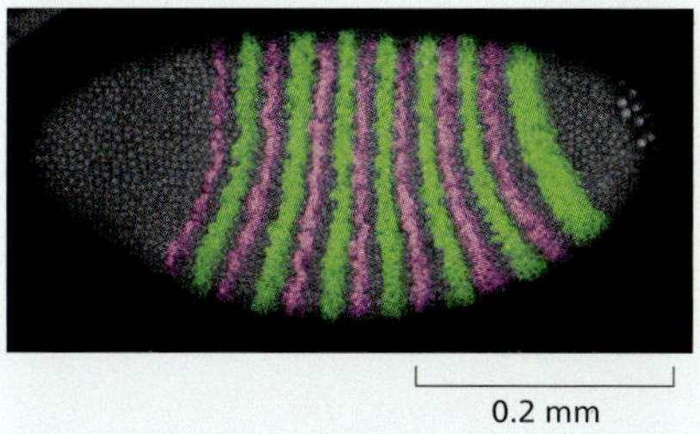

Abb. 8.63 Die *In-situ* -Hybridisierung mit RNAs verrät die Genexpressionsmuster während der Entwicklung. Die Expression spezifischer Regulatorgene wird im frühen *Drosophila*-Embryo lokalisiert, was zur Bildung einer Reihe von Streifen führt (s. **Abb. 7.29 und 7.30**). In diesem Bild wurde die Expression der Gene *eve* (*magenta*) und *ftz* (*grün*) durch die *In-situ*-Hybridisierung mit unterschiedlich gefärbten Fluoreszenzsonden offengelegt. Die DNA ist mit einem weiß fluoreszierenden Farbstoff hell gefärbt, der alle Zellkerne m Embryo markiert. (Mit freundlicher Genehmigung von Erik Clark und Angela DePace).

8.5.17 Die Expression einzelner Gene kann mithilfe der quantitativen RT-PCR gemessen werden

Obwohl Reportergene und die *In-situ*-Hybridisierung Genexpressionsmuster genau offenlegen, sind sie nicht die leistungsfähigsten Methoden zur Bestimmung der Mengen einzelner RNAs in Zellen. Eine exaktere Methode fußt auf den Prinzipien der PCR. Diese Methode namens **quantitative RT-PCR** (*reverse transcription-polymerase chain reaction*) beginnt mit einer aus einem Gewebe oder einer Zellkultur aufgereinigten Gesamtpopulation von RNA-Molekülen. Es ist wichtig, dass keine DNA in der Präparation vorhanden ist; sie muss beseitigt oder enzymatisch abgebaut werden. Dann gibt man zwei DNA-Primer hinzu, die spezifisch zur interessierenden mRNA passen, zusammen mit der Reversen Transkriptase, DNA-Polymerase und den vier für die DNA-Synthese erforderlichen Desoxynukleosidtriphosphaten. Die erste Syntheserunde ist die reverse Transkription der RNA zu DNA mithilfe eines der beiden Primer. Als Nächstes

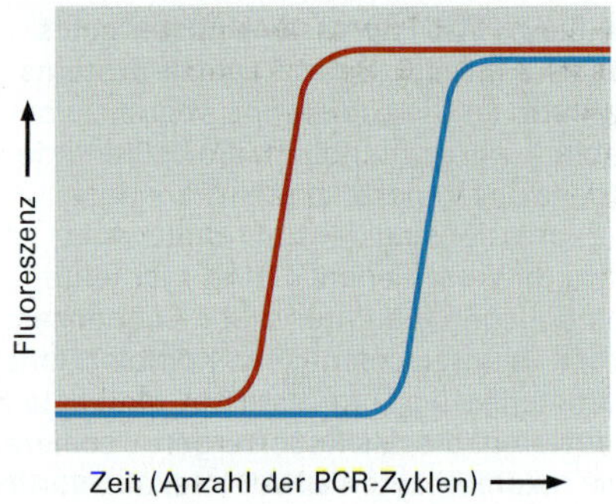

Abb. 8.64 RNA-Spiegel lassen sich mithilfe der quantitativen RT-PCR messen. Die gemessene Fluoreszenz wird durch einen Farbstoff hervorgerufen, der nur dann fluoresziert, wenn er an doppelsträngige DNA-Produkte der RT-PCR gebunden ist (s. Abb. 8.34). Die rote Probe hat eine höhere Konzentration der gemessenen mRNA als die blaue Probe, da sie weniger PCR-Zyklen benötigt, um die gleiche halbmaximale Konzentration doppelsträngiger DNA zu erreichen. Die relativen Mengen der mRNAs in den beiden Proben lassen sich aufgrund dieses Unterschieds exakt bestimmen.

ermöglicht eine Reihe von Erwärmungs- und Abkühlungszyklen die Vermehrung dieses DNA-Strangs durch konventionelle PCR (s. Abb. 8.34). Der quantitative Teil dieser Methode baut auf die direkte Beziehung zwischen der Rate, mit der das PCR-Produkt erzeugt wird, und der ursprünglichen Konzentration der interessierenden mRNA-Spezies. Wenn man der PCR-Reaktion chemische Farbstoffe zusetzt, die nur dann fluoreszieren, wenn sie an doppelsträngige DNA gebunden sind, kann man mithilfe einer einfachen Fluoreszenzmessung den Fortgang der Reaktion verfolgen und dabei exakt die Startkonzentration der vermehrten mRNA ableiten (Abb. 8.64). Diese Technik ist relativ schnell und einfach im Labor durchzuführen; sie ist die Methode der Wahl zur exakten Quantifizierung der mRNA-Konzentration für ein beliebiges Gen oder eine kleine Gengruppe. Sie wird auch routinemäßig verwendet, um seltene virale RNAs aufzuspüren und festzustellen, ob eine Person infiziert ist.

8.5.18 Die Analyse von mRNAs durch Mikroarray oder RNA-seq liefert einen Schnappschuss der Genexpression

Wie in Kapitel 7 besprochen, exprimiert eine Zelle nur eine Untergruppe der vielen Tausend Gene, die in ihrem Genom zur Verfügung stehen; zudem unterscheidet sich diese Untergruppe von einer Zellart zur nächsten oder, in der gleichen Zelle, von einer extrazellulären Umgebung zur nächsten. Ein Weg, um zu bestimmen, welche Gene von einer Zellpopulation oder einem Gewebe exprimiert werden, sind alle mRNAs zu messen, die gebildet werden.

Die gesamte Sequenzierung aller RNAs, oder RNA-seq, verschafft den direktesten Ansatz für die Katalogisierung der von einer Zelle oder einem Gewebe gebildeten RNAs. Wie bereits an früherer Stelle in diesem Kapitel erwähnt, verwendet dieser Ansatz die Reverse Transkriptase, um alle RNAs zu cDNAs zu kopieren; diese werden dann in Stücke geschnitten und mithilfe von Sequenzierungsmethoden der nächsten Generation, wie die Illumina-Sequenzierung, sequenziert (s. Abb. 8.44). In größerer Menge vorhandene RNAs werden mehr cDNA-Kopien haben, was eine höhere Anzahl von „Sequenz-Reads" für diese RNAs zur Folge hat. Somit identifiziert, wie wir in Kapitel 7 gesehen haben (s. Abb. 7.3), RNA-seq nicht einfach die RNAs in einer Probe, sondern liefert auch eine Information über deren relative Häufigkeit. Die RNAs-sec hat weitere wichtige Vorteile: sie kann alternatives RNA-Spleißen, RNA-Editierung und viele nicht codierende RNAs aufspüren, die von einem komplexen Genom gebildet werden.

Vergleichende Untersuchungen der Genexpression haben Informationen zutage gefördert, die für die Vorhersage der Genfunktion sehr nützlich sind. Wir haben früher in diesem Kapitel besprochen, wie die Identifizierung eines Proteinpartners Informationen über die Proteinfunktion liefern kann. Ähnliche Prinzipien gelten auch für Gene: Es lassen sich Informationen über die Funktion eines Gens gewinnen, wenn man andere Gene identifiziert, die sein Expressionsmuster teilen. Mithilfe der computergestützten sogenannten *Cluster-Analyse* kann man Sätze von Genen identifizieren, deren Regulation aufeinander abgestimmt ist. Gene, die unter den verschiedensten Umständen gemeinsam ein- oder abgeschaltet werden, arbeiten wahrscheinlich auch in der Zelle zusammen: Sie könnten für Proteine codieren, die Teil derselben Proteinmaschinerie sind, oder für Proteine, die gemeinsam an einer komplexen Aktivität teilnehmen, sei es die DNA-Replikation oder das RNA-Spleißen. Die Charakterisierung eines Gens mit unbekannter Funktion durch Zuordnung zu bekannten Genen, die sein Transkriptionsverhalten teilen, wird scherzaft als „Sippenhaft" bezeichnet. Cluster-Analysen wurden eingesetzt, um die Genexpressionsprofile mancher interessanter biologischer Prozesse zu untersuchen (Abb. 8.65).

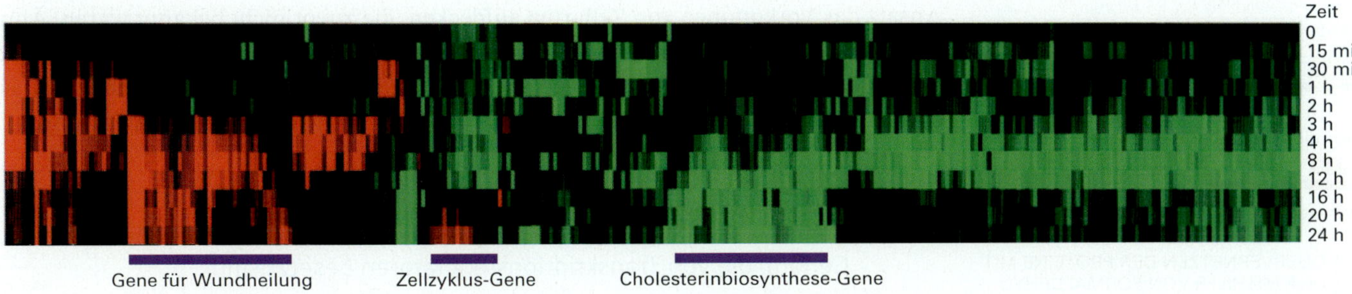

Abb. 8.65 Cluster-Analyse zur Identifizierung von Gengruppen, deren Regulation aufeinander abgestimmt ist. Gene, die das gleiche Expressionsmuster haben, sind wahrscheinlich an gemeinsamen Stoffwechselabläufen oder Prozessen beteiligt. Um eine Cluster-Analyse durchzuführen, sammelt man Genexpressions-Daten aus Zellproben, die einer Vielzahl unterschiedlicher Bedingungen unterworfen werden; Gene, die koordinierte Veränderungen in ihrem Expressionsmuster aufweisen, fallen in eine gemeinsame Gruppe. In diesem Experiment entzog man menschlichen Fibroblasten für 48 Stunden das Serum; zum Zeitpunkt 0 wurden die Kulturen wieder mit Serum versorgt und die Zellen wurden nach verschiedenen Zeitpunkten für mRNA-Messungen geerntet. Von den 8600 hier gezeigten getesteten Genen (jedes durch eine dünne vertikale Linie repräsentiert) zeigten etwas über 300 eine mindestens dreifache Variation ihres Expressionsmusters als Reaktion auf die erneute Zugabe des Serums. *Rot* bedeutet hier eine erhöhte Expression, *grün* eine abgeschwächte. Auf der Grundlage vieler anderer Experimente wurden die 8600 Gene nach einem ähnlichen Expressionsmuster in verschiedene Gruppen eingeteilt. Die Ergebnisse dieser Analyse zeigen, dass an der Wundheilung beteiligte Gene als Reaktion auf die Serumzugabe eingeschaltet werden, während Gene, die den Fortgang des Zellzyklus regulieren oder an der Cholesterinbiosynthese beteiligt sind, abgeschaltet werden. (Aus M. B. Eisen *et al.*, *Proc. Natl. Acad. Sci. USA* 94: 14863–14868, 1998. Mit Erlaubnis der National Academy of Sciences).

Wichtige neue Einblicke in Genexpressionsmuster stammen aus der Entwicklung empfindlicher Methoden zur Sequenzierung von RNA aus einzelnen Zellen. Bei dieser Methode wird ein komplexes Gewebe, ein Tumor, Embryo oder gar ganze Lebewesen in einzelnen Zellen aufgelöst, dabei werden Mikrofluidsysteme verwendet, um die Zellpopulation in Tröpfchen einzelner Zellen aufzutrennen, die jeweils für die RNA-seq verarbeitet werden. Hochentwickelte Rechnermethoden dienen dann dazu, die riesigen Sequenzdaten zu verarbeiten. Zu diesen Methoden zählt der Cluster-Analyse-Algorithmus, der Zellen in Gruppen mit ähnlichen Genexpressionsmustern klassifiziert (**Abb. 8.66**). Das spannende Ergebnis dieser Methoden ist eine Visualisierung davon, wie einzelne Zellen in Gruppen mit ähnlichen Expressionsmustern fallen. In vielen Fällen können die auf diese Weise identifizierten Zellgruppen als zuvor bekannte Zellarten identifiziert werden; dabei geben sie neue Hinweise über die in diesen Zellen exprimierten Gene und sogar über die Funktion dieser Zellen. In anderen Fällen kann dieser

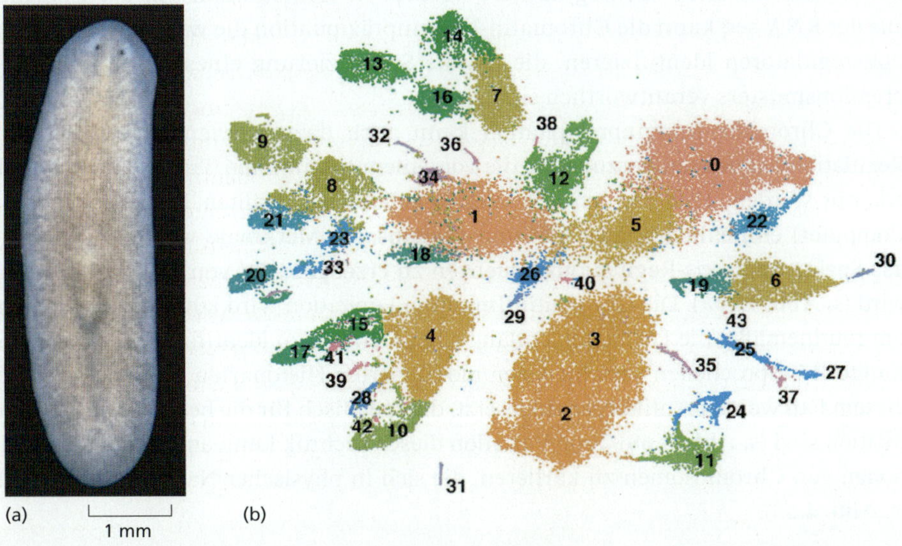

Abb. 8.66 Die Verwendung der Einzelzell-RNA-seq zur Identifizierung der Zellarten in einem intakten Tier. (a) Der Plattwurm (Planarie) ist ein kleiner (3–5 nm) Modellorganismus, der für Regenerationsuntersuchungen eingesetzt wird (s. **Abb. 22.20**). (b) In diesem Experiment werden Plattwürmer in kleine Stücke geschnitten und in einzelne Zellen aufgelöst. Mithilfe der Einzelzell-RNA-Sequenzierung wurden etwa 67000 Zellen analysiert, sodass man eine vollständige Liste aller wichtigen, in jeder Zelle exprimierten mRNAs erhielt. Dann wurden hochentwickelte Rechenmethoden eingesetzt, um die Zellen in Gruppen mit ähnlichen Genexpressionsmustern zusammenzufassen. Diese Cluster werden typischerweise, wie hier gezeigt, in einem Diagramm in zwei Dimensionen dargestellt, wobei jeder Punkt in einem Cluster eine einzelne Zelle repräsentiert. Bei dieser Cluster-Analyse wurden etwa 44 verschiedene Zellarten identifiziert, die mit unterschiedlichen Farben hervorgehoben sind. Das Genexpressionsmuster in jedem Cluster liefert Hinweise über die Funktion der Zellen in diesem Cluster. Weitere Einblicke lassen sich mithilfe der *In-situ*-Hybridisierung intakter Plattwürmer erhalten, die die exakte Lage der Zellen und Gewebe verrät, die die spezifischen mRNAs aus jedem Cluster exprimieren. Solche Analysen verraten, dass z. B. Cluster 2 und 3 Zellen aus der Epidermis repräsentieren. Das Endergebnis ist ein umfassender Katalog der in jeder wichtigen Zellart des tierischen Körpers exprimierten Gene (Aus C. T. Fincher *et al.*, *Science* 360: eaaq1736, 2018. Mit Erlaubnis der AAAS).

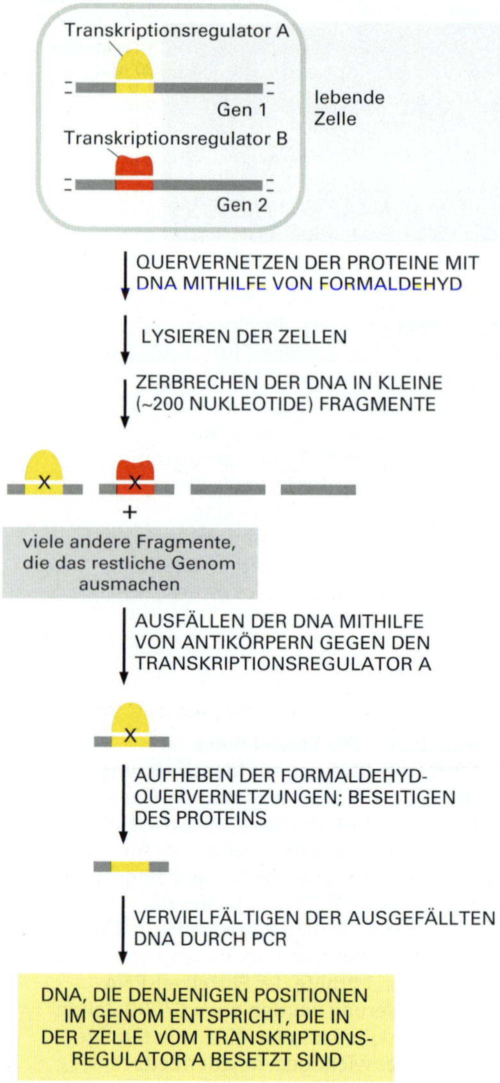

Abb. 8.67 Chromatin-Immunpräzipitation. Diese Methode gestattet die Identifizierung aller Stellen in einem Genom, die ein Transkriptionsregulator *in vivo* besetzt. Die Identitäten der präzipitierten vervielfältigten DNA-Fragmente werden durch DNA-Sequenzierung bestimmt.

Ansatz das Vorkommen von Zellarten aufdecken, die zuvor nicht bekannt waren. Ähnliche Methoden können dazu dienen, die Genexpression in einzelnen Zellarten während der vielen Phasen der Embryonalentwicklung zu analysieren; dies verschafft umfassende Einblicke in Zelllinien und Genexpressionsmuster während der Entwicklung.

8.5.19 Genomweite Chromatin-Immunpräzipitation identifiziert Stellen auf dem Genom, die von Transkriptionsregulatoren besetzt sind

Wir haben mehrere Strategien besprochen, um die Konzentrationen einzelner RNAs in einer Zelle zu messen und die Veränderungen ihrer Konzentrationen als Reaktion auf äußere Signale zu überwachen. Aber diese Information sagt uns nichts darüber aus, wie solche Veränderungen zustande kommen. In Kapitel 7 haben wir gesehen, dass Transkriptionsregulatoren, durch Bindung an *cis*-Regulationssequenzen in der DNA, für die Errichtung und Veränderung von Transkriptionsmustern verantwortlich sind. Typischerweise besetzen diese Proteine nicht alle ihre potenziellen *cis*-Regulationssequenzen im Genom unter allen Bedingungen. In manchen Zellarten wird beispielsweise das Regulationsprotein u. U. nicht exprimiert oder es ist eventuell vorhanden, aber es fehlt ein obligatorisches Partnerprotein, oder es wird aus dem Zellkern ausgeschlossen, bis ein entsprechendes Signal aus der Zellumgebung eingeht. Sogar wenn das Protein im Zellkern vorhanden und fähig ist, DNA zu binden, können andere Transkriptionsregulatoren oder Chromatinkomponenten überlappende DNA-Sequenzen besetzen und dabei manche der *cis*-Regulationssequenzen im Genom bedecken.

Die **Chromatin-Immunpräzipitation** bietet einen Weg, alle *cis*-Regulationssequenzen in einem Genom, die unter bestimmten Bedingungen von einem bestimmten Transkriptionsregulator besetzt sind, experimentell zu bestimmen (**Abb. 8.67**). In diesem Ansatz werden in lebenden Zellen Proteine kovalent mit DNA quervernetzt, die Zellen werden aufgebrochen und die DNA wird mechanisch in kleine Fragmente geschert. Dann werden gegen einen bestimmten Transkriptionsregulator gerichtete Antikörper eingesetzt, um die DNA aufzureinigen, die mit diesem Protein in der Zelle kovalent quervernetzt wurde. Diese DNA wird dann mithilfe der früher besprochenen schnellen Methoden sequenziert; die genaue Lokalisierung jedes präzipitierten DNA-Fragments im Genom wird dann durch einen Vergleich seiner DNA-Sequenz mit derjenigen der gesamten Genomsequenz ermittelt (**Abb. 8.68**). Auf diese Weise können alle vom Transkriptionsregulator besetzten Stellen in der Zellprobe über das Genom der Zelle hinweg kartiert werden. In Kombination mit der Information aus der RNA-seq kann die Chromatin-Immunpräzipitation die wichtigsten Transkriptionsregulatoren identifizieren, die für die Spezifizierung eines bestimmten Genexpressionsmusters verantwortlich sind.

Die Chromatin-Immunpräzipitation kann auch dazu verwendet werden, die *cis*-Regulationssequenzen herzuleiten, die von einem bestimmten Transkriptionsregulator erkannt werden. Hier werden alle vom Regulator ausgefällten DNA-Sequenzen (per Computer) einheitlich angeordnet und gemeinsame Merkmale werden tabelliert, um das Spektrum an *cis*-Regulationssequenzen zu erzeugen, das von dem Protein erkannt wird (s. **Abb. 7.10a**). Die Chromatin-Immunpräzipitation wird außerdem dazu genutzt, um routinemäßig die Positionen entlang eines Genoms zu identifizieren, die von den in Kapitel 4 besprochenen verschiedenen modifizierten Histonarten gebunden werden. In diesem Fall werden Antikörper eingesetzt, die spezifisch für die bestimmte Histonmodifikation sind (s. **Abb. 8.68**). Eine Variation dieser Technik kann auch dazu dienen, Positionen von Chromosomen zu kartieren, die sich in physischer Nachbarschaft befinden (s. **Abb. 4.53**).

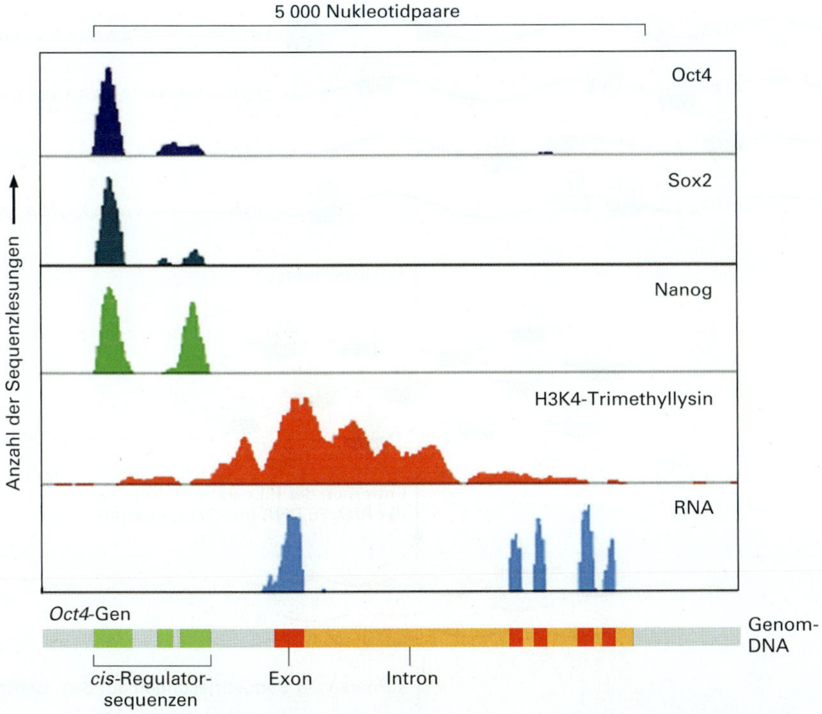

Abb. 8.68 Chromatin-Immunpräzipitationen zeigen Proteine, die an die Genomregion gebunden sind, die die Expression des *Oct4*-Gens steuert. In dieser Reihe von Chromatin-Immunpräzipitationsexperimenten wurden Antikörper, die gegen einen Transkriptionsregulator (die ersten drei Reihen) oder gegen eine bestimmte Histonmodifikation (vierte Reihe) gerichtet sind, verwendet, um die gebundene quervernetzte DNA auszufällen. Die gefällte DNA wurde sequenziert, und die Positionen über das Genom kartiert. (Nur der kleine Teil des Mausgenoms, der das *Oct4*-Gen enthält, ist gezeigt). Die Ergebnisse zeigen, dass in den in diesen Experimenten analysierten embryonalen Stammzellen *Oct4* stromaufwärts von seinem eigenen Gen bindet und dass Sox2 und Nanog in enger Nachbarschaft gebunden sind. Oct4, Sox2 und Nanog sind wichtige Regulatoren in embryonalen Stammzellen (in Kapitel 22 besprochen), und dieses Experiment verrät die Position auf dem Genom, durch die sie ihre Wirkungen auf die *Oct4*-Expression ausüben. In der vierten Reihe sind die Positionen einer Art von Histonmodifikation gezeigt, die mit aktiv transkribierten Genen verbunden ist (s. Abb. 4.35). Schließlich zeigt die unterste Reihe die RNA, die vom *Oct4*-Gen unter den gleichen Bedingungen gebildet wurde, die für die Chromatin-Immunpräzipitation eingesetzt wurden. Man beachte, dass die Introns und Exons aus diesen RNA-seq-Daten relativ leicht zu identifizieren sind.

8.5.20 Die Erstellung eines Ribosomenprofils zeigt, welche mRNAs in der Zelle gerade translatiert werden

In vorausgegangenen Abschnitten haben wir mehrere Wege besprochen, wie RNA-Konzentrationen in der Zelle überwacht werden können. Aber für die mRNA stellt dies nur einen Schritt in der Genexpression dar, und wir sind oft viel mehr an der Endkonzentration des vom Gen produzierten Proteins interessiert. Wie im ersten Teil dieses Kapitels beschrieben, können massenspektroskopische Methoden dazu dienen, die Konzentrationen aller Proteine in der Zelle zu verfolgen, einschließlich modifizierter Formen des Proteins. Wenn wir jedoch verstehen wollen, *wie* die Proteinsynthese von der Zelle kontrolliert wird, müssen wir den Translationsschritt der Genexpression betrachten.

Ein Ansatz, die sogenannte *Erstellung des Ribosomenprofils* (engl. *ribosome profiling*), liefert eine momentane Karte von der Lage der Ribosomen auf jeder mRNA in der Zelle und identifiziert dabei diejenigen mRNAs, die gerade aktiv translatiert werden. Um dies zu bewerkstelligen, wird die Gesamt-RNA aus einer Zelllinie oder einem Gewebe RNasen unter Bedingungen ausgesetzt, die nur diejenigen RNA-Sequenzen verschont lassen, die mit Ribosomen bedeckt sind. Die geschützten RNAs werden von den Ribosomen freigesetzt, zu DNA umgewandelt, und die Nukleotidsequenz jeder dieser DNAs wird bestimmt (Abb. 8.69). Wenn diese Sequenzen auf dem Genom kartiert werden, kann die Position der Ribosomen innerhalb jeder Art von mRNA ermittelt werden.

Das Ribosomen-Profiling hat viele Fälle offengelegt, in denen mRNAs reichlich vorhanden sind, aber nicht translatiert werden, bis die Zelle ein äußeres Signal erhält. Es hat auch gezeigt, dass viele offene Leseraster (ORFs), die zu kurz sind, um als Gene vermerkt zu werden, aktiv translatiert werden und wahrscheinlich für funktionale, wenn auch sehr kleine Proteine codieren (Abb. 8.70). Schließlich hat das Ribosomen-Profiling die Wege offengelegt, wie Zellen schnell und umfassend ihre Translationsmuster als Reaktion auf plötzliche Änderungen der Temperatur, der Nahrungsverfügbarkeit oder chemischen Stress ändern.

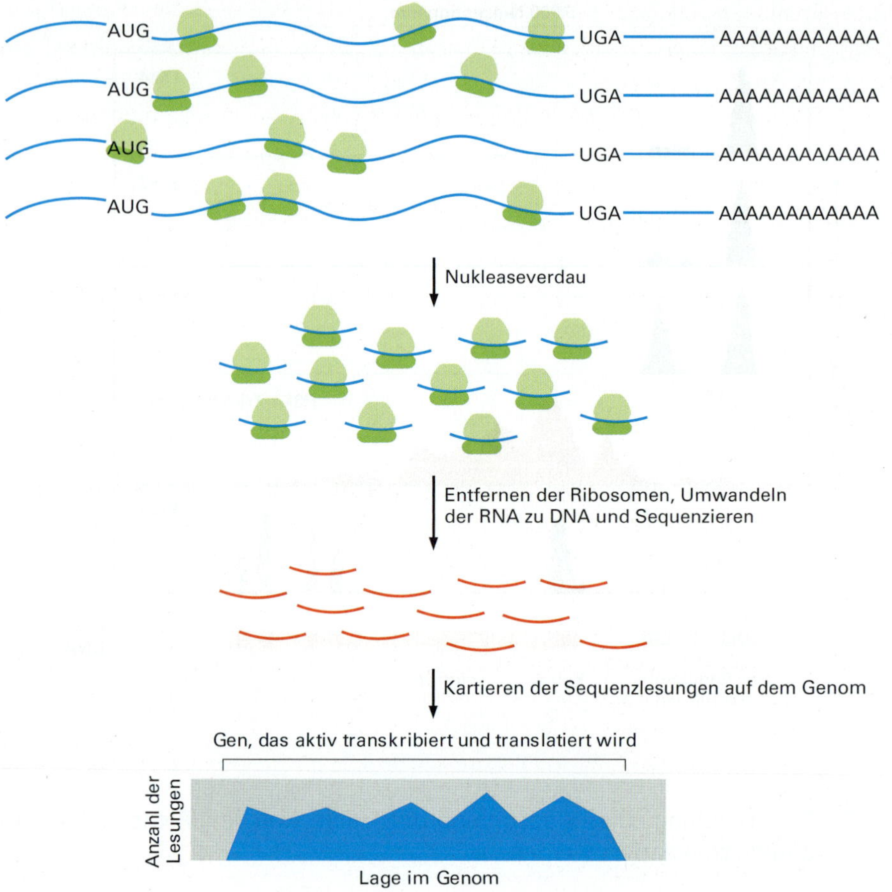

Abb. 8.69 **Ribosomenprofil.** RNA wird aus Zellen aufgereinigt und so mit Ribonuklease verdaut, dass nur die Anteile der mRNAs übrigbleiben, die von einem gebundenen Ribosom geschützt werden. Diese kurzen Stücke geschützter RNA (etwa 20 Nukleotide lang) werden zu DNA umgewandelt und sequenziert. Die so erhaltene Information wird als Anzahl der Sequenzlesungen entlang jeder Position auf dem Genom angezeigt. Im Diagramm hier sind nur die Daten für ein Gen, dessen mRNA effizient transkribiert wird, gezeigt. Die Erstellung des Ribosomenprofils (*ribosome profiling*) liefert diese Art Information für jede von der Zelle gebildete RNA.

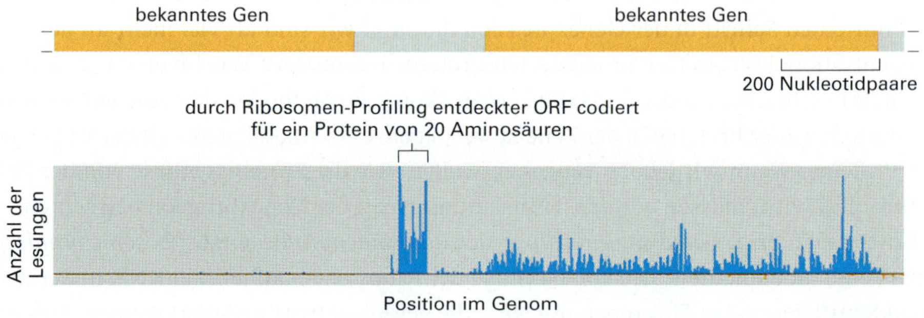

Abb. 8.70 **Das Ribosomen-Profiling kann neue Gene identifizieren.** Dieses Experiment zeigt die Entdeckung eines zuvor unerkannten Gens – eines, das für ein Protein aus nur 20 Aminosäuren codiert. Oben ist ein Teil eines viralen Genoms mit zwei zuvor schon annotierten Genen gezeigt. Unten sind die Ergebnisse eines Ribosomen-Profiling-Experiments über den gleichen Genomabschnitt gezeigt, nachdem das Virus menschliche Zellen infiziert hat. Die Ergebnisse lassen erkennen, dass das linksseitige Gen unter diesen Bedingungen nicht exprimiert wird, das rechtsseitige Gen wird auf niedrigem Niveau exprimiert, und ein zuvor unerkanntes Gen, das zwischen ihnen liegt, wird auf hohem Niveau exprimiert.

8.5.21 Rekombinante DNA-Methoden haben die menschliche Gesundheit revolutioniert

Wir haben gesehen, dass die in den letzten 40 Jahren entwickelten Nukleinsäuremethoden die Art und Weise, wie die Zellbiologie studiert wird, vollständig geändert haben. Aber sie haben auch tiefgreifende Auswirkungen auf unser tägliches Leben. Viele Pharmazeutika im Routineeinsatz (z. B. Insulin, menschlicher Wachstumsfaktor, Blutgerinnungsfaktoren und Interferon) basieren auf dem Klonieren menschlicher Gene und der Expression der codierten Proteine in großen Mengen. Wenn die Kosten der DNA-Sequenzierung weiter fallen, dann werden sich immer mehr Personen dazu entschließen, ihr Genom sequenzieren zu lassen; diese Information kann dazu verwendet werden, die Krankheitsanfälligkeit vorherzusagen (oft mit der Option, diese Möglichkeit durch entsprechendes Verhalten zu minimieren) oder vorherzusagen, auf welche Weise eine Person auf ein bestimmtes

Arzneimittel ansprechen wird. Die Genome von Krebszellen einzelner Personen können sequenziert werden, um die beste Behandlung gegen Krebs festzulegen. Und Mutationen, die das Krankheitsrisiko verursachen oder steigern, werden mit beispiellosem Tempo identifiziert. Mithilfe der in diesem Kapitel besprochenen rekombinanten DNA-Technologien können diese Mutationen in Tiere wie z. B. Mäuse eingeführt werden, die dann im Laboratorium untersucht werden können. Die entstehenden transgenen Tiere, die oft manche der phänotypischen Anomalien aufweisen, die auch in Menschen mit der Krankheit verknüpft sind, können dazu verwendet werden, die zelluläre und molekulare Basis der Krankheit zu erforschen und nach Arzneistoffen zu suchen, die möglicherweise beim Menschen therapeutisch eingesetzt werden könnten.

8.5.22 Transgene Pflanzen sind wichtig für die Landwirtschaft

Die rekombinante DNA-Technologie hat tiefgreifende Auswirkungen auf die Untersuchung von Pflanzen gehabt. In der Tat machen bestimmte Eigenschaften der Pflanze sie besonders zugänglich für rekombinante DNA-Methoden. Wenn ein Stückchen Pflanzengewebe in einem sterilen Medium kultiviert wird, das Nährstoffe und die entsprechenden Wachstumsregulatoren enthält, dann werden einige der Zellen in ungeordneter Weise zur unbegrenzten Proliferation angeregt und es entsteht eine Masse relativ undifferenzierter Zellen, *Kallus* genannt. Wenn die Nährstoffe und Wachstumsregulatoren sorgfältig gehandhabt werden, kann man die Bildung eines Sprosses innerhalb des Kallus einleiten, und bei vielen Arten kann aus solchen Sprossen eine vollständige neue Pflanze regeneriert werden. Bei einer Reihe von Pflanzen – darunter Tabak, Petunie, Karotte, Kartoffel und *Arabidopsis* – kann man eine einzelne Zelle von solch einem Kallus (als *totipotente Zelle* bezeichnet) zu einem kleinen Zellklumpen wachsen lassen, aus dem eine ganze Pflanze regeneriert werden kann (s. **Abb. 7.2b**). Genauso, wie man Mutantenmäuse durch genetische Manipulation embryonaler Stammzellen in Kultur erhalten kann, können transgene Pflanzen aus Pflanzenzellen geschaffen werden, die in Kultur mit DNA transfiziert wurden (**Abb. 8.71**).

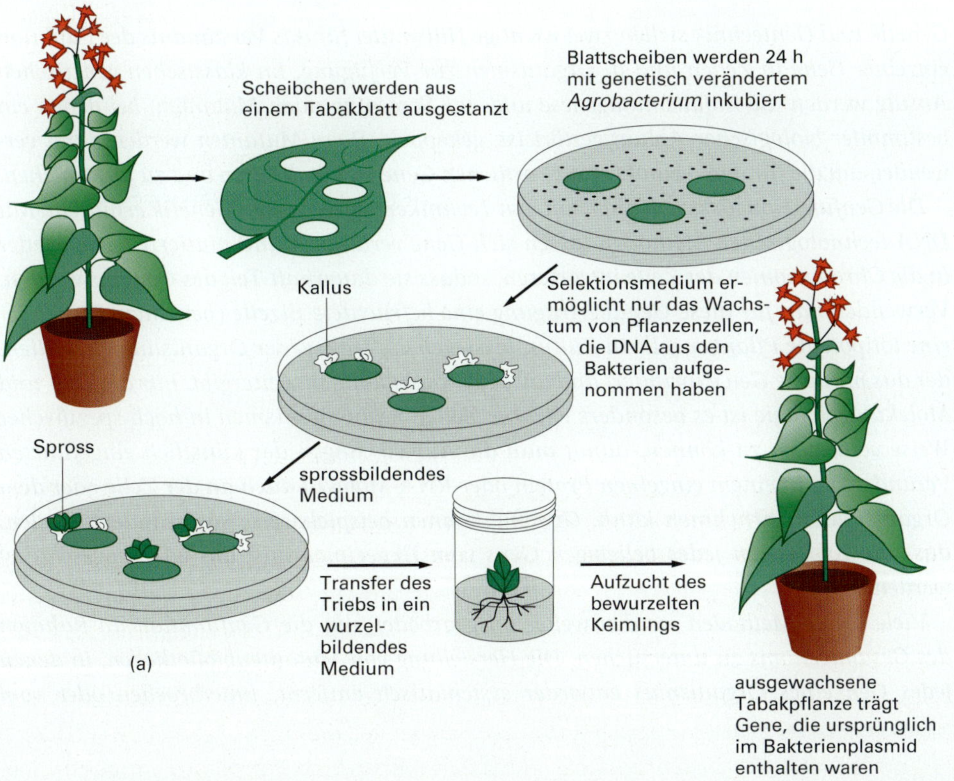

Abb. 8.71 Mithilfe rekombinanter DNA-Techniken, die für Pflanzen optimiert wurden, kann man transgene Pflanzen herstellen. Aus einem Blatt wird ein Scheibchen ausgeschnitten und in einer *Agrobacterium*-Kultur inkubiert; die Bakterien tragen ein rekombinantes Plasmid mit sowohl einem Selektionsmarker als auch dem gewünschten gentechnisch veränderten Gen. Die verwundeten Pflanzenzellen am Scheibchenrand setzen Substanzen frei, die die Bakterien anziehen, und diese injizieren ihre DNA in die Pflanzenzellen. Nur diejenigen Pflanzenzellen, die die entsprechende DNA aufnehmen und das Selektionsmarkergen exprimieren, überleben und proliferieren zu einem Kallus. Wachstumsfaktoren, mit denen der Kallus versorgt wird, veranlassen diesen, Sprosse zu bilden, die anschließend wurzeln und zu einer ausgewachsenen Pflanze heranwachsen, die das veränderte Gen trägt.

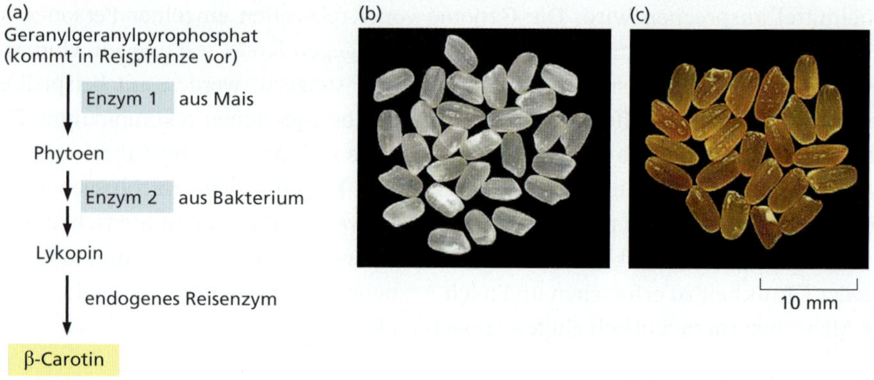

Abb. 8.72 Die DNA-Technologie ermöglicht die Erzeugung von Reis mit einem hohen β-Carotin-Gehalt. Um den Vitamin-*A*-Mangel in den Ländern des globalen Südens zu verringern, wurde eine neue Reissorte, der sog. goldene Reis, entwickelt; bei diesem enthält der essbare Teil des Korns (Endosperm genannt) große Mengen von β-Carotin, das im menschlichen Darm in Vitamin *A* umgewandelt wird. (a) Reispflanzen können wie die meisten anderen Pflanzen in ihren Blättern aus einer großen Menge einer Vorstufe (Geranylgeranylpyrophosphat), die in allen Pflanzengeweben vorkommt, β-Carotin synthetisieren. Die Gene, die für zwei der Enzyme codieren, die früh in Biosyntheseweg arbeiten, werden jedoch im Endosperm abgeschaltet; dies verhindert, dass in Reiskörnern β-Carotin gebildet wird. Um goldenen Reis herzustellen, nimmt man die Gene für diese beiden Enzyme aus Organismen, die große Mengen an β-Carotin bilden: eines vom Mais und eines aus einem Bakterium. Mithilfe der DNA-Technologie werden diese Gene mit einem Promotor verbunden, der die Genexpression im Reisendosperm antreibt. Mithilfe der in Abb. 8.71 skizzierten Methode wird dann diese maßgeschneiderte DNA verwendet, um transgene Reispflanzen zu erzeugen, welche diese Enzyme im Endosperm exprimieren. Somit erhält man Reiskörner, die hohe β-Carotin-Spiegel enthalten. Im Vergleich mit den geschälten Körnern des Wildtypreises (b) sind die Körner des transgenen Reises wegen der Anwesenheit von β-Carotin tief *gelb/orange* gefärbt. (c). (b und c aus J. A. Paine *et al.*, *Nat. Biotech.* 23: 482–487, 2005. Mit Erlaubnis von Springer Nature).

Die Fähigkeit, transgene Pflanzen zu erzeugen, hat den Fortschritt in vielen Bereichen der Pflanzenzellbiologie enorm beschleunigt. Sie hat beispielsweise eine wichtige Rolle bei der Isolierung von Rezeptoren für Wachstumsregulatoren und bei der Analyse der Mechanismen der Morphogenese und der Genexpression in Pflanzen gespielt. Diese Techniken haben auch viele Möglichkeiten in der Landwirtschaft eröffnet, die sowohl dem Landwirt als auch dem Verbraucher nutzen können. Sie haben es z. B. ermöglicht, das Verhältnis von Fetten, Stärke und Proteinen in Samen zu verändern, Pflanzen schädlings- und virusresistent zu machen und veränderte Pflanzen zu schaffen, die extreme Habitate wie Salzsümpfe oder wassergestresste Böden tolerieren. Eine Reisvariation wurde genetisch geschaffen, um *β*-Carotin, die Vorstufe von Vitamin *A*, zu bilden (**Abb. 8.72**). Wenn er den konventionellen Reis ersetzte, dann könnte dieser „goldene Reis" – so bezeichnet wegen seiner gelblichen Farbe – dazu beitragen, den schweren Vitamin-*A*-Mangel zu beheben, der jedes Jahr bei Hunderttausenden von Kindern in den Entwicklungsländern Blindheit verursacht.

Zusammenfassung

Genetik und Gentechnik stellen zwei wichtige Hilfsmittel für das Verständnis der Funktion einzelner Gene in Zellen und in Organismen zur Verfügung. Im klassischen genetischen Ansatz werden die Zufallsmutagenese und das Screening nach Mutanten, bei denen ein bestimmter biologischer Ablauf gestört ist, gekoppelt. Diese Mutanten werden dann verwendet, um die für den Ablauf verantwortlichen Gene zu lokalisieren und zu untersuchen.

Die Genfunktion lässt sich auch mit den Techniken der Reversen Genetik ermitteln. Mit DNA-technologischen Methoden lassen sich Gene verändern und mutierte Gene wieder in die Chromosomen der Zelle integrieren, sodass sie dauerhaft Teil des Genoms werden. Verwendet man für diese Genübertragung eine befruchtete Eizelle (bei einem Tier) oder eine totipotente Pflanzenzelle in Kultur, lässt sich ein transgener Organismus herstellen, der das mutierte Gen exprimiert und an seine Nachkommen weitergibt. Für die Zell- und Molekularbiologie ist es besonders wichtig, Zellen und Organismen in hoch spezifischer Weise verändern zu können, damit man die Auswirkungen der künstlich eingeführten Veränderung in einem einzelnen Protein oder RNA-Molekül auch an der Zelle oder dem Organismus wahrnehmen kann. Genome können beispielsweise so verändert werden, dass die Expression jedes beliebigen Gens vom Experimentator an- oder abgeschaltet werden kann.

Viele dieser Methoden werden weiter ausgearbeitet, um die Genfunktion im Rahmen des Gesamtgenoms zu untersuchen. Die Herstellung von Mutantenbibliotheken, in denen jedes Gen eines Organismus entweder systematisch entfernt, unterbrochen oder vom

Experimentator kontrollierbar gemacht wurde, stellt ein Werkzeug von unschätzbarem Wert dar, wenn man die Funktion jedes Gens in dem komplizierten molekularen Gesamtzusammenhang erforschen will, der das Leben ausmacht. Technologien wie RNA-seq können die Expression von Tausenden von Genen gleichzeitig verfolgen; sie stellen so detaillierte, umfassende Schnappschüsse der dynamischen Muster der Genexpression her, die den komplexen zellulären Prozessen zugrunde liegen.

8.6 Mathematische Analyse der Zellfunktion

Quantitative Experimente in Verbindung mit mathematischer Theorie markieren den Beginn der modernen Naturwissenschaften. Galileo, Kepler, Newton und ihre Zeitgenossen haben mehr getan als einige mechanische Regeln aufzustellen und eine Erklärung für die Bewegung der Planeten um die Sonne anzubieten: Sie zeigten, wie eine quantitative mathematische Herangehensweise eine Tiefe und Genauigkeit des Verständnisses verschaffen kann – zumindest für physikalische Systeme – von deren Möglichkeit man niemals zuvor auch nur träumen konnte.

Was genau verleiht der Mathematik diese beinahe magische Kraft, die natürliche Welt zu erklären, und warum hat die Mathematik in der Physik eine so viel wichtigere Rolle gespielt als in der Biologie? Was müssen Biologen über Mathematik wissen?

Die Mathematik kann als Werkzeug betrachtet werden, logische Schlüsse aus Thesen zu ziehen. Sie unterscheidet sich von der gewöhnlichen intuitiven Argumentation darin, dass sie auf einer scharfen, exakten Logik und einer präzisen Behandlung der quantitativen Information besteht. Wenn die ursprünglichen Annahmen stimmen, dann sind die aus ihnen durch Mathematik gezogenen Schlussfolgerungen wahr. Diese überraschende Leistung der Mathematik gründet in der Länge der Argumentationsketten, die durch scharfe logische und mathematische Argumente ermöglicht wird, und aus den manchmal unerwarteten Schlussfolgerungen, die sich daraus ergeben und die oft Verbindungen enthüllen, die man andernfalls nicht erkannt hätte. Wenn man das Argument umkehrt, liefert die Mathematik einen Weg, um experimentelle Hypothesen zu testen: Wenn die mathematische Argumentation einer bestimmten Hypothese zu einer Vorhersage führt, die nicht stimmt, dann stimmt die Hypothese nicht.

Natürlich hat die Mathematik nicht viel Nutzen, solange wir unsere Vorstellungen – unsere anfänglichen Hypothesen – über das vorhandene System nicht in eine präzise quantitative Form bringen können. Ein mathematisches Gebäude, das auf einer wackeligen Annahme oder – noch schlechter – auf einer ganzen Reihe vager und überkomplizierter Annahmen aufgebaut ist, wird uns wahrscheinlich auf Abwege führen. Damit die Mathematik nützlich ist, müssen wir unsere Analyse auf einfache Untersysteme konzentrieren, innerhalb derer wir wichtige quantitative Parameter herauspicken und gut definierte Hypothesen aufstellen können. Dieser Ansatz wurde in der Physik über Jahrhunderte mit großem Erfolg angewandt, aber in der Biologie war er weniger üblich. Aber die Zeiten ändern sich, und für Biologen wird es immer mehr möglich, die Leistung der quantitativen mathematischen Analyse auszuschöpfen.

In diesem letzten Abschnitt unseres Methoden-Kapitels versuchen wir nicht, den Lesern jeden Weg beizubringen, auf dem Mathematik für biologische Probleme nutzbringend eingesetzt werden kann. Stattdessen versuchen wir, eine Vorstellung davon zu geben, was Mathematik und quantitative Ansätze für uns in der modernen Biologie erreichen können. Wir richten unser Augenmerk hauptsächlich auf die wichtigen Prinzipien, die uns die Mathematik über die Dynamik der molekularen Wechselwirkungen

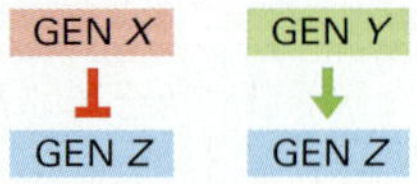

Abb. 8.73 Diagramme, die biochemische Beziehungen zusammenfassen. Hier zeigt eine einfache Zeichnung, dass Gen *X* Gen *Z* hemmt (*links*), wohingegen Gen *Y* Gen *Z* aktiviert (*rechts*).

lehrt, und darauf, wie die Mathematik überraschende und nützliche Eigenschaften komplexer Systeme offenlegen kann, die eine Rückkopplung beinhalten. Wir werden diese Grundsätze veranschaulichen, indem wie die Regulation der Genexpression durch Transkriptionsregulatoren, wie die in Kapitel 7 besprochenen, verwenden. Die gleichen Grundsätze gelten für die posttranskriptionellen Regulationssysteme, die die Zellsignalgebung (Kapitel 15), die Zellzykluskontrolle (Kapitel 17) und im Wesentlichen alle Zellvorgänge lenken.

8.6.1 Regulationsnetzwerke hängen von molekularen Wechselwirkungen ab

Zellfunktion und -regulation hängen von den vorübergehenden Wechselwirkungen zwischen Tausenden verschiedener Makromoleküle in der Zelle ab. Wir fassen diese Wechselwirkungen in diesem Buch oft mit schematischen Zeichnungen zusammen. Diese Diagramme sind hilfreich, aber ein vollständiges Bild erfordert eine tiefere, eher *quantitative* Ebene des Verstehens. Um die biologische Wirkung jeder Wechselwirkung in der Zelle sinnvoll zu bewerten, müssen wir in exakten Begriffen wissen, wie die Moleküle wechselwirken, wie sie Reaktionen katalysieren und, am allerwichtigsten, wie sich das Verhalten der Moleküle im Zeitverlauf ändert. Wenn z. B. eine Zeichnung zeigt, dass Protein *A* Protein *B* aktiviert, können wir die Wichtigkeit dieser Beziehung nicht beurteilen, ohne quantitative Einzelheiten über die Konzentrationen, Affinitäten und das kinetische Verhalten der Proteine *A* und *B* zu kennen.

Beginnen wir damit, dass wir zwei verschiedene Arten der Regulationswechselwirkung in unseren Zeichnungen definieren: eine, die eine Hemmung bezeichnet, und die andere, die eine Aktivierung bezeichnet. Wenn das Proteinprodukt von Gen *X* ein Transkriptionsrepressor ist, der die Expression von Gen *Z* hemmt, dann stellen wir die Beziehung als eine *rote Linie mit Balkenende* dar, die zwischen die Gene *X* und *Z* gezeichnet ist (**Abb. 8.73**). Wenn das Proteinprodukt von Gen *Y* ein Transkriptionsaktivator ist, der die Expression von Gen *Z* auslöst, dann wird ein *grüner Pfeil* zwischen die Gene *Y* und *Z* gezeichnet.

Die Regulation der Expression eines Gens durch ein anderes ist weit komplizierter als ein einzelner Pfeil, der sie verbindet, und ein vollständiges Verständnis dieser Regulation erfordert, dass wir die zugrunde liegenden biochemischen Prozesse entwirren müssen. **Abb. 8.74a** skizziert einige der biochemischen Schritte bei der Aktivierung der Genexpression durch einen Transkriptionsaktivator. Ein Gen, das für den Aktivator codiert, als Gen *A* bezeichnet, wird sein Produkt, Protein *A*, über ein RNA-Zwischenprodukt bilden. Dieses Protein *A* wird dann an $p_{X,}$ den Regulationspromotor von Gen *X*, binden, um den Komplex A:p_X zu bilden. Sobald sich der A:p_X-Komplex bildet, stimuliert er die Produktion von einem RNA-Transkript, das nachfolgend zu Protein *X* translatiert wird.

Wir wollen uns hier auf die Bindungswechselwirkung konzentrieren, die im Zentrum dieses Regulationssystems steht: die Wechselwirkung zwischen Protein *A* und dem Promotor $p_{X.}$ Diese Wechselwirkung ist reversibel: Jedes Molekül von Protein *A*, das an p_X gebunden ist, kann auch von ihm wieder abfallen. Die Schritte, die durch den grünen Aktivierungspfeil in **Abb. 8.74a** dargestellt sind, schließen sowohl die Bindung von A an p_X als auch die Auflösung des Komplexes A:p_X ein, um A und p_X erneut zu bilden, wie durch die Darstellung in **Abb. 8.74b** veranschaulicht. Diese Darstellungsart der Reaktion ist informativer als die Diagramme in unseren Abbildungen, hat aber ihre eigenen Grenzen. Angenommen, die Konzentration von A ([A]) steigt als Reaktion auf einen Umwelteintrag um das Zehnfache an. Wenn [A] ansteigt, dann wissen wir intuitiv, dass auch A:p_X ansteigen sollte, aber wir können die Menge des Anstiegs nicht ohne zusätzliche Information bestimmen. Wir müssen die Affinität der Bindungswechselwirkung und die Konzentrationen der beiden Bindungspartner kennen. Mit dieser Information in der Hand, können wir die Antwort exakt ableiten.

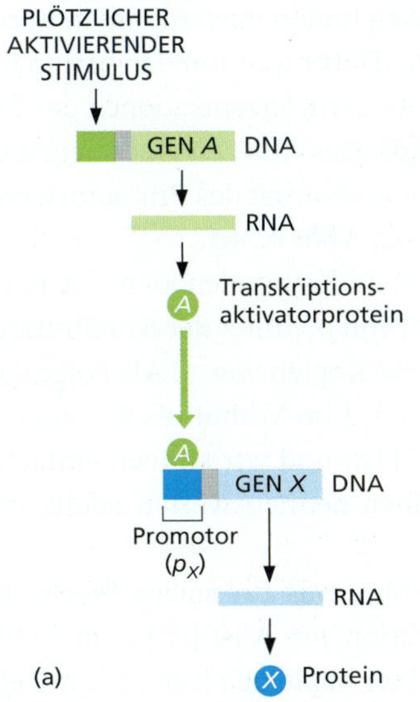

(a)

$$A + p_X \underset{k_{ab}}{\overset{k_{an}}{\rightleftharpoons}} A{:}p_X$$

Komplexbildungsrate $= k_{an}[A][p_X]$

Komplexzerfallsrate $= k_{ab}[A{:}p_X]$

(b)

im Fließgleichgewicht:

$$k_{an}[A][p_X] = k_{ab}[A{:}p_X]$$

$$[A{:}p_X] = \frac{k_{an}}{k_{ab}}[A][p_X] = K[A][p_X] \qquad \textbf{Gleichung 8–1}$$

(c)

$$[p_X^T] = [p_X] + [A{:}p_X]$$

Einsetzen von $[p_X]$ aus obiger Gleichung in Gleichung 8–1 ergibt:

$$[A{:}p_X] = K[A]([p_X^T] - [A{:}p_X])$$

$$[A{:}p_X](1 + K[A]) = K[A][p_X^T]$$

$$[A{:}p_X] = \frac{K[A]}{1 + K[A]}[p_X^T] \qquad \textbf{Gleichung 8–2}$$

(d)

$$\textit{gebundene Fraktion} = \frac{[A{:}p_X]}{[p_X^T]} = \frac{K[A]}{1 + K[A]} \qquad \textbf{Gleichung 8–3}$$

(e)

Abb. 8.74 Eine einfache Transkriptionswechselwirkung. (a) Die Gene *A* und *X* bilden jeweils ein Protein, wobei das Produkt von *A* als Transkriptionsaktivator dient, um die Expression von Gen *X* zu stimulieren. Wie durch den *grünen Pfeil* angedeutet, hängt die Stimulierung zum Teil von der Bindung von Protein *A* an die Promotorregion von Gen *X*, mit p_X bezeichnet, ab. (b) Die Bindung von Protein *A* an den Genpromotor wird bestimmt durch die Konzentrationen der beiden Bindungspartner ([A] und $[p_X]$ genannt, in Einheiten von mol L^{-1} oder M), die Konstante der Assoziatonsrate k_{an} (in Einheiten von s^{-1} M^{-1}) und die Konstante der Dissoziationsrate k_{ab} (in Einheiten von s^{-1}). (c) Im Fließgleichgewicht (engl. *steady state*) sind die Assoziations- und die Dissoziationsrate gleich, und die Konzentration des gebundenen Komplexes wird durch Gl. 8.1 bestimmt, in der die beiden Konstanten zur Gleichgewichtskonstante *K* kombiniert sind. (d) Gleichung 8.2 kann hergeleitet werden, um die Konzentration des gebundenen Komplexes im Fließgleichgewicht bei einer bekannten Gesamtkonzentration des Promotors $[p_X^T]$ zu berechnen. (e) Umformung der Gl. 8.2 führt zu Gl. 8.3, die die Berechnung des Anteils des Promotors p_X erlaubt, der von Protein *A* besetzt ist.

Wie schon früher und in Kapitel 3 (s. **Abb. 3.42**) besprochen, wissen wir, dass die Bildung eines Komplexes zwischen zwei Bindungspartnern wie A und p_X von der Geschwindigkeitskonstante k_{an} abhängt, die beschreibt, wie viele produktive Zusammenstöße pro Zeiteinheit pro Protein bei einer bestimmten Konzentration von p_X stattfinden. Die Geschwindigkeit der Komplexbildung ist gleich dem Produkt dieser Geschwindigkeitskonstante k_{an} und den Konzentrationen von A und p_X (s. **Abb. 8.74b**). Die Dissoziation des Komplexes erfolgt mit der Geschwindigkeit k_{ab} multipliziert mit der Konzentration des Komplexes. Die Geschwindigkeitskonstante k_{ab} kann sich für verschiedene DNA-Sequenzen um Größenordnungen unterscheiden, weil sie von der Stärke der nichtkovalenten Bindungen abhängt, die zwischen A und p_X ausgebildet sind.

Wir sind in erster Linie daran interessiert, die Menge des gebundenen Promotorkomplexes im Gleichgewicht oder *Fließgleichgewicht* zu verstehen, in dem die Geschwindigkeit der Komplexbildung gleich der Geschwindigkeit des Komplexzerfalls ist. Unter diesen Bedingungen ist die Konzentration des Promotorkomplexes durch eine einfache Gleichung beschrieben, die die beiden Geschwindigkeitskonstanten zu einer einzigen Gleichgewichtskonstante $K = k_{an}/k_{ab}$ zusammenfasst (Gl. 8.1; **Abb. 8.74c**). *K* wird manchmal als Assoziationskonstante, K_a, bezeichnet. Je größer diese Konstante *K* ist, desto stärker ist die Wechselwirkung zwischen A und p_X (s. **Abb. 3.44**). Der Kehrwert von *K* ist die Dissoziationskonstante K_d.

Um die Konzentration des Promotorkomplexes im Fließgleichgewicht mithilfe von Gl. 8.1 zu berechnen, müssen wir einer anderen Schwierigkeit Rechnung tragen: Sowohl A als auch p_X kommen in zwei Formen vor – frei in Lösung und aneinander gebunden. In den meisten Fällen kennen wir die Gesamtkonzentration von p_X, aber nicht die freien oder gebundenen Konzentrationen, sodass wir einen Weg finden müssen, um in unseren Berechnungen die Gesamtkonzentration zu verwenden. Dafür bestimmen wir zunächst, dass die Gesamtkonzentration von p_X ($[p_X^T]$) die Summe der Konzentrationen der freien ($[p_X]$) und gebundenen ($[A{:}p_X]$) Formen ist (**Abb. 8.74d**). Das führt zu einer neuen Gleichung, die es uns ermöglicht, mithilfe von $[p_X^T]$ die Konzentration des Promotorkomplexes im Fließgleichgewicht ($[A{:}p_X]$) zu berechnen (Gl. 8.2; **Abb. 8.74d**).

Auch Protein *A* kommt in zwei Formen vor: frei ([A]) und gebunden an p_X ($[A{:}p_X]$). In einer Zelle gibt es typischerweise eine oder zwei Kopien von p_X (unter der Annahme, dass es nur ein Gen *X* pro haploides Genom gibt) und mehrere Kopien von *A*. Als Folge davon können wir sicher annehmen, dass aus Sicht von A $[A{:}p_X]$ im Verhältnis zur gesamten $[A^T]$ vernachlässigbar ist. Dies bedeutet, dass $[A] \approx [A^T]$ ist, und wir können einfach die Werte der gesamten $[A^T]$ in Gl. 8.2 einsetzen, ohne einen nennenswerten Fehler in die Gleichung von $[A{:}p_X]$ einzuführen.

Wir gehen von der Annahme aus, es sei $K = 10^8\ M^{-1}$, was für solche Wechselwirkungen ein typischer Wert ist. Die Ausgangskonzentration von A ist $[A^T] = 10^{-9}$ M und ($[p_X^T]$) = 10^{-10} M (unter der Annahme, dass es z. B. in einer haploiden Hefezelle mit einen Volumen von etwa 2×10^{-14} L nur eine Kopie von Gen *X* gibt). Mithilfe von Gl. 8.2 finden wir, dass ein Konzentrationsanstieg von A um das Zehnfache einen Anstieg des Promotorkomplexes $[A{:}p_X]$ auf das 5,5-fache verursacht, von $0{,}09 \times 10^{-10}$ M auf $0{,}5 \times 10^{-10}$ M im Fließgleichgewicht. Die Auswirkungen einer zehnfachen Konzentrationszunahme von A variieren erheblich, je nach seiner Ausgangskonzentration im Verhältnis zur Gleichgewichtskonstanten. Nur durch diese mathematische Herangehensweise können wir ein vollständiges Verständnis davon bekommen, wie diese Auswirkungen sein werden und welchen Einfluss sie auf die biologische Reaktion haben werden.

Um die biologische Auswirkung einer Änderung der Transkriptionsaktivator-Konzentration zu beurteilen, ist es in vielen Fällen auch wichtig, den Anteil des Zielgen-Promotors zu bestimmen, der vom Aktivator gebunden ist, da diese Zahl zur Promotoraktivität des Gens direkt proportional ist. In unserem Fall können wir den Anteil des Gen-*X*-Promotors, p_X, berechnen, der Protein *A* an sich gebunden hat, indem wir Gl. 8.2 umformen (Gl. 8.3, **Abb. 8.74e**). Dieser Anteil kann als die Wahrscheinlichkeit betrachtet werden, mit der Promotor p_X besetzt ist, gemittelt über die Zeit. Er ist ebenfalls gleich der durchschnittlichen Besetzung innerhalb einer Zellpopulation zu jeder beliebigen Zeit. Wenn kein Protein *A* vorhanden ist, ist p_X immer frei, der gebundene Anteil gleich null, und die Transkription ist aus. Wenn $[A] = 1/K$ ist, hat der Promotor p_X eine 50 % ige Chance, besetzt zu sein. Wenn [A] aber $1/K$ stark übersteigt, dann ist der gebundene Anteil nahezu gleich eins, was bedeutet, dass p_X voll besetzt und die Transkription maximal ist.

8.6.2 Differenzialgleichungen helfen uns, ein vorübergehendes Verhalten vorherzusagen

Die wichtigsten und grundlegendsten Einsichten, für die wir als Biologen von der Mathematik abhängen, betreffen das Verhalten der Regulationssysteme im Zeitverlauf. Dies ist das zentrale Thema der Dynamik, und gerade für Problemlösungen in der Dynamik wurden die Methoden zur Differenzialrechnung von Newton und Leibniz im siebzehnten Jahrhundert entwickelt. Kurz gesagt stellt sich das Problem allgemein wie folgt dar: Wenn uns die Änderungsrate einer Serie von Variablen, die das System augenblicklich charakterisieren, gegeben ist, wie können wir seinen zukünftigen Zustand berechnen? Das Problem wird besonders interessant, und die Vorhersagen werden oft bemerkenswert, wenn die Änderungsraten ihrerseits von den Werten der Zustandsvariablen abhängen, wie in Systemen mit Rückkopplung.

Wie wollen zu Gl. 8.2 zurückkehren (**Abb. 8.74d**), die uns sagt, dass, wenn [A] sich ändert, sich auch $[\text{A}:p_X]$ im Fließgleichgewicht zu einer neuen Konzentration ändern wird, die wir mit Exaktheit berechnen können. $[\text{A}:p_X]$ ändert sich jedoch nicht sofort zu diesem Wert. Wenn wir darauf hoffen, das Verhalten dieses Systems in allen Einzelheiten zu verstehen, müssen wir auch fragen, wie lange es dauert, bis $[\text{A}:p_X]$ seinen neuen Fließgleichgewichtswert innerhalb der Zelle erreicht. Gleichung 8.2 kann diese Frage nicht beantworten. Wir benötigen die Differenzialrechnung.

Die üblichste Strategie zur Lösung dieses Problems ist die Verwendung der gewöhnlichen Differenzialgleichungen. Die Gleichungen, die biochemische Reaktionen beschreiben, haben eine einfache Voraussetzung: Die Geschwindigkeit der Konzentrationsänderung irgendeiner Molekülart X (d. h. $d\,[X]/dt$) ist durch das Gleichgewicht der Geschwindigkeit ihres Erscheinens und ihres Verschwindens gegeben. In unserem Beispiel ist die Geschwindigkeit der Konzentrationsänderung des gebundenen Promotorkomplexes, $[\text{A}:p_X]$, durch die Geschwindigkeit des Komplexaufbaus und -abbaus bestimmt. Wir können diese Geschwindigkeiten in die in **Abb. 8.75a** gezeigte Differenzialgleichung einsetzen (Gl. 8.4). Wenn sich [A] ändert, kann Gl. 8.4 gelöst werden, um die Konzentration von $[\text{A}:p_X]$ als eine Funktion der Zeit zu erhalten. Man beachte, dass, wenn $k_{\text{an}}\,[\text{A}][p_X] = k_{\text{ab}}\,[\text{A}:p_X]$, dann ist $d\,[\text{A}:p_X]/dt = 0$ und $[\text{A}:p_X]$ ändert sich nicht mehr. An diesem Punkt hat das System das Fließgleichgewicht erreicht.

Die Berechnung aller $[\text{A}:p_X]$-Werte als eine Funktion der Zeit unter Zuhilfenahme von Gl. 8.4 erlaubt es uns, die Geschwindigkeit zu bestimmen, mit der $[\text{A}:p_X]$ seinen Fließgleichgewichtswert erreicht. Weil dieser Wert asymptotisch erreicht wird, ist es oft nützlicher, die Zeiten zu vergleichen, die nötig sind, um 50, 90 oder 99 Prozent dieses neuen Fließgleichgewichts zu erreichen. Der einfachste Weg, diese Werte zu bestimmen, ist, Gl. 8.4 mithilfe der Methode der numerischen Integration zu lösen; diese Methode bezieht die Werte für alle Parameter (k_{an}, k_{ab} usw.) ein, und dann verwendet man einen Computer, um die Werte von $[\text{A}:p_X]$ im Zeitverlauf zu bestimmen, ausgehend von bestimmten Anfangskonzentrationen von [A] und $[p_X]$. Für $k_{\text{an}} = 0{,}5 \times 10^{7}\ {}^{-1}\text{s M}^{-1}$, $k_{\text{ab}} = 0{,}5 \times 10^{-1}\ \text{s}^{-1}$ ($K = 10^{8}\ \text{M}^{-1}$ wie oben) und $([p_X^{\text{T}}]) = 10^{-10}$ M benötigt $[\text{A}:p_X]$ 5, 20 und 40 Sekunden, um 50, 90 und 99 Prozent des neuen Fließgleichgewichtswerts zu erreichen, der auf eine plötzliche zehnfache Änderung von [A] folgt (**Abb. 8.75b**). Somit

$$\frac{d[A:p_X]}{dt} = \textit{Komplexbildungsrate} - \textit{Komplexzerfallsrate}$$

$$\frac{d[A:p_X]}{dt} = k_{\text{an}}[A][p_X] - k_{\text{ab}}[A:p_X] \qquad \textbf{Gleichung 8–4}$$

(a)

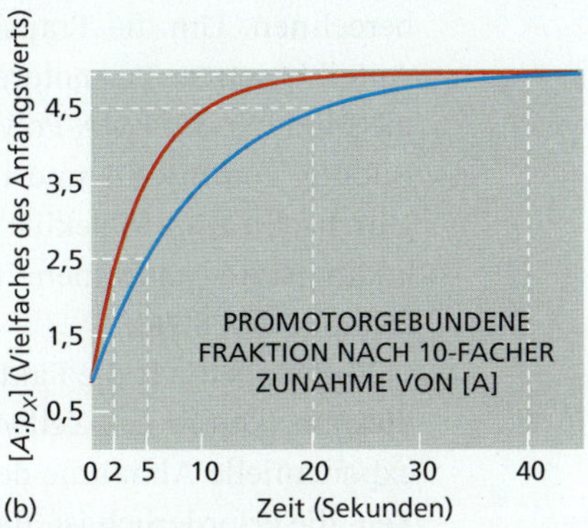

(b)

Abb. 8.75 Die Verwendung von Differenzialgleichungen zur Untersuchung der Dynamik und des Fließgleichgewichtsverhaltens eines biologischen Systems. (a) Gleichung 8.4 ist eine gewöhnliche Differenzialgleichung zur Berechnung der Änderungsgeschwindigkeit bei der Bildung eines gebundenen Promotorkomplexes als Reaktion auf eine Änderung anderer Komponenten. (b) Bildung von $[\text{A}:p_X]$ nach einem zehnfachen Anstieg von [A], bestimmt durch Lösen von Gl. 8.4. In *blau* ist die Lösung, die $k_{\text{an}} = 0{,}5 \times 10^{7}\ \text{s}^{-1}\text{M}^{-1}$ und $k_{\text{ab}} = 0{,}5 \times 10^{-1}\ \text{s}^{-1}$ entspricht. In diesem Fall benötigt $[\text{A}:p_X]$ etwa 5, 20 und 40 Sekunden, um 50, 90 bzw. 99 Prozent des neuen Fließgleichgewichtswerts zu erreichen. Für die *rote Kurve* sind die k_{an}- und k_{ab}-Werte verdoppelt, und das System erreicht das gleiche Fließgleichgewicht viel schneller.

hat ein plötzlicher Sprung in [A] keine unmittelbaren Auswirkungen, was wir bei der Betrachtung der Zeichnung in **Abb. 8.74a** angenommen haben mögen.

Differenzialgleichungen erlauben uns deshalb, die Dynamik biochemischer Reaktionen zu verstehen. Dieses Werkzeug ist entscheidend, um ein tiefes Verständnis des Zellverhaltens zu bekommen, zum Teil weil es uns erlaubt, innerhalb von Zellen die Abhängigkeit der Dynamik von Parametern zu bestimmen, die spezifisch für die jeweiligen beteiligten Moleküle sind. Wenn wir beispielsweise die Werte von sowohl k_{an} als auch k_{ab} verdoppeln, dann zeigt Gl. 8.1 (**Abb. 8.74c**), dass der Fließgleichgewichtswert von $[A{:}p_X]$ sich nicht ändert. Die Zeit, die jedoch vergeht, bis nach einer zehnfachen Änderung von [A] 50 % des Fleißgleichgewichts erreicht ist, ändert sich in unserem Beispiel von etwa 5 Sekunden auf 2 Sekunden (s. **Abb. 8.75b**). Diese Erkenntnisse sind weder aus Schemazeichnungen noch aus Gleichgewichtsgleichungen zugänglich. Dies ist ein ungewöhnlich einfaches Beispiel; mit zunehmender Anzahl an Wechselwirkungen werden mathematische Beschreibungen wie z. B. Differenzialgleichungen immer unverzichtbarer für das Verständnis biologischer Wechselwirkungen.

8.6.3 Sowohl die Promotoraktivität als auch der Proteinabbau beeinflussen die Änderungsrate der Proteinkonzentration

Um unser Genregulationssystem weiter zu verstehen, müssen wir auch die Dynamik der Bildung von Protein *X* als Reaktion auf Veränderungen der Menge des Transkriptionsaktivatorproteins A beschreiben. Hier verwenden wir wieder eine gewöhnliche Differenzialgleichung für die Änderungsgeschwindigkeit der Konzentration von Protein *X* – bestimmt durch das Gleichgewicht der Bildungsgeschwindigkeit von Protein *X* durch Expression von Gen *X* und der Abbaugeschwindigkeit des Proteins.

Wir wollen mit der Bildungsrate von Protein *X* beginnen, die in erster Linie durch die Besetzung des Promotors von Gen *X* durch Protein *A* bestimmt wird. Die Bindung an einen und der Abfall eines Transkriptionsregulators von einem Promotor geschehen im Allgemeinen in einem viel schnelleren Zeitmaßstab als die Transkriptionsinitiation, was viele Bindungs- und Entbindungsereignisse verursacht, bevor die Transkription voranschreitet. Folglich können wir annehmen, dass die Bindungsreaktion in der Zeitskala der Transkription im Gleichgewicht ist, und wir können die Promotorbesetzung durch Protein *A* mithilfe der früher besprochenen Gleichgewichtsgleichung (Gl. 8.3, **Abb. 8.74e**) berechnen. Um die Transkriptionsrate zu bestimmen, multiplizieren wir einfach den Anteil besetzter Promotoren mit einer *Transkriptions-Geschwindigkeitskonstante*, β, die die Bindung der RNA-Polymerase und die nachfolgenden Schritte repräsentiert, die zur Bildung von mRNA und Protein führen (**Abb. 8.76a**). Wenn jedes *m*RNA-Molekül im Durchschnitt *m* Moleküle des Proteinprodukts erzeugt, dann können wir die Proteinbildungsrate bestimmen, indem wir die Transkriptionsgeschwindigkeit mit *m* multiplizieren (**Abb. 8.76a**).

Nun wollen wir die Faktoren betrachten, die den Abbau von Protein *X* und seine Verdünnung durch das Zellwachstum beeinflussen. Der Abbau hat im Allgemeinen eine exponentielle Abnahme der Proteinkonzentration zur Folge, und die durchschnittliche Zeit, die erforderlich ist, damit ein spezifisches Protein abgebaut ist, wird als seine mittlere Lebensdauer, τ, bezeichnet. In unserem derzeitigen Beispiel hängt die Abbaurate von Protein *X* von seiner mittleren Lebensdauer τ_X ab, die sowohl den aktiven Abbau als auch die Proteinverdünnung berücksichtigt, wenn die Zelle wächst. Die Abbaurate hängt von der Konzentration von Protein *X* ab und wird berechnet, indem man diese Konzentration durch die Lebensdauer teilt (**Abb. 8.76a**).

Mit den Gleichungen für die Bildungs- und Abbauraten in der Hand können wir nun eine Differenzialgleichung aufstellen, um die Änderungsrate von Protein *X* als eine

$$\textit{Transkriptionsrate} = \beta \frac{K[A]}{1 + K[A]}$$

$$\textit{Proteinbildungsrate} = \beta \cdot m \frac{K[A]}{1 + K[A]}$$

$$\textit{Proteinabbaurate} = \frac{[X]}{\tau_X}$$

(a)

$$\frac{d[X]}{dt} = \textit{Proteinbildungsrate} - \textit{Proteinabbaurate}$$

$$\frac{d[X]}{dt} = \beta \cdot m \frac{K[A]}{1 + K[A]} - \frac{[X]}{\tau_X} \qquad \textbf{Gleichung 8–5}$$

(b)

im Fließgleichgewicht:

$$[X_{st}] = \beta \cdot m \frac{K[A]}{1 + K[A]} \cdot \tau_X \qquad \textbf{Gleichung 8–6}$$

(c)

$$[X](t) = [X_{st}](1 - \exp(-t/\tau_X))$$

(d)

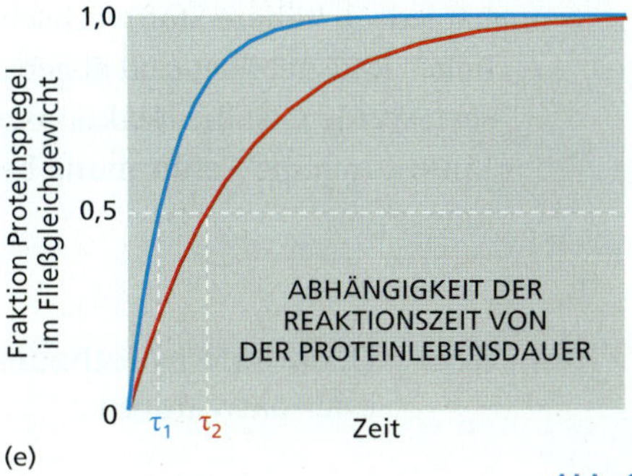

(e)

Abb. 8.76 Auswirkung der Lebensdauer eines Proteins auf den Zeitverlauf der Reaktion. (a) Gleichungen zur Berechnung der Transkriptionsrate von Gen *X*, der Produktionsrate von Protein *X* und der Abbaurate von Protein *X*, wie im Text erklärt. (b) Gleichung 8.5 ist eine gewöhnliche Differenzialgleichung zur Berechnung der Änderungsrate von Protein *X* als Reaktion auf Änderungen der anderen Komponenten. (c) Wenn die Änderungsrate von Protein *X* null ist (Fließgleichgewicht), kann seine Konzentration mit Gl. 8.6 berechnet werden, was eine direkte Beziehung zur Proteinlebensdauer (τ) offenbart. (d) Die Lösung von Gl. 8.5 spezifiziert die Konzentration von Protein *X* im Laufe der Zeit, wenn sie sich ihrer Fließgleichgewichtskonzentration nähert. (e) Die Reaktionszeit hängt von der Proteinlebensdauer ab. Wie im Text beschrieben, ist die Zeit, die benötigt wird, damit ein Protein seinen neuen Fließgleichgewichtszustand erreicht, größer, wenn das Protein stabiler ist. Hier entspricht die *blaue Linie* einem Protein mit einer Lebensdauer, die 2,5-mal kürzer ist als die Lebensdauer des Proteins in *rot*.

Funktion der Zeit zu bestimmen (Gl. 8.5, **Abb. 8.76b**). Diese Gleichung kann mithilfe der früher erwähnten numerischen Methoden gelöst werden. Gemäß der Lösung dieser Gleichung steigt die Konzentration von Protein *X*, wenn die Transkription beginnt, zu einer Fließgleichgewichtskonzentration an, bei der sich die Konzentration von *X* nicht mehr ändert; d. h. seine Änderungsrate ist null. Wenn dies auftritt, dann ergibt die Umformung von Gl. 8.5 eine Gleichung, die man dazu verwenden kann, den Fließgleichgewichtswert von *X*, $[X_{Fl}]$, zu bestimmen (Gl. 8.6, **Abb. 8.76c**). Aus der Mathematik ergibt sich ein wichtiges Konzept: Die Fließgleichgewichtskonzentration eines Genprodukts ist direkt proportional zu seiner Lebensdauer. Wenn sich die Lebensdauer verdoppelt, dann verdoppelt sich auch die Proteinkonzentration.

8.6.4 Die zum Erreichen des Fließgleichgewichtszustands erforderliche Zeit hängt von der Lebensdauer des Proteins ab

Aus Gleichung 8.6 (s. **Abb. 8.76c**) können wir ersehen, dass wenn die Konzentration von Protein *A* ansteigt, Protein *X* auf einen neuen Fließgleichgewichtswert, $[X_{Fl}]$, ansteigt. Aber dies kann nicht plötzlich geschehen. Stattdessen steigt *X* dynamisch, entsprechend der Lösung seiner Geschwindigkeits-Differenzialgleichung (Gl. 8.5). Die Lösung dieser Gleichung verrät, dass die Konzentration von *X* über die Zeit hinweg mit seiner Fließgleichgewichtskonzentration gemäß der Gleichung in **Abb. 8.76d** in Beziehung steht. Wieder einmal deckt die Mathematik ein einfaches, aber wichtiges Konzept auf, das intuitiv nicht offensichtlich ist: Im Anschluss an eine plötzliche Zunahme von [A] steigt [X] mit exponentieller Geschwindigkeit auf ein neues Fließgleichgewicht an, das reziprok zu seiner Lebensdauer ist; je schneller *X* abgebaut wird, desto weniger Zeit braucht es, bis der neue Fließgleichgewichtswert erreicht ist (**Abb. 8.76e**). Die schnellere Reaktionszeit hat jedoch höhere Stoffwechselkosten, da Proteine mit einer schnellen Reaktionszeit mit hoher Rate gebildet und abgebaut werden müssen. Bei Proteinen, die nicht rasch umgesetzt werden, ist die Reaktionszeit sehr lang und die Proteinkonzentration wird in erster Linie durch die Verdünnung bestimmt, die sich aus dem Zellwachstum und der Zellteilung ergibt.

8.6.5 Quantitative Methoden ähneln sich für Transkriptionsrepressoren und -aktivatoren

Positive Kontrolle ist nicht der einzige Mechanismus, den Zellen zur Regulierung der Expression ihrer Gene verwenden. Wie wir in Kapitel 7 besprochen haben, schalten Zelle auch aktiv Gene ab, oft indem sie Transkriptionsrepressorproteine verwenden, die an spezifische Stellen auf den Zielgenen binden und dabei den Zugang für die RNA-Polymerase blockieren. Wir können die Funktion dieser Repressoren durch die gleichen quantitativen Methoden analysieren, die oben für Transkriptionsaktivtoren beschrieben wurden. Wenn ein Repressorprotein R an die Regulationsregion von Gen *X* bindet und dessen Transkription unterdrückt, dann wird der Anteil der Genbindungsstellen, die vom Repressor besetzt sind, durch die gleiche Gleichung spezifiziert, die wir zuvor für den Transkriptionsaktivator verwendet haben (**Abb. 8.77a**). In diesem Fall jedoch kann die RNA-Polymerase nur dann an den Promotor binden und das Gen transkribieren, wenn die DNA frei ist. Somit ist die Menge, die von Interesse ist, die ungebundene Fraktion, die als die Wahrscheinlichkeit, dass die Stelle frei ist, betrachtet werden kann – gemittelt über viele Bindungs- und Dissoziationsereignisse. Wenn die Repressorkonzentration null ist, dann ist die ungebundene Fraktion 1 und der Promotor ist voll aktiv; wenn die Repressorkonzentration $1/K$ stark übersteigt, dann nähert sich die

$$\textit{gebundene Fraktion} = \frac{K[R]}{1 + K[R]}$$

$$\textit{nicht gebundene Fraktion} = 1 - \textit{gebundene Fraktion} = \frac{1}{1 + K[R]}$$

(a)

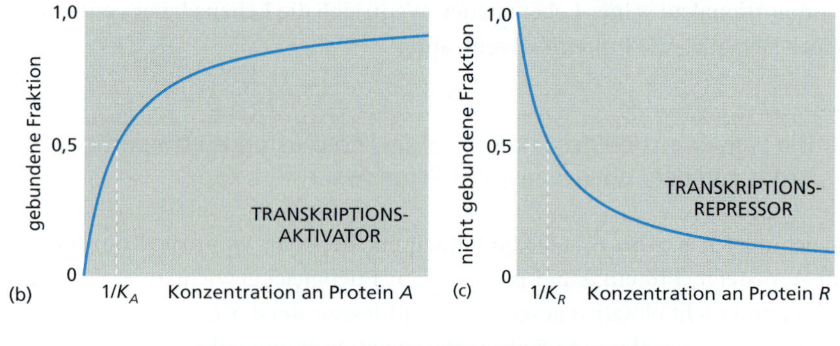

$$\textit{Produktbildungsrate} = \beta \cdot m \frac{1}{1 + K[R]}$$

$$\frac{d[X]}{dt} = \beta \cdot m \frac{1}{1 + K[R]} - \frac{[X]}{\tau_X} \qquad \textbf{Gleichung 8–7}$$

$$[X_{st}] = \beta \cdot m \frac{1}{1 + K[R]} \cdot \tau_X$$

(d)

Abb. 8.77 Wie die Besetzung des Promotors von der Bindungsaffinität eines Transkriptionsregulatorproteins abhängt. (a) Der Anteil einer Bindungsstelle, der von einem Transkriptionsrepressor *R* besetzt ist, wird mit einer Gleichung bestimmt, die ähnlich derjenigen ist, die wir für einen Transkriptionsaktivator verwendet haben (s. **Abb. 8.72e**), mit der Ausnahme, dass wir im Falle des Repressors in erster Linie am ungebundenen Anteil interessiert sind. (b) Für einen Transkriptionsaktivator *A* ist die Hälfte der Promotoren besetzt, wenn $[A] = 1/K_A$. Die Genaktivität ist zu diesem gebundenen Anteil proportional. (c) Für einen Transkriptionsrepressor *R* ist die Genaktivität proportional zum ungebundenen Anteil des Promotors. Wie gezeigt, ist dieser Anteil auf die Hälfte seines maximalen Wertes reduziert, wenn $[R] = 1/K_R$. (d) Wie im Fall des Transkriptionsaktivators *A* (s. **Abb. 8.74**), können wir Gleichungen ableiten, um die zeitliche Abstimmung der Protein-*X*-Bildung als eine Funktion der Repressorkonzentrationen zu bestimmen.

ungebundene Fraktion null. **Abb. 8.77b** und cvergleichen die Beziehungen für einen Transkriptionsaktivator und einen Transkriptionsrepressor.

Wir können eine Differenzialgleichung aufstellen, die die Änderungsrate von Protein X liefert, wenn sich die Repressorkonzentrationen ändern (Gl. 8.7, **Abb. 8.77d**). Wie im Fall des Transkriptionsaktivators steigt die Fließgleichgewichtskonzentration von Protein X, wenn seine Lebensdauer zunimmt, aber sie sinkt, wenn die Konzentration des Transkriptionsrepressors ansteigt.

8.6.6 Die negative Rückkopplung ist eine leistungsfähige Strategie bei der Zellregulation

Bis jetzt haben wir einfache Regulationssysteme mit nur wenigen Komponenten betrachtet. In den meisten komplexen Regulationssystemen, die das Zellverhalten bestimmen, sind viele Module verknüpft, um größere Schaltkreise zu bilden, die wir *Netzwerkmotive* nennen; diese können überraschend komplexe und biologisch nützliche Reaktionen bilden, deren Eigenschaften nur durch die mathematische Analyse offenkundig werden. Ein besonders übliches und wichtiges Netzwerkmotiv ist die negative Rückkopplungsschleife, die dramatisch unterschiedliche Funktionen haben kann, je nachdem, wie sie strukturiert ist.

Als erstes Beispiel nehmen wir ein Netzwerkmotiv, das aus zwei verbundenen Modulen besteht (**Abb. 8.78a**). Hier startet ein Eingangssignal die Transkription von Gen A, das das Transkriptionsaktivatorprotein A bildet. Dieses aktiviert Gen R, das das Transkriptionsrepressorprotein R synthetisiert. Protein R bindet wiederum an den Promotor von Gen A, um dessen Expression zu hemmen. Diese kreisförmige Verknüpfung erzeugt eine negative Rückkopplungsschleife, die man intuitiv als einen Mechanismus verstehen kann, der verhindert, dass sich Proteine in höheren Konzentrationen anhäufen. Aber was können wir über negative Rückkopplungsschleifen und ihren Wert in der Biologie erfahren, wenn wir die Mathematik dazu verwenden, sie zu modellieren?

Die negative Rückkopplungsschleife in **Abb. 8.78a** kann für die Repression von Gen A mithilfe von Gl. 8.7 (s. **Abb. 8.77d**) modelliert werden und für die Aktivierung von Gen R mithilfe von Gl. 8.5 (s. **Abb. 8.76b**). Somit verwenden wir für die Proteine A und R einen Satz unterschiedlicher Differenzialgleichungen (Gleichungssystem 8.8), der in **Abb. 8.78b** gezeigt ist. Die beiden Gleichungen in diesem Satz sind gekoppelt, was bedeutet, dass sie zusammen gelöst werden müssen, um das Verhalten von A und R im Zeitverlauf für jeden Eingangswert zu beschreiben. Wie zuvor, setzen wir Werte für die Parameter (β_R, τ_R usw.) ein und verwenden dann einen Computer, um die Werte von [A] und [R] als eine Funktion der Zeit zu bestimmen, wenn ein plötzlicher Stimulus (Input) Gen A aktiviert.

Die Ergebnisse legen mehrere wichtige Eigenschaften der negativen Rückkopplung offen. Erstens, und ziemlich überraschend, erhöht die negative Rückkopplung die Geschwindigkeit der Reaktion auf den aktivierenden Eintrag. Wie in **Abb. 8.78c** gezeigt, erreicht das System mit negativer Rückkopplung sein neues Fließgleichgewicht schneller als das System ohne Rückkopplung.

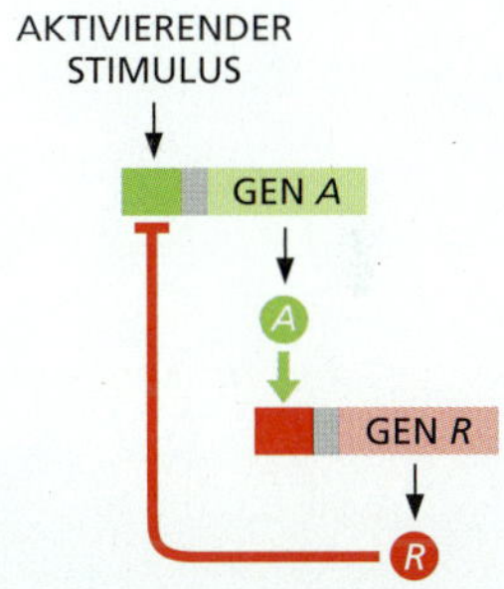

(a)

$$\frac{d[A]}{dt} = \frac{\beta_A \cdot m_A}{1 + K_R[R]} - \frac{[A]}{\tau_A}$$

$$\frac{d[R]}{dt} = \beta_R \cdot m_R \frac{K_A[A]}{1 + K_A[A]} - \frac{[R]}{\tau_R}$$

Gleichungssystem 8–8

(b)

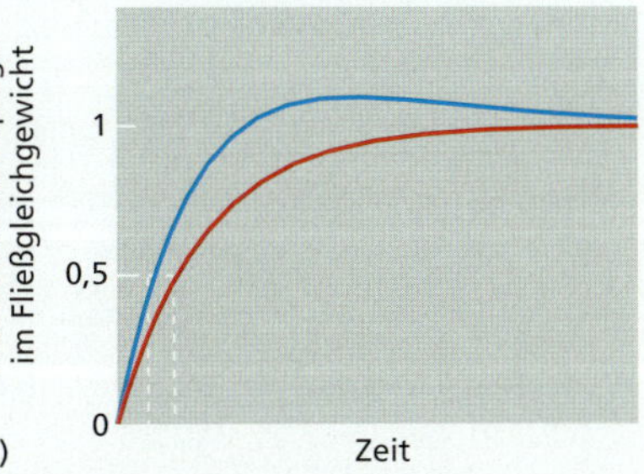

(c)

Abb. 8.78 Ein einfaches negatives Rückkopplungsmotiv. (a) Gen A reguliert seine eigene Expression negativ, indem es Gen R aktiviert. Das Produkt von Gen R ist ein Transkriptionsrepressor, der Gen A hemmt. (b) Das Gleichungssystem 8.8 kann gelöst werden, um die Dynamik der Systemkomponenten im Zeitverlauf zu bestimmen. (c) Ein System mit negativer Rückkopplung (*blau*) erreicht sein Fließgleichgewicht schneller als ein System ohne Rückkopplung (*rot*). Die Zeichnungen zeigen die Konzentrationen von Protein A, ausgedrückt als Fraktion der Fließgleichgewichtskonzentration. Die *blaue Linie* spiegelt die Lösung des Gleichungssystema 8.8 wider, die die negative Rückkopplung von Gen A durch den Repressor R einschließt. Die *rote Linie* stellt die Lösung dar, wenn die Syntheserate von A auf einen konstanten Wert gesetzt wurde, der vom Repressor R unbeeinflusst ist.

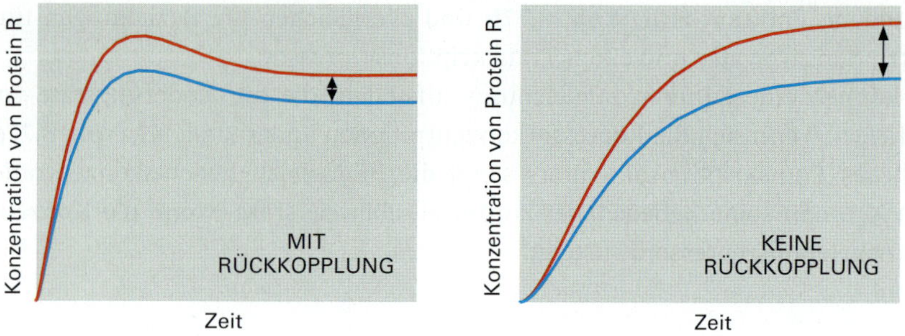

Abb. 8.79 Die Auswirkung von Schwankungen der Geschwindigkeitskonstanten auf ein System mit negativer Rückkopplung im Vergleich zu einem ohne Rückkopplung. Die Zeichnung *links* stellt die Konzentrationen des Proteins *R* nach einem plötzlichen Aktivierungsreiz dar, entsprechend dem Regulationsschema in **Abb. 8.78a** und bestimmt nach der Lösung des Gleichungssystems 8.8 (s. **Abb. 8.78b**). Durch Änderung von β_A von 4 M min^{-1} (*rote Linie*) auf 3 M min^{-1} (*blaue Linie*) wurde eine Störung ausgelöst. Die Zeichnung *rechts* zeigt die Ergebnisse, wenn die negative Rückkopplung beseitigt wurde. Das System mit negativer Rückkopplung weicht weniger von seinem normalen Ablauf ab, wenn sich β ändert, als das System ohne eine Rückkopplung. Man beachte, dass in **Abb. 8.76c** das System mit negativer Rückkopplung seinen Fließgleichgewichtszustand auch schneller erreicht.

Zweitens ist die negative Rückkopplung hilfreich, um Zellen vor Störungen zu schützen, die sich fortlaufend in der inneren Umgebung der Zelle abspielen – was entweder auf die zufälligen Variationen bei der Entstehung oder dem Untergang von Molekülen zurückzuführen ist oder auf Schwankungen von Umgebungsvariablen wie Temperatur und Nahrungsversorgung. Wir wollen uns z. B. vorstellen, dass $\beta_{A,}$ die Transkriptions-Geschwindigkeitskonstante für das Gen *A*, um 25 % seines Wertes schwankt, und fragen, ob und wie stark die Konzentrationen von Protein *R* betroffen sind. Die in **Abb. 8.79** gezeigten Ergebnisse bestätigen, dass eine Änderung von β_A eine kleinere Änderung des Fließgleichgewichtswerts von R verursacht, wenn das Netzwerk eine negative Rückkopplung hat.

8.6.7 Eine verzögerte negative Rückkopplung kann Oszillationen auslösen

Eine interessante Sache passiert, wenn eine negative Rückkopplungsschleife einige Verzögerungsmechanismen enthält, die das Signal durch die Schleife verlangsamen: Anstatt einen neuen stabilen Zustand zu erzeugen wie in einer negativen Rückkopplungsschleife, erzeugt eine verzögerte Schleife Pulse oder *Oszillationen* in den Konzentrationen der Komponenten. Dies kann man z. B. sehen, wenn die Anzahl der Komponenten in einer negativen Rückkopplungsschleife zunimmt, was zu Verzögerungen in der Zeit führt, die erforderlich ist, den Signalkreislauf zu beenden. **Abb. 8.80** vergleicht das Verhalten von zwei Netzwerkmotiven – eines mit einer dreistufigen und eines mit einer fünfstufigen negativen Rückkopplungsschleife. Verwendet man die gleichen kinetischen Parameter auf jeder Stufe in den beiden Schleifen, findet man, dass in der längeren Schleife stabile Oszillationen entstehen, während in der kürzeren Schleife die gleichen Parameter zu einer relativ schnellen Annäherung an ein stabiles Fließgleichgewicht führen.

Veränderungen der Parameter einer verzögerten negativen Rückkopplungsschleife – beispielsweise Bindungsaffinitäten, Transkriptionsraten oder Proteinstabilitäten – können die Amplitude und die Periode von Oszillationen ändern, was einen bemerkenswert flexiblen Mechanismus zur Erzeugung aller Arten von Oszillatoren liefert, die für viele Zwecke in der Zelle eingesetzt werden können. Tatsächlich verwenden viele natürlich vorkommende Oszillatoren, darunter die in Kapitel 15 beschriebenen Calciumoszillatoren und das in Kapitel 17 beschriebene Zellzyklusnetzwerk, eine verzögerte negative Rückkopplung als Grundlage für biologisch wichtige Oszillationen. Aber man vermutet, dass nicht alle in Zellen beobachteten Oszillationen eine Funktion haben. Oszillationen werden in einem hoch komplexen, aus vielen Komponenten bestehenden Biochemieweg wie z. B. bei der Glykolyse unausweichlich, einfach aufgrund der großen Anzahl der Rückkopplungsschleifen, die für diese Regulation erforderlich zu sein scheinen.

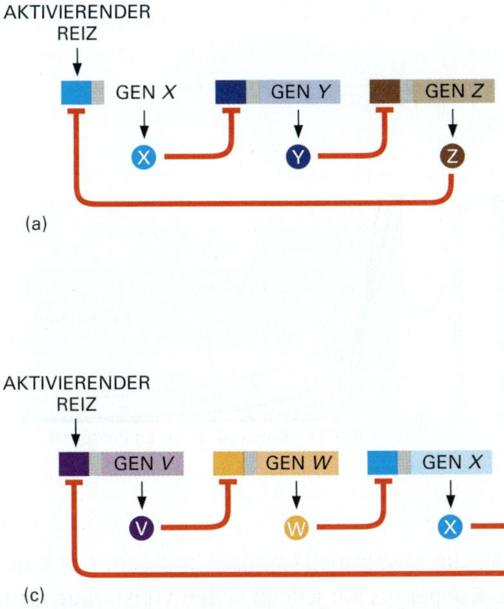

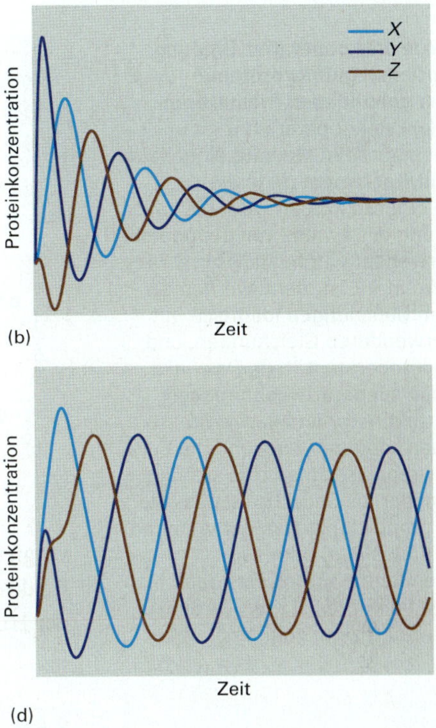

Abb. 8.80 Oszillationen, die sich aus einer verzögerten Rückkopplung ergeben. Ein Transkriptionsschaltkreis mit drei Komponenten (a, b) wird weniger wahrscheinlich oszillieren als ein Transkriptionsschaltkreis mit fünf Komponenten (c, d). *X* (*hellblau*), *Y* (*dunkelblau*) und *Z* (*braun*) repräsentieren Transkriptionsregulatorproteine. Für die Situationen in (b) und (d) wurde das System ausgehend von zufälligen Startbedingungen für *X*, *Y* und *Z* gestartet. Oszillationen werden durch eine Verzögerung erzeugt, die entsteht, während sich das Signal durch die Schleife ausbreitet.

8.6.8 Die DNA-Bindung durch einen Repressor oder einen Aktivator kann kooperativ sein

Wir haben uns bis jetzt auf die Bindung eines einzelnen Transkriptionsregulators an eine einzelne Stelle in einem Genpromotor konzentriert. Aber viele Promotoren enthalten mehrere benachbarte Bindungsstellen für den gleichen Transkriptionsregulator, und es ist nicht unüblich, dass diese Regulatoren miteinander auf der DNA wechselwirken und Dimere oder größere Oligomere bilden. Diese Wechselwirkungen können sich in einer *kooperativen* Form der DNA-Bindung so abspielen, dass die DNA-Bindungsaffinität bei höheren Konzentrationen des Transkriptionsregulators zunimmt. Die Kooperativität erzeugt eine steilere Transkriptionsreaktion auf die ansteigende Regulatorkonzentration als die Reaktion, die durch Bindung eines monomeren Proteins an eine einzelne Stelle erzeugt werden kann. Eine steile Transkriptionsreaktion dieser Art ist, wenn sie in Verbindung mit einer positiven Rückkopplung vorhanden ist, ein wichtiger Bestandteil für Produktionssysteme mit der Fähigkeit, zwischen zwei getrennten phänotypischen Zuständen zu wechseln. Um verstehen zu können, wie dies geschieht, müssen wir unsere Gleichungen verändern und die Kooperativität einbeziehen.

Kooperative Bindungsereignisse können steile S-förmige (oder *sigmoidale*) Beziehungen zwischen der Konzentration des Regulatorproteins und der auf der DNA gebundenen Menge herstellen (s. **Abb. 7.11** und **15.17**). In diesem Fall beschreibt eine Zahl, der *Hill-Koeffizient* (*h*), den Kooperativitätsgrad, und wir können diesen Koeffizienten in unsere Gleichungen zur Berechnung des gebundenen Promotoranteils einbeziehen (**Abb. 8.81a**). Wenn der Hill-Koeffizient zunimmt, dann wird die Abhängigkeit der Bindung von der Proteinkonzentration steiler (**Abb. 8.81b**). Im Prinzip ist der Hill-Koeffizient

$$\textit{gebundener Anteil} = \frac{(K_A[A])^h}{1 + (K_A[A])^h} \text{ für Aktivatoren oder } \frac{(K_R[R])^h}{1 + (K_R[R])^h} \text{ für Repressoren}$$

(a)

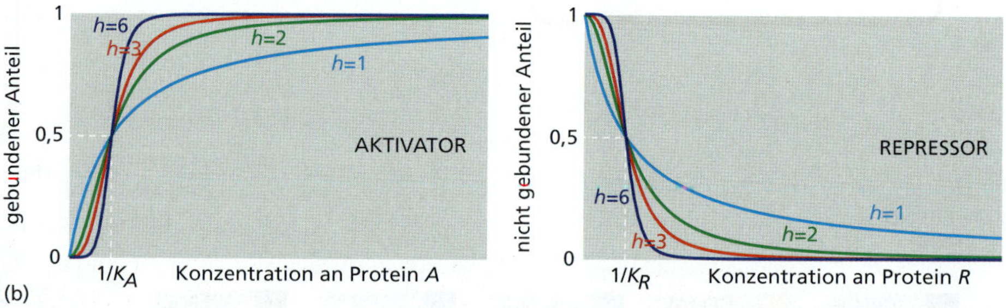

(b)

Abb. 8.81 Wie die kooperative Bindung der Transkriptionsregulatorproteine den Anteil der gebundenen Promotoren beeinflusst. (a) Die Kooperativität ist in unsere mathematischen Modelle eingebaut, indem der Hill-Koeffizient (*h*) in die Gleichungen eingeschlossen wird, die zuvor zur Bestimmung des Anteils von gebundenem Promotor verwendet wurden (s. **Abb. 8.74e** und **8.77a**). Wenn *h* 1 ist, dann werden die hier gezeigten Gleichungen identisch mit den zuvor verwendeten Gleichungen, und es gibt keine Kooperativität. (b) Das *linke Bild* zeigt einen kooperativ gebundenen Transkriptionsaktivator und das *rechte Bild* zeigt einen kooperativ gebundenen Transkriptionsrepressor. Man rufe sich aus **Abb. 8.75b** wieder ins Gedächtnis, dass die Genaktivität proportional zum gebundenen Aktivator ist (*linkes Bild*) oder zum ungebundenen Repressor (*rechtes Bild*). Man beachte, dass die Kurven steiler werden, wenn der Hill-Koeffizient zunimmt.

vergleichbar mit der Anzahl der Moleküle, die zusammenkommen müssen, um eine Reaktion zu erzeugen. In der Praxis ist die Kooperativität jedoch selten vollständig und der Hill-Koeffizient erreicht diesen Wert nicht.

8.6.9 Die positive Rückkopplung ist wichtig für schalterartige Reaktionen und die Bistabilität

Wir wenden uns nun der positiven Rückkopplung und ihren sehr wichtigen Konsequenzen zu. Zuallererst kann die positive Rückkopplung ein System *bistabil* machen, und es dadurch befähigen, in einem von zwei (oder mehr) alternativen Fließgleichgewichten zu verharren. Die Vorstellung ist einfach und kann verständlich gemacht werden, indem eine Analogie mit einer Kerze gezogen wird, die entweder brennt oder nicht angezündet ist. Der brennende Zustand wird durch positive Rückkopplung aufrechterhalten: Die beim Brennen erzeugte Wärme hält die Flamme am Leben. Der nicht angezündete Zustand wird durch die Abwesenheit dieses Rückkopplungssignals beibehalten: Solange keine ausreichende Wärme aufgewendet wird, wird die Kerze unangezündet bleiben.

Für das biologische System hat die Bistabilität wie für die Kerze eine wichtige Konsequenz: Es bedeutet, dass das System ein Gedächtnis hat, sodass sein gegenwärtiger Zustand von seiner Geschichte abhängt. Wenn wir mit dem System in einem Aus-Zustand beginnen und allmählich die Konzentration des Aktivatorproteins aufstocken, wird ein Punkt kommen, an dem die Selbststimulierung selbsterhaltend wird (die Kerze brennt), und das System bewegt sich rasch zu einem An-Zustand. Wenn wir jetzt eingreifen und die Aktivatorkonzentration senken, wird ein Punkt kommen, an dem das gleiche umgekehrt geschieht, und das System bewegt sich schnell zu einem Aus-Zustand. Aber die Übergangspunkte zum An- und Abschalten sind verschieden, und somit hängt der augenblickliche Zustand des Systems von dem Weg ab, auf dem es in der Vergangenheit war, ein Phänomen, das *Hysterese* genannt wird.

Einen einfachen Fall einer positiven Rückkopplung kann man in einem Regulationssystem sehen, in dem ein Transkriptionsregulator (direkt oder indirekt) seine eigene Expression aktiviert, wie in **Abb. 8.82a**. Eine positive Rückkopplung kann auch in einem Schaltkreis mit vielen beteiligten Repressoren und Aktivatoren entstehen, so lange wie der Gesamt-Nettoeffekt der Wechselwirkungen die Aktivierung ist (**Abb. 8.82b und c**).

Um darzustellen, wie die positive Rückkopplung stabile Zustände erzeugen kann, wollen wir uns auf eine einfache positive Rückkopplungsschleife konzentrieren, die zwei Repressoren, X und Y, enthält, von denen jeder die Expression des anderen hemmt

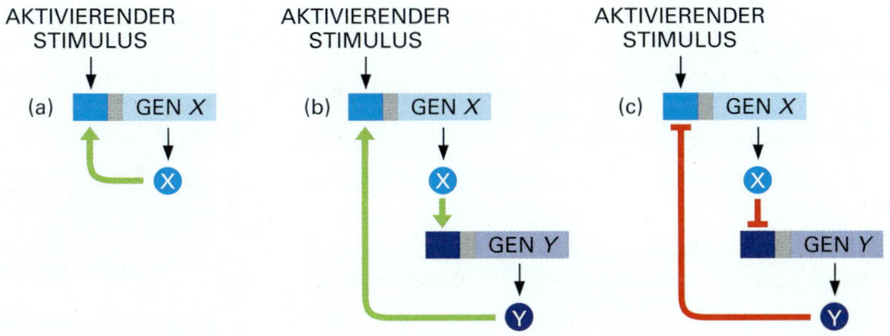

Abb. 8.82 Positive Rückkopplung eines Gens auf sich selbst durch seriell verbundene Wechselwirkungen. Eine beliebig lange Abfolge von Aktivatoren und Repressoren kann verbunden werden, um eine positive Rückkopplungsschleife zu bilden, solange das Gesamtsignal positiv ist. Weil das Negative von etwas Negativem positiv ist, erzeugen nicht nur die Schaltkreise (a) und (b), sondern auch Schaltkreis (c) eine positive Rückkopplung.

(**Abb. 8.83a**). Wie wir schon früher mit dem Gleichungssystem 8.8 (**Abb. 8.78b**) gesehen haben, können wir Differenzialgleichungen erzeugen, die die Änderungsrate von [X] und [Y] beschreiben (Gleichungssystem 8.9, **Abb. 8.83b**). Wir können die Gleichungen weiter abwandeln, um die Kooperativität durch Einfügen des Hill-Koeffizienten einzuschließen. Wie wir es früher schon getan haben, können wir Gleichungen zur Berechnung von [X] und [Y] aufstellen, wenn das System ein Fließgleichgewicht erreicht (d. h. wenn $(d[X]/dt) = 0$ und $(d[Y]/dt) = 0$; Gleichungen 8.10 und 8.11, **Abb. 8.83c**).

Die Gleichungen 8.10 und 8.11 können dazu verwendet werden, eine komplizierte mathematische Operation namens *Nullgefälle*-Analyse durchzuführen. Diese Gleichungen definieren die Beziehungen zwischen der Konzentration von X im Fließgleichgewicht, $[X_{Fl}]$, und der Konzentration von Y im Fließgleichgewicht, $[Y_{Fl}]$, die gleichzeitig erfüllt sein müssen. Wir können in Gl. 8.10 verschiedene Werte für $[Y_{Fl}]$ einsetzen und für jeden dieser Werte das entsprechende $[X_{Fl}]$ berechnen. Wir können dann $[X_{Fl}]$ als Funktion von $[Y_{Fl}]$ auftragen. Als Nächstes wiederholen wir den Vorgang, indem wir $[X_{Fl}]$ in Gl. 8.11 variieren und die sich ergebende $[Y_{Fl}]$ auftragen. Die Schnittpunkte dieser beiden Graphen bestimmen das theoretisch mögliche Fließgleichgewicht des Systems. Bei Systemen, in denen die Hill-Koeffizienten h_X und h_Y sehr viel größer als 1 sind, schneiden sich die Linien der beiden Graphen an drei Stellen (**Abb. 8.83d**). In anderen Systemen, die die gleichen Regulatoranordnungen, aber unterschiedliche Parameter haben, gibt es möglicherweise nur einen Schnittpunkt, was auf die Gegenwart von nur einem Fließgleichgewicht hinweist. Wenn es beispielsweise eine geringe Kooperativität der Protein-*X*-Bindung an den Promotor von Gen *Y* gibt (d. h. einen kleinen Hill-Koeffizienten, h_X, in Gl. 8.11), ist das Diagramm von [Y] weniger gekrümmt (**Abb. 8.83e**), und es ist weniger wahrscheinlich, dass die beiden Kurven mehrere Schnittpunkte haben.

Wir haben früher betont, dass die positive Rückkopplung typischerweise ein bistabiles System erzeugt, mit zwei stabilen Fließgleichgewichten. Warum hat das in **Abb. 8.83d** modellierte drei? Dieses Rätsel lässt sich erklären, indem man die Reaktionsgeschwindigkeitsgleichungen (Gleichungssystem 8.9, **Abb. 8.83b**) für verschiedene Startbedingungen von [X] und [Y] löst und alle Werte von [X] und [Y] in Abhängigkeit von der Zeit bestimmt. Indem man mit jedem Satz der Anfangskonzentrationen von [X] und [Y] beginnt, erzeugen diese Berechnungen eine sogenannte Punkte-*Trajektorie*, die jeweils durch eine gekrümmte grüne Linie in **Abb. 8.84a** dargestellt ist. Es entsteht ein faszinierendes Muster: Jede Trajektorie läuft durch das Diagramm und endet in einem der beiden Fließgleichgewichte, aber niemals in dem dritten (mittleres Fließgleichgewicht). Wir schließen daraus, dass das mittlere Fließgleichgewicht *instabil* ist, weil es keine Trajektorie „anziehen" kann. Somit hat das System nur zwei *stabile* Fließgleichgewichte. Daher muss die Anzahl der Fließgleichgewichtszustände in einem System nicht gleich der Anzahl seiner theoretisch möglichen Fließgleichgewichte sein. Tatsächlich werden stabile Fließgleichgewichte in der Regel durch instabile getrennt, wie in unserem Beispiel.

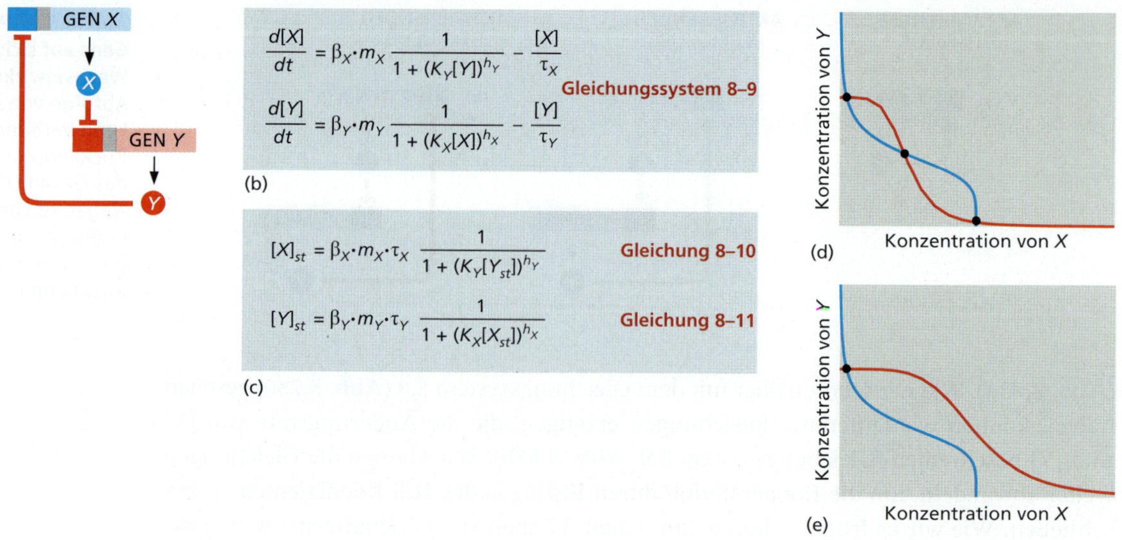

$$\frac{d[X]}{dt} = \beta_X \cdot m_X \frac{1}{1 + (K_Y[Y])^{h_Y}} - \frac{[X]}{\tau_X}$$

$$\frac{d[Y]}{dt} = \beta_Y \cdot m_Y \frac{1}{1 + (K_X[X])^{h_X}} - \frac{[Y]}{\tau_Y} \qquad \text{Gleichungssystem 8–9}$$

$$[X]_{st} = \beta_X \cdot m_X \cdot \tau_X \frac{1}{1 + (K_Y[Y_{st}])^{h_Y}} \qquad \text{Gleichung 8–10}$$

$$[Y]_{st} = \beta_Y \cdot m_Y \cdot \tau_Y \frac{1}{1 + (K_X[X_{st}])^{h_X}} \qquad \text{Gleichung 8–11}$$

Abb. 8.83 Eine grafische Nullgefälle-Analyse. (a) *X* hemmt *Y* und *Y* hemmt *X*, daraus ergibt sich eine positive Rückkopplungsschleife. (b) Gleichungssystem 8.9 kann dazu verwendet werden, die Änderungsrate der Konzentrationen der Proteine *X* und *Y* zu bestimmen. (c) Die Gleichungen 8.10 und 8.11 liefern die Konzentrationen der Proteine *X* bzw. *Y*, wenn diese Konzentrationen ein Fließgleichgewicht erreichen. (d, e) Die *blauen Kurven* (Nullgefälle genannt) sind Diagramme von $[X_{Fl}]$, die aus Gl. 8.10 über eine Bandbreite von Konzentrationen von $[Y_{Fl}]$ berechnet sind. Die *roten Kurven* sind Nullgefälle, Werte von $[Y_{Fl}]$ zeigen, die aus Gl. 8.11 über eine Bandbreite von Konzentrationen von $[X_{Fl}]$ berechnet wurden. An einem Schnittpunkt der beiden Linien ist sowohl [X] als auch [Y] im Fließgleichgewicht. Für das Diagramm (d) war die Bindung beider Proteine an ihre Zielgen-Promotoren kooperativ (h_X und h_Y viel großer als 1), was die Anwesenheit von vielen Schnittpunkten der Nullgefälle zur Folge hat – dies legt nahe, dass das System mehrere getrennte Fließgleichgewichte annehmen kann. Im Diagramm (e) war die Bindung von Protein *X* an den Promotor von Gen *Y* nicht kooperativ (h_X nahe bei 1), dies hat nur einen Nullgefälle-Schnittpunkt zur Folge und somit nur ein wahrscheinliches Fließgleichgewicht.

Sobald ein System in einem der beiden Fließgleichgewichte angekommen ist, hat es dann noch die Fähigkeit, in den anderen Zustand zu wechseln? Die numerische Lösung von Gleichungssystem 8–9 kann wieder die Antwort liefern. In **Abb. 8.84b** zeigen wir die Lösung dieses Gleichungssystems für zwei Störungen vom linken oberen Fließgleichgewicht. Bei einer kleinen Störung kehrt das System in sein ursprüngliches Fließgleichgewicht zurück. Aber die größere Störung veranlasst das System dazu, in das andere Fließgleichgewicht zu wechseln. Somit kann dieses System von einem stabilen Fließgleichgewicht in das andere umgeschaltet werden, indem es einem Stimulus (oder einer Störung) ausgesetzt wird, der (die) groß genug ist, um das andere Fließgleichgewicht

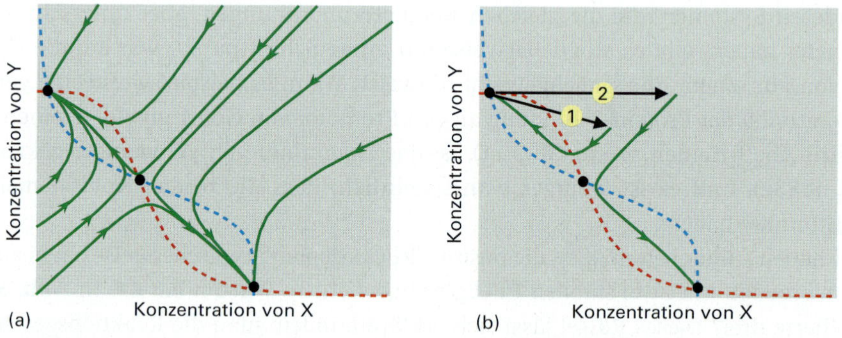

Abb. 8.84 Stabilitätsanalyse der Fließgleichgewichte eines Systems. (a) Die gestrichelten Linien sind die Nullgefälle für das in **Abb. 8.83** gezeigte System. Ebenfalls gezeigt sind dynamische Trajektorien (*grün*), die die Veränderungen von [X] und [Y] im Zeitverlauf zeigen, beginnend bei einer Vielzahl verschiedener Ausgangskonzentrationen (ermittelt durch die Lösung des Gleichungssystems 8.9; s. **Abb. 8.83b**). Indem man zu jedem Zeitpunkt [X] gegen [Y] aufträgt, findet man, dass, obwohl es in diesem System drei mögliche Fließgleichgewichte gibt, die dynamischen Trajektorien nur auf zwei davon zusammenlaufen. Das mittlere Fließgleichgewicht wird vermieden: Es ist instabil und nicht in der Lage, irgendeine Trajektorie anzuziehen. (b) Man stelle sich vor, dass das System im linken oberen Fließgleichgewicht ist und eine Störung erfährt (*schwarze Pfeile*), wie z. B. eine zufällige Schwankung der Produktionsraten von X und/oder Y. Wenn die Störung klein ist (*Pfeil 1*), wird das System in das gleiche Fließgleichgewicht zurückkehren. Wenn andererseits eine Störung das System hinter das instabile (mittlere) Fließgleichgewicht (*Pfeil 2*) treibt, verursacht dies, dass das System in das rechte untere Fließgleichgewicht wechselt. Der Bereich an Störungen, dem sich ein System widersetzen kann, ohne von einem Fließgleichgewicht in ein anderes zu wechseln, wird als der Anziehungsbereich dieses Fließgleichgewichts bezeichnet.

attraktiver zu machen. Allgemeiner gesagt, jedes stabile Fließgleichgewicht hat einen entsprechenden *Anziehungsbereich*, den man sich intuitiv als eine Spannbreite von Störungen (von [X] und [Y] in diesem Beispiel) vorstellen kann, für den die dynamischen Trajektorien zurück zu diesem bestimmten Fließgleichgewicht zusammenlaufen, anstatt in das andere Fließgleichgewicht zu wechseln.

Das Konzept des Anziehungsbereichs hat interessante Auswirkungen auf die Vererbung von Transkriptionszuständen und Übergangsraten zwischen ihnen. Wenn der Anziehungsbereich um das Fließgleichgewicht z. B. groß ist, dann werden die meisten Zellen in der Population diesen besonderen Zustand annehmen. Zudem wird dieser Zustand wahrscheinlich von den Tochterzellen ererbt, da kleine Störungen wie diejenigen, die sich aus einer asymmetrischen Molekülverteilung während der Zellteilung ergeben, selten ausreichend sind, ein Umschalten in ein anderes Fließgleichgewicht auszulösen. Wir sollten erwarten, dass die Verwendung einer positiven Rückkopplung, gekoppelt an Kooperativität, recht oft mit Systemen verknüpft ist, die ein stabiles Zellgedächtnis erfordern.

8.6.10 Robustheit ist ein wichtiges Merkmal biologischer Netzwerke

Biologische Regulationssysteme sind häufigen und manchmal extremen Variationen der äußeren Bedingungen oder der Konzentrationen oder Aktivitäten von Schlüsselkomponenten ausgesetzt. Die Fähigkeit dieser Systeme, angesichts solcher Störungen normal zu funktionieren, nennt man **Robustheit**. Wenn wir ein komplexes System in dem Ausmaß verstehen, dass wir sein Verhalten mit einem Rechenmodell reproduzieren können, dann kann die Robustheit des Systems beurteilt werden, indem wir bestimmen, wie gut seine normale Funktion nach Änderungen verschiedener Parameter wie die Geschwindigkeitskonstanten und Komponentenkonzentrationen bestehen bleibt. Wir haben beispielsweise bereits gesehen, wie die Gegenwart einer negativen Rückkopplung die Empfindlichkeit des Fließgleichgewichts gegen Veränderungen der Werte der Systemparameter verringert (s. **Abb. 8.79**). Robustheitsbetrachtungen gelten auch für dynamisches Verhalten. So haben wir z. B., als wir die negative Rückkopplung besprochen haben, beschrieben, wie das Verhalten eines Systems dazu neigt, stärker zu oszillieren, wenn die Anzahl der Komponenten, die zu den Zunahmen der Rückkopplungsschleife beitragen, zunimmt. Wenn wir verschiedene Werte der Parameter in den Modellen verwenden, die für Systeme wie das in **Abb. 8.80** abgeleitet sind, finden wir, dass das System mit der längeren Schleife dazu neigt, stabile Oszillationen innerhalb eines viel breiteren Parameterbereichs zu zeigen; dies deutet darauf hin, dass dieses System einen robusteren Oszillator liefert. Wir können ähnliche Berechnungen durchführen, um die Fähigkeit verschiedener Systeme zu bestimmen, eine robuste Bistabilität zu erreichen, die sich aus einer positiven Rückkopplung ergibt. Somit ist ein Nutzen der Rechenmodelle, dass sie uns erlauben, die Robustheit biologischer Netzwerke auf systematische und gründliche Weise zu studieren.

8.6.11 Zwei Transkriptionsregulatoren, die an den gleichen Genpromotor binden, können eine kombinatorische Kontrolle ausüben

Bis jetzt haben wir besprochen, wie ein Transkriptionsregulator das Expressionsniveau eines Gens moduliert. Die meisten Gene werden jedoch von mehr als nur einer Art von Transkriptionsregulator kontrolliert, was eine *kombinatorische Kontrolle* verschafft, die es zwei oder mehr Stimuli erlaubt, die Expression eines Gens zu beeinflussen. Wir

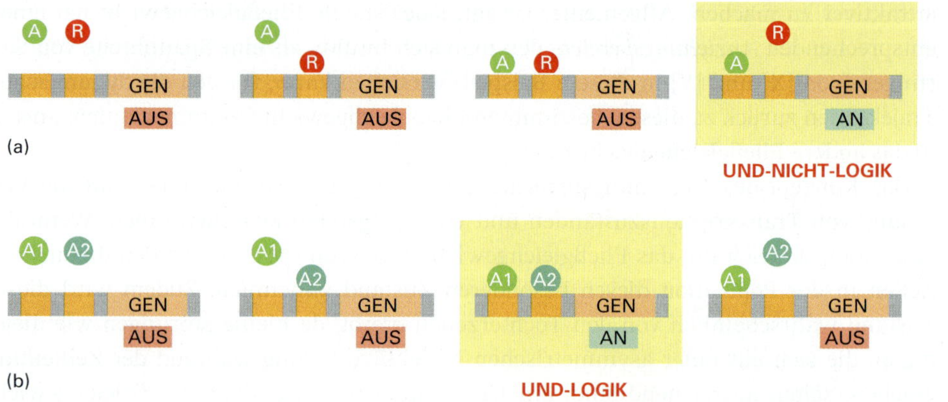

Abb. 8.85 Kombinatorische Kontrolle der Genexpression. Es gibt viele Wege, wie die Genexpression durch zwei Transkriptionsregulatoren kontrolliert werden kann. Um präzise die Beziehung zwischen den beiden Stimuli und dem Genexpressionsaustrag (Output) zu definieren, wird ein Regulationsschaltkreis oft als ein spezifischer *Logikgatter*-Typ beschrieben, ein Ausdruck, der aus dem Entwurf elektronischer Schaltkreise entliehen ist. Ein einfaches Beispiel ist das ODER-Logikgatter (hier nicht gezeigt), in dem ein Gen von zwei Transkriptionsaktivatoren kontrolliert wird und das eine oder das andere die Genexpression aktivieren kann. (a) Wird in einem System mit einem Aktivator A und einem Repressor R die Transkription nur angeschaltet, wenn A gebunden ist und R nicht, dann ist das Ergebnis ein UND-NICHT-Logikgatter. Wir haben in Kapitel 7 ein Beispiel für diese Logik gesehen (Abb. 7.18). (b) Ein UND-Gatter resultiert, wenn von zwei Transkriptionsaktivatoren, A1 und A2, beide erforderlich sind, um ein Gen anzuschalten.

können Rechenmodelle verwenden, um einige wichtige Regulationsmerkmale der kombinatorischen Kontrollsysteme zu enthüllen.

Man betrachte ein Gen, dessen Promotor Bindungsstellen für zwei Regulationsproteine, *A* und *R*, enthält, die unabhängig voneinander an ihre individuellen Stellen binden. Es gibt vier mögliche Bindungskonfigurationen (**Abb. 8.85a**). Angenommen, *A* ist ein Transkriptionsaktivator und R ein Transkriptionsrepressor und das Gen ist nur aktiv, wenn *A* gebunden und R nicht gebunden ist. Wir haben früher erfahren, dass die Wahrscheinlichkeit, dass *A* gebunden ist, und die Wahrscheinlichkeit, dass R nicht gebunden ist, durch die Gleichungen in **Abb. 8.86a** bestimmt werden können. Das Produkt dieser beiden Wahrscheinlichkeiten ergibt die Wahrscheinlichkeit der Genaktivierung.

Das Beispiel zeigt eine logische UND-NICHT-Funktion (*A* und nicht *R*) (s. **Abb. 8.85a**). Die maximale Aktivierung dieses Gens kommt zustande, wenn [A] hoch und [R] null ist. Es sind jedoch auch dazwischenliegende Genaktivierungsniveaus möglich, je nach den Konzentrationen von *A* und *R* und auch abhängig von den Bindungsaffinitäten von [A] und [R] zu deren jeweiligen Stellen (d. h. K_A und K_R). Wenn $K_A >> K_R$, dann ist sogar eine kleine Konzentration von [A] in der Lage, die Repression durch R zu überwinden. Umgekehrt, wenn $K_A << K_R$, dann ist weit mehr [A] erforderlich, um das Gen zu aktivieren (**Abb. 8.86b und c**).

Viele andere logische Funktionen können die kombinatorische Genregulation bestimmen. Zum Beispiel ergibt sich ein UND-Logikgatter, wenn von zwei Aktivatoren, A1 und A2, beide erforderlich sind, damit ein Gen transkribiert wird (**Abb. 8.85b** und **8.86d**). In *Escherichia coli*-Zellen kontrolliert das *AraJ*-Gen einige Aspekte des Arabinose-Zuckerstoffwechsels: Seine Expression benötigt zwei Transkriptionsregulatoren, einen, der durch Arabinose, und einen anderen, der durch das kleine Molekül *cAMP* aktiviert wird (**Abb. 8.86e**).

8.6.12 Eine inkohärente vorwärtsgeregelte Wechselwirkung erzeugt Impulse

Man stelle sich vor, dass ein plötzliches Eingangssignal unverzüglich einen Transkriptionsaktivator *A* aktiviert und dass dasselbe Eingangssignal die viel langsamere Synthese eines Transkriptionsrepressorproteins *R* einleitet, das auf das gleiche Gen *X* wirkt. Wenn A und R die Genexpression durch eine UND-NICHT-Logikfunktion, wie die oben beschriebene, kontrollieren, dann sagt uns unsere Intuition, dass dieses System in der Lage sein sollte, einen Transkriptionsimpuls zu erzeugen: Wenn *A* aktiviert ist (und *R* fehlt), wird die Transkription von Gen *X* beginnen und einen Anstieg der Konzentration von Protein *X* verursachen, aber dann wird sich die Transkription abschalten, wenn die Konzentration von R auf einen ausreichend hohen Wert ansteigt.

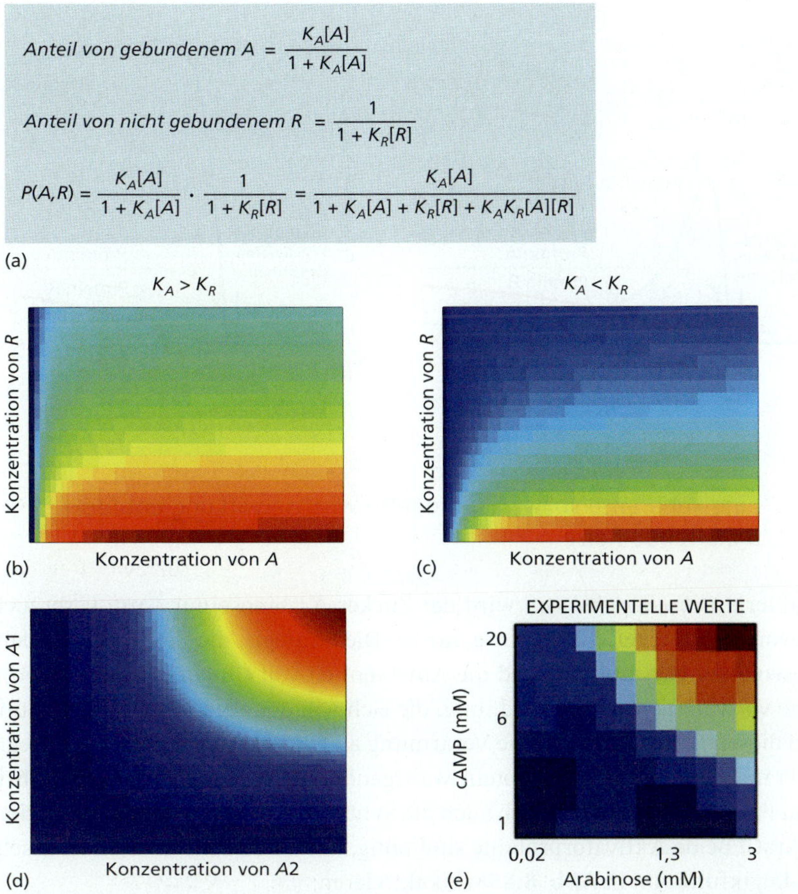

Abb. 8.86 Wie die quantitative Antwort eines Gens sowohl von seiner kombinatorischen Logik als auch von den Affinitäten der Transkriptionsregulatoren abhängt. (a) In einem kombinatorischen Genregulationssystem, wie dem in **Abb. 8.85a** gezeigten, wird der Anteil der Promotoren, die vom Aktivator A gebunden und der Anteil, der vom Repressor R nicht gebunden sind, jeweils wie hier gezeigt bestimmt. Das Produkt dieser Wahrscheinlichkeiten liefert die Wahrscheinlichkeit *P* (A, R), dass ein Genpromotor aktiv ist. (b–e) In diesen vier Darstellungen weist *rot* auf eine hohe Genexpression hin und *blau* auf eine niedrige Genexpression. (b) und (c) Darstellungen der Genexpression des in (a) beschriebenen Systems. Die beiden Darstellungen zeigen auf, wie sich die Systeme verhalten, wenn die relativen Affinitäten der beiden Transkriptionsregulatoren sich verändern, wie oben jeweils aufgezeigt. (d) Genexpression in dem Fall, wenn sich das Gen nur bei hohen Konzentrationen beider Aktivierungseinträge (A1 und A2) anschaltet, wie in **Abb. 8.85b** gezeigt. (e) Die experimentellen Daten zeigen die gemessene Genexpression in *Escherichia coli*, die von zwei Stimuli kombinatorisch reguliert wird: Arabinose und cAMP. Man beachte die große Ähnlichkeit mit Tafel (D). (e, nach S. Kaplan *et al.*, *Mol. Cell* 29: 786–792, 2008. Mit Erlaubnis von Elsevier).

Anordnungen dieses Typs sind in der Zelle üblich. In *Escherichia coli* beispielsweise sind die Galaktose-Stoffwechselgene durch ein Katabolitenaktivatorprotein (*CAP*) positiv reguliert, das durch hohe *cAMP*-Spiegel aktiviert wird. Die gleichen Gene werden durch das *GalS*-Repressorprotein unterdrückt, das von einem Gen codiert wird, dessen Transkription gleichfalls durch *CAP* aktiviert wird. Somit aktiviert ein Anstieg des Eintrags (*cAMP*) *A* (*CAP*), und die Transkription der *Galaktose*-Gene beginnt. Aber die Aktivierung von *A* verursacht auch eine nachfolgende Ansammlung von *R* (GalS), das verursacht, dass dieselben Gene nach einer Verzögerung unterdrückt werden. Dies endet in einem *inkohärenten vorwärtsgeregelten Motiv* (**Abb. 8.87a**).

Die Reaktion des inkohärenten vorwärtsgeregelten Motivs variiert, je nach den Parametern des Systems. Beispielsweise angenommen, dass das Transkriptionsaktivatorprotein *A* schwächer an die Genregulationsregion bindet als das Transkriptionsrepressorprotein *R* ($K_A << K_R$). In diesem Fall wird es eine vorübergehende Häufung des Proteins geben, das vom betroffenen Gen (Gen *X*) als Reaktion auf einen plötzlichen aktivierenden Reiz gebildet wird (**Abb. 8.87b**). Im Gegensatz dazu wird die Reaktion kontinuierlicher sein, falls K_A viel größer als K_R ist, weil die Repression zu schwach sein wird, um die Genaktivierung zu bezwingen (**Abb. 8.87c**). Andere Eigenschaften dieses Netzwerks, wie die Abhängigkeit der Amplitude des Impulses von den verschiedenen Geschwindigkeitskonstanten im System, können mit den gleichen Rechenwerkzeugen erforscht werden. Somit war unsere anfängliche Mutmaßung darüber, wie dieses System sich verhalten würde, nur teilweise richtig; sogar das einfachste Netzwerk hängt von exakten Wechselwirkungskräften ab, was wieder zeigt, warum man die Mathematik benötigt, um schematisch dargestelle Vorgänge im Detail zu verstehen.

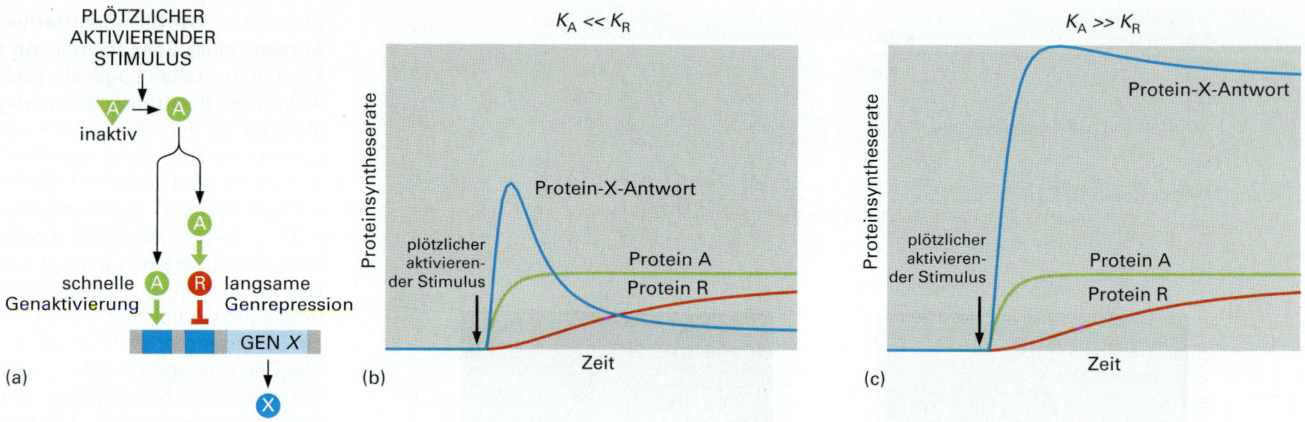

Abb. 8.87 Wie ein inkohärentes vorwärtsgeregeltes Motiv einen kurzen Genaktivierungsimpuls als Reaktion auf einen anhaltenden Stimulus erzeugen kann. (a) Schema eines inkohärenten vorwärtsgeregelten Motivs, in dem der Transkriptionsaktivator *A* und der Repressor R die Expression von Gen *X* mithilfe der UND-NICHT-Logik von **Abb. 8.85a** kontrollieren. (b) Wenn $K_A << K_R$, dann erzeugt dieses Motiv einen Impuls der Protein-*X* -Expression, sodass die Reaktion sogar dann zurückgeht, wenn der Reiz hoch bleibt. (c) Wenn $K_A >> K_R$, reagiert das gleiche Motiv auf einen anhaltenden Stimulus, indem es eine anhaltende Reaktion erzeugt.

8.6.13 Eine kohärente vorwärtsgeregelte Wechselwirkung entdeckt anhaltende Reize

Im Bakterium *Escherichia coli* wird der Zucker Arabinose nur dann verbraucht, wenn der bevorzugte Zucker, die Glukose, rar ist. Die Strategie, die Zellen verwenden, um die Anwesenheit von Arabinose und die Abwesenheit von Glukose zu beurteilen, beinhaltet eine vorwärtsgeregelte Anordnung, die sich von der eben beschriebenen unterscheidet. In diesem Fall verursacht die Verarmung an Glukose einen cAMP-Anstieg, der vom CAP-Transkriptionsaktivatorprotein wahrgenommen wird, wie zuvor beschrieben. In diesem Fall induziert CAP jedoch auch die Synthese eines zweiten Transkriptionsaktivators, AraC. Beide Aktivatorproteine sind nötig, um die Arabinose-Stoffwechselgene (die UND-Logikfunktion in **Abb. 8.85b**) zu aktivieren.

Diese Anordnung, als *kohärentes vorwärtsgeregeltes Motiv* bekannt, hat die interessanten, in **Abb. 8.88** gezeigten Eigenschaften. Man stelle sich vor, dass zwei Aktivatoren, A1 und A2, zusammen benötigt werden, um die Transkription eines Gens zu starten. Der Eintrag in das Netzwerk aktiviert A1 direkt, aber A2 nur durch diese A1-Aktivierung. Damit ein Protein von diesem Gen synthetisiert wird, sind nachhaltige Stimuli erforderlich, die erlauben, dass sowohl A1 als auch A2 in aktiver Form gebildet werden. Kurze Eingangsimpulse werden entweder ignoriert oder erzeugen kleine Reaktionen. Das Erfordernis eines langen Reizes ist wichtig, falls Garantien bezüglich eines Signals notwendig sind, bevor ein kostenintensives Zellprogramm angeworfen wird. Glukose ist z. B. der Zucker, auf dem *Escherichia coli* am besten wächst. Bevor Zellen in dem obigen Beispiel den Arabinose-Stoffwechsel anschalten, kann es vorteilhaft sein, mit Sicherheit zu wissen, dass Glukose erschöpft ist (ein anhaltender *CAP*-Impuls), anstatt das Arabninose-Programm während einer nur vorübergehenden Glukose-Schwankung einzuleiten.

8.6.14 Das gleiche Netzwerk kann sich in verschiedenen Zellen aufgrund stochastischer Effekte unterschiedlich verhalten

Bis jetzt haben wir angenommen, dass alle Zellen in einer Population ein identisches Verhalten zeigen, wenn sie das gleiche Netzwerk enthalten. Es ist jedoch wichtig, der Tatsache Rechnung zu tragen, dass Zellen oft bei ihren Reaktionen eine beträchtliche Individualität zeigen. Man betrachte eine Situation, in der eine einzelne Mutterzelle sich in zwei Tochterzellen mit gleichen Volumina teilt. Wenn die Mutterzelle nur ein Molekül eines bestimmten Proteins hat, dann wird nur eine Tochterzelle dieses erben. Die Töchter, obwohl genetisch identisch, sind bereits unterschiedlich. Diese Variabilität ist für

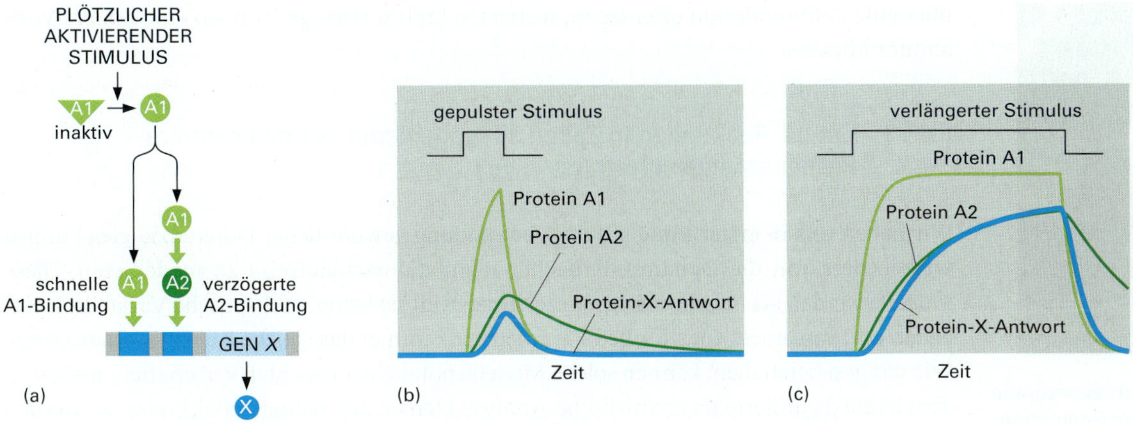

Abb. 8.88 Wie ein kohärentes vorwärtsgeregeltes Motiv auf verschiedene Stimuli reagiert. (a) Schema eines kohärenten vorwärtsgeregelten Motivs, in dem die Transkriptionsaktivatoren A1 und A2 zusammen die Expression von Gen *X* mithilfe der UND-Logik von Abb. 8.85b aktivieren. (b) Die Antwort auf einen kurzen Reiz kann entweder schwach sein (wie gezeigt) oder nicht existieren. Dies gestattet es dem Motiv, zufällige Konzentrationsschwankungen der Signalmoleküle zu ignorieren. (c) Ein verlängerter Reiz erzeugt eine starke Reaktion, die sich rasch abschalten kann.

Moleküle, die in geringer Anzahl vorhanden sind, am stärksten ausgeprägt. Nichtsdestoweniger, sogar wenn es viele Kopien eines bestimmten Proteins (oder einer RNA) gibt, ist es sehr unwahrscheinlich, dass beide Tochterzellen mit exakt der gleichen Anzahl an Molekülen enden werden.

Dies ist nur eine Darstellung eines universellen Merkmals von Zellen: Ihr Verhalten ist oft **stochastisch**, was bedeutet, dass sie hinsichtlich ihres Proteingehalts eine Variabilität zeigen und deshalb Phänotypvariationen aufweisen. Zusätzlich zu der asymmetrischen Molekülverteilung im Anschluss an die Zellteilung kann Variabilität vielen chemischen Reaktionen entspringen. Man stelle sich beispielsweise vor, dass unsere Mutterzelle einen einfachen Genregulationsschaltkreis mit einer positiven Rückkopplungsschleife, wie die in Abb. 8.82b gezeigte, enthält. Selbst wenn beide Tochterzellen eine Kopie dieses Schaltkreises erhalten, einschließlich einer Kopie für das anfängliche Transkriptionsaktivatorprotein, wird es hinsichtlich der für die Promotorbindung erforderlichen Zeit eine Variabilität geben – und es wird für die Gene statistisch nahezu unmöglich sein, zu exakt derselben Zeit aktiviert zu werden. Wenn das System bistabil ist und nahe einem Schaltpunkt im Gleichgewicht ist, dann wird die Reaktionsvariabilität den Schalter möglicherweise in nur einer Tochterzelle anknipsen. Zwei Tochterzellen, die identisch geboren wurden, können dadurch zufällig einen dramatisch unterschiedlichen Phänotyp annehmen.

Allgemein formuliert zeigen isogene Zellpopulationen, die in der gleichen Umgebung wuchsen, hinsichtlich Größe, Gestalt, Zellzyklusstadium und Genexpression eine Diversität. Diese Unterschiede treten auf, weil biochemische Reaktionen wahrscheinliche Zusammenstöße zwischen sich zufällig bewegenden Molekülen benötigen, wobei jedes Ereignis diskrete Mengenänderungen der Anzahl der Molekülarten zur Folge hat. Der vervielfältigte Effekt von Schwankungen eines molekularen Reaktanden oder die zusammengesetzten Fluktuationseffekte über viele molekulare Reaktanden summieren sich oft zu einem beobachtbaren Phänotyp. Dies kann eine Zelle mit Individualität ausstatten und nichtgenetische Zell-zu-Zell-Variabilitäten in einer Population erzeugen.

Die nichtgenetische Variabilität kann im Laboratorium durch Einzelzellmessungen fluoreszierender Proteine untersucht werden, die von Genen unter der Kontrolle eines spezifischen Promotors exprimiert werden. Lebende Zellen können auf einen Objektträger aufgebracht und durch ein Fluoreszenzmikroskop betrachtet werden, was eine auffällige Variabilität der Proteinexpressionsniveaus offenlegt (Abb. 8.89). Ein anderer Ansatz verwendet die Durchflusscytometrie, die so funktioniert, dass eine verdünnte Zellsuspension an einer Lichtquelle vorbeiströmt und die Fluoreszenz der einzelnen Zellen gemessen wird, wenn sie am Detektor vorbeifließen. Fluoreszenzwerte können dazu dienen, Histogramme zu erstellen, die die Variabilität in einem Vorgang

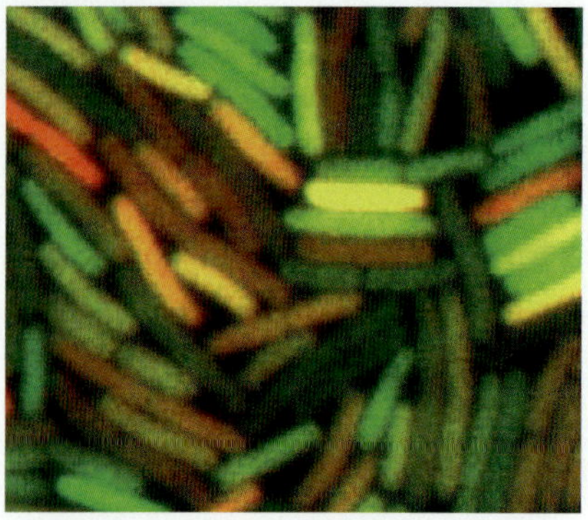

Abb. 8.89 Verschiedene Genexpressionsgrade in einzelnen Zellen innerhalb einer Population von *Escherichia-coli*-Bakterien. Für dieses Experiment wurden zwei verschiedene Reporterproteine (ein *grün* fluoreszierendes und ein *rot* fluoreszierendes), die von einer Kopie des gleichen Promotors kontrolliert werden, in alle Bakterien eingefügt. Manche Zellen exprimieren nur eine Genkopie und erscheinen somit *rot* oder *grün*; andere exprimieren dagegen beide Genkopien und erscheinen deshalb *gelb*. Das Experiment zeigt auch verschiedene Fluoreszenzintensitäten, was darauf hinweist, dass es innerhalb einer scheinbar einheitlichen Zellpopulation einen unterschiedlichen Genexpressionsgrad gibt. (Aus M. B. Elowitz *et al.*, *Science* 297: 1183–1186, 2002. Mit Erlaubnis der AAAS).

über eine Zellpopulation offenlegen, wobei ein breites Histogramm auf eine höhere Variabilität hinweist.

8.6.15 Um die Reaktionen in Zellen zu modellieren, werden mehrere Rechenansätze verwendet

Wir haben uns in erster Linie auf die Verwendung gewöhnlicher Differenzialgleichungen konzentriert, um die Dynamik einfacher Regulationsschaltkreise zu modellieren. Diese Modelle werden als *deterministisch* bezeichnet, weil sie keine stochastische Variabilität einbauen und von einem spezifischen Parametersatz immer das gleiche Ergebnis produzieren. Wie wir gesehen haben, können solche Modelle nützliche Einsichten verschaffen, insbesondere in die detaillierte mechanistische Analyse kleiner Regulationsschaltkreise. Es werden jedoch auch andere Rechenansatzarten benötigt, um die große Komplexität des Zellverhaltens zu verstehen. *Stochastische Modelle* versuchen z. B. dem sehr bedeutsamen Problem der zufälligen Variabilität in molekularen Netzwerken Rechnung zu tragen. Diese Modelle liefern keine deterministischen Vorhersagen über das Verhalten von Molekülen; stattdessen bauen sie zufällige Variationen in die Molekülzahlen und -wechselwirkungen ein, und der Zweck dieser Modelle ist es, ein besseres Verständnis von der Wahrscheinlichkeit zu erhalten, dass ein System im Laufe der Zeit in einem bestimmten Zustand vorkommt.

Zahlreiche andere Modellierungsstrategien wurden oder werden gerade entwickelt. *Boole'sche Netzwerke* werden für die qualitative Analyse komplexer Genregulationsnetzwerke, die eine große Anzahl wechselwirkender Komponenten enthalten, eingesetzt. In diesen Modellen ist jedes Molekül ein Knoten, der entweder im aktiven oder inaktiven Zustand vorliegen kann; dabei wird der Zustand der Knoten, mit denen er verbunden ist, beeinflusst. Modelle dieses Typs liefern Einsichten in den Informationsfluss durch ein Netzwerk, und sie waren hilfreich beim Verständnis des komplexen Genregulationsnetzwerks, das die frühe Entwicklung des Seeigels kontrolliert (s. **Abb. 7.45**). Boole'sche Netzwerke reduzieren somit komplexe Netzwerke zu einer stark vereinfachten (und potenziell ungenauen) Form. Das andere Extrem sind *agensbasierte Simulationen*, in denen Tausende von Molekülen (oder „Agenzien") in einem System einzeln modelliert werden; deren wahrscheinliches Verhalten und Wechselwirkungen miteinander werden im Zeitverlauf auf der Basis von vorhergesagten physikalischen und chemischen Verhalten berechnet, oft indem man stochastischen Variationen Rechnung trägt. Agensbasierte Ansätze sind rechnerisch eine Herausforderung, haben aber das Potenzial, äußerst lebensnahe Simulationen der echten biologischen Systeme zu erzeugen.

8.6.16 Für die Analyse biologischer Daten sind statistische Methoden entscheidend

Dynamiken, Differenzialgleichungen und theoretische Modellbildung sind nicht das A und O der Mathematik. Andere Themenzweige sind nicht weniger wichtig für Biologen. Statistik – die Mathematik der wahrscheinlichkeitsbehafteten Vorgänge und verrauschten Datensätze – ist ein unvermeidlicher Teil eines jeden Biologenlebens.

Dies gilt auf zwei hauptsächliche Weisen. Erstens erzeugen nicht perfekte Messgeräte und andere Fehler experimentelles Rauschen in unseren Daten. Zweitens hängen alle zellbiologischen Vorgänge vom stochastischen Verhalten einzelner Moleküle ab, wie wir eben besprochen haben, und dies hat ein biologisches Rauschen in unseren Ergebnissen zur Folge. Wie kommen wir bei all diesem Rauschen zu Schlussfolgerungen über die Wahrheit von Hypothesen? Die Antwort lautet: statistische Analyse; sie zeigt, wie man von einem Beschreibungsgrad zu einem anderen kommt: von einem Satz unregelmäßiger Datenpunkte zu einer einfacheren Beschreibung der Schlüsselmerkmale der Daten.

Die Statistik lehrt uns, dass, je öfter wir unsere Messungen wiederholen, wir umso bessere und verfeinerte Schlussfolgerungen aus ihnen ziehen können. Viele Wiederholungen vorausgesetzt, wird es möglich, unsere Daten in Form von Termen aus Variablen zu beschreiben, die die Eigenschaften, die von Bedeutung sind, zusammenfassen: der Mittelwert der gemessenen Variablen, der über den Satz der Datenpunkte hinweg ermittelt wurde; die Stärke des Rauschens (die Standardabweichung des Datenpunktesatzes); die Fehlerwahrscheinlichkeit in unserer Schätzung des Mittelwerts (der Standardfehler des Mittelwerts); und, für Spezialisten, die Einzelheiten der Wahrscheinlichkeitsverteilung, die die Wahrscheinlichkeit beschreibt, dass eine einzelne Messung einen bestimmten Wert ergibt. Für all diese Dinge liefert die Statistik die Rezepte und Formeln, die Biologen verstehen müssen, wenn sie exakte Schlussfolgerungen auf der Basis variabler Ergebnisse ziehen wollen.

Zusammenfassung

Die quantitative mathematische Analyse kann unserem Verständnis der Zellregulation und -funktion eine leistungsfähige zusätzliche Dimension verschaffen. Zellregulationssysteme hängen oft von makromolekularen Wechselwirkungen ab, und die mathematische Analyse der Dynamiken dieser Wechselwirkungen kann wichtige Einsichten in die Bedeutung der Bindungsaffinitäten und der Proteinstabilität bei der Erzeugung von Transkriptions- oder anderen Signalen aufdecken. Regulationssysteme verwenden oft Netzwerkmotive, die nützliche Verhaltensweisen erzeugen: Eine schnelle negative Rückkopplungsschleife dämpft die Antwort auf Eingangssignale; eine verzögerte negative Rückkopplungsschleife schafft einen biochemischen Oszillator; positive Rückkopplung ergibt ein System, das zwischen zwei stabilen Zuständen wechselt; und die vorwärtsgesteuerten Motive liefern Systeme, die vorübergehende Signalimpulse erzeugen oder nur auf nachhaltige Stimuli reagieren. Das dynamische Verhalten dieser Netzwerkmotive kann im Detail durch deterministische und stochastische mathematische Modellierung analysiert werden.

Literatur

8.1 Isolierung von Zellen und ihre Aufzucht in Kultur

Greenfield, E. (2014). Antibodies: A Laboratory Manual. 2nd ed. Cold Spring Harbor, NY: Cold Spring Harbor Laboratory Press.

Sherr, C.J. und DePinho, R.A. (2000). Cellular senescence: mitotic clock or culture shock?. *Cell* 102: 407–410.

Spector, D.L., Goldman, R.D. und Leinwand, L.A. (eds.) (1998). Cells: A Laboratory Manual. Cold Spring Harbor, NY: Cold Spring Harbor Laboratory Press.

Todaro, G.J. und Green, H. (1963). Quantitative studies of the growth of mouse embryo cells in culture and their development into established lines. *J. Cell Biol.* 17: 299–313.

8.2 Aufreinigung von Proteinen

Burgess, R. und Deutcher, M.P. (eds.) (2009). Guide to Protein Purification. 2nd ed. Cambridge, MA: Academic Press. *Methods in Enzymology*, Vol. 463.

De Duve, C. und Beaufay, H. (1981). A short history of tissue fractionation. *J. Cell Biol.* 91: 293–299.

Scopes, R.K. (1994). Protein Purification: Principles and Practice. 3rd ed. New York: Springer.

Simpson, R.J., Adams, P.D. und Golemis, E.A. (2008). Basic Methods in Protein Purification and Analysis: A Laboratory Manual. Cold Spring Harbor, NY: Cold Spring Harbor Laboratory Press.

Wood, D.W. (2014). New trends and affinity tag designs for recombinant protein purification. *Curr. Opin. Struct. Biol.* 26: 54–61.

8.3 Proteine analysieren

Aebersold, R. und Mann, M. (2016). Mass-spectrometric exploration of proteome structure and function. *Nature* 537: 347–355.

Baxevanis, A.D., Bader, G.D. und Wishart, D.S. (eds.) (2020). Bioinformatics: A Practical Guide to the Analysis of Genes and Proteins. 4th ed. Hoboken, NJ: Wiley.

Goodrich, J.A. und Kugel, J.F. (2007). Binding and Kinetics for Molecular Biologists. Cold Spring Harbor, NY: Cold Spring Harbor Laboratory Press.

Mehmood, S., Allison, T.M. und Robinson, C.V. (2015). Mass spectrometry of protein complexes: from origins to applications. *Annu. Rev. Phys. Chem.* 66: 453–474.

O'Connell, M.R., Gamsjaeger, R. und Mackay, J.P. (2009). The structural analysis of protein-protein interactions by NMR spectroscopy. *Proteomics* 9: 5224–5232.

Pollard, T.D. (2010). A guide to simple and informative binding assays. *Mol. Biol. Cell* 21: 4061–4067.

Wuthrich, K. (2003). NMR studies of structure and function of biological macromolecules (Nobel Lecture). *J. Biomol. NMR* 27: 13–39.

8.4 DNA analysieren und manipulieren

Gibson, D.G., Young, L., Chuang, R.Y. et al. (2009). Enzymatic assembly of DNA molecules up to several hundred kilobases. *Nat. Methods* 6: 343–345.

Green, M.R. und Sambrook, J. (2012). Molecular Cloning: A Laboratory Manual. 4th ed. Cold Spring Harbor, NY: Cold Spring Harbor Laboratory Press.

Kosuri, S. und Church, G.M. (2014). Large-scale de novo DNA synthesis: technologies and applications. *Nat. Methods* 11: 499–507.

Metzker, M.L. (2010). Sequencing technologies—the next generation. *Nat. Rev. Genet.* 11: 31–46.

Mullis, K., Faloona, F., Scharf, S. et al. (1986). Specific enzymatic amplification of DNA *in vitro*: the polymerase chain reaction. *Cold Spring Harb. Symp. Quant. Biol.* 51 (1): 263–273.

Mullis, K.B. (1990). The unusual origin of the polymerase chain reaction. *Sci. Am.* 262: 56–61, 64–55.

Nathans, D. und Smith, H.O. (1975). Restriction endonucleases in the analysis and restructuring of DNA molecules. *Annu. Rev. Biochem.* 44: 273–293.

Sanger, F., Nicklen, S. und Coulson, A.R. (1977). DNA sequencing with chainterminating inhibitors. *Proc. Natl. Acad. Sci. USA* 74: 5463–5467.

Shendure, J. und Lieberman Aiden, E. (2012). The expanding scope of DNA sequencing. *Nat. Biotechnol.* 30: 1084–1094.

Watson, J.D., Myers, R.M. und Caudy, A.A. (2007). Recombinant DNA: Genes and Genomes—A Short Course. 3rd ed. Cold Spring Harbor, NY: Cold Spring Harbor Laboratory Press.

8.5 Untersuchung der Genexpression und -funktion

Agrotis, A. und Ketteler, R. (2015). A new age in functional genomics using CRISPR/*Cas9* in arrayed library screening. *Front. Genet.* 6: 300.

D'Haeseleer, P. (2005). How does gene expression clustering work? *Nat. Biotechnol.* 23: 1499–1501.

Doudna, J.A. (2020). The promise and challenge of therapeutic genome editing. *Nature* 578: 229–236.

Fellmann, C. und Lowe, S.W. (2014). Stable RNA interference rules for silencing. *Nat. Cell Biol.* 16: 10–18.

Ingolia, N.T., Hussmann, J.A. und Weissman, J.S. (2019). Ribosome profiling: global views of translation. *Cold Spring Harb. Perspect. Biol.* 11.

Luecken, M.D. und Theis, F.J. (2019). Current best practices in single-cell NA-seq analysis: a tutorial. *Mol. Syst. Biol.* 15: e8746.

Mali, P., Esvelt, K.M. und Church, G.M. (2013). *Cas9* as a versatile tool for engineering biology. *Nat. Methods* 10: 957–963.

Rio, D.C., Ares, M., Hannon, G.J. et al. (2011). RNA: A Laboratory Manual. Cold Spring Harbor, NY: Cold Spring Harbor Laboratory Press.

Stark, R., Grzelak, M. und Hadfield, J. (2019). RNA sequencing: the teenage years. *Nat. Rev. Genet.* 20: 631–656.

Strachan, T. und Read, A.P. (2018). Human Molecular Genetics. 5th ed. Boca Raton, FL: CRC Press.

Wilson, R.C. und Doudna, J.A. (2013). Molecular mechanisms of RNA interference. *Annu. Rev. Biophys.* 42: 217–239.

8.6 Mathematische Analyse der Zellfunktionen

Alon, U. (2007). Network motifs: theory and experimental approaches. *Nat. Rev. Genet.* 8: 450–461.

Alon, U. (2019). An Introduction to Systems Biology: Design Principles of Biological Circuits. 2nd ed. Boca Raton, FL: Chapman & Hall/CRC.

Ferrell, J.E., Jr. und Ha, S.H. (2014). Ultrasensitivity part III: cascades, bistable switches, and oscillators. *Trends Biochem. Sci.* 39: 612–618.

Gunawardena, J. (2014). Models in biology: “accurate descriptions of our pathetic thinking.” *BMC Biol.* 12: 29.

Ingalis, B.P. (2013). Mathematical Modeling in Systems Biology: An Introduction. Cambridge, MA: MIT Press.

Lewis, J. (2008). From signals to patterns: space, time, and mathematics in developmental biology. *Science* 322: 399–403.

Novak, B. und Tyson, J.J. (2008). Design principles of biochemical oscillators. *Nat. Rev. Mol. Cell Biol.* 9: 981–991.

Xia, P.F., Ling, H., Foo, J.L. et al. (2019). Synthetic genetic circuits for programmable biological functionalities. *Biotechno Adv.* 37: 107393.

Die Visualisierung von Zellen und ihrer Moleküle

9

Kapitelinhalt

Ein Verständnis der strukturellen Organisation von Zellen und der Moleküle, aus denen sie aufgebaut sind und sie am Leben erhalten, ist unverzichtbare Voraussetzung, um zu erfahren, wie Zellen funktionieren. In diesem Kapitel werden wir uns einen knappen Überblick über die wesentlichen Methoden der Licht- und Elektronenmikroskopie verschaffen, die bei der Untersuchung von Zellen und Molekülen zur Anwendung kommen. Im letzten Jahrzehnt gab es sowohl bei den Methoden, mit denen wir biologische Strukturen sehen können, als auch hinsichtlich zunehmender Auflösung und Klarheit, viele wichtige technische Entwicklungen. Wir werden mit der optischen Mikroskopie beginnen, denn das Lichtmikroskop stand am Anfang der Zellbiologie und es ist auch heute noch ein unentbehrliches Werkzeug. Die Entwicklung von Methoden zur spezifischen Markierung und Sichtbarmachung einzelner Zellkomponenten und zur Rekonstruktion der dreidimensionalen Architektur bedeutet, dass die optische Mikroskopie weit entfernt davon ist, außer Gebrauch zu kommen, sondern dass ihre Bedeutung eher weiter zunimmt. Die optische Mikroskopie hat den bedeutenden Vorteil, dass Licht weitgehend harmlos ist. Versieht man bestimmte Zellkomponenten mit Fluoreszenzmarkierungen, etwa mit selbstfluoreszierenden Proteinen, lassen sich ihre Bewegungen, ihre Dynamik und ihre Wechselwirkungen in lebenden Zellen und Organismen verfolgen.

Obwohl das klassische optische Mikroskop durch die Wellenlänge des sichtbaren Lichts eine beschränkte Auflösung hat, umgehen neue Methoden diese Beschränkung auf intelligente Weise und ermöglichen, dass sogar die exakten Positionen einzelner Moleküle kartiert werden können. Indem das Elektronenmikroskop anstelle des sichtbaren Lichts einen Elektronenstrahl verwendet, kann es das Zellinnere und dessen makromolekulare Bestandteile mit nahezu atomarer Auflösung und in drei Dimensionen abbilden. Aber alle Bildgebungsmethoden beinhalten Kompromisse; in diesem Fall bedeutet die höhere Auflösung, dass nur kleine Objekte dargestellt werden und zwar nur in fixierten, toten Zellen. Heutzutage gibt es eine verwirrende Vielzahl von Bildgebungstechniken, aus denen der Zellbiologe auswählen kann, und wenn diese an späterer Stelle in diesem Kapitel beschrieben werden, empfiehlt es sich, dass man sich vor Augen führt, warum man diese Methode und keine andere einsetzt. Kompromisse müssen immer eingegangen werden; zwischen dünnen und dicken Proben, lebenden und fixierten Zellen, hoher und geringer Auflösung, schneller und langsamer Bildgebung, Signal und Rauschen oder Zellen und Molekülen.

Molekularbiologie der Zelle, 7. Auflage. Bruce Alberts, Rebecca Heald, Alexander Johnson, David Morgan, Martin Raff, Keith Roberts und Peter Walter.

Dieses Kapitel ist eher als Begleitung denn als Einführung in die folgenden Kapitel gedacht; Leser können darauf zurückgreifen, wenn sie auf späteren Buchseiten auf mikroskopische Verfahren für grundlegende biologische Probleme treffen.

9.1 Betrachtung der Zellen und Moleküle unter dem Lichtmikroskop

Eine typische tierische Zelle hat einen Durchmesser von 10–20 µm, womit sie weniger als ein Zehntel so groß ist wie das kleinste, normalerweise mit dem bloßen Auge erkennbare Teilchen. Erst nach der Einführung leistungsfähiger Lichtmikroskope im frühen 19. Jahrhundert schlugen Schleiden und Schwann vor, dass alle pflanzlichen und tierischen Gewebe Zusammenschlüsse einzelner Zellen sind. Ihr 1838 gemachter Vorschlag, der als **Zelltheorie** bezeichnet wird, markiert offiziell die Geburtsstunde der Zellbiologie.

Tierische Zellen sind nicht nur klein, sie sind auch farblos und durchsichtig. Die Entdeckung ihrer wichtigsten inneren Bestandteile hing daher vor allem von der Entwicklung verschiedener Farbstoffe ab, die ausreichend Farbe und Kontrast lieferten, um diese Eigenschaften sichtbar zu machen; das geschah gegen Ende des 19. Jahrhunderts. Entsprechend erforderte die Einführung des weit leistungsfähigeren Elektronenmikroskops in den frühen 1940er-Jahren die Entwicklung neuer Fixierungs- und Färbetechniken für Zellen, bevor die ganze Komplexität ihrer inneren Feinstruktur erkennbar wurde. Bis zum heutigen Tag ist die Mikroskopie oft genauso auf die Probenvorbereitung angewiesen wie auf die Leistung der Mikroskope selbst. Im Folgenden werden wir uns daher sowohl mit den Instrumenten als auch mit der Probenvorbereitung befassen; wir beginnen mit dem Lichtmikroskop.

Die Bildreihe in **Abbildung 9.1a** zeigt eine schrittweise Abfolge, ausgehend von einem Daumen bis zu einer Molekülanordnung. Die aufeinanderfolgenden Darstellungen bedeuten in jedem Schritt einen Anstieg der Vergrößerung um das 10-Fache. Das bloße Auge kann lediglich Details in den ersten beiden Bildfenstern erkennen; das Lichtmikroskop erlaubt uns, die Einzelheiten zu sehen, die etwa dem fünften Fenster entsprechen, und das Elektronenmikroskop bringt uns zum achten oder neunten Fenster. **Abbildung 9.1b** zeigt die Abmessungen verschiedener zellulärer und subzellulärer Strukturen und die Größenbereiche, die die verschiedenen Mikroskope sichtbar machen können.

9.1.1 Das konventionelle Lichtmikroskop kann Details von 0,2 µm Abstand auflösen

Gut über 100 Jahre lang waren alle Mikroskope durch eine grundlegende Grenze beschränkt: Eine Strahlung bestimmter Wellenlänge kann keine Strukturunterschiede auflösen, die viel kleiner sind als diese Wellenlänge. Die äußerste Grenze für die Auflösung eines Lichtmikroskops war deshalb von der Wellenlänge des sichtbaren Lichts bestimmt, die von etwa 0,4 µm (violett) bis 0,7 µm (dunkelrot) reicht. In der Praxis bedeutet das, dass Bakterien und Mitochondrien mit einer Größe von ca. 500 nm (0,5 µm) die kleinsten Objekte sind, deren Gestalt im Standard-**Lichtmikroskop** deutlich erkennbar ist. Feinere Details bleiben aufgrund der Wellennatur des Lichtes verborgen. Um die Gründe dafür zu verstehen, müssen wir den Strahlengang von Lichtwellen durch die Linsen eines Mikroskops verfolgen (**Abb. 9.2**).

Aufgrund seiner Wellennatur folgt Licht nicht genau dem idealisierten Strahlengang, der von der geometrischen Optik vorhergesagt wird, sondern einer Vielzahl leicht unterschiedlicher Pfade, wie kleine Wellen im Wasser, sodass die Wellen miteinander interferieren und Effekte der *optischen Beugung* auftreten. Wenn zwei Wellenzüge, die auf

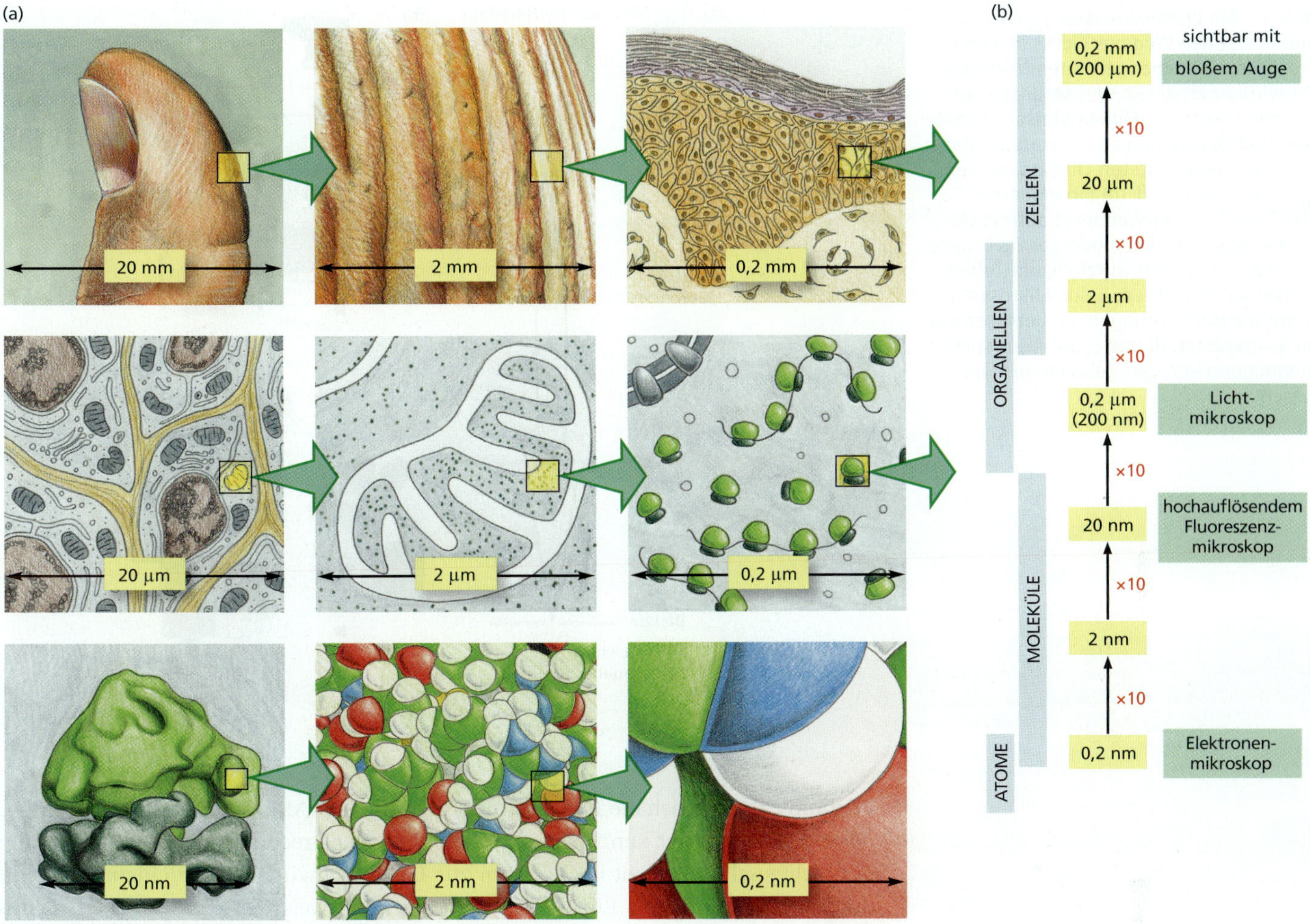

Abb. 9.1 Ein Eindruck der Dimensionen zwischen lebenden Zellen und Atomen. (a) Eine erdachte Abfolge von Bildern, von einem Daumen über Hautzellen zu einem Ribosom und schließlich zu einem Atom-Cluster aus einem der vielen Proteinmoleküle im Ribosom. Die in den letzten beiden Bildfenstern dargestellten Details der atomaren Struktur biologischer Makromoleküle liegen normalerweise jenseits des Auflösungsvermögens des Elektronenmikroskops. Während hier in allen Tafeln Farbe verwendet wurde, ist dies keine Eigenschaft von Objekten, die viel kleiner als die Wellenlänge des Lichts sind; somit sollten die letzten fünf Tafeln eigentlich in Schwarz-Weiß sein. (b) Die Abmessungen von Zellen und ihren Komponenten sind in einem logarithmischen Maßstab dargestellt. Die Bereiche, die leicht mit dem bloßen Auge und mit dem Licht- bzw. dem Elektronenmikroskop aufgelöst werden können, sind angegeben. Man beachte, dass neue superauflösende Mikroskopietechniken, die später genauer behandelt werden, im Vergleich zur klassischen Lichtmikroskopie eine Verbesserung des Auflösungsvermögens um eine Größenordnung erlauben.

verschiedenen Wegen denselben Punkt erreichen, genau *in Phase* sind, d. h. die Scheitel der Wellen jeweils genau aufeinanderliegen, werden sie einander verstärken und die Helligkeit erhöhen. Sind die Wellen dagegen *phasenverschoben*, wird die Interferenz eine teilweise oder vollständige gegenseitige Auslöschung hervorrufen (**Abb. 9.3**). Die Wechselwirkung von Licht mit einem Objekt verändert die Phasenbeziehung der Lichtwellen und ruft so komplexe Interferenzerscheinungen hervor. Beispielsweise erscheint bei hoher Auflösung der Schatten einer gleichmäßig mit Licht einheitlicher Wellenlänge bestrahlten Kante als eine Reihe paralleler Linien (**Abb. 9.4a**), während das kleinste fokussierte Bild einer hellen ringförmigen Apertur als Satz konzentrischer Ringe erscheint (**Abb. 9.4b**). Aus dem gleichen Grund verschwimmt ein durch ein Mikroskop betrachteter Punkt zu einer verwaschenen Scheibe, und zwei punktförmige, eng benachbarte Objekte ergeben sich überlagernde Abbilder und können sogar zu einem Bild verschmelzen. Obwohl keine noch so große Perfektionierung der Linsen diese von der Wellennatur des Lichtes auferlegte Beschränkung überwinden kann, haben sich andere Wege eröffnet, mit denen diese Beschränkung klar umgangen werden kann, und es entstanden sogenannte superauflösende Bildtechniken, die sogar die Position einzelner Moleküle aufdecken können. Diese werden an späterer Stelle im Kapitel behandelt.

Der kleinste Abstand, bei dem zwei Objekte noch getrennt erscheinen – die so genannte **Auflösungsgrenze** – hängt sowohl von der Wellenlänge des Lichts als auch von der numerischen Apertur des verwendeten Linsensystems ab. Die numerische Apertur beeinflusst das Lichtbündelungsverhalten der Linse und steht in Beziehung zum Winkel des Lichtkegels, der in die Linse eintreten kann, und zum *Brechungsindex* des

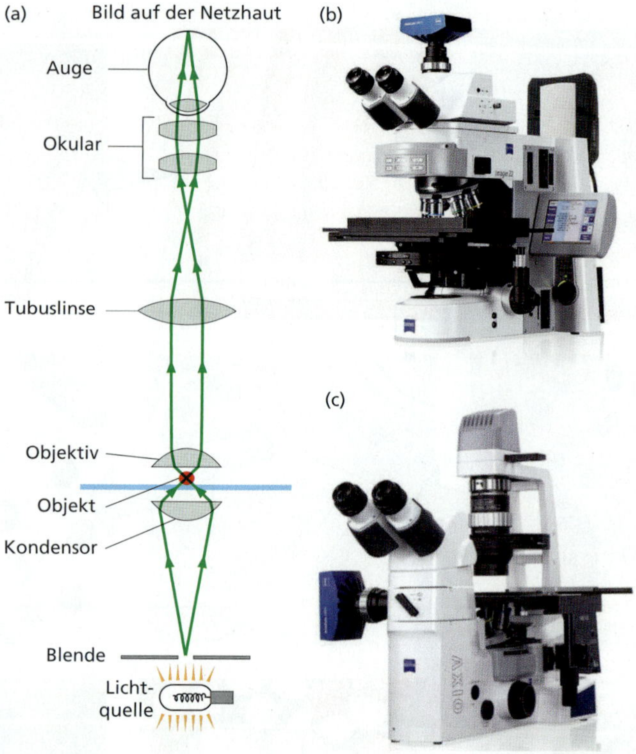

Abb. 9.2 Ein Lichtmikroskop. (a) Das Diagramm zeigt den Weg des Lichts in einem aufrechten zusammengesetzten Mikroskop. Licht wird durch die Kondensorlinsen auf die Probe fokussiert. Objektivlinsen, Tubuslinsen und Okular sind so angeordnet, dass ein Bild des beleuchteten Objekts auf dem Auge abgebildet wird. (b) Ein modernes, in der Forschung verwendetes aufrechtes Lichtmikroskop. (c) Ein modernes Inversionsmikroskop, besonders nützlich, um Zellen in Kultur zu betrachten. Beide Mikroskope sind für die Betrachtung von Fluoreszenzbildern ausgerüstet. (b und c, mit freundlicher Genehmigung von Carl Zeiss Mikroskopie, Deutschland).

Mediums, in dem sich die Linse befindet; je weiter das Mikroskop sozusagen sein Auge öffnet, desto schärfer kann es sehen (**Abb. 9.5**). Der Brechungsindex ist das Verhältnis der Lichtgeschwindigkeit im Vakuum zur Lichtgeschwindigkeit in einem bestimmten durchsichtigen Medium. Für Wasser ist dies beispielsweise 1,33, was bedeutet, dass sich Licht in Wasser 1,33-mal langsamer bewegt als im Vakuum. Unter optimalen Bedingungen, mit violettem Licht (Wellenlänge 0,4 µm) und einer numerischen Apertur von 1,4, kann ein Basis-Lichtmikroskop theoretisch ein Auflösungsvermögen von etwa 0,2 µm oder 200 nm erreichen. Nur wenige Mikroskophersteller gegen Ende des 19. Jahrhunderts erzielten diese Auflösung, sie wird von den heutigen Fabrikaten jedoch routinemäßig erreicht. Obwohl es möglich ist, ein Bild beliebig stark zu vergrößern, z. B. durch Projektion auf einen Schirm, ist es in einem klassischen Lichtmikroskop nicht möglich, zwei Objekte aufzulösen, die weniger als 0,2 µm voneinander entfernt sind; sie werden immer als ein einziges Objekt erscheinen. Es ist jedoch wichtig, zwischen der *Auflösung*

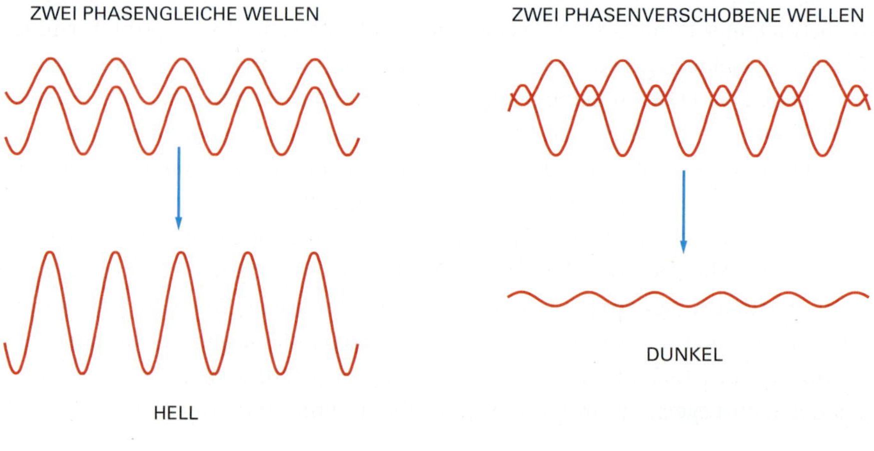

Abb. 9.3 Interferenz zwischen Lichtwellen. Wenn zwei Lichtwellen, die sich in Phase befinden, sich überlagern, erhöht sich die Amplitude der resultierenden Welle und die Helligkeit nimmt zu. Zwei phasenverschobene Lichtwellen löschen sich gegenseitig teilweise aus; es entsteht eine Welle mit kleinerer Amplitude und verringerter Helligkeit.

und der *Detektion* zu unterscheiden. Wenn ein kleines Objekt unterhalb des Auflösungsvermögens selbst Licht emittiert, können wir es unter Umständen immer noch sehen oder detektieren. Somit können wir einen einzelnen fluoreszenzmarkierten Mikrotubulus sehen, obwohl er 10-mal dünner als das Auflösungsvermögen des Lichtmikroskops ist. Beugungseffekte verursachen jedoch, dass er verschwommen und mindestens 0,2 μm dick erscheint (s. **Abb. 9.14**). Wegen des hellen Lichtes, das die Sterne aussenden, können wir sie auf ähnliche Weise am Nachthimmel sehen oder detektieren, obwohl ihr Durchmesser weit unter dem Auflösungsvermögen unseres bloßen Auges ist. Sie erscheinen alle als ähnliche, leicht verschwommene Lichtpunkte und unterscheiden sich nur hinsichtlich Farbe und Helligkeit.

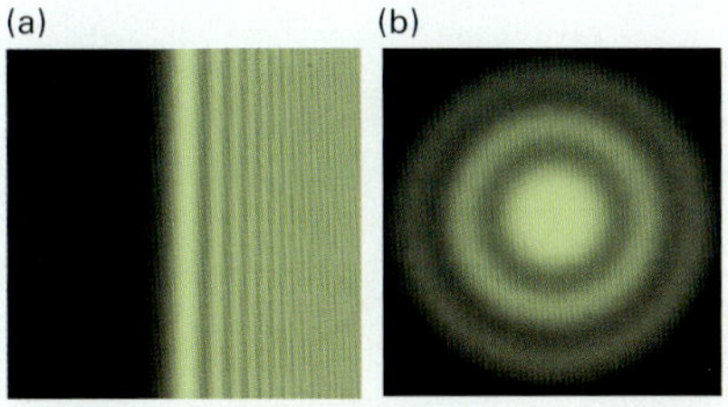

Abb. 9.4 Bilder einer Kante und eines Lichtpunkts. (a) Interferenzeffekte oder Randzonen, die man bei starker Vergrößerung beobachtet, wenn Licht einer bestimmten Wellenlänge auf die Kante eines kompakten Objekts fällt, das sich zwischen Lichtquelle und Beobachter befindet. (b) Das Bild einer punktuellen Lichtquelle. Durch die Beugung breitet sich das Licht zu einem komplexen ringförmigen Muster aus, dessen Breite von der numerischen Apertur des optischen Systems abhängt: Je kleiner die Apertur, desto größer (verschwommener) das gebeugte Bild. Zwei Punktquellen können gerade aufgelöst werden, wenn das Bildzentrum der einen Punktquelle auf dem ersten dunklen Ring im Bild der anderen liegt: Dies dient dazu, die Auflösungsgrenze zu definieren.

9.1.2 Photonenrauschen erzeugt zusätzliche Auflösungsbeschränkungen, wenn die Lichtintensität gering ist

Jedes Bild, ob aus dem Elektronen- oder dem Lichtmikroskop, entsteht aufgrund der Einwirkung von Partikeln – Elektronen oder Photonen – auf einen Detektor oder einen ähnlichen Empfänger. Da die Partikel den Gesetzen der Quantenmechanik unterliegen, kann die Zahl der Partikel, die den Detektor erreichen, nur in einem statistischen Sinn vorausgesagt werden. Endliche Proben, die durch Bilddarstellung über einen begrenzten Zeitabschnitt gesammelt wurden (d. h. durch Schnappschussaufnahmen), werden eine zufällige Variation zeigen: Nachfolgende Schnappschüsse der gleichen Szene werden nicht exakt identisch sein. Zudem hat jede Detektionsmethode einen gewissen Grad an Hintergrundsignalen oder -rauschen, was weiter zur statistischen Unsicherheit beiträgt. Mit einer hellen Beleuchtung, die einer sehr großen Anzahl von Photonen oder Elektronen entspricht, werden die Merkmale der Proben basierend auf der Verteilung dieser Partikel am Detektor exakt bestimmt. Mit einer kleineren Partikelanzahl sind die Strukturdetails der Probe aufgrund der statistischen Schwankungen der in jeder Region entdeckten Partikelzahlen jedoch nicht zu erkennen. Dies verleiht dem Bild ein gesprenkeltes Aussehen und beschränkt seine Genauigkeit. Der Ausdruck *Rauschen* beschreibt

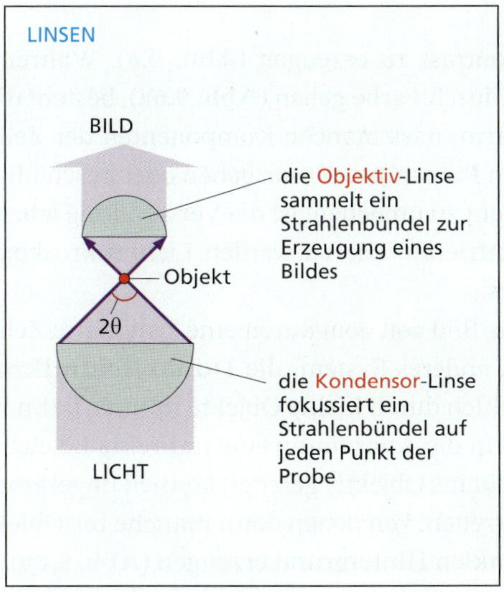

AUFLÖSUNG: Das Auflösungsvermögen eines Mikroskops ist von der Weite des Beleuchtungskegels abhängig und damit sowohl von der Kondensor- als auch von der Objektivlinse. Es wird nach folgender Formel berechnet:

$$\text{Auflösung} = \frac{0{,}61\,\lambda}{n \sin \theta}$$

Hierbei ist:
- θ = der halbe Öffnungswinkel des Strahlenkegels von einem typischen Punkt der Probe, der durch die Objektivlinse gesammelt wird (da die maximale Weite 180° nicht übersteigen kann, hat sin θ höchstens den Wert 1)
- n = Brechungsindex des Mediums (meist Luft oder Öl), das die Probe von der Objektiv- und Kondensorlinse trennt
- λ = Wellenlänge des verwendeten Lichts (für weißes Licht wird eine Zahl von 0,53 μm angenommen)

NUMERISCHE APERTUR: Den Ausdruck $n \sin \theta$ in der obigen Gleichung bezeichnet man als die numerische Apertur (NA) der Linse, die eine Funktion ihrer Lichtsammel-Eigenschaften ist. Für Trockenlinsen kann NA nicht größer als 1 sein, aber bei Öl-Immersionslinsen kann sie bis zu 1,4 erreichen. Je größer die numerische Apertur, desto größer sind die Auflösung und Helligkeit des Bilds (Helligkeit ist besonders in der Fluoreszenzmikroskopie von Bedeutung). Dieser Vorteil erfordert jedoch einen sehr kurzen Arbeitsabstand und eine sehr kleine Tiefenschärfe, gerade so wie bei einer normalen Kamera.

Abb. 9.5 Die grundlegenden Prinzipien der Lichtmikroskopie. Am Pfad der Lichtstrahlen, wenn sie im Mikroskop ein transparentes Objekt durchdringen, lässt sich das Konzept der numerischen Apertur sowie ihr Bezug zur Auflösungsgrenze darstellen. Je höher die numerische Apertur einer Linse ist, desto heller ist das entstehende Bild und umso größer ist seine Auflösung.

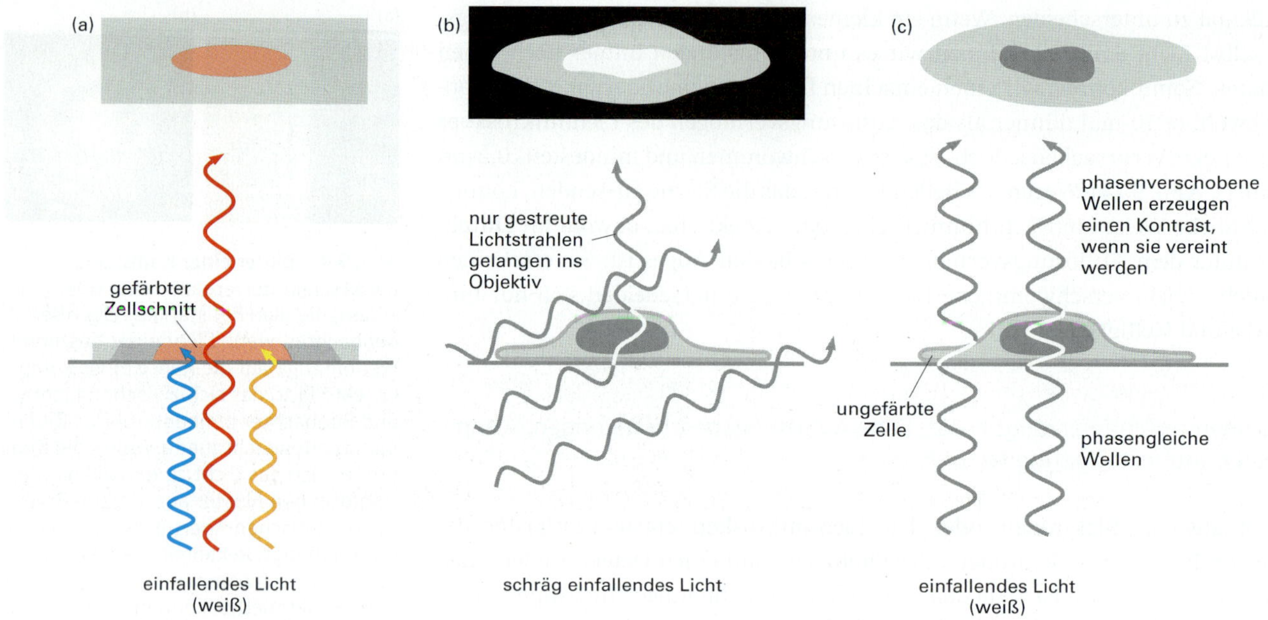

Abb. 9.6 Kontrast im Lichtmikroskop. (a) Die gefärbten Teile der Zelle absorbieren Licht mehrerer Wellenlängen, die von der Färbung abhängen, lassen aber andere Wellenlängen passieren. Man erhält dadurch ein farbiges Bild der Zelle, das man im normalen Hellfeld-Lichtmikroskop betrachten kann. (b) Im Dunkelfeldmikroskop gelangen schräge Lichtstrahlen, die auf eine Probe fokussiert sind, nicht in die Objektivlinse, aber Licht, das von Bestandteilen der lebenden Zelle gestreut wird, kann gesammelt werden, um ein helles Bild vor einem dunklen Hintergrund zu erzeugen. (c) Licht, das durch eine ungefärbte, lebende Zelle hindurchtritt, erfährt eine sehr geringe Amplitudenänderung, und strukturelle Details sind selbst bei starker Vergrößerung nicht zu erkennen. Jedoch verändert sich die Phase des Lichts bei seinem Durchgang durch dickere oder dichtere Teile der Zelle, und kleine Phasenunterschiede können durch Nutzung von Interferenzeffekten mithilfe des Phasenkontrast- oder Differenzial-Phasenkontrastmikroskops sichtbar gemacht werden.

diese Zufallsvariabilität. Da das Rauschen im Bild proportional ist zur Quadratwurzel der Anzahl der Photonen, die detektiert werden (oder zu den Elektronen im Elektronenmikroskop), nimmt daher mit aufgezeichneter steigender Photonen- oder Elektronenzahl auch das absolute Rauschen ebenfalls zu. Aber wegen der Quadratwurzelbeziehung sinkt der Prozentsatz des Rauschens; mit anderen Worten: Das Verhältnis von Signal zu Rauschen verbessert sich. Ein kleines Signal-Rausch-Verhältnis ist ein wichtiger Aspekt, wenn schwache fluoreszierende Lichtsignale aufgezeichnet werden, oder geringe, aber weniger schädigende Elektronendosen erforderlich sind.

9.1.3 Lebende Zellen lassen sich im Phasenkontrast- oder Differenzial-Interferenzkontrastmikroskop klar betrachten

Es gibt viele Wege, in einer Probe einen Kontrast zu erzeugen (**Abb. 9.6**). Während Fixierung und Färbung einer Probe Kontrast durch Farbe geben (**Abb. 9.6a**), besteht die beständige Gefahr für den Mikroskopiker darin, dass manche Komponenten der Zelle während der Herstellung des mikroskopischen Präparats verloren gehen oder beschädigt werden. Der einzige sichere Weg, dieses Problem zu umgehen, ist die Verwendung lebender Zellen ohne vorheriges Fixieren oder Einfrieren. Hierzu werden Lichtmikroskope mit besonderen optischen Systemen eingesetzt.

Im normalen **Hellfeldmikroskop** wird das Bild von dem durch eine kultivierte Zelle hindurchtretenden Licht direkt gebildet. Ein anderes System, die **Dunkelfeldmikroskopie**, nutzt die Tatsache aus, dass Lichtstrahlen durch kleine Objekte in ihrer Bahn in alle Richtungen gestreut werden können. Wenn die Anordnung eine indirekte Beleuchtung vom Kondensor verwendet, die nicht direkt ins Objektiv gelangt, können ungefärbte Objekte in einer lebenden Zelle die Strahlen streuen, von denen dann manche ins Objektiv gelangen und ein helles Bild vor einem dunklen Hintergrund erzeugen (**Abb. 9.6b**).

Wenn Licht eine lebende Zelle durchstrahlt, wird die Phase der Lichtwelle durch den Brechungsindex der Zelle verändert: Das Licht, das einen relativ dicken oder dichten Teil der Zelle passiert, etwa den Zellkern, wird verlangsamt, und folglich verschiebt sich seine Phase relativ zum Licht, das durch die benachbarte dünnere Region des Cytoplasmas dringt (**Abb. 9.6c**). Das **Phasenkontrastmikroskop** und, in noch komplexerer Weise,

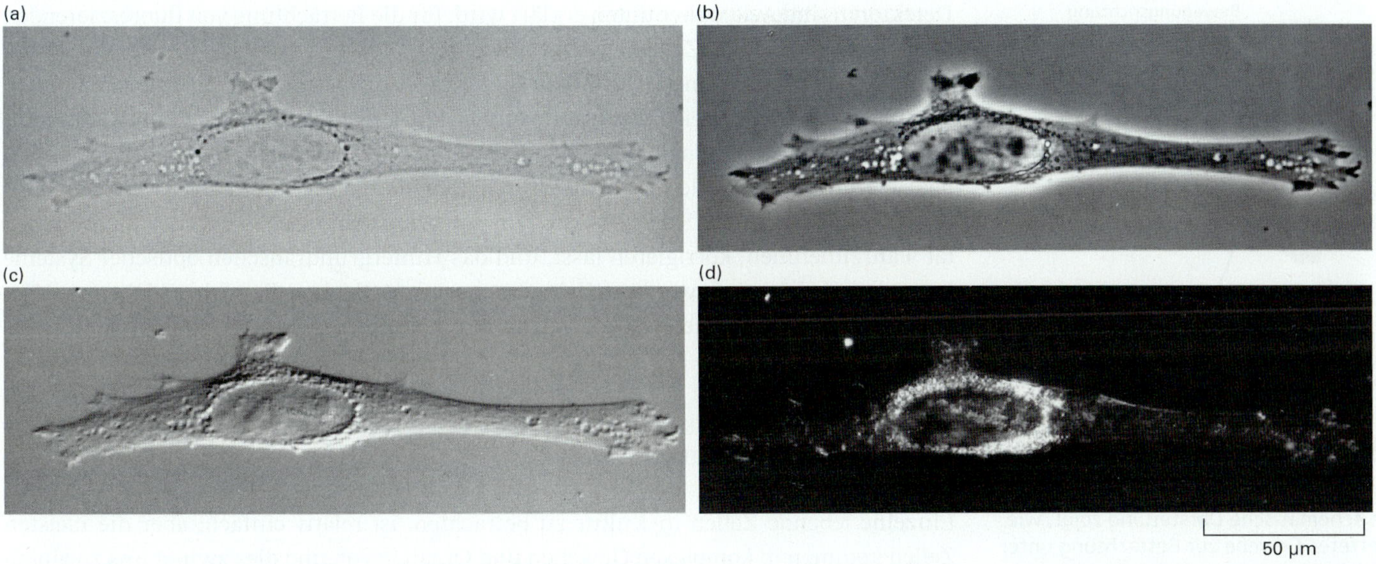

Abb. 9.7 Vier lichtmikroskopische Verfahren. Die vier Abbildungen zeigen den gleichen Fibroblasten in Gewebekultur. Alle Darstellungen können mit den meisten modernen Mikroskopen durch Austausch der optischen Komponenten erhalten werden. (a) Hellfeldmikroskopie, bei der Licht durch die Probe hindurchtritt. (b) Phasenkontrastmikroskopie, bei der Phasenveränderungen des durch die Probe hindurchgetretenen Lichts in Helligkeitsänderungen umgesetzt werden. (c) Differenzial-Phasenkontrastmikroskopie, die Ränder hervorhebt, an denen es eine starke Veränderung des Brechungsindexes gibt. (d) Dunkelfeldmikroskopie, bei der die Probe von der Seite beleuchtet wird und nur das Streulicht zu sehen ist.

das **Differenzial-Interferenzkontrastmikroskop** vergrößern diese Phasenunterschiede, sodass Amplitudenunterschiede entstehen oder Kontraste, wenn die beiden Wellenbündel sich wieder vereinigen. Auf diese Weise lässt sich ein Bild der Zellstrukturen erzeugen. Beide Arten der Lichtmikroskopie werden häufig zur Betrachtung lebender Zellen herangezogen. **Abbildung 9.7** vergleicht Aufnahmen derselben Zelle, die mit vier verschiedenen Verfahren der Lichtmikroskopie gemacht wurden.

Phasenkontrast-, Differenzial-Interferenzkontrast- und Dunkelfeldmikroskopie ermöglichen es, Bewegungen der Zelle zu verfolgen, die bei Prozessen wie Mitose und Zellwanderung auftreten. Da viele Bewegungen der Zelle für eine normale Beobachtungszeit zu langsam ablaufen, ist der Einsatz von Zeitrafferfilmen eine große Hilfe. Hierbei zeichnet die Kamera schrittweise Bilder auf, unterbrochen durch kurze Zeitintervalle. Spielt man die Bildabfolge mit normaler Geschwindigkeit ab, erscheinen alle Ereignisse erheblich beschleunigt.

9.1.4 Mikroskopische Abbildungen können durch digitale Verfahren verstärkt und analysiert werden

In den letzten Jahren haben elektronische oder digitale Abbildungsverfahren und die damit verbundene Technologie der **Bildverarbeitung** großen Einfluss auf die Lichtmikroskopie gewonnen. Gewisse praktische Grenzen (im Bezug auf Schwächen der optischen Komponenten) wurden weitgehend überwunden, und elektronische Bildgebungssysteme haben zwei grundlegende Beschränkungen des menschlichen Auges umgangen: Das Auge kann bei extrem schwachem Licht nur schlecht sehen, und es kann geringe Unterschiede der Lichtintensität vor einem hellen Hintergrund nicht wahrnehmen. Damit wir Zellen unter diesen schwierigen Bedingungen beobachten können, können wir eine empfindliche Digitalkamera mit einem Mikroskop verbinden. Diese Kameras enthalten lichtempfindliche Photodioden (CCD, *charge-coupled device*) oder hoch empfindliche komplementäre Metalloxid-Halbleiter(CMOS, *complementary metal -oxide semiconductor*)-Sensoren, ähnlich denen, die jetzt in den Digitalkameras oder Smartphones vorkommen. Solche Bildsensoren können einzelne Photonen zählen. Sie sind viele Male empfindlicher als das menschliche Auge und können 100-mal mehr Intensitätsgrade detektieren. Damit lassen sich Zellen über lange Zeit bei sehr schwachen Lichtverhältnissen beobachten, ohne die Zellen dem zerstörerischen Einfluss einer langen Bestrahlung mit hellem Licht (und Wärme) auszusetzen. Solche empfindlichen

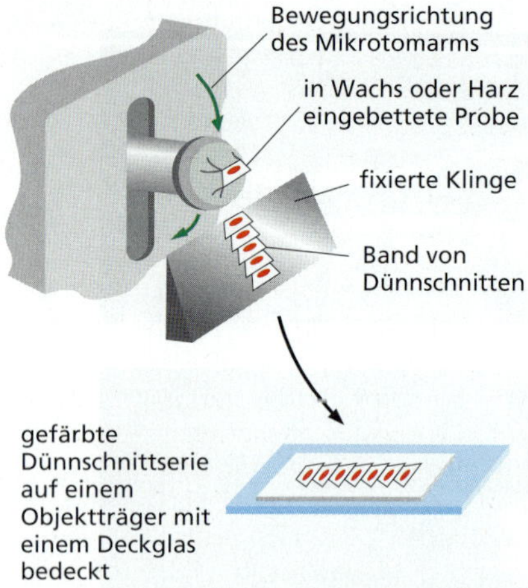

Abb. 9.8 Herstellung von Dünnschnitten. Die schematische Darstellung zeigt, wie eingebettetes Gewebe zur Betrachtung unter dem Lichtmikroskop mit einem Mikrotom geschnitten wird. Schockgefrorene Proben können ebenfalls geschnitten werden, und Letztere bewahren die Struktur von Zellen in ihrem nativen Zustand.

Detektoren sind, wie weiter unten erklärt wird, für die Betrachtung von fluoreszierenden Molekülen in lebenden Zellen besonders wichtig.

Da die von Digitalkameras erstellten Bilder in elektronischer Form vorliegen, können sie auf verschiedene Weise bearbeitet werden, um verborgene Informationen zu erhalten. Diese Bildbearbeitung kann verschiedene optische Störungen in Mikroskopen kompensieren. Durch digitale Bildverarbeitung kann zudem der Kontrast deutlich verstärkt werden, womit sich die Schwäche des Auges, geringe Unterschiede in der Lichtintensität wahrzunehmen, korrigieren lässt, und das Hintergrundrauschen optischer Systeme kann digital abgezogen werden. Kleine transparente Objekte, die vorher nicht vom Hintergrund zu unterscheiden waren, werden durch diese Vorgehensweise sichtbar

9.1.5 Vor dem Mikroskopieren müssen intakte Gewebe gewöhnlich fixiert und geschnitten werden

Einzelne lebende Zellen in Kultur zu betrachten, ist relativ einfach; aber die meisten Zellen kommen in komplexen Geweben und Organen vor, und dies zwingt uns zu einem weiteren Kompromiss, wenn wir sie anschauen wollen. Weil die meisten Gewebeproben zu dick sind, um ihre einzelnen Zellen mit hoher Auflösung direkt betrachten zu können, müssen sie oft in sehr dünne Scheiben (*Dünnschnitte*) geschnitten werden. Um Zellen innerhalb des Gewebes zu konservieren, müssen sie zunächst mit einem *Fixativ* behandelt werden. Übliche Fixiermittel enthalten Glutaraldehyd, der mit den freien Aminogruppen der Proteine kovalente Bindungen eingeht und sie quervernetzt, sodass sie stabilisiert und in Position gehalten werden.

Da Gewebe sogar nach der Fixierung im Allgemeinen weich und empfindlich sind, müssen sie vor dem Schneiden entweder eingefroren oder mit einem Trägermaterial gestützt werden. Die gebräuchlichsten Einbettungsmaterialien sind Wachse oder Harze. In flüssiger Form durchdringen und umgeben diese Medien das fixierte Gewebe; dann lässt man sie (durch Kühlung oder Polymerisation) zu einem Block aushärten, der sich mit dem Mikrotom einfach schneiden lässt. Dies ist ein Gerät (**Abb. 9.8**) mit einer scharfen Klinge, in der Regel aus Stahl oder Glas, das wie ein Käsehobel funktioniert. Die Dünnschnitte (normalerweise 0,5–10 μm dick) werden dann flach auf einen Glas-Objektträger gelegt.

Die meisten Zellen enthalten wenige Bestandteile (der Gewichtsanteil des Wassers beträgt 70 %), die den Durchtritt der Lichtstrahlen behindern könnten. Daher sind die meisten unbehandelten Zellen, insbesondere die in fixierten Dünnschnitten, in einem normalen Lichtmikroskop fast unsichtbar. Wir haben gesehen, dass Zellbestandteile mit Techniken wie der Phasenkontrast- und Differenzial-Interferenzkontrastmikroskopie sichtbar gemacht werden können, aber diese Methoden verraten uns fast nichts über die zugrunde liegende Chemie. Es gibt drei wesentliche Ansätze, um in Gewebedünnschnitten die Unterschiede in den vorhandenen Molekülarten offenlegen.

Erstens und traditionsgemäß können Schnitte mit organischen Farbstoffen angefärbt werden, die zu bestimmten subzellulären Kompartimenten eine spezifische Affinität besitzen. Der Farbstoff Hämatoxylin hat z. B. eine Vorliebe für negativ geladene Moleküle und zeigt deshalb die allgemeine Verteilung von DNA, RNA und sauren Proteinen in der Zelle an (**Abb. 9.9**). Die chemische Grundlage für die Spezifität vieler Farbstoffe ist allerdings unbekannt, obgleich sie in medizinischen Analyselabors breite Anwendung finden.

Zweitens können Gewebeschnitte dazu dienen, bestimmte Muster der differenziellen Genexpression sichtbar zu machen. Ein dritter und sehr empfindlicher Ansatz, der zur Lokalisierung interessierender Proteine allgemein und breit anwendbar ist, hängt von der Verwendung fluoreszierender Sonden und Marker ab, wie wir als Nächstes erklären.

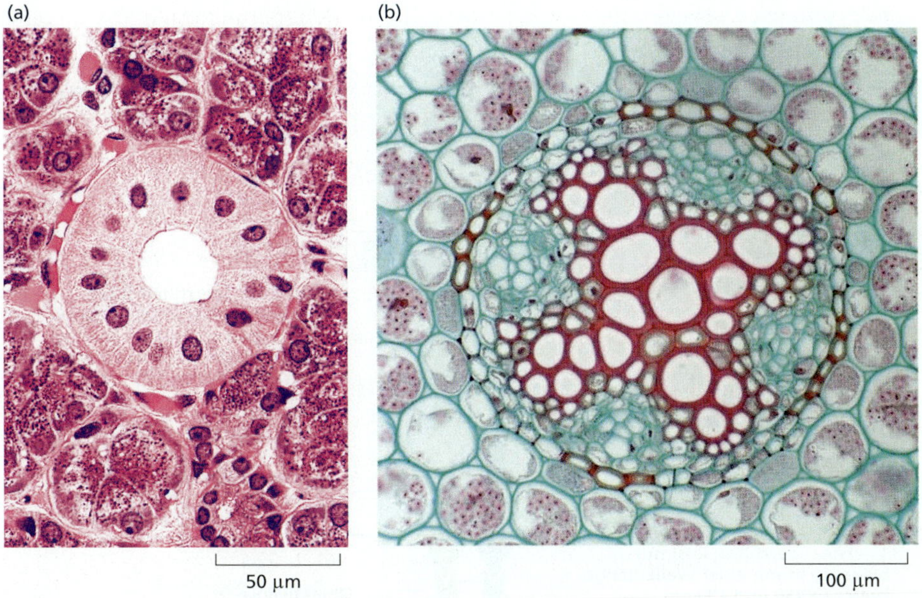

Abb. 9.9 Färbung von Zellkomponenten. (a) Dieser Gewebeschnitt von Zellen einer Speicheldrüse wurde mit Hämatoxylin und Eosin gefärbt, zwei Farbstoffen, die in der Histologie häufig verwendet werden. Jeder zentrale Gang besteht aus dicht gepackten Zellen (deren Kerne *lila* und deren Cytoplasma *rot* gefärbt sind). Der Gang ist von Gruppen speichelsezernierenden Zellen umgeben. (b) Dieser Schnitt durch eine junge Pflanzenwurzel ist mit zwei Farbstoffen angefärbt, Safranin und Fast Green. Fast Green färbt die zellulosehaltigen Zellwände an, wohingegen Safranin die ligninhaltigen Zellwände des Xylems rot färbt. (a, aus R. L. Sorrenson und T. C. Breije, Atlas of Human Histology: A Guide to Microscopic Structure of Cells, Tissues and Organs, 3rd ed., 2001. Mit Erlaubnis der Autoren; b, mit freundlicher Genehmigung der University of Wisconsin Plant Teaching Collection).

9.1.6 Bestimmte Moleküle können in der Zelle durch Fluoreszenzmikroskopie nachgewiesen werden

Fluoreszierende Moleküle absorbieren Licht bei einer Wellenlänge und emittieren es bei einer größeren Wellenlänge (**Abb. 9.10a und b**). Wird ein solches Molekül mit Licht der von ihr absorbierten Wellenlänge bestrahlt und durch ein Filter beobachtet, das nur Licht der emittierten Wellenlänge passieren lässt, leuchtet die Verbindung vor einem dunklen Hintergrund. Da der Hintergrund dunkel ist, genügt zum Nachweis selbst eine verschwindend kleine Menge von leuchtendem Fluoreszenzfarbstoff. Im Gegensatz dazu wäre die gleiche Anzahl von Molekülen eines gewöhnlichen Farbstoffs auf herkömmliche Weise betrachtet praktisch nicht erkennbar, da die Moleküle dem von ihnen absorbierten Licht beim Durchgang durch diesen Teil der Probe nur einen Hauch einer Färbung verleihen würden.

Die zur Färbung von Zellen eingesetzten Fluoreszenzfarbstoffe werden mit einem **Fluoreszenzmikroskop** sichtbar gemacht. Dieses Mikroskop ähnelt einem gewöhnlichen aufrechten oder umgekehrten Lichtmikroskop, doch das aus einer starken Lampe stammende Licht muss zwei Filtersätze passieren: Einer filtert das Licht, bevor es das Objekt erreicht, der andere filtert das vom Objekt zurückkommende Licht. Den ersten Satz Filter können nur Wellenlängen passieren, die bestimmte Fluoreszenzfarbstoffe anregen, während der zweite Satz genau dieses Licht ausblendet und nur die vom fluoreszierenden Farbstoff emittierten Wellenlängen durchtreten lässt (**Abb. 9.10c**).

Die Fluoreszenzmikroskopie kommt meist zum Einsatz, wenn es darum geht, bestimmte Proteine oder andere Moleküle in Zellen oder Geweben nachzuweisen. Verwendet man beispielsweise fluoreszierende Nukleotidsonden bei der später behandelten *In-situ* -Hybridisierung (s. **Abb. 8.63**), so lässt sich die zelluläre Verteilung und Menge der spezifisch exprimierten RNA-Moleküle in Schnittmaterial oder in ganzen Ansammlungen kleiner Organismen, Organe oder Zellen offenlegen (**Abb. 9.11**).

Eine vielseitige und häufig genutzte Technik ist die Kopplung von fluoreszierenden Farbstoffen an Antikörpermoleküle, die dann als hoch spezifische und vielseitige Färbereagenzien dienen, die selektiv an bestimmte Makromoleküle binden und diese in Zellen oder ihrer extrazellulären Matrix erkennen. Zwei zu diesem Zweck häufig verwendete Fluoreszenzfarbstoffe sind *Fluorescein*, das bei Anregung mit blauem Licht eine

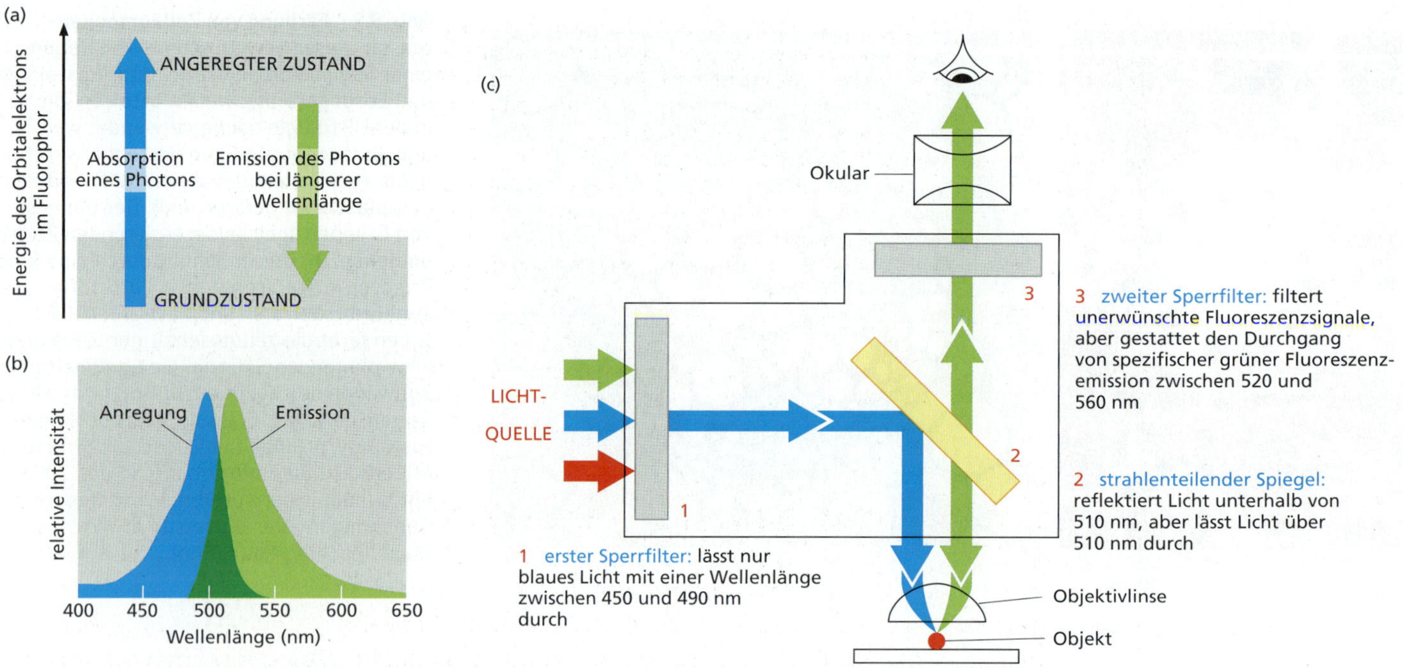

Abb. 9.10 Fluoreszenz und das Fluoreszenzmikroskop. (a) Ein Orbitalelektron eines Fluoreszenzfarbstoffmoleküls kann nach Absorption eines Photons in einen angeregten Zustand angehoben werden. Fluoreszenz tritt auf, wenn das Elektron in seinen Grundzustand zurückkehrt und ein Lichtphoton mit längerer Wellenlänge aussendet. Das Fluoreszenzfarbstoffmolekül kann auch zerstört werden, wenn es zu viel Licht oder zu hellem Licht ausgesetzt wird, dieser Vorgang wird als *Photobleichung* (*photobleaching*) bezeichnet. (b) Das Anregungs- und Emissionsspektrum für den üblichen Fluoreszenzfarbstoff Fluorescein-Isothiocyanat (FITC). (c) Im Fluoreszenzmikroskop besteht ein Filtersatz aus zwei Sperrfiltern (1 und 3) und einem dichroitischen (strahlenteilenden) Spiegel (2). Hier ist der Filtersatz zum Nachweis des fluoreszierenden Moleküls Fluorescein abgebildet. In diesem Mikroskoptyp sind Objektivlinsen mit hoher numerischer Apertur besonders wichtig, da bei einer gegebenen Vergrößerung die Helligkeit des Fluoreszenzbilds proportional zur vierten Potenz der numerischen Apertur ist (s. **Abb. 9.5**).

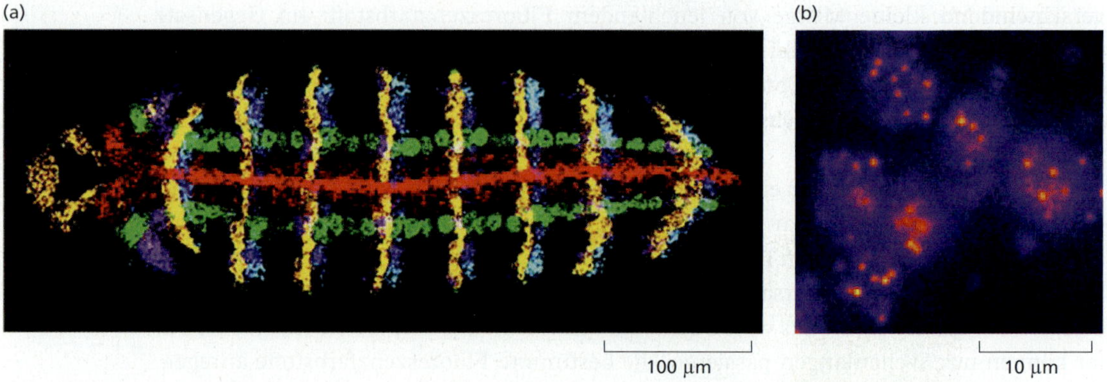

Abb. 9.11 *RNA-in-situ*-Hybridisierung. (a) Wie in Kapitel 8 beschrieben (s. **Abb. 8.63**), ist es mithilfe der *In-situ*-Hybridisierung möglich, die Verteilung der verschiedenen RNAs im Gewebe sichtbar zu machen. Hier ist in einem einzelnen Embryo das Transkriptionsmuster von fünf verschiedenen Genen gezeigt, die an der Strukturierung im frühen Fliegenembryo beteiligt sind. Jede RNA-Probe wurde auf andere Weise fluoreszenzmarkiert; die resultierenden Bilder wurden jeweils mit einer anderen Farbe dargestellt („falschgefärbt") und kombiniert, um ein Bild zu ergeben, bei dem unterschiedliche Farbkombinationen verschiedene, exprimierte Gensätze darstellen. Die Gene, deren Expressionsmuster hier gezeigt sind, sind *wingless* (*gelb*), *engrailed* (*blau*), *short gastrulation* (*rot*), *intermediate neuroblasts defective* (*grün*) und *musclespecific homeobox* (*violett*). (b) Einzelne RNA-Transkripte können in einer einzelnen Zelle nachgewiesen werden. Jede der sechs Hefezellen exprimiert weniger als 20 Transkripte eines bestimmten Gens. Mithilfe vieler DNA-Oligonukleotid-Sonden für dieses bestimmte Gen, die jeweils mit vielen fluoreszierenden Cy5-Molekülen markiert sind, kann jedes einzelne RNA-Transkript als *roter Punkt* detektiert werden. (Aus D. Kosman *et al.*, *Science* 305: 846, 2004. Mit Erlaubnis der AAAS; b, aus G. M. Wadsworth, R. Y. Panikh und H. D. Kim, Single-probe RNA FISH in yeast. *Bio Protoc.* 8(11): e2868, 2018, mit freundlicher Genehmigung von Bio-protocol).

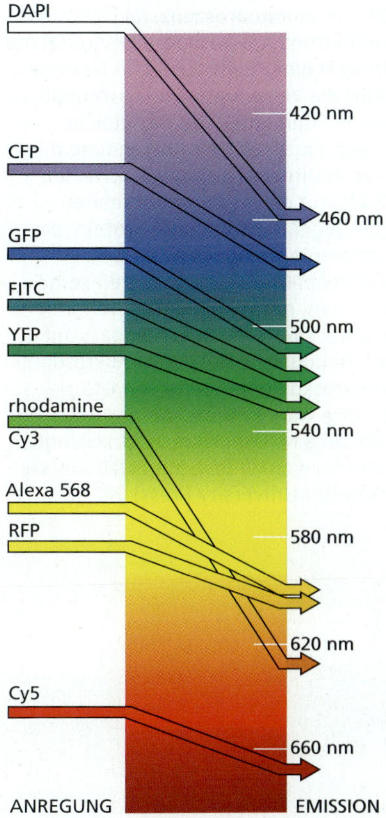

Abb. 9.12 Fluoreszierende Sonden. Die maximalen Anregungs- und Emissionswellenlängen von mehreren häufig genutzten fluoreszierenden Sonden sind hier im Vergleich zu den entsprechenden Farben des Spektrums dargestellt. Das von einem fluoreszierenden Molekül emittierte Photon hat notwendigerweise eine niedrigere Energie (größere Wellenlänge) als das absorbierte Photon, was den Unterschied zwischen den Anregungs- und Emissionsspitzen erklärt. CFP, GFP, YFP und RFP sind blau bzw. grün, gelb und rot fluoreszierende Proteine. DAPI wird als universelle fluoreszierende DNA-Sonde eingesetzt, die UV-Licht absorbiert und hellblau fluoresziert. FITC ist die Abkürzung für Fluoresceinisothiocyanat, ein häufig verwendetes Fluoresceinderivat, das hellgrün fluoresziert. Alle anderen Sonden finden breite Anwendung bei der Fluoreszenzmarkierung von Antikörpern und anderen Proteinen. Zu beachten ist, dass hier zwar die echten Fluoreszenzemissionsfarben gezeigt sind, dass die im Mikroskop aber tatsächlich sichtbare Farbe vom zweiten verwendeten Sperrfilter abhängt (s. Abb. 9.10), und diese werden in der Regel so optimiert, dass so viel wie möglich verschiedene sich nicht überlappende Farbsonden in der gleichen Probe gesehen werden können. Obwohl YFP im grünen Spektrum emittiert, erscheint es wegen des verwendeten Filters tatsächlich gelb-grün im Mikroskop. Der Einsatz fluoreszierender Proteine wird an späterer Stelle in diesem Kapitel behandelt.

intensiv grüne Fluoreszenz emittiert, und *Rhodamin*, das tiefrot fluoresziert, sobald es mit grün-gelbem Licht angeregt wird (**Abb. 9.12**). Durch Kopplung eines Antikörpers an Fluorescein und eines anderen an Rhodamin kann die Verteilung verschiedener Moleküle in derselben Zelle verglichen werden; die beiden Moleküle werden getrennt sichtbar gemacht, indem man zwischen den zwei verschiedenen Filtersätzen (wobei je einer für einen Farbstoff spezifisch ist) hin- und herschaltet. Wie in **Abbildung 9.13** gezeigt ist, kann man nach dem gleichen Prinzip auch viele unterschiedliche Fluoreszenzfarbstoffe verwenden, um innerhalb einer Zelle klar zwischen mehreren verschiedenen Molekülen zu unterscheiden. Viele Fluoreszenzfarbstoffe, wie Cy3, Cy5 und die Alexa-Farbstoffe, wurden speziell für die Fluoreszenzmikroskopie entwickelt. Aber wie viele organische Fluoreszenzfarbstoffe bleichen sie ziemlich rasch aus, wenn sie fortlaufend beleuchtet werden. Später im Kapitel werden weitere Methoden der Fluoreszenzmikroskopie behandelt, die eingesetzt werden können, um Konzentrations- und Ortsänderungen spezifischer Moleküle innerhalb *lebender Zellen* zu beobachten. Wie bei allen Mikroskopiermethoden müssen Kompromisse eingegangen werden. Bei allen Fluoreszenzmikroskopen können nur diejenigen Moleküle abgebildet werden, die fluoreszenzmarkiert sind; alle anderen Moleküle in der Zelle bleiben verborgen.

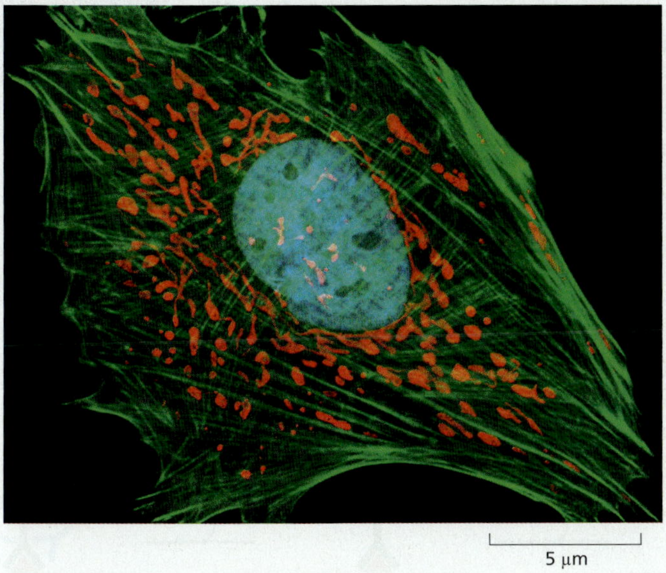

Abb. 9.13 In derselben Zelle können verschieden fluoreszierende Sonden sichtbar gemacht werden. In dieser zusammengesetzten mikroskopischen Aufnahme einer Epithelzelle in Kultur wurden drei verschiedene Fluoreszenzmarkierungen verwendet, um drei verschiedene Zellkomponenten zu färben. Die Aktinfilamente des Cytoskeletts werden mit einer *grün* fluoreszierenden Sonde aufgedeckt, die zahlreichen Mitochondrien mit einem *rot* fluoreszierenden Farbstoff, der sich innerhalb der Organellen ansammelt, und der Zellkern mit einem *blau* fluoreszierenden Farbstoff, der an DNA bindet. (Mit freundlicher Genehmigung der Carl Zeiss Mikroskopie GmbH).

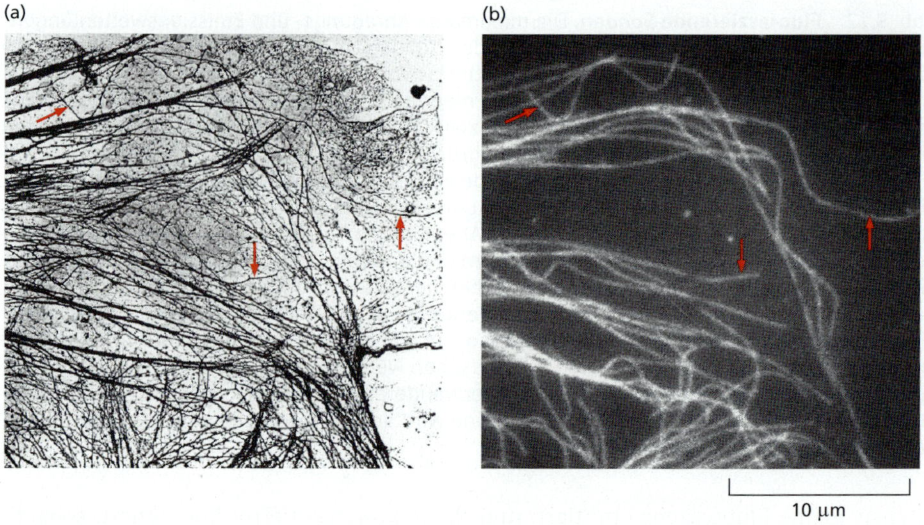

Abb. 9.14 Immunfluoreszenz. (a) Die transmissionselektronenmikroskopische Aufnahme der Peripherie einer Epithelzelle in Gewebekultur zeigt die Verteilung von Mikrotubuli und anderen Filamenten. (b) Der gleiche Bereich nach Färben (unter Anwendung der Technik der indirekten Immuncytochemie; s. **Abb. 9.15**) mit einem fluoreszierenden Antikörper gegen Tubulin, dem Protein, das sich zusammenlagert, um Mikrotubuli zu bilden. Die *roten Pfeile* weisen auf einzelne Mikrotubuli hin, die in beiden Darstellungen gut erkennbar sind. Man beachte, dass aufgrund von Beugungseffekten die Mikrotubuli im Lichtmikroskop eine Breite von 0,2 μm und nicht ihre wahre Breite von nur 0,025 μm zeigen. (© 1978 M. Osborn et al. Ursprünglich veröffentlicht in *J. Cell Biol.* Mit Erlaubnis von The Rockefeller University Press).

9.1.7 Antikörper lassen sich zum Nachweis bestimmter Proteine einsetzen

Antikörper sind Proteine, die vom Immunsystem der Wirbeltiere zum Schutz vor Infektionen erzeugt werden (s. Kapitel 24). Sie sind insofern einzigartig unter den Proteinen, als sie in milliardenfach verschiedenen Formen hergestellt werden und jeweils eine andere Bindungsstelle besitzen, die ein Zielmolekül (oder *Antigen*) erkennt. Die Präzision, mit der Antikörper ihr Antigen erkennen (ihre Spezifität), hat sie zu unentbehrlichen Werkzeugen für den Zellbiologen gemacht. Mit einer chemisch gekoppelten Fluoreszenzmarkierung sind sie unersetzlich beim Aufspüren bestimmter Moleküle in der Zelle mittels Fluoreszenzmikroskopie (**Abb. 9.14**); tragen sie elektronendichte Partikel, wie kolloidale Goldkügelchen, werden sie zu ähnlichen Zwecken in der Elektronenmikroskopie herangezogen (s. u.). Die in der Mikroskopie verwendeten Antikörper werden gewöhnlich entweder aus einem Antiserum aufgereinigt, um alle unspezifischen Antikörper zu entfernen, oder es handelt sich um spezifische monoklonale Antikörper, die nur das Zielmolekül erkennen.

Wenn wir Antikörper als Sonden zum Nachweis oder zur Beobachtung von bestimmten Molekülen in Zellen einsetzen, verstärken wir das Fluoreszenzsignal oft durch chemische Methoden. Ein Markierungsmolekül, z. B. ein Fluoreszenzfarbstoff, kann direkt an einen Antikörper (den *primären Antikörper*) gebunden werden. Man erhält ein stärkeres Signal, wenn ein nicht markierter primärer Antikörper verwendet wird, der sich dann mit einer Gruppe markierter *sekundärer Antikörper* nachweisen lässt (**Abb. 9.15**). Diesen Vorgang bezeichnet man als *indirekte Immuncytochemie*.

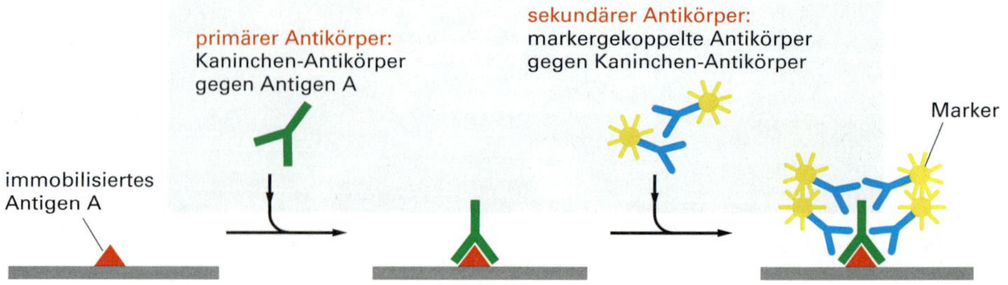

Abb. 9.15 Indirekte Immuncytochemie. Diese Nachweismethode ist sehr empfindlich, da der primäre Antikörper selbst von vielen Molekülen des sekundären Antikörpers erkannt wird. Der sekundäre Antikörper ist kovalent an ein Sondenmolekül gekoppelt, durch das er leicht nachweisbar ist. Zu den häufig verwendeten Markierungsmolekülen zählen fluoreszierende Farbstoffe (für die Fluoreszenzmikroskopie) und kolloidale Goldpartikel (für die Elektronenmikroskopie).

9.1.8 Einzelne Proteine können in lebenden Zellen und Organismen fluoreszenzmarkiert werden

Selbst die stabilsten Zellstrukturen müssen im dynamischen Lebenszyklus einer Zelle zusammengebaut und auseinandergenommen oder umorganisiert werden. Andere Strukturen, häufig von enormer Größe auf molekularer Ebene, verändern sich rasch, bewegen sich, organisieren ihren Aufbau neu, während die Zelle ihre inneren Aufgaben erfüllt und auf Signale aus der Umgebung reagiert. Komplizierte, hoch organisierte Teile von Molekülmaschinen bewegen Komponenten in der Zelle, kontrollieren den Verkehr aus und in den Kern oder von einem Organell zum anderen wie auch in die Zelle hinein und heraus.

Verschiedene Techniken wurden entwickelt, um die spezifischen Bestandteile, die an solchen dynamischen Phänomenen beteiligt sind, sichtbar zu machen. Viele dieser Verfahren verwenden Fluoreszenzproteine; sie erfordern eine Abwägung zwischen der Strukturkonservierung und einer brauchbaren Markierung. Alle zuvor besprochenen fluoreszierenden Moleküle müssen außerhalb der Zelle hergestellt und dann in sie eingeführt werden. Aber die Verwendung von proteincodierenden Genen, die eine natürliche Eigenfluoreszenz haben, hat es ermöglicht, Organismen und Zelllinien herzustellen, die ohne Zugabe fremder Moleküle ihre eigene sichtbare Markierung herstellen. Diese zellulären Exhibitionisten geben ihre zellinterne Arbeitsweise in leuchtenden Fluoreszenzfarben zu erkennen.

Das für diese Zwecke von Zellbiologen am häufigsten verwendete Protein ist das **grün fluoreszierende Protein (GFP)**; es stammt aus der Qualle *Aequorea victoria*. Das Protein wird von einem einzigen Gen codiert, das kloniert und in die Zellen anderer Spezies eingeführt werden kann. Das frisch translatierte Protein fluoresziert nicht, aber innerhalb von etwa einer Stunde (für einige Allele mehr, für andere weniger) unterziehen sich einige der Aminosäuren einer selbstkatalysierten posttranslationalen Modifikation zu einem leistungsfähigen Fluoreszenzfarbstoff, der durch ein fassartiges Protein abgeschirmt ist und der nun fluoresziert, wenn er mit dem passenden blauem Licht bestrahlt wird (**Abb. 9.16**). Die an der ursprünglichen Gensequenz durchgeführte umfangreiche ortsgerichtete Mutagenese hat zu vielen Varianten geführt, die in verschiedenen Organismen, von Tieren über Pflanzen bis hin zu Pilzen und Mikroben, eingesetzt werden können. Die Fluoreszenzleistung wurde ebenfalls verbessert, und es wurden Varianten mit veränderten Absorptions- bzw. Emissionsspektren erzeugt von blaugrün, wie das blau fluoreszierende Protein (BFP), bis zum gerade noch sichtbaren Dunkelrot. Seither entdeckte man andere verwandte fluoreszierende Proteine (z. B. in Korallen), die

Abb. 9.16 Das grün fluoreszierende Protein (GFP). Schematische Darstellung der GFP-Struktur; hervorgehoben sind die elf β -Stränge, die die Dauben des Fasses bilden. Abgeschirmt in diesem molekularen Fass befindet sich der aktive Chromophor (*dunkelgrün*). (b) Der Chromophor wird posttranslational aus den hervorstehenden Seitenketten der zwei Aminosäurereste in einer Reihe autokatylytischer Schritte gebildet. (a, PDB-Code: 1EMA, aus M. Ormö *et al.*, *Science* 273: 1392–1395, 1996. Mit Erlaubnis der AAAS).

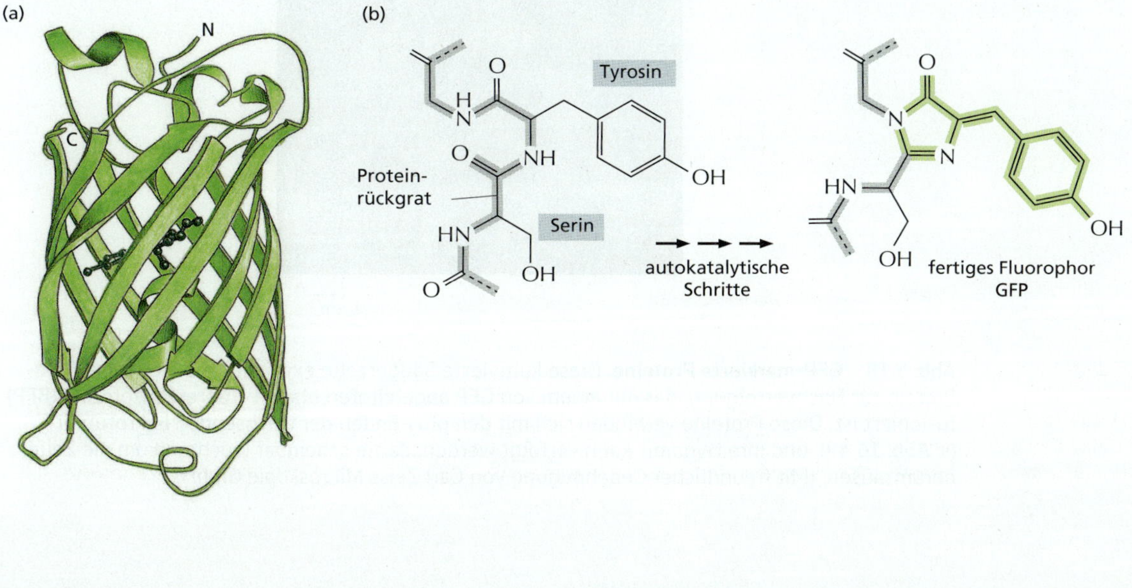

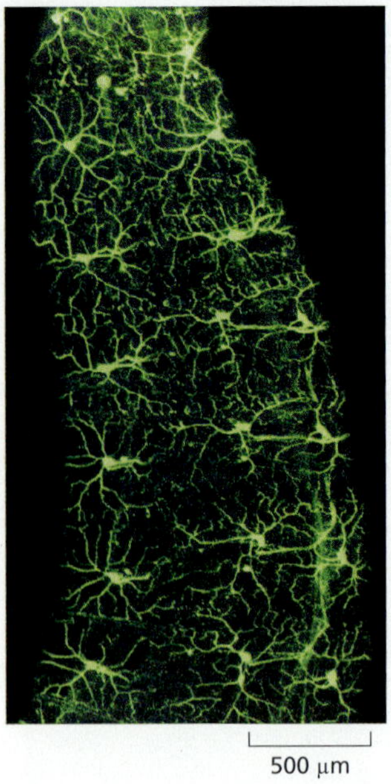

Abb. 9.17 **Fluoreszierende Proteine als Reporter.** Um dieses Experiment in der Taufliege durchzuführen, wurde das GFP-Gen (mithilfe der Gentechnik) mit einem Fliegenpromotor verbunden, der nur in einer spezialisierten Neuronengruppe aktiv ist. Dieses Bild eines lebenden Fliegenembryos wurde mithilfe eines Fluoreszenzmikroskops aufgenommen; es zeigt etwa 20 Neuronen, jedes mit langen Fortsätzen (Axone und Dendriten), die mit anderen (nicht fluoreszierenden) Zellen kommunizieren. Diese Neuronen liegen direkt unter der Oberfläche des Tiers und ermöglichen ihm, seine unmittelbare Umgebung wahrzunehmen. (a) Bei einer Variation dieser Methode können drei verschiedene fluoreszierende Proteine, rot, gelb und türkis, zufällig in Nervenzellen des lebenden Fliegenembryos exprimniert werden. Die genetischen Konstrukte wurden so angeordnet, dass ein starker, blauer Lichtimpuls die Expression des einen oder anderen der drei Fluoreszenzproteine zufällig in Nervenzellen aktivieren wird, wo sie dann die Plasmamembran anzielen. Diese nicht invasive Kontrolle der zeitlichen Abstimmung der Zellmarkierung ermöglicht es daraufhin, das Verhalten einzelner Zellen im Zeitverlauf zu verfolgen. Die kleinsten Einzelheiten aller Dendriten der einzelnen Sinnesnervenzellen sind klar zu sehen. Die Linien der blassen Punkte entstehen aus der Autofluoreszenz der Banden aus Zähnchen in der Kutikula, die die Segmente des Embryos festlegen (s. Abb. 21.24). (Aus W. B. Grueber *et al.*, *Curr. Biol.* 13: 618–626, 2003. Mit Erlaubnis von Elsevier).

ebenfalls die Spannbreite in den roten Spektralbereich ausdehnen, wie das rot fluoreszierende Protein (RFP).

Eine der einfachsten Anwendungen von GFP ist die als Reportermolekül: eine fluoreszierende Sonde zur Überwachung der Genexpression. Man stellt einen transgenen Organismus her, in dem die GFP-codierende Sequenz unter der Transkriptionskontrolle des Promotors des interessierenden Gens steht; damit verfügt man über einen direkt sichtbaren Verlauf des Genexpressionsmusters in einem lebenden Organismus (Abb. 9.17). Bei einer anderen Anwendung verbindet man ein Signalpeptid mit GFP, um es zu einem bestimmten Zellkompartiment zu dirigieren, z. B. dem Endoplasmatischen Reticulum oder einem Mitochondrium (s. Abb. 9.25b). Die betreffenden Organellen leuchten dann und können im lebenden Zustand beobachtet werden.

Die GFP-codierende DNA-Sequenz kann auch vor oder hinter die codierende Sequenz eines anderen Proteins gestellt werden; es entsteht ein chimäres Produkt des Proteins mit einer neu angehängten GFP-Domäne. In vielen Fällen verhält sich das GFP-Fusionsprotein wie das Originalprotein und verrät anhand seiner genetisch codierten Fluoreszenz direkt seinen Aufenthaltsort und seine Aktivitäten (Abb. 9.18). Häufig lässt

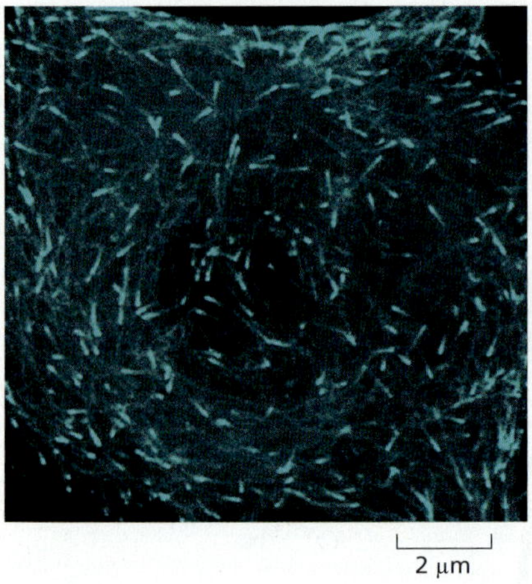

Abb. 9.18 **GFP-markierte Proteine.** Diese kultivierte Säugerzelle exprimiert EB3, ein *plus-Ende*-Protein zur Nachverfolgung, das mit einem von GFP abgeleiteten blauen Fluoreszenzprotein (BFP) fusioniert ist. Diese Proteine verbinden sich mit den plus-Enden der wachsenden Mikrotubuli (s. Abb. 16.49), und ihre Dynamik kann verfolgt werden, da sie scheinbar leuchtend um die Zelle herumsausen. (Mit freundlicher Genehmigung von Carl Zeiss Mikroskopie GmbH).

sich nachweisen, dass das GFP-Fusionsprotein dem nicht markierten Protein gleichwertig ist, etwa indem man eine Mutante, der das betreffende Protein fehlt, mit dem Fusionsprotein rettet. Die GFP -Markierung ist die klarste und eindeutigste Methode, um die Verteilung und Dynamik eines Proteins in einem lebenden Organismus zu zeigen.

9.1.9 Die Proteindynamik kann man an lebenden Zellen verfolgen

Heute setzt man fluoreszierende Proteine nicht nur ein, um zu sehen, wo in einer Zelle ein bestimmtes Protein lokalisiert ist, sondern auch um seine kinetischen Eigenschaften aufzudecken und herauszufinden, ob es mit anderen Molekülen wechselwirkt. Wir beschreiben jetzt Methoden, bei denen fluoreszierende Proteine auf diese Weise verwendet werden.

Erstens können Wechselwirkungen zwischen einem Protein und einem anderen mittels **Förster-Resonanz-Energietransfer**, auch **Fluoreszenz-Resonanz-Energietransfer** genannt (beides mit **FRET** abgekürzt), beobachtet werden. Bei diesem Verfahren werden die beiden zu untersuchenden Moleküle mit verschiedenen Fluoreszenzfarbstoffen markiert, die so gewählt sind, dass das Emissionsspektrum des einen, des Donators, mit dem Absorptionsspektrum des anderen, des Akzeptors, überlappt. Wenn die beiden Proteine so miteinander wechselwirken, dass ihre Fluoreszenzfarbstoffe weniger als ca. 5 nm Abstand haben, kann ein Fluorochrom, wenn angeregt, die Energie des absorbierten Lichts direkt (durch Resonanz, nichtradioaktiv) auf das andere übertragen. Wenn der Komplex mit Licht der Anregungswellenlänge des ersten Fluorochroms bestrahlt wird, wird Fluoreszenzlicht der Emmissionswellenlänge des zweiten Farbstoffs erzeugt (**Abb. 9.19**). Diese Methode kann mit zwei verschiedenen spektralen Varianten von GFP als Fluoreszenzfarbstoffen arbeiten und Prozesse wie die Wechselwirkung von Signalmolekülen mit ihren Rezeptoren oder Proteine in makromolekularen Komplexen an spezifischen Stellen innerhalb lebender Zellen aufzeigen (**Abb. 15.49**). Der FRET kann gemessen werden, indem man die Verringerung der Donatorfluoreszenz in Gegenwart des Akzeptors mengenmäßig bestimmt. Der Effekt von FRET ist

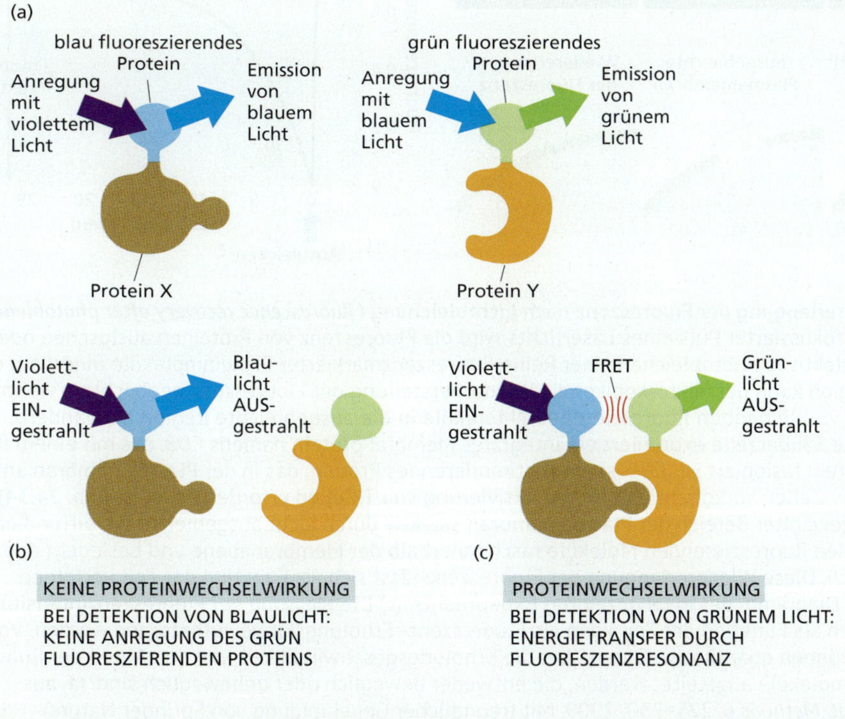

Abb. 9.19 Fluoreszenzresonanz-Energietransfer (FRET). Will man bestimmen, ob (und wann) zwei Proteine innerhalb einer Zelle wechselwirken, müssen zunächst von beiden Kandidaten Fusionsproteine mit verschiedenen Farbvarianten des grün fluoreszierenden Proteins (GFP) hergestellt werden. (a) In unserem Beispiel wurde Protein *X* mit einem blau fluoreszierenden Protein (BFP) gekoppelt, das von violettem Licht angeregt wird und blaues Licht emittiert; Protein *Y* ist mit einem grün fluoreszierenden Farbstoff verknüpft, der durch blaues Licht angeregt wird und grünes Licht emittiert. (b) Wenn die Proteine *X* und *Y* nicht miteinander wechselwirken, führt die Bestrahlung mit violettem Licht nur zur Aussendung von blauem Licht. (c) Gibt es Kontakte zwischen *X* und *Y*, kann der Resonanz-Energietransfer, FRET, eintreten. Die Bestrahlung der Probe mit violettem Licht regt das blau fluoreszierende Protein an, das seine Energie auf das grün fluoreszierende Protein überträgt und zur Emission von grünem Licht führt. Die Fluoreszenzfarbstoffe müssen einander sehr nahe kommen – ca. 1–5 nm – damit FRET eintreten kann. Da nicht alle Moleküle von *X* und *Y* zu jedem Zeitpunkt aneinander gebunden sind, wird man auch eine gewisse Emission von blauem Licht beobachten. Sobald die beiden Proteine wechselwirken, nimmt die Emission vom Donator-BFP ab, und die Emission vom Akzeptor-GFP steigt an.

umgekehrt proportional zur sechsten Potenz des Abstands zwischen dem Donaror- und dem Akzeptormolekül, er reagiert daher empfindlich auf kleine Abstandsänderungen.

Die für GFP und andere verwandte Fluoreszenzproteine codierenden Gene können maßgeschneidert werden, um Proteinvarianten zu erzeugen, in der Regel mit einer oder mehreren Aminosäureänderungen, die unter normalen Anregungsbedingungen nur schwach fluoreszieren; sie können jedoch dazu gebracht werden, entweder stärker oder mit einem Farbwechsel zu fluoreszieren (z. B: von grün nach rot), indem man sie mit einem starken Lichtpuls verschiedener Wellenlänge aktiviert – der Vorgang heißt **Photoaktivierung**.

Im Prinzip man durch das Mikroskop das lokale *In-vivo* -Verhalten jedes Proteins verfolgen, das als Fusionsprotein mit einem dieser GFP -Varianten exprimiert werden kann. Diese genetisch codierten, photoaktivierbaren Fluoreszenzproteine erlauben, dass die Lebensdauer und das Verhalten jedes Proteins unabhängig von anderen neu synthetisierten Proteinen untersucht werden können.

Eine dritte Möglichkeit, GFP zu verwenden, das mit einem Protein von Interesse fusioniert ist, ist die als ***FRAP*** (***fluorescence recovery after photobleaching***, Wiedererlangung der Fluoreszenz nach Lichtbleichung) bezeichnete Technik. Hier wird ein stark fokussierter Laserlichtstrahl verwendet, um damit die Fluoreszenz von GFP in einer bestimmten Zellregion auszulöschen. Danach kann man die Art und Weise untersuchen, wie die verbliebenen, nicht ausgebleichten fluoreszierenden Proteinmoleküle im Laufe der Zeit in die gebleichte Fläche einwandern. Diese Technik wird normalerweise mit einem Konfokalmikroskop durchgeführt und kann wie die Photoaktivierung wertvolle quantitative Daten über die kinetischen Parameter des interessierenden Proteins liefern, wie z. B. Diffusionskoeffizienten, Geschwindigkeiten des aktiven Transports oder Geschwindigkeiten der Bindung und Dissoziation von anderen Proteinen (**Abb. 9.20**).

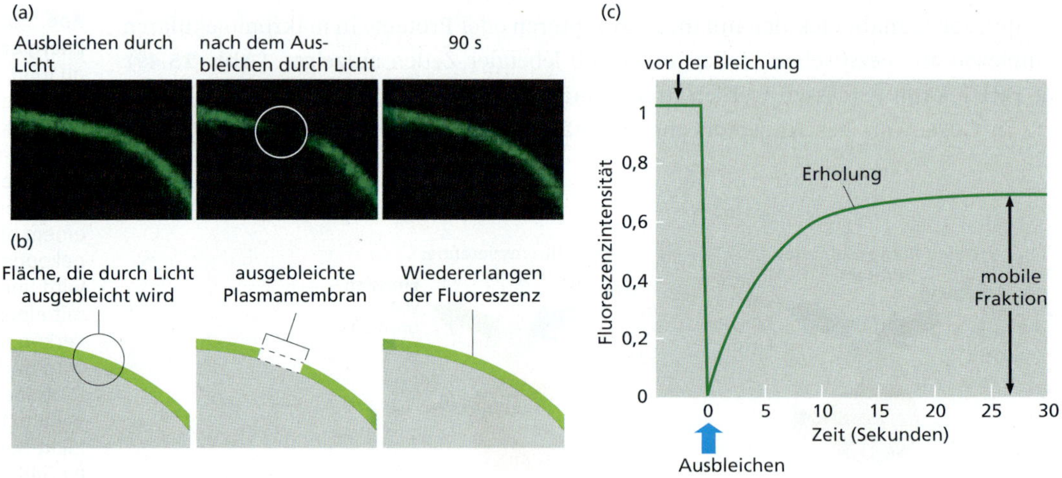

Abb. 9.20 Wiedererlangung der Fluoreszenz nach Lichtbleichung (*fluorescence recovery after photobleaching, FRAP*). Ein starker fokussierter Puls eines Laserlichts wird die Fluoreszenz von Proteinen auslöschen oder bleichen. Durch selektives Photobleichen einer Reihe fluoreszenzmarkierter Proteinmoleküle innerhalb einer definierten Zellregion kann der Mikroskopiker die Wiederherstellung der Fluoreszenz beobachten, wenn im Laufe der Zeit die verbleibenden fluoreszierenden Moleküle in die ausgebleichte Region einwandern. (a) Diese kultivierte Säugerzelle exprimiert ein integrales Membranprotein namens *CD8*, das mit einem fluoreszierenden Protein fusioniert ist. *CD8* ist ein kostimulierendes Protein, das in der Plasmamembran antigenpräsentierender Zellen vorkommt und für die Aktivierung von T-Zellen erforderlich ist (s. **Abb. 24.34**). Nachdem ein ausgewählter Bereich der Plasmamembran selektiv durch Licht ausgebleicht ist, diffundieren die übriggebliebenen fluoreszierenden Moleküle rasch innerhalb der Membranebene und besiedeln den ausgebleichten Bereich. Diese Wiedererlangung der Fluoreszenz lässt sich als Funktion der Zeit verfolgen. (b) Schematisches Diagramm des in (a) gezeigten Experiments. (c) Die Messung der Fluoreszenzintensität im gebleichten Bereich als Funktion der Zeit kann als Fluoreszenz- Erholungskurve aufgetragen werden. Von solchen Graphen können quantitative Daten über die Erholungsgeschwindigkeit und den Anteil der fluoreszierenden Proteinmoleküle abgeleitet werden, die entweder beweglich oder unbeweglich sind. (a, aus S. Dorsch et al., *Nat. Methods* 6: 225–230, 2009. Mit freundlicher Genehmigung von Springer Nature).

9.1.10 Fluoreszierende Biosensoren können die zelluläre Signalgebung überwachen

Extrazelluläre Signale verursachen rasche und vorübergehende Konzentrationsänderungen der intrazellulären Signalmoleküle, die eine wichtige Rolle im Hinblick darauf spielen, wie Zellen reagieren, aber solche dynamischen und raschen Änderungen zu sehen und zu messen, bleibt eine Herausforderung. Konzentrationsänderungen einiger dieser Moleküle, z. B. von Ca^{2+}-Ionen können mithilfe eines einfachen ionenempfindlichen Indikators analysiert werden, dessen Lichtemission die lokale Ca^{2+}-Ionenkonzentration widerspiegelt (**Abb. 9.21** und s. auch **Abb. 15.31**). Aber die empfindlichsten verfügbaren Indikatoren sind eine Reihe genetisch codierter Biosensoren, die allesamt auf der oben beschriebenen wachsenden Familie von Fluoreszenzproteinen fußen. Diese Sensoren können von den zu untersuchenden Zellen synthetisiert werden und leicht mit Proteinmarkierungen fusioniert werden, die sie zu spezifischen Bestimmungsorten innerhalb der Zelle lotsen. Dort können sie als molekulare Informanten agieren, die dem sorgfältigen Beobachter wie Spione Rückmeldung über vorübergehende Signalereignisse geben. Um eine Information über Konzentrationsänderungen eines Signalmoleküls in beobachtbare Änderungen der Fluoreszenzintensität umzuwandeln, sind zwei Schlüsselkomponenten erforderlich: eine Sensorkomponente, die auf das Ziel-Signalereignis antwortet, und eine Reporterkomponente, die die Antwort in einen sichtbaren und quantifizierbaren Austrag (Output) übersetzt. Viele Biosensoren verwenden zwei verbundene Fluoreszenzproteine, die dicht genug zusammengebracht werden können, sodass sie einen Förster-Resonanz-Energietransfer erfahren (s. **Abb. 9.19**). Um sie zusammenzubringen, oder tatsächlich auseinander zu bringen, gibt es ein verbindendes Sensormodul. Der Sensor ist in der Regel ein Protein oder eine Proteindomäne, die bei der Bindung an das Zielmolekül eine große Konformationsänderung erfährt. In **Abbildung 9.22** ist das Grundprinzip dargestellt, das zur Konstruktion eines genetisch codierten Biosensors Anwendung findet. Die Messung des Verhältnisses der Intensitäten des ausgesandten Lichts der beiden fluoreszierenden Proteine im Biosensor liefert eine quantitative Konzentrationsmessung des interessierenden Zielmoleküls. Viele Hundert solcher Biosensoren wurden bereits entwickelt. Manche können Ionen oder kleine Moleküle in lebenden Zellen nachweisen, wie Ca^{2+}, cAMP, IP_3, NADPH (und daher den Redoxzustand), H^+-Ionen (und somit den pH-Wert), und Neurotransmitter, wie Acetylcholin und Glutamat. Andere können die Aktivität von Kinasen, Phosphatasen, aktiven Caspasen und sogar die Temperatur messen.

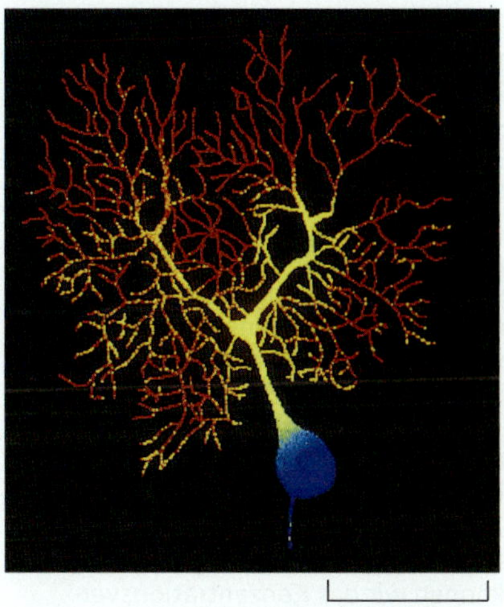

Abb. 9.21 Sichtbarmachen von intrazellulären Ca^{2+}-Konzentrationen mithilfe eines fluoreszierenden Indikators. Die sich baumartig verzweigenden Dendriten einer Purkinje-Zelle im Kleinhirn empfangen mehr als 100 000 Synapsen von anderen Nervenzellen. Die von dieser Zelle ausgesandten Signale werden von einem einzelnen Axon übertragen – es verlässt den Zellkörper am unteren Rand in der nebenstehenden Abbildung. Diese Aufnahme der intrazellulären Calciumkonzentration in einer einzelnen Purkinje-Zelle (aus einem Meerschweinchengehirn) wurde mit einer Schwachlichtkamera und dem Ca^{2+}-empfindlichen Fluoreszenzindikator *Fura-2* aufgenommen. Die Konzentration an freiem Ca^{2+} wird durch die verschiedenen Farben wiedergegeben: *rot* für die höchste und *blau* für die niedrigste Konzentration. Der höchste Ca^{2+}-Spiegel findet sich in den Tausenden dendritischer Verzweigungen. (Mit freundlicher Genehmigung von D. W. Tank, J. A. Connor, M. Sugimori und R. R. Llinas).

9.1.11 Die Bildgebung von komplexen dreidimensionalen Objekten ist auch mit dem optischen Mikroskop möglich

Wir haben erfahren, dass ein Gewebe als sehr dünne Schicht vorliegen muss, damit man es durch ein gewöhnliches Lichtmikroskop betrachten kann; je dünner der Schnitt ist, desto klarer wird das Bild. Da aber beim Schneiden Informationen über die räumliche Anordnung verloren gehen, wie können wir dann ein Bild der dreidimensionalen Architektur einer Zelle oder eines Gewebes erhalten? Und wie können wir die mikroskopischen Strukturen eines Objekts betrachten, das sich aus dem einen oder anderen Grund nicht schneiden lässt? Auch wenn man ein optisches Mikroskop auf eine bestimmte Ebene eines komplexen dreidimensionalen Objekts einstellt, werden alle anderen Teile des Objekts oberhalb und unterhalb der Fokussierungsebene ebenfalls beleuchtet, und das aus diesen Bereichen zurückkommende Licht macht das Bild unscharf, überdeckt die Feinstruktur und erschwert es, das Bild im Detail zu interpretieren.

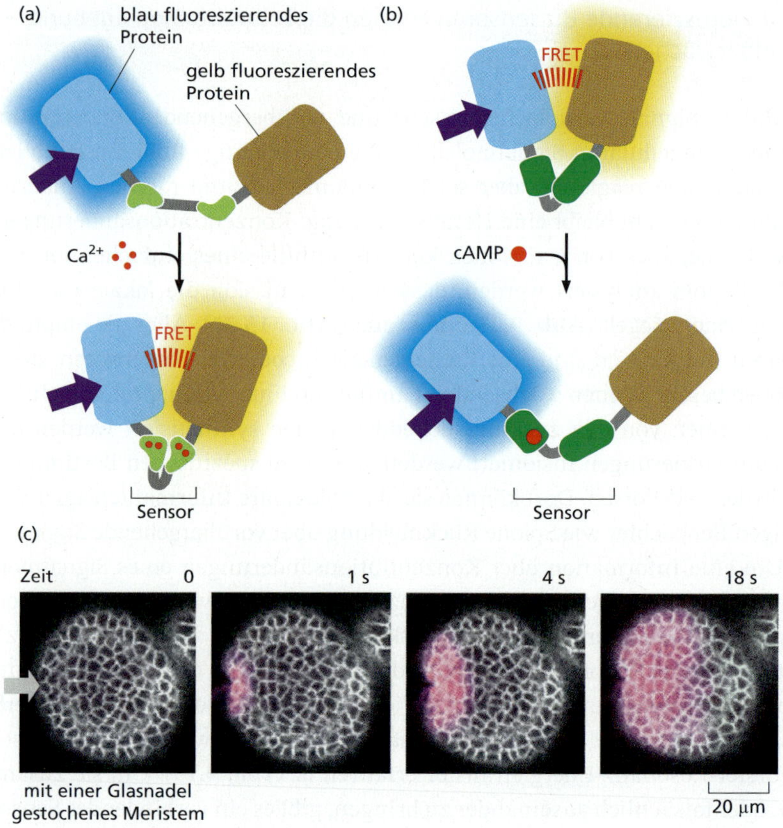

Abb. 9.22 Genetisch codierte fluoreszierende Biosensoren. (a) Hier zeigen wir eine Strategie für die Konstruktion eines fluoreszierenden Biosensors für Calciumionen. Ein Sensor, in diesem Fall Calmodulin (s. Abb. 15.34), erfährt bei der Bindung von Ca^{2+} eine große Konformationsänderung. Diese Änderung bringt die blau und gelb fluoreszierenden Proteine zusammen, an welche jedes Ende des Sensors geheftet ist, und zwar eng genug, sodass es zum Förster-Resonanz-Energie-Transfer (FRET) kommt sowie zu einer Änderung der Wellenlänge der Fluoreszenzemission nach gelb als Reaktion auf eine Anregung mit violettem Licht. Durch Messung des Verhältnisses der Fluoreszenzintensität bei zwei Wellenlängen, blau und gelb, können wir das Konzentrationsverhältnis von Ca^{2+}-gebundenem Indikator zu Ca^{2+}-freien Indikator bestimmen und dabei eine exakte Messung der freien Ca^{2+}-Konzentration erreichen. (b) Diese Tafel zeigt eine ähnliche Strategie, die zur Konstruktion eines Biosensors für cAMP verwendet wird. In diesem Fall ist der Sensor ein cAMP- regulierter Guanin-Nukleotid-Austauschfaktor, der wiederum eine große Konformationsänderung erfährt, die groß genug ist, um die beiden angehefteten Fluoreszenzproteine weiter auseinanderzubewegen, also somit deren FRET zu beseitigen. Somit wird das emittierte Licht von gelb nach blau geändert. (c). Ein Calcium-Biosensor, der dem in A gezeigten ähnelt, wird in einem *Arabidopsis* -Sämling codiert und exprimiert. Wenn eine Zelle in der Epidermis, auf der Seite des apikalen Sprossmeristems, mit einer kleinen Glasnadel angepikst wird, gelangt Calcium aus der extrazellulären Umgebung in die Zelle; und diese Reaktion breitet sich als rasche Welle aus, bei der Calcium über die gesamte Meristemfläche in die Zellen gelangt. Mechanische Signale helfen die Pflanzenmorphogenese zu gestalten, und vorübergehende Calciumantworten beeinträchtigen die Zellpolarität. (c aus T. Li et al. *Nat. Commun.* 10: 726–735, 2019. Mit freundlicher Genehmigung von Springer Nature).

Man kann dieses Problem auf zwei verschiedenen, sich jedoch ergänzenden Wegen umgehen: elektronisch oder optisch. Die dreidimensionalen mikroskopischen Abbildungsverfahren ermöglichen es, eine bestimmte Ebene eines dicken Objekts zu fokussieren und das zurückkommende Licht aus unscharfen Bereichen oberhalb und unterhalb dieser Ebene auszublenden. Damit sieht man einen klaren, dünnen *optischen Schnitt*. Aus einer Serie solcher optischer Schnitte, die in verschiedenen Tiefen aufgenommen und dann in einem Computer gespeichert wurden, lässt sich ein dreidimensionales Bild rekonstruieren. Diese Methoden sind für den Mikroskopbenutzer das, was der Computertomograph (CT) (auf andere Weise) für den Radiologen, der den menschlichen Körper untersucht, ist: Beide Geräte liefern detaillierte abschnittsweise Bilder vom Inneren einer intakten Struktur.

Den Einsatz des Computers bezeichnet man häufig als *computergestützte Bildverarbeitung (Bild-Dekonvolution)*. Um das Vorgehen zu verstehen, erinnere man sich daran, dass aufgrund der Wellennatur des Lichts das Linsensystem eines Mikroskops das Bild einer punktförmigen Lichtquelle als kleine verschwommene Scheibe darstellt (s. Abb. 9.4), und das mit zunehmender Unschärfe, wenn die punktförmige Lichtquelle ober- oder unterhalb der Fokussierungsebene liegt. Dem verschwommenen Bild der punktförmigen Lichtquelle wird zur Bearbeitung eine mathematische *Punktspreizfunktion (point spread function)* zugeordnet (s. Abb. 9.29). Das Abbild eines komplexen Objekts kann so Punkt für Punkt der dreidimensionalen Probe durch eine entsprechende verschwommene Scheibe ersetzt werden, wobei ein insgesamt völlig unscharfes Bild entsteht. Für die Dekonvolution („Entschleierung") verwendet ein Computerprogramm die gemessene Punktspreizfunktion einer punktförmigen Lichtquelle von diesem Mikroskop, um zu bestimmen, wie groß der Einfluss der Verzerrung auf das Bild gewesen wäre, und

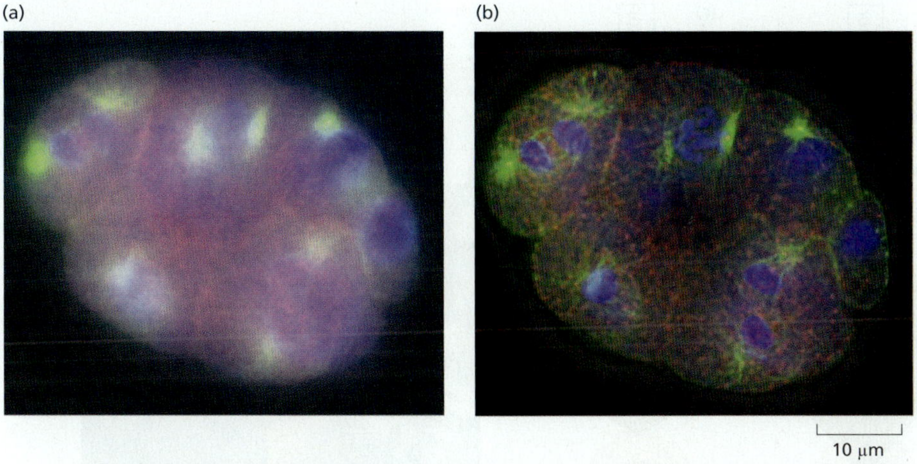

Abb. 9.23 Computergestützte Bildverarbeitung. (a) Eine lichtmikroskopische Abbildung eines *Caenorhabditis elegans*-Embryos. Dieser ist fluoreszenzmarkiert: Mikrotubuli (*grün*). Mitochondrien (*rot*) und DNA (*blau*). Details auf jeder Fokusebene werden durch Licht aus unscharfen Ebenen der Probe verwischt. (b) Nach der Bildverarbeitung (Dekonvolution) der dreidimensionalen Bildstapel zeigt der optische Schnitt auf der gleichen Fokusebene ein viel klareres Bild, das kontrastreicher und weniger verschwommen ist. (a und b, aus D. Sage et al., *Methods* 115: 28–41, 2017. Mit freundlicher Genehmigung von Elsevier).

setzt dann ein entsprechendes Dekonvolutions-Programm ein, das das verschwommene dreidimensionale Bild in eine Serie sauberer optischer Schnitte verwandelt. Trotzdem ist die Auflösung immer noch durch die Beugungsgrenze eingeschränkt. Ein Beispiel ist in **Abb. 9.23** zu sehen.

9.1.12 Das Konfokalmikroskop erzeugt optische Schnitte durch den Ausschluss von nicht fokussiertem Licht

Das Konfokalmikroskop erzielt ein ähnliches Ergebnis wie die computergestützte Bildverarbeitung; es nimmt die Lichtmanipulation direkter vor, also vor der Messung, und ist damit eine analoge Technik statt einer digitalen. Die optischen Raffinessen des **Konfokalmikroskops** sind komplex, aber die grundlegende Idee ist einfach, wie in **Abb. 9.24** dargestellt ist. Die Resultate sind weit besser als die durch konventionelle Mikroskopie erhaltenen.

Das Konfokalmikroskop ist immer mit der Optik eines Fluoreszenzmikroskops ausgerüstet (s. **Abb. 9.10c**); doch anstatt, wie sonst üblich, das gesamte Objekt auf einmal zu beleuchten, fokussiert das optische System zu jedem Zeitpunkt nur einen Lichtfleck auf einen einzelnen Punkt in einer bestimmten Tiefe des Objekts. Für diese punktuelle Beleuchtung ist sehr helles Licht erforderlich, das von einem Laser geliefert wird, dessen Strahl zuvor durch eine winzige Blende geschickt wurde. Die Fluoreszenz, die das beleuchtete Material emittiert, wird an einem entsprechenden Detektor gesammelt und in ein Bild verwandelt. Vor dem Detektor wird eine Lochblende an einer Stelle angebracht, die mit der Beleuchtungsblende *konfokal* ist, d. h. genau dort, wo sich der Brennpunkt der von dem beleuchteten Punkt des Objekts emittierten Strahlen befindet. Somit konvergiert das Licht von dem Punkt des Objekts zu dieser Öffnung und tritt in den Detektor ein.

Dagegen wird das Licht, das aus Probenbereichen ausgesandt wird, die außerhalb der Fokussierungsebene der punktförmigen Lichtquelle liegen, auch an der Lochblende nicht fokussiert und daher vom Detektor weitgehend nicht erfasst. Um ein zweidimensionales Bild zu erzeugen, werden Daten von jedem Punkt der Fokussierungsebene gesammelt,

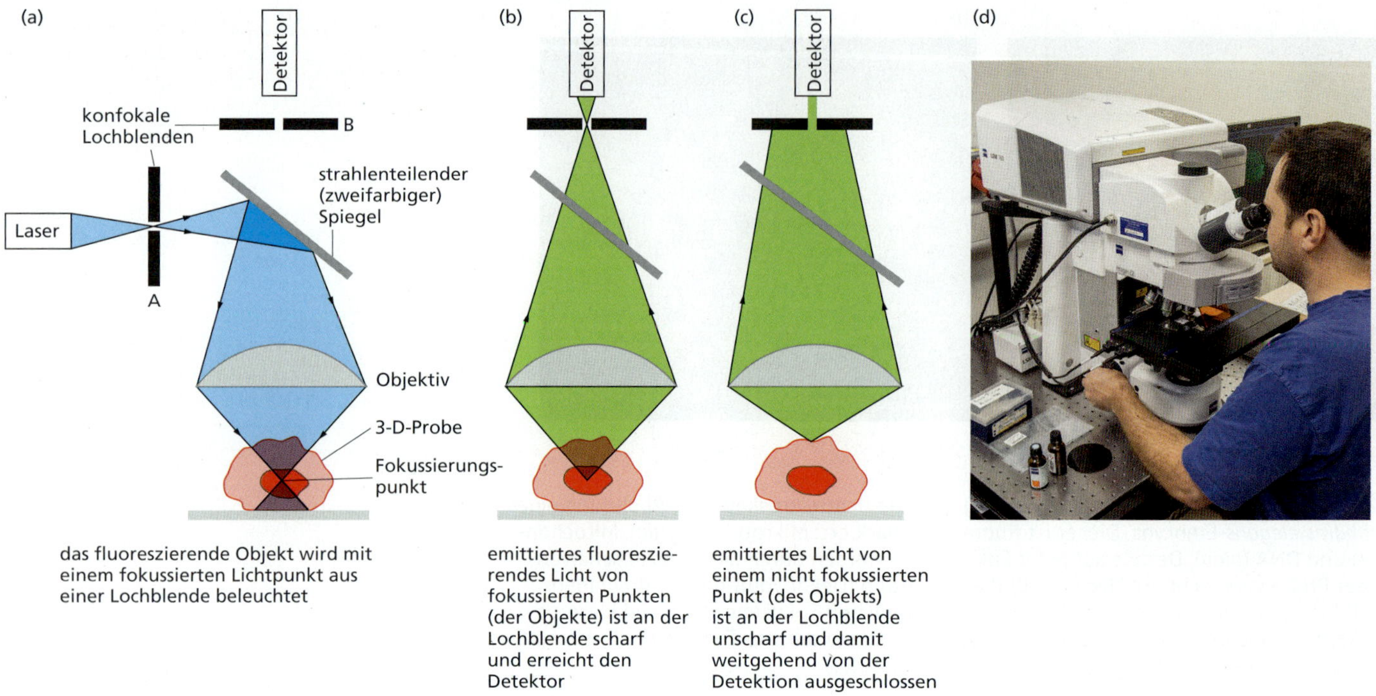

Abb. 9.24 Das Konfokal-Fluoreszenzmikroskop. (a) Diese vereinfachte Darstellung zeigt, dass die Grundanordnung der optischen Komponenten derjenigen in einem Standard-Fluoreszenzmikroskop (s. **Abb. 9.10c**) sehr ähnlich ist, außer dass mit einem Laserstrahl eine sehr kleine Öffnung beleuchtet und deren Bild auf einen einzigen Punkt in der dreidimensionalen (3-D)-Probe fokussiert wird. (b) Die von diesem Fokussierungspunkt des Objekts emittierte Fluoreszenzstrahlung wird an einer zweiten (konfokalen) Öffnung fokussiert. (c) Das von anderen Stellen des Objekts emittierte Licht wird hier nicht fokussiert und leistet daher keinen Beitrag zum endgültigen Bild. Das Objekt wird mit einem Lichtstrahl abgetastet und liefert ein sehr scharfes zweidimensionales Bild der Fokussierungsebene, das vom Licht anderer Bereiche der Probe kaum beeinträchtigt wird. (d) Konventionelle Versionen von Konfokal-Lase-Rastermikroskopen können sowohl für aufrechte als auch für Inversionsmikroskope konfiguriert werden. (d, mit freundlicher Genehmigung von Andrew Davis).

indem das gesamte Feld von einer Seite zur anderen in einem regelmäßigen Pixelmuster abgetastet und auf einem Computerbildschirm wiedergegeben wird. In **Abbildung 9.24** ist nicht gezeigt, dass das Abtasten üblicherweise durch Ablenkung des Laserstrahls mit einem oszillierenden Spiegel erfolgt, der sich zwischen dem dichroitischen (strahlspaltenden) Spiegel und der Objektivlinse befindet. Er ist so angeordnet, dass das eingestrahlte Laserlicht und die konfokale Öffnung am Detektor exakt aufeinander eingestellt bleiben. Variationen dieses Entwurfs erlauben jetzt die rasche Sammlung von Daten mit Videogeschwindigkeit.

Das Konfokalmikroskop wurde bei der Strukturaufklärung zahlreicher komplizierter dreidimensionaler Objekte eingesetzt (**Abb. 9.25**), von großen vielzelligen Strukturen bis zu subzellulären Strukturen; beispielsweise das Fasernetzwerk des Cytoskeletts, die Dynamik der Organellen und die Anordnung von Chromosomen und Genen im Zellkern.

Die Vorzüge der computergestützten Bildverarbeitung bzw. der Konfokalmikroskopie für die dreidimensionale optische Mikroskopie hängen von der beobachteten Probe ab. Konfokalmikroskope sind eher geeignet für dickere Proben mit einem hohen Grad von Licht außerhalb des Brennpunkts. Sie sind im Allgemeinen auch leichter zu bedienen als Bildbearbeitungssysteme, und der endgültige optische Schnitt ist schnell zu sehen. Im Gegensatz dazu sind komplementäre Metalloxid-Halbleiter(CMOS)-Kameras, die für Bildverarbeitungssysteme verwendet werden, äußerst effizient dabei, nahezu jedes ausgesandte Photon zu sammeln und sie lassen sich einsetzen, um detaillierte dreidimensionale Bilder von Objekten anzufertigen, die zu schwach gefärbt sind oder vom hellen Licht der Konfokalmikroskopie zu leicht beschädigt werden können.

Beide Methoden haben jedoch einen anderen Nachteil: Keine von ihnen kann sehr dicke Proben gut bewältigen. Tiefer als 40 µm in der Probe werden Dekonvolutionsmethoden rasch unwirksam, während Konfokalmikroskope nur Bilder bis zu einer Tiefe von rund 150 µm erstellen können. Spezielle Mikroskope können nun einen Nutzen aus der Weise ziehen, wie fluoreszierende Moleküle angeregt werden, um sogar tiefer in einer Probe zu sondieren. Fluoreszierende Moleküle werden gewöhnlich durch ein einzelnes energiereiches Photon mit kürzerer Wellenlänge als das emittierte Licht angeregt, aber sie können auch durch Absorption von zwei (oder mehr) Photonen geringer Energie angeregt werden, solange beide innerhalb etwa einer Femtosekunde eintreffen. Die Verwendung dieser

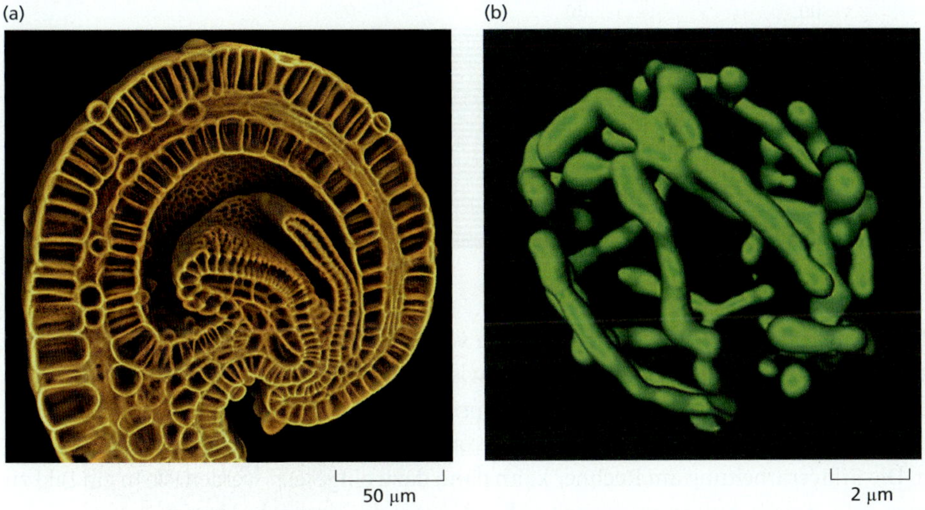

Abb. 9.25 Die konfokale Fluoreszenzmikroskopie erzeugt klare optische Schnitte und dreidimensionale Datensätze. (a) Die ausgeklügelte tassenförmige Falle der fleischfressenden Wasserpflanze, *Utricularia gibba*. Mithilfe einer Fluoreszenzmarkierung der Zellwände wurde ein Stapel von 452 separaten Konfokalbildern zusammengesetzt, sodass dieses Bild entstand. (b) Eine Rekonstruktion eines Objektes kann aus einem Stapel solcher optischer Schnitte zusammengesetzt werden. In diesem Fall ist die komplexe Verzweigungsstruktur des Mitochondrienkompartiments in einer einzelnen lebenden Hefezelle mit einem erheblich anderen Maßstab gezeigt. (a, mit freundlicher Genehmigung von Karen Lee, Claire Bushell und Enrico Coen; b, mit freundlicher Genehmigung von Stefan Hell).

langwelligeren Anregung hat einige wichtige Vorteile. Neben der Verringerung von Hintergrundrauschen kann rotes oder nahezu infrarotes Licht tiefer in die Probe eindringen. Multiphotonen-Konfokalmikroskope, die dafür ausgelegt sind, diesen „*Zwei-Photonen*“-Effekt zu nutzen, können manchmal sogar bei einer Tiefe von einem halben Millimeter innerhalb einer Probe scharfe Bilder erstellen. Dies ist für die Untersuchung lebender Gewebe besonders wichtig, insbesondere bei der Abbildung der dynamischen Aktivität von Synapsen und Neuronen direkt unterhalb der Oberfläche lebender Gehirne (**Abb. 9.26**).

9.1.13 Superauflösende Fluoreszenztechniken können die Beugungsgrenze der Auflösung überwinden

Die bis jetzt beschriebenen Variationen der Lichtmikroskopie sind allesamt in ihrer Auflösung durch die früher beschriebene klassische Beugungsgrenze beschränkt, d. h. auf etwa 0,2 µm oder 200 nm (s. **Abb. 9.5**). Viele Zellstrukturen – von Kernporen und Ribosomen über Nukleosomen bis zu clathrinbeschichteten Grübchen – sind jedoch viel kleiner als 200 nm und deshalb mit dem klassischen Lichtmikroskop nicht auflösbar. Es gibt aber inzwischen mehrere Ansätze, welche die durch die Lichtbeugung auferlegte Grenze umgehen können; und manche können jetzt Objekte von 10 nm Größe erfolgreich auflösen, was eine bemerkenswerte Verbesserung um den Faktor 20 darstellt.

Der erste dieser sogenannten **Superauflösungsansätze**, die *strukturierte Beleuchtungsmikroskopie* (*SIM*, engl. *structured illumination microscopy*), ist eine Fluoreszenz-Bildgebungsmethode, mit einer Auflösung von etwa 100 nm oder der doppelten Auflösung der klassischen Hellfeld- und Konfokalmikroskopie. SIM bezwingt die Beugungsgrenze, indem sie ein gerastertes oder strukturiertes Lichtmuster verwendet, um die Probe zu beleuchten. Die physikalische Anordnung und Arbeitsweise des Mikroskops ist ziemlich komplex, aber man kann sich die allgemeinen Prinzipien so ähnlich vorstellen wie die Erzeugung eines Moiré-Musters, ein Interferenzmuster, das durch zwei sich überlappende Gitter mit unterschiedlichen Winkeln oder Maschengrößen erzeugt wird (**Abb. 9.27**). Das

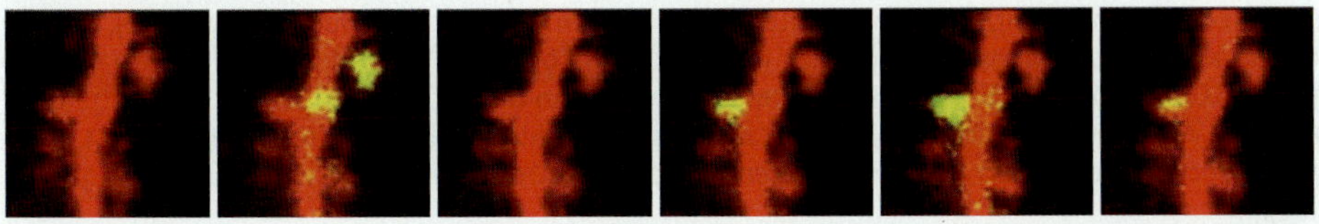

Abb. 9.26 Multi-Photonen-Aufnahme. Infrarotes Laserlicht schädigt lebende Zellen weniger als sichtbares Licht und kann auch weiter eindringen, was es dem Mikroskopiker erlaubt, tiefer in lebendes Gewebe zu blicken. Der Zwei-Photonen-Effekt, bei dem ein Fluoreszenzfarbstoff durch zwei gleichzeitige infrarote Photonen anstatt durch ein einzelnes energiereiches Photon angeregt werden kann, erlaubt es uns, fast 0,5 mm weit in die Rinde eines lebenden Mäusegehirns zu blicken. Ein Farbstoff, dessen Fluoreszenz sich mit der Calciumkonzentration ändert, verrät aktive Synapsen (*gelb*) auf dendritischen Fortsätzen (*rot*), die sich als Funktion der Zeit ändern; in diesem Fall liegt ein Tag zwischen jeder Aufnahme. (Mit freundlicher Genehmigung von Thomas Oertner und Karel Svoboda).

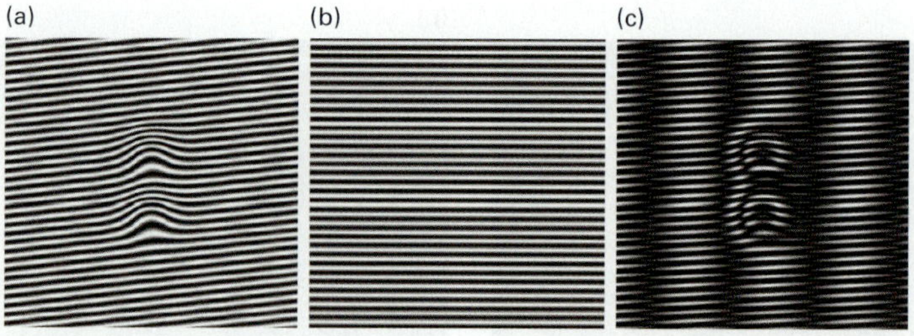

Abb. 9.27 Strukturierte Beleuchtungsmikroskopie. Beim hier gezeigten Prinzip wird eine Probe mit gemustertem Licht beleuchtet und das Moiré-Muster gemessen. Gezeigt ist (a) das Muster einer unbekannten Struktur und (b) ein definiertes Gittermuster. (c) Wenn diese kombiniert werden, enthält das sich ergebende Moiré-Muster mehr Information, als in (a), dem ursprünglichen Muster, problemlos zu erkennen ist. Wenn das bekannte Muster (b) höhere Raumfrequenzen hat, dann wird es eine bessere Auflösung geben. Da aber die Raummuster, die optisch erzeugt werden können, auch beugungslimitiert sind, kann die SIM die Auflösung nur um etwa den Faktor 2 verbessern. (Aus B. O. Leung und K. C. Chou, *Appl. Spectrosc.* 65: 967–980, 2011. Mit Erlaubnis von SAGE).

Beleuchtungsgitter und die Probenmerkmale verbinden sich zu einem Interferenzmuster, in dem Merkmale, die kleiner als die Gitterzwischenräume sind, in größere Muster umgewandelt werden. Dies hat zur Folge, dass ursprüngliche Merkmale jenseits der klassischen Grenze umgewandelt werden, sodass sie nun vom optischen System dargestellt werden können. Die Bildverarbeitung am Rechner kann dann dazu eingesetzt werden, sie in ein Bild zu verwandeln, dessen Auflösung doppelt so hoch ist wie die klassische Grenze.

Beleuchtung durch ein Gitter bedeutet, dass die Probenanteile in den dunklen Streifen des Gitters nicht beleuchtet und somit nicht abgebildet werden; die Bilddarstellung wird deshalb mehrere Male wiederholt (gewöhnlich dreimal), nachdem das Gitter um einen Teil des Gitterzwischenraums zwischen jedem Bild versetzt wurde. Da der Interferenzeffekt für Bildkomponenten, die nahe zur Richtung der Gitterbalken sind, am stärksten ist, wird der ganze Vorgang wiederholt, indem das Gittermuster durch eine Reihe von Winkeln rotiert, um in alle Richtungen eine gleichwertige Verstärkung zu bekommen. Schließlich erzeugt die computergestützte mathematische Kombination all dieser getrennten Bilder ein verbessertes Superauflösungsbild. SIM ist vielseitig, weil sie mit jedem Fluoreszenzfarbstoff oder Protein verwendet werden kann, und kombinierte SIM-Bilder, die von aufeinanderfolgenden Fokusebenen eingefangen werden, können dreidimensionale Datensätze erzeugen (**Abb. 9.28**).

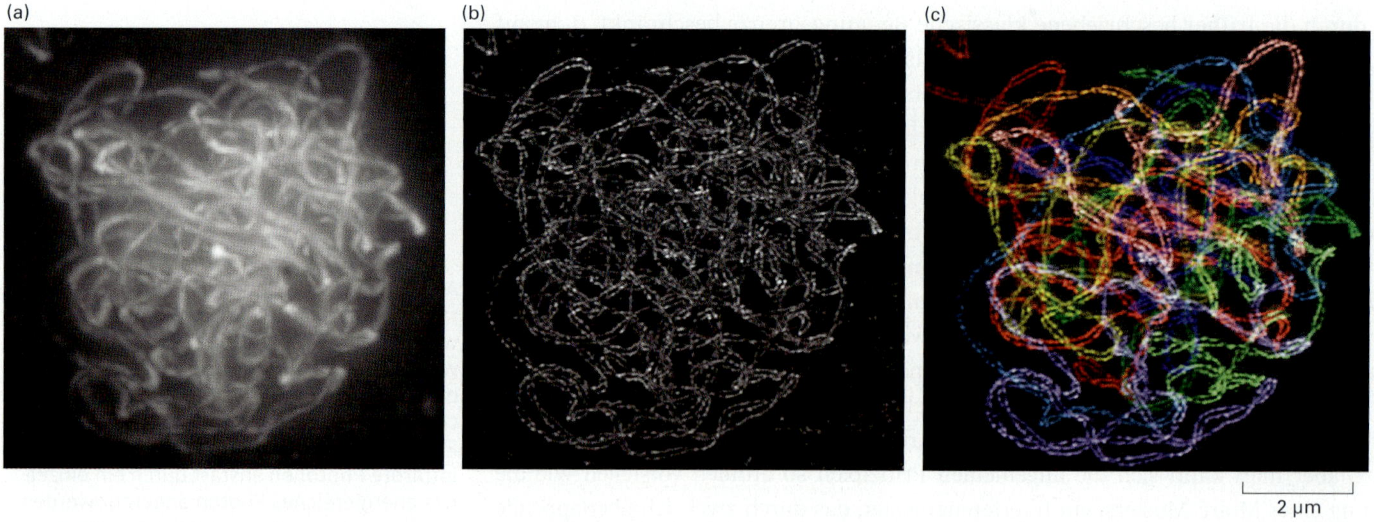

Abb. 9.28 Die strukturierte Beleuchtungsmikroskopie kann dazu verwendet werden, dreidimensionale Daten zu erzeugen. Diese dreidimensionalen Projektionen der Meiosechromosomen im Pachytän in einer Maiszelle zeigen die gepaarten seitlichen Elemente der synaptonemalen Komplexe. (a) Der Chromosomensatz wurde mit einem fluoreszierenden Antikörper gegen Cohesin gefärbt und wird hier mit einem klassischen Fluoreszenzmikroskop betrachtet. Da der Abstand zwischen den beiden seitlichen Elementen etwa 200 nm beträgt (die Beugungsgrenze), werden die beiden seitlichen Elemente, die jeden Komplex ausmachen, nicht aufgelöst. (b) Im dreidimensionalen SIM-Bild ermöglicht die verbesserte Auflösung, dass jedes seitliche Element (ungefähr 100 nm breit) klar aufgelöst wird, und man kann deutlich sehen, dass sich die beiden Chromosomen jedes einzelnen Paars umeinander winden. (c) Weil der vollständige Datensatz für den gesamten Zellkern erhältlich ist, lässt sich der Weg eines jeden getrennten Chromosomenpaars verfolgen und künstlich in einer anderen Farbe darstellen. (Mit freundlicher Genehmigung von C. J. Rachel Wang, Peter Carlton und Zacheus Cande).

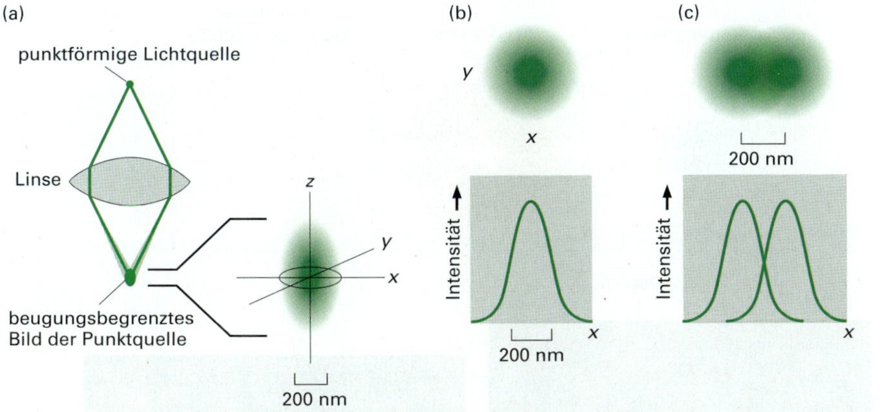

Abb. 9.29 **Die Punktspreizfunktion einer Linse bestimmt die Auflösung.** (a) Wenn eine punktförmige Lichtquelle in den Brennpunkt eines Linsensystems gebracht wird, dann bedeuten Beugungseffekte, dass sie, statt als Punkt abgebildet zu werden, in allen Richtungen verschwommen sein wird. Wie gezeigt, ist die Punktspreizfunktion elliptisch, was bedeutet, dass die Auflösung in den xy-Achsen besser ist als entlang der Z-Achse. (b) In der Bildebene nähert sich die Lichtverteilung einer Gauß-Verteilung, deren Breite bei halbmaximaler Höhe unter idealen Bedingungen etwa 200 nm ist. (c) Zwei Punktquellen, die etwa 200 nm auseinanderliegen, können gerade noch als getrennte Objekte im Bild wahrgenommen werden, aber wenn sie noch etwas näher beisammen sind, dann werden sich ihre Bilder überlappen und nicht auflösbar sein.

Um die Beugungsgrenze zu umgehen, verwenden zwei andere Superauflösungstechniken Aspekte der Punktspreizfunktion, eine Eigenschaft des früher erwähnten optischen Systems. Die *Punktspreizfunktion* ist die Verteilung der Lichtintensität innerhalb des dreidimensionalen verschwommenen Bildes, das entsteht, wenn eine einzelne Punktlichtquelle in den Brennpunkt einer Linse gebracht wird. Anstatt mit der Lichtquelle identisch zu sein, hat das Bild eine Intensitätsverteilung, die in etwa durch eine Gauß-Verteilung beschrieben wird, die wiederum die Auflösung des Linsensystems bestimmt. Zwei Punkte, die einander näher sind als die Breite bei halbmaximaler Höhe dieser Verteilung, werden schwer aufzulösen sein, weil sich ihre Bilder zu sehr überlappen (s. **Abb. 9.29**).

In der Fluoreszenzmikroskopie wird das Anregungslicht auf einen Punkt auf der Probe durch eine Objektivlinse fokussiert, die dann die von jedem fluoreszierenden Molekül – das durch den Strahl vom Grundzustand in einen angeregten Zustand gehoben wurde – ausgesandten Photonen einfängt. Weil der Anregungspunkt gemäß der Punktspreizfunktion verschwommen ist, werden fluoreszierende Moleküle, die einander näher als 200 nm sind, als ein einzelner verschwommener Punkt abgebildet. Ein Ansatz, die Auflösung zu verbessern, ist es, alle fluoreszierenden Moleküle an der Peripherie des verschwommenen Anregungsflecks in ihren Grundzustand zurückzubringen oder in einen Zustand, in dem sie nicht mehr auf normale Weise fluoreszieren, sodass nur diejenigen Moleküle für die Aufzeichnung übrigbleiben, die im innersten Zentrum sind. Dies kann in der Praxis dadurch geschehen, dass ein zweiter, sehr heller Laserstrahl zugegeben wird, der sich wie ein Ring um den Anregungsstrahl legt. Die Wellenlänge und Intensität dieses zweiten Strahls werden reguliert, sodass die fluoreszierenden Moleküle überall, außer im innersten Zentrum der Punktspreizfunktion – einer Region, die nur 20 nm breit sein kann – abgeschaltet werden (**Abb. 9.30**).

Die verwendeten fluoreszierenden Sonden müssen zu einer speziellen Klasse gehören, die lichtumschaltbar ist: Ihre Emission kann reversibel mit Licht verschiedener Wellenlänge an- und abgeschaltet werden. Während die Probe mit dieser Laseranordnung auf ganz ähnliche Weise wie in einem Konfokalmikroskop abgetastet wird, werden fluoreszierende Moleküle an- und abgeschaltet, und an jeder Stelle wird die Punktspreizfunktion aufgezeichnet. Die Beugungsgrenze wird durchbrochen, weil die Technik sicherstellt, dass ähnliche, aber sehr eng aneinander liegende Moleküle in einem von zwei verschiedenen Zuständen sind, entweder fluoreszierend oder dunkel. Dieser Ansatz heißt *STED* (*stimulierte Emissionsauslöschungs-Mikroskopie*, engl. *stimulated emission depletion microscopy*), und inzwischen sind verschiedene Mikroskope, die Versionen der allgemeinen Methode verwenden, weit verbreitet. In biologischen Proben hat man damit Auflösungen von 20 nm erhalten (**Abb. 9.30**).

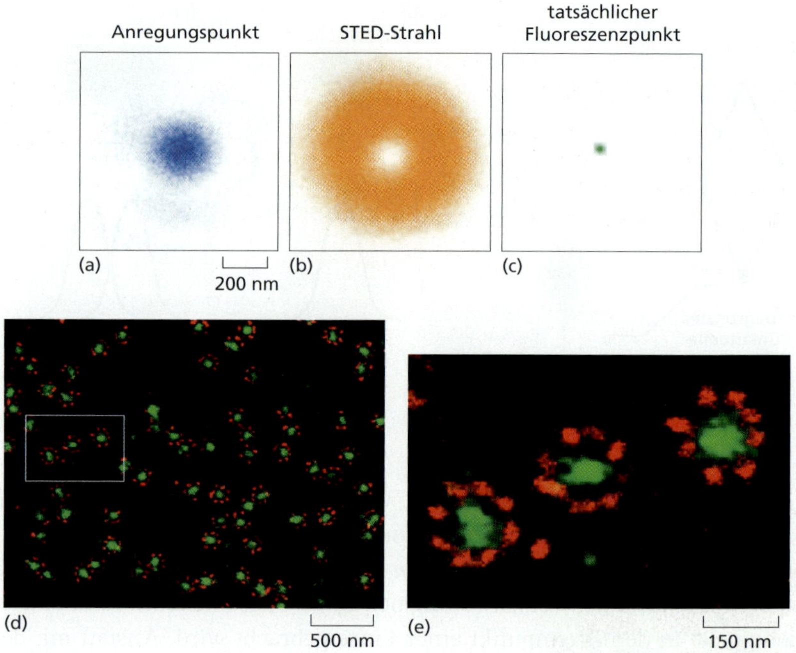

Abb. 9.30 Die Superauflösende Mikroskopie kann durch die Verringerung der Größe der Punktspreizfunktion erreicht werden. (a) Die Größe eines normalen fokussierten Anregungslichtstrahls. (b) Ein extrem starker überlagerter Laserstrahl, bei einer anderen Wellenlänge und in Gestalt eines Rings oder eines Donuts, verringert die emittierte Fluoreszenz überall in der Probe, ausgenommen direkt im Zentrum des Strahls, was die effektive Breite der Punktspreizfunktion verringert (c). Während die Probe abgetastet wird, kann diese kleine Punktspreizfunktion in einem Vorgang namens STED (*stimulated emission depletion microscopy*) ein klares Bild aufbauen. (d) Hier wird die STED-Mikroskopie dazu verwendet, die Struktur der Kernpore zu untersuchen. Es wurden fixierte Proben der Kernhülle mithilfe der indirekten Immunfluoreszenz gefärbt; dazu wurden Antikörper gegen verschiedene Bestandteile der Kernporen eingesetzt. Die Proteine des Membranrings (s. **Abb. 12.55**) wurden *rot* gefärbt, die *FC* -Wiederholungsproteine, welche die Fibrillen im Zentrum der Pore bilden, dagegen *grün*. Eine Vergrößerung des Bereichs im Kasten zeigt klar die achtfache Symmetrie der Proteine des Membranrings und die zentrale fibrilläre Region mit einer Auflösung von etwa 20 nm. (a, b und c, aus G. Donnert *et al.*, *Proc. Natl. Acad. Sci. USA* 103: 11440–11445, 2006. Mit Erlaubnis von National Academy of Sciences; d und e aus F. Gottfert *et al.*, *Biophysical Journal* 105(1): PL01-L03, 2013. Mit Erlaubnis von Elsevier).

9.1.14 Die Einzel-Molekül-Lokalisierungs-Mikroskopie liefert ebenfalls eine Superauflösung

Wenn ein einzelnes fluoreszierendes Molekül abgebildet wird, erscheint es als kreisförmige verschwommene Scheibe mit etwa 200 nm Durchmesser, aber wenn ausreichend Photonen zu diesem Bild beigetragen haben, kann nun das genaue mathematische Zentrum dieses scheibenförmigen Bildes und damit die Lage des fluoreszierenden Moleküls sehr exakt bestimmt werden, oft bis auf wenige Nanometer (**Abb. 9.31**). Doch das Problem mit einer Probe, die eine große Anzahl benachbarter fluoreszierender Moleküle enthält, ist, wie wir zuvor schon gesehen haben, dass sie jeweils verschwommene überlappende Punktspreizfunktionen zum Bild beisteuern, was es unmöglich macht, die exakte Position jedes einzelnen Moleküls aufzulösen. Ein anderer Weg, diese Beschränkung zu umgehen, ist, dafür zu sorgen, dass nur wenige klar getrennte Moleküle in jedem Moment aktiv fluoreszieren. Die exakte Position jedes dieser Moleküle kann dann berechnet werden, bevor nachfolgende Molekülsätze untersucht werden.

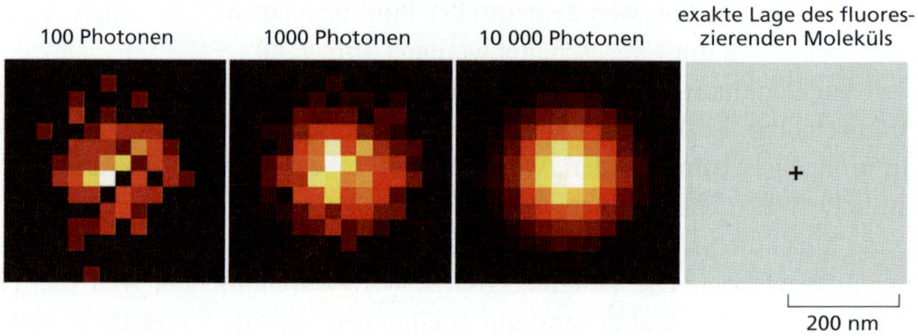

Abb. 9.31 Einzelne fluoreszierende Moleküle können mit großer Genauigkeit lokalisiert werden. Die Bestimmung des genauen mathematischen Zentrums des verschwommenen Bildes eines einzelnen fluoreszierenden Moleküls wird umso genauer, je mehr Photonen zum Endbild beitragen. Die im Text beschriebene Punktspreizfunktion diktiert, dass die Größe des molekularen Bildes in etwa 200 nm breit ist; aber in sehr hellen Proben kann die Position seines Zentrums innerhalb etwa eines Nanometers genau festgelegt werden. (Aus A. L. McEyoy et al., *BMC Biol.* 8: 106, 2010. Mit Erlaubnis der Autoren).

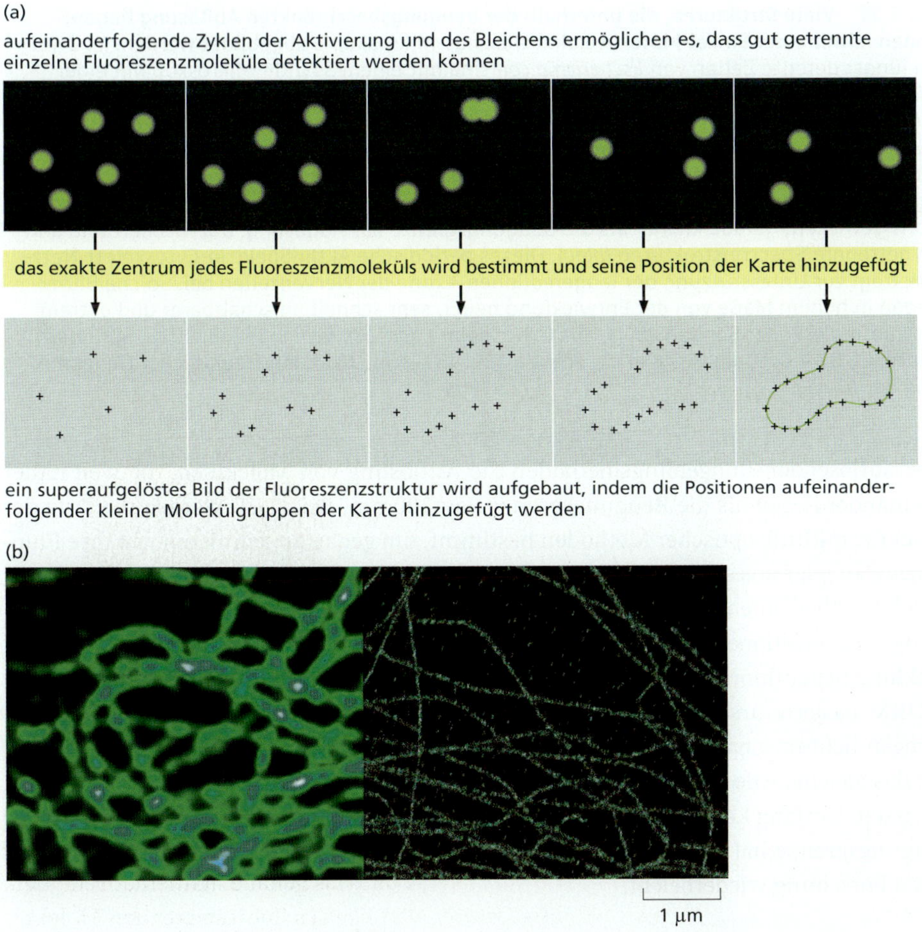

Abb. 9.32 Einzel-Molekül-Lokalisierungs-Mikroskopie (SMLM,). (a) In dieser imaginären Probe werden spärlich besetzte Untergruppen fluoreszierender Moleküle individuell kurz angeschaltet und dann gebleicht. Die genauen Positionen all dieser weit voneinander entfernten Moleküle können schrittweise zusammengefügt und zu einem Bild mit Superauflösung aufgebaut werden. (b) In diesem Teil einer Zelle sind die Mikrotubuli fluoreszenzmarkiert und *links* in einem TIRF-Mikroskop (s. Abb. 9.39) und *rechts* mit Superauflösung in einem PALM-Mikroskop abgebildet. Der Mikrotubulidurchmesser *rechts* ähnelt nun ihrer echten Größe von etwa 25 nm anstatt der 250 nm im verschwommenen beugungsbeschränkten Bild *links*. (b, mit freundlicher Genehmigung von Shinsuke Niwa).

In der Praxis kann dies mithilfe von Lasern erreicht werden, die nacheinander eine spärlich besetzte Untergruppe von Fluoreszenzmolekülen in einer Probe anschalten, welche lichtumschaltbare fluoreszierende Markierungen enthält. Es gibt inzwischen Hunderte solcher Markierungen, und sie lassen sich drei Klassen zuordnen: *lichtaktivierte* Markierungen, die beispielsweise von dunkel nach grün umschalten; *lichtumwandelbare* Markierungen, die z. B. von grün nach rot umschalten; und *lichtumschaltbare* Markierungen, die hin und her schalten. Die Markierungen werden z. B. durch Belichtung mit langwelligem ultraviolettem Licht aktiviert, das eine kleine Untergruppe von Molekülen so verändert, dass sie fluoreszieren, wenn sie durch eine andere Wellenlänge angeregt werden. Diese werden dann abgebildet, bevor die Bleichung ihre Fluoreszenz auslöscht und eine neue Untergruppe aktiviert wird. Jedes Molekül emittiert als Reaktion auf die Anregung wenige Tausend Photonen, bevor es abgeschaltet wird, und der Umschaltvorgang kann Zehn- oder Hunderttausend Male wiederholt werden, was die Bestimmung der exakten Koordinaten einer sehr großen Gruppe einzelner Moleküle erlaubt. Der gesamte Satz kann kombiniert und als Bild digital dargestellt werden, in dem der berechnete Ort jedes einzelnen Moleküls exakt markiert ist (Abb. 9.32). Die beiden wichtigsten Methoden der **Einzel-Molekül-Lokalisierungs-Mikroskopie** (engl. *single-molecule localization microscopy*, SLML) haben verschiedene Bezeichnungen: *PALM* (*photoaktivierte Lokalisationsmikroskopie*, engl. *photoactivated localization microscopy*) oder *STORM* (*stochastische optische Rekonstruktionsmikroskopie*, engl. *stochastic optical reconstruction microscopy*).

Durch aufeinanderfolgendes Ab- und Anschalten der Fluoreszenzfarbstoffe in verschiedenen Bereichen der Probe als Funktion der Zeit erlauben alle oben beschriebenen

(a)

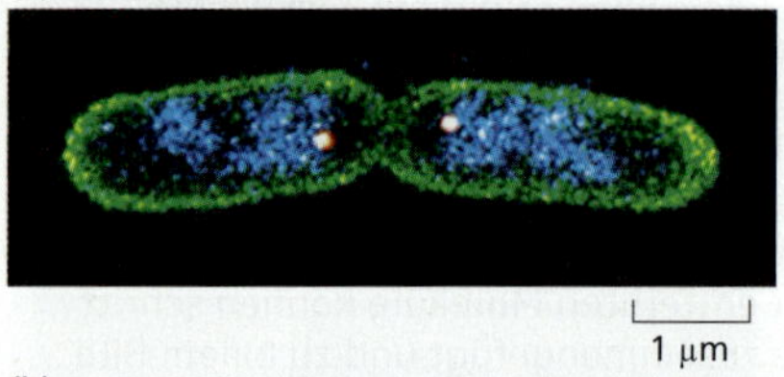

(b)

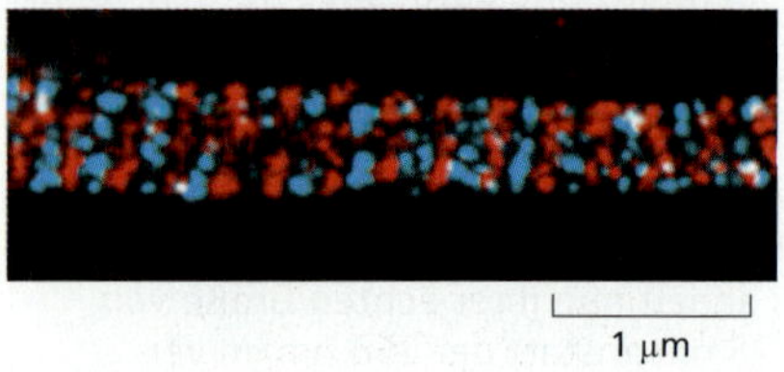

Abb. 9.33 Viele Strukturen, die unterhalb der beugungsbeschränkten Auflösung liegen, können mithilfe der Einzel-Molekül-Lokalisierungs-Mikroskopie abgebildet werden. (a) Zwei sich jüngst geteilte Zellen von *Escherichia coli* sind mit einem STORM-Mikroskop mit einer Auflösung von etwa 20 nm abgebildet. Die Zellen sind mit drei getrennten umschaltbaren Fluoreszenzmarkierungen gefärbt: Die Membran ist *grün* markiert, die sich eben getrennten DNA-Moleküle sind *blau* und die Enden der beiden replizierten Chromosomen sind als zwei leuchtend weiße Punkte zu sehen. (b) In dieser Nervenzelle sind die gleichmäßig getrennten ringartigen Aktinstrukturen (*rot*) mit einer Periodizität von etwa 190 nm um den Umfang des Axons gewickelt, gerade kleiner als die Beugungsgrenze zur Auflösung. Dazwischen sind ähnlich getrennte Spectrinstrukturen (*blau*). Dieses periodische Aktin-Spektrin-Cytoskelett-Netzwerk trägt zur Unterstützung der langen dünnen Axone der Nervenzellen bei. Solche Bilder hängen in hohem Maße von der Entwicklung neuer, sehr schnell umschaltbarer und extrem hell fluoreszierender Sonden ab. (a, aus C. K. Spahn *et al.*, *Sci. Rep.* 8: 14768, 2018, Springer Nature, CC BY 4.0; b, aus K. Xu *et al.*, *Science* 339: 452–456, 2013. Mit freundlicher Genehmigung der AAAS).

superauflösenden Bildgebungsmethoden die Auflösung von Molekülen, die weit näher beieinander liegen als die Beugungsgrenze von 200 nm. Bei STED werden die Orte der Moleküle mithilfe optischer Methoden bestimmt, um genau zu definieren, wo ihre Fluoreszenz an oder aus sein wird. Bei PALM und STORM werden einzelne fluoreszierende Moleküle über einen Zeitraum zufällig an- und abgeschaltet, was die exakte Bestimmung ihrer Positionen erlaubt. Die PALM- und STORM-Techniken hingen von der Entwicklung neuer fluoreszierender Sonden ab, die das geeignete Umschaltverhalten zeigen. STORM basierte ursprünglich auf lichtumschaltbaren Farbstoffen, PALM verwendete dagegen lichtumschaltbare fluoreszierende Proteine, aber das Grundprinzip ist bei beiden das gleiche. Alle diese Methoden können Mehrfarbenbildgebung (**Abb. 9.33**) und in gewissem Umfang Lebendzellbildgebung umfassen. Das Ende der langen Herrschaft der Beugungsgrenze hat sicherlich die Lichtmikroskopie und ihren Platz in der zellbiologischen Forschung wiederbelebt.

9.1.15 Die Probenausdehnung kann eine höhere Auflösung bieten, aber mit einem klassischen Mikroskop

Alle bisher behandelten Ansätze zur Verbesserung der Auflösung haben sich auf die zunehmend entwickelteren und teureren Entwicklungen des eigentlichen Mikroskops fokussiert. Blickt man vom anderen Ende her, vom Probenende her auf das Problem, dann würde das Anschwellen der Probe, um sie größer zu machen, in der Theorie eine Bildgebung mit höherer Auflösung ermöglichen, während immer noch ein klassisches Fluoreszenzmikroskop verwendet würde. Eine neue Präparationstechnik für Proben, die sog. **Expansionsmikroskopie** (**ExM**), macht genau dies. Der Vorgang beginnt mit dem Färben der fixierten Probe mit fluoreszierenden Markierungen, wie Antikörper, die die interessierenden Moleküle ansteuern. Die markierte Probe wird dann mit einem chemischen Quervernetzer behandelt und mit Acrylat- und Acrylamid-Monomeren inkubiert. Diese Monomere polymerisieren dann und bilden ein Polyelektrolyt-Gel, das gleichzeitig die quervernetzten Markierungen einbaut. Mit den kovalent mit dem Polymergel quervernetzten Markierungen und eingeschlossen in ihren ursprünglichen relativen Positionen wird dann das Zellmaterial in dieser Probe, vorwiegend Proteine, die eventuell die nachfolgende Ausdehnung verhindern, vorsichtig verdaut. Dass die markierte Probe enthaltende Gel wird nun vorsichtig angeschwollen, indem man die Puffersalze durch Wasser ersetzt, sodass das Gel sich in alle Richtungen gleichmäßig auf die vier- bis zehnfache Größe ausdehnt (**Abb. 9.34a**). Zwei Fluorochrome, die anfangs 100 nm voneinander entfernt waren, und folglich unterhalb der Beugungsauflösungsgrenze eines Standardmikroskops waren, liegen nun 0,4–1,0 µm auseinander und damit

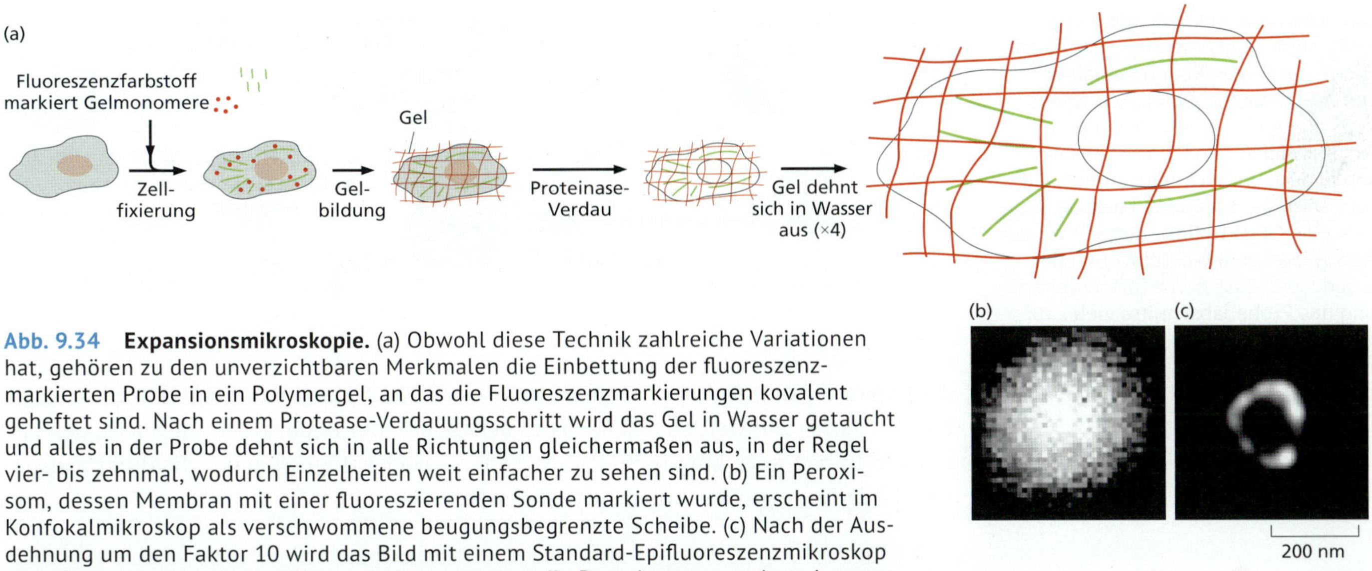

Abb. 9.34 Expansionsmikroskopie. (a) Obwohl diese Technik zahlreiche Variationen hat, gehören zu den unverzichtbaren Merkmalen die Einbettung der fluoreszenzmarkierten Probe in ein Polymergel, an das die Fluoreszenzmarkierungen kovalent geheftet sind. Nach einem Protease-Verdauungsschritt wird das Gel in Wasser getaucht und alles in der Probe dehnt sich in alle Richtungen gleichermaßen aus, in der Regel vier- bis zehnmal, wodurch Einzelheiten weit einfacher zu sehen sind. (b) Ein Peroxisom, dessen Membran mit einer fluoreszierenden Sonde markiert wurde, erscheint im Konfokalmikroskop als verschwommene beugungsbegrenzte Scheibe. (c) Nach der Ausdehnung um den Faktor 10 wird das Bild mit einem Standard-Epifluoreszenzmikroskop eingefangen und nach der Bildverarbeitung zeigt es die Peroxisomenmembran in guter Auflösung von 25 nm. (Aus S. Truckenbrodt et al. *EMBO Rep.* 19: e45836, 2018. EMBO Press, CC BY 4.0)).

leicht aufzulösen (**Abb. 9.34b und c**). Das „Aufblasen" der Probe ermöglicht nun eine wirksame Superauflösung bis zu 25 nm ohne kostspielige Geräte (**Abb. 9.35a, b**).

Die Expansionsmikroskopie erweist sich als wertvoll zum Aufspüren und zur mengenmäßigen Bestimmung, welche RNA-Transkripte in welchen einzelnen Zellen im Gehirn exprimiert werden. Wenn alle vorhandenen RNA-Moleküle vor dem Expansionsschritt fest mit dem Polymergel verankert sind, kann die Probe gewaschen werden und nachfolgend mit vielen fluoreszierenden RNA-Sonden mithilfe der *In-situ*-Hybridisierung erneut abgesucht werden (**Abb. 9.35c und d**). Da die Ausdehnung in alle Richtungen erfolgt, kann die Tiefeninformation ebenfalls mit höherer Auflösung erhalten werden. Proben

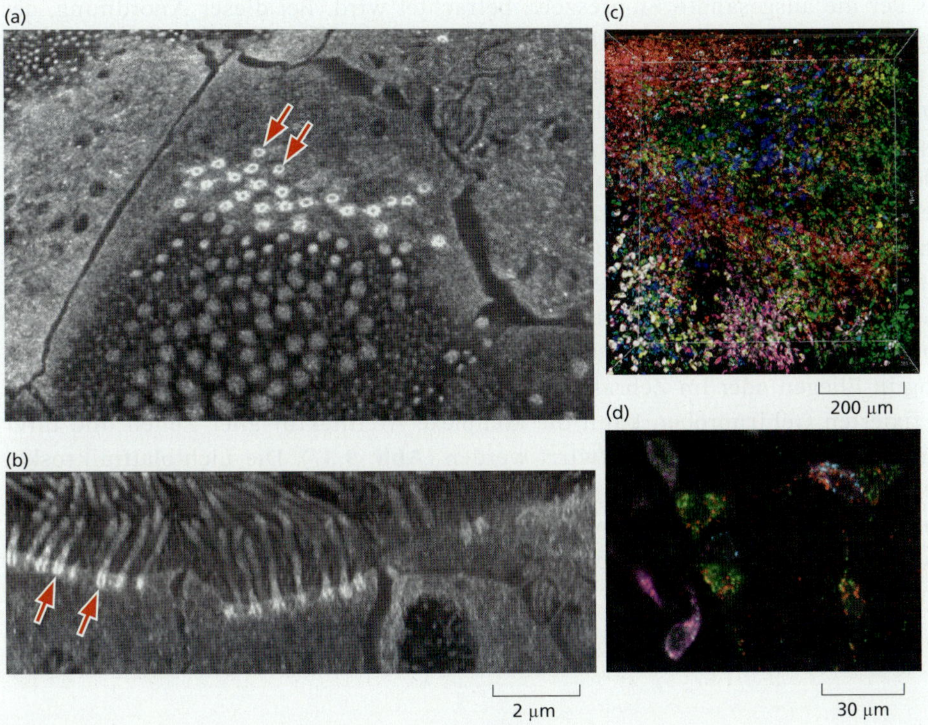

Abb. 9.35 Expansionsmikroskopie. (a und b) Zwei orthogonale Ansichten der gleichen kultivierten menschlichen Nasenepithelzellen, die mit einem Fluoreszenzfarbstoff angefärbt, 10-fach ausgedehnt und dann mithilfe der konventionellen Konfokalmikroskopie abgebildet wurden. Die hohlen Zentren der basalen Cilienkörper, die mit einem Standardmikroskop nicht aufgelöst werden können, sind sowohl in der Aufsicht (a) als auch der Seitenansicht (b) (*rote Pfeile*) deutlich erkennbar. (c und d) Ein Abschnitt aus dem seitlichen Hypothalamus des Mäusegehirns, 800 × 800 × 300 µm, der um den Faktor 2 ausgedehnt wurde, durch aufeinanderfolgende Runden der *In-situ*-RNA-Hypritisierung markiert und mithilfe der Lichtblattmikroskopie abgebildet wurde. Gezeigt sind die zellulären Expressionsmuster sechs verschiedener Gene: *Gad1* (*rot*), *Slc17a6* (*grün*), *Hcrt* (*blau*), *Trh* (*gelb*), *Calb2* (*violett*) und *Meis2* (*türkis*). (a und b, mit freundlicher Genehmigung von Hugo Damstra, Lukas Kapitein und Paul Tillberg; c und d, mit freundlicher Genehmigung von Yuhan Wang, Mark Eddison, Scott Sternson und Paul Tillberg).

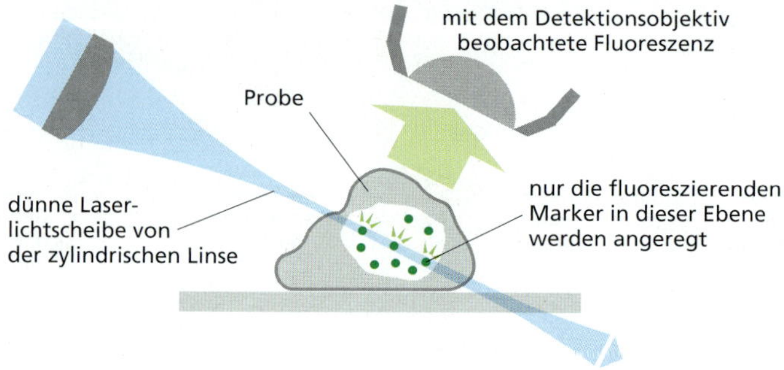

Abb. 9.36 Lichtblattmikroskopie. Ein einfaches Diagramm zeigt, wie eine sehr dünne Lichtschicht, die (in der Regel) von einer speziellen zylindrischen Objektivlinse des Mikroskops durch eine große Probe projeziert wird, nur diejenigen Fluoreszenzmarkierungen in der dünnen Ebene anregt, die beleuchtet wird. Die erhaltene Fluoreszenz wird durch eine Objektivlinse betrachtet, die im rechten Winkel zum Lichtblatt platziert ist. Dies bedeutet, dass durch fortschreitende Bewegung des Probenabschnitts viele, aufeinanderfolgende und sehr scharfe optische Schnitte rasch erhalten und dann digital zu einem dreidimensionalen Bild kombiniert werden können.

der Expansionsmikroskopie können immer noch durch Konfokal-Lichtblattmikroskopie bildlich dargestellt werden (als nächstes behandelt) und Bildbearbeitungsmethoden lassen sich immer noch auf die Bilder anwenden – beides trägt dazu bei, die dreidimensionale Bildgebung großer Proben zu verbessern.

9.1.16 Große vielzellige Strukturen lassen sich im Zeitverlauf bildlich darstellen

Viele Probleme in der Zellbiologie erfordern es, die Bewegung und das Verhalten von Zellen in vielzelligen lebenden Organismen, z. B. während der frühen Embryonalentwicklung, zu verfolgen. Andere Probleme machen es notwendig, die Komplexität zellulärer Wechselwirkungen in großen und dichten Geweben zu entwirren, beispielsweise die Millionen von Verbindungen zwischen den Nervenzellen des Gehirns. Die Nebenwirkungen, die eine verlängerte Exposition von hohen Lichtmengen im ersten Fall mit sich bringt, und die Tiefe und unscharfe Fluoreszenz im zweiten Fall bedeuten, dass die meisten bisher behandelten Techniken nicht weiterhelfen können. Eine Möglichkeit, einen großen Teil der unscharfen Fluoreszenz zu beseitigen, ist es, den Lichtstrahl des Anregungslasers, der zur Beleuchtung der Probe eingesetzt wird, so anzuordnen, das er senkrecht zur Achsenrichtung steht, aus der die ausgesandte Fluoreszenz betrachtet wird. Bei dieser Anordnung, der sog. *Lichtblattmikroskopie* (engl. *light sheet microscopy*), wird die Probe durch eine dünne Laserlichtschicht, weniger als ein Mikrometer dick, abgetastet; dabei werden nur die markierten Moleküle in dieser Probenschicht zur Fluoreszenzemission angeregt (**Abb. 9.36**). Diese Methode hat viele Vorteile. Sie liefert kontrastreiche Bilder mit einer sehr geringen Lichtbleichung oder geringem Lichtschaden, und die dreidimensionale Information ist leicht erhältlich. Auch ist die Methode sehr schnell. Varianten dieser Methode ermöglichen es, ultradünne Lichtschichten durch aufeinanderfolgende Probenebenen mit einer Geschwindigkeit von Hunderten von Ebenen pro Sekunde abzutasten. Die Langzeit- und dreidimensionale Beobachtung lebender Zellen ist eine Hauptanwendung, z. B. um die frühe Embryonalentwicklung in Fliegen oder im Zebrafisch über einen Zeitraum von Tagen zu verfolgen. In fixierten Gehirnproben kann die komplexe Architektur aller Zellen und ihrer Verbindungen miteinander entwirrt werden (**Abb. 9.37**). Die Lichtblattmikroskopie lässt sich auch mit anderen Techniken kombinieren. Mit der STED-Bildgebung beispielsweise gekoppelt ist eine Superauflösung möglich, und Bilder mit höherer Auflösung können durch Präparation der Probe für die Expansionsmikroskopie erhalten werden.

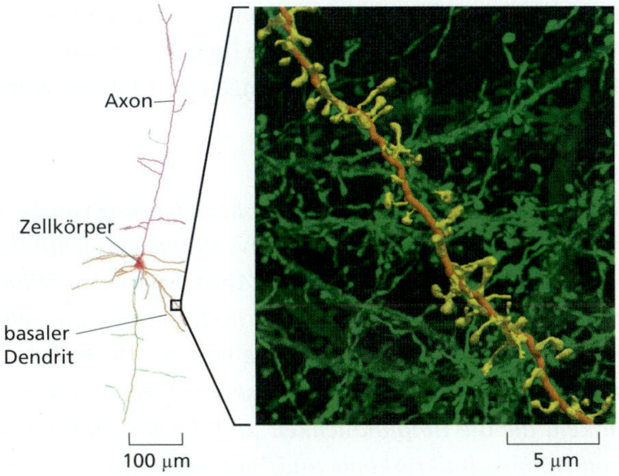

Abb. 9.37 Lichtblattmikroskopie im Gehirn. Ein 1 mm dicker Teil eines Mäusegehirns wurde für die Expansionsmikroskopie vorbereitet und dann mit einem Lichtblattmikroskop abgebildet. Die Rekonstruktionen Tausender optischer Schnitte ermöglichen die Verfolgung einzelner Nervenzellen und all ihrer Verbindungen, wie bei diesem pyramidalen Neuron (links) aus der Sehrinde. Rechts ist die komplexe Zellumgebung (*grün*) für eine kurze Region eines der basalen Dendriten (*orangefarbener Dendrit* mit seinen Stacheln *gelb* gezeigt) dargestellt. (Aus Gao *et al. Science* 363: 245–261, 2019. Mit Erlaubnis der AAAS).

9.1.17 Einzelne Moleküle können mithilfe der Internen Totalreflexionsfluoreszenzmikroskopie sichtbar gemacht werden

Wie wir gesehen haben, lassen sich in normalen Mikroskopen einzelne fluoreszierende Moleküle wie in markierten Proteinen nicht verlässlich detektieren. Die Beschränkung hat nichts mit der Auflösungsgrenze zu tun; sie ergibt sich aus dem starken Hintergrund aufgrund des von Molekülen emittierten oder gestreuten Lichts, die außerhalb des Fokus liegen. Dies führt dazu, dass die Fluoreszenz des interessierenden Moleküls ausgelöscht wird. Dieses Problem lässt sich durch Verwendung einer speziellen optischen Technik namens **Interne Totalreflexionsfluoreszenzmikroskopie** (TIRF, engl. *total internal reflection fluorescence*) beheben. In einem TIRF-Mikroskop fällt das Laserlicht in exakt dem kritischen Winkel auf die Oberfläche des Deckgläschens, bei dem die interne Totalreflexion stattfindet (**Abb. 9.38a**). Wegen der internen Totalreflexion gelangt das Licht nicht in die Probe, und deshalb wird die Mehrzahl der fluoreszierenden Moleküle nicht bestrahlt. Elektromagnetische Energie breitet sich aber auf einer sehr kurzen Strecke als temporäres Feld unter der Oberfläche des Deckgläschens und in die Probe aus; dadurch werden nur diejenigen Moleküle in der Schicht, die der Oberfläche am nächsten ist, angeregt. Wenn diese Moleküle fluoreszieren, dann konkurriert ihr ausgesandtes Licht nicht mehr mit dem Licht außerhalb des Brennpunkts, das von den darüberliegenden Molekülen stammt, und kann nun detektiert werden TIRF hat mehrere beeindruckende Experimente ermöglicht, beispielsweise die Darstellung einzelner Motorproteine, die entlang von Mikrotubuli oder Aktinfilamenten wandern, oder einzelner Aktinfilamente, die sich bilden und verzweigen. Derzeit ist diese Technik auf eine dünne Schicht von etwa 200 nm unterhalb der Zelloberfläche beschränkt. In Anlehnung an die TRF kann durch Verringern des Winkels des einfallenden Lichts, sodass er nahezu parallel zum

Abb. 9.38 TIRF-Mikroskopie gestattet die Detektion einzelner fluoreszierender Moleküle in der Nähe der Zelloberfläche. (a) Die TIRF-Mikroskopie verwendet anregendes Laserlicht, um die Oberfläche des Deckgläschens unter dem kritischen Winkel zu bestrahlen, unter dem das gesamte Licht von der Glas–Wasser-Grenzfläche reflektiert wird. Ein Teil der elektromagnetischen Energie breitet sich ein kurzes Stück durch die Grenzfläche als flüchtige Welle aus, die nur diejenigen Moleküle anregt, die am Deckgläschen haften oder sehr nahe an der Oberfläche sind. (b) Hier dient die TIRF-Mikroskopie dazu, die Bildung eines einzelnen clathrinbeschichteten Grübchens und seiner anschließenden Endocytose zu verfolgen. In diesem Bild der Oberfläche der Plasmamembran einer Wurzelzelle von *Arabidopsis* ist ein *Clathrin*-Adapterprotein mit GFP markiert. Die einzelnen Grübchen können im Zeitverlauf verfolgt werden. (c) Das in B gezeigte Grübchen ist in 1-sekündigen Intervallen dargestellt; dies zeigt, dass sein Erscheinen und Verschwinden an der Plasmamembran mittels Endocytose innerhalb von etwa 10 Sekunden stattfindet. (b und c, aus A. Johnson und G. Vert, *Front. Plant. Sci.* 8: 612, 2017. Frontiers Media S.A., CC BY 4.0).

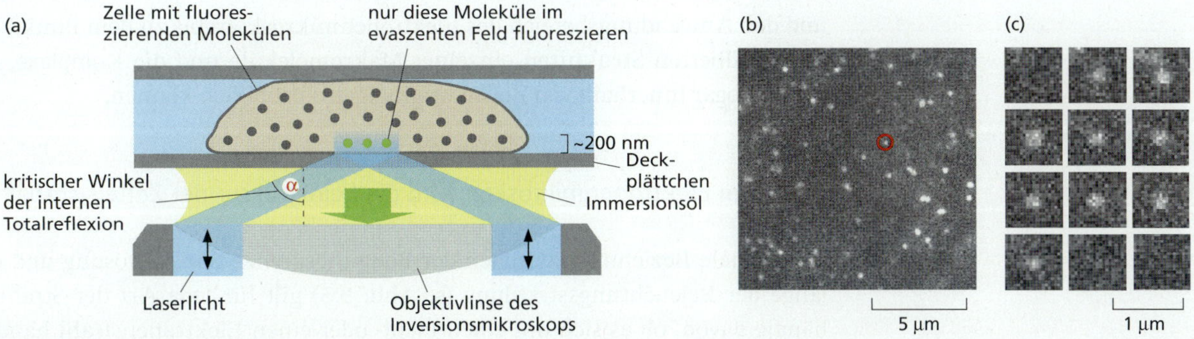

Deckplättchen ist, die Eindringtiefe in die zu untersuchende Zelle erhöht werden; wenngleich nicht so einheitlich wie bei der TIRF. Diese Eigenschaft ist hilfreich bei Zellen mit einer äußeren Zellwand, wie diejenigen von Pflanzen und Pilzen (**Abb. 9.38b** und **c**).

Zusammenfassung

Viele lichtmikroskopische Verfahren stehen für die Beobachtung von Zellen zur Verfügung. Fixierte und gefärbte Zellen können mit einem konventionellen Lichtmikroskop untersucht werden, während man mit fluoreszenzmarkierten Antikörpern den zellulären Aufenthaltsort bestimmter Moleküle im Fluoreszenzmikroskop bestimmen kann. Lebende Zellen lassen sich mit Phasenkontrast-, Differenzial-Interferenzkontrast-, Dunkelfeld- oder Hellfeldmikroskopen betrachten. Alle Formen der Lichtmikroskopie können durch elektronische Bildverarbeitungstechniken, die die Empfindlichkeit und die Bildqualität steigern, verbessert werden. Mithilfe von Konfokalmikroskopie und Bildverarbeitung lassen sich aus dünnen optischen Schnitten dreidimensionale Bilder rekonstruieren.

Heute stehen uns Techniken zur Verfügung, um nahezu jedes interessierende Molekül in einer Zelle nachzuweisen, seine Menge zu bestimmen und seinen Weg durch die Zelle zu verfolgen. Fluoreszenzmarkierungen können verwendet werden, um die Konzentrationen bestimmter Ionen oder Signalmoleküle in einzelnen Zellen oder in verschiedenen Teilen einer Zelle zu messen. Praktisch jedes gewünschte Protein kann gentechnisch zu einem fluoreszierenden Fusionsprotein umgebaut und dann mithilfe der Fluoreszenzmikroskopie in lebenden Zellen sichtbar gemacht werden. Das dynamische Verhalten und die Wechselwirkungen vieler Moleküle können nun durch Varianten der verwendeten fluoreszierenden Proteinmarkierungen in lebenden Zellen verfolgt werden – in manchen Fällen bis zur Stufe einzelner Moleküle. Verschiedene Superauflösungstechniken können die Beugungsgrenze auf verschiedene Weise umgehen und Moleküle auflösen, die nur 20 nm voneinander entfernt sind.

9.2 Betrachtung von Zellen und Molekülen im Elektronenmikroskop

Die Lichtmikroskopie kann nur in beschränktem Maße Details sichtbar machen. Mikroskope, die andere Strahlungsarten verwenden – insbesondere Elektronenmikroskope – können viel kleinere Strukturen auflösen, als dies mit sichtbarem Licht möglich ist. Diese höhere Auflösung hat ihren Preis: Die Probenvorbereitung für die Elektronenmikroskopie ist kompliziert, und es ist schwerer sicherzustellen, dass das, was wir im Bild sehen, exakt den ursprünglichen lebenden Strukturen entspricht. Man kann Proben jedoch sehr rasch einfrieren (schockgefrieren), um die Strukturen originalgetreu für die Elektronenmikroskopie zu konservieren. Digitale Bildbearbeitung kann zur Rekonstruktion dreidimensionaler Objekte verwendet werden, indem man entweder Informationen von vielen einzelnen Partikeln oder von Ansichten eines einzelnen Objekts aus vielen Neigungswinkeln kombiniert. Insgesamt erweitern diese Ansätze die Auflösung und den Anwendungsbereich des Elektronenmikroskops bis zu dem Punkt, an dem wir die detaillierten Strukturen einzelner Makromoleküle und die Komplexe, die sie aufbauen, sogar innerhalb von Zellen originalgetreu abbilden können.

9.2.1 Im Elektronenmikroskop wird die Feinstruktur der Zelle sichtbar

Die formale Beziehung zwischen der Beugungsgrenze zur Auflösung und der Wellenlänge der Beleuchtungsstrahlung (s. **Abb. 9.5**) gilt für jede Art der Strahlung, unabhängig davon, ob es sich um einen Licht- oder einen Elektronenstrahl handelt. Bei der

Verwendung von Elektronen ist jedoch die Auflösungsgrenze sehr klein. Die Wellenlänge eines Elektrons wird kürzer, wenn seine Geschwindigkeit zunimmt. In einem **Elektronenmikroskop** mit einer Beschleunigungsspannung von 100 000 V beträgt die Wellenlänge eines Elektrons 0,004 nm. Theoretisch entspricht das einer Auflösung von 0,002 nm und übertrifft die eines Standard-Lichtmikroskops damit um das 100 000-Fache. Da die Abweichungen einer Elektronenlinse aber erheblich schwerer zu korrigieren sind als die einer Glaslinse, beträgt das praktische Auflösungsvermögen der modernen Elektronenmikroskope, sogar mit einer sorgfältigen Bildbearbeitung, um Linsenaberrationen zu korrigieren, bestenfalls 0,05 nm (0,5 Å) (**Abb. 9.39**). Das rührt daher, dass nur der allerinnerste Teil der Elektronenlinsen genutzt werden kann, und die tatsächliche numerische Apertur winzig ist. Hinzu kommen Probleme der Probenvorbereitung, des Kontrasts und der Strahlungsschädigung, die die effektiv erreichbare Auflösung für biologische Objekte auf 1 nm (10 Å) beschränken. Dies ist immer noch 200-mal besser als die Auflösung im Lichtmikroskop. Zudem wird die Leistung von Elektronenmikroskopen durch Elektronenstrahlenquellen, so genannten Feldemissionskanonen, erhöht. Diese sehr hellen und kohärenten Elektronen können die erreichbare Auflösung deutlich verbessern.

Der Gesamtaufbau des Transmissionselektronenmikroskops (TEM) ähnelt dem eines Inversions-Lichtmikroskops, obwohl Ersteres viel größer ist (**Abb. 9.40**). Als Strahlenquelle dient ein Glühdraht, eine Kathode, die am oberen Ende einer ca. 2 m hohen zylindrischen Säule Elektronen emittiert. Da Elektronen bei Kollision mit Luftmolekülen gestreut werden, muss zur Herstellung eines Vakuums die Luft aus der Säule gepumpt werden. Die Elektronen werden von einer nahen Anode beschleunigt; sie bilden nach Durchtritt durch eine winzige Lochblende einen Elektronenstrahl, der die Säule durchläuft. Der Strahl wird durch magnetische Spulen, die in bestimmten Abständen entlang der Säule angebracht sind, fokussiert, so wie die Glaslinsen im Lichtmikroskop den Lichtstrahl fokussieren. Das zu betrachtende Objekt wird über eine Schleuse ins Vakuum eingebracht und dem Elektronenstrahl ausgesetzt. Wie beim Lichtmikroskop wird das Objekt gewöhnlich gefärbt – in diesem Fall mit einem *elektronendichten* Material. Einige der Elektronen, die das Objekt passieren, werden an den elektronendicht „gefärbten" Strukturen gestreut. Die übrigen Elektronen werden fokussiert, und es entsteht völlig

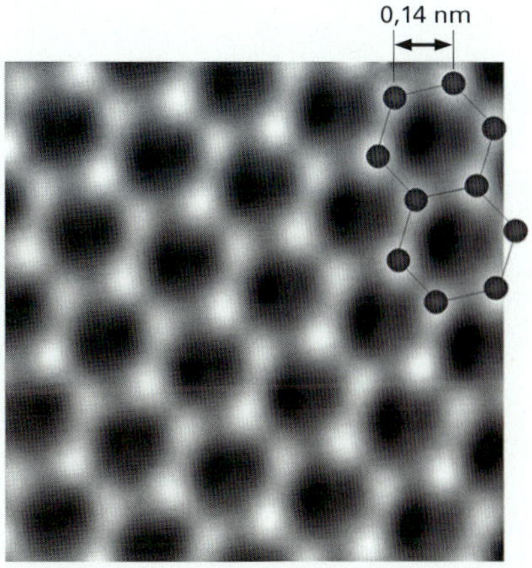

Abb. 9.39 Die Auflösung des Elektronenmikroskops. Diese transmissionselektronenmikroskopische Aufnahme eines Graphen-Monolayers löst die einzelnen Kohlenstoffatome als helle Punkte in einem sechseckigen Gitter auf. Graphen ist eine einzelne isolierte Atomschicht aus Graphit und bildet die Basis von Kohlenstoff-Nanoröhrchen. Der Abstand zwischen benachbarten verknüpften Kohlenstoffatomen beträgt 0,14 nm (1,4 Å). Eine solche Auflösung kann man nur mit einem speziell gebauten Transmissionselektronenmikroskop erhalten, in dem alle Linsenaberrationen sorgfältig korrigiert sind, und mit optimalen Proben; mit den meisten üblichen biologischen Proben kann man sie kaum erreichen. (Aus A. Dato *et al.*, *Chem. Commun.* 40: 6095–6097, 2009. Mit Erlaubnis der Royal Society of Chemistry).

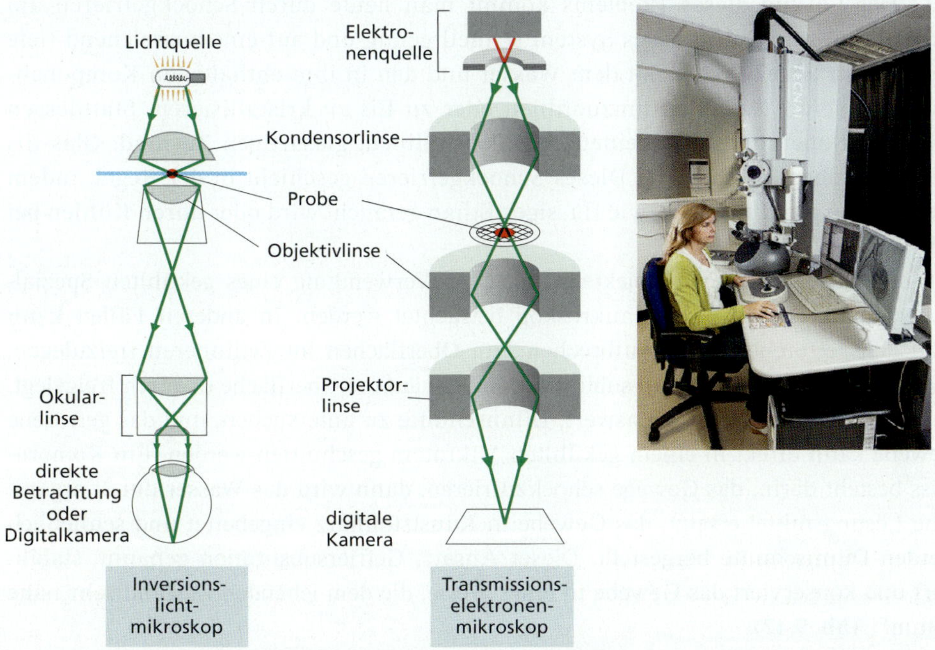

Abb. 9.40 Der prinzipielle Aufbau eines Inversions-Lichtmikroskops und eines Elektronenmikroskops im Vergleich. Die schematische Darstellung versucht die Gemeinsamkeiten des Aufbaus hervorzuheben. Die Linsen im Lichtmikroskop bestehen aus Glas, die im Elektronenmikroskop dagegen sind magnetische Spulen. Im Elektronenmikroskop ist es erforderlich, die Probe ins Vakuum einzubringen. Das nebenstehende Bild zeigt ein Standard-Transmissionselektronenmikroskop in Betrieb. (Foto mit freundlicher Genehmigung von Andrew Davis).

analog zur Lichtmikroskopie ein Bild. Das Bild lässt sich auf einem Monitor beobachten oder wird typischerweise mit einem empfindlichen CMOS-Elektronendetektor aufgezeichnet. Da die gestreuten Elektronen dem Strahl verloren gehen und nicht mehr zur Bildentstehung beitragen, erscheinen die dichten Bereiche des Objekts im Bild als Regionen mit verringertem Elektronenfluss; sie sind also in der Abbildung dunkel.

9.2.2 Biologische Objekte müssen für die Elektronenmikroskopie besonders vorbereitet werden

Bereits die frühesten elektronenmikroskopischen Untersuchungen von biologischen Objekten zeigten bislang nicht erwartete Strukturen in Zellen. Aber bevor man diese entdecken konnte, mussten die mit dem Elektronenmikroskop arbeitenden Zellbiologen neue Verfahren für das Einbetten, Schneiden und Färben von Geweben entwickeln.

Da sich das Objekt im Elektronenmikroskop in einem Hochvakuum befindet, wird lebendes Gewebe normalerweise abgetötet und durch chemische Fixierung konserviert. Die Fixierung geschieht zunächst mit *Glutaraldehyd*, der benachbarte Proteinmoleküle kovalent vernetzt, und dann mit *Osmiumtetroxid* (OsO_4), das sowohl an Proteine als auch an Lipid-Doppelschichten bindet. Da Elektronen nur eine sehr begrenzte Durchdringungskraft haben, muss das fixierte Gewebe vor der mikroskopischen Betrachtung extrem dünn (25–100 nm, etwa 1/200 des Durchmessers einer einzelnen Zelle) geschnitten werden. Das lässt sich erreichen, wenn man das Objekt entwässert und von einem monomeren Harz durchdringen lässt, das anschließend zu einem festen Kunststoffblock polymerisiert. Der Block wird mit einem Spezialmikrotom geschnitten, das mit einem Glas- oder Diamantmesser ausgerüstet ist. Die so entstehenden *Ultradünnschnitte*, frei von Wasser und anderen flüchtigen Lösungsmitteln, werden zur mikroskopischen Betrachtung auf ein kleines rundes Metallnetz gelegt (**Abb. 9.41**).

Der Aufwand, der getrieben werden muss, um biologisches Material für die Elektronenmikroskopie vorzubereiten, ist gewaltig. Wie kann man sich sicher sein, dass das Bild des fixierten, entwässerten und in Harz eingebetteten Objekts noch etwas mit dem fragilen, wasserhaltigen biologischen System in der lebenden Zelle zu tun hat? Der Lösung dieses Problems kommt man heute durch Schockgefrieren am nächsten. Wird ein wässriges System schnell genug und auf eine ausreichend tiefe Temperatur abgekühlt, bleibt dem Wasser und den in ihm enthaltenen Komponenten nicht genug Zeit, sich umzuordnen oder zu Eis zu kristallisieren. Stattdessen führt die Superkühlung zu einem nichtkristallinen, glasartigen Zustand, Glas-Eis oder amorphes Eis genannt. Dieses Schockgefrieren geschieht in der Regel, indem die Probe in ein Kühlmittel wie flüssiges Ethan getaucht wird oder durch Kühlen bei sehr hohem Druck.

Einige schockgefrorene Objekte können bei Verwendung eines gekühlten Spezialhalters direkt im Elektronenmikroskop betrachtet werden. In anderen Fällen kann man den gefrorenen Block aufbrechen, um Oberflächen im Zellinneren freizulegen, oder das umgebende Eis wird sublimiert und die äußere Oberfläche dadurch freigelegt. Allerdings ist es oft wünschenswert, Dünnschnitte zu untersuchen, und das gefrorene Gewebe kann direkt in einem gekühlten Mikrotom geschnitten werden. Ein Kompromiss besteht darin, das Gewebe schockzufrieren, dann wird das Wasser durch organische Lösungsmittel ersetzt, das Gewebe in Kunststoffharz eingebettet und schließlich werden Dünnschnitte hergestellt. Dieser Ansatz, Gefriersubstitution genannt, stabilisiert und konserviert das Gewebe in einer Weise, die dem lebenden Zustand sehr nahe kommt (**Abb. 9.42**).

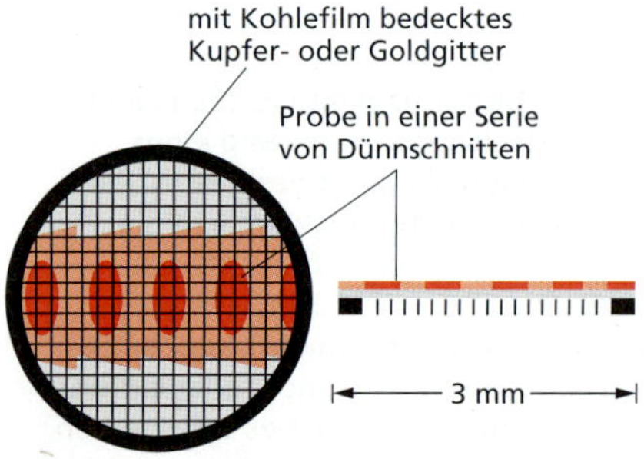

Abb. 9.41 Probenhalterung für die Elektronenmikroskopie. Das Metallgitter, das die Dünnschnitte der Probe in einem Transmissionselektronenmikroskop trägt.

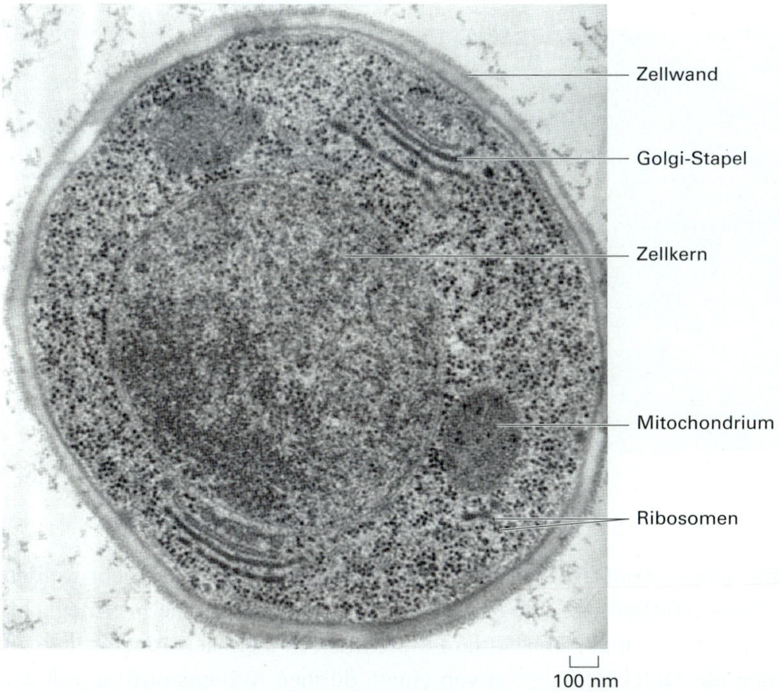

Abb. 9.42 Dünnschnitt durch eine Zelle. Dieser Dünnschnitt stammt von einer Hefezelle, die äußerst schnell eingefroren wurde; das glasartige Eis wurde durch organische Lösungsmittel und dann durch ein Plastikharz ersetzt (Gefriersubstitution). Zellkern, Mitochondrien, Zellwand, Golgi-Stapel und Ribosomen sind alle deutlich in einem Zustand zu sehen, der vermutlich so lebensnah wie möglich ist. (Mit freundlicher Genehmigung von Andrew Staehelin)

Moleküle in aller Art von Dünnschnitten können markiert werden, um sie zu identifizieren und zu orten. Wir haben früher bereits gesehen, wie Antikörper in Verbindung mit der Fluoreszenzmikroskopie genutzt werden können, um spezifische Makromoleküle zu lokalisieren. Eine analoge Methode – die *Immungold -Elektronenmikroskopie* – kann im Elektronenmikroskop eingesetzt werden. Bei dieser Prozedur wird gewöhnlich zunächst ein Dünnschnitt mit einem spezifischen Primärantikörper inkubiert und anschließend mit einem Sekundärantikörper, an den ein kolloidales Goldpartikel angeheftet ist. Das Goldpartikel hat eine hohe Elektronendichte und kann als schwarzer Punkt in Elektronenmikroskop wahrgenommen werden (**Abb. 9.43**). Verschiedene Antikörper können an unterschiedlich große Goldpartikel gekoppelt werden, sodass in einer einzigen Probe mehrere Proteine geordnet werden können.

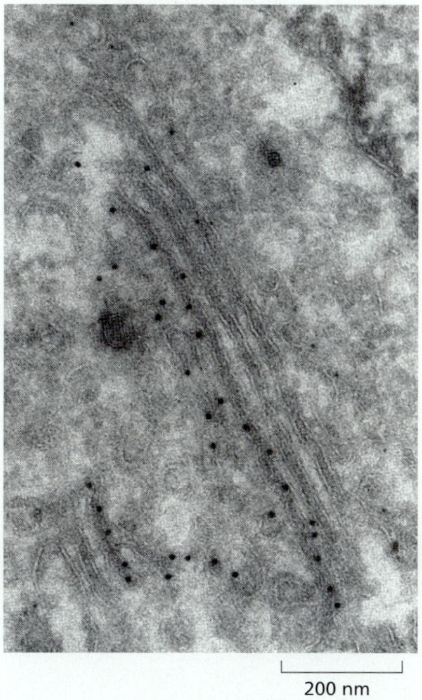

Abb. 9.43 Das Lokalisieren von Proteinen in der Elektronenmikroskopie. Die Darstellung zeigt, wie man die Immungold-Elektronenmikroskopie einsetzen kann, um den spezifischen Ort eines Proteins zu finden, das auf den Goligi-Apparat zielt. Das Protein ist mit einem genetisch codierten fluoreszierenden Protein markiert und es sitzt im *trans* -Golgi-Netzwerk. Das Protein in diesem Dünnschnitt wird mithilfe eines Antikörpers sichtbar, der gegen das fluoreszierende Protein gerichtet ist, das an 10 nm große kolloidale Goldpartikel gekoppelt ist; diese sind im Elektronenmikroskop als schwarze Punkte sichtbar. Die Zelle wurde unter hohem Druck eingefroren und vor der Einbettung und dem Schneiden gefriersubstituiert. (Mit freundlicher Genehmigung von Charlotta Funaya und M. Teresa Alonso.)

9.2.3 Schwermetalle können einen zusätzlichen Kontrast verschaffen

Auch wenn der Phasenkontrast ungefärbte Proben sichtbarer machen kann, hängt die Deutlichkeit einer elektronenmikroskopischen Aufnahme in der Regel davon ab, ob man eine Bandbreite von Elektronendichten hat, um einen Amplitudenkontrast innerhalb der Probe zu verschaffen. Die Elektronendichte wiederum hängt von der Ordnungszahl der vorhandenen Atome ab: Je höher die Ordnungszahl, desto mehr Elektronen werden gestreut und desto dunkler ist dieser Teil des Bilds. Biologische Gewebe sind hauptsächlich aus Atomen mit sehr kleiner Ordnungszahl aufgebaut (vor allem Kohlenstoff, Sauerstoff, Stickstoff und Wasserstoff). Um sie einfacher sichtbar zu machen, müssen sie gewöhnlich (vor oder nach dem Schneiden) mit den Salzen von Schwermetallen, wie Uran, Blei und Osmium, imprägniert werden. Für verschiedene Zellbestandteile variiert der Imprägnierungsgrad oder die „Färbung" mit diesen Salzen. Lipide färben sich z. B. nach einer Osmiumfixierung dunkel und zeigen dann den Verlauf der Zellmembranen (s. z. B. **Abb. 12.2** oder **Abb. 12.15**).

Wenn isolierte Moleküle durch Platin oder andere Schwermetalle „beschattet" werden, die aus einem erhitzten Filament verdampfen, können Makromoleküle wie DNA oder

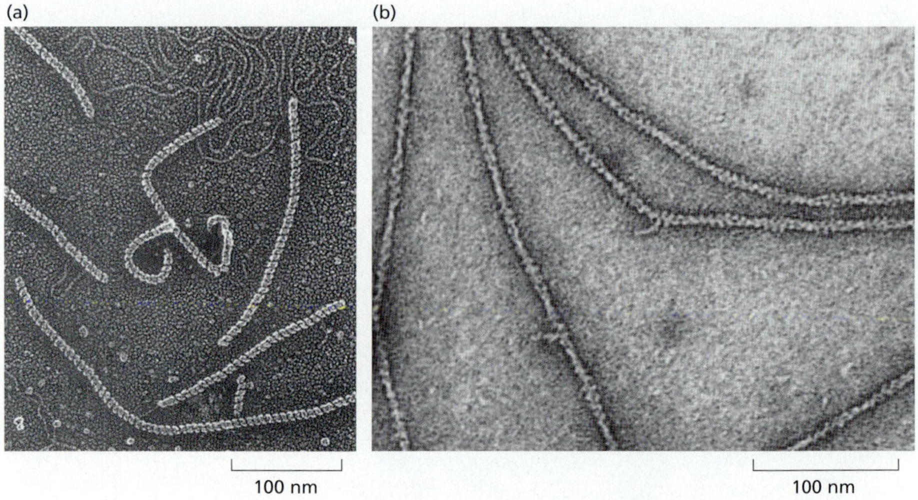

Abb. 9.44 Schwermetalle sorgen für Kontrast im Elektronenmikroskop. (a) Diese transmissionselektronenmikroskopische Aufnahme zeigt das RecA-Protein zusammen mit *Escherichia. coli* -DNA, absorbiert an Glimmerplättchen, gefroren, sorgfältig getrocknet und dann mit Platindampf beschattet. Das Protein RecA bildet deutlich dichte rechtsgängige Helices um die bakteriellen DNA-Moleküle, von denen einige oben im Bild frei zu sehen sind (s. auch **Abb. 5.48**). (b) In diese transmissionselektronenmikroskopische Aufnahme von Aktinfilamenten, die mit Uranylacetat negativ gefärbt sind, hat jedes Filament einen Durchmesser von etwa 8 nm und bei näherer Betrachtung sieht man, dass es aus einer helikalen Kette globulärer Aktinmoleküle aufgebaut ist (s. auch **Abb. 16.8**). (a, aus J. Heuser, *J. Electron Micros. Tech.* 13: 244–263, 1989, mit freundlicher Genehmigung von John Wiley & Sons; b, mit freundlicher Genehmigung von Roger Craig).

große Proteine mit hohem Kontrast im Elektronenmikroskop sichtbar gemacht werden (**Abb. 9.44a**). Die Negativfärbung ist eine ähnliche Herangehensweise, die es ermöglicht, selbst isolierte Moleküle oder makromolekulare Maschinen in kleinsten Einzelheiten zu sehen. Dazu werden die Moleküle, versetzt von einem dünnen Kohlenstofffilm, mit der Lösung eines Schwermetallsalzes, z. B. Uranylacetat, gemischt. Nach dem Trocknen des Objekts bedeckt eine sehr dünne Schicht des Metallsalzes den Kohlenstofffilm, mit Ausnahme der Stellen, wo sich ein adsorbiertes Makromolekül befand. Da die Makromoleküle von den Elektronen viel leichter durchdrungen werden können als der sie umgebende Schwermetallbelag, erhält man ein umgekehrtes oder negatives Bild des Moleküls. Negativ-Kontrastierung ist besonders nützlich, wenn große makromolekulare Aggregate wie Viren oder Ribosomen untersucht oder die Untereinheitenstruktur von Proteinfilamenten rasch und günstig betrachtet werden sollen (**Abb. 9.44b**). Beschattung und Negativ-Kontrastierung können die Oberfläche kleiner makromolekularer Komplexe kontrastreich abbilden, aber beide Techniken sind durch die Größe der zur Beschattung verwendeten Metallpartikel in ihrer Auflösung auf etwa 2 nm begrenzt.

9.2.4 Bilder von Oberflächen lassen sich mit dem Raster-Elektronenmikroskop aufnehmen

Ein **Raster-Elektronenmikroskop (REM)** kann direkt ein Bild von der räumlichen Struktur der Oberfläche eines Objekts erzeugen. Das REM ist normalerweise kleiner, einfacher und billiger als ein Transmissionselektronenmikroskop (TEM). Während dieses zur Bildentstehung die Elektronen aufzeichnet, die durch das Objekt gedrungen sind, nutzt das REM die von der Objektoberfläche gestreuten oder emittierten Elektronen. Das zu untersuchende Objekt wird gewöhnlich entweder fixiert, getrocknet und dann mit einer dünnen Schicht eines Schwermetalls beschattet oder alternativ schockgefroren und dann in einen gekühlten Objekthalter überführt, zur Beschichtung und direkten elektronenmikroskopischen Untersuchung (**Abb. 9.45**).Das Objekt wird mit einem sehr dünnen Elektronenstrahl abgetastet. Die Zahl der gestreuten oder emittierten Elektronen des primären Strahls, der die metallisierte Oberfläche des Objekts Punkt für Punkt mit Elektronen bombardiert, wird gemessen und im Computer zu einem Bild zusammengesetzt. Häufig lässt sich so eine ganze Pflanze oder ein kleines Tier ohne große Vorbereitung mikroskopieren (**Abb. 9.46**).

Die REM-Technik bietet eine große Feldtiefe, somit werden Objekte innerhalb und außerhalb des Blickfelds scharf abgebildet. Da außerdem die Zahl der gestreuten Elektronen

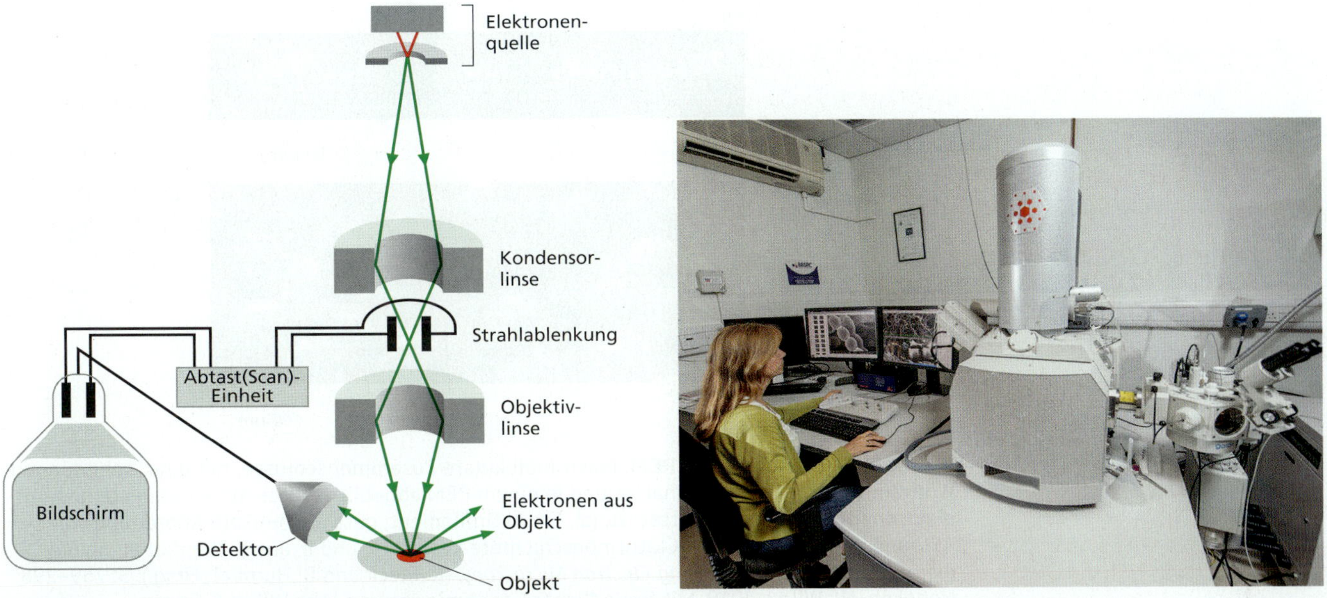

Abb. 9.45 Das Raster-Elektronenmikroskop. In einem REM wird das Objekt von einem Elektronenstrahl abgetastet, der durch elektromagnetische Spulen, die als Linsen dienen, auf das Objekt fokussiert wird. Während der Strahl die Objektoberfläche Punkt für Punkt bombardiert, misst ein Detektor die Zahl der gestreuten oder emittierten Elektronen und kontrolliert die Intensität aufeinanderfolgender Punkte in einem Bild, das sich auf einem Bildschirm aufbaut. Das REM erzeugt eindrucksvolle Bilder dreidimensionaler Objekte von großer Tiefenschärfe und, je nach Geräteart, einer Auflösung von 0,5 bis 10 nm. (Foto mit freundlicher Genehmigung von Andrew Davies).

vom Winkel der Oberfläche relativ zum Strahl abhängt, weist das Bild beleuchtete Stellen und Schatten auf, die ihm eine räumliche Wirkung verleihen (s. **Abb. 9.46**). Es können allerdings nur Oberflächenstrukturen untersucht werden; die meisten REM-Varianten erzielen keine sehr hohe Auflösung (ca. 10 nm, was einer effektiven Vergrößerung von bis zu 20 000-fach entspricht). Daher setzt man REM vorwiegend ein, um ganze Zellen und Gewebe, nicht aber subzelluläre Strukturen zu untersuchen. Es ist jedoch gelungen, hoch auflösende REMs zu entwickeln, die als Elektronenquelle eine helle Kohärenzfeldemissionskanone verwenden. Da die Auflösung der REM nicht von der Wellenlänge des Elektronenstrahls abhängt, sondern von der Größe des Elektronenflecks, der über die Probe abgetastet wird, kann diese REM-Art ein Bild erzeugen, das es mit der Auflösung aufnehmen kann, die mit einer negativ gefärbten Probe im TEM möglich ist (**Abb. 9.47**).

Abb. 9.46 Das Rasterelektronenmikroskop erzeugt Bilder von Oberflächen mit einer großen Feldtiefe. REM-Aufnahmen, die über eine große Spannbreite von Vergrößerungen gemacht wurden. (a) Eine sich entwickelnde Weizenähre. Diese zarte Blütenähre wurde schockgefroren, mit einem dünnen Metallfilm beschattet und im gefrorenen Zustand mit dem REM untersucht. Diese mikroskopische Aufnahme zeigt – bei geringer Auflösung – die große Tiefenschärfe des REM, sogar bei einer großen Probe wie dieser. (b) Die Pollenkörner von einer Nieswurz-Blüte (*Helleborus*) enthüllen die Form ihrer Zellwände im REM. Die Formen und Muster sind für die Pollenkörner jeder Spezies spezifisch. (c) Ketten von Bakterien, die in den blauen Adern eines Stiltonkäses leben. (a, b und c, mit freundlicher Genehmigung von Kim Findlay).

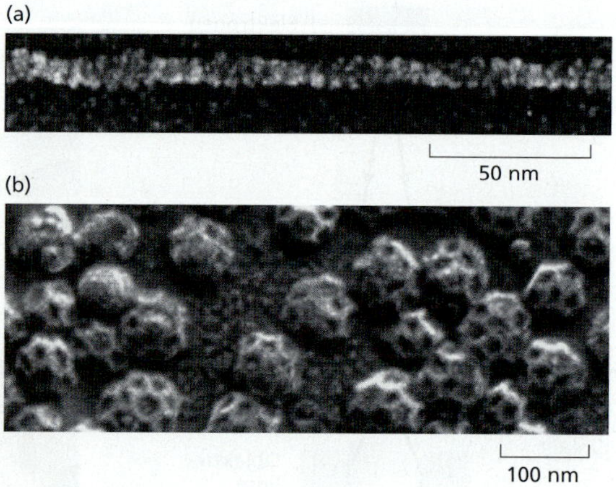

Abb. 9.47 Hochaufgelöste REM. Makromolekulare Zusammenschlüsse, mit einer sehr dünnen Wolfram-Beschichtung beschattet und in einem REM abgebildet, dass mit einer Feldemissionselektronenkanone ausgestattet ist. (a). Ein Aktinfilament, dass die helikale Anordnung von Aktinmonomeren zeigt. (b). Clathrinbeschichtete Vesikel. (a und b, aus R. Wepf et al., in *Biological Field Emission Scanning Electron Microscopy.* (R. Fleck und B. Humbel, Hrsg.), S. 269–298. Hoboken, NJ: Wiley, 2019. Mit freundlicher Genehmigung von John Wiley & Sons).

9.2.5 Die Elektronenmikroskop-Tomographie ermöglicht es, die molekulare Architektur von Zellen dreidimensional zu sehen

Das REM kann nur eine Oberflächenansicht eines Objekts liefern, die uns wenig über die wichtigen dreidimensionalen Beziehungen zwischen Makromolekülen und Organellen innerhalb einer lebenden Zelle verrät. Zudem sind Dünnschnitte oft ungeeignet, um im TEM die räumliche Anordnung der Zellbestandteile zu vermitteln und die Bilder können irreführend sein. Die dritte Dimension kann, wenngleich immer noch langwierig und mühsam, aus Serienschnitten rekonstruiert werden. Sogar Dünnschnitte besitzen im Vergleich zur Auflösung eines Elektronenmikroskops jedoch eine deutliche Tiefe. Somit kann das TEM-Bild ebenfalls, in umgekehrter Weise, irreführend sein: durch die Überlagerung von Objekten, die in unterschiedlicher Tiefe liegen.

Wegen der großen Feldtiefe des Elektronenmikroskops sind alle Teile der dreidimensionalen Probe im Brennpunkt, und das sich ergebende Bild ist eine Projektion (eine Überlagerung von Schichten) der Struktur entlang der Betrachtungsrichtung. Mithilfe von Aufnahmen des gleichen Objekts aus verschiedenen Richtungen kann man die verlorenen Informationen über die dritte Dimension zurückgewinnen. Die Rechenmethoden für diese Technik werden bei medizinischen CT-Scans ausgiebig genutzt. Bei einer CT-Aufnahme bewegt man die Kamera um den Patienten, um verschiedene Blickrichtungen zu erzeugen. Bei der **Elektronenmikroskop(EM)-Tomographie** wird der Objekthalter im Elektronenstrahl des Mikroskops geneigt, womit der gleiche Effekt erreicht wird.

Die Probe wird gewöhnlich in jede Richtung bis zu einem Maximum von 60° gekippt, und auf diese Weise kommen wir zu einer dreidimensionalen Rekonstruktion bei einer gewählten Standardorientierung, wenn die mit dem Mikroskop aufgenommenen Bildserien eines Einzelobjekts kombiniert werden. Jede Einzelaufnahme wird sehr verrauscht sein, aber die Kombination von drei Dimensionen zu einem Durchschnittsbild kann das Rauschen signifikant verringern. Ausgehend von dicken Kunststoffschnitten des eingebetteten Materials werden dreidimensionale Rekonstruktionen oder *Tomogramme* von Zellen erstellt, aber Mikroskopiker verwenden zunehmend die EM-Tomographie für nicht gefärbte, gefrorene wasserhaltige Schnitte und sogar für schockgefrorene ganze Zellen oder Organellen. Einzelne makromolekulare Komplexe, die in einem Tomogramm als vielfache Kopien erscheinen, können identifiziert werden; und mit einem

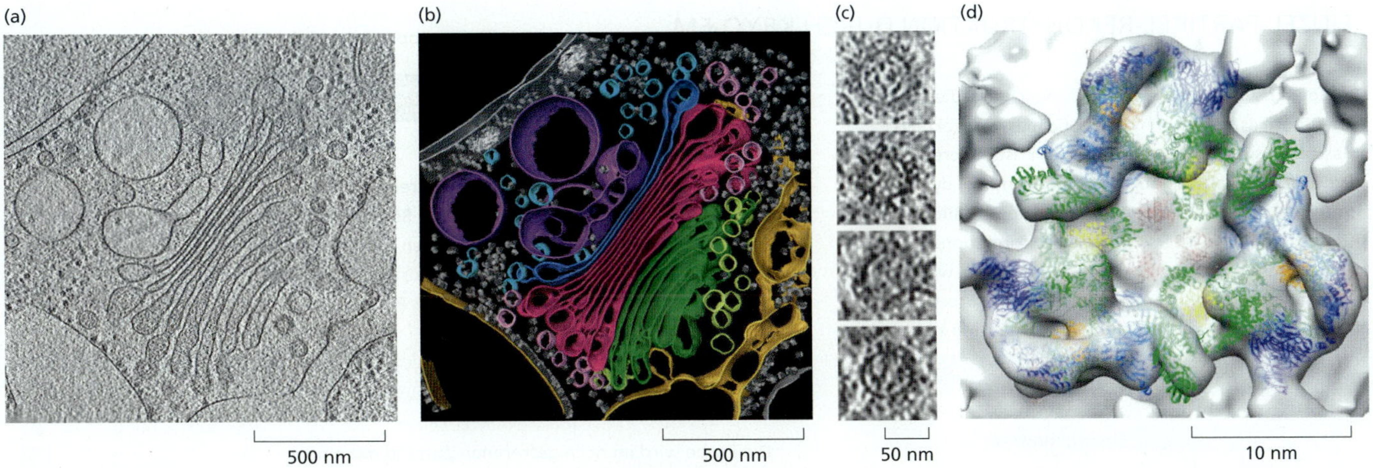

Rechnerprogramm, der sog. *Subtomogramm-Mittelwertbildung*, um das Rauschen zu verringern und eine Strukturinformation zu erhalten, können molekulare Strukturen innerhalb von Zellen mit einer Auflösung von weniger als 2 nm erhalten werden (**Abb. 9.48**).Die Elektronenmikroskopie bildet damit eine tragfähige Brücke zwischen der Größenordnung eines einzelnen Moleküls und derjenigen der ganzen Zelle.

Abb. 9.48 **EM-Tomographie.** Die Beschichtung mit COP1 vermittelt den Vesikelverkehr innerhalb des Golgi-Apparats und den retrograden Transport zum Endoplasmatischen Reticulum (ER) (s. **Abb. 13.4 und 13.5**). Die EM-Tomographie hat dazu beigetragen, die Einzelheiten der COP1-Hüllen *in situ* auf Knospen und Vesikeln von schockgefrorenen Zellen von *Chlamydomonas* sichtbar zu machen. (a) Ein Schnitt durch ein dreidimensionales Tomogramm eines vollständigen Golgi-Apparats. (b) Mithilfe der Information aus mehreren solchen Tomogrammen ist ein Teil des Golgi-Apparats hier gezeigt und farbcodiert: Das ER ist *dunkelgelb*, die *cis*-Vesikel sind *gelb*, die vier *cis* -Zisternen sind *grün*, der vier Medial-Zisternen sind *rot*, die *trans*-Zisterne ist *blau*, die Medial-Vesikel sind *rosa*, *trans*-Vesikel sind *hellblau* und das *trans*-Golginetzwerk ist *violett*. Zu sehen sind auch Ribosomen als kleine graue Klümpchen. (c). Einzelne Schnitte durch COP1-Vesikel im Tomogramm; Am Boden ist eines teilweise nicht beschichtet. (d) Durch Identifizierung und Durchschnittsbildung von über 10 000 COP1-Untereinheiten auf Vesikeln in den Tomogrammen erhielt man eine Molekülstruktur mittels Durchschnittsbildung der Subtomogramme mit einer Auflösung von 2 nm. Die Strukturen verschiedener Proteine in der COP1-Hülle wurden enträtselt und sie können ordentlich in die Elektronendichtehülle der EM-Struktur eingepasst werden. Hier ist eine Oberflächenansicht einer Triade von COP1-Untereinheiten auf der Oberfläche eines Vesikels gezeigt, zusammen mit den Molekülstrukturen (in Farbe) der einzelnen Bestandteile, die in die EM-Struktur eingepasst wurden. (Verändert nach Y. S. Bykov et al., *eLife* 6: e32493, 2017. eLife Sciences Publications, CC BY 4.0).

9.2.6 Die Kryoelektronenmikroskopie kann molekulare Strukturen mit atomarer Auflösung bestimmen

Wie wir bereits gesehen haben, ist das Rauschen in der Lichtmikroskopie bei geringer Helligkeit von Bedeutung, aber es ist ein besonders gravierendes Problem bei der Elektronenmikroskopie ungefärbter Makromoleküle. Ein Proteinmolekül kann nur eine Dosis von wenigen Hundert Elektronen pro Quadratnanometer ohne Beschädigung überstehen, und diese Dosis liegt um Größenordnungen unter der, die nötig ist, um ein Bild bei atomarer Auflösung aufzunehmen.

Zur Lösung des Problems muss man daher viele Bilder von identischen Molekülen – vielleicht Hunderttausende von Einzelbildern – aufnehmen und sie zu einem Durchschnittsbild kombinieren; dabei werden Strukturdetails sichtbar, die im Rauschen der Originalbilder versteckt sind. Dieses Verfahren nennt man **Einzelpartikel-Rekonstruktion** (**Tafel 9.1**). Bevor die einzelnen Bilder jedoch kombiniert werden können, müssen sie entsprechend miteinander angeordnet werden. Mithilfe eines Rechners können die digitalen Bilder von zufällig verteilten und nicht ausgerichteten Molekülen verarbeitet und kombiniert werden, sodass hochaufgelöste Rekonstruktionen entstehen. Obwohl Strukturen mit einer inneren Symmetrie, wie Dimere oder helikale Wiederholungen, etwas leichter zu enträtseln sind (**Abb. 9.49**), wurde diese Technik auch für riesige makromolekulare Maschinen, wie Ribosomen, die keine Symmetrie besitzen, verwendet (s. **Tafel 9.1**).

Die Kryoelektronenmikroskopie (KryoEM) hängt entscheidend vom Schockgefrieren der wässrigen Probe ab, um Glas-Eis zu bilden, das keine Eiskristallbildung zulässt und deshalb die Probe nicht beschädigt. Ein sehr dünner (etwa 100 nm) Film einer wässrigen Suspension eines gereinigten makromolekularen Komplexes wird auf einem Probennetz vorbereitet und dann durch Eintauchen in ein Kühlmittel schockgefroren. Ein Spezialobjekthalter hält das wasserhaltige Objekt bei -160 °C im Vakuum des Elektronenmikroskops; es kann direkt ohne Fixierung, Färbung oder Trocknen betrachtet werden. Anders als bei der Negativ-Kontrastierung, wo letztlich aufgrund von Farbstoffausschluss die Kontur der Partikel zu sehen ist, erzeugt die Kryo-Elektronenmikroskopie ein Bild der

EINZEL-PARTIKEL-REKONSTRUKTION DURCH KRYO-EM

Röntgenkristallographie ist eine Möglichkeit, die Struktur eines Proteins zu bestimmen. Große makromolekulare Maschinen sind jedoch oft schwer zu kristallisieren, ebenso wie viele integrale Membranproteine, und bei dynamischen Proteinen und Anordnungen ist es schwierig, allein durch Kristallographie auf verschiedene Konformationen zuzugreifen. Um diese Probleme zu umgehen, wenden sich Forscher zunehmend der Kryo-Elektronenmikroskopie (Kryo-EM) zu, um makromolekulare Strukturen zu lösen.

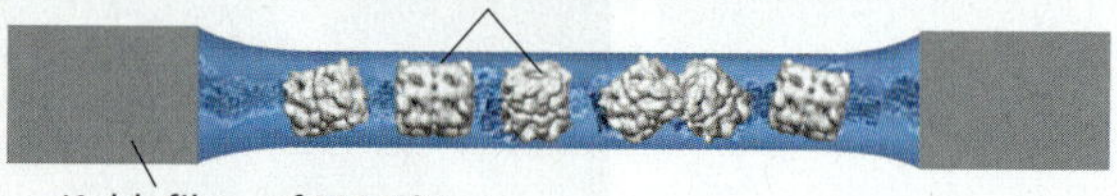

Bei dieser Technik wird ein Tropfen des reinen Proteins in Wasser auf ein kleines EM-Gitter gegeben, das in einen Behälter mit flüssigem Ethan bei −180 °C getaucht wird. Dadurch gefrieren die Proteine in einem dünnen Eisfilm und durch das extrem rasche Abkühlen bilden die Wassermoleküle keine kristallinen Strukturen aus, die das Protein beschädigen oder verformen könnten.

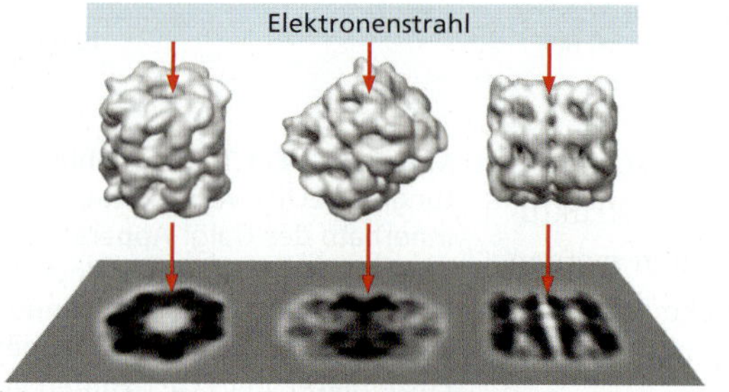

Die Probe wird im noch gefrorenen Zustand mit einem Hochspannungs-Transmissionselektronenmikroskop untersucht. Um Schäden zu vermeiden, ist es wichtig, dass nur wenige Elektronen jeden Teil der Probe durchdringen. Daher werden empfindliche Detektoren eingesetzt, um jedes Elektron zu erfassen, das die Probe durchdringt. Viele EM-Probenvorbereitungen und Datenerfassungen sind heute vollautomatisch und es werden typischerweise viele tausend Mikrobilder aufgenommen, von denen jedes Hunderte oder Tausende einzelner Moleküle enthält, die alle in zufälliger Ausrichtung im Eis angeordnet sind.

Algorithmen kategorisieren nun die Einzelbilder abhängig von der Orientierung der Moleküle. Die jeweils vielen tausend Einzelbilder mit gleicher Orientierung werden überlagert, um das Signal-Rausch-Verhältnis zu verbessern.

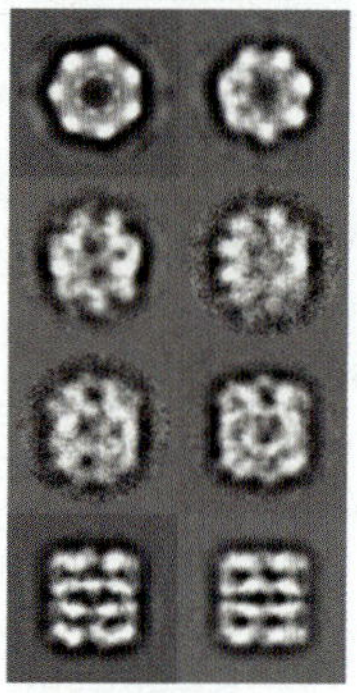

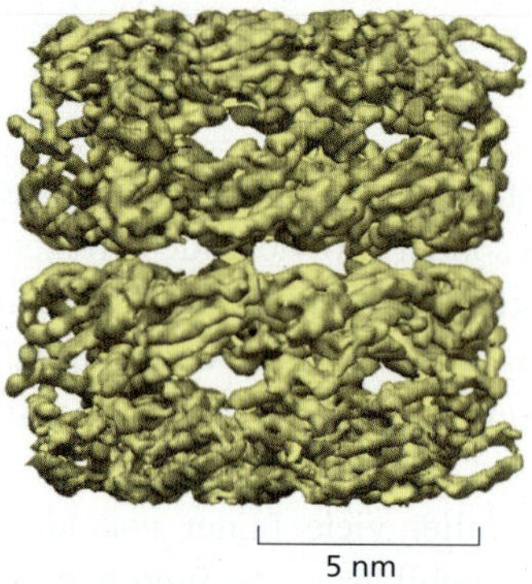

Dieser schärfere zweidimensionale Bildsatz, der verschiedene Ansichten des Partikels darstellt, wird dann kombiniert und über eine Reihe komplexer iterativer Schritte in eine hochauflösende dreidimensionale Struktur umgewandelt.

Modell von GroEL
(Mit freundlicher Genehmigung von Gabriel Lander.)

KRYO-EM-STRUKTUR DES RIBOSOMS

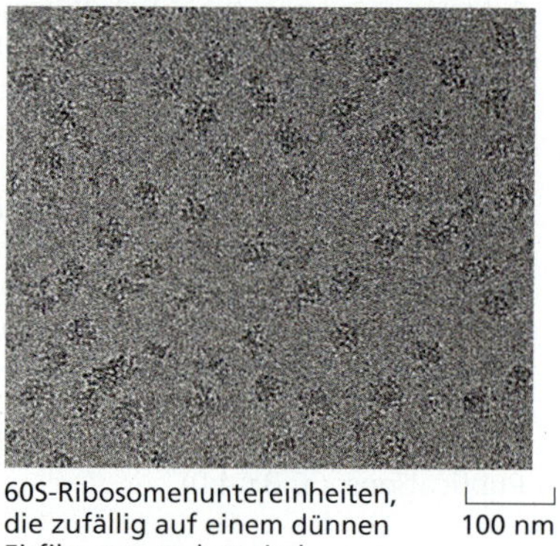

60S-Ribosomenuntereinheiten, die zufällig auf einem dünnen Eisfilm angeordnet sind

Mit freundlicher Genehmigung von Joachim Frank.

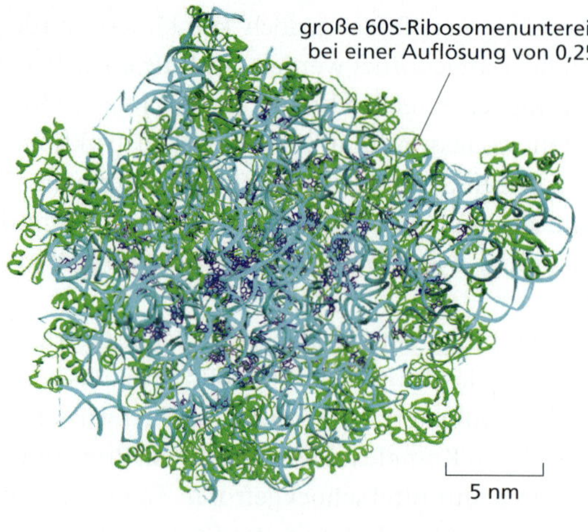

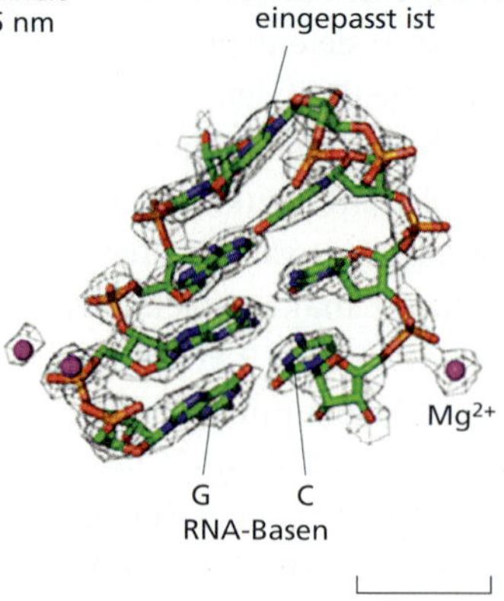

Obwohl dies keineswegs Routine ist, sind dank großer Verbesserungen bei Bildverarbeitungsalgorithmen, Modellierungs-Tools und reiner Rechenleistung Strukturen makromolekularer Komplexe nun mit Auflösungen im Bereich von 0,2 bis 0,3 nm darstellbar.

Dieses Auflösungsvermögen nähert sich mittlerweile dem der Röntgenkristallographie an, und beide Techniken befruchten sich gegenseitig, um immer nützlichere und dynamischere Strukturinformationen zu erhalten. Ein gutes Beispiel ist die Struktur des Ribosoms, die hier mit einer Auflösung von 0,25 nm gezeigt wird.

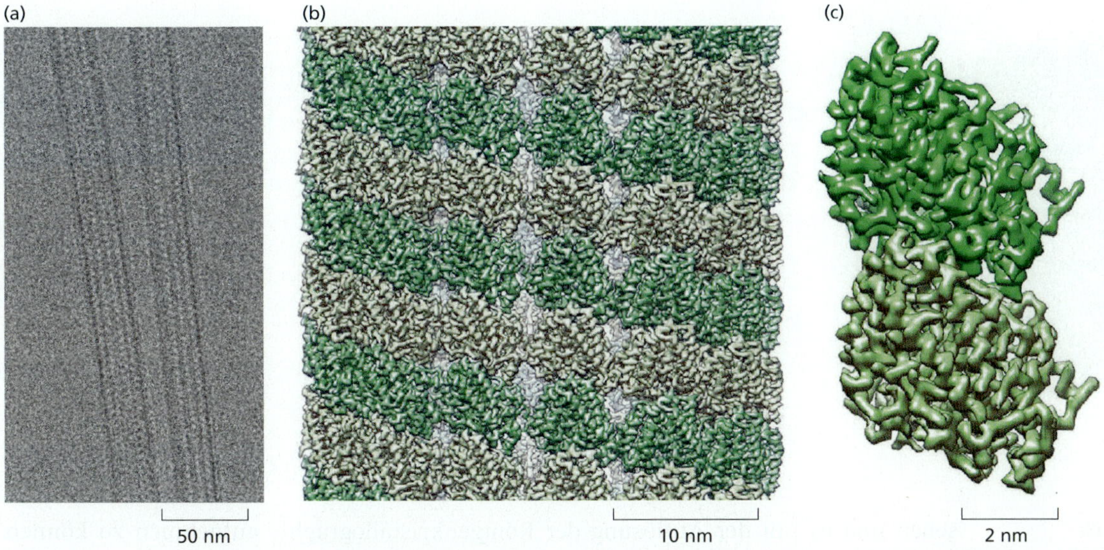

Abb. 9.49 KryoEM-Struktur von Mikrotubuli. Bei dieser KryoEM-Rekonstruktion der Struktur eines Mikrutubulus half die intrinsische Symmetrie des Mikrutubulus (s. **Abb. 16.37**). Das detaillierte Modell des vollständigen Mikrotubulus ermöglichte eine Untersuchung der Art und Weise, auf welche die Protofilamente miteinander wechselwirken, und die Weise, auf welche das ganze Gitter und die assoziierten Proteine zusammengebaut werden. (a) KryoEM-Bild von zwei intakten Mikrotubuli, die in Glas-Eis eingebettet sind. (b) eine Rekonstruktion des Oberflächengitters eines einzelnen Mikrutubulus bei einer Auflösung von 0,35 nm (3,5 Å). (c) Die detaillierte Elektronendichtekarte des Tubulindimers, das aus der Struktur des intakten Mikrutubulus extrahiert wurde. α-Tubulin ist *dunkelgrün* und β-Tubulin ist *hellgrün*. (Aus E. Nogales, *Mol. Biol. Cell* 27: 3202–3204, 2016. Mit freundlicher Genehmigung von American Society for Cell Biology).

makromolekularen Struktur selbst. Die erforderlichen spezialisierten Transmissionselektronenmikroskope arbeiten mit sehr viel höheren Spannungen zur Elektronenbeschleunigung als bei einem Routine-TEM und sie betragen typischerweise 300 000 V. Da jedoch sehr niedrige Elektronendosen verwendet werden, um KryoEM-Bilder zu erhalten, ist der intrinsische Kontrast in den erzeugten Bildern sehr gering; und um die maximale Strukturinformation zu gewinnen, müssen spezielle bildverarbeitende Techniken eingesetzt werden. Enorme Fortschritte bei direkten Elektronendetektoren und schnellere, effizientere Bildverarbeitungstechniken, die Bildabgleichroutinen, Bewegungskorrektur und Korrekturen der Kontrastübertragungsfunktion enthalten, bedeuten, dass Molekülstrukturen von nur 100 Kilodalton jetzt aufgelöst werden können. Je kleiner das Molekül, um so verrauschter ist das Bild, und die Vorteile dieser Methode zeigen sich am besten bei großen und flexiblen Makromolekülkomplexen, wie Viren, Ribosomen und großen integralen Membranproteinen, die schwer zu kristallisieren sind (**Abb. 9.50**).

Eine bemerkenswerte Auflösung von 0,12 nm (1,2 Å) wurde bei einem besonders stabilen Protein durch KryoEM erreicht – genug, um die Atomstruktur detailliert zu

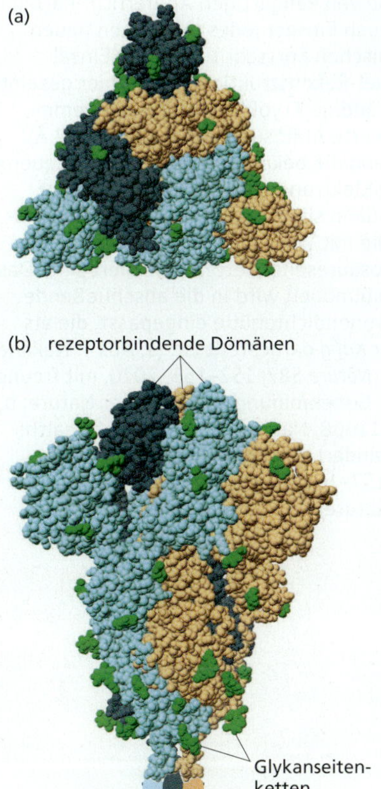

Abb. 9.50 Das Spike-Protein des SARS-CoV-2-Virus. Das SARS-CoV-2-Virus war für die COVID-19-Pandemie verantwortlich. Aus der Virusmembran ragen viele trimere Spike-Proteine heraus, die die Bindung des Virus an einen Rezeptor auf Zellen in unserem Atmungstrakt und sein Eindringen in die Zelle vermitteln. Das trimere Spike-Protein ist sowohl für unser Immunsystem als auch für Impfstoffentwickler eine Zielstruktur. Die hier gezeigte geschlossene Konformation des trimeren Spike-Proteins – sowohl von oben (a) als auch von der Seite (b) – erhielt man von schockgefrorenen intakten Viruspartikeln. Die Spike-Proteine wurden mithilfe eines Rechners aus mehreren gekippten Bildern der Viren und gemittelten, auf sie angewandten Subtomogrammen identifiziert. Die abschließende Elektronendichtekarte wurde mit einer Auflösung von 0,35 nm bestimmt, die gut genug war, um das (hier gezeigte) molekulare Modell exakt in seine Hülle einzupassen, auch wenn die Einzelheiten des membrandurchspannenden Abschnitts des trimeren Spike-Proteins nicht preisgegeben sind. Die Proteine sind stark *N*-glykosyliert und diese Oberflächen-Glykane sind *grün* dargestellt, während die drei Spike-Proteine *dunkelgrün*, *hellblau* und *hellbraun* abgebildet sind. (PDB-Code:6ZWV).

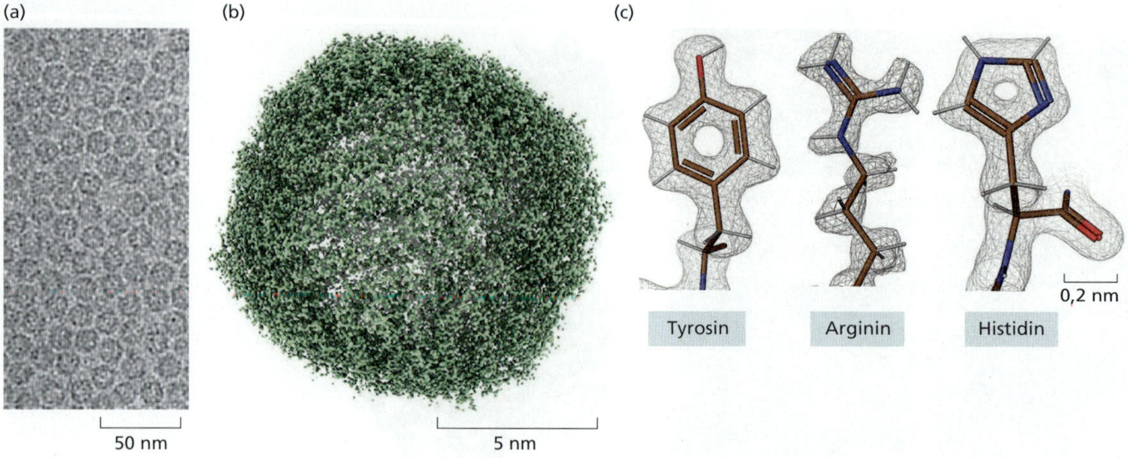

Abb. 9.51 Atomare Auflösung durch KryoEM. Apoferritin ist ein cytosolisches Protein, das in nahezu allen lebenden Organismen vorkommt und reversibel Eisen in nichttoxischer Form speichert. Es ist ein großes (474 Kilodalton) und besonders stabiles Molekül. Sein globulärer Hohlkäfig besitzt 24 symmetrische Untereinheiten, was bedeutet, dass eine Struktur mit relativ wenigen Partikeln bestimmt werden kann. (a) Kryoelektronenmikroskopische Aufnahme von käfigartigen Apoferritin-Partikeln. (b) Durch Einsatz jedes möglichen neuen technischen Fortschritts bei der Einzel-Partikel-Rekonstruktion hat die hier gezeigte vollständige KryoEM-Struktur die bemerkenswerte Auflösung von 0,12 nm (1,2 Å). (c) Wenn die bekannte Aminosäurensequenz in die Elektronendichtekarte eingepasst wird, dann sieht man klare Elektronendichten, die mit Wasserstoffatomen in den drei Aminosäureseitenketten assoziiert sind. Das Molekülmodell wird in die abschließende Elektronendichtehülle eingepasst, die als *grauer Käfig* dargestellt ist. (a, Aus T. Nakane et al., *Nature* 587: 152–156, 2020, mit freundlicher Genehmigung von Springer Nature; b; EMD-11668, National Institutes of Health; c, verändert nach K. M. Yip et al., *Nature* 587: 157–161, 2020. Mit Erlaubnis von Nature).

sehen und es mit der Auflösung der Röntgenkristallographie aufnehmen zu können (**Abb. 9.51**). Die Elektronenmikroskopie hat gegenüber der Röntgenchristallographie (in Kapitel 8 behandelt) jedoch einige ganz eindeutige Vorteile als Methode für die makromolekulare Strukturbestimmung. Erstens benötigt sie keine kristallinen Proben. Zweitens kann sie mit äußerst großen Komplexen umgehen. – Strukturen, die eventuell zu groß oder zu variabel sind, um sie zufriedenstellend zu kristallisieren, z. B. Membranproteine. Drittens ermöglicht sie die rasche Analyse verschiedener Konformationen von Proteinmaschinen; z. B. die verschiedenen Zustände der in **Abb. 14.31** gezeigten F_1-ATPase-Protonenpumpe. Viertens sind die Glykosylierungsmuster und bewegliche Schleifen auf der Oberfläche von Proteinen, die oft in Röntgenstrukturen nicht zu sehen sind, in KryoEM-Strukturen leichter aufzulösen. Und fünftens ist nur eine winzige Probenmenge erforderlich im Vergleich zu derjenigen, die man zur Herstellung von Kristallen benötigt. Es hilft der Analyse großer und komplexer makromolekularer Strukturen erheblich, wenn die Atomstruktur einer oder mehrerer ihrer Untereinheiten bekannt ist, beispielsweise aus der Röntgenkristallographie (**Abb. 9.52**). Dann können die Molekülmodelle mathematisch „eingepasst" oder in den Strukturumriss eingesetzt werden, der bei geringer Auflösung mithilfe der Elektronenmikroskopie bestimmt wurde. Daher ist oft die Kombination von Röntgen- und KryoEM-Ansätze vorteilhalft zur Bestimmung von Molekülstrukturen.

9.2.7 Die Lichtmikroskopie und die Elektronenmikroskopie sind von gegenseitigem Nutzen

Das Innere der Zelle ist ein verwirrender Raum, mit einem dicht gepackten Cytosol und ausgeklügelten und komplexen membrangebundenen Kompartimenten. Herauszufinden, welche Moleküle in welchen winzigen Vesikeln oder Subkompartimenten der Zelle lokalisiert sind, ist sogar mit den genetisch codierten Markierungen, die nahezu jedes Protein erkennen können, nicht so einfach möglich. Wir haben gesehen, dass die Superauflösende Lichtmikroskopie dazu dienen kann, um sehr exakt spezifische Moleküle innerhalb einer Zelle zu orten. Ein wesentlicher Nachteil aller Fluoreszenz-Bildtechniken ist jedoch, dass nur die Zielmoleküle gezeigt werden – ihr zelluläres Umfeld bleibt unsichtbar. Wenn man jedoch die Fluoreszenzbildgebung ergänzt, indem man dieselbe Probe auch in Elektronenmikroskop betrachtet, ermöglicht diese korrelierte Lichtmikroskopie- und Elektronenmikroskopietechnik, oder *KLEM*, die Untersuchung einzelner Zielmoleküle in ihrem vollständigen zellulären Umfeld. Auch wenn dies mithilfe von fixiertem und geschnittenem Material erreicht werden kann, verwenden

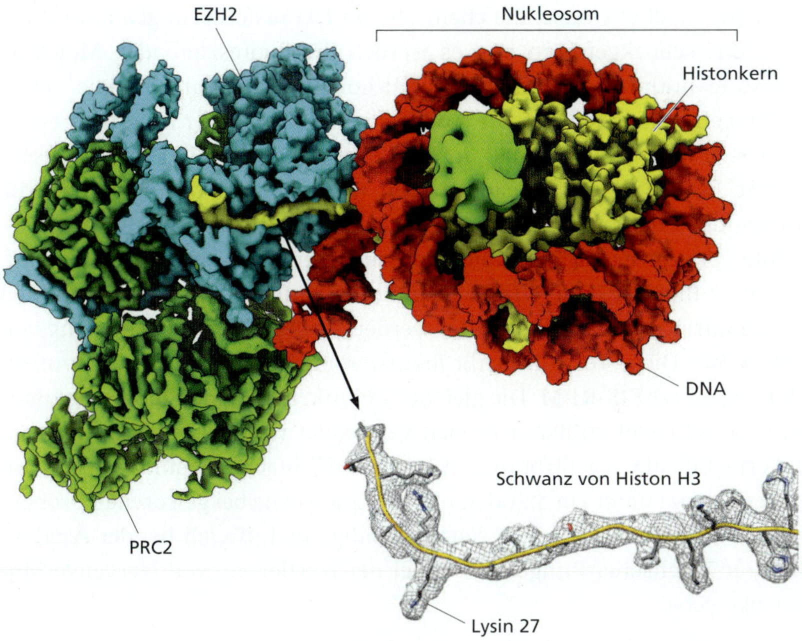

Abb. 9.52 PRC2, eine große makromolekulare Maschine. Beim Polycomb-Repressionskomplex 2 (PRC2) handelt es sich um einen großen Proteinkomplex, der am Aufbau von Chromatin und der epigenetischen Regulation der Genexpression beteiligt ist (s. Abb. 4.40). PRC2 interagiert mit einem Nukleosom durch die Bindung der Nukleosomen-DNA mittels einer seiner Untereinheiten, EZH2; dieses verwendet ebenfalls den ausgedehnten Schwanz des Histons H3, um sein Lysin 27 (K27) zum Zweck der Methylierung an das aktive Zentrum zu lenken. Mithilfe der Einzel-Partikel-Kryo-Elektronenmikroskopie wurde die Dichtekarte von PRC2 und von zwei lebensnotwendigen Kofaktoren, die an ein einzelnes Nukleosom gebunden sind, mit einer Auflösung von 0,35 nm erzeugt. Der lange Arm des Histons H3 ist genauer gezeigt, wobei das Proteinrückgrat in die Dichtekarte eingeformt ist. (Mit freundlicher Genehmigung von Vignesh Kasinath und Eva Nogales sowie basierend auf EMDB-21707. Aus V. Kasinath *et al.*, *Science* 371: eabc3393, 2021. Mit Erlaubnis dar AAAS).

inzwischen die meisten derartigen Methoden schockgefrorenes Material, um Zielmoleküle sowohl im Licht- als auch im Elektronenmikroskop zu lokalisieren. Dabei gibt es zwei allgemeine Herangehensweisen. Bei der ersten wird die Zelle oder das Gewebe eingefroren, die Positionen des Zielmoleküls werden mit dem Fluoreszenz-Lichtmikroskop lokalisiert und nachdem die gefrorene Probe in ein Elektronenmikroskop übertragen wurde, wird sie gekippt und mithilfe der EM-Tomographie wird der Punkt in Tomogramm ermittelt, der mit dem Fluoreszenzsignal korrespondiert (Abb. 9.53).

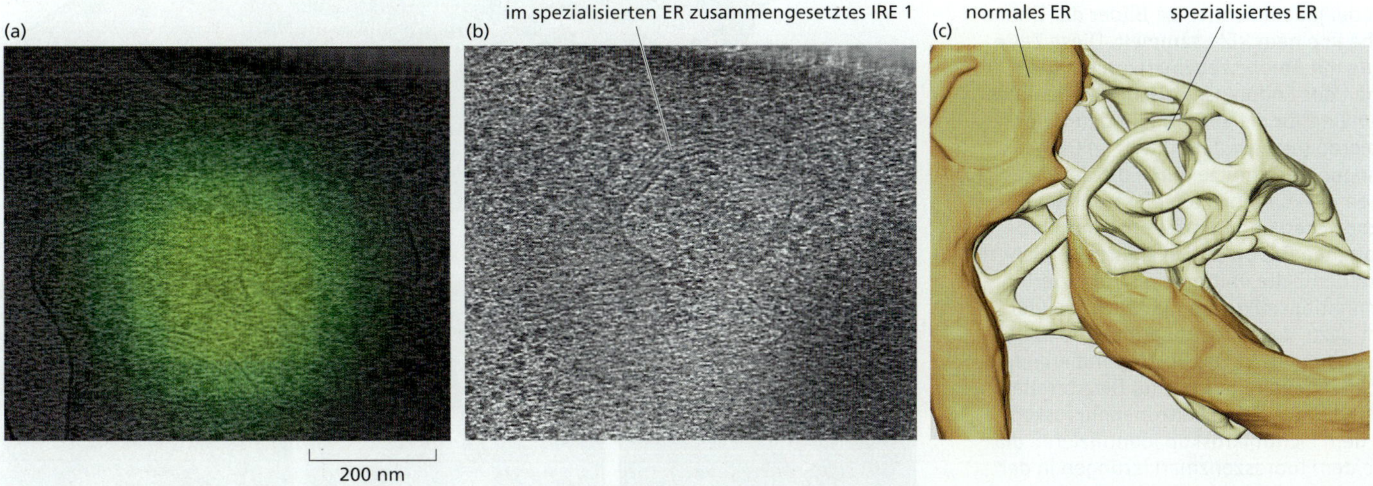

Abb. 9.53 Die korrelierte Licht- und Elektronenmikroskopie (KLEM). Die richtige Faltung von Proteinen im Endoplasmatischen Reticulum (ER) wird von einem wichtigen Transmembranprotein namens IRE1 wahrgenommen (s. Abb. 12.36 und 12.37). Wenn IRE1 aktiviert wird, bildet es Oligomere, die als helle Punkte in der Fluoreszenzmikroskopie sichtbar sind. Hier werden gestresste Zellen, die Fluoreszierendes IRE1 exprimieren und auf einem EM-Gitter wachsen, schockgefroren und anschließend mittels EM-Tomographie abgebildet. Die entstehenden Tomogramme lassen sich direkt mit den lichtmikroskopischen Aufnahmen in Verbindung bringen. (a) hier ist ein fluoreszierender Punkt eines markierten *IRE1* gezeigt, der exakt über den Schnitt durch sein korrespondierendes EM-Tomogramm gelegt wurde, der ein ER-Netzwerk enthält. (b) Ein anderer Schnitt durch das Tomogramm auf einer anderen Ebene zeigt, wie IRE1 als Aggregate in einem komplexen Netzwerk spezialisierter, enger ER-Röhren sitzt. (c) Die Umrisse der ER-Membran in jedem Schnitt des Tomogramms werden von Hand festgelegt (bei einem Vorgang namens Segmentation) und die Zeichnung hier zeigt, dass die IRE1 -Oligomere in diesem verschlungenen Netzwerk spezialisierter ER-Röhren konzentriert sind. (a, b, c, verändert nach S. D. Carter *et al.*, 2021. Mit freundlicher Genehmigung von Cold Spring Harbor Laboratory).

Bei der zweiten Herangehensweise, die ebenfalls mit Herausforderungen aufwartet, wird wieder die Zelle schockgefroren und es werden die fluoreszierenden Moleküle mit hoher Auflösung mithilfe der Einzelmolekül-Lokalisierungsmikroskopie verortet. Dann wird die gefrorene Zelle auf ein modifiziertes REM übertragen, dass einen separaten fokussierten Ionenstrahl enthält, in der Regel aus Galliumionen; mit diesem kann die gefrorene Blockfläche abgetastet werden wie mit einer Miniaturfräse, die jeweils etwa 10 nm der Probe abträgt. Die REM zeichnet bei jedem Schritt ein zweidimensionales Bild der gestreuten Elektronen von der Oberfläche der Blockfläche auf. Das dreidimensionale Bild der Zelle wird so allmählich aufgebaut und kann mit den ursprünglichen Lokalisierungsdaten korreliert werden – alles mit einer Auflösung von etwa 5 nm (**Abb. 9.54**). Diese Technik heißt *fokussierte Ionenstrahl-Rasterelektronenmikroskopie* oder abgekürzt FIS-REM. Die gleiche Technik, aber ohne Fluoreszenzmarkierungen, kann bei sehr viel größeren Proben verwendet werden, die konventionell fixiert, mit Schwermetallsalzen gefärbt und in Kunststoff eingebettet sind. Auch wenn die Strukturkonservierung unter Umständen nicht so gut ist wie bei gefrorenen Proben, erweist sich dieser Ansatz, obgleich sehr zeitaufwändig, als hilfreich bei der Analyse komplexer zellulärer Wechselwirkungen; z. B. bei der Kartierung von Nervenverbindungen im Gehirngewebe.

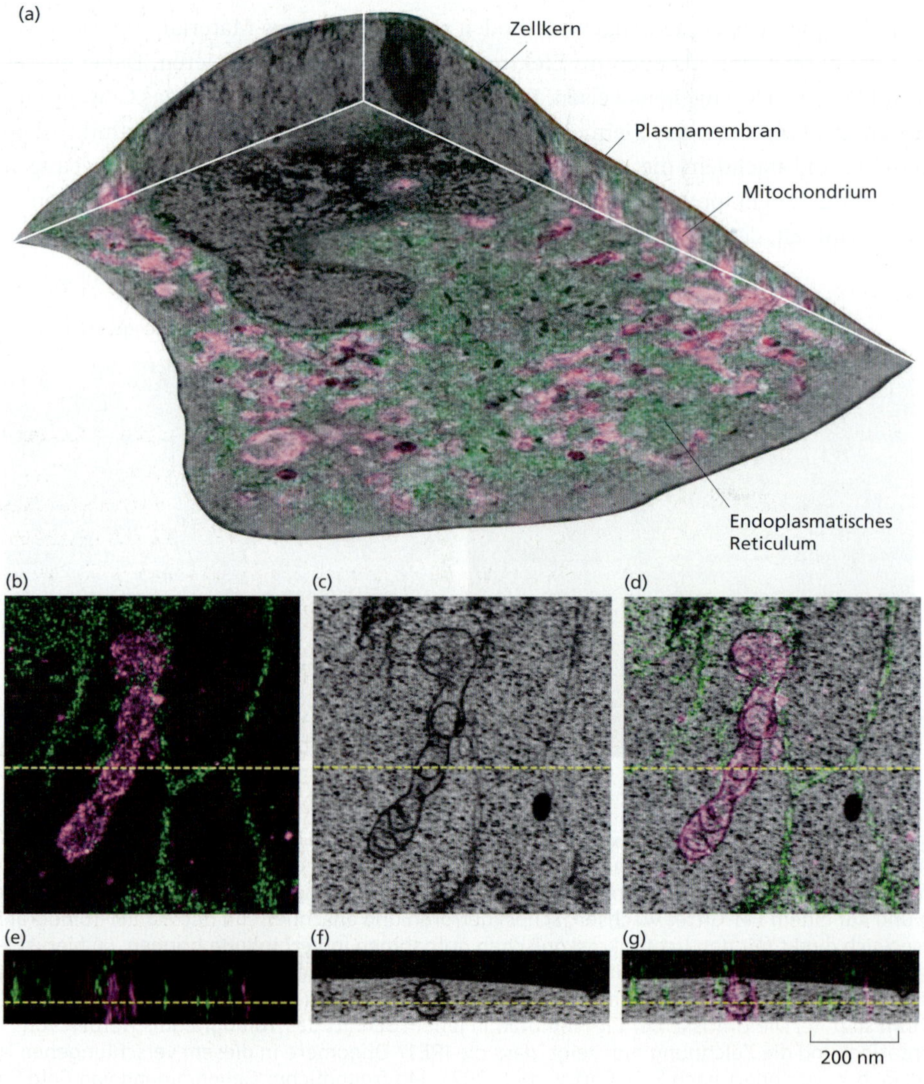

Abb. 9.54 Die fokussierte Ionenstrahl-Rasterelektronenmikroskopie (FIS-REM). Die Superauflösende Lichtmikroskopie wird hier mit der dreidimensionalen Elektronenmikroskopie schockgefrorener Zellen kombiniert, um eine hochaufgelöste Lokalisierung von Zielmolekülen in gesamten Zellvolumen zu erhalten. Man erhält eine Abfolge von Schnitten durch die gefrorenen Zellen, indem man fortlaufend die Oberfläche der gefrorenen Blockfläche mit einem fokussierten Ionenstrahl abfräst, während man bei jedem Schritt die Bilder der Oberfläche in einem REM sammelt. Diese Zelle wurde mit Fluoreszenzmarkern für das Lumen des Endoplasmatischen Reticulums (*grün*) und für die äußere Mitochondrienmembran (*magenta*) markiert. (a) Drei orthogonale Schnitte durch die Zelle zeigen die kombinierten elektronenmikroskopischen und fluoreszenzlichtmikroskopischen Bilder. (b) Ein kleiner Bereich derselben Zelle, mit einem strukturierten Illuminationsmikroskop (SIM) abgebildet, dient dazu, das Mitochondrium und das ER zu bestimmen. (c) Das korrespondierende Blockflächenbild in REM. (d) Die korrelierten Bilder aus dem Elektronenmikroskop und dem Lichtmikroskop identifizieren die Lage der Fluoreszenzmarkierungen in der elektronenmikroskopischen Aufnahme. (e, f und g) Da der dreidimensionale REM-Datensatz von der gesamten Zelle stammt, lassen sich leicht verschiedene Ansichten des gleichen Bereichs erhalten. Hier sind die drei korrespondierenden vertikalen Schnitte entlang der *gelben gepunkteten Linien* auf den oberen Bildern gezeigt. (Aus D.P. Hoffmann *et al.*, *Science* 367: 267: 265–277, 2020. Mit Erlaubnis der AAS).

9.2.8 Die Verwendung der Mikroskopie zur Untersuchung von Zellen beinhaltet immer Kompromisse

Die Geschichte der Zellbiologie ist eng verzahnt mit derjenigen der Mikroskopie. Was wir heute über die Struktur und Funktion von Zellen wissen, hing entscheidend davon ab, Zellen, Organellen und die Moleküle, die sie enthalten, visualisieren zu können – denn wir glauben nur, was wir sehen. Aber wie wir gesehen haben, sind Biologinnen und Biologen heute mit einer verwirrenden Vielfalt von Bildgebungstechnologien konfrontiert, aus denen sie auswählen können, und zu wissen, welche am besten für die bestimmte Fragestellung geeignet ist, ist nicht einfach. Bei allen Bildgebungsansätzen sind Kompromisse nötig. Auf einfache Weise ist die Dynamik von Zellen nur mit bestimmten Lichtmikroskoparten und mit lebenden Zellen zugänglich. Wenn eine höhere Auflösung erforderlich ist, entweder mit Elektronenmikroskopen oder Lichtmikroskopen, dann ist dies mit steigenden Kosten und zunehmender Komplexität verbunden. Die Einzelmolekül-Lokalisierungsmikroskopie erfordert außerdem eine ausgeklügelte Hardware und benötigt auch viele Minuten für jedes Bild. Die KryoEM-abgeleiteten Strukturen großer Proteinkomplexe erfordern den Einsatz von Hochspannungsmaschinen, die viele Millionen Euro kosten. Derartige Ressourcen sind in der Regel auf große zentralisierte Mikroskopiereinrichtungen beschränkt, die sich viele Nutzer teilen. Die exakte Lokalisierung von Molekülen innerhalb der Zelle erfordert den Einsatz von Fluoreszenzmarkierungen, da aber nur die Markierungen selbst im Fluoreszenzmikroskop detektiert werden können, geht dies auf Kosten der Zellumgebung. Die Bildgebung selbst erfordert es, dass mehrere Kompromisse gefunden werden müssen. Eine Verbesserung bei irgendeinem Parameter – Bildkontrast, Auflösung, Signal-zu-Rausch-Verhältnis, Probenbeschädigung durch Photonen oder Elektronen, die Tiefe der Probe, die dargestellt werden kann, oder die Geschwindigkeit der Bildaufzeichnung – wird unvermeidbar dazu führen, das bei einem oder mehreren Parametern Abstriche gemacht werden müssen; wenn man diese Kompromisse versteht, dann hilft dies bei der Auswahl, welcher Ansatz der Beste für das zu lösende zellbiologische Problem ist.

Zusammenfassung

Die genaue Strukturaufklärung von Zellen und deren Moleküle erfordert ein hohes Auflösungsvermögen, das von einem Transmissionselektronenmikroskop geliefert werden kann. Die dreidimensionalen Ansichten von Zelloberflächen und Geweben erhält man mit der Rasterelektronenmikroskopie. Spezifische Makromoleküle lassen sich durch Kombination der Elektronenmikroskopie mit der Fluoreszenz-Lichtmikroskopie lokalisieren. Die EM-Tomographie ermöglicht dreidimensionale Informationen über die Zellarchitektur. Die Gestalt isolierter Moleküle lässt sich grob mit Elektronenmikroskopietechniken bestimmen, einschließlich des Negativkontrast oder der Schwermetallbeschattung; detaillierte Molekülstrukturen erfordern die KryoEM und die die Einzelpartikel-Rekonstruktion, welche Computerverfahren für die Daten verwenden, die von Mehrfachaufnahmen und Ansichten aus verschiedenen Blickrichtungen stammen, um detaillierte Rekonstruktionen von Makromolekülen und Molekülkomplexen anzufertigen. Die mit diesen Methoden erreichbare Auflösung bedeutet, dass die Atomstrukturen einzelner Makromoleküle in die durch Elektronenmikroskopie erhaltenen Bilder „eingepasst" werden können. Die KryoEM kann oft die Struktur von Molekülen bestimmen, die der Röntgenkristallographie nicht zugänglich sind.

Literatur

9 Allgemein

Vale, R., Stuurman, N. und Thorn, K. (2006–2021). Microscopy Series (https://www.ibiology.org/online-biology-courses/microscopyseries) A major online video series starts with the basics of optical microscopy and concludes with some of the latest techniques, such as superresolution microscopy.

9.1 Betrachtung der Zellstrukturen unter dem Lichtmikroskop

Agard, D.A., Hiraoka, Y., Shaw, P. et al. (1989). Fluorescence microscopy in three dimensions. In: *Fluorescence Microscopy of Living Cells in Culture, part B* (eds. D.L. Taylor und Y.L. Wang), San Diego: Academic Press. *Methods in Cell Biology*, Vol. 30.

Boulina, M., Samarajeewa, H., Baker, J.D. et al. (2013). Live imaging of multicolor-labeled cells in *Drosophila. Development*: 140: 1605–1613.

Burnette, D.T., Sengupta, P., Dai, Y. et al. (2011). Bleaching/blinking assisted localization microscopy for superresolution imaging using standard fluorescent molecules. *Proc. Natl. Acad. Sci. USA* 108: 21081–21086.

Chalfie, M., Tu, Y., Euskirchen, G. et al. (1994). Green fluorescent protein as a marker for gene expression. *Science* 263: 802–805.

Chen, F., Tillberg, P.W. und Boyden, E.S. (2015). Expansion microscopy. *Science* 347: 543–548.

Giepmans, B.N., Adams, S.R., Ellisman, M.H. et al. (2006). The fluorescent toolbox for assessing protein location and function. *Science* 312: 217–224.

Greenfield, E.A. (ed.) (2014). *Antibodies: A Laboratory Manual.* 2nd ed. Cold Spring Harbor, NY: Cold Spring Harbor Laboratory Press.

Greenwald, E.C., Mehta, S. und Zhang, J. (2018). Genetically encoded fluorescent biosensors illuminate the spatiotemporal regulation of signaling networks. *Chem. Rev.* 118: 11707–11794.

Hell, S. (2009). Microscopy and its focal switch. *Nat. Methods* 6: 24–32.

Huang, B., Babcock, H. und Zhuang, X. (2010). Breaking the diffraction barrier: superresolution imaging of cells. *Cell* 143: 1047–1058.

Jacquemet, G., Carisey, A.F., Hamidi, H. et al. (2020). The cell biologist's guide to superresolution microscopy. *J. Cell Sci.* 133.

Jonkman, J., Brown, C.M., Wright, G.D. et al. (2020). Tutorial: guidance for quantitative confocal microscopy. *Nat. Protoc.* 15: 1585–1611.

Klar, T.A., Jakobs, S., Dyba, M. et al. (2000). Fluorescence microscopy with diffraction resolution barrier broken by stimulated emission. *Proc. Natl. Acad. Sci. USA* 97: 8206–8210.

Lippincott-Schwartz, J. und Patterson, G.H. (2003). Development and use of fluorescent protein markers in living cells. *Science* 300: 87–91.

Lippincott-Schwartz, J., Altan-Bonnet, N. und Patterson, G. (2003). Photobleaching and photoactivation: following protein dynamics in living cells. *Nat. Cell Biol.* 5 (suppl.): 7–14.

Liu, T.L., Upadhyayula, S., Milkie, D.E. et al. (2018). Observing the cell in its native state: imaging subcellular dynamics in multicellular organisms. *Science* 360: eaaq1392.

Lu, C.H., Tang, W.C., Liu, Y.T. et al. (2019). Lightsheet localization microscopy enables fast, large-scale, and three-dimensional superresolution imaging. *Commun. Biol.* 2: 177.

Minsky, M. (1988). Memoir on inventing the confocal scanning microscope. *Scanning* 10: 128–138.

Parton, R.M. und Read, N.D. (1999). Calcium and pH imaging in living cells. In: *Light Microscopy in Biology: A Practical Approach*, 2nd ed. (ed. A.J. Lacey), Oxford: Oxford University Press.

Patterson, G., Davidson, M., Manley, S. et al. (2010). Superresolution imaging using single-molecule localization. *Annu. Rev. Phys. Chem.* 61: 345–367.

Pawley, B.P. (ed.) (2006). *Handbook of Biological Confocal Microscopy.* 3rd ed. New York: Springer Science.

Rust, M.J., Bates, M. und Zhuang, X. (2006). Sub-diffraction-limit imaging by stochastic optical reconstruction microscopy (STORM). *Nat. Methods* 3: 793–795.

Sako, Y. und Yanagida, T. (2003). Single-molecule visualization in cell biology. *Nat. Rev. Mol. Cell Biol.* 4 (suppl.): 1–5.

Schermelleh, L., Heintzmann, R. und Leonhardt, H. (2010). A guide to superresolution fluorescence microscopy. *J. Cell Biol.* 190: 165–175.

Shaner, N.C., Steinbach, P.A. und Tsien, R.Y. (2005). A guide to choosing fluorescent proteins. *Nat. Methods* 2: 905–909.

Sigal, Y.M., Zhou, R. und Zhuang, X. (2018). Visualizing and discovering cellular structures with super-resolution microscopy. *Science* 361: 880–887.

Sluder, G. und Wolf, D.E. (2007). *Digital Microscopy.* 3rd ed. San Diego, CA: Academic Press. *Methods in Cell Biology*, Vol. 81. Tsien, R.Y. (2008). Constructing and exploiting the fluorescent protein paintbox (Nobel Lecture). *Angew. Chem. Int. Ed. Engl.* 48: 5612–5626.

Wayne, R. (2014). *Light and Video Microscopy.* San Diego, CA: Academic Press.

White, J.G., Amos, W.B. und Fordham, M. (1987). An evaluation of confocal versus conventional imaging of biological structures by fluorescence light microscopy. *J. Cell Biol.* 105: 41–48.

Zernike, F. (1955). How I discovered phase contrast. *Science* 121: 345–349.

9.2 Betrachtung von Zellen und Moleküle im Elektronenmikroskop

Allen, T.D. und Goldberg, M.W. (1993). High-resolution SEM in cell biology. *Trends Cell Biol.* 3: 205–208.

Baumeister, W. (2002). Electron tomography: towards visualizing the molecular organization of the cytoplasm. *Curr. Opin. Struct. Biol.* 12: 679–684.

Beck, M. und Baumeister, W. (2016). Cryo-electron tomography: can it reveal the molecular sociology of cells in atomic detail? *Trends Cell Biol.* 26: 825–837.

Böttcher, B., Wynne, S.A. und Crowther, R.A. (1997). Determination of the fold of the core protein of hepatitis B virus by electron cryomicroscopy. *Nature* 386: 88–91.

Cheng, Y., Grigorieff, N., Penczek, P.A. et al. (2015). A primer to singleparticle cryo-electron microscopy. *Cell* 161: 438–449.

Dubochet, J., Adrian, M., Chang, J.J. et al. (1988). Cryo-electron microscopy of vitrified specimens. *Q. Rev. Biophys.* 21: 129–228.

Frank, J. (2003). Electron microscopy of functional ribosome complexes *Biopolymers* 68: 223–233.

Frank, J. (2018). Single-particle reconstruction of biological molecules— story in a sample (Nobel Lecture). *Angew. Chem. Int. Ed. Engl.* 57: 10826–10841.

Hayat, M.A. (2000). *Principles and Techniques of Electron Microscopy.* 4th ed. Cambridge: Cambridge University Press.

Henderson, R. (2015). Overview and future of single particle electron cryomicroscopy. *Arch. Biochem. Biophys.* 581: 19–24.

Henderson, R. (2018). From electron crystallography to single particle cryo-EM (Nobel Lecture). *Angew. Chem. Int. Ed. Engl.* 57: 10804–10825.

Heuser, J. (1981). Quick-freeze, deep-etch preparation of samples for 3-D electron microscopy. *Trends Biochem. Sci.* 6: 64–68.

Hoffman, D.P., Shtengel, G., Shan Xu, C. et al. (2020). Correlative three-dimensional superresolution and block face electron microscopy of whole vitreously frozen cells. *Science* 367: eaaz5357.

Kukulski, W., Schorb, M., Kaksonen, M. et al. (2012). Plasma membrane reshaping during endocytosis is revealed by timeresolved electron tomography. *Cell* 150: 508–520.

Lin, D.H., Stuwe, T., Stillbach, S. et al. (2016). Architecture of the symmetric core of the nuclear pore. *Science* 352: aaf1015.

McDonald, K.L. und Auer, M. (2006). High-pressure freezing, cellular tomography, and structural cell biology. *Biotechniques* 41: 137–139.

McIntosh, J.R. (2007). *Cellular Electron Microscopy.* 3rd ed. San Diego, CA: Academic Press. *Methods in Cell Biology*, Vol. 79.

McIntosh, R., Nicastro, D. und Mastronarde, D. (2005). New views of cells in 3D: an introduction to electron tomography. *Trends Cell Biol.* 15: 43–51.

Nakane, T., Kotecha, A., Sente, A. et al. (2020). Single-particle cryo-EM at atomic resolution. *Nature* 587: 152–156.

Orlova, E.W.V. und Saibil, H.R. (2011). Structural analysis of macromolecular assemblies by electron microscopy. *Chem. Rev.* 111: 7710–7748.

Pease, D.C. und Porter, K.R. (1981). Electron microscopy and ultramicrotomy *J. Cell Biol.* 91: 287–292.

Unwin, P.N.T. und Henderson, R. (1975). Molecular structure determination by electron microscopy of unstained crystalline specimens. *J. Mol. Biol.* 94: 425–440.

Yip, K.M., Fischer, N., Paknia, E. et al. (2020). Atomic-resolution protein structure determination by cryo-EM. *Nature* 587: 157–164.

Zhou, Z.H. (2008). Towards atomic resolution structural determination by single particle cryo-electron microscopy. *Curr. Opin. Struct. Biol.* 18: 218–228.

I II III TEIL IV V

DIE INNERE ORGANISATION DER ZELLE

10

Der Aufbau der Membran

Kapitelinhalt

Membranen sind für das Leben von Zellen unabdingbar. Die **Plasmamembran** umschließt die Zelle, definiert ihre Grenzen und hält lebenswichtige Unterschiede zwischen dem Cytosol und der extrazellulären Umgebung aufrecht. Ohne Plasmamembranen hätten sich Zellen nicht zu einzelnen sich selbst replizierenden Einheiten entwickeln können. Innerhalb eukaryotischer Zellen sorgen die Membranen des Zellkerns, des Endoplasmatischen Reticulums, des Golgi-Apparats, der Mitochondrien und anderer membranumschlossener Organellen für charakteristische Unterschiede im Inhalt des jeweiligen Organells und des Cytosols. Ionengradienten über Membranen, die durch die Aktivität besonderer Membranproteine aufgebaut werden, können zur Synthese von ATP und zum Antrieb des Transports ausgewählter gelöster Stoffe (Solute) über die Membran genutzt werden. Außerdem erlauben sie die Auslösung und Weiterleitung elektrischer Signale in Nerven- und Muskelzellen. In allen Zellen enthält die Plasmamembran auch Proteine, die als Sensoren für äußere Reize dienen und es damit der Zelle ermöglichen, auf Umweltänderungen einschließlich Signalen von anderen Zellen zu reagieren. Diese Sensorproteine oder *Rezeptoren* übertragen Informationen, nicht Moleküle, über die Membran.

Trotz ihrer unterschiedlichen Funktion haben biologische Membranen eine gemeinsame Grundstruktur: Sie bilden eine dünne Schicht aus Lipiden und Proteinen, die hauptsächlich durch nichtkovalente Wechselwirkungen zusammengehalten wird (**Abb. 10.1**).

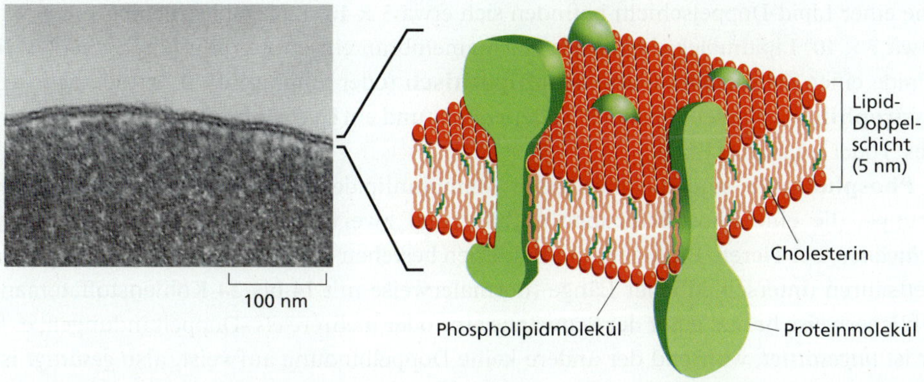

Abb. 10.1 Zwei Ansichten der Zellmembran. (a) Elektronenmikroskopische Aufnahme eines Schnitts durch ein Segment der Plasmamembran eines Erythrocyten des Menschen, die seine Doppelschicht zeigt. (b) Dreidimensionale schematische Ansicht einer Zellmembran und die allgemeine Anordnung ihrer Lipid- und Proteinkomponenten. (a, mit freundlicher Genehmigung von Daniel S. Friend. Wiederverwendung mit Genehmigung von E. L. Bearer.)

Molekularbiologie der Zelle, 7. Auflage. Bruce Alberts, Rebecca Heald, Alexander Johnson, David Morgan, Martin Raff, Keith Roberts und Peter Walter.

Zellmembranen sind dynamische, fluide Strukturen, und die meisten ihrer Bestandteile sind in der Ebene der Membran beweglich. Die Lipidmoleküle bauen eine durchgehende Doppelschicht von etwa 5 nm Dicke auf. Diese *Lipid-Doppelschicht* bildet die fluide Grundstruktur der Membran und gleichzeitig eine im Grunde undurchlässige Barriere für die meisten wasserlöslichen Moleküle. Fast alle anderen Funktionen der Membran, beispielsweise der Transport bestimmter Moleküle über die Membran oder membranassoziierte katalytische Reaktionen wie die ATP-Synthese, werden durch *Membranproteine*, die die Lipid-Doppelschicht durchspannen, übernommen. Einige Transmembranproteine in der Plasmamembran haben eine strukturelle Funktion und verknüpfen das Cytoskelett, das an der Lipid-Doppelschicht anliegt, entweder mit der extrazellulären Matrix oder mit benachbarten Zellen. Andere dienen als Rezeptoren für die Erkennung und Weitergabe von chemischen Signalen aus der Umgebung der Zelle. Eine Vielzahl von Membranproteinen ist für die Funktion und die Interaktion der Zelle mit ihrer Umgebung notwendig. Man schätzt, dass tatsächlich etwa 30 % der Proteine, die durch das Genom einer tierischen Zelle codiert werden, Membranproteine sind.

In diesem Kapitel werden zwei Hauptkomponenten, die für die Struktur und Organisation biologischer Membranen verantwortlich sind, näher betrachtet: Lipide und Proteine. Obwohl dabei der Schwerpunkt auf der Plasmamembran liegen wird, gelten die meisten diskutierten Konzepte auch für andere Membranen von eukaryotischen Zellen. Die Funktion der Zellmembranen ist Thema späterer Kapitel. Beispielsweise wird ihre Rolle bei der Energieumwandlung und bei der ATP-Synthese in Kapitel 14, beim Membrantransport kleiner Moleküle in Kapitel 11 und bei der Zellkommunikation und Zelladhäsion in den Kapiteln 15 und 19 diskutiert. Intrazelluläre Membranen und ihre Funktion beim Proteintransport durch sie und zwischen ihnen sind Thema der Kapitel 12 und 13.

10.1 Die Lipid-Doppelschicht

Die **Lipid-Doppelschicht** bildet die Grundstruktur für alle Zellmembranen. Sie ist mittels Elektronenmikroskopie gut sichtbar und ihre Struktur ist ausschließlich den besonderen Eigenschaften der Lipidmolekülen zuzuschreiben, die bewirken, dass sich diese selbst unter einfachen künstlichen Bedingungen spontan zu Doppelschichten organisieren. In diesem Abschnitt beschäftigen wir uns mit den verschiedenen Arten von Lipidmolekülen, die in Zellmembranen vorkommen, und mit den generellen Eigenschaften von Lipid-Doppelschichten.

10.1.1 Glycerophospholipide, Sphingolipide und Sterole sind die wichtigsten Lipide von Zellmembranen

Lipidmoleküle machen etwa 50 % der Masse der meisten tierischen Zellmembranen aus, der Rest wird fast ausschließlich von Proteinen gebildet. In einer 1 μm × 1 μm großen Fläche einer Lipid-Doppelschicht befinden sich etwa 5×10^6 Lipidmoleküle; das entspricht etwa 7×10^8 Lipidmolekülen in der Plasmamembran eines roten Blutkörperchens. Alle Lipide einer Zellmembran sind **amphipathisch** (oder amphiphil), d. h. sie haben ein **hydrophiles** („Wasser liebendes") oder *polares* und ein **hydrophobes** („Wasser meidendes") oder *unpolares* Ende.

Phospholipide sind die häufigsten Membranlipide. Sie tragen eine polare Kopfgruppe, die eine Phosphatgruppe enthält, und zwei hydrophobe *Kohlenwasserstoffschwänze*. Bei Tieren, Pflanzen und Bakterien bestehen diese Schwänze in der Regel aus Fettsäuren unterschiedlicher Länge (normalerweise mit 14 bis 24 Kohlenstoffatomen). Üblicherweise besitzt einer der Schwänze eine oder mehrere *cis* -Doppelbindungen, d. h. er ist *ungesättigt*, während der andere keine Doppelbindung aufweist, also *gesättigt* ist. Wie **Abbildung 10.2** zeigt, verursacht jede *cis* -Doppelbindung einen kleinen Knick im

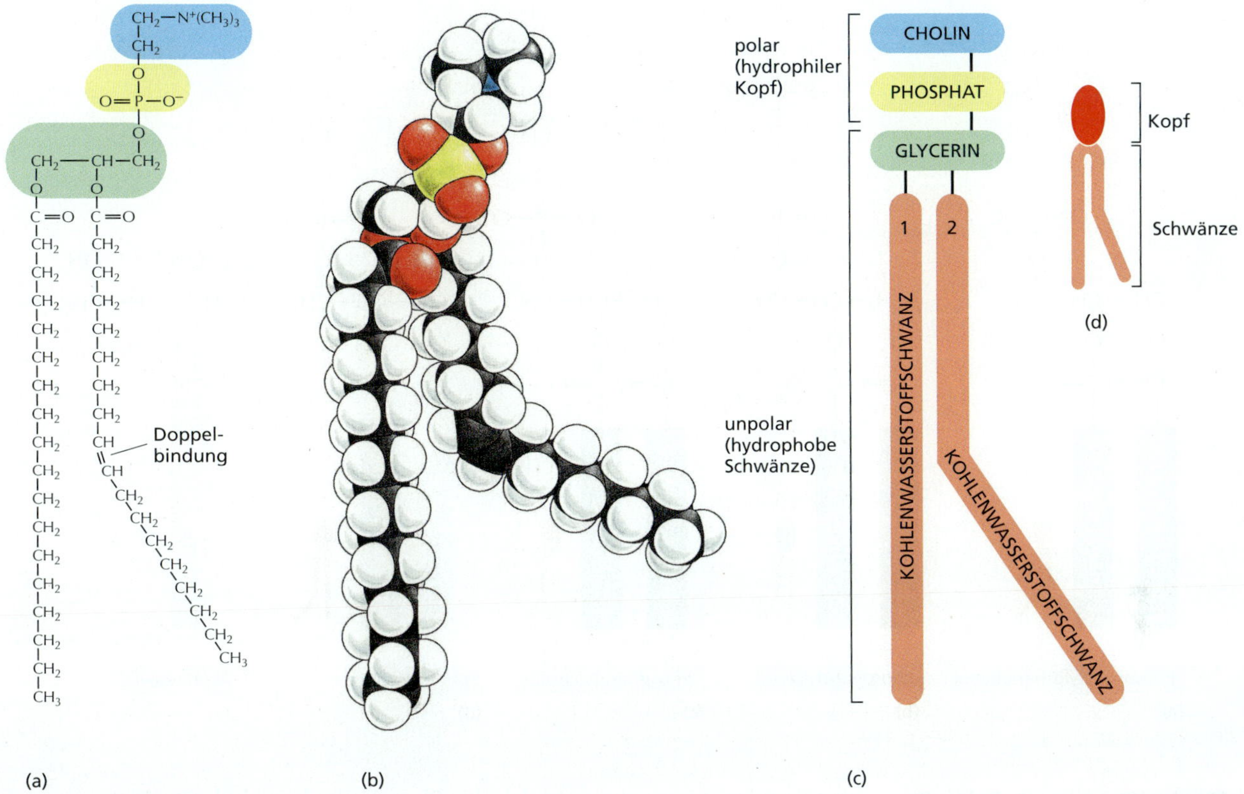

Abb. 10.2 Aufbau eines typischen Phospholipidmoleküls am Beispiel von Phosphatidylcholin. (a) Chemische Formel, (b) Kalottenmodell, (c) schematische Darstellung und (d) symbolische Darstellung.

Fettsäureschwanz. Diese Unterschiede in Länge und Sättigungsgrad beeinflussen die Packung der Phospholipide und damit ihre Fluidität (s. u.).

Die wichtigsten Phospholipide in den meisten tierischen Zellen sind die **Glycerophospholipide**, die ein *Glycerin*-Rückgrat mit drei Kohlenstoffatomen besitzen (s. **Abb. 10.2**). Zwei lange Fettsäureketten sind über Esterbindungen mit benachbarten Kohlenstoffatomen des Glycerins verknüpft, und das dritte Kohlenstoffatom ist mit einer Phosphatgruppe verbunden; diese ist wiederum mit einer von mehreren verschiedenen Arten von Kopfgruppen verbunden. Indem Zellen mehrere verschiedene Fettsäuren und Kopfgruppen kombinieren, stellen sie viele unterschiedliche Glycerophospholipide her. *Phosphatidylethanolamin*, *Phosphatidylserin* und *Phosphatidylcholin* sind die häufigsten Phosphoglyceride in den Zellmembranen der Säuger (**Abb. 10.3a–c**).

Eine weitere wichtige Gruppe von Phospholipiden sind die *Sphingolipide*, die aus *Sphingosin* statt Glycerin gebildet werden (**Abb. 10.3d, e**). Sphingosin besteht aus einer langen Acylkette mit einer Aminogruppe (NH_2) und zwei Hydroxygruppen (OH) an einem Ende des Moleküls. In Sphingomyelin, dem häufigsten Sphingolipid, ist ein Fettsäureschwanz mit der Aminogruppe und eine Phosphocholingruppe mit der endständigen Hydroxygruppe verknüpft. Zusammengenommen machen die Phospholipide Phosphatidylcholin, Phosphatidylethanolamin, Phosphatidylserin und Sphingomyelin über die Hälfte der Lipidmasse in den meisten Säugerzellmembranen aus (s. Tab. 10.1).

Neben Phospholipiden enthält die Lipid-Doppelschicht vieler Zellmembranen auch *Glykolipide* und *Sterole*. Glykolipide ähneln den Sphingolipiden; statt einer phosphatgebundenen Kopfgruppe binden sie jedoch Zucker. Glykolipide werden weiter unten behandelt. Sterole sind mit den Steroiden verwandte starre Ringstrukturen, die aber nur eine einzelne polare Hydroxygruppe und eine kurze unpolare Kohlenwasserstoffkette enthalten (**Abb. 10.4**). Verschieden Arten von Sterolen, die sich hauptsächlich durch die Seitenkette unterscheiden, die am Ringgerüst hängt, finden sich in Pilzen, Pflanzen und tierischen Zellen. Eukaryotische Plasmamembranen enthalten besonders große Mengen

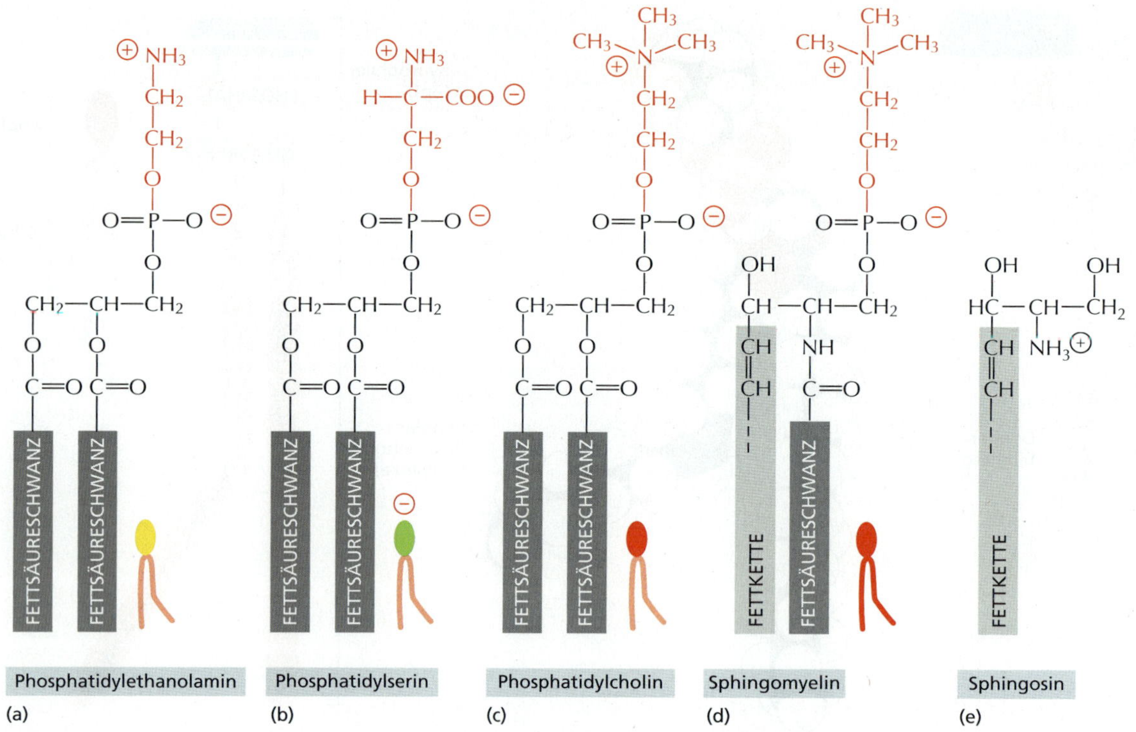

Abb. 10.3 Die vier Hauptphospholipide der Plasmamembran von Säugern. Unterschiedliche Kopfgruppen sind durch verschiedenfarbige Symbole wiedergegeben. Die in (a)–(c) gezeigten Lipidmoleküle sind Glycerophospholipide, die vom Glycerin abstammen. Beim Molekül in (d) handelt es sich um Sphingomyelin, das sich von Sphingosin (e) ableitet und somit ein Sphingolipid ist. Man beachte, dass nur Phosphatidylserin eine negative Gesamtladung trägt, deren Bedeutung wir später noch erörtern werden; die drei anderen sind bei einem physiologischen pH-Wert elektrisch neutral und tragen eine positive und eine negative Ladung.

von Sterolen, bis zu einem Molekül je Phospholipidmolekül. **Cholesterin** ist das Hauptsterol in tierischen Zellen. Die Cholesterinmoleküle orientieren sich in der Doppelschicht mit ihren Hydroxygruppen zu den polaren Kopfgruppen benachbarter Phospholipidmoleküle (**Abb. 10.5**).

10.1.2 Phospholipide bilden spontan Doppelschichten

Aufgrund ihrer Form und ihrer amphipathischen Natur bilden die Phospholipidmoleküle in wässriger Umgebung spontan Doppelschichten. Wie in Kapitel 2 bereits beschrieben, lösen sich hydrophile Moleküle leicht in Wasser, da sie mit ihren geladenen oder ungeladenen, aber polaren Gruppen entweder energetisch günstige elektrostatische

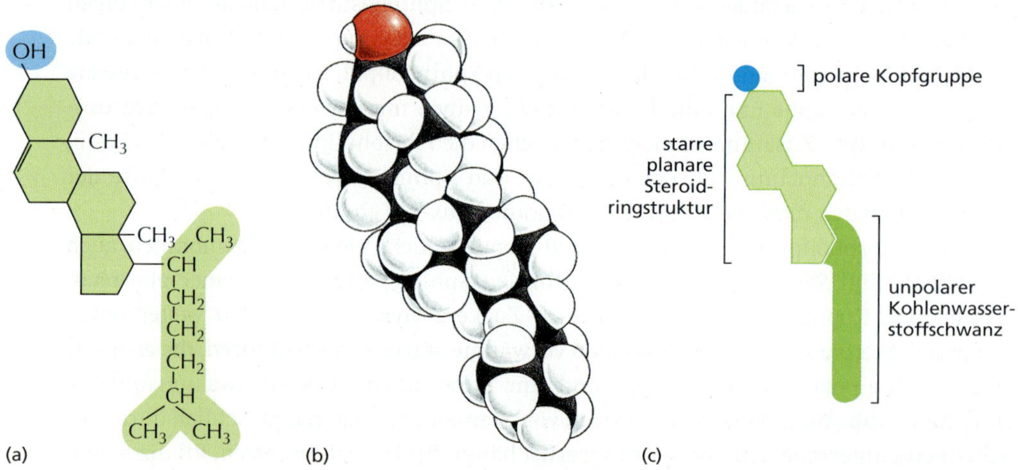

Abb. 10.4 Die Struktur des Cholesterins. Cholesterin, ein Sterol ist als (a) chemische Formel, (b) Kalottenmodell und (c) schematische Zeichnung dargestellt.

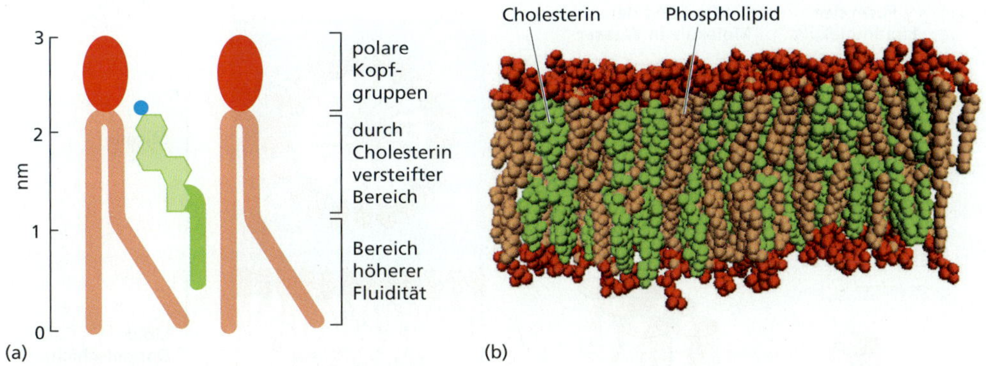

Abb. 10.5 Cholesterin der Lipid-Doppelschicht. (a) Schematische Zeichnung (maßstabsgetreu) der Wechselwirkung eines Cholesterinmoleküls mit zwei Phospholipidmolekülen im Monolayer einer Lipid-Doppelschicht (in B gezeigt).

Interaktionen oder Wasserstoffbrücken mit den Wassermolekülen ausbilden können (**Abb. 10.6a**). Dagegen sind hydrophobe Moleküle in Wasser unlöslich, da alle oder fast alle ihrer Atome ungeladen und unpolar sind und deshalb keine energetisch günstigen Wechselwirkungen mit Wassermolekülen eingehen können. Wenn sie in Wasser verteilt vorliegen, zwingen sie benachbarte Wassermoleküle in eine sie umgebende eisartige Käfigform (**Abb. 10.6b**). Da diese Käfigstrukturen stärker als das umgebende Wasser geordnet sind, erhöht sich die Freie Energie. Diese entropische Erhöhung wird allerdings minimiert, wenn sich die hydrophoben Moleküle (oder die hydrophoben Teile amphipathischer Moleküle) ihrerseits zusammenlagern und so nur die kleinstmögliche Anzahl von Wassermolekülen beeinflussen.

Wenn Phospholipidmoleküle einer wässrigen Umgebung ausgesetzt werden, verhalten sie sich wie entsprechend der obigen Diskussion zu erwarten ist. Sie lagern sich spontan zusammen, damit ihre hydrophoben Kohlenwasserstoffschwänze möglichst wenig dem Wasser ausgesetzt sind, während ihre hydrophilen Köpfe bestmöglich dem Wasser ausgesetzt sind. Abhängig von ihrer Form wird die optimale Packung auf einem von zwei Wegen erreicht: entweder formen sie kugelförmige *Micellen* mit nach innen gerichteten Schwänzen oder doppelschichtige Lagen (Doppelschichten oder *Bilayer*) mit zwischen den hydrophilen Kopfgruppen eingeschlossenen hydrophoben Schwänzen (**Abb. 10.7**).

Die gleichen Kräfte, die Phospholipide zur Organisation von Doppelschichten zwingen, bewirken auch die Fähigkeit zur Selbstabdichtung von Membranen. So führt ein kleiner Riss in der Doppelschicht zu einem wasserexponierten Rand. Da dieser energetisch ungünstig ist, organisieren sich die Lipide spontan um, um diesen Rand zu

Abb. 10.6 Die unterschiedliche Wechselwirkung hydrophiler und hydrophober Moleküle mit Wasser. (a) Da Aceton polar ist, kann es Wasserstoffbrücken (*rot*) und energetisch günstige elektrostatische Wechselwirkungen (*gelb*) mit den ebenfalls polaren Wassermolekülen eingehen. Daher löst es sich leicht in Wasser. (b) Dagegen ist 2-Methylpropan stark hydrophob. Da es keine günstigen Wechselwirkungen mit Wasser eingehen kann, würde es benachbarte Wassermoleküle in eine eisähnliche Käfigstruktur zwingen, die die Freie Energie erhöht. 2-Methylpropan ist dadurch in Wasser praktisch unlöslich. Das Symbol δ^- kennzeichnet eine negative Teilladung, δ^+ eine positive Teilladung. Polare Atome sind farbig dargestellt, unpolare *grau*.

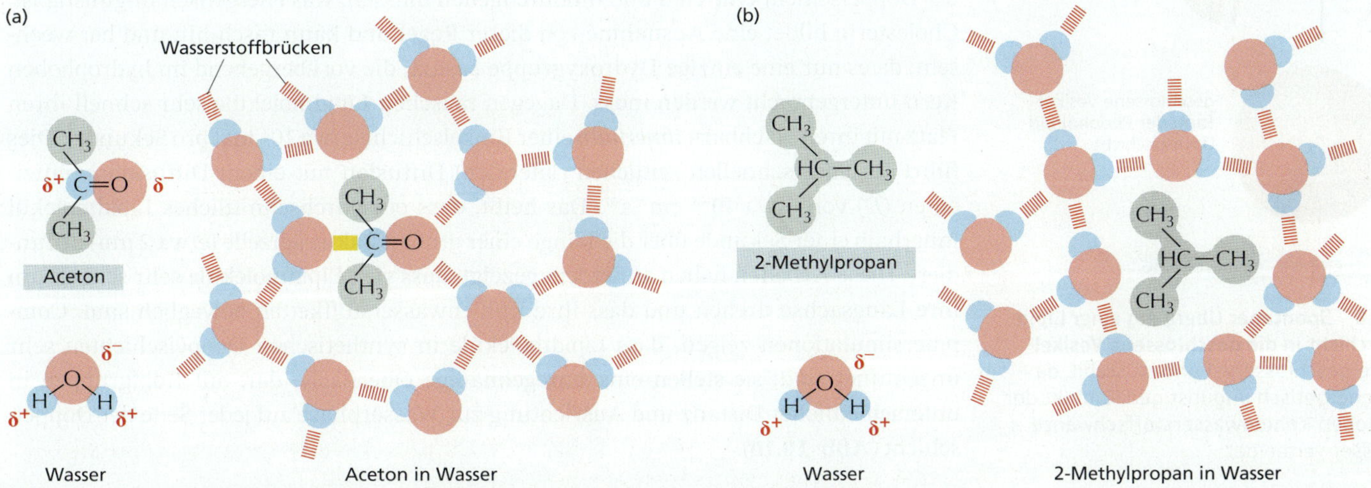

Abb. 10.7 Packung von amphipathischen Molekülen in wässriger Umgebung. (a) Abhängig von ihrer Form bilden diese Moleküle in Wasser spontan entweder Micellen oder Doppelschichten. Kegelförmige amphipathische Moleküle (*oben*) bilden Micellen, während zylinderförmige amphipathische Moleküle wie Phospholipide (*unten*) Doppelschichten ausbilden. (b) Schnitt durch eine Micelle und eine Lipid-Doppelschicht. Man nimmt an, dass Micellen amphipathischer Moleküle viel unregelmäßiger sind als hier dargestellt (s. **Abb. 10.26c**).

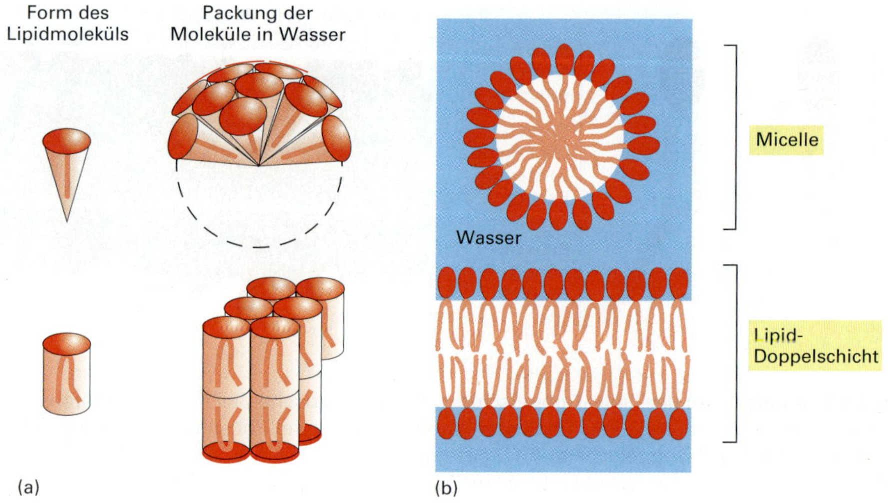

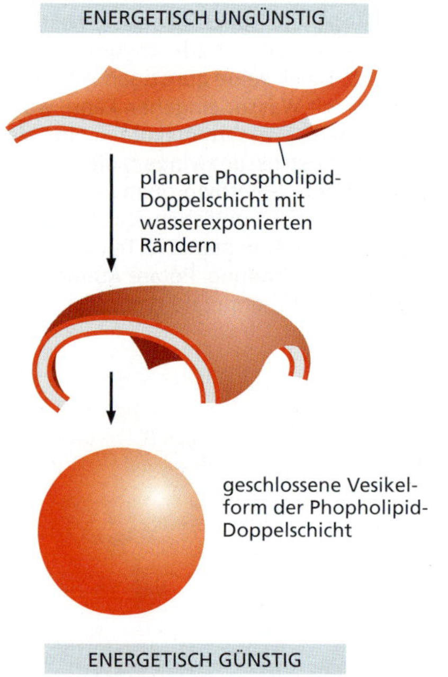

Abb. 10.8 Spontaner Übergang einer Lipid-Doppelschicht in die geschlossene Vesikelform. Die geschlossene Form ist stabil, da sie den energetisch ungünstigen Kontakt der hydrophoben Kohlenwasserstoffschwänze zum Wasser vermeidet.

beseitigen. Die Vermeidung wasserexponierter Ränder hat eine wichtige Folge: Die einzige Möglichkeit für eine Lipid-Doppelschicht freie Ränder zu vermeiden ist, eine abgeschlossene Struktur auszubilden (**Abb. 10.8**). Dieses bemerkenswerte Verhalten, das für die Bildung lebender Zellen von grundlegender Bedeutung ist, ist unmittelbar durch die Form und amphipathische Natur der Phospholipidmoleküle begründet.

10.1.3 Die Lipid-Doppelschicht ist eine zweidimensionale Flüssigkeit

Es gibt noch weitere Charakteristika der Lipid-Doppelschicht, die sie zu einer idealen Struktur für Zellmembranen machen. Eines der wichtigsten ist ihre Fluidität, die für viele Membranfunktionen entscheidend ist.

Um 1970 erkannten Forscher zum ersten Mal, dass einzelne Lipidmoleküle in der Lage sind, frei innerhalb der Ebene einer Lipid-Doppelschicht zu diffundieren. Der erstmalige Nachweis gelang durch Arbeiten mit synthetischen (künstlichen) Lipid-Doppelschichten, die in Form von kugelförmigen Vesikeln, als **Liposomen** (**Abb. 10.9**) bezeichnet, oder in Form von planaren Lipidfilmen hergestellt werden können.

Biophysikalische Studien zeigen, dass Phospholipidmoleküle in synthetischen Doppelschichten nur sehr selten aus einer Einzelschicht (auch *leaflet* oder Monolayer genannt) in die andere wandern. Diesen als „Flip-Flop" bezeichneten Vorgang vollzieht ein einzelnes Molekül in einem Zeitraum von Stunden. Es ist deshalb so langsam, da während des „Flip-Flops" die hydrophilen Kopfgruppen vorübergehend in den hydophoben Kern der Doppelschicht eintreten und hindurchgehen müssen, was energetisch ungünstig ist. Cholesterin bildet eine Ausnahme von dieser Regel und kann rasch hin und her wechseln, da es nur eine einzige Hydroxygruppe besitzt, die vorübergehend im hydrophoben Kern untergebracht werden muss. Dagegen tauschen Lipidmoleküle sehr schnell ihren Platz mit ihren Nachbarn *innerhalb* einer Einzelschicht (etwa 10^7-mal pro Sekunde). Dies führt zu einer schnellen seitlichen (lateralen) Diffusion mit einem Diffusionskoeffizienten (D) von etwa 10^{-8} cm^2 s^{-1}. Das heißt, dass ein durchschnittliches Lipidmolekül innerhalb einer Sekunde über die Länge einer großen Bakterienzelle (etwa 2 μm) diffundiert. Diese Arbeiten haben außerdem gezeigt, dass sich Lipidmoleküle sehr schnell um ihre Längsachse drehen und dass ihre Kohlenwasserstoffketten beweglich sind. Computersimulationen zeigen, dass Lipidmoleküle in synthetischen Doppelschichten sehr ungeordnet sind; sie stellen eine unregelmäßige Oberfläche dar, mit Kopfgruppen in unterschiedlicher Distanz und Ausrichtung zur Wasserphase auf jeder Seite der Doppelschicht (**Abb. 10.10**).

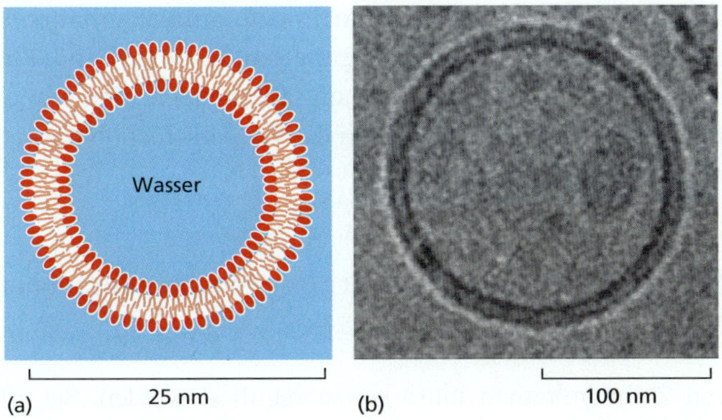

Abb. 10.9 **Liposomen.** (a) Zeichnung eines kleinen runden Liposoms im Querschnitt. Liposomen werden üblicherweise als Modellmembran in Experimenten verwendet, vor allem um eingebettete Membranproteine zu untersuchen. (b) Elektronenmikroskopische Aufnahme eines unfixierten, ungefärbten synthetischen Phospholipidvesikel (ein Liposom) in Wasser nach Schockgefrieren in flüssigem Stickstoff. (b, aus J. Kotouček et al., *Sci. Rep.* 10: 5595, 2020, Springer Nature, CC BY 4.0.)

Die Beweglichkeit von Membranen erlaubt es Lipiden, schnell kurzzeitige Löcher, die in der Doppelschicht durch mechanische Beanspruchung oder anderen Stress auftreten können, zu flicken.

Entsprechende Beweglichkeitsexperimente mit markierten Lipidmolekülen in isolierten biologischen Membranen und in lebenden Zellen zeigen, dass die dabei erhaltenen Ergebnisse mit denen von synthetischen Doppelschichten vergleichbar sind. Sie zeigen, dass die Lipidkomponente einer biologischen Membran einer zweidimensionalen Flüssigkeit entspricht, in der die sie bildenden Moleküle seitwärts frei beweglich sind. Wie in künstlichen Doppelschichten sind einzelne Phospholipidmoleküle normalerweise auf ihr Monolayer beschränkt. Diese Beschränkung führt zu einem Problem beim Wachstum biologischer Membranen. Phospholipidmoleküle werden nur an einer Schicht der Membran, hauptsächlich im cytosolischen Monolayer des Endoplasmatischen Reticulums gebildet. Wenn keines dieser neu gebildeten Moleküle ausreichend schnell in das nichtcytosolische Monolayer wandern würde, würde die Membran asymmetrisch wachsen. Dieses Problem wird durch eine besondere Klasse von Membranproteinen, den *Phospholipidtranslokatoren* oder *Flippasen* und den *Scramblasen* gelöst, die den schnellen „Flip-Flop" von Phospholipiden von einer Einzelschicht in die andere katalysieren (s. Kapitel 12).

Trotz der Fluidität von Lipid-Doppelschichten verschmelzen Liposomen nicht spontan miteinander, wenn sie in Wasser suspendiert werden. Es erfolgt keine Fusion, da die polaren Lipid-Kopfgruppen Wassermoleküle und Ionen binden. Diese Wassermoleküle und Ionen müssen verlagert werden, damit die Doppelschichten von zwei verschiedenen Liposomen nahe genug zusammenkommen, um verschmelzen zu können. Biologische Membranen haben aufgrund der eingebetteten und anhängenden Proteine eine noch größere Hydrathülle. Diese Hydrathülle isoliert die vielen inneren Membranen in einer eukaryotischen Zelle und verhindert ihre unkontrollierte Fusion. So wird die Integrität

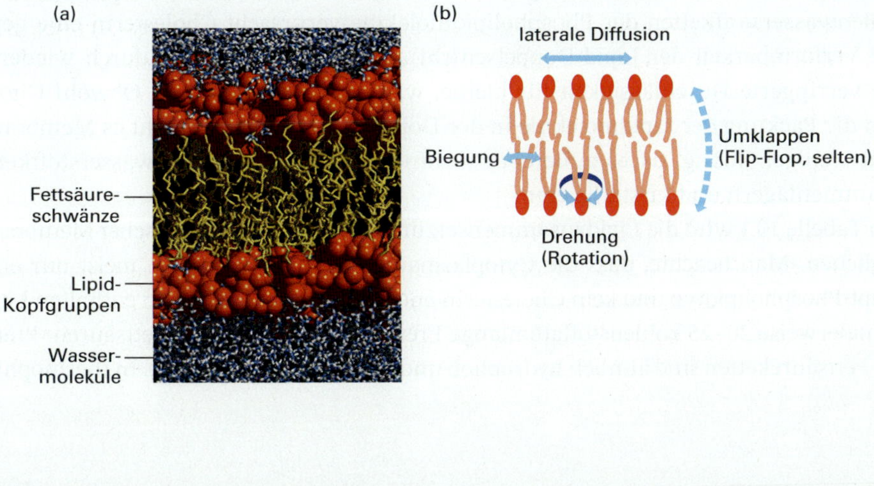

Abb. 10.10 **Die Bewegungsfreiheit von Phospholipidmolekülen in einer künstlichen Lipid-Doppelschicht.** (a) Ausgehend von einem Modell mit 100 Phosphatidylcholinmolekülen, die zu einer regelmäßigen Doppelschicht angeordnet sind, berechnete ein Computer die Position jedes Atoms nach 300 Picosekunden Simulationszeit. Aus diesen theoretischen Berechnungen entstand ein Modell der Lipid-Doppelschicht, das nahezu allen messbaren Eigenschaften – wie ihre Dicke, die Anzahl der Lipidmoleküle pro Membranfläche, wie tief Wasser eindringt und die Unebenheit der beiden Oberflächen – einer synthetischen Lipid-Doppelschicht Rechnung trägt. Man beachte, dass die Schwänze in einer Schicht mit denjenigen in der anderen Schicht wechselwirken können, sofern sie lang genug sind. (b) Die verschiedenen Bewegungen eines Lipidmoleküls in einer Doppelschicht. (a, nach S. W. Chiu *et al., Biophys. J.* 69: 1230–1245, 1995).

der von Membranen umschlossenen Kompartimente aufrechterhalten. Alle Fusionen von Zellmembranen werden von streng regulierten Anbinde- und Fusionsproteinen reguliert. Die Anbindeproteine bringen die entsprechenden Membranen in unmittelbare Nähe und die Fusionsproteine quetschen die Wasserschicht heraus, die die Doppelschichten trennt (s. Kapitel 13).

10.1.4 Die Fluidität der Lipid-Doppelschicht ist von ihrer Zusammensetzung abhängig

Die Fluidität von Zellmembranen muss genau reguliert werden. Sie erlaubt es Membranproteinen schnell und kurzfristig zu interagieren. Bestimmte Membrantransportprozesse und Enzymaktivitäten beispielweise kommen zum Erliegen, wenn die Viskosität der Doppelschicht experimentell über einen gewissen Schwellenwert hinaus erhöht wird.

Die Fluidität der Lipid-Doppelschicht ist von ihrer Zusammensetzung und der Temperatur abhängig, wie durch Arbeiten an synthetischen Doppelschichten gezeigt werden kann. So geht eine synthetische Doppelschicht, die aus nur einem Typ von Phospholipiden aufgebaut ist, bei einer charakteristischen Temperatur vom flüssigen in einen zweidimensionalen, starren kristallinen (oder Gel-artigen) Zustand über. Dieser Wechsel des Zustands wird als *Phasenübergang* bezeichnet. Die Temperatur, bei der er sich ereignet, ist niedriger (d. h. es ist schwieriger, die Membran zu „gefrieren"), wenn die Ketten kurz sind oder Doppelbindungen enthalten. Eine kurze Kohlenwasserstoffkette verringert die Neigung der Kohlenwasserstoffschwänze miteinander zu interagieren, sowohl im selben als auch im gegenüberliegenden Monolayer, sodass die Membran auch bei niedrigen Temperaturen flüssig bleibt. Da sie in den Kohlenwasserstoffketten Knicke verursachen, wodurch ihre dichte Packung erschwert wird, wird die Fluidität ebenfalls von *cis*-Doppelbindungen begünstigt (**Abb. 10.11**). Der Aufbau von Membranen aus einer komplexen Mischung vieler verschiedener Lipidarten ermöglicht es den meisten Membranen gerade bis über den Punkt des Phasenübergangs flüssig zu bleiben. Bakterien, Hefen und andere Organismen, deren Temperatur mit der der Umgebung schwankt, passen die Fettsäurezusammensetzung ihrer Membranlipide an, um die Fluidität möglichst konstant zu halten. Sinkt beispielsweise die Temperatur, synthetisieren die Zellen dieses Organismus vermehrt Fettsäuren mit *cis*-Doppelbindungen, um eine Verminderung der Membranfluidität zu vermeiden, die sich aus dem Temperaturabfall ergeben würde.

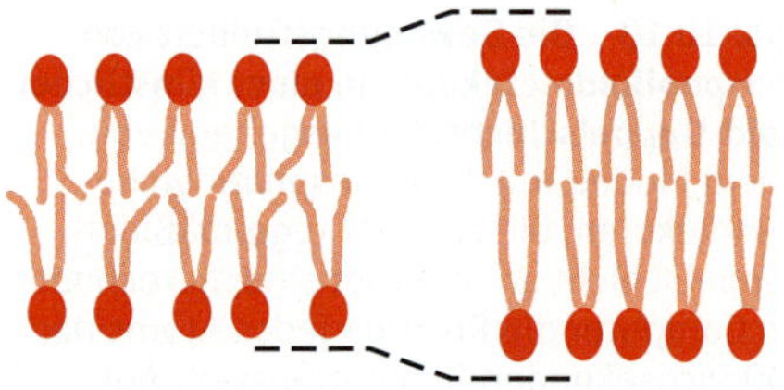

Abb. 10.11 Einfluss von *cis* -Doppelbindungen in Kohlenwasserstoffketten. Doppelbindungen erschweren die dichte Packung der Ketten und verhindern dadurch ein Erstarren der Lipid-Doppelschicht. Da die Kohlenwasserstoffe der ungesättigten Lipide außerdem weiter gespreizt sind, sind Lipid-Doppelschichten mit ungesättigten Lipiden dünner als Doppelschichten, die ausschließlich aus gesättigten Lipiden aufgebaut sind.

Sterole, wie Cholesterin, modulieren die Eigenschaften von Lipid-Doppelschichten. Wird es mit Phospholipiden gemischt, verstärkt es die Funktion der Lipid-Doppelschicht als Permeabilitätsbarriere. Es ist so in die Doppelschicht eingefügt, dass seine Kopfgruppe dicht an den polaren Kopfgruppen der Phospholipide anliegt, sodass sein starrer, flächiger Steroidring mit den Bereichen der Kohlenwasserstoffketten, die den polaren Kopfgruppen am nächsten sind, wechselwirkt und diese Regionen dadurch versteift (s. **Abb. 10.5**). Durch diese herabgesetzte Beweglichkeit der ersten CH_2-Gruppen der Kohlenwasserstoffketten der Phospholipidmoleküle verursacht Cholesterin eine geringere Verformbarkeit der Lipid-Doppelschicht an dieser Stelle und dadurch wiederum eine verringerte Durchlässigkeit für kleine, wasserlösliche Moleküle. Obwohl Cholesterin die Packung der Lipidmoleküle in der Doppelschicht festigt, macht es Membranen nicht weniger flüssig, da es außerdem verhindert, dass sich Kohlenwasserstoffketten zusammenlagern und kristallisieren.

In Tabelle 10.1 wird die Lipidzusammensetzung verschiedener biologischer Membranen verglichen. Man beachte, dass die Cytoplasmamembran der Bakterien meist nur einen Haupt-Phospholipidtyp und kein Cholesterin enthält. In Archaebakterien enthalten Lipide normalerweise 20–25 kohlenstoffatomlange Prenylketten anstelle von Fettsäuren; Prenyl- und Fettsäureketten sind ähnlich hydrophob und flexibel (s. **Abb. 10.18f**). In thermophilen

Tab. 10.1 Ungefähre Lipidzusammensetzung verschiedener Zellmembranen.

Lipid	Gewichtsprozent vom Gesamtlipid					
	Plasmamembran einer Leberzelle	**Plasmamembran eines Erythrocyten**	**Myelin**	**Mitochondrium (innere und äußere Membran)**	**Endoplasmatisches Reticulum**	***Escherichia coli*-Bakterium**
Cholesterin	17	23	22	3	6	0
Phosphatidylethanolamin	7	18	15	28	17	70
Phosphatidylserin	4	7	9	2	5	Spuren
Phosphatidylcholin	24	17	10	44	40	0
Sphingomyelin	19	18	8	0	5	0
Glykolipide	7	3	28	Spuren	Spuren	0
Andere	22	14	8	23	27	30

Archaebakterien durchspannen die längsten Lipidketten beide Membranschichten, was die Membran besonders stabil gegenüber Hitze macht. Somit können Lipid-Doppelschichten aus Molekülen mit ähnlichen Eigenschaften, aber unterschiedlichem Molekülaufbau zusammengesetzt sein. Die Plasmamembran der meisten eukaryotischen Zellen ist variabler als diejenige der Prokaryoten und Archaeen und enthält nicht nur große Mengen von Sterolen, sondern auch eine Mischung verschiedener Phospholipide.

Die Analyse der Membranlipide mittels Massenspektrometrie hat gezeigt, dass die Lipidzusammensetzung einer typischen eukaryotischen Zellmembran weit komplexer ist, als man ursprünglich dachte. Membranen sind aus einer verblüffenden Vielzahl von etwa 500–2000 unterschiedlichen Lipidarten zusammengesetzt. Selbst die einfache Plasmamembran eines roten Blutkörperchens enthält mehr als 150. Die Uneinheitlichkeit der Lipide wirkt dem Phasenübergang entgegen und hilft wahrscheinlich dabei, dass membrandurchziehende Proteine besser in die Doppelschicht passen und so keine Lücken entstehen. Während ein Teil dieser Komplexität die kombinatorische Variation der Kopfgruppen, Kohlenwasserstoffschwänze und Desaturierung der wichtigsten Phospholipidklassen widerspiegelt, enthalten Membranen auch viele seltenere strukturell unterschiedliche Lipide, von denen zumindest manche wichtige Funktionen haben. *Inositolphospholipide* sind beispielsweise nur in kleineren Mengen in Zellmembranen von Tieren vorhanden, haben aber eine entscheidende Funktion bei der Lenkung des Membranverkehrs und der Signalweiterleitung in Zellen (in Kapitel 13 bzw. 15 behandelt). Ihre lokale Synthese und ihr Abbau werden von einer großen Anzahl an Enzymen reguliert, die sowohl intrazelluläre Signalmoleküle als auch Lipidandockstellen auf Membranen erzeugen, die (wie wir später besprechen werden) aus dem Cytosol spezifische Proteine rekrutieren.

10.1.5 Trotz ihrer Fluidität können Lipid-Doppelschichten unterschiedlich zusammengesetzte Domänen bilden

Da es sich bei einer Lipid-Doppelschicht um eine zweidimensionale Flüssigkeit handelt, könnte man erwarten, dass die meisten Lipidmolekülarten in ihrem eigenen Monolayer gut gemischt und zufällig verteilt sind. Die van der Waals-Kräfte zwischen benachbarten Kohlenwasserstoffschwänzen sind nicht ausreichend selektiv, um Gruppen von Phospholipidmolekülen zusammenzuhalten. Mit bestimmten Lipidmischungen in künstlichen Doppelschichten kann man jedoch Phasenübergänge beobachten, die zur lateralen Trennung der Lipide führen, wobei spezifische Lipide in getrennten Domänen zusammenkommen (**Abb. 10.12**). In diesen Fällen müssen die anziehenden Kräfte zwischen Lipidmolekülen die Entropiekosten, die mit ihrer Anhäufung einhergehen, überwiegen. Phasenübergänge brechen die Homogenität einer Lipid-Doppelschicht zu einem Flickenteppich aus Domänen mit unterschiedlichen Eigenschaften auf.

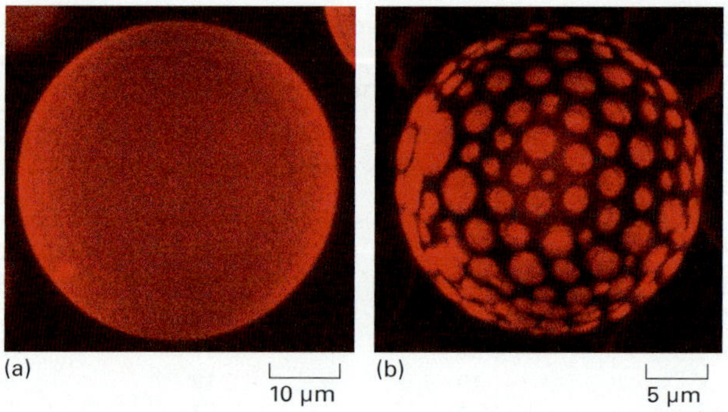

Abb. 10.12 Laterale Phasentrennung in künstlichen Lipid-Doppelschichten. (a) Riesenliposomen, die durch eine 1:1-Mischung von Phosphatidylcholin und Sphingomyelin erzeugt wurden, bilden einheitliche Doppelschichten; (b) Liposomen, die aus einer 1:1:1-Mischung von Phosphatidylcholin, Sphingomyelin und Cholesterin erzeugt wurden, bilden dagegen Doppelschichten mit zwei getrennten Phasen. Die Liposomen sind mit extrem niedrigen Konzentrationen eines Fluoreszenzfarbstoffs gefärbt, der sich bevorzugt in eine der beiden Phasen abtrennt. Die durchschnittliche Größe der in diesen künstlichen Riesenliposomen gebildeten Domänen ist weit größer, als man in Zellmembranen erwarten würde, in denen „Lipidflöße" (s. Text) nur einige wenige Nanometer Durchmesser haben. (a, aus N. Kahya *et al., J. Struct. Biol.* 147: 77–89, 2004. Mit Erlaubnis von Elsevier; b, mit freundlicher Genehmigung der Arbeitsgruppe Schwille, Max Planck Gesellschaft, MPI Martinsried).

Unter Zellbiologen hat es eine lange Diskussion darüber gegeben, ob sich Lipidmoleküle in der Plasmamembran lebender Zellen ebenso zu spezialisierten Domänen, **Lipidflöße** genannt, abspalten. Obwohl viele Lipide und Membranproteine nicht gleichmäßig verteilt sind, kommen Lipidphasensegregationen im großen Umfang in lebenden Zellmembranen selten vor. Stattdessen ist zu beobachten, dass sich spezifische Membranproteine und Lipide eher auf eine temporäre dynamische Weise konzentrieren. Dies wird durch Protein–Protein-Wechselwirkungen unterstützt. Sie ermöglichen die vorübergehende Bildung spezialisierter Membranbereiche (**Abb. 10.13**). Bei derartigen Clustern kann es sich um winzige Nanocluster in der Größenordnung von wenigen Molekülen handeln oder um größere Einheiten, die im Elektronenmikroskop erkennbar sind, wie die an der Endocytose beteiligten *Caveolen* (s. Kapitel 13). Die Neigung von Lipidmischungen eine Phasentrennung einzugehen, wie in künstlichen Doppelschichten (s. **Abb. 10.12**), kann dazu beitragen in Membranen lebender Zellen Flöße zu bilden – sodass es zur Organisation und Konzentration von Membranproteinen kommt, entweder für den Transport in kleinen Vesikeln (s. Kapitel 13) oder für ihre Zusammenarbeit in Proteinkomplexen, beispielsweise bei der Umwandlung extrazellulärer in intrazelluläre Signale (s. Kapitel 15).

10.1.6 Lipidtröpfchen sind von einem Phospholipid-Monolayer umgeben

Die meisten Eukaryotenzellen speichern überschüssige Lipide als **Lipidtröpfchen**, von wo sie als Bausteine für die Membransynthese oder als Nahrungsquelle zum Antreiben der Stoffwechselenergiegewinnung wiedergewonnen werden. Fettzellen, oder *Adipocyten*, sind auf Lipidspeicherung spezialisiert. Sie enthalten einen riesigen Lipidtropfen, der den Großteil ihres Cytoplasmas ausfüllt. Die meisten anderen Zellen besitzen viele kleinere Lipidtröpfchen, deren Anzahl und Größe mit der Stoffwechsellage der Zelle variieren. Fettsäuren können aus den Tröpfchen freigesetzt und über die Blutbahn an andere Zellen exportiert werden. Lipidtröpfchen speichern neutrale Lipide, wie z. B.

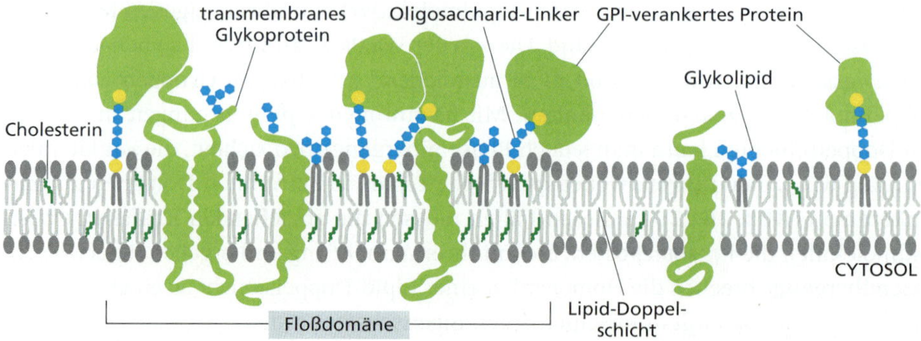

Abb. 10.13 Modell einer Floßdomäne. Schwache Protein–Protein-, Protein–Lipid- und Lipid–Lipid-Wechselwirkungen verstärken sich gegenseitig, um die interagierenden Komponenten auf Floßdomänen aufzuteilen. Cholesterin, Sphingolipide, Glykolipide, mit Glykosylphosphatidylinositol (GPI) verankerte Proteine sowie einige Transmembranproteine sind in diesen Domänen angereichert. Man beachte, dass Floßdomänen aufgrund ihrer Zusammensetzung wahrscheinlich eine höhere Membrandicke haben. Wir befassen uns mit Glykolipiden, GPI-verankerten Proteinen und Verbindungen über Oligosaccharid-Linker später. (Verändert nach D. Lingwood und K. Simons, *Science* 327: 46–50, 2010).

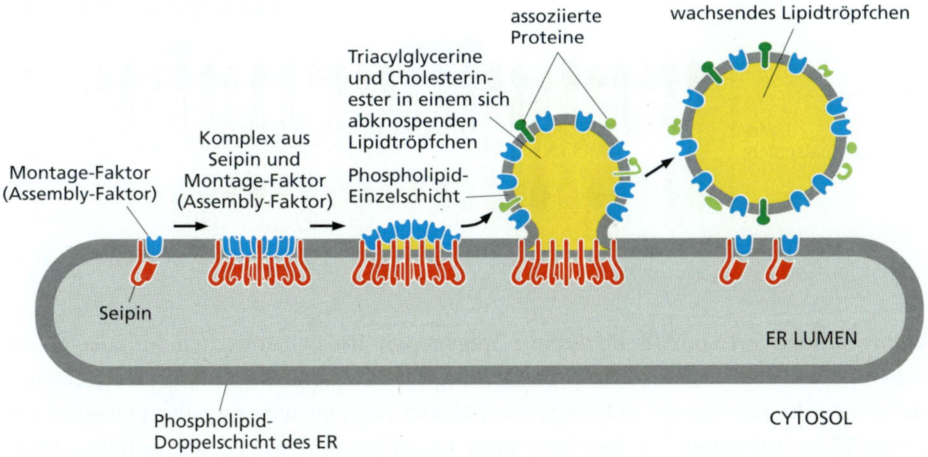

Abb. 10.14 Ein Modell zur Bildung von Lipidtröpfchen. Zwischen den beiden Schichten der Membran des Endoplasmatischen Reticulums (ER) sind neutrale Lipide eingelagert, wo sie eine linsenförmige Struktur zwischen den zwei Einzelschichten bilden. Die Linse formt sich, wenn Triacylglyceride und Cholesterinester hergestellt werden, sich in der ER-Membran anhäufen und sich selbst zusammenlagern. Viele Kopien des Transmembranproteins Seipin zusammen mit einem Lipidtröpfchenbildungsfaktor formen einen Ring. In Anwesenheit von Triacylglyceriden dissoziiert Seipin vom Bildungsfaktor, der daraufhin zur cytosolischen Monolage der ER-Membran wandert. Dort hilft dieser bei einem Vorgang, bei dem das Tröpfchen eine Knospe bildet, sich mit unpolaren Lipiden füllt und sich als eigenes Organell abschnürt, wobei es von einer Einzelschicht aus Phospholipiden und assoziierten Proteinen umgeben ist. In einigen Zellen wie z. B. Adipocyten verschmelzen diese Organelltröpfchen, sodass sie eine riesige Größe erreichen können. (Verändert nach J. Chung *et al.*, *Dev. Cell* 51: 551–563, 2019).

Triacylglyceride und Cholesterinester, die von Enzymen im Endoplasmatischen Reticulum aus Fettsäuren und Cholesterin synthetisiert werden. Da diese Lipide keine hydrophilen Kopfgruppen enthalten, sind sie ausschließlich hydrophobe Moleküle, die sich zu dreidimensionalen Tröpfchen anstatt zu Doppelschichten zusammenlagern.

Damit sich hydrophobe Tröpfchen im wässrigen Cytosol der Zelle aufhalten können, ist ihre Oberfläche mit Phospholipiden bedeckt, die so ausgerichtet sind, dass die hydrophoben Acylketten zum Lipidtröpfchen und die hydrophilen Kopfgruppen zum Cytosol zeigen. Daher sind Lipidtröpfchen nur von einer Monolage von Phospholipiden umgeben und nicht von einer Doppelschicht, die alle anderen membranumschlossenen Kompartimente der Zelle bestimmt. Die Oberfläche von Lipidtröpfchen enthält eine große Vielfalt an Proteinen. Manche der Proteine sind am Lipidstoffwechsel beteiligte Enzyme. Lipidtröpfchen entstehen rasch, wenn Zellen hohen Fettsäurekonzentrationen ausgesetzt sind. Sie bilden sich aus der Membran des Endoplasmatischen Reticulums, in denen viele Enzyme des Lipidstoffwechsels lokalisiert sind. **Abbildung 10.14** zeigt ein Modell, wie Lipidtröpfchen sich bilden und sich den sie umgebenden Monolayer aus Phospholipiden und Proteinen aneignen. In einigen spezialisierten Zellen, wie Leberzellen und Enterocyten (die auf Resorption spezialisierte Zellen des Darms), knospen sich die Tröpfchen ins Lumen des Endoplasmatischen Reticulums ab, von wo sie als Lipoproteinpartikel sezerniert (abgegeben) werden. Diese Partikel befördern Stoffwechselenergie in Form der Triglyceride durch den Körper.

10.1.7 Die Asymmetrie der Lipid-Doppelschicht ist wichtig für ihre Funktion

Die Lipidzusammensetzung der beiden Monolayer einer Lipid-Doppelschicht ist in vielen Membranen erstaunlich unterschiedlich. Beispielsweise sind in der Membran menschlicher roter Blutkörperchen (Erythrocyten) fast alle Phospholipidmoleküle, die Cholin – $(CH_3)_3N^+CH_2CH_2OH$ – in der Kopfgruppe enthalten (Phosphatidylcholin und Sphingomyelin), im äußeren Monolayer zu finden, während fast alle Phospholipidmoleküle mit einer primären Aminogruppe (Phosphatidylethanolamin und Phosphatidylserin) im inneren Monolayer konzentriert sind (**Abb. 10.15**). Da die negativ geladenen Phosphatidylserinmoleküle im inneren Monolayer lokalisiert sind, entsteht ein signifikanter Ladungsunterschied zwischen den beiden Hälften der Doppelschicht. In Kapitel 12 wird diskutiert, wie diese Asymmetrie der Lipidzusammensetzung durch membrangebundene Phospholipidtranslokatoren erzeugt und aufrechterhalten wird.

Die Lipidasymmetrie ist funktionell wichtig, insbesondere für die Umwandlung extrazellulärer Signale in intrazelluläre (wird in Kapitel 15 besprochen). Viele cytosolische

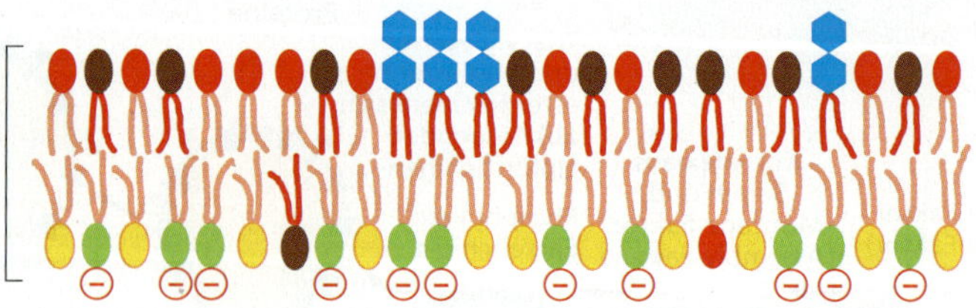

Abb. 10.15 Asymmetrische Verteilung von Phospholipiden und Glykolipiden in der Lipid-Doppelschicht von Erythrocyten des Menschen. Farben der Phospholipid-Kopfgruppen wie in **Abb. 10.3**. Glykolipide sind durch sechseckige polare Kopfgruppen (*blau*) gekennzeichnet. Cholesterin (nicht gezeigt) ist in beiden Monolayern etwa gleich verteilt.

Proteine binden an spezifische Lipid-Kopfgruppen im cytosolischen Monolayer der Lipid-Doppelschicht. Das Enzym *Proteinkinase C (PKC)*, das als Antwort auf verschiedene extrazelluläre Signale aktiviert wird, bindet beispielsweise an der cytosolischen Seite der Plasmamembran, in der Phosphatidylserin konzentriert ist, und benötigt dieses negativ geladene Phospholipid für seine Aktivität.

In anderen Fällen müssen spezifische Lipid-Kopfgruppen zunächst verändert werden, um eine Proteinbindungsstelle zu einer bestimmten Zeit und an einem bestimmten Ort zu erzeugen. Ein Beispiel hierfür ist *Phosphatidylinositol (PI)*, eines der seltener vorkommenden Phospholipide, das in der cytosolischen Einzelschicht der Zellmembran konzentriert ist (s. **Abb. 13.10a, c**). Verschiedene Lipidkinasen können nun Phosphatgruppen an bestimmte Positionen des Inositolrings anfügen und so Bindungsstellen erzeugen, die spezielle Proteine aus dem Cytosol an die Membran binden. Ein wichtiges Beispiel für solch eine Lipidkinase ist die *Phosphatidylinositol-3-Kinase (PI 3-Kinase)*, die in Abhängigkeit von extrazellulären Signalen aktiviert wird und dazu beiträgt, besondere intrazelluläre Signalproteine an die cytosolische Seite der Membran zu bringen (s. **Abb. 15.53**). Ähnliche Lipidkinasen phosphorylieren Inositolphospholipide in intrazellulären Membranen und helfen dadurch, Proteine zu rekrutieren, die den Membrantransport steuern.

Phospholipide in der Plasmamembran werden noch auf eine andere Weise zur Umwandlung extrazellulärer in intrazelluläre Signale genutzt. Die Plasmamembran enthält verschiedene *Phospholipasen*, die durch extrazelluläre Signale aktiviert werden. Sie spalten spezifische Phospholipide, deren Spaltstücke dann als kurzlebige intrazelluläre Signalüberträger fungieren. So spaltet beispielsweise die *Phospholipase C* ein Inositolphospholipid in der cytosolischen Einzelschicht der Plasmamembran in zwei Teile, von denen einer in der Membran verbleibt und hilft, die Proteinkinase C zu aktivieren, während der andere in das Cytosol abgegeben wird und dort die Freisetzung von Ca^{2+} aus dem Endoplasmatischen Reticulum auslöst (s. **Abb. 15.29**).

Tiere nutzen die Phospholipidasymmetrie ihrer Plasmamembranen, um zwischen lebenden und toten Zellen zu unterscheiden. Wenn eine tierische Zelle dem programmierten Zelltod, der sogenannten Apoptose (s. Kapitel 18), unterliegt, wechselt Phosphatidylserin, das normalerweise auf die cytosolische (oder innere) Einzelschicht der Plasmamembran beschränkt ist, schnell in das extrazelluläre (oder äußere) Monolayer. Das nun an der Zelloberfläche zugängliche Phosphatidylserin dient als Signal für benachbarte Zellen, etwa Makrophagen, die tote Zelle zu phagocytieren und zu verdauen. Der Wechsel des Phosphatidylserins in einer apoptotischen Zelle erfolgt, da die aktiven Mechanismen, welche die Asymmetrie der Lipid-Doppelschicht erzeugen und aufrechterhalten, beeinträchtigt sind.

10.1.8 Glykolipide finden sich auf der Oberfläche aller eukaryotischer Plasmamembranen

Zuckerhaltige Lipidmoleküle, sogenannte **Glykolipide**, weisen die stärkste Asymmetrie in der Membranverteilung auf. Diese Moleküle kommen – egal ob in der Plasmamembran oder in den intrazellulären Membranen – ausschließlich im vom Cytosol abgewandten Monolayer vor. In tierischen Zellen werden sie genau wie Sphingomyosin aus Sphingosin hergestellt (s. **Abb. 10.3**). Diese faszinierenden Moleküle neigen, teilweise durch Wasserstoffbrücken zwischen ihren Zuckern, teilweise durch van der Waals-Kräfte zwischen ihren langen und geraden Kohlenwasserstoffketten, zur Selbstorganisation und sie reichern sich bevorzugt in Lipidflößen an (s. **Abb. 10.13**). Die asymmetrische Verteilung der Glykolipide in der Lipid-Doppelschicht beruht auf der Anheftung von Zuckerresten an die Lipidmoleküle im Lumen des Golgi-Apparats. Damit ist das Kompartiment, in dem sie hergestellt werden, topologisch mit dem Äußeren der Zelle gleichzusetzen (in Kapitel 12 diskutiert). Wenn sie zur Plasmamembran befördert werden, stehen die Zuckerreste exponiert an der Zelloberfläche (s. **Abb. 10.15**), wo sie eine wichtige Funktion bei den Wechselwirkungen der Zelle mit ihrer Umgebung ausüben.

Glykolipide kommen vermutlich in allen Plasmamembranen eukaryotischer Zellen vor, wo sie etwa 5 % der Lipidmoleküle der äußeren Einzelschicht ausmachen. Außerdem findet man sie in einigen intrazellulären Membranen. Die komplexesten Glykolipide, die **Ganglioside**, enthalten Oligosaccharide mit einem oder mehreren Sialinsäureresten, die ihnen eine negative Nettoladung verleihen (**Abb. 10.16**). Die häufigsten der mehr als 40 bisher identifizierten verschiedenen Ganglioside kommen in der Plasmamembran von Nervenzellen vor, wo sie 5 bis 10 % der Gesamtlipidmenge ausmachen. In viel kleineren Mengen findet man sie auch in anderen Zellen.

Die Lokalisation der Glykolipide erlaubt Rückschlüsse auf ihre Funktion. In der Plasmamembran von Epithelzellen sind Glykolipide beispielsweise auf die exponierte apikale Oberfläche begrenzt, wo sie vermutlich dazu beitragen, die Membran gegen die oft harschen Bedingungen (wie niedriger pH-Wert und hohe Konzentrationen abbauender Enzyme) zu schützen. Glykolipide mit Ladungen, wie die Ganglioside, sind vermutlich wichtig wegen ihrer elektrischen Wirkung: Ihre Anwesenheit ändert das elektrische Feld über der Membran und beeinflusst die Konzentration von Ionen, insbesondere Ca^{2+}, an der Membranoberfläche. Glykolipide wirken auch bei Zellerkennungsprozessen mit, bei denen membrangebundene Kohlenhydrat-Bindungsproteine (*Lektine*) während der Zell-Zell-Adhäsion (s. Kapitel 19) an Zuckergruppen von Glykolipiden und Glykoproteinen

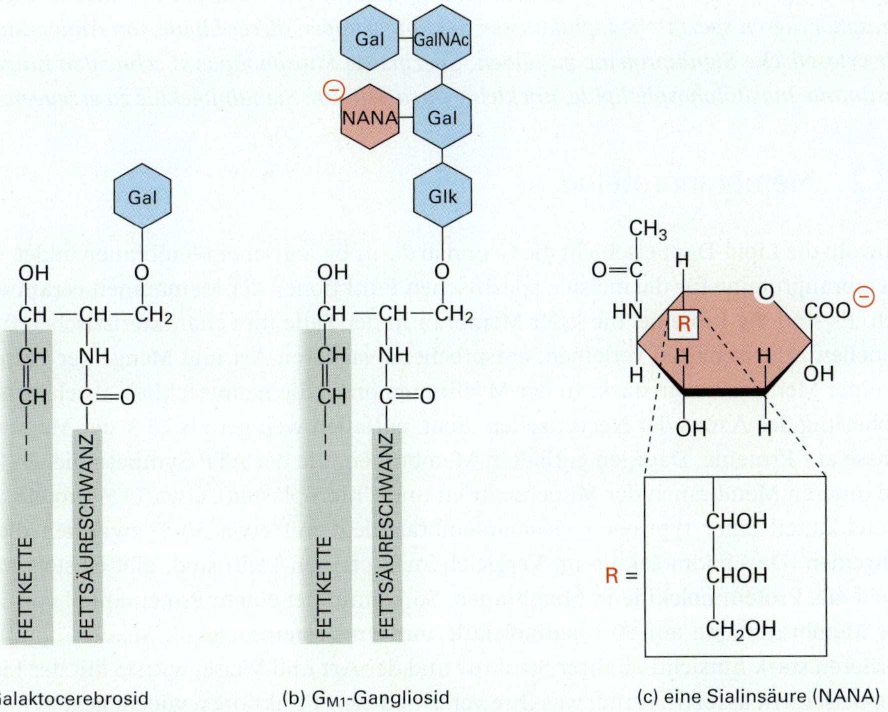

Abb. 10.16 Glykolipide. (a) Galaktocerebrosid wird als *neutrales Glykolipid* bezeichnet, da seine Zuckerkopfgruppe ungeladen ist. (b) Ganglioside enthalten immer einen oder mehrere negativ geladene Sialinsäurereste. Es gibt verschiedene Arten von Sialinsäure. In humanen Zellen handelt es sich meist um *N*-Acetylneuraminsäure oder NANA, deren Struktur in (c) gezeigt ist. Während in Bakterien und Pflanzen nahezu alle Glykolipide ebenso wie die meisten Phospholipide vom Glycerin abstammen, basieren in tierischen Zellen fast alle Glykolipide wie im Fall von Sphingomyelin auf Sphingosin (s. **Abb. 10.3**). Gal = Galaktose; Glk = Glukose, GalNAc = *N*-Acetylgalaktosamin; diese drei Zucker sind nicht geladen.

binden. Mäuse, die keine komplexen Ganglioside bilden können, zeigen Abnormalitäten im Nervensystem wie axonale Degeneration und reduzierte Myelinisierung.

Die allgegenwärtige Anwesenheit von Glykolipiden auf der Zelloberfläche wird von zahlreichen Bakterientoxinen und Viren als Mittel genutzt, um in eine Zelle zu gelangen. So wechselwirkt z. B. das Influenzavirus mit Sialinsäurezuckern auf Gangliosiden während seines Eintritts in die Zelle (s. **Abb. 10.16**). Polyomaviren dringen ebenfalls in Zellen ein, nachdem sie zunächst an Ganglioside gebunden haben. Auf ähnliche Weise fungiert das Gangliosid G_{M1} als Zelloberflächenrezeptor für das bakterielle Toxin, das die entkräftenden Durchfälle bei Cholera verursacht. Das Choleratoxin bindet nur an solche Zellen, die G_{M1} auf ihrer Oberfläche tragen, darunter auch Darmepithelzellen. In der Zelle führt das Toxin zu einer verlängerten Erhöhung der intrazellulären cAMP-Konzentration (s. Kapitel 15), die ihrerseits einen starken Efflux von Cl^- verursacht, was zur Sekretion von Na^+, K^+, HCO_3^- und Wasser aus der Zelle in das Darmlumen führt.

Zusammenfassung

Biologische Membranen bestehen aus einer durchgehenden Doppelschicht aus Lipidmolekülen, in die Membranproteine eingebettet sind. Die Lipid-Doppelschicht ist fluide, d. h. einzelne Lipidmoleküle sind in der Lage, schnell innerhalb ihres Monolayers zu diffundieren. Die Lipidmoleküle der Membran sind amphipathisch. In Wasser gebracht, bilden sie spontan Doppelschichten, die abgeschlossene Kompartimente bilden.

Obwohl Zellmembranen Hunderte verschiedener Lipidarten enthalten können, enthält die Plasmamembran in Tierzellen drei Hauptklassen: Phospholipide, Cholesterin und Glykolipide. Wegen ihres unterschiedlichen Aufbaus fallen Phospholipide in zwei Unterklassen: Glycerophospholipide und Sphingolipide. Die Lipidzusammensetzung der äußeren und inneren Einzelschicht ist unterschiedlich, was die unterschiedlichen Funktionen der beiden Seiten der Zellmembran widerspiegelt. Sowohl in Membranen verschiedener Zelltypen als auch in den verschiedenen Membranen einer eukaryotischen Zelle findet man unterschiedliche Mischungen von Lipiden. Inositolphospholipide sind eine seltenere Klasse von Phospholipiden, die in der cytosolischen Schicht der Lipid-Doppelschicht der Plasmamembran eine wichtige Rolle bei der Signalverarbeitung spielen: Als Reaktion auf äußere Signale phosphorylieren spezifische Lipidkinasen die Kopfgruppen dieser Lipide, um Andockstellen für cytosolische Signalproteine zu bilden. Spezifische Phospholipasen schneiden hingegen bestimmte Inositolphospholipide, um kleine intrazelluläre Signalmoleküle zu erzeugen.

10.2 Membranproteine

Obwohl die Lipid-Doppelschicht die Grundstruktur biologischer Membranen bildet, sind Membranproteine für die meisten spezifischen Funktionen der Membranen verantwortlich. Es sind die Proteine, die jeder Membran in der Zelle ihre charakteristischen funktionellen Eigenschaften verleihen, entsprechend variieren Art und Menge der Proteine in einer Membran sehr stark. In der Myelinmembran, die hauptsächlich als elektrische Isolierung des Axons der Nervenzellen dient, entfallen weniger als 25 % der Membranmasse auf Proteine. Dagegen enthalten Membranen, die der ATP-Synthese dienen (wie die inneren Membranen der Mitochondrien und Chloroplasten), etwa 75 % Protein. Der Proteinanteil einer typischen Plasmamembran liegt mit etwa 50 % zwischen diesen Extremen. Da Lipidmoleküle im Vergleich zu Proteinen klein sind, gibt es stets mehr Lipid- als Proteinmoleküle in Membranen. So kommt bei einem Proteinanteil von 50 % der Membranmasse auf 50 Lipidmoleküle nur ein Proteinmolekül. Membranproteine variieren stark hinsichtlich ihrer Struktur und der Art und Weise, wie sie mit der Lipid-Doppelschicht assoziiert sind, was ihre verschiedenen Funktionen widerspiegelt.

10.2.1 Membranproteine können auf verschiedene Weisen mit der Lipid-Doppelschicht assoziiert sein

Abbildung 10.17 zeigt die verschiedenen Arten, wie Proteine mit Membranen verbunden sind. Wie die benachbarten Lipide sind **Membranproteine** amphipathisch, d. h. sie besitzen hydrophobe und hydrophile Bereiche. Viele Membranproteine erstrecken sich durch die Lipid-Doppelschicht und werden daher als **Transmembranproteine** bezeichnet, wobei auf beiden Seiten Teile der Proteine aus der Membran herausragen können (Abb. 10.17, Beispiel 1, 2 und 5). Andere Transmembranproteine sind so eingebaut, dass ihr Hauptteil fast ausschließlich einer der beiden Seiten der Membran ausgesetzt ist (Abb. 10.17, Beispiel 3 und 4). In allen Fällen durchqueren die hydrophoben Proteinanteile die Membran und wechselwirken mit den hydrophoben Schwänzen der Lipidmoleküle im Inneren der Doppelschicht, wo sie vom Wasser abgeschirmt sind. Die hydrophilen Proteinanteile sind auf beiden Seiten der Membran dem Wasser ausgesetzt.

Andere vollständig im Cytosol lokalisierte Membranproteine sind nur mit dem cytosolischen Monolayer der Lipid-Doppelschicht assoziiert. Dies geschieht entweder über eine amphipathische α-Helix, die an der Proteinoberfläche exponiert ist (Abb. 10.17, Beispiel 6), oder durch eine oder mehrere kovalent gebundene Lipidketten (Abb. 10.17, Beispiel 7).

Die lipidgebundenen Proteine in Beispiel 7 der Abb. 10.17 werden als lösliche Proteine im Cytosol synthetisiert und dann durch kovalente Bindung einer Lipidgruppe an der Membran verankert. Außerdem können Lipide an die dem Cytosol zugewandten Domänen von Transmembranproteinen als zusätzliches Mittel zur Membranverankerung angehängt werden (s. Abb. 10.17, Beispiel 1). Wieder andere Membranproteine liegen vollständig der äußeren Zelloberfläche auf. Die Anlagerung an die Lipid-Doppelschicht erfolgt hier nur durch eine kovalente Bindung (über ein besonderes Oligosaccharid) an einen Lipidanker in der äußeren Einzelschicht der Plasmamembran (Abb. 10.17, Beispiel 8). Diese Proteine werden ursprünglich im Endoplasmatischen Reticulum (ER) hergestellt und über ein einzelnes Transmembransegment am C-Terminus ins ER eingefügt (ähnlich wie Beispiel 4 in Abb. 10.17).

Noch im ER wird das Transmembransegment des Proteins abgespalten und ein **Glykosylphosphatidylinositol (GPI)-Anker** angefügt, sodass nur über diesen Anker das Protein dann an die nichtcytosolische Oberfläche der ER-Membran gebunden ist (in Kapitel 12 diskutiert). Transportvesikel befördern schließlich das Protein zur Plasmamembran (in Kapitel 13 besprochen).

Im Gegensatz zu diesen Beispielen haben **membranassoziierte Proteine** überhaupt keinen Kontakt mit dem hydrophoben Inneren der Lipid-Doppelschicht, sondern sind

Abb. 10.17 Verschiedene Möglichkeiten der Assoziation von Proteinen mit der Lipid-Doppelschicht. Die meisten Membranproteine bauen sich mit (1) einer α-Helix, (2) mehreren α-Helices oder (5) mittels eines aufgerollten β-Faltblatts (in Form eines geschlossenen Fasses, β-Fass, engl. *β barrel*) in die Membran ein. Einige dieser Einpfad- und Mehrpfad-Proteine besitzen eine kovalent gebundene Fettsäurekette, die in die cytosolische Lipidmonolage inseriert ist (1). Andere Membranproteine ragen nur zu einer Seite aus der Membran (3, 4) hervor. Zu diesen Klassen gehören Glykosyltransferasen, die im Golgi-Apparat Glykosylierungsreaktionen durchführen (3) und SNARE-Proteine, die Membranfusionen katalysieren (4), beides wird in Kapitel 13 erläutert. (6) Ein Teil dieser Proteine ist mittels einer amphipathischen α-Helix an der cytosolischen Oberfläche verankert. Diese α-Helix schottet sich in der cytosolischen Monolage der Lipid-Doppelschicht durch die hydrophobe Oberfläche der Helix ab. (7) Andere sind nur über eine kovalent gebundene Lipidkette (entweder eine Fettsäurekette oder eine Prenylgruppe; s. Abb. 10.18) mit der cytoplasmatischen Seite der Membran verbunden oder (8) über einen Oligosaccharid-Linker mit Phosphatidylinositol auf der nichtcytoplasmatischen Seite der Membran verbunden, dieser wird als GPI-Anker bezeichnet. (9, 10) Schließlich sind viele membranassoziierte Proteine durch nichtkovalente Wechselwirkungen mit anderen Membranproteinen an die Membran gebunden. Die Bindung über kovalent gebundene Lipidketten (7) ist in Abb. 10.18 genauer dargestellt; auf welche Weise der GPI-Anker (8) gebildet wird, zeigt Abb. 12.30. Details über den Mechanismus, wie Membranproteine an die Lipid-Doppelschicht gebunden werden, werden in Kapitel 12 diskutiert.

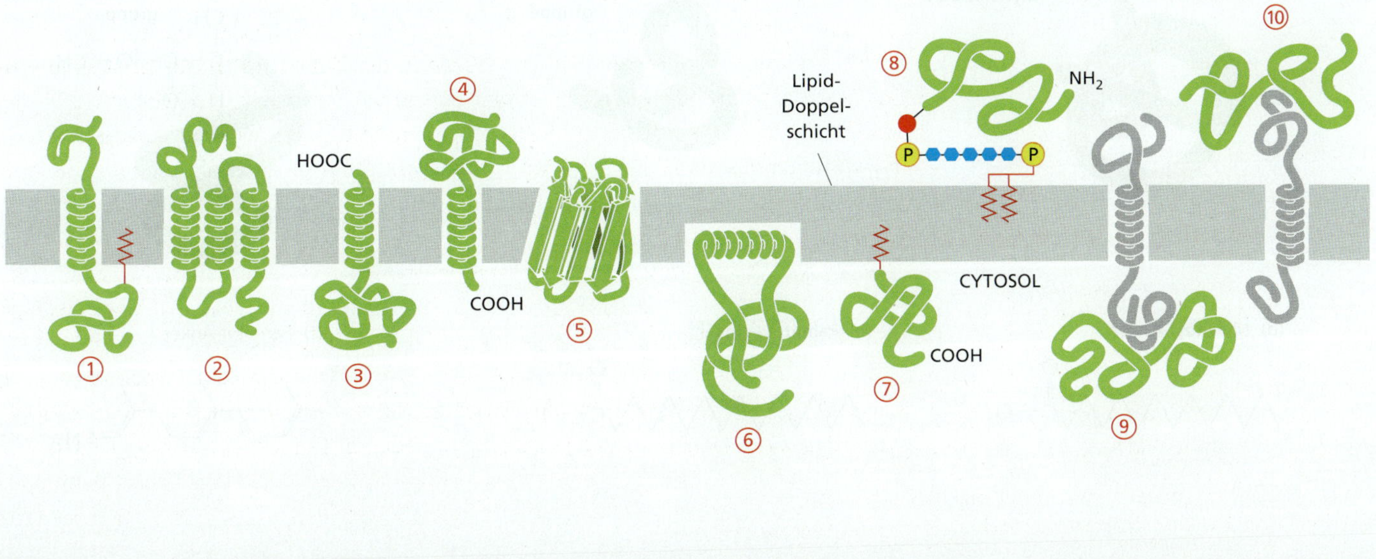

an eine der beiden Seiten der Membran durch nichtkovalente Wechselwirkungen mit anderen Membranproteinen gebunden (**Abb. 10.17**, Beispiel 9 und 10). Viele derartige Proteine, sogenannte *periphere Membranproteine*, lassen sich durch milde Extraktionsverfahren (z. B. Behandlung mit sehr hoch- oder niederosmolaren Lösungen oder mit Lösungen mit extremen pH-Werten) von der Membran lösen. Diese stören die Protein-Protein-Wechselwirkungen, lassen aber die Lipid-Doppelschicht intakt. Die Assoziation der peripheren Membranproteine mit Membranen wird oft von der Zelle reguliert. Transmembranproteine und viele Proteine, die über Lipidgruppen oder über in den hydrophoben Kern der Lipid-Doppelschicht eingefügte, hydrophobe Polypeptidregionen in der Membran verankert sind, können auf diese Weise nicht von der Membran gelöst werden.

10.2.2 Lipidanker kontrollieren die Lage mancher Signalproteine in der Membran

Die Art, wie Membranproteine mit der Lipid-Doppelschicht assoziiert sind, spiegelt ihre Funktion wider. Nur Transmembranproteine können auf beiden Seiten der Membran funktionell sein oder Moleküle über die Membran transportieren. Zelloberflächenrezeptoren sind beispielsweise Transmembranproteine, die Signalmoleküle im extrazellulären Raum binden und andere intrazelluläre Signale auf der anderen Seite der Plasmamembran erzeugen (wie wir noch in Kapitel 15 sehen werden). Um kleine hydrophile Moleküle durch die Membran zu befördern, muss ein Membrantransportprotein den Molekülen einen Weg verschaffen, auf dem sie die hydrophobe Permeabilitätsbarriere der Lipid-Doppelschicht passieren können; der molekulare Aufbau der Mehrpfad-Transmembranproteine (**Abb. 10.17**, Beispiel 2 und 5) eignet sich ideal für diese Aufgabe, wie wir in Kapitel 11 erörtern werden.

Im Gegensatz dazu sind Proteine, die nur auf einer Seite der Lipid-Doppelschicht funktionell sind, oft ausschließlich entweder mit der Lipid-Einzelschicht oder mit einer Proteindomäne auf dieser Seite assoziiert. So sind beispielsweise einige intrazelluläre Signalproteine, die an der Umwandlung extrazellulärer in intrazelluläre Signale beteiligt sind, durch eine oder mehrere kovalent gebundene Lipidgruppen – die Fettsäureketten oder *Prenylgruppen* sein können (**Abb. 10.18**) – an die cytosolische Seite der

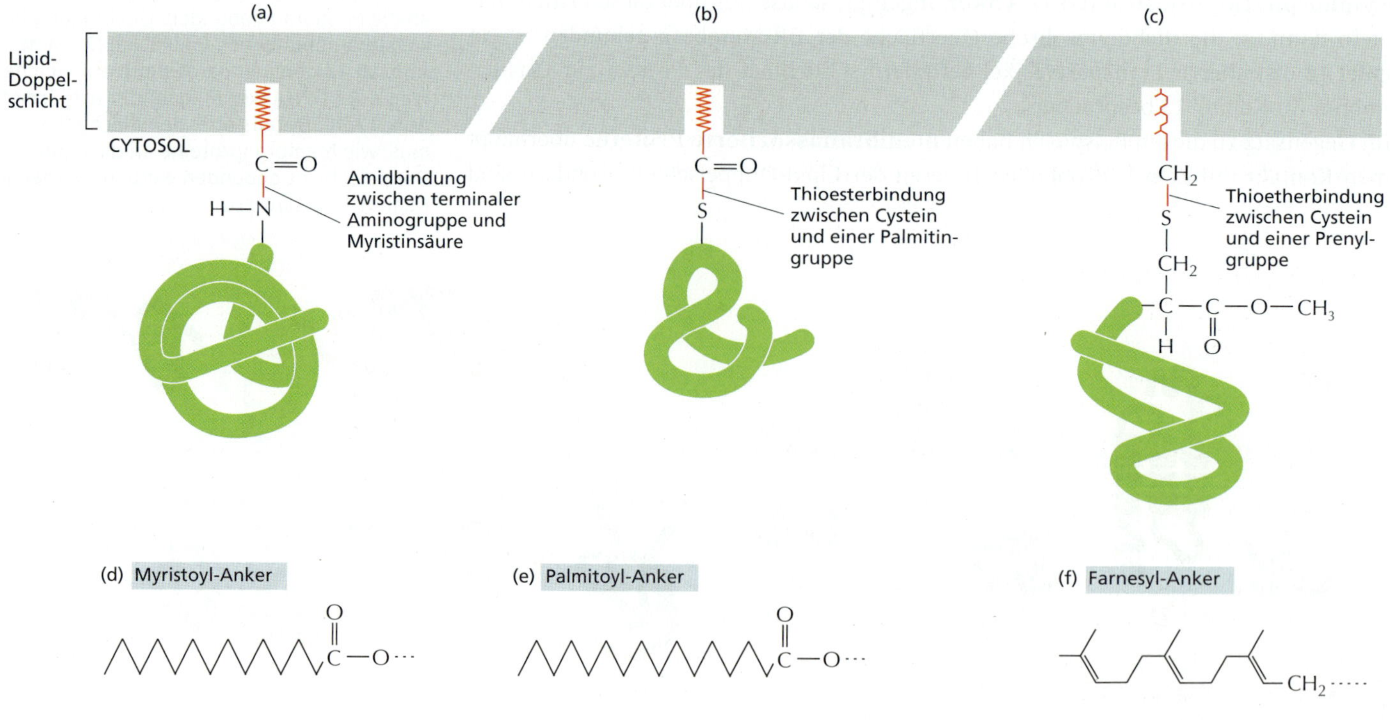

Abb. 10.18 Über Fettsäureketten oder Prenylgruppen verankerte Membranproteine. Die kovalente Bindung beider Lipidarten erlaubt es, wasserlösliche Proteine nach ihrer cytoplasmatischen Synthese an der Membran zu lokalisieren. (a) Amidbindung einer Fettsäurekette (Myristylsäure) an ein N-terminales Glycin. (b) Thioesterbindung einer Fettsäurekette (Palmitinsäure) an ein Cystein. (c) Eine Prenylgruppe (entweder Farnesyl oder eine längere Geranylgeranylgruppe) ist über eine Thioetherbindung mit einem ursprünglich vier Aminosäuren vom C-Terminus entfernt lokalisierten Cysteinrest verknüpft. Nach Prenylierung werden die drei endständigen Aminosäuren abgespalten und der neue Carboxyterminus wird methylverestert, bevor die Einlagerung des Ankers in die Membran erfolgt (nicht gezeigt). Die Strukturen der Lipidanker sind unten gezeigt. (d) Ein Myristoyl-Anker (abgeleitet von einer gesättigten Fettsäure mit 14 C-Atomen), (e) ein Palmitoyl-Anker (eine gesättigte Fettsäure mit 16 C-Atomen) und (f) ein Farnesyl-Anker (eine ungesättigte Kohlenwasserstoffkette, die aus drei Isopreneinheiten (jeweils 5 C-Atome) besteht).

Plasmamembran gekoppelt. In manchen Fällen wird Myristinsäure an der N-terminalen Aminogruppe des Proteins während dessen Synthese im Ribosom angeheftet. Alle Mitglieder der *Src-Familie* der cytoplasmatischen Proteintyrosinkinasen (in Kapitel 15 behandelt) werden auf diese Weise myristyliert. Eine Membranverknüpfung über einen einzelnen Lipidanker ist jedoch nicht sehr stark, und häufig wird eine zweite Lipidgruppe angefügt, um die Proteine fester an der Membran zu verankern. Für die meisten Src-Kinasen ist die zweite Lipidmodifikation die Anheftung einer Palmitinsäure an eine Cysteinseitenkette des Proteins. Diese Modifikation spielt sich als Reaktion auf ein extrazelluläres Signal ab und trägt dazu bei, die Kinasen an die Plasmamembran zu rekrutieren. Wenn der Signalweg abgeschaltet wird, wird die Palmitinsäure entfernt und die Kinase kann ins Cytosol zurückkehren. Andere intrazelluläre Signalproteine, wie die kleinen GTPasen der Ras-Familie (in Kapitel 15 besprochen), verwenden eine Kombination aus einer Prenylgruppen- und einer Palmitinsäure-Anheftung, um die Proteine an der Plasmamembran zu rekrutieren.

Viele Proteine binden vorübergehend an Membranen. Bei einigen handelt es sich um klassische periphere Membranproteine, die mit der Membran über regulierte Protein–Protein-Wechselwirkungen assoziieren. Andere durchlaufen Übergangsstadien vom löslichen Protein zum Membranprotein über einen Konformationswechsel, der ein hydrophobes Peptid oder einen kovalent gebundenen Lipidanker exponiert. Viele der kleinen GTPasen der Rab-Proteinfamilie, die den intrazellulären Membranverkehr regulieren (s. Kapitel 13), schalten abhängig von dem Nukleotid, das an das Protein gebunden ist, um. In ihrem GDP-gebundenen Stadium sind sie löslich im Cytosol und werden oft durch Bindung an einen GDP-Dissoziationsinhibitor (als GDI abgekürzt) stabilisiert, wogegen in ihrem GTP-gebundenen Zustand ihr Lipidanker exponiert ist und sie an den Membranen befestigt. In einem Moment sind sie Membranproteine und im nächsten lösliche Proteine. Solche äußerst dynamischen Wechselwirkungen erweitern das Repertoire der Membranfunktionen außerordentlich.

10.2.3 Die Polypeptidkette der meisten Transmembranproteine durchquert die Lipid-Doppelschicht als α-Helix

Ein Transmembranprotein hat immer eine definierte Orientierung in der Membran. Dies spiegelt sowohl die asymmetrische Art seines Einbaus in die Lipid-Doppelschicht des ER während seiner Biosynthese (in Kapitel 12 behandelt) als auch die unterschiedlichen Funktionen seiner cytosolischen und nichtcytosolischen Domänen wider. Diese Domänen sind durch die membrandurchspannenden Segmente der Polypeptidkette getrennt, die mit dem hydrophoben Milieu der Lipid-Doppelschicht in Kontakt stehen und größtenteils aus Aminosäuren mit unpolaren Seitenketten aufgebaut sind. Da die Peptidbindungen selbst polar sind und da in der Doppelschicht kein Wasser vorhanden ist, sind alle Peptidbindungen in den membrandurchziehenden Segmenten eines Polypeptids gezwungen, Wasserstoffbrücken untereinander auszubilden (in Kapitel 3 behandelt). Es gibt zwei Möglichkeiten, das Ausbilden von Wasserstoffbrückenbindungen zwischen Peptidbindungen zu maximieren. Die häufigste Weise, die man in der Mehrzahl der Transmembranproteine findet, ist eine regelmäßige α-Helix der Polypeptidkette, welche die Doppelschicht durchquert (**Abb. 10.19**).

Bei **Einpfad-Transmembranproteinen** durchquert die Polypeptidkette die Membran nur einmal (s. **Abb. 10.17**, Beispiel 1), während dies bei **Mehrpfad-Transmembranproteinen** mehrfach der Fall ist (s. **Abb. 10.17**, Beispiel 2). Eine andere Möglichkeit, um Wasserstoffbrücken zwischen Peptidbindungen in der Lipid-Doppelschicht auszubilden, besteht darin, mehrere Transmembranbereiche einer Polypeptidkette als β-Faltblatt in Form eines Zylinders [eines sogenannten *β-Fasses* (engl.

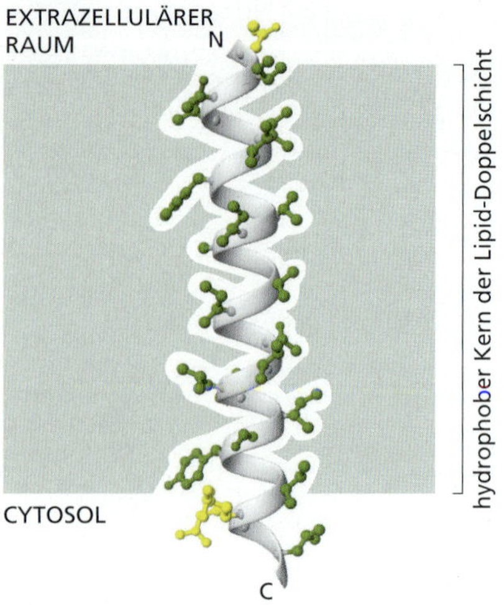

Abb. 10.19 Teil einer membrandurchspannenden Polypeptidkette, die die Lipid-Doppelschicht als α-Helix durchquert. Gezeigt ist nur das α-Kohlenstoffrückgrat des Polypeptids, wobei hydrophobe Aminosäuren *grün* und die hydrophilen Aminosäuren *gelb* markiert sind. Das gezeigte Polypeptidsegment ist Teil des Einpfad-Transmembranproteins Glykophorin, das reichlich in der Plasmamembran von roten Blutkörperchen zu finden ist. Glykophorin ist normalerweise ein Dimer aus zwei identischen Untereinheiten, deren Transmembransegmente sich im hydrophoben Inneren der Lipid-Doppelschicht kreuzen. Es ist nur ein Einpfad-Transmembransegment gezeigt. (PDB-Code: 5EH4).

β barrel); s. **Abb. 10.17**, Beispiel 5 und **Abb. 3.7**] anzuordnen. Diese Proteinstruktur findet sich bei den *Porinen*, die später diskutiert werden.

Der rasche Fortschritt bei der Röntgenkristallographie und Einzelpartikel-Kryoelektronenmikroskopie von Membranproteinen hat es uns ermöglicht, von vielen Membranproteinen die dreidimensionale Struktur zu bestimmen. Die Strukturen bestätigen, dass es oft möglich ist, durch Analyse der Proteinsequenz vorherzusagen, welche Teile der Polypeptidkette die Lipid-Doppelschicht durchqueren. Segmente aus 20 bis 30 Aminosäuren mit hoher Hydrophobizität sind lang genug, die Lipid-Doppelschicht als α-Helix zu durchspannen und können oft mittels eines *Hydropathiediagramms* identifiziert werden (**Abb. 10.20**). Mithilfe solcher Diagramme schätzt man, dass etwa 30 % der Proteine eines Organismus den Transmembranproteinen zugeordnet werden können, was deren Bedeutung hervorhebt. Hydropathiediagramme sind nicht dazu geeignet, die membrandurchspannende Segmente eines β-Fasses zu identifizieren, da nur 10 Aminosäuren oder weniger ausreichen, die Lipid-Doppelschicht als gestreckter β-Strang zu überqueren, wobei nur jede zweite Aminosäure-Seitenkette hydrophob sein muss.

Der starke Antrieb, das Ausbilden von Wasserstoffbrücken in Abwesenheit von Wasser zu maximieren, bedeutet, dass die meisten Transmembranhelices die gesamte Membran durchziehen. Aber Mehrpfad-Transmembranproteine können auch Regionen enthalten, die sich von einer der beiden Seiten in die Membran hineinfalten und sich dabei in die Räume zwischen den Transmembran-α-Helices quetschen, ohne den hydrophoben Kern der Lipid-Doppelschicht zu berühren. Da solche Regionen nur mit anderen Polypeptidregionen wechselwirken, müssen sie keine Wasserstoffbrücken maximieren. Sie können deshalb eine Vielzahl von Sekundärstrukturen haben, einschließlich Helices, die sich nur zum Teil in die Lipid-Doppelschicht erstrecken (**Abb. 10.21**). Solche Regionen sind wichtig für die Funktion mancher Membranproteine, einschließlich Wasserkanal- und Ionenkanalproteine; die Regionen tragen zu den Wänden der Poren bei, die die Membran durchqueren, und verleihen den Kanälen Substratspezifität, wie wir in Kapitel 11 besprechen werden.

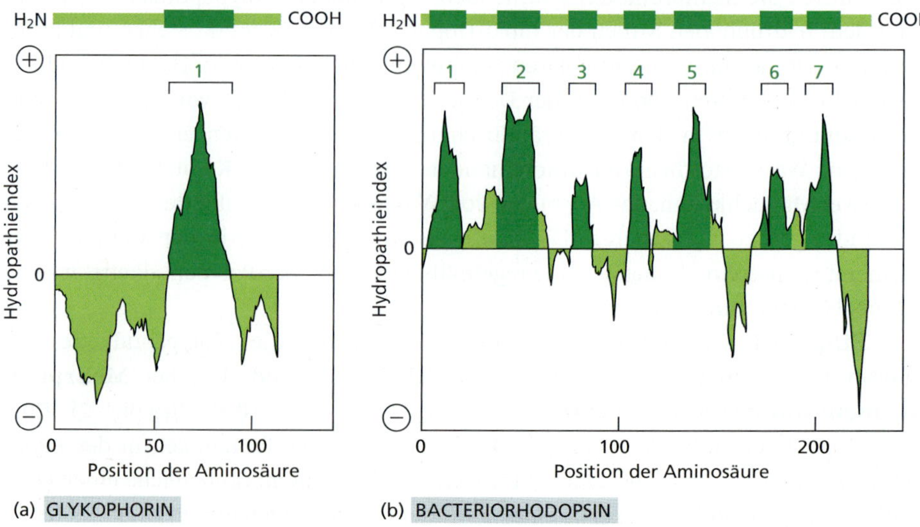

Abb. 10.20 Einsatz von Hydropathiediagrammen zur Lokalisation möglicher α-helikaler membrandurchspannender Segmente einer Polypeptidkette. Aufgrund von Daten für Modellsubstanzen wird die Freie Energie, die für einen Übergang von einem unpolaren Medium in Wasser benötigt wird, für aufeinanderfolgende Bereiche einer Polypeptidkette berechnet. Die Berechnung erfolgt mit überlappenden Segmenten einer bestimmten Größe (in der Regel zwischen 10 und 20 Aminosäuren), die sich fortlaufend um jeweils eine Aminosäure unterscheiden. Der „Hydropathieindex" des jeweiligen Segments wird auf der *y*-Achse als Funktion seiner Lage in der Kette aufgetragen. Ein positiver Wert gibt an, dass Freie Energie für den Übergang in Wasser benötigt wird (dass das Segment also hydrophob ist); die Höhe dieses Werts ist proportional zur benötigten Energie. Gipfel im Hydropathieindex treten an Stellen mit hydrophoben Segmenten in der Aminosäuresequenz auf. (a, b) Hier sind Hydropathiediagramme von zwei Membranproteinen gezeigt, die später noch diskutiert werden. Glykophorin (a) besitzt eine einzelne membrandurchspannende α-Helix und damit einen einzelnen entsprechenden Gipfel im Hydropathiediagramm. Bacteriorhodopsin (b) besitzt sieben membrandurchspannende α-Helices und entsprechend sieben Gipfel im Hydropathiediagramm. (a, verändert nach D. Eisenberg, *Annu. Rev. Biochem.* 53: 595–624, 1984).

Diese Regionen können in Hydropathiediagrammen nicht identifiziert werden und werden nur durch Bestimmung der dreidimensionalen Struktur des Proteins oder durch Sequenzvergleiche mit homologen Proteinen, deren Strukturen bekannt sind, aufgedeckt.

10.2.4 Transmembran-α-Helices wechselwirken oft miteinander

Die Transmembran-α-Helices vieler Einpfad-Membranproteine tragen nicht zur Faltung der Proteindomänen auf einer der beiden Membranseiten bei. Folglich ist es oft möglich, Zellen gentechnisch so zu verändern, dass sie nur die cytosolischen oder extrazellulären Domänen dieser Proteine als wasserlösliche Moleküle erzeugen. Dieser Ansatz war unschätzbar für die Untersuchung der Struktur und Funktion dieser Domänen, insbesondere derjenigen in Transmembranrezeptorproteinen (in Kapitel 15 erörtert). Dennoch ist sogar in einem Einpfad-Membranprotein eine Transmembran-α-Helix für das Protein oft mehr als nur ein Anker in der Lipid-Doppelschicht. Viele Einpfad-Membranproteine bilden Homo- oder Heterodimere, die durch nichtkovalente, aber starke und hoch spezifische Wechselwirkungen zwischen den beiden Transmembran-α-Helices zusammengehalten werden. Die Sequenz der Aminosäuren dieser Helices enthält die Information, die die Wechselwirkungen zwischen Proteinen steuert.

Ähnlich nehmen auch die Transmembran-α-Helices eines Mehrpfad-Membranproteins eine festgelegte Position in der gefalteten Proteinstruktur ein, die durch Interaktionen zwischen benachbarten Helices bestimmt wird (**Abb. 10.22**). Diese Wechselwirkungen sind für die Struktur und Funktion der vielen Rezeptoren, Kanäle und Transporter entscheidend, die kommunizieren oder die Moleküle durch Zellmembranen befördern.

In diesen Proteinen schirmt jede Transmembran-Helix Bereiche benachbarter Transmembran-Helices von den Membranlipiden ab. Wenn alle Helices in ihrer endgültig gefalteten Struktur zusammengepackt sind, besteht die äußere Oberfläche des Helix-Bündels, die den Lipiden zugewandt ist, hauptsächlich aus hydrohoben Aminosäuren. Im Gegensatz dazu kann das Innere des Helix-Bündels, das nicht direkt Lipiden ausgesetzt ist, polare oder sogar geladene Aminosäuren enthalten, die normalerweise in der Membran nicht wünschenswert wären. Die Fähigkeit, hydrophile Aminosäuren innerhalb eines Bündels von Transmembran-Helices unterzubringen, bedeutet, dass Mehrpfad-Membranproteine Bindungsstellen und Kanäle für hydrophile Moleküle durch die Membran enthalten können. Diese Eigenschaft verhilft Mehrpfad-Membranproteinen

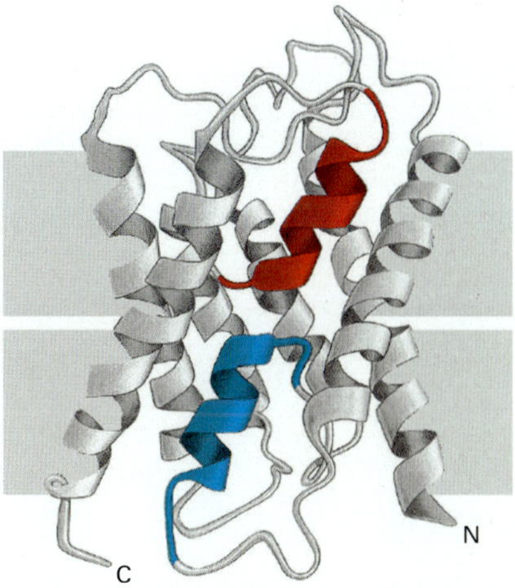

Abb. 10.21 Zwei kurze α-Helices im Wasserkanal Aquaporin, die sich jeweils nur bis zur Mitte der Lipid-Doppelschicht erstrecken. In der Plasmamembran bilden vier Monomere, von denen eines hier dargestellt ist, ein Tetramer. Jedes Monomer besitzt im Zentrum eine hydrophile Pore. Diese erlaubt es Wassermolekülen, hintereinander die Membran zu durchqueren (s. **Abb. 11.20**). Die beiden kurzen, angefärbten Helices sind an der Grenzfläche, die durch Protein–Protein-Wechselwirkungen gebildet wird, verborgen. Der Mechanismus, mit dem der Kanal den Wassermolekülen den Durchtritt gestattet, wird in Kapitel 11 ausführlicher beschrieben. (PDB-Code: 1H6I).

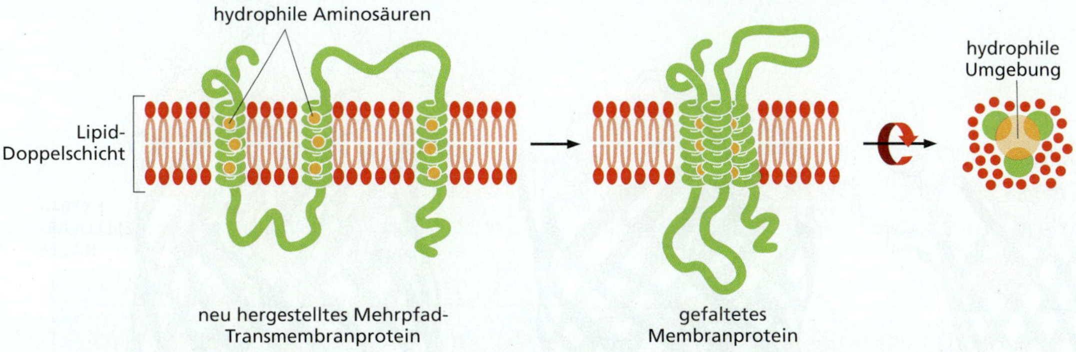

Abb. 10.22 Schritte bei der Faltung eines Mehrpfad-Transmembranproteins. In Transmembran-Helices enthaltene polare und geladene Aminosäuren sind energetisch in der hydrophoben Umgebung der Lipid-Doppelschicht benachteiligt. Sie werden daher in der Grenzfläche zwischen räumlich benachbarten Helices gefalteter Membranproteine verborgen. In Membranproteinkomplexen können diese Kontakte zwischen Helices unterschiedlicher Proteinuntereinheiten auftreten, wie im Fall von vielen Ionenkanälen (in Kapitel 11 besprochen). Auf diese Weise können Mehrpfad-Transmembranproteine einen hydrophilen Weg durch die hydrophobe Schranke der Doppelschicht zur Verfügung stellen.

zu einer beträchtlichen funktionalen Bandbreite und erklärt wahrscheinlich, warum sie den Hauptteil der Membranproteine ausmachen.

10.2.5 Einige β-Fässer bilden große Kanäle

β-Fass-Membranproteine bilden im Unterschied zu einem Bündel von α-Helices, die auf vielfache Weise angeordnet sein können, immer einen Zylinder. Der Grund dafür liegt in den Wasserstoffbrückenbindungen, die alle gesättigt sein müssen. Ein Faltblatt, bei dem es einen Rand (ohne Partner für die Wasserstoffbrücken) gäbe, wäre in der Membran energetisch ungünstig. Das bedeutet, dass alle β-Fässer die gleiche Architektur aufweisen, deren Aminosäuren, die auf der Oberfläche des Zylinders liegen, hydrophob sind. Dagegen sind die Größe des Fasses und der Inhalt im Inneren des Fasses höchst variabel und an die jeweilige Funktion eines β-Fass-Membranproteins angepasst. Die Anzahl der β-Stränge in einem β-Fass zum Beispiel variiert stark und kann von nur 8 bis zu 22 Strängen reichen (**Abb. 10.23**).

β-Fass-Proteine finden sich häufig in der äußeren Membran von Bakterien, Mitochondrien und Chloroplasten. Einige sind porenbildende Proteine, deren wassergefüllte Kanäle ausgewählten kleinen hydrophilen Molekülen die Überquerung der Membran ermöglichen. Porine (**Abb. 10.23c**) sind sehr gut untersuchte Beispiele. So werden viele Porin-Fässer durch ein β-Faltblatt aus 16 antiparallelen β-Strängen gebildet, die in eine zylindrische Struktur gerollt sind. Polare Aminosäure-Seitenketten kleiden den wässrigen Kanal im Innern aus, während unpolare Seitenketten von der Außenseite die Fasses hervorspringen, um mit dem hydrophoben Kern der Lipid-Doppelschicht zu interagieren. Oft strecken sich Schleifen der Polypeptidkette in das **Lumen** des Kanals, der auf diese Art so verengt wird, dass nur bestimmte Solute passieren können. Daher sind einige Porine hoch selektiv, beispielsweise das *Maltoporin*, das bevorzugt Maltose und Maltoseoligomeren die Überquerung der äußeren Membran von *Escherichia coli* ermöglicht.

Das *FepA-Protein* ist ein Beispiel für komplexere β-Fass-Transportproteine (**Abb. 10.23d**). Es transportiert Eisen-Ionen über die äußere Bakterienmembran. Ein β-Faltblatt aus 22 β-Strängen bildet das große β-Fass, dessen Inneres vollständig durch

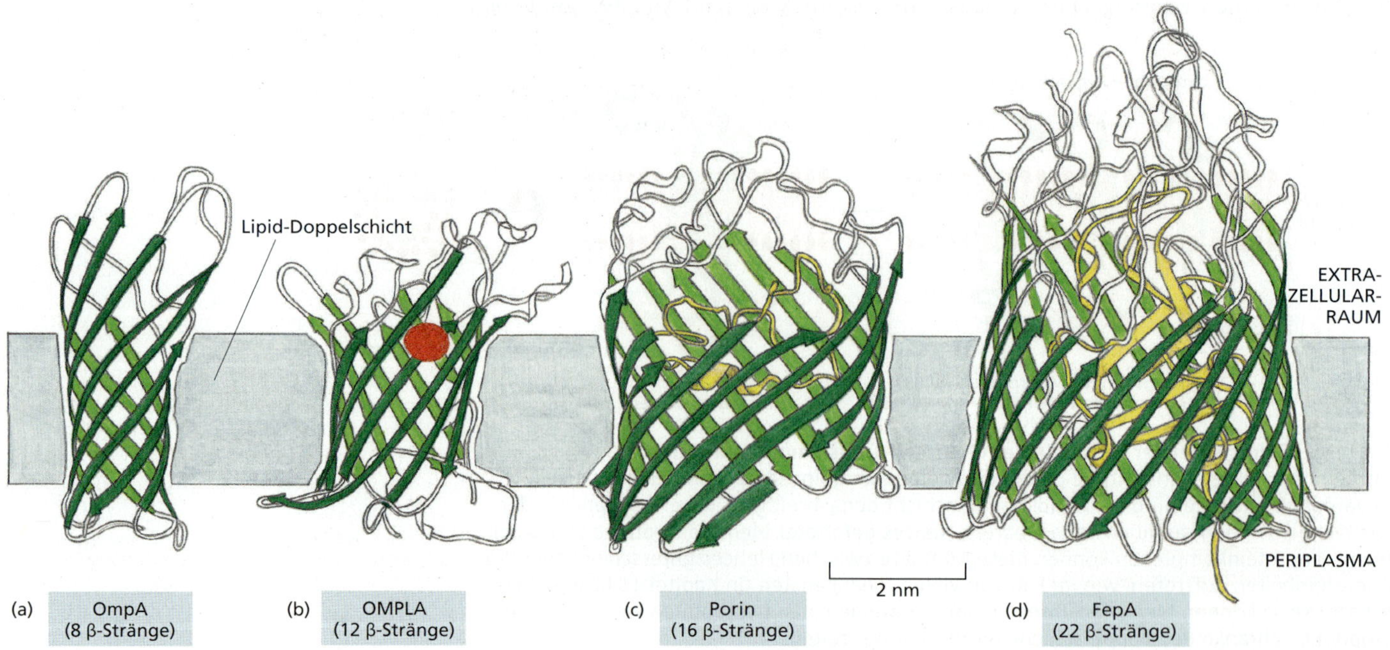

Abb. 10.23 β-Fass- (β barrel-) Strukturen aus einer unterschiedlichen Anzahl von β-Strängen. (a) Das *Escherichia coli*-Protein OmpA dient als Rezeptor für Bakteriophagen. (b) Das *Escherichia coli*-Protein OMPLA ist ein Enzym (eine Lipase), das Lipidmoleküle hydrolysiert. Aminosäuren, die die enzymatische Reaktion katalysieren (*rot* markiert) stehen an der Außenfläche des β-Fasses. (c) Das Porin des Bakteriums *Rhodobacter capsulatus* bildet wassergefüllte Poren durch die äußere Membran. Der Durchmesser des Kanals wird durch Schleifen (*gelb* markiert) begrenzt, die sich in den Kanal erstrecken. (d) Das *Escherichia coli*-Protein FepA transportiert Eisen-Ionen. Das Innere des Fasses ist vollständig mit einer globulären Proteindomäne (*gelb* markiert) ausgefüllt, die die Eisenbindungsstelle trägt (nicht gezeigt).

eine große globuläre Domäne ausgefüllt wird. Diese bindet Eisen-Ionen, wodurch sie eine Konformationsänderung vollzieht und das Eisen über die Membran transportiert.

Nicht alle β-Fass-Proteine sind Transporter. Einige bilden kleinere Fässer, deren Inneres vollständig mit Aminosäure-Seitenketten ausgefüllt ist, die ins Zentrum des Fasses ragen. Diese Proteine arbeiten als Rezeptoren oder Enzyme (**Abb. 10.23a und b**). Das Fass dient hier in erster Linie als starrer Anker, der das Protein in der Membran hält und seine cytosolischen Schleifen, die die Bindestellen für spezifische intrazelluläre Moleküle bilden, richtig orientiert.

Die meisten Mehrpfad-Membranproteine in eukaryotischen Zellen und in der Plasmamembran der Bakterien sind aus Transmembran-α-Helices aufgebaut. Die Helices innerhalb dieser Proteine können sich gegeneinander verschieben, was dem Protein Konformationsänderungen erlaubt. Diese können zum Öffnen und Schließen von Ionenkanälen, zum Transport von Soluten oder zur Umwandlung von extrazellulären in intrazelluläre Signale genutzt werden. Im Gegensatz dazu ist jeder β-Strang von β-Fass-Proteinen über Wasserstoffbrücken starr mit seinen Nachbarn verbunden, was Konformationsänderungen innerhalb der Fasswand sehr unwahrscheinlich macht. Diese Steifheit macht β-Fässer bemerkenswert stabil, wodurch sie leichter als α-Helix-Membranproteine gereinigt und kristallisiert werden können. Daher waren auch β-Fass-Proteine unter den ersten Mehrpfadproteinen, deren Struktur aufgeklärt werden konnte.

10.2.6 Viele Membranproteine sind glykosyliert

Die Plasmamembran einer Zelle ist der oft harten und sich ständig verändernden extrazellulären Umgebung ausgesetzt. Wie ist die Membran und ihre eingebetteten Proteine vor Schäden geschützt? Eine Antwort ist, dass viele Zellen eine Schicht aus Oligosaccharid- und Polysaccharidketten besitzen, die an die Lipide und Proteindomänen angehängt sind, die nach außen zeigen. Die meisten Transmembranproteine in tierischen Zellen sind glykosyliert. Wie bei den Glykolipiden werden die Zuckerreste im Lumen von ER und Golgi-Apparat gebunden (wie in den Kapiteln 12 und 13 beschrieben). Daher befinden sich die Oligosaccharidketten immer an der nichtcytosolischen Seite der Membran. Ein weiterer wichtiger Unterschied zwischen den Proteinen (oder Teilen von Proteinen) der beiden Membranseiten ergibt sich aus dem reduzierenden Milieu des Cytosols. Dies verringert die Wahrscheinlichkeit der Bildung von Disulfidbrücken (S–S) zwischen Cysteinresten innerhalb einer Peptidkette oder zwischen verschiedenen Peptidketten auf der cytosolischen Seite der Membran. Disulfidbrücken innerhalb einer Kette oder zwischen Peptidketten werden auf der nichtcytosolischen Seite der Membran gebildet, wo sie dazu beitragen, entweder die gefaltete Struktur der Polypeptidkette oder deren Verbindung mit anderen Polypeptidketten zu stabilisieren (**Abb. 10.24**).

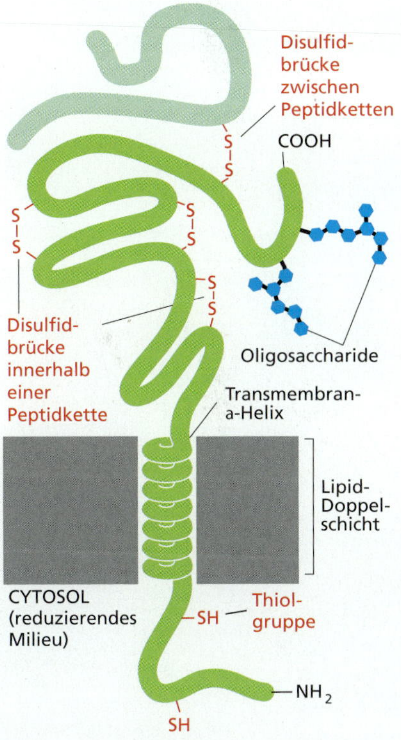

Abb. 10.24 Ein Einpfad-Transmembranprotein. Man beachte, dass die Polypeptidkette die Lipid-Doppelschicht in Form einer rechtsgängigen α-Helix durchquert und dass sich alle Oligosaccharidketten und Disulfidbrücken auf der nichtcytosolischen Seite der Membran befinden. Wie gezeigt können Thiolgruppen (Sulfhydrylgruppen) innerhalb eines Transmembranproteins entweder innerhalb derselben Polypeptidkette Disulfidbrückenbindungen miteinander ausbilden oder mit Thiolgruppen aus anderen Proteinen. Thiolgruppen in der cytosolischen Proteindomäne bilden in der Regel keine Disulfidbrücken, da das reduzierende Milieu im Cytosol diese Gruppen in ihrer reduzierten (–SH) Form hält.

Da der extrazelluläre Teil der meisten Plasmamembranproteine glykosyliert ist, ist die Oberfläche aller eukaryotischen Zellen ausgiebig mit Kohlenhydraten überzogen. Diese Kohlenhydrate treten als Oligosaccharidketten auf, die kovalent an Membranproteine (Glykoproteine) und Lipide (Glykolipide) gebunden sind. Außerdem kommen sie als Polysaccharidketten integraler Membran-Proteoglykanmoleküle vor. *Proteoglykane*, die aus langen, kovalent an einen Proteinkern gebundenen Polysaccharidketten bestehen, findet man hauptsächlich als Teil der extrazellulären Matrix (s. Kapitel 19) außerhalb der Zelle. Bei einigen Proteoglykanen erstreckt sich der Proteinkern aber entweder über die Lipid-Doppelschicht oder er ist durch einen Glykosylphosphatidylinositol (GPI)-Anker an diese gebunden.

Der Begriff Zellmantel oder Glykocalyx wird oft zur Beschreibung der kohlenhydratreichen Zone der Zelloberfläche verwendet. Diese **Kohlenhydratschicht** kann mit verschiedenen Farbstoffen wie Rutheniumrot sichtbar gemacht werden (**Abb. 10.25a**). Außerdem können aufgrund ihrer Affinität hierfür kohlenhydratbindende Proteine,

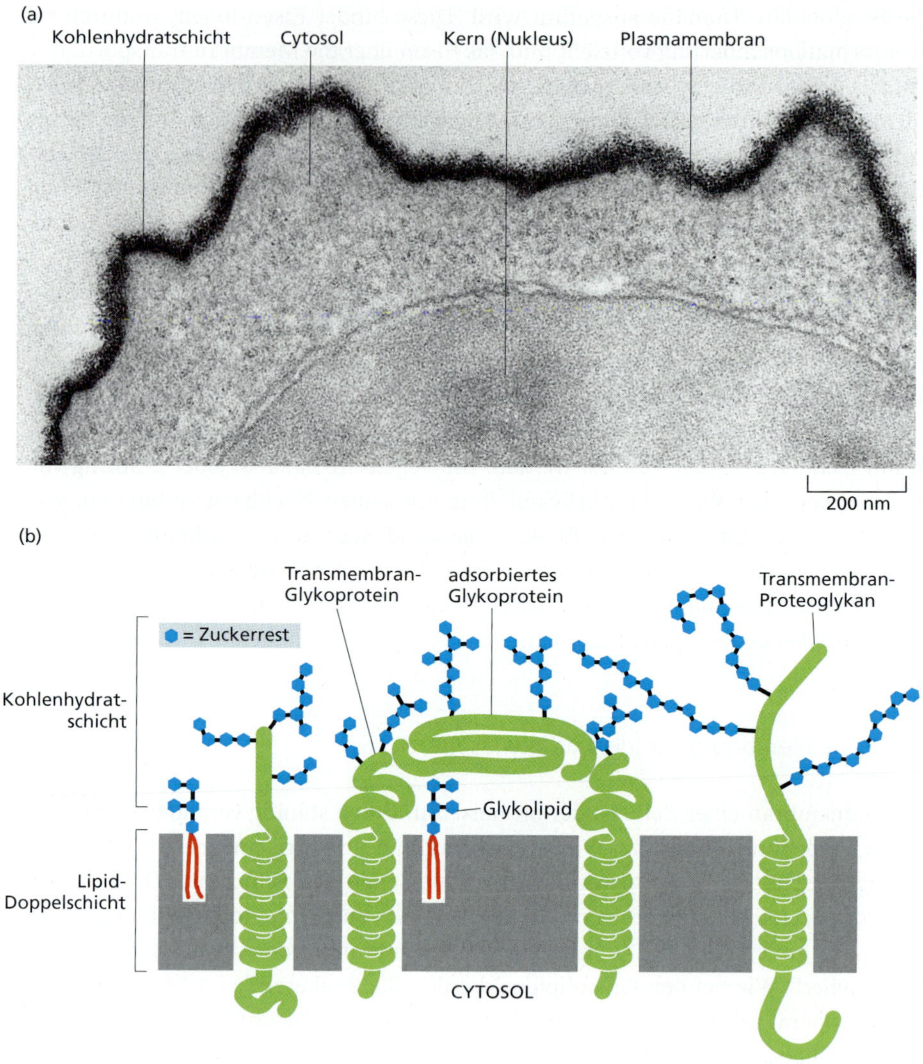

Abb. 10.25 Die Kohlenhydratschicht auf der Zelloberfläche. (a) Diese elektronenmikroskopische Aufnahme der Oberfläche eines mit Rutheniumrot gefärbten Lymphocyten verdeutlicht die dicke Kohlenhydratschicht um die Zelle. (b) Die Kohlenhydratschicht wird durch Oligosaccharid-Seitenketten von Membranglykolipiden und Membranglykoproteinen sowie durch Polysaccharidketten von integralen Membranproteoglykanen gebildet. Außerdem sind in vielen Zellen adsorbierte Glykoproteine und Proteoglykane (nicht gezeigt) am Aufbau der Kohlenhydratschicht beteiligt. Man beachte, dass alle Kohlenhydrate an der extrazellulären Seite der Membran lokalisiert sind. (a, mit freundlicher Genehmigung von Audrey M. Glauert und G. M. W. Cook).

sogenannte **Lektine**, genutzt werden, die mit einem fluoreszierenden oder anderen Farbstoff markiert worden sind. Obwohl die meisten Zuckergruppen an integrale Plasmamembranproteine gebunden sind, enthält die Kohlenhydratschicht auch Glykoproteine und Proteoglykane, die in den extrazellulären Raum sezerniert und anschließend an die Zelloberfläche adsorbiert wurden (**Abb. 10.25b**). Viele dieser adsorbierten Makromoleküle sind Bestandteile der extrazellulären Matrix, sodass die Grenze zwischen der Plasmamembran und der extrazellulären Matrix oft nicht scharf ist. Eine der vielen Funktionen der wie ein Gleitmittel wirkenden Kohlenhydratschicht besteht darin, die Zellen gegen mechanische und chemische Schäden zu schützen und verschiedene andere Zellen auf Abstand zu halten, um unerwünschte Zell–Zell-Wechselwirkungen zu verhindern.

Die Oligosaccharid-Seitenketten von Glykoproteinen und Glykolipiden sind in der Anordnung ihrer Zucker außerordentlich vielfältig. Obwohl sie normalerweise weniger als 15 Zucker enthalten, sind sie oft verzweigt und ihre Zucker können durch eine Vielzahl kovalenter Bindungen verknüpft sein, ganz anders als die Aminosäuren in einer Polypeptidkette, die durch identische Peptidbindungen miteinander verbunden sind. Selbst nur drei Zucker können Hunderte von verschiedenen Trisacchariden bilden. Wie Zucker solch eine enorme Vielfalt verschiedener Strukturen bilden können, ist in Kapitel 2 erläutert. Durch ihre Vielfalt und ihre exponierte Position auf der Zelloberfläche sind Oligosaccharide besonders gut geeignet für eine Aufgabe bei der spezifischen Zellerkennung. Plasmamembrangebundene Lektine, die spezifische Oligosaccharide auf

Glykolipiden und Glykoproteinen der Zelloberfläche erkennen, vermitteln eine Reihe von vorübergehenden Zell–Zell-Adhäsionsvorgängen, darunter auch solche, die beim Lymphocytenkreislauf und der Entzündungsreaktion auftreten (s. **Abb. 19.28**).

10.2.7 Membranproteine können mithilfe von Detergenzien gelöst und aufgereinigt werden

Generell können nur Agenzien, die hydrophobe Verbindungen unterbrechen und die Lipid-Doppelschicht auseinandernehmen, Membranproteine in ihrer löslichen Form freisetzen. Die für Membranbiochemiker nützlichsten Stoffe sind **Detergenzien**, kleine amphipathische Moleküle verschiedener Struktur. Detergenzien sind in Wasser sehr viel löslicher

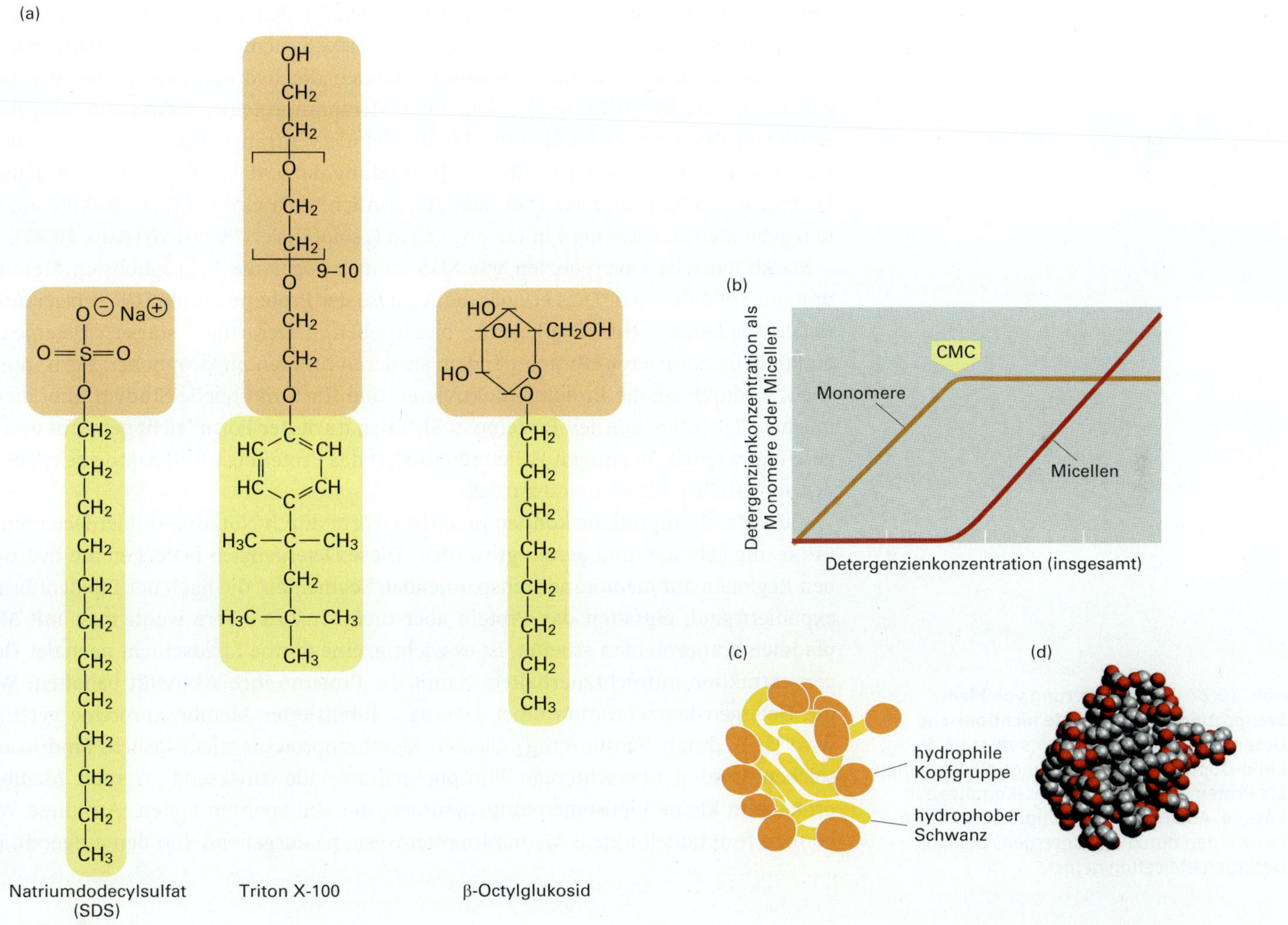

Abb. 10.26 Die Struktur und Funktion von Detergenzien. (a) Drei übliche Detergenzien sind Natriumdodecylsulfat (SDS), ein anionisches Detergens, sowie Triton X-100 und *β*-Octylglukosid, zwei nichtionische Detergenzien. Triton X-100 ist eine Mischung aus Verbindungen, in denen der Bereich in Klammern 9- oder 10-mal wiederholt ist. Der hydrophobe Anteil jedes Detergens ist *gelb* dargestellt und der hydrophile Anteil *orange*. (b) In niedriger Konzentration liegen die Detergensmoleküle als Monomere in Lösung vor. Wenn ihre Konzentration über die kritische Micellenkonzentration (CMC) steigt, dann bilden manche Detergensmoleküle Micellen. Man beachte, dass oberhalb der CMC die Konzentration der Detergensmonomere konstant bleibt. (c) Da Detergensmoleküle sowohl polare als auch unpolare Enden besitzen, sind sie amphipathisch, und weil sie kegelförmig sind, bilden sie statt Doppelschichten Micellen (s. **Abb. 10.7**). Detergensmicellen haben vermutlich sich ständig verändernde, unregelmäßige Formen. Aufgrund von Packungszwängen sind die hydrophoben Schwänze teilweise dem Wasser ausgesetzt. (d) Das Kalottenmodell zeigt eine Momentaufnahme einer Micelle, die aus 20 *β*-Octylglukosidmolekülen besteht und durch *Berechnungen der Moleküldynamik* vorhergesagt wurde. Die Kopfgruppen sind *rot* dargestellt und die hydrophoben Schwänze in *grau*. Man beachte, dass die hydrophoben Bereiche nur vorübergehend freiliegen. (b, verändert mit Genehmigung nach G. Gunnarsson, B. Jönsson und H. Wennerström, *J. Phys. Chem. A* 84: 3114–3121, 1980. Copyright 1980 American Chemical Society; c, verändert nach S. Bogusz, R. M. Venable und R. W. Pastor, *J. Phys. Chem. B* 104: 5462–5470, 2000).

als Lipide. Ihre polaren (hydrophilen) Enden können entweder geladen (ionisch) sein, wie bei *Natriumdodecylsulfat* (SDS, engl. *sodium dodecyl sulphate*), oder nicht geladen (nichtionisch), wie bei *β-Octylglukosid* und Triton X-100 (**Abb. 10.26a**). In niedriger Konzentration liegen die Detergenzien als Monomere in Lösung vor. Wenn ihre Konzentration über eine Schwelle, die *kritische Micellenkonzentration* (CMC, engl. *critical micelle concentration*), steigt, dann aggregieren sie und bilden Micellen (**Abb. 10.26b–d**). Oberhalb der CMC diffundieren Detergensmoleküle rasch in Micellen hinein und aus ihnen heraus; dadurch bleibt die Monomerkonzentration in der Lösung konstant, egal wie viele Micellen vorhanden sind. Aufgrund dieses dynamischen Verhaltens ändert sich die Micellenstruktur ständig: Zu jedem Zeitpunkt zeigen die meisten, aber nicht alle, der hydrophilen Enden der Detergensmoleküle nach außen zur Wasserphase und die meisten, aber nicht alle, hydrophoben Enden sind innerhalb der Micelle. Sowohl die CMC als auch die durchschnittliche Anzahl der Detergensmoleküle in einer Micelle sind charakteristische Eigenschaften jedes Detergens, aber diese hängen auch von der Temperatur, dem pH-Wert und der Salzkonzentration ab. Deshalb sind Detergenslösungen komplexe Systeme und schwer zu untersuchen.

Werden sie mit Membranen gemischt, binden die hydrophoben Enden der Detergenzien an die hydrophoben Regionen der Membranproteine, sodass eine umgebende Kette von Detergensmolekülen die Lipidmoleküle verdrängt. Da das andere Ende des Detergensmoleküls polar ist, führt diese Bindung dazu, dass die Membranproteine als Detergens–Protein-Komplex (bei dem gewöhnlich noch einige Lipidmoleküle am Protein gebunden sein können) in Lösung gehen („solubilisiert" werden) (**Abb. 10.27**).

Starke ionische Detergenzien wie SDS können sogar die hydrophobsten Membranproteine solubilisieren. Dies erlaubt die Analyse der Proteine durch *SDS-Polyacrylamid-Gelelektrophorese* (in Kapitel 8 beschrieben). Derartige starke Detergenzien entfalten (denaturieren) Proteine indem sie deren inneren „hydrophoben Kern" aufbrechen, wodurch sie die Proteine inaktivieren und für funktionelle Studien unbrauchbar machen. Trotzdem können Proteine in SDS-denaturierter Form leicht getrennt und aufgereinigt werden. In einigen Fällen renaturiert das Protein bei Entfernung des SDS wieder und erhält seine Aktivität zurück.

Viele Membranproteine können in aktiver Form durch Nutzung milder Detergenzien in Lösung gebracht und gereinigt werden. Diese Detergenzien bedecken die hydrophoben Regionen auf membrandurchspannenden Segmenten, die nach der Lipidentfernung exponiert sind, entfalten das Protein aber nicht. Insbesondere wenn man mit Mehrpfadmembranproteinen arbeitet, ist es wichtig, eine dünne Lipidschicht nach der Detergensextraktion aufrechtzuerhalten, damit die Proteine ihre Aktivität behalten. Wenn die Detergenskonzentration einer Lösung solubilisierter Membranproteine verringert wird (z. B. durch Verdünnung), bleiben Membranproteine nicht löslich. Sind in einer solchen Lösung überschüssige Phospholipidmoleküle anwesend, werden Membranproteine in kleine Liposomen aufgenommen, die sich spontan bilden. Auf diese Weise können funktionell aktive Membranproteinsysteme ausgehend von den aufgereinigten

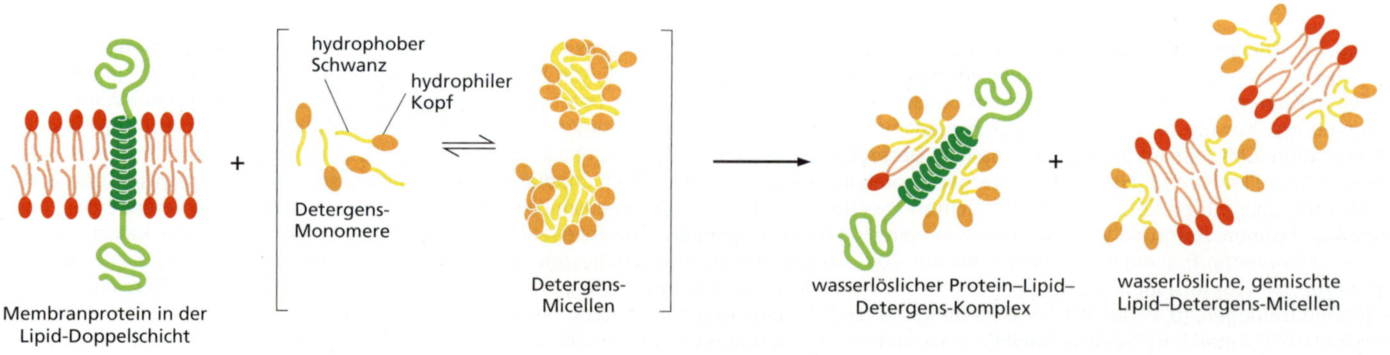

Abb. 10.27 Solubilisierung von Membranproteinen durch milde nichtionische Detergenzien. Das Detergens zerstört die Lipid-Doppelschicht und bringt die Proteine als Protein–Lipid–Detergens-Komplexe in Lösung. Auch die Phospholipide der Membran werden durch das Detergens als Lipid–Detergens-Micellen gelöst.

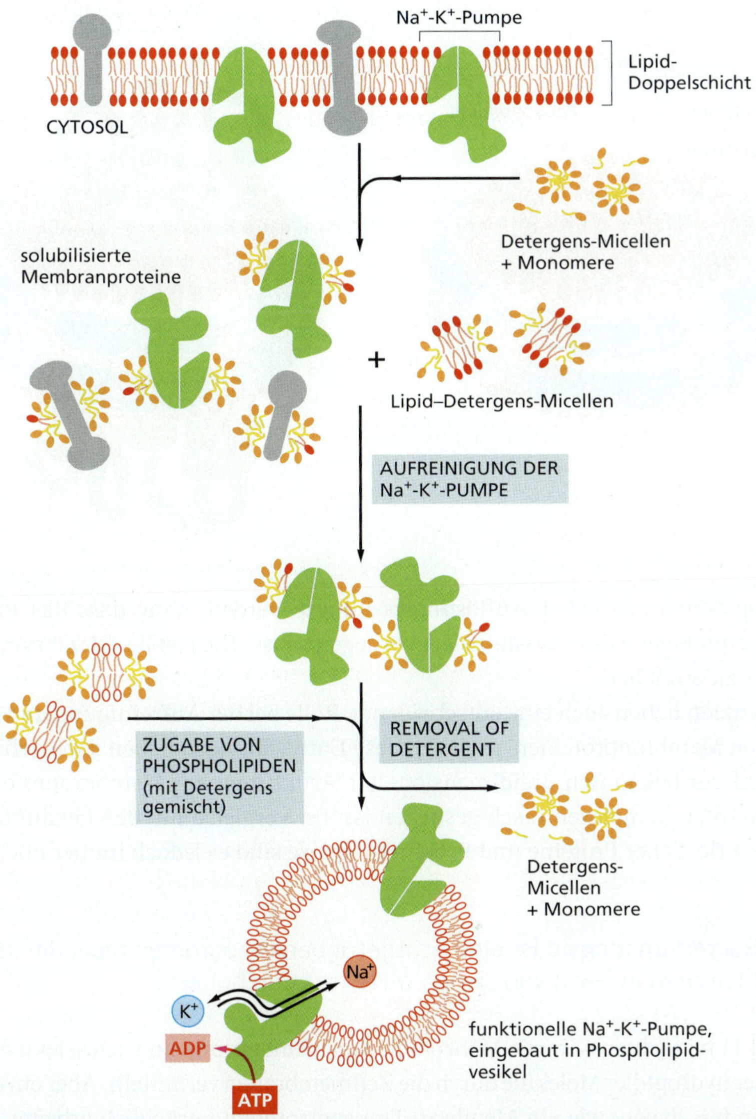

Abb. 10.28 Nutzung milder nichtionischer Detergenzien zur Solubilisierung, Aufreinigung und funktionellen Rekonstitution von Membranproteinsystemen. In diesem Beispiel werden funktionelle Na^+/K^+-Pumpen aufgereinigt und in Phospholipidvesikel eingebaut. Diese Pumpe kommt in der Membran der meisten tierischen Zellen vor. Sie nutzt die Energie aus der Hydrolyse von ATP, um Na^+ aus der Zelle heraus und K^+ in die Zelle hinein zu transportieren (s. Kapitel 11). Die Phospholipide, die in Rekonstitutionsexperimenten neu angefügt wurden, sind mit weißen Kopfgruppen gezeigt.

Einzelkomponenten rekonstituiert werden, was eine leistungsfähige Methode zur Analyse der Aktivität von Membrantransportern, Ionenkanälen, Signalrezeptoren usw. darstellt (**Abb. 10.28**). Mit solch einer Wiederherstellung der Funktion kann ermittelt werden, welche Proteine sowohl notwendig als auch hinreichend für bestimmte Zellfunktionen sind. So erbrachte dieser Ansatz beispielsweise den Beweis für die Hypothese, dass die Enzyme, die ATP herstellen (ATP-Synthasen), in Mitochondrien-, Chloroplasten- und Bakterienmembranen H^+-Gradienten zur ATP-Synthese verwenden.

Membranproteine können auch aus Detergenslösungen zu Nanodisks rekonstruiert werden. Dies sind kleine, gleich große Membranflecken, die von einem Gürtel aus speziell entwickelten Proteinen eingefasst sind. Diese Proteingürtel bedecken die exponierten Kanten der Doppelschicht, um die Flecken in Lösung zu halten (**Abb. 10.29**). Der Proteingürtel leitet sich von Lipoproteinen mit hoher Dichte (HDL) ab, deren normale Aufgabe es ist, Lipide für den Transport im Blut löslich zu machen. In Nanodisks kann das interessierende Membranprotein in seiner nativen Lipid-Umgebung untersucht werden. Es ist von beiden Seiten der Doppelschicht aus zugänglich. Das ist z. B. bei Liganden-Bindungsexperimenten hilfreich. In Nanodisks enthaltene Proteine können auch durch Einzelpartikel-Techniken in der Elektronenmikroskopie analysiert werden, um ihre Struktur zu bestimmen. Mithilfe dieser Technik (s. Kapitel 9) kann die Struktur eines

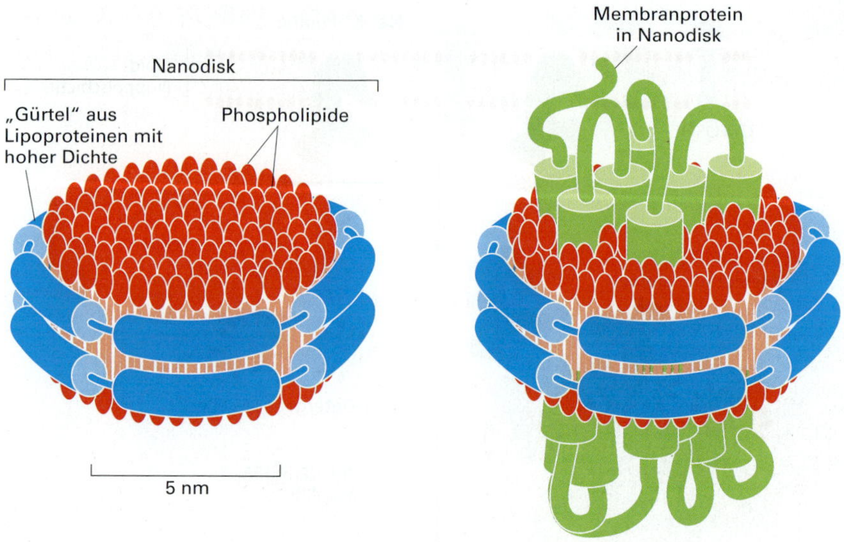

Abb. 10.29 Modell eines in einer Nanodisk rekonstruierten Membranproteins. Wenn das Detergens aus einer Lösung, die ein Mehrpfad-Membranprotein, Lipide und eine Proteinuntereinheit eines Lipoproteins hoher Dichte (HDL) enthält, entfernt wird, dann wird das Membranprotein in einen kleinen Fleck einer Lipid-Doppelschicht eingebettet, der von einem Gürtel aus HDL-Protein umgeben ist. In solchen Nanodisks werden die hydrophoben Kanten der Doppelschicht durch den Proteingürtel abgeschirmt, was diese Einheit wasserlöslich macht.

Membranproteins mit hoher Auflösung bestimmt werden, ohne dass das Protein zu einem regelmäßigen Gitter kristallisiert vorliegen muss. Dies ist bei Membranproteinen oft schwer zu erreichen.

Detergenzien haben auch eine entscheidende Rolle bei der Aufreinigung und Kristallisierung von Membranproteinen gespielt. Diese Entwicklungen haben dazu geführt, dass die Anzahl der bekannten dreidimensionalen Strukturen von Membranproteinen und Membranproteinkomplexen rasch gestiegen ist. Im Vergleich mit den bekannten Strukturen wasserlöslicher Proteine und Proteinkomplexe sind es jedoch immer noch wenige.

10.2.8 Bacteriorhodopsin ist eine lichtgetriebene Protonenpumpe, die die Membran in Form von sieben α-Helices durchquert

In Kapitel 11 betrachten wir, wie Mehrpfad-Transmembranproteine den selektiven Transport kleiner hydrophiler Moleküle durch die Zellmembranen vermitteln. Aber ein detailliertes Verständnis davon, wie ein Membran-Transportprotein tatsächlich arbeitet, erfordert genaue Information über seine dreidimensionale Struktur in der Doppelschicht. *Bacteriorhodopsin* war das erste Membran-Transportprotein, dessen Struktur man bestimmt hat. Es bleibt der Prototyp der vielen Mehrpfad-Membranproteine mit ähnlicher Struktur.

Die Purpurmembran des Archaeons *Halobacterium salinarum* ist ein spezieller Bereich in der Cytoplasmamembran, der nur eine einzige Spezies von Proteinmolekülen enthält, das **Bacteriorhodopsin** (**Abb. 10.30a**). Das Protein funktioniert als lichtaktivierte Protonenpumpe, die H^+ aus der Zelle heraustransportiert. Die Fähigkeit von Bacteriorhodopsinmolekülen sich eng aneinander in einen ebenen zweidimensionalen Kristall zu packen (**Abb. 10.30b**, **c und d**) erleichterte die Aufklärung ihrer dreidimensionalen Struktur.

Jedes Bacteriorhodopsinmolekül ist in sieben eng gepackte Transmembran-α-Helices gefaltet und enthält eine einzelne lichtabsorbierende Gruppe, einen Chromophor (in diesem Fall *Retinal*), der dem Protein seine charakteristische Purpurfärbung verleiht. Retinal, die Aldehydform des Vitamin A, ist identisch mit dem Chromophor des *Rhodopsins* in den Photorezeptorzellen im Auge der Wirbeltiere (in Kapitel 15 diskutiert). Retinal ist kovalent an eine Lysinseitenkette des Bacteriorhodopsinproteins gebunden. Nach Aktivierung durch ein einziges Photon wechselt der angeregte Chromophor seine Form und bewirkt eine Reihe von kleinen Konformationsänderungen im Protein, die zum Transport eines H^+ von der Innenseite zur Außenseite der Zelle führen (**Abb. 10.31a**). In hellem

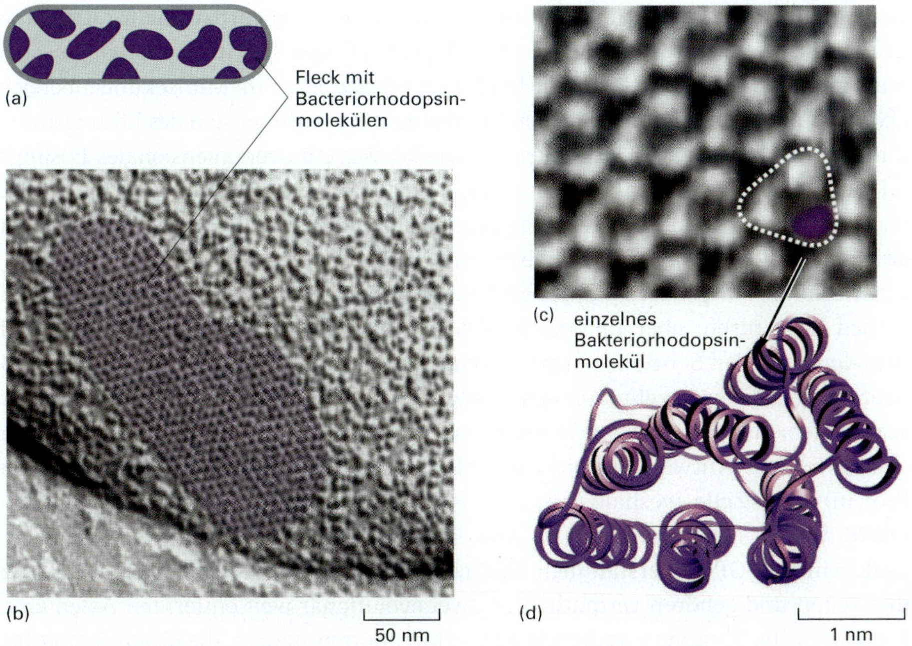

Abb. 10.30 Kleine Areale der Purpurmembran des Archaeons *Halobacterium salinarum*, die Bacteriorhodopsin enthalten. (a) Dieses Archaeon lebt in sonnenbeschienenen Salzwassertümpeln und hat verschiedene lichtgetriebene Proteine entwickelt, unter anderem das Bacteriorhodopsin, eine lichtgetriebene Protonenpumpe in der Plasmamembran. (b) Die Bacteriorhodopsinmoleküle in den Purpurmembranarealen sind dicht gepackt zu zweidimensionalen kristallinen Anordnungen. (c) Durch Rasterkraftmikroskopie sichtbar gemachte Details der molekularen Oberfläche. Mit dieser Technik kann man einzelne Bacteriorhodopsinmoleküle sehen. (d) Umriss der ungefähren Lage des Bacteriorhodopsin-Monomers und der einzelnen α-Helices in dem in (c) gezeigten Bild. (b und c, mit freundlicher Genehmigung von Dieter Oesterhelt. d, PDB Code: 2BRD).

Licht kann jedes Bacteriorhodopsinmolekül mehrere Hundert Protonen je Sekunde pumpen. Dieser lichtgetriebene Protonentransport führt zum Aufbau eines H^+-Gradienten an der Membran, der seinerseits die ATP-Bildung durch ein zweites Protein in der Plasmamembran der Zelle antreibt. Die im H^+-Gradienten gespeicherte Energie treibt auch andere energiebenötigende Prozesse an. Bacteriorhodopsin wandelt somit Sonnenenergie in einen Protonengradienten um, der der Archaeon-Zelle Energie zur Verfügung stellt.

Die hoch aufgelöste Kristallstruktur von Bacteriorhodopsin hat viele Lipidmoleküle offenbart, die an spezifischen Stellen auf der Proteinoberfläche gebunden sind (**Abb. 10.31b**). Man glaubt, dass Wechselwirkungen mit spezifischen Lipiden dabei helfen, viele Membranproteine zu stabilisieren, die am besten arbeiten und leichter kristallisieren, wenn einige der Lipide während der Detergensextraktion gebunden bleiben oder wenn zu den Proteinen in Detergenslösungen wieder spezifische Lipide zugegeben werden. Die Spezifität dieser Lipid–Protein-Wechselwirkungen hilft zu erklären, warum eukaryotische Membranen eine solche Vielzahl von Lipiden enthalten, mit Kopfgruppen, die sich in Größe, Form und Ladung unterscheiden. Diese Lipidschicht hilft auch dabei, die Lücke zwischen der zerklüfteten hydrophoben Oberfläche des Membranproteins und dem hydrophoben

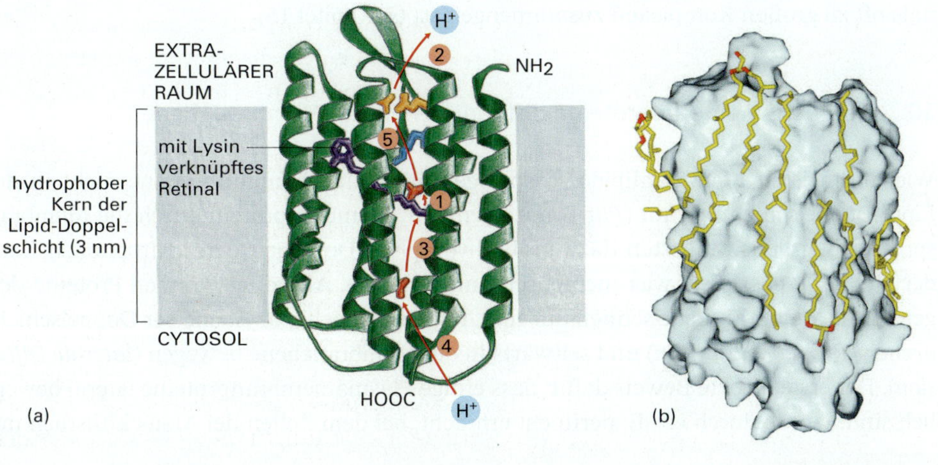

Abb. 10.31 Die dreidimensionale Struktur von Bacteriorhodopsin. (a) Die Polypeptidkette durchquert die Lipid-Doppelschicht in Form von sieben α-Helices. Die Lage des Chromophors Retinal (*violett*) und des vermuteten Wegs der Protonen während des lichtgetriebenen Transportzyklus (*rote Pfeile*) ist gezeigt. Der erste Schritt und gleichzeitig der Schlüsselschritt ist die Weitergabe eines H^+-Ions vom Chromophor zur Seitenkette von Asparaginsäure 85 (*rot* markiert, neben dem Chromophor gelegen), die nach Absorption eines Photons durch das Chromophor geschieht. Anschließend beenden weitere H^+-Übertragungen, die in der angegebenen Reihenfolge einen Pfad aus hydrophilen Aminosäure-Seitenketten durch die Membran nutzen, den Pumpzyklus und bringen das Enzym zurück in seinen Ausgangszustand. Glutaminsäure ist *orange*, Asparaginsäure *rot* und Arginin *blau* markiert. (b) Die hoch aufgelöste Kristallstruktur von Bacteriorhodopsin zeigt viele Lipidmoleküle (*gelb* mit roten Kopfgruppen), die fest an bestimmte Stellen auf der Proteinoberfläche gebunden sind. (a, verändert nach H. Luecke *et al.*, *Science* 286: 255–261, 1999; b, aus H. Luecke *et al.*, *J. Mol. Biol.* 291: 899–911, 1999. Mit Erlaubnis von Elsevier).

Kern der Lipid-Doppelschicht aufzufüllen und die Durchlässigkeitsbarriere für Ionen und andere gelöste Stoffe aufrechtzuhalten. Diese Lipide befinden sich in einem dynamischen Verband mit der Proteinoberfläche: Sie binden und dissoziieren im Millisekundenbereich. Wir können uns vorstellen, dass die Membranlipide ein zweidimensionales Lösungsmittel für Proteine in der Membran darstellen, so wie Wasser ein dreidimensionales Lösungsmittel für Proteine in einer wässrigen Lösung darstellt. Manche Membranproteine können nur in Gegenwart spezifischer Lipid-Kopfgruppen arbeiten, genauso wie viele Enzyme in wässriger Lösung für die Aktivität ein bestimmtes Ion benötigen.

Bacteriorhodopsin gehört zu einer großen Superfamilie von Membranproteinen mit ähnlichen Strukturen, aber unterschiedlichen Funktionen. Beispielsweise sind auch das Rhodopsin in den Sehstäbchen der Netzhaut von Wirbeltieren und viele Zelloberflächenrezeptoren, die extrazelluläre Signalmoleküle binden, aus sieben Transmembran-α-Helices aufgebaut. Diese Proteine arbeiten eher als Signalwandler denn als Transporter. Jedes aktiviert als Antwort auf ein extrazelluläres Signal ein GTP-bindendes Protein (G-Protein) in der Zelle, weshalb man sie *G-Protein-gekoppelte Rezeptoren* (GPCRs, engl. *G protein-coupled receptors*) nennt (s. **Abb. 15.6b**). Obwohl die Strukturen von Bacteriorhodopsin und GPCRs erstaunlich ähnlich sind, zeigen die Proteine keine Sequenzähnlichkeiten und gehören vermutlich zu zwei evolutionär weit entfernten Ästen einer Ur-Proteinfamilie. Eine verwandte Klasse von Membranproteinen, die *Kanalrhodopsine*, werden von Grünalgen zur Erkennung von Licht eingesetzt. Sie bilden Ionenkanäle, wenn sie ein Photon absorbieren. Indem sie so manipuliert wurden, dass sie im Gehirn von Tieren exprimiert werden können, sind diese Proteine zu unbezahlbaren Werkzeugen in der Neurobiologie geworden. Denn durch sie können spezifische Neurone experimentell durch Lichtstrahlen stimuliert werden (s. Kapitel 11, **Abb. 11.47**).

10.2.9 Membranproteine arbeiten oft in großen Komplexen

Viele Membranproteine arbeiten als Teil von Komplexen mit vielen Untereinheiten. Einer davon ist das bakterielle *Photosynthese-Reaktionszentrum*, der erste Membranproteinkomplex, der kristallisiert und dessen Struktur durch Röntgenbeugungsanalyse aufgeklärt wurde. In Kapitel 14 wird diskutiert, wie solche photosynthetischen Komplexe Lichtenergie einfangen und nutzen, um Protonen durch die Membran zu pumpen. Viele der Membranproteinkomplexe, die an der Photosynthese, an Protonenpumpen und am Elektronentransport beteiligt sind, sind sogar noch größer als das Photosynthese-Reaktionszentrum. Der enorme Photosystem-II-Komplex aus Cyanobakterien enthält beispielsweise 19 Proteinuntereinheiten und über 60 Transmembran-Helices (s. **Abb. 14.49**). Membranproteine sind nicht nur zur Gewinnung verschiedener Formen von Energie, sondern auch zur Umwandlung von extrazellulären in intrazelluläre Signale oft zu großen Komplexen zusammengefasst (s. Kapitel 15).

10.2.10 Viele Membranproteine diffundieren in der Membranebene

Wie die meisten Membranlipide so springen auch die Membranproteine nicht in der Lipid-Doppelschicht herum (*Flip-Flop*). Wenn ein Membranprotein durch die Membran springen würde, so müssten dazu große hydrophile Domänen den hydrophoben Kern der Membran passieren, was energetisch unmöglich ist. Allerdings können Proteine sich genau wie Membranlipide schnell um eine Achse senkrecht zur Ebene der Doppelschicht drehen (*Rotationsdiffusion*) und seitwärts in der Membranebene bewegen (*laterale Diffusion*). Der erste direkte Beweis dafür, dass einige Plasmamembranproteine lateral beweglich sind, wurde durch ein Experiment erbracht, bei dem Zellen der Maus künstlich mit

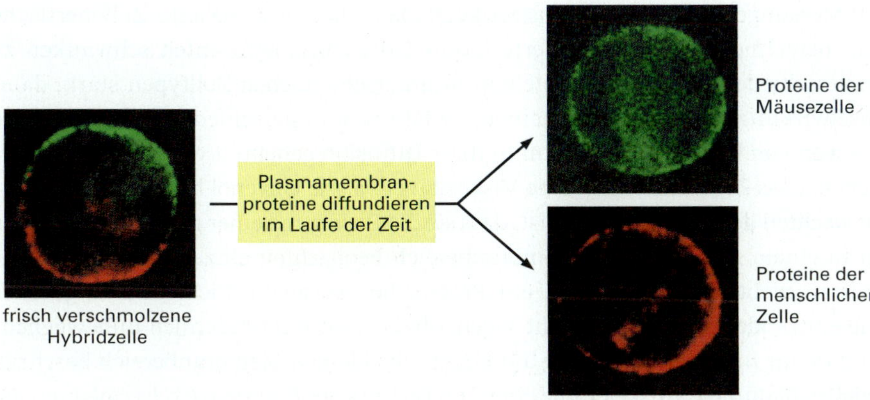

Abb. 10.32 Versuch zur Demonstration der Diffusion von Proteinen in der Plasmamembran von Maus–Mensch-Hybridzellen. In diesem Experiment wurden eine Maus- und eine Menschenzelle vereinigt, um eine Hybridzelle zu bilden. Diese Hybridzelle wurde dann mit zwei fluoreszenzmarkierten Antikörpern angefärbt. Ein Antikörper (markiert mit einem *grünen* Farbstoff) detektiert Maus-Plasmamembranproteine, der andere Antikörper (markiert mit einem *roten* Farbstoff) detektiert humane Plasmamembranproteine. Wenn die Zellen unmittelbar nach der Fusion angefärbt werden, befinden sich die Maus- und die Mensch-Plasmamembranproteine noch in denjenigen Membrandomänen, die jeweils von der Maus- und der Menschzelle stammen (Aufnahme mit einem Filter für beide Farben). Kurz danach diffundieren die Plasmamembranproteine jedoch über die gesamte Zelloberfläche und vermischen sich vollständig (Aufnahmen mit Filter für jeweils nur einen Farbstoff, daher zwei Aufnahmen). (Aus L. D. Frye und M. Edidin, *J. Cell Sci.* 7: 319–335, 1970. Mit Erlaubnis von The Company of Biologists).

denen des Menschen verschmolzen wurden und so Hybridzellen (*Heterokaryons*) erzeugt wurden. Zwei unterschiedlich markierte Antikörper wurden eingesetzt, um artspezifische Plasmamembranproteine der Maus und des Menschen zu unterscheiden. Obwohl zunächst die Proteine aus Maus und Mensch auf ihre jeweiligen Hälften des neu entstandenen Heterokaryons beschränkt waren, diffundierten sie und vermischten sich innerhalb etwa einer halben Stunde über die gesamte Zelloberfläche (**Abb. 10.32**).

Die seitliche Membranbeweglichkeit ist wichtig, da sie es vielen Zellsignalproteinen erlaubt, sich als Antwort auf extrazelluläre Signale zu Proteinkomplexen zusammenzulagern oder aus diesen auszutreten, wodurch die Signalweiterleitung an- und ausgeschaltet werden kann. Die Geschwindigkeit der lateralen Diffusion von Membranproteinen und Membranlipiden kann durch Bestimmung der *Wiederherstellung der Fluoreszenz nach Photobleichung* (*FRAP*, engl. *fluorescence recovery after photobleaching*) gemessen werden. Für diese Methode werden gewöhnlich die zu untersuchenden Membranproteine mit einer spezifischen fluoreszierenden Gruppe markiert. Dies kann entweder mit einem fluoreszenzmarkierten Antikörper geschehen, der an das Protein bindet, oder mittels rekombinanter DNA-Technologie. Dazu wird ein Fusionsprotein exprimiert, das aus einem fluoreszierenden Protein, wie dem grün fluoreszierenden Protein (GFP, s. Kapitel 9), und dem interessierenden Protein besteht. Die fluoreszierende Gruppe wird durch einen Laserstrahl in einem kleinen Bereich der Membran gebleicht; anschließend wird die Zeit bestimmt, die benachbarte Membranproteine mit ungebleichtem Liganden oder GFP benötigen, um in das ausgebleichte Feld zu diffundieren (**Abb. 10.33**). Aus

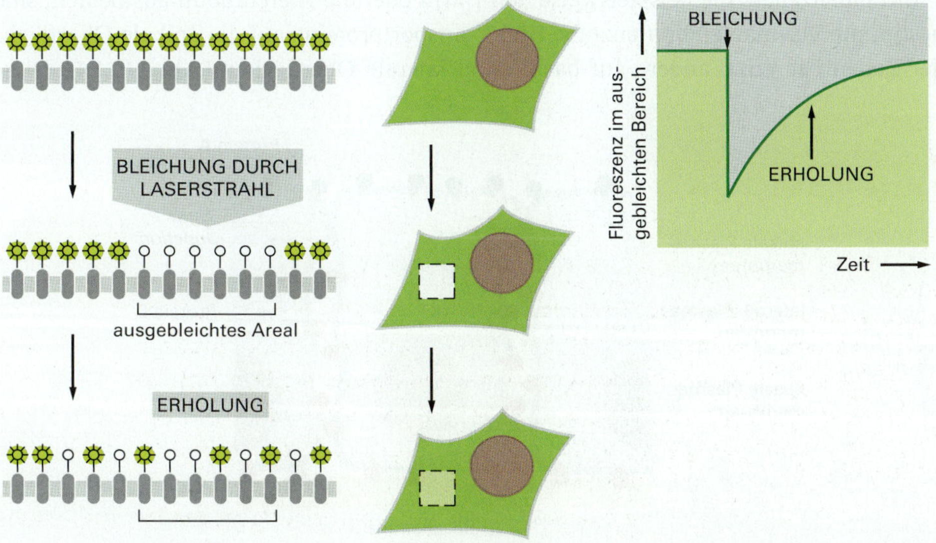

Abb. 10.33 Messung der Geschwindigkeit der lateralen Diffusion von Membranproteinen durch Wiederherstellung der Fluoreszenz nach Photobleichung. Das Protein von Interesse kann als Fusionsprotein mit dem grün fluoreszierenden Protein (GFP) exprimiert werden, das von sich aus fluoresziert. Die fluoreszierenden Proteine werden in einem kleinen Bereich durch einen Laserstrahl ausgebleicht. Die Fluoreszenzintensität erholt sich in dem Maße, wie gebleichte Moleküle wegdiffundieren und ungebleichte in den bestrahlten Bereich einwandern (in Seitenansicht und Aufsicht gezeigt). Der Diffusionskoeffizient wird aus der Geschwindigkeit der Fluoreszenzerholung berechnet: Je größer der Diffusionskoeffizient eines Membranproteins ist, umso schneller erfolgt die Erholung des Fluoreszenzsignals (s. **Abb. 9.20**).

FRAP-Messungen kann der Diffusionskoeffizient für das markierte Zelloberflächenprotein berechnet werden. Die Werte dieses Diffusionskoeffizienten schwanken zwischen verschiedenen Membranproteinen in unterschiedlichen Zelltypen stark, da eine Wechselwirkung mit anderen Proteinen die Diffusion unterschiedlich stark erschwert. Messungen von Proteinen, die kaum in ihrer Diffusion gehemmt werden, lassen darauf schließen, dass Zellmembranen eine Viskosität etwa wie Olivenöl haben.

Ein Nachteil der FRAP-Technik ist, dass sie die Bewegung einer großen Molekülpopulation in einem relativ großen Membranbereich beobachtet; einzelne Proteinmoleküle kann man nicht verfolgen. Wenn ein Protein beispielsweise nicht in eine gebleichte Fläche einwandert, kann man nicht sagen, ob das Molekül tatsächlich unbeweglich ist oder ob es nur in seiner Bewegung auf einen sehr kleinen Membranbereich beschränkt ist – vielleicht durch Cytoskelettproteine. Die Technik der *Einzelpartikelverfolgung (single particle tracking)* überwindet dieses Problem, indem sie einzelne Membranmoleküle mit Antikörpern markiert, die an Fluoreszenzfarbstoffe oder winzige Goldpartikel gekoppelt sind, und deren Bewegung durch Videomikroskopie verfolgt. Mithilfe der Einzelpartikelverfolgung kann man den Diffusionsweg eines einzelnen Membranproteinmoleküls im zeitlichen Verlauf aufzeichnen. Die Ergebnisse aus all diesen Techniken zeigen, dass Plasmamembranproteine sich in ihren Diffusionseigenschaften stark unterscheiden, was wir nun besprechen wollen.

10.2.11 Zellen können Proteine und Lipide auf besondere Domänen innerhalb der Membran beschränken

Die Erkenntnis, dass biologische Membranen zweidimensionale Flüssigkeiten sind, stellte einen großen Fortschritt im Verständnis der Membranstruktur und -funktion dar. Es wurde allerdings auch klar, dass die Vorstellung der Membran als „Lipidmeer“ mit darauf frei schwimmenden Proteinen stark vereinfacht ist. Die meisten Zellen können Membranproteine auf definierte Bereiche in einer durchgehenden Lipid-Doppelschicht begrenzen. Wir haben bereits besprochen, wie Bacteriorhodopsinmoleküle in der Purpurmembran von *Halobacterium* sich zu großen zweidimensionalen Kristallen zusammenlagern, in denen einzelne Proteinmoleküle in einem relativ konstanten Verhältnis zueinander stehen (s. **Abb. 10.30**). ATP-Synthase-Komplexe in der inneren Mitochondrienmembran lagern sich zu langen Zweierreihen zusammen, wie wir in Kapitel 14 besprechen werden (s. **Abb. 14.33**). Große Ansammlungen dieser Art diffundieren sehr langsam.

In Epithelzellen, die beispielsweise den Darm oder die Nierentubuli auskleiden, sind bestimmte Plasmamembranenzyme und Transportproteine auf die apikale Oberfläche der Zellen begrenzt, andere auf basale und laterale Oberflächen (**Abb. 10.34**). Diese

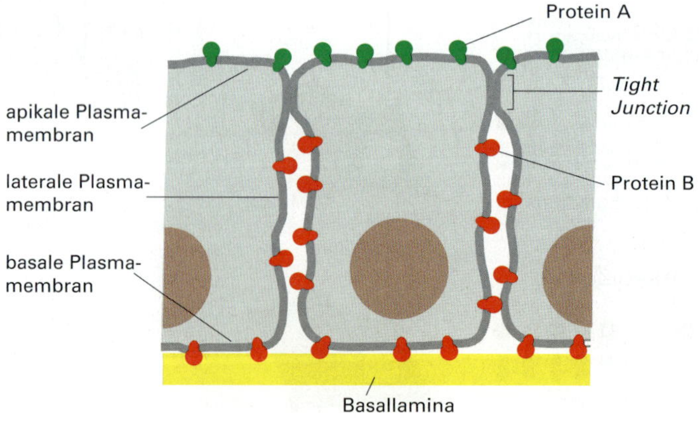

Abb. 10.34 Beschränkung von Membranmolekülen auf eine bestimmte Membrandomäne. In dieser Zeichnung einer Epithelzelle können Protein A (in der apikalen Domäne der Plasmamembran) und Protein B (in den basalen und lateralen Domänen) nur seitlich innerhalb ihrer Membrandomäne diffundieren. Ein Eindringen in die andere Domäne wird, zumindest teilweise, durch besondere Zell–Zell-Verbindungen, sogenannte *Tight Junctions*, verhindert. Auch Lipidmoleküle im äußeren (extrazellulären) Monolayer der Plasmamembran sind nicht fähig, zwischen den Domänen zu diffundieren, während dies Lipiden des inneren (cytosolischen) Monolayers möglich ist (nicht gezeigt). Die Basallamina ist eine dünne Schicht der extrazellulären Matrix, die Epithelschichten von anderem Gewebe trennt (in Kapitel 19 erörtert).

asymmetrische Verteilung der Membranproteine ist oft für die Funktion des Epitheliums unerlässlich, wie in Kapitel 11 diskutiert wird (s. **Abb. 11.11**). Auch die Lipidzusammensetzung dieser zwei Membrandomänen ist unterschiedlich, was zeigt, dass Epithelzellen die Diffusion zwischen den Domänen sowohl von Lipiden als auch von Proteinmolekülen verhindern können. Die Trennung von Proteinen und Lipidmolekülen wird durch eine besondere Art von Anheftungsstellen zwischen den Zellen aufrechterhalten, den sogenannten *Tight Junctions* (s. Kapitel 19, s. **Abb. 19.18**).

Zellen können auch Membrandomänen bilden, ohne interzelluläre Verbindungen zu verwenden. Wie bereits diskutiert, können regulierte Protein–Protein-Wechselwirkungen in Membranen Floßdomänen im Nanobereich bilden, die vermutlich bei der Signalübertragung und dem Membrantransport eine Rolle spielen. Ein extremeres Beispiel ist das Säuger-Spermatozoon. Es ist eine einzelne Zelle mit mehreren strukturell und funktionell unterschiedlichen Teilen, die von einer kontinuierlichen Plasmamembran umgeben sind. Untersucht man eine Spermazelle durch Immunfluoreszenzmikroskopie mit verschiedenen Antikörpern, die jeweils mit einem spezifischen Zelloberflächenmolekül reagieren, stellt man fest, dass die Plasmamembran aus mindestens drei unterschiedlichen Domänen besteht (**Abb. 10.35**). Einige Membranproteine diffundieren frei innerhalb der Grenzen ihrer eigenen Domäne. Während die molekulare Natur der meisten „Zäune“ (Begrenzungen), die verhindern, dass die Proteine ihren Bereich verlassen, unbekannt ist, verstehen wir einige molekulare Mechanismen zum Einschränken der Membranproteinbewegung. Die Plasmamembran von Nervenzellen enthält z. B. eine Domäne, die den Zellkörper und die Dendriten umschließt, und eine andere zur Umhüllung des Axons. In diesem Fall ist ein Ring aus Aktinfilamenten am Übergang zwischen Zellkörper und Axon fest mit der Plasmamembran verbunden und bildet einen Teil der Barriere.

Abbildung 10.36 zeigt vier häufig vorkommende Weisen, wie spezifische Membranproteine durch Protein–Protein-Wechselwirkungen immobilisiert sein können.

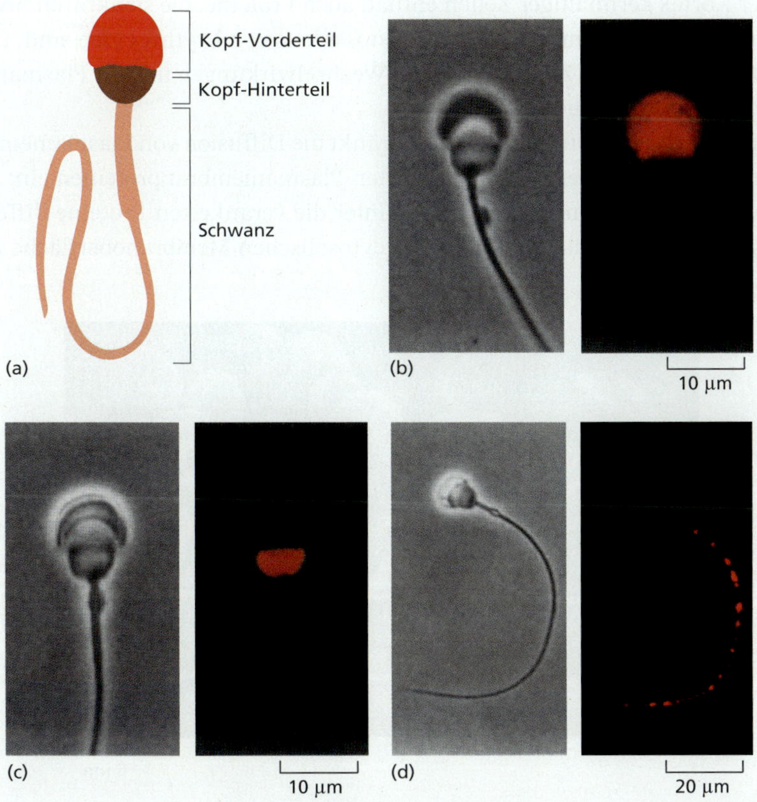

Abb. 10.35 Die drei Bereiche der Plasmamembran eines Meerschweinchen-Spermiums. (a) Schematische Zeichnung des Meerschweinchen-Spermiums. (b–d) Die drei Paare der mikroskopischen Bilder zeigen Phasenkontrastaufnahmen (links) und die gleiche Zelle nach Immunfluoreszenzfärbung der Oberfläche (rechts). Verschiedene monoklonale Antikörper markieren selektiv Zelloberflächenmoleküle (b) des Kopf-Vorderteils, (c) des Kopf-Hinterteils und (d) des Schwanzes. (Aus D. G. Myles, P. Primakoff und A. R. Belvé, *Cell* 23: 433–439, 1981. Mit Erlaubnis von Elsevier).

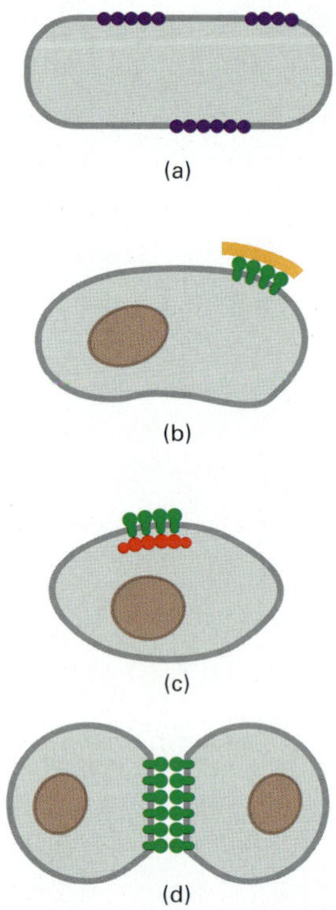

Abb. 10.36 Vier Arten, die laterale Beweglichkeit von spezifischen Plasmamembranproteinen einzuschränken. Die Beweglichkeit von Membranproteinen lässt sich einschränken durch (a) Selbstorganisation in größeren Aggregaten (wie beim Bacteriorhodopsin aus der Purpurmembran von *Halobacterium salinarum*), (b) Wechselwirkung mit Makromolekülen außerhalb oder (c) innerhalb einer Zelle oder (d) Wechselwirkung mit Proteinen auf der Oberfläche benachbarter Zellen.

10.2.12 Das Cytoskelett des Kortex verleiht Membranen mechanische Festigkeit und beschränkt die Diffusion der Membranproteine

Wie in **Abbildung 10.36b** und **c** gezeigt, ist ein üblicher Weg für Zellen, die laterale Beweglichkeit von bestimmten Membranproteinen einzuschränken, sie an einer Seite der Membran an Makromolekülansammlungen zu ketten. Die charakteristische bikonkave Form des Erythrocyten (**Abb. 10.37**) resultiert beispielsweise aus Wechselwirkungen seiner Plasmamembranproteine mit dem darunterliegenden *Cytoskelett*, das hauptsächlich aus einem Netzwerk des filamentösen Proteins **Spektrin** besteht. Spektrin ist ein etwa 100 nm langes, dünnes biegsames Stäbchen. Es ist der Hauptbestandteil des Cytoskeletts der roten Blutkörperchen und hält die strukturelle Integrität und Form der Plasmamembran aufrecht, die die einzige Membran des Erythrocyten ist, da die Zelle keinen Zellkern oder andere Organellen besitzt. Das Spektrincytoskelett ist über zahlreiche Membranproteine an die Membran angeheftet. Das Endergebnis ist ein deformierbares, netzartiges Geflecht, das die gesamte cytosolische Oberfläche der Zellmembran bedeckt (**Abb. 10.38**). Dieses spektrinbasierte Cytoskelett befähigt die roten Blutkörperchen, sich dem auf ihre Membran ausgeübten Druck zu widersetzen, wenn sie durch enge Kapillaren gezwängt wird. Mäuse und Menschen mit genetischen Spektrin-Anomalien sind anämisch und haben rote Blutkörperchen, die rund (anstatt konkav) und zerbrechlich sind; die Schwere der Anämie steigt mit dem Grad des Spektrinmangels.

Ein analoges, aber viel ausgefeilteres und hoch dynamisches Cytoskelettnetzwerk findet sich unter der Plasmamembran der meisten anderen Zellen in unserem Körper. Dieses Netzwerk, das den **Kortex** der Zelle bildet, ist reich an Aktinfilamenten, die auf vielfältige Weise an die Plasmamembran gebunden sind. Die dynamische Umstrukturierung des kortikalen Aktinnetzwerkes ist die treibende Kraft vieler essenzieller Zellfunktionen. Dazu gehören die Zellbewegung, die Endocytose und die Bildung von vorübergehenden beweglichen Plasmamembranstrukturen wie Filopodien und Lamellopodien (s. Kapitel 16). Der Kortex kernhaltiger Zellen enthält auch Proteine, die strukturell homolog zu Spektrin und anderen Komponenten des Cytoskeletts von Erythrocyten sind. Das kortikale Cytoskelett in diesen Zellen und seine Wechselwirkungen mit der Plasmamembran werden in Kapitel 16 beschrieben.

Das kortikale Cytoskelettnetzwerk beschränkt die Diffusion von Plasmamembranproteinen durch direkt am Netzwerk verankerten Plasmamembranproteinen ein: Die Plasmamembranproteine können dann nicht hinter die verankerten Proteine diffundieren. Da die Cytoskelettfilamente oft eng an der cytosolischen Membranoberfläche anliegen,

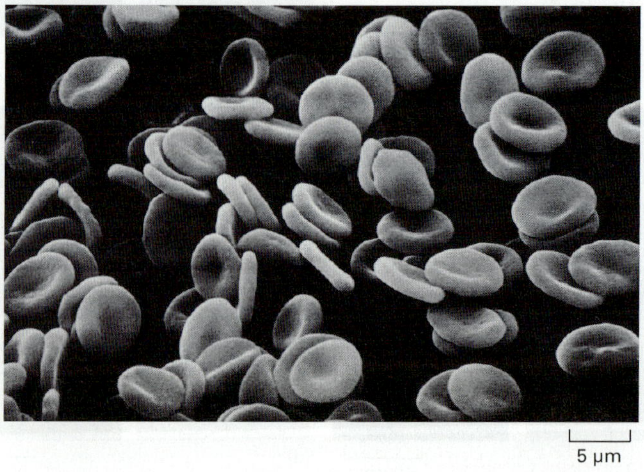

Abb. 10.37 Rasterelektronenmikroskopische Aufnahme von roten Blutkörperchen des Menschen. Die Zellen haben eine bikonkave Form; ihnen fehlen der Zellkern und andere Organellen. (Mit freundlicher Genehmigung von Bernadette Chailley).

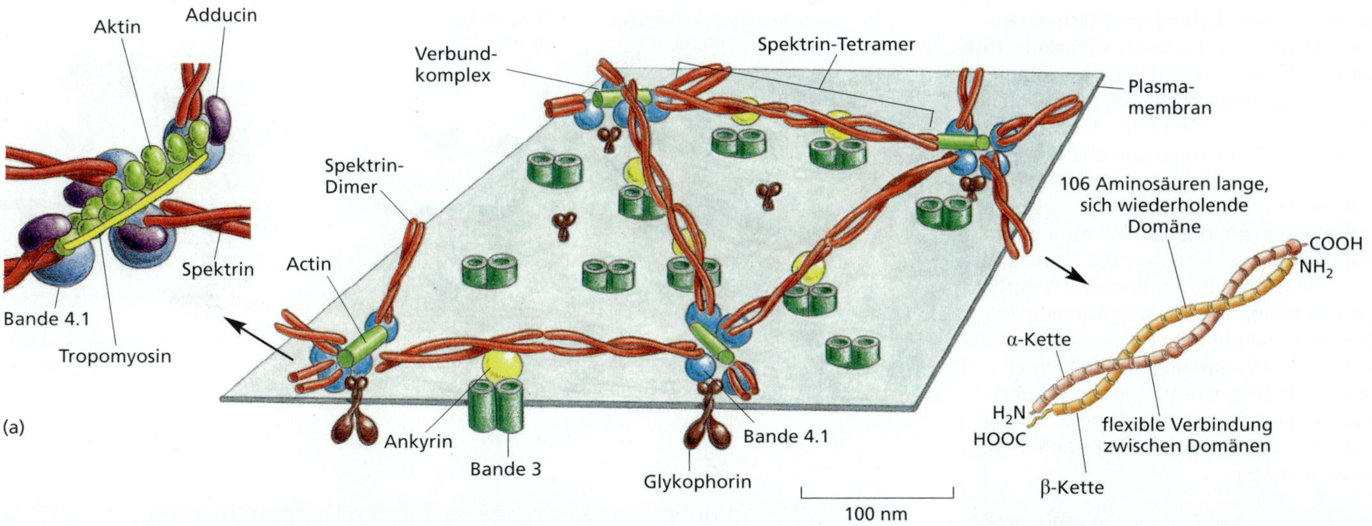

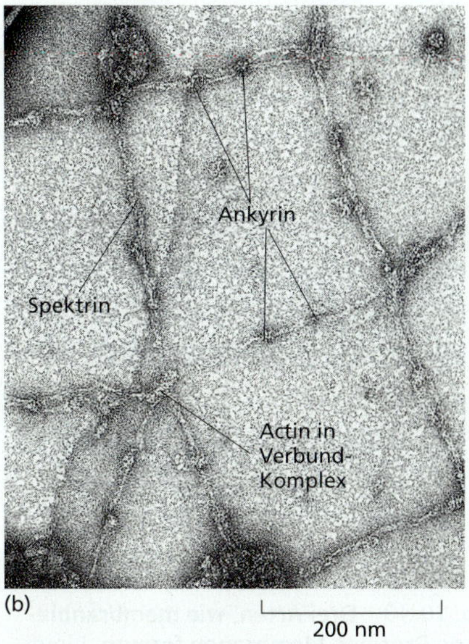

Abb. 10.38 Das Spektrincytoskelett der cytoplasmatischen Seite der menschlichen Erythrocytenmembran. (a) Die Anordnung der Zeichnung basiert hauptsächlich auf der *in vitro* beobachteten Wechselwirkung aufgereinigter Proteine. Spektrinheterodimere (in der Zeichnung *rechts* vergrößert) sind miteinander über Verbundkomplexe (in der Zeichnung *links* vergrößert dargestellt) zu einem netzartigen Geflecht verknüpft. Jedes Spektrinheterodimer besteht aus zwei antiparallelen, leicht miteinander verflochtenen, beweglichen, mit α und β bezeichneten Polypeptidketten. Die beiden Spektrinketten sind an mehreren Punkten, einschließlich an den Enden, nichtkovalent miteinander verbunden. Sowohl die α- als auch die β-Kette sind hauptsächlich aus sich wiederholenden Domänen aufgebaut. Zwei Spektrinheterodimere verbinden sich an ihren Enden und bilden Tetramere. Die Verbundkomplexe werden aus kurzen Aktinfilamenten (aus 13 Aktinuntereinheiten) und folgenden Proteinen gebildet: *Bande 4.1*, *Adducin* und ein *Tropomyosin*-Molekül, das vermutlich die Länge der Aktinfilamente festlegt. Das Cytoskelett ist mit der Membran über zwei Transmembranproteine verbunden: ein Mehrpfad-Protein namens Bande 3 und ein Einpfad-Protein namens *Glykophorin*. Die Spektrintetramere binden über Ankyrinmoleküle an manche Bande-3-Proteine und über Bande-4.1-Proteine an Glykophorin und Bande 3 (nicht gezeigt). (b) Die elektronenmikroskopische Aufnahme zeigt das Cytoskelett der cytoplasmatischen Seite der Erythrocytenmembran nach Fixierung und Negativfärbung. Das Spektrinnetzwerk wurde dabei absichtlich gestreckt, um die Einzelheiten der Struktur besser sichtbar zu machen. In der normalen Zelle würde das Geflecht viel dichter sein und nur ein Zehntel dieser Fläche einnehmen. (b, mit freundlicher Genehmigung von T. Byers und D. Branton, *Proc. Natl. Acad. Sci. USA* 82: 6153–6167, 1985).

können sie mechanische Barrieren bilden, die die freie Diffusion der Membranproteine behindern. Diese Barrieren unterteilen die Membran in kleine Domänen oder „*Einzäunungen*“ (**Abb. 10.39a**), die entweder dauerhaft wie im Spermium (s. **Abb. 10.35**) oder vorübergehend sein können. Die Barrieren lassen sich aufspüren, wenn man die Diffusion der einzelnen Membranproteine mittels superschneller Einzelpartikelverfolgung studiert. Die Proteine diffundieren schnell, sind aber innerhalb einzelner Einzäunungen eingesperrt (**Abb. 10.39b**); gelegentlich verursachen jedoch Wärmebewegungen, dass sich ein paar Kortexfilamente vorübergehend von der Membran lösen und das Protein in eine benachbarte Einzäunung entkommen lassen.

Das Ausmaß, in dem ein Transmembranprotein auf eine Einzäunung begrenzt ist, hängt von seiner Verknüpfung mit anderen Proteinen und der Größe seiner cytoplasmatischen Domäne ab; Proteine mit einer großen cytosolischen Domäne werden Barrieren des Cytoskeletts schwerer passieren. Wenn beispielsweise ein Zelloberflächenrezeptor sein extrazelluläres Signalmolekül bindet, bauen sich auf der cytosolischen Domäne des Rezeptors große Proteinkomplexe auf und erschweren dem Rezeptor das Entkommen aus der Einzäunung. Man glaubt, dass die Einzäunungen dazu beitragen, derartige Signalkomplexe anzureichern, wodurch die Geschwindigkeit und Effizienz des Signalvorgangs (in Kapitel 15 behandelt) zunimmt.

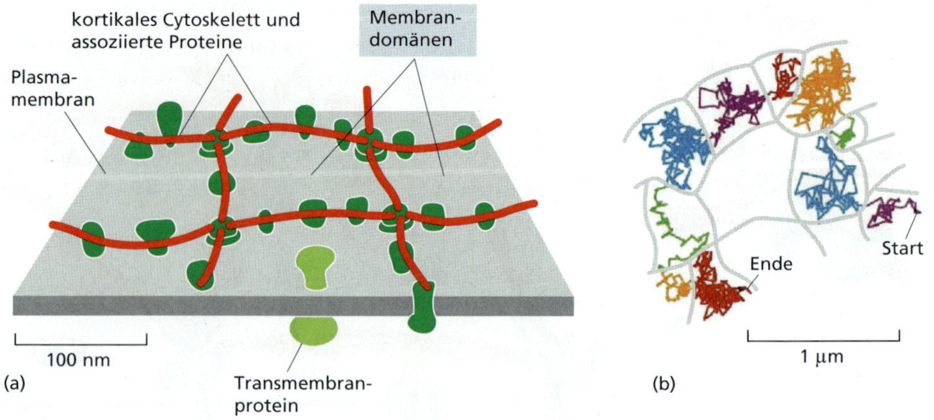

Abb. 10.39 Einzäunung der Plasmamembranproteine durch kortikale Cytoskelettfilamente. (a) Man stellt sich vor, dass Filamente Diffusionsbarrieren erzeugen, die die Membran in kleine Domänen oder „Einzäunungen" unterteilen. (b) Die superschnelle Einzelpartikelverfolgung (*single particle tracking*) wurde verwendet, um den Weg eines einzelnen fluoreszenzmarkierten Membranproteins im Zeitverlauf zu verfolgen. Die Spur zeigt, dass ein einzelnes Proteinmolekül innerhalb einer fest abgegrenzten Membrandomäne diffundiert und nur hin und wieder in eine Nachbardomäne entkommt (durch einen Farbwechsel dargestellt). (Verändert nach A. Kusumi *et al.*, *Annu. Rev. Biophys. Biomol. Struct.* 34: 351–378, 2005. Mit Erlaubnis von Annual Reviews).

10.2.13 Membranbiegende Proteine verformen Doppelschichten

Zellmembranen nehmen viele verschiedene Formen an. Dies wird anhand der aufwendigen und vielfältigen Strukturen von Vorwölbungen der Zelloberfläche und membranumschlossenen Organellen in eukaryotischen Zellen deutlich. Flache Schichten, enge Röhren, runde Vesikel, fenestrierte (mit Fenstern versehene) Flächen und fladenbrotförmige Zisternen gehören zum Repertoire: Oft kommen in verschiedenen Bereichen derselben durchgehenden Doppelschicht viele verschiedene Formen vor. Die Membranform wird dynamisch kontrolliert, da für viele essenzielle Zellprozesse – wie Vesikelknospung, Zellbewegung und Zellteilung – aufwendige vorübergehende Verformungen der Membran nötig sind. In vielen Fällen wird die Membranform durch dynamische Druck- und Zugkräfte des Cytoskeletts oder extrazellulärer Strukturen beeinflusst (s. Kapitel 13 und 16). Eine entscheidende Rolle bei diesen Umformungen spielen **membranbiegende Proteine**, die die lokale Membrankrümmung kontrollieren. Oft arbeiten die Kräfte der Cytoskelettdynamik und der membranbiegenden Proteine zusammen. Membranbiegende Proteine binden je nach Bedarf an spezifische Membranbereiche und wirken über einen oder mehrere der folgenden drei prinzipiellen Mechanismen (**Abb. 10.40**):

1. Einige membranbiegende Proteine fügen hydrophobe Proteindomänen oder angehängte Lipidanker in eine der beiden Schichten einer Lipid-Doppelschicht ein. Wenn die Fläche von nur einer Schicht der Doppelschicht vergrößert wird, hat das zur Folge, dass sich die Membran biegt (**Abb. 10.40b**). Die Proteine, die das verschlungene Netzwerk aus engen Tubuli des Endoplasmatischen Reticulums formen, arbeiten auf diese Weise (wird in Kapitel 12 erörtert).
2. Einige membranbiegende Proteine bilden starre Gerüste, die die Membran deformieren oder eine bereits gebogene Membran stabilisieren (**Abb. 10.40c**). Die Hüllproteine, die die knospenden Vesikel beim intrazellulären Transport formen, fallen in diese Kategorie (wird in Kapitel 13 erörtert).
3. Ungleichmäßige Verteilung der kegelförmigen und umgekehrt kegelförmigen Lipide in der inneren oder äußeren Schicht kann zu einer Membrankrümmung führen. Einige membranbiegende Proteine bewirken, dass spezielle Membranlipide sich verbinden und so eine Membrankrümmung verursachen. Die Fähigkeit eines Lipids, positive

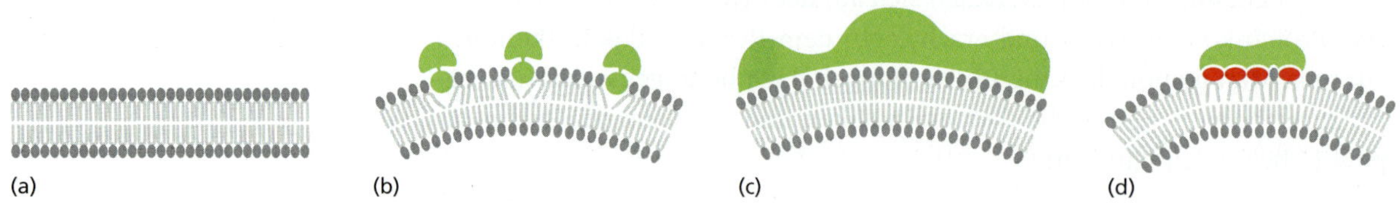

Abb. 10.40 Drei Arten, wie membranbiegende Proteine Membranen formen. Lipid-Doppelschichten sind *grau* dargestellt, Proteine *grün*. (a) Doppelschicht ohne gebundene Proteine. (b) Ein hydrophober Bereich des Proteins kann sich in eine Einzelschicht wie ein Keil einschieben und die Lipid-Kopfgruppen auseinanderbiegen. Bei derartigen Bereichen kann es sich entweder, wie dargestellt, um amphipathische Helices handeln oder um hydrophobe Haarnadelstrukturen. (c) Die gekrümmte Oberfläche des Proteins kann an die Lipid-Kopfgruppen binden und die Membran deformieren oder ihre Krümmung stabilisieren. (d) Ein Protein kann an Lipide mit großen Kopfgruppen binden und sie in Cluster verpacken und dadurch die Membran biegen. (Verändert nach W. A. Prinz und J. E. Hinshaw, *Crit. Rev. Biochem. Mol. Biol.* 44: 278–291, 2009).

oder negative Membrankrümmung herbeizuführen, wird durch die relativen Querschnittsflächen seiner Kopfgruppe und seiner Kohlenwasserstoffschwänze bestimmt. Die große Kopfgruppe von beispielsweise Phosphoinositiden verleiht diesen Lipidmolekülen eine keilartige Form, und ihre Anhäufung in einer Domäne einer Schicht der Lipid-Doppelschicht führt daher zu einer positiven Krümmung (**Abb. 10.40d**). Im Gegensatz dazu bilden Phospholipasen, die Lipid-Kopfgruppen entfernen, entgegengesetzt geformte Lipidmoleküle, die eine negative Krümmung verursachen.

Oft arbeiten verschiedene membranbiegende Proteine zusammen, um eine spezielle Krümmung zu erreichen, wie bei der Formung eines knospenden Transportvesikels (s. Kapitel 13).

Zusammenfassung

Während die Lipid-Doppelschicht die Grundstruktur biologischer Membranen bestimmt, sind Proteine für die meisten Membranfunktionen verantwortlich. Sie dienen unter anderem als spezifische Rezeptoren, Enzyme und Transportproteine. Transmembranproteine reichen durch die Lipid-Doppelschicht. Bei einigen dieser Transmembranproteine durchquert die Polypeptidkette die Membran als einzelne α-Helix (Einpfad-Proteine). Bei anderen, den Multipfad-Proteinen, durchspannt die Polypeptidkette die Membran mehrfach, entweder als eine Reihe von α-Helices oder als β-Faltblatt, das sich zu einem geschlossenen Fass einrollt. Alle Membranproteine, die für den Transmembrantransport von Ionen und anderen kleinen wasserlöslichen Molekülen durch die Membran verantwortlich sind, sind Multipfad-Proteine. Manche Membranproteine durchspannen die Doppelschicht nicht, sondern sind stattdessen an eine Seite der Membran gebunden. Einige sind an der intrazellulären Seite über eine amphipathische α-Helix auf der Proteinoberfläche oder über die kovalente Bindung einer oder mehrerer Lipidketten befestigt. Andere sind an der extrazellulären Seite über einen GPI-Anker befestigt. Einige membranassoziierte Proteine sind über nichtkovalente Wechselwirkungen mit Transmembranproteinen verankert. In der Plasmamembran aller eukaryotischen Zellen besitzen die Proteine, die auf der Zelloberfläche exponiert sind, und einige der Lipidmoleküle der äußeren Lipidschicht kovalent gebundene Oligosaccharide. Wie die Lipidmoleküle in der Doppelschicht können viele Membranproteine schnell in der Membranebene diffundieren. Allerdings haben Zellen Möglichkeiten entwickelt, um spezifische Membranproteine zu immobilisieren und sowohl Membranproteine als auch Lipidmoleküle auf besondere Domänen der kontinuierlichen Lipid-Doppelschicht zu beschränken. Die dynamische Assoziation mit membranbiegenden Proteinen verleiht den Membranen ihre charakteristische dreidimensionale Struktur.

Literatur

10 Allgemein

Bretscher, M.S. (1973). Membrane structure: some general principles. *Science* 181: 622–629.

Edidin, M. (2003). Lipids on the frontier: a century of cell-membrane bilayers. *Nat. Rev. Mol. Cell Biol.* 4: 414–418.

Goñi, F.M. (2014). The basic structure and dynamics of cell membranes: an update of the Singer-Nicolson model. *Biochim. Biophys. Acta.* 1838: 1467–1476.

Langmuir, I. (1917). The constitution and fundamental properties of solids and liquids II: liquids. *J. Am. Chem. Soc.* 39: 1848–1906.

Pockets, A. (1891). Surface tension. *Nature* 43: 437–439.

Singer, S.J. und Nicolson, G.L. (1972). The fluid mosaic model of the structure of cell membranes. *Science* 175: 720–731.

Tanford, C. (1980). *The Hydrophobic Effect: Formation of Micelles and Biological Membranes.* New York: Wiley.

Tanford, C. (2004). *Ben Franklin Stilled the Waves.* New York: Oxford University Press.

10.1 Die Lipid-Doppelschicht

Antonny, B., Vanni, S., Shindou, H. et al. (2016). From zero to six double bonds: phospholipid unsaturation and organelle function. *Trends Cell Biol.* 25: 427–436.

Brügger, B. (2014). Lipidomics: analysis of the lipid composition of cells and subcellular organelles by electrospray ionization mass spectrometry. *Annu. Rev. Biochem.* 83: 79–98.

Chung, J., Wu, X., Lambert, T.J. et al. (2019). LDAF1 and seipin form a lipid droplet assembly complex. *Dev. Cell* 51: 551–563.

Clarke, R.J., Hossain, K.R. und Cao, K. (2020). Physiological roles of transverse lipid asymmetry of animal membranes. *Biochim. Biophys. Acta Biomembr.* 1862: 183382.

Cornell, C.E., Mileant, A., Thakkar, N. et al. (2020). Direct imaging of liquid domains in membranes by cryo-electron tomography. *Proc. Natl. Acad. Sci. USA* 117: 19713–19719.

Hakomori, S.I. (2002). The glycosynapse. *Proc. Natl. Acad. Sci. USA* 99: 225–232.

Harayama, T. und Riezman, H. (2018). Understanding the diversity of membrane lipid composition. *Nat. Rev. Mol. Cell Biol.* 19: 281–296.

Heberle, F.A., Doktorova, M., Scott, H.L. et al. (2020). Direct label-free imaging of nanodomains in biomimetic and biological membranes by cryogenic electron microscopy. *Proc. Natl. Acad. Sci. USA* 117: 19943–19952.

Ichikawa, S. und Hirabayashi, Y. (1998). Glucosylceramide synthase and glycosphingolipid synthesis. *Trends Cell Biol.* 8: 198–202.

Kornberg, R.D. und McConnell, H.M. (1971). Lateral diffusion of phospholipids in a vesicle membrane. *Proc. Natl. Acad. Sci. USA* 68: 2564–2568.

Lingwood, D. und Simons, K. (2010). Lipid rafts as a membrane-organizing principle. *Science* 327: 46–50.

Mansilla, M.C., Cybulski, L.E., Albanesi, D. et al. (2004). Control of membrane lipid fluidity by molecular thermosensors. *J. Bacteriol.* 186: 6681–6688.

Maxfield, F.R. und van Meer, G. (2010). Cholesterol, the central lipid of mammalian cells. *Curr. Opin. Cell Biol.* 22: 422–429.

Munro, S. (2003). Lipid rafts: elusive or illusive?. *Cell* 115: 377–388.

Pomorski, T.G. und Menon, A.K. (2016). Lipid somersaults: uncovering the mechanisms of protein-mediated lipid flipping. *Prog. Lipid Res.* 64: 69–84.

Rothman, J.E. und Lenard, J. (1977). Membrane asymmetry. *Science* 195: 743–753.

Walther, T.C. und Farese, R.V., Jr (2017). Lipid droplet biogenesis. *Annu. Rev. Cell Dev. Biol.* 33: 491–510.

10.2 Membranproteine

Agasid, M.T. und Robinson, C.V. (2021). Probing membrane protein-lipid interactions. *Curr. Opin. Struct. Biol.* 69: 78–85.

Bennett, V. und Baines, A.J. (2001). Spectrin and ankyrin-based pathways: metazoan inventions for integrating cells into tissues. *Physiol. Rev.* 81: 1353–1392.

Bijlmakers, M.J. und Marsh, M. (2003). The on-off story of protein palmitoylation. *Trends Cell Biol.* 13: 32–42.

Bretscher, M.S. und Raff, M.C. (1975). Mammalian plasma membranes. *Nature* 258: 43–49.

Buchanan, S.K. (1999). Beta-barrel proteins from bacterial outer membranes: structure, function and refolding. *Curr. Opin. Struct. Biol.* 9: 455–461.

Chen, Y., Lagerholm, B.C., Yang, B. et al. (2006). Methods to measure the lateral diffusion of membrane lipids and proteins. *Methods* 39: 147–153.

Corin, K. und Bowie, J.U. (2020). How bilayer properties influence membrane protein folding. *Protein Sci.* 29 (12): 2348–2362.

Curran, A.R. und Engelman, D.M. (2003). Sequence motifs, polar interactions and conformational changes in helical membrane proteins. *Curr. Opin. Struct. Biol.* 13: 412–417.

Deisenhofer, J. und Michel, H. (1991). Structures of bacterial photosynthetic reaction centers. *Annu. Rev. Cell Biol.* 7: 1–23.

Drickamer, K. und Taylor, M.E. (1998). Evolving views of protein glycosylation. *Trends Biochem. Sci.* 23: 321–324.

Giménez-Andrés, M., Čopič, A. und Antonny, B. (2018). The many faces of amphipathic helices. *Biomolecules* 8: 45.

Helenius, A. und Simons, K. (1975). Solubilization of membranes by detergents. *Biochim. Biophys. Acta* 415: 29–79.

Henderson, R. und Unwin, P.N. (1975). Three-dimensional model of purple membrane obtained by electron microscopy. *Nature* 257: 28–32.

Hite, R.K., Gonen, T., Harrison, S.C. et al. (2008). Interactions of lipids with aquaporin-0 and other membrane proteins. *Pflugers Arch.* 456: 651–661.

Kyte, J. und Doolittle, R.F. (1982). A simple method for displaying the hydropathic character of a protein. *J. Mol. Biol.* 157: 105–132.

Lee, A.G. (2003). Lipid-protein interactions in biological membranes: a structural perspective. *Biochim. Biophys. Acta* 1612: 1–40.

Marchesi, V.T., Furthmayr, H. und Tomita, M. (1976). The red cell membrane. *Annu. Rev. Biochem.* 45: 667–698.

Nakada, C., Ritchie, K. und Oba, Y. et al. (2003). Accumulation of anchored proteins forms membrane diffusion barriers during neuronal polarization. *Nat. Cell Biol.* 5: 626–632.

Oesterhelt, D. (1998). The structure and mechanism of the family of retinal proteins from halophilic archaea. *Curr. Opin. Struct. Biol.* 8: 489–500.

Popot, J.L. (2010). Amphipols, nanodiscs, and fluorinated surfactants: three nonconventional approaches to studying membrane proteins in aqueous solution. *Annu. Rev. Biochem.* 79: 737–775.

Prinz, W.A. und Hinshaw, J.E. (2009). Membrane-bending proteins. *Crit. Rev. Biochem. Mol. Biol.* 44: 278–291.

Sezgin, E., Levental, I., Mayor, S. et al. (2017). The mystery of membrane organization: composition, regulation and roles of lipid rafts. *Nat. Rev. Mol. Cell Biol.* 18: 361–374.

Sharon, N. und Lis, H. (2004). History of lectins: from hemagglutinins to biological recognition molecules. *Glycobiology* 14: 53R–62R.

Sheetz, M.P. (2001). Cell control by membrane-cytoskeleton adhesion. *Nat. Rev. Mol. Cell Biol.* 2: 392–396.

Shibata, Y., Hu, J., Kozlov, M.M. et al. (2009). Mechanisms shaping the membranes of cellular organelles. *Annu. Rev. Cell Dev. Biol.* 25: 329–354.

Steck, T.L. (1974). The organization of proteins in the human red blood cell membrane. A review. *J. Cell Biol.* 62: 1–19.

Subramaniam, S. (1999). The structure of bacteriorhodopsin: an emerging consensus. *Curr. Opin. Struct. Biol.* 9: 462–468.

Vinothkumar, K.R. und Henderson, R. (2010). Structures of membrane proteins. *Q. Rev. Biophys.* 43: 65–158.

von Heijne, G. (2011). Membrane proteins: from bench to bits. *Biochem. Soc. Trans.* 39: 747–750.

White, S.H. und Wimley, W.C. (1999). Membrane protein folding and stability: physical principles. *Annu. Rev. Biophys. Biomol. Struct.* 28: 319–365.

Zhang, Y., Daday, C., Gu, R.X. et al. (2021). Visualization of the mechanosensitive ion channel MscS under membrane tension. *Nature* 590: 509–514.

Membrantransport kleiner Moleküle und elektrische Eigenschaften von Membranen

11

Kapitelinhalt

Durch ihr hydrophobes Inneres begrenzt die Lipid-Doppelschicht der Zellmembranen den Durchtritt der meisten polaren Moleküle. Diese Abgrenzungsfunktion gestattet es der Zelle, Konzentrationen von Soluten im Cytosol aufrechtzuerhalten, die von denen in der extrazellulären Flüssigkeit und in jedem der membranumschlossenen Kompartimente abweichen. Um von dieser Barriere zu profitieren, mussten Zellen jedoch Wege finden, bestimmte wasserlösliche Moleküle und Ionen durch ihre Membranen hindurchzubringen, beispielsweise um lebenswichtige Nährstoffe aufzunehmen, Stoffwechsel-Endprodukte auszuscheiden und die intrazelluläre Konzentration verschiedener Ionen zu regulieren. Zellen verwenden spezialisierte *Membrantransportproteine*, um dieses Ziel zu erreichen. Die Bedeutung des Transports solcher kleiner Moleküle spiegelt sich bei allen Organismen in der großen Anzahl der Gene wider, die für am Transmembrantransport beteiligte Proteine codieren. Diese machen 15–30 % der Membranproteine in allen Zellen aus. Einige Säugerzellen, wie Nerven- und Nierenzellen, verwenden bis zu zwei Drittel ihres gesamten Stoffwechselenergieverbrauchs für derartige Transportprozesse.

Zellen sind auch in der Lage, Makromoleküle und sogar große Partikel, wie etwa Zelltrümmer, Viren und Bakterien, über ihre Membranen zu transportieren. Die dabei genutzten Mechanismen unterscheiden sich allerdings in der Regel von denen, die zum Transfer kleiner Moleküle verwendet werden; sie werden in den Kapiteln 12 und 13 beschrieben.

Dieses Kapitel beginnt mit der Betrachtung einiger Grundprinzipien des Membrantransports kleiner wasserlöslicher Moleküle. Anschließend werden die zwei Hauptklassen von Membranproteinen vorgestellt, die diesen Molekülverkehr durch die Lipid-Doppelschichten vermitteln: *Transporter*, die sequenzielle Konformationsänderungen durchlaufen, um spezifische kleine Moleküle über die Membran zu transportieren, und *Kanäle*, die enge Poren bilden, die den passiven Transmembran-Durchtritt in der Regel von Wasser und kleinen anorganischen Ionen erlauben. Transporter können an eine Energiequelle gekoppelt werden, um aktiven Transport zu katalysieren. In Kombination mit selektiver passiver Permeabilität entstehen große Unterschiede in der Zusammensetzung des Cytosols verglichen mit der extrazellulären Flüssigkeit (Tab. 11.1) oder

Molekularbiologie der Zelle, 7. Auflage. Bruce Alberts, Rebecca Heald, Alexander Johnson, David Morgan, Martin Raff, Keith Roberts und Peter Walter.

Tab. 11.1 Vergleich der Ionenkonzentrationen innerhalb und außerhalb einer typischen Säugetierzelle[a].

Ion	Cytoplasmatische Konzentration (mM)	Extrazelluläre Konzentration (mM)
Kationen		
Na^+	5–15	145
K^+	140	5
Mg^{2+}	0,5	1–2
Ca^{2+}	10^{-4}	1–2
H^+	7×10^{-5} ($10^{-7,2}$ M oder pH 7,2)	4×10^{-5} ($10^{-7,4}$ M oder pH 7,4)
Anionen[a]		
Cl^-	5–15	110

[a]Die Zelle muss eine gleiche Menge von positiven und negativen Ladungen enthalten (d. h. sie muss elektroneutral sein). Deshalb enthält sie neben dem in dieser Tabelle aufgeführten Cl^- zusätzlich viele andere Anionen. Tatsächlich sind viele zelluläre Bestandteile negativ geladen (HCO_3^-, PO_4^{3-}, Proteine, Nukleinsäuren, Phosphat- und Carboxygruppen tragende Metaboliten usw.). Für Ca^{2+} und Mg^{2+} wurde die freie Ionenkonzentration angegeben. Insgesamt beträgt die zelluläre Konzentration von Mg^{2+} etwa 20 mM und von Ca^{2+} 1–2 mM, aber beide sind größtenteils an Proteine oder andere Substanzen gebunden und im Fall von Ca^{2+} in verschiedenen Organellen (wie Endoplasmatisches Reticulum und Mitochondrien) gespeichert.

der Flüssigkeit innerhalb membranumschlossener Organellen. Durch den Aufbau von Unterschieden in der Konzentration anorganischer Ionen über die Lipid-Doppelschicht können Zellmembranen Energie in Form elektrochemischer Gradienten speichern, die verschiedene Transportprozesse antreiben, elektrische Signale in elektrisch erregbaren Zellen übermitteln und (in Mitochondrien, Chloroplasten und Bakterien) genutzt werden, um den Großteil des zellulären ATP herzustellen. Hier wird schwerpunktmäßig der Transport über die Plasmamembran behandelt; ähnliche Mechanismen arbeiten aber auch über andere Membranen der eukaryotischen Zelle, wie in späteren Kapiteln diskutiert wird.

Im letzten Abschnitt des Kapitels wird hauptsächlich die Funktion von Ionenkanälen in Neuronen (Nervenzellen) behandelt. In diesen Zellen arbeiten Ionenkanäle in höchster Vollendung und ermöglichen es den Netzwerken der Neuronen, all jene erstaunlichen Dinge auszuführen, zu denen das menschliche Gehirn fähig ist.

11.1 Grundlagen des Transports durch Membranen

Zu Beginn dieses Abschnitts werden die Permeabilitätseigenschaften einer künstlichen Membran – einer synthetischen Lipid-Doppelschicht, die nur aus Lipiden gemacht wurde und keinerlei Proteine enthält, betrachtet. Anschließend werden Begriffe, die der Beschreibung verschiedener Formen des Transports dienen, und einige Strategien zur Charakterisierung von Proteinen und Transportprozessen eingeführt.

11.1.1 Proteinfreie Lipid-Doppelschichten sind für Ionen undurchlässig

Eine ausreichende Zeitspanne vorausgesetzt, wird so gut wie jedes Molekül durch eine proteinfreie Lipid-Doppelschicht in Richtung seines Konzentrationsgradienten diffundieren. Die Diffusionsgeschwindigkeit variiert jedoch enorm, zum Teil in Abhängigkeit von der Größe des Moleküls, hauptsächlich aber von seiner relativen Hydrophobizität (Löslichkeit in Öl). Generell gilt, dass ein Molekül umso schneller durch die Lipid-Doppelschicht diffundieren wird, je kleiner und hydrophober oder unpolarer es ist. Kleine unpolare Moleküle wie O_2 und CO_2 lösen sich leicht in Lipid-Doppelschichten

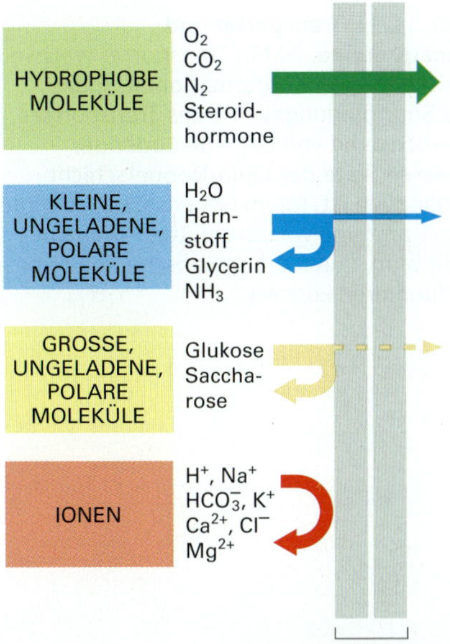

Abb. 11.1 Relative Durchlässigkeit einer synthetischen Lipid-Doppelschicht für verschiedene Klassen von Molekülen. Je kleiner ein Molekül ist und, wichtiger noch, je weniger Wasser es bindet, desto schneller diffundiert es durch die Lipid-Doppelschicht.

und diffundieren deshalb sehr schnell durch sie hindurch. Kleine ungeladene polare Moleküle wie Wasser und Harnstoff diffundieren ebenfalls über Membranen, jedoch sehr viel langsamer (**Abb. 11.1**). Im Gegensatz dazu sind Lipid-Doppelschichten hochgradig undurchlässig für geladene Moleküle (Ionen), unabhängig von ihrer Größe. Ihre Ladung und die große Wasserhülle hindert diese Moleküle daran, in die Kohlenwasserstoffphase der Doppelschicht einzudringen (**Abb. 11.2**).

11.1.2 Die zwei Hauptklassen von Membrantransportproteinen: Transporter und Kanäle

Wie synthetische Lipid-Doppelschichten erlauben auch Zellmembranen den Durchtritt von kleinen unpolaren Molekülen durch einfache Diffusion. Zellmembranen müssen jedoch auch den Durchgang von verschiedenen polaren Molekülen wie Ionen, Zuckern, Aminosäuren, Nukleotiden, Wasser und vielen zellulären Metaboliten erlauben, die synthetische Lipid-Doppelschichten nur sehr langsam überqueren. Besondere **Membrantransportproteine** transportieren solche Solute durch die Zellmembran. Diese Proteine kommen in verschiedenen Formen und in allen biologischen Membranen vor. Jedes dieser Proteine transportiert eine bestimmte Molekülart oder manchmal eine Klasse von Molekülen (beispielsweise Ionen, Zucker oder Aminosäuren). Frühere Untersuchungen an Bakterien mit einer einzigen Genmutation zeigten, dass die Bakterien unfähig waren, eine bestimmte Klasse von Zuckern durch ihre Plasmamembran zu transportieren; damit wurde auch die Spezifität der Membrantransportproteine nachgewiesen. Wir wissen heute, dass Personen mit ähnlichen Mutationen an verschiedenen Erbkrankheiten leiden, die den Transport eines bestimmten gelösten Stoffs oder einer Stoffklasse in der Niere, dem Darm oder in anderen Zelltypen verhindern. So sind beispielsweise Träger der Erbkrankheit *Cystinurie* unfähig, bestimmte Aminosäuren (einschließlich Cystin, dem über Disulfidbrücken verknüpften Dimer des Cysteins) aus dem Urin oder dem Darm ins Blut zu transportieren. Als Folge des Transporterdefekts reichert sich schwer lösliches Cystin im Urin an und führt zur Bildung von Cystinsteinen in den Nieren.

Alle im Detail untersuchten Membrantransportproteine sind Mehrpfad-Transmembranproteine, d. h. ihre Polypeptidkette durchquert die Lipid-Doppelschicht zweimal oder öfter. Durch Bildung eines durchgängigen Proteinwegs durch die Membran ermöglichen es diese Proteine bestimmten hydrophilen Soluten, die Membran zu überqueren, ohne mit dem hydrophoben Inneren der Lipid-Doppelschicht direkt in Kontakt zu kommen.

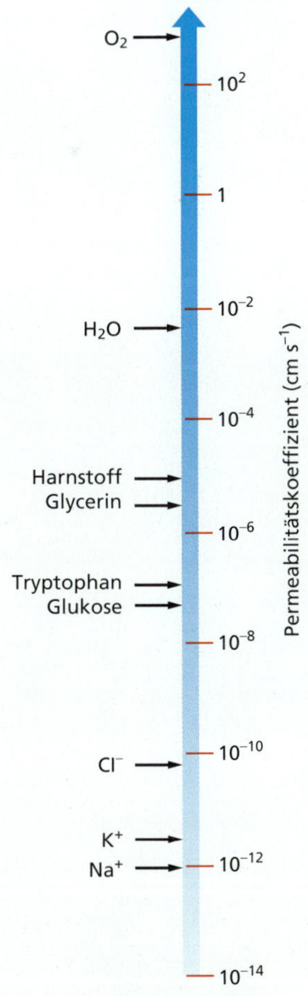

Abb. 11.2 Permeabilitätskoeffizienten verschiedener Moleküle für die Diffusion durch synthetische, proteinfreie Lipid-Doppelschichten. Die Flussgeschwindigkeit (Fluxrate) eines Soluts über die Doppelschicht ist direkt proportional zur Differenz seiner Konzentration auf beiden Seiten der Membran. Multipliziert man diese Konzentrationsdifferenz (in mol cm^{-3}) mit dem Permeabilitätskoeffizienten (in cm s^{-1}), der eine für jeden gelösten Stoff charakteristische, experimentell bestimmbare Konstante ist, erhält man die Fluxrate in Mol pro Sekunde und Quadratzentimeter Doppelschicht. Beispielsweise ergibt eine Konzentrationsdifferenz für Tryptophan von 10^{-4} mol cm^{-3} (10^{-4} mol/10^{-3} L = 0,1 M) eine Flussgeschwindigkeit von 10^{-4} mol cm^{-3} × 10^{-7} cm s^{-1} = 10^{-11} mol s^{-1} pro 1 cm^2 Doppelschichtfläche bzw. 6 × 10^4 Moleküle/Sekunde pro 1 μm^2 Doppelschichtfläche.

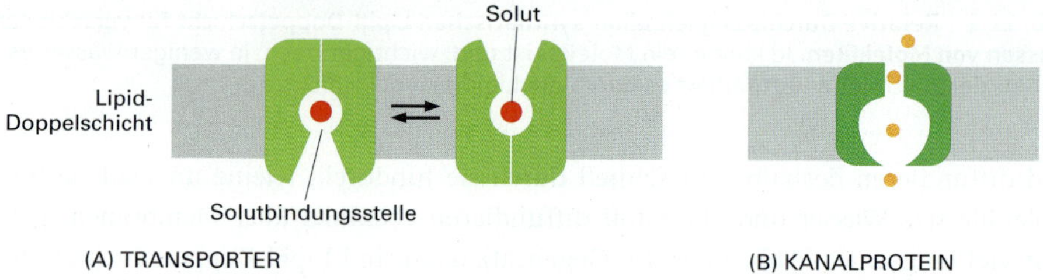

Abb. 11.3 Transporter und Kanalproteine. (a) Ein Transporter wechselt zwischen zwei Konformationen, sodass die Solutbindungsstelle des Transporters abwechselnd von der einen oder der anderen Seite der Lipid-Doppelschicht zugänglich ist. (b) Im Gegensatz dazu bilden Kanalproteine wassergefüllte Poren über die Membran, durch die spezifische Solute passiv diffundieren können.

Transporter und Kanäle sind die zwei Hauptklassen von Membrantransportproteinen (Abb. 11.3). **Transporter** (auch *Carrier* oder *Permeasen* genannt) binden das zu transportierende spezifische Solut und unterliegen einer Reihe von Konformationsänderungen, durch die abwechselnd Solutbindungsstellen auf der einen Seite der Membran und danach auf der anderen Seite freigelegt werden, um das gebundene Solut durch die Membran zu transportieren. Im Gegensatz dazu interagieren **Kanäle** viel flüchtiger mit ihrem zu transportierenden Solut. Werden sie durch Konformationsänderungen geöffnet, bilden sie durchgehende Poren, die sich über die Lipid-Doppelschicht erstrecken. Die Poren erlauben spezifischen Soluten (in der Regel anorganischen Ionen bestimmter Größe und Ladung und in manchen Fällen kleinen Moleküle wie Wasser, Glycerin und Ammoniak) den Durchtritt und damit die Überquerung der Membran. Da keine schrittweisen Konformationsänderungen mehr notwendig sind, wenn ein Kanal erst einmal geöffnet ist, ist es nicht verwunderlich, dass der Transport durch Kanäle sehr viel schneller abläuft als der transportervermittelte Transport. Obwohl Wasser durch synthetische Lipid-Doppelschichten langsam diffundieren kann, enthalten alle Zellen spezifische Kanalproteine (*Wasserkanäle* oder *Aquaporine* genannt), die die Permeabilität dieser Membranen für Wasser enorm erhöhen, worüber wir später noch sprechen werden.

11.1.3 Aktiver Transport durch Transporter ist an eine Energiequelle gekoppelt

Alle Kanäle und viele Transporter erlauben es Soluten nur, die Membran passiv (bergab) zu überqueren, ein als **passiver Transport** bezeichneter Vorgang. Im Falle des Transports eines einzelnen ungeladenen Moleküls treibt die Differenz der Konzentrationen dieses Stoffs auf den beiden Seiten der Membran, sein *Konzentrationsgradient*, den passiven Transport an und bestimmt dessen Richtung (Abb. 11.4a). Trägt der gelöste Stoff (das Solut) jedoch eine Gesamtladung (Nettoladung), wird sein Transport sowohl durch den Konzentrationsgradienten als auch durch die elektrische Potenzialdifferenz über der Membran, das *Membranpotenzial*, beeinflusst. Der Konzentrationsgradient und der elektrische Gradient verbinden sich und bilden eine treibende Gesamtkraft, den **elektrochemischen Gradienten**, für jedes geladene Solut (Abb. 11.4b). In Kapitel 14 behandeln wir elektrochemische Gradienten ausführlicher. Tatsächlich besteht über fast alle Plasmamembranen hinweg eine elektrische Potenzialdifferenz (das heißt eine Spannung) mit einem im Vergleich zur Außenseite negativ geladenen Inneren. Diese Potenzialdifferenz begünstigt den Einstrom von positiv geladenen Ionen in die Zelle und erschwert den Einstrom von negativ geladenen Ionen (s. Abb. 11.4b). Sie erschwert auch den Austritt von positiv geladenen Ionen.

Zellen müssen in der Lage sein, zusätzlich zum passiven Transport, bestimmte Solute aktiv durch die Membran („bergauf") gegen ihren elektrochemischen Gradienten zu pumpen. Dieser **aktive Transport** erfolgt mithilfe von Transportern, deren Pumpaktivität gerichtet ist, da sie eng an eine Stoffwechselenergiequelle gekoppelt ist, wie z. B. an einen Ionengradienten oder an ATP-Hydrolyse, wie später beschrieben. Der Transport

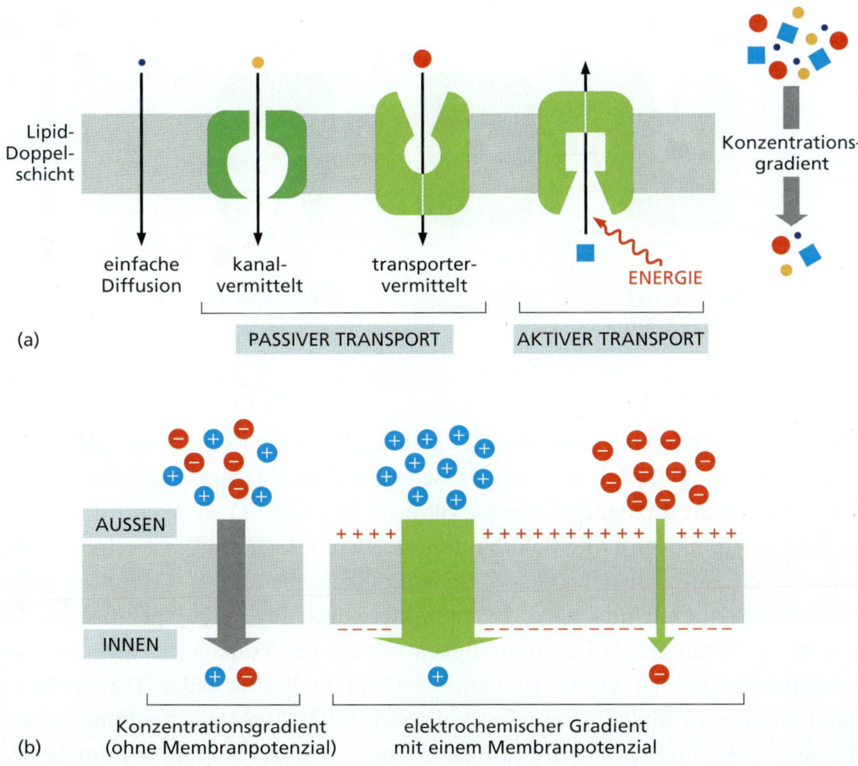

Abb. 11.4 Verschiedene Formen des Membrantransports und der Einfluss der Membran. (a) Der passive Transport in Richtung eines Konzentrationsgradienten (oder eines elektrochemischen Gradienten – siehe b) erfolgt spontan, durch Diffusion entweder direkt durch die Lipid-Doppelschicht oder durch Kanäle oder passive Transporter. Im Gegensatz dazu beinhaltet aktiver Transport den Transport des Soluts entgegen seines Konzentrationsgradienten oder elektrochemischen Gradienten und benötigt daher die Zufuhr von Stoffwechselenergie. (b) Der elektrochemische Gradient eines geladenen Soluts (eines Ions) beeinflusst dessen Transport. Dieser Gradient (*grün*) besteht aus dem Membranpotenzial und dem Konzentrationsgradienten des Soluts. Der elektrische und der chemische Gradient können zusammenwirken und die treibende Kraft eines Ionentransports über die Membran erhöhen (*Mitte*) oder gegeneinander arbeiten (*rechts*).

kleiner Moleküle über die Membran mithilfe von Transportern kann entweder aktiv oder passiv erfolgen, während der Transport über Kanäle immer passiv ist (s. **Abb. 11.4a**).

Zusammenfassung

Lipid-Doppelschichten sind für die meisten polaren Moleküle hochgradig undurchlässig (impermeabel). Um kleine wasserlösliche Moleküle in oder aus Zellen oder intrazellulären membranumschlossenen Kompartimenten zu transportieren, enthalten Zellmembranen verschiedene Membrantransportproteine, von denen jedes einzelne für den Transfer eines bestimmten Soluts oder einer Klasse von Soluten durch die Membran verantwortlich ist. Es gibt zwei Klassen von Membrantransportproteinen: Transporter und Kanäle. Beide bilden durchgängige Proteinwege durch die Lipid-Doppelschicht. Während der Transmembrantransport durch Transporter entweder aktiv oder passiv erfolgt, ist der Solutfluss durch Kanalproteine immer passiv. Der Ionentransport durch eine Membran wird durch den Konzentrationsgradienten des Ions und durch das Membranpotenzial, d. h. durch seinen elektrochemischen Gradienten, beeinflusst.

11.2 Transporter und aktiver Membrantransport

Der Mechanismus, mit dem ein Transporter ein Solutmolekül durch die Lipid-Doppelschicht transportiert, ist mit einer Enzym–Substrat-Reaktion vergleichbar, und vielfach verhalten sich Transporter wie Enzyme ohne Katalysetätigkeit, das heißt im Gegensatz zur gewöhnlichen Enzym–Substrat-Reaktion, wird das transportierte Solut nicht durch den Transporter modifiziert, sondern es wird unverändert auf die andere Seite der Membran geliefert.

Jeder Transporter hat eine oder mehrere spezifische Bindungsstellen für sein Solut (Substrat). Er transportiert das Solut über die Lipid-Doppelschicht, indem er reversiblen Konformationsänderungen unterliegt, die seine Solutbindungsstelle zunächst zur einen,

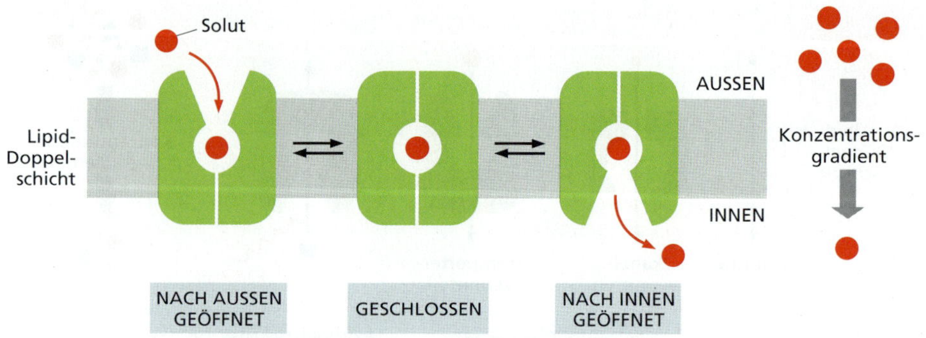

Abb. 11.5 Modell für Konformationsänderungen eines Transporters bei passivem Soluttransport. Der Transporter ist in drei Konformationszuständen dargestellt: Im nach außen geöffneten Zustand sind die Solutbindungsstellen zur Außenseite der Lipid-Doppelschicht gerichtet. Im verschlossenen Zustand sind dieselben Bindungsstellen von beiden Seiten nicht zugänglich, und im nach innen geöffneten Zustand sind die Bindungsstellen nach innen gerichtet. Die Übergänge zwischen den Zuständen erfolgen zufällig. Sie sind vollständig reversibel und unabhängig davon, ob die Solutbindungsstelle besetzt ist oder nicht. Ist die Solutkonzentration im Außenmedium höher als innen, bindet mehr Solut an den Transporter im nach außen geöffneten Zustand als im nach innen geöffneten Zustand; die Folge ist ein Nettotransport des Soluts in Richtung des Konzentrationsgradienten (oder in Richtung des elektrochemischen Gradienten im Falle eines Ions).

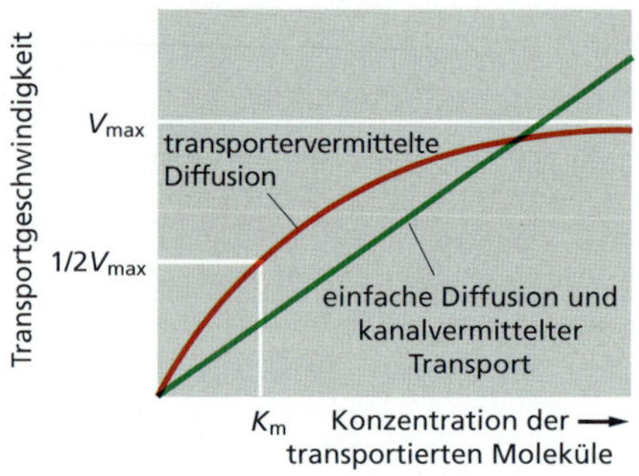

Abb. 11.6 Kinetik der einfachen und der transportervermittelten Diffusion. Während die Geschwindigkeit der einfachen Diffusion und des kanalvermittelten Transports direkt proportional zur Solutkonzentration ist (innerhalb der physikalischen Grenzen, die durch die Gesamtoberfläche oder durch die Gesamtheit der verfügbaren Kanäle festgelegt werden), erreicht die transportervermittelte Diffusion ein Maximum (V_{max}), wenn der Transporter gesättigt ist. Die Konzentration, bei der die halbmaximale Transportgeschwindigkeit erreicht wird, nennt man Bindungskonstante K_m des Transporters zum Solut und ist analog zu K_m eines Enzyms für sein Substrat. Man beachte, dass das Diagramm zwar die Form der Kurven veranschaulicht, ihre absoluten Werte auf der Y-Achse jedoch sehr unterschiedlich sind. Ein typischer Kanal leitet Wasser oder Ionen mit einer Geschwindigkeit von bis zu 10^8 pro Sekunde, während ein typischer Transporter gelöste Stoffe mit Geschwindigkeiten zwischen 10^2 und 10^4 Molekülen pro Sekunde transportiert.

anschließend zur anderen Membranseite richten, aber niemals zu beiden Seiten gleichzeitig. Der Übergang erfolgt über ein Zwischenstadium, in dem das Solut von beiden Seiten der Membran unzugänglich oder verdeckt ist (Abb. 11.5). Wenn der Transporter gesättigt ist (d. h. wenn alle Solutbindungsstellen besetzt sind), ist seine Transportgeschwindigkeit am höchsten. Diese Geschwindigkeit, die als V_{max} (V für lat. *velocitas*, Geschwindigkeit) bezeichnet wird, ist charakteristisch für jeden spezifischen Transporter und ist die maximale Geschwindigkeit mit der der Transporter zwischen seinen Konformationszuständen wechseln kann. Außerdem besitzt jeder Transporter eine charakteristische Affinität für sein Solut, die sich im K_m-Wert der Reaktion widerspiegelt. Dieser K_m-Wert entspricht der Konzentration des Soluts bei halbmaximaler Transportrate (Abb. 11.6). Wie bei Enzymen kann die Bindung des Soluts durch kompetitive Inhibitoren (die mit dem Substrat um dieselbe Bindestelle konkurrieren und vom Transporter entweder transportiert oder nicht transportiert werden) oder durch nichtkompetitive Inhibitoren (die durch Bindung an eine andere Stelle die Struktur des Transporters verändern) gehemmt werden.

Wie wir in Kürze beschreiben werden, ist konzeptionell nur eine relativ kleine Änderung des in Abb. 11.5 gezeigten Mechanismus notwendig, um das Transporterprotein an eine Energiequelle zu koppeln und damit ein Solut gegen seinen elektrochemischen Gradienten zu transportieren. Zellen nutzen drei Hauptmechanismen des aktiven Transports (Abb. 11.7):

1. *Gekoppelte Transporter* nutzen die in Konzentrationsgradienten gespeicherte Energie, um den bergauf gerichteten Transport eines Soluts über die Membran an den bergab gerichteten Fluss eines anderen zu koppeln.
2. *ATP-getriebene Pumpen* koppeln den bergauf gerichteten Transport an die Hydrolyse von ATP.
3. *Licht- oder redoxgetriebene Pumpen*, die man von Bakterien, Archaeen, Mitochondrien und Chloroplasten kennt, koppeln den bergauf gerichteten Transport an die Zufuhr von Lichtenergie. Beispiele sind das Bacteriorhodopsin und das Photosystem II, die in Kapitel 10 bzw. Kapitel 14 beschrieben werden. Sie können den Transport jedoch auch an die Energie einer Redoxreaktion koppeln, wie dies bei der Cytochrom-*c*-Oxidase der Fall ist (s. Kapitel 14).

Vergleiche von Aminosäuresequenzen und dreidimensionalen Strukturen zeigen in vielen Fällen eine starke Ähnlichkeit im molekularen Aufbau von Transporterproteinen, die aktiven Transport katalysieren, mit solchen für passiven Transport. Zum Beispiel sind einige bakterielle Transporter, die die Energie eines H^+-Gradienten über der Plasmamembran zur aktiven Aufnahme von verschiedenen Zuckern nutzen, strukturell sehr ähnlich zu den Transportern, die für den passiven Glukosetransport in den meisten tierischen Zellen verantwortlich sind. Es gibt also eine klare evolutionäre Verwandtschaft

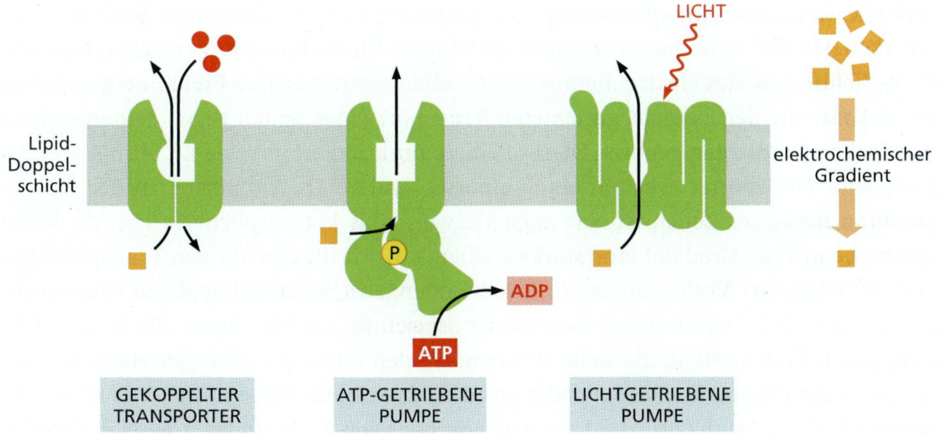

Abb. 11.7 Treibende Kräfte des aktiven Transports. Das aktiv transportierte Molekül ist *orange*, die Energiequelle *rot* markiert. Der redoxgetriebene aktive Transport wird in Kapitel 14 besprochen (s. **Abb. 14.18 und 14.19**).

zwischen verschiedenen Transporterproteinen. Angesichts der Wichtigkeit des Transports kleiner Metabolite durch Membranen für die Zelle ist es nicht verwunderlich, dass die Superfamilie der Transporter groß und evolutionär sehr alt ist.

Wir beginnen die Diskussion des aktiven Membrantransports mit der Betrachtung einer Gruppe von gekoppelten Transporterproteinen, die durch Ionenkonzentrationsgradienten angetrieben werden. Diese Proteine besitzen eine entscheidende Funktion beim Transport kleiner Metabolite durch die Membranen aller Zellen. Später werden ATP-getriebene Pumpen behandelt, einschließlich der Na^+/K^+-Pumpe, die in der Plasmamembran der meisten Tierzellen vorkommt. Beispiele für die dritte Art von aktivem Transport – licht- oder redoxgetriebene Pumpen – werden in Kapitel 14 besprochen.

11.2.1 Aktiver Transport kann durch Ionenkonzentrationsgradienten angetrieben werden

Einige Transporter vermitteln nur passiv die Bewegung eines einzigen Soluts von einer Seite der Membran zur anderen mit einer durch ihre V_{max} und K_m bestimmten Geschwindigkeit. Diese Transporter werden als **Uniporter** bezeichnet. Andere arbeiten als *gekoppelte Transporter*, die den Transfer eines Soluts strikt an den Transport eines zweiten koppeln. Gekoppelter Transport umfasst den gleichzeitigen Transfer eines zweiten Soluts entweder in dieselbe Richtung, dieser wird durch **Symporter** (auch *Kotransporter* genannt) katalysiert, oder in entgegengesetzte Richtung, dieser wird durch **Antiporter** (auch *Austauscher* genannt) katalysiert (**Abb. 11.8**).

Die feste Kopplung des Transports zweier Solute erlaubt es diesen gekoppelten Transportern, die Energie zu nutzen, die im elektrochemischen Gradienten des einen Soluts

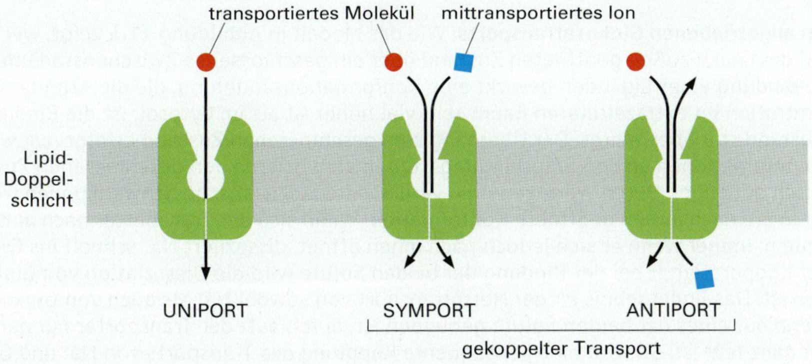

Abb. 11.8 Funktionsweise von Transportern als Uniporter, Symporter und Antiporter.

(typischerweise eines anorganischen Ions) gespeichert ist, um das zweite Solut zu transportieren. Hierbei wird die beim bergab gerichteten Fluss eines anorganischen Ions oder H^+ in Richtung seines elektrochemischen Gradienten freigesetzte Freie Energie als treibende Kraft für den bergauf gerichteten Transport eines Soluts gegen seinen elektrochemischen Gradienten genutzt. Dieses Prinzip funktioniert in beide Richtungen; einige gekoppelte Transporter arbeiten als Symporter, andere als Antiporter. In der Plasmamembran tierischer Zellen ist Na^+ normalerweise das kotransportierte Ion, da dessen elektrochemischer Gradient eine starke treibende Kraft für den aktiven Transport eines zweiten Soluts zur Verfügung stellt. Solche ionengetriebenen gekoppelten Transporter werden auch als *sekundär aktive Transporter* bezeichnet. Die Na^+-Ionen, die während des gekoppelten Transports in die Zelle strömen, werden durch die ATP-getriebene Na^+/K^+-Pumpe in der Plasmamembran wieder aus dem Cytosol herausgepumpt (wie später diskutiert wird), wodurch (aufgrund des Austauschens von K^+ gegen Na^+) der Na^+-Gradient aufrechterhalten wird und indirekt der gekoppelte Transport angetrieben wird. Solche ATP-getriebenen Pumpen vermitteln den als *primär aktiven Transport* bezeichneten Vorgang, da bei diesem Transport die Freie Energie der ATP-Hydrolyse verwendet wird, um den Transport eines Soluts entgegen seines elektrochemischen Gradienten direkt anzutreiben. Die Energie, die in diesem Gradienten gespeichert ist, wird dann benutzt, um den Vorgang des sekundär aktiven Transports in Gang zu setzen.

Darm- und Nierenepithelzellen enthalten beispielsweise eine Vielzahl von Symportern, die durch den Na^+-Gradienten über der Plasmamembran angetrieben werden. Jeder Na^+-getriebene Symporter ist für den Transport einer kleinen Gruppe von verwandten Zuckern oder Aminosäuren in die Zelle spezifisch. Da sich Na^+ bevorzugt in Richtung seines elektrochemischen Gradienten in die Zelle bewegt, „zieht" es den Zucker oder die Aminosäure sozusagen mit sich in die Zelle. Je größer der elektrochemische Na^+-Gradient ist, desto mehr Solut wird in die Zelle transportiert (**Abb. 11.9**). Neurotransmitter (die

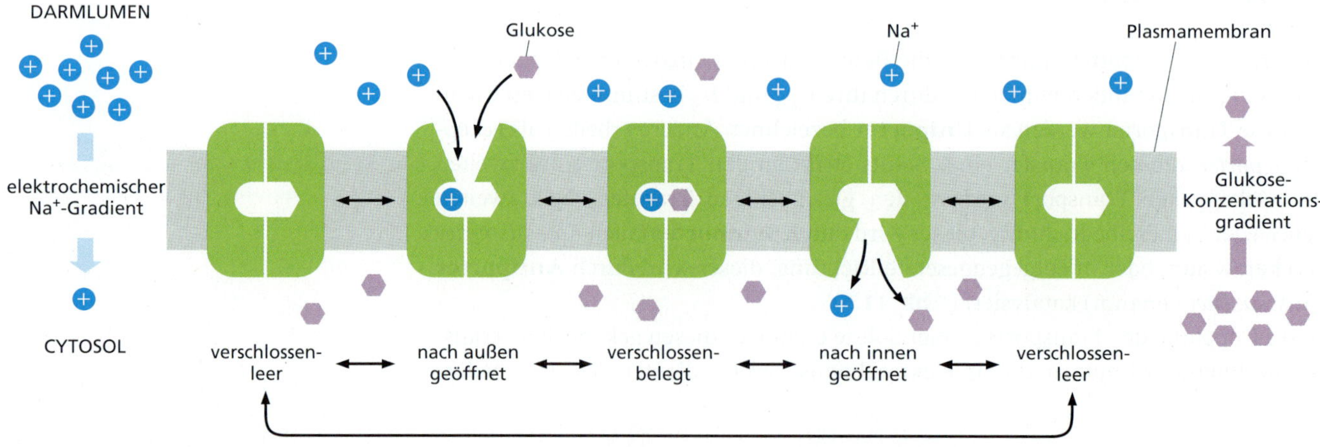

Abb. 11.9 Mechanismus des durch einen Na^+-Gradienten angetriebenen Glukosetransports. Wie das Modell in **Abbildung 11.5** zeigt, wechselt ein Transporter zwischen dem nach innen geöffneten und dem nach außen geöffneten Zustand über ein geschlossenes Zwischenstadium. Die Bindung von Na^+ und Glukose erfolgt kooperativ, d. h. die Bindung eines Liganden bewirkt eine Konformationsänderung, die die Affinität des Proteins zum zweiten Liganden erhöht. Da die Na^+-Konzentration im extrazellulären Raum sehr viel höher ist als im Cytosol, ist die Bindung von Glukose an den Transporter im nach außen geöffneten Zustand stark bevorzugt. Der Übergang zum geschlossenen Zustand erfolgt nur, wenn sowohl Na^+ als auch Glukose gebunden sind. Ihre präzisen Interaktionen an den Solutbindungsstellen stabilisieren den geschlossenen Zustand geringfügig und machen diesen Übergang damit energetisch günstiger. Durch Wärmeenergie verursachte stochastische Schwankungen treiben den Transporter zufällig in die nach innen geöffnete oder in die nach außen geöffnete Konformation. Wenn sich der Transporter nach außen öffnet, ist nichts passiert und der Prozess beginnt von neuem. Immer wenn er sich jedoch nach innen öffnet, dissoziiert Na^+ schnell ins Cytosol, wo eine geringe Na^+-Konzentration vorliegt. Aufgrund der Kooperativität bei der Bindung der beiden Solute wird die Dissoziation von Glukose gleichermaßen gesteigert, wenn Na^+ nicht mehr gebunden ist. Das Endergebnis ist der Nettotransport von sowohl Na^+ als auch von Glukose in die Zelle. Da der geschlossene Zustand nicht entsteht, wenn nur eines der beiden Solute gebunden ist, durchläuft der Transporter nur dann eine Konformationsänderung, wenn er vollständig belegt oder ganz leer ist. So wird eine konsequente Kopplung des Transports von Na^+ und Glukose sichergestellt.

von Nervenzellen freigesetzt werden, um an Synapsen Signale zu übertragen, wie wir später diskutieren werden) werden durch Na^+-Symporter nach ihrer Freisetzung wieder aufgenommen. Dies beendet zum einen ihre Signalweiterleitung an postsynaptische Zellen und führt zum anderen zum Recycling der Neurotransmitter zur Wiederverwendung. Diese Neurotransmitter-Transporter sind wichtige Ansatzpunkte für Medikamente. Stimulanzien wie Kokain und Antidepressiva hemmen sie und verlängern so die Signalwirkung der Neurotransmitter, da diese nicht effizient entfernt werden.

Trotz ihrer großen Vielfalt besitzen Transporter gemeinsame strukturelle Eigenschaften, über die sich ihre Funktion und ihre Evolution erklären lassen. Transporter entstehen typischerweise aus Bündeln von 10 oder mehr α-Helices, die die Membran durchspannen. Solut- und Ionenbindungsstellen befinden sich mitten in der Membran, wo einige Helices gebrochen oder deformiert sind und Aminosäure-Seitenketten und Atome im Polypeptidrückgrat Ionen- und Solutbindungsstellen bilden. Sowohl in der nach innen geöffneten als auch in der nach außen geöffneten Konformation sind diese Bindungsstellen über Gänge von einer Seite der Membran, aber nicht von der anderen Seite zugänglich. Wenn es zwischen den beiden Konformationen umschaltet, nimmt das Transporterprotein vorübergehend eine geschlossene Konformation an. In diesem Zustand sind beide Zugänge geschlossen. Dies verhindert, dass das antreibende Ion bzw. das transportierte Solut die Membran jeweils allein überquert, was den Energiespeicher der Zelle umsonst aufbrauchen würde. Da nur Transporter, deren beide Bindungsstellen korrekt beladen sind, ihre Konformation ändern, ist eine enge Kopplung von Ionen- und Soluttransport sichergestellt.

Wie Enzyme können Transporter auch in umgekehrter Richtung arbeiten, wenn die Ionen- und Solutgradienten im Experiment entsprechend eingestellt werden. Diese chemische Symmetrie spiegelt sich in ihrer physikalischen Struktur wider. Proteinstruktur-Analysen haben ergeben, dass viele Transporter aus umgekehrten Wiederholungen (engl. *inverted repeats*) aufgebaut sind: Die Packung der transmembranen α-Helices in einer Hälfte des Helixbündels ähnelt strukturell der Packung in der anderen Hälfte. Die beiden Hälften sind in der Membran jedoch seitenverkehrt zueinander. Man bezeichnet Transporter daher als pseudosymmetrisch, und die Gänge, die sich auf beiden Seiten der Membran öffnen und schließen, besitzen eine sehr ähnliche Geometrie, was den alternierenden Zugang zu den Ionen- und Solutbindungsstellen im Zentrum ermöglicht (**Abb. 11.10**). Man vermutet, dass die beiden Hälften durch Genduplikation eines kleineren Vorläuferproteins entstanden sind.

Auch einige andere bedeutende Membrantransportproteine sind aus umgekehrten Wiederholungen aufgebaut. Beispiele dafür sind Kanalproteine wie der Aquaporin-Wasserkanal

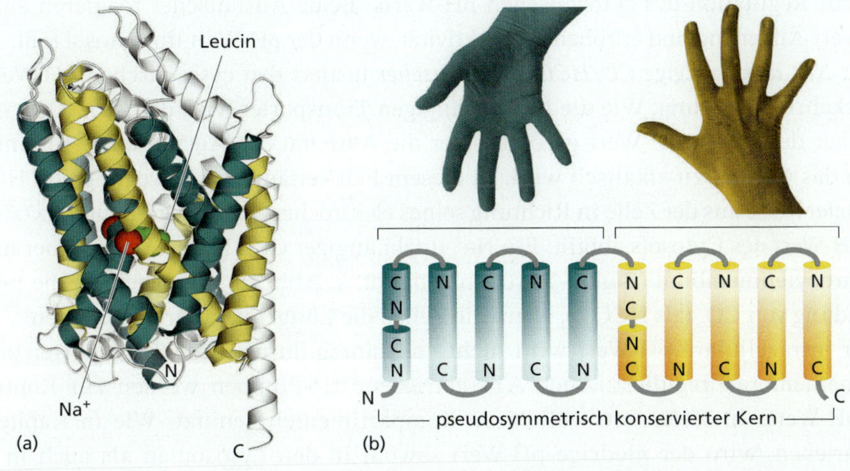

Abb. 11.10 Transporter sind aus umgekehrten Wiederholungen (*inverted repeats*) aufgebaut. (a) Dargestellt ist LeuT, ein bakterieller Leucin/Na^+-Symporter, der mit humanen Neurotransmitter-Transportern wie dem Serotonin-Transporter verwandt ist. Das Kernstück des Transporters ist aus zwei Bündeln aufgebaut, von denen jedes aus fünf α-Helices besteht (*blau* und *gelb*). Bei den *hellgrau* dargestellten Helices handelt es sich um Ergänzungen zur konservierten Kernstruktur, die sich bei den Mitgliedern dieser Transporterfamilie unterscheiden. Man nimmt an, dass sie regulatorische Aufgaben erfüllen, die spezifisch für einen bestimmten Transporter sind. (b) Beide Kernhelixbündel sind in einer ähnlichen Anordnung gepackt, aber das zweite Bündel ist seitenverkehrt gegenüber dem ersten Bündel (dargestellt als zwei rechte Hände, wobei die unterbrochenen Helices die Daumen sind). Die strukturelle Pseudosymmetrie des Transporters spiegelt seine funktionelle Symmetrie wider.
Der Transporter kann in jede Richtung arbeiten, abhängig von der Richtung des Ionengradienten. (a, PDB-Code: 3F3E).

(auf den wir später eingehen werden) und der Sec61-Kanal, durch den entstehende Polypeptide in das Endoplasmatische Reticulum wandern (s. Kapitel 12). Man vermutet, dass sich diese Kanäle aus gekoppelten Transportern, die ihre Steuerfunktion verloren haben, entwickelt haben. So können sie gleichzeitig zu beiden Seiten der Membran hin geöffnet sein und einen kontinuierlichen Weg über die Membran bereitstellen.

In Bakterien, Hefen und Pflanzen sowie in vielen membranumschlossenen Organellen von tierischen Zellen werden die meisten ionengetriebenen aktiven Transportsysteme eher durch einen H^+- als durch einen Na^+-Gradienten getrieben. Dies spiegelt sich in der zahlenmäßigen Überlegenheit von H^+-Pumpen in diesen Membranen wider. Der elektrochemische H^+-Gradient über die bakterielle Plasmamembran treibt z. B. den aktiven Transport vieler Zucker und Aminosäuren in die Zelle hinein an.

11.2.2 Transporterproteine in der Plasmamembran regulieren den cytosolischen pH-Wert

Die meisten Proteine arbeiten nur bei einem bestimmtem pH-Wert optimal. Lysosomale Enzyme funktionieren beispielsweise am besten bei niedrigem pH-Wert (ca. 5), wie man ihn in Lysosomen findet, während cytosolische Enzyme am besten nahe dem neutralen pH-Wert (ca. 7,2) arbeiten, der dem im Cytosol entspricht. Es ist daher für die Zelle von besonderer Bedeutung, den pH-Wert der intrazellulären Kompartimente zu kontrollieren.

Die meisten Zellen haben einen oder mehrere verschiedene Na^+-getriebene Antiporter in ihrer Plasmamembran, die helfen, den cytosolischen pH-Wert bei etwa 7,2 zu halten. Diese Transporter nutzen die im Na^+-Gradienten gespeicherte Energie, um überschüssige H^+-Ionen, die entweder unspezifisch in die Zelle sickern oder in der Zelle durch Säure produzierende Reaktionen gebildet werden, aus der Zelle zu pumpen. Dazu dienen zwei Mechanismen: Entweder wird direkt H^+ aus der Zelle transportiert oder HCO_3^- wird in die Zelle gebracht, um H^+ im Cytosol zu neutralisieren (gemäß der Reaktion $HCO_3^- + H^+ \rightarrow H_2O + CO_2$). Einer dieser Antiporter, die den ersten Mechanismus nutzen, ist der *Na^+/H^+-Austauscher*, der den Einstrom von Na^+ an die Ausscheidung von H^+ koppelt. Ein Transporter, der eine Kombination der beiden beschriebenen Mechanismen nutzt, ist der *Na^+-getriebene Cl^-/HCO_3^--Austauscher*, der den Einstrom von Na^+ und HCO_3^- an den Efflux von Cl^- und H^+ koppelt (sodass $NaHCO_3$ in die Zelle gelangt und HCl aus ihr heraustransportiert wird). Der Na^+-getriebene Cl^-/HCO_3^--Austauscher ist doppelt so wirksam wie der Na^+/H^+-Austauscher: Er pumpt ein H^+ aus der Zelle und neutralisiert gleichzeitig ein anderes mit jedem in die Zelle transportierten Na^+. Wenn – wie in der Regel – HCO_3^- zur Verfügung steht, ist dieser Antiporter das wichtigste Transporterprotein zur Regulation des cytosolischen pH-Werts. Beide Austauscher reagieren auf die pH-Wert-Änderung und erhöhen ihre Aktivität, wenn der pH-Wert im Cytosol fällt.

Der *Na^+-unabhängige Cl^-/HCO_3^--Austauscher* justiert den cytosolischen pH-Wert in umgekehrter Richtung. Wie die Na^+-abhängigen Transporter wird der Cl^-/HCO_3^--Austauscher durch den pH-Wert geregelt, aber die Aktivität des Austauschers nimmt zu, wenn das Cytosol zu alkalisch wird. In diesem Fall verläuft die Bewegung von HCO_3^- normalerweise aus der Zelle in Richtung seines elektrochemischen Gradienten, wodurch der pH-Wert des Cytosols abfällt. Ein Na^+-unabhängiger Cl^-/HCO_3^--Austauscher in der Erythrocytenmembran (Bande-3-Protein genannt; s. **Abb. 10.38**) erleichtert die rasche Entladung von CO_2 (als HCO_3^-), wenn die Zellen die Lungenkapillaren passieren.

Der intrazelluläre pH-Wert wird nicht vollständig durch diese Transporter in der Plasmamembran reguliert: Auch ATP-getriebene H^+-Pumpen werden zur Kontrolle des pH-Werts in vielen intrazellulären Kompartimenten genutzt. Wie in Kapitel 13 beschrieben, wird der niedrige pH-Wert sowohl in den Lysosomen als auch in den

Endosomen und den sekretorischen Vesikeln durch solche H^+-Pumpen aufrechterhalten, die die Energie aus der Hydrolyse von ATP nutzen, um H^+ aus dem Cytosol in diese sauren Organellen zu transportieren. Ein Vorteil der Verwendung von elektrochemischen H^+-Gradienten zum Antrieb interzellulärer Transportvorgänge liegt darin, dass sie schnell verschwinden und auch wieder aufgebaut werden können, was mehr Möglichkeiten zum An- und Abschalten der Transportreaktionen bietet. Um einen elektrochemischen H^+-Gradienten mit ähnlicher Energie wie der Na^+-Gradient an der Plasmamembran aufzubauen, müssen weit weniger H^+-Ionen bewegt werden. Der Grund dafür liegt darin, dass die H^+-Konzentration viele Größenordnungen kleiner (0,1 µM bei pH 7) ist als die von Na^+ und K^+.

11.2.3 Der Transport von Soluten zwischen Zellen ist auf eine asymmetrische Verteilung von Transportern in den Epithelzellen zurückzuführen

In Epithelzellen, beispielsweise in denen, die Nahrung im Darm resorbieren, sind Transporterproteine ungleichmäßig zwischen apikaler und basolateraler Plasmamembran verteilt und tragen so zum **transzellulären Transport** aufgenommener (resorbierter) Solute bei. Durch die Arbeit der Transporter in diesen Zellen werden Solute durch die Epithelzellschicht in die extrazelluläre Flüssigkeit befördert, von wo sie ins Blut gelangen. Wie in **Abbildung 11.11** gezeigt, transportieren Na^+-gekoppelte Symporter in der apikalen (absorptiven) Domäne der Plasmamembran aktiv Nahrungsmoleküle in die Zelle und bauen dadurch erhebliche Konzentrationsgradienten dieser Solute über die Plasmamembran auf. Uniporter in den basalen und lateralen (basolateralen) Domänen erlauben es den Nährstoffen, die Zelle passiv ihren Konzentrationsgradienten folgend zu verlassen, um in den Blutkreislauf zur Verwendung im restlichen Körper zu gelangen.

Abb. 11.11 Transzellulärer Transport. Der Transport von Glukose über eine Darmepithelzelle ist abhängig von der ungleichmäßigen Verteilung der Transportproteine in der zellulären Plasmamembran. Der hier gezeigte Prozess führt zu einem Transport von Glukose aus dem Darmlumen in die extrazelluläre Flüssigkeit (von wo sie ins Blut aufgenommen wird). Durch die apikale Domäne der Membran wird Glukose von einem Na^+-getriebenen Symporter in die Zelle transportiert (s. **Abb. 11.9**). Anschließend verlässt die Glukose die Zelle in Richtung des Konzentrationsgradienten durch passiven Transport über einen Glukose-Uniporter in der basalen und lateralen Membran. Der Na^+-Gradient, der den Glukosesymport treibt, wird durch eine Na^+/K^+-Pumpe in der basalen und lateralen Membran aufrechterhalten, die die zellinterne Na^+-Konzentration niedrig hält. Benachbarte Zellen sind miteinander über undurchlässige *Tight Junctions* verbunden, die im beschriebenen Transportprozess zwei Funktionen haben: Sie verhindern, dass Solute das Epithel zwischen den Zellen überqueren, und stellen damit sicher, dass ein Glukose-Konzentrationsgradient über die Zellschicht aufrechterhalten werden kann (s. **Abb. 19.19**); außerdem dienen sie als Diffusionsbarrieren innerhalb der Plasmamembran, die dafür sorgen, dass die Transporter auf ihre jeweiligen Membrandomänen beschränkt bleiben (s. **Abb. 10.34**). (Transmissionselektronenmikroskopische Aufnahme von Dennis Kunkel, Science Source).

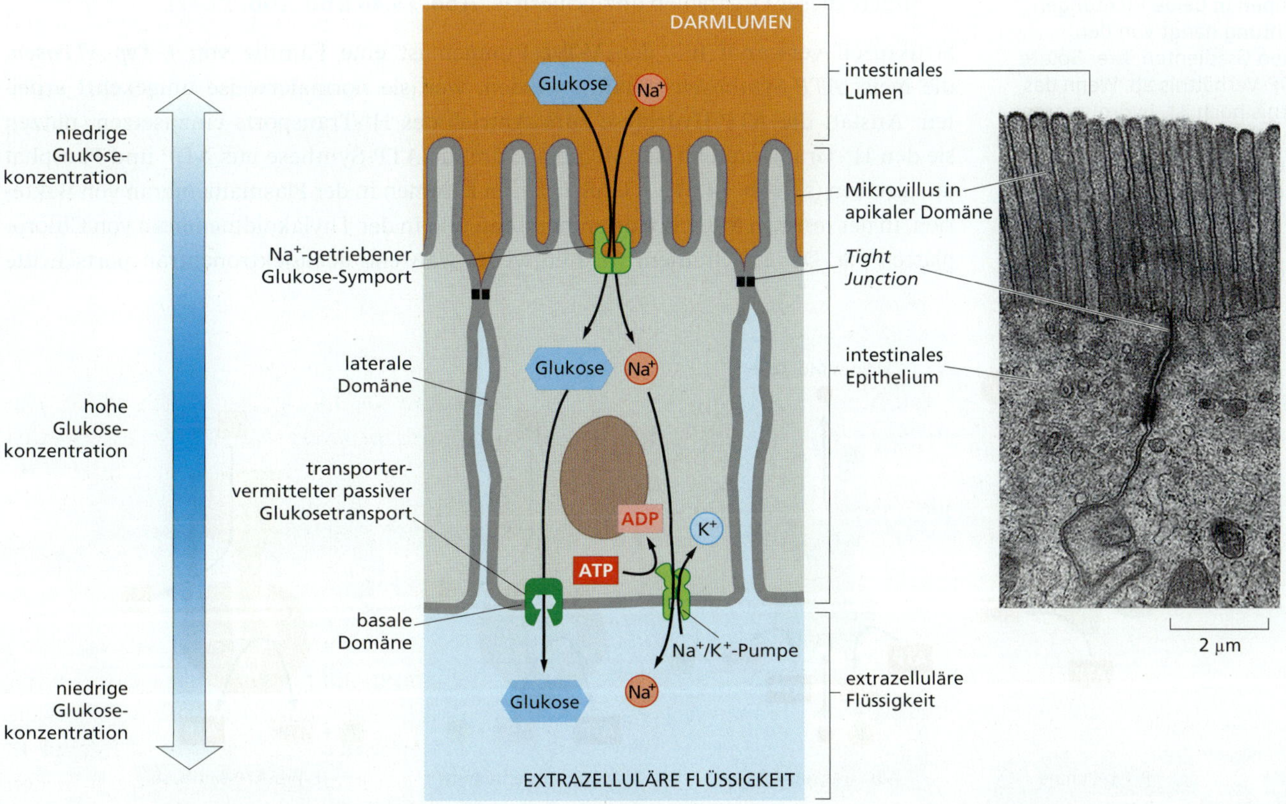

In vielen dieser Epithelzellen ist die Fläche der Plasmamembran durch die Bildung Tausender von Mikrovilli, die sich als dünne, fingerförmige Auswüchse von der apikalen Oberfläche erstrecken, stark erhöht. Derartige Mikrovilli können die gesamte Resorptionsfläche der Zelle mehr als 25-fach erhöhen und steigern so ihre Transportkapazitäten.

Wie beschrieben, spielen Ionengradienten eine entscheidende Rolle beim Antreiben vieler lebenswichtiger Transportprozesse in Zellen. Ionenpumpen, die ihre Energie aus der Hydrolyse von ATP gewinnen, errichten diese Gradienten und erhalten sie aufrecht, was als Nächstes diskutiert wird.

11.2.4 Es gibt drei Klassen ATP-getriebener Pumpen

ATP-getriebene Pumpen heißen oft *Transport-ATPasen*, weil sie ATP zu ADP und Phosphat hydrolysieren und die freigesetzte Energie zum Pumpen von Ionen oder anderen gelösten Stoffen durch die Membran verwenden. Es gibt drei Hauptklassen ATP-getriebener Pumpen (**Abb. 11.12**), und Vertreter jeder Klasse kommen in allen pro- und eukaryotischen Zellen vor.

1. **P-Typ-Pumpen** sind strukturell und funktionell verwandte Mehrpfad-Transmembranproteine. Sie heißen deshalb „P-Typ", weil sie sich während des Pumpzyklus selbst phosphorylieren. Zu dieser Klasse gehören viele der Ionenpumpen, die für die Errichtung und Aufrechterhaltung von Na^+-, K^+-, H^+- und Ca^{2+}-Gradienten über die Zellmembranen verantwortlich sind.
2. **ABC-Transporter** (Transporter mit ATP-bindender Kassette, engl. *ATP-binding cassette transporter*) unterscheiden sich strukturell von P-Typ-ATPasen und pumpen vorwiegend kleine organische Moleküle über Zellmembranen.
3. Die **V-Typ-Pumpen** sind turbinenartige, aus vielen Untereinheiten aufgebaute Proteinmaschinen. Die V-Typ-Protonenpumpe transportiert H^+ in Organellen wie Lysosomen, synaptische Vesikel und Pflanzen- oder Hefevakuolen (V = vakuolar), um das Innere dieser Organellen anzusäuern (s. **Abb. 13.46 und Abb. 13.47**).

Strukturell verwandt mit den V-Typ-Pumpen ist eine Familie von *F-Typ-ATPasen*, die meist *ATP-Synthasen* genannt werden, weil sie normalerweise umgekehrt arbeiten: Anstatt die ATP-Hydrolyse zum Antrieb des H^+-Transports einzusetzen, nutzen sie den H^+-Gradienten an der Membran, um die ATP-Synthese aus ADP und Phosphat anzutreiben (s. **Abb. 14.31**). ATP-Synthasen kommen in der Plasmamembran von Bakterien, in der inneren Mitochondrienmembran und in der Thylakoidmembran von Chloroplasten vor. Der H^+-Gradient wird entweder während der Elektronentransportschritte

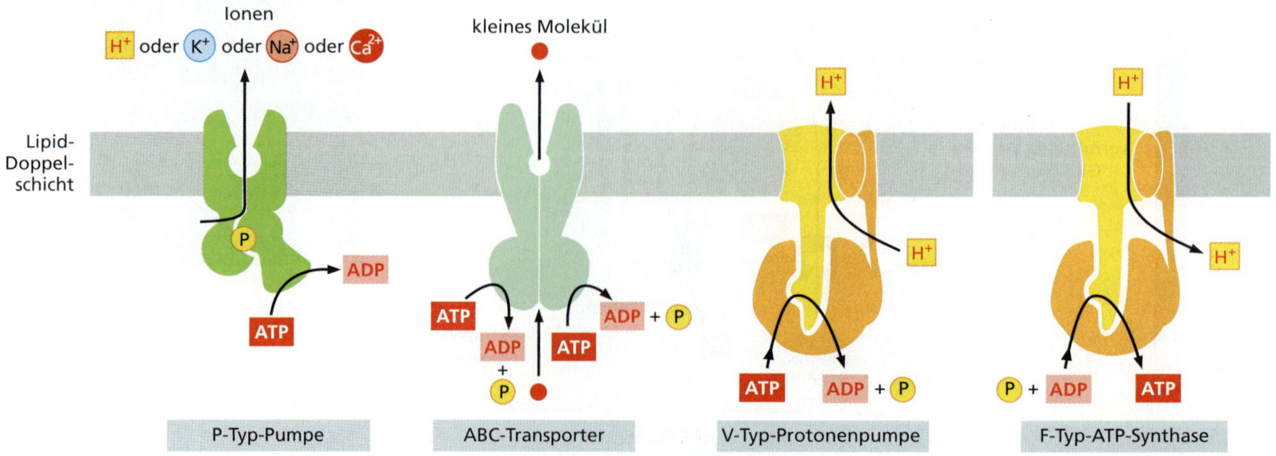

Abb. 11.12 Drei Arten ATP-getriebener Pumpen. Wie jedes Enzym, können alle ATP-getriebenen Pumpen in beide Richtungen arbeiten. Die Richtung hängt von den elektrochemischen Gradienten ihrer Solute und vom ATP/ADP-Verhältnis ab. Wenn das ATP/ADP-Verhältnis hoch ist, hydrolysieren sie ATP, wenn das ATP/ADP-Verhältnis niedrig ist, können sie aus ADP ATP synthetisieren. Die F-Typ-ATPasen in Mitochondrien und Chloroplasten arbeiten normalerweise in diesem „Rückwärtsmodus", um den Großteil des ATP der Zelle zu bilden.

der oxidativen Phosphorylierung (in aeroben Bakterien und Mitochondrien), während der Photosynthese (in Chloroplasten) oder durch die lichtgetriebene H^+-Pumpe (Bacteriorhodopsin) in *Halobacterium* angetrieben. Wir besprechen diese Proteine im Detail in Kapitel 14.

Im restlichen Kapitelteil konzentrieren wir uns auf P-Typ-Pumpen und ABC-Transporter.

11.2.5 Eine P-Typ-ATPase pumpt Ca^{2+} in das Sarkoplasmatische Reticulum in Muskelzellen

Eukaryotische Zellen halten angesichts der sehr hohen extrazellulären Ca^{2+}-Konzentrationen (~10^{-3} M) im Cytosol äußerst niedrige Konzentrationen von freiem Ca^{2+} aufrecht (~10^{-7} M). Selbst ein kleiner Einstrom von Ca^{2+} erhöht so die Konzentration von freiem Ca^{2+} im Cytosol signifikant, und der Fluss des Ca^{2+} bergab seines steilen Konzentrationsgradienten als Antwort auf extrazelluläre Signale ist eine Möglichkeit, um diese Signale schnell über die Plasmamembran zu übertragen (s. Kapitel 15). Die Aufrechterhaltung eines steilen Ca^{2+}-Gradienten an der Plasmamembran ist deshalb für die Zelle von besonderer Bedeutung. Ca^{2+}-Transporter, die aktiv Ca^{2+} aus dem Cytosol heraustransportieren, halten den Gradienten aufrecht. Einer von diesen ist die P-Typ-Ca^{2+}-ATPase, ein anderer ist ein Antiporter, der *Na^+/Ca^{2+}-Austauscher*, der durch den elektrochemischen Na^+-Gradienten angetrieben wird (s. Kapitel 15).

Die **Ca^{2+}-Pumpe** oder **Ca^{2+}-ATPase** in der Membran des *Sarkoplasmatischen Reticulums* (SR) des Skelettmuskels ist eine gut verstandene P-Typ-Transport-ATPase. Das SR ist ein spezialisierter Typ des Endoplasmatischen Reticulums, das ein Netzwerk von röhrenförmigen Säcken im Cytoplasma der Muskelzelle bildet und als intrazellulärer Ca^{2+}-Speicher dient. Wenn ein Aktionspotenzial die Plasmamembran der Muskelzelle depolarisiert, fließt Ca^{2+} durch *Ca^{2+}-freisetzende Kanäle* aus dem SR ins Cytosol und stimuliert dadurch die Kontraktion des Muskels, wie in Kapitel 15 und 16 beschrieben wird. Die Ca^{2+}-Pumpe, die etwa 90 % des Membranproteins dieses Organells ausmacht, befördert Ca^{2+} aus dem Cytosol ins SR zurück. Das Endoplasmatische Reticulum nichtmuskulärer Zellen speichert auch Ca^{2+} unter Verwendung eines eng verwandten Ca^{2+}-Transporters und Ca^{2+}-freisetzender Kanäle.

Enzymatische Untersuchungen und Analysen der dreidimensionalen Strukturen von Transportzwischenprodukten der Ca^{2+}-Pumpe des SR und verwandter Pumpen haben den molekularen Mechanismus von P-Typ-Transport-ATPasen im Detail aufgedeckt. Sie haben alle eine ähnliche Struktur. Sie enthalten 10 membrandurchspannende α-Helices, die mit drei cytosolischen Domänen verbunden sind (**Abb. 11.13**). In der Ca^{2+}-Pumpe bilden Aminosäure-Seitenketten, die aus den Transmembran-Helices herausragen, zwei zentral positionierte Ca^{2+}-Bindungsstellen. Wie in **Abbildung 11.14** dargestellt, sind diese Bindungsstellen im ATP-gebundenen, nicht phosphorylierten Zustand der Pumpe nur von der Cytosolseite der SR-Membran aus zugänglich. Die Bindung von Ca^{2+} löst eine Reihe von Konformationsänderungen aus, die den Durchgang ins Cytosol verschließen und eine Phosphatübertragungsreaktion aktivieren, bei der das endständige Phosphat des ATP auf ein Aspartat übertragen wird, das bei allen P-Typ-ATPasen konserviert ist. Das ADP löst sich dann ab und wird durch ein neues ATP ersetzt. Das hat eine weitere Konformationsänderung zur Folge, die einen Durchgang in das Lumen des SR öffnet, durch den die beiden Ca^{2+}-Ionen durchtreten. Sie werden durch zwei H^+-Ionen und ein Wassermolekül ersetzt, die die leeren Ca^{2+}-Bindungsstellen stabilisieren und den Durchgang in das SR-Lumen schließen, indem sie die Pumpe in die verschlossene Konformation umschalten. Hydrolyse der labilen Phosphoryl–Aspartat-Bindung öffnet den Durchgang ins Cytosol. H^+ wird bei der Öffnung des Durchgangs zum Cytosol

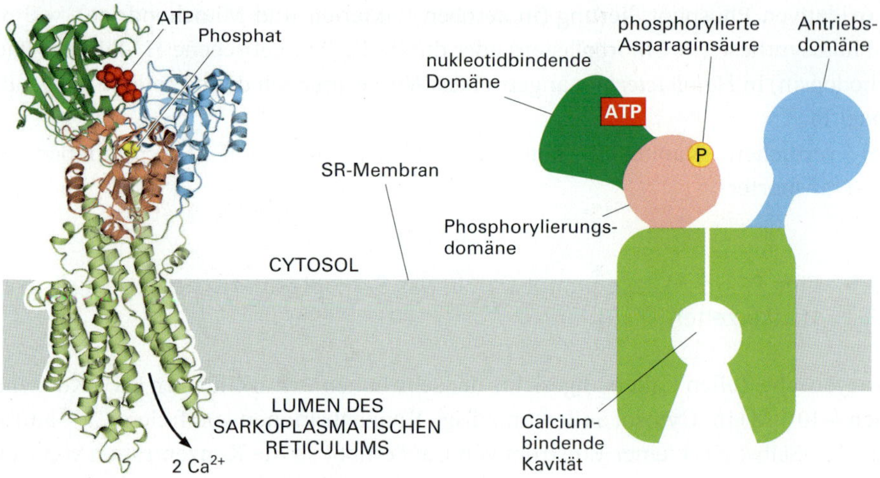

Abb. 11.13 Die Struktur der Ca^{2+}-Pumpe des Sarkoplasmatischen Reticulums. Das Bändermodell (*links*) aus röntgenkristallographischen Analysen zeigt die Pumpe in ihrem phosphorylierten, ATP-gebundenen Zustand. Die drei globulären cytosolischen Domänen der Pumpe – die nukleotidbindende Domäne (*dunkelgrün*), die Antriebsdomäne (*blau*) und die Phosphorylierungsdomäne (*rosa*) (*rechts* auch schematisch dargestellt) – durchlaufen eine dramatische Konformationsänderung während des Pumpzyklus. Diese Konformationsänderungen verändern wiederum die Anordnung der transmembranen Helices, wodurch die Freisetzung des Ca^{2+} von den Bindungsstellen in das Lumen des SR ermöglicht wird. (PDB-Code: 3B9B).

freigesetzt, wodurch sie wieder in die ursprüngliche Konformation zurückkehrt und der Kreislauf von neuem beginnt. Die vorübergehende Selbstphosphorylierung der Pumpe während des Zyklus ist ein wesentliches Merkmal aller P-Typ-Pumpen.

11.2.6 Die Na^+/K^+-Pumpe der Plasmamembran errichtet an der Plasmamembran Na^+- und K^+-Gradienten

Typischerweise ist die K^+-Konzentration innerhalb von Zellen 10- bis 30-mal höher als außerhalb, wogegen das Verhältnis für Na^+ umgekehrt ist (s. Tab. 11.1). Diese Konzentrationsunterschiede werden durch die **Na^+/K^+-Pumpe**, oder **Na^+/K^+-ATPase**, die in der Plasmamembran praktisch aller tierischen Zellen vorkommt, aufrechterhalten. Wie die Ca^{2+}-Pumpe gehört auch die Na^+/K^+-Pumpe zur Familie der P-Typ-ATPasen und

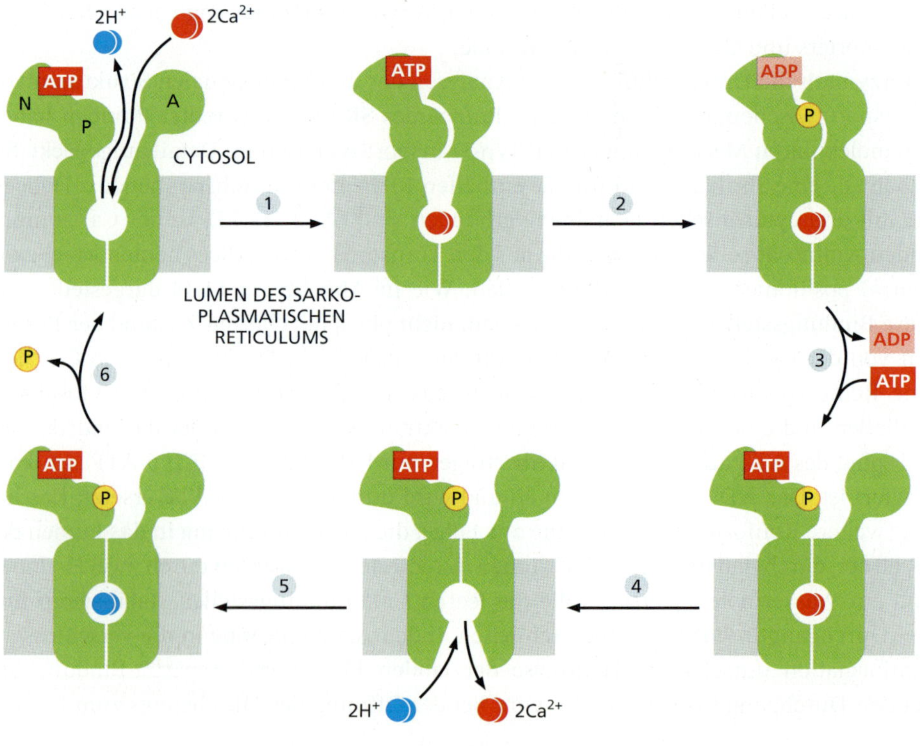

Abb. 11.14 Pumpzyklus der Ca^{2+}-Pumpe des Sarkoplasmatischen Reticulums. Das Pumpen der Ionen erfolgt über eine Reihe von aufeinanderfolgenden Konformationänderungen. Während dieser Konformationsänderungen sind die drei cytosolischen Domänen der Pumpe (die nukleotidbindende Domäne [N], die Phosphorylierungsdomäne [P] und die Antriebsdomäne [A]) mechanisch an die Bewegungen der transmembranen α-Helices gekoppelt. Die Helixbewegung öffnet und schließt die Durchgänge, durch die Ca^{2+} vom Cytosol aus eintritt und an die beiden zentral platzierten Ca^{2+}-Bindungsstellen bindet. Die beiden Ca^{2+}-Moleküle treten dann in das Lumen des SR aus und werden durch zwei H^+ ersetzt, die in die entgegengesetzte Richtung transportiert werden. Die ionenabhängige Phosphorylierung (Ca^{2+} und H^+ im Falle der Ca^{2+}-Pumpe des SR) und Dephosphorylierung von Asparaginsäure sind universell konservierte Schritte im Reaktionszyklus aller P-Typ-Pumpen: Sie sind dafür verantwortlich, dass die Konformationsübergänge ordnungsgemäß ablaufen, und ermöglichen, dass die Proteine nützliche Arbeit leisten. (Verändert nach C. Toyoshima *et al.*, *Nature* 432: 361–368, 2004 und J. V. Møller *et al.*, *Quart. Rev. Biophys.* 43: 501–566, 2010).

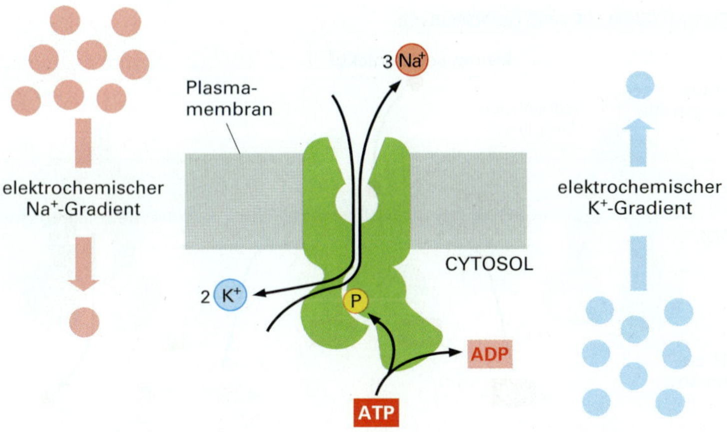

Abb. 11.15 Die Funktion der Na^+/K^+-Pumpe. Diese P-Typ-ATPase pumpt aktiv entgegen ihrer jeweiligen elektrochemischen Gradienten Na^+ aus der Zelle heraus und K^+ in die Zelle hinein. Sie ist strukturell eng mit der Ca^{2+}-ATPase verwandt, unterscheidet sich jedoch hinsichtlich ihrer Ionenselektivität: Für jedes ATP-Molekül, das von der Pumpe hydrolysiert wird, werden drei Na^+-Ionen nach außen und zwei K^+-Ionen nach innen gepumpt. Wie bei der Ca^{2+}-Pumpe wird während des Pumpzyklus ein Aspartat phosphoryliert und dephosphoryliert.

arbeitet als ATP-getriebener Antiporter, der aktiv Na^+ gegen seinen steilen elektrochemischen Gradienten aus der Zelle und K^+ in die Zelle hineintransportiert (**Abb. 11.15**).

Wir erwähnten früher, dass der von der Na^+/K^+-Pumpe aufgebaute Na^+-Gradient den Transport der meisten Nährstoffe in tierische Zellen antreibt und eine lebenswichtige Funktion bei der Regulation des cytosolischen pH-Werts hat. Fast ein Drittel des Energiebedarfs einer typischen Tierzelle wird zum Antrieb dieses Transporters genutzt, und die Pumpe verbraucht sogar noch mehr Energie in Nervenzellen und in Zellen, die nur für Transportprozesse da sind, wie z. B. die Zellen, die die Nierentubuli bilden.

Da die Na^+/K^+-Pumpe jeweils drei positiv geladene Ionen aus der Zelle transportiert, wenn zwei Ionen in die Zelle fließen, arbeitet sie *elektrogen*. Sie treibt einen elektrischen Nettostrom über die Membran und baut so ein elektrisches Potenzial mit einem relativ zur Außenseite negativ geladenen Zellinneren auf. Dieser elektrogene Effekt der Pumpe trägt jedoch selten mehr als 10 % direkt zum Membranpotenzial bei. Die verbleibenden 90 % sind, wie später diskutiert wird, nur indirekt von der Na^+/K^+-Pumpe abhängig.

11.2.7 ABC-Transporter bilden die größte Familie von Membrantransportproteinen

Der letzte hier beschriebene Typ von Transporterproteinen ist die Familie von **ABC-Transportern**, die ihren Namen daher haben, dass jeder Vertreter zwei hoch konservierte ATP-Domänen oder ATP-bindende „Kassetten" (engl. *ATP-binding cassettes*) auf der cytosolischen Seite der Membran enthält. Die Bindung von ATP bringt die beiden ATPase-Domänen zusammen und die ATP-Hydrolyse führt zu ihrer Dissoziation (**Abb. 11.16**). Diese Bewegungen der cytosolischen Domänen werden auf die Transmembransegmente übertragen und treiben die Zyklen der Konformationsänderungen, die abwechselnd Solutbindungsstellen erst auf der einen Seite der Membran, dann auf der anderen Seite zugänglich machen. Dies ist auch von anderen Transportern bekannt. So sammeln ABC-Transporter die Energie, die durch ATP-Bindung und Hydrolyse freigesetzt wird, um den Transport von Soluten über die Doppelschicht anzutreiben. Der Transport ist nach innen oder außen gerichtet, abhängig von der Konformationsänderung an der Solutbindungsstelle, die an die ATP-Hydrolyse gekoppelt ist (s. **Abb. 11.16**).

ABC-Transporter stellen die größte Familie der Membrantransportproteine dar und haben große klinische Bedeutung. Das zuerst charakterisierte Protein dieser Familie wurde in Bakterien entdeckt. Wie bereits erwähnt, enthält die Cytoplasmamembran aller Bakterien Transporterproteine, die den H^+-Gradienten über der Membran zum aktiven Transport einer Vielzahl von Nährstoffen in die Zelle nutzen. Bakterien nutzen außerdem

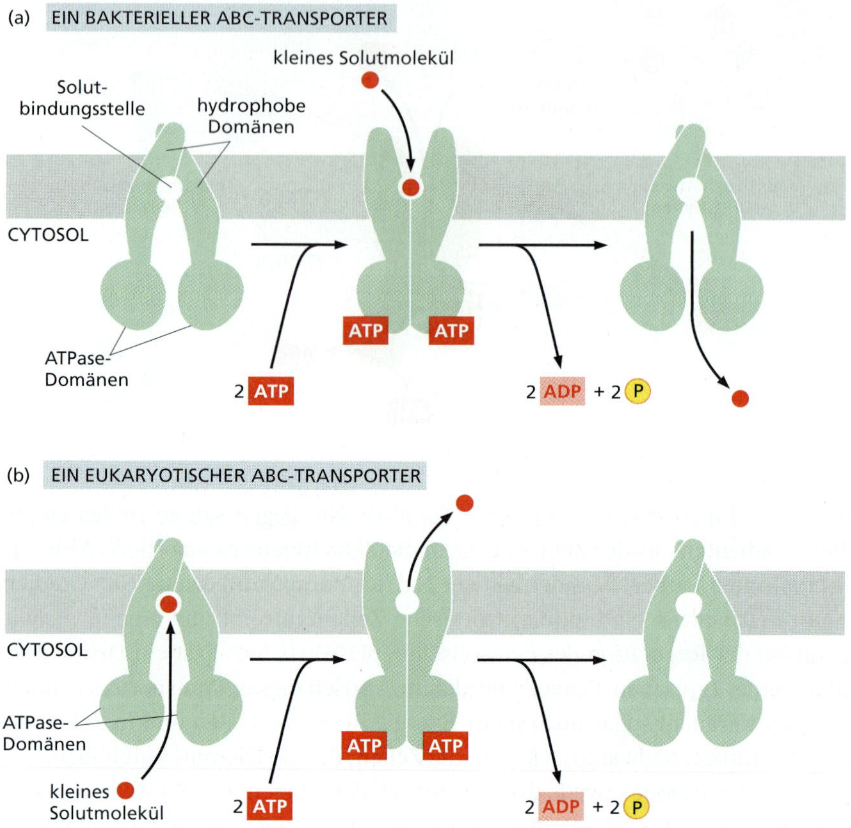

Abb. 11.16 Transport von kleinen Molekülen über typische ABC-Transporter. ABC-Transporter bestehen aus vielen Domänen: Normalerweise bilden zwei hydrophobe Domänen, die jeweils aus sechs membrandurchspannenden α-Helices bestehen, zusammen den Translokationsweg und sind für die Substratspezifität verantwortlich. Zwei ATPase-Domänen ragen ins Cytosol. In einigen Fällen werden die beiden Hälften des Transporters von einem einzelnen Polypeptid gebildet, wohingegen sie in anderen Fällen von zwei oder mehr getrennten Polypeptiden geformt werden, die sich zu einer ähnlichen Struktur zusammenlagern. Ohne gebundenes ATP zeigt die Substratbindungsstelle des Transporters zur extrazellulären Seite oder zum intrazellulären Raum. Durch ATP-Bindung kommt es zu einer Konformationsänderung, durch die die Substratbindungstasche der entgegengesetzten Seite ausgesetzt wird; ATP-Hydrolyse, gefolgt von ADP-Ablösung, bringt den Transporter wieder in seine Ausgangskonformation zurück. Die meisten einzelnen ABC-Transporter transportieren in nur eine Richtung (unidirektional). (a) In Bakterien findet man sowohl importierende als auch exportierende ABC-Transporter. In dieser Abbildung ist ein ABC-Importer graphisch dargestellt. Die Kristallstruktur eines bakteriellen ABC-Transporters ist in Abb. 3.76 zu sehen. (b) In Eukaryoten exportieren fast alle ABC-Transporter Substanzen entweder aus dem Cytosol – zum Extrazellularraum oder in ein membranumhülltes intrazelluläres Kompartiment wie das Endoplasmatische Reticulum oder die Mitochondrien – oder von der mitochondrialen Matrix in den Membranzwischenraum.

ABC-Transporter für den Import bestimmter kleiner Moleküle. In gramnegativen Bakterien wie *Escherichia coli*, die eine doppelte Membran besitzen (Abb. 11.17), befinden sich die ABC-Transporter in der inneren Membran, und Hilfsproteine im Periplasma fangen in der Regel die Nährstoffe ein und liefern sie an die Transporter (Abb. 11.18).

In *Escherichia coli* codieren 78 Gene (dies entspricht erstaunlichen 5 % des bakteriellen Genoms) für ABC-Transporter; Tiergenome codieren noch für viel mehr. Obwohl vermutlich jeder dieser Transporter für ein bestimmtes Molekül oder eine Klasse von Molekülen spezifisch ist, ist die Variabilität der von dieser Superfamilie transportierten Substrate groß und schließt anorganische Ionen, Aminosäuren, Zucker, Mono- und Polysaccharide, Peptide, Lipide und Medikamente ein, in einigen Fällen sogar Proteine, die größer als der Transporter selbst sein können.

Die zuerst identifizierten eukaryotischen ABC-Transporter wurden tatsächlich deshalb entdeckt, weil sie hydrophobe Pharmaka aus dem Cytosol ausschleusen können. Zu diesen gehört das **MDR (*multidrug resistance*)-Protein**, auch als P-Glykoprotein bezeichnet. Es kommt in einigen humanen Krebszellen in erhöhten Konzentrationen vor und macht die Zellen gleichzeitig resistent gegen eine Reihe chemisch nicht verwandter cytotoxischer Substanzen, die häufig in der Chemotherapie gegen Krebs eingesetzt werden. Die Behandlung mit jeder einzelnen dieser Substanzen kann zum selektiven Überleben und Wuchern derjenigen Krebszellen führen, die eine besonders große Menge des MDR-Transporters exprimieren. Diese Zellen können Arzneistoffe sehr effektiv nach außen pumpen und sind deshalb relativ resistent gegenüber den toxischen Effekten der Antikrebsmittel. Die Selektion von Krebszellen mit einer Resistenz gegen einen bestimmten Arzneistoff kann dabei zur Resistenz gegen eine breite Vielfalt von Antikrebsmedikamenten führen. Einige Studien lassen vermuten, dass bis zu 40 % der Tumoren des Menschen eine Vielfach-Unempfindlichkeit (*multidrug resistance*) entwickeln, die damit eine der größten Hürden im Kampf gegen den Krebs darstellt.

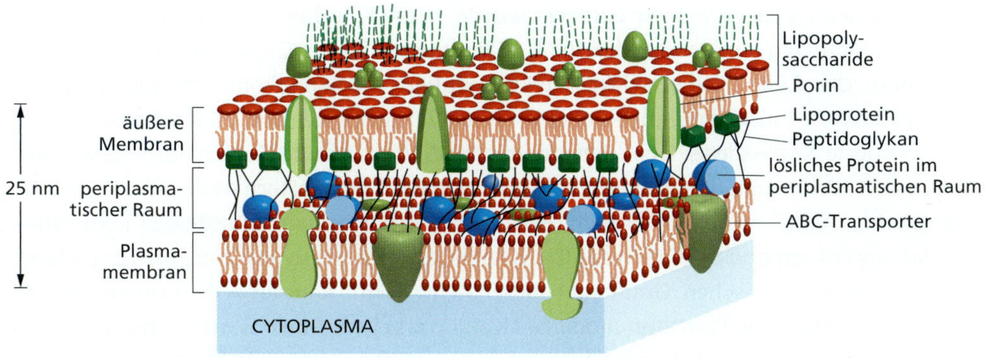

Abb. 11.17 Ausschnitt der Doppelmembran des Bakteriums *Escherichia coli*. Die Plasmamembran der Zelle bildet die innere Membran; zwischen dieser und der äußeren Membran befindet sich eine stark poröse, aber starre Peptidoglykanschicht, die aus Proteinen und Polysacchariden aufgebaut ist und die Zellwand darstellt. Das Peptidoglykan ist mit den Lipoproteinen der äußeren Membran verbunden und füllt den *periplasmatischen Raum* aus (in der Abbildung ist nur ein kleiner Teil des Peptidoglykans dargestellt). In diesem Raum befindet sich auch eine Vielzahl löslicher Proteine. Die *grün* markierten, unterbrochenen Striche auf der Oberfläche repräsentieren Polysaccharidketten besonderer Lipopolysaccharid-Moleküle, die die äußere Schicht der äußeren Membran bilden. Zur Verdeutlichung sind nur einige dieser Ketten gezeigt. Bakterien mit Doppelmembranen werden als *gramnegativ* bezeichnet, da sie nicht in der Lage sind, den dunkelblauen Farbstoff, der bei der Gramfärbung genutzt wird, zurückzuhalten. Bakterien mit nur einer Membran (aber dickeren Peptidoglykan-Zellwänden), beispielsweise Staphylokokken und Streptokokken, halten diesen Farbstoff zurück und werden deshalb als *grampositiv* bezeichnet. Ihre Membran entspricht der inneren (Plasma-)Membran der *gramnegativen* Bakterien.

Ein verwandtes und gleichermaßen ernstes Phänomen tritt im Protisten *Plasmodium falciparum*, dem Erreger der Malaria, auf. Mehr als 200 Millionen Menschen sind weltweit mit diesem Parasiten infiziert; Malaria zählt durch den Tod von mehr als einer Million Menschen jedes Jahr mit zu den Haupt-Todesursachen. Die Kontrolle der Malaria wird durch die Entwicklung von Resistenzen gegen das Antimalariamittel *Chloroquin* erschwert. Unempfindliche *Plasmodium falciparum*-Stämme haben ein Gen für einen ABC-Transporter, der Chloroquin aus der Zelle herauspumpt, vervielfacht.

In den meisten Wirbeltierzellen transportiert ein ABC-Transporter in der Membran des Endoplasmatischen Reticulums (auch als TAP-Transporter bezeichnet, *transporter associated with antigen processing*) aktiv eine Vielzahl von Peptiden aus dem Cytosol in das ER. Diese Peptide entstehen beim Proteinabbau in Proteasomen (in Kapitel 6 behandelt). Sie werden vom ER zur Zelloberfläche gebracht, wo sie zur Überprüfung durch cytotoxische T-Lymphocyten ausgestellt werden. Diese töten die Zelle, falls die Peptide von einem Virus oder einem anderen Mikroorganismus stammen, der im Cytosol einer infizierten Zelle lauert (in Kapitel 24 behandelt).

Ein weiteres Mitglied der ABC-Familie ist das CFTR-Protein (*cystic fibrosis transmembrane conductance regulator protein*), das bei Untersuchungen zur verbreiteten

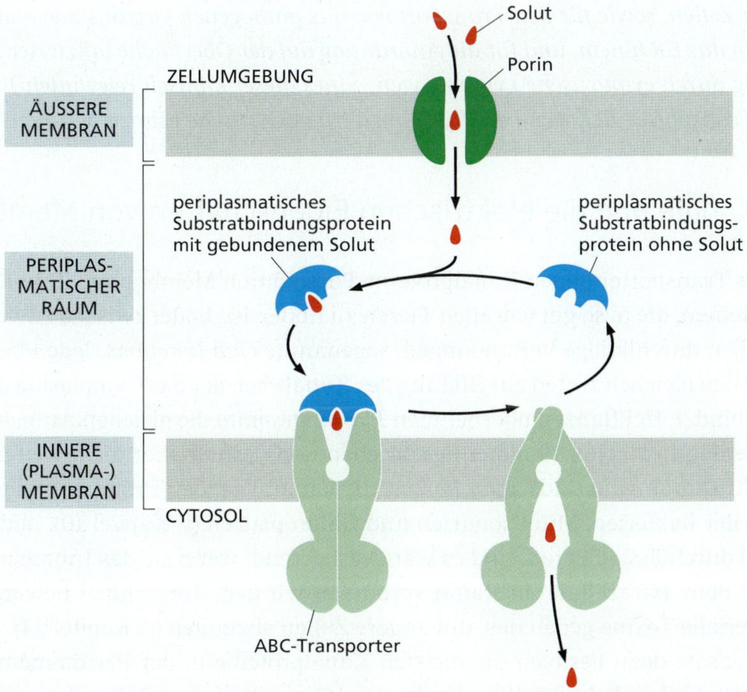

Abb. 11.18 Das Hilfstransportsystem, das mit ABC-Transportern bei Bakterien mit Doppelmembranen assoziiert ist. Durch Kanalproteine (Porine) diffundiert das Solut über die äußere Membran und bindet an ein *periplasmatisches Substratbindungsprotein*. Dieses Protein reicht das Solut an den ABC-Transporter weiter, der es über die Plasmamembran pumpt. Die Peptidoglykanschicht wurde zur Verdeutlichung nicht gezeigt; seine poröse Struktur erlaubt es den Substratbindungsproteinen und den wasserlöslichen Soluten, sich frei durch Diffusion zu bewegen.

Erbkrankheit *Cystische Fibrose* entdeckt wurde. Diese Krankheit wird durch eine Mutation in einem Gen verursacht, das für CFTR codiert, das als Cl^--Kanal in der Plasmamembran der Epithelzellen wirkt. CFTR reguliert die Ionenkonzentrationen in der extrazellulären Flüssigkeit, insbesondere in der Lunge. Einer von 27 Kaukasiern trägt eine mutierte Kopie dieses Gens, bei einem von 2900 sind beide Kopien mutiert, was die Krankheit verursacht. Im Gegensatz zu anderen ABC-Transportern treiben die ATP-Bindung und -Hydrolyse bei CFTR nicht den Transportvorgang an. Stattdessen kontrollieren sie das Öffnen und Schließen des Cl^--Kanals, der eine passive Leitung für Cl^- entlang dessen elektrochemischen Gradienten bereitstellt. Somit können ABC-Proteine offensichtlich entweder als Transporter oder als Kanäle arbeiten. Obwohl wir Transporter und Kanäle in diesem Kapitel als zwei unterschiedliche Transportmöglichkeiten betrachten, sind, wie dieses Beispiel zeigt, die Grenzen fließend. So zeigt die Struktur einiger anderer Cl^--Kanäle, dass sie eher Transportern als den meisten anderen Ionenkanälen ähneln.

Zusammenfassung

Transporterproteine binden spezifisch Solute und transportieren diese durch die Membran, indem sie Konformationsänderungen durchlaufen, die die Solutbindungsstelle nacheinander auf der einen, dann auf der anderen Seite der Membran öffnen. Einige Transporterproteine transportieren ein einziges Solut bergab, während andere als Pumpen zum bergauf gerichteten Transport eines Soluts gegen dessen elektrochemischen Gradienten dienen. Dazu nutzen Letztere die Energie aus der Hydrolyse von ATP oder aus dem bergab gerichteten Fluss eines weiteren Soluts (wie Na^+ oder H^+) oder die Energie des Lichts, um eine Reihe erforderlicher Konformationsänderungen in geordneter Weise durchzuführen. Transporter gehören zu einer kleinen Anzahl verschiedener Proteinfamilien. Jede dieser Familien hat sich aus einem gemeinsamen Vorläuferprotein entwickelt und arbeitet nach einem ähnlichen Mechanismus. Ein bedeutendes Beispiel ist die Familie der P-Typ-Transport-ATPasen, zu der die Ca^{2+}- und Na^+/K^+-Pumpen gehören. Während eines Transportzyklus phosphoryliert und dephosphoryliert sich jede dieser ATPasen nacheinander selbst. Die Superfamilie der ABC-Transporter, die größte Familie von Transportproteinen, ist von besonderer medizinischer Bedeutung. Zu ihr gehören Proteine, die verantwortlich sind für die Therapeutikaresistenz sowohl von Krebszellen als auch von mit malariaverursachenden Parasiten infizierten Zellen, sowie für den Transport von aus pathogenen Organismen stammenden Peptiden in das ER hinein, und für die Anordnung auf der Oberfläche infizierter Zellen zur Erkennung durch cytotoxische Lymphocyten. Eines dieser klinisch relevanten Proteine ist ein ABC-Transporter, der, wenn er Mutationen trägt, Cystische Fibrose verursacht.

11.3 Kanäle und die elektrischen Eigenschaften von Membranen

Anders als Transporter bilden Kanalproteine Poren durch Membranen. Eine Klasse von Kanalproteinen, die in so gut wie allen Tieren zu finden ist, bildet zwischen zwei benachbarten Zellen durchlässige Verbindungen, sogenannte *Gap Junctions*. Jede Plasmamembran trägt den gleichen Anteil zur Bildung des Kanals bei, der das Cytoplasma der beiden Zellen verbindet. In Pflanzen übernehmen *Plasmodesmata* die gleichen Aufgaben. Diese Kanäle werden in Kapitel 19 näher beschrieben und deshalb hier nicht weiter betrachtet. Sowohl *Gap Junctions* als auch *Porine*, die kanalbildenden Proteine in der äußeren Membran der Bakterien, Mitochondrien und Chloroplasten (s. Kapitel 10), bilden relativ große und durchlässige Poren, und es wäre verheerend, wenn sie das Innere einer Zelle direkt mit dem extrazellulären Raum verbinden würden. Tatsächlich bewerkstelligen viele bakterielle Toxine genau das, um andere Zellen abzutöten (s. Kapitel 24).

Im Gegensatz dazu besitzen die meisten Kanalproteine in der Plasmamembran von tierischen und pflanzlichen Zellen, die dort das Cytosol mit dem Zelläußeren verbinden, notwendigerweise enge, hoch selektive Poren, die rasch geöffnet und geschlossen werden können. Da diese Proteine spezifisch am Transport von anorganischen Ionen beteiligt sind, werden sie als **Ionenkanäle** bezeichnet. In ihrer Transportleistung haben Ionenkanäle gegenüber Transportern den Vorteil, dass bis zu 100 Millionen Ionen einen geöffneten Kanal in der Sekunde passieren können, eine Geschwindigkeit, die 10^5-mal größer ist als die des schnellsten Transporters. Wie bereits weiter oben erwähnt, können Kanalproteine allerdings nicht an eine Energiequelle gekoppelt werden, um einen aktiven Transport auszuführen. Die von ihnen vermittelte Durchleitefähigkeit ist daher immer passiv (bergab gerichtet). Die Funktion der Ionenkanäle ist es daher, bestimmten anorganischen Ionen, in erster Linie Na^+, K^+, Ca^{2+} oder Cl^-, die schnelle Diffusion in Richtung ihrer elektrochemischen Gradienten durch die Lipid-Doppelschicht zu ermöglichen. Wie wir sehen werden, ist die Fähigkeit, Ionenflüsse durch diese Kanäle zu kontrollieren, unabdingbar für viele Zellfunktionen. Besonders Nervenzellen (Neuronen) sind auf die Nutzung dieser Ionenkanäle spezialisiert, und wir werden sehen, wie sie viele verschiedene Ionenkanäle nutzen, um Signale zu empfangen, weiterzuleiten und zu übertragen. Bevor wir Ionenkanäle besprechen, werden wir uns kurz mit den Aquaporin-Wasserkanälen befassen, die wir bereits weiter oben erwähnt haben.

11.3.1 Aquaporine sind für Wasser durchlässig, für Ionen aber undurchlässig

Da Zellen zum größten Teil aus Wasser bestehen (in der Regel etwa 70 Gewichtsprozent), ist die Bewegung von Wasser über die Zellmembranen von grundlegender Bedeutung für das Leben. Zellen enthalten eine hohe Konzentration an Soluten, einschließlich vieler negativ geladener organischer Moleküle, die im Zellinneren eingeschlossen sind (sogenannte *fixierte Anionen*), und ihrer begleitenden, zum Ladungsausgleich notwendigen Kationen. So entsteht ein osmotischer Gradient. Diesem Gradient wirkt meistens ein entgegengesetzt gerichteter osmotischer Gradient entgegen, der auf einer hohen Konzentration anorganischer Ionen, hauptsächlich Na^+ und Cl^-, in der extrazellulären Flüssigkeit beruht. Die geringe verbleibende osmotische Kraft neigt dazu, Wasser in die Zelle zu „ziehen“, was dazu führt, dass die Zelle anschwillt, bis die Kräfte ausgeglichen sind. Da alle biologischen Membranen mäßig wasserdurchlässig sind (s. **Abb. 11.2**), bringt sich das Zellvolumen innerhalb von Minuten oder schneller als Reaktion auf einen osmotischen Gradienten ins Gleichgewicht. Bei den meisten tierischen Zellen spielt Osmose nur eine geringe Rolle für die Regulierung des Zellvolumens. Der Grund ist der größtenteils gelartige Zustand des Cytoplasmas, der sich bei Änderungen der Osmolarität starken Volumenänderungen widersetzt.

Zusätzlich zur direkten Diffusion von Wasser über die Lipid-Doppelschicht besitzen einige prokaryotische und eukaryotische Zellen **Wasserkanäle** oder **Aquaporine**, die in ihre Plasmamembran eingebettet sind, um eine schnellere Bewegung des Wassers zu ermöglichen. Aquaporine kommen besonders häufig in solchen Tierzellen vor, die Wasser mit hoher Geschwindigkeit transportieren müssen, wie z. B. in den Epithelzellen der Niere oder in exokrinen Zellen, die große Mengen an Flüssigkeit transportieren bzw. absondern müssen (**Abb. 11.19**). Der Wasserfluss ist in diesen Geweben streng reguliert. In der Niere regulieren Hormone wie das antidiuretische Hormon (Vasopressin) die Konzentration der Aquaporine in der Plasmamembran.

Aquaporine müssen ein Problem lösen, das das Gegenteil des Problems der Ionenkanäle ist. Damit die Ionengradienten an der Membran nicht abgebaut werden, müssen sie den raschen Durchtritt von Wassermolekülen gestatten, während sie die Passage von Ionen vollständig blockieren. Die dreidimensionale Struktur eines Aquaporins verrät, wie es diese bemerkenswerte Selektivität erreicht. Die Kanäle besitzen eine enge Pore,

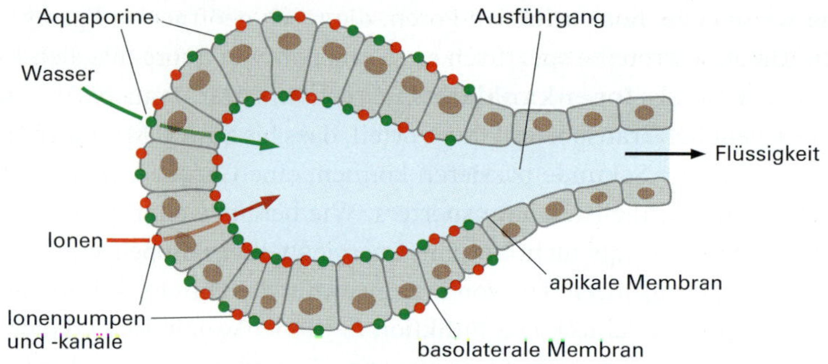

Abb. 11.19 Die Aufgabe der Aquaporine bei der Sekretion von Flüssigkeiten. Zellen, die die Gänge exokriner Drüsen auskleiden (wie sie z. B. in der Bauchspeicheldrüse, in der Leber und in Brust-, Schweiß- und Speicheldrüsen vorkommen), sezernieren große Volumina an Körperflüssigkeiten. Diese Zellen sind in Epithelien organisiert. Dabei zeigt ihre apikale Plasmamembran zum Lumen des Ausführgangs. Ionenpumpen und Kanäle, die sich in der basolateralen und apikalen Plasmamembran befinden, transportieren Ionen (meistens Na^+ und Cl^-) in das Lumen des Ausführgangs. So entsteht ein osmotischer Gradient zwischen dem umgebenden Gewebe und dem Gang. Wassermoleküle folgen dem osmotischen Gradienten schnell durch Aquaporine, die sowohl in apikalen als auch basolateralen Plasmamembranen in großen Mengen vorkommen.

durch die Wassermoleküle in einer Reihe hintereinander die Membran durchqueren können, indem sie dem Weg der Carbonyl-Sauerstoffe folgen, die die eine Seite der Pore auskleiden (**Abb. 11.20a und b**). Hydrophobe Aminosäuren kleiden die andere Seite der Pore aus. Die Pore ist zu eng, als dass ein Ion mit Hydrathülle hineingelangen könnte, und der energetische Aufwand für die Dehydratisierung eines Ions wäre enorm, weil die hydrophobe Wand der Pore nicht mit einem dehydratisierten Ion wechselwirken kann, um den Wasserverlust zu kompensieren. Dieser Aufbau erklärt leicht, warum die Aquaporine keine K^+-, Na^+-, Ca^{2+}- oder Cl^--Ionen leiten können. Um zu verstehen, warum diese Kanäle für H^+ impermeabel sind, rufe man sich in Erinnerung, dass die meisten Protonen in Zellen als H_3O^+ vorliegen, das mithilfe eines Weitergabemechanismus, bei dem zwischen benachbarten Wassermolekülen Wasserstoffbrücken gebildet und gelöst werden (**Abb. 11.20c**), extrem rasch durch Wasser diffundiert. Aquaporine enthalten zwei strategisch platzierte Asparaginreste, die an das Sauerstoffatom des zentralen Wassermoleküls in der Reihe von Wassermolekülen, die die Pore durchziehen, binden. So entsteht eine Bipolarität in der aus den aufgereihten Wassermolekülen gebildeten Säule (**Abb. 11.20c und d**). Da beide Valenzen dieses Sauerstoffs nicht für Wasserstoffbrücken zur Verfügung stehen, kann das zentrale Wassermolekül nicht an der H^+-Weitergabe

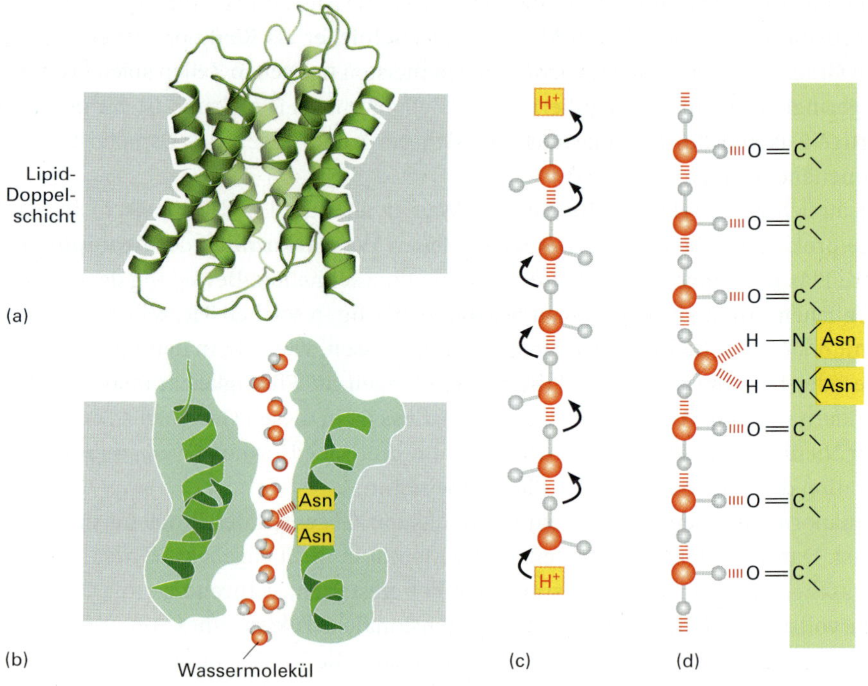

Abb. 11.20 Die Struktur der Aquaporine. (a) Bänderdiagramm eines Aquaporin-Monomers. In der Membran bilden die Aquaporine Tetramere, deren Monomere jeweils eine Pore in ihrer Mitte besitzen (nicht gezeigt). Durch jeden einzelnen Aquaporinkanal fließen etwa 10^9 Wassermoleküle pro Sekunde. (b) Longitudinaler Querschnitt durch ein Aquaporin-Monomer auf der Ebene der zentralen Pore. Eine Seite der Pore ist mit hydrophilen Aminosäuren ausgekleidet, die für vorübergehende Wasserstoffbrücken mit Wassermolekülen sorgen. Diese Brücken tragen dazu bei, die durchtretenden Wassermoleküle in einer Reihe anzuordnen und sie auszurichten, wenn sie die Pore durchqueren. (c und d) Ein Modell, das erklärt, warum Aquaporine für H^+ undurchlässig sind. (c) In Wasser diffundiert H^+ äußerst schnell, indem es von einem Wassermolekül zum nächsten übertragen wird. (d) Carbonylgruppen (C=O), die die hydrophile Fläche der Pore auskleiden, richten die Wassermoleküle aus und zwei strategisch platzierte Asparaginreste im Zentrum helfen mit, ein zentrales Wassermolekül so anzuketten, dass beide Valenzen auf seinem Sauerstoff besetzt sind. Diese Anordnung bipolarisiert die gesamte Reihe der Wassermoleküle, wobei jedes Wassermolekül als Wasserstoffakzeptor von seinem inneren Nachbarn fungiert. (PDB-Code: 3GD8).

teilnehmen. Dies macht ein „Öffnen und Schließen" der Wasserstoffbrücken (dargestellt in **Abb. 11.20c**), um an dem zentralen, an das Asparagin gebundene Wassermolekül vorbeizukommen, unmöglich. Somit ist die Pore für Protonen undurchlässig.

Wir wenden uns nun dem Thema des restlichen Kapitels, den Ionenkanälen, zu.

11.3.2 Ionenkanäle sind ionenselektiv und wechseln zwischen einem offenen und einem geschlossenen Zustand

Zwei wichtige Eigenschaften unterscheiden Ionenkanäle von wässrigen Poren. Erstens zeigen sie eine *Ionenselektivität*, d. h. sie erlauben es einigen anorganischen Ionen zu passieren, anderen nicht. Dies legt nahe, dass ihre Poren räumlich eng genug sind, um durchfließende Ionen in engen Kontakt zu den Wänden des Kanals zu bringen, sodass nur Ionen einer bestimmten Größe und Ladung passieren können. In einigen Fällen müssen die durchfließenden Ionen die meisten oder alle gebundenen Wassermoleküle abstreifen, um hindurch zu gelangen, während in anderen Fällen hydratisierte oder teilweise hydratisierte Ionen durch den Kanal gelangen. Der Durchtritt erfolgt im Gänsemarsch (nacheinander) an der engsten Stelle des Kanals, den man *Selektivitätsfilter* nennt. Dieser begrenzt die Geschwindigkeit der Ionenbewegung durch den Kanal und bestimmt, welche Ionen durch den Kanal treten können (**Abb. 11.21**). Mit der Erhöhung der Ionenkonzentrationen steigt also proportional auch der Fluss der Ionen durch den Kanal, bis dieser gesättigt ist und eine maximale Geschwindigkeit erreicht.

Der zweite wichtige Unterschied zwischen Ionenkanälen und wässrigen Poren liegt darin, dass Ionenkanäle nicht andauernd geöffnet sind. Sie sind vielmehr *kontrolliert*, was es ihnen erlaubt, sich kurz zu öffnen und dann wieder zu schließen. Mit anhaltender (chemischer oder elektrischer) Stimulierung gehen die meisten Kanäle zudem in einen geschlossenen „unempfindlichen" oder „inaktivierten" Zustand über, in dem sie für eine weitere Öffnung unempfänglich sind, bis der Reiz aufhört, wie wir später besprechen. In den meisten Fällen öffnen sie sich als Antwort auf einen bestimmten Reiz. Wie in **Abbildung 11.22** dargestellt, sind die bekannten Haupttypen von Reizen, die zur Öffnung von Ionenkanälen führen, eine Änderung des Spannungspotenzials der Membran (*spannungskontrollierte Kanäle*), ein mechanischer Reiz (*mechanisch kontrollierte Kanäle*) oder die Bindung eines Liganden (*ligandenkontrollierte Kanäle*). Der Ligand kann entweder ein extrazellulärer Signalstoff, z. B. ein Neurotransmitter (*transmitterkontrollierte Kanäle*), oder ein intrazellulärer Vermittler, beispielsweise ein Ion (*ionenkontrollierte Kanäle*) oder ein Nukleotid (*nukleotidkontrollierte Kanäle*) sein. Zusätzlich wird die Aktivität vieler Ionenkanäle durch Proteinphosphorylierung und Dephosphorylierung reguliert. Dieser Typ der Kanalregulation wird, zusammen mit den nukleotidkontrollierten Ionenkanälen, in Kapitel 15 näher beschrieben.

Bisher wurden mehr als 200 verschiedene Typen von Ionenkanälen beschrieben und es werden immer noch neue entdeckt. Jeder ist charakterisiert durch die Ionen, die er leitet, den Mechanismus, durch den er gesteuert wird, und durch seine Häufigkeit und Lage in der Zelle sowie in spezifischen Zellen. Ionenkanäle sind für die elektrische Reizbarkeit

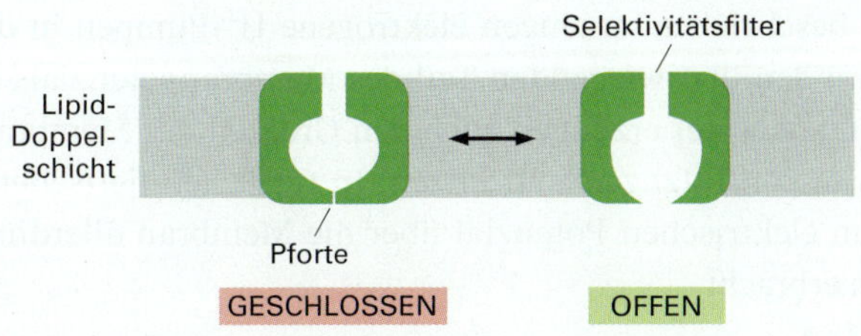

Abb. 11.21 Ein typischer Ionenkanal, der zwischen offener und geschlossener Konformation wechselt. Der hier im Querschnitt gezeigte Ionenkanal bildet nur im offenen Konformationszustand eine Pore durch die Lipid-Doppelschicht. Die Pore verengt sich in einem Bereich (der Selektionsfilter) bis auf atomare Dimensionen. Die Ionenselektivität des Kanals wird im Wesentlichen durch diesen Bereich bestimmt. Eine andere Region des Kanals bildet die Pforte.

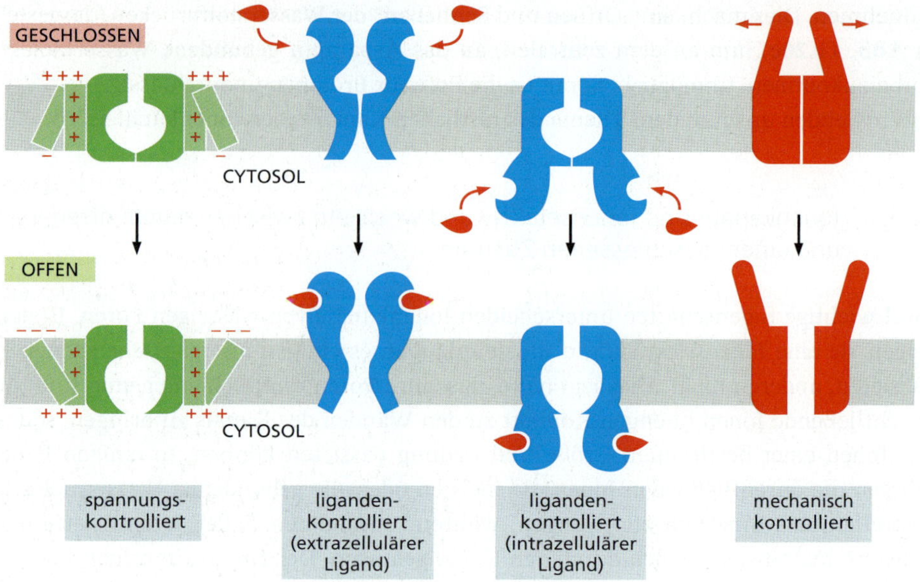

Abb. 11.22 Die Kontrolle von Ionenkanälen. Die Zeichnung zeigt verschiedene Arten von Reizen, die zur Öffnung von Ionenkanälen führen können. Mechanisch kontrollierte Kanäle besitzen häufig cytosolische Verlängerungen (Extensionen, nicht dargestellt), die den Kanal mit dem Cytoskelett verbinden.

von Muskelzellen verantwortlich, und sie vermitteln die meisten Arten der elektrischen Reizleitung im Nervensystem. Ein einziges Neuron kann typischerweise zehn oder mehr verschiedene Typen von Ionenkanälen enthalten, die sich auf unterschiedliche Domänen seiner Plasmamembran verteilen. Ionenkanäle sind aber nicht auf elektrisch erregbare Zellen begrenzt. Man findet sie in allen tierischen Zellen, in pflanzlichen Zellen und Mikroorganismen. Sie verbreiten beispielsweise das Schließen der Blätter bei der Mimose und erlauben es dem einzelligen freibeweglichen *Paramecium*, seine Richtung nach einem Zusammenstoß zu ändern.

Die Ionenkanäle, die für K^+ durchlässig sind, findet man in der Plasmamembran fast aller Zellen. Eine wichtige Untergruppe der K^+-Kanäle ist auch in der nicht stimulierten oder „ruhenden" Zelle offen; sie werden deshalb auch als **K^+-Sickerkanäle** bezeichnet. Obwohl dieser Begriff für eine Vielzahl verschiedener K^+-Kanäle in unterschiedlichen Zelltypen gilt, dienen sie einem gemeinsamen Zweck. Indem sie die Plasmamembran für K^+ sehr viel durchlässiger machen als für andere Ionen, haben sie eine wichtige Funktion bei der Aufrechterhaltung des Membranpotenzials über alle Plasmamembranen, wie wir im Anschluss diskutieren werden.

11.3.3 Das Membranpotenzial in tierischen Zellen ist hauptsächlich von K^+-Sickerkanälen und dem K^+-Gradienten über der Plasmamembran abhängig

Ein **Membranpotenzial** tritt auf, wenn ein Unterschied in der elektrischen Ladung auf den beiden Seiten der Membran durch einen leichten Überschuss von positiven gegenüber negativen Ionen auf der einen und einen Unterschuss auf der anderen Membranseite besteht. Solche Ladungsunterschiede können durch elektrogene Transporter (s. Abschnitt 11.2.6) oder durch passive Diffusion von Ionen in Kanälen entstehen. Wie in Kapitel 14 beschrieben, erzeugen elektrogene H^+-Pumpen in der inneren Mitochondrienmembran den überwiegenden Teil des Membranpotenzials an dieser Membran. Elektrogene Transporter erzeugen auch den Großteil des Membranpotenzials über die Plasmamembran von Pflanzen und Pilzen. In typischen tierischen Zellen wird der größte Beitrag zum elektrischen Potenzial über die Membran allerdings durch passive Ionenbewegungen erbracht.

Wie oben beschrieben, ist aufgrund der Aktivität der Na^+/K^+-Pumpe nur wenig Na^+ innerhalb der Zelle vorhanden, und andere intrazelluläre anorganische Kationen müssen in ausreichender Menge vorhanden sein, um die Ladungen der fixierten Anionen der Zelle (der negativ geladenen organischen Moleküle, die sich in der Zelle befinden) auszugleichen. Diese ausgleichende Funktion übernimmt größtenteils K^+, das aktiv durch die Na^+/K^+-Pumpe in die Zelle transportiert wird und sich außerdem auch durch *K^+-Sickerkanäle* der Plasmamembran in die Zelle oder aus ihr heraus bewegen kann. Dank des Vorhandenseins dieser Kanäle steht K^+ annähernd in einem Gleichgewicht, bei dem eine elektrische Kraft, die durch einen Überschuss an negativen Ladungen ausgeübt wird und K^+ in die Zelle zieht, die Neigung des K^+ ausgleicht, entsprechend seines Konzentrationsgradienten aus der Zelle zu sickern. Das Membranpotenzial (der Plasmamembran) ist die Erscheinungsform dieser elektrischen Kraft, und sein Wert im Gleichgewicht kann aus der Steilheit des K^+-Konzentrationsgradienten berechnet werden. Die folgende Argumentation soll dies verdeutlichen.

Zunächst wird angenommen, dass kein Spannungsgradient über der Plasmamembran besteht (das Membranpotenzial ist gleich null), die Konzentration von K^+ innerhalb der Zelle aber hoch und außerhalb der Zelle niedrig ist. Die K^+-Ionen werden nun bestrebt sein, die Zelle nur getrieben durch ihren Konzentrationsgradienten über die K^+-Sickerkanäle zu verlassen. Wenn sich K^+ aus der Zelle herausbewegt, hinterlässt jedes Ion eine nicht ausgeglichene negative Ladung, was zu einem elektrischen Feld – einem Membranpotenzial – führt, das nun dem weiteren Ausstrom von K^+ entgegenwirkt. Der Gesamtefflux von K^+ stoppt, wenn das Membranpotenzial einen Wert erreicht, bei dem die treibende elektrische Kraft auf K^+ genau dem Effekt seines Konzentrationsgradienten entspricht. Dies ist erreicht, wenn der elektrochemische Gradient für K^+ gleich null ist.

Die Bedingung, bei der ein Gleichgewicht erreicht ist, d. h. bei der durch die Plasmamembran kein Nettofluss von Ionen mehr stattfindet, ist als das **Ruhepotenzial** für diese idealisierte Zelle definiert. Eine einfache, aber sehr wichtige Formel, die **Nernst'sche Gleichung**, quantifiziert diesen Gleichgewichtszustand und ermöglicht, wie in Tafel 11.1 beschrieben, das theoretische Ruhepotenzial zu berechnen, wenn das Verhältnis der Ionenkonzentrationen innerhalb und außerhalb der Zelle bekannt ist. Da die Plasmamembran einer Zelle nicht ausschließlich nur für K^+ durchlässig ist, entspricht das tatsächliche Ruhepotenzial in der Regel nicht genau dem des mit der Nernst'schen Gleichung für K^+ berechneten.

11.3.4 Das Ruhepotenzial baut sich nur langsam ab, wenn die Na^+/K^+-Pumpe nicht mehr arbeitet

Die Bewegung von nur einer kleinen Anzahl anorganischer Ionen durch Ionenkanäle über die Plasmamembran reicht aus, um ein Membranpotenzial zu erzeugen. Deshalb kann man das Membranpotenzial als Folge von Ionenbewegungen über die Membran betrachten, die die Ionen*konzentrationen* praktisch unbeeinflusst lassen und nur zu einem sehr kleinen Ungleichgewicht in der Anzahl der positiven und negativen Ionen auf den zwei Seiten einer Membran führen (**Abb. 11.23**). Diese Bewegungen von Ladungen erfolgen darüber hinaus in der Regel sehr schnell, innerhalb einiger Millisekunden oder weniger.

Man betrachte, was mit dem Membranpotenzial einer Zelle geschieht, wenn die Na^+/K^+-Pumpe plötzlich inaktiviert wird. Sofort erfolgt ein kleiner Abfall des Membranpotenzials. Dieser beruht darauf, dass die Na^+/K^+-Pumpe elektrogen wirkt und – aktiv – einen kleinen Beitrag zum Membranpotenzial liefert, da sie für je zwei in die Zelle transportierte K^+-Ionen drei Na^+ aus ihr heraustransportiert (s. **Abb. 11.15**). Das Ausschalten des Transporters beseitigt aber nicht die Hauptkomponente des Ruhepotenzials, die durch die

NERNST'SCHE GLEICHUNG UND IONENFLUSS

Der Fluss eines beliebigen Ions durch ein Membrankanalprotein wird vom elektrochemischen Gradienten dieses Ions angetrieben. Zur Entstehung dieses Gradienten tragen zwei Größen bei: der Potenzialgradient und der Konzentrationsgradient dieses Ions auf den beiden Seiten der Membran. Wenn diese beiden Kräfte einander ausgleichen, ist der elektrochemische Gradient gleich null, und es findet kein Netto-Ionenfluss durch den Kanal statt. Den Potenzialgradienten (Membranpotenzial), bei dem dieses Gleichgewicht erreicht wird, bezeichnet man als Gleichgewichtspotenzial des betreffenden Ions. Es lässt sich mithilfe der unten abgeleiteten Nernst'schen Gleichung ausrechnen.

Die Nernst'sche Gleichung lautet:

$$V = \frac{RT}{zF} \ln \frac{C_a}{C_i}$$

wobei

- V = das Gleichgewichtspotenzial (internes Potenzial minus externes Potenzial) in Volt
- C_a und C_i = die Konzentration des Ions außerhalb und innerhalb der Zelle
- R = die Gaskonstante (8,3 J mol^{-1} K^{-1})
- T = die absolute Temperatur in K
- F = die Faraday-Konstante (9,6 × 10^4 J V^{-1} mol^{-1})
- z = die Valenz (Ladung) des Ions
- ln = Logarithmus zur Basis e (natürlicher Logarithmus)

Die Nernst'sche Gleichung wird folgendermaßen abgeleitet:

Ein gelöstes Molekül (Solut) ist bestrebt, sich aus einem Bereich höherer Konzentration in einen Bereich geringerer Konzentration zu bewegen, allein durch die Zufallsbewegung der Moleküle, was eine Gleichverteilung bewirkt. Eine solche, dem Konzentrationsgradienten folgende Bewegung ist also mit einer begünstigten Veränderung der Freien Energie verbunden ($\Delta G < 0$); verläuft die Bewegung aber entgegen des Konzentrationsgradienten, dann ist die Änderung der Freien Energie ungünstig ($\Delta G > 0$). (Die Freie Energie wird in Kapitel 2 eingeführt und in Zusammenhang mit Redoxreaktionen in Tafel 14–1 diskutiert.)

Die Änderung der Freien Energie je Mol gelöster Substanz, die sich durch die Plasmamembran bewegt (ΔG_{konz}) ist $-RT \ln C_a/C_i$. Ist das gelöste Molekül ein Ion, das sich durch die Membran in die Zelle hineinbewegt, und weist das Innere dieser Zelle relativ zur Umgebung das Potenzial V auf, dann entsteht durch die Bewegung eine zusätzliche Veränderung der Freien Energie (je Mol bewegter Moleküle) von $\Delta G_{pot} = zFV$. Wenn sich Potenzial- und Konzentrationsgradient gerade ausgleichen, ist

$$\Delta G_{konz} + \Delta G_{pot} = 0,$$

und die Ionenverteilung beiderseits der Membran ist im Gleichgewicht. Daher ist

$$zFV - RT \ln \frac{C_a}{C_i} = 0$$

und deshalb

$$V = \frac{RT}{zF} \ln \frac{C_a}{C_i}$$

oder, wenn man die Konstante benutzt, die den natürlichen Logarithmus in den dekadischen umwandelt

$$V = 2{,}3 \frac{RT}{zF} \log_{10} \frac{C_a}{C_i}$$

Für ein einwertiges Ion ist

$$2{,}3 \frac{RT}{F} = 58 \text{ mV bei } 20\,°\text{C und } 61{,}5 \text{ mV bei } 37\,°\text{C}$$

Für ein solches Ion ist also $V = +\,61{,}5$ mV bei 37 °C für $C_a/C_i = 10$ und $V = 0$ für $C_a/C_i = 1$.

Das K^+-Gleichgewichtspotenzial (V_K) ist

$61{,}5 \log_{10}([K^+]_a / [K^+]_i)$ Millivolt

(–89 mV für eine typische Zelle, bei der $[K^+]_a = 5$ mM und $[K^+]_i = 140$ mM ist).

Beim Potenzial V_K findet kein Nettofluss von K^+ über die Membran statt.

Entsprechendes gilt für das Na^+-Gleichgewichtspotenzial (V_{Na}) von $61{,}5 \log_{10}([Na^+]_a/[Na^+]_i)$, bei dem netto kein Na^+ fließt.

Für ein gegebenes Membranpotenzial V_M ist die Gesamtkraft, die Ionen eines bestimmten Typs aus der Zelle treibt, proportional zu der Differenz zwischen V_M und dem Gleichgewichtspotenzial für dieses Ion:

für K^+ ist sie $V_M - V_K$

und für Na^+ ist sie $V_M - V_{Na}$.

Wenn es einen Potenzialgradienten über die Membran hinweg gibt, sind die dafür verantwortlichen Ionen – die im Überschuss vorhandenen positiven Ionen auf der einen Seite und die im Überschuss vorhandenen negativen Ionen auf der anderen – aufgrund der Anziehung zwischen den positiven und negativen elektrischen Ladungen in dünnen Schichten auf beiden Seiten der Membran angereichert. Die Zahl der Ionen, die die geladene Schicht in der Nähe der Membran bildet, ist verschwindend gering gegenüber der Gesamtzahl der Ionen innerhalb der Zelle. Beispielsweise wird durch die Bewegung von 6.000 Na^+-Ionen über 1 μm^2 Membranfläche genügend Ladung transportiert, um das Membranpotenzial um 100 mV zu verschieben.

Da sich aber in 1 μm^3 Cytoplasma etwa 6 × 10^6 Na^+-Ionen befinden, sind die Auswirkungen einer solchen Ladungsverschiebung auf die Konzentrationsgradienten normalerweise vernachlässigbar gering.

Tafel 11.1 Die Ableitung der Nernst'schen Gleichung

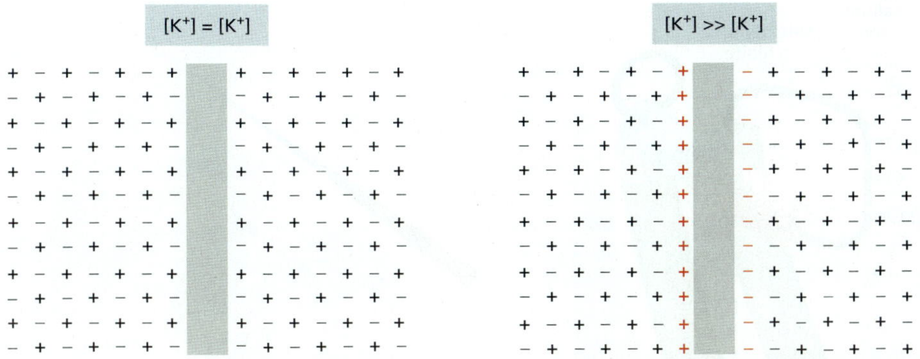

genauer Ausgleich der Ladungen auf jeder Seite der Membran; Membranpotenzial = 0

wenige positive Ionen (*rot*) überqueren die Membran von rechts nach links und lassen ihre negativen Gegenionen (rot) zurück; dies führt zu einem Membranpotenzial ≠ 0

Abb. 11.23 Die Grundlage des Membranpotenzials. Ein kleiner Fluss anorganischer Ionen durch einen Ionenkanal reicht aus, um eine große Änderung des Membranpotenzials zu bewirken. Die Ionen, die das Membranpotenzial verursachen, liegen in einer dünnen Schicht (<1 nm) an der Membran, wo sie durch elektrostatische Anziehung durch ihre Gegenionen auf der anderen Seite der Membran gehalten werden. In einer typischen Zelle führt der Wechsel einer Ladung von 1 Mikrocoulomb (6×10^{12} monovalente Ionen) pro Quadratzentimeter Membran zu einer Änderung des Membranpotenzials von etwa 1 V. Das heißt, dass beispielsweise in einer kugelförmigen Zelle mit einem Durchmesser von 10 µm die Anzahl der K^+-Ionen, die ausfließen müssen, um das Membranpotenzial um 100 mV zu ändern, nur etwa ein Hunderttausendstel der Gesamtzahl der K^+-Ionen im Cytosol beträgt. Diese Menge ist so verschwindend gering, dass die intrazelluläre K^+-Konzentration praktisch unverändert bleibt.

oben beschriebenen K^+-Gleichgewichtsmechanismen erzeugt wird. Diese Komponente des Membranpotenzials bleibt so lange bestehen, wie die Na^+-Konzentration innerhalb der Zelle niedrig und die K^+-Konzentration hoch bleibt, typischerweise viele Minuten lang. Die Plasmamembran ist allerdings für alle kleinen Ionen irgendwie durchlässig, einschließlich Na^+. Deshalb werden die durch die Pumpe aufgebauten Ionengradienten ohne die Arbeit der Na^+/K^+-Pumpe letztendlich abgebaut, und das durch die Diffusion durch die K^+-Sickerkanäle aufgebaute Membranpotenzial sinkt ebenfalls. Mit dem Einstrom von Na^+ kommt die Zelle in einen neuen Ruhezustand, in dem sowohl Na^+ und K^+ als auch Cl^- ein Gleichgewicht an der Membran erreichen. In diesem Zustand ist das Membranpotenzial sehr viel geringer, als es in der normalen Zelle mit einer aktiven Na^+/K^+-Pumpe war.

Das Ruhepotenzial einer tierischen Zelle schwankt abhängig von Organismus und Zelltyp zwischen -20 und -120 mV. Obwohl der K^+-Gradient immer den größten Einfluss auf dieses Potenzial ausübt, haben auch die Gradienten anderer Ionen und die dem Gleichgewicht entgegengerichtete Arbeit von Ionenpumpen deutliche Auswirkungen: Je durchlässiger die Membran für ein bestimmtes Ion ist, desto stärker wird das Membranpotenzial in Richtung des Gleichgewichtswerts dieses Ions getrieben. Folglich können Änderungen in der relativen Membrandurchlässigkeit für verschiedene Ionen deutliche Änderungen des Membranpotenzials verursachen. Dies ist eines der Kernprinzipien, das die elektrische Erregbarkeit von Zellen und die Aktivitäten von Ionenkanälen miteinander verbindet.

Um zu verstehen, wie Ionenkanäle ihre Ionen auswählen und wie sie sich öffnen und schließen, muss man ihre dreidimensionale atomare Struktur kennen. Der erste Ionenkanal, der kristallisiert und durch Röntgenbeugung untersucht wurde, war ein bakterieller K^+-Kanal. Die Einzelheiten seiner Struktur haben das Verständnis der Ionenkanäle revolutioniert.

11.3.5 Die dreidimensionale Struktur eines bakteriellen K^+-Kanals zeigt, wie ein Ionenkanal arbeitet

Die bemerkenswerte Fähigkeit der Ionenkanäle, eine außerordentliche Ionenselektivität mit einer sehr hohen Leitfähigkeit zu verbinden, hat Wissenschaftler lange verwundert. K^+-Sickerkanäle leiten K^+ beispielsweise 10 000-fach schneller als Na^+; beide Ionen sind jedoch gleichförmige Kugeln mit ähnlichem Radius (0,133 bzw. 0,095 nm).

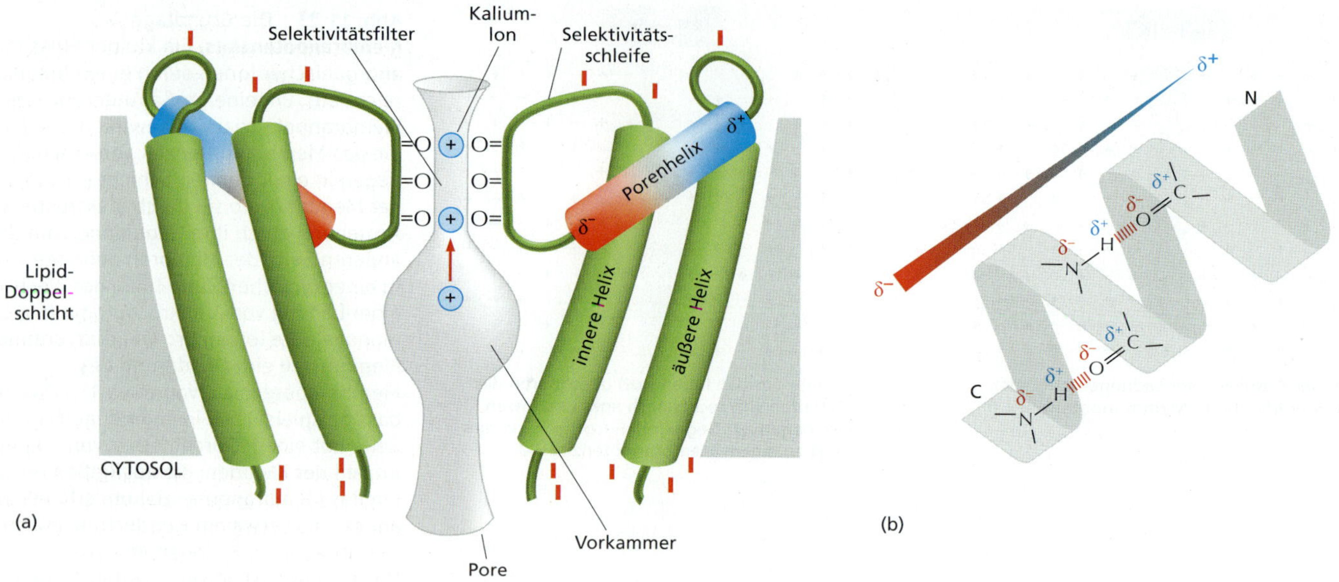

Abb. 11.24 Struktur eines bakteriellen K⁺-Kanals. (a) Dargestellt sind die Transmembran-α-Helices von nur zwei der vier identischen Untereinheiten. Die Pore (schematisch *grau* schattiert) öffnet sich zur cytoplasmatischen Seite in eine Vorkammer, die in der Mitte der Membran liegt. Die Vorkammer der Pore erleichtert den Transport von K^+-Ionen dadurch, dass diese ihre Hydrathülle behalten können, obwohl sie bereits mehr als die Hälfte der Membran durchquert haben. Der enge Selektivitätsfilter der Pore verbindet die Vorkammer mit der Umgebung der Zelle. Carbonyl-Sauerstoffatome säumen die Wand des Selektivitätsfilters und bilden vorübergehende Bindungsstellen für teilweise dehydratisierte K^+-Ionen. Zwei K^+-Ionen belegen unterschiedliche Bindungsstellen im Selektivitätsfilter, während ein drittes K^+-Ion im Zentrum der Vorkammer lokalisiert ist, wo es durch elektrische Wechselwirkungen – einschließlich der durch die negativer geladenen Enden der Porenhelices beitragenden Wechselwirkungen – stabilisiert wird. Die Enden der vier kurzen Porenhelices (von denen nur zwei dargestellt sind) zeigen exakt auf das Zentrum der Vorkammer und leiten dadurch die K^+-Ionen in den Selektivitätsfilter. (b) Peptidbindungen besitzen einen elektrischen Dipol, wobei sich mehr negative Ladung am Sauerstoff der C=O-Bindung und am Stickstoff der N–H-Bindung ansammelt. In einer α-Helix richten Wasserstoffbrücken (*rot*) die Dipole aus. Als Folge davon besitzt jede α-Helix einen elektrischen Dipol entlang ihrer Achse. Dieser Dipol ist die Summe der Dipole der einzelnen Peptidbindungen, mit einem mehr negativ geladenen C-terminalen Ende (δ^-) und einem mehr positiv geladenen N-terminalen Ende (δ^+). (a, verändert nach D. A. Doyle *et al.*, *Science* 280: 69–77, 1998).

Ein einziger Aminosäureaustausch in der Pore des K^+-Kanals einer tierischen Zelle kann zum Verlust der Ionenselektivität und zum Tod der Zelle führen. Die normale K^+-Selektivität kann nicht mit der Porengröße allein erklärt werden, da Na^+ kleiner ist als K^+. Darüber hinaus ist die hohe Leitfähigkeit der Kanäle nicht mit dem Vorhandensein von hoch selektiven, affinen K^+-Bindungsstellen vereinbar, da die Bindung der K^+-Ionen an solche Stellen ihren Durchtritt stark verlangsamen würde.

Dieses Rätsel wurde mit der Entschlüsselung der Struktur des *bakteriellen K^+-Kanals* durch Röntgenkristallographie gelöst. Dieser Kanal ist aus vier identischen Transmembranuntereinheiten aufgebaut, die zusammen eine zentrale Pore durch die Membran bilden. Jede Untereinheit liefert zwei Transmembran-α-Helices, die gekippt in der Membran liegen und so zusammen einen Trichter bilden, dessen weite Öffnung zur Außenseite der Zelle weist, an der K^+-Ionen den Kanal verlassen (**Abb. 11.24**). Die Polypeptidkette, die die beiden Transmembran-Helices verbindet, bildet eine kurze α-Helix (die *Porenhelix*) und eine äußerst wichtige Schleife, die sich in den weiten Teil des Trichters erstreckt und so den **Selektivitätsfilter** bildet. Diese Selektivitätsschleifen der vier Untereinheiten formen eine kurze, starre und enge Pore, die durch die Carbonyl-Sauerstoffatome ihrer Polypeptidhauptketten ausgekleidet wird. Da die Selektivitätsschleifen aller bekannten K^+-Kanäle eine ähnliche Aminosäuresequenz aufweisen, ist es sehr wahrscheinlich, dass sie auch sehr ähnliche Strukturen ausbilden.

Die Struktur des Selektivitätsfilters erklärt die Ionenselektivität des Kanals. Um in den Filter einzutreten, muss ein K^+-Ion fast alle gebundenen Wassermoleküle abstreifen und stattdessen mit den Carbonyl-Sauerstoffatomen, die den Filter auskleiden, interagieren.

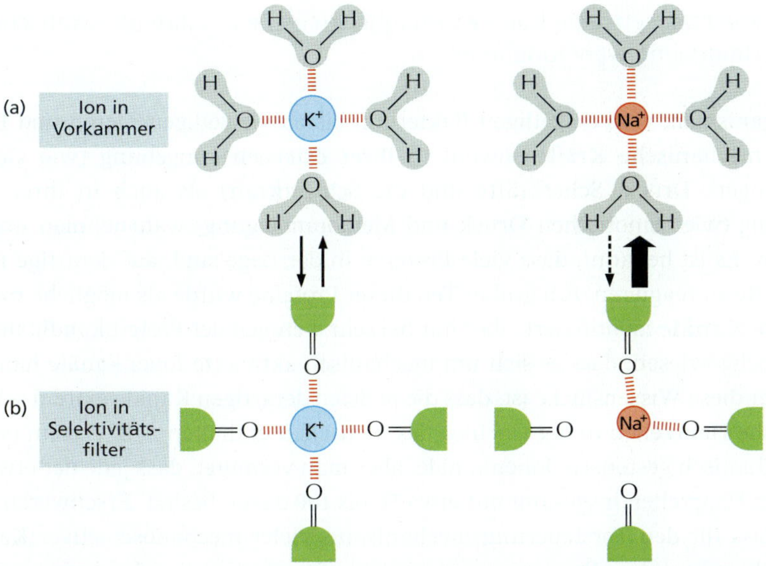

Abb. 11.25 K+-Spezifität des Selektivitätsfilters in einem K+-Kanal. Die Zeichnung des Querschnitts durch das Protein zeigt K+- und Na+-Ionen (a) in der Vorkammer und (b) im Selektivitätsfilter. In der Vorkammer tragen die Ionen eine Hydrathülle. Im Selektivitätsfilter haben sie ihr Wasser verloren und die Carbonyl-Sauerstoffatome liegen exakt so, dass nur ein dehydratisiertes K+-Ion Platz hat. Die Dehydratisierung eines K+-Ions benötigt Energie, die genau dem Energiegewinn der Interaktion des Ions mit all den Carbonyl-Sauerstoffatomen, die die Hydrathülle ersetzen, entspricht. Da das Na+-Ion zu klein für eine Wechselwirkung mit allen Sauerstoffatomen ist, kann es nur unter großem Energieaufwand in den Selektivitätsfilter eindringen. Dadurch wählt der Filter K+-Ionen mit großer Spezifität. (a, verändert nach Y. Zhou *et al.*, *Nature* 414: 43–48, 2001).

Die Sauerstoffatome sind starr und im genau passenden Abstand, um ein K+-Ion unterzubringen, angeordnet. Im Gegensatz dazu kann ein Na+-Ion nicht in den Filter eintreten, da die Carbonyl-Sauerstoffatome zu weit vom kleineren Na+-Ion entfernt liegen, sodass sie den hohen Energieaufwand nicht ausgleichen können, der mit dem zum Eintritt notwendigen Verlust der Wassermoleküle verbunden ist (**Abb. 11.25**).

Strukturuntersuchungen von K+- und anderen Ionenkanälen haben auch einige grundlegende Prinzipien aufgezeigt, wie sich diese Kanäle öffnen und schließen. Diese Torsteuerung bezieht die Bewegung der Helices in der Membran ein, sodass die Helices der Ionenwanderung entweder den Weg versperren oder ihn freimachen. Je nach Kanaltyp neigen, rotieren oder biegen sich die Helices während der Torsteuerung. Die Struktur eines geschlossenen K+-Kanals zeigt, dass sich durch Neigen der inneren Helices die Pore an ihrem cytosolischen Ende wie ein Diaphragma zusammenzieht (**Abb. 11.26**). Sperrige hydrophobe Aminosäure-Seitenketten blockieren die restliche kleine Öffnung und verhindern den Eintritt von Ionen.

Viele andere Ionenkanäle funktionieren nach ähnlichen Prinzipien: Die an der Torsteuerung beteiligten Helices der Kanalporen sind allosterisch an Sensor-Domänen gekoppelt. Diese Domänen sorgen als Reaktion auf die Bindung eines Liganden oder auf ein verändertes Membranpotenzial für eine Konformationsänderung in der ionenleitenden Bahn, die entweder geöffnet oder verschlossen wird.

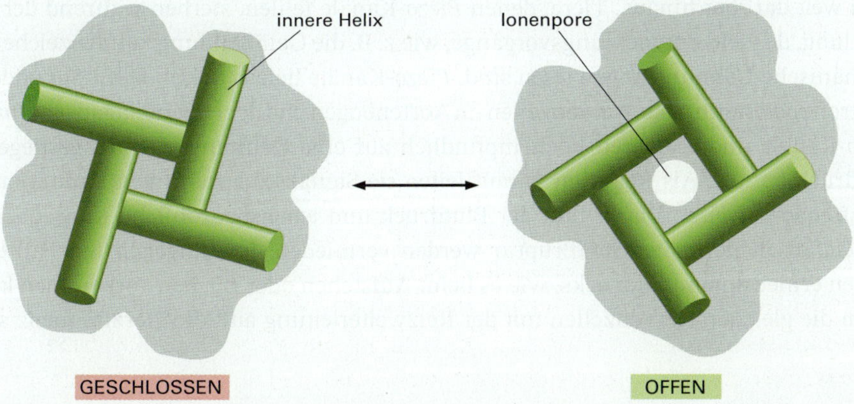

Abb. 11.26 Modell der Steuerung eines bakteriellen K+-Kanals. Der Kanal ist im Querschnitt gezeigt. Um die geschlossene Konformation anzunehmen, lagern sich die vier inneren Transmembranhelices, die in der Pore auf der cytoplasmatischen Seite des Selektivitätsfilters liegen (s. **Abb. 11.24**), um und schließen den cytosolischen Eingang. (verändert nach E. Perozo *et al.*, *Science* 285: 73–78, 1999).

11.3.6 Mechanosensitive Kanäle ermöglichen es Zellen ihre physikalische Umgebung wahrzunehmen

Alle Organismen, vom einzelligen Bakterium bis zu vielzelligen Tieren und Pflanzen, müssen mechanische Kräfte sowohl in ihrer externen Umgebung (wie Geräusche, Berührungen, Druck, Scherkräfte und die Schwerkraft) als auch in ihrer internen Umgebung (wie osmotischen Druck und Membranbiegung) wahrnehmen und darauf reagieren. Es ist bekannt, dass viele Proteine in der Lage sind, auf derartige mechanische Kräfte zu reagieren. Ein großer Teil dieser Proteine wurde als mögliche **mechanosensitive Kanäle** identifiziert, aber nur bei sehr wenigen der Proteinkandidaten wurde direkt nachgewiesen, dass es sich um mechanisch aktivierte Ionenkanäle handelt. Ein Grund für diese Wissenslücke ist, dass die meisten derartigen Kanäle extrem selten sind. Akustische Haarzellen in der Cochlea des Menschen enthalten z. B. extrem empfindliche, mechanisch gesteuerte Ionenkanäle, aber man vermutet, dass jede der etwa 15 000 einzelnen Haarzellen insgesamt nur etwa 50 bis 100 davon besitzt. Erschwerend kommt hinzu, dass für den Torsteuerungsmechanismus vieler mechanosensitiver Kanalarten die Kanäle in komplexe Strukturen eingebettet sein müssen, die wiederum an der extrazellulären Matrix oder am Cytoskelett befestigt sein müssen. Dies ist im Reagenzglas schwer zu rekonstruieren.

Um diese Wissenslücke zu schließen, verwendeten Wissenschaftler die *Patch Clamp*-Methode zur Identifizierung von Zelllinien, die auf ausgeübten mechanischen Druck hin einen Ionenkanal öffnen.

Sie postulierten zunächst, dass ein mechanosensitiver Kanal mindestens zwei membrandurchziehende Helices enthalten muss. Daraufhin schalteten sie systematisch die Genexpression solcher Proteine aus. Durch eine dieser Genexpressionsunterbrechungen verloren die Zellen ihre Fähigkeit auf mechanische Reize zu reagieren. Dadurch konnten zwei Gene identifiziert werden, die für verwandte Proteine codieren. Jedes dieser Proteine enthält mehr als 30 membrandurchziehende Helices, aber keines von ihnen zeigt Sequenzähnlichkeiten zu anderen bekannten Ionenkanälen. Drei identische Kopien jedes dieser Proteine können sich zu einem mechanosensitiven *Piezo*-Ionenkanal zusammenlagern, der in der Plasmamembran zahlreicher Arten tierischer Zellen liegt (**Abb. 11.27**). Jede dieser drei Untereinheiten eines *Piezo*-Kanals enthält einen langen Arm, der aus 36 Transmembran-Helices gebildet wird. Diese Arme gehen von einem zentralen Knotenpunkt aus, der die ionenleitende Pore des Kanals beinhaltet. Die besondere Anordnung der Flügelhelices verformt die Membran zu einer Kuppel. Im Ruhezustand ist der *Piezo*-Kanal geschlossen. Wird die Membran durch mechanischen Druck an irgendeiner anderen Stelle der Plasmamembran gedehnt, zieht die resultierende Spannung in der Membran die Ausbuchtung flach, wodurch sich die zentrale Pore des Kanals öffnet.

Piezo-Kanäle in Hautzellen werden zum Wahrnehmen von Berührungen benötigt. In Zellen der Harnblase stellen sie fest, wann die Blase voll ist. Aber ihre Bedeutung geht noch weit darüber hinaus. Tiere, denen *Piezo*-Kanäle fehlen, sterben während der Entwicklung, da viele Entwicklungsvorgänge, wie z. B. die Gefäßbildung, auf Anzeichen für mechanische Dehnung angewiesen sind. *Piezo*-Kanäle liefern Sekunde für Sekunde die Kontrolle des Blutdrucks. Nervenzellen im Aortenbogen und der Halsschlagader enthalten *Piezo*-Kanäle und reagieren hochempfindlich auf eine Dehnung, die auf gestiegenem Blutdruck beruht. Als Reaktion darauf leiten sie Signale zur sofortigen Reduktion der Herzfrequenz weiter. Damit fällt der Blutdruck und lebensbedrohliche Konsequenzen wie Gefäßschaden oder Gefäßruptur werden vermieden. Im umgekehrten Fall eines akuten erniedrigten Blutdrucks, wie es beim Aufstehen oder Bücken vorkommen kann, hören die gleichen Nervenzellen mit der Reizweiterleitung auf, die Herzfrequenz steigt

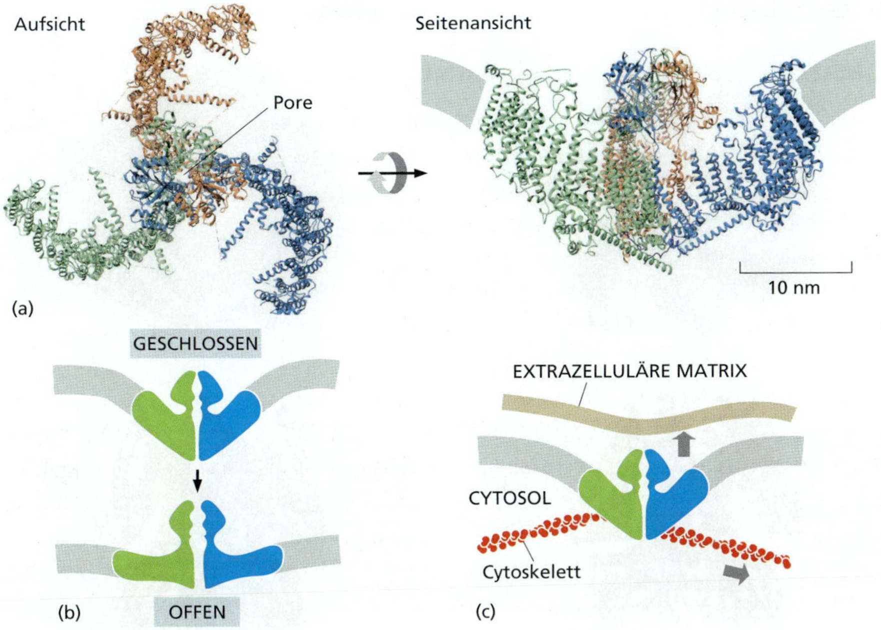

Abb. 11.27 Dehnungsaktivierte Piezo-Kanäle. (a) Die Struktur von Piezo1. Drei identische Untereinheiten umgeben die zentrale Pore (*links*). Die drei großen Armdomänen erstrecken sich vom Zentrum aus und krümmen die Membran zu einer Kuppel (*rechts*). (b) Wenn die Membran gedehnt wird, flacht die kuppelartige Ausbuchtung ab und die zentrale Pore öffnet sich. (c) Durch Kopplung von Piezo-Kanälen an Halteseile auf beiden Seiten der Membran (z. B. an die extrazelluläre Matrix oder das Cytoskelett) können Piezo-Kanäle als Antwort auf extrazelluläre oder intrazelluläre mechanische Kräfte geöffnet werden (*Pfeile*). (a, PDB-Code: 6B3R. Angepasst von Y. R. Guo and R. MacKinnon, *eLife 6*:e33660, 2017. Dieser Artikel wird unter den Bedingungen der Creative Commons Attribution License zur Verfügung gestellt).

und die periphere Blutgefäßverengung nimmt zu, was wiederum durch gestiegenen Blutfluß durch das Gehirn eine Bewusstlosigkeit verhindert

Eine weitere gut untersuchte Klasse mechanosensitiver Kanäle befindet sich in der bakteriellen Plasmamembran. Diese Kanäle öffnen sich als Reaktion auf mechanische Dehnung der Lipid-Doppelschicht, in die sie eingebettet sind. Wenn ein Bakterium eine niedrige Ionenstärke in der äußeren Umgebung (hypotone Bedingungen) wahrnimmt, wie z. B. im Regenwasser, dann schwillt die Zelle an, wenn Wasser infolge eines erhöhten osmotischen Drucks einsickert. Wenn der Druck auf ein gefährliches Niveau ansteigt, öffnet die Zelle mechanosensitive Kanäle, die zulassen, dass kleine Moleküle austreten. Bakterien, die in einem Experiment in Süßwasser überführt werden, können auf diese Weise schnell über 95 % ihrer kleinen Moleküle verlieren. Dazu zählen Aminosäuren, Zucker und Kalium-Ionen. Sie halten ihre Makromoleküle jedoch sicher im Zellinneren und können sich somit schnell erholen, wenn sich die Umweltbedingungen normalisieren.

Mechanische Torsteuerung wurde unter Verwendung biophysikalischer Techniken nachgewiesen. Dabei wurde Kraft auf reine Lipid-Doppelschichten ausgeübt, die bakterielle mechanosensitive Kanäle enthielten. Dies geschah z. B. durch Absaugen mit einer Mikropipette. Derartige Messungen zeigen, dass die Zelle mehrere verschiedene Kanäle besitzt, die sich bei unterschiedlichem Druck öffnen. Der mechanosensitive Kanal mit kleiner Leitfähigkeit, der auch als MscS-Kanal bezeichnet wird, öffnet sich bei geringem und mäßigem Druck (**Abb. 11.28**). Er besteht aus mehreren identischen Untereinheiten, die im offenen Zustand eine Pore mit einem Durchmesser von ca. 1,3 nm bilden. Das ist gerade groß genug, um Ionen und kleine Moleküle passieren zu lassen. Große cytoplasmatische Domänen begrenzen die Größe der Moleküle, die zur Pore gelangen können. Der mechanosensitive Kanal mit hoher Leitfähigkeit – auch MscL-Kanal genannt – öffnet sich auf über 3 nm im Durchmesser, wenn der Druck so stark ansteigt, dass die Zelle platzen könnte.

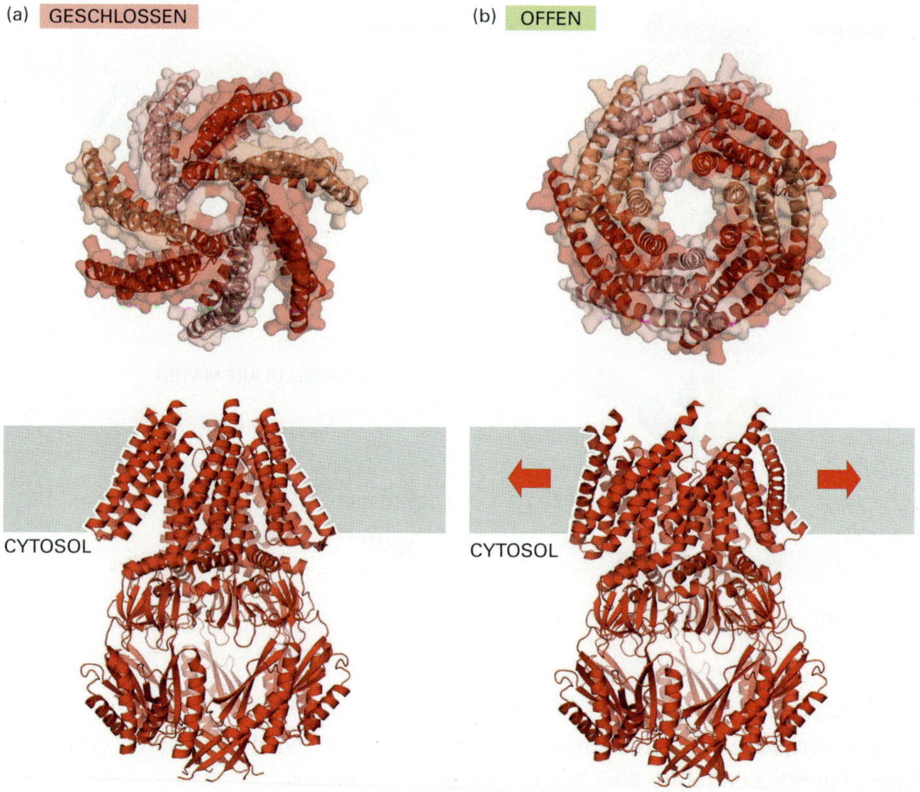

Abb. 11.28 Struktur mechanosensitiver Kanäle in Bakterien. Dargestellt ist die Kristallstruktur des MscS in seiner (a) geschlossenen und (b) offenen Konformation. Die Seitenansichten (untere Abbildungen) zeigen das gesamte Protein mit der großen intrazellulären Domäne. Die Frontalansichten (obere Abbildungen) zeigen nur die Transmembrandomänen. Die offene Struktur nimmt eine größere Fläche in der Lipid-Doppelschicht ein und ist energetisch bevorzugt, wenn die Membran gedehnt wird. Das könnte erklären, warum sich der MscS-Kanal öffnet, wenn sich in der Zelle Druck aufbaut. (PDB-Codes: 2OAU, 2W5).

11.3.7 Die Funktion eines Neurons hängt von seiner lang gestreckten Form ab

Die Zellen, die am raffiniertesten Gebrauch von Kanälen machen, sind Nervenzellen. Bevor wir besprechen, wie sie dies anstellen, schweifen wir kurz ab und beschreiben, wie eine typische Nervenzelle organisiert ist.

Die grundsätzliche Aufgabe von **Neuronen** oder **Nervenzellen** besteht darin, Signale zu empfangen, zu verarbeiten, weiterzuleiten und zu übertragen. Um diese Funktionen auszuüben, sind Neuronen oft extrem lang gestreckt. Ein einziges Neuron in einem Menschen kann sich beispielsweise vom Rückenmark bis zu einem Muskel im Fuß erstrecken und dabei eine Länge von 1 m erreichen. Jedes Neuron besteht aus einem Zellkörper (der den Kern enthält), von dem sich eine Anzahl dünner Fortsätze strahlenförmig nach außen erstreckt. In der Regel leitet ein langes **Axon** Signale vom Zellkörper zu entfernten Zielen, und mehrere kurze verzweigte **Dendriten** erstrecken sich wie Antennen vom Zellkörper, was eine Vergrößerung der Oberfläche zur Aufnahme von Signalen von Axonen anderer Neuronen bewirkt (**Abb. 11.29**), wobei auch der Zellkörper selbst Signale empfängt. Ein typisches Axon teilt sich an seinem entfernten Ende in viele Endäste und ermöglicht so die gleichzeitige Signalübertragung an viele Zielzellen. Genauso kann die Verzweigung der Dendriten ein sehr großes Ausmaß erreichen; in einigen Fällen sind dadurch bis zu 100 000 Signaleingänge auf einem einzigen Neuron möglich.

Trotz der unterschiedlichen Bedeutung der von den verschiedenen Typen von Neuronen übertragenen Signale ist die Form des weitergeleiteten Signals immer gleich und besteht aus Änderungen im elektrischen Potenzial über die neuronale Plasmamembran. Eine Signalweiterleitung erfolgt, da sich eine elektrische Störung, die in einem Teil der Membran erzeugt wird, auch auf andere Teile ausbreitet. Eine derartige Störung wird mit zunehmender Entfernung von ihrer Quelle schwächer, wenn das Neuron keine Energie zu ihrer Verstärkung während ihrer Weiterleitung aufwendet. Über kurze Entfernungen

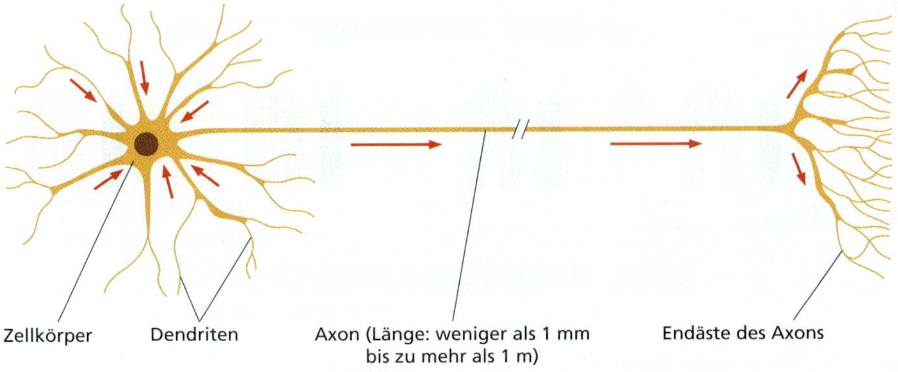

Abb. 11.29 Ein typisches Neuron eines Vertebraten. Die Pfeile zeigen die Richtung der Signalweiterleitung. Ein einzelnes Axon leitet das Signal vom Zellkörper weg, während viele Dendriten (und der Zellkörper) Signale der Axone anderer Neuronen empfangen. Die Endäste des Axons enden auf den Dendriten oder dem Zellkörper anderer Neuronen oder anderer Zelltypen, wie Muskel- oder Drüsenzellen.

ist diese Abschwächung unbedeutend, und in der Tat leiten viele kleine Neuronen Signale passiv, ohne Verstärkung. Für eine Signalweiterleitung über weite Entfernungen reicht die passive Ausbreitung nicht aus. Deshalb nutzen längere Neuronen einen aktiven Signalmechanismus, der eine ihrer herausragendsten Eigenschaften darstellt. Ein elektrischer Reiz, der einen gewissen Schwellenwert überschreitet, löst eine Explosion elektrischer Aktivität aus, die schnell entlang der neuronalen Plasmamembran weitergeleitet wird und durch automatische Verstärkung über ihren gesamten Weg erhalten bleibt. Diese sich fortpflanzende Welle einer elektrischen Erregung, die als **Aktionspotenzial** oder *Nervenimpuls* bezeichnet wird, kann ein Signal ohne Abschwächung mit einer Geschwindigkeit von mehr als 100 m pro Sekunde von einem Ende des Neurons zum anderen tragen. Aktionspotenziale sind die direkte Folge der Eigenschaften spannungskontrollierter Kationenkanäle, worüber wir jetzt sprechen wollen.

11.3.8 Spannungskontrollierte Kationenkanäle erzeugen Aktionspotenziale in elektrisch erregbaren Zellen

Die Plasmamembran aller elektrisch erregbaren Zellen – nicht nur die der Neuronen, sondern auch die der Muskelzellen, endokrinen Zellen und Eizellen – enthält **spannungskontrollierte Kationenkanäle**, die für die Erzeugung von Aktionspotenzialen verantwortlich sind. Ein Aktionspotenzial wird durch die **Depolarisierung** der Plasmamembran ausgelöst, d. h. durch ein Verschieben des Membranpotenzials zu einem weniger negativen Wert im Inneren. (Wir werden später sehen, wie die Wirkung einiger Neurotransmitter eine Depolarisierung verursacht). In Nerven und Skelettmuskelzellen öffnet ein Reiz, der eine ausreichende Depolarisierung bewirkt, sofort **spannungskontrollierte Na^+-Kanäle**, die den Einstrom einer kleinen Menge von Na^+-Ionen in die Zelle in Richtung ihres elektrochemischen Gradienten ermöglichen. Dieser Einstrom von positiven Ladungen depolarisiert die Membran weiter, was zur Öffnung von weiteren Na^+-Kanälen, zum Hereinlassen weiterer Na^+-Ionen und damit zu einer noch weitergehenden Depolarisierung führt. Dieser Selbstverstärkungsvorgang (ein Beispiel für eine *positive Rückkopplung*, s. Kapitel 8 und 15) hält an, bis das elektrische Potenzial in einem engen Bereich der Membran, ausgehend von seinem Ruhepotenzial von etwa -70 mV, innerhalb von Bruchteilen einer Millisekunde das Na^+-Gleichgewichtspotenzial von etwa +50 mV erreicht hat (s. **Tafel 11.1**). An diesem Punkt, bei dem die gesamte treibende elektrochemische Kraft für den Fluss von Na^+ annähernd null erreicht, würde die Zelle zu einem neuen Ruhezustand kommen, bei dem alle Na^+-Kanäle andauernd geöffnet wären, wenn dieser Konformationszustand der Kanäle stabil wäre. Die Zelle wird vor diesem andauernden „elektrischen Krampf" durch zwei zusammenwirkende Mechanismen bewahrt: durch die automatische Inaktivierung der Na^+-Kanäle und die

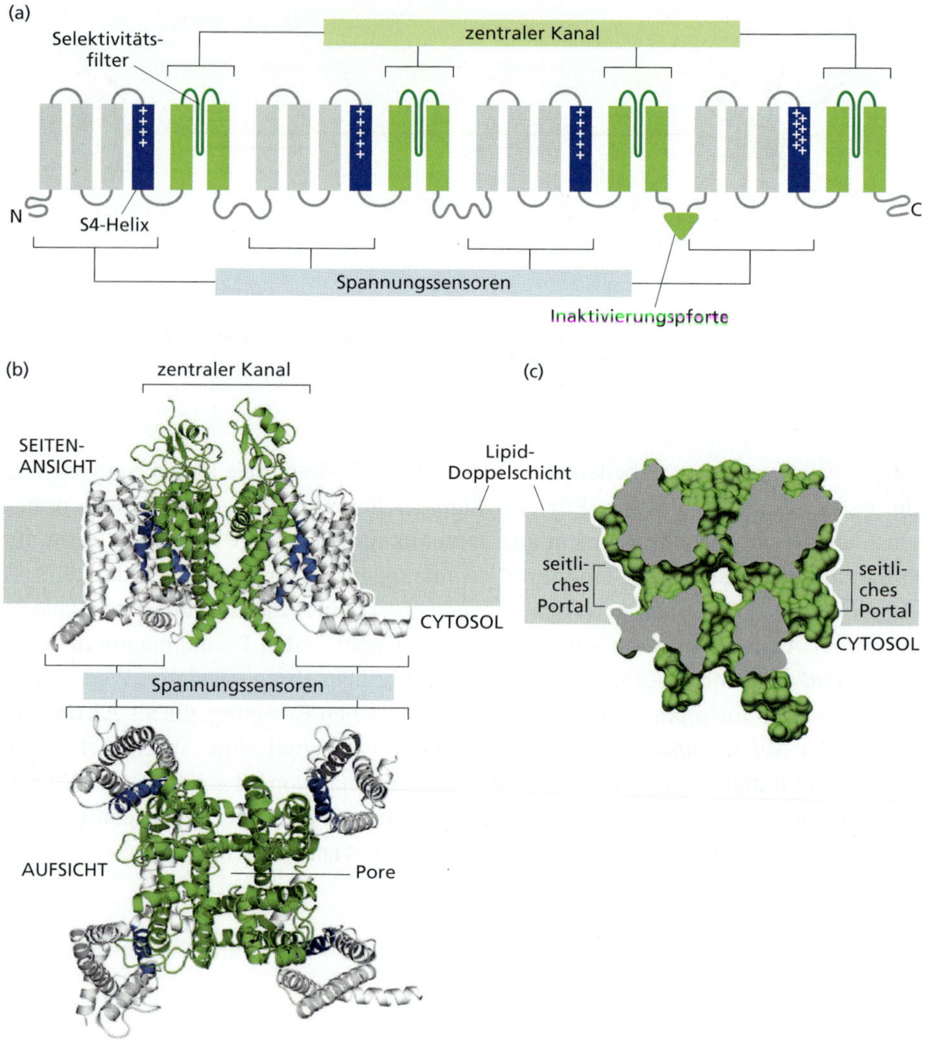

Abb. 11.30 Strukturmodelle spannungskontrollierter Na^+-Kanäle. (a) In Tierzellen wird der Kanal von einer einzigen Polypeptidkette gebildet, die aus vier homologen Domänen besteht. Jede Domäne enthält zwei membrandurchspannende α-Helices (*grün*), die die zentrale ionendurchlassende Pore umgeben. Sie sind durch Sequenzen (*dunkelgrün*) getrennt, die den Selektivitätsfilter bilden. Vier weitere α-Helices (*blau* und *grau*) in jeder Domäne bilden den Spannungssensor. Die S4-Helices (*blau*) stellen insofern eine Besonderheit dar, als sie sehr viele positiv geladene Argininreste enthalten. Eine Inaktivierungspforte, die Teil einer flexiblen Schleife ist, die die dritte und die vierte Domäne verbindet, fungiert als Stopfen, der die Pore des Kanals im inaktivierten Zustand verschließt (s. Abb. 11.32c). (b) Die Seitenansicht und Aufsicht eines Kanalproteins zeigen die Anordnung in der Membran. (c) Der Querschnitt der Porendomäne des in (b) abgebildeten Kanals zeigt seitliche Portale, durch die der zentrale Hohlraum vom hydrophoben Kern der Lipid-Doppelschicht aus zugänglich ist. Man fand heraus, dass in den Kristallen Lipid-Acylketten in die Pore eindringen. Diese seitlichen Portale sind groß genug, um zuzulassen, dass kleine, hydrophobe, porenblockierende Medikamente eindringen, die häufig als Lokalanästhetika verwendet werden und die Ionenleitfähigkeit blockieren. (PDB-Code: 6AGF).

Öffnung **spannungskontrollierter K^+-Kanäle**. So wird der ursprüngliche negative Wert des Membranpotenzials wiederhergestellt.

Der Na^+-Kanal wird von einer einzelnen Polypeptidkette gebildet, die aus vier strukturell sehr ähnlichen Domänen bestehen. Man vermutet, dass diese Domänen durch Genduplikation und anschließende Fusion zu einem einzigen großen Gen entstanden sind (**Abb. 11.30a**). Gestützt wird diese Theorie durch die Tatsache, dass der Na^+-Kanal bei Bakterien tatsächlich ein Tetramer aus vier identischen Polypeptidketten ist. Die Struktur des spannungskontrollierten Na^+-Kanals gewährt Einblicke, wie die Strukturelemente in der Membran angeordnet sind (**Abb. 11.30b und c**).

Jede Domäne ist am zentralen Kanal beteiligt. Dieser ist dem K^+-Kanal sehr ähnlich. Jede Domäne enthält auch einen *Spannungssensor*, der sich durch eine ungewöhnliche Transmembran-Helix, S4, auszeichnet. Diese Helix enthält viele positiv geladene Aminosäuren. Wenn die Membran polarisiert ist, sind diese Ladungen der negativ geladenen cytosolischen Seite der Membran ausgesetzt. Wenn die Membran depolarisiert wird, wirkt auf die S4-Helices eine elektrostatische Kraft, die nun eine andere Konformation stabilisiert, bei der die Helices sich verdreht haben und die Ladungen der gegenüberliegenden extrazellulären Seite der Membran präsentieren. Die daraus resultierende Konformationsänderung öffnet den Kanal (**Abb. 11.31**). Aus energetischen Berechnungen

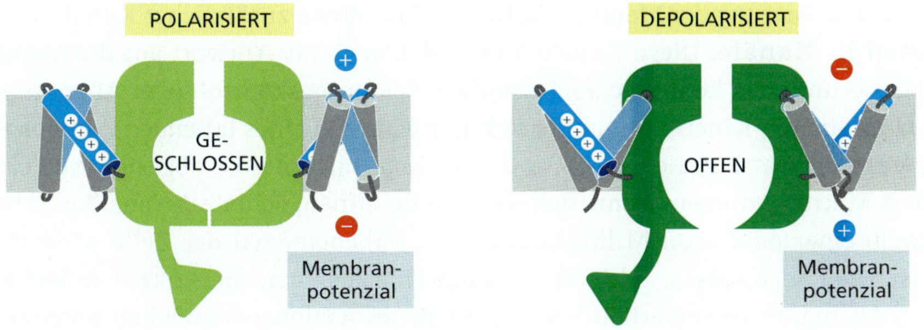

Abb. 11.31 Modell für den spannungskontrollierten Mechanismus. Die Domäne, die die Spannung erfasst, oszilliert zwischen zwei Konformationen, die positiv geladene Arginine auf einer Helix (entspricht der S4-Helix in **Abb. 11.30**) abwechselnd den beiden Seiten der Membran präsentieren. Die Präsentation zur negativer geladenen Seite der Membran ist thermodynamisch begünstigt und stabilisiert daher diesen Zustand. Die Kopplung über die Konformation öffnet oder schließt das Tor in der zentralen Porendomäne des Kanals. (Angepasst nach A. F. Kintzer *et al., Proc. Natl. Acad. Sci. USA* 115: E9095–E9104, 2018).

lässt sich abschätzen, dass die Präsentation auf der gegenüberliegenden Seite der Membran die Wahrscheinlichkeit um viele Größenordnungen ändern kann, ob der Kanal im offenen oder geschlossenen Zustand vorliegt.

Na^+-Kanäle besitzen auch einen automatischen Inaktivierungsmechanismus, der dazu führt, dass sich die Kanäle schnell wieder schließen, auch wenn die Membran noch depolarisiert ist (s. **Abb. 11.32**). Die Na^+-Kanäle verbleiben dann in diesem *inaktivierten* Zustand, unfähig sich wieder zu öffnen, bis das Membranpotenzial seinen negativen Ausgangswert wieder erreicht hat.

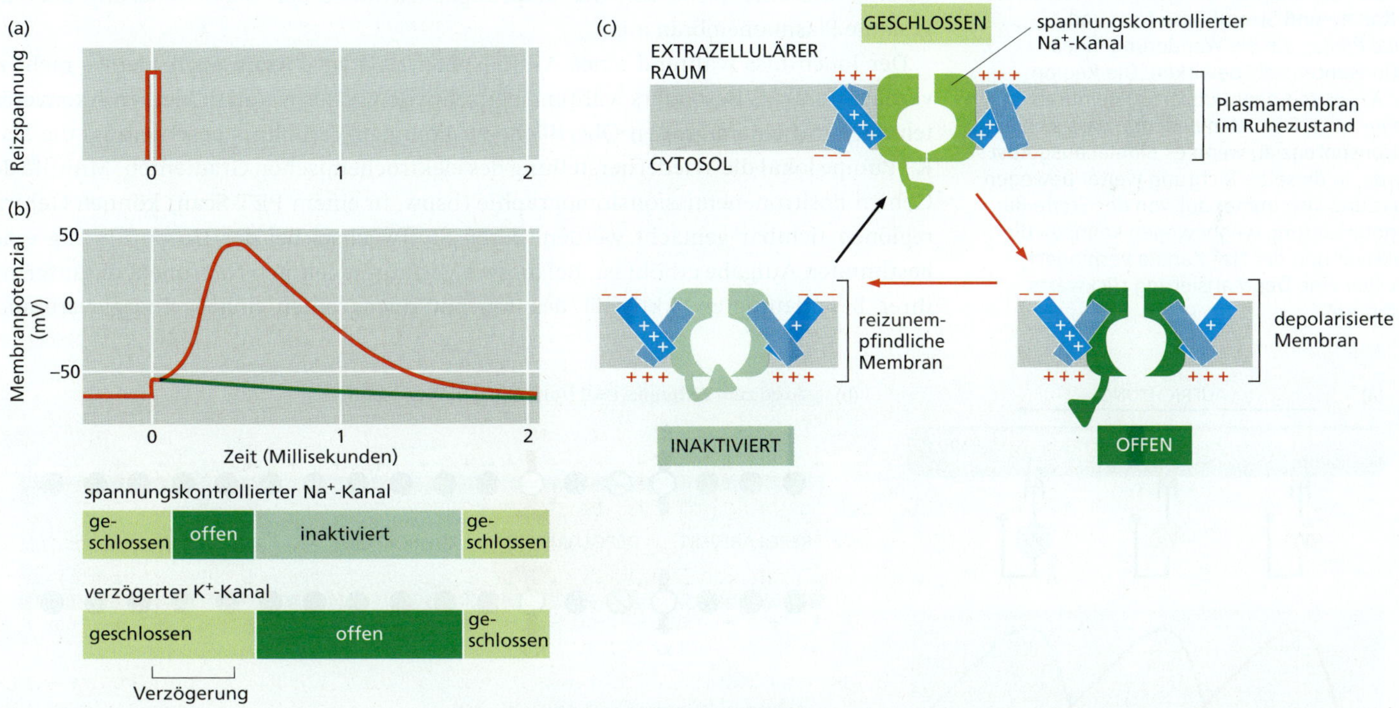

Abb. 11.32 Na^+-Kanäle und das Aktionspotenzial. (a) Ein Aktionspotenzial wird durch einen kurzen Spannungspuls hervorgerufen, der (b) die Membran teilweise depolarisiert, wie in der Auftragung des Membranpotenzials gegen die Zeit zu sehen ist. Die *grüne Kurve* zeigt, wie das Membranpotenzial nach dem depolarisierenden Reiz einfach in den Ruhezustand zurückfallen würde, wenn es keine spannungskontrollierten Na^+-Kanäle in der Membran gäbe. Der aufsteigende Teil der *roten Kurve* zeigt den Verlauf des Aktionspotenzials, das durch das Öffnen spannungskontrollierter Na^+-Kanäle hervorgerufen wird. Verzögerte spannungsabhängige K^+-Kanäle öffnen sich und Na^+-Kanäle werden inaktiviert, was eine Repolarisierung der Membran ermöglicht (der abfallende Teil der *roten Kurve*). Die Zustände der Na^+- und K^+-Kanäle sind im unteren Teil von (b) dargestellt. Die Membran kann kein zweites Aktionspotenzial aufbauen, bevor die Na^+-Kanäle vom inaktivierten in ihren geschlossenen Zustand zurückgekehrt sind. Die Membran ist bis dahin reizunempfindlich. (c) Die drei Zustände des Na^+-Kanals. Im Ruhezustand der Membran (stark polarisiert) hat die geschlossene Konformation die niedrigste Freie Energie und ist deshalb am stabilsten. Wenn die Membran depolarisiert ist, ist die Freie Energie der offenen Konformation niedriger. Der Kanal hat daher eine hohe Öffnungswahrscheinlichkeit; allerdings ist die Freie Energie der *inaktivierten* Konformation noch niedriger, sodass der Kanal nach einer unterschiedlich langen Zeit im offenen Zustand inaktiviert wird. Die offene Konformation ist also ein metastabiler, nur kurzlebiger Zustand, wenn die Membran depolarisiert.

Die Repolarisierung der Membran erfordert das Öffnen zusätzlicher Kanäle, der **verzögerten K^+-Kanäle**. Diese Kanäle öffnen sich auch als Antwort auf die Membrandepolarisierung (das heißt, sie sind ebenfalls spannungskontrolliert). Aber aufgrund ihrer langsameren Kinetik öffnen sie sich nur während eines fallenden Aktionspotenzials, wenn die Na^+-Kanäle inaktiv sind, allerdings mit einer Verzögerung von einigen Hundert Mikrosekunden. Wenn sich die Kanäle öffnen, schießt K^+ aus der Zelle, bis innerhalb einer oder zwei Millisekunden das Ruhepotenzial der Zelle wiederhergestellt ist. Die Zeit, die dafür nötig ist, dass sich eine ausreichende Anzahl an Na^+-Kanälen von der Inaktivierung erholt hat, um ein neues Aktionspotenzial zu unterstützen, wird als *Refraktärzeit* bezeichnet. Sie limitiert die Feuerungsrate eines Neurons und stellt sicher, dass ein Aktionspotenzial sich nur in einer Richtung ausbreitet. Die Na^+-Kanäle können daher drei unterschiedliche Zustände einnehmen: geschlossen, offen und inaktiviert. Wie die Zustandsänderungen zum Anstieg und Abfall des Aktionspotenzials beitragen, ist in **Abb. 11.32** gezeigt. Der Zyklus vom anfänglichen Reiz bis zur Rückkehr des ursprünglichen Ruhezustands dauert einige Millisekunden oder weniger.

Die Beschreibung eines Aktionspotenzials gilt nur für eine sehr kleine Fläche der Membran. Die selbstverstärkende Depolarisierung dieses kleinen Bereichs ist aber ausreichend, benachbarte Gebiete der Membran zu depolarisieren, die dann den gleichen Zyklus durchlaufen. Auf diese Weise breitet sich das Aktionspotenzial (wie in **Abb. 11.33** gezeigt) wie eine Welle von der ursprünglichen Stelle der Depolarisierung über die gesamte Plasmamembran aus.

Der Ionenfluss während eines Aktionspotenzials ist – wenn auch klein – nicht zu vernachlässigen. Besonders während des schnellen Feuerns und in kleinen Axonverästelungen mit einem großen Oberfläche-zu-Volumen-Verhältnis beschleunigt die Na^+/K^+-Pumpe lokal die Wiederherstellung des elektrochemischen Gradienten. Mithilfe der Gehirn-Positronenemissionstomographie (bspw. in einem PET-Scan) können Gehirnregionen sichtbar gemacht werden, deren Stoffwechsel bei der Durchführung einer bestimmten Aufgabe erhöht ist. Bei diesem Verfahren nehmen Neuronen, die aufgrund ihrer beschleunigten Aktivität des Ionenpumpens einen hohen Energieverbrauch

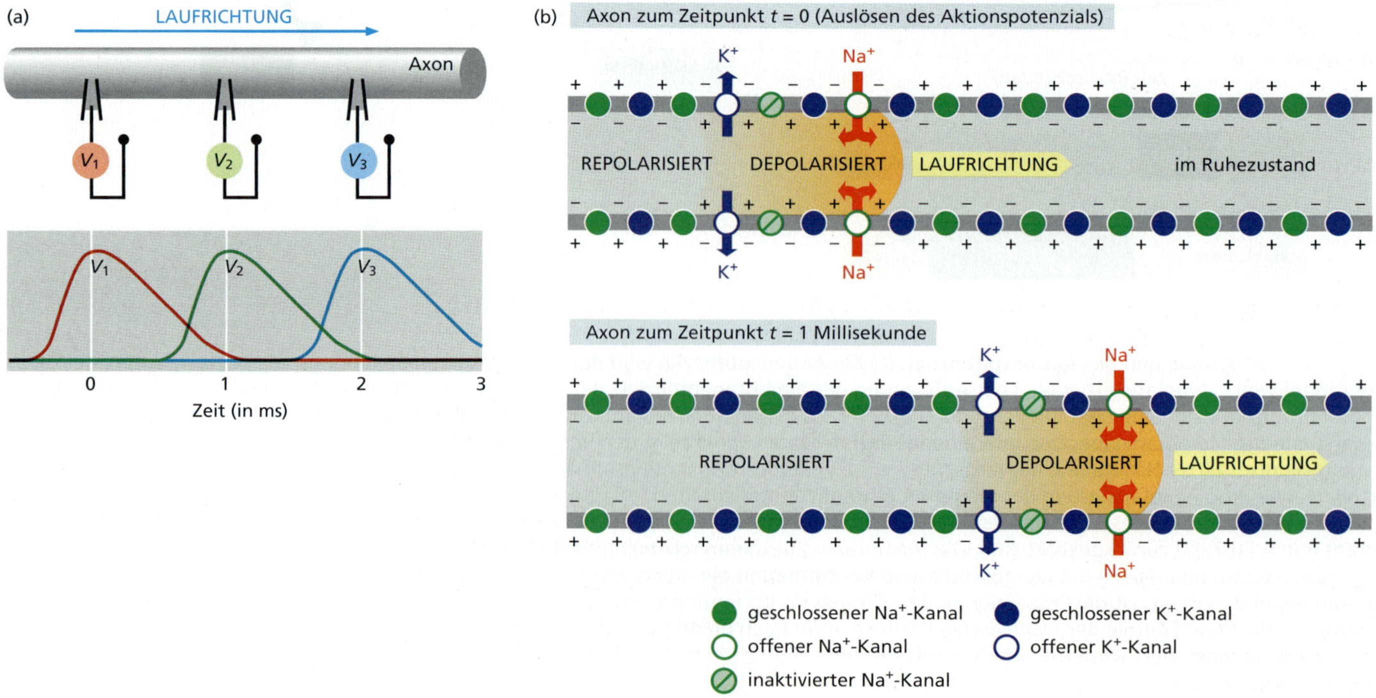

Abb. 11.33 Weiterleitung eines Aktionspotenzials entlang des Axons. (a) zeigt die Spannungsverläufe, die man mit einer Reihe von intrazellulären Mikroelektroden entlang eines Axons aufzeichnen könnte. (b) zeigt die Änderungen der Na^+-Kanäle, der spannungskontrollierten K^+-Kanäle und Stromflüsse (*rote* und *blaue Pfeile*), die die Wanderung eines Aktionspotenzials bewirken. Die Region des Axons mit depolarisierter Membran ist *orange* unterlegt. Man beachte, dass sich ein Aktionspotenzial, wenn es einmal ausgelöst wurde, in dieselbe Richtung weiter bewegen muss und sich immer nur von der Stelle der Depolarisierung wegbewegen kann, da die Inaktivierung der Na^+-Kanäle verhindert, das sich eine Depolarisierung rückwärts ausbreitet.

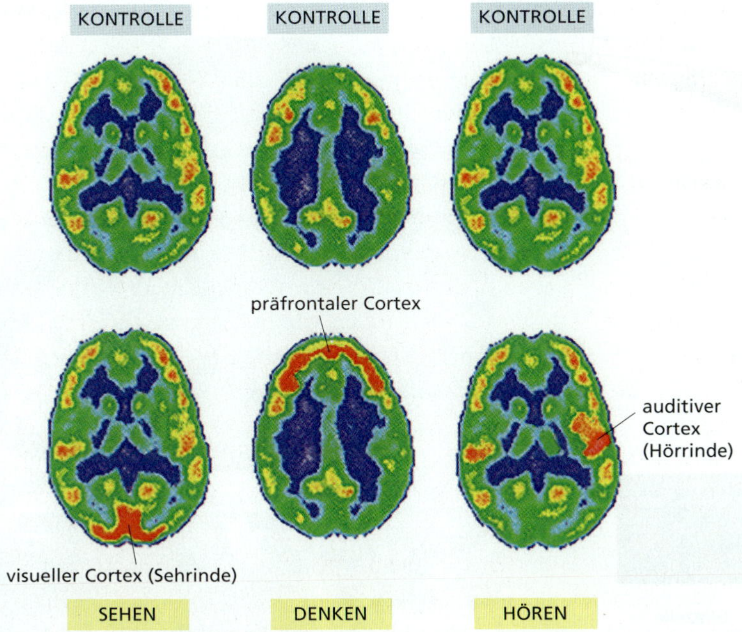

Abb. 11.34 Diese PET-Scans zeigen eine Steigerung des Glukose-Stoffwechsels aufgrund der Aktivierung spezifischer Regionen des menschlichen Gehirns bei bestimmten Aufgaben. (Mit freundlicher Genehmigung von Dr. John Mazziotta / Dr. Michael Phelps / David Geffen).

aufweisen, radioaktiv markierte Glukose auf, um das durch die Na^+/K^+-Pumpe verbrauchte ATP wieder aufzufüllen. Die Anreicherung dieser radioaktiven Glukose kann in einem dreidimensionalen Gehirnscan sichtbar gemacht werden. Auf diese Art dient die Na^+/K^+-Pumpe bei der nicht invasiven Gehirnkartierung als Anzeichen für Bereiche mit bestimmten Gehirnaktivitäten (**Abb. 11.34**).

11.3.9 Die Myelinisierung erhöht die Geschwindigkeit und Effizienz der Weiterleitung eines Aktionspotenzials in Nervenzellen

Die Axone vieler Wirbeltierneuronen sind durch eine **Myelinscheide** isoliert, die die Geschwindigkeit, mit der ein Axon ein Aktionspotenzial weiterleiten kann, stark erhöht. Die Bedeutung der Myelinisierung wird dramatisch durch die demyelinisierende Krankheit *Multiple Sklerose* verdeutlicht, bei der das Immunsystem die Myelinscheiden in einigen Bereichen des Zentralnervensystems zerstört. In den betroffenen Regionen wird die Weiterleitung von Nervenimpulsen stark beeinträchtigt oder sogar unmöglich gemacht, oft mit verheerenden neurologischen Folgen.

Myelin wird durch spezialisierte, nichtneuronale unterstützende Zellen, **Gliazellen** genannt, gebildet. **Schwann'sche Zellen** sind diejenigen Gliazellen, die die Axone im peripheren Nervensystem myelinisieren. **Oligodendrocyten** tun dies im Zentralnervensystem. Diese Gliazellen wickeln Schicht um Schicht ihrer eigenen Plasmamembran in einer dicht gepackten Spirale um das Axon (**Abb. 11.35a und b**), wodurch sie die Membran des Axons isolieren, sodass nur wenig Strom über sie verloren gehen kann. Die Myelinscheide ist durch die regelmäßig auftretenden *Ranvier'schen Schnürringe* unterbrochen, in denen fast alle Na^+-Kanäle des Axons konzentriert sind (**Abb. 11.35c**). Diese Anordnung erlaubt, dass sich ein Aktionspotenzial durch Sprünge von Schnürring zu Schnürring fortpflanzt, ein Vorgang der *saltatorische Erregungsleitung* genannt wird. Diese Art der Erregungsleitung hat zwei Hauptvorteile: Die Aktionspotenziale pflanzen sich sehr viel schneller fort und Stoffwechselenergie wird gespart, da die aktive Erregung auf die kleinen Bereiche der axonalen Plasmamembran an den Ranvier'schen Schnürringen begrenzt bleibt.

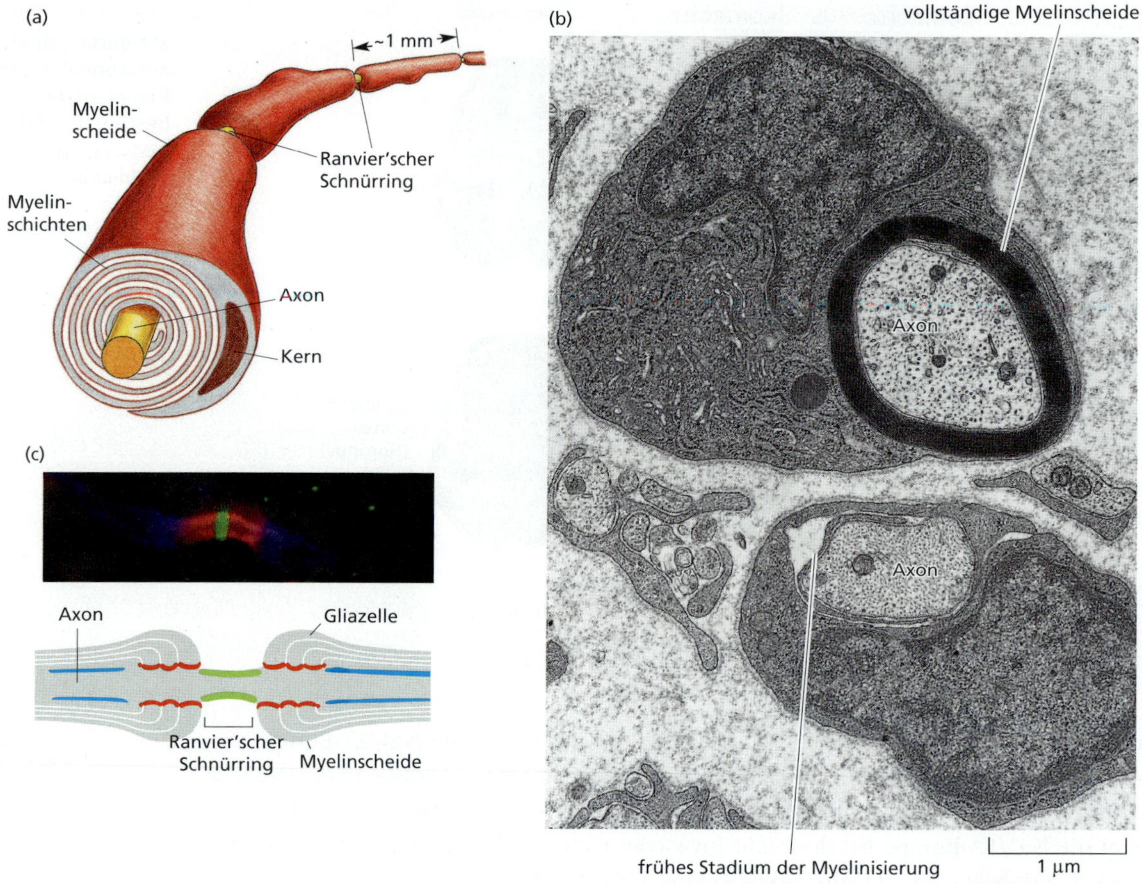

Abb. 11.35 **Myelinisierung.** (a) Myelinisiertes Axon eines peripheren Nerven. Jede Schwann'sche Zelle wickelt ihre Plasmamembran spiralförmig um das Axon und bildet so einen Teil der Myelinscheide von etwa 1 mm Länge. Zur Verdeutlichung sind die Membranschichten des Myelins weniger dicht gepackt als in Wirklichkeit dargestellt (s. b). (b) Elektronenmikroskopische Aufnahme eines Schnitts durch einen Nerv aus dem Bein einer jungen Ratte. Man erkennt zwei Schwann'sche Zellen; die untere beginnt gerade mit der Myelinisierung des Axons, die obere hat bereits eine fast vollständige Myelinscheide gebildet. (c) Die Fluoreszenzaufnahme und die Zeichnung eines einzelnen myelinisierten Axons, das aus einem Ratten-Sehnerv herauspräpariert wurde, zeigen die Begrenzung der spannungskontrollierten Na^+-Kanäle (*grün*) auf die Axonmembran an einem Ranvier'schen Schnürring. Ein Protein mit dem Namen Caspr (*rot*) markiert die Verbindungsstellen, wo die myelinisierende Plasmamembran der Gliazelle dem Axon an beiden Seiten des Knotens dicht aufliegt. Spannungskontrollierte K^+-Kanäle (*blau*) sitzen in den Bereichen der Axonplasmamembran, die weiter entfernt von den Schnürringen sind. (b, aus C. S. Raine, in Myelin, 2nd ed. (P. Morell, Ed.). New York: Plenum, 1984. Mit Erlaubnis von Springer Nature; c, aus M. N. Rasband und P. Shrager, *J. Physiol.* 525: 63–73, 2000. Mit Erlaubnis von John Wiley & Sons).

11.3.10 *Patch Clamp* -Messungen deuten darauf hin, dass sich die einzelnen Ionenkanäle nach einem Alles-oder-Nichts-Mechanismus öffnen

Die Plasmamembranen von Neuronen und Skelettmuskelzellen enthalten viele Tausend spannungsregulierte Na^+-Kanäle. Der Strom, der über die Membran fließt, entspricht der Summe der Einzelströme, die durch diese Kanäle fließen. Dieser Summenstrom kann, mit einer intrazellulären Mikroelektrode aufgezeichnet werden. Bemerkenswerterweise ist es jedoch auch möglich, Ströme durch einzelne Kanäle zu messen. Die in den 1970er- und 1980er-Jahren entwickelte ***Patch Clamp*-Technik** hat die Untersuchung von Ionenkanälen revolutioniert, da sie es ermöglichte, den Transport durch einen einzelnen Kanal in einem kleinen Membranflecken in der Öffnung einer Mikropipette zu verfolgen (**Abb. 11.36**). Mit dieser einfachen, aber leistungsstarken Technik kann man die einzelnen Eigenschaften von Ionenkanälen in allen Arten von Zelltypen untersuchen. Dies hat zu der Entdeckung geführt, dass auch elektrisch nicht erregbare Zellen

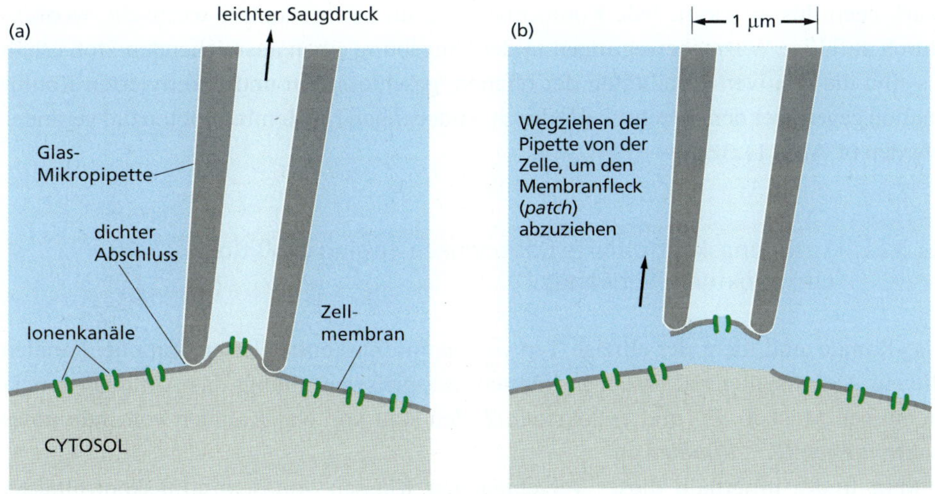

Abb. 11.36 Die *Patch Clamp*-Technik. Aufgrund einer extrem dichten Verbindung zwischen der Mikropipette und der Membran können Ströme die Mikropipette nur über die Kanäle im *Membranstück* (*patch*, engl. für Fetzen), das ihre Spitze verschließt, erreichen oder verlassen. Der Begriff „*clamp*" (*Klemme*) beruht darauf, dass das Membranpotenzial elektronisch auf einen eingestellten Wert „festgeklemmt" wird, während die Ionenströme durch die einzelnen Kanäle gemessen werden. Messungen dieser Ströme können mit einem Membranstück, das noch mit der ganzen Zelle verbunden ist, durchgeführt werden (a) oder nach Ablösung dieses Membranfragments (b). Der Vorteil der letzteren Methode besteht darin, dass die Zusammensetzung der Lösung auf jeder Seite der Membran leicht geändert und damit der Einfluss verschiedener Solute auf das Kanalverhalten untersucht werden kann. Ein Membran-Patch kann auch in umgekehrter Orientierung erzeugt werden, sodass die cytoplasmatische Oberfläche der Membran in Richtung des Inneren der Pipette orientiert ist.

eine Reihe von Ionenkanälen in ihrer Plasmamembran besitzen. Viele dieser Zellen, wie z. B. Hefen, sind zu klein, um sie mit der traditionellen elektrophysiologischen Methodik des Anstechens mit einer intrazellulären Mikroelektrode zu untersuchen.

Patch Clamp-Messungen deuten darauf hin, dass sich einzelne Ionenkanäle nach einem Alles-oder-Nichts-Mechanismus öffnen. Ein spannungskontrollierter Na^+-Kanal z. B. öffnet und schließt sich stochastisch (zufällig) mit einer spannungsabhängigen Wahrscheinlichkeit; ist der Kanal jedoch geöffnet, hat er jeweils die gleiche hohe Leitfähigkeit, die den Durchtritt von mehr als 1000 Ionen pro Millisekunde erlaubt (**Abb. 11.37**). Deshalb entspricht der Summenstrom durch die Membran einer ganzen Zelle nicht dem *Grad* der Öffnung eines typischen einzelnen Kanals, sondern der *Gesamtzahl* der zu einer Zeit geöffneten Kanäle in der Zellmembran.

Einige einfache physikalische Grundlagen ermöglichen es uns, die Spannungsregulierung aus der Sicht eines einzelnen Na^+-Kanals zu verstehen. Das Innere einer ruhenden Nerven- oder Muskelzelle ist um ein elektrisches Potenzial von 40 bis 100 mV negativer als die äußere Umgebung. Obwohl dieser Potenzialunterschied klein erscheint, beträgt der daraus resultierende Spannungsgradient etwa 100 000 V cm^{-1}, da er über einer Plasmamembran besteht, die nur 5 nm dick ist. Geladene Proteine in der Membran wie Na^+-Kanäle sind somit einem sehr großen elektrischen Feld ausgesetzt, das ihre Konformation

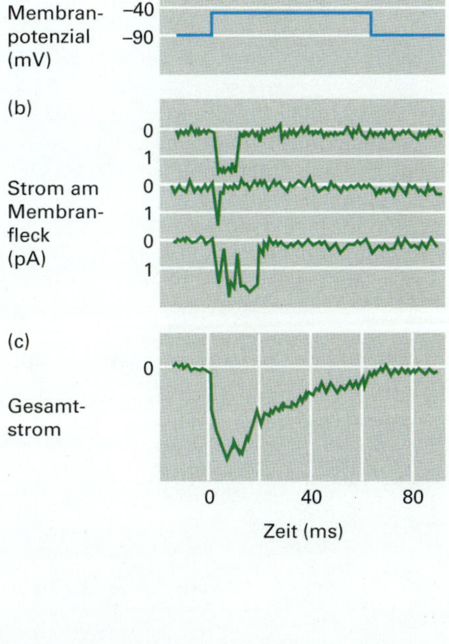

Abb. 11.37 *Patch Clamp*-Messungen an einem einzelnen spannungskontrollierten Na^+-Kanal. Ein kleines Stück der Plasmamembran einer Muskelzelle von einem Rattenembryo wurde, wie in **Abb. 11.36** beschrieben, abgelöst. (a) Die Membran wurde durch einen plötzlichen Sprung des Membranpotenzials von -90 auf etwa -40 mV depolarisiert. (b) Drei Stromspuren aus drei unabhängig durchgeführten Experimenten mit demselben Membranstück. Jeder größere Sprung in (b) spiegelt das Öffnen und Schließen eines einzelnen Kanals wider. Ein Vergleich der drei Messungen zeigt, dass der Stromfluss durch einen offenen Kanal (seine Leitfähigkeit) praktisch konstant ist, während die Dauer des Öffnens und Schließens stark variiert. Die kleineren Schwankungen in den Stromspuren entstehen größtenteils durch das elektrische Rauschen in der Aufnahmeapparatur. Der Strom, der in die Zelle fließt, wird in Picoampère (pA) gemessen und ist als Ablenkung der Kurve nach unten dargestellt. Vereinbarungsgemäß wird das elektrische Potenzial auf der Außenseite der Zelle als null definiert. (c) Summe der Ströme aus 144 Wiederholungen des gleichen Experiments. Der Gesamtstrom entspricht dem normalen Na^+-Strom, der durch eine relativ große Fläche der Membran mit 144 Kanälen fließen würde. Ein Vergleich von (b) und (c) zeigt, dass der zeitliche Verlauf des Gesamtstroms die Wahrscheinlichkeit, dass jeder einzelne Kanal geöffnet ist, widerspiegelt. Diese Wahrscheinlichkeit nimmt mit der Zeit ab, da die Kanäle in der depolarisierten Membran in den inaktiven Zustand übergehen. (Verändert nach J. Patlak and R. Horn, *J. Gen. Physiol.* 79: 333–351, 1982).

stark beeinflussen kann. Jede Konformation kann in eine andere wechseln, wenn sie durch zufällige Wärmebewegungen in der Umgebung einen ausreichenden Stoß erhält. Es sind die relativen Stabilitäten der offenen, geschlossenen und inaktivierten Konformation gegenüber dem Wechsel, die durch Änderungen im Membranpotenzial verändert werden (s. **Abb. 11.32c**).

11.3.11 Spannungskontrollierte Kationenkanäle sind evolutionär und strukturell verwandt

Na^+-Kanäle sind nicht der einzige Typ von spannungskontrollierten Kationenkanälen, die ein Aktionspotenzial erzeugen können. Beispielsweise hängt das Aktionspotenzial in einigen Muskel-, Ei- und endokrinen Zellen statt von Na^+-Kanälen von *spannungskontrollierten* Ca^{2+}*-Kanälen* ab.

Man findet innerhalb dieser verschiedenen Klassen von spannungskontrollierten Kanälen eine erstaunliche strukturelle und funktionelle Vielfalt, die sowohl durch multiple Gene als auch durch alternatives Spleißen von RNA-Transkripten desselben Gens hervorgerufen wird. Nichtsdestoweniger weisen die Aminosäuresequenzen und Strukturen der bekannten spannungskontrollierten Na^+-, K^+- und Ca^{2+}-Kanäle erstaunliche Ähnlichkeiten auf, was zeigt, dass sie alle zu einer großen Superfamilie evolutionär und strukturell verwandter Proteine gehören und viele grundlegende Eigenschaften teilen. Während die einzellige Hefe *Saccharomyces cerevisiae* nur ein einziges Gen besitzt, das für einen spannungskontrollierten K^+-Kanal codiert, enthält das Genom des Fadenwurms *Caenorhabditis elegans* 68 Gene, die für verschiedene, aber verwandte K^+-Kanäle codieren. Diese Komplexität deutet darauf hin, dass selbst ein einfaches Nervensystem von nur 302 Neuronen eine große Zahl unterschiedlicher Ionenkanäle nutzt, um seine Funktionen auszuführen.

Menschen mit Änderungen in Genen für Ionenkanäle können unter einer Reihe von Nerven-, Muskel-, Gehirn-, Nieren- oder Herzerkrankungen leiden, je nach den Zellen, in denen der mutierte Kanal exprimiert wird. Mutationen in Genen, die für spannungskontrollierte Na^+-Kanäle in Skelettmuskelzellen codieren, führen z. B. zu *Myotonie*, bei der die Muskelentspannung nach freiwilliger Kontraktion stark verzögert wird, was zu schmerzhaften Muskelkrämpfen führt. In einigen Fällen liegt dies daran, dass der mutierte Kanal nicht normal inaktiviert wird. Als Folge hiervon bleibt der Einstrom von Na^+ bestehen und führt wiederholt zur Membrandepolarisierung und Muskelkontraktion. Ähnlich können Mutationen, die Na^+- und K^+-Kanäle im Gehirn betreffen, *Epilepsie* verursachen, bei der ein übermäßiges gleichzeitiges Feuern großer Neuronengruppen epileptische Anfälle (Krämpfe) hervorruft.

Die besondere Kombination von Na^+-, K^+- und Ca^{2+}-leitenden Ionenkanälen, die in einem Neuron exprimiert werden, bestimmt weitgehend, wie die Zelle repetitive Sequenzen von Aktionspotenzialen feuert. Einige Nervenzellen können Aktionspotenziale bis zu 300-mal pro Sekunde wiederholen. Andere Neuronen feuern kurze Salven von Aktionspotenzialen, die durch eine Ruhephase voneinander getrennt sind. Wieder andere Neuronen feuern selten mehr als ein Aktionspotenzial gleichzeitig. Die Diversität der Neuronen im Gehirn ist bemerkenswert.

11.3.12 Verschiedene Arten von Neuronen zeigen typische stabile Feuereigenschaften

Das menschliche Gehirn enthält schätzungsweise etwa 10^{11} Neuronen und 10^{14} synaptische Verbindungen. Um das Ganze noch komplizierter zu machen, wird die neuronale

Verschaltung kontinuierlich durch Erfahrungen, die wir machen, bearbeitet, durch Lernen und Speichern von Erinnerungen modifiziert und durch den allmählichen Verlust von Neuronen und ihren Verbindungen, während wir altern, irreversibel verändert. Wie kann ein derartig komplexes System sich so sehr verändern und dennoch beständig funktionieren? Eine Theorie legt nahe, dass einzelne Neuronen sich selbst optimieren und ständig die Expression von Ionenkanälen und Neurotransmitterrezeptoren justieren, um eine stabile Funktion zu erhalten. Wie könnte das funktionieren?

Neuronen können in funktionell unterschiedliche Typen eingeteilt werden. Diese Einteilung basiert zum Teil auf ihrer Bereitschaft, Aktionspotenziale zu feuern, sowie auf ihrem Feuerungsmuster. Einige Neuronen feuern z. B. Aktionspotenziale mit hoher Frequenz, während andere nur selten feuern. Die Feuereigenschaften jedes einzelnen Neuronentyps werden weitgehend durch die Ionenkanäle, die die Zelle exprimiert, bestimmt. Die Anzahl der Ionenkanäle in der Membran eines Neurons ist nicht konstant: Wenn sich die Bedingungen ändern, kann ein Neuron die Anzahl der depolarisierenden (Na^+ und Ca^{2+}) und der hyperpolarisierenden (K^+) Kanäle verändern und ihr Verhältnis anpassen, um sein charakteristisches Feuerverhalten aufrechtzuerhalten. Dies ist ein bemerkenswertes Beispiel für homöostatische Kontrolle. Das Aufklären der molekularen Mechanismen, die daran beteiligt sind, bleibt eine wichtige Herausforderung.

11.3.13 Transmitterkontrollierte Ionenkanäle in Synapsen wandeln chemische Signale in elektrische Reize um

Neuronale Signale werden an besonderen Kontaktstellen, den sogenannten **Synapsen**, von Zelle zu Zelle übertragen. Gewöhnlich ist diese Übertragung indirekt. Die Zellen sind anatomisch und elektrisch voneinander isoliert, die *präsynaptische Zelle* ist von der *postsynaptischen Zelle* durch einen schmalen *synaptischen Spalt* getrennt. Wenn ein Aktionspotenzial an der präsynaptischen Seite ankommt, öffnet die Depolarisierung der Membran spannungskontrollierte Ca^{2+}-Kanäle, die in der präsynaptischen Membran gehäuft vorkommen. Der Ca^{2+}-Einstrom löst die Freisetzung kleiner Signalmoleküle, sogenannter **Neurotransmitter**, in den synaptischen Spalt aus. Diese werden in membranumschlossenen *synaptischen Vesikeln* gespeichert und durch Exocytose in die Umgebung entlassen (s. Kapitel 13). Der Neurotransmitter diffundiert schnell durch den synaptischen Spalt, und ruft durch Bindung an *transmitterkontrollierte Ionenkanäle* und deren Öffnung eine Veränderung im elektrischen Potenzial der postsynaptischen Zelle hervor (**Abb. 11.38**). Der sezernierte Neurotransmitter wird sehr schnell wieder entfernt. Entweder wird er durch spezifische Enzyme im synaptischen Spalt zerstört oder – was häufiger passiert – er wird durch das präsynaptische Nervenende oder umgebende Gliazellen aufgenommen. Die Wiederaufnahme erfolgt durch eine Reihe Na^+-getriebener Neurotransmitter-Symporter (s. **Abb. 11.8**). Auf diese Weise werden Neurotransmitter wiederverwertet, was den Zellen hohe Freisetzungshäufigkeiten erlaubt. Ihre schnelle Entfernung stellt die räumliche und zeitliche Genauigkeit der Signalweiterleitung an der Synapse sicher. Sie verringert die Wahrscheinlichkeit, dass der Neurotransmitter benachbarte Zellen beeinflusst, und säubert den synaptischen Spalt, bevor der nächste Schub an Neurotransmittern freigesetzt wird, sodass der exakte zeitliche Verlauf wiederholter, schneller Signalereignisse an die postsynaptische Zelle weitergegeben werden kann.

Transmitterkontrollierte Ionenkanäle, die auch als **ionotrope Rezeptoren** bezeichnet werden, wandeln an chemischen Synapsen extrazelluläre chemische Signale schnell in elektrische Signale um. Die Kanäle sind in einem spezialisierten Bereich der postsynaptischen Zelle im Bereich der Synapse konzentriert und öffnen sich vorübergehend als Antwort auf die Bindung eines Neurotransmittermoleküls, wobei sie eine kleine Änderung in der Durchlässigkeit der Membran verursachen (s. **Abb. 11.38a**). Anders

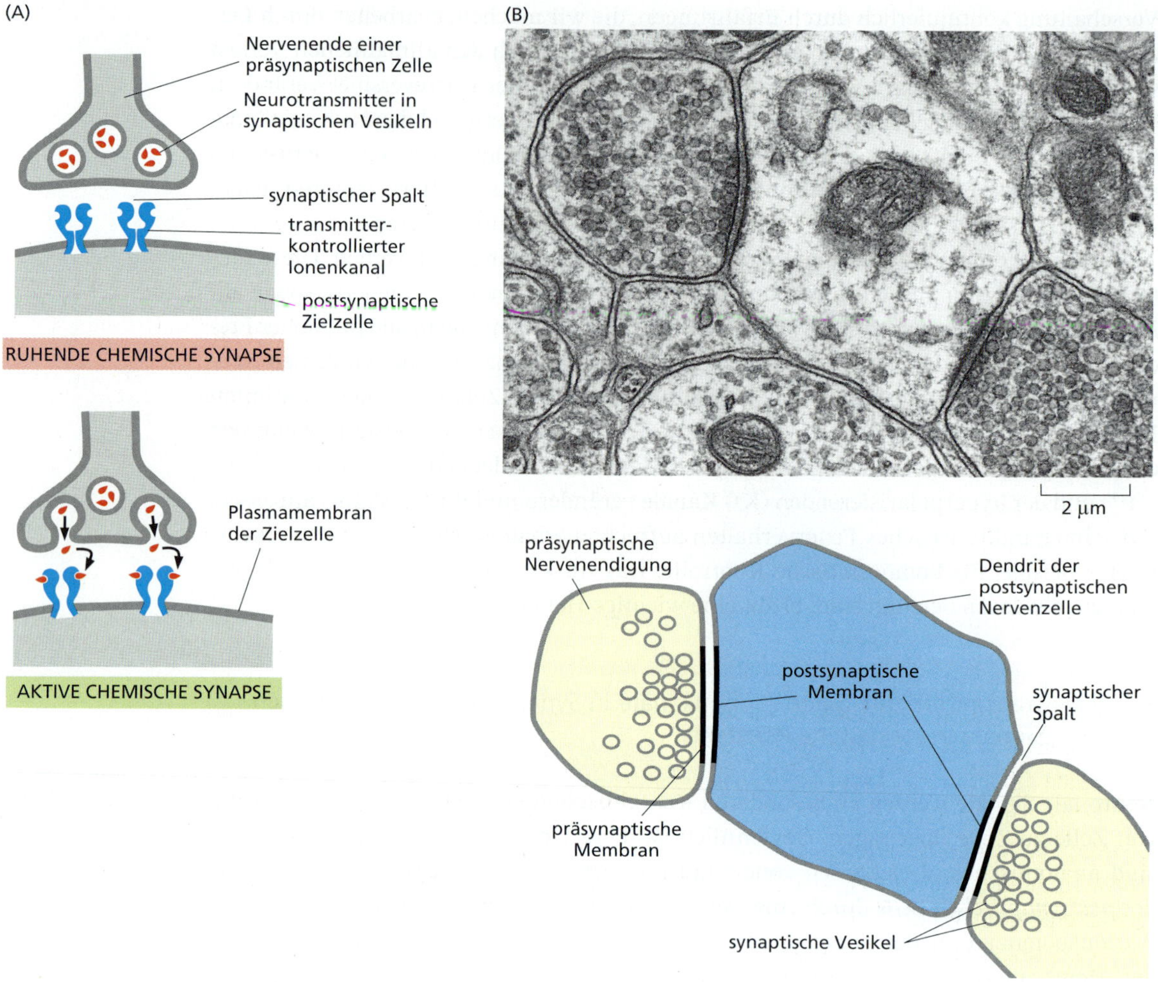

Abb. 11.38 Eine chemische Synapse. (a) Wenn das Aktionspotenzial das Nervenende einer präsynaptischen Zelle erreicht, stimuliert es die Freisetzung von Neurotransmittern. Die Neurotransmittermoleküle sind in den synaptischen Vesikeln eingeschlossen und werden in die Zellumgebung freigesetzt, wenn diese Vesikel mit der Plasmamembran des Nervenendes verschmelzen. Der freigesetzte Neurotransmitter bindet an transmitterkontrollierte Ionenkanäle, die in der Plasmamembran der postsynaptischen Zelle konzentriert sind, und öffnet sie. Die sich daraus ergebenden Ionenströme ändern das Membranpotenzial der postsynaptischen Membran und übertragen so ein Signal vom erregten Nerven. (b) Elektronenmikroskopische Aufnahme eines Dünnschnitts und eine interpretierende Zeichnung von zwei terminalen Nervensynapsen auf einem Dendriten einer postsynaptischen Zelle. (b, elektronenmikroskopische Aufnahme mit freundlicher Genehmigung von Cedric Raine).

als die für das Aktionspotenzial verantwortlichen spannungskontrollierten Kanäle sind transmitterkontrollierte Kanäle ziemlich unempfindlich gegenüber dem Membranpotenzial und können deshalb von sich aus keine selbstverstärkende Erregung erzeugen. Stattdessen verursachen sie lokale Permeabilitätszunahmen und dadurch Schwankungen des Membranpotenzials, die entsprechend der Menge des an der Synapse freigesetzten Neurotransmitters und seiner Verweildauer dort abgestuft sind. Nur wenn die Summierung der kleinen Depolarisierungen an dieser Stelle eine ausreichende Anzahl nahegelegener spannungskontrollierter Kationenkanäle öffnet, kann ein Aktionspotenzial ausgelöst werden. Dafür kann das Öffnen transmitterkontrollierter Ionenkanäle an zahlreichen Synapsen in unmittelbarer Nähe des Zielneurons nötig sein.

11.3.14 Chemische Synapsen können excitatorisch oder inhibitorisch wirken

Transmitterkontrollierte Ionenkanäle unterscheiden sich untereinander in mehreren wichtigen Punkten. Erstens haben sie als Rezeptoren hoch selektive Bindungsstellen für den Neurotransmitter, der vom präsynaptischen Nervenende freigesetzt wird. Zweitens sind sie als Kanäle auch für die Art des Ions, das durch die Plasmamembran hindurchgelassen wird, selektiv; dies bestimmt die Natur der postsynaptischen Antwort. Die meisten **excitatorischen (erregenden) Neurotransmitter** öffnen nicht selektiv Kationenkanäle und verursachen dadurch einen Einstrom von Na^+ sowie von Ca^{2+}

und K^+, wodurch die postsynaptische Membran in Richtung des Schwellenpotenzials zur Auslösung eines Aktionspotenzials depolarisiert wird. Der Grund dafür, dass sie trotz des K^+-Ausstroms erregend sind, liegt in den unterschiedlichen Antriebskräften, die bevorzugt auf Na^+ und Ca^{2+} wirken. **Inhibitorische Neurotransmitter** öffnen dagegen Cl^--Kanäle und unterdrücken damit das Feuern, indem sie es excitatorischen Neurotransmittern erschweren, die postsynaptische Membran zu depolarisieren. Viele Transmitter können, abhängig vom Ort ihrer Freisetzung, der Art des Rezeptors, an den sie binden, und den Ionenbedingungen, denen sie unterliegen, entweder excitatorisch oder inhibitorisch wirken. *Acetylcholin* kann z. B. – abhängig vom Typ des Acetylcholinrezeptors, an den es bindet – anregen oder inhibieren. Gewöhnlich werden Acetylcholin und *Glutamat* jedoch als excitatorische Transmitter genutzt, während *γ-Aminobuttersäure* (*GABA*, engl. *γ-aminobutyric acid*) und *Glycin* inhibitorische Transmitter darstellen. Glutamat vermittelt beispielsweise die meisten Erregungssignale im Gehirn von Wirbeltieren.

Es wurde bereits beschrieben, wie die Öffnung von Na^+- oder Ca^{2+}-Kanälen zur Depolarisierung einer Membran führt. Das Öffnen von K^+-Kanälen hat die entgegengesetzte Wirkung, da der K^+-Konzentrationsgradient in entgegengesetzter Richtung verläuft – eine hohe Konzentration in der Zelle und eine niedrige außerhalb. Die Änderung des Membranpotenzials einer Zelle zu einem negativeren Wert nennt man **Hyperpolarisierung**. Ein Öffnen der K^+-Kanäle hält die Zelle eher in der Nähe des Gleichgewichtspotenzials für K^+. Dieses ist, wie erwähnt, normalerweise nahe beim Membranruhepotenzial, da die K^+-Kanäle in Ruhe den Hauptkanaltyp darstellen, der offen ist. Wenn sich zusätzliche K^+-Kanäle öffnen, wird es schwieriger, das Membranpotenzial der Zelle vom Ruhepotenzial wegzubringen. Die Auswirkung des Öffnens von Cl^--Kanälen kann ähnlich erklärt werden: Die Konzentration von Cl^--Ionen außerhalb der Zelle ist sehr viel höher als in ihrem Inneren (s. Tab. 11.1); ihrem Einstrom in die Zellen steht aber das Membranpotenzial entgegen. Tatsächlich ist das Gleichgewichtspotenzial für Cl^- für viele Neuronen nahe dem Ruhepotenzial oder sogar noch negativer. Aus diesem Grund wirkt das Öffnen der Cl^--Kanäle als Puffer für das Membranpotenzial; mit Beginn der Depolarisierung der Membran strömen mehr negativ geladene Cl^--Ionen in die Zelle und wirken dadurch der Depolarisierung entgegen. Die Öffnung von Cl^--Kanälen macht es also schwieriger, die Membran zu depolarisieren und damit die Zelle zu erregen. Einige starke Toxine wirken, indem sie inhibitorische Neurotransmitter blockieren: Strychnin führt beispielsweise durch Bindung an den Glycinrezeptor zur Blockierung der inhibierenden Glycinwirkung, was zu Muskelspasmen, Krämpfen und zum Tod führt.

Allerdings wirken nicht alle chemischen Signale im Nervensystem durch diese ionotropen ligandenkontrollierten Ionenkanäle. Tatsächlich binden die meisten Neurotransmittermoleküle, die von den Nervenenden sezerniert werden, einschließlich der vielfältigen Neuropeptide, an **metabotrope Rezeptoren**, die Ionenkanäle nur indirekt über kleine intrazelluläre Signalmoleküle regulieren (s. Kapitel 15). Alle Neurotransmitterrezeptoren gehören zu einer der beiden Hauptklassen – ionotrop oder metabotrop – je nach ihren Signalmechanismen.

1. Ionotrope Rezeptoren sind Ionenkanäle, die an schnellen chemischen Synapsen vorkommen. Acetylcholin, Glycin, Glutamat und GABA wirken alle auf transmittergesteuerte Ionenkanäle. Sie vermitteln die excitatorische oder inhibitorische Signalübertragung, die im Allgemeinen unmittelbar, einfach und kurz ist.
2. Metabotrope Rezeptoren sind *G-Protein-gekoppelte Rezeptoren* (s. Kapitel 15), die alle anderen Neurotransmitter binden (und verwirrenderweise auch Acetylcholin, Glutamat und GABA). Die Signalübertragung, die durch Ligandenbindung an metabotrope Rezeptoren vermittelt wird, ist in der Regel deutlich langsamer und komplexer als die von ionotropen Rezeptoren und sie ist länger anhaltend in ihrer Wirkung.

11.3.15 Die Acetylcholinrezeptoren an den neuromuskulären Endplatten sind excitatorische transmitterkontrollierte Kationenkanäle

Der **Acetylcholinrezeptor** der Skelettmuskelzellen stellt ein gut untersuchtes Beispiel eines transmitterkontrollierten Ionenkanals dar. Dieser Kanal wird durch Acetylcholin, das von den Nervenenden an einer **neuromuskulären Endplatte** (einer besonderen Synapse zwischen einem Motoneuron und einer Skelettmuskelzelle; **Abb. 11.39**) freigesetzt wird, vorübergehend geöffnet. Dieser Synapsentyp ist sehr intensiv untersucht worden, da er im Gegensatz zu den meisten Synapsen im Zentralnervensystem (Gehirn und Rückenmark bei den Wirbeltieren) für elektrophysiologische Untersuchungen leicht zugänglich ist. Außerdem liegen die Acetylcholinrezeptoren an den neuromuskulären Endplatten der muskulären Plasmamembran dicht gepackt (etwa 20 000 Rezeptoren je μm^2) vor, während sie anderswo in der gleichen Membran nur selten vorkommen.

Die Acetylcholinrezeptoren des Skelettmuskels sind aus fünf Transmembran-Polypeptiden aufgebaut, zwei von einem Typ und drei jeweils von einem anderen, die von insgesamt vier getrennten Genen codiert werden (**Abb. 11.40a**). Diese vier Gene sind in ihrer Sequenz erstaunlich ähnlich, was nahelegt, dass sie sich aus einem einzigen gemeinsamen Vorläufergen entwickelt haben. Die zwei identischen Untereinheiten des Pentamers tragen jeweils zu einer Bindungsstelle für Acetylcholin bei. Binden zwei Acetylcholinmoleküle an den pentameren Komplex, induzieren sie eine Konformationsänderung, die den Kanal öffnet. Mit gebundenen Liganden wechselt der Kanal immer noch schnell zwischen dem offenen und dem geschlossenen Zustand, die Öffnungswahrscheinlichkeit ist nun aber hoch. Dieser Zustand – in dem Acetylcholin bindet und sich wieder löst – besteht so lange fort, bis die Acetylcholinkonzentration durch die Hydrolyseaktivität des Enzyms *Acetylcholinesterase* in der neuromuskulären Endplatte ausreichend verringert ist. Von seinem gebundenen Neurotransmitter befreit kehrt der Acetylcholinrezeptor nun in seinen Ruhezustand zurück. Bleibt die Anwesenheit von Acetylcholin durch übermäßige Reizung der Nerven für eine längere Zeit bestehen, wird der Kanal inaktiviert. Normalerweise wird Acetylcholin schnell hydrolysiert und der Kanal schließt sich innerhalb 1 Millisekunde, rechtzeitig bevor eine signifikante Desensibilisierung eintritt.

Die fünf Untereinheiten des Acetylcholinrezeptors sind ringförmig angeordnet und bilden einen wassergefüllten, membrandurchdringenden Kanal, der aus einer engen Pore durch die Lipid-Doppelschicht besteht, die sich an beiden Enden zu Vorkammern ausweitet. Die Bindung von Acetylcholin öffnet den Kanal, indem sie die Helices, die die Pore auskleiden, nach außen rotieren lässt und so einen Ring hydrophober Aminosäuren unterbricht, der den Ionenfluss im geschlossenen Zustand blockiert. Ansammlungen

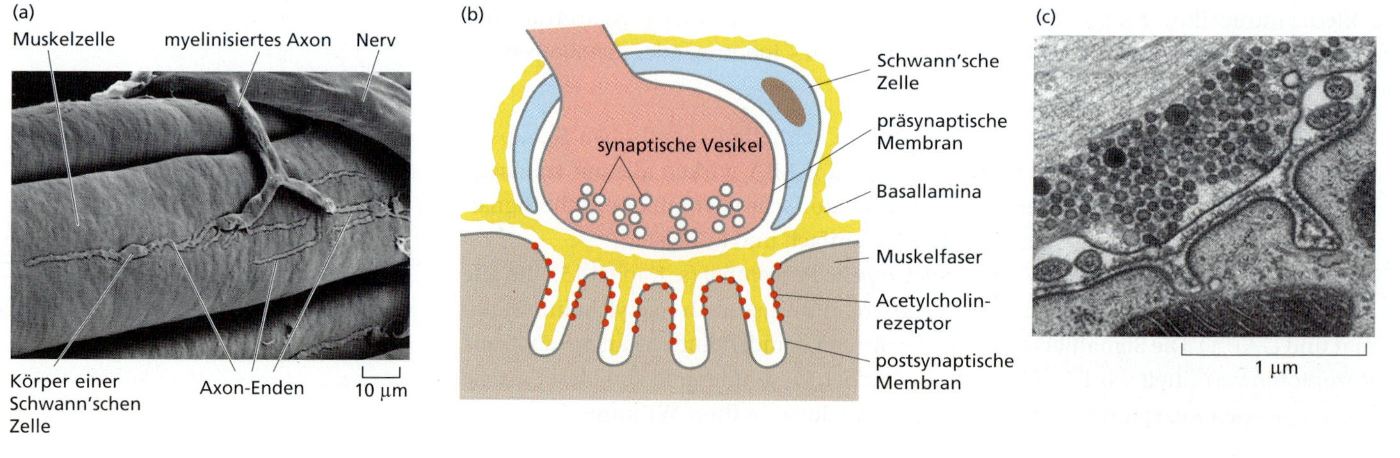

Abb. 11.39 Neuromuskuläre Endplatte. (a) Schwach vergrößerte rasterelektronenmikroskopische Aufnahme einer neuromuskulären Endplatte eines Frosches. Gezeigt ist das Ende eines einzelnen Axons auf einem Skelettmuskel. (b) Skizze der spezialisierten Anatomie des synaptischen Spalts eines Muskelneurons. Schwann'sche Zellen (Gliazellen) wickeln sich außerhalb der Region des synaptischen Kontakts um ein Neuron herum, um die Myelinisierung zur Verfügung zu stellen. (c) Transmissionselektronenmikroskopische Aufnahme der Region des synaptischen Kontakts. (a, aus J. Desaki und Y. Uehara, *J. Neurocytol.* 10: 101–110, 1981. Mit Erlaubnis von Springer Nature; c, aus J. Heuser, *J. Electron Microsc.* (Tokyo) 60 (Suppl. 1): S3–S29, 2011, Oxford University Press).

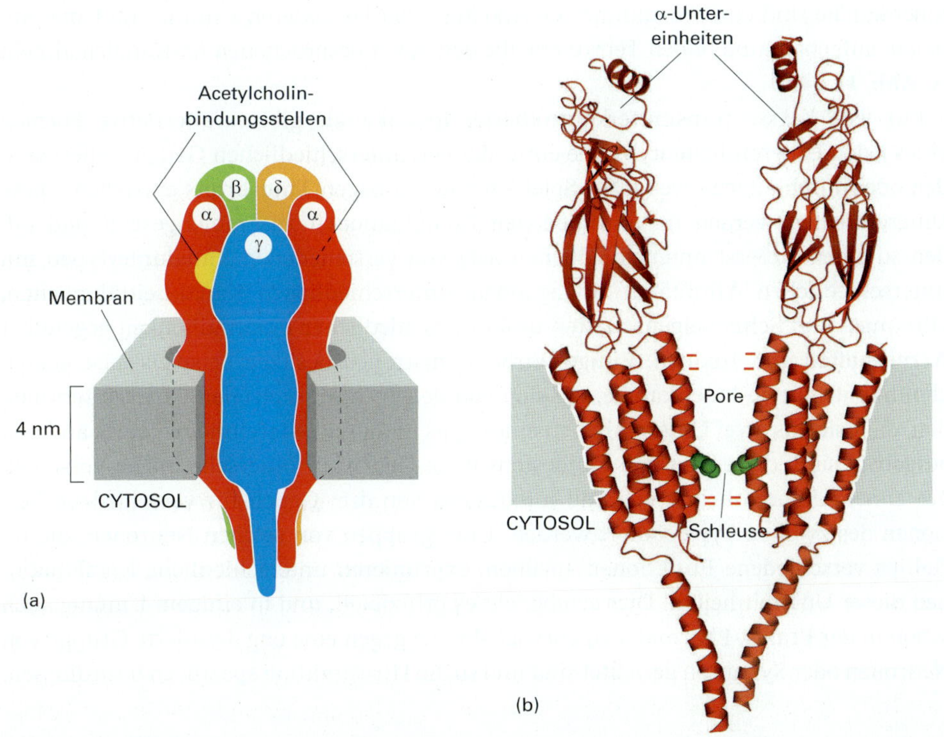

Abb. 11.40 Modell der Struktur des Acetylcholinrezeptors aus dem Skelettmuskel. (a) Fünf homologe Untereinheiten (*α, α, β, γ, δ*) bilden zusammen eine Pore durch die Membran. Die beiden *α*-Untereinheiten tragen zu einer Acetylcholinbindungsstelle bei, die sich zwischen angrenzenden Untereinheiten einschmiegt. (b) Die Pore ist durch einen Ring aus fünf Transmembran-*α*-Helices, eine von jeder Untereinheit, gesäumt (es sind nur die beiden *α*-Untereinheiten dargestellt). In ihrer geschlossenen Konformation wird die Pore durch die hydrophoben Seitenketten von fünf Leucinresten (*grün*), einer aus jeder Helix, verschlossen. Diese bilden eine Schleuse etwa in der Mitte der Lipid-Doppelschicht. Wenn Acetylcholin an beide *α*-Untereinheiten bindet, durchläuft der Kanal einen Konformationswechsel, der durch Wegdrehen der Helices mit den verschließenden Leucinresten zur Öffnung der Schleuse führt. Negativ geladene Seitenketten (gekennzeichnet mit „–“) an beiden Enden der Pore stellen sicher, dass nur positiv geladene Ionen durch den Kanal durchtreten. (PDB-Code: 2BG9).

negativ geladener Aminosäuren an beiden Mündungen der Pore helfen, negativ geladene Ionen auszuschließen und positiv geladene Ionen mit einem Durchmesser unter 0,65 nm zu transportieren (**Abb. 11.40b**). Normalerweise werden neben wenigen Ca^{2+}-Ionen hauptsächlich Na^+ und K^+ geleitet. Im Gegensatz zu spannungskontrollierten Kationenkanälen, wie dem vorher beschriebenen K^+-Kanal, gibt es zwischen den Kationen also nur eine geringe Selektivität, und der relative Beitrag der verschiedenen Kationen am Strom durch den Kanal hängt hauptsächlich von ihren Konzentrationen und elektrochemischen Triebkräften ab. Hat eine Muskelzellmembran ihr Ruhepotenzial erreicht, liegt die gesamte treibende Kraft für K^+ nahe null, da der Spannungsgradient den K^+-Konzentrationsgradienten über der Membran fast ausgleicht (s. Tafel 11.1). Im Gegensatz dazu wirken der Spannungsgradient und der Konzentrationsgradient für Na^+ in die gleiche Richtung und treiben dieses Ion in die Zelle. (Dies gilt auch für Ca^{2+}, aber die extrazelluläre Ca^{2+}-Konzentration ist so viel geringer als die von Na^+, dass Ca^{2+} nur einen kleinen Beitrag zum nach innen gerichteten Gesamtstrom liefert.) Die Öffnung der Acetylcholinrezeptorkanäle führt deshalb zu einem starken Einstrom von Na^+ (mit einer Spitzengeschwindigkeit von 30 000 Ionen je Kanal in der Millisekunde). Dies führt zu einer Membrandepolarisierung, die dem Muskel signalisiert, sich zusammenzuziehen (s. unten).

11.3.16 Neuronen enthalten viele Arten transmitterkontrollierter Kanäle

Die Ionenkanäle, die sich als Antwort auf die Neurotransmitter Acetylcholin, Serotonin, GABA und Glycin direkt öffnen, setzen sich aus strukturell ähnlichen Untereinheiten zusammen und bilden wahrscheinlich auf gleiche Weise wie der ionotrope Acetylcholinrezeptor die Transmembranporen, obwohl ihre Neurotransmitter-Bindungsspezifitäten und Ionenselektivitäten unterschiedlich sind. Diese Kanäle sind aus homologen Polypeptiduntereinheiten aufgebaut, die ein Pentamer bilden. Die glutamatkontrollierten

Ionenkanäle sind eine Ausnahme. Sie sind aus einer besonderen Familie von Untereinheiten aufgebaut und bilden Tetramere, die den zuvor besprochenen K^+-Kanälen ähneln (s. **Abb. 11.24a**).

Für jede Klasse transmitterkontrollierter Ionenkanäle gibt es alternative Formen eines jeden Untereinheitentyps, die entweder von unterschiedlichen Genen codiert werden oder durch alternatives RNA-Spleißen eines einzigen Transkripts entstehen. Diese Untereinheiten werden in verschiedenen Kombinationen zusammengesetzt und bilden so einen äußerst unterschiedlichen Satz von verschiedenen Kanaluntertypen mit unterschiedlichen Affinitäten zu Liganden, unterschiedlichen Kanal-Leitfähigkeiten, Öffnungs- und Schließeigenschaften und unterschiedlicher Empfindlichkeit gegenüber Arzneistoffen und Toxinen. Einige Wirbeltierneuronen besitzen beispielsweise acetylcholinkontrollierte Ionenkanäle, die sich von denen in Muskelzellen darin unterscheiden, dass sie aus zwei Untereinheiten eines Typs und drei Untereinheiten eines anderen aufgebaut sind, diese aber von mindestens neun Genen für unterschiedliche Versionen des ersten Untereinheitentyps und mindestens von drei Genen für verschiedene Versionen des zweiten Typs codiert werden. Untergruppen von solchen Neuronen, die im Gehirn verschiedene Funktionen ausüben, exprimieren unterschiedliche Kombinationen dieser Untereinheiten. Dies ermöglicht es prinzipiell, und in einigem Umfang auch schon in der Praxis, Pharmaka zu entwickeln, die gegen eine eng definierte Gruppe von Neuronen oder Synapsen gerichtet sind und so die Hirnfunktion spezifisch beeinflussen.

11.3.17 Viele psychoaktive Medikamente wirken an Synapsen

Transmitterkontrollierte Ionenkanäle sind seit langem wichtige Ziele für Arzneistoffe. Ein Chirurg kann beispielsweise Muskeln während der Dauer einer Operation entspannen, indem er die Acetylcholinrezeptoren in den Muskelzellen durch *Curare* inhibiert, ein pflanzlicher Wirkstoff, der ursprünglich von südamerikanischen Indianern zum Vergiften ihrer Pfeile benutzt wurde. Die meisten Pharmaka, die bei der Behandlung von Schlaflosigkeit, Ängsten, Depressionen und Schizophrenie eingesetzt werden, üben ihre Funktion an Synapsen aus, und viele von ihnen binden an transmitterkontrollierte Ionenkanäle. Sowohl Barbiturate als auch Beruhigungsmittel wie Valium und Schlafmittel wie Librium binden z. B. an GABA-Rezeptoren und vervielfachen die inhibitorische Wirkung von GABA, indem sie bereits niedrigeren Konzentrationen dieses Neurotransmitters die Öffnung von Cl^--Kanälen erlauben. Unser wachsendes Verständnis der Molekularbiologie der Ionenkanäle sollte es uns ermöglichen, eine neue Generation noch selektiverer psychoaktiver Pharmaka zu entwickeln, um die durch psychische Störungen hervorgerufenen Leiden zu lindern.

Neben den Ionenkanälen sind auch viele andere Komponenten der synaptischen Signalmaschinerie mögliche Angriffsorte für psychoaktive Drogen. Wie bereits früher erwähnt, werden viele Neurotransmitter nach ihrer Freisetzung in den synaptischen Spalt durch Wiederaufnahmemechanismen entfernt. Diese Mechanismen werden durch Na^+-getriebenen Symport vermittelt. Die Hemmung solcher Transporter verlängert die Wirkung des Transmitters und verstärkt dadurch die synaptische Übertragung. Viele Antidepressiva, einschließlich Prozac (Fluoxetin), inhibieren beispielsweise die Wiederaufnahme von Serotonin, andere hemmen die Wiederaufnahme von sowohl Serotonin als auch Noradrenalin.

Ionenkanäle sind die grundlegenden molekularen Bausteine, aus denen neuronale Apparaturen für die Signalleitung und -verrechnung zusammengesetzt werden. Um einen Einblick zu gewähren, wie ausgeklügelt die Funktion dieser Apparate sein kann, werden wir einige Beispiele betrachten, die verdeutlichen, wie die koordinierten

Aktivitäten von Gruppen von Ionenkanälen es uns erlauben, zu laufen, zu fühlen und uns zu erinnern.

11.3.18 Bei der neuromuskulären Signalübertragung werden fünf verschiedene Gruppen von Ionenkanälen nacheinander aktiviert

Der folgende Vorgang, bei dem ein Nervenimpuls eine Muskelzelle zur Kontraktion anregt, zeigt die Bedeutung der Ionenkanäle für elektrisch erregbare Zellen. Diese anscheinend einfache Antwort erfordert – innerhalb weniger Millisekunden – die aufeinanderfolgende Aktivierung von mindestens fünf verschiedenen Gruppen von Ionenkanälen (**Abb. 11.41**).

1. Die neuromuskuläre Signalübertragung beginnt, wenn ein Nervensignal das Nervenende erreicht und dort die Plasmamembran depolarisiert. Diese Depolarisierung führt zur vorübergehenden Öffnung von spannungskontrollierten Ca^{2+}-Kanälen in dieser präsynaptischen Membran. Da die Ca^{2+}-Konzentration außerhalb der Zelle mehr als 1000-fach höher ist als die freie Ca^{2+}-Konzentration in ihrem Inneren, fließt Ca^{2+} in das Nervenende. Die Erhöhung der Ca^{2+}-Konzentration im Cytosol des Nervenendes löst eine örtlich begrenzte Freisetzung von Acetylcholin durch Exocytose in den synaptischen Spalt aus.
2. Das ausgeschüttete Acetylcholin bindet an die Acetylcholinrezeptoren in der Plasmamembran der Muskelzelle und öffnet vorübergehend die mit ihnen verbundenen Kationenkanäle. Der daraus folgende Na^+-Einstrom verursacht eine lokale Membrandepolarisierung im Muskel.
3. Diese örtlich begrenzte Depolarisierung öffnet spannungskontrollierte Na^+-Kanäle in dieser Membran. Das ermöglicht den Einstrom von mehr Na^+-Ionen, die die Membran weiter depolarisieren. Dies wiederum öffnet benachbarte spannungskontrollierte Na^+-Kanäle und führt zu einer sich selbst fortpflanzenden Depolarisierung (einem Aktionspotenzial), die sich über die gesamte Muskelplasmamembran ausbreitet (s. **Abb. 11.33**).

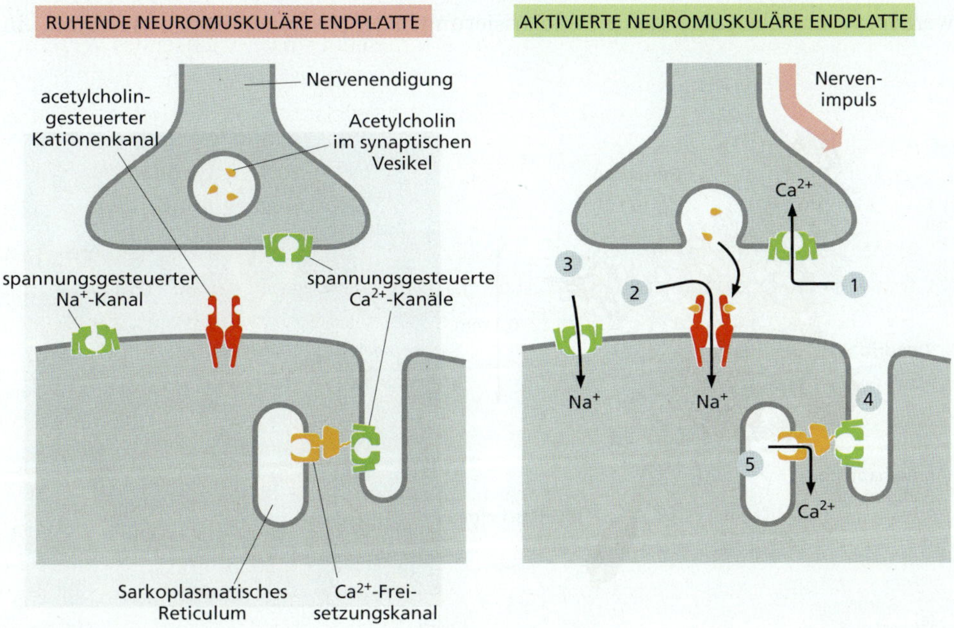

Abb. 11.41 Ionenkanäle an einer neuromuskulären Endplatte. Diese kontrollierten Ionenkanäle sind für eine Stimulierung der Muskelkontraktion durch einen Nervenimpuls notwendig. Die Nummerierung der verschiedenen Kanäle entspricht der Abfolge ihrer Aktivierung, wie im Text beschrieben.

4. Die allgemeine Depolarisierung der Muskelzellen-Plasmamembran aktiviert spannungskontrollierte Ca^{2+}-Kanäle in den Transversaltubuli (T-Tubuli, s. Kapitel 16) dieser Membran.
5. Dies wiederum bewirkt, dass sich *Ca^{2+}-freisetzende Kanäle* in einer benachbarten Region der Membran des Sarkoplasmatischen Reticulums (SR) vorübergehend öffnen und im SR gespeichertes Ca^{2+} ins Cytosol ausschütten. Die Membranen der T-Tubuli und des SR liegen eng beieinander, wobei die beiden Kanalarten miteinander zu einer besonderen Struktur verbunden sind. In dieser Struktur bewirkt die Aktivierung des spannungsempfindlichen Ca^{2+}-Kanals in der Plasmamembran der T-Tubuli eine Konformationsänderung dieses Kanals, die mechanisch auf den Ca^{2+}-freisetzenden Kanal in der SR-Membran übertragen wird. Dieser öffnet sich und Ca^{2+} kann vom SR-Lumen in das Cytoplasma fließen (s. **Abb. 16.30**). Es ist der plötzliche Anstieg der cytosolischen Ca^{2+}-Konzentration, der verursacht, dass sich die Myofibrillen in der Muskelzelle zusammenziehen.

Schon die Einleitung der Muskelkontraktion durch ein Motoneuron ist komplex, doch ist ein noch ausgeklügelteres Zusammenspiel von Ionenkanälen notwendig, damit ein Neuron die große Zahl der an seinen Synapsen einlaufenden Signale integrieren und ein angemessenes Ausgangssignal erzeugen kann, wie im Folgenden beschrieben wird.

11.3.19 Einzelne Neuronen stellen komplexe Verrechnungseinheiten dar

Im Zentralnervensystem kann ein einzelnes Neuron Eingangssignale von Tausenden anderer Neuronen empfangen und umgekehrt Synapsen mit vielen Tausend anderen Zellen bilden. Mehrere Tausend Nervenenden bilden beispielsweise Synapsen an einem durchschnittlichen Motoneuron im Rückenmark aus; sein Zellkörper und seine Dendriten sind fast vollständig mit ihnen bedeckt (**Abb. 11.42**). Einige dieser Synapsen übertragen Signale vom Gehirn oder Rückenmark, andere liefern Sinneseindrücke vom Muskel oder von der Haut. Das Motoneuron muss die von all diesen Quellen empfangenen Informationen kombinieren und entweder durch Feuern von Aktionspotenzialen entlang seines Axons oder durch Stillbleiben reagieren.

Von den vielen Synapsen eines Neurons neigen einige dazu, es zu erregen, während andere es hemmen. Neurotransmitter, die an einer excitatorischen Synapse freigesetzt werden, verursachen eine kleine Depolarisierung in der postsynaptischen Membran, ein

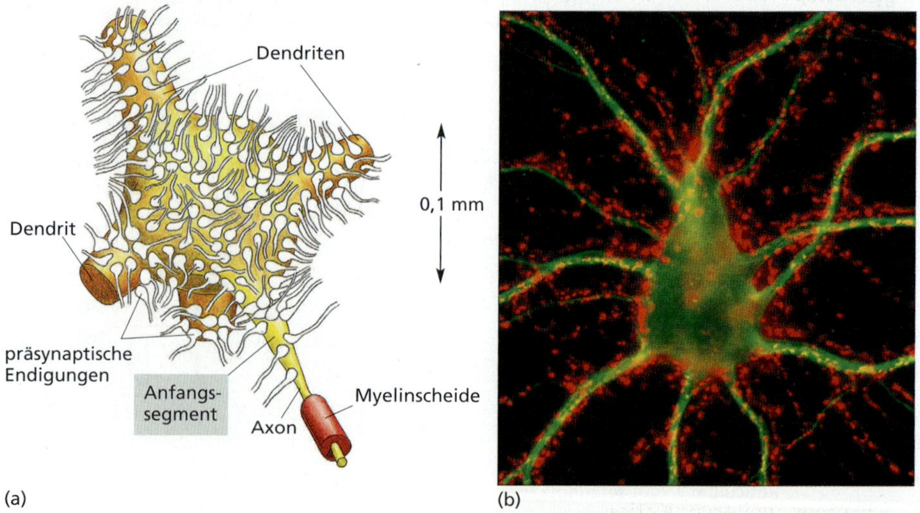

Abb. 11.42 Ein Motoneuron im Rückenmark. (a) Tausende von Nervenenden bilden Synapsen auf dem Zellkörper und den Dendriten. Diese übertragen Signale von anderen Stellen des Organismus und kontrollieren die Entladung von Aktionspotenzialen entlang des einzigen Axons dieser großen Zelle. (b) Die fluoreszenzmikroskopische Aufnahme zeigt den Zellkörper eines Nerven und seine Dendriten, die mit einem fluoreszenzmarkierten Antikörper gegen ein Cytoskelettprotein, das in Axonen nicht vorkommt, angefärbt sind (*grün*). Tausende von Axonenden (*rot*) von anderen Nervenzellen (nicht sichtbar) bilden Synapsen auf dem Zellkörper und den Dendriten. Diese wurden durch einen fluoreszenzmarkierten Antikörper gegen ein Protein der synaptischen Vesikel gefärbt. (b, mit freundlicher Genehmigung von Olaf Mundigl und Pietro de Camilli).

sogenanntes *excitatorisches postsynaptisches Potenzial* (*excitatorisches PSP*), während an einer inhibitorischen Synapse freigesetzte Neurotransmitter eine kleine Hyperpolarisation, ein *inhibitorisches PSP*, zur Folge haben. Die Plasmamembran der Dendriten und des Zellkörpers der meisten Neuronen enthält nur eine verhältnismäßig geringe Dichte von spannungskontrollierten Na^+-Kanälen, und ein einzelnes excitatorisches PSP ist im Allgemeinen zu klein, um ein Aktionspotenzial auszulösen. Stattdessen spiegelt sich jedes einlaufende Signal in einem lokalen PSP abgestufter Höhe, das sich mit steigender Entfernung von der Synapse abschwächt. Kommen mehrere Signale gleichzeitig an verschiedenen Synapsen in der gleichen Region des dendritischen Astes an, wird das Gesamt-PSP in dieser Nachbarschaft grob der Summe der einzelnen PSPs entsprechen, wobei inhibitorische PSPs einen negativen Beitrag zur Summe liefern. Die PSPs von jeder Region verbreiten sich passiv und laufen im Zellkörper zusammen. Für eine Langstreckenübertragung wird die Höhe der PSPs deshalb in eine *Häufigkeit* des Feuerns von Aktionspotenzialen übersetzt oder *codiert*: Je größer die Stimulation (Depolarisierung), umso höher ist die Frequenz der Aktionspotenziale.

11.3.20 Eine Kombination von mindestens drei Typen von K^+-Kanälen ist die Grundlage für die neuronale Verrechnung von Signalen

Die Intensität der Reizung, die ein Neuron erfährt, wird von diesem Neuron für die Langstreckenübertragung in die Frequenz von Aktionspotenzialen übersetzt. Diese Übersetzung findet an einem spezialisierten Bereich der Axonmembran statt. Dieser Bereich wird als **Anfangssegment** oder *Axonhügel* bezeichnet und befindet sich an der Verbindung von Axon und Zellkörper (s. **Abb. 11.42**). Diese Membran enthält viele spannungskontrollierte Na^+-Kanäle. Sie enthält jedoch auch mindestens vier weitere Arten von Ionenkanälen. Drei davon sind selektiv für K^+ und einer ist selektiv für Ca^{2+}. Sie alle sind an der Übersetzungsfunktion des Anfangssegments beteiligt. Die drei Varianten der K^+-Kanäle haben unterschiedliche Eigenschaften: Wir bezeichnen sie als *verzögerte, rasch inaktivierende* und *Ca^{2+}-aktivierte K^+-Kanäle*.

Um die Notwendigkeit für die verschiedenen Typen der Kanäle zu verstehen, betrachte man zunächst, was geschehen würde, wenn alle spannungskontrollierten Ionenkanäle in der Nervenzelle Na^+-Kanäle wären. Unterhalb eines bestimmten Schwellenwerts der synaptischen Reizung würde die Depolarisierung der Membran des Anfangssegments nicht ausreichen, um ein Aktionspotenzial auszulösen. Mit graduell zunehmender Reizung würde der Schwellenwert überschritten, die Na^+-Kanäle würden sich öffnen und das Aktionspotenzial würde abgefeuert. Das Aktionspotenzial würde anschließend auf dem üblichen Weg der Inaktivierung der Na^+-Kanäle beendet. Bevor ein weiteres Aktionspotenzial abgefeuert werden könnte, müssten sich diese Kanäle von ihrer Inaktivierung erholen. Dies würde aber eine Rückkehr der Membranspannung zu einem sehr negativen Wert voraussetzen, was so lange nicht stattfinden kann, wie ein starker depolarisierender Reiz (durch die PSPs) erhalten bleibt. Daher wird ein zusätzlicher Kanal benötigt, um die Membran nach jedem Aktionspotenzial für ein erneutes Feuern der Zelle zu repolarisieren.

Diese Aufgabe erfüllen verzögerte K^+-Kanäle, die früher bereits im Zusammenhang mit der Weiterleitung eines Aktionspotenzials beschrieben wurden (s. **Abb. 11.32**). Ihre Öffnung erlaubt den Efflux von K^+, was das Membranpotenzial zurück zum K^+-Gleichgewichtspotenzial treibt. Dies ist so negativ, dass sich die Na^+-Kanäle schnell wieder von ihrem inaktivierten Zustand erholen. Die Repolarisierung der Membran schließt auch die verzögerten K^+-Kanäle. Das Anfangssegment ist nun wieder in seinem Ausgangszustand, sodass die depolarisierenden Reize von synaptischen Eingangssignalen zum Feuern eines weiteren Aktionspotenzials führen können. Auf diese Weise führt eine

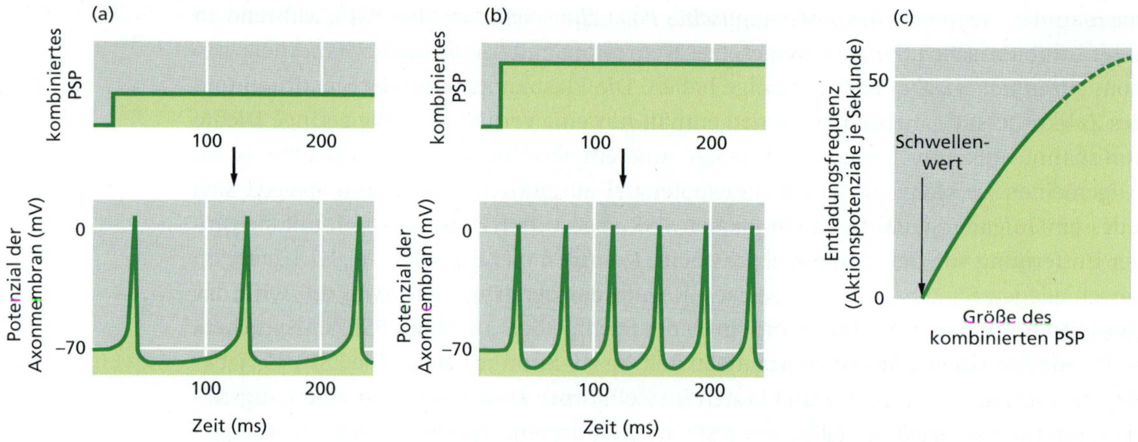

Abb. 11.43 Die Stärke des kombinierten postsynaptischen Potenzials (PSP) spiegelt sich in der Entladungsfrequenz von Aktionspotenzialen wider. Durch die Mischung excitatorischer und inhibitorischer PSPs entsteht ein *kombiniertes PSP* am Anfangssegment. Ein Vergleich von (a) und (b) zeigt, wie die Entladungsfrequenz eines Axons mit einer Erhöhung des kombinierten PSP zunimmt. (c) fasst die allgemeine Beziehung von Entladungsfrequenz und kombinierten PSP zusammen.

fortgesetzte Reizung der Dendriten und des Zellkörpers zu einem wiederholten Feuern des Axons.

Wiederholtes Feuern an sich reicht aber nicht aus. Die Häufigkeit des Feuerns muss die Intensität der Reizung widerspiegeln, und ein einfaches System aus Na^+-Kanälen und verzögerten K^+-Kanälen ist für diesen Zweck nicht ausreichend. Unterhalb eines bestimmten Schwellenwerts einer gleichmäßigen Stimulation wird die Zelle überhaupt nicht feuern, oberhalb dieser Schwelle feuert sie plötzlich und mit einer verhältnismäßig hohen Geschwindigkeit. Die **rasch inaktivierenden K^+-Kanäle** lösen dieses Problem. Sie sind ebenfalls spannungskontrolliert und öffnen sich, wenn die Membran depolarisiert ist. Ihre besondere Spannungsspezifität und ihre Inaktivierungskinetik sind derartig ausgelegt, dass sie in Richtung einer Verringerung der Feuergeschwindigkeit wirken, wenn die Reizung nur knapp oberhalb des für das Feuern notwendigen Schwellenwerts liegt. Sie beseitigen also die Diskontinuität im Verhältnis zwischen der Feuergeschwindigkeit und der Stärke der Reizung. Das Ergebnis ist eine Feuergeschwindigkeit, die über einen sehr weiten Bereich proportional zur Stärke des depolarisierenden Reizes ist (s. **Abb. 11.43**).

Die Feuergeschwindigkeit wird gewöhnlich durch zwei andere Typen von Ionenkanälen im Anfangssegment, die bereits erwähnt wurden, weiter moduliert, nämlich durch spannungskontrollierte Ca^{2+}-Kanäle und Ca^{2+}-aktivierte K^+-Kanäle. Beide arbeiten zusammen, um die Reaktion der Zelle auf eine sich nicht ändernde, längerfristige Reizung zu vermindern, ein Vorgang, der **Adaptation** genannt wird. Diese Ca^{2+}-Kanäle ähneln den Ca^{2+}-Kanälen, die Neurotransmitter aus den präsynaptischen Axonenden freisetzen. Sie öffnen sich beim Feuern eines Aktionspotenzials und erlauben einen vorübergehenden Einstrom von Ca^{2+} in das Cytosol des Axons am Anfangssegment.

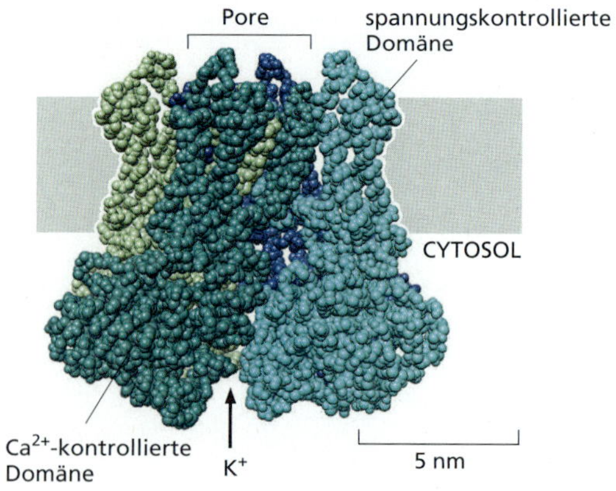

Abb. 11.44 Struktur eines Ca^{2+}-aktivierten K^+-Kanals. Der Kanal enthält vier identische Untereinheiten (die zur Verdeutlichung in verschiedenen Farben dargestellt sind). Er ist sowohl spannungs- als auch Ca^{2+}-kontrolliert. Die dargestellte Struktur ist eine Kombination aus den cytosolischen und den membrangebundenen Anteilen des Kanals, die getrennt kristallisiert wurden. (PDB-Codes: 2R99, 1LNQ).

Der **Ca^{2+}-aktivierte K^+-Kanal** öffnet sich als Antwort auf eine gestiegene Ca^{2+}-Konzentration auf der cytosolischen Seite der Nervenzellmembran (**Abb. 11.44**). Langanhaltende starke depolarisierende Reize lösen eine lange Reihe von Aktionspotenzialen aus. Jedes Aktionspotenzial erlaubt kurz den Einstrom von Ca^{2+} durch spannungskontrollierte Ca^{2+}-Kanäle, sodass sich nach und nach eine Ca^{2+}-Konzentration im Cytosol aufbaut, die ausreicht, um die Ca^{2+}-aktivierten K^+-Kanäle zu öffnen. Die dadurch verursachte höhere Permeabilität der Membran für K^+ erschwert es, die Membran zu depolarisieren, und verlängert dadurch die Zeitspanne zwischen diesem Aktionspotenzial und dem nächsten. Auf diese Weise wird ein Neuron, das kontinuierlich über eine längere Zeit gereizt wird, nach und nach weniger empfindlich gegenüber gleich bleibenden Stimuli.

Eine derartige Adaptation, die auch durch andere Mechanismen erfolgen kann, erlaubt es Neuronen – und dem Nervensystem überhaupt – empfindlich auf *Änderungen* zu reagieren, selbst bei einem hohen Hintergrund stetiger Reizung. Dies ist eine der Strategien, die es uns beispielsweise ermöglicht, eine leichte Berührung der Schulter wahrzunehmen, während wir den konstanten Druck unserer Kleidung ignorieren. Die Adaptation als allgemeine Eigenschaft von Signalvorgängen in der Zelle wird detaillierter in Kapitel 15 beschrieben.

Andere Neuronen bewerkstelligen unterschiedliche Umrechnungen und reagieren auf ihre synaptischen Eingangssignale auf verschiedenste Weise, was das unterschiedliche Auftreten von Ionenkanälen in ihrer Membran widerspiegelt. Es gibt im menschlichen Genom mehrere Hundert Gene, die für Ionenkanäle codieren, wovon allein mehr als 70 für spannungskontrollierte Kanäle codieren. Durch alternatives Spleißen der RNA-Transkripte und Zusammensetzung der Kanal-Untereinheiten in unterschiedlichen Kombinationen entsteht eine noch höhere Komplexität. Außerdem sind Ionenkanäle lokal auf verschiedene Stellen in der Plasmamembran eines Neurons begrenzt. Einige K^+- und Ca^{2+}-Kanäle konzentrieren sich in den Dendriten und sind an der Verarbeitung eingehender Reize beteiligt. Wie wir gesehen haben, befinden sich andere Ionenkanäle am Anfangssegment des Axons, wo sie das Feuern von Aktionspotenzialen kontrollieren. Daneben sind einige ligandenkontrollierte Kanäle über den Zellkörper verteilt und regulieren die allgemeine Empfindlichkeit für ankommende synaptische Reize entsprechend ihrer Besetzung mit Liganden. Die Vielfalt von Ionenkanälen und ihre Lage erlauben offenbar jeder der vielen Arten von Neuronen, das elektrische Verhalten den einzelnen Aufgaben, die sie zu erfüllen haben, anzupassen.

In Neuronen sind spannungskontrollierte Ca^{2+}-Kanäle allgegenwärtig. Ca^{2+}, das durch sie strömt, ist ein guter Indikator für die Aktivität der einzelnen Nervenzellen. Daher ist es heute durchaus üblich, optische Ca^{2+}-Reporter in spezifischen Arten von Nervenzellen zu exprimieren, um ihre Aktivitäten in transgenen Tieren zu verfolgen. Es ist möglich, Ca^{2+}-Signale von 10 000 Neuronen im Gehirn gleichzeitig mit einer empfindlichen Kamera abzubilden und zu verfolgen, die auf die Oberfläche der Hirnrinde (Kortex) blickt, oder mit optischen Fasern tiefer in das Gehirn hineinzuschauen. Auf diese Weise fangen wir an, neuronale Schaltkreise in lebenden Tieren zu sehen.

Eine äußerst wichtige Eigenschaft des Nervensystems ist die Fähigkeit, zu lernen und sich zu erinnern. Diese Eigenschaft hängt zum Teil von der Fähigkeit einzelner Synapsen ab, sich zu verstärken oder abzuschwächen, je nach ihrer Verwendung. Diesen Prozess bezeichnet man als **synaptische Plastizität**. Als nächstes betrachten wir einen bemerkenswerten Typ von Ionenkanälen, der eine besondere Rolle bei einigen Formen der synaptischen Plastizität spielt. Dieser befindet sich in vielen excitatorischen Synapsen des Zentralnervensystems, wo er durch die Spannung und durch den excitatorischen Neurotransmitter Glutamat doppelt kontrolliert wird. Darüber hinaus ist dieser Kanal auch die Angriffsstelle der psychoaktiven Droge Phencyclidin („*angel dust*").

11.3.21 Die Langzeitpotenzierung im Hippocampus von Säugetieren ist vom Ca^{2+}-Einstrom durch NMDA-Rezeptorkanäle abhängig

Praktisch alle Tiere können lernen; Säuger scheinen dies aber außerordentlich gut zu können (zumindest denken wir das). Im Hirn eines Säugers hat eine Region namens *Hippocampus* eine besondere Funktion beim Lernvorgang. Ist dieser Bereich in beiden Hirnhälften zerstört, geht die Fähigkeit, neue Erinnerungen zu bilden, weitestgehend verloren, obwohl das Langzeitgedächtnis intakt bleibt. Einige Synapsen im Hippocampus zeigen eine markante Form der synaptischen Plastizität bei wiederholter

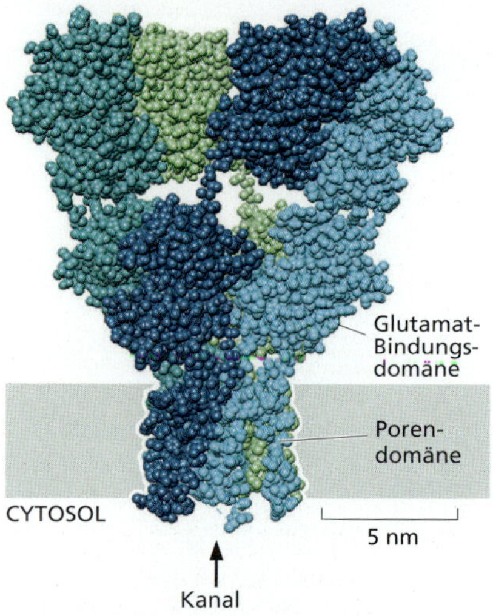

Abb. 11.45 Struktur des AMPA-Rezeptors. Dieser ionotrope Glutamatrezeptor (er ist nach dem Glutamatanalogon α-Amino-3-hydroxy-5-methyl-4-isoxazolpropionsäure benannt) ist der bekannteste Mediator von schneller, excitatorischer synaptischer Übertragung im Zentralnervensystem (ZNS). (PDB-Code: 3KG2).

Nutzung: Während gelegentliche Aktionspotenziale in der präsynaptischen Zelle keine bleibenden Spuren hinterlassen, verursacht ein kurzer Ausbruch wiederholten Feuerns eine **Langzeitpotenzierung (LTP**, engl. ***long-term potentiation*)**, sodass einzelne nachfolgende Aktionspotenziale in den präsynaptischen Zellen eine stark erhöhte Antwort in den postsynaptischen Zellen hervorrufen. Dieser Effekt dauert entsprechend der Anzahl und Heftigkeit der Ausbrüche wiederholten Feuerns über Stunden, Tage oder Wochen an. Ausschließlich aktivierte Synapsen zeigen eine LTP; nicht aktive Synapsen auf derselben postsynaptischen Zelle sind nicht betroffen. Wird allerdings ein einzelnes Aktionspotenzial an einer anderen Synapse auf der Zelloberfläche geliefert, während die Zelle einen Ausbruch wiederholter Reizungen an einem anderen Satz von Synapsen empfängt, unterliegt auch diese Synapse einer LTP, auch wenn das hier empfangene einzelne Aktionspotenzial zu anderen Zeiten keine bleibende Veränderung auslösen würde.

Die zugrunde liegende Gesetzmäßigkeit in solchen Ereignissen scheint zu sein, dass eine *LTP immer dann auftritt, wenn eine präsynaptische Zelle zu einem Zeitpunkt (einmal oder mehrfach) feuert, an dem die postsynaptische Zelle stark depolarisiert ist* (entweder durch wiederholtes Feuern derselben präsynaptischen Zelle oder durch andere Faktoren). Diese Regel spiegelt das Verhalten einer besonderen Gruppe von Ionenkanälen in der postsynaptischen Membran wider. Glutamat ist im Zentralnervensystem der Säugetiere der wichtigste excitatorische Neurotransmitter, und glutamatkontrollierte Ionenkanäle sind die verbreitetsten transmitterkontrollierten Kanäle im Gehirn. Im Hippocampus, wie auch sonst, wird der Großteil des depolarisierenden Stroms, der für die excitatorischen PSPs verantwortlich ist, durch glutamatkontrollierte Ionenkanäle – **AMPA-Rezeptoren** genannt – erzeugt, die standardmäßig arbeiten (**Abb. 11.45** und **Abb. 11.46**). Der Strom hat allerdings zusätzlich eine weitere und viel interessantere Komponente, die durch eine getrennte Untergruppe von glutamatkontrollierten Ionenkanälen hervorgerufen wird, die **NMDA-Rezeptoren** genannt werden. Diese Bezeichnung beruht darauf, dass sie selektiv durch das synthetische Glutamatanalogon *N*-Methyl-D-aspartat aktiviert werden. Die NMDA-Rezeptorkanäle werden doppelt kontrolliert und öffnen sich nur, wenn zwei Bedingungen gleichzeitig erfüllt sind: Glutamat muss an den Rezeptor gebunden sein und die Membran muss stark depolarisiert sein. Die zweite Bedingung ist die Voraussetzung für die Ablösung von Mg^{2+}, das normalerweise den ruhenden Kanal blockiert. Dies bedeutet, dass NMDA-Rezeptoren in der Regel nur aktiv sind, wenn AMPA-Rezeptoren ebenfalls aktiv sind und die Membran depolarisieren (s. **Abb. 11.43**). Die NMDA-Rezeptoren sind entscheidend für die LTP. Werden sie mit einem spezifischen Inhibitor selektiv gehemmt oder genetisch inaktiviert, unterbleibt die LTP, selbst wenn die gewöhnliche synaptische Signalweiterleitung intakt bleibt; das zeigt, welche Bedeutung die NMDA-Rezeptoren für die LTP-Induktion haben. Tiere zeigen unter diesen Bedingungen bestimmte Defizite in ihren Lernfähigkeiten, verhalten sich aber ansonsten völlig unauffällig.

Wie können NMDA-Rezeptoren LTP vermitteln? Die Antwort auf diese Frage ist, dass diese Kanäle eine hohe Durchlässigkeit für Ca^{2+} besitzen, wenn sie geöffnet sind. Ca^{2+} wirkt als intrazelluläres Signal in der postsynaptischen Zelle und löst eine Kaskade von Veränderungen aus, die für die LTP verantwortlich sind. Die LTP wird also durch eine künstlich niedrig gehaltene Ca^{2+}-Konzentration in der postsynaptischen Zelle verhindert, beispielsweise wenn man den Ca^{2+}-Chelator EGTA injiziert; umgekehrt kann sie durch die künstliche Erhöhung des intrazellulären Ca^{2+}-Spiegels in der Zelle induziert werden. Zu den Langzeitänderungen, die die Empfindlichkeit der postsynaptischen Zelle gegenüber Glutamat erhöhen, gehört der Einbau neuer AMPA-Rezeptoren in die Plasmamembran (s. **Abb. 11.46**). In einigen Formen von LTP finden Änderungen auch in der präsynaptischen Zelle statt, sodass sie mehr Glutamat als gewöhnlich ausschüttet, wenn sie wiederholt aktiviert wird.

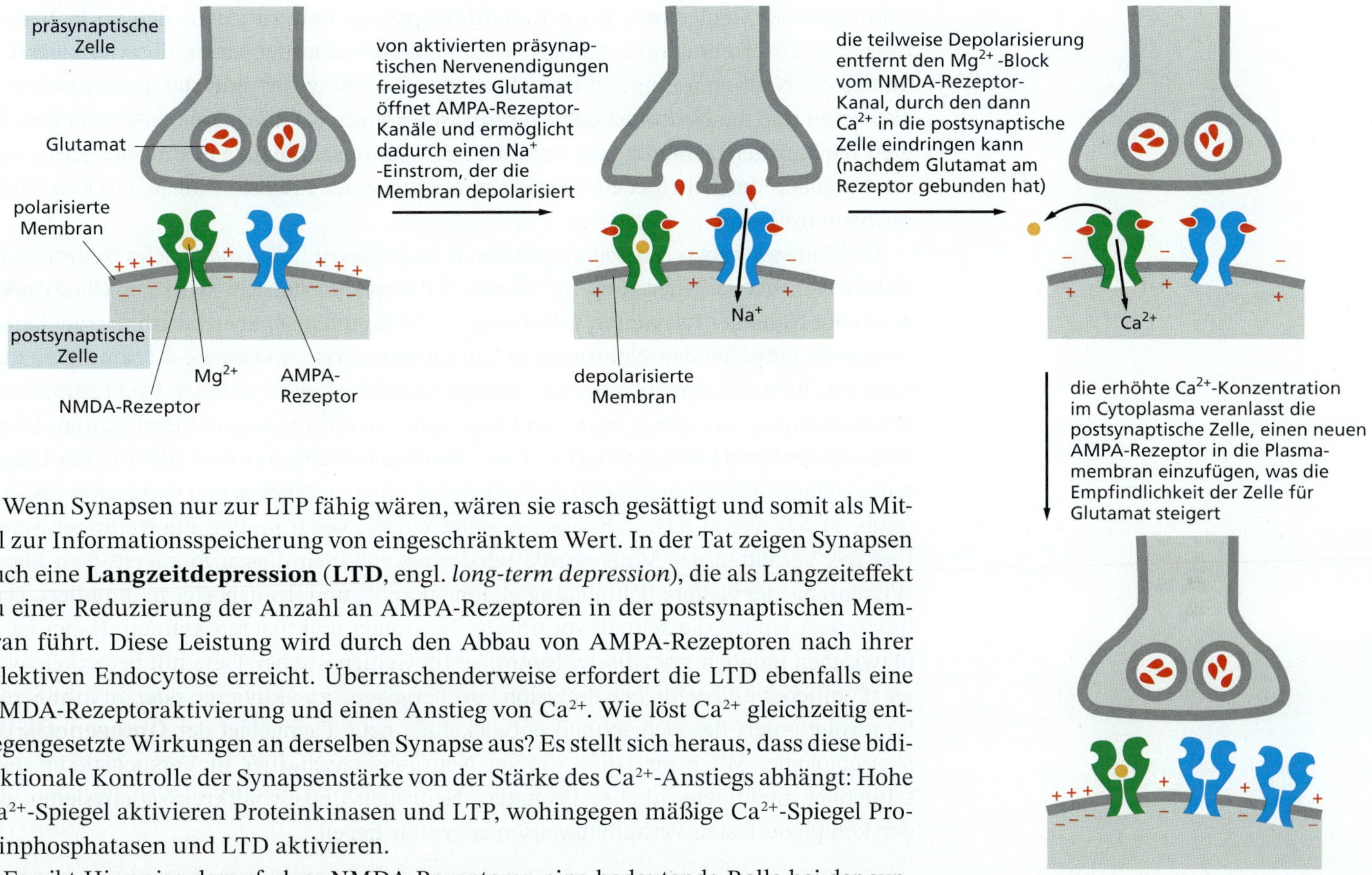

Abb. 11.46 Signalereignisse bei Langzeitpotenzierung. Auch wenn dies hier nicht gezeigt ist, können bei der Langzeitpotenzierung (LTP) Änderungen auch in den präsynaptischen Nervenenden auftreten, die durch rückläufige Signale von der postsynaptischen Zelle ausgelöst werden.

Wenn Synapsen nur zur LTP fähig wären, wären sie rasch gesättigt und somit als Mittel zur Informationsspeicherung von eingeschränktem Wert. In der Tat zeigen Synapsen auch eine **Langzeitdepression** (**LTD**, engl. *long-term depression*), die als Langzeiteffekt zu einer Reduzierung der Anzahl an AMPA-Rezeptoren in der postsynaptischen Membran führt. Diese Leistung wird durch den Abbau von AMPA-Rezeptoren nach ihrer selektiven Endocytose erreicht. Überraschenderweise erfordert die LTD ebenfalls eine NMDA-Rezeptoraktivierung und einen Anstieg von Ca^{2+}. Wie löst Ca^{2+} gleichzeitig entgegengesetzte Wirkungen an derselben Synapse aus? Es stellt sich heraus, dass diese bidirektionale Kontrolle der Synapsenstärke von der Stärke des Ca^{2+}-Anstiegs abhängt: Hohe Ca^{2+}-Spiegel aktivieren Proteinkinasen und LTP, wohingegen mäßige Ca^{2+}-Spiegel Proteinphosphatasen und LTD aktivieren.

Es gibt Hinweise darauf, dass NMDA-Rezeptoren eine bedeutende Rolle bei der synaptischen Plastizität und beim Lernen haben, nicht nur im Hippocampus, sondern auch in anderen Bereichen des Gehirns. Darüber hinaus erfüllen sie eine äußerst wichtige Funktion bei der Anpassung der anatomischen Muster der synaptischen Verknüpfungen als Antwort auf Erfahrungen während der Entwicklung des Nervensystems.

An Synapsen ausgeschüttete Neurotransmitter können also, neben dem Weiterleiten von elektrischen Signalen, auch die Konzentrationen von intrazellulären Botenstoffen verändern, die bleibende Änderungen in der Effizienz der synaptischen Übertragung hervorrufen. Es ist jedoch noch unklar, wie diese Änderungen angesichts des normalen Umsatzes der Zellbestandteile über Wochen, Monate oder gar die Lebenszeit andauern können.

11.3.22 Der Einsatz von Kanalrhodopsinen hat die Untersuchung neuronaler Schaltkreise revolutioniert

Kanalrhodopsine sind photosensitive Ionenkanäle, die sich als Reaktion auf Licht öffnen. Sie haben sich in photosynthetischen Grünalgen als sensorische Rezeptoren entwickelt, um den Algen zu ermöglichen, auf Licht zuzuschwimmen. Die Struktur von Kanalrhodopsin ist der von Bacteriorhodopsin sehr ähnlich (s. **Abb. 10.31**). Es enthält eine kovalent gebundene Retinal-Gruppe, die Licht absorbiert und eine Isomerisierungsreaktion durchläuft. Diese löst eine Konformationsänderung im Protein aus, die einen Ionenkanal in der Plasmamembran öffnet. Im Gegensatz zu Bacteriorhodopsin, bei dem es sich um eine lichtgesteuerte Protonenpumpe handelt, ist Kanalrhodopsin ein lichtgesteuerter Kationenkanal.

Mithilfe der Gentechnik kann Kanalrhodopsin in nahezu jedem Zelltyp in Vertebraten und Invertebraten exprimiert werden. Wissenschaftler haben das Gen zuerst in kultivierte Neuronen eingeführt und gezeigt, dass Blitzlicht nun das Kanalrhodopsin aktivieren und die Neuronen dazu veranlassen konnte, Aktionspotenziale zu bilden. Da die Frequenz der Lichtblitze die Frequenz der Aktionspotenziale bestimmte, kann man die Frequenz der neuronalen Feuerungsrate mit einer Präzision im Millisekundenbereich kontrollieren.

Als Nächstes haben Neurobiologen den Ansatz genutzt, um spezifische Neuronen im Gehirn von Versuchstieren zu aktivieren. Sie implantierten ein winziges Glasfaserkabel in der Nähe der relevanten Gehirnregion. So konnten sie über Lichtblitze die kanalrhodopsin enthaltenden Neuronen spezifisch aktivieren, sodass sie Aktionspotenziale feuerten. Eine Forschergruppe exprimierte Kanalrhodopsin in einer Untergruppe von Mausneuronen, von denen man vermutete, dass sie an Aggression beteiligt sind: Wenn diese Zellen durch Licht aktiviert wurden, attackierte die Maus sofort alles in ihrer Umgebung – einschließlich andere Mäuse oder sogar einen aufgeblasenen Gummihandschuh (**Abb. 11.47**). Wenn das Licht ausgeschaltet wurde, verstummten die Neuronen sofort und das Verhalten der Maus wurde wieder normal. Seit diesen Pionierstudien haben Wissenschaftler weitere lichtabhängige Ionenkanäle und -transporter manipuliert. Darunter auch einige, die schnell spezifische Neuronen inaktivieren können. Daher ist es inzwischen möglich, spezifische Neuronen im Gehirn wacher Tiere mit bemerkenswerter räumlicher und zeitlicher Präzision vorübergehend zu aktivieren oder zu inhibieren. So revolutioniert das sich schnell entwickelnde neue Fachgebiet der **Optogenetik** die Neurobiologie. Mit ihrer Hilfe können Neurowissenschaftler in Versuchstieren, einschließlich nichtmenschlicher Primaten, Neuronen und Schaltkreise analysieren, die den kompliziertesten Verhaltensweisen zugrunde liegen.

Zusammenfassung

Ionenkanäle bilden wässrige Poren durch die Lipid-Doppelschicht und erlauben es anorganischen Ionen von geeigneter Größe und Ladung, die Membran entsprechend ihrem elektrochemischen Gradienten mit Geschwindigkeiten zu überqueren, die etwa 1000-fach über denen irgendeines bekannten Transporters liegen. Die Kanäle sind kontrolliert und öffnen sich gewöhnlich als Antwort auf eine spezifische Veränderung an der Membran, beispielsweise auf eine Änderung des Membranpotenzials (spannungskontrollierte Kanäle) oder auf die Bindung eines Neurotransmitters an den Kanal (transmitterkontrollierte Kanäle).

K^+-selektive Sickerkanäle erfüllen eine wichtige Funktion bei der Festsetzung des Ruhepotenzials über die Plasmamembran der meisten tierischen Zellen. Spannungskontrollierte Kationenkanäle sind für die Amplifizierung und Weiterleitung von Aktionspotenzialen in elektrisch erregbaren Zellen, wie Neuronen, Herz- und Skelettmuskelzellen, verantwortlich. Transmitterkontrollierte Ionenkanäle setzen chemische Signale an chemischen Synapsen zu elektrischen Signalen um. Excitatorische (erregende) Neurotransmitter, wie Acetylcholin und Glutamat, öffnen transmitterkontrollierte Kationenkanäle und depolarisieren dadurch die Membran postsynaptischer Zellen in Richtung eines Schwellenwerts

Abb. 11.47 Optogenetische Kontrolle von Aggressionsneuronen in einer lebenden Maus. Ein Gen, das für Kanalrhodopsin codiert, wurde in eine Gruppe von Neuronen im Hypothalamus einer Maus eingeführt. Wenn die Neuronen blauen Lichtblitzen ausgesetzt wurden – dafür wurde ein winziges implantiertes Glasfaserkabel verwendet – öffneten sich die Kanalrhodopsinkanäle und die Zellen wurden depolarisiert und aktiviert. Wenn das Licht angeschaltet wurde, wurde die Maus sofort aggressiv und attackierte den aufgeblasenen Gummihandschuh. Wurde das Licht ausgeschaltet, normalisierte sich ihr Verhalten sofort wieder. (Nach D. Lin *et al.*, *Nature* 470: 221–226, 2011. Mit Genehmigung der Autoren).

für das Feuern eines Aktionspotenzials. Inhibitorische Neurotransmitter, wie GABA und Glycin, öffnen transmitterkontrollierte Cl^-- oder K^+-Kanäle und unterdrücken dadurch das Feuern, indem sie die postsynaptische Membran polarisiert halten. Eine Untergruppe der glutamatkontrollierten Ionenkanäle, die NMDA-Rezeptorkanäle, ist hoch durchlässig für Ca^{2+}, das Langzeitveränderungen in der Synapseneffektivität (synaptische Plastizität) wie LTP und LTD auslösen kann, von denen man annimmt, dass sie an einigen Formen des Lernens und des Erinnerns beteiligt sind.

Ionenkanäle arbeiten auf komplexe Weise zusammen, um das Verhalten elektrisch erregbarer Zellen zu kontrollieren. Ein typisches Neuron empfängt beispielsweise Tausende von excitatorischen und inhibitorischen Signalen, die sich durch räumliche und zeitliche Summierung zur Bildung eines postsynaptischen Potenzials (PSP) im Anfangssegment des Axons vereinigen. Die Höhe des PSP wird durch eine Kombination von Kationenkanälen in der Membran des Anfangssegments in eine Feuergeschwindigkeit von Aktionspotenzialen umgesetzt.

Literatur

11.1 Grundlagen des Transports durch Membranen

Engel, A. und Gaub, H.E. (2008). Structure and mechanics of membrane proteins. *Annu. Rev. Biochem*. 77: 127–148.

Hille, B. (2001). *Ionic Channels of Excitable Membranes*. 3rd edn Sinauer. Sunderland, MA.

Li, F., Egea, P.F., Vecchio, A.J. et al. (2021). Highlighting membrane protein structure and function: a celebration of the Protein Data Bank. *J. Biol. Chem*. 296: 100557.

Luo, L. (2020). *Principles of Neurobiology*. 2nd ed. Boca Raton, FL: CRC Press.

Mitchell, P. (1977). Vectorial chemiosmotic processes. *Annu. Rev. Biochem*. 46: 996–1005.

Stein, W.D. (2014). *Channels, Carriers, and Pumps: An Introduction to Membrane Transport*. 2nd Ed. San Diego, CA: Academic Press.

Vinothkumar, K.R. und Henderson, R. (2010). Structures of membrane proteins. *Quart. Rev. Biophys*. 43: 65–158.

11.2 Transporter und aktiver Membrantransport

Baldwin, S.A. und Henderson, P.J. (1989). Homologies between sugar transporters from eukaryotes and prokaryotes. *Annu. Rev. Physiol*. 51: 459–471.

Drew, D. und Boudker, O. (2016). Shared molecular mechanisms of membrane transporters. *Annu. Rev. Biochem*. 85: 543–572.

Dyla, M., Kjærgaard, M., Poulsen, H. et al. (2020). Structure and mechanism of P-type ATPase ion pumps. *Annu. Rev. Biochem*. 89: 583–603.

Forrest, L.R. und Rudnick, G. (2009). The rocking bundle: a mechanism for ion-coupled solute flux by symmetrical transporters. *Physiology* 24: 377–386.

Gadsby, D.C. (2009). Ion channels versus ion pumps: the principal difference, in principle. *Nat. Rev. Mol. Cell Biol*. 10: 344–352.

Gouaux, E. und MacKinnon, R. (2005). Principles of selective ion transport in channels and pumps. *Science* 310: 1461–1465.

Higgins, C.F. (2007). Multiple molecular mechanisms for multidrug resistance transporters. *Nature* 446: 749–757.

Kaback, H.R., Sahin-Tóth, M. und Weinglass, A.B. (2001). The kamikaze approach to membrane transport. *Nat. Rev. Mol. Cell Biol*. 2: 610–620.

Kanai, R., Ogawa, O., Vilsen, B. et al. (2013). Crystal structure of the Na^+ -bound Na^+, K^+-ATPase preceding the E1P state. *Nature* 502: 201–206.

Kefauver, J.M., Ward, A.B. und Patapoutian, A. (2020). Discoveries in structure and physiology of mechanically activated ion channels. *Nature* 587: 567–576.

Khademi, S., O'Connell, J., Remis, J. et al. (2004). Mechanism of ammonia transport by Amt/MEP/Rh: structure of AmtB at 1.35 Å. *Science* 305: 1587–1594.
Kim, Y. und Chen, J. (2018). Molecular structure of the human P-glycoprotein in the ATP-bound, outward facing conformation. *Science* 359: 915–919.
Kühlbrandt, W. (2004). Biology, structure and mechanism of P-type ATPases. *Nat. Rev. Mol. Cell Biol.* 5: 282–295.
Kühlbrandt, W. (2019). Structure and mechanisms of F-type ATP synthases. *Annu. Rev. Biochem.* 88: 515–549.
Kumar, H., Finer-Moore, J.S., Kaback, H.R. et al. (2015). Structure of LacY with an alpha-substituted galactoside: connecting the binding site and the protonation site. *Proc. Natl. Acad. Sci. USA* 112: 9004–9009.
Perez, C., Koshy, C., Yildiz, O. et al. (2012). Alternating-access mechanism in conformationally asymmetric trimers of the betaine transporter BetP. *Nature* 490: 126–130.
Rees, D.C., Johnson, E. und Lewinson, O. (2009). ABC transporters: the power to change. *Nat. Rev. Mol. Cell Biol.* 10: 218–227.
Rudnick, G. (2011). Cytoplasmic permeation pathway of neurotransmitter transporters. *Biochemistry* 50: 7462–7475.
Ruprecht, J.J. und Kunji, E.R.S. (2021). Structural mechanism of transport of mitochondrial carriers. *Annu. Rev. Biochem.* 90: 535–558.
Saier, M.H., Jr. (2000). Vectorial metabolism and the evolution of transport systems. *J. Bacteriol.* 182: 5029–5035.
Stein, W.D. (2002). Cell volume homeostasis: ionic and nonionic mechanisms. The sodium pump in the emergence of animal cells. *Int. Rev. Cytol.* 215: 231–258.
Thomas, C. und Tampé, R. (2020). Structural and mechanistic principles of ABC transporters. *Annu. Rev. Biochem.* 89: 605–636.
Toyoshima, C. (2009). How Ca^{2+}-ATPase pumps ions across the sarcoplasmic reticulum membrane. *Biochim. Biophys. Acta* 1793: 941–946.
Yamashita, A., Singh, S.K., Kawate, T. et al. (2005). Crystal structure of a bacterial homologue of Na^+/Cl^--dependent neurotransmitter transporters. *Nature* 437: 215–223.

11.3 Kanäle und die elektrischen Eigenschaften von Membranen

Armstrong, C. (1998). The vision of the pore. *Science* 280: 56–57.
Arnadóttir, J. und Chalfie, M. (2010). Eukaryotic mechanosensitive channels. *Annu. Rev. Biophys.* 39: 111–137.
Atlas, D. (2013). The voltage-gated calcium channel functions as the molecular switch of synaptic transmission. *Annu. Rev. Biochem.* 82: 607–635.
Bezanilla, F. (2008). How membrane proteins sense voltage. *Nat. Rev. Mol. Cell Biol.* 9: 323–332.
Carbrey, J.M. und Agre, P. (2009). Discovery of the aquaporins and development of the field. *Handb. Exp. Pharmacol.* 190: 3–28.
Catterall, W.A. (2010). Ion channel voltage sensors: structure, function, and pathophysiology. *Neuron* 67: 915–928.
Chen, S. und Gouaux, E. (2019). Structure and mechanism of AMPA receptor—auxiliary protein complexes. *Curr. Opin. Struct. Biol.* 54: 104–111.
Davis, G.W. (2006). Homeostatic control of neural activity: from phenomenology to molecular design. *Annu. Rev. Neurosci.* 29: 307–323.
Greengard, P. (2001). The neurobiology of slow synaptic transmission. *Science* 294: 1024–1030.
Hodgkin, A.L. und Huxley, A.F. (1952). Currents carried by sodium and potassium ions through the membrane of the giant axon of *Loligo*. *J. Physiol.* 116: 449–472.
Hodgkin, A.L. und Huxley, A.F. (1952). A quantitative description of membrane current and its application to conduction and excitation in nerve. *J. Physiol.* 117: 500–544.
Jessell, T.M. und Kandel, E.R. (1993). Synaptic transmission: a bidirectional and self-modifiable form of cell-cell communication. *Cell* 72 (Suppl.), 1–30.
Jin, P., Jan, L.Y. und Jan, J.N. (2020). Mechanosensitive ion channels: structural features relevant to mechanotransduction mechanisms. *Annu. Rev. Neurosci.* 43: 207–229.

Julius, D. (2013). TRP channels and pain. *Annu. Rev. Cell Dev. Biol.* 29. 355–384.
Katz, B. (1966). *Nerve, Muscle and Synapse.* New York: McGraw-Hill.
King, L.S., Kozono, D., Agre, P. (2018). From structure to disease: the evolving tale of aquaporin biology. *Nat. Rev. Mol. Cell Biol.* 5: 687–698.
Kintzer, A.F., Green, E.M., Dominik, P.K. et al. (2018). Structural basis for activation of voltage sensor domains in an ion channel TPC1. *Proc. Natl. Acad. Sci. USA* 115: E9095–E9104.
Lee, C.H. und MacKinnon, R. (2019). Voltage sensor movements during hyperpolarization in the HCN channel. *Cell* 179: 1582–1589e7.
Liao, M., Cao, E., Julius, D. et al. (2014). Single particle electron cryo-microscopy of a mammalian ion channel. *Curr. Opin. Struct. Biol.* 27: 1–7.
Long, S.B., Tao X. Campbell, E.B. et al. (2007). Atomic structure of a voltage-dependent K^+ channel in a lipid membrane-like environment. *Nature* 450: 376–382.
MacKinnon, R. (2003). Potassium channels. *FEBS Lett.* 555: 62–65.
Miesenböck, G. (2011). Optogenetic control of cells and circuits. *Annu. Rev. Cell Dev. Biol.* 27: 731–758.
Moss, S.J. und Smart, T.G. (2001). Constructing inhibitory synapses. *Nat. Rev. Neurosci.* 2: 240–250.
Neher, E. und Sakmann, B. (1992). The patch clamp technique. *Sci. Am.* 266: 44–51.
Nicholls, J.G., Fuchs, P.A., Martin, A.R. et al. (2000). *From Neuron to Brain.* 4th edn Sinauer, Sunderland, MA.
Payandeh, J., Scheuer, T., Zheng, N. et al. (2011). The crystal structure of a voltage-gated sodium channel. *Nature* 475: 353–358.
Savage, D.F., O'Connell, J.D., Miercke, L.J.W. et al. (2010). Structural context shapes the aquaporin selectivity filter. *Proc. Natl. Acad. Sci. USA* 107: 17164–17169.
Scannevin, R.H. und Huganir, R.L. (2000). Postsynapic organization and regulation of excitatory synapses. *Nat. Rev. Neurosci.* 1: 133–141.
Stevens, C.F. (2004). Presynaptic function. *Curr. Opin. Neurobiol.* 14: 341–345.
Szczot, M., Nickolls, A.R., Lam, R.M. et al. (2021). The form and function of PIEZO2. *Annu. Rev. Biochem.* 90: 507–534.

Zellkompartimente und Proteinsortierung

12

Kapitelinhalt

Die vielen tausend Makromoleküle und ihre damit zusammenhängenden biologischen Aktivitäten innerhalb einer Zelle sind räumlich auf verschiedene Regionen aufgeteilt. Die intrazelluläre Organisation ist ein besonders auffälliges Merkmal von eukaryotischen Zellen, die im Gegensatz zu Bakterien aufwändig in funktionell unterschiedliche, membranumschlossene Kompartimente unterteilt sind. Viele dieser Kompartimente bilden die Haupt**organellen** der Zelle wie das Endoplasmatische Reticulum, der Golgi-Apparat, das Lysosom, das Plastid und das Mitochondrium, wobei die letzten beiden durch interne Membranen noch weiter unterteilt sind. Andere Untergruppen der Makromoleküle der Zelle können sich zu dynamischen und reversiblen Ansammlungen organisieren, die als **biomolekulare Kondensate** bezeichnet werden und die als spezialisierte biochemische Fabriken oder vorübergehende Lagerstätten dienen können. Um die eukaryotische Zelle zu verstehen, muss man wissen, wie die Zelle ihre komplexe intrazelluläre Organisation aufbaut und aufrechterhält.

Eine tierische Zelle enthält etwa 10 Milliarden (10^{10}) Proteinmoleküle, die sich auf geschätzte 10 000 verschiedene Arten von Proteinen verteilen. Die Synthese fast aller von ihnen beginnt im Cytosol, dem Raum des Cytoplasmas, der außerhalb von membranumschlossenen Organellen liegt. Jedes neu synthetisierte Protein wird dann spezifisch an die membranumschlossenen Organellen geliefert, die es benötigen. Die einzigartige Protein- und Lipidzusammensetzung auf der Oberfläche jeder Organelle wird als Anhaltspunkt verwendet, um neue Lieferungen von Proteinen und Lipiden zu steuern, um die Identität dieser Organelle aufrechtzuerhalten. Die charakteristische Zusammenstellung von Proteinen und anderen spezialisierten Molekülen definiert die strukturellen und funktionellen Eigenschaften jeder Organelle. Sie katalysieren die Reaktionen, die darin ablaufen, und transportieren selektiv Moleküle in und aus der Organelle. Der intrazelluläre Transport von Proteinen ist das zentrale Thema dieses und des nächsten Kapitels. Durch das Verfolgen der Reiseroute eines Proteins von einem Teil der Zelle zum anderen gelingt es mit der Zeit, ein Verständnis für den andernfalls verwirrenden Irrgarten der intrazellulären Membranen und anderen subzellulären Strukturen zu entwickeln.

Molekularbiologie der Zelle, 7. Auflage. Bruce Alberts, Rebecca Heald, Alexander Johnson, David Morgan, Martin Raff, Keith Roberts und Peter Walter.

12.1 Die Kompartimentierung der Zelle

In dieser kurzen Übersicht über die Kompartimente einer Zelle und die Wechselbeziehungen zwischen ihnen teilen wir die Zellorganellen konzeptuell in eine kleine Zahl unterscheidbarer Familien ein, erörtern, wie Proteine zu spezifizierten Organellen gelangen, und erklären, wie Proteine Organellmembranen überwinden.

12.1.1 Alle eukaryotischen Zellen besitzen die gleiche Grundausstattung membranumschlossener Organellen

Viele lebenswichtige biochemische Prozesse laufen in Membranen oder anderen Oberflächen ab. Der Lipidstoffwechsel z. B. wird von membrangebundenen Enzymen katalysiert, und sowohl die oxidative Phosphorylierung als auch die Photosynthese sind auf eine Membran angewiesen, um die Synthese von ATP an den Transport von H^+-Ionen zu koppeln. Intrazelluläre Membransysteme stellen nicht bloß eine vergrößerte Membranfläche für biochemische Reaktionen zur Verfügung, sie bilden auch umschlossene Kompartimente, die vom cytosolischen Kompartiment getrennt sind, und schaffen damit funktionell spezialisierte wässrige Räume innerhalb der Zelle. In diesen Räumen sammeln sich verschiedene Moleküle (Proteine, Reaktanden, Ionen) an, damit die biochemischen Reaktionen, zu denen sie beitragen, optimal ablaufen. Biochemische Reaktionen, die viele verschiedene Bedingungen benötigen oder sich gegenseitig Konkurrenz machen würden, können gleichzeitig ablaufen, da innerhalb einer Zelle verschiedene Arten von Kompartimenten zur Verfügung stehen. Weil die Lipid-Doppelschichten der Zellmembranen für die meisten hydrophilen Moleküle undurchlässig sind, muss die Membran eines Organells Membrantransportproteine enthalten, um spezifische Metaboliten ein- und auszuschleusen. Jede Organellmembran muss demnach einen Mechanismus für den Import und den Einbau von spezifischen Proteinen in die Organellen besitzen, die nur diesem Organell eigen sind und es kennzeichnen.

Die wichtigsten intrazellulären Kompartimente, die allen eukaryotischen Zellen gemein sind, gibt **Abb. 12.1** wieder. Der *Zellkern* enthält (abgesehen von der Mitochondrien- und Chloroplasten-DNA) das Genom und ist der wichtigste Syntheseort für DNA und RNA. Das ihn umgebende **Cytoplasma** besteht aus dem Cytosol und den darin

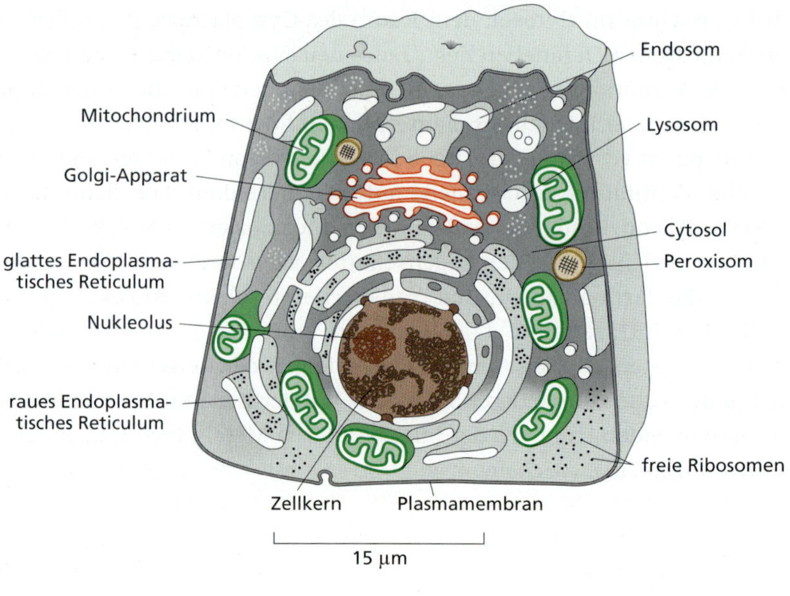

Abb. 12.1 Die wichtigsten intrazellulären Kompartimente einer tierischen Zelle. Das Cytosol (*grau* dargestellt), das raue Endoplasmatische Reticulum, das glatte Endoplasmatische Reticulum, der Golgi-Apparat, der Zellkern, die Mitochondrien, die Endosomen, die Lysosomen und die Peroxisomen sind abgegrenzte Kompartimente (Organellen), die vom Rest der Zelle durch wenigstens eine selektiv permeable Membran isoliert sind. Im Gegensatz dazu ist der Nukleolus nicht von einer Membran umgeben und stellt ein Beispiel für ein biomolekulares Kondensat dar.

suspendierten cytoplasmatischen Organellen. Das Cytosol, das etwas mehr als die Hälfte des gesamten Zellvolumens ausmacht, ist der Hauptort der Proteinsynthese und des Proteinabbaus. Im Cytosol vollziehen sich außerdem die meisten Reaktionen des zellulären Intermediärstoffwechsels, die vielen Reaktionen also, durch die kleinere Moleküle abgebaut und andere aufgebaut werden, um die Bausteine für Makromoleküle zu liefern (s. hierzu Kapitel 2).

Etwa die Hälfte der Gesamtmembranfläche in einer eukaryotischen Zelle schließt die labyrinthischen Räume des *Endoplasmatischen Reticulums* (ER) ein. Die meisten löslichen und integrierten Membranproteine, die für das Zelläußere oder für andere Organellen bestimmt sind, werden ursprünglich am ER zusammengebaut. Diese Proteine werden, während sie durch Ribosomen synthetisiert werden, in das ER transportiert. Das auffällige Erscheinungsbild der Ribosomen auf der Oberfläche dieser Regionen des ER in elektronenmikroskopischen Aufnahmen ist der Grund dafür, dass sie als *raues ER* bezeichnet werden. Das ER stellt außerdem die meisten der Lipide und Sterole für die restliche Zelle her und dient darüber hinaus als Speicherort für Ca^{2+}-Ionen. In diesen Bereichen des ER sind in der Regel keine Ribosomen gebunden, weshalb sie als *glattes ER* bezeichnet werden.

Das ER entlässt viele seiner Proteine und Lipide in den Golgi-Apparat. Der *Golgi-Apparat* besteht oft aus geordneten Stapeln scheibenartiger Kompartimente, die *Golgi-Zisternen* genannt werden. Der Golgi-Apparat empfängt Lipide und Proteine vom ER und verfrachtet sie weiter zu einer Vielzahl von Zielorten, wobei die Moleküle in vielen Fällen während der Passage durch den Golgi-Apparat kovalent modifiziert werden.

Lysosomen enthalten Verdauungsenzyme, die funktionsuntüchtige intrazelluläre Organellen und durch Endocytose aufgenommene, von außerhalb der Zelle stammende Makromoleküle und andere Partikel abbauen. Auf dem Weg zum Lysosom muss durch Endocytose aufgenommenes Material zuerst eine Reihe von Organellen, *Endosomen* genannt, durchlaufen. Wie wir noch sehen, werden sind das ER, der Golgi-Apparat, die Lysosomen, die Endosomen und die Plasmamembran über die Hauptstraßen des Membranverkehrs in der Zelle miteinander verbunden.

Mitochondrien und *Chloroplasten* erzeugen die Hauptmenge des ATP, das die Zelle braucht, um all die Reaktionen durchzuführen, die von der Zufuhr Freier Energie abhängen. Chloroplasten sind eine spezielle Form eines allgemein *Plastid* genannten Organelltyps (kommt in Pflanzen, Algen und einigen Protozoen vor), der auch noch andere Aufgaben erfüllen kann, wie z. B. die Speicherung von Nährstoffmolekülen oder Pigmenten. Schließlich sind *Peroxisomen* kleine vesikuläre Kompartimente, die Enzyme enthalten, die an einer Vielzahl oxidativer Reaktionen beteiligt sind.

Im Durchschnitt machen die membranumschlossenen Kompartimente in der Summe rund die Hälfte des Zellvolumens aus (**Tab. 12.1**), wofür eine große Menge intrazellulärer Membranen gebraucht wird. In Leber- und Pankreaszellen beispielsweise hat das jeweilige ER eine Gesamtmembranfläche, die 25- bzw. 12-mal größer ist als die Plasmamembran der betreffenden Zelle (**Tab. 12.2**). Die membranumschlossenen Organellen liegen im Cytoplasma dicht gepackt vor, und bezogen auf den Flächeninhalt und Anteil an der Masse der Zelle ist die Plasmamembran in den meisten eukaryotischen Zellen nur von untergeordneter Bedeutung (**Abb. 12.2**).

Im Allgemeinen führt jeder membranumschlossene Organelltyp in allen Zellen die gleichen grundlegenden Aufgaben aus. Um jedoch den spezialisierten Funktionen der Zellen Rechnung zu tragen, kann die vorhandene Anzahl eines bestimmten Organelltyps stark schwanken. Manchmal besitzen bestimmte Organellen auch vom speziellen Zelltyp abhängige zusätzliche Eigenschaften oder Fähigkeiten. Das ist besonders auffallend in hoch spezialisierten Zellen, die daher unverhältnismäßig stark auf spezifische Organellen angewiesen sind. Zum Beispiel besitzen Plasmazellen, die ihr

Tab. 12.1 Relative Volumina, die von den Hauptkompartimenten in einer Leberzelle (Hepatocyt) eingenommen werden.

Intrazelluläres Kompartiment	Prozent des Gesamtzellvolumens
Cytosol	54
Mitochondrien	22
Zisternen des rauen ER	9
Zisternen des glatten ER	5
Golgi-Zisternen	1
Zellkern	6
Peroxisomen	1
Lysosomen	1
Endosomen	1

Tab. 12.2 Relative Anteile verschiedener Membransorten in zwei unterschiedlichen eukaryotischen Zelltypen.

Membransorte	Prozent Gesamtzellmembran	
	Leberzelle[a]	Exokrine Pankreaszelle[a]
Plasmamembran	2	5
Raue ER-Membran	35	60
Glatte ER-Membran	16	< 1
Membran des Golgi-Apparats	7	10
Mitochondrien		
Äußere Membran	7	4
Innere Membran	32	17
Innere Membran des Zellkerns[b]	0,2	0,7
Membranen sekretorischer Vesikel	nicht bestimmt	3
Lysosomenmembranen	0,4	nicht bestimmt
Peroxisomenmembranen	0,4	nicht bestimmt
Endosomenmembranen	0,4	nicht bestimmt

[a]Diese beiden Zelltypen sind von sehr unterschiedlicher Größe: Die durchschnittliche Leberzelle hat ein Volumen von ca 5000 μm^3 im Vergleich zu 1000 μm^3 im Fall der exokrinen Pankreaszelle. Die Gesamtmembranflächen dieser Zellen errechnen sich näherungsweise zu 110 000 μm^2 (Leberzelle) und 13 000 μm^2 (Pankreaszelle).
[b]Die äußere Zellkernmembran ist bei der Messung des rauen ER eingeschlossen und entspricht ungefähr der inneren Zellkernmembran.

eigenes Gewicht jeden Tag in Form von Antikörpern in das Blut abgeben, riesige Mengen an rauem ER, das in ausgedehnten, flachen Schichten angeordnet ist. Stattdessen erweitern und spezialisieren Herzmuskelzellen ihr glattes ER für die Speicherung von Ca^{2+} und vermehren ihre Mitochondrien für die Energieproduktion. Außerdem findet man membranumschlossene Organellen oft in charakteristischen Positionen innerhalb des Cytoplasmas. In den meisten Zellen ist z. B. der Golgi-Apparat nahe am Kern lokalisiert, während sich das Netzwerk der ER-Röhren vom Zellkern aus weit durch das gesamte Cytosol erstreckt. Diese charakteristischen Verteilungen hängen von den Wechselwirkungen der Organellen mit dem Cytoskelett ab (in Kapitel 16 erläutert).

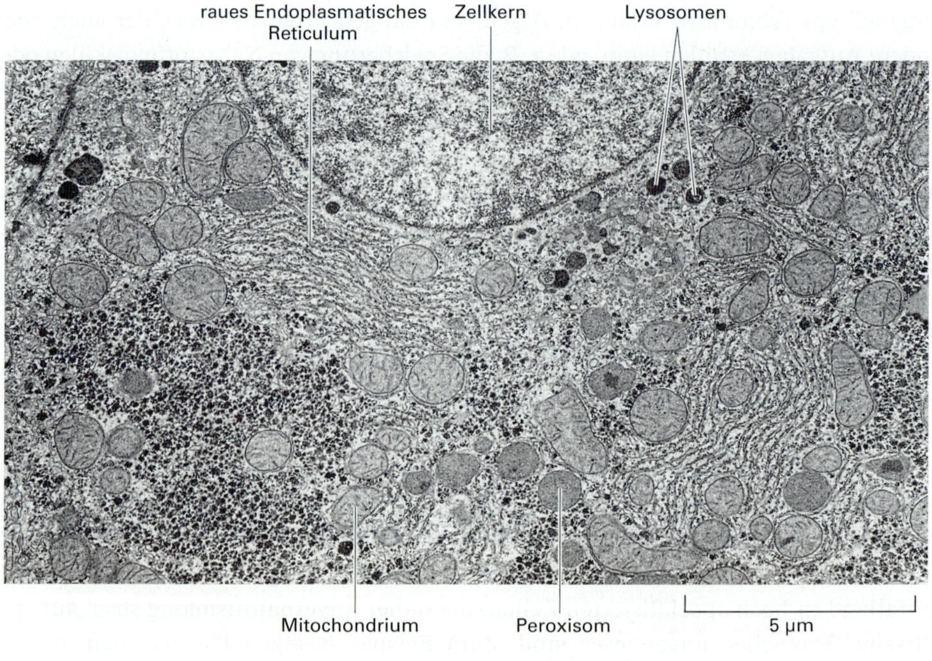

Abb. 12.2 Elektronenmikroskopische Aufnahme einer Leberzelle. Teilansicht im Querschnitt. Beispiele für die meisten der intrazellulären Hauptorganellen sind bezeichnet. (Verwendet mit Erlaubnis von E. L. Bearer und Daniel S. Friend.)

12.1.2 Der entwicklungsgeschichtliche Ursprung kann dabei helfen, die topologischen Beziehungen von Organellen zu erklären

Um die Beziehungen zwischen den Kompartimenten der Zelle zu verstehen, hilft es, sich zu vergegenwärtigen, wie sie entstanden sein könnten. Man nimmt an, dass die Vorläufer der ersten eukaryotischen Zellen relativ einfache Zellen waren, die wie die meisten Bakterien- und Archaeenzellen eine Plasmamembran, im Allgemeinen jedoch keine inneren Membranen besaßen. Die Plasmamembran solcher Zellen führt alle membranabhängigen Funktionen aus (einschließlich des selektiven Ionentransports, der ATP-Synthese, der Proteinsekretion und der Lipidsynthese). Diese Vorläuferzellen hatten, wie ihre heutigen prokaryotischen Gegenstücke, wahrscheinlich ein 1000- bis 10 000-mal kleineres Volumen als die heutigen eukaryotischen Zellen. Um ihr Volumen zu vergrößern, hätten die Urzellen ihr Oberfläche-zu-Volumen-Verhältnis beibehalten müssen, um die vielen lebenswichtigen Funktionen, die Membranen ausüben, aufrechtzuerhalten.

Ausgehend vom Erscheinungsbild heutiger Archaeenzellen (s. **Abb. 1.26**) könnte sich die Membranoberfläche zunächst durch Plasmamembranausstülpungen vergrößert haben. Die erhöhte Kapazität zum Austausch von Metaboliten über diese Ausstülpungen mit der umgebenden Umwelt hätte symbiotische Beziehungen mit anderen Organismen erleichtert. Die vergrößerte Verfügbarkeit von Ressourcen aufgrund einer Kombination aus Symbiosen und Membranausdehnung könnte die Entwicklung immer größerer Zellen ermöglicht haben (**Abb. 12.3**). Letztendlich wäre das Netzwerk der Räume zwischen den zahlreichen expandierten Ausstülpungen durch die Membranfusion zwischen den Ausstülpungen von der Umgebung abgeschottet worden. Die Folgen dieser Fusion sind dreifach und tragen dazu bei, die wichtigsten Unterscheidungsmerkmale eukaryotischer Zellen zu erklären.

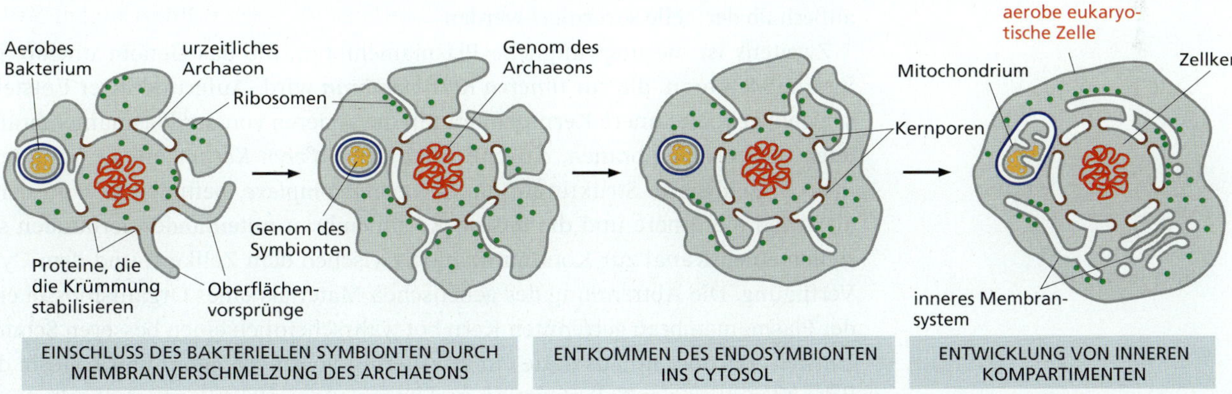

Abb. 12.3 Evolutionsweg des wichtigsten inneren Membransystems einer eukaryotischen Zelle. Wie in Kapitel 1 diskutiert wurde, gibt es Anzeichen dafür, dass eine erste eukaryotische Zelle entstand, als ein urzeitliches anaerobes Archaeon sich vor ungefähr 1,6 Milliarden Jahren mit einem aeroben Bakterium verband. Ein früher Schritt in diesem Prozess war die Ausdehnung der Plasmamembran des Archaeons, wahrscheinlich durch Ausstülpungen und Bläschen. Die stark gekrümmte Membran an den Hälsen dieser Ausstülpungen könnte durch Proteine stabilisiert worden sein, die schließlich Teil der Kernpore wurden. Die zusätzliche Oberfläche dieser Ausstülpungen erleichterte den Austausch von Metaboliten mit der Umgebung und mit benachbarten Zellen. Eine fruchtbare symbiotische Beziehung mit einem aeroben Bakterium könnte es dem Archaeon ermöglicht haben, sein Volumen zu vergrößern. Diese Ausstülpungen verschmolzen schließlich miteinander um innere, von einer Membran umschlossene Kompartimente abzuschnüren, von denen einige die symbiotischen Bakterien enthielten. Dieses Zwischenprodukt beginnt nun, den heutigen Eukaryoten zu ähneln, mit einem ursprünglichen Zellkern und Kernporen, inneren Kompartimenten und einem Endosymbionten, der sich zum Mitochondrium entwickeln sollte. Das Lumen der internen Kompartimente ist topologisch dem Extrazellularraum gleichzusetzen (s. **Abb. 12.4**). Der von einer Membran umschlossene Endosymbiont entkam anschließend der umschließenden Membran in das Cytosol, wo er sich zu den heutigen Mitochondrien entwickelte. Die internen Kompartimente expandierten und spezialisierten sich nach und nach, um die wichtigsten intrazellulären Kompartimente einer eukaryotischen Zelle zu bilden. Ihr gemeinsamer Ursprung aus einem ursprünglichen intrazellulären Kompartiment erklärt, warum alle diese Kompartimente durch Vesikeltransport Material miteinander austauschen können. Der Zellkern war früher das Cytosol im urzeitlichen Archaeon, was erklärt, warum das Cytosol und der Zellkern topologisch gleichwertige Kompartimente sind, die sich während der Mitose vermischen können. (Verändert nach J. Martijn und T. J. G. Ettema, *Biochem. Soc. Trans.* 41: 451–457, 2013; D. A. Baum und B. Baum, *BMC Biol.* 12: 76, 2014).

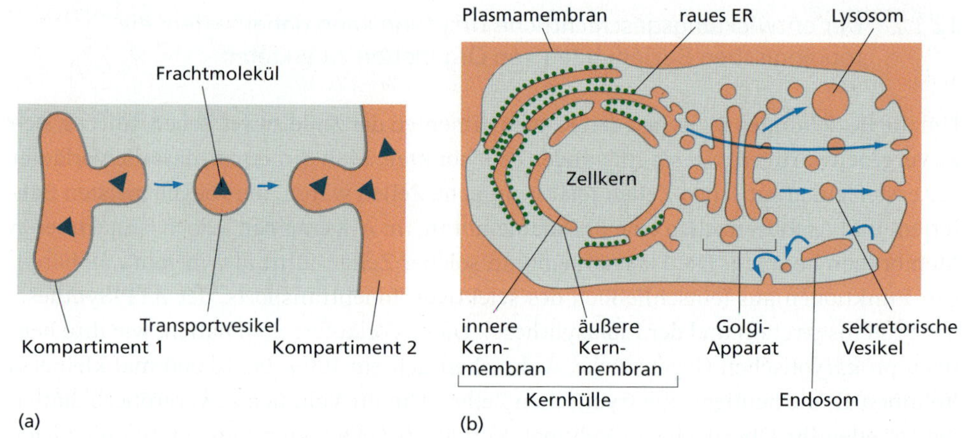

Abb. 12.4 Topologisch äquivalente Kompartimente im sekretorischen und endocytotischen Transportweg in Eukaryotenzellen. Topologisch äquivalente Räume sind *rötlich* dargestellt. (a) Moleküle können von einem Kompartiment in ein anderes, topologisch äquivalentes Kompartiment mithilfe von Transportvesikeln transportiert werden, die sich von einem Kompartiment abschnüren und mit dem anderen fusionieren. (b) Im Prinzip können die Lumina jedes der gezeigten Organellen durch wiederholtes Abschnüren und Fusionieren von Transportvesikeln miteinander und mit dem Extrazellularraum kommunizieren. *Blaue Pfeile* markieren den regen abgehenden und ankommenden Vesikelverkehr (s. Kapitel 13). Einige Organellen, vor allem die Mitochondrien und (in Pflanzenzellen) die Plastiden, nehmen nicht an dieser Art der Kommunikation teil; sie sind vom hier dargestellten Vesikeltransport zwischen den Organellen abgeschnitten.

Erstens verfügt die Zelle nun über eine Reihe interner Membranen, die von einer ursprünglichen prokaryotischen Plasmamembran abgeleitet sind. Diese internen Membranen umschließen Innenräume, die als *topologisch äquivalent* zueinander und zum Äußeren der Zelle gelten (**Abb. 12.4**), weil sie miteinander kommunizieren können, in dem Sinne, dass Moleküle von einer zur anderen gelangen können, ohne eine Membran durchqueren zu müssen. Wir werden sehen, dass diese topologische Beziehung für alle Organellen, die an den Sekretions- und Endocytosewegen beteiligt sind, zutrifft, darunter das ER, der Golgi-Apparat und die Endo-, Lyso- und Peroxisomen.

Wie wir im nächsten Kapitel im Detail sehen werden, kommunizieren die Inhalte dieser Organellen ausgiebig untereinander und mit der Außenwelt der Zelle über *Transportvesikel*, die von einem Organell abgeschnürt werden und mit einem anderen verschmelzen. Auf diese Weise können Proteine, die in das **Lumen** des ER gelangen, außerhalb der Zelle sezerniert werden.

Zweitens ist die ursprüngliche Plasmamembran, die das Genom umgab, jetzt eine interne Membran, die zur *inneren Kernmembran* wird. Aufgrund ihrer Entstehungsgeschichte geht die innere Kernmembran in die anderen von der Plasmamembran abgeleiteten inneren Membranen, einschließlich der *äußeren Kernmembran*, ununterbrochen über. Spezialisierte Strukturen, die *Kernporenkomplexe*, befinden sich an den Stellen, an denen die innere und die äußere Kernmembran miteinander verbunden sind, und stellen einen Kanal zur Kommunikation zwischen dem Zellkern und dem Cytosol zur Verfügung. Die Abtrennung des genetischen Materials eines Organismus in einem von der Plasmamembran getrennten Kern bot wahrscheinlich einen besseren Schutz vor der Umwelt. Darüber hinaus hätte ein erweitertes, vom Kern getrenntes Cytosol die räumliche Trennung von Transkription und Translation erleichtert und damit eine stärkere Regulierung der Genexpression durch verschiedene, für eukaryotische Zellen charakteristische Mechanismen ermöglicht.

Drittens wurden Symbionten, die sich ursprünglich außerhalb der Zelle befanden, in der Zelle gefangen und zu Endosymbionten. Irgendwann entkamen die Endosymbionten aus ihrem Membrangehäuse in das Cytosol, wo sie schließlich zu Mitochondrien und Plastiden wurden, die ihr eigenes Genom enthalten. Die Beschaffenheit dieser Genome und die große Ähnlichkeit der Proteine dieser Organellen mit solchen einiger heute lebender Bakterien, liefern eindeutige Beweise für ihren Ursprung als Endosymbionten (s. **Abb. 14.55**). Wie die Bakterien, von denen sie abstammen, sind sowohl die Mitochondrien als auch die Plastiden von einer Doppelmembran umschlossen, und sie bleiben von dem ausgedehnten Vesikeltransport isoliert, der das Innere der meisten anderen membranumschlossenen Organellen miteinander und mit der Außenseite der Zelle verbindet.

Die von uns skizzierten evolutionären Schemata für den Ursprung der eukaryotischen Organellen werden am stärksten durch die auffallenden Ähnlichkeiten der Proteintransportmaschinerie heutiger Prokaryoten und eukaryotischer Organellen unterstützt. Die Fähigkeit, Proteine durch und in Membranen zu transportieren, ist ein grundlegendes und wesentliches Merkmal aller lebenden Organismen. Die Maschinerie, die diese Prozesse durchführt, ist also bereits in den frühesten Lebensformen entstanden und wurde im Laufe der Evolution beibehalten. Das Vorhandensein und die Ausrichtung dieser Transportkomponenten ermöglichen es uns daher, den Ursprung und die Topologie der Membranen, in denen sie sich heute befinden, aufzuspüren. In Übereinstimmung mit dem Modell für die Evolution des Endomembransystems eukaryotischer Zellen sind die Komponenten, die den Proteinimport in das ER vermitteln, homolog zu den Proteinen, die den Export durch die Plasmamembran der Archaeen vermitteln. In ähnlicher Weise enthält die Membranprotein-Insertionsmaschinerie in den äußeren und inneren Membranen von Mitochondrien und Plastiden homologe Komponenten, die in den äußeren und inneren Membranen verschiedener heutiger Bakterien zu finden sind.

Die wichtigsten intrazellulären Kompartimente in eukaryotischen Zellen können daher in drei klar unterscheidbare Gruppen eingeteilt werden:

(1) der Zellkern und das Cytosol, die topologisch gleichwertig (wenn auch funktionell unterschiedlich) und durch Kernporenkomplexe miteinander verbunden sind;

(2) alle Organellen, die in sekretorischen und endocytotischen Transportwegen funktionieren – diese umfassen das ER, den Golgi-Apparat, die Endosomen, die Lysosomen und die Transportvesikel, die sich zwischen ihnen bewegen – sowie die Peroxisomen;

(3) die von Endosymbionten stammenden Organellen: Mitochondrien und die Plastiden (letztere nur in Pflanzen).

12.1.3 Makromoleküle können ohne eine umgebende Membran abgetrennt werden

Eine Membranbarriere ist nicht die einzige Möglichkeit, wie sich ausgewählte Makromoleküle innerhalb von Zellen selektiv abgrenzen können. Wie wir in Kapitel 3 erörtert haben, können ein oder mehrere interagierende Proteine oder Nukleinsäuren als *Gerüste* in *biomolekularen Kondensaten* dienen (s. **Abb. 3.77**). Diese Gerüstmakromoleküle bilden das Kondensat durch mehrere schwache, fluktuierende Bindungswechselwirkungen untereinander; außerdem rekrutieren sie spezifische Proteine und Nukleinsäuren als *Klientenmakromoleküle* in das Kondensat (**Abb. 12.5**). Einmal rekrutiert, verbleiben die Klienten in der Regel innerhalb des Kondensats, da die lokale Konzentration ihrer Bindungsstellen auf dem interagierenden Gerüstmolekül sehr hoch ist. Wenn sich der Klient von einem Gerüstmolekül löst, ist es daher wahrscheinlicher, dass er sich erneut an eine andere Stelle auf dem Gerüstmolekül oder an eine benachbarte Stelle innerhalb des Kondensats bindet, als dass er gänzlich wegdiffundiert. Auf diese Weise kann eine bestimmte Gruppe von Proteinen und Nukleinsäuren in einer zellulären Struktur konzentriert werden, die andere Makromoleküle in der Umgebung ausschließt.

Das größte und auffälligste Kondensat in eukaryotischen Zellen ist der *Nukleolus*, die Struktur innerhalb des Zellkerns, in der die Ribosomen zusammengebaut werden. Die zentrale Gerüstkomponente des Nukleolus ist die naszierende prä-rRNA, die aktiv von einer großen Anzahl von rRNA-Genen transkribiert wird. Die naszierende prä-rRNA rekrutiert zahlreiche Proteine und kleine nukleoläre RNA (snoRNA), die für das Prozessieren der prä-rRNA erforderlich sind. Diese Makromoleküle rekrutieren wieder andere Gerüstproteine – sowie zusätzliche Klienten, zu denen ribosomale Proteine, Chaperone und Modifikationsenzyme gehören. Insgesamt tragen mehr als 400 Proteine und RNAs zur Bildung dieses enormen Kondensats bei.

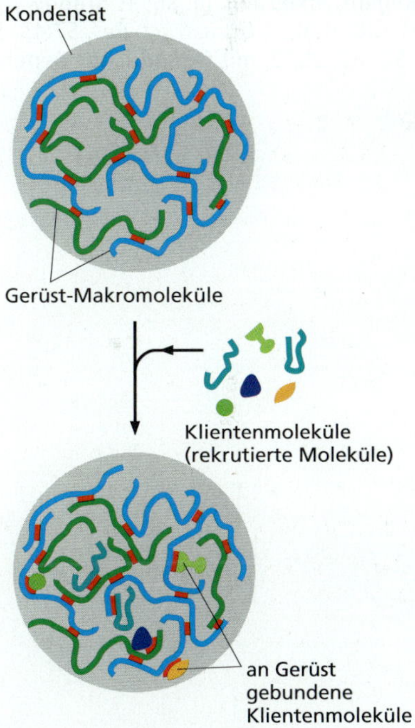

Abb. 12.5 Aus Gerüstmakromolekülen gebildete biomolekulare Kondensate rekrutieren Klienten. Wie in Kapitel 3 beschrieben (s. **Abb. 3.77**), kann eine Gruppe von Makromolekülen, die schwache, dynamische und mehrfache (multivalente) Wechselwirkungen (in *rot* gezeigt) miteinander eingehen, ein biomolekulares Kondensat bilden. Die Makromoleküle, die direkt an der Bildung des Kondensats beteiligt sind, werden Gerüste genannt. Die Gerüstproteine und Gerüst-RNA können über spezifische Wechselwirkungen weitere Makromoleküle rekrutieren, die Klienten genannt werden. Die Kondensatbildung hängt nicht von diesen Klienten ab, sie sind aber Teil des Kondensats aufgrund ihrer spezifischen Wechselwirkungen mit dem Gerüst.

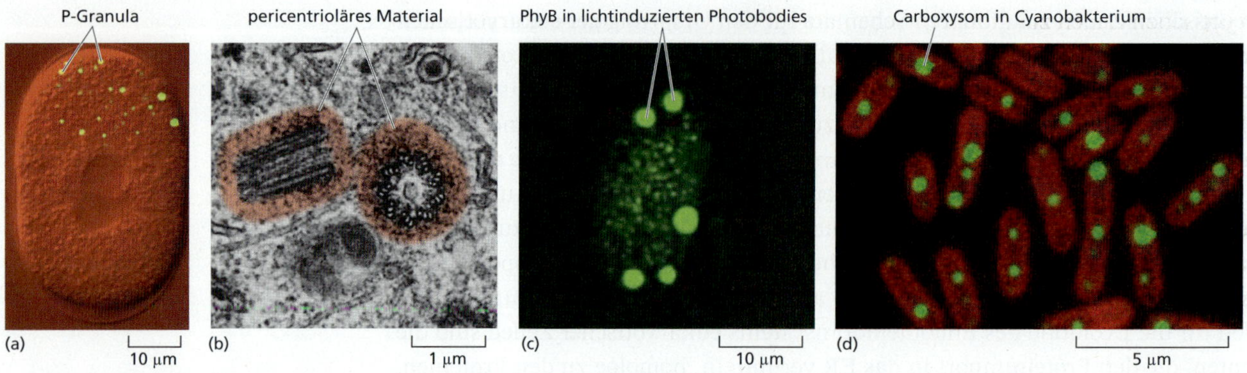

Abb. 12.6 Beispiele biomolekularer Kondensate in verschiedenen Organismen. (a) Fluoreszenz-Aufnahme des Nematoden *Caenorhabditis elegans* im Einzell-Stadium, auf der P-Granula zu sehen sind, die bei der Zellteilung asymmetrisch verteilt sind und weitergegeben werden. (b) Elektronenmikroskopische Aufnahme von pericentriolärem Material im Centrosom, das den Zusammenbau der Mikrotubuli in einer tierischen Zelle auslöst. (c) GFP-markiertes PhyB reichert sich in Kondensaten an, die als Photobodies im Pflanzenzellkern bekannt sind, wenn die Zellen hellem Licht ausgesetzt sind. Photobodies könnten die Stellen sein, an denen die lichtvermittelte Signalweiterleitung und Genregulation erfolgt. (d) Rubisco und Carboanhydrase werden in Carboxysomen (*grün*) in photosynthesetreibenden Bakterien (Cyanobakterien) angereichert. Chlorophyl ist *rot* dargestellt. Carboxysomen entsprechen Pyrenoiden in Algen und erleichtern die Kohlenstofffixierung. (a, aus P. Brangwynne *et al.*, Science 324:1729–1732, 2009, mit freundlicher Genehmigung der AAAS; b, aus M. McGill et al., *J. Ultrastruct. Res.* 57:43–53, 1976, mit Genehmigung von Elsevier; c, aus E.K. Van Buskirk et al., *Plant Physiol.* 158:52–60, 2012, mit freundlicher Genehmigung von Oxford University Press; d, mit freundlicher Genehmigung von Liu Luning.)

Biomolekulare Kondensate sind in allen Organismen zu finden (**Abb. 12.6**), und eukaryotische Zellen enthalten ein Dutzend oder mehr verschiedene Arten (**Tab. 12.3**). Die Größen der bekannten Kondensate reichen von ~ 50 nm im Durchmesser (etwas größer als Ribosomen) bis zu einem Mikrometer oder mehr im Fall der Nukleoli. Zu diesen Strukturen gehören viele verschiedene Arten von Ribonukleoprotein-Kondensaten (einige im Zellkern und andere im Cytoplasma), eine Vielzahl verschiedener Signalproteincluster, die sich an der Plasmamembran anbinden können, und die „biochemischen Fabriken", die sich bei Bedarf bilden, um die DNA-Reparatur, DNA-Replikation und DNA-Transkription im Zellkern zu katalysieren.

Wie der Nukleolus zeigt, ist jede Art von Kondensat mit einer charakteristischen Ergänzung (Komplement) von Proteinen (und in vielen Fällen von Nukleinsäuren) angereichert, die miteinander interagieren, um die Identität und Integrität des Kondensats zu erhalten. Die Spezifität zumindest einer Teilmenge der makromolekularen Wechselwirkungen innerhalb des Kondensats gewährleistet, dass es in seiner Zusammensetzung und Funktion unterscheidbar bleibt. Biomolekulare Kondensate und membranumschlossene Kompartimente stellen somit zwei unterschiedliche Mechanismen dar, die

Tab. 12.3 Beispiele für eukaryotische biomolekulare Kondensate.

Biomolekulares Kondensat	Vorkommen*	Vermutete assoziierte Funktion(en)
Nukleolus	Kern	rRNA-Transkription und Ribosomenzusammenbau
Pyrenoid	Chloroplast	Kohlenstofffixierung aus CO_2 bei Algen
Stressgranula	Cytosol	Vorübergehende Lagerung besonders von Komponenten, die mit der Translation zusammenhängen
P-Granula	Cytosol	RNA-Stoffwechsel und -Vererbung
Balbiani-Körperchen	Cytosol	Lokalisierung und Vererbung von mRNA und Organellen
Cajal-Körperchen	Kern	mRNA-Prozessierung
Paraspeckles	Kern	Regulation der Genexpression
RNA-Transport-Granula (engl. *RNA transport granules*)	Neuron	Festlegung der RNA an subzellulären Orten in der Entwicklung und in Neuronen
PML-Körperchen	Kern	Speicherung von Kernfaktoren; Regulation der Genexpression
Postsynaptische Verdichtung (engl. *postsynaptic density*)	Dendrit	Organisation von Makromolekülen, die zur neuronalen Weiterleitung gebraucht werden

von eukaryotischen Zellen zur Abtrennung von ausgewählten Makromolekülen genutzt werden, die spezielle biochemische Prozesse ausführen (s. **Tab. 3.3**). Aufgrund dieser konzeptionellen Ähnlichkeit werden Kondensate manchmal auch als **membranlose Organellen** (MLO) bezeichnet. Historisch gesehen waren Organellen intrazelluläre Strukturen, die direkt im Licht- oder Elektronenmikroskop sichtbar gemacht werden konnten. Aus diesem Grund werden der Nukleolus und das Zentrosom als Organellen bezeichnet. Die meisten Kondensate sind nach dieser Definition keine Organellen; dessen ungeachtet sind sie zelluläre Strukturen, die spezifische Makromoleküle abtrennen und konzentrieren.

12.1.4 Multivalente Wechselwirkungen vermitteln die Bildung von biomolekularen Kondensaten

Die Bildung eines biomolekularen Kondensats erfordert, dass mindestens eines der das Kondensat ausmachenden Makromoleküle eine Reihe schwacher, mehrwertiger Wechselwirkungen entweder mit sich selbst oder mit anderen Bestandteilen (s. **Abb. 3.77a**) eingehen kann. Die Orte dieser Wechselwirkungen sind oft durch flexible und unstrukturierte Bereiche des Makromoleküls getrennt. So ist beispielsweise die naszierende prä-rRNA im Nukleolus ein flexibles Molekül, das an zahlreichen Stellen auf seiner gesamten Länge eine Vielzahl von Klienten und anderen Gerüstmolekülen bindet. In ähnlicher Weise enthalten die Gerüstproteine, die Kondensate von Signalproteinen unter der Plasmamembran bilden, typischerweise mehrere Protein–Protein-Interaktionsdomänen, die durch flexible, *intrinsisch ungeordnete Bereiche* ohne Sekundärstruktur getrennt sind. Experimente mit künstlichen multivalenten Proteinen haben gezeigt, dass diese Bereiche vorhanden sein müssen, damit es zur Kondensatbildung im Reagenzglas und in Zellen kommt.

Jede einzelne Wechselwirkung innerhalb eines Kondensats ist oft sehr schwach, sodass die Makromoleküle ihre relativen Positionen schnell austauschen können. Diese dynamischen und häufigen Umlagerungen, zusammen mit der strukturellen Flexibilität vieler Kondensatbestandteile bewirken, dass die Moleküle innerhalb des Kondensats sehr beweglich sind und keine festgelegten Positionen zueinander haben. Dadurch verhält sich das Kondensat wie eine Flüssigkeit. Wie in Kapitel 3 beschrieben, mischt sich das Kondensat trotz dieser flüssigkeitsähnlichen Eigenschaft nicht mit seiner Umgebung, weil die Wechselwirkungsenergie innerhalb des Kondensats die Entropie ausgleicht, die gewonnen würde, wenn die Moleküle dispergiert (fein verteilt) wären. Daher kann das Kondensat eine Flüssigkeit bleiben, die sich stabil in einer anderen Flüssigkeit (dem Cytosol) befindet, ein Phänomen, das als „Flüssig-Flüssig-Phasentrennung" bezeichnet wird.

Verschiedene nicht kovalente chemische Bindungen können die schwachen Wechselwirkungen zwischen Makromolekülen verursachen, die die Kondensatbildung antreiben. Kation–π-Wechselwirkungen, π–π-Wechselwirkungen, Ladungs–Ladungs-Wechselwirkungen, kurze Bereiche von gekreuzten β-Faltblättern und kurze Abschnitte von Basenpaarungen in Nukleinsäuren können alle zur Kondensatbildung beitragen. Die wichtigste Voraussetzung ist, dass die Wechselwirkungen eine ausreichende Bindungsenergie haben, um den durch die Assoziation verursachten Entropieverlust auszugleichen, während sie dynamisch genug sind, um dem Kondensat einen flüssigen Charakter zu verleihen. Wenn diese Anforderungen erfüllt sind, haben Kondensate eine runde Form, verformen sich und fließen unter einer Scherkraft, können fusionieren und sich teilen.

Wenn die Wechselwirkungen in einem Kondensat weniger dynamisch werden, weil im Laufe der Zeit schrittweise stabilere Wechselwirkungen entstehen, können sich seine

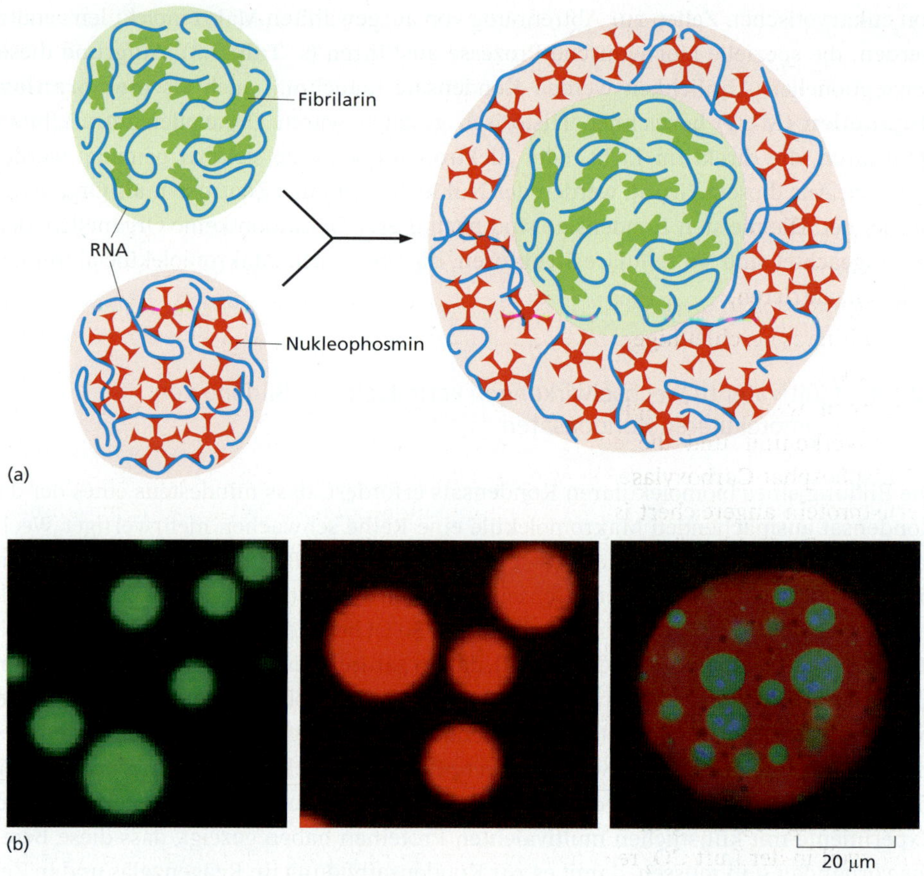

Abb. 12.7 Kondensate mit verschiedenen Eigenschaften können als Teil einer großen Struktur koexistieren. Der Nukleolus ist ein Kondensat, das aus drei morphologisch und funktional unterschiedlichen Bereichen zusammengesetzt ist: wobei ein Bereich sich innerhalb des anderen Bereichs befindet und jeder aus einem anderen Satz an Gerüstmakromolekülen gebildet wird. (a) Die Gerüste von zwei Nukleolus-Unterstrukturen wurden in diesem Experiment aufgereinigt: Fibrillarin aus dem Fibrillenbestandteil des Nukleolus und Nukleophosmin aus seinem Granulabestandteil. Diese beiden Gerüstproteine enthalten Bindungsstellen für RNA. Mischt man die beiden aufgereinigten Gerüste einzeln in einem Reagenzglas jeweils mit RNA, so bilden sie beide jeweils ein RNA-Protein-Kondensat wie *links* gezeigt. Rechts ist hingegen zu sehen, was passiert, wenn man sie zusammen mit RNA vermischt. Es bildet sich eine vielschichtige Struktur, bei der eine Art Kondensat innerhalb eines andersartigen Kondensats eingeschlossen ist. (b) Aufnahmen von Kondensaten mit einem Fluoreszenzmikroskop, die entweder beim Mischen mit RNA getrennt (*links* und *Mitte*) oder zusammen (*rechts*) entstehen. Fibrillarin ist *grün* fluoreszenzmarkiert und Nukleophosmin *rot* fluoreszenzmarkiert. (Verändert nach M. Feric et al., *Cell* 165:1686–1697, 2016, mit freundlicher Genehmigung von Elsevier).

Eigenschaften in die eines Gels und schließlich in die eines Feststoffs wandeln, bei dem die Bindungswechselwirkungen dauerhaft bestehen bleiben. Es gibt ein Kontinuum im Spektrum der physikalischen Eigenschaften, die die verschiedenen Kondensate charakterisieren. Zellen können solche Unterschiede ausnutzen, indem sie ein Kondensat innerhalb eines Kondensats bilden. Dies kann geschehen, wenn eine Untergruppe von Makromolekülen innerhalb eines Kondensats eine etwas höhere Affinität zu seinen Makromolekülen hat als zu anderen Makromolekülen des Kondensats. Diese Untergruppe bildet dann ein neues Kondensat mit unterschiedlichen physikalischen Eigenschaften (**Abb. 12.7**). Man nimmt an, dass auf diese Weise der Nukleolus in morphologisch unterschiedliche konzentrische Schalen unterteilt wird, von denen jede mit Untergruppen von nukleolären Proteinen angereichert ist, die verschiedenen Schwerpunkten des Ribosomenaufbaus gewidmet sind.

12.1.5 Biomolekulare Kondensate schaffen biochemische Fabriken

Das fluktuierende Netzwerk von Wechselwirkungen zwischen den Makromolekülen im Inneren eines Kondensats schließt andere Makromoleküle aus der Umgebung aus. Im Gegensatz dazu können Nukleotide, Metaboliten, Kofaktoren und andere kleine Moleküle schnell in das Kondensat diffundieren, wo sie mit den dort befindlichen Enzymen in Verbindung treten können. Das Produkt dieser Enzyme im Kondensat kann von anderen Enzymen verwendet werden, die sich im Kondensat befinden, bevor das Produkt wegdiffundiert. Auf diese Weise lassen sich mehrstufige Reaktionen über die Geschwindigkeit hinaus beschleunigen, die ohne Ko-Segregation der Enzyme im Kondensat möglich wäre.

Nehmen wir zum Beispiel das *Pyrenoid*, eine komplexe Struktur, die in vielen Algen vorkommt und die ein Kondensat enthält, das mit dem Enzym Ribulose-1,5-Bisphosphat-Carboxylase/Oxygenase (Rubisco) und einem pyrenoidspezifischen Gerüstprotein angereichert ist. Das Rubisco-haltige Kondensat ist mit Membrantubuli verwoben. Die Kohlensäureanhydrase im Innern der Membrantubuli wandelt Hydrogencarbonat (HCO_3^-) in CO_2 um, das Rubisco wiederum zur Carboxylierung von Ribulose-1,5-bisphosphat verwendet (**Abb. 12.8**). Diese Carboxylierungsreaktion ist ein früher kritischer Schritt der Kohlenstofffixierung während der Photosynthese (besprochen in Kapitel 14). Befände sich Rubisco nicht in einem Kondensat in unmittelbarer Nähe der Kohlensäureanhydrase, würde die niedrige Konzentration an freiem CO_2 in Kombination mit der Konkurrenz von Sauerstoff um die aktive Stelle von Rubisco die Reaktion mit Sauerstoff (die so genannte „Photorespiration"; s. Kapitel 14) gegenüber der Kohlenstofffixierung begünstigen. Landpflanzen brauchen kein Pyrenoid zur Kohlenstoffbindung, weil in der Luft CO_2 reichlicher vorhanden ist als die sehr geringe Konzentration an gelöstem CO_2, das Algen in Gewässern als HCO_3^- zur Verfügung steht. Das Pyrenoid veranschaulicht, wie die Abtrennung aufeinander folgender biochemischer Reaktionen in einem Kondensat sowohl die Reaktionen beschleunigen als auch alternative Ausweichmöglichkeiten minimieren kann. Auf die gleiche Weise verhindert der hochkomplexe und geordnete Prozess des Ribosomen-Zusammenbaus innerhalb des Nukleolus unerwünschte Nebenreaktionen, während erwünschte Reaktionen gefördert werden.

Wissenschaftler können künstliche Kondensate herstellen, die einen gewünschten Satz von Makromolekülen enthalten, indem sie diese mit multivalenten Interaktionsdomänen ausstatten. Dieser Ansatz kann verwendet werden, um experimentell die Effizienz einer ansonsten ungünstigen Reaktion zu verbessern. In einem Experiment wurden alle Faktoren, die erforderlich sind, um ein UAG-Stoppcodon als Sinncodon zu lesen, mit künstlichen multivalenten Interaktionsmodulen hergestellt, um ein Kondensat in der Zelle zu erzeugen. Das UAG-Codon der mRNA innerhalb dieses Kondensats wurde effizient als Sinncodon interpretiert, während andere mRNAs im umgebenden Cytosol an UAG-Codons endeten. Dieses Experiment veranschaulicht die minimalen Merkmale, die erforderlich sind, um eine auf Kondensaten basierende biochemische Fabrik in einer Zelle herzustellen, und dass solche Merkmale rationell entworfen und konstruiert werden können.

12.1.6 Biomolekulare Kondensate bilden sich und lösen sich je nach Bedarf auf

Wie wir gesehen haben, beruhen die Bildung und Stabilität eines biomolekularen Kondensats auf schwachen Wechselwirkungen zwischen seinen Bestandteilen, die die Entropie eines gut durchmischten Systems überwinden. Das bedeutet, dass selbst kleine Veränderungen in der Stärke der Wechselwirkungen die Bildung und die physikalischen Eigenschaften des Kondensats beeinflussen können. Die Bildung und die Auflösung

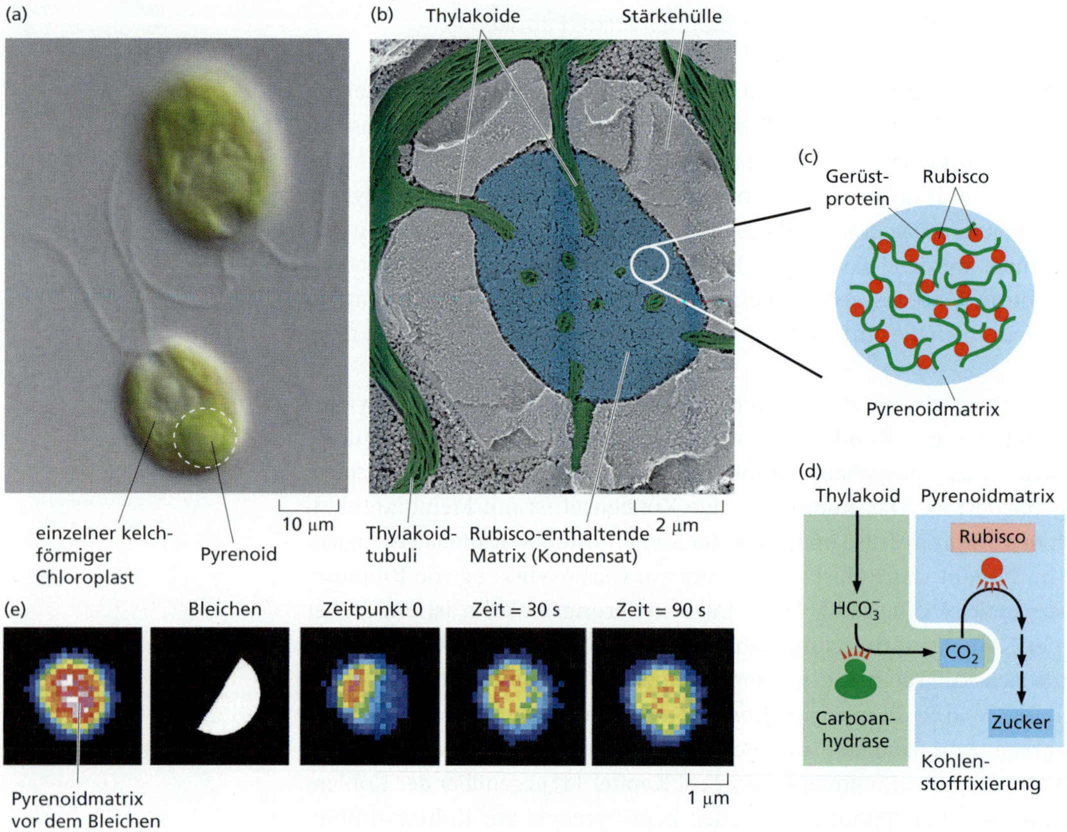

Abb. 12.8 Das Pyrenoid enthält ein Kondensat aus Rubisco, das lokal hergestelltes CO_2 nutzt. (a) Pyrenoid der einzelligen Alge *Chlamydomonas reinhardtii* durch das Lichtmikroskop betrachtet. (b) Rasterelektronenmikroskopische Aufnahme eines Pyrenoids von *Chlamydomonas reinhardtii,* auf der zu sehen ist, wie Röhrchen aus dem umgebenden Thylakoid in das Rubisco-haltige Kondensat eindringen. (c) Vereinfachte Darstellung des Kondensats, das das Enzym Rubisco und das mehrfach bindende Gerüstprotein EPYC1 enthält. Die Röhrchen der Thylakoidmembranen im Pyrenoid enthalten das Enzym Carboanhydrase. HCO_3^- wird von diesem Enzym verwendet, um CO_2 zu erzeugen. CO_2 wiederum wird von der in der umgebenden Pyrenoidmatrix vorhandenen Rubisco umgesetzt. Es wird angenommen, dass die Verwendung des vor Ort erzeugten CO_2 die Carboxylierungsreaktion durch Rubisco begünstigt und nicht die konkurrierende Oxygenierungsreaktion abläuft, die bei Verwendung von O_2 statt CO_2 durch Rubisco begünstigt wäre. (e) Experiment, das zeigt, dass die Inhalte der Pyrenoidmatrix äußerst dynamisch sind. Gezeigt ist eine Fluoreszenzaufnahme in Falschfarbendarstellung eines Pyrenoids, das eine Rubisco-Untereinheit enthält, die mit einem Fluoreszenprotein markiert ist. Rot und weiß kennzeichnen Bereiche der stärksten Fluoreszenz. Blau sind Bereiche mit schwacher Fluoreszenz eingefärbt. Die rechte Hälfte des Pyrenoids wurde mit Licht gebleicht. Anschließend wurde der Zeitverlauf der Fluoreszenz aufgenommen. Fluoreszenzmoleküle von der ungebleichten Hälfte mischen sich mit den gebleichten Molekülen innerhalb von 90 Sekunden. (a, Carnegie Institution for Science. b, mit freundlicher Genehmigung von Ursula Goodenough; e, verändert nach E. S. Freeman Rosenzweig *et al.*, *Cell* 171: 148–162, 2017).

eines Kondensats lassen sich daher leicht kontrollieren, indem die Stärke der mehrwertigen Wechselwirkungen, die den Aufbau des Kondensats vermitteln, verändert wird. Dies wird häufig durch posttranslationale Modifikationen wie die Phosphorylierung erreicht. Dieser Mechanismus wird häufig zur schnellen Bildung und Auflösung großer Signalcluster an der Plasmamembran verwendet (**Abb. 12.9**). Die Kondensatbildung und die Kondensatauflösung können auch durch eine Veränderung der Zellbedingungen wie Temperatur, pH-Wert oder Osmolarität, ausgelöst werden. Die Reversibilität der Kondensatbildung wird von den Zellen genutzt, um Kondensate bedarfsgerecht zu regulieren, und sie erlaubt der Zelle Flexibilität und Schnelligkeit bei der Anpassung an sich ändernde Bedürfnisse.

So bilden sich beispielsweise die *Stressgranula* (engl. *stress granules*) genannten Kondensate nur bei bestimmten Arten von zellulärem Stress und sie lösen sich auf, wenn der Stress nachlässt. Diese Kondensate sind angereichert mit translational inaktiven mRNAs, verschiedenen Translationsfaktoren, ribosomalen Untereinheiten und verschiedenen

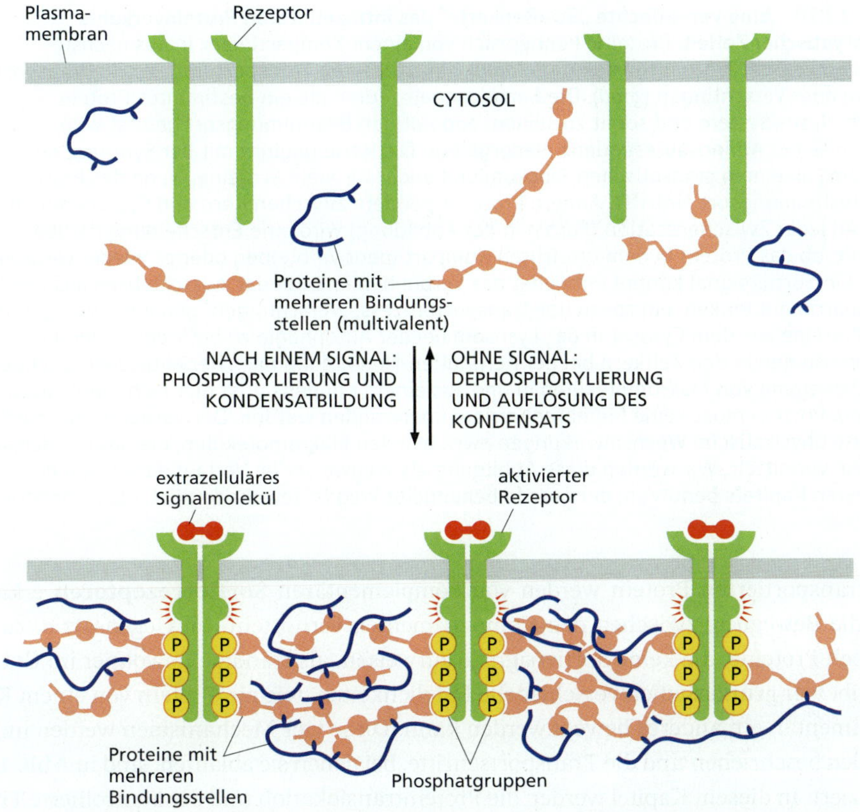

Abb. 12.9 Phosphorylierung reguliert die Bildung und Auflösung von Kondensaten während der Signalweiterleitung. Wenn ein Rezeptor an der Plasmamembran durch seinen Liganden gebunden ist, wird sein cytosolischer Schwanz und assoziierte Proteine phosphoryliert. Diese Modifizierung bildet im Zusammenspiel mit umgebenden Aminosäuren eine spezifische Bindungsstelle für verschiedene cytosolische Proteine und Membranproteine, von denen viele mehrere Bindungsvalenzen haben. Diese multivalenten Proteine interagieren miteinander und stoßen so die Bildung eines Kondensats an, das bestimmte signalgebende Eigenschaften aufweist. Werden die Schlüsselpositionen phosphoryliert, löst sich das Kondensat auf und die Signalweiterleitung endet. Beispiele für Signalcluster, die sich als Antwort auf einen Liganden bilden bzw. auflösen, werden in Kapitel 15 besprochen.

RNA-bindenden Proteinen. Sie entstehen, wenn eine Blockade der Translationsinitiierung mRNA-Regionen freilegt, die normalerweise von den Ribosomen, die gerade mit Translation beschäftigt sind, bedeckt sind. Wenn diese mRNAs freiliegen, können sie miteinander und mit RNA-bindenden Proteinen interagieren und so den Grundstock für ein Kondensat legen. Es wird angenommen, dass die entstehenden Kondensate als Speicherdepot für diese mRNAs und Faktoren dienen, wenn sie nicht aktiv verwendet werden. Indem die Zelle diese Makromoleküle bei Stress vorübergehend abtrennt, anstatt sie abzubauen, kann die Zelle vermeiden, dass sie diese Makromoleküle nach der Stresssituation von neuem (*de novo*) produzieren muss.

12.1.7 Proteine können auf verschiedene Arten zwischen den Kompartimenten hin- und herwandern

Fast alle Proteine, mit Ausnahme einiger weniger in Mitochondrien und Plastiden, beginnen ihre Synthese auf Ribosomen im Cytosol. Der endgültige Ort eines jeden Proteins hängt von seiner Aminosäuresequenz ab, die ein oder mehrere **Sortiersignale** enthalten kann, die seine Lieferung an verschiedene Teile der Zelle steuern. Die Sortiersignale

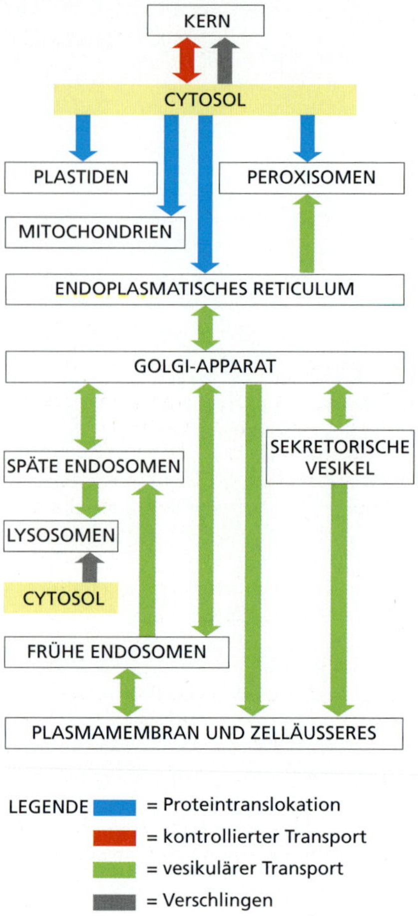

Abb. 12.10 Eine vereinfachte „Straßenkarte" des intrazellulären Proteinverkehrs eukaryotischer Zellen. Proteine können sich von einem Kompartiment in das nächste bewegen durch: Proteintranslokation (*blau*), kontrollierten Transport (*rot*), Vesikeltransport (*grün*) oder Verschlingen (*grau*). Die Sortiersignale, durch die ein bestimmtes Protein durch dieses System und somit zu seinem endgültigen Bestimmungsort gelotst wird, sind in seiner Aminosäuresequenz niedergelegt. Die Reise beginnt mit der Synthese des Proteins an einem cytosolischen Ribosom und endet für viele Proteine, wenn das Protein am Bestimmungsort eintrifft. Andere Proteine pendeln zwischen Kern und Cytosol hin und her. An jeder Zwischenstation (*Kasten* in der Abbildung) wird eine Entscheidung darüber gefällt, ob das Protein in dem erreichten Kompartiment verbleiben oder es wieder verlassen soll. Ein Sortiersignal könnte entweder das Verbleiben im oder das Ausschleusen aus dem Kompartiment lenken. Ein spezieller Transportprozess, „Verschlingen" genannt, wird genutzt, um Proteine aus dem Cytosol in das Lysosom bei der Autophagie zu befördern oder um Chromosomen in den Zellkern bei der Kernhüllen-Neubildung nach der Mitose einzuschließen. Die Bewegung von Makromolekülen in und aus einem Kondensat ist hier nicht dargestellt. Bei diesem Prozess muss keine Membranbarriere überwunden werden. Der Vorgang wird durch direkte physikalische Wechselwirkungen zwischen den Makromolekülen, die das Kondensat bilden, vermittelt. Wir werden diese Abbildung als Wegweiser im Verlauf dieses und des nächsten Kapitels benutzen; der gerade behandelte Weg ist jeweils farblich hervorgehoben.

im transportierten Protein werden von komplementären **Sortierrezeptoren** erkannt, die die Bewegung zwischen den Kompartimenten vermitteln. Im Gegensatz dazu verbleiben Proteine, die keine Sortiersignale aufweisen, als ständige Bewohner im Cytosol. Es gibt vier grundsätzlich verschiedene Möglichkeiten, wie ein Protein von einem Kompartiment in ein anderes bewegt werden kann. Diese vier Mechanismen werden im Folgenden beschrieben und die Transportschritte, bei denen sie ablaufen, sind in **Abb. 12.10** skizziert. In diesem Kapitel werden die Proteintranslokation und der kontrollierte Transport erläutert. Der Transport über Vesikel folgt in Kapitel 13 und das Verschlingen wird sowohl in diesem als auch im nächsten Kapitel erklärt.

1. Bei der **Proteintranslokation** werden bestimmte Proteine von membrandurchspannenden *Proteintranslokatoren* gezielt vom Cytosol aus in einen topologisch andersartigen Raum geschleust: entweder auf die andere Seite einer Membran oder innerhalb der Lipid-Doppelschicht im Fall von integralen Membranproteinen. Das transportierte Proteinmolekül muss sich normalerweise entfalten, um sich durch den Translokator zu schlängeln. Der anfängliche Transport ausgewählter Proteine aus dem Cytosol in das ER-Lumen, die ER-Membran oder in die Mitochondrien erfolgt auf diese Weise.
2. Beim **kontrollierten Transport** bewegen sich die Proteine und RNA-Moleküle zwischen Cytosol und Zellkern durch die Kernporenkomplexe in der Kernhülle. Die Kernporenkomplexe agieren als selektive Schleuse, die den aktiven Transport bestimmter Makromoleküle und makromolekularer Aggregate zwischen den zwei topologisch äquivalenten Räumen unterstützt.
3. Beim **vesikulären Transport** verfrachten membranumschlossene Transportintermediate – das können kleine, kugelförmige Transportvesikel, längliche Röhren oder größere, unregelmäßig geformte Organellfragmente sein – Proteine von einem topologisch äquivalenten Kompartiment zu einem anderen. Die Transportintermediate werden mit einer Fracht aus Molekülen, die aus dem Lumen stammen, beladen und beim Knospen mit Membran des ursprünglichen Kompartiments umhüllt, wenn sie sich dann abschnüren. Im Zielkompartiment verschmilzt das Transportintermediat mit der umschließenden Membran des Kompartiments, um seine Ladung abzuliefern (**Abb. 12.11**). Der Transfer löslicher und in eine Membran eingebettete Proteine vom ER zum Golgi-Apparat vollzieht sich z. B. auf diesem Weg. Die durch Vesikeltransport transportierten Proteine durchwandern bei diesem Prozess niemals eine Membran und behalten dabei ihre topologische Beziehung innerhalb der Zelle.

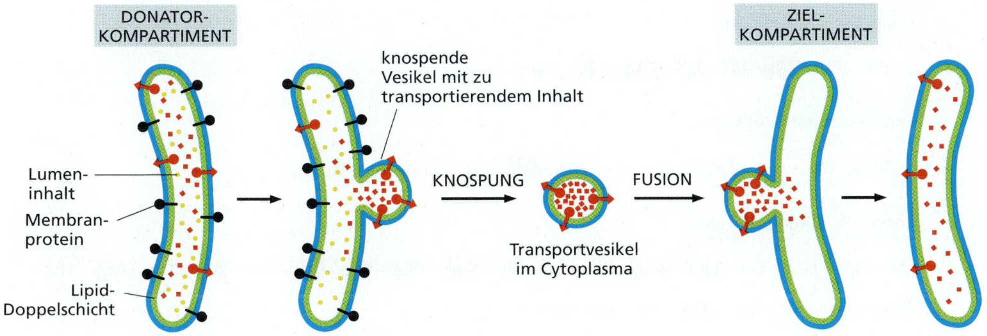

Abb. 12.11 Vesikelbildung („Knospung") und -fusion während des vesikulären Transports. Transportvesikel schnüren sich von einem Donatorkompartiment ab (sie „knospen") und fusionieren mit einem anderen, topologisch äquivalenten (Ziel-) Kompartiment. Über diesen Prozess wird eine Gruppe von löslichen Komponenten (*rote Punkte*) von Lumen zu Lumen verfrachtet. Man beachte, dass auf diese Weise ebenfalls Membranen transferiert werden und dass die ursprüngliche Orientierung sowohl der Proteine als auch der Lipide der Donatormembran nach der Fusion mit der Zielmembran erhalten bleibt. Membranproteine behalten so ihre asymmetrische Anordnung, wobei immer die gleichen Domänen zum Cytosol zeigen.

4. Bei der Verschlingung, wie z. B. der Autophagie (erläutert in Kapitel 13), wickeln sich Doppelmembran-Schichten um Teile des Cytoplasmas, oft einschließlich Fragmenten von Organellen oder sogar ganzen Organellen (**Abb. 12.12**). Diese Membranstruktur verschließt sich dann durch Membranfusion, um ein separates Kompartiment, das Autophagosom, zu umschließen. Die Neubildung der Kernhülle nach der Mitose (die später in diesem Kapitel besprochen wird) folgt einem konzeptionell ähnlichen Prozess. ER-Röhren und -Blätter wickeln sich um dekondensierende Chromosomen und verschmelzen dann seitlich miteinander zu einer versiegelten Doppelmembranhülle, die nur von den Kernporen durchzogen ist.

Zusätzlich zu diesen Mechanismen der Proteinbewegung in und zwischen membranumschlossenen Kompartimenten wird von Makromolekülen ein einfacherer Mechanismus, der auf direkter physikalischer Bindung beruht, verwendet, um in biomolekulare Kondensate zu gelangen. Bei diesem Mechanismus bindet das Makromolekül spezifisch an ein anderes Protein oder eine RNA, die bereits Teil des Kondensats ist, in das es spezifisch aufgenommen wird. Einmal rekrutiert, verbleibt das Makromolekül innerhalb des Kondensats aufgrund von anhaltenden und wiederholten Wechselwirkungen mit seinem Partner. Die Wechselwirkung zwischen einem Makromolekül und seinem Bindungspartner im Kondensat ist vergleichbar mit der Wechselwirkung zwischen einem Sortiersignal und dem zugehörigen Sortierrezeptor. In beiden Fällen bestimmt die Wechselwirkung den Bestimmungsort des Makromoleküls.

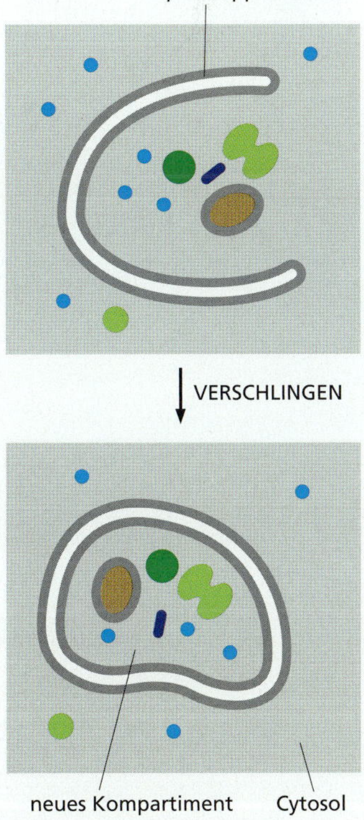

Abb. 12.12 Bildung eines neuen Kompartiments durch Verschlingen des Inhalts mithilfe einer Membran.

12.1.8 Signalsequenzen und Sortierrezeptoren dirigieren Proteine zur richtigen zellulären Adresse

Sortiersignale bestehen in der Regel aus Aminosäureseitenketten in einem Protein und treten im Allgemeinen in zwei Varianten auf: eine lineare Abfolge von Aminosäuren (Signalsequenz genannt) oder eine spezifische dreidimensionale Anordnung von Aminosäuren (Signalfleck genannt). Sortiersignale für die Translokation von Proteinen in Organellen sind lineare **Signalsequenzen**, während Beispiele für lineare Signale und **Signalflecken** für den Kernimport und vesikulären Transport bekannt sind. Die linearen Signalsequenzen für die Proteintranslokation befinden sich häufig am N-Terminus der Polypeptidkette. Diese N-terminalen Signalsequenzen werden in der Regel vom fertigen Protein durch spezialisierte **Signalpeptidasen** entfernt, sobald der Sortierprozess abgeschlossen ist. Andere Arten von Signalsequenzen werden nicht entfernt und bleiben Teil des endgültig reifen Proteins.

Jede Signalsequenz spezifiziert einen ganz bestimmten Zielort in der Zelle. Proteine, die zum anfänglichen Transfer in das ER bestimmt sind, weisen gewöhnlich eine Signalsequenz mit einer Abfolge von 5–10 hauptsächlich hydrophoben Aminosäuren auf.

Import in den Zellkern

– Pro – Pro – Lys – Lys – Lys – Arg – Lys – Val –

Export aus dem Zellkern

– Met – Glu – Glu – Leu – Ser – Gln – Ala – Leu – Ala – Ser – Ser – Phe –

Import in Mitochondrien

N – Met – Leu – Ser – Leu – Arg – Gln – Ser – Ile – Arg – Phe – Phe – Lys – Pro – Ala – Thr – Arg – Thr – Leu – Cys – Ser – Ser – Arg – Tyr – Leu – Leu –

Import in ein Plastid

N – Met – Val – Ala – Met – Ala – Met – Ala – Ser – Leu – Gln – Ser – Ser – Met – Ser – Ser – Leu – Ser – Leu – Ser – Ser – Asn – Ser – Phe – Leu – Gly – Gln – Pro – Leu – Ser – Pro – Ile – Thr – Leu – Ser – Pro – Phe – Leu – Gln – Gly –

Import in ein Peroxisom

– Ser – Lys – Leu – C

Import in das ER

N – Met – Met – Ser – Phe – Val – Ser – Leu – Leu – Leu – Val – Gly – Ile – Leu – Phe – Trp – Ala – Thr – Glu – Ala – Glu – Gln – Leu – Thr – Lys – Cys – Glu – Val – Phe – Gln –

Rückkehr zum ER

– Lys – Asp – Glu – Leu – C

Abb. 12.13 Beispiele für Signalsequenzen, die Proteine an verschiedene Orte innerhalb der Zelle steuern. Einige charakteristische Eigenschaften der verschiedenen Signalsequenzklassen sind farblich herausgehoben. Soweit sie bekannt sind, sind Aminosäuren von funktioneller Bedeutung für die Signalsequenz hervorgehoben: *blau* symbolisiert eine negativ geladene Aminosäure und *rot* eine Aminosäure mit positiver Ladung. Entsprechend sind wichtige hydrophobe Aminosäuren *grün* unterlegt und wichtige ungeladene polare Aminosäuren sind *gelb* wiedergegeben. N-zeigt den Aminoterminus eines Proteins an und C- den Carboxyterminus.

Viele dieser Proteine werden vom ER zum Golgi-Apparat weiterreisen. Solche mit einer definierten Signalsequenz von vier Aminosäuren an ihrem Carboxyende (C-Terminus) werden jedoch als ER-Bewohner erkannt und zum ER zurückgebracht. Proteine, die für Mitochondrien bestimmt sind, haben wiederum Signalsequenzen eines anderen Typs; in ihm wechseln sich positiv geladene Aminosäuren mit hydrophoben ab. Schließlich besitzen viele Proteine, deren Zielort Peroxisomen sind, eine Signalsequenz aus nur drei charakteristischen Aminosäuren an ihrem Carboxyende. Ein Sortiersignal für ein bestimmtes Ziel muss ausreichend von allen anderen Sequenzen unterscheidbar sein, um seine selektive Erkennung durch den geeigneten Sortierrezeptor zu ermöglichen.

Abbildung 12.13 zeigt einige spezifische Signalsequenzen. Die Bedeutung jeder dieser Signalsequenzen für die Zielfindung der jeweiligen Proteine ist experimentell durch die gentechnische Übertragung solcher Peptide auf Fremdproteine bewiesen worden. Platziert man beispielsweise die N-terminale ER-Signalsequenz an den Anfang eines cytosolischen Proteins, sorgt sie für die Umleitung des Proteins in das ER. Entfernt oder verändert man die Signalsequenz eines ER-Proteins, bewirkt dies das Verbleiben im Cytosol. Signalsequenzen sind daher sowohl notwendig als auch hinreichend für die Zielfindung eines Proteins. Obwohl ihre Aminosäuresequenzen in weiten Grenzen schwanken können, sind die Signalsequenzen für Proteine mit dem gleichen Zielort funktionell austauschbar. In diesen Fällen sind physikalische Eigenschaften wie z. B. Hydrophobizität im Signalerkennungsprozess von größerer Bedeutung als die genaue Sequenz der Aminosäuren.

Signalsequenzen werden von komplementären Sortierungsrezeptoren erkannt, die die (Fracht-)Proteine ihren zugehörigen Bestimmungsorten zuführen. Dort werden die Rezeptoren entladen. Die Rezeptoren arbeiten quasi katalytisch: Nach Vollendung einer Transportrunde kehren sie zu ihrem Ausgangsort zurück und werden erneut eingesetzt. Die meisten Sortierungsrezeptoren erkennen eine bestimmte Proteinklasse und nicht eine individuelle Proteinsorte. Man kann sie sich daher als öffentliches Verkehrsmittel vorstellen, das dazu dient, zahlreiche verschiedene Komponenten zu ihrem korrekten Platz in der Zelle zu bringen.

12.1.9 Zum Aufbau der meisten Organellen bedarf es Organell-inhärenter Information

Wenn sich eine Zelle durch Teilung reproduziert, muss sie zusätzlich zu ihren Chromosomen ihre umschließende Membran und ihre Organellen duplizieren. Im Allgemeinen erreicht die Zelle dies durch Erweiterung der Plasmamembran und Organellen mit neuen Proteinen und Lipiden vor der Zellteilung und der Verteilung auf die zwei Tochterzellen. Die Anlieferung neuer Proteine zum Wachstum des ER, der Mitochondrien und Plastiden erfordert bereits existierende organellspezifische Proteintranslokatoren. Da der Einbau neuer Proteintranslokatoren auf bereits existierende Proteintranslokatoren angewiesen ist, muss die Zelle mindestens schon etwas funktionsfähiges ER besitzen, um noch mehr ER herzustellen. Das Gleiche gilt entsprechend für Mitochondrien und Plastiden. Daher werden zwei Arten von Information benötigt, um diese Organellen zu bilden: Zum einen DNA, die die Proteine des Organells bestimmt sowie einen oder mehrere bereits existierende Proteintranslokatoren in der Organellenmembran zum Einbau neu angelieferter Proteine. Beide Arten der Information werden von der Elternzelle an die Tochterzellen weitergegeben, um die Kompartimentorganisation der Zelle aufrechtzuerhalten.

Einige Organellen, wie z. B. Lysosomen, erhalten alle ihre Proteine und Membranen durch vesikulären Transport von anderen Organellen (s. Kapitel 13). Weil es grundsätzlich möglich ist, solche Organellen *de novo* zu bilden, müssen sie nicht unbedingt bei der Zellteilung vererbt werden. In ähnlicher Weise können biomolekulare Kondensate *de novo* durch Selbstorganisation der sie bildenden Proteine und Nukleinsäuren aufgebaut werden. So kann ein Kondensat während der Zellteilung aufgelöst und seine Bestandteile stochastisch auf die beiden Tochterzellen verteilt werden, um dann wieder zu einem Kondensat zusammengesetzt zu werden. Auf diese Weise wird der Nukleolus an die Tochterzellen weitergegeben.

Zusammenfassung

Eukaryotische Zellen enthalten intrazelluläre membranumschlossene Organellen, die knapp die Hälfte des gesamten Zellvolumens ausmachen. Die Haupttypen von Organellen, die in allen eukaryotischen Zellen angetroffen werden, sind das Endoplasmatische Reticulum, der Golgi-Apparat, der Zellkern, die Mitochondrien, die Lysosomen, die Endosomen und die Peroxisomen. Pflanzenzellen enthalten darüber hinaus Plastiden (wie die Chloroplasten). Diese Organellen sind mit einem definierten Bestand an ihnen eigenen Proteinen ausgestattet, die die jeweilige einzigartige Funktion gewährleisten.

Zellen können auch Untergruppen ihrer Makromoleküle in biomolekularen Kondensaten wie dem Nukleolus absondern. Die Komponenten in diesen Kondensaten können zusammenarbeiten, um spezielle biochemische Reaktionen auszuführen. Die Zelle enthält ein Dutzend oder mehr Kondensate, die in ihrer Größe stark variieren und sich je nach Bedarf auf- und abbauen können.

Jedes neu synthetisierte Organellprotein muss seinen Weg von dem Ribosom im Cytosol, an dem es hergestellt wurde, zu dem Organell finden, in dem es seine Aufgabe erfüllt. Es erreicht dieses Ziel, indem es einem vorprogrammierten Weg folgt, der in der Aminosäuresequenz der Sortiersignale niedergelegt ist. Sequenzmotive in der Primärstruktur des Proteins fungieren als Signale entweder in Form von Signalsequenzen oder Signalflecken auf der Oberfläche. Sortiersignale werden von komplementären Rezeptoren erkannt, die die erkannten Proteine zu ihren Zielorten geleiten. Proteine des Cytosols besitzen keine Sortiersignale und verbleiben nach ihrer Synthese in diesem Kompartiment.

Im Verlauf einer Zellteilung werden Organellen wie das ER und die Mitochondrien in intakter Form auf die Folgezellen verteilt. Diese Organellen enthalten Informationen, die für ihren Aufbau notwendig sind, und können deshalb nicht de novo gebildet werden. Da sich biomolekulare Kondensate selbst aus Komponenten, die genetisch codiert sind, zusammenlagern, können sie de novo gebildet werden.

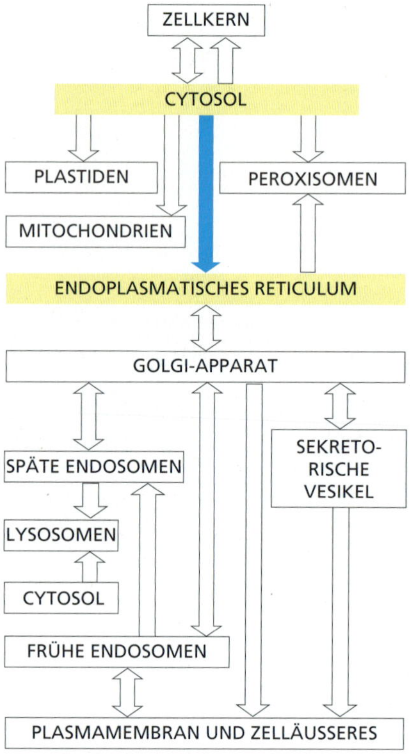

12.2 Das Endoplasmatische Reticulum

Die Membran des **Endoplasmatischen Reticulum (ER)** stellt üblicherweise mehr als die Hälfte des Gesamtmembranbestands einer durchschnittlichen tierischen Zelle (s. **Tab. 12.2**). Das ER ist als netzartiges Labyrinth sich verzweigender Röhren und abgeplatteter Membransäcke organisiert, die sich durch das ganze Cytosol ziehen (**Abb. 12.14**). Die Röhren (Tubuli) und Säcke stehen alle miteinander in Verbindung und ihre Membran geht in die äußere Kernmembran über. Das Membransystem umschließt einen einzigen Innenraum, den man als **ER-Lumen** bezeichnet und der manchmal nahtlos in den Raum zwischen der inneren und äußeren Kernmembran übergeht. Das ER beansprucht oft mehr als 10 % des gesamten Zellvolumen (s. **Tab. 12.1**).

Das ER hat eine zentrale Funktion in der Lipid- und Proteinbiosynthese und dient auch als intrazellulärer Ca^{2+}-Speicher, der bei vielen zellulären Signalantworten Verwendung findet (in Kapitel 15 behandelt). Seine Membran ist der Ort, an dem viele

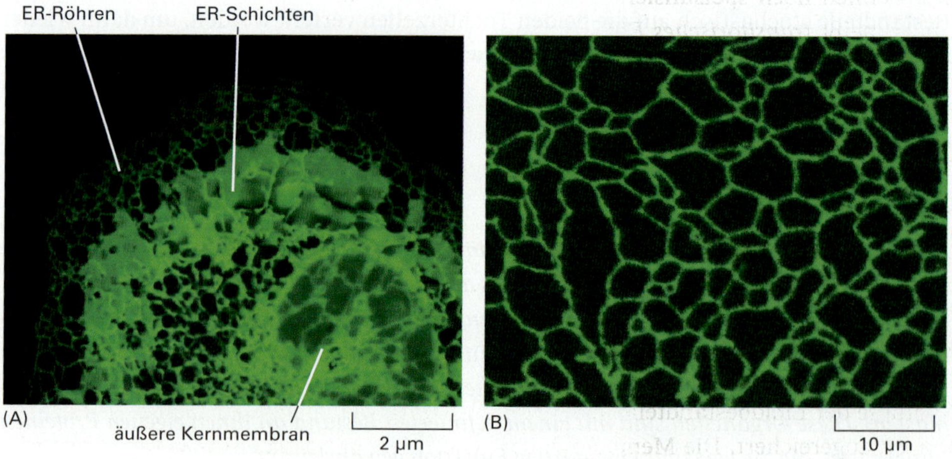

Abb. 12.14 Fluoreszenzmikroskop-Aufnahmen des Endoplasmatischen Reticulums. (a) Eine in Kultur gehaltene tierische Zelle, die gentechnisch verändert wurde, sodass sie ein an ein fluoreszierendes Protein fusioniertes ER-Membranprotein exprimiert. Das ER erstreckt sich als Netzwerk (Reticulum) von Röhren und Schichten durch das gesamte Cytosol, sodass jeder Bereich des Cytosols nicht weit entfernt von einem Teil der ER-Membran ist. Die äußere Kernmembran, die in das ER übergeht, ist ebenfalls angefärbt. (b) Teil des ER-Netzwerks in einer Pflanzenzelle, die gentechnisch zur Produktion eines fluoreszierenden Proteins im Endoplasmatischen Reticulum veranlasst wurde. (a, mit freundlicher Genehmigung von Patrick Chitwood und Gia Voeltz; b, mit freundlicher Genehmigung von Petra Boevink und Chris Hawes).

Transmembranproteine und Lipide für die Zellorganellen, einschließlich des ER selbst, des Golgi-Apparats, der Lysosomen, Endosomen, sekretorischer Vesikel, Peroxisomen und der Plasmamembran, hergestellt werden. Die ER-Membran ist auch der Ort an dem die meisten Lipide für die Mitochondrien- und Plastidenmembranen hergestellt werden. Darüber hinaus werden fast alle Proteine, die die Zelle in den extrazellulären Raum ausschüttet, und die, die für das Lumen des ER und des Golgi-Apparates oder die Lysosomen bestimmt sind, zunächst in das ER-Lumen verbracht.

12.2.1 Das ER ist strukturell und funktionell verschieden

Während die zahlreichen Funktionen des ER für jede Zelle unverzichtbar sind, schwankt ihre relative Bedeutung zwischen einzelnen Zellarten erheblich. Um die unterschiedlichen funktionellen Bedürfnisse zu befriedigen, sind bestimmte Bereiche des ER hoch spezialisiert. Eine funktionelle Spezialisierung hat dramatische Veränderungen im anteiligen Verhältnis der verschiedenen Teile des ER zur Folge. Diese Veränderungen sind als charakteristisch unterschiedliche Arten der ER-Membranen in verschiedenen Zellarten zu beobachten. Eine der sichtbarsten, bemerkenswerten ER-Spezialisierungen ist das **raue ER** und das **glatte ER** (**Abb. 12.15**). Das raue Erscheinungsbild beruht auf den zahlreichen Ribosomen, die an der Proteinsynthese beteiligt sind und an die Oberfläche dieses Teils des ER gebunden sind. Im Gegensatz dazu fehlen den Bereichen des glatten ER Ribosomen. Diese Bereiche erfüllen andere ER-Funktionen wie Biosynthese und Stoffwechsel von Lipiden. Alle Zellen verfügen über raues und glattes ER, aber das Mengenverhältnis von beiden kann in spezialisierten Zellen stark variieren.

Die meisten sezernierten Proteine werden durch Ribosomen synthetisiert, die die Oberfläche des rauen ER bedecken. Daher sind Zellen, die auf die Sekretion riesiger Mengen von Proteinen spezialisiert sind, vollgepackt mit rauem ER. Exokrine Zellen des Pankreas beispielsweise sezernieren jeden Tag ihr eigenes Gewicht als Verdauungsenzyme. Dies erklärt, warum das raue ER 60 % der Membranen dieser Zellen ausmacht (s. **Tab. 12.2**). Ähnliches gilt für Antikörper-sezernierende Plasmazellen und Insulin-sezernierende β-Zellen, die ebenfalls einen beträchtlichen Anteil an rauem ER besitzen. Die Beobachtung, dass Zellen mit einem hohen Ausstoß auch sehr viel raues ER besitzen, war für Biologen der erste Hinweis, dass das ER für die Synthese und den Zusammenbau sezernierter Proteine verantwortlich ist.

Die Aufgaben des glatten ER sind im Gegensatz zum rauen ER viel mannigfaltiger und können hoch spezialisiert sein. Eine Art des glatten ER, die sich in allen Zellen findet, heißt *transitorisches ER*; von hier knospen sich mit neu synthetisierten Proteinen und Lipiden beladene Transportvesikel für die Beförderung zum Golgi-Apparat ab. In bestimmten, spezialisierten Zellen hat das glatte ER zusätzliche Funktionen, die zu seiner Ausdehnung führen. Es ist beispielsweise stark ausgebildet in Zellen, die Steroidhormone herstellen. Das zusätzlich vorhandene glatte ER beherbergt die Enzyme, die Cholesterin herstellen und es modifizieren, um eine Vielzahl von Steroidhormonen zu bilden (s. **Abb. 12.15b**).

Der Hauptzelltyp der Leber, der *Hepatocyt*, hat ebenfalls eine beträchtliche Menge an glattem ER (s. **Tab. 12.2**), das zwei getrennten Zwecken dient. Der Hepatocyt ist der Hauptbildungsort für *Lipoproteinpartikel*, die die Transportvehikel für Lipide darstellen, die mit dem Blutstrom durch den Körper befördert werden sollen. Die Enzyme, die die Synthese der Lipidbestandteile der Partikel katalysieren, sind in der Membran des glatten ER angereichert. Die Membranen des glatten ER enthalten daneben auch Enzyme,

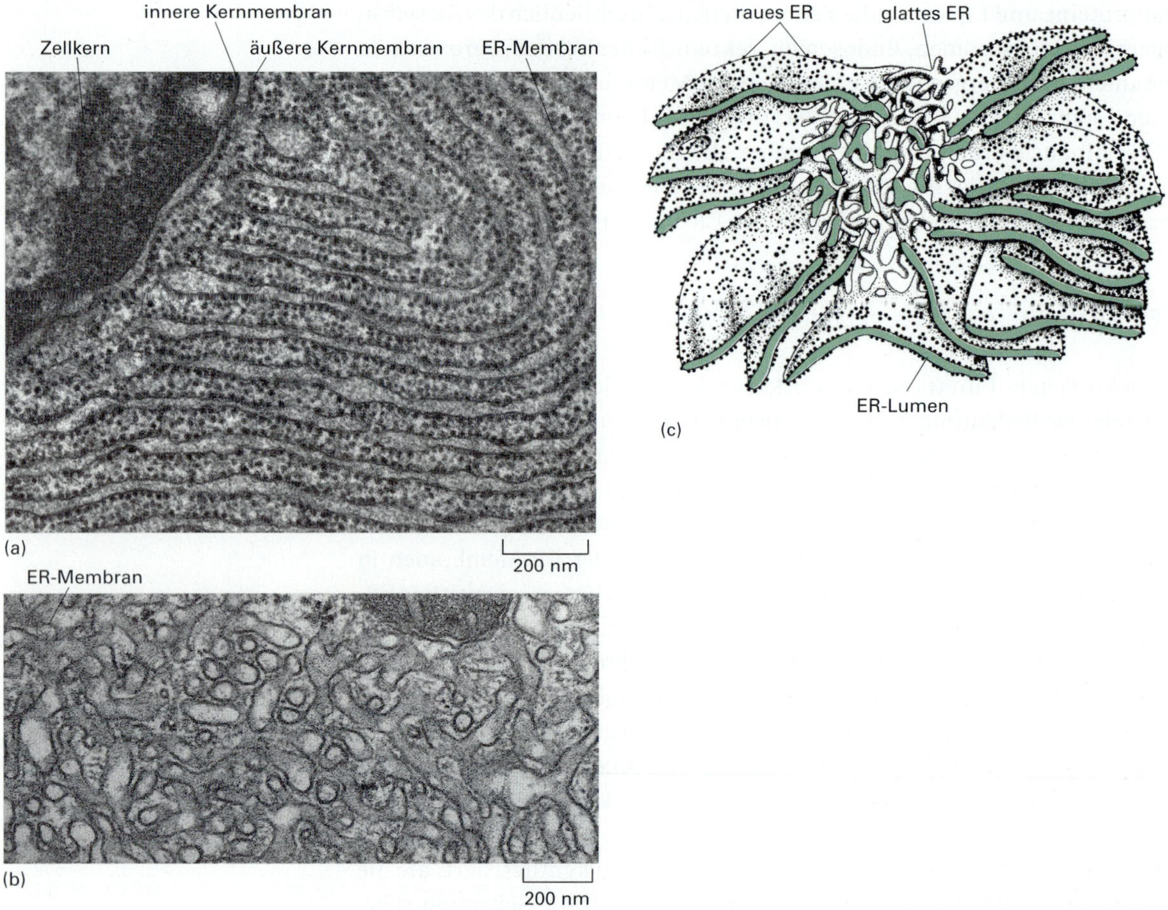

Abb. 12.15 **Das raue und glatte ER.** (a) Elektronenmikroskopische Aufnahme des rauen ER in einer exokrinen Bauchspeicheldrüsenzelle, die täglich große Mengen an Verdauungsenzymen herstellt und sezerniert. Das Cytosol ist angefüllt mit dicht gepackten Schichten von ER, das mit zahllosen Ribosomen besetzt ist. *Oben links* im Bild sieht man einen Teil des Zellkerns mit seiner Hülle; man beachte, dass die äußere Kernmembran ein Kontinuum mit dem ER bildet und deshalb auch mit Ribosomen besetzt ist. (b) Eine große Menge von glattem ER in einer Zelle, die Steroidhormone ausschüttet. Diese elektronenmikroskopische Aufnahme zeigt eine testosteronproduzierende Leydig-Zelle des menschlichen Hodens. (c) Dreidimensionale Rekonstruktion von glattem und rauem ER einer Leberzelle. Das raue ER bildet Stapel abgeflachter Zisternen, die jeweils eine Lumenbreite von 20–30 nm aufweisen. Die Membran des glatten ER ist mit diesen Zisternen verbunden und bildet ein feines Netzwerk von Röhren mit 30–60 nm Durchmesser. Das ER-Lumen ist *grün* dargestellt. (a, mit freundlicher Genehmigung von Lelio Orci; b, mit freundlicher Genehmigung von Daniel S. Friend. Mit Erlaubnis von E. L. Bearer; c, nach R. V. Krstić, Ultrastructure of the Mammalian Cell. Springer-Verlag, New York, 1979. Mit Erlaubnis von Springer Nature).

mit deren Hilfe pharmakologisch aktive Substanzen und verschiedene schädliche Stoffwechselprodukte entgiftet werden. Die am besten untersuchten dieser *Entgiftungsreaktionen* werden von den Enzymen der *Cytochrom-P450* -Familie katalysiert, die eine Serie von Reaktionen ermöglichen, durch die wasserunlösliche pharmakologisch aktive Substanzen oder Metabolite, die sich andernfalls in toxischen Konzentrationen in den Zellmembranen ansammeln würden, hinreichend wasserlöslich gemacht werden, damit sie die Zelle verlassen können und in den Urin oder die Galle ausgeschieden werden können.

In den meisten eukaryotischen Zellen besteht eine andere entscheidende Aufgabe des Endoplasmatischen Reticulums darin, Ca^{2+}-Ionen aus dem Cytosol aufzunehmen. Die Freisetzung von Ca^{2+}-Ionen aus dem ER in das Cytosol und seine nachfolgende Wiederaufnahme kommt bei vielen schnell ablaufenden Reaktionen auf extrazelluläre Signalreize vor (für Einzelheiten s. Kapitel 15). Eine Ca^{2+}-Pumpe transportiert Ca^{2+}-Ionen vom Cytosol ins ER-Lumen. Eine hohe Konzentration Ca^{2+}-bindender Proteine im ER erleichtert die Ca^{2+}-Speicherung. In manchen Zelltypen sind bestimmte Bereiche des ER auf die

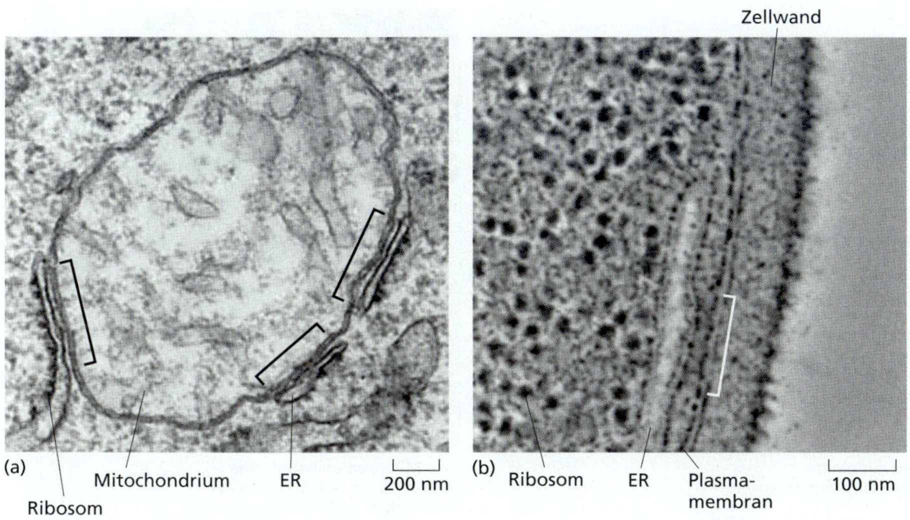

Abb. 12.16 Das ER steht in engem Kontakt mit den Mitochondrien und der Plasmamembran. Elektronenmikroskopische Aufnahmen von Organellenkontaktstellen zwischen dem ER und anderen Membranen. (a) Ausschnitt aus einem Dünnschnittpräparat eines embryonalen Mausfibroblasten, der ein Mitochondrium zeigt, das an manchen Stellen eng benachbart zu Abschnitten des ER liegt (*schwarze Klammern*). (b) Schnitt durch das ER einer Hefezelle, die eng an die Plasmamembran angrenzt (*weiße Klammern*). (a, aus P. Cosson et al., *PLOS ONE* 7(9):e46293, 2012. Mit freundlicher Genehmigung von Pierre Cosson; b, mit freundlicher Genehmigung von Wanda Kukulski).

Speicherung von Ca^{2+}-Ionen spezialisiert. Muskelzellen sind reich an einer modifizierten Form des glatten ER, das *Sarkoplasmatisches Reticulum* genannt wird. Die Freisetzung und Wiederaufnahme von Ca^{2+}-Ionen durch das Sarkoplasmatische Reticulum löst die Kontraktion bzw. die Relaxation der Myofibrillen während einer Muskelkontraktion aus (für Einzelheiten dieses Vorgangs s. Kapitel 16).

Schließlich kann das glatte ER in Bereichen spezialisiert sein, die in engem Kontakt mit anderen Organellen stehen, vor allem mit Mitochondrien, Plastiden, Endosomen und der Plasmamembran (**Abb. 12.16**). Diese **Organellenkontaktstellen** sind reich an Proteinen, die an der Kommunikation oder dem Transport von Haupt-Metaboliten zwischen den benachbarten Membranen beteiligt sind. So wird beispielsweise angenommen, dass der Transport von Lipiden von ihrem Syntheseort im ER zum Mitochondrium an den Kontaktstellen zwischen ER und Mitochondrien stattfindet. Der Kontakt des ER mit der Plasmamembran moduliert den Gehalt an Plasmamembran-Phosphoinositiden, dies sind Lipiden, die an zahlreichen Signalwegen beteiligt sind (in Kapitel 13 und 15 besprochen). Es wurden auch Kontakte zwischen anderen Organellenkombinationen beobachtet, und es ist wahrscheinlich, dass diese ebenfalls an der selektiven Übertragung von Lipiden und anderen Stoffwechselprodukten beteiligt sind.

Um die Funktionen und die Biochemie des ER zu untersuchen, ist es notwendig, es zu isolieren. Das scheint auf den ersten Blick ein hoffnungsloses Unterfangen zu sein, da das ER auf das Engste mit anderen Bestandteilen des Cytosols verwoben ist. Durch einen glücklichen Umstand fragmentiert jedoch das ER, wenn Zellen oder Gewebe homogenisiert werden. Die ER-Bruchstücke bilden kleine Vesikel von ca. 100–200 nm Durchmesser, die **Mikrosomen** genannt werden (**Abb. 12.17**). Für den Biochemiker stellt ein Mikrosom eine authentische Miniaturausgabe des Endoplasmatischen Reticulums dar, weil es weiterhin in der Lage ist, Prozesse wie die Proteintranslokation, die Glykosylierung von Proteinen (wird später erläutert), die Aufnahme und Abgabe von Ca^{2+}-Ionen und Lipidbiosynthesen durchzuführen. *Raue Mikrosomen*, die aus rauem ER

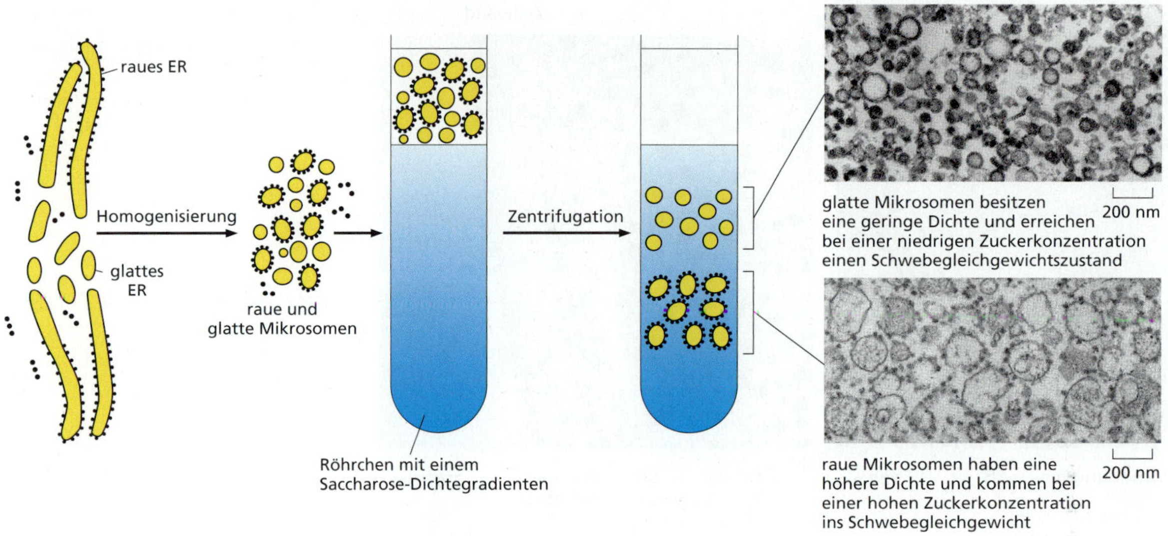

Abb. 12.17 **Die Isolierung gereinigter rauer und glatter Mikrosomen aus dem ER.** Homogenisiert man intakte Zellen oder Gewebe, so bilden viele ihrer membranumschlossenen Kompartimente kleine abgeschlossene Vesikel, die man Mikrosomen nennt. Unterzieht man solch eine Mischung einer Gleichgewichtszentrifugation in einem Saccharosegradienten, so trennen sich die zwei mikrosomalen Fraktionen aufgrund der unterschiedlichen Dichten ihrer Komponenten. Dabei ist zu beachten, dass die Fraktion mit den glatten Mikrosomen auch Material beinhaltet, das nicht vom ER stammt. Elektronenmikroskopische Aufnahme eines Dünnschnitts der gereinigten glatten und rauen Mikrosomen zeigen Vesikel, die mit einer Fülle an Ribosomen bedeckt sind, in der rauen Mikrosomen-Fraktion, die vom rauen ER abstammen. Solche bedeckten Vesikel sind nicht in der Fraktion der glatten Mikrosomen zu finden, die in erster Linie ribosomenfreie Vesikel enthält, die vom glatten ER, den Golgi-Zisternen und anderen Organellen abstammen. (Elektronenmikroskopische Aufnahmen mit freundlicher Genehmigung von George Palade).

hervorgegangen sind, besitzen auf ihrer äußeren Oberfläche Ribosomen und umschließen einen kleinen Teil des ER-Lumen. *Glatte Mikrosomen* besitzen keine Ribosomen und rühren von vesikularisierten Fragmenten des glatten ER, der Plasmamembran, des Golgi-Apparats, der Endosomen und der Mitochondrien her. Durch die anhaftenden Ribosomen haben die rauen Mikrosomen eine höhere Dichte als die glatten. Infolge dieses physikalischen Unterschieds verwenden Wissenschaftler die Dichtegradientenzentrifugation, um raue und glatte Mikrosomen voneinander zu trennen (**Abb. 12.17**). Glatte Mikrosomen stammen von unterschiedlichen Organellen ab und können auf der Grundlage ihres verschiedenen Proteininhalts weiter aufgetrennt werden. Mikrosomen waren von unschätzbarem Wert bei der Aufklärung molekularer Aspekte der ER-Funktion, worüber wir als Nächstes sprechen wollen.

12.2.2 Signalsequenzen wurden zuerst an Proteinen entdeckt, die in das raue ER importiert werden

Das ER fischt ausgewählte Proteine noch während ihrer Synthese aus dem Cytosol heraus. Diese Proteine gehören zu einer von zwei Klassen: *Transmembranproteine*, die in die ER-Membran eingebettet werden, und *wasserlösliche Proteine*, die vollständig durch die ER-Membran in das ER-Lumen geschleust werden. Einige dieser Proteine erfüllen Aufgaben im ER, viele andere sind jedoch für die Ansiedlung in anderen Organellen, für die Integration in die Plasmamembran oder für die Sekretion aus der Zelle bestimmt. Alle diese Proteine – ungeachtet ihres nachfolgenden Schicksals – werden anfänglich durch eine **ER-Signalsequenz** zur ER-Membran gelenkt.

Signalsequenzen (und die Signalsequenzstrategie der Proteinsortierung) wurden das erste Mal an sezernierten wasserlöslichen Proteinen entdeckt, die in einem ersten Transportschritt durch die Membran des Endoplasmatischen Reticulums geschleust werden.

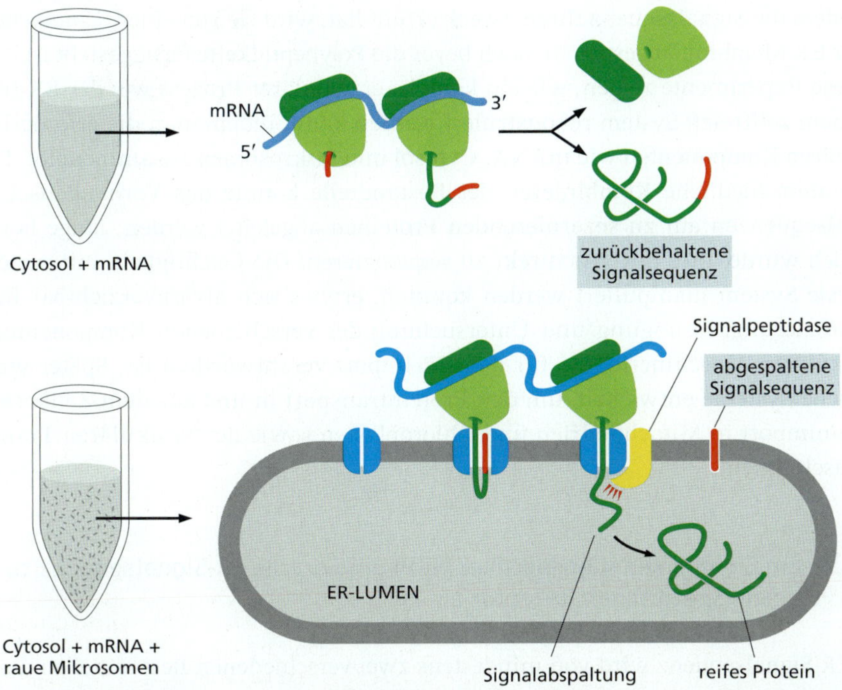

Abb. 12.18 Experimentelle Grundlage für die Signalhypothese. In einem Reaktionsgefäß wird mRNA, die für ein zu sezernierendes Protein codiert mit Cytosol vermischt. Es werden zwei Reaktionen durchgeführt: eine ohne und eine mit rauen Mikrosomen, die aus dem ER stammen (s. **Abb. 12.17**). In beiden Reaktionsansätzen übersetzen die Ribosomen aus dem Cytosol die mRNA in ein Protein. Das Protein, das in dem Ansatz ohne Mikrosomen gebildet wird, ist etwas größer als das Protein, das in Anwesenheit von Mikrosomen synthetisiert wurde. Es konnte gezeigt werden, dass der Größenunterschied auf einem kleinen Segment am Aminoterminus des Proteins beruht, der selektiv nur in dem Ansatz mit Mikrosomen vom Protein entfernt wird. Eine weitere Analyse ergab, dass sich das in Anwesenheit der Mikrosomen hergestellte Protein im Lumen der Mikrosomen befand. Aufgrund dieser Reihe von Ergebnissen konnte die Signalhypothese aufgestellt werden. Diese Sequenz am N-Terminus stellt demnach die Signalsequenz dar. Wenn die ER-Signalsequenz aus dem Ribosom heraustritt, dirigiert sie das betreffende Ribosom zu einem Translokator in der ER-Membran. Dieser bildet eine Pore in der Membran, durch die die neu synthetisierte Polypeptidkette auf die andere Membranseite transloziert wird. Die Signalsequenz wird noch während der Translation durch eine eng mit dem Translokator assoziierte Signalpeptidase abgespalten. Das gereifte Protein wird unmittelbar, nachdem seine Synthese im Ribosom abgeschlossen ist, in das Lumen des Endoplasmatischen Reticulums entlassen. Der Translokator ist geschlossen, bis das Ribosom gebunden hat, sodass die Permeabilitätsbarriere der ER-Membran zu jeder Zeit aufrechterhalten wird.

In einem Schlüsselexperiment wurde mRNA, die für ein für die Sekretion bestimmtes Protein codierte, zu einem aus Zellen extrahierten Cytosol gegeben. In diesem zellfreien Cytosol translatierten die enthaltenen Ribosomen (man spricht bei zellfreien Systemen von *in vitro* Translation) die mRNA zu einem Protein, das etwas größer war als das normalerweise sezernierte Protein (**Abb. 12.18**). Bei Anwesenheit von Mikrosomen, die vom rauen ER stammen, wurde jedoch ein Protein von der richtigen Größe erhalten und dieses befand sich in den Mikrosomen (**Abb. 12.18**). Im Gegensatz dazu lieferte die mRNA, die für ein cytosolisches Protein codiert, ein Produkt korrekter Größe sowohl in An- als auch in Abwesenheit rauer Mikrosomen. Die aufgestellte *Signalhypothese* berücksichtigt diese Beobachtungen. Nach der Signalhypothese codiert eine mRNA eines zu sezernierenden Proteins für ein Protein, das größer ist als das Protein, das letztendlich sezerniert wird. Das für den Größenunterschied verantwortliche zusätzliche Peptid wurde als Signalsequenz bezeichnet, die das zu sezernierende Protein zur ER-Membran lenkt.

Nachdem die Signalsequenz ihren Zweck erfüllt hat, wird sie von einer *Signalpeptidase* in der ER-Membran abgespalten, noch bevor die Polypeptidkette fertiggestellt ist.

Diese Experimente zeigen, wie ein komplexer zellulärer Prozess wie der ER-Import in einem zellfreien System rekonstruiert werden kann, indem man die erforderlichen zellulären Komponenten wie mRNA, Cytosol und Mikrosomen zusammengibt. Durch das unterschiedliche Kombinieren der Bestandteile konnte das Vorhandensein von Signalsequenzen auf zu sezernierenden Proteinen abgeleitet werden, lange bevor es möglich wurde, ihre mRNAs direkt zu sequenzieren. Die Leichtigkeit, mit der dieses zellfreie System manipuliert werden konnten, erwies sich als unverzichtbar für die Identifizierung, Reinigung und Untersuchung der verschiedenen Komponenten der molekularen Maschinerie, die für den ER-Import verantwortlich ist. Später wurden ähnliche Systeme entwickelt, um den Proteintransport in und aus dem Zellkern, den Proteinimport in Mitochondrien und Chloroplasten sowie den vesikulären Transport aufzuschlüsseln.

12.2.3 Ein Signalerkennungspartikel (SRP) dirigiert die ER-Signalsequenz zu einem spezifischen Rezeptor am ER

Die ER-Signalsequenz wird von mindestens zwei verschiedenen Bestandteilen des Systems zur Membran des ER geleitet: einem **Signalerkennungspartikel** (**SRP**, engl. *signal recognition particle*), das an die Signalsequenz bindet, und einem **SRP-Rezeptor** in der ER-Membran. Das SRP ist ein großer Komplex, der sich in tierischen Zellen aus sechs verschiedenen Polypeptidketten, die an einem einzelnen RNA-Molekül binden, zusammensetzt (**Abb. 12.19a**). Während in Bakterien das SRP und der SRP-Rezeptor weniger Untereinheiten besitzen, finden sich Homologe von beiden Bestandteilen in allen lebenden Organsimen. Also ist dieser Mechanismus der Zielsteuerung von Proteinen früh in der Evolution entstanden und hat sich seither erhalten.

ER-Signalsequenzen variieren in weiten Grenzen in ihrer Aminosäuresequenz; jede von ihnen hat jedoch acht oder mehr unpolare Aminosäuren in ihrem Mittelabschnitt (s. **Abb. 12.13**). Wie kann SRP an so viele verschiedene Sequenzen binden? Die Antwort auf diese Frage lieferte die Aufklärung der Kristallstruktur eines der SRP-Proteine, die gezeigt hat, dass die Bindungsregion der Signalsequenz aus einer methioninreichen, großen, hydrophoben Tasche besteht (**Abb. 12.19b**). Da Methioninreste eine unverzweigte, flexible Seitenkette besitzen, ist die Bindungstasche mit einer ausreichend großen Plastizität ausgestattet, um hydrophobe Signalsequenzen verschiedener Zusammensetzung, Größe und Form festhalten zu können.

In eukaryotischen Zellen hat das SRP eine stäbchenartige Struktur, die sich an die große Ribosomenuntereinheit anschmiegt (**Abb. 12.19c**). Das Ende des SRP, das die Bindungstasche für die Signalsequenz enthält, ist in der Nähe des Ribosomentunnels positioniert, durch den neu hergestellte Polypeptide austreten. Dadurch kann SRP an eine Signalsequenz binden, sobald sie aus dem Ribosom auftaucht. Hat SRP eine Signalsequenz gebunden, kann das andere Ende des SRP an der Grenzfläche zwischen der großen und der kleinen Ribosomenuntereinheit binden (**Abb. 12.19d**). Das ist die gleiche Stelle, an der Elongationsfaktoren der Translation binden. Daher wird ein Ribosom, das SRP gebunden hat, Proteine langsamer als üblich translatieren. Die langsamere Translation verschafft dem Ribosom vermutlich genug Zeit, um an die ER-Membran zu binden, bevor die Proteinbiosynthese abgeschlossen ist. Dadurch wird sichergestellt, dass die Polypeptidkette nicht in das Cytosol entlassen wird. Dieser Sicherheitsmechanismus mag von besonderer Bedeutung für lysosomale oder zu sezernierende Hydrolasen sein, die im Cytosol großen Schaden anrichten könnten. Zellen, die große Mengen

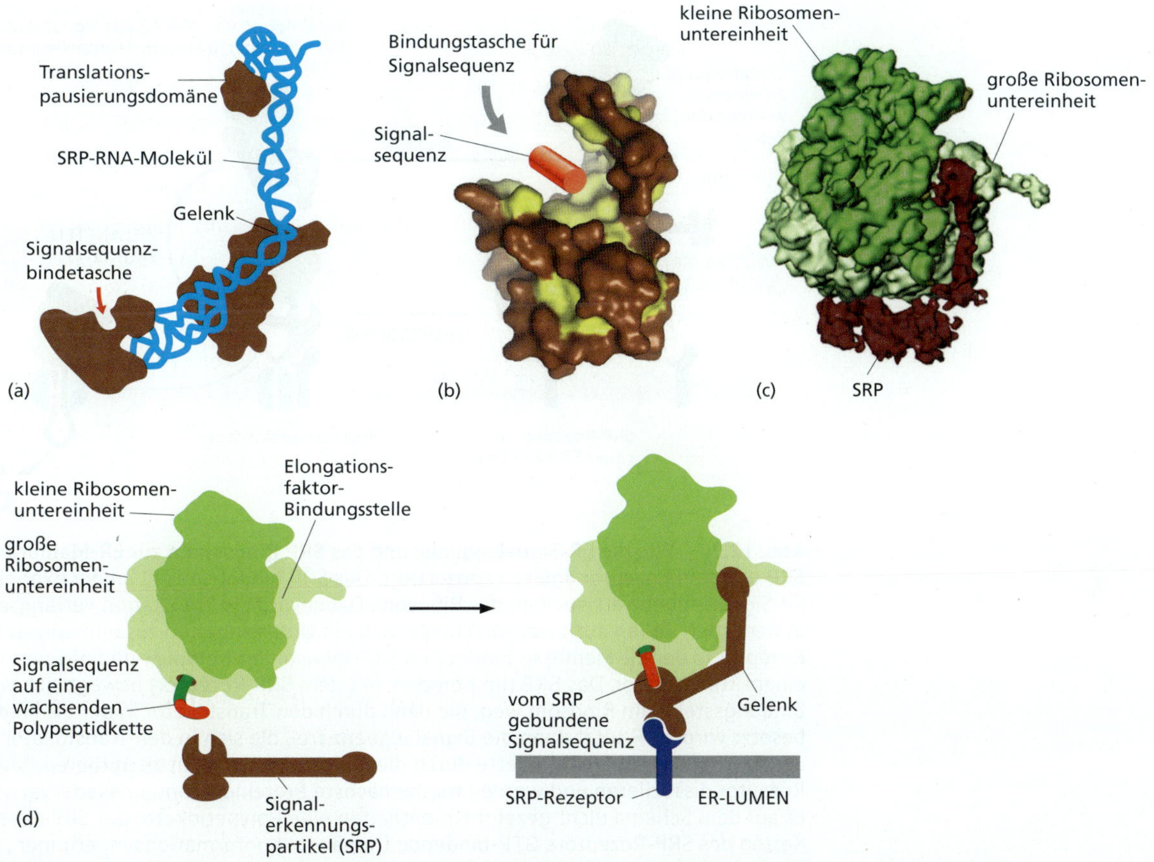

Abb. 12.19 **Das Signalerkennungspartikel (SRP, engl. *signal recognition particle*).** (a) Das SRP aus einer Säugetierzelle ist ein stäbchenartiger Ribonukleoproteinkomplex aus sechs Proteinuntereinheiten (*braun* dargestellt) und einem RNA-Molekül (*blau* dargestellt). Die SRP-RNA bildet ein Rückgrat, das die Proteindomäne, die die Signalsequenzbindungstasche enthält, mit der Domäne verbindet, die für das Verlangsamen der Translation verantwortlich ist. (b) Struktur der Signalsequenz-Bindungsdomäne von SRP, gebunden an den hydrophoben Bereich einer Signalsequenz (*roter Zylinder*). Die Oberflächen von SRP, die hydrophob sind, sind *gelb* dargestellt. (c) Der dreidimensionale Umriss des SRP, das an ein Ribosom gebunden ist, wurde mittels Kryo-Elektronenmikroskopie bestimmt. Das SRP bindet an die große Ribosomenuntereinheit, sodass seine Signalsequenzbindungstasche in der Nähe der Austrittsstelle der wachsenden Kette positioniert ist. Seine Translationspausierungsdomäne ist an der Grenzfläche zwischen den Ribosomenuntereinheiten positioniert, wo sie die Bindung des Elongationsfaktors beeinträchtigt. (d) Sobald eine Signalsequenz aus dem Ribosom herauskommt und an das SRP bindet, wird durch eine Konformationsänderung im SRP eine Bindungsstelle für den SRP-Rezeptor zugänglich. (c, verändert nach M. Halic *et al.*, *Nature* 427: 808–814, 2004).

an Hydrolasen in den extrazellulären Raum ausscheiden, weisen als zusätzliche Schutzmaßnahme hohe cytosolische Konzentrationen an Hydrolaseinhibitoren auf.

Die Bindung an eine Signalsequenz legt im SRP eine Bindungsstelle für einen Transmembranproteinkomplex in der rauen ER-Membran, den SRP-Rezeptor, frei (s. **Abb. 12.19d**). Die Bindung von SRP an seinen Rezeptor dirigiert den SRP-Ribosom-Komplex zu einem unbesetzten **Proteintranslokator** in der ER-Membran. Der Teil des SRP, der in der Nähe des ribosomalen Tunnels gebunden ist, bewegt sich an eine andere Stelle, sodass der Translokator diese Position einnehmen kann. SRP und SRP-Rezeptor werden dadurch freigesetzt und die Proteinsynthese wird mit voller Geschwindigkeit fortgesetzt. Der Translokator, der nun fest an das translatierende Ribosom gebunden ist, befördert die sich verlängernde Polypeptidkette durch die Membran (**Abb. 12.20**).

Dieser **kotranslationale** Transfervorgang erzeugt im Cytosol zwei räumlich getrennte Ribosomenpopulationen: **membranverankerte Ribosomen**, die der cytosolischen Seite der ER-Membran anliegen und die mit der Synthese von Proteinen, die gleichzeitig durch die ER-Membran transloziert werden, befasst sind, und **freie Ribosomen**, die ohne Kontakt zu einer Membran alle verbleibenden, vom Genom des Zellkerns

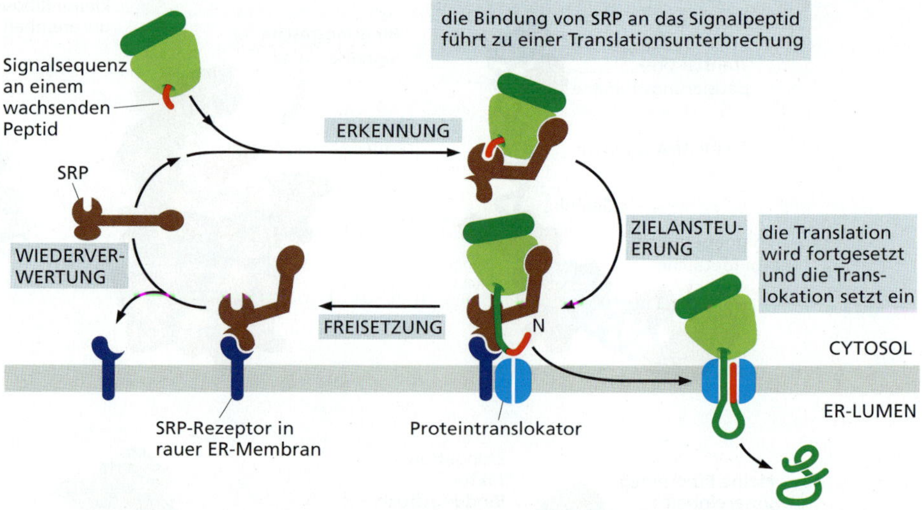

Abb. 12.20 Wie die ER-Signalsequenz und das SRP Ribosomen zur ER-Membran lenken. Das SRP und sein Rezeptor agieren konzertiert. Das SRP bindet sowohl an die exponierte ER-Signalsequenz als auch an das Ribosom. Dabei wird die Translation verlangsamt. Der in tierischen Zellen aus zwei verschiedenartigen Untereinheiten zusammengesetzte SRP-Rezeptor in der ER-Membran bindet den SRP-Ribosomen-Komplex und dirigiert ihn zu einem Translokator. Das SRP (im Komplex mit dem SRP-Rezeptor) bewegt sich von seiner Bindungsstelle am Ribosom weg, die dann durch den Translokator in der ER-Membran besetzt wird. SRP setzt dann die Signalsequenz frei, die sich in den Translokator einfügt, um den Transfer der Polypeptidkette durch die Lipid-Doppelschicht zu initiieren. SRP und SRP-Rezeptor dissoziieren und werden für die nächste Proteinerkennung wiederverwendet. Obwohl es auf dem Schema nicht gezeigt ist, enthalten eine Polypetidkette der SRP-Proteine und beide Ketten des SRP-Rezeptors GTP-bindende Domänen. Konformationsänderungen, die während des Kreislaufs von GTP-Bindung und -Hydrolyse auftreten, stellen sicher, dass SRP bevorzugt an eine Signalsequenz im Cytosol bindet und diese erst wieder loslässt, nachdem SRP den SRP-Rezeptor an der ER-Membran erfolgreich gebunden hat. Die Energie der GTP-Hydrolyse wird dazu benötigt, den Zyklus der SRP-vermittelten Proteinzielfindung in die gewünschte Richtung zu lenken.

codierten Proteine aufbauen. Membranverankerte und freie Ribosomen sind strukturell und funktionell identisch. Sie unterscheiden sich lediglich im Hinblick auf das gerade in der Produktion befindliche Protein.

Da viele Ribosomen gleichzeitig mit einem einzelnen mRNA-Molekül interagieren können, entsteht gewöhnlich ein **Polyribosom**. Wenn die mRNA ein Protein mit ER-Signalsequenz codiert, wird das Polyribosom mithilfe der Signalsequenzen in den parallel synthetisierten Polypeptidketten an die ER-Membran herangeführt und dort befestigt. Jedes einzelne Ribosom, das mit einer solchen mRNA assoziiert ist, kann nach Abschluss der Translation ungehindert in das Cytosol zurückkehren und den Pool freier Ribosomen auffüllen. Die mRNA selbst bleibt jedoch über die sich abwechselnde Ribosomenpopulation mit der ER-Membran verbunden. Jedes Ribosom wird dabei vorübergehend vom Translokator an der Membran festgehalten (**Abb. 12.21**).

12.2.4 Die Polypeptidkette wandert durch einen signalsequenzkontrollierten, wasserführenden Kanal zum Translokator

Es ist lange darüber debattiert worden, ob die Polypeptidkette beim Durchgang durch die ER-Membran direkten Kontakt mit der Lipid-Doppelschicht hat oder ob sie durch einen Kanal in einem Proteintranslokator geführt wird. Die Auseinandersetzung endete mit der Entdeckung des Translokators, von dem dann gezeigt werden konnte, dass er einen wassergefüllten Kanal in der Membran ausbildet, durch den das Polypeptid bei

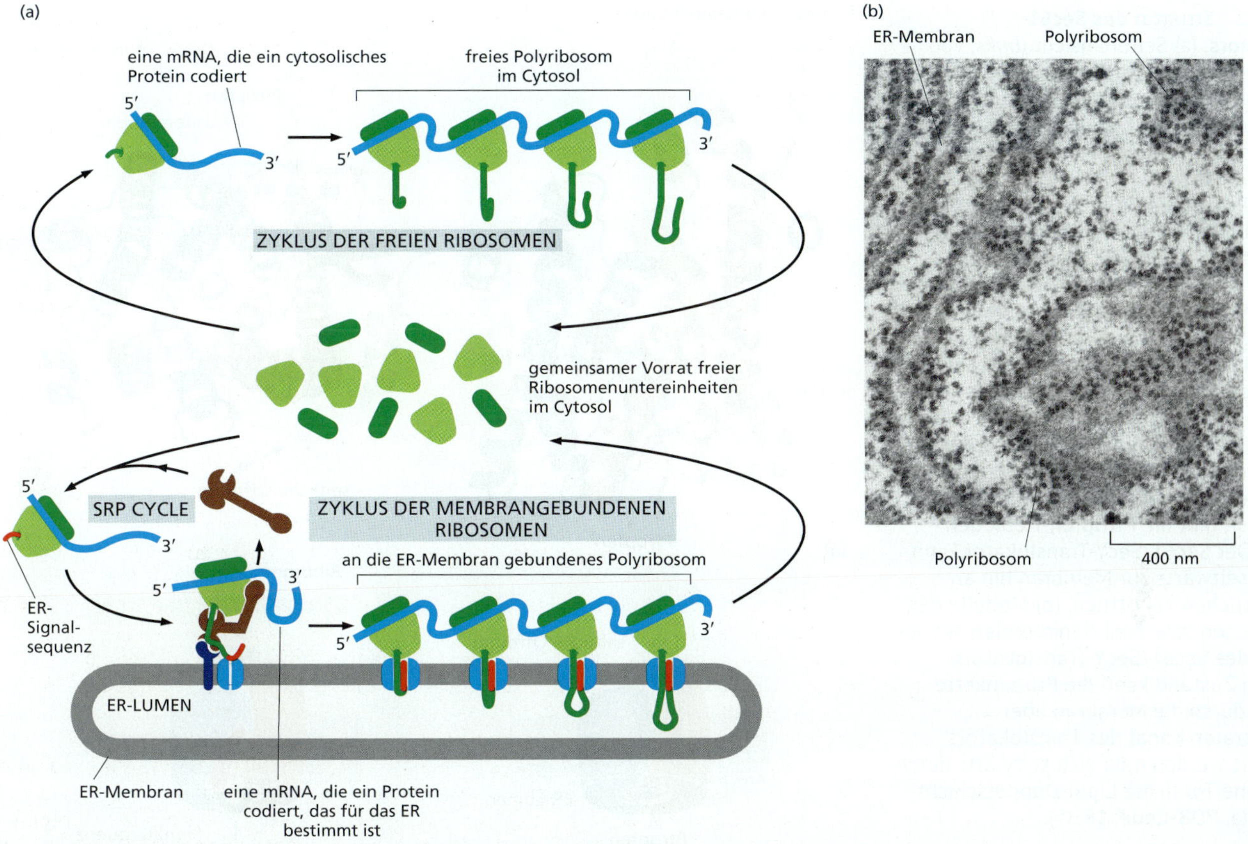

Abb. 12.21 Freie und membrangebundene Polyribosomen. (a) Ein gemeinsamer Vorrat an Ribosomen synthetisiert die Proteine, die im Cytosol verbleiben, und solche, die in das ER transportiert werden. Die ER-Signalsequenz an einer neu gebildeten Polypeptidkette bindet an das SRP, das das translatierende Ribosom zur ER-Membran lenkt. Das abzulesende mRNA-Molekül bleibt als Teil des Polyribosoms mit dem ER verbunden, während die Ribosomen, die über es hinweglaufen, ständig zurückgewonnen werden (Ribosomenrecycling). Am Ende jeder Proteinbiosyntheserunde werden die beteiligten Ribosomenuntereinheiten wieder in den gemeinsamen cytosolischen Pool entlassen. (b) Elektronenmikroskopische Aufnahme eines Dünnschnitts von Polyribosomen an der ER-Membran. Die Schnittebene läuft in Teilen des Bildes praktisch parallel zur Membran, was eine Aufsicht auf die runden oder spiralförmigen Muster der Polyribosomen ermöglicht. (b, mit freundlicher Genehmigung von George Palade).

der Translokation hindurchwandert. Der Kern des Translokators – **Sec61-Komplex** genannt – setzt sich aus drei Untereinheiten zusammen, die von den Bakterien bis zu den eukaryotischen Zellen stark konserviert sind. Zehn α-Helices, die einen zentralen Kanal umgeben, bilden die Struktur des Sec61-Translokators (**Abb. 12.22**). Der Kanal wird von einer kurzen α-Helix als eine Art Pfropfen kontrolliert, die den Translokator verschlossen hält, wenn er inaktiv ist. Es ist wichtig, dass der Kanal geschlossen bleibt, sodass Ionen wie Ca^{2+} daran gehindert werden, aus dem ER heraus zu sickern. Während der Translokation gibt der Pfropfen den Weg frei, sodass Polypeptide durch den Kanal gelangen können.

Der Sec61-Translokator öffnet sich nur für Proteine, die eine Signalsequenz enthalten. Die Fähigkeit des Sec61-Translokators, Signalsequenzen zu erkennen, stellt einen Kontrollschritt dar, der sicherstellt, dass nur Proteine, die wirklich für das ER bestimmt sind, hineingelassen werden. Die mittels **Kryo-Elektronenmikroskopie** erhaltenen Strukturen des Sec61-Translokators vor und nach der Erkennung der Signalsequenz zeigen, dass die Signalsequenz in eine seitliche Öffnung bzw. ein Tor in Sec61 inseriert, wobei der N-Terminus dem Cytosol zugewandt ist (**Abb. 12.23a**). Die seitliche Einführung der Signalsequenz weitet den zentralen Kanal und gibt den Propfen frei. Der offene Translokator kann dann leicht das der Signalsequenz folgende Polypeptidsegment in das Innere des Kanals aufnehmen. Die hydrophobe Signalsequenz verlässt das Tor seitwärts in die Membran, wo sie von der Signalpeptidase abgespalten und

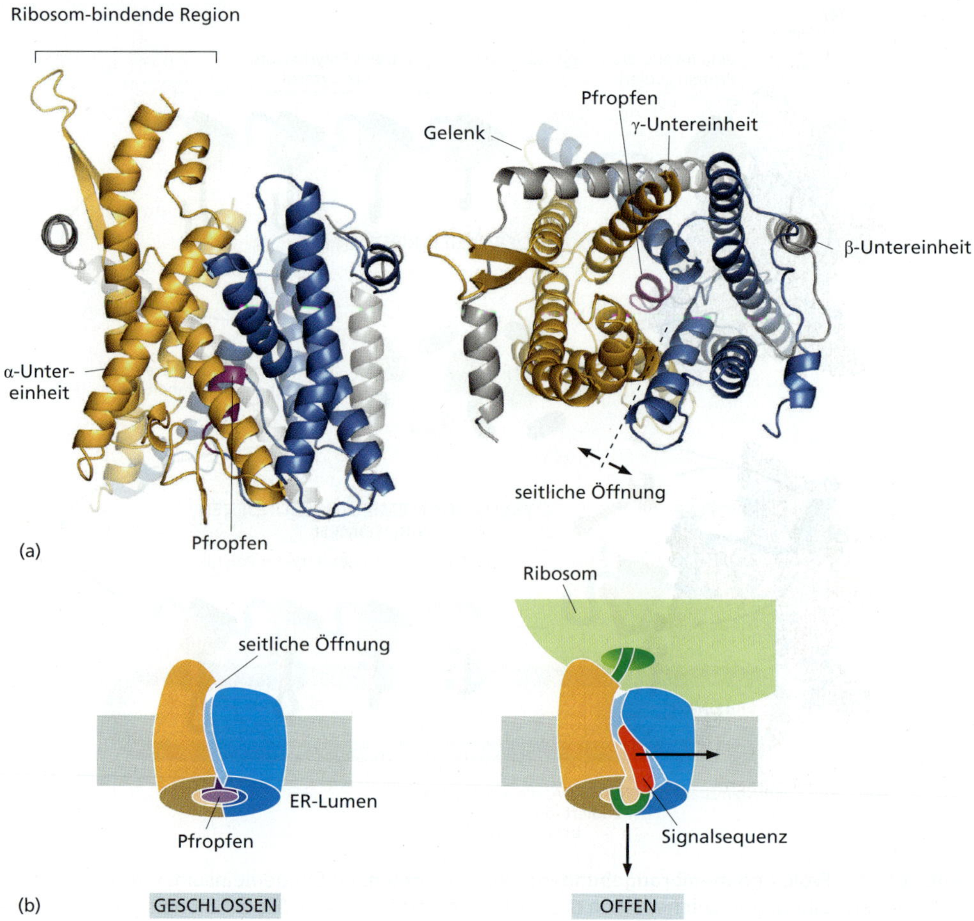

Abb. 12.22 Struktur des Sec61-Translokators. (a) Seitenansicht (*links*, von der Membran aus betrachtet) und Aufsicht (*rechts*, vom Cytosol aus gesehen) auf die Struktur des Sec61-Translokators des Archaeons *Methanococcus jannaschii* (dort als SecY-Translokator bezeichnet). Die Sec61-α-Untereinheit hat eine invertierte Wiederholungsstruktur (s. **Abb. 11.10**) und ist *blau* und *beige* dargestellt, um die Pseudosymmetrie zu verdeutlichen. Die beiden kleineren β- und γ-Untereinheiten sind *grau* gezeigt. Einige Bereiche der Sec61-α-Untereinheit, die in das Cytosol hineinragen, binden sich während der Proteintranslokation an das Ribosom. Die *violette* kurze Helix bildet einen Pfropfen, der die Pore verschließt, wenn der Translokator geschlossen ist. Wenn der Translokator geöffnet ist, gibt die Pfropfen-Helix den Weg frei. Der Sec61/SecY-Translokator kann sich auch seitwärts zur Membran hin an einem seitlichen Tor öffnen. (b) Modelle des geschlossenen bzw. funktionierenden aktiven Zustands des Sec61/SecY-Translokators. Im aktiven Zustand kann die Proteinkette entweder durch die Membran über einen zentralen Kanal des Translokators transloziert werden oder sich seitwärts durch das seitliche Tor in die Lipid-Doppelschicht begeben. (a, PDB-Code: 1RH5).

dann rasch von anderen Proteasen in der ER-Membran und im Cytosol zu Aminosäuren abgebaut wird. Wie dieser Mechanismus zeigt, stellt das laterale Tor im Sec61-Translokator den Zugangsweg vom zentralen Kanal von Sec61 in den hydrophoben Kern der Membran dar. Zusätzlich zu seiner Rolle bei der Erkennung von Signalsequenzen dirigiert das Tor die Integration von Transmembranproteinen in das ER, wie wir später noch erläutern werden. Sobald die Signalsequenz den Sec61-Translokator geöffnet hat und das Polypeptid in den Kanal eingefädelt hat, erfolgt die Translokation gleichzeitig mit der fortgesetzten Translation. Während der Translokation wird der Polypeptidtunnel innerhalb der ribosomalen großen Untereinheit auf den Kanal innerhalb des Sec61-Translokators ausgerichtet (**Abb. 12.23b**). Diese Ausstattung bietet einen kontinuierlichen Weg für das Polypeptid vom Peptidyl-Transferase-Zentrum im Ribosom, wo neue Aminosäuren an die wachsende Proteinkette hinzugefügt werden, bis zum 15 nm entfernten ER-Lumen. Auf diese Weise wird die für die Polypeptidverlängerung verwendete Energie indirekt genutzt, um auch die Translokation durch die ER-Membran anzutreiben.

Wenn die Transkription beendet ist, wird der Carboxyterminus des Polypeptids vom Ribosom freigegeben und rutscht durch den Sec61-Translokator, dessen Pfropfen den Kanal wieder verschließt. Somit findet der gesamte Prozess des ER-Imports, von der Erkennung der Signalsequenz durch SRP bis zur Translokation durch den Sec61-Translokator, kotranslational statt, bevor das Polypeptid die Möglichkeit hat, sich zu falten. Dieser Weg bietet eine Lösung für das Problem, wie ein großes Protein durch eine Membranbarriere transportiert werden kann, ohne dass dabei die um Vieles kleineren Ionen und Metabolite entweichen.

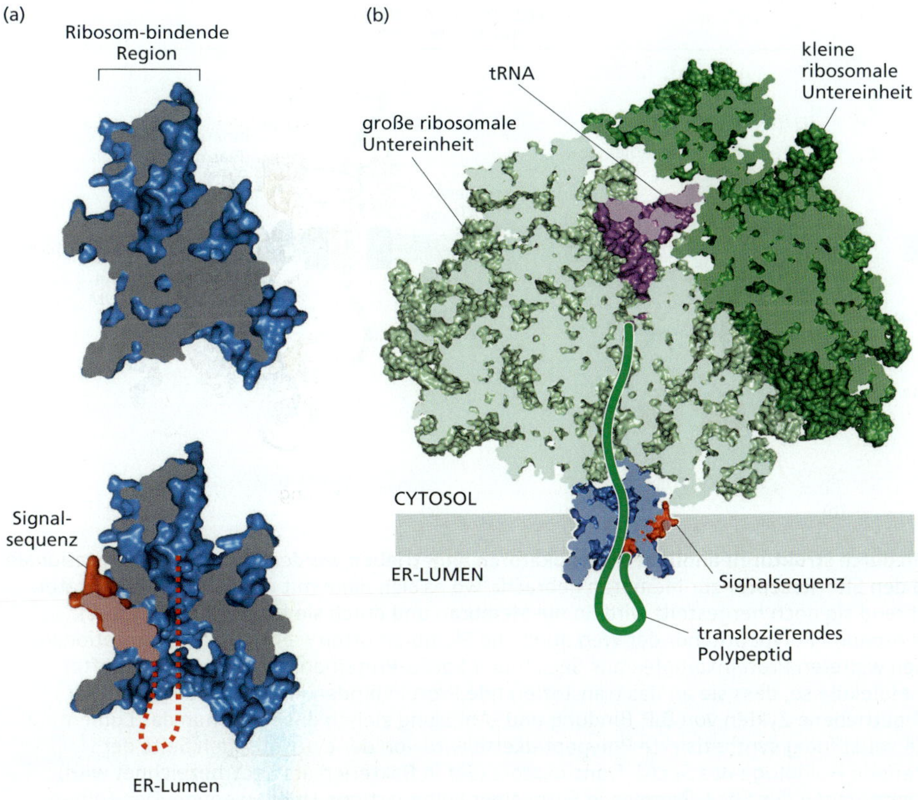

Abb. 12.23 Eine Signalsequenz öffnet den Sec61-Translokator. (a) Querschnitt durch den Sec61-Translokator vor und nach dem Einfügen einer Signalsequenz in das laterale Tor. Das Einfügen der Signalsequenz bewirkt, dass sich der zentrale Kanal im Translokator verbreitert und sich der Pfropfen aus diesem Kanal herausbewegt; somit ist ein durchgehender Weg durch die Membran gegeben (*gestrichelte Linie*). (b) Querschnitt durch die Struktur eines translatierenden Ribosoms (*grün*), das an einen Sec61-Translokator *(blau)* gebunden ist, der durch eine Signalsequenz (*rot*) geöffnet wurde. Es ist ein translozierendes Polypeptid dargestellt, das sich gerade durch den Tunnel innerhalb der großen ribosomalen Untereinheit und dem Sec61-Translokator bewegt. (a, PDB-Code: 3J7Q und 3JC2; b, PDB-Code: 3JC2).

12.2.5 Die Translokation durch die ER-Membran erfordert nicht in allen Fällen eine zeitgleich ablaufende Polypeptidkettenverlängerung

Einige Proteine werden vollständig im Cytosol als Vorläufer synthetisiert, bevor sie in das ER importiert werden, was zeigt, dass die Translokation nicht immer eine laufende Translation erfordert (**Abb. 12.24**). Dies wird als **posttranslationale** Translokation bezeichnet. Posttranslationale Proteintranslokation ist besonders häufig an ER-Membranen von Hefezellen und an der der evolutionär verwandten Plasmamembran von Bakterien zu

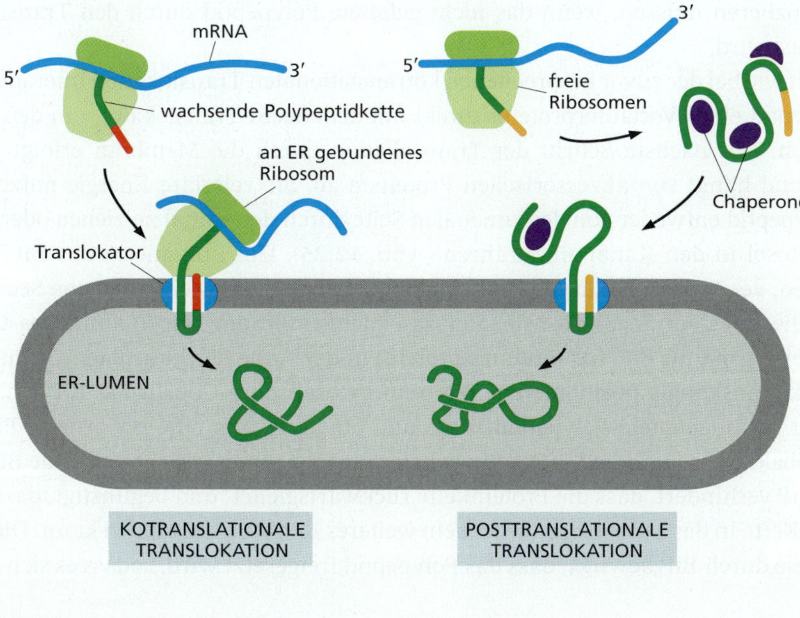

Abb. 12.24 Kotranslationale und posttranslationale Proteintranslokation. Ribosomen binden während der kotranslationalen Translokation an die ER-Membran (*links*). Im Gegensatz dazu schließen cytosolische Ribosomen (*rechts*) die Synthese eines Proteins ab und setzen es vor der posttranslationalen Translokation frei. Das freigesetzte Protein wird im Cytosol durch Chaperone im ungefalteten Zustand gehalten, die sich abspalten, bevor das Protein durch die Membran transloziert wird. In beiden Fällen wird das Protein durch eine ER-Signalsequenz (*rot* bzw. *orange*) zum ER geleitet.

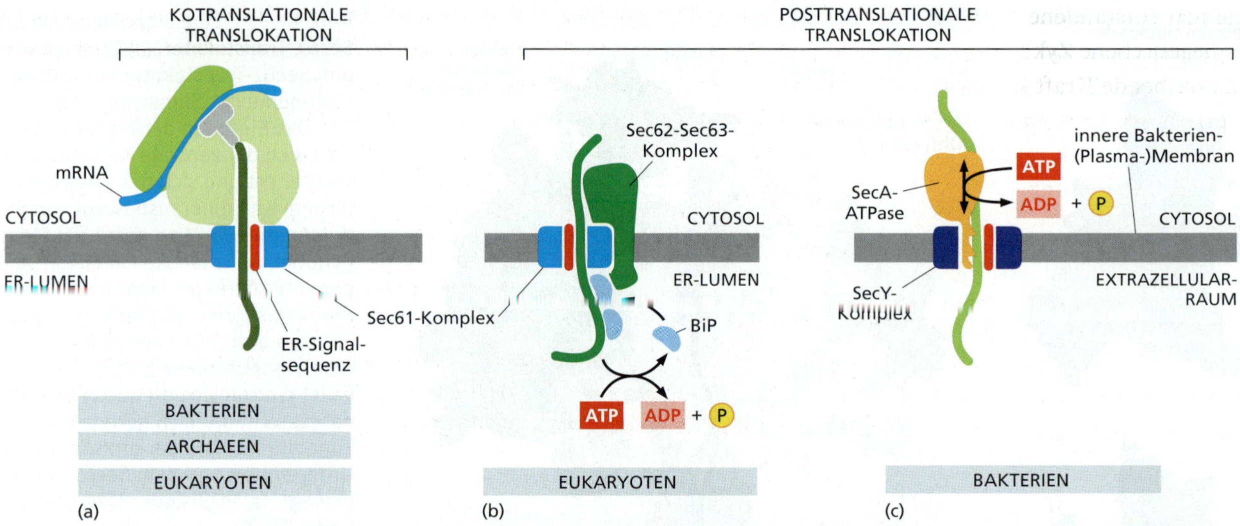

Abb. 12.25 **Drei Wege, wie die Proteintranslokation durch strukturell ähnliche Translokatoren angetrieben werden kann.** (a) Kotranslationale Translokation. Das Ribosom wird durch das SRP und den SRP-Rezeptor zur Membran gebracht, wo es sich dann mit dem Sec61-Translokator verbindet. Die wachsende Polypeptidkette wird, während sie noch hergestellt wird, in die Membran und durch sie hindurch gefädelt. Es wird keine zusätzliche Energie benötigt, da dem wachsenden Polypeptid nur der Weg durch die Membran offen steht. (b) Posttranslationale Translokation in eukaryotischen Zellen benötigt einen weiteren Proteinkomplex aus Sec62- und Sec63-Proteinen. Dieser Komplex heftet sich an den Sec61-Translokator und positioniert BiP-Moleküle so, dass sie an das translozierende Protein binden können, sobald dieses aus dem Translokator in das ER-Lumen austritt. ATP-getriebene Zyklen von BiP-Bindung und -Ablösung ziehen das Protein in das Lumen. (c) Posttranslationale Translokation in Bakterien. Die vollständig synthetisierte Polypeptidkette wird von der cytosolischen Seite der Plasmamembran durch die SecA-ATPase in das bakterielle Homologe des Sec61-Translokators (der in Bakterien als SecY bezeichnet wird) eingefädelt. ATP-Hydrolyse führt zu Konformationsänderungen des SecA-Proteins in Form einer kolbenartigen Hubbewegung. Der Kolben schiebt nicht nur mehrere Aminosäuren der Proteinkette durch die Pore des Translokators, sondern verhindert auch ein Zurückgleiten der Kette in das Cytosol. Während der Sec61-Komplex (Translokator), das SRP und der SRP-Rezeptor in allen Organismen gefunden werden, ist das SecA-System ausschließlich auf Bakterien beschränkt. Der Komplex bestehend aus Sec62 und Sec63 kommt nur in Eukaryoten vor. (Verändert nach P. Walter und A. E. Johnson, *Annu. Rev. Cell Biol.* 10: 87–119, 1994).

beobachten. In beiden Fällen wird der Sec61-Translokator (in Bakterien SecY genannt) als Translokator verwendet; sein enger Kanal bedeutet, dass Vorstufen nur als ungefaltete Polypeptide transloziert werden können. Die Vorläuferproteine falten sich also nicht nach ihrer anfänglichen Synthese im Cytosol. Stattdessen interagieren sie mit anderen cytosolischen Proteinen, die eine Faltung oder Aggregation der Vorläuferproteine verhindern, bevor sie auf den Sec61-Translokator treffen. Diese interagierenden Proteine sind in der Regel allgemeine Chaperonproteine, wie die der Hsp70-Familie (s. Kapitel 6), die dissoziieren müssen, wenn das nicht gefaltete Polypeptid durch den Translokator geschleust wird.

Genau wie bei der zuvor besprochenen kotranslationalen Translokation interagiert das Signalpeptid eines Vorläuferproteins direkt mit dem Sec61-Translokator, um den Kanal zu öffnen. Der nächste Schritt der Translokation durch die Membran erfolgt jedoch anders und hängt von akzessorischen Proteinen ab, die zelluläre Energie nutzen, um das Polypeptid entweder von der lumenalen Seite durch den Kanal zu ziehen oder es aus dem Cytosol in den Kanal einzuführen (**Abb. 12.25**). Um Proteine in das ER-Lumen zu ziehen, verwenden eukaryotische Zellen akzessorische Proteine namens Sec62 und Sec63, die mit dem Sec61-Translokator assoziieren und ein Hsp70-ähnliches Chaperonprotein (genannt *BiP*, für *Bi*ndungs*p*rotein) in der Nähe der lumenalen Öffnung des Translokationskanals positionieren. Wie sein cytosolischer Cousin hat BiP eine hohe Affinität für ungefaltete Polypeptidketten und bindet fest an eine importierte Proteinkette, sobald diese aus dem Sec61-Translokator im ER-Lumen austritt. Die enge Bindung durch BiP verhindert, dass die Proteinkette rückwärtsgleitet, und begünstigt, dass mehr von der Kette in das Lumen ragt, wo sie ein weiteres BiP-Molekül binden kann. Die ATP-Hydrolyse durch BiP bewirkt, dass das Polypeptid freigesetzt wird, sodass es sich erneut an beliebige neu entstandene Segmente des translozierenden Polypeptids binden kann. Dieser energiegetriebene Zyklus von Bindung und Freisetzung dient als molekulare Ratsche, die die treibende Kraft für den Proteinimport zur Verfügung stellt, nachdem sich ein Vorläuferprotein zunächst in den Sec61-Translokator begeben hat.

Da Bakterien Proteine direkt in den extrazellulären Raum transportieren, wo keine Energiequelle zur Verfügung steht, verwenden sie ein akzessorisches Protein aus dem Cytosol, die *SecA-ATPase*. SecA bindet an das Vorläuferpolypeptid und heftet sich an die cytosolische Seite des Translokators, wo es zyklische Konformationsänderungen durchläuft, die durch ATP-Hydrolyse angetrieben werden. Jedes Mal, wenn ein ATP hydrolysiert wird, streckt sich ein Teil des SecA-Proteins in die Pore des Translokators hinein und schiebt dabei ein kurzes Segment des Vorläuferproteins mit sich. Durch diesen kolbenartigen Ratschenmechanismus (Sperrklinkenmechanismus) schiebt die SecA-ATPase nach und nach die Polypeptidkette des zu transportierenden Proteins durch die Membran.

12.2.6 Transmembranproteine enthalten hydrophobe Segmente, die wie Signalsequenzen erkannt werden

Alle Transmembranproteine, die das ER, den Golgi-Apparat, die Lysosomen, Endosomen, sekretorische Vesikel und die Plasmamembran besiedeln, werden in die ER-Membran eingefügt, bevor sie an ihren endgültigen Bestimmungsort gelangen. Transmembranproteine, die im ER gebildet werden, durchspannen die Lipid-Doppelschicht über ein oder mehrere α-helicale hydrophobe **Transmembransegmente** (s. **Abb. 10.17**). Für die Biosynthese von Membranproteinen müssen einige Teile der Polypeptidkette durch die Lipid-Doppelschicht transloziert werden, andere Teile im Cytosol verbleiben und die Transmembranabschnitte in die Membran integriert werden. Trotz dieser zusätzlichen Komplexität, vermitteln die gleichen Faktoren (SRP, SRP-Rezeptor und der Sec61-Translokator), die soeben für den Transfer eines löslichen Proteins in das ER-Lumen beschrieben wurden, den Einbau von Transmembranproteinen in die ER-Membran. Die gleichen Faktoren können deshalb verwendet werden, weil die Transmembransegmente, die ein Transmembranprotein ausmachen, den hydrophoben ER-Signalsequenzen ähneln, die die Translokation löslicher Proteine steuern.

Im einfachsten Fall enthält ein Transmembranprotein ein einzelnes Transmembransegment, das letztlich als membrandurchspannende α-Helix in die Lipid-Doppelschicht eingebettet wird. Wenn dieses Transmembransegment während der Synthese aus dem Ribosom austritt, erkennt SRP seine hydrophoben α-Helix-Merkmale als Signalsequenz und bringt dieses Ribosom zum Sec61-Translokator an der ER-Membran. Das Transmembransegment fügt sich dann in die laterale Öffnung des Sec61-Translokators ein, also an der gleichen Stelle, an der die Signalsequenzen binden. Die Ausrichtung, in der sich das Transmembransegment in das laterale Tor einfügt, bestimmt, ob das Proteinsegment vor oder nach dem Transmembransegment durch die Membran in das ER-Lumen bewegt wird (**Abb. 12.26**). Wenn der N-Terminus kurz und ungefaltet ist, hängt die Orientierung des Transmembransegments von den Merkmalen der Polypeptidkette ab, wie z. B. der Verteilung der nahegelegenen geladenen Aminosäuren und der Länge des Transmembransegments. Wenn das vorangehende N-terminale Segment lang und stabil gefaltet ist, kann es der Membran nicht durch den engen Sec61-Kanal passieren. In diesem Fall wird das C-terminale Segment, das sich noch in der Synthese befindet und daher ungefaltet ist, durch die Membran transloziert.

Viele Transmembranproteine enthalten große N-terminale lumenale Domänen. In diesem Fall wird eine N-terminale Signalsequenz verwendet, um die Translokation einzuleiten, genau wie bei einem löslichen Protein. Auf diese Weise wird der N-Terminus des reifen Polypeptids durch die Signalsequenz an das ER-Lumen gebunden und der Rest

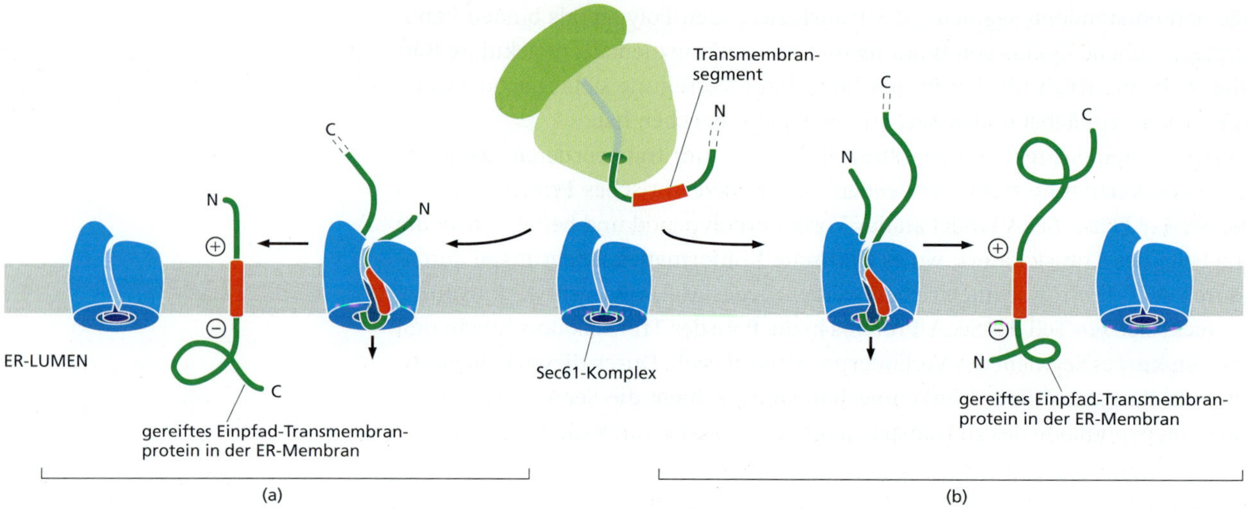

Abb. 12.26 Ein Transmembransegment steuert den Einbau von Membranproteinen in die ER-Membran. Viele Einpfad-Membranproteine nutzen ihr Transmembransegment, um die Insertion in die ER-Membran zu steuern. Das Transmembransegment wird von SRP (nicht gezeigt) erkannt und über den SRP-Rezeptor (nicht gezeigt) an den Sec61-Translokator an der ER-Membran weitergeleitet. Dann wird das Transmembransegment in das laterale Tor des Sec61-Translokators in einer von zwei möglichen Orientierungen eingefügt. (a) Einige Transmembransegmente fügen sich so in das laterale Tor ein, dass die N-terminale Domäne auf der cytosolischen Seite von Sec61 zurückgehalten wird. Diese Ausrichtung wird bevorzugt genutzt bei Proteinen, deren N-terminale Domänen sehr lang oder gefaltet sind, und für Transmembransegmente, deren flankierende Aminosäuren eine positive Nettoladung auf der N-terminalen Seite aufweisen. (b) Einige Transmembransegmente fügen sich in das seitliche Tor ein, sodass die C-terminale flankierende Region auf der cytosolischen Seite von Sec61 verbleibt. In diesem Fall wird angenommen, dass die N-terminale flankierende Region durch die Membran durch den Sec61-Kanal transloziert. Diese Ausrichtung wird für Transmembransegmente bevorzugt deren flankierende Aminosäuren eine positive Nettoladung auf der C-terminalen Seite aufweisen.

des Polypeptids beginnt die Translokation durch den Sec61-Translokator. Wenn ein hydrophobes Segment des Polypeptids aus dem Ribosom austritt, tritt es in das seitliche Tor ein, um Zugang zur Lipid-Doppelschicht zu erhalten. Da das hydrophobe Segment in der Membran stabiler ist als im wässrigen Kanal, verlässt es den Kanal seitlich, die Translokation stoppt und der Rest des Proteins wird auf der cytosolischen Seite der ER-Membran synthetisiert (**Abb. 12.27**).

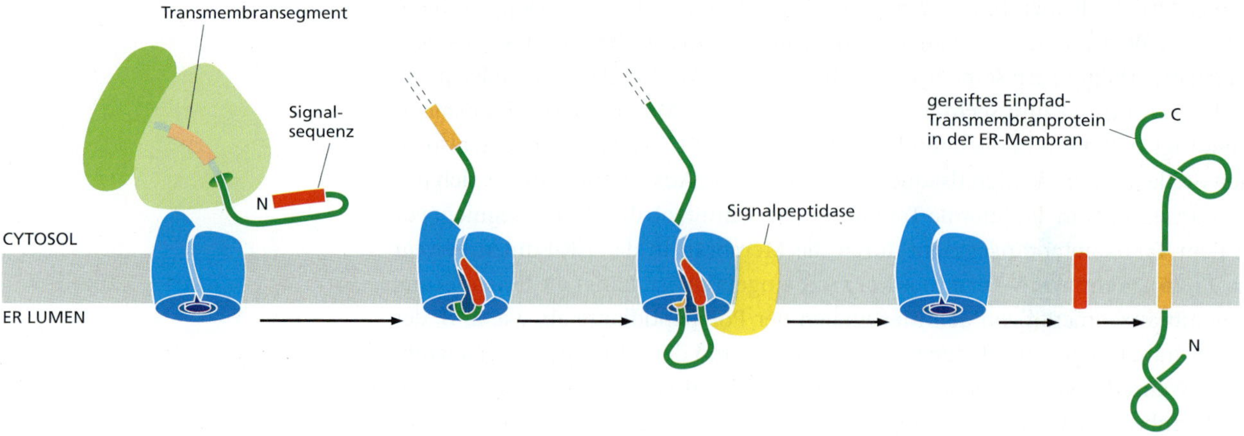

Abb. 12.27 Nacheinander ablaufende Verwendung einer abgespaltenen ER-Signalsequenz und eines Transmembransegments beim Einfügen eines Membranproteins. Membranproteine, die eine relativ große N-terminale Domäne auf der Lumen-Seite des ER enthalten, verwenden sowohl eine abgespaltene ER-Signalsequenz als auch ein Transmembransegment. Zielansteuerung zur ER-Membran, Initiierung der Translokation durch Sec61 und die Abspaltung der Signalsequenz erfolgen genauso wie bei einem sekretorischen Protein (s. **Abb. 12.20**). Wenn jedoch das Transmembransegment in den Sec61-Translokator eintritt, stoppt die Translokation und das Transmembransegment bewegt sich durch das laterale Tor in die Lipid-Doppelschicht. Der Rest des Proteins wird weiterhin auf der cytosolischen Seite der Membran synthetisiert, bis die Translation beendet ist.

12.2.7 Hydrophobe Segmente von Mehrpfad-Transmembranproteinen bestimmen in Abhängigkeit vom Kontext deren Orientierung

Bei **Mehrpfad-Transmembranproteinen** schlängeln sich die hydrophoben α-Helices der Polypeptidkette mehrfach durch die Lipid-Doppelschicht der Membran, in der das Protein sitzt (s. **Abb. 10.17**). Die Synthese von Mehrpfad-Transmembranproteinen erfolgt bis zum ersten Transmembransegment so, wie wir es gerade für Einpfad-Transmembranproteine beschrieben haben. Dabei wird das Protein von SRP zum Translokator transportiert, wo sich das erste Transmembransegment in das laterale Tor des Sec61-Translokators einfügt, und zwar in einer Orientierung, die von den Merkmalen der vorangehenden N-terminalen Domäne und nahe gelegenen geladenen Aminosäuren diktiert wird. Auf diese Weise legt die Insertion des ersten Transmembransegments in die Membran die räumliche Struktur (Topologie) für den Rest des noch entstehenden Proteins fest. Von diesem Punkt an wird jedes nachfolgende hydrophobe Segment durch den Sec61-Translokator auf der Grundlage der Topologie und der Eigenschaften der vorangehenden Teile des Proteins interpretiert.

Aufgrund der engen Kopplung zwischen Ribosom und Sec61-Translokator, entsteht jedes hydrophobe Segment sehr nahe am lateralen Tor, das den Zugang zur Lipid-Doppelschicht ermöglicht. Im einfachsten Fall trifft das neu heraustretende hydrophobe Segment auf den seitlichen Zugang in entgegengesetzter Ausrichtung zu dem zuletzt eingefügten Transmembransegment und fügt sich in die Lipid-Doppelschicht ein (**Abb. 12.28**). Einige Transmembransegmente von Mehrpfad-Proteinen sind nur teilweise hydrophob und wären in der Lipid-Doppelschicht allein nicht stabil. Diese können sich dennoch in die Membran einfügen, wenn sie in der Lage sind, mit einem der vorangehenden Transmembransegmente zu interagieren, welches sich in der Nähe des lateralen Tores von Sec61 befindet. Diese Zusammenarbeit ermöglicht die Herstellung von Mehrpfad-Transmembranproteinen, die hydrophile Teile innerhalb der Lipid-Doppelschicht enthalten, was für viele wichtige Proteine wie Transporter und Kanäle entscheidend ist (s. Kapitel 11). Die hydrophilen Sequenzen zwischen den Transmembransegmenten werden in Abhängigkeit von der Orientierung des vorangehenden Transmembransegments entweder in das Cytosol synthetisiert oder durch den Sec61-Translokator geschleust. Auf diese Weise wird ein Mehrpfad-Transmembranprotein in die Membran eingewoben, wobei aufeinanderfolgende hydrophobe Segmente entgegengesetzte Orientierungen erhalten, bis alle in die Membran als transmembrane α-Helices eingebaut sind.

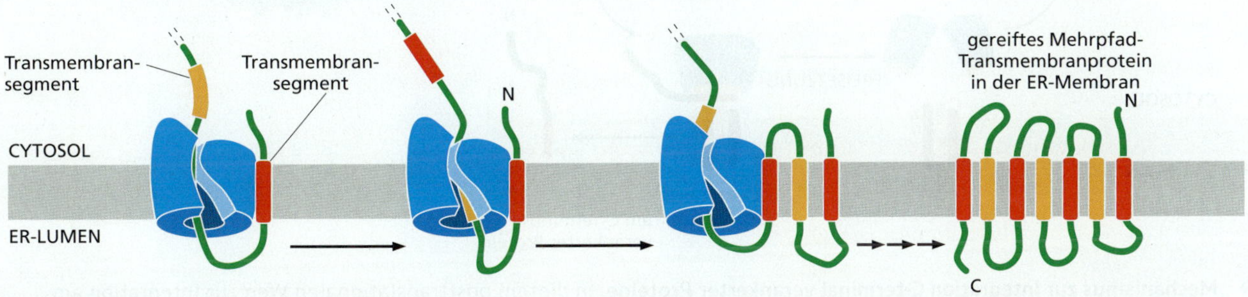

Abb. 12.28 Die Insertion eines Mehrpfad-Transmembranproteins in die ER-Membran. Die Ereignisse bis zum Einfügen des ersten Transmembransegments folgen den Schritten für Einpfad-Membranproteine (s. **Abb. 12.26** und **12.27**). Die Ausrichtung dieses ersten Transmembransegments hängt wie bei den Einpfad-Membranproteinen von den Eigenschaften des Transmembransegments und der flankierenden Regionen ab. Wenn das nächste Transmembransegment aus dem Ribosom austritt, fügt es sich in einer dem ersten Transmembransegment entgegengesetzten Ausrichtung in das laterale Tor von Sec61 ein und bewegt sich dann in die Lipid-Doppelschicht. Jedes nachfolgende Transmembransegment wird in ähnlicher Weise über das laterale Tor in die Membran eingefügt, und zwar in einer Ausrichtung, die der des unmittelbar vorangegangenen Transmembransegments entgegengesetzt ist. Dies geschieht so lange, bis alle Transmembransegmente in die Membran eingebaut wurden.

Da Membranproteine infolge dieses Verlaufs der Dinge immer von der cytosolischen Seite der ER-Membran her eingebaut werden, werden alle Kopien derselben Polypeptidkette auch alle dieselbe Orientierung innerhalb der Lipid-Doppelschicht aufweisen. Dies erzeugt eine Asymmetrie der ER-Membran: Die Proteindomänen auf der einen Seite der Membran sind verschieden von denen auf der anderen Membranseite. Diese Asymmetrie wird im Verlauf der manchmal zahlreichen Abknospungs- und Fusionsreaktionen, durch die am ER hergestellte Proteine zu anderen Kompartimenten gebracht werden, stets erhalten (s. Kapitel 13). Die Orientierung, mit der ein neu synthetisiertes Protein in die ER-Membran eingebaut wird, legt also automatisch die Orientierung fest, die das betreffende Protein in allen anderen Membranen einnehmen wird.

12.2.8 Einige Proteine werden durch einen posttranslationalen Mechanismus in die ER-Membran integriert

Viele wichtige zum Cytosol ausgerichtete Membranproteine sind in der Membran durch eine einzelne Transmembran-α-Helix ganz dicht am Carboxyterminus verankert. Diese **C-terminal verankerten Proteine** umfassen eine große Anzahl von SNARE-Proteinuntereinheiten, die den Vesikelverkehr lenken (wird in Kapitel 13 erörtert). Wenn ein derart zu verankerndes Protein translatiert wird, erreicht das Ribosom das Terminationscodon während sich die Polypeptidsequenz, die dazu bestimmt ist, die Transmembran-α-Helix zu werden, noch innerhalb des Ribosomen-Austrittskanals befindet. Daher ist eine Erkennung durch ein SRP nicht möglich und das Protein wird vom Ribosom in das Cytosol entlassen. Das hydrophobe Segment wird durch einen spezialisierten Chaperonkomplex erkannt, der es einem Zielansteuerungsfaktor, Get3 genannt, übergibt (**Abb. 12.29**). Obwohl es nicht mit SRP verwandt ist, enthält Get3

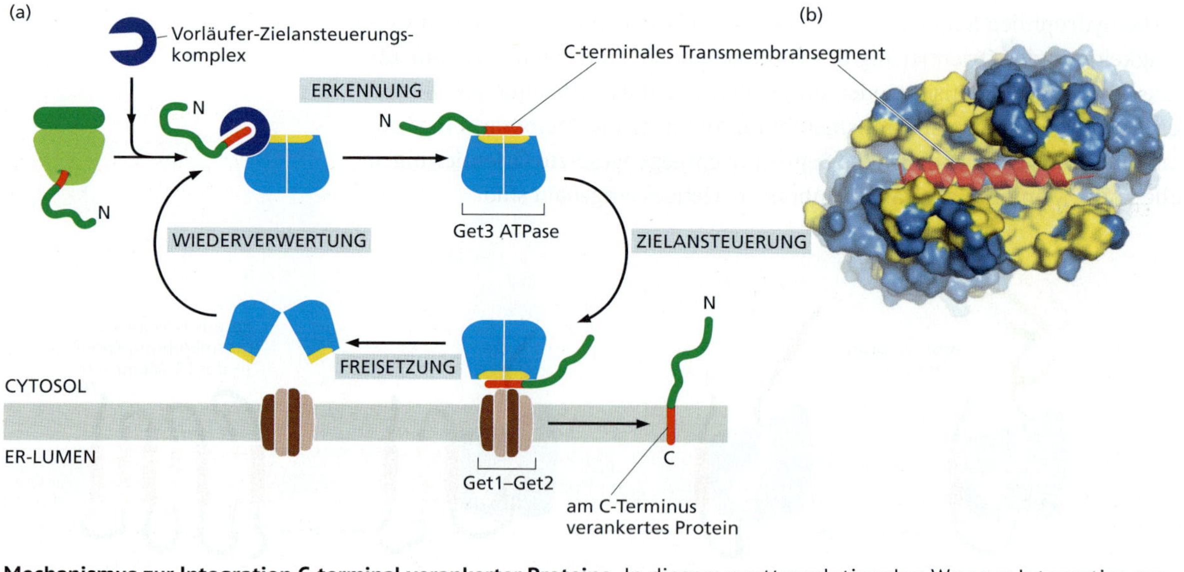

Abb. 12.29 **Mechanismus zur Integration C-terminal verankerter Proteine.** In diesem posttranslationalen Weg zur Integration am Schwanz-verankerter Membranproteine in das ER, fängt ein löslicher Vorläufer-Zielansteuerungskomplex das hydrophobe, C-terminale Transmembransegment (*rot*) ein, sobald es aus dem Ribosomen-Austrittskanal herausragt, und lädt es auf den Get3-Zielansteuerungsfaktor. Der dadurch gebildete Komplex wird durch Wechselwirkung mit dem Get1–Get2–Rezeptor-Komplex, der wie eine Membranprotein-Einbaumaschine funktioniert, zur ER-Membran dirigiert. Nachdem das C-terminal gebundene Protein von Get3 freigesetzt und in die ER-Membran eingebaut worden ist, wird Get3 zurück zum Cytosol gebracht. Dieser Zielansteuerungskreislauf ähnelt vom Aufbau her der Proteinzielfindung durch SRP (s. **Abb. 12.20**). Obwohl in den Abbildungen nicht dargestellt, binden und hydrolysieren sowohl Get3 als auch SRP Nukleosidtriphosphate, um dem Zielfindungszyklus eine Richtung zu geben. ATP wird von Get3 und GTP wird von SRP verwendet. (b) Kristallstruktur des an ein Transmembransegment (*rote Helix*) gebundenen Get3-Zielansteuerungsfaktors. Das hydrophobe Transmembransegment bindet an eine tiefe Furche in Get3, die von hydrophoben Aminosäuren (*gelb*), darunter viele flexible Methionine, ausgekleidet ist. (PDB-Code: 4XTR).

auch eine hydrophobe Tasche, die mit vielen Methionin-Seitenketten ausgekleidet ist, wodurch es verschiedene hydrophobe Segmente unabhängig von ihrer genauen Sequenz erkennt. Zwei Proteine an der ER-Membran namens Get1 und Get2 dienen nicht nur als Rezeptor für Get3, sondern auch als Translokator, der den hydrophoben Abschnitt des C-terminal verankerten Proteins in die Lipid-Doppelschicht einfügt. Dieser posttranslationale Zielansteuerungsmechanismus ist daher konzeptionell ähnlich wie die SRP-abhängige Proteinzielfindung (s. **Abb. 12.20**). Einige C-terminal verankerte Proteine werden statt in das ER zu den Mitochondrien oder Peroxisomen gesandt, jedoch ist der Mechanismus ihrer Zielfindung nicht bekannt.

12.2.9 Manche Membranproteine erhalten einen kovalent verknüpften Glykosylphosphatidylinositol (GPI)-Anker

Glykosylphosphatidylinositol (GPI)-Anker stellen eine weitere Möglichkeit dar, Proteine an eine Membran anzuheften. Der Anker ist kovalent an das Carboxyende einiger für die Plasmamembran bestimmte Membranproteine gebunden. GPI-verankerte Proteine werden ursprünglich mit einer N-terminalen Signalsequenz, um sie zum ER zu lenken, und mit einem hydrophoben Abschnitt, der sehr nahe am C-Terminus liegt, hergestellt. Dieses hydrophobe Segment wird selektiv in der ER-Membran von einem Transamidase-Enzym erkannt, das gleichzeitig diesen Abschnitt abtrennt und einen vorgefertigten GPI-Anker an den Rest des Proteins heftet (**Abb. 12.30**). Eine große Zahl von Plasmamembranproteinen wird auf diese Weise modifiziert. Da sie nur über den GPI-Anker mit der Außenseite der Plasmamembran verbunden sind, können sie auf Reize, die eine spezielle Phospholipase in der Plasmamembran aktivieren, von den Zellen abgelöst werden. Parasitäre Trypanosomen werfen z. B. mit diesem Mechanismus ihre Hülle

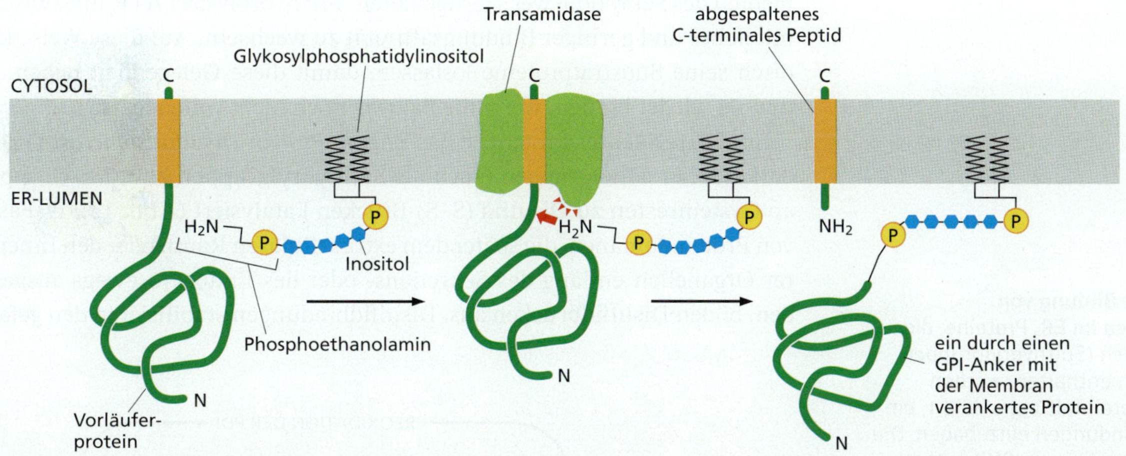

Abb. 12.30 Das Anheften eines GPI-Ankers an ein Protein im ER. GPI-verankerte Proteine werden durch eine N-terminale Signalsequenz (in der Abbildung nicht dargestellt) zur ER-Membran dirigiert, in die Membran eingebaut und von einer Signalpeptidase prozessiert, ganz ähnlich wie dies bei Einpfad-Transmembranproteinen geschieht (s. **Abb. 12.27**). Unmittelbar nach Vollendung der Proteinbiosynthese bleibt das Vorläuferprotein noch durch einen 15–20 Aminosäuren langen C-terminalen, hydrophoben Bereich in der ER-Membran verankert. Der Rest des Proteins ragt in das ER-Lumen. In weniger als einer Minute schneidet ein Transamidase-Enzym im ER den membrangebundenen Carboxyterminus des Proteins ab und heftet gleichzeitig den so entstandenen neuen Carboxyterminus an eine Aminogruppe eines vorsynthetisierten GPI-Intermediats. Die Zuckerkette enthält ein Inositol, das an das Lipid geheftet ist, von dem sich der Name des GPI-Ankers ableitet, gefolgt von einem Glukosamin und drei Mannosen. Die endständige Mannose stellt die Verbindung mit einem Phosphoethanolamin her, das die Aminogruppe zur Anheftung über eine Amidbindung an das Protein liefert. Das Signal, das diese Modifizierung herbeiführt, befindet sich im hydrophoben C-terminalen Bereich und einigen daran angrenzenden Aminosäureresten auf der Lumen-Seite der ER-Membran. Wenn dieser Signalbereich an andere Proteine angefügt wird, werden diese auf dieselbe Art modifiziert. Wegen des kovalent angehängten Lipidankers bleibt das Protein ständig membrangebunden. Anfänglich sind alle Aminosäuren dem ER-Lumen ausgesetzt. Später sind sie dann an der Außenseite der Plasmamembran zu finden.

aus GPI-verankerten Oberflächenproteinen ab, wenn sie von Zellen des Immunsystems angegriffen werden. GPI-Anker sind auch daran beteiligt, Plasmamembranproteine in spezielle Domänen, wie Lipidflöße, zu lenken. So werden diese Proteine von anderen Membranproteinen abgetrennt (s. **Abb. 10.13**).

12.2.10 Translozierte Polypeptidketten nehmen im Lumen des rauen ER ihre endgültige Form an

Proteine gelangen in das Lumen des ER als ungefaltete Polypeptide. Daher müssen sie sich falten und ihre korrekte dreidimensionale Struktur einnehmen, so wie das neu hergestellte Proteine im Cytosol auch tun müssen (in Kapitel 3 besprochen). Um diesem Bedarf gerecht zu werden, enthält das Lumen des ER in hoher Konzentration Chaperone und andere Proteinfaltungskatalysatoren. Solche **ER-residenten Proteine** enthalten ein **ER-Retentionssignal** aus vier Aminosäuren an ihrem Carboxyterminus, das für das Zurückhalten des Proteins im ER verantwortlich ist (s. **Abb. 12.13**; Einzelheiten in Kapitel 13).

Ein Hauptbestandteil der ER-Faltungsmaschinerie ist das Protein **BiP** (Bindungsprotein), das zur Hsp70-Familie der Chaperone gehört. Wie BiP Proteine posttranslational durch den ER-Translokator Sec61 in das Innere des ER zieht, wurde bereits diskutiert. Wie andere Chaperone (die in Kapitel 6 erörtert werden) erkennt auch BiP ungefaltete Polypeptidketten sowie Proteinuntereinheiten, die ihre Assoziationspartner für die Bildung eines oligomeren Verbundes noch nicht gefunden haben. Um dies zu erreichen, bindet BiP an zugängliche hydrophobe Aminosäuresequenzen, die normalerweise im Inneren eines korrekt gefalteten Proteins oder zusammengelagerter Polypeptidketten vergraben wären. Das gebundene BiP verhindert nicht nur die ungewollte Aggregation der Peptidkette, es hilft außerdem bei der Retention dieses noch ungenügend gefalteten Proteins im ER. Proteine werden so vom Golgi-Apparat und nachfolgenden Kompartimenten des Sekretionswegs ferngehalten. BiP hydrolysiert ATP, um zwischen Zuständen mit hoher und geringer Bindungsaffinität zu wechseln. Auf diese Weise kann BiP periodisch seine Substratproteine loslassen, damit diese Gelegenheit haben, sich zu falten, und sie wieder binden, wenn die Faltung noch nicht vollendet ist.

Ein ER-residentes Protein ist das Enzym *Protein-Disulfidisomerase* (PDI), das die Oxidation freier Thiolgruppen (auch als Sulfhydrylgruppen bzw. SH-Gruppen bezeichnet) an Cysteinresten zu Disulfid (S–S)-Brücken katalysiert (**Abb. 12.31**). Fast alle Cysteine von Proteindomänen, die später dem extrazellulären Raum oder den Innenräumen anderer Organellen entlang des Sekretions- oder des Endocytosewegs ausgesetzt sein werden, bilden Disulfidbrücken aus. Disulfidbindungen stabilisieren den gefalteten Zustand

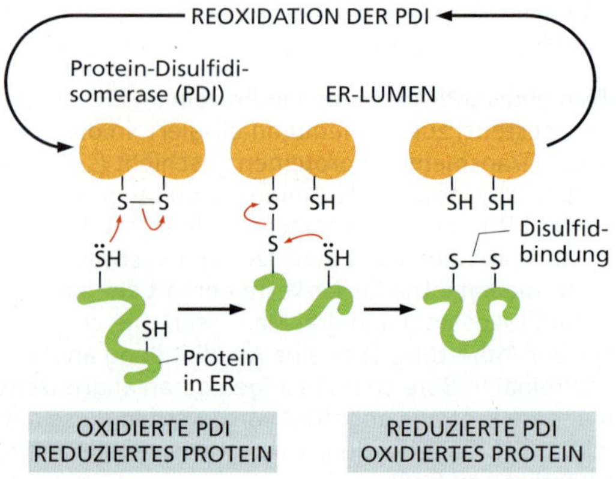

Abb. 12.31 Die Bildung von Disulfidbindungen im ER. Proteine, die freie Thiolgruppen (Sulfhydrylgruppen, SH) an Cysteinen enthalten, werden während der Proteinfaltung oxidiert, um Disulfid (S–S)-Bindungen einzubauen. Die Protein-Disulfidisomerase (PDI) enthält eine intramolekulare Disulfidbindung, die Elektronen von einer freien Thiolgruppe aus einem Protein (Substrat für das Enzym) aufnimmt, die dadurch oxidiert wird. Dies führt zur Bildung einer intermolekularen gemischten Disulfidbindung zwischen dem PDI und seinem Substrat. Eine zweite freie Thiolgruppe im Substrat gibt dann ihre Elektronen an die gemischte Disulfidbindung ab, was zu einem oxidierten Substrat und reduzierter PDI führt. Die Reoxidation von PDI wird von anderen ER-Enzyme (die nicht gezeigt sind) durchgeführt.

eines Proteins. Dadurch kann es einer rauen, variablen und chaperonfreien extrazellulären Umgebung besser widerstehen. Da Proteine oft mehrere Cysteine enthalten, werden sie manchmal falsch gepaart. PDI löst dieses Problem, indem es die Disulfidbindungen in einem Protein neu anordnet, bis es korrekt gefaltet ist. Dies ist möglich, weil die PDI-Enzyme in der Lage sind, falsch gepaarte Disulfide von unreifen Proteinen zu reduzieren (Rückreaktion der Oxidation). Das ER-Lumen enthält mehrere Mitglieder der PDI-Familie, von denen einige, die darauf spezialisiert sind, Disulfidbindungen zu reduzieren, um fehlgefaltete Proteine, die für den Abbau zurück zum Cytosol transloziert werden müssen, vollständig zu entfalten (wird später erläutert). Alle PDI-Enzyme sind also Oxidoreduktasen, die entweder die Bildung (Oxidation) oder Spaltung (Reduktion) von Disulfidbindungen in ihren Kundenproteinen katalysieren können. Die Bildung von Disulfidbindungen hängt von der Aufrechterhaltung einer oxidierenden Umgebung im ER-Lumen ab. Disulfidbindungen bilden sich nur sehr selten in Domänen, die dem Cytosol ausgesetzt sind, da im Cytosol ein reduzierendes chemisches Milieu herrscht.

12.2.11 Die meisten am rauen ER synthetisierten Proteine werden durch die kovalente Addition eines universellen N-verknüpften Oligosaccharids glykosyliert

Das kovalente Anbringen von Oligosacchariden an Proteine ist eine der biosynthetischen Hauptaufgaben des Endoplasmatischen Reticulums. Etwa die Hälfte der löslichen und membrangebundenen Proteine, die im ER prozessiert werden, einschließlich der für den späteren Weitertransport zum Golgi-Apparat oder darüber hinaus zu den Lysosomen, der Plasmamembran oder dem extrazellulären Raum bestimmten, sind **Glykoproteine**, die auf diese Art modifiziert werden. Einige Proteine des Cytosols und des Zellkerns werden ebenfalls glykosyliert, aber nicht mit großen Oligosacchariden: Sie tragen stattdessen weit weniger komplizierte Kohlenhydratmodifikationen, bei denen ein einzelner N-Acetylglukosaminrest kovalent an ein Serin oder Threonin des betreffenden Proteins gebunden ist.

Bei der häufigsten **Proteinglykosylierung** im ER wird eine vorgefertigte *Oligosaccharidvorstufe* (die vierzehn Monosaccharideinheiten enthält, die aus zwei N-Acetylglukosaminen, neun Mannosen und drei Glukosen bestehen) als eine Einheit auf die Proteine übertragen. Dieses Oligosaccharid wird mit der freien Aminogruppe (NH_2–) in der Seitenkette eines Asparagins des betreffenden Proteins kovalent verknüpft; man spricht deshalb von *N-verknüpften* oder *Asparagin (Asn)-verknüpften* Kohlenhydraten (**Abb. 12.32a**). Die Oligosaccharidvorstufe wird von einem speziellen Lipid, dem **Dolichol**, mit dem sie verknüpft ist, an der ER-Membran fixiert. Die Oligosaccharidvorstufe wird in einem einzelnen enzymatischen Schritt durch eine **Oligosaccharyl-Transferase** auf das Ziel-Asparagin übertragen. Dieses an die Membran gebundene Enzym assoziiert mit dem Sec61-Translokator. Sein aktives Zentrum ist auf der luminalen Seite der ER-Membran zugänglich. Dies erlaubt der Oligosaccharyl-Transferase neu hergestellte Proteine sofort zu modifizieren, nachdem das Zielasparagin in das ER-Lumen während der Proteintranslokation gelangt (**Abb. 12.32b**).

Die Oligosaccharidvorstufe wird Zucker für Zucker am membrangebundenen Lipid Dolichol aufgebaut. Zuerst werden die dazu verwendeten Monosaccharide durch die Bildung eines *Nukleotid-Zucker-Intermediats* (als Nukleotid werden UDP oder GDP verwendet) im Cytosol aktiviert, die zunächst ihren Zucker an das Lipid Dolichol übergeben und es dann zu dem teilweise aufgebauten Oligosaccharidbaum umladen, wobei eine bestimmte Abfolge eingehalten wird. Auf halbem Weg dieser Reaktionssequenz wird das entstandene Lipid-verknüpfte Oligosaccharid (Glykolipid) mithilfe eines Transporters von der cytosolischen auf die Lumenseite der ER-Membran herumgedreht (**Abb. 12.33**).

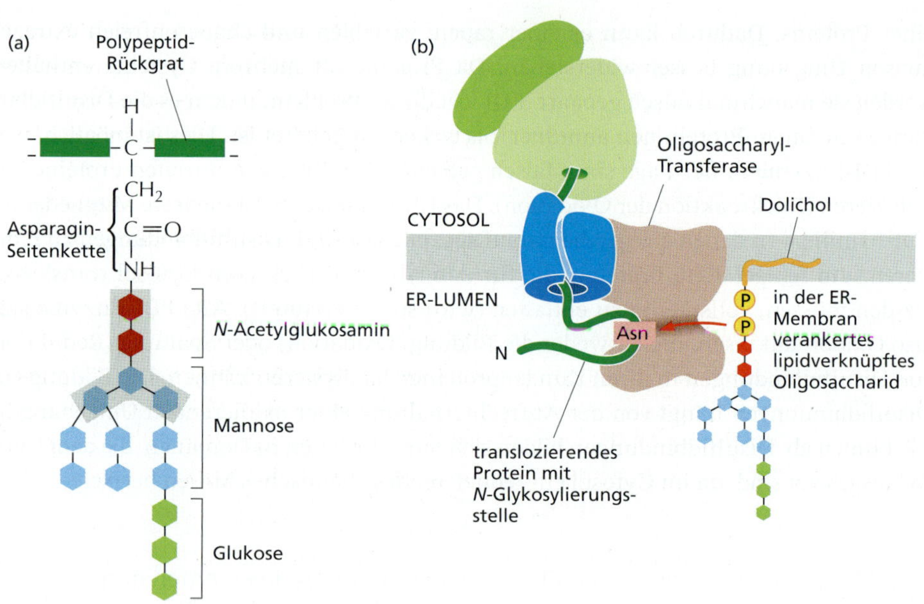

Abb. 12.32 ***N*-verknüpfte Proteinglykosylierung im rauen ER.** (a) Sobald eine Polypeptidkette in das ER-Lumen gelangt, wird sie auch schon an Ziel-Asparagin-Aminosäuren glykosyliert. Die vorsynthetisierte Oligosaccharideinheit (*farbig* dargestellt) wird nur an Asparagin-Seitenketten in der Sequenz Asn-X-Ser bzw. Asn-X-Thr (wobei X jede beliebige Aminosäure bis auf Prolin sein kann) angeheftet. Diese Sequenzen treten in Glykoproteinen weit weniger häufig auf als in nicht glykosylierten cytosolischen Proteinen. Offensichtlich gab es während der Proteinevolution einen Selektionsdruck gegen diese Sequenzen, vermutlich da eine Glykosylierung an unpassenden Stellen die Proteinfaltung beeinträchtigen würde. Die fünf Zuckerreste im *grau* unterlegten Bereich bilden den „Kernbereich" dieses Oligosaccharids. Bei vielen Glykoproteinen überlebt nur dieser Kernbereich die ausgedehnte Beschneidung (Trimmung), der die Glykosidketten im Golgi-Apparat unterliegen. (b) Die vorsynthetisierte Oligosaccharideinheit wird von einem speziellen Lipid, dem Dolichol, mit dem sie verknüpft ist, als intakte Einheit in einer von einem membrangebundenen Oligosaccharyl-Transferase-Enzym-Komplex katalysierten Reaktion auf einen Asparaginrest übertragen. Ein Exemplar dieses Enzyms ist jeweils mit einem Proteintranslokator in der ER-Membran assoziiert. Die Oligosaccharyl-Transferase besitzt 13 Transmembran-α-Helices und eine große ER-Lumen-Domäne, die Bindungsstellen für das naszierende Protein und Dolichol-Oligosaccharide enthält.

Die N-verknüpften Oligosaccharide sind die bei weitem häufigsten Oligosaccharide, sie kommen bei 90 % aller Glykoproteine vor. In deutlich geringerem Maße werden Oligosaccharide mit den Hydroxygruppen in den Seitenketten von Serinen, Threoninen, Hydroxylysinen oder Hydroxyprolinen verknüpft. Ein erstes Zuckermolekül dieser *O-verknüpften Oligosaccharide* wird im ER angehängt. *N*- und *O*-verknüpfte Oligosaccharide unterliegen anschließend im Golgi-Apparat (Kapitel 13) umfangreichen Verarbeitungen, Modifikationen und Erweiterungen, wodurch eine Vielfalt an Oligosaccharidstrukturen, wie man sie auf reifen Glykoproteinen beobachtet, geschaffen wird.

12.2.12 Oligosaccharide werden als Markierungen verwendet, um den Faltungszustand eines Proteins zu erkennen

Es wurde lange darüber gerätselt, warum die Glykosylierung eine so verbreitete posttranslationale Modifikation an Proteinen, die in das ER gelangen, darstellt. Eine besonders verwirrende Beobachtung war, dass einige Proteine auf die *N*-verknüpfte Glykosylierung für die Ausbildung der korrekten Faltung angewiesen sind. Dabei scheinen aber die genauen Stellen, an denen die Oligosaccharide an der Proteinoberfläche angebracht sind, gar nicht wichtig zu sein. Ein Hinweis auf die Rolle der Glykosylierung bei der Proteinfaltung stammte aus Studien zu zwei Chaperonproteinen des ER, die **Calnexin** und **Calreticulin** heißen. Ihre gleich beginnenden Namen haben sie bekommen, weil die Aktivität beider Proteine von Ca^{2+}-Ionen abhängt. Die beiden Chaperonproteine sind kohlenhydratbindende Proteine oder *Lektine*, die an Oligosaccharide von unvollständig gefalteten Proteinen binden und sie im ER zurückhalten. Wie andere Chaperone auch verhindern sie die irreversible Aggregation unvollständig gefalteter Polypeptide. Sowohl Calnexin als auch Calreticulin fördern die Assoziation unvollkommen gefalteter Proteine mit noch einem anderen Chaperonprotein des ER, das mit Cysteinen wechselwirkt, die noch keine Disulfidbindungen ausgebildet haben.

Wie unterscheiden Calnexin und Calreticulin richtig gefaltete von unvollständig gefalteten Proteinen? Die Antwort liegt in der Struktur des Oligosaccharids, das an das Protein gebunden ist. Kurz nachdem ein neu hergestelltes Protein eine *N*-verknüpfte Oligosaccharidvorstufe erhält, entfernen ER-Glucosidasen schnell zwei Glukosen und lassen eine einzelne terminale Glukose zurück. Dieses einfach glucosylierte Oligosaccharid

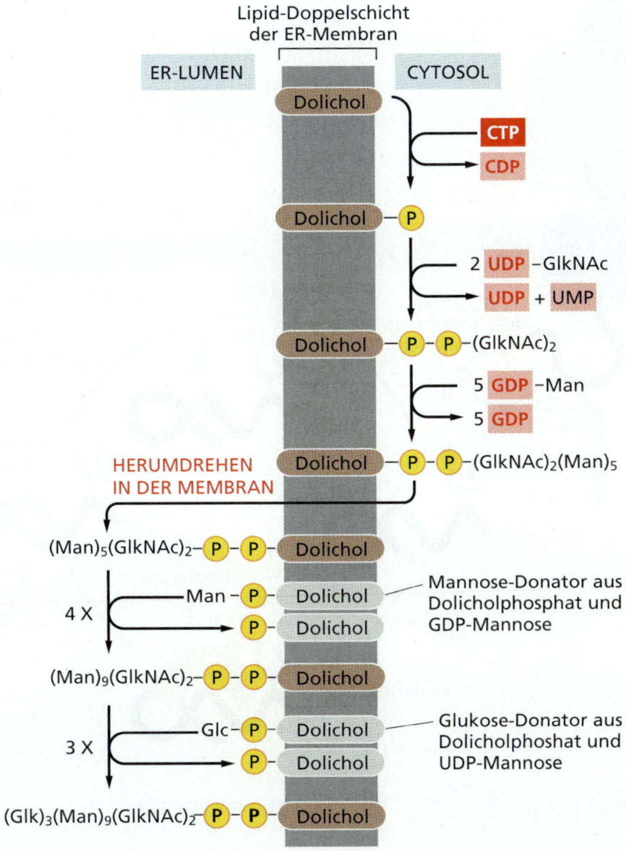

Abb. 12.33 Synthese des lipidverknüpften Oligosaccharid-Vorläufermoleküls in der rauen ER-Membran. Das Oligosaccharid wird Zucker für Zucker am Transportlipid Dolichol (einem Polyisoprenoid; s. **Tafel 2.5**) aufgebaut. Das Dolicholmolekül ist lang und sehr hydrophob: Seine 22 Einheiten aus fünf Kohlenstoffatomen können die Dicke der Lipid-Doppelschicht einer biologischen Membran mehr als dreimal durchspannen, sodass das anhängende Oligosaccharid sicher in der Membran verankert ist. Die erste Zuckereinheit ist mit dem Dolichol über eine Diphosphatbrücke verknüpft. Diese energiereiche Bindung „aktiviert" das Oligosaccharid für die letztendliche Übertragung von diesem Lipid auf eine Asparagin-Seitenkette eines wachsenden Polypeptids auf der luminalen Seite des rauen Endoplasmatischen Reticulums. Wie der Zeichnung zu entnehmen ist, beginnt die Synthese des Oligosaccharids auf der cytosolischen Seite der ER-Membran und setzt sich auf der luminalen Seite fort, nachdem das $(Man)_5(GlkNAc)_2$-Lipid-Intermediat in der Membran von einem speziellen Transporter (in der Abbildung nicht dargestellt) herumgedreht worden ist. Alle nachfolgenden Glykolsyltransferreaktionen auf der luminalen Seite des ER beinhalten die Übertragung von Dolichol-P-Glukose und Dolichol-P-Mannose; diese aktivierten, lipidverknüpften Monosaccharide werden aus Dolicholphosphat und UDP-Glukose bzw. UDP-Mannose (je nach Bedarf) auf der cytosolischen Seite des ER hergestellt und dann durch Herumschnellen („flipping") des Moleküls in der Membran auf die andere Seite gebracht. GlkNAc = N-Acetylglukosamin; Man = Mannose; Glk = Glukose.

wird von Calnexin und Calreticulin erkannt, wodurch sichergestellt wird, dass alle neu gebildeten (und damit wahrscheinlich noch nicht gefalteten) Glykoproteine an eines dieser Chaperone binden. Diese letzte Glukose wird im Laufe der Zeit entfernt, sodass ein de-glukosyliertes Glykoprotein zurückbleibt, das nicht mehr an Calnexin oder Calreticulin bindet. Wenn das Glykoprotein gefaltet ist, kann es das ER verlassen. Ein weiteres ER-Enzym, eine Glukosyltransferase, fügt jedoch die terminale Glukose selektiv wieder an Glykoproteine an, die noch nicht vollständig gefaltet sind. Die endständige Glukose bewirkt dann eine erneute Assoziation des nicht gefalteten Proteins mit Calnexin oder Calreticulin. Auf diese Weise treiben „Glukosetrimmung" (durch Glukosidasen) und Anheften von Glukose (durch die Glukosyltransferase) den Kreislauf zwischen Dissoziation und Reassoziation mit Calnexin und Calreticulin an, bis ein neu gebildetes ungefaltetes Protein seinen vollständig gefalteten Zustand erreicht hat (**Abb. 12.34**).

12.2.13 Nicht richtig gefaltete Proteine werden aus dem ER exportiert und im Cytosol abgebaut

Ungeachtet aller Hilfe durch Chaperonproteine erreichen viele Proteinmoleküle, die in das ER geschleust wurden, nicht das Ziel, sich richtig zu falten oder Oligomere zu bilden. Solche Proteine werden wieder aus dem ER zurück in das Cytosol exportiert und dort in Proteasomen abgebaut (in Kapitel 6 erläutert). In vielerlei Hinsicht ähnelt der Mechanismus dieser retrograden Translokation anderen posttranslationalen Translokationsarten.

Wie beim posttranslationalen Import in das ER sind beispielsweise Chaperonproteine nötig, um die Polypeptidkette vor und während der Translokation im ungefalteten Zustand zu halten. Entsprechend ist Energie erforderlich, um dem Transport einen

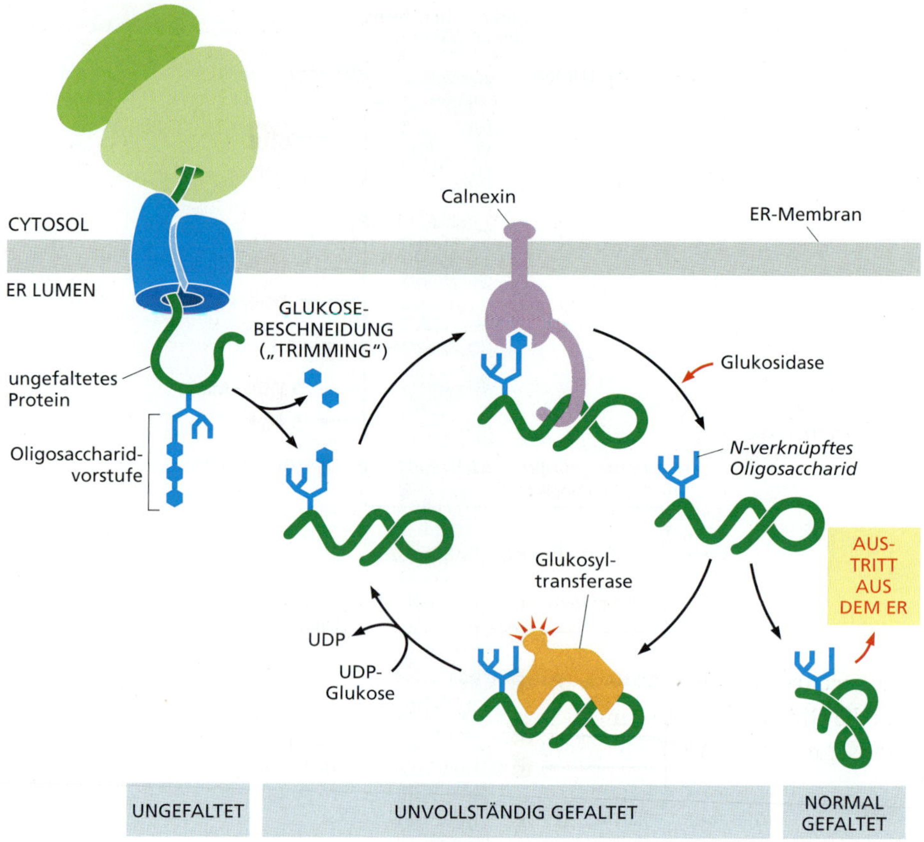

Abb. 12.34 Die Rolle der *N*-verknüpften Glykosylierung bei der Proteinfaltung im ER. Das an die ER-Membran gebundene Chaperon Calnexin bindet an unvollständig gefaltete Proteine, die eine terminale Glukoseeinheit an ihrem *N*-verknüpften Oligosaccharid tragen. Diese Wechselwirkung hält das neue Protein im ER zurück. Die Entfernung des terminalen Glukoserests durch eine Glukosidase befreit das Protein vom Calnexin. Eine Glukosyltransferase ist das Enzym, das entscheidet, ob ein Protein korrekt gefaltet ist oder nicht: Falls das Protein noch immer unvollständig oder fehlerhaft gefaltet ist, überträgt das Enzym einen neuen Glukoserest von einem UDP-Glukosemolekül auf das *N*-verknüpfte Oligosaccharid; es erneuert damit die Affinität des in Faltung befindlichen Proteins für Calnexin und hält es dadurch weiterhin im ER. Der Vorgang wiederholt sich, bis sich das Protein vollständig in die richtige Form gefaltet hat. Calreticulin funktioniert auf ähnliche Weise, abgesehen davon, dass es ein lösliches ER-residentes Protein ist. Ein weiteres ER-Chaperon, ERp57 (in der Abbildung nicht gezeigt), arbeitet mit Calnexin und Calreticulin bei der Retention unvollständig gefalteter Proteine im ER zusammen. Unvollständig gefaltete Proteine werden von ERp57 anhand freier Thiolgruppen erkannt, die sozusagen unfertige Disulfidbrücken darstellen. Je länger ein Protein in diesem Kreislauf verweilt, ohne korrekt gefaltet zu werden, umso wahrscheinlicher ist es, dass ER-ansässige Mannosidase-Enzyme (nicht dargestellt) die endständige Mannose von dem *N*-verknüpften Oligosaccharid entfernen. Das so beschnittene Oligosaccharid mit verringerten Mannosen wird durch andere ER-Lektine erkannt, die das Polypeptid zum Abbau leiten. Auf diese Art werden nur solche Proteine, die den Faltungsprozess unverzüglich beenden und das ER wieder verlassen, davor bewahrt, von Mannosidasen beschnitten und damit abgebaut zu werden.

Richtungssinn zu geben und das Protein ins Cytosol zu ziehen. Schließlich ist ein Translokator notwendig.

Die Auswahl von Proteinen aus dem ER für den Abbau ist ein schwieriger Vorgang: Fehlgefaltete oder nicht zusammengefügte Proteinuntereinheiten sollten abgebaut werden, nicht aber Faltungszwischenprodukte neu hergestellter Proteine. Für diese Unterscheidung kommt Hilfe von *N*-verknüpften Oligosacchariden, die als Zeitmesser dienen und ermitteln, wie viel Zeit ein Protein im ER verbracht hat. Das langsame Beschneiden einer bestimmten Mannose auf dem Kern-Oligosaccharidbaum durch ein Enzym (eine Mannosidase) im ER erzeugt eine neue Oligosaccharidstruktur, die durch im ER-Lumen vorkommende Lektine des Retrotranslokationsapparates erkannt wird. Proteine, die sich rascher falten und schneller das ER verlassen als die Mannosidase die Mannose entfernen kann, entkommen somit dem Abbau.

Zusätzlich zu den Lektinen im ER, die die Oligosaccharide erkennen, binden Chaperone und Disulfidisomerasen an die Proteine, die abgebaut werden sollen. Die Chaperone verhindern, dass nicht gefaltete Proteine aggregieren. Die Disulfidisomerasen brechen Disulfidbrücken auf, die möglicherweise nicht richtig gebildet wurden, sodass eine lineare (ungefaltete) Polypeptidkette zurück ins Cytosol befördert werden kann.

Viele Translokatorkomplexe befördern verschiedene Proteine von der ER-Membran oder dem ER-Lumen ins Cytosol. Translokatorkomplexe besitzen immer eine E3-Ubiquitin-Ligase (Kapitel 6), die Polyubiquitinketten an die ungefalteten Proteine heftet, sobald diese in das Cytosol entlassen werden, womit sie für den Abbau markiert werden. Angetrieben von der ATP-Hydrolyse zieht eine hexamere ATPase aus der Familie der AAA-ATPasen (s. **Abb. 6.88**) das ungefaltete Protein durch den Translokator ins Cytosol. Eine *N*-Glykanase entfernt jede an das zurücktranslozierte Protein angehängte

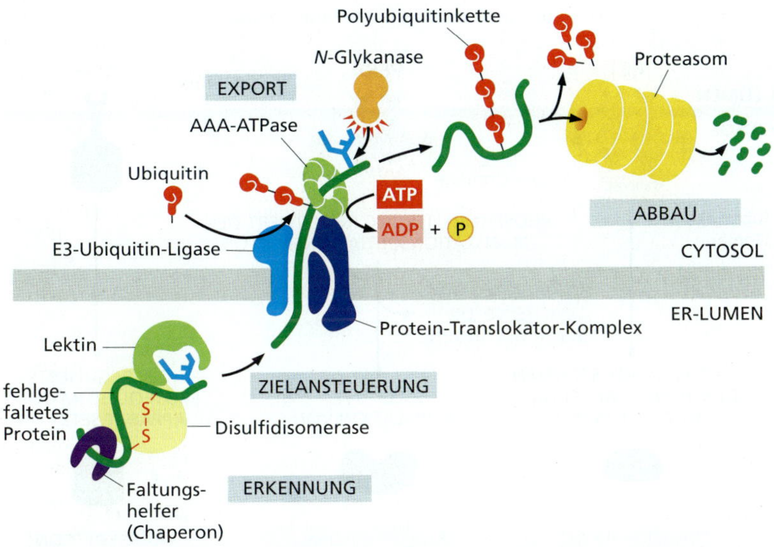

Abb. 12.35 Der Export und der Abbau falsch gefalteter ER-Proteine. Fehlgefaltete lösliche Proteine des ER-Lumens werden erkannt und zu einem Translokatorkomplex in der ER-Membran geleitet. Im ER-Lumen wechselwirken sie zuerst mit Chaperonen, Disulfidisomerasen und Lektinen. Die Chaperone halten das fehlgefaltete Protein in einer ungefalteten Konformation und verhindern seine Aggregation. Die Disulfidisomerasen reduzieren Disulfidbindungen, um das Protein vollständig zu entfalten. Die Lektine erkennen selektiv getrimmte *N*-verknüpfte Oligosaccharide, die entstehen, wenn ein Protein zu lange im ER verweilt. Die Lektine haben Bindungsstellen an einem in die Membran eingebetteten Protein-Translokator, der um eine E3-Ubiquitin-Ligase gebaut ist. Das entfaltete Protein wird dann durch den Translokator ins Cytosol exportiert. Die E3-Ubiquitin-Ligase ubiquityliert das ungefaltete Protein, wenn es auf der cytosolischen Seite des Translokators auftaucht. Das Ubiquitin verhindert das Zurückgleiten des Proteins in das ER und bietet einen molekularen Griff für eine AAA-ATPase, die die Extraktionsreaktion abschließt. Das entfaltete Protein wird dann deglykosyliert und in Proteasomen abgebaut. Fehlgefaltete Membranproteine folgen einem ähnlichen Weg, aber man nimmt an, dass sie den Translokator seitlich in der Lipid-Doppelschicht binden. Vielfältige Translokator-Komplexe, die verschiedene E3-Ubiquitin-Ligasen enthalten, kommen im ER vor. Es wird angenommen, dass sie für verschiedene Untergruppen von Proteinen, die auf unterschiedliche Weise fehlgefaltet sind, zuständig sind.

Oligosaccharidkette in einem Stück (*en bloc*). Das deglykosylierte Polypeptid wird – durch die Ubiquitinmarkierung gelenkt – rasch in ein Proteasom eingeschleust, wo es zu Aminosäuren abgebaut wird (**Abb. 12.35**).

12.2.14 Fehlgefaltete Proteine aktivieren im ER eine Reaktion auf ungefaltete Proteine

Zellen überwachen sorgfältig die Menge fehlerhaft gefalteter Proteine in den verschiedenen Kompartimenten. Eine Anhäufung fehlgefalteter Proteine im Cytosol z. B. führt zu einer *Hitzeschockreaktion* (s. Kapitel 6), die die Transkription von Genen auslöst, die für cytosolische Chaperone codieren, die dann den Proteinen helfen, sich neu zu falten. Auf ähnliche Weise führt eine Akkumulation fehlgefalteter Proteine im ER zu einer **Reaktion auf ungefaltete Proteine**, die die Transkription von Genen anstößt, die gemeinsam die Kapazität der Proteinfaltung im ER verbessern. Die zur Transkription angeregten Gene, codieren für ER-Chaperone, für die Maschinerie zur retrograden Proteintranslokation und zum Abbau, für Faktoren, die beim Proteintransport aus dem ER gebraucht werden, und für Faktoren, die zur Erweiterung der Membran benötigt werden. Diese mehrgleisige Antwort funktioniert durch Kopplung der Erkennung fehlgefalteter Proteine im ER-Lumen mit der Synthese transkriptionsregulierender Proteine, die in den Zellkern wandern, um die Transkription von Hunderten von Genen einzustellen.

Wie kommt nun ein Signal über fehlerhaft gefaltete Proteine aus dem ER in den Zellkern? Es gibt drei parallele Wege, wie die Zelle auf auf ungefaltete Proteine reagiert (**Abb. 12.36**). Der erste Weg wurde ursprünglich in Hefezellen entdeckt. Er findet sich bei allen eukaryotischen Zellen und ist besonders bemerkenswert. Fehlgefaltete Proteine im ER aktivieren eine Transmembran-Proteinkinase im ER, IRE1 genannt, was dazu führt, dass die Kinase oligomerisiert und sich selbst phosphoryliert. Manche Zelloberflächenrezeptorkinasen in der Plasmamembran werden mit einem ähnlichen Mechanismus aktiviert (s. Kapitel 15). Oligomeres und phosphoryliertes IRE1 ermöglicht seiner cytosolischen Endoribonuklease-Domäne ein Intron aus einem spezifischen cytosolischen mRNA-Molekül zu entfernen. IRE1 erfüllt diese Aufgabe, indem es die mRNA an zwei Stellen spaltet, die dann durch eine RNA-Ligase zusammengefügt werden. Die durch diese Spleißreaktion entstandene mRNA wird translatiert, sodass ein aktives

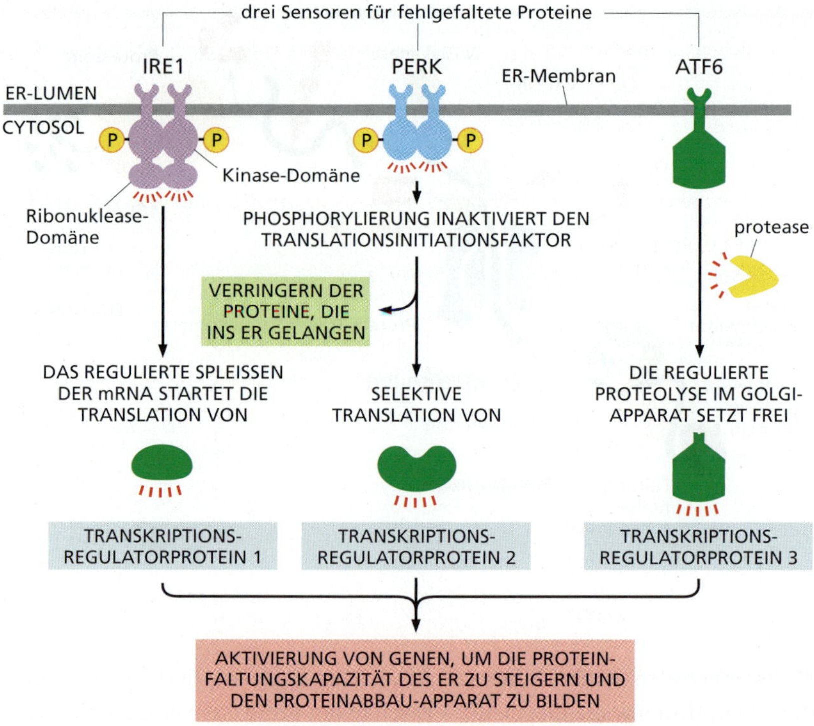

Abb. 12.36 Die Reaktion auf ungefaltete Proteine. Drei parallele intrazelluläre Signalwege erkennen fehlgefaltete Proteine im ER-Lumen und führen zur Aktivierung der Transkription im Zellkern. Jeder Signalweg beginnt mit einem ER-ansässigen Sensor für fehlgefaltete Proteine. Wenn diese Sensoren aktiviert werden, leiten sie verschiedene nachgeschaltete Signalwege ein. Obwohl die nachgeschalteten Mechanismen sehr unterschiedlich sind, gipfeln sie alle in der Produktion eines aktiven Transkriptionsfaktors. Die sich überschneidenden Ziele der Transkriptionsfaktoren erzeugen Genprodukte, die die Proteinverarbeitungskapazität des ER verbessern und die Proteinabbaukapazität der Zelle erhöhen.

Transkriptionsregulatorprotein entsteht, das die Expression einer Reihe von Genen steigert, deren Proteine bei der Reaktion auf ungefaltete Proteine helfen (**Abb. 12.37**). Das regulierte Spleißen einer cytosolischen mRNA durch IRE1 ist eine einzigartige Ausnahme von der Regel, dass das gesamte mRNA-Spleißen im Zellkern stattfindet und durch das Spleißosom katalysiert wird.

Fehlgefaltete Proteine aktivieren auch eine zweite Transmembrankinase im ER, PERK genannt, die einen Translationsinitiationsfaktor hemmt, indem sie ihn phosphoryliert und dadurch die Bildung neuer Proteine in der ganzen Zelle verringert. Eine Folge dieser verringerten Proteinsynthese ist ein verminderter Proteinfluss ins ER, dadurch wird die Proteinmenge, die dort gefaltet werden muss, verkleinert. Manche Proteine werden jedoch bevorzugt translatiert, wenn Translationsinitiationsfaktoren knapp sind (erläutert in Kapitel 7). Eines dieser Proteine ist ein Transkriptionsregulatorprotein, das die Aktivierung der Transkription von Genen unterstützt, die für Proteine codieren, die bei der Reaktion auf ungefaltete Proteine aktiv sind.

Schließlich wird ein dritter Transkriptionsregulator, ATF6 genannt, zunächst als ein ER-Transmembranprotein synthetisiert. Weil es in die ER-Membran eingebettet ist, kann es die Transkription der Gene im Zellkern nicht aktivieren. Wenn sich fehlgefaltete Proteine im ER anhäufen, wird ATF6 jedoch zum Golgi-Apparat transportiert. In der Membran des Golgi-Apparats ansässige Proteasen schneiden die cytosolische Domäne von ATF6 ab. Daraufhin kann ATF6 zum Zellkern wandern und die Aktivierung der Transkription von Genen unterstützen, die für Proteine codieren, die an der Reaktion auf ungefaltete Proteine beteiligt sind. Dies ähnelt dem weiter unten in diesem Kapitel beschriebenen Mechanismus für die Aktivierung eines „schlafenden" in die Membran eingebetteten Transkriptionsfaktors, der die Cholesterinbiosynthese kontrolliert. Die relative Bedeutung jedes dieser drei Wege zur Reaktion auf ungefaltete Proteine unterscheidet sich von Zellart zu Zellart; dadurch wird jede Zelle befähigt, die Antwort auf ungefaltete Proteine für ihre besonderen Bedürfnisse maßzuschneidern.

Unter normalen physiologischen Bedingungen werden die Signalwege, die die Reaktion auf ungefaltete Proteine steuern, genutzt, um die ER-Kapazität an die Nachfrage

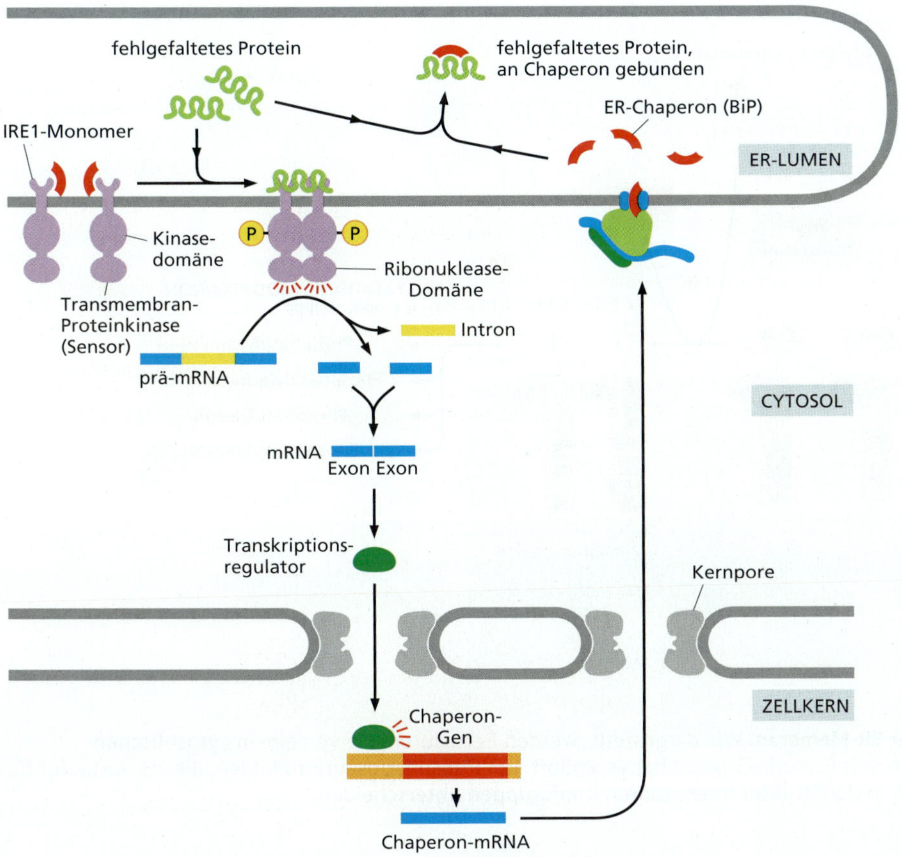

Abb. 12.37 Das IRE1-Glied der Reaktion auf ungefaltete Proteine. Reguliertes RNA-Spleißen ist ein wichtiger regulatorischer Schalter im Reaktionsweg auf ungefaltete Proteine, der durch IRE1 eingeleitet wird. Unter normalen Bedingungen wird IRE1 in einem inaktiven Zustand gehalten, indem es mit dem Chaperon BiP aus dem ER-Lumen assoziiert vorliegt. Erhöhte Spiegel von fehlgefalteten Proteinen aktivieren IRE1 durch eine Kombination von zwei Mechanismen. Zuerst dissoziiert BiP von IRE1, um fehlgefaltete Proteine zu binden und vor Aggregation zu schützen. Zweitens binden die fehlgefalteten Proteine an die im Lumen befindliche Domäne von IRE1, wodurch die Bildung von IRE1-Oligomeren erleichtert wird. Das oligomerisierte IRE1 phosphoryliert sich selbst auf der cytosolischen Seite, wodurch seine Ribonuklease-Domäne aktiviert wird. Die aktivierte Ribonuklease katalysiert das Spleißen einer prä-mRNA, die für einen Transkriptionsfaktor codiert, der schließlich zahlreiche Gene im Zellkern aktiviert, einschließlich solcher Gene, die für Chaperone codieren. Mehr Chaperone helfen den Gehalt an fehlgefalteten Proteinen im ER-Lumen zu reduzieren, wodurch schließlich die IRE1-Signalweiterleitung abgeschaltet wird.

anzupassen. Zum Beispiel steigt die Insulinproduktion in β-Zellen der Bauchspeicheldrüse als Reaktion auf die Einnahme einer Mahlzeit erheblich an. Die erhöhte Nachfrage nach der Verarbeitungskapazität des ER, in dem Insulin anfänglich zusammengesetzt wird, aktiviert teilweise PERK, sodass die Zellen die Insulinsyntheserate anpassen können, um eine Überlastung des ER zu vermeiden. In einem anderen Beispiel wird IRE1 aktiviert, wenn B-Zellen mit der Differenzierung zu Plasmazellen beginnen, die Antikörper ausscheiden. Die IRE1-Aktivierung führt zu einer dramatischen Vergrößerung des ER-Inhalts der Zelle als Vorbereitung auf die sehr hohen Mengen an Immunglobulinen, die bald dort zusammengesetzt werden.

Die Reaktion auf ungefaltete Proteine erhöht letztlich die Produktion von Proteinen, die die Proteinverarbeitung im ER verbessern und die Belastung durch fehlgefaltete Proteine reduzieren. Wenn die Homöostase wiederhergestellt ist, nehmen die Aktivitäten von IRE1, PERK und ATF6 ab. Wenn die Homöostase nicht wiederhergestellt werden kann, aktiviert eine anhaltend aktive Signalgebung aus dem ER, insbesondere über PERK, Gene, die die Apoptose einleiten. In mehrzelligen Organismen ist es oft weniger schädlich, eine anhaltend nicht ordnungsgemäß funktionierende Zelle zu eliminieren, als ihre abnormen Interaktionen mit benachbarten Zellen zu riskieren.

12.2.15 Das ER setzt die meisten Lipid-Doppelschichten zusammen

Die ER-Membran ist der Ort der Synthese nahezu aller Haupt-Lipidklassen, einschließlich der Phospholipide und auch des Cholesterins, die für die Herstellung neuer Zellmembranen erforderlich sind. Das in den größten Mengen hergestellte Phospholipid ist das

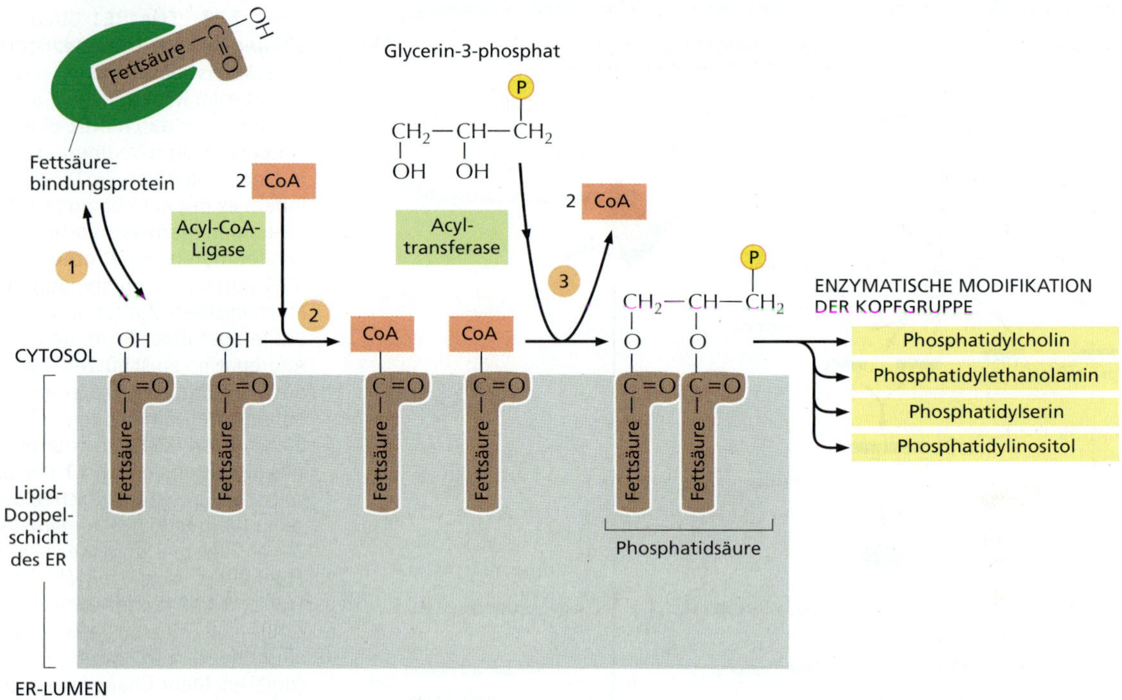

Abb. 12.38 **Die Synthese von Phospholipiden an der ER-Membran.** Wie dargestellt, werden Fettsäuren, die von einem cytosolischen Fettsäurebindungsprotein an das ER geliefert werden, mit Glycerin-3-phosphat verknüpft, um Phosphatidsäure zu bilden, die als Vorläufer für die Herstellung anderer Phospholipide dient, die sich in der Struktur ihrer polaren Kopfgruppen unterscheiden.

Phosphatidylcholin, das in drei Schritten aus Cholin, zwei Fettsäuren und Glycerinphosphat aufgebaut wird (**Abb. 12.38**). Jeder Schritt wird von Enzymen in der ER-Membran katalysiert, die ihr Aktives Zentrum auf der Cytosolseite der Membran haben, wo alle umzusetzenden Metaboliten zu finden sind. Die Phospholipidbiosynthese verläuft also ausschließlich an der cytosolischen Seite der ER-Membran. Da sich Fettsäuren nicht in Wasser lösen, werden sie mithilfe eines Fettsäurebindungsproteins im Cytosol von ihren Syntheseorten zum ER geführt. Nach Ankunft in der ER-Membran und Aktivierung mit Coenzym A verknüpft die Acyltransferase nacheinander zwei Fettsäuremoleküle mit Glycerinphosphat zu Phosphatidsäure. Phosphatidsäure ist ausreichend hydrophob, um ohne weiteres Zutun in der Membran zu verbleiben; sie kann nicht von Fettsäurebindungsproteinen aus der Doppelschicht extrahiert werden. Deshalb ist es dieser erste Schritt, der die Lipid-Doppelschicht des ER vergrößert. Die später erfolgenden Reaktionen legen die Kopfgruppe des neu gebildeten Lipidmoleküls fest und bestimmen so die chemischen Eigenschaften der Membran, aber das ergibt kein Nettomembranwachstum. Die beiden anderen Haupt-Membranphospholipide – Phosphatidylethanolamin und Phosphatidylserin (s. **Abb. 10.3**) – sowie das weniger häufige Phosphatidylinositol (PI) werden alle auf diese Weise synthetisiert.

Da die Phospholipidsynthese ausschließlich in der dem Cytosol zugewandten Schicht der Lipid-Doppelschicht stattfindet, muss ein Mechanismus existieren, um einen Teil der neu gebildeten Membranlipide auf die luminale Seite der Membran zu befördern. In synthetischen Lipid-Doppelschichten wechseln Lipide nicht die Membranseite (s. **Abb. 10.10**). In der Membran des ER kommt es jedoch im Verlauf von Minuten zu einer Gleichverteilung der Phospholipide, was einer ca. 100 000-fachen Beschleunigung gegenüber dem spontanen Umspringen entspricht. Diese große Beweglichkeit zwischen den Membranschichten wird von einem kaum charakterisierten Phospholipid-Translokator namens *Scramblase* herbeigeführt, der die Phospholipide unselektiv und gleichmäßig auf die beiden Schichten der Membran verteilt (**Abb. 12.39**). Es kann daher

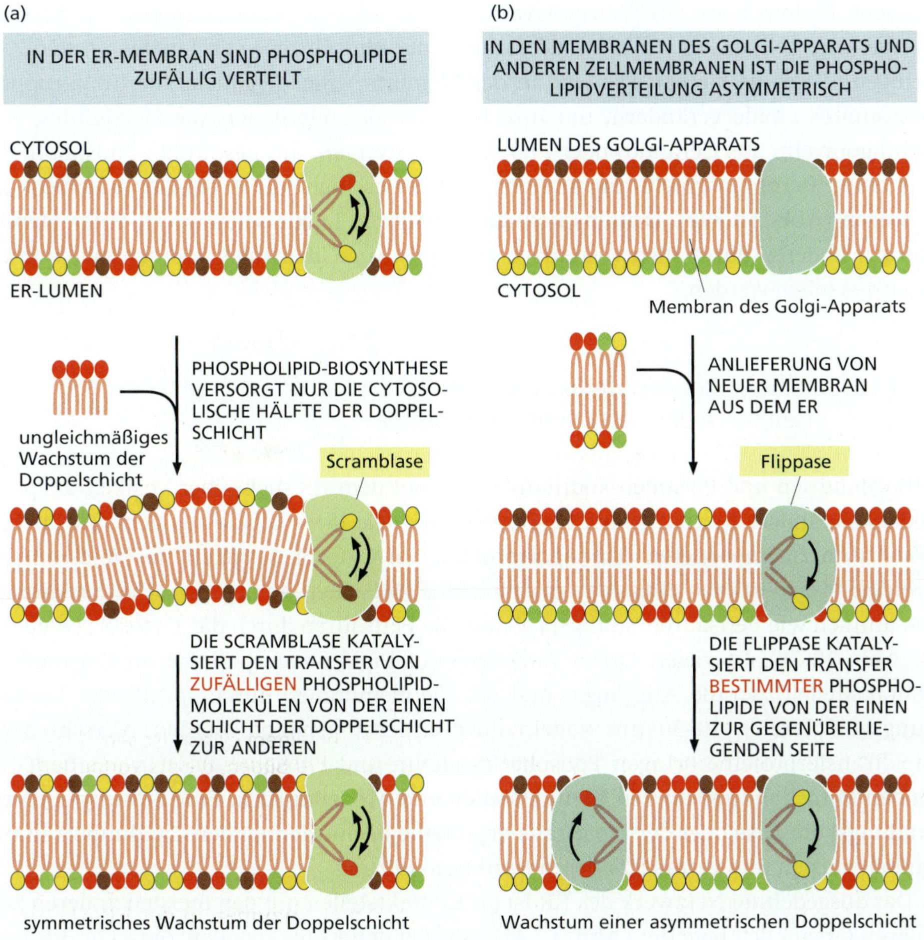

Abb. 12.39 Die Funktion von Phospholipidtranslokatoren bei der Bildung von Lipid-Doppelschichten. (a) Weil neue Lipidmoleküle nur auf der cytosolischen Seite in die ER-Membran-Doppelschicht eingeführt werden und Lipidmoleküle nicht spontan von einer Membranschicht in die andere wechseln („*flipping*"), ist die Hilfe eines Transmembran-Phospholipidtranslokators, einer sogenannten Scramblase, notwendig, um Lipidmoleküle von der cytosolischen auf die luminale Seite einer Organellenmembran zu befördern. Nur so kann die Zelle die Doppelschichtnatur ihrer Membranen aufrechterhalten. Die Scramblase zeigt keine Spezifität für bestimmte Kopfgruppen der Phospholipide; ihr Wirken führt daher im Laufe der Zeit zu einer Gleichverteilung der verschiedenen Phospholipide in beiden Schichten der Membran. Scramblasen benötigen keine Energie, um das Umdrehen von Phospholipiden zu katalysieren und funktionieren wahrscheinlich durch Bereitstellung eines hydrophilen Pfads für die passive Bewegung der Phospholipid-Kopfgruppe durch das hydrophobe Innere der Membran. (b) Die Membranen des Golgi-Apparats, der Zelloberfläche und anderer Kompartimente der Sekretions- und Endocytose-Wege sind asymmetrisch. Wenn eine neue Membran über Transportvesikel angeliefert wird, müssen die ankommenden Lipide auf die passende Seite der Lipid-Doppelschicht verteilt werden, um ihre Asymmetrie zu erhalten. Dies geschieht mithilfe von Enzymen, die Flippasen genannt werden, die ausgewählte Phospholipide in einer Richtung von einer Seite der Doppelschicht auf die andere Seite bewegen. Flippasen koppeln typischerweise den Transport ihres Substrats (die Phospholipid-Kopfgruppe) an die ATP-Hydrolyse und werden daher als aktive Transporter betrachtet (s. Kapitel 11).

davon ausgegangen werden, dass die verschiedenen Phospholipidsorten in den beiden Schichten der ER-Membran gleich verteilt sind.

Das ER synthetisiert außerdem Cholesterin und Ceramid (**Abb. 12.40**). *Ceramid* wird durch eine Kondensationsreaktion der Aminosäure Serin mit einer Fettsäure hergestellt, wodurch der Aminoalkohol *Sphingosin* entsteht (s. **Abb. 10.3**); eine weitere Fettsäure wird kovalent hinzugefügt, um Ceramid zu bilden. Das Ceramid wird dann zum Golgi-Apparat gebracht, wo es als Vorstufe für die Synthese von zwei Arten von Lipiden dient. Durch die Verknüpfung von Ceramid mit Oligosaccharidketten bilden sich *Glykosphingolipide* (Glykolipide; s. **Abb. 10.16**), während es durch die Übertragung von Phosphocholin auf Ceramid zur Bildung von *Sphingomyelin* (in Kapitel 10 behandelt) kommt. Weil Glykolipide und Sphingomyelin von Enzymen gebildet werden, deren Aktive Zentren dem Lumen des Golgi-Apparats zugewandt sind, findet man sie ausschließlich in der nichtcytosolischen Lipidschicht der Lipid-Doppelschicht, die sie enthalten.

Wie in Kapitel 13 diskutiert wird, sind die Plasmamembran und die Membranen des Golgi-Apparats, der Lysosomen und der Endosomen Teile eines Systems von Membranen, das mit dem ER durch Transportvesikel in Verbindung steht. Ein großer Teil der Lipide, aus denen die Membranen dieser Organellen bestehen, wird über die Membranen der ankommenden Transportvesikel geliefert. Trotz des Austauschs von Membranlipiden durch Vesikeltransport ist die Lipidzusammensetzung jeder Organellenmembran unterschiedlich und trägt zu ihrer einzigartigen Identität und ihren funktionellen Eigenschaften bei. Diese Spezialisierung wird durch eine Kombination von drei Mechanismen

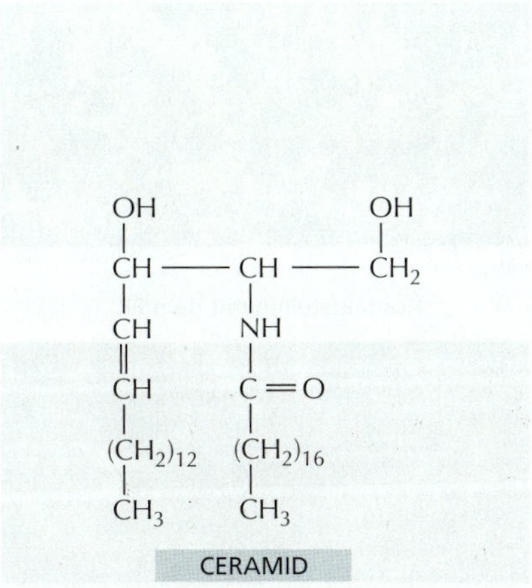

Abb. 12.40 Die Struktur von Ceramid.

erreicht. Erstens kann ein Transportvesikel eine andere Lipidzusammensetzung haben als das Organell, das es verlässt, und dadurch nur eine Gruppe von Lipiden an sein Ziel bringen. Zweitens können Proteine in der Membran einer Organelle die Kopfgruppen bestimmter Lipide verändern, um ihre Identität zu ändern (wie die Herstellung von Sphingomyelin aus Ceramid) oder *Flippasen* verwenden, um bestimmte Phospholipide aus einer Membranschicht zur anderen Membranschicht der Lipid-Doppelschicht zu bewegen (**Abb. 12.39b**). Drittens können spezifische Lipide selektiv von einer Membran zur anderen durch nichtvesikuläre Transportwege übertragen werden, wie wir als nächstes sehen werden.

12.2.16 Membrankontaktstellen zwischen ER und anderen Organellen erleichtern den selektiven Lipidtransfer

Mitochondrien und Plastiden kommunizieren mit dem ER nicht über Vesikeltransport, sodass sie andere Mechanismen benötigen, um viele ihrer Lipide aus dem ER für das Wachstum zu importieren. Transportproteine im Cytosol, so genannte *Lipidtransferproteine* transportieren einzelne Lipidmoleküle zwischen Membranen und funktionieren ähnlich wie Fettsäurebindungsproteine, die Fettsäuren durch das Cytosol schleusen (s. **Abb. 12.38**). In vielen Fällen funktionieren Lipidtransferproteine an Organellenkontaktstellen, wo die Ausgangs- und die Zielmembranen durch spezifische Verbindungskomplexe ~ 10–30 nm voneinander entfernt gehalten werden. Verschiedene Lipidtransferproteine bringen Phosphatidylcholin und Phosphatidylserin aus dem ER zu den Mitochondrien an den Kontaktstellen und wieder zurück. Eine Störung der Verbindungskomplexe oder der Lipidtransferproteine beeinträchtigt den Lipidimport in die Mitochondrien und verursacht deren Funktionsstörung.

Das ausgedehnte Netzwerk des ER ist an Kontaktstellen mit den meisten anderen zellulären Organellen beteiligt (**Abb. 12.41**). Wie bei den Kontaktstellen zwischen ER und Mitochondrien (s. **Abb. 12.16**), besteht eine der Hauptfunktionen dieser Kontaktstellen mit anderen Organellen darin, Lipide auszutauschen (**Abb. 12.42**). Zellen enthalten mehrere Familien von Lipidtransferproteinen. Jedes dieser Proteine kann normalerweise ein Molekül eines bestimmten Lipids (oder in manchen Fällen mehrerer verwandter Lipide) binden und hat zusätzliche Domänen, die mit spezifischen zellulären Membranen interagieren können. Auf diese Weise dienen sie als Shuttle-Proteine, die unterscheidende Spezifitäten für die Donator- und Akzeptormembranen und das Lipid, das sie transportieren, besitzen. Kontaktstellen zwischen zwei Organellmembranen begünstigen die Rekrutierung des Lipidtransferproteins, das an diese Membranen bindet, wodurch die Effizienz des Lipidaustauschs erhöht wird. Cholesterin nutzt ein spezielles Transportsystem auf dem Weg von den Lysosomen, wo es als Cholesterinester in Lipoproteinen angeliefert wird, zur Plasmamembran und zu anderen Orten in der Zelle (was wir in Kapitel 13 besprechen werden).

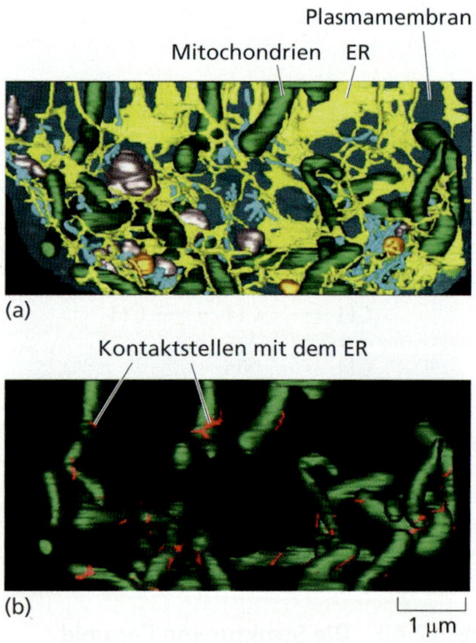

Abb. 12.41 Die räumlichen Beziehungen zwischen dem ER und verschiedenen Organellen in einem Maus-Neuron. Ein Schnitt durch den Zellkörper eines Neurons in einem Mäusegehirn wurde mittels Rasterelektronenmikroskopie mit fokussierten Ionenstrahlen analysiert. (a) Die dreidimensionalen Positionen der wichtigsten Organellen wurden aus den seriellen elektronenmikroskopischen Bildern rekonstruiert und in verschiedenen Farben dargestellt. Das ER (*gelb*) steht in engem Kontakt mit allen Hauptorganellen und der Plasmamembran. (b) Die Mitochondrien (*grün*) aus der Rekonstruktion sind zusammen mit den Bereichen dargestellt, die mit dem ER (*rot*) in Kontakt stehen. (a und b, aus Y. Wu et al., *Proc. Natl. Acad. Sci. USA* 114:E4859–E4867, 2017, National Academy of Science).

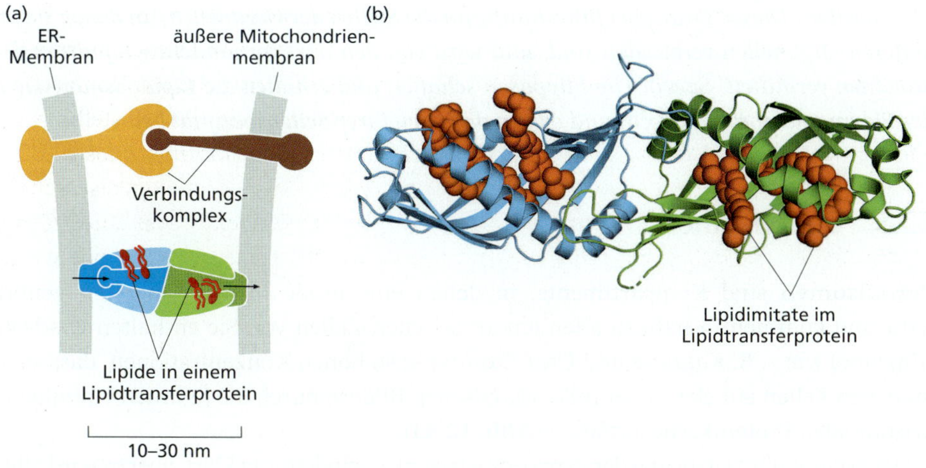

Abb. 12.42 Der Transfer von Lipiden an Kontaktstellen von Organellen. (a) Proteine, die an zwei verschiedenen Membranen verankert sind (ER und Mitochondrium im dargestellten Beispiel) interagieren miteinander, um die Membranen 10–30 nm voneinander entfernt zu halten. Spezialisierte Lipidtransferproteine werden an diese Kontaktstellen rekrutiert oder sind in einigen Fällen Teil des Verbindungskomplexes. Diese Transferproteine haben Hohlräume, die Lipide binden und ihre Bewegung von einer Membran zur anderen erleichtern können. (b) Die Struktur eines solchen Transferproteins ist dargestellt, wobei lipidähnliche Moleküle in seinem Hohlraum gebunden sind. (PDB-Code: 4P42).

Zusammenfassung

Das ausgedehnte Netzwerk des Endoplasmatischen Reticulums dient als Fabrik für fast alle Lipide der Zellen. Außerdem findet an der cytosolischen Seite des rauen ER ein großer Teil der Proteinbiosynthese der Zelle statt: Praktisch alle Proteine, die für die Freisetzung aus der Zelle oder für den Transport zum ER selbst, zum Golgi-Apparat, zu den Lysosomen, zu den Endosomen oder zur Plasmamembran bestimmt sind, werden zuerst aus dem Cytosol in das ER geschafft. Im Lumen des ER falten sich die Proteine und oligomerisieren gegebenenfalls. Es kommt zur Ausbildung von Disulfidbindungen und zur kovalenten Anheftung von N-verknüpften Oligosacchariden. Das Muster der N-verknüpften Glykosylierung wird benutzt, um das Ausmaß der Proteinfaltung festzustellen, sodass ein Protein das ER erst verlassen kann, wenn es die passende dreidimensionale Struktur eingenommen hat. Proteine, die sich nicht korrekt falten oder oligomerisieren, werden durch retrograde Translokation in das Cytosol gebracht, wo sie deglykosyliert, polyubiquitiniert und von Proteasomen abgebaut werden. Falls sich fehlgefaltete Proteine im ER im Übermaß ansammeln, lösen sie die Reaktion auf ungefaltete Proteine aus, die geeignete Gene im Zellkern aktiviert, die dem ER helfen, mit dem Problem fertigzuwerden.

Nur Proteine mit einer speziellen ER-Signalsequenz werden in das ER importiert. Die Signalsequenz wird vom Signalerkennungspartikel (SRP) erfasst, das dann sowohl die wachsende Polypeptidkette als auch das Ribosom bindet und zu einem Rezeptorprotein auf der cytosolischen Seite der rauen ER-Membran dirigiert. Diese Bindung des Molekülverbundes an die Membran des ER leitet den Translokationsprozess ein, bei dem eine Polypeptidschleife durch die hydrophile Pore eines Proteintranslokators durch die ER-Membran gefädelt wird.

Lösliche Proteine, die für das ER-Lumen, zur Ausschüttung aus der Zelle oder für die Innenräume anderer Organellen entlang des Sekretionswegs bestimmt sind, werden in das Innere des ER gebracht. Transmembranproteine, die für das ER oder für andere zelluläre Membranen bestimmt sind, werden in der ER-Membran durch einen oder mehrere membrandurchspannende α-helikale Segmente in ihren Polypeptidketten verankert. Sobald diese hydrophoben Teile eines Proteins aus dem Ribosom ragen, werden sie vom Proteintranslokator erkannt, der dann einen Durchgang in die Membran ermöglicht. Wenn eine Polypeptidkette mehrere hydrophobe Abschnitte enthält, fädelt sie sich als Mehrpfad-Transmembranprotein wiederholt durch die Membran hindurch.

Die Asymmetrie der Proteineinlagerung und Glykosylierung im ER legt die Seitenausrichtung der Membranen aller anderen Organellen fest, die das ER mit Membranproteinen beliefert. Lipide werden an der cytosolischen Seite des ER synthetisiert, verteilen sich zwischen den beiden Schichten der Lipid-Doppelschicht und werden zu anderen Organellen transportiert. Dieser Transport führt häufig an die Stellen der Organellen, an denen sie mit anderen Organellen verbunden sind, und wird von den dort vorhandenen Lipidtransferproteinen vermittelt. Spezifische Flippasen schaffen und erhalten die Lipidasymmetrie in der Plasmamembran aufrecht und tragen damit zu ihrer Seitenspezifität bei.

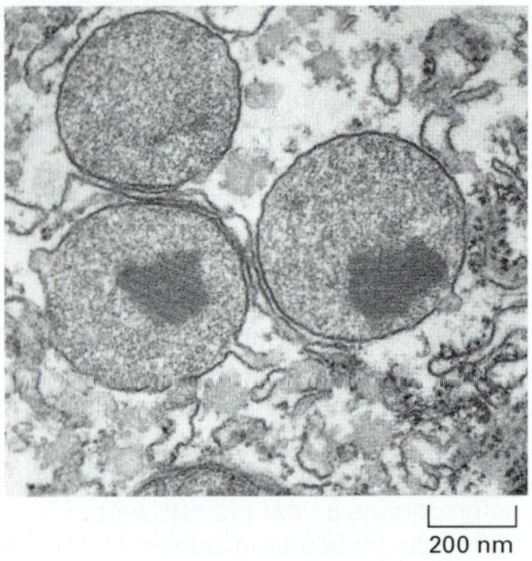

Abb. 12.43 Elektronenmikroskopische Aufnahme dreier Peroxisomen in einer Rattenleberzelle. Die parakristallinen elektronendichten Einschlüsse bestehen hauptsächlich aus dem Enzym Urat-Oxidase. (Mit freundlicher Genehmigung von Daniel S. Friend. Mit Erlaubnis von E. L. Bearer).

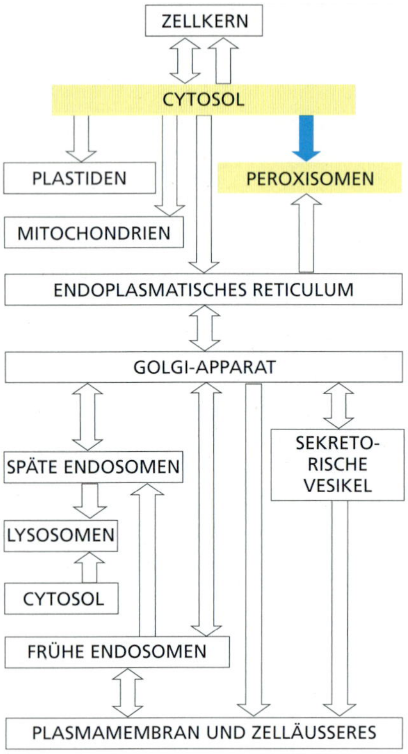

12.3 Peroxisomen

Peroxisomen sind Kompartimente, in denen eine große Menge Sauerstoff genutzt wird und kommen in nahezu allen eukaryotischen Zellen vor. Sie enthalten Oxidasen (Enzyme) wie z. B. *Katalase* und *Urat-Oxidase* in so hohen Konzentrationen, dass sie in manchen Zellen auf elektronenmikroskopischen Bildern durch die in ihnen enthaltenen kristalloiden Proteinkerne auffallen (**Abb. 12.43**).

Der evolutionäre Ursprung der Peroxisomen ist nicht eindeutig geklärt, aber es wird allgemein angenommen, dass sie einen spezialisierten Ableger des Membransystems darstellen, das den Sekretions- und Endocytose-Weg bildet. Einer Hypothese zufolge sind Peroxisomen die Rudimente eines urtümlichen Organells, das den gesamten oxidativen Stoffwechsel in den primitiven Urahnen aller eukaryotischer Zellen ausgeführt hat. Als sich der von photosynthesetreibenden Bakterien erzeugte Sauerstoff in der Atmosphäre anzureichern begann, war er für die meisten damals lebenden Zellen hochgradig giftig. Peroxisomen könnten die Konzentration des Sauerstoffs innerhalb der Zelle herabgesetzt und gleichzeitig dessen chemische Reaktivität ausgenutzt haben, um für die Zelle nutzbringende oxidative Reaktionen auszuführen. Gemäß dieser Hypothese wurden durch die spätere Entwicklung der Mitochondrien die Peroxisomen weniger maßgeblich für den Zellstoffwechsel, weil viele der in ihnen ablaufenden biochemischen Reaktionen – die bis dahin von den Peroxisomen ohne rückgewinnbare chemische Energie durchgeführt worden waren – nun in den Mitochondrien im Zuge der oxidativen Phosphorylierung mit der Bildung von ATP einhergingen. Die in Peroxisomen heutiger Zellen stattfindenden oxidativen Reaktionen könnten damit teilweise solche sein, die nicht von den Mitochondrien übernommen wurden.

12.3.1 Peroxisomen verwenden molekularen Sauerstoff und Wasserstoffperoxid zur Durchführung oxidativer Reaktionen

Peroxisomen führen ihren Namen, weil sie gemeinhin Enzyme beherbergen, die molekularen Sauerstoff (O_2) einsetzen, um Wasserstoffatome von bestimmten organischen Verbindungen (in der Formel mit „R“ bezeichnet) in einer oxidativen Reaktion (einer Dehydrierung) abzuziehen. Als Reaktionsprodukt entsteht sehr reaktives *Wasserstoffperoxid* (H_2O_2):

$$RH_2 + O_2 \rightarrow R + H_2O_2$$

Das Enzym *Katalase* verwendet das durch andere Enzyme im Organell gebildete H_2O_2, um eine Vielzahl von Substraten – darunter Alkohole, Formaldehyd und Ameisensäure – im Zuge einer „peroxidativen“ Reaktion gemäß der allgemeinen Reaktionsgleichung: $H_2O_2 + R'H_2 \rightarrow R' + 2H_2O$ zu oxidieren. Dieser Typ von Oxidationsreaktion ist insbesondere in den Zellen der Leber und der Nieren von Bedeutung, wo die Peroxisomen verschiedene gesundheitsschädliche Verbindungen, die in den Blutstrom gelangt sind, auf diese Weise entgiften. Etwa 25 % des Ethanols, das wir trinken, wird so zu Acetaldehyd oxidiert. Darüber hinaus beseitigt die Katalase von der Zelle gebildetes, überschüssiges Wasserstoffperoxid durch die Disproportionierungsreaktion:

$$2H_2O_2 \rightarrow 2H_2O + O_2$$

Eine der Hauptfunktionen der oxidativen Stoffwechselreaktionen in Peroxisomen ist der Abbau von Fettsäuremolekülen. Bei der sogenannten β-*Oxidation* werden die Alkylketten der Fettsäuremoleküle durch Reaktion mit Coenzym A sequenziell in Schritten von Zwei-Kohlenstoff-Einheiten, die als Acetyl-CoA austreten, verkürzt. Das Acetyl-Coenzym A wird dann aus den Peroxisomen ins Cytosol exportiert, um für neue Biosynthesen verwendet zu werden. In Säugetierzellen wird die β-Oxidation sowohl von Peroxisomen als auch von Mitochondrien durchgeführt; in Pilz- und Pflanzenzellen findet diese grundlegende katabolische Reaktionsfolge jedoch ausschließlich in Peroxisomen statt.

Eine wesentliche biosynthetische Funktion der Peroxisomen tierischer Zellen ist die Katalyse der ersten Reaktionen auf dem Weg zu den *Plasmalogenen*. Diese große Klasse von Phospholipiden findet sich in allen menschlichen Zellen, aber besonders reich ist das Gehirn damit ausgestattet, da sie dort die Hauptkomponente von Myelin bilden (**Abb. 12.44**). Ein Plasmalogenmangel führt zu schwerwiegenden Anomalien in der Myelinisierung von Nervenfasern, was ein Grund dafür ist, dass viele Peroxisomenfehlfunktionen zu neurologischen Krankheitsbildern führen.

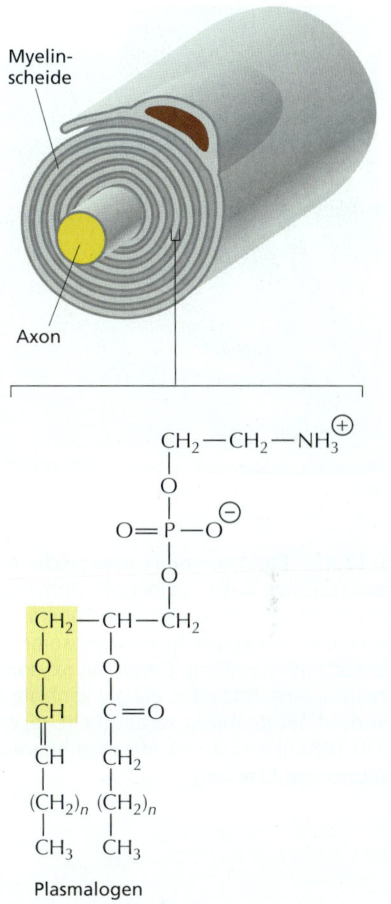

Abb. 12.44 Die Struktur eines Plasmalogens. Plasmalogene sind sehr häufig in den Myelinscheiden vertreten, die die Axone von Nervenzellen isolieren. Sie stellen etwa 80–90 % der Phospholipide der Myelinmembranen. Zusätzlich zu einer Ethanolamin-Kopfgruppe und einer langkettigen Fettsäure, die an das gleiche Glycerinphosphat-Rückgrat wie bei den Phospholipiden gebunden sind, tragen Plasmalogene am dritten Kohlenstoffatom des Glycerinrests einen ungewöhnlichen Fettalkohol, der über eine *gelb* markierte Etherbindung verknüpft ist (*unten links*).

Peroxisomen sind ungewöhnlich vielgestaltige Organellen. Sogar die unterschiedlichen Zelltypen in ein und demselben Organismus können Peroxisomen mit verschiedener Enzymausstattung aufweisen. Die meisten Pflanzen beispielsweise besitzen zwei Hauptarten von Peroxisomen (**Abb. 12.45**). Die eine Art findet sich in Blättern, wo sie an der *Photorespiration* beteiligt ist (s. Kapitel 14). Die andere Peroxisomenart trifft man in den Zellen keimender Samen an, in denen sie Fettsäuren aus den Speicherlipiden der Samen in Kohlenhydrate für das Wachstum der jungen Pflanze umwandelt. Da diese Umwandlung von Fetten in Zucker durch einen als *Glyoxylatzyklus* bezeichneten Reaktionszyklus abläuft, werden diese Peroxisomen auch *Glyoxysomen* genannt. Im Glyoxylatzyklus werden zwei Einheiten Acetyl-CoA, die durch den Abbau von Fettsäuren gewonnen wurden, verwendet, um in einer Kondensationsreaktion Succinat zu bilden, das dann die Peroxisomen verlässt und im Cytosol in Glukose umgewandelt wird. Der Glyoxylatzyklus kommt in Tierzellen nicht vor; Tiere sind aus diesem Grund nicht in der Lage, Fette in Kohlenhydrate umzuwandeln.

Neben der Diversifizierung über verschiedene Zelltypen oder Organismen hinweg können sich Peroxisomen an veränderte Bedingungen innerhalb einer Zelle anpassen. Hefen, die auf Zucker wachsen, haben zum Beispiel nur wenige kleine Peroxisomen. Wenn einige Hefen jedoch auf Methanol kultiviert werden, bilden sich zahlreiche große Peroxisomen, die Methanol oxidieren; und wenn sie auf Fettsäuren wachsen, entwickeln sie zahlreiche große Peroxisomen, die Fettsäuren durch β-Oxidation zu Acetyl-CoA abbauen.

12.3.2 Kurze Signalsequenzen lenken den Proteinimport in Peroxisomen

Die Proteine, aus denen Peroxisomen bestehen, werden auf zwei verschiedenen Wegen geliefert (**Abb. 12.46**). Auf dem ersten Weg werden einige der integralen Membranproteine der Peroxisomenmembran zunächst in das ER mit Hilfe des ER-residenten Sec61-Proteintranslokators eingefügt. Diese für das Peroxisom bestimmten Proteine werden dann in spezialisierte peroxisomale Vorläufervesikel gepackt. Neue Vorläufervesikel verschmelzen dann miteinander, um ein neues Peroxisom zu bilden, oder sie verschmelzen mit einem bereits vorhandenen Peroxisom, um dessen Wachstum zu ermöglichen. Auf dem zweiten Weg können Peroxisomenproteine direkt aus dem Cytosol in bereits existierende Peroxisomen importiert werden. Eine spezifische Sequenz von drei Aminosäuren (Ser-Lys-Leu), die sich am Carboxyterminus vieler Peroxisomenproteine befindet, fungiert als Importsignal (s. **Abb. 12.13**). Andere Peroxisomenproteine enthalten eine etwas längere und teilweise hydrophobe Signalsequenz in der Nähe ihres Aminoendes. Wenn

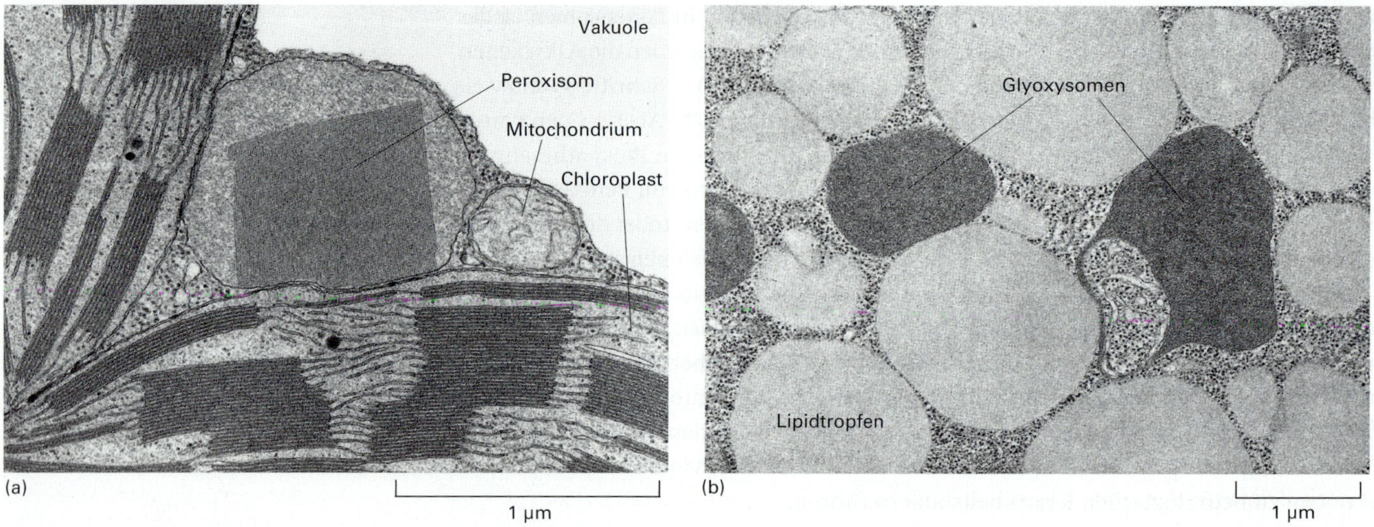

Abb. 12.45 Elektronenmikroskopische Aufnahmen zweier Peroxisomentypen, die man in Pflanzenzellen findet. (a) Ein Peroxisom mit einem parakristallinen Kern in einer Mesophyllzelle des Tabaks. Seine enge Vergesellschaftung mit Chloroplasten trägt höchstwahrscheinlich zu einem leichteren Austausch von Substanzen zwischen diesen Organellen während der Lichtatmung (Photorespiration) bei. Die Vakuole in Pflanzenzellen entspricht den Lysosomen in Tierzellen. (b) Peroxisomen in einer Zelle eines fettspeichernden Keimblattes der Tomate, vier Tage nach der Keimung. Dieser Glyoxysom genannte Peroxisomentyp ist mit den Lipidtröpfchen assoziiert, die das Fettreservoir des Keimlings enthalten, eine Tatsache, die die zentrale Funktion der Glyoxysomen bei der Mobilisierung der Speicherfette und der Glukoneogenese im Verlauf der Keimung verdeutlicht. (a, © 1969 S. E. Frederick und E. H. Newcomb. Ursprünglich veröffentlicht in *J. Cell Biol.* https://doi.org/10.1083/jcb.43.2.343. Mit Erlaubnis von Rockefeller University Press; b, aus W. P. Wergin *et al., J. Ultrastruct. Res.* 30: 533–557, 1970. Mit Erlaubnis von Elsevier).

eine der beiden Sequenzen an ein cytosolisches Protein gebunden ist, wird das Protein in Peroxisomen importiert.

Der peroxisomale Proteinimport wird durch ATP-Hydrolyse angetrieben und nutzt eine Sammlung von Proteinen, die **Peroxine** genannt werden, die den Importzyklus katalysieren. C-terminale Sortiersignale in Peroxisomenproteinen werden vom Peroxin Pex5 im Cytosol erkannt. Dieser Importrezeptor begleitet seine Fracht bis zu einem Proteintranslokator in der peroxisomalen Membran. Nach der Freisetzung der Ladung im Peroxisom wird Pex5 wieder in das Cytosol zurückgeführt. Dieser Recycling-Schritt erfordert eine Modifikation von Pex5 mit Ubiquitin, das von einem ATPase-Komplex, bestehend aus Pex1 und Pex6, als Stiel verwendet wird. Der Pex1-Pex6-Komplex macht

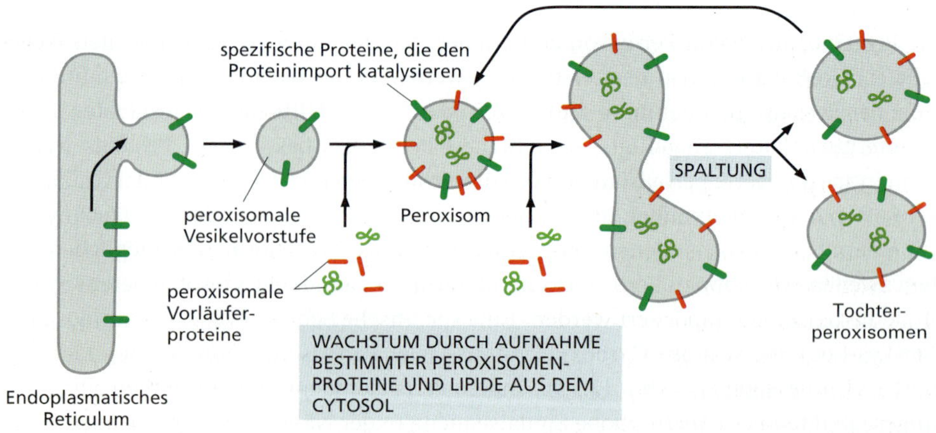

Abb. 12.46 Ein Modell, das erklärt, wie Peroxisomen proliferieren und wie neue Peroxisomen entstehen. Peroxisomale Vorläufervesikel knospen vom ER ab. Mindestens zwei peroxisomale Membranproteine, Pex3 und Pex15, nehmen diesen Weg. Der Mechanismus, der die Abknospreaktion antreibt und nur peroxisomale Proteine für die Verpackung in diese Vesikel auswählt, hängt von Pex19 und anderen cytosolischen Proteinen ab, die noch unbekannt sind. Nun können die peroxisomalen Vorläufervesikel miteinander oder mit bereits vorhandenen Peroxisomen fusionieren. Die Peroxisomenmembran enthält Importrezeptoren und Proteintranslokatoren, die für den Import der peroxisomalen Proteine benötigt werden. Peroxisomale Proteine, einschließlich neuer Kopien der Importrezeptoren und der Bestandteile des Translokators, werden von cytosolischen Ribosomen hergestellt. Vermutlich werden die für das Wachstum notwendigen Lipide ebenfalls importiert, obgleich manche direkt vom ER in der Membran der peroxisomalen Vorläufervesikel abstammen können.

sich die Energie der ATP-Hydrolyse zunutze, um Pex5 aus den Peroxisomen freizusetzen, damit es das nächste Frachtmolekül aufnehmen kann.

N-terminale peroxisomale Signalsequenzen werden von dem Peroxin Pex7 erkannt. Der Pex7-Frachtkomplex scheint zusammen mit zusätzlichen akzessorischen Peroxinen an einem Importzyklus teilzunehmen, der dem von Pex5 vermittelten ähnelt.

Der Proteintranslokator in der peroxisomalen Membran besteht aus mindestens sechs verschiedenen Peroxinen. Im Gegensatz zu den Proteintranslokatoren im ER kann der peroxisomale Translokator vollständig gefaltete und sogar oligomere Proteine durch die Membran transportieren. Man nimmt an, dass sich der Transporter dynamisch an die Größe der zu transportierenden Frachtmoleküle anpasst, um die Passage von großen Frachtmolekülen und solchen variabler Größe zu ermöglichen. Es ist nicht bekannt, wie eine so große Pore für den Transport genutzt werden kann, ohne dass dabei ein Leck zwischen Cytosol und Peroxisom entsteht.

Wie wichtig der Proteinimport in Peroxisomen ist, zeigt sich an der menschlichen Erbkrankheit *Zellweger-Syndrom*. Mutationen in einem von einem Dutzend verschiedener Peroxinen, von denen Pex1 das häufigste ist, führen zu einer Beeinträchtigung des peroxisomalen Proteinimports. Diese Personen, deren Zellen „leere" Peroxisomen enthalten, akkumulieren sehr langkettige und verzweigtkettige Fettsäuren, die normalerweise in den Peroxisomen abgebaut werden. Außerdem haben sie einen Mangel an Plasmalogenen. Diese Stoffwechselstörungen führen zu schweren Anomalien im Gehirn, in der Leber und in den Nieren der Betroffenen, sodass sie bald nach der Geburt sterben.

Zusammenfassung

Peroxisomen sind auf Redoxreaktionen mit molekularem Sauerstoff spezialisiert. Sie bilden Wasserstoffperoxid, das für weitere Oxidationsprozesse Verwendung findet. Überschüsse an Wasserstoffperoxid werden im Organell durch Katalase abgebaut. Alle Peroxisomenproteine sind im Zellkern codiert. Einige dieser Proteine werden über peroxisomale Vorläufervesikel, die vom ER abknospen auf die Peroxisomen übertragen, aber die meisten werden im Cytosol synthetisiert und direkt importiert. Eine spezifische Sequenz von nur drei Aminosäuren nahe am C-Terminus vieler dieser letztgenannten Proteine fungiert als peroxisomales Importsignal, das durch einen komplementären Importrezeptor im Cytosol erkannt wird. Der Import erfolgt über einen Proteintranslokator in der Peroxisomenmembran, der sich von den Proteintranslokatoren im ER insofern unterscheidet, als sogar große und vollständig gefaltete Proteine ohne vorherige Entfaltung aus dem Cytosol importiert werden können.

12.4 Proteintransport in Mitochondrien und Chloroplasten

Mitochondrien und Chloroplasten (eine spezialisierte Form von Plastiden in Grünalgen und Pflanzenzellen) sind Organellen mit einer doppelten Membran. Beide Organelltypen sind auf die Synthese von ATP spezialisiert. Die Mitochondrien benutzen dazu Energie aus dem Transport von Elektronen und der oxidativen Phosphorylierung, die Chloroplasten die Energie aus der Photosynthese (erörtert in Kapitel 14). Obwohl beide Organellen eigene DNA, eigene Ribosomen und andere zur Proteinbiosynthese notwendige Komponenten besitzen, werden fast alle ihre Proteine von Genen im Kern der Zelle codiert und nach ihrer Synthese aus dem Cytosol importiert. Jedes importierte Protein muss das spezielle Subkompartiment des Organells erreichen, in dem es seine Aufgabe erfüllen soll.

Die verschiedenen Subkompartimente in **Mitochondrien** werden durch zwei konzentrische Mitochondrienmembranen gebildet (**Abb. 12.47a**): die **innere Mitochondrienmembran**, die den **Matrixraum** umschließt und zahlreiche Einstülpungen (*Cristae*)

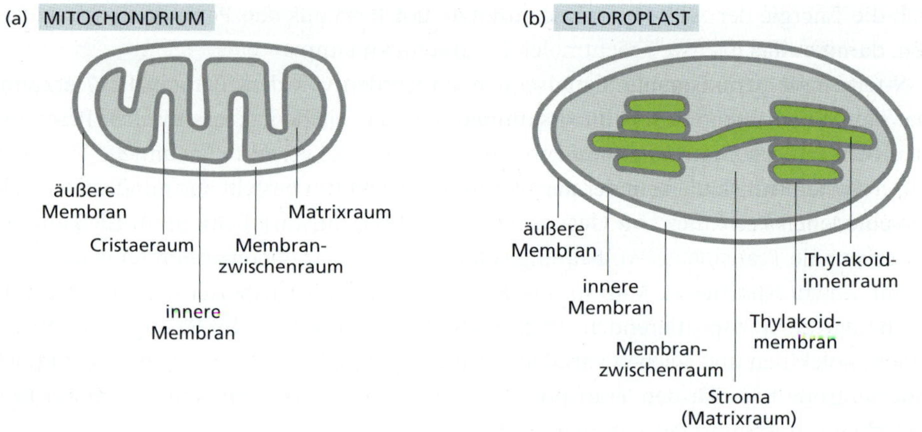

Abb. 12.47 Die Subkompartimente der Mitochondrien und der Chloroplasten. Im Gegensatz zu den Cristae der Mitochondrien (a) stehen die Thylakoide der Chloroplasten (b) nicht in Kontakt mit der inneren Membran des Organells und bilden somit ein abgeschlossenes kontinuierliches Kompartiment mit einem separaten Innenraum.

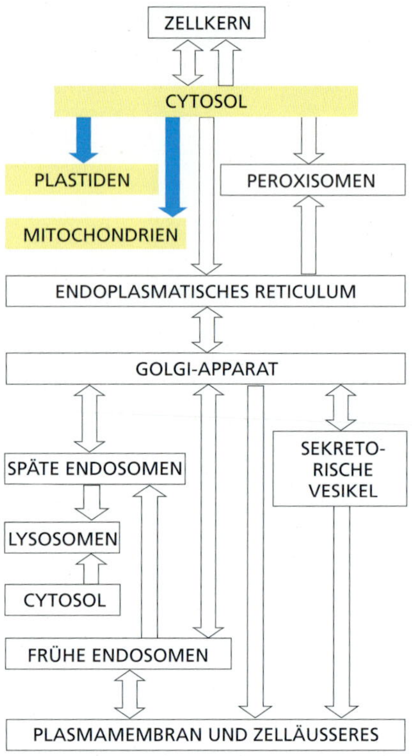

ausbildet, und die **äußere Mitochondrienmembran**, die Kontakt zum Cytosol hat. Der Raum zwischen der inneren und äußeren Membran wird unterteilt in den Cristaeraum und den **Intermembranraum (Membranzwischenraum)**, der mit Proteinkomplexen an den Verbindungen, an denen die Cristae sich einstülpen, angefüllt ist. Chloroplasten weisen ebenfalls eine äußere und eine innere Membran auf, die den Intermembranraum umschließen; zusätzlich verfügen sie noch über das Stroma, das in den Mitochondrien dem Matrixraum entspricht (**Abb. 12.47b**). Außerdem haben sie noch ein Subkompartiment, den *Thylakoidraum*, der von der *Thylakoidmembran* umgeben ist. Die Thylakoidmembran geht während der Plastidenentwicklung aus der inneren Membran hervor und wird von ihr abgeschnürt. Jedes der vorgenannten Subkompartimente von Mitochondrium und Chloroplast enthält eine ihm eigene Proteinausstattung.

Neue Mitochondrien und Chloroplasten entstehen durch Wachstum und nachfolgende Teilung bereits vorhandener Organellen (s. Kapitel 14). Ihr Wachstum hängt wesentlich vom Proteinimport aus dem Cytosol ab.

Viele der Grundprinzipien des Proteinimports in Mitochondrien und Chloroplasten ähneln dem analogen Prozess des Proteinimports in das ER, den wir bereits besprochen haben. Allerdings erhöht das Vorhandensein von mehreren Membranen und Subkompartimenten die Komplexität der Auslieferung neu importierter Proteine an den richtigen Ort. Wie das bewerkstelligt wird, ist Gegenstand dieses Abschnitts.

12.4.1 Translokation in die Mitochondrien ist abhängig von Signalsequenzen und von Proteintranslokatoren

Eine oder mehrere Signalsequenzen lenken alle mitochondrialen Präproteine zu ihrem entsprechenden mitochondrialen Subkompartiment. Viele Proteine, die in den Matrixraum gelangen, enthalten an ihrem N-Terminus eine Signalsequenz, die durch eine Signalpeptidase nach dem Import rasch entfernt wird. Andere wichtige Proteine, einschließlich aller Proteine der äußeren Membran und vieler der inneren Membran und des Intermembranraums, besitzen interne Signalsequenzen, die nicht entfernt werden. Die Signalsequenzen sind sowohl notwendig als auch hinreichend für den Import und die korrekte Lokalisation der Proteine: Verbindet man mithilfe gentechnischer Methoden diese Signale mit einem cytosolischen Protein, dann lenken die Signale das Protein zum richtigen Mitochondriensubkompartiment. Somit gelten die Grundsätze der Signalhypothese, die erklärt, wie Proteine in das ER verlagert werden, auch für die Mitochondrien.

Proteinkomplexe mit mehreren Untereinheiten, die als Proteintranslokatoren fungieren, vermitteln Proteinbewegungen durch oder in mitochondriale Membranen (**Abb. 12.48a**). Um Zugang zu jedem mitochondrialen Subkompartiment zu ermöglichen, befinden sich Proteintranslokatorkomplexe sowohl in der inneren als auch in der äußeren Mitochondrienmembran Im Allgemeinen hat jeder Translokator die Fähigkeit, bestimmte Arten von Signalen zu erkennen, und dient als Leitung durch oder in die Membran, in der er sich befindet. Gemeinsam leiten diese Translokatoren ~ 1500 verschiedene Vorläuferproteine aus dem Cytosol in das entsprechenden Subkompartiment der Mitochondrien: die äußere Membran, den Intermembranraum und Cristaeraum, die innere Membran und den Matrixraum.

Die Ordnung der Signale in einem Vorläuferprotein steuert letztlich, welche Translokatoren für das Vorläuferprotein zuständig sind und in welcher Reihenfolge die Signale verwendet werden, um den endgültigen Bestimmungsort des Proteins in den Mitochondrien zu erreichen. Dieses kombinatorische System bedeutet, dass es manchmal mehr als einen Weg gibt, um ein bestimmtes Ziel zu erreichen, so wie man auch mit verschiedenen U-Bahn-Linien von Brooklyn zum Times Square in New York City gelangen kann. So können Membranproteine, die in die innere Mitochondrienmembran gehören, zum Beispiel auf mindestens drei Wegen dorthin gelangen. **Abb. 12.48b** zeigt die möglichen Wege zu jedem mitochondrialen Subkompartiment und die Translokatorkomplexe, die die Proteine dorthin leiten.

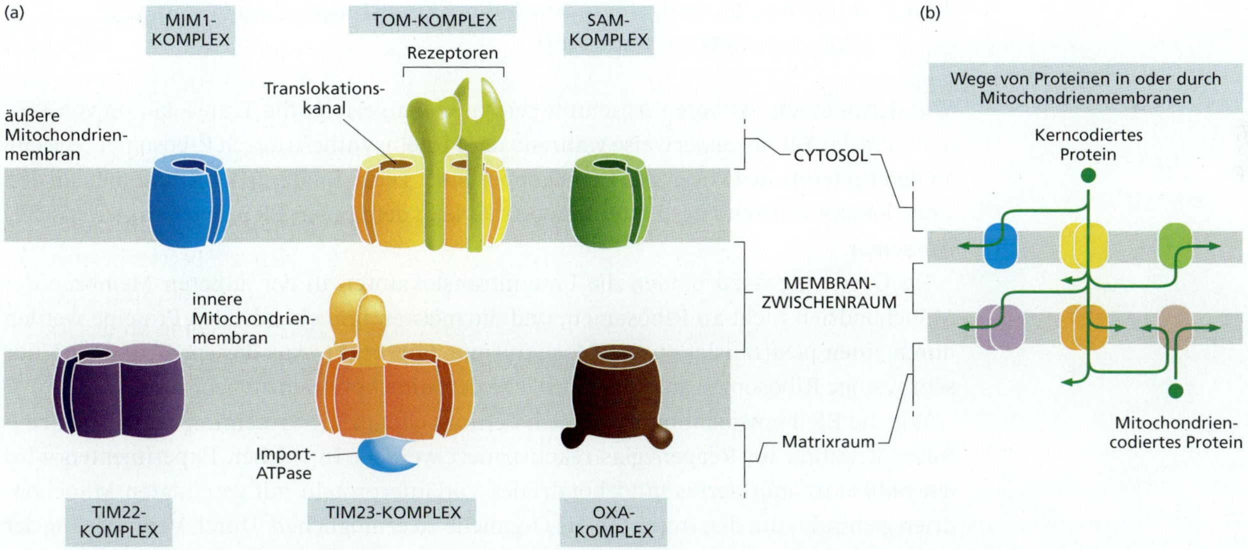

Abb. 12.48 Die Proteintranslokatoren der Mitochondrienmembranen. (a) Die Transmembrankomplexe TOM, TIM, SAM, MIM und OXA sind multimere Aggregate verschiedener Membranproteine, die die Translokation von Proteinen durch die Membranen des Mitochondriums vermitteln. Die Proteinkomponenten des TIM22- und des TIM23-Komplexes, die den Importkanal auskleiden, sind strukturell verwandt, was auf einen gemeinsamen evolutionären Ursprung der beiden TIM-Komplexe hindeutet. Auf der Matrixseite ist der TIM23-Komplex an einen Proteinkomplex gebunden, der das mitochondriale Hsp70 enthält, das als Import-ATPase arbeitet und die ATP-Hydrolyse einsetzt, um Proteine durch die Pore zu ziehen. In tierischen Zellen gibt es kleine Variationen der Zusammensetzung der Untereinheiten im Translokatorkomplex, wodurch die mitochondriale Importmaschinerie an die besonderen Bedürfnisse der spezialisierten Zelltypen angepasst ist. (b) Neu gebildete Proteine, die im Cytosol synthetisiert werden, können auf mehreren Wegen zu ihrem endgültigen Bestimmungsort gelangen. Bekannte Routen über die verschiedenen Proteinkomplexe sind als *grüne Linien* dargestellt. Es gibt mehrere Wege, auf denen ein Protein in die innere und äußere Mitochondrienmembran eingebettet werden kann, einschließlich eines Weges für mitochondrial codierte Proteine, die im Matrixraum synthetisiert werden. SAM = Sortier- und Aufbaumaschinerie, engl. *Sorting and Assembly Machinery*; OXA = Cytochromoxidase-Aktivität, engl. *cytochrome OXidase Activity*; TIM = Translokator der inneren Mitochondrienmembran, engl. *Translocator of the Inner Mitochondrial membrane*; TOM = Translokator der äußeren Mitochondrienmembran, engl. *Translocator of the Outer Membrane*; MIM = Mitochondrienimportmaschinerie, engl. *Mitochondrial Import Machinery*.

Der **TOM-Komplex** ist für den Import fast aller im Zellkern codierten mitochondrialen Proteine erforderlich. Er erkennt zunächst deren Signalsequenzen und transportiert sie aus dem Cytosol in den Intermembranraum. Von hier aus folgen die verschiedenen mitochondrialen Proteine je nach den im Protein codierten Sequenzmerkmalen unterschiedlichen Routen. β-Fass-Proteine, die in der äußeren Membran besonders häufig vorkommen, werden an den **SAM-Komplex** weitergeleitet, der sie in die äußere Membran einfügt und faltet. Zwei verschiedene **TIM-Komplexe** vermitteln den Proteintransport an der inneren Membran. Matrixproteine nutzen den TIM23-Komplex für den Transport, während innere Membranproteine den TIM22-Komplex, den TIM23-Komplex oder den **OXA-Komplex** für die Insertion nutzen. Die übrigen Proteine bleiben im Intermembranraum, wo sie ihre Funktion erfüllen.

Zusätzlich zu den ~ 99 % der mitochondrialen Proteine, die aus dem Cytosol importiert werden müssen, codiert das mitochondriale Genom bei allen Eukaryoten auch eine Handvoll Membranproteine. Diese Proteine werden von mitochondrialen Ribosomen synthetisiert und durch den OXA-Komplex in die innere Membran eingebaut. Mitochondrial codierte Membranproteine werden mit kerncodierten Membranproteinen zusammengebaut, die aus dem Cytosol importiert werden, um funktionelle Proteinkomplexe zu bilden, wie z. B. die Atmungskettenkomplexe, die für die Energieproduktion verwendet werden (s. Kapitel 14). Wie Zellen zwischen den Mitochondrien und dem Zellkern kommunizieren, um eine gleich hohe Expression der Proteine zu gewährleisten, die die inneren Membrankomplexe bilden, ist nicht bekannt.

12.4.2 Mitochondriale Proteine werden posttranslational als ungefaltete Polypeptidketten importiert

Wie wir in einem früheren Abschnitt gelernt haben, erfolgt die Translokation von Proteinen in das ER normalerweise während der Proteinsynthese durch Ribosomen, die eng an den Proteintranslokator des ER gekoppelt sind. Diese Bindung der Ribosomen an den Translokator während des Proteinimports verleiht dem rauen ER sein charakteristisches Aussehen.

Im Gegensatz dazu binden die Proteintranslokatoren in der äußeren Membran der Mitochondrien nicht an Ribosomen, und die meisten mitochondrialen Proteine werden durch einen posttranslationalen Mechanismus importiert. Aus diesem Grund sind nur sehr wenige Ribosomen auf der Oberfläche der Mitochondrien zu beobachten.

Wie die ER-Translokation kann auch der mitochondriale Proteinimport in einer zellfreien Reaktion im Reagenzglas rekonstruiert werden. In solchen Experimenten wird ein radioaktiv markiertes mitochondriales Vorläuferprotein mit gereinigten Mitochondrien gemischt, um den Import in die Organelle zu ermöglichen. Durch Veränderung der Bedingungen im Reagenzglas ist es möglich, die biochemischen Voraussetzungen für den Import zu ermitteln, Zwischenprodukte bei diesem Vorgang einzufangen und die verwendeten Translokatoren zu identifizieren. Das meiste, was wir über die molekularen Mechanismen des Proteinimports von Mitochondrien wissen, ist mithilfe von zellfreien Systemen aufgeklärt worden.

Mitochondriale Vorläuferproteine falten sich nach ihrer Synthese nicht sofort in ihre nativen Strukturen; stattdessen bleiben sie durch die Wechselwirkung mit anderen Proteinen zunächst ungefaltet im Cytosol. Einige dieser interagierenden Proteine sind allgemeine *Chaperone* (Faltungshelferproteine) der *Hsp70-Familie* (s. hierzu Kapitel 6), andere sind auf Mitochondrienpräproteine spezialisiert und binden direkt an deren Signalsequenzen. All diese interagierenden Proteine helfen dabei, die Aggregation oder die zu frühe, spontane Faltung der Vorläuferproteine zu verhindern, bevor sie mit dem TOM-Komplex in der äußeren Mitochondrienmembran in Berührung kommen. Im ersten Schritt des Importprozesses binden die Importrezeptoren des TOM-Komplexes die Signalsequenz des mitochondrialen Vorläuferproteins. Die nicht gefaltete Polypeptidkette wird dann – mit der Signalsequenz zuerst – in den Translokationskanal innerhalb des TOM-Komplexes eingespeist, während die cytosolischen interagierenden Proteine abgestreift werden.

Sobald das translozierende Protein in den Intermembranraum ragt, bestimmen die Sequenzen innerhalb der Polypeptidkette, was danach geschieht. Proteine, die für die Matrix oder die innere Membran bestimmt sind, binden beispielsweise einen der TIM-Komplexe und werden entweder durch die innere Membran transloziert oder in die innere Membran eingebaut. Es ist möglich, eine zellfreie mitochondriale Importreaktion durch rasches Abkühlen in einem Zwischenschritt der Translokation anzuhalten. Experimente, bei denen ein für die Matrix bestimmtes Protein auf diese Weise gestoppt wird, zeigen, dass es sowohl die innere als auch die äußere Mitochondrienmembranen durchzieht: Seine N-terminale Signalsequenz wurde von der in der Matrix befindlichen Signalpeptidase entfernt, während der C-terminale Teil des Proteins noch außerhalb der Mitochondrien exponiert ist. Wir können daraus folgern, dass Vorläuferproteine beide Mitochondrienmembranen auf einmal passieren können, um in den Matrixraum zu gelangen (**Abb. 12.49**).

Obwohl TOM- und TIM-Komplexe gewöhnlich zusammenarbeiten, um Vorläuferproteinen den Durchtritt durch beide Membranen des Organells zur gleichen Zeit zu ermöglichen, können sie auch unabhängig voneinander agieren. Der TOM-Komplex isolierter äußerer Mitochondrienmembranen kann beispielsweise Signalsequenzen von Vorläuferproteinen durch die Membran schleusen. Wenn in isolierten Mitochondrien die äußere Membran experimentell entfernt wird, kann in ähnlicher Weise der freigelegte TIM23-Komplex mit hohem Wirkungsgrad Vorläuferproteine in den Matrixraum importieren. Das experimentelle Entkoppeln von normalerweise verknüpften Prozessen erlaubt es, jeden Schritt und das Translokatorsystem zu untersuchen und im Detail zu verstehen.

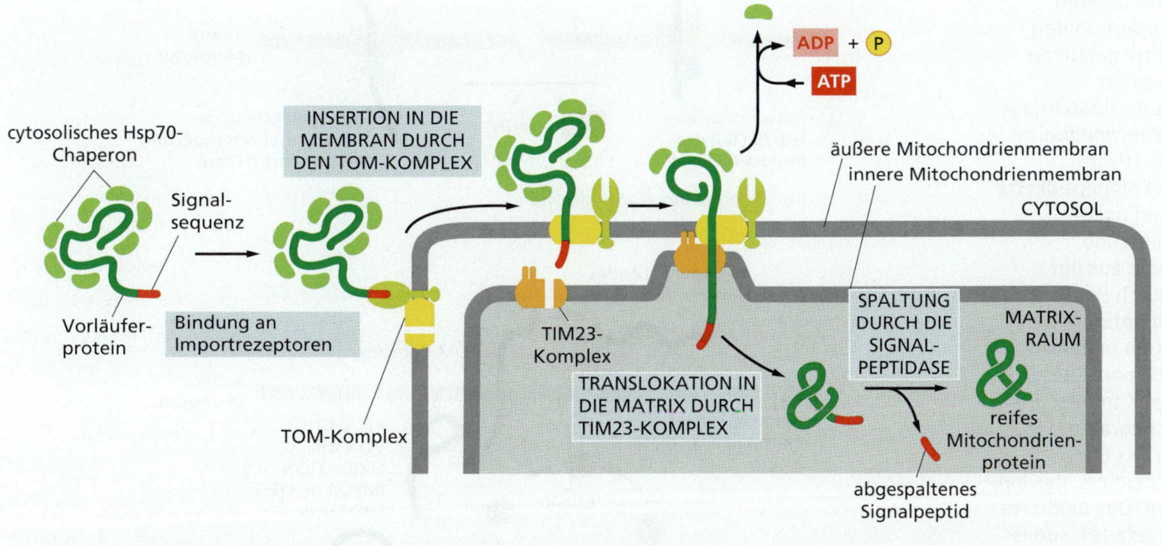

Abb. 12.49 Proteinimport in Mitochondrien. Die N-terminale Signalsequenz des mitochondrialen Vorläuferproteins wird durch Rezeptoren des TOM-Komplexes erkannt, während der Rest des Proteins durch das cytosolische Chaperon Hsp70 im ungefalteten Zustand gehalten wird. Das Protein wird dann durch den TIM23-Komplex transloziert, sodass es vorübergehend beide Mitochondrienmembranen durchspannt. Die Signalsequenz wird im Matrixraum von einer Signalpeptidase hydrolytisch abgespalten, sodass das reife Protein entsteht. Das freigesetzte Signalpeptid wird dann rasch abgebaut (in der Abbildung nicht dargestellt).

12.4.3 ATP-Hydrolyse, ein Membranpotenzial und ein Redoxpotenzial treiben den Proteinimport an

Gerichteter Transport erfordert den Einsatz von Energie (**Abb. 12.50**). Der mitochondriale Proteinimport nutzt drei verschiedene Energiequellen an vier voneinander getrennten Stellen. ATP als der gebräuchlichste Treibstoff in den meisten biologischen Systemen kommt an zwei dieser Stellen zum Einsatz: außerhalb des Mitochondriums und im Matrixraum. Die anderen zwei Energiequellen werden durch das Membranpotenzial an der inneren Mitochondrienmembran und das Redoxpotenzial der Elektronentransportkette zur Verfügung gestellt.

Nicht alle Vorläuferproteine der Mitochondrien benötigen jede dieser Energiequellen, um ihr endgültiges Ziel zu erreichen. Die anfängliche Energienutzung, die die meisten mitochondrialen Vorläuferproteine in der Anfangsphase des Translokationsprozesses benötigen, dient dazu, das Polypeptid in einem ungefalteten Zustand zu halten, bevor es importiert wird (s. **Abb. 12.49**). Wie wir bereits in Kapitel 6 gesehen haben, nutzen die Chaperone, die diese Aufgabe erfüllen, Zyklen aus ATP-Bindung und -Hydrolyse, um ihre Wechselwirkungen mit neu synthetisierten Polypeptiden zu kontrollieren. Die Chaperon-Interaktion ist erforderlich, um eine vorzeitige Faltung im Cytosol zu verhindern, während die Chaperon-Dissoziation erforderlich ist, um den Transport durch den TOM-Komplex zu ermöglichen.

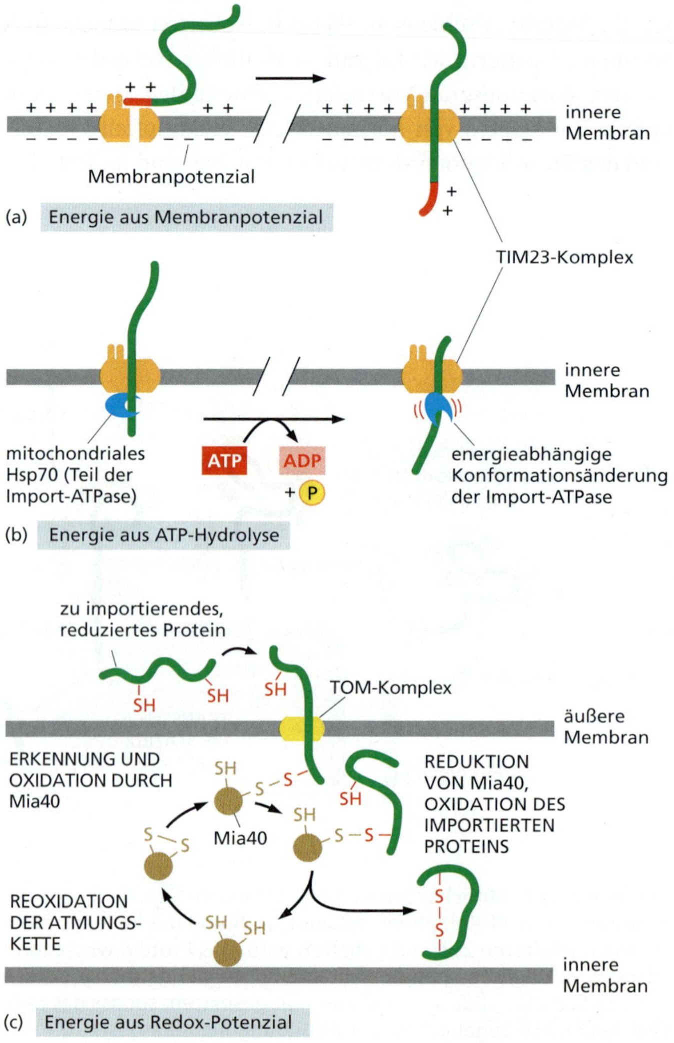

Abb. 12.50 Energieeinsatz beim Proteinimport in Mitochondrien. Drei verschiedene Energiequellen werden für den Proteinimport in Mitochondrien verwendet. (a) Nach der initialen Insertion der Signalsequenz und benachbarter Bereiche der Polypeptidkette in den Translokationskanal des TOM-Komplexes (nicht dargestellt) tritt die Signalsequenz mit dem TIM23-Komplex (*orange*) in Wechselwirkung. Die Signalsequenz wird dann in einem Prozess, der die Energie aus dem Membranpotenzial an der inneren Mitochondrienmembran erfordert, in den Matrixraum transloziert. Positiv geladene Aminosäuren in der Signalsequenz erleichtern die membranpotenzialabhängige Translokationsreaktion. (b) *Mitochondriales Hsp70*, das Teil eines Import-ATPase-Komplexes ist, bindet an die Polypeptidkette in dem Maße, wie sie nach und nach im Matrixraum zugänglich wird, und zieht dabei mithilfe der Energie aus der ATP-Hydrolyse das Protein durch den Translokationskanal. (c) Polypeptide mit mehreren Cysteinen können in den Membranzwischenraum durch partielle Translokation durch den TOM-Komplex gelangen. Im Membranzwischenraum werden diese Cysteine durch das Enzym Mia40 zu Disulfidbindungen oxidiert, das bei diesem Prozess reduziert wird. Das oxidierte Polypeptid ist nun teilweise gefaltet, sodass es nicht mehr ins Cytosol zurückgleiten kann. Reduziertes Mia40 wird durch die von der Atmungskette bereitgestellten Elektronen reoxidiert, sodass es wieder in der Importreaktion seine Funktion übernehmen kann.

Nachdem die Signalsequenz einmal durch den TOM-Komplex gegangen ist und Kontakt mit einem der TIM-Komplexe hergestellt hat, ist für die weitere Translokation durch einen TIM-Komplex ein Membranpotenzial erforderlich (**Abb. 12.50a**), das die elektrische Komponente des elektrochemischen H^+-Gradienten an der inneren Membran liefert (s. **Abb. 11.4**). Dieser elektrochemische Gradient wird aufrechterhalten, indem H^+-Ionen aus dem Matrixraum in den Membranzwischenraum zwischen innerer und äußerer Membran gepumpt werden, was durch Elektronentransportprozesse in der inneren Membran angetrieben wird (s. Kapitel 14). Der Energiegehalt des elektrochemischen H^+-Ionengradienten an der inneren Membran wird eingesetzt, um die Translokation der positiv geladenen Signalsequenzen durch die TIM-Komplexe mithilfe der Elektrophorese anzutreiben. Der gleiche H^+-Ionengradient versorgt auch größtenteils die ATP-Synthese der Zelle über ATP-Synthase-Komplexe in der inneren Mitochondrienmembran mit Energie.

Hat das ursprüngliche Segment des Vorläuferproteins die Matrix erreicht, spielt **mitochondriales Hsp70** beim Abschluss des Importprozess eine ähnliche Rolle wie BiP für den posttranslationalen Proteinimport in das ER. Mitochondriales Hsp70 ist an die Matrixseite des TIM23-Komplexes gebunden und fungiert als Motor, um die Vorläuferproteine in den Matrixraum zu ziehen. Wie sein cytosolischer Vetter hat mitochondriales Hsp70 eine hohe Affinität für ungefaltete Polypeptidketten und bindet stark an eine im Import befindliche Proteinkette, sobald diese Kette aus dem TIM-Translokator kommend im Matrixraum auftaucht. Hsp70 durchläuft dann eine ATP-abhängige Konformationsänderung, die eine Zugkraft auf das zu importierende Protein ausübt, bevor es freigesetzt wird. Dieser durch Energieumsatz angetriebene Zyklus von Bindung, Ziehen und nachfolgender Freisetzung setzt sich solange fort, bis das Protein vollständig durch den TIM23-Komplex importiert wurde (**Abb. 12.50b**). Viele importierte Matrixproteine werden an ein anderes Chaperonprotein, das *mitochondriale Hsp60*, weitergereicht, das bei ihrer Faltung durch Zyklen der ATP-Hydrolyse assistiert (wie in Kapitel 6 beschrieben).

Bestimmte Membranzwischenraumproteine, die Cystein-Motive besitzen, nutzen den Unterschied der Redoxpotenziale zwischen Cytosol und Mitochondrien als Energiequelle. Sobald ein Stück dieser Proteine in den Intermembranzwischenraum ragt, bilden sie vorübergehend eine kovalente Disulfidbindung zum Mia40-Protein aus (**Abb. 12.25c**). Diese Interaktion verhindert, dass das Protein durch den TOM-Komplex wieder in das Cytosol zurückrutscht. Die importierten Proteine werden schließlich von Mia40 im oxidierten Zustand mit Disulfidbrücken innerhalb der Polypeptidkette freigesetzt, wodurch das nun gefaltete Protein im Membranzwischenraum gefangen ist. Mia40 wird dabei reduziert und durch Abgabe von Elektronen an die Elektronentransportkette in der inneren Mitochondrienmembran wird es wieder oxidiert. Auf diese Art wird die Energie, die im Redoxpotenzial der mitochondrialen Elektronentransportkette gespeichert ist, für den Proteinimport eingesetzt.

12.4.4 Der Transport in die innere Mitochondrienmembran vollzieht sich auf mehreren Wegen

Die drei verschiedenen Translokatoren in der inneren Mitochondrienmembran (s. **Abb. 12.48**) sind alle in der Lage, Membranproteine einzufügen. Verschiedene Untergruppen der inneren Mitochondrienmembranproteine nehmen verschiedene Wege, um einen dieser Translokatoren zu erreichen, um in die Membran eingebaut zu werden.

Bei der häufigsten Translokationsroute startet ein Vorläufer im Cytosol und nutzt die TOM- und TIM23-Komplexe, um den Import in die Matrix zu beginnen. Genau

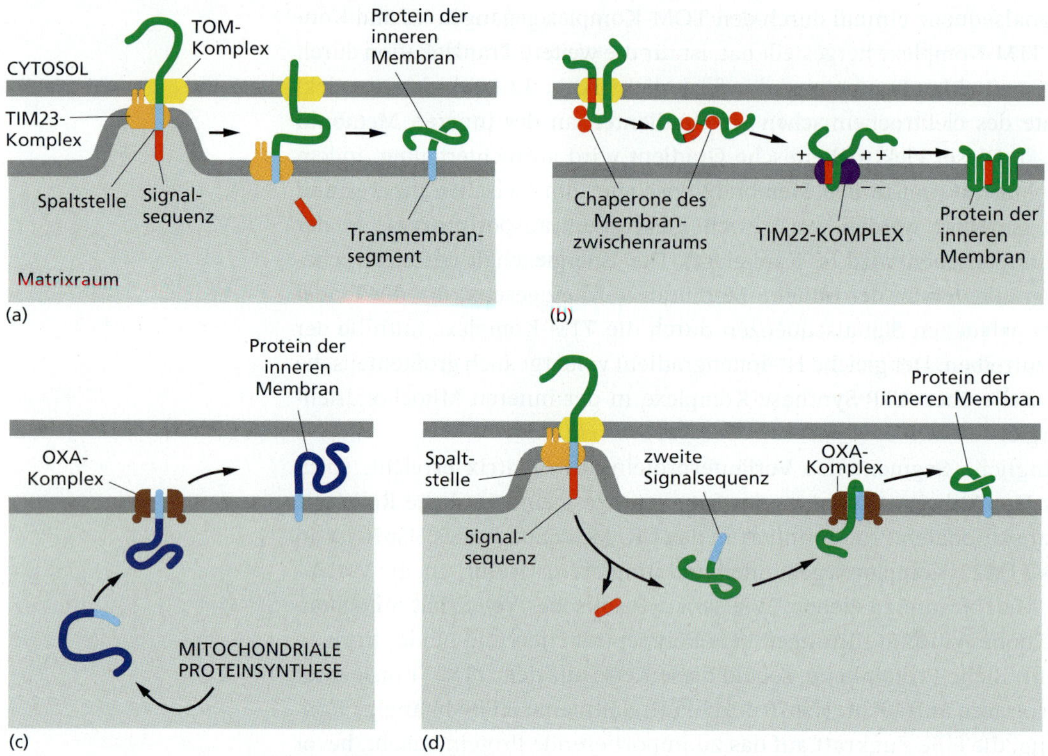

Abb. 12.51 Wege für die Produktion von Proteinen der inneren Mitochondrienmembran. (a) Die N-terminale Signalsequenz (*rot*) initiiert den Import in den Matrixraum (s. **Abb. 12.49**). Ein hydrophobes Transmembransegment (*blau*), das auf das Matrix-Zielsignal folgt, bindet an den TIM23-Translokator (*orange*) in der inneren Membran und stoppt die Translokation. Der verbleibende Anteil des Proteins wird dann durch den TOM-Komplex der äußeren Membran in den Intermembranraum gezogen und das Transmembransegment wird danach in die innere Membran entlassen, wo das Protein verankert wird. (b) Mehrpfad-Proteine der inneren Membran, die als Metaboliten-Transporter fungieren, enthalten interne Signalsequenzen und schlängeln sich als Schleife durch den TOM-Komplex. Anschließend binden sie an die Chaperone im Intermembranraum, die die Proteine zum TIM22-Komplex leiten. Der TIM22-Komplex ist auf den Einbau von Mehrpfad-Proteinen der inneren Membran spezialisiert. (c) Der OXA-Komplex vermittelt den Einbau von Membranproteinen in die innere Membran für Proteine, die vom Genom der Mitochondrien codiert und im Matrixraum translatiert werden. (d) Der OXA-Komplex in der inneren Membran kann den Einbau von Proteinen aus dem Matrixraum vermitteln. Um diesen Weg zu beschreiten, müssen kerncodierte Proteine zunächst über die TOM- und TIM23-Komplexe vollständig in den Matrixraum transloziert werden. Durch die Spaltung der Signalsequenz (*rot*), die für die anfängliche Translokation verwendet wurde, wird eine benachbarte hydrophobe Signalsequenz (*blau*) am neuen N-Terminus freigelegt. Dieses Signal lenkt das Protein dann in die innere Membran.

genommen dringt nur die N-terminale Signalsequenz des transportierten Proteins in den Matrixraum ein (**Abb. 12.51a**). Eine hydrophobe Aminosäuresequenz, die strategisch hinter der N-terminalen Signalsequenz platziert ist, wird durch den Tim23-Komplex als Transmembrandomäne erkannt. Dies ermöglicht die Insertion der Transmembrandomäne in die innere Membran und verhindert eine weitere Translokation in die Matrix, vermutlich durch ein laterales Tor, das dem des ER-residenten Sec61-Translokators entspricht. Der Rest des Proteins gelangt durch den TOM-Komplex in den Intermembranraum und die Signalsequenz wird in der Matrix abgespalten.

Die zweite Transportroute zur inneren Membran ist spezialisiert auf eine Familie von stoffwechselspezifischen Transportern, die eine enorme Zahl von kleinen Molekülen durch die innere Membran befördern. Diese Transporter liefern Substrate für Stoffwechselenzyme in der Mitochondrienmatrix, wie die des Zitronensäurezyklus, und exportieren ihre Produkte zurück in das Cytosol. Diese Mehrpfad-Transmembranproteine verwenden interne Signalsequenzen, um über den TOM-Komplex in den Membranzwischenraum zu gelangen. Sie greifen auf Chaperone im Membranzwischenraum zu, die sie zum TIM22-Komplex leiten, wo sich hydrophobe Transmembranbereiche in der inneren Membran abschotten. Dieser

Einfügungsprozess erfordert ein Membranpotenzial, um sicherzustellen, dass die richtigen Bereiche des Proteins auf die Matrixseite transportiert werden, sodass der Transporter die korrekte Topologie erhält (**Abb. 12.51b**).

Der letzte Weg zur Insertion in die innere Membran führt über den OXA-Komplex. Wie bereits erwähnt, fügt der OXA-Komplex auch die wenigen Membranproteine ein, die in der Mitochondrienmatrix codiert und übersetzt werden (**Abb. 12.51c**). Daher kann der OXA-Komplex nur von der Matrixseite der Membran aus erreicht werden. Aus diesem Grund müssen kerncodierte Membranproteine, die für die Insertion auf den OXA-Komplex angewiesen sind, zunächst TIM23 verwenden, um in die Matrix zu translozieren (**Abb. 12.51d**). Hier wird die N-terminale Signalsequenz entfernt, um eine hydrophobe Signalsequenz freizulegen, die dann vom OXA-Komplex für die Insertion in die innere Membran verwendet wird.

12.4.5 Bakterien und Mitochondrien verwenden ähnliche Mechanismen, um β-Fässer in ihre äußere Membran einzubauen

Wie bereits in diesem Kapitel erläutert, entwickelten sich die Mitochondrien aus einem endosymbiontischen Urbakterium im Inneren der ursprünglichen eukaryotischen Zelle. Die äußere Mitochondrienmembran ist daher evolutionär verwandt mit der äußeren Membran von gramnegativen Bakterien (s. **Abb. 11.17**). Beide Membranen enthalten zahlreiche **Porine** – das sind porenbildende β-Fass-Proteine, die durchlässig für anorganische Ionen und Metaboliten (aber nicht für die meisten Proteine) sind. Der TOM-Komplex lässt nur Proteine, die hydrophobe α-Helices enthalten, seitlich austreten und kann daher keine Porine oder andere β-Fass-Proteine in die Lipid-Doppelschicht integrieren. Stattdessen werden sie zunächst durch den TOM-Komplex als ungefaltete Proteine in den Membranzwischenraum befördert. Spezialisierte Chaperonproteine im Membranzwischenraum hindern die β-Fass-Proteine daran, zu aggregieren (**Abb. 12.52a**), bis sie durch den SAM-Komplex in die äußere Membran eingefügt und gefaltet werden.

Eine der zentralen Untereinheiten des SAM-Komplexes ist homolog zu einem Protein der äußeren Bakterienmembran, das mithilft, die β-Fass-Proteine in die äußere Bakterienmembran einzufügen. In Bakterien werden β-Fass-Proteine aus dem periplasmatischen Raum eingefügt, der das topologische Äquivalent zum Membranzwischenraum in Mitochondrien darstellt (**Abb. 12.52b**). Dieser konservierte Weg für den Einbau der β-Fass-Proteine unterstreicht die endosymbiontische Herkunft der Mitochondrien. Die zentralen Untereinheiten der TOM- und SAM-Komplexe sind interessanterweise selbst

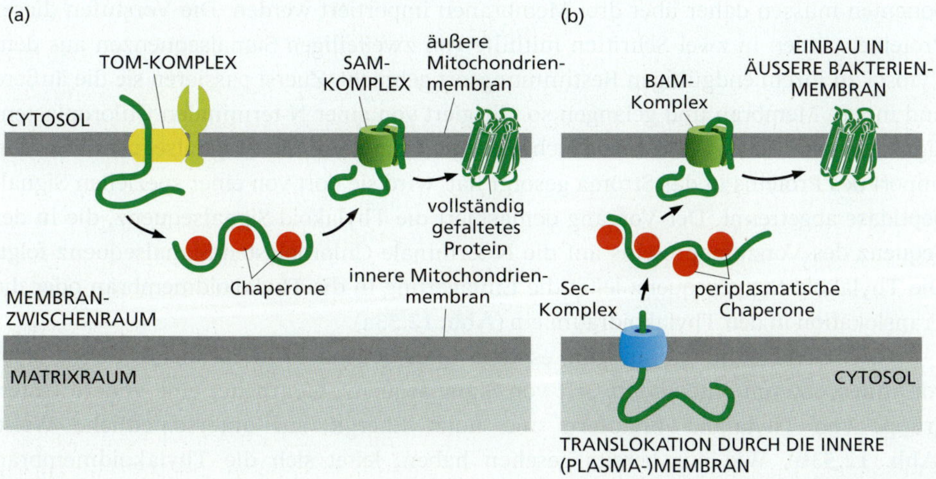

Abb. 12.52 Einbau der Porine in die äußere Mitochondrien- und Bakterienmembran. (a) Nach der Translokation in die äußere Mitochondrienmembran durch den TOM-Komplex binden β-Fass-Proteine an Chaperone im Membranzwischenraum. Der SAM-Komplex fügt dann die ungefaltete Polypeptidkette in die äußere Membran ein und hilft bei der Faltung der Kette. (b) Ein strukturell verwandter BAM-Komplex in der äußeren Membran von gramnegativen Bakterien katalysiert den Einbau und die Faltung von β-Fass-Proteinen (s. **Abb. 11.17**).

β-Fässer. Daher werden bereits vorhandene TOM- und SAM-Komplexe benötigt, um weitere Kopien dieser essentiellen Proteintranslokatoren zu erzeugen.

12.4.6 Zwei Signalsequenzen lenken Proteine zur Thylakoidmembran des Chloroplasten

Der Proteintransport in das Innere von **Chloroplasten** ähnelt dem Transport in das Innere von Mitochondrien. Beide Vorgänge vollziehen sich posttranslational, verwenden getrennte Translokatoraggregate in jeder Membran, erfordern Energieeinsatz und verwenden mannigfaltige Arten von Signalsequenzen, um eine Vorstufe zum geeigneten Subkompartiment eines Organells zu lenken. Jedoch unterscheiden sich viele der Proteinbestandteile, die die Translokatorkomplexe bilden. Ein weiterer Unterschied besteht darin, dass Mitochondrien den elektrochemischen H^+-Ionengradienten an ihrer inneren Membran nutzen, um den Proteinimport anzutreiben. Chloroplasten weisen ebenfalls einen elektrochemischen H^+-Ionengradienten auf, der jedoch an der Thylakoidmembran anliegt, nicht aber an ihrer inneren Membran. Chloroplasten nutzen daher stattdessen die Hydrolyseenergie von ATP oder GTP, um die Importprozesse durch ihre Doppelmembran-Hülle mit Energie zu versorgen. Die funktionellen Ähnlichkeiten beruhen somit auf einer konvergenten Evolution, die die allgemeinen Erfordernisse für eine Translokation durch eine Doppelmembran widerspiegelt.

Obschon die Signalsequenzen für den Import in einen Chloroplasten bei oberflächlicher Betrachtung denen für den Import ins Mitochondrium ähneln, müssen die Rezeptorproteine doch sorgfältig zwischen den beiden Organellen unterscheiden, da in Pflanzenzellen Mitochondrien und Chloroplasten nebeneinander vorkommen können. Nimmt man beispielsweise ein cytosolisches Protein und hängt diesem experimentell die N-terminale Signalsequenz eines Mitochondrienproteins an, so wird es gezielt in die Mitochondrien einer Pflanzenzelle aufgenommen; stattet man das gleiche Protein mit einer N-terminalen Signalsequenz für ein Chloroplastenprotein aus, findet man es schließlich in den Chloroplasten der Zelle. Die verschiedenen Signalsequenzen können also von den Importrezeptoren der beiden Organellen klar unterschieden werden.

Die gleichen Kompartimente, die in den Mitochondrien zu finden sind, gibt es auch in den Chloroplasten, und jedes von ihnen hat seinen eigenen Satz von Proteinen, die selektiv dorthin mit Hilfe von Mechanismen geliefert werden, die den mitochondrialen Systemen ähnlich sind. Chloroplasten weisen allerdings ein zusätzliches membranumschlossenes Kompartiment auf: das **Thylakoid**. Viele Chloroplastenproteine, einschließlich der Proteinuntereinheiten der Photosysteme und der ATP-Synthase (s. hierzu auch Kapitel 14), sitzen in der Thylakoidmembran. Viele der Komponenten dieser lebenswichtigen Komplexe sind im Kerngenom codiert. Die im Thylakoidlumen befindlichen Komponenten müssen daher über drei Membranen importiert werden. Die Vorstufen dieser Proteine werden in zwei Schritten mithilfe von zweiteiligen Signalsequenzen aus dem Cytosol zu ihrem endgültigen Bestimmungsort gebracht. Zuerst passieren sie die äußere und innere Membran und gelangen so, dirigiert von einer N-terminalen Chloroplasten-Signalsequenz, in das **Stroma**. Nachdem die aminoterminale Signalsequenz für den Import des Proteins in das Stroma gesorgt hat, wird sie dort von einer speziellen Signalpeptidase abgetrennt. Der Vorgang demaskiert die Thylakoid-Signalsequenz, die in der Sequenz des Vorstufenproteins auf die N-terminale Chloroplasten-Signalsequenz folgt. Die Thylakoid-Signalsequenz leitet die Einlagerung in die Thylakoidmembran oder die Translokation in den Thylakoidraum ein (**Abb. 12.53a**).

In der Thylakoidmembran gibt es drei verschiedene Proteintranslokatoren, jeder von ihnen erkennt eine andere Art von Signalsequenz, verarbeitet eine andere Untergruppe von Thylakoid-Vorläufern und nutzt Energie auf unterschiedliche Weise (**Abb. 12.53b**). Wie wir bereits gesehen haben, leitet sich die Thylakoidmembran

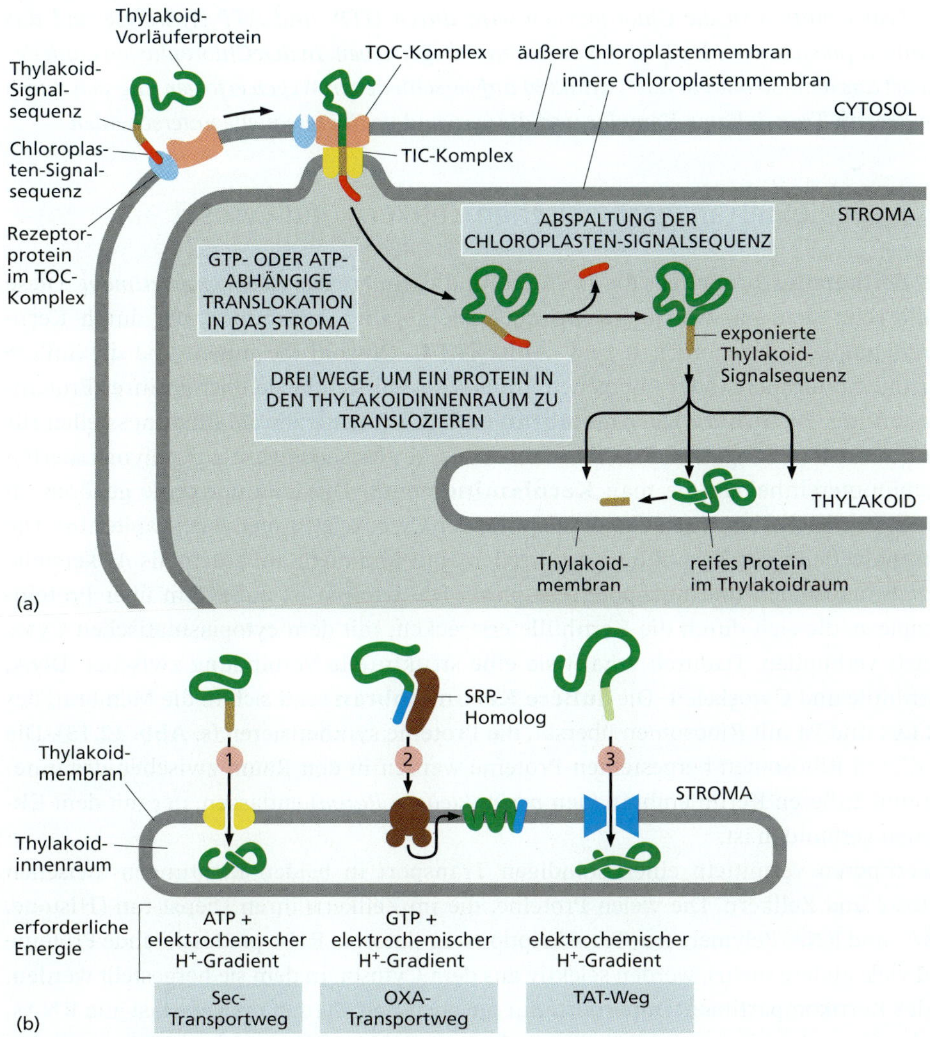

Abb. 12.53 Translokation eines Chloroplasten-Vorläuferproteins in den Thylakoidraum. (a) Das Vorläuferprotein enthält eine N-terminale Chloroplasten-Signalsequenz (*rot*), der unmittelbar eine Thylakoid-Signalsequenz (*braun*) folgt. Die Chloroplasten-Signalsequenz initiiert die Translokation in das Stroma, die einen Mechanismus benutzt, der dem der Translokation des mitochondrialen Vorläuferproteins in den Matrixraum ähnelt, wenngleich sich die Translokatorkomplexe, die als TOC (nach dem engl. Ausdruck *translocator in the outer chloroplast membrane*) und TIC (entsprechend für *translocator in the inner chloroplast membrane*) bezeichnet werden, unterscheiden. Die erste Signalsequenz wird im Stroma abgespalten, wodurch die Thylakoid-Signalsequenz zugänglich wird, die dann die Translokation durch die Thylakoidmembran einleitet. (b) Die Translokation in den Thylakoidraum oder die Thylakoidmembran kann über eine von mindestens drei Routen ablaufen: (1) ein *Sec-Transportweg*, dessen Name sich von den daran beteiligten Komponenten ableitet, die homolog zu den Sec-Proteinen sind, die am ER und an der bakteriellen Plasmamembran die Proteintranslokation besorgen, (2) ein *OXA-ähnlicher Weg*, benannt nach einem Chloroplastenhomologen der OXA-Translokase und (3) ein vom H^+-Gradienten an der Thylakoidmembran abhängiger *TAT* (*twin arginine translocation*)-*Weg*, der seinen Namen von zwei Argininen hat, die in den Signalsequenzen entscheidend sind, die die Proteine in diesen Weg lenken. Der OXA-ähnliche Weg bedient sich eines Chloroplasten-SRP, dem eine RNA-Untereinheit fehlt. Dieses spezialisierte SRP, das sich im Stroma befindet, erkennt eine zum Thylakoid gerichtete Signalsequenz und funktioniert ausschließlich posttranslational, da es sich in einem vom Ribosom getrennten Kompartiment befindet, das das Thylakoid-Vorläuferprotein hergestellt hat.

entwicklungsgeschichtlich von der inneren Chloroplastenmembran ab, die wiederum evolutionär mit der inneren Membran von Bakterien verwandt ist. Es ist daher nicht überraschend, dass jeder der drei Translokatoren in der Thylakoidmembran Homologe hat, die in Bakterien zur Translokation oder Insertion verwendet werden.

Zusammenfassung

Obgleich Mitochondrien und Chloroplasten ihre eigenen genetischen Systeme besitzen, synthetisieren sie weniger als 1 % ihrer Proteine. Stattdessen importieren beide Organellarten die meisten ihrer Proteine aus dem Cytosol. Dafür verwenden sie ähnliche molekulare Mechanismen. In beiden Fällen erkennen mehrere Proteintranslokator-Komplexe in den äußeren und inneren Membranen verschiedene Arten von Signalsequenzen, um einen Vorläufer zum richtigen Teilkompartiment der Organellen zu leiten. Proteine werden in ungefaltetem Zustand durch einen posttranslationalen Mechanismus transportiert. Chaperonproteine der cytosolischen Hsp70-Familie halten die Vorläuferproteine vor der Translokation in einem ungefalteten Zustand. Eine zweite Gruppe von Hsp70-Proteinen im Matrixraum oder Stroma zieht die Polypeptidkette durch die innere Membran. Die Translokation in die Mitochondrien wird angetrieben durch ATP-Hydrolyse, das Membranpotenzial an der inneren Membran und das Redoxpotenzial der Elektronentransportkette.

Die Translokation in die Chloroplasten wird durch GTP- und ATP-Hydrolyse und das Membranpotenzial an der Thylakoidmembran angetrieben. In den Chloroplasten kann der Import aus dem Stroma in das Thylakoid auf verschiedenen Wegen erfolgen, die sich durch den Protein-Translokator-Komplex und die verwendete Energiequelle unterscheiden.

12.5 Molekültransport zwischen Zellkern und Cytosol

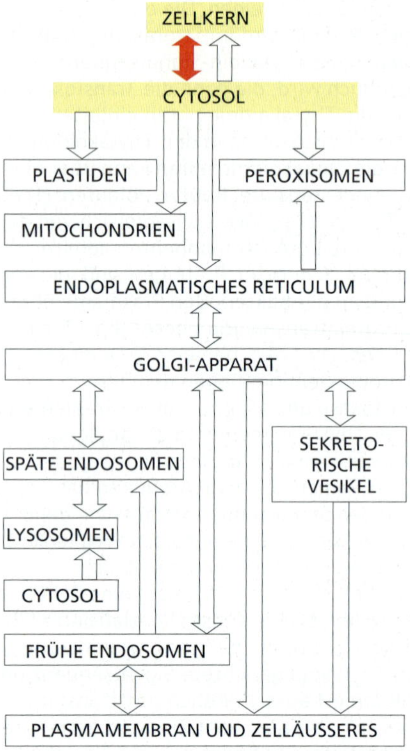

Die **Zellkernhülle** schließt die DNA ein und definiert das *Kernkompartiment*. Diese Hülle setzt sich aus zwei konzentrischen Membranen zusammen, die durch Kernporenkomplexe durchbrochen sind (**Abb. 12.54**). Obwohl die innere und die äußere Kernmembran ineinander übergehen, unterscheiden sich beide doch in ihrer Proteinausstattung. Die **innere Kernmembran** enthält Proteine, die als Bindungsstellen für die *Kernlamina* fungieren. Die Kernlamina ist ein Maschenwerk aus polymerisierten Proteinuntereinheiten, die man **Kernlamine** nennt. Die Laminproteine gehören zu den Intermediärfilamenten aus der Familie der Cytoskelettproteine (s. Kapitel 16). Die Lamina verleiht der Kernhülle strukturellen Halt und dient außerdem als Ankerstelle für Chromosomen und Kernporenkomplexe. Die Lamina ist außerdem über Proteinkomplexe, die sich durch die Kernhülle erstrecken, mit dem cytoplasmatischen Cytoskelett verbunden. Dadurch schafft sie eine strukturelle Verbindung zwischen DNA, Kernhülle und Cytoskelett. Die **äußere Kernmembran** setzt sich in die Membran des ER fort und ist mit Ribosomen übersät, die Proteine synthetisieren (s. **Abb. 12.15**). Die an diesen Ribosomen hergestellten Proteine werden in den Raum zwischen der inneren und äußeren Kernmembran (den *perinukleären Raum*) entlassen, der mit dem ER-Lumen verbunden ist.

Kernporen vermitteln einen ständigen Transport in beiden Richtungen zwischen Cytosol und Zellkern. Die vielen Proteine, die im Zellkern ihren Dienst tun (Histone, DNA- und RNA-Polymerasen, Transkriptionsregulatoren, RNA-prozessierende Proteine und viele andere mehr), werden selektiv aus dem Cytosol, in dem sie hergestellt werden, in das Kernkompartiment importiert. Zur gleichen Zeit werden im Kern fast alle RNAs, die im Cytosol wirken – einschließlich mRNAs, rRNAs, tRNAs und miRNAs – synthetisiert und prozessiert, um danach in das Cytosol exportiert zu werden. Wie der Import so ist auch der Export selektiver Natur; mRNAs werden beispielsweise nur exportiert, nachdem sie entsprechend durch RNA-bearbeitende enzymatische Reaktionen im Zellkern modifiziert wurden. In einigen Fällen werden mehrere selektive Transportschritte

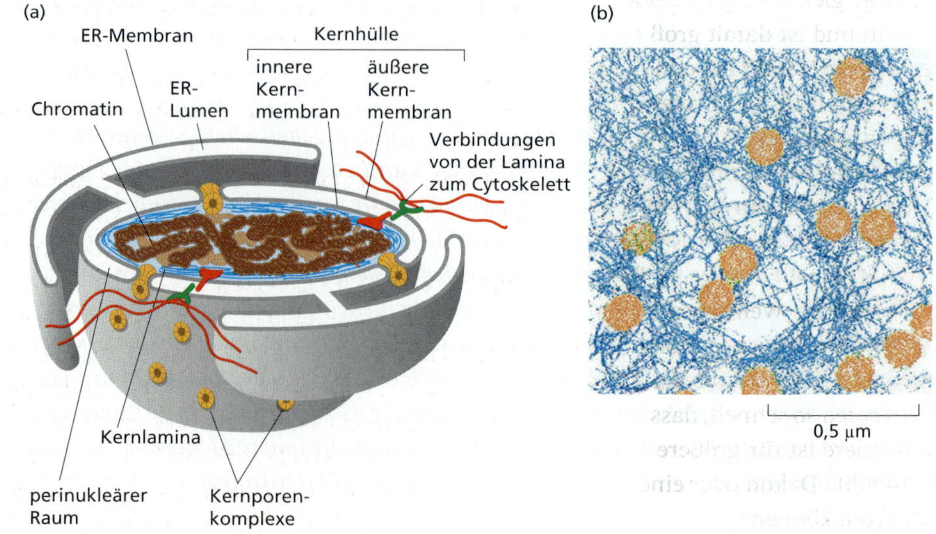

Abb. 12.54 Die Kernhülle. (a) Die Doppelmembranhülle des Zellkerns ist von Kernporenkomplexen durchzogen. Transmembranproteine in den inneren und äußeren Kernmembranen verbinden die Kernlamina mit dem cytosolischen Cytoskelett. Die äußere Kernmembran geht in das Endoplasmatische Reticulum (ER) über. Die Ribosomen, die normalerweise die cytosolische Seite der ER-Membran und der äußeren Kernhülle bevölkern, sind hier nicht eingezeichnet. (b) Die Kernlamina ist ein faseriges Proteinmaschenwerk, das der inneren Kernmembran anliegt. Die Kernporen sind in *hellbraun* zu sehen. (b, verändert nach Y. Turgay *et al.*, *Nature* 543:261–264, 2017).

benötigt, um eine komplexe Struktur aufzubauen. Ribosomen werden z. B. aus Proteinen gebildet, die im Cytosol synthetisiert wurden, in den Zellkern importiert wurden und von dort erst, nachdem sie mit neu hergestellter ribosomaler RNA beladen wurden, wieder ins Cytosol exportiert. Diese prä-ribosomalen Partikel vervollständigen dann ihren Zusammenbau zu funktionalen Ribosomen im Cytosol, wonach bestimmte Zusammenbau- und Transportfaktoren wieder in den Kern zurückkehren und beim Aufbau des nächsten Ribosoms helfen.

12.5.1 Kernporenkomplexe perforieren die Zellkernhülle

Die Zellkernhülle aller Eukaryoten wird von großen und komplizierten **Kernporenkomplexen** (NPCs, engl. *nuclear pore complexes*) durchbrochen. Jeder NPC ist aus einem Satz von ungefähr 30 verschiedenen Proteinen, den **Nukleoporinen**, aufgebaut. NPCs zeigen eine „achtzählige" Rotationssymmetrie (in Anlehnung an Symmetrieelemente aus der Kristallographie; es gibt in Kristallgittern allerdings keine achtzähligen Achsen; hier bedeutet es, dass man durch Drehen des Moleküls um die Symmetrieachse um 360 Grad/8 wieder das identische Molekül erhält), wobei die Symmetrieachse durch den zentralen Kern geht. Jedes Nukleoporin ist in mehreren Kopien enthalten, was den hohen Grad an Symmetrie innerhalb des Komplexes widerspiegelt. Der zusammengebaute NPC besteht daher aus 500 bis 1000 Proteinen mit einer geschätzten molekularen Masse von 66 Millionen Dalton in Hefen und von 125 Millionen Dalton in Wirbeltieren (**Abb. 12.55**). Die meisten Nukleoporine bestehen aus nur wenigen verschiedenen Typen von repetitiven Proteindomänen, die durch vielfältige Genduplikation entstanden sind. Einige dieser Gerüstnukleoporine, die an die Membran grenzen (s. **Abb. 12.55**), sind aufgrund ihrer Evolution und strukturell mit den Vesikelhüllproteinkomplexen wie Clathrin und COPII-Hülle verwandt (in Kapitel 13 erörtert), die die Transportvesikel formen. Es gibt sogar ein Protein, das sowohl in NPCs als auch in Vesikelhüllen als gemeinsamer Baustein verwendet wird. Es scheint ein membranbiegendes Urprotein gegeben zu haben, das dabei geholfen hat, das ausgeklügelte Membransystem in Eukaryoten auszubilden und das sich zu einer ganzen Familie von Proteinen weiterentwickelt hat, deren Mitglieder in den heutigen Zellen die scharfen Membranbögen an Kernporen und knospenden Transportvesikeln stabilisieren.

Die Kernhülle einer typischen Säugetierzelle enthält 3000–4000 NPCs, wobei diese Zahl sehr stark variiert: von einigen Hundert in Gliazellen bis zu fast 20 000 in Purkinje-Zellen. Jeder NPC kann erstaunliche 1000 Makromoleküle pro Sekunde transportieren, und zwar gleichzeitig in beide Richtungen. Der Innendurchmesser jedes NPC beträgt ~ 40 nm und ist damit groß genug für die Aufnahme von ribosomalen Untereinheiten und sogar viralen Partikeln. Diese riesige Pore ist jedoch nicht leer; stattdessen ist sie mit unstrukturierten Proteinbereichen gefüllt, die von den Kanal-Nukleoporinen beigesteuert werden.

Diese unstrukturierten Domänen enthalten zahlreiche Wiederholungen von Phenylalanin-Glycin (FG)-Motiven, deren schwache Affinität untereinander ein gelartiges Netz im Inneren des NPC erzeugt. Dieses Netz wirkt wie ein Sieb, das die Diffusion großer Makromoleküle einschränkt, während kleinere Moleküle durchgelassen werden.

Die effektive Weite dieser Siebmaschen haben Wissenschaftler nach Injektion markierter wasserlöslicher Moleküle verschiedener Größe in das Cytosol und durch Messung ihrer Diffusionsrate in den Zellkern bestimmt. Kleine Moleküle unter 5000 Dalton diffundieren so schnell, dass man die Kernhülle als frei permeabel für sie ansehen kann. Die Barriere ist für größere Moleküle zunehmend restriktiv, sodass Proteine mit mehr als ~ 40 000 Dalton oder einem Durchmesser von ~ 5 nm nicht durch passive Diffusion eindringen können.

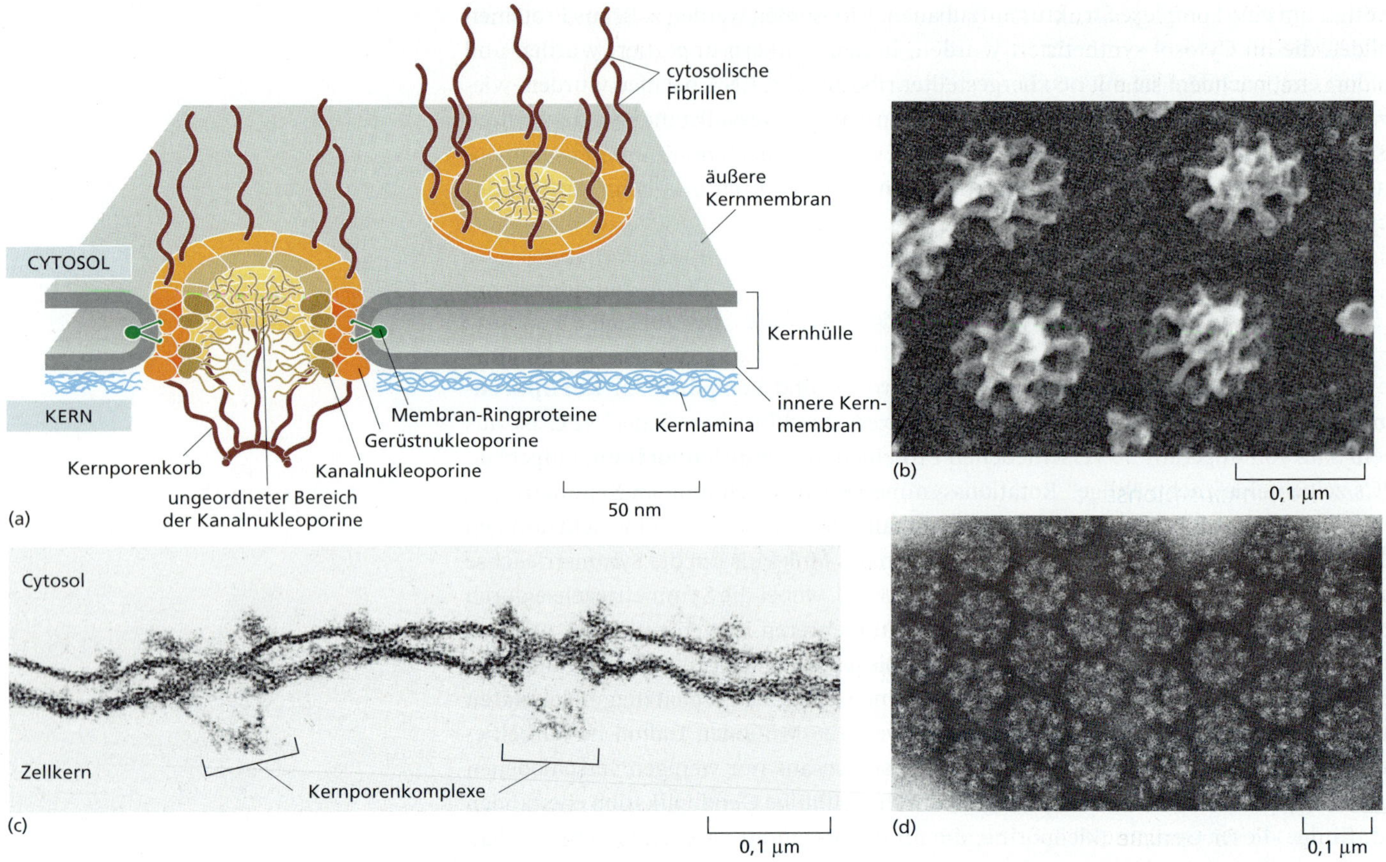

Abb. 12.55 Die Anordnung von NPCs in der Zellkernhülle. (a) Bei Wirbeltieren sind im NPC Nukleoporine in einer auffälligen achtzähligen Rotationssymmetrie angeordnet. Zusätzlich zeigen immunelektronenmikroskopische Untersuchungen, dass die Proteine, die den zentralen Bereich des NPC ausbilden, symmetrisch über die Zellkernhülle ausgerichtet sind, sodass die cytosolische und die Kerninnenseite gleich aussehen. Die achtzählige Rotationssymmetrie (in der Aufsicht auf den NPC) und die zweizählige transversale Symmetrie (in der Seitenansicht auf den NPC) erklären, wie solch eine riesige Struktur von nur etwa 30 verschiedenen Proteinen gebildet werden kann; viele Nukleoporine kommen in 8, 16 oder 32 Kopien vor. Auf der Grundlage ihrer ungefähren Anordnung im zentralen Bereich des NPC kann man Nukleoporine unterteilen in (1) Transmembran-Ringproteine, die die Kernhülle durchspannen und den NPC an der Hülle verankern; (2) Gerüstnukleoporine, die geschichtete Ringstrukturen ausbilden; einige Gerüstnukleoporine sind membranbiegende Proteine, die die scharfen Membrankrümmungen dort stabilisieren, wo die Kernhülle durchbrochen ist; und (3) Kanalnukleoporine, die eine zentrale Pore säumen. Zusätzlich zu gefalteten Domänen, die Proteine an spezifischen Plätzen verankern, enthalten viele Kanalnukleoporine ausgedehnte, unstrukturierte Regionen, in denen die Polypeptidketten in sich ungeordnet sind. Die zentrale Pore ist in hohen Konzentrationen mit diesen ungeordneten Domänen gefüllt, deren schwache Wechselwirkungen untereinander ein Gel bilden, das die passive Diffusion großer Makromoleküle blockiert. Die ungeordneten Domänen enthalten eine große Anzahl von Phenylalanin-Glycin (FG)-Wiederholungen. Fibrillen ragen sowohl auf der cytosolischen als auch auf der Kerninnenseite des NPC heraus. Obwohl es eine zweizählige Symmetrie des NPC-Kerns gibt, unterscheiden sich die Fibrillen, die ins Cytosol ragen, von denen, die in den Kern ragen. Auf der Kerninnenseite laufen die distalen Enden der Fibrillen zusammen und bilden eine korbartige Struktur. Die genaue Anordnung der einzelnen Nukleoporine in der zusammengebauten Kernpore ist immer noch heftig umstritten, da atomar auflösende Techniken an der Größe und flexiblen Natur des NPC scheitern. Zudem gibt es auch ein Problem bei der Aufreinigung ausreichender Mengen an einheitlichem Material. Eine Kombination von Elektronenmikroskopie, Computersimulation und Kristallstruktur der Nukleoporin-Teilkomplexe liegt der Entwicklung des aktuellen Modells des NPC-Aufbaus zugrunde. (b) Rasterelektronenmikroskopische Aufnahme der Kerninnenseite einer Oocyten-Zellkernhülle, die NPCs mit ihrer korbähnlichen Fibrille anzeigt. (c) Eine elektronenmikroskopische Aufnahme mit der Seitenansicht von zwei NPCs (*Klammern*); man beachte, dass die innere und äußere Kernmembran an den Rändern der Kernporen nicht unterbrochen sind. (d) Diese elektronenmikroskopische Aufnahme zeigt eine Aufsicht negativ kontrastierter NPCs. Die Membran wurde durch Extraktion mit einem Detergens entfernt. Man beachte, dass manche NPCs in ihrer Mitte Material enthalten, von dem man glaubt, dass es sich um eingeschlossene Makromoleküle handelt, die sich auf dem Transportweg durch diese NPCs befinden. (a, verändert nach A. Hoelz *et al.*, *Annu. Rev. Biochem.* 80: 613–643, 2011; b, © 1992 M. W. Goldberg und T. D. Allen. Ursprünglich veröffentlicht in *J. Cell Biol.* https://doi.org/10.1083/jcb.119.6.1429. Mit Erlaubnis von The Rockefeller University Press; c, mit freundlicher Genehmigung von Werner W. Franke und Ulrich Scheer; d, mit freundlicher Genehmigung von Ron Milligan).

Weil viele Proteine zu groß sind, um passiv durch die NPCs zu diffundieren, können der Zellkern und das Cytosol jeweils unterschiedliche Proteinausstattungen aufrechterhalten. Reife cytosolische Ribosomen haben z. B. einen Durchmesser von 30 nm und können daher nicht durch den NPC diffundieren. Dadurch ist die Proteinbiosynthese auf das Cytosol beschränkt. Aber wie schafft es der Zellkern, neu gefertigte Ribosomenuntereinheiten zu exportieren oder große Moleküle wie etwa die DNA- und RNA-Polymerasen, deren Untereinheiten molekulare Massen von 100 000–200 000 Dalton haben, zu importieren? Wie wir im Folgenden sehen werden, binden diese und die meisten anderen zu transportierenden Protein- und RNA-Moleküle an spezifische Rezeptorproteine, die große Moleküle durch NPCs schleusen. Selbst kleine Proteine wie Histone benutzen oft rezeptorvermittelte Mechanismen, um die Kernporen zu passieren; dabei steigt die Transporteffizienz.

12.5.2 Kernlokalisationssignale lenken Proteine zum Zellkern

Wenn Proteine experimentell aus Zellkernen extrahiert und danach in das Cytosol zurückgegeben werden, reichern sich sogar sehr große Molekülspezies sehr rasch wieder im Zellkern an. Sortiersignale, **Kernlokalisationssignale** (**NLS**, engl. *nuclear localization signal*) genannt, sind für die Selektivität dieses aktiven Kernimportvorgangs verantwortlich. Diese Signale wurden für zahlreiche Proteine, die in den Zellkern importiert werden, durch die Anwendung gentechnischer Methoden präzise beschrieben (**Abb. 12.56**). Das am häufigsten verwendete Signal besteht aus ein oder zwei kurzen Sequenzen, die reich an den positiv geladenen Aminosäuren Lysin und Arginin sind (s. **Abb. 12.13**). Die genaue Sequenz variiert zwischen den einzelnen Proteinen. Einige Kernproteine enthalten unterschiedliche Arten von Signalen, von denen manche noch nicht entschlüsselt sind.

NLSs können beinahe überall in der Aminosäuresequenz eines Proteins untergebracht sein; man stellt sich vor, dass sie Schleifen oder Flecken an der Oberfläche des Proteins ausbilden. Viele NLSs funktionieren immer noch, wenn sie lediglich als „baumelnde" Peptide an die Oberfläche von cytosolischen Proteinen geheftet werden. Diese experimentelle Beobachtung legt den Schluss nahe, dass die genaue Stelle, an der sich ein Kernlokalisationssignal in der Primärstruktur eines Proteins befindet, von untergeordneter Bedeutung ist. Darüber hinaus gilt, solange eine der Proteinuntereinheiten eines Multikomponentenkomplexes ein Kernlokalisationssignal aufweist, wird der ganze Komplex in den Zellkern importiert.

Der Transport von Makromolekülen durch NPCs unterscheidet sich grundlegend vom Transport von Proteinen durch die Membranen anderer Organellen: Der NPC-Transport erfolgt durch eine große, konstitutiv offene, netzgefüllte Pore und nicht durch einen viel kleineren Proteintranslokator, dessen wässrige Pore typischerweise durch

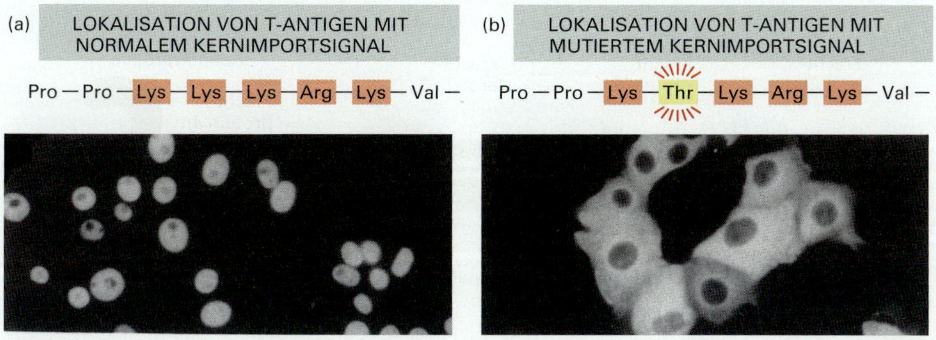

Abb. 12.56 Die Funktion eines Kernlokalisationssignals. Mikroskopische Immunfluoreszenzaufnahmen zeigen die intrazelluläre Lage des SV40-T-Antigens (mit und ohne die kleine Sequenz, die als Kernlokalisationssignal dient). (a) Das normale T-Antigen-Protein umfasst die angegebene lysinreiche Sequenz und wird folglich zu seinem Wirkort in den Zellkern importiert, wie die Immunfluoreszenzfärbung mit einem gegen das T-Antigen gerichteten Antikörper zeigt. (b) T-Antigen mit einer veränderten Kernlokalisationssequenz (ein Threonin ersetzt einen der Lysinreste) verbleibt im Cytosol. (Aus D. Kalderon *et al.*, *Cell* 39: 499–509, 1984. Mit Erlaubnis von Elsevier).

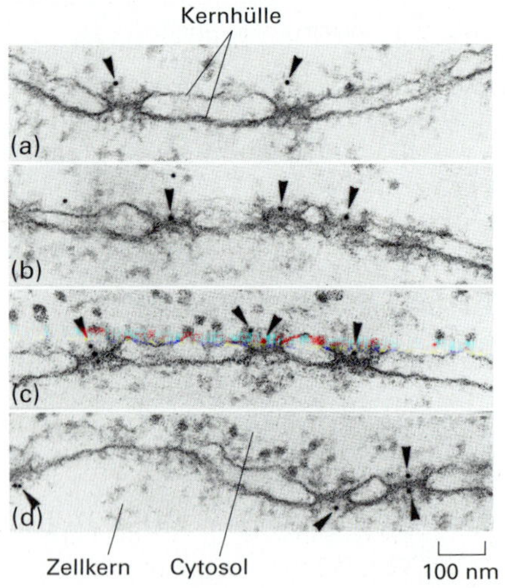

Abb. 12.57 Sichtbarmachung des aktiven Transports durch NPCs. Diese Serie von elektronenmikroskopischen Aufnahmen zeigt peptidbeladene Kügelchen aus kolloidalem Gold (*Pfeile*) mit einem Durchmesser von 5 bis 10 nm; die Peptide enthalten eine Kernlokalisationssequenz und werden durch die NPCs hindurch in den Zellkern transportiert. Die peptidhaltigen Goldpartikel wurden in lebende Zellen injiziert, die dann zu verschiedenen Zeitpunkten nach der Goldinjektion fixiert und für die Elektronenmikroskopie präpariert wurden. (a) Goldpartikel sieht man zunächst nahe bei den cytosolischen Fibrillen des NPCs. (b, c) Sie sind im Zentrum der NPCs ausschließlich auf der cytosolischen Seite sichtbar. (d) Dann tauchen sie auf der Kernseite auf. Diese kolloidalen Goldpartikel haben viel größere Durchmesser als die Diffusionskanäle im NPC. Sie werden durch aktiven Transport importiert. (Aus N. Panté und U. Aebi, *Science* 273: 1729–1732, 1996. Mit Erlaubnis der AAAS).

das transportierte Protein geöffnet wird. Aus diesem Grund können vollständig gefaltete Proteine und große Multiproteinkomplexe in beide Richtungen durch die Kernpore transportiert werden. Im Gegensatz dazu ist der Transport durch Proteintranslokatoren der verschiedenen Organellen (ER, Mitochondrien und Chloroplasten) unidirektional und erfordert in der Regel, dass das Protein weitgehend ungefaltet ist.

Der Transport von Zellkernproteinen durch NPCs kann durch die Beschichtung von Goldpartikeln mit Kernlokalisationssignalen sichtbar gemacht werden: Man injiziert die Partikel ins Cytosol und verfolgt anschließend ihr weiteres Schicksal im Elektronenmikroskop (**Abb. 12.57**). Die Partikel kommen zuerst an den tentakelartigen Fibrillen, die sich von den Gerüstnukleoporinen am Rand des NPC ins Cytosol erstrecken, an und wandern dann durch das Zentrum des NPC weiter. Diese Beobachtung veranschaulicht, dass NLSs den großen Partikeln die Fähigkeit verleihen, durch die ansonsten undurchlässige Diffusionsbarriere zu navigieren, die durch das ungeordnete Netz innerhalb der Kernpore entsteht.

12.5.3 Kernimportrezeptoren binden sowohl an Kernlokalisationssignale als auch an NPC-Proteine

Um den Import in den Zellkern einzuleiten, müssen Kernlokalisationssignale von **Kerntransportrezeptoren**, erkannt werden. Die meisten dieser Rezeptoren gehören zur großen Proteinfamilie der *Karyopherine*. In Hefe gibt es 14 für Karyopherine codierende Gene. In tierischen Zellen ist die Anzahl noch deutlich höher. Mitglieder der Karyopherin-Familie, die Kernimport vermitteln, nennt man **Kernimportrezeptoren**, während diejenigen für den Kernexport (was wir später besprechen) als **Kernexportrezeptoren** bezeichnet werden. Jeder Importrezeptor kann bestimmte Frachtproteine, die das geeignete Kernlokalisationssignal besitzen, binden und transportieren (**Abb. 12.58a**). Manchmal benutzen Kernimportrezeptoren Adapterproteine, die eine Brücke zwischen dem Importrezeptor und dem Kernlokalisationssignal auf dem zu transportierenden Protein bilden (**Abb. 12.58b**). Manche Adapterproteine sind strukturell mit den Kernimportrezeptoren verwandt, was auf eine gemeinsame entwicklungsgeschichtliche Abstammung hindeutet. Mithilfe einer Vielzahl von Importrezeptoren und Adaptoren können Zellen das breite Repertoire an Kernlokalisationssignalen erkennen, das auf Kernproteinen zu finden ist.

Die Importrezeptoren sind lösliche cytosolische Proteine, die mehrere Bindungsstellen mit geringer Affinität für die FG-Wiederholungen besitzen, die in den unstrukturierten Domänen einiger Nukleoporine zu finden sind. Die FG-Wiederholungen in den Fibrillen der dem Cytosol zugewandten Nukleoporine dienen der Rekrutierung von Importrezeptoren und deren gebundenen Frachtproteinen an NPCs zur Einleitung des Imports. Die Importrezeptoren können daraufhin die FG-Wiederholungen binden, die das Netz innerhalb der Kernpore bilden, um die Wechselwirkungen zwischen den Wiederholungen

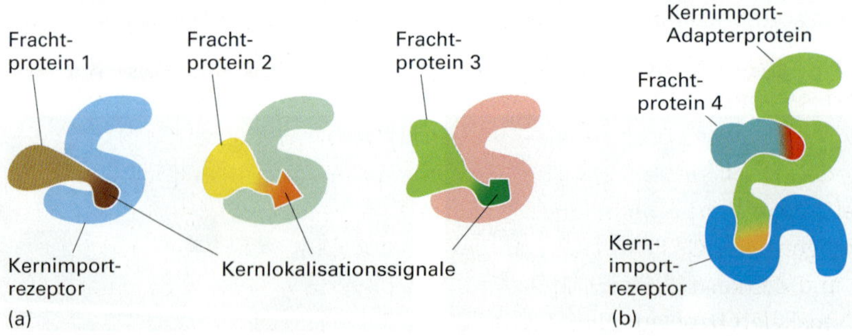

Abb. 12.58 Kernimportrezeptoren. (a) Verschiedene Kernimportrezeptoren binden an verschiedene Kernlokalisationssignale und dadurch verschiedene Frachtproteine. (b) Das Frachtprotein Nr. 4 benötigt ein Adapterprotein, um an seinen zuständigen Kernimportrezeptor binden zu können. Die Adaptoren sind strukturell mit den Kernimportrezeptoren verwandt und erkennen Kernlokalisationssequenzen an Frachtproteinen. Sie enthalten ihrerseits ein Kernlokalisationssignal, mit dem sie an einen Importrezeptor binden. Allerdings wird dieses Signal nur erkennbar, wenn sie mit einem Frachtprotein beladen sind.

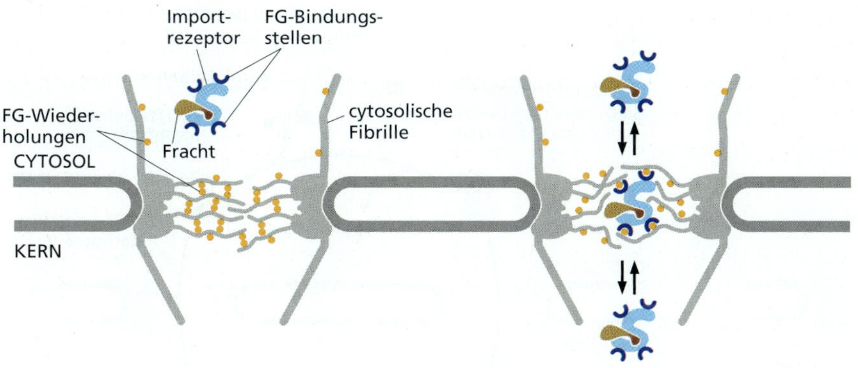

Abb. 12.59 Wechselwirkungen von Kernimportrezeptoren mit FG-Wiederholungen. *Links*: Kernimportrezeptoren enthalten auf ihrer Oberfläche verschiedene Bindungsstellen mit geringer Affinität für FG-Wiederholungen. Dies erleichtert ihre anfängliche Rekrutierung zu NPCs aufgrund von Wechselwirkungen mit FG-Wiederholungen, die sich auf den cytosolischen Fibrillen der NPCs befinden. Das Innere des NPC ist mit einem Netz von FG-Wiederholungen enthaltenden Proteinen gefüllt, deren schwache Wechselwirkungen untereinander die unspezifische Diffusion von Proteinen und anderen Makromolekülen durch die Pore einschränken. *Rechts*: Frachtrezeptoren können sich schnell in das Netz aus FG-Wiederholungen verteilen, indem sie mit den FG-Wiederholungen interagieren und das Netz lokal schmelzen. Diese Verteilung in das Netz und aus dem Netz heraus beschleunigt die Diffusion des Frachtrezeptors (und seiner gebundenen Fracht) durch den NPC erheblich. Proteine ohne Bindungsstellen für FG-Wiederholungen an der Oberfläche können das Netz nicht aufbrechen und ihre Diffusion durch den NPC ist vergleichsweise langsam.

untereinander zu unterbrechen. Auf diese Weise kann der Rezeptor-Fracht-Komplex das gelartige Netz lokal auflösen und in die bzw. innerhalb der NPC-Pore diffundieren (**Abb. 12.59**).

Es ist möglich, im Reagenzglas solch ein Gel nachzubauen, das aus unstrukturierten Polypeptiden besteht, die FG-Wiederholungen enthalten. Dieses Gel zeigt eine eingeschränkte Diffusion inerter Fracht in einer größenabhängigen Weise, ähnlich der Diffusion durch NPCs. Die Diffusion in dieses künstliche Gel ist mehr als 1000-fach schneller für Fracht, die an einen Importrezeptor gebunden hat. Bei dieser Geschwindigkeit könnte eine Fracht im Komplex mit einem Importrezeptor die Strecke durch einen NPC in wenigen Millisekunden zurücklegen, was zu der in Zellen beobachteten Transportgeschwindigkeit passt. Es ist wichtig zu erkennen, dass in diesem Modell die Diffusion nicht gerichtet ist; stattdessen beschleunigt der Importrezeptor einfach die Diffusion an sich, um der Fracht Zugang zum Kernkompartiment zu verschaffen. Wie wir noch sehen werden, vollzieht sich die selektive Dissoziation der Fracht nur auf der Kerninnenseite des NPC, sodass die Richtung des Importprozesses festgelegt ist. Der Importrezeptor kehrt dann in das Cytosol zurück, um die nächste Ladung zu transportieren.

12.5.4 Die GTPase Ran legt die Richtung des Transports durch die NPCs fest

Der Import von Zellkernproteinen durch NPCs konzentriert bestimmte Proteine im Zellkern und dadurch nimmt die Ordnung in der Zelle zu. Die Zelle treibt diesen Ordnungsprozess an, indem sie die Energie der GTP-Hydrolyse durch die GTPase **Ran** ausnutzt. Ran wird sowohl für den Kernimport als auch für den Kernexport benötigt.

Wie andere GTPasen ist auch Ran ein molekularer Schalter, der in zwei wohl definierten Konformationszuständen vorkommt, abhängig davon, ob GTP oder GDP gebunden ist (**Abb. 3.63**). Der Wechsel zwischen diesen beiden Zuständen wird von zwei Ran-spezifischen regulatorischen Proteinen ausgelöst: einem cytosolischen *GTPase aktivierenden Protein (GAP)*, das die hydrolytische Spaltung von GTP einleitet und dadurch Ran-GTP in Ran-GDP umwandelt, und einem im Zellkern befindlichen *Guanin-Nukleotid-Austauschfaktor* (*GEF*, engl. *guanine nucleotide exchange factor*), der den Austausch von GDP gegen GTP herbeiführt (und so Ran-GDP in Ran-GTP umwandelt). Weil das *Ran-GAP* im Cytosol lokalisiert ist und *Ran-GEF* sich ausschließlich im Kern – am Chromatin verankert – befindet, enthält das Cytosol hauptsächlich Ran-GDP, der Zellkern dagegen Ran-GTP (**Abb. 12.60a**). Die Aufteilung von GAP und GEF zwischen Cytosol und Zellkern in einer Zelle ist auf ihre bevorzugte Assoziation mit dem cytosolischen Cytoskelett bzw. mit dem Kernchromatin zurückzuführen.

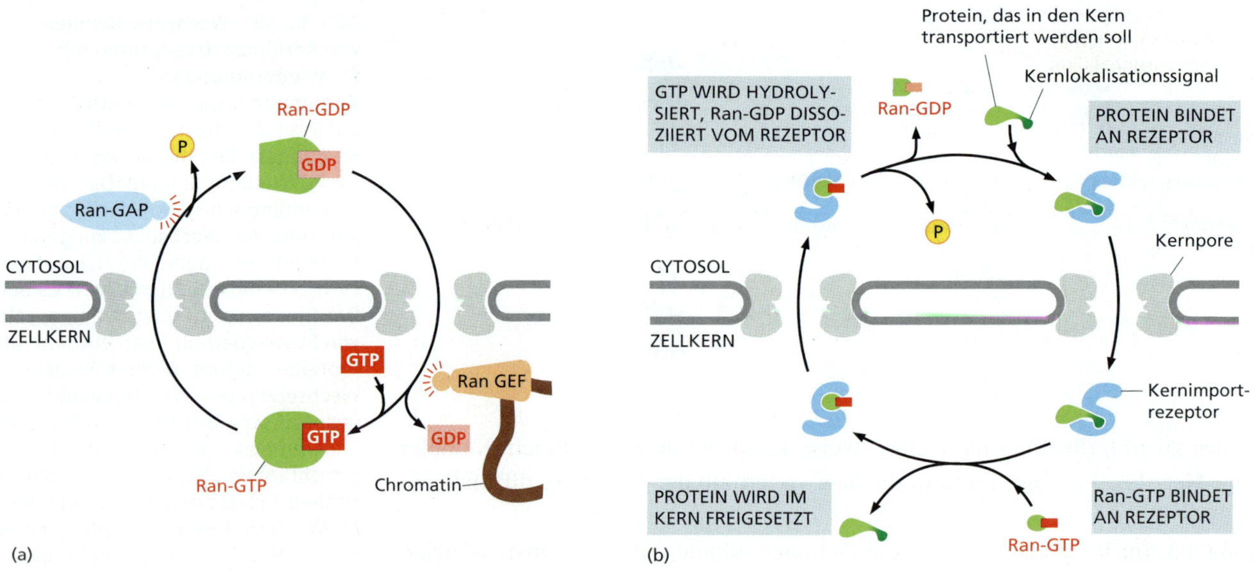

Abb. 12.60 **Die Kompartimentalisierung von Ran-GDP und Ran-GTP legt die Richtung beim Kerntransport fest.** (a) Die Lokalisation von Ran-GDP im Cytosol und Ran-GTP im Zellkern ergibt sich aus der Lokalisation zweier Ran-regulatorischer Proteine: Ran-GAP (Ran-GTPase aktivierendes Protein) befindet sich im Cytosol und Ran-GEF (Ran-Guanin-Nukleotid-Austauschfaktor, engl. *Ran guanine nucleotide exchange factor*) bindet an Chromatin und ist deshalb im Zellkern lokalisiert. Ran-GDP wird von seinem eigenen Importrezeptor in den Zellkern importiert (nicht dargestellt), der spezifisch für die GDP-gebundene Konformation von Ran ist. Der Ran-GDP-Rezeptor ist strukturell nicht mit der wichtigsten Familie der Kerntransportrezeptoren verwandt. Er bindet jedoch ebenfalls an FG-Wiederholungen in den NPC-Kanalnukleoporinen. (b) Die Wechselwirkung zwischen einem Kernimportrezeptor und seiner Ladung wird durch Ran-GTP umgekehrt. Das bedeutet, dass die Rezeptor-Fracht-Interaktion im Cytosol begünstigt, im Kern jedoch benachteiligt ist. Dies führt insgesamt zu einem Nettotransport der Fracht aus dem Cytosol in den Kern.

Dieser Gradient der beiden Ran-Konformationen treibt den Kerntransport in die gewünschte Richtung. Durch die Bindung von FG-Wiederholungen unterstützt, beschleunigen Importrezeptoren die Diffusion durch das Netz im Inneren des NPC-Kanals. Wenn ein Importrezeptor die Kerninnenseite des Porenkomplexes erreicht, bindet Ran-GTP an ihn und veranlasst den Rezeptor, seine Fracht freizugeben (**Abb. 12.60b**). Da dies nur auf der Kerninnenseite der Pore geschieht, wo die Ran-GTP-Konzentration hoch ist, wird der Importprozess gleichgerichtet (d. h. unidirektional), obwohl die Bewegung des Fracht-Import-Rezeptor-Komplexes durch die Pore der zufälligen Diffusion in beide Richtungen unterliegt.

Nachdem die Fracht im Zellkern entladen wurde, wird der leere Importrezeptor mit gebundenem Ran-GTP durch denselben Mechanismus der erleichterten Diffusion durch den Porenkomplex zurücktransportiert. Wenn der Komplex aus Ran-GTP und dem Importrezeptor das Cytosol erreicht, löst Ran-GAP bei Ran-GTP die Hydrolyse des gebundenen GTP aus. Dem daraus gebildeten Ran-GDP fehlt die Affinität zum Importrezeptor, sodass dieser für einen weiteren Zyklus des Kernimports freigesetzt wird. Auf diese Weise ermöglicht Ran-GDP die Beladung mit Fracht im Cytosol, während Ran-GTP die Entladung der Fracht im Zellkern begünstigt, wodurch die Richtung des Importprozesses festgelegt wird.

12.5.5 Der Export aus dem Zellkern verläuft wie der Import, nur in umgekehrter Richtung

Der Zellkernexport großer Moleküle, wie z. B. neuer Ribosomenuntereinheiten und RNA-Molekülen, geht durch NPCs vonstatten und hängt ebenso von einem selektiven Transportsystem ab. Das Transportsystem beruht auf **Kernexportsignalen** an den

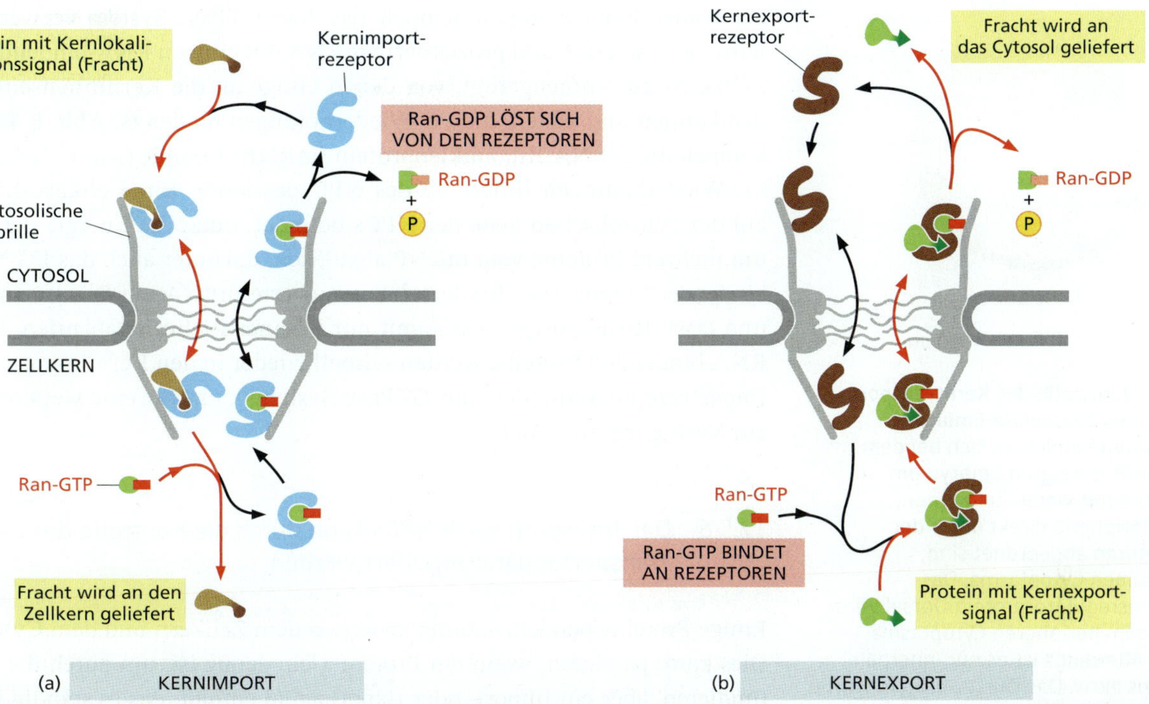

Abb. 12.61 Kernimport und Kernexport nutzen beide den Ran-GTPase-Zyklus. Der Durchtritt beladener Kerntransportrezeptoren durch den NPC geschieht entlang der FG-Wiederholungen, die von bestimmten NPC-Proteinen präsentiert werden. Die differenzielle Lokalisation von Ran-GTP im Zellkern und von Ran-GDP im Cytosol der Zelle gibt dem Kernimport (a) wie dem Kernexport (b) eine Richtung vor (*rote Pfeile*). Die GTP-Hydrolyse, die zu Ran-GDP führt, wird auf der cytosolischen Seite des NPC von Ran-GAP stimuliert (s. Abb. 12.60). Der entscheidende Unterschied zwischen Ran-vermitteltem Kernimport und Kernexport liegt in der Art der Fracht-Bindung durch den Fracht-Rezeptor. Beim Kernimport schließt die Bindung der Ladung beiderseits Ran-GTP aus, während die Bindung der Ladung beim Kernexport Ran-GTP erfordert. Somit sind die Orte, an denen die Ladung aufgenommen und freigesetzt wird, beim Kernexport genau umgekehrt im Vergleich zum nuklearen Import.

Makromolekülen, die herausgebracht werden sollen. **Kernexportrezeptoren** binden sowohl das Exportsignal – entweder direkt oder über einen Adapter – als auch NPC-Proteine, um ihre Fracht durch den NPC ins Cytosol zu geleiten.

Wie man aufgrund ihrer strukturellen und evolutionsgeschichtlichen Ähnlichkeit von Import- und Exportrezeptoren erwarten würde, arbeiten die Transportsysteme für den Import und den Export auf ähnliche Weise, aber in gegenläufigen Richtungen: Die Importrezeptoren binden ihre Frachtmoleküle im Cytosol und setzen sie im Zellkern frei, wonach sie selbst wieder ins Cytosol zurückwandern, um den Zyklus erneut zu beginnen. Die Exportrezeptoren arbeiten hingegen auf dem entgegengesetzten Weg (Abb. 12.61).

Die Fähigkeit der Exportrezeptoren, in umgekehrter Richtung zu arbeiten, ergibt sich aus der Art und Weise, wie sie mit der Ran-GTPase wechselwirken. Ran-GTP im Zellkern fördert die Bindung (Aufladung) der Fracht an den Exportrezeptor und nicht die Dissoziation (Entladung) der Fracht wie im Fall der Importrezeptoren. Sobald sich der Exportrezeptor durch die Pore ins Cytosol bewegt, trifft er auf Ran-GAP, das den Rezeptor zur Hydrolyse seines GTP zu GDP veranlasst. Daraus ergibt sich eine Konformationsumkehrung beim Exportrezeptor, wodurch er sowohl seine Fracht als auch Ran-GDP ins Cytosol entlässt. Freie Exportrezeptoren und freies Ran-GDP nutzen den Kernimportweg, um in den Zellkern zu gelangen und den Zyklus abzuschließen.

Wie wir in Kapitel 6 ausführlich besprechen, steuern Zellen den Export von RNA aus dem Kern. snRNA, miRNA und tRNA binden an Kernexportrezeptoren und nutzen den Ran-GTP-Gradienten, um den Transportprozess voranzutreiben. Im Gegensatz dazu verwendet der Export von mRNA aus dem Zellkern einen anderen Mechanismus,

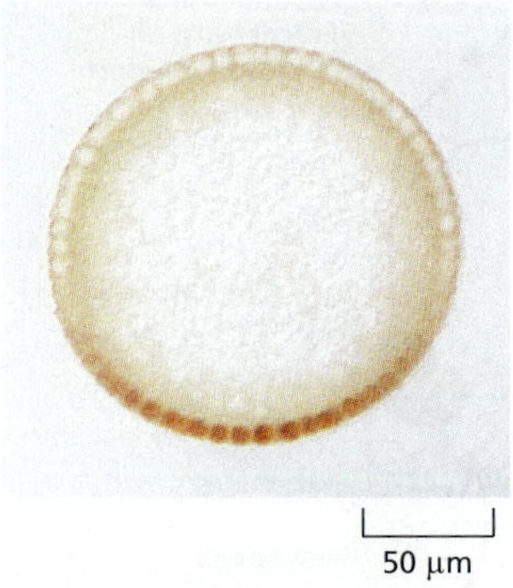

Abb. 12.62 Kontrolle des Kerntransports in einem frühen *Drosophila*-Embryo. In diesem Stadium handelt es sich bei dem im Querschnitt gezeigten Embryo um ein Syncytium mit vielen Zellkernen, die an der Peripherie direkt unter der Plasmamembran angeordnet sind, im gemeinsamen Cytoplasma. Das Transkriptionsregulatorprotein Dorsal wird gleichmäßig im peripheren Cytoplasma produziert. Allerdings ist es nur innerhalb des Zellkerns aktiv. Das Dorsal-Protein wurde mit einem enzymgekoppelten Antikörper gefärbt, der ein braunes Produkt erzeugt. Man erkennt, dass Dorsal auf der dorsalen Seite (*oben*) des Embryos aus den Zellkernen ausgeschlossen ist, während es sich auf der ventralen Seite (*unten*) des Embryos in den Zellkernen anhäuft. Der regulierte Transport von Dorsal in den Zellkern reguliert die Differenzierung zwischen Rücken und Bauch in der Entwicklung des Tieres. (Mit freundlicher Genehmigung von Siegfried Roth).

der weder Exportrezeptoren noch das Ran-GTPase-System verwendet. Stattdessen wird die gespleißte und prozessierte mRNA mit einigen RNA-bindenden Proteinen des Zellkerns zusammengefügt, von denen einige an die Kerninnenseite von NPCs binden können und andere die FG-Wiederholungen binden (s. **Abb. 6.40**). Dieser exportkompetente mRNA-Ribonukleoprotein (mRNP)-Komplex kann dadurch das Netz der FG-Wiederholungen innerhalb des NPC passieren. Ein Helikase-Komplex, der sich auf der cytosolischen Seite der NPCs befindet, nutzt die Energie der ATP-Hydrolyse, um mehrere Proteine vom mRNP abzulösen, darunter auch das FG-Wiederholungen-bindende Protein. Dies hindert die exportierte mRNA am Wiedereintritt in den NPC und lässt den Exportprozess somit nur in einer Richtung ablaufen. Die abgestreiften RNA-bindenden Proteine werden schnell wieder in den Kern importiert (mit Hilfe des Importrezeptors und des Ran-GTPase-Systems), um für eine weitere Transportrunde zur Verfügung zu stehen.

12.5.6 Der Transport durch NPCs kann durch die Kontrolle des Zugangs zum Transportapparat reguliert werden

Einige Proteine pendeln ständig zwischen dem Zellkern und dem Cytosol hin und her. Dies kann passieren, wenn ein Protein klein genug ist, um durch die Kernpore zu diffundieren, aber ein Import- oder Exportsignal enthält, das es ständig in den Kern oder das Cytosol bringt. Andere Proteine besitzen sowohl Kernlokalisations- als auch Kernexportsignale. Die stationäre Verteilung solcher *Pendelproteine* wird von ihren relativen Im- und Exportraten bestimmt. Wenn die Importrate die Exportrate übersteigt, wird sich das Protein hauptsächlich im Zellkern aufhalten. Im umgekehrten Fall, wenn die Exportrate die Importrate übersteigt, wird sich das Protein überwiegend im Cytosol anhäufen. Daher lässt sich durch Änderung der Import- oder der Exportrate (oder beider) der Aufenthaltsort des Proteins einstellen.

Wie in Kapitel 7 diskutiert, wird die Aktivität mancher Transkriptionsregulatoren dadurch kontrolliert, dass sie vom Zellkerninneren ferngehalten werden, bis sie dort benötigt werden (**Abb. 12.62**). Auf ähnliche Weise können Zellen die Translation bestimmter mRNAs kontrollieren, indem sie diese im Zellkern zurückhalten, bis ihr Proteinprodukt gebraucht wird. In vielen Fällen kontrollieren Zellen den Transport durch Regulation von Kernlokalisations- oder -exportsignalen, die oft durch Phosphorylierung/Dephosphorylierung angrenzender Aminosäuren an- oder abgeschaltet werden können (**Abb. 12.63**). Andere Trankriptionsregulatoren sind im Cytosol an hemmende Proteine gebunden, die sie entweder im Cytosol festhalten (z. B. durch Bindung an das Cytoskelett oder ein bestimmtes Organell) oder aber ihr Kernlokalisationssignal maskieren, sodass sie nicht mit Kernimportrezeptoren wechselwirken können. Ein geeignetes Signal befreit das Transkriptionsregulatorprotein von seiner cytosolischen Verankerung oder Maskierung und transportiert es in den Zellkern.

Ein wichtiges Beispiel ist das latente Transkriptionsregulatorprotein, das die Transkription von Genen des Cholesterinstoffwechsels kontrolliert. Das Protein wird in einer inaktiven Form als Transmembranprotein am Endoplasmatischen Reticulum hergestellt und zwischengelagert. Wenn in der Zelle Cholesterinmangel herrscht, wird das Protein vom ER zum Golgi-Apparat transportiert, wo es auf spezielle Proteasen trifft, die die cytosolische Domäne abspalten, sodass es ins Cytosol freigesetzt wird. Diese Domäne wird dann in den Zellkern importiert, wo sie die Transkription von Genen veranlasst, die für die Synthese bzw. die Aufnahme von Cholesterin benötigt werden (**Abb. 12.64**). Wir haben bereits in diesem Kapitel einen ähnlichen Mechanismus kennengelernt, der die Aktivierung des ATF6-Arms bei der Reaktion auf ungefaltete Proteine kontrolliert (s. **Abb. 12.36**).

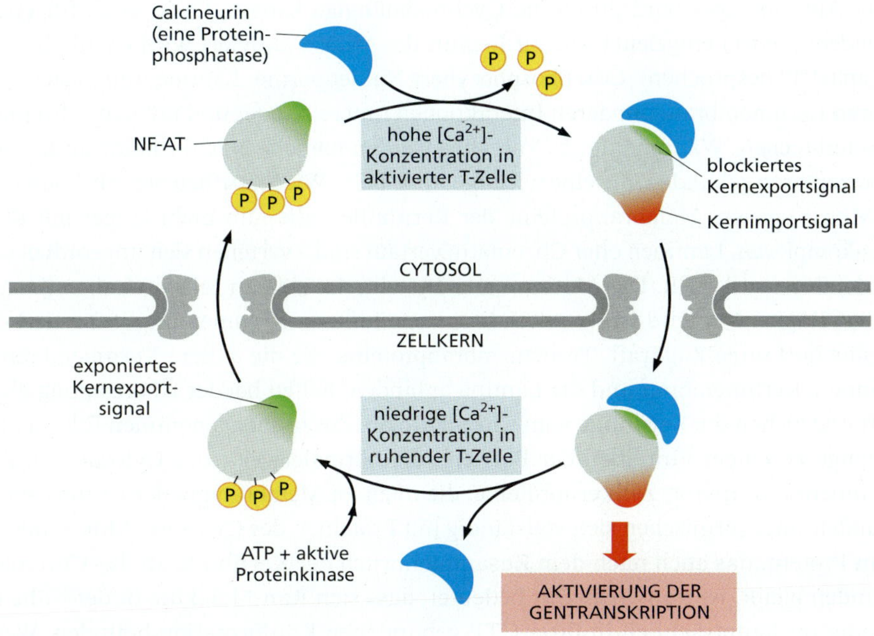

Abb. 12.63 Die Kontrolle des Kernimportes während der T-Zell-Aktivierung. Der „nukleäre Faktor aktivierter T-Zellen" (NF-AT) ist ein Transkriptionsregulatorprotein, das in ruhenden T-Zellen in phosphorylierter Form im Cytosol vorkommt. Wenn T-Zellen durch Fremd-Antigene aktiviert werden (in Kapitel 24 behandelt), steigt der intrazelluläre Gehalt an Ca^{2+}-Ionen an. Bei hohen Ca^{2+}-Konzentrationen bindet die Proteinphosphatase Calcineurin an NF-AT und dephosphoryliert es. Die Dephosphorylierung legt Kernimportsignale frei und blockiert ein Kernexportsignal. Der Komplex aus NF-AT und Calcineurin wird daher in den Zellkern importiert, wo NF-AT die Transkription zahlreicher, für die T-Zell-Aktivierung erforderlicher Gene aktiviert. Die Reaktion schaltet sich ab, wenn die Ca^{2+}-Spiegel sinken, was zur Freisetzung des NF-AT aus dem Komplex mit Calcineurin führt. Rephosphorylierung von NF-AT inaktiviert das Kernimportsignal und führt zur Präsentation des Kernexportsignals, was die Verlagerung von NF-AT in das Cytosol zur Folge hat. Einige der stärksten Immunsuppressiva, einschließlich Cyclosporin A und FK 506, hemmen die Fähigkeit des Calcineurins, NF-AT zu dephosphorylieren, und blockieren daher die Ansammlung von NF-AT im Zellkern und die T-Zell-Aktivierung.

12.5.7 Während der Mitose zerfällt die Kernhülle und baut sich wieder auf

In tierischen Zellen wird die Kernhülle während der Mitose abgebaut, sodass die Mikrotubuli Zugang zu den replizierten Chromosomen für die Segregation zwischen den zwei Tochterzellen erhalten (wird in Kapitel 17 besprochen). Am Ende der Mitose setzt sich die Kernhülle wieder zusammen und die asymmetrische Verteilung des Zellinhalts zwischen Cytosol und Zellkern wird wiederhergestellt. Die wichtigsten Strukturen, die reversibel abgebaut werden müssen, sind die Kernlamina, die NPCs und die Membranen der Kernhülle.

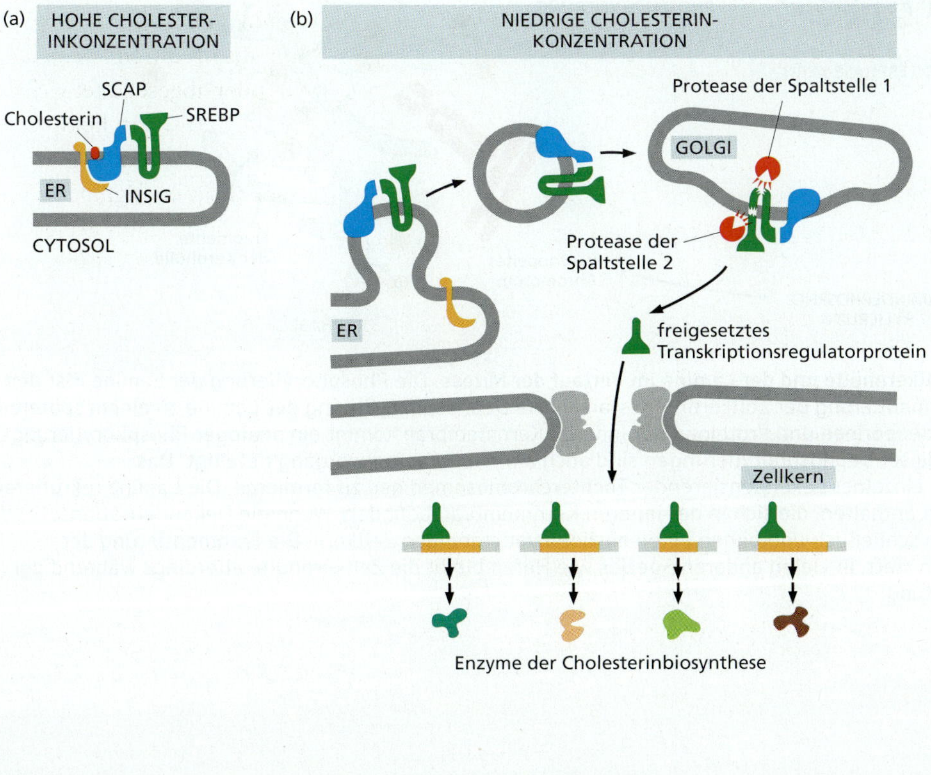

Abb. 12.64 Feedback-Regulation der Cholesterin-Biosynthese. (a) Zu Beginn wird SREBP (Steroidantwortelement-Bindeprotein, engl. *sterol response element-binding protein*), ein latenter Transkriptionsregulator, der die Expression der Enzyme für die Cholesterin-Biosynthese steuert, als ER-Membranprotein hergestellt. Wenn genügend Cholesterin in der Membran vorhanden ist, ist es am ER durch Interaktion mit einem Membranproteinkomplex bestehend aus den Proteinen INSIG und SCAP (SREBP-Spaltungsaktivierungsprotein, engl. *SREBP cleavage activation protein*) verankert, der Cholesterin bindet. (b) Wird nun die Cholesterinbindungsstelle auf SCAP frei (bei geringer Cholesterinkonzentration), ändert SCAP seine Konformation und dissoziiert von INSIG. Die Dissoziation von INSIG befreit den SCAP-SREBP-Komplex, sodass er zusammen in Transportvesikel verpackt werden kann, die zum Golgi-Apparat verfrachtet werden. Wenn die Fracht dort abgeliefert wird, spalten zwei Golgi-interne Proteasen SREBP, sodass die cytosolische Domäne aus der Membran gelöst wird. Die cytosolische Domäne, die ein Transkiptionsregulatorprotein ist, wandert dann in den Zellkern, wo sie an Promotoren der Gene bindet, die für Proteine der Cholesterinbiosynthese codieren, und damit die Transkription aktiviert. Auf diese Art wird mehr Cholesterin produziert, wenn dessen Konzentration unter einen Schwellenwert gesunken ist.

Der Abbauprozess wird durch die Cyclin-abhängige Kinase (CDK, engl. für *cyclin-dependent kinase*) eingeleitet, die zu Beginn der Mitose aktiviert wird (wird ebenfalls in Kapitel 17 besprochen). Cdk phosphoryliert Nukleoporine, Lamine und Proteine der inneren Kernmembran, um deren Interaktionen untereinander und mit dem Chromatin zu unterbrechen. Während dieses Vorgangs werden manche NPC-Proteine an Kernimportrezeptoren gebunden, die eine wichtige Rolle beim Wiederaufbau der NPCs am Ende der Mitose spielen. Membranproteine der Kernhülle – die nun nicht länger mit Kernporenkomplexen, Laminen oder Chromatin vertäut sind – verteilen sich ungeordnet über die Membranen des ER. Das Motorprotein Dynein, das sich an Mikrotubuli entlangbewegt (s. Kapitel 16), wird früh in der Mitose zur äußeren Kernmembran rekrutiert und entfaltet dort seine Zugkraft. Transmembranproteine, die die äußere Kernmembran an die innere Kernmembran und die Lamina anbinden, helfen bei der Übertragung dieser Kraft und ziehen die Kernhülle vom Chromatin ab. Zusammengenommen führen diese Vorgänge zu einem Einreißen der Barriere, die normalerweise das Cytosol vom Zellkerninnenraum trennt; Zellkernproteine, die nicht an Membranen oder Chromosomen gebunden sind, vermischen sich vollständig mit Proteinen des Cytosols (**Abb. 12.65**).

Ein Protein, das auch nach dem Zusammenbruch der Kernhülle an das Chromatin gebunden bleibt, ist Ran-GEF. Das bedeutet, dass sich Ran-Moleküle in der Nähe des Chromatins hauptsächlich in ihrer GTP-gebundenen Konformation befinden. Weiter entfernte Ran-Moleküle hingegen befinden sich aufgrund der Wirkung des cytosolischen Ran-GAP in ihrer GDP-gebundenen Konformation. Infolgedessen sind die Chromosomen in mitotischen Zellen von einer Wolke aus Ran-GTP umgeben, die für den Aufbau der mitotischen Spindel wichtig ist, die die Chromosomen in die neu entstehenden Tochterzellen segregiert (wird ebenfalls in Kapitel 17 besprochen). Nach der Chromosomentrennung wird Cdk inaktiviert, was die Dephosphorylierung von

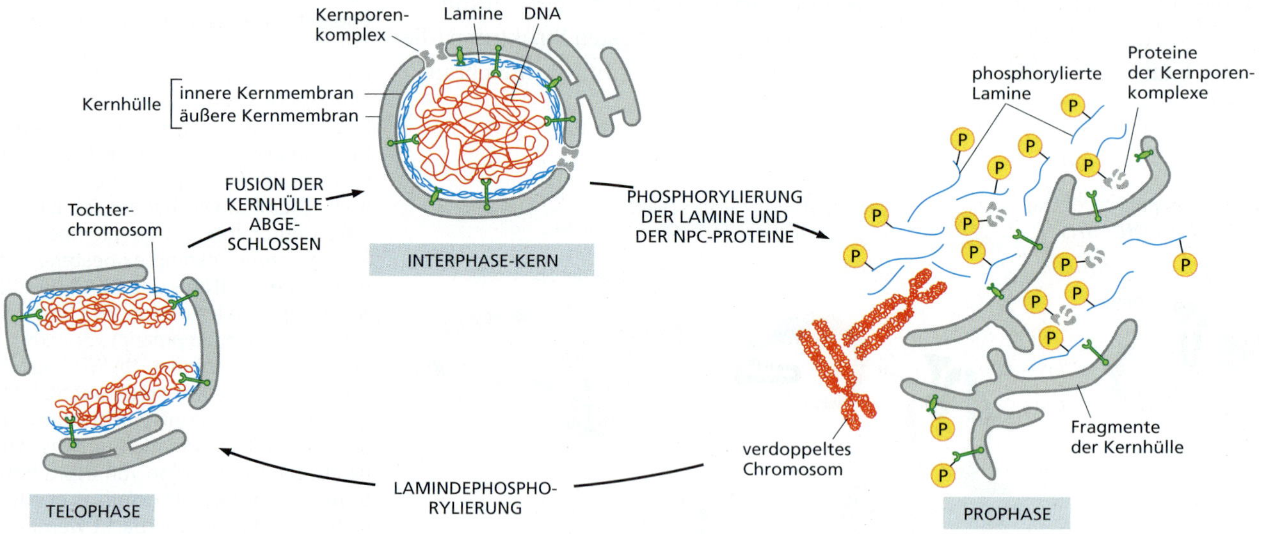

Abb. 12.65 Der Abbau und die Neubildung der Zellkernhülle und der Lamina im Verlauf der Mitose. Die Phosphorylierung der Lamine löst den Zerfall der Kernlamina aus, was wiederum die Fragmentierung der Zellkernhülle startet. Die Dephosphorylierung der Lamine zu einem späteren Zeitpunkt kehrt den Vorgang um. Bei manchen Nukleoporinen und Proteinen der inneren Kernmembran kommt ein analoger Phosphorylierungs- und Dephosphorylierungszyklus vor, und manche dieser Dephosphorylierungen sind auch am Wiederaufbauvorgang beteiligt. Das Laminnetzwerk beginnt sich zunächst um Bereiche einzelner dekondensierender Tochterchromosomen neu zu formieren. Die Lamine rekrutieren Membranen, die wechselwirkende Laminrezeptoren enthalten, die sich in der inneren Kernmembran befinden. Wenn die Dekondensation fortschreitet, fusionieren diese Membranstrukturen schließlich und bilden einen einzigen vollständigen Zellkern. Die Fragmentierung der Zellkernhülle in der Mitose findet in allen Metazoen statt. In vielen anderen Spezies wie Hefen bleibt die Zellkernhülle allerdings während der Mitose intakt und der Zellkern teilt sich durch Spaltung.

Nukleoporinen, Laminen und Kernmembranproteinen ermöglicht. Dadurch wird der Wiederaufbau der Kernhülle über die Fläche des vollständigen Chromosomensatzes in jeder Tochterzelle ausgelöst. Der Positionsmarker für die Rekrutierung von Kernhüllenkomponenten an Chromosomen ist die umgebende Wolke aus Ran-GTP. Ran-GTP entlässt die NPC-Proteine aus den Kernimportrezeptoren in der Nähe der Chromosomen.

Die freien NPC-Proteine heften sich an die Chromosomenoberfläche, wo sie sich zu neuen NPCs zusammenlagern. Zur gleichen Zeit binden dephosphorylierte Lamine erneut an Chromatin und rekrutieren ER-Membranen über Proteine der inneren Kernmembran, die sich darin befinden. Das ER umhüllt nach und nach um die gesamte Chromosomengruppe, bis es eine geschlossene Kernhülle bildet, die die Chromosomen und die an sie gebundenen Proteine umschließt. Die neu gebildete innere Kernhülle liegt eng an der Oberfläche der Chromosomen an. Sie ist mit Proteinen der inneren Kernmembran angereichert und schließt alle Proteine aus, außer denen, die ursprünglich an die Mitose-Chromosomen gebunden waren, was dem Umhüllungsprozess ein hohes Maß an Selektivität verleiht. Da sich Ran-GTP innerhalb des Kerns befindet und Ran-GDP außerhalb bleibt, kann der auf eine Richtung beschränkte Import von Proteinen, die Kernlokalisationssignale enthalten, durch NPCs erfolgen. Auf diese Weise wird der Kernproteingehalt aufgefüllt, während alle anderen großen Proteine, einschließlich Ribosomen, aus dem neu zusammengesetzten Kern herausgehalten werden.

Zusammenfassung

Die Zellkernhülle besteht aus einer inneren und einer äußeren Kernmembran, die über Durchbrüche, die durch Kernporenkomplexe (NPCs) gebildet werden, miteinander verbunden sind. Die äußere Kernmembran geht in die ER-Membran über. Der Raum zwischen der inneren und äußeren Kernmembran bildet mit dem ER-Lumen ein Kontinuum. RNA-Moleküle, die im Kern hergestellt werden, und Ribosomenuntereinheiten, die im Zellkern zusammengesetzt werden, werden in das Cytosol exportiert; im Gegensatz dazu werden alle Proteine, die im Zellkern Dienst tun, im Cytosol synthetisiert und dann in den Zellkern importiert. Der ausgedehnte Materialaustausch zwischen Zellkern und Cytosol vollzieht sich durch NPCs, die einen direkten Durchgang durch die Kernhülle bilden. Das Innere der NPCs enthält ein Netz aus unstrukturierten Proteinen, das die Passage kleiner Moleküle ermöglicht, aber eine Diffusionsbarriere darstellt, die den aktiven Transport großer Makromoleküle erfordert.

Kernlokalisationssignale und Kernexportsignale auf Proteinen, die durch NPCs transportiert werden sollen, werden von entsprechenden Kerntransportrezeptoren erkannt. Diese Rezeptoren funktionieren, indem sie ihre Fracht selektiv auf einer Seite der Kernhülle aufnehmen, die Diffusionsgeschwindigkeit durch die NPCs erhöhen und ihre Fracht selektiv auf der anderen Seite absetzen. Die Freie Energie der GTP-Hydrolyse durch die monomere GTPase Ran wird genutzt, um die Richtung des Kerntransports zu bestimmen. Boten-RNAs werden als Teile großer Ribonukleoprotein-Komplexe durch NPCs aus dem Zellkern exportiert; sie nutzen einen anderen Transportweg, bei dem die Komplexe auf der cytosolischen Seite der NPCs durch ATP-Hydrolyse umgebaut werden. Die Zellen regulieren den Transport von Kernproteinen und RNA-Molekülen durch die NPCs, indem sie den Zugang dieser Moleküle zur Transportmaschinerie kontrollieren. Da Kernlokalisationssignale nicht entfernt werden, können Zellkernproteine wiederholt importiert werden, wie es bei der Wiederherstellung des Zellkerns nach jeder Mitose notwendig wird.

Literatur

12 Allgemein

Palade, G. (1975). Intracellular aspects of the process of protein synthesis. *Science* 189: 347–358.

12.1 Die Kompartimentierung der Zelle

Banani, S.F., Lee, H.O., Hyman, A.A. et al. (2017). Biomolecular condensates: organizers of cellular biochemistry. *Nat. Rev. Mol. Cell Biol.* 18: 285–298.

Baum, D.A. und Baum, B. (2014). An inside-out origin for the eukaryotic cell. *BMC Biol.* 12: 76.

Blobel, G. (1980). Intracellular protein topogenesis. *Proc. Natl. Acad. Sci. USA* 77: 1496–1500.

Devos, D.P., Gräf, R. und Field, M.C. (2014). Evolution of the nucleus. *Curr. Opin. Cell Biol.* 28: 8–15.

Knoblach, B. und Rachubinski, R.A. (2015). Motors, anchors, and connectors: orchestrators of organelle inheritance. *Annu. Rev. Cell Dev. Biol.* 31: 55–81.

Wickner, W. und Schekman, R. (2005). Protein translocation across biological membranes. *Science* 310: 1452–1456.

12.2 Das Endoplasmatische Reticulum

Akopian, D., Shen, K., Zhang, X. et al. (2013). Signal recognition particle: an essential protein-targeting machine. *Annu. Rev. Biochem.* 82: 693–721.

Blobel, G. und Dobberstein, B. (1975). Transfer of proteins across membranes. I. Presence of proteolytically processed and unprocessed nascent immunoglobulin light chains on membrane-bound ribosomes of murine myeloma. *J. Cell Biol.* 67: 835–851.

Braakman, I. und Bulleid, N.J. (2011). Protein folding and modification in the mammalian endoplasmic reticulum. *Annu. Rev. Biochem.* 80: 71–99.

Chen, S., Novick, P. und Ferro-Novick, S. (2013). ER structure and function. *Curr. Opin. Cell Biol.* 25: 428–433.

Christianson, J.C. und Ye, Y. (2014). Cleaning up in the endoplasmic reticulum: ubiquitin in charge. *Nat. Struct. Mol. Biol.* 21: 325–335.

Cymer, F., von Heijne, G. und White, S.H. (2015). Mechanisms of integral membrane protein insertion and folding. *J. Mol. Biol.* 427: 999–1022.

Deshaies, R.J., Sanders, S.L., Feldheim, D.A. et al. (1991). Assembly of yeast Sec proteins involved in translocation into the endoplasmic reticulum into a membrane-bound multisubunit complex. *Nature* 349: 806–808.

Görlich, D., Prehn, S., Hartmann, E. et al. (1992). A mammalian homolog of SEC61p and SECYp is associated with ribosomes and nascent polypeptides during translocation. *Cell* 71: 489–503.

Hegde, R.S. und Keenan, R.J. (2011). Tail-anchored membrane protein insertion into the endoplasmic reticulum. *Nat. Rev. Mol. Cell Biol.* 12: 787–798.

Mamathambika, B.S. und Bardwell, J.C. (2008). Disulfide-linked protein folding pathways. *Annu. Rev. Cell Dev. Biol.* 24: 211–235.

Marciniak, S.J. und Ron, D. (2006). Endoplasmic reticulum stress signaling in disease. *Physiol. Rev.* 86: 1133–1149.

Milstein, C., Brownlee, G.G., Harrison, T.M. et al. (1972). A possible precursor of immunoglobulin light chains. *Nat. New Biol.* 239: 117–120.

Pelham, H.R. (1986). Speculations on the functions of the major heat shock and glucose-related proteins. *Cell* 46: 959–961.

Pomorski, T.G. und Menon, A.K. (2016). Lipid somersaults: uncovering the mechanisms of protein-mediated lipid flipping. *Prog. Lipid Res.* 64: 69–84.

Rapoport, T.A., Li, L. und Park, E. (2017). Structural and mechanistic insights into protein translocation. *Annu. Rev. Cell Dev. Biol.* 33: 369–390.

Shao, S. und Hegde, R.S. (2011). Membrane protein insertion at the endoplasmic reticulum. *Annu. Rev. Cell Dev. Biol.* 27: 25–56.

Van den Berg, B., Clemons Jr, W.M., Collinson, I. et al. (2004). X-ray structure of a protein-conducting channel. *Nature* 427: 36–44.

Walter, P. und Ron, D. (2011). The unfolded protein response: from stress pathway to homeostatic regulation. *Science* 334: 1081–1086.

Wu, H., Carvalho, P. und Voeltz, G.K. (2018). Here, there, and everywhere: the importance of ER membrane contact sites. *Science* 361: eaan5835.

12.3 Peroxisomen

Agrawal, G. und Subramani, S. (2016). De novo peroxisome biogenesis: evolving concepts and conundrums. *Biochim. Biophys. Acta* 1863: 892–901.

Fujiki, Y., Yagita, Y. und Matsuzaki, T. (2012). Peroxisome biogenesis disorders. *Biochim. Biophys. Acta* 1822: 1337–1342.

Walter, T. und Erdmann, R. (2019). Current advances in protein import into peroxisomes. *Protein J.* 38: 351–362.

12.4 Proteintransport in Mitochondrien und Chloroplasten

Araiso, Y., Imai, K. und Endo, T. (2020). Structural snapshot of the mitochondrial protein import gate. *FEBS J.*, http\\doi: 10.1111/febs.15661.

Jarvis, P. und Robinson, C. (2004). Mechanisms of protein import and routing in chloroplasts. *Curr. Biol.* 14: R1064–R1077.

Kessler, F. und Schnell, D.J. (2009). Chloroplast biogenesis: diversity and regulation of the protein import apparatus. *Curr. Opin. Cell Biol.* 21: 494–500.

Schleiff, E. und Becker, T. (2011). Common ground for protein translocation: access control for mitochondria and chloroplasts. *Nat. Rev. Mol. Cell Biol.* 12: 48–59.

Wiedemann, N. und Pfanner, N. (2017). Mitochondrial machineries for protein import and assembly. *Annu. Rev. Biochem.* 86: 685–714.

12.5 Molekültransport zwischen Zellkern und Cytosol

Adam, S.A. und Gerace, L. (1991). Cytosolic proteins that specifically bind nuclear location signals are receptors for nuclear import. *Cell* 66: 837–847.

Burke, B. und Stewart, C.L. (2013). The nuclear lamins: flexibility in function. *Nat. Rev. Mol. Cell Biol.* 14: 13–24.

Cole, C.N. und Scarcelli, J.J. (2006). Transport of messenger RNA from the nucleus to the cytoplasm. *Curr. Opin. Cell Biol.* 18: 299–306.

Güttinger, S., Laurell, E. und Kutay, U. (2009). Orchestrating nuclear envelope disassembly and reassembly during mitosis. *Nat. Rev. Mol. Cell Biol.* 10: 178–191.

Hetzer, M.W. und Wente, S.R. (2009). Border control at the nucleus: biogenesis and organization of the nuclear membrane and pore complexes. *Dev. Cell* 17: 606–616.

Hülsmann, B.B., Labokha, A.A. und Görlich, D. (2012). The permeability of reconstituted nuclear pores provides direct evidence for the selective phase model. *Cell* 150: 738–751.

Köhler, A. und Hurt, E. (2007). Exporting RNA from the nucleus to the cytoplasm. *Nat. Rev. Mol. Cell Biol.* 8: 761–773.

Lin, D.H. und Hoelz, A. (2019). The structure of the nuclear pore complex (an update). *Annu. Rev. Biochem.* 88: 725–783.

Moore, M.S. und Blobel, G. (1993). The GTP-binding protein Ran/TC4 is required for protein import into the nucleus. *Nature* 365: 661–663.

Rothballer, A. und Kutay, U. (2013). Poring over pores: nuclear pore complex insertion into the nuclear envelope. *Trends Biochem. Sci.* 38: 292–301.

Strambio-De-Castilla, C., Niepel, M. und Rout, M.P. (2010). The nuclear pore complex: bridging nuclear transport and gene regulation. *Nat. Rev. Mol. Cell Biol.* 11: 490–501.

Tran, E.J. und Wente, S.R. (2006). Dynamic nuclear pore complexes: life on the edge. *Cell* 125: 1041–1053.

13

Intrazellulärer Membranverkehr

Jede Zelle muss sich ernähren, mit ihrer Umwelt Verbindung halten und rasch auf Änderungen in ihrer Umgebung reagieren. Um diese Aufgaben zu bewerkstelligen, justieren Zellen fortwährend die Zusammensetzung ihrer Plasmamembran und ihrer Kompartimente und reagieren so schnell auf den jeweiligen Bedarf. Eukaryotische Zellen verwenden ein ausgeklügeltes inneres Membransystem, um Zelloberflächenproteine wie Rezeptoren, Ionenkanäle und Transporter hinzuzufügen oder zu entfernen (**Abb. 13.1**). Mithilfe des Vorgangs der *Exocytose* liefert der Sekretionsweg neu synthetisierte Proteine, Kohlenhydrate und Lipide entweder zur Plasmamembran oder in den Extrazellularraum. Beim umgekehrten Vorgang, der *Endocytose*, entfernen Zellen Plasmamembranbestandteile oder Komponenten aus dem Zelläußeren und liefern sie an interne Kompartimente namens *Endosomen*.

Die durch die Endocytose an die Endosomen gelieferten Proteine, Nährstoffe, Lipide und Rezeptoren werden sortiert und entweder zur Plasmamembran zurückgeführt oder an *Lysosomen* weitergeleitet, wo sie in Bausteine zerlegt und zum Cytosol transportiert werden. Dort werden die Bausteine wieder in verschiedenen Biosyntheseprozessen verwendet. Lysosomen bauen auch intrazelluläre Makromoleküle ab und recyceln sie durch einen Prozess namens *Autophagie*. Dieser Weg verschlingt Teile des Cytosols oder ganze Organellen in einem neu zusammengesetzten Kompartiment, das dann mit Lysosomen verschmilzt, um seinen Inhalt zum Abbau abzugeben. In der Entwicklung nutzen die

Kapitelinhalt

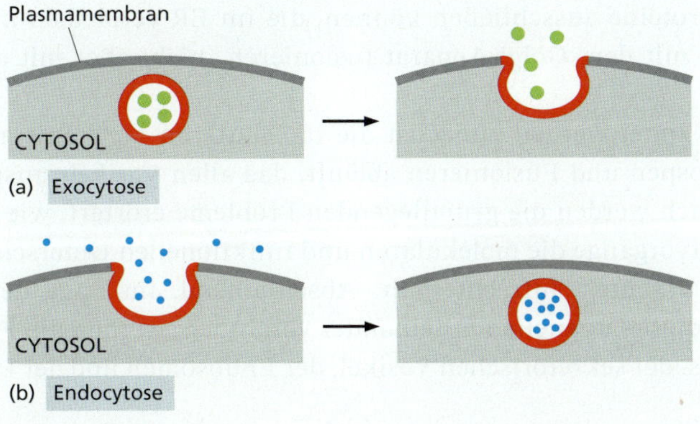

Abb. 13.1 Exocytose und Endocytose. (a) Bei der Exocytose fusioniert ein Transportvesikel mit der Plasmamembran. Sein Inhalt wird in den Extrazellularraum freigesetzt, während die Vesikelmembran (*rot*) in die Plasmamembran übergeht. (b) Bei der Endocytose wird ein Stückchen Plasmamembran (*rot*) internalisiert und bildet ein Transportvesikel. Sein Inhalt stammt aus dem Extrazellularraum. Das Innere der Transportvesikel (bei (a) und (b)) entspricht topologisch dem Extrazellularraum.

Molekularbiologie der Zelle, 7. Auflage. Bruce Alberts, Rebecca Heald, Alexander Johnson, David Morgan, Martin Raff, Keith Roberts und Peter Walter.

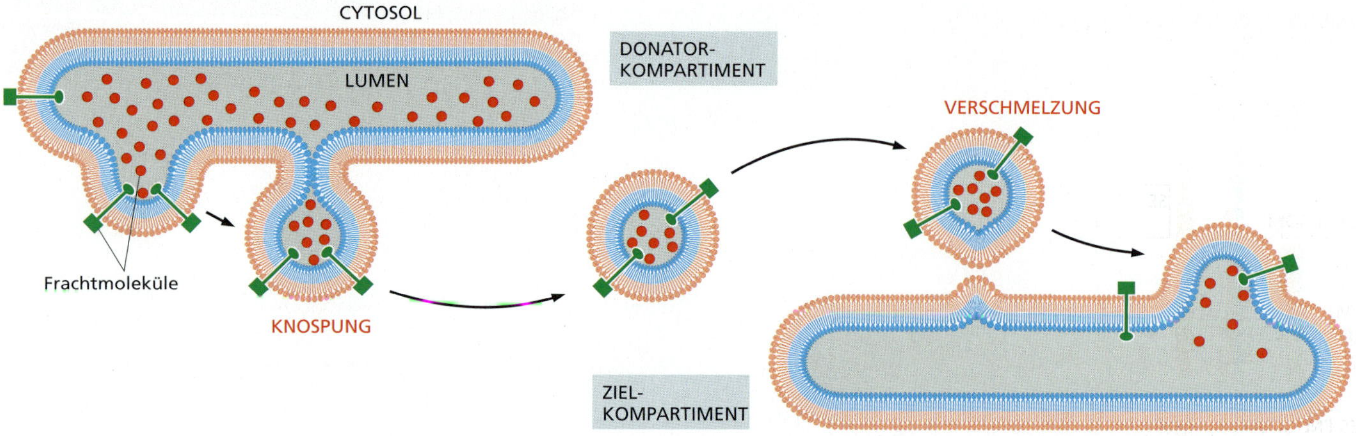

Abb. 13.2 Der Vesikeltransport. Transportvesikel schnüren sich von einem Kompartiment ab und verschmelzen mit einem anderen. Während dieses Vorgangs befördern sie, wie dargestellt, Material als Fracht aus dem *Lumen* (der Raum im membranumhüllten Kompartiment) sowie Membranbestandteile des Donatorkompartiments zum Lumen bzw. zur Membran des Zielkompartiments.

Zellen, während sie sich differenzieren und an neue physiologische Aufgaben anpassen, häufig Autophagie, um ihr Cytoplasma umzugestalten.

Der Innenraum oder das Lumen eines jeden membranumschlossenen Kompartiments entlang der Sekretions- und Endocytosewege ist topologisch gleichwertig mit dem Zelläußeren. Das heißt, Proteine können vom Lumen eines Kompartiments in ein anderes mit Hilfe zahlreicher membranumschlossener Transportbehälter wandern, ohne jemals eine Membran durchqueren zu müssen (**Abb. 13.2**). Diese Container werden aus einem Kompartiment durch Membranausstülpungen gebildet und sind entweder kleine kugelförmige Vesikel, größere unregelmäßig geformte Vesikel oder Röhren. Wir werden den Ausdruck **Transportvesikel** für alle diese Behälter benutzen.

Innerhalb einer eukaryotischen Zelle knospen Transportvesikel kontinuierlich von einem Membran-Kompartiment ab, verschmelzen mit einem anderen und transportieren dabei Membranbestandteile und lösliche, luminale Moleküle, die als **Fracht** bezeichnet werden (**Abb. 13.2**). Dieser Vesikeltransport verläuft entlang hoch geordneter, gerichteter Bahnen, die es einer Zelle ermöglichen, Stoffe auszuscheiden, Nahrung aufzunehmen oder ihre Plasmamembran und Organellen umzuformen (**Abb. 13.3**). Der *Sekretionsweg* verläuft vom Endoplasmatischen Reticulum (ER) über den Golgi-Apparat nach außen zur Zelloberfläche. Eine Nebenstrecke führt zu den Endosomen. Der *Endocytoseweg* dagegen führt von der Plasmamembran ins Zellinnere. In jedem Fall bringen *rückführende Wege* Membranen und ausgewählte Proteine zurück in das Ausgangskompartiment, um den Materialfluss zwischen den Kompartimenten auszugleichen.

Jedes Transportvesikel, das sich von einem Kompartiment abschnürt, muss selektiv arbeiten, um seine Funktion richtig zu erfüllen. Es darf nur das richtige Molekül aufnehmen und darf auch nur mit dem richtigen Zielkompartiment verschmelzen. Ein Vesikel, das z. B. Fracht aus dem ER zum Golgi-Apparat bringt, muss die meisten anderen Proteine ausschließen können, die im ER verbleiben müssen, und es darf auch nur mit dem Golgi-Apparat fusionieren, nicht aber mit einem anderen Organell.

In diesem Kapitel werden zunächst die molekularen Mechanismen vorgestellt, wie das Abknospen und Fusionieren abläuft, das allen Vesikeltransportvorgängen eigen ist. Danach werden die grundlegenden Probleme erörtert, wie die Zelle trotz aller Transportvorgänge die molekularen und funktionellen Unterschiede zwischen ihren Kompartimenten aufrechterhält. Abschließend, im Zuge der Betrachtung der Wege, die diese Organellen miteinander verbinden, werden die Funktionen des Golgi-Apparats, der sekretorischen Vesikel, der Endosomen und der Lysosomen dargestellt.

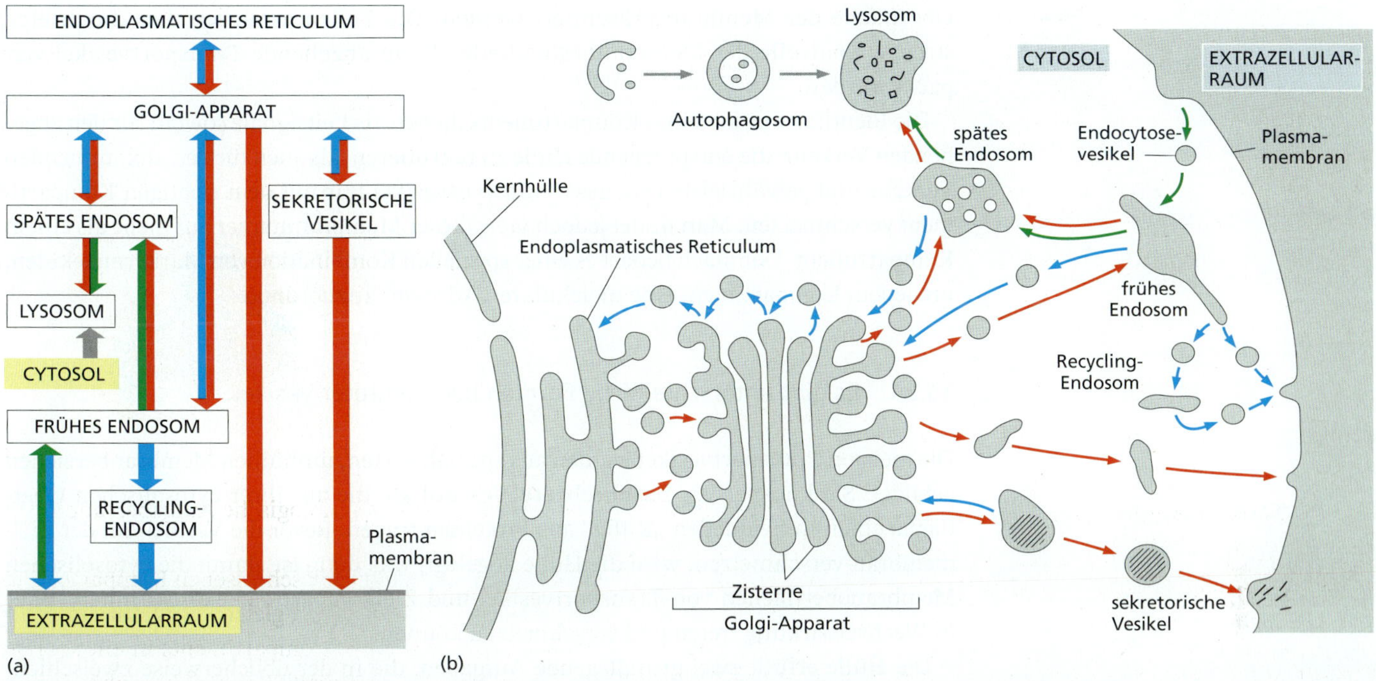

Abb. 13.3 Eine „Straßenkarte" der sekretorischen und endocytotischen Wege. (a) In dieser schon in Kapitel 12 vorgestellten schematischen Straßenkarte sind der endocytotische und der sekretorische Weg durch *grüne* bzw. *rote Pfeile* farbig hervorgehoben. Zusätzlich zeigen *blaue Pfeile* Rücktransportwege an, auf denen der Rückfluss bestimmter Komponenten erfolgt. Das Verschlingen während der Autophagie ist mit einem *grauen Pfeil* kenntlich gemacht. (b) Die am Vesikeltransport beteiligten Kompartimente der eukaryotischen Zelle. Die Lumen der meisten membranumschlossenen Kompartimenten entsprechen topologisch sowohl sich untereinander als auch der Außenseite der Zelle. Alle dargestellten Kompartimente kommunizieren miteinander und mit dem Zelläußeren über Transportvesikel. Auf dem sekretorischen Weg (*rote Pfeile*) werden Proteinmoleküle vom Endoplasmatischen Reticulum (ER) zur Plasmamembran oder (über Endosomen) zu den Lysosomen transportiert. Beim Endocytoseweg (*grüne Pfeile*) werden Moleküle in endocytotische Vesikel aufgenommen, die der Plasmamembran entstammen, und zu den frühen Endosomen und dann (über späte Endosomen) zu den Lysosomen befördert. Bei der Autophagie (*graue Pfeile*) werden in einem Autophagosom verschlungene cytoplasmatische Komponenten zu den Lysosomen geliefert. Viele endocytotische Moleküle werden aus den frühen Endosomen wieder herausgeholt und kehren zur Wiederverwendung (einige über Recycling-Endosomen) an die Zelloberfläche zurück. In ähnlicher Weise werden manche Moleküle aus den frühen und späten Endosomen entnommen und zum Golgi-Apparat zurückgebracht, andere werden aus dem Golgi-Apparat geholt und zum ER zurückgebracht. All diese Rücktransportwege sind wie in (a) mit *blauen Pfeilen* markiert.

13.1 Die molekularen Mechanismen des Membrantransports und der Kompartimentidentität

Der Vesikeltransport bewirkt einen kontinuierlichen Austausch von Bestandteilen zwischen zehn oder mehr chemisch unterschiedlichen, membranumhüllten Kompartimenten, die gemeinsam den Sekretionsweg sowie den Endocytoseweg darstellen. In diesem Abschnitt wird erläutert, wie sich Transportvesikel bilden, wie sie ihre enthaltene Fracht konzentrieren und wie sie ihren Inhalt selektiv an ein anderes Kompartiment abgeben. Der Transport beginnt, wenn sich ein Mantel aus speziellen Proteinen auf einem Bereich der cytosolischen Seite eines Membrankompartiments zusammenlagert. Diese Hülle dient dazu, spezifische Frachtkomponenten von der Membran und dem Lumen eines Kompartiments zur Lieferung an ein anderes Kompartiment zu sammeln. Die Hülle formt mithilfe zusätzlicher Proteine die Membran zu einem Transportvesikel, das sich aus dem ursprünglichen Kompartiment abschnürt. Diese Vesikel docken selektiv an die entsprechende Zielmembran an und verschmelzen dann mit ihr, um ihre Ladung zuzustellen.

Trotz des ständigen Austauschs von Komponenten zwischen membranumschlossenen Kompartimenten behält jedes Kompartiment seine spezielle Identität aus molekularen Markern, wie Proteinen oder spezifischen Lipiden, die auf der cytosolischen

Oberfläche der Membran präsentiert werden. Die Zellen erreichen dies durch eine strenge Kontrolle der Membranbestandteile, die in abgehende Transportvesikel verpackt werden.

Die Identitätsmarker eines Kompartiments dienen als Leitsignale sowohl für den abgehenden Verkehr, die entsprechende Hülle zu rekrutieren, als auch für den ankommenden Verkehr und gewährleisten so, dass Transportvesikel nur mit dem richtigen Kompartiment verschmelzen. Man findet jedoch viele dieser Membranmarker auf mehr als einem Kompartiment. Demnach bedarf es einer speziellen Kombination von Markermolekülen, um jedem Kompartiment eine molekulare „Adresse“ zuzuordnen.

13.1.1 Es gibt unterschiedliche Formen beschichteter Vesikel

Die meisten Transportvesikel werden aus spezialisierten, umhüllten Membranbereichen gebildet. Sie knospen als **beschichtete Vesikel** ab, die auf ihrer cytosolischen Oberfläche einen individuellen „Käfig“ aus Proteinen tragen. Bevor die Vesikel mit der Zielmembran verschmelzen, wird die Hülle abgelegt, was nötig ist, damit die cytosolischen Membranoberflächen von Transportvesikel und Zielkompartiment direkt miteinander in Wechselwirkung treten und verschmelzen können.

Die Hülle erfüllt zwei grundlegende Aufgaben, die in der üblicherweise zweischichtigen Struktur zum Ausdruck kommen. Erstens reichert eine innere Hüllschicht spezifische Membranproteine in einem spezialisierten Bereich an, aus dem dann die Vesikelmembran entsteht. Auf diese Weise wählt die innere Schicht die entsprechenden Membranmoleküle für den Transport aus. Zweitens fügt sich eine äußere Hüllschicht zu einem gekrümmten, korbähnlichen Gitter zusammen, das die Membran deformiert und dabei das Vesikel formt.

Man kennt vier gut charakterisierte Vesikelhüllen, die sich in ihren wichtigsten Hüllproteinen unterscheiden: *clathrinbeschichtete*, *COPI-beschichtete*, *COPII-beschichtete* und *retromerbeschichtete* Vesikel (**Abb. 13.4** und **Abb. 13.5**). Clathrinbeschichtete Vesikel übernehmen den Transport vom Golgi-Apparat, von den Endosomen oder von der Plasmamembran. COPI-beschichtete Vesikel übernehmen den Transport von den Golgi-Zisternen und COPII-beschichtete Vesikel den Transport ausgehend vom ER. Das Retromer bildet Hüllen auf Transportvesikeln für einen Rückholpfad von Endosomen zum Golgi-Apparat. Diese kurze Liste täuscht aber über die tatsächlich vorhandene Vielfalt an beschichteten Vesikeln und ihren Funktionen hinweg. Wir werden noch erfahren, dass es mehrere Arten clathrinbeschichteter Vesikel gibt, von denen jedes auf einen anderen Abschnitt des Transportwegs spezialisiert ist. COPI- und COPII-beschichtete Vesikel sind möglicherweise ähnlich vielfältig. Wir fangen mit der Beschreibung der clathrinbeschichteten Vesikeln an, da diese ein gutes Beispiel dafür darstellen, wie sich Vesikel bilden.

13.1.2 Der Aufbau der Clathrinhülle treibt die Vesikelbildung an

Die Hauptkomponente eines clathrinbeschichteten Vesikels ist das **Clathrin**, das die äußere Hüllschicht bildet. Clathrin besteht aus einer großen (schweren Kette) und einer kleinen Untereinheit (leichten Kette). Drei schwere Ketten und drei leichte Ketten bilden eine dreibeinige Struktur, das sogenannte *Triskelion* (Drei- oder Mercedes-Stern, **Abb. 13.6a und b**). Clathrin-Triskelions lagern sich zu einem korbähnlichen Netz aus Fünf- und Sechsecken auf der cytosolischen Seite von Membranen zusammen. Das

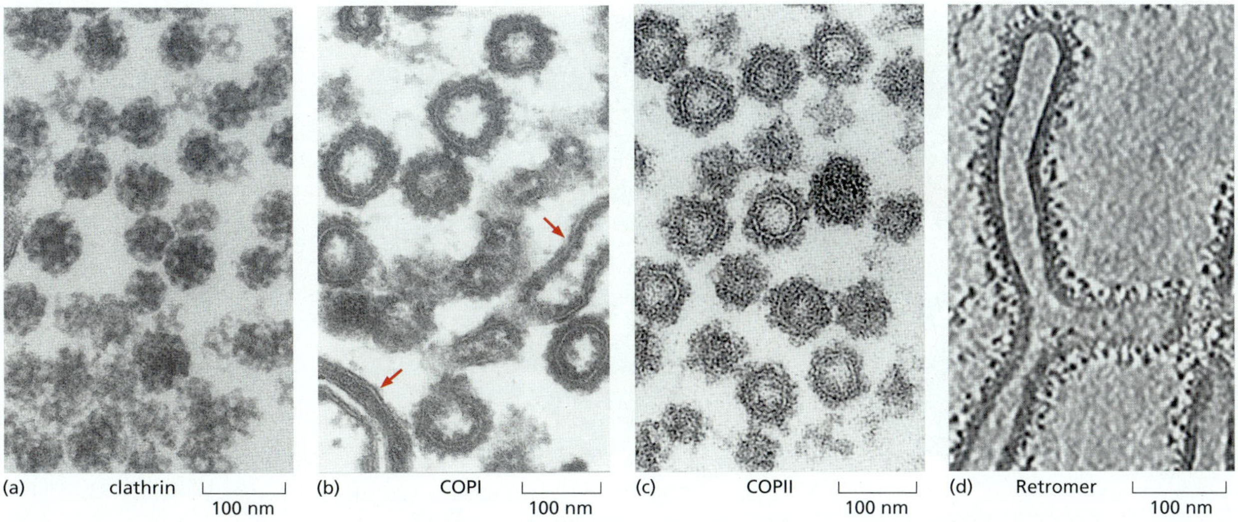

Abb. 13.4 Elektronenmikroskopische Aufnahmen clathrinbeschichteter, COPI-beschichteter, COPII-beschichteter und retromerbeschichteter Vesikel. Alle beschichteten Vesikel in den elektronenmikroskopischen Aufnahmen sind im gleichen Maßstab dargestellt. (a) Clathrinbeschichtete Vesikel. (b) COPI-beschichtete Vesikel und Golgi-Zisternen (*rote Pfeile*) aus einem zellfreien System, bei dem sich *in vitro* COPI-beschichtete Vesikel abschnüren. (c) COPII-beschichtete Vesikel. (d) Retromerbeschichtete Röhrchen, die in einem zellfreien System gebildet werden, das große Membranvesikel und gereinigtes Retromer enthält. (a und b, aus L. Orci et al., *Cell* 46: 171–184, 1986. Mit Erlaubnis von Elsevier; c, mit freundlicher Genehmigung von Charles Barlowe und Lelio Orci; d, mit freundlicher Genehmigung von John Briggs).

Clathringerüst führt zu beschichteten Knospen bzw. – wenn sie auf der Plasmamembran stattfindet – zu beschichteten Vertiefungen (engl. *coated pits*). Clathrinbeschichtete Vesikel entstehen durch das anschließende Abschnüren dieser Knospen bzw. Vertiefungen (**Abb. 13.7**). Unter geeigneten Bedingungen lagern sich gereinigte Triskelions *in vitro* selbstständig zu polyedrischen, fußballhüllenartigen Käfigen zusammen, auch in Abwesenheit der Membranvesikel, die diese Körbe normalerweise einschließen (**Abb. 13.6c und d**). Die Geometrie des Clathrinkäfigs wird somit durch die Clathrin-Triskelions bestimmt (**Abb. 13.6e**).

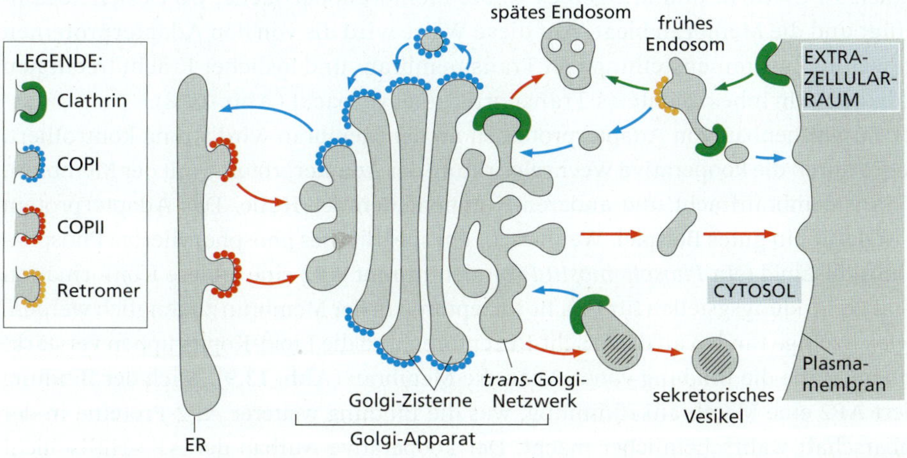

Abb. 13.5 Der Einsatz unterschiedlicher Hüllen in unterschiedlichen Schritten im Vesikeltransport. Unterschiedliche Hüllen wählen unterschiedliche Fracht aus und geben den Transportvesikeln, die die unterschiedlichen Schritte im sekretorischen und im endocytotischen Weg vollziehen, ihre Form. Wenn gleiche Hüllproteine an unterschiedlichen Orten in der Zelle eingesetzt werden, enthalten sie gewöhnlich unterschiedliche Hüllprotein-Untereinheiten, die ihre Eigenschaften verändern (nicht dargestellt). Viele ausdifferenzierte Zellen haben neben den hier gezeigten noch zusätzliche Wege, einschließlich eines Sortierwegs vom *trans*-Golgi-Netzwerk zur apikalen Oberfläche der Epithelzellen. Zusätzlich gibt es einen speziellen Recyclingweg für Proteine der synaptischen Vesikel in den Nervenendigungen von Neuronen (s. **Abb. 11.38**). Die *Pfeile* sind wie in **Abb. 13.3** eingefärbt.

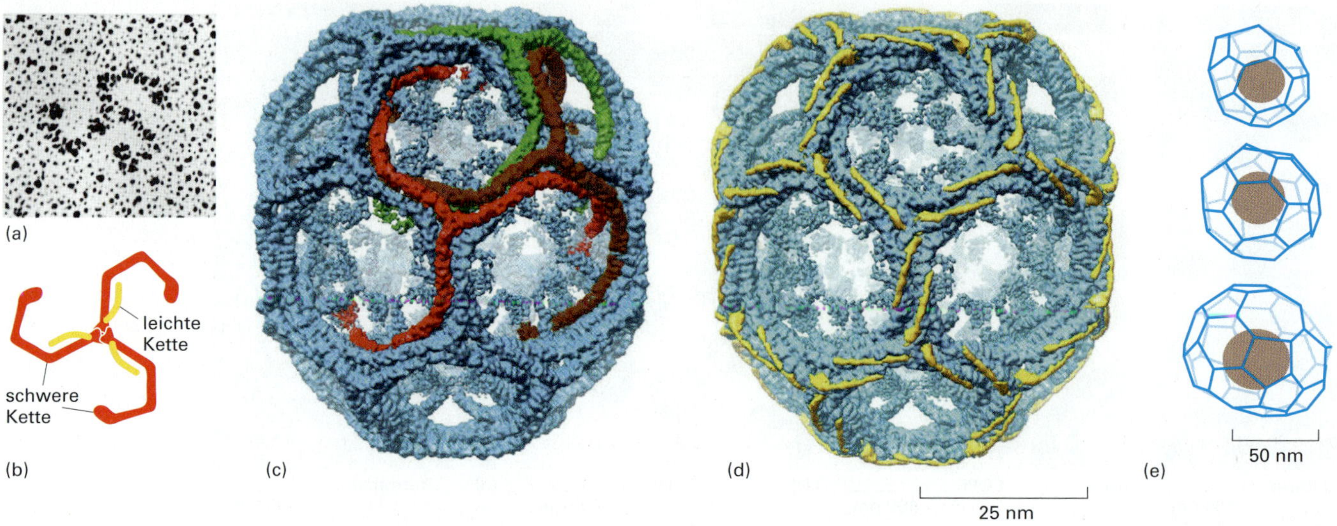

Abb. 13.6 Die Struktur der Clathrinhülle. (a) Elektronenmikroskopische Aufnahme von Clathrin-Triskelions, mit Platin kontrastiert. (b) Jedes Triskelion besteht, wie im Schema gezeigt, aus drei schweren und drei leichten Ketten. (c und d) Kryo-Elektronenmikroskopische Aufnahme einer Clathrinhülle, die aus 36 Triskelions besteht, die zu einem Netz aus 12 Fünfecken und 6 Sechsecken angeordnet sind; einige schwere (c) und leichte Ketten (d) sind hervorgehoben. Die leichten Ketten bilden die Brücke zum Aktincytoskelett, das mithilft, die Kraft zur Membranabschnürung und Vesikelbewegung aufzubringen, und ihre Phosphorylierung reguliert die Zusammenlagerung der Clathrinhülle. Die umeinander gewundenen Triskelion-Arme bilden eine äußere Hülle, von der die N-terminalen Domänen der Triskelions nach innen ragen. Diese Domänen binden an die Adapterproteine, die in **Abb. 13.8** vorgestellt werden. Die dargestellte Hülle wurde biochemisch aus reinen Clathrin-Triskelions hergestellt und ist zu klein, um ein Membranvesikel vollständig zu umhüllen. (e) Strukturen von clathrinbeschichteten Vesikeln, die aus Rinderhirn isoliert wurden. Die Clathrinhüllen der Vesikel sind ganz ähnlich, aber weniger regelmäßig als die Hülle in (c) und (d) aus Fünfecken und einer größeren Zahl von Sechsecken und manchmal aus Siebenecken aufgebaut und erinnern damit an die Struktur eines deformierten Fußballs. Die Strukturen wurden mithilfe von Kryo-Elektronenmikroskopie bestimmt und tomographisch rekonstruiert. (a, aus E. Ungewickell und D. Branton, *Nature* 289:420–422, 1981 durch die Nature Publishing Group veröffentlicht, mit Erlaubnis von Springer Nature; c und d, aus A. Fotin et al., *Nature* 432:573–579, 2004 durch die Nature Publishing Group veröffentlicht, beide mit Erlaubnis von Springer Nature; e, aus Y. Cheng et al., *J. Mol. Biol.* 365: 892–899, 2007. Mit Erlaubnis von Elsevier).

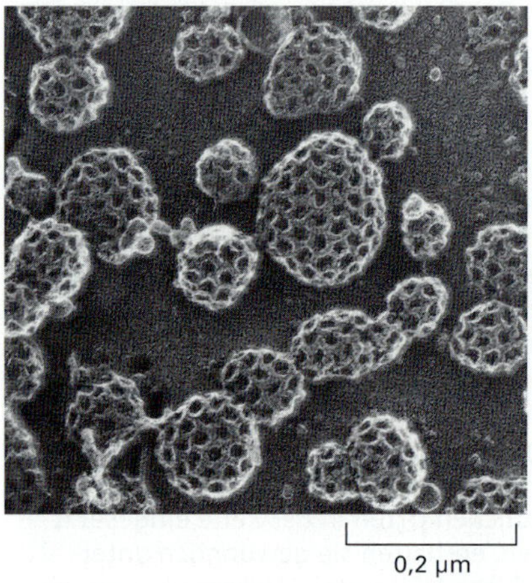

Abb. 13.7 Clathrinbeschichtete Vertiefungen und Vesikel. Diese elektronenmikroskopische Aufnahme mithilfe der Gefrierätztechnik zeigt clathrinbeschichtete Vertiefungen und Vesikel auf der Innenseite der Plasmamembran von Fibroblasten in Kultur. Die Zellen wurden in flüssigem Helium schockgefroren, aufgebrochen und tiefgeätzt, um die cytoplasmatische Seite der Plasmamembran freizulegen. (Mit freundlicher Genehmigung von John Heuser).

13.1.3 Adapterproteine wählen die Fracht für clathrinbeschichtete Vesikel aus

Adapterproteine, eine weitere wichtige Hüllkomponente clathrinbeschichteter Vesikel, bilden eine separate innere Hüllschicht, die zwischen dem Clathrinkäfig und der cytosolischen Seite der Membran liegt. Sie binden an verschiedene Transmembran-Frachtproteine und Transmembranrezeptoren, die sogenannten *Fracht-Rezeptoren*, die lösliche Frachtmoleküle innerhalb der Vesikel einfangen. Adapterproteine binden auch an Clathrin und bringen es an die Membranoberfläche, wo es sich zusammenfügt und die Membran biegt. Auf diese Weise wird die von den Adapterproteinen ausgewählte Zusammenstellung von Transmembran- und löslicher Fracht in ein neu gebildetes clathrinbeschichtetes Transportvesikel verpackt (**Abb. 13.8**).

Der Zusammenbau von Adapterproteinen an der Membran wird streng kontrolliert, teilweise durch die kooperative Wechselwirkung der Adapterproteine mit der Membran, mit Transmembranfracht und anderen Komponenten der Hülle. Das Adapterprotein AP2 ist dafür ein gutes Beispiel. Wenn es an ein spezifisches phosphoryliertes Phosphatidylinositol-Lipid (ein *Phosphoinositid*) bindet, nimmt AP2 eine andere Konformation ein, sodass Bindungsgstellen für Fracht-Rezeptoren in der Membran zugänglich werden. Das gleichzeitige Binden an die Fracht-Rezeptoren und die Lipid-Kopfgruppen verstärkt in hohem Maße die Bindung von AP2 an die Membran (**Abb. 13.9**). Nach der Bindung initiiert AP2 eine Membrankrümmung, was die Bindung weiterer AP2-Proteine in der Nachbarschaft wahrscheinlicher macht. Der kooperative Aufbau der AP2-Hüllschicht

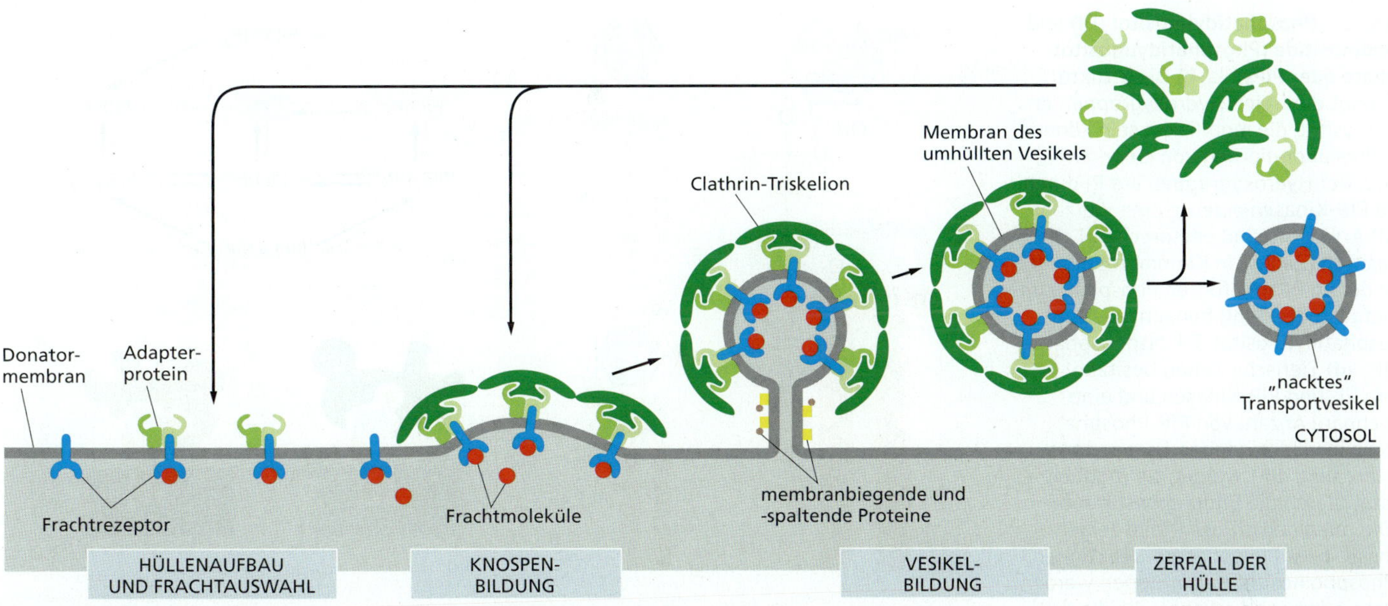

Abb. 13.8 Zusammenlagerung und Auflösung einer Clathrinhülle. Die Zusammenlagerung der Hülle bewirkt eine Krümmung der Membran, was wiederum zur Bildung einer umhüllten Knospe führt, die beschichtete Vertiefung (engl. *coated pit*) genannt wird, wenn es sich um die Plasmamembran handelt. Die Adapterproteine binden sowohl an die Clathrin-Triskelions als auch an die membrangebundenen Frachtrezeptoren und steuern so die Auswahl der zu transportierenden Membran und der löslichen Frachtmoleküle in das Vesikel. Andere membranbiegende und -spaltende Proteine werden zur Abschnürstelle des knospenden Vesikels gelenkt, wo sie eine starke Membrankrümmung bewirken. Die Hülle geht nach der Vesikelabknospung rasch verloren.

wird durch Clathrinbindung weiter verstärkt, was zur Bildung und Abknospung eines Transportvesikels führt.

Es gibt mehrere Arten von Adapterproteinen. Die am besten charakterisierten unter ihnen – wie AP2 – haben vier unterschiedliche Proteinuntereinheiten; andere sind Proteine aus nur einer Polypeptidkette. Viele der Adapterproteine binden an Phosphoinositide. Wie wir im Folgenden sehen werden, befinden sich verschiedene Arten von Phosphoinositiden in verschiedenen Membrankompartimenten und dienen als einer der molekularen Marker für die Identität des jeweiligen Kompartiments. Jede Art von Adapterproteinen ist spezifisch für Transmembranladungen und Frachtrezeptoren, die alle ein bestimmtes Aminosäuresequenzmotiv besitzen, das auf der cytosolischen Seite der Membran präsentiert wird. Da die verschiedenen Adapterproteine eine unterschiedliche Spezifität sowohl für die Art des Phosphoinositids als auch für das Sequenzmotiv aufweisen, das sie erkennen, steuert jede Art von Adapterproteinen nur an bestimmten Membranen den Aufbau eines clathrinbeschichteten Vesikels.

13.1.4 Phosphoinositide markieren Organellen und Membrandomänen

Obwohl die Inositolphospholipide normalerweise weniger als 10 % der gesamten Phospholipide in einer Membran ausmachen, haben sie wichtige regulatorische Aufgaben.

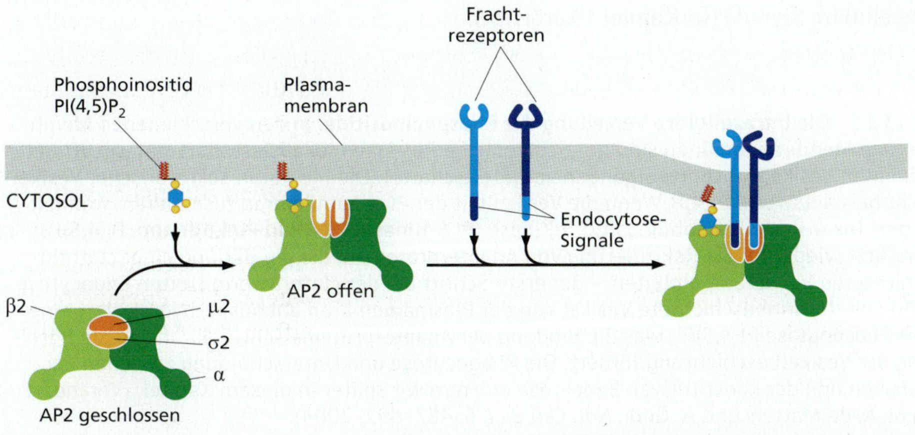

Abb. 13.9 Konformationsänderung von AP2, die durch ein Lipid ausgelöst wird. Der AP2-Adapterproteinkomplex hat vier Untereinheiten: α, β_2, μ_2 und σ_2. Nach Wechselwirkung mit dem Phosphoinositid $PI(4,5)P_2$ (s. **Abb. 13.10**) in der dem Cytosol zugewandten Schicht der Plasmamembran kommt es zu einer Konformationsänderung im AP2, wodurch Bindungsstellen für Frachtrezeptoren zugänglich werden. Jeder AP2-Komplex bindet vier $PI(4,5)P_2$-Moleküle (der Übersichtlichkeit halber ist nur eines gezeigt). Im offenen AP2-Komplex binden die μ_2- und σ_2-Untereinheiten die cytosolischen Enden der Frachtrezeptoren, die die geeigneten Endocytose-Signale aufweisen. Diese Signale bestehen aus kurzen Aminosäuresequenzmotiven. Wenn AP2 fest an die Membran bindet, entsteht eine Krümmung, die die Bindung weiterer AP2-Komplexe in der Nähe begünstigt.

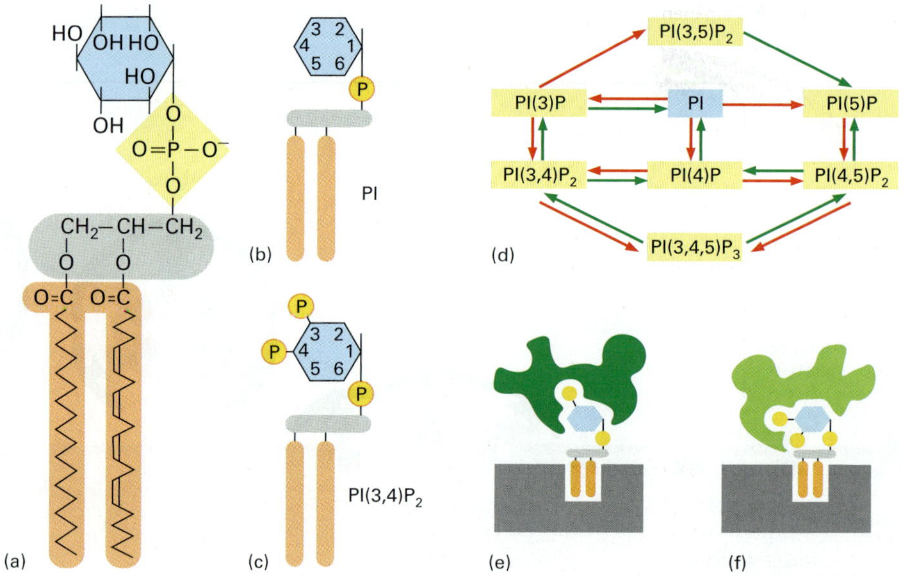

Abb. 13.10 Phosphatidylinositol (PI) und Phosphoinositide (Phosphatidylinositolphosphate oder PIPs). (a, b) Die Struktur von PI zeigt die freien Hydroxygruppen im Zucker Inositol, die modifiziert sein können. (c) Die Phosphorylierung von einer, zwei oder drei der Hydroxygruppen auf PI durch PI- und PIP-Kinasen erzeugt eine Vielzahl von PIP-Arten. Sie sind entsprechend der Ringposition (Zahlen in Klammern) und der Anzahl der an PI angefügten Phosphatgruppen (tiefgestellte Zahl) benannt. Gezeigt ist Phosphatidylinositol-3,4-bisphosphat, PI(3,4)P_2. (d) Tierische Zellen besitzen mehrere PI- und PIP-Kinasen und eine vergleichbare Anzahl von PIP-Phosphatasen, die in verschiedenen Organellen lokalisiert sind; dort werden sie reguliert und katalysieren die Bildung bestimmter PIPs. Die *roten* und *grünen* Pfeile zeigen die Kinase- bzw. Phosphatase-Reaktionen. (e, f) Phosphoinositid-Kopfgruppen werden von Proteindomänen erkannt, die die verschiedenen Formen unterscheiden. Auf diese Weise werden ausgewählte Proteingruppen, die solche Domänen enthalten, in Membranbereiche rekrutiert, in denen diese Phosphoinositide vorhanden sind. Gezeigt sind Phosphatidylinositol-3-phosphat, PI(3)P in der Endosomenmembran und Phosphatidylinositol-4,5-bisphosphat, PI(4,5)P_2 in der Plasmamembran. (d, verändert nach M. A. de Matteis und A. Godi, *Nat. Cell Biol.* 6: 487–492, 2004).

Sie können an der 3'-, 4'- und 5'-Position ihrer Inositolzucker-Kopfgruppe raschen Zyklen aus Phosphorylierung und Dephosphorylierung unterzogen werden, sodass verschiedene Arten von **Phosphoinositiden (Phosphatidylinositolphosphaten** oder **PIPs)** entstehen. Die gegenseitige Umwandlung von Phosphatidylinositol (PI) und PIPs ist stark kompartimentiert: Verschiedene Organellen im Endocytose- und im Sekretionsweg besitzen unterschiedliche Garnituren von PI- und PIP-Kinasen sowie von PIP-Phosphatasen (**Abb. 13.10**). Die Verteilung, Regulation und das lokale Gleichgewicht dieser Enzyme bestimmt die stationäre Verteilung jeder PIP-Art. Infolgedessen variiert die Verteilung der PIPs von Organell zu Organell und innerhalb einer kontinuierlichen Membran oft von einem Bereich zum nächsten; dabei werden spezialisierte Membrandomänen festgelegt.

Viele Proteine, die an verschiedenen Schritten des Vesikeltransports beteiligt sind, enthalten Domänen, die mit hoher Spezifität an die Kopfgruppen bestimmter PIPs binden und dabei eine phosphorylierte Form von einer anderen unterscheiden (s. **Abb. 13.10**). Die lokale Kontrolle der PI- und PIP-Kinasen sowie der PIP-Phosphatasen kann deshalb dazu verwendet werden, rasch die Bindung der Proteine an eine Membran oder Membrandomäne zu steuern. Die Bildung einer bestimmten PIP-Art rekrutiert Proteine, die passende PIP-bindende Domänen enthalten. Die PIP-Bindungsproteine helfen dann mit, die Vesikelbildung und andere Schritte bei der Kontrolle des Vesikelverkehrs zu regulieren (**Abb. 13.11**). Die gleiche Strategie findet breite Anwendung bei der Rekrutierung spezifischer intrazellulärer Signalproteine an der Plasmamembran als Reaktion auf extrazelluläre Signale (in Kapitel 15 erörtert).

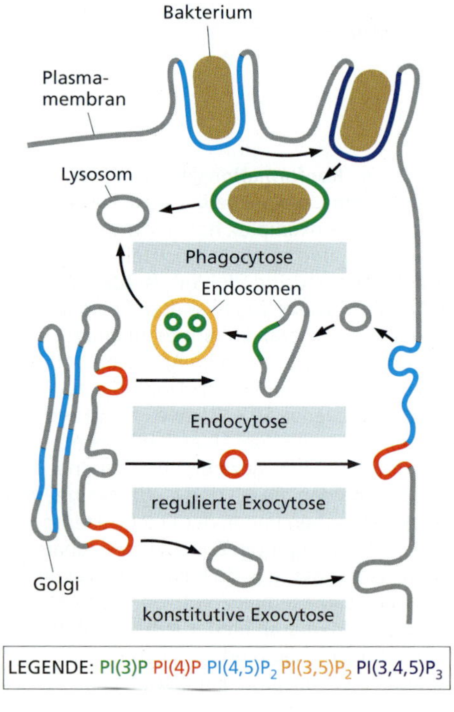

Abb. 13.11 Die intrazelluläre Verteilung der Phosphoinositide. In den verschiedenen Membranen und Membrandomänen sind unterschiedliche PIP-Arten lokalisiert; dort sind sie oft mit bestimmten Vesikeltransportvorgängen vergesellschaftet. Die Membran sekretorischer Vesikel enthält beispielsweise PI(4)P. Wenn die Vesikel mit der Plasmamembran fusionieren, wandelt eine dort lokalisierte Phosphoinositid-5-Kinase (PI 5-Kinase) PI(4)P in PI(4,5)P_2 um. PI(4,5)P_2 unterstützt wiederum die Rekrutierung von Adapterproteinen, die die Bildung einer clathrinbeschichteten Vertiefung einleiten – der erste Schritt bei der clathrinvermittelten Endocytose. Sobald das clathrinbeschichtete Vesikel von der Plasmamembran abknospt, hydrolysiert eine PI(5)P-Phosphatase PI(4,5)P_2, was die Bindung der Adapterproteine schwächt und so die Beseitigung der Vesikelbeschichtung fördert. Die Phagocytose und Unterscheidung zwischen der regulierten und der konstitutiven Exocytose erörtern wir später in diesem Kapitel. (Verändert nach M. A. de Matteis und A. Godi, *Nat. Cell Biol.* 6: 487–492, 2004).

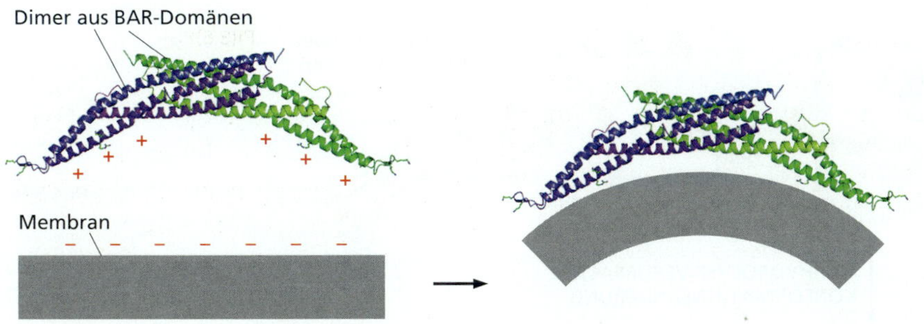

Abb. 13.12 **Die Struktur der BAR-Domänen.** Proteine, die BAR-Domänen enthalten, sind vielfältig und vermitteln viele Prozesse, bei denen eine Membran gebogen werden muss. BAR-Domänen bestehen aus Doppelwendeln, die zu Bausteinen mit einer positiv geladenen inneren Oberfläche dimerisieren, die bevorzugt mit negativ geladenen Lipid-Kopfgruppen wechselwirken, um die Membran zu biegen. Örtliche Membrandeformationen durch diese BAR-Domänen enthaltenden Proteine erleichtern die Bindung weiterer BAR-Domänen enthaltender Proteine, wodurch ein Kreislauf positiver Rückkopplung entsteht: Der Membranknick kann sich ausbreiten. Einzelne BAR-Domänen enthaltende Proteine besitzen eine bestimmte Krümmung und weitere Eigenschaften, die sie zu ihren spezifischen Aufgaben befähigen: Manche haben kurze amphipathische Helices, die eine weitere Membrandeformation durch Einbau eines Keils verursachen; andere besitzen flankierende PIP-bindende Domänen, die sie zu Membranen lenken, die mit den entsprechenden Phosphoinositiden angereichert sind. (PDB-Code: 1ZWW.)

13.1.5 Membranbiegende Proteine helfen während der Vesikelbildung bei der Membranverformung

Obwohl das Abknospen von Vesikeln an verschiedenen Stellen in der Zelle ähnlich ist, stellt jede Zellmembran ihre eigenen speziellen Herausforderungen. Die Plasmamembran, zum Beispiel, ist aufgrund ihrer cholesterinreichen Lipidzusammensetzung und des darunter liegenden aktinreichen Kortex vergleichsweise flach und steif. Daher reichen die allein durch die Zusammenlagerung der Clathrinhülle wirkenden Kräfte nicht aus, um aus der Plasmamembran Vesikel zu formen und abzuschnüren. Andere membranbiegende und kraftaufbringende Proteine sind in jeden Schritt des Prozesses eingebunden.

Membranbiegende Proteine, die halbmondförmige Domänen, die *BAR-Domänen*, enthalten, binden an die darunterliegende Membran über elektrostatische Wechselwirkungen mit den Lipid-Kopfgruppen und übertragen so ihre Form auf die Membran, (**Abb. 13.12**, s. auch **Abb. 10.40**). Einige dieser Proteine enthalten amphipathische Helices, die, nachdem sie als Keil in die zum Cytoplasma gewandte Schicht der Membran eingefügt wurden, Membrankrümmungen einführen.

Andere BAR-Domänen enthaltende Proteine sind wichtig, um die Abschnürstelle für das abknospende Vesikel zu formen, wo die scharfe Membrankrümmung unbedingt stabilisiert werden muss. Diese BAR-Domänen-Proteine zusammen mit der Clathrin-Maschinerie kurbeln die lokale Zusammenlagerung von Aktinfilamenten an (**Abb. 13.13**). Die wachsenden Filamente drücken auf die Membran, die das knospende Vesikel umgibt, und helfen außerdem dabei, es von der Membran wegzubewegen.

13.1.6 Cytoplasmatische Proteine regulieren das Abknospen beschichteter Vesikel und die Beseitigung ihrer Vesikelhülle

Während die clathrinbeschichteten Knospen wachsen, lagern sich lösliche, cytoplasmatische Proteine, wie **Dynamin**, an den Hals der Knospe und schnüren schließlich das vollständig geformte clathrinbeschichtetes Vesikel von der Membran ab (**Abb. 13.14**). Dynamin enthält eine phosphoinositidbindende Domäne, die das Protein an die Membran kettet, sowie eine GTPase-Domäne, die die Geschwindigkeit reguliert, mit der die Vesikel sich von der Membran ablösen. Der Abschnürungsprozess bringt die beiden nicht-cytosolischen Membranschichten am Knospenhals in enge Nachbarschaft und dichtet das sich bildende Vesikel ab (s. **Abb. 13.2**). Um diese Aufgabe zu erfüllen, sammelt sich Dynamin in einem Ring um den Knospenhals und vollführt dann unter Hydrolyse seines gebundenen GTP eine Konformationsänderung. Dies zieht den Dynamin-Ring gemeinsam mit der darunter liegenden Membran am Knospenhals enger zusammen. Darüber hinaus kann Dynamin möglicherweise lipidmodifizierende Enzyme rekrutieren, die die Lipidzusammensetzung am Knospenhals lokal verändern, um die Membranfusion zu erleichtern.

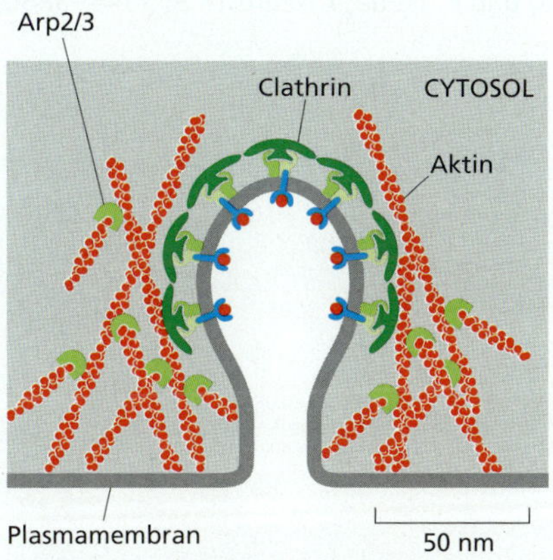

Abb. 13.13 **Lokale Aktinpolymerisation unterstützt die Abschnürung der Membranvesikel.** Die Polymerisation von Aktinfilamenten läuft in der Nähe des Halses des Vesikels ab. Dies hilft, die abzuschnürenden Vesikel weg von der Plasmamembran zu ziehen.

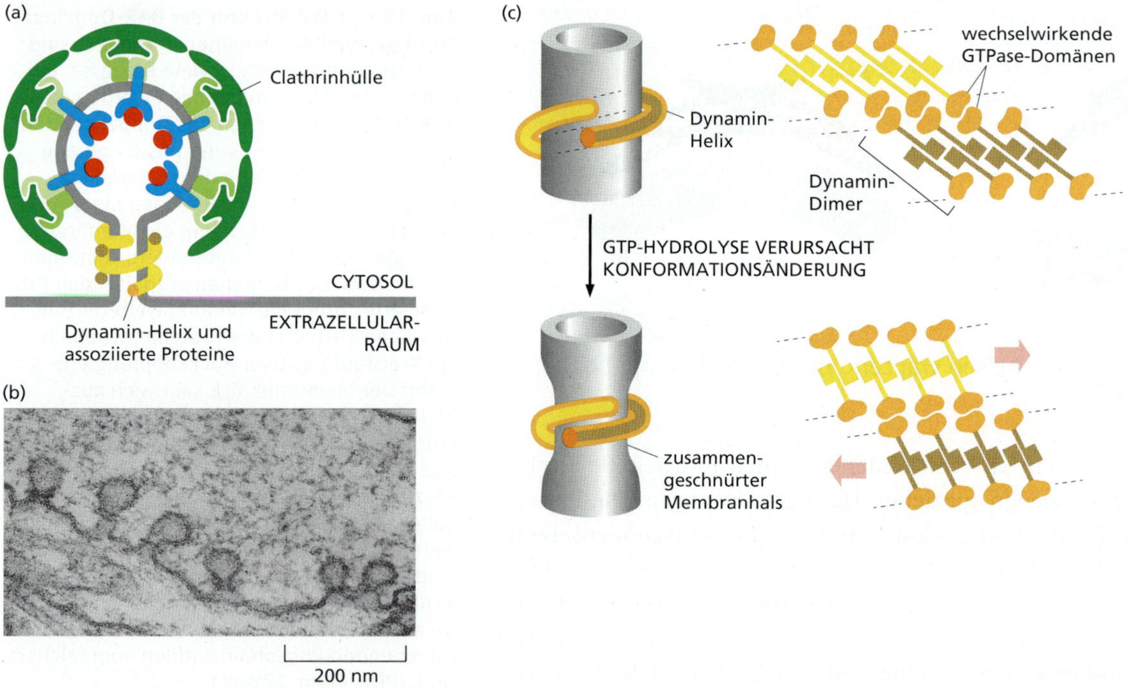

Abb. 13.14 Die Funktion des Dynamins beim Abschnüren der clathrinbeschichteten Vesikel. (a) Viele Dynamin-Moleküle legen sich um den Hals der sich bildenden Knospe. Man nimmt an, dass die Dynaminspirale weitere Proteine an den Knospenhals zieht, die mit ihm gemeinsam die wechselwirkenden Lipid-Doppelschichten schwächen, sodass die nichtcytoplasmatischen Schichten ineinanderfließen können. Die neu gebildeten Vesikel schnüren sich dann ab. Mutationen in Dynamin fördern oder hemmen diesen Abschnürungsvorgang. (b) Dynamin wurde als das Protein identifiziert, das in der *Drosophila*-Mutante *Shibire* defekt ist. Diese mutierten Fliegen werden bewegungsunfähig, weil ihnen die clathrinvermittelte Endocytose fehlt, die Membran der synaptischen Vesikel deshalb nicht mehr recycelt wird und die Neurotransmitter-freisetzung entfällt. Es bilden sich in den Nervenendigungen der Fliegennervenzellen tief eingeschnürte clathrinbeschichtete Vertiefungen (*Pits*) mit einem Gürtel aus mutiertem Dynamin um ihren Hals, wie in der elektronenmikroskopischen Aufnahme eines Dünnschnittes erkennbar ist. Der Abschnürvorgang scheitert, da die notwendige Membranfusion ausbleibt. (c) Ein Modell, wie die Konformationsänderungen in den GTPase-Domänen des an die Membran angelagerten Dynamins die Konformationsänderung bewirken könnten, die den Hals der Knospe abschnürt. In diesem Modell polymerisieren Dynamindimere zu einer Dynaminspirale. Wenn sich zwei Stufen der Spirale treffen, interagiert die GTPase-Domäne der Dynamine der einen Stufe mit der GTPase-Domäne der Dynamine der anderen Stufe. Die GTP-Hydrolyse durch die GTPase-Domänen löst Konformationsänderungen aus, die eine Verdichtung der einzelnen Dynaminmoleküle verursachen, wodurch die Dynaminspirale teilweise zusammengezogen wird. Der Verlust des GTPs schwächt die Wechselwirkung der GTPase-Domänen untereinander, während das erneute Binden von GTP den kompaktierten Zustand wieder aufhebt, wodurch die GTPase-Domänen an die benachbarte Position auf der gegenüberliegenden Stufe binden können (dieser Schritt ist hier nicht gezeigt). Auf diese Weise können Dynaminmoleküle eine schrittweise Bewegung in die durch *rosafarbene Pfeile* gezeigte Richtung vollführen. Der Kreislauf von Dynaminverdichtung und Voranschreiten angetrieben durch Zyklen der GTP-Bindung und Hydrolyse, ist ein Modell dafür, wie Dynamin den Hals eines abknospenden Vesikels zusammenschnürt. (b, aus J. H. Koenig und K. Ikeda, *J. Neurosci.* 9: 3844–3860, 1989. Copyright 1989 Society of Neuroscience. Mit Erlaubnis der Society of Neuroscience).

Sobald sich das Vesikel von der Membran gelöst hat, verliert es rasch seine Clathrinhülle, weil Faktoren im Inneren des clathrinbeschichteten Vesikels Reaktionen einleiten, die zur Demontage der Hülle führen. Eine Phosphoinositidphosphatase im Vesikel baut das Phosphoinositid ab, das an die Adapterproteine der Hülle bindet. Darüber hinaus aktiviert *Auxilin*, ein weiteres Vesikelprotein, die ATPase eines Hsp70-Chaperonproteins (s. **Abb. 6.80**), das die Energie der ATP-Hydrolyse nutzt, um die Clathrinhülle abzuschälen. Die Freisetzung der Hülle darf jedoch nicht zu früh erfolgen, daher müssen zusätzliche Kontrollmechanismen bestehen, die verhindern, dass Clathrin entfernt wird, bevor es ein vollständiges Vesikel gebildet hat.

13.1.7 Monomere GTPasen kontrollieren den Hüllenaufbau

Bislang haben wir clathrinbeschichtete Vesikel an der Plasmamembran diskutiert, um mehrere Prinzipien der Beschichtung, des Knospens der Membran und der Entfernung der Hülle zu veranschaulichen. Die Bildung von COPI-Hüllen, COPII-Hüllen, Retromerhüllen und anderen Arten von Clathrinhüllen funktioniert nach ähnlichen Prinzipien, unterscheidet sich aber in einigen wichtigen Punkten.

Ein entscheidender Unterschied ist der Mechanismus, mit dem die Zellen bestimmen, wann und wo sie die Bildung der Hülle einleiten. Während die lokale Produktion von PIPs eine wichtige Rolle bei der Bildung von Clathrinhüllen an der Plasmamembran und am Golgi-Apparat spielt, steuern *Hüllenrekrutierungs-GTPasen* den Aufbau von COPI-Hüllen auf Golgi-Membranen, von COPII-Hüllen auf ER-Membranen und Retromer- und Clathrinhüllen auf Endosomen.

Hüllenrekrutierungs-GTPasen gehören zu einer Familie von monomeren GTPasen. Zu ihnen gehören die **ARF-Proteine**, die für den Zusammenbau sowohl von COPI- und Clathrinhüllen an Golgi-Membranen verantwortlich sind, das **Sar1-Protein**, das für die COPII-Hüllen an der ER-Membran verantwortlich ist, und Rab7, das den Zusammenbau der Retromerhüllen an der Endosomenmembran initiiert. Wie in Kapitel 3 erläutert, regulieren GTP-bindende Proteine viele Prozesse in eukaryotischen Zellen. Sie arbeiten wie molekulare Schalter, die zwischen einem aktiven Zustand, in dem sie GTP gebunden haben, und einem inaktiven Zustand, in dem sie GDP gebunden haben, hin und her wechseln. Zwei Klassen von Proteinen regulieren diesen Umschaltvorgang: *Guanin-Nukleotid-Austausch-Faktoren* (*GEFs*, engl. *guanine nucleotide exchange factors*) aktivieren die Proteine, indem sie den Austausch von GDP gegen GTP katalysieren. *GTPase-aktivierende Proteine* (*GAPs*) inaktivieren die Proteine, indem sie die Hydrolyse des gebundenen GTP zu GDP auslösen (s. **Abb. 3.68 und Abb. 15.7**).

Man findet Hüllenrekrutierungs-GTPasen gewöhnlich in ihrer inaktiven, GDP-gebundenen Form in hoher Konzentration im Cytosol. Sobald sich ein **COPII-beschichtetes Vesike**l vom ER abschnüren soll, bindet ein spezielles Sar1-GEF, das in der ER-Membran eingebettet ist, an cytosolisches Sar1 und bewirkt, dass dies sein gebundenes GDP freisetzt. Da GTP im Cytosol in viel höheren Konzentrationen vorliegt als GDP, bindet Sar1 GTP, sobald GDP freigesetzt ist. In seiner GTP-gebundenen Form legt das Sar1-Protein eine amphipathische Helix frei, die sich in die cytoplasmatische Schicht der Lipid-Doppelschicht des ER einlagert. Das nun fest gebundene Sar1 zieht dann Adapterhüllprotein-Untereinheiten an die ER-Membran und startet dadurch die Knospenbildung (**Abb. 13.15**). Andere GEFs und Hüllenrekrutierungs-GTPasen arbeiten bei anderen Membranen nach einem ähnlichen Mechanismus.

Einige der kleinen monomeren GTPasen verwenden eine amphipatische Helix, während andere ein angehängtes Lipid verwenden, um sie an Membranen zu verankern. Somit dienen GEFs, die sich in verschiedenen Kompartimenten befinden, als wichtige räumliche Anhaltspunkte, die steuern, wo verschiedene Hüllenrekrutierungs-GTPasen aktiviert werden, um die Bildung verschiedener Arten von Transportvesikeln zu initiieren.

13.1.8 Hüllenrekrutierungs-GTPasen sind an der Demontage des Mantels beteiligt

Wie bei den clathrinbeschichteten Vesikeln an der Plasmamembran müssen auch andere Arten von Hüllen abgebaut werden, sobald sich das Transportvesikel vom Ursprungskompartiment abgeknospt hat. Ohne den Abbau der Hülle könnte die Vesikelmembran nicht mit der des Zielkompartiments verschmelzen. So würden sich beschichtete Vesikel dauernd in der Zelle ansammeln, ohne dass sie irgendwohin gelangen könnten. Knospende Vesikel bauen daher Proteine ein, die den Abbau der Hülle einleiten, nachdem sich das Vesikel vollständig gebildet hat. Dieser kritische Wechsel von der Hüllenbildung zum Hüllenabbau wird durch Hüllenrekrutierungs-GTPasen ausgelöst. Die

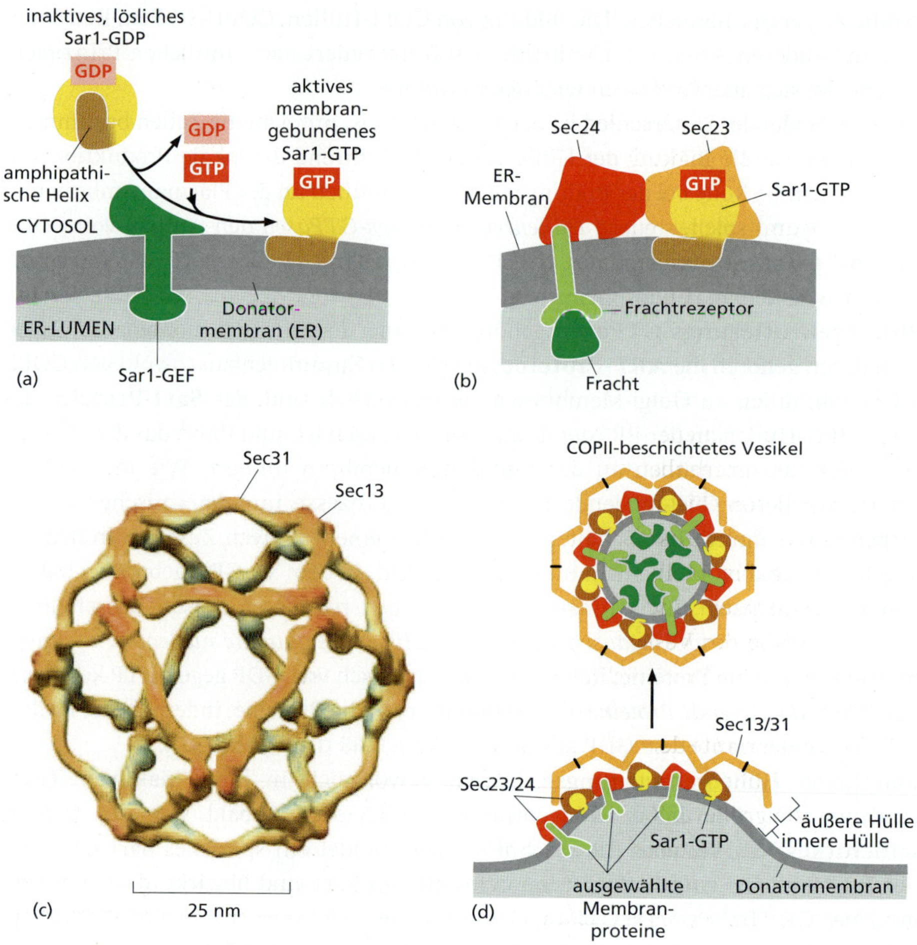

Abb. 13.15 Die Bildung eines COPII-beschichteten Vesikels. (a) Inaktives, lösliches Sar1-GDP bindet an einen Sar1-GEF in der ER-Membran und bewirkt so, dass Sar1 sein GDP gegen GTP austauscht. Die durch GTP ausgelöste Konformationsänderung von Sar1 legt dessen amphipathische Helix frei, die sich dann in der cytoplasmatischen Schicht der ER-Membran verankert, wodurch eine Membranwölbung eingeleitet wird (nicht gezeigt). (b) GTP-gebundenes Sar1 bindet an einen Komplex aus zwei COPII-Adapterhüllproteinen namens Sec23 und Sec24, die die innere Hülle bilden. Sec24 besitzt mehrere verschiedene Bindungsstellen für die cytosolischen Enden der Frachtrezeptoren. Die gesamte Fläche des Komplexes, der der Membran anhaftet, ist sanft gewölbt, um sich dem Durchmesser der COPII-beschichteten Vesikel anzupassen. (c) Ein Komplex aus zwei weiteren COPII-Hüllproteinen namens Sec13 und Sec31 bildet die äußere Schale der Hülle. Wie Clathrin können auch sie sich allein zu symmetrischen Käfigen mit geeigneten Abmessungen, um ein COPII-beschichtetes Vesikel einzuschliessen, zusammenfügen. (d) Membrangebundenes, aktives Sar1-GTP rekrutiert COPII-Adapterptoteine an der Membran. Sie wählen bestimmte Transmembranproteine aus und bewirken, dass die Membran sich deformiert. Die Adapterproteine rekrutieren daraufhin äußere Hüllproteine, die mithelfen, eine Knospe zu bilden. Ein nachfolgender Abschnürvorgang bildet das beschichtete Vesikel. Andere beschichtete Vesikel werden vermutlich in ähnlicher Weise gebildet. (c, verändert nach S. M. Stagg et al., *Nature* 439: 234–238, 2006 veröffentlicht von der Nature Publishing Group. Mit Erlaubnis von Springer Nature).

Hydrolyse von gebundenem GTP zu GDP bewirkt, dass die GTPase ihre Konformation ändert, sodass ihr hydrophober Schwanz aus der Membran herausspringt und die Hülle des Vesikels sich wieder auflöst. Somit bestimmt die Geschwindigkeit, mit der die Hüllenrekrutierungs-GTPasen GTP hydrolysieren, die Dauer, wie lange ihre zugehörigen Hüllen bestehen bleiben.

COPII-Hüllen beschleunigen die GTP-Hydrolyse durch Sar1, und ein vollständig beschichtetes Vesikel wird nur dann entstehen, wenn die Knospenbildung schneller abläuft als der zeitlich geregelte Zerfall der Hülle. Anderenfalls wird der Zerfall bereits ausgelöst, bevor sich das Vesikel abschnürt, und der dynamische Vorgang muss vielleicht zu einem geeigneteren Zeitpunkt und an einer geeigneteren Stelle neu starten. Sobald sich ein Vesikel abschnürt, entlässt die GTP-Hydrolyse Sar1. Die geschlossene Hülle ist dennoch durch viele kooperierende Wechselwirkungen ausreichend stabil, einschließlich der Bindung an Frachtrezeptoren in der Membran, sodass die Hülle um das Vesikel bestehen bleiben kann, bis das Vesikel an einer Zielmembran anlandet. Dort phosphoryliert eine Kinase die Hüllproteine, womit der Abbau der Hülle vollendet und das Vesikel für die Verschmelzung vorbereitet wird.

Im Gegensatz dazu werfen clathrinbeschichtete und COPI-beschichtete Vesikel ihre Hülle rasch ab, nachdem sie sich abgeschnürt haben. Bei **COPI-Vesikeln** dient die Krümmung der Vesikelmembran als Auslöser für den Abbau der Hülle. Ein ARF-GAP, das beim Zusammenbau an die COPI-Hülle rekrutiert wird, erkennt die Dichte der Lipidpackung. Wenn die lokale Krümmung der Membran sich der Krümmung eines Transportvesikels annähert, wird das ARF-GAP aktiviert. Dieses regt dann ARF an, sein GTP zu hydrolysieren, was zum Abbau der Hülle führt.

13.1.9 Größe und Form von Transportvesikeln sind vielfältig

Die Arten von Gütern, die durch die Zelle transportiert werden müssen, unterscheiden sich in Größe, Form und Topologie. Transportvesikel unterscheiden sich in ähnlicher Weise in ihrer Morphologie, damit sie die Ladungen unterbringen können, die sie transportieren sollen.

Kollagen zum Beispiel wird im ER als 300 nm lange, steife Prokollagen-Stäbe zusammengebaut, die dann aus der Zelle ausgeschleust werden, wo sie schließlich in die extrazelluläre Matrix eingebettet werden (wie in Kapitel 19 erläutert werden wird). Prokollagen-Stäbe passen nicht in die 60–80 nm großen COPII-Vesikel, die normalerweise kleinere Fracht aufnehmen. Um dieses Problem zu umgehen, binden die Prokollagen-Frachtmoleküle an transmembrane *Verpackungsproteine* im ER, die den Zusammenbau der COPII-Hüllbestandteile kontrollieren (**Abb. 13.16**). Es wird angenommen, dass diese Vorgänge den Zusammenbau von viel größeren COPII-Vesikeln bewirken, die Platz für die übergroße Ladung bieten.

Mutationen in den menschlichen Genen, die für solche Verpackungsproteine codieren, äußern sich in Kollagendefekten mit schwerwiegenden Konsequenzen, wie Skelettabnormalitäten und andere Entwicklungsdefekte. Ähnliche Mechanismen müssen die Größe der Vesikel regulieren, die andere große makromolekulare Komplexe ausschleusen, einschließlich der Lipoproteinpartikel, die Lipide aus der Zelle transportieren.

Eine weitere Variante der kleinen kugelförmigen Transportvesikel sind dünne Membranröhrchen. Röhrchen haben ein größeres Oberflächen/Volumen-Verhältnis als Vesikel oder die größeren Organellen, von denen sie abstammen. Sie enthalten daher im Verhältnis mehr Membranproteine als lösliche Frachtproteine. Wie wir an späterer Stelle noch sehen werden, ist diese Eigenschaft der Röhren eine wichtige Voraussetzung für den Sortiervorgang von Proteinen in den Endosomen. Die Retromerhülle, die auf den Transport von Membranproteinen von Endosomen zum Golgi-Apparat spezialisiert ist, führt bevorzugt zur Bildung von röhrenförmigen Transportvesikeln (s. **Abb. 13.4**).

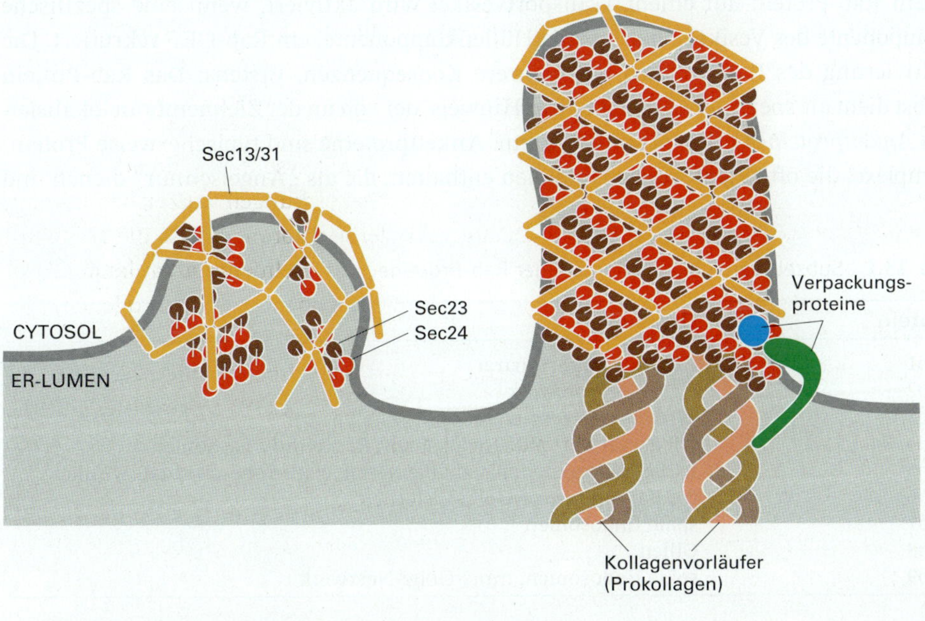

Abb. 13.16 Verpackung von Prokollagen in große, röhrenförmige COPII-beschichtete Vesikel. Die Zeichnung zeigt Modelle für zwei Arten des COPII-Hüllenaufbaus. Die Modelle basieren auf Kryo-Elektronentomographie-Aufnahmen von rekonstituierten COPII-Vesikeln. Auf einer gewölbten Membran (*links*) bilden die inneren COPII-Hüllproteine Sec23/24 an Flecken zusammen, die den äußeren COPII-Hüllproteinkäfig aus Sec13/31 Ansammlungen. Die Sec13/31-Stäbe bilden einen Käfig aus Dreiecken, Vierecken und Fünfecken. Wenn Prokollagen verpackt werden muss (*rechts*), erkennen spezielle Verpackungsproteine die Fracht und modifizieren den Hüllenaufbauprozess. Diese Wechselwirkung rekrutiert das innere COPII-Hüllprotein Sec24 und verstärkt die lokale Rate, mit der sich Sar1 zur Membran hin und wieder von ihr weg bewegt (nicht gezeigt). Zusätzlich wird ein einzelnes Ubiquitin (nicht gezeigt) an das Protein Sec31 angehängt, sodass sich die Aufbaueigenschaften des äußeren Käfigs verändern. Die Proteine Sec23/24 ordnen sich in großen Verbänden nebeneinander an und Sec13/31-Proteine arrangieren sich zu einem gleichmäßigen, diamantförmigen Gitter. Als Ergebnis bildet sich ein langes, röhrenförmiges Vesikel, das die großen Frachtmoleküle aufnehmen kann. Die Verpackungsproteine sind nicht Bestandteil des abknospenden Vesikels, sondern bleiben im ER. (Verändert nach G. Zanetti et al., *eLife* 2: e00951, 2013. Mit Erlaubnis der Autoren).

13.1.10 Rab-Proteine lenken Transportvesikel zu deren Zielmembranen

Um einen geordneten Vesikelverkehr zu gewährleisten, müssen Transportvesikel äußerst genau die richtige Zielmembran erkennen, mit der sie fusionieren. Da die Membransysteme im Cytoplasma recht vielfältig und dicht gepackt sind, begegnet ein Vesikel wahrscheinlich vielen möglichen Zielmembranen, bis es die passende trifft. Die Spezifität der Zielfindung ist gewährleistet, weil alle Transportvesikel Oberflächenmarkierungen tragen, die sie nach Ursprung und Art der Fracht spezifizieren. Entsprechend besitzen alle Zielmembranen komplementäre Rezeptoren, die die passenden Marker erkennen. Zwei Arten von Markern stellen nacheinander sicher, dass die Vesikelzustellung spezifisch erfolgt. Zuerst dirigieren *Rab-Proteine* das Vesikel zu spezifischen Stellen auf der richtigen Zielmembran. Im zweiten Schritt vermitteln *SNARE*-Proteine die Fusion der Lipid-Doppelschichten.

Wie die früher besprochenen Hüllenrekrutierungs-GTPasen (s. **Abb. 13.15**) sind auch **Rab-Proteine** monomere GTPasen. Mit über 60 bekannten Mitgliedern in Säugetierzellen ist die Rab-Unterfamilie die größte Unterfamilie der monomeren GTPasen. Jedes Rab-Protein ist mit einer oder mehreren membranumschlossenen Organellen des Sekretionswegs oder des Endocytosewegs verbunden und jedes dieser Organellen trägt mindestens ein Rab-Protein auf seiner cytosolischen Oberfläche (**Tab. 13.1**). Verschiedene Rab-Proteine sind auch auf verschiedenen Arten von Transportvesikeln zu finden, die Fracht zwischen Organellen befördern. Ihre hoch selektive Verteilung auf diese Membransysteme macht die Rab-Proteine zu idealen molekularen Markern für die Identifizierung des Transportvesikeltyps und Zielmembrantyps für die Lenkung des Vesikelverkehrs.

Rab-Proteine zirkulieren zwischen einer Membran und dem Cytosol und regulieren den reversiblen Aufbau der Proteinkomplexe auf der Membran. In ihrer GDP-gebundenen Form sind sie inaktiv und an ein anderes Protein (*Rab-GDP-Dissoziationsinhibitor* oder *GDI*) gebunden, das sie im Cytosol löslich hält. Membrangebundene Rab-GEFs aktivieren Rab-Proteine, indem sie den Austausch von GDP gegen GTP katalysieren. Sobald ein Rab-Protein in die GTP-gebundene Form übergeht, fügt sich sein Lipidanker in die Membran ein. An diesem Punkt bindet Rab an eine Reihe verschiedener anderer Proteine (**Rab-Effektoren** genannt) (**Abb. 13.17**). Die Geschwindigkeit der GTP-Hydrolyse legt die Konzentration von aktivem Rab fest und folglich die Konzentration seiner Effektoren auf der Membran.

Ein Rab-Protein auf einem Transportvesikel wird aktiviert, wenn eine spezifische Komponente des Vesikels, häufig eine Hüllenkomponente, ein Rab-GEF rekrutiert. Die Aktivierung des Rab-Proteins hat mehrere Konsequenzen. Erstens: Das Rab-Protein selbst dient als spezifischer molekularer Hinweis, der von an der Zielmembran lokalisierten *Ankettproteinen* erkannt werden kann. Ankettproteine sind typischerweise Proteinkomplexe, die oft fadenförmige Domänen enthalten, die als „Angelschnur" dienen und

Tab. 13.1 Subzelluläre Lokalisation einiger Rab-Proteine.

Protein	Organell
Rab1	ER und Golgi-Apparat
Rab2	*cis*-Golgi-Netzwerk
Rab3A	synaptische Vesikel, sekretorische Vesikel
Rab4/Rab11	wiederverwertende Endosomen (Recycling-Endosomen)
Rab5	frühe Endosomen, Plasmamembran, clathrinbeschichtete Vesikel
Rab6	medial- und *trans*-Golgi-Zisternen
Rab7	späte Endosomen
Rab8	Cilien
Rab9	späte Endosomen, *trans*-Golgi-Netzwerk

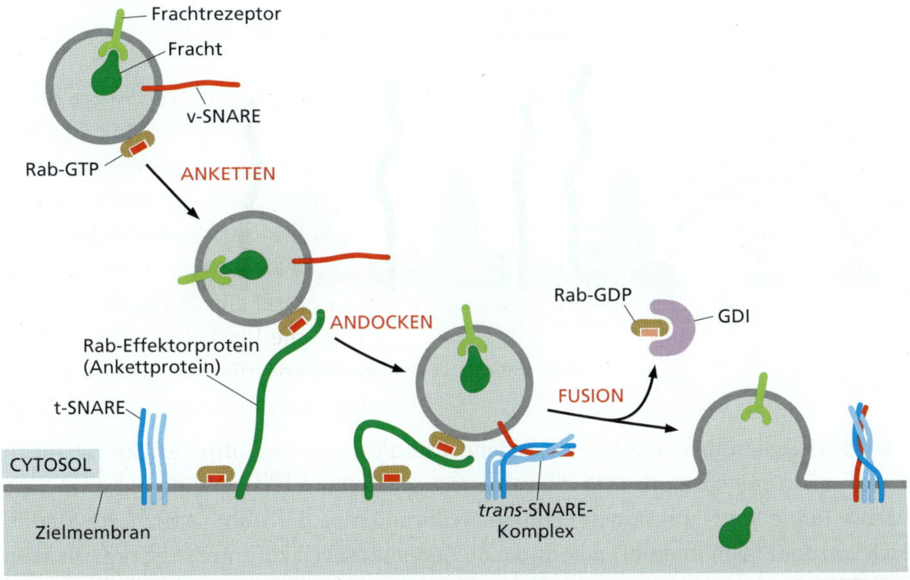

Abb. 13.17 Die Ankettung eines Transportvesikels an eine Zielmembran. Rab-Effektorproteine wechselwirken über aktive Rab-Proteine (Rab-GTPs, *braun*), die auf der Zielmembran, der Vesikelmembran oder auf beiden sitzen, um die erste Verbindung zwischen den beiden Membranen herzustellen, die fusionieren sollen. Im hier gezeigten Beispiel ist der Rab-Effektor ein filamentöses Ankettprotein (*dunkelgrün*). Als Nächstes paaren sich die SNARE-Proteine der beiden Membranen (*rot* und *blau*), um das Vesikel an der Zielmembran anzudocken und die Fusion der beiden anliegenden Lipid-Doppelschichten zu katalysieren. Während des Andockens und der Fusion leitet ein Rab-GAP (nicht gezeigt) die Hydrolyse eines GTP, das an ein Rab-Protein gebunden ist, zu GDP ein. Dadurch löst sich Rab von der Membran ab und kehrt als Rab-GDP ins Cytosol zurück, wo es durch ein GDP-Dissoziationsinhibitor (GDI)-Protein gebunden wird, das dafür sorgt, dass Rab löslich und inaktiv bleibt.

ein bis zu 200 nm entferntes Vesikel einfangen können. Zweitens kann das Rab-Protein mit Motorproteinen interagieren, den üblichen Rab-Effektoren, die Vesikel entlang von Aktinfilamenten oder Mikrotubuli zu ihrer Zielmembran ziehen. Drittens kann das Rab-Protein einen Rab-Effektor rekrutieren, der selektiv Proteine auf der Zielmembran bindet, wie z. B. die dort befindlichen SNARE-Proteine.

Durch einen oder mehrere dieser Mechanismen führt ein Rab-Protein, das selektiv an einem Transportvesikel aktiviert wird, dieses an die richtige Zielmembran und dockt es an diese an. Einige Rab-Proteine, wie z. B. das früher besprochene Rab7, fungieren auch als Hüllenrekrutierungs-GTPasen, die neue Knospungsvorgänge einleiten, wenn Organellen reifen, wie wir als nächstes erläutern.

13.1.11 Rab-Proteine können die Identität eines Organells festlegen und verändern

Rab-Proteine wirken nicht nur auf Vesikel, sondern auch auf die Membranen von Organellen. Wie an Vesikeln, katalysiert ein spezifischer Rab-GEF an dem Organell die Aktivierung des Rab-Proteins und seine Insertion in die Membranoberfläche. Viele der Effektorproteine, die von einem aktivierten Rab-Protein rekrutiert werden, tragen dazu bei, dem Organell seine Identität zu verleihen, indem sie die ein- und ausgehenden Transportvesikel direkt kontrollieren. Zu diesen Effektorproteinen gehören die bereits erwähnten Ankettproteine, SNAREs, die die Membranfusion der ankommenden Vesikel vermitteln, und Enzyme, die spezifische Phosphoinositide erzeugen oder verändern.

Der Aufbau der Rab-Proteine und ihrer Effektoren auf einer Organellmembran ist kooperativ und hat die Bildung großer, spezialisierter Membranflecken zur Folge, die die Identität dieses Organells bestimmen. Beispielsweise baut sich aktives Rab5 auf Endosomen auf und rekrutiert noch mehr Kopien des gleichen Rab5-GEF, der anfangs Rab5 aktiviert hat. Das wiederum fördert die Rekrutierung von noch mehr Rab5 an dieser Stelle. Gleichzeitig aktiviert aktives Rab5 eine PI 3-Kinase, die lokal PI zu PI(3)P umwandelt, das wiederum einige der Rab-Effektoren einschließlich der Ankettproteine bindet und deren lokale Membrananheftung stabilisiert (**Abb. 13.18**). Diese Art der positiven Rückkopplung verstärkt den Aufbauvorgang enorm und trägt dazu bei, innerhalb einer kontinuierlichen Organellmembran funktionell unterschiedliche Membrandomänen zu errichten.

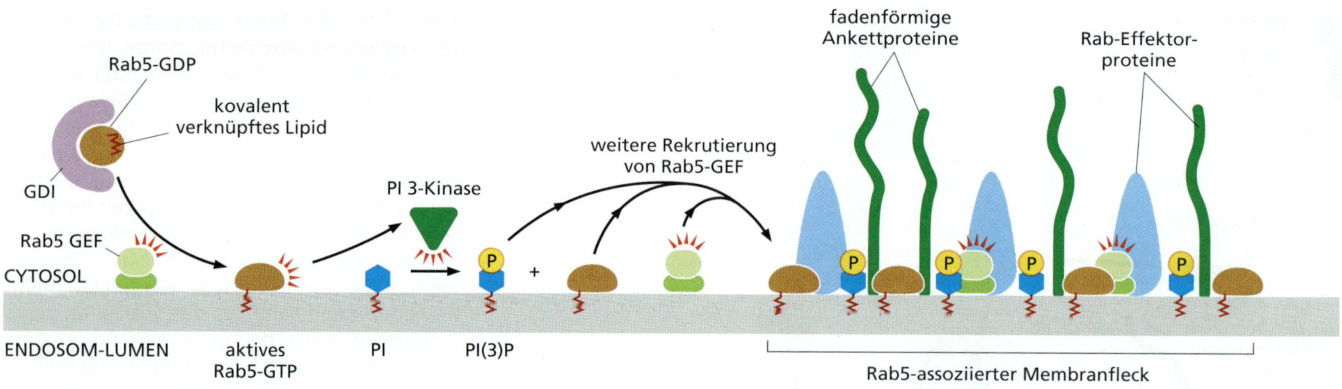

Abb. 13.18 Die Bildung eines Rab5-assoziierten Flecks auf der Endosomenmembran. Ein Rab5-GEF auf der Endosomenmembran bindet an ein Rab5-Protein und veranlasst dieses, GDP gegen GTP auszutauschen. GDI geht verloren und die Bindung von GTP ändert die Konformation des Rab-Proteins, wodurch eine kovalent verknüpfte Lipidgruppe freigelegt wird, die das Rab5-GTP an der Membran verankert. Aktives Rab5 aktiviert die PI 3-Kinase, die PI zu PI(3)P umwandelt. PI(3)P und aktives Rab5 binden zusammen eine Vielzahl von Rab-Effektorproteinen, die PI(3)P-Bindungsstellen enthalten, einschließlich filamentöser Ankettproteine, die von der Plasmamembran eintreffende clathrinbeschichtete Endocytosevesikel abfangen. Mithilfe eines anderen Effektors rekrutiert aktives Rab5 auch noch weiteres Rab5-GEF, das den Aufbau des Rab5-assoziierten Flecks auf der Membran weiter verstärkt. Kontrollierte Zyklen aus GTP-Hydrolyse und GDP–GTP-Austausch regulieren die Größe und Aktivität derartiger Rab-assoziierter Flecken dynamisch. Anders als bei SNAREs, die integrale Membranproteine sind, verleiht der mit dem Membran–Cytosol-Translokationszyklus gekoppelte GDP/GTP-Zyklus der Rab-Maschinerie die Fähigkeit, sich an der Membranoberfläche auf- und wieder abzubauen. (Verändert nach M. Zerial und H. McBride, *Nat. Rev. Mol. Cell Biol.* 2: 107–117, 2001).

Es wird angenommen, dass verschiedene Rab-Proteine und ihre Effektoren dazu beitragen, mehrere spezialisierte Membrandomänen zu erzeugen, die jeweils eine bestimmte Reihe von Funktionen erfüllen. Während also der Rab5-assoziierte Membranfleck von der Plasmamembran kommende Endocytosevesikel empfängt, organisieren verschiedene Rab11- und Rab4-assoziierte Flecken im selben Endosom die Knospung von Recycling-Vesikeln, die Proteine aus dem Endosom zur Plasmamembran zurückbringen. Wie wir bereits erörtert haben, dient Rab7 an der Endosomenmembran als Hüllenrekrutierungs-GTPase für das Retromer und initiiert die Bildung von Transportvesikeln, die für den Golgi-Apparat bestimmt sind.

Ein Rab-Protein kann durch ein anderes Rab-Protein ersetzt werden, wodurch sich die Identität des assoziierten Organells ändert. Dies wird dadurch erreicht, dass ein Rab-Protein selektiv ein anderes Rab-Protein rekrutiert und aktiviert, dessen entsprechende Effektoren Proteine umfassen, die das erste Rab-Protein inaktivieren, wodurch der assoziierte Membranfleck abgebaut wird. Solch eine geordnete Rekrutierung nacheinander agierender Rab-Proteine nennt man **Rab-Kaskade** (Abb. 13.19). Mit der Zeit werden z. B. Rab5-assoziierte Membranflecken durch Rab7-assoziierte Membranflecken in endosomalen Membranen ersetzt. So wird aus einem durch Rab5 gekennzeichneten frühen Endosom ein spätes Endosom, das an Rab7 zu erkennen ist. Da sich die Gruppe von Rab-Effektoren, die durch Rab7 rekrutiert wird, von der Gruppe unterscheidet, die von Rab5 angelockt wird, programmiert dieser Wechsel das Kompartiment und auch den eintreffenden und abgehenden Verkehr um. Dadurch wird das Organell von seinem bisherigen Platz an der Plasmamembran in das Zellinnere verschoben. Die ganze Fracht, die im frühen Endosom bis zu diesem Zeitpunkt nicht zur Plasmamembran zurückgebracht wurde, ist nun Bestandteil des späten Endosoms. Diesen Vorgang nennt man auch *Endosomenreifung*. Der sich selbst verstärkende Effekt der Rab-assoziierten Membranflecken lässt den Prozess der Endosomenreifung nur in eine Richtung ablaufen und macht ihn unumkehrbar.

13.1.12 SNAREs vermitteln die Membranfusion

Sobald ein Transportvesikel von seinem ursprünglichen Kompartiment abgeknospt ist und seine Hülle abgelegt hat, entlässt es seine Fracht am Zielkompartiment durch Membranfusion. Die Membranfusion erfordert, dass die Lipid-Doppelschichten der beiden Membranen sich auf 1,5 nm nähern, damit sie sich überlappen können. In dieser engen Nähe können Lipide aus einer Doppelschicht in die andere übergehen. Für eine solche enge Anordnung müssen die Wassermoleküle von der hydrophilen Oberfläche der Membran ausgeschlossen werden – ein Vorgang, der energetisch äußerst ungünstig ist und spezialisierte *Fusionsproteine* benötigt, um diese Energiebarriere zu überwinden. Wir haben bereits die Rolle des Dynamins in einem ähnlichen Vorgang des

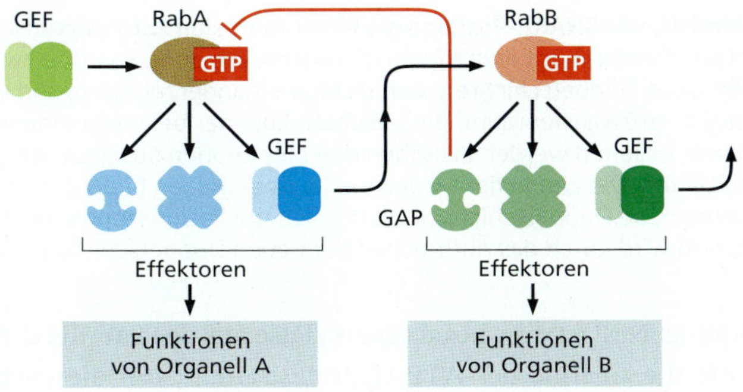

Abb. 13.19 Ein Modell für eine gewöhnliche Rab-Kaskade. Die örtliche Aktivierung eines Rab-GEF-Moleküls führt zur Anlagerung eines Rab-assoziierten Membranflecks (manchmal auch als RabA-Domäne bezeichnet) an die Membran. Aktives RabA rekrutiert seine Effektorproteine; eines davon ist ein GEF von RabB. Das Rab-GEF rekrutiert dann RabB zur Membran, was wiederum seine Effektoren – darunter befindet sich das GAP für RabA – anzieht. RabA-GAP aktiviert die Hydrolyse von RabA-GTP, was zur Inaktivierung von RabA und zum Abbau des Rab-assoziierten Membranflecks bei gleichzeitigem Wachsen des Rab-assoziierten Membranflecks führt. Auf diese Weise wird die RabA-Domäne irreversibel durch die RabB-Domäne ersetzt. Im Prinzip kann diese Abfolge durch das Rekrutieren eines nächsten GEF durch RabB fortgesetzt werden. (Verändert nach A. H. Hutagalung und P. J. Novick, *Physiol. Rev.* 91: 119–149, 2011).

„Zusammenpressens" von Membranen während des Abschnürens von clathrinbeschichteten Vesikeln besprochen (s. **Abb. 13.13**).

Die **SNARE-Proteine** (auch kurz **SNAREs** genannt) katalysieren die Membranfusionsreaktionen beim Vesikeltransport. Es gibt mindestens 35 unterschiedliche SNAREs in Zellen von Tieren. Jedes SNARE ist mit einem speziellen Organell auf dem Sekretionsweg bzw. dem Endocytoseweg assoziiert. Diese Transmembranproteine liegen als komplementäre Paare vor – als Vesikelmembran-SNAREs, **v-SNAREs** genannt, sowie als Zielmembran-SNAREs (engl. *target membrane SNAREs*), **t-SNAREs** genannt (s. **Abb. 13.17**). Ein v-SNARE ist eine einzelne Polypeptidkette, während ein t-SNARE normalerweise aus drei Proteinen zusammengesetzt ist. v-SNAREs und t-SNAREs besitzen charakteristische helikale Domänen, die allein meistens ungeordnet sind. Tritt ein v-SNARE in Wechselwirkung mit seinem t-SNARE, verzahnen sich die helikalen Domänen des einen Proteins mit denen des anderen und bilden ein sehr stabiles Vier-Helix-Bündel. Der sich ergebende *trans-SNARE-Komplex* verbindet die beiden Membranen miteinander. Biochemische Membranfusionsversuche mit verschiedenen Kombinationen von SNARE-Proteinen zeigen, dass die v- und t-SNARE-Paarung sehr spezifisch ist. Die SNAREs schaffen auf diese Weise eine zusätzliche Spezifität beim Transportvorgang, indem sie gewährleisten, dass Vesikel nur mit der korrekten Zielmembran fusionieren.

Die extrem große Stabilität des *trans*-SNARE-Komplexes bedeutet, dass der Aufbau aus ursprünglich ungeordneten v- und t-SNAREs energetisch günstig ist. Diese Energie wird verwendet, um die beiden Membranseiten aneinander zu ziehen und dabei gleichzeitig Wassermoleküle aus der Grenzfläche herauszudrücken, damit die Fusion der Lipid-Doppelschichten beginnen kann (**Abb. 13.20**). Mischt man Liposomen, die gereinigte v-SNAREs enthalten, mit anderen Liposomen, die die komplementären t-SNAREs enthalten, fusionieren ihre Membranen, wenn auch langsam. In der Zelle beschleunigen weitere Faktoren die Fusion sehr stark, indem diese Faktoren mit v-SNARE- und t-SNARE-Paaren wechselwirken, um sie genau passend auszurichten, sodass sie das Verzahnen beginnen können. Die Fusion erfolgt nicht immer unmittelbar, nachdem sich v-SNAREs und t-SNAREs gepaart haben. Wie wir später noch besprechen werden, ist beim regulierten Exocytosevorgang das Verzahnen der letzten Teile des *trans*-SNARE-Komplexes verzögert, bis die Sekretion durch ein spezifisches extrazelluläres Signal ausgelöst wird.

13.1.13 Wechselwirkende SNAREs müssen getrennt werden, damit sie erneut arbeiten können

Nachdem SNARE-Proteine an einer Membranfusion teilgenommen haben, müssen die sehr stabilen *trans*-SNARE Komplexe wieder getrennt werden, ehe ein SNARE eine neue Transportrunde vermitteln kann. Ein entscheidendes Protein, das sogenannte **NSF**, zirkuliert zwischen den Membranen und dem Cytosol und katalysiert

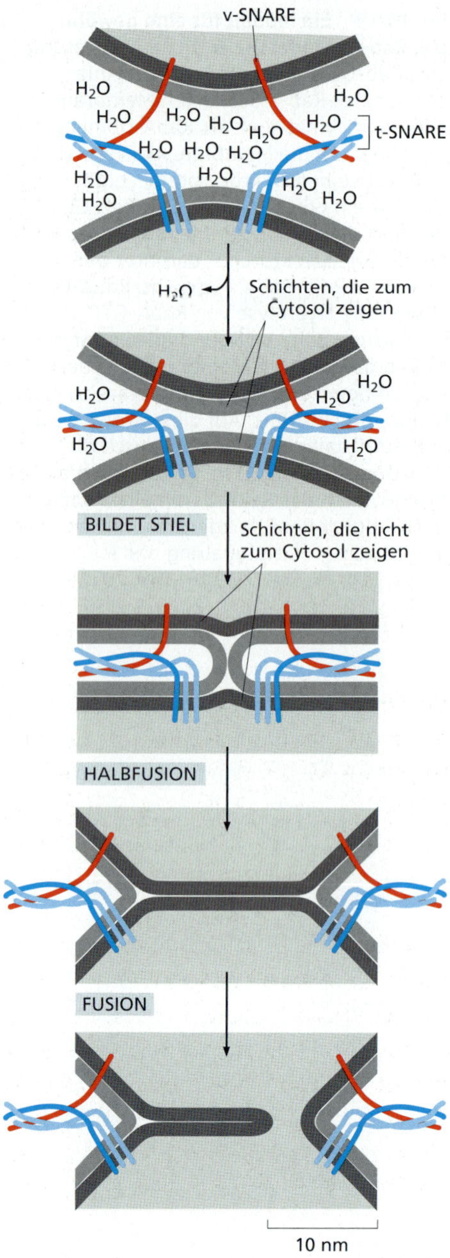

Abb. 13.20 Ein Modell, wie SNARE-Proteine die Membranfusion katalysieren können. Die Fusion der Doppelschichten erfolgt in mehreren Schritten. Die enge Paarung zwischen v- und t-SNARE zwingt die Lipid-Doppelschichten, sich dicht aneinanderzulagern, und vertreibt dadurch Wassermoleküle aus dem Zwischenraum. Die Lipidmoleküle der beiden aneinanderliegenden (cytosolischen) Membranseiten werden zwischen den Membranen ausgetauscht, um einen verbindenden Stiel zu bilden. Die Lipide der beiden nichtcytosolischen Lipidschichten berühren einander und bilden eine neue Doppelschicht, wodurch sich die Fusionszone erweitert (*Hemi-* oder *Halbfusion*). Die Fusion wird durch das Aufbrechen der neuen Doppelschicht vollendet.

diesen Trennvorgang. NSF ist eine hexamere ATPase aus der Familie der AAA-Proteine (s. **Abb. 6.88**), die die Energie der ATP-Hydrolyse nutzt, um die engen Wechselwirkungen zwischen den helikalen Domänen der gepaarten SNARE-Proteine aufzulösen (**Abb. 13.21**). Die SNARE-Proteine können im Anschluss an die Trennung die Energie, die sie aus einer erneuten Paarung gewinnen, dazu verwenden, um eine weitere Fusionsreaktion anzutreiben. Die Energie für die SNARE-vermittelte Fusionsreaktion stammt letztendlich aus dem ATP, das NSF verbraucht, um die SNAREs auseinanderzustemmen. Nachdem am Zielkompartiment der *trans*-SNARE-Komplex abgebaut worden ist, werden v-SNAREs selektiv wiedergewonnen und zu ihrem Ausgangskompartiment zurückgebracht, damit sie zur Bildung neuer Transportvesikel wiederverwendet werden können. Solche selektiven Rückgewinnungswege (die später noch besprochen werden) sind entscheidend für das Bewahren der Identität jedes Kompartiments angesichts eines ständigen abgehenden Transportverkehrs.

Die Membranfusion ist auch bei anderen Vorgängen, nicht nur beim Vesikeltransport, von Bedeutung. Während der Befruchtung verschmelzen die Plasmamembranen von Spermium und Eizelle. Myoblasten fusionieren miteinander während der Entwicklung vielkerniger Muskelfasern (s. Kapitel 22). Epithelzellen der menschlichen Plazenta fusionieren zu einem riesengroßen Syncytium, das die Mutter vom Fötus trennt.

Analog fusionieren und zerfallen das ER-Netzwerk und Mitochondrien auf dynamische Weise (s. Kapitel 12 und 14). Alle Membranfusionen benötigen spezielle Proteine und werden streng reguliert, was gewährleistet, dass nur geeignete Membranen miteinander verschmelzen. Diese Kontrollen sind entscheidend, um die Identität von Zellen und die Individualität jeder Art intrazellulärer Kompartimente aufrechtzuhalten.

13.1.14 Viren codieren spezialisierte Membranfusionsproteine, die sie für den Eintritt in die Zelle benötigen

Umhüllte Viren (die eine Membranhülle auf der Grundlage einer Lipid-Doppelschicht tragen) infizieren eine Zelle, wenn die virale Membran mit der Zellmembran fusioniert und sie dadurch in die Zelle gelangen (in Kapitel 5 und 23 besprochen). Viren – beispielsweise das Immundefizienzvirus des Menschen (HIV), das AIDS verursacht – binden an Zelloberflächenrezeptoren. Danach fusionieren die Virus- und die Plasmamembran der Zielzelle (**Abb. 13.22**). Dieser Verschmelzungsvorgang erlaubt, dass die sich im Nukleocapsid befindende virale Nukleinsäure ins Cytosol gelangt, wo sie repliziert wird. Andere Viren, wie etwa das Influenzavirus, gelangen zunächst über rezeptorvermittelte

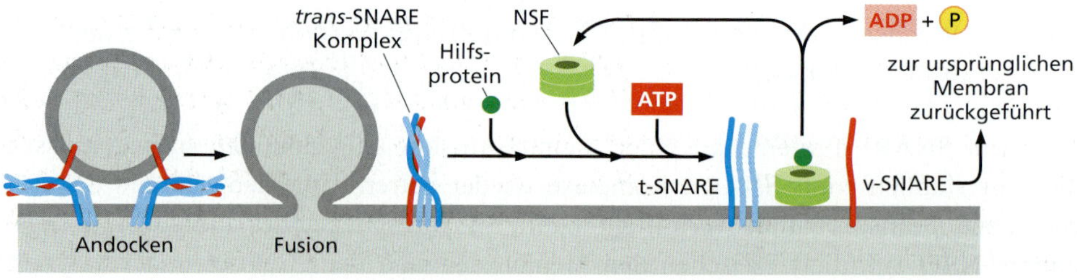

Abb. 13.21 NSF-vermittelte Dissoziation der SNARE-Paare nach einem Membranfusionszyklus. Nachdem ein v-SNARE und ein t-SNARE die Fusion eines Transportvesikels mit ihrer Zielmembran bewerkstelligt haben, bindet NSF an den SNARE-Komplex und hydrolysiert mithilfe von Hilfsproteinen ATP, um die SNAREs wieder zu trennen.

Endocytose (s. unten) in Zellen und werden zu den Endosomen gebracht. Der niedrige pH-Wert in den Endosomen aktiviert ein Fusionsprotein in der Virushülle, das die Fusion von Virus- und Endosomenmembran katalysiert, wodurch die Nukleinsäure des Virus ins Cytosol freigesetzt wird. Im Falle des Schweren-akuten-Atemwegssyndrom-Coronavirus Typ 2 (engl. *severe acute respiratory syndrome coronavirus type 2* und daher als SARS-CoV-2 abgekürzt), das COVID-19 verursacht, benötigt die Fusionsreaktion Proteasen des Wirtes, die das Oberflächenprotein des Virus spalten, um seine Fusionsaktivität anzuschalten. Die Membranfusionen, die von viralen Fusionsproteinen katalysiert werden, sind gut verstanden.

Anders als bei der SNARE-vermittelten Fusion, die Proteine in beiden Membranen umfasst, benötigt die virale Fusion normalerweise nur das virale Protein. Diese viralen Fusionsproteine entfalten sich in der geeigneten Umgebung und fügen einen teilweise hydrophoben Fleck in die Wirtsmembran. Daraufhin erfährt das Fusionsprotein eine Verdichtung, wodurch die beiden Membranen dicht zusammenkommen und ihre Fusion auf ähnliche Weise wie die SNARE-vermittelte Fusion eingeleitet wird.

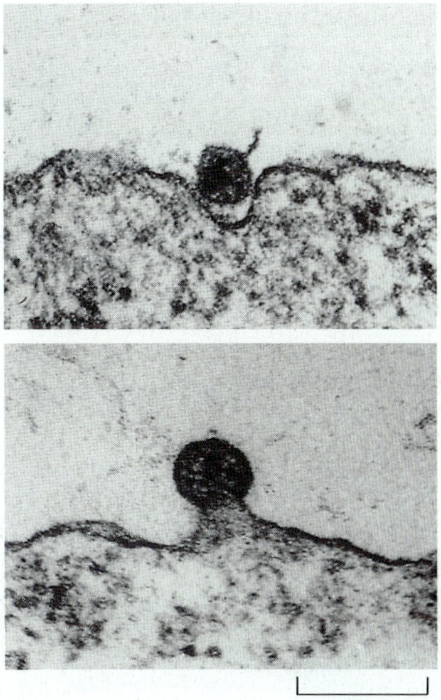

Abb. 13.22 Das Eindringen von umhüllten Viren in Zellen. Die elektronenmikroskopische Aufnahme zeigt, wie ein HI-Virus durch Fusion seiner Membran mit der Plasmamembran der Zelle in diese eindringt. (Aus B. S. Stein et al., *Cell* 49: 659–668, 1987. Mit Erlaubnis von Elsevier).

Zusammenfassung

Der gerichtete und selektive Transport bestimmter Membrankomponenten aus einem membranumhüllten Kompartiment zum anderen in einer eukaryotischen Zelle hält die Unterschiede zwischen diesen Kompartimenten aufrecht. Transportvesikel, die bläschen-, röhrenförmig oder unregelmäßig geformt sein können, knospen von speziellen umhüllten Bereichen der Donatormembran ab. Die Hüllenbildung hilft, spezielle Membran- und lösliche Frachtmoleküle für den Transport zu sammeln sowie die Vesikelbildung anzutreiben.

Es gibt verschiedene Arten beschichteter Vesikel. Clathrinbeschichtete Vesikel vermitteln den Transport von der Plasmamembran, den Endosomen und dem trans-Golgi-Netzwerk. COPI- und COPII-beschichtete Vesikel sind für den Transport zwischen den Golgi-Zisternen bzw. zwischen dem ER und dem Golgi-Apparat verantwortlich. Ein Retromer bildet eine Hülle an der Endosomenmembran für den Transport zum Golgi-Apparat. Hüllen weisen üblicherweise eine zweischichtige Struktur auf: Die innere Schicht, die aus Adapterproteinen gebildet wird, fängt spezielle Frachtmoleküle ein, damit sie in die Vesikel verpackt werden, und eine äußere Schicht, die einen Käfig bildet und dabei hilft, die Membran in Vesikel zu formen. Die Hülle wird abgelegt, bevor das Vesikel mit seiner entsprechenden Zielmembran verschmilzt.

Die Spezifität des Membrantransports wird durch verschiedene Arten von molekularen Markern gewährleistet, die bestimmen, wo Transportvesikel entstehen und wohin sie ihre Fracht liefern. Die lokale Synthese spezieller Phosphoinositide erzeugt Bindungsstellen, die den Clathrinhüllenaufbau und die Vesikelknospung auslösen. Zusätzlich regulieren die Hüllenrekrutierungs-GTPasen wie Sar1 und die ARF-Proteine die Bildung der Hülle und ihren Zerfall. Rab-Proteine bilden eine große Familie von GTPasen, die sowohl bei Transportvesikeln als auch Zielmembranen die Spezifität des Membrantransports kontrollieren. Aktive Rab-Proteine rekrutieren Rab-Effektoren, wie z. B. Motorproteine, die Transportvesikel an Aktinfilamenten oder Mikrotubuli entlang transportieren, und filamentöse Ankettproteine, die gewährleisten, dass die Vesikel ihren Inhalt nur zur passenden Zielmembran bringen. Spezialisierte Membrandomänen helfen dabei, die Identität eines Organells festzulegen. Sie können auf eine dynamische Weise durch Zusammenbau und den Abbau von Rab-Proteinen und ihren Effektoren gebildet und verändert werden. Komplementäre v-SNARE-Proteine auf Transportvesikeln und t-SNARE-Proteine auf Zielmembranen bilden stabile trans-SNARE-Komplexe, die die beiden Membranen dicht zusammenbringen, sodass ihre Lipid-Doppelschichten fusionieren können.

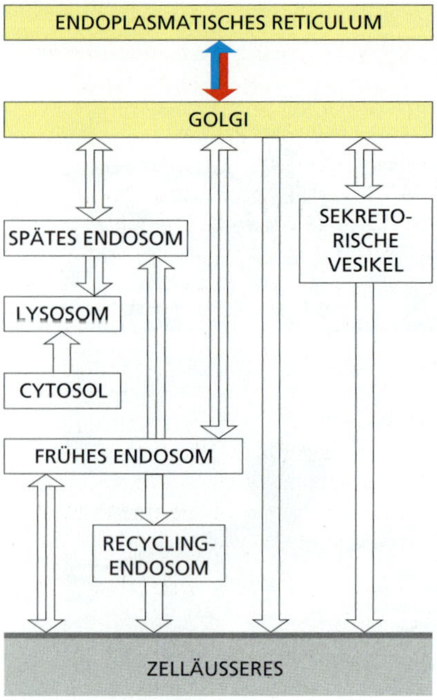

13.2 Transport vom Endoplasmatischen Reticulum durch den Golgi-Apparat

Wie bereits in Kapitel 12 besprochen, gelangen neu synthetisierte Proteine auf den sekretorischen Weg im ER, indem sie die Endoplasmatische Reticulum (ER)-Membran vom Cytosol aus durchqueren. Diese Proteine werden nach und nach während ihres weiteren Transports vom ER zum Golgi-Apparat und vom Golgi-Apparat zur Zelloberfläche oder einem anderen Ort, wobei sie durch eine Reihe von Kompartimenten wandern, modifiziert. Der Transport von einem Kompartiment zum nächsten verläuft in einem ausgewogenen Gleichgewicht zwischen Vorwärts- und Rückwärts- (Bergungs-)transportwegen. Einige der Transportvesikel wählen Frachtmoleküle aus und transportieren sie weiter, andere fangen „Ausreißerproteine“ ein und bringen sie zu ihrem Ausgangskompartiment zurück, in dem sie normalerweise ihre Arbeit verrichten. Der Weg vom ER zur Zelloberfläche besteht daher aus zahlreichen Sortierschritten, bei denen ständig Membranen und lösliche luminale Proteine für die Verpackung und den Transport ausgewählt werden.

In diesem Abschnitt konzentrieren wir uns hauptsächlich auf den **Golgi-Apparat** (auch **Golgi-Komplex** genannt). Er ist gleichzeitig ein wichtiger Syntheseort von Kohlenhydraten und Sortier- und Verteilerstation für Produkte, die aus dem ER angeliefert wurden. Viele Polysaccharide stellt die Zelle im Golgi-Apparat her, z. B. Pektin und Hemizellulose für die Zellwände der Pflanzen sowie die meisten Glykosaminoglykane der extrazellulären Matrix von Tieren (s. Kapitel 19). Der Golgi-Apparat baut aber auch Oligosaccharidketten auf und hängt sie an die vielen Proteine und Lipide an, die ihm das ER schickt. Einige dieser Oligosaccharide dienen dabei als „Adressaufkleber“ für spezifische Proteine, die dann in Vesikeln zu den Endosomen transportiert werden, um letztendlich an Lysosomen geliefert zu werden. Aber die meisten der Proteine und Lipide werden, sobald sie ihre entsprechenden Oligosaccharide im Golgi-Apparat erhalten haben, anderweitig erkannt und in Transportvesikel verpackt, die die Zelloberfläche als Ziel oder andere Bestimmungsorte haben.

13.2.1 Proteine verlassen in COPII-beschichteten Transportvesikeln das ER

Proteine, die ins ER gelangt und für den Golgi-Apparat oder ein weiterreichendes Ziel bestimmt sind, werden zu Beginn ihrer Reise entlang des sekretorischen Wegs in COPII-beschichtete Vesikel verpackt. Diese Vesikel knospen von besonderen Bereichen ab, den sogenannten *ER-Austrittsstellen*, an deren Membranen keine Ribosomen angeheftet sind. In den meisten tierischen Zellen sind diese ER-Austrittsstellen über das gesamte ER-Netzwerk verteilt.

Das Verpacken in Vesikel, die das ER verlassen, kann ein selektiver Vorgang sein oder es kann als Standardmechanismus, wenn nichts anderes angeordnet ist, erfolgen. Viele Transmembranproteine werden aktiv in solche Vesikel gebracht und dort angereichert. Diese Transmembranproteine tragen Ausgangssignale (Transportsignale) auf ihrer cytosolischen Oberfläche, die von Adapterproteinen der inneren COPII-Hülle erkannt werden (**Abb. 13.23**). Lösliche Frachtproteine im ER-Lumen besitzen Ausgangssignale, die von einigen dieser Transmembranproteine erkannt werden. Dabei fungieren diese Transmembranproteine als Fracht-Rezeptoren. Diese Rezeptoren werden ins ER zur Wiederverwendung zurückgebracht, nachdem sie ihre Fracht dem Golgi-Apparat überbracht haben. Proteine ohne Ausgangssignale können auch in Transportvesikel verpackt werden, einschließlich der Proteinmoleküle, die eigentlich im ER ansässig sein sollten (sog. *ER-residente Proteine*). Diese residenten Proteine sickern langsam aus dem ER aus und benötigen Rückführungswege, damit sie vom Golgi-Apparat zurückgebracht werden. Verschiedene Frachtproteine werden unterschiedlich schnell und effizient in

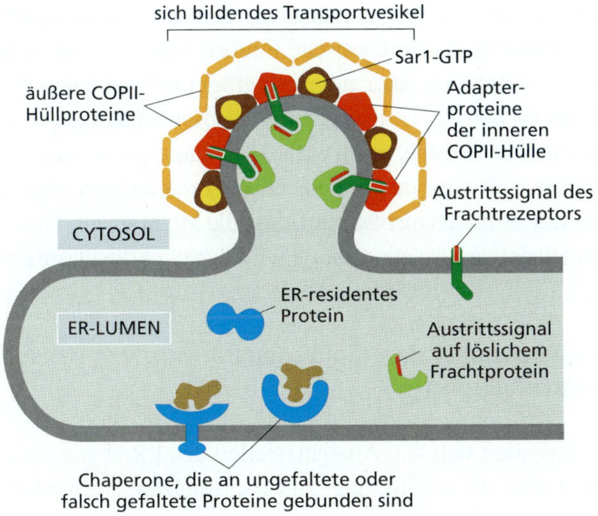

Abb. 13.23 Die Rekrutierung von Membran- und löslichen Frachtmolekülen in ER-Transportvesikel. Transmembranproteine werden über die Wechselwirkung von Austrittssignalen in ihren cytosolischen Domänen mit Adapterproteinen der inneren COPII-Hülle in die sich abschnürenden Transportvesikel verpackt. Einige dieser Transmembranproteine sind ihrerseits Frachtrezeptoren; sie binden im ER-Lumen lösliche Moleküle und vermitteln damit deren Verpackung in die Vesikel. Andere Proteine können mit dem Massenstrom in das Vesikel gelangen. Ein typisches 50-nm-Transportvesikel enthält etwa 200 Transmembranproteine unterschiedlichster Art. Wie in der Abbildung angedeutet, werden ungefaltete oder falsch gefaltete Proteine von Chaperonen gebunden und vorübergehend im ER zurückgehalten.

Transportvesikel verpackt. Das mag daher rühren, dass Unterschiede in der Kinetik und Effizienz der Faltung und Oligomerisierung bestehen. Es kann auch an ihren unterschiedlichen Fähigkeiten, Frachtrezeptoren und die COPII-Hülle einzubeziehen, liegen. Der Schritt des Austritts aus dem ER ist ein wichtiger Kontrollpunkt, an dem eine Qualitätskontrolle für die Proteine stattfindet, die aus der Zelle sezerniert oder auf der Oberfläche präsentiert werden sollen (wie in Kapitel 12 besprochen).

Die Ausgangssignale, die Proteine aus dem ER zum Transport in den Golgi-Apparat und darüber hinaus lenken, sind bisher nicht gut verstanden. Manche Transmembranproteine, die als Frachtrezeptoren dienen, um sezernierte Proteine in COPII-beschichtete Vesikel zu verpacken, sind Lektine, die an Oligosaccharide an den sezernierten Proteinen binden. Solch ein Lektin bindet z. B. an Mannose auf den beiden sezernierten Blutgerinnungsfaktoren Faktor V und Faktor VIII, wodurch die Proteine im ER in Transportvesikel verpackt werden. Seine Bedeutung für den Proteintransport wurde entdeckt, weil Personen, denen dieses Protein aufgrund einer ererbten Mutation fehlt, geringere Serumkonzentrationen von Faktor V und Faktor VIII haben und deshalb übermäßig bluten.

13.2.2 Nur Proteine, die korrekt gefaltet und zusammengebaut sind, können das ER verlassen

Damit Proteine das ER verlassen können, müssen sie korrekt gefaltet sein, und falls sie Untereinheiten von Multiproteinkomplexen sind, müssen sie sich auch vollständig zusammengelagert haben. Proteine, die falsch gefaltet sind oder sich nur unvollständig zusammengelagert haben, verbleiben vorübergehend im ER, wo sie an Chaperone (s. Kapitel 6) wie *BiP* oder *Calnexin* gebunden werden. Möglicherweise überlagern die Chaperone die Transportsignale oder sie verankern die Proteine vielleicht im ER. Solche missgebildeten Proteine werden irgendwann zurück ins Cytosol gebracht, wo sie vom Proteasom abgebaut werden (s. Kapitel 6 und 12). Dieser Schritt der Qualitätskontrolle verhindert den Weitertransport falsch gefalteter oder falsch zusammengelagerter Proteine, die möglicherweise die Funktionen des normalen Proteins beeinträchtigen könnten. Solche Fehler treten überraschend häufig auf. Die meisten der neu synthetisierten Untereinheiten des T-Zell-Rezeptors (s. Kapitel 24) und des Acetylcholinrezeptors (s. Kapitel 11) werden z. B. normalerweise in der Zelle abgebaut, ohne je zur Zelloberfläche gelangt zu sein, wo sie eigentlich ihre Aufgaben verrichten. Zellen müssen demnach einen großen Überschuss mancher Proteinmoleküle synthetisieren, von denen sie die wenigen auswählen, die korrekt gefaltet und zusammengesetzt sind und richtig funktionieren.

Manchmal gereicht dieser strenge Qualitätskontrollmechanismus jedoch auch zum Nachteil. Die häufigsten Mutationen, die Cystische Fibrose, eine weit verbreitete Erbkrankheit, verursachen, führen zur Bildung einer nur geringfügig fehlgefalteten Form eines Plasmamembranproteins, das für den Cl^--Transport wichtig ist. Obwohl dieses mutierte Protein seine Aufgabe fast normal erfüllen würde, wenn es die Plasmamembran erreichen könnte, wird es im ER zurückgehalten und dann durch cytosolische Proteasomen abgebaut. Diese verheerende Krankheit beruht demnach nicht darauf, dass die Mutation ein Protein inaktiviert, sondern dass ein potentiell aktives Protein entsorgt wird, bevor es die Plasmamembran erreicht.

13.2.3 Der Transport vom ER zum Golgi-Apparat wird von vesikulären tubulären Clustern durchgeführt

Nachdem Transportvesikel sich von Austrittsstellen des ER abgeschnürt und ihre Hülle abgelegt haben, beginnen sie, miteinander zu verschmelzen. Die Fusion von Membranen des gleichen Kompartiments wird *homotypische Fusion* genannt, um sie von der *heterotypischen Fusion* abzugrenzen, bei der die Membran eines Kompartiments mit der Membran eines anderen Kompartiments verschmilzt. Die homotypische Fusion benötigt wie die heterotypische Fusion auch eine Anzahl passender SNAREs. In diesem Fall ist die Wechselwirkung jedoch symmetrisch und es werden v-SNAREs und t-SNAREs beider Membranen eingebracht (**Abb. 13.24**).

Die Strukturen, die sich bilden, wenn vom ER stammende Vesikel miteinander verschmelzen, werden aufgrund ihres dicht gedrängten Erscheinungsbilds im Elektronenmikroskop als *vesikuläre tubuläre Cluster* bezeichnet (**Abb. 13.25a**). Diese Cluster bilden ein vom ER abgetrenntes Kompartiment, dem viele Proteine fehlen, die im ER arbeiten. Sie werden andauernd gebildet und dienen als Transportbehälter, die Material vom ER zum Golgi-Apparat bringen. Die Cluster bewegen sich schnell entlang von Mikrotubuli zum Golgi-Apparat, mit dem sie verschmelzen (**Abb. 13.25b**).

Sobald sich vesikuläre tubuläre Cluster bilden, beginnen sie damit, selbst Transportvesikel abzuschnüren. Im Unterschied zu den COPII-beschichteten Vesikeln, die vom ER abknospen, sind diese Vesikel mit COPI beschichtet (s. **Abb. 13.25a**). COPI-beschichtete Vesikel sind einzigartig im Bezug auf die Bestandteile der inneren und äußeren Hülle, die bereits als vorgefertigter Komplex – ein sogenanntes Coatomer – angelagert werden. Sie dienen als *Rückgewinnungsweg*, der einmal entwischte ER-residente Proteine sowie Proteine wie z. B. Frachtrezeptoren und SNAREs, die im ER an den Abknospungs- und Vesikelverschmelzungsvorgängen beteiligt sind, zum ER zurückbringt. Dieser Rückgewinnungsvorgang belegt den ausgezeichneten Kontrollmechanismus, der die Hüllenbildungsreaktionen reguliert. Der Aufbau der COPI-Hülle beginnt nur Sekunden, nachdem die COPII-Hüllen abgelegt wurden, und es ist noch ein Geheimnis, wie dieses Umschalten in der Hüllenbildung reguliert wird.

Dieser Rückgewinnungstransport (oder retrograder Transport) wird auf dem gesamten Weg der vesikulären tubulären Cluster zum Golgi-Apparat kontinuierlich durchgeführt. Die Cluster reifen daher langsam und ändern nach und nach ihre Zusammensetzung, indem sie bestimmte Proteine zum ER zurückschicken. Die Rückgewinnung wird vom Golgi-Apparat fortgesetzt, nachdem die tubulären vesikulären Cluster ihre Fracht übergeben haben.

13.2.4 Der Rückgewinnungsweg zum ER benutzt Sortiersignale

Der Rückholvorgang, um aus dem ER entkommene Proteine zurückzubringen, beruht auf *ER-Rückhaltesignalen*. Residente (am Ort verbleibende) ER-Membranproteine z. B. enthalten ein Signal, das direkt an COPI-Hüllen bindet. Sie werden daher sofort erkannt und in COPI-Transportvesikel für den retrograden Transport zum ER verpackt.

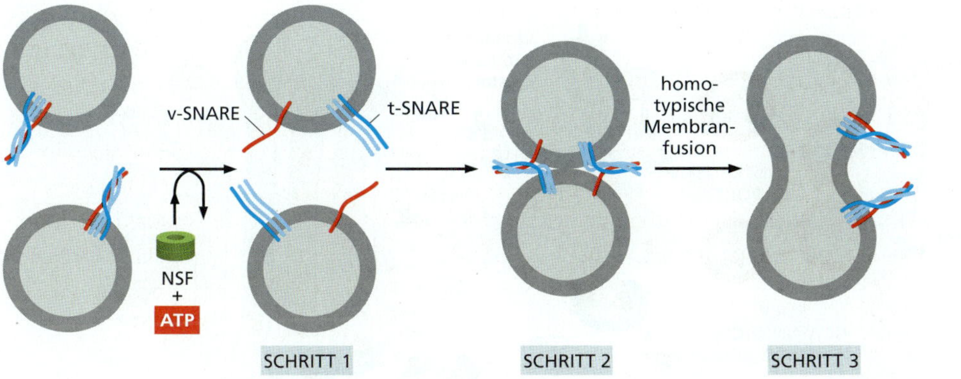

Abb. 13.24 Die homotypische Membranfusion. In Schritt 1 werden gleichartige v-SNARE- und t-SNARE-Paare in den jeweiligen Membranen von NSF (s. **Abb. 13.21**) auseinandergezogen. In Schritt 2 und 3 treten getrennte, einander entsprechende SNAREs auf gegenüberliegenden Membranen miteinander in Wechselwirkung, was zur Membranfusion und zur Bildung eines einzigen Kompartiments führt. Schritt für Schritt wächst so das Kompartiment durch weitere *homotypische* Membranfusion von Vesikeln, deren Membranen gleiche SNAREs enthalten. Die homotypische Membranfusion vollzieht sich, wenn aus dem ER kommende Transportvesikel miteinander fusionieren, aber auch, wenn kleine Endosomen zu größeren Endosomen verschmelzen. Rab-Proteine unterstützen die Regulation der homotypischen Fusion und bestimmen ihr Ausmaß und damit die Größe des Kompartiments in der Zelle (nicht dargestellt).

Das am besten charakterisierte Rückholsignal dieser Art besteht aus zwei Lysinresten vor einer beliebigen Sequenz aus zwei Aminosäuren ganz am C-terminalen Ende der ER-Membranproteine. Es wird entsprechend dem Ein-Buchstaben-Code *KKXX-Sequenz* genannt. Die meisten Membranproteine, die an der Schnittstelle zwischen ER und Golgi-Apparat wirken, zu denen auch v- und t-SNAREs und einige Frachtrezeptoren gehören, verwenden diesen Rückgewinnungsweg, um zurück zum ER zu gelangen.

Lösliche ER-residente Proteine, wie BiP, enthalten ebenfalls ein kurzes ER-Rückhaltesignal an ihrem C-terminalen Ende, das allerdings von anderer Art ist. Es besteht aus Lys-Asp-Glu-Leu oder einer ähnlichen Sequenz. Wenn dieses Signal (*KDEL-Sequenz* genannt) gentechnisch von BiP entfernt wird, wird das Protein von der Zelle langsam ausgeschieden. Überträgt man die Sequenz auf ein Protein, das normalerweise sezerniert würde, wird das Protein effizient zum ER zurückgebracht und reichert sich dort an.

Im Unterschied zu den Rückholsignalen auf ER-Membranproteinen, die selbst mit der COPI-Hülle in Wechselwirkung treten können, müssen lösliche ER-residente Proteine an spezialisierte Rezeptorproteine, wie den *KDEL-Rezeptor*, binden. Dabei handelt es sich um ein Mehrpfad-Transmembranprotein, das an die KDEL-Sequenz bindet und jedes Protein, das diese Sequenz trägt, in COPI-beschichtete retrograde Transportvesikel verpackt (**Abb. 13.26**).

Um diese Aufgabe ausführen zu können, muss der KDEL-Rezeptor selbst zyklisch zwischen dem ER und dem Golgi-Apparat hin und her wechseln, dabei bindet er selektiv im Golgi-Apparat Proteine mit der KDEL-Sequenz und setzt sie im ER wieder frei. Die bemerkenswert unterschiedliche Affinität des Rezeptors für die KDEL-Sequenz in beiden

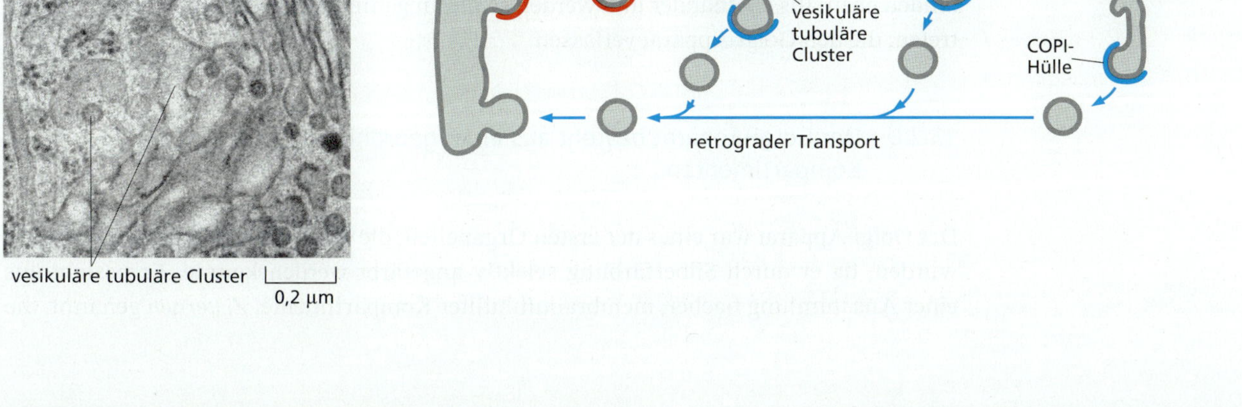

Abb. 13.25 Vesikuläre tubuläre Cluster. (a) Elektronenmikroskopische Aufnahme von vesikulären tubulären Clustern (Haufen), die sich um eine Austrittsstelle herum bilden. Viele der vesikelähnlichen Strukturen in dieser Aufnahme wurden angeschnitten und erscheinen als Röhren, die oberhalb und unterhalb der Schnittebene miteinander verbunden sind. (b) Die vesikulären tubulären Cluster wandern an den Mikrotubuli entlang und transportieren so Proteine vom ER zum Golgi-Apparat. COPI-Hüllen unterstützen das Abschnüren von Vesikeln, die von den Clustern (und vom Golgi-Apparat) zum ER zurückkehren. (a, mit freundlicher Genehmigung von Judith Klumperman, aus J. A. Martínez-Menárguez et al., *Cell* 98: 81–90, 1999).

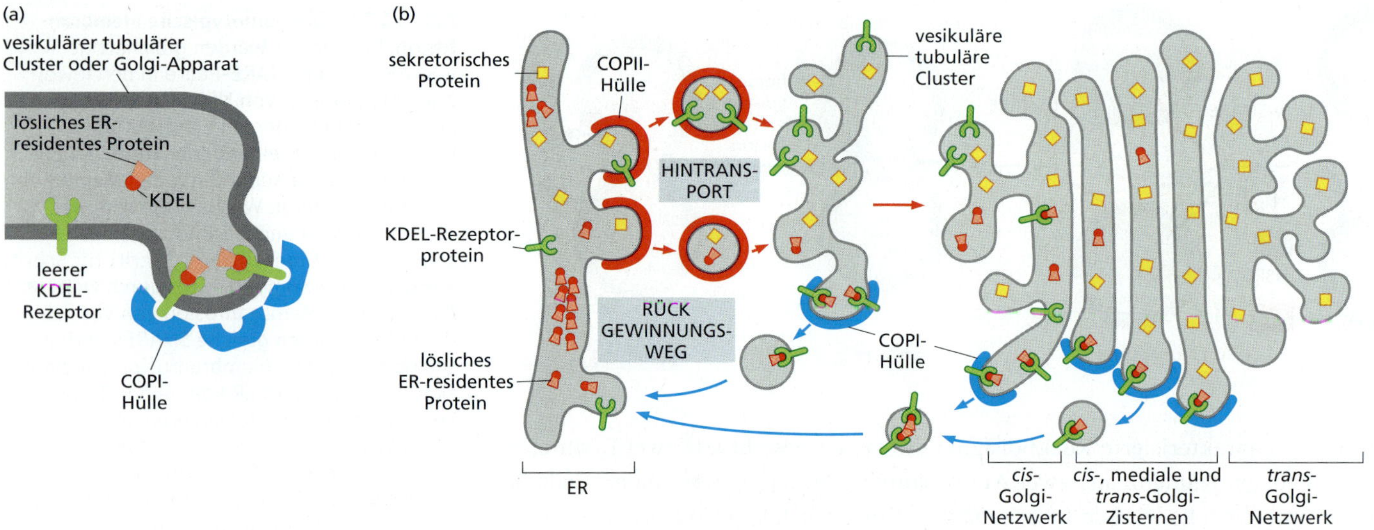

Abb. 13.26 Die Rückgewinnung löslicher ER-residenter Proteine. ER-residente Proteine, die fälschlicherweise das ER verlassen haben, werden durch Vesikeltransport zum ER zurückgebracht. (a) Der KDEL-Rezeptor in den vesikulären tubulären Clustern und im Golgi-Apparat fängt lösliche ER-residente Proteine ab und bringt sie in COPI-Vesikeln zum ER zurück. (An dieser Stelle sei daran erinnert, dass COPI-beschichtete Vesikel sofort nach ihrer Bildung ihre Hüllen abwerfen.) Die Ligandenbindung im vesikulären tubulären Cluster bzw. im Golgi-Apparat könnte eine Konformationsänderung des KDEL-Rezeptors auslösen und damit die Rekrutierung in sich abknospende COPI-beschichtete Vesikel unterstützen. (b) Das Rückführen der ER-Proteine beginnt in den vesikulären tubulären Clustern und wird auch von späteren Bereichen des Golgi-Apparats durchgeführt. Innerhalb des ER dissoziieren die residenten ER-Proteine vom KDEL-Rezeptor ab, der dann für den weiteren Gebrauch zum Golgi-Apparat zurückkehrt. Wir werden die unterschiedlichen Kompartimente des Golgi-Apparats in Kürze erläutern.

Kompartimenten beruht auf dem niedrigeren pH-Wert im Golgi-Apparat, der durch H^+-Pumpen geregelt wird. Ein entscheidendes Histidin im KDEL-Rezeptor ist im Golgi-Apparat mit seinem niedrigeren pH-Wert protoniert, wodurch seine Wechselwirkung mit der KDEL-Sequenz stark begünstigt wird. Wie wir noch sehen werden, bilden pH-sensitive Protein–Protein-Wechselwirkungen die Grundlage für viele Protein-Sortierungsschritte in der Zelle.

13.2.5 Viele Proteine werden selektiv in den Kompartimenten festgehalten, in denen ihr Arbeitsplatz ist

Der KDEL-Rückgewinnungsweg erklärt nur teilweise, wie ER-residente Proteine im ER festgehalten werden. Zellen, die genetisch veränderte ER-residente Proteine exprimieren, denen die KDEL-Sequenz experimentell entfernt wurde, sezernieren diese Proteine, wie erwähnt. Aber ihre Sekretion erfolgt mit wesentlich geringerer Geschwindigkeit als die der normalen sekretorischen Proteine. Es scheint, als ob ER-residente Proteine normalerweise über einen Mechanismus zurückgeholt werden, der unabhängig von ihrem KDEL-Signal ist, und dass nur die Proteine, die diesem Verankerungsmechanismus entkommen, mithilfe des KDEL-Rezeptors wieder eingefangen und zurückgeführt werden müssen. Ein diskutierter Verankerungsmechanismus ist, dass ER-residente Proteine sich gegenseitig binden und Komplexe bilden, die zu groß sind, um erfolgreich in Transportvesikel verpackt zu werden. Da ER-residente Proteine im ER in sehr hohen Konzentrationen vorliegen (man schätzt im millimolaren Bereich), würden bereits schwach affine Wechselwirkungen ausreichen, um die meisten Proteine in solchen Komplexen zurückzuhalten. Aggregation von Proteinen, die im gleichen Kompartiment ihren Wirkort haben, ist ein allgemeines Prinzip, das Kompartimente einsetzen, um ihre residenten Proteine zusammen- und zurückzuhalten. Golgi-Enzyme z. B., die in einer Reaktionskette arbeiten, binden ebenfalls aneinander und werden so daran gehindert, in Transportvesikel einzutreten, die den Golgi-Apparat verlassen.

13.2.6 Der Golgi-Apparat besteht aus einer geordneten Folge von Kompartimenten

Der Golgi-Apparat war eines der ersten Organellen, die lichtmikroskopisch beschrieben wurden, da er durch Silberfärbung selektiv angefärbt werden konnte. Er besteht aus einer Ansammlung flacher, membranumhüllter Kompartimente, *Zisternen* genannt, die

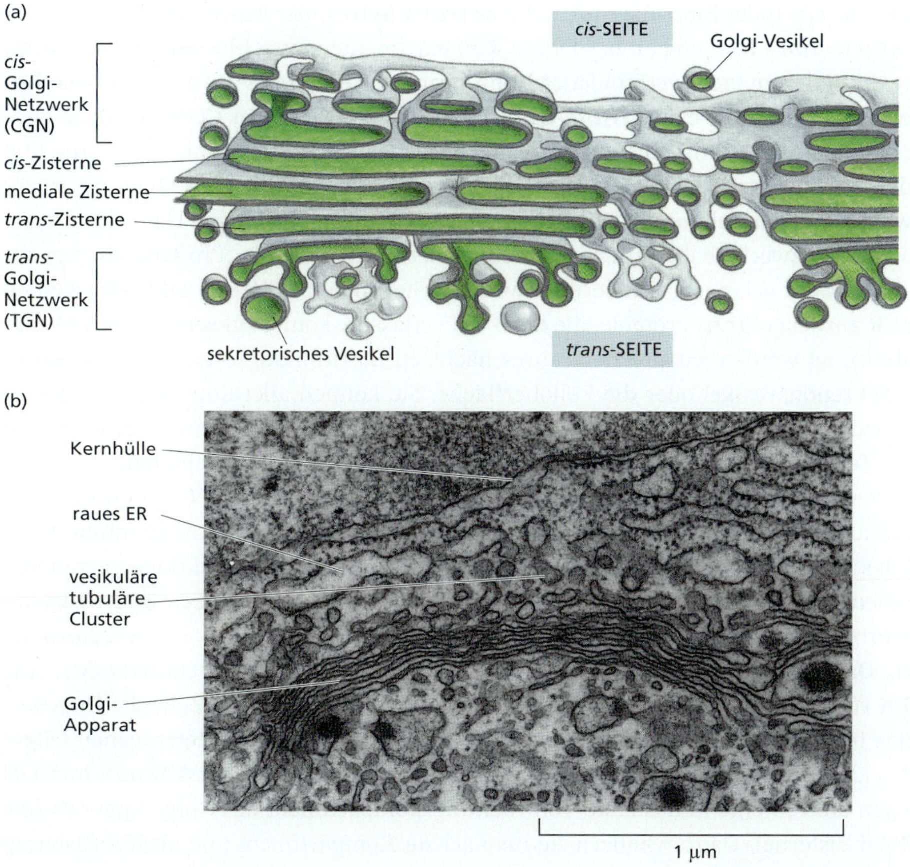

Abb. 13.27 Der Golgi-Apparat. (a) Dreidimensionale Nachbildung einer elektronenmikroskopischen Aufnahme des Golgi-Apparats einer sezernierenden tierischen Zelle. Die *cis*-Seite der Golgi-Stapel liegt dem ER zugewandt. (b) Elektronenmikroskopische Aufnahme eines Dünnschnitts einer tierischen Zelle. In pflanzlichen Zellen ist der Golgi-Apparat im Allgemeinen deutlicher ausgeprägt und klarer von anderen intrazellulären Membranen getrennt als in Tierzellen. (a, verändert nach A. Rambourg und Y. Clermont, *Eur. J. Cell Biol.* 51: 189–200, 1990; b, mit freundlicher Genehmigung von Brij J. Gupta).

einem Stapel Fladenbrote ähneln. Jeder Golgi-Stapel besteht typischerweise aus vier bis sechs Zisternen (**Abb. 13.27**), in einigen einzelligen Flagellaten sogar aus mehr als 20. In tierischen Zellen sind viele Stapel durch röhrenförmige Verbindungen zwischen benachbarten Zisternen verknüpft und bilden so einen einzelnen Komplex, der sich meist in der Nähe des Zellkerns und dicht am Centrosom befindet (**Abb. 13.28a**). Diese Anordnung setzt Mikrotubuli voraus. Zerstört man experimentell die Mikrotubuli, ordnet sich der Golgi-Apparat wieder in getrennten Stapeln an, die man dann im ganzen Cytoplasma in Nachbarschaft zu den Austrittsstellen des ER findet. Manche Zellen, darunter die meisten Pflanzenzellen, besitzen Hunderte einzelner Golgi-Stapel frei im Cytoplasma verteilt, wo sie normalerweise in der Nachbarschaft der ER-Austrittsstellen zu finden sind (**Abb. 13.28b**).

Viele Moleküle unterliegen auf ihrer Reise durch den Golgi-Apparat einer geordneten Folge von kovalenten Modifikationen. Jeder Golgi-Stapel hat zwei unterschiedliche

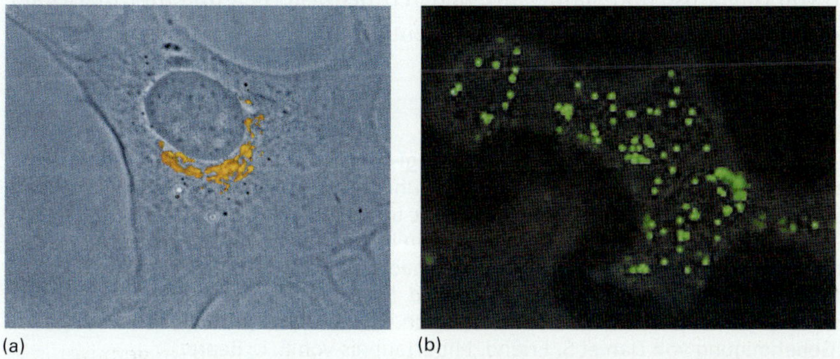

Abb. 13.28 Lage des Golgi-Apparats in tierischen und pflanzlichen Zellen. Der Golgi-Apparat von Fibroblasten in Kultur, angefärbt mit fluoreszierenden Antikörpern, die Golgi-residente Proteine (*hellorange*) binden. Der Golgi-Apparat ist polarisiert und zeigt in die Richtung, in die die Zellen vor der Fixierung wanderten. (b) Der Golgi-Apparat einer Pflanzenzelle, die ein Fusionsprotein exprimiert, das aus einem Enzym des Golgi-Apparats besteht, das mit dem grün fluoreszierenden Protein verbunden ist. (a, mit freundlicher Genehmigung von John Henley und Mark McNiven; b, mit freundlicher Genehmigung von Chris Hawes).

Seiten: eine ***cis***- (oder Eintrittsseite) und eine ***trans*-Seite** (oder Austrittsseite). Beide Seiten, *cis* wie *trans*, sind eng an besondere Kompartimente angeschlossen, die aus einem Netzwerk untereinander verbundener Röhren und Zisternen bestehen: dem ***cis*-Golgi-Netzwerk (CGN)** sowie dem ***trans*-Golgi-Netzwerk (TGN)**. Das CGN ist eine Sammlung fusionierter vesikulärer tubulärer Cluster, die dem ER entstammen. Proteine und Lipide gelangen in das *cis*-Golgi-Netzwerk und verlassen es vom *trans*-Golgi-Netzwerk aus wieder, mit der Zelloberfläche oder einem anderen Kompartiment als Bestimmungsort. Beide Netzwerke haben für die Proteinsortierung Bedeutung. Proteine, die ins *cis*-Golgi-Netzwerk gelangen, wandern entweder weiter in den Golgi-Apparat oder werden zum ER zurückgeführt. Proteine, die das TGN verlassen, können gleichermaßen weiterwandern und werden entsprechend ihres nächsten Bestimmungsorts sortiert: Endosomen, Sekretionsvesikel oder die Zelloberfläche. Sie können allerdings auch wieder zu einem früheren Kompartiment zurückgeführt werden. Einige Membranproteine werden in dem Teil des Golgi-Apparats, wo sie ihren Wirkort haben, zurückgehalten.

Wie bereits in Kapitel 12 beschrieben, wird eine einzige Form eines *N*-verknüpften Oligosaccharids *en bloc* an viele Proteine im ER angehängt und zurechtgeschnitten, während das Protein noch im ER verweilt. Die durch die Verkürzungsreaktionen erzeugten Zwischenstufen dienen dazu, Proteine bei der Faltung zu unterstützen und fehlgefalteten Proteinen zum Zweck des Abbaus im Proteasom beim Transport ins Cytosol zu helfen. Damit spielen sie eine wichtige Rolle bei der Qualitätskontrolle von Proteinen, die das ER verlassen. Sobald diese ER-Funktionen erfüllt sind, nutzt die Zelle die Oligosaccharide für neue Aufgaben. Dies beginnt im Golgi-Apparat, der die heterogenen Oligosaccharidstrukturen erzeugt, die man bei reifen Proteinen sieht. Nach Ankunft im CGN gelangen die Proteine in das erste Verarbeitungskompartiment des Golgi-Apparats (die *cis*-Golgi-Zisterne). Dann wandern sie ins nächste Kompartiment (die medial-Zisterne) und schließlich in die *trans*-Zisterne, in denen die Glykosylierung abgeschlossen wird. Man nimmt an, dass das Lumen der *trans*-Zisternen mit dem TGN zusammenhängt, dem Ort, an dem Proteine in verschiedene Transportpakete aufgeteilt und an ihren nächsten Bestimmungsort verschickt werden.

Die Prozessierungsreaktionen für Oligosaccharide laufen in geordneter Reihenfolge im Golgi-Apparat ab, wobei jede Zisterne ihre charakteristische Mischung von Prozessierungsenzymen besitzt. Auf ihrem Weg von Zisterne zu Zisterne durch den Stapel werden die Proteine schrittweise modifiziert, sodass man den Stapel als eine vielstufige Bearbeitungseinheit auffassen kann.

Wissenschaftler fanden diese funktionellen Unterschiede der *cis*-, medial- und *trans*-Subkompartimente des Golgi-Apparats, als sie den Aufenthaltsort der Enzyme, die an der Bearbeitung von *N*-verknüpften Oligosacchariden beteiligt sind, unterschiedlichen Bereichen des Organells zuordneten. Dies gelang durch physikalische Fraktionierung des Organells sowie durch Markierung der Enzyme mit Antikörpern in elektronenmikroskopischen Schnitten (**Abb. 13.29**). Die Entfernung von Mannose und das Anfügen von *N*-Acetylglukosamin z. B. tritt in den *cis*- und medial-Zisternen auf, während sich das Anfügen von Galaktose und Sialinsäure in den *trans*-Zisternen und im *trans*-Golgi-Netzwerk vollzieht. Die funktionelle Kompartimentierung des Golgi-Apparats ist schematisch in **Abb. 13.30** zusammengefasst.

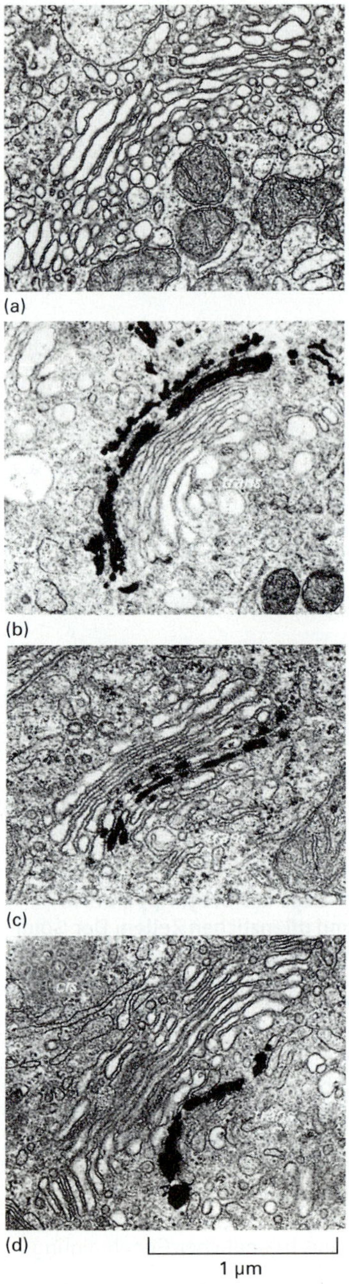

Abb. 13.29 Molekulare Kompartimentierung des Golgi-Apparats. Die Folge elektronenmikroskopischer Aufnahmen zeigt den Golgi-Apparat (a) ungefärbt, (b) gefärbt mit Osmium, das bevorzugt die Zisternen der *cis*-Seite markiert, sowie (c und d) gefärbt, um spezielle Enzyme zu lokalisieren. Die Nukleosiddiphosphatase findet man in den *trans*-Golgi-Zisternen (c), während die saure Phosphatase im *trans*-Golgi-Netzwerk nachgewiesen wird (d). Man beachte, dass gewöhnlich mehr als eine Zisterne angefärbt wird. Man muss daher annehmen, dass die Enzyme nur stark angereichert und nicht ausschließlich in einer Zisterne zu finden sind. (Mit freundlicher Genehmigung von Daniel S. Friend. Mit Erlaubnis von E. L. Bearer).

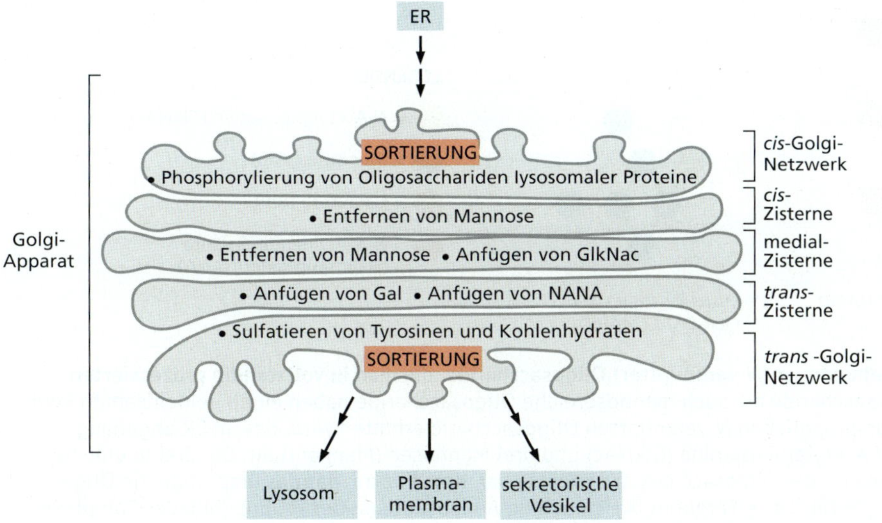

Abb. 13.30 Die Oligosaccharidprozessierung in den Kompartimenten des Golgi-Apparats. Jede hier dargestellte Lokalisierung eines Prozessierungsschrittes wurde durch eine Kombination verschiedener Techniken ermittelt. Dazu zählen die biochemische Fraktionierung von Membranen des Golgi-Apparats und die Elektronenmikroskopie von Präparaten, die mit spezifischen Antikörpern gegen Prozessierungsenzyme markiert wurden. Prozessierungsenzyme sind nicht auf bestimmte Zisternen beschränkt, sondern eher kontinuierlich über den Stapel verteilt, sodass Enzyme, die frühe Schritte katalysieren, zumeist in den *cis*-Golgi-Zisternen, diejenigen, die späte Schritte katalysieren, in den *trans*-Golgi-Zisternen vorliegen. Man = Mannose, GlkNAc = *N*-Acetylglukosamin, Gal = Galaktose, NANA = *N*-Acetylneuraminsäure (Sialinsäure).

13.2.7 Oligosaccharidketten werden im Golgi-Apparat weiterverarbeitet

Während das ER-Lumen voll von löslichen lumenresidenten Proteinen und Enzymen ist, sind die im Golgi-Apparat ansässigen Proteine allesamt an die Membran gebunden. Alle Golgi-Glykosidasen und -Glykosyltransferasen beispielweise sind Einpfad-Transmembranproteine, von denen viele zu Enzymkomplexen aus mehreren Untereinheiten angeordnet sind.

Zwei weit verbreitete Klassen *N*-verknüpfter Oligosaccharide, die **komplexen Oligosaccharide** und die **mannosereichen Oligosaccharide**, findet man in den Glykoproteinen von Säugern. Manchmal sind auch beide Oligosaccharidtypen (an unterschiedlichen Stellen) an die gleiche Polypeptidkette gebunden. Komplexe Oligosaccharide entstehen, indem das ursprüngliche im ER angeheftete Oligosaccharid zurechtgeschnitten und um zusätzliche Zuckerreste ergänzt wird. Den mannosereichen Oligosacchariden werden nach dem Zurechtschneiden (Trimmen) allerdings im Golgi-Apparat keine neuen Zuckerreste angeheftet (**Abb. 13.31**). Den Sialinsäuren in den komplexen Oligosacchariden kommt eine besondere Bedeutung zu, da sie eine negative Ladung tragen. Ob ein beliebiges Oligosaccharid mannosereich bleibt oder weiter verändert wird, hängt vorwiegend von seiner Lage im Protein ab. Ist das Oligosaccharid für die bearbeitenden Enzyme im Golgi-Apparat zugänglich, ist es wahrscheinlich, dass es in die komplexe Form überführt wird. Ist es dagegen unzugänglich, weil seine Zucker dicht auf der Proteinoberfläche sitzen, wird es wahrscheinlich in seiner mannosereichen Form bleiben. Die Reaktionsschritte, durch die komplexe Oligosaccharidketten entstehen, verlaufen nach dem in **Abb. 13.32** dargestellten hoch geordneten Schema.

Außer diesen von den meisten Zellen geteilten Gemeinsamkeiten bei der Oligosaccharid-Prozessierung sind die Produkte der im Golgi-Apparat ausgeführten Kohlenhydratmodifizierungen hoch komplex und haben zum Entstehen eines Forschungsfelds namens Glykobiologie geführt. Das menschliche Genom codiert zum Beispiel für Hunderte verschiedener Golgi-Glykosyltransferasen und viele Glykosidasen. Diese Enzyme werden zu verschiedenen Zeiten während der Entwicklung und von Zelltyp zu Zelltyp unterschiedlich exprimiert, was eine Vielzahl glykosylierter Formen eines bestimmten Proteins oder Lipids in verschiedenen Zellarten und verschiedenen Differenzierungsphasen zur Folge hat. Die Komplexität der Modifizierungen ist nicht auf *N*-verknüpfte Oligosaccharide beschränkt, sondern kommt auch bei *O-verknüpften Zuckern* vor, was wir als Nächstes besprechen werden.

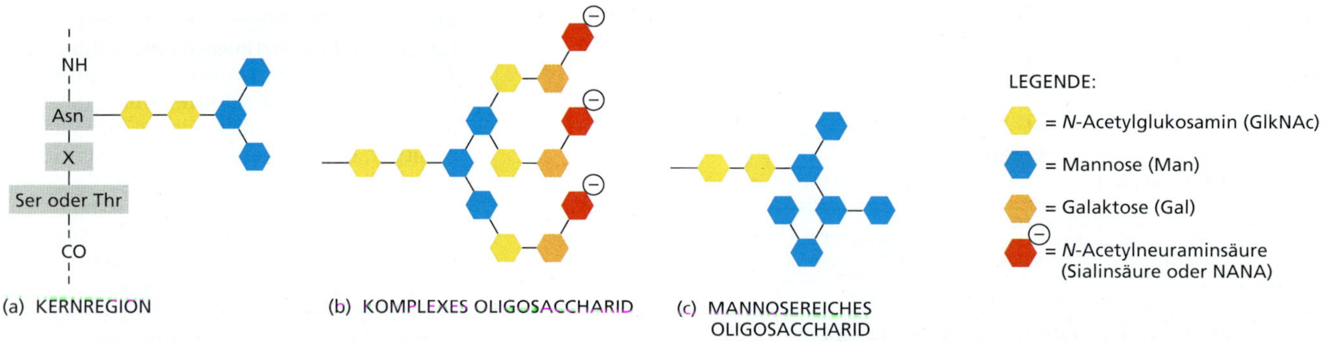

Abb. 13.31 Die beiden wichtigsten Klassen Asparagin-gebundener (*N*-verknüpfter) Oligosaccharide, die man in vollständig prozessierten Säuger-Glykoproteinen findet. (a) Sowohl komplexe Oligosaccharide als auch mannosereiche Oligosaccharide haben einen gemeinsamen *Kernbereich*, der durch Zurechtschneiden (Trimmen) aus dem ursprünglichen *N*-verknüpften Oligosaccharid erhalten wird, das im ER angehängt wurde (s. Abb. 12.32), und charakteristischerweise zwei *N*-Acetylglukosamine (GlkNAc) und drei Mannosen (Man) enthält. Die drei in *grau* hervorgehobenen Aminosäuren stellen die Erkennungssequenz für die Oligosaccharyltransferase dar, dem Enzym, das das ursprüngliche Oligosaccharid auf das Protein überträgt. Asn = Asparagin, Ser = Serin, Thr = Threonin, X = beliebige Aminosäure (außer Prolin). (b) Jedes komplexe Oligosaccharid besteht aus einem *Kernbereich* zusammen mit einem *Endbereich*, der eine variable Anzahl einer speziellen Trisaccharideinheit (*N-Acetylglukosamin-Galaktose-Sialinsäure*) enthält, die mit den drei Mannosen des Kernbereichs verknüpft ist. Häufig ist der Endbereich verkürzt und besteht nur aus GlkNAc und Galaktose (Gal) oder einfach GlkNAc. Zusätzlich kann eine Fukose angefügt werden, gewöhnlich an das mit Asparagin (Asn) verbundene Kern-GlkNAc. Obwohl die Schritte der Prozessierung und des Anhängens einzelner Zucker streng geordnet ablaufen, können komplexe Oligosaccharide daher heterogen sein. Während das hier dargestellte komplexe Oligosaccharid drei endständige Äste hat, findet man auch ebenso häufig Vertreter mit zwei oder vier Ästen. Das hängt vom jeweiligen Glykoprotein und der Zelle ab, in der es gebildet wird. (c) Mannosereiche Oligosaccharide werden nicht ganz bis zum Kernbereich zurückgeschnitten und enthalten zusätzliche Mannosen. Gemischte Oligosaccharide mit einem mannosehaltigen Ast und einem GlkNAc- und Gal-Ast beobachtet man ebenfalls (nicht dargestellt).

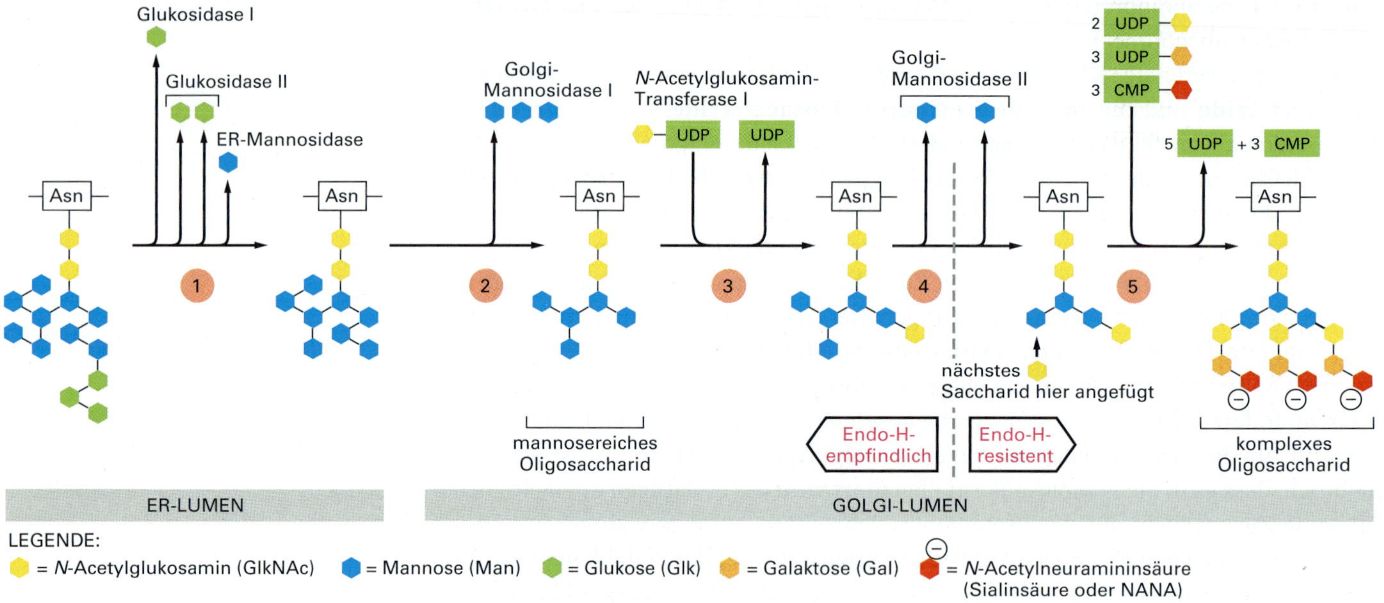

Abb. 13.32 Prozessierung der Oligosaccharide im ER und im Golgi-Apparat. Der Reaktionsweg ist streng geordnet, d. h. jeder hier dargestellte Schritt hängt von der vorhergehenden Reaktion ab. Schritt 1: Die Bearbeitung (Prozessierung) beginnt im ER mit der Entfernung der Glukosereste vom ursprünglich übertragenen Oligosaccharid. Danach entfernt eine besondere Mannosidase in der ER-Membran eine spezielle Mannose. Die restlichen Schritte laufen im Golgi-Apparat ab. Schritt 2: Die Golgi-Mannosidase I entfernt drei weitere Mannosen. Schritt 3: Die *N*-Acetylglukosamin-Transferase I hängt dann ein *N*-Acetylglukosamin an. Schritt 4: Golgi-Mannosidase II entfernt nun zwei weitere Mannosereste. Damit entsteht das Kernstück der drei Mannosen, die man in den komplexen Oligosacchariden findet. In diesem Stadium wird die Bindung zwischen den beiden *N*-Acetylglukosamin-Resten widerstandsfähig gegen Spaltung durch die hoch spezifische Endoglykosidase (*Endo H*). Da alle Strukturen im weiteren Verlauf des Reaktionswegs ebenfalls Endo-H-resistent sind, benutzt man dieses Enzym sehr häufig, um komplexe und mannosereiche Oligosaccharide zu unterscheiden. Schritt 5: Zuletzt werden, wie in Abb. 13.31 dargestellt, noch weitere GlkNAc-, Galaktose- und Sialinsäurereste angehängt. Diese abschließenden Schritte der Synthese eines komplexen Oligosaccharids laufen in den Zisternen des Golgi-Apparats ab. Drei weitere Glykosyltransferasen arbeiten dann nacheinander und benutzen Zuckersubstrate, die durch Bindung an die dargestellten Nukleotide aktiviert wurden. Die Membranen der Golgi-Zisternen enthalten spezielle Transporterproteine, die diese Zuckernukleotide im Austausch gegen die Nukleosidphosphate hineinlassen, die freigesetzt wurden, nachdem die Zucker an das Protein auf der luminalen Seite gebunden wurden. Man beachte, dass sich der Golgi-Apparat als Biosynthese treibendes Organell vom ER unterscheidet: Alle Zucker im Golgi werden im Lumen aus Zuckernukleotiden aufgebaut. Im Gegensatz dazu wird im ER die *N*-verknüpfte Oligosaccharidvorstufe teilweise im Cytosol und teilweise im Lumen zusammengebaut, und die meisten Reaktionen im Lumen verwenden Dolichol-gebundene Zucker als Substrat (s. Abb. 12.33).

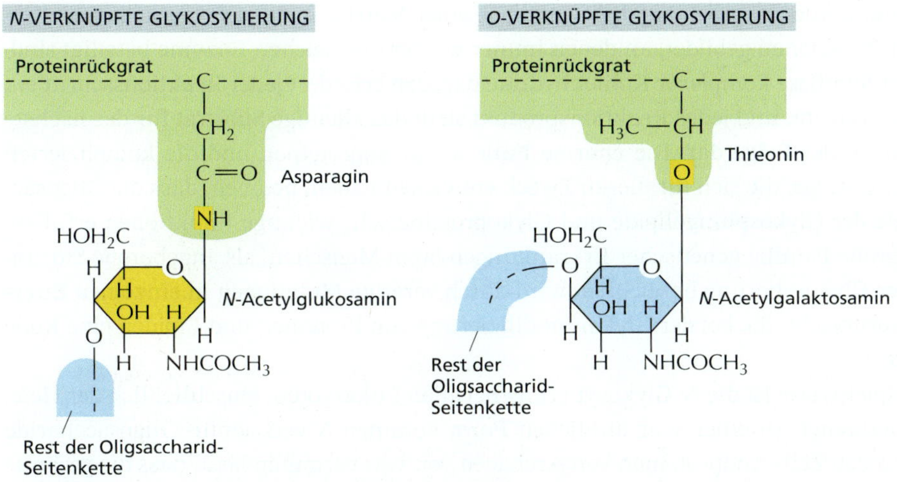

Abb. 13.33 ***N*- und *O*-verknüpfte Glykosylierung.** In beiden Fällen ist nur die direkt mit dem Protein verknüpfte einzelne Zuckergruppe dargestellt.

13.2.8 Proteoglykane werden im Golgi-Apparat zusammengesetzt

Zusätzlich zu den Veränderungen mit *N*-verknüpften Oligosacchariden werden viele Proteine auf ihrem Weg vom ER zu ihrem endgültigen Bestimmungsort über die Golgi-Zisternen im Golgi-Apparat auf andere Weise modifiziert. Einige Proteine bekommen Zucker an die Hydroxygruppen ausgewählter Serine oder Threonine angehängt oder in manchen Fällen – wie beispielsweise Kollagene – an hydroxylierte Prolin- oder Lysin-Seitenketten. Diese ***O*-verknüpfte Glykosylierung** (**Abb. 13.33**) wird, wie die Verlängerung der *N*-verknüpften Oligosaccharide, von einer Reihe von Enzymen, den Glykosyltransferasen, katalysiert, die Zuckernukleotide im Lumen des Golgi-Apparats benutzen, um einzelne Zucker nacheinander an ein Protein zu heften. Gewöhnlich wird *N*-Acetylgalaktosamin zuerst angehängt, dann eine wechselnde Anzahl zusätzlicher Zucker, die von einigen wenigen bis zu zehn oder mehr schwankt.

Der Golgi-Apparat überträgt die umfangreichste *O*-verknüpfte Glykosylierung auf die *Mucine*, die Glykoproteine in Schleimabsonderungen, und auf *Proteoglykan-Proteinkerne* und verändert sie damit zu **Proteoglykanen**. Wie in Kapitel 19 dargestellt, umfasst dieser Vorgang die Polymerisation einer oder auch mehrerer *Glykosaminoglykanketten* (das sind lange, unverzweigte Polymere, die aus sich wiederholenden Disaccharideinheiten bestehen; s. **Abb. 19.35**), die an Serin-Seitenketten des Proteinkerns angehängt werden. Viele Proteoglykane werden von der Zelle ausgeschieden und werden zu Bestandteilen der extrazellulären Matrix, während andere mit der extrazellulären Seite der Plasmamembran verbunden bleiben. Noch andere bilden die Hauptbestandteile von viskosen Materialien wie dem Schleim, der ausgeschieden wird und eine Schutzschicht auf vielen Epitheloberflächen bildet.

Die Zucker, die in Glykosaminoglykane eingebaut werden, erhalten im Golgi-Apparat zahlreiche Sulfatgruppen und damit einen signifikanten Beitrag zu ihrer charakteristischen negativen Ladung, sobald diese Polymere gebildet werden. Einige Tyrosinreste von Proteinen erhalten ebenfalls Sulfatreste, kurz bevor sie den Golgi-Apparat verlassen. In beiden Fällen stammt das Sulfat aus 3'-Phosphoadenosin-5'-phosphosulfat (PAPS) (**Abb. 13.34**), das aus dem Cytosol in das Lumen des Golgi-Apparats transportiert wird.

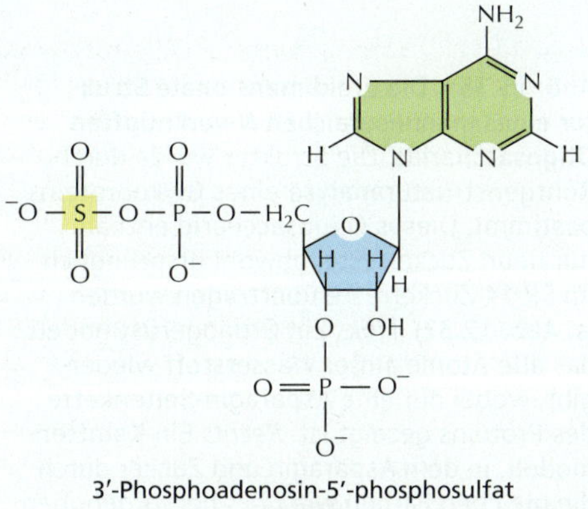

Abb. 13.34 **Die Struktur von PAPS.**

13.2.9 Welchen Zweck hat die Glykosylierung?

Es gibt einen wichtigen Unterschied zwischen dem Aufbau der Oligosaccharide und der Synthese anderer Makromoleküle wie DNA, RNA und Proteine. Nukleinsäuren und

Proteine werden nämlich auf der Grundlage einer Matrize in einer Folge sich wiederholender Reaktionen gebildet, an denen immer wieder die gleichen Enzyme beteiligt sind. Bei der Synthese komplexer Kohlenhydrate dagegen erfordert jeder Reaktionsschritt ein eigenes Enzym, und jedes Reaktionsprodukt stellt das alleinige Substrat für das nächste Enzym in der Folge dar. Die enorme Fülle an Glykoproteinen und die komplizierten Reaktionswege, die sich für diesen Zweck entwickelt haben, betonen, dass die Oligosaccharide der Glykosphingolipide und Glykoproteine sehr wichtige Funktionen erfüllen. Eine große Familie genetischer Erkrankungen beim Menschen, als angeborene Störungen der Glykosylierung bezeichnet, wird durch vererbte Mutationen in einzelnen Enzymen verursacht, die bei der Glykanmodifizierung von Proteinen und Lipiden eine Rolle spielen.

Beispielsweise ist die *N*-Glykosylierung bei allen Eukaryoten, einschließlich der Hefe, weit verbreitet. In einer sehr ähnlichen Form kommen *N*-verknüpfte Oligosaccharide auch in den Zellwandproteinen von Archaeen vor, was vermuten lässt, dass die gesamte für ihre Synthese erforderliche Maschinerie entwicklungsgeschichtlich alt ist. Die *N*-verknüpfte Glykosylierung fördert die Proteinfaltung auf zwei Weisen: Zum einen spielt sie eine direkte Rolle bei der Herstellung von löslicheren Faltungszwischenprodukten und verhindert dabei deren Aggregation. Zum zweiten errichten die Sequenzmodifikationen des *N*-verknüpften Oligosaccharids einen „Glyko-Code", der das Fortschreiten der Proteinfaltung markiert. Dieser Glyko-Code wird von Chaperonen und Lektinen im ER verwendet, um die Proteinfaltung und den Proteinabbau zu lenken (in Kapitel 12 behandelt). Andere Lektine setzen den Code ein, um den Transport vom ER zum Golgi zu leiten. Wir werden noch erfahren, dass Oligosaccharide außerdem an Sortiervorgängen im *trans*-Golgi-Netzwerk beteiligt sind.

Da Zuckerketten nur bedingt flexibel sind, ragt schon ein kleines *N*-verknüpftes Oligosaccharid aus der Oberfläche eines Glykoproteins heraus (**Abb. 13.35**) und kann damit den Zugang anderer Makromoleküle an die Proteinoberfläche beschränken. Auf diese Weise wird ein Glykoprotein durch ein Oligosaccharid relativ widerstandsfähig gegen den Angriff von Proteasen. Man könnte sich vorstellen, dass Oligosaccharide auf Zelloberflächenproteinen in der Evolution für frühe Zellen die Bedeutung einer schützenden Hülle hatten. Im Vergleich zur starren Bakterienzellwand hat eine solche Zuckerhülle den Vorteil, dass sie der Zelle genug Freiheiten lässt, ihre Form zu verändern oder sich zu bewegen.

Diese Zuckerketten wurden seitdem angepasst, um noch weitere Funktionen zu erfüllen. Beispielsweise schützt die Schleimhülle der Lungen- und Darmzellen vor vielen Krankheitserregern. Die Erkennung von Zuckerketten durch *Lektine* im extrazellulären Raum ist für viele Entwicklungsprozesse und bei der Zell–Zell-Erkennung wichtig: *Selektine* z. B. sind Transmembran-Lektine, die an der Zell–Zell-Adhäsion während der Blutzellenwanderung mitwirken (s. Kapitel 19). Die antigenen und funktionellen Eigenschaften eines Proteins können durch vorhandene Oligosaccharide modifiziert werden, was die Glykosylierung zu einem wichtigen Faktor für die Herstellung von Proteinen für pharmazeutische Zwecke macht.

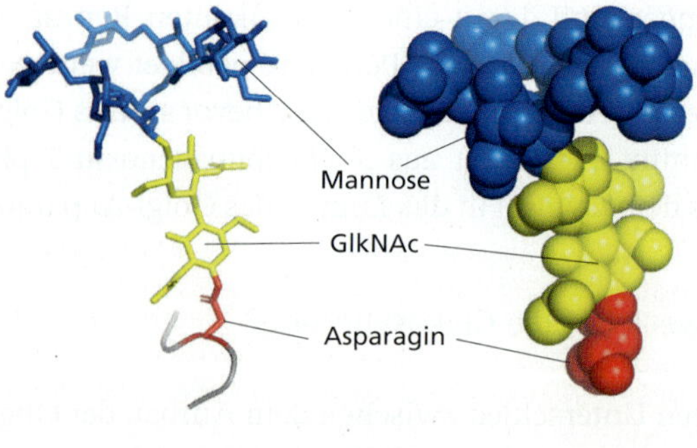

Abb. 13.35 Die dreidimensionale Struktur eines mannosereichen *N*-verknüpften Oligosaccharids. Die Struktur wurde durch Röntgenstrukturanalyse eines Glykoproteins bestimmt. Dieses Oligosaccharid enthält nur neun Zuckerreste, obwohl ursprünglich im ER 14 Zuckerreste übertragen wurden (s. **Abb. 12.32**). *Links* Ein Grundgerüstmodell, das alle Atome außer Wasserstoff wiedergibt, wobei nur eine Asparagin-Seitenkette des Proteins gezeigt ist. *Rechts* Ein Kalottenmodell, in dem Asparagin und Zucker durch die gleichen Farben wie *links* hervorgehoben sind. (PDB-Code: 5KZC.)

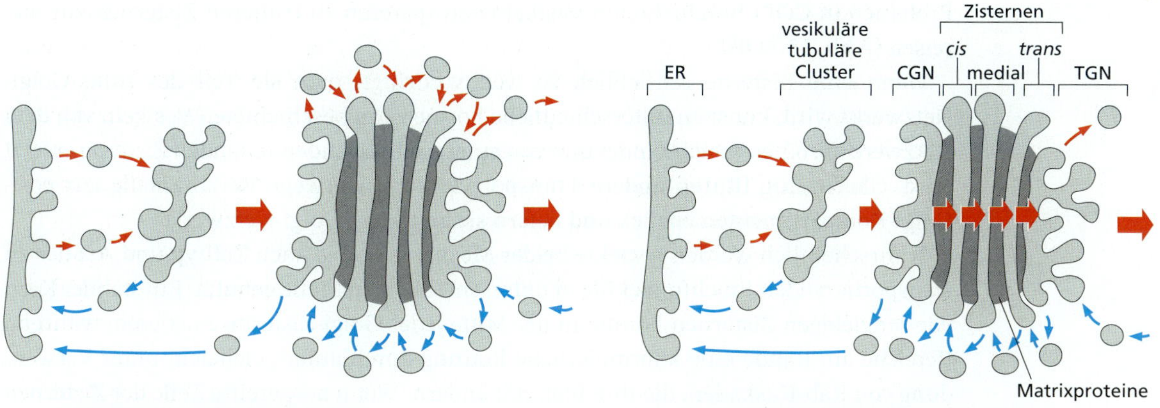

(a) MODELL DES VESIKELTRANSPORTS (b) MODELL DER ZISTERNENREIFUNG

Abb. 13.36 Zwei Mechanismen erklären die Organisation des Golgi-Apparats und die Art, wie Proteine sich durch ihn hindurch bewegen. Es ist wahrscheinlich, dass der Transport von Frachtmolekülen durch den Golgi-Apparat in Vorwärtsrichtung (anterograder Transport, *rote Pfeile*) Elemente aus beiden Mechanismen benutzt. (a) Im Vesikeltransportmechanismus sind Golgi-Zisternen statische Kompartimente, die eine charakteristische Ausstattung an Enzymen besitzen. Der Transport von Molekülen durch den Golgi-Apparat von *cis* nach *trans* wird von sich vorwärts bewegenden Transportvesikeln bewältigt, die von einer Zisterne abknospen und mit der nächsten in *cis*-nach-*trans*-Richtung verschmelzen. (b) Nach dem Zisternenreifungsmechanismus reift jede Golgi-Zisterne auf ihrem Weg durch den Stapel nach außen. In jedem Stadium müssen die Golgi-residenten Proteine, die in einer reifenden Zisterne ebenfalls weiter nach außen getragen werden (*blaue Pfeile*), zu einem jüngeren Kompartiment mithilfe von COPI-beschichteten Vesikeln zurückgeführt werden. Bewegt sich also z. B. eine neu entstandene Zisterne in eine mediale Position, müssen die restlichen *cis*-Golgi-Enzyme aussortiert und zu den sich neu bildenden *cis*-Zisternen rückgeführt werden. Entsprechend erhielten diese Zisternen die medialen Enzyme durch einen retrograden Transport aus den Zisternen, die sich vor ihnen befinden. Auf diese Weise würde die *cis*-Zisterne auf ihrer Wanderung nach außen zur medialen und dann zur *trans*-Zisterne reifen.

Die Glykosylierung kann außerdem wichtige regulatorische Aufgaben übernehmen. Die Signalgebung durch den Zelloberflächen-Signalrezeptor Notch ist z. B. ein wichtiger Faktor für die Determinierung der Zelle während der Entwicklung (wird in Kapitel 21 behandelt). Notch ist ein Transmembranprotein, das durch Anheften einzelner Fukosereste an Serin, Threonin oder Hydroxylysin *O*-glykosyliert wurde. Einige Zellen exprimieren eine zusätzliche Glykosyltransferase, die im Golgi-Apparat an jeden dieser Fukosereste noch ein *N*-Acetylglukosamin anheftet. Dieser Zusatz verändert die Spezifität von Notch für die Signalproteine der Zelloberfläche, die es aktivieren.

13.2.10 Der Transport durch den Golgi-Apparat funktioniert über viele Mechanismen

Um funktionieren zu können, muss der Golgi-Apparat seine polarisierte Struktur mit vielen Zisternen aufrechterhalten und gleichzeitig den Durchsatz einer großen Anzahl verschiedener Moleküle erleichtern. Wahrscheinlich werden mehrere Mechanismen eingesetzt, um Frachtmoleküle durch die Golgi-Zisternen zu transportieren und gleichzeitig die im Golgi ansässigen Proteine im Golgi zurückzubehalten. Ein Mechanismus besteht in der Bewegung der Ladung in Transportvesikeln von einem Kompartiment zum nächsten, während alle entkommenen residenten Proteine mit Hilfe anderer Transportvesikel zurückgeholt werden (**Abb. 13.36a**). Dieser *Vesikeltransportmechanismus* ähnelt konzeptionell dem Transport von Proteinen und Lipiden, die vom ER zum Golgi transportiert werden, mit dem Unterschied, dass nur COPI-beschichtete Vesikel verwendet werden. Obwohl wahrscheinlich sowohl vorwärts- als auch rückwärtslaufende Vesikel COPI-beschichtet sind, könnten die Hüllen verschiedene Adapterproteine enthalten, die bei der Verpackung von Frachtmolekülen Selektivität verleihen.

Eine andere Art, Fracht durch den Golgi-Apparat zu befördern, stellt der **Zisternenreifungsmechanismus** dar. Nach diesem Mechanismus werden neue *cis*-Zisternen stetig als vesikuläre tubuläre Cluster gebildet, die vom ER ankommen und mit Transportvesikeln verschmelzen, die Golgi-residente Proteine und Enzyme beinhalten. Sobald die Fracht in einer *cis*-Zisterne modifiziert ist, verlassen die Enzyme in Transportvesikeln die *cis*-Zisterne, um wieder mit neu ankommenden vesikulären tubulären Clustern zu verschmelzen. Gleichzeitig nehmen die Zisternen Transportvesikel auf, die Enzyme aus späteren Golgi-Zisternen beinhalten, wodurch sie zu medial-Zisternen umgewandelt werden. Auf diese Art bewegt sich eine voll mit Fracht beladene Zisterne durch den Golgi-Stapel, während verschiedene Gruppen von Golgi ansässigen

Proteinen in COPI-beschichteten Vesikeln von späteren zu früheren Zisternen zurückreisen (**Abb. 13.36b**).

Wenn eine Zisterne schließlich so weit vordringt, dass sie Teil des *trans*-Golgi-Netzwerks wird, knospen unterschiedliche Formen von beschichteten Vesikeln von dem Netzwerk ab, bis es verschwindet und von einer nachfolgenden reifenden Zisterne ersetzt wird. Gleichzeitig führen andere Transportvesikel unentwegt Membranteile aus post-Golgi-Kompartimenten zurück und liefern sie ans *trans*-Golgi-Netzwerk.

Wahrscheinlich werden Aspekte beider Mechanismen je nach Zelltyp und Art der zu transportierenden Frachtmoleküle in unterschiedlichem Maße genutzt. Ein stabiler Kern von langlebigen Zisternen könnte in der Mitte jeder Golgi-Zisterne existieren, während Bereiche am Rande eine kontinuierliche Reifung durchlaufen, vielleicht unter Verwendung von Rab-Kaskaden, die ihre Identität ändern. Wenn ausgereifte Teile der Zisternen gebildet werden, könnten sie abreißen und durch homotypische Fusionsmechanismen mit den nachgeschalteten Zisternen fusionieren, wobei sie große Frachtmoleküle wie Prokollagenstäbchen und Lipoprotein-Partikel mitnehmen könnten. Darüber hinaus könnten COPI-beschichtete Vesikel kleine Ladungen in Vorwärtsrichtung transportieren und „entkommene" Golgi-Enzyme in ihre entsprechenden stromaufwärts gelegenen Zisternen zurückbringen.

13.2.11 Matrixproteine des Golgi-Apparats unterstützen die Organisation des Stapels

Die einzigartige Architektur des Golgi-Apparats hängt, wie bereits besprochen, sowohl vom Cytoskelett ab als auch von cytoplasmatischen Golgi-Matrixproteinen. Die Golgi-Wiederaufbau- und Stapelproteine – in engl. *Golgi reassembly and stacking proteins* und daher als GRASPs abgekürzt – bilden ein Gerüst zwischen benachbarten Zisternen und verleihen dem Golgi-Apparat seine strukturelle Einheit. Andere Matrixproteine, die sogenannten *Golgine*, bilden lange „Leinen", die aus steifen Doppelwendel-Domänen mit zwischengelagerten Gelenkregionen bestehen. Golgine bilden einen Wald aus Tentakeln, die sich 100 bis 400 nm von der Oberfläche des Golgi-Stapels erstrecken können. Verschiedene Mitglieder der Golgin-Familie finden sich in verschiedenen Bereichen des Golgi-Stapels und enthalten Bindungsstellen für verschiedene Rab-Proteine. Da Transportvesikel, die aus verschiedenen Orten kommen, ihre charakteristischen Rab-Proteine tragen, wird angenommen, dass Golgine als Halteseile funktionieren, die am Anfang auswählen, welcher Teil des Golgi-Stapels ein Transportvesikel festhält (**Abb. 13.37**).

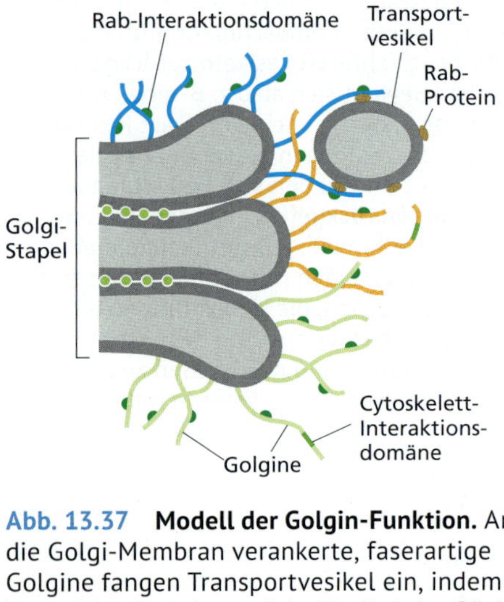

Abb. 13.37 Modell der Golgin-Funktion. An die Golgi-Membran verankerte, faserartige Golgine fangen Transportvesikel ein, indem sie an Rab-Proteine auf der Vesikeloberfläche binden. Verschiedene Mitglieder der Golgin-Proteinfamilie sind in verschiedenen Regionen des Golgi-Apparats lokalisiert. GRASPs sind dargestellt, wie sie benachbarte Zisternen aneinander heften.

Wenn sich eine Zelle auf die Teilung vorbereitet, phosphorylieren mitotische Proteinkinasen die Golgi-Matrixproteine, wodurch der Golgi-Apparat auseinanderfällt und sich im Cytosol verteilt. Die Golgi-Fragmente werden dann gleichmäßig auf die beiden Tochterzellen verteilt, wo die Matrixproteine dephosphoryliert werden, was die erneute Zusammensetzung des Golgi-Stapels bewirkt. Auf ähnliche Weise führt während der Apoptose die proteolytische Spaltung der Golgine durch Caspasen (in Kapitel 18 erläutert) zur Fragmentierung des Golgi-Apparats, wenn die Zelle sich selbst zerstört.

Zusammenfassung

Korrekt gefaltete und zusammengesetzte Proteine werden im ER in COPII-beschichtete Transportvesikel verpackt, die sich von der ER-Membran abschnüren. Kurz danach werfen die Vesikel ihre Hülle ab und verschmelzen miteinander, um die vesikulären tubulären Cluster zu bilden. In tierischen Zellen bewegen sich die Cluster dann auf Bahnen aus Mikrotubuli zum Golgi-Apparat, wo sie miteinander verschmelzen und das cis-Golgi-Netzwerk bilden. Alle ER-residenten Proteine, die aus dem ER entkommen, werden von den vesikulären tubulären Clustern und vom Golgi-Apparat durch den retrograden Transport in COPI-beschichteten Vesikeln zum ER zurückgebracht.

Anders als das ER enthält der Golgi-Apparat viele Zuckernukleotide, die von Glykosyltransferase-Enzymen benutzt werden, um Lipid- und Proteinmoleküle zu glykosylieren, während diese durch den Golgi-Apparat wandern. Die Mannosereste auf den N-verknüpften Oligosacchariden, die im ER an Proteine geheftet wurden, werden häufig zunächst entfernt und andere Zucker werden angehängt. Darüber hinaus findet im Golgi-Apparat die O-Glykosylierung statt. Dort werden Glykosaminoglykanketten an die Proteinkerne angehängt und damit Proteoglykane gebildet. Die Sulfatübertragung auf Zuckerreste der Proteoglykane und auf spezielle Tyrosinreste in Proteinen wird ebenfalls im späten Golgi-Kompartiment durchgeführt.

Der Golgi-Apparat modifiziert viele Proteine und Lipide, die er vom ER erhält, und verteilt sie dann an die Plasmamembran, die Endosomen und sekretorischen Vesikel. Er ist ein polares Organell und besteht aus einem oder mehreren Stapeln von plattenförmigen Zisternen. Jeder Stapel ist als Abfolge von mindestens drei funktionell unterschiedlichen Kompartimenten organisiert, die als cis-, medial- und trans-Zisterne bezeichnet werden. Die cis- und trans-Zisternen sind jeweils mit speziellen Sortierstationen verbunden, dem cis- und trans-Golgi-Netzwerk. Proteine und Lipide bewegen sich durch den Golgi-Apparat in cis-nach-trans-Richtung. Dieser Transport könnte durch Vesikeltransport geschehen oder durch allmähliches Reifen der cis-Zisternen, wenn sie langsam durch den Stapel wandern, oder durch eine Kombination von beidem. Der ständige retrograde Vesikeltransport von den stromaufwärts gelegenen (späteren) zu den stromabwärts gelegenen (früheren) Zisternen konzentriert die Enzyme in den Zisternen, wo sie gebraucht werden. Die neuen, fertiggestellten Proteine gelangen schließlich ins trans-Golgi-Netzwerk. Dort werden sie in Transportvesikel verpackt und zu ihren Bestimmungsorten in der Zelle versandt.

13.3 Transport vom *trans*-Golgi-Netzwerk zum Zelläußeren und den Endosomen

Nachdem die Frachtmoleküle die Golgi-Zisternen durchlaufen haben, werden sie bei Ankunft am *trans*-Golgi-Netzwerk (TGN) sortiert und in Transportvesikel zur Beförderung zu verschiedenen Bestimmungsorten verpackt. Für die *Zelloberfläche* bestimmte Transportvesikel verlassen in einem ständigen Strom aus unregelmäßig geformten Röhrchen das TGN. Die Membranproteine und Lipide in diesen Vesikeln dienen als neue Bestandteile der Plasmamembran, während lösliche Proteine in diesen Vesikeln in den Extrazellularraum abgegeben werden. Die Fusion der Vesikel mit der Plasmamembran wird als **Exocytose** bezeichnet. Auf diese Weise sezerniert die Zelle z. B. die meisten Proteoglykane und Glykoproteine fpr die extrazelluläre Matrix, was in Kapitel 19 erläutert wird.

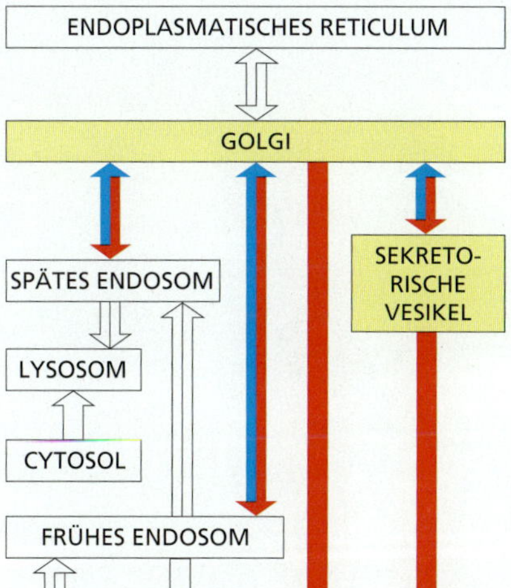

Dieser **konstitutive Ausscheidungsweg**, der kontinuierlich arbeitet, ist für alle Zellen unentbehrlich. Spezialisierte Sekretionszellen verfügen allerdings über einen zweiten Sekretionsweg, über den lösliche Proteine und andere Substanzen zunächst in *Sekretionsvesikeln* bis zur späteren Freisetzung durch Exocytose gespeichert werden. Diesen sogenannten **regulierten Ausscheidungsweg** findet man vor allem in Zellen, die sich darauf spezialisiert haben, bei Bedarf ihre Produkte schnell abzugeben – wie Hormone, Neurotransmitter oder Verdauungsenzyme.

Der dritte Hauptzielort für aus dem TGN kommende Fracht sind die *Endosomen*. Hydrolasen, die im Lumen der Lysosomen arbeiten, nutzen diesen Weg, um zunächst zu den Endosomen zu gelangen, die nach und nach zu Lysosomen reifen (wie

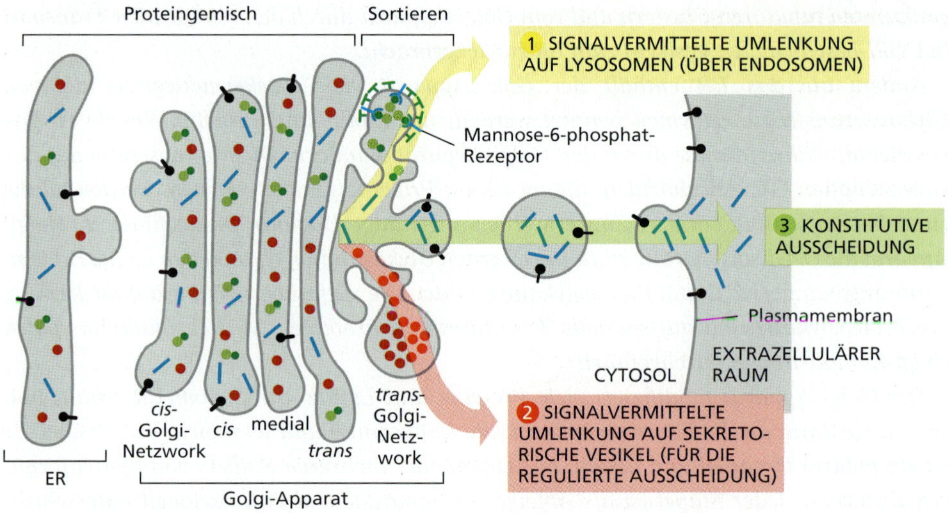

Abb. 13.38 Die drei am besten verstandenen Wege der Proteinsortierung im *trans*-Golgi-Netzwerk. (a) Proteine mit dem Mannose-6-phosphat (M6P)-Marker (s. **Abb. 13.40**) werden in clathrinbeschichteten Transportvesikeln zu den Lysosomen (über die Endosomen) umgeleitet. (b) Proteine mit Sortiersignalen für sekretorische Vesikel werden in diesen angereichert. Dieser Vorgang ist Teil des regulierten sekretorischen Wegs und läuft nur in spezialisierten sekretorischen Zellen ab. (c) In unpolarisierten Zellen werden Proteine ohne besondere Merkmale über den konstitutiven Sekretionsweg zur Zelloberfläche befördert. In polarisierten Zellen wie den Epithelzellen werden jedoch sezernierte und Plasmamembranproteine ganz spezifisch entweder zur apikalen oder zur basolateralen Domäne der Plasmamembran transportiert. Daher muss zumindest einer dieser beiden Wege signalabhängig sein, wie wir noch besprechen werden.

später gezeigt). Der Sortiermechanismus für lysosomale Hydrolaseproteine im TGN ist besonders gut verstanden und stellt ein Beispiel dar, wie Frachtmoleküle im TGN auf verschiedene Arten von Transportvesikeln verteilt werden. In diesem Abschnitt betrachten wir die Rolle des Golgi-Apparats bei der Sortierung von Proteinen zwischen diesen drei Wegen und vergleichen die Mechanismen der konstitutiven und regulierten Sekretion.

13.3.1 Viele Proteine und Lipide werden automatisch vom *trans*-Golgi-Netzwerk zur Zelloberfläche transportiert

Zellen, die zu regulierter Ausscheidung fähig sind, müssen mindestens drei Proteinklassen voneinander trennen, bevor diese das TGN verlassen: die für die Lysosomen (über Endosomen) bestimmten Proteine, die für sekretorische Vesikel bestimmten Proteine und die Proteine, die sofort zur Zelloberfläche transportiert werden (**Abb. 13.38**). Spezifische Signale werden benötigt, um *sekretorische Proteine* in Sekretionsvesikel und lysosomale Proteine in andere spezialisierte Transportvesikel zu lenken. Die meisten anderen Proteine werden über den nicht selektiven konstitutiven Ausscheidungsweg direkt zur Zelloberfläche transportiert. Da der Einstieg in diesen Weg kein besonderes Signal verlangt, wird er auch der **signalunabhängige Weg** oder **Default-Weg** (engl. *default*, Standard, ohne besondere Anweisungen) genannt. In einer unpolarisierten Zelle, wie z. B. einer weißen Blutzelle oder einem Fibroblasten, wird anscheinend jedes Protein im Lumen des Golgi-Apparats automatisch über den konstitutiven Weg zur Zelloberfläche verfrachtet, wenn es nicht spezifisch zum ER zurückgebracht, als Golgi-Apparat residentes Protein dort zurückgehalten oder für die Wege ausgewählt wurde, die zur regulierten Ausscheidung oder zu den Endosomen führen. Wir werden sehen, dass in polarisierten Zellen, in denen verschiedene Produkte an unterschiedliche Bereiche der Zelloberfläche geliefert werden müssen, die Wahlmöglichkeiten noch komplexer sind.

13.3.2 Ein Mannose-6-phosphat-Rezeptor sortiert lysosomale Hydrolasen im *trans*-Golgi-Netzwerk

Der am besten verstandene Mechanismus der Frachtmolekülsortierung im TGN findet sich bei lysosomalen Hydrolasen. Lysosomen sind membranumhüllte Organellen, angefüllt mit ungefähr 40 Hydrolyseenzymen für die Verdauung von allen angelieferten

Makromolekülen. Lysosomen sind daher der Hauptort für den Abbau und das Recycling von Proteinen, Nukleinsäuren, Lipiden und sogar ganzen Organellen. Später werden wir uns mit der Funktion und den verschiedenen Transportrouten zu diesem Organell beschäftigen. Beginnen werden wir mit dem Weg, der selektiv lysosomale Hydrolasen am TGN in für Endosomen bestimmte Transportvesikel verpackt. Die Vesikel, die das TGN zu den Endosomen verlassen, nehmen lysosomale Proteine auf und schließen viele andere Proteine aus, die dann für den Transport an einen anderen Ort in andere Transportvesikel verpackt werden.

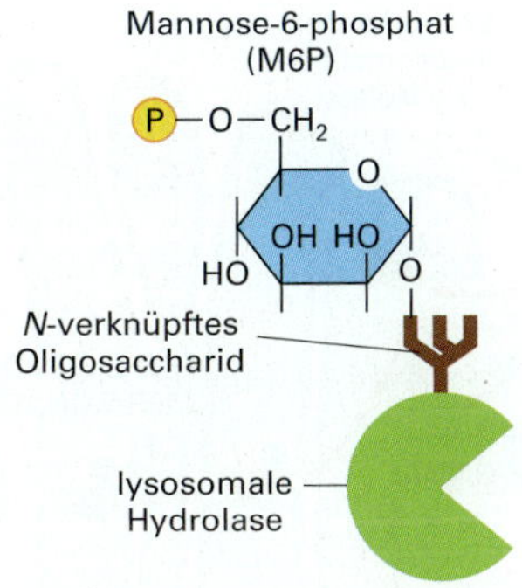

Abb. 13.39 Die Struktur von Mannose-6-phosphat auf einer lysosomalen Hydrolase.

Wie werden die lysosomalen Hydrolasen erkannt und im TGN mit der nötigen Genauigkeit ausgewählt? In tierischen Zellen tragen sie eine einzigartige Markierung in Form von *Mannose-6-phosphat* (*M6P*)-Gruppen, die ausschließlich auf *N*-verknüpfte Oligosaccharide dieser löslichen lysosomalen Enzyme übertragen werden, wenn sie das Lumen des *cis*-Golgi-Netzwerks durchwandern (Abb. 13.39). Die M6P-Gruppen werden von transmembranen **M6P-Rezeptorproteinen(Mannose-6-phosphat-Rezeptorproteinen)** erkannt, die im TGN vorliegen. Diese Rezeptorproteine binden an lysosomale Hydrolasen auf der luminalen Seite der Membran sowie an Adapterproteine in den sich anlagernden clathrinbeschichteten Hüllen auf der cytosolischen Seite. Die Rezeptoren helfen auf diese Weise, die Hydrolasen in clathrinbeschichtete Vesikel zu verpacken, die vom TGN abknospen und ihren Inhalt an frühe Endosomen abliefern.

Das M6P-Rezeptorprotein bindet an M6P bei pH 6,5–6,7 im TGN-Lumen und setzt es bei pH 6 frei, was dem pH-Wert im Lumen der Endosomen entspricht. Nachdem der Rezeptor angeliefert worden ist, dissoziieren daher die lysosomalen Hydrolasen von den M6P-Rezeptoren ab, die in Transportvesikeln, die von den Endosomen abknospen, zurückgeholt werden. Diese Vesikel sind *retromer*beschichtet. Retromer bezeichnet einen Komplex aus Hüllproteinen, der auf den zum TGN gerichteten Transport zwischen Endosomen und TGN spezialisiert ist. Die retromerbeschichteten Vesikel bringen die Rezeptoren zur Wiederverwendung zum TGN zurück (Abb. 13.40).

Der Transport in jede dieser Richtungen benötigt Signale in der cytoplasmatischen Domäne des M6P-Rezeptors, die dieses Protein zum Endosom oder zurück zum TGN lenken. Ein Adapterprotein der Clathrinhülle erkennt den Schwanz am TGN, während das Retromer diesen am Endosom erkennt. Der Aufbau unterschiedlicher Hüllen an verschiedenen Membranen für den gleichen Rezeptor wird durch organellspezifische Marker – wie Rab7 und PI(3)P am Endosom – sichergestellt. Die Wiederverwertung des M6P-Rezeptors ähnelt daher der schon besprochenen Wiederverwertung des KDEL-Rezeptors, allerdings unterscheidet sie sich hinsichtlich der Art der beschichteten Vesikel, die den Transport vermitteln.

Nicht alle Hydrolasemoleküle, die durch M6P gekennzeichnet wurden, gelangen in die Lysosomen. Einige entkommen diesem normalen Verpackungsvorgang im *trans*-Golgi-Netzwerk und werden dann über den konstitutiven Ausscheidungsweg zur Zelloberfläche transportiert, wo sie in die extrazelluläre Flüssigkeit ausgeschieden werden. Einige M6P-Rezeptoren machen einen nützlichen Umweg zur Plasmamembran, wo sie entwichene Hydrolasen wieder einfangen und sie durch *rezeptorvermittelte Endocytose* (wird später erläutert) über die frühen und späten Endosomen zum Lysosom zurückbringen. Da lysosomale Hydrolasen eine saure Umgebung brauchen, um arbeiten zu können, richten sie in der extrazellulären Flüssigkeit keinen Schaden an, da dort gewöhnlich ein neutraler pH-Wert von 7,4 herrscht.

Damit das Sortiersystem, das lysosomale Hydrolasen abtrennt und sie zu Endosomen abliefert, funktioniert, dürfen M6P-Gruppen nur an entsprechende Glykoproteine im Golgi-Apparat angehängt werden. Dieser Vorgang setzt die spezifische Erkennung der Hydrolasen durch die Golgi-Enzyme voraus, die das M6P anheften. Da alle Glykoproteine das ER mit den gleichen *N*-verknüpften Oligosaccharidketten verlassen, muss das Signal irgendwo in der Polypeptidkette einer jeden Hydrolase liegen. Gentechnische

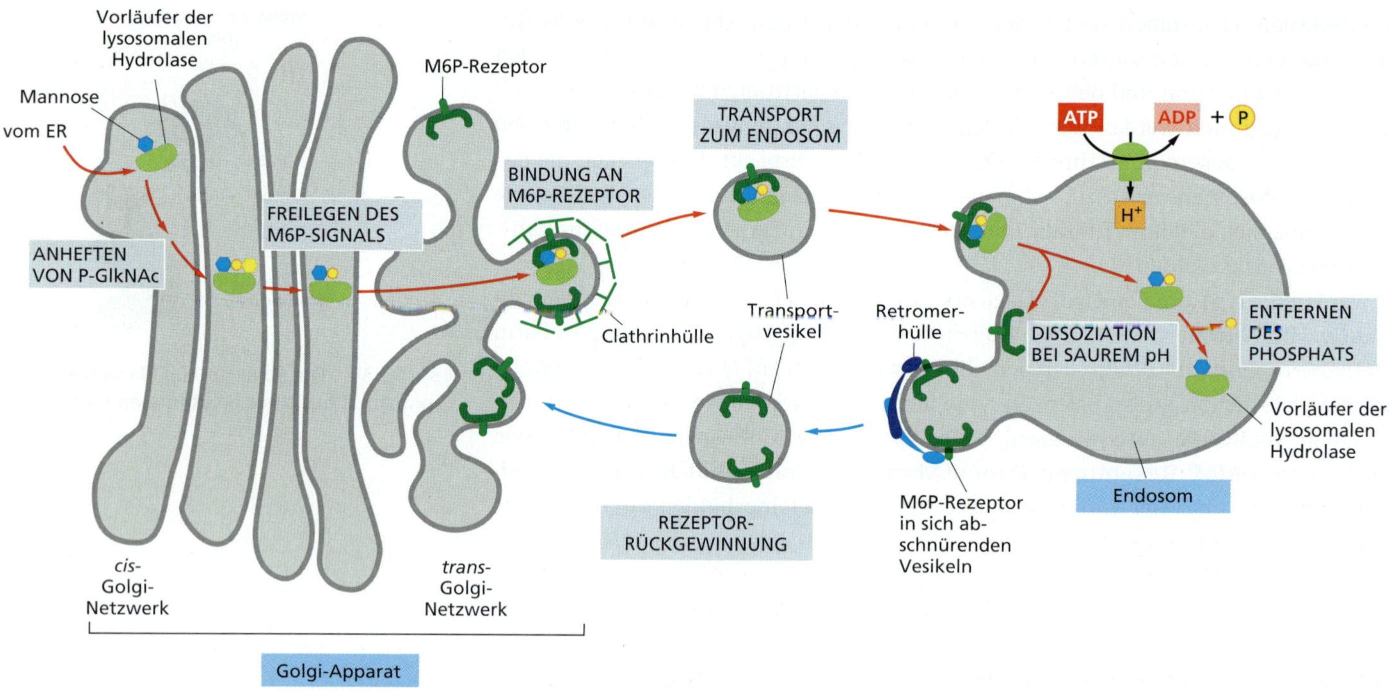

Abb. 13.40 Der Transport neu synthetisierter lysosomaler Hydrolasen zum Endosom. Die aufeinanderfolgende Aktivität von zwei Enzymen im *cis*- und im *trans*-Golgi-Netzwerk heftet Mannose-6-phosphat (M6P)-Gruppen an die Vorstufen der lysosomalen Enzyme (s. **Abb. 13.41**). Die mit M6P versehenen Hydolasen werden dann im TGN von allen anderen Proteinen getrennt, weil die Adapterproteine (nicht dargestellt) der Clathrinhülle an den M6P-Rezeptor binden, der seinerseits die mit M6P modifizierten lysosomalen Hydrolasen bindet. Die clathrinbeschichteten Vesikel knospen vom TGN ab, werfen ihre Hülle ab und fusionieren mit den frühen Endosomen. Bei dem niedrigeren pH-Wert des Endosoms lösen sich die Hydrolasen von den M6P-Rezeptoren ab und die unbesetzten Rezeptoren werden in retromerbeschichteten Vesikeln zum TGN zurückgeführt, um eine neue Transportrunde zu beginnen. In den Endosomen wird das Phosphat von M6P, das an die Hydrolasen gebunden ist, abgespalten, um sicherzustellen, dass die Hydrolasen nicht wieder zum TGN mit dem Rezeptor zurückkehren können.

Experimente haben den Beweis dafür geliefert, dass das Erkennungssignal aus einer Gruppe benachbarter Aminosäuren auf der Proteinoberfläche besteht, die als *Signalfleck* bekannt ist (**Abb. 13.41**). Da die meisten lysosomalen Hydrolasen mehrere Oligosaccharidketten tragen, erhalten sie auch mehrere M6P-Reste und bieten ihrem M6P-Rezeptor somit ein hoch affines Signal.

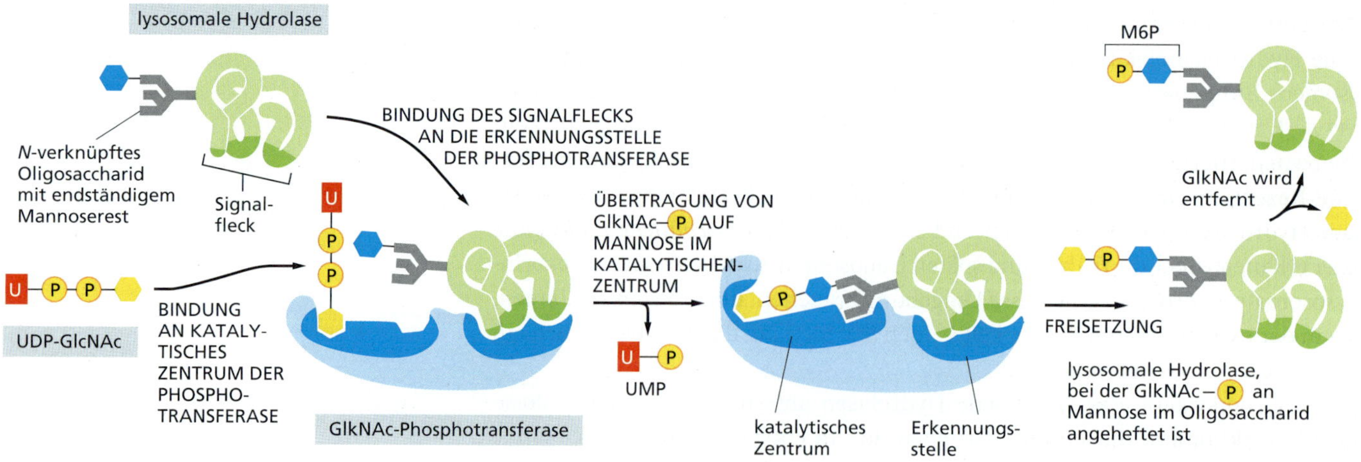

Abb. 13.41 Die Erkennung einer lysosomalen Hydrolase. Eine GlkNAc-Phosphotransferase erkennt lysosomale Hydrolasen im Golgi-Apparat. Das Enzym hat sowohl eine katalytische als auch eine davon unabhängige Erkennungsdomäne. Die katalytische Domäne bindet sowohl mannosereiche *N*-verknüpfte Oligosaccharide als auch UDP-GlkNAc. Die Erkennungsdomäne bindet ausschließlich an einen Signalfleck, den es nur auf der Oberfläche lysosomaler Enzyme gibt. GlkNAc wird von einem zweiten Enzym abgespalten, das Mannose-6-phosphat freilegt.

13.3.3 Defekte in der GlkNAc-Phosphotransferase sind Ursache von lysosomalen Speicherkrankheiten beim Menschen

Lysosomale Speicherkrankheiten werden von genetischen Defekten verursacht, die eine oder mehrere lysosomale Hydrolasen betreffen. Der Defekt beruht unter anderem auf dem Anhäufen nicht abgebauter Substrate in den Lysosomen, mit schweren pathologischen Folgen meist im Nervensystem. Meist liegt die Mutation in einem Struktur-Gen, das für eine einzige lysosomale Hydrolase codiert. Dies geschieht z. B. beim *Hurler-Syndrom*, einer Krankheit, bei der das Enzym, das bestimmte Arten von Glykosaminoglykanketten abbaut, defekt ist oder fehlt. Die schwerste Form einer lysosomalen Speicherkrankheit liegt jedoch bei der seltenen, vererbten Stoffwechselkrankheit, die *I-Zellkrankheit* (*Inklusions-Zellkrankheit*) genannt wird, vor. Bei dieser Krankheit besitzen die Lysosomen vieler Zelltypen nahezu keine hydrolytischen Enzyme, und die nicht abgebauten Substrate häufen sich in diesen Lysosomen an, die deshalb große kristallartige *Inklusionen* (Einschlüsse) in den Zellen bilden. Die daraus folgende Symptomatik ist komplex: Sie betrifft alle Organsysteme, den Skelettaufbau und die geistige Entwicklung. Betroffene leben kaum länger als 6 oder 7 Jahre.

Die I-Zellkrankheit beruht auf einem einzigen Gendefekt. Wie die meisten anderen genetischen Enzymmangel-Krankheiten ist sie rezessiv – die Krankheit tritt also nur bei Individuen auf, bei denen beide Genkopien fehlerhaft sind. Bei an dieser Krankheit leidenden Menschen findet man alle in den Lysosomen fehlenden Enzyme im Blut; da sie im Golgi-Apparat nicht ordnungsgemäß aussortiert werden, werden sie zum großen Teil ausgeschieden und nicht zu den Lysosomen transportiert. Man konnte dieses falsche Aussortieren auf eine defekte oder fehlende GlkNAc-Phosphotransferase zurückführen. Da lysosomale Enzyme im *cis*-Golgi-Netzwerk nicht phosphoryliert werden, werden sie von den M6P-Rezeptoren nicht in die entsprechenden Transportvesikel im TGN verbracht. Stattdessen werden die lysosomalen Hydrolasen zur Zelloberfläche transportiert und dort ausgeschieden.

Bei der I-Zellkrankheit besitzen Lysosomen mancher Zelltypen, wie z. B. Hepatocyten, eine normale Enzymausstattung. Das lässt darauf schließen, dass es eine weitere Möglichkeit geben muss, um lysosomale Hydrolasen zu den Lysosomen zu dirigieren, die nur von einigen Zelltypen benutzt wird. Alternative Sortierrezeptoren funktionieren in diesen M6P-unabhängigen Wegen. Die Membranproteine der Lysosomen werden auf ähnliche Weise im TGN aller Zellen durch einen M6P-unabhängigen Mechanismus für den Transport zu den späten Endosomen aussortiert, und deshalb sind diese Proteine bei der I-Zellkrankheit normal.

13.3.4 Sekretionsvesikel knospen vom *trans*-Golgi-Netzwerk ab

Zellen, die sich darauf spezialisiert haben, einige ihrer Produkte schnell auf Abruf auszuscheiden, reichern diese Produkte an und lagern sie in **Sekretionsvesikeln** (oft auch *kerndichte sekretorische Granula* genannt, da sie im elektronenmikroskopischen Bild einen dichten Kern haben). Wie wir bereits besprochen haben, bilden sich Sekretionsvesikel aus dem TGN, und sie setzen ihren Inhalt als Reaktion auf spezifische Signale durch Exocytose in die Zellumgebung frei. Die ausgeschiedenen Produkte können entweder kleine Moleküle (wie Histamin oder ein Neuropeptid) oder Proteine (wie Hormone oder Verdauungsenzyme) sein.

Die für die Sekretionsvesikel bestimmten Proteine (*sekretorische Proteine* genannt) werden im TGN in die entsprechenden Vesikel verpackt. Der Mechanismus hierfür beinhaltet eine selektive Aggregation der sekretorischen Proteine. Anhäufungen von aggregiertem, elektronendichtem Material können mittels der Elektronenmikroskopie im Lumen des TGN entdeckt werden. Die Signale, die die sekretorischen Proteine in diese Aggregate lenken, sind nicht klar definiert und können ganz unterschiedlich sein. Überträgt man ein Gen, das für ein sekretorisches Protein codiert, in eine sekretorische Zelle, die das Protein eigentlich nicht synthetisiert, wird das Fremdprotein tatsächlich in Sekretionsvesikel verpackt. Diese Beobachtung belegt, dass, obwohl die von einer Zelle gebildeten und in Sekretionsvesikel verpackten Proteine sich unterscheiden, sie gemeinsame Sortiersignale enthalten müssen, die ordnungsgemäß funktionieren, auch wenn das Protein in Zellen exprimiert wird, die das entsprechende Protein normalerweise nicht synthetisieren.

Es ist nicht bekannt, wie die Aggregate der zu sezernierenden Proteine in die Sekretionsvesikel verteilt werden. Sekretionsvesikel besitzen einzigartige Proteine in ihrer Membran, von denen einige als Rezeptoren für die aggregierten Proteine im TGN dienen könnten. Die Aggregate sind jedoch viel zu groß, als dass jedes sekretorische Proteinmolekül von seinem eigenen Fracht-Rezeptor gebunden werden könnte, wie dies für die lysosomalen Enzyme der Fall ist. Stattdessen könnten die Aggregate den Membranbereich, der den Frachtrezeptor enthält, dazu veranlassen, sich um die Aggregate zu verzahnen und sie dadurch innerhalb des sich abknospenden Vesikels einzuschließen.

Anfänglich ist die Membran der sekretorischen Vesikel, die das TGN verlassen, nur locker um die Anhäufungen der aggregierten sekretorischen Proteine gelegt. Morphologisch ähneln diese *unreifen Sekretionsvesikel* aufgeblähten *trans*-Golgi-Zisternen, die sich vom Golgi-Stapel abgelöst haben. Wenn die unreifen sekretorischen Vesikel reifen, knospen sich clathrinbeschichtete Transportvesikel davon ab und kehren zum TGN zurück (**Abb. 13.42**). Dieser Wiederverwendungsprozess bringt nicht nur die Golgi-Komponenten zurück zum Golgi-Apparat, sondern dient auch dazu den Inhalt sekretorischer Vesikel zu konzentrieren. In der Summe führen alle Rückgewinnungswege während der Reise eines sekretorischen Proteins vom ER durch die Golgi-Zisternen zu einem reifen sekretorischen Vesikel zu einer 200- bis 400-fachen Konzentrierung.

Unreife sekretorische Vesikel fusionieren auch miteinander, wodurch das Lumen nach und nach durch die zunehmende Konzentration von V-Typ-ATPasen in der Vesikelmembran saurer wird. Das Ansäuern des Lumens der Vesikel verdichtet weiterhin die sekretorischen Proteinaggregate innerhalb des Vesikels, dessen überschüssige Membran inzwischen an das TGN zurückgeführt wurde. Da die endgültigen, gereiften

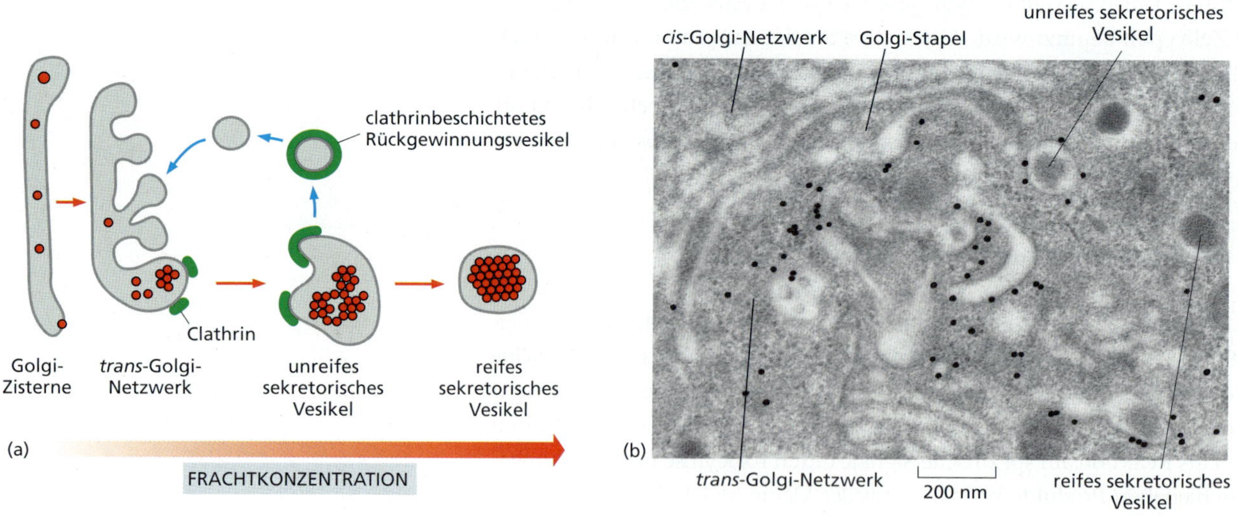

Abb. 13.42 Die Bildung sekretorischer Vesikel. (a) Sekretorische Proteine werden nach zwei Mechanismen in sekretorischen Vesikeln abgetrennt und stark angereichert. Zuerst aggregieren sekretorische Proteine im Ionenmilieu des TGN und werden im Lauf der Sekretionsvesikelreifung und Ansäuerung ihres Lumens oft weiter konzentriert. Dann wird der Überschuss an Membran und luminalem Inhalt von noch nicht ausgereiften sekretorischen Vesikeln im Laufe der Vesikelreifung von clathrinbeschichteten Vesikeln aufgenommen. (b) Diese elektronenmikroskopische Aufnahme zeigt sekretorische Vesikel, die sich am TGN einer Insulin produzierenden β-Zelle des Pankreas bilden. An Goldkügelchen (*schwarze Punkte*) gekoppelte Anti-Clathrin-Antikörper wurden benutzt, um Clathrinmoleküle zu lokalisieren. Unreife sekretorische Vesikel, die das Insulinvorläuferprotein (Proinsulin) beinhalten, enthalten lokal Clathrin, das man auf reifen sekretorischen Vesikeln nicht mehr sehen kann. (Mit freundlicher Genehmigung von Lelio Orci).

Sekretionsvesikel sehr dicht mit Inhalt angefüllt sind, kann die sezernierende Zelle große Mengen an Material sofort durch Exocytose ausscheiden, wenn sie das Signal dazu erhält (**Abb. 13.43**).

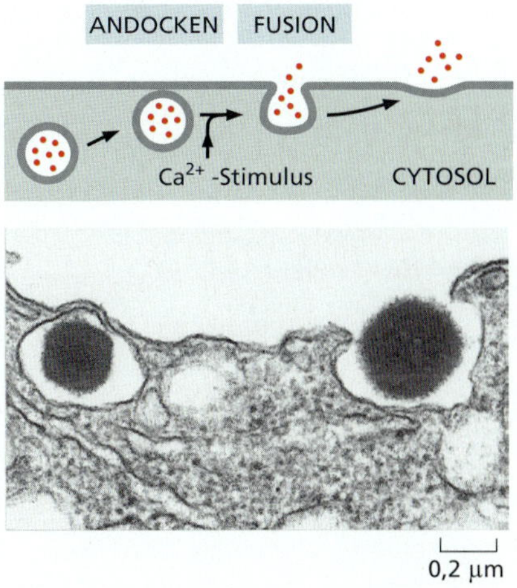

Abb. 13.43 Exocytose von Sekretionsvesikeln. Der Vorgang ist schematisch gezeigt (*oben*) und in einer elektronenmikroskopischen Aufnahme, auf der die Freisetzung von Insulin aus einem Sekretionsvesikel einer β-Zelle des Pankreas zu sehen ist. (Mit freundlicher Genehmigung von Lelio Orci, aus L. Orci et al., *Sci. Am.* 259: 85–94, 1988).

13.3.5 Während sich Sekretionsvesikel bilden, werden Vorstufen der sekretorischen Proteine proteolytisch weiterverarbeitet

Die Konzentrierung ist nicht der einzige Prozess, dem sekretorische Proteine während der Reifung der sekretorischen Vesikel unterworfen sind. Viele Proteinhormone und kleine Neuropeptide sowie viele sekretierte hydrolytische Enzyme werden als inaktive Vorstufen hergestellt. Um die aktiven Moleküle aus diesen Vorläuferproteinen freizusetzen, ist eine Proteolyse notwendig. Die Spaltungen finden in den sekretorischen Vesikeln und manchmal in der extrazellulären Flüssigkeit nach der Sekretion statt. Außerdem verlassen viele der Vorläuferproteine das ER mit einem *N*-terminalen *Propeptid*, das erst später im Sekretionsweg abgespalten wird, um das reife Protein zu erhalten. Diese Proteine werden als *prä-pro-Proteine* gebildet, wobei das ER-Signalpeptid (manchmal auch als *Präpeptid* bezeichnet) bereits abgespalten wird, wenn das Protein in das raue ER eintritt (s. **Abb. 12.18**). In anderen Fällen werden Signalpeptid-Moleküle als *Polyproteine* synthetisiert, die mehrere Kopien derselben Aminosäuresequenz enthalten. In noch komplexeren Fällen wird eine Vielzahl von Signalpeptid-Molekülen als Teil eines einzigen Polyproteins synthetisiert, das als Vorläufer für mehrere Endprodukte dient, die individuell von der ursprünglichen Polypeptidkette abgespalten werden. Das gleiche Polyprotein kann auf verschiedene Weise verarbeitet werden, um in verschiedenen Zelltypen unterschiedliche Peptide zu liefern (**Abb. 13.44**).

Warum ist die proteolytische Weiterverarbeitung auf dem Ausscheidungsweg so verbreitet? Manche der so entstehenden Proteine, wie beispielsweise die *Enkephaline* (Neuropeptide aus fünf Aminosäuren mit morphinähnlicher Aktivität), wären in ihrer reifen Form zweifelsfrei zu kurz, um kotranslational ins Lumen des ER transportiert zu werden oder um das notwendige Signal für die Verpackung in Sekretionsvesikel zu enthalten. Zusätzlich hat die verzögerte Aktivierung eines Proteins, bis es ein Sekretionsvesikel erreicht oder erst nachdem es ausgeschieden wurde, klare Vorteile, wenn es sich um Hydrolyseenzyme oder irgendwelche andere Proteine mit für die Zelle gefährlichen Funktionen handelt. Die Verzögerung hindert die Proteine daran, vorzeitig in der Zelle zu wirken, die sie produziert.

13.3.6 Sekretionsvesikel warten in der Nähe der Plasmamembran auf das Signal zur Freigabe ihrer Inhaltsstoffe

Nach seiner Beladung muss ein Sekretionsvesikel zunächst an den Ausscheidungsort gelangen, der sich in manchen Zellen weit vom TGN entfernt befindet. Nervenzellen

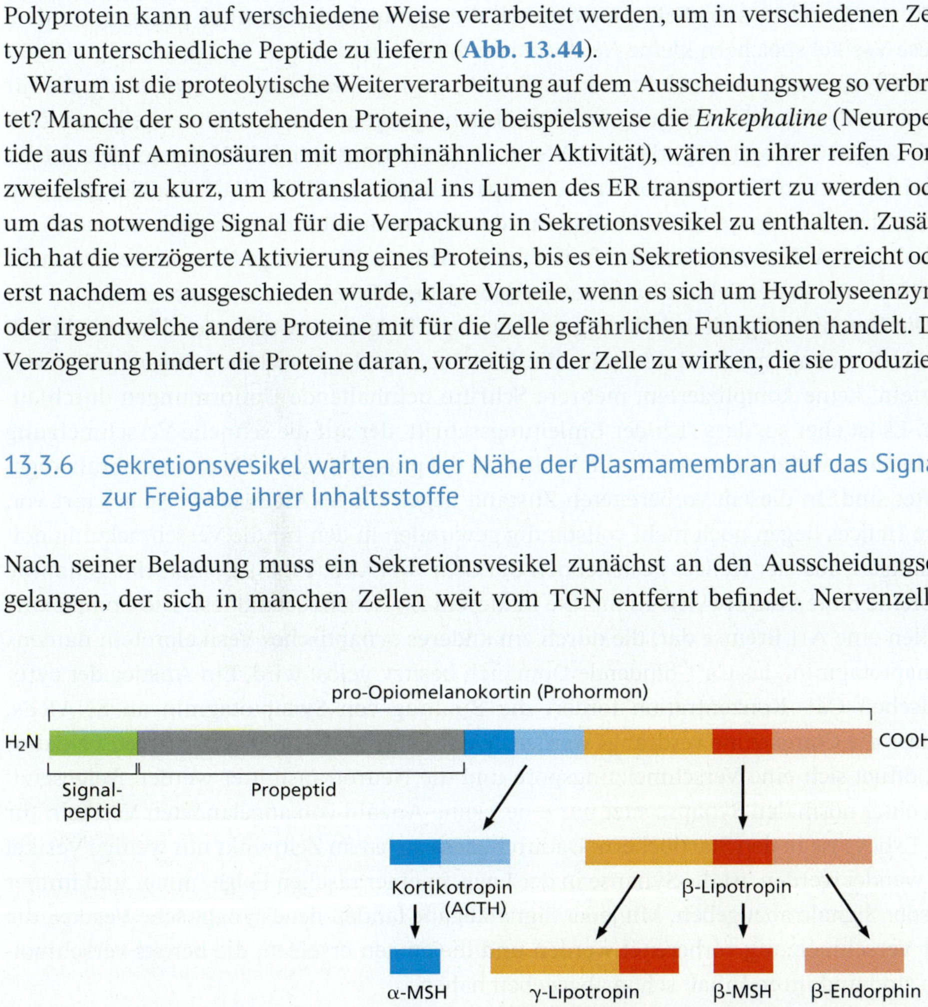

Abb. 13.44 Prozessierungswege für das Prohormon-Polyprotein pro-Opiomelanokortin. Zunächst spalten Proteasen neben positiv geladenen Aminosäurepaaren (den Paaren Lys-Arg, Lys-Lys, Arg-Lys oder Arg-Arg). In weiteren Reaktionen werden die ausgeschiedenen Endprodukte zugeschnitten. Unterschiedliche Zelltypen bilden unterschiedliche Mengen der jeweiligen Prozessierungsenzyme, was dazu führt, dass der gleiche Prohormon-Vorläufer in unterschiedliche Peptidhormone gespalten wird. Im Vorderlappen der Hypophyse werden z. B. nur Kortikotropin (ACTH) und β-Lipotropin aus pro-Opiomelanokortin gebildet, während im Mittellappen der Hypophyse (Hirnanhangdrüse) vorwiegend das α-Melanocyten-stimulierende Hormon (α-MSH), γ-Lipotropin, β-MSH und β-Endorphin gebildet werden – wie gezeigt, wird α-MSH aus ACTH gebildet und die anderen drei aus β-Lipoprotein.

liefern das extremste Beispiel. Zur Sekretion bestimmte Proteine, wie Peptid-Neurotransmitter (Neuropeptide), die aus den Nervenenden am Ende des Axons freigesetzt werden, werden im Zellkörper gebildet und in Sekretionsvesikel verpackt. Sie wandern dann am Axon entlang zum Nervenende, das einen Meter oder weiter entfernt liegen kann. Wie in Kapitel 16 dargestellt, treiben Motorproteine die Vesikel an axonalen Mikrotubuli entlang, deren gleichmäßige Ausrichtung die Vesikel in die vorgesehene Richtung leitet. Mikrotubuli leiten Transportvesikel auch zur Zelloberfläche für die konstitutive Exocytose.

Transportvesikel, die Material für die konstitutive Freisetzung enthalten, verschmelzen mit der Plasmamembran, sobald sie dort ankommen. Sekretionsvesikel der regulierten Wege dagegen warten an der Plasmamembran, bis die Zelle ein Freisetzungssignal für die Fracht erhält, und verschmelzen dann. Das Signal kann ein elektrischer Nervenimpuls sein (ein Aktionspotenzial) oder ein extrazelluläres Signalmolekül, wie z. B. ein Hormon. In jedem Fall führt dies zu einem kurzfristigen Anstieg der Konzentration an freien Ca^{2+}-Ionen im Cytosol, was die sekretorische Vesikelfusion veranlasst.

13.3.7 Synaptische Vesikel werden an der präsynaptischen Membran für eine schnelle Exocytose vorbereitet

Nervenzellen (sowie einige Drüsenzellen) enthalten zwei Formen sekretorischer Vesikel. Wie alle sekretorischen Zellen verpacken sie Proteine und Neuropeptide zur Freisetzung nach dem Standardverfahren des regulierten sekretorischen Wegs in kerndichte Sekretionsvesikel. Zusätzlich benutzen sie aber eine weitere spezialisierte Klasse winziger (≈50 nm Durchmesser) Sekretionsvesikel, die **synaptische Vesikel** genannt werden. Diese Vesikel speichern kleine *Neurotransmitter-Moleküle* wie z. B. Acetylcholin, Glutamat, Glycin und γ-Aminobuttersäure (GABA, engl. *gamma-aminobutyric acid*), die für die schnelle Signalübertragung an chemischen Synapsen von der Nervenzelle zur Zielzelle sorgen (in Kapitel 11 erläutert). Wenn ein Aktionspotenzial ein Nervenende erreicht, bewirkt es einen Einstrom von Ca^{2+} über spannungskontrollierte Ca^{2+}-Kanäle, was dazu führt, dass die synaptischen Vesikel mit der Plasmamembran verschmelzen und ihren Inhalt in den Extrazellularraum freisetzen (s. **Abb. 11.38**). Einige Neurone feuern mehr als 1000-mal in der Sekunde und setzen dabei jedes Mal Neurotransmitter frei.

Die Geschwindigkeit, mit der Signalüberträger freigesetzt werden (es dauert lediglich Millisekunden), spricht dafür, dass die Proteine, die die Verschmelzungsreaktion vermitteln, keine komplizierten, mehrere Schritte beinhaltende Umformungen durchlaufen. Es ist eher so, dass sich der Einleitungsschritt, der auf die schnelle Verschmelzung vorbereitet, vollzieht, nachdem die Vesikel an die präsynaptische Plasmamembran angeheftet sind. In diesem vorbereiteten Zustand liegen die SNAREs teilweise gepaart vor, ihre Helices liegen noch nicht vollständig gewunden in den für die Verschmelzung notwendigen, aus vier Helices bestehenden Bündeln vor (**Abb. 13.45**). *Complexine* genannte Proteine halten die SNARE-Komplexe in diesem Zwischenzustand fest. Die Complexine stellen eine Art Bremse dar, die durch ein anderes synaptisches Vesikelprotein namens Synaptotagmin, das Ca^{2+}-bindende Domänen besitzt, gelöst wird. Ein Anstieg der cytosolischen Ca^{2+}-Konzentration fördert die Bindung von Synaptotagmin an SNAREs, sodass die Complexine verdrängt werden. Wenn das SNARE-Bündel komplett verzahnt ist, öffnet sich eine Verschmelzungspore und die Neurotransmitter werden freigesetzt. An einer normalen Synapse sitzt nur eine kleine Anzahl von angelandeten Vesikeln für die Exocytose in den Startlöchern. Dadurch, dass zu jedem Zeitpunkt nur wenige Vesikel verwendet werden, ist die Synapse in der Lage, in einer raschen Folge immer und immer wieder Signale abzugeben. Mit jeder Signalabgabe landen neue synaptische Vesikel, die zur Verschmelzung vorbereitet werden und diejenigen ersetzen, die bereits verschmolzen sind und ihren Inhalt schon abgegeben haben.

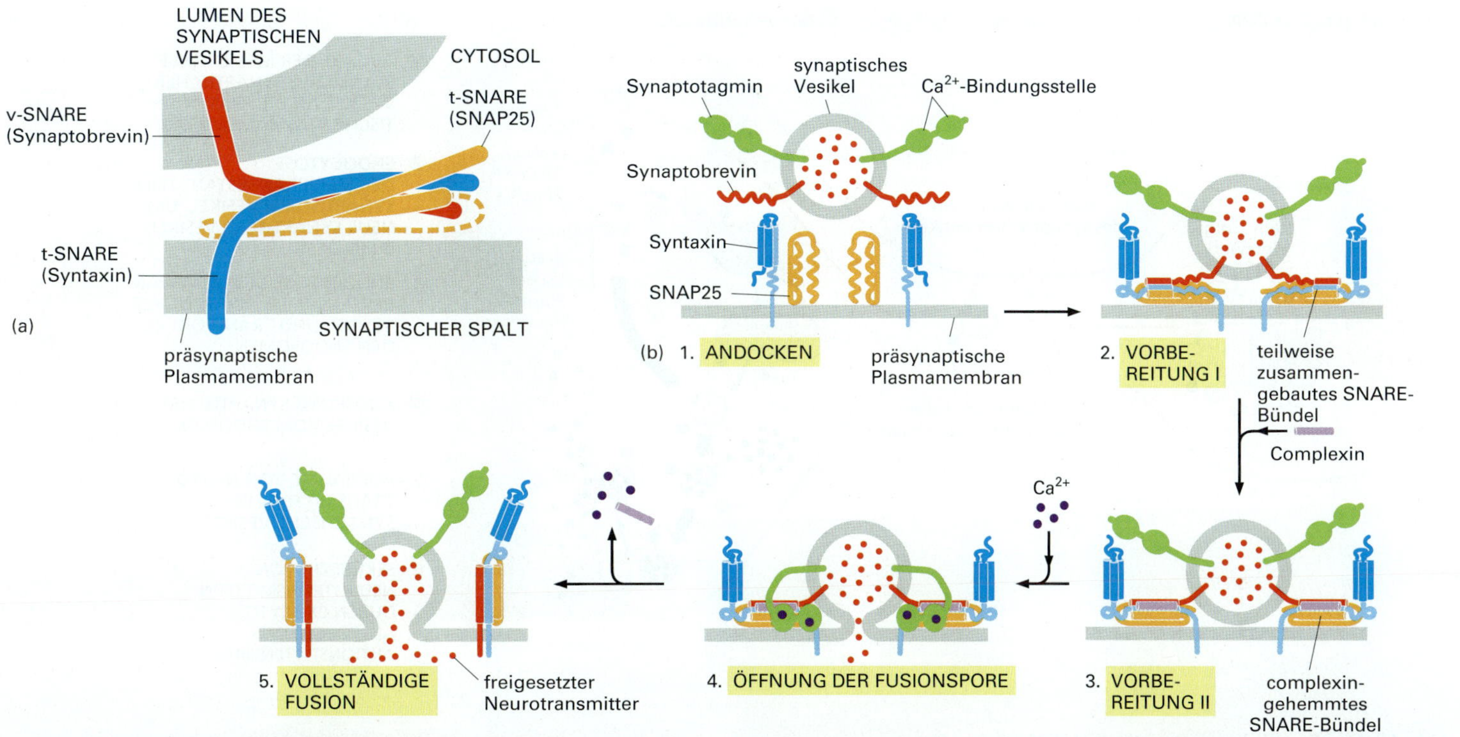

Abb. 13.45 Exocytose synaptischer Vesikel. Vergleiche. **Abb. 11.38** zum Aufbau einer Synapse. (a) Der *trans*-SNARE-Komplex, der für das Andocken synaptischer Vesikel an die Plasmamembran von Nervenendigungen verantwortlich ist, besteht aus drei Proteinen. Sowohl beim v-SNARE *Synaptobrevin* als auch beim t-SNARE *Syntaxin* handelt es sich um Transmembranproteine, von denen jedes eine α-Helix in den Komplex einbringt. Im Gegensatz zu den bereits besprochenen SNAREs, ist das t-SNARE *SNAP25* ein peripheres Membranprotein, das zwei α-Helices zu dem Vier-Helix-Bündel beisteuert. Die beiden Helices sind über eine Schleife miteinander verbunden (*gestrichelte Linie*), die parallel zur Membran liegt und Fettsäureseitenketten (nicht gezeigt) enthält, über die sie dort verankert wird. Die vier α-Helices sind der Einfachheit halber als Stäbe gezeichnet. (b) An der Synapse wird die Haupt-SNARE-Maschinerie durch den Ca^{2+}-Sensor *Synaptotagmin* und ein weiteres Protein, das *Complexin* genannt wird, moduliert. Synaptische Vesikel docken zuerst an die Membran an (Schritt 1). Im Schritt 2 setzt sich das SNARE-Bündel teilweise zusammen, was zu einem „vorbereiteten Vesikel“ (engl. *primed vesicle*) führt, das bereits nahe zur Membran hingezogen ist. Das SNARE-Bündel baut sich weiter auf, aber die weitere Bindung von Complexin verhindert (noch) das Verschmelzen (Schritt 3). Kommt ein Aktionspotenzial an, treten Ca^{2+}-Ionen in die Zelle und binden an Synaptotagmin, wodurch die Sperre gelöst wird und sich eine Fusionspore öffnet (Schritt 4). Weitere Umlagerungen vervollständigen die Fusionsreaktion (Schritt 5) und setzen die Verschmelzungsmaschinerie frei, die wiederverwendet werden kann. Dieses ausgeklügelte Umlagern erlaubt es der Fusionsmaschinerie im Millisekundenbereich zu reagieren, was für eine schnelle und wiederholte synaptische Signalübertragung unabdingbar ist. (a, verändert nach R. B. Sutton et al., *Nature* 395: 347–353, 1998; b, verändert nach J. Tang et al., *Cell* 126: 1175–1187, 2006. Mit Erlaubnis von Elsevier).

13.3.8 Synaptische Vesikel können nach der Exocytose vor Ort wiederverwendet werden

Damit die Nervenenden schnell und immer wieder antworten können, müssen die synaptischen Vesikel nach ihrer Entladung schnell ergänzt werden. Dies wird durch lokales Recyceln der synaptischen Vesikel aus der präsynaptischen Plasmamembran in den Nervenenden erreicht (**Abb. 13.46**). Bei diesem Vorgang werden Membranbestandteile der synaptischen Vesikel von der Oberfläche durch Endocytose fast so schnell entfernt wie sie durch Exocytose angefügt wurden. Ähnlich werden neu hergestellte Membranbestandteile der synaptischen Vesikel zunächst über den konstitutiven Ausscheidungsweg an die Plasmamembran gebracht und dann durch Endocytose zurückgeführt. Zu den Membranbestandteilen eines synaptischen Vesikels gehören Transporter, die auf die Aufnahme von Neurotransmittern aus dem Cytosol spezialisiert sind, wo die niedermolekularen Neurotransmitter, die die schnelle synaptische Signalübertragung vermitteln, synthetisiert werden (**Abb. 13.47**). Die meisten Endocytosevesikel füllen sich sofort wieder mit Neurotransmittern, wodurch sie zu synaptischen Vesikeln werden. Sobald sie mit Neurotransmittern angefüllt sind, können die synaptischen Vesikel wiederverwendet werden (s. **Abb. 13.46**).

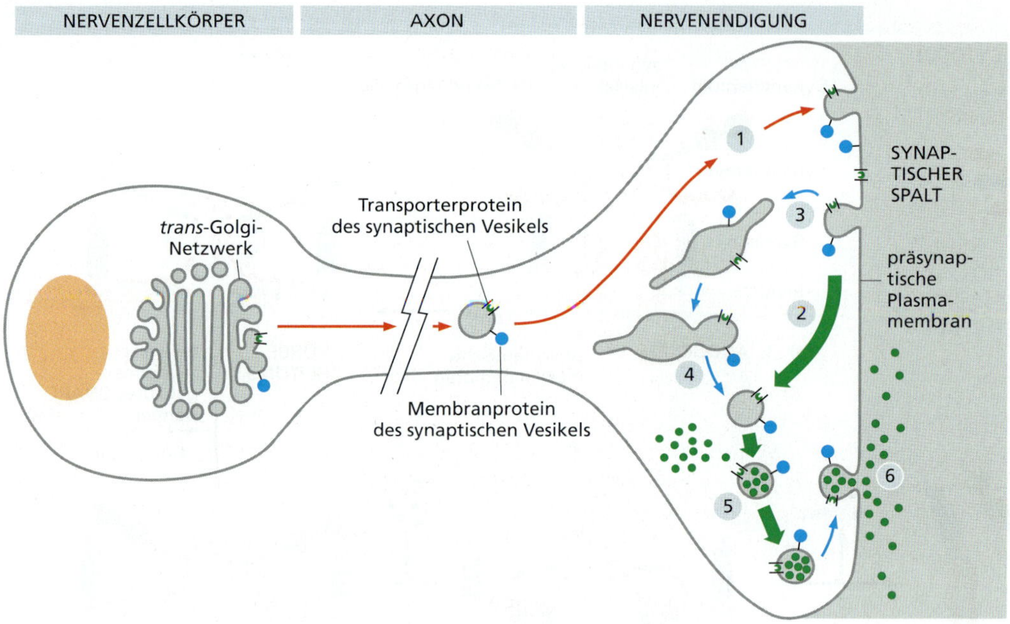

Abb. 13.46 Die Bildung synaptischer Vesikel in einer Nervenzelle. Diese winzigen, gleichaussehenden Vesikel findet man nur in Nervenzellen und einigen endokrinen Zellen, wo sie niedermolekulare Neurotransmitter speichern und freisetzen. Indem sie den H^+-Gradienten nutzen, der von V-Typ-ATPase H^+-Pumpen in der Vesikelmembran aufrechterhalten wird (in Kapitel 11 erklärt), transportieren Transporter der Plasmamembran, die als Antiporter funktionieren, die Neurotransmitter auf direktem Weg in die kleinen Endocytosevesikel, die von der Plasmamembran gebildet werden.

13.3.9 Membranbestandteile von Sekretionsvesikeln werden schnell aus der Plasmamembran entfernt

Wenn ein Sekretionsvesikel mit der Plasmamembran verschmilzt, wird sein Inhalt durch Exocytose freigesetzt und seine Membran wird ein Teil der Plasmamembran. Das vergrößert zwar die Oberfläche der Plasmamembran stark, geschieht aber nur vorübergehend, weil eine äquivalente Membranmenge fast so schnell, wie sie durch Exocytose eingefügt wird, durch Endocytose von der Zelloberfläche entfernt wird, ein Vorgang, der an den Endocytose–Exocytose-Zyklus erinnert, der uns später begegnen wird. Die Proteine der Membran des sekretorischen Vesikels, die durch Endocytose von der Plasmamembran entfernt wird, werden entweder wiederverwendet oder zum Abbau in Lysosomen durch einen Mechanismus, den wir später noch diskutieren werden, verbracht. Die Membranmenge des sekretorischen Vesikels, die vorübergehend in die Plasmamembran eingebaut wird, kann sehr groß sein: In einer Acinuszelle der Bauchspeicheldrüse, die Verdauungsenzyme zum Transport ins Darmlumen abgibt, werden rund 900 μm^2 Vesikelmembran in die apikale Plasmamembran (deren Fläche nur 30 μm^2 beträgt) eingebaut, wenn die Zelle zur Sekretion angeregt wird.

Die Kontrolle des Membranverkehrs ist daher für die Aufrechterhaltung der Zusammensetzung der unterschiedlichen Membranen einer Zelle vordringlich. Um jedes membranumhüllte Kompartiment im sekretorischen und endocytotischen Weg in konstanter Größe zu halten, muss das Gleichgewicht zwischen Auswärts- und Einwärts-Membranfluss genau reguliert sein. Zellen können nur wachsen, wenn der anterograde Fluss größer als der retrograde ist, damit sich die Membranfläche vergrößern kann. Zellen können ihre Größe nur dann konstant halten, wenn sich anterograder und retrograder Fluss entsprechen. Wir wissen immer noch sehr wenig über die Mechanismen, die diese Flüsse regulieren.

13.3.10 Manche regulierten Exocytosevorgänge dienen dazu, die Plasmamembran zu vergrößern

Eine wichtige Aufgabe der regulierten Exocytose ist es, mehr Membranmaterial heranzuschaffen, um die Oberfläche der Plasmamembran einer Zelle zu vergrößern,

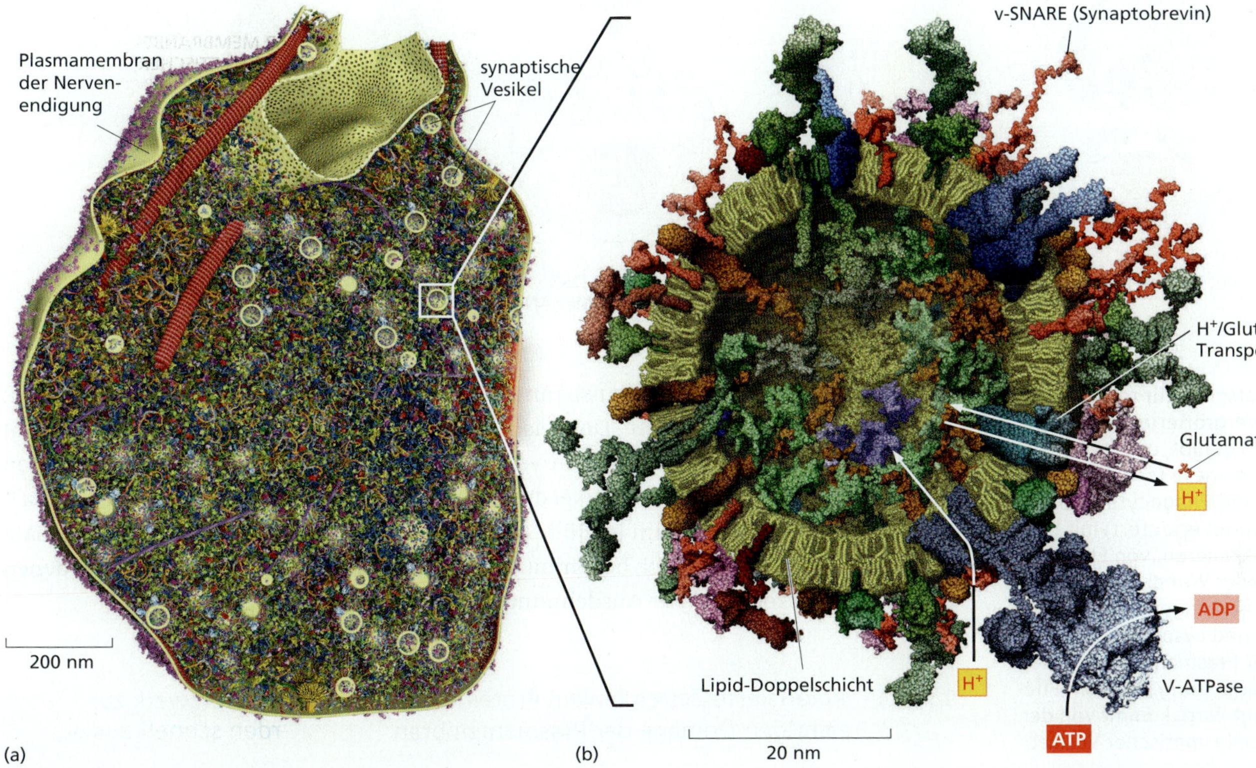

Abb. 13.47 Ein maßstabsgetreues Modell einer präsynaptischen Endigung im Gehirn und eines synaptischen Vesikels. Die Darstellungen zeigen einen Schnitt durch eine präsynaptische Endigung (a) und durch ein synaptisches Vesikel (b), in dem Proteine und Lipide basierend auf ihrer bekannten Stöchiometrie und entweder bekannter oder geschätzter Struktur maßstabsgerecht gezeichnet sind. Hochauflösende Bildgebung und Elektronenmikroskopie erlauben Rückschlüsse über die Zuordnung der Proteine zu unterschiedlichen Bereichen der präsynaptischen Endigung. Das Modell in (a) enthält insgesamt 300 000 Proteine. Es handelt sich dabei um 60 verschiedene Proteine, die in ihrer Häufigkeit zwischen 150 und 20 000 Kopien variieren. Im Modell in (b) sind nur 70 % der vorhandenen Membranproteine gezeigt; ein vollständiges Modell würde somit eine Membran zeigen, die sogar noch überfüllter ist, als es das Bild vermuten lässt. Jede Membran eines synaptischen Vesikels enthält 7000 Phospholipidmoleküle und 5700 Cholesterinmoleküle. Jede enthält auch nahezu 50 verschiedene integrale Membranproteinmoleküle, die hinsichtlich ihrer Häufigkeit stark schwanken und zusammen rund 600 Transmembran-α-Helices beisteuern. Das transmembrane v-SNARE Synaptobrevin ist das häufigste Protein im Vesikel (ca. 70 Kopien pro Vesikel). Im Gegensatz dazu kommt die V-ATPase, die mithilfe der ATP-Hydrolyse H^+-Ionen ins Vesikellumen pumpt, mit 1–2 Kopien pro Vesikel vor. Der H^+-Gradient liefert die Energie für den Neurotransmitterimport durch einen H^+/Neurotransmitter-Antiporter; dieser belädt jedes Vesikel mit 1800 Neurotransmittermolekülen, wie z. B. Glutamat, von denen eines maßstabsgetreu gezeigt ist. (a, nach B. G. Wilhelm et al., *Science* 344: 1023–1028, 2014. Mit Erlaubnis von AAAS; b, verändert nach S. Takamori et al., *Cell* 127: 831–846, 2006. Mit Erlaubnis von Elsevier).

wenn ein derartiger Bedarf besteht. Ein spektakuläres Beispiel ist die Ausdehnung der Plasmamembran, die während des Zellularisierungsvorgangs in einem Fliegenembryo stattfindet. Der Embryo ist anfangs ein Syncytium – eine einzelne Zelle mit etwa 6000 Zellkernen, die von einer einzigen Plasmamembran umgeben sind (s. Abb. 21.14). Innerhalb einer guten halben Stunde wird der Embryo in die gleiche Anzahl Zellen umgewandelt. Dieser Vorgang der *Zellularisierung* erfordert enorme Mengen neuer Plasmamembran, die durch sorgfältig dirigierte cytoplasmatische Vesikelfusion hinzugefügt werden, sodass sich schließlich die Plasmamembranen bilden, die die getrennten Zellen umschließen. Ähnliche Vesikelfusionsereignisse sind erforderlich, um die Plasmamembran zu vergrößern, wenn andere Tier- und Pflanzenzellen sich während der *Cytokinese* teilen (s. Kapitel 17).

Viele tierische Zellen, insbesondere diejenigen, die mechanischem Stress ausgesetzt sind, erleiden während ihrer Lebensspanne häufig kleine Risse in ihrer Plasmamembran. In einem bemerkenswerten Vorgang, von dem man glaubt, dass er sowohl die homotypische Vesikel-Vesikel-Fusion als auch die Exocytose beinhaltet, wird rasch ein provisorischer Zelloberflächenfleck aus lokal verfügbaren internen Membranquellen wie z. B. Lysosomen gefertigt. Der Fleck verschafft nicht nur eine Notbarriere gegen

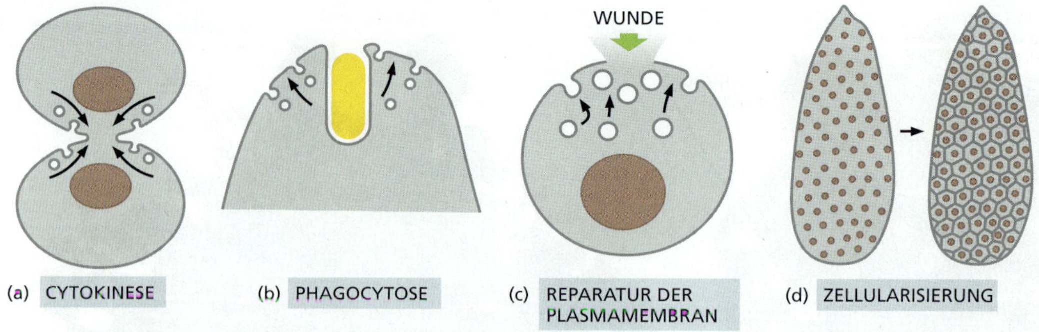

Abb. 13.48 Vier Beispiele für regulierte Exocytose, die zur Vergrößerung der Plasmamembran führt. Man glaubt, dass die Vesikel, die während der Cytokinese (a) (wird in Kapitel 17 besprochen) und Phagocytose (b) (wird später in diesem Kapitel erläutert) mit der Plasmamembran fusionieren, von Endosomen stammen; (c) die an der Wundreparatur beteiligten Vesikel stammen dagegen wohl von Plasmamembranen und Lysosomen. (d) Die riesige Menge neuer Plasmamembran, die während der Zellularisierung in einem Fliegenembryo eingefügt wird, kommt von der Verschmelzung cytoplasmatischer Vesikel.

Lecks, er hilft auch, die Membranspannung über der verwundeten Fläche zu verringern; dies erlaubt es der „normalen" Doppelschicht zusammenzufließen, um die Kontinuität wiederherzustellen und das Loch zu verschließen. Bei der Membranreparatur werden die Fusion und Exocytose der Vesikel durch den plötzlichen Ca^{2+}-Anstieg ausgelöst; Ca^{2+} kommt im Extrazellularraum in Hülle und Fülle vor und strömt in die Zelle ein, sobald die Plasmamembran ein Loch bekommt. **Abbildung 13.48** zeigt vier Beispiele, bei denen die regulierte Exocytose zur Ausdehnung der Plasmamembran führt.

13.3.11 Polarisierte Zellen lenken Proteine vom *trans*-Golgi-Netzwerk zur richtigen Domäne der Plasmamembran

Die meisten Zellen in Geweben sind *polar*: Sie enthalten zwei oder mehr molekular und funktionell abgegrenzte Plasmamembranbereiche. Damit ergibt sich das allgemeine Problem, wie der Membrantransport vom Golgi-Apparat reguliert wird, um die Unterschiede zwischen den einzelnen Zelloberflächendomänen einer Zelle aufrechtzuerhalten. Eine typische Epithelzelle hat eine *apikale*, dem Lumen oder der Außenwelt zugewandte Seite, die oftmals spezielle Charakteristika wie Cilien oder Mikrovilli-Bürstensäume besitzt. Sie hat außerdem eine *basolaterale* Seite, die den Rest der Zelle einnimmt. Die beiden Seiten werden durch einen Ring von *Tight Junctions* (s. **Abb. 19.20**) abgetrennt, der verhindert, dass Proteine und Lipide (in der äußeren Schicht der Lipid-Doppelschicht) zwischen den beiden Seiten diffundieren, sodass die beiden Seiten unterschiedlich bleiben.

Unterschiedliche Gruppen von Proteinen werden von der apikalen und basolateralen Oberfläche der Zelle sezerniert. Epithelzellen, die den Darm auskleiden, scheiden beispielsweise häufig an ihrer apikalen Oberfläche Verdauungsenzyme und Schleime aus und andererseits Bestandteile der Basallamina an ihrer basolateralen Seite. Solche Zellen müssen demnach über Möglichkeiten verfügen, Vesikel mit unterschiedlicher Fracht zu unterschiedlichen Plasmamembranbereichen zu lenken. Proteine aus dem ER, die für unterschiedliche Bereiche bestimmt sind, wandern gemeinsam, bis sie das TGN erreichen. Hier werden sie getrennt und in sekretorische oder Transportvesikel für die richtigen Bereiche der Plasmamembran verpackt (**Abb. 13.49**). Diese Wege werden als *direkte Wege* für die polarisierte Sekretion bezeichnet, weil die für die apikale und basolaterale Domäne bestimmte Ladung direkt dorthin geliefert wird.

Die apikale Plasmamembran der meisten Zellen ist weitgehend mit Glykosphingolipiden angereichert, die diese Oberflächen vor Schaden bewahren – beispielsweise vor Verdauungsenzymen und niedrigem pH-Wert wie im Magen oder Darm. Gleichermaßen werden Plasmamembranproteine, die an eine Lipid-Doppelschicht über einen Glykosylphosphatidylinositol (GPI)-Anker (s. **Abb. 12.30**) gebunden sind, vorwiegend an der apikalen Plasmamembran angetroffen. Benutzt man rekombinante DNA-Methoden, um GPI-Anker an ein Protein anzuhängen, das eigentlich zur basolateralen Seite

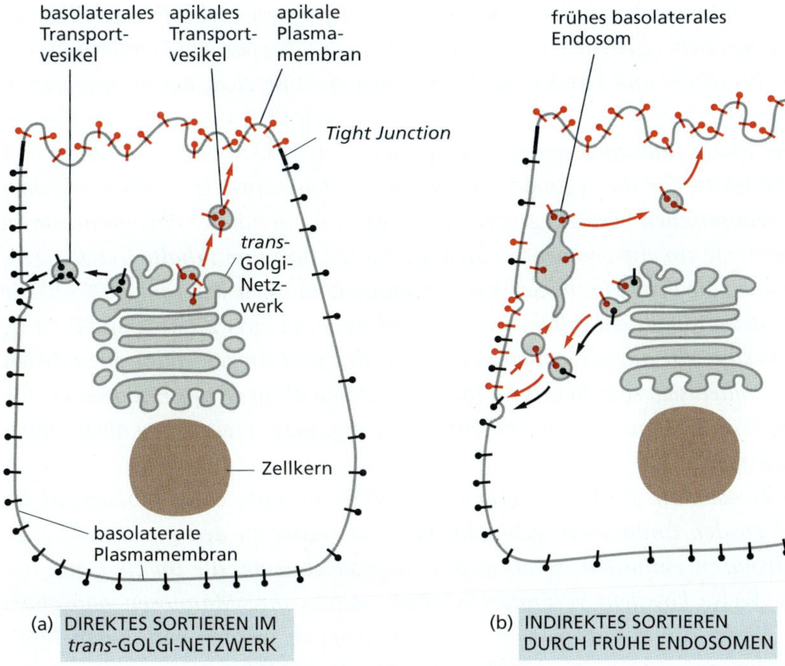

Abb. 13.49 Zwei Möglichkeiten, Plasmamembranproteine in einer polarisierten Epithelzelle zu sortieren. (a) Auf dem direktem Weg werden Proteine, die für verschiedene Domänen in der Plasmamembran bestimmt sind, in unterschiedliche Transportvesikel sortiert und verpackt. Das im Text beschriebene, von Lipidflößen abhängige Zustellungssystem zur apikalen Domäne ist ein Beispiel für den direkten Weg. (b) Beim indirekten Weg wird ein Protein durch Endocytose aus der falschen Plasmamembrandomäne entnommen und dann über frühe Endosomen zur richtigen Domäne transportiert, was man als Transcytose bezeichnet. Der indirekte Weg wird beispielsweise von Hepatocyten benutzt, um Proteine zur apikalen Domäne zu transportieren, die die Gallengänge auskleidet.

transportiert würde, wird das Protein nun stattdessen zur apikalen Seite transportiert. Man nimmt an, dass GPI-verankerte Proteine zur apikalen Membran gebracht werden, weil sie mit Glykosphingolipiden in Lipidflößen assoziiert sind, die sich in Membranen des TGN ausbilden. Wie bereits in Kapitel 10 erwähnt, bilden sich Lipidflöße im TGN und der Plasmamembran, wenn Glykosphingolipide und Cholesterin sich selbst zu Mikroaggregaten zusammenlagern (s. **Abb. 10.13**). Nachdem sie eine einzigartige Frachtkollektion ausgewählt haben, knospen die Flöße vom TGN zu Transportvesikeln ab und nehmen Kurs auf die apikale Plasmamembran.

Während sekretorische und GPI-verankerte Proteine den direkten Weg nehmen, können Membranproteine manchmal einen indirekten Weg benutzen, um an die entsprechende Membranoberfläche zu gelangen (siehe **Abb. 13.49b**). Bei diesem Weg reisen sowohl apikale als auch basolaterale Ladung zusammen in Transportvesikeln vom TGN zur basolateralen Membran. Membranproteine, die nicht in diesen Bereich der Plasmamembran gehören, werden durch Endocytose abgerufen und über frühe Endosomen in die richtige Region transportiert. Membranproteine, die zur basolateralen Membran transportiert werden sollen, enthalten Sortiersignale in ihrem cytosolischen Schwanz. Liegen sie in einem entsprechenden Strukturzusammenhang vor, werden sie von Hüllproteinen erkannt, die sie in richtigen Transportvesikel im TGN verpacken. Die gleichen basolateralen Signale, die im TGN erkannt werden, arbeiten auch in frühen Endosomen für den Rücktransport zur basolateralen Plasmamembran, wenn die Proteine endocytiert wurden. Eine Kombination aus direkten und indirekten Lieferungen sorgt dafür, dass die apikale und die basolaterale Membran ihre unterschiedlichen Identitäten behalten.

Zusammenfassung

Transportvesikel, die das TGN verlassen, transportieren ihren Inhalt zu einer der beiden Hauptzielorte: zur Plasmamembran zur Exocytose oder zu den Endosomen, um sie schließlich an die Lysosomen zu liefern. Der Vesikeltransport vom TGN zur Plasmamembran wird weiter unterteilt in einen konstitutiven und einen regulierten Weg. Proteine folgen dem konstitutiven Weg, es sei denn, sie werden in andere Wege umgeleitet oder im Golgi-Apparat zurückgehalten. In polarisierten Zellen arbeiten die Transportwege selektiv vom TGN zur Plasmamembran, um sicherzustellen, dass unterschiedliche Gruppen von Membranproteinen, sezernierten Proteinen und Lipiden an die verschiedenen Bereiche der Plasmamembran geliefert werden.

Die regulierten Pfade funktionieren nur in spezialisierten sekretorischen Zellen und Neuronen. Die Moleküle für die regulierte Sekretion werden entweder in sekretorischen Vesikeln oder in synaptischen Vesikeln gespeichert, die erst dann mit der Plasmamembran verschmelzen, wenn sie ein entsprechendes Signal erhalten, um ihre Inhalte freizusetzen. Sekretorische Vesikel, die Proteine zur Sekretion enthalten, knospen sich vom TGN ab. Die sekretorischen Proteine, die sie enthalten, reichern sich während ihrer Bildung und Reifung an. Synaptische Vesikel, die ausschließlich in Nervenzellen und einigen endokrinen Zellen gefunden werden, bilden sich sowohl aus Endocytosevesikeln als auch aus Endosomen. Sie vermitteln an den Axonendigungen der Nervenzelle die regulierte Freisetzung niedermolekularer Neurotransmitter.

Neu gebildete lysosomale Proteine werden vom TGN mithilfe clathrinbeschichteter Transportvesikel zu den Endosomen gebracht, bevor es weiter zu den Lysosomen geht. Lysosomale Hydrolasen enthalten N-verknüpfte Oligosaccharide, die im cis-Golgi auf eine einzigartige Weise kovalent verändert werden, sodass ihre Mannosen phosphoryliert vorliegen. Diese Mannose-6-phosphat (M6P)-Gruppen werden von einem M6P-Rezeptorprotein im trans-Golgi-Netzwerk erkannt. Der M6P-Rezeptor trennt die Hydrolasen ab und hilft bei ihrer Verpackung in sich bildende Transportvesikel, die ihren Inhalt an Endosomen abgegeben. Der M6P-Rezeptor zirkuliert zwischen dem trans-Golgi-Netzwerk und den Endosomen hin und her. Das saure Milieu der Endosomen und die Entfernung des Phosphats von der M6P-Gruppe verursachen, dass sich die lysosomalen Hydrolasen vom Rezeptor ablösen, wodurch der Transport der Hydrolasen nur in eine Richtung möglich ist. Ein weiteres Transportsystem benutzt ebenfalls clathrinbeschichtete Vesikel, um residente lysosomale Membranproteine vom trans-Golgi-Netzwerk an die Endosomen auszuliefern.

13.4 Transport von der Plasmamembran ins Zellinnere: Endocytose

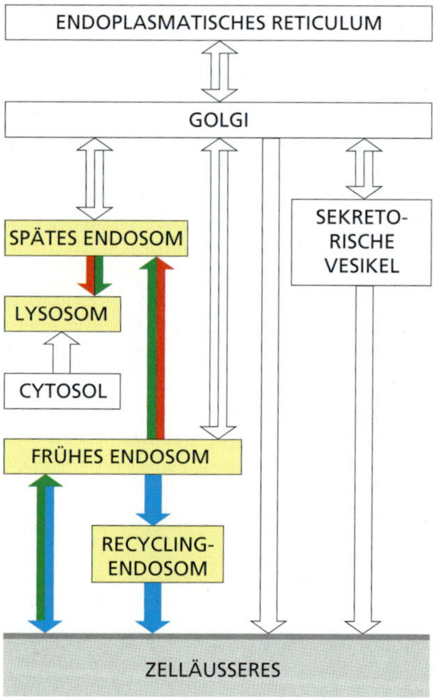

Die Wege, die von der Zelloberfläche ins Innere führen, beginnen mit dem Vorgang der **Endocytose**. Zellen nehmen dabei Plasmamembranbestandteile, Flüssigkeit, gelöste Stoffe, Makromoleküle und Partikel auf. Die durch Endocytose aufgenommene Fracht umfasst Rezeptor–Ligand-Komplexe, eine ganze Palette von Nährstoffen und ihre Transporter, Bestandteile der extrazellulären Matrix, Zelltrümmer, Bakterien, Viren und manchmal sogar ganze Zellen. Mittels Endocytose reguliert die Zelle die Zusammensetzung ihrer Plasmamembran in Abhängigkeit von den sich ändernden äußeren Bedingungen.

Bei der Endocytose wird das aufzunehmende Material zunehmend von einem kleinen Teil der Plasmamembran eingehüllt, der sich erst einstülpt und dann zu einem **endocytotischen Vesikel**, das die aufgenommenen Substanzen oder Partikel enthält, abschnürt. Die meisten eukaryotischen Zellen bilden ständig endocytotische Vesikel, einen Vorgang, den man *Pinocytose* („Zell-Trinken") nennt; außerdem verfügen einige spezialisierte Zellen über geeignete Möglichkeiten, bei Bedarf große Partikel aufzunehmen; diesen Vorgang nennt man *Phagocytose* („Zell-Fressen"). Endocytotische Vesikel bilden sich an der Plasmamembran durch mehrere Mechanismen, die sich sowohl hinsichtlich der benutzten Maschinerie als auch in Bezug auf die Regulation der Maschinerie unterscheiden.

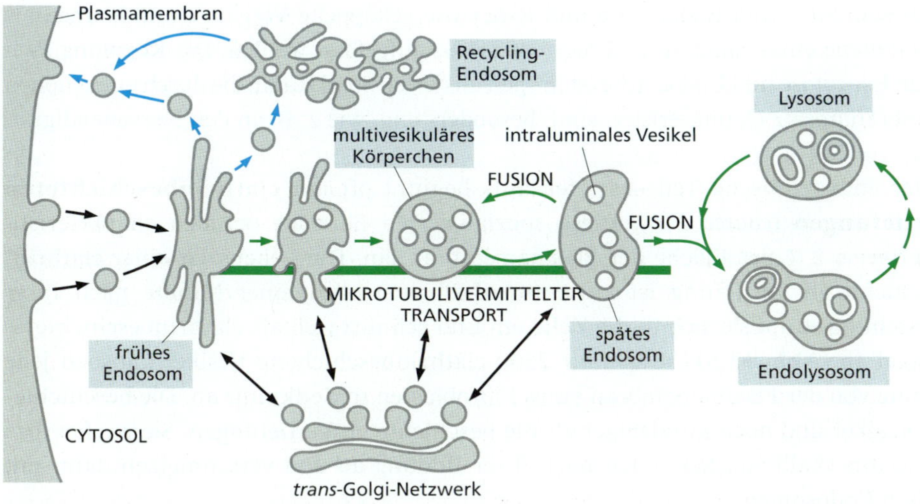

Abb. 13.50 Endosomenreifung: der endocytotische Transportweg von der Plasmamembran zu Lysosomen. Endocytotische Vesikel verschmelzen in der Zellperipherie mit einem frühen Endosom, das die erste Sortierstation darstellt. Von röhrenartigen Teilen der frühen Endosomen knospen Vesikel ab, die durch Endocytose geschluckte Fracht zur Wiederverwendung zurück zur Plasmamembran bringen – entweder direkt oder indirekt über wiederverwertende Endosomen (Recycling-Endosomen). Recycling-Endosomen können Proteine speichern, bis sie gebraucht werden. Die Verwandlung früher Endosomen in späte Endosomen geht mit dem Verlust der röhrenartigen Ausläufer einher. Zum Abbau vorgesehene Membranproteine werden in intraluminale Vesikel eingebracht. Das sich bildende späte Endosom, auch multivesikuläres Körperchen genannt, bewegt sich an den Mikrotubuli entlang zum Zellinnern. Ausgereifte späte Endosomen schicken keine Vesikel mehr zur Plasmamembran, stattdessen verschmelzen sie miteinander und mit Endolysosomen und Lysosomen, um ihren Inhalt abzubauen. Jede Stufe der Endosomenreifung ist über Transportvesikel mit dem TGN verbunden, sodass eine kontinuierliche Versorgung mit frisch hergestellten lysosomalen Proteinen gewährleistet wird.

Sobald die endocytotischen Vesikel an der Plasmamembran entstanden sind, verschmelzen die meisten auch schon mit einem weit verbreiteten aufnehmenden Kompartiment, den *frühen Endosomen*, wo die einverleibte Fracht sortiert wird. Manche Frachtmoleküle werden zur Plasmamembran zurückgeschickt – dies geschieht entweder direkt oder über *Recycling-Endosomen* (wiederverwertende Endosomen) – und andere bleiben, während sich das frühe Endosom in ein *spätes Endosom* in einem Vorgang, der sich *Endosomenreifung* nennt, umwandelt (**Abb. 13.50**). Dieser Umwandlungsvorgang verändert die Proteinzusammensetzung der Endosomenmembran, Teile davon stülpen sich in das Organell ein und werden so zu *intraluminalen Vesikeln*, während das Endosom selbst aus der Peripherie der Zelle in die Nähe des Zellkerns wandert. Während des Reifungsprozesses des Endosoms endet der Rücktransport von Material zur Wiederverwendung an der Plasmamembran. Stattdessen verschmelzen späte Endosomen miteinander und mit Lysosomen, sodass sich Endolysosomen bilden, die ihren Inhalt abbauen.

Jede Stufe der Endosomenreifung – vom frühen Endosom zum Endolysosom – ist mit dem TGN über in zwei Richtungen verlaufende Vesikeltransportwege verbunden. Diese Transportwege erlauben das Einbringen von neu hergestellten Materialien, wie aus dem ER ankommende lysosomale Enzyme, und das Rückgewinnen von Bestandteilen, wie dem M6P-Rezeptor, um diese zurück in die frühen Stadien des sekretorischen Transportwegs zu bringen. Als nächstes werden wir erfahren, wie sich die Zelle der verschiedenen Möglichkeiten des endocytotischen Transportsystems bedient und es kontrolliert.

13.4.1 Pinocytosevesikel bilden sich in der Plasmamembran aus beschichteten Vertiefungen

Praktisch alle eukaryotischen Zellen nehmen ständig Teile ihrer Plasmamembran in Form kleiner Pinocytosevesikel (Endocytosevesikel) auf. Die Geschwindigkeit, mit der die Plasmamembran durch **Pinocytose** aufgenommen wird, schwankt je nach Zelltyp, ist aber normalerweise erstaunlich groß. Ein Makrophage nimmt z. B. 25 % seines eigenen Flüssigkeitsvolumens in einer Stunde auf. Das bedeutet, dass er 3 % seiner Plasmamembran in jeder Minute oder 100 % in etwa einer halben Stunde aufnehmen muss. Fibroblasten endocytieren mit etwas geringerer Geschwindigkeit (1 % ihrer Plasmamembran je Minute). Manche Amöben nehmen ihre Plasmamembran sogar noch schneller auf. Da die Zelloberflächen und das Volumen während des Vorgangs unverändert bleiben, ist klar, dass die gleiche Menge Membran, die durch Endocytose entfernt wird, der Zelloberfläche durch *Exocytose*, dem Umkehrvorgang, wieder zugeführt werden muss.

In diesem Sinn sind Endocytose und Exocytose gekoppelte Vorgänge und können als Bestandteile eines *Endocytose–Exocytose-Zyklus* aufgefasst werden. Die Kopplung zwischen Exocytose und Endocytose ist in spezialisierten Strukturen, die durch einen hohen Membranumsatz charakterisiert sind, besonders eng, wie z. B. an den Nervenendigungen.

Der endocytotische Teil des Kreislaufs beginnt oft mit **clathrinbeschichteten Vertiefungen** (*coated Pits*). Diese spezialisierten Bereiche nehmen charakteristischerweise 2 % der Fläche der Plasmamembran ein. Die Lebenszeit einer clathrinbeschichteten Vertiefung ist kurz: Innerhalb von etwa einer Minute nach ihrer Entstehung stülpt sie sich in die Zelle ein und schnürt sich als clathrinbeschichtetes Vesikel ab (**Abb. 13.51**). Ungefähr 2500 clathrinbeschichtete Vesikel knospen jede Minute von der Plasmamembran eines Fibroblasten in Zellkultur ab. Die beschichteten Vesikel sind noch kurzlebiger als die beschichteten Vertiefungen. Sie werfen ihre Hülle innerhalb von Sekunden nach ihrer Bildung ab und verschmelzen dann mit frühen Endosomen.

13.4.2 Nicht alle Membraneinstülpungen und Pinocytosevesikel sind mit Clathrin beschichtet

Zellen können zusätzlich zu den clathrinbeschichteten Vertiefungen und Vesikeln auch andere Typen von Pinocytosevesikel und Membraneinstülpungen bilden. Von den meisten clathrinunabhängigen Membraneinstülpungen ist noch wenig verstanden. Die Moleküle, die hierbei für die Membranbiegung und die Vesikelbildung sorgen, sind oft nicht vollständig bekannt. Die am besten bekannten clathrinunabhängigen Membraneinstülpungen nennt man ***Caveolae*** (lat. *Caveola*, kleine Höhle), die ursprünglich als hervorstechendes Merkmal von Endothelzellen entdeckt wurden, die die innere Auskleidung von Blutgefäßen bilden.

Caveolae – manchmal im Elektronenmikroskop als tief eingestülpte Kolben erkennbar – befinden sich in der Plasmamembran der meisten Zelltypen von Vertebraten (**Abb. 13.52**). Die Haupt-Strukturproteine der *Caveolae* sind **Caveoline**, eine Familie ungewöhnlicher integraler Membranproteine, die jeweils eine hydrophobe Schleife von der cytosolischen Seite her in die Membran einschieben, sich aber nicht durch die Membran erstrecken. Auf ihrer cytosolischen Seite sind Caveoline an große Proteinkomplexe aus Höhlenproteinen gebunden, von denen man annimmt, dass sie die Membranwölbung stabilisieren. *Caveolae* sind besonders reich an Cholesterin,

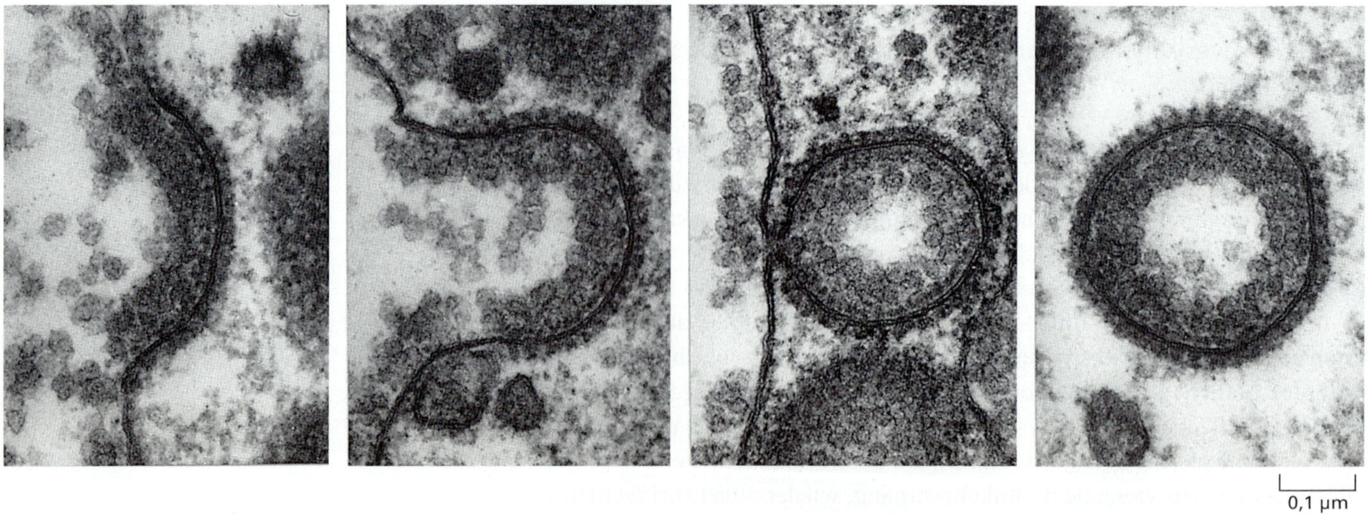

Abb. 13.51 Die Bildung clathrinbeschichteter Vesikel aus der Plasmamembran. Die elektronenmikroskopischen Aufnahmen zeigen den wahrscheinlichen Ablauf von Vorgängen während der Bildung eines clathrinbeschichteten Vesikels aus einer clathrinbeschichteten Vertiefung (engl. *pit*). Die dargestellten clathrinbeschichteten Vertiefungen und Vesikel sind größer als die normaler Zellen. Sie stammen von einer sehr großen Hühner-Oocyte und sie nehmen Lipoproteinpartikel für die Dotterbildung auf. Man erkennt die an ihren membranständigen Rezeptor gebundenen Lipoproteinpartikel als dichte, unregelmäßige Schicht auf der extrazellulären Seite der Plasmamembran – die der inneren Oberfläche der beschichteten Vertiefung und der Vesikel entspricht. (Mit freundlicher Genehmigung von M. M. Perry und A. B. Gilbert, *J. Cell Sci.* 39: 257–272, 1979. Mit Erlaubnis von The Company of Biologists).

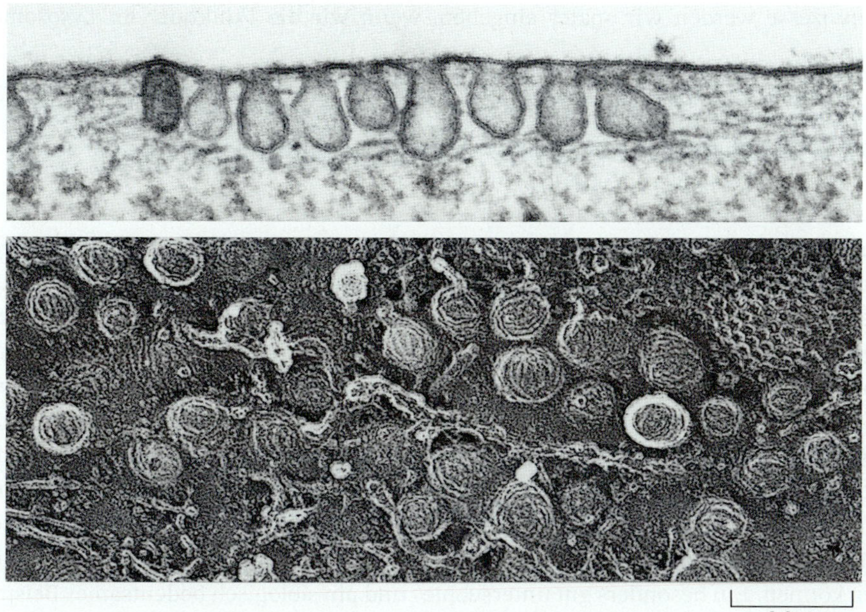

Abb. 13.52 ***Caveolae* in der Plasmamembran eines Fibroblasten.** (a) Die elektronenmikroskopische Aufnahme zeigt eine Plasmamembran mit einer sehr hohen Dichte an *Caveolae*. (b) Die Aufnahme in der Technik der Gefrierätz-Elektronenmikroskopie zeigt die charakteristische „Blumenkohlstruktur" der cytosolischen Seite der Caveolae-Membran. Man nimmt an, dass die charakteristische Textur durch Ansammlungen von Caveolinen und Cavinen hervorgerufen wird. In der *oberen rechten* Hälfte erkennt man auch eine clathrinbeschichtete Vertiefung. (Aus K. G. Rothberg et al., *Cell* 68: 673–682, 1992. Mit Erlaubnis von Elsevier).

Glykosphingolipiden und Glykosylphosphatidylinositol (GPI)-verankerten Membranproteinen; möglicherweise stellen sie eine Art von Lipidflößen in der Plasmamembran dar (s. Abb. 10.13).

Im Unterschied zu clathrinbeschichteten bzw. COPI- oder COPII-beschichteten Vesikeln handelt es sich bei *Caveolae* gewöhnlich um statische Strukturen, die als Vorratsspeicher für zusätzliche Plasmamembran dienen können. Es wird angenommen, dass Zellen die dynamischen Veränderungen der Scherkräfte ausgesetzt sind, wie z. B. die Endothelzellen der Arterien, diesen Speicher nutzen, um ihren Plasmamembranen eine größere Dehnbarkeit zu verleihen. Dies wird durch den raschen Abbau des Höhlen-Proteingerüsts als Reaktion auf mechanische Kräfte erreicht, wodurch die darunter liegende Membran die Oberfläche der Zelle vorübergehend vergrößern kann. Die Fähigkeit, die Membranoberfläche schnell zu verändern, ist vermutlich wichtig für die Anpassung an dynamische Veränderungen des Blutflusses zu verschiedenen Teilen des Gehirns.

Es sind noch zwei weitere Endocytosewege, die beide kein Clathrin verwenden, bekannt. **Makropinocytose** ist ein Vorgang, bei dem sich die Plasmamembran aus der Zelle vorwöbt und einen Teil der sie umgebenden extrazellulären Flüssigkeit verschlingt, was dann als ein *Makropinosom* bezeichnet wird. Mit diesem nicht selektiven Prozess kann unter bestimmten Bedingungen Flüssigkeit in die Zelle aufgenommen werden. Bei der *Phagocytose* wird die Plasmamembran so ausgerichtet, dass sie sich um das zu verschlingende Partikel wickelt, bis sie mit sich selbst verschmilzt, was zu einem geschlossenen *Phagosom* innerhalb der Zelle führt. Beide Prozesse nutzen die Aktinpolymerisation unter der Plasmamembran, um die großflächigen Membranverformungen zu vermitteln, die für das Verschlucken eines großen Partikels oder eines großen Flüssigkeitsvolumens erforderlich sind. Sowohl Makropinosomen als auch Phagosomen sind dazu bestimmt, mit Lysosomen zu verschmelzen, damit ihr Inhalt abgebaut werden kann. Auf diese

Abbauprozesse werden wir später eingehen, wenn wir die Funktion der Lysosomen erläutern.

13.4.3 Zellen importieren bestimmte extrazelluläre Makromoleküle durch rezeptorvermittelte Endocytose

In den meisten tierischen Zellen stellen die clathrinbeschichteten Vertiefungen und Vesikel einen wirkungsvollen Aufnahmemechanismus dar, um spezifische Makromoleküle aus der extrazellulären Flüssigkeit aufzunehmen. In diesem Vorgang der **rezeptorvermittelten Endocytose** binden Makromoleküle an komplementäre Transmembran-Rezeptorproteine, die sich in beschichteten Vertiefungen anhäufen, und gelangen dann als Rezeptor–Makromolekül-Komplex in clathrinbeschichteten Vesikeln in die Zelle (s. **Abb. 13.51**). Da die Liganden selektiv von Rezeptoren „gefischt" werden, stellt die rezeptorvermittelte Endocytose einen selektiven Konzentrierungsmechanismus dar, der die Aufnahme von bestimmten Liganden mehr als hundertfach steigert, sodass selbst seltene Bestandteile der extrazellulären Flüssigkeit in großer Zahl effizient aufgenommen werden können. Ein besonders gut untersuchtes und physiologisch bedeutsames Beispiel für einen solchen Vorgang ist der Import von Cholesterin bei Säugerzellen.

Viele tierische Zellen nehmen Cholesterin durch rezeptorvermittelte Endocytose auf und erhalten auf diesem Weg nahezu das gesamte Cholesterin, das sie für die Neusynthese von Membranen brauchen. Ist die Aufnahme blockiert, häuft sich das Cholesterin im Blut an und kann in Blutgefäßwänden der Arterien zur Bildung von *atherosklerotischen Plaques* beitragen. Das sind Ablagerungen aus Lipiden und faserförmigem Gewebe, die den arteriellen Blutfluss blockieren und damit Schlaganfälle und Herzinfarkte verursachen können. Untersuchungen an Patienten mit genetisch bedingter Neigung zu *Atherosklerose* waren es dann auch, die den ersten klaren Einblick in den Mechanismus der rezeptorvermittelten Endocytose ermöglichten.

Cholesterin wird im Blut vorwiegend als Cholesterinester in Form von Lipid–Protein-Partikeln, den sogenannten ***Low-Density*-Lipoproteinen** (**LDL**), transportiert, die von ihrem Aufbau her Lipid-Tröpfchen mit einem Kern aus Triacylglycerin, freiem Cholesterin und Cholesterinester ähneln. Ein Lipidtröpfchen wird von einem einzigen Molekül Apolipoprotein B stabilisiert. Apolipoprotein B ist ein sehr großes Protein, das sich um den LDL-Partikel wickelt (**Abb. 13.53**). Sobald eine Zelle

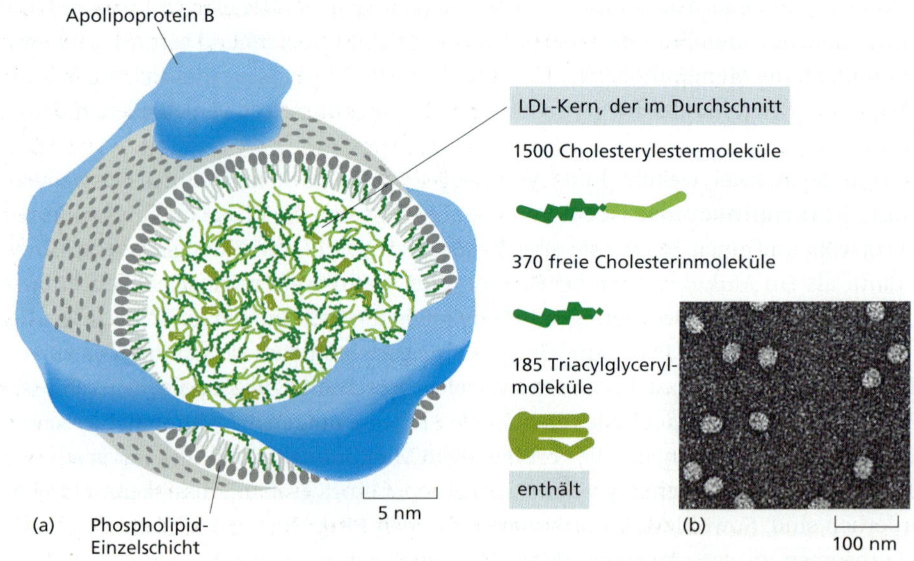

Abb. 13.53 Ein *Low-Density* Lipoprotein (LDL)-Partikel. (a) Jedes annähernd kugelförmige Partikel hat eine Masse von 3×10^6 Dalton. Es enthält im Inneren etwa 1500 Cholesterinmoleküle, die mit langkettigen Fettsäuren verestert sind, und kleinere Mengen freies Cholesterin und Triacylglycerinmoleküle. Der Kern aus Cholesterinestern wird von einem Lipid-Monolayer umhüllt, das aus ungefähr 800 Phospholipiden und 500 nicht veresterten Cholesterinmolekülen besteht. Ein einziges Molekül von Apolipoprotein B, ein 500 000 Dalton großes, gürtelartiges Protein, organisiert das Partikel und vermittelt die spezifische Bindung von LDL an LDL-Rezeptoren an der Zelloberfläche. (b) Aufgereinigte LDL-Partikel, wie man sie mittels optimierter Negativkontrastierung im Elektronenmikroskop sichtbar machen kann. (b, aus L. Zhang et al., *J. Lipid Res.* 52: 175–184, 2011. Mit Erlaubnis von Elsevier).

Cholesterin für die Membransynthese braucht, synthetisiert sie Transmembran-Rezeptorproteine für LDL am ER und transportiert sie zur Plasmamembran. Sobald der *LDL-Rezeptor* in die Plasmamembran gelangt ist, diffundiert er darin bis ein Endocytosesignal im cytoplasmatischen Schwanz des LDL-Rezeptors an das Adapterprotein AP2 bindet. Diese Bindung erfolgt, nachdem die Konformation von AP2 lokal durch Bindung an $PI(4,5)P_2$ in der Plasmamembran zugänglich wurde. Dieser Zwei-Schritt-Mechanismus der AP2-Bindung an ein Endocytosesignal (s. **Abb. 13.9**) verleiht dem Prozess sowohl Effizienz als auch Selektivität. AP2 rekrutiert dann Clathrin, um damit die Endocytose auszulösen.

Da sich ständig beschichtete Vertiefungen von der Membran abschnüren und beschichtete Vesikel bilden, werden LDL-Partikel, die an die LDL-Rezeptoren gebunden haben, sehr schnell ins Zellinnere aufgenommen. Nach dem Entfernen der Clathrinhülle bringen die beschichteten Vesikel ihren Inhalt zu den frühen Endosomen. Sobald LDL und LDL-Rezeptoren auf das saure Milieu der frühen Endosomen treffen, wird LDL vom Rezeptor abgelöst und mithilfe der späten Endosomen zu den Lysosomen transportiert. Dort werden die Cholesterinester der LDL-Partikel zu freiem Cholesterin hydrolysiert, das nun der Zelle für die Membransynthese zur Verfügung steht. Häuft sich ein Überschuss von freiem Cholesterin in der Zelle an, schaltet die Zelle gleichzeitig die endogene Cholesterinsynthese (**Abb. 12.64**) und die Synthese der LDL-Rezeptoren aus, wodurch die Aufnahme von exogenem Cholesterin reduziert wird.

Dieser regulierte Aufnahmeweg für Cholesterin ist bei Patienten, die ein defektes LDL-Rezeptor-Gen geerbt haben, unterbrochen. Die Folge ist ein hoher Cholesterinspiegel im Blut, und damit haben die Patienten ein erhöhtes Risiko, schon in jungen Jahren Atherosklerose zu entwickeln. Viele von ihnen würden an einem Herzinfarkt sterben, der von der atherosklerotisch bedingten koronaren Herzkrankheit herrührt, wenn sie nicht mit Cholesterinsenkern wie den Statinen behandelt würden. In einigen Fällen fehlt der Rezeptor ganz, in anderen ist er schadhaft – den Rezeptoren fehlt entweder die extrazelluläre Bindungsdomäne für LDL oder die intrazelluläre Bindungsdomäne für ein AP2-Adapterprotein in clathrinbeschichteten Vertiefungen. Im letzteren Fall liegen zwar genügend LDL-Rezeptoren vor, aber sie werden nicht in die clathrinbeschichteten Vertiefungen eingebunden. Obwohl LDL an die Oberfläche dieser mutierten Zellen bindet, wird es nicht aufgenommen. Hier zeigt sich also unmittelbar, wie wichtig die clathrinbeschichteten Vertiefungen für die rezeptorvermittelte Endocytose von Cholesterin sind.

Inzwischen kennt man mehr als 25 unterschiedliche Rezeptoren, die an der rezeptorvermittelten Endocytose vieler Molekültypen beteiligt sind. Sie alle nutzen anscheinend clathrinabhängige Aufnahmewege und werden durch Signale in ihren cytoplasmatischen Schwänzen, die an Adapterproteine in der Clathrinhülle binden, in clathrinbeschichtete Vertiefungen geleitet. Viele dieser Rezeptoren, wie z. B. der für LDL, gelangen auch ohne gebundenen Liganden in die beschichteten Vertiefungen. Andere tun dies bevorzugt, wenn sie ihren Liganden gebunden haben, was vermuten lässt, dass eine ligandeninduzierte Konformationsänderung stattfinden muss, damit eine Signalsequenz freigelegt wird, die die beladenen Transporter in die Vertiefung dirigiert. Da die meisten Plasmamembranproteine nicht in clathrinbeschichteten Vertiefungen angereichert werden, dienen die Vertiefungen als molekulare Filter und sammeln bevorzugt bestimmte Plasmamembranproteine (Rezeptoren).

Elektronenmikroskopische Untersuchungen an Zellkulturen, die gleichzeitig unterschiedlich markierten Liganden ausgesetzt wurden, zeigen, dass sich viele Rezeptortypen nebeneinander in der gleichen clathrinbeschichteten Vertiefung anhäufen können, während sich andere Rezeptoren in verschiedenen clathrinbeschichteten Vertiefungen sammeln. Die Plasmamembran einer clathrinbeschichteten Vertiefung bietet Raum für mehr als 100 Rezeptoren unterschiedlichster Art.

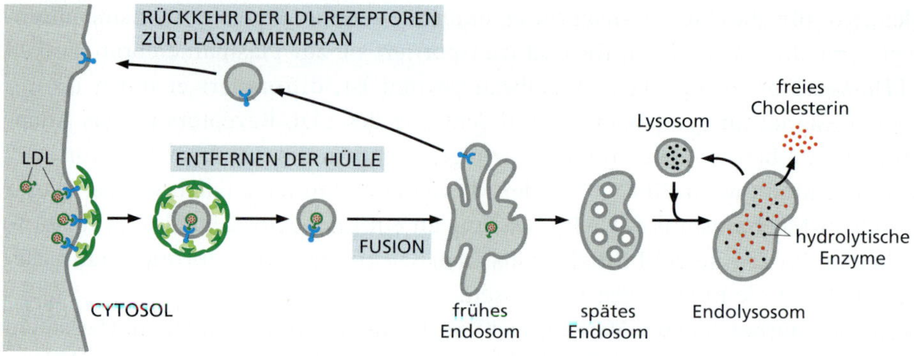

Abb. 13.54 Rezeptorvermittelte Endocytose von LDL. Man beachte, dass LDL im sauren Milieu des frühen Endosoms von seinem Rezeptor abdissoziiert. Nach mehreren Schritten landet das LDL schließlich in den Endolysosomen und Lysosomen, wo es abgebaut und Cholesterin freigesetzt wird. Die LDL-Rezeptoren dagegen werden zur Plasmamembran zurückgebracht, und zwar, wie gezeigt, in Transportvesikeln, die vom tubulären Bereich des frühen Endosoms abknospen. Der Übersichtlichkeit halber ist nur ein LDL-Rezeptor dargestellt, der in die Zelle aufgenommen und zur Plasmamembran zurückgebracht wird. Unabhängig davon, ob es LDL-gebunden oder unbesetzt ist, tritt jedes Rezeptormolekül normalerweise diese Rundreise von und zur Plasmamembran alle 10 Minuten an. Das bedeutet mehrere Hundert Ausflüge in seinem 20-stündigen Leben.

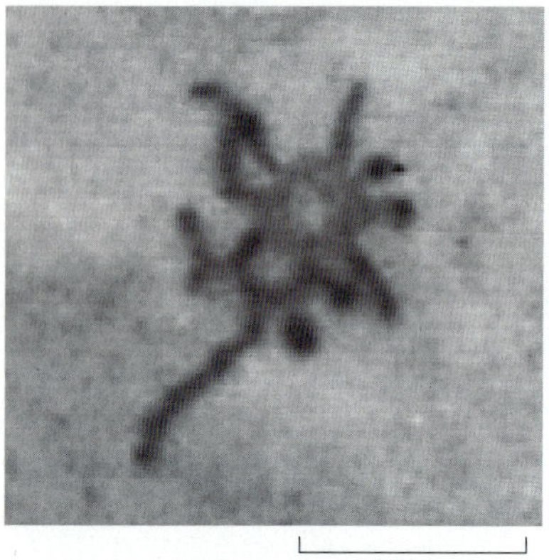

Abb. 13.55 Elektronenmikroskopische Aufnahme eines frühen Endosoms. Das endosomale Kompartiment kann mithilfe des Elektronenmikroskops sichtbar gemacht werden, wenn man eine leicht detektierbare Markierungssubstanz (Tracermolekül), wie das Peroxidaseenzym, zum extrazellulären Medium gibt und der Zelle so ermöglicht, die Substanz zu endocytieren. Ungefähr innerhalb einer Minute, nach Zugabe der Markierungssubstanz, beginnt sie, in den frühen Endosomen direkt unterhalb der Plasmamembran zu erscheinen. Die Abbildung zeigt das elektronendichte Reaktionsprodukt der Peroxidase in den frühen Endosomen, das im Elektronenmikroskop sichtbar gemacht wurde. Viele röhrenförmige Ausbuchtungen ragen aus den zentralen Vakuolenräumen der frühen Endosomen, die weiter zu den späten Endosomen heranreifen. (© 1992 J. Tooze und M. Hollinshead, ursprünglich veröffentlicht in *J. Cell Biol.* 118: 813–830, 1992, https://doi.org/10.1083/jcb.118.4.813. Mit Erlaubnis der Rockefeller University Press).

13.4.4 Spezifische Proteine werden aus den frühen Endosomen entfernt und zur Plasmamembran zurückgebracht

Frühe Endosomen sind die wichtigste Sortierstelle auf dem Endocytose-Transportweg; sie haben also die gleiche Funktion wie die *cis*- und *trans*-Golgi-Netzwerke beim sekretorischen Weg. Im leicht sauren Milieu der frühen Endosomen verändern viele aufgenommene Rezeptorproteine ihre Konformation und lassen ihren Liganden frei, wie bereits für die M6P-Rezeptoren besprochen. Diese endocytierten Liganden, die in den frühen Endosomen von ihren Rezeptoren abdissoziieren, sind meist zum Transport zu den Lysosomen bestimmt, wo sie entweder abgebaut, als einzelne Bausteine recycelt oder direkt von der Zelle wiederverwendet werden (wie auch das Cholesterin, was gerade erläutert wurde). Einige andere endocytierte Liganden bleiben aber an ihre Rezeptoren gebunden und teilen deren weiteres Schicksal.

In den frühen Endosomen dissoziiert der LDL-Rezeptor von seinem Liganden LDL und wird zur Wiederverwertung an die Plasmamembran zurückgebracht, während das abgeladene LDL zu den Lysosomen transportiert wird (**Abb. 13.54**). Die Recycling-Transportvesikel knospen von langen, schmalen Röhren ab, die aus den frühen Endosomen herausragen (**Abb. 13.55**). Es ist wahrscheinlich, dass die Geometrie der Röhren den Vorgang unterstützt. Da die Röhren eine große Membranoberfläche haben, die ein kleines Volumen umschließt, neigen Membranproteine dazu, sich dort gegenüber löslichen Proteinen anzureichern. Die Transportvesikel bringen den LDL-Rezeptor direkt zur Plasmamembran zurück.

Der **Transferrinrezeptor** nimmt einen ähnlichen Recyclingweg wie der LDL-Rezeptor, jedoch, anders als der LDL-Rezeptor, zusammen mit seinem Liganden. Transferrin ist ein lösliches Protein, das Eisen im Blut transportiert. Zelloberflächen-Transferrinrezeptoren bringen durch rezeptorvermittelte Endocytose das Transferrin mit seinem gebundenen Eisen zu den frühen Endosomen. Der saure pH-Wert im Endosom bewirkt, das Transferrin sein Eisen abgibt, aber das eisenfreie Transferrin (= Apotransferrin) bleibt an den Rezeptor gebunden. Der Rezeptor–Apotransferrin-Komplex gelangt in die röhrenförmigen Ausläufer der frühen Endosomen und wird von dort zur Plasmamembran zurückgebracht. Gelangt das Apotransferrin zurück in die neutrale Umgebung der extrazellulären Flüssigkeit, dissoziiert es vom Rezeptor, kann wieder Eisen aufnehmen und den Zyklus wiederholen. Das Transferrin pendelt so zwischen der extrazellulären Flüssigkeit und den frühen Endosomen hin und her, vermeidet die Lysosomen und bringt Eisen ins Zellinnere, wo es für Wachstum und Proliferation benötigt wird.

13.4.5 Recycling-Endosomen regulieren die Zusammensetzung der Plasmamembran

Das Schicksal der durch Endocytose aufgenommenen Rezeptoren – und jeder der Liganden, die an sie gebunden sind – unterscheidet sich je nach Art des jeweiligen Rezeptortyps.

Wie wir bereits gesehen haben, werden die meisten Rezeptoren wiederverwendet und zum selben Membranbereich zurückgebracht, von dem sie herkamen. Manche kehren zu anderen Bereichen in der Plasmamembran zurück, was einer **Transcytose** entspricht, und einige andere bleiben im endosomalen System und wandern zu den Lysosomen, wo sie abgebaut werden, was wir als nächstes besprechen wollen.

Rezeptoren auf der Oberfläche polarer Epithelzellen können durch Transcytose spezifische Makromoleküle von einem extrazellulären Raum zum anderen transportieren. Neugeborene erhalten z. B. Antikörper aus der Muttermilch (um sie gegen Infektion zu schützen), indem diese durch das Epithel ihres Darms transportiert werden. Das Darminnere ist sauer. Bei diesem niedrigen pH-Wert binden die Antikörper in der Milch an spezielle Rezeptoren auf der apikalen (adsorptiven) Oberfläche der Darmepithelzellen. Die Antikörper–Rezeptor-Komplexe werden mithilfe von clathrinbeschichteten Vertiefungen und Vesikeln aufgenommen und zum frühen Endosom gebracht. Die Komplexe bleiben unversehrt und werden in Transportvesikel verpackt, die vom frühen Endosom abknospen und dann mit dem basolateralen Bereich der Plasmamembran verschmelzen. Im neutralen Milieu der extrazellulären Flüssigkeit, die die basolaterale Oberfläche der Zellen umgibt, dissoziieren die Antikörper von ihren Rezeptoren ab und gelangen nach und nach ins Blut des Säuglings.

Der Transcytoseweg von den frühen Endosomen zurück zur Plasmamembran verläuft über Umwege. Die Rezeptoren wandern zunächst vom frühen Endosom zum **Recycling-Endosom**. Die Vielzahl der von den verschiedenen Rezeptoren benutzten Wege vom frühen Endosom setzt voraus, dass es neben Bindungsstellen für Liganden und für beschichtete Vertiefungen noch Sortiersignale geben muss, die die Rezeptoren in den richtigen Transportweg leiten (**Abb. 13.56**).

Zellen können die Freisetzung von Membranproteinen aus Recycling-Endosomen regulieren, sodass sie den Proteinfluss durch den Transcytoseweg an den jeweiligen Bedarf anpassen. Diese Regulation, wobei der Mechanismus noch unklar ist, verleiht den Recycling-Endosomen eine wichtige Rolle bei der Kontrolle der Proteinzusammensetzung der Plasmamembran. Fett- und Muskelzellen enthalten z. B. große intrazelluläre Vorräte an Glukosetransportern, die für die Glukoseaufnahme über die Plasmamembran verantwortlich sind. Diese Membrantransporterproteine werden in spezialisierten Recycling-Endosomen gelagert, bis die Zelle vom Hormon *Insulin* dazu veranlasst wird, die Geschwindigkeit der Glukoseaufnahme zu erhöhen. Als Reaktion auf das

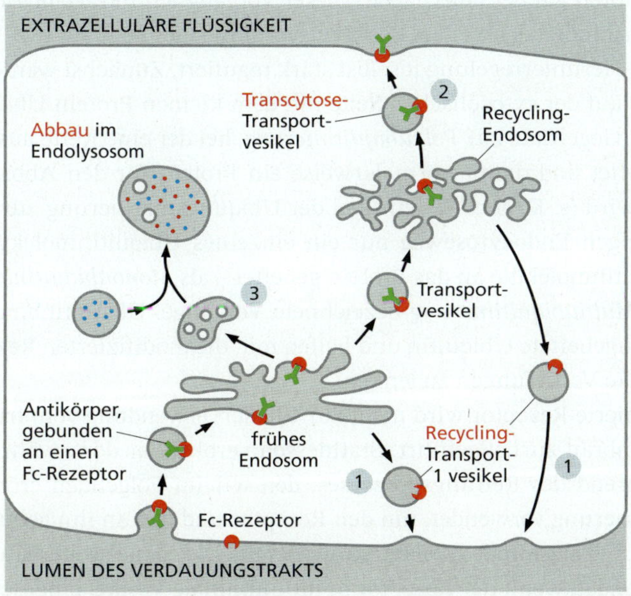

Abb. 13.56 Mögliche Schicksale von endocytierten Transmembranrezeptorproteinen. Drei Wege ausgehend von den frühen Endosomen in Epithelzellen sind gezeigt. Zurückgewonnene Rezeptoren werden (1) zur selben Plasmamembranregion zurückgebracht, von der sie gekommen sind (*Recycling*) oder (2) über ein Recycling-Endosom zu einem anderen Bereich in der Plasmamembran gebracht (*Transcytose*). (3) Rezeptoren, die nicht spezifisch von den frühen Endosomen bzw. den Recycling-Endosomen zurückgewonnen werden, nehmen den Weg vom Endosom zum Lysosom, wo sie abgebaut werden (*Abbau*). Wenn der mit dem Rezeptor endocytierte Ligand im sauren Milieu des Endosoms an den Rezeptor gebunden bleibt, erleidet er das gleiche Schicksal wie der Rezeptor. Andernfalls wird er zu den Lysosomen befördert. Endosomen, die der Wiederverwertung dienen, bilden eine Zwischenstation auf dem Transcytoseweg. Im dargestellten Beispiel der Transcytose bindet ein Fc-Rezeptor für Antikörper auf einer Epithelzelle des Darms einen Antikörper und wird endocytiert. Er bringt den Antikörper dann schließlich zur basolateralen Plasmamembran. Der Rezeptor wird Fc-Rezeptor genannt, weil er die Fc-Domäne des Antikörpers bindet (in Kapitel 24 besprochen).

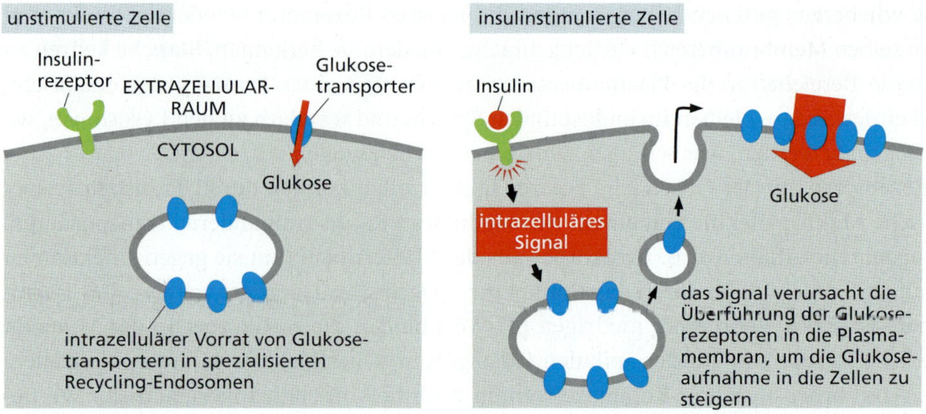

Abb. 13.57 Lagerung von Plasmamembranproteinen in Recycling-Endosomen. Recycling-Endosomen können als intrazelluläre Speicher für besondere Plasmamembranproteine dienen, die mobilisiert werden können, wenn sie benötigt werden. Im dargestellten Beispiel bewirkt die Bindung von Insulin an den Insulinrezeptor, dass eine intrazelluläre Signalkaskade in Gang gesetzt wird, die dazu führt, dass Glukosetransporter schnell in die Plasmamembran von Fett- oder Muskelzellen eingebaut werden, um so deren Glukoseaufnahme deutlich zu erhöhen.

Insulinsignal knospen Transportvesikel dann schnell vom Recycling-Endosom ab, bringen eine große Menge von Glukosetransportern zur Plasmamembran und bewirken so eine beträchtliche Erhöhung der Geschwindigkeit der Glukoseaufnahme in die Zelle (**Abb. 13.57**). Auf ähnliche Weise regulieren Nierenzellen das Einfügen von Aquaporinen und V-Typ-ATPasen in die Plasmamembran, um die Wasserrückgewinnung bzw. Säureausscheidung als Antwort auf Hormonsignale steigern zu können.

13.4.6 Plasmamembran-Signalrezeptoren werden durch Abbau in den Lysosomen heruntergeregelt

Das letzte mögliche Schicksal für endocytierte Rezeptoren ist der Verbleib im Endosom, währenddessen reift das Endosom und verschmilzt schließlich mit Lysosomen, in denen der Rezeptor abgebaut wird. Viele signalverarbeitende Rezeptoren, einschließlich Opioidrezeptoren und des Rezeptors des *Epidermalen Wachstumsfaktors* (*EGF*, engl. *epidermal growth factor*), nehmen diesen Weg. EGF ist ein kleines, extrazelluläres Signalprotein, das Zellen der Epidermis, aber auch andere Zellen anregt sich zu teilen. Anders als die LDL-Rezeptoren werden die EGF-Rezeptoren erst nachdem sie ihren Liganden gebunden haben in clathrinbeschichteten Vertiefungen angereichert. Sie werden meist nicht recycelt, sondern gemeinsam mit EGF in den Lysosomen abgebaut. Die EGF-Bindung aktiviert demnach zunächst intrazelluläre Signalkaskaden und führt dann zu einer Abnahme der EGF-Rezeptoren auf der Oberfläche. Dieser Vorgang wird *Rezeptor-Herunterregelung* genannt und vermindert das weitere Reaktionsvermögen der Zelle auf EGF (s. **Abb. 15.21**).

Die Rezeptor-Herunterregelung it selbst stark reguliert. Zunächst werden die aktivierten Rezeptoren auf der cytosolischen Seite mit dem kleinen Protein Ubiquitin kovalent modifiziert. Im Gegensatz zur *Polyubiquitinierung*, bei der eine Kette aus Ubiquitinmolekülen angeheftet und damit normalerweise ein Protein für den Abbau in Proteasomen markiert wird (s. Kapitel 6), wird bei der Ubiquitinmarkierung zur Sortierung im clathrinabhängigen Endocytoseweg nur ein einzelnes Ubiquitinmolekül oder wenige einzelne Ubiquitinmoleküle an das Protein geheftet – als *Monoubiquitinierung* bzw. entsprechend als *Multiubiquitinierung* bezeichnete Vorgänge. Ubiquitinbindende Proteine erkennen das angeheftete Ubiquitin und helfen mit, die modifizierten Rezeptoren in clathrinbeschichtete Vertiefungen zu lenken.

Der ubiquitinierte Rezeptor wird nicht zur Wiederverwendung vom frühen Endosom zur Plasmamembran zurückgeführt. Stattdessen verbleibt er dort, während das Endosom reift. Während des Reifungsprozesses, den wir im Folgenden erörtern, wird die Ubiquitin-Markierung verwendet, um den Rezeptor und den an ihn gebundenen Liganden selektiv in intraluminale Vesikel zu sortieren. Die Signalweiterleitung durch den Rezeptor ist beendet, wenn der Rezeptor in intraluminale Vesikel eingeschlossen ist, die schließlich in Lysosomen abgebaut werden. Auf diese Weise blockiert das Anheften von Ubiquitin die Wiederverwendung der Rezeptoren an der Plasmamembran und lenkt die Rezeptoren in den Abbauweg.

13.4.7 Frühe Endosomen reifen zu späten Endosomen

Frühe Endosomen entstehen hauptsächlich aus eingehenden Endocytosevesikeln, die miteinander verschmelzen. Normalerweise nimmt ein **frühes Endosom** eingehende Vesikel für etwa 10 Minuten auf, bevor es mit seiner Reifung zu einem späten Endosom beginnt. Frühe Endosomen haben röhrenförmige und vakuoläre Bereiche (s. **Abb. 13.55**). Der größte Teil der Membranoberflächen ist in den Röhren enthalten, während der meiste Inhalt im Vakuolenbereich enthalten ist.

Während des Reifungsprozesses vollziehen sich viele Änderungen.

(1) Das Endosom ändert seine Form und Lage, während die röhrenförmigen Teile meistens zur Wiederverwendung zur Plasmamembran zurückgebracht werden und die vakuolären Anteile gezielt verändert werden. Das Endosom wird mithilfe von molekularen Motoren an den Mikrotubuli entlang zum Kern gebracht.

(2) Rab-Proteine fördern Veränderungen auf der cytosolischen Seite der Endosomenmembran in den Phosphoinositid-Lipiden und der Fusionsmaschinerie (SNAREs und Halteseile), um die funktionellen Eigenschaften des Organells zu verändern.

(3) Lysosomenproteine, einschließlich luminaler Hydrolasen und einer in die Membran eingebettete ATPase vom V-Typ, werden aus dem TGN an das reifende Endosom geliefert.

(4) Eine ATPase des V-Typs pumpt H^+-Ionen vom Cytosol in das Lumen der Endosomen und säuert das Organell an. Die steigende Acidität, die mit der Reifung einhergeht steigert auch die Aktivität der lysosomalen Hydrolasen, was wiederum viele Rezeptor–Ligand-Wechselwirkungen beeinflusst, über die die Rezeptorbe- und -entladung kontrolliert wird.

(5) Intraluminale Vesikel sammeln endocytierte Signalrezeptoren im Endosom an, wodurch sie die Rezeptorsignalvermittlung unterbrechen. Die meisten dieser Vorgänge laufen nach und nach ab und führen letztendlich zu einer kompletten Umwandlung des Endosoms zu einem frühen Endolysosom.

Der Reifungsprozess wird nicht nur benötigt, um ausgewählte Fracht für den Abbau vorzusehen, sondern ist auch wichtig, um die Lysosomen instand zu halten. Die kontinuierliche Anlieferung von Lysosomenbestandteilen vom TGN zu den reifenden Endosomen gewährleistet die ständige Versorgung mit frischen Lysosomenproteinen. Das endocytierte Material vermischt sich in den frühen Endosomen mit neu angelieferten sauren Hydrolasen. Obwohl hier erste Verdauungsreaktionen beginnen können, werden viele Hydrolasen als Proenzyme hergestellt und angeliefert, die *Zymogene* genannt werden und besondere hemmende Bereiche enthalten, die die Hydrolase inaktiv halten, bis diese Bereiche in einem späteren Stadium der **Endosomenreifung** proteolytisch entfernt werden. Außerdem ist der pH-Wert in frühen Endosomen nicht niedrig genug, damit die lysosomalen Hydrolasen ihre Aktivität optimal entfalten könnten. Mithilfe dieser Regelung ist die Zelle in der Lage, intakte (nicht durch Hydrolasen abgebaute) Membranproteine aus den frühen Endosomen zurückzuerhalten und in der Plasmamembran wiederzuverwenden.

13.4.8 ESCRT-Proteinkomplexe vermitteln die Bildung intraluminaler Vesikel in multivesikulären Körperchen

Während die Endosomen reifen, werden ganze Stücke der Membran durch Abknospen in das Lumen der Endosomen aufgenommen ~, um intraluminale Vesikel zu bilden.

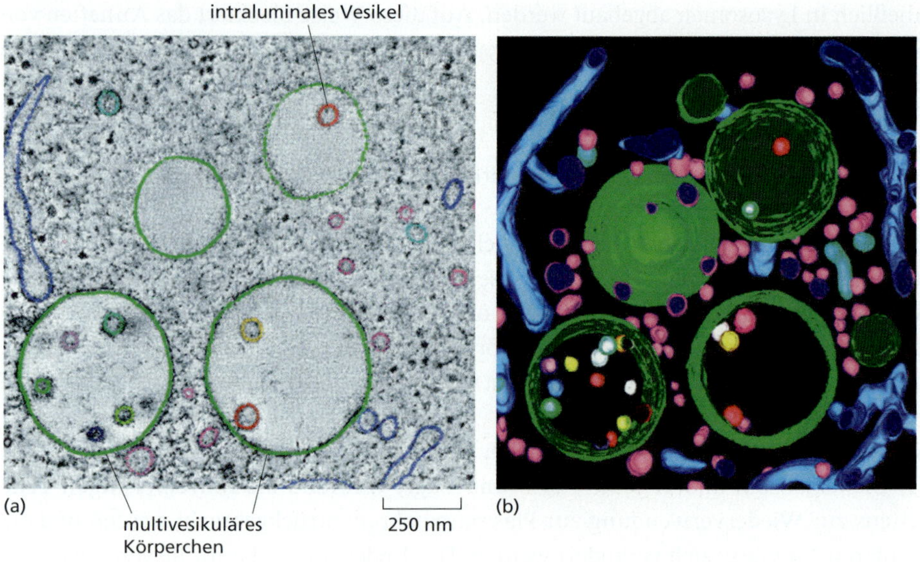

Abb. 13.58 Kryo-Elektronenmikroskopische (Kryo-EM) Aufnahme eines multivesikulären Körperchens in kultivierten humanen Lymphocyten. Die Verfolgung von Membranen in einzelnen Schnitten (a) ermöglichte die Rekonstruktion der dreidimensionalen Anordnung der Organellen (b). Die umschließenden Membranen der multivesikulären Körperchen sind *grün* markiert. (Aus J. L. A. N. Murk et al., *Proc. Natl. Acad. Sci. USA* 100: 13332–13337, 2003. Mit Erlaubnis der National Academy of Sciences).

Aufgrund ihres Aussehens im Elektronenmikroskop werden solche reifenden Endosomen auch als **multivesikuläre Körperchen** bezeichnet (**Abb. 13.58**).

Die multivesikulären Körperchen enthalten endocytierte Membranproteine, die abgebaut werden sollen. Als Teil des Proteinsortiervorgangs werden für den Abbau bestimmte Rezeptoren, beispielsweise der zuvor beschriebene, beladene EGF-Rezeptor, selektiv auf die sich einstülpenden Membranen in den multivesikulären Körperchen verteilt. Auf diese Weise werden die Rezeptoren und fest an sie gebundene Signalproteine vollständig dem Cytosol entzogen, wo sie sonst möglicherweise weiter Signale senden könnten. Gleichzeitig werden sie den verdauenden Enzymen zum vollständigen Abbau präsentiert (**Abb. 13.59**). Neben endocytierten Membranproteinen umschließen multivesikuläre Körperchen auch den Großteil des löslichen Inhalts von frühen Endosomen, der für späte Endosomen und den Abbau in Lysosomen bestimmt ist.

Wie bereits zuvor besprochen, erfordert die Sortierung in intraluminale Vesikel eine oder mehrere Ubiquitinmarkierungen, die an die cytosolischen Domänen von Membranproteinen geheftet werden. Diese Markierungen helfen anfangs, die Proteine in clathrinbeschichtete Vesikel in der Plasmamembran zu leiten. Sobald sie an die Endosomenmembran überstellt sind, werden die Ubiquitinmarkierungen erneut erkannt – dieses Mal von einer Reihe cytosolischer **ESCRT-Proteinkomplexe** *ESCRT-0, -I, -II* und *-III*; diese binden der Reihe nach und vermitteln schließlich den Sortiervorgang in die intraluminalen Vesikel. Die Einstülpung der Membran zu multivesikulären Körperchen hängt auch von einer Lipidkinase ab, die Phosphatidylinositol phosphoryliert, wodurch PI(3)P entsteht; Letzteres dient als zusätzliche Andockstelle für die ESCRT-Komplexe. Für das

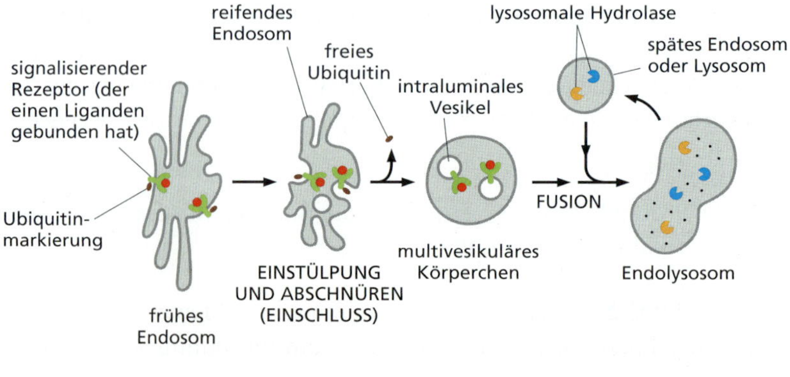

Abb. 13.59 Das Einschließen endocytierter Proteine in intraluminale Vesikel der multivesikulären Körperchen. Ubiquitinierte Membranproteine werden in Bereiche der Endosomenmembran sortiert, wo diese sich einstülpt und als intraluminales Vesikel abgeschnürt wird. Die Ubiquitinmarkierung wird entfernt und das Ubiquitin wird zum Cytosol zur Wiederverwendung zurückgebracht, ehe das intraluminale Vesikel geschlossen wird. Zum Schluss werden alle enthaltenen Membranen von lysosomalen Hydrolasen (wie Proteasen und Lipasen) in den Lysosomen verdaut. Die Invaginationsvorgänge sind für die vollständige Verdauung der endocytierten Membranproteine unverzichtbar. Da die äußere Membran der multivesikulären Körperchen nahtlos in die Membran der Lysosomen übergeht, verdauen die Hydrolasen nur die cytosolischen Domänen von endocytierten Transmembranproteinen, wenn das Protein sich in intraluminalen Vesikeln befindet.

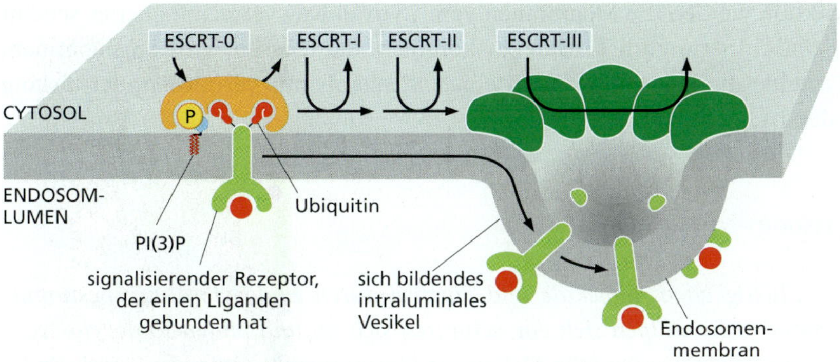

Abb. 13.60 Sortierung der endocytierten Membranproteine in intraluminale Vesikel eines multivesikulären Körperchens. Durch eine Reihe komplexer Bindungsereignisse werden die ubiquitinierten Frachtproteine (so wie der hier gezeigte Signalrezeptor mit seinem Ligand) von einem ESCRT-Komplex (ESCRT-0) zum nächsten übergeben und schließlich in Membranbereichen konzentriert, die in das Lumen des Endosoms abknospen, um die intraluminalen Vesikel zu bilden. ESCRT-III-Komplexe bauen sich zu ausgedehnten multimeren Strukturen auf, die die Einstülpung vermitteln. Der Mechanismus, wie die Frachtmoleküle in die Vesikel getrieben werden und wie sich die Vesikel bilden, ohne dass die ESCRT-Komplexe mit in die Vesikel eingeschlossen werden, ist noch unklar. ESCRT-Komplexe sind im Cytosol löslich, werden an der Membran je nach Bedarf nach und nach rekrutiert und werden dann ins Cytosol freigesetzt, wenn sich das Vesikel abschnürt.

Andocken und die Vesikeleinstülpung, benötigen die ESCORT-Komplexe sowohl PI(3)P als auch die Anwesenheit ubiquitinierter Frachtproteine, um an die Endosomenmembran zu binden. ESCRT-III bildet große multimere Anordnungen auf der Membran, die die Membran biegen (**Abb. 13.60**).

Mutierte Zellen mit einer geschwächten ESCRT-Funktion weisen Signaldefekte auf. In solchen Zellen können aktivierte Rezeptoren nicht durch Endocytose und Verpackung in multivesikuläre Körperchen herabreguliert werden. Die immer noch aktiven Rezeptoren vermitteln deshalb ein anhaltendes Signal, das zu unkontrollierter Zellproliferation und zu Krebs führen kann.

Die ESCRT-Maschinerie, die die interne Abknospung von der Endosomenmembran zur Bildung intraluminaler Vesikel antreibt, wird auch bei der Cytokinese von tierischen Zellen und beim Abknospen von Viren verwendet. Die beiden letztgenannten Vorgänge entsprechen einander topologisch. Bei allen drei Prozessen, erfolgt die Knospung in einer Richtung weg von der cytosolischen Oberfläche der Membran (**Abb. 13.61**). Es wird angenommen, dass ESCRT-Komplexe aus ähnlichen Komponenten entstanden sind, die die Deformation der Zellmembranen während der Cytokinese in Archaeen vermitteln.

Obwohl einige Viren wie HIV die ESCRT-Maschinerie des Wirts für ihre Zwecke verwenden, um direkt aus der Zelle abzuknospen, entkommen andere Viren über andere Mechanismen. SARS-CoV-2, das Virus, das COVID-19 auslöst, knospt sich beispielsweise in die vesikulären röhrenförmigen Cluster zwischen dem ER und dem Golgi-Apparat und nutzt dann den sekretorischen Weg, um die Zelle zu verlassen. Bei dieser

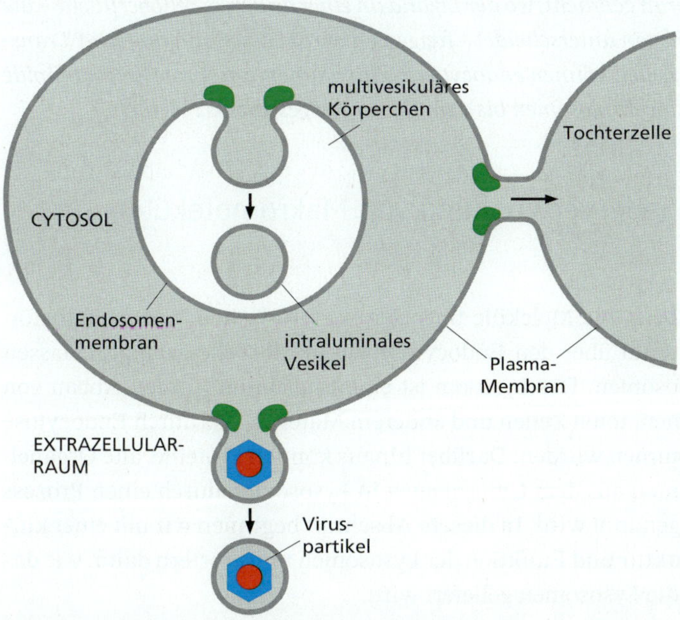

Abb. 13.61 Konservierte Mechanismen bei der Bildung multivesikulärer Körperchen, der Abknospung von Viren und der Cytokinese. (a) Bei den drei einander topologisch entsprechenden Vorgängen (durch Pfeile angedeutet) formen ESCRT-Komplexe (*grün*) Membranen zu Knospen, die sich vom Cytosol wegwölben.

Knospungsreaktion werden die Membranen vom Cytosol weg verformt, aber es scheint keine ESCRT-Maschinerie zum Einsatz zu kommen. Stattdessen wird angenommen, dass virale Proteine die Knospung durch einen Mechanismus vermittlen, der bislang nicht verstanden ist.

Zusammenfassung

Zellen nehmen Flüssigkeiten, Moleküle und Partikel durch Endocytose auf: Bestimmte Plasmamembranbereiche stülpen sich ein, schnüren sich ab und bilden Endocytosevesikel. In den meisten Zellen werden stündlich große Plasmamembranmengen durch Endocytose aufgenommen. Die Zellen schrumpfen dadurch nicht, weil die meisten Bestandteile der Plasmamembran (Proteine und Lipide), die endocytiert wurden, kontinuierlich durch Exocytose zur Zelloberfläche zurückkehren. Dieser im großen Maßstab ablaufende Endocytose–Exocytose-Zyklus wird weitgehend von clathrinbeschichteten Vertiefungen und Vesikeln getragen, aber auch der clathrinunabhängige Endocytoseweg trägt dazu bei.

Während viele endocytierte Moleküle schnell wieder zur Plasmamembran zur Wiederverwendung zurückgebracht werden, landen andere schließlich in Lysosomen, wo sie abgebaut werden. Die meisten der mit ihren Rezeptoren endocytierten Liganden dissoziieren von ihren Rezeptoren im sauren Milieu der Endosomen und gelangen dann in die Lysosomen, während die meisten Rezeptoren in Transportvesikeln zur Wiederverwertung an die Zelloberfläche zurückgebracht werden. Viele Zelloberflächen-Signalrezeptoren werden mit Ubiquitin markiert, wenn sie durch Bindung ihrer extrazellulären Liganden aktiviert werden. Ubiquitinierung dirigiert aktivierte Rezeptoren zu clathrinbeschichteten Vertiefungen. Die Rezeptoren und ihre gebundenen Liganden werden dadurch selektiv aufgenommen und zu den frühen Endosomen befördert.

Frühe Endosomen reifen rasch zu späten Endosomen. Während dieses Reifungsprozesses werden Stücke der Endosomenmembran, die ubiquitinierte Rezeptoren enthalten, eingestülpt und als intraluminale Vesikel abgeschnürt. Dieser Vorgang wird durch ESCRT-Komplexe vermittelt und trennt den Rezeptor vom Cytosol ab, wodurch die Signalübertragung beendet wird. Späte Endosomen wandern an den Mikrotubuli entlang ins Zellinnere, wo sie miteinander und mit Lysosomen verschmelzen und dabei Endolysosomen bilden, in denen der Abbau stattfindet.

In manchen Fällen werden sowohl der Rezeptor als auch der Ligand zu einer anderen Domäne der Plasmamembran gebracht, wo der Ligand an einer anderen Zelloberfläche – die sich von der Herkunftsmembran unterscheidet – freigesetzt wird. Dieser Vorgang wird Transcytose genannt. In einigen Zellen können endocytierte Plasmamembranproteine und -lipide solange wie nötig in Recycling-Endosomen bis zum Gebrauch gespeichert werden.

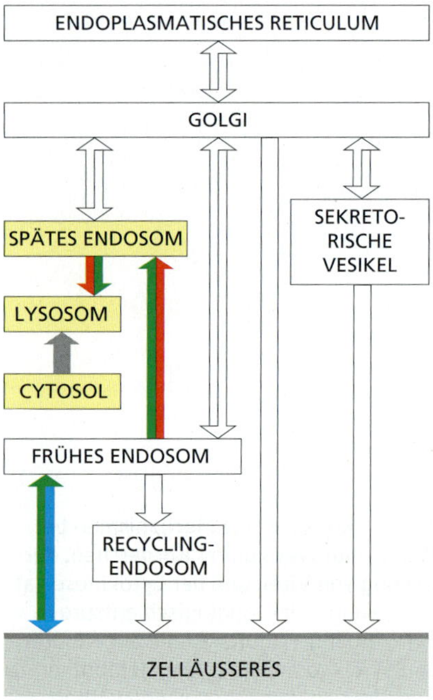

13.5 Abbau und Wiederverwendung von Makromolekülen in Lysosomen

Nachdem wir erörtert haben, wie Moleküle über den sekretorischen Weg weiterbefördert werden und wie Material über den Endocytoseweg in die Zelle gelangt, befassen wir uns nun mit den Lysosomen. Das Lysosom ist eine Endstation für den Abbau von Proteinen, Mikroorganismen, toten Zellen und anderem Material, das durch Endocytose und Phagocytose aufgenommen wurden. Darüber hinaus können Proteine, alte Organellen und andere Komponenten aus dem Cytosol auch in Lysosomen durch einen Prozess abbauen, der Autophagie genannt wird. In diesem Abschnitt beginnen wir mit einer kurzen Beschreibung von Struktur und Funktion der Lysosomen und erörtern dann, wie das abzubauende Material in die Lysosomen geliefert wird.

13.5.1 Lysosomen sind die wichtigsten Orte intrazellulärer Verdauungsvorgänge

Lysosomen sind membranumhüllte Organellen, angefüllt mit löslichen Hydrolyseenzymen für die Verdauung von Makromolekülen. Lysosomen enthalten ungefähr 40 Arten von Hydrolasen, darunter Proteasen, Nukleasen, Glykosidasen, Lipasen, Phospholipasen, Phosphatasen und Sulfatasen. Sie alle sind **saure Hydrolasen**, d. h. sie arbeiten am besten im sauren pH-Wert-Bereich. Um ihr Aktivitätsoptimum zu erreichen, müssen sie durch proteolytische Spaltung aktiviert werden, die ebenfalls eine saure Umgebung benötigt. Das Lysosom stellt diese saure Umgebung zur Verfügung, indem es im Inneren einen pH-Wert von etwa 4,5–5,0 aufrechterhält. Auf diese Weise sind die Inhaltsstoffe des Cytosols doppelt vor einem Angriff des zelleigenen Verdauungssystems geschützt: Die Lysosomenmembran hält die Verdauungsenzyme normalerweise vom Cytosol fern, aber selbst wenn sie aussickern sollten, könnten sie bei dem cytosolischen pH-Wert von etwa 7,2 keinen Schaden anrichten.

Wie alle anderen membranumschlossenen Organellen besitzt das Lysosom nicht nur eine einzigartige Enzymausstattung, sondern es hat darüber hinaus eine einzigartige Membranhülle. Die meisten Lysosomen-Membranproteine sind z. B. stark glykosyliert, was dazu beiträgt, sie vor Lysosomenproteasen im Lumen zu schützen. Transporterproteine in der Lysosomenmembran befördern die Abbauprodukte der Makromoleküle – wie Aminosäuren, Zucker und Nukleotide – ins Cytosol, von wo sie entweder von der Zelle ausgeschieden oder wiederverwertet werden.

Eine *vakuoläre H^+-ATPase* in der Lysosomenmembran nutzt die Energie der ATP-Hydrolyse, um H^+-Ionen ins Lysosom zu pumpen und hält somit den sauren pH-Wert im Lumen aufrecht (**Abb. 13.62**). Die H^+-Pumpe der Lysosomen gehört zur Familie der *V-Typ-ATPasen* und hat einen ähnlichen Aufbau wie die ATP-Synthasen (F-Typ-ATPasen) der Mitochondrien und Chloroplasten, die die im H^+-Gradienten gespeicherte Energie in ATP umwandeln (s. **Abb. 11.12**). Im Gegensatz zu diesen Enzymen arbeitet die H^+-ATPase der Vakuolen jedoch ausschließlich rückwärts, indem sie H^+-Ionen in das Organell pumpt. Ähnliche oder identische V-Typ-ATPasen säuern alle Endocytose- und Exocytose-Organellen an, einschließlich Lysosomen, Endosomen, einige Kompartimente des Golgi-Apparats und viele Transport- und Sekretionsvesikel. Der H^+-Gradient erzeugt nicht nur eine Umgebung mit niedrigem pH-Wert, die sich für die im Organellenlumen abspielenden Reaktionen eignet, sondern stellt auch eine Energiequelle dar, die den Transport der kleinen Metaboliten durch die Organellmembran antreibt.

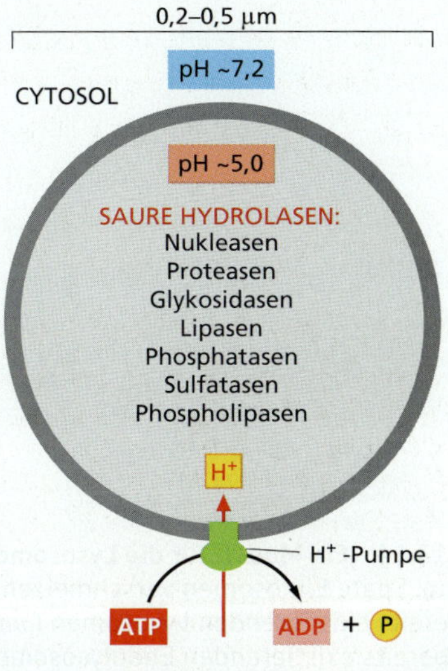

Abb. 13.62 Lysosomen. Die sauren Hydrolasen sind hydrolytische Enzyme, die unter sauren Bedingungen aktiv sind. Eine H^+-ATPase in der Membran pumpt H^+-Ionen ins Lysosom und erhält so dessen sauren pH-Wert aufrecht.

13.5.2 Lysosomen sind nicht einheitlich

Lysosomen findet man in allen eukaryotischen Zellen. Sie wurden ursprünglich durch biochemische Fraktionierung von Zellextrakten entdeckt. Man erkannte sie erst später deutlich im Elektronenmikroskop. Obwohl sie in Form und Größe außergewöhnlich verschieden sind, zeigt die Anfärbung mit spezifischen Antikörpern, dass sie alle zu einer einzigen Organellenfamilie gehören. Sie können auch histochemisch lokalisiert werden, indem man die Organellen mit sauren Hydrolasen sichtbar macht (**Abb. 13.63**).

Die uneinheitliche Morphologie der Lysosomen steht im Gegensatz zu der recht einheitlichen Struktur vieler anderer Zellorganellen. In diesen Unterschieden spiegelt sich die Palette der Verdauungsfunktionen wider, für die saure Hydrolasen verantwortlich sind, wie der Abbau intra- und extrazellulärer Abfälle, die Zerstörung phagocytierter Mikroorganismen und die Bildung von Nährstoffen für die Zelle. Ihre morphologische Diversität reflektiert jedoch auch die Weise, auf die sich Lysosomen bilden: Späte Endosomen mit Material, das sie durch Endocytose von der Plasmamembran erhalten haben, und mit neu synthetisierten lysosomalen Hydrolasen, fusionieren mit schon

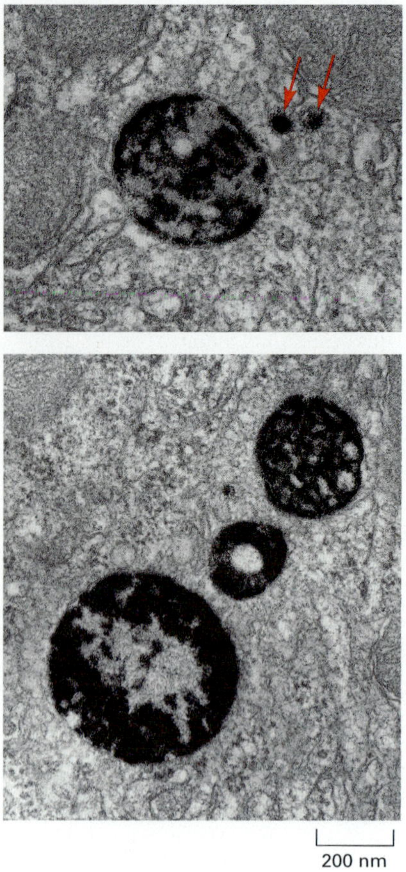

Abb. 13.63 Histochemische Anfärbung der Lysosomen. Diese elektronenmikroskopischen Aufnahmen zeigen zwei Schnitte durch eine Zelle, die angefärbt wurde, um die Lokalisierung der sauren Phosphatase, einem Markerenzym der Lysosomen, darzustellen. Die größeren membranumhüllten Organellen, die einen dichten Niederschlag aus Bleiphosphat enthalten, sind die Lysosomen. Ihre unterschiedliche Morphologie spiegelt die Verschiedenheit in der Menge und Art der von ihnen verdauten Substanzen wider. Die Niederschläge entstehen, wenn man das Gewebe kurz in Glutaraldehyd fixiert (damit die Enzyme nicht ausgewaschen werden) und anschließend in Gegenwart von Blei-Ionen mit einem Substrat für die Phosphatase inkubiert. Zwei kleine Vesikel, die vermutlich saure Hydrolasen vom Golgi-Apparat herantransportieren, sind in der *oberen* Abbildung durch *rote Pfeile* markiert. (Mit freundlicher Genehmigung von Daniel S. Friend. Mit Erlaubnis von E. L. Bearer).

vorhandenen Lysosomen und bilden Strukturen, die man manchmal als *Endolysosomen* bezeichnet, die dann miteinander verschmelzen (**Abb. 13.64**). Wenn der größte Teil des endocytierten Materials in einem Endolysosom verdaut wurde, sodass nur stabile oder langsam verdaubare Reste übrig bleiben, werden diese Organellen zu „klassischen“ Lysosomen. Sie sind relativ dicht, rund und klein, aber sie können erneut in den Zyklus eintreten, indem sie mit späten Endosomen oder Endolysosomen fusionieren. Somit gibt es keine echte Unterscheidung zwischen Endolysosomen und Lysosomen: Abgesehen davon, dass sie sich in verschiedenen Phasen des Reifungszyklus befinden, sind sie identisch. Aus diesem Grund sieht man Lysosomen bisweilen als eine nicht einheitliche Sammlung einzelner Organellen an, deren gemeinsame Eigenschaft der hohe Gehalt an sauren Hydrolasen ist. In Pflanzenzellen ist es sogar noch schwerer, eine engere Definition für diese Organellen zu finden, wie wir nun sehen werden.

13.5.3 Die Vakuolen von Pilz- und Pflanzenzellen sind bemerkenswert vielseitige Lysosomen

Die meisten Pflanzen- und Pilzzellen (die Hefen eingeschlossen) enthalten eine oder mehrere sehr große, flüssigkeitsgefüllte Vesikel, die sogenannten **Vakuolen**. Sie nehmen meist mehr als 30 % des Zellvolumens ein, in manchen Fällen sogar bis zu 90 % (**Abb. 13.65**). Vakuolen entsprechen den Lysosomen in tierischen Zellen. Sie enthalten eine Vielzahl von Hydrolyseenzymen, aber ihre Funktionen sind bemerkenswert unterschiedlich. Die Pflanzenvakuole kann als Speicherorganell sowohl für Nährstoffe als auch für Abfallstoffe dienen, als Kompartiment für den Abbau, als ökonomisch günstige Möglichkeit, das Zellvolumen zu vergrößern, und als Regulator des *Turgordrucks* (das ist der osmotische Druck, der nach Außen gegen die Zellwand drückt und verhindert, dass die Pflanze welkt) (**Abb. 13.66**). Man findet oft verschiedene Vakuolen mit unterschiedlichen Funktionen (wie Abbau und Speicherung) in der gleichen Zelle.

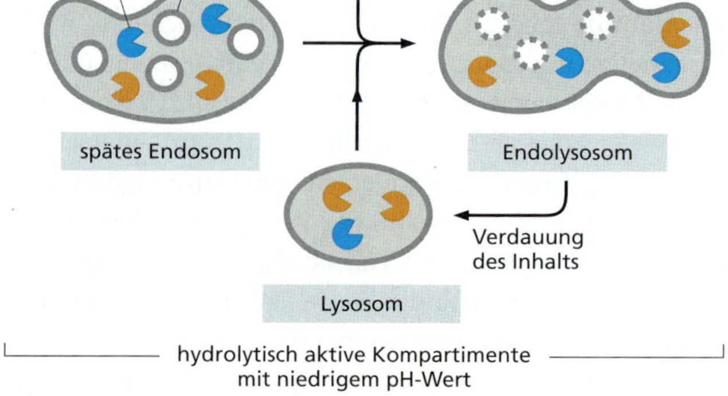

Abb. 13.64 Ein Modell für die Lysosomenreifung. Späte Endosomen verschmelzen mit bereits existierenden Lysosomen (*unten*) oder bereits existierenden Endolysosomen (*oben*). Endolysosomen reifen schließlich zu Lysosomen, indem Hydrolasen ihren Inhalt, zu dem intraluminale Vesikel gehören können, vollständig abbauen. Wie wir noch sehen werden, können Lysosomen auch mit Phagosomen verschmelzen.

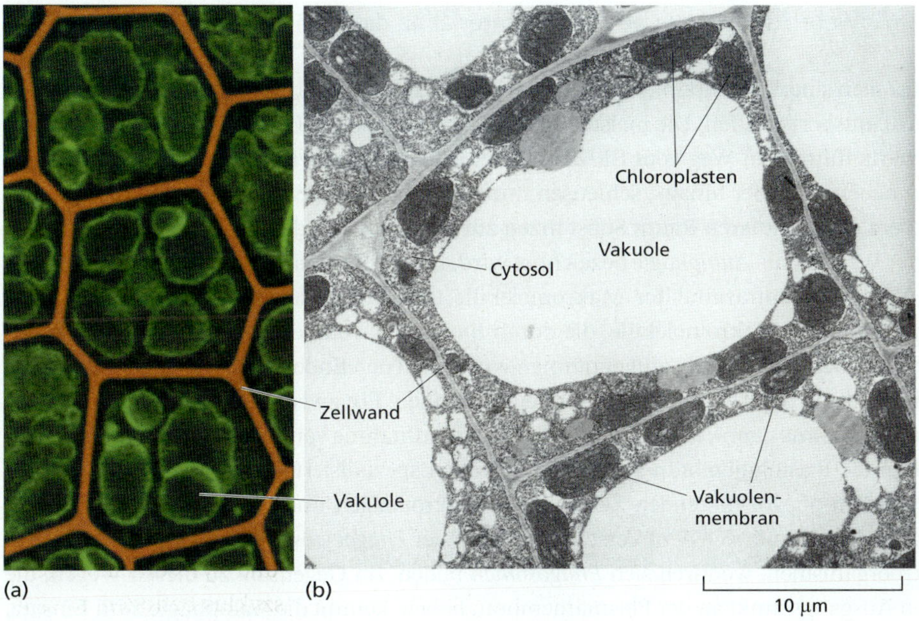

Abb. 13.65 Die Vakuole der Pflanzenzellen. (a) Zellen eines *Arabidopsis*-Embryos, die ein Aquaporin-YFP (gelb fluoreszierendes Protein, engl. *yellow fluorescent protein*)-Fusionsprotein (*grün*) in der Vakuolenmembran (Tonoplast) exprimieren, sind auf dieser Aufnahme mit einem Konfokalmikroskop zu sehen. Die Zellwände sind mit der Falschfarbe *Orange* und die YFP-Fluoreszenz mit der Falschfarbe *Grün* eingefärbt. Jede Zelle enthält mehrere große Vakuolen. (b) Diese elektronenmikroskopische Aufnahme von Zellen aus jungen Tabakblättern zeigt das Cytosol, das Chloroplasten enthält, als dünne Schicht, die von der riesigen Vakuole gegen die Wand gepresst wird. (a, mit freundlicher Genehmigung von C. Carroll und L. Frigerio, nach S. Gattolin et al., *Mol. Plant* 4: 180–189, 2011; b, mit freundlicher Genehmigung von J. Burgess).

Die Vakuole ist wichtig für die Homöostase. Sie hilft den Pflanzenzellen, großen Schwankungen in ihrer Umgebung zu widerstehen. Sinkt der pH-Wert der Umgebung, wird der Einstrom von H^+-Ionen ins Cytosol zumindest teilweise ausgeglichen, indem ein verstärkter Transport von H^+ in die Vakuole stattfindet, um den pH-Wert im Cytosol konstant zu halten. Viele Pflanzenzellen halten in ähnlicher Weise auch einen nahezu konstanten Turgordruck trotz großer Änderungen der Spannkraft (Tonizität) in ihrer unmittelbaren Umgebung aufrecht. Sie erreichen dies, indem sie den osmotischen Druck von Cytosol und Vakuole ändern – zum einen durch kontrollierten Abbau und Resynthese von Polymeren in der Vakuole, wie z. B. Polyphosphate, und zum anderen durch die Änderung der Transportgeschwindigkeiten von Zuckern, Aminosäuren und anderen Metaboliten über die Plasma- oder Vakuolenmembran hinweg. Der Turgordruck reguliert die Aktivitäten individueller Transporter in den jeweiligen Membranen, um diesen Fluss zu kontrollieren.

Menschen gewinnen oft Substanzen, die in Vakuolen von Pflanzen gespeichert werden: von Kautschuk über Opium bis zum Aroma des Knoblauchs. Viele der Speichersubstanzen haben eine metabolische Funktion. Proteine können beispielsweise über Jahre hinweg in der Vakuole von Speicherzellen vieler Samen konserviert werden, wie es in Bohnen oder Erbsen der Fall ist. Keimen dann die Samen, werden die Proteine hydrolysiert und die entstehenden Aminosäuren bieten eine Nährstoffversorgung für den sich entwickelnden Embryo. In Vakuolen gespeicherte Anthocyaninpigmente färben die Blütenblätter vieler Blumen, um Insekten zur Bestäubung anzulocken. Andererseits werden toxische Moleküle aus Vakuolen als Abwehrmittel gegen Fressfeinde freigesetzt, wenn eine Pflanze angefressen oder auf andere Weise beschädigt wird.

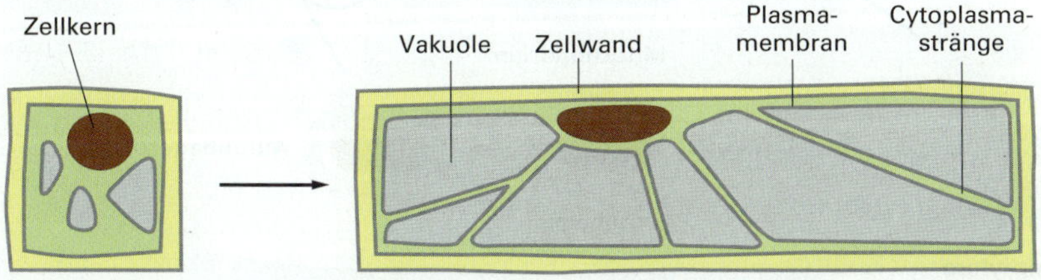

Abb. 13.66 Die Funktion der Vakuole bei der Kontrolle der Größe von Pflanzenzellen. Eine Pflanzenzelle kann eine große Volumenzunahme erfahren, ohne dass das Cytosolvolumen zunimmt. Eine örtlich begrenzte Schwächung der Zellwand lenkt eine turgorgetriebene Zellvergrößerung, die von der Wasseraufnahme in eine sich vergrößernde Vakuole begleitet wird. Das Cytosol wird schließlich auf eine dünne periphere Schicht begrenzt, die durch feine Cytosolstränge, die von Bündeln aus Aktinfilamenten (nicht dargestellt) stabilisiert werden, mit dem Kernbereich verbunden ist.

13.5.4 Viele Zubringerwege liefern Material an die Lysosomen

Lysosomen sind Knotenpunkte, an denen sich die unterschiedlichen Ströme des intrazellulären Transports treffen. Die meisten Verdauungsenzyme der Lysosomen werden über den auswärts führenden Weg vom ER zum Golgi-Apparat angeliefert, wie wir bereits besprochen haben. Darüber hinaus, schleusen mindestens drei Wege von der Zelloberfläche und aus dem extrazellulären Raum Substanzen zur Verdauung in die Lysosomen, während ein vierter Weg, der als *Autophagie* bezeichnet wird, im Cytoplasma seinen Anfang nimmt und der Verdauung intrazellulärer Makromoleküle und Organellen dient. Bisher haben wir besprochen, wie Makromoleküle, die durch *Endocytose* von der Plasmamembran und aus dem umgebenden Medium aufgenommen wurden, in den Endosomen bis zu deren Reifung und Verschmelzen mit Lysosomen verbleiben können. Ein zweiter Zubringerweg, den man *Makropinocytose* nennt, ist auf die unspezifische Aufnahme von Flüssigkeiten, Membranen und an die Plasmamembran gehefteten Partikeln spezialisiert. Ein dritter Zubringerweg, den man in phagocytierenden Zellen – wie Makrophagen und Neutrophile in Wirbeltieren – findet, widmet sich dem Verschlingen oder der *Phagocytose* von großen Partikeln oder Mikroorganismen, wodurch sich *Phagosomen* bilden. Im Gegensatz zu diesen Wegen, die ihren Ausgangspunkt an der Plasmamembran haben, kommt die Autophagie zum Einsatz, um Teile des Cytosols, ausrangierte Organellen und Mikroben, die im Cytosol einfallen, zu verdauen. Die vier Wege des Abbaus in Lysosomen sind in **Abb. 13.67** illustriert.

Wie wir bereits gesehen haben, lenkt der Endocytoseweg nicht nur Makromoleküle zum Abbau, sondern wird auch zur Regulierung des Aufenthalts und der Beförderung der Makromoleküle verwendet. Phagocytose, Makropinocytose und Autophagie jedoch sind Wege, die nur dem Abbau gewidmet sind. Wir betrachten die drei letztgenannten Wege nacheinander, unter Hervorhebung des jeweils abgebauten Materials und des zur Lieferung an die Lysosomen verwendeten Mechanismus.

13.5.5 Durch Makropinocytose können Zellen Nährstoffe aus der extrazellulären Flüssigkeit aufnehmen

Die Makropinocytose wurde als eine der ersten Arten der Endocytose beschrieben, weil sie lichtmikroskopisch sichtbar ist und man sehen kann, wie Zellen die umgebende

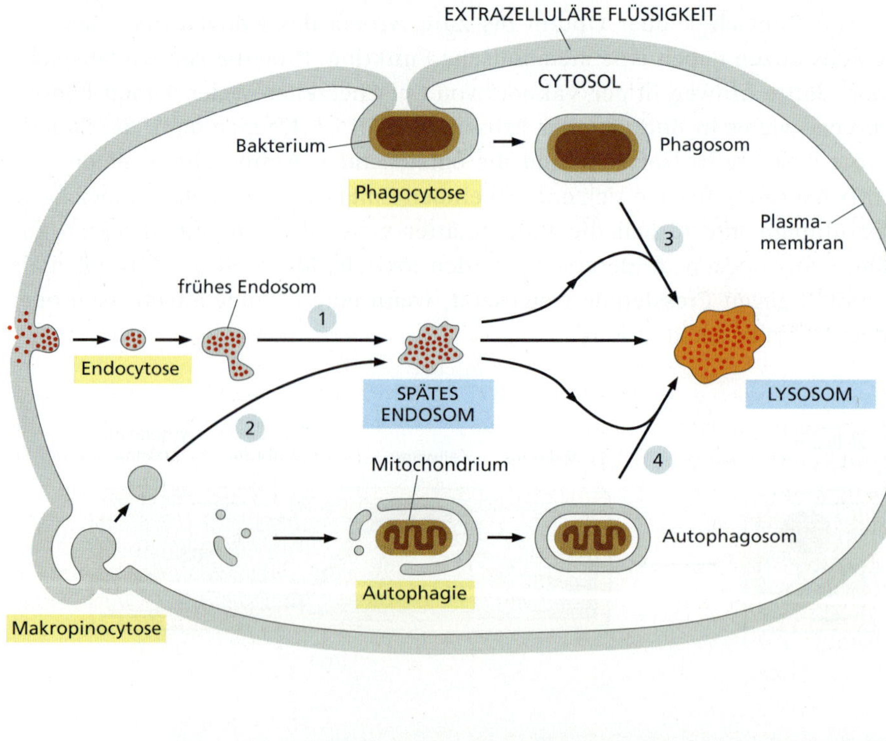

Abb. 13.67 Vier Wege zum Abbau in den Lysosomen. Die Materialien stammen in jedem Weg aus einer anderen Quelle. Man beachte, dass das Autophagosom eine Doppelmembran besitzt, wie wir noch später in diesem Kapitel sehen werden. In allen Fällen besteht der letzte Schritt in der Verschmelzung mit Lysosomen.

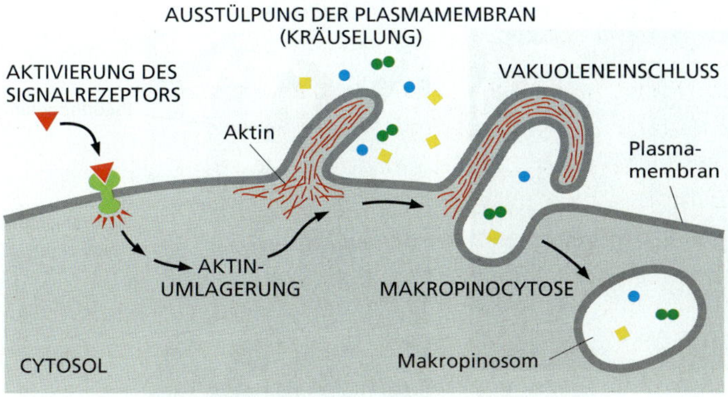

Abb. 13.68 Schema der Makropinocytose. Zellsignale führen zur Umprogrammierung der Aktindynamik, was wiederum die Bildung von Ausstülpungen der Zelloberflächen anstößt. Wenn die Ausstülpungen wieder zur Zelloberfläche zurückfallen, schließen sie unspezifisch extrazelluläre Flüssigkeiten sowie Makromoleküle und Partikel, die darin enthalten sind, ein. Wie gezeigt, bilden sich dabei große Vakuolen oder Makropinosomen.

Flüssigkeit in große Vesikel, die *Makropinosomen* genannt werden (**Abb. 13.68**), aufnehmen. Bei den meisten Zelltypen findet die Makropinocytose nicht kontinuierlich statt, sondern wird für eine begrenzte Zeit ausgelöst, als Reaktion auf die Aktivierung von Zelloberflächenrezeptoren durch spezifische Fracht, zu der Wachstumsfaktoren, Integrin-Liganden, Überreste apoptotischer Zellen und einige Viren gehören. Diese Liganden aktivieren einen komplexen Signalweg, der zu einer Veränderung der Aktindynamik und der Bildung von Zelloberflächenausstülpungen, den so genannten *Kräuselungen* (engl. *ruffles*, wird in Kapitel 16 erklärt) führt. Makropinosomen entstehen, wenn die überstehenden Enden der Käuselungen miteinander oder mit der Zellmembran verschmelzen und dadurch einen Teil des extrazellulären Inhalts einfangen.

Die Makropinocytose ist ein auf den Abbau spezialisierter Weg: Makropinosomen säuern sich an und verschmelzen dann mit späten Endosomen oder Endolysosomen, ohne ihre Ladung zur Wiederverwendung zurück zur Plasmamembran gebracht zu haben. Die Mikropinozytose wird durch Aktivierung des Onkogens *Ras* angeregt. Die Auslösung der Makropinocytose kann die Flüssigkeitsaufnahme einer Zelle um das bis zu Zehnfache erhöhen. Krebszellen, die konstitutiv aktives Ras (s. Kapitel 15) besitzen, verwenden die Mikropinocytose verstärkt, um große Nährstoffmengen aus der Umgebung aufzunehmen, um den Bedarf durch ihr schnelles Wachstum und die häufigen Zellteilungen decken zu können.

13.5.6 Spezialisierte Phagocyten können große Partikel verschlingen

Phagocytose ist eine besondere Form der Endocytose, bei der große Partikel wie Mikroorganismen oder tote Zellen in große Endocytosevesikel, die **Phagosomen**, aufgenommen werden. Phagocytose unterscheidet sich sowohl bezüglich des Zwecks als auch im Mechanismus von der schon besprochenen Makropinocytose. Für Protozoen ist die Phagocytose eine Form der Nahrungsaufnahme: Große Partikel werden in Phagosomen aufgenommen, gelangen schließlich in die Lysosomen, und die Produkte der nachfolgenden Abbauvorgänge werden ins Cytosol gebracht und als Nahrung verwertet. In Vielzellern sind allerdings nur wenige Zellen in der Lage, solche großen Partikel erfolgreich aufzunehmen. Im Darm von Tieren werden z. B. Nahrungspartikel durch extrazelluläre Vorgänge abgebaut, und Zellen importieren dann die wesentlich kleineren Hydrolyseprodukte.

Phagocytose ist in Tieren meist für andere Zwecke als für die Nahrungsaufnahme wichtig und wird von spezialisierten Zellen – den sogenannten *professionellen Phagocyten* – durchgeführt. In Säugern kennt man zwei wichtige Klassen weißer Blutkörperchen, die solche professionellen Phagocyten sind: **Makrophagen** (**Fresszellen**) und **Neutrophile** (**neutrophile Granulocyten**). Diese Zellen entwickeln sich aus hämatopoetischen Stammzellen (wird in Kapitel 22 besprochen). Sie schützen uns vor Infektionen, indem sie eindringende Mikroorganismen phagocytieren. Makrophagen haben außerdem eine

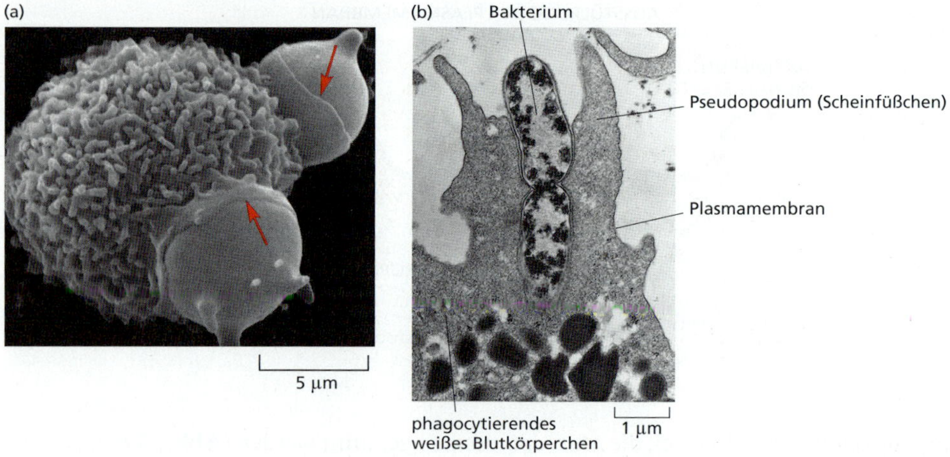

Abb. 13.69 Phagocytose durch einen Makrophagen. (a) Eine rasterelektronenmikroskopische Aufnahme eines Makrophagen der Maus, der zwei chemisch veränderte rote Blutzellen phagocytiert. Die *roten Pfeile* weisen auf die Kanten dünner Fortsätze des Makrophagen (Pseudopodien) hin, die sich wie ein Kragen umstülpen, um die roten Blutzellen zu umschließen. (b) Eine elektronenmikroskopische Aufnahme eines Neutrophilen, der ein Bakterium, das sich gerade teilt, phagocytiert. (a, Mit freundlicher Genehmigung von Jean Paul Revel; b, mit freundlicher Genehmigung von Dorothy F. Bainton, aus Phagocytic Mechanisms in Health and Disease. New York: Intercontinental Medical Book Corporation, 1971).

wichtige Funktion für den Abbau alternder Zellen und von Zellen, die bereits durch Apoptose abgestorben sind (s. Kapitel 18). Quantitativ gesehen ist die Beseitigung von alten und toten Zellen die weitaus wichtigere Funktion: Unsere Makrophagen phagocytieren beispielsweise in unserem Körper täglich mehr als 10^{11} ausgediente rote Blutzellen.

Die Phagosomen haben einen Durchmesser, der von der Größe der aufgenommenen Partikel bestimmt wird. Diese können fast so groß wie die phagocytierende Zelle selbst sein (**Abb. 13.69**). Die Phagosomen verschmelzen mit den Lysosomen, und das aufgenommene Material wird dort abgebaut. Unverdauliches Material verbleibt in den Lysosomen und bildet *Restkörperchen*. Diese können mittels Exocytose von Zellen ausgeschieden werden. Ein Teil der aufgenommenen Plasmamembran erreicht niemals die Lysosomen, weil sie aus den Phagosomen durch Transportvesikel zur Plasmamembran zurückgebracht wird.

Einige pathogene Bakterien haben ausgeklügelte Mechanismen entwickelt, um einer Phagosom–Lysosom-Verschmelzung zu entgehen. Das Bakterium *Legionella pneumophila* z. B., das die Legionärskrankheit verursacht (wird uns noch in Kapitel 23 begegnen), injiziert in den unglücklichen Wirt ein Rab-modifizierendes Enzym, das bestimmte Rab-Proteine dazu bringt, den Membranverkehr umzuleiten, sodass die Phagosom–Lysosom-Verschmelzung verhindert wird. Das Bakterium, das dadurch dem lysosomalen Abbau entgeht, überdauert in dem veränderten Phagosom, wächst und teilt sich und ist als intrazelluläres Pathogen vor dem adaptiven Immunsystem des Wirtes geschützt.

13.5.7 Die Frachterkennung durch Zelloberflächenrezeptoren löst Phagocytose aus

Phagocytose ist ein frachtgetriebener Prozess. Das heißt, die Aktivierung eines Zelloberflächenrezeptors wird benötigt, der das Signal in das Zellinnere weiterleitet. Damit Partikel phagocytiert werden können, müssen sie zunächst an der Oberfläche des Phagocyten andocken. Nicht alle angedockten Partikel werden jedoch aufgenommen. Phagocyten haben eine Vielzahl spezialisierter Oberflächenrezeptoren, deren Funktion an die Phagocytosemaschinerie der Zelle gekoppelt ist. Die am besten untersuchten auslösenden Signale sind die Antikörper. Sie schützen uns, indem sie an die Oberfläche von infektiösen Mikroorganismen (Pathogenen) binden und eine Serie von Ereignissen starten, die darin gipfelt, dass der Eindringling phagocytiert wird. Wenn Antikörper ein Pathogen attackieren, hüllen sie es zunächst mit Antikörper-Molekülen ein, die an *Fc-Rezeptoren* auf der Oberfläche von Makrophagen und Neutrophilen binden. Dies aktiviert die Rezeptoren, die daraufhin die phagocytierende Zelle zum Ausfahren der Pseudopodien bewegt,

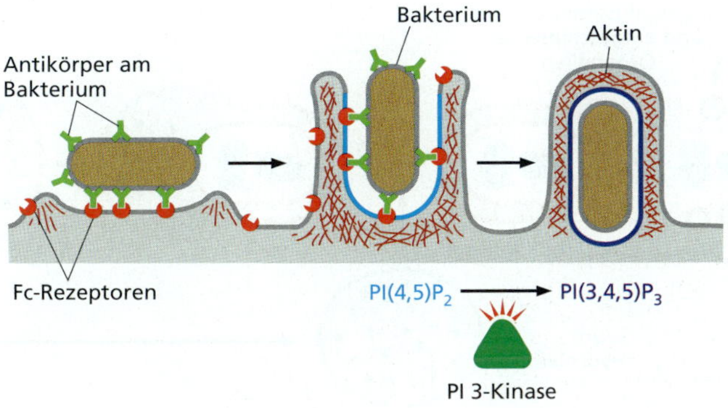

Abb. 13.70 Membranwechselwirkungen und Dynamik während der Phagocytose. Ein in einen Körper gelangtes Bakterium wird von Antikörper erkannt, die seine Oberfläche beschichten. Der Fc-Rezeptor auf der Oberfläche von phagocytierenden Zellen erkennt den Antikörper und heftet das Bakterium an die Plasmamembran. Dies leitet die Phagocytose ein, indem die Bildung von Pseudopodien ausgelöst wird, die beginnen, das Bakterium zu umschließen. Die Ausweitung der Pseudopodien und Phagosomenbildung werden durch Aktinpolymerisierung und Umordnung angetrieben, die auf die Anhäufung von spezifischen Phosphoinositiden in der Membran des sich bildenden Phagosoms reagieren: $PI(4,5)P_2$ stimuliert die Aktinpolymerisierung, was die Pseudopodienbildung fördert, und anschließend depolymerisiert $PI(3,4,5)P_3$ die Aktinfilamente an der Basis.

die die Partikel umschließen und durch Verschmelzen ihrer Enden ein Phagosom ausbilden (**Abb. 13.70**). Die durch GTPasen der Rho-Familie und ihre aktivierenden Rho-GEFs (in Kapitel 15 und 16 erläutert) ausgelöste lokalisierte Aktinpolymerisation bildet zunächst Pseudopodien. Eine aktive Rho-GTPase schaltet die Kinaseaktivität der lokalen PI-Kinasen an, die daraufhin $PI(4,5)P_2$ in der Membran produzieren (s. **Abb. 13.11**), was die Aktinpolymerisation fördert. Um das Phagosom zu verschließen und den Prozess der Verschlingung zu vollenden, wird Aktin an seiner Basis durch eine PI 3-Kinase depolymerisiert, die $PI(4,5)P_2$ zu $PI(3,4,5)P_3$ umwandelt. $PI(3,4,5)P_3$ ist für den Verschluss des Phagosoms erforderlich und könnte auch zur Umformung des Aktinnetzwerks beitragen, um die Einstülpung des sich bildenden Phagosoms zu unterstützen (**Abb. 13.70**). Auf diese Weise lenkt die geordnete Erzeugung und der Verbrauch spezifischer Phosphoinositide die aufeinanderfolgenden Schritte der Phagosomenbildung.

Weitere Rezeptorklassen, die die Phagocytose fördern, wurden ebenfalls charakterisiert. Einige erkennen Bestandteile des *Komplementsystems*, das gemeinsam mit Antikörpern Mikroben bekämpft (s. Kapitel 24). Andere erkennen direkt Oligosaccharide auf der Oberfläche bestimmter Pathogene. Wieder andere erkennen Zellen, die durch Apoptose abgestorben sind. Apoptotische Zellen verlieren die asymmetrische Verteilung der Phospholipide in ihrer Plasmamembran. Negativ geladene Phosphatidylserin-Gruppen, die sich normalerweise auf der cytosolischen Seite der Lipid-Doppelschicht befinden, geraten dann auf die Außenseite der Zelle und unterstützen dort das Auslösen der Phagocytose der toten Zelle.

Erstaunlicherweise phagocytieren Makrophagen auch eine Vielzahl nicht biologischer Partikel wie Glas oder Latexkügelchen und Asbestfasern; dennoch phagocytieren sie in ihrem eigenen Körper keine lebenden Zellen. Lebende Zellen tragen eine Art „Friss-mich-nicht“-Signal in Gestalt von Zelloberflächenproteinen, die an inhibitorische Rezeptoren auf der Oberfläche der Makrophagen binden. Die inhibitorischen Rezeptoren aktivieren Tyrosinphosphatasen, die den intrazellulären, Phagocytose auslösenden Signalvorgängen entgegenwirken und dadurch lokal den Phagocytosevorgang verhindern. Die Phagocytose hängt also, wie viele andere Zellvorgänge auch, von einem Gleichgewicht positiver Signale ab, die den Vorgang aktivieren, und negativer Signale, die ihn hemmen. Man nimmt an, dass apoptotische Zellen sowohl ein „Friss-mich“-Signal (wie z. B. extrazellulär freigelegtes Phosphatidylserin) erhalten als auch ihr „Friss-mich-nicht“-Signal verloren haben; dies führt dazu, dass sie sehr schnell von Makrophagen phagocytiert werden.

13.5.8 Autophagie baut nicht benötigte Proteine und Organellen ab

Alle eukaryotischen Zellen unterliegen einem Prozess, der als **Autophagie** oder „Selbstverdau“ bezeichnet wird. Während der Autophagie wird ein Teil des

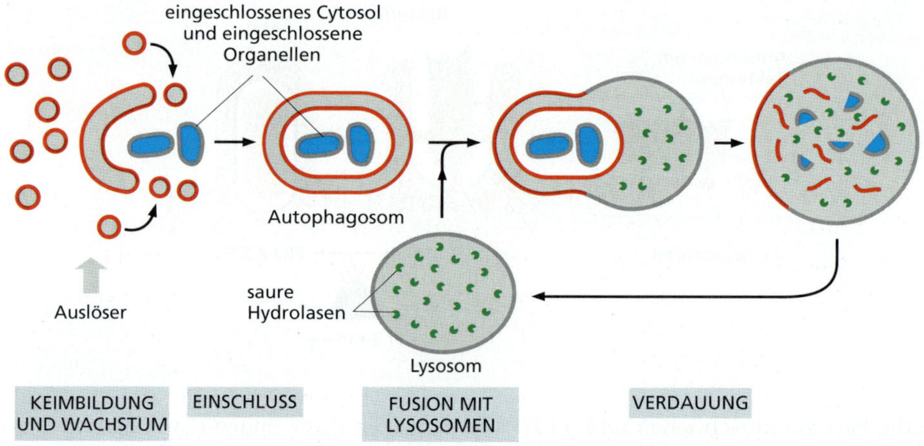

Abb. 13.71 Ein Autophagie-Modell. (a) Die Aktivierung eines Signalwegs leitet ein Keimbildungsereignis im Cytoplasma ein. Eine sichelförmige Autophagosomenmembran wächst durch Fusion mit Vesikeln unbekannter Herkunft und verschmilzt schließlich zu einem von einer Doppelmembran umschlossenen Autophagosom, das einen Teil des Cytoplasmas abtrennt. Das Autophagosom verschmilzt dann mit den saure Hydrolasen enthaltenden Lysosomen; diese Enzyme verdauen seinen Inhalt.

Cytoplasmas in eine Membranstruktur verschlungen, die **Autophagosom** genannt wird, das anschließend mit dem Lysosom verschmilzt, wo der Inhalt des Autophagosoms abgebaut wird (**Abb. 13.71**). Autophagie kann sowohl selektiv als auch nicht selektiv ablaufen. Bei der *nicht selektiven Autophagie* werden große Cytoplasmamengen in Autophagosomen abgetrennt. Bei der *selektiven Autophagie* umschließen die Autophagosomen sehr eng die spezielle Fracht, ohne dabei viel vom umgebenden Cytosol mitzunehmen.

In der Zelle dient die Autophagie mehreren wichtigen Zwecken. Die Autophagie ist wichtig während des normalen Zellwachstums und in der Entwicklung, wo sie die Restrukturierung sich differenzierender Zellen unterstützt, indem sie unerwünschte Organellen und andere zelluläre Bestandteile entfernt. Aber auch in Stresssituationen und bei Hunger wird die nicht selektive Autophagie dazu benutzt, vorliegende Proteine und Makromoleküle als Bausteine für dringender benötigte Prozesse wiederzugewinnen. Mittels selektiver Autophagie können sowohl Bakterien und Viren, die in die Zelle eindringen, als auch beschädigte Proteine, Proteinaggregate und sogar ganze beschädigte Organellen abgebaut werden. Die Bandbreite der durch Autophagie abgebauten Fracht erklärt, wieso Defekte bei der Autophagie zu Krankheiten beitragen können, die von Infektionskrankheiten über Neurodegeneration bis zu Krebs reichen.

Durch Verschmelzen kleiner Vesikel unbekannter Herkunft bildet sich das Autophagosom. Dieser Vorgang beginnt, wenn ein Phosphoinositidlipidkinase-Komplex (der als ATG1-Komplex bezeichnet wird) an einer Stelle PI(3)P bildet (s. **Abb. 13.10**), um damit einen möglichen Membranbereich für die Rekrutierung einiger Faktoren, die im Zusammenhang mit der Autophagie stehen, zu markieren. Diese Faktoren katalysieren die kovalente Anheftung des Membranlipids Phopsphatidylethanolamin an ein ubiquitinähnliches Protein namens ATG8. ATG8-markierte Vesikel verschmelzen untereinander (homotypisch) und mit Vesikeln, die ATG9 enthalten (heterotypisch). Dadurch dehnt sich die Membran aus, deren Identität durch ATG8 und andere autophagiebeteiligte Proteine vermittelt wird.

Aus noch unbekannten Gründen ist die durch die Vesikelverschmelzung wachsende Membranstruktur nicht kugelförmig, sondern eine abgeflachte Scheibe (ähnlich wie die Zisternen des Golgi-Apparats), die sich zu einer kelchförmigen Struktur wölbt. Die Verschmelzung der Ränder des Kelchs umschließt den Inhalt in ein Kompartiment, das jetzt von einer doppelten Membran umgeben ist. Die äußere Membran des neu gebildeten Autophagosoms verschmilzt dann in einem SNARE-vermittelten Prozess mit dem Lysosom. Die innere Membran und die umschlossene Fracht werden in das Lysosom freigesetzt, wo sie durch saure Hydrolasen abgebaut werden.

13.5.9 Die Geschwindigkeit der nicht selektiven Autophagie wird durch die Nährstoffverfügbarkeit reguliert

Die Aktivität des ATG1-Kinase-Komplexes, der die Autophagosomenbildung initiiert, ist streng reguliert. Die meiste Zeit wird sie aufgrund einer Phosphorylierung durch eine andere Proteinkinase, den mTOR-Komplex 1 (beschrieben in Kapitel 15) inaktiv gehalten. Die Aktivität des mTOR-Komplexes 1 ist abhängig von der Verfügbarkeit bestimmter Aminosäuren, die durch das Recycling von Proteinen im Lysosom entstehen. Wenn diese Aminosäuren nur begrenzt zur Verfügung stehen, wird die Aktivität des mTOR-Komplexes 1 reduziert, wodurch die Hemmung des ATG1-Komplexes aufgehoben wird. Die Aktivierung des ATG1-Komplexes löst die nicht selektive Autophagie aus, um eine Menge Cytosol in Lysosomen abzubauen. Dadurch werden wiederum Aminosäuren erzeugt, die den mTOR-Komplex 1 aktivieren. Durch diese Rückkopplungsschleife wird die Geschwindigkeit der nicht selektiven Autophagie dynamisch durch den Nährstoffstatus der Zelle geregelt.

Die durch Hunger ausgelöste nicht selektive Autophagie ist besonders wichtig bei Säugetieren in den Stunden unmittelbar nach der Geburt. Während dieser Übergangszeit geht die ständige Nährstoffversorgung aus der Gebärmutter abrupt verloren, während die Ernährung durch den Mund noch nicht begonnen hat. Die schnelle Aufnahme von Aminosäuren durch Autophagie wird genutzt, um kritische Zellfunktionen aufrecht zu halten, bis eine neue Nahrungsquelle über die Muttermilch aufgebaut ist. Bei Säugetieren wird die Geschwindigkeit der Autophagie durch mehrere andere Signalwege zusätzlich zum mTOR-Komplex 1 kontrolliert. Diese Regulierung ermöglicht es der Zelle, mehrere externe und interne Signale, wie z. B. Wachstumsfaktor-Signale und ATP-Spiegel, zusammenzuführen, um die Recyclinggeschwindigkeit von Makromolekülen im Cytosol zu regulieren.

13.5.10 Eine Familie von frachtspezifischen Rezeptoren vermittelt die selektive Autophagie

Selektive Autophagie vermittelt den Abbau von eindringenden Mikroben, geschädigten oder anderweitig unerwünschten Organellen und Proteinkomplexen oder -aggregaten, die zu groß für den Abbau durch das Proteasom sind. Die Schritte der Autophagosomenbildung und seiner Verschmelzung mit Lysosomen sind die gleichen wie bei der nicht selektiven Autophagie. Die selektive Autophagie unterscheidet sich nur in den sehr frühen Stadien, in denen die für den Abbau bestimmte Fracht an der konkaven Oberfläche der sich bildenden Autophagosomenmembran rekrutiert wird. Diese Rekrutierung wird durch spezialisierte Rezeptorproteine vermittelt, die die Fracht erkennen und eine Bindungsstelle für das autophagosomenspezifische Protein ATG8 besitzen.

Um der großen Bandbreite möglicher Frachtgüter gerecht zu werden, haben Zellen zahlreiche frachtspezifische Autophagierezeptoren entwickelt. In den meisten Fällen erkennen die Autophagierezeptoren ihre Ladung an einer Markierung, die diese nur dann trägt, wenn sie zum Abbau bestimmt ist. Die am häufigsten verwendete Markierung ist Ubiquitin. So werden z. B. Bakterien, die aus Phagosomen entkommen und in das Cytosol eindringen, durch cytosolische Proteine erkannt, die Proteine auf der Bakterienoberfläche ubiquitinieren. Mehrere Frachtrezeptoren erkennen das Ubiquitin und andere bakterienspezifische Proteine und rekrutieren ATG8-haltige Vesikel. Diese Vesikel verschmelzen miteinander und das sich bildende Autophagosom umschließt effektiv die Ladung, um sie zu verschlingen, ohne dabei Cytosol in großen Mengen mit einzuschließen (**Abb. 13.72a**). Aus diesem Grund spiegelt die Form eines Autophagosoms während der selektiven Autophagie typischerweise die Form seiner Fracht wider (**Abb. 13.72b**).

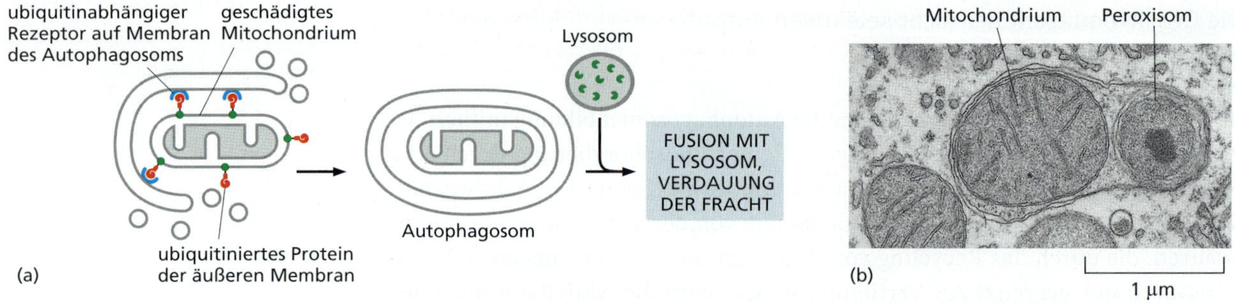

Abb. 13.72 Die selektive Autophagie. Die selektive Autophagie wird durch Rezeptoren vermittelt, die Fracht an die Autophagosomenmembran rekrutieren. (a) Schema zur Veranschaulichung des Konzepts eines Frachtrezeptors (*blau*) in der Autophagosomenmembran, der sie zu einer bestimmten Ladung, in diesem Fall ein beschädigtes Mitochondrium, lenkt. (b) Eine elektronenmikroskopische Aufnahme eines Autophagosoms, das ein Mitochondrium und ein Peroxisom enthält. (b, mit freundlicher Genehmigung von Daniel S. Friend. Mit Erlaubnis von E. L. Bearer).

Die selektive Autophagie von abgenutzten oder beschädigten Mitochondrien wird als *Mitophagie* bezeichnet. Wie bereits in Kapitel 12 besprochen bzw. wie wir in Kapitel 14 noch sehen werden, wird die innere Mitochondrienmembran durch einen elektrochemischen H^+-Gradienten unter Spannung gesetzt, der die ATP-Synthese und den Import von mitochondrialen Vorläuferproteinen und Metaboliten antreibt, wenn die Mitochondrien ordnungsgemäß funktionieren. Beschädigte Mitochondrien können diesen Gradienten nicht aufrechterhalten, sodass der Proteinimport blockiert ist. Als Folge davon verbleibt eine Proteinkinase namens Pink1, die normalerweise in die Mitochondrien transportiert wird, auf der Mitochondrienoberfläche. Dort rekrutiert Pink1 die Ubiquitin-Ligase Parkin, die äußere Mitochondrienmembranproteine ubiquitiniert, aus dem Cytosol, was als Markierung für einen ubiquitinabhängigen Frachtrezeptor zur Autophagie dient. Mutationen in Pink1 oder Parkin verursachen eine Frühform der Parkinson-Krankheit, einer degenerativen Erkrankung des Zentralnervensystems. Es ist nicht bekannt, warum die Neuronen, die bei dieser Erkrankung vorzeitig absterben, besonders auf die Mitophagie angewiesen sind.

13.5.11 Manche Lysosomen und multivesikuläre Körperchen können exocytiert werden

Das gezielte Einschleusen von Material in die Lysosomen ist nicht notwendigerweise das Ende dieses Wegs. Die *lysosomale Ausscheidung* von nicht abgebautem Material ermöglicht der Zelle, nicht abbaubaren Abfall zu entsorgen. Die meisten Zellen nutzen diesen Weg anscheinend kaum oder nur dann, wenn die Zellen unter Stress stehen. Einige Zelltypen enthalten jedoch spezialisierte Lysosomen, die den notwendigen Apparat enthalten, um mit der Plasmamembran zu verschmelzen. Die *Melanocyten* der Haut bilden und speichern beispielsweise Pigmente in ihren Lysosomen. Diese pigmenthaltigen *Melanosomen* setzen ihr Pigment durch Exocytose in den extrazellulären Raum der Epidermis frei. Das Pigment wird dann von Keratinocyten aufgenommen, was zur normalen Pigmentierung der Haut führt. Bei einigen Erbkrankheiten ist dieser Übertragungsvorgang blockiert, was durch Defekte bei der Exocytose der Melanosomen hervorgerufen wird und zu den Krankheitsbildern der Unterpigmentierung (Albinismus) führt. Unter bestimmten Bedingungen können multivesikuläre Körperchen auch mit der Plasmamembran verschmelzen. Wenn dies geschieht, werden die in ihrem Lumen enthaltenen Vesikel aus der Zelle freigesetzt. Zirkulierende kleine Vesikel, auch *Exosomen* genannt, wurden schon im Blut beobachtet und könnten zum Transport von Bestandteilen zwischen den Zellen verwendet werden, obwohl die Bedeutung eines solchen möglichen Kommunikationsmechanismus zwischen weit voneinander entfernten Zellen noch unklar ist. Einige Exosomen könnten dadurch entstanden sein, dass Vesikel direkt von der Plasmamembran abknospen, ähnlich wie sich manche Viren von Zellen abknospen und von der Zelle freigesetzt werden (s. **Abb. 13.61**).

Zusammenfassung

Lysosomen haben sich auf den intrazellulären Abbau von Makromolekülen spezialisiert. Sie enthalten einzigartige Membranproteine und eine Vielzahl löslicher hydrolytischer Enzyme mit einem pH-Optimum um 5, was dem inneren pH-Wert der Lysosomen entspricht. Eine ATP-getriebene H^+-Pumpe in der Lysosomenmembran hält diesen niedrigen pH-Wert aufrecht. In Pflanzen und Pilzen sind lysosomenähnliche Kompartimente, die als Vakuolen bezeichnet werden, an andere Funktionen wie Lagerung, Regulierung des Zellvolumens und Aufrechterhaltung des Turgordrucks angepasst. Lysosomen sind das Endprodukt der Endosomenreifung. Zelloberflächenproteine, die zu Endosomen endocytosiert werden, werden in Lysosomen abgebaut, es sei denn, sie werden in die Plasmamembran zurückgeholt. Extrazelluläre Inhalte, die durch Makropinocytose internalisiert wurden, werden auch über Endosomen an Lysosomen abgegeben und bieten unter bestimmten Bedingungen eine Nährstoffquelle.

Lysosomen können Inhalte von zwei anderen Wegen empfangen. Bei der Phagocytose können Zellen große Partikel wie Bakterien und sogar andere Zellen in Phagosomen einschließen, die mit Lysosomen verschmelzen. Die Phagocytose ist in der Regel ein rezeptorvermittelter Prozess und besonders markant in einigen spezialisierten Zelltypen wie Makrophagen. Bei der Autophagie verschlingen Zellen Teile ihres eigenen Cytoplasmas zu einer Doppelmembranstruktur, die als Autophagosom bezeichnet wird. Das Autophagosom kann unselektiv beliebige Teile des Cytosols verschlingen oder spezifische Frachten durch selektive Rezeptoren identifizieren. Nicht selektive Autophagie wird verwendet, um Makromoleküle während eines Nährstoffmangels in ihre Bausteine zu recyceln. Selektive Autophagie wird verwendet, um eindringende Mikroben, Proteinaggregate, und beschädigte oder unliebsame Organellen zu zerstören.

Literatur

Allgemein

Harrison, S.C. und Kirchhausen, T. (2010). Structural biology: conservation in vesicle coats. *Nature* 466: 1048–1049.

Hernandez-Gonzalez, M., Larocque, G. und Way, M. (2021). Viral use and subversion of membrane organization and trafficking. *J. Cell Sci.* 134 (5): jcs252676.

Pfeffer, S.R. (2013). A prize for membrane magic. *Cell* 155: 1203–1206.

Thor, F., Gautschi, M., Geiger, R. et al. (2009). Bulk flow revisited: transport of a soluble protein in the secretory pathway. *Traffic* 10: 1819–1830.

13.1 Mechanismen des Membrantransports und Kompartimentidentität

Antonny, B. (2011). Mechanisms of membrane curvature sensing. *Annu. Rev. Biochem.* 80: 101–123.

Burd, C. und Cullen, P.J. (2014). Retromer: a master conductor of endosome sorting. *Cold Spring Harb. Perspect. Biol.* 6 (2): a016774.

Faini, M., Beck, R., Weiland, F.T. et al. (2013). Vesicle coats: structure, function, and general principles of assembly. *Trends Cell Biol.* 23 (6): 279–288.

Ferguson, S.M. und De Camilli, P. (2012). Dynamin, a membrane-remodelling GTPase. *Nat. Rev. Mol. Cell Biol.* 13: 75–88.

Frost, A., Unger, V.M. und De Camilli, P. (2009). The BAR domain superfamily: membrane-molding macromolecules. *Cell* 137: 191–196.

Grosshans, B.L., Ortiz, D. und Novick, P. (2006). Rabs and their effectors: achieving specificity in membrane traffic. *Proc. Natl. Acad. Sci. USA* 103: 11821–11827.

Jackson, L.P., Kelly, B.T., McCoy, A.J. et al. (2010). A large-scale conformational change couples membrane recruitment to cargo binding in the AP2 clathrin adaptor complex. *Cell* 141: 1220–1229.

Jahn, R. und Scheller, R.H. (2006). SNAREs—engines for membrane fusion. *Nat. Rev. Mol. Cell Biol.* 7: 631–643.

Jean, S. und Kiger, A.A. (2012). Coordination between RAB GTPase and phosphoinositide regulation and functions. *Nat. Rev. Mol. Cell Biol.* 13: 463–470.

Jin, L., Pahuja, K.B., Wickliffe, K.E. et al. (2012). Ubiquitin-dependent regulation of COPII coat size and function. *Nature* 482: 495–500.

Martens, S. und McMahon, H.T. (2008). Mechanisms of membrane fusion: disparate players and common principles. *Nat. Rev. Mol. Cell Biol.* 9: 543–556.

McNew, J.A., Parlati, F., Fukuda, R. et al. (2000). Compartmental specificity of cellular membrane fusion encoded in SNARE proteins. *Nature* 407: 153–159.

Miller, E.A. und Schekman, R. (2013). COPII—a flexible vesicle formation system. *Curr. Opin. Cell Biol.* 25: 420–427.

Müller, M.P. und Goody, R.S. (2018). Molecular control of Rab activity by GEFs, GAPs and GDI. *Small GTPases* 9 (1–2): 5–21.

Pfeffer, S.R. (2013). Rab GTPase regulation of membrane identity. *Curr. Opin. Cell Biol.* 25: 414–419.

Saito, K., Chen, M., Bard, F. et al. (2009). TANGO1 facilitates cargo loading at endoplasmic reticulum exit sites. *Cell* 136: 891–902.

13.2 Transport vom Endoplasmatischen Retiulum durch den Golgi-Apparat

Ellgaard, L. und Helenius, A. (2003). Quality control in the endoplasmic reticulum. *Nat. Rev. Mol. Cell Biol.* 4: 181–191.

Emr, S., Glick, B.S., Linstedt, A.D. et al. (2009). Journeys through the Golgi—taking stock in a new era. *J. Cell Biol.* 187: 449–453.

Farquhar, M.G. und Palade, G.E. (1998). The Golgi apparatus: 100 years of progress and controversy. *Trends Cell Biol.* 8: 2–10.

Gillingham, A.K. und Munro, S. (2016). Finding the Golgi: golgin coiled-coil proteins show the way. *Trends Cell Biol.* 26 (6): 399–408.

Ladinsky, M.S., Mastronarde, D.N., McIntosh, J.R. et al. (1999). Golgi structure in three dimensions: functional insights from the normal rat kidney cell. *J. Cell Biol.* 144: 1135–1149.

Pfeffer, S. (2010). How the Golgi works: a cisternal progenitor model. *Proc. Natl. Acad. Sci. USA* 107: 19614–19618.

Varki, A. (2011). Evolutionary forces shaping the Golgi glycosylation machinery: why cell surface glycans are universal to living cells. *Cold Spring Harb. Perspect. Biol.* 3: a005462.

13.3 Transport vom *trans*-Golgi-Netzwerk zum Zelläußeren und den Endosomen

Burgess, T.L. und Kelly, R.B. (1987). Constitutive and regulated secretion of proteins. *Annu. Rev. Cell Biol.* 3: 243–293.

Martin, T.F. (1997). Stages of regulated exocytosis. *Trends Cell Biol.* 7: 271–276.

Mellman, I. und Nelson, W.J. (2008). Coordinated protein sorting, targeting and distribution in polarized cells. *Nat. Rev. Mol. Cell Biol.* 9: 833–845.

Mostov, K., Su, T. und ter Beest, M. (2003). Polarized epithelial membrane traffic: conservation and plasticity. *Nat. Cell Biol.* 5: 287–293.

Pang, Z.P. und Südhof, T.C. (2010). Cell biology of Ca2+-triggered exocytosis. *Curr. Opin. Cell Biol.* 22: 496–505.

Rizo, J. und Xu, J. (2015). The synaptic vesicle release machinery. *Annu. Rev. Biophys.* 44: 339–367.

Schuck, S. und Simons, K. (2004). Polarized sorting in epithelial cells: raft clustering and the biogenesis of the apical membrane. *J. Cell Sci.* 117: 5955–5964.

13.4 Transport von der Plasmamembran ins Zellinnere: Endocytose

Bonifacino, J.S. und Traub, L.M. (2003). Signals for sorting of transmembrane proteins to endosomes and lysosomes. *Annu. Rev. Biochem.* 72: 395–447.

Brown, M.S. und Goldstein, J.L. (1986). A receptor-mediated pathway for cholesterol homeostasis. *Science* 232: 34–47.

Conner, S.D. und Schmid, S.L. (2003). Regulated portals of entry into the cell. *Nature* 422: 37–44.

Henne, W.M., Stenmark, H. und Emr, S.D. (2013). Molecular mechanisms of the membrane sculpting ESCRT pathway. *Cold Spring Harb. Perspect. Biol.* 5 (9): a016766.

Howes, M.T., Mayor, S. und Parton, R.G. (2010). Molecules, mechanisms, and cellular roles of clathrin-independent endocytosis. *Curr. Opin. Cell Biol.* 22: 519–527.

Huotari, J. und Helenius, A. (2011). Endosome maturation. *EMBO J.* 30: 3481–3500.

Kelly, B.T. und Owen, D.J. (2011). Endocytic sorting of transmembrane protein cargo. *Curr. Opin. Cell Biol.* 23: 404–412.

Maxfield, F.R. und McGraw, T.E. (2004). Endocytic recycling. *Nat. Rev. Mol. Cell Biol.* 5: 121–132.

McMahon, H.T. und Boucrot, E. (2011). Molecular mechanism and physiological functions of clathrin-mediated endocytosis. *Nat. Rev. Mol. Cell Biol.* 12: 517–533.

Schöneberg, J., Lee, I.H., Iwasa, J.H. et al. (2017). Reverse-topology membrane scission by the ESCRT proteins. *Nat. Rev. Mol. Cell Biol.* 18 (1): 5–17.

Sorkin, A. und von Zastrow, M. (2009). Endocytosis and signaling: intertwining molecular networks. *Nat. Rev. Mol. Cell Biol.* 10: 609–622.

13.5 Abbau und Wiederverwendung von Makromolekülen in Lysosomen

Andrews, N.W. (2000). Regulated secretion of conventional lysosomes. *Trends Cell Biol.* 10: 316–321.

Bloomfield, A. und Kay, R.R. (2016). Uses and abuses of micropinocytosis. *J. Cell Sci.* 129 (14): 2697–2705.

de Duve, C. (2005). The lysosome turns fifty. *Nat. Cell Biol.* 7: 847–849.

Flannagan, R.S., Jaumouillé, V. und Grinstein, S. (2012). The cell biology of phagocytosis. *Annu. Rev. Pathol.* 7: 61–98.

Futerman, A.H. und van Meer, G. (2004). The cell biology of lysosomal storage disorders. *Nat. Rev. Mol. Cell Biol.* 5: 554–565.

Levine, B. und Kroemer, G. (2019). Biological functions of autophagy genes: a disease perspective. *Cell* 176 (1–2): 11–42.

Mizushima, N., Yoshimori, T. und Ohsumi, Y. (2011). The role of Atg proteins in autophagosome formation. *Annu. Rev. Cell Dev. Biol.* 27: 107–132.

Energieumwandlung und Kompartimentierung des Stoffwechsels: Mitochondrien und Chloroplasten

14

In einem Universum, das ständig dem Zustand mit dem höchstmöglichen Grad an Unordnung (Chaos) zustrebt, haben Zellen stets einen hohen Bedarf an ATP (wie wir in Kapitel 2 bereits besprochen haben), um ihren hohen Ordnungsgrad aufrechtzuerhalten. In eukaryotischen Zellen wird das meiste ATP, das lebenswichtige Prozesse antreibt, durch spezialisierte membranumschlossene *energieumwandelnde Organellen* erzeugt. Davon gibt es zwei Typen: zum einen die **Mitochondrien**, in denen die Nährstoffe verbrannt werden, um daraus ATP durch *oxidative Phosphorylierung* zu gewinnen, und die in nahezu allen Zellen von Tieren, Pflanzen und Pilzen vorkommen; zum anderen die **Chloroplasten**, die Sonnenenergie ernten, um mittels *Photosynthese* ATP zu erzeugen, und die nur in Pflanzen und Grünalgen vorkommen. In elektronenmikroskopischen Aufnahmen ist das ausgedehnte innere Membransystem in den Mitochondrien und Chloroplasten die auffälligste Strukturkomponente. Diese Innenmembranen enthalten eine Vielzahl von Membranproteinkomplexen, die zusammenarbeiten, um Energie für die Synthese des größten Teils des ATPs, das die Zellen herstellen, bereitzustellen und so die Energie für diese Zelle nutzbar zu machen.

Ein Vergleich der DNA-Sequenzen läßt vermuten, dass energieumwandelnde Organellen in heutigen Eukaryoten von Prokaryotenzellen stammen, die im Laufe der Evolution der Eukaryoten eine symbiontische Beziehung eingegangen sind (wie bereits in Kapitel 1 besprochen). Dies erlärt, warum Mitochondrien und Chloroplasten eigene DNA enthalten, die immer noch einen Teil der Proteinausstattung des Organells codiert. Im Laufe der Zeit scheint ein Großteil der Gene, die ursprünglich im prokaryotischen Genom codiert wurden, in das Zellkerngenom übertragen worden zu sein. Als Folge davon wurden diese Organellen stark abhängig von solchen im Zellkern codierten Proteinen, die im Cytosol synthetisiert und dann in das Organell importiert werden. Die eukaryotischen Zellen sind ihrerseits auf die Organellen angewiesen, nicht nur weil sie das ATP für Biosynthesen, für den Transport von gelösten Stoffen und zur Bewegung brauchen, sondern auch wegen der vielen wichtigen Biosynthesen, die innerhalb dieser Organellen ablaufen.

Kapitelinhalt

Molekularbiologie der Zelle, 7. Auflage. Bruce Alberts, Rebecca Heald, Alexander Johnson, David Morgan, Martin Raff, Keith Roberts und Peter Walter.

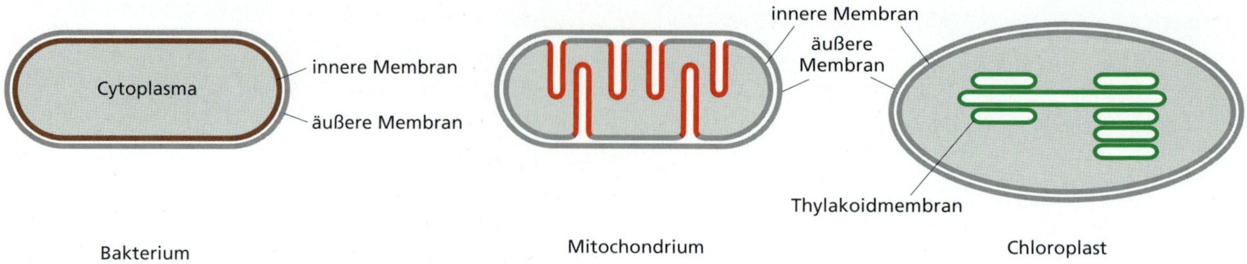

Abb. 14.1 **Die Membranen von Bakterien, Mitochondrien und Chloroplasten, die chemiosmotische Energieumwandlungen vollführen.** Mitochondrien und Chloroplasten sind Zellorganellen, die von Bakterien abstammen und die den Energieumwandlungsmechanismus der Bakterien sowie andere Eigenschaften ihrer Vorfahren beibehalten haben. Wie ihre Vorfahren besitzen Mitochondrien und Chloroplasten eine innere und eine äußere Membran. Für jede Zellart oder Organellart ist in der Zeichnung diejenige Membran angefärbt, die die energiegewinnenden Elektronentransportketten enthält. Die tiefen Einstülpungen der inneren Mitochondrienmembran bzw. das innere Membransystem der Chloroplasten beinhalten jeweils die zelluläre Atmungsmaschinerie bzw. die Photosynthesemaschinerie.

Die gemeinsame Herkunft der energieumwandelnden Maschinerie in Mitochondrien, Chloroplasten und Prokaryoten (Archaeen und Bakterien) spiegelt sich im grundlegenden Mechanismus der Energienutzung wider, den sie alle gemeinsam haben. Dieser Vorgang ist als **chemiosmotische Kopplung** bekannt. Der Name bringt die Verknüpfung der Reaktionen, die die chemischen Bindungen zur Erzeugung von ATP knüpfen („chemi“), mit den Membrantransportprozessen („osmotisch“) zum Ausdruck. Der chemiosmotische Prozess erfolgt in zwei miteinander verbundenen Stufen, die durch in die Membran eingebettete Proteinkomplexe durchgeführt werden. Diese Membran ist in **Abb. 14.1** im Bakterium, im Mitochondrium und im Chloroplasten farbig hervorgehoben.

Stufe 1. Energiereiche Elektronen aus der Oxidation von Nahrungsmolekülen, aus der Anregung von Pigmenten durch Sonnenlicht oder aus anderen später zu diskutierenden Quellen werden entlang einer Serie von Elektronentransport-Proteinkomplexen, die eine in die Membran eingebettete *Elektronentransportkette* bilden, weitergeleitet. Jede Elektronenübertragung setzt eine kleine Energiemenge frei, die dazu verwendet wird, um Protonen (H^+) durch die Membran zu pumpen. Dadurch wird über der Membran ein großer *elektrochemischer Protonengradient* erzeugt (**Abb. 14.2**). Solch ein elektrochemischer Gradient über einer Membran ermöglicht – wie in Kapitel 11 besprochen – die zeitweise Speicherung von Energie, die zu Nutzarbeit verwendet werden kann, wenn die Ionen ihrem elektrochemischen Gradienten folgend durch die Membran zurückfließen.

Stufe 2. Die Protonen fließen zum Ausgleich des elektrochemischen Gradienten durch eine ausgeklügelte Membranproteinmaschine zurück, die als *ATP-Synthase* bezeichnet wird. Die Synthase verwendet diese Energie, um die Synthese von ATP aus ADP und anorganischem Phosphat (P) zu katalysieren. Dieses allgegenwärtige Enzym arbeitet in der Membran wie eine Turbine, die von einem Protonenfluß angetrieben wird, um ATP zu erzeugen (**Abb. 14.3**). Auf diese Weise wird die entweder aus der Nahrung oder dem

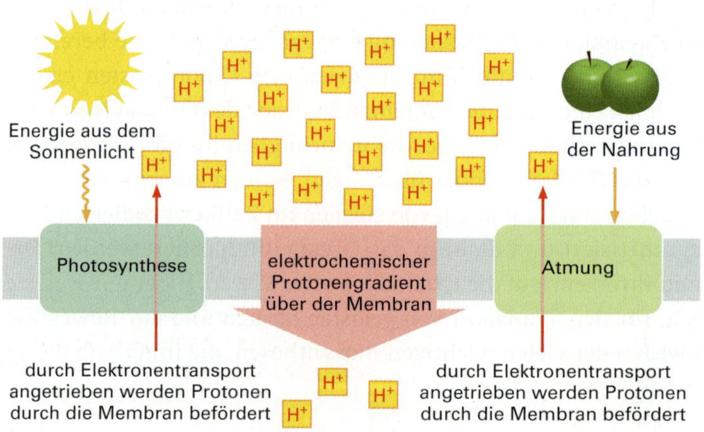

Abb. 14.2 **Stufe 1 der chemiosmotischen Kopplung.** Energie entweder aus Sonnenlicht oder aus der Oxidation von Nahrungsbestandteilen wird durch spezialisierte membraneingebettete Proteinkomplexe zur Erzeugung eines elektrochemischen Protonengradienten über der Membran genutzt. Der elektrochemische Gradient dient dann als vielseitig nutzbarer Energiespeicher und wird eingesetzt, um eine Vielfalt von energieerfordernden Reaktionen in den Mitochondrien, Chloroplasten und Prokaryoten (Bakterien und Archaeen) anzutreiben.

Sonnenlicht gewonnene Energie aus Schritt 1 in die chemische Energie einer Phosphatbindung im ATP umgewandelt.

Elektronen wandern in biologischen Systemen durch Proteinkomplexe mithilfe von fest gebundenen Metall-Ionen oder anderen Trägern, die leicht Elektronen aufnehmen und wieder abgeben, oder auch anhand spezieller kleiner Moleküle, die an einer Stelle Elektronen aufnehmen und an einer anderen Stelle wieder abgeben. Bei den Mitochondrien ist einer dieser entscheidenden Elektronenträger NAD^+, ein kleines wasserlösliches Molekül, das zwei Elektronen und ein H^+ – die aus den Nährstoffen (Fetten und Kohlenhydraten) stammen – unter Bildung von NADH aufnimmt (s. **Abb. 2.36**). NADH überträgt diese Elektronen von aus der Nahrung stammenden Molekülen auf die Mitochondrien-Innenmembran. Die Elektronen vom energiereichen NADH werden dort von einem Membranproteinkomplex zum nächsten weitergegeben. In jedem Schritt entstehen energieärmere Verbindungen, bis die Elektronen einen letzten Komplex erreichen, in dem sie sich mit molekularem Sauerstoff (O_2) und Protonen zu Wasser verbinden. Die Energie, die bei jedem Schritt der Elektronen auf ihrem Weg vom energiereichen NADH zum energiearmen Wasser über drei verschiedene Membranproteinkomplexe abgegeben wird, treibt H^+-Pumpen an, die in drei verschiedenen Proteinkomplexen in der inneren Mitochondrienmembran eingebettet sind. Zusammen erzeugen diese drei Komplexe den Protonengradienten (auch als protonenmotorische Kraft bezeichnet), die von der ATP-Synthase genutzt wird, um ATP herzustellen, das als universelle Energiewährung in der Zelle dient.

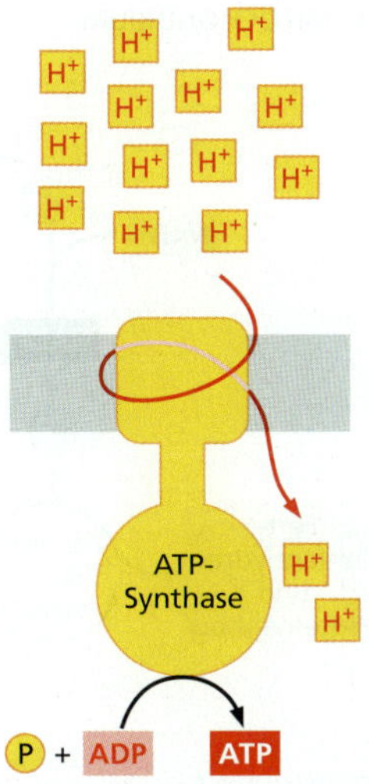

Abb. 14.3 Stufe 2 der chemiosmotischen Kopplung. Eine in die Lipid-Doppelschicht einer Membran eingebettete ATP-Synthase-Proteinmaschine (*gelb*) nutzt den elektrochemischen Protonengradienten über der Membran als Energiespeicher, um ATP zu synthetisieren. Die *roten Pfeile* zeigen die Richtung an, in der sich die Protonen durch die ATP-Synthase bewegen.

Abbildung 14.4 vergleicht den Elektronentransportprozess in Mitochondrien, die die Energie aus Molekülen der Nahrungsmittel verwerten, mit dem in Chloroplasten, die ihre Energie aus dem Sonnenlicht beziehen. Die Energieumwandlungssysteme von Mitochondrien und Chloroplasten lassen sich mit ähnlichen Begriffen beschreiben und wir werden später noch sehen, dass zwei der Hauptkomponenten eng miteinander verwandt sind. Eine davon ist die ATP-Synthase und die andere die Protonenpumpe.

Zu den äußerst wichtigen Bestandteilen, die nur photosynthesetreibende Organismen besitzen, gehören zwei *Photosysteme*. Sie verwenden den grünen Farbstoff Chlorophyll, um Lichtenergie einzufangen und den Elektronentransfer anzutreiben. Das Endergebnis dieser Serie von Elektronenübertragungen in Chloroplasten ist entgegengesetzt zum Endergebnis in Mitochondrien. In Mitochondrien werden Elektronen, die aus der Nahrung stammen, auf O_2 übertragen, sodass Wasser und CO_2 als Endprodukte entstehen, während bei der Photosynthese Elektronen aus dem Wasser entnommen werden, um O_2 zu bilden. Außerdem werden diese Elektronen dazu verwendet, aus CO_2 und Wasser Kohlenhydrate herzustellen. Diese Kohlenhydrate dienen dann als Quelle für alle anderen Bestandteile, die eine Pflanze benötigt.

Auf diese Weise machen sowohl Mitochondrien als auch Chloroplasten Gebrauch von der Elektronentransportkette, um einen H^+-Gradienten aufzubauen, der wichtige Reaktionen der Zelle antreibt. Chloroplasten erzeugen O_2 unter CO_2-Aufnahme, während Mitochondrien O_2 verbrauchen und dabei CO_2 freisetzen (s. **Abb. 14.4**). Pflanzen stellen Nahrung für Tiere zur Verfügung. Die sich ergänzende Chemie, die dazu in Mitochondrien und Chloroplasten abläuft, war fundamental zur Errichtung eines nachhaltigen Ökosystems auf der Erde – das O_2 und CO_2 sowie die Kohlenhydratsynthese und den Kohlenhydratverbrauch ausbalanciert.

14.1 Das Mitochondrium

Mitochondrien nehmen bis zu 20 % des Cytoplasmavolumens der eukaryotischen Zellen ein. Obwohl sie oft als kleine, bakterienähnliche Körperchen mit einem Durchmesser von 0,5–1 μm beschrieben werden, sind sie tatsächlich bemerkenswert dynamisch und plastisch. Sie bewegen sich in der Zelle, wobei sie dauernd ihre

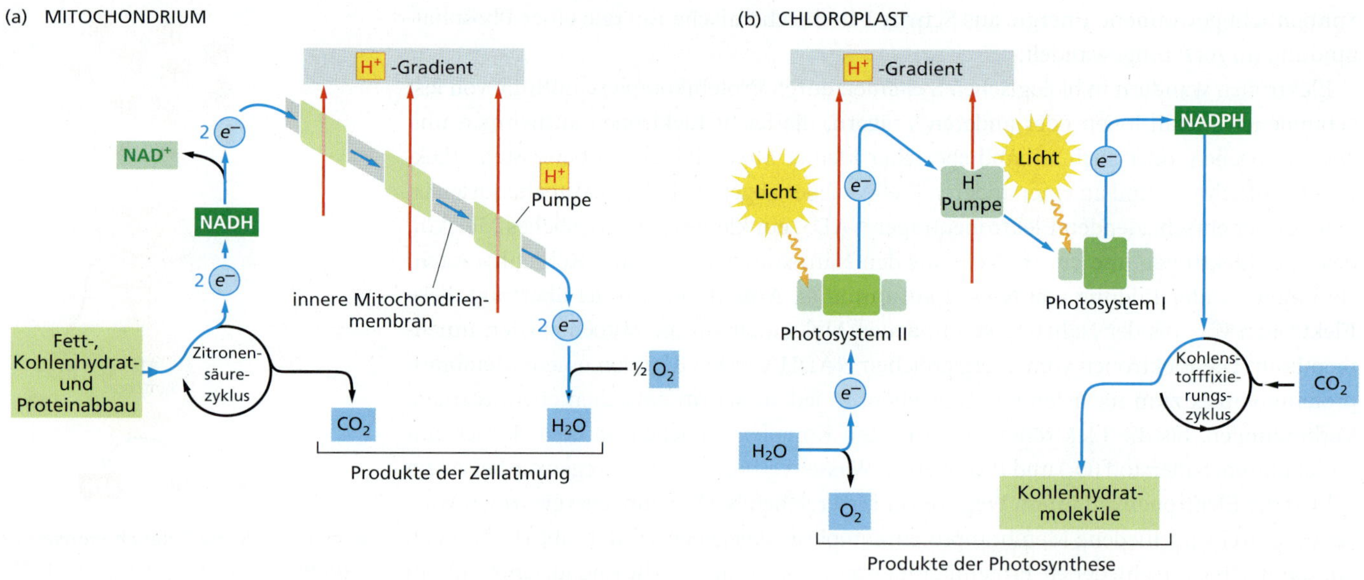

Abb. 14.4 Vergleich von zwei Elektronenumwandlungsprozessen. Das Mitochondrium wandelt Energie aus chemischen Brennstoffen um, während der Chloroplast Energie aus Sonnenlicht umwandelt. In beiden Fällen ist der Elektronenfluss durch *blaue Pfeile* gekennzeichnet. Die Elektronen werden über eine Reihe von in eine Membran eingebetteten Proteinkomplexen, wie markiert, übertragen. (a) In den Mitochondrien werden energiereiche Moleküle, die aus Fett-, Kohlenhydrat- oder Proteinabbau stammen, in den Zitronensäurezyklus eingespeist. Dieser Zyklus stellt die Elektronen zur Verfügung, aus denen die energiereiche Verbindung NADH aus NAD^+ hergestellt wird. Die NADH-Elektronen fließen dann entlang eines Energiegradienten, indem sie von einem Proteinkomplex in der mitochondrialen Elektronentransportkette zum nächsten gereicht werden, bis sie sich schließlich im letzten Komplex mit molekularem Sauerstoff und H^+ vereinigen und Wasser bilden. Die freigesetzte Energie wird von den drei Proteinkomplexen genutzt, Protonen (H^+) durch die Membran zu pumpen. (b) Im Gegensatz dazu wird in Chloroplasten die Lichtenergie dazu verwendet, Elektronen im Photosystem-II-Komplex aus Wasser zu gewinnen, wobei molekularer Sauerstoff freigesetzt wird. Die energiereichen Elektronen, die im Photosystem-II produziert wurden, werden an den nächsten Proteinkomplex in der Kette weitergeleitet, der einen Teil der Energie aus diesem Elektronentransfer dazu verwendet, um Protonen durch die Membran zu pumpen, ehe die Elektronen weiter zum Photosystem I gelangen. Dort erzeugt das Sonnenlicht energiereiche Elektronen, die sich mit $NADP^+$ vereinigen und zu NADPH reagieren (NADPH ist ein kleines Molekül, das eng mit dem in den Mitochondrien verwendeten NADH verwandt ist). Dieses NADPH fließt zusammen mit CO_2 in den *Kohlenstofffixierungszyklus*, um die Kohlenhydrate zu erzeugen, die sowohl den Kohlenstoff als auch die für die Zellprozesse erforderliche Energie liefern. Man beachte, dass die Produkte in (a) die Ausgangsmaterialien für (b) sind, während die Produkte in (b) die Ausgangsmaterialien für (a) sind.

Form ändern, sich teilen und verschmelzen. Mitochondrien sind oft mit dem Cytoskelett verbunden, das ihre Orientierung und Verteilung in verschiedenen Zelltypen bestimmt. Dadurch können Mitochondrien in hoch polarisierten Zellen wie den Neuronen große Entfernungen zurücklegen (bis zu einem Meter oder mehr in die langgezogenen Axone eines Neurons). Dabei werden sie entlang der Bahnen der Mikrotubuli von ihrem Entstehungsort im Zellkörper hin, vorwärts zu Stellen mit Energiebedarf (wie Synapsen) transportiert. In anderen Zellen bleiben Mitochondrien dauerhaft an Orten, an denen ein hoher Energiebedarf besteht, z. B. in Skelett- oder Herzmuskelzellen, wo sie zwischen den Myofibrillen liegen. In Spermienzellen sind sie eng um die Geißel gewickelt (**Abb. 14.5**).

Zusätzlich zu der gerichteten Bewegung entlang der Cytoskelettfilamente gehen Mitochondrien auch äußerst dynamische Wechselwirkungen mit anderen Membransystemen in der Zelle ein; besonders erwähnenswert ist hier das Endoplasmatische Reticulum (ER). Kontaktstellen zwischen Mitochondrien und ER begrenzen spezialisierte Domänen, von denen man annimmt, dass sie den Austausch von Lipiden, Calcium und möglicherweise noch anderen Molekülen zwischen den beiden Membransystemen erleichtern. Diese Kontaktstellen mit dem ER scheinen auch die auf die Mitochondrienteilung spezialisierten Bereiche zu sein, die – wie wir noch sehen werden – dazu beitragen, die Mitochondrien innerhalb der Zelle räumlich und zahlenmäßig zu verteilen.

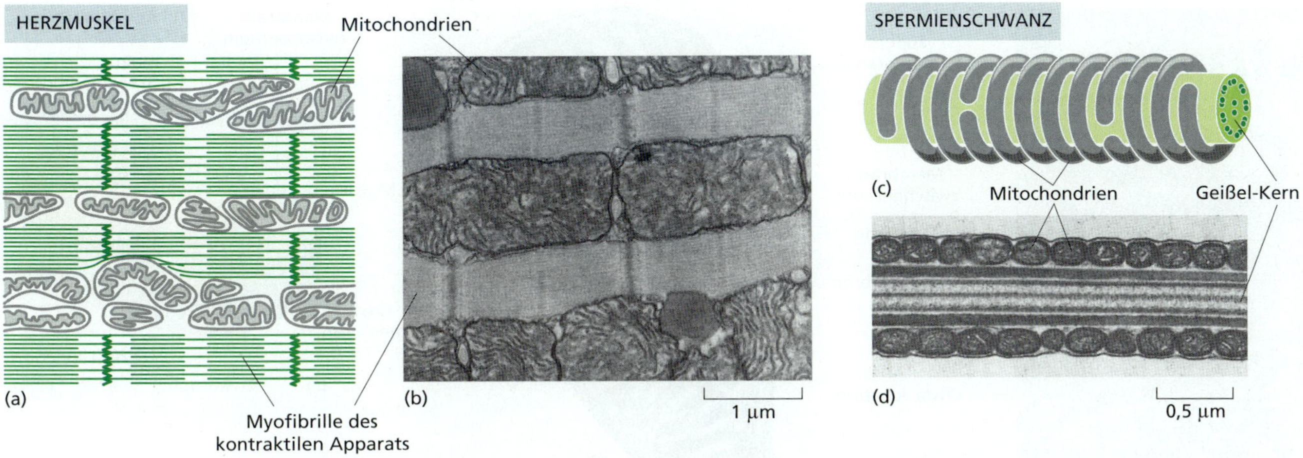

Abb. 14.5 Lokalisierung von Mitochondrien in der Nähe von Orten mit hohem ATP-Bedarf. (a) In einer Herzmuskelzelle sind die Mitochondrien in der Nähe des kontraktilen Apparates angeordnet, wo die ATP-Hydrolyse die Energie für die Kontraktion liefert. Die Struktur des kontraktilen Apparates wird in Kapitel 16 behandelt. (b) Eine elektronenmikroskopische Aufnahme des Herzmuskels zeigt das Vorherrschen von Mitochondrien. (c) In einem Spermium befinden sich die Mitochondrien im Schwanz, der um einen Teil der beweglichen Geißel (Flagelle) gewickelt ist, die ATP für ihre Bewegung benötigt. Die innere Struktur des Geißelkerns wird in Kapitel 16 behandelt. (d) Mikroskopische Aufnahme einer Geißel, die in dünne Scheiben geschnitten wurde, um die innere Kernstruktur und die umgebenden Mitochondrien sichtbar zu machen. (b, Keith R. Porter Nachlass, Center for Biological Sciences Archives, University of Maryland, Baltimore County; d, aus W. Bloom und D. W. Fawcett, A Textbook of Histology, 10. Auflage, Philadelphia, PA: W. B. Saunders Company, 1975. Nachdruck mit Genehmigung der Nachlassverwalter von D. W. Fawcett).

Der Erwerb der Mitochondrien war eine Voraussetzung für die Evolution komplexer tierischer Lebewesen. Ohne diese Mitochondrien müssten die heutigen Tierzellen ihr gesamtes ATP durch Glykolyse erzeugen. Bei der Umwandlung von Glukose in Pyruvat durch Glykolyse wird nur ein sehr kleiner Bruchteil der gesamten Freien Energie, die eigentlich aus der Glukoseoxidation verfügbar wäre, freigesetzt (s. Kapitel 2). In den Mitochondrien werden Zucker dagegen komplett verstoffwechselt: Pyruvat wird in das Mitochondrium importiert und durch O_2 schließlich zu CO_2 und H_2O oxidiert. Dadurch wird 15-mal mehr ATP erzeugt als durch Glykolyse allein. Wie wir noch sehen werden, stand diese Energiequelle erst zur Verfügung, nachdem sich in der Erdatmosphäre genügend Sauerstoff angesammelt hatte, der es den Organismen ermöglichte, durch Atmung die Energie auszunutzen, die durch die vollständige Oxidation organischer Verbindungen gewonnen werden kann.

14.1.1 Das Mitochondrium hat eine äußere Membran und eine innere Membran

Wie die Bakterien, von denen sie wahrscheinlich abstammen, besitzen Mitochondrien eine innere und eine äußere Membran. Beide Membranen haben bestimmte Aufgaben und Eigenschaften und grenzen zwei Kompartimente innerhalb des Organells voneinander ab. Die innere Membran, die das Kompartiment der internen **Mitochondrienmatrix** einhüllt (Abb. 14.6), ist stark gefaltet, wodurch sie die als **Cristae** (Singular ist Crista) bekannten Einstülpungen ausbildet. In dieser Membran sind die Proteine der Elektronentransportkette eingebaut. An der Stelle, an der die innere Membran parallel zur äußeren Membran verläuft (zwischen den Cristae), wird sie als *innere Grenzmembran* bezeichnet. Die enge Lücke (20–30 nm) zwischen dieser inneren Grenzmembran und der äußeren Membran heißt **Membranzwischenraum** (Intermembranraum). Die Cristae sind ungefähr 20 nm breite Membranscheiben oder -röhrchen, die weit in die Matrix hineinragen und den **Cristaraum** umgeben. Die *Cristamembran* geht nahtlos in die innere Grenzmembran über. An der Verbindungsstelle befinden sich enge Membranröhren oder -schlitze, die *Crista Junctions* genannt werden.

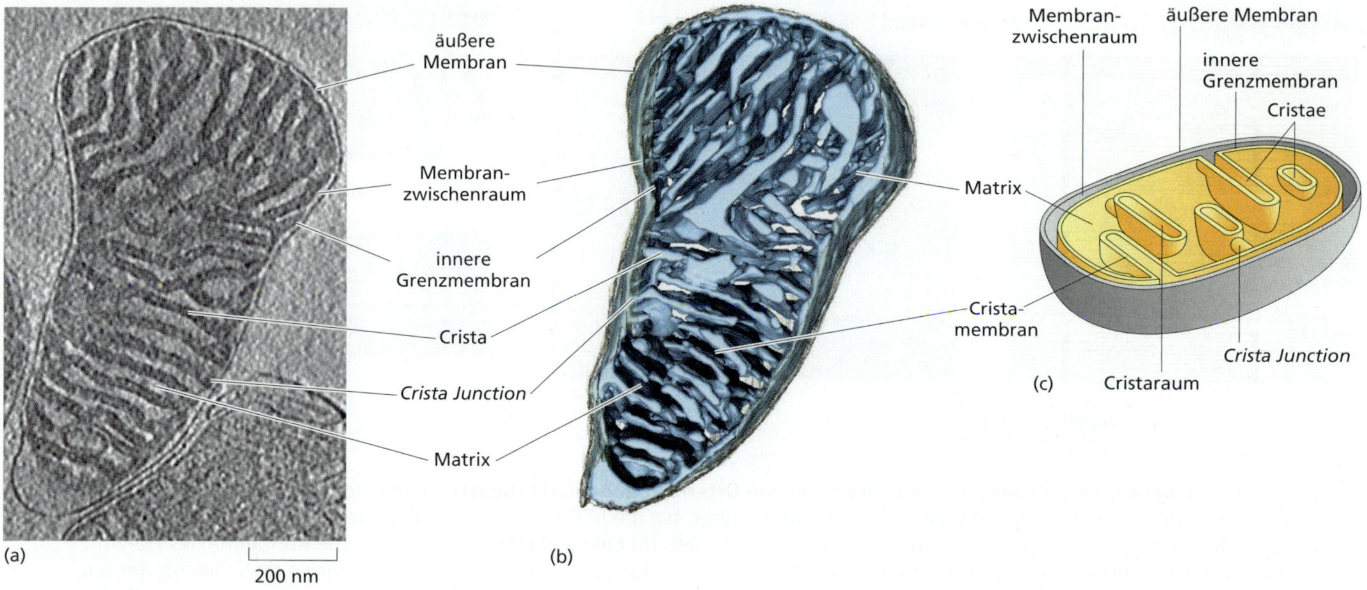

Abb. 14.6 Der Aufbau eines Mitochondriums. (a) Tomographischer Schnitt durch die dreidimensionale Rekonstruktion eines Herzzellen-Mitochondriums der Maus, wie sie durch Elektronenmikroskop-Tomographie bestimmt wurde. Die äußere Membran hüllt die innere Grenzmembran ein. Die innere Membran ist stark in röhrenförmige oder lamellenartige Cristae gefaltet, die die Matrix kreuz und quer durchziehen. Die dichte Matrix, die die meisten Proteine des Mitochondriums beinhaltet, erscheint im Elektronenmikroskop dunkel, wohingegen der Membranzwischenraum und der Cristaraum aufgrund des geringen Proteingehaltes hell erscheinen. Die innere Grenzmembran folgt dicht auf die äußere Membran im Abstand von ~ 20 nm. An den *Crista Junctions*, wo die innere Grenzmembran auf die Cristae stößt, macht die Membran eine scharfe Biegung. (b) Tomographische Oberflächendarstellung eines Herzzellen-Mitochondriums der Maus. Man erkennt, wie flach die Cristae aus der inneren Membran in die Matrix hineinragen. (c) Schematische Darstellung eines Mitochondriums, wobei die äußere Membran *grau* und die innere Membran *gelb* dargestellt ist. Dabei ist zu beachten, dass die innere Membran in die innere Grenzmembran und die Cristamembran unterteilt ist. Es gibt drei unterschiedliche Räume: den Membranzwischenraum, den Cristaraum und die Matrix. (a und b, mit freundlicher Genehmigung von Tobias Brandt).

Wie die äußere Membran der Bakterien ist die **äußere Mitochondrienmembran** für Ionen und kleinere Moleküle bis zu einer Größe von 5000 Dalton durchlässig. Diese Durchlässigkeit wird durch viele Porine ermöglicht. Bei Porinen handelt es sich um eine spezielle Klasse von β-Fass-Membranproteinen, die wässrige Poren durch die Membran bilden (s. **Abb. 10.21**). Dadurch hat der Membranzwischenraum zwischen der inneren und äußeren Membran einen sehr ähnlichen pH-Wert und eine sehr ähnliche Ionenzusammensetzung wie das Cytoplasma, und es gibt keinen elektrochemischen Gradienten über der äußeren Membran.

14.1.2 Die Spaltung, die Verschmelzung, die Verteilung und der Abbau von Mitochondrien

In Säugerzellen macht die mitochondriale DNA weniger als 1 % der gesamten Zell-DNA aus. In anderen Zellen jedoch kann ein weit größerer Anteil der Zell-DNA in Mitochondrien und Chloroplasten vorkommen (**Tab. 14.1**). I in den Organellen findet ein großer Teil der gesamten RNA- und Proteinsynthese statt.

Mitochondrien und Chloroplasten sind groß genug, um im Lichtmikroskop in lebenden Zellen sichtbar zu sein. Mitochondrien können zum Beispiel durch Expression eines durch gentechnische Methoden erhaltenen Fusionsprodukts aus einem Mitochondrienprotein und dem grün fluoreszierenden Protein (GFP) in den Zellen sichtbar gemacht werden; oder Zellen können mit einem Fluoreszenzfarbstoff inkubiert werden, der von den Mitochondrien wegen des Membranpotenzials spezifisch aufgenommen wird. Solche Bilder zeigen, wie dynamisch sich die Mitochondrien in lebenden Zellen

Tab. 14.1 Relative Mengen von Organellen-DNA in einigen Zellen und Geweben.

Organismus	Gewebe oder Zellart	DNA-Moleküle je Organell	Organellen je Zelle	Organellen-DNA in % der gesamten zellulären DNA
		Mitochondriale DNA		
Ratte	Leber	5–10	1000	1
Hefe[a]	vegetativ	2–50	1–50	15
		Chloroplasten-DNA		
Chlamydomonas	vegetativ	80	1	7
Mais	Blätter	0–300[b]	20–40	0–15[b]

[a] Die große Schwankungsbreite in Zahl und Größe der Mitochondrien je Zelle in Hefen ist auf die Mitochondrienverschmelzung und -spaltung zurückzuführen.

[b] Beim Mais fällt die Menge der Chloroplasten-DNA in reifen Blättern jäh ab, nachdem die Zellteilung eingestellt wurde: Die Chloroplasten-DNA wird abgebaut und stabile mRNAs bleiben bestehen, um für die Proteinsynthese zu sorgen.

verhalten: Sie teilen sich oft durch Spaltung, verschmelzen miteinander und ändern ihre Gestalt (**Abb. 14.7**). Die Teilung von Mitochondrien könnte notwendig sein, damit kleine Teile des Mitochondrien-Netzwerks abgeschnürt werden und entfernte Bereiche der Zelle erreichen können – z.B. in das dünne, lang ausgestreckte Axon und die Dendriten eines Neurons, damit sie auf jede der beiden Töchter verteilt werden oder durch mitochondriale Autophagie abgebaut werden (s. Kapitel 13).

Das Trennen und Verschmelzen von Mitochondrien sind topologisch komplexe Vorgänge, die die Integrität der getrennten Mitochondrien-Kompartimente, die durch die innere und äußere Membran definiert sind, aufrechterhalten. Diese Vorgänge kontrollieren die Zahl und Gestalt der Mitochondrien, die in den verschiedenen Zelltypen drastisch variieren kann, von vielen kugel- oder wurmförmigen Organellen zu einem einzelnen verzweigten, netzförmigen Organell (genannt *Reticulum*). Jeder Vorgang ist abhängig von seinem eigenen speziellen Satz an Proteinen. Die Mitochondrien-Teilungsmaschinerie funktioniert, indem dynaminverwandte GTPasen (s. Kapitel 13) zu helikalen Oligomeren zusammengebaut werden, die lokal eine Abschnürung in röhrenförmige

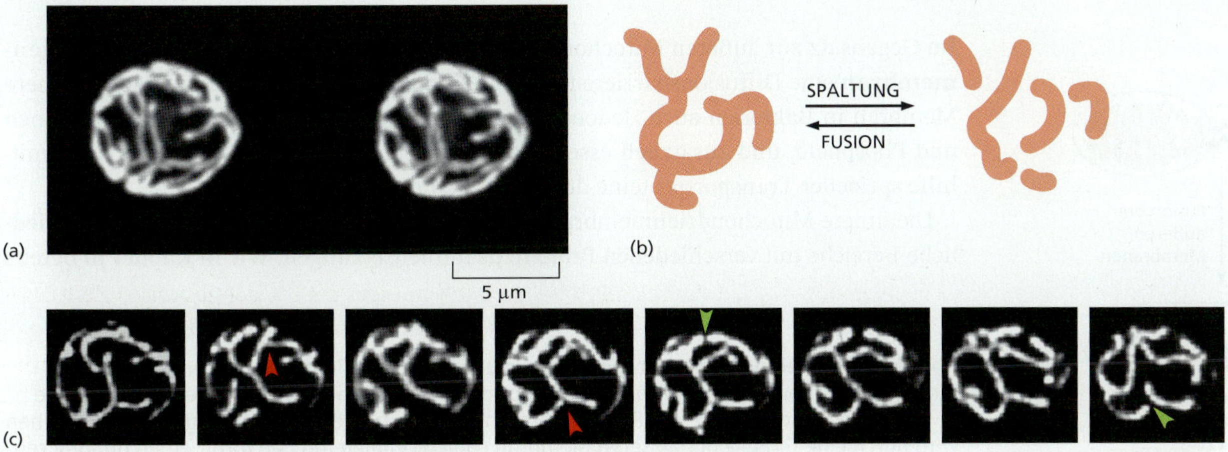

Abb. 14.7 Das mitochondriale Reticulum ist dynamisch. (a) In Hefezellen bilden die Mitochondrien ein kontinuierliches Netz (Reticulum), das auf der cytoplasmatischen Seite der Plasmamembran anliegt (Stereoaufnahme). (b) Die Ausgewogenheit zwischen Teilung und Verschmelzung (Fusion) bestimmt die Gestalt der Mitochondrien in verschiedenen Zellen. (c) Die Zeitraffer-Fluoreszenzmikroskopie zeigt das dynamische Verhalten des mitochondrialen Netzwerks in einer Hefezelle. Zusätzlich zu Formveränderungen wird das Netzwerk ständig durch Teilung (*grüne Pfeilspitzen*) und Verschmelzung (*rote Pfeilspitzen*) umgestaltet. Die Bilder wurden in Zeitabständen von 3 Minuten aufgenommen. (a und c, aus J. Nunnari et al., *Mol. Biol. Cell* 8: 1233–1242, 1997. Mit Erlaubnis der American Society for Cell Biology).

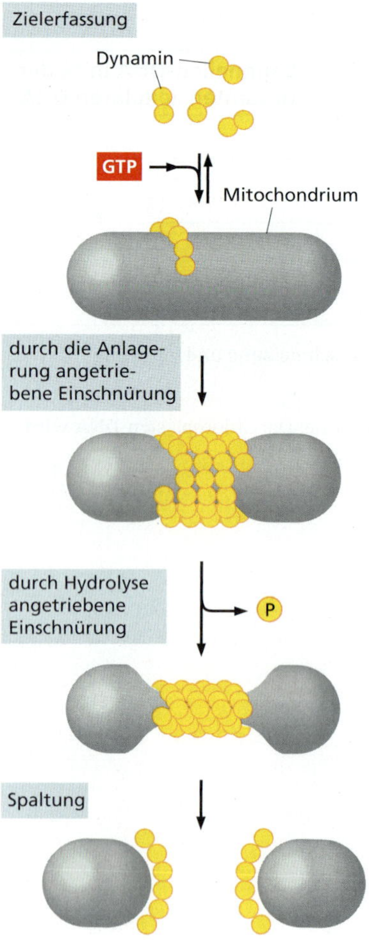

Abb. 14.8 Modell der Mitochondrienteilung. Dynamin-1 (*gelb*) liegt als Dimer, das längere oligomere Strukturen in einem GTP-Hydrolyse benötigenden Prozess bildet, im Cytosol vor. Diese Dynaminstrukturen wechselwirken an speziellen ER-Kontaktstellen (nicht gezeigt) mit der äußeren Mitochondrienmembran durch spezielle Adapterproteine, sodass sich um das Mitochondrium herum eine Spirale aus GTP-Dynamin bildet, die zum Zusammenschnüren führt. Man nimmt an, dass durch einen konzertierten GTP-Hydrolyse-Vorgang in den Dynamin-Einheiten die Konformationsänderungen geschehen, die zur Teilung führen. (Verändert nach S. Hopkins et al., *Annu. Rev. Biochem.* 76: 751–780, 2007. Mit Genehmigung von Annual Reviews).

Mitochondrien bewirken. Die GTP-Hydrolyse erzeugt dann die mechanische Kraft, die die innere und äußere Mitochondrienmembran in einem Schritt durchtrennt (**Abb. 14.8**). Die Mitochondrienverschmelzung benötigt zwei getrennte Maschinerien, jeweils eine für die innere und die äußere Membran (**Abb. 14.9**).

Mitochondrien, die durch den Verlust des elektrochemischen Protonengradienten funktionsuntüchtig geworden sind, werden typischerweise stark fragmentiert, weil sie sich weiterhin teilen, aber nicht mehr fusionieren können. Dieser Zustand ist in der Regel mit dem hochspezifischen und organisierten Abbau solcher Mitochondrien durch eine spezielle organellenspezifische Form der Autophagie verbunden, die als Mitophagie bezeichnet wird (s. Kapitel 13). Ein Mechanismus, der die Autophagie auslöst, beruht auf der Tatsache, dass der mitochondriale Proteinimport bei Verlust des elektrochemischen Gradienten ineffizient wird, was dazu führt, dass die Pink1-Proteinkinase (Pink1 steht für *PTEN induced kinase 1*), die normalerweise in die Mitochondrien importiert wird, an der äußeren Mitochondrienmembran zurückgehalten wird. Pink1 phosphoryliert sowohl das mitochondrienassoziierte Ubiquitin als auch den Mitophagie-Regulator Parkin, um die Bildung eines Autophagosoms einzuleiten, das das geschädigte Mitochondrium verschlingt. Das Parkin-Protein ist so benannt, weil Mutationen in dem Gen, das es codiert (ebenso wie das Gen, das Pink1 codiert), mit der Parkinson-Krankheit in Verbindung gebracht werden, die durch eine Anhäufung nicht funktionsfähiger Mitochondrien gekennzeichnet ist.

14.1.3 Die Cristae der inneren Membran enthalten die Maschinerie für den Elektronentransport und die ATP-Synthese

Im Gegensatz zur äußeren Mitochondrienmembran bildet die **innere Mitochondrienmembran** eine Diffusionsbarriere für Ionen und kleine Moleküle, genau wie die innere Membran in Bakterien auch. Jedoch können ausgewählte Ionen, allen voran Protonen und Phosphate, und zusätzlich essenzielle Metabolite wie ATP, ADP und Pyruvat mithilfe spezieller Transportproteine durch die Membran gelangen.

Die innere Mitochondrienmembran ist stark untergliedert in funktionell unterschiedliche Bereiche mit verschiedenen Proteinzusammensetzungen. Wie in Kapitel 10 bereits

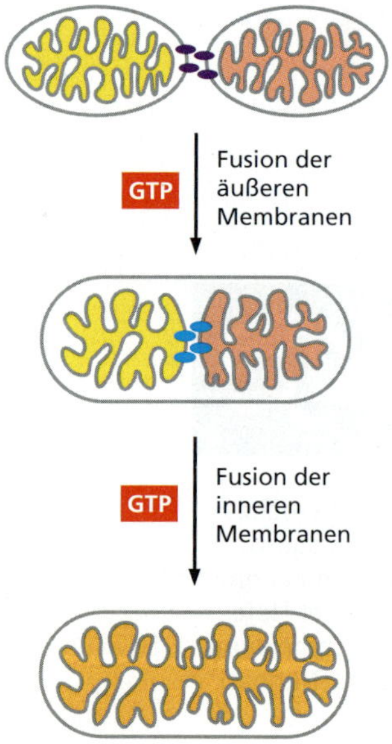

Abb. 14.9 Modell der Mitochondrienverschmelzung. Die Fusionen der äußeren und der inneren Mitochondrienmembranen sind koordiniert nacheinander ablaufende Ereignisse, die jeweils einen eigenen Satz von Proteinfaktoren benötigen. Die Fusion der äußeren Membranen wird durch eine GTPase der äußeren Membran (*violett*) eingeleitet; sie formt einen oligomeren Komplex, der Untereinheiten einschließt, die in den beiden zu verschmelzenden Membranen verankert sind. Die Verschmelzung der äußeren Membranen benötigt GTP und einen H^+-Gradienten über der inneren Membran. Für die Verschmelzung der inneren Membranen bildet ein dynaminverwandtes Protein einen oligomeren Anheftungskomplex (*blau*), der Untereinheiten beinhaltet, die in beiden inneren Membranen verankert sind, die miteinander verschmelzen sollen. Die Fusion der inneren Membranen benötigt GTP und ein elektrisches Potenzial über der inneren Membran. (Verändert nach S. Hopkins et al., *Annu. Rev. Biochem.* 76: 751–780, 2007. Mit Genehmigung von Annual Reviews).

besprochen, ist die seitliche Trennung der Membranregionen mit unterschiedlichen Protein- und Lipidzusammensetzungen ein Hauptmerkmal der Zellen. Die Grenzmembranregion der inneren Mitochondrienmembran enthält die Maschinerie für den Proteinimport, den Einbau von neuen Membranen und den Zusammenbau der Atmungsketten-Komplexe. Die Cristamembranen, obwohl sie in die Grenzmembranen übergehen, unterscheiden sich in ihrer Zusammensetzung. In den Cristamembranen sind die Enzyme der ATP-Synthase untergebracht, die das meiste ATP in der Zelle herstellen. Diese große Proteinmaschine stabilisiert vermutlich auch die stark gekrümmte Cristamembranstruktur. Die Cristamembranen enthalten auch die großen Proteinkomplexe der **Atmungskette** – so wird die mitochondriale Elektronentransportkette genannt. Mit einem Lipidanteil von 25 Massenprozent und einem Proteinanteil von 75 Massenprozent haben Cristamembranen eine der höchsten Proteindichten aller biologischen Membranen.

An den *Crista Junctions* – also an der Stelle an der die Cristamembran und die Grenzmembran aneinanderstoßen – stellen spezielle Proteinkomplexe eine Diffusionsbarriere her, die die Membranproteine in die zwei Regionen der inneren Membran trennt. Diese Komplexe sorgen wahrscheinlich für die Verankerung der Cristae an der äußeren Membran, um so die hoch gefaltete Topologie der inneren Membran zu gewährleisten. Die Faltung der inneren Membran in den Cristae vergrößert stark die Membranfläche, die für die oxidative Phosphorylierung zur Verfügung steht. In hoch aktiven Herzmuskelzellen z.B. kann die Gesamtfläche der Cristamembranen bis zu 20-mal größer sein als die Fläche der Plasmamembran der Zelle. Zählt man alles zusammen, beläuft sich die Oberfläche der Cristamembranen im menschlichen Körper ungefähr auf die Größe eines Fußballfeldes.

14.1.4 Der Zitronensäurezyklus läuft in der Mitochondrienmatrix ab und liefert NADH

Zusammen mit den Cristae, die in die Matrix ragen, bildet die Matrix den Aufenthaltsort für den größten Teil der Stoffwechselproteine der Mitochondrien. Mitochondrien können sowohl Pyruvat und Fettsäuren als auch andere Stoffe als Brennstoff benutzen. Pyruvat entstammt der Glukose und anderen Zuckern, Fettsäuren dagegen den Fetten. Im Gegensatz zu Pyruvat und Fettsäuren stellen Aminosäuren, die aus dem Proteinabbau stammen, und die Ketonkörper, die aus Fettsäuren hergestellt werden können, in der Regel weniger wichtige mitochondriale Brennstoffe dar, sie werden jedoch unter bestimmten Umständen, wie z.B. bei längerem Fasten, zu wichtigen Substraten. Alle diese Brennstoffmoleküle werden durch spezialisierte Transportproteine über die innere Membran der Mitochondrien transportiert und dann durch in der Mitochondrienmatrix lokalisierte Enzyme in das äußerst wichtige Stoffwechselzwischenprodukt *Acetyl-CoA* umgewandelt (s. Kapitel 2).

Die Acetylgruppen in Acetyl-CoA werden in der Matrix über den *Zitronensäurezyklus*, den man auch Krebszyklus nennt, oxidiert (s. **Abb. 2.58**). Die Oxidation dieser Kohlenstoffatome in *Acetyl-CoA* erzeugt CO_2, das aus dem Mitochondrium herausdiffundiert, um von der Zelle als Abfallprodukt ausgeschieden zu werden. Noch wichtiger ist, dass der Zitronensäurezyklus einen großen Anteil der Bindungenergie speichert, die bei dieser Oxidation in Form von durch NADH transportierten Elektronen freigesetzt wird. Die Elektronen aus dem NADH werden aus der Matrix zur Elektronentransportkette in der inneren Membran der Mitochondrien weitergegeben. Dort wird durch den zuvor beschriebenen Prozess der *chemiosmotischen Kopplung* (s. **Abb. 14.2** und **Abb. 14.3**) die Energie, die durch die NADH-Elektronen transportiert wurde, in

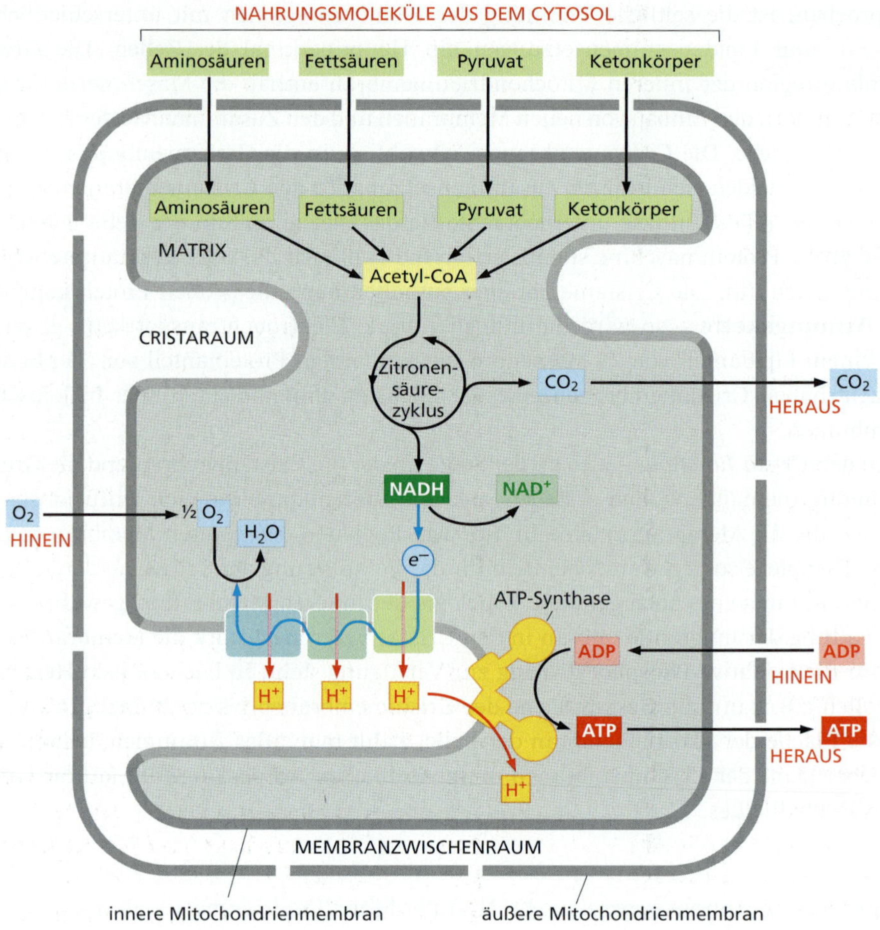

Abb. 14.10 Eine Zusammenfassung des energieumwandelnden Stoffwechsels in den Mitochondrien. Pyruvat, Fettsäuren, Aminosäuren und Ketonkörper treten in das Mitochondrium ein (s. Abbildung *oben*) und werden zu Acetyl-CoA abgebaut. Das Acetyl-CoA wird durch eine Abfolge von Schritten im Zitronensäurezyklus oxidiert, wobei Elektronen auf NAD^+ übertragen werden, wodurch NADH entsteht, das dann seine energiereichen Elektronen an den ersten der drei großen Proteinkomplexe der Elektronentransportkette übergibt. Beim Vorgang der oxidativen Phosphorylierung werden diese Elektronen entlang der Elektronentransportkette in der Cristamembran auf Sauerstoff (O_2) übertragen. Dieser Elektronentransport erzeugt einen Protonengradienten, der zum Antreiben der Bildung von ATP durch die ATP-Synthase benutzt wird (s. **Abb. 14.3**).

die Phosphatbindungsenergie des ATP umgewandelt. Die Reaktionssequenz ist in **Abb. 14.10** schematisch dargestellt.

Die Mitochondrienmatrix enthält das genetische System der Mitochondrien mit mitochondrialer DNA und den Ribosomen. Die große Anzahl an Enzymen, die zur Instandhaltung des genetischen Systems der Mitochondrien und auch für viele andere essenzielle Reaktionen, die erst noch besprochen werden, benötigt werden, trägt zu der hohen Proteinkonzentration in der Matrix bei. Mit mehr als 500 mg ml^{-1} ist die Konzentration fast so hoch wie in einem Proteinkristall.

14.1.5 Im zellulären Metabolismus übernehmen Mitochondrien viele wichtige Aufgaben

Mitochondrien erzeugen nicht nur den größten Teil des ATP, das in der Zelle benötigt wird, sie stellen auch viele andere lebensnotwendige Bausteine für Biosynthesen und Zellwachstum zur Verfügung (**Tab. 14.2**). Bevor wir die bemerkenswerte Maschinerie der Atmungskette im Detail besprechen, gehen wir zunächst kurz auf einige dieser weiteren wichtigen Aufgaben ein.

Mitochondrien sind auch für die Pufferung des Redoxpotenzials im Cytosol entscheidend. Zellen benötigen eine konstante Versorgung mit dem Elektronenakzeptor NAD^+ für die zentrale Reaktion in der Glykolyse, die Glycerinaldehyd-3-phosphat zu 1,3-Bisphosphoglycerat umwandelt (s. **Abb. 2.47**). Dieses NAD^+ wird dabei zu NADH umgewandelt. Damit wieder NAD^+ regeneriert werden kann, müssen die energiereichen Elektronen des NADH irgendwohin übertragen werden. Die NADH-Elektronen werden

Tab. 14.2 Funktionen der Mitochondrien.

Funktion	Beschreibung
Produktion von ATP	Oxidative Phosphorylierung in Mitochondrien erzeugt das meiste ATP, das die eukaryotische Zelle verwendet
Regeneration von NAD^+	NAD^+ wird für Glykolyse und andere Reaktionen benötigt; unter aeroben Bedingungen wird dieses NAD^+ regeneriert, wenn NADH Elektronen an Sauerstoff über die Atmungskette abgibt (s. Kapitel 2)
Versorgung mit Vorstufen für die Biosynthesen von Aminosäuren, Nukleotiden, Fettsäuren	Zwischenstufen aus dem in der Mitochondrienmatrix ablaufenden Zitronensäurezyklus dienen als Vorstufen für die Synthese vieler Makromoleküle (s. **Abb. 2.60**)
Beteiligung an der Synthese der Häm-Gruppe und Eisen–Schwefel-Zentren	Diese metallenthaltenden Bestandteile werden in Mitochondrien hergestellt und spielen eine zentrale Rolle bei der Zellatmung und anderen zellulären Prozessen
Signalweiterleitung in der Zelle	Mitochondrien puffern die Ca^{2+}-Konzentration, die bei vielen Signalweiterleitungsprozessen einschließlich der Muskelbewegung eine Rolle spielt (s. Kapitel 15 und 16)
Erzeugung von reaktiven Sauerstoffspezies	Obwohl reaktive Sauerstoffspezies Makromoleküle schädigen können, sind sie auch bei der Signalweiterleitung beteiligt
Regulation der Apoptose	Vom Mitochondrium freigesetzte Moleküle lösen eine proteolytische Kaskade aus, die zum Zelltod führt (s. Kapitel 18)

schließlich dazu verwendet, die oxidative Phosphorylierung innerhalb des Mitochondriums anzutreiben. Die innere Mitochondrienmembran ist für NADH jedoch undurchlässig. Deshalb werden die Elektronen von NADH im Cytosol an kleinere Moleküle weitergereicht, die die innere Mitochondrienmembran passieren können. Sobald sie in der Matrix angelangt sind, übertragen diese kleinen Moleküle ihre Elektronen auf dort vorhandenes NAD^+, um mitochondriales NADH zu bilden, und kehren danach zur Wiederaufladung ins Cytosol zurück. Auf diese Weise entsteht ein sogenanntes *Pendelsystem* für die NADH-Elektronen.

In Zellen mit ausreichendem Zugang zu Sauerstoff bieten dieses Pendelsystem und die Elektronentransportkette der Zelle eine nahezu unbegrenzte Quelle für Elektronen. Aber unter sauerstoffarmen Bedingungen, wie z.B. bei anstrengendem Muskeltraining oder im Zentrum eines schlecht durchbluteten Tumors, muss eine Zelle ihr Stoffwechselprogramm grundlegend ändern, um ihr ATP zu erzeugen (s. Kapitel 20).

Außer ATP benötigen die Biosynthesen im Cytosol für die Zellteilung, das Zellwachstum und den normalen Zellhaushalt, sowohl eine konstante Versorgung mit einer Reduktionskraft als auch kleine kohlenstoffreiche „Bausteine" für die Synthese von Nukleotiden, Aminosäuren, Lipiden und anderen spezialisierten Molekülen (s. dazu Kapitel 2). Die Reduktionskraft kommt von NADPH, einem eng verwandten Molekül des NADH (s. **Abb. 2.36**). Das meiste NADPH wird im Cytosol bei einem Nebenweg des Zuckerabbaus (*Pentosephosphat-Weg*, eine Alternative zur Glykolyse) gebildet. Die benötigten kohlenstoffreichen Moleküle stammen nahezu vollständig entweder aus Zwischenprodukten der Glykolyse oder aus Zwischenprodukten des Zitronensäurezyklus in Mitochondrien (Näheres zu den Kohlenstoffgerüsten findet sich in **Tafel 2–1**). Das in der Mitochondrienmatrix im Zitronensäurezyklus gebildete Citrat z.B. wird entlang seines elektrochemischen Gradienten ins Cytosol transportiert, wo es zu Acetyl-CoA verstoffwechselt wird. Acetyl-CoA wird im Cytosol benötigt, um die Bildung von Fettsäuren und Sterolen, die neue Membranen bilden (in Kapitel 10 besprochen) zu unterstützen. Sich schnell teilende normale Zellen und Krebszellen passen häufig ihren Stoffwechsel so an, dass sie diesen Weg oder andere Biosynthesewege als Teil ihres Programms zum anomalen Wachstum intensivieren (s. **Abb. 20.30**).

Während die meisten Reaktionen, die an der Nukleotidbiosynthese beteiligt sind, im Cytosol ablaufen, finden auch in den Mitochondrien wichtige Schritte statt. Die dort synthetisierten Moleküle zum Beispiel liefern die Ein-Kohlenstoffeinheiten (C1-Einheiten), die sowohl für Purin- als auch für Pyrimidin-Biosynthesen benötigt werden.

Mitochondrien spielen auch eine besonders wichtige Rolle bei der Biosynthese von Protein-Bausteinen. Mitochondriales Acetyl-CoA, α-Ketoglutarat und Oxalacetat werden alle für die *de-novo*-Synthese von Aminosäuren benötigt. Daher können Störungen im Mitochondrium den Aminosäurestoffwechsel beeinflussen. Umgekehrt können Störungen im Aminosäurestoffwechsel tiefgreifende Auswirkungen – durch indirekte Einflüsse auf die Produktion bzw. den Verbrauch von Zwischenprodukten des Zitronensäurezyklus und auf das NADH/NAD$^+$-Verhältnis – auf die Energieumwandlung und Funktion der Mitochondrien haben.

Der Harnstoffzyklus ist der zentrale metabolische Weg bei Säugetieren, der Ammonium-Ionen (NH_4^+), die beim Abbau stickstoffhaltiger Verbindungen (wie Aminosäuren) entstehen, in Harnstoff umwandelt, der im Urin ausgeschieden wird. Zwei entscheidende Schritte des Harnstoffzyklus laufen in den Mitochondrien der Leberzellen ab, während die übrigen Schritte im Cytosol angesiedelt sind.

Die Biosynthese der *Hämgruppen* – die, wie wir im nächsten Abschnitt noch sehen werden, eine zentrale Rolle bei der Elektronenübertragung spielen – ist ein weiterer entscheidender Prozess, der zwischen Cytosol und Mitochondrien aufgeteilt ist. In den Mitochondrien (und Chloroplasten) werden außerdem Eisen–Schwefel-Zentren (Cluster) hergestellt, die nicht nur für die Elektronenübertragung in der Atmungskette notwendig sind (s. Abschnitt 14.2.3), sondern auch für die Aufrechterhaltung und Stabilität des Genoms im Kern benötigt werden. Die Instabilität des Genoms im Kern ist ein Kennzeichen von Krebs und ist manchmal mit einer verminderten Funktion zellulärer Proteine, die Eisen–Schwefel-Zentren enthalten, verknüpft. Für Zellen, die ausreichend ATP aus der Glykolyse erzeugen können, nimmt man an, dass die Synthese von Eisen–Schwefel-Zentren die mitochondriale Funktion ist, die für die Lebensfähigkeit am wichtigsten ist.

Mitochondrien spielen auch eine zentrale Rolle bei der Membranlipidbiosynthese. Cardiolipin ist ein zweiköpfiges Phospholipid (**Abb. 14.11**), das auf die innere Mitochondrienmembran, wo es auch hergestellt wird, beschränkt ist. Mitochondrien sind aber auch eine Hauptquelle für Phospholipide zur Biosynthese anderer Zellmembranen. Phosphatidylethanolamin, Phosphatidylglycerin und Phosphatidsäure werden in den Mitochondrien hergestellt, während Phosphatidylinositol, Phosphatidylcholin und Phosphatidylserin hauptsächlich im Endoplasmatischen Reticulum (ER) synthetisiert werden. Wie in Kapitel 12 beschrieben, wird der größte Teil der zellulären Membranen im

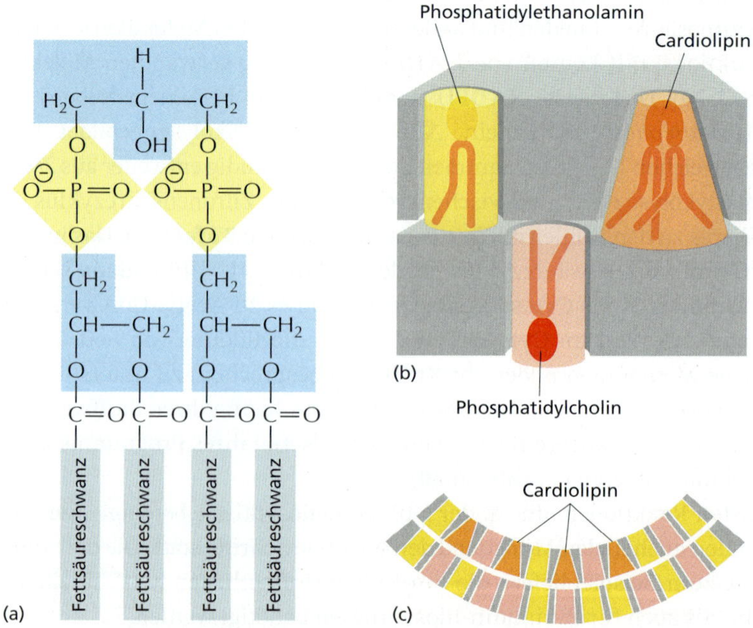

Abb. 14.11 Die Struktur von Cardiolipin. (a) Cardiolipin besteht aus zwei kovalent verknüpften Phospholipid-Einheiten mit insgesamt vier statt der üblichen zwei Fettsäureseitenketten. (b) Phosphatidylcholin und Phosphatidylethanolamin sind die gewöhnlichen Phospholipide und die häufigsten Lipidarten in Mitochondrien. Sie sind hier zum Vergleich dargestellt. (c). Cardiolipin wird in den Mitochondrienmembranen, wo es eng mit Membranproteinen der oxidativen Phosphorylierung und des ATP-Transports zusammenarbeitet, hergestellt. Es wird angenommen, dass seine ungewöhnliche Struktur in den Cristae die starke Krümmung dieser Membran (wie angezeigt) unterstützt.

ER zusammengebaut. Es wird angenommen, dass der wesentliche Austausch von Lipiden zwischen ER und Mitochondrien an speziellen Stellen mit engem Kontakt erfolgt.

Schließlich sind Mitochondrien wichtig für spezialisierte zelluläre Signalmechanismen. Mitochondrien spielen eine entscheidende regulatorische Rolle bei dem wichtigsten kontrollierten Prozess des eukaryotischen Zelltods, der so genannten Apoptose, wie in Kapitel 18 beschrieben. Darüber hinaus puffern Mitochondrien Calciumkonzentrationen, indem sie Calcium aus dem ER (und dem sarkoplasmatischen Retikulum in Muskelzellen) an speziellen Membranverbindungen aufnehmen.

Intrazelluläre Calcium-Spiegel kontrollieren nicht nur die Muskelkontraktion (in Kapitel 16 besprochen), Änderungen des Calcium-Spiegels werden in Zusammenhang mit Neurodegeneration und Apoptose gebracht. Mitochondrien sind auch der Hauptort der Produktion reaktiver Sauerstoffspezies, die – obwohl sie Schäden verursachen können – auch eine wichtige Signalfunktion haben. Auch die Konzentrationen einer Reihe von Metaboliten mit regulatorischer Funktion werden durch mitochondrialen Stoffwechsel und Transport kontrolliert. Es ist offensichtlich, dass Zellen und Organismen in vieler Hinsicht auf Mitochondrien angewiesen sind. Die gemeinsame Unterbringung verschiedener Funktionen in diesem Organell hat wichtige Auswirkungen auf die Zellfunktion und das Überleben.

Kehren wir nun zurück zur zentralen Rolle der Mitochondrien in der ATP-Produktion durch die Atmung.

14.1.6 Ein chemiosmotischer Prozess koppelt die Oxidationsenergie mit der ATP-Produktion

Obwohl man den in der Mitochondrienmatrix ablaufenden Zitronensäurezyklus als Teil des aeroben Endabbaus betrachtet, nutzt er selbst keinen Sauerstoff. Dieser wird erst in der abschließenden oxidativen Verstoffwechslung direkt als molekularer Sauerstoff (O_2) verbraucht. Fast die gesamte, aus den Verbrennungsprozessen von Kohlenhydraten, Fetten und anderen Nahrungsstoffen in den frühen Stadien ihrer Oxidation verfügbare Energie wird anfangs in Form von energiereichen Verbindungen gespeichert, die Elektronen in die Atmungskette in der inneren Mitochondrienmembran einspeisen. Diese meistens von NADH getragenen Elektronen werden dann am Ende der Atmungskette mit O_2 vereinigt, wobei Wasser entsteht. Die Energie, die durch die komplexe Serie der Elektronenübertragung von NADH auf O_2 freigesetzt wird, wird in der inneren Membran dazu verwendet, einen elektrochemischen Gradienten aufzubauen, um die Umwandlung von ADP + Phosphat zu ATP anzutreiben. Aus diesem Grund heißen diese letzten Reaktionsfolgen **oxidative Phosphorylierung** (**Abb. 14.12**).

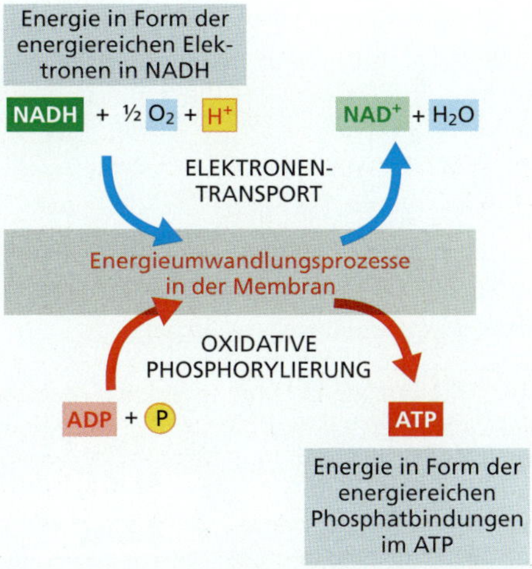

Abb. 14.12 Die wichtigste Netto-Energieumwandlung, katalysiert durch das Mitochondrium. Im Vorgang der oxidativen Phosphorylierung dient die innere Membran der Mitochondrien als Vorrichtung, die eine Form chemischer Bindungsenergie in eine andere umwandelt, indem sie den Hauptanteil der Energie der NADH-Oxidation in die Energie der Phosphatbindung in ATP überführt.

Der Gesamtbetrag der durch die biologische Oxidation in der Atmungskette freigesetzten Energie entspricht derjenigen, die bei der explosionsartigen Verbrennung von Wasserstoff freigesetzt wird, bei der sich Wasserstoff durch die Verbindung mit Sauerstoff in einem einzigen Schritt zu Wasser umsetzt. In dieser chemischen Ein-Schritt-Reaktion der Wasserstoffverbrennung (ΔG ist stark negativ) wird die riesige Energiemenge allerdings als Wärme freigesetzt. In der Atmungskette wird die gleiche energetisch günstige Reaktion von $H_2 + 1/2O_2 \rightarrow H_2O$ in kleine Schritte zerlegt (**Abb. 14.13**). Dieser schrittweise Prozess erlaubt der Zelle, fast die Hälfte der Gesamtenergie, die freigesetzt wird, einzufangen und sinnvoll zu speichern. Bei jedem Schritt werden die Elektronen – von denen man sich vorstellen kann, dass jedes aus einem Wasserstoff-Atom entnommen wurde, aus dem dann ein Proton entsteht – von einem Elektronenträger in der inneren Mitochondrienmembran zum nächsten weitergereicht. Bei jeder der drei deutlich getrennten Schritte auf diesem Weg (entsprechend der drei Elektronentransportkomplexe in der Atmungskette, s. unten) wird ein großer Betrag dieser durch den Elektronentransfer

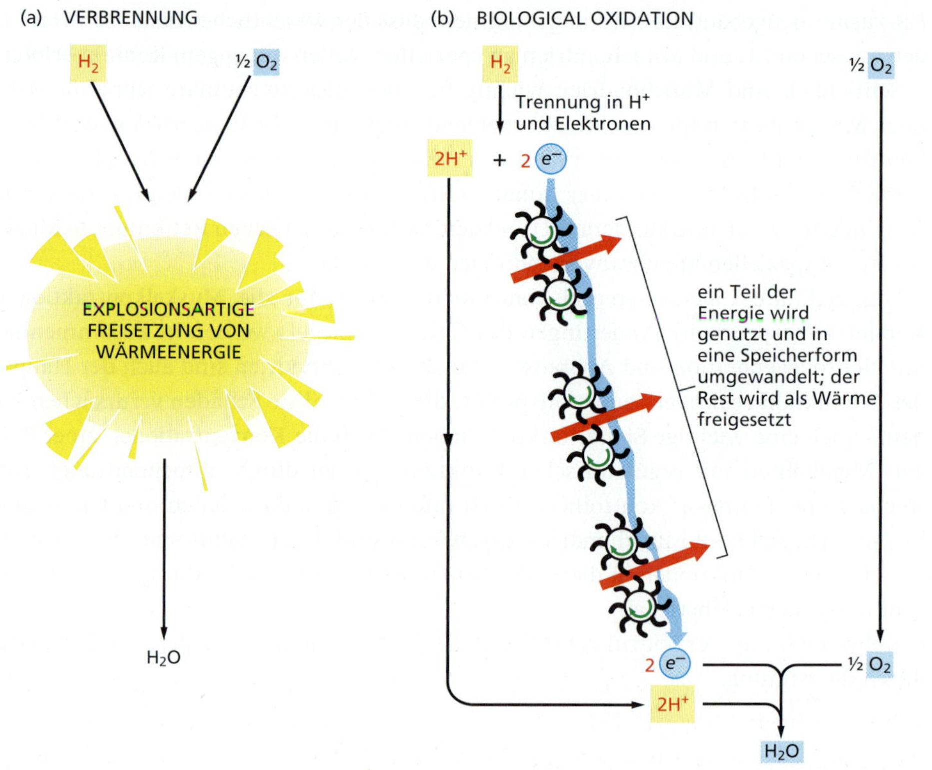

Abb. 14.13 Ein Vergleich der in der Atmungskette katalysierten biologischen Oxidation mit der Verbrennung. (a) Fast die ganze Energie würde in Form von Wärme freigesetzt werden, wenn Wasserstoff einfach zu Wasser verbrannt wird. (b) Bei der biologischen Oxidation wird ungefähr die Hälfte der freigesetzten Energie mittels einer Elektronentransportkette (der Atmungskette) in der Cristamembran des Mitochondriums in einer für die Zellen nützlichen Form gespeichert. Der Rest der Energie wird als Wärme abgegeben. Die Protonen und Elektronen werden hier gezeigt, als wenn sie aus molekularem Wasserstoff (H_2) stammten; in der Atmungskette werden sie aus den Wasserstoffatomen, die kovalent an NAD^+ (im NADH) gebunden sind, entnommen.

freigesetzten Energie dazu verwendet, einen elektrochemischen Gradienten über einer Membran aufzubauen. Am Ende der Elektronentransportkette werden Protonen und Elektronen mit molekularem Sauerstoff zu Wasser – einem sehr energiearmen Molekül – vereinigt.

14.1.7 Die Energie aus der Oxidation wird in Form eines elektrochemischen Gradienten gespeichert

Der Elektronentransport beginnt in den Mitochondrien, wenn zwei Elektronen und ein Proton aus NADH unter Bildung von NAD^+ abgezogen werden. Die zwei Elektronen werden an den ersten von insgesamt mehr als 20 verschiedenen Elektronenträgern in der Atmungskette weitergegeben. Die Elektronen starten mit einem stark *negativen* Redoxpotenzial (s. **Tafel 14.1**) – also auf einem sehr hohen Energieniveau – das Schritt für Schritt abnimmt, während sie entlang der Kette weiterwandern.

Die meisten der daran beteiligten Elektronenträger sind in drei großen aus vielen Proteinen zusammengesetzten *Atmungskettenenzymkomplexen* untergebracht. Jeder Komplex enthält Proteinuntereinheiten, die in der inneren Mitochondrienmembran sitzen. In der Kette besitzt jeder Komplex eine größere Affinität zu Elektronen als sein vorausgehender Nachbarkomplex. Elektronen wandern nacheinander von einem Komplex zum nächsten, bis sie am Ende auf molekularen Sauerstoff übertragen werden, der von allen Akzeptoren die höchste Elektronenaffinität hat.

Das Nettoresultat ist das Pumpen von H^+ aus der Matrix durch die innere Membran, angetrieben durch den energetisch günstigen Elektronenfluss. Diese transmembrane Bewegung von H^+ hat zwei wichtige Folgen:

1. Sie erzeugt über der inneren Mitochondrienmembran einen pH-Gradienten: mit einem hohen pH-Wert in der Matrix (nahe 8) und einem niedrigen pH-Wert im Cristaraum.

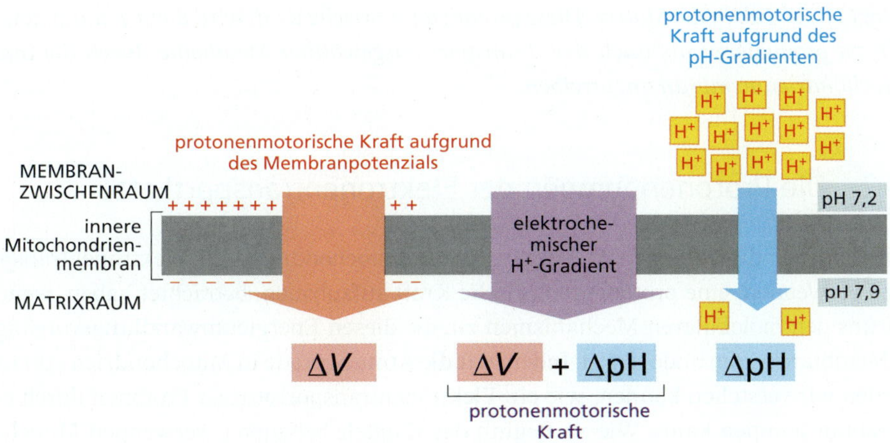

Abb. 14.14 Der elektrochemische Protonengradient über der inneren Mitochondrienmembran. Dieser Gradient setzt sich aus einer großen Kraft aufgrund des Membranpotenzials ΔV und einer kleiner Kraft aufgrund des H^+-Konzentrationsgradienten (dem pH-Gradienten ΔpH) zusammen. Beide Kräfte zusammen stellen die protonenmotorische Triebkraft dar, die H^+ in die Mitochondrienmatrix zurückzieht. Die Beziehung zwischen diesen Kräften wird durch die Nernst'sche Gleichung ausgedrückt (s. **Tafel 11.1**).

2. Sie erzeugt einen Spannungsgradienten über die innere Mitochondrienmembran, wodurch ein *Membranpotenzial* entsteht, bei dem die Matrixseite negativ und die Cristaraumseite positiv ist.

Der pH-Gradient (ΔpH) verstärkt die Wirkung des *Membranpotenzials* (ΔV), weil das *Membranpotenzial* bestrebt ist, jedes positive Ion in die Matrix hereinzuziehen und jedes negative Ion hinauszubefördern. Zusammengenommen bilden ΔpH und ΔV einen **elektrochemischen Protonengradienten**, den man in Einheiten von Millivolt (mV) messen kann. Dieser Gradient übt eine **protonenmotorische Kraft** aus, die H^+ in die Matrix zurücktreibt (**Abb. 14.14**).

In einer typischen Zelle beträgt der elektrochemische Gradient an der inneren Membran eines atmungsaktiven Mitochondriums ungefähr 180 mV (Innenseite ist elektronegativ). Der Betrag setzt sich zusammen aus einem Membranpotenzial von ungefähr 150 mV und einem pH-Gradienten von ungefähr 0,5 bis 0,6 pH-Einheiten (jedes ΔpH von 1 pH-Einheit entspricht einem *Membranpotenzial* von ungefähr 60 mV). Der elektrochemische Gradient treibt nicht nur die ATP-Synthese an, sondern auch den energetisch ungünstigen Transport von ausgewählten Molekülen durch die innere Mitochondrienmembran (einschließlich des Transports von kerncodierten Proteinen aus dem Cytosol, der bereits in Kapitel 12 besprochen wurde).

Zusammenfassung

Das Mitochondrium führt die meisten zellulären Oxidationen durch und erzeugt die Hauptmenge des ATP in der Zelle. Ein Mitochondrium ist von zwei konzentrischen Membranen umschlossen: der inneren und der äußeren Membran. Die innere Membran umgibt den innersten Raum (die Matrix) des Mitochondriums und bildet die Cristae, die in die Matrix hineinragen und die Elektronentransportkette (die Atmungskette) beherbergen. Die Matrix und die inneren Cristamembranen sind die Hauptorte der mitchondrialen Stoffwechselvorgänge.

Die Mitochondrienmatrix enthält eine große Vielfalt an Enzymen, u. a. solche, die Pyruvat und Fettsäuren in Acetyl-CoA umwandeln, und solche, die dieses Acetyl-CoA über den Zitronensäurezyklus zu CO_2 oxidieren. Große Mengen an NADH werden durch diese Oxidationsreaktionen erzeugt. Die energiereichen Elektronen des NADH werden in die Atmungskette eingespeist. Die Atmungskette verwendet die Energie aus den vom NADH auf den molekularen Sauerstoff transportierten Elektronen, um H^+ aus der Matrix zu pumpen. Dadurch baut sich ein großer elektrochemischer Protonen (H^+)-Gradient über der inneren Mitochondrienmembran auf, der sich aus Beiträgen zusammensetzt, die aus dem Membranpotenzial und aus der pH-Differenz stammen. Dieser elektrochemische Gradient *zwingt H^+ zurück in die Matrix. Diese protonenmotorische Kraft wird dazu genutzt, sowohl ATP zu produzieren als auch den Transport ausgewählter Metabolite durch die innere Mitochondrienmembran anzutreiben.*

14.2 Die Protonenpumpen der Elektronentransportkette

Nachdem wir die allgemeinen Vorgänge, wie Mitochondrien den Elektronentransport dazu verwenden, eine protonenmotorische Kraft aufzubauen, betrachtet haben, wenden wir uns den molekularen Mechanismen zu, die diesen Energieumwandlungsvorgängen an Membranen zugrunde liegen. Indem wir die Atmungskette in Mitochondrien erklären, werden wir verstehen können, wie ein Elektronentransportprozess Protonen durch eine Membran pumpen kann. Wie zu Beginn des Kapitels behauptet, verwenden Mitochondrien, Chloroplasten, Archaeen und Bakterien sehr ähnliche chemiosmotische Mechanismen. In der Tat liegen diese Mechanismen der Funktion aller lebenden Organismen zugrunde – einschließlich der Anaerobier, die all ihre Energie aus der Elektronenübertragung zwischen anorganischen Molekülen beziehen, wie wir noch sehen werden.

Wir beginnen mit einigen grundlegenden Prinzipien, auf denen all diese Prozesse beruhen.

14.2.1 Das Redoxpotenzial ist ein Maß für die Elektronenaffinitäten

In chemischen Reaktionen werden jegliche Elektronen, die von einem Molekül abgezogen werden, immer auf ein anderes Molekül übertragen, sodass, wann immer ein Molekül oxidiert wird, ein anderes reduziert wird. Wie jede andere chemische Reaktion hängt die Tendenz solcher **Redoxreaktionen**, spontan abzulaufen, von der Änderung der Freien Energie ΔG für den Elektronentransfer ab, die wiederum von den relativen Affinitäten der zwei Moleküle zu den Elektronen abhängt.

Da Elektronenübertragungen den größten Anteil an Energie für lebende Organismen zur Verfügung stellen, lohnt es sich, sie näher zu betrachten. Wie in Kapitel 2 erörtert, fungieren Säuren und Basen als Protonendonatoren und -akzeptoren (s. **Tafel 2–2**). Säuren und Basen existieren als konjugierte Säure–Base-Paare, in denen die Säure unter Verlust eines Protons leicht in eine Base überführt wird. Zum Beispiel wird Essigsäure (CH_3COOH) in ihre konjugierte Base, das Acetat-Ion (CH_3COO^-), in folgender Reaktion umgewandelt:

$$CH_3COOH \rightleftharpoons CH_3COO^- + H^+.$$

In genau der gleichen Weise werden Komponentenpaare wie NADH und NAD^+ **Redoxpaare** genannt, da NADH durch den Verlust von Elektronen zu NAD^+ umgewandelt wird in der Reaktion:

$$NADH \rightleftharpoons NAD^+ + H^+ + 2e^-$$

NADH ist ein starker Elektronendonator: Da seine Elektronen in einer kovalenten Bindung gehalten sind, bei deren Spaltung Energie freigesetzt wird, ist die Änderung der Freien Energie bei Abgabe seiner Elektronen an viele andere Verbindungen günstig. Es wird Energie benötigt, um diese Bindung zwischen NAD^+, zwei Elektronen und einem Proton herzustellen (die gleiche Energiemenge, die auch frei wird, wenn die Bindung gespalten wird). Daher ist NAD^+, der Redoxpartner von NADH, notwendigerweise ein schwacher Elektronenakzeptor.

Die Tendenz, Elektronen von einem Redoxpaar abzuziehen, kann experimentell gemessen werden. Alles, was man dazu braucht, ist ein Stromkreis, der eine 1:1-(äquimolare)

Mischung des Redoxpaares mit einem zweiten Redoxpaar verbindet, das willkürlich als Referenzstandard ausgewählt worden ist. So kann die Spannungsdifferenz zwischen beiden gemessen werden (**Tafel 14.1**). Diese Spannungsdifferenz wird als **Redoxpotenzial** definiert. Definitionsgemäß bewegen sich die Elektronen spontan von einem Redoxpaar wie NADH/NAD^+ mit einem niedrigeren Redoxpotenzial (einer niedrigeren Affinität für Elektronen) zu einem Redoxpaar wie O_2/H_2O mit einem höheren Redoxpotenzial (einer höheren Affinität für Elektronen). So gibt NADH als „Quelle" leicht Elektronen an die Atmungskette ab, während sich O_2 gut als „Auffangbecken" für Elektronen am Ende des Wegs eignet. Wie in **Tafel 14.1** erklärt ist, ist die Differenz im Redoxpotenzial $\Delta E_0'$ ein direktes Maß für die Standardänderung der Freien Energie ΔG^0 für den Transfer eines Elektrons von einem auf das andere Molekül.

Das Standard-Redoxpotenzial ist zwar ein nützliches Instrument zum Verständnis von Redoxreaktionen, doch wird das tatsächliche Redoxpotenzial auch durch Umgebungsfaktoren in einer Zelle wie pH-Wert, Temperatur und elektrostatische Wechselwirkungen beeinflusst, die sich häufig von den standardisierten Bedingungen unterscheiden. Dieses Problem ist von besonderer Bedeutung, wenn das Redox-Paar in ein Protein eingebettet ist, wo die Umgebung durch nahe gelegene Aminosäurereste stark beeinflusst wird.

14.2.2 Elektronenübertragungen setzen große Energiebeträge frei

Wie soeben gezeigt worden ist, haben Substanzen, deren Redoxpotenzial am negativsten ist, die schwächste Affinität zu Elektronen und sind daher nützliche Träger mit der Tendenz, Elektronen abzugeben. Umgekehrt haben solche Paare, deren Redoxpotenzial am positivsten ist, die stärkste Affinität zu Elektronen und sind als Träger daher geeignet, Elektronen aufzunehmen. Eine 1:1-Mischung von NADH und NAD^+ hat ein Redoxpotenzial von -320 mV und zeigt somit, dass NADH ein guter Elektronendonator ist. Eine 1:1-Mischung von H_2O und $\frac{1}{2}O_2$ hat ein Redoxpotenzial von +820 mV und zeigt somit, dass O_2 ein guter Elektronenakzeptor ist. Die Differenz im Redoxpotenzial beträgt 1140 mV. Das bedeutet, dass der Transfer jedes Elektrons von NADH zu O_2 unter diesen Standardbedingungen mit $\Delta G^0 = -109$ kJ mol^{-1} bzw. dem doppelten Betrag für die beiden je NADH-Molekül übertragenen Elektronen enorm günstig ist (s. **Tafel 14.1**). Wenn wir diese Änderung der Freien Energie mit derjenigen für die Bildung der Phosphorsäureanhydrid-Bindungen im ATP $\Delta G^0 = -30{,}6$ kJ mol^{-1} (s. **Abb. 2.49**) vergleichen, sehen wir, dass unter Standardbedingungen mehr als genug Energie durch die Oxidation eines NADH-Moleküls freigesetzt wird, um sieben ATP-Moleküle aus ADP und Phosphat zu synthetisieren. In der Zelle ist die Anzahl der generierten ATP allerdings geringer, da die Standardbedingungen weit entfernt von den physiologischen sind. Außerdem geht ein Teil der Energie durch einen nicht perfekten Wirkungsgrad bei der Energieübertragung unweigerlich als Wärme verloren.

14.2.3 Übergangsmetall-Ionen und Chinone nehmen bereitwillig Elektronen auf bzw. geben sie bereitwillig ab

Die Fähigkeit der Membranproteinkomplexe in der Atmungskette, Elektronen zu transportieren, hängt von elektronentragenden *Kofaktoren* ab. Die meisten der Kofaktoren verwenden *Übergangsmetalle* wie Fe, Cu, Ni und Mn, die an die Proteine in den Komplexen gebunden sind. Diese Metalle besitzen spezielle Eigenschaften, die es ihnen ermöglichen, sowohl die Enzymkatalyse als auch Elektronenübertragungsreaktionen zu fördern. In diesem Zusammenhang ist von besonderer Bedeutung, dass ihre Ionen in mehreren

WIE REDOXPOTENZIALE GEMESSEN WERDEN

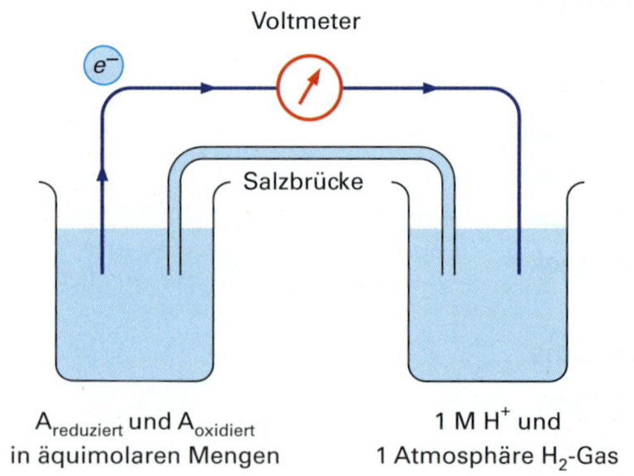

Ein Becherglas (*links*) enthält Substanz A mit einer äquimolaren Mischung der reduzierten ($A_{reduziert}$) und oxidierten ($A_{oxidiert}$) Glieder eines Redoxpaares. Das andere Becherglas enthält den Wasserstoff-Referenzstandard ($2H^+ + 2e^- \rightleftharpoons H_2$), dessen Redoxpotenzial nach internationaler Konvention willkürlich der Wert null zugewiesen wird. Eine Salzbrücke aus konzentrierter KCl-Lösung erlaubt den Ionen K^+ und Cl^-, sich zwischen den Bechergläsern zu bewegen, wie es zum Ladungsausgleich nötig ist, wenn zwischen den Bechergläsern Elektronen fließen. Der Metalldraht (*dunkelblau*) sorgt für einen widerstandsfreien Verbindungsweg für Elektronen. Ein Voltmeter misst dann das Redoxpotenzial der Substanz A. Wenn Elektronen von $A_{reduziert}$ zu H^+, fließen, wie hier gezeigt, ordnet man dem durch Substanz A gebildeten Redoxpaar ein negatives Redoxpotenzial zu. Falls sie jedoch stattdessen von H_2 zu $A_{oxidiert}$ fließen, ordnet man dem Redoxpaar ein positives Redoxpotenzial zu.

Beispiele für Redoxreaktionen	Normal-Redox-potenzial E'_0
$NADH \rightleftharpoons NAD^+ + H^+ + 2e^-$	–320 mV
reduziertes Ubichinon $\rightleftharpoons$ oxidiertes Ubichinon $+ 2H^+ + 2e^-$	+30 mV
reduziertes Cytochrom *c* $\rightleftharpoons$ oxidiertes Cytochrom *c* $+ e^-$	+230 mV
$H_2O \rightleftharpoons ½O_2 + 2H^+ + 2e^-$	+820 mV

Das Normal-Redoxpotenzial E'_0

Das Normal-Redoxpotenzial für ein Redoxpaar, als E_0 bezeichnet, wird für den Normalzustand, bei dem alle Reaktanden einschließlich H^+ die Konzentration 1 M haben, gemessen. Da biologische Reaktionen bei einem pH-Wert von 7 ablaufen, definieren Biologen einen anderen Normalzustand, bei dem $A_{reduziert} = A_{oxidiert}$ und $H^+ = 10^{-7}$ M gilt. Dieses Normal-Redoxpotenzial wird zur Unterscheidung nicht mit E_0 sondern mit dem Symbol E'_0 gekennzeichnet.

BERECHNUNG VON ΔG^0 AUS REDOXPOTENZIALEN

Um die Energieänderung für eine Elektronenübertragung zu bestimmen, wird ΔG_0 der Reaktion (kJ/mol) wie folgt berechnet:

$\Delta G_0 = -n(0{,}096)\Delta E'_0$, mit *n* der Zahl der Elektronen, die durch eine Redoxpotenzialänderung von $\Delta E'_0$ Millivolt (mV) übertragen worden sind, und

$\Delta E'_0 = E'_0$ (Akzeptor) - E'_0 (Donator)

BEISPIEL:

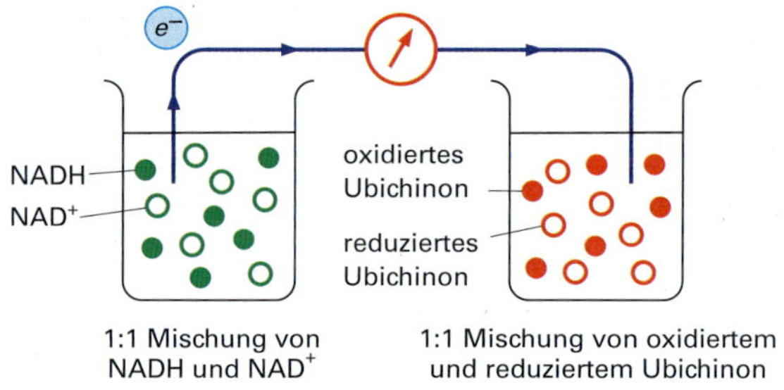

Für die Übertragung eines Elektrons vom NADH auf Ubichinon ergibt sich:

$$\Delta E'_0 = +30 - (-320) = +350 \text{ mV}$$

$$\Delta G^0 = -n(0{,}096)\Delta E'_0 = -1(0{,}096)(350) = -34 \text{ kJ/mol}$$

Nach der entsprechenden Berechnung für den Elektronentransfer von Ubichinon auf Sauerstoff ergibt sich ein noch günstigeres ΔG^0 von –76 kJ/mol. Der ΔG^0-Wert für die Übertragung eines Elektrons von NADH auf Sauerstoff ist die Summe beider Werte = –110 kJ/mol.

DER EFFEKT VON KONZENTRATIONSÄNDERUNGEN

Wie Abschnitt 2.2.9 erklärt, hängt die tatsächliche Änderung der Freien Energie ΔG für eine Reaktion von den Konzentrationen der Reaktanden ab und weicht in der Regel von der Standardänderung der Freien Energie ΔG^0 ab. Die Normal-Redoxpotenziale gelten für eine 1:1 Mischung des Redpoxpaars. Zum Beispiel gilt das Normal-Redpoxpotenzial von –320 mV für eine 1:1 Mischung von NADH und NAD^+. Aber bei einem Überschuss von NADH über NAD^+ wird der Elektronentransfer von NADH auf einen Elektronenakzeptor günstiger. Das spiegelt sich in einem negativeren Redoxpotenzial und einem negativeren ΔG für den Elektronentransfer wider.

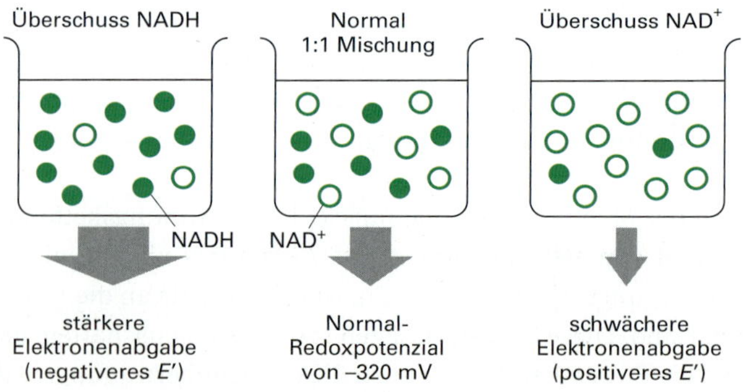

Tafel 14.1 Redoxpotenziale.

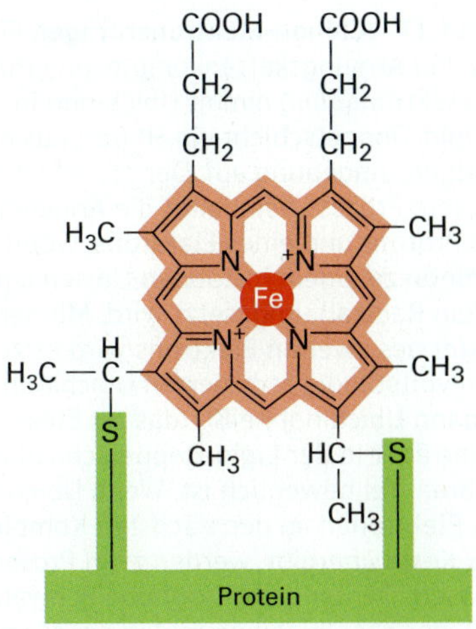

Abb. 14.15 Die Struktur der kovalent an Cytochrom *c* geknüpften Hämgruppe. Der Porphyrinring der Hämgruppe ist *hellrot* markiert. Es gibt sechs verschiedene Cytochrome in der Atmungskette. Da die Hämgruppen in den verschiedenen Cytochromen etwas verschiedene Strukturen haben und durch ihre entsprechenden Proteine in unterschiedlichen örtlichen Gegebenheiten gehalten werden, hat jedes eine unterschiedliche Elektronenaffinität und eine leicht unterschiedliche spektroskopische Signatur. Man beachte, dass viele hämhaltige Proteine, darunter auch andere in der Elektronentransportkette, im Gegensatz zu dem hier gezeigten Häm in Cytochrom *c* nicht kovalent an Häm binden. Sie tun dies durch nicht-kovalente Wechselwirkungen des Proteins mit dem Porphyrinring und dem Häm-Eisen.

verschiedenen Oxidationszuständen mit eng beieinander liegenden Redoxpotenzialen vorliegen können. Dadurch können sie leicht Elektronen abgeben oder aufnehmen. Diese Eigenschaft wird durch die Membranproteinkomplexe in der Atmungskette ausgenutzt, um Elektronen sowohl innerhalb als auch zwischen den Komplexen zu bewegen.

Während in vielen biologischen Molekülen die Gerüstatome wie H, C, N und O farblose Strukturen bilden, sind die Übergangsmetalle oft leuchtend gefärbt, wodurch man die Proteine, die sie enthalten, leicht mit spektroskopischen Methoden mithilfe des sichtbaren Lichts untersuchen kann. Die **Cytochrome** stellen eine Familie gefärbter Proteine dar, die eine gebundene *Hämgruppe* enthalten. Die Hämgruppe enthält ein fest gebundenes Eisenatom, das von vier Stickstoffatomen an den Ecken eines Quadrats in einem *Porphyrinring* gehalten wird (**Abb. 14.15**). Ein ähnlicher Porphyrinring ist verantwortlich für die rote Farbe des Blutes und die grüne Farbe von Blättern, wobei ein Eisen im Hämoglobin bzw. ein Magnesium im Chlorophyll gebunden ist.

Eisen–Schwefel-Proteine bilden eine zweite Hauptfamilie von elektronenübertragenden Kofaktoren. Diese Proteine enthalten entweder zwei oder vier Eisenatome, gebunden an eine gleiche Anzahl von Schwefelatomen und an Cysteinseitenketten, die ein **Eisen–Schwefel-Zentrum** (Cluster) in dem Protein bilden (**Abb. 14.16**). Wie die Häm-Gruppen bei den Cytochrome tragen diese Zentren zu einem bestimmten Zeitpunkt durch Redoxreaktionen mit den Eisen-Atomen nur ein Elektron.

Der einfachste elektronenübertragende Kofaktor in der Atmungskette und der einzige, der nicht immer an ein Protein gebunden ist, ist ein Chinon (genannt *Ubichinon* oder *Coenzym Q*). Ein **Chinon** (**Q**, von engl. *quinone*) ist ein kleines hydrophobes Molekül, das in der Lipid-Doppelschicht frei beweglich ist. Dieser *Elektronenträger* kann ein oder zwei Elektronen aufnehmen oder abgeben. Wenn es reduziert wird (beim Chinon spricht man dann von Chinol), nimmt es gleichzeitig mit jedem übernommenen Elektron ein Proton aus dem Wasser auf (**Abb. 14.17**).

In der mitochondrialen Elektronentransportkette arbeiten sechs verschiedene, an Cytochrome gebundenen Hämgruppen, acht Eisen–Schwefel-Zentren, drei Kupferatome und ein Flavinmononukleotid (ebenfalls ein elektronenübertragender Kofaktor) und Ubichinon auf abgestimmte Weise zusammen, um die Elektronen vom NADH auf O_2 zu übertragen. Dieser Weg enthält insgesamt mehr als 60 verschiedene Proteine, die in drei verschiedenen Membranproteinkomplexen angeordnet sind, wobei jeder davon einige der oben aufgeführten elektronenübertragenden Kofaktoren bindet (**Abb. 14.18**).

Wie wir später noch sehen werden, gibt es einen ungewöhnlichen zusätzlichen Atmungskettenkomplex, der ein wichtiger Bestandteil des Zitronensäurezyklus ist und als *Succinat-Dehydrogenase* bezeichnet wird. Dieses in die Membran eingebettete Enzym

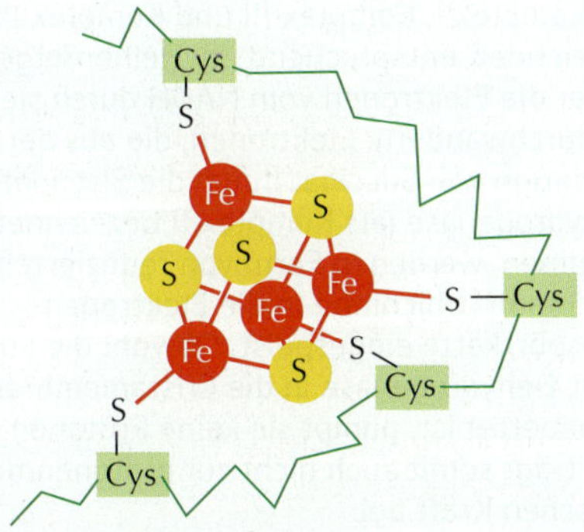

Abb. 14.16 Die Struktur eines Eisen–Schwefel-Zentrums (Cluster). Die Eisen–Schwefel-Zentren bestehen entweder aus vier Eisen- und vier Schwefelatomen (wie hier gezeigt) oder aus zwei Eisen- und zwei Schwefelatomen, die mit Cysteinen in der Polypeptidkette über kovalente Schwefelbrücken verbunden sind. Alternativ können sie mit Histidinen verbunden sein. Obgleich die Eisen–Schwefel-Zentren mehrere Eisenatome enthalten, kann jedes nur ein Elektron gleichzeitig tragen. Neun verschiedene Eisen–Schwefel-Zentren sind am Elektronentransport in der Atmungskette beteiligt.

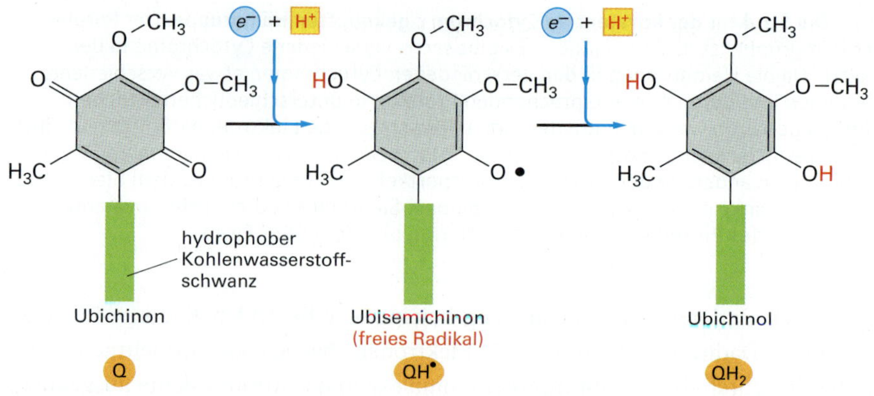

Abb. 14.17 Chinon-Elektronenträger. Für jedes von Atmungskettenkomplexen erhaltene Elektron (*blau*) nimmt Ubichinon in der Lipid-Doppelschicht ein H^+ (*rot*) aus der wässrigen Umgebung auf. Der erste Schritt in diesem Prozess beinhaltet die Annahme eines Protons und eines Elektrons, wodurch Ubichinon zu einem instabilen Ubisemichinon (ein Radikal) umgesetzt wird. Mit dem Transfer des zweiten Elektrons wird es zu einem vollständig reduzierten Ubichinon (das dann Ubichinol heißt), das als Elektronenträger in der Lipid-Doppelschicht der Membran frei beweglich ist. Wenn Ubichinol seine Elektronen an den nächsten Komplex in der Kette übergibt, werden zwei Protonen entlassen. Der lange hydrophobe Schwanz (*grün*), der das Ubichinon fest in der Membran hält, enthält sechs bis zehn Isopreneinheiten (mit je fünf Kohlenstoffatomen). Die Anzahl der Isopreneinheiten hängt vom jeweiligen Organismus ab. Der entsprechende Elektronenträger in den Photosynthesemembranen von Chloroplasten ist Plastochinon, das fast die gleiche Struktur hat und auf die gleiche Art arbeitet. Zur Vereinfachung sprechen wir in diesem Kapitel von Chinon (abgekürzt Q) statt von Ubichinon oder Plastochinon.

fängt bei der Umwandlung von Succinat in Fumarat Elektronen ein (s. **Tafel 2.9**). Es gibt diese Elektronen über einen Flavin-Elektronenträger (Flavin-Adenin-Dinukleotid; FAD) direkt in die Elektronentransportkette ab, anstatt NAD^+ zu verwenden, und pumpt keine Protonen.

Während die Elektronen entlang der Atmungskette wandern, haben die elektronentragenden Kofaktoren wie zu erwarten immer stärkere Affinitäten zu den Elektronen (größere Redoxpotenziale). Die Redoxpotenziale sind im Verlauf der Evolution durch das Einbinden jedes Elektronenträgers in eine spezielle Umgebung, die seine normale Elektronenaffinität modifizieren kann, aufeinander abgestimmt worden. Weil aber Eisen–Schwefel-Zentren eine recht niedrige Elektronenaffinität haben, überwiegen sie im ersten Teil der Atmungskette. Die hämtragenden Cytochrome dagegen dominieren weiter hinten in der Kette, wo eine höhere Affinität für Elektronen erforderlich ist.

14.2.4 NADH überträgt seine Elektronen über drei große Enzymkomplexe, die in die innere Membran eingebettet sind, auf Sauerstoff

Membranproteine lassen sich nur schwer isolieren, da sie in wässriger Lösung unlöslich sind und leicht durch Detergenzien, die zum Solubilisieren (löslich machen) erforderlich sind, zerstört werden. Verwendet man jedoch milde nichtionische Detergenzien, wie Digitonin oder Dodecylmaltosid, können sie solubilisiert und in nativer Form aufgereinigt werden. Die drei großen, mittels Detergenz solubilisierten Atmungskettenkomplexe können in künstliche Vesikel mit einer Lipid-Doppelschicht eingefügt werden. Man

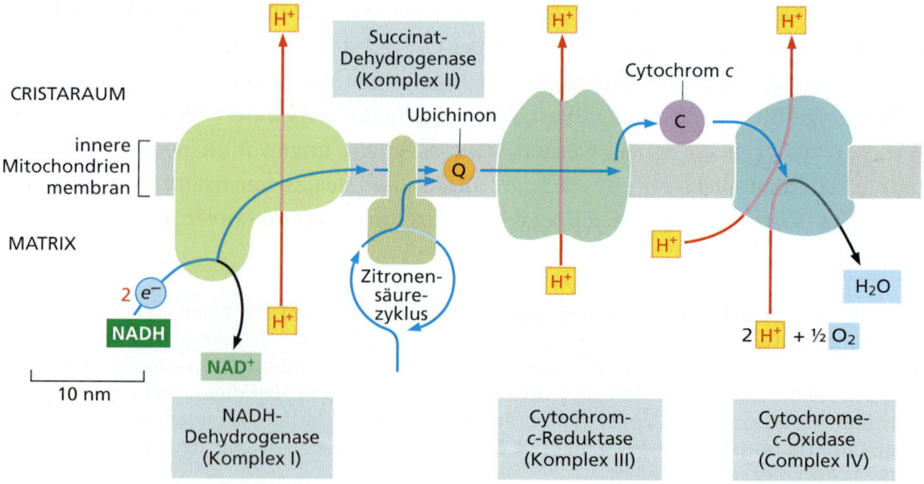

Abb. 14.18 Der Weg der Elektronen durch die drei Protonenpumpen der Atmungskette. Dargestellt sind die ungefähre Größe und Form jedes Proteinkomplexes. Während des Elektronentransfers von NADH zum Sauerstoff (*blaue Pfeile*) dienen Ubichinon und Cytochrom *c* als bewegliche Träger, die Elektronen von einem Komplex zum nächsten transportieren. Bei den Elektronübertragungsreaktionen werden von jedem Atmungsenzymkomplex Protonen durch die Membran gepumpt, wie mit den *roten Pfeilen* angedeutet. Die drei Protonenpumpen in der Atmungskette werden üblicherweise als Komplex I, Komplex III und Komplex IV bezeichnet, entsprechend der Reihenfolge in der die Elektronen vom NADH durch sie hindurchwandern. Elektronen, die aus der Oxidation von Succinat durch die Succinat-Dehydrogenase (als Komplex II bezeichnet) stammen, werden in Form von reduziertem Ubichinon (Ubichinol) in die Elektronentransportkette eingespeist. Obwohl die Succinat-Dehydrogenase in die Cristamembran eingebettet ist, pumpt sie keine Protonen und trägt somit auch nicht zur protonenmotorischen Kraft bei.

kann zeigen, dass jeder Proteinkomplex Protonen durch die Doppelschicht pumpt, wenn sich Elektronen durch die Komplexe hindurch bewegen.

Im Mitochondrium sind die drei Komplexe in Serie geschaltet und wirken als elektronentransportgetriebene H^+-Pumpen, die Protonen aus der Matrix pumpen und somit den Cristaraum ansäuern (**Abb. 14.18**):

1. Der **NADH-Dehydrogenase-Komplex** (im Allgemeinen *Komplex I* genannt) ist der größte der Atmungsenzymkomplexe. Er empfängt Elektronen von NADH und lenkt sie durch ein Flavinmononukleotid und acht Eisen–Schwefel-Zentren zum Ubichinon. Das reduzierte Ubichinol überträgt seine Elektronen dann auf die Cytochrom-*c*-Reduktase.
2. Die **Cytochrom-*c*-Reduktase** (auch *Cytochrom-b-*c_1*-Komplex* oder üblicherweise *Komplex III* genannt) ist eine große Membranproteinansammlung, die als Dimer arbeitet. Jedes Monomer enthält drei an Cytochrome gebundene Hämgruppen und ein Eisen–Schwefel-Zentrum. Der Komplex empfängt Elektronen von Ubichinol und leitet sie an das kleine, lösliche Protein Cytochrom *c* weiter, das im Cristaraum angesiedelt ist und sein einzelnes Elektron an die Cytochrom-*c*-Oxidase abgibt.
3. Der **Cytochrom-*c*-Oxidase-Komplex** (üblicherweise als *Komplex IV* bezeichnet) enthält zwei an Cytochrom gebundene Hämgruppen und drei Kupferatome. Der Komplex empfängt ein einzelnes Elektron von Cytochrom *c* und gibt es an molekularen Sauerstoff ab. Insgesamt werden vier Elektronen und vier Protonen benötigt, um ein Molekül Sauerstoff zu Wasser umzusetzen.

Wir haben vorher besprochen, wie sich das Redoxpotenzial in den Elektronenaffinitäten widerspiegelt. Ein Diagramm der Redoxpotenzial-Messwerte entlang der Atmungskette zeigt **Abb. 14.19**. Diese Potenziale fallen in drei großen Stufen ab, eine an jedem großen protonenpumpenden Atmungskomplex. Die Änderung im Redoxpotenzial zwischen zwei beliebigen Elektronenträgern ist direkt proportional zur Freien Energie, die abgegeben wird, wenn ein Elektron zwischen ihnen übertragen wird. Jeder Enzymkomplex agiert wie ein Energiewandler, indem er einen Teil dieser Änderung der Freien Energie nutzt, um H^+ durch die innere Membran zu pumpen. Während der Passage des Elektrons durch den Komplex entsteht ein elektrochemischer Protonengradient. Neben diesen protonenpumpenden Komplexen wird auch der *Succinat-Dehydrogenase*-Komplex, der die Oxidation von Succinat zu Fumarat im

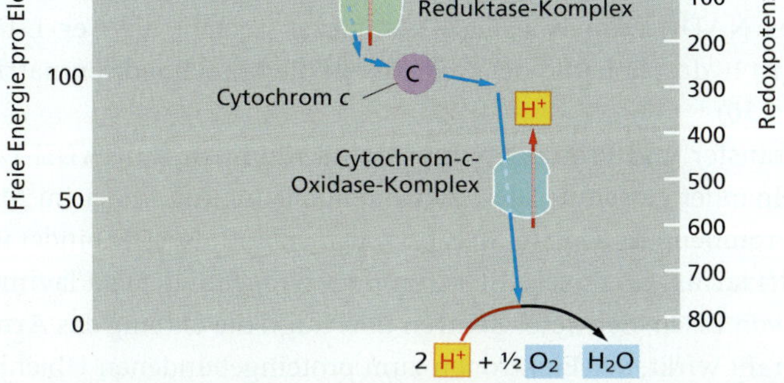

Abb. 14.19 Änderungen des Redoxpotenzials entlang der mitochondrialen Elektronentransportkette. Das Redoxpotenzial (mit $\Delta E'_0$ bezeichnet) vergrößert sich, wenn Elektronen die Atmungskette zum Sauerstoff hinunterfließen. Die Standardänderung der Freien Energie ΔG^0 in Kilojoule für den Transfer von je zwei aus NADH stammenden Elektronen kann man aus der linken Ordinate ablesen ($\Delta G = -n(0{,}096)\Delta E'_0$; hierin bedeutet *n* die durch eine Änderung des Redoxpotenzials von $\Delta E'_0$ mV beförderte Elektronenanzahl). Elektronen fließen durch einen Atmungsenzymkomplex, indem sie der Reihe nach durch die vielfachen Elektronenträger in jedem Komplex laufen (*gepunkteter Teil der blauen Pfeile*). Ein Teil der negativen (günstigen) Änderung der Freien Energie wird wie gezeigt von jedem Enzymkomplex zum Pumpen von H^+ durch die innere Mitochondrienmembran verwendet (*rote Pfeile*). Die NADH-Dehydrogenase pumpt bis zu vier H^+ pro Elektron und der Cytochrom-*c*-Reduktase-Komplex pumpt zwei pro Elektron, während der Cytochrom-*c*-Oxidase-Komplex nur ein Proton pro Elektron pumpt. Succinat-Dehydrogenase (Komplex II) gibt ebenfalls Elektronen an den Ubichinon-Vorrat durch Oxidation von Succinat ab, dabei werden diese Elektronen durch ein stabil gebundenes $FAD^+/FADH_2$-Redoxpaar weitergeleitet. Fettsäureoxidation (s. **Abb. 2.57**) führt ebenfalls zur Bildung von $FADH_2$, das seine beiden Elektronen unter Umgehung der NADH-Dehydrogenase ebenfalls direkt an Ubichinon abgibt. Diese Elektronenübertragungen laufen ohne das Pumpen von Protonen ab.

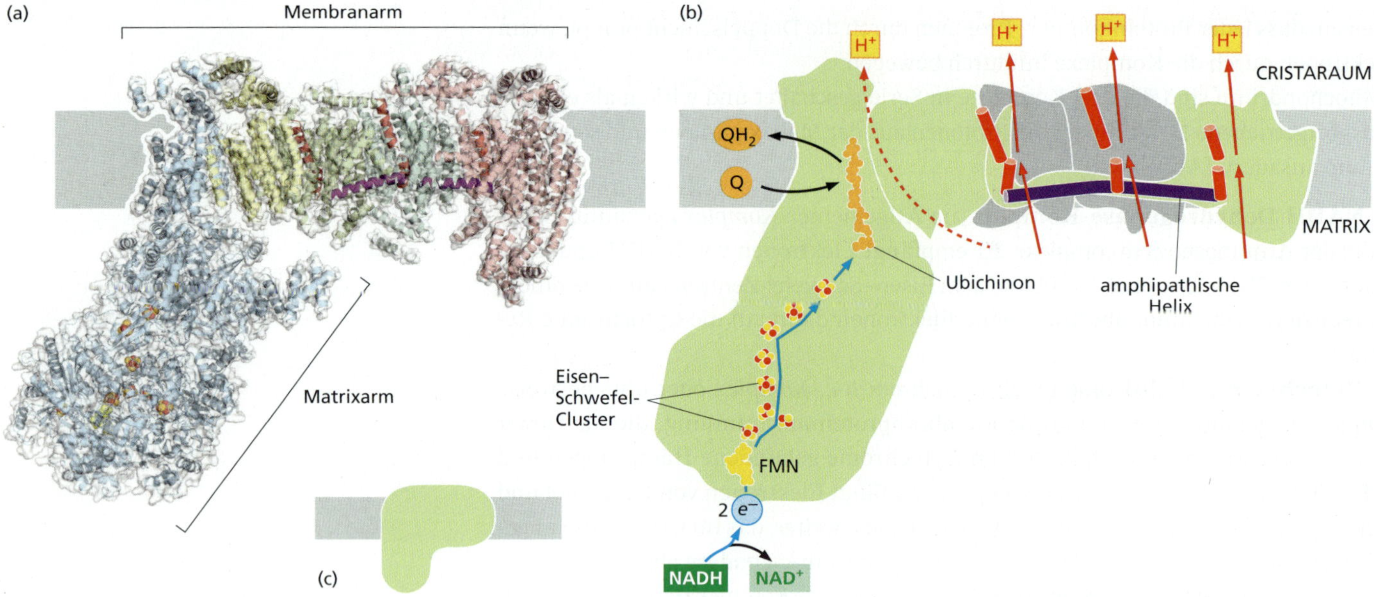

Abb. 14.20 Die Struktur der NADH-Dehydrogenase (auch bekannt als Komplex I). (a) Gezeigt ist die Struktur von Komplex I. Der Matrixarm der NADH-Dehydrogenase enthält ein Flavinmononukleotid (FMN) und acht Eisen–Schwefel (FeS)-Zentren, die am Elektronentransport beteiligt zu sein scheinen. Die Membran enthält mehr als 70 Transmembranhelices, die drei unterschiedliche protonenpumpende Module bilden. (b) Schema des mit dem Protonenpumpen gekoppelten NADH-Dehydrogenase-Elektronentransports. NADH gibt zwei Elektronen über ein gebundenes FMN (*gelb*) an eine Kette von sieben Eisen–Schwefel-Zentren (*rote* und *gelbe Kugeln*). Von dem letzten Eisen–Schwefel-Zentrum in der Kette werden die Elektronen auf Ubichinon (*orange*) übertragen. Durch die Elektronenübertragung vollziehen sich Konformationsänderungen, von denen man annimmt, dass sie an eine lange amphipathische *α*-Helix (*violett*) auf der Matrixseite des Membranarms weitergegeben werden. Die *α*-Helix zieht an unterbrochenen Transmembranhelices (*rot*) in drei Membranprotein-Untereinheiten, die jeweils einem Antiporter (s. Kapitel 11) ähneln. Wahrscheinlich führt diese Bewegung dazu, dass sich die Konformation geladener Aminosäuren in den drei Protonentunneln ändert, sodass drei Protonen aus der Matrix durch die Membran gelangen. Ein viertes Proton kann an der Grenzfläche der beiden Arme (*gepunktete Linie*) überführt werden. (c) Symbol für die NADH-Dehydrogenase, wie es in diesem Kapitel verwendet wird. (a, verändert nach R. G. Efremov et al., *Nature* 465: 441–445, 2010. PDB-Code: 3M9S).

Zitronensäurezyklus katalysiert, häufig als Bestandteil der Elektronentransportkette betrachtet. Er wird in der Regel als *Komplex II* bezeichnet, weil er wie der Komplex I Elektronen an Ubichinon weitergibt.

Der Aufbau jedes dieser vier Proteinkomplexe erfordert aufgrund der Anzahl ihrer Untereinheiten und reaktiven Kofaktoren ein genau gesteuertes Programm. Dies wird durch die Funktion spezieller Zusammenbaufaktoren erreicht, die bestimmte Schritte im Zusammenbau- und Aktivierungsprozess beaufsichtigen. Der Verlust dieser Zusammenbaufaktoren durch Mutation führt zu Krankheiten beim Menschen; ihr Verlust ahmt Mutationen nach, die die Untereinheiten des Komplexes selbst direkt betreffen.

Die sehr detaillierte Struktur dieser drei Enzymkomplexe ist mit Röntgenkristallographie (und in letzter Zeit auch durch Kryo-Elektronenmikroskopie (Kryo-EM)) bestimmt worden. Wir werden nun jeden von ihnen der Reihe nach untersuchen, um zu sehen, wie sie arbeiten.

14.2.5 Der NADH-Dehydrogenase-Komplex enthält getrennte Module für Elektronentransport und Protonenpumpen

Der NADH-Dehydrogenase-Komplex ist eine gewaltige Zusammenlagerung von Proteinen, von denen einige in der Membran sitzen und andere nicht. Der Komplex erhält die Elektronen von NADH und überträgt sie auf Ubichinon. In tierischen Mitochondrien besteht er aus mehr als 40 verschiedenen Proteinuntereinheiten mit einer Masse von ungefähr einer Million Dalton. Die mittels Röntgenbeugung und Kryo-EM erhaltenen Strukturen des NADH-Dehydrogenase-Komplexes zeigen, dass er L-förmig ist. Der Membranarm ist hydrophob und der Arm, der in die Mitochondrienmatrix ragt, ist hydrophil (**Abb. 14.20**).

Elektronentransfer und Protonenpumpen sind räumlich im NADH-Dehydrogenase-Komplex voneinander getrennt: Die Elektronenübertragung findet im Matrixarm statt, während das Protonenpumpen am Membranarm abläuft. NADH bindet in der Nähe der Spitze des Matrixarms, wo es sein Elektron über ein gebundenes Flavinmononukleotid auf eine Kette von Eisen–Schwefel-Zentren überträgt, die entlang des Arms aufgereiht ist und wie ein Draht wirkt, der Elektronen zum proteingebundenen Ubichinon überträgt.

Man nimmt an, dass der Elektronentransfer auf das Chinon die Protonentranslokation in einem Satz von Protonenpumpen im Membranarm auslöst. Damit dies geschehen kann, müssen diese beiden Prozesse miteinander energetisch und mechanisch verbunden sein. Ein möglicher Mechanismus für diese Verbindung könnte durch eine 6 nm lange amphipathische α-Helix hergestellt werden, die parallel zur Membranoberfläche auf der Matrixseite des Membranarms verläuft. Diese Helix könnte wie eine Pleuelstange in einer Dampfmaschine wirken, um so einen mechanischen, energieübertragenden Arbeitstakt zu erzeugen, der die Chinon-Bindungsstelle mit den protonenüberführenden Modulen in der Membran verbindet (s. **Abb. 14.20**).

Durch die Reduktion jedes Chinons aufgrund der Übertragung seiner zwei Elektronen, gefolgt von seiner Freisetzung aus dem Komplex in die Membran, können vier Protonen aus der Matrix in den Cristaraum gepumpt werden. Auf diese Weise erzeugt die NADH-Dehydrogenase ungefähr die Hälfte der gesamten protonenmotorischen Kraft in den Mitochondrien.

14.2.6 Die Cytochrom-*c*-Reduktase nimmt Protonen auf und gibt sie auf der anderen Seite der Cristamembran ab, wodurch sie Protonen pumpt

Wie wir bereits besprochen haben, erfolgt, wenn ein Chinonmolekül (Q) zwei Elektronen aufnimmt, gleichzeitig eine Aufnahme von zwei Protonen, wodurch Chinol (QH_2, s. **Abb. 14.17**) entsteht. In der Atmungskette überträgt Ubichinol die Elektronen auf die Cytochrom-*c*-Reduktase, nachdem es sie entweder von der NADH-Dehydrogenase oder der Succinat-Dehydrogenase aufgenommen hat. Weil die Protonen im QH_2-Molekül aus der Matrix stammen, aber auf der anderen Seite der Cristamembran freigesetzt werden, sind damit pro Elektronenpaar zwei Protonen aus der Matrix in den Cristaraum überführt worden (**Abb. 14.21**). Dieser gerichtete Transfer von Protonen ergänzt den elektrochemischen Protonengradienten, der durch das Protonenpumpen der NADH-Dehydrogenase – wie gerade besprochen – aufgebaut wird.

Die Cytochrom-*c*-Reduktase ist eine große Ansammlung von Membranproteinuntereinheiten. Drei Untereinheiten formen ein katalytisches Zentrum, das Elektronen vom Ubichinol auf Cytochrom *c* überträgt. Die Struktur aus den bakteriellen Vorfahren ist in hohem Maße erhalten geblieben (**Abb. 14.22**). Sie pumpt Protonen durch einen vektoriellen Protonentransfer (der komplizierter ist als der Mechanismus, der in **Abb. 14.21** zu sehen ist), wodurch die Energiemenge, die nutzbar gemacht werden kann, verdoppelt wird. Dazu wird eine Bindungsstelle für ein zweites Ubichinonmolekül einbezogen. Der dabei verwendete ausgeklügelte Redoxschleifenmechanismus wird *Q-Zyklus* genannt, da eines der Elektronen, die von jedem QH_2-Molekül erhalten werden, durch den Komplex von Ubichinon auf das Trägerprotein Cytochrom *c* übertragen wird, während das andere Elektron in den Chinonvorrat zurückgebracht wird. Durch diesen in **Abbildung 14.23** dargestellten Mechanismus, erhöht der Q-Zyklus die Gesamtmenge an Redoxenergie, die

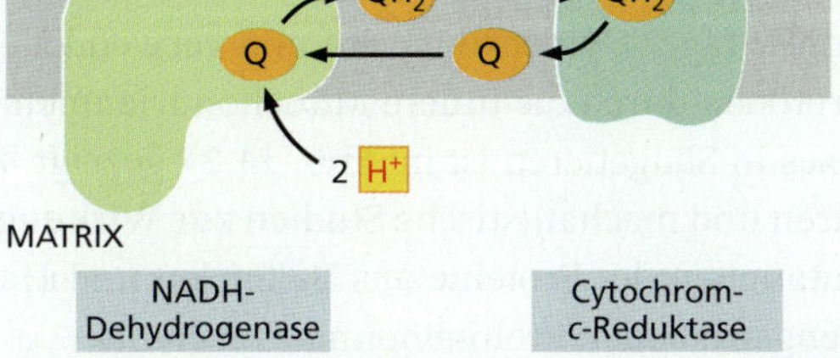

Abb. 14.21 Wie eine gerichtete Abgabe und Aufnahme von Protonen durch Chinon Protonen durch die Membran pumpt. Wenn die Reaktion $Q + 2e^- + 2H^+ \rightarrow QH_2$ durch den NADH-Dehydrogenase-Komplex katalysiert wird, können zwei Protonen auf der Matrixseite der inneren Mitochondrienmembran aufgenommen werden. Das entstandene Ubichinol (QH_2) bindet dann an die Cristaseite der Cytochrom-*c*-Reduktase. Zwei Protonen werden im Cristaraum freigesetzt, wenn die Oxidation des Ubichinol durch die Cytochrom-*c*-Reduktase zwei Protonen und zwei Elektronen erzeugt hat (s. **Abb. 14.17**). Der Elektronenfluss ist in der Abbildung nicht dargestellt.

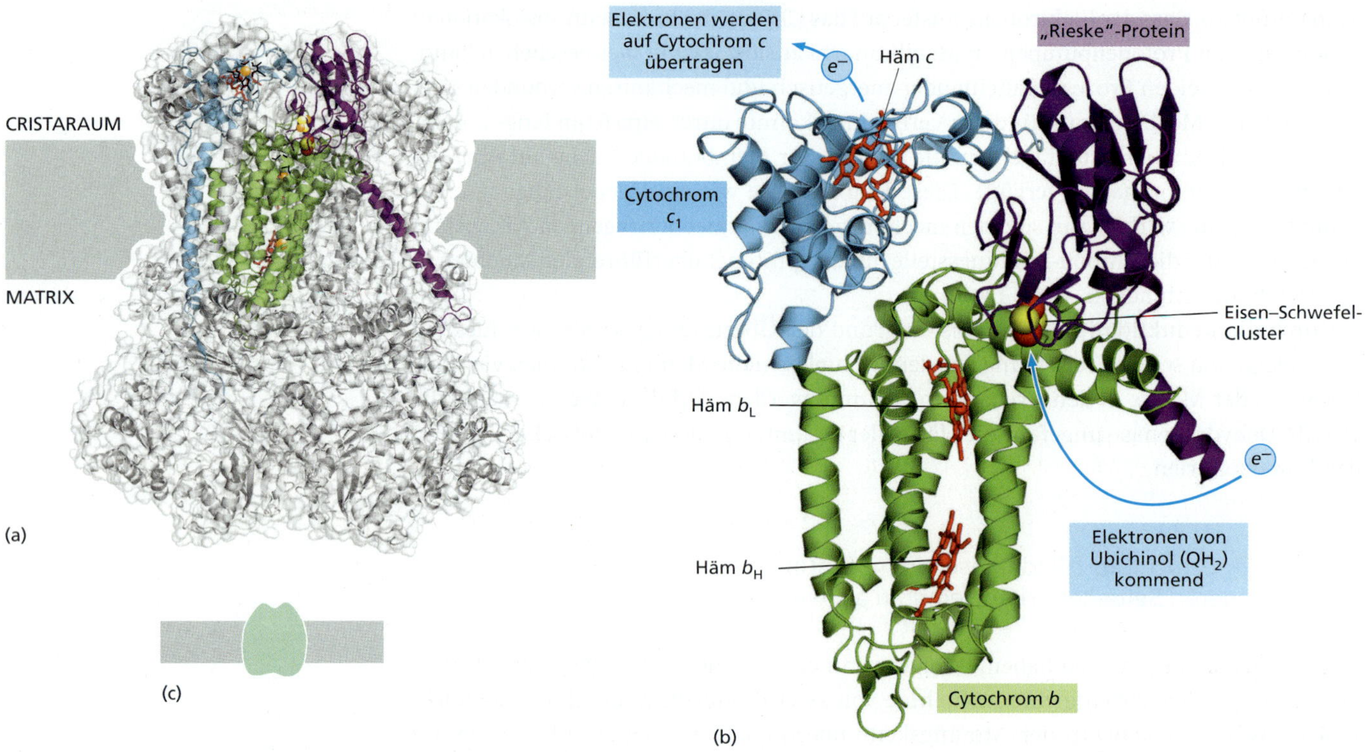

Abb. 14.22 Die Struktur der Cytochrom-*c*-Reduktase. Die Cytochrom-*c*-Reduktase (auch als Cytochrom-*b*-c_1-Komplex bezeichnet) ist ein Dimer aus zwei identischen Hälften mit je 240 000 Dalton. Jedes Monomer setzt sich bei Säugetieren aus elf verschiedenen Proteinmolekülen zusammen. (a) Auf Röntgenstrukturanalyse basierendes Modell des gesamten Dimers, wobei die drei Proteine, die den funktionellen Grundkörper des Enzymkomplexes bilden, farbig dargestellt sind: Cytochrom *b* (*grün*) und Cytochrom c_1 (*blau*) sind in einer Hälfte und das „Rieske"-Protein (*violett*), das ein Fe_2S_2 Eisen–Schwefel-Zentrum (*rot* und *gelb*) enthält, ist in der anderen Hälfte gefärbt. Diese drei Proteinuntereinheiten wechselwirken untereinander zwischen den zwei Hälften. (b) Übertragung der Elektronen durch die Cytochrom-*c*-Reduktase auf das kleine, lösliche Elektronenträgerprotein Cytochrom *c*. Elektronen, die vom Ubichinol nahe der Matrixseite der Membran kommen, werden vom Eisen–Schwefel-Zentrum des „Rieske"-Proteins gefangen. Dieses bewegt seine Eisen–Schwefel-Gruppierung hin und her, um so diese Elektronen auf Häm *c* (*rot*) zu übertragen. Häm *c* wiederum überträgt die Elektronen auf das Trägermolekül Cytochrom *c*. Wie in **Abbildung 14.23** dargestellt, wird nur eines dieser zwei Elektronen von jedem Ubichinol durch diesen Weg übertragen. Um das Protonenpumpen zu verstärken, wird das zweite Elektron des Ubichinols auf ein Ubichinon, das an die Cytochrom-*c*-Reduktase gebunden ist, auf die andere Seite der Membran (in der Nähe des Cristaraumes) befördert. (c) Symbol für die Cytochrom-*c*-Reduktase, wie es in diesem Kapitel verwendet wird. (a und b, PDB-Code: 1EZV).

im elektrochemischen Protonengradienten gespeichert werden kann. Als Ergebnis werden für jedes Elektron, das von der NADH-Dehydrogenase auf Cytochrom *c* übertragen wird, zwei Protonen durch die Cristamembran gepumpt.

14.2.7 Der Cytochrom-*c*-Oxidase-Komplex *pumpt* Protonen und reduziert O_2 mithilfe eines katalytischen Eisen–Kupfer-Zentrums

Das letzte Glied in der mitochondrialen Elektronentransportkette ist die Cytochrom-*c*-Oxidase (oder Komplex IV). Der Cytochrom-*c*-Oxidase-Komplex nimmt Elektronen vom löslichen Elektronenträger Cytochrom *c* auf und verwendet einen anderen, dritten Mechanismus, um Protonen durch die innere Mitochondrienmembran zu pumpen. Die Struktur des Komplexes in Säugetieren ist in **Abb. 14.24** gezeigt. Eine Auflösung bis in die atomaren Strukturen und mechanistische Studien zur Wirkung von mittels Gentechnik konstruierten Mutationen der Proteine aus Bakterien und Hefe haben die Arbeitsweise dieser elektronengetriebenen Protonenpumpe enthüllt.

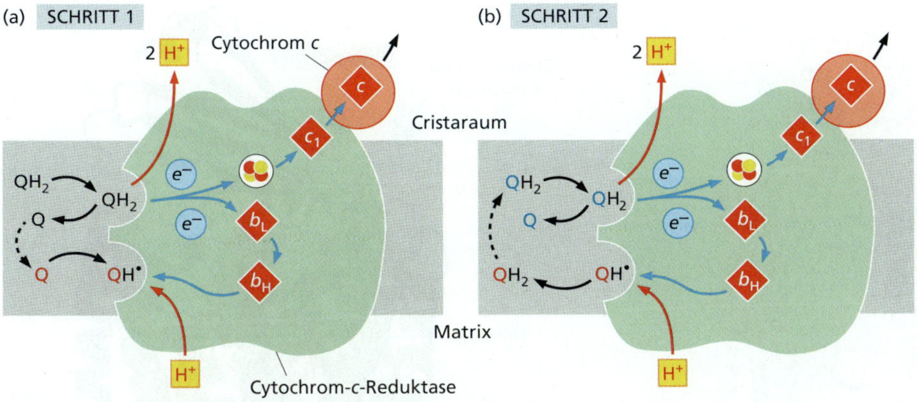

Abb. 14.23 **Der Zwei-Schritt-Mechanismus des Q-Zyklus der Cytochrom-*c*-Reduktase.** (a) In Schritt 1 bindet das von der NADH-Dehydrogenase reduzierte Ubichinol an den Cytochrom-*c*-Reduktase-Komplex. Die Oxidation des Chinol erzeugt zwei Protonen und zwei Elektronen. Die Protonen werden in den Cristaraum freigesetzt. Ein Elektron wird über ein Eisen–Schwefel-Zentrum an das Häm c_1 und dann weiter auf das lösliche Elektronenträgerprotein Cytochrom *c* auf der Membranoberfläche übertragen. Das zweite Elektron wandert über Häm b_L und b_H zu Ubichinon (*rotes* Q), das an einer separaten Stelle in der Nähe der zur Matrix gewandten Seite des Proteins gebunden ist. Die Aufnahme eines Protons aus der Matrix erzeugt ein Ubisemichinon-Radikal (s. **Abb. 14.17**), das an dieser Stelle gebunden bleibt (*rotes* QH•). (b) In Schritt 2 bindet ein zweites Ubichinol (*blaues* QH_2) und entlässt zwei Protonen und zwei Elektronen (wie für Schritt 1 beschrieben). Ein Elektron wird auf ein zweites Cytochrom *c* übertragen, während das andere Elektron vom Ubisemichinon aufgenommen wird. Das Ubisemichinon nimmt dann noch ein Proton aus der Matrix auf und wird als vollständig reduziertes Ubichinol (*rotes* QH_2) in die Lipid-Doppelschicht entlassen, von wo es anschließend wieder an den Komplex binden und wie in Schritt 1 Elektronen und Protonen abgeben kann. Die Bilanz des Q-Zyklus sieht dann so aus, dass die Oxidation eines Ubichinols zwei Protonen durch die Membran pumpt, indem Protonen auf der entsprechenden Seite der Membran freigesetzt bzw. aufgenommen werden (s. **Abb. 14.18**), während zwei andere in den Cristaraum entlassen werden. Zusätzlich wird in jedem der zwei Schritte (a und b) ein Elektron auf ein Cytochrom-*c*-Trägerprotein übertragen.

Da Sauerstoff eine hohe Affinität zu Elektronen hat, setzt er einen großen Betrag an Freier Energie frei, wenn er unter Bildung von Wasser reduziert wird. So ermöglichte die Evolution der zellulären Atmung, bei der O_2 in Wasser umgewandelt wird, den Organismen, viel mehr Energie zu gewinnen, als aus dem anaeroben Metabolismus erhalten werden kann. Wie wir später noch erörtern werden, trug vermutlich diese Verfügbarkeit einer großen Energiemenge durch die Reduktion von molekularem Sauerstoff zu Wasser entscheidend zur Entwicklung vielzelliger Organismen bei. Dies würde erklären, warum alle höheren Organismen atmen. Die Fähigkeit der biologischen Systeme, O_2 auf diese Weise zu nutzen, benötigt jedoch eine sehr komplizierte Chemie. Sobald ein Molekül O_2 ein Elektron unter Bildung eines Superoxidradikals (O_2^-) aufgenommen hat, wird es gefährlich reaktiv und nimmt rasch drei zusätzliche Elektronen auf, wo immer es sie finden kann, was in der unmittelbaren Umgebung zu Zerstörungen führen kann. In der von uns eingeatmeten Luft können wir O_2 wegen der Langsamkeit und Ineffizienz der Aufnahme eines ersten Elektrons durch ein freies O_2-Molekül tolerieren. Dieses Faktum ermöglicht Zellen die strenge Kontrolle der Elektronenaufnahme des Sauerstoffs durch enzymatische Katalyse. Die Cytochrom-*c*-Oxidase hält den Sauerstoff über ein bimetallisches Zentrum fest, wo der Sauerstoff zwischen einem hämgebundenen Eisenatom und einem Kupferatom eingespannt bleibt, bis er insgesamt vier Elektronen aufgesammelt hat. Erst dann können die beiden Sauerstoffatome des Sauerstoffmoleküls sicher in Form von zwei Molekülen Wasser entlassen werden (**Abb. 14.25**).

In den meisten Zellen gehen auf das Konto der Cytochrom-*c*-Oxidase 90 % der gesamten Sauerstoffaufnahme. Dieser Proteinkomplex ist daher entscheidend für das ganze aerobe Leben. Sauerstoffmangel ist für obligat aerobe Organismen aufgrund einer

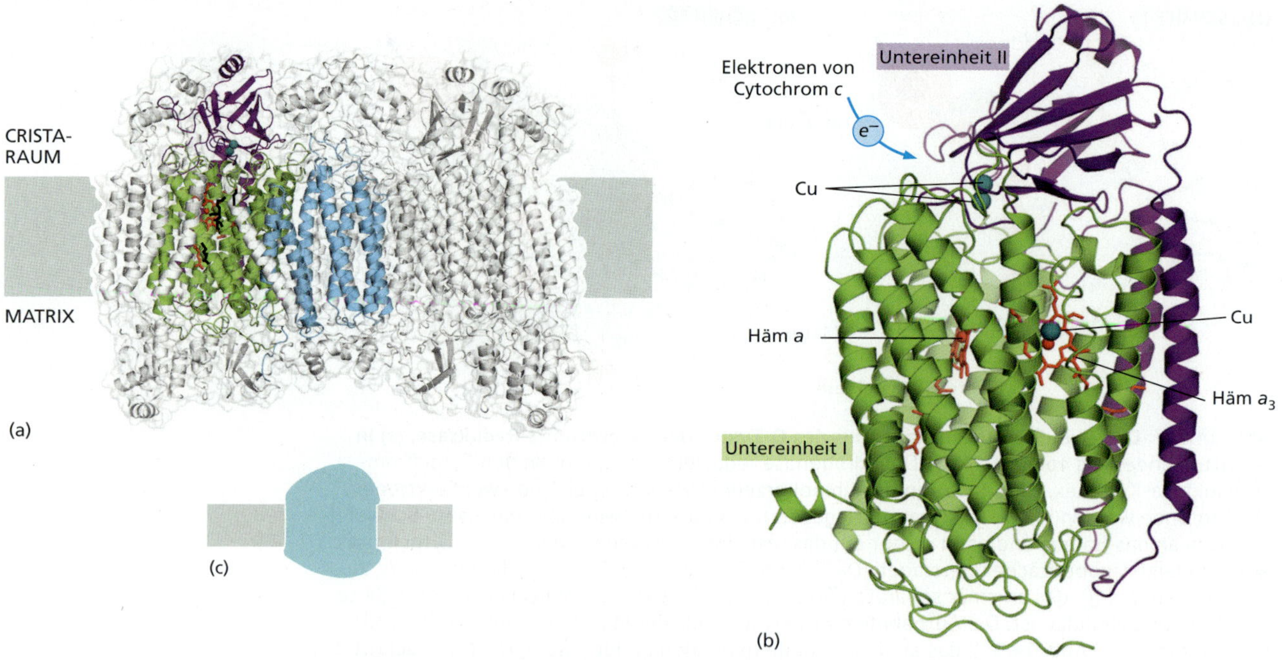

Abb. 14.24 **Die Struktur der Cytochrom-*c*-Oxidase.** Der letzte Komplex in der mitochondrialen Elektronenübertragungskette beim Menschen besteht in Abhängigkeit von der Zellart aus ungefähr dreizehn unterschiedlichen Proteinuntereinheiten mit einer Gesamtmasse von rund 204 000 Dalton. (a) Der gesamte in der Cristamembran angeordnete dimere Komplex ist zu sehen. Die hoch konservierten Untereinheiten I (*grün*), II (*lila*) und III (*blau*) werden durch das Mitochondriengenom codiert und bilden den funktionalen Kern des Enzyms. (b) Der funktionale Kern des Enzyms. Die Elektronen wandern durch das Cytochrom *c* über gebundene Kupfer-Ionen (*blaue Kugeln*) und Hämgruppen (*rot*) zu einem zwischen Häm a_3 und einem Kupfer-Ion gebundenen O_2-Molekül. Die vier zur O_2-Reduktion benötigten Protonen werden aus der Matrix entnommen (s. auch **Abb. 14.25**). (c) Symbol für die Cytochrom-*c*-Oxidase, wie es in diesem Kapitel verwendet wird. (a und b, PDP-Code: 2OCC).

eingeschränkten Aktivität der Cytochrom-*c*-Oxidase lebensbedrohlich und diese Organismen reagieren schnell auf niedrige Sauerstoffwerte, um ihre Abhängigkeit von der mitochondrialen Atmung zu reduzieren. Cyanide sind deswegen extrem toxisch, da sie viel stärker als Sauerstoff an die Häm-Eisenatome in der Cytochrom-*c*-Oxidase binden und dadurch die ATP-Produktion stark reduziert wird.

14.2.8 Die Succinat-Dehydrogenase arbeitet sowohl in der Elektronentransportkette als auch im Zitronensäurezyklus

Zusätzlich zu den drei gerade besprochenen Protonenpumpen ist noch ein Enzym des Zitronensäurezyklus, die *Succinat-Dehydrogenase* (**Abb. 14.26**), in die mitochondriale Cristamembran eingebettet. Im Verlauf der Oxidation von Succinat zu Fumarat in der Matrix fängt der Enzymkomplex Elektronen in Form von fest gebundenen $FADH_2$-Molekülen ein (s. **Tafel 2–9**) und übergibt sie über drei Eisen–Schwefel-Zentren an ein Ubichinonmolekül. Das dadurch reduzierte Ubichinol bereichert den Vorrat an Ubichinol, das durch Komplex I erzeugt wird und übergibt seine zwei Elektronen über die Cytochrom-*c*-Reduktase an die Atmungskette (s. **Abb. 14.18**). Die Succinat-Dehydrogenase ist keine Protonenpumpe und trägt somit auch nicht direkt zum elektrochemischen Potenzial bei, das für die ATP-Produktion in Mitochondrien verwendet wird. Ihre zweifache Mitwirkung im Zitronensäurezyklus und beim Elektronentransport hat Auswirkungen auf menschliche Krankheiten, die sich von denen der anderen drei Atmungskomplexe unterscheiden. Zum Beispiel tragen Mutationen, die zu einer verminderten Aktivität des Komplexes II führen, zu bestimmten Formen von Krebs bei.

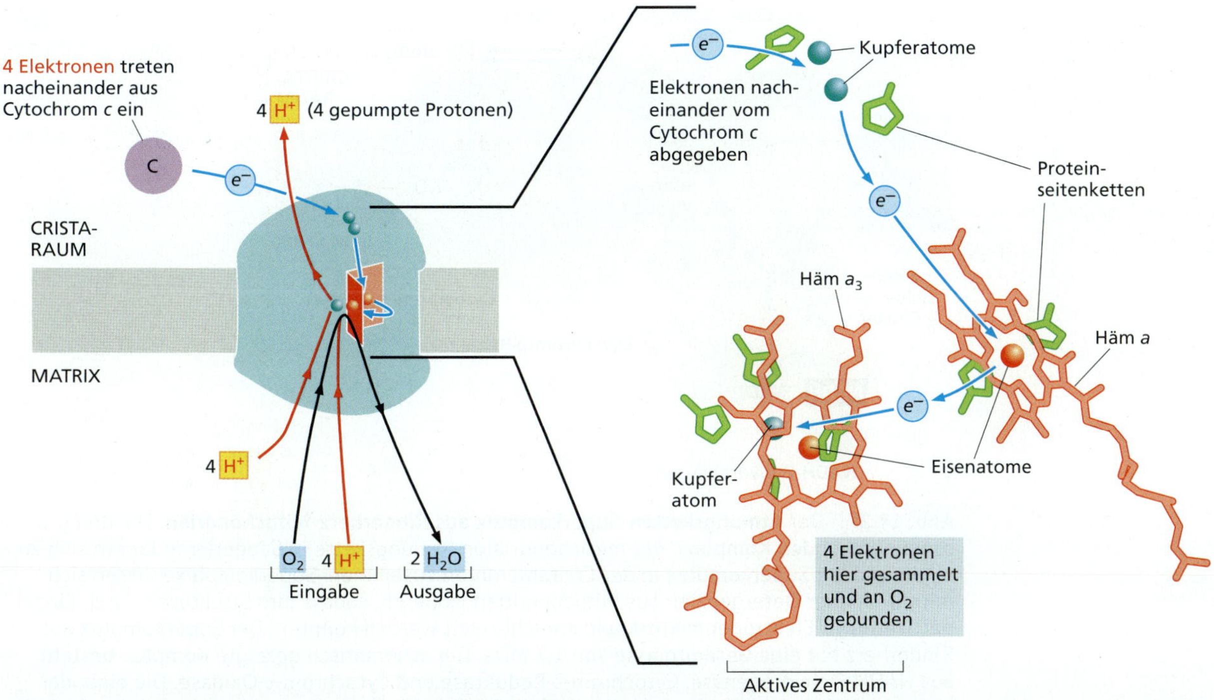

Abb. 14.25 Die Reaktion des O_2 mit Elektronen in der Cytochrom-*c*-Oxidase. Elektronen, die von Cytochrom *c* kommen, wandern durch diesen Komplex über gebundene Kupfer-Ionen (*blaue Kugeln*) und Häm-Gruppen (*rot*) zu einem O_2-Molekül, das zwischen Häm a_3 und einem Kupfer-Ion gehalten wird. Eisen-Ionen sind als *rote Kugeln* dargestellt. Das Eisenatom im Häm dient als Elektronenwarteschlange, an dem Elektronen gehalten werden, sodass sie auf ein O_2-Molekül (nicht gezeigt) geladen werden können. Der Sauerstoff wird vom Aktiven Zentrum des Bimetallzentrums gehalten, das vom zentralen Eisen des anderen Häms (Häm a_3) und einem nahegelegenen Kupferatom gebildet wird. Die vier Protonen, die für die Reduktion des O_2 zu Wasser benötigt werden, stammen aus der Matrix. Für jedes O_2-Molekül, das in die Reaktion $4e^- + 4H^+ + O_2 \rightarrow 2H_2O$ einfließt, werden vier andere Protonen über Mechanismen, die auf allosterischen Proteinkonformationsänderungen beruhen (s. **Abb. 14.29**), aus der Matrix gepumpt.

14.2.9 Die Atmungskette bildet einen Superkomplex in der Cristamembran

Werden die drei großen Atmungskettenkomplexe der Mitochondrien besonders schonend isoliert, zeigt sich, dass sie in noch größeren *Superkomplexen* vorliegen. Diese Beobachtungen unterstützen die Hypothese, dass diese massive Struktur in der Cristamembran den mobilen Elektronenträgern Ubichinon (in der Cristamembran) und Cytochrom *c* (im Cristaraum) helfen, die Elektronen effizienter zu übertragen, als dies mit dissoziierten, frei diffundierenden Elektronenträgern (**Abb. 14.27**) möglich wäre. Der Superkomplex ermöglicht es einer Zelle, einen möglichst großen Teil der Freien Energie der Elektronenübertragung von NADH auf O_2 einzufangen und potenziell schädliche Redox-Nebenreaktionen zu vermeiden. Die Bildung des Superkomplexes ist abhängig von der Anwesenheit des mitochondrialen Lipids Cardiolipin (s. **Abb. 14.11**) und von besonderen Proteinen, von denen man annimmt, dass sie die Komponenten zusammenhalten.

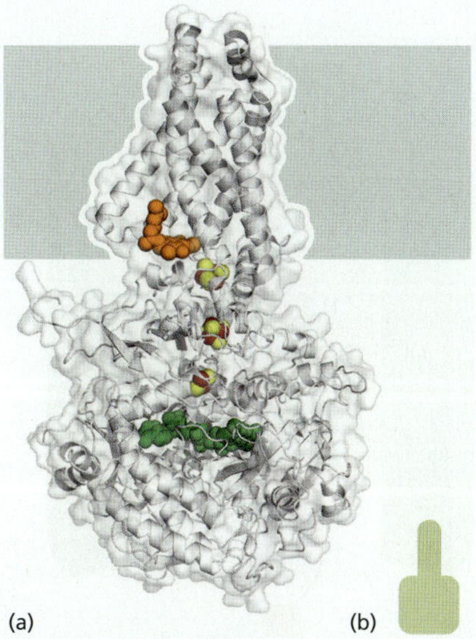

Abb. 14.26 Die Struktur der Succinat-Dehydrogenase. (a) Das in die Membran eingebettete Enzym besteht aus vier Untereinheiten. Eine Untereinheit, SdhA, enthält den kovalent gebundenen FAD-Kofaktor (*grün*), der sein Elektron direkt von der Succinatoxidation erhält und es schrittweise über die drei in SdhB enthaltenen Eisen–Schwefel-Zentren (*rot* und *gelb*) auf Ubichinon weiterleitet. Die Membrankomponente dieses Komplexes, die von den beiden anderen Untereinheiten gebildet wird, besitzt ein gebundenes Häm, über dessen Funktion bislang nichts bekannt ist (*orange*). (b) Symbol für die Succinat-Dehydrogenase, wie es in diesem Kapitel verwendet wird. (a, PDB-Code: 1NEK).

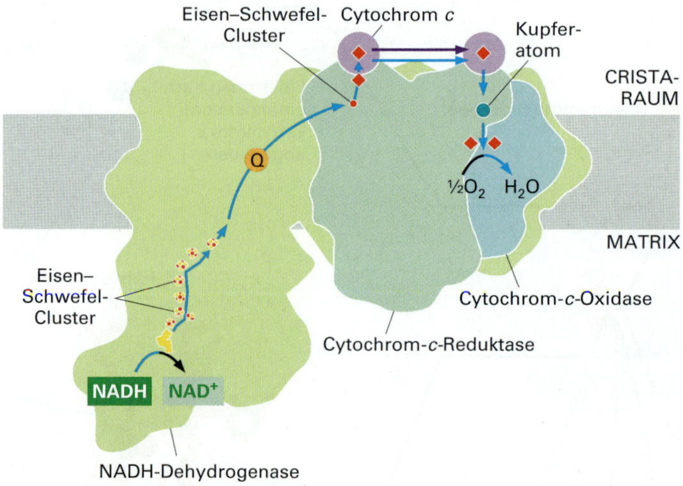

Abb. 14.27 Der Atmungsketten-Superkomplex aus Rinderherz-Mitochondrien. Die drei protonenpumpenden Komplexe der mitochondrialen Atmungskette in Säugetieren lagern sich zu einem großen Superkomplex in der Cristamembran zusammen. Superkomplexe lassen sich mithilfe milder Detergenzien aus Mitochondrien isolieren, sodass ihre Strukturen durch Einzelpartikel-Kryo-Elektronenmikroskopie entschlüsselt werden konnten. Der Superkomplex aus Rinderherz hat eine Gesamtmasse von 1,7 MDa. Der schematisch gezeigte Komplex besteht aus NADH-Dehydrogenase, Cytochrom-*c*-Reduktase und Cytochrom-*c*-Oxidase. Die einander zugewandten Chinol-Bindungsstellen der NADH-Dehydrogenase und der Cytochrom-*c*-Reduktase, zusammen mit dem kurzen Abstand zwischen den Cytochrom-*c*-Bindungsstellen der Cytochrom-*c*-Reduktase und der Cytochrom-*c*-Oxidase, erleichtern die schnelle, effiziente Elektronenübertragung. Die am Elektronentransport beteiligten Kofaktoren sind als *gelbe Figur* (Flavinmononukleotid), *rote* und *gelbe Kugeln* (Eisen–Schwefel-Zentren), Q (Chinon), *rote Rauten* (Häm) bzw. *blaue Kugel* (Kupferatom) dargestellt. Es sind nur die Kofaktoren gezeigt, die im linearen Elektronenfluss vom NADH zum Wasser beteiligt sind. *Blaue Pfeile* zeigen den Weg der Elektronen durch den Superkomplex. (Verändert nach T. Athoff et al., *EMBO J.* 30: 4652–4664, 2011).

14.2.10 Protonen können schnell entlang vorgegebener Routen durch Proteine wandern

Protonen sind im Wasser sehr beweglich. Sie flitzen durch das durch Wasserstoffbrücken gehaltene Netzwerk der Wassermoleküle, indem sie sich rasch von einem Wassermolekül ablösen, um sich dann gleich wieder mit dessen Nachbarn zu verbinden (s. **Abb. 2.5**). Aber wie kann sich ein Proton durch das hydrophobe Innere eines Proteins bewegen, das in eine Lipid-Doppelschicht eingebettet ist? Protonenleitende Proteine enthalten sogenannte *Protonendrähte*. Das sind Reihen von polaren oder ionischen Seitenketten oder aber Wassermoleküle, die in kurzen Abständen positioniert sind, sodass die Protonen von einem zum nächsten springen können (**Abb. 14.28**). Entlang dieser vorgegebenen Routen können sich Protonen bis zu 40-mal schneller als in reinem Wasser bewegen.

Aber wie kann der Elektronentransport allosterische Konformationsänderungen bewirken, durch die Protonen gepumpt werden? Betrachten wir die Sache grundlegend: Wenn

(a)

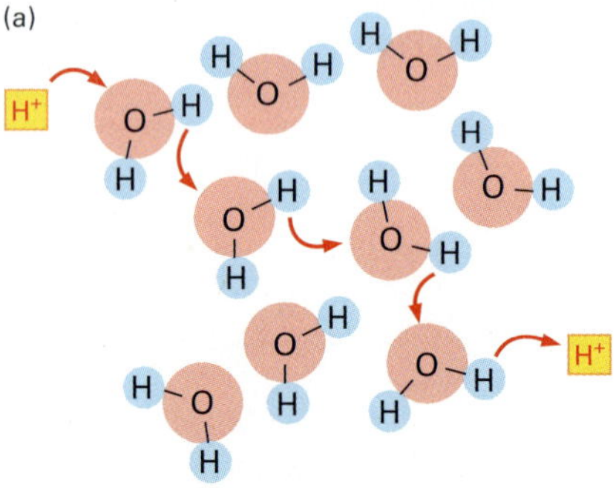

(b)

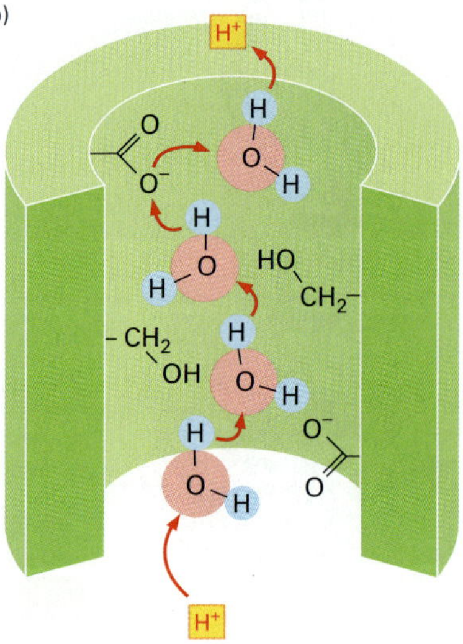

Abb. 14.28 Wie sich Protonen in Wasser bzw. in Proteinen verhalten. (a) Protonen bewegen sich schnell durch Wasser, indem sie durch kontinuierliche Bildung und Auflösung von Hydroniumionen (H_3O^+, s. Kapitel 2) von einem Wasserstoffmolekül zum nächsten springen. In diesem Diagramm sind die Protonensprünge mit *roten Pfeilen* gekennzeichnet. (b) Protonen können sich durch Proteine sogar noch schneller entlang von „Protonendrähten" bewegen. Dabei handelt es sich um festgelegte Protonenwege, die aus Aminosäureseitenketten bestehen, die in geeignetem Abstand angeordnet sind und Protonen leicht aufnehmen und abgeben (Asp, Glu) können oder wie Wasser Hydroxygruppen tragen (Ser, Thr) und zusammen mit Wassermolekülen im Proteininneren eingeschlossen sind.

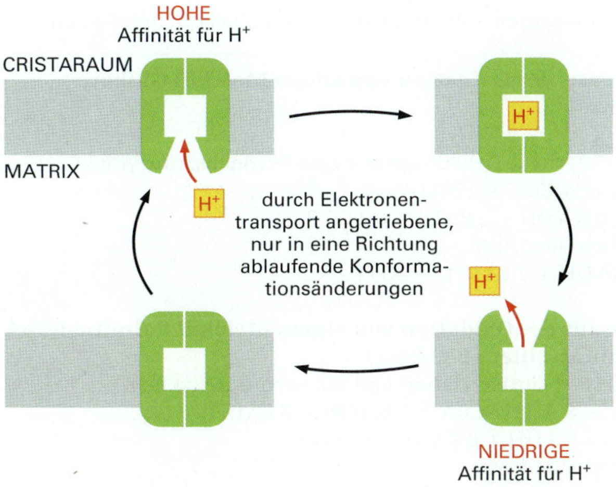

Abb. 14.29 Ein allgemeines Modell des mit dem Elektronentransport gekoppelten H^+-Pumpens. Diese Art von Mechanismus für das H^+-Pumpen durch ein Transmembranprotein wird wahrscheinlich von der NADH-Dehydrogenase und von der Cytochrom-*c*-Oxidase sowie von vielen anderen Protonenpumpen verwendet. Das Protein durchläuft einen Zyklus von drei Konformationen. In einer dieser Konformationen hat das Protein eine hohe Affinität zu H^+ mit der Folge, dass das Protein ein H^+ auf der Membraninnenseite aufnimmt. In einer anderen Konformation hat das Protein eine niedrige Affinität zu H^+ mit der Folge, dass das Protein ein H^+ auf der Membranaußenseite abgibt. Die Übergänge von einer Konformation zur nächsten laufen – wie dargestellt – nur in einer Richtung ab, weil sie über eine allosterische Kopplung mit einem energetisch günstigen Elektronenprozess angetrieben werden – in diesem Fall durch die Freie Energie, die durch den Elektronentransport freigesetzt wird (s. auch in Kapitel 11).

der Elektronentransport zu aufeinanderfolgenden allosterischen Änderungen in der Proteinkonformation führt, die die Redoxstufe der Komponenten ändern, können diese Konformationsänderungen mit Protonendrähten in Verbindung gebracht werden, die es dem Protein erlauben, H^+ durch die Cristamembran zu pumpen. Für diesen Typ des H^+-Pumpens benötigt man für das Pumpenprotein mindestens drei verschiedene Konformationen, wie in **Abb. 14.29** schematisch gezeigt ist. Atomar aufgelöste Strukturen zusammen mit den Auswirkungen, die der gezielte Austausch von Aminosäuren mithilfe der Gentechnologie bei den entsprechenden Proteinen hervorruft, helfen dabei, den Mechanismus des Protonenpumpens beim Elektronentransfer im Detail aufzudecken. Aber wie diese Konformationen entstehen und wie sie in den Atmungskomplexen reguliert werden, bleibt noch völlig unklar.

Zusammenfassung

Die Atmungskette ist in den Cristamembranbereich der inneren Mitochondrienmembran eingebettet. Sie enthält drei Atmungsenzymkomplexe, durch die Elektronen auf ihrem Weg von NADH zum O_2 hindurchwandern. In diesen riesigen Proteinkomplexen werden Elektronen entlang einer Reihe proteingebundener Elektronenträger, einschließlich Hämgruppen und Eisen–Schwefel-Zentren, übertragen. Die Energie, die freigesetzt wird, wenn die Elektronen zu immer niedrigeren Energieniveaus wandern, wird von jedem Proteinkomplex verwendet, Protonen aus der Mitochondrienmatrix hinaus zu pumpen, wobei jeder Komplex den „seitlichen" Elektronentransport innerhalb der Membran mit dem Protonentransport durch die Membran hindurch koppelt. Elektronen werden durch die beweglichen Elektronenträger Ubichinon und Cytochrom c zwischen den Enzymkomplexen befördert, um die Elektronentransportkette abzuschließen. Der Weg des Elektronenflusses ist NADH → NADH-Dehydrogenase-Komplex → Ubichinon → Cytochrom-c-Reduktase → Cytochrom c → Cytochrom-c-Oxidase-Komplex → molekularer Sauerstoff (O_2). Darüber hinaus gelangen Elektronen, die aus einem Zwischenprodukt des Zitronensäurezyklus – dem Succinat – stammen, in diesen Weg, indem sie durch einen vierten, in die Membran eingebetteten Atmungsenzymkomplex – die Succinat-Dehydrogenase – zu Ubichinon fließen.

14.3 ATP-Produktion in Mitochondrien

Wie wir soeben besprochen haben, tragen drei Protonenpumpen der Atmungskette zur Bildung eines elektrochemischen Protonengradienten über der inneren Mitochondrienmembran bei. Dieser Gradient wird zur Synthese von ATP durch die ATP-Synthase

Tab. 14.3 Produktausbeuten aus der Oxidation von Zuckern und Fetten.

A. Nettoprodukte aus der Oxidation von einem Molekül Glukose

Im Cytosol (Glykolyse)
 1 Glukose → 2 Pyruvat + 2 NADH + 2 ATP
Im Mitochondrium (Pyruvat-Dehydrogenase und Zitronensäurezyklus)
 2 Pyruvat → 2 Acetyl-CoA + 2 NADH
 2 Acetyl-CoA → 6 NADH + 2 $FADH_2$ + 2 GTP
Nettoresultat im Mitochondrium
 2 Pyruvat → 8 NADH + 2 $FADH_2$ + 2GTP

B. Nettoprodukte aus der Oxidation von einem Molekül Palmitoyl-CoA (aktivierte Form von Palmitat, einer Fettsäure)

Im Mitochondrium (Fettsäureoxidation und Zitronensäurezyklus)
 1 Palmitoyl-CoA → 8 Acetyl-CoA + 7 NADH + 7 $FADH_2$
 8 Acetyl-CoA → 24 NADH + 8 $FADH_2$ + 8 GTP
Nettoresultat im Mitochondrium
 1 Palmitoyl-CoA → 31 NADH + 15 $FADH_2$ + 8 GTP

genutzt, einem großen in die Membran eingebetteten Proteinkomplex, der die außerordentliche Leistung vollbringt, die Energie, die im elektrochemischen Gradienten steckt, in biologisch nutzbare, chemisch gebundene Energie in Form von ATP umzuwandeln (s. **Abb. 14.10**). Protonen fließen entlang ihres elektrochemischen Gradienten „abwärts" durch die Membrananteile dieser Protonenturbine. Dies treibt die ATP-Synthese aus ADP und Phosphat in dem Teil des Komplexes an, der in die Mitochondrienmatrix ragt. Wie bereits in Kapitel 2 besprochen, ist die Bildung von ATP aus ADP und Phosphat energetisch äußerst ungünstig. Wie wir noch sehen werden, kann die ATP-Synthase nur ATP synthetisieren, weil allosterische Formänderungen im Proteinkomplex stattfinden, die die ATP-Synthese direkt an den energetisch günstigen Fluss der Protonen durch die Membran koppeln.

14.3.1 Der hohe negative Wert von ΔG für die ATP-Hydrolyse erhöht den Nutzen von ATP für die Zelle

Im Durchschnitt setzt ein Mensch pro Tag 50 kg ATP um. Bei Marathonläufern können daraus einige 100 kg werden. Das ATP, das in Mitochondrien hergestellt wird, stammt aus der verfügbaren Energie aus NADH, $FADH_2$ und GTP. Diese drei energiereichen Verbindungen werden durch die Oxidation der Glukose (**Tab. 14.3**, Teil A), der Fette (**Tab. 14.3**, Teil B) und anderer Brennstoffe gewonnen.

Die Glykolyse allein kann nur zwei Moleküle ATP pro Molekül Glukose, das in den Stoffwechsel eingeht, erzeugen. Das ist die gesamte Energieausbeute aus den Fermentationsprozessen, die in Abwesenheit von O_2 erhalten wird (besprochen in Kapitel 2). Jedes Elektronenpaar, das von einem im Mitochondrium hergestellten NADH stammt, kann durch oxidative Phosphorylierung Energie zur Bildung von 2,5 ATP-Molekülen liefern. Die oxidative Phosphorylierung erzeugt weiterhin ungefähr 1,5 Moleküle ATP je Elektronenpaar aus einem $FADH_2$, das in der Mitochondrienmatrix durch die Succinat-Dehydrogenase gewonnen wird, und aus einem NADH, das durch die Glykolyse im Cytosol gebildet wird. Nimmt man diese Information zusammen mit den Produktausbeuten der Glykolyse und des Zitronensäurezyklus, so kann man errechnen, dass die vollständige Oxidation eines Glukosemoleküls – von der Glykolyse bis zur oxidativen Phosphorylierung – eine Nettoausbeute von ungefähr 30 Molekülen ATP ergibt. Fast alles davon wird durch die mitochondriale ATP-Synthase hergestellt.

In Kapitel 2 wurde der thermodynamische Begriff der Freien Energie (G) besprochen. Die Änderung ΔG der Freien Energie einer Reaktion bestimmt, ob diese Reaktion in der

Zelle abläuft. Wir haben in den Abschnitten 2.2.8 bis 2.2.12 gezeigt, dass ΔG für eine gegebene Reaktion als Summe aus zwei Termen ausgedrückt werden kann: Der erste Term wird als Standardänderung der Freien Energie ΔG^0 bezeichnet. Er hängt nur von den inneren Eigenschaften der reagierenden Moleküle ab. Der zweite Term hängt nur von der Konzentration der reagierenden Moleküle ab.

Für die einfache Reaktion A → B gilt:

$$\Delta G = \Delta G^0 + RT \ \ln \frac{|B|}{|A|}$$

[A] und [B] bezeichnen die Konzentrationen von A und B; ln ist der natürliche Logarithmus. ΔG^0 ist der Standard-Referenzwert, der dem Wert von ΔG entspricht, wenn die molaren Konzentrationen von A und B gleich sind (da ln 1 = 0).

In Kapitel 2 haben wir erläutert, wie die große, günstige Änderung der Freien Energie (hoher negativer Wert von ΔG) zur ATP-Hydrolyse über Kopplungsreaktionen genutzt wird, um viele andere chemische Reaktionen in der Zelle anzutreiben, die sonst nicht stattfinden würden (s. Abschnitte 2.2.13 bis 2.2.16). Die ATP-Hydrolysereaktion erzeugt zwei Produkte: ADP und Phosphat. Sie ist daher vom Typ A → B + C.

Gemäß **Abbildung 14.30** folgt:

$$\Delta G = \Delta G^0 + RT \ \ln \frac{|B||C|}{|A|}$$

Wenn ATP unter den Bedingungen, die normalerweise in einer Zelle herrschen, zu ADP und Phosphat hydrolysiert wird, beträgt die Änderung der Freien Energie etwa –46 bis –54 kJ mol^{-1} (–11 bis –13 kcal mol^{-1}). Dieses sehr günstige ΔG beruht auf der aufrechterhaltenen hohen ATP-Konzentration im Verhältnis zu den Konzentrationen von ADP und Phosphat. Falls ATP, ADP und Phosphat alle mit der gleichen Konzentration von 1 mol l^{-1} (sogenannte Standardbedingungen) vorliegen, fällt das ΔG für die ATP-Hydrolyse auf die Standardänderung der Freien Energie (ΔG^0) ab, die nur –30,5 kJ mol^{-1} (–7,3 kcal mol^{-1}) beträgt. Bei wesentlich niedrigeren ATP-Konzentrationen relativ zu ADP und Phosphat wird $\Delta G = 0$. An diesem Punkt wird die Geschwindigkeit, mit der sich ADP und Phosphat zu ATP vereinigen, gleich der Geschwindigkeit, mit der ATP zu ADP und Phosphat hydrolysiert. Mit anderen Worten: Wenn $\Delta G = 0$, dann ist die Reaktion im *Gleichgewicht* (s. **Abb. 14.30**).

Man erkennt an ΔG, nicht an ΔG^0, wie weit entfernt eine Reaktion vom Gleichgewicht ist und ob ΔG andere Reaktionen antreiben kann. Da die wirkungsvolle Umwandlung von ADP zu ATP im Mitochondrium eine so hohe ATP-Konzentration relativ zu ADP und Phosphat aufrechterhält, wird die ATP-Hydrolysereaktion in den Zellen sehr weit weg vom Gleichgewicht gehalten und ΔG ist entsprechend sehr negativ. Ohne dieses große Ungleichgewicht könnte die ATP-Hydrolyse nicht zum Antreiben der Reaktionen in der Zelle genutzt werden. Bei niedrigen ATP-Konzentrationen würden viele essentielle Reaktionen energetisch ungünstig werden, rückwärts ablaufen und die Zelle würde sterben.

14.3.2 Die ATP-Synthase ist eine Nanomaschine, die durch Rotationskatalyse ATP produziert

Die **ATP-Synthase** ist eine fein eingestellte Nanomaschine, die aus 23 oder mehr getrennten Proteinuntereinheiten mit einer Gesamtmasse von ungefähr 600 000 Dalton besteht. Sie kann sowohl vorwärts arbeiten, wobei sie ATP aus ADP und Phosphat durch Verbrauch eines elektrochemischen Gradienten produziert, als auch in entgegengesetzter Richtung, wobei sie einen elektrochemischen Gradienten durch die ATP-Hydrolyse

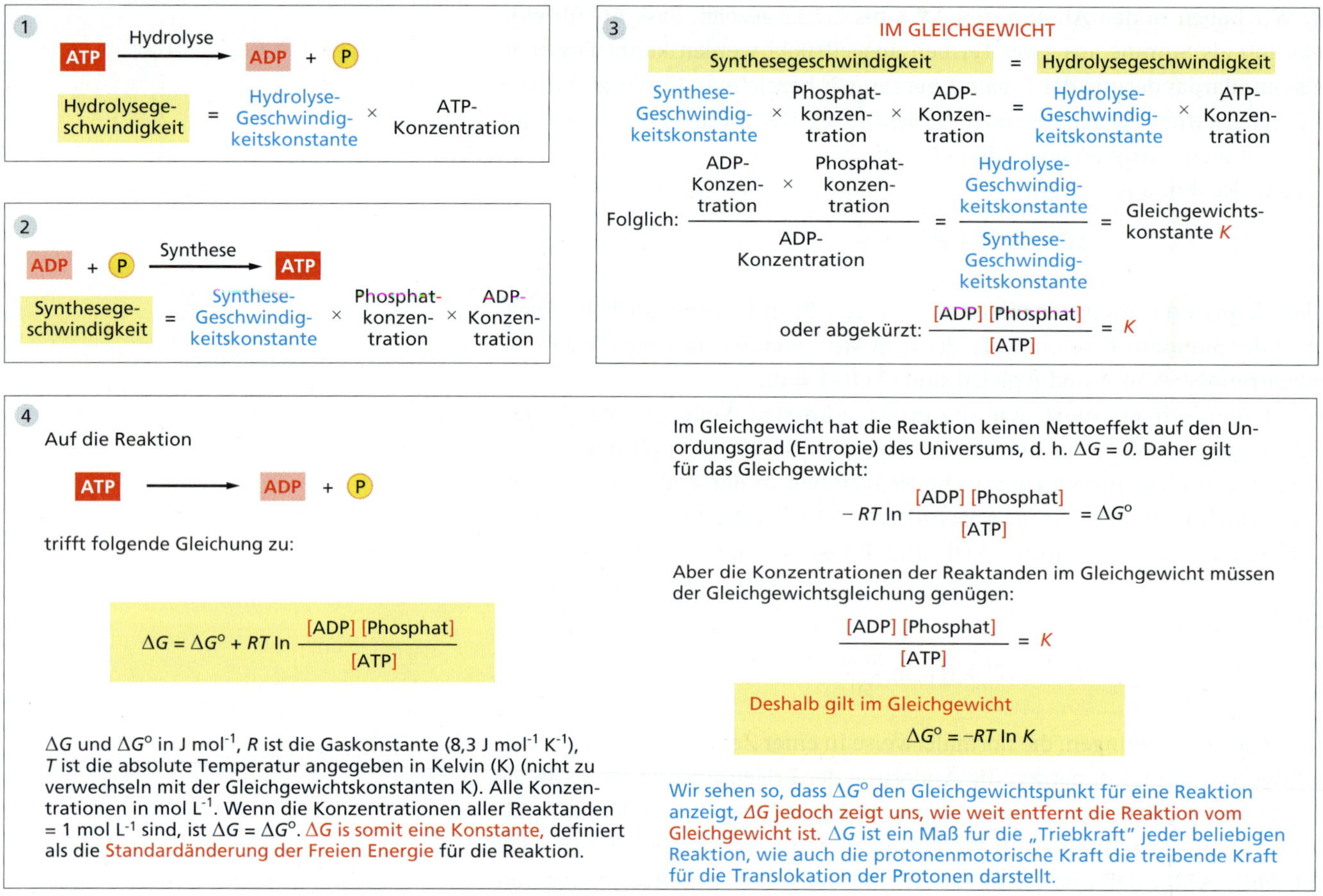

Abb. 14.30 Die grundlegende Beziehung zwischen Änderungen der Freien Energie und dem Gleichgewicht in der ATP-Hydrolysereaktion. Die Geschwindigkeitskonstanten in Box 1 und Box 2 sind aus Experimenten ermittelt worden, bei denen die Produktanhäufung als Funktion der Zeit gemessen wurde. Die hier gezeigte Gleichgewichtskonstante K wird in Einheiten von mol l^{-1} angegeben (s. Tafel 2–7 zur Diskussion der Freien Energie und Abb. 3.42 zur Diskussion der Gleichgewichtskonstanten).

aufbaut. Um sie von anderen Enzymen, die ATP hydrolysieren, zu unterscheiden, wird sie auch als F_1F_0-ATP-Synthase oder F-Typ-ATPase bezeichnet.

Ähnlich einer Turbine besteht die ATP-Synthase aus einem Rotor und einem Stator (**Abb. 14.31**). Um zu verhindern, dass der katalytische Kopf rotiert, verbindet ein Stiel an der Außenseite des Komplexes (der Statorstiel) den Kopf mit der Statoruntereinheit, die in die Membran eingebettet ist. Ein zweiter Stiel im Zentrum des Komplexes (der Rotorstiel) ist mit dem Rotorring in der Membran verbunden. Der Rotorring dreht sich, wenn Protonen angetrieben vom elektrochemischen Gradienten über der Membran hindurchfließen. Das bedeutet, dass der Protonenfluss den Rotorstiel innerhalb des unbeweglichen Kopfes zum Drehen bringt. In diesem Kopf sind die katalytischen Zentren angesiedelt, die ATP aus ADP und Phosphat bilden. Drei α- und drei β-Untereinheiten ähnlicher Struktur wechseln sich im Aufbau des Kopfes ab. Jede der drei β-Untereinheiten hat eine katalytische Nukleotid-Bindungsstelle an der α/β-Grenzfläche. Diese katalytischen Zentren liegen alle in Abhängigkeit von ihrer Wechselwirkung mit dem Rotorstiel in unterschiedlichen Konformationen vor. Der Stiel arbeitet wie eine Nockenwelle, also wie das Bauteil, das die Ventile in einem Verbrennungsmotor öffnet und schließt. Wenn sich der Rotorstiel innerhalb des Kopfes dreht, ändert er nacheinander die Konformationen der β-Untereinheiten. Eine der möglichen Konformationen hat eine hohe Affinität für *ADP* und Phosphat. Wenn nun der Rotorstiel die Bindungsstelle in eine andere Konformation schiebt, werden beide Substrate zu ATP umgesetzt. Wenn sich der Rotorstiel weiterdreht, setzt die Bindungsstelle ATP frei, sodass der ATP-produzierende Zyklus erneut beginnen kann. Auf diese Weise wird die mechanische Kraft, die der zentrale Rotorstiel ausübt, direkt in die chemische Energie der Phosphatbindung umgewandelt.

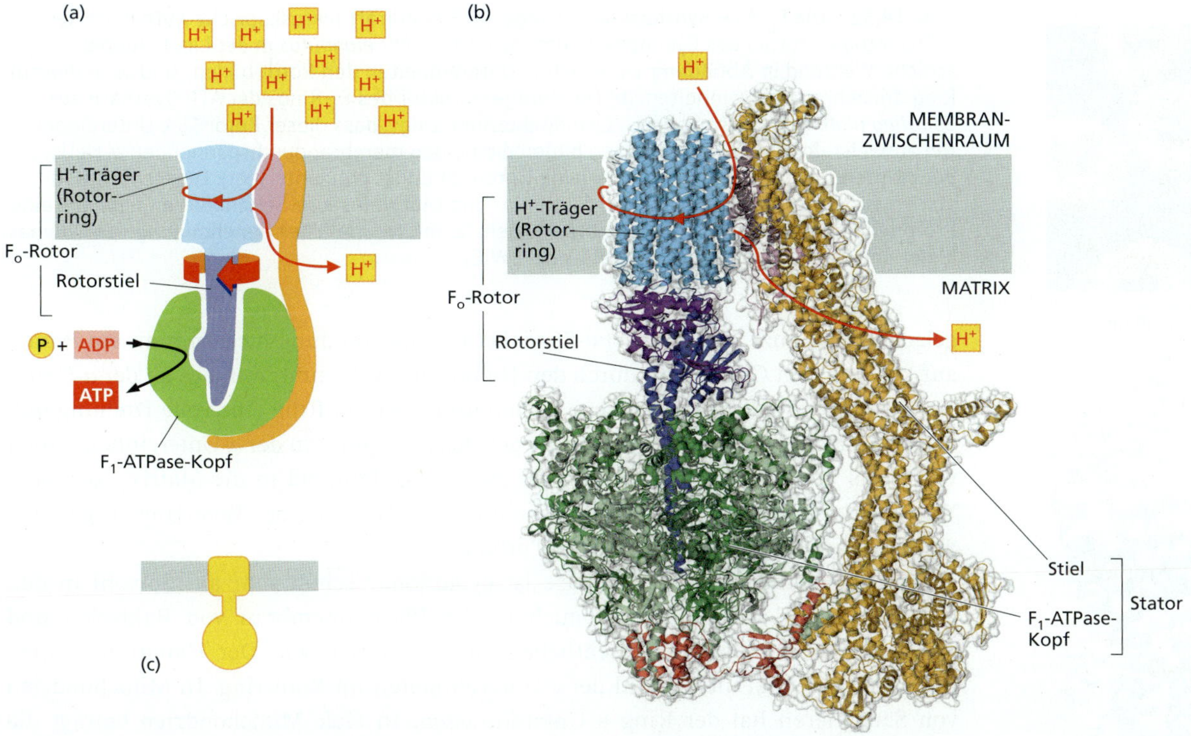

Abb. 14.31 Die ATP-Synthase. Die durch Röntgenstrukturanalyse bestimmte dreidimensionale Struktur der F_1F_0-ATP-Synthase, die auch als F-Typ-ATPase bezeichnet wird, setzt sich aus einem F_0-Teil (von oligomycinempfindlicher Faktor) in der Membran und einem großen, katalytischen F_1-Kopf, der sich in die Matrix ausdehnt, zusammen. (a) Zeichnung des Enzymkomplexes, die verdeutlicht, wie der kugelförmige Kopfteil (*grün*) festgehalten wird, wenn der Protonenfluss durch die Membran einen Rotor (*hellblau*) antreibt, der den Rotorstiel (*dunkelblau*) im Kopf dreht. (b) In Rinderherz-Mitochondrien besitzt der F_0-Rotorring in der Membran (*hellblau*) acht *c*-Untereinheiten. Er ist an der γ-Untereinheit des Rotorstiels (*dunkelblau*) über die ε-Untereinheit (*violett*) befestigt. Der katalytische F_1-Kopf besteht aus einem Ring von drei α- und drei β-Untereinheiten (*hell-* und *dunkelgrün*). Er wandelt wie im Text beschrieben mechanische Energie direkt in chemische Bindungsenergie in ATP um. Der längliche Stiel an der Außenseite des Stators (*orange*) ist mit dem F_1-Kopf durch die kleinen δ-Untereinheiten (*rot*) an einem Ende und am anderen Ende mit der *a*-Untereinheit in der Membran verbunden. Zusammen mit der *c*-Untereinheit des dahinter rotierenden Rings, bildet die *a*-Untereinheit einen Pfad für Protonen durch die Membran. (c) Symbol für die ATP-Synthase, das in diesem Buch durchgängig verwendet wird. (b, PDB-Codes: 2WPD, 2CLY, 2WSS, 2BO5).

Wenn sie als protonengetriebene Turbine arbeitet, dreht sich die ATP-Synthase durch den Protonenfluss in der Matrix mit ungefähr 8000 Umdrehungen pro Minute und erzeugt drei Moleküle ATP pro Drehung. So kann jede ATP-Synthase ungefähr 400 Moleküle ATP pro Sekunde erzeugen.

Die eng verwandten ATP-Synthasen der Mitochondrien, Chloroplasten und Bakterien synthetisieren ATP, indem sie die protonenmotorische Kraft über eine Membran hinweg nutzbar machen. Dies treibt die Rotation des Rotors gegen den Stator im Gegenuhrzeigersinn an, vom F_1-Kopf aus gesehen. Derselbe Enzymkomplex kann auch Protonen gegen ihren elektrochemischen Gradienten pumpen, indem er ATP hydrolysiert, das dann die Rotation des Rotors im Uhrzeigersinn antreibt. Die Wirkungsrichtung hängt von der Nettoänderung der Freien Energie (ΔG) für die gekoppelten Prozesse der H^+-Translokation durch die Membran und die Synthese von ATP aus ADP und Phosphat ab. Die Messung des Drehmoments, das die ATP-Synthase durch ATP-Hydrolyse erzeugen kann, zeigt, dass die ATP-Synthase 60-mal stärker ist als ein Dieselmotor von gleicher Größe.

14.3.3 Protonenangetriebene Turbinen sind evolutionsgeschichtlich alt und entscheidend für die Energieumwandlung

Der in die Membran eingebettete Rotor der ATP-Synthase besteht aus einem Ring identischer *c*-Untereinheiten (**Abb. 14.32**). Jede *c*-Untereinheit bildet eine Haarnadel aus zwei membrandurchspannenden α-Helices, die eine Protonenbindungsstelle beinhalten, die durch ein Glutamat oder Aspartat in der Mitte der Lipid-Doppelschicht vorgegeben ist. Die *a*-Untereinheit, die Bestandteil des Stators ist (s. **Abb. 14.31**), formt zwei enge Tunnel an der Grenzfläche zwischen Rotor und Stator. Jeder dieser Tunnel durchzieht die Hälfte der Membran, wobei sie an der Protonenbindungsstelle in der Mitte der Rotoruntereinheit zusammenlaufen. Protonen fließen entlang ihres elektrochemischen Gradienten aus dem Cristaraum durch die beiden Halbtunnel zurück in die Matrix. Eine negativ

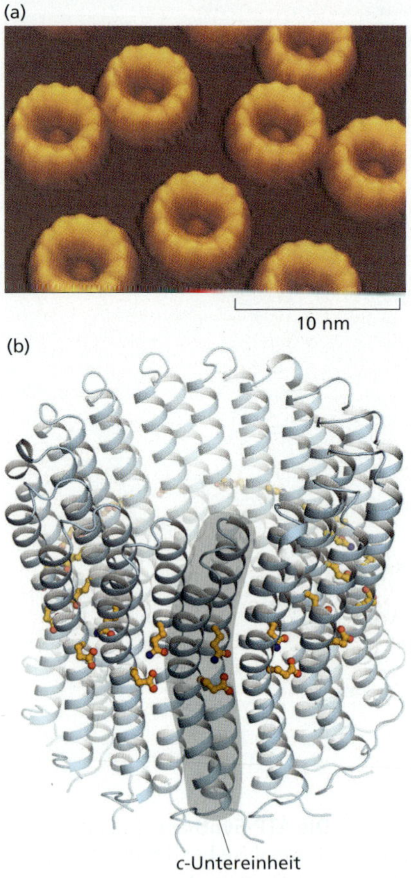

Abb. 14.32 Die F_0-ATP-Synthase-Rotorringe. (a) Rasterkraftmikroskopische Aufnahme des ATP-Synthase-Rotors des Cyanobakteriums *Synechococcus elongatus* in der Lipid-Doppelschicht. Während in **Abbildung 14.31** acht *c*-Untereinheiten den Rotor bilden, sind es in diesem Ring dreizehn *c*-Untereinheiten. (b) Die Röntgenstruktur des F_0-Rings der ATP-Synthase aus *Spirulina platensis*, einem anderen Cyanobakterium, zeigt, dass dieser Rotor 15 *c*-Untereinheiten aufweist. In allen ATP-Synthasen bilden die beiden membrandurchspannenden *α*-Helices der *c*-Untereinheiten eine Haarnadel (eine Untereinheit ist *grau* unterlegt). Die Helices sind stark hydrophob, mit Ausnahme der Glutamin- und Glutaminsäure-Seitenketten (*gelb*), die eine Protonenbindungsstelle in der Membran bilden. (a, mit freundlicher Genehmigung von Thomas Meier und Denys Pogoryelov; b, PDB-Code: 2WIE).

geladene Glutamat- oder Aspartat-Seitenkette in der Bindungsstelle nimmt ein Proton auf, das aus dem Cristaraum durch den Halbtunnel ankommt, wenn es an der *a*-Untereinheit vorbeidreht. Das gebundene Proton dreht sich im Ring eine volle Drehung mit, bis es wahrscheinlich von einem positiv geladenen Arginin in der *a*-Untereinheit ersetzt wird. Das Proton entkommt durch den zweiten Halbtunnel in die Matrix. Auf diese Weise verursacht der gerichtete Protonenfluss die Drehung des Rotorrings gegen den Stator wie eine protonenangetriebene Turbine.

Die mitochondriale ATP-Synthase ist evolutionär schon sehr alt. Sowohl in den Chloroplasten der Pflanzen als auch in der Plasmamembran von Bakterien und Archaeen kommt das im Wesentlichen gleiche Enzym vor. Der Hauptunterschied zwischen ihnen ist die Anzahl der *c*-Untereinheiten im Rotorring. In Mitochondrien von Säugetieren hat der Ring 8 Untereinheiten. In Hefe-Mitochondrien beträgt die Anzahl 10 und bei Bakterien und Archaeen variiert die Zahl von 11 bis 13. In den Chloroplasten der Pflanzen findet man 14 und die Ringe einiger Cyanobakterien enthalten 15 *c*-Untereinheiten.

Die Anzahl der *c*-Untereinheiten im Rotorring bestimmt, wieviele Protonen durch dieses Wunderwerk der Zelle hindurch müssen, um ein ATP-Molekül zu produzieren. Die Untereinheiten kann man sich als Zähne in einem Kettenblatt am Fahrrad vorstellen. Ein hoher Gang mit einer kleinen Anzahl von Zähnen im Zahnrad ist vorteilhaft, wenn der Vorrat an Protonen wie in Mitochondrien begrenzt ist. Aber ein niedriger Gang mit einer hohen Anzahl von Zähnen im Rad ist bei einem großen Protonengradienten vorzuziehen. Dieser Fall tritt in Chloroplasten und Cyanobakterien auf, in denen Protonen durch das Sonnenlicht im Überfluss vorhanden sind. Da jede Umdrehung drei Moleküle ATP im Kopf produziert, benötigt die Synthese eines ATP ungefähr drei Protonen in Mitochondrien, aber bis zu fünf in photosynthesetreibenden Organismen. Dies erlaubt den letztgenannten Organismen ein höheres Verhältnis von ATP zu ADP aufzubauen, wodurch ein größeres ΔG für die ATP-Hydrolyse beibehalten werden kann.

Sogar in Szenarien, bei denen die ATP-Synthese in Mitochondrien nicht möglich oder notwendig ist, müssen die Mitochondrien einen Protonengradienten aufrechthalten, um den zuverlässigen Import essentieller Proteine und von Stoffwechselprodukten zu betreiben. In solchen Situationen kann die ATP-Synthase auch in entgegengesetzter Richtung als eine ATP-angetriebene Protonenpumpe arbeiten: Sie kann die Energie des ATP zurück in einen Protonengradienten über der Membran umwandeln. Außerdem ändert in vielen Bakterien der Rotor der ATP-Synthase in der Plasmamembran regelmäßig die Richtung: vom ATP-Synthese-Modus bei der aeroben Atmung zum ATP-Hydrolyse-Modus beim anaeroben Stoffwechsel. Im letzteren Fall dient die ATP-Hydrolyse dazu, den Protonengradienten über der Plasmamembran aufrechtzuerhalten, der dazu benötigt wird, viele andere lebensnotwendige Zellfunktionen einschließlich des Nahrungstransports und der Bewegung der Bakteriengeißel anzutreiben. Die V-Typ-ATPasen, die bestimmte zelluläre Organellen ansäuern, sind von ihrer Bauart ähnlich zur

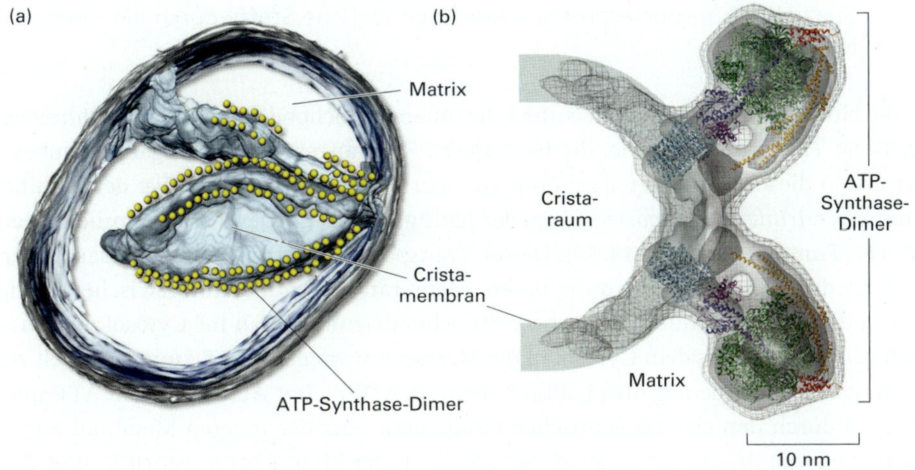

Abb. 14.33 Dimere der mitochondrialen ATP-Synthase in Cristamembranen. (a) Eine dreidimensionale tomographische Darstellung von elektronenmikroskopischen Aufnahmen eines kleinen Mitochondriums zeigt, dass ATP-Synthasen lange Reihen von jeweils zwei ATP-Synthasen entlang der Cristakanten bilden. Die äußere Membran ist *grau*, die innere Membran und die Cristamembranen sind *hellblau* eingefärbt. Jeder Kopf einer ATP-Synthase ist durch eine *gelbe Kugel* gekennzeichnet. (b) Dreidimensionale tomographische Darstellung – wie man sie mit berechneten Röntgenstrukturen durch Mittelwertbildung über mehrere Subtomogramme erhält – eines Dimers der mitochondrialen ATP-Synthase in der Cristamembran. (a, aus K. Davies et al., *Proc. Natl. Acad. Sci. USA* 108: 14121–14126, 2011. Mit Erlaubnis der National Academy of Sciences; b, aus K. Davies et al., *Proc. Natl. Acad. Sci. USA* 109: 13602–13607, 2012. Mit Erlaubnis der National Academy of Sciences).

F-Typ-ATPase, aber sie arbeiten normalerweise in diesem ATP-abhängigen protonenpumpenden Modus (s. **Abb. 13.62**).

14.3.4 Die mitochondrialen Cristae helfen dabei, die ATP-Synthese effizienter zu machen

Im Elektronenmikroskop sehen die mitochondrialen ATP-Synthase-Komplexe wie Lutscher aus, die auf der Cristamembran in den Matrixraum abstehen. Kürzlich haben Studien mittels Kryo-Elektronenmikroskopie und Tomographie gezeigt, dass dieser riesige Komplex nicht zufällig in der Membran verteilt ist, sondern lange Reihen aus Dimeren entlang der Cristakante bildet (**Abb. 14.33**). Die Dimerreihen induzieren oder stabilisieren die Regionen mit den starken Membranwölbungen, die sonst energetisch ungünstig wären. Die Bildung der ATP-Synthase-Dimere und die Anordnung in Reihen sind notwendig für die Cristabildung und haben weitreichende Konsequenzen für die zelluläre Fitness. Im Vergleich zur bakteriellen oder Chloroplasten-ATP-Synthase, die keine Dimere bilden, enthält der mitochondriale Komplex zusätzliche Untereinheiten, die hauptsächlich in der Nähe des Membranendes am Statorstiel lokalisiert sind. Werden diese dimerspezifischen Untereinheiten in Hefe mutiert, bleibt die ATP-Synthase in der Membran monomer, die Mitochondrien haben keine Cristae, die zelluläre Atmung nimmt um die Hälfte ab und die Zellen wachsen langsamer.

Die Elektronentomographie gibt Hinweise darauf, dass die Atmungskettenenzym-Komplexe, die Protonen pumpen, zu beiden Seiten der Dimerreihen in der Cristamembran angesiedelt sind. Man nimmt an, dass Protonen, die durch diese Atmungskettenkomplexe in den Cristaraum gepumpt werden, sehr schnell entlang der Membranoberfläche diffundieren, wobei die ATP-Synthase-Reihen ein Sammelbecken für die Protonen an der Spitze der Cristae darstellen (**Abb. 14.34**). Aufgrund von *In-vitro*-Studien nimmt man an, dass die ATP-Synthase einen Protonengradienten von zwei pH-Einheiten benötigt, um ATP in der von der Zelle benötigten Geschwindigkeit zu produzieren, ungeachtet des Membranpotenzials. Der H^+-Gradient über der inneren Mitochondrienmembran beträgt jedoch nur 0,5 bis 0,6 pH-Einheiten. Daher müssen anscheinend die Cristae als Protonenfalle wirken, die es der ATP-Synthase ermöglichen, die Protonen, die aus der mitochondrialen Matrix gepumpt werden, effizient zu nutzen. Wie wir noch im nächsten Abschnitt sehen werden, fehlt diese ausgeklügelte Anordnung der Membranproteinkomplexe in Chloroplasten, wo der H^+-Gradient viel größer ist.

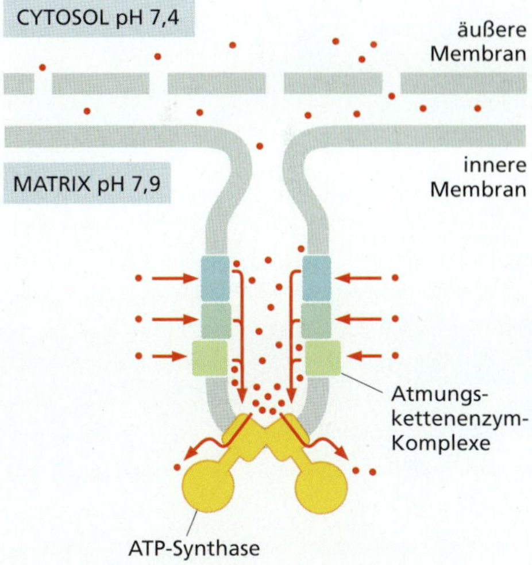

Abb. 14.34 Dimere der mitochondrialen ATP-Synthase an den Cristakanten und ATP-Produktion. An den Cristakanten bildet die ATP-Synthase (*gelb*) ein Sammelbecken für Protonen (*rot*). Die Protonenpumpen der Elektronentransportkette (*blau* und *grün*) sitzen in Membranregionen auf beiden Seiten einer Crista. Wie dargestellt, neigen Protonen dazu, sich im Cristaraum anzusammeln und an der Membran entlang bis zur Protonensammelstelle, die von der ATP-Synthase gebildet wird, zu diffundieren. Dies erlaubt eine effiziente ATP-Produktion trotz des insgesamt kleinen H^+-Gradienten zwischen Cytosol und Matrix. *Rote Pfeile* zeigen die Richtung des Protonenflusses.

14.3.5 Spezielle Transporterproteine bewegen lösliche Stoffe durch die innere Membran

Wie alle biologischen Membranen enthält die innere Mitochondrienmembran zahlreiche spezifische *Transporterproteine*, die besonderen Substanzen den Durchgang erlauben. Mehr als 50 dieser Transporter gehören zu einer einzigen Proteinfamilie: der Familie der *mitochondrialen Transporter.* Eines der häufigsten Mitglieder dieser Familie ist der *ADP/ATP-Transporter* (**Abb. 14.35**). Dieser Transporter überführt das ATP, das in der Matrix produziert wurde, durch die innere Membran in den Membranzwischenraum. Von dort diffundiert es durch die äußere Mitochondrienmembran ins Cytosol. Im Austausch gelangt *ADP* aus dem Cytosol in die Matrix, um wieder zu ATP umgewandelt zu werden. ATP^{4-} hat eine negative Ladung mehr als ADP^{3-}. Der Austausch von ATP und ADP wird durch den elektrochemischen Gradienten über der inneren Membran angetrieben, wodurch das negativer geladenere ATP aus der Matrix herausgedrückt und das weniger negativ geladene ADP hineingezogen wird. In der Tat nutzen die meisten dieser Transporter den elektrochemischen Protonengradienten um gelöste Stoffe (auch als Solut bezeichnet) gerichtet durch die innere Mitochondrienmembran zu transportieren (s. Kapitel 11). Neben diesen Mitgliedern der mitochondrialen Transporterfamilie, die alle eine signifikante Sequenz- und Strukturähnlichkeit aufweisen, transportieren noch einige weitere nicht verwandte Proteintransporter Pyruvat, Calcium, Serin und andere wichtige lösliche Stoffe.

In einigen spezialisierten Fettzellen ist die Mitochondrienatmung von der ATP-Synthese durch das *Entkopplerprotein* – ebenfalls ein Mitglied der mitochondrialen Transporterfamilie – abgekoppelt. In diesen als „braune Fettzellen" oder „beigefarbene Fettzellen" bezeichneten Zellen wird die meiste Oxidationsenergie eher als Wärme freigesetzt als in ATP umgewandelt. Das Entkopplerprotein in den inneren Membranen

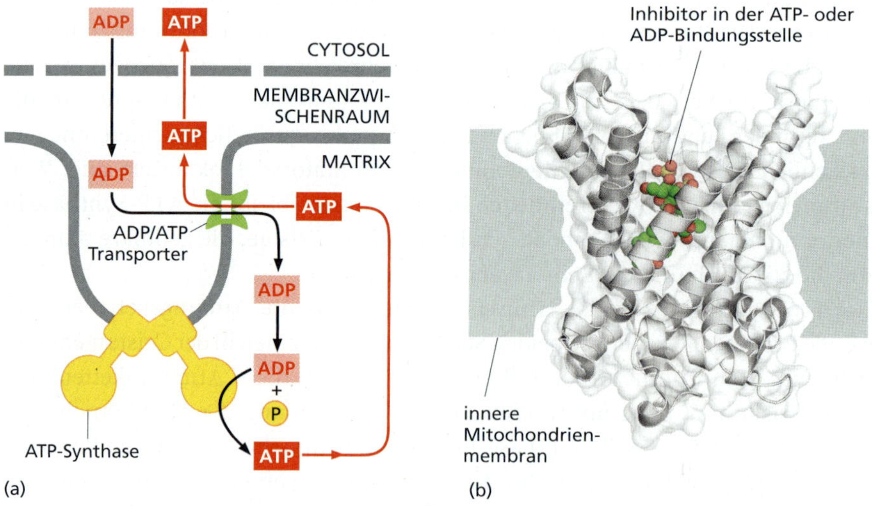

Abb. 14.35 Der ADP/ATP-Transporter. (a) Der ADP/ATP-Transporter ist ein kleines Membranprotein, das das an der Matrixseite der inneren Membran produzierte ATP in den Membranzwischenraum und das ADP, das für die ATP-Synthese benötigt wird, in die Matrix transportiert. (b) Im ADP/ATP-Transporter bilden sechs Transmembran-α-Helices eine Vertiefung, die entweder ADP oder ATP bindet. Diese Röntgenstruktur enthält statt des Substrats einen fest gebundenen Hemmstoff (*farbig markiert*). Wenn ADP von außerhalb der inneren Membran bindet, bewirkt es eine Konformationsänderung und wird in der Matrix freigesetzt. Im Austausch bindet schnell ein ATP an der Matrixseite des Transportermoleküls und wird in den Membranzwischenraum transportiert. Von dort diffundiert das ATP durch die äußere Mitochondrienmembran ins Cytoplasma, wo es die energiebenötigenden Prozesse der Zelle mit Energie versorgt. (PDB-Code: 1OKC).

der großen Mitochondrien in den braunen Fettzellen ermöglicht es den Protonen, sich entlang ihres elektrochemischen Gradienten unter Umgehung der ATP-Synthase zu bewegen. Dieser Prozess wird angeschaltet, wenn Wärme erzeugt werden muss. Dies veranlasst die Zelle dazu, ihre Fettvorräte mit hoher Geschwindigkeit zu oxidieren und eher Wärme als ATP zu erzeugen. Das Aktivieren dieses entkoppelten Prozesses schützt menschliche Neugeborene vor Kälte. Es konnte gezeigt werden, dass es genetisch veränderte Mäuse gegen Fettleibigkeit und Diabetes schützt.

14.3.6 Chemiosmotische Mechanismen entwickelten sich zuerst in Bakterien

Bakterien nutzen die verschiedensten Energiequellen. Einige sind wie Tierzellen aerob. Sie synthetisieren ATP durch Oxidation von Zuckern zu CO_2 und H_2O über die Glykolyse, den Zitronensäurezyklus und die Atmungskette in ihrer Plasmamembran. Die Atmungskette ist ähnlich der Kette, die sich in der inneren Mitochondrienmembran befindet. Andere Bakterien sind strikt anaerob. Sie leiten ihre Energie entweder allein aus der Glykolyse (durch Fermentation, s. **Abb. 2.50**) ab oder aus einer Elektronentransportkette, die als endständigen Elektronenakzeptor ein anderes Molekül als Sauerstoff verwendet. Alternative Elektronenakzeptoren können z.B. sein: eine Stickstoffverbindung (Nitrat oder Nitrit), eine Schwefelverbindung (Sulfat oder Sulfit) oder eine Kohlenstoffverbindung (Fumarat oder Carbonat). Die Elektronen werden auf diese Akzeptoren über eine Reihe von Elektronenträgern in der Plasmamembran übertragen, die mit denjenigen in der mitochondrialen Atmungskette vergleichbar sind.

Trotz dieser weiten Spanne von Unterschieden enthält die Plasmamembran der überwiegenden Mehrheit der Bakterien eine ATP-Synthase, die weitgehend der in den Mitochondrien befindlichen ATP-Synthase ähnelt. Der Elektronentransport in Bakterien, die mit ihrer Elektronentransportkette Energie gewinnen, pumpt H^+ aus der Zelle hinaus und erzeugt dabei eine protonenmotorische Kraft durch die Plasmamembran. Diese Kraft treibt die ATP-Synthase zur Herstellung von ATP an. In anderen Bakterien arbeitet eine ATP-Synthase in entgegengesetzter Richtung und nutzt das durch Glykolyse erhaltene ATP zum Pumpen von H^+ und zur Erzeugung eines Protonengradienten über die Plasmamembran.

Bakterien, die strikten Anaerobier mit eingeschlossen, halten so einen Protonengradienten über der Plasmamembran zum Antreiben vieler anderer Prozesse aufrecht. Er kann verwendet werden, um zum Beispiel einen Geißelmotor anzutreiben. Der Gradient wird auch benutzt, um Na^+-Ionen über einen Na^+/H^+-Antiporter aus dem Bakterium hinauszupumpen. Dieser Antiporter hat sein Analogon in der Na^+/K^+-Pumpe der eukaryotischen Zellen. Der Gradient wird auch für den aktiven Einwärtstransport von Nahrungsstoffen wie den meisten Aminosäuren und vielen Zuckern verwendet: Jedes Nährsubstrat wird zusammen mit einem oder mehreren Protonen durch einen spezifischen Symporter in die Zelle hineingezogen (**Abb. 14.36**, s. auch Kapitel 11). In Tierzellen wird dagegen der Einwärtstransport durch die Plasmamembran meistens durch den *Na^+*-Gradienten (außen hohe Na^+-Konzentration, innen niedrige Na^+-Konzentration) angetrieben, den die Na^+/K^+-Pumpe bereitstellt (s. **Abb. 11.15**).

Einige ungewöhnliche Bakterien haben sich an eine sehr alkalische Umgebung angepasst und müssen trotzdem in ihrem Cytoplasma einen physiologischen pH-Wert aufrechterhalten. Bei diesen Zellen würde jedem Versuch, einen elektrochemischen H^+-Gradienten zu erzeugen, ein hoher H^+-Konzentrationsgradient in der falschen Richtung (H^+ innenseitig höher als außenseitig) entgegenwirken. Vermutlich ersetzen deshalb einige dieser Bakterien H^+ durch Na^+ in allen chemiosmotischen Mechanismen. Die Atmungskette pumpt Na^+ aus der Zelle hinaus und die Transportsysteme und der Geißelmotor werden durch den Einwärtsfluss von Na^+ angetrieben. Eine Na^+-angetriebene

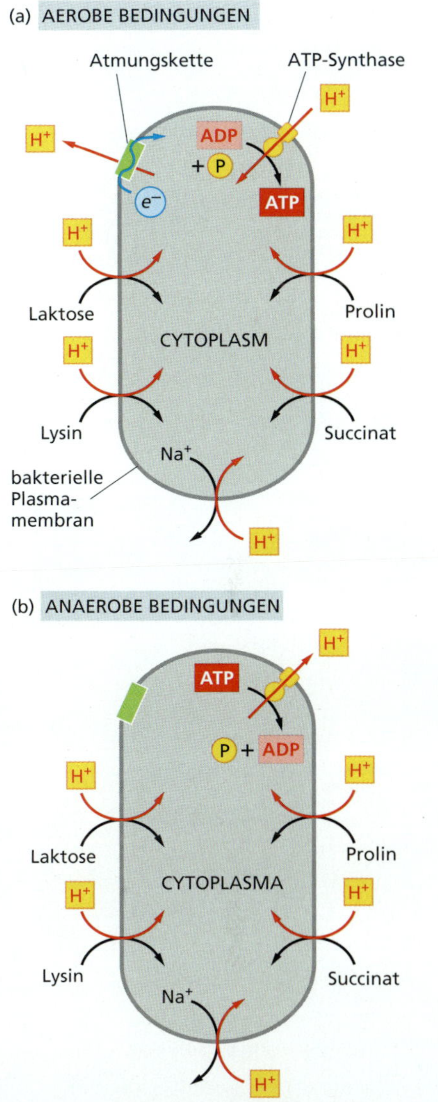

Abb. 14.36 Bakterien verwenden eine protonenmotorische Kraft über der Plasmamembran, um Nährstoffe in die Zelle zu pumpen und Na^+ auszustoßen. Eine protonenmotorische Kraft über der Plasmamembran pumpt Nährstoffe in die Zelle und treibt Na^+ hinaus. (a) Eine durch die Oxidation der Substrate angetriebene Atmungskette hat in einem aeroben Bakterium einen elektrochemischen Protonengradienten über der Plasmamembran hergestellt. Dieser Gradient wird dann benutzt, um ATP zu erzeugen und Nährstoffe (Prolin, Succinat, Laktose und Lysin) in die Zelle zu transportieren und Na^+ aus der Zelle zu pumpen. (b) Wenn das gleiche Bakterium unter anaeroben Bedingungen wächst, bezieht es sein ATP aus der Glykolyse. Wie dargestellt, hydrolysiert die ATP-Synthase in der Plasmamembran dann einen Teil des ATP, um einen elektrochemischen Protonengradienten aufzubauen, der die gleichen Transportprozesse antreibt, die von der protonenpumpenden Atmungskette in (a) abhängen.

ATP-Synthase synthetisiert ATP. Das Vorkommen solcher Bakterien zeigt einen entscheidenden Punkt: Das Prinzip der Chemiosmose ist fundamentaler als die protonenmotorische Kraft, auf der sie normalerweise basiert.

Wie wir als Nächstes erläutern werden, ist die an einen chemiosmotischen Prozess gekoppelte ATP-Synthase ein zentrales Merkmal von Pflanzen, bei denen sie sowohl in Mitochondrien als auch in Chloroplasten eine entscheidende Rolle spielt.

Zusammenfassung

Der große Betrag an Freier Energie, der freigesetzt wird, wenn H^+ aus den Cristae in die Matrix zurückströmt, bereitet die Basis für die ATP-Produktion auf der Matrixseite der mitochondrialen Cristamembranen mithilfe einer bemerkenswerten Proteinmaschine – der ATP-Synthase. Die ATP-Synthase funktioniert wie eine Miniturbine. Das Enzym kann den Protonenstrom reversibel entweder an die ATP-Synthese oder an die ATP-Hydrolyse koppeln. Der elektrochemische Transmembrangradient, der die ATP-Synthese in Mitochondrien antreibt, treibt auch den aktiven Transport ausgewählter Metaboliten durch die Mitochondrien-Innenmembran an, einschließlich eines wirkungsvollen ADP/ATP-Austauschs zwischen dem Mitochondrium und dem Cytosol, wodurch der ATP-Vorrat der Zelle stark angereichert bleibt. Die daraus folgende hohe Konzentration an ATP innerhalb der Zelle macht die Änderung der Freien Energie in Richtung ATP-Hydrolyse energetisch äußerst günstig, wodurch diese Hydrolysereaktion eine große Zahl energiebenötigender Prozesse in der Zelle antreibt. Das allgegenwärtige Vorkommen der ATP-Synthase in Bakterien, Mitochondrien und Chloroplasten belegt die zentrale Bedeutung der chemiosmotischen Mechanismen für das Leben.

14.4 Chloroplasten und Photosynthese

Alle Tiere und die meisten Mikroorganismen hängen von einer stetigen Aufnahme großer Mengen organischer Verbindungen aus ihrer Umgebung ab. Diese Verbindungen stellen sowohl kohlenstoffreiche Bausteine für die Biosynthese zur Verfügung als auch die Stoffwechselenergie für das Leben. Es wurde vorgeschlagen, dass die ersten primitiven Organismen auf der jungen Erde Zugang zu einem Überfluss an organischen Substanzen hatten, die durch geochemische Prozesse entstanden waren. Aber diese wären schon früh in der Entwicklung des Lebens aufgebraucht worden. Ab dann ist die große Mehrheit der für die lebenden Zellen notwendigen organischen Materialien durch *photosynthesetreibende Organismen* einschließlich der Pflanzen und der photosynthesetreibenden Bakterien gebildet worden. Die Kernmaschinerie, die all diese Photosynthesevorgänge antreibt, hat sich vor mehr als drei Milliarden Jahren in den Vorfahren der heutigen Bakterien entwickelt. Heute stellt sie den Haupt-Speichermechanismus für Sonnenenergie auf der Erde zur Verfügung.

Die fortgeschrittensten photosynthesetreibenden Bakterien sind die Cyanobakterien, die minimale Anforderungen an Nahrungsstoffe stellen. Sie nutzen die Elektronen aus dem Wasser und die Energie des Sonnenlichts, wenn sie atmosphärisches CO_2 in organische Verbindungen umwandeln – ein Prozess, der *Kohlenstofffixierung* genannt wird. Im Verlauf der Gesamtreaktion

$$n\mathrm{H_2O} + n\mathrm{CO_2} \xrightarrow{\text{Licht}} (\mathrm{CH_2O})_2 + n\mathrm{O_2}$$

entlassen sie auch molekularen Sauerstoff in die Atmosphäre, der für die oxidative Phosphorylierung benötigt wird. Auf diese Weise, so nimmt man an, ermöglichte die Evolution eines Organismus, der heutigen Cyanobakterien ähnelt, aus primitiveren photosynthesetreibenden Bakterien schließlich die Entwicklung der vielen unterschiedlichen aeroben Lebensformen, die heute die Erde bevölkern.

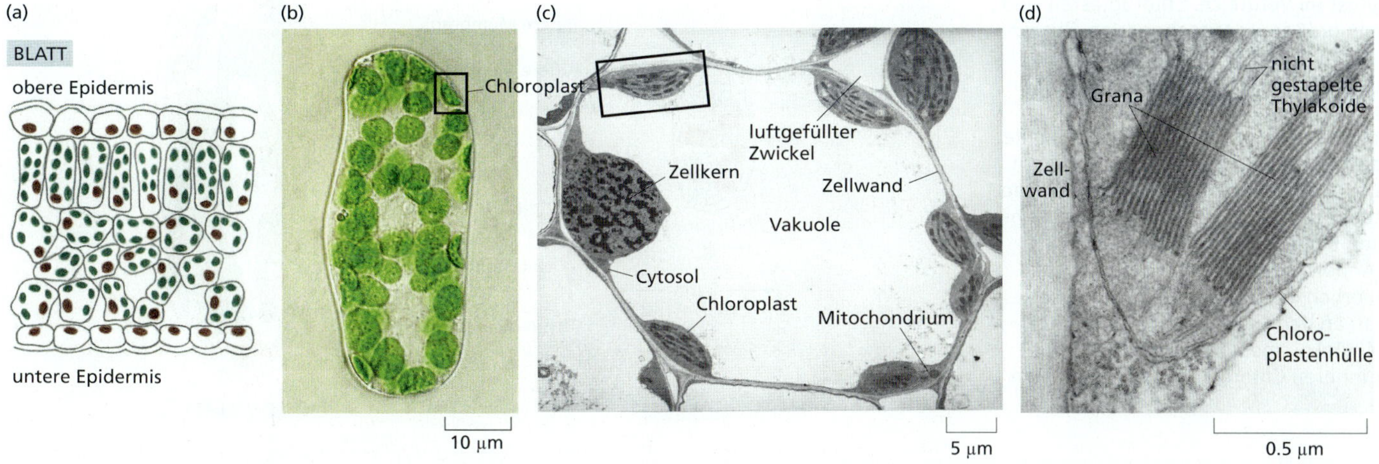

Abb. 14.37 Chloroplasten in einer Pflanzenzelle. (a) Schematischer Querschnitt durch ein Blatt einer Grünpflanze. (b) Lichtmikroskopische Aufnahme einer Blattzelle – in diesem Fall eine Mesophyllzelle von *Zinnia elegans* – zeigt Chloroplasten als helle grüne Körperchen, die einige Mikrometer groß sind, im durchsichtigen Zellinneren. (c) Die elektronenmikroskopische Aufnahme eines gefärbten Dünnschnitts durch eine Weizenblattzelle zeigt einen dünnen Rand von Cytoplasma – das die Chloroplasten, den Kern und die Mitochondrien enthält – der eine große wassergefüllte Vakuole umgibt. (d) Bei stärkerer Vergrößerung erkennt man auf der elektronenmikroskopischen Aufnahme die Chloroplastenhüllmembran und die Thylakoidmembran innerhalb der Chloroplasten; Letztere ist stark gefaltet und bildet Granastapel. (b, mit freundlicher Genehmigung von Preeti Dahiya; c und d, mit freundlicher Genehmigung von K. Plaskitt).

14.4.1 Chloroplasten ähneln Mitochondrien, besitzen aber eine getrennte Thylakoidmembran

Pflanzen (einschließlich Algen) entwickelten sich viel später als Cyanobakterien. Ihre Photosynthese läuft in einem spezialisierten intrazellulären Organell – dem **Chloroplasten** – ab (**Abb. 14.37**). Es gibt gute Hinweise darauf, dass sich der Chloroplast nach einem endosymbiontischen Ereignis zwischen einer eukaryotischen Zelle und einem photosynthesetreibenden cyanobakterienähnlichen Organismus entwickelt hat. Chloroplasten verwenden chemiosmotische Mechanismen, um ihre Energieumwandlungen in ganz ähnlicher Weise wie die Mitochondrien auszuführen. Obgleich sie viel größer als Mitochondrien sind, sind sie nach den gleichen Grundsätzen organisiert. Sie haben eine leicht durchlässige äußere Membran, aber eine weniger durchlässige innere Membran mit eingelagerten Membrantransportproteinen und einen schmalen Intermembranraum. Beide Membranen zusammen bilden die Umhüllung des Chloroplasten (**Abb. 14.37d**). Die innere Chloroplastenmembran umgibt einen großen Raum, das **Stroma**. Das Stroma ist der Mitochondrienmatrix und dem Cytoplasma der Bakterien analog und enthält viele metabolische Enzyme. Wie in der Mitochondrienmatrix so ist auch das Stroma der Ort, wo ATP am Kopf der ATP-Synthase-Proteinmaschinen hergestellt wird. Wie das Mitochondrium hat auch der Chloroplast sein eigenes Genom und genetisches System. Das Stroma enthält daher auch einen speziellen Satz von Ribosomen, RNAs und die Chloroplasten-DNA.

Ein wesentlicher Unterschied zwischen der Organisation der Mitochondrien und der Chloroplasten ist in **Abb. 14.38** hervorgehoben. Die Innenmembran der Chloroplasten ist nicht zu Cristae gefaltet und enthält keine Elektronentransportketten. Stattdessen sind die Elektronentransportketten, das lichtabsorbierende System des Photosyntheseapparats und die ATP-Synthase allesamt in einer getrennten, eigenständigen Membran, der **Thylakoidmembran**, untergebracht. Sie bildet ein Paket abgeflachter, diskusartiger Beutel, die sogenannten *Thylakoide*. Die Thylakoidmembran ist stark in zahlreiche lokale Stapel von flachen Vesikeln – *Grana* genannt – gefaltet, die durch nicht gestapelte Thylakoide verbunden sind. Die Lumina der Thylakoide sind untereinander verbunden und stellen ein drittes inneres Kompartiment, das *Thylakoidlumen*, dar. Dieser Raum bildet ein getrenntes Kompartiment in jedem Chloroplasten, das weder mit dem Membranzwischenraum noch mit dem Stroma verbunden ist. Die Thylakoidmembran hat nicht nur eine analoge Funktion, sondern weist noch weitere Ähnlichkeiten mit der mitochondrialen Cristamembran auf: Dazu zählen eine sehr hohe Proteindichte und eine einzigartige Lipidzusammensetzung.

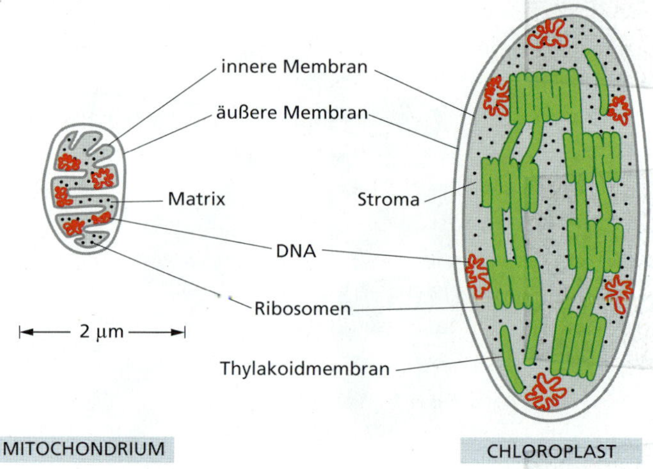

Abb. 14.38 Ein Mitochondrium und ein Chloroplast im Vergleich. Chloroplasten sind allgemein größer als Mitochondrien. Zusätzlich zu den äußeren und inneren Hüllmembranen enthalten sie die Thylakoidmembran, die das Thylakoidlumen umschließt. Die Thylakoidmembran der Chloroplasten, an der die Sonnenenergieumwandlung in Pflanzen und Algen stattfindet, entspricht den Cristae der Mitochondrien, an denen die Energieumwandlung bei der zellulären Atmung stattfindet. Anders als die Cristamembran, die kontinuierlich in die innere Mitochondrienmembran an den *Crista Junctions* übergeht, ist die Thylakoidmembran an keiner Stelle mit der inneren Chloroplastenmembran verbunden.

14.4.2 Chloroplasten fangen Energie aus dem Sonnenlicht ein und benutzen sie, um Kohlenstoff zu fixieren

Die Reaktionen während der Photosynthese in Chloroplasten kann man in zwei umfangreiche Kategorien einteilen:

1. Die **photosynthetischen Elektronentransfer-Reaktionen** (auch als „Lichtreaktionen" bezeichnet) laufen in zwei großen Proteinkomplexen ab. Diese werden als *Reaktionszentren* bezeichnet und sind in die Thylakoidmembran eingettet (**Abb. 14.39**). Ein Photon (Lichtquant) schlägt im ersten Reaktionszentrum ein Elektron aus dem grünen Farbstoffmolekül *Chlorophyll*, wodurch ein positiv geladenes Chlorophyll-Ion entsteht. Dieses energiereiche Elektron bewegt sich entlang einer Elektronentransportkette und durch ein zweites Reaktionszentrum weitgehend in der gleichen Weise, wie sich ein Elektron entlang der Atmungskette in den Mitochondrien bewegt. Während dieses Elektronentransportvorgangs wird ein Teil der Energie aus dem Elektronentransfer verwendet,

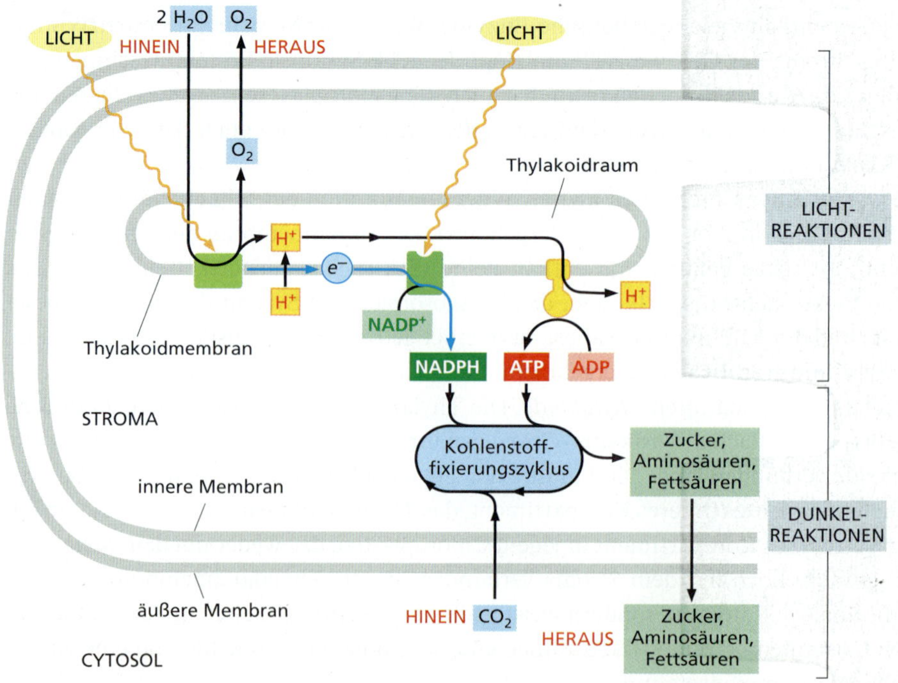

Abb. 14.39 Zusammenfassung des energieumwandelnden Stoffwechsels in Chloroplasten. Chloroplasten benötigen nur Wasser und Kohlenstoffdioxid als Ausgangsstoffe für ihre lichtgetriebenen Photosynthesereaktionen und dabei stellen sie die Nährstoffe für die meisten anderen Organismen auf der Erde her. Jede Oxidation zweier Wassermoleküle durch ein photochemisches Reaktionszentrum in der Thylakoidmembran stellt ein Molekül Sauerstoff her, das in die Atmosphäre abgegeben wird. Gleichzeitig werden im Thylakoidraum Protonen angesammelt. Diese Protonen erzeugen einen großen elektrochemischen Gradienten über der Thylakoidmembran, der von der ATP-Synthase in Chloroplasten benutzt wird, um aus ADP und Phosphat ATP herzustellen. Die dem Wasser entzogenen Elektronen werden auf ein zweites photochemisches Reaktionszentrum übertragen, um aus $NADP^+$ NADPH herzustellen. NADPH und ATP werden – wie dargestellt – in den *Kohlenstofffixierungszyklus* eingespeist, um Kohlenstoffdioxid zu reduzieren und dabei Vorstufen von Zuckern, Aminosäuren und Fettsäuren herzustellen. Das CO_2, das aus der Atmosphäre aufgenommen wird, dient dabei als Quelle für die Kohlenstoffatome der meisten organischen Moleküle auf der Erde. In einer Pflanzenzelle werden viele der in den Chloroplasten hergestellten Stoffwechselprodukte für Biosynthesen ins Cytoplasma exportiert. Einige der hergestellten Zucker werden in Form von Stärkekörnern in den Chloroplasten gespeichert. Der Rest wird jedoch als Zucker überall in die Pflanze transportiert oder in speziellen Speichergeweben in Stärke umgewandelt. Diese Speichergewebe dienen Tieren als wichtige Nahrungsquelle.

um H^+-Ionen (Protonen) durch die Thylakoidmembran zu pumpen. Damit ergibt sich ein elektrochemischer Protonengradient, der von der ATP-Synthase eingesetzt wird, um die ATP-Synthese im Stroma anzukurbeln. In der Endstufe dieser Reaktionsreihe wird $NADP^+$ mit Elektronen (zusammen mit H^+) beladen, was zur Umwandlung in energiereiches NADPH führt. Da das positiv geladene Chlorophyll-Ion im ersten Reaktionszentrum vom Wasser (H_2O) sehr schnell seine Elektronen zurück erhält, entstehen H^+ und O_2-Gas als Nebenprodukte. All diese Reaktionen sind auf die Chloroplasten beschränkt.

2. Die **kohlenstofffixierenden Reaktionen** (auch als „Dunkelreaktionen" bezeichnet) benötigen kein Sonnenlicht. Hier dienen ATP und NADPH aus den oben genannten Lichtreaktionen als Quelle für Energie bzw. Reduktionskraft, um die Umwandlung von CO_2 zum Kohlenhydrat zu bewirken. Die kohlenstofffixierenden Reaktionen laufen im Chloroplastenstroma ab, wo sie den C3-Zucker (Triose) *Glycerinaldehyd-3-phosphat* erzeugen. Dieser einfache Zucker ist ein Zwischenprodukt in der Glykolyse und der Gluconeogenese. Nach seinem Transport ins Cytosol, wird er verwendet, um Saccharose und viele andere organische Stoffwechselprodukte in den Pflanzenblättern herzustellen. Die Saccharose wird dann exportiert, um den Stoffwechselbedarf des nicht photosynthetischen Pflanzengewebes zu decken, und dort als Quelle für Kohlenstoffgerüste und Wachstumsenergie genutzt zu werden.

Somit sind die Bildung von ATP, NADPH und O_2 (wozu Lichtenergie direkt benötigt wird) und die Umwandlung von CO_2 zu Kohlenhydraten (die Lichtenergie nur indirekt benötigt) getrennte Vorgänge (**Abb. 14.39**). Jedoch sind sie über ausgeklügelte Rückkopplungsmechanismen miteinander verbunden, die es der Pflanze erlauben, nur dann Zucker zu synthetisieren, wenn es sinnvoll ist. Mehrere für die Kohlenstofffixierung erforderliche Chloroplastenenzyme werden z.B. im Dunkeln inaktiv und durch lichtstimulierte Elektronentransportprozesse wieder reaktiviert.

14.4.3 Die Kohlenstofffixierung verwendet ATP und NADPH, um CO_2 in Zucker umzuwandeln

Wir haben früher in diesem Kapitel gesehen, wie Mitochondrien in Eukaryotenzellen ATP herstellen, indem sie den großen Betrag an Freier Energie aus der Oxidation von Kohlenhydraten zu CO_2 und H_2O ausnutzen. Die umgekehrte Reaktion, bei der Pflanzen aus CO_2 und H_2O Kohlenhydrate herstellen, findet im Chloroplastenstroma statt. Die großen Mengen an ATP und NADPH aus den photosynthetischen Elektronenübertragungsreaktionen werden benötigt, um die energetisch sehr ungünstige Reaktion anzutreiben.

Die zentrale Reaktion der **Kohlenstofffixierung**, in der ein anorganisches Kohlenstoffatom in ein organisches Kohlenstoffatom umgewandelt wird, ist in **Abb. 14.40**

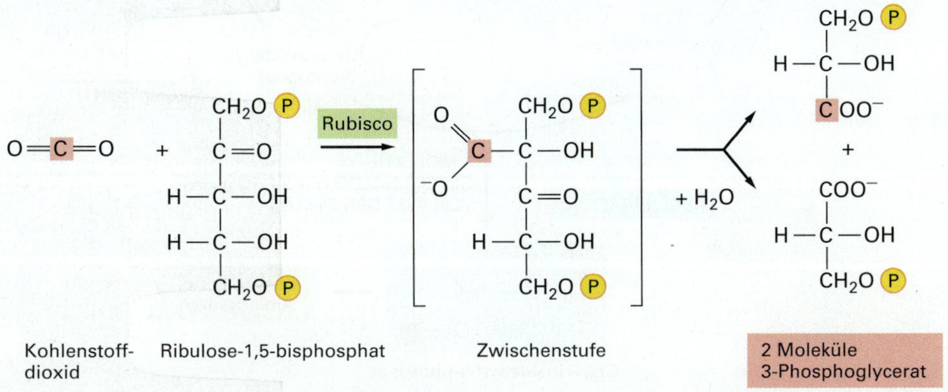

Abb. 14.40 Die Ausgangsreaktion bei der Kohlenstofffixierung. Die Carboxylierungsreaktion ermöglicht es, jeweils ein Molekül Kohlenstoffdioxid und Wasser in organische Kohlenstoffmoleküle einzubauen. Sie wird im Stroma der Chloroplasten durch das reichlich vorkommende Enzym Ribulose-1,5-bisphosphat-Carboxylase/Oxygenase (abgekürzt Rubisco) katalysiert. Als Reaktionsprodukte werden zwei Moleküle 3-Phosphoglycerat, wie gezeigt, gebildet.

dargestellt: CO_2 aus der Atmosphäre vereinigt sich mit dem fünf Kohlenstoffatome enthaltenden Ribulose-1,5-bisphosphat plus ein Molekül Wasser zu zwei Molekülen des drei Kohlenstoffatome enthaltenden 3-Phosphoglycerats. Diese Carboxylierungsreaktion wird im Chloroplastenstroma durch ein großes Enzym, *Ribulose-1,5-bisphosphat-Carboxylase/Oxygenase* (als *Rubisco* abgekürzt), katalysiert. Da die Reaktion so langsam abläuft (jedes Rubisco-Molekül setzt nur ungefähr drei Substratmoleküle in der Sekunde im Vergleich zu 1000 Molekülen in der Sekunde bei einem typischen Enzym um), ist eine sehr große Zahl von Enzymmolekülen erforderlich. Rubisco macht oft mehr als 50 % der Masse der Chloroplastenproteine aus. Es ist eines der häufigsten Proteine auf der Erde. Im globalen Kontext betrachtet hilft Rubisco auch dabei die Konzentration von CO_2 in der Atmosphäre zu senken.

Obwohl die Synthese von Kohlenhydraten aus CO_2 und H_2O energetisch ungünstig ist, ist die durch Rubisco katalysierte CO_2-Fixierung energetisch günstig. Die Kohlenstofffixierung ist energetisch begünstigt, da das energiereiche Ribulose-1,5-bisphosphat kontinuierlich über den unten beschriebenen Kohlenstofffixierungskreislauf in den Prozess eingespeist wird. Diese Verbindung wird durch die Anlagerung eines CO_2-Moleküls verbraucht und muss daher wieder nachgeliefert werden. Als nächstes wenden wir uns der Energie und Reduktionskraft zu, die für diese Regeneration des Ribulose-1,5-bisphosphats aufgebracht werden muss und vom ATP und NADPH aus den Lichtreaktionen der Photosynthese stammen.

Die ausgeklügelte Abfolge von Reaktionen bei der CO_2 mit Ribulose-1,5-bisphosphat einen einfachen Zucker aufbaut – von dem ein Teil dazu verwendet wird, Ribulose-1,5-bisphosphat zu regenerieren – bildet einen Kreislauf, den man *Kohlenstofffixierungszyklus* oder Calvin-Benson-Bassham-Zyklus nennt (**Abb. 14.41**). Dieser Kreislauf war

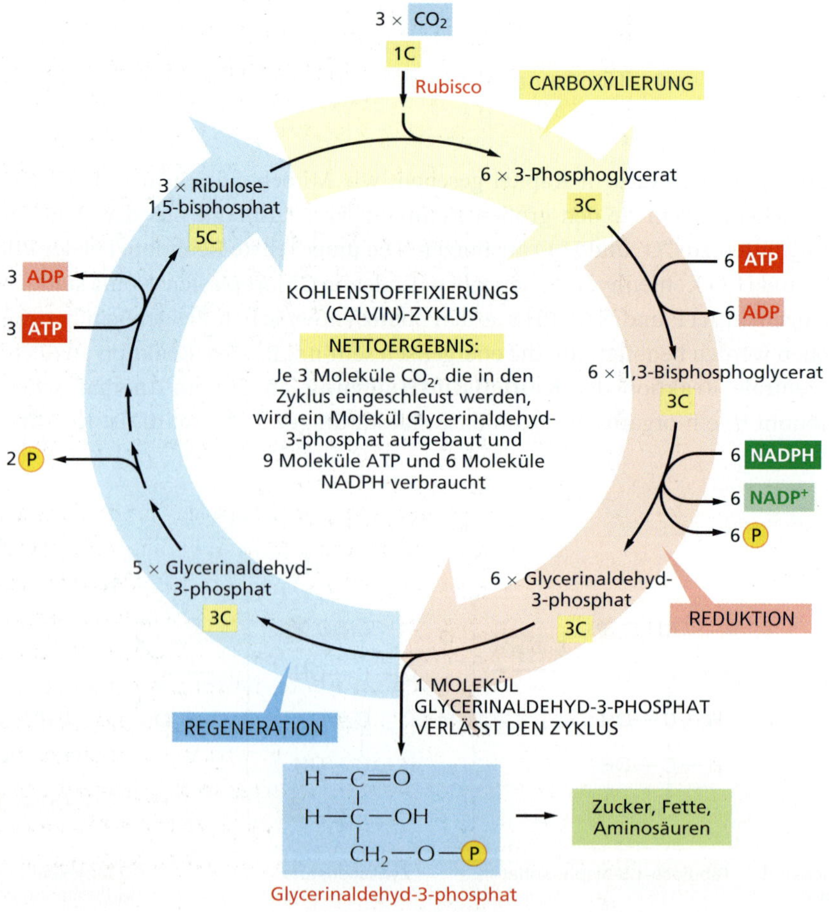

Abb. 14.41 Der Calvin-Benson-Bassham-Zyklus (Calvin-Zyklus) zur Kohlenstofffixierung. Dieser zentrale Stoffwechselweg erlaubt die Synthese organischer Moleküle aus CO_2 und H_2O. Im ersten Schritt des Zyklus (Carboxylierung) wird CO_2 an Ribulose-1,5-bisphosphat – wie in **Abbildung 14.40** gezeigt – addiert. Im zweiten Schritt (Reduktion) werden ATP und NADPH verbraucht, um Glycerinaldehyd-3-phosphat-Moleküle herzustellen. Im letzten Schritt (Regeneration) werden einige der hergestellten Glycerinaldehyd-3-phosphat-Moleküle dazu verwendet, um wieder Ribulose-1,5-bisphosphat zu gewinnen. Die anderen Glycerinaldehyd-3-phosphat-Moleküle werden entweder in Stärke oder Fette im Stroma der Chloroplasten umgewandelt oder aus den Chloroplasten ins Cytosol gebracht. Die Zahl der Kohlenstoffatome in jedem Molekültyp ist *gelb* markiert. Es gibt viele Zwischenstufen zwischen Glycerinaldehyd-3-phosphat und Ribulose-1,5-bisphosphat, sie sind jedoch aus Gründen der Klarheit weggelassen worden. Auch der Eintritt des Wassers in den Kreislauf ist nicht gezeigt (s. dazu **Abb. 14.40**).

einer der ersten Stoffwechselwege, der durch Anwendung von Radioisotopen als biochemische Indikatoren bestimmt wurde. Wie in der Abbildung dargestellt, setzt jeder Durchlauf durch den Zyklus sechs Moleküle 3-Phosphoglycerat zu drei Molekülen Ribulose-1,5-bisphosphat und einem Molekül Glycerinaldehyd-3-phosphat um. Als Nettoergebnis für jede Runde des Zyklus ergibt sich, dass neun ATP- und sechs NADPH-Moleküle eingesetzt werden, um die Umwandlung von drei Molekülen CO_2 zu einem Molekül Glycerinaldehyd-3-phosphat anzutreiben.

Glycerinaldehyd-3-phosphat – ein C_3-Zucker, der im Zyklus hergestellt wird – bildet den Dreh- und Angelpunkt der Kohlenhydratbiochemie als Zwischenprodukt in der Glykolyse und Gluconeogenese, wodurch es als Ausgangsmaterial für die Synthese vieler anderer Zucker und aller anderen organischen Moleküle dient, aus denen die Pflanze besteht.

14.4.4 Die Kohlenstofffixierung findet in manchen Pflanzen an unterschiedlichen Orten statt, um das Wachstum bei geringen CO_2-Konzentrationen zu erleichtern

Obwohl Ribulose-1,5-bisphosphat-Carboxylase/Oxygenase bevorzugt CO_2 an Ribulose-1,5-bisphosphat hinzufügt, kann sie auch O_2 als Substrat verwenden. Wenn die CO_2-Konzentration niedrig ist, fügt sie O_2 anstatt CO_2 zu Ribulose-1,5-bisphosphat hinzu (s. **Abb. 14.40**). Dies ist der erste Schritt eines Weges, der als **Photorespiration** bezeichnet wird und letztlich dazu führt, dass O_2 verbraucht und CO_2 freigesetzt wird, ohne dass nützliche Energievorräte entstehen. In vielen Pflanzen geht etwa ein Drittel des fixierten CO_2 durch die Photorespiration wieder als CO_2 verloren.

Die Photorespiration kann für Pflanzen unter heißen, trockenen Bedingungen eine ernste Belastung darstellen, die sie veranlassen, ihre Spaltöffnungen (die Gasaustauschporen in ihren Blättern, die auch als Stomata (Einzahl: Stoma) bezeichnet werden) zu schließen, um einen übermäßigen Wasserverlust zu vermeiden. Dies wiederum bewirkt, dass der CO_2-Gehalt im Blatt steil abfällt, was die Photorespiration begünstigt. Eine besondere Anpassung erfolgt jedoch bei den Blättern vieler Pflanzen, wie Mais und Zuckerrohr, die in heißen, trockenen Umgebungen wachsen.

Bei diesen Pflanzen findet der Kohlenstofffixierungszyklus nur in den Chloroplasten der spezialisierten *Bündelscheidenzellen* statt, die die gesamte Ribulose-1,5-bisphosphat-Carboxylase/Oxygenase der Pflanze enthalten. Diese Zellen sind vor der Luft geschützt und von einer spezialisierten Schicht von *Mesophyllzellen* umgeben, die die von ihren Chloroplasten gewonnene Energie zum „Pumpen" von CO_2 in die Bündelscheidenzellen nutzen. Dies versorgt die Ribulose-1,5-bisphosphat-Carboxylase/Oxygenase mit einer hohen CO_2-Konzentration, wodurch die Photorespiration stark reduziert wird.

Der CO_2-Pump-Mechanismus hängt von einem Reaktionszyklus ab, der im Cytosol der Mesophyllzellen beginnt. Der erste Schritt der CO_2-Fixierung wird durch ein Enzym katalysiert, das CO_2 (als Bicarbonat) bindet und es mit einem aktivierten Drei-Kohlenstoff-Molekül (Phosphoenolpyruvat) zu einem Vier-Kohlenstoff-Molekül verbindet. Das Vier-Kohlenstoff-Molekül diffundiert in die Bündelscheidenzellen, wo es aufgespalten wird, um CO_2 freizusetzen und ein Molekül mit drei Kohlenstoffen zu erzeugen. Der Pumpzyklus ist abgeschlossen, wenn dieses Drei-Kohlenstoff-Molekül (Pyruvat) zu den Mesophyllzellen zurückkehrt und wieder in seine ursprüngliche aktivierte Form umgewandelt wird. Da das CO_2 zunächst durch Umwandlung in eine Verbindung mit vier Kohlenstoffatomen „eingefangen" wird, werden die CO_2-pumpenden Pflanzen als *C_4-Pflanzen* bezeichnet. Alle anderen Pflanzen werden *C_3-Pflanzen*

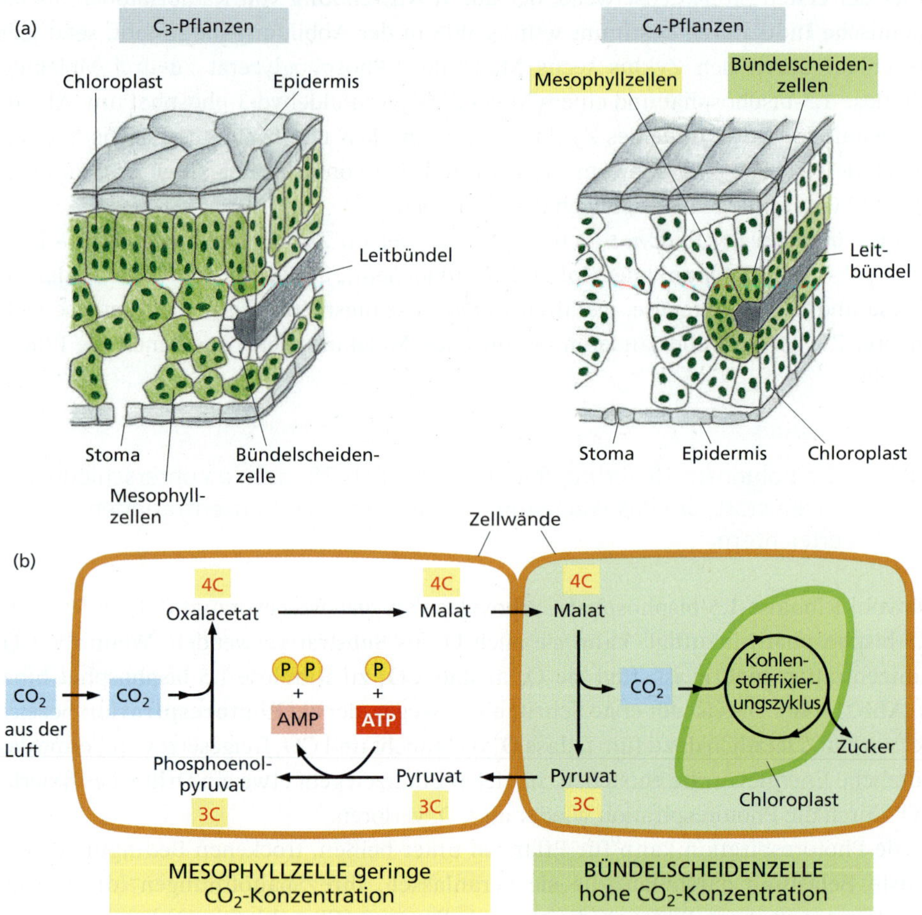

Abb. 14.42 Der CO_2-Pump-Mechanismus in C_4-Pflanzen. (a) Vergleich der Blattanatomie einer C_3-Pflanze mit einer C_4-Pflanze. Die Pflanzen mit einem *grün markierten* Cytosol im Blattinneren enthalten Chloroplasten, die den normalen Kohlenstofffixierungszyklus verwenden. In C_4-Pflanzen sind die Mesophyllzellen eher auf das Pumpen von CO_2 spezialisiert als auf die Kohlenstofffixierung. Dadurch erreichen die C_4-Pflanzen ein hohes Verhältnis von CO_2 zu O_2 in den Bündelscheidenzellen – den einzigen Zellen dieser Pflanzen, in denen der Kohlenstofffixierungszyklus abläuft. Die Leitbündel verteilen die in den Blättern hergestellte Saccharose zu anderen Geweben. (b) Wie Kohlenstoffdioxid in den Bündelscheidenzellen durch Verwendung der ATP-Energie der Mesophyllzellen konzentriert wird.

genannt, weil sie CO_2 in das Drei-Kohlenstoff-Molekül 3-Phosphoglycerat „einfangen" (**Abb. 14.42**).

Wie bei jedem gerichteten Transportprozess kostet das Pumpen von CO_2 in die Bündelscheidenzellen in C_4-Pflanzen Energie (ATP wird hydrolysiert; s. **Abb. 14.42b**). In heißen, trockenen Umgebungen können diese Kosten jedoch viel geringer sein als die Energie, die durch Photorespiration in C_3-Pflanzen verloren geht, sodass C_4-Pflanzen einen Vorteil gegenüber C_3-Pflanzen haben. Dazu kommt noch, dass C_4-Pflanzen ihre Spaltöffnungen seltener öffnen müssen, da sie die Photosynthese bei einer geringeren CO_2-Konzentration im Blatt durchführen können und daher bezogen auf den Wasserverlust etwa doppelt so viel Kohlenstoff binden wie C_3-Pflanzen. Diese Art der Kohlenstofffixierung hat sich unabhängig voneinander in verschiedenen Pflanzenlinien entwickelt. Obwohl die große Mehrheit der Pflanzenarten C_3-Pflanzen sind, sind C_4-Pflanzen wie Mais und Zuckerrohr viel effektiver bei der Umwandlung von Sonnenlichtenergie in Biomasse als C_3-Pflanzen wie z. B. Getreide. Sie sind daher von besonderer Bedeutung für die weltweite Landwirtschaft.

Viele Algen sind anders angepasst, um mit der Herausforderung einer begrenzten CO_2-Konzentration umzugehen, die in der Wasserumgebung, in der Algen wachsen, oft ein Problem darstellt. Sie enthalten das sogenannte Pyrenoid, eine komplexe Struktur, die ein biomolekulares Kondensat enthält, das stark mit Rubisco zusammen mit einem Gerüstprotein angereichert ist (s. **Abb. 12.8**). Dieses Kondensat ist mit Membrantubuli verwoben, die Carboanhydrase enthalten, ein Enzym, das die in Wasser gelösten Hydrogencarbonationen (HCO_3^-) in CO_2 umwandelt. Das Pyrenoid liefert CO_2 für Rubisco, wodurch die Kohlenstofffixierung gegenüber der „schädlichen" Photorespiration begünstigt wird.

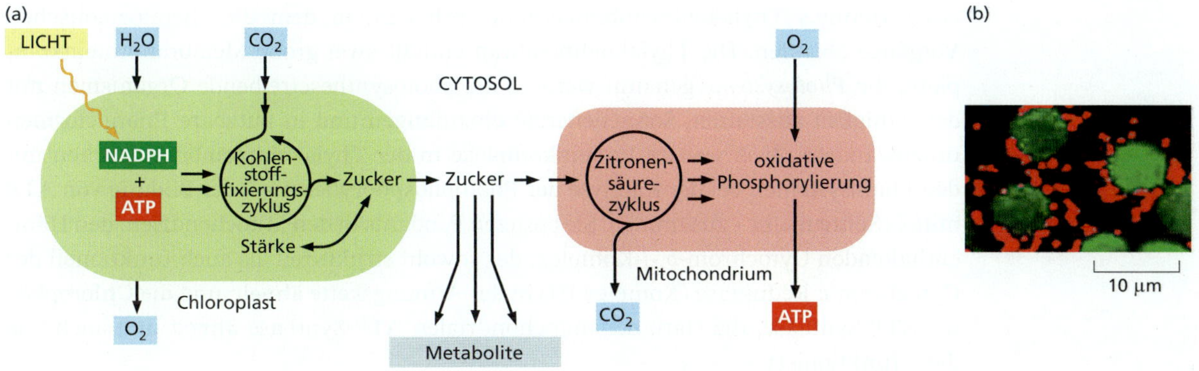

14.4.5 Die durch die Kohlenstofffixierung aufgebauten Zucker können als Stärke gespeichert oder zur ATP-Synthese eingesetzt werden

Abb. 14.43 Wie Chloroplasten und Mitochondrien zusammenarbeiten, um die Zellen sowohl mit Stoffwechselprodukten als auch mit ATP zu versorgen. (a) Die innere Chloroplastenmembran ist undurchlässig für ATP und NADPH, die im Stroma während der Lichtreaktionen in der Photosynthese gebildet werden. Diese Moleküle werden stattdessen in den Kohlenstofffixierungszyklus eingeschleust, wo sie zur Zuckerherstellung verwendet werden. Die entstehenden Zucker und deren Stoffwechselprodukte werden entweder in den Chloroplasten – in Form von Stärke oder Fett – gespeichert oder in andere Teile der Pflanzenzelle exportiert. Dort können sie für energieumwandelnde Wege, die zur Bildung von ATP dienen, eingesetzt werden. Die ATP-Bildung ist mit der oxidativen Phosphorylierung in den Mitochondrien verknüpft. Anders als die Chloroplasten enthalten die mitochondrialen Membranen einen spezifischen Transporter, der sie durchlässig für ATP macht (s. **Abb. 14.35**). Man beachte dabei, dass O_2, der durch Photosynthese in den Chloroplasten in die Atmosphäre abgegeben wird, für die oxidative Phosphorylierung in Mitochondrien verwendet wird. Ähnlich verhält es sich mit CO_2, das durch den Zitronensäurezyklus in Mitochondrien freigesetzt wird: Dieses wird für die Kohlenstofffixierung in Chloroplasten eingesetzt. (b) Lichtmikroskopische Aufnahme eines Blattes, auf der man sieht, dass die Mitochondrien (*rot*) dazu neigen, sich in der Nähe der Chloroplasten (*grün*) anzureichern. (b, mit freundlicher Genehmigung von Olivier Grandjean).

Glycerinaldehyd-3-phosphat, das durch Kohlenstofffixierung im Chloroplastenstroma gewonnen wurde, kann in Abhängigkeit von den Bedürfnissen der Pflanze vielfältig verwendet werden. In Phasen mit hoher Photosyntheseaktivität kann vieles davon zu Glukose umgewandelt werden und im Chloroplastenstroma als *Stärke* gespeichert werden. Wie Glykogen in tierischen Zellen ist auch Stärke ein großes Polymer aus Glukosemolekülen, das man als große Körner findet. Stärke bildet einen beträchtlichen Anteil der Nahrung aller pflanzenfressenden Tiere. Andere Glycerinaldehyd-3-phosphat-Moleküle werden zu verschiedenen Molekülen zur Biosynthese oder Speichermolekülen umgewandelt. So dient beispielweise Fett, das sich als Triglyceride oder in Form von anderen Estern in Fetttröpfchen ansammelt, als zusätzliche Energiereserve.

Nachts können diese Stärke- und Fettspeicher wieder zu Glukose und Fettsäuren aufgespalten werden. Diese werden ins Cytosol transportiert, wo sie die Stoffwechselbedürfnisse der Pflanze befriedigen. Manche der exportierten Zucker werden in die Glykolyse eingeschleust (s. **Abb. 2.46**), in deren Verlauf sie zu Pyruvat umgesetzt werden. Sowohl das gebildete Pyruvat als auch die Fettsäuren können in Pflanzenmitochondrien gelangen und zu Acetyl-CoA katabolisiert werden, das in den Zitronensäurezyklus eingespeist wird. Dadurch dienen sie letztendlich zur effizienten Produktion von ATP durch oxidative Phosphorylierung (**Abb. 14.43**). Der Stoffwechselübergang vom Hell- zum Dunkel-Zyklus bei der Pflanze erinnert an den Wechsel zwischen Fressen und Fasten, der für viele Tiere typisch ist.

Glukose, die nach der Stärkehydrolyse aus den Chloroplasten ins Cytosol exportiert oder aus Glycerinaldehyd-3-phosphat in der Gluconeogenese erzeugt wurde, kann auch in das Disaccharid *Saccharose* überführt werden. Zucker wird hauptsächlich in Form von Saccharose zwischen den Zellen einer Pflanze transportiert. Ganz so wie Glukose in tierischem Blut transportiert wird, wird Saccharose aus Blättern zur Versorgung der anderen Pflanzenteile mit Kohlenhydraten exportiert.

14.4.6 Die Thylakoidmembran der Chloroplasten enthält Proteinkomplexe, die zur Photosynthese und ATP-Produktion benötigt werden

Als Nächstes wollen wir die Frage klären, wie die großen zur Kohlenstofffixierung benötigten Mengen ATP und NADPH in den Chloroplasten erzeugt werden. Chloroplasten wenden die chemiosmotische Energieumwandlung auf fast die gleiche Art wie Mitochondrien an. Wie wir in **Abbildung 14.38** gesehen haben, sind Chloroplasten und Mitochondrien prinzipiell gleich aufgebaut, wobei die Chloroplasten jedoch ein getrenntes Thylakoidmembransystem enthalten, in dem die chemiosmotischen Vorgänge ablaufen. Die Thylakoidmembran enthält zwei große Membranproteinkomplexe, die *Photosysteme* genannt werden, die photosynthesetreibende Organismen mit der Fähigkeit ausstatten, Sonnenenergie einzufangen und in nutzbare Energieformen umzuwandeln. Zwei weitere Proteinkomplexe in der Thylakoidmembran arbeiten mit den Photosystemen bei der Katalyse der Photophosphorylierung – der Bildung von ATP mittels Sonnenlicht – zusammen. Sie besitzen Pendants in den Mitochondrien: den Häm-enthaltenden Cytochrom-b_6-*f*-Komplex, der sowohl strukturell als auch funktionell der Cytochrom-*c*-Reduktase (Komplex III) in der Atmungskette ähnelt, und die Chloroplasten-ATP-Synthase, die stark der mitochondrialen ATP-Synthase ähnelt und auch wie diese funktioniert.

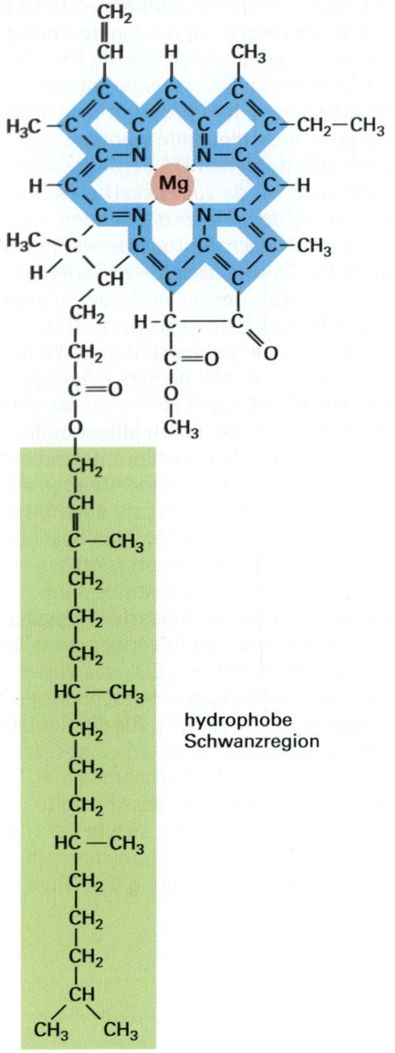

Abb. 14.44 Die Struktur von Chlorophyll *a*. Ein Magnesiumatom wird im Zentrum eines Porphyrinrings gehalten, der mit dem Porphyrinring verwandt ist, der im Häm Eisen bindet (s. **Abb. 14.15**). Die Elektronen sind über die *blau unterlegten* Bindungen delokalisiert und der hydrophobe Schwanz ist *grün unterlegt*.

14.4.7 Chlorophyll–Protein-Komplexe können entweder Anregungsenergie oder Elektronen übertragen

Die Photosysteme in der Thylakoidmembran sind Proteinansammlungen aus vielen Untereinheiten, die in ihrer Komplexität mit den Proteinkomplexen der mitochondrialen Elektronentransportkette vergleichbar sind. Sie enthalten eine große Anzahl von speziell gebundenen Chlorophyllmolekülen zusätzlich zu den uns schon von den Mitochondrien bekannten Kofaktoren (Häm, Eisen–Schwefel-Zentren und Chinone). **Chlorophyll**, der grüne Farbstoff photosynthesetreibender Organismen, hat einen langen hydrophoben Schwanz, wodurch es sich wie ein Lipid verhält. Außerdem verfügt es über einen Porphyrinring, der über konjugierte Doppelbindungen ein ausgedehntes System delokalisierter Elektronen hat, und ein zentrales Magnesium-Atom (strukturell ähnlich zum Häm und seinem zentralen Eisen, **Abb. 14.44**).

Wenn ein Chlorophyllmolekül ein Lichtquant (ein Photon) absorbiert, führt die Energie des Photons dazu, dass eines dieser delokalisierten Elektronen aus einem energiearmen Molekülorbital in ein anderes, energetisch höheres Orbital angehoben wird.

Ein Rotlicht-Photon (mit einer Wellenlänge von ~ 600–700 nm) versetzt ein Elektron in einen niedrig angeregten Zustand. Ein energiereicheres Blaulicht-Photon (Wellenlänge ~ 400–500 nm) versetzt ein Elektron in einen energiereicheren Anregungszustand, der schnell in den niedrig angeregten Zustand zerfällt, indem die zusätzliche Energie in Wärme (Molekularbewegung) umgewandelt wird. Die angeregten Elektronen im niederenergetischen Zustand streben danach, auf eine von drei Arten in ihren Grundzustand zurückzukehren:

1. Umwandlung der zusätzlichen Energie in Wärme (Molekularbewegung) oder Abgabe von teils Wärme, teils Licht größerer Wellenlänge (Fluoreszenz). Dies geschieht normalerweise, wenn Licht von einem in Lösung befindlichen, isolierten Chlorophyllmolekül absorbiert wird.
2. Direkte Übertragung der Energie – aber nicht des Elektrons – auf ein in Nachbarschaft befindliches Chlorophyllmolekül durch einen Vorgang, den man als *Resonanzenergietransfer* bezeichnet.
3. Übertragung des angeregten Elektrons mit seiner negativen Ladung auf ein anderes, in der Nähe befindliches Molekül, einen *Elektronenakzeptor*; dann Rückkehr des positiv geladenen Chlorophylls in den Grundzustand unter Aufnahme eines Elektrons von einem anderen Molekül, einem *Elektronendonator*.

Nur die letzten beiden Mechanismen sind zum Einfangen von Energie aus dem Sonnenlicht verwendbar. Sie werden durch Chlorophylle ermöglicht, die präzise innerhalb eines *Chlorophyll–Protein-Komplexes* angeordnet sind. Das Protein koordiniert das zentrale Mg-Atom im Chlorophyllporphyrin in der Regel über eine Histidinseitenkette,

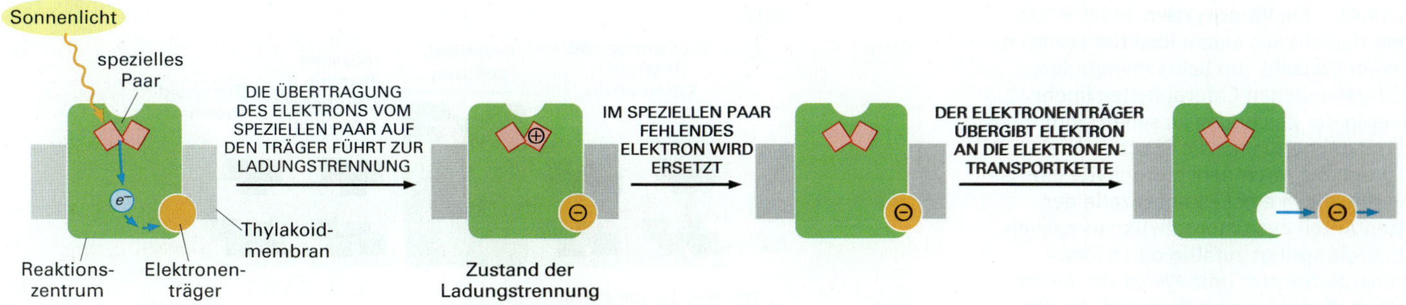

Abb. 14.45 Ein allgemeines Modell des Ladungstrennungsschritts im Photosynthese-Reaktionszentrum. In einem Reaktionszentrum wird Lichtenergie zum Transfer von Elektronen aus dem Chlorophyll auf bewegliche Elektronenträger genutzt, in denen die Elektronen auf einem hohen Energieniveau gehalten werden. Dabei wird die Lichtenergie in chemische Energie umgewandelt. Der Prozess beginnt, wenn ein durch ein spezielles Paar von Chlorophyllmolekülen absorbiertes Photon ein Elektron aus einem der beiden Chlorophyllmoleküle herausschlägt. Das Elektron wird schnell von einem mobilen Elektronenträger (*orange*), der an der gegenüberliegenden Membranoberfläche gebunden ist, aufgenommen. Dies wird durch eine Reihe von zwischengeschalteten Elektronenträgern vermittelt, die in das Reaktionszentrum eingebunden sind (nicht gezeigt) und die den Weg vom speziellen Paar auf diesen mobilen Träger ermöglichen. Der räumliche Abstand zwischen dem positiv geladenen Chlorophyll-Ion und dem negativ geladenen Elektronenträger stabilisiert den Ladungstrennungszustand für eine kurze Zeit, während der das Chlorophyll-Ion – ein starkes Oxidationsmittel – Elektronen aus einer geeigneten Verbindung (z.B. von Wasser, was wir uns in Kürze im Detail anschauen werden) abziehen kann. Der mobile Elektronenträger diffundiert dann vom Reaktionszentrum weg und gibt als starker Elektronendonator sein Elektron an die Elektronentransportkette ab.

die im hydrophoben Inneren der Membran sitzt. Dadurch wird jedes Chlorophyll im Proteinkomplex in genau festgelegten Abständen und Orientierungen gehalten. Der Fluss der Anregungsenergie bzw. der Elektronen hängt dann sowohl von der genauen räumlichen Anordnung als auch von der direkten Umgebung des proteingebundenen Chlorophylls ab.

Die meisten proteingebundenen Chlorophyllmoleküle übertragen, wenn sie durch ein Photon angeregt werden, einfach die absorbierte Energie auf ein benachbartes Chlorophyll mittels Resonanzenergietransfer. In einigen besonders angeordneten Chlorophyllmolekülen jedoch passt die Energiedifferenz zwischen dem Grundzustand und dem angeregten Zustand genau, sodass das Photon eine bestimmte lichtinduzierte chemische Reaktion auslösen kann. Die Reaktionsfähigkeit eines solchen Chlorophylls rührt von der engen Wechselwirkung mit einem zweiten Chlorophyllmolekül im selben Chlorophyll–Protein-Komplex her. Die beiden Chlorophyllmoleküle bilden ein *spezielles Paar.*

Der Elektronentransfervorgang in der Photosynthese beginnt, wenn ein Photon mit geeigneter Energie ein Chlorophyllmolekül in solch einem speziellen Paar ionisiert: Das Chlorophyllmolekül dissoziiert dadurch in ein Elektron und ein positiv geladenes Chlorophyll-Ion. Das herausgeschlagene Elektron wird rasch innerhalb des Proteinkomplexes an ein Chinon übergeben, sodass es nicht wieder von dem Chlorophyll-Ion aufgenommen werden kann. Diese lichtinduzierte Übertragung eines Elektrons aus dem Chlorophyll auf einen beweglichen Elektronenträger ist der zentrale **ladungstrennende** Schritt der Photosynthese, in dem ein Chlorophyll positiv und ein Elektronenträger negativ geladen wird (**Abb. 14.45**). Das positiv geladene Chlorophyll-Ion ist ein sehr starkes Oxidationsmittel, das in der Lage ist, einem energiearmen Substrat Elektronen zu entziehen. Im ersten Schritt der sauerstoffgenerierenden Photosynthese übernimmt Wasser die Rolle dieses energiearmen Substats.

Durch den Transfer auf einen beweglichen Träger in der Elektronentransportkette wird das Elektron als Teil eines starken Elektronendonators stabilisiert und für nachfolgende Reaktionen zugänglich. Diese nachfolgenden Reaktionen laufen langsamer ab. Wir werden noch sehen, wie sie zur Synthese von lichterzeugten energiereichen Verbindungen führen.

14.4.8 Ein Photosystem enthält viele Antennenchlorophylle und ein Reaktionszentrum

Es gibt zwei verschiedene Typen von Chlorophyll–Protein-Komplexen in der Photosynthesemembran. Ein *photochemisches Reaktionszentrum* beinhaltet das gerade beschriebene spezielle Paar von Chlorophyllmolekülen. Der andere Typ dient ausschließlich der Lichtabsorption und dem Resonanzenergietransfer und enthält *Antennenchlorophylle.* Zusammen bilden diese beiden Chlorophyll–Protein-Komplexe ein **Photosystem** (**Abb. 14.46**).

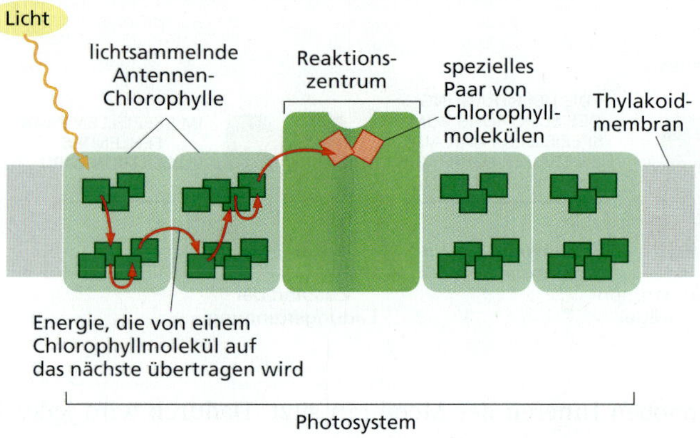

Abb. 14.46 Ein Photosystem. Jedes Photosystem besteht aus einem Reaktionszentrum und einer Vielzahl von lichtsammelnden, proteingebundenen Chlorophyllen (mehr als hier in der Zeichnung zu sehen sind). Die Sonnenenergie für die Photosynthese wird durch die Antennenchlorophylle eingefangen, die in einer Pflanzenzelle den größten Anteil des Chlorophylls ausmachen. Die Energie springt zufällig durch Resonanzenergietransfer (*rote Pfeile*) von einem Chlorophyllmolekül zum nächsten, bis sie das Reaktionszentrum erreicht, wo sie ein Chlorophyll des speziellen Paares ionisiert. Das Chlorophyll des speziellen Paares hält seine Elektronen auf einem niedrigeren Energieniveau als das der Elektronen der Antennenchlorophylle. Die von den Antennen eingefangene Energie endet daher immer im Reaktionszentrum. Dabei ist zu beachten, dass nur Energie zwischen den Antennenchlorophyllen übertragen wird und keine Elektronen.

Die meisten Chlorophyllmoleküle in einem Photosystem befinden sich in *Lichtsammelkomplexen* (LHC, engl. *light-harvesting complexes*), deren Aufgabe es ist, die Energie der Photonen für die Photosynthese effizient einzufangen. Ohne diese Antennen würde der Prozess nur langsam und ineffizient ablaufen, da jedes Chlorophyll-Reaktionszentrum nur ein Lichtquant pro Sekunde absorbieren würde, selbst am helllichten Tag. Für eine wirkungsvolle Photosynthese werden aber Hunderte Lichtquanten pro Sekunde benötigt. Wenn Licht ein Antennenchlorophyllmolekül anregt, wandert die Energie rasch von einem proteingebundenen Chlorophyll mittels Resonanzenergietransfer zum anderen, bis sie das spezielle Paar im Reaktionszentrum erreicht. Zusätzliche Lichtsammelkomplexe dienen als Hilfsantennen beim Einfangen der Energie der Photonen und deren Übertragung auf das Photosystem. Zusätzlich zu den vielen Chlorophyllmolekülen enthält ein LHC auch noch orangefarbene Carotinoid-Farbstoffe. Die Wellenlänge des von Carotinoiden eingefangenen Lichtes unterscheidet sich von der Wellenlänge des von Chlorophyll absorbierten Lichtes, wodurch die Antennen noch effizienter werden. Außerdem haben die Carotinoide noch eine wichtige Schutzfunktion, indem sie die Bildung von schädlichen Sauerstoffradikalen in der Photosynthesemembran verhindern.

14.4.9 Die Thylakoidmembran enthält zwei verschiedene hintereinandergeschaltete Photosysteme

Die von den Antennenchlorophyllen eingesammelte Anregungsenergie – wie gerade beschrieben – wird zum speziellen Paar im **photochemischen Reaktionszentrum** weitergeleitet. Das Reaktionszentrum ist ein membrandurchspannender Chlorophyll–Protein-Komplex, der das Herzstück der Photosynthese bildet. Es beherbergt das spezielle Paar von Chlorophyllmolekülen, das als irreversible Falle für Anregungsenergie wirkt (s. **Abb. 14.46**).

Chloroplasten besitzen zwei funktionell unterschiedliche, aber strukturell verwandte Photosysteme; beide speisen durch die Einwirkung von Sonnenlicht gewonnene Elektronen in eine Elektronenübertragungskette ein. In der Thylakoidmembran der Chloroplasten ist das *Photosystem I* auf die nicht gestapelten Stroma-Thylakoide begrenzt, während das *Photosystem II* in den gestapelten Grana-Thylakoiden sitzt. Die Bezeichnung der Photosysteme beruht auf der Reihenfolge ihrer Entdeckung und bezieht sich nicht auf den Ablauf innerhalb der Photosynthese: Die Elektronen werden zuerst im Photosystem II aktiviert, bevor sie auf das Photosystem I übertragen werden (**Abb. 14.47**). Der Weg des Elektrons durch die zwei Photosysteme lässt sich als Z-förmige Kurve beschreiben und wird als *Z-Schema* bezeichnet. Im Z-Schema entzieht zuerst das Reaktionszentrum des *Photosystems II* dem Wasser ein Elektron. Dieses Elektron wird über eine Elektronentransportkette (die aus dem Elektronenträger Plastochinon, dem Cytochrom-b_6-f-Komplex

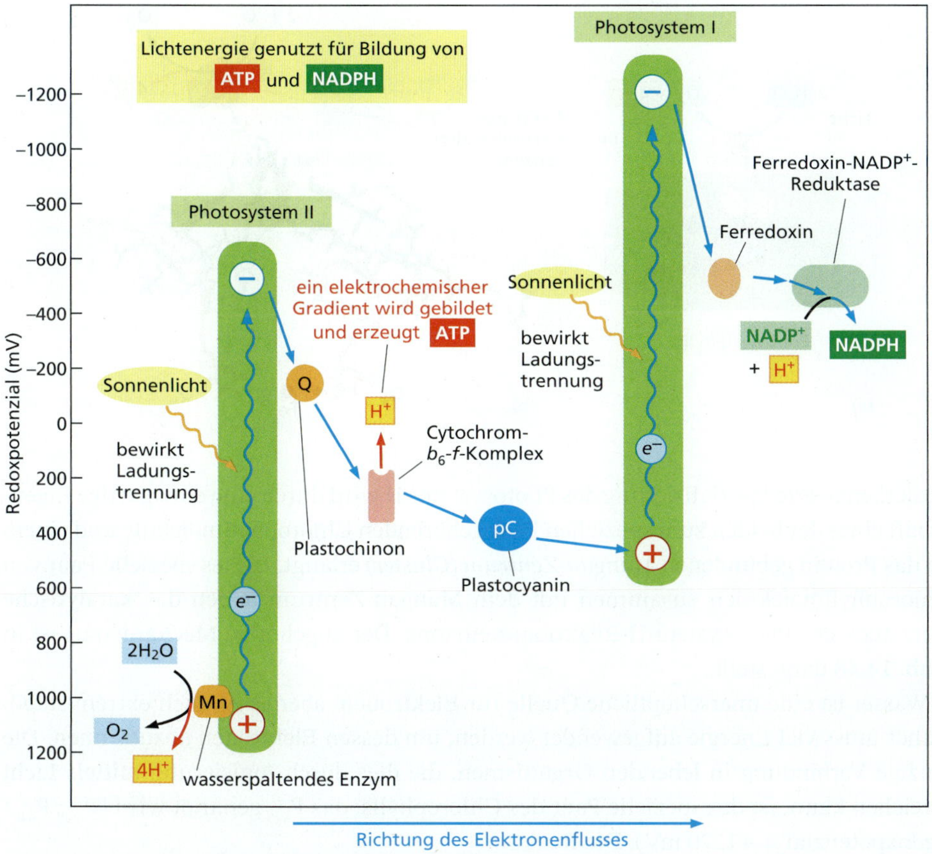

Abb. 14.47 Änderungen des Redoxpotenzials während der Photosynthese. Das Redoxpotenzial für jedes Molekül ist durch seine Lage auf der *y*-Achse des Koordinatensystems angezeigt. Unter Verwendung der Anregungsenergie aus dem Sonnenlicht überträgt Photosystem II seine vom Wasser stammenden Elektronen auf das Photosystem I. Dieses gibt sie ebenfalls unter Zuhilfenahme der Energie des Sonnenlichts an $NADP^+$ über die Ferredoxin-$NADP^+$-Reduktase weiter. Der Nettoelektronenfluss durch die zwei Photosysteme läuft vom Wasser zum $NADP^+$ und produziert dabei NADPH und einen elektrochemischen Protonengradienten. Der Protonengradient wird von der ATP-Synthase zur Erzeugung von ATP genutzt. Aus historischen Gründen werden beide Photosysteme entgegen der Reihenfolge, in der sie arbeiten, bezeichnet: Das Photosystem II übergibt seine Elektronen an das Photosystem I. Einzelheiten der Abbildung werden im Text erklärt.

und dem Protein Plastocyanin besteht) auf das *Photosystem I* übertragen. Dieses wiederum treibt das Elektron in einer zweiten lichtangetriebenen Ladungstrennungsreaktion durch die Membran, wodurch NADPH produziert wird. In diesem Prozess wird ein elektrochemischer Protonengradient über die Thylakoidmembran aufgebaut, der zum Antreiben der ATP-Produktion genutzt wird.

Das Z-Schema wird benötigt, um die sehr große Energielücke zwischen Wasser und NADPH zu überbrücken (**Abb. 14.47**). Ein einzelnes Lichtquant aus dem sichtbaren Licht enthält nicht genug Energie, um zum einen dem Wasser Elektronen zu entziehen (Wasser hält seine Elektronen fest gebunden (Redoxpotenzial +820 mV) und ist daher ein sehr schlechter Elektronendonator) und sie zum anderen auf $NADP^+$ zu übertragen ($NADP^+$ ist ein sehr schwacher Elektronenakzeptor (Redoxpotenzial -320 mV)). Das Z-Schema hat sich zuerst in Cyanobakterien entwickelt, denen es die Verwendung von Wasser als universelle Elektronenquelle ermöglichte. Andere, einfachere photosynthetische Bakterien haben nur ein Photosystem. Wie wir noch sehen werden, können sie Wasser nicht als Elektronenquelle verwenden und sind stattdessen auf andere, energiereichere Substrate angewiesen, denen sie leichter Elektronen entziehen können. Die Fähigkeit, Elektronen aus Wasser zu ziehen (und dabei molekularen Sauerstoff zu erzeugen), erlangten die Pflanzen, als ihre Vorfahren endosymbiontische Cyanobakterien aufnahmen, die sich dann im Laufe der Evolution zu Chloroplasten entwickelten (s. **Abb. 1.29**).

14.4.10 Das Photosystem II benutzt Mangan-Zentren, um Wasser Elektronen zu entziehen

In lebenden Systemen ist nur das Photosystem II in der Lage, Wasser Elektronen zu entziehen und dabei als Abfallprodukt molekularen Sauerstoff herzustellen. Diese

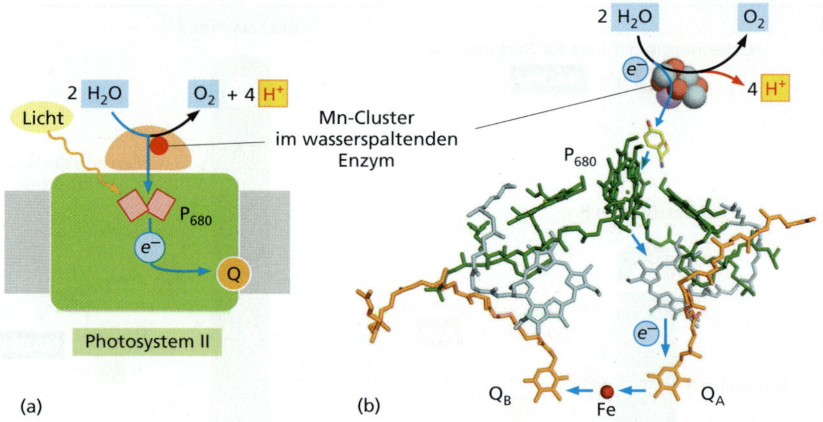

Abb. 14.48 Die Umwandlung der Lichtenergie in chemische Energie im Photosystem-II-Komplex. (a) Schematische Zeichnung des Photosystem-II-Reaktionszentrums, dessen spezielles Paar von Chlorophyllmolekülen als P_{680} bezeichnet wird, da die Wellenlänge seines Absorptionsmaximums bei 680 nm liegt. (b) Kofaktoren und Farbstoffe im Herzen des Reaktionszentrums. Zu sehen sind das Mangan (Mn)-Zentrum (Cluster), die Tyrosinseitenkette, die es mit dem speziellen Paar des P_{680} verbindet, vier Chlorophyllmoleküle (*grün*), zwei Phaeophytine (*hellblau*), zwei Plastochinone (*orange*) und ein Eisenatom (*rot*). Der Weg der Elektronen ist mit *blauen Pfeilen* gekennzeichnet. Im Mangan-Zentrum arbeiten vier Manganatome (*hellblau*), ein Calciumatom (*violett*) und fünf Sauerstoffatome (*rot*) bei der Katalyse der Oxidation des Wassers zusammen. Die wasserspaltende Reaktion läuft in vier aufeinanderfolgenden Schritten ab, wobei jeder Schritt die Energie eines Photons benötigt. Jedes Photon wandelt ein Chlorophyll des P_{680} -Reaktionszentrums in ein positiv geladenes Chlorophyll-Ion um. Durch eine ionisierte Tyrosinseitenkette (*gelb*) zieht dieses Chlorophyll-Ion ein Elektron aus dem Wassermolekül, das an das Mangan-Zentrum gebunden ist. Auf diesem Weg werden zwei Wassermolekülen insgesamt vier Elektronen entzogen, um molekularen Sauerstoff herzustellen, der in die Atmosphäre abgegeben wird (s. auch **Abb. 4.49**). Jedes Elektron, das durch Licht angetrieben wird, wandert vom speziellen Paar innerhalb des Komplexes entlang der Elektronentransportkette über den eingezeichneten Weg zu dem ständig fest gebundenen Plastochinon Q_A und weiter zu Plastochinon Q_B. Sobald Q_B zwei Elektronen aufgenommen hat (zusammen mit zwei Protonen, s. **Abb. 14.17**), dissoziiert es von der Bindungsstelle im Komplex und fungiert in der Lipid-Doppelschicht als beweglicher Elektronenträger. Der leere Platz wird sofort durch ein nicht reduziertes Plastochinonmolekül neu besetzt. Bemerkenswert ist dabei, dass Chlorophylle und Phaeophytine zwei symmetrische Zweige einer möglichen Elektronentransportkette bilden, von denen aber nur ein Zweig aktiv ist. So ist sichergestellt, dass die Plastochinone in kürzester Zeit vollständig reduziert werden.

bemerkenswerte Spezialisierung des Photosystems II wird durch eine einzigartige Eigenschaft eines der beiden zum speziellen Paar gehörenden Chlorophyllmoleküle und einem an das Protein gebundenen *Mangan-Zentrum (Cluster)* erlangt. Dieses spezielle Paar von Chlorophyllmolekülen zusammen mit dem Mangan-Zentrum bilden das katalytische Herzstück des Photosystem-II-Reaktionszentrums. Der zugehörige Mechanismus ist in **Abb. 14.48** dargestellt.

Wasser ist eine unerschöpfliche Quelle für Elektronen, aber es ist auch extrem stabil. Daher muss viel Energie aufgewendet werden, um dessen Elektronen abzutrennen. Die einzige Verbindung in lebenden Organismen, die dies durch Ionisierung mittels Licht erreichen kann, ist das spezielle Paar des Chlorophylls, das P_{680} genannt wird (P_{680}/P_{680}^+ Redoxpotenzial = +1270 mV). Die Reaktion

$$2H_2O + 4\ \text{Photonen} \rightarrow 4H^+ + 4e^- + O_2$$

wird durch das benachbarte Mangan-Zentrum katalysiert. Bis auf die Elektronen bleiben die Zwischenstufen fest am Mangan-Zentrum, bis zwei Wassermoleküle vollständig zu O_2 oxidiert wurden. Damit wird gewährleistet, dass keine gefährlichen Sauerstoffradikale im Laufe der Reaktion freigesetzt werden. Die vier Protonen, die aus den zwei Wassermolekülen stammen, werden in den Thylakoidraum abgegeben, wodurch sie zum Protonengradienten über der Thylakoidmembran beitragen (der pH-Wert ist im Thylakoidraum niedriger als im Stroma). Die einzigartige Proteinumgebung, die Leben mit der überaus wichtigen Fähigkeit, Wasser zu oxidieren, ermöglicht, blieb im Laufe der Milliarden Jahre andauernden Evolution im Wesentlichen unverändert (**Abb. 14.49**). Man nimmt an, dass der gesamte Sauerstoff in der Atmosphäre der Erde auf diese Art entstanden ist.

14.4.11 Der Cytochrom-b_6-*f*-Komplex verbindet das Photosystem II mit dem Photosystem I

Auf dem in **Abbildung 14.49** skizzierten Weg werden die dem Wasser durch das Photosystem II entzogenen Elektronen auf Plastochinol übertragen – einem starken Elektronendonator ähnlich dem Ubichinol in Mitochondrien. Dieses Chinol, das rasch in der Lipid-Doppelschicht der Thylakoidmembran diffundieren kann, überträgt die Elektronen auf den *Cytochrom-b_6-f-Komplex*, dessen Struktur der Cytochrom-*c*-Reduktase in Mitochondrien ähnelt. Der Cytochrom-b_6-*f*-Komplex pumpt mittels des gleichen Q-Zyklus, wie er in Mitochondrien abläuft (s. **Abb. 14.21**), H^+ in den Thylakoidraum, wodurch der Protonengradient über der Thylakoidmembran größer wird.

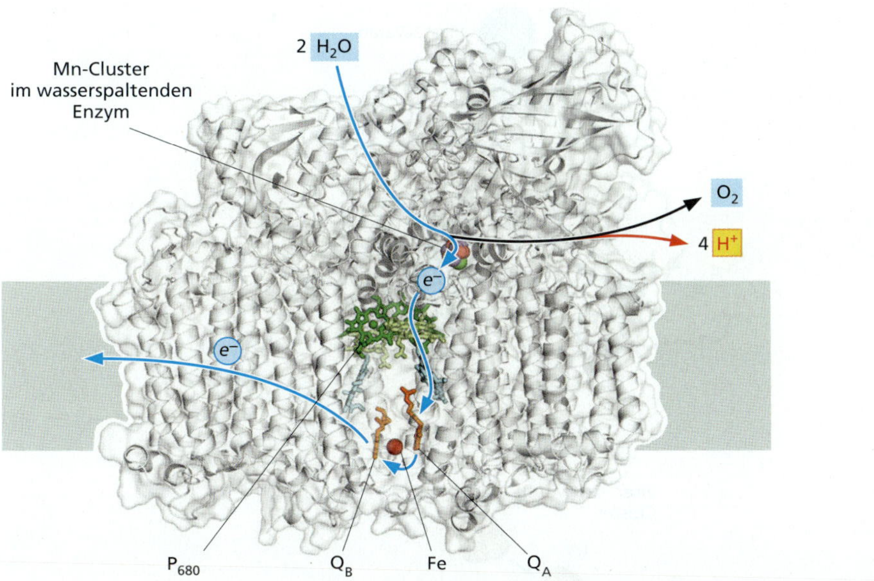

Abb. 14.49 Struktur des gesamten Photosystem-II-Komplexes. Dieses Photosystem besteht aus mindestens 16 Proteinuntereinheiten, mit insgesamt 36 Chlorophyllmoleküle, zwei Phaeophytinmoleküle, zwei Hämgruppen und einer Reihe von schützenden Carotinoidmolekülen (*farbig*). Die meisten der Farbstoffe und Kofaktoren sind tief im Inneren vergraben und eng mit dem Protein (*grau*) verbunden. Der Weg der Elektronen ist durch *blaue Pfeile* eingezeichnet und in **Abb. 14.48b** erklärt. Der hier abgebildete *Photosystem-II*-Komplex stammt aus Cyanobakterien. Er ist einfacher und stabiler als der Komplex in Pflanzen, der auf die gleiche Weise arbeitet. (PDB-Code: 3WU2).

Der Cytochrom-b_6-*f*-Komplex bildet die verbindende Brücke in der Elektronentransportkette zwischen Photosystem II und I. Er übergibt die Elektronen immer nur einzeln an den beweglichen Elektronenträger Plastocyanin ab (ein kleines, kupferenthaltendes Protein, das die Rolle des Cytochrom *c* der Mitochondrien übernimmt). Die Elektronen gelangen von dort zum Photosystem I (**Abb. 14.50**). Als Nächstes wollen wir uns mit dem Photosystem I beschäftigen, wie es ein zweites Lichtphoton einsetzt, um die Elektronen, die es erhält, auf ein noch höheres Energieniveau zu heben.

14.4.12 Das Photosystem I führt den zweiten Ladungstrennungsschritt im Z-Schema durch

Das Photosystem I erhält im Thylakoidraum Elektronen von Plastocyanin und überträgt sie über eine zweite Ladungstrennungsreaktion auf das kleine Protein Ferredoxin an der gegenüberliegenden Membranoberfläche (**Abb. 14.51**). In einem abschließenden Schritt speist Ferredoxin die Elektronen in einen membranassoziierten Enzymkomplex, die *Ferredoxin-NADP⁺-Reduktase*, die die Elektronen dazu verwendet, $NADP^+$ zu NADPH zu reduzieren (s. **Abb. 14.50**). Das reduzierte NADPH wird in das Stroma der Chloroplasten freigesetzt, wo es zur Biosynthese von Glycerinaldehyd-3-phosphat, Aminosäurevorstufen und Fettsäuren verwendet wird.

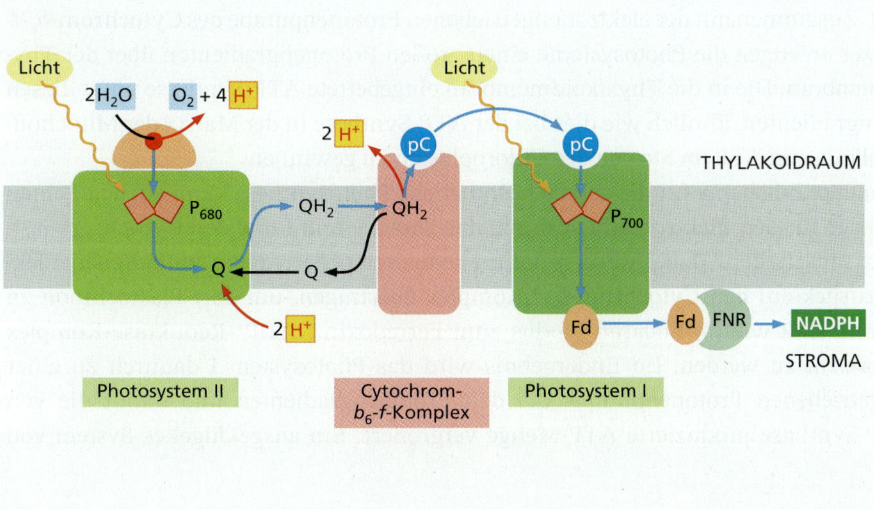

Abb. 14.50 Elektronenfluss durch den Cytochrom-b_6-*f*-Komplex zum NADPH. Der Cytochrom-b_6-*f*-Komplex ist das funktionale Äquivalent zur Cytochrom-*c*-Reduktase (auch als Cytochrom-*b*-c_1-Komplex bezeichnet) in Mitochondrien (s. **Abb. 14.22**). Wie das mitochondriale Homologe erhält der Cytochrom-b_6-*f*-Komplex seine Elektronen von einem Chinon und nimmt an einem komplizierten Q-Zyklus teil, der zwei Protonen durch die Membran pumpt (Details nicht gezeigt). Die Elektronen werden einzeln an Plastocyanin (pC) weitergegeben. Plastocyanin diffundiert entlang der Membranoberfläche zum Photosystem I und gibt die Elektronen über Ferredoxin (Fd) an die Ferredoxin-NADP⁺-Reduktase (FNR) weiter, wo sie zur NADPH-Produktion verwendet werden. P_{700} ist ein spezielles Paar von Chlorophyllmolekülen, die Licht der Wellenlänge 700 nm absorbieren.

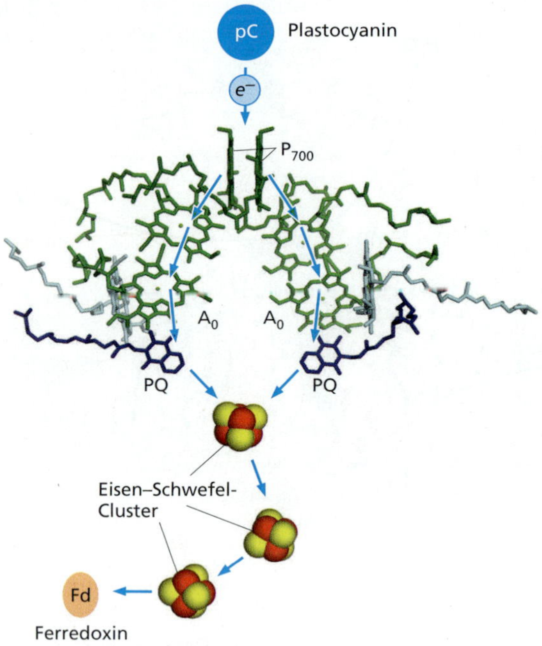

Abb. 14.51 Struktur und Funktion des Photosystems I. Im Zentrum des Photosystem-I-Komplexes ist die Elektronenübertragungskette gezeigt. An einem Ende sitzt ein spezielles Paar von Chlorophyllen – P_{700} genannt, da die Wellenlänge des absorbierten Lichts 700 nm beträgt – das Elektronen von Plastocyanin (pC) erhält. Am anderen Ende sind die A_0-Chlorophylle, die die Elektronen zum Ferredoxin über zwei Plastochinone (PQ, *violett*) und drei Eisen–Schwefel-Zentren (Cluster) weitergeben. Obwohl die Aufgaben der Photosysteme I und II in der Photosynthese sehr unterschiedlich sind, sind ihre zentralen Elektronenübertragungsketten strukturell ähnlich, was für einen gemeinsamen evolutionären Ursprung spricht (s. **Abb. 14.53**). Dabei ist zu beachten, dass im Photosystem I im Gegensatz zum Photosystem II beide Zweige der Elektronenübertragungskette aktiv sind (s. **Abb. 14.48**). (PDB-Code: 3LW5.)

Das Redoxpotenzial für das $NADP^+$/NADPH-Paar (-320 mV) ist bereits sehr niedrig, sodass für die Reduktion von $NADP^+$ eine Verbindung mit einem noch niedrigeren Redoxpotenzial benötigt wird. Da erweist sich das Chlorophyll in der Nähe der Membranoberfläche des Photosystems I im Stroma als das geeignete Molekül mit einem Redoxpotenzial von -1000 mV (Chlorophyll A_0). Damit ist es der stärkste bekannte Elektronendonator in biologischen Systemen.

14.4.13 Die ATP-Synthase der Chloroplasten verwendet den in den Lichtreaktionen der Photosynthese erzeugten Protonengradienten zur ATP-Produktion

Der Ablauf der Ereignisse, der zur lichtangetriebenen Produktion von ATP und NADPH in Chloroplasten und Cyanobakterien führt, ist in **Abb. 14.52** zusammengefasst. Den Anfang macht der Elektronenentzug aus dem Wasser. Die durch Licht angetriebenen Ladungstrennungsschritte in den Photosystemen II und I ermöglichen den energetisch ungünstigen Fluss der Elektronen vom Wasser zum NADPH (s. **Abb. 14.47**). Drei kleine Elektronenträger – Plastochinon, Plastocyanin und Ferredoxin – sind an diesem Prozess beteiligt. Zusammen mit der elektronengetriebenen Protonenpumpe des Cytochrom-b_6-*f*-Komplexes erzeugen die Photosysteme einen großen Protonengradienten über der Thylakoidmembran. Die in die Thylakoidmembran eingebettete ATP-Synthase nutzt diesen Protonengradienten, ähnlich wie dies bei der ATP-Synthese in der Matrix der Mitochondrien abläuft, um ATP im Stroma der Chloroplasten zu gewinnen.

Das lineare Z-Schema für die gerade besprochene Photosynthese kann auch auf einen Kreisbetrieb für den Elektronenfluss durch das Photosystem I und den Cytochrom-b_6-*f*-Komplex umschalten. Dabei werden die im reduzierten Ferredoxin enthaltenen Elektronen zurück auf den Cytochrom-b_6-*f*-Komplex übertragen, um dort Plastochinon zu reduzieren, statt wie im linearen Modus zum Ferredoxin-$NADP^+$-Reduktase-Komplex weitergereicht zu werden. Im Endergebnis wird das Photosystem I dadurch zu einer lichtangetriebenen Protonenpumpe, die den Protonengradienten und damit die von der ATP-Synthase produzierte ATP-Menge vergrößert. Ein ausgeklügeltes System von

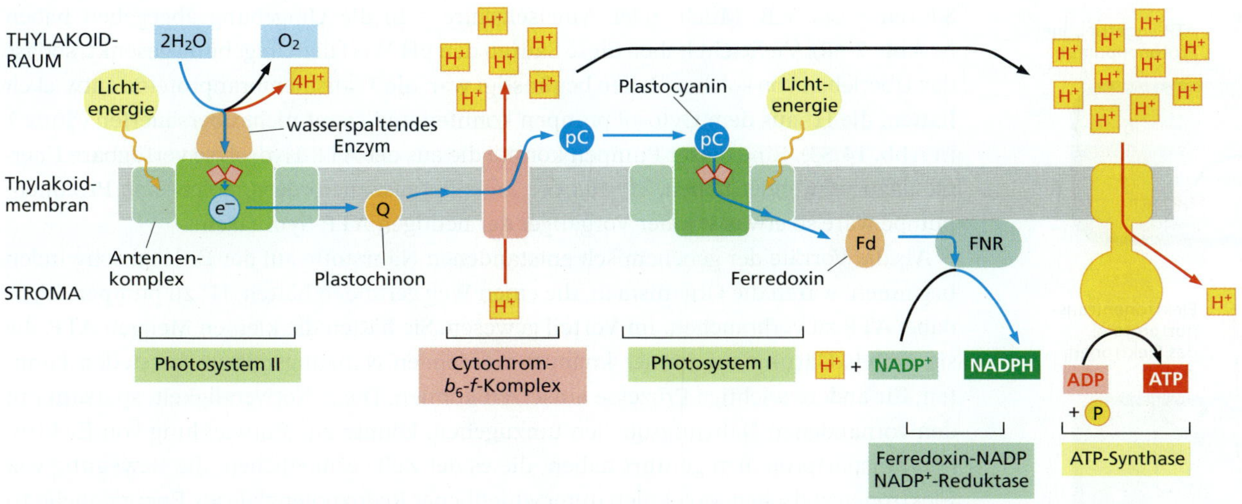

Abb. 14.52 Zusammenfassung des Elektronen- und Protonenflusses während der Photosynthese in der Thylakoidmembran. Mithilfe der Lichtenergie werden einem Wassermolekül, das von einem Mangan-Zentrum (Mn-Cluster) im Photosystem II gehalten wird, Elektronen entzogen. Die Elektronen wandern weiter zum Plastochinon, das sie an den Cytochrom-b_6-*f*-Komplex weitergibt, der der Cytochrom-*c*-Reduktase der Mitochondrien und dem Cytochrom-*b*-*c*-Komplex der Bakterien ähnelt. Dann werden sie durch den löslichen Elektronenträger Plastocyanin – dem funktionalen Äquivalent von Cytochrom *c* in Mitochondrien – zum Photosystem I transportiert. Vom Photosystem I werden sie auf die Ferredoxin-NADP$^+$-Reduktase (FNR) durch den löslichen Träger Ferredoxin (Fd, ein kleines Protein mit einem Eisen–Schwefel-Zentrum) übertragen. Protonen werden in den Thylakoidraum durch den Cytochrom-b_6-*f*-Komplex auf die gleiche Weise gepumpt wie in die Cristae der Mitochondrien durch die Cytochrom-*c*-Reduktase (s. Abb. 14.23). Außerdem tragen die aus der Wasseroxidation in den Thylakoidraum freigesetzten H$^+$ und die während der NADPH-Bildung im Stroma verbrauchten H$^+$ zur Erzeugung des elektrochemischen H$^+$-Gradienten über der Thylakoidmembran bei. Wie dargestellt, treibt dieser Gradient die ATP-Synthese mithilfe einer ATP-Synthase an, die in derselben Membran vorhanden ist (s. Abb. 14.47).

Regulationsmechanismen kontrolliert dieses Umschalten, sodass die Chloroplasten entweder mehr NADH (linearer Modus) oder mehr ATP (Kreisbetrieb) in Abhängigkeit von den Stoffwechselbedürfnissen der Zelle herstellen.

14.4.14 Die protonenmotorische Kraft bei der ATP-Synthese ist in Mitochondrien und Chloroplasten praktisch die gleiche

Der Protonengradient über der Thylakoidmembran hängt sowohl von der Protonenpumpenaktivität des Cytochrom-b_6-*f*-Komplexes als auch von der Photosyntheseaktivität der beiden Photosysteme ab. H$^+$ in Chloroplasten, die dem Licht ausgesetzt sind, werden aus dem Stroma (pH ungefähr 8, ähnlich wie in der Mitochondrienmatrix) in den Thylakoidraum (pH 5–6) gepumpt. Dabei entsteht ein Gradient von 2 bis 3 pH-Einheiten über der Thylakoidmembran. Das bedeutet eine protonenmotorische Kraft von ungefähr 180 mV. Die Triebkraft ist ungefähr die gleiche wie jene in atmenden Mitochondrien. Jedoch liefert das Membranpotenzial über der inneren Mitochondrienmembran den größten Beitrag zur protonenmotorischen Kraft, die die mitochondriale ATP-Synthase zur ATP-Produktion antreibt, während in den Chloroplasten der H$^+$-Gradient überwiegt.

14.4.15 Chemiosmotische Mechanismen haben sich in mehreren Stufen entwickelt

Die ersten lebenden Zellen auf der Erde könnten geochemisch erzeugte, organische Moleküle verbraucht und ihr ATP durch Gärung gewonnen haben. Da es damals noch keinen Sauerstoff in der Atmosphäre gab, dürften solche Gärungsprozesse organische

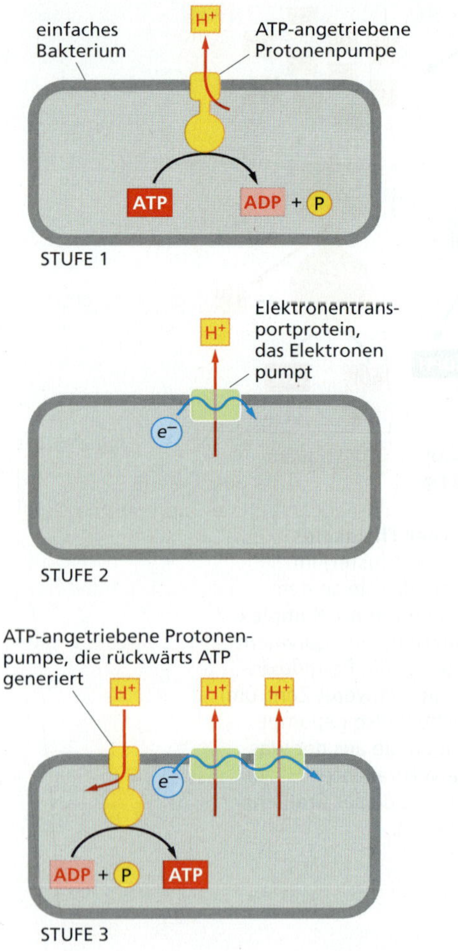

Abb. 14.53 Wie sich die ATP-Synthese durch Chemiosmose stufenweise entwickelt haben könnte. An der ersten Stufe könnte die Entwicklung einer ATPase beteiligt gewesen sein, die Protonen aus der Zelle pumpte, indem sie die Energie aus der ATP-Hydrolyse aufwendete. Stufe zwei könnte die Entwicklung einer anderen Protonenpumpe gewesen sein, die durch eine Elektronentransportkette angetrieben wurde. In der dritten Stufe könnten diese beiden Systeme zu einer einfachen ATP-Synthase kombiniert worden sein, die die durch die Elektronentransportkette gepumpten Protonen verwendete, um ATP herzustellen. Ein urzeitliches Bakterium könnte mit diesem entwickelten System einen Selektionsvorteil gegenüber solchen Bakterien gehabt haben, die keines dieser Systeme oder nur eines davon besaßen.

Säuren – wie z.B. Milch- oder Ameisensäure – in die Umgebung abgegeben haben (s. **Abb. 2.50**). Vielleicht haben diese Säuren den pH-Wert der Umgebung gesenkt, sodass das Überleben von solchen Zellen begünstigt war, die Transmembranproteine entwickelt hatten, die H^+ aus dem Cytosol pumpen konnten und somit nicht übersäuerten (Stufe 1 in **Abb. 14.53**). Eine dieser Pumpen könnte die aus der ATP-Hydrolyse verfügbare Energie dazu verwendet haben, H^+ aus der Zelle herauszubefördern. Solch eine Protonenpumpe wäre so etwas wie der Vorgänger der heutigen ATP-Synthasen.

Als die Vorräte der geochemisch entstandenen Nährstoffe auf der Erde zu schwinden begannen, wären die Organismen, die einen Weg gefunden hätten, H^+ zu pumpen, ohne dabei ATP zu verbrauchen, im Vorteil gewesen. Sie hätten die kleinen Mengen ATP, die sie mittels Gärung aus immer knapper werdenden Nahrungsmitteln herstellen konnten, für andere wichtige Prozesse einsetzen können. Diese Notwendigkeit, sparsam mit den vorhandenen Nahrungsquellen umzugehen, könnte zur Entwicklung von Elektronentransportproteinen geführt haben, die es der Zelle ermöglichen, die Bewegung von Elektronen zwischen Molekülen unterschiedlicher Redoxpotenziale als Energiequelle zu nutzen, um damit H^+ durch die Plasmamembran zu pumpen (Stufe 2 in **Abb. 14.53**). Einige dieser Zellen könnten die nicht gärungsfähigen organischen Säuren, die Nachbarzellen als Abfall in die Umgebung abgegeben hatten, dazu verwendet haben, die benötigten Elektronen für dieses Elektronentransportsystem bereitzustellen. Es gibt heute noch Bakterien, die z. B. in Ameisensäure wachsen, indem sie die kleine Menge Redoxenergie aus der Elektronenübertragung von der Ameisensäure auf Fumarat verwenden, um H^+ zu pumpen.

Schließlich könnten einige Bakterien ein H^+-pumpendes Elektronentransportsystem entwickelt haben, das so effizient war, dass sie mehr Redoxenergie gewinnen konnten, als sie benötigten, um den inneren pH-Wert stabil zu halten. Solche Zellen könnten möglicherweise auch große elektrochemische Protonengradienten erzeugt haben, die sie dann zur Erzeugung von ATP einsetzen konnten. Protonen könnten in die Zelle durch ATP-angetriebene H^+-Pumpen zurückgeströmt sein, wodurch sie im Grunde genommen rückwärts liefen und ATP erzeugten (Stufe 3 in **Abb. 14.53**). Da solche Zellen mit viel geringeren Mengen der schwindenden gärungsfähigen Nährstoffvorräte ausgekommen wären, hätten sie sich auf Kosten ihrer Nachbarn vermehren können.

14.4.16 Photosynthesetreibende Bakterien haben ein Haupt-Entwicklungshindernis überwunden, indem sie eine unerschöpfliche Quelle von Reduktionskraft erschlossen

Als die Nährstoffe auf der frühen Erde nach und nach zu Ende gingen, bedeutete dies für die Organismen, dass sie andere Kohlenstoffquellen finden mussten, um Zucker aufzubauen, die als Vorstufen für unzählige andere Zellbestandteile dienen konnten. Obwohl CO_2 in der Atmosphäre eine unerschöpfliche, potenzielle Kohlenstoffquelle darstellt, muss zur Umwandlung in ein organisches Molekül wie z.B. ein Kohlenhydrat das fixierte CO_2 mit einem starken Elektronendonator wie z.B. NADPH reduziert werden. NADPH kann CH_2O-Einheiten aus CO_2 aufbauen (s. **Abb. 14.41**). Man nimmt an, dass früh in der Evolution stark reduzierende Verbindungen (Elektronendonatoren) im Überfluss vorhanden waren. Sobald aber ein Vorläufer der ATP-Synthase damit begonnen hatte, ATP herzustellen, ebnete dies Zellen den Weg, eine neue Möglichkeit zur Herstellung stark reduzierender Verbindungen zu entwickeln.

Ein großer evolutionärer Durchbruch im Energiestoffwechsel kam mit der Entwicklung photochemischer Reaktionszentren, die die Energie des Sonnenlichtes zur Synthese von Stoffen wie NADPH nutzen konnten. Wahrscheinlich ereignete sich dies früh im Prozess der zellulären Entwicklung bei den Vorfahren der grünen Schwefelbakterien.

Die heutigen grünen Schwefelbakterien verwenden Licht, um damit Wasserstoffatome (als Elektron und Proton) von H_2S auf NADPH zu übertragen, wobei sie die starke Reduktionskraft erzeugen, die für die Kohlenstofffixierung benötigt wird. Da das Redoxpotenzial von H_2S viel niedriger ist als das von H_2O (-230 mV für H_2S im Vergleich zu +820 mV für H_2O), genügt ein durch das einzige Photosystem dieser Bakterien absorbiertes Lichtquant, um NADPH über die relativ einfache photosynthetische Elektronentransportkette zu erzeugen.

14.4.17 Die photosynthetische Elektronentransportkette der Cyanobakterien erzeugte den Sauerstoff der Atmosphäre und ermöglichte neue Lebensformen

Der nächste evolutionäre Schritt, von dem man annimmt, dass er sich zusammen mit der Entwicklung der Cyanobakterien vielleicht vor 3 Milliarden Jahren ereignet hat, war die Entwicklung von Organismen, die in der Lage waren, Wasser als Elektronenquelle zur CO_2-Reduktion zu verwenden. Dies zog die Entwicklung eines wasserspaltenden Enzyms nach sich und außerdem wurde ein zweites Photosystem notwendig, das in Serie mit dem ersten arbeiten musste, um die große Lücke zwischen den Redoxpotenzialen von Wasser und NADPH überbrücken zu können. Die biologischen Konsequenzen dieses Evolutionsschrittes waren weitreichend. Zum ersten Mal dürfte es Organismen gegeben haben, die von Wasser, CO_2 und Sonnenlicht (und einigen anderen Elementen, s. **Abb. 2.1**) leben konnten. Diese Zellen könnten in der Lage gewesen sein, sich so auszubreiten und zu entwickeln, wie es den frühen photosynthesetreibenden Bakterien, die H_2S oder organische Säuren als Elektronenquelle benötigten, verwehrt war. Als Folge reicherten sich große Mengen von biologisch erzeugten, reduzierten organischen Verbindungen an und zum ersten Mal gelangte Sauerstoff in die Atmosphäre.

Sauerstoff ist stark giftig, da die Oxidation von biologischen Molekülen ihre Struktur und Eigenschaften wahllos und unwiderruflich verändert. Die meisten anaeroben Bakterien z. B. leben in einer sauerstofffreien Umgebung und werden rasch getötet, wenn sie der Luft ausgesetzt werden. Daher waren die Organismen der Urzeit-Erde gezwungen, Schutzmechanismen gegen den aufkommenden Sauerstoffanteil der Umwelt zu entwickeln. Späte Ankömmlinge in der Evolution, so wie wir, haben zahlreiche entgiftende Mechanismen, die unsere Zellen vor den schädlichen Einflüssen von Sauerstoff schützen.

Die Zunahme an atmosphärischem Sauerstoff geschah zunächst sehr langsam und ermöglichte wohl eine allmähliche Entwicklung der Schutzvorrichtungen. Die frühen Meere enthielten z. B. hohe Anteile von Eisen in seiner reduzierten Ferro-Oxidationsstufe (Fe^{2+}), und fast der gesamte Sauerstoff, der von frühen photosynthesetreibenden Bakterien produziert worden war, wurde bei der Umwandlung von Fe^{2+} zu Fe^{3+} (Ferri-Oxidationsstufe) verbraucht. Diese Umwandlung führte zur Ausfällung riesiger Mengen von stabilen Oxiden. Die ausgedehnten, eisenhaltigen Schichten in Sedimentgesteinen, deren Ablagerung vor 2,7 Milliarden Jahren begann, helfen bei der Datierung der Verbreitung der Cyanobakterien. Vor ungefähr 2 Milliarden Jahren war das Angebot an Fe^{2+} erschöpft und die Ablagerung weiterer Eisenoxidfällungen hörte auf. Geologische Daten erlauben Rückschlüsse darauf, wie sich dann über Milliarden Jahre die Sauerstoffkonzentration in der Atmosphäre veränderte und ihr heutiges Niveau vor ca. 0,5 Milliarden Jahren erreichte (**Abb. 14.54**).

Die Verfügbarkeit des Sauerstoffs ermöglichte die Entwicklung von Bakterien, die zur Herstellung ihres ATP einen aeroben Metabolismus entwickelten. Wie vorher bei den Mitochondrien geschildert, konnten diese Organismen den großen Energiebetrag ausnutzen, der beim Abbau von Kohlenhydraten und anderen reduzierten organischen

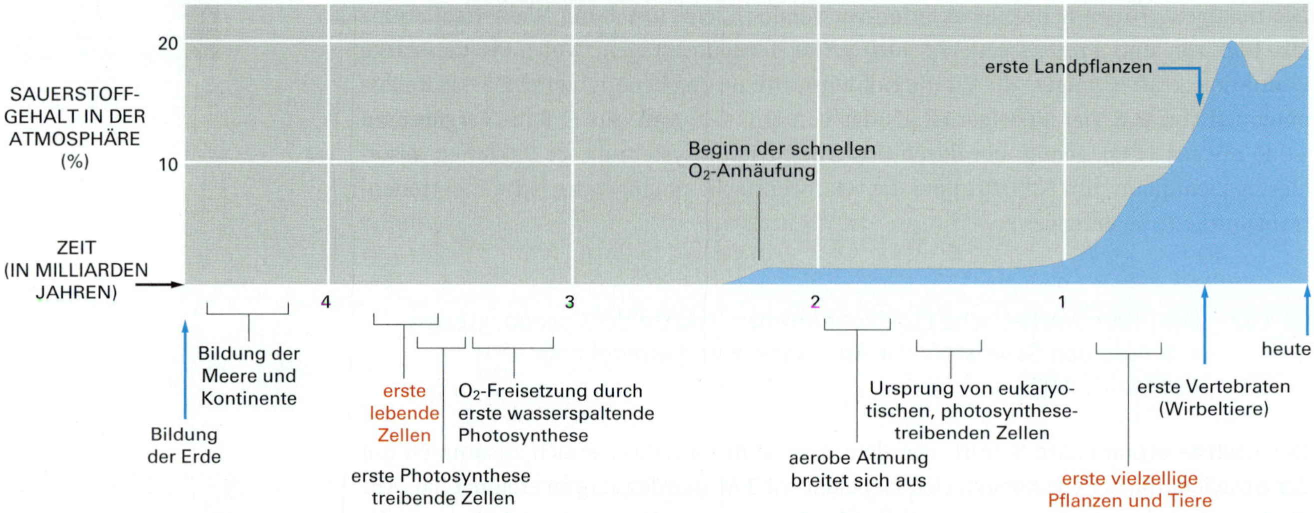

Abb. 14.54 Die wichtigsten Ereignisse während der Entwicklung der Lebewesen auf der Erde. Mit der Entwicklung des membranbasierten Prozesses der Photosynthese waren die Organismen imstande, ihre eigenen organischen Moleküle aus CO_2-Gas herzustellen. Es wird angenommen, dass die zeitliche Verzögerung von mehr als einer Milliarde Jahre zwischen dem Auftreten von Bakterien, die Wasser spalten und Sauerstoff während der Photosynthese abgeben konnten, und der Anhäufung von hohen Konzentrationen an O_2 in der Atmosphäre auf die anfängliche Reaktion von Sauerstoff mit Ferro-Eisen (Fe^{2+}) zurückzuführen ist, das zunächst reichlich in den frühen Ozeanen gelöst war. Erst als das Eisen in seiner zweiwertigen Oxidationsstufe aufgebraucht war, begann offenbar die Zunahme der Sauerstoffkonzentration in der Atmosphäre. Als Antwort auf das Anwachsen der Sauerstoffkonzentration entwickelten sich nicht photosynthesetreibende, sauerstoffverbrauchende Organismen, und die Sauerstoffkonzentration pendelte sich in der Atmosphäre auf ihren heutigen Wert ein.

Stoffen bis hin zu CO_2 und H_2O freigesetzt wurde. Komponenten bereits vorhandener Elektronentransportkomplexe wurden zum Aufbau einer Cytochrom-Oxidase verändert, sodass die von organischen und anorganischen Substraten erhaltenen Elektronen bis zum O_2 als endgültigem Elektronenakzeptor transportiert werden konnten. In Abhängigkeit von der Verfügbarkeit von Licht und O_2 können viele heutige photosynthesetreibende Purpurbakterien zwischen Photosynthese und Atmung hin und her schalten und bedürfen dabei nur einer geringen Umorganisation ihrer Elektronentransportketten.

Abbildung 14.55 setzt diese postulierten Entwicklungswege zu den verschiedenen Bakterienarten in Beziehung. Notwendigerweise ist die Evolution immer konservativ; sie verwendet Teile von Altem und baut darauf unter Bildung von etwas Neuem auf. So haben Teile der Elektronentransportketten, die den anaeroben Bakterien vor 3–4 Milliarden Jahren zu Diensten waren, in abgeänderter Form in den Mitochondrien und Chloroplasten der höher entwickelten Eukaryoten bis heute überlebt. Ein gutes Beispiel ist die gute Übereinstimmung in Struktur und Funktion zwischen der H^+-pumpenden Cytochrom-*c*-Reduktase im zentralen Segment der mitochondrialen Atmungskette und dem analogen Cytochrom-b_6-f-Komplex in den Elektronentransportketten von Bakterien und Chloroplasten, die den gemeinsamen evolutionären Ursprung offenbart (**Abb. 14.56**).

Zusammenfassung

Die Chloroplasten und photosynthesetreibenden Bakterien besitzen die einzigartige Fähigkeit, die Energie des Sonnenlichts zu nutzen, um energiereiche Verbindungen herzustellen. Dies wird mithilfe der Photosysteme ermöglicht, in denen an Proteine gebundene Chlorophyllmoleküle angeregt werden, wenn sie von einem Photon getroffen werden. Photosysteme enthalten lichtsammelnde Antennen, die Sonnenenergie einfangen, und ein photochemisches Reaktionszentrum, in dem die eingefangene Energie zu einem Chlorophyllmolekül geleitet wird, das in einer bestimmten Position gehalten wird, sodass es einem Elektronendonator Elektronen entziehen kann. Chloroplasten und Cyanobakterien enthalten zwei

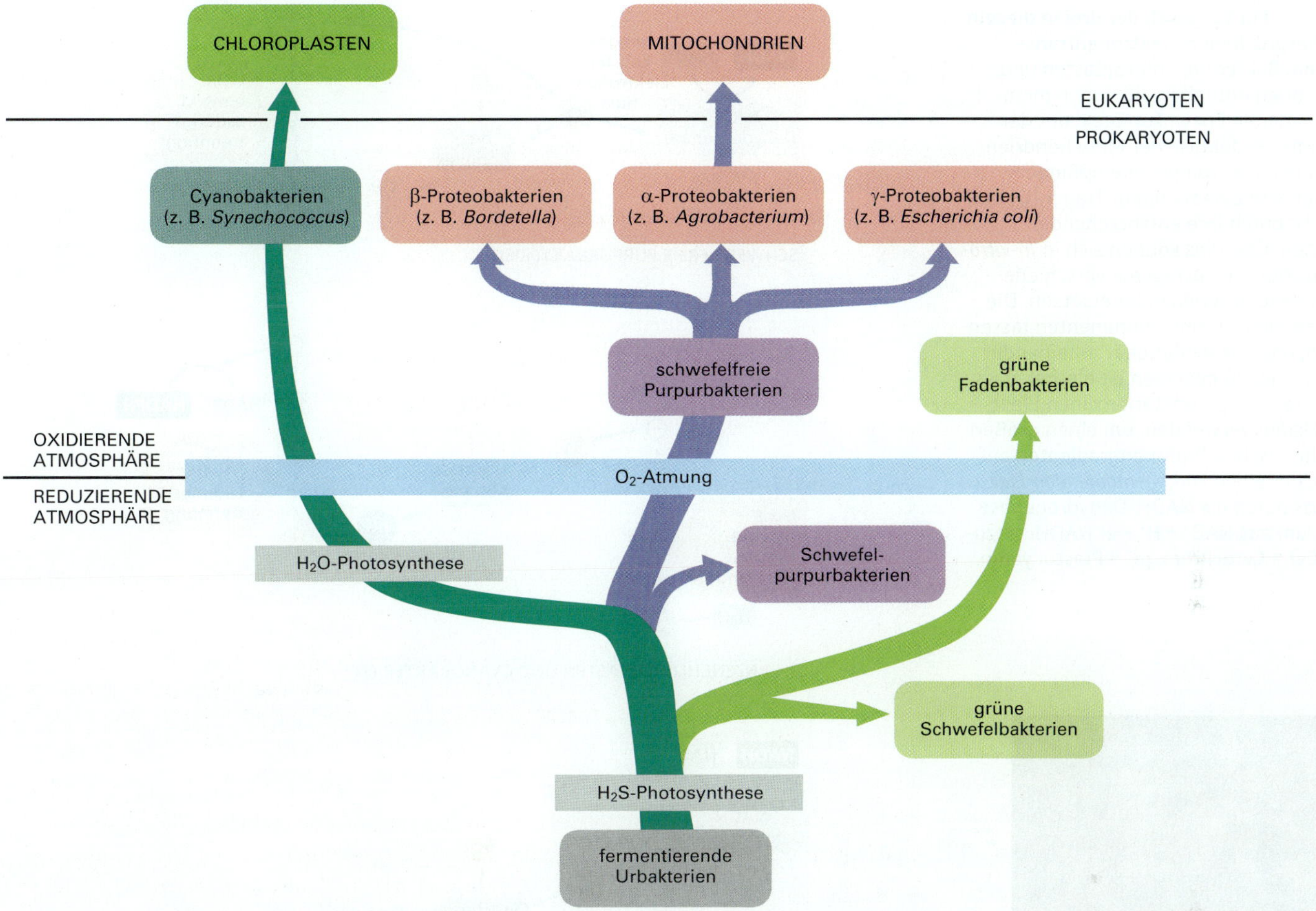

Abb. 14.55 Entwicklungsschema mit den vorgeschlagenen Ursprüngen von Mitochondrien, Chloroplasten und ihren bakteriellen Vorfahren. Man nimmt an, dass sich die Sauerstoffatmung vor etwa 2 Milliarden Jahren zum ersten Mal entwickelte. Nukleotidsequenzanalysen deuten an, dass ein endosymbiontisches, sauerstofferzeugendes Cyanobakterium zur Entwicklung der Chloroplasten (*grün*) führte, während Mitochondrien (*rosa*) aus α-Proteobakterien entstanden. Die nächsten Verwandten der Mitochondrien sind Mitglieder der drei eng verwandten Gruppen von α-Proteobakterien, Rhizobakterien, Agrobakterien und den Rickettsien, von denen man weiß, dass sie einen engen Verbund mit heutigen eukaryotischen Zellen eingehen können. Proteobakterien sind *rosa*, photosynthesetreibende Purpurbakterien *violett* und andere photosynthesetreibende Bakterien *hellgrün* dargestellt.

verschiedene Photosysteme. Die zwei Photosysteme sind normalerweise im Z-Schema in Serie geschaltet. Sie übertragen Elektronen von Wasser auf $NADP^+$ zur Bildung von NADPH, während sie außerdem ein elektrochemisches Transmembranpotenzial aufbauen. In einem dieser Photosysteme – Photosystem II – wird die überall vorkommende, energiearme Verbindung Wasser durch Entzug von Elektronen gespalten. Man nimmt an, dass im Grunde der gesamte molekulare Sauerstoff (O_2) unserer Atmosphäre ein Nebenprodukt der Wasserspaltungsreaktion dieses Photosystems ist. Die dreidimensionalen Strukturen der Photosysteme I und II ähneln auffällig den Photosystemen der photosynthesetreibenden Purpurbakterien; dies weist auf einen bemerkenswerten Konservierungsgrad über Milliarden von Jahren der Evolution hin.

Die zwei Photosysteme und der Cytochrom-b_6-f-Komplex sind in der Thylakoidmembran angesiedelt – einem separaten Membransystem des zentralen Stroma-Kompartiments der Chloroplasten. Die Thylakoidmembran unterteilt sich in gestapelte und nicht gestapelte Thylakoide im Stroma. Elektronentransportprozesse in der Thylakoidmembran führen dazu, dass Protonen in den Thylakoidraum freigesetzt werden. Der Rückfluss der Protonen durch die Chloroplasten-ATP-Synthase erzeugt dann das ATP. Dieses ATP wird zusammen mit dem aus der Photosynthese erhaltenen NADPH genutzt, um eine große Zahl biosynthetischer Reaktionen im Chloroplastenstroma anzutreiben. Darin ist

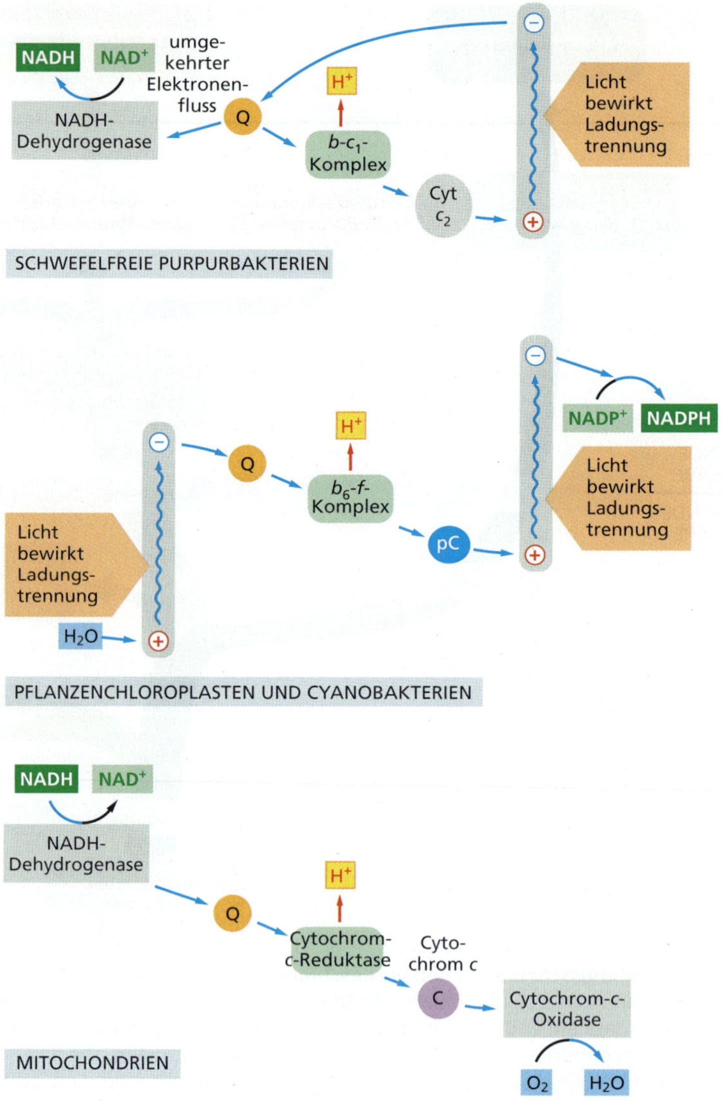

Abb. 14.56 Ein Vergleich der drei in diesem Kapitel besprochenen Elektronentransportketten. Bakterien, Chloroplasten und Mitochondrien enthalten alle einen membrangebundenen Enzymkomplex, der der Cytochrom-*c*-Reduktase der Mitochondrien ähnelt. Alle diese Komplexe empfangen Elektronen von einem Chinon-Träger (Q) und pumpen H^+ durch ihre entsprechenden Membranen. Überdies können sich in *In-vitro*-Rekonstitutionsversuchen die verschiedenen Komplexe untereinander ersetzen. Die Strukturen ihrer Proteinkomponenten lassen erkennen, dass sie evolutionär miteinander verwandt sind. Zu beachten ist hierbei, dass schwefelfreie Purpurbakterien einen Elektronenkreislauf verwenden, um einen großen elektrochemischen Protonengradienten aufzubauen, der einen *entgegenlaufenden Elektronenfluss* durch die NADH-Dehydrogenase antreibt, um aus $NAD^+ + H^+ + e^-$ NADH herzustellen. Cyt = Cytochrom, pC = Plastocyanin.

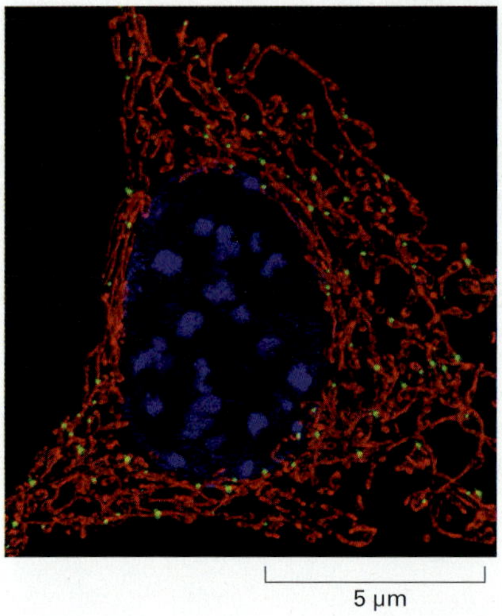

Abb. 14.57 Gefärbte mitochondriale und Kern-DNA. Auf dieser mit einem Konfokalmikroskop erhaltenen Aufnahme einer einzelnen Fibroblastenzelle ist die Kern-DNA mit dem Fluoreszenzfarbstoff DAPI (*blau*) angefärbt, während die mitochondriale DNA mit einem fluoreszierenden, an DNA bindenden Antikörper (*grün*) nachgewiesen wird. Die Mitochondrien sind durch fluoreszierende Antikörper angefärbt, die eine für die äußere Mitochondrienmembran spezifische Proteintranslokase erkennen (*rot*). Zahlreiche Kopien des Mitochondriengenoms sind in einzelnen Kernäquivalenten (Nukleoiden) über das gesamte Mitochondrium verteilt, die sich durch das Cytoplasma schlängeln. (Aus C. Kukat et al., *Proc. Natl. Acad. Sci. USA* 108(33): 13534–13539, 2001. © 2011 National Academy of Sciences, USA. Mit Erlaubnis der National Academy of Sciences).

der Kohlenstofffixierungszyklus eingeschlossen, der große Mengen an Kohlenhydraten aus CO_2 *erzeugt.*

In der frühen Entwicklung des Lebens überwanden Cyanobakterien ein großes Hindernis, indem sie einen Weg erfanden, um Sonnenenergie für die Spaltung des Wassers und die Fixierung von Kohlenstoffdioxid nutzen zu können. Dadurch, dass die Cyanobakterien sich großflächig auf der Erde vermehrten, erzeugten sie sowohl reichlich organische Nährstoffe als auch molekularen Sauerstoff und ermöglichten dadurch die Entwicklung einer Vielzahl von aeroben Lebensformen. Die Chloroplasten in Pflanzen haben sich aus einem Cyanobakterium entwickelt, das von einem aeroben eukaryotischen Gastorganismus in der Frühzeit durch Endocytose aufgenommen wurde.

14.5 Die genetischen Systeme von Mitochondrien und Chloroplasten

Wie wir bereits in Kapitel 1 besprochen haben, nimmt man an, dass sich Mitochondrien und Chloroplasten aus endosymbiontischen Bakterien entwickelt haben (s. **Abb. 1.27** und **Abb. 1.29**). Beide Organellarten enthalten noch ihr eigenes Genom (**Abb. 14.57**). Wie wir bald sehen werden, verfügen sie auch über ihre eigene Maschinerie, um diese DNA in RNA zu transkribieren und um mRNA in Proteine der Organellen zu translatieren.

Wie Bakterien so vermehren sich auch Mitochondrien und Chloroplasten durch Wachstum und Teilung eines existierenden Organells. In sich aktiv teilenden Zellen muss jeder Organelltyp in jeder Zellgeneration seine Masse verdoppeln und dann auf beide Tochterzellen verteilt werden. Zusätzlich müssen in sich nicht teilenden Zellen die Organellen wieder ergänzt werden, die im Zuge ihres kontinuierlichen Umsatzes abgebaut worden sind, oder es müssen zusätzliche Organellen hergestellt werden, falls der Bedarf aufkommt. Wachstum und Vermehrung der Organellen sind daher sorgfältig kontrolliert. Der Vorgang ist kompliziert, da die Proteine von Mitochondrien und Chloroplasten an zwei Stellen codiert werden: im Kerngenom und in den davon getrennten Genomen, die in den Organellen selbst vorhanden sind. Die Biogenese von Mitochondrien und Chloroplasten erfordert daher Beiträge aus zwei getrennten genetischen Systemen, die genau aufeinander abgestimmt sein müssen (s. Abschnitt 14.5.9).

Die meisten Proteine in Organellen werden von Genen der Kern-DNA codiert. Diese Proteine werden nach ihrer Synthese an cytosolischen Ribosomen aus dem Cytosol in das Organell eingeführt. Wie dieser Vorgang durch mitochondriale Proteintranslokase-Komplexe der inneren und äußeren Mitochondrienmembran katalysiert wird, haben wir bereits in Kapitel 12 gesehen. Hier beschreiben wir die Organell-Genome und genetischen Systeme und erörtern die Folgen der separaten Organell-Genome für die Zelle und den Organismus als Ganzes.

14.5.1 Die genetischen Systeme von Mitochondrien und Chloroplasten ähneln denen der Prokaryoten

Wie in Kapitel 12 bereits erläutert, nimmt man an, dass Eukaryotenzellen aus einer symbiontischen Beziehung zwischen einem Archaeon und einem aeroben Bakterium (ein α-Proteobakterium) hervorgegangen sind. Vermutlich haben sich die beiden Organismen zum Vorfahren aller Zellen mit Kern vereinigt. Dabei hat das Archaeon den Kern beigesteuert und das Proteobakterium diente als atmender, ATP-produzierender Endosymbiont – einer, der sich schließlich zum Mitochondrium entwickelt hat (s. **Abb. 12.3**). Dies geschah wahrscheinlich, als vor ungefähr 1,6 Milliarden Jahren Sauerstoff in nennenswerten Mengen in die Atmosphäre gelangte (s. **Abb. 14.54**). Der Chloroplast entstand später, nachdem Tiere und Pflanzen sich getrennt hatten, durch Endocytose eines sauerstoffproduzierenden Cyanobakteriums.

Diese *Endosymbiontenhypothese* der Organellentwicklung wird stark durch die Beobachtung gestützt, dass die genetischen Systeme der Mitochondrien und Chloroplasten denen der heutigen Bakterien ähneln. Zum Beispiel sind die Genome von Bakterien, Chloroplasten und Mitochondrien typischerweise zirkulär und teilen viele Eigenschaften bei der Genomorganisation. Zusätzlich ähneln Chloroplastenribosomen sehr den bakteriellen Ribosomen, sowohl in ihrer Struktur als auch in ihrer Empfindlichkeit verschiedenen Antibiotika gegenüber (wie Chloramphenicol, Streptomycin, Erythromycin und Tetracyclin). Außerdem startet die Proteinsynthese in den Chloroplasten mit *N*-Formylmethionin wie bei den Bakterien, und nicht mit Methionin, das im Cytosol der eukaryotischen Zellen benutzt wird. Obgleich die genetischen Systeme der Mitochondrien viel weniger denen der heutigen Bakterien ähneln, als es die genetischen Systeme der Chloroplasten tun, sind auch ihre Ribosomen strukturell ähnlich und gegen antibakterielle Antibiotika empfindlich, und das Transkriptionssystem der Mitochondrien erinnert an die Systeme von Bakterien und Bakteriophagen.

Die Prozesse der Organell-DNA-Transkription, Organell-Proteinsynthese und Organell-DNA-Replikation finden dort statt, wo das Genom lokalisiert ist: in der Matrix der Mitochondrien oder dem Stroma der Chloroplasten. Die Enzyme, die diese genetischen

Prozesse bewerkstelligen, kommen nur in dem jeweiligen Organell vor und ähneln denen in Bakterien (oder sogar denen von bakteriellen Viren) mehr als den eukaryotischen Analogen. Trotz der Komplexität des Systems, das zur Aufrechterhaltung unabhängiger Organellgenome erforderlich ist, codiert das Kerngenom die überwiegende Mehrheit der mitochondrialen Proteine, einschließlich der Enzyme, die für die Expression des Genoms in den meisten Arten erforderlich sind. Das Chloroplastengenom ist größer als das der Mitochondrien und codiert mehrere Enzyme, die an der Transkription und Translation beteiligt sind, trotzdem werden typischerweise mehr als 95 % der Chloroplastenproteine im Kerngenom codiert.

14.5.2 Im Laufe der Zeit haben Mitochondrien und Chloroplasten mittels Gentransfer die meisten ihrer Gene in den Kern exportiert

Die Art der im Kern der Zelle vorliegenden Organell-Gene, beweist, dass im Verlauf der Eukaryotenentwicklung ein ausgiebiger Austausch von Genen zwischen Organell- und Kern-DNA stattgefunden hat. Jeder erfolgreiche *Gentransfer* dieser Art ist erwartungsgemäß sehr schwierig, weil sich ein aus der DNA eines Organells entferntes Gen ändern muss, um sich an die Anforderungen der Transkription im Kern und der Translation im Cytoplasma anzupassen. Außerdem muss das synthetisierte Protein eine Signalsequenz erwerben, sodass das Protein nach seiner Synthese im Cytosol an das richtige Organell geliefert werden kann (s. Kapitel 12). Aus einem Vergleich der Gene in den Mitochondrien verschiedener Organismen kann man ableiten, dass einige dieser Gentransfers in den Kern erst vor relativ kurzer Zeit stattgefunden haben. Die kleinsten und vermutlich höchst entwickelten Genome der Mitochondrien codieren z.B. nur für wenige hydrophobe Proteine der inneren Membran, die an Elektronentransportreaktionen beteiligt sind, und außerdem noch für ribosomale RNAs (rRNAs) und manche Transfer-RNAs (tRNAs). Andere Mitochondrien-Genome, die sich eine stärkere Komplexität erhalten haben, enthalten die gleiche Untergruppe von Genen, zusätzlich aber auch noch andere (**Abb. 14.58**). Die

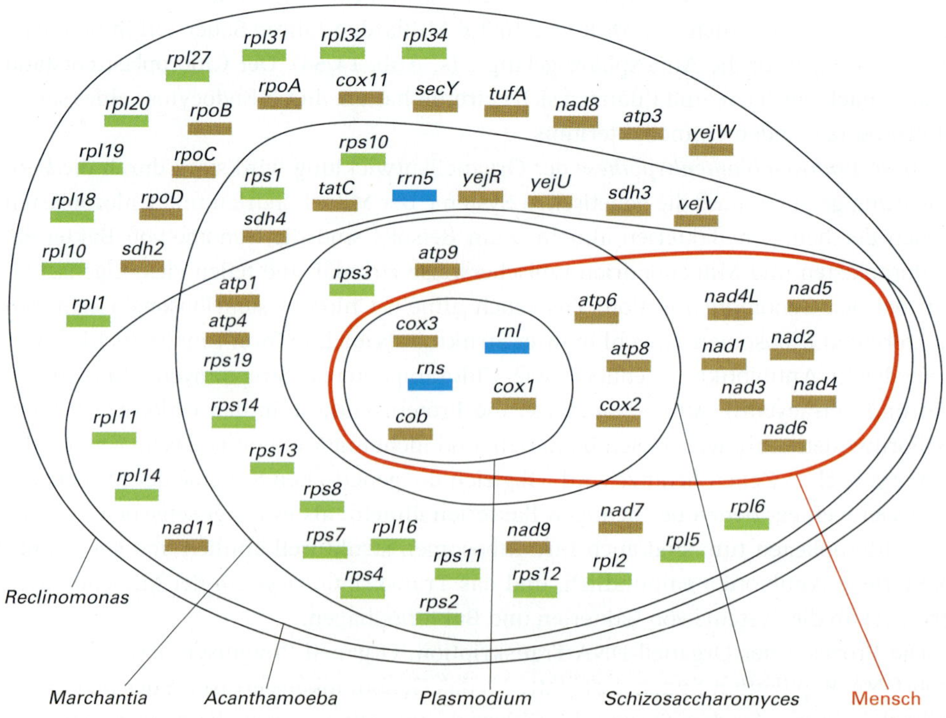

Abb. 14.58 Vergleich von mitochondrialen Genomen. Weniger komplexe mitochondriale Genome enthalten Teilmengen der Gene, die man in größeren mitochondrialen Genomen findet. Selbst die kleinsten mitochondrialen Genome enthalten Gene, die für Atmungskettenproteine und ribosomale RNAs codieren. Bei dem gezeigten Vergleich gibt es nur fünf Gene, die von allen sechs mitochondrialen Genomen gemeinsam benutzt werden. Sie codieren für ribosomale RNAs (rns und rnl), Cytochrom *b* (cob) und zwei Cytochrom-Oxidase-Untereinheiten (cox1 und cox3). Ribosomale RNA ist *blau* markiert, ribosomale Proteine sind *grün*, während Komponenten der Atmungskette und andere Proteine *braun* dargestellt sind. (Verändert nach M. W. Gray et al., *Science* 283: 1476–1481, 1999).

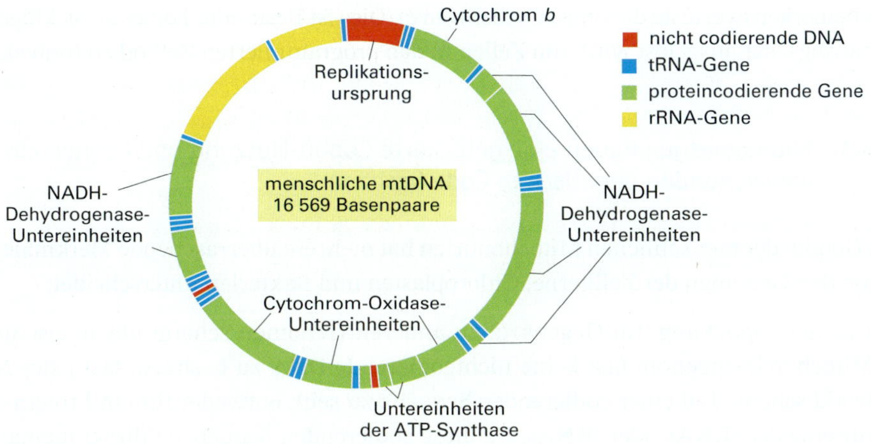

Abb. 14.59 Die Organisation des mitochondrialen Genoms des Menschen. Das mitochondriale Genom des Menschen mit ≈ 16 000 Nukleotidpaaren enthält zwei rRNA-Gene, 22 tRNA-Gene und dreizehn proteincodierende Sequenzen. Es gibt zwei Promotoren für die Transkription, einen für jeden Strang der mitochondrialen DNA (mtDNA). Die DNAs vieler anderer mitochondrialer Genome von Tieren sind komplett sequenziert worden. Die meisten dieser mitochondrialen DNAs codieren für genau die gleichen Gene wie beim Menschen, mit einer Genreihenfolge, die für alle Tiere von den Fischen bis zu den Säugern identisch ist.

komplexesten Mitochondrien-Genome beinhalten Gene, die für Komponenten des mitochondrialen genetischen Systems codieren, wie die RNA-Polymerase-Untereinheiten und ribosomale Proteine. Genau diese Gene findet man bei Hefen und allen tierischen Zellen im Zellkern. Die mitochondriale DNA des Menschen enthält nur dreizehn proteincodierende Gene (**Abb. 14.59**).

Die Proteine, die durch Gene in der Organell-DNA codiert werden, werden an Ribosomen im Organell synthetisiert, wobei im Organell hergestellte Messenger-RNA (mRNA) zum Einsatz kommt, um die Aminosäuresequenz festzulegen (**Abb. 14.60**). Der Proteinverkehr zwischen dem Cytosol und diesen Organellen scheint fast ausschließlich in eine Richtung abzulaufen: Proteinexport aus Mitochondrien oder Chloroplasten ins Cytosol ist selten. Eine wichtige Ausnahme tritt auf, wenn die Zelle im Begriff ist, die Apoptose einzuleiten. Wie wir noch ausführlich in Kapitel 18 darstellen werden, entlässt das Mitochondrium während der Apoptose Proteine aus dem Cristaraum durch die äußere Membran

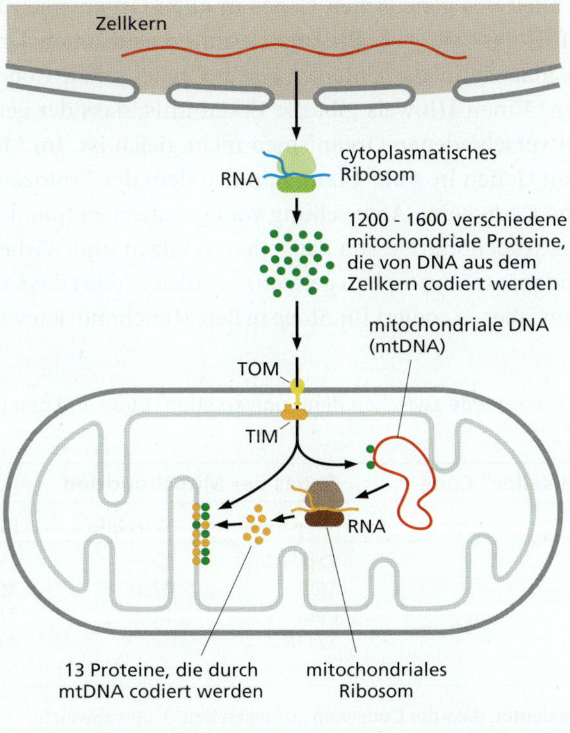

Abb. 14.60 Die Biogenese der Atmungskettenproteine in menschlichen Mitochondrien. Die meisten Proteinkomponenten (*dunkelgrüne Punkte*), die die mitochondriale Atmungskette bilden, werden von Kern-DNA codiert, während nur eine kleine Anzahl (*orangefarbene Punkte*) durch mitochondriale DNA (mtDNA) codiert wird. Die von mtDNA codierten Untereinheiten lagern sich mit den kerncodierten Untereinheiten zu einer funktionsfähigen Maschinerie für die oxidative Phosphorylierung zusammen. Die Transkription der mtDNA ergibt dreizehn mRNAs, die alle für Untereinheiten des oxidativen Phosphorylierungssystems codieren, und 24 RNAs (22 Transfer-RNAs und 2 ribosomale RNAs), die zur Translation dieser mRNAs an den mitochondrialen Ribosomen benötigt werden. Die durch Transkription von Kerngenen entstandenen mRNAs werden an cytoplasmatischen Ribosomen (*hellgrün*), die sich von den mitochondrialen Ribosomen (*braun*) unterscheiden, translatiert. Die kerncodierten mitochondrialen Proteine werden in die Mitochondrien durch Proteintranslokasen, die TOM (Translokase der äußeren Membran, engl. *translocase of the outer membrane*) und TIM (Translokase der inneren Membran, engl. *translocase of the inner membrane*) genannt werden (s. **Abb. 12.49**), importiert. Die importierten Proteine stellen den Hauptanteil der ca. 1200–1600 unterschiedlichen Proteine in Säugetier-Mitochondrien. Die kerncodierten mitochondrialen Proteine des Menschen beinhalten den Hauptteil der Bestandteile des oxidativen Phosphorylierungssystems, alle Proteine, die für die Expression und Bewahrung der mtDNA nötig sind, und die Proteine der mitochondrialen Ribosomen. (Verändert nach N. G. Larsson, *Annu. Rev. Biochem.* 79: 683–706, 2010).

(das bemerkenswerteste davon ist Cytochrom *c*). Dies ist Bestandteil eines ausgeklügelten Signalwegs, der ausgelöst wird, um Zellen in den programmierten Zelltod zu treiben.

14.5.3 Mitochondrien haben eine gelockerte Codon-Nutzung und können einen abweichenden genetischen Code besitzen

Das Genom der menschlichen Mitochondrien hat mehrere überraschende Merkmale, die es von den Genomen der Zellkerne, Chloroplasten und Bakterien unterscheidet:

1. *Dichte Genpackung.* Im Gegensatz zu anderen Genomen scheint das menschliche Mitochondriengenom fast keine nichtcodierende DNA zu besitzen; fast jedes Nukleotid scheint Teil einer codierenden Sequenz zu sein, entweder für ein Protein oder für eine der rRNAs oder tRNAs. Da diese codierenden Sequenzen direkt ineinander übergreifen, bleibt wenig Raum für Kontroll-DNA-Sequenzen. Die wenige im Mitochondriengenom des Menschen vorkommende nichtcodierende DNA befindet sich hauptsächlich am Replikationsursprung, der unverzichtbare Funktionen bei der Lenkung der Replikation und Kontrolle der Transkription besitzt.
2. *Gelockerte Codon-Nutzung.* Während im Cytosol und in den Chloroplasten 30 oder mehr tRNAs die Aminosäuren spezifizieren, werden nur 22 tRNAs für die Proteinsynthese in den Mitochondrien benötigt. Die normalen Codon–Anticodon-Paarungsregeln werden in den Mitochondrien lockerer gehandhabt, sodass jedes der vier Nukleotide an der dritten („Wobble"-)Position von vielen tRNA-Molekülen akzeptiert wird Eine solche „Zwei-aus-Drei"-Paarung erlaubt es einer tRNA, sich mit jedem der vier Codons zu paaren, und ermöglicht daher eine Proteinsynthese mit weniger tRNA-Molekülen.
3. *Abweichender genetischer Code.* Vielleicht am überraschendsten ist, dass der genetische Code unterschiedlich ist, wie sich aus Vergleichen der Gensequenzen der Mitochondrien mit den Sequenzen der Aminosäuren der entsprechenden Proteine zeigt: 4 der 64 Codons haben eine andere „Bedeutung" als die gleichen Codons in anderen Genomen (**Tab. 14.4**).

Die starke Ähnlichkeit des genetischen Codes in allen Organismen liefert einen deutlichen Beweis dafür, dass sie sich alle aus einem gemeinsamen Urahnen entwickelt haben. Wie kann man dann die Unterschiede im genetischen Code bei vielen Mitochondrien erklären? Einen Hinweis gibt die Erkenntnis, dass der genetische Code der Mitochondrien bei verschiedenen Organismen nicht gleich ist. Im Mitochondrium mit der größten Zahl an Genen in **Abb. 14.58**, nämlich dem des Protozoons *Reclinomonas*, zeigt der genetische Code keine Abweichung vom genetischen Standard-Code des Zellkerns. Doch in den Mitochondrien von Säugetieren, Pilzen und Wirbellosen wird UGA, sonst ein Stopp-Codon, als Tryptophan gelesen. Ähnlich codiert das Codon AGG normalerweise für Arginin, aber es codiert für *Stopp* in den Mitochondrien von Säugetieren und

Tab. 14.4 Einige Unterschiede zwischen dem „universellen" Code und den genetischen Codes der Mitochondrien.[a]

Codon	„universeller" Code	Codes der Mitochondrien			
		Säugetiere	Wirbellose	Pilze	Pflanzen
UGA[a]	STOP	*Trp*	*Trp*	*Trp*	STOP
AUA	Ile	*Met*	*Met*	*Met*	Ile
CUA	Leu	Leu	Leu	*Thr*	Leu
AGA	Arg	*STOP*	*Ser*	Arg	Arg
AGG					

[a] Rote Kursivschrift bedeutet, dass der Code vom „universellen" Code abweicht.

für Serin in den Mitochondrien von *Drosophila* (s. **Tab. 14.4**). Eine derartige Variation legt die Möglichkeit zufälliger Genverschiebungen im genetischen Code der Mitochondrien im Verlaufe der Evolution nahe. Vermutlich lässt die ungewöhnlich kleine Zahl von Proteinen, die durch das Genom des Mitochondriums codiert werden, eine gelegentliche Änderung in der Bedeutung eines seltenen Codons zu. Dagegen würde eine solche Änderung in einem größeren Genom die Funktion vieler Proteine ändern und somit die Zelle zerstören.

Interessanterweise werden in vielen Spezies eine oder zwei tRNAs für die Mitochondrien-Proteinsynthese im Kern codiert. Einige Parasiten, z.B. die Trypanosomen, haben keine tRNA-Gene in ihrer Mitochondrien-DNA behalten. Stattdessen werden die benötigten tRNAs im Cytosol hergestellt und werden – so nimmt man an – durch spezielle tRNA-Translokasen, die noch wenig charakterisiert sind, sich aber von denen des Mitochondrien–Protein-Importsystems unterscheiden, in das Mitochondrium importiert.

14.5.4 Chloroplasten und Bakterien besitzen viele auffällige Ähnlichkeiten

Die Größe der Chloroplastengenome der Landpflanzen reicht von 70 000 bis 200 000 Basenpaare. Von den vielen hundert bereits sequenzierten Chloroplastengenomen sind viele, sogar solche von entfernt verwandten Pflanzen (wie Tabak und Lebermoos), überraschend ähnlich, und sogar jene von Grünalgen sind nahe verwandt (**Abb. 14.61**). Chloroplasten-Gene sind an drei Grundvorgängen beteiligt: Transkription, Translation und Photosynthese. Die Chloroplastengenome von Pflanzen codieren üblicherweise für 80–90 Proteine und ungefähr 45 RNAs, einschließlich 37 oder mehr tRNAs. Wie in den Mitochondrien sind viele der im Organell codierten Proteine Teil von größeren Proteinkomplexen, die auch eine oder mehrere kerncodierte Untereinheiten enthalten, die aus dem Cytosol importiert werden.

Die Ähnlichkeiten zwischen den Genomen von Chloroplasten und Bakterien sind verblüffend. Grundlegende Regulationssequenzen wie Transkriptionspromotoren und -terminatoren sind nahezu identisch. Der bakterielle Ursprung der in Chloroplasten codierten Aminosäuresequenzen der Proteine ist eindeutig erkennbar. Mehrere Gencluster mit verwandten Funktionen (wie solche, die für ribosomale Proteine codieren) sind in

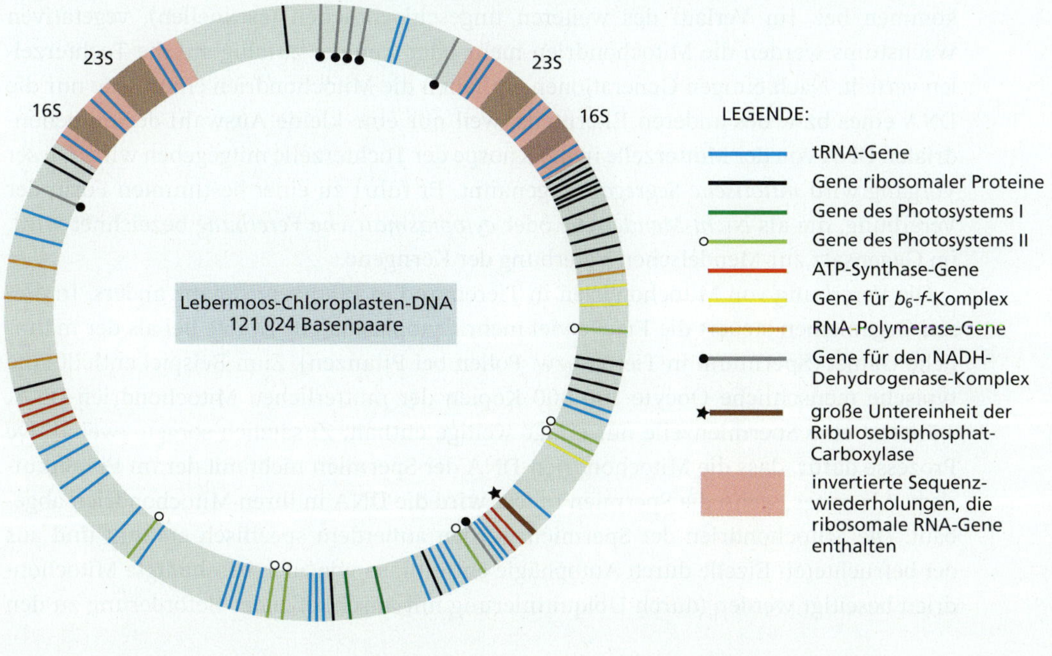

Abb. 14.61 Die Organisation des Lebermoos-Chloroplastengenoms. Die Organisation des Chloroplastengenoms ist in allen höheren Pflanzen ziemlich ähnlich, obgleich die Größe von Spezies zu Spezies variiert – das hängt davon ab, wie viel DNA, die die für die 16S- und 23S-ribosomalen Chlororplasten-RNAs codierenden Gene umgibt, in zwei Kopien vorhanden ist.

den Genomen von Chloroplasten, des Bakteriums *Escherichia coli* und der Cyanobakterien in der gleichen Weise organisiert.

Die Mechanismen, nach denen sich Chloroplasten und Bakterien teilen, ähneln sich ebenfalls. Beide verwenden *FtsZ*-Proteine, den Tubulinen verwandte, sich selbstorganisierende GTPasen (s. Kapitel 16). FtsZ der Bakterien ist ein lösliches Protein, das sich zu einem dynamischen Ring von an der Membran befestigten Protofilamenten unterhalb der Plasmamembran in der Mitte der sich teilenden Zelle zusammenlagert. Der FtsZ-Ring dient als Gerüst zur Rekrutierung anderer Proteine, die an der Zellteilung beteiligt sind, und erzeugt eine Zugkraft, die dafür sorgt, dass die Membran sich einschnürt und die Zelle sich schließlich teilt. Vermutlich teilen sich die Chloroplasten in sehr ähnlicher Weise.

Obwohl sowohl Mitochondrien als auch Chloroplasten membraninteragierende GTPasen verwenden, bestehen dennoch grundlegende Unterschiede zwischen den Mechanismen, nach denen sich beide teilen. Die Teilungsmaschinerie in Chloroplasten wirkt wie in Bakterien von innen, während die dynaminähnlichen GTPasen die Mitochondrien von außen teilen (s. **Abb. 14.8**). Die Chloroplasten haben sich in der Entwicklung weniger weit von ihrem bakteriellen Vorläufer entfernt, als dies bei den Mitochondrien der Fall ist. Denn bei der Teilung haben die Mitochondrien die eukaryotischen Mechanismen der Membranabschnürung und Vesikelbildung übernommen.

Die in den Chloroplasten vorkommende RNA-Editierung und RNA-Prozessierung verdanken die Chloroplasten ihren eukaryotischen Wirtszellen. Die RNA-Prozessierung beinhaltet die Bildung von Transkripten mit 5′- und 3′-Enden und die Spaltung von polycistronischen Transkripten. Außerdem wandelt der RNA-Editierungsvorgang spezifische C-Basen in U-Basen um und kann dadurch die durch das bearbeitete Codon festgelegte Aminosäuresequenz ändern. Diese und andere auf RNA basierende Vorgänge werden durch Proteinfamilien katalysiert, die man in Prokaryoten nicht findet.

14.5.5 Gene der Organellen werden bei Tieren und Pflanzen über die Mutter vererbt

Wenn sich bei *Saccharomyces cerevisiae* (Bäckerhefe) zwei haploide Zellen paaren, sind sie größenmäßig gleich und stellen der diploiden Zygote gleich große Mengen an mitochondrialer DNA zur Verfügung. Die mitochondriale Vererbung ist daher für Hefen *biparental*: Beide Eltern tragen gleichermaßen zum mitochondrialen Genpool der Nachkommen bei. Im Verlauf des weiteren ungeschlechtlichen (asexuellen), vegetativen Wachstums werden die Mitochondrien mehr oder weniger zufällig auf die Tochterzellen verteilt. Nach einigen Generationen enthalten die Mitochondrien einer Zelle nur die DNA eines bzw. des anderen Elternteils, weil nur eine kleine Auswahl der mitochondrialen DNA von der Mutterzelle in die Knospe der Tochterzelle mitgegeben wird. Dieser Vorgang wird *mitotische Segregation* genannt. Er führt zu einer bestimmten Form der Vererbung, die als *Nicht-Mendelsche* oder *cytoplasmatische Vererbung* bezeichnet wird, im Gegensatz zur Mendelschen Vererbung der Kerngene.

Die Vererbung von Mitochondrien in Tieren und in Pflanzen ist ganz anders. In diesen Organismen steuert die Eizelle viel mehr Cytoplasma zur Zygote bei als der männliche Gamet (Spermium in Tieren bzw. Pollen bei Pflanzen). Zum Beispiel enthält eine typische menschliche Oocyte 100 000 Kopien der mütterlichen Mitochondrien-DNA, während eine Spermienzelle nur einige wenige enthält. Zusätzlich sorgen zwei aktive Prozesse dafür, dass die Mitochondrien-DNA der Spermien nicht mit der im Ei konkurriert. Als erstes, wenn die Spermien reifen, wird die DNA in ihren Mitochondrien abgebaut. Die Mitochondrien der Spermien werden außerdem spezifisch erkannt und aus der befruchteten Eizelle durch Autophagie entfernt, so wie auch beschädigte Mitochondrien beseitigt werden (durch Ubiquitinierung mit anschließender Beförderung zu den

Lysosomen, in Kapitel 13 besprochen). Mithilfe dieser beiden Mechanismen ist die Vererbung der Mitochondrien sowohl in Tieren als auch in Pflanzen *uniparental*. Genauer gesagt, wird die DNA der Mitochondrien von einer Generation zur nächsten durch **mütterliche (maternale) Vererbung** weitergegeben.

Bei ungefähr zwei Dritteln der Höheren Pflanzen schaffen es die Vorstufen der Chloroplasten vom väterlichen Elternteil (enthalten in den Pollenkörnern) nicht, in die Zygote zu gelangen, sodass sowohl die DNA der Chloroplasten als auch die der Mitochondrien mütterlicherseits vererbt werden. In anderen Pflanzen gelangen die Vorstufen der Chloroplasten aus den Pollenkörnern in die Zygote, sodass hier die Chloroplastenvererbung biparental ist. Bei solchen Pflanzen sind fehlerhafte Chloroplasten eine Ursache für die sogenannte Variegation (Panaschierung, Buntscheckigkeit): Ein Gemisch aus normalen und fehlerhaften Chloroplasten in einer Zygote kann sich durch mitotische Segregation während des Pflanzenwuchses und der Pflanzenentwicklung verteilen und dabei sich abwechselnde grüne und weiße Flecken auf den Blättern erzeugen. Die Blattzellen in den grünen Flecken enthalten normale Chloroplasten, während jene in den weißen Flecken defekte Chloroplasten enthalten (**Abb. 14.62**).

Abb. 14.62 Ein panaschiertes Blatt. In den weißen Flecken haben die Pflanzenzellen einen defekten Chloroplasten geerbt. (Mit freundlicher Genehmigung der John Innes Foundation).

14.5.6 Mutationen in der DNA der Mitochondrien können schwere Erbkrankheiten verursachen

Mitochondrien sind Wunderwerke der Effizienz bei der Energieumwandlung und sie versorgen die Zellen unseres Körpers mit einer leicht verfügbaren Energiequelle in Form von ATP. Außerdem üben sie entscheidende Funktionen im Metabolismus und bei der Signalweiterleitung aus. Doch dieselben Wunderwerk-Mechanismen, die diese lebenswichtigen Funktionen ermöglichen, sind auch die Hauptquelle für reaktive Sauerstoffspezies (engl. *reactive oxygen species*, ROS) wie H_2O_2, Superoxid oder Hydroxylradikale. Diese schädigenden Stoffe tragen zur unvermeidbaren Anhäufung von oft beobachteten Deletionen und Punktmutationen in mitochondrialer DNA bei.

Da die DNA-Replikations- und -Reparatursysteme in Mitochondrien weniger komplex sind, werden solche Unfälle seltener korrigiert. Das bedeutet ein 100-fach höheres Auftreten von Deletionen und Punktmutationen als in der Kern-DNA. Mathematische Modelle deuten darauf hin, dass die meisten Mutationen und Läsionen in der Kindheit oder dem frühen Erwachsenenalter erworben werden und sich durch *klonale Expansion* im späteren Leben vermehren. Durch die mitotische Segregation werden manche Zellen höhere Mengen fehlerhafter mitochondrialer DNA anreichern als andere und eine beeinträchtigte Stoffwechselfunktion aufweisen. In seltenen Fällen werden diese Mutationen an die Nachkommenschaft weitergegeben.

Beim Menschen wird, wie wir bereits erklärt haben, die gesamte mitochondriale DNA in einer befruchteten Eizelle von der Mutter geerbt. Einige Mütter tragen eine gemischte Population von sowohl mutierten als auch normalen mitochondrialen Genomen (**Abb. 14.63**). Ihre Töchter und Söhne erben typischerweise diese Mischung aus normaler und mutierter mitochondrialer DNA, obwohl Eizellen (und damit Kinder) häufig einen höheren oder niedrigeren Anteil an mutierter mitochondrialer DNA aufweisen. Erhält das Kind einen geringen Anteil an mutierter DNA, wird es gesund sein, es sei denn, der Prozess der mitotischen Segregation führt zu einer Anreicherung von defekten Mitochondrien in einem bestimmten Gewebe.

Krankheiten, die durch Mutationen in der mitochondrialen DNA verursacht werden, sind klinisch daran erkennbar, dass sie von den betroffenen Müttern sowohl auf ihre Töchter als auch auf ihre Söhne weitergegeben werden, wobei die Töchter, nicht aber die Söhne, die Krankheit an ihre Kinder vererben. Wie aufgrund der zufälligen Trennung in der Mitose zu erwarten, variieren die Symptome dieser Krankheiten zwischen den

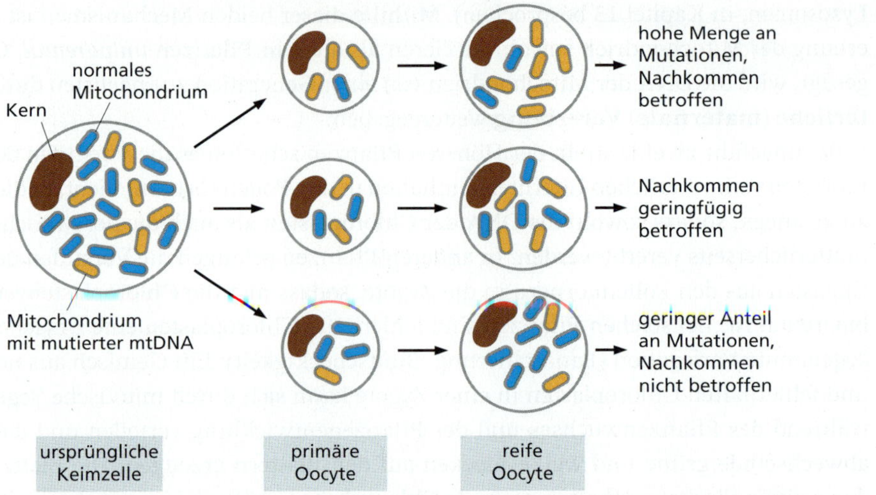

Abb. 14.63 Mitochondriale DNA-Mutationen und Vererbung. Wenn eine Urkeimzelle eine gemischte Population von normaler und mutierter mtDNA trägt, werden diese Genome zufällig auf primäre Eizellen verteilt, wo sie während des Reifungsprozesses der Eizelle repliziert werden. Diejenigen Oozyten, die einen höheren Anteil mit mutierter mtDNA erben, führen zu Nachkommen, die mit größerer Wahrscheinlichkeit an einer mitochondrialen Krankheit leiden. Diejenigen, die einen geringeren Anteil an mutierter mtDNA erben, sind mit größerer Wahrscheinlichkeit nicht betroffen. (Verändert nach R. W. Taylor und D. M. Turnbull, *Nat. Rev. Genet.* 6(5): 389–402, 2005. Mit Erlaubnis von Nature).

einzelnen Familienmitgliedern stark – nicht nur hinsichtlich der Schwere und des Alters des Ausbruchs, sondern auch, welches Gewebe betroffen ist. Muskeln und das Nervensystem sind die häufigsten Körpersysteme, die von mitochondrialen Erkrankungen betroffen sind. Dies liegt wahrscheinlich daran, dass sie einen besonders hohen Bedarf an ATP haben. Es gibt auch mitochondriale Erkrankungen, die durch Mutationen in kerncodierten mitochondrialen Proteinen verursacht werden; diese Krankheiten werden auf die übliche Mendelsche Weise vererbt.

14.5.7 Warum leisten sich Mitochondrien und Chloroplasten ein eigenes aufwendiges System für DNA-Transkription und Translation?

Warum brauchen Mitochondrien und Chloroplasten ihre eigenen separaten genetischen Systeme, andere Organellen wie Peroxisomen und Lysosomen, die sich im selben Cytoplasma aufhalten, dagegen nicht? Die Frage ist nicht trivial, da die Aufrechterhaltung eines separaten genetischen Systems zunächst nicht ökonomisch ist: Mehr als 90 Proteine – einschließlich vieler ribosomaler Proteine, Aminoacyl-tRNA-Synthetasen, DNA- und RNA-Polymerasen sowie RNA-prozessierende und RNA-modifizierende Enzyme – müssen durch Kerngene spezifisch zu diesem Zweck codiert werden. Wie wir gesehen haben, birgt das mitochondriale genetische System auch das Risiko für Krankheiten in sich.

Die Art der von den Organellgenomen codierten Proteine stellt eine zusätzliche Ebene der Komplexität bei der Aufrechterhaltung der verschiedenen Genome dar. Die überwiegende Mehrheit der von den Organellen codierten Proteine fungiert als Komponenten großer Komplexe, die auch Proteine enthalten, die im Kerngenom codiert sind, im Cytosol übersetzt werden und aus diesem importiert werden müssen. Daraus ergibt sich ein erheblicher Bedarf an Koordinierung zwischen den Genexpressionssystemen der beiden Genome und vermutlich auch eine erhebliche Belastung für die Qualitätskontrolle, wenn die Proteinhäufigkeit nicht perfekt übereinstimmt. Aus diesem und anderen Gründen haben sich Signalsysteme entwickelt, die die Transkription von Kerngenen als Reaktion auf Schäden und/oder andere Störungen der Funktion von Mitochondrien oder Chloroplasten regulieren.

Es wurden einige mögliche Gründe dafür, dass sich der Körper so eine aufwendige und möglicherweise gefährliche Anordnung leistet, vorgeschlagen. 1. Nichtribosomale Proteine, die durch die Organell-Gene codiert werden, sind in der Regel stark hydrophob. Dies dürfte ihre Herstellung im Cytoplasma und ihren Import aus dem Cytoplasma einfach zu kompliziert und energieaufwendig gestalten. Einige sehr hydrophobe Proteine werden allerdings im Cytosol hergestellt und importiert. 2. Die heutige Genomorganisation könnte ein Überbleibsel eines endosymbiontischen Konflikts aus alten Zeiten sein. In der heutigen Anordnung ist die Organellfunktion völlig von der koordinierten Expression beider Genome abhängig. Weder der Kern noch das Organell können diese kritischen Funktionen ohne die begleitende Antwort des jeweils anderen kontrollieren. 3. Es ist auch denkbar, dass die Evolution (und letztlich die Auslöschung) des genetischen Systems der Organellen noch andauert, aber bislang für die Zelle keine andere Möglichkeit existiert, als ein eigenes genetisches System für Gene im Kern, in den Mitochondrien und in den Chloroplasten bereitzustellen. Bis heute bleibt der Grund für die Bereitstellung verschiedener Organellgenome eine der interessantesten und wichtigsten unbeantworteten Fragen der Evolutionsbiologie.

Zusammenfassung

Mitochondrien sind Organellen, die es Eukaryoten erlauben, die oxidative Phosphorylierung durchzuführen, während Chloroplasten Organellen sind, die es Pflanzen ermöglichen, Photosynthese zu betreiben. Infolge ihrer prokaryotischen Herkunft erhält sich und reproduziert sich jedes Organell in einem genau abgestimmten Prozess, der die Beteiligung zweier getrennter genetischer Systeme erfordert – eines im Organell und das andere im Zellkern. Die erhebliche Mehrheit der Proteine in diesen Organellen wird durch Kern-DNA codiert, im Cytosol synthetisiert und dann einzeln in das Organell eingebracht. Andere Organellproteine und auch ribosomale Organell-RNAs und Organell-Transfer-RNAs werden durch Organell-DNA codiert und im Organell selbst synthetisiert.

Die Ribosomen der Chloroplasten ähneln sehr den bakteriellen Ribosomen, während der Ursprung der Ribosomen der Mitochondrien schwerer nachzuvollziehen ist. Weitgehende Ähnlichkeiten in den Proteinen jedoch legen nahe, dass beide Organellen aus Bakterien entstanden: ein Mitochondrium als eine proto-eukaryotische Archaeenzelle eine feste endosymbiontische Beziehung mit einem Bakterium, das über die Atmungskette verfügte, einging und ein Chloroplast als ein entfernter Nachfahre dieses „Ur-Eukaryoten" in eine stabile endosymbiontische Beziehung zu einem Cyanobakterium eintrat. Obgleich einige Gene dieser Ur-Bakterien immer noch in der Lage sind, Organellproteine und Organell-RNA herzustellen, sind die meisten inzwischen in das Zellgenom überführt worden, wo sie für bakterienähnliche Enzyme codieren, die an cytosolischen Ribosomen synthetisiert und dann in das Organell importiert werden. Dies birgt erhebliche Herausforderungen für die Koordination der Genexpression unter den verschiedenen Genomen. Außerdem besteht dadurch ein erhöhtes Risiko für Mutationen und Krankheiten.

Literatur

14 Allgemein

Cramer, W.A. und Knaff, D.B. (1990). *Energy Transduction in Biological Membranes: A Textbook of Bioenergetics*. New York: SpringerVerlag.

Mathews, C.K., van Holde, K.E. und Ahern, K.G. (2012). *Biochemistry*. 4th ed. San Francisco: Benjamin Cummings.

Nicholls, D.G. und Ferguson, S.J. (2013). *Bioenergetics*. 4th ed. New York: Academic Press.
Schatz, G. (2012). The fires of life. *Annu. Rev. Biochem.* 81: 34–59.

14.1 Das Mitochondrium

Ernster, L. und Schatz, G. (1981). Mitochondria: a historical review. *J. Cell Biol.* 91: 227–255.
Friedman, J.R. und Nunnari, J. (2014). Mitochondrial form and function. *Nature* 505: 335–343.
Mitchell, P. (1961). Coupling of phosphorylation to electron and hydrogen transfer by a chemiosmotic type of mechanism. *Nature* 191: 144–148.
Pebay-Peyroula, E. und Brandolin, G. (2004). Nucleotide exchange in mitochondria: insight at a molecular level. *Curr. Opin. Struct. Biol.* 14: 420–425.
Roger, A.J., Muñoz-Gómez, S.A. und Kamikawa, R. (2017). The origin and diversification of mitochondria. *Curr. Biol.* 27: 1177–1192.
Scheffler, I.E. (1999). *Mitochondria*. New York: Wiley-Liss.

14.2 Die Protonenpumpen der Elektronentransportkette

Althoff, T., Mills, D.J., Popot, J.L. et al. (2011). Arrangement of electron transport chain components in bovine mitochondrial supercomplex I1III2IV1. *EMBO J.* 30: 4652–4664.
Baradaran, R., Berrisford, J.M., Minhas, G.S. et al. (2013). Crystal structure of the entire respiratory complex I. *Nature* 494: 443–448.
Beinert, H., Holm, R.H. und Münck, E. (1997). Iron-sulfur clusters: nature's modular, multipurpose structures. *Science* 277: 653–659.
Berry, E.A., Guergova-Kuras, M., Huang, L.S. et al. (2000). Structure and function of cytochrome *bc* complexes. *Annu. Rev. Biochem.* 69: 1005–1075.
Brandt, U. (2006). Energy converting NADH: quinone oxidoreductase (complex I). *Annu. Rev. Biochem.* 75: 69–92.
Chance, B. und Williams, G.R. (1955). A method for the localization of sites for oxidative phosphorylation. *Nature* 176: 250–254.
Cooley, J.W. (2013). Protein conformational changes involved in the cytochrome *bc*1 complex catalytic cycle. *Biochim. Biophys. Acta* 1827: 1340–1345.
Efremov, R.G., Baradaran, R. und Sazanov, L.A. (2010). The architecture of respiratory complex I. *Nature* 465: 441–445.
Gottschalk, G. (1997). *Bacterial Metabolism*. 2nd ed. New York: Springer.
Gray, H.B. und Winkler, J.R. (1996). Electron transfer in proteins. *Annu. Rev. Biochem.* 65: 537–561.
Hirst, J. (2013). Mitochondrial complex I. *Annu. Rev. Biochem.* 82: 551–575.
Hongjun, Y., Schut, G.J., Haja, D. et al. (2021). Evolution of complex I-like respiratory complexes. *J. Biol. Chem.* 296 (100740): 1–10.
Hosler, J.P., Ferguson-Miller, S. und Mills, D.A. (2006). Energy transduction: proton transfer through the respiratory complexes. *Annu. Rev. Biochem.* 75: 165–187.
Hunte, C., Zickermann, V. und Brandt, U. (2010). Functional modules and structural basis of conformational coupling in mitochondrial complex I. *Science* 329: 448–451.
Kampjut, D. und Sazanov, L.A. (2020). The coupling mechanism of mammalian respiratory complex I. *Science* 370 (6516): eabc4209.
Keilin, D. (1966). *The History of Cell Respiration and Cytochromes*. Cambridge, UK: Cambridge University Press.
Rouault, T.A., Tracey, A. und Tong, W.H. (2008). Iron—sulfur cluster biogenesis and human disease. *Trends Genet.* 24: 398–407.
Trumpower, B.L. (2002). A concerted, alternating sites mechanism of ubiquinol oxidation by the dimeric cytochrome *bc1* complex. *Biochim. Biophys. Acta* 1555: 166–173.
Tsukihara, T., Aoyama, H., Yamashita, E. et al. (1996). The whole structure of the 13-subunit oxidized cytochrome *c* oxidase at 2.8 Å. *Science* 272: 1136–1144.

14.3 ATP-Produktion in Mitochondrien

Abrahams, J.P., Leslie, A.G., Lutter, R. et al. (1994). Structure at 2.8 Å resolution of F1-ATPase from bovine heart mitochondria. *Nature* 370: 621–628.

Berg, H.C. (2003). The rotary motor of bacterial flagella. *Annu. Rev.Biochem.* 72: 19–54.

Boyer, P.D. (1997). The ATP synthase—a splendid molecular machine. *Annu. Rev. Biochem.* 66: 717–749.

Meier, T., Polzer, P., Diederichs, K. et al. (2005). Structure of the rotor ring of F-type Na^+-ATPase from *Ilyobacter tartaricus*. *Science* 308: 659–662.

Stock, D., Gibbons, C., Arechaga, I. et al. (2000). The rotary mechanism of ATP synthase. *Curr. Opin. Struct. Biol.* 10: 672–679.

von Ballmoos, C., Wiedenmann, A. und Dimroth, P. (2009). Essentials for ATP synthesis by F1F0 ATP synthases. *Annu. Rev. Biochem.* 78: 649–672.

14.4 Chloroplasten und Photosynthese

Barber, J. (2013). Photosystem II: the water-splitting enzyme of photosynthesis. *Cold Spring Harb. Symp. Quant. Biol.* 77: 295–307.

Bassham, J.A. (1962). The path of carbon in photosynthesis. *Sci. Am.* 206: 89–100.

Blankenship, R.E. (2002). *Molecular Mechanisms of Photosynthesis.* Oxford, UK: Blackwell Scientific.

Blankenship, R.E. und Bauer, C.E. (eds.) (1995). *Anoxygenic Photosynthetic Bacteria.* Dordrecht: Kluwer.

Deisenhofer, J. und Michel, H. (1989). Nobel lecture. The photosynthetic reaction centre from the purple bacterium *Rhodopseudomonas viridis*. *EMBO J.* 8: 2149–2170.

De Las Rivas, J., Balsera, M. und Barber, J. (2004). Evolution of oxygenic photosynthesis: genome-wide analysis of the OEC extrinsic proteins. *Trends Plant Sci.* 9: 18–25.

Hohmann-Marriott, M.F. und Blankenship, R.E. (2011). Evolution of photosynthesis. *Annu. Rev. Plant Biol.* 62: 515–548.

Jordan, P., Fromme, P., Witt, H.T. et al. (2001). Three-dimensional structure of cyanobacterial *photosystem I* at 2.5 Å resolution. *Nature* 411: 909–917.

Kobayashi, K., Endo, K. und Wada, H. (2017). Specific distribution of phosphatidylglycerol to photosystem complexes in the thylakoid membrane. *Front. Plant Sci.* 8: 1991.

Kühlbrandt, W., Wang, D.N. und Fujiyoshi, Y. (1994). Atomic model of plant light-harvesting complex by electron crystallography. *Nature* 367: 614–621.

Lane, N. und Martin, W.F. (2012). The origin of membrane bioenergetics. *Cell* 151: 1406–1416.

Lyons, T.W., Reinhard, C.T. und Planavsky, N.J. (2014). The rise of oxygen in earth's early ocean and atmosphere. *Nature* 506: 307–315.

Nelson, N. und Ben-Shem, A. (2004). The complex architecture of oxygenic photosynthesis. *Nat. Rev. Mol. Cell Biol.* 5: 971–982.

Orgel, L.E. (1998). The origin of life—a review of facts and speculations. *Trends Biochem. Sci.* 23: 491–495.

Pyc, M., Cai, Y., Greer, M.S. et al. (2017). Turning over a new leaf in lipid droplet biology. *Trends Plant Sci.* 22: 596–609.

Tang, K.H., Tang, Y.J. und Blankenship, R.E. (2011). Carbon metabolic pathways in phototrophic bacteria and their broader evolutionary implications. *Front. Microbiol.* 2: 165.

Umena, Y., Kawakami, K., Shen, J.R. et al. (2011). Crystal structure of oxygen-evolving *Photosystem II* at a resolution of 1.9 Å. *Nature* 473: 55–60.

Vinyard, D.J., Ananyev, G.M. und Dismukes, G.C. (2013). *Photosystem II*: the reaction center of oxygenic photosynthesis. *Annu. Rev. Biochem.* 82: 577–606.

Yano, J., Kern, J., Sauer, K. et al. (2006). Where water is oxidized to dioxygen: structure of the photosynthetic Mn4Ca cluster. *Science* 314: 821–825.

Yoon, H.S. (2004). A molecular timeline for the origin of photosynthetic eukaryotes. *Mol. Biol. Evol.* 21: 809–818.

14.5 Die genetischen Systeme von Mitochondrien und Chloroplasten

Al Rawi, S., Louvet-Vallee, S.S., Djeddi, D. et al. (2011). Postfertilization autophagy of sperm organelles prevents paternal mitochondrial DNA transmission. *Science* 334: 1144–1147.

Anderson, S., Bankier, A.T., Barrell, B.G. et al. (1981). Sequence and organization of the human mitochondrial genome. *Nature* 290: 457–465.

Bendich, A.J. (2004). Circular chloroplast chromosomes: the grand illusion. *Plant Cell* 16: 1661–1666.

Birky, C.W. Jr (1995). Uniparental inheritance of mitochondrial and chloroplast genes: mechanisms and evolution. *Proc. Natl. Acad. Sci. USA* 92: 11331–11338.

Bullerwell, C.E. und Gray, M.W. (2004). Evolution of the mitochondrial genome: protist connections to animals, fungi and plants. *Curr. Opin. Microbiol.* 7: 528–534.

Chen, X.J. und Butow, R.A. (2005). The organization and inheritance of the mitochondrial genome. *Nat. Rev. Genet.* 6: 815–825.

Clayton, D.A. (2000). Vertebrate mitochondrial DNA—a circle of surprises. *Exp. Cell Res.* 255: 4–9.

Daley, D.O. und Whelan, J. (2005). Why genes persist in organelle genomes. *Genome Biol.* 6: 110.

de Duve, C. (2007). The origin of eukaryotes: a reappraisal. *Nat. Rev. Genet.* 8: 395–403.

Dyall, S.D., Brown, M.T. und Johnson, P.J. (2004). Ancient invasions: from endosymbionts to organelles. *Science* 304: 253–257.

Falkenberg, M., Larsson, N.G. und Gustafsson, C.M. (2007). DNA replication and transcription in mammalian mitochondria. *Annu. Rev. Biochem.* 76: 679–699.

Harel, A., Bromberg, Y., Falkowski, P.G. et al. (2014). Evolutionary history of redox metal-binding domains across the tree of life. *Proc. Natl. Acad. Sci. USA* 111: 7042–7047.

Hoppins, S., Lackner, L. und Nunnari, J. (2007). The machines that divide and fuse mitochondria. *Annu. Rev. Biochem.* 76: 751–780.

Larsson, N.G. (2010). Somatic mitochondrial DNA mutations in mammalian aging. *Annu. Rev. Biochem.* 79: 683–706.

Ma, H., Xu, H. und O'Farrell, P.H. (2014). Transmission of mitochondrial mutations and action of purifying selection in *Drosophila melanogaster*. *Nat. Genet.* 46: 393–397.

Neupert, W. und Herrmann, J.M. (2007). Translocation of proteins into mitochondria. *Annu. Rev. Biochem.* 76: 723–749.

Taylor, R.W., Barron, M.J., Borthwick, G.M. et al. (2003). Mitochondrial DNA mutations in human colonic crypt stem cells. *J. Clin. Invest.* 112: 1351–1360.

Wallace, D.C. (1999). Mitochondrial diseases in man and mouse. *Science* 283: 1482–1488.

Williams, T.A., Foster, P.G., Cox, C.J. et al. (2014). An archaeal origin of eukaryotes supports only two primary domains of life. *Nature* 504: 231–236.

15

Zellsignalübertragung

Kapitelinhalt

Wenn sich die Lage ändert, antworten Zellen darauf. Jede Zelle, vom einfachsten Bakterium bis zur kompliziertesten Eukaryotenzelle, beobachtet sowohl ihre innere als auch ihre äußere Umgebung, verarbeitet die Informationen, die sie dabei erhält, und antwortet entsprechend. Einzellige Organismen beispielsweise passen ihr Verhalten an das Nahrungsangebot bzw. das Vorhandensein von giftigen Stoffen in der Umgebung an. Die Zellen vielzelliger Organismen empfangen unzählige intra- und extrazelluläre Signale, die ihr Wachstum, ihre Teilung und Differenzierung während der Entwicklung und auch ihr Verhalten im reifen Gewebe kontrollieren, und antworten darauf. Das Zentrum all dieser Kommunikationssysteme bilden regulatorische Proteine, die chemische Signale generieren, die von einem Ort zum anderen innerhalb des Körpers oder der Zelle gesendet werden, und andere Proteine, die Signale erkennen und auf sie antworten, sie dabei oft mit anderen Signalen zusammen verarbeiten und weiterleiten, um eine entsprechende Antwort der Zelle hervorzurufen.

Untersuchungen der Zellsignalübertragung konzentrieren sich traditionell auf die Mechanismen, durch die eukaryotische Zellen miteinander über *extrazelluläre Signalmoleküle* (wie Hormone und Wachstumsfaktoren) kommunizieren. In diesem Kapitel werden wir die Eigenschaften einiger dieser Zell–Zell-Kommunikationssysteme erläutern und wir werden sie dazu verwenden, die allgemeinen Prinzipien zu verstehen, mit denen jedes regulatorische System innerhalb oder außerhalb der Zelle in der Lage ist, Signale zu senden, zu empfangen und darauf zu reagieren. Unser Hauptaugenmerk wird auf tierischen Zellen liegen, wir werden aber am Ende auf die speziellen Eigenheiten bei der Zellsignalübertragung bei Pflanzen eingehen.

15.1 Grundsätze der Zellsignalübertragung

Lange bevor Vielzeller die Erde bevölkerten, hatten Einzeller Mechanismen entwickelt, um auf chemische und physikalische Veränderungen in ihrer Umwelt zu reagieren. Dazu zählten nahezu sicher Mechanismen, um auf die Gegenwart anderer Zellen zu reagieren. Hinweise darauf ergeben sich aus Untersuchungen heutiger einzelliger Organismen wie z. B. Bakterien und Hefen. Obgleich diese Zellen hauptsächlich ein unabhängiges Leben führen, können sie miteinander kommunizieren und ihr Verhalten

Molekularbiologie der Zelle, 7. Auflage. Bruce Alberts, Rebecca Heald, Alexander Johnson, David Morgan, Martin Raff, Keith Roberts und Peter Walter.

gegenseitig beeinflussen. Viele Bakterien z. B. reagieren auf chemische Signale, die von ihren Nachbarn sezerniert werden und mit höherer Populationsdichte zunehmen. Dieser als *Quorum sensing* bezeichnete Vorgang ermöglicht es den Bakterien, ihr Verhalten zu koordinieren; dazu zählt auch ihre Beweglichkeit, Antibiotikaproduktion, Sporenbildung und sexuelle Konjugation. Entsprechend kommunizieren Hefezellen miteinander in Vorbereitung auf die geschlechtliche Fortpflanzung. Die Sprosshefe *Saccharomyces cerevisiae* liefert ein gut untersuchtes Beispiel: Wenn ein haploides Individuum bereit zur Paarung ist, sondert es ein Peptid, den sogenannten *Paarungsfaktor* (engl. *mating factor*) ab, der den Zellen des anderen Paarungstyps signalisiert, ihr Wachstum zu stoppen und sich zur Paarung bereitzumachen. Die darauffolgende Verschmelzung zweier haploider Zellen entgegengesetzten Paarungstyps lässt eine diploide Zygote entstehen.

Die interzelluläre Kommunikation erreichte während der Entwicklung vielzelliger Organismen einen erstaunlichen Grad an Komplexität. Diese Organismen sind eng verbundene Gesellschaften von Zellen, bei denen oft das Wohlergehen der einzelnen Zelle zum Wohle des ganzen Organismus zurückstehen muss. Die komplexen Systeme der interzellulären Kommunikation haben sich entwickelt, um ein Zusammenarbeiten und eine Koordination verschiedener Gewebe und Zelltypen zu ermöglichen. Verwirrende Anordnungen von Signalübertragungssystemen steuern jede denkbare Eigenschaft der Zell- und Gewebefunktion während der Entwicklung und im reifen Stadium.

Die Kommunikation zwischen Zellen wird hauptsächlich durch **extrazelluläre Signalmoleküle** vermittelt. Manche dieser Moleküle wirken über große Entfernungen und geben weit entfernten Zellen Signale; andere übermitteln Signale nur an direkte Nachbarzellen. Die meisten Zellen vielzelliger Organismen senden nicht nur Signale aus, sondern empfangen diese auch. Der Signalempfang hängt von *Rezeptorproteinen* ab, die gewöhnlich – aber nicht immer – auf der Zelloberfläche sitzen und das Signalmolekül binden. Durch die Bindung wird der Rezeptor aktiviert, der wiederum einen oder mehrere der *intrazellulären Signalwege* oder *-systeme* aktiviert. Diese Systeme hängen von *intrazellulären Signalproteinen* ab, die das Signal innerhalb der Empfängerzelle verarbeiten und es an die entsprechenden intrazellulären Ziele verteilen. Einige dieser Proteine produzieren kleine chemische Botenstoffe, die so genannten *Second Messengers*, die das Signal an andere signalgebende Proteine weiterleiten.

Die Ziele, die am Ende der Signalübertragungswege liegen, werden im Allgemeinen *Effektorproteine* genannt; sie werden auf bestimmte Art verändert, wenn das Signal ankommt, und setzen die passende Veränderung des Zellverhaltens in Gang. Je nach Signal und Beschaffenheit sowie Zustand der Empfängerzelle können diese Effektorproteine Transkriptionsregulatoren, Ionenkanäle, Komponenten eines Stoffwechselwegs oder Teile des Cytoskeletts sein (**Abb. 15.1**).

Die wesentlichen Eigenschaften der Zellsignalübertragung sind während der Evolution der Eukaryoten erhalten geblieben. In der Sprosshefe zum Beispiel hängt die Antwort auf Paarungsfaktoren von Zelloberflächenrezeptorproteinen und intrazellulären GTP-bindenden Proteinen sowie Proteinkinasen ab, die eindeutig mit funktionell ähnlichen Proteinen in tierischen Zellen verwandt sind. Genverdopplung und Gendivergenz führten bei Tieren im Vergleich zu den Hefen jedoch zu einer wesentlich verfeinerten Form der Signalsysteme. Beispielsweise enthält das menschliche Genom über 1500 Gene, die für Rezeptorproteine codieren, und die Anzahl der verschiedenen Rezeptorproteine wird durch alternatives RNA-Spleißen und posttranslationale Modifikationen noch weiter gesteigert.

15.1.1 Extrazelluläre Signale können über kurze, aber auch über lange Entfernungen wirken

Viele extrazelluläre Signalmoleküle bleiben mit der Oberfläche der signalisierenden Zelle verbunden und beeinflussen nur solche Zellen, mit denen sie in Kontakt sind

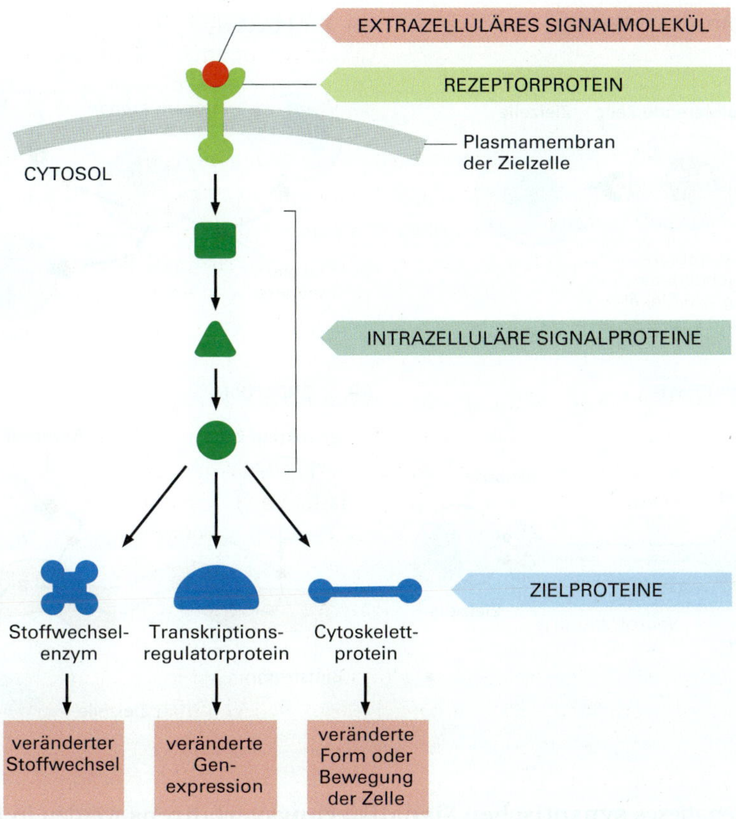

Abb. 15.1 Ein einfacher, durch ein extrazelluläres Signalmolekül aktivierter, intrazellulärer Signalweg. Das Signalmolekül bindet normalerweise an ein Rezeptorprotein, das in die Plasmamembran der Zielzelle eingebettet ist. Der Rezeptor aktiviert einen oder mehrere intrazelluläre Signalwege, an denen eine Reihe von Signalproteinen und kleinen chemischen Botenstoffen beteiligt ist. Schließlich verändern ein oder mehrere dieser intrazellulären Signalmoleküle die Aktivität eines Effektorproteins und damit das Verhalten der Zelle.

(Abb. 15.2a). Ein derartiges **kontaktabhängiges Signalisieren** ist besonders während der Entwicklung und bei Immunantworten von Bedeutung. Die kontaktabhängige Signalgebung während der Entwicklung kann manchmal über relativ weite Entfernungen funktionieren, wenn die kommunizierenden Zellen lange dünne Fortsätze ausbilden, damit die Zellen in Kontakt miteinander kommen.

Meistens sezernieren signalisierende Zellen jedoch Signalmoleküle in die extrazelluläre Flüssigkeit. Oft sind die sezernierten Signalmoleküle **lokale Mediatoren** (**Vermittler**), die nur auf Zellen in ihrer unmittelbaren Nachbarschaft wirken. Dies wird als **parakrines Signalisieren** bezeichnet (Abb. 15.2b). Bei der parakrinen Signalgebung gehören die signalisierenden Zellen und die Zielzellen gewöhnlich zu verschiedenen Zelltypen, aber Zellen können auch Signale erzeugen, auf die sie selbst reagieren: Man nennt dies *autokrines Signalisieren*. Beispielsweise senden Krebszellen oft extrazelluläre Signale aus, die ihr eigenes Überleben und ihre Proliferation stimulieren.

Große Vielzeller wie wir benötigen einen Signalmechanismus mit großer Reichweite, um das Zellverhalten in entfernten Körperteilen zu koordinieren. Deshalb haben sie Zelltypen für die interzelluläre Kommunikation über große Entfernungen entwickelt. Den höchsten Organisationsgrad unter diesen Spezialzellen haben die Nervenzellen. Das sind Neuronen, die typischerweise lang gestreckte, verzweigte Fortsätze aussenden (Axone), die ihnen die Möglichkeit geben, mit weit entfernten Zielzellen Kontakt aufzunehmen. Die Fortsätze enden an spezialisierten Stellen der Signalübertragung, den *chemischen Synapsen*. Im Falle einer Aktivierung des Neurons durch Signale von anderen Nervenzellen sendet das Neuron elektrische Impulse (Aktionspotenziale) in rascher Folge entlang seines Axons aus. Sobald der Impuls die Synapse am Axonende erreicht, regt er dort die Sekretion eines chemisches Signal an, das als **Neurotransmitter** wirkt. Die strikt organisierte Struktur der Synapse gewährleistet, dass der Neurotransmitter spezifisch an Rezeptoren auf der postsynaptischen Zielzelle geliefert wird (s. Abb. 15.2c).

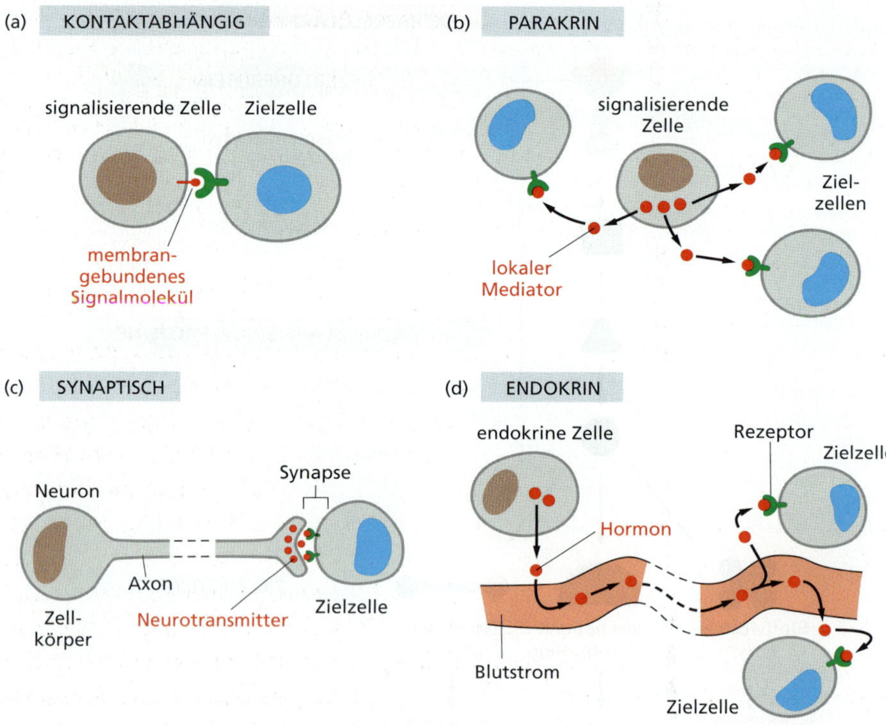

Abb. 15.2 Vier Formen des interzellulären Signalisierens. (a) Beim kontaktabhängigen Signalisieren müssen die Zellen im direkten Membran–Membran-Kontakt zueinander stehen. (b) Parakrines Signalisieren hängt von lokalen Mediatoren (örtlichen Vermittlern) ab, die in den extrazellulären Raum freigesetzt werden und auf Nachbarzellen einwirken. (c) Synaptisches Signalisieren wird von Neuronen ausgeführt, die Signale entlang ihrer Axone elektrisch übermitteln und an chemischen Synapsen Neurotransmitter freisetzen. Die Synapsen sind oft weit vom Zellkörper des Neurons entfernt. (d) Endokrines Signalisieren hängt von endokrinen Zellen ab, die Hormone in den Blutstrom ausscheiden. Diese werden dann weit über den Körper verteilt. Viele Signalmoleküle gleichen Typs werden beim parakrinen, synaptischen und endokrinen Signalisieren verwendet. Die entscheidenden Unterschiede liegen in der Geschwindigkeit und Selektivität, mit denen die Signale bei ihren Zielzellen abgeliefert werden.

Einzelheiten dieses **synaptischen Signalisierungsverfahrens** werden in Kapitel 11 besprochen.

Die **endokrine Zelle** hat eine ganz andere Strategie, um über weite Entfernungen Signale zu senden. Diese Zellen sondern ihre Signalmoleküle, die **Hormone**, in den Blutstrom ab. Das Blut transportiert die Moleküle über weite Strecken in viele Bereiche, sodass sie auf Zielzellen einwirken können, die irgendwo im Körper liegen können (**Abb. 15.2d**).

15.1.2 Extrazelluläre Signalmoleküle binden an spezifische Rezeptoren

Zellen in vielzelligen Tieren verständigen sich über hunderte Arten von extrazellulären Signalmolekülen. Diese beinhalten Proteine, kleine Peptide, Aminosäuren, Nukleotide, Steroide, Retinoide, Fettsäurederivate und sogar gelöste Gase wie Stickstoffmonoxid und Kohlenstoffmonoxid. Die meisten dieser Signalmoleküle werden von der signalisierenden Zelle durch Exocytose in den extrazellulären Raum sezerniert (in Kapitel 13 besprochen). Einige Signalmoleküle diffundieren jedoch durch die Plasmamembran der signalisierenden Zelle hindurch, während andere auf die Oberfläche der Zelle gebracht werden und mit ihr verbunden bleiben. Sie geben anderen Zellen nur dann ein Signal, wenn sie in Kontakt mit ihnen kommen. Für diese Art der Signalgebung könnten Transmembranproteine eingesetzt werden, obwohl in einigen Fällen ihre extrazellulären Domänen von der Oberfläche der signalisierenden Zelle durch proteolytische Spaltung freigesetzt werden und dann weiter entfernt zur Wirkung kommen.

Ungeachtet der Herkunft des Signals antwortet die *Zielzelle* mithilfe eines **Rezeptors**. Dieser bindet das Signalmolekül und ruft dann eine Antwort in der Zielzelle hervor. Die Bindungsstelle des Rezeptors hat eine komplizierte Struktur, die so geformt ist, dass sie die Signalmoleküle mit hoher Spezifität erkennt. Dies hilft sicherzustellen, dass der Rezeptor nur auf das richtige Signal und nicht auf viele andere Signalmoleküle, die sich um die Zelle herum befinden, reagiert. Viele Signalmoleküle wirken schon bei sehr

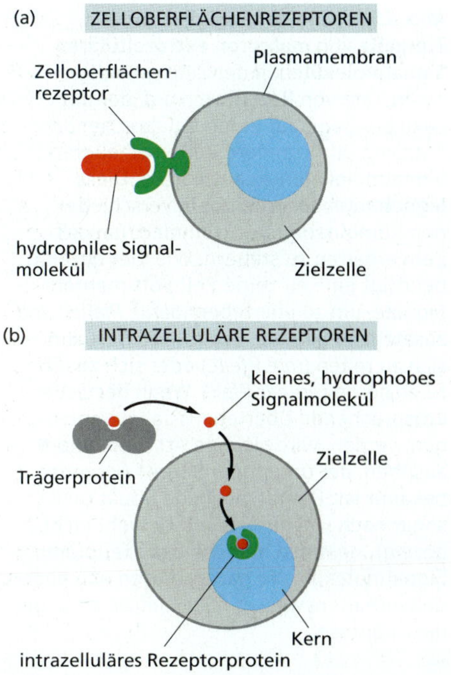

Abb. 15.3 Bindung extrazellulärer Signalmoleküle an Zelloberflächenrezeptoren oder an intrazelluläre Rezeptoren. (a) Die meisten Signalmoleküle sind hydrophil und können deshalb die Plasmamembran nicht direkt durchqueren. Stattdessen binden sie an Zelloberflächenrezeptoren, die wiederum Signale innerhalb der Zielzelle erzeugen (s. **Abb. 15.1**). (b) Einige kleine Signalmoleküle diffundieren dagegen durch die Plasmamembran und binden an Rezeptoren innerhalb der Zielzelle – entweder im Cytosol oder im Kern (wie hier gezeigt). Viele dieser kleinen Signalmoleküle sind hydrophob und in wässrigen Lösungen fast unlöslich. Sie werden deshalb im Blutstrom und in anderen extrazellulären Körperflüssigkeiten an Trägerproteine gebunden transportiert, von denen sie vor Eintritt in die Zielzelle abdissoziieren.

niedriger Konzentration (typisch sind $\leq 10^{-8}$ M). Die sie erkennenden Rezeptoren binden sie gewöhnlich mit hoher Affinität (Dissoziationskonstante $K_d \leq 10^{-8}$ M; s. **Abb. 3.42**).

Bei den Rezeptoren handelt es sich meistens um Transmembranproteine auf der Oberfläche der Zielzelle. Wenn diese Proteine ein extrazelluläres Signalmolekül (einen *Liganden*) binden, werden sie aktiviert und setzen eine Kaskade intrazellulärer Signale in Gang. Dadurch ändert sich das Zellverhalten. In anderen Fällen befinden sich die Rezeptorproteine innerhalb der Zielzelle. Um an sie zu binden, muss das Signalmolekül in die Zelle gelangen. Dazu muss es ausreichend klein und hydrophob sein, um durch die Plasmamembran der Zielzelle hindurchdiffundieren zu können (**Abb. 15.3**). Dieses Kapitel befasst sich hauptsächlich mit der Signalübertragung durch Oberflächenrezeptoren, aber wir werden später im Kapitel kurz die Signalübertragung durch intrazelluläre Rezeptoren erklären.

15.1.3 Jede Zelle ist auf die Beantwortung spezifischer Kombinationen extrazellulärer Signale programmiert

Eine typische Zelle in einem vielzelligen Organismus ist Hunderten von verschiedenen Signalmolekülen aus der Umgebung ausgesetzt. Die Moleküle können gelöst sein, an die extrazelluläre Matrix oder an die Oberfläche einer Nachbarzelle gebunden sein; sie können stimulierend oder hemmend sein; sie können in unzähligen verschiedenen Kombinationen wirken und sie können nahezu jeden Aspekt des Zellverhaltens beeinflussen. Die Zelle antwortet selektiv auf diesen Ansturm von Signalen, größtenteils dadurch, dass sie nur die Rezeptoren und intrazellulären Signalsysteme exprimiert, die auf die Signale antworten, die zur Regulation dieser Zelle benötigt werden.

Die meisten Zellen antworten auf viele verschiedene Signale aus der Umgebung, und einige dieser Signale können die Antwort auf andere Signale beeinflussen. Eine der wichtigen Herausforderungen in der Zellbiologie ist es herauszufinden, wie eine Zelle all diese Signalinformationen integriert, um Entscheidungen zu treffen – sich zu teilen, sich zu bewegen, sich zu differenzieren usw. Viele Zellen benötigen z. B. eine bestimmte Kombination von extrazellulären Überlebensfaktoren, um weiterleben zu können. Entzieht man einer Zelle diese Signale, aktiviert sie ein Selbstmordprogramm und bringt sich selbst um – gewöhnlich durch *Apoptose* (wie in Kapitel 18 behandelt). Die Zellvermehrung hängt oft von einer Kombination von Signalen ab, die sowohl die Zellteilung als auch das Überleben fördern, und auch von Signalen, die das Zellwachstum unterstützen (**Abb. 15.4**). Auf der anderen Seite benötigt die Differenzierung zu einem Zustand, in dem sich die Zelle nicht mehr teilt, der sogenannten *terminalen Differenzierung*, oft eine andere Kombination von Überlebens- und Differenzierungssignalen, die jegliche Signale zur Teilung außer Kraft setzen.

Ein Signalmolekül übt oft verschiedene Wirkungen auf verschiedene Zielzellen aus. Der Neurotransmitter Acetylcholin (**Abb. 15.5a**) erniedrigt z. B. die Geschwindigkeit des Absendens eines Aktionspotenzials in den Schrittmacherzellen des Herzens

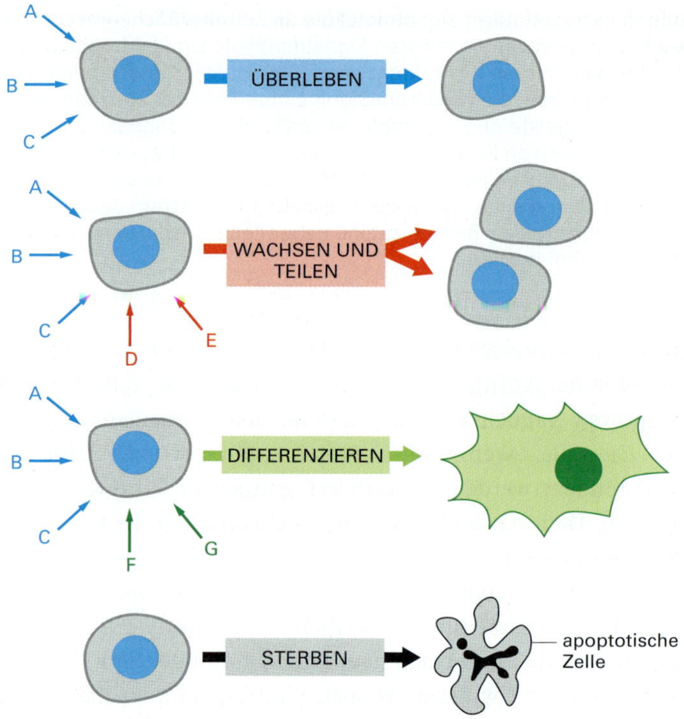

Abb. 15.4 Die Abhängigkeit einer Tierzelle von mehreren extrazellulären Signalmolekülen. Jeder Zelltyp weist einen Satz von Rezeptoren auf, der ihn dazu befähigt, auf einen entsprechenden Satz von durch andere Zellen erzeugten Signalmolekülen zu antworten. Diese Signalmoleküle arbeiten in verschiedenen Kombinationen zusammen, um das Zellverhalten zu steuern. Wie hier gezeigt, benötigt eine einzelne Zelle oft mehrere Signale, um zu überleben (*blaue Pfeile*), und zusätzliche Signale, um zu wachsen und sich zu teilen (*rote Pfeile*) oder sich zu differenzieren (*grüner Pfeil*). Wenn der Zelle entsprechende Überlebenssignale entzogen werden, wird sie eine Art Selbstmord ausüben, der unter dem Begriff Apoptose bekannt ist. Die tatsächliche Situation ist sogar noch viel komplexer. Obwohl nicht gezeigt, hemmen manche extrazellulären Signalmoleküle die dargestellten und andere Zellverhaltensweisen oder induzieren sogar die Apoptose.

(**Abb. 15.5b**) und stimuliert die Produktion von Speichel durch die Speicheldrüsenzellen (**Abb. 15.5c**). Dabei sind die Acetylcholinrezeptoren in beiden Zelltypen die gleichen. In Skelettmuskelzellen verursacht Acetylcholin die Kontraktion, indem es an einen anderen Acetylcholinrezeptor bindet (**Abb. 15.5d**). Die unterschiedlichen Wirkungen des Acetylcholins in diesen Zelltypen beruhen auf Unterschieden in den intrazellulären Signalproteinen, in den Effektorproteinen und den aktivierten Genen. Somit hat ein extrazelluläres Signal selbst wenig Informationsgehalt; es veranlasst die Zelle nur dazu, entsprechend ihrem vorbestimmten Zustand zu antworten. Dieser Zustand hängt

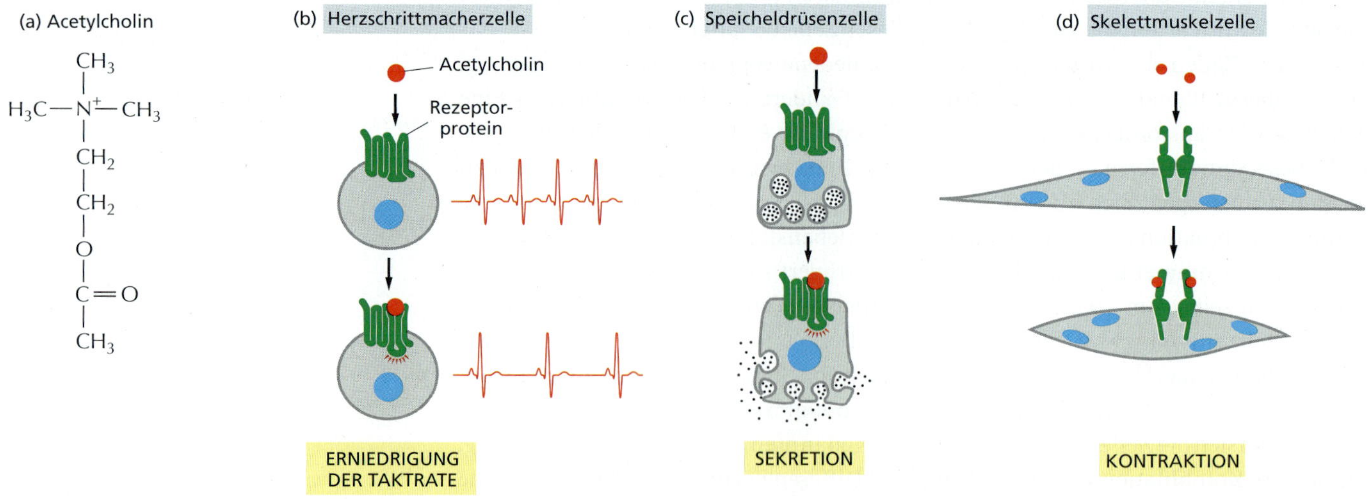

Abb. 15.5 Verschiedene vom Neurotransmitter Acetylcholin angeregte Antworten. (a) Die chemische Struktur von Acetylcholin. (b–d) Verschiedene Zelltypen sind darauf spezialisiert, auf Acetylcholin in verschiedener Weise zu antworten. In manchen Fällen (b und c) bindet Acetylcholin an die gleiche Art von Acetylcholinrezeptoren (ein G-Protein-gekoppelter Rezeptor, s. **Abb. 15.6**), aber die erzeugten intrazellulären Signale werden in den auf verschiedene Funktionen spezialisierten Zellen unterschiedlich interpretiert. In anderen Fällen (d) ist auch das Acetylcholinrezeptorprotein ein anderes (ein Ionenkanal-gekoppelter Rezeptor, s. **Abb. 15.6**).

von der Entwicklungsgeschichte der Zelle ab und von den spezifischen Genen, die sie exprimiert.

15.1.4 Es gibt drei Hauptklassen von Zelloberflächenrezeptorproteinen

Die meisten extrazellulären Signalmoleküle binden an spezifische Rezeptorproteine auf der Oberfläche der Zielzellen, auf die sie Einfluss nehmen, und gelangen nicht ins Cytosol oder den Zellkern. Diese Zelloberflächenrezeptorproteine wirken als *Signalwandler.* Sie wandeln ein extrazelluläres Ligandenbindungsereignis in intrazelluläre Signale um, die das Verhalten der Zielzelle verändern.

Die meisten Zelloberflächenrezeptorproteine gehören zu einer der drei Klassen, die durch den Umwandlungsmechanismus definiert sind, den sie nutzen. *Ionenkanal-gekoppelte Rezeptoren*, auch als *Transmitter* (bzw. *Liganden*)*-kontrollierte Ionenkanäle* oder *ionotrope Rezeptoren* bezeichnet, sind an einer schnellen synaptischen Signalweitergabe zwischen Nervenzellen und anderen elektrisch erregbaren Zielzellen wie Muskelzellen beteiligt (**Abb. 15.6a**). Diese Signalisierungsweise wird von einer kleinen Anzahl von Neurotransmittern vermittelt, die kurzzeitig einen Ionenkanal öffnen oder schließen, der von dem Protein gebildet wird, an das sie binden. Dadurch werden vorübergehend die Ionenpermeabilität der Plasmamembran und die Erregbarkeit der postsynaptischen Zielzelle geändert. Die meisten Ionenkanal-gekoppelten Rezeptoren

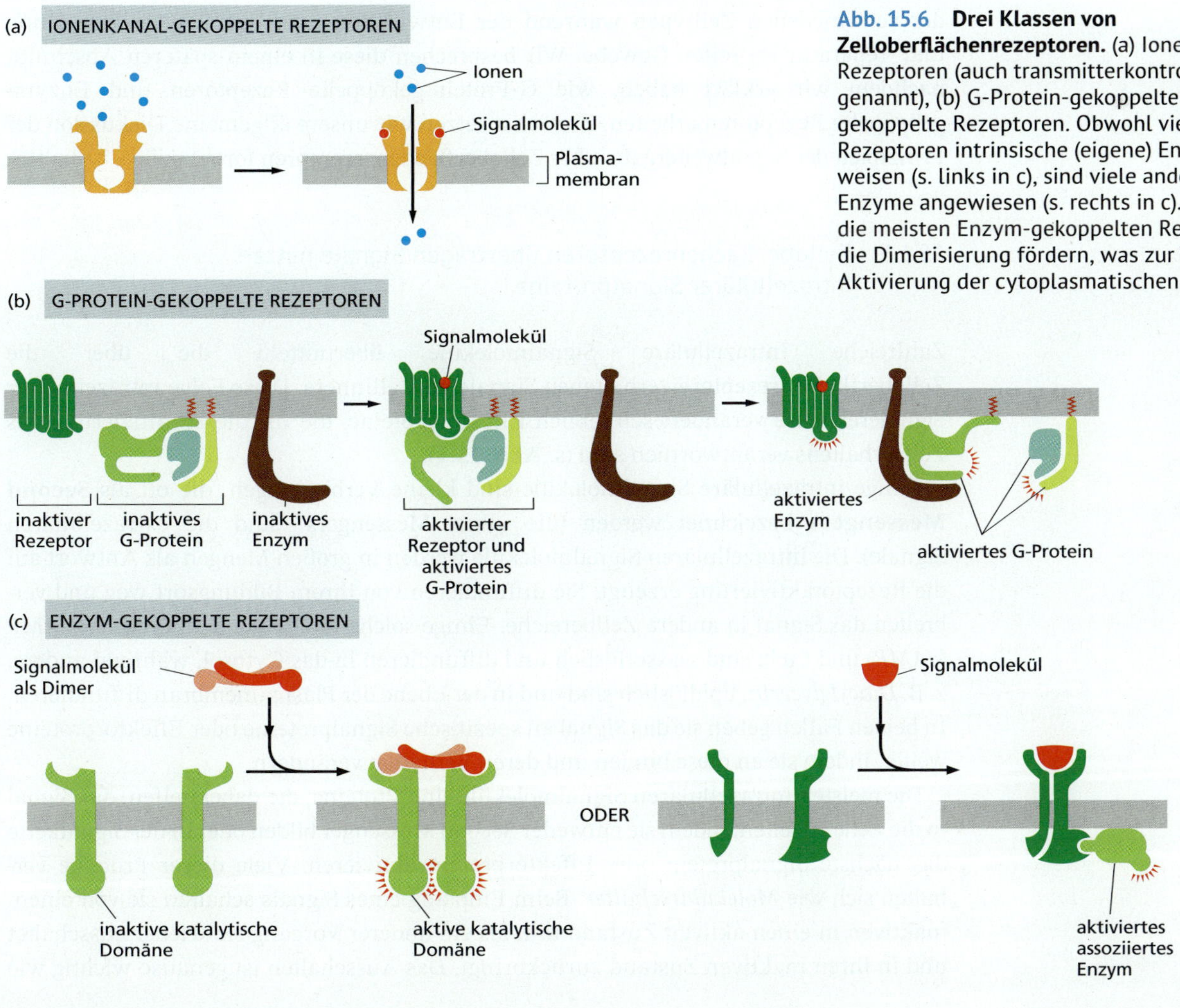

Abb. 15.6 Drei Klassen von Zelloberflächenrezeptoren. (a) Ionenkanal-gekoppelte Rezeptoren (auch transmitterkontrollierte Ionenkanäle genannt), (b) G-Protein-gekoppelte Rezeptoren, (c) Enzym-gekoppelte Rezeptoren. Obwohl viele Enzym-gekoppelte Rezeptoren intrinsische (eigene) Enzymaktivität aufweisen (s. links in c), sind viele andere auf assoziierte Enzyme angewiesen (s. rechts in c). Liganden aktivieren die meisten Enzym-gekoppelten Rezeptoren, indem sie die Dimerisierung fördern, was zur Wechselwirkung und Aktivierung der cytoplasmatischen Domänen führt.

gehören zu einer großen Familie homologer Mehrpfad-Transmembranproteine. Da sie in allen Einzelheiten im Kapitel 11 besprochen werden, werden wir sie hier nicht weiter behandeln.

G-Protein-gekoppelte Rezeptoren wirken indirekt, indem sie die Aktivität eines separaten, in die Plasmamembran eingebundenen Zielproteins regulieren. Dieses ist im Allgemeinen ein Enzym oder ein Ionenkanal. Die Wechselwirkung zwischen dem aktivierten Rezeptor und diesem Zielprotein wird durch ein *heterotrimeres GTP-bindendes Protein* (*G-Protein*) vermittelt (**Abb. 15.6b**). Die Aktivierung des Zielproteins kann die Konzentration eines oder mehrerer intrazellulärer Signalmoleküle ändern (wenn das Zielprotein ein Enzym ist) oder sie kann die Ionenpermeabilität der Plasmamembran ändern (wenn das Zielprotein ein Ionenkanal ist). Die kleinen intrazellulären Signalmoleküle bewirken wiederum die Änderung des Verhaltens von weiteren Signalproteinen in der Zelle.

Enzym-gekoppelte Rezeptoren wirken entweder als Enzyme oder verbinden sich direkt mit den Enzymen, die sie aktivieren (s. **Abb. 15.6c**). Sie sind gewöhnlich Einpfad-Transmembranproteine, die ihre Ligandenbindungsdomäne außerhalb der Zelle und ihre katalytische oder Enzymbindungsdomäne innerhalb der Zelle haben. Enzym-gekoppelte Rezeptoren sind in ihrer Struktur im Vergleich zu den beiden anderen Klassen heterogen. Die große Mehrheit sind jedoch Proteinkinasen oder sie assoziieren mit Proteinkinasen, die in der Zielzelle bestimmte Proteinsätze phosphorylieren, wenn sie aktiviert sind.

Es gibt noch einige Zelloberflächenrezeptoren, die in keine der oben genannten Klassen hineinpassen. Sie haben wichtige Kontrollfunktionen bei der Spezialisierung der verschiedenen Zelltypen während der Entwicklung und der Gewebserneuerung und -reparatur im reifen Gewebe. Wir besprechen diese in einem späteren Abschnitt, nachdem wir erklärt haben, wie G-Protein-gekoppelte Rezeptoren und Enzym-gekoppelte Rezeptoren arbeiten. Zunächst setzen wir unsere allgemeine Diskussion der Prinzipien der Signalweitergabe über Zelloberflächenrezeptoren fort.

15.1.5 Zelloberflächenrezeptoren übertragen Signale mittels intrazellulärer Signalproteine

Zahlreiche intrazelluläre Signalmoleküle übermitteln die über die Zelloberflächenrezeptoren erhaltenen Signale ins Zellinnere. Diese Folge intrazellulärer Signalereignisse verändert schließlich Effektorproteine, die für die Modifizierung des Zellverhaltens verantwortlich sind (s. **Abb. 15.1**).

Einige intrazelluläre Signalmoleküle sind kleine Verbindungen, die oft als **Second Messengers** bezeichnet werden (die „First Messengers“ sind die extrazellulären Signale). Die intrazellulären Signalmoleküle werden in großen Mengen als Antwort auf die Rezeptoraktivierung erzeugt. Sie diffundieren von ihrem Bildungsort weg und verbreiten das Signal in andere Zellbereiche. Einige solche Moleküle, z. B. *cyclisches AMP* (*cAMP*) und Ca^{2+}, sind wasserlöslich und diffundieren in das Cytosol, während andere, z. B. *Diacylglycerin*, lipidlöslich sind und in der Ebene der Plasmamembran diffundieren. In beiden Fällen geben sie das Signal an spezifische Signalproteine oder Effektorproteine weiter, indem sie an diese binden und deren Verhalten verändern.

Die meisten intrazellulären Signalmoleküle sind Proteine, die dabei helfen, das Signal in die Zelle zu leiten, indem sie entweder Second Messenger bilden oder in der Signalkette das nächste Signalprotein oder Effektorprotein aktivieren. Viele dieser Proteine verhalten sich wie *Molekularschalter*: Beim Empfang eines Signals schalten sie von einem inaktiven in einen aktiven Zustand um, bis ein anderer Vorgang sie wieder ausschaltet und in ihren inaktiven Zustand zurückbringt. Das Ausschalten ist genauso wichtig wie

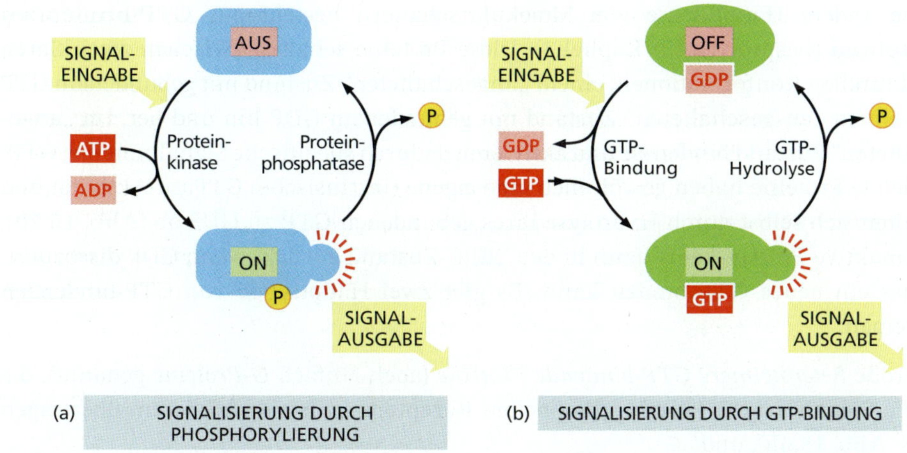

Abb. 15.7 Zwei Typen intrazellulärer Signalproteine, die als molekulare Schalter wirken. (a) Ein Phosphat aus dem ATP wird durch eine Proteinkinase kovalent an das Signalprotein angefügt, und eine Proteinphosphatase entfernt das Phosphat. Obgleich nicht gezeigt, werden viele Signalproteine durch Dephosphorylierung anstatt durch Phosphorylierung aktiviert. (b) Ein GTP-bindendes Protein wird angeregt, sein gebundenes GDP gegen GTP auszutauschen, wodurch das Protein aktiviert wird. Das Protein inaktiviert sich dann selbst, indem es sein gebundenes GTP zu GDP hydrolysiert.

das Einschalten. Soll nach Übermittlung eines Signals ein Signalweg für eine erneute Übermittlungsbereitschaft hergestellt werden, muss jedes aktivierte Molekül auf diesem Signalweg in seinen inaktiven Originalzustand zurückkehren.

Die größte Klasse der Molekularschalter besteht aus Proteinen, die durch **Phosphorylierung** aktiviert oder inaktiviert werden (in Kapitel 3 besprochen). Bei diesen Proteinen wird der Schalter durch eine **Proteinkinase**, die eine oder mehrere Phosphatgruppen an spezifische Aminosäuren des Signalproteins kovalent anhängt, in die eine Richtung und durch eine **Proteinphosphatase**, die die Phosphatgruppen vom Protein entfernt, in die andere Richtung umgelegt (**Abb. 15.7a**). Die Aktivität jedes durch Phosphorylierung regulierten Proteins hängt vom Gleichgewicht zwischen den Aktivitäten der Kinasen, die es phosphorylieren, und der Phosphatasen, die es dephosphorylieren, ab. Etwa 30–50 % der menschlichen Proteine enthalten kovalent verknüpftes Phosphat, und das menschliche Genom codiert für etwa 520 Proteinkinasen und etwa 150 Proteinphosphatasen. Eine typische Säugerzelle verwendet in jedem Moment Hunderte verschiedener Proteinkinasetypen.

Proteinkinasen hängen Phosphat an die Hydroxygruppe spezifischer Aminosäuren des Zielproteins an. Es gibt zwei Haupttypen von Proteinkinasen in eukaryotischen Zellen. Die große Mehrheit sind **Serin/Threonin-Kinasen**, die die Hydroxygruppen von Serin und Threonin in ihren Zielproteinen phosphorylieren. Die anderen sind die **Tyrosin-Kinasen**, die Proteine an Tyrosinen phosphorylieren. Tyrosin-Kinasen sind vor allem in mehrzelligen Tieren zu finden; in Hefe zum Beispiel gibt es diese Kinasen nicht.

Viele durch Phosphorylierung kontrollierte intrazelluläre Signalproteine sind selbst Proteinkinasen. Diese sind oft in **Kinasekaskaden** organisiert. In einer solchen Kaskade phosphoryliert eine durch Phosphorylierung aktivierte Proteinkinase die nächste Proteinkinase in der Reihe, und so fort. Dabei wird das Signal weitergeleitet und in manchen Fällen verstärkt oder auf andere Signalwege umgeleitet bzw. verbreitert.

Wie die Proteinkinasen werden auch die Proteinphosphatasen nach ihrer Spezifität für Serin/Threoninphosphat oder Tyrosinphosphat eingeteilt. Es gibt etwa 100 Protein-Tyrosin-Phosphatasen, die im menschlichen Genom codiert sind, darunter einige *dualspezifische Phosphatasen*, die auch Serine und Threonine dephosphorylieren.

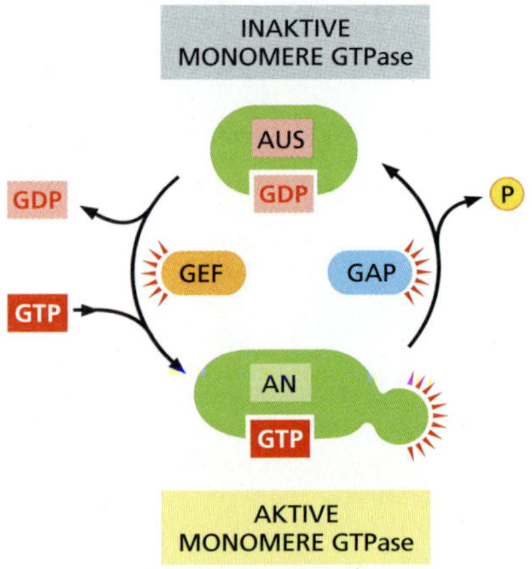

Abb. 15.8 Die Regulierung einer monomeren GTPase. GTPase-aktivierende Proteine (GAPs) inaktivieren das Protein, indem sie es zur Hydrolyse seines gebundenen GTP zu GDP anregen, das eng an die inaktivierte GTPase gebunden bleibt. Guanin-Nukleotid-Austauschfaktoren (GEFs, engl. *guanine nucleotide exchange factors*) aktivieren das inaktive Protein dadurch, dass sie es zur Freisetzung seines GDP anregen; da die GTP-Konzentration im Cytosol 10-mal höher ist als die GDP-Konzentration, bindet das Protein rasch GTP und wird dadurch aktiviert.

Die andere Hauptklasse von Molekularschaltern besteht aus **GTP-bindenden Proteinen** (besprochen in Kapitel 3). Diese Proteine schalten zwischen zwei klaren strukturellen Konformationen: einem „angeschalteten" Zustand mit gebundenem GTP und einem „ausgeschalteten" Zustand mit gebundenem GDP hin und her. Im „angeschalteten" Zustand binden sie und aktivieren dadurch spezifische Signalproteine. GTP-bindende Proteine haben gewöhnlich eine eigene (intrinsische) GTPase-Aktivität und schalten sich selbst durch Hydrolyse ihres gebundenen GTP zu GDP ab (Abb. 15.7b). Das inaktive Protein kehrt dann in den „Ein"-Zustand zurück, wenn GDP dissoziiert, sodass ein neues GTP binden kann. Es gibt zwei Haupttypen von GTP-bindenden Proteinen:

a) große *heterotrimere GTP-bindende Proteine* (auch einfach *G-Proteine* genannt), die die Signale von G-Protein-gekoppelten Rezeptoren, die sie aktivieren, übertragen (s. Abb. 15.6b), und
b) kleine **monomere GTPasen** (auch *monomere GTP-bindende Proteine* oder *kleine G-Proteine* genannt), die Signale von vielen Zelloberflächenrezeptorklassen weitergeben.

Bei den meisten GTP-bindenden Proteinen verlaufen der Inaktivierungsprozess (GTP-Hydrolyse zu GDP) und der Aktivierungsprozess (GDP-Dissoziation) in Abwesenheit anderer Proteine langsam. Innerhalb der Zelle werden regulatorische Proteine eingesetzt, um den einen oder anderen Prozess zu beschleunigen und so den Istzustand des GTP-bindenden Proteins zu beherrschen. **GTPase-aktivierende Proteine (GAPs)** steuern die Proteine in einen „Aus"-Zustand, indem sie die Hydrolysegeschwindigkeit des gebundenen GTP steigern. Umgekehrt aktivieren **Guanin-Nukleotid-Austauschfaktoren (GEFs**, engl. *Guanine nucleotide exchange factors*) GTP-bindende Proteine, indem sie die Freisetzung von gebundenem GDP fördern, sodass neues GTP binden kann. Im Fall von heterotrimeren G-Proteinen fungiert der aktivierte Rezeptor als GEF. Abb. 15.8 veranschaulicht die Regulation der monomeren GTPasen.

Nicht alle molekularen Schalter in Signalübertragungssystemen sind von der Phosphorylierung oder GTP-Bindung abhängig. Wir werden später sehen, dass manche Signalproteine durch die Bindung eines anderen Signalproteins oder durch einen Second Messenger wie z. B. cyclisches AMP oder Ca^{2+} oder durch kovalente Modifikationen, bei denen es sich nicht um Phosphorylierung oder Dephosphorylierung handelt, sondern beispielsweise um eine Ubiquitinierung (in Kapitel 3 behandelt), an- oder abgeschaltet werden.

Der Einfachheit halber stellen wir die Signalübertragungswege als eine Serie von Aktivierungsschritten dar (s. Abb. 15.1). Es ist wichtig zu erwähnen, dass jedoch die meisten Signalübertragungswege hemmende Schritte enthalten. Eine Abfolge von zwei hemmenden Schritten kann die gleiche Wirkung wie ein aktivierender Schritt haben (Abb. 15.9). Dieses Aktivierungsprogramm ist weit verbreitet in

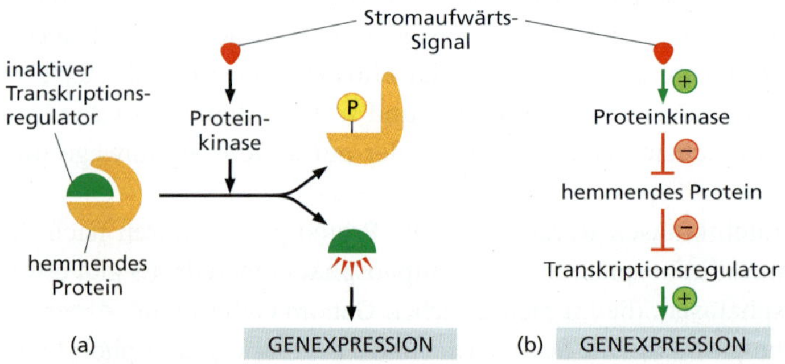

Abb. 15.9 Das Aufeinanderfolgen zweier inhibierender Signale kann ein positives Signal erzeugen. (a) In diesem einfachen Signalübertragungssystem verharrt ein Transkriptionsregulator durch die Bindung eines Hemmproteins in einem inaktiven Zustand. Als Antwort auf einige Stromaufwärts-Signale wird eine Proteinkinase aktiviert und phosphoryliert das Hemmprotein, wodurch dieses den Transkriptionsregulator loslässt, der dadurch die Genexpression aktivieren kann. (b) Dieser Signalübertragungsweg besteht aus einer Abfolge von vier Schritten, einschließlich der beiden aufeinanderfolgenden hemmenden Schritte, die einem einzigen Aktivierungsschritt entsprechen.

Signalübertragungssystemen, wie wir später im Kapitel noch sehen werden, wenn wir einzelne Signalwege besprechen.

15.1.6 Intrazelluläre Signale müssen in einem stark rauschenden Cytoplasma spezifisch und zuverlässig sein

In einem idealisierten Signalweg, so wie er in **Abb. 15.1** zu sehen ist, wechselwirkt das intrazelluläre Signalmolekül nur mit dem geeigneten Stromabwärts-Ziel. Ähnlich verhält es sich mit dem Ziel, das nur durch das richtige Stromaufwärts-Signal aktiviert werden sollte. In der Realität jedoch ist das Cytoplasma überfüllt mit eng verwandten Signalmolekülen, die eine Vielfalt zellulärer Vorgänge kontrollieren. Daher ist es unausweichlich, dass Signalmoleküle manchmal mit Molekülen aus anderen Signalübertragungswegen wechselwirken, sodass es zu einer ungewollten Kreuzkommunikation und Beeinflussung der Signalübertragungssysteme kommt. Wie bleibt ein Signal bei diesem Hintergrundrauschen stark und spezifisch?

Der Schlüssel zur Spezifität der Signalübertragung liegt in der hohen Affinität und Spezifität der Wechselwirkung zwischen den intrazellulären Signalmolekülen und ihren korrekten Partnern. Die Bindung eines Signalmoleküls an sein Ziel wird durch die eindeutige und aufwendige Wechselwirkung der sich gegenüberliegenden Oberflächen der beiden Moleküle bestimmt. Einige Proteinkinasen enthalten zum Beispiel Aktive Zentren, die eine spezifische Aminosäuresequenz um die Phosphorylierungsstelle des richtigen Zielproteins erkennen. Viele signalisierende Enzyme besitzen zusätzlich *Andockstellen* außerhalb ihrer Aktiven Zentren, die die spezifische und hoch affine Wechselwirkung mit der passenden Stelle auf dem Ziel unterstützen. Diese und verwandte Mechanismen gewährleisten eine starke und anhaltende Wechselwirkung zwischen den richtigen Partnern, sodass sie die Wahrscheinlichkeit erhöhen, dass ein Signal an das passende Ziel weitergegeben wird.

Die Spezifität von Signalsystemen hängt auch von Rauschfiltern ab, die unerwünschte Hintergrundsignale reduzieren oder entfernen. Nehmen wir zum Beispiel einen Signalübertragungsweg, bei dem eine Reaktion durch Phosphorylierung mehrerer Stellen auf einem Zielprotein ausgelöst wird. Innerhalb der Zelle können wir im Allgemeinen davon ausgehen, dass ein niedriges aber konstantes Niveau an Phosphataseaktivität vorhanden ist, um diese Phosphorylierungen zu entfernen. Daraus folgt, dass eine starke Reaktion nur möglich ist, wenn die entsprechende Proteinkinase eine hohe und anhaltende Aktivität erreicht, die ausreicht, um die entgegengesetzte Phosphataseaktivität zu überwinden. Wenn zufällig eine andere Proteinkinase kurzzeitig mit dem Zielprotein interagiert und die Phosphorylierung an einer oder zwei Stellen katalysiert, werden diese vom Phosphatase-Gegenspieler entfernt und es erfolgt keine Reaktion. Das schwache Hintergrundsignal wird dabei ignoriert.

Zellen in einer Population zeigen oft eine zufällige Verteilung der Konzentration oder Aktivität ihrer intrazellulären Signalmoleküle. Ähnlich verhält es sich mit einzelnen Molekülen in einer großen Menge von Molekülen: Sie weisen unterschiedliche Aktivität oder Wechselwirkungen mit anderen Molekülen auf. Die *Signalvariabilität* stellt noch eine weitere Form des Hintergrundrauschens dar, die die Klarheit und Effizienz des Signalisierens beeinträchtigen kann. Die meisten Signalübertragungssysteme erzeugen jedoch bemerkenswert zuverlässige und genaue Antworten, sogar wenn die Stromaufwärts-Signale schwankend oder einige Bestandteile des Systems außer Funktion sind. In einigen Fällen hängt die *Stabilität* vom Vorhandensein eines parallelen Mechanismus ab. Beispielsweise könnte ein Signal zwei parallele Wege verwenden, um ein einzelnes gemeinsames Stromabwärts-Zielprotein zu aktivieren. Damit würde die Antwort auch erfolgen, selbst wenn ein Weg versagt.

15.1.7 Intrazelluläre Signalübertragungskomplexe bilden sich an aktivierten Zelloberflächenrezeptoren

Eine einfache und effektive Strategie, die Spezifität der Wechselwirkung zwischen interazellulären Signalmolekülen zu verstärken und das Hintergrundrauschen zu reduzieren, liegt darin, die Moleküle im gleichen Teil der Zelle – oft innerhalb großer Proteinkomplexe – anzusiedeln, sodass die Wechselwirkung untereinander und nicht mit den falschen Partnern gefördert wird. Solche Mechanismen beinhalten oft **Gerüstproteine** (engl. ***scaffold proteins***), die Gruppen von interagierenden Signalproteinen in *Signalkomplexen* zusammenbringen, oft bevor ein Signal empfangen wurde (**Abb. 15.10a**). Da das Gerüst die Proteine in enger Narbarschaft hält, können sie mit hoher lokaler Konzentration wechselwirken und schnell, effektiv und spezifisch in Reaktion auf ein entsprechendes extrazelluläres Signal aktiviert werden. Überdies wird dadurch unerwünschte Kreuzkommunikation zwischen Signalwegen vermieden.

In anderen Fällen bilden sich solche Signalkomplexe nur vorübergehend als Antwort auf ein extrazelluläres Signal und bauen sich rasch wieder ab, wenn das Signal verschwindet. Sie versammeln sich oft um einen durch ein extrazelluläres Signalmolekül aktivierten Zelloberflächenrezeptor. Oftmals wird das cytoplasmatische Schwanzstück eines aktivierten Enzym-gekoppelten Rezeptors während des Aktivierungsvorgangs phosphoryliert. Die phosphorylierten Aminosäuren dienen dann als Andockstellen für den Aufbau weiterer Signalproteine (**Abb. 15.10b**). In wieder anderen Fällen führt eine Rezeptoraktivierung zur Bildung von modifizierten Phospholipidmolekülen (Phosphoinositide genannt) in benachbarten Bereichen der Plasmamembran. Diese Lipide rekrutieren dann spezifische, intrazelluläre Signalproteine in diese Membranregion, wo sie aktiviert werden (**Abb. 15.10c**).

15.1.8 Wechselwirkungen zwischen intrazellulären Signalproteinen werden durch modulare Bindungsdomänen vermittelt

Manchmal reicht es zur Aktivierung der intrazellulären Signalproteine aus, wenn sie einfach in enge Nachbarschaft gebracht werden. Diese *induzierte Nähe*, bei der ein Signal den Aufbau eines Signalkomplexes auslöst, dient gewöhnlich dazu, innerhalb eines Signalwegs Signale von Protein zu Protein weiterzugeben. Der Zusammenbau solcher Signalkomplexe hängt von verschiedenen hoch konservierten, kleinen **Wechselwirkungsdomänen** ab, die man bei vielen intrazellulären Signalproteinen findet. Jedes dieser kompakten Proteinmodule bindet an ein besonderes Strukturmotiv in einem anderen Protein oder Lipidmolekül. Das erkannte Motiv im wechselwirkenden Protein kann eine kurze Peptidsequenz sein, eine kovalente Modifikation (wie z. B. eine phosphorylierte Aminosäure) oder eine andere Proteindomäne. Die Verwendung modularer Wechselwirkungsdomänen hat wahrscheinlich die Entwicklung neuer Signalwege erleichtert; da eine neue Wechselwirkungsdomäne an vielen Stellen in ein Protein eingebracht werden kann, ohne die Faltung oder Funktion des Proteins zu stören, könnte eine neue Wechselwirkungsdomäne das Protein mit weiteren Signalwegen verbinden.

Es gibt viele Arten von Wechselwirkungsdomänen in Signalproteinen. *Src-Homologie 2 (SH2)-Domänen* und *Phosphotyrosin-bindende (PTB)-Domänen* binden z. B. an phosphorylierte Tyrosine in einer besonderen Peptidsequenz auf aktivierten Rezeptoren oder intrazellulären Signalproteinen. *Src-Homologie 3 (SH3)-Domänen* binden an eine kurze, prolinreiche Aminosäuresequenz. Manche *Pleckstrin-Homologie (PH)-Domänen* binden an die geladenen Kopfgruppen spezifischer Phosphoinositide, die sich in der Plasmamembran als Antwort auf ein extrazelluläres Signal bilden. Sie befähigen das Protein, dessen Teil sie sind, an die Membran anzudocken und mit anderen ähnlich

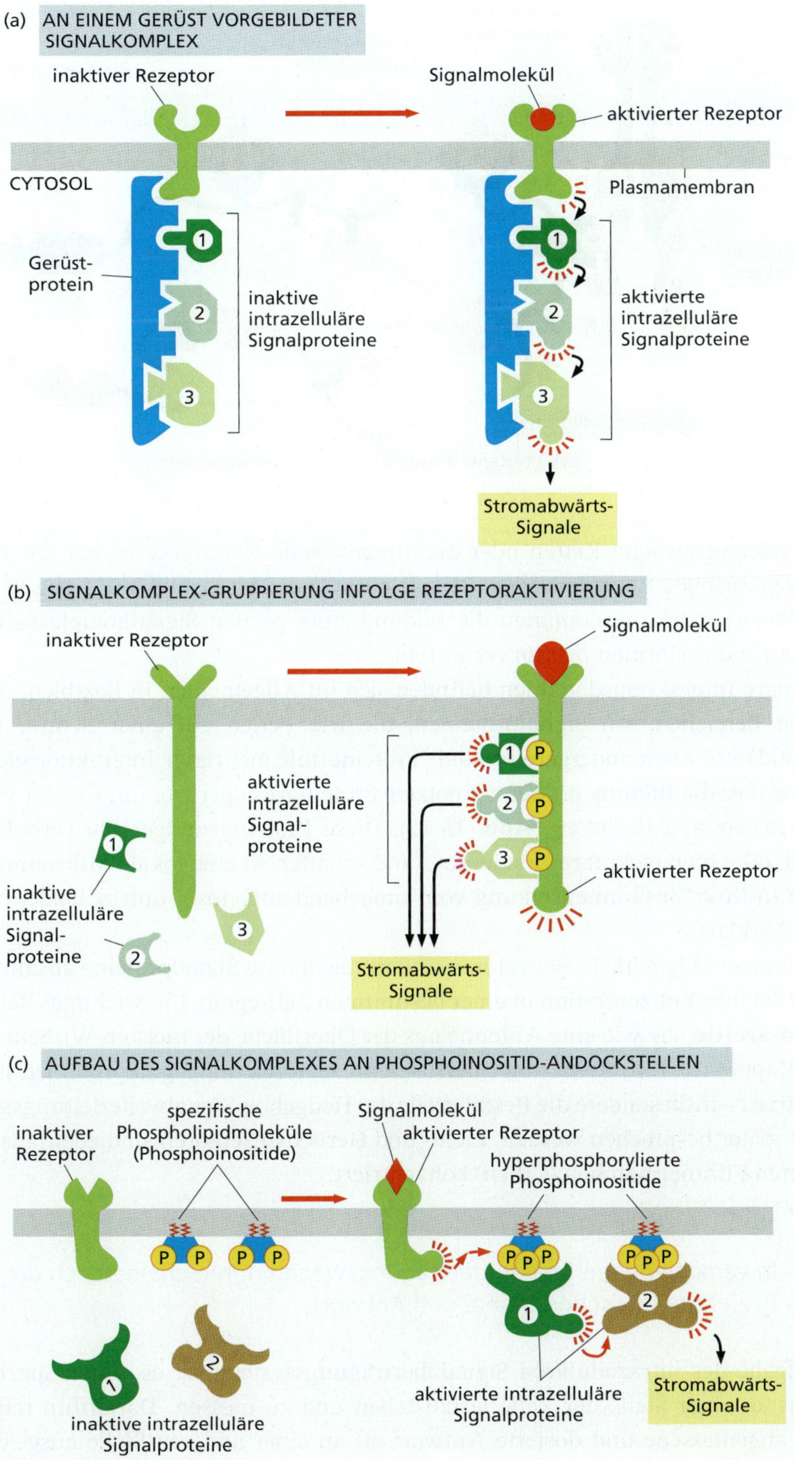

Abb. 15.10 Drei Typen intrazellulärer Signalkomplexe. (a) Ein Rezeptor und einige von ihm der Reihe nach zu aktivierende intrazelluläre Signalproteine sind in einem Signalkomplex durch ein großes Gerüstprotein auf dem inaktiven Rezeptor vorgruppiert worden. (b) Ein großer Signalkomplex hat sich vorübergehend gruppiert, nachdem ein Rezeptor durch Binden eines extrazellulären Signalmoleküls aktiviert worden ist. Hier autophosphoryliert sich der aktivierte Rezeptor selbst an mehreren Stellen, die dann als Andockstellen für intrazelluläre Signalproteine wirken. (c) Die Aktivierung eines Rezeptors führt zur verstärkten Phosphorylierung spezifischer Phospholipide (Phosphoinositide) in der benachbarten Plasmamembran, die dann als Andockstellen für spezifische intrazelluläre Signalproteine dienen; diese können nun miteinander in Wechselwirkung treten.

rekrutierten Signalproteinen zu interagieren (s. **Abb. 15.10c**). Einige Signalproteine bestehen nur aus zwei oder mehr Bindungsdomänen und fungieren einfach als **Adapter**, um in einem Signalweg zwei andere Proteine miteinander zu verbinden. Einige Adaptorproteine haben mehrere Interaktionsdomänen sowie eine eigene Aktivität zur Signalweiterleitung (s. **Abb. 15.12**).

Wechselwirkungsdomänen befähigen Signalproteine dazu, in mehrfachen spezifischen Kombinationen aneinander zu binden. Wie Lego®-Bausteine können die Proteine

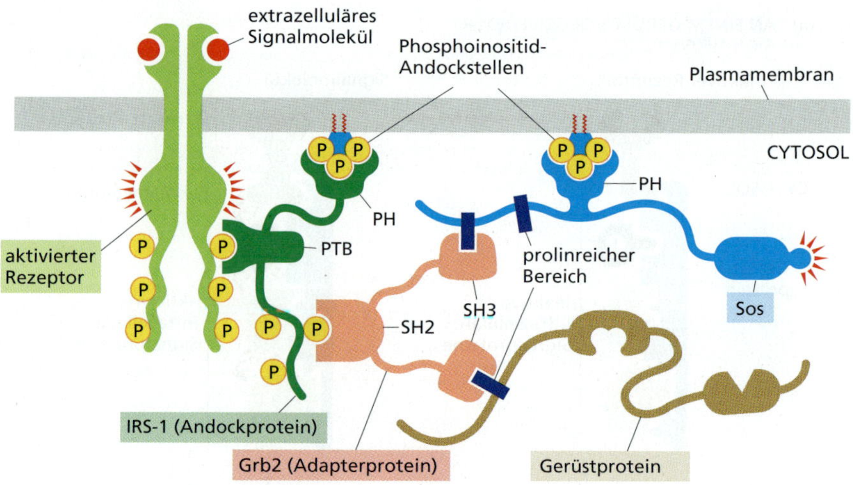

Abb. 15.11 Ein spezifischer, mithilfe von modularen Wechselwirkungsdomänen gebildeter Signalkomplex. Dieses Beispiel fußt auf dem Insulinrezeptor, bei dem es sich um einen dimeren Enzym-gekoppelten Rezeptor (eine Rezeptor-Tyrosinkinase, wird später besprochen) handelt. Zunächst phosphoryliert sich der aktivierte Rezeptor selbst an Tyrosinresten, und eines der Phosphotyrosine rekrutiert dann ein Adapterprotein namens Insulinrezeptor-Substrat 1 (IRS-1) über die PTB-Domäne von IRS-1; die PH-Domäne von IRS-1 bindet ebenfalls an spezifische Phosphoinositide auf der inneren Oberfläche der Plasmamembran. Dann phosphoryliert der aktivierte Rezeptor IRS-1 an Tyrosinresten, und eines dieser Phosphotyrosine bindet an die SH2-Domäne des Adapterproteins Grb2. Als Nächstes nutzt Grb2 eine seiner beiden SH3-Domänen, um an eine prolinreiche Region eines Proteins namens Sos zu binden, das dadurch zur Membran gebracht wird, um das Signal stromabwärts weiterzuleiten. Dabei fungiert es als GEF (s. **Abb. 15.8**), um eine monomere GTPase namens Ras zu aktivieren (nicht gezeigt). Sos bindet auch über seine PH-Domäne an Phosphoinositide in der Plasmamembran. Grb2 verwendet seine andere SH3-Domäne dazu, um an eine prolinreiche Sequenz in einem Gerüstprotein zu binden. Das Gerüstprotein bindet mehrere andere signalisierende Proteine (nicht gezeigt). Die anderen phosphorylierten Tyrosine auf IRS-1 rekrutieren weitere signalisierende Proteine, die SH2-Domänen besitzen (nicht gezeigt).

lineare oder verzweigte Ketten oder dreidimensionale Netzwerke bilden, die die vom Signalweg verfolgte Route festlegen. Beispielhaft veranschaulicht **Abbildung 15.11**, wie einige Wechselwirkungsdomänen die Bildung eines großen Signalkomplexes um den Rezeptor für das Hormon *Insulin* vermitteln.

Modulare Interaktionsdomänen befinden sich im Allgemeinen in flexiblen, unstrukturierten Bereichen von Signalproteinen, die wie Perlen auf einer Schnur auf der Polypeptidkette aneinandergereiht sind. Proteine mit mehreren Interaktionsdomänen können daher die Bildung großer, vernetzter Proteingrundgerüste um Cluster von aktivierten Rezeptoren initiieren (**Abb. 15.12**). Diese Proteingrundgerüste verhalten sich wie Gele oder biomolekulare Kondensate und schaffen so eine lokale Mikroumgebung, die sich in ihrer Zusammensetzung vom umgebenden Cytosol unterscheidet (wird in Kapitel 3 erklärt).

Eine andere Möglichkeit, Rezeptoren und intrazelluläre Signalproteine zusammenzubringen, ist ihre Konzentration in einer bestimmten Zellregion. Ein wichtiges Beispiel ist die **Primärcilie**, die wie eine Antenne aus der Oberfläche der meisten Wirbeltierzellen ragt (s. Kapitel 16). Eine Reihe von Oberflächenrezeptoren und Signalproteinen sind dort konzentriert – insbesondere die Bestandteile des Hedgehog-Signalweiterleitungssystems, wie wir später besprechen werden. Licht- und Geruchsrezeptoren sind ebenfalls in spezialisierten Flimmerhärchen (Cilien) konzentriert.

15.1.9 In verschiedenen Signalübertragungswegen unterscheidet sich die Beziehung zwischen Signal und Antwort

Die Aufgabe des intrazellulären Signalübertragungssystems ist es, einen spezifischen Stimulus an einer Stelle der Zelle festzustellen und zu messen. Daraufhin muss eine zeitlich angemessene und dosierte Antwort oft an einer anderen Stelle ausgelöst werden. Das System vollbringt diese Aufgabe, indem sie die Information in Form von „molekularen Signalen" vom Rezeptor zum Zieleffektorprotein sendet, oftmals über eine Serie von Zwischenstationen, die das Signal nicht einfach nur weiterleiten, sondern es währenddessen auch verarbeiten. Die Signalübertragungssysteme arbeiten auf verschiedene Weisen: Jedes hat sich entwickelt, um die für die Zellfunktion, die vom Signalübertragungssystem kontrolliert wird, geeignete Antwort zu erzeugen. In den folgenden Abschnitten zählen wir einige grundlegende Signaleigenschaften als Grundlage für eine detailliertere spätere Betrachtung auf und beschreiben, wie sie sich in den verschiedenen Systemen unterscheiden.

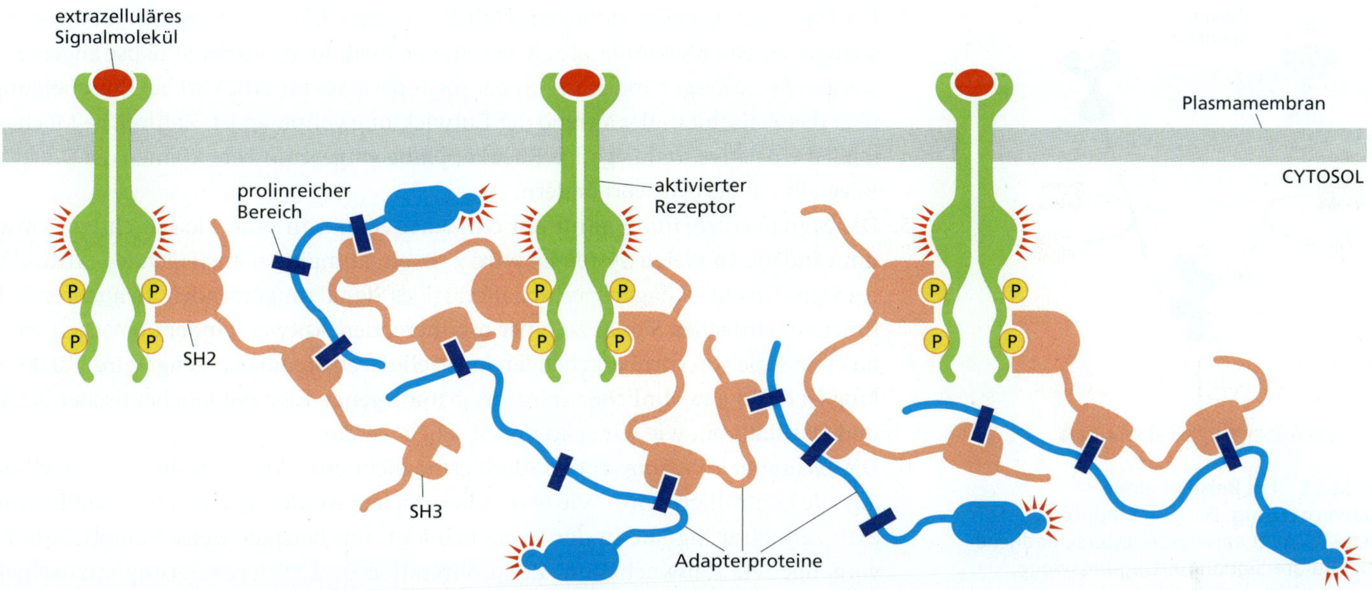

Abb. 15.12 Die Bildung von großen Rezeptorclustern durch multivalente Wechselwirkungen zwischen Signalproteinen. Das hier dargestellte System enthält aktivierte Rezeptor-Tyrosinkinasen, die an ungeordneten Regionen in den Rezeptorschwänzen umfangreich phosphoryliert sind. Das System enthält auch zwei Adapterproteine. Ein Adapterprotein (*rosa*) enthält eine SH2-Domäne, die phosphorylierte Tyrosine auf den Rezeptoren bindet, und zwei SH3-Domänen. Das andere Adapterprotein (*blau*) enthält drei prolinreiche Regionen, die an SH3-Domänen binden können, sowie eine Proteinkinase-Domäne. Zahlreiche multivalente Bindungsinteraktionen können zwischen den drei Komponenten dieses Systems auftreten und eine quervernetzte Proteinmatrix oder ein Kondensat erzeugen, in dem die Proteinkinasen des Rezeptors und des Adapterproteins konzentriert sind, was möglicherweise zu einer effektiveren Signalabgabe führen kann. Die Quervernetzung der Matrix kann weiter verbessert werden, indem Adapterproteine mit Domänen einbezogen werden, die mit modifizierten Phospholipiden in der Membran interagieren (s. **Abb. 15.11**).

1. Der *Zeitpunkt* der Antwort variiert stark in den unterschiedlichen Systemen, in Abhängigkeit von der benötigten Antwort. In einigen Fällen, wie bei der Signalübertragung an Synapsen (s. **Abb. 15.2c**), kann es innerhalb von Millisekunden zu einer Antwort kommen. In anderen Fällen, wie der Kontrolle des Zellschicksals durch Morphogene während der Entwicklung, kann die vollständige Antwort Stunden oder Tage beanspruchen.
2. Die *Sensitivität* für extrazelluläre Signale kann stark variieren. Hormone wirken in der Regel in niedrigen Konzentrationen auf ihre entfernten Zielzellen, die daher sehr empfindlich auf kleine Konzentrationen des Signals reagieren. Dagegen arbeiten Neurotransmitter mit viel höheren Konzentrationen an der Synapse, wodurch sich der Bedarf an hoher Sensitivität für den postsynaptischen Rezeptor reduziert. Die Sensitivität wird oft durch Änderung der Anzahl der Rezeptoren oder der Affinität des Rezeptors auf der Zielzelle kontrolliert. Ein besonders wichtiger Mechanismus zur Erhöhung der Sensitivität ist die *Signalverstärkung*. Dabei ruft eine kleine Anzahl von aktivierten Zelloberflächenrezeptoren eine starke intrazelluläre Antwort hervor, entweder durch Erzeugung großer Mengen eines Second Messengers oder durch Aktivierung vieler Kopien eines Stromabwärts-Signalproteins.
3. Der *dynamische Bereich* des Signalübertragungssystems steht mit seiner Sensitivität in Beziehung. Einige Systeme wie die, die in einfache Entscheidungen der Entwicklung eingebunden sind, antworten in einem engen Konzentrationsbereich von extrazellulären Signalen. Andere Systeme wie diejenigen, die das Sehen oder die Stoffwechselantwort auf einige Hormone kontrollieren, reagieren empfindlich über einen viel breiteren Signalstärkenbereich. Wir werden noch sehen, dass ein breiter dynamischer Bereich oft durch *Anpassungsmechanismen* erzielt wird, die das Ansprechen des Systems an die aktuelle Menge des Signals anpassen.

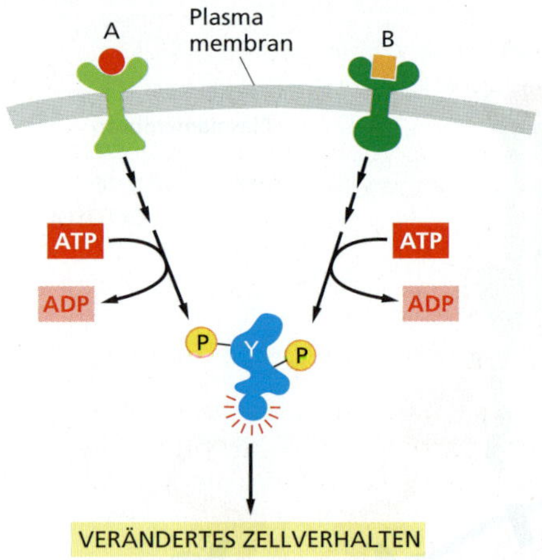

Abb. 15.13 Ein Beispiel einer Signalvernetzung. Die extrazellulären Signale A und B aktivieren unterschiedliche intrazelluläre Signalübertragungswege. Jeder dieser Wege führt zur Phosphorylierung des Protein Y, allerdings an unterschiedlichen Stellen im Protein. Protein Y wird nur aktiviert, wenn diese beiden Stellen phosphoryliert sind, sodass es nur aktiv wird, wenn Signal A und Signal B gleichzeitig gesendet werden. Solche Proteine werden oft als Koinzidenzdetektoren bezeichnet.

4. Die *Dauer* der Antwort kann beträchtlich variieren. Eine vorübergehende Antwort von weniger als einer Sekunde ist z. B. bei einigen Reaktionen an der Synapse angemessen, während eine länger andauernde oder sogar permanente Antwort bei Entscheidungen über das Zellschicksal während der Entwicklung vonnöten ist. Zahlreiche Mechanismen, die positive und negative Rückkopplung eingeschlossen, können die Dauer und Reversibiliät der Antwort ändern.
5. Die *Signalverarbeitung* kann ein einfaches Signal in eine vielschichtige Antwort umwandeln. In vielen Systemen wird z. B. ein allmählich ansteigendes extrazelluläres Signal in ein schlagartiges, schalterartiges Signal umgewandelt. In anderen Fällen führt ein einfaches Signal zu einer oszillierenden Antwort, indem eine sich wiederholende Serie von vorübergehenden intrazellulären Signalen erzeugt wird. Rückkopplung ist dabei gewöhnlicherweise das grundlegende Element biochemischer Schalter und Oszillatoren, wie wir später noch sehen werden.
6. Die *Zusammenführung* (Integration) ermöglicht eine Antwort, die durch vielfältige Signale kontrolliert wird. Wie bereits besprochen werden spezifische Kombinationen extrazellulärer Signale in der Regel benötigt, um beispielsweise komplizierte Zellvorgänge wie Zellwachstum, Zellproliferation und Differenzierung anzuschieben (s. **Abb. 15.4**). Dazu muss die Zelle die vielen empfangenen Informationen zusammenführen, was sehr oft von intrazellulären *Koinzidenzdetektoren* abhängig ist. Diese Proteine entsprechen einem *UND-Gatter* in einem Mikroprozessor eines Computers, da sie nur aktiviert werden, wenn bei ihnen mehrere Signale zusammenlaufen (**Abb. 15.13**).
7. Die *Koordination* vieler Antworten in einer Zelle kann durch ein einzelnes extrazelluläres Signal erzielt werden. Einige extrazelluläre Signalmoleküle können eine Zelle z. B. sowohl zum Wachstum als auch zur Teilung anregen. Die Koordinierung hängt im Allgemeinen von Mechanismen zur Verteilung des Signals auf viele Effektoren ab, sodass sich der Signalübertragungsweg aufzweigt. In einigen Fällen kann die Verzweigung des Signalübertragungswegs es ermöglichen, dass ein extrazelluläres Signal die Stärke der Antwort auf andere extrazelluläre Signale *moduliert*.

Bei der Komplexität, die aus den Verhaltensoptionen wie Signalzusammenführung, -koordinierung und Rückkopplung erwächst, ist es einleuchtend, dass Signalübertragungssysteme nicht auf einer einfachen linearen Abfolge von Schritten beruhen, sondern eher als ein Signalweiterleitungsnetzwerk operieren, in dem die Informationen in mehrere Richtungen fließen können – einschließlich rückwärts. Es bleibt eine große Herausforderung für die Forschung herauszufinden, wie diese Netzwerke angelegt sind und wie sie das komplizierte Zellverhalten kontrollieren.

15.1.10 Die Geschwindigkeit der Antwort hängt vom Umsatz der Signalmoleküle ab

Die Geschwindigkeit jeglicher Signalantwort hängt von der Natur der intrazellulären Signalmoleküle ab, die die Antwort der Zielzelle ausführen. Wenn die Antwort nur Änderungen in bereits in der Zelle vorliegenden Proteinen erfordert, kann die Antwort recht schnell erfolgen: Eine allosterische Änderung in einem neurotransmitterkontrollierten Ionenkanal (in Kapitel 11 erläutert) beispielsweise kann das elektrische Plasmamembranpotenzial in Millisekunden ändern, und die Antworten, die allein von Proteinphosphorylierungen abhängen, können innerhalb von Sekunden oder Minuten ablaufen. Beinhaltet die Antwort Änderungen der Genexpression und die Synthese neuer Proteine, so dauert dies jedoch einige Minuten bis Stunden, unabhängig von der Art der Signalzustellung (**Abb. 15.14**).

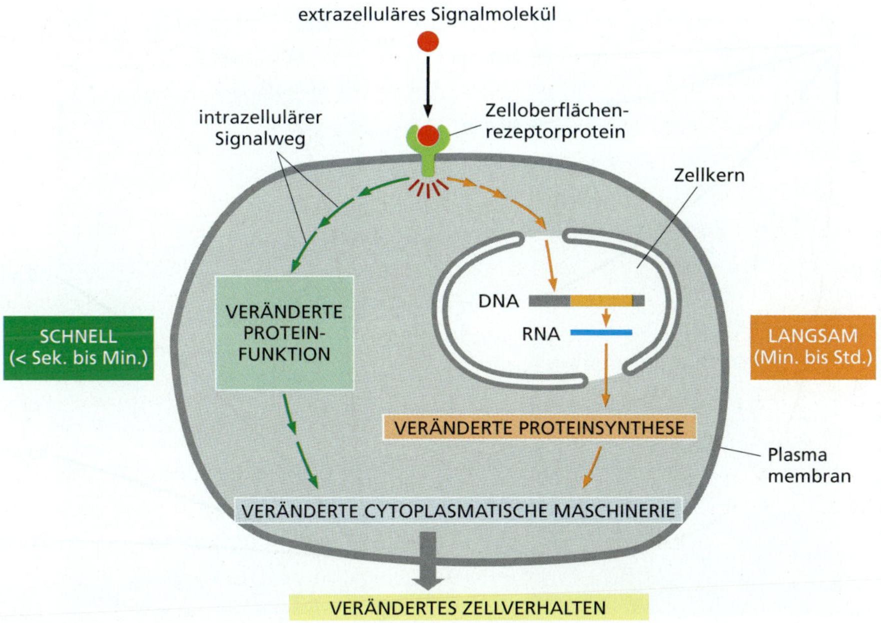

Abb. 15.14 Schnelle und langsame Reaktionen auf ein extrazelluläres Signal. Bestimmte Arten Signal-induzierter Reaktionen, wie z. B. verstärktes Zellwachstum und Zellteilung, beinhalten Änderungen der Genexpression und die Synthese neuer Proteine; sie spielen sich deshalb langsam ab und beginnen oft erst eine Stunde, nachdem das Signal angekommen ist, oder später. Andere Reaktionen – wie etwa Änderungen der Zellbewegung, der Sekretion oder des Stoffwechsels – müssen nicht mit Änderungen der Gentranskription einhergehen und laufen deshalb sehr viel schneller ab; sie beginnen oft innerhalb von Sekunden oder Minuten und beinhalten unter Umständen z. B. die rasche Phosphorylierung der Effektorproteine im Cytoplasma. Synaptische Reaktionen, die durch Änderungen des Membranpotenzials zustande kommen, können innerhalb von Millisekunden ablaufen (nicht gezeigt). Manche Signalübertragungssysteme können sowohl schnelle als auch langsame Reaktionen auslösen (wie hier gezeigt), sodass die Zelle in die Lage versetzt wird, schnell auf ein Signal zu reagieren und gleichzeitig eine langfristig anhaltende Antwort einzuleiten.

Wenn man über die Geschwindigkeit einer Antwort nachdenkt, ist es naheliegend, intrazelluläre Signalsysteme anhand der Änderungen zu beschreiben, die durch das ankommende Signal verursacht werden. Es ist aber ebenso wichtig zu betrachten, was geschieht, wenn ein Signal zurückgezogen wird. In den meisten Fällen jedoch verblasst die Signalantwort in erwachsenen Geweben, wenn das Signal stoppt. Die Wirkung ist oft vorübergehend, da das Signal seine Wirkungen durch die Änderung der Konzentration intrazellulärer Moleküle ausübt, die kurzlebig (instabil) sind und einem kontinuierlichen Umsatz (engl. *Turnover*) unterliegen. Wenn das Signal erst einmal vorüber ist, werden alle Spuren seiner Aktion durch Abbau der alten Moleküle ausgelöscht. Das gleiche Prinzip gilt für Signale, die Proteinphosphorylierung durch Aktivierung einer Proteinkinase auslösen: Da die meisten Phosphorylierungen kontinuierlich durch Phosphatasen entfernt werden, kehren sich die Auswirkungen der erhöhten Kinaseaktivität schnell um, wenn die Kinaseaktivität abnimmt. Daraus folgt, dass die Geschwindigkeit, mit der eine Zelle auf die Entfernung eines Signals reagiert, von der Abbaugeschwindigkeit oder Umsatz der Moleküle oder Modifikationen abhängt, die das Signal beeinflusst.

Gleichzeitig, obgleich weniger offensichtlich, bestimmt diese Umsatzgeschwindigkeit auch die Antwortbereitschaft, wenn ein extrazelluläres Signal eintrifft. Betrachten wir z. B. die beiden intrazellulären Signalmoleküle X und Y. Beide werden normalerweise in einer Gleichgewichtskonzentration von 1000 Molekülen je Zelle gehalten. Molekül Y wird von der Zelle mit einer Geschwindigkeit von 100 Molekülen in einer Sekunde synthetisiert und abgebaut, wobei jedes Molekül eine durchschnittliche Lebensdauer von 10 Sekunden hat. Molekül X hat eine 10-mal langsamere Umsatzgeschwindigkeit und wird mit 10 Molekülen in der Sekunde sowohl synthetisiert als auch abgebaut, sodass jedes Molekül eine durchschnittliche Lebensdauer von 100 Sekunden in der Zelle hat. Falls ein auf die Zelle einwirkendes Signal die Synthesegeschwindigkeiten von X und Y ohne irgendeine Änderung der molekularen Lebensdauer auf das Zehnfache beschleunigt, dürfte die Konzentration von Y nach einer Sekunde um fast 900 Moleküle je Zelle ($10 \times 100 - 100$) angestiegen sein, während die Konzentration von X nur um 90 Moleküle je Zelle angewachsen ist. Nach einer abrupten Steigerung oder Erniedrigung der Syntheserate eines Moleküls ist die für das Molekül erforderliche Zeit, um seine alte Gleichgewichtskonzentration halbwegs auf die neue einzustellen, tatsächlich äquivalent zu seiner normalen Halbwertszeit, d. h. äquivalent zu der Zeit, die vergeht, bis seine

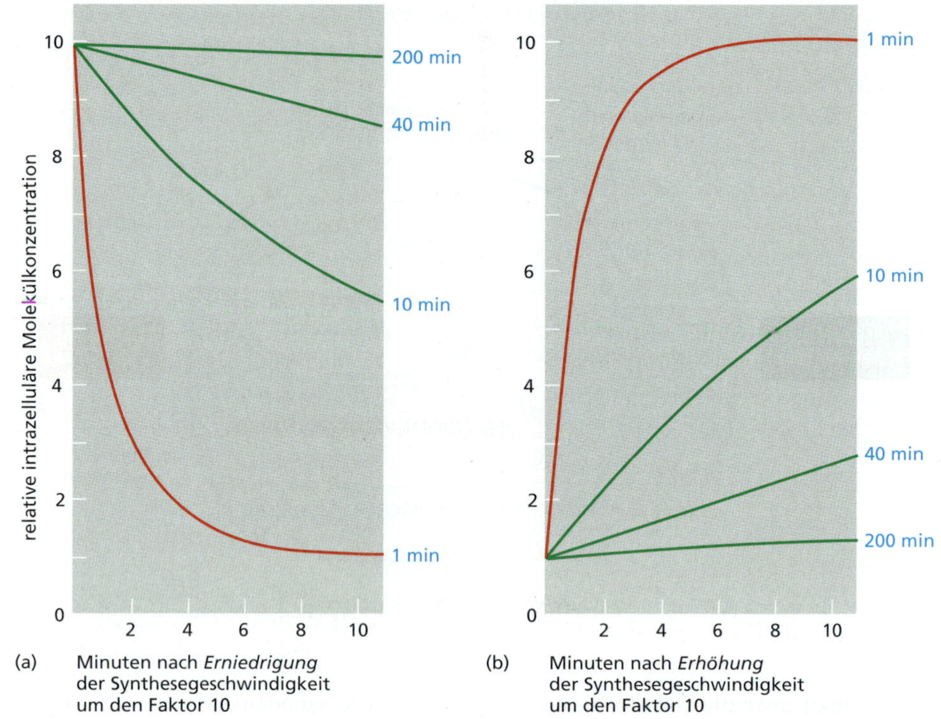

Abb. 15.15 Die Bedeutung eines raschen Umsatzes. Die Graphiken zeigen die vorausgesagten relativen Änderungsgeschwindigkeiten der intrazellulären Molekülkonzentrationen mit unterschiedlichen Umsatzzeiten, wenn ihre Synthesegeschwindigkeiten plötzlich um den Faktor 10 entweder (a) erniedrigt oder (b) erhöht werden. In beiden Fällen ändern sich die Konzentrationen der Moleküle, die normalerweise rasch in der Zelle abgebaut werden, schnell (*rote Linien*), wogegen sich die Konzentrationen der Moleküle, die normalerweise langsam abgebaut werden (*grüne Linien*), entsprechend langsamer ändern. Die Zahlen (in *Blau*) auf der rechten Seite der Graphiken sind die für jedes der verschiedenen Moleküle angenommenen Halbwertszeiten.

Konzentration auf die Hälfte zurückgefallen ist, falls die Synthese völlig gestoppt ist (**Abb. 15.15**).

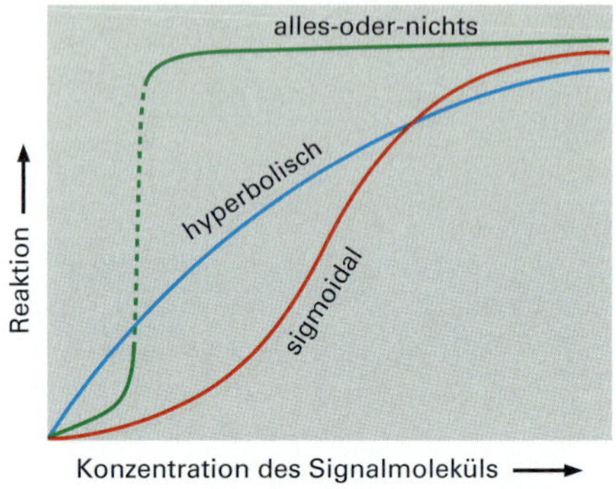

Abb. 15.16 Signalverarbeitung kann zu einer sanft abgestuften oder einer schalterartigen Signalreaktion führen. Manche Zellreaktionen nehmen allmählich zu, wenn die Konzentration eines extrazellulären Signalmoleküls ansteigt, und erreichen schließlich ein Plateau, wenn der Signalübertragungsweg gesättigt ist. Es ergibt sich ein *hyperbolischer* Kurvenverlauf (*blaue Kurve*). In anderen Fällen reduziert das Signalübertragungssystem die Antwort bei geringen Signalkonzentrationen und erzeugt dann eine steiler ansteigende Antwort bei mittleren Signalkonzentrationen. Dies führt zu einem *sigmoidalen* Kurvenverlauf (*rote Kurve*). In wieder anderen Fällen ist die Antwort schlagartiger und wie ein Schalter: Die Zelle schaltet vollständig zwischen geringer und starker Reaktion um, ohne dass es einen stabilen Zustand dazwischen gibt (*grüne Kurve*).

15.1.11 Zellen können schlagartig auf ein allmählich zunehmendes Signal antworten

Einige Signalübertragungssysteme sind in der Lage, eine graduell ansteigende Antwort über einen weiten Konzentrationsbereich extrazellulärer Signale zu erzeugen (**Abb. 15.16**, *blaue* Linie). Solche Systeme sind z. B. hilfreich für die Feinabstimmung von Stoffwechselprozessen durch einige Hormone. Andere Signalübertragungssysteme erzeugen nur dann eine nennenswerte Antwort, wenn die Signalkonzentration über einen bestimmten Wert ansteigt. Es gibt zwei Arten von solch schlagartigen Antworten. Eine ist die *sigmoidale* Antwort, bei der kleine Stimulierungskonzentrationen kaum Wirkung zeigen, doch sobald mittlere Stimulierungsniveaus erreicht werden, steigt die Antwort steil und kontinuierlich an (**Abb. 15.16**, *rote* Linie). Solche Systeme bilden einen Filter, um ungeeignete Antworten auf Hintergrundsignale zu reduzieren, aber sie reagieren mit hoher Sensitivität, wenn der Reiz auf die physiologische Signalkonzentration ansteigt. Die zweite Art der schlagartigen Antwort ist die *unstetige* oder *Alles-oder-Nichts-Antwort*, bei der die Antwort vollständig angeschaltet wird (oft unumkehrbar), wenn das Signal einen gewissen Schwellenwert erreicht (**Abb. 15.16**, *grüne* Linie). Solche Antworten sind besonders nützlich, um die Entscheidung zwischen zwei unterschiedlichen Zellzuständen zu kontrollieren. Im Allgemeinen schließt dies eine positive Rückkopplung ein, was wir in Kürze genauer erläutern werden.

Zellen verwenden eine Vielzahl molekularer Mechanismen, um eine sigmoidale Antwort auf eine Erhöhung der Signalkonzentration zu erzeugen. Bei einem Mechanismus muss mehr als ein intrazelluläres Signalmolekül an das nachgelagerte Zielprotein binden, um eine Antwort auszulösen. Wie wir später noch besprechen, müssen beispielsweise vier Moleküle des Second Messengers cAMP gleichzeitig an jedes

Molekül der *cAMP-abhängigen Proteinkinase* (*PKA*) binden, um die Kinase zu aktivieren. Eine ähnliche Schärfung der Antwort ist zu sehen, wenn für die Aktivierung eines intrazellulären Signalproteins die Phosphorylierung von mehr als einer Stelle nötig ist. Solche Antworten werden mit zunehmender Anzahl der Moleküle oder Phosphatgruppen schärfer, und wenn die Anzahl groß genug ist, werden die Antworten praktisch zu Alles-oder-Nichts-Reaktionen (**Abb. 15.17**).

Wenn ein intrazelluläres Signalmolekül ein Enzym aktiviert sowie ein gegenwirkendes Enzym hemmt, wird das Profil einer Antwort ebenfalls deutlich geschärft. Ein gut untersuchtes Beispiel dieses allgemeinen Regelvorgangs bietet die vom Hormon *Adrenalin* (Epinephrin) induzierte Stimulierung des Glykogenabbaus in Skelettmuskelzellen. Die Bindung von Adrenalin an einen G-Protein-gekoppelten Zelloberflächenrezeptor führt zu einer Zunahme der Konzentration an intrazellulärem cyclischem AMP, das sowohl ein den Glykogenabbau förderndes Enzym aktiviert als auch ein die Glykogensynthese förderndes Enzym hemmt.

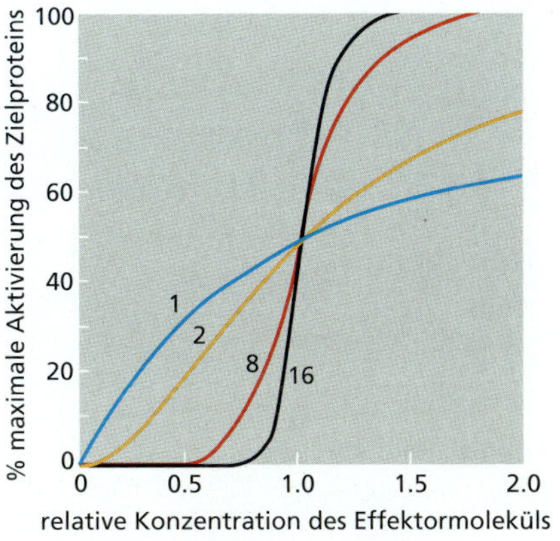

Abb. 15.17 Aktivierungskurven für ein allosterisches Protein als Funktion der Effektormolekülkonzentration. Die Kurven zeigen, wie die Schärfe der Aktivierungsantwort mit zunehmender Zahl der Effektormoleküle, die gleichzeitig an ein Zielprotein zu dessen Aktivierung binden müssen, zunimmt. Die Kurven verlaufen so, wie man es erwarten würde, wenn unter bestimmten Bedingungen die Aktivierung die gleichzeitige Bindung von 1, 2, 8 oder 16 Effektormolekülen benötigt.

15.1.12 Positive Rückkopplung kann Alles-oder-Nichts-Antworten auslösen

Wie intrazelluläre Stoffwechselwege (s. Kapitel 2) und das System zur Kontrolle der Genaktivität (s. Kapitel 7) so haben die meisten intrazellulären Signalübertragungssysteme Rückkopplungsschleifen eingebaut; in diesen wirkt das Ergebnis eines Vorgangs zurück, um denselben Vorgang zu regulieren. Die mathematische Analyse einer Rückkopplungsschleife haben wir in Kapitel 8 besprochen. Bei der *positiven Rückkopplung* stimuliert das Produkt seine eigene Bildung, bei der *negativen Rückkopplung* hemmt das Produkt seine eigene Bildung (**Abb. 15.18**). Rückkopplungsschleifen haben in der Biologie eine große Bedeutung, und sie regulieren viele chemische und physikalische Vorgänge in Zellen. Sogar die einfachste dieser Schleifen kann komplexe und interessante Wirkungen erzeugen.

Positive Rückkopplung in einem Signalweg kann das Verhalten der antwortenden Zelle umwandeln. Wenn die positive Rückkopplung nur mäßig stark ist, dann wird sie nur eine Schärfung der Antwort auf das Signal bewirken und eine sigmoidale Antwort wie die, die wir schon besprochen haben, auslösen. Wenn die Rückkopplung aber stark genug ist, kann sie eine Alles-oder-Nichts-Antwort erzeugen (s. **Abb. 15.16**). Diese Antwort geht Hand in Hand mit einer weiteren Eigenschaft: Sobald das antwortende System auf ein hohes Aktivierungsniveau geschaltet wurde, erhält sich dieser Zustand oft selbst und kann sogar bestehen bleiben, nachdem die Signalstärke wieder unter den kritischen Wert abgefallen ist. In einem solchen Fall nennt man ein System *bistabil*: Es kann entweder im „ausgeschalteten“ oder im „angeschalteten“ Zustand vorkommen, und ein vorübergehender Reiz kann es von einem Zustand in den anderen kippen (**Abb. 15.19a** und **15.19b**).

Durch positive Rückkopplung kann ein vorübergehendes extrazelluläres Signal langfristige Veränderungen in Zellen und ihren Nachkommen induzieren, die während der Lebenszeit des Organismus bestehen bleiben können. Die Zellen, die z. B. die Spezifizierung einer Muskelzelle ankurbeln, schalten die Transkription einer Reihe von Genen an, die für muskelspezifische Transkriptionsregulatorproteine codieren; diese stimulieren die Transkription ihrer eigenen Gene sowie der Gene, die für zahlreiche andere Muskelzellproteine codieren. Auf diese Weise wird die Entscheidung, zur Muskelzelle zu werden, von Dauer. Diese Art Zellgedächtnis, die von der positiven Rückkopplung abhängt, ist einer der grundsätzlichen Wege, wie eine Zelle ohne irgendeine Änderung ihrer DNA-Sequenz eine anhaltende Eigenschaftsänderung erfahren kann.

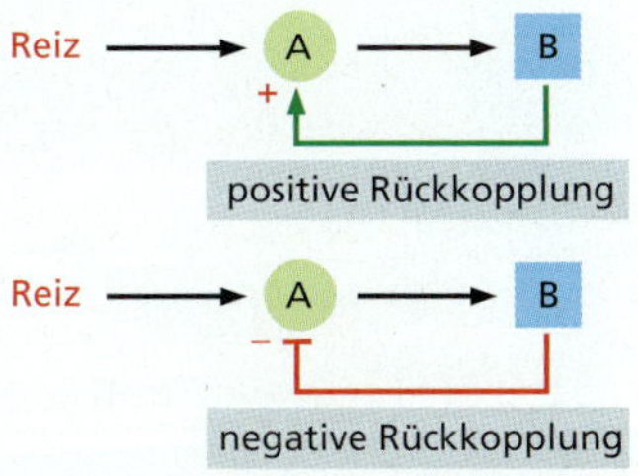

Abb. 15.18 Positive und negative Rückkopplung. In diesen einfachen Beispielen aktiviert ein Reiz Protein A, das seinerseits Protein B aktiviert. Protein B wirkt dann zurück, um entweder die Aktivität von A zu erhöhen oder zu vermindern.

Untersuchungen der Signalantworten in großen Zellpopulationen können den falschen Eindruck erwecken, dass eine Antwort allmählich ansteigt, sogar wenn eine

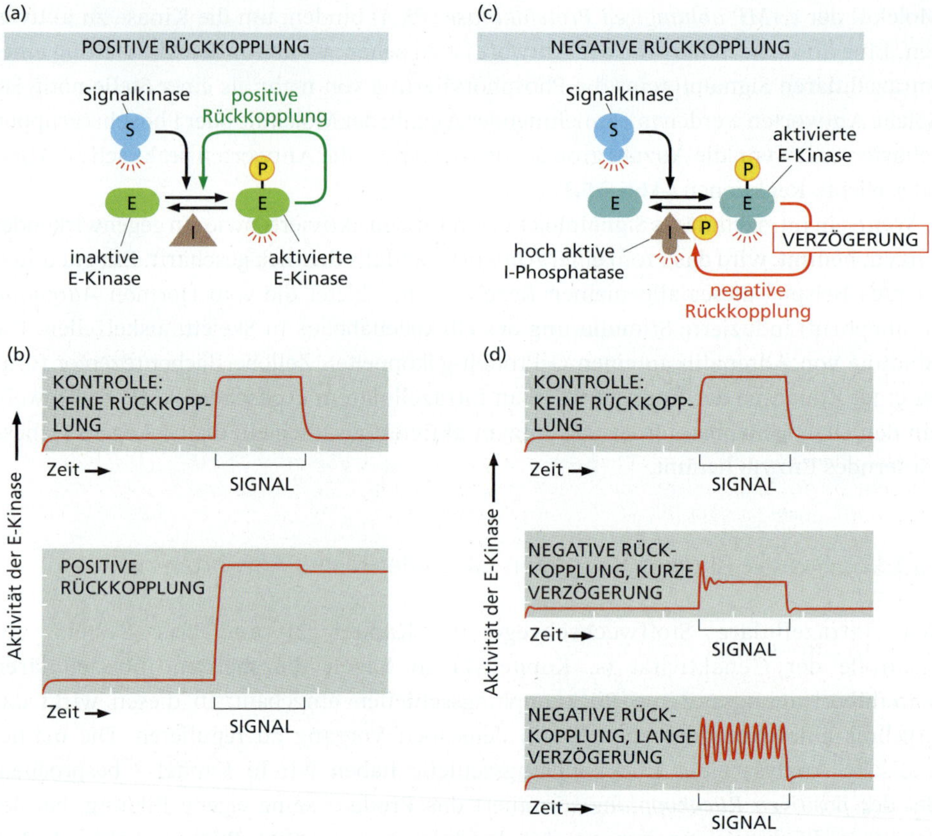

Abb. 15.19 Einige Auswirkungen der einfachen Rückkopplung. Die Diagramme zeigen die errechneten Auswirkungen einfacher positiver und negativer Rückkopplungsschleifen (s. Kapitel 8). In jedem Fall ist das Eingangssignal eine aktivierte Proteinkinase (S), die eine andere Proteinkinase (E) phosphoryliert und dabei aktiviert; eine Proteinphosphatase (I) dephosphoryliert und inaktiviert die aktivierte E-Kinase. In den Diagrammen zeigt die *rote* Linie die Aktivität der E-Kinase im Zeitverlauf. Die darunterliegende *schwarze Klammer* zeigt die Zeit, während der das Eingangssignal (aktivierte S-Kinase) vorhanden ist. (a) Schema einer positiven Rückkopplungsschleife, in der die aktivierte E-Kinase zurückwirkt, um ihre eigene Phosphorylierung und Aktivierung zu fördern; die Grundaktivität der I-Phosphatase dephosphoryliert aktiviertes E mit konstant niedriger Geschwindigkeit. (b) Das obere Diagramm zeigt, dass ohne Rückkopplung die Aktivität der E-Kinase einfach proportional zum Stimulationsniveau durch die S-Kinase ist. Das untere Diagramm zeigt, dass mit der positiven Rückkopplungsschleife die vorübergehende Stimulierung durch die S-Kinase das System vom „Aus"-Zustand in den „An"-Zustand schaltet, der noch bestehen bleibt, nachdem der Stimulus entfernt wurde. (c) Schema der negativen Rückkopplungsschleife, in der die aktivierte E-Kinase die I-Phosphatase phosphoryliert und aktiviert; dabei nimmt die Geschwindigkeit zu, mit der die Phosphatase die phosphorylierte E-Kinase dephosphoryliert und inaktiviert. (d) Das obere Diagramm zeigt wieder die Reaktion der E-Kinaseaktivität ohne Rückkopplung. Die anderen Diagramme zeigen die Auswirkungen der negativen Rückkopplung auf die Aktivität der E-Kinase, die mit kurzer oder langer Verzögerung arbeitet. Mit einer kurzen Verzögerung zeigt das System eine Reaktion, wenn das Signal zuerst erhöht wird, aber die Rückkopplung dämpft schnell die Antwort, die dann auf einen Zwischenwert abfällt, bei dem das Eingangssignal und die Rückkopplung ausgeglichen sind. Bei einer langen Verzögerung steigt die Reaktion zunächst ungehindert an, sodass die Kinaseaktivität ein maximales Niveau erreicht, bevor sie sich selbst als Rückkopplung wieder abschaltet. Dann beseitigt der plötzliche Abfall der Aktivität die negative Rückkopplung und ein weiterer Impuls der Kinaseaktivität wird ausgelöst. Unter den richtigen Bedingungen ist das Ergebnis anhaltende Oszillationen, solange der Reiz vorhanden ist.

starke positive Rückkopplung eine schlagartige, unstetige Änderung der Antwort in einzelnen Zellen bewirkt. Nur durch die Untersuchung der Antwort in einzelnen Zellen ist es möglich, eine Alles-oder-Nichts-Antwort zu sehen (**Abb. 15.20**). Die irreführende gleichmäßige Antwort in einer Zellpopulation beruht auf der zufälligen, intrinsischen

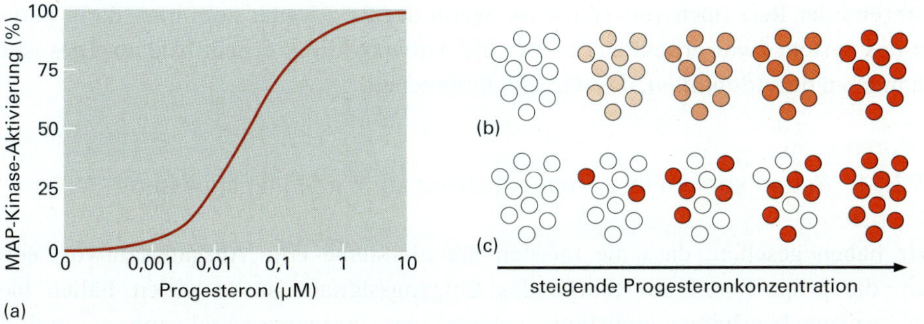

Abb. 15.20 Die Bedeutung der Untersuchung einzelner Zellen für die Entdeckung einer Alles-oder-Nichts-Antwort auf steigende Konzentrationen eines extrazellulären Signals. Bei diesen Experimenten wurden unreife Froscheier (Oocyten) mit zunehmenden Konzentrationen des Hormons Progesteron stimuliert. Die Antwort wurde ausgewertet, indem man die Aktivierung der *MAP-Kinase* (wird später behandelt) untersuchte; die MAP-Kinase ist eine der Protein-Kinasen, die im Zuge der Antwort durch Phosphorylierung aktiviert werden. Die Menge der phosphorylierten (aktivierten) MAP-Kinase in Oocytenextrakten wurde biochemisch ermittelt. In (a) wurden Extrakte von stimulierten Oocytenpopulationen analysiert, und es zeigte sich, dass die Aktivierung der MAP-Kinase mit steigender Progesteronkonzentration allmählich zunimmt. Es gibt zwei mögliche Wege, dieses Ergebnis zu erklären: (b) Die MAP-Kinase könnte in jeder einzelnen Zelle mit steigender Progesteronkonzentration allmählich zugenommen haben; (c) alternativ könnten einzelne Zellen auf eine Alles-oder-Nichts-Weise reagiert haben, wobei die allmähliche Zunahme der Gesamt-MAP-Kinase-Aktivierung die zunehmende Zellzahl widerspiegelt, die auf steigende Progesteronkonzentrationen reagiert. Als man einzelne Oocyten analysierte, stellte man fest, dass die Zellen entweder sehr niedrige oder sehr hohe Mengen der aktivierten Kinase besaßen. Es gab jedoch keine mittleren Mengen; dies zeigt, dass die Antwort auf der Ebene der einzelnen Zellen, wie in (c) dargestellt, im Grunde eine Alles-oder-Nichts-Antwort ist. Anschließende Studien zeigten, dass diese Alles-oder-Nichts-Antwort teilweise auf einer starken positiven Rückkopplung im Progesteron-Signalsystem beruht. (Verändert nach J. E. Ferrell und E. M. Machleder, *Science* 280: 895–898, 1998. Mit Erlaubnis der AAAS).

Variabilität des Signalübertragungssystems, die wir bereits beschrieben haben. Nicht alle Zellen einer Population antworten auf die gleiche Konzentration an extrazellulären Signalen auf die gleiche Weise, vor allem bei mittleren Signalkonzentrationen, bei denen der Rezeptor nur teilweise besetzt ist.

15.1.13 Negative Rückkopplung ist ein allgemeines Motiv von intrazellulären Signalübertragungssystemen

Im Gegensatz zur positiven Rückkopplung wirkt eine negative Rückkopplung der Wirkung eines Reizes entgegen und verkürzt und beschränkt dabei das Ausmaß der Antwort, wodurch das System weniger störungsempfindlich wird (s. Kapitel 8). Wie bei der positiven Rückkopplung gibt es jedoch qualitativ verschiedene Antworten, wenn die Rückkopplung auf verschiedene Arten funktioniert. Eine stark verzögerte negative Rückkopplung kann oszillierende Antworten erzeugen. Die Oszillationen können solange bestehen bleiben, wie der Reiz vorhanden ist (s. **Abb. 15.19c** und **15.19d**), oder sie können sogar spontan erzeugt werden, ohne dass ein äußeres Signal nötig ist, um sie anzutreiben. Viele solcher Oszillatoren enthalten auch positive Rückkopplungsschleifen, die schärfere Oszillationen erzeugen. An späterer Stelle in diesem Kapitel werden wir spezifischen Beispielen eines oszillatorischen Verhaltens bei intrazellulären Antworten auf extrazelluläre Signale begegnen; sie sind allesamt abhängig von der negativen Rückkopplung, und in der Regel von positiver Rückkopplung begleitet.

Wenn die negative Rückkopplung mit einer kurzen Verzögerung arbeitet, dann erzeugt das System eine kurze Antwort auf einen Reiz, aber die Antwort klingt schnell ab, sogar während der Reiz noch vorhanden ist. Wenn der Reiz weiter zunimmt, dann antwortet das System zwar erneut stark, aber die Antwort klingt erneut bald ab. Dies ist das Phänomen der *Adaptation*, das wir jetzt besprechen.

15.1.14 Zellen können ihre Empfindlichkeit auf ein Signal anpassen

Wir haben gesehen, dass die meisten Signalsysteme eine Ausgangsantwort erzeugen, die proportional zur Stärke des Eingangssignals ist. In vielen Fällen bleibt das Ansprechverhalten konstant, solange das Eingangssignal anhält, und das Ansprechverhalten nimmt ab, wenn das Eingangssignal stoppt. In anderen Systemen, z. B. mit positiver Rückkopplung, kann ein Eingangssignal ein starkes Ausgangssignal erzeugen, das auch nach dem Entfernen des Eingangssignals bestehen bleibt. Schließlich haben wir gerade negative Rückkopplungssysteme besprochen, bei denen ein Eingangssignal eine Reaktion auslöst, die steigt und dann fällt, auch wenn der Reiz anhält. Ein zweites, stärkeres Eingangssignal kann dann ein weiteres vorübergehendes Verhalten wie das erste erzeugen und so weiter.

Dieses Phänomen wird als **Adaptation (Anpassung)** oder **Desensibilisierung** bezeichnet und ermöglicht der Zelle auf *Änderungen* der Stärke eines Eingangssignals über einen sehr weiten Bereich von Signalstärken zu reagieren (und nicht auf die absolute Menge des Signals). Das visuelle System, auf das weiter unten in diesem Kapitel eingegangen wird, bietet die ideale Illustration für dieses Konzept: Es nutzt die Anpassung bei unterschiedlichen Signalstärken, um uns eine klare Sicht über einen erstaunlichen Bereich an Lichtintensitäten, von Sternenlicht bis hin zu hellem Sonnenschein, zu ermöglichen.

Die Anpassung erfordert, dass irgendeine Komponente des Signalsystems ein verzögertes Hemmsignal erzeugt, das die Stärke des Ausgabesignals verringert. Dabei gibt es mehrere Variationen. Ein häufiger Mechanismus ist, wie gerade diskutiert, eine negative Rückkopplung, die mit einer kurzen Verzögerung arbeitet (**Abb. 15.21a**). Viele Signalwege, die mit Enzym-gekoppelten Rezeptoren beginnen, beinhalten beispielsweise Proteinkinasen, die phosphorylieren und dadurch ein vorgeschaltetes Signalprotein im Signalweg hemmen. Ein zweiter Anpassungsmechanismus tritt auf, wenn ein extrazelluläres Signal schnell eine Signalantwort über einen Signalweg aktiviert und gleichzeitig einen parallelen, langsameren Signalweg auslöst, der die Reaktion hemmt (**Abb. 15.21b**). In einigen Enzym-gekoppelten Signalwegen fördert beispielsweise ein aktivierter Rezeptor die Rekrutierung eines GEF namens Sos an die Membran, was die Aktivität eines kleinen GTP-bindenden Proteins namens Ras stimuliert (s. **Abb. 15.11**). Die Aktivierung des Rezeptors führt außerdem langsamer zur Rekrutierung eines GAP, der Ras verzögert inaktiviert, was zu einem reduzierten Ausgabesignal führt.

Ein besonders wirksamer Anpassungsmechanismus, auf den später in diesem Kapitel noch näher eingegangen wird, beruht auf der Inaktivierung von Rezeptoren, wobei sich einige aktivierte Rezeptoren nach einer kurzen Aktivitätsphase selbst abschalten. Die Ligandenbindung an einige G-Protein-gekoppelte Rezeptoren führt beispielsweise zu einer Veränderung des Rezeptors, die seine Assoziation mit heterotrimeren G-Proteinen und die daraus resultierende nachgeschaltete Antwort fördert. Die Ligandenbindung führt auch zur Phosphorylierung des Rezeptors und zur Assoziation mit hemmenden Molekülen, den sogenannten *Arrestinen*, die die G-Protein-Aktivierung stören und dadurch die Reaktion reduzieren. Die Antwort wird durch die Endocytose der ligandengebundenen Rezeptoren weiter gedämpft, die in der Zelle abgetrennt oder einfach zerstört werden können (**Abb. 15.21c**, **15.21d** und **15.21e**).

Obwohl verwirrend in ihrer Komplexität sind die in diesem Kapitel beschriebenen vielfach kreuzregulierten Signalübertragungswege und Rückkopplungsschleifen kein wildes Durcheinander, sondern ein hoch entwickeltes System der Verarbeitung und

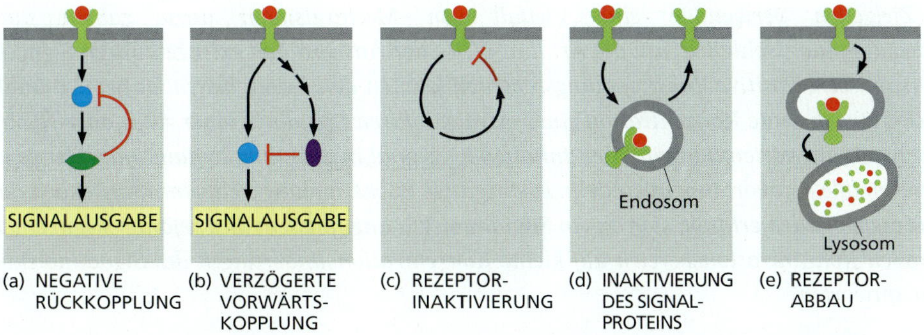

Abb. 15.21 Einige Möglichkeiten, wie Zielzellen für ein extrazelluläres Signalmolekül adaptiert (desensibilisiert) werden können. (a) Negative Rückkopplung mit einer kurzen Verzögerung kann die anfängliche Reaktion auf die Rezeptoraktivierung dämpfen. (b) In einigen Fällen aktiviert der aktivierte Rezeptor rasch einen stimulierenden Signalweg, während er gleichzeitig einen langsameren hemmenden Signalweg auslöst – das Ergebnis ist eine vorübergehende Reaktion. Dies wird als verzögerte Vorwärtskopplungsschleife bezeichnet. (c, d, e) Verschiedene Mechanismen können einen Zelloberflächenrezeptor nach der Bindung eines Signalmoleküls inaktivieren – Dazu gehören Mechanismen, die von der Internalisierung des Rezeptors in Endosomen abhängen, von wo aus der Rezeptor an die Zelloberfläche zurückgebracht oder in Lysosomen zerstört werden kann.

Deutung der riesigen Anzahl an extrazellulären Signalen, die auf tierische Zellen einwirken. Das gesamte Signalweiterleitungsnetzwerk kann wie ein Computer betrachtet werden, und wie der andere biologische Computer, das Gehirn, stellt es eines der schwierigsten Probleme der Biologie dar. Wir können die einzelnen Bauteile bestimmen und auch die Art, wie sie im Einzelnen arbeiten. Wir können verstehen, wie kleine Gruppen von Bauelementen als regulatorische Module, Rauschfilter oder Anpassungsmechanismen zusammenarbeiten, wie wir bereits gesehen haben. Allerdings ist es eine viel schwierigere Aufgabe zu verstehen, wie das System als Ganzes arbeitet. Das ist es nicht nur deshalb, weil das System so komplex ist, sondern weil die Art, auf die es funktioniert, stark von quantitativen Einzelheiten der molekularen Wechselwirkungen abhängig ist und wir für die meisten tierischen Zellen nur ungefähre qualitative Informationen besitzen. Die bedeutende Herausforderung der Signalübertragungsforschung für die Zukunft ist es, anspruchsvollere quantitative und rechnergestützte Methoden zur Analyse der Signalübertragungssysteme (wie in Kapitel 8 beschrieben) zu entwickeln.

Zusammenfassung

Jede Zelle in einem vielzelligen Lebewesen ist so programmiert, dass sie auf eine spezifische Gruppe von durch andere Zellen erzeugten extrazellulären Signalen antwortet. Die Signalmoleküle wirken durch Bindung an eine komplementäre Gruppe von Rezeptorproteinen, die von den Zielzellen exprimiert werden. Die meisten extrazellulären Signalmoleküle aktivieren Zelloberflächenrezeptorproteine, die als Signalumformer agieren, wodurch das extrazelluläre Signal in intrazelluläre Signale umgewandelt wird, die das Verhalten der Zielzelle ändern. Aktivierte Rezeptoren übertragen ein Signal in das Zellinnere, indem sie intrazelluläre Signalproteine aktivieren. Zusammen formen einige dieser Signalproteine das Signal bei der Übertragung um, verstärken es oder fächern es auf, während andere Signale aus unterschiedlichen Signalwegen zusammenschalten. Manche Signalproteine funktionieren wie Schalter, die vorübergehend durch Phosphorylierung oder durch die Bindung von GTP aktiviert sind. Große Signalkomplexe werden oft aus modularen Wechselwirkungsdomänen in den Signalproteinen gebildet. Diese Domänen gestatten es Proteinen, komplexe Signalnetzwerke zu bilden.

Zielzellen verwenden eine Vielfalt von Mechanismen; dazu zählen auch Rückkopplungsschleifen, um die Art und Weise der Antwort den extrazellulären Signalen anzupassen. Positive Rückkopplungsschleifen können den Zellen helfen, auf eine allmählich anwachsende Konzentration eines extrazellulären Signals in einer Alles-oder-Nichts-Weise zu antworten und ein kurz anhaltendes Signal in eine lang andauernde oder sogar irreversible Antwort umzuwandeln. Die negative Rückkopplung stellt eine Möglichkeit dar, die es den Zellen erlaubt, sich an ein Signalmolekül anzupassen; dies befähigt sie, in einem großen Konzentrationsbereich auf kleine Konzentrationsänderungen des Signalmoleküls zu antworten.

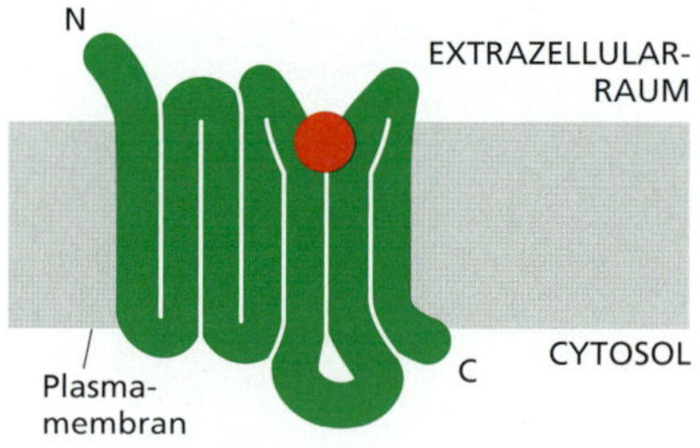

(a)

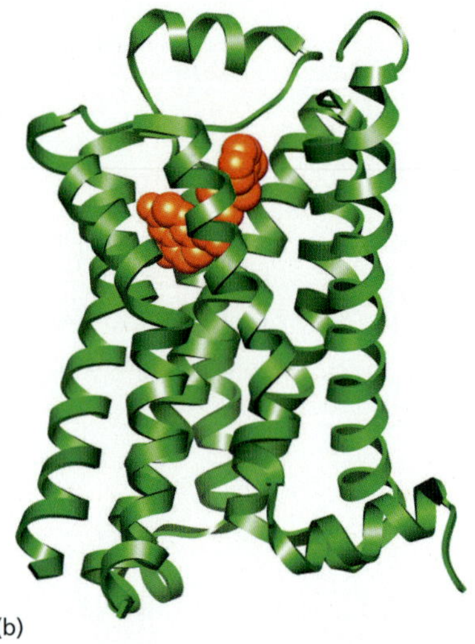

(b)

Abb. 15.22 Ein G-Protein-gekoppelter Rezeptor (GPCR). (a) GPCRs, die kleine Liganden wie Adrenalin binden, besitzen kleine extrazelluläre Domänen und der Ligand bindet gewöhnlich tief in der Ebene der Plasmamembran an einen Bereich, der von vielen Aminosäuren aus mehreren Transmembransegmenten gebildet wird. GPCRs, die Proteinliganden binden, haben eine große extrazelluläre Domäne (hier nicht gezeigt), die zur Ligandenbindung beiträgt. (b) Die Struktur des β_2-adrenergen Rezeptors – ein Rezeptor für den Neurotransmitter Adrenalin (Epinephrin) – weist die typische zylindrische Anordnung der sieben Transmembranhelices in einem GPCR auf. Der Ligand (*orange*) bindet in einer Tasche neben den Helices, sodass sich eine Konformationsänderung auf der cytosolischen Seite des Rezeptors ergibt, die die G-Protein-Aktivierung unterstützt (nicht gezeigt). (PDB-Code: 3P0G.)

15.2 Signalisierung über G-Protein-gekoppelte Rezeptoren

G-Protein-gekoppelte Rezeptoren (**GPCRs**, engl. *G-protein-coupled receptors*) bilden die größte Familie der Zelloberflächenrezeptoren, und sie vermitteln die meisten Antworten auf Signale aus der Außenwelt sowie auf von anderen Zellen stammende Signale – wie Hormone, Neurotransmitter und lokale Mediatoren. Unser Licht-, Geruchs- und Geschmackssinn sind von ihnen abhängig. Beim Menschen kommen über 800 GPCRs vor, und bei der Maus sind allein 1000 mit dem Geruchssinn befasst. Die Signalmoleküle, die auf GPCRs einwirken, sind sowohl in ihrer Struktur als auch in ihrer Funktion recht unterschiedlich; zu ihnen gehören Proteine und kleine Peptide genauso wie Aminosäure- und Fettsäurederivate, Lichtphotonen und all die Moleküle, die wir riechen und schmecken können. Das gleiche Signalmolekül kann viele verschiedene GPCR-Familienmitglieder aktivieren. So aktiviert z. B. Adrenalin mindestens 9 verschiedene GPCRs, Acetylcholin weitere 5 und der Neurotransmitter Serotonin mindestens 14. Die unterschiedlichen Rezeptoren für das gleiche Signal werden normalerweise in verschiedenen Zelltypen exprimiert und lösen unterschiedliche Antworten aus.

Trotz der chemischen und funktionellen Vielfalt der an sie bindenden Signalmoleküle haben alle GPCRs eine ähnliche Struktur. Sie bestehen aus einer einzelnen Polypeptidkette, die 7-mal durch die Lipid-Doppelschicht hin- und zurückgefädelt ist, sodass sich eine zylindrische Struktur ergibt, die oft über eine tiefe Ligandenbindungsstelle in ihrem Kern verfügt (**Abb. 15.22**). Zusätzlich zu ihrer charakteristischen Ausrichtung in der Plasmamembran verwenden sie allesamt G-Proteine, um das Signal ins Zellinnere weiterzuleiten.

Zur GPCR-Superfamilie gehört auch *Rhodopsin*, das lichtaktivierte Protein im Auge der Wirbeltiere, ebenso wie die große Anzahl von olfaktorischen Rezeptoren in der Nase der Wirbeltiere. Andere Familienmitglieder findet man bei einzelligen Organismen: Die Heferezeptoren, die sezernierte Paarungsfaktoren erkennen, sind ein Beispiel. Es ist wahrscheinlich, dass sich die G-Protein-gekoppelten Rezeptoren, die die gegenseitige Zellsignalisierung in vielzelligen Organismen vermitteln, aus den sensorischen Rezeptoren ihrer einzelligen, eukaryotischen Urahnen entwickelt haben.

Bemerkenswert ist, dass fast die Hälfte aller bekannten Arzneimittelwirkstoffe über GPCRs oder Signalwege, die GPCRs aktivieren, wirkt. Von den vielen Hundert Genen im menschlichen Genom, die für GPCRs codieren, codieren etwa 150 für Orphan (Waisen)-Rezeptoren, deren Liganden nicht bekannt sind. Viele von ihnen sind mögliche Ziele neuer, noch zu entdeckender Wirkstoffe.

15.2.1 Heterotrimere G-Proteine geben Signale von GPCRs weiter

Wenn ein extrazelluläres Signalmolekül an einen GPCR bindet, erfährt der Rezeptor eine Konformationsänderung, die ihn befähigt, ein **heterotrimeres GTP-bindendes**

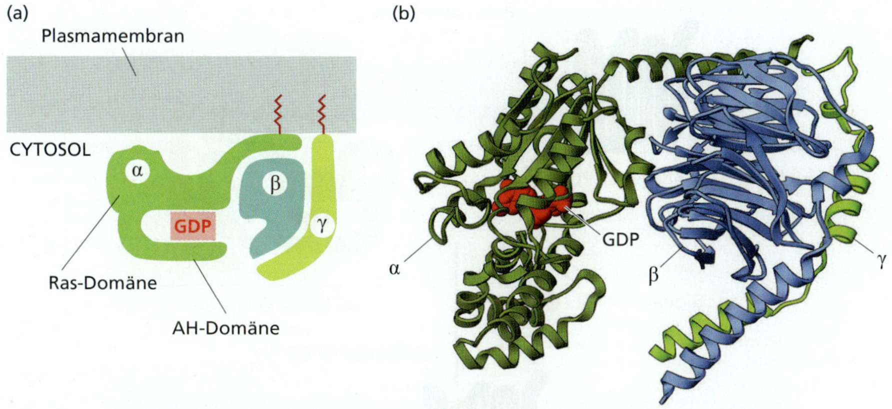

Abb. 15.23 Die Struktur eines inaktiven G-Proteins. (a) Man beachte, dass sowohl die α- als auch die γ-Untereinheiten kovalent angeheftete Lipidmoleküle (*rote Schwänze*) haben, die mithelfen, sie an die Plasmamembran zu binden. Die α-Untereinheit enthält das gebundene GDP. (b) Die dreidimensionale Struktur der inaktiven GDP-gebundenen Form des G-Proteins, genannt G_s, das mit zahlreichen GPCRs einschließlich des in **Abb. 15.22** gezeigten β_2-adrenergen Rezeptors wechselwirkt. Die α-Untereinheit enthält die GTPase-Domäne und bindet an die eine Seite der β-Untereinheit. Die γ-Untereinheit bindet an die entgegengesetzte Seite der β-Untereinheit und die β- und γ-Untereinheiten bilden zusammen eine einzige Funktionseinheit. Die GTPase-Domäne der α-Untereinheit enthält zwei Hauptunterdomänen: 1. die Ras-Domäne, die mit anderen GTPasen verwandt ist und einen Teil der GTP-Bindungstasche bildet, 2. die α-helikale oder AH-Domäne, die GTP an seinem Platz festhält (s. **Abb. 15.24**). (PDB-Code: 1GG2).

Protein (**G-Protein**) zu aktivieren, das den Rezeptor an Enzyme oder Ionenkanäle in der Plasmamembran koppelt. In manchen Fällen ist das G-Protein schon vor der Aktivierung des Rezeptors mit diesem physikalisch verbunden. In anderen Fällen bindet es erst nach der Aktivierung des Rezeptors. Es gibt verschiedene Arten von G-Proteinen. Jede ist für einen besonderen Satz von GPCRs und für einen besonderen Satz von Zielproteinen in der Plasmamembran spezifisch. Sie haben jedoch alle eine ähnliche Struktur und wirken auf ähnliche Weise.

G-Proteine sind aus drei Proteinuntereinheiten – α, β und γ – zusammengesetzt. Im nicht angeregten Zustand hält die α-Untereinheit GDP gebunden und das G-Protein ist inaktiv (**Abb. 15.23**). Wird ein GPCR aktiviert, wirkt er wie ein Guanin-Nukleotid-Austauschfaktor (GEF) und veranlasst die α-Untereinheit dazu, ihr gebundenes GDP freizusetzen; dies ermöglicht GTP, dessen Platz einzunehmen. Die GTP-Bindung verursacht eine aktivierende Konformationsänderung der α-Untereinheit des G-Proteins, wodurch das G-Protein vom Rezeptor gelöst wird und die Dissoziation der α-Untereinheit vom βγ-Paar angestoßen wird. Beide wechselwirken dann jeweils mit verschiedenen Zielmolekülen, zu denen Enzyme und Ionenkanäle in der Plasmamembran gehören, die das Signal weitergeben (**Abb. 15.24**).

Die α-Untereinheit ist eine GTPase und wird inaktiv, wenn sie ihr gebundenes GTP zu GDP hydrolysiert. Die Zeit, die die GTP-Hydrolyse in Anspruch nimmt, ist in der Regel kurz, weil die GTPase-Aktivität durch die Bindung der α-Untereinheit an ein zweites Protein enorm verstärkt wird. Dieses zweite Protein kann entweder ein Zielprotein oder ein spezifischer **Regulator der G-Protein-Signalisierung** (**RGS**) sein. RGS-Proteine wirken als α-Untereinheit-spezifische GTPase-aktivierende Proteine (GAPs) (s. **Abb. 15.8**) und sie helfen mit, in allen Eukaryoten G-Protein-vermittelte Antworten abzuschalten. Im menschlichen Genom sind ungefähr 25 RGS-Proteine codiert, von denen jedes mit einem bestimmten Satz von G-Proteinen wechselwirkt.

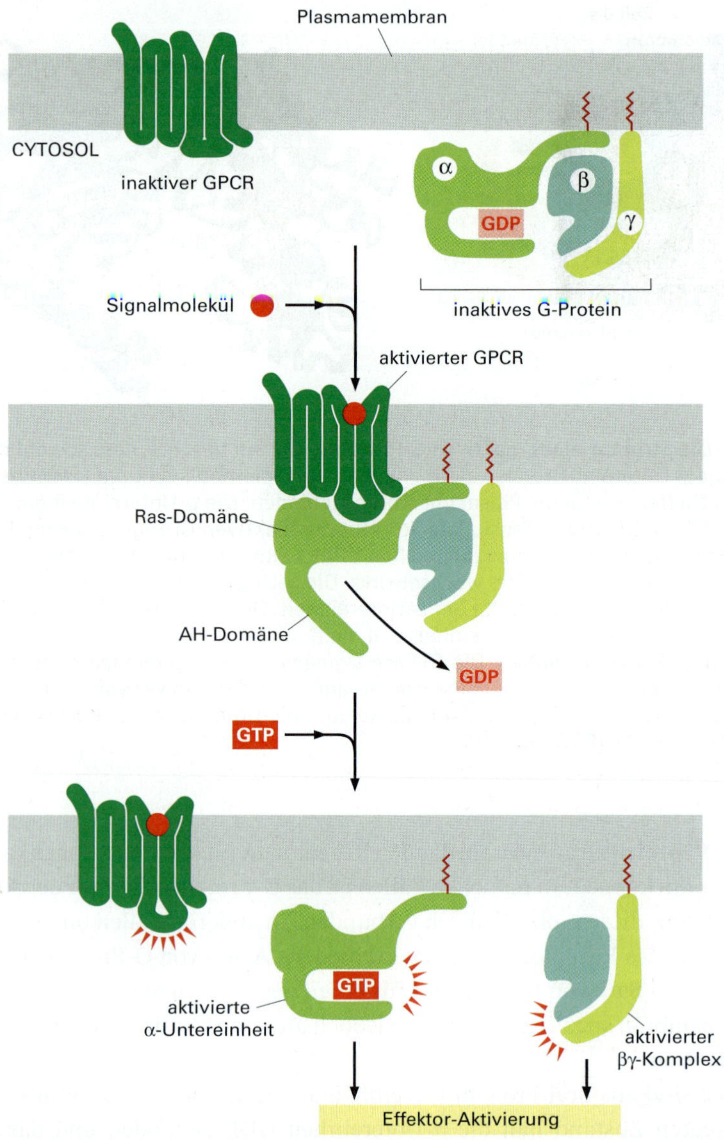

Abb. 15.24 Aktivierung eines G-Proteins durch einen aktivierten GPCR. Die Bindung eines extrazellulären Signalmoleküls an einen GPCR verändert die Konformation des Rezeptors, was den Rezeptor in die Lage versetzt, zu binden und die Konformation des heterotrimeren G-Proteins zu verändern. Die AH-Domäne der α-Untereinheit des G-Proteins bewegt sich nach außen, um die GTP-Bindungsstelle zu öffnen und dadurch die Dissoziation des GDP zu fördern. GTP-Bindung unterstützt dann das Schließen der Bindungsstelle, wodurch Konformationsänderungen angestoßen werden, die zur Dissoziation der α-Untereinheit weg vom Rezeptor und weg vom βγ-Komplex führen. Die GTP-gebundene α-Untereinheit und der βγ-Komplex regulieren beide die Aktivitäten von Stromabwärts-Signalmolekülen (nicht gezeigt). Solange das extrazelluläre Signalmolekül an den Rezeptor gebunden ist, bleibt dieser aktiv und kann deshalb die Aktivierung vieler G-Protein-Moleküle katalysieren.

15.2.2 Einige G-Proteine regulieren die Bildung von cyclischem AMP

Cyclisches AMP (3',5'-cyclo-AMP, cAMP) wirkt in einigen Signalübertragungswegen als Second Messenger. Ein extrazelluläres Signal kann die Konzentrationsspiegel von cyclischem AMP innerhalb von Sekunden um mehr als das 20-Fache ändern (**Abb. 15.25**). Wie früher bereits erläutert (s. **Abb. 15.15**), erfordert eine derartig schnelle Antwort, dass eine schnelle Synthese des Moleküls durch einen schnellen Abbau oder ein schnelles Entfernen des Moleküls ausbalanciert wird. Tatsächlich wird cAMP aus ATP durch

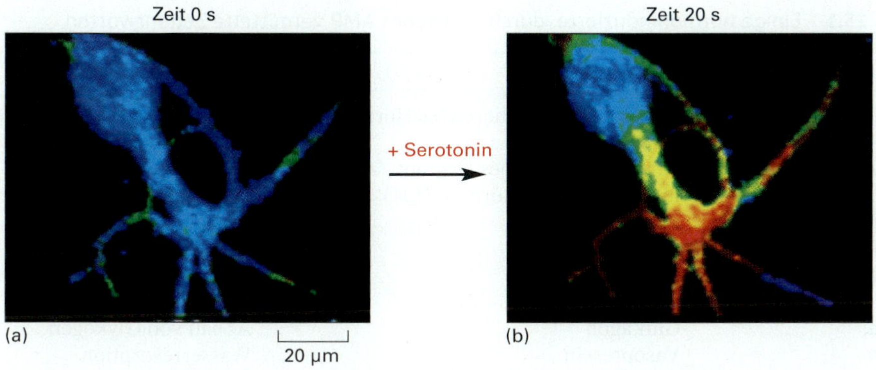

Abb. 15.25 Zunahme von cyclischem AMP als Reaktion auf ein extrazelluläres Signal. Diese auf Kulturmedium gewachsene sensorische Nervenzelle aus der Meeresschnecke *Aplysia* antwortet auf den Neurotransmitter Serotonin, der über einen G-Protein-gekoppelten Rezeptor einen schnellen Anstieg der intrazellulären cAMP-Konzentration bewirkt. Um das Konzentrationsniveau des cAMP zu verfolgen, ist die Zelle mit einem fluoreszierenden Protein beladen worden, das seine Fluoreszenz ändert, wenn es cAMP bindet. *Blau* bedeutet ein niedriges, *gelb* ein mittleres und *rot* ein hohes cAMP-Niveau. (a) In der ruhenden Zelle beträgt die cAMP-Konzentration ungefähr 5×10^{-8} M. (b) Zwanzig Sekunden nach Zugabe von Serotonin zum Kulturmedium ist die intrazelluläre cAMP-Konzentration in den relevanten Teilen der Zelle auf mehr als 10^{-6} M angestiegen, also auf mehr als das 20-Fache. (Aus B. J. Bacskai et al., *Science* 260:222–226, 1993. Mit Erlaubnis der AAAS).

das Enzym **Adenylat-Cyclase** synthetisiert, und es wird schnell und kontinuierlich durch eine oder mehrere **cAMP-Phosphodiesterasen** zerstört (**Abb. 15.26**). Adenylat-Cyclase ist ein großes Mehrpfad-Transmembranprotein, das seine katalytische Domäne auf der cytosolischen Seite der Plasmamembran besitzt. Es gibt bei Säugetieren mindestens acht Isoformen, von denen die meisten sowohl durch G-Proteine als auch durch Ca^{2+} gesteuert werden.

Viele extrazelluläre Signalmoleküle wirken, indem sie die cAMP-Konzentration innerhalb der Zelle steigern. Diese Signale aktivieren GPCRs, die an ein **stimulierendes G-Protein** (G_s) gekoppelt sind. Die aktivierte α-Untereinheit von G_s bindet und aktiviert dadurch Adenylat-Cyclase. Andere extrazelluläre Signale wirken über andere GPCRs. Sie reduzieren die Konzentration von cAMP, indem sie ein **hemmendes (inhibierendes) G-Protein** (G_i) aktivieren, das dann die Adenylat-Cyclase hemmt.

G_s und G_i sind Zielobjekte für medizinisch wichtige Bakterientoxine. Das vom Cholera-verursachenden Bakterium erzeugte *Choleratoxin* ist ein Enzym, das den Transfer von ADP-Ribose aus intrazellulärem NAD^+ auf die α-Untereinheit von G_s katalysiert. Diese ADP-Ribosylierung verändert die α-Untereinheit derart, dass sie nicht mehr länger ihr gebundenes GTP hydrolysieren kann und deshalb in einem aktiven Zustand verbleibt, der die Adenylat-Cyclase unbegrenzt stimuliert. Die resultierende verlängerte Anhebung des cAMP-Spiegels in den Darmepithelzellen bedingt ein starkes Ausströmen von Cl^- und Wasser in den Darm, wodurch die schwere Diarrhö, die Cholera charakterisiert, verursacht wird. Das vom Keuchhusten-verursachenden Bakterium erzeugte *Pertussistoxin* katalysiert die ADP-Ribosylierung der α-Untereinheit von G_i und hindert die Untereinheit daran, mit Rezeptoren in Wechselwirkung zu treten. Das G-Protein verharrt in seinem inaktiven, GDP-gebundenen Zustand und ist nicht fähig, seine Zielproteine zu steuern. Die beiden Toxine werden häufig als Reagenzien genutzt, um festzustellen, ob die Zellantwort durch ein Signal von G_s oder von G_i vermittelt wird.

Einige durch ein G_s-stimuliertes Anwachsen der cAMP-Konzentration vermittelte Antworten sind in **Tab. 15.1** aufgelistet. Die Tabelle zeigt, dass verschiedene Zellarten auf ein Anwachsen der cAMP-Konzentration verschiedenartig antworten. Einige Zellarten, z. B. Fettzellen, aktivieren Adenylat-Cyclase als Antwort auf viele verschiedene Hormone, die dadurch alle den Abbau von Triglyceriden (der Speicherform von Fett) zu Fettsäuren stimulieren. Personen mit genetischen Defekten in der α-Untereinheit

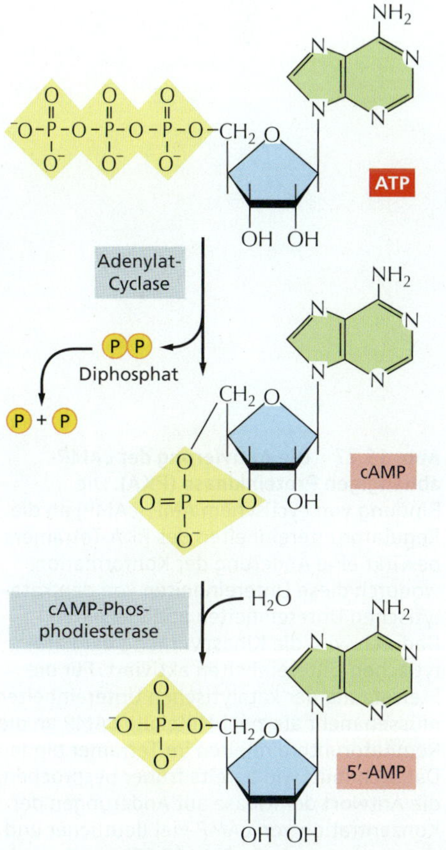

Abb. 15.26 Synthese und Abbau von cyclischem AMP. In einer durch das Enzym Adenylat-Cyclase katalysierten Reaktion wird cyclisches AMP (cAMP) aus ATP synthetisiert. Eine Zyklisierungsreaktion entfernt dabei zwei Phosphatgruppen als Pyrophosphat (PP); eine Pyrophosphatase treibt diese Synthese durch Hydrolyse des freigesetzten Pyrophosphats zu Phosphat an. cAMP ist in der Zelle kurzlebig (instabil), da es selbst durch eine spezifische Phosphodiesterase, wie gezeigt, unter Bildung von 5'-AMP hydrolysiert wird.

Tab. 15.1 Einige hormoninduzierte, durch cyclisches AMP vermittelte Zellantworten.

Zielgewebe	Hormone	Hauptantwort
Schilddrüse	Thyreoidea stimulierendes Hormon (TSH)	Synthese und Sekretion von Thyroidhormon
Nebennierenrinde	adrenokortikotropes Hormon (ACTH)	Sekretion von Kortisol
Eierstock	luteinisierendes Hormon (LH)	Sekretion von Progesteron
Muskel	Adrenalin	Abbau von Glykogen
Knochen	Parathormon	Knochenresorption
Herz	Adrenalin	Zunahme von Herzfrequenz und Kontraktionskraft
Leber	Glukagon	Abbau von Glykogen
Niere	Vasopressin	Wasserresorption
Fett	Adrenalin, ACTH, Glukagon, TSH	Abbau der Triglyceride

von G_s zeigen ein vermindertes Antwortvermögen auf bestimmte Hormone, sodass es zu Stoffwechselstörungen, Knochenfehlbildung und verminderter geistiger Leistungsfähigkeit kommt.

15.2.3 Die cAMP-abhängige Proteinkinase (PKA) vermittelt die meisten Wirkungen von cAMP

In den meisten tierischen Zellen übt cAMP seine Wirkung hauptsächlich über die Aktivierung der **cAMP-abhängigen Proteinkinase** (**Proteinkinase A**, **PKA**) aus. Diese Kinase phosphoryliert spezifische Serine oder Threonine ausgewählter Zielproteine, einschließlich intrazellulärer Signalproteine und Effektorproteine, und steuert dabei deren Aktivität. Die Zielproteine unterscheiden sich von Zellart zu Zellart; dies erklärt, warum die Auswirkungen von cAMP so deutlich vom Zelltyp abhängen (s. **Tab. 15.1**).

Im inaktiven Zustand besteht PKA aus einem Komplex aus zwei katalytischen Untereinheiten und zwei Regulatoruntereinheiten. Die Bindung von cAMP an die Regulatoruntereinheiten ändert deren Konformation und veranlasst sie, vom Komplex zu dissoziieren. Die freigesetzten katalytischen Untereinheiten werden dadurch aktiviert und können spezifische Zielproteine phosphorylieren (**Abb. 15.27**). Die Regulatoruntereinheiten der PKA sind wichtig für die Lokalisation der Kinase innerhalb der Zelle: Besondere *A-Kinase-Ankerproteine* (*AKAPs*) binden sowohl an die Regulatoruntereinheiten als auch an eine Komponente des Cytoskeletts oder die Membran eines Organells und verankern dadurch den Enzymkomplex an ein besonderes subzelluläres Kompartiment. Einige AKAPs binden auch andere Signalproteine

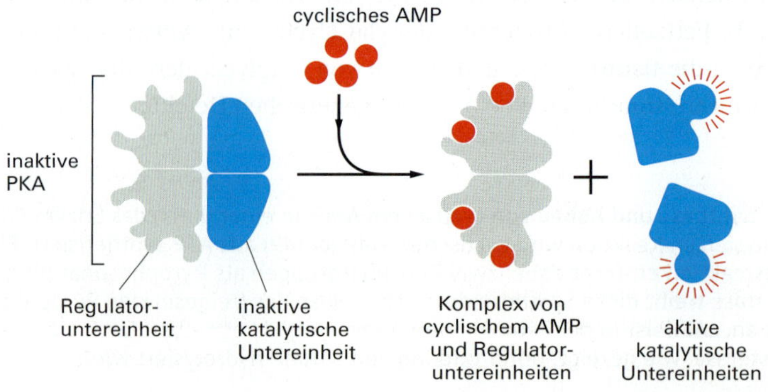

Abb. 15.27 Die Aktivierung der cAMP-abhängigen Proteinkinase (PKA). Die Bindung von cyclischem AMP (cAMP) an die Regulatoruntereinheiten des PKA-Tetramers bewirkt eine Änderung der Konformation, wodurch diese Untereinheiten von den katalytischen Untereinheiten abdissoziieren. Dadurch wird die Kinasewirkung der katalytischen Untereinheiten aktiviert. Für die Freisetzung der katalytischen Untereinheiten müssen mehr als zwei Moleküle cAMP an die Regulatoruntereinheiten im Tetramer binden. Dadurch fällt, wie bereits früher besprochen, die Antwort der Kinase auf Änderungen der Konzentration von cAMP viel deutlicher und ausgeprägter aus (s. **Abb. 15.17**).

und erzeugen einen Signalkomplex. Ein AKAP, das z. B. um den Zellkern von Herzmuskelzellen lokalisiert ist, bindet sowohl PKA als auch eine Phosphodiesterase, die cAMP hydrolysiert. In nicht stimulierten Zellen hält die Phophodiesterase die lokale cAMP-Konzentration niedrig, sodass die gebundene PKA inaktiv ist. In stimulierten Zellen steigt die cAMP-Konzentration rasch an, wodurch die Phosphodiesterase überfordert und die PKA aktiviert wird. Zu den Zielproteinen, die von der PKA in diesen Zellen phosphoryliert und aktiviert werden, gehört die benachbarte Phosphodiesterase, was die cAMP-Konzentration erneut rasch verringert. Diese negative Rückkopplung verwandelt eine ansonsten möglicherweise anhaltende PKA-Antwort in einen kurzen, lokalen PKA-Aktivitätsimpuls.

Während manche durch cAMP vermittelten Antworten innerhalb von Sekunden ablaufen (s. **Abb. 15.25**), sind andere von Transkriptionsänderungen spezifischer Gene abhängig und benötigen Stunden, um sich voll zu entwickeln. In Zellen, die das Peptidhormon *Somatostatin* ausscheiden, aktiviert z. B. cAMP das Gen, das für dieses Hormon codiert. Die Regulatorregion des Somatostatin-Gens enthält eine kurze *cis*-regulatorische DNA-Sequenz, das *cAMP-Response-Element* (*CRE*), das man auch in der Regulatorregion vieler anderer, durch cAMP aktivierter Gene findet. Ein spezifisches Transkriptionsregulatorprotein, das **CRE-bindende (CREB-) Protein**, erkennt diese Sequenz. Wenn die PKA durch cAMP aktiviert ist, phosphoryliert sie CREB an einem einzelnen Serin; das phosphorylierte CREB rekrutiert dann einen Transkriptionskoaktivator namens *CREB-bindendes Protein* (*CBP*), der die Transkription der Zielgene stimuliert (**Abb. 15.28**). Somit kann CREB ein kurzes cAMP-Signal in eine langfristige Veränderung in einer Zelle umwandeln – ein Vorgang, von dem man glaubt, dass er im Gehirn eine wichtige Rolle bei manchen Formen des Lernens und des Gedächtnisses spielt.

15.2.4 Einige G-Proteine vermitteln ihre Antwort über Phospholipide

Viele GPCRs üben ihre Wirkungen über G-Proteine aus, die das plasmamembrangebundene Enzym **Phospholipase C-β (PLC-β)** aktivieren. Einige Beispiele für auf diese Weise aktivierte Antworten sind in **Tab. 15.2** aufgelistet. Die Phospholipase wirkt auf ein phosphoryliertes Inositolphospholipid (ein *Phosphoinositid*), **Phosphatidylinositol-4,5-bisphosphat (PI[4,5]P_2)** genannt, das in kleinen Mengen in der inneren Hälfte der Lipid-Doppelschicht der Plasmamembran (**Abb. 15.29**) vorhanden ist. Rezeptoren, die über diesen **Inositolphospholipid-Signalweg** operieren, aktivieren hauptsächlich das G-Protein **G_q**, das wiederum Phospholipase C-β auf die gleiche Weise aktiviert wie G_s die Adenylat-Cyclase. Die aktivierte Phospholipase spaltet PI(4,5)P_2 und erzeugt zwei Produkte: **Inositol-1,4,5-trisphosphat** (**IP_3**) und **Diacylglycerin**. Auf dieser Stufe spaltet sich der Signalweg in zwei Äste.

IP_3 ist ein wasserlösliches Molekül, das die Plasmamembran verlässt und schnell durch das Cytosol in das Endoplasmatische Reticulum (ER) diffundiert, wo es an **IP_3-Rezeptoren** in der ER-Membran bindet. Der IP_3-Rezeptor ist ein großer transmembraner Ca^{2+}-Kanal, der in Abwesenheit von IP_3 geschlossen ist. Die IP_3-Bindung löst eine Konformationsänderung aus, die eine hochaffine Ca^{2+}-Bindungsstelle freilegt. Obwohl die cytosolische Ca^{2+}-Konzentration in der nicht stimulierten Zelle niedrig ist (~ 10^{-7} M), reicht sie aus, um die Ca^{2+}-Bindung an einige IP_3-Rezeptoren zu fördern. Die gleichzeitige Bindung von IP_3 und Ca^{2+} an einen IP_3-Rezeptor öffnet den IP_3-gesteuerten Ca^{2+}-Freisetzungskanal (IP_3-Rezeptor). Das im ER gespeicherte Ca^{2+} wird freigesetzt und bindet an andere IP_3-gebundene Rezeptoren, um eine großflächige Kanalöffnung zu verursachen. Als Folge steigt die Ca^{2+}-Konzentration im Cytosol um das 10- bis 20-Fache (**Abb. 15.30**). Der Anstieg des cytosolischen Ca^{2+} verbreitet das Signal durch

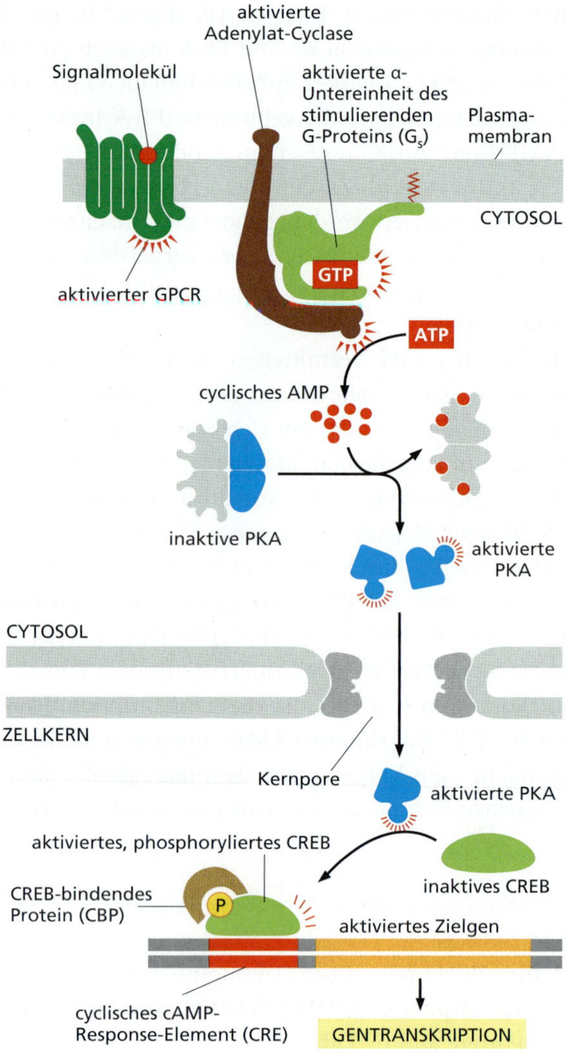

Abb. 15.28 Wie ein Anstieg der intrazellulären cAMP-Konzentration die Gentranskription verändern kann. Die Bindung eines extrazellulären Signalmoleküls an seinen GPCR aktiviert über G_S die Adenylat-Cyclase und erhöht dabei die cAMP-Konzentration im Cytosol. Dieser Konzentrationsanstieg aktiviert die PKA, und die freigesetzten katalytischen Untereinheiten der PKA können dann in den Zellkern gelangen, wo sie das Transkriptionsregulatorprotein CREB phosphorylieren. Sobald CREB phosphoryliert ist, rekrutiert es den Koaktivator CBP, der die Gentranskription stimuliert. In manchen Fällen ist das inaktive CREB-Protein an das cAMP-Response-Element (CRE) in der DNA gebunden, bevor es phosphoryliert wird (nicht gezeigt).

Beeinflussung der Aktivität der Ca^{2+}-sensitiven intrazellulären Proteine weiter, wie wir in Kürze besprechen werden.

Zur gleichen Zeit, in der das durch Hydrolyse von PI(4,5)P_2 hergestellte IP_3 die Ca^{2+}-Konzentration im Cytosol erhöht, übt das andere Spaltprodukt von PI(4,5)P_2 – Diacylglycerin – verschiedene Wirkungen aus. Diacylglycerin fungiert ebenfalls als Second Messenger, bleibt aber in die Plasmamembran eingebettet, wo es mehrere mögliche Signalfunktionen hat. Eine der Hauptfunktionen ist die Aktivierung einer Proteinkinase, die nach ihrer Ca^{2+}-Abhängigkeit als **Proteinkinase C (PKC)** bezeichnet wird. Der zu Beginn durch IP_3 angeregte Anstieg von cytosolischem Ca^{2+} verändert die PKC, sodass sie sich aus dem Cytosol zu der dem Cytoplasma zugewandten Seite der Plasmamembran verlagert. Hier wird sie von einer Kombination aus Ca^{2+},

Tab. 15.2 Einige Zellantworten, bei denen GPCRs Phospholipase C-β aktivieren.

Zielgewebe	Signalmolekül	Hauptantwort
Leber	Vasopressin	Abbau von Glykogen
Bauchspeicheldrüse (Pankreas)	Acetylcholin	Sekretion von Amylase
Glatte Muskulatur	Acetylcholin	Muskelkontraktion
Blutplättchen	Thrombin	Aggregation

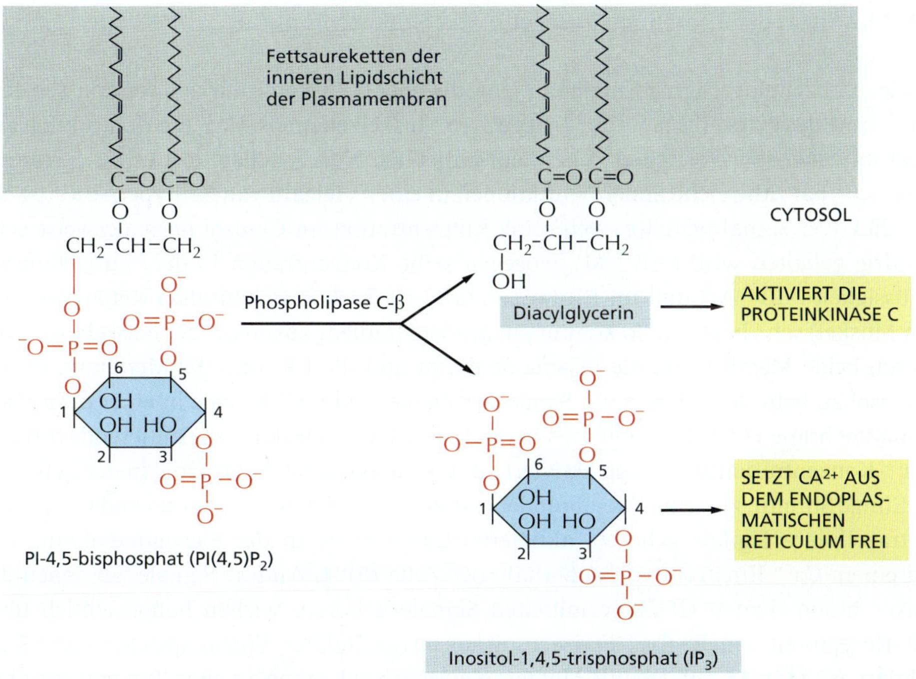

Abb. 15.29 Die Hydrolyse von PI(4,5) P_2 durch Phospholipase C-β. Zwei Second Messenger entstehen aus der Hydrolyse von PI(4,5)P_2: Inositol-1,4,5-trisphosphat (IP_3) und Diacylglycerin. IP_3 diffundiert durch das Cytosol und setzt dort aus dem ER Ca^{2+} frei. Diacylglycerin verbleibt in der Membran und hilft bei der Aktivierung der Protein-Kinase C (PKC; s. **Abb. 15.30**). Es gibt mehrere klassen von Phospholipase C, dazu gehört die β-Klasse, die von G-Protein-gekoppelten Rezeptoren aktiviert wird. Wir werden später sehen, dass die γ-Klasse von einer Klasse von Enzym-gekoppelten Rezeptoren, den Rezeptor-Tyrosinkinasen (RTKs), aktiviert wird.

Diacylglycerin und dem negativ geladenen Membranphospholipid Phosphatidylserin aktiviert (s. **Abb. 15.30**). Nach ihrer Aktivierung phosphoryliert PKC Zielproteine, die sich je nach Zelltyp unterscheiden. Die Grundregeln sind die gleichen, wie früher bei der PKA besprochen, obwohl die meisten Zielproteine andere sind.

Diacylglycerin kann unter Freisetzung von Arachidonsäure weiter gespalten werden. Diese kann entweder selbst als Signal wirken oder zur Synthese anderer kleiner Lipidbotenstoffe, *Eicosanoide* genannt, führen. Eicosanoide, einschließlich der *Prostaglandine*, werden in den meisten Zelltypen von Wirbeltieren produziert und haben ein breites Spektrum biologischer Aktivitäten. Sie sind z. B. an Schmerz- und Entzündungsantworten beteiligt, und die meisten entzündungshemmenden Medikamente (wie Aspirin, Ibuprofen und Kortison) wirken zumindest zum Teil, indem sie ihre Synthese hemmen.

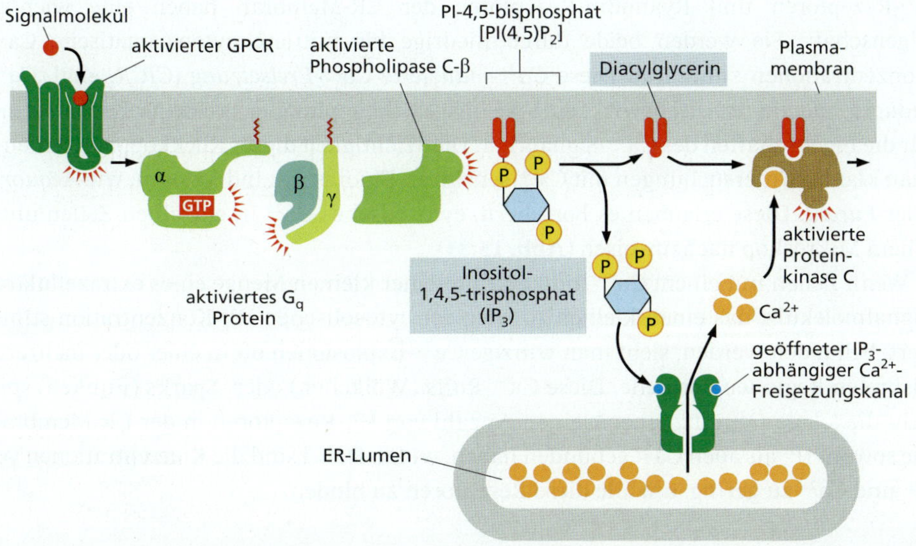

Abb. 15.30 Wie GPCRs cytosolisches Ca^{2+} erhöhen und die Proteinkinase C aktivieren. Der aktivierte GPCR stimuliert über ein G-Protein, genannt G_q, das Enzym Phospholipase C-β (PLC-β), das an die Plasmamembran gebunden ist. Die α-Untereinheit und der βγ-Komplex des G_q-Proteins sind beide an der Aktivierung beteiligt. Zwei Second Messenger entstehen, wenn PI(4,5)P_2 durch die aktivierte Phospholipase C-β hydrolysiert wird. Inositol-1,4,5-trisphosphat (IP_3) diffundiert durch das Cytosol und setzt aus dem ER Ca^{2+} frei, indem es an die IP_3-gesteuerten Ca^{2+}-Freisetzungskanäle (IP_3-Rezeptoren) in der Membran des ER bindet und diese öffnet (das Öffnen dieser Kanäle benötigt auch die nicht gezeigte Ca^{2+}-Bindung). Der hohe elektrochemische Gradient für Ca^{2+} über dieser Membran lässt Ca^{2+} in das Cytosol austreten, wenn die Freisetzungskanäle geöffnet werden. Diacylglycerin verbleibt in der Plasmamembran und hilft, zusammen mit Phosphatidylserin (nicht gezeigt) und Ca^{2+}, das Enzym Proteinkinase C (PKC) zu aktivieren. PKC ist aus dem Cytosol in die dem Cytosol zugewandte Schicht der Plasmamembran aufgenommen worden. Von den zehn oder mehr unterscheidbaren Isoformen von PKC beim Menschen werden mindestens vier durch Diacylglycerin aktiviert.

15.2.5 Ca^{2+} tritt überall als intrazellulärer Botenstoff auf

Viele extrazelluläre Signale, nicht nur jene, die über G-Proteine wirken, veranlassen eine Zunahme des cytosolischen Ca^{2+}-Spiegels. In Muskelzellen löst Ca^{2+} die Kontraktion aus und in vielen sekretorischen Zellen, einschließlich Nervenzellen, löst es die Sekretion aus. Ca^{2+} hat zahlreiche andere Funktionen in einer Vielzahl von Zelltypen. Ca^{2+} ist ein so effektiver Signalmediator, weil seine Konzentration im Cytosol normalerweise sehr niedrig gehalten wird (~10^{-7} M), wogegen seine Konzentration in der extrazellulären Flüssigkeit (~10^{-3} M) und im ER-Lumen (und im Sarkoplasmatischen Reticulum (SR) im Muskel) sehr hoch ist. So kommt ein großer Gradient zustande, der bestrebt ist, Ca^{2+} durch beide Membranen, die Plasmamembran und die ER- oder SR-Membran, in das Cytosol zu befördern. Wenn ein Signal vorübergehend Ca^{2+}-Kanäle in einer dieser beiden Membranen öffnet, drängt Ca^{2+} in das Cytosol, und die daraus resultierende örtliche Ca^{2+}-Konzentrationserhöhung aktiviert auf Ca^{2+} ansprechende Proteine in der Zelle.

Einige Stimuli, zu denen Membrandepolarisierung, Membrandehnung und bestimmte extrazelluläre Signale gehören, aktivieren Ca^{2+}-Kanäle in der Plasmamembran, was zu einem Ca^{2+}-Einstrom von außerhalb der Zelle führt. Andere Signale, zu denen die zuvor besprochenen GPCR-vermittelten Signale gehören, wirken hauptsächlich über IP_3-Rezeptoren, um die Ca^{2+}-Freisetzung aus intrazellulären Vorratsspeichern im ER zu fördern (s. **Abb. 15.30**). Die ER-Membran enthält noch einen zweiten Typ von regulierten Ca^{2+}-Kanälen, die **Ryanodin-Rezeptoren** genannt werden (ihre Bezeichnung rührt daher, dass sie für das Pflanzenalkaloid Ryanodin empfindlich sind). Sie öffnen sich als Reaktion auf steigende Ca^{2+}-Konzentrationen und verstärken damit das Ca^{2+}-Signal, wie wir gleich sehen werden.

Das Ca^{2+}-Signal wird durch mehrere Mechanismen rasch beendet. Diese Mechanismen sind auch dafür verantwortlich, dass die Ca^{2+}-Konzentration im Cytosol in ruhenden Zellen niedrig bleibt. Besonders wichtig ist, dass es in der Plasmamembran und in der ER-Membran Ca^{2+}-Pumpen gibt, die die Energie aus der ATP-Hydrolyse nutzen, um Ca^{2+} aus dem Cytosol hinauszupumpen. Zellen wie Muskel- und Nervenzellen, die die Ca^{2+}-Signalisierung ausgiebig nutzen, besitzen in ihrer Plasmamembran einen zusätzlichen Ca^{2+}-Transporter (einen Na^+-getriebenen Ca^{2+}-Austauscher), der den Ausstrom von Ca^{2+} an den Einstrom von Na^+ koppelt.

15.2.6 Die Rückkopplung erzeugt Ca^{2+}-Wellen und Oszillationen

IP_3-Rezeptoren und Ryanodin-Rezeptoren der ER-Membran haben eine wichtige Eigenschaft: Sie werden beide durch niedrige bis mittlere cytoplasmatische Ca^{2+}-Konzentrationen stimuliert. Diese *Ca^{2+}-induzierte Ca^{2+}-Freisetzung* (*CICR*, engl. *Ca^{2+}-induced calcium release*) bewirkt eine positive Rückkopplung, was eine große Bedeutung für die Eigenschaften des Ca^{2+}-Signals hat. Die Wichtigkeit dieser Rückkopplung erkennt man klar an Untersuchungen mit Ca^{2+}-sensitiven Fluoreszenzindikatoren, wie *Aequorin* oder *Fura-2*. Diese erlauben es Forschern, cytosolisches Ca^{2+} in einzelnen Zellen unter einem Mikroskop nachzuweisen (**Abb. 15.31**).

Wenn Zellen mit einem Ca^{2+}-Indikator mit einer kleinen Menge eines extrazellulären Signalmoleküls, das einen kleinen Anstieg der cytosolischen IP_3-Konzentration stimuliert, behandelt werden, sieht man winzige Ca^{2+}-Explosionen oft in einer oder mehreren diskreten Regionen der Zelle. Diese Ca^{2+}-Puffs (Wölkchen) oder -Sparks (Funken) spiegeln die lokale Öffnung einer kleinen Anzahl von IP_3-Rezeptoren in der ER-Membran, die sowohl IP_3 als auch Ca^{2+} gebunden haben, wider. Dabei sind die Konzentrationen von IP_3 und Ca^{2+} zu gering, um alle diese Rezeptoren zu binden.

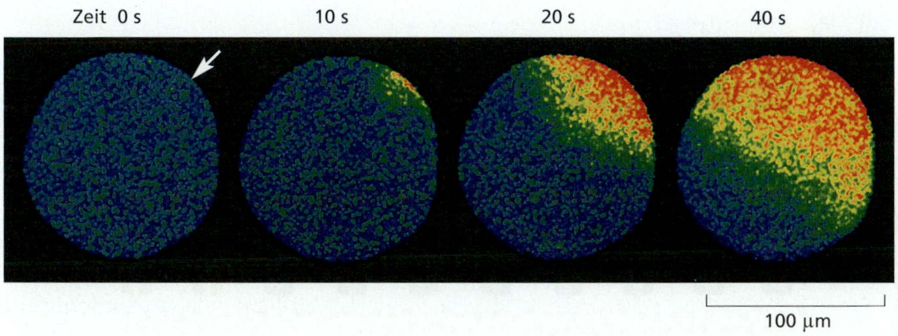

Abb. 15.31 Die Befruchtung eines Eies durch ein Spermium löst eine Welle von cytosolischem Ca^{2+} aus. In dieses Ei eines Seesterns wurde vor der Befruchtung ein Ca^{2+}-sensitiver Fluoreszenzfarbstoff injiziert. Man erkennt, wie eine Welle von cytosolischem Ca^{2+} (*rot* und *gelb*) – verursacht durch Ca^{2+}-Freisetzung aus dem ER – von der Eintrittsstelle des Spermiums (*Pfeil*) über das Ei hinweggeht. Diese Ca^{2+}-Welle ruft eine Änderung in der Oberfläche der Eizelle hervor, die wiederum den Eintritt von weiteren Spermien verhindert und zugleich auch die Entwicklung des Embryos auslöst. Man glaubt, dass der anfängliche Ca^{2+}-Anstieg durch eine spermienspezifische Form der PLC (PLC-ξ) verursacht wird, die das Spermium in das Cytoplasma der Eizelle bringt, wenn es mit ihr verschmilzt; die PLC-ξ spaltet $PI(4,5)P_2$, um IP_3 zu erzeugen, das Ca^{2+} aus dem Ei-ER freisetzt. Das freigesetzte Ca^{2+} fördert die weitere Freisetzung von Ca^{2+} aus dem ER, sodass sich die Welle ausbreitet, wie wir in **Abb. 15.32** erklären werden. (Mit freundlicher Genehmigung von Stephen A. Stricker).

Da zahlreiche Ca^{2+}-bindende Proteine und Ca^{2+}-Pumpen die Diffusion von Ca^{2+} beschränken, verbleibt das Ca^{2+}-Signal oft an der Stelle, an der das Ca^{2+} ins Cytosol gelangt. Wenn das extrazelluläre Signal jedoch stärker ist, steigt die IP_3-Konzentration auf ein höheres Niveau an. IP_3 bindet viele seiner Rezeptoren, obwohl die niedrige Ca^{2+}-Konzentration die Aktivierung dieser Rezeptoren immer noch bis zu einem gewissen Grad einschränkt. Trotzdem kann sich eine lokale Ca^{2+}-Freisetzung nun leichter auf benachbarte IP_3-gebundene Rezeptoren ausbreiten und diese aktivieren, was zu einer sich selbst erhaltenden Welle der Ca^{2+}-Freisetzung führt, die durch das Cytosol läuft (**Abb. 15.32**), ähnlich wie die Ausbreitung eines Aktionspotentials entlang der Membran eines Axons (s. **Abb. 11.33**). Das Vorhandensein von Ca^{2+}-stimulierten Ryanodin-Rezeptoren in der ER-Membran verstärkt die positive Rückkopplung noch. Zusätzlich zur positiven Rückkopplung werden IP_3-Rezeptoren und Ryanodin-Rezeptoren auch durch eine negative Rückkopplung reguliert, da sie durch hohe Ca^{2+}-Konzentrationen gehemmt werden. So führt der Anstieg von Ca^{2+} in einer stimulierten Zelle schließlich zur Hemmung der Ca^{2+}-Freisetzung. Da Ca^{2+}-Pumpen das Ca^{2+} entfernen, sinkt die Ca^{2+}-Konzentration im Cytosol (s. **Abb. 15.32**).

Der Rückgang der Ca^{2+}-Konzentration beendet schließlich die negative Rückkopplung, sodass das cytosolische Ca^{2+} wieder ansteigen kann. Wie bei anderen Fällen von verzögerter negativer Rückkopplung (s. **Abb. 15.19**) führt diese Reihenfolge der Ereignisse zu Oszillationen der Ca^{2+}-Konzentration, die so lange andauern, wie Rezeptoren an der Zelloberfläche aktiviert sind. Die Frequenz der Oszillationen spiegelt die Stärke der extrazellulären Anregung wider (**Abb. 15.33**). Die Frequenz und Amplitude der Oszillationen können auch durch andere Signalübertragungsmechanismen wie z. B. Phosphorylierung moduliert werden. Auf diese Weise können die Ca^{2+}-Sensitivität der Ca^{2+}-Kanäle und andere Komponenten des Signalübertragungssystems beeinflusst werden.

Die Frequenz der Ca^{2+}-Oszillationen kann in eine frequenzabhängige Zellantwort übersetzt werden. In einigen Fällen ist die frequenzabhängige Zellantwort auch selbst oszillatorisch. In hormonausscheidenden Zellen der Hypophyse ruft z. B. die Erregung durch ein extrazelluläres Signal wiederholte Ca^{2+}-Spikes hervor, und jeder ist mit einem Ausstoß von sezernierten Hormonen verbunden. In anderen Fällen kann die frequenzabhängige Zellantwort auch ohne Oszillationen ablaufen. In einigen Zelltypen z. B. aktiviert eine Frequenz von Ca^{2+}-Spikes die Transkription eines Gensatzes, während eine andere, höhere Frequenz die Transkription eines davon verschiedenen Gensatzes aktiviert. Wie spüren Zellen die Frequenz von Ca^{2+}-Spikes und wie ändern sie entsprechend ihre Antwort? Der Mechanismus hängt vermutlich von Ca^{2+}-sensitiven Proteinen ab, die ihre Aktivität als Funktion der Ca^{2+}-Spike-Frequenz ändern. Eine Proteinkinase, die als molekulares Gedächtnis handelt, scheint diese bemerkenswerte Eigenschaft zu haben, wie wir gleich besprechen werden.

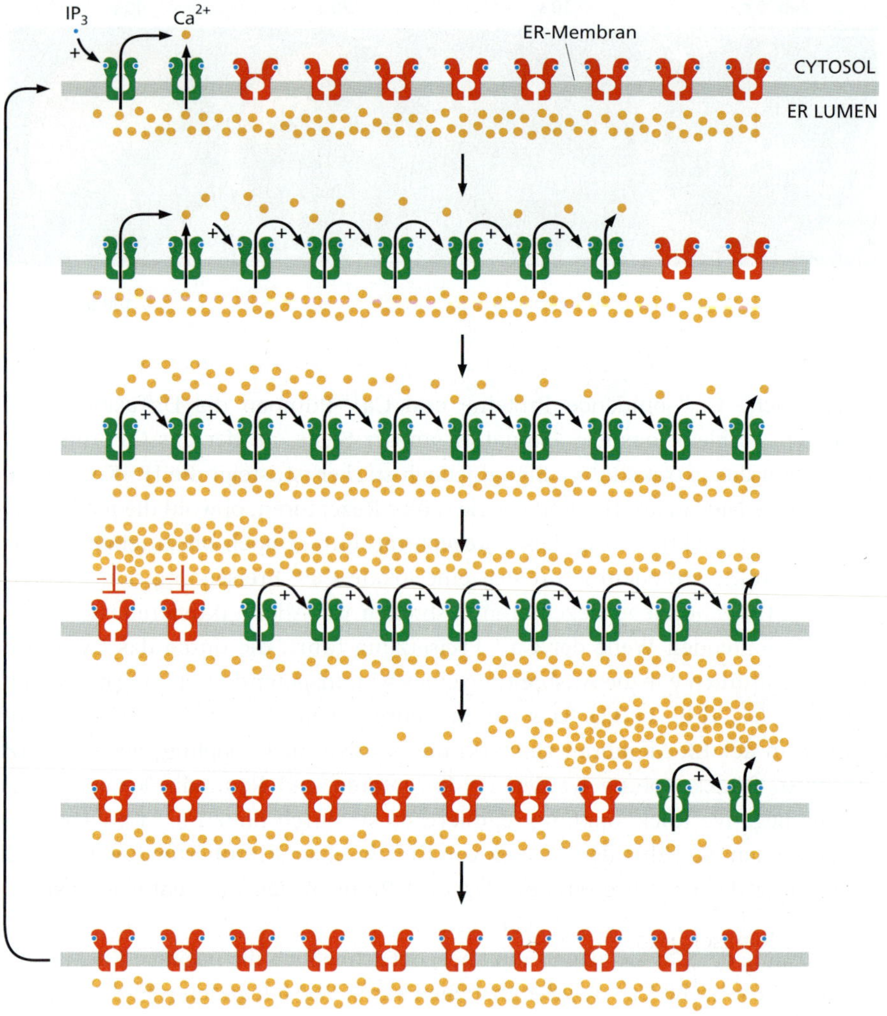

Abb. 15.32 Positive und negative Rückkopplung erzeugt cytosolische Ca^{2+}-Wellen und -Oszillationen. Die Abbildung zeigt IP_3-Rezeptoren und Ryanodin-Rezeptoren in einem Bereich der ER-Membran: Aktive Rezeptoren sind *grün*, inaktive Rezeptoren *rot*, Ca^{2+} *orange* und IP_3 *blau* dargestellt. Wenn cytosolisches IP_3 als Antwort auf ein starkes extrazelluläres Signal eine hohe Konzentration erreicht, besetzt es die meisten IP_3-Rezeptoren auf der ER-Membran. Wenige IP_3-gebundene Rezeptoren werden dann durch die geringe Menge an cytosolischem Ca^{2+} aktiviert, das in der nicht stimulierten Zelle vorhanden ist. Die örtliche Freisetzung von Ca^{2+} durch einen Cluster von aktivierten Rezeptoren (*oben*) veranlasst die Öffnung von benachbarten IP_3-Rezeptoren (und nicht gezeigten Ryanodin-Rezeptoren), wodurch noch mehr Ca^{2+} freigesetzt wird. Diese positive Rückkopplung (durch *Pluszeichen* verdeutlicht) erzeugt eine sich selbst erhaltende Welle der Ca^{2+}-Freisetzung, die sich über die Zelle ausbreitet (s. **Abb. 15.31**). Diese Wellen der Ca^{2+}-Freisetzung verbreiten sich schneller über die Zelle, als dies durch einfache Diffusion möglich wäre. Außerdem erzeugt die regenerative Welle – im Gegensatz zu einer einschießenden Menge an Ca^{2+}-Ionen, die sich beim Ausbreiten eher verdünnt – eine hohe Ca^{2+}-Konzentration in der ganzen Zelle. Wenn hohe Konzentrationen erreicht werden, inaktiviert Ca^{2+} die IP_3-Rezeptoren und Ryanodin-Rezeptoren (*Mitte*: angedeutet durch *rote Minuszeichen*), sodass die Ca^{2+}-Freisetzung beendet wird. Ca^{2+}-Pumpen reduzieren die örtliche cytosolische Ca^{2+}-Konzentration auf ihren niedrigen Ruhe-Wert. Das Ergebnis ist ein cytosolischer Ca-Impuls: Die positive Rückkopplung bewirkt einen schnellen Anstieg des cytosolischen Ca^{2+} und die negative Rückkopplung setzt die Ca^{2+}-Menge wieder zurück. Die Ca^{2+}-Kanäle bleiben für eine bestimmte Zeit unempfänglich für weitere Stimulierung (refraktär), sodass die Erzeugung einer neuen Ca^{2+}-Impulsspitze (engl. *spike*) verzögert wird (*unten*). Schließlich klingt jedoch auch die negative Rückkopplung ab und ermöglicht es IP_3, eine neue Ca^{2+}-Welle anzustoßen. Im Endergebnis ergeben sich wiederholende Ca^{2+}-Oszillationen (s. **Abb. 15.33**). Unter bestimmten Bedingungen kann man diese Oszillationen als sich wiederholende Wellen von Ca^{2+} beobachten, die sich über die Zelle hinwegbewegen.

15.2.7 Ca^{2+}/Calmodulin-abhängige Proteinkinasen vermitteln viele Antworten auf Ca^{2+}-Signale

Verschiedene Ca^{2+}-bindende Proteine helfen mit, das cytosolische Ca^{2+}-Signal weiterzugeben. Die größte Bedeutung hat **Calmodulin**, das sich in allen eukaryotischen Zellen findet und bis zu 1 % der gesamten Proteinmasse der Zelle ausmachen kann. Calmodulin fungiert als vielseitiger, intrazellulärer Ca^{2+}-Rezeptor und vermittelt viele Ca^{2+}-gesteuerte Prozesse. Es besteht aus einer einzelnen, hoch konservierten Polypeptidkette mit vier Ca^{2+}-Bindungsstellen, die eine hohe Affinität zu Ca^{2+} haben (**Abb. 15.34a**). Wenn es an Ca^{2+} bindet, erfährt es eine aktivierende Konformationsänderung. Da mindestens zwei Ca^{2+}-Ionen an Calmodulin binden müssen, bevor es seine aktive Konformation annimmt, zeigt das Protein eine sigmoidale Antwort auf ansteigende Ca^{2+}-Konzentrationen (s. **Abb. 15.17**).

Die allosterische Aktivierung von Calmodulin durch Ca^{2+} ist der Aktivierung von PKA durch cAMP analog, außer dass der aktive Ca^{2+}/Calmodulin-Komplex selbst nicht als Enzym aktiv ist, sondern stattdessen erst durch die Bindung und Aktivierung anderer Proteine wirkt. In einigen Fällen dient Calmodulin als ständige Regulatoruntereinheit eines Enzymkomplexes. Meistens jedoch befähigt die Bindung von Ca^{2+} das Calmodulin, an verschiedene Zielproteine in der Zelle zu binden und deren Aktivität zu ändern.

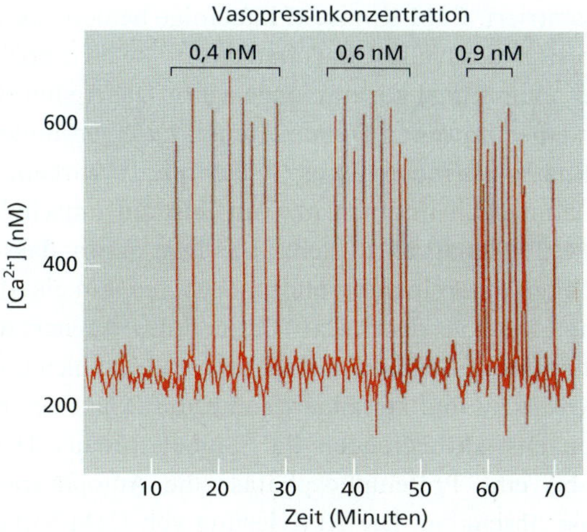

Abb. 15.33 Durch Vasopressin ausgelöste cytosolische Ca^{2+}-Oszillationen in einer Leberzelle. Die Zelle wurde mit dem Ca^{2+}-sensitiven Protein Aequorin beladen und dann steigenden Konzentrationen des Peptid-Signalmoleküls *Vasopressin* ausgesetzt; dieses aktiviert einen GPCR und dadurch PLC-β (s. **Tab. 15.2**). Man beachte, dass zwar die Frequenz der Ca^{2+}-Signalspitzen (Spikes) mit der Vasopressinkonzentration zunimmt, die Amplitude der Spikes aber nicht beeinflusst ist. Jede Signalspitze dauert etwa sieben Sekunden. (Verändert nach N. M. Woods et al., *Nature* 319:600–602. Mit Erlaubnis von Springer Nature).

Wenn ein Ca^{2+}/Calmodulin-Molekül an ein Zielprotein bindet, erfährt Calmodulin eine weitere Konformationsänderung, deren Beschaffenheit vom spezifischen Zielprotein abhängt (**Abb. 15.34b**). Unter den vielen Zielmolekülen, die durch Calmodulinbindung gesteuert werden, gibt es viele Enzyme und Membrantransportproteine. Ca^{2+}/Calmodulin bindet z. B. an die Ca^{2+}-Pumpe der Plasmamembran und aktiviert sie. Diese pumpt mithilfe der ATP-Hydrolyse das Ca^{2+} aus den Zellen. So wird bei jeder Anhebung der Ca^{2+}-Konzentration im Cytosol die Pumpe aktiviert, was dazu beiträgt, den cytosolischen Ca^{2+}-Spiegel auf das Ruheniveau zurückzusetzen.

Viele Ca^{2+}-Wirkungen sind jedoch indirekter und werden durch Proteinphosphorylierungen vermittelt, die von einer Familie von Proteinkinasen namens **Ca^{2+}/Calmodulin-abhängige Proteinkinasen** (**CaM-Kinasen**) katalysiert werden. Einige CaM-Kinasen phosphorylieren Transkriptionsregulatoren, wie z. B. das früher besprochene CREB-Protein (s. **Abb. 15.28**), und aktivieren oder hemmen auf diese Weise die Transkription spezifischer Gene.

Eine der am besten untersuchten CaM-Kinasen ist die **CaM-Kinase II**, die man in den meisten Tierzellen findet, die aber speziell im Nervensystem angereichert ist. Sie macht in einigen Hirnregionen bis zu 2 % der gesamten Proteinmasse aus und ist in

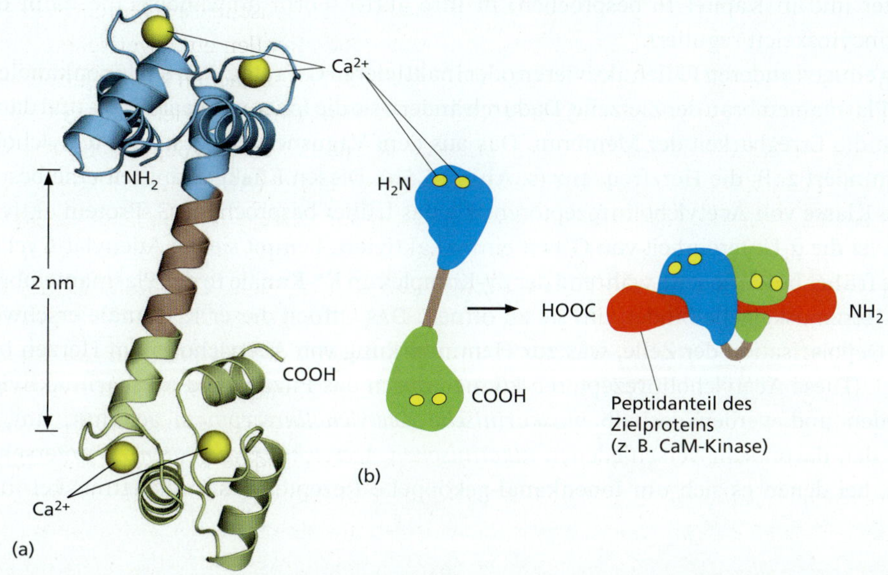

Abb. 15.34 Die Struktur von Ca^{2+}/Calmodulin. (a) Das Molekül hat eine hantelförmige Gestalt, mit zwei kugelförmigen Enden, die an viele verschiedene Zielproteine binden können. Die kugelförmigen Enden sind über eine lange, freiliegende α-Helix verbunden, die es dem Protein erlaubt, abhängig vom Zielprotein, mit dem es interagiert, eine Vielzahl verschiedener Konformationen einzunehmen. Jedes Ende hat zwei Ca^{2+}-Bindungsstellen. (b) Die deutliche strukturelle Änderung in Ca^{2+}/Calmodulin, die bei der Bindung an ein Zielprotein auftritt (in diesem Beispiel ein Peptid, das aus der Ca^{2+}/Calmodulin-bindenden Domäne einer Ca^{2+}/Calmodulin-abhängigen Proteinkinase besteht). Man beachte, dass Ca^{2+}/Calmodulin um das Peptid herum gefaltet ist. Wenn es an andere Zielmoleküle bindet, kann es andere Konformationen annehmen. (a, PDB-Code: 1CLL; b, PDB-Codes: 1CDL und 2BBM).

Synapsen stark konzentriert. CaM-Kinase II hat einige bemerkenswerte Eigenschaften. Erstens hat sie eine eindrucksvolle Quartärstruktur: Zwölf Kopien des Enzyms sind zu einem gestapelten Paar Ringe zusammengelagert. Dabei sind die außen gelegenen Kinasedomänen mit einer zentralen Domäne (engl. *hub*) verbunden (**Abb. 15.35**). Die Struktur hilft dem Enzym als molekulares Gedächtnis zu wirken, wobei es unter dem Einfluss von Ca^{2+}/Calmodulin in einen aktiven Zustand umschaltet und dann sogar nach Abklingen des Ca^{2+}-Signals aktiv bleibt. Das liegt daran, dass sich die benachbarten Kinaseuntereinheiten untereinander phosphorylieren (ein als *Autophosphorylierung* bezeichneter Vorgang), wenn sie durch Ca^{2+}/Calmodulin aktiviert werden (**Abb. 15.35**). Ist eine Kinaseuntereinheit erst einmal autophosphoryliert, bleibt das Enzym sogar bei Abwesenheit von Ca^{2+} aktiv und verlängert somit die Dauer der Kinaseaktivität über die Aktivität des zunächst aktivierenden Ca^{2+}-Signals hinaus. Das Enzym hält diese Aktivität aufrecht, bis eine Proteinphosphatase die Autophosphorylierung entfernt und damit die Kinase abschaltet. Die Aktivierung von CaM-Kinase II dient dadurch als Gedächtnisspur (Engramm) eines vorherigen Ca^{2+}-Impulses, und sie ist offenbar für einige Formen von Gedächtnis und Lernen im Gehirn der Wirbeltiere wichtig. Mutierte Mäuse, denen die hirnspezifische Form des Enzyms fehlt, haben ein geringeres Erinnerungsvermögen betreffend die Lage von Gegenständen.

Eine weitere bemerkenswerte Eigenschaft der CaM-Kinase II ist, dass das Enzym seinen Erinnerungsmechanismus benutzen kann, um die Frequenz der Ca^{2+}-Oszillationen zu decodieren. Wenn die CaM-Kinase II sowohl einer Proteinphosphatase ausgesetzt wird als auch wiederholten Impulsen von Ca^{2+}/Calmodulin bei verschiedenen Frequenzen, die den in stimulierten Zellen beobachteten ähneln, steigt die Enzymaktivität als Funktion der Impulsfrequenz steil an (**Abb. 15.36**). Diese Eigenschaft ist vermutlich besonders wichtig für eine Synapse der Nervenzelle, an der eine Änderung des intrazellulären Ca^{2+}-Spiegels in einer aktivierten postsynaptischen Zelle zu lang andauernden Änderungen in der Wirksamkeit jener Synapse führen kann (in Kapitel 11 besprochen).

15.2.8 Einige G-Proteine steuern Ionenkanäle direkt

G-Proteine wirken nicht ausschließlich über eine Aktivitätskontrolle von membrangebundenen Enzymen, die die Konzentration von cAMP oder Ca^{2+} im Cytosol verändern. Die α-Untereinheit eines G-Proteintyps (G_{12} genannt) aktiviert z. B. einen Guanin-Nukleotid-Austauschfaktor, der eine monomere GTPase der *Rho-Familie* (wird später und in Kapitel 16 besprochen) in ihre aktive Form umwandelt, die dann das Aktincytoskelett reguliert.

In einigen anderen Fällen aktivieren oder inaktivieren G-Proteine direkt Ionenkanäle in der Plasmamembran der Zielzelle. Dadurch ändern sie die Ionenpermeabilität – und damit auch die Erregbarkeit der Membran. Das aus dem Vagusnerv freigesetzte Acetylcholin vermindert z. B. die Herzfrequenz (s. **Abb. 15.5b**). Diesen Effekt vermittelt eine besondere Klasse von Acetylcholinrezeptoren, die das früher besprochene G_i-Protein aktivieren. Ist die α-Untereinheit von G_i erst einmal aktiviert, hemmt sie die Adenylat-Cyclase (wie früher beschrieben), während der $\beta\gamma$-Komplex an K^+-Kanäle in der Plasmamembran der Herzmuskelzelle bindet, um sie zu öffnen. Das Öffnen dieser K^+-Kanäle erschwert die Depolarisation der Zelle, was zur Hemmwirkung von Acetylcholin am Herzen beiträgt. (Diese Acetylcholinrezeptoren können durch das Pilzalkaloid Muscarin aktiviert werden und werden deshalb *muskarinische Acetylcholinrezeptoren* genannt, um sie von den davon sehr verschiedenen *nikotinischen Acetylcholinrezeptoren* zu unterscheiden, bei denen es sich um Ionenkanal-gekoppelte Rezeptoren auf Skelettmuskel- und

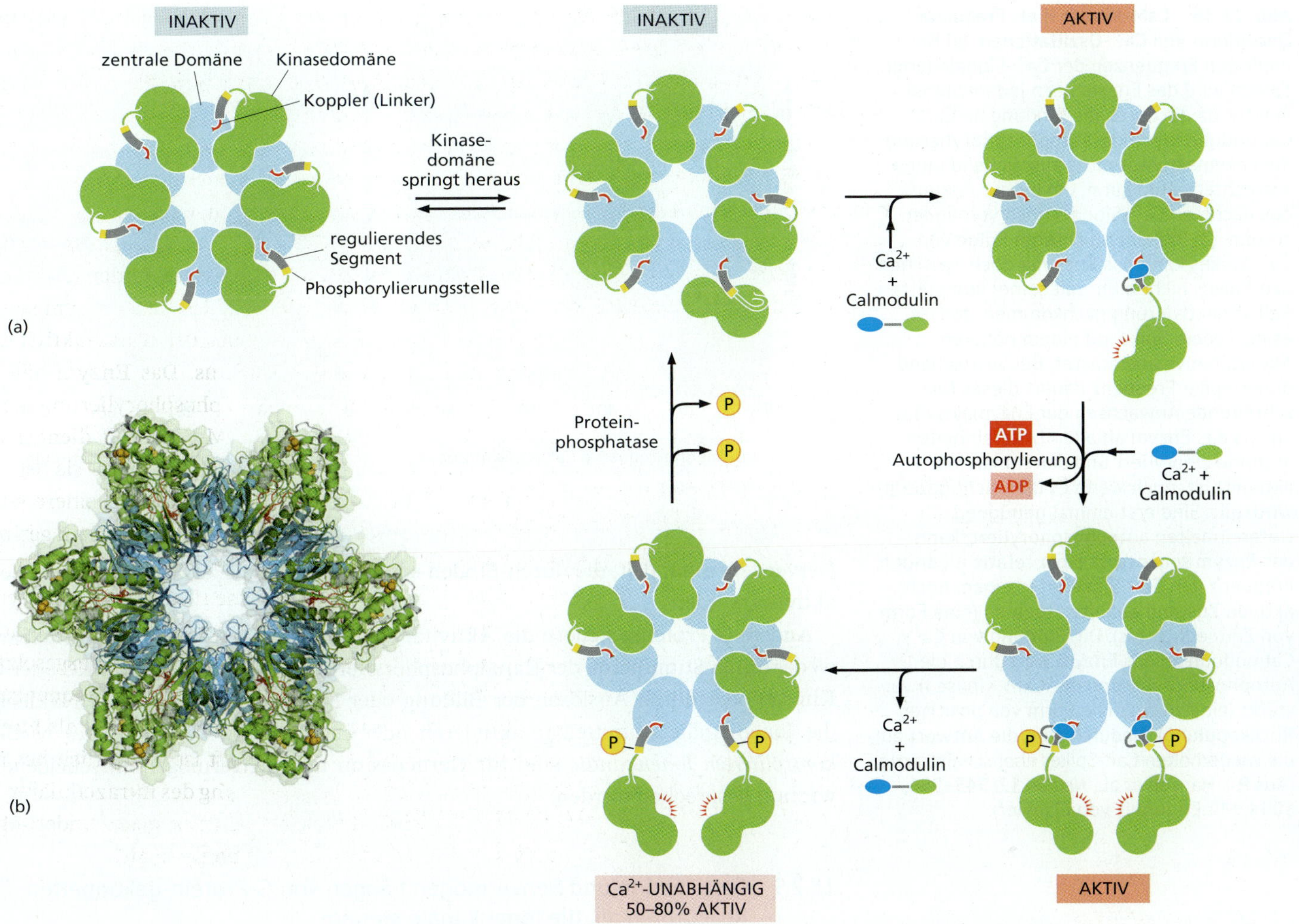

Abb. 15.35 **Die schrittweise Aktivierung der CaM-Kinase II.** (a) Jedes CaM-Kinase-II-Protein hat zwei Hauptdomänen: eine aminoterminale Kinasedomäne (*grün*) und eine carboxyterminale zentrale Domäne (*blau*), die über einen regulatorischen Abschnitt verbunden sind. Sechs CaM-Kinase-II-Proteine bilden einen riesigen Ring, in der die zentralen Domänen eng miteinander wechselwirken und in der Mitte eine Struktur bilden, die von den Kinasedomänen umgeben ist. Das vollständige Enzym enthält zwei gestapelte Ringe aus 12 Kinaseproteinen. Der Anschaulichkeit halber ist nur ein Ring dargestellt. Im inaktiven Zustand des Enzyms liegt der Ring in einem dynamischen Gleichgewicht zwischen zwei Zuständen vor. Der erste (*oben links*) ist ein kompakter Zustand, in dem die Kinasedomäne mit den zentralen Domänen wechselwirkt, sodass der regulatorische Abschnitt im Aktiven Zentrum der Kinase verborgen ist und dadurch die katalytische Aktivität blockiert. Im zweiten inaktiven Zustand (*oben Mitte*), ist eine Kinasedomäne herausgesprungen und mit der zentralen Domäne über den regulatorischen Abschnitt verbunden, der immer noch die Kinasedomäne blockiert, aber jetzt für Ca^{2+}/Calmodulin zugänglich ist. In Anwesenheit von Ca^{2+}/Calmodulin wird dieses an den regulatorischen Abschnitt binden und ihn daran hindern, die Kinase zu blockieren. Die Kinase wird dadurch in einem aktiven Zustand festgehalten (*oben rechts*). Wenn die benachbarte Kinase-Untereinheit ebenfalls aus dem Zentrum herausspringt, wird sie ebenfalls durch Ca^{2+}/Calmodulin aktiviert. Die beiden Kinasedomänen phosphorylieren sich gegenseitig auf dem regulatorischen Abschnitt (*unten rechts*). Diese Autophosphorylierung aktiviert das Enzym noch mehr und verlängert auch die Aktivität des Enzyms auf zweierlei Weise: (1) Sie hält das gebundene Ca^{2+}/Calmodulin fest, sodass es nicht vom Enzym abdissoziieren kann, bevor das cytosolische Ca^{2+}-Konzentrationsniveau für wenigstens 10 Sekunden in den Grundzustand zurückgekehrt ist (nicht gezeigt). (2) Sie verwandelt das Enzym in eine Ca^{2+}-unabhängige Form, sodass die Kinase sogar dann noch aktiv bleibt, wenn das Ca^{2+}/Calmodulin von ihr abdissoziiert (*unten links*). Diese Aktivität bleibt erhalten, bis die Autophosphorylierungsaktivität der CaM-Kinase II durch eine Proteinphosphatase außer Kraft gesetzt wird. (b) Dieses Modell des Enzyms beruht auf röntgenkristallographischen Untersuchungen des CaM-Kinase II-Dodecamers. Die bemerkenswerte dodecamere Struktur des Enzyms ermöglicht einen weiten Bereich von Zwischenzuständen der Aktivität in Abhängigkeit von verschiedenen Ca^{2+}-Oszillationen: Eine höhere Frequenz bringt eher mehr Untereinheiten im Enzym in den aktiven phosphorylierten Zustand (s. **Abb. 15.36**). Das Verhalten der CaM-Kinase II wird außerdem noch durch die Länge des verbindenden Abschnitts zwischen Kinasedomäne und zentraler Domäne kontrolliert. In manchen Isoenzymen ist der Linker länger: In diesen Isoformen tendiert die Kinasedomäne häufiger dazu, aus dem Ring herauszuspringen, wodurch der Linker sensitiver für Ca^{2+} wird. Diese und andere Mechanismen erlauben es der Zelle, die Fähigkeit des Enzyms auf die Bedürfnisse der unterschiedlichen Zelltypen der Neuronen anzupassen. (a, Verändert nach L. H. Chao et al., *Cell* 146: 732–745, 2011; b, PDB-Code: 3SOA.)

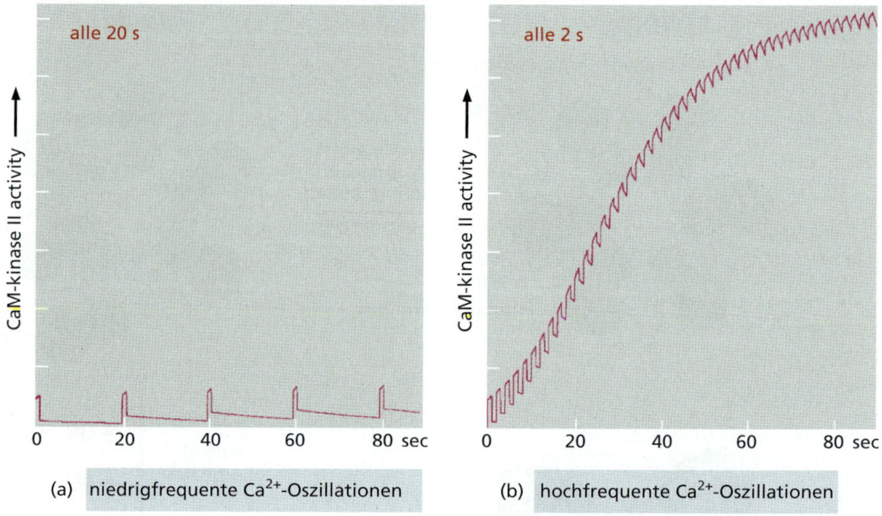

Abb. 15.36 CaM-Kinase II als Frequenz-Decodierer von Ca^{2+}-Oszillationen. (a) Bei niedrigen Frequenzen der Ca^{2+}-Signale (engl. *Spikes*) wird das Enzym nach jedem Signal inaktiv, da die durch die Bindung an Ca^{2+}/Calmodulin bewirkte Autophosphorylierung die Enzymaktivität nicht ausreichend lange aufrechterhalten kann, um bis zur Ankunft des nächsten Ca^{2+}-Signals noch vorhanden zu sein. (b) Bei einer dichteren Folge von Ca^{2+}-Spikes kann das Enzym jedoch zwischen den Spikes nicht mehr mit seiner kompletten Selbstinaktivierung nachkommen, sodass es mit jedem Spike auf einem höheren Aktivitätsniveau einrastet. Bei ausreichend hoher Spike-Frequenz dauert dieses fortschreitende Anwachsen der Enzymaktivität an, bis das Enzym an allen Untereinheiten autophosphoryliert und damit maximal aktiviert ist. Auch wenn es hier nicht gezeigt wird, gilt: Sind erst einmal genügend Untereinheiten autophosphoryliert, kann das Enzym sogar trotz einer relativ niedrigen Frequenz von Ca^{2+}-Signalen in einem hoch aktiven Zustand gehalten bleiben (eine Form von Zellgedächtnis). Die Bindung von Ca^{2+}/Calmodulin an das Enzym wird durch die Autophosphorylierung der CaM-Kinase II verstärkt (eine zusätzliche Form von positiver Rückkopplung). Dadurch wird die Antwort auf die wiederholten Ca^{2+}-Spikes eher schalterartig. (Aus P. I. Hanson et al., *Neuron* 12: 943–956, 1994. Mit Erlaubnis von Elsevier).

Nervenzellen handelt, die durch Binden sowohl von Nikotin als auch von Acetylcholin aktiviert werden).

Andere G-Proteine steuern die Aktivität von Ionenkanälen weniger unmittelbar, entweder durch Stimulieren der Kanalphosphorylierung (z. B. durch PKA, PKC oder CaM-Kinase) oder durch Auslösen der Bildung oder Spaltung von cyclischen Nukleotiden, die Ionenkanäle unmittelbar aktivieren oder inaktivieren. Die *cyclisches Nukleotid-kontrollierten Ionenkanäle* sind für Geruchssinn und Sehvermögen entscheidend, wie wir nun besprechen werden.

15.2.9 Geruchssinn und Sehvermögen hängen von G-Protein-gekoppelten Rezeptoren ab, die Ionenkanäle steuern

Der Mensch kann mehr als 10 000 unterschiedliche Gerüche unterscheiden, die durch spezialisierte Geruchsrezeptorneuronen in der Nasenschleimhaut erkannt werden. Diese Zellen erkennen Gerüche mittels spezifischer GPCRs, den sogenannten **olfaktorischen (Geruchs-)Rezeptoren**, die auf der Oberfläche modifizierter Cilien präsentiert werden, die aus jedem olfaktorischen Neuron herausragen (**Abb. 15.37**). Die Rezeptoren wirken über einen cAMP-Anstieg. Wenn sie durch einen Geruchsstoff stimuliert werden, aktivieren sie ein riechspezifisches G-Protein (bekannt als G_{olf}), das wiederum die

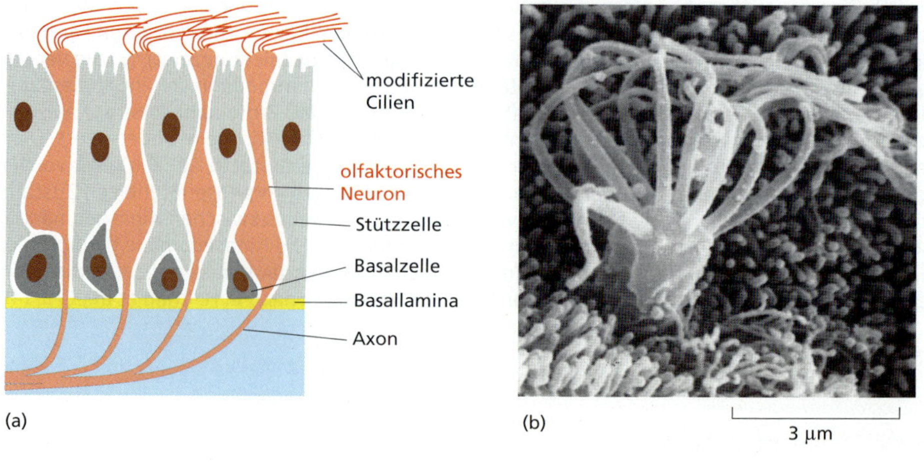

Abb. 15.37 Olfaktorische (Geruchs-) Rezeptorneuronen. (a) Eine vereinfachte Zeichnung eines Querschnitts durch das Geruchsepithel (olfaktorisches Epithel) in der Nase. Geruchsrezeptorneuronen besitzen modifizierte Cilien, die aus der Epitheloberfläche herausragen und die Geruchsrezeptoren und die Signalverarbeitungsmaschinerie enthalten. Wenn die Zelle durch einen Geruchsstoff genügend aktiviert wurde, um ein Aktionspotenzial zu erzeugen, leitet das Axon, das am anderen Ende des Rezeptorneurons hervorkommt, elektrische Signale zum Gehirn. Die Basalzellen fungieren zumindest bei Nagetieren als Stammzellen und bilden während der ganzen Lebensdauer der Zelle neue Rezeptorneuronen als Ersatz für die absterbenden. (b) Eine rasterelektronenmikroskopische Aufnahme von Cilien auf der Oberfläche eines Geruchsneurons beim Menschen. (b, aus E. E. Morrison und R. M. Costanzo, *J. Comp. Neurol.* 297: 1–13, 1990. Mit Erlaubnis von Wiley-Liss).

Adenylat-Cyclase aktiviert. Die daraus resultierende Zunahme von cAMP öffnet *cAMP-kontrollierte Kationenkanäle*. Dadurch wird das Einströmen von Na^+ möglich, was die Plasmamembran eines Geruchsrezeptorneurons depolarisiert und einen Nervenimpuls bewirkt, der sich entlang des Axons zum Gehirn fortbewegt.

Eine Maus hat ungefähr 1000 verschiedene Geruchsrezeptoren und der Mensch rund 350, wobei jeder Rezeptor von einem anderen Gen codiert wird und eine unterschiedliche Gruppe von Geruchsstoffen erkennt. Jedes Geruchsrezeptorneuron erzeugt nur einen von diesen Rezeptoren, und das Neuron reagiert auf eine spezifische Gruppe von Geruchsstoffen durch den von ihm dargebotenen spezifischen Rezeptor. Jeder Geruchsstoff wiederum aktiviert seinen eigenen charakteristischen Satz von Geruchsrezeptorneuronen. Derselbe Rezeptor hat auch die wichtige Aufgabe, das länger werdende Axon jedes sich entwickelnden olfaktorischen Neurons auf spezifische Zielneuronen auszurichten, die es mit dem Gehirn verbinden. Eine andere Gruppe von GPCRs vermittelt auf ähnliche Weise in einigen Wirbeltieren die Reaktion auf *Pheromone*, das sind chemische Signale, die bei der Kommunikation zwischen Angehörigen derselben Art benutzt werden. Beim Menschen nimmt man allerdings an, dass funktionsfähige Pheromonrezeptoren fehlen.

Das Sehvermögen von Wirbeltieren umfasst einen ähnlich kunstvollen, hoch empfindlichen Signaldetektionsvorgang. Auch hier sind durch cyclisches Nukleotid kontrollierte Ionenkanäle beteiligt. Das entscheidende cyclische Nukleotid ist aber nicht cAMP, sondern **cyclisches GMP** (**Abb. 15.38**). Wie beim cAMP wird die Konzentration von cGMP im Cytosol durch eine ständige, schnelle Synthese (durch *Guanylat-Cyclase*) und einen schnellen Abbau (durch *cGMP-Phosphodiesterase*) kontrolliert. Allerdings stimuliert der lichtaktivierte GPCR in diesem System nicht die Guanylat-Cyclase und erhöht nicht den cyclischen GMP-Spiegel; stattdessen stimuliert er die cyclische GMP-Phosphodiesterase, was zu niedrigeren cGMP-Spiegeln führt und damit die Öffnung der Kationenkanäle verringert.

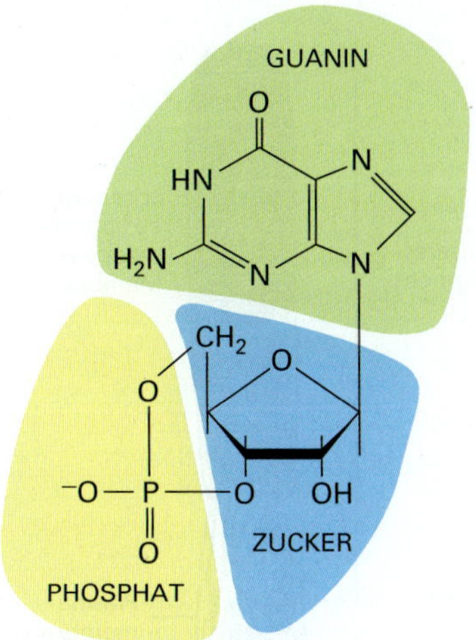

Abb. 15.38 **Cyclisches GMP.**

Das Signalweiterleitungssystems des Sehvermögens ist besonders gründlich bei den **Stäbchen-Photorezeptoren** der Netzhaut von Wirbeltieren untersucht worden. Stäbchen-Photorezeptoren sind für das Schwarz/Weiß-Sehen bei Dämmerlicht verantwortlich, wohingegen **Zapfen-Photorezeptoren** für das Farbsehen bei hellem Licht verantwortlich sind.

Beide Arten von Photorezeptoren sind hoch spezialisierte Zellen mit äußeren und inneren Segmenten, mit einem Zellkörper und mit einer synaptischen Region. Von dort gibt der Photorezeptor ein chemisches Signal an ein Neuron der Retina ab (**Abb. 15.39**). Nachdem ein Netzwerk von Neuronen der Netzhaut (Retina) die Signale verarbeitet hat, leiten die Axone einer Gruppe von Neuronen die Signale an das Gehirn weiter.

Der Apparat für die Lichtumwandlung befindet sich im äußeren Segment des Stäbchens, das einen Stapel von *Scheiben* (*Discs*) enthält; jede Scheibe besteht aus einem geschlossenen Vesikel der Membran, die dicht mit einem lichtempfindlichen GPCR – als **Rhodopsin** bezeichnet – besetzt ist. Die das äußere Segment umschließende Plasmamembran enthält *cGMP-kontrollierte Kationenkanäle*. Diese Kanäle werden im Dunkeln durch an sie gebundenes cyclisches GMP offen gehalten.

Die lichtinduzierte Aktivierung von Rhodopsinmolekülen in der Scheibenmembran verringert die cytosolische cyclische GMP-Konzentration und schließt die Kationenkanäle in der Plasmamembran (**Abb. 15.40**). Somit bewirkt Licht eine Hyperpolarisation (ein negativeres Membranpotenzial, in Kapitel 11 besprochen), was die synaptische Signalübertragung hemmt.

Rhodopsin ist ein Mitglied der GPCR-Familie; das extrazelluläre Signal, das es aktiviert, ist jedoch kein Molekül, sondern ein Photon. Jedes Rhodopsinmolekül trägt als kovalent eingefügten Chromophor 11-*cis*-Retinal, das fast augenblicklich zu all-*trans*-Retinal isomerisiert, sobald es ein einzelnes Photon absorbiert. Die Isomerisierung

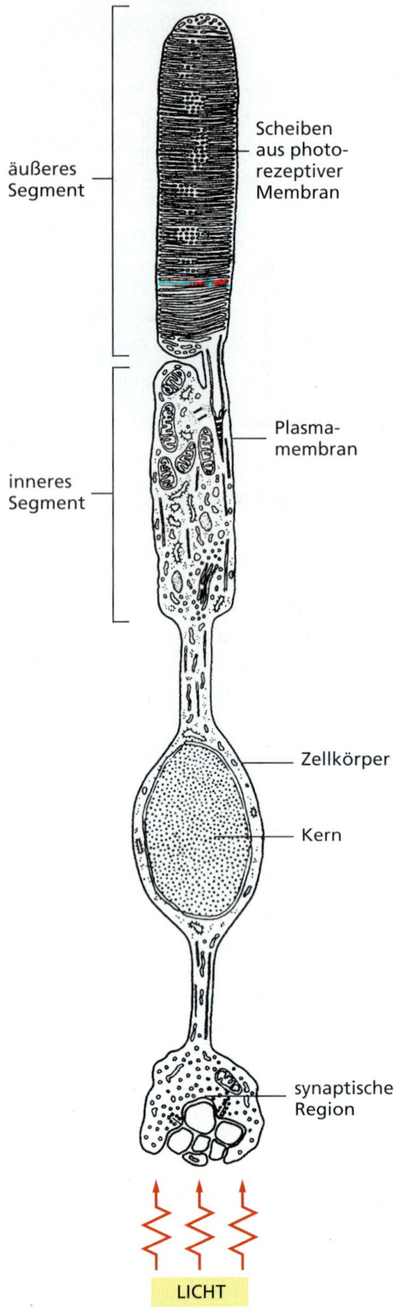

Abb. 15.39 Eine Stäbchen-Photorezeptorzelle. Das äußere Segment enthält ungefähr 1000 scheibchenförmige Membranvesikel (*Discs*). Ihre Membranen sind nicht mit der Plasmamembran verbunden. Das innere und das äußere Segment sind spezialisierte Teile einer *primären Cilie* (in Kapitel 16 behandelt); aus der Oberfläche der meisten Wirbeltierzellen ragt eine primäre Cilie heraus, wo sie als Signalkompartiment dient.

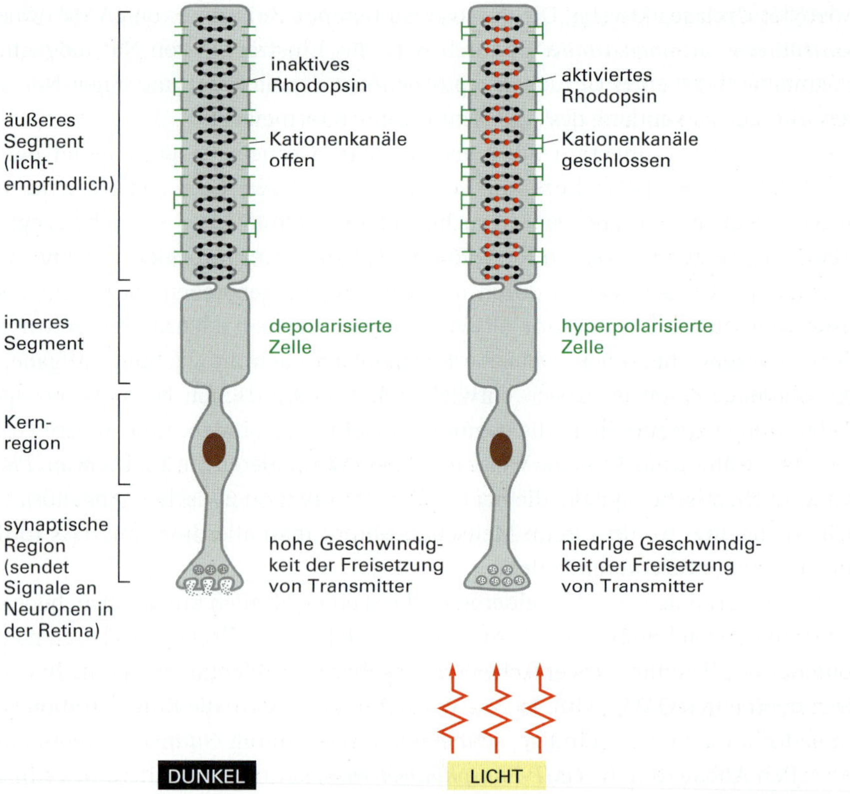

Abb. 15.40 Die Antwort einer Stäbchen-Photorezeptorzelle auf Licht. Rhodopsinmoleküle in den Membranvesikeln des äußeren Segments absorbieren Photonen. Die Absorption der Photonen führt zur Schließung von Kationenkanälen in der Plasmamembran, wodurch die Membran hyperpolarisiert wird und die Geschwindigkeit der Neurotransmitterfreisetzung aus der synaptischen Region gedrosselt wird. Da der Neurotransmitter viele der postsynaptischen Retinaneuronen in Abwesenheit von Licht hemmt, befreit nun der Lichteinfall die Neuronen von dieser Hemmung und führt dadurch zu ihrer Erregung. Die neuronalen Verbindungen der Retina liegen zwischen der Lichtquelle und dem äußeren Segment, sodass das Licht durch die Synapsen und den Stäbchen-Zellkern hindurch muss, um den Lichtsensor zu erreichen.

verändert die Gestalt des Retinalmoleküls und erzwingt damit eine Änderung der Konformation im Rhodopsinprotein. Das aktivierte Rhodopsinmolekül bewirkt dann eine Konformationsänderung des G-Proteins *Transducin* (G_t), dessen α-Untereinheit dann die **cyclische GMP-Phosphodiesterase** aktiviert. Die Phosphodiesterase hydrolysiert cytosolisches cyclisches GMP, sodass dessen Konzentration abfällt. Dies hat zur Folge, dass die Menge des an die Kationenkanäle der Plasmamembran gebundenen cyclischen GMP abnimmt, wodurch sich mehr dieser Kanäle schließen können. Auf diese Weise wandert das Signal schnell aus der Scheibenmembran in die Plasmamembran und ein Lichtsignal wird durch eine Hyperpolarisierung der Plasmamembran in ein elektrisches Signal umgewandelt.

Zahlreiche negative Rückkopplungsschleifen wirken in den Stäbchen zusammen und ermöglichen den Zellen die schnelle Rückkehr in den Dunkelruhezustand nach einem Lichtblitz – eine Voraussetzung für das Erfassen eines kurzen Lichtblitzes. Eine Rhodopsin-spezifische Proteinkinase, *Rhodopsinkinase* (*RK*) genannt, phosphoryliert das cytosolische Schwanzende von aktiviertem Rhodopsin an mehreren Serinresten, wobei die Fähigkeit des Rhodopsins, Transducin zu aktivieren, teilweise gehemmt wird. Ein hemmendes Protein, *Arrestin* genannt (wird später erläutert), bindet dann an das phosphorylierte Rhodopsin und hemmt weiterhin die Aktivität des Rhodopsins. Falls das für die RK codierende Gen durch Mutation in Mäusen oder Menschen inaktiviert ist, ist die Lichtreaktion der Stäbchen stark verlängert.

Im Moment des Abschaltens von Rhodopsin durch Arrestin bindet ein RGS-Protein (bereits besprochen) an aktiviertes Transducin. Dieses wird dadurch stimuliert, sein gebundenes GTP zu GDP zu hydrolysieren, woraufhin Transducin in seinen inaktiven Zustand zurückkehrt. Außerdem sind die sich bei Licht schließenden Kationenkanäle auch für Ca^{2+} sowie für Na^{+} permeabel, sodass bei ihrer Schließung das normale Einströmen von Ca^{2+} gehemmt ist und die Ca^{2+}-Konzentration im Cytosol abfällt. Die Abnahme der Ca^{2+}-Konzentration regt die Guanylat-Cyclase an, den Vorrat an cyclischem GMP wiederaufzufüllen, wodurch dessen Pegel schnell den Wert von vor dem Einschalten des Lichts erreicht. Ein spezifisches, Ca^{2+}-empfindliches Protein vermittelt die Aktivierung der Guanylat-Cyclase als Reaktion auf das Abfallen der Ca^{2+}-Pegel. Im Gegensatz zu Calmodulin ist dieses Protein inaktiv, wenn Ca^{2+} daran gebunden ist, und aktiv, wenn es Ca^{2+}-frei ist. Es stimuliert daher die Cyclase, wenn der Ca^{2+}-Pegel als Folge einer Lichtreaktion fällt.

Negative Rückkopplungsmechanismen bewirken mehr als nur die Rückstellung des Stäbchens in seinen Ruhezustand nach einem Lichtblitz. Sie unterstützen auch das Stäbchen in seiner *Anpassungsfähigkeit*, indem sie seine Reaktionsbereitschaft herabsetzen, wenn es lange dem Licht ausgesetzt ist. Wie früher besprochen, ermöglicht die Adaptation es den Rezeptorzellen, wie ein empfindlicher Detektor auf *Änderungen* der Reizintensität über einen sehr weiten Grundlinienbereich des Reizes zu reagieren. Dies ist der Grund, warum wir lichtschwache Sterne am dunklen Himmel oder den Blitz einer Kamera bei hellem Sonnenlicht sehen können.

Die verschiedenen, in diesem Kapitel besprochenen heterotrimeren G-Proteine gehören zu vier großen Familien, die in **Tab. 15.3** zusammengestellt sind.

15.2.10 Das Gas Stickstoffmonoxid kann die Signalweiterleitung zwischen Zellen vermitteln

Bei kleinen Signalmolekülen, wie cyclische Nukleotide und Calcium, handelt es sich um hydrophile, kleine Moleküle, die in der Zelle wirken, in der sie gebildet werden. Einige kleine Signalmoleküle jedoch sind hydrophob genug, um durch die Plasmamembran

Tab. 15.3 **Vier** Hauptfamilien der heterotrimeren G-Proteine[a].

Familie	Einige Familienmitglieder	Aktion vermittelt von	Funktionen
I	G_s	α	aktiviert Adenylat-Cyclase, aktiviert Ca^{2+}-Kanäle
	G_{olf}	α	aktiviert Adenylat-Cyclase in olfaktorischen, sensorischen Neuronen
II	G_i	α	inhibiert Adenylat-Cyclase
		$\beta\gamma$	aktiviert K^{+}-Kanäle
	G_o	$\beta\gamma$	aktiviert K^{+}-Kanäle, inaktiviert Ca^{2+}-Kanäle
		α und $\beta\gamma$	aktiviert Phospholipase C-β
	G_t (Transducin)	α	aktiviert die cGMP-Phosphodiesterase in den Stäbchen-Photorezeptoren der Wirbeltiere
III	G_q	α	aktiviert Phospholipase C-β
IV	$G_{12/13}$	α	aktiviert monomere GTPasen der Rho-Familie (über Rho-GEF), um das Aktincytoskelett zu regulieren

(a) Die Familien werden anhand von Verwandtschaftsbeziehungen zwischen Aminosäuresequenzen der α-Untereinheiten definiert. Nur ausgewählte Beispiele sind gezeigt. Ungefähr 20 α-Untereinheiten und wenigstens 6 β-Untereinheiten und 11 γ-Untereinheiten sind beim Menschen beschrieben worden.

hindurchzugelangen und dadurch auf nahegelegene Zellen zu wirken. Ein wichtiges und bemerkenswertes Beispiel ist das Gas **Stickstoffmonoxid** (**NO**). Es wirkt in vielen Geweben bei Tieren und Pflanzen.

Bei Säugetieren besteht eine der vielen NO-Funktionen in der Entspannung der glatten Muskulatur in Blutgefäßwänden. Der Neurotransmitter Acetylcholin regt die NO-Synthese durch Aktivierung eines GPCR in der Membran von Endothelzellen, die das Innere der Blutgefäße auskleiden, an. Der aktivierte Rezeptor setzt die IP_3-Synthese und die Ca^{2+}-Freisetzung in Gang (s. **Abb. 15.30**), was dazu führt, dass ein Enzym zur Synthese von NO angeregt wird. Da gelöstes NO Membranen einfach durchqueren kann, diffundiert es aus der Zelle, in der es gebildet wurde, in benachbarte glatte Muskelzellen, wo es die Muskelentspannung auslöst und dadurch die Gefäßerweiterung bewirkt (**Abb. 15.41**). Es wirkt nur örtlich, da es im extrazellulären Raum eine kurze Halbwertszeit hat – ungefähr 5 bis 10 Sekunden – bevor es durch Sauerstoff und Wasser in Nitrate und Nitrite umgewandelt wird.

Die NO-Wirkung auf Blutgefäße liefert die Erklärung für den Mechanismus der Wirkung von Nitroglycerin, das schon seit ungefähr 100 Jahren zur Behandlung von Patienten mit Angina pectoris benutzt wird (ein durch unzureichende Blutversorgung des Herzmuskels bedingtes Leiden). Nitroglycerin wird in NO umgewandelt, das Blutgefäße erschlaffen lässt. Das vermindert die Arbeitslast und folglich den Sauerstoffbedarf des Herzmuskels.

NO entsteht durch Desaminierung der Aminosäure Arginin durch Katalyse des Enzyms **NO-Synthase** (**NOS**) (s. **Abb. 15.41**). In Endothelzellen heißt die NOS *eNOS*, in Nerven- und Muskelzellen dagegen *nNOS*. Sowohl eNOS als auch nNOS werden durch Ca^{2+} angeregt. Im Gegensatz dazu bilden Makrophagen jedoch eine andere NOS, induzierbare NOS (*iNOS*) genannt. Sie ist konstitutiv aktiv, wird aber nur hergestellt, wenn die Zellen aktiviert werden – normalerweise als Reaktion auf eine Infektion.

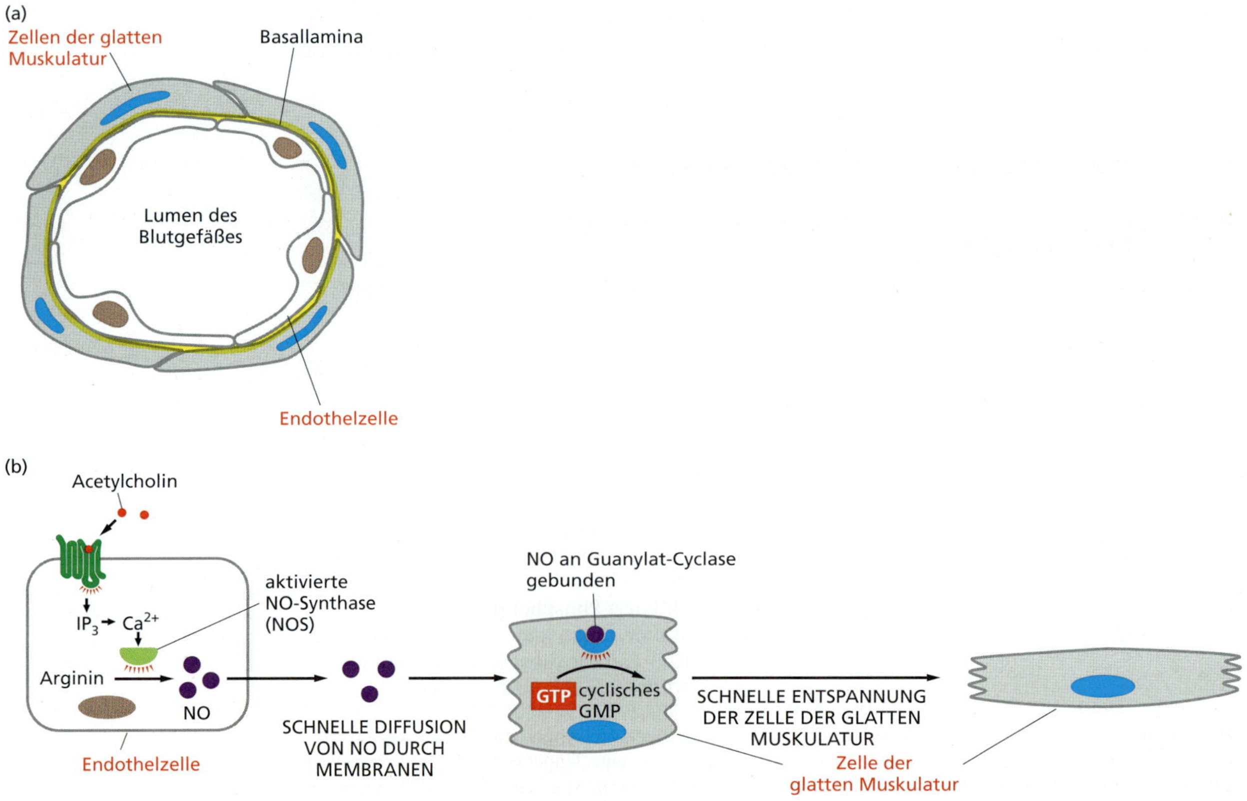

Abb. 15.41 Die Rolle von Stickstoffmonoxid (NO) bei der Entspannung der glatten Muskulatur in einer Blutgefäßwand. (a) Zeichnung eines kleinen Blutgefäßes, die die Endothelzellen, die das Gefäßlumen auskleiden, die sie umgebenden glatten Muskelzellen und die Basallamina, die die beiden trennt, zeigt. (b) Der Neurotransmitter Acetylcholin stimuliert die Blutgefäßerweiterung durch Aktivierung eines GPCR – *muskarinischer Acetylcholinrezeptor* – auf der Oberfläche der Endothelzellen. Dieser Rezeptor aktiviert ein G-Protein, G_q, wodurch die IP_3-Synthese und die Ca^{2+}-Freisetzung aus dem ER durch den in **Abb. 15.30** dargestellten Mechanismus stimuliert werden. Die erhöhte Ca^{2+}-Konzentration aktiviert die Stickstoffmonoxid-Synthase, woraufhin die Endothelzellen angeregt werden, aus Arginin NO herzustellen. Das NO diffundiert aus den Endothelzellen heraus und in die benachbarten Zellen der glatten Muskulatur hinein. Dort aktiviert es die Guanylat-Cyclase zur Herstellung von cyclischem GMP. Das cGMP löst eine Antwort aus, die die Zellen der glatten Muskulatur erschlaffen lässt, wodurch der Blutstrom durch das Blutgefäß erhöht wird.

In manchen Zielzellen, einschließlich der Zellen der glatten Muskulatur, bindet NO reversibel an Eisen im aktiven Zentrum des Enzyms Guanylat-Cyclase, wodurch dieses Enzym angeregt wird, cyclisches GMP zu synthetisieren. NO kann innerhalb von Sekunden cGMP im Cytosol erhöhen, da die normale Umsatzgeschwindigkeit von cyclischem GMP hoch ist: Der schnelle Abbau zu GMP durch eine Phosphodiesterase gleicht ständig die Bildung von cGMP durch die Guanylat-Cyclase aus. Die Medikamente Viagra® und verwandte Stoffe hemmen diese cGMP-Phosphodiesterase im Penis, wodurch die Zeit verlängert wird, während der nach dem Start der NO-Synthese in örtlichen Nervenendigungen das cGMP-Niveau in den glatten Muskelzellen der Blutgefäße im Penis erhöht bleibt. Das cGMP wiederum hält die Blutgefäße entspannt, und der Penis bleibt erigiert. NO kann Zellen auch unabhängig von cGMP Signale geben. Beispielsweise kann es die Aktivität eines intrazellulären Proteins verändern, indem es Thiol (SH)-Gruppen an bestimmten Cysteinen im Protein kovalent nitrosyliert.

15.2.11 Second Messenger und Enzymkaskaden verstärken Signale

Trotz der Unterschiede in ihren molekularen Einzelheiten teilen die verschiedenen intrazellulären Signalsysteme, die von GPCRs angekurbelt werden, gewisse Eigenschaften und allgemeine Grundregeln. Sie stützen sich auf Übertragungsketten von intrazellulären Signalproteinen und Second Messengern. Diese Übertragungsketten bieten zahlreiche Möglichkeiten zur Verstärkung der Beantwortung von extrazellulären Signalen. In der Umwandlungskaskade beim Stäbchensehvorgang katalysiert z. B. ein einzelnes, aktiviertes Rhodopsinmolekül die Aktivierung hunderter Moleküle von Transducin mit einer Geschwindigkeit von ungefähr 500 Transducinmolekülen in der Sekunde. Jedes aktivierte Transducinmolekül aktiviert ein Molekül cGMP-Phosphodiesterase, was zur Hydrolyse von mehr als 10^5 Molekülen cyclischen GMP führt. Die resultierende Abnahme der cGMP-Konzentration wiederum schließt vorübergehend Hunderte von Kationenkanälen in der Plasmamembran (**Abb. 15.42**). Im Ergebnis kann eine Stäbchenzelle auf ein einzelnes Photon mit hoher Reproduzierbarkeit bezüglich Zeit und Ausmaß reagieren.

Ebenso kann jedes Rezeptorprotein viele G_s-Proteinmoleküle aktivieren. Dies ist der Fall, wenn ein extrazelluläres Signalmolekül an einen Rezeptor bindet, der die Adenylat-Cyclase indirekt über G_s aktiviert. Jedes dieser G_s-Proteinmoleküle kann ein Cyclasemolekül aktivieren. Jedes Cyclasemolekül wiederum kann die Umwandlung einer großen Anzahl von ATP-Molekülen zu cAMP katalysieren. Eine ähnliche Verstärkung findet man beim IP_3-Weg. Auf diese Weise kann eine nanomolare (10^{-9} M) Änderung der Konzentration eines extrazellulären Signals mikromolare (10^{-6} M) Änderungen der Konzentration eines Second Messengers wie cAMP oder Ca^{2+} veranlassen. Da diese Botenstoffe als allosterische Effektoren zur Aktivierung spezifischer Enzyme oder Ionenkanäle wirken, kann ein einzelnes extrazelluläres Signalmolekül die Änderung vieler Tausend Proteinmoleküle innerhalb der Zielzelle auslösen.

In Signalweiterleitungssystemen wie denen bei Geruch und Sehen erfordert jede Verstärkerkaskade für Signalreize Regulationsmechanismen auf jeder Kaskadenstufe, um das System wieder in den Ruhezustand zurückzuführen, wenn der Reiz nicht mehr existiert. Wie bereits früher betont, kann die Antwort auf die Stimulierung in diesen Systemen nur dann schnell sein, wenn die inaktivierenden Mechanismen ebenfalls schnell sind. Die Zellen besitzen deshalb wirksame Mechanismen, um cyclische Nukleotide schnell abzubauen (und wieder zu synthetisieren), cytosolisches Ca^{2+} abzupuffern und zu entfernen und letztlich auch die dazugehörigen, intermediär aktivierten Enzyme und Ionenkanäle zu inaktivieren. Das ist nicht nur wesentlich für das Ausschalten einer Antwort, sondern auch wichtig zur Rückkehr in den Ruhezustand, von dem aus eine Antwort beginnt.

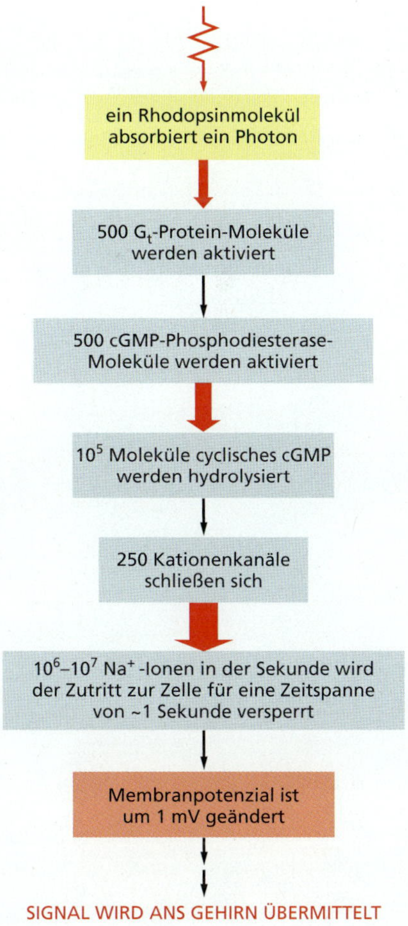

Abb. 15.42 Verstärkungsvorgänge, die bei der lichtinduzierten katalytischen Kaskade in den Stäbchen der Retina der Wirbeltiere ablaufen. Die *roten Pfeile* zeigen die Stufen an, bei denen die Verstärkung stattfindet, wobei die Dicke der Pfeile grob die Stärke der Amplifikation angibt.

Jedes Protein in der Übertragungskette von Signalen, einschließlich des Rezeptors, kann ein separates Ziel für eine Steuerung sein, wie wir jetzt besprechen werden.

15.2.12 Die GPCR-Desensibilisierung hängt von der Rezeptorphosphorylierung ab

Wenn Zielzellen, wie bereits besprochen, über längere Zeit einem extrazellulären Signal ausgesetzt sind, können sie auf mehrere verschiedene Weisen *unempfindlich* werden oder *adaptieren*. Eine wichtige Klasse von Anpassungsmechanismen hängt von der Veränderung der Quantität oder des Zustands der Rezeptormoleküle selbst ab.

Für GPCRs gibt es drei allgemeine Anpassungsarten, die sich alle um die Inkativierung des Rezeptors drehen (s. **Abb. 15.21c**, **Abb. 15.21d** und **Abb. 15.21e**):

(1) Bei der *Rezeptorinaktivierung* werden sie verändert, sodass sie nicht mehr mit G-Proteinen wechselwirken können.
(2) Bei der *Rezeptorabscheidung* werden die Rezeptoren vorübergehend ins Zellinnere gebracht (internalisiert), sodass sie keinen Zugang mehr zu ihren Liganden haben.
(3) Beim *Rezeptorabbau* werden sie nach der Internalisierung in Lysosomen zerstört.

In jedem Fall hängt die Desensibilisierung von einer Phosphorylierung des Rezeptors ab. Die Phosphorylierung erfolgt durch PKA, PKC oder durch ein Mitglied der Familie der **G-Protein-gekoppelten Rezeptorkinasen** (**GRKs**). (Zu den GRKs gehört die Rhodopsin-Kinase, die an der Desensibilisierung des früher besprochenen Stäbchen-Photorezeptors beteiligt ist). Die GRKs phosphorylieren mehrere Serine und Threonine an einem Rezeptor, aber sie tun dies erst, nachdem der Rezeptor durch Ligandenbindung aktiviert worden ist, da es der aktivierte Rezeptor ist, der die GRK allosterisch aktiviert. Wie beim Rhodopsin bindet ein Rezeptor, sobald er auf diese Weise phosphoryliert worden ist, mit hoher Affinität an ein Mitglied der **Arrestin**-Proteinfamilie (**Abb. 15.43**).

Das gebundene Arrestin kann zum Desensibilisierungsvorgang auf mindestens zwei Arten beitragen. Erstens hindert es den aktivierten Rezeptor daran, mit G-Proteinen zu interagieren. Zweitens dient es als Adapterprotein, um den Rezeptor an die clathrinabhängige Endocytosemaschinerie (in Kapitel 13 besprochen) zu koppeln und damit die rezeptorvermittelte Endocytose einzuleiten. Das Schicksal des internalisierten GPCR–Arrestin-Komplexes hängt von anderen Proteinen im Komplex ab. In manchen Fällen

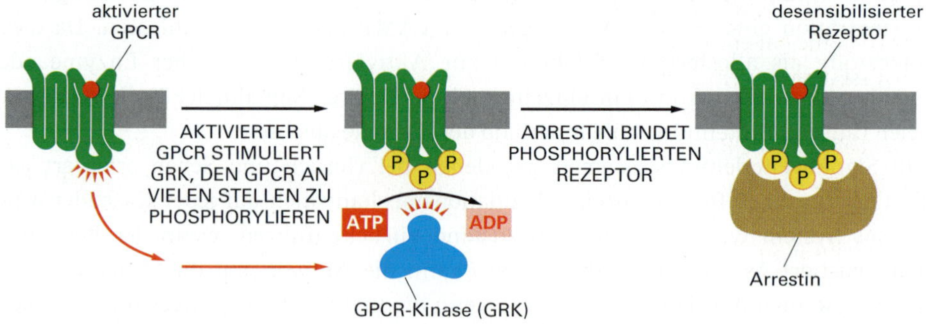

Abb. 15.43 Die Bedeutung der G-Protein-gekoppelten Rezeptorkinasen (GRKs) und Arrestine bei der Desensibilisierung der Rezeptoren. Eine GRK phosphoryliert nur aktivierte Rezeptoren, da es genau der aktivierte GPCR ist, der die GRK aktiviert. Die Bindung eines Arrestins an den phosphorylierten Rezeptor hindert den Rezeptor daran, an sein G-Protein zu binden, und leitet auch seine Endocytose ein (nicht gezeigt). Mäusen, denen es an einer Form von Arrestin mangelt, können z. B. als Reaktion auf Morphin nicht desensibilisieren, was die Bedeutung der Arrestine bei der Desensibilisierung deutlich macht.

wird der internalisierte Rezeptor dephosphoryliert und zur Wiederverwendung in die Plasmamembran zurückgebracht. In anderen Fällen wird er in Lysosomen abgebaut.

Die Rezeptorendocytose stoppt nicht zwingend die Signalisierung des Rezeptors. In manchen Fällen rekrutiert das gebundene Arrestin andere Signalproteine, um das Signal von den internalisierten GPCRs entlang eines neuen Wegs weiterzugeben.

Zusammenfassung

GPCRs können entweder plasmamembrangebundene Enzyme oder Ionenkanäle über G-Proteine indirekt aktivieren oder inaktivieren. Wenn ein aktivierter Rezeptor ein G-Protein stimuliert, dann erfährt das G-Protein eine Konformationsänderung, die seine α-Untereinheit aktiviert und dadurch die Freisetzung des βγ-Komplexes fördert. Jede Komponente kann dann direkt die Aktivität von Zielproteinen in der Plasmamembran regulieren. Einige GPCRs aktivieren oder inaktivieren die Adenylat-Cyclase, wodurch sie die intrazelluläre Konzentration des Second Messengers cyclisches AMP ändern. Andere aktivieren eine Phosphoinositid-spezifische Phospholipase C (Phospholipase C-β), die zwei Second Messenger erzeugt. Der eine Botenstoff ist Inositol-1,4,5-trisphosphat (IP_3), das Ca^{2+} aus dem ER freisetzt und damit die Konzentration von Ca^{2+} im Cytosol erhöht. Der andere Botenstoff ist Diacylglycerin, das in der Plasmamembran verbleibt und die Proteinkinase C (PKC) aktiviert. Ein Anstieg der Spiegel von cytsosolischem, cyclischem AMP oder Ca^{2+} wirkt auf die Zellen hauptsächlich durch Stimulierung der cAMP-abhängigen Proteinkinase (PKA) bzw. der Ca^{2+}/Calmodulin-abhängigen Kinasen (CaM-Kinasen).

PKC, PKA und CaM-Kinasen phosphorylieren spezifische Zielproteine und ändern damit die Aktivität dieser Proteine. Jeder Zelltyp hat seine eigenen charakteristischen Gruppen von Zielproteinen, die auf diese Weise gesteuert werden und die Zelle befähigen, ihre individuelle, unverwechselbare Antwort auf die Second Messenger zu geben. Die durch GPCRs aktivierten intrazellulären Signalkaskaden ermöglichen erheblich verstärkte Antworten, sodass für jedes Molekül eines extrazellulären Signalliganden, der an seinen Rezeptor bindet, viele Tausende Zielproteine verändert werden. Die durch GPCRs vermittelten Antworten werden schnell ausgeschaltet, wenn das extrazelluläre Signal entfernt wird, und die aktivierten GPCRs werden durch Phosphorylierung und Verbindung mit Arrestinen inaktiviert.

15.3 Signalisierung über Enzym-gekoppelte Rezeptoren

Wie GPCRs sind **Enzym-gekoppelte Rezeptoren** Transmembranproteine, deren ligandenbindende Domäne sich auf der Außenfläche der Plasmamembran befindet. Ihre cytosolische Domäne hat entweder eine eigene Enzymaktivität oder verbindet sich direkt mit einem Enzym statt mit einem heterotrimeren G-Protein. Jede Untereinheit eines Enzym-gekoppelten Rezeptors hat, anders als ein GPCR, üblicherweise nur ein Transmembransegment und nicht sieben. GPCRs und Enzym-gekoppelte Rezeptoren aktivieren oft einige gleiche Signalwege. In diesem Abschnitt beschreiben wir einige der wichtigsten Eigenschaften der Signalübertragung durch Enzym-gekoppelte Rezeptoren, wobei wir das Hauptaugenmerk auf die häufigsten Klassen dieser Proteine, die *Rezeptor-Tyrosinkinasen*, richten.

15.3.1 Aktivierte Rezeptor-Tyrosinkinasen (RTKs) phosphorylieren sich selbst

Viele extrazelluläre Signalproteine wirken über **Rezeptor-Tyrosinkinasen** (RTKs). Dazu gehören viele ausgeschiedene (sezernierte) und Zelloberflächen-gebundene Proteine, die das Zellverhalten während der Entwicklung und im erwachsenen Tier kontrollieren. Einige dieser Signalproteine und ihre RTKs sind in **Tab. 15.4** aufgelistet.

Tab. 15.4 Einige Signalproteine, die über RTKs wirken.

Signalproteinfamilie	Rezeptorfamilie	Einige repräsentative Antworten
Epidermaler Wachstumsfaktor (EGF)	EGF-Rezeptoren	stimuliert das Überleben, das Wachstum und die Proliferation der Zelle oder die Differenzierung verschiedener Zelltypen; wirkt als Induktionssignal in der Entwicklung
Insulin	Insulin-Rezeptor	stimuliert die Kohlenhydratverwertung und Proteinsynthese
Insulinartiger Wachstumsfaktor (IGF-1)	IGF-Rezeptor-1	stimuliert das Zellwachstum und Zellüberleben in vielen Zelltypen
Nerven-Wachstumsfaktor (NGF)	Trk-Rezeptoren	stimuliert das Überleben und Wachstum einiger Neuronen
Blutplättchen Wachstumsfaktor (PDGF)	PDGF-Rezeptoren	stimuliert das Überleben und Wachstum, die Proliferation und Wanderung verschiedener Zelltypen
Makrophagenkolonien-stimulierender Faktor (M-CSF)	M-CSF-Rezeptor	stimuliert die Proliferation und Differenzierung von Monocyten/Makrophagen
Fibroblasten-Wachstumsfaktor (FGF)	FGF-Rezeptoren	stimuliert die Proliferation verschiedener Zelltypen; hemmt die Differenzierung einiger Vorläuferzellen; wirkt als Induktionssignal in der Entwicklung
Vaskulärer endothelialer Wachstumsfaktor (VEGF)	VEGF-Rezeptoren	stimuliert die Angiogenese
Ephrin	Eph-Rezeptoren	stimuliert die Angiogenese; leitet die Zell- und Axonmigration

Es gibt beim Menschen etwa 60 RTKs, die in ungefähr 20 strukturelle Unterfamilien eingeteilt werden können; jede ist ihrer komplementären Familie von Proteinliganden zugeordnet. Die grundlegenden strukturellen Eigenschaften einiger dieser Familien, die in Säugetieren wirksam sind, werden in Abb. 15.44 gezeigt. In allen Fällen aktiviert das Binden eines Signalproteins an die ligandenbindende Domäne auf der extrazellulären Seite des Rezeptors die Tyrosin-Kinasedomäne auf der cytosolischen Seite. Dies führt zu Phosphorylierungen von Tyrosin-Seitenketten im cytosolischen Teil des Rezeptors, wodurch Phosphotyrosin-Andockstellen für verschiedene intrazelluläre Signalproteine entstehen, die das Signal weiterleiten.

Wie aktiviert die Bindung eines extrazellulären Liganden die Kinasedomäne auf der anderen Seite der Plasmamembran? Bei einem GPCR ändert offenbar das Binden des Liganden die relative Orientierung mehrerer Transmembran-α-Helices, wodurch die Lage der cytoplasmatischen Schleifen relativ zueinander verschoben wird. Es ist jedoch unwahrscheinlich, dass eine Änderung der Konformation sich über eine einzelne Transmembran-α-Helix durch die Lipid-Doppelschicht hindurch auswirken könnte.

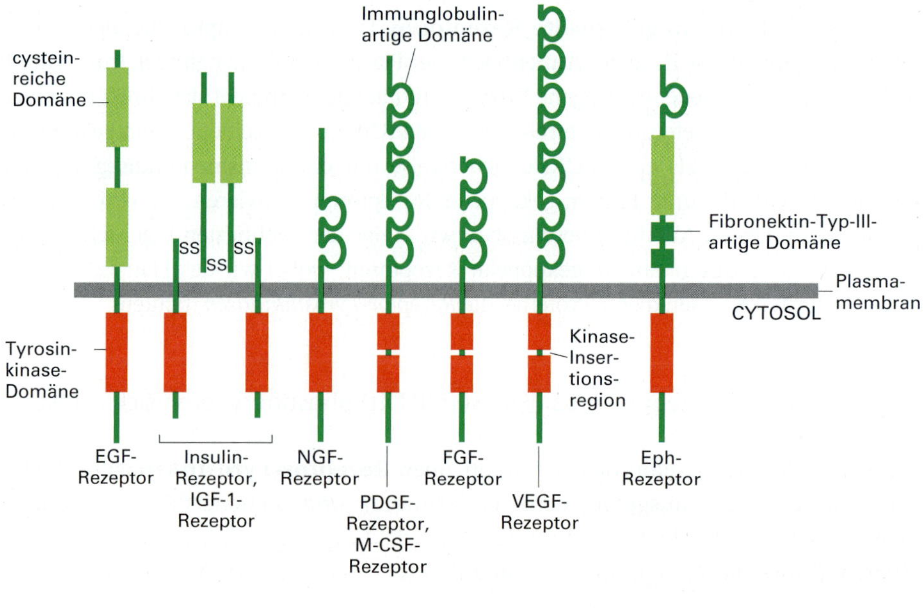

Abb. 15.44 Einige Unterfamilien von RTKs. Nur ein oder zwei Mitglieder jeder Unterfamilie sind vorgestellt. Man beachte, dass in einigen Fällen die Tyrosin-Kinase-Domäne durch eine „Kinase-Insertionsregion“ unterbrochen ist. Dabei handelt es sich um einen zusätzlichen Abschnitt, der aus der gefalteten Kinasedomäne herausragt. Die Funktionen der meisten cysteinreichen, Immunglobulin-ähnlichen und Fibronektin-Typ-III-artigen Domänen sind unbekannt. Einige Liganden der Rezeptoren sind in Tab. 15.4 aufgelistet, zusammen mit einigen repräsentativen Antworten, die sie vermitteln.

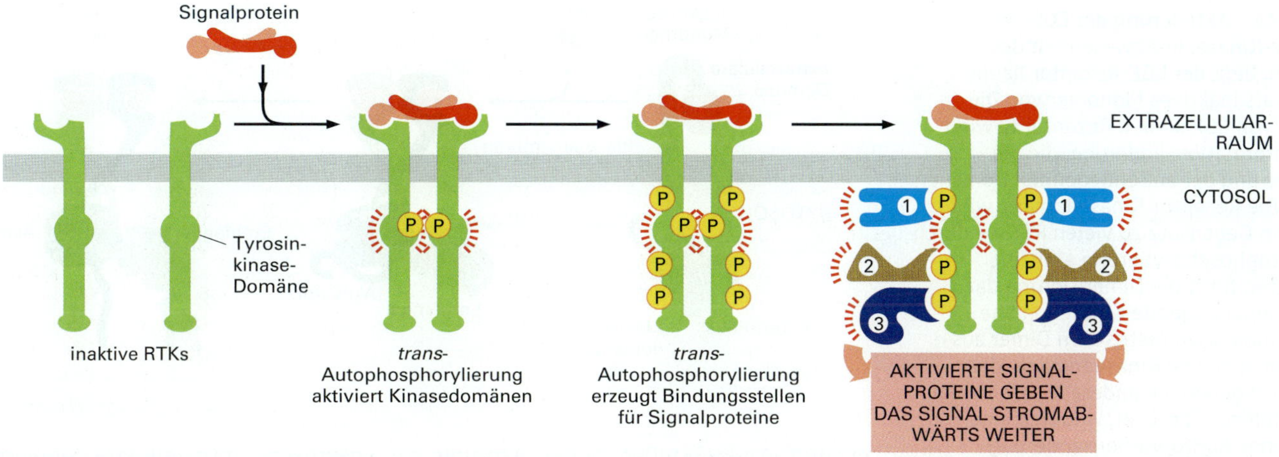

Abb. 15.45 **Aktivierung der RTKs durch Dimerisierung.** In Abwesenheit von extrazellulären Signalen liegen die meisten RTKs als Monomer vor, in denen die innere Kinasedomäne inaktiv ist. Die Bindung eines Liganden bringt zwei Monomere zusammen, sodass sie ein Dimer bilden. In den meisten Fällen führt die enge Nachbarschaft dazu, dass sich die beiden Kinasedomänen gegenseitig phosphorylieren. Dies hat zwei Effekte: Zum einen fördert die Phosphorylierung an einigen Tyrosinresten in den Kinasedomänen die vollständige Aktivierung der Domänen. Zum anderen entstehen durch die Phosphorylierung von Tyrosinresten in anderen Bereichen des Rezeptors Andockstellen für intrazelluläre Signalproteine, sodass sich riesige Signalkomplexe bilden, die Signale entlang vieler Signalübertragungswege aussenden. Die Mechanismen der Aktivierung unterscheiden sich stark zwischen den verschiedenen RTK-Familienmitgliedern. In einigen Fällen, wie hier gezeigt, ist der Ligand selbst ein Dimer und bringt zwei Rezeptoren dadurch zusammen, dass er sie gleichzeitig bindet. In anderen Fällen können zwei Liganden unabhängig voneinander an zwei Rezeptoren binden, um die Rezeptordimerisierung zu fördern. Einige RTKs liegen normalerweise als Dimer vor (s. Abb. 15.44) und die Ligandenbindung verursacht eine Konformationsänderung, die die inneren Kinasedomänen enger zusammenbringt. Obwohl viele RTKs durch gegenseitige Autophosphorylierung (*trans*-Autophosphorylierung), wie hier zu sehen ist, aktiviert werden, gibt es einige wichtige Ausnahmen, wie z. B. beim EGF-Rezeptor, der in Abb. 15.46 gezeigt ist.

Stattdessen hängt der Mechanismus der RTK-Aktivierung von ligandenstimulierten Veränderungen in der Interaktion zweier Rezeptoren ab. Durch den Mechanismus werden die beiden cytoplasmatischen Kinasedomänen zusammengebracht. Dadurch wird die Aktivierung der Rezeptoren gefördert (Abb. 15.45).

Die cytoplasmatischen Kinasedomänen der RTKs werden durch eine Vielzahl von Mechanismen dimerisiert und aktiviert. In vielen Fällen, wie beim *Blutplättchen-Wachstumsfaktor* (engl. *platelet-derived growth factor*, PDGF), bringt die Dimerisierung der externen Rezeptordomänen einfach die Kinasedomänen in einer stabilen Orientierung nahe zusammen, die es ihnen erlaubt, sich gegenseitig an bestimmten Tyrosin-Seitenketten in den Aktiven Zentren der Kinasen zu phosphorylieren, wodurch Konformationsänderungen gefördert werden, die beide Kinasedomänen vollständig aktivieren. Einige RTKs, darunter der Insulinrezeptor, liegen in Abwesenheit von Liganden als Dimere vor (s. Abb. 15.44) und die Ligandenbindung richtet die extrazellulären Domänen neu aus, um die internen Kinasedomänen in eine engere Position zu bringen, um die Aktivierung der Kinase zu fördern. In anderen Fällen, wie dem *epidermalen Wachstumsfaktor* (engl. *epidermal growth factor, EGF*), wird die Kinase nicht durch Phosphorylierung, sondern durch Konformationsänderungen, die auf Wechselwirkungen zwischen zwei Kinasedomänen außerhalb ihrer Aktiven Zentren beruhen, aktiviert (Abb. 15.46).

15.3.2 Phosphorylierte Tyrosine auf RTKs dienen als Andockstellen für intrazelluläre Signalproteine

Sind die Kinasedomänen eines RTK-Dimers aktiviert, phosphorylieren sie zusätzliche Stellen in cytosolischen Teilen der Rezeptoren, in der Regel in ungeordneten Bereichen außerhalb der Kinasedomäne (s. Abb. 15.45). Diese Phosphorylierung

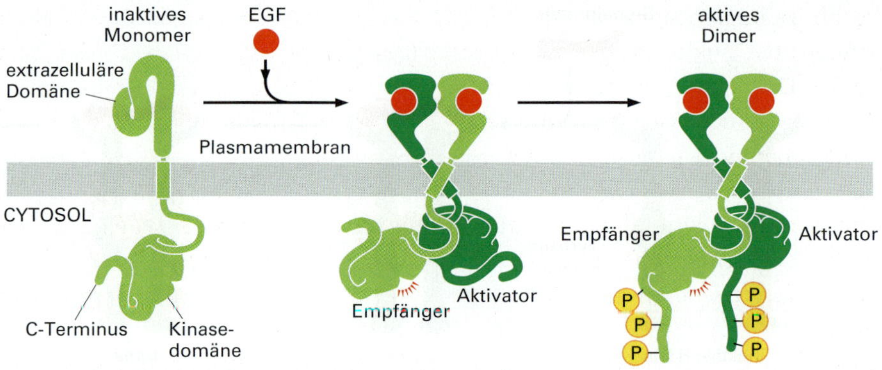

Abb. 15.46 Aktivierung der EGF-Rezeptor-Kinase. In Abwesenheit des Liganden, liegt der EGF-Rezeptor hauptsächlich als inaktives Monomer vor. Die Bindung von EGF an den Rezeptor bewirkt eine Konformationsänderung, die die Dimerisierung der außenliegenden Domänen fördert. Die Rezeptor-Kinasedomäne wird nicht – im Gegensatz zu vielen RTKs – durch *trans*-Autophosphorylierung aktiviert. Stattdessen führt die Dimerisierung dazu, dass die innenliegende Kinasedomäne sich zu einem asymmetrischen Dimer ausrichtet, in dem eine Kinasedomäne (der „*Aktivator*") gegen die andere Kinasedomäne (den „*Empfänger*") drückt, wodurch eine aktivierende Konformationsänderung im Empfänger stattfindet. Die aktive Empfängerdomäne phosphoryliert dann viele Tyrosin-Seitenketten in den C-terminalen Schwänzen beider Rezeptoren. Dadurch bilden sich Andockstellen für intrazelluläre Signalproteine (s. Abb. 15.45). Zu beachten ist, dass die Proteinkinaseaktivität nur in der Empfänger-Kinasedomäne erzeugt wird; die Aktivator-Kinasedomäne bleibt in einer inaktiven Konformation. In der Tat enthalten einige Mitglieder der EGF-Rezeptorfamilie Kinasedomänen, denen Schlüsselaminosäuren in ihrem Aktiven Zentrum fehlen und daher inaktiv sind. Diese *Pseudokinase*-Rezeptoren können immer noch mit EGF-Rezeptoren dimerisieren und diese aktivieren, wenn diese eine aktive Kinase-Empfängerdomäne enthalten.

erzeugt Andockstellen hoher Affinität für spezifische intrazelluläre Signalproteine. Jedes Signalprotein bindet an eine bestimmte phosphorylierte Stelle in aktivierten Rezeptoren, da es eine spezifische phosphotyrosinbindende Domäne enthält, die zusätzlich zum Phosphotyrosin noch einige Eigenschaften der das Phosphotyrosin umgebenden Polypeptidkette erkennt.

Ist das Signalprotein erst einmal an die aktivierte RTK gebunden, kann es an seinen Tyrosinen phosphoryliert und dadurch aktiviert werden. In vielen Fällen ist die Bindung allein ausreichend, um das angedockte Signalprotein zu aktivieren. Dies geschieht entweder durch Auslösen einer Konformationsänderung im Protein oder einfach dadurch, dass es in die Nähe des Proteins gebracht wird, das im Signalweg als Nächstes kommt. Somit dient die Rezeptorphosphorylierung als Schalter, der den Aufbau eines großen intrazellulären Signalkomplexes auslöst, der dann Signale entlang der vielfältigen Routen zu vielen Bestimmungsorten in der Zelle schickt. Da verschiedene RTKs jeweils andere Kombinationen dieser Signalproteine binden, aktivieren sie unterschiedliche Antworten.

Einige RTKs verwenden zusätzliche Andockproteine, um den Signalkomplex an den aktivierten Rezeptoren zu vergrößern. Die Signalisierung über den Insulin-Rezepter hängt z. B. von einem spezialisierten Adapterprotein mit der Bezeichnung *Insulinrezeptor-Substrat-1 (IRS-1)* ab. IRS-1 assoziiert mit phosphorylierten Tyrosinen auf dem aktivierten Rezeptor und ist dann an mehreren Stellen phosphoryliert, wodurch viel mehr Andockstellen entstehen, als auf dem Rezeptor allein Platz gehabt hätten (s. **Abb. 15.11**).

15.3.3 Proteine mit SH2-Domänen binden an phosphorylierte Tyrosine

Eine ganze Menagerie intrazellulärer Signalproteine kann an die Phosphotyrosine auf aktivierten RTKs (oder auf Andockproteinen wie IRS-1) binden, um die Weiterleitung des Signals zu unterstützen – hauptsächlich über Ketten von Protein–Protein-Wechselwirkungen, die durch modulare *Wechselwirkungsdomänen* vermittelt werden (wie schon besprochen, s. **Abb. 15.11**). Bei einigen angedockten Proteinen handelt es sich um Enzyme, wie z. B. die **Phospholipase C-γ (PLC-γ)**, die auf dieselbe Weise wie Phospholipase C-β wirkt – nämlich durch Aktivieren des Inositolphospholipid-Signalwegs. Dies wurde schon früher in Verbindung mit GPCRs besprochen (s. **Abb. 15.29** und **Abb. 15.30**). Über diesen Weg können RTKs die cytosolischen Ca^{2+}-Spiegel erhöhen und die PKC aktivieren. Ein weiteres an diese Rezeptoren andockendes Enzym ist die cytoplasmatische Kinase *Src*, die andere Signalproteine an Tyrosinen phosphoryliert (s. Kapitel 3). Wieder eine andere Kinase ist *Phosphatidylinositol 3-Kinase* (*PI 3-Kinase*), die Lipidmoleküle statt Proteinen phosphoryliert; wie wir später besprechen werden, dienen die phosphorylierten Lipide dann als Andockstellen, um verschiedene Signalproteine an die Plasmamembran heranzuziehen.

Die intrazellulären Signalproteine, die an Phosphotyrosine binden, besitzen vielseitige Strukturen und Funktionen. In der Regel besitzen sie alle hoch konservierte Phosphotyrosin bindende Domänen. Dabei kann es sich um **SH2-Domänen** (Abkürzung für *Src-Homologie 2*) oder, weniger häufig, um *PTB-Domänen* (Abkürzung für *Phosphotyrosin-bindende Domänen*) handeln. Indem diese kleinen Wechselwirkungsdomänen spezifische, phosphorylierte Tyrosine erkennen, ermöglichen sie es den sie enthaltenden Proteinen, an aktivierte RTKs und auch an viele andere intrazelluläre Signalproteine zu binden, die vorübergehend an Tyrosin-Seitenketten phosphoryliert sind (**Abb. 15.47**). Viele Signalproteine enthalten auch andere Proteinmodule, durch die sie mit anderen Proteinen im Rahmen des Signalisierungsvorgangs in spezifische Wechselwirkung treten können. Zu diesen Domänen gehört die *SH3-Domäne*, die an prolinreiche Motive in intrazellulären Proteinen bindet (s. **Abb. 15.11** und **Abb. 15.12**).

Nicht alle Proteine, die über SH2-Domänen an RTKs binden, helfen, das Signal weiterzutragen. Einige dämpfen den Signalvorgang und sorgen für eine negative Rückkopplung. Das *c-Cbl-Protein* ist ein solches Beispiel. Dieses Protein kann an einige aktivierte Rezeptoren andocken und deren Ubiquitinierung katalysieren; dabei werden ein oder mehrere Ubiquitinmoleküle an spezifischen Stellen kovalent an den Rezeptor geheftet. Dies fördert die Endocytose und den Abbau der Rezeptoren in Lysosomen – ein Beispiel für den Rezeptor-Abbau (s. **Abb. 15.21e**). Endocytoseproteine, die *Ubiquitin-Wechselwirkungsmotive* (*UIMs*, engl. *ubiquitin-interaction motifs*) enthalten, erkennen die ubiquitinierten RTKs und lenken sie zu clathrinbeschichteten Vesikeln und schließlich in Lysosomen (in Kapitel 13 erörtert). Mutationen, die die c-Cbl-abhängige

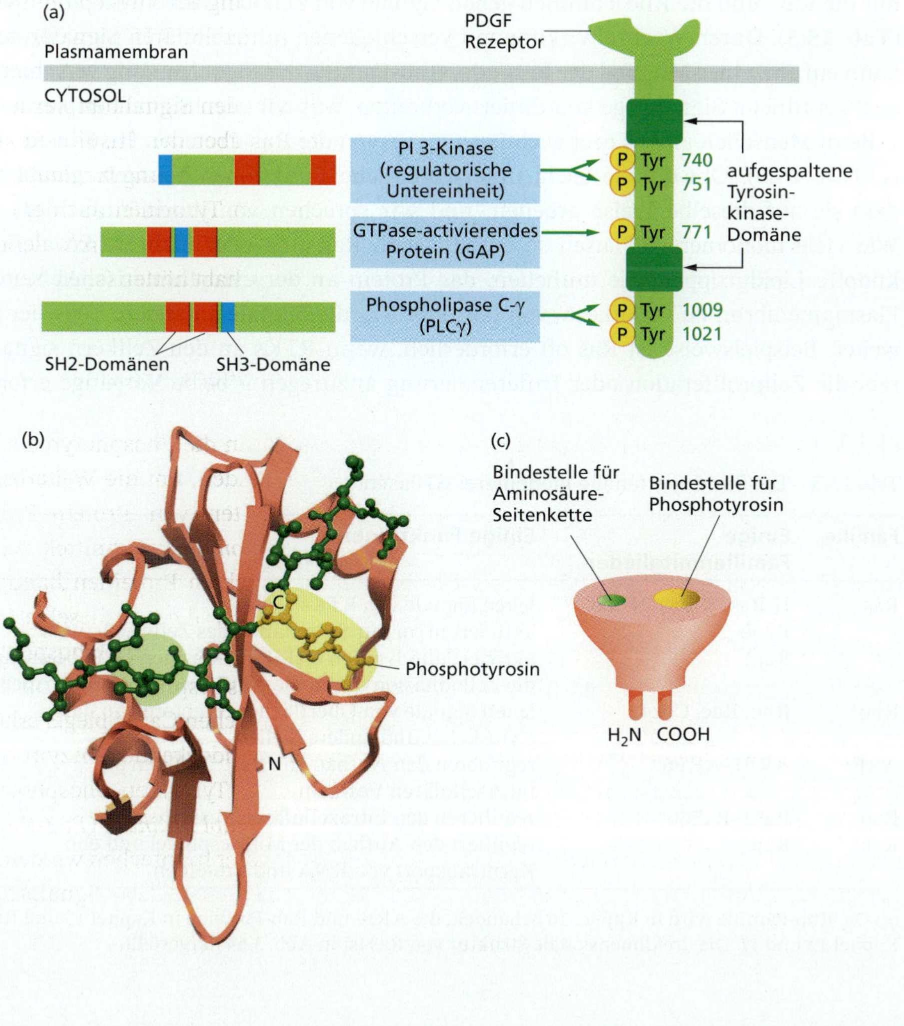

Abb. 15.47 Das Andocken von SH2 enthaltenden, intrazellulären Signalproteinen an eine aktivierte RTK. (a) Diese Darstellung basiert auf einem aktivierten Rezeptor für den *Blutplättchen-Wachstumsfaktor* (*PDGF*, engl. *platelet-derived growth factor*). Der Einfachheit halber ist nur ein Monomer des Dimers gezeigt und der PDGF-Ligand ist weggelassen. Fünf Phosphotyrosine sind dargestellt: drei in der Kinase-Insertionsregion und zwei am C-terminalen Ende; diese bilden drei Andockstellen, von denen jede ein anderes signalisierendes Protein, wie gezeigt, bindet. Die *rechts* aufgeführten Zahlen geben die Lage der Tyrosine in der Polypeptidkette an. Die Funktionen dieser Phosphotyrosine wurden durch Mutation der entsprechenden Tyrosine identifiziert. Die Mutation der Tyrosine 1009 und 1021 z. B. verhindert die Bindung und Aktivierung von PLC-γ, sodass eine Rezeptoraktivierung den Inositolphospholipid-Signalweg nicht mehr anregt. Die Lage der SH2- und SH3-Domänen in den Primärstrukturen der drei Signalproteinen ist *rot* bzw. *blau* gekennzeichnet (zusätzliche Phosphotyrosin-Andockstellen auf diesem Rezeptor werden nicht gezeigt, auch nicht diejenigen, die als Bindungsstellen für die cytoplasmatische Tyrosin-Kinase Src und zwei Adapterproteine dienen). Es ist unklar, wie viele Signalproteine gleichzeitig an eine einzelne RTK binden können. (b) Die dreidimensionale Struktur einer SH2-Domäne, bestimmt durch Röntgenkristallographie. Die Bindungstasche für Phosphotyrosin ist *gelb* unterlegt auf der *rechten* Seite gezeigt, und eine Tasche für die Bindung einer spezifischen Aminosäure-Seitenkette (in diesem Fall ist es Valin) ist *grün* unterlegt auf der *linken* Seite gezeigt. Der RTK-Polypeptidabschnitt, der die SH2-Domäne bindet, ist *grün* dargestellt. (c) Die SH2-Domäne ist ein kompakt gebautes „Einsteck"-Modul (engl. *plug-in*), das in ungeordnete Bereiche eines Proteins eingeschoben werden kann, ohne dessen räumliche Faltung oder Funktion zu stören (s. Kapitel 3). Da jede Domäne unterschiedliche Stellen zur Erkennung von Phosphotyrosin und zur Erkennung einer bestimmten Aminosäure-Seitenkette hat, können verschiedene SH2-Domänen Phosphotyrosin im Zusammenhang mit verschiedenen flankierenden Aminosäuresequenzen erkennen. (b, PDB-Code: 2SRC).

RTK-Herunterregulierung hemmen, verursachen eine anhaltende RTK-Signalisierung und fördern damit die Entwicklung von Krebs.

Wie im Fall der GPCRs verringert die ligandeninduzierte Endocytose der RTKs nicht immer die Signalisierung. In manchen Fällen werden aktivierte RTKs mit ihren gebundenen Signalproteinen internalisiert und signalisieren weiter aus den Endosomen oder anderen intrazellulären Kompartimenten heraus. Beispielsweise erlaubt dieser Mechanismus dem *Nerven-Wachstumsfaktor* (*NGF*, engl. *nerve growth factor*), an seine spezifische RTK (namens TrkA) am Ende eines langen Nervenzellaxons zu binden und an den Zellkörper derselben Zelle in weiter Entfernung zu signalisieren. Hier werden die signalisierenden, aktivierte TrkA enthaltenden Endocytosevesikel – mit auf der Lumenseite gebundenem NGF und auf der Cytosolseite angedockten Signalproteinen – entlang des Axons zum Zellkörper befördert, wo sie der Zelle das Signal zum Überleben geben.

Einige Signalproteine bestehen fast ganz aus SH2- und SH3-Domänen und wirken als *Adapter* für die Kopplung von tyrosinphosphorylierten Proteinen an andere Proteine, die selbst keine eigenen SH2-Domänen besitzen (s. **Abb. 15.11** und **Abb. 15.12**). Derartige Adapterproteine unterstützen die Kopplung aktivierter Rezeptoren an das wichtige Signalprotein *Ras*, eine monomere GTPase, die wiederum verschiedene nachgelagerte Signalwege aktivieren kann, was wir jetzt besprechen werden.

15.3.4 Die monomere GTPase Ras vermittelt das Signalisieren durch die meisten RTKs

Die **Ras-Superfamilie** besteht aus verschiedenen Familien monomerer GTPasen, aber nur die Ras- und die Rho-Familien geben Signale von Zelloberflächenrezeptoren weiter (**Tab. 15.5**). Durch Wechselwirkung mit verschiedenen intrazellulären Signalproteinen kann ein einzelnes Mitglied der Ras- oder Rho-Familie das Signal entlang verschiedener nachgeordneter Signalwege koordiniert verbreiten, was wir nun besprechen werden.

Beim Menschen gibt es drei wichtige, eng verwandte Ras-Proteine: H-, K- und N-Ras (s. **Tab. 15.5**). Obwohl sie leicht unterschiedliche Funktionen besitzen, glaubt man, dass sie auf dieselbe Weise arbeiten, und wir sprechen von ihnen einfach als **Ras**. Wie viele monomere GTPasen so enthält auch Ras eine oder mehrere kovalent verknüpfte Lipidgruppen, die mithelfen, das Protein an der cytoplasmatischen Seite der Plasmamembran zu verankern, von dort gibt Ras die Signale an andere Teile der Zelle weiter. Beispielsweise ist Ras oft erforderlich, wenn RTKs an den Zellkern signalisieren, die Zellproliferation oder Differenzierung anzuregen – beide Vorgänge erfordern

Tab. 15.5 Die Ras-Superfamilie monomerer GTPasen.

Familie	Einige Familienmitglieder	Einige Funktionen
Ras	H-Ras, K-Ras, N-Ras	leiten Signale von RTKs weiter
	Rheb	aktiviert mTor zur Stimulation des Zellwachstums
	Rap1	aktiviert durch einen cAMP-abhängigen GEF; beeinflusst die Zelladhäsion durch die Aktivierung von Integrinen
Rho[a]	Rho, Rac, Cdc42	leiten Signale von Oberflächenrezeptoren an das Cytoskelett und andere Stellen
ARF[a]	ARF1–ARF6	regulieren den Aufbau von Proteinhüllen an intrazellulären Vesikeln
Rab[a]	Rab1–Rab60	regulieren den intrazellulären Vesikelverkehr
Ran[a]	Ran	reguliert den Aufbau der Mitosespindel und den Kerntransport von RNA und Proteinen

(*a*) Die Rho-Familie wird in Kapitel 16 behandelt, die ARF- und Rab-Proteine in Kapitel 13 und Ran in Kapitel 12 und 17. Die dreidimensionale Struktur von Ras ist in Abb. 3.64 dargestellt.

Änderungen der Genexpression. Wenn man die Ras-Funktion durch verschiedene experimentelle Ansätze hemmt, dann treten die normalerweise durch die aktivierten RTKs induzierten Zellproliferations- und Differenzierungsantworten nicht auf. Umgekehrt exprimieren 30 % der menschlichen Tumoren hyperaktive Mutantenformen von Ras, die zur unkontrollierten Proliferation der Krebszellen beitragen.

Wie andere GTP-bindende Proteine so funktioniert auch Ras als molekularer Schalter: Es pendelt zwischen zwei verschiedenen Konformationszuständen hin und her – einem aktiven Zustand, wenn GTP gebunden ist, und einem inaktiven, wenn GDP gebunden ist. Wie früher allgemein für monomere GTPasen erörtert, regulieren zwei Klassen von Signalproteinen die Ras-Aktivität, indem sie auf deren Übergang vom aktiven zum inaktiven Zustand Einfluss nehmen (s. Abb. 15.8). **Ras-GEFs** (*Ras-Guanin-Nukleotid-Austauschfaktoren*, engl. *Ras guanine nucleotide exchange factors*) stimulieren die Dissoziation von GDP und die nachfolgende GTP-Bindung aus dem Cytosol und aktivieren dabei Ras. **Ras-GAPs** (*Ras-GTPase-aktivierende Proteine*) erhöhen die Hydrolysegeschwindigkeit des gebundenen GTP durch Ras und inaktivieren dabei Ras. Hyperaktive Mutantenformen von Ras sind gegenüber der Ras-GAP resistent und werden daher im GTP-gebundenen aktiven Zustand festgehalten. Dies ist der Grund, warum sie die Entwicklung von Krebs fördern.

Aber wie aktivieren die RTKs normalerweise Ras? Grundsätzlich könnten sie entweder einen Ras-GEF aktivieren oder einen Ras-GAP hemmen. Obgleich einige GAPs direkt (über ihre SH2-Domänen) an aktivierte RTKs binden (s. Abb. 15.47a), ist es die indirekte Kopplung des aktivierten Rezeptors an einen Ras-GEF, die Ras in seinen aktiven Zustand lenkt. Der Funktionsverlust eines Ras-GEF hat ähnliche Auswirkungen wie der Funktionsverlust von Ras selbst. Die Aktivierung der anderen Proteine der Ras-Superfamilie, einschließlich derjenigen der Rho-Familie, ereignet sich ebenfalls über die Aktivierung der GEFs. Der jeweilige GEF legt fest, in welcher Membran die GTPase aktiviert wird, und indem er als Gerüst wirkt, kann er auch bestimmen, welche nachgelagerten Proteine von der GTPase aktiviert werden.

Das GEF, das die Ras-Aktivierung über RTKs vermittelt, wurde durch genetische Untersuchungen der Augenentwicklung bei *Drosophila* entdeckt. Dabei wird eine RTK namens *Sevenless* (*Sev*) zur Bildung einer Photorezeptorzelle, die R7 genannt wird, benötigt. Genetisches Screening von Komponenten des Signalwegs führte zur Identifizierung eines Ras-GEF, das *Son-of-sevenless* (Sos) heißt. Mithilfe weiterer genetischer Untersuchungen wurde ein anderes Protein entdeckt, das inzwischen Grb2 (früher Drk) genannt wird; dabei handelt es sich um ein Adapterprotein, das den Rezeptor Sev an das Sos-Protein koppelt; die SH2-Domäne des Adapters Grb2 bindet an den aktivierten Rezeptor, während eine oder seine beiden SH3-Domänen an Sos binden. Sos fördert daraufhin die Ras-Aktivierung. Biochemische und zellbiologische Untersuchungen haben gezeigt, dass in Säugerzellen Grb2 und Sos auch aktivierte RTKs mit Ras verbinden. Das zeigt, dass dieser Mechanismus in der RTK-Signalisierung während der Evolution hoch konserviert wurde (Abb. 15.48). Sobald Ras aktiviert ist, aktiviert es verschiedene andere Signalproteine, um das Signal stromabwärts weiterzugeben.

15.3.5 Ras aktiviert ein MAP-Kinase-Signalmodul

Sowohl die Tyrosinphosphorylierungen als auch die Aktivierung von Ras, die durch aktivierte RTKs angekurbelt wird, sind gewöhnlich kurzlebig (Abb. 15.49). *Tyrosinspezifische Proteinphosphatasen* kehren die Phosphorylierungen um und Ras-GAPs veranlassen aktiviertes Ras dazu, sich durch Hydrolyse seines gebundenen GTP zu GDP selbst zu inaktivieren. Um Zellen zur Differenzierung und Proliferation anzuregen, müssen diese kurzlebigen Signalvorgänge in lang andauernde Prozesse umgewandelt werden, die das

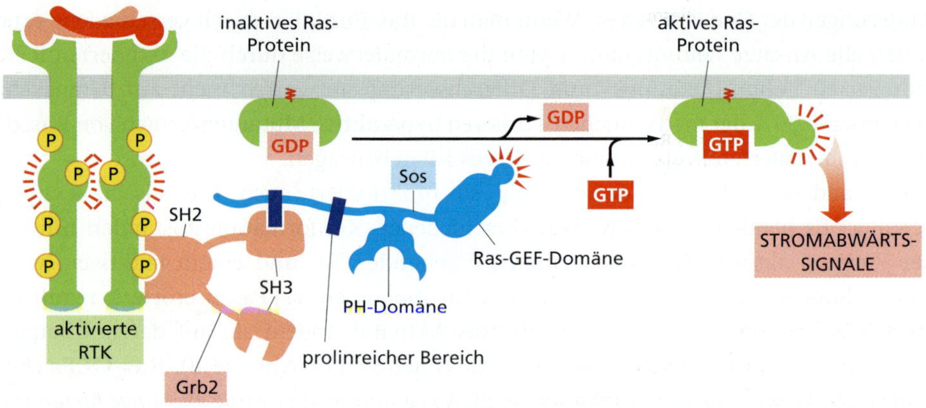

Abb. 15.48 Wie eine RTK Ras aktiviert. Das Adapterprotein Grb2 erkennt mithilfe einer SH2-Domäne ein bestimmtes phosphoryliertes Tyrosin auf dem aktivierten Rezeptor und rekrutiert das Ras-GEF Sos über eine Wechselwirkung zwischen seinen SH3-Domänen und prolinreichen Bereichen in Sos. Sos enthält auch eine PH-Domäne, die spezifische Phospholipide erkennt, aber diese kommt hier nicht zum Einsatz (s. **Abb. 15.11**). Die Ras-GEF-Domäne von Sos stimuliert das inaktive Ras-Protein, damit dieses sein gebundenes GDP durch GTP ersetzt; dadurch wird Ras aktiviert, sodass es das Signal stromabwärts weitergeben kann.

Signal aufrechterhalten und es stromabwärts zum Zellkern weitergeben können, um das Genexpressionsmuster zu verändern. Einer der Schlüsselmechanismen für diesen Zweck ist ein System von Proteinen namens *mitogenaktiviertes Proteinkinase-Modul* (**MAP-Kinase-Modul**) (**Abb. 15.50**). Die drei Komponenten dieses Systems bilden ein funktionsfähiges Signalmodul, das während der Evolution bemerkenswert gut konserviert wurde und mit Variationen bei vielen verschiedenen Signalzusammenhängen verwendet wird.

Die drei Komponenten sind allesamt Proteinkinasen, die hauptsächlich Serine und Threonine phosphorylieren. Die letzte Kinase in der Reihe heißt einfach MAP-Kinase (MAPK). Stromaufwärts von dieser wirkt die MAP-Kinase-Kinase (MAPKK): Sie phosphoryliert die MAP-Kinase und aktiviert sie dabei. Wiederum oberhalb befindet sich die MAP-Kinase-Kinase-Kinase (MAPKKK), die ein aktivierendes Signal direkt von Ras erhält. Sie phosphoryliert die MAPKK und aktiviert sie dabei. Im **Ras–MAP-Kinase-Signalsystem** der Säuger sind diese drei Kinasen unter den Abkürzungen Raf (= MAPKKK), MEK (= MAPKK) und Erk (= MAPK) bekannt.

Sobald die MAP-Kinase aktiviert ist, gibt sie das Signal stromabwärts weiter, indem sie verschiedene Proteine in der Zelle phosphoryliert, einschließlich der Transkriptionsregulatoren und anderer Proteinkinasen (s. **Abb. 15.50**). Beispielsweise gelangt Erk in den Zellkern und phosphoryliert eine oder mehrere Komponenten eines Transkriptionsregulatorkomplexes. Dies aktiviert die Transkription einer Reihe *früher Sofort-Gene*; sie haben ihre Bezeichnung daher, dass sie innerhalb von Minuten angeschaltet werden, nachdem eine RTK ein extrazelluläres Signal erhalten hat – sogar wenn die Proteinsynthese mithilfe von Arzneistoffen experimentell blockiert wird. Einige dieser Gene codieren für andere Transkriptionsregulatoren, die andere Gene anschalten – ein Vorgang, der sowohl die Proteinsynthese als auch mehr Zeit erfordert. Auf diese Weise übermittelt der Ras–MAP-Kinase-Signalweg Signale von der Zelloberfläche zum Zellkern und verändert das Genexpressionsmuster. Zu den über diesen Signalweg

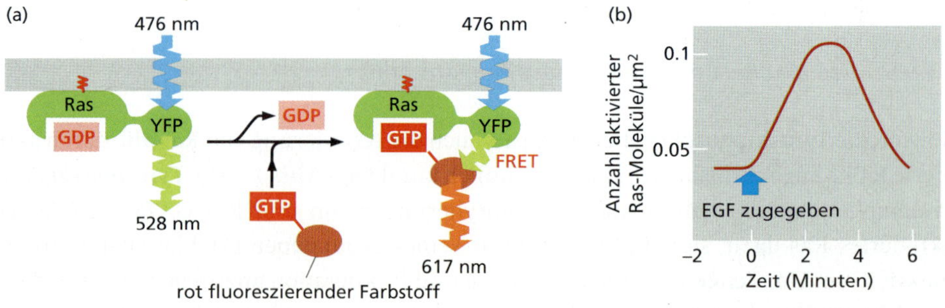

Abb. 15.49 Die durch Fluoreszenzresonanz-Energietransfer (FRET) eines einzelnen Moleküls nachgewiesene vorübergehende Aktivierung von Ras. (a) Schema der experimentellen Strategie. Zellen einer menschlichen Krebszelllinie werden gentechnisch so verändert, dass sie ein Ras-Protein exprimieren, das kovalent mit dem gelb fluoreszierenden Protein (YFP, engl. *yellow fluorescent protein*) verknüpft ist. In einige Zellen wird durch Mikroinjektion GTP eingebracht, das mit einem roten Fluoreszenzfarbstoff markiert ist. Dann werden die Zellen mit dem extrazellulären Signalprotein epidermaler Wachstumsfaktor (EGF, engl. *epidermal growth factor*) stimuliert, und einzelne fluoreszierende Ras-YFP-Moleküle an der Innenfläche der Plasmamembran werden mithilfe der Videofluoreszenzmikroskopie in einzelnen Zellen gemessen. Wenn ein fluoreszierendes Ras-YFP-Molekül aktiviert wird, tauscht es nicht markiertes GDP gegen fluoreszenzmarkiertes GTP aus; die Energie, die von YFP ausgesandt wird, aktiviert nun das fluoreszierende GTP, sodass dieses rotes Licht emittiert (dieser Vorgang wird Fluoreszenzresonanz-Energietransfer (FRET) genannt, s. **Abb. 9.22**). Somit lässt sich die Aktivierung einzelner Ras-Moleküle mittels der emittierten roten Fluoreszenz von einem zuvor gelb-grün fluoreszierenden Fleck auf der Plasmamembran verfolgen. Wie in (b) gezeigt, können aktivierte Ras-Moleküle etwa 30 Sekunden nach Stimulierung mit EGF detektiert werden. Das rote Signal hat einen Gipfel (*Peak*) nach ungefähr 3–4 Minuten und fällt dann nach 6 Minuten auf die Grundlinie ab. Da man festgestellt hat, dass Ras-GAP am selben Fleck an der Plasmamembran rekrutiert wird wie Ras, spielt es vermutlich eine wichtige Rolle beim raschen Abschalten des Ras-Signals. (Verändert nach H. Murakoshi et al., *Proc. Natl. Acad. Sci. USA* 101: 7317–7322, 2004. Copyright 2004 National Academy of Sciences, USA. Mit Erlaubnis der National Academy of Sciences).

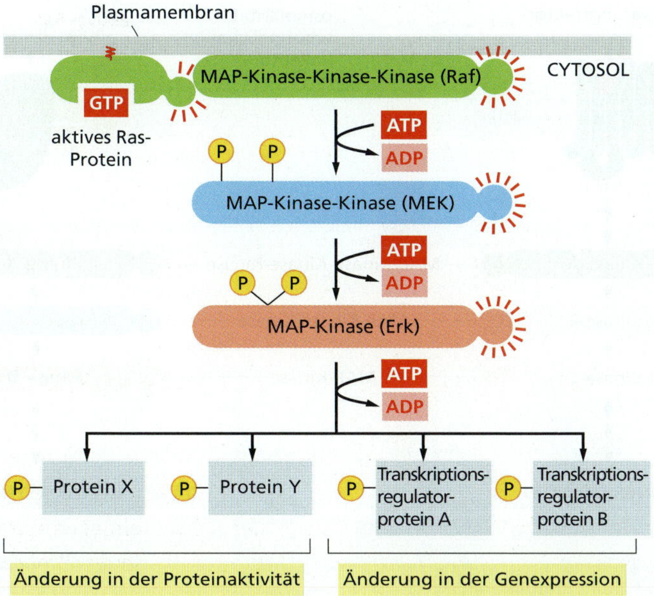

Abb. 15.50 Das durch Ras aktivierte MAP-Kinase-Modul. Das Dreikomponentenmodul beginnt mit einer MAP-Kinase-Kinase-Kinase namens *Raf*. Ras rekrutiert Raf an der Plasmamembran und trägt zu dessen Aktivierung bei. Raf aktiviert dann die MAP-Kinase-Kinase *MEK*, die nun die MAP-Kinase *Erk* aktiviert. Erk wiederum phosphoryliert eine Vielfalt von nachfolgenden Proteinen, einschließlich anderer Kinasen, sowie Transkriptionsregulatoren im Kern. Die daraus folgenden Änderungen der Proteinaktivität und der Genexpression verursachen komplexe Änderungen des Zellverhaltens.

aktivierten Genen gehören einige, die die Zellproliferation stimulieren, wie z. B. die für G_1*-Cycline* codierenden Gene (s. Kapitel 17).

In Abhängigkeit vom extrazellulären Signal hält die Aktivierung der MAP-Kinase unterschiedlich lange an. Wenn EGF seine Rezeptoren z. B. in einer Nervenzell-Vorläuferlinie aktiviert, erreicht die Aktivität der MAP-Kinase Erk nach 5 Minuten ein Maximum und nimmt dann rasch ab, und die Zellen setzen später die Zellteilung fort. Wenn dagegen NGF seine Rezeptoren auf den gleichen Zellen aktiviert, dann bleibt Erk über viele Stunden aktiv, die Zellen stellen die Proliferation ein und differenzieren zu Nervenzellen.

Viele intrazelluläre Mechanismen beeinflussen die Dauer und die Art der Signalantwort, einschließlich positiver und negativer Rückkopplungsschleifen. Diese können sich zusammenschließen und Antworten ergeben, die entweder abgestuft oder schalterartig und entweder kurz oder lang andauernd sein können. In einem früher gezeigten Beispiel (**Abb. 15.20**) aktiviert die MAP-Kinase eine komplexe positive Rückkopplungsschleife, um eine irreversible Alles-oder-Nichts-Antwort zu erzeugen, wenn Frosch-Oocyten durch einen kurzen Kontakt mit dem Hormon Progesteron zur Reifung angeregt werden. In vielen Zellen aktivieren die MAP-Kinasen eine negative Rückkopplungsschleife, indem sie die Konzentration einer Proteinphosphatase steigern, die Phosphat von der MAP-Kinase entfernt. Der Anstieg der Phosphatase ergibt sich sowohl aus der Transkriptionszunahme des Phosphatase-Gens als auch aus der Stabilisierung des Phosphataseproteins vor dem Abbau. In dem in **Abb. 15.50** gezeigten Ras–MAP-Kinase-Weg phosphoryliert Erk auch Raf und inaktiviert es; dies verschafft eine weitere negative Rückkopplungsschleife, die zum Abschalten des MAP-Kinase-Moduls beiträgt.

15.3.6 Gerüstproteine vermindern die Kreuzkommunikation zwischen verschiedenen MAP-Kinase-Modulen

MAP-Kinase-Module aus drei Komponenten agieren in allen eukaryotischen Zellen, wobei unterschiedliche Module in derselben Zelle verschiedene Antworten vermitteln. In der Sprosshefe z. B. vermittelt ein MAP-Kinase-Modul die Antwort auf das

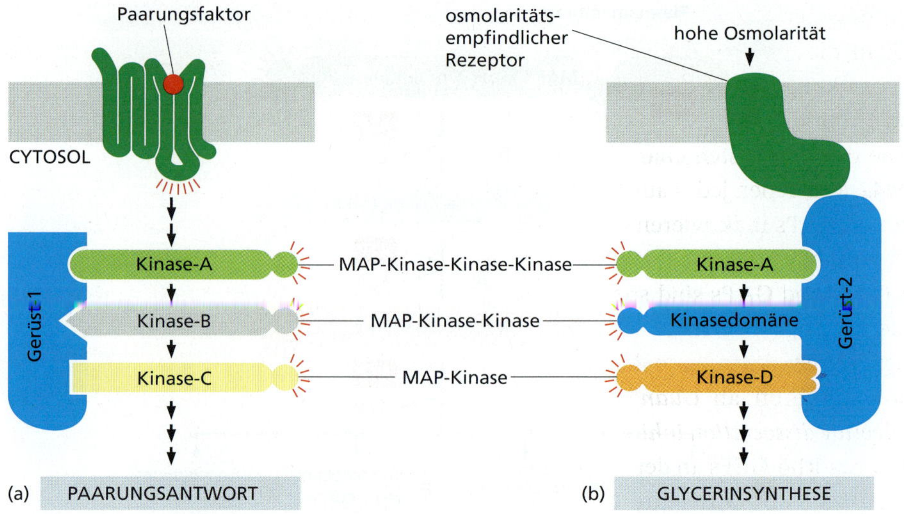

Abb. 15.51 Die Organisation von zwei MAP-Kinase-Modulen durch Gerüstproteine in der Sprosshefe. Sprosshefen haben mindestens sechs Drei-Komponenten-MAP-Kinase-Module, die an einer Vielfalt von biologischen Prozessen beteiligt sind, einschließlich der zwei hier dargestellten Reizantworten: eine auf Partnerpaarung (Mating) und eine auf hohe Osmolarität (osmotischen Druck). (a) Die Paarungsantwort wird ausgelöst, wenn ein durch eine Hefe eines entgegengesetzten Paarungstyps ausgeschiedener Paarungsfaktor an einen G-Protein-gekoppelten Rezeptor (GPCR) bindet. Dieser aktiviert ein G-Protein, und dessen $\beta\gamma$-Komplex aktiviert indirekt die MAPKKK (Kinase A). Diese leitet dann die Antwort weiter. Nach ihrer Aktivierung phosphoryliert die MAP-Kinase (Kinase C) mehrere nachgeschaltete Proteine und aktiviert sie dadurch. Diese Proteine vermitteln dann die Paarungsantwort, bei der die Hefezelle ihre Teilung stoppt und sich auf die Verschmelzung vorbereitet. Die drei Kinasen in diesem Modul sind an Gerüstprotein-1 gebunden. (b) Bei der zweiten Antwort wird eine Hefezelle, die einer Umgebung mit hoher Osmolarität ausgesetzt ist, zur Glycerinsynthese angeregt, um damit ihre innere Osmolarität zu erhöhen. Diese Antwort wird durch ein osmolaritätsempfindliches Rezeptorprotein und durch ein an ein zweites Gerüstprotein (Gerüstprotein-2) gebundenes, von (a) unterschiedliches MAP-Kinase-Modul vermittelt. (Man beachte, dass die Kinasedomäne von Gerüstprotein-2 die MAPKK-Aktivität dieses Moduls zur Verfügung stellt.) Obgleich beide Wege die gleiche MAPKKK (Kinase A, *grün*) nutzen, gibt es zwischen ihnen keine Kreuzkommunikation, da die Kinasen in jedem Modul fest an unterschiedliche Gerüstproteine gebunden sind und der die Osmolarität-fühlende Rezeptor an dasselbe Gerüstprotein gebunden ist wie die besondere Kinase, die er aktiviert.

Paarungspheromon, ein anderes die Antwort auf Hungerzustände und wieder ein anderes die Antwort auf den osmotischen Schock. Einige dieser MAP-Kinase-Module verwenden eine oder mehrere gleiche Kinasen und schaffen es dennoch, verschiedene nachgeschaltete Proteine (auch als Stromabwärts-Proteine bezeichnet) und somit verschiedene Antworten zu aktivieren. Wir haben an früherer Stelle bereits eine Möglichkeit besprochen, wie Zellen eine Kreuzkommunikation zwischen verschiedenen parallelen Signalwegen vermeiden und sicherstellen, dass jede Antwort spezifisch ist: der Einsatz von Gerüstproteinen (s. **Abb. 15.10a**). In Sprosshefezellen binden solche Gerüstproteine alle oder einige Kinasen in jedem MAP-Kinase-Modul, um einen Komplex zu bilden und dabei die Spezifität der Antwort zu gewährleisten (**Abb. 15.51**).

Auch Säugerzellen verwenden diese Gerüststrategie, um die Kreuzkommunikation zwischen verschiedenen MAP-Kinase-Modulen zu verhindern. Mindestens fünf parallele MAP-Kinase-Module können in Säugerzellen tätig werden. Diese Module verwenden mindestens 12 MAP-Kinasen, 7 MAPKKs und 7 MAPKKKs. Zwei dieser Module (die mit den MAP-Kinasen namens JNK und p38 abschließen) werden durch verschiedene Arten von Zellstress aktiviert, wie z. B. durch ultraviolette (UV-)Bestrahlung, Hitzeschock und osmotischen Stress; andere vermitteln hauptsächlich Antworten auf Signale anderer Zellen.

Obwohl die Gerüststrategie für Genauigkeit sorgt und eine Kreuzkommunikation verhindert, verringert sie die Möglichkeiten der Verstärkung und Signalausbreitung auf andere Teile der Zelle; dies würde nämlich erfordern, dass zumindest einige der Komponenten diffundieren können. Es ist unklar, in welchem Ausmaß die einzelnen Komponenten der MAP-Kinase-Module sich während des Aktivierungsvorgangs vom Gerüst ablösen können, sodass eine Verstärkung möglich ist.

15.3.7 GTPasen der Rho-Familie koppeln Zelloberflächenrezeptoren funktionell an das Cytoskelett

Neben den Ras-Proteinen ist die große **Rho-Familie** (s. **Tab. 15.5**) die andere Klasse der Ras-Superfamilie-GTPasen, die das Signal von Zelloberflächenrezeptoren weitergibt. Die monomeren GTPasen der Rho-Familie regulieren sowohl das Aktin- als auch das Mikrotubuli-Cytoskelett, das die Form, Polarität, Beweglichkeit und Adhäsion der Zelle steuert (s. Kapitel 16); sie regulieren auch den Verlauf des Zellzyklus, die Gentranskription und den Membrantransport. Sie spielen eine Hauptrolle bei der

Lenkung der Zellwanderung und des Auswachsens des Nervenzellaxons und vermitteln die Antworten des Cytoskeletts auf die Aktivierung einer speziellen Klasse von Lenkungsrezeptoren. Hier konzentrieren wir uns auf diesen Funktionsaspekt der Rho-Familie.

Die drei am besten charakterisierten Familienmitglieder sind **Rho** selbst, **Rac** und **Cdc42**, von denen jedes auf mehrere nachgelagerte Zielproteine einwirkt. GEFs aktivieren und GAPs inaktivieren die GTPasen der Rho-Familie auf die gleiche Weise wie bei Ras. Es gibt beim Menschen über 80 Rho-GEFs und mehr als 70 Rho-GAPs. Einige dieser GEFs und GAPs sind spezifisch für ein bestimmtes Familienmitglied, wohingegen andere weniger spezifisch sind. Im Gegensatz zu Ras, das sogar dann mit der Membran assoziiert ist, wenn es inaktiv ist (mit gebundenem GDP), sind inaktive GTPasen der Rho-Familie oft an *Guanin-Nukleotid-Dissoziierungsinhibitoren* (*GDIs*, engl. *guanine nucleotide dissociation inhibitors*) im Cytosol gebunden. Diese verhindern, dass GTPasen mit ihren Rho-GEFs an der Plasmamembran wechselwirken können.

Signalisierung durch extrazelluläre Signalproteine der Ephrinfamilie stellt ein Beispiel dar, wie RTKs eine Rho-GTPase aktivieren. **Ephrine** binden und aktivieren dadurch Familienmitglieder der *Eph*-Familie der RTKs (s. **Abb. 15.44**). Ein Mitglied der Eph-Familie findet sich auf der Oberfläche der Motoneuronen und hilft mit, die wandernde Axonspitze (*Wachstumskegel* genannt) zu ihrem Zielmuskel zu lenken. Die Bindung des Zelloberflächenproteins *Ephrin* aktiviert den Eph-Rezeptor, was den Zusammenbruch der Wachstumskegel verursacht; dadurch werden diese von ungeeigneten Signalwegen abgestoßen und in der Spur gehalten. Die Antwort hängt von einem Rho-GEF namens *Ephexin* ab, der mit dem cytosolischen Schwanz des Eph-Rezeptors stabil assoziiert ist. Wenn die Bindung von Ephrin den Eph-Rezeptor aktiviert, aktiviert der Rezeptor eine cytoplasmatische Tyrosin-Kinase, die ein Tyrosin von Ephexin phosphoryliert. Dadurch erhöht sich die Fähigkeit von Ephexin, das Rho-Protein RhoA zu aktivieren. Das aktivierte RhoA (RhoA-GTP) reguliert dann verschiedene nachgelagerte Zielproteine, einschließlich einiger Effektorproteine, die das Aktincytoskelett steuern, was den Wachstumskegel zum Kollabieren veranlasst (**Abb. 15.52**).

Nachdem wir betrachtet haben, wie RTKs GEFs und monomere GTPasen für die Signalweitergabe in die Zelle verwenden, betrachten wir nun eine zweite

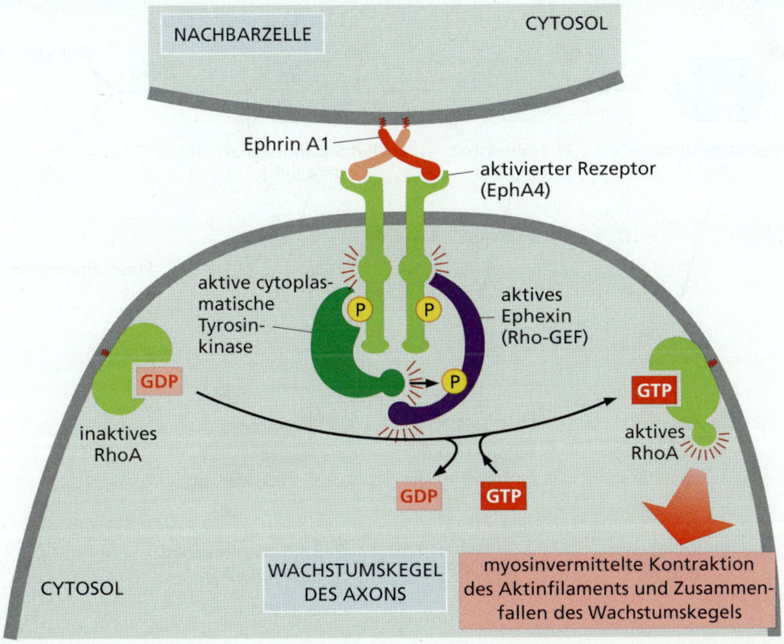

Abb. 15.52 Durch RhoA (Mitglied der GTPasen aus der Rho-Familie) vermitteltes Zusammenfallen des Wachstumskegels. Die Bindung des Proteins Ephrin A1 auf einer benachbarten Zelle aktiviert EphA4-RTKs auf dem Wachstumskegel. Die dadurch gebildeten Phosphotyrosine auf den aktivierten Eph-Rezeptoren rekrutieren und stimulieren eine cytoplasmatische Tyrosin-Kinase dazu, das rezeptorassoziierte Rho-GEF Ephexin an einem Tyrosin zu phosphorylieren. Dies erhöht die Fähigkeit des Ephexins, membrangebundenes RhoA zu aktivieren. RhoA stimuliert die myosinabhängige Kontraktion des Aktincytoskeletts, wodurch der Wachstumskegel kollabiert.

wichtige RTK-Signalisierungsstrategie, die von einem anderen intrazellulären Weitergabemechanismus abhängt.

15.3.8 Die PI 3-Kinase erzeugt Lipid-Andockstellen in der Plasmamembran

Wie an früherer Stelle erwähnt (s. **Abb. 15.47a**), ist eines der Proteine, das an den intrazellulären Schwanz der RTK-Moleküle bindet, das plasmamembrangebundene Enzym **Phosphoinositid 3-Kinase (PI 3-Kinase)**. Diese Kinase phosphoryliert prinzipiell Inositolphospholipide und nicht Proteine; sie kann sowohl durch RTKs als auch durch GPCRs aktiviert werden. Sie spielt eine zentrale Rolle bei der Förderung von Überleben und Wachstum der Zelle.

Phosphatidylinositol (PI) ist unter den Membranlipiden einzigartig, da es sich an mehrfachen Stellen auf seinen Inositol-Kopfgruppen einer reversiblen Phosphorylierung unterziehen kann und dabei eine Vielfalt unterschiedlich phosphorylierter PI-Lipide namens **Phosphoinositide** bildet. Wenn die PI 3-Kinase aktiviert ist, katalysiert sie die Phosphorylierung von Inositolphospholipiden an der 3-Position des Inositolrings und erzeugt mehrere Phosphoinositide (**Abb. 15.53**). Die Bildung von $PI(3,4,5)P_3$ ist von größter Bedeutung, weil es als Andockstelle für verschiedene intrazelluläre Signalmoleküle dienen kann; diese bauen sich zu Signalkomplexen zusammen, die das Signal von der cytosolischen Seite der Plasmamembran in die Zelle übertragen (s. **Abb. 15.10c**).

Man beachte den Unterschied zwischen dieser Verwendung der Phosphoinositide und ihrer früher beschriebenen Verwendung, bei der $PI(4,5)P_2$ durch PLC-β (im Fall der GPCRs) oder PLC-γ (im Fall der RTKs) gespalten wird, um lösliches IP_3 und membrangebundenes Diacylglycerin zu bilden (s. **Abb. 15.29** und **Abb. 15.30**). Dagegen wird $PI(3,4,5)P_3$ nicht durch eine der beiden PLCs gespalten. Es entsteht aus $PI(4,5)P_2$ und verbleibt dann in der Plasmamembran, bis es durch spezifische *Phosphoinositid-Phosphatasen* dephosphoryliert worden ist. Hervorzuheben ist hierbei die Phosphatase

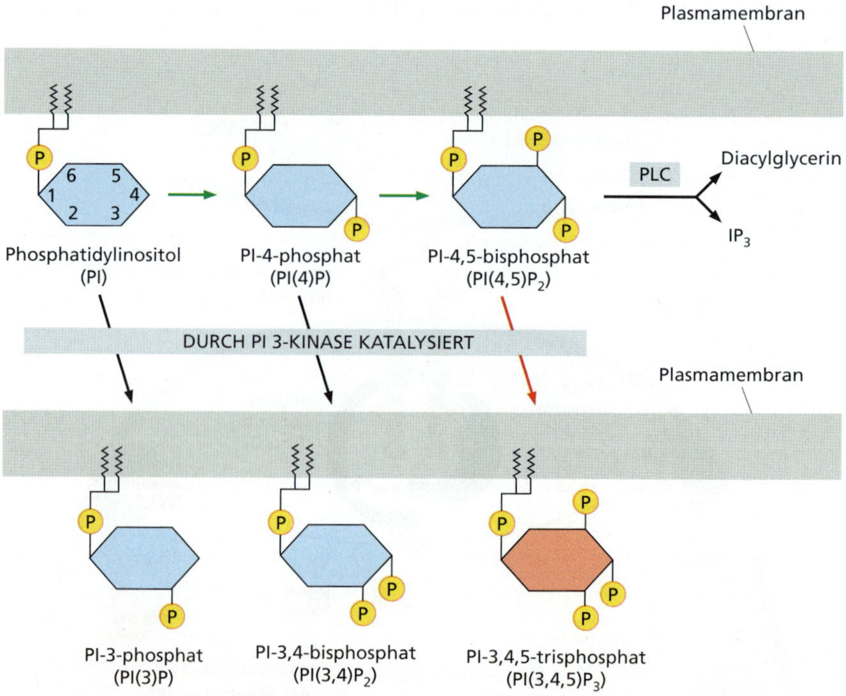

Abb. 15.53 Die Erzeugung von Phosphoinositid-Andockstellen durch die PI 3-Kinase. Die PI 3-Kinase phosphoryliert den Inositolring am Kohlenstoffatom 3. Dabei bilden sich die unten in der Abbildung gezeigten Phosphoinositide (damit verlassen sie den Signalweg, der zu IP_3 und Diacylglycerin führt, s. **Abb. 15.29**). Die wichtigste Phosphorylierung (durch *roten Pfeil* dargestellt) ist die von $PI(4,5)P_2$ zu $PI(3,4,5)P_3$, das als Andockstelle für Signalproteine mit $PI(3,4,5)P_3$-bindenden PH-Domänen dienen kann. Die mit *grünen Pfeilen* gekennzeichneten Phosphorylierungen werden durch andere Inositolphospholipid-Kinasen (nicht gezeigt) katalysiert.

PTEN, die die Position 3 des Inositolrings dephosphoryliert. Mutationen in PTEN findet man bei vielen Krebserkrankungen: Indem sie die Signalisierung durch PI 3-Kinase verlängern, fördern sie das unkontrollierte Zellwachstum.

Es gibt verschiedenartige Typen von PI 3-Kinasen. Diejenigen, die durch RTKs und GPCRs aktiviert werden, gehören zur Klasse I. Es handelt sich um Heterodimere aus einer gemeinsamen katalytischen Untereinheit und verschiedenen regulatorischen Untereinheiten. RTKs aktivieren *PI 3-Kinasen der Klasse Ia*, in denen die regulatorische Untereinheit ein Adapterprotein ist. Dieses Adapterprotein bindet über seine zwei SH2-Domänen an zwei Phosphotyrosine auf aktivierten RTKs (s. **Abb. 15.47a**). GPCRs aktivieren *PI 3-Kinasen der Klasse Ib*, deren regulatorische Untereinheit an den βγ-Komplex eines aktivierten heterotrimeren G-Proteins (G_q) bindet, wenn GPCRs durch ihren extrazellulären Liganden aktiviert werden. Die direkte Bindung des aktivierten Ras kann auch die gemeinsame katalytische Untereinheit der Klasse I aktivieren.

Intrazelluläre Signalproteine binden an das durch aktivierte PI 3-Kinase erzeugte PI(3,4,5)P_3 über eine spezifische Wechselwirkungsdomäne wie z. B. die **Pleckstrin-Homologie (PH)-Domäne**. PH-Domänen wurden erstmals im Thrombocytenprotein Pleckstrin identifiziert. Sie agieren hauptsächlich als Wechselwirkungsdomänen zwischen Proteinen, und nur eine kleine Untergruppe von ihnen bindet an PI(3,4,5)P_3. Zumindest einige von ihnen erkennen auch ein spezifisches membrangebundenes Protein sowie das PI(3,4,5)P_3, was die Spezifität der Bindung enorm steigert und erklären hilft, warum nicht alle Signalproteine mit PI(3,4,5)P_3-bindenden PH-Domänen an allen PI(3,4,5)P_3-Stellen andocken. PH-Domänen kommen bei etwa 200 menschlichen Proteinen vor, einschließlich dem früher besprochenen Ras-GEF Sos (s. **Abb. 15.48**).

Ein besonders wichtiges PH-Domänen-enthaltendes Protein ist die Serin/Threonin-Kinase *Akt*. Der *PI 3-Kinase–Akt-Signalweg* ist der wichtigste vom Hormon *Insulin* aktivierte Weg. Er spielt auch eine Schlüsselrolle bei der Förderung des Überlebens und Wachstums vieler Zellarten in Wirbellosen und Wirbeltieren. Darüber wollen wir nun sprechen.

15.3.9 Der PI 3-Kinase–Akt-Signalweg regt tierische Zellen zum Überleben und Wachsen an

Wie schon früher behandelt, benötigen tierische Zellen für Wachstum und Teilung sowie zum Überleben in der Regel extrazelluläre Signale (s. **Abb. 15.4**). Mitglieder der Familie der *insulinähnlichen Wachstumsfaktor* (*IGF*, engl. *insulin-like growth factor*)-Signalproteine regen z. B. viele Arten tierischer Zellen zum Überleben und Wachstum an. Wie Insulin binden sie an spezifische RTKs (s. **Abb. 15.44**), die die PI 3-Kinase aktivieren, damit diese PI(3,4,5)P_3 bildet. PIP_3 rekrutiert zwei Proteinkinasen an der Plasmamembran über deren PH-Domänen: **Akt** (auch *Proteinkinase B* oder *PKB* genannt) und die *Phosphoinositid-abhängige Proteinkinase 1* (*PDK1*, engl. *phosphoinositide-dependend protein kinase 1*), was zur Aktivierung von Akt führt (**Abb. 15.54**). Sobald Akt aktiviert ist, phosphoryliert sie verschiedene Zielproteine an der Plasmamembran sowie im Cytosol und im Zellkern. Die meisten bekannten Ziele werden dadurch inaktiviert, aber die Zielstrukturen sind derart, dass die Wirkungen von Akt allesamt das Überleben und Wachstum der Zelle steigern, wie es für einen Zellüberlebensweg in **Abb. 15.54** dargestellt ist.

Die Kontrolle des Zellwachstums durch den **PI 3-Kinase–Akt-Signalweg** hängt teilweise von einer Proteinkinase namens **TOR** ab von engl. *target of rapamycin*; Rapamycin

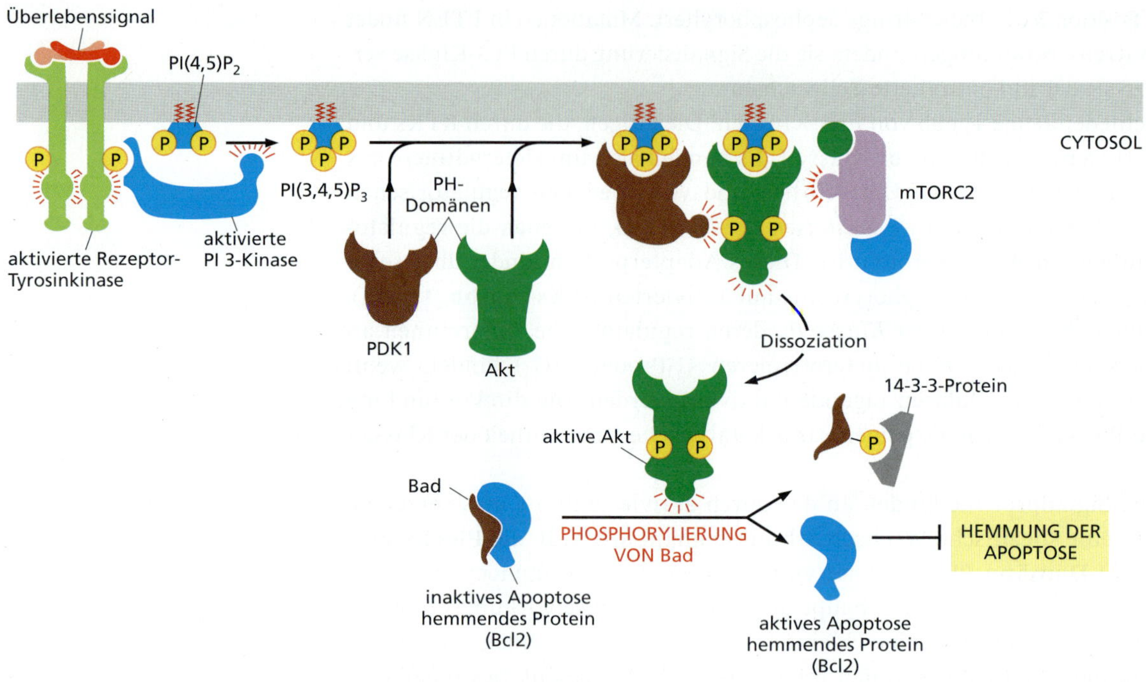

Abb. 15.54 Ein Weg, durch den das Signalisieren über PI 3-Kinase das Überleben der Zelle fördert. Ein extrazelluläres Überlebenssignal aktiviert eine Rezeptor-Tyrosinkinase (RTK), die eine PI 3-Kinase anlagert und aktiviert. Die PI 3-Kinase stellt PI(3,4,5)P_3 her, das als Andockstelle für zwei Serin/Threonin-Kinasen mit PH-Domänen dient: Akt und die Phosphoinositid-abhängige Kinase PDK1. Die PI 3-Kinase bringt beide an der Plasmamembran in enge Nachbarschaft. Akt wird an einem Serin durch eine dritte membranassoziierte Kinase (mTOR im Komplex 2 oder auch als mTORC2 bezeichnet) phosphoryliert, wodurch sich die Konformation von Akt so verändert, dass sie von der PDK1 an einem Threonin phosphoryliert werden kann; dadurch wird Akt aktiviert. Aktivierte Akt löst sich nun von der Plasmamembran ab und phosphoryliert verschiedene Zielproteine, einschließlich des Proteins Bad. Wenn Bad nicht phosphoryliert ist, hält es das apoptosehemmende Bcl2 in einem inaktiven Zustand (Bad und Bcl2 gehören beide zu einer Familie von Proteinen, die die Apoptose steuern – in Kapitel 18 behandelt). Sobald Bad phosphoryliert ist, setzt es Bcl2 frei, das nun die Apoptose blockieren kann und dabei das Überleben der Zelle fördert. Wie dargestellt, bindet das phosphorylierte Bad an ein allgegenwärtiges cytosolisches Protein namens *14-3-3*, das Bad außer Gefecht setzt.

ist ein bakterielles Toxin, das einige Formen der Kinase inaktiviert und klinisch als Immunsuppressivum und Antikrebsmittel verwendet wird. In Säugerzellen heißt es auch **mTOR** (*mammalian target of rapamycin*). Es kommt in Zellen in zwei funktionell verschiedenen Multiproteinkomplexen vor. Der *mTOR-Komplex 1* (*mTORC1*) enthält das Protein *Raptor*; dieser Komplex ist rapamycinempfindlich und stimuliert das Zellwachstum. Der *mTOR-Komplex 2* enthält das Protein *Rictor* und ist rapamycinunempfindlich; er hilft Akt zu aktivieren (s. **Abb. 15.54**) und reguliert auch das Aktincytoskelett über GTPasen der Rho-Familie.

mTORC1 ist ein Schlüsselregulator der Zellphysiologie, indem er Signaleingänge aus verschiedenen Quellen integriert. Die zwei am besten verstandenen Aktivatoren von mTORC1 sind extrazelluläre Signalproteine, die als *Wachstumsfaktoren* bezeichnet werden, und Nährstoffe wie Aminosäuren, die beide mTOR aktivieren und dadurch das Zellwachstum fördern. Das komplizierte Signalweiterleitungsnetzwerk, das die mTORC1-Aktivität steuert, umfasst Beispiele der vielen Klassen von Signalisierungsmolekülen, die in diesem Kapitel besprochen wurden (**Abb. 15.55**). In Kapitel 17 erörtern wir, wie mTORC1 das Zellwachstum anregt (s. **Abb. 17.61**).

15.3.10 Die durch RTKs und GPCRs aktivierten Signalwege überlappen sich

Wie schon erwähnt, aktivieren RTKs und GPCRs einige der gleichen intrazellulären Signalwege. Beide können z. B. den durch die Phospholipase C angekurbelten Inositolphospholipidweg aktivieren. Sogar wenn sie verschiedene Wege aktivieren, können die unterschiedlichen Signalwege auf denselben Zielproteinen zusammenlaufen. **Abbildung 15.56** veranschaulicht beide Arten von Signalüberlappung: Sie fasst fünf parallele intrazelluläre Signalwege zusammen, die wir bisher erörtert haben – einen durch GPCRs ausgelösten, zwei durch RTKs ausgelöste und zwei durch beide Rezeptorarten ausgelöste Signalwege. Wechselwirkungen zwischen diesen Signalwegen ermöglichen

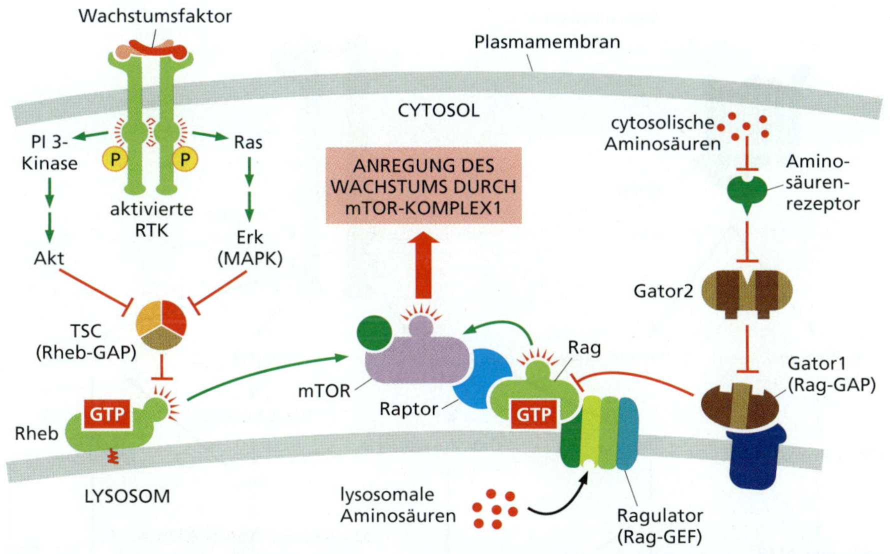

Abb. 15.55 Aktivierung des mTOR-Komplex 1 (mTORC1) durch Wachstumsfaktoren und Aminosäuren. Die Aktivität von mTORC1 hängt von der Bindung an die GTP-gebundenen Formen von zwei mit Ras verwandten GTPasen, *Rag* und *Rheb*, ab. In Gegenwart reichlich vorhandener cytosolischer Aminosäuren rekrutiert Rag-GTP mTORC1 an die Oberfläche von Lysosomen. Die vollständige Aktivierung von mTORC1 erfordert dann eine Wechselwirkung mit Rheb-GTP, das wiederum als Reaktion auf Wachstumsfaktor-Signalweiterleitung aktiviert wird. In beiden Fällen wird die verstärkte GTP-Bindung in erster Linie durch die Hemmung spezifischer GTPase-aktivierender Proteine (GAPs) angetrieben. Im Fall von Rag ist GAP ein Proteinkomplex namens *Gator1*, der am Lysosom verankert ist und durch eine Reihe von hemmenden Wechselwirkungen reguliert wird: cytosolische Aminosäuren binden Rezeptorproteine und heben dadurch ihre hemmende Wirkung auf *Gator2* auf, der dann frei ist, die GAP-Aktivität von Gator1 zu hemmen. Dies führt zur Aktivierung von Rag und zur Bindung an mTORC1. Die Interaktion von Rag mit dem Lysosom hängt von einem großen Proteinkomplex, dem *Ragulator*, ab, der als aktivierender GEF für Rag dient; diese GEF-Aktivität wird durch Aminosäuren im Lysosom stimuliert, was die mTORC1-Aktivierung weiter fördert. Auf der *linken* Seite des Diagramms sind die Mechanismen dargestellt, die durch Wachstumsfaktoren zur Aktivierung der Rheb-GTPase führen. Wie bereits in diesem Kapitel beschrieben, setzt die Aktivierung von RTKs durch die Bindung von Wachstumsfaktoren verschiedene Signalwege in Gang, darunter die Aktivierung der PI-3-Kinase (s. **Abb. 15.54**), was zur Aktivierung der Proteinkinase Akt führt, und der GTPase Ras (s. **Abb. 15.48**), was zur Aktivierung der Proteinkinase Erk führt. Ein Ziel dieser Kinasen ist ein trimerer Proteinkomplex namens *TSC*, der ein GAP für Rheb darstellt. Seine Phosphorylierung hemmt TSC, sodass sich Rheb-GTP anreichern und mTORC1 stimulieren kann. TSC ist die Abkürzung von *tuberöser Sklerosekomplex* (engl. *tuberous sclerosis complex*). Der Name rührt daher, dass Mutationen in den Genen, die für zwei der drei Untereinheiten des Komplexes – Tsc1 und Tsc2 – eine Erbkrankheit mit der Bezeichnung *tuberöse Sklerose* verursachen. Diese Krankheit ist mit gutartigen Tumoren verbunden, die unnormal große Zellen enthalten.

es verschiedenen extrazellulären Signalmolekülen, die durch andere Moleküle verursachten Effekte zu modulieren und zu koordinieren.

15.3.11 Einige Enzym-gekoppelte Rezeptoren assoziieren mit cytoplasmatischen Tyrosin-Kinasen

Viele Zelloberflächenrezeptoren hängen in ihrer Aktivität von einer Tyrosinphosphorylierung ab, doch fehlt ihnen eine Tyrosin-Kinase-Domäne. Diese Rezeptoren wirken über **cytoplasmatische Tyrosin-Kinasen**, die mit den Rezeptoren assoziiert sind und verschiedene Zielproteine phosphorylieren, die oft die Rezeptoren selbst einschließen, nachdem diese ihren Liganden gebunden haben. Diese **Tyrosinkinase-assoziierten Rezeptoren** arbeiten demnach ganz wie RTKs,

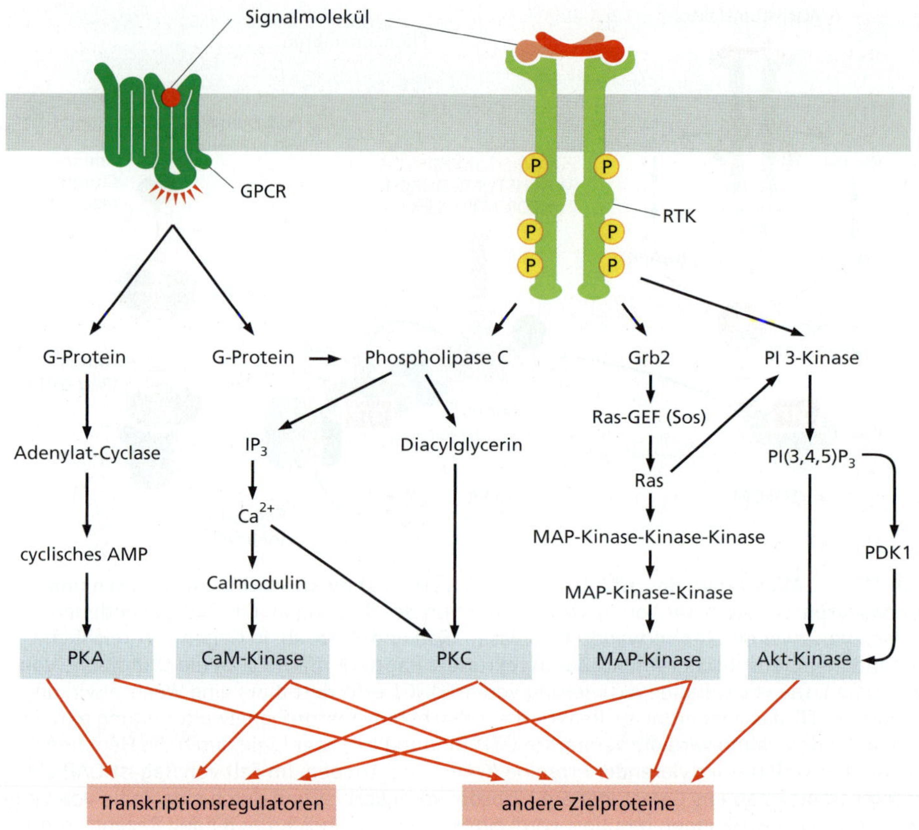

Abb. 15.56 Fünf parallele Signalwege, die durch GPCRs, RTKs oder durch beide aktiviert werden. In diesem vereinfachten Beispiel phosphorylieren die fünf Kinasen (*grau* unterlegt) am Ende eines jeden Signalwegs Zielproteine (*rot* unterlegt), von denen viele durch mehr als eine Kinase phosphoryliert werden. Die von den zwei Rezeptortypen aktivierte Phospholipase C ist anders: GPCRs aktivieren PLC-β, RTKs dagegen aktivieren PLC-γ (nicht gezeigt). Obgleich nicht gezeigt, können GPCRs auch Ras aktivieren; dies machen sie jedoch unabhängig von Grb2 über einen Ras-GEF, der durch Ca^{2+} und Diacylglycerin aktiviert wird.

außer dass ihre Kinasedomäne durch ein separates Gen codiert und nichtkovalent mit der Polypeptidkette des Rezeptors assoziiert ist. Eine Vielzahl von Rezeptorklassen gehört zu dieser Kategorie, einschließlich der Antigen- und Interleukinrezeptoren auf Lymphocyten (s. Kapitel 24), der Integrine (s. Kapitel 19) und der Rezeptoren für verschiedene Cytokine und einige Hormone. Wie bei den RTKs hängt bei vielen dieser Rezeptoren die Aktivierung von der Dimerisierung ab.

Einige dieser Rezeptoren arbeiten mit der größten Familie der cytoplasmatischen Tyrosin-Kinasen der Säugetiere zusammen, der **Src-Familie**, die die folgenden Mitglieder umfasst: *Src*, *Yes*, *Fgr*, *Fyn*, *Lck*, *Lyn*, *Hck* und *Blk*. Alle diese Protein-Kinasen enthalten SH2- und SH3-Domänen und befinden sich an der cytoplasmatischen Seite der Plasmamembran; dort werden sie teils durch ihre Wechselwirkung mit Transmembranrezeptorproteinen, teils durch kovalent angeheftete Lipidketten (in Kapitel 3 erklärt) gehalten. Verschiedene Familienmitglieder sind mit verschiedenen Rezeptoren assoziiert und phosphorylieren überlappende, aber unterschiedliche Gruppen von intrazellulären Signalisierungsproteinen. Lyn, Fyn und Lck sind z. B. jeweils mit verschiedenen Rezeptorgruppen auf Lymphocyten assoziiert. In jedem Fall wird die Kinase aktiviert, wenn ein extrazellulärer Ligand an das passende Rezeptorprotein bindet. Src selbst kann auch, wie mehrere andere Familienmitglieder, an aktivierte RTKs binden; in diesen Fällen stimulieren die Rezeptorkinasen und die cytoplasmatischen Kinasen einander gegenseitig in ihrer Katalyseaktivität, wodurch das Signal verstärkt und verlängert wird (s. **Abb. 15.52**). Es gibt sogar einige G-Proteine (G_s und G_i), die Src aktivieren können; dies ist ein Weg, wie die Aktivierung der GPCRs zur Tyrosinphosphorylierung intrazellulärer Signalproteine und Effektorproteine führen kann.

Ein anderer Typ cytoplasmatischer Tyrosin-Kinasen assoziiert mit *Integrinen*, den wichtigsten Rezeptoren, die von Zellen zur Bindung an die extrazelluläre Matrix genutzt werden (in Kapitel 19 besprochen). Die Bindung von Matrixkomponenten an Integrine aktiviert intrazelluläre Signalwege, die das Verhalten der Zelle beeinflussen. Wenn sich Integrine an Kontaktstellen mit der extrazellulären Matrix zu Clustern zusammenfügen, unterstützen sie die Bereitschaft zur Gruppierung von Zell–Matrix-Verbindungskontakten. Diese Kontakte bezeichnet man als *Fokaladhäsionen* oder *Fokalkontakte*. Unter den vielen, in diese Verbindungskontakte einbezogenen Proteinen befindet sich die **Fokaladhäsions-Kinase** (**FAK**), ebenfalls eine cytoplasmatische Tyrosin-Kinase. Sie bindet mithilfe anderer Proteine an den cytosolischen Schwanz einer der Integrinuntereinheiten. Die zu einem Cluster vereinten FAK-Moleküle phosphorylieren sich gegenseitig und erzeugen dadurch Phosphotyrosin-Andockstellen, an die die Src-Kinase binden kann. Src und FAK phosphorylieren sich daraufhin gegenseitig sowie andere Proteine, die sich in der Kontaktzone ansammeln. Dazu gehören viele Signalproteine, die von RTKs genutzt werden. Auf diese Weise signalisieren die zwei Tyrosin-Kinasen der Zelle, dass sie sich an ein geeignetes Substrat angeheftet hat, wo die Zelle nun überleben, wachsen, sich teilen, wandern und noch anderes tun kann.

Als Nächstes werden wir die *Cytokin-Rezeptoren* besprechen. Sie stellen die größte und verschiedenartigste Rezeptorklasse dar, die auf cytoplasmatische Tyrosin-Kinasen angewiesen ist.

15.3.12 Cytokin-Rezeptoren aktivieren den JAK–STAT-Signalweg

Die große Familie der **Cytokin-Rezeptoren** umfasst Rezeptoren für viele Arten lokaler Botenstoffe (gemeinsam *Cytokine* genannt), aber auch Rezeptoren für einige Hormone wie das *Wachstumshormon* und das *Prolaktin*. Diese Rezeptoren sind stabil mit cytoplasmatischen Tyrosin-Kinasen namens **Janus-Kinasen** (**JAKs**) (nach dem römischen Gott mit den zwei Gesichtern) assoziiert. Sie phosphorylieren und aktivieren Transkriptionsregulatoren mit der Bezeichnung **STATs** (Signalvermittler und Aktivatoren der Transkription, engl. *signal **t**ransducers and **a**ctivators of **t**ranscription*). STAT-Proteine sitzen im Cytosol und werden als *latente Transkriptionsregulatoren* bezeichnet, weil sie erst dann in den Zellkern wandern und die Gentranskription regulieren, wenn sie aktiviert wurden.

Viele intrazelluläre Signalwege führen von der Zelloberfläche zum Zellkern, wo sie die Gentranskription beeinflussen (s. **Abb. 15.56**). Für eine der direktesten Routen sorgt jedoch der **JAK–STAT-Signalweg**. Cytokin-Rezeptoren sind Dimere oder Trimere, und sie sind mit einer oder zwei der vier JAKs (JAK1, JAK2, JAK3 und Tyk2) stabil assoziiert. Die Cytokinbindung verändert die Anordnung, sodass zwei JAKs in enge Nachbarschaft gebracht werden, um sich gegenseitig zu phosphorylieren. Dabei nimmt die Aktivität ihrer Tyrosin-Kinase-Domänen zu. Dann phosphorylieren die JAKs Tyrosine auf den cytosolischen Teilen der Cytokin-Rezeptoren und erzeugen Phosphotyrosin-Andockstellen für STATs (**Abb. 15.57**). Einige Adapterproteine können auch an manche dieser Stellen binden und die Cytokin-Rezeptoren an den früher besprochenen Ras–MAP-Kinase-Signalweg koppeln; aber dies werden wir hier nicht behandeln.

Bei Säugern gibt es mindestens sechs STATs. Jeder hat eine SH2-Domäne, die zwei Funktionen ausübt. Erstens vermittelt sie die Bindung des STAT-Proteins an eine Phosphotyrosin-Andockstelle auf einem aktivierten Cytokin-Rezeptor. Sobald die Bindung stattgefunden hat, phosphorylieren JAKs STAT an Tyrosinen, wodurch sich STAT vom Rezeptor ablöst. Zweitens vermittelt die SH2-Domäne auf dem freigesetzten STAT nun dessen Bindung an ein Phosphotyrosin auf einem anderen STAT-Molekül, sodass sich entweder ein STAT-Homodimer oder ein -Heterodimer bildet.

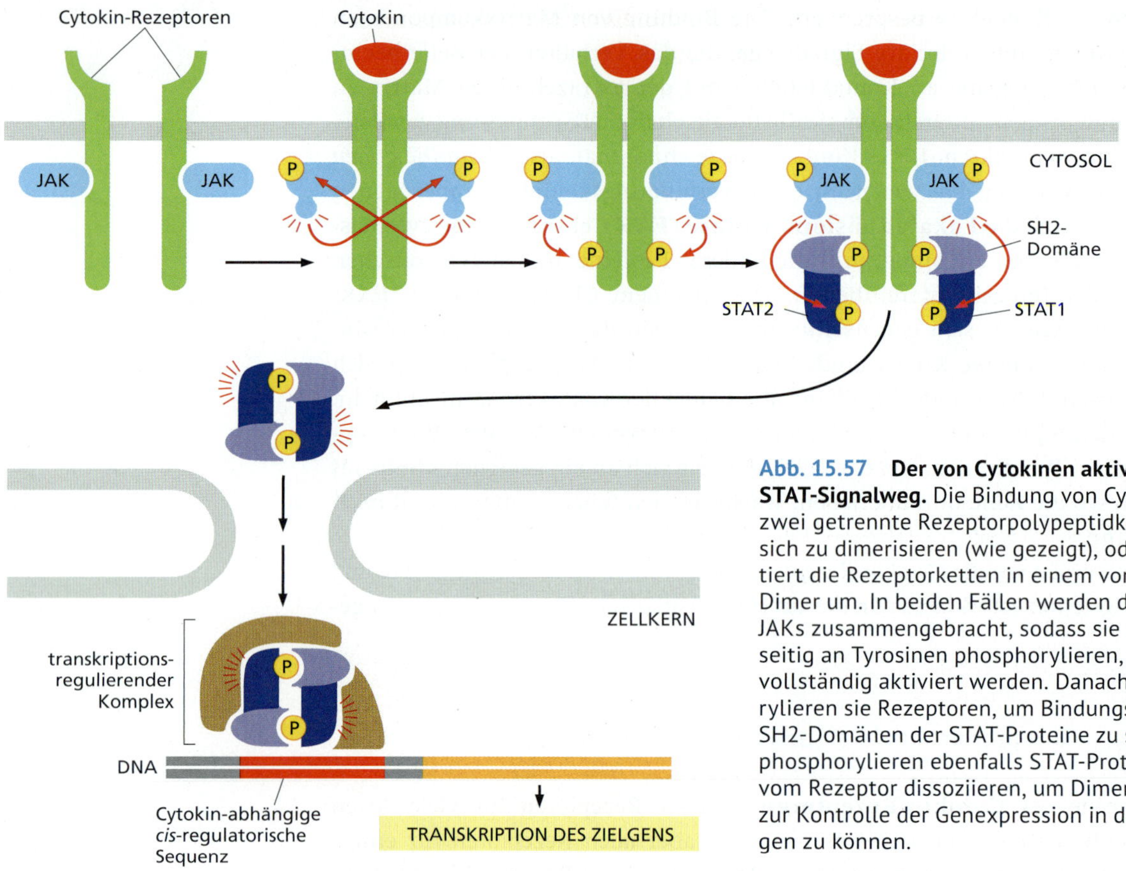

Abb. 15.57 Der von Cytokinen aktivierte JAK–STAT-Signalweg. Die Bindung von Cytokinen regt zwei getrennte Rezeptorpolypeptidketten dazu an, sich zu dimerisieren (wie gezeigt), oder sie orientiert die Rezeptorketten in einem vorgeformten Dimer um. In beiden Fällen werden die assoziierten JAKs zusammengebracht, sodass sie sich gegenseitig an Tyrosinen phosphorylieren, wodurch sie vollständig aktiviert werden. Danach phosphorylieren sie Rezeptoren, um Bindungsstellen für die SH2-Domänen der STAT-Proteine zu schaffen. JAKs phosphorylieren ebenfalls STAT-Proteine, die dann vom Rezeptor dissoziieren, um Dimere bilden und zur Kontrolle der Genexpression in den Kern gelangen zu können.

Das STAT-Dimer verlagert sich dann in den Zellkern, wo es in Kombination mit anderen Transkriptionsregulatoren an eine spezifische *cis*-regulatorische DNA-Sequenz in verschiedenen Genen bindet und deren Transkription stimuliert (s. **Abb. 15.57**). Als Reaktion auf das Hormon Prolaktin, das Brustdrüsenzellen zur Milchproduktion anregt, stimuliert z. B. aktivierter STAT5 die Transkription von Genen, die für Milchproteine codieren. **Tabelle 15.6** listet einige der über 30 Cytokine und Hormone auf, die JAK–STAT-Wege über die Bindung an Cytokin-Rezeptoren aktivieren.

Negative Rückkopplung reguliert die von JAK–STAT-Wegen vermittelten Antworten. Die STAT-Dimere aktivieren nicht nur Gene, die für Proteine codieren, die die durch Cytokine ausgelöste Antwort vermitteln; sie können auch Gene aktivieren, die für Inhibitorproteine codieren, die zum Abschalten der Antwort beitragen. Einige

Tab. 15.6 Einige extrazelluläre Signalproteine, die über Cytokin-Rezeptoren und den JAK–STAT-Signalweg wirken.

Signalprotein	**Rezeptor-assoziierte JAKs**	**Aktivierte STATs**	**Einige Reaktionen**
Interferon-γ (IFN-γ)	JAK1 und JAK2	STAT1	aktiviert Makrophagen
Interferon-α (IFN-α)	Tyk2 und JAK2	STAT1 und STAT2	erhöht die Widerstandsfähigkeit der Zelle gegen virale Infektionen
Erythropoetin	JAK2	STAT5	regt die Erythrocytenbildung an
Prolaktin	JAK1 und JAK2	STAT5	regt die Milchbildung an
Wachstumshormon	JAK2	STAT1 und STAT5	regt das Wachstum an, indem es die Bildung von IGF-1 auslöst
Granulocyten-/ Makrophagenkolonien-stimulierender Faktor (GM-CSF)	JAK2	STAT5	regt die Granulocyten- und Makrophagenbildung an

dieser Proteine binden an phosphorylierte JAKs und ihre assoziierten phosphorylierten Rezeptoren und inaktivieren sie; andere binden an phosphorylierte STAT-Dimere und verhindern, dass diese an ihre DNA-Zielsequenzen binden. Solche negativen Rückkopplungsmechanismen sind jedoch allein nicht ausreichend, um die Antwort abzuschalten. Die Inaktivierung der aktivierten JAKs und STATs erfordert die Dephosphorylierung ihrer Phosphotyrosine.

15.3.13 Extrazelluläre Signalproteine der TGF-β-Superfamilie wirken über Rezeptor-Serin/Threonin-Kinasen und über Smads

Die **transformierender Wachstumsfaktor-β (TGF-β)-Superfamilie** besteht aus einer großen Anzahl (33 beim Menschen) von strukturell verwandten, sezernierten, dimeren Proteinen. Sie wirken entweder als Hormone oder, allgemeiner, als lokale Vermittler (Mediatoren) für die Steuerung eines weiten Bereichs biologischer Funktionen bei allen Tieren. Während der Entwicklung steuern sie die Musterbildung und beeinflussen verschiedene Zellverhaltensweisen, einschließlich Proliferation, Spezifizierung und Differenzierung, extrazelluläre Matrixherstellung und Zelltod. Bei adulten Individuen beteiligen sie sich an der Gewebereparatur, an der Immunsteuerung und an vielen anderen Vorgängen. Die Superfamilie umfasst die TGF-β*/Activin*-Familie und die größere Familie der *Knochen-Morphogeneseproteine* (*BMP*s, engl. *bone morphogenetic proteins*).

Alle diese Proteine fungieren über Rezeptoren, bei denen es sich um Einpfad-Transmembranproteine mit einer Serin/Threonin-Kinasedomäne auf der cytosolischen Seite der Plasmamembran handelt. Es gibt zwei Klassen dieser **Rezeptor-Serin/Threonin-Kinasen** – *Typ I* und *Typ II*. Die Signalübertragung beginnt, wenn ein TGF-β-Dimer mit extrazellulären Domänen von zwei Typ-II-Rezeptoren und zwei Typ-I-Rezeptoren wechselwirkt und dabei die Kinasedomänen zusammenbringt, sodass die Typ-II-Rezeptoren die Typ-I-Rezeptoren phosphorylieren und aktivieren können; so bildet sich ein aktiver tetramerer Rezeptorkomplex. Nach seiner Aktivierung benutzt der Rezeptorkomplex eine Strategie zur schnellen Signalübermittlung an den Kern, die sehr ähnlich zur JAK–STAT-Strategie der Cytokin-Rezeptoren ist. Der aktivierte Typ-I-Rezeptor bindet direkt an einen latenten Transkriptionsregulator der **Smad-Familie** und phosphoryliert ihn. (Der Name Smad stammt von den beiden ersten identifizierten Mitgliedern der Familie: Sma in *Caenorhabditis elegans* und Mad in *Drosophila*). Aktivierte TGF-β/Activin-Rezeptoren phosphorylieren Smad2 oder Smad3, während aktivierte BMP-Rezeptoren Smad1, Smad5 oder Smad8 phosphorylieren. Wenn eines dieser *rezeptoraktivierten Smads* (*R-Smads*) phosphoryliert worden ist, dissoziiert es vom Rezeptor und bindet an Smad4 (*co-Smad* genannt), das einen Komplex mit jedem beliebigen dieser fünf R-Smads bilden kann. Der Smad-Komplex wandert dann in den Kern, wo er mit anderen Transkriptionsregulatoren assoziiert und die Transkription bestimmter Zielgene kontrolliert (**Abb. 15.58**). Da die Partnerproteine im Zellkern je nach Zellart und Zustand der Zelle variieren, sind unterschiedliche Gene betroffen.

Aktivierte TGF-β-Rezeptoren und ihre gebundenen Liganden werden auf zwei unterschiedlichen Wegen endocytiert; einer führt zur weiteren Aktivierung, der andere zur Inaktivierung. Der Aktivierungsweg hängt von clathrinbeschichteten Vesikeln ab und führt zu frühen Endosomen (s. Kapitel 13), wo sich der größte Teil der Smad-Aktivierung abspielt. Ein Ankerprotein namens *SARA* (*Smad-Anker zur Rezeptoraktivierung*) spielt bei diesem Weg eine wichtige Rolle; es ist in frühen Endosomen angereichert und bindet an aktivierte TGF-β-Rezeptoren und Smads, dabei erhöht sich die Effizienz der rezeptorvermittelten Smad-Phosphorylierung. Der Inaktivierungsweg hängt von den *Caveolae*

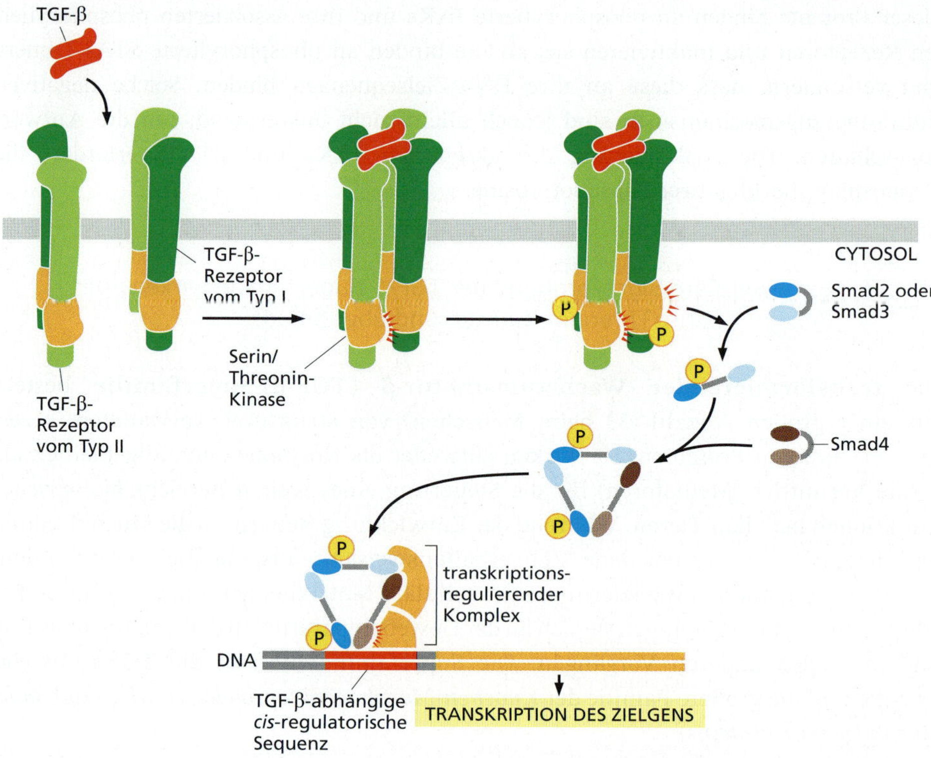

Abb. 15.58 Ein Smad-abhängiger, durch TGF-β aktivierter Signalweg. Das TGF-β-Dimer fördert die Zusammenlagerung eines tertrameren Rezeptor-Komplexes, der zwei Kopien des Typ-I-Rezeptors und zwei des Typ-II-Rezeptors enthält. Die Typ-II-Rezeptoren phosphorylieren spezifische Stellen der Typ-I-Rezeptoren, wodurch ihre Kinasedomänen aktiviert werden und es zur Phosphorylierung von R-Smads – zu denen Smad2 und Smad3 gehören – kommt. Nach ihrer Phosphorylierung öffnen sich die Smads, um eine Bindungsoberfläche anzubieten, sodass ein trimerer Smad-Komplex entsteht, der die beiden R-Smads und das co-Smad Smad4 enthält. Der phosphorylierte Smad-Komplex gelangt in den Zellkern und arbeitet mit anderen Transkriptionsregulatoren zusammen, um die Transkription spezifischer Zielgene zu kontrollieren.

ab (s. Kapitel 13) und führt zur Ubiquitinierung des Rezeptors und seinem Abbau in Proteasomen.

Während der Signalantwort pendeln die Smads fortwährend zwischen dem Cytoplasma und dem Zellkern hin und her: Im Zellkern werden sie dephosphoryliert und dann ins Cytoplasma exportiert, wo sie durch aktivierte Rezeptoren erneut phosphoryliert werden können. Auf diese Weise spiegelt die auf die Zielgene ausgeübte Wirkung sowohl die Konzentration des extrazellulären Signals als auch die Zeit wider, während der das Signal weiter auf die Zelloberflächenrezeptoren einwirkt (oft mehrere Stunden). Zellen, die einem Morphogen ausgesetzt sind, entweder in hoher Konzentration oder über lange Zeit oder beides, werden einen bestimmten Satz von Genen anschalten; dagegen schalten Zellen, die einen weniger intensiven oder kürzeren Kontakt hatten, einen anderen Satz an.

Wie in anderen Signalübertragungssystemen so wird auch der Smad-Weg über negative Rückkopplung gesteuert. Unter den durch Smad-Komplexe aktivierten Zielgenen befinden sich solche, die für *Inhibitor-Smads* codieren, entweder Smad6 oder Smad7. Smad7 (und möglicherweise Smad6) bindet an den cytosolischen Schwanz des aktivierten Rezeptors und hemmt dessen Signalisierungsfähigkeit auf mindestens drei Weisen:

(1) Es konkurriert mit R-Smads um Rezeptorbindungsstellen, was die Phosphorylierung von R-Smad verringert;

(2) es rekrutiert eine Ubiquitin-Ligase namens *Smurf*, die den Rezeptor ubiquitiniert, was zur Internalisierung und zum Abbau des Rezeptors führt (weil Smurfs auch die Smads ubiquitinieren und deren Abbau fördern, werden sie Smurfs genannt: *Smad-Ubiquitinierung regulierende Faktoren*);

(3) es rekrutiert eine Proteinphosphatase, die den Rezeptor dephosphoryliert und inaktiviert. Zusätzlich binden die Inhibitor-Smads an den co-Smad Smad4 und hemmen ihn; dies geschieht, entweder indem sie seine Bindung an R-Smads verhindern oder indem sie seine Ubiquitinierung und seinen Abbau fördern.

Zusammenfassung

Es sind verschiedene Klassen Enzym-gekoppelter Rezeptoren bekannt, von denen die Rezeptor-Tyrosinkinasen (RTKs), die Tyrosinkinase-assoziierten Rezeptoren und die Rezeptor-Serin/Threonin-Kinasen am häufigsten vorkommen.

Die Bindung ihrer Liganden an die RTKs verursacht deren Dimerisierung, was zur Aktivierung ihrer Kinasedomänen führt. Die aktivierten Kinasedomänen phosphorylieren mehrere Tyrosin-Seitenketten auf den Rezeptoren. Dies erzeugt einen Satz von Phosphotyrosinen, die dann als Andockstellen für einen Satz intrazellulärer Signalproteine dienen, die über ihre SH2-Domänen (oder PTB-Domänen) binden. Ein derartiges Signalprotein dient als Adapter für die Kopplung einiger aktivierter Rezeptoren an einen Ras-GEF (Sos), der die monomere GTPase Ras aktiviert; Ras wiederum aktiviert ein aus drei Komponenten bestehendes MAP-Kinase-Signalmodul, das das Signal durch Phosphorylierung von Transkriptionsregulatoren in den Kern weitergibt. Ein anderes wichtiges Signalprotein, das an aktivierte RTKs andocken kann, ist die PI 3-Kinase, die spezifische Phosphoinositide phosphoryliert; damit entstehen in der Plasmamembran Lipid-Andockstellen für Signalproteine mit phosphoinositidbindenden PH-Domänen, einschließlich der Serin/Threonin-Proteinkinase Akt (PKB), die eine Schlüsselrolle bei der Kontrolle von Überleben und Wachstum der Zelle spielt. Viele Rezeptorklassen einschließlich einiger RTKs aktivieren monomere GTPasen der Rho-Familie, die die Rezeptoren funktionell an das Cytoskelett koppeln.

Tyrosinkinase-assoziierte Rezeptoren stützen sich für ihre Wirkung auf verschiedene cytoplasmatische Tyrosin-Kinasen. Zu diesen Kinasen gehören Mitglieder der Src-Familie, die mit vielen Sorten von Rezeptoren assoziieren, und die Fokaladhäsions-Kinase (FAK), die mit Integrinen an Fokaladhäsionskontaktstellen assoziiert. Die cytoplasmatischen Tyrosin-Kinasen phosphorylieren dann eine Vielzahl von Signalproteinen mit dem Ziel, das Signal weiterzuleiten. Die größte Familie tyrosinkinaseassoziierter Rezeptoren ist die Familie der Cytokin-Rezeptoren. Nach Stimulierung durch Ligandenbindung aktivieren diese Rezeptoren JAKs (cytoplasmatische Tyrosin-Kinasen), die STATs phosphorylieren. Die STATs dimerisieren dann, wandern zum Kern und aktivieren die Transkription spezifischer Gene. Rezeptor-Serin/Threonin-Kinasen, die von Signalproteinen aus der TGF-β-Superfamilie aktiviert werden, wirken ähnlich: Sie phosphorylieren und aktivieren direkt Smads, die dann mit einem anderen Smad oligomerisieren, zum Kern wandern und die Gentranskription regulieren.

15.4 Alternative Signalwege bei der Genregulation

Wichtige Veränderungen im Verhalten einer Zelle hängen oft, von Veränderungen in der Expression zahlreicher Gene ab. Daher üben viele extrazelluläre Signalmoleküle vollständig oder teilweise ihre Wirkung dadurch aus, dass sie Signalwege in Gang setzen, die die Aktivität von Transkriptionsregulatoren ändern. Es gibt zahlreiche Beispiele der Genregulation über Signalwege, an denen GPCRs oder Enzym-gekoppelte Rezeptoren beteiligt sind (s. **Abb. 15.28** und **Abb. 15.50**). In diesem Abschnitt wollen wir einige weniger übliche Signalmechanismen erläutern, durch die die Genexpression durch extrazelluläre Signale reguliert werden kann. Wir beginnen mit einigen Signalwegen, die von *regulierter Proteolyse* abhängen, um die Aktivität und die Lokalisation der latenten Transkriptionsregulatoren kontrollieren zu können. Danach wenden wir uns einer Klasse von extrazellulären Signalmolekülen zu, die keine Zelloberflächenrezeptoren verwenden, sondern selbst in die Zelle gelangen und direkt mit den Transkriptionsregulatoren wechselwirken, um ihre Wirkung auszuüben. Am Ende werden wir kurz auf einige

Mechanismen eingehen, bei denen die Genexpression durch den *circadianen Rhythmus*, also den Tag-Nacht-Zyklus, kontrolliert wird.

15.4.1 Der Rezeptor Notch ist ein latenter Transkriptionsregulator

Das Signalisieren über das Protein **Notch** wird häufig während der Entwicklung von Tieren verwendet. Wie in Kapitel 1 besprochen, ist es von allgemeiner Bedeutung für Kontrollvorgänge bei der Festlegung des Zellschicksals und der Steuerung der Musterbildung während der Entwicklung der meisten Gewebe sowie bei der fortwährenden Zellerneuerung in Geweben, wie z. B. bei der Auskleidung des Darms. Seine Bedeutung für die Bildung von neuronalen Zellen bei *Drosophila* ist jedoch am bekanntesten. Die neuronalen Zellen entstehen gewöhnlich als isolierte, einzelne Zellen innerhalb einer Epithelschicht von Vorläuferzellen. Während eine Vorläuferzelle sich darauf festlegt, eine Nervenzelle zu werden, signalisiert sie an ihre unmittelbaren Nachbarn, sich nicht in derselben Weise zu entwickeln; die inhibierten Zellen entwickeln sich stattdessen zu Epidermiszellen. Dies ist ein unter der Bezeichnung *Lateralhemmung* (*Lateralinhibition*) bekannter Vorgang. Lateralhemmung hängt von einem kontaktabhängigen Signalmechanismus ab, der über ein **Delta** genanntes Einpfad-Transmembran-Signalprotein vermittelt wird, das auf der Oberfläche der zukünftigen Nervenzelle dargeboten wird. Durch Binden an seinen Rezeptor – das Protein Notch – auf der Nachbarzelle signalisiert Delta dem Nachbarn, sich nicht zur Nervenzelle zu entwickeln (**Abb. 15.59**). Ist dieser Signalvorgang defekt, bildet sich ein riesiger Überschuss an neuronalen Zellen auf Kosten von Epidermiszellen, was tödlich ausgeht.

Notch ist ein Einpfad-Transmembranprotein, das eine proteolytische Bearbeitung erfordert, um zu funktionieren. Es arbeitet als latenter Transkriptionsregulator und vermittelt den einfachsten und direktesten bekannten Signalweg von einem Zelloberflächenrezeptor zum Zellkern. Wenn Notch durch Binden an Delta auf einer anderen Zelle aktiviert wird, spaltet eine plasmamembrangebundene Protease das cytoplasmatische Schwanzende von Notch ab; das freigesetzte Schwanzende wandert in den Kern und aktiviert dort die Transkription eines Satzes von auf Notch ansprechenden Genen. Das Notch-Schwanzfragment wirkt durch Bindung an ein DNA-Bindungsprotein und wandelt dieses von einem Transkriptionsrepressor in einen Transkriptionsaktivator um.

Notch erfährt drei aufeinanderfolgende proteolytische Spaltungsschritte, aber nur die letzten beiden sind von der Bindung an Delta abhängig. Im Rahmen seiner normalen Biosynthese wird Notch im Golgi-Apparat gespalten. Diese Spaltung überführt Notch in ein Heterodimer, das dann in Form eines ausgereiften Rezeptors an die Zelloberfläche transportiert wird. Die Bindung von Delta an Notch veranlasst mithilfe

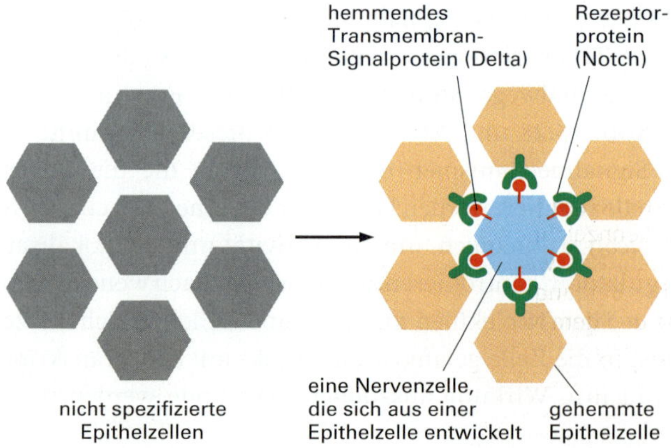

Abb. 15.59 Lateralhemmung durch Notch und Delta während der Entwicklung der neuronalen Zelle in *Drosophila*. Wenn einzelne Zellen im Epithel beginnen, sich zu Nervenzellen zu entwickeln, signalisieren sie an ihre Nachbarn, nicht das Gleiche zu tun. Dieses hemmende, kontaktabhängige Signalisieren wird durch den Liganden Delta vermittelt, der auf der Oberfläche der zukünftigen neuronalen Zelle erscheint und an ein Notchprotein auf den Nachbarzellen bindet. In vielen Geweben exprimieren anfangs alle Zellen eines Clusters Delta und Notch. Es folgt ein Wettbewerb, bei dem schließlich eine Zelle als Sieger hervorgeht, Delta stark exprimiert und ihre Nachbarn daran hindert, das Gleiche zu tun. In anderen Fällen wechselwirken zusätzliche Faktoren mit Delta und Notch, mit dem Ergebnis, dass einige Zellen empfänglich und andere taub für das laterale Hemmsignal werden.

einer extrazellulären Protease eine zweite Spaltung in der extrazellulären Domäne. Sofort danach wird der cytoplasmatische Schwanz des aktivierten Notch abgespalten und freigesetzt (**Abb. 15.60**). Man beachte, dass anders als bei den meisten Rezeptoren die Aktivierung von Notch irreversibel ist; sobald es erst einmal durch Ligandenbindung aktiviert wurde, kann das Protein nicht wiederverwendet werden.

Die letzte Spaltung des Notch-Schwanzes geschieht noch innerhalb des Plasmamembransegments und wird durch einen Proteasekomplex namens *γ-Sekretase* vermittelt. Diese ist auch für die Spaltung zahlreicher anderer Einpfad-Transmembranproteine innerhalb der Membran verantwortlich. Eine ihrer unverzichtbaren Untereinheiten ist *Presenilin*; Presenilin heißt deshalb so, weil Mutationen in dem für es codierenden Gen eine häufige Ursache der früh einsetzenden familiären Alzheimer-Erkrankung ist – eine Form vorseniler Demenz. Man glaubt, dass der Proteasekomplex zu dieser und anderen Formen von Morbus Alzheimer beiträgt, indem

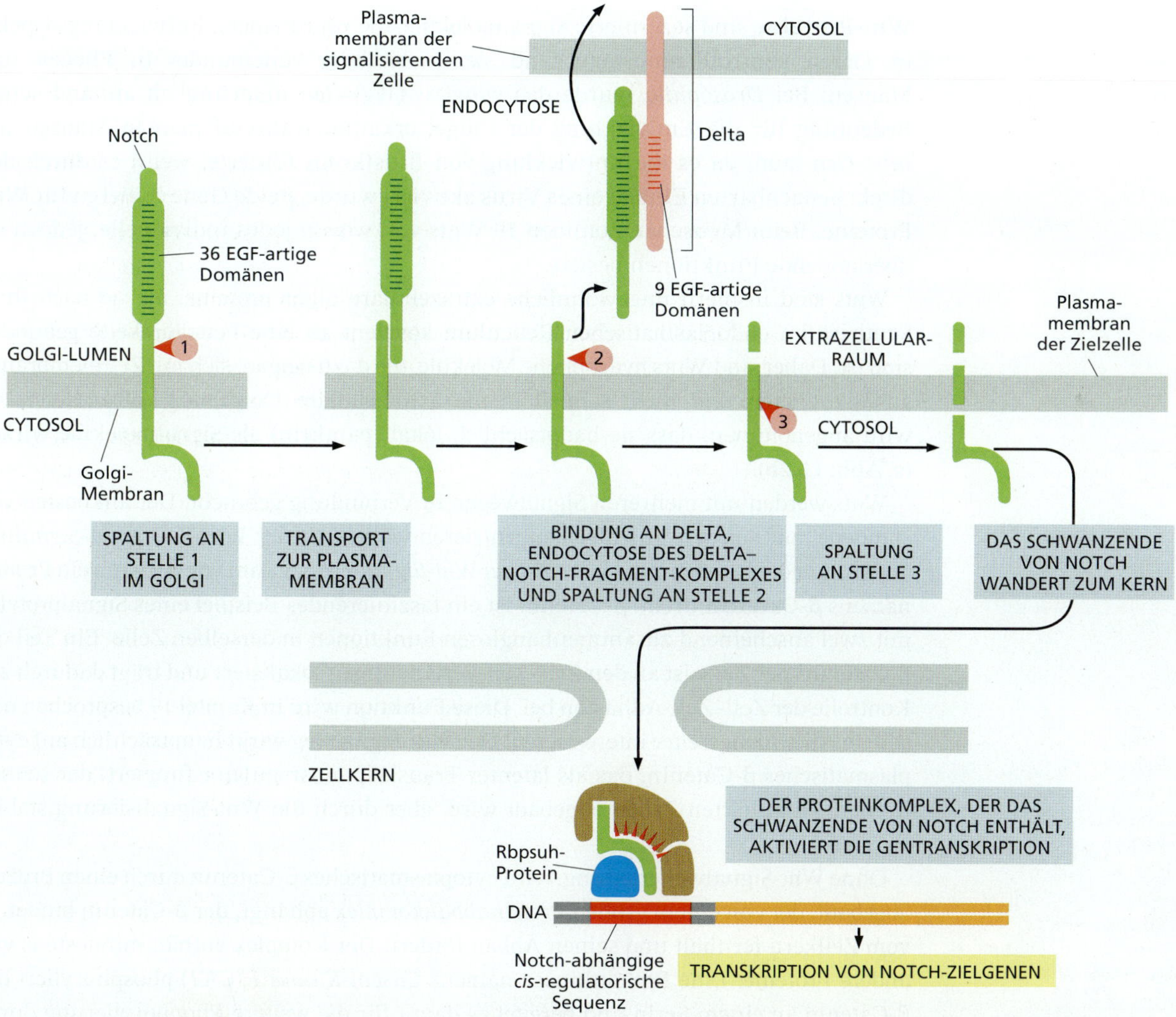

Abb. 15.60 Das Bearbeiten (*Processing*) und die Aktivierung von Notch durch proteolytische Spaltung. Die *nummerierten roten Pfeilköpfe* kennzeichnen die Stellen der proteolytischen Spaltung. Der erste proteolytische Bearbeitungsschritt beginnt im *trans*-Golgi-Netzwerk mit der Erzeugung des reifen heterodimeren Notch, das dann an der Zelloberfläche dargeboten wird. Die Bindung an Delta auf einer Nachbarzelle löst die nächsten zwei proteolytischen Schritte aus: Der Komplex aus Delta und dem Notch-Fragment, an das es gebunden ist, wird von der Delta-exprimierenden Zelle endocytiert. Dabei wird die extrazelluläre Schnittstelle in der Transmembranuntereinheit von Notch exponiert. Man beachte, dass Notch und Delta miteinander über ihre sich wiederholenden EGF-artigen Domänen wechselwirken. Der freigesetzte Notch-Schwanz wandert in den Zellkern, wo er an das Rbpsuh-Protein bindet und es von einem Transkriptionsrepressor in einen Transkriptionsaktivator umwandelt.

er aus einem neuronalen Transmembranprotein extrazelluläre Peptidfragmente erzeugt; die Fragmente häufen sich in übermäßigen Mengen an und bilden Aggregate aus fehlgefalteten Proteinen, die Amyloid-Plaques. Diese Plaques können die Nervenzellen verletzen und zu deren Degeneration und Verlust beitragen.

Sowohl Notch als auch Delta sind Glykoproteine und ihre Wechselwirkung wird durch Glykosylierung von Notch gesteuert. Insbesondere die *Fringe-Familie* von Glykosyltransferasen fügt dem *O*-verknüpften Oligosaccharid (in Kapitel 13 besprochen) an Notch zusätzliche Zucker an, was die Spezifität von Notch bezüglich seiner Liganden ändert. Dies ist ein erstes Beispiel für die Modulierung der Ligand–Rezeptor-Signalisierung durch unterschiedliche Rezeptorglykosylierung.

15.4.2 Wnt-Proteine aktivieren Frizzled und hemmen dadurch den Abbau von β-Catenin

Wnt-Proteine sind sezernierte Signalmoleküle, die verschiedene Entwicklungsaspekte in Tieren kontrollieren. Man fand sie unabhängig voneinander in Fliegen und Mäusen: Bei *Drosophila* wurde das *wingless* (*Wg*)*-Gen* ursprünglich anhand seiner Bedeutung für die Entwicklung der Flügel erkannt, während man in Mäusen das *Int-1-Gen* fand, da es die Entwicklung von Brustkrebs förderte, wenn es durch den direkt benachbarten Einbau eines Virus aktiviert wurde. Beide Gene codieren für Wnt-Proteine. Beim Menschen kommen 19 Wnts vor, wovon jedes individuelle, jedoch oft überlappende Funktionen besitzt.

Wnts sind insofern ungewöhnliche extrazelluläre Signalproteine, als sie nach ihrer Synthese im endoplasmatischen Reticulum kovalent an eine Fettsäurekette gebunden sind ist. Daher sind Wnts hydrophobe Moleküle, die dazu neigen, sich mit Zellmembranen zu assozziieren und nicht schnell in die extrazelluläre Umgebung diffundieren. Es wird angenommen, dass sie hauptsächlich lokal (parakrin) als Signalmoleküle wirken (s. **Abb. 15.2b**).

Wnts werden mit mehreren Signalwegen in Verbindung gebracht. Der am besten verstandene, auf den wir uns hier konzentrieren wollen, ist der *Wnt/β-Catenin-Signalweg* (auch unter der Bezeichnung *kanonischer Wnt-Signalweg* bekannt), der sich um ein Protein namens **β-Catenin** dreht. β-Catenin ist ein faszinierendes Beispiel eines Signalproteins mit zwei anscheinend zusammenhanglosen Funktionen in derselben Zelle. Ein Teil des β-Catenins der Zelle ist an den Zell–Zell-Verbindungen lokalisiert und trägt dadurch zur Kontrolle der Zell–Zell-Adhäsion bei. Diese Funktion wird in Kapitel 19 besprochen und soll uns hier nicht weiter interessieren. Der Wnt-Signalweg wirkt hauptsächlich auf cytoplasmatisches β-Catenin, das als latenter Transkriptionsregulator fungiert, der schnell in nicht stimulierten Zellen abgebaut wird, aber durch die Wnt-Signalisierung stabilisiert wird.

Ohne Wnt-Signalweiterleitung, wird cytoplasmatisches β-Catenin durch einen Prozess abgebaut, der von einem großen *Proteinabbaukomplex* abhängt, der β-Catenin bindet, es vom Zellkern fernhält und seinen Abbau fördert. Der Komplex enthält mindestens vier andere Proteine: Eine Proteinkinase namens *Casein-Kinase 1* (*CK1*) phosphoryliert das β-Catenin an einem Serin und bereitet es damit für die weitere Phophorylierung durch eine andere Proteinkinase namens *Glykogen-Synthase-Kinase 3* (*GSK3*) vor. Diese letzte Phosphorylierung markiert das Protein für die Ubiquitinierung und den raschen Abbau in Proteasomen. Zwei Gerüstproteine, *Axin* und *APC* (*adenomatöse Polyposis coli*), halten den Proteinkomplex zusammen (**Abb. 15.61a**). APC hat seinen Namen daher, dass das für APC codierende Gen bei einer gutartigen Tumorart (Adenom) des Dickdarms oft mutiert ist; der Tumor ragt als Polyp in das Darmlumen und kann möglicherweise bösartig werden. (Dieses APC sollte nicht mit jenem APC/C (*Anaphase Promoting Complex*)

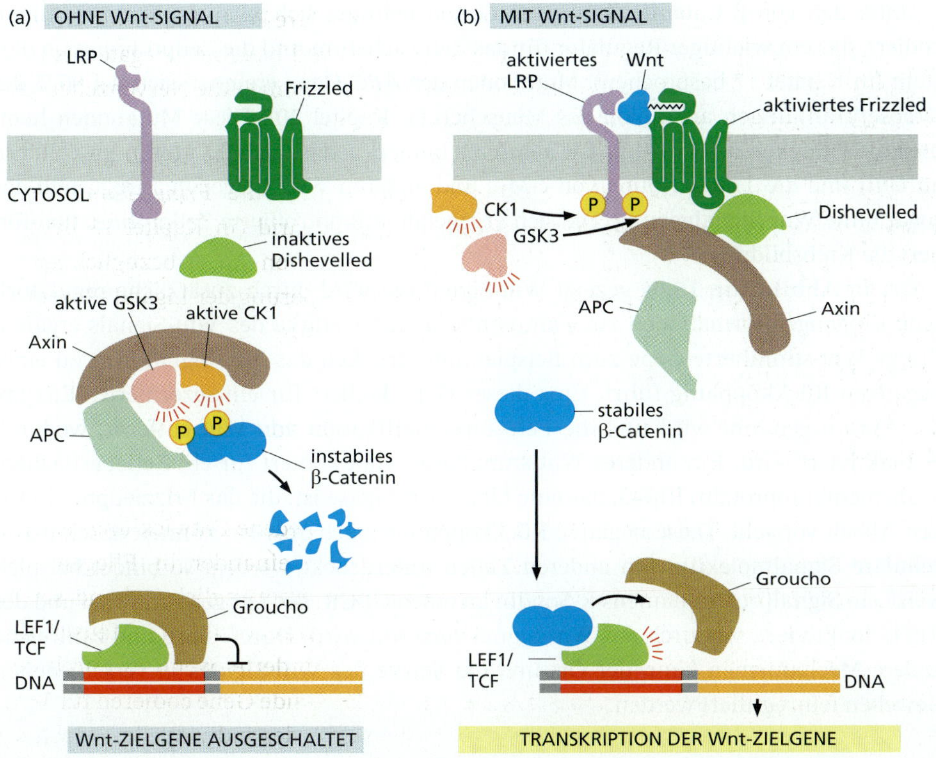

Abb. 15.61 Der Wnt/β-Catenin-Signalweg. (a) In Abwesenheit eines Wnt-Signals wechselwirkt β-Catenin, das nicht an die Zell–Zell-Adhäsionsverbindung (*adherens junction*) gebunden ist (nicht gezeigt, wird in Kapitel 19 erklärt), mit einem APC, Axin, GSK3 und CK1 enthaltenden Abbaukomplex. In diesem Komplex wird β-Catenin durch CK1 und dann durch GSK3 phosphoryliert, wodurch seine Ubiquitinierung und sein Abbau in Proteasomen ausgelöst wird. Auf Wnt reagierende Gene werden durch das Groucho-Korepressorprotein inaktiv gehalten, das an den Transkriptionsregulator LEF-1/TCF gebunden ist. (b) Die Bindung von Wnt an Frizzled und an LRP bringt die beiden Korezeptoren zusammen und der cytosolische Schwanz von LRP wird durch CK1 und GSK3 phosphoryliert. Das Gerüstprotein Dishevelled wird zum aktivierten Protein Frizzled rekrutiert. Axin bindet an Dishevelled und das phosphorylierte LRP. Axin wird inaktiviert, was zur Auflösung des Abbaukomplexes führt. Die Phosphorylierung von β-Catenin wird dadurch verhindert, und nicht phosphoryliertes β-Catenin reichert sich an und verlagert sich in den Zellkern, wo es an LEF-1/TCF bindet. Damit verdrängt es den Korepressor Groucho und wirkt als Koaktivator, um die Transkription von Wnt-Zielgenen anzuregen. Das Gerüstprotein Dishevelled wird für den Signalübertragungsweg benötigt: Es bindet an Frizzled und wird phosphoryliert (nicht gezeigt), aber seine genaue Funktion ist unbekannt.

verwechselt werden, der eine zentrale Rolle beim selektiven Proteinabbau während des Zellzyklus spielt – wird in Kapitel 17 behandelt.)

Wnt-Proteine regulieren die β-Catenin-Proteolyse durch Bindung an zwei Zelloberflächenkorezeptoren, **Frizzled** und **LDL-Rezeptor-verwandtes Protein (LRP)**. Frizzled ist ein Siebenpfad-Transmembranprotein, das in seiner Struktur GPCR ähnelt, aber in der Regel nicht durch die Aktivierung von G-Proteinen wirkt. LRP ist ein relativ einfaches Einpfad-Transmembranprotein. Frizzled enthält eine extrazelluläre Domäne, die mit hoher Affinität an Wnt bindet; teilweise aufgrund einer hydrophoben Tasche in der Rezeptordomäne, die mit der Lipid-Modifikation an Wnt interagiert. Daher ist dieses Lipid notwendig für die Wnt-Signalisierung. LRP wechselwirkt mit einer anderen Stelle an Wnt. Wie in so vielen anderen Signalisierungswegen auch, treibt der Wnt-Ligand dadurch die Bildung eines Korezeptordimers an.

Die Bildung des aktivierten Rezeptorkomplexes fördert die Phosphorylierung des LRP-Rezeptors durch die beiden Proteinkinasen CK1 und GSK3. Die Rezeptoraktivierung führt auch zur Rekrutierung des Gerüstproteins **Dishevelled**. Axin wird zum Rezeptorkomplex gebracht und inaktiviert, damit bricht es den β-Catenin-Abbaukomplex im Cytosol auseinander. Auf diese Weise werden die Phosphorylierung und der Abbau von β-Catenin verhindert; dies ermöglicht es β-Catenin, sich anzuhäufen und sich zum Zellkern zu verlagern, wo es das Gentranskriptionsmuster verändert (**Abb. 15.61b**).

Bei fehlender Wnt-Signalisierung werden die auf Wnt ansprechenden Gene durch einen Inhibitorkomplex der Transkriptionsregulatorproteine stumm gehalten. Zu dem Komplex gehören Proteine der *LEF-1/TCF*-Familie, die an ein Korepressorprotein der *Groucho*-Familie gebunden sind (s. **Abb. 15.61a**). Als Reaktion auf ein Wnt-Signal gelangt β-Catenin in den Zellkern, bindet an LEF-1/TCF-Proteine und verdrängt Groucho. Nun fungiert β-Catenin als Koaktivator und leitet die Transkription der Wnt-Zielgene ein (s. **Abb. 15.61b**). Wie im Fall der Notch-Signalisierung kurbelt die Wnt/β-Catenin-Signalisierung somit die Umschaltung von der Transkriptionsrepression zur Transkriptionsaktivierung an.

Unter den von β-Catenin aktivierten Genen befindet sich *Myc*, das für ein Protein codiert, das ein wichtiger Regulator für das Zellwachstum und die Zellproliferation darstellt (in Kapitel 17 besprochen). Mutationen des *APC*-Gens ereignen sich bei 80 % der Krebserkrankungen am Kolon des Menschen (s. Kapitel 20). Diese Mutationen hemmen die Fähigkeit des Proteins, β-Catenin zu binden, sodass sich β-Catenin im Zellkern anhäuft und die Transkription von *c-Myc* und anderen Wnt-Zielgenen anregt, und das sogar ohne Wnt-Signalgebung. Die sich ergebende unkontrollierte Zellproliferation fördert die Krebsbildung.

Der in **Abbildung 15.61** gezeigt Wnt-Signalweg wird durch zusätzliche regulatorische Eingangsinformationen zur Feinregulierung der Stärke des Wnt-Signals ergänzt. Einige Wnt-stimulierte Gene zum Beispiel unterdrücken das Wnt-Signal, was zu einer negativen Rückkopplung führt. Eins dieser Gene kodiert für ein sezerniertes Enzym, das Notum genannt wird und die Fettsäuremodifikation von Wnt entfernt, wodurch es inaktiviert wird. Ein anderes Wnt-stimuliertes Gen kodiert für ein Zelloberflächen-Transmembranprotein, Rnf43, das eine Ubiquitin-Ligase ist, die das Frizzledprotein für den Abbau vorsieht. Diese negative Rückkopplungsmechanismen können durch extrazelluläre Signalmoleküle von anderen Zellen unterdrückt werden: so bindet beispielweise ein Signalprotein namens R-Sondin an einen GPCR, der Lgr genannt wird und der Rnf43 inaktiviert, wodurch das Wnt-Signal verstärkt wird. Durch diese und zahlreiche andere Mechanismen kann der Ort und die Stärke des Wnt-Signals in verschiedenen Geweben feinreguliert werden.

15.4.3 Hedgehog-Proteine initiieren einen komplexen Signalweg in einer Primärcilie

Hedgehog-Proteine und Wnt-Proteine arbeiten auf ähnliche Weise. Beide sind sezernierte Signalmoleküle, die in vielen sich entwickelnden Invertebraten- und Vertebratengeweben als lokale Mediatoren wirken. Beide Proteine werden durch kovalent angehängte Lipide modifiziert und kurbeln eine Umschaltung von der Transkriptionsrepression zur Transkriptionsaktivierung an. Eine überhöhte Signalisierung in einem dieser Signalwege in ausdifferenzierten Zellen kann zu Krebs führen.

Das erste **Hedgehog-Protein** wurde in *Drosophila* entdeckt, wo Mutationen des *hedgehog*-Gens eine Larve erzeugen, die einem Igel (engl. *hedgehog*) ähnlich mit stacheligen Auswucherungen (Dentikeln) bedeckt ist. Bei Wirbeltieren codieren mindestens drei Gene für die Hedgehog-Proteine – *sonic hedgehog*, *desert hedgehog* und *indian hedgehog*. Die aktive Form aller Hedgehog-Proteine ist kovalent an Cholesterin und auch an eine Fettsäurekette gekoppelt. Das Cholesterin wird während eines bemerkenswerten Verfahrensschritts hinzugefügt, bei dem sich das Vorläuferprotein selbst spaltet, sodass ein kleineres cholesterinhaltiges Signalprotein entsteht.

Die Signalproteine, die durch Hedgehog aktiviert werden, wurden ebenfalls zuerst in *Drosophila* identifiziert und sind in Wirbeltieren und anderen Tieren konserviert. Der Signalweg der Wirbeltiere, auf den wir uns hier konzentrieren, ist ein eindrucksvolles Beispiel für ein wichtiges Konzept: Die Empfindlichkeit und Effizienz eines Signalsystems können verstärkt werden, indem man dessen Komponenten in einem kleinen Volumen oder Kompartiment konzentriert. Die meisten Signalproteine des Hedgehog-Signalwegs bei Wirbeltieren befinden sich in der **Primärcilie**, einer kleinen Membranausstülpung, die in einem Exemplar auf der Oberfläche der meisten Zellarten von Wirbeltieren vorkommt. Wie wir in Kapitel 16 besprechen, enthält die Primärcilie eine Anordnung von Mikrotubuli entlang ihrer zentralen Achse, ist aber nicht beweglich wie andere Mikrotubuli-basierte Cilien oder Geißeln; stattdessen dienen die Mikrotubuli als Gleise für den Transport verschiedener Signalproteine zur und von der Cilienspitze.

Alle frühen Signalisierungsschritte des Hedgehog-Wegs finden in der Cilie statt und die Signalübertragung geht in Zellen mit Defekten in der Primärcilienbildung oder -funktion verloren. Somit dient die Primärcilie als Antenne für das extrazelluläre Hedgehog-Signal.

Die Hedgehog-Signalübertragung beginnt an einem Zelloberflächenrezeptor namens **Patched**, der über einen verschlungenen Mechanismus eine Gruppe von Transkriptionsregulatoren, die *Gli-Proteine* genannt werden, aktiviert, wodurch die Expression von Genen erhöht wird, die Veränderungen in der Proliferation oder des Schicksals während der Entwicklung der Zielzelle bewirken. In Abwesenheit eines Hedgehog-Liganden befindet sich das unbesetzte Patched-Protein in der Cilienmembran und hemmt die Aktivität eines anderen Transmembranproteins namens **Smoothened**, das sich außerhalb der Cilie befindet (**Abb. 15.62a**). Smoothened ist ein GPCR-ähnliches Protein, das dem Wnt-Rezeptor Frizzled ähnelt; wie Frizzled hat es eine externe Domäne, die als lipidbindende Aktivierungsdomäne dient, und seine Aktivierung erfordert die Bindung dieser Domäne an Cholesterin in der Zellmembran. Patched hingegen ist ein großes Transmembranprotein, das Cholesterin aus der Membran transportiert. Es wird

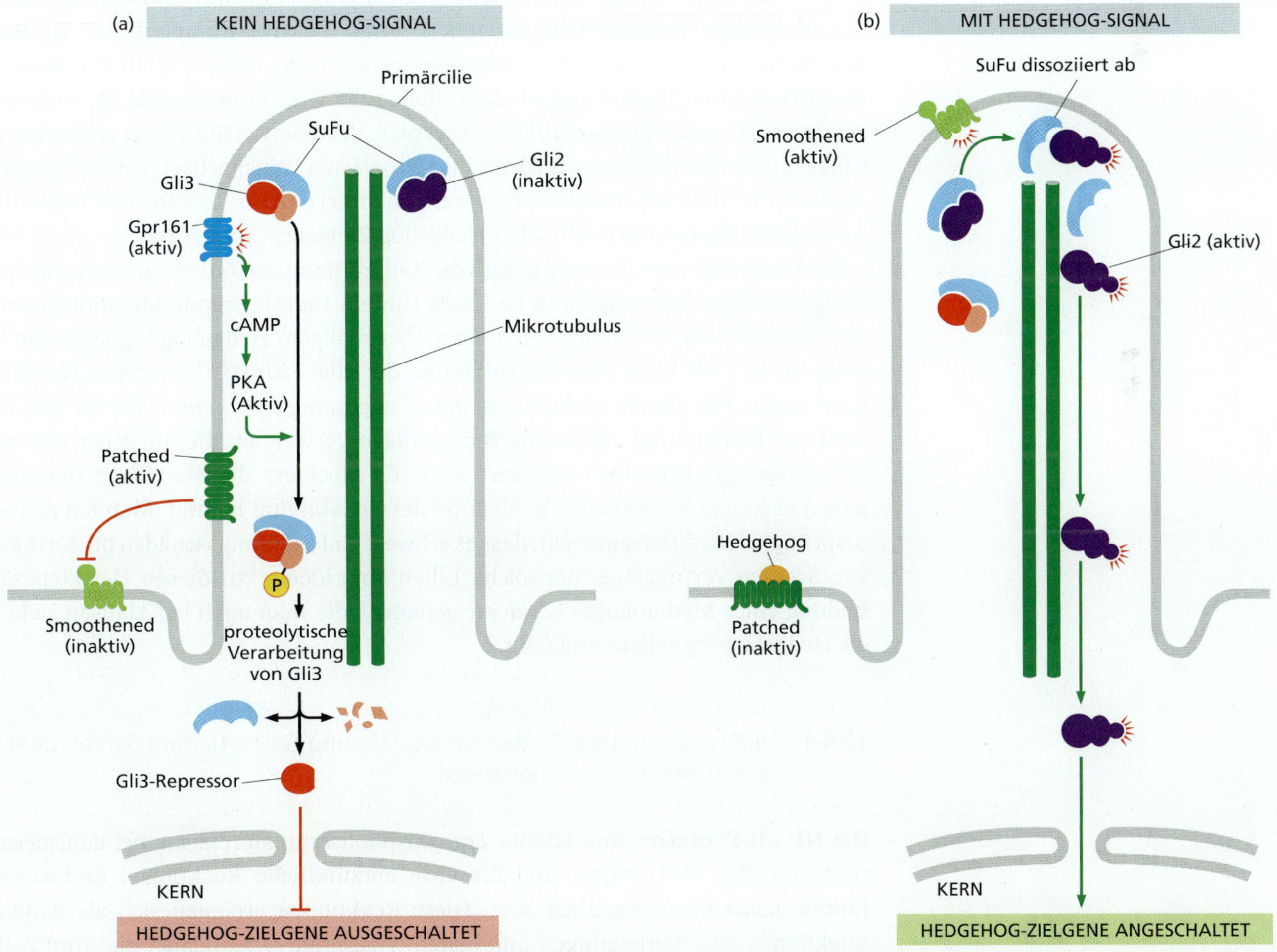

Abb. 15.62 Hedgehog-Signalisierung bei Wirbeltieren in der Primärcilie. (a) Ist Hedgehog nicht zugegen, ist sein Rezeptor Patched in der Cilienmembran aktiv und hemmt Smoothened, das benachbart zur Cilie in der Membran sitzt. Gli-Transkriptionsregulatoren (vor allem Gli2 und Gli3) werden durch Sufu in einem inaktiven Zustand gehalten. Außerdem stimuliert ein aktiver GPCR (Grp161) die Adenylat-Cyclase, wodurch cyclisches AMP gebildet wird, was zur PKA-abhängigen Phosphorylierung des Gli3-Proteins führt. Phosphoryliertes Gli wird zu einem Transkriptionsrepressor verarbeitet (prozessiert), der sich im Kern anhäuft, um Hedgehog-Zielgene inaktiv zu halten. (b) Die Bindung von Hedgehog an Patched entfernt die Hemmung von Smoothened. Smoothened verlagert sich daraufhin zur Cilie, wo es die Dissoziation von Sufu-Gli-Komplexen und die Umwandlung von Gli2 zu einem aktiven Transkriptionsregulator anschiebt. Das aktivierte Gli2 wird zum Cytoplasma gebracht, von wo es in den Kern wandert, um die Expression von auf Hedgehog ansprechende Gene zu stimulieren. Hedgehog fördert auch die Entfernung von Grp161 von der Cilie (nicht gezeigt), wodurch es das Bearbeiten von Gli zu einem Transkriptionsrepressor vermindert.

angenommen, dass Patched Smoothened hemmt, indem es die Cholesterinmenge in der Cilienmembran reduziert, und Hedgehog Patched hemmt, indem es seinen Cholesterin-Transportkanal blockiert.

In Zellen ohne Hedgehog-Signal wird die Expression von auf Hedgehog ansprechenden Genen durch zwei Mechanismen blockiert. Erstens hält ein hemmendes Protein namens *SuFu* die Gli-Transkriptionsregulatoren in einem inaktiven Zustand innerhalb der Cilie. Zweitens wird ein Mitglied der Familie, Gli3, proteolytisch verarbeitet, um ein kleineres Fragment zu bilden, das als Transkriptionsrepressor fungiert und dazu beiträgt, dass keine auf Hedgehog ansprechenden Gene angeschaltet werden. Diese Verarbeitung des Gli3-Proteins hängt von einem Signalweg ab, der mit einem GPCR namens Gpr161 beginnt, der in der Cilienmembran zu finden ist und die Adenylat-Cyclase zur Produktion von cyclischem AMP stimuliert; cyclisches AMP stimuliert dann die PKA, die Gli3 phosphoryliert, um einen Schritt der Verarbeitung von Gli3 zu einem Transkriptionsrepressor zu fördern (s. **Abb. 15.62a**).

Die Bindung von Hedgehog an das Patched-Protein fördert den Transport von Patched aus der Cilie und hebt seine hemmende Wirkung auf Smoothened auf, das sich dann in die Cilie bewegt. Gpr161 wird aus der Cilie entfernt, wodurch die Bildung des Transkriptionsrepressors Gli3 verringert wird. Inaktive Komplexe aus Gli-Proteinen und SuFu werden an die Spitze der Cilie transportiert, wo das aktivierte Smoothened ihre Dissoziation fördert und Modifikationen der Gli2-Proteine auslöst, wodurch diese zu aktiven Transkriptionsregulatoren werden. Aktivierte Gli2-Proteine werden aus der Cilie entlang der Mikrotubuli-Gleise ins Cytoplasma transportiert, von wo aus sie in den Zellkern diffundieren und die Genexpression fördern (**Abb. 15.62b**). Das Ergebnis ist ein Anstieg der Expression zahlreicher Hedgehog-Zielgene.

Die Hedgehog-Signalisierung kann die Zellproliferation fördern, und eine übermäßige Hedgehog-Signalisierung kann zu Krebs führen. Inaktivierende Mutationen bei einem der Patched-Gene des Menschen, die zu übermäßigem Hedgehog-Signalisieren führen, ereignen sich oft beim *Basalzellkarzinom*, der allgemeinsten Form von Hautkrebs bei Kaukasiern. Ein kleines Molekül mit der Bezeichnung *Cyclopamin* aus der Kanada-Lilie wird zur Behandlung von Krebserkrankungen verwendet, die mit einer übermäßigen Hedgehog-Signalisierung assoziiert sind. Es blockiert die Hedgehog-Signalisierung, indem es fest an Smoothened bindet und dessen Aktivität hemmt. Man hat das Molekül ursprünglich dadurch entdeckt, dass es schwere Entwicklungsschäden bei Nachkommen von Schafen verursachte, die solche Lilien abweideten; zu diesen Defekten zählt die Bildung eines Medianauges (*Zyklopie* genannt), die man auch bei Mäusen sieht, denen die Hedgehog-Signalisierung fehlt.

15.4.4 Viele entzündungsfördernde Signale und Stresssignale wirken über einen NF-κB-abhängigen Signalweg

Die **NF-κB-Proteine** sind latente Transkriptionsregulatoren, die bei den meisten tierischen Zellen vorkommen und für viele entzündliche Reaktionen und angeborene Immunreaktionen wesentlich sind. Diese Reaktionen ereignen sich als Antwort auf Infektionen oder Verletzungen und helfen, vielzellige Organismen und ihre Zellen vor Stress zu schützen (in Kapitel 24 behandelt). Entzündungsreaktionen bei Tieren können jedoch, wenn sie übermäßig oder unpassend auftreten, auch Gewebe schädigen und ernsthafte Schmerzen verursachen, und eine chronische Entzündung kann zu Krebs führen. NFκB-Proteine spielen auch bei der normalen Entwicklung von Tieren eine wichtige Rolle: *Dorsal*, ein Mitglied der NF-κB-Familie bei *Drosophila*, spielt beispielsweise eine entscheidende Rolle bei der Spezifizierung der dorsoventralen Achse im sich entwickelnden Fliegenembryo (s. Kapitel 22).

Verschiedene Zelloberflächenrezeptoren aktivieren in tierischen Zellen den NF-κB-Signalweg. *Toll-Rezeptoren* in *Drosophila* und *Toll-like-Rezeptoren* in Wirbeltieren z. B. erkennen Krankheitserreger und aktivieren diesen Signalweg, indem sie angeborene Immunantworten einleiten (s. Kapitel 24). Die Rezeptoren für *Tumornekrosefaktor-α* (*TNF-α*) und *Interleukin-1* (*IL-1*), beides besonders wichtige Wirbeltier-Cytokine für die Einleitung von Entzündungsantworten, aktivieren ebenfalls diesen Signalweg. Die Toll-, Toll-like- und IL-1-Rezeptoren gehören zur selben Proteinfamilie, während die TNF-Rezeptoren einer anderen Familie angehören; alle arbeiten jedoch auf ähnliche Weise, um NF-κB zu aktivieren. Wenn sie aktiviert sind, kurbeln sie eine Multiprotein-Ubiquitinierung und Phosphorylierungskaskade an, die NF-κB aus einem Komplex mit einem Inhibitorprotein freisetzt, sodass es zum Zellkern wandern und die Transkription von Hunderten von Genen anschalten kann, die an der Entzündungsreaktion und der angeborenen Immunantwort beteiligt sind.

Es gibt mehrere NF-κB-Proteine bei Säugetieren. Sie bilden eine Vielfalt von Homodimeren und Heterodimeren, von denen jedes seinen eigenen charakteristischen Satz von Genen aktiviert. Hemmende Proteine, **IκB** genannt, binden fest an die Dimere und halten sie im Cytoplasma nicht stimulierter Zellen in einem inaktiven Zustand. Die Signale, die die NF-κB-Dimere freisetzen, tun dies, indem sie einen Signalweg auslösen, der zur Phosphorylierung, Ubiquitinierung und folglich zum Abbau der IκB-Proteine führt (**Abb. 15.63**)

Zu den durch das freigesetzte NF-κB aktivierten Genen gehört das Gen, das für IκBα codiert. Diese Aktivierung führt zur verstärkten Synthese des IκBα-Proteins, das an NF-κB bindet und es inaktiviert, womit eine negative Rückkopplungsschleife erzeugt wird (**Abb. 15.64a**). Experimente zu TNF-α-induzierten Antworten sowie computergestützte Modelluntersuchungen zeigen, dass die negative Rückkopplung zwei Arten von NF-κB-Antworten erzeugt, je nach Dauer des TNF-α-Stimulus: Wesentlich ist dabei,

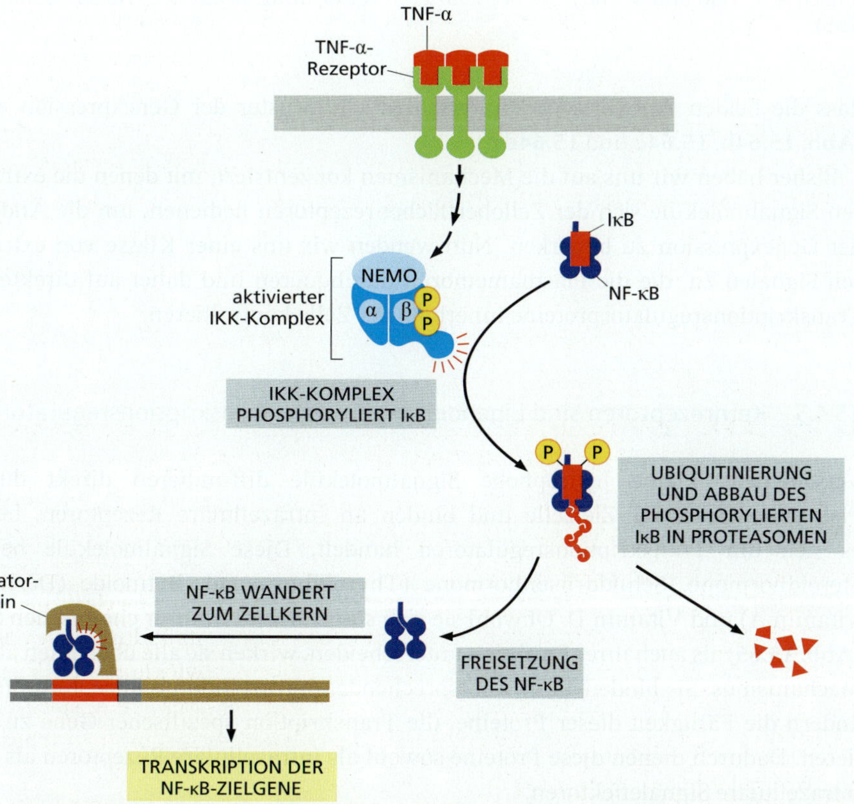

Abb. 15.63 Die Aktivierung des NF-κB-Wegs durch TNF-α. Sowohl TNF-α als auch seine Rezeptoren sind Trimere. Die Bindung von TNF-α verursacht eine Umlagerung der in einem Cluster zusammenstehenden cytosolischen Schwänze der Rezeptoren, die dann zahlreiche signalisierende Proteine rekrutieren. Dies hat die Aktivierung einer Proteinkinase zur Folge, die die IκB-Kinase-Kinase (IKK) phosphoryliert und aktiviert. Bei der IKK handelt es sich um ein Heterotrimer, das aus zwei Kinaseuntereinheiten (IKKα und IKKβ) sowie einer regulatorischen Untereinheit namens NEMO besteht. IKKβ phosphoryliert dann IκB an zwei Serinen. Dadurch wird das Protein für die Ubiquitinierung und den Abbau in Proteasomen markiert. Das freigesetzte NF-κB verlagert sich nun in den Zellkern, wo es in Zusammenarbeit mit Koaktivatorproteinen die Transkription seiner Zielgene anregt.

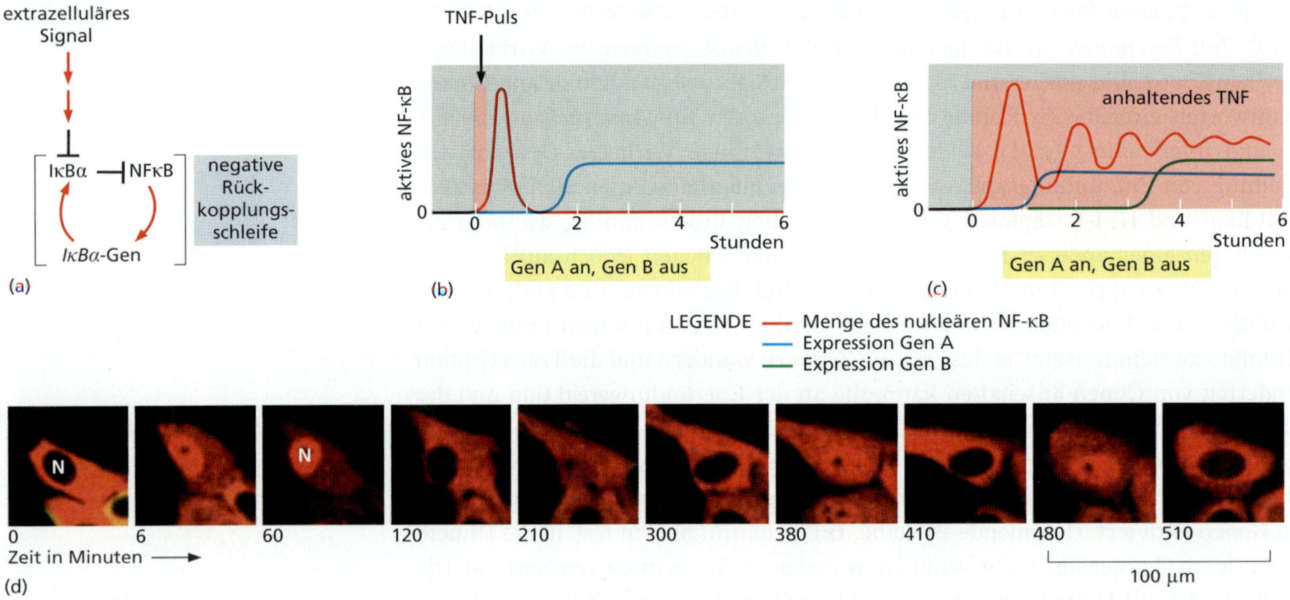

Abb. 15.64 Die negative Rückkopplung im NF-κB-Signalweg induziert Oszillationen der NF-κB-Aktivierung. (a) Die Zeichnung zeigt, wie aktiviertes NF-κB die Transkription des IκBα-Gens stimuliert. Dessen Protein wirkt auf das Cytoplasma zurück, um dort NF-κB in Beschlag zu nehmen und damit zu inhibieren. Wenn der Stimulus anhält, wird das neu hergestellte Protein IκBα ubiquitiniert und abgebaut, wobei aktives NF-κB wieder freigesetzt wird, sodass dieses nun zum Zellkern zurückkehren und die Transkription aktivieren kann (s. **Abb. 15.63**). (b) Eine kurze Einwirkung von TNF-α erzeugt einen einzelnen kurzen Impuls der NF-κB-Aktivierung, der innerhalb von Minuten beginnt und nach einer Stunde endet. Die Reaktion schaltet die Transkription von Gen A, nicht aber die von Gen B an. (c) Eine ununterbrochene Einwirkung von TNF-α über die gesamten sechs Stunden des Experiments erzeugt bei der NF-κB-Aktivierung Oszillationen, die sich mit der Zeit verringern. Diese Antwort schaltet die Transkription beider Gene A und B an; Gen B wird aber erst nach mehreren Stunden angeschaltet, was zeigt, dass für die Transkription von Gen B – aus Gründen, die man nicht verstanden hat – die anhaltende Aktivierung von NF-κB erforderlich ist. (d) Diese Konfokalfluoreszenzmikroskopischen Aufnahmen im Zeitraffer aus einer anderen Untersuchung der TNF-α-Stimulierung zeigen die Oszillationen von NF-κB in einer Zelle in Kultur, die durch die periodischen Bewegungen eines Fusionsproteins aus NF-κB und einem roten fluoreszierenden Protein in den Zellkern (N) sichtbar sind. In der Zelle in der *Mitte* der Aufnahmen ist NF-κB aktiv und nach 6, 60, 210, 380 und 480 Minuten im Zellkern; nach 0, 120, 300, 410 und 510 Minuten ist NF-κB jedoch ausschließlich im Cytoplasma. (a–c, basierend auf Daten von A. Hoffmann et al., *Science* 298: 1241–1245, 2002, und verändert nach A. Y. Ting und D. Endy, *Science* 298: 1189–1190, 2002; d, aus D. E. Nelson et al., *Science* 306: 704–708, 2004. Alle mit Genehmigung der AAAS).

dass die beiden Antworttypen unterschiedliche Muster der Genexpression erzeugen (**Abb. 15.64b**, **15.64c** und **15.64d**).

Bisher haben wir uns auf die Mechanismen konzentriert, mit denen die extrazellulären Signalmoleküle sich der Zelloberflächenrezeptoren bedienen, um die Änderungen der Genexpression zu bewirken. Nun wenden wir uns einer Klasse von extrazellulären Signalen zu, die die Plasmamembran durchqueren und daher auf direktem Wege Transkriptionsregulatorproteine innerhalb der Zelle kontrollieren.

15.4.5 Kernrezeptoren sind Liganden-modulierte Transkriptionsregulatoren

Verschiedene kleine hydrophobe Signalmoleküle diffundieren direkt durch die Plasmamembran der Zielzelle und binden an intrazelluläre Rezeptoren, bei denen es sich um Transkriptionsregulatoren handelt, Diese Signalmoleküle beinhalten Steroidhormone, Schilddrüsenhormone (Thyroidhormone), Retinoide (Derivate von Vitamin A) und Vitamin D. Obwohl sie sich stark sowohl in ihrer chemischen Struktur (**Abb. 15.65**) als auch ihrer Funktion unterscheiden, wirken sie alle über einen ähnlichen Mechanismus. Sie binden an ihre entsprechenden intrazellulären Rezeptorproteine und ändern die Fähigkeit dieser Proteine, die Transkription spezifischer Gene zu kontrollieren. Dadurch dienen diese Proteine sowohl als intrazelluläre Rezeptoren als auch als intrazelluläre Signaleffektoren.

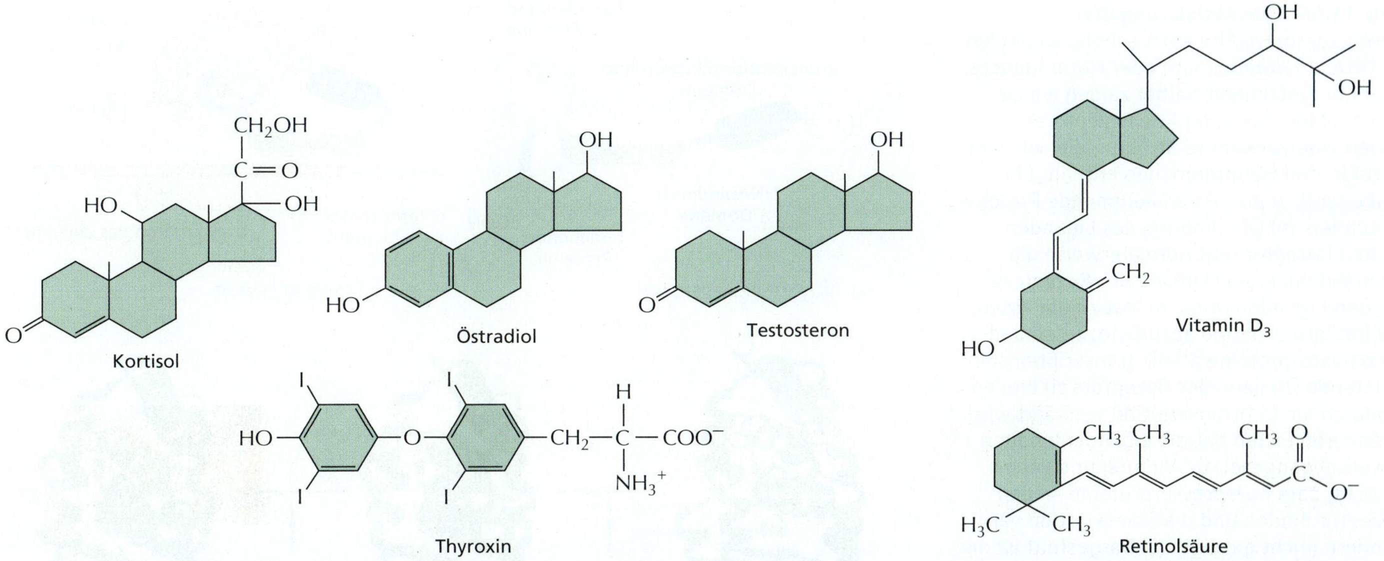

Abb. 15.65 Einige extrazelluläre Signalmoleküle, die an intrazelluläre Rezeptoren binden. Man beachte, dass sie allesamt klein und hydrophob sind. Gezeigt ist die aktive, hydroxylierte Form von Vitamin D_3. Östradiol und Testosteron sind Steroid-Geschlechtshormone.

Die Rezeptoren sind alle strukturell verwandt und gehören der sehr großen **Kernrezeptoren-Superfamilie** an. Viele Familienmitglieder wurden nur durch DNA-Sequenzierung identifiziert, und ihr Ligand ist bisher noch nicht gefunden worden. Sie werden deshalb den *Orphan (Waisen)-Kernrezeptoren* zugeordnet und machen einen großen Teil der Kernrezeptoren aus, die in den Genomen des Menschen, von *Drosophila* und des Nematoden *Caenorhabditis elegans* codiert werden. Bei Säugern werden einige Kernrezeptoren durch intrazelluläre Metaboliten anstatt durch sezernierte Signalmoleküle reguliert; beispielsweise binden die *Peroxisom-Proliferator-aktivierte Rezeptoren* (PPARs) intrazelluläre Lipidmetaboliten und regulieren die Transkription von Genen, die am Fettstoffwechsel und an der Fettzelldifferenzierung beteiligt sind. Es scheint wahrscheinlich, dass sich die Kernrezeptoren für Hormone aus derartigen Rezeptoren für intrazelluläre Metaboliten entwickelt haben; dies würde helfen, ihre intrazelluläre Lokalisierung zu erklären.

Alle **Steroidhormone**, zu denen das Kortisol, die steroiden Sexualhormone, das Vitamin D (bei Wirbeltieren) und das Häutungshormon *Ecdyson* (bei Insekten) gehören, stammen von Cholesterin ab. *Kortisol* wird in der Nebennierenrinde gebildet und beeinflusst den Stoffwechsel vieler Arten von Zellen. Die *steroidalen Sexualhormone* werden in den Testes (Hoden) und in den Ovarien (Eierstöcken) synthetisiert. Sie sind für die sekundären Geschlechtsmerkmale, die männliche und weibliche Individuen voneinander unterscheiden, verantwortlich. *Vitamin D* wird unter Einwirkung von Sonnenlicht in der Haut erzeugt. Nach Umwandlung in seine aktive Form in der Leber oder den Nieren kontrolliert es den Ca^{2+}-Stoffwechsel, indem es die Ca^{2+}-Aufnahme in den Darm fördert und die Ca^{2+}-Ausscheidung durch die Nieren erniedrigt. Die *Schilddrüsenhormone* (*Thyroidhormone*) entstehen aus der Aminosäure Tyrosin. Sie erhöhen die Stoffwechselrate in einer Vielzahl von Zellarten. Die *Retinoide*, wie z. B. Retinolsäure, sind Derivate von Vitamin A. Sie sind wichtig als örtliche Botenstoffe bei der Entwicklung der Vertebraten. Obgleich alle diese Signalmoleküle in Wasser relativ schwer löslich sind, lassen sie sich für den Transport im Blutstrom und in anderen extrazellulären Körperflüssigkeiten in eine lösliche Form überführen, indem sie an spezifische Trägerproteine binden. Bevor sie in eine Zielzelle eintreten, dissoziieren sie von ihrem Träger wieder ab (s. **Abb. 15.3b**).

Die Kernrezeptoren binden an spezifische DNA-Sequenzen in der Nähe der vom Liganden regulierten Gene. Manche dieser Rezeptoren, wie z. B. derjenige für Kortisol,

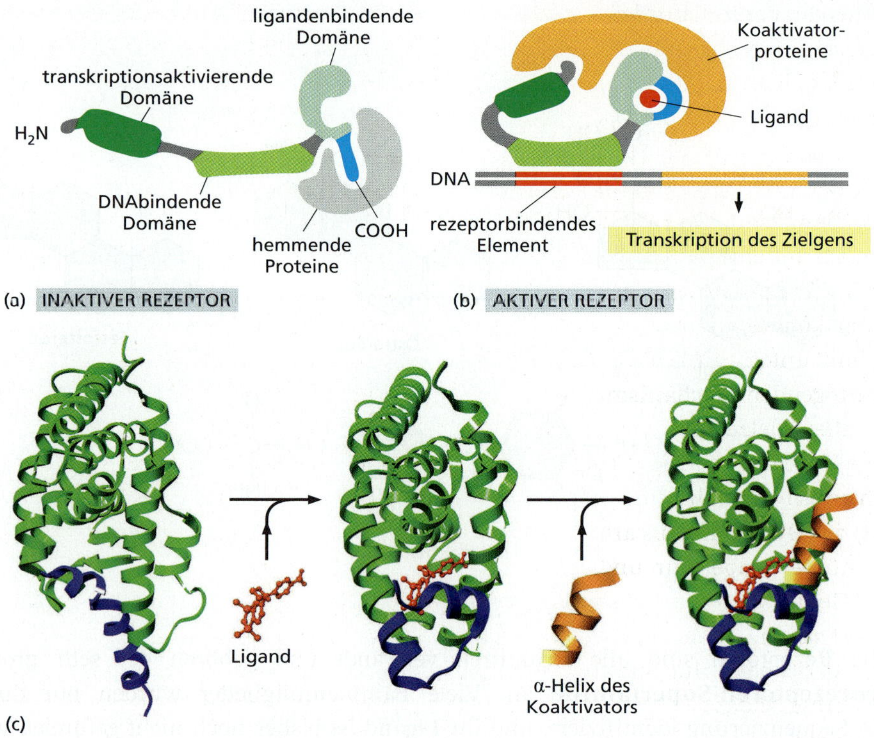

Abb. 15.66 Die Aktivierung der Kernrezeptoren. Alle Kernrezeptoren binden an DNA als Homodimere oder Heterodimere, aber der Einfachheit halber zeigen wir sie hier als Monomere. (a) Alle Rezeptoren haben eine verwandte Struktur, die, wie hier gezeigt, drei Hauptdomänen enthält. Ein inaktiver Rezeptor ist an hemmende Proteine gebunden. (b) Die Bindung des Liganden an den Rezeptor regt normalerweise die ligandenbindende Domäne des Rezeptors an, den Liganden ringsum fest zu umfassen, die Inhibitorproteine abzudissoziieren und Koaktivatorproteine an die transkriptionsaktivierende Domäne des Rezeptors zu binden, wodurch die Gentranskription verstärkt wird. In anderen Fällen hat die Ligandenbindung die entgegengesetzte Wirkung und verursacht, dass Korepressorproteine an den Rezeptor binden und die Transkription vermindern (nicht gezeigt). (c) Dargestellt ist die Struktur der Ligandenbindungsdomäne des Retinolsäurerezeptors in Abwesenheit (*links*) und in Anwesenheit (*Mitte*) des Liganden (in *rot* dargestellt). Wenn der Ligand bindet, wirkt die *blaue* α-Helix wie ein Deckel, der zuschnappt und den Liganden am Ort festhält. Die Verschiebung der Konformation des Rezeptors nach Ligandenbindung schafft außerdem eine Bindungsstelle für eine kleine α-Helix (*orange*) auf der Oberfläche von Koaktivatorproteinen. (PDB-Codes: 6HN6, 2ZYO und 2ZXZ).

sind vorwiegend im Cytosol lokalisiert und gelangen erst nach Ligandenbindung in den Zellkern. Andere, wie der Thyroid- und Retinoidrezeptor, sind sogar dann im Zellkern an die DNA gebunden, wenn kein Ligand gegenwärtig ist. In jedem Fall sind die inaktiven Rezeptoren gewöhnlich an Inhibitorproteinkomplexe gebunden. Die Ligandenbindung verändert die Konformation des Rezeptorproteins und verursacht, dass sich der Inhibitorkomplex ablöst, während gleichzeitig der Rezeptor dazu veranlasst wird, Koaktivatorproteine zu binden, die die Gentranskription stimulieren (**Abb. 15.66**). In anderen Fällen hemmt die Bindung des Liganden an einen Kernrezeptor jedoch die Transkription: Zum Beispiel wirken manche Thyroidhormonrezeptoren in Abwesenheit ihrer Hormone als Transkriptionsaktivatoren und werden zu Transkriptionsrepressoren, wenn das Hormon bindet.

Bis jetzt haben wir uns auf Genexpressionskontrolle durch extrazelluläre Signalmoleküle konzentriert, die von anderen Zellen hergestellt wurden. Wir wenden uns nun der Genregulation durch ein globaleres Umweltsignal zu: dem Zyklus von Tag und Nacht, wie er aus der Erdrotation folgt.

15.4.6 Die circadiane Uhr verwendet negative Rückkopplungsschleifen, um die Genexpression zu kontrollieren

Das Leben auf der Erde entwickelte sich in Anwesenheit der täglichen Abfolge von Tag und Nacht. Viele heutige Organismen besitzen eine innere Uhr, die zu bestimmten Tag- und Nachtzeiten unterschiedliche Verhaltenweisen bestimmt. Diese Verhaltensoptionen reichen von zyklischen Veränderungen in der Aktivität von Stoffwechselenzymen eines Bakteriums bis zum ausgeklügelten Schlaf-Wach-Rhythmus beim Menschen. Diese intrazellulären Oszillatoren, die solche Tagesrhythmen bestimmen, nennt man **circadiane Uhren**.

Für einen Organismus bedeutet der Besitz einer circadianen Uhr, dass er die regelmäßigen täglichen Änderungen seiner Umgebung vorausahnt und die geeigneten Dinge im

Voraus tun kann. Natürlich kann die innere Uhr nicht perfekt pünktlich sein und daher muss sie durch äußere Reize wie das Tageslicht neu eingestellt werden können. Die circadiane Uhr läuft auch weiter, wenn die äußeren Reize (wie die Hell–Dunkel-Änderungen) fehlen, allerdings ist die Dauer solch eines freilaufenden Rhythmus in der Regel etwas kürzer oder länger als 24 Stunden. Äußere Signale, die die Tageszeit anzeigen, führen zu kleinen Anpassungen im Lauf der Uhr, sodass der Organismus zeitgleich mit seiner Umgebung ist. Durch viel dramatischere Verschiebungen wird die circadiane Uhr allmählich auf einen neuen Hell–Dunkel-Rhythmus neu eingestellt (mitgenommen), was alle bestätigen können, der schon einmal einen Jetlag hatten.

Man könnte erwarten, dass die circadiane Uhr ein vielzelliges komplexes Instrument ist, mit unterschiedlichen Gruppen von Zellen, die für unterschiedliche Teile des schwingenden Mechanismus verantwortlich sind. Bemerkenswert ist jedoch, dass in fast allen vielzelligen Organismen (einschließlich des Menschen) die Zeitgeber einzelne Zellen sind. So kontrolliert eine Uhr, die in jedem Mitglied eines spezialisierten Gehirnzellverbandes im suprachiasmatischen Kern (SCN engl. *suprachiasmatic nucleus*) des Hypothalamus arbeitet, unseren Tagesrhythmus von Schlafen und Wachsein, der Körpertemperatur und der Hormonabgabe. Selbst wenn man diese Zellen aus dem Gehirn entfernt und sie in Kultur nimmt, oszillieren sie jede für sich weiter. Dies äußert sich in einem zyklischen Muster der Genexpression mit einer Dauer von ungefähr 24 Stunden. Im intakten Körper erhalten die SCN-Zellen neuronale Reize von der Retina, sodass die SCN-Zellen durch den Tagesrhythmus von hell und dunkel mitgenommen werden. Außerdem senden sie Informationen über die Tageszeit an andere Gehirnregionen und die Zirbeldrüse weiter. Die Zirbeldrüse leitet das Zeitsignal an den Rest des Körpers weiter, indem sie das Hormon Melatonin gemäß dem Lauf der Uhr abgibt.

Obwohl der SCN den zentralen Regulator des circadianen Rhythmus in Säugern darstellt, haben die meisten anderen Zellen im Säugetierkörper eigene circadiane Uhren, die die Fähigkeit haben, sich entsprechend dem Licht neu einzurichten. Ähnlich verhält es sich in *Drosophila*; dort haben viele verschiedene Zelltypen eine ähnliche circadiane Uhr, die auch dann weiterläuft, wenn sie von den anderen Zellen der Fliege isoliert wird, und neu ausgerichtet werden kann, wenn die Zellen extern einem Hell–Dunkel-Rhythmus ausgesetzt werden.

Circadiane Uhren sind daher ein grundlegendes Merkmal vieler Zellen. Obwohl wir noch nicht alle Details verstehen, wie diese Uhren arbeiten, haben Untersuchungen in einer breitgefächerten Anzahl von Organismen die elementaren Prinzipien und einige ihrer molekularen Komponenten aufgedeckt. Das Schlüsselprinzip ist, dass circadiane Uhren grundsätzlich von *negativen Rückkopplungsschleifen* abhängen. Wie bereits besprochen, können Oszillationen in der Aktivität eines intrazellulären Signalproteins auftreten, wenn das Protein seine eigene Aktivität mit einer langen Verzögerung inhibiert (s. **Abb. 15.19c** und **15.19d**). Bei *Drosophila* und vielen anderen Tieren ist das Herz der circadianen Uhr eine verzögerte Rückkopplungsschleife, die auf Transkriptionsregulatoren beruht: Die Anhäufung gewisser Genprodukte schaltet die Transkription der eigenen Gene aus. Allerdings geschieht dies mit einer Verzögerung, sodass die Zelle zwischen einem Zustand, in dem die Produkte vorhanden sind und die Transkription ausgeschaltet ist, und einem, bei dem die Produkte nicht vorhanden sind und die Transkription angeschaltet ist (**Abb. 15.67**), hin und her pendelt (oszilliert). Die negative Rückkopplung, die dem circadianen Rhythmus zugrunde liegt, beruht jedoch nicht immer auf Transkriptionsregulatoren. In einigen Zelltypen wird die circadiane Uhr aus Proteinen gebildet, die ihre eigene Aktivität über posttranslationale Mechanismen lenken – was wir als Nächstes besprechen werden.

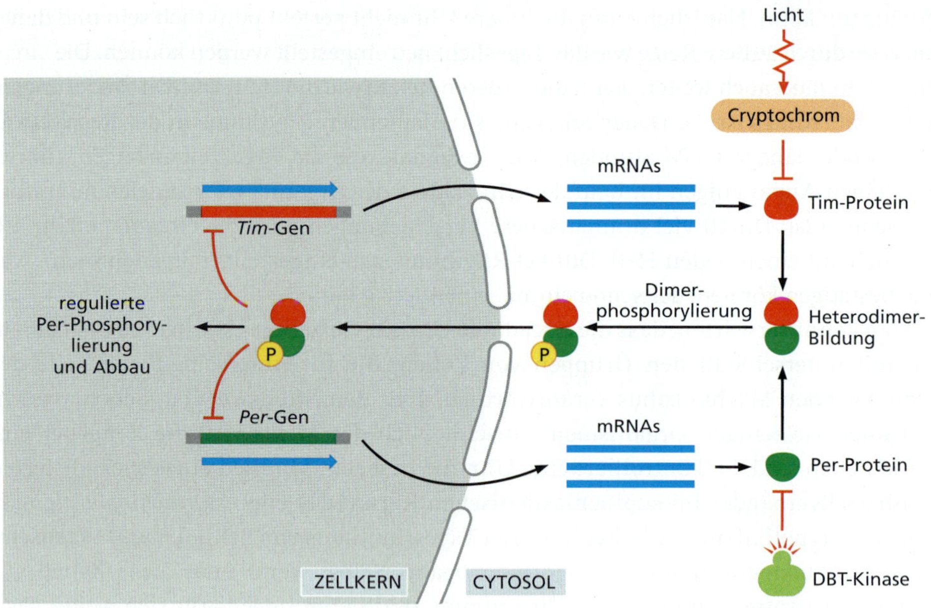

Abb. 15.67 Vereinfachte Skizze des Mechanismus der circadianen Uhr in *Drosophila*. Das zentrale Merkmal der Uhr ist die Anhäufung und der Zerfall von zwei Transkriptionsregulatorproteinen: Tim (Kurzform für zeitlos (engl. *timeless*) aufgrund des Phänotyps, wenn das Gen inaktiviert ist) und Per (Kurzform für engl. *period*). Die Konzentrationen an mRNAs, die für diese Proteine codieren, steigen allmählich während des Tages an und werden im Cytoplasma translatiert, wo die beiden Proteine langsam ein Tim-Per-Heterodimer bilden. Das Heterodimer wird in den Kern befördert, wo es die *Tim*- und *Per*-Gene unterdrückt und so eine negative Rückkopplung erzeugt, die dazu führt, dass die Konzentrationen von Tim- und Per-Proteinen während der Nacht sinken. Verringerte Per- und Tim- Konzentrationen beseitigen die negative Rückkopplung und ermöglichen eine erneute Expression der *Tim*- und *Per*-Gene am folgenden Tag. Außer dieser Transkriptionsrückkopplung hängt die Uhr von einer Reihe weiterer Proteine ab, die den Zeitabstand der circadianen Oszillationen durch posttranslationale Modifikationen beeinflussen. Beispielsweise fördert eine Proteinkinase namens Doubletime (DBT) den Abbau von Per im Cytoplasma, wodurch die Bildung des Tim-Per-Dimers verzögert wird. Wenn sich das Dimer gebildet hat, hängt der Kernimport des Dimers von der Phosphorylierung und Glykosylierung von einem oder beider Proteine ab, wodurch zusätzliche Verzögerungen, die das Timing der Uhr weiter beeinflussen, auftreten. Das Richten (oder Stellen) der Uhr erfolgt als Antwort auf neue Hell–Dunkel-Zyklen. Obwohl die meisten Zellen von *Drosophila* keine wirklichen Photorezeptoren besitzen, wird Licht durch intrazelluläre Flavoproteine – die als Cryptochrome bezeichnet werden – gemessen. In Anwesenheit von Licht verbinden sich diese Proteine mit dem Tim-Protein und verursachen dessen Abbau, wodurch die Uhr neu eingestellt wird. (Verändert nach J. C. Dunlap, *Science* 311: 184–186, 2006).

15.4.7 Eine circadiane Uhr aus einem Cyanobakterium kann durch drei aufgereinigte Proteine *in vitro* wiederhergestellt werden

Die am besten verstandene circadiane Uhr gehört dem photosynthesetreibenden Cyanobakterium *Synechococcus elongatus*. Das Herzstück des Oszillators in diesem Organismus ist bemerkenswert einfach: Es besteht aus nur drei Proteinen – *KaiA, KaiB* und *KaiC*. Die Hauptfigur ist KaiC, ein multifunktionales Enzym, das seine eigene Phosphorylierung und Dephosphorylierung in einem 24-Stunden-Rhythmus katalysiert. Es phosphoryliert sich selbst schrittweise im Verlauf des Tages an zwei Stellen und dephosphoryliert sich während der Nacht. Diese Zeitvorgaben beruhen auf Wechselwirkungen mit den beiden anderen Kai-Proteinen. KaiA bindet am Morgen das nicht phosphorylierte KaiC und fördert die Autophosphorylierung von KaiC zuerst an einer Stelle und dann mit einer längeren Verzögerung an der anderen. Die zweite Phosphorylierung bei Einbruch der Dunkelheit fördert die schrittweise Bindung des dritten Proteins, KaiB, das den fördernden Effekt von KaiA aufhebt und dadurch KaiC erlaubt, sich selbst zu dephosphorylieren, womit es langsam wieder im nicht phosphorylierten Zustand während der Nacht ankommt. Die Uhr hängt von einer negativen Rückkopplungsschleife ab: KaiC betreibt seine eigene Phosphorylierung, bis es nach einer Verzögerung den Inhibitor KaiB rekrutiert, der KaiC anregt, sich selbst zu dephosphorylieren. Das überraschende dabei ist, dass man die drei Proteine nach Aufreinigung unter Zusatz von ATP wieder im Reaktionsgefäß zusammenbringen kann und es dann ebenfalls zum Phosphorylierungszyklus von KaiC mit einem ca. 24 Stunden-Intervall für mehrere Tage kommt (**Abb. 15.68**).

Circadiane Oszillationen in der KaiC-Phosphorylierung führen zu einem parallelen Rhythmus bei der Expression einer großen Anzahl von Genen, die an der Kontrolle von Stoffwechselvorgängen und der Zellteilung beteiligt sind (s. **Abb. 15.68**). Infolge dessen sind viele Vorgänge in der Zelle mit dem circadianen Zyklus synchronisiert.

Selbst in ununterbrochener Dunkelheit erzeugen die Cyanobakterien freilaufende Oszillazionen der KaiC-Phosphorylierung mit einer Zyklendauer von ungefähr 24 Stunden. Wie bei anderen circadianen Uhren auch kann die Uhr der Cyanobakterien durch den Hell–Dunkel-Rhythmus der Umgebung nachgestellt werden. Man nimmt an, dass das Licht die Uhr indirekt beeinflusst: Die Aktivität der Kai-Proteine wird durch

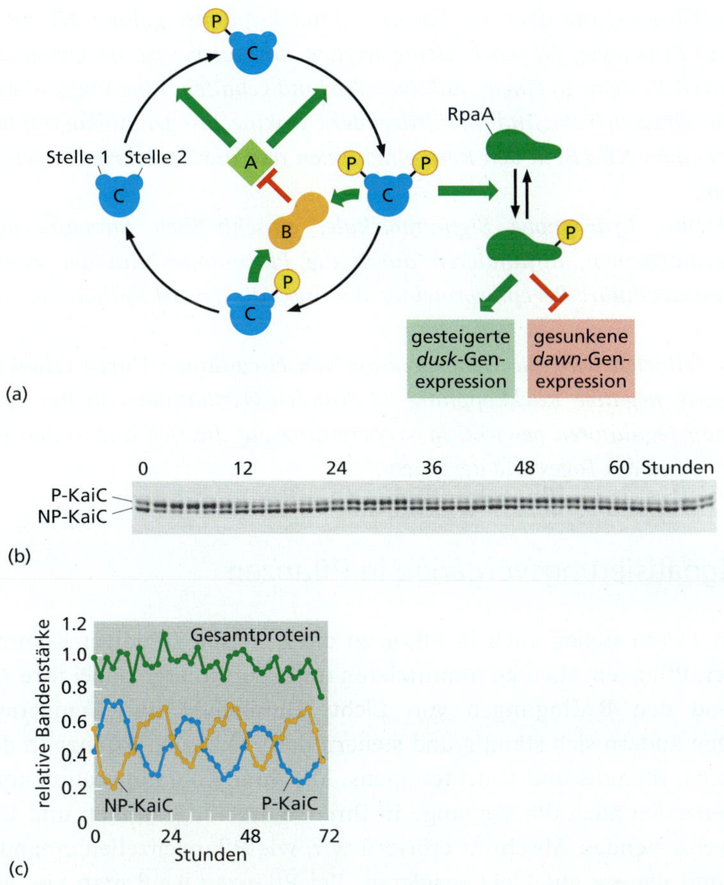

Abb. 15.68 Das Herzstück des circadianen Oszillators von Cyanobakterien. (a) Das Protein KaiC (*C, blau*) ist eine kombinierte Kinase und Phosphatase, die sich selbst an zwei benachbarten Stellen phosphoryliert und dephosphoryliert. In Abwesenheit anderer Proteine ist die Phosphatasedomäne bestimmend und das Protein hauptsächlich nicht phosphoryliert. Während des Tages unterbindet die Bindung von KaiA (A, *grün*) an KaiC die Phosphataseaktivität und fördert die Kinaseaktivität, was zur KaiC-Phosphorylierung zuerst an der Stelle 1 und dann langsam an Stelle 2 und damit zu einem zweifach phosphorylierten KaiC führt. Diese Form von KaiC wechselwirkt mit KaiB (B, *orange*), was den anregenden Effekt von KaiA blockiert. Dadurch verringert sich die Geschwindigkeit der KaiC-Phosphorylierung und es kommt am Ende der Nacht zu einer Dephosphorylierung an beiden Stellen. KaiB dissoziiert dann, was es KaiA erlaubt, wieder die Phosphorylierung von KaiC zu fördern. Zweifach phosphoryliertes KaiC reichert sich tagsüber an und erreicht seinen Höhepunkt um die Abenddämmerung herum. Es aktiviert andere Proteine, die einen Transkriptionsregulator (genannt RpaA, *dunkelgrün*) phosphorylieren, der daraufhin die Expression bestimmter Gene anregt, die ihr Maximum am frühen Abend (Abenddämmerungs (engl. *dusk*)-Gene) erreichen, und die Expression anderer Gene verhindert (Morgendämmerungs (engl. *dawn*)-Gene erreichen ihr Maximum am Morgen). Wenn die KaiC-Dephosphorylierung nachts allmählich zunimmt, werden diese Effekte umgedreht: Die *dusk*-Gene werden abgeschaltet und die *dawn*-Gene angeschaltet. (b) In diesem Experiment wurden die drei Kai-Proteine aufgereinigt und in einem Reaktionsgefäß mit ATP (das für die KaiC-Kinaseaktivität benötigt wird) gemischt. Innerhalb der nächsten 3 Tage wurde das KaiC-Protein alle 2 Stunden durch Polyacrylamid-Gelelektrophorese analysiert, in der die phosphorylierte Form von KaiC langsamer läuft (*obere Bande* P-KaiC) als die nicht phosphorylierte (*untere Bande* NP-KaiC). Die drei unterschiedlich phosphorylierten Formen von KaiC können mithilfe dieser Methode nicht voneinander unterschieden werden. Die Phosphorylierung von KaiC oszilliert ungefähr im 24-Stunden-Rhythmus. (c) Die Menge von phosphoryliertem und nicht phosphoryliertem KaiC aus dem Experiment von (b) ist in der Graphik gegen die Gesamtproteinmenge aufgetragen. (b und c, nach M. Nakajima et al., *Science* 308: 414–415, 2005. Mit Genehmigung der AAAS).

Änderungen des intrazellulären Redoxpotenzials beeinflusst, die aufgrund der verstärkten Photosyntheseaktivität über Tag auftreten.

Zusammenfassung

Einige für die Entwicklung der Tiere besonders wichtige Signalwege bedürfen einer Proteolyse, um die Aktivität und den Aufenthaltsort latenter Transkriptionsregulatoren zu steuern. Notch-Proteine sind latente Transkriptionsregulatoren, die durch Spaltung aktiviert werden, wenn das auf einer anderen Zelle befindliche Delta-Protein an sie bindet. Das abgespaltene cytosolische Schwanzende von Notch wandert in den Zellkern, wo es die Transkription der auf Notch antwortenden Gene anregt. Dagegen wird beim Wnt/β-Catenin-Signalweg die Proteolyse des latenten Transkriptionsregulatorproteins β-Catenin gehemmt, wenn ausgeschiedene Wnt-Proteine an Frizzled- und LRP-Rezeptorproteine binden. Als Folge davon häuft sich β-Catenin im Kern an und aktiviert die Transkription von Wnt-Zielgenen.

Das Hedgehog-Signalweg wird ebenfalls über die Aktivierung latenter Transkriptionsregulatoren-aus der Gli-Proteinfamilie vermittelt. In Abwesenheit eines Signals wird Gli3 proteolytisch gespalten, um einen Transkriptionsrepressor zu bilden, der die Hedgehog-Zielgene unterdrückt. Der unbesetzte Hedgehog-Rezeptor, Patched, blockiert auch die Aktivierung eines anderen Mitglieds der Gli-Familie, Gli2. Die Bindung von Hedgehog an Patched hat zwei Wirkungen: Sie hemmt die proteolytische Verarbeitung von Gli3 und hebt damit dessen hemmende Wirkung auf die Genexpression auf und löst gleichzeitig die Aktivierung von Gli2 aus, was die Expression der Zielgene weiter fördert. So löst das extrazelluläre Signal bei der Notch-, Wnt- und Hedgehog-Signalisierung einen Wechsel von der Transkriptionsunterdrückung zur Transkriptionsaktivierung aus.

Die Signalübertragung über den latenten Transkriptionsregulator NF-κB stützt sich ebenfalls auf Proteolyse. NF-κB-Proteine werden normalerweise im Cytoplasma durch hemmende IκB-Proteine in einem inaktiven Zustand gehalten. Eine Vielzahl extrazellulärer Reize, einschließlich entzündungsfördernder Cytokine, löst den Abbau von IκB aus. Das ermöglicht es dem NF-κB, in den Kern einzutreten und die Transkription seiner Zielgene zu aktivieren.

Einige kleine, hydrophobe Signalmoleküle, einschließlich Steroidhormonen und Schilddrüsenhormonen, diffundieren durch die Plasmamembran der Zielzellen und aktivieren intrazelluläre Rezeptorproteine, die direkt die Transkription spezifischer Gene regulieren.

In vielen Zellarten wird die Genexpression von circadianen Uhren gelenkt, in denen eine verzögerte negative Rückkopplung 24-Stunden-Oszillationen in der Aktivität der Transkriptionsregulatoren bewirkt, in Vorbereitung auf die sich ändernden Bedürfnisse der Zelle während des Tages und der Nacht.

15.5 Signalisierungsvorgänge in Pflanzen

Wie in den Tieren stehen auch in Pflanzen die Zellen in ständiger Kommunikation miteinander. Pflanzenzellen kommunizieren und koordinieren dabei ihre Aktivitäten entsprechend den Bedingungen von Licht, Dunkelheit und Temperatur. Diese Bedingungen ändern sich ständig und steuern den Zyklus der Pflanze in den Phasen des Wachsens, Blühens und Früchtetragens. Mit ihrer Kommunikation koordinieren die Pflanzenzellen auch die Vorgänge in ihren Wurzeln, Stämmen und Blättern. In diesem abschließenden Abschnitt erörtern wir, wie Pflanzenzellen einander Signale zusenden und wie sie auf Licht reagieren. Bei Pflanzen weiß man viel weniger als bei Tieren über die Rezeptoren und intrazellulären Signalmechanismen, die an der Zellkommunikation teilnehmen. Wir werden uns hauptsächlich darauf konzentrieren, wie sich die Rezeptoren und intrazellulären Signalisierungsmechanismen von denjenigen in Tieren unterscheiden.

15.5.1 Vielzelligkeit und Zellkommunikation entwickelten sich unabhängig in Pflanzen und Tieren

Obwohl sowohl Pflanzen als auch Tiere Eukaryoten sind, haben sie beide über mehr als eine Milliarde Jahre voneinander getrennte Entwicklungen durchgemacht. Man glaubt, dass ihr letzter gemeinsamer Vorfahr ein einzelliger Eukaryot mit Mitochondrien, aber ohne Chloroplasten war. Bei der Verzweigung zu Pflanzen und Tieren erwarb die Pflanzenlinie die Chloroplasten. Die frühesten Fossilien vielzelliger Pflanzen und Tiere datieren aus einer Zeit vor fast 600 Millionen Jahren. Daraus kann man den Schluss ziehen, dass Pflanzen und Tiere die Vielzelligkeit unabhängig voneinander entwickelt haben. Dabei starteten sie irgendwann vor 1,6 bis 0,6 Milliarden Jahren jeweils ausgehend von einem anderen einzelligen Eukaryoten (**Abb. 15.69**).

Wenn sich die Vielzelligkeit in Pflanzen und Tieren unabhängig voneinander entwickelte, dürften sich einige für die Zellkommunikation benutzten Moleküle und Mechanismen getrennt entwickelt haben, und man würde erwarten, dass sie unterschiedlich sind. In der Tat, während sowohl Pflanzen als auch Tiere Stickstoffmonoxid, cyclisches GMP, Ca^{2+}, Proteinkinasen und kleine GTPasen für die Signalübertragung nutzen, scheinen moderne Blütenpflanzen keine Homologe der Kernrezeptorfamilie, JAK-, STAT-, TGF-β-, Notch-, Wnt- oder Hedgehog-Signalwege zu besitzen. Gleichermaßen scheinen Pflanzen kein cyclisches AMP für die intrazelluläre Signalisierung zu

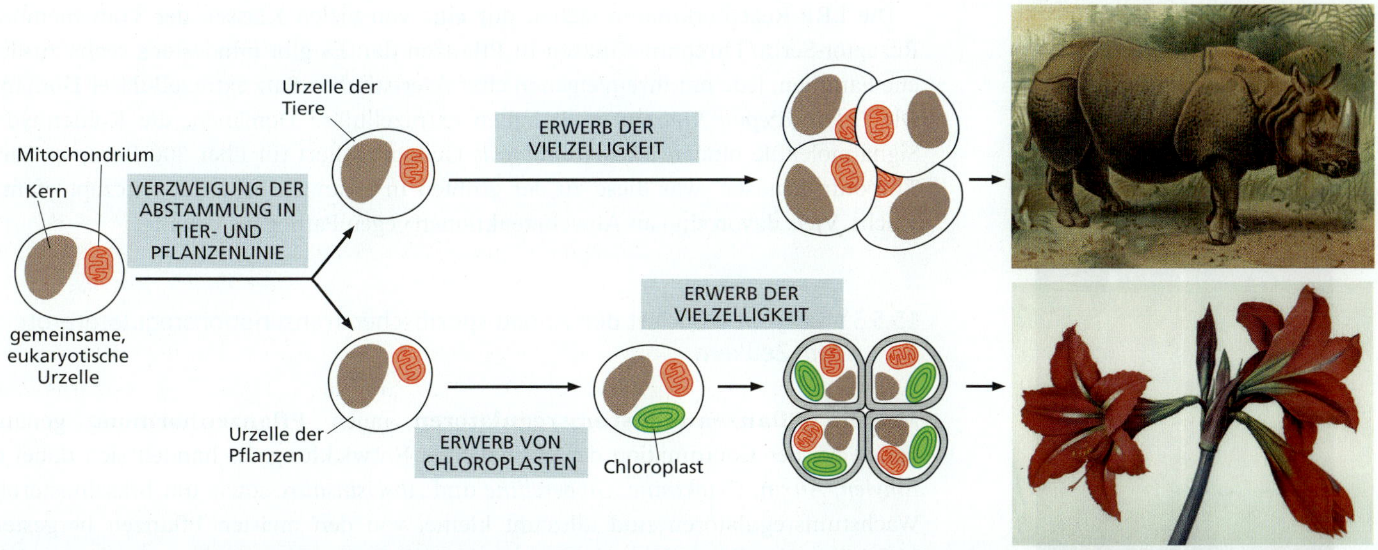

Abb. 15.69 Die vorgeschlagene Aufspaltung der Entwicklungslinien von Pflanze und Tier aus einem gemeinsamen einzelligen eukaryotischen Ahnen. Nach der Aufspaltung in zwei Linien – Pflanzen und Tiere – fand in der Abstammungslinie der Pflanzen die Aneignung von Chloroplasten statt. In beiden Linien erfolgte unabhängig voneinander die Entwicklung vielzelliger Organismen. (Gemälde mit Erlaubnis der John Innes Foundation).

verwenden. Trotzdem sind die allgemeinen Strategien, die den Signalübertragungen zugrunde liegen, in Pflanzen und Tieren sehr ähnlich. So benutzen beide zum Beispiel Enzym-gekoppelte Zelloberflächenrezeptoren, was wir nun besprechen werden.

15.5.2 Rezeptor-Serin/Threonin-Kinasen sind die größte Klasse von Zelloberflächenrezeptoren in Pflanzen

Die meisten Zelloberflächenrezeptoren in Pflanzen sind Enzym-gekoppelt. Doch während bei Tieren die größte Klasse Enzym-gekoppelter Rezeptoren aus Rezeptor-Tyrosinkinasen (RTKs) besteht, findet sich dieser Rezeptortyp ausgesprochen selten in Pflanzen. Stattdessen scheinen sich die Pflanzen auf eine große Vielfalt von Transmembran-*Rezeptor-Serin/Threonin-Kinasen* zu stützen, die eine typische cytoplasmatische Serin/Threonin-Kinasedomäne und eine extrazelluläre Domäne für die Ligandenbindung haben. Die häufigsten, bisher identifizierten Typen dieser Rezeptoren haben eine Tandemanordnung extrazellulärer leucinreicher Wiederholungsstrukturen und werden deshalb **leucinreiche Wiederholungs-** (engl. ***leucine rich repeat***) **Rezeptorkinasen** (**LRR-Rezeptorkinasen**) genannt.

Das Genom der kleinen Blütenpflanze *Arabidopsis thaliana* codiert für ungefähr 175 LRR-Rezeptorkinasen. Dazu gehört ein *Bri1* genanntes Protein, das einen Teil eines Zelloberflächen-Steroidhormonrezeptors bildet. Pflanzen synthetisieren eine Klasse von Steroiden, die **Brassinosteroide** genannt werden, da sie ursprünglich in der Familie der Brassicaceae, zu denen auch *Arabidopsis* gehört, identifiziert wurden. Diese Signalmoleküle regulieren das Wachstum und die Differenzierung der Pflanzen während ihres gesamten Lebenszyklus. Die Bindung eines Brassinosteroids an eine Bri1-Zelloberflächenrezeptorkinase startet eine intrazelluläre Signalkaskade, die eine GSK3-Proteinkinase und eine Proteinphosphatase verwendet, um die Phosphorylierung und den Abau spezifischer Transkriptionsregulatorproteine im Zellkern zu regulieren und damit auch die spezifische Gentranskription zu steuern. Mutierte Pflanzen, denen die Bri1-Rezeptorkinase fehlt, sind unempfindlich für Brassinosteroide und bleiben deshalb Zwergpflanzen.

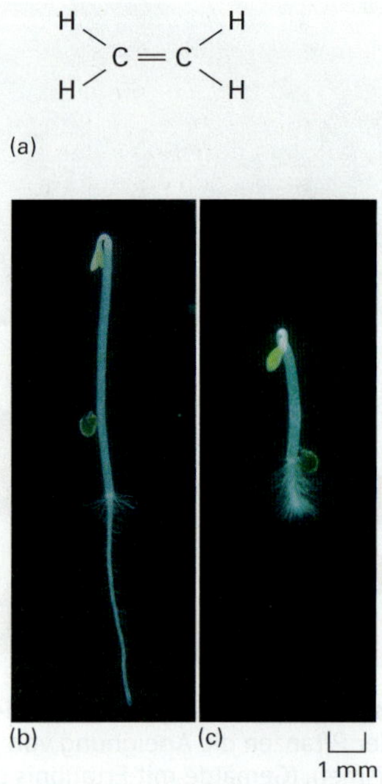

Abb. 15.70 Wenn der wachsende Spross eines keimenden Sämlings auf ein Hindernis im Boden trifft, findet eine Ethylen-vermittelte dreifache Reaktion statt. (a) Die Struktur von Ethylen. (b) In Abwesenheit eines Hindernisses wächst der Spross nach oben und ist lang und dünn. (c) Trifft der Spross auf ein Hindernis, wie etwa Schotter im Boden, antwortet der Sämling auf drei Wegen. Zuerst verdickt er seinen Stiel, der dann dem Hindernis mehr Kraft entgegensetzen kann. Zweitens schützt er die Spitze des Sprosses (*oben*) durch Vergrößerung der Krümmung einer besonderen Hakenstruktur. Drittens verringert er die Tendenz des Triebs, normalerweise beim Wachsen nicht von der Schwerkraftrichtung abzuweichen, um das Hindernis zu vermeiden. (Mit freundlicher Genehmigung von Melanie Webb).

Die LRR-Rezeptorkinasen stellen nur eine von vielen Klassen der Transmembran-Rezeptor-Serin/Threonin-Kinasen in Pflanzen dar. Es gibt mindestens sechs zusätzliche Familien, jede mit ihrem eigenen charakteristischen Satz extrazellulärer Domänen. Die *Lektinrezeptor-Kinasen* z. B. haben extrazelluläre Domänen, die Kohlenhydrat-Signalmoleküle binden. Das *Arabidopsis*-Genom codiert für über 300 Rezeptor-Serin/Threonin-Kinasen, was diese zu der größten in Pflanzen bekannten Rezeptorfamilie macht. Viele davon sind an Abwehrreaktionen gegen Pathogene beteiligt.

15.5.3 Ethylen blockiert den Abbau spezifischer Transkriptionsregulatorproteine im Zellkern

Mehrere **Pflanzenwachstumsregulatoren** (auch **Pflanzenhormone** genannt) helfen bei der Koordination der pflanzlichen Entwicklung. Es handelt sich dabei um *Ethylen*, *Auxin*, *Cytokinine*, *Gibberelline* und *Abscisinsäure* sowie um Brassinosteroide. Wachstumsregulatoren sind allesamt kleine, von den meisten Pflanzen hergestellte Moleküle. Sie diffundieren leicht durch Zellwände, und sie können lokal wirken oder transportiert werden, um weiter entfernt liegende Zellen zu beeinflussen. Jeder Wachstumsregulator kann Mehrfachwirkungen haben. Die spezifische Wirkung hängt von den Umgebungsbedingungen, vom Ernährungszustand der Pflanze und von der Ansprechbarkeit der Zielzelle ab und davon, welche anderen Wachstumsregulatoren tätig sind.

Ethylen ist ein wichtiges Beispiel. Dieses kleine Gasmolekül (**Abb. 15.70a**) kann die pflanzliche Entwicklung auf verschiedene Art beeinflussen; es kann z. B. die Reifung der Frucht, den Laubfall und die Pflanzenalterung fördern. Es wirkt auch als Stresssignal bei Reaktionen auf Verletzung, Infektion, Überschwemmung usw. Wenn z. B. der Trieb eines keimenden Sämlings auf ein Hindernis stößt, fördert Ethylen eine komplizierte Antwort, die es dem Sämling ermöglicht, das Hindernis sicher zu umgehen (**Abb. 15.70b** und **15.70c**).

Pflanzen besitzen zahlreiche Ethylen-Rezeptoren, die im Endoplasmatischen Reticulum sitzen und alle miteinander strukturell verwandt sind. Es handelt sich bei ihnen um dimere Mehrpfad-Transmembranproteine mit einer kupferhaltigen Ethylen-Bindedomäne und einer Domäne, die mit einem cytoplasmatischen Protein namens *CTR1* wechselwirkt; im Hinblick auf die Aminosäuresequenz ist CTR1 eng mit der früher behandelten MAP-Kinase-Kinase-Kinase Raf verwandt (s. **Abb. 15.50**). Überraschenderweise sind es die leeren Rezeptoren, die aktiv sind und CTR1 aktiv halten. Durch einen unbekannten Signalmechanismus stimuliert aktives CTR1 die Ubiquitinierung und den Abbau eines nukleären Transkriptionsregulatorproteins namens *EIN3* in Proteasomen; EIN3 ist für die Transkription der auf Ethylen ansprechenden Gene erforderlich. Auf diese Weise halten leere, aber aktive Rezeptoren die auf Ethylen ansprechenden Gene abgeschaltet. Die Ethylenbindung inaktiviert die Rezeptoren und verändert deren Konformation, sodass sie nicht länger CTR1 aktivieren. Das EIN3-Protein wird nicht länger ubiquitiniert und abgebaut und kann jetzt die Transkription einer großen Anzahl von Ethylen-Response-Genen aktivieren (**Abb. 15.71**).

15.5.4 Die regulierte Positionierung der Auxin-Transporter gestaltet das Pflanzenwachstum

Das Pflanzenhormon **Auxin** (**Abb. 15.72a**) bindet an Rezeptorproteine im Zellkern. Es hilft den Pflanzen, zum Licht hin zu wachsen, nach oben zu wachsen statt sich zu verzweigen und ihre Wurzeln nach unten zu entwickeln. Es reguliert auch die Anlage

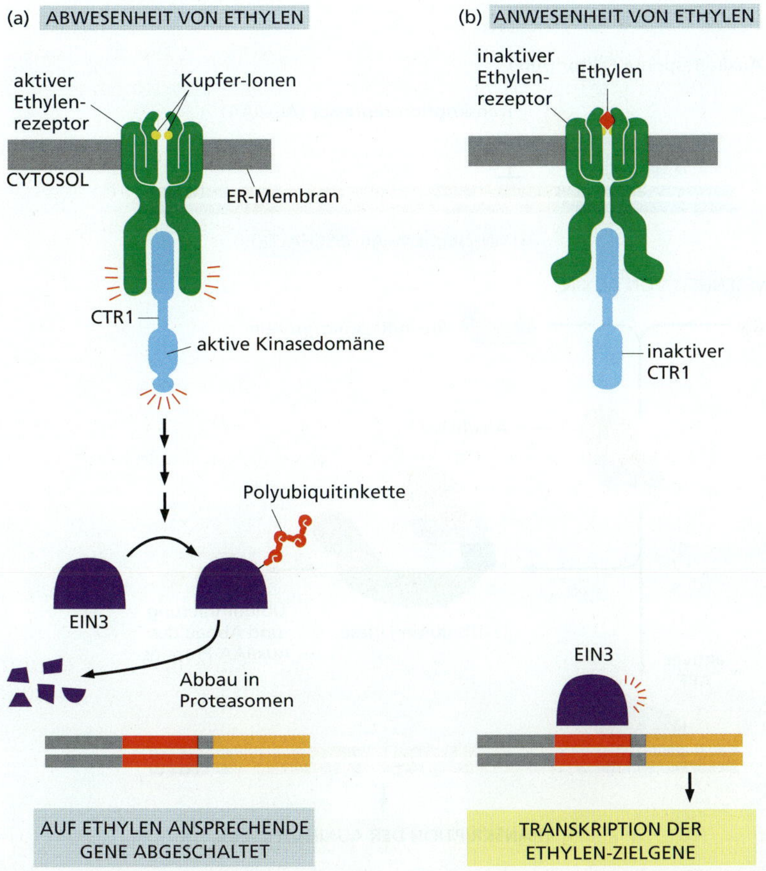

Abb. 15.71 **Der Ethylen-Signalweg.** (a) Ohne Ethylen sind die Rezeptoren und CTR1 aktiv. Dies verursacht die Ubiquitinierung und den Abbau von EIN3, einem Transkriptionsregulatorprotein im Zellkern, das für die Transkription der auf Ethylen ansprechenden Gene verantwortlich ist. (b) Die Bindung von Ethylen inaktiviert die Rezeptoren und unterbricht die Aktivierung von CTR1. Das EIN3-Protein wird nicht abgebaut und kann deshalb die Transkription der auf Ethylen ansprechenden Gene aktivieren.

von Organen und ihre Positionierung und hilft Pflanzen, zu blühen und Früchte zu bilden. Wie Ethylen (und wie einige der Signalmoleküle bei Tieren, die wir in diesem Kapitel beschrieben haben) beeinflusst Auxin die Genexpression, indem es den Abbau der Transkriptionsregulatoren kontrolliert. Es wirkt, indem es die Ubiquitinierung und den Abbau von Repressorproteinen, die die Transkription der Auxin-Zielgene in nicht stimulierten Zellen blockieren, fördert (**Abb. 15.72b** und **15.72c**).

Auxin wird auf einzigartige Weise transportiert. Anders als tierische Hormone, die gewöhnlich von einer spezifischen endokrinen Drüse sezerniert und über ein Kreislaufsystem zu Zielzellen transportiert werden, besitzt Auxin sein eigenes Transportsystem. Spezifische plasmamembrangebundene *Einstrom-Transporterproteine* und *Ausstrom-Transporterproteine* transportieren Auxin in Pflanzenzellen hinein bzw. aus ihnen heraus. Die Ausstrom-Transporter können in der Plasmamembran asymmetrisch verteilt werden, um dem Auxinausstrom eine Richtung zu geben. Eine Reihe von Zellen mit ihren Auxin-Ausstrom-Transportern, die z. B. auf die basale Plasmamembran beschränkt sind, transportiert Auxin von der Pflanzenspitze bis zum Boden.

In einigen Pflanzenregionen ist die Lage der Auxin-Transporter, und damit die Richtung des Auxinflusses, hoch dynamisch und reguliert. Eine Zelle kann Transporter rasch umverteilen, indem sie den Vesikelverkehr (mit den in den Vesikeln vorhandenen Transportern) steuert. Die Auxin-Ausstrom-Transporter beispielsweise pendeln normalerweise zwischen den intrazellulären Vesikeln und der Plasmamembran hin und her. Eine Zelle kann diese Transporter auf ihrer Oberfläche neu verteilen, indem sie deren Endocytose in einem Bereich der Plasmamembran hemmt, was bewirkt, dass sich die Transporter dort anhäufen. Dies findet zum Beispiel in der Wurzel statt, wo die Schwerkraft die Wachstumsrichtung beeinflusst. Die Auxin-Ausstrom-Transporter

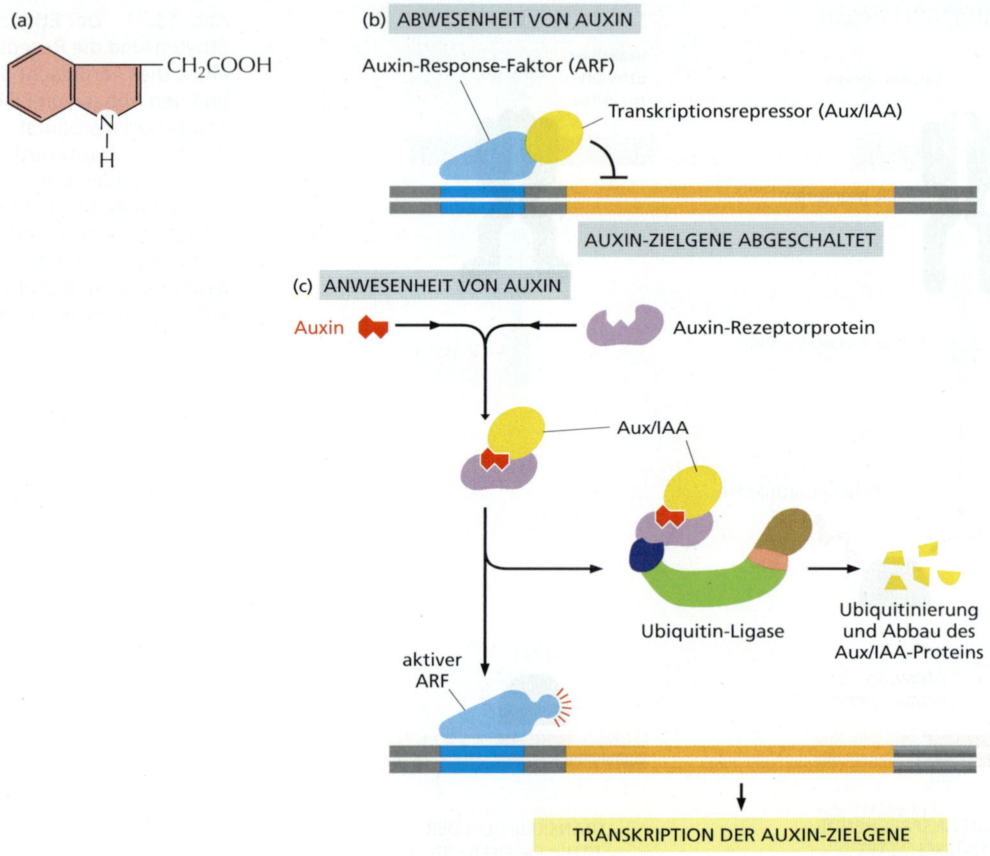

Abb. 15.72 Der Auxin-Signalweg. (a) Die Struktur des Auxins (Indol-3-essigsäure). (b) In Abwesenheit von Auxin bindet ein Transkriptionsrepressorprotein (namens Aux/IAA) und hemmt einen Transkriptionsregulator (namens Auxin-Response-Faktor, ARF); dieser ist für die Transkription der auf Auxin ansprechenden Gene erforderlich. (c) Die Auxin-Rezeptorproteine sitzen hauptsächlich im Zellkern. Wenn der Rezeptor–Auxin-Komplex durch Bindung von Auxin aktiviert wird, rekrutiert er eine Ubiquitin-Ligase, die das Aux/IAA-Protein ubiquitiniert, wodurch es für den Abbau in Proteasomen markiert wird. ARF ist nun frei und kann die Transkription der auf Auxin ansprechenden Gene aktivieren. Es gibt viele ARFs, Auxin/IAA-Proteine und Auxinrezeptoren, die auf die gezeigte Weise arbeiten.

sind normalerweise symmetrisch in den Zellen der Wurzelspitze verteilt. Ändert sich die Richtung des Gravitationsvektors, dann verteilen sich die Ausstrom-Transporter jedoch innerhalb von Minuten auf eine Seite der Zellen um, sodass Auxin nach außen, in Richtung der nach unten zeigenden Seite der Wurzel gepumpt wird. Da Auxin die Verlängerung der Wurzelzellen hemmt, verursacht diese Umlenkung des Auxintransports, dass sich die Wurzel neu ausrichtet, sodass sie wieder nach unten wächst (s. **Abb. 15.73**).

15.5.5 Phytochrome nehmen rotes Licht wahr und Cryptochrome blaues Licht

Die Entwicklung von Pflanzen wird durch Umweltbedingungen stark beeinflusst. Anders als Tiere können sich Pflanzen nicht wegbewegen, wenn die Bedingungen ungünstig werden; sie müssen sich anpassen oder sterben. Der wichtigste Umweltfaktor für Pflanzen ist das Licht, das ihre Energiequelle darstellt und das während ihres gesamten Lebenszyklus von größter Bedeutung ist – von der Keimphase, über die Entwicklung des Sämlings, zur Blütenbildung bis zur Alterungsphase. Die Pflanzen haben daher eine große Gruppe von lichtempfindlichen Proteinen zu dem Zweck entwickelt, die Menge, die Qualität, die Richtung und die Dauer des Lichts zu überwachen. Bei Pflanzen spricht man gewöhnlich von *Photorezeptoren*. Da jedoch der Ausdruck Photorezeptor auch für lichtempfindliche Zellen in der Netzhaut der Tiere benutzt wird (s. **Abb. 15.39**), wollen wir hier stattdessen den Ausdruck *Photoprotein* benutzen.

Alle Photoproteine nehmen Licht mithilfe eines kovalent gebundenen lichtabsorbierenden Chromophors wahr, der seine Gestalt als Reaktion auf Licht ändert und dadurch eine Änderung in der Konformation des Proteins veranlasst. Die bekanntesten pflanzlichen Photoproteine sind die **Phytochrome**, die in allen Pflanzen und in einigen Algen

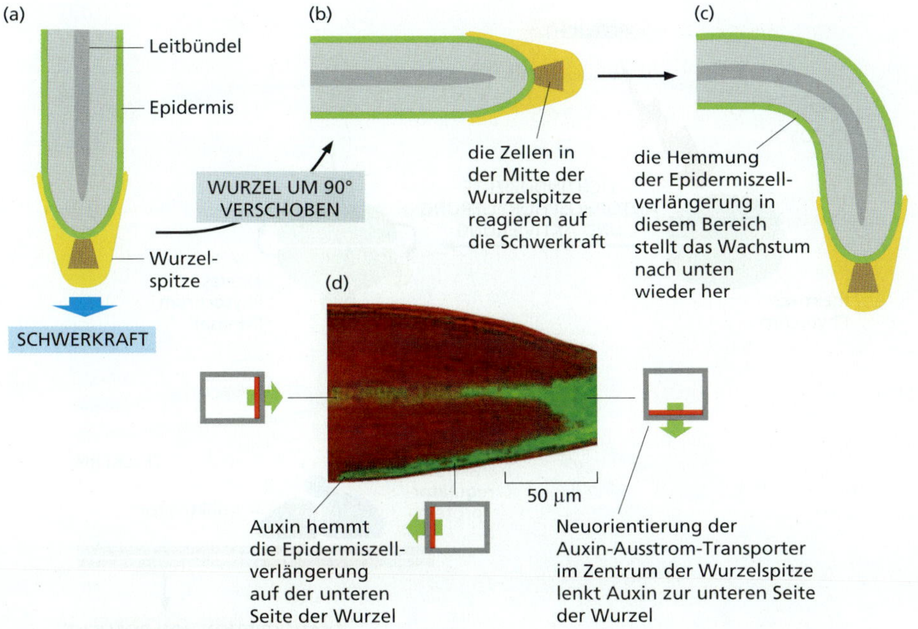

Abb. 15.73 Auxintransport und Wurzelgeotropismus. (a–c) Wurzeln reagieren auf eine 90°-Änderung des Gravitationsvektors und korrigieren ihre Wachstumsrichtung, sodass sie wieder nach unten wachsen. Die auf die Schwerkraft reagierenden Zellen befinden sich im Zentrum der Wurzelspitze, während die weiter hinten liegenden Epidermiszellen diejenigen Zellen sind (auf der unteren Seite), die ihre Verlängerungsgeschwindigkeit drosseln, um das Abwärtswachstum wiederherzustellen. (d) Als Reaktion auf die Verschiebung der Wurzel verteilen die auf die Schwerkraft reagierenden Zellen in der Wurzelspitze ihre Auxin-Ausstrom-Transporter neu. Dies steuert nun den Auxinstrom hauptsächlich zur Unterseite der verschobenen Wurzel, wo er die Verlängerung der Epidermiszellen hemmt. Die hier gezeigte, sich ergebende asymmetrische Verteilung von Auxin in der Wurzelspitze von *Arabidopsis* wird indirekt nachgewiesen: mithilfe eines auf Auxin reagierenden Reportergens, das für ein mit dem grün fluoreszierenden Protein (GFP) fusioniertes Protein codiert. Die Epidermiszellen auf der unteren Seite der Wurzel sind grün, im Gegensatz zu den auf der oberen Seite gelegenen Epidermiszellen; dies spiegelt die asymmetrische Verteilung von Auxin wider. Die Verteilung der Auxin-Ausstrom-Transporter in der Plasmamembran von Zellen in unterschiedlichen Wurzelregionen (in Form *grauer Rechtecke* dargestellt) ist *rot* angezeigt, und die Richtung des Auxinausstroms ist mit *grünen Pfeilen* wiedergegeben. (d, Photographie von T. Paciorek et al., *Nature* 435: 1251–1256, veröffentlicht 2005 von der Nature Publishing Group. Abgedruckt mit Genehmigung der SNCSC).

vorhanden sind, bei Tieren aber fehlen. Bei ihnen handelt es sich um dimere, cytoplasmatische Serin/Threonin-Kinasen, die auf rotes und infrarotes Licht differenziell und reversibel reagieren: Während die Kinaseaktivität des Phytochroms gewöhnlich durch rotes Licht aktiviert wird, wird sie durch infrarotes Licht inaktiviert. Offenbar phosphoryliert sich das Phytochrom nach Aktivierung durch rotes Licht selbst und phosphoryliert dann ein oder mehrere andere Proteine in der Zelle. Bei einigen Lichtreaktionen wandert das aktivierte Phytochrom in den Kern, wo es Transkriptionsregulatoren aktiviert und so die Gentranskription ändert (**Abb. 15.74**). In anderen Fällen aktiviert das aktivierte Phytochrom im Cytoplasma ein latentes Genregulatorprotein, das dann in den Kern wandert und die Gentranskription steuert. In weiteren Fällen löst das aktivierte Phytochrom im Cytosol Signalwege aus, die das Zellverhalten ohne Beteiligung des Zellkerns ändern.

Pflanzen nehmen blaues Licht wahr und verwenden dafür zwei andere Sorten von Photoproteinen: Phototropin und Cryptochrome. **Phototropin** ist mit der Plasmamembran assoziiert und ist zum Teil für den *Phototropismus* verantwortlich, die Tendenz der Pflanzen, dem Licht entgegenzuwachsen. Phototropismus läuft unter

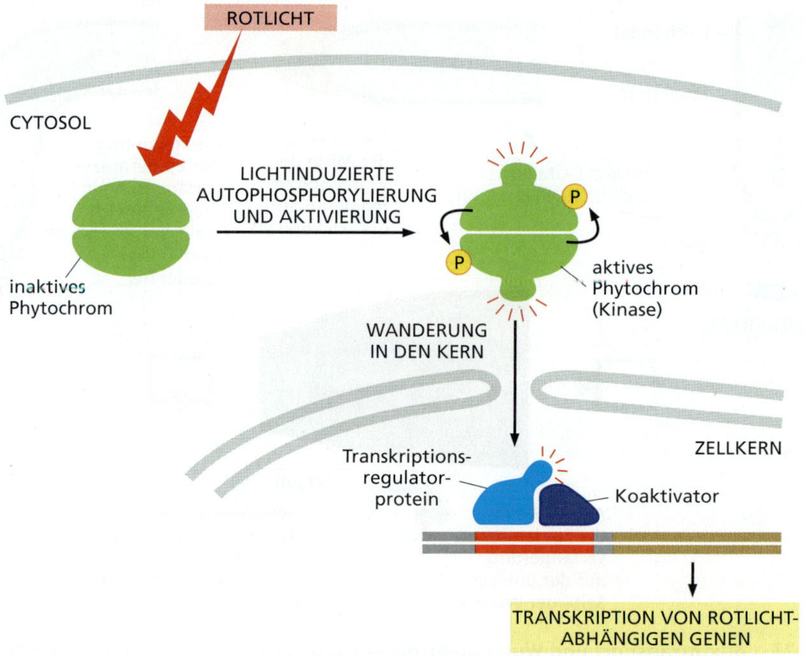

Abb. 15.74 Eine Möglichkeit, wie Phytochrome eine Lichtreaktion in Pflanzenzellen vermitteln. Nach Aktivierung durch rotes Licht phosphoryliert sich das Phytochrom (eine dimere Proteinkinase) selbst und wandert anschließend in den Kern, wo es Transkriptionsregulatorproteine aktiviert und damit die Transkription von auf Rotlicht reagierenden Genen anregt.

gerichteter Zellverlängerung ab, die vom Wachstumsregulator Auxin angeregt wird. Die Bindeglieder zwischen Phototropin und Auxin sind jedoch nicht bekannt.

Cryptochrome sind Flavoproteine, die auf blaues Licht empfindlich reagieren. Sie entsprechen strukturell den auf blaues Licht reagierenden Enzymen, *Photolyasen* genannt, die an der Reparatur von UV-bedingten DNA-Schäden in allen Organismen, außer den meisten Säugetieren, beteiligt sind. Anders als die Phytochrome werden die Cryptochrome auch bei Tieren gefunden, wo sie für die circadiane innere Uhr wichtig sind (s. **Abb. 15.67**). Man glaubt, dass sich Cryptochrome aus den Photolyasen entwickelt haben, sie spielen jedoch keine Rolle bei der DNA-Reparatur.

Zusammenfassung

Die Mechanismen, die bei Tieren und Pflanzen zur Signalübertragung zwischen den Zellen eingesetzt werden, weisen sowohl Ähnlichkeiten als auch Unterschiede auf. Während Tiere sich stark auf GPCRs und RTKs stützen, setzen Pflanzen hauptsächlich auf Enzym-gekoppelte Rezeptoren vom Typ der Rezeptor-Serin/Threonin-Kinase, insbesondere auf solche mit extrazellulären, leucinreichen Wiederholungssequenzen. Verschiedene Pflanzenhormone oder Wachstumsregulatoren, einschließlich Ethylen und Auxin, helfen bei der Koordination der pflanzlichen Entwicklung. Ethylen wirkt über intrazelluläre Rezeptoren, um den Abbau spezifischer nukleärer Transkriptionsregulatoren zu stoppen, wodurch dann die Transkription der auf Ethylen ansprechenden Gene aktiviert werden kann. Die Rezeptoren für manche anderen Pflanzenhormone, einschließlich Auxin, regulieren auch den Abbau spezifischer Transkriptionsregulatoren, wobei die Einzelheiten variieren. Die Auxin-Signalisierung ist insofern ungewöhnlich, als sie ihr eigenes hoch reguliertes Transportsystem hat, in dem die dynamische Positionierung von plasmamembrangebundenen Auxintransportern die Richtung des Auxinflusses und somit die Richtung des Pflanzenwachstums steuert. Licht spielt eine wichtige Rolle bei der Steuerung der pflanzlichen Entwicklung. Diese Reaktionen auf Licht werden durch eine Vielfalt von lichtempfindlichen Photoproteinen vermittelt, einschließlich der Phytochrome, die auf rotes Licht reagieren, und der Cryptochrome und Phototropin, die auf blaues Licht reagieren.

Literatur

15 Allgemein

Ferrell, J.E. (2022). *Systems Biology of Cell Signaling: Recurring Themes and Quantitative Models*. Boca Raton, FL: Garland Science.

Lim, W., Mayer, B. und Pawson, T. (2015). *Cell Signaling: Principles and Mechanisms*. New York: Garland Science.

Marks, F., Klingmüller, U. und Müller-Decker, K. (2017). *Cellular Signal Processing: An Introduction to the Molecular Mechanisms of Signal Transduction*. 2nd ed. New York: Garland Science.

15.1 Grundsätze der Zellsignalübertragung

Alon, U. (2007). Network motifs: theory and experimental approaches. *Nat. Rev. Genet.* 8: 450–461.

Case, L.B., Ditlev, J.A. und Rosen, M.K. (2019). Regulation of transmembrane signaling by phase separation. *Annu. Rev. Biophys.* 48: 465–494.

Ferrell, J.E., Jr (2016). Perfect and near-perfect adaptation in cell signaling. *Cell Syst.* 2: 62–67.

Ferrell, J.E. Jr und Ha, S.H. (2014). Ultrasensitivity part III: cascades, bistable switches, and oscillators. *Trends Biochem. Sci.* 39: 612–618.

Ladbury, J.E. und Arold, S.T. (2012). Noise in cellular signaling pathways: causes and effects. *Trends Biochem. Sci.* 37: 173–178.

Langeberg, L.K. und Scott, J.D. (2015). Signalling scaffolds and local organization of cellular behaviour. *Nat. Rev. Mol. Cell Biol.* 16: 232–244.

Needham, E.J., Parker, B.L., Burykin, T. et al. (2019). Illuminating the dark phosphoproteome. *Sci. Signal.* 12: eaau8645.

Rosse, C., Linch, M., Kermorgant, S. et al. (2010). PKC and the control of localized signal dynamics. *Nat. Rev. Mol. Cell Biol.* 11: 103–112.

Shi, Y. (2009). Serine/threonine phosphatases: mechanism through structure. *Cell* 139: 468–484.

Taylor, S.S., Meharena, H.S. und Kornev, A.P. (2019). Evolution of a dynamic molecular switch. *IUBMB Life* 71: 672–684.

Tenner, B., Mehta, S. und Zhang, J. (2016). Optical sensors to gain mechanistic insights into signaling assemblies. *Curr. Opin. Struct. Biol.* 41: 203–210.

15.2 Signalisierung über G-Protein-gekoppelte Rezeptoren

Barnes, C.L., Malhotra, H. und Calvert, P.D. (2021). Compartmentalization of photoreceptor sensory cilia. *Front. Cell Dev. Biol.* 9: 636737.

Bhattacharyya, M., Karandur, D. und Kuriyan, J. (2020). Structural insights into the regulation of Ca(2+)/calmodulin-dependent protein kinase II (CaMKII). *Cold Spring Harb. Perspect. Biol.* 12: a035147.

Carafoli, E. und Krebs, J. (2016). Why calcium? How calcium became the best communicator. *J. Biol. Chem.* 291: 20849–20857.

Hilger, D., Masureel, M. und Kobilka, B.K. (2018). Structure and dynamics of GPCR signaling complexes. *Nat. Struct. Mol. Biol.* 25: 4–12.

Kadamur, G. und Ross, E.M. (2013). Mammalian phospholipase C. *Annu. Rev. Physiol.* 75: 127–154.

Lobingier, B.T. und von Zastrow, M. (2019). When trafficking and signaling mix: how subcellular location shapes G protein-coupled receptor activation of heterotrimeric G proteins. *Traffic* 20: 130–136.

Newton, A.C., Bootman, M.D. und Scott, J.D. (2016). Second messengers. *Cold Spring Harb. Perspect. Biol.* 8: a005926.

Prole, D.L. und Taylor, C.W. (2019). Structure and function of IP3 receptors. *Cold Spring Harb. Perspect. Biol.* 11: a035063.

Rajagopal, S. und Shenoy, S.K. (2018). GPCR desensitization: acute and prolonged phases. *Cell. Signal.* 41: 9–16.

Sung, C.H. und Chuang, J.Z. (2010). The cell biology of vision. *J. Cell Biol.* 190: 953–963.

15.3 Signalisierung über Enzym-gekoppelte Rezeptoren

Balla, T. (2013). Phosphoinositides: tiny lipids with giant impact on cell regulation. *Physiol. Rev.* 93: 1019–1137.

Burke, J.E. (2018). Structural basis for regulation of phosphoinositide kinases and their involvement in human disease. *Mol. Cell* 71: 653–673.

Kovacs, E., Zorn, J.A., Huang, Y. et al. (2015). A structural perspective on the regulation of the epidermal growth factor receptor. *Annu. Rev. Biochem.* 84: 739–764.

Madsen, R.R. und Vanhaesebroeck, B. (2020). Cracking the context-specific PI 3 K signaling code. *Sci. Signal.* 13: eaay2940.

Manning, B.D. und Toker, A. (2017). AKT/PKB signaling: navigating the network. *Cell* 169: 381–405.

Saxton, R.A. und Sabatini, D.M. (2017). mTOR signaling in growth, metabolism, and disease. *Cell* 168: 960–976.

Terrell, E.M. und Morrison, D.K. (2019). Ras-mediated activation of the Raf family kinases. *Cold Spring Harb. Perspect. Med.* 9: a033746.

Villarino, A.V., Kanno, Y. und O'Shea, J.J. (2017). Mechanisms and consequences of Jak-STAT signaling in the immune system. *Nat. Immunol.* 18: 374–384.

15.4 Alternative Signalwege bei der Genregulation

Bangs, F. und Anderson, K.V. (2017). Primary cilia and mammalian hedgehog signaling. *Cold Spring Harb. Perspect. Biol.* 9: a028175.

Bray, S.J. (2016). Notch signalling in context. *Nat. Rev. Mol. Cell Biol.* 17: 722–735.

Nusse, R. und Clevers, H. (2017). Wnt/beta-catenin signaling, disease, and emerging therapeutic modalities. *Cell* 169: 985–999.

Radhakrishnan, A., Rohatgi, R. und Siebold, C. (2020). Cholesterol access in cellular membranes controls Hedgehog signaling. *Nat. Chem. Biol.* 16: 1303–1313.

Siebel, C und Lendahl, U. (2017). Notch signaling in development, tissue homeostasis, and disease. *Physiol. Rev.* 97: 1235–1294.

Swan, J.A., Golden, S.S., LiWang, A. et al. (2018). Structure, function, and mechanism of the core circadian clock in cyanobacteria. *J. Biol. Chem.* 293: 5026–5034.

15.5 Signalisierungsvorgänge in Pflanzen

Belkhadir, Y. und Jaillais, Y. (2015). The molecular circuitry of brassinosteroid signaling. *New Phytol.* 206: 522–540.

Binder, B.M. (2020). Ethylene signaling in plants. *J. Biol. Chem.* 295: 7710–7725.

Fiorucci, A.S. und Fankhauser, C. (2017). Plant strategies for enhancing access to sunlight. *Curr. Biol.* 27: R931–R940.

Leyser, O. (2018). Auxin signaling. *Plant Physiol.* 176: 465–479.

Su, S.H., Gibbs, N.M., Jancewicz, A.L. et al. (2017). Molecular mechanisms of root gravitropism. *Curr. Biol.* 27: R964–R972.

16

Das Cytoskelett

Damit Zellen korrekt funktionieren können, müssen sie sich selbst im Raum organisieren und mechanisch miteinander und mit der Umwelt interagieren. Sie müssen korrekt geformt sowie physikalisch stabil und im Innern passend aufgebaut sein. Viele von ihnen müssen auch in der Lage sein, ihre Form und Position zu ändern. Alle Zellen müssen die Fähigkeit besitzen, ihre inneren Bestandteile umzuordnen, während sie wachsen, sich teilen und sich an veränderliche Bedingungen anpassen. Diese räumlichen und mechanischen Eigenschaften beruhen auf einem bemerkenswerten, als **Cytoskelett** bezeichneten Filamentsystem (**Abb. 16.1**).

Die vielfältigen Funktionen des Cytoskeletts gründen auf den Eigenschaften von drei Proteinfilamentfamilien: *Aktinfilamente*, *Mikrotubuli* und *Intermediärfilamente*. Jeder Filamenttyp hat eine bestimmte Dynamik sowie charakteristische mechanische Eigenschaften und biologische Aufgaben, aber bestimmte grundsätzliche Charakteristika sind allen gemein. Genauso wie es erforderlich ist, dass unsere Bänder, Knochen und Muskeln zusammenarbeiten, so müssen auch alle drei Filamentsysteme des Cytoskeletts normalerweise zusammenwirken, um einer Zelle ihre Festigkeit, ihre Form, ihre Teilungs- und Bewegungsfähigkeit zu geben.

In diesem Kapitel beschreiben wir die Funktion und evolutionsgeschichtliche Bewahrung der zellulären Filamentsysteme. Wir erklären die dem Auf- und Abbau der Filamente zugrunde liegenden grundsätzlichen Prinzipien und die Wege, wie andere Proteine mit den Filamenten in Wechselwirkung treten, um ihre Dynamik zu ändern und ihre Ordnung zu steuern. Schließlich werden wir uns der Frage widmen, wie das Cytoskelettsystem mit anderen Zellbestandteilen zusammenarbeitet, um die *Zellpolarität* zu erzeugen, und uns Aspekte des Zellverhaltens und der Zellfunktion ansehen.

Kapitelinhalt

16.1 Funktion und Dynamik des Cytoskeletts

Die drei Haupt-Cytoskelettfilamente sind für unterschiedliche Aspekte der räumlichen Organisation und mechanischen Eigenschaften der Zellen verantwortlich. Aktinfilamente legen die Form der Zelloberfläche fest und sind für das Wandern der ganzen Zelle erforderlich. Sie betreiben auch das Abschnüren einer Zelle, sodass zwei Zellen entstehen. Mikrotubuli bestimmen die Lage von Organellen, leiten den intrazellulären Transport

Molekularbiologie der Zelle, 7. Auflage. Bruce Alberts, Rebecca Heald, Alexander Johnson, David Morgan, Martin Raff, Keith Roberts und Peter Walter.

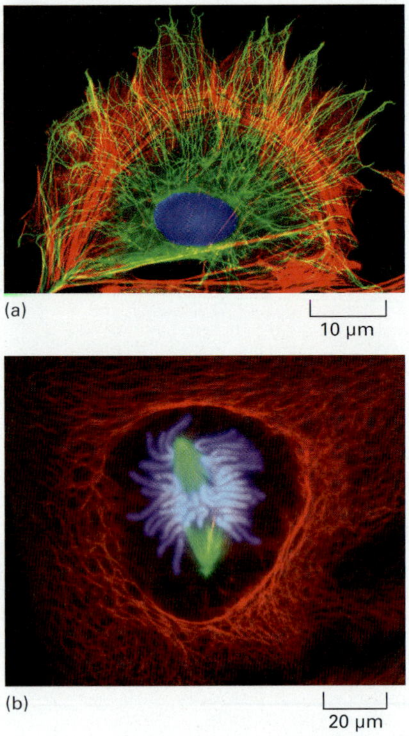

Abb. 16.1 **Das Cytoskelett.** (a) Eine Gewebekulturzelle wurde fixiert und gefärbt, um die Anordnung ihrer cytoplasmatischen Mikrotubuli (*grün*) und Aktinfilamente (*rot*) zu zeigen. (b) Diese sich teilende Zelle wurde gefärbt, um die Mikrotubuli-Spindel (*grün*) und den umgebenden Käfig aus Intermediärfilamenten (*rot*) sichtbar zu machen. Die DNA in beiden Zellen ist *blau* markiert. (a, mit freundlicher Genehmigung von Albert Tousson, High Resolution Imaging Facility, University of Alabama at Birmingham; b, mit freundlicher Genehmigung von Conley Rieder).

und bilden die Mitosespindel, die die Chromosomen während der Zellteilung voneinander trennt. Intermediärfilamente bieten mechanische Festigkeit. All diese Cytoskelettfilamente wechselwirken mit Hunderten von Hilfsproteinen, die die Filamente regulieren und sie mit anderen Zellbausteinen und untereinander verknüpfen. Diese Hilfsproteine sind für den kontrollierten Aufbau der Cytoskelettfilamente an bestimmten Stellen unabdingbar und sie schließen die *Motorproteine* ein. Motorproteine sind bemerkenswerte molekulare Maschinen, die die Energie aus der ATP-Hydrolyse in die mechanische Kraft umwandeln, die entweder Organellen an den Filamenten entlang oder die Filamente selbst bewegt.

In diesem Abschnitt erörtern wir die allgemeinen Charakteristika der Proteine, aus denen die Filamente des Cytoskeletts aufgebaut sind. Wir konzentrieren uns auf deren Fähigkeit, intern polarisierte und selbstorganisierte Strukturen zu bilden, die hoch dynamisch sind und es der Zelle ermöglichen, wenn sich die Bedingungen verändern, die Cytoskelettstruktur und -funktion rasch zu modifizieren.

16.1.1 Cytoskelettfilamente sind dynamisch und können trotzdem stabile Strukturen bilden

Die Cytoskelettsysteme sind dynamisch und anpassungsfähig, sie sind eher wie Ameisenstraßen als wie Autobahnen organisiert. Eine einzelne Ameisenstraße vom Ameisennest zu einem schönen Picknickplatz kann für viele Stunden bestehen, aber die einzelne Ameise auf diesem Weg ist alles andere als statisch. Wenn ein Ameisenpionier eine neue und bessere Futterquelle auftut oder wenn die Ausflügler aufräumen und gehen, passt sich die dynamische Struktur mit unglaublicher Geschwindigkeit an. In ähnlicher Weise kann sich die Grobstruktur des Cytoskeletts je nach Bedarf ändern oder über eine weite Zeitspanne von weniger als einer Minute bis zur gesamten Lebensdauer einer Zelle bestehen bleiben. Die einzelnen makromolekularen Bausteine, die diese Strukturen aufbauen, befinden sich jedoch in ständigem Fluss. So braucht eine Umordnung der Strukturen, wenn sich die Umstände ändern, ähnlich wie Änderungen in einer Ameisenstraße nur wenig zusätzliche Energie.

Die Kontrolle des dynamischen Verhaltens und des Aufbaus der Cytoskelettfilamente ermöglicht es eukaryotischen Zellen, aus den drei zugrunde liegenden Filamentsystemen eine enorme Vielfalt verschiedener Strukturen zu bilden. Die mikroskopischen Aufnahmen in **Tafel 16.1** zeigen einige dieser Strukturen. Aktinfilamente unterlegen die Plasmamembran tierischer Zellen mit einer Schicht, die *Zellkortex* genannt wird, und verschaffen der dünnen Lipid-Doppelschicht Festigkeit und Form. Sie bilden auch die unterschiedlichsten Arten von Ausstülpungen an der Zelloberfläche. Einige davon sind dynamische Strukturen, wie die *Filopodien, Lamellipodien* und *Pseudopodien (Scheinfüßchen)*, die eine Zelle zur Erforschung der Umgebung und für die eigene Bewegung nutzt. Stabilere Anordnungen erlauben es den Zellen, sich an eine Unterlage zu heften, und sie ermöglichen die Kontraktion des Muskels. Die regelmäßigen Bündel der *Stereocilien* an der Oberfläche der Haarzellen im Innenohr enthalten stabile Aktinfilamentbündel, die in Antwort auf Geräusche als starre Stäbchen schwingen. Die *Mikrovilli* auf der Oberfläche von Darmepithelzellen vergrößern die apikale Zelloberfläche enorm und erhöhen die Nährstoffresorption. In Pflanzen lenken Aktinfilamente das rasche Strömen des Cytoplasmas innerhalb der Zelle.

Mikrotubuli, die sich häufig im Cytoplasma vom Zentrum zur Zellperipherie erstrecken, können sich rasch während der Zellteilung in die bipolare *Mitosespindel* umordnen. Sie können auch *Cilien* bilden, die als bewegliche Peitschen oder Sensoren auf der Zelloberfläche fungieren, oder dicht zusammengelagerte Bündel, die als Schienen für den Transport von Material entlang des Axons einer Nervenzelle dienen. In Pflanzenzellen helfen organisierte Mikrotubulianordnungen, das Muster der Zellwandsynthese zu steuern, und in vielen Protozoen bilden sie das Gerüst, auf dem die ganze Zelle aufgebaut ist.

AKTINFILAMENTE

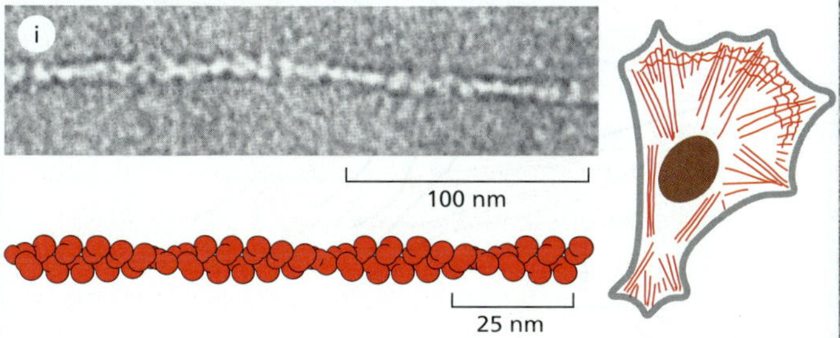

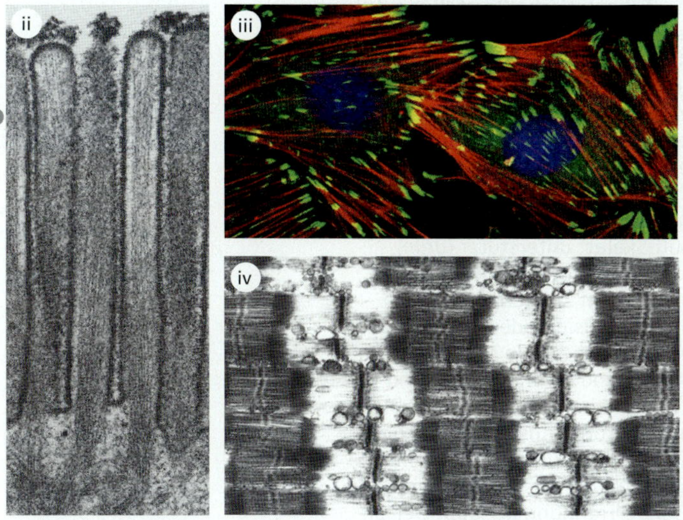

Aktinfilamente (auch als *Mikrofilamente* bezeichnet) sind helikale Polymere aus dem Protein Aktin. Es handelt sich um flexible Gebilde mit einem Durchmesser von 8 nm, die in vielfältigen Anordnungen als lineare Bündel, flächige Netze und räumliche Gele vorliegen. Obwohl Aktinfilamente über die ganze Zelle verteilt sind, sind sie am stärksten im Kortex, dicht unter der Plasmamembran, angereichert.

(i) Einzelnes Aktinfilament; (ii) Mikrovilli; (iii) Stressfasern (*rot*), die in fokalen Verbindungen (*grün*) enden; (iv) quergestreifter Muskel.

Mikroskopische Aufnahmen mit freundlicher Genehmigung von R. Graig (i und iv); P. T. Matsudaira und D. R. Burges (ii); K. Burridge (iii).

MIKROTUBULI

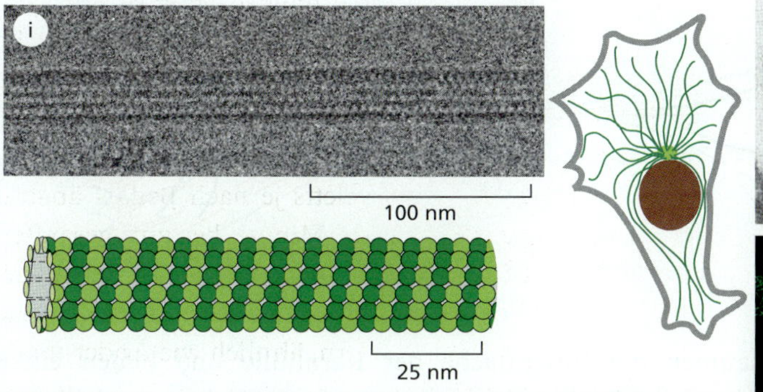

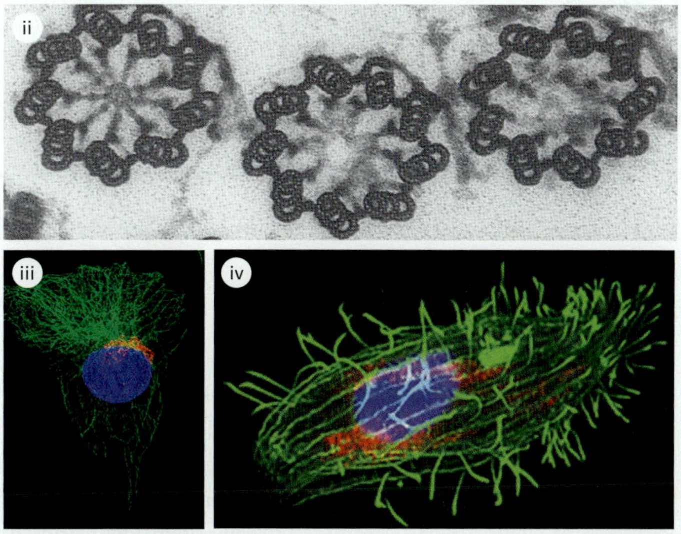

Mikrotubuli sind lange Hohlzylinder, die aus dem Protein Tubulin aufgebaut sind. Mit einem Außendurchmesser von 25 nm sind sie viel steifer als Aktinfilamente. Mikrotubuli sind lang, gerade und mit einem Ende oft an einem Mikrotubuli-organisierenden Zentrum (MTOC), dem *Centrosom*, befestigt. (i) Einzelner Mikrotubulus; (ii) Querschnitt an der Basis von drei Cilien, sodass man Mikrotubuli in dreifacher Anordnung sieht (Mikrotubuli-Triplett); (iii) Mikrotubuli-Anordnung (*grün*) und Organellen (*rot*) in der Interphase; (iv) Protozoon mit Cilien.

Mikroskopische Aufnahmen mit freundlicher Genehmigung von R. Wade (i); D. T. Woodrow und R. W. Linck (ii); D. Shima (iii); D. Burnette (iv).

INTERMEDIÄRFILAMENTE

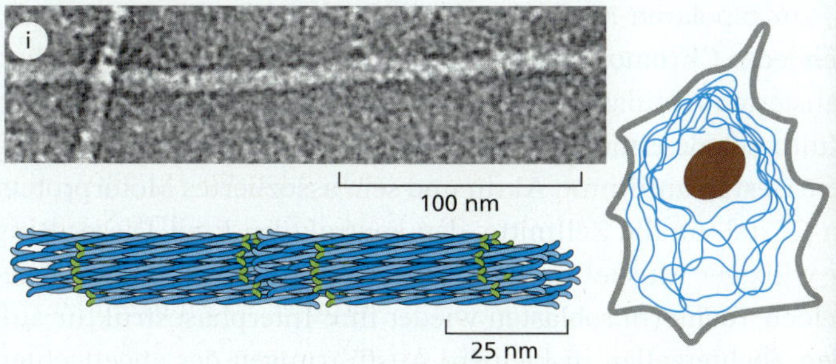

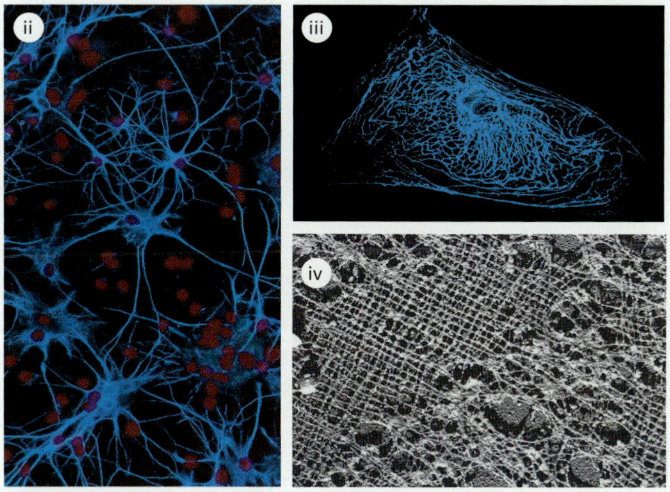

Intermediärfilamente sind seilähnliche Fasern mit einem Durchmesser von etwa 10 nm. Sie bestehen aus den Intermediärfilament-Proteinen, die eine große, uneinheitliche Familie bilden. Eine Art der Intermediärfilamente bildet die Kernlamina, ein Geflecht, das unmittelbar unterhalb der Kernmembran liegt; andere Arten erstrecken sich durch das Cytoplasma und verleihen der Zelle mechanische Festigkeit. In Epithelzellen stabilisieren sie, da sie das Cytoplasma von einer Zellverbindung zur anderen durchziehen, das gesamte Epithel. (i) Einzelne Intermediärfilamente; (ii) Intermediärfilamente (blau) in Neuronen und (iii) in einer Epithelzelle; (iv) Kernlamina.

i) Aus K. N. Goldie et al., *J. Struct. Biol.* 158:378–385, 2007; (ii) N. Kedersha; (iii) Alvin Tesler/Science Source; (iv) aus U. Aebi et al., *Nature* 323:560–564, 1986 veröffentlicht von Nature Publishing Group. Mit Erlaubnis von Springer Nature.

Tafel 16.1 Die drei Haupttypen der das Cytoskelett bildenden Proteinfilamente.

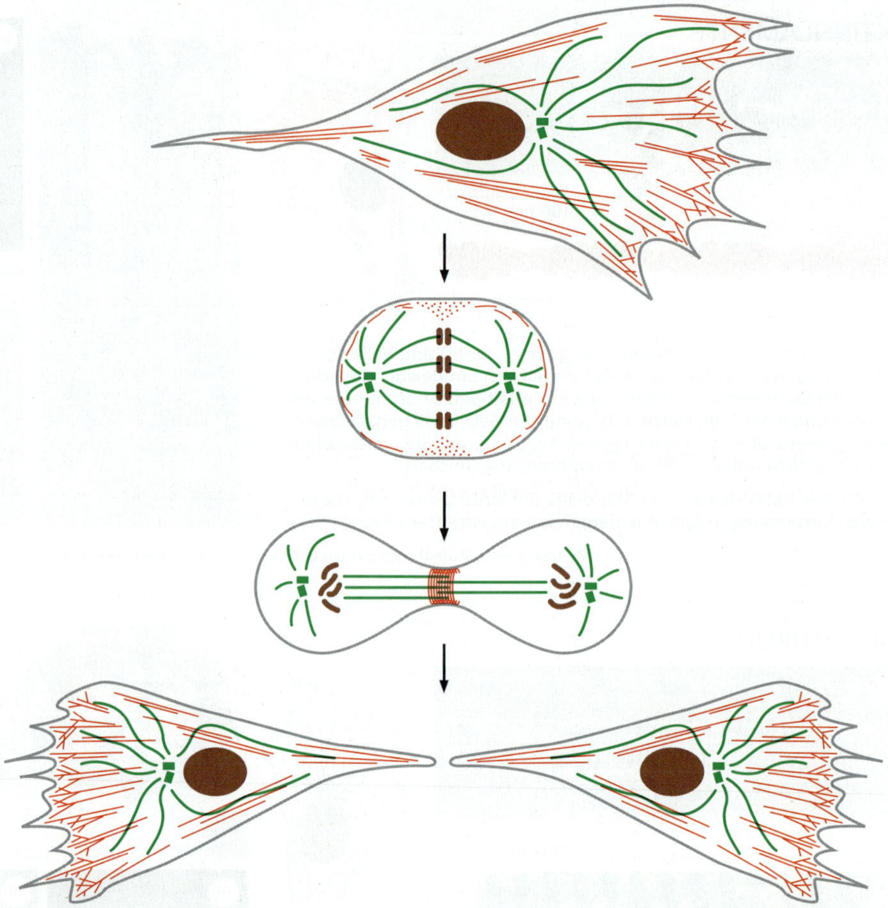

Abb. 16.2 Schematische Darstellung der mit der Zellteilung verbundenen Veränderungen der Cytoskelettorganisation. Der hier gezeichnete kriechende Fibroblast hat ein polarisiertes, dynamisches Aktin-Cytoskelett (*rot* dargestellt), das Lamellipodien und Filopodien aufbaut, um seinen Leitsaum nach rechts zu verschieben. Die Polarisierung des Aktin-Cytoskeletts wird durch das Mikrotubuli-Skelett unterstützt (*grün*), das aus langen Mikrotubuli besteht, die von einem vor dem Zellkern gelegenen Mikrotubuli-organisierenden Zentrum ausgehen. Wenn sich die Zelle teilt, werden Aktinfilamente anders angeordnet und die Zelle nimmt eine runde Form an. Die polarisierte Mikrotubulusanordnung ordnet sich neu, um eine bipolare Mitosespindel zu bilden, die für die Ausrichtung und anschließende Trennung der duplizierten Chromosomen (*braun*) verantwortlich ist. Nach der Chromosomentrennung bilden die Aktinfilamente einen kontraktilen Ring in der Zellmitte, der die Zelle in zwei Teile schnürt. Danach strukturieren die beiden Tochterzellen das Mikrotubuli- und das Aktin-Skelett zu kleineren Varianten der ursprünglich in der Mutterzelle vorhandenen um; Dies ermöglicht es ihnen, in getrennte Richtungen zu kriechen.

Intermediärfilamente säumen die Innenfläche der Kernhülle und bilden einen Schutzkäfig für die DNA der Zelle; im Cytosol sind sie zu festen Kabeln verdrillt, die Epithelzellschichten zusammenhalten, Nervenzellen bei der Ausbildung langer und robuster Axone unterstützen oder dazu beitragen, dass wir zähe Fortsätze wie Haare und Fingernägel ausbilden können.

Ein wichtiges und dramatisches Beispiel für die rasche Neuorganisation des Cytoskeletts spielt sich während der Zellteilung ab, wie in **Abb. 16.2** an einem in einer Kulturschale wachsenden Fibroblasten gezeigt ist. Nachdem sich die Chromosomen repliziert haben, wird die Anordnung der Interphasemikrotubuli, die sich bis dahin über das Cytoplasma verteilen, zur bipolaren *Mitosespindel* neu ausgerichtet; Diese Spindel überträgt die beiden Kopien jedes Chromosoms in getrennte Tochterkerne. Zur gleichen Zeit ordnen sich die spezialisierten Aktinstrukturen, die dem Fibroblasten das Kriechen über die Oberfläche der Kulturschale ermöglichen, neu, sodass die Zelle die Bewegung einstellt und eine kugeligere Gestalt annimmt. Aktin und sein assoziiertes Motorprotein Myosin bilden dann einen Gürtel um die Zellmitte, den *kontraktilen Ring*. Dieser Ring schnürt die Zelle wie ein winziger Muskel in zwei Teile. Wenn die Zellteilung abgeschlossen ist, bauen die beiden Tochterfibroblasten wieder ihre Interphasestruktur auf, wodurch die beiden runden Tochterzellen in kleinere Ausführungen der abgeflachten kriechenden Mutterzelle umgewandelt werden.

Viele Zellen benötigen für ihre normale Funktion während der Interphase ebenso rasche Umgruppierungen des Cytoskeletts. Der *Neutrophile* z. B., ein Typ der weißen Blutkörperchen, jagt und verschlingt Bakterien und Pilzzellen, die durch eine Verletzung – wie einen Schnitt in der Haut – Zugang zu den normalerweise sterilen Teilen des Körpers erhalten. Wie die meisten kriechenden Zellen, so bewegen sich auch

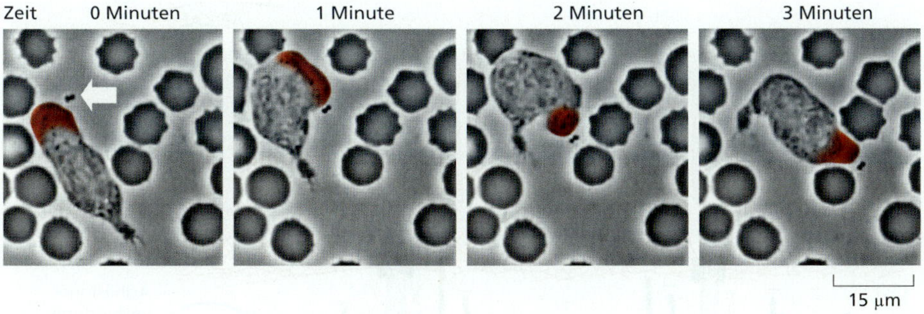

Abb. 16.3 Ein Neutrophiler bei der Verfolgung von Bakterien. In diesem Blutpräparat eines Menschen ist ein Neutrophiler gerade dabei, einen kleinen Bakterienklumpen (*weißer Pfeil*) zu erwischen. Wenn sich die Bakterien bewegen, baut der Neutrophile rasch ein dichtes Aktinnetzwerk innerhalb eines Pseudopodiums an seinem Leitsaum auf (*rot* hervorgehoben), um sich in Richtung Bakterien zu schieben. Der rasche Abbau und Wiederaufbau des Aktin-Cytoskeletts ermöglicht dieser Zelle, ihre Ausrichtung und Bewegungsrichtung innerhalb weniger Minuten zu ändern. (Aus einem von David Rogers aufgezeichneten Video).

die Neutrophilen fort, indem sie eine sich vorwölbende Struktur ausbilden, die mit neu polymerisierten Aktinfilamenten angefüllt ist. Wenn die schwer fassbare Bakterienbeute sich in eine andere Richtung bewegt, ist der Neutrophile bereit, seine polarisierte vorgewölbte Struktur innerhalb von Sekunden umzugruppieren (**Abb. 16.3**).

16.1.2 Das Cytoskelett bestimmt die zelluläre Organisation und Polarität

In Zellen, die eine stabile differenzierte Morphologie angenommen haben – wie z. B. in reifen Nerven- oder Epithelzellen – müssen die dynamischen Elemente des Cytoskeletts ebenfalls stabile großmaßstäbliche Strukturen für die zelluläre Organisation schaffen. Auf spezialisierten Epithelzellen zum Beispiel, die Organe wie den Dünndarm und die Lungen auskleiden, können die cytoskelettbasierten Ausstülpungen der Zelloberfläche, zu denen Mikrovilli und Cilien zählen, über die gesamte Lebenszeit der Zelle eine konstante Lage und Länge und einen konstanten Durchmesser aufrechterhalten. Bei den Aktinbündeln im Zentrum der Mikrovilli von Dünndarmepithelzellen beträgt diese Lebenszeit nur wenige Tage. Die Aktinbündel im Inneren der Stereocilien auf den Haarzellen des Innenohrs behalten ihre stabile Organisation jedoch während der gesamten Lebenszeit des Tiers bei, da diese Zellen keinem Turnover unterliegen. Bemerkenswerterweise sind die Aktinfilamente in Stereocilien sehr stabil. Polymerisierung und Depolymerisierung wurden nur an ihren Spitzen beobachtet. Bislang verstehen wir nicht, wie diese Aktinstrukturen in einer gleichbleibenden Länge über Jahrzehnte aufrechterhalten werden.

Außer der Bildung stabiler spezialisierter Vorwölbungen der Zelloberfläche ist das Cytoskelett auch für die Zellpolarität im großen Maßstab verantwortlich; dies befähigt Zellen, zwischen oben und unten oder vorne und hinten zu unterscheiden. Die Information der Polarität, die durch die Organisation des Cytoskeletts übermittelt wird, wird oft über die gesamte Lebensdauer der Zelle hinweg aufrechterhalten. Polarisierte Epithelzellen verwenden organisierte Anordnungen von Mikrotubuli, Aktinfilamenten und Intermediärfilamenten, um die entscheidenden Unterschiede zwischen der *apikalen Oberfläche* und der *basolateralen Oberfläche* aufrechtzuerhalten. Sie müssen außerdem untereinander starke Adhäsionskontakte aufrechterhalten, damit diese Einzelzellschicht als wirksame physikalische Barriere dienen kann (**Abb. 16.4**). Wie die Zellpolarität aufgebaut wird, erfahren wir im letzten Teil des Kapitels.

16.1.3 Filamente bauen sich aus Proteinuntereinheiten auf, die spezifische physikalische und dynamische Eigenschaften mitbringen

Cytoskelettfilamente reichen oft von einem Ende der Zelle zum anderen und überbrücken dabei einige Zehn oder gar Hundert Mikrometer. Die einzelnen Proteinmoleküle, die die

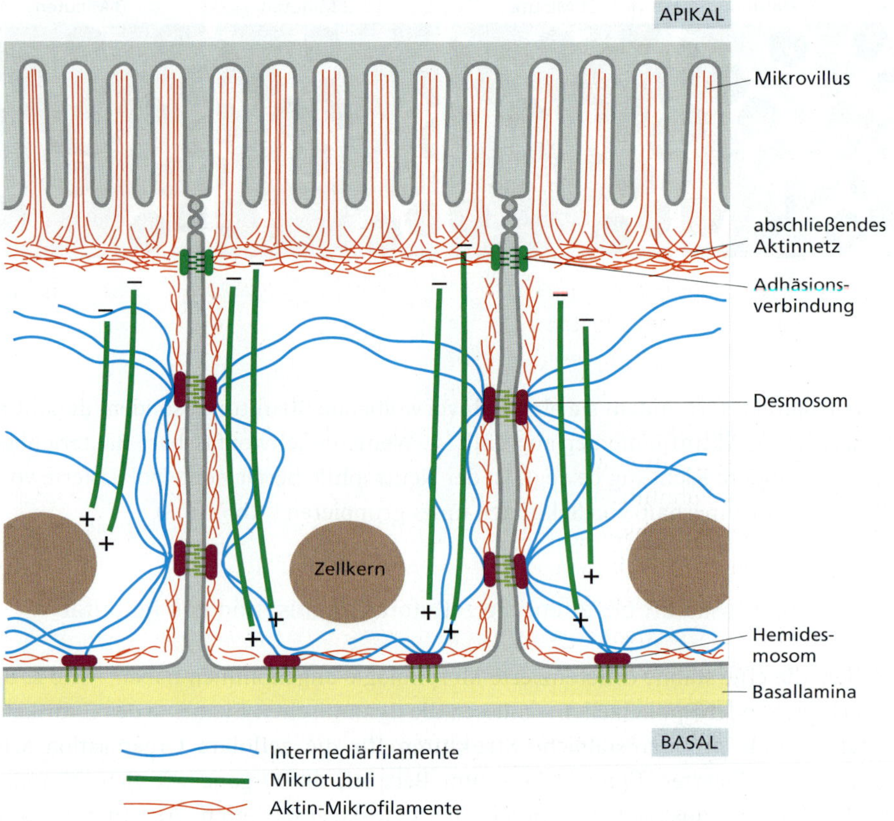

Abb. 16.4 Organisation des Cytoskeletts in polarisierten Epithelzellen. Alle Komponenten des Cytoskeletts arbeiten zusammen und erzeugen die charakteristische Form spezialisierter Zellen, einschließlich der Epithelzellen, die den Dünndarm (wie hier gezeigt) auskleiden. An der apikalen (oberen) Oberfläche, die zum Darmlumen zeigt, bilden gebündelte Aktinfilamente (*rot*) Mikrovilli, die die für die Nährstoffaufnahme aus der Nahrung zur Verfügung stehende Zelloberfläche vergrößern. Unterhalb der Mikrovilli ist ein umlaufendes Band aus Aktinfilamenten mit den Zell–Zell-Verbindungen verbunden, die die Zellen aneinander befestigen. Intermediärfilamente (*blau*) sind an anderen Arten adhäsiver Strukturen verankert, einschließlich der Desmosomen und Hemidesmosomen, die die Epithelzellen zu einer festen Epithelzellschicht verbinden und sie an die darunterliegende extrazelluläre Matrix anheften; Diese wichtigen Strukturen werden in Kapitel 19 behandelt. Mikrotubuli (*grün*) verlaufen vertikal von der Zellspitze zur Zellbasis und erzeugen ein umfassendes Koordinatensystem, das die Zelle dazu befähigt, neu synthetisierte Bestandteile an ihren richtigen Ort zu lenken.

Filamente bilden, sind aber nur wenige Nanometer groß. Die Zelle baut die Filamente durch Aneinanderreihung einer großen Anzahl kleiner Untereinheiten auf, wie ein Wolkenkratzer aus gleichförmigen Fertigteilen aufgebaut wird. Da diese Untereinheiten klein sind, können sie im Cytosol rasch diffundieren, während die zusammengebauten Filamente dies nicht können. Dadurch können Zellen sich rasch strukturell umorganisieren, indem sie die Filamente an einem Ort abbauen und an einer anderen, weit entfernten Stelle wieder aufbauen.

Aktinfilamente und Mikrotubuli setzen sich aus kompakten und kugelförmigen Untereinheiten zusammen – den *Aktinuntereinheiten* im Falle von Aktinfilamenten und den *Tubulinuntereinheiten* im Falle der Mikrotubuli – während Intermediärfilamente aus Untereinheiten aufgebaut sind, die selbst langgestreckt und faserförmig sind. Alle drei Hauptarten der Cytoskelettfilamente sind als polymere Anordnung ihrer Untereinheiten aufgebaut, die sich selbst durch eine Kombination von Ende-zu-Ende- und Seite-an-Seite-Protein-Kontakten aneinanderlagern. Während das Rückgrat vieler biologischer Polymere, einschließlich DNA, RNA und Proteine, durch kovalente Bindungen zwischen ihren Untereinheiten zusammengehalten wird, halten schwache, nicht kovalente Wechselwirkungen die drei Arten der Cytoskelett-„Polymere“ zusammen. Da keine kovalenten Bindungen aufgebaut oder getrennt werden müssen, kann ihr Auf- und Abbau rasch erfolgen. Unterschiede in den Strukturen der Untereinheiten und wie sie miteinander assoziieren, erzeugen wichtige Unterschiede in der Stabilität und den mechanischen Eigenschaften der einzelnen Filamentarten.

Die Untereinheiten der Aktinfilamente und Mikrotubuli sind asymmetrisch und lagern sich Kopf-an-Schwanz zusammen, sodass sie alle in die gleiche Richtung zeigen. Diese Polarität der Untereinheiten verleiht dem Filament über seine Länge hinweg strukturelle Polarität und führt dazu, dass sich die beiden Enden jedes Polymers unterschiedlich verhalten. Außerdem sind die Aktin- und Tubulinuntereinheiten Enzyme, die die Hydrolyse eines Nukleosidtriphosphats (NTP) katalysieren – ATP im Falle von Aktin bzw. GTP bei Tubulin. Wie wir später noch sehen werden, ermöglicht die Energie aus der NTP-Hydrolyse es den Filamenten, sich schnell umzuordnen. Sie erlaubt der Zelle, die polaren und dynamischen Eigenschaften dieser Filamente zu nutzen, um eine Kraft in eine spezielle Richtung zu erzeugen, z. B. um den Leitsaum einer wandernden Zelle vorwärtszubewegen oder Chromosomen während der Zellteilung auseinanderzuziehen. Im Gegensatz dazu sind die Untereinheiten der Intermediärfilamente symmetrisch und bilden daher keine polaren Filamente mit zwei verschiedenen Enden. Die Untereinheiten der Intermediärfilamente katalysieren auch nicht die Hydrolyse von ATP oder GTP. Dennoch können Intermediärfilamente schnell auseinandergebaut werden, wenn es notwendig ist. So werden die Untereinheiten z. B. in der Mitose von Kinasen phosphoryliert, was zu ihrer Dissoziation führt.

In lebenden Zellen werden die Cytoskelettfilamente nicht dadurch gebildet, dass die Untereinheiten einfach in einer Reihe hintereinander angehängt werden. Eintausend aneinandergereihte Tubulinuntereinheiten würden z. B. den Durchmesser einer kleinen eukaryotischen Zelle durchspannen, aber ein auf diese Weise gebautes Filament würde bei der umgebenden thermischen Energie zerbrechen, wenn nicht jede Untereinheit im Filament mit ihren beiden Nachbarn äußerst fest verbunden wäre. Eine derart feste Bindung würde die Geschwindigkeit bestimmen, mit der die Filamente voneinander gelöst werden könnten, was das Cytoskelett zu einer starren und wenig hilfreichen Struktur machen würde. Um sowohl Stärke als auch Anpassungsfähigkeit zu gewährleisten, bestehen Mikrotubuli aus 13 **Protofilamenten** – lineare Fäden aus Ende-zu-Ende-verknüpften Untereinheiten – die miteinander lateral verbunden sind, wodurch sich ein Hohlzylinder bildet. Für das Anfügen oder Abbauen einer Untereinheit am Ende eines Protofilaments muss nur eine kleine Anzahl von Bindungen geknüpft oder gelöst werden. Dagegen benötigt der Verlust einer Untereinheit aus der Mitte eines Protofilaments das Aufbrechen von viel mehr Bindungen, während das Zerbrechen des Filaments in zwei Teile das Aufbrechen von Bindungen in mehreren Protofilamenten gleichzeitig benötigt (**Abb. 16.5**). Die größere Energie, die benötigt wird, um mehrere nicht kovalente

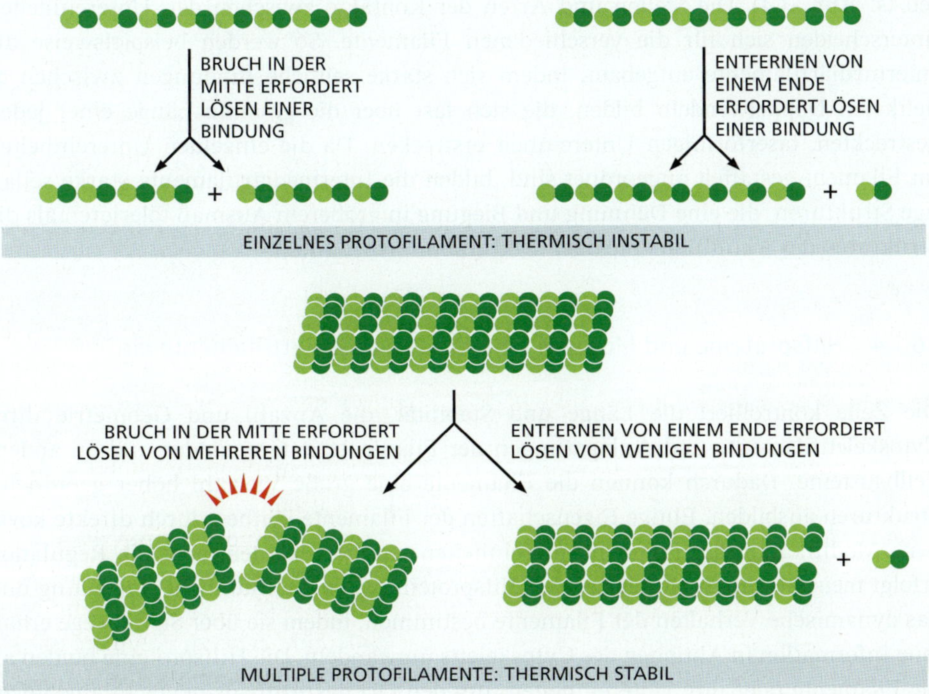

Abb. 16.5 Thermische Stabilität der Filamente des Cytoskeletts mit dynamischen Enden. Ein Protofilament, das aus einem Einzelstrang von Untereinheiten besteht, ist thermisch instabil, da das Aufbrechen einer einzelnen Bindung zwischen den Untereinheiten ausreicht, um das Filament zu spalten. Im Gegensatz dazu ermöglicht der Aufbau der Filamente des Cytoskeletts aus mehr als einem Protofilament eine Dynamik an den Enden und macht die Filamente gleichzeitig resistent gegen thermische Brüche. In einem Mikrotubulus z. B. benötigt das Entfernen eines einzigen Untereinheitendimers vom Ende des Filaments das Aufbrechen von nicht kovalenten Bindungen zu höchstens drei anderen Untereinheiten, während für das Zerbrechen des Filaments in der Mitte die Auflösung nicht kovalenter Bindungen in allen 13 Protofilamenten notwendig ist.

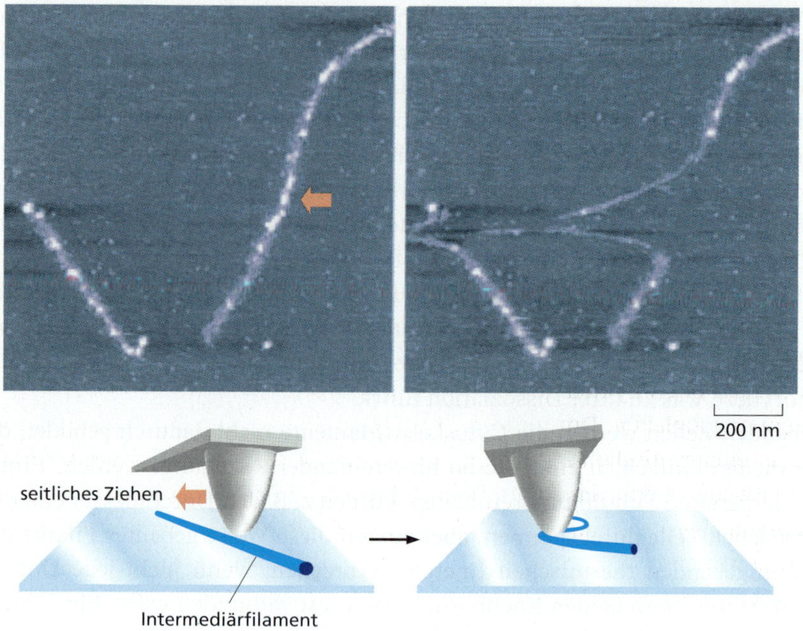

Abb. 16.6 Flexibilität und Dehnbarkeit eines Intermediärfilaments. Intermediärfilamente werden aus gestreckten Faseruntereinheiten mit starken seitlichen Verbindungen gebildet, wodurch sie widerstandsfähig gegen Dehnungskräfte sind. In diesem Experiment wurde eine Oberfläche, auf der Intermediärfilamente angeheftet waren, mit einer winzigen Sensorspitze Reihe um Reihe abgetastet, um eine Höhen- und Konturenmessung der Intermediärfilamente durchzuführen (die Filamente sind durch die Schattierung von *grau* bis *weiß* dargestellt). Entlang einer einzelnen Reihe (*roter Pfeil*) wurde die mit der Spitze ausgeübte Kraft von weniger als 1 nN auf 30 bis 40 nN erhöht. An dieser Stelle dehnt sich eins der Filamente auf das Dreifache seiner Länge, ehe es reißt, wie in der mikroskopischen Aufnahmen zu sehen ist. Diese Technik heißt Rasterkraftmikroskopie (engl. *atomic force microscopy*). (Verändert nach L. Kreplak *et al.*, *J. Mol. Biol.* 354: 569–577, 2005. Mit Erlaubnis von Elsevier).

Bindungen gleichzeitig aufzubrechen, erlaubt es den Mikrotubuli, Brüche aufgrund thermischer Energie zu vermeiden und rasch Untereinheiten an die Filamentenden anzufügen und davon abzulösen. Obwohl sie nur aus zwei statt aus 13 Strängen aufgebaut sind, stellen helikale Aktinfilamentuntereinheiten sowohl Ende-zu-Ende- als auch Seite-an-Seite-Kontakte her, wodurch eine schnelle Dynamik an den Filamentenden ermöglicht wird, während eine ausreichende Stabilität auf der gesamten Länge des Filamentes gewährleistet ist. Jedoch verleiht die Röhrengeometrie eines Mikrotubulus ihm eine größere Steifheit als sie ein zwei-strängiges Aktinfilament besitzt.

Wie bei anderen spezifischen Protein–Protein-Wechselwirkungen werden die Untereinheiten in einem Cytoskelettfilament durch eine Vielzahl hydrophober Wechselwirkungen und schwacher nicht kovalenter Bindungen zusammengehalten (s. **Abb. 3.4**). Die Stellen und Arten der Kontakte zwischen den Untereinheiten unterscheiden sich für die verschiedenen Filamente. So werden beispielsweise die Intermediärfilamente aufgebaut, indem sich starke seitliche Bindungen zwischen α-helikalen Doppelwendeln bilden, die sich fast über die gesamte Länge einer jeden gestreckten, faserförmigen Untereinheit erstrecken. Da die einzelnen Untereinheiten im Filament gestaffelt angeordnet sind, bilden die Intermediärfilamente starke seilartige Strukturen, die eine Dehnung und Biegung in größerem Ausmaß tolerieren als die Strukturen der Aktinfilamente oder Mikrotubuli (**Abb. 16.6**).

16.1.4 Hilfsproteine und Motoren wirken auf Cytoskelettfilamente ein

Die Zelle kontrolliert die Länge und Stabilität, die Anzahl und Geometrie ihrer Cytoskelettfilamente und Anlagerungen der Filamente untereinander und an andere Zellbausteine. Dadurch können die Filamente eine große Vielzahl höher geordneter Strukturen ausbilden. Einige Eigenschaften der Filamente können durch direkte kovalente Modifikation der Filamentuntereinheiten reguliert werden, aber die Regulation erfolgt meistens durch Hunderte von Hilfsproteinen, die die räumliche Verteilung und das dynamische Verhalten der Filamente bestimmen, indem sie über Signalwege erhaltene Information in Aktionen des Cytoskeletts umwandeln. Die Hilfsproteine binden an die Filamente oder ihre Untereinheiten, um den Ort des Aufbaus neuer Filamente zu bestimmen, die Verteilung der Polymerproteine auf Filamente und freie Untereinheiten zu regulieren, die Kinetik des Auf- und Abbaus der Filamente zu beeinflussen, die Energie für die Krafterzeugung einzusetzen und um Filamente untereinander oder an andere Zellstrukturen wie Organellen oder die Plasmamembran zu knüpfen. Dadurch bringen die Hilfsproteine die Struktur des Cytoskeletts unter die Kontrolle extra- und intrazellulärer Signale wie die, die während des Zellzyklus die grundlegende Umwandlung des Cytoskeletts auslösen. Indem Hilfsproteine in Gruppen arbeiten, ermöglichen sie Zellen, ihre hochorganisierte, aber flexible innere Struktur zu wahren und in vielen Fällen sich zu bewegen.

Zu den faszinierendsten Proteinen, die mit dem Cytoskelett assoziiert sind, zählen die Motorproteine. Diese Proteine binden an ein polares Cytoskelettfilament und nutzen die aus wiederholten Zyklen der ATP-Hydrolyse gewonnene Energie, um gleichmäßig an ihm entlangzugleiten. Dutzende verschiedener Motorproteine kommen nebeneinander in jeder eukaryotischen Zelle vor. Sie unterscheiden sich im Filamenttyp, an den sie binden (entweder Aktinfilamente oder Mikrotubuli), der Richtung, in der sie sich auf dem Filament bewegen, und in der „Fracht", die sie transportieren. Viele Motorproteine transportieren membranumschlossene Organellen wie Mitochondrien, Golgi-Stapel oder sekretorische Vesikel zu ihren entsprechenden Orten in der Zelle. Andere Motorproteine bewirken ein Anspannen der Cytoskelettfilamente oder vermitteln, dass diese aneinander vorbei gleiten, und erzeugen so eine Kraft, die Bewegungen wie Muskelkontraktion, Cilienschlag und Zellteilung antreibt.

Die Motorproteine des Cytoskeletts, die sich auf einer Polymerschiene in einer Richtung bewegen, erinnern an einige an anderen Stellen in diesem Buch besprochene Proteine und Proteinkomplexe, wie die DNA- und RNA-Polymerasen, Helikasen und Ribosomen. Sie alle nutzen chemische Energie für die eigene Fortbewegung auf einem linearen Gleis, wobei die Gleitrichtung von der Polarität des Gleisaufbaus abhängig ist. Alle erzeugen Bewegung durch Kopplung der Hydrolyse von Nukleosidtriphosphaten mit einer großflächigen Konformationsänderung (s. **Abb. 3.71**).

16.1.5 Molekulare Motoren arbeiten in einer zellulären Umgebung, die durch die Brownsche Molekularbewegung bestimmt wird

Aufgrund der mikroskopischen Größe der Zellen finden die durch Motoren verursachten Bewegungen in einer Umgebung statt, die aufgrund zufälliger thermischer Fluktuationen, der so genannten *Brownschen Molekularbewegung*, sehr dynamisch ist. Wie in Kapitel 1 eingeführt, treibt die Brownsche Molekularbewegung die Diffusion aller Moleküle in den Zellen an und ist somit entscheidend für die Geschwindigkeit biochemischer Reaktionen, die Molekülkollisionen erfordern. Ein weiterer wichtiger Effekt ist die Erzeugung eines Reibungswiderstands (Viskosität) bei der Bewegung sehr kleiner Partikel. Ein Motorprotein zum Beispiel, das sich entlang eines Cytoskelettfilaments bewegt, wird ständig durch zufällige Zusammenstöße mit Wasser und anderen Molekülen hin und her geschubst. Sobald seine Motoraktivität aufhört, bleibt das Motorprotein aufgrund des Reibungswiderstands, die durch die Kollisionen erzeugt werden, auf seinem Weg stecken.

Der Anhalteweg für jedes Objekt, das sich durch eine Flüssigkeit bewegt, wird durch die **Reynolds-Zahl** bestimmt. Diese Zahl gibt das Verhältnis von Trägheits- zu Viskositätskräften an, die auf das Objekt wirken. Dieses Verhältnis hängt von der Größe des Objekts und der Geschwindigkeit seiner Bewegung durch die Flüssigkeit ab. Während sich zum Beispiel sowohl eine Bakterie als auch ein Fisch selbst durch das Wasser fortbewegen können, verleihen Größe und Geschwindigkeit des Fisches ihm eine erhebliche Trägheit, sodass er, wenn er aufhört zu schwimmen, noch eine gewisse Strecke durch das Wasser gleitet. Im Gegensatz dazu kommt ein Bakterium, das sich nicht mehr fortbewegt,

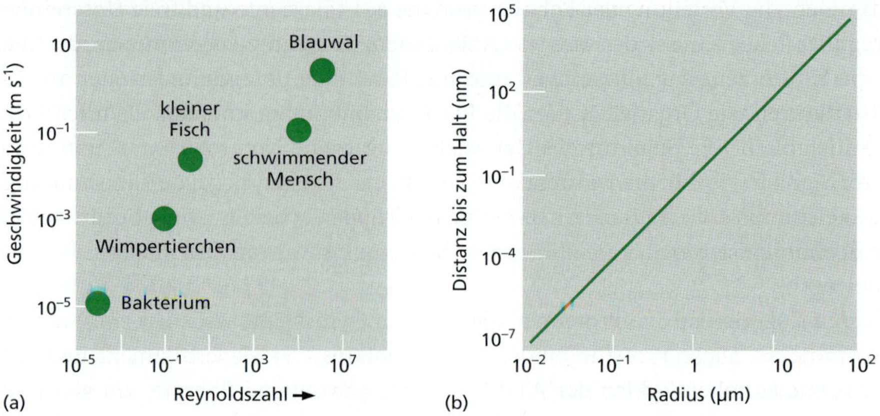

Abb. 16.7 Zelluläres Leben tritt ab einer geringen Reynolds-Zahl auf. (a) Die Viskosität des Wassers (Reibungswiderstand) wirkt der Fortbewegung eines schwimmenden Organismus entgegen. Die dimensionslose Reynolds-Zahl gibt das Verhältnis von Trägheits- zu Zähigkeitskräften an. In ihre Berechnung gehen die Dichte, die Strömungsgeschwindigkeit, die charakteristische Länge und die Viskosität ein. Wie in dem Diagramm zu sehen, liegt die Reynolds-Zahl eine Blauwals, der sich mit einer Geschwindigkeit von ungefähr 10 m pro Sekunde (ms^{-1}) fortbewegt, im Bereich von 10^{6}. Für ein kleines schwimmendes Bakterium, das sich mit 10^{-5} ms^{-1} bewegt, dominiert die Viskosität des Wassers und die Reynolds-Zahl hierfür liegt nur bei ungefähr 10^{-4}. (b) Die Reynolds-Zahl gibt die Größe an, bis zu der ein Objekt (Wal oder Bakterium) in einer Flüssigkeit austrudelt oder gleitet, nachdem das Objekt seinen Antrieb (Bewegung) gestoppt hat. Der Anhalteweg einer Kugel im Wasser (in nm), die eine Anfangsgeschwindigkeit hat, die ihrem Durchmesser pro Sekunde entspricht, ist gegen den Radius aufgetragen. Das heißt eine Organelle mit einem Durchmesser von 1 μm würde nach gerade ein paar Angströms (1 Å = 0,1 nm) zum stehen kommen, wenn sie ihre Vorwärtsbewegung einstellt.

mit seiner viel geringeren Größe und langsamen Bewegungsgeschwindigkeit sofort zum Stillstand (**Abb. 16.7**). Damit sich ein Fisch ähnlich verhält, müsste er in ein extrem zähflüssiges Medium, wie Teer oder Bitumen, gesetzt werden. Im Inneren der Zelle führen die winzige Größe und die langsamen Geschwindigkeiten der sich bewegenden Moleküle zu extrem niedrigen Reynolds-Zahlen, da die Viskositätskräfte viel größer sind als die Trägheitskräfte. Daher gibt es kein „Gleiten" innerhalb einer Zelle.

Die zufällige Brownsche Molekularbewegung kann auch genutzt werden, um die Bewegung in kleinen Größenordnungen zu kontrollieren, selbst in Abwesenheit von Motorproteinen. Wie wir später in diesem Kapitel noch sehen werden, nutzen einige intrazelluläre Krankheitserreger wie das Bakterium *Listeria monocytogenes* die Kraft der Aktinpolymerisation, um sich innerhalb einer Zelle zu bewegen. An dieser Bewegung sind keine Motorproteine beteiligt. Stattdessen werden die Aktinfilamente zur Polymerisation in der Nähe eines Endes der Bakterienoberfläche veranlasst.

Wenn sich das Bakterium aufgrund der Brownschen Molekularbewegung zufällig in Vorwärtsrichtung bewegt, füllt Aktin die Lücke schnell auf, sodass das Bakterium nicht in seine ursprüngliche Position zurückrutschen kann. Auf diese Weise erzeugt die Aktinpolymerisation eine Kraft, die das Bakterium durch das Cytoplasma schiebt (s. **Abb. 1.7**). Ein ähnlicher Prozess treibt die Vorwärtsbewegung der Plasmamembran am Leitsaum einer wandernden Tierzelle an. Dieses Phänomen, bei dem zufällige thermische Bewegungen in gerichteter Weise genutzt werden, erzeugt eine *Brownsche Ratsche*.

Zusammenfassung

Das Cytoplasma der eukaryotischen Zelle ist durch ein Netzwerk aus Proteinfilamenten, das als Cytoskelett bezeichnet wird, räumlich organisiert. Dieses Netzwerk besteht aus drei Hauptarten von Filamenten: Aktinfilamente, Mikrotubuli und Intermediärfilamente. Alle drei Filamentarten bilden sich aus Zusammenlagerungen von selbstassoziierenden Untereinheiten, die dabei eine Kombination von Ende-an-Ende- und Seite-an-Seite-Proteinkontakten nutzen. Unterschiede in der Struktur der Untereinheiten und in der Weise, wie sie sich aneinander anlagern, erzeugen die unterschiedlichen mechanischen Eigenschaften der Filamente. Die drei Arten der Cytoskelettfilamente werden durch den An- und Abbau von Untereinheiten ständig umgebaut. Aktin und Tubulin, die Untereinheiten der Aktinfilamente bzw. der Mikrotubuli, binden und hydrolysieren Nukleosidtriphosphate (ATP bzw. GTP). Sie lagern sich Kopf-an-Schwanz zusammen, um so polarisierte Filamente zu bilden, die in der Lage sind, Kraft aufzubringen. In lebenden Zellen modulieren Hilfsproteine – einschließlich der molekularen Motoren – die Dynamik und die Organisation der Cytoskelettfilamente, was zu so komplexen Vorgängen wie Zellteilung, Zellwanderung oder Muskelkontraktion führt und eine aufwendige Zellarchitektur schafft, die polarisierte Gewebe wie Epithelien entstehen lässt.

16.2 Aktin und aktinbindende Proteine

Das Aktin-Cytoskelett übt vielfältige Funktionen in verschiedenen Zellarten aus. Bei jeder Aktinuntereinheit, die manchmal auch als kugeliges Aktin bzw. G-Aktin (engl. *globular actin*) bezeichnet wird, handelt es sich um eine 375 Aminosäuren lange Polypeptidkette, die ein fest gebundenes ATP- oder ADP-Molekül trägt (**Abb. 16.8a**). Aktin ist unter den Eukaryoten außerordentlich gut konserviert. Die Aminosäuresequenzen der Aktine aus unterschiedlichen Eukaryotenarten sind gewöhnlich zu ungefähr 90 % identisch. Geringfügige Variationen in der Aktin-Aminosäuresequenz können bedeutende funktionale Unterschiede verursachen. In Wirbeltieren z. B. gibt es drei Isoformen von

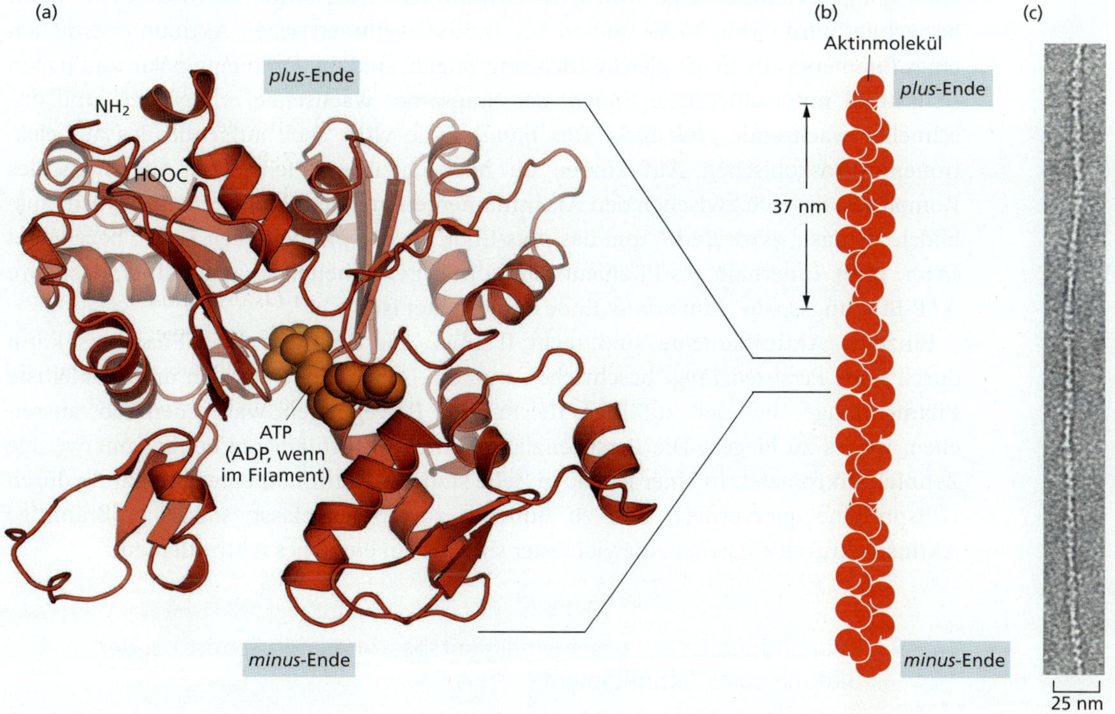

Abb. 16.8 Strukturen eines Aktinmonomers und Aktinfilamentes. (a) Das Aktinmonomer trägt entweder ATP oder ADP in einer tiefen Spalte in der Mitte des Moleküls. (b) Anordnung der Monomere in einem Filament. Das Filament besteht aus zwei durch laterale Kräfte zusammengehaltenen Protofilamenten, die sich als zwei parallele Helixstränge mit einer Windungshöhe von 37 nm umeinanderwinden. Alle Untereinheiten eines Filaments haben dieselbe Orientierung. (c) Elektronenmikroskopische Aufnahme von negativ gefärbten Aktinfilamenten. (c, mit freundlicher Genehmigung von Roger Craig).

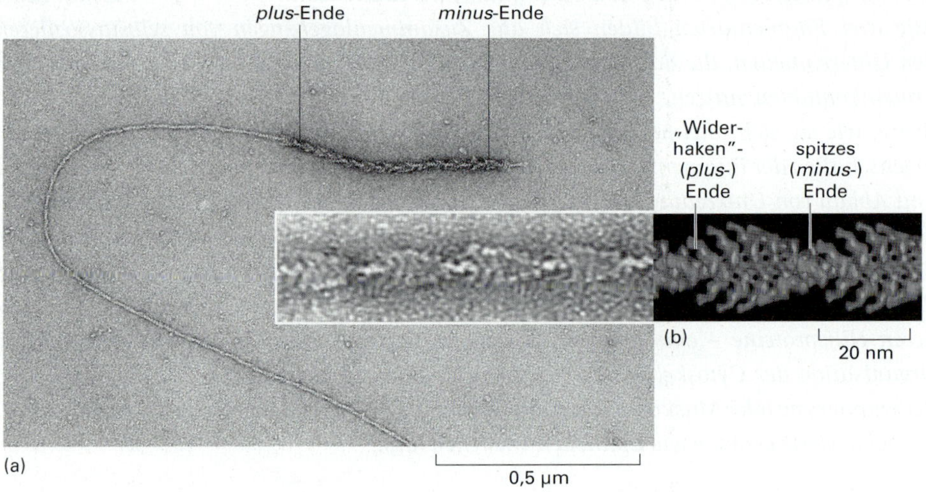

Abb. 16.9 Strukturelle Polarität eines Aktinfilaments. (a) Die elektronenmikroskopische Aufnahme zeigt ein Aktinfilament, das von einem kleinen Aktinfilamentkeim, der mit Myosin-Motordomänen bestückt ist, verlängert wurde, sodass es das Aussehen einer Pfeilspitze hat. Das Filament ist am „Widerhaken"-Ende (*plus*-Ende) schneller gewachsen als am spitzen Ende (*minus*-Ende). (b) Vergrößertes Bild und Modell des Pfeilspitzenaussehens. (a, mit freundlicher Genehmigung von Tom Pollard; b, verändert nach M. Whittaker *et al.*, *Ultramicroscopy* 58: 245–259, 1995. Mit Genehmigung von Elsevier).

Aktin, die als α-, β- und γ-Aktin bezeichnet werden. Sie unterscheiden sich leicht in ihrer Aminosäuresequenz und haben unterschiedliche Funktionen. α-Aktin wird nur in Muskelzellen exprimiert, während die β- und γ-Aktine zusammen in fast allen Nicht-Muskelzellen gefunden werden.

16.2.1 Aktinuntereinheiten fügen sich Kopf-an-Schwanz zusammen und bilden so flexible, polare Filamente

Aktinuntereinheiten lagern sich Kopf-an-Schwanz zusammen und bilden eine starre rechtsgängige Helix, die eine 8 nm breite Struktur formt, die als filamentöses oder F-Aktin bezeichnet wird (**Abb. 16.8b** und **16.8c**). Da die asymmetrischen Aktinuntereinheiten eines Filaments alle in die gleiche Richtung zeigen, sind die Filamente polar und haben strukturell unterschiedliche Enden: das langsamer wachsende *minus-Ende* und das schneller wachsende *plus-Ende*. Das *minus*-Ende wird auch aufgrund des auf elektronenmikroskopischen Aufnahmen zu beobachtenden Pfeilspitzen-Aussehens des Komplexes, der sich zwischen den Aktinfilamenten und dem Motorprotein Myosin ausbildet, als das *„spitze Ende"* und das *plus*-Ende als das *„Widerhaken-Ende"* bezeichnet (**Abb. 16.9**). Innerhalb des Filaments sind die Untereinheiten so angeordnet, dass ihre ATP-Bindungsspalte zum *minus*-Ende ausgerichtet ist.

Einzelne Aktinfilamente sind recht flexibel. Die Steifheit eines Filaments kann durch seine *Persistenzlänge* beschrieben werden. Dabei handelt es sich um die kleinste Filamentlänge, bei der zufällige thermische Bewegungen wahrscheinlich ausreichen, um es zu biegen. Die Persistenzlänge eines Aktinfilaments beträgt nur wenige Zehntel Mikrometer. In einer lebenden Zelle sind die Aktinfilamente aber häufig durch Hilfsproteine quervernetzt und zu Bündeln zusammengefasst, sodass großräumige Aktinstrukturen entstehen, die viel fester sind als ein einzelnes Aktinfilament.

16.2.2 Keimbildung ist der geschwindigkeitsbestimmende Schritt bei der Bildung eines Aktinfilaments

Die Regulierung der Aktinfilamentbildung ist ein wichtiger Mechanismus, über den die Zelle ihre Form und Bewegung kontrolliert. Aktinuntereinheiten können spontan aneinander binden, aber die Assoziation ist instabil bis sich die Untereinheiten zu einem Anfangsaggregat, einem Keim, zusammenlagern, der durch viele Kontakte

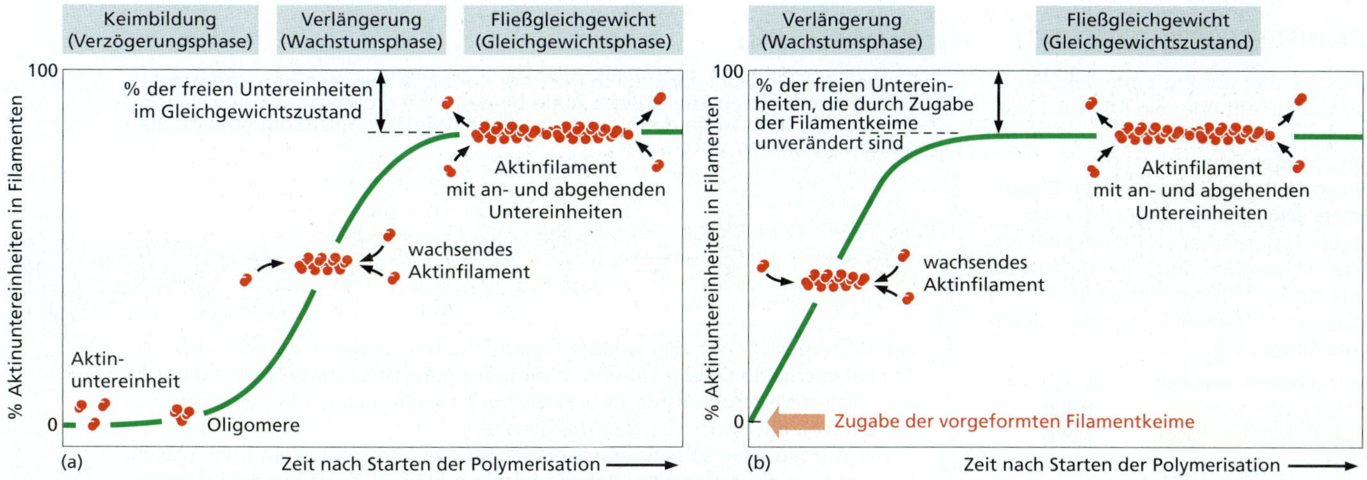

Abb. 16.10 Zeitlicher Verlauf der Aktinpolymerisation. Aufgereinigte Aktinuntereinheiten werden in einem Reaktionsgefäß (*in vitro*) zur Polymerisation gebracht. (a) Die Polymerisation dieser Aktinuntereinheiten erfolgt nach einer Verzögerungsphase (engl. *lag phase*). (b) Die Polymerisation erfolgt mit vorgeformten Bruchstücken von Aktinfilamenten als Polymerisationskeimen viel schneller. Die Prozentzahl (%) freier Untereinheiten nach der Polymerisation spiegelt die kritische Konzentration (C_c) wider, bei der es keine Nettoänderung im Polymer gibt. C_c hat einen konstanten Wert von ~ 0,1 µM, aber der prozentuale Anteil von Aktinuntereinheiten im Filament variiert und hängt davon ab, wieviel Aktin in der Reaktion vorhanden ist. Die Aktinpolymerisation wird oft durch Messung der Änderung der Lichtemission einer fluoreszierenden Sonde, die Pyren genannt wird und kovalent an Aktin gebunden wurde, untersucht. Pyren-Aktin fluoresziert viel heller, wenn es in Aktinfilamente eingebaut wird.

zwischen Untereinheiten stabilisiert wird und der dann rasch durch Anlagerung weiterer Untereinheiten wachsen kann. Dieser Vorgang wird als Filament*keimbildung* bezeichnet.

Viele Merkmale der Aktinkeimbildung und -polymerisation sind an gereinigtem Aktin im Reaktionsgefäß (*in vitro*) untersucht worden (**Abb. 16.10**). Durch die Instabilität kleinerer Aktinoligomeren ist die Keimbildung ineffizient. Wird die Polymerisation angestoßen, führt dies zu einer Verzögerungs- (Lag-)Phase, in der keine Filamentbildung beobachtet werden kann. Während dieser Lag-Phase gelingt es jedoch den kleinen instabilen Oligomeren allmählich, sich in eine stabilere Form umzuwandeln, die einem Aktinfilament ähnelt. Dies führt zu einer Phase schnellen Filamentwachstums, in der sich die Untereinheiten rasch an die Enden der Filamentkeime anlagern (**Abb. 16.11a**). Schließlich – wenn die Konzentration der Aktinmonomere abnimmt – erreicht das System ein stationäres Gleichgewicht, bei dem die Geschwindigkeit der Anlagerung

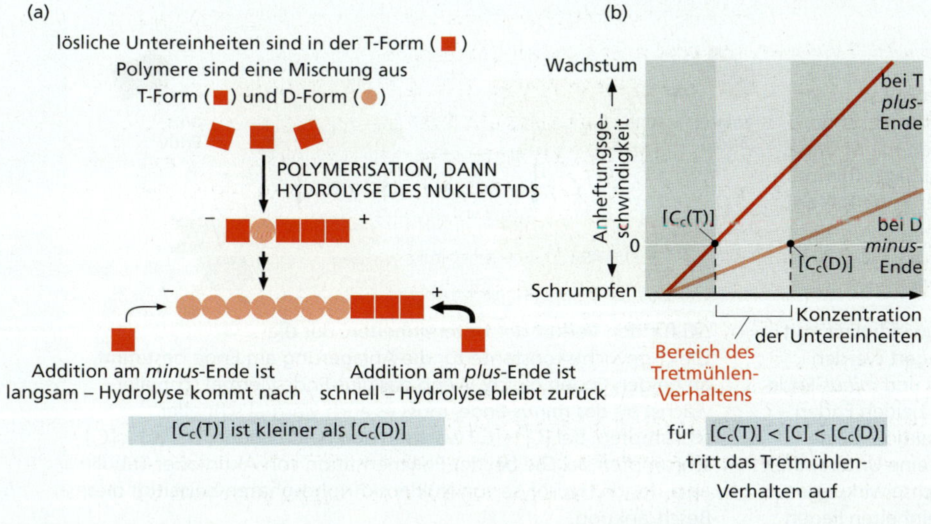

Abb. 16.11 Der Tretmühlen-Mechanismus der Aktinfilamente wird durch die auf die Anheftung einer Untereinheit folgende ATP-Hydrolyse ermöglicht. (a) Erklärung der verschiedenen kritischen Konzentrationen [C_c] am *plus*- und *minus*-Ende. Untereinheiten mit gebundenem ATP (T-Form-Untereinheiten) lagern sich an beiden Enden des wachsenden Filaments an und das ATP wird dann im Filament hydrolysiert. Solange das Filament wächst, ist die Anlagerung am *plus*-Ende in diesem Beispiel schneller als die Hydrolyse; die endständigen Untereinheiten an diesem Ende sind daher immer in der T-Form. Am *minus*-Ende ist die Hydrolyse jedoch schneller als die Anlagerung; die terminalen Untereinheiten an diesem Ende sind daher immer in der D-Form. (b) Das Tretmühlen-Verhalten tritt bei mittleren Konzentrationen von freien Untereinheiten auf. Die kritische Konzentration für die Polymerisation am Ende eines Filaments in der T-Form, [C_c(T)], ist geringer als für ein Filamentende in der D-Form, [C_c(D)]. Wenn sich die aktuelle Konzentration der Untereinheiten irgendwo zwischen diesen zwei Werten befindet, wächst das *plus*-Ende, während das *minus*-Ende schrumpft, was zum Tretmühlen-Verhalten führt.

REAKTIONSGESCHWINDIGKEITEN

Ein lineares Polymer aus Proteinmolekülen, z.B. ein Aktinfilament oder ein Mikrotubulus, wird aufgebaut (polymerisiert) durch Anfügen und abgebaut (depolymerisiert) durch Entfernen von Untereinheiten an den Enden des Polymers. Die Geschwindigkeit für das Anheften der Untereinheiten (bezeichnet als Monomere) ist gegeben durch die Geschwindigkeitskonstante k_{an} (mit der Einheit of $M^{-1}\ s^{-1}$). Die Abbaugeschwindigkeit ist gegeben durch k_{ab} (mit der Einheit s^{-1}).

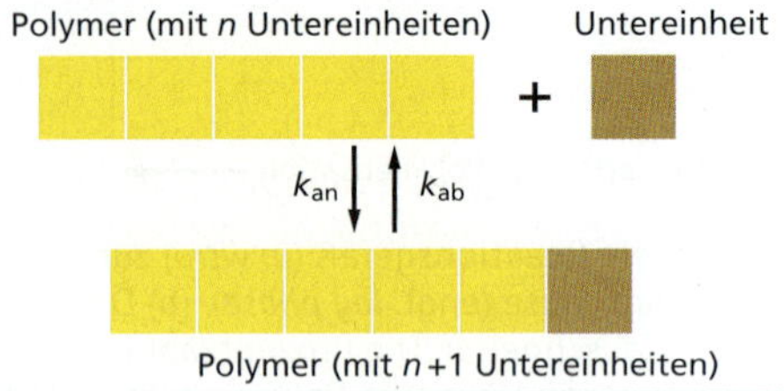

KEIMBILDUNG

Ein helikales Polymer wird durch mehrere Kontakte zwischen benachbarten Untereinheiten stabilisiert. Beim Aktin binden zwei Moleküle relativ schwach aneinander, aber wenn dann ein drites Aktinmonomer hinzukommt, wird die ganze Anordnung stabilisiert.

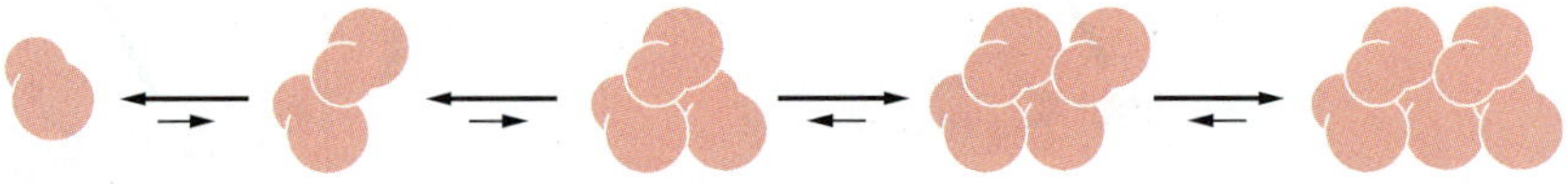

An das Trimer können sich weitere Untereinheiten anlagern; es dient als Keim der Polymerisation. Beim Tubulin ist diese Ausgangsstruktur größer und hat eine kompliziertere Struktur (möglicherweise ist sie ein Ring aus 13 oder mehr Molekülen), das Prinzip ist aber das gleiche.

Der Aufbau einer solchen Ausgangsstruktur verläuft relativ langsam, was die Verzögerung am Anfang der Polymerisation erklärt. Verkürzen oder völlig beseitigen kann man die Verzögerung mit vorgefertigten Ausgangsstrukturen, z.B. mit Bruchstücken bereits polymerisierter Mikrotubuli oder Aktinfilamenten, die man zu diesem Zweck zusetzt.

DIE KRITISCHE KONZENTRATION

Die Zahl der Monomere, die sich in jeder Sekunde an ein Polymer (Aktinfilament oder Mikrotubulus) anlagert, ist proportional zur Konzentration an freien Untereinheiten (k_{an}[C]), aber das Lösen vom Ende des Polymers erfolgt mit konstanter Geschwindikeit (k_{ab}), die nicht von [C] abhängt. Wenn das Polymer wächst, werden die Untereinheiten aufgebraucht, und man beobachtet ein Absinken von [C] bis zu einem konstanten Wert, den man als kritische Konzentration [C_c] bezeichnet. Bei dieser Konzentration ist die Geschwindigkeit von Anlagerung und Ablösung der Untereinheiten gleich.

In diesem Gleichgewichtszustand ist

$$k_{an}[C] = k_{ab}$$

sodass

$$[C_c] = \frac{k_{ab}}{k_{an}} = K_d$$

wobei K_d die Dissoziationskonstante ist.

DER ZEITLICHE VERLAUF DER POLYMERISATION

Die *in vitro* Zusammenlagerung von Proteinmolekülen zu einem langen Polymer, z.B. zu einem Cytoskelettfilament verläuft meist nach folgendem zeitlichen Schema:

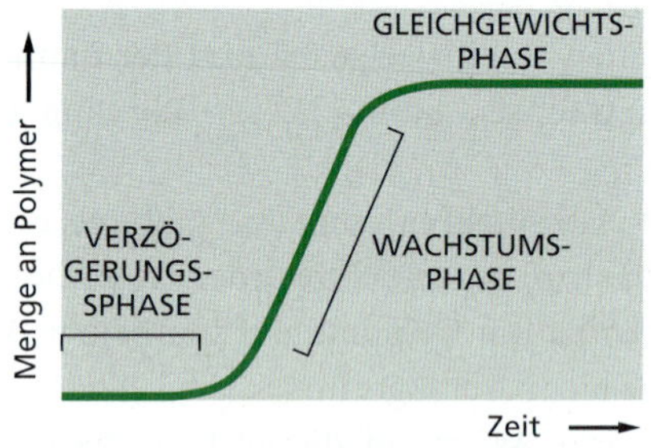

Die Verzögerungsphase entspricht der Zeit, die für die Keimbildung benötigt wird.

In der Wachstumsphase werden Monomere an die freiliegenden Enden des wachsenden Polymers zur Filamentverlängerung angefügt.

Die Gleichgewichtsphase oder das Fließgleichgewicht ist erreicht, wenn das Wachstum des Polymers durch Anlagerung von Monomeren und das Schrumpfen durch Verlust von Monomeren sich genau die Waage halten.

PLUS- UND *MINUS*-ENDE

Die Enden eines Aktinfilaments oder eines Mikrotubulus polymerisieren unterschiedlich schnell. Das schnell wachsende Ende nennt man *plus*-Ende, das langsam wachsende *minus*-Ende. Ermöglicht werden die unterschiedlichen Wachstumsgeschwindigkeiten durch Konformationsänderungen der Untereinheiten bei ihrem Einbau in das Polymer

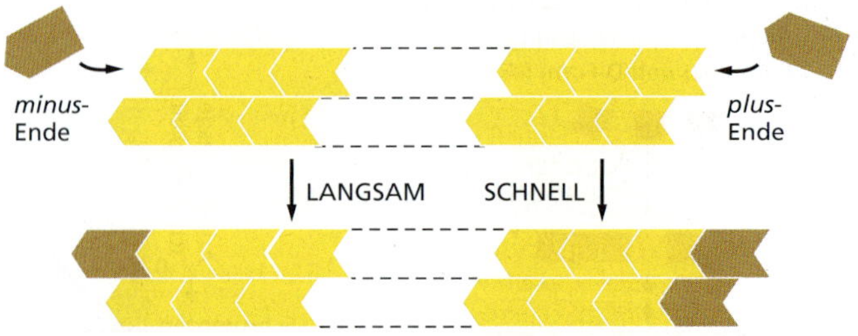

Diese Konformationsänderung beeinflusst die Geschwindigkeit, mit der die Untereinheiten an den beiden Enden angelagert werden. Obwohl k_{an} und k_{ab} unterschiedliche Werte für *plus*- und *minus*-Ende des Polymers aufweisen, ist ihr Verhältnis k_{ab}/k_{an} an beiden Enden – und damit [C_c] – für eine einfache Polymerisationsreaktion (keine Spaltung von ATP oder GTP) gleich. Denn wenn sich eine Untereinheit von jedem Ende löst, werden die exakt gleichen Wechselwirkungen zwischen den Monomeren getrennt, und die Untereinheiten liegen nach der Dissoziation im gleichen Zustand vor. Deshalb ist der Wert von ΔG für den Verlust der Untereinheiten, der die Gleichgewichtskonstante für die Anlagerung am Ende bestimmt, an beiden Enden gleich: Wenn das *plus*-Ende viermal schneller wächst als das *minus*-Ende, muss es auch viermal schneller schrumpfen. Bei [C] > [C_c] wachsen also beide Enden; bei [C] < [C_c], schrumpfen sie. Die bei der Polymerisation von Aktin oder Tubulin ablaufende Hydrolyse von Nukleosidtriphosphaten beseitigt diese Beschränkung.

Tafel 16.2 Polymerisation von Aktin und Tubulin.

NUKLEOTIDHYDROLYSE

Jedes Aktinmolekül trägt ein fest gebundenes ATP-Molekül, das kurz nach dem Einbau in das Polymer zu einem fest gebundenen ADP gespalten wird. Entsprechend trägt auch jedes Tubulinmolekül ein GTP, das ebenfalls kurz nach der Aufnahme in das Polymer zu GDP umgesetzt wird.

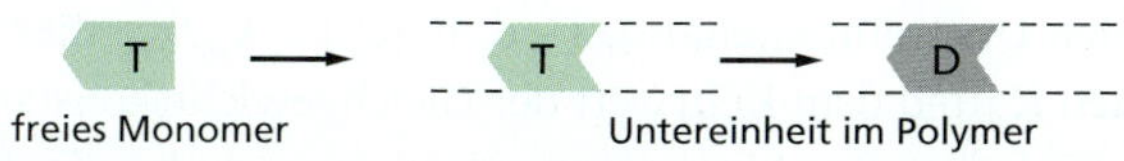

(T = ATP- oder GTP-tragendes Monomer)
(D = ADP- oder GDP-tragendes Monomer)

Durch Hydrolyse des gebundenen Nukleotids vermindert sich die Affinität für die Bindung der Untereinheit an benachbarte Monomere, sodass sie sich von den Enden des Filaments lösen kann (ein möglicher Mechanismus ist in Abb. 16-44 dargestellt). Meist lagert sich die T -Form an das Filament an, während sich die D -Form davon ablöst. Hier soll nur der Vorgang am *plus*-Ende betrachtet werden:

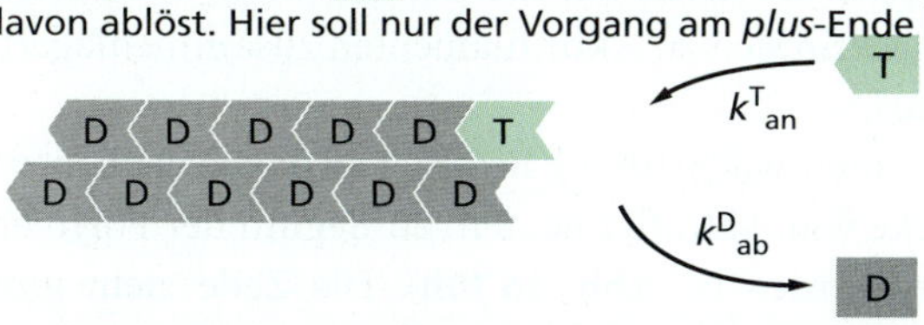

Wie zuvor beschrieben, wächst das Polymer, bis $[C] = [C_C]$. Einfachheitshalber kann man k^D_{an} und k^T_{ab} vernächlässigen, denn sie sind meist sehr klein. Das Wachstum des Polymers endet also, wenn

$$k^T_{an}[C] = k^D_{ab} \quad \text{oder} \quad [C_C] = \frac{k^D_{ab}}{k^T_{an}}$$

Es handelt sich hier nicht um ein echtes Gleichgewicht, sondern um ein Fließgleichgewicht, denn das hydrolysierte ATP oder GTP muss durch eine Nukleotid-Austauschreaktion an den freien Untereinheiten ersetzt werden: (D → T).

ATP- UND GTP-KAPPEN

Untereinheiten können an ein wachsendes Aktinfilament oder einen entstehenden Mikrotubulus so schnell angelagert werden, dass die Hydrolyse der gebundenen Nukleotide damit nicht Schritt hält. Unter solchen Bedingungen bildet sich an einem Ende eine „Kappe" aus Untereinheiten mit dem gebundenen Nukleosidtriphosphat: bei Aktinfilamenten eine ATP-Kappe, bei Mikrotubuli eine GTPKappe.

DYNAMISCHE INSTABILITÄT und TRETMÜHLEN-MECHANISMUS sind zwei Verhaltensweisen, die man bei Polymeren des Cytoskeletts beobachtet. Beide gehen mit der Hydrolyse von Nukleosidtriphosphaten einher. Vermutlich herrscht bei Mikrotubuli die dynamische Instabilität vor, während das Tretmühlen-Verhalten wahrscheinlich bei Aktinfilamenten überwiegt.

TRETMÜHLEN-VERHALTEN

Die Hydrolyse der Nukleotide, die sich im Zusammenhang mit der Polymerbildung abspielt, hat unter anderem zur Folge, dass die kritische Konzentration sich an den beiden Enden des Polymers ändert. Da k^D_{ab} und k^T_{an} sich auf unterschiedliche Reaktionen beziehen, muss ihr Verhältnis k^D_{ab}/k^T_{an} für die beiden Enden des Polymers nicht das gleiche sein, sodass:

$$[C_c\ (\textit{minus}\text{-Ende})] > [C_c\ (\textit{plus}\text{-Ende})]$$

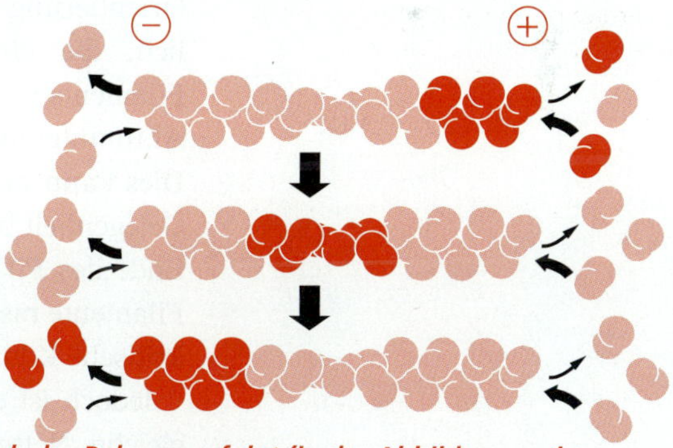

Wenn also beide Enden eines Polymers freiliegen, setzt sich die Polymerisation so lange fort, bis die Konzentration der freien Monomere einen Wert erreicht, der höher als [Cc] für das *plus*-Ende, aber niedriger als [Cc] für das *minus*-Ende liegt. In diesem Fließgleichgewicht werden mit der gleichen Geschwindigkeit insgesamt am *plus*-Ende Untereinheiten angefügt und insgesamt am *minus*-Ende Untereinheiten abgebaut. Die Länge des Polymers bleibt also konstant, obwohl ***ein Nettofluss der Untereinheiten durch das Polymer erfolgt (in der Abbildung rechts durch die knallroten Kugeln veranschaulicht)***. Diesen Vorgang bezeichnet man als Tretmühlen-Verhalten

DYNAMISCHE INSTABILITÄT

Mikrotubuli depolymerisieren an einem Ende, das GDP-Tubulin enthält, etwa 100-mal schneller als an einem Ende mit GTP-Tubulin. Eine GTP-Kappe fördert also das Wachstum, aber wenn sie verschwindet, setzt die Depolymerisation ein.

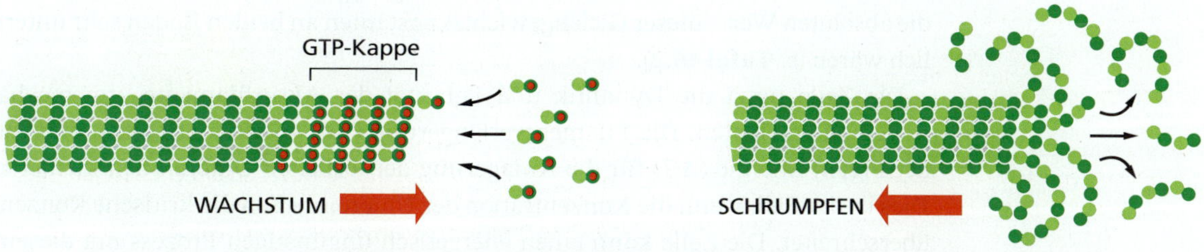

Bei einem einzelnen Mikrotubulus können deshalb Phasen des Wachstums und schnellen Abbaus abwechseln, ein Phänomen, das man als dynamische Instabilität bezeichnet.

neuer Untereinheiten an die Filamentenden durch die Geschwindigkeit der Dissoziation von Untereinheiten genau ausgeglichen wird. Die Konzentration der zu diesem Punkt in der Lösung verbleibenden Untereinheiten wird als *kritische Konzentration*, $[C_C]$, bezeichnet. Wie in **Tafel 16.2** erklärt, ist der Wert der kritischen Konzentration gleich der Geschwindigkeitskonstanten für den Abbau der Untereinheiten dividiert durch die Geschwindigkeitskonstante für den Untereinheitenanbau – d. h. $[C_C] = k_{ab}/k_{an}$, dies entspricht der Dissoziationskonstanten K_d und dem Kehrwert der Gleichgewichtskonstanten K (s. **Abb. 3.42**). *In vitro* ist $[C_C]$ für die Aktinpolymerisation – d. h. die freie Aktinmonomerkonzentration bei der der Anteil von Aktin im Polymer nicht mehr zunimmt – ungefähr 0,1 μM. Innerhalb der Zelle ist die Konzentration von nicht polymerisiertem Aktin viel größer. Die Zelle hat Mechanismen entwickelt, wie sie verhindern kann, dass monomeres Aktin sich zu Aktinfilamenten zusammenlagert; das werden wir später noch besprechen.

Die Lag-Phase des Filamentwachstums kann übersprungen werden, wenn vorgeformte Keime, z. B. Bruchstücke von Aktinfilamenten, zu Beginn der Polymerisationsreaktion der Lösung zugegeben werden (s. **Abb. 16.10b**). Die Zelle zieht großen Nutzen aus der Barriere zur Keimbildung: Sie nutzt spezielle Proteine, um die Keimbildung der Filamente an ausgesuchten Stellen zu katalysieren, und kann dadurch den Ort bestimmen, an dem neue Aktinfilamente entstehen.

16.2.3 Aktinfilamente haben zwei unterschiedliche Enden, die unterschiedlich schnell wachsen

Aufgrund der einheitlichen Orientierung der asymmetrischen Aktinuntereinheiten im Filament sind die Strukturen an den beiden Enden verschieden. Diese Orientierung macht die beiden Enden der Polymeren in einer Weise unterschiedlich, die einen tiefgreifenden Einfluss auf die Wachstumsgeschwindigkeit des Filaments hat. Die Geschwindigkeitskonstanten für die Anlagerung und Ablösung der Aktinuntereinheiten – k_{an} bzw. k_{ab} – sind am *plus*-Ende viel größer als am *minus*-Ende. Dies kann man sehen, wenn ein Überschuss an aufgereinigten Aktinmonomeren die Gelegenheit bekommt, sich an polaritätsmarkierten Filamenten anzulagern – das *plus*-Ende des Filaments verlängert sich bis zu zehnmal schneller (s. **Abb. 16.9**). Werden Filamente rasch verdünnt, sodass die Konzentration der freien Untereinheiten unter die kritische Konzentration fällt, depolymerisiert sich das *plus*-Ende auch schneller.

Jedoch ist es wichtig anzumerken, dass die beiden Enden eines Aktinfilaments die gleiche Nettoaffinität für Aktinuntereinheiten besitzen, wenn alle Untereinheiten entweder an ATP oder ADP gebunden sind. Das Hinzufügen einer Untereinheit an ein beliebiges Ende eines Filaments mit n Untereinheiten ergibt ein Filament mit $n + 1$ Untereinheiten. Daher muss der Unterschied der Freien Energie und damit die Gleichgewichtskonstante (und die kritische Konzentration) für die Anlagerung von Untereinheiten an beiden Enden des Polymers gleich sein. In diesem Fall wäre das Verhältnis der Geschwindigkeitskonstanten k_{ab}/k_{an}, für beide Enden gleich, auch wenn die absoluten Werte dieser Gleichgewichtskonstanten an beiden Enden sehr unterschiedlich wären (s. **Tafel 16.2**).

Die Zelle nutzt die Dynamik und Polarität der Aktinfilamente, um mechanische Arbeit zu verrichten. Die Filamentverlängerung läuft spontan ab, wenn die Änderung der Freien Energie (ΔG) für die Anlagerung der löslichen Untereinheit kleiner null ist. Dies ist der Fall, wenn die Konzentration der Untereinheiten die kritische Konzentration überschreitet. Die Zelle kann einen energetisch ungünstigen Prozess mit diesem spontanen Prozess koppeln. Dadurch kann die Zelle die bei der spontanen Polymerisation der Filamente freiwerdende Freie Energie dazu verwenden, eine angehängte Fracht zu bewegen. So kann eine frei bewegliche Zelle z. B. die Plasmamembran nach vorne schieben, indem sie die schnell wachsenden *plus*-Enden der Aktinfilamente zu ihrem Leitsaum hin ausrichtet, was wir später noch besprechen werden.

16.2.4 ATP-Hydrolyse innerhalb von Aktinfilamenten führt zu Tretmühlen-Verhalten im Gleichgewichtszustand

Bisher hat unsere Diskussion der Aktinfilamentdynamik einen wichtigen Aspekt, dass Aktin die Hydrolyse des Nukleosidtriphosphats ATP katalysieren kann, außer Acht gelassen. Bei freien Aktinuntereinheiten verläuft die Hydrolyse sehr langsam; sie wird aber beschleunigt, sobald die Untereinheiten in Filamente eingebaut sind. Kurz nach der Hydrolyse des ATP wird die freie Phosphatgruppe von der Untereinheit entlassen, das ADP bleibt jedoch in der Filamentstruktur eingeschlossen. Es können also zwei unterschiedliche Arten der Filamentstruktur vorkommen: eine ATP-gebundene „T-Form" und eine ADP-gebundene „D-Form".

Wenn das ATP hydrolysiert wird, dann wird ein großer Anteil der durch die Spaltung der energiereichen Phosphat–Phosphat-Bindung freigesetzten Energie im Polymerverband gespeichert. Dadurch ist die Änderung der Freien Energie bei der Dissoziation einer Untereinheit von der D-Form des Polymers negativer als die Änderung der Freien Energie bei der Dissoziation einer Untereinheit von der T-Form des Polymers. Folglich ist das Verhältnis k_{ab}/k_{an} der D-Form des Polymers (das numerisch der kritischen Konzentration $[C_C(D)]$ entspricht) größer als das entsprechende Verhältnis der T-Form des Polymers. $[C_C(D)]$ ist also größer als $[C_C(T)]$. Bei bestimmten Konzentrationen freier Untereinheiten wird sich demnach die D-Form des Polymers verkürzen, während die T-Form des Polymers wächst.

In lebenden Zellen liegen die freien Untereinheiten meist in der T-Form vor, da die freie Konzentration von ATP etwa zehnmal höher ist als die von ADP. Je länger jedoch die Untereinheiten im Polymer eingebaut waren, umso höher ist die Wahrscheinlichkeit, dass sie ihr gebundenes ATP hydrolysiert haben. Ob eine Untereinheit am Ende eines Filaments in der T- oder D-Form vorliegt, hängt demnach von der Geschwindigkeit der Hydrolyse im Vergleich zur Geschwindigkeit der Addition von Untereinheiten ab. Wenn die Konzentration der Aktinmonomere größer ist als die kritische Konzentration sowohl des T-Form-Polymers als auch des D-Form-Polymers, werden an beiden Enden des Polymers Untereinheiten angefügt, bevor die zuvor angefügten Untereinheiten ihre Nukleotide hydrolysiert haben. Daraus ergibt sich, dass die Spitzen des Aktinfilaments in der T-Form bleiben. Ist hingegen die Untereinheitenkonzentration geringer als die kritischen Konzentrationen des T-Form-Polymers und des D-Form-Polymers, kann die Hydrolyse ablaufen, ehe die nächste Untereinheit angelagert wird. Beide Enden des Filaments liegen in der D-Form vor und werden schrumpfen. Bei einer mittleren Konzentration an Aktinuntereinheiten ist es möglich, dass die Geschwindigkeit der Addition von Untereinheiten höher ist als die ATP-Hydrolyse am *plus*-Ende, aber langsamer als die ATP-Hydrolyse am *minus*-Ende. In diesem Fall bleibt das *plus*-Ende des Filaments in der T-Konformation, während das *minus*-Ende die D-Konformation annimmt. Das Filament unterliegt einer Nettoaddition von Untereinheiten am *plus*-Ende, während gleichzeitig Untereinheiten am *minus*-Ende verloren gehen. Dies führt zu dem bemerkenswerten **Tretmühlen-Verhalten** der Filamente (**Abb. 16.11** und **Tafel 16.2**).

Bei einer bestimmten mittleren Konzentration an Untereinheiten wird das Wachstum des Filaments am *plus*-Ende genau durch das Filamentschrumpfen am *minus*-Ende ausgeglichen. Unter diesen Bedingungen wechseln die Untereinheiten schnell zwischen dem freien und dem in das Filament eingebauten Zustand hin und her, während die

Tab. 16.1 Aktin- und Mikrotubuli-Hemmstoffe.

Substanz	Wirkung auf Filament	Mechanismus	Natürliches Vorkommen
Aktin			
Latrunculin	baut ab	bindet Aktinuntereinheiten	Schwämme
Cytochalasin B	baut ab	deckelt *plus*-Enden der Filamente	Pilze
Phalloidin	stabilisiert	bindet seitlich an Filamente	*Amanita*-Pilz
Mikrotubuli			
Taxol (Paclitaxel)	stabilisiert	bindet seitlich an Filamente	Eibe
Nocodazol	baut ab	bindet Tubulinuntereinheiten	künstlich
Colchicin	baut ab	deckelt beide Filamentenden	Herbstzeitlose

Länge des Filaments unverändert bleibt. Dieses Gleichgewicht in der Tretmühle benötigt einen konstanten Energieverbrauch in Form der ATP-Hydrolyse.

16.2.5 Die Funktion der Aktinfilamente kann durch polymerstabilisierende und polymerdestabilisierende Chemikalien gehemmt werden

Chemische Verbindungen, die Aktinfilamente stabilisieren oder destabilisieren können, sind wichtige Werkzeuge, um das dynamische Verhalten und die Funktion der Filamente in der Zelle zu untersuchen. *Cytochalasine* aus Pilzen können die Aktinpolymerisation durch Bindung an das *plus*-Ende des Filaments unterbinden. *Latrunculin* verhindert die Aktinpolymerisation durch Bindung an die Aktinuntereinheiten. *Phalloidine* sind Gifte der Knollenblätterpilze aus der Gattung *Amanita* (Wulstlinge), die fest an die Längsseite der Aktinfilamente binden und sie gegen die Depolymerisation stabilisieren. Alle diese Verbindungen bewirken dramatische Änderungen des Aktin-Cytoskeletts und sind für die Zelle sehr toxisch. Dies spricht dafür, dass die Funktion der Aktinfilamente von einem dynamischen Gleichgewicht zwischen Filament und Aktinmonomeren abhängig ist (**Tab. 16.1**).

16.2.6 Aktinbindende Proteine beeinflussen die Dynamik und Organisation der Filamente

In vitro wird die Polymerisation von Aktin einfach durch seine eigene Konzentration – wie vorhin beschrieben – und außerdem durch den pH-Wert sowie durch die Konzentration von Salzen und ATP kontrolliert. Innerhalb einer Zelle jedoch wird das Verhalten von Aktin durch zahlreiche Hilfsproteine, die an die Aktinmonomere oder -filamente (zusammengefasst in **Tafel 16.3**) binden, reguliert. Bei einer *in vitro*-Messung im Gleichgewicht bei einer Monomerkonzentration von 0,1 μM lässt sich bestimmen, wie lange ein individuelles Aktinmonomer im Filament in der Tretmühle verbleibt: ungefähr 30 Minuten. In einer Nicht-Muskelzelle bei Wirbeltieren beträgt die Halbwertszeit von Aktin in Filamenten nur 30 Sekunden, was die Rolle der zellulären Faktoren bei der Beeinflussung des dynamischen Verhaltens der Aktinfilamente verdeutlicht. Aktinbindende Proteine ändern die Dynamik und Organisation von Aktinfilamenten dramatisch, durch die räumliche und zeitliche Kontrolle der Filamentkeimbildung, der Verlängerung und der Depolymerisation. Sie regulieren auch die Assoziation von Aktin mit Membranen und wie Filamente angeordnet werden. In den folgenden Abschnitten

AKTINFILAMENTE

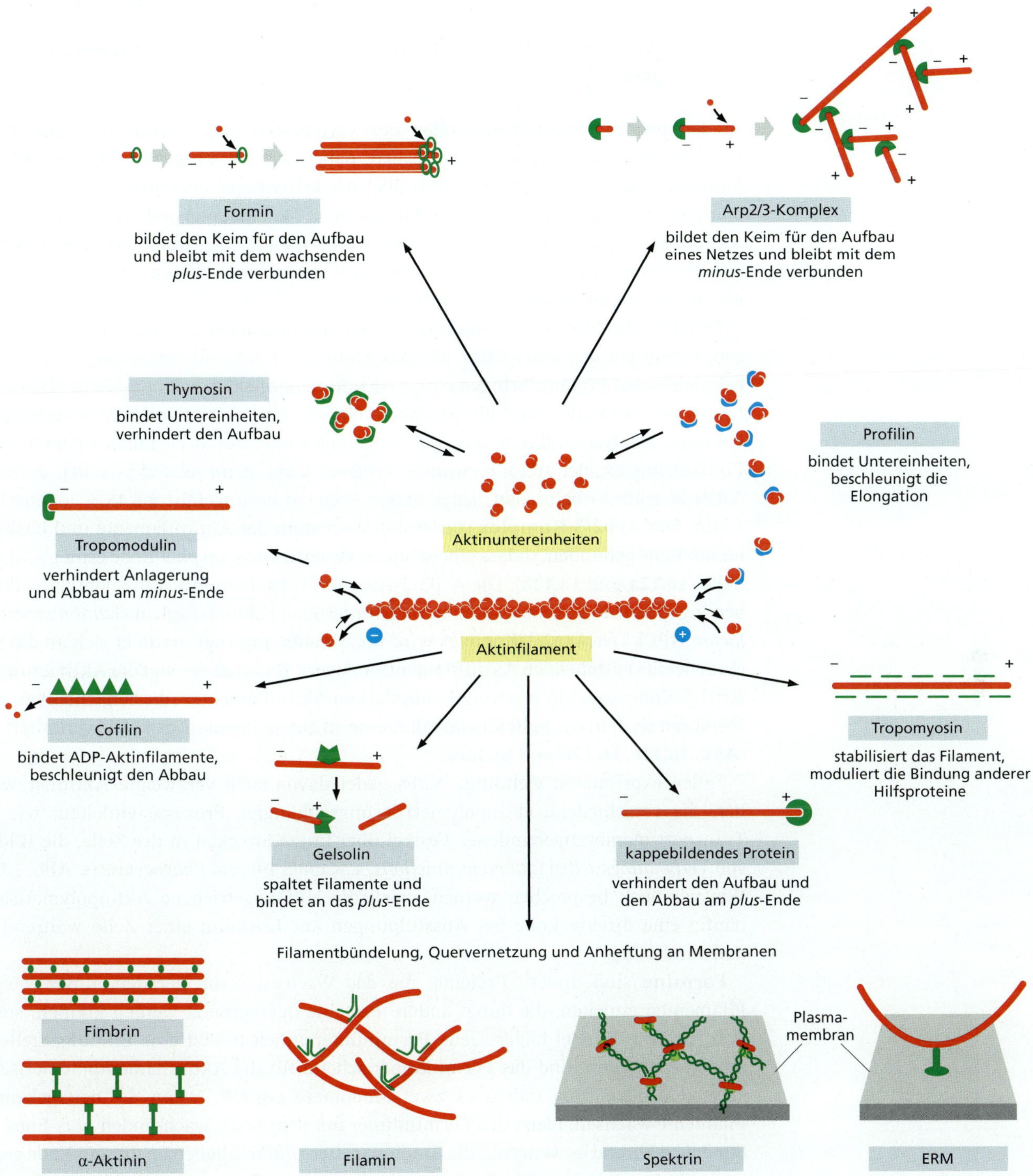

Einige der wichtigsten Hilfsproteine des Aktin-Cytoskeletts. Mit Ausnahme des Myosin-Motorproteins ist für jeden wichtigen Typ ein Beispiel dargestellt. Jedes dieser Beispiele wird im Text erörtert. Die meisten Zellen enthalten jedoch über hundert verschiedene aktinbindende Proteine, und es ist wahrscheinlich, dass es wichtige Arten aktinassoziierter Proteine gibt, die man bis jetzt noch nicht entdeckt hat.

Tafel 16.3 Aktinfilamente.

stellen wir die Mechanismen vor, wie Hilfsproteine die Aktinfunktion in der Zelle modifizieren können, wodurch seine Polymerisation die Kräfte erzeugen kann, die benötigt werden, um zelluläre Membranen zu unterstützen, zu formen und zu bewegen.

16.2.7 Die Aktinkeimbildung ist streng reguliert und erzeugt verzweigte oder gerade Filamente

In den meisten Nicht-Muskelzellen der Vertebraten liegen etwa 50 % des Aktins in Filamenten vor und 50 % sind löslich; dabei liegt die Konzentration des löslichen Monomers bei 50–200 μM, also weit über der kritischen Konzentration. Warum polymerisiert nur so wenig Aktin zu Filamenten? Der Hauptgrund dafür ist, dass die Aktinfilamentpolymerisierung in Zellen streng reguliert ist, durch eine große Anzahl von Proteinen, die die Aktinfilamentkeimbildung kontrollieren, fast immer in der Nachbarschaft einer Membranoberfläche.

Proteine, die Motive zur Bindung von Aktinmonomeren in Tandemanordnung tragen, vermitteln den einfachsten Mechanismus zur Filamentkeimbildung. Diese aktinkeimbildenden Proteine bringen einige Aktinuntereinheiten zu einem Keim zusammen. In den meisten Fällen wird die Aktinkeimbildung durch einen von zwei verschiedenen Faktoren katalysiert: durch den Arp2/3-Komplex oder durch Formine. Ersterer ist ein Proteinkomplex, der *Aktin-verwandte Proteine* (engl. *actin-related proteins*, daher als ARPs abgekürzt) beinhaltet, jedes dieser Proteine ist ungefähr zu 45 % identisch zu Aktin. Der **Arp2/3-Komplex** startet das Wachstum der Aktinfilamente und bleibt am *minus*-Ende gebunden, sodass eine schnelle Verlängerung am *plus*-Ende ermöglicht wird (**Abb. 16.12a** und **16.12b**). Die Arp2/3-Komplex-vermittelte Aktinfilamentkeimbildung benötigt die Aktivität eines keimbildungsfördernden Faktors (engl. *nucleation promoting factor*, NPF). Der Arp2/3-Komplex wird noch weiter angeregt, wenn er sich an die Seite eines bereits bestehenden Aktinfilaments anlagert. Dadurch erzeugt die Aktivierung des Arp2/3-Komplexes ein verzweigtes Bündel von Aktinfilamenten, die benachbart zu einer Membran sind, in der individuelle Filamente zu einem baumartigen Netz verknüpft sind (**Abb. 16.12c**, **16.12d** und **16.12e**).

Zellen exprimieren vielfältige NPFs, jeder davon stellt verzweigte Aktinnetzwerke her, die verschiedene aktinpolymerisierungsabhängige Prozesse einleiten, wie den Transport membrangebundener Vesikel über kurze Strecken in der Zelle, die Bildung von *Verbindungsstellen* (*adherens junctions*, s. Kapitel 19) und *Phagocytose* (s. **Abb. 13.70**). Wie wir noch besprechen werden, spielt die NPF-angetriebene Aktinpolymerisation häufig eine direkte Rolle bei Ausstülpungen am Leitsaum einer Zelle während der Zellwanderung.

Formine sind dimere Proteine, die das Wachstum von geraden, unverzweigten Filamenten einleiten, die durch andere Proteine quervernetzt werden können, sodass sich parallele Bündel bilden. Jede Forminuntereinheit besitzt eine Bindungsstelle für monomeres Aktin, und das Formindimer scheint für die Aktinfilamentpolymerisation keimbildend zu sein, indem es zwei Monomere ergreift. Wenn die neu gekeimten Filamente wachsen, bleibt das Formindimer mit dem rasch wachsenden *plus*-Ende verbunden, während es weiterhin die Bindung neuer Untereinheiten an diesem Ende gestattet (**Abb. 16.13**). Dieser Mechanismus des Filamentaufbaus unterscheidet sich klar von dem Mechanismus, der vom Arp2/3-Komplex verwendet wird. Der Arp2/3-Komplex bleibt stabil mit dem *minus*-Ende des Filaments verbunden und verhindert an diesem Ende sowohl die Anheftung von Untereinheiten als auch deren Verlust. Neben ihrer Rolle bei der Aktinkeimbildung beschleunigen Formine drastisch das Wachstum der Aktinfilamente. Formine vermitteln den Zusammenbau einer Vielzahl von zellulären

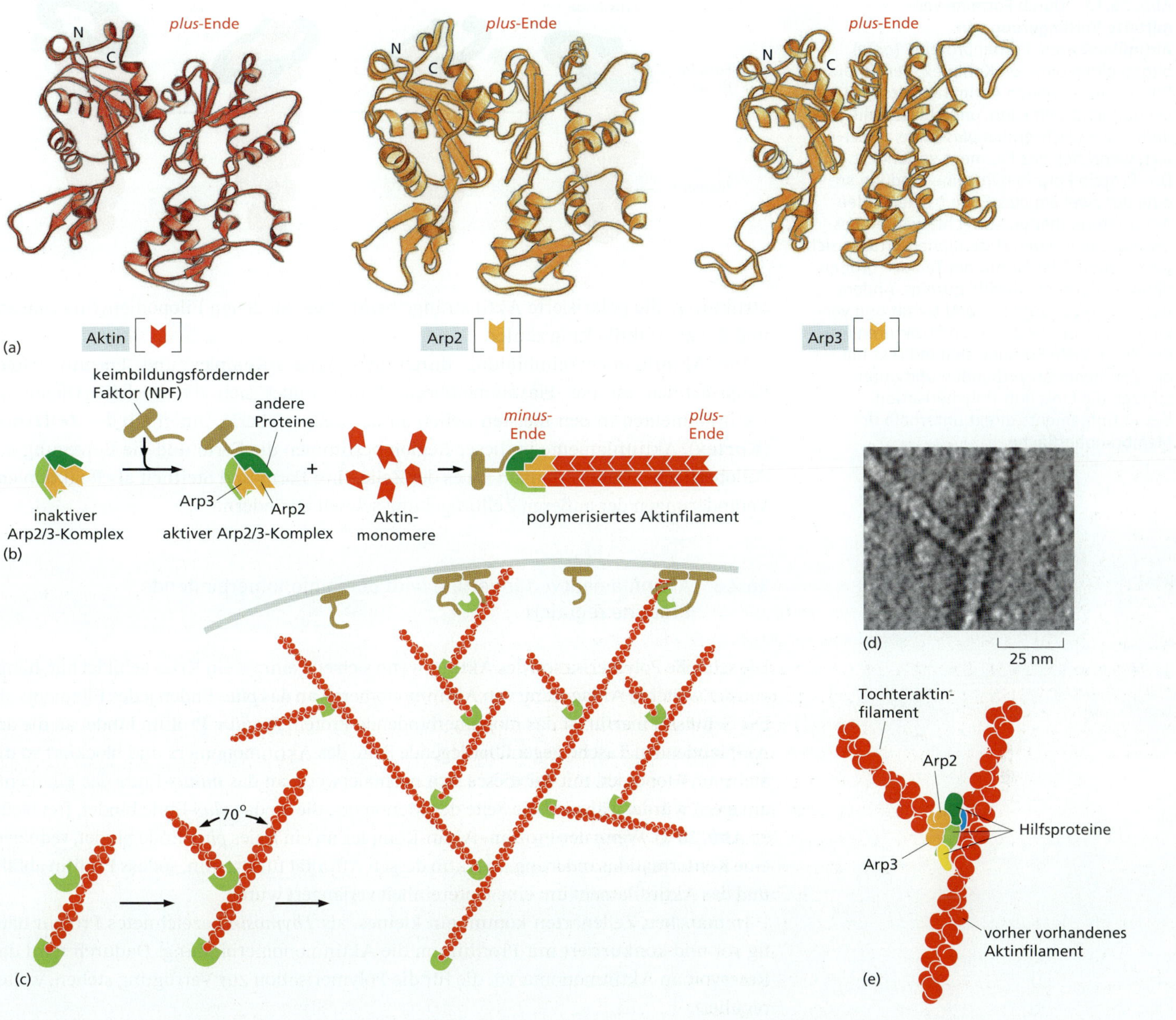

Abb. 16.12 Durch den Arp2/3-Komplex bewirkte Keimbildung und Verzweigung der Aktinfilamente. (a) Vergleich der Strukturen von Arp2 und Arp3 mit der von Aktin. Obwohl die dem *plus*-Ende (*oben*) entsprechende Region des Arp2- und Arp3-Moleküls dem *plus*-Ende des Aktinmoleküls selbst sehr ähnlich ist, hindern Unterschiede an den Seiten und dem *minus*-Ende diese mit Aktin verwandten Proteine an der eigenständigen Ausbildung von Filamenten oder an der Zusammenlagerung mit Aktin zu Filamenten. (b) Modell für die Keimbildung zur Filamentbildung durch den Arp2/3-Komplex. Arp2 und Arp3 werden in Abwesenheit eines aktivierenden Faktors durch Hilfsproteine in einer Anordnung gehalten, die sie daran hindert, den Keim für ein neues Aktinfilament zu bilden. Wenn ein keimbildungsfördernder Faktor (NPF, *braun*) den Komplex bindet, werden Arp2 und Arp3 in einer neuen Konfiguration zusammengebracht, die dem *plus*-Ende eines Aktinfilaments ähnelt. Aktinuntereinheiten können sich nun an diese Struktur anlagern und so den geschwindigkeitsbegrenzenden Schritt der Filamentkondensation umgehen. (c) Der Arp2/3-Komplex kondensiert Filamente mit höherer Effizienz, wenn er an der Seite eines schon existierenden Aktinfilaments angelagert ist. Das Ergebnis ist eine Verzweigung des Filaments mit einem Winkel von 70° relativ zum Ursprungsfilament. Wiederholte Runden der Keimbildung an Abzweigungen führen zu einem baumartigen Netz von Aktinfilamenten. (d) Elektronenmikroskopische Aufnahme eines verzweigten Aktinfilaments, das durch Mischen aufgereinigter Aktinuntereinheiten mit aufgereinigten Arp2/3-Komplexen erhalten wurde. (e) Zeichnung, die die Position des Arp2/3-Komplexes an der Verzweigung zwischen dem bereits vorhandenen Mutterfilament und dem Tochterfilament zeigt. (d, © 2008 I. Rouiller *et al.* Ursprünglich veröffentlicht 2008 in *J. Cell Biol.* 180: 887–895. https://doi.org/10.1083/jcb.200709092. Mit Genehmigung der Rockefeller University Press).

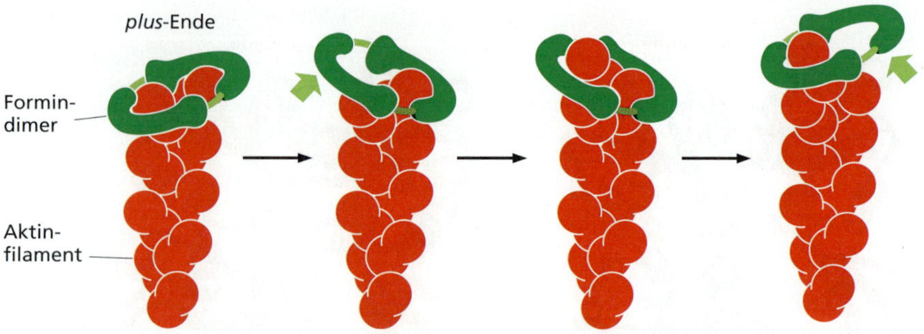

Abb. 16.13 Durch Formine vermittelte Verlängerung von Aktinfilamenten. Forminproteine (*grün*) bilden einen dimeren Komplex, der für die Bildung eines neuen Aktinfilaments (*rot*) keimbildend sein kann, und bleiben mit dem rasch wachsenden *plus*-Ende assoziiert, wenn sich das Filament verlängert. Das Protein Formin hält seine Bindung an eine der zwei am *plus*-Ende freiliegenden Aktinuntereinheiten aufrecht, während es jeweils einer neuen Untereinheit erlaubt sich einzubauen. Hier ist nur ein Teil des großen dimeren Forminmoleküls gezeigt. Andere Bereiche regulieren seine Aktivität und verknüpfen es mit bestimmten Strukturen in der Zelle. Viele Formine sind indirekt mit der Zellmembran verbunden und unterstützen die Einschub-Polymerisation des Aktinfilaments direkt unterhalb der Membranoberfläche.

Strukturen, die polarisierte Aktinstränge beinhalten, zu denen Filopodien, Stressfasern und der kontraktile Ring zählen.

Die Aktinfilamentkeimbildung durch den Arp2/3-Komplex und Formin erfolgt hauptsächlich an der Plasmamembran. Daher findet sich die höchste Dichte an Aktinfilamenten in den meisten Zellen an der Zellperipherie, innerhalb der **Zellrinde** (**Kortex**). Aktinfilamente in dieser Region bestimmen die Form und die Bewegung der Zelloberfläche. Dabei erlauben sie es der Zelle, ihre Form und Steifheit als Reaktion auf Veränderungen der äußeren Zellumgebung schnell zu ändern.

16.2.8 Aktinfilamentverlängerung wird durch monomerbindende Proteine reguliert

Die schnelle Polymerisation des Aktins, wenn sich erst einmal ein Keim gebildet hat, hängt von der weiteren Anlagerung von Aktinmonomeren an das *plus*-Enden jedes Filaments ab. Der Schlüssel hierfür ist das monomerbindende Protein *Profilin*. Profilin bindet an die der ATP-bindenden Tasche gegenüberliegende Seite des Aktinmonomers und blockiert so die Stelle am Monomer, mit der dieses sich normalerweise an das *minus*-Ende des Filaments anlagern würde, während die Seite des Monomers, die an das *plus*-Ende bindet, frei bleibt (s. **Abb. 16.8**). Wenn der Profilin–Aktin-Komplex an ein freies *plus*-Ende bindet, reduziert eine Konformationsänderung im Aktin dessen Affinität für Profilin, sodass Profilin abfällt und das Aktinfilament um eine Untereinheit verlängert wurde.

In manchen Zellenarten kommt ein kleines, als *Thymosin* bezeichnetes Protein häufig vor und konkurriert mit Profilin um die Aktinmonomerbindung. Dadurch wird das Reservoir an Aktinmonomeren, die für die Polymerisation zur Verfügung stehen, weiter reguliert.

Das Wachstum der Filamente wird aus zwei Gründen stark durch Profilin beschleunigt. Erstens erhält Profilin ein großes Reservoir an Aktinmonomeren aufrecht, die bereit für die Polymerisation an den *plus*-Enden der Filamente sind. Zweitens sind Bindungsstellen für Profilin in vielen Forminproteinen und NPFs vorhanden, die den Arp2/3-Komplex aktivieren. Indem profilingebundene Aktinmonomere an Faktoren binden, die die Filamentkeimbildung fördern, werden diese Aktinmonomere direkt an die Stellen der Filamentverlängerung gebracht, wodurch der Aktinfilamentaufbau deutlich beschleunigt wird (**Abb. 16.14**).

16.2.9 Aktinfilamentbindende Proteine ändern die Dynamik und Organisation der Filamente

Das Aktinfilamentverhalten wird durch zwei Hauptklassen von interagierenden Proteinen reguliert: zum einen durch Proteine, die seitlich an die Filamente binden,

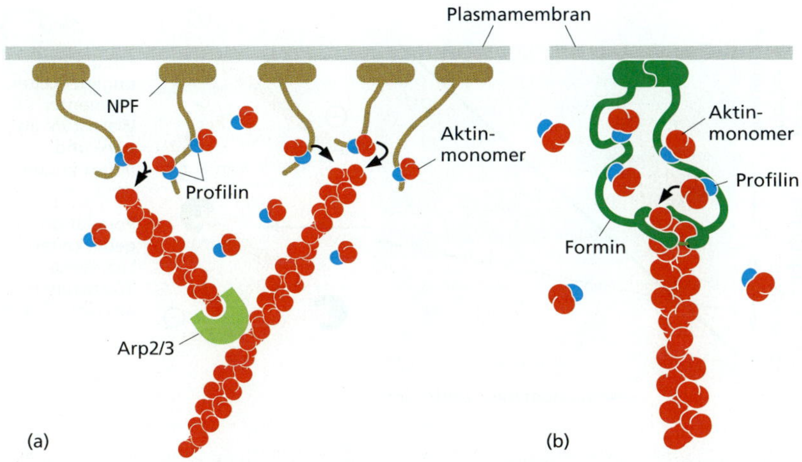

Abb. 16.14 **Profilin stimuliert die Verlängerung von Aktinfilamenten.** (a) Viele keimbildungsfördernde Faktoren (NPFs; *braun*) enthalten Bindungsstellen für Profilin (*blau*), das an Aktinmonomere gebunden ist. Infolgedessen führt die Aktivierung von NPF nicht nur zur Keimbildung von verzweigten Aktinfilamenten durch Arp2/3 (*grün*; s. Abb. 16.12), sondern auch zu einer schnellen Verlängerung der neuen Filamente. (b) Einige Mitglieder der Formin-Proteinfamilie besitzen „Schnurrhaar"-artige, unstrukturierte Domänen, die mehrere Bindungsstellen für Profilin-Aktin-Komplexe besitzen. Dies dient der Rekrutierung von Aktinmonomeren an das wachsende *plus*-Ende des Aktinfilamentes, wenn Formin gebunden ist. Unter bestimmten Bedingungen kann Profilin die Geschwindigkeit der Aktinfilamentverlängerung erhöhen, sodass das Filamentwachstum schneller ist als bei einer diffusionsgesteuerten Reaktion zu erwarten wäre (s. auch Abb. 3.76). Wie NPFs werden Forminproteine innerhalb der Zelle aktiviert, um die Polymerisation von Aktinfilamenten an Membranoberflächen zu fördern.

und zum anderen durch Proteine, die an die Enden binden (s. Tafel 16.3). Zu den seitlich bindenden Proteinen gehört *Tropomyosin*, ein längliches Protein, das nicht mit dem Myosinmotor verwandt ist und gleichzeitig an sechs oder sieben benachbarte Aktinuntereinheiten entlang der zwei Furchen der helikalen Aktinfilamente bindet. Zusätzlich zur Stabilisierung und Versteifung des Filaments kann die Bindung von Tropomyosin die Bindung anderer Proteine an das Aktinfilament verhindern. Dieser Aspekt der Tropomyosinfunktion ist ein wichtiger Schritt bei der Kontrolle der Muskelkontraktion, wie wir später sehen werden.

Ein Aktinfilament, das nicht weiterwächst und nicht durch die Zelle besonders stabilisiert wird, wird rasch depolymerisieren: Sobald die Aktinmoleküle ihr ATP hydrolysiert haben, kann es vor allem an seinem *plus*-Ende Untereinheiten verlieren. Ein Aktinfilament wird am *plus*-Ende durch die Bindung eines *plus*-Ende *kappebildenden Proteins* (auch *CapZ* nach seinem Auftreten in der Z-Bande des Muskels genannt) stabilisiert, das die Geschwindigkeit sowohl des Filamentwachstums als auch der Filamentdepolymerisation stark hemmt, da es das *plus*-Ende inaktiviert (Abb. 16.15). An seinem *minus*-Ende kann ein Aktinfilament durch den Arp2/3-Komplex „gedeckelt" sein, der seine Entstehung auslöste; jedoch werden viele *minus*-Enden in normalen Zellen vom Arp2/3-Komplex freigesetzt und sind nicht gedeckelt.

Tropomodulin, das für seine Funktion der Deckelung von Aktinfilamenten im Muskel bestens bekannt ist, bindet sehr fest an die *minus*-Enden von Aktinfilamenten, die mit Tropomyosin bedeckt und dadurch schon etwas stabilisiert sind. Eine große Familie von Tropomodulinproteinen reguliert die Länge und Stabilität der Aktinfilamente in vielen Zellarten.

Proteine, die an die Enden binden, können sogar dann die Dynamik der Filamente beeinflussen, wenn sie nur in sehr geringen Konzentrationen

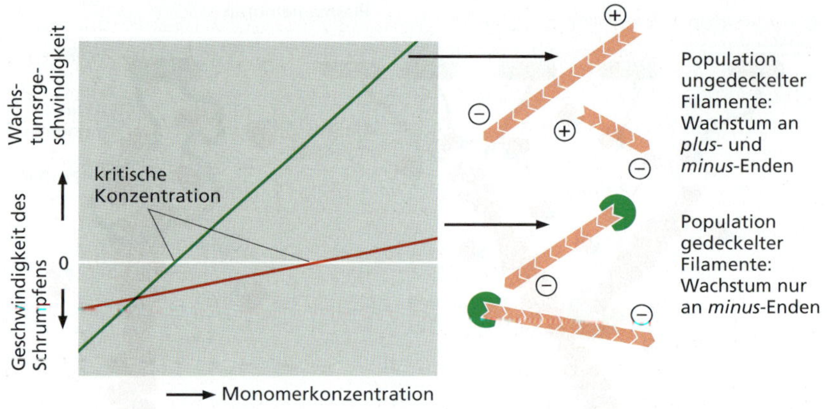

Abb. 16.15 Deckeln des Filaments und seine Wirkungen auf die Dynamik des Filaments. Eine Population nicht gedeckelter Filamente kann Untereinheiten sowohl an den *plus*-Enden als auch an den *minus*-Enden anfügen und abbauen, was sich in Abhängigkeit von der Konzentration verfügbarer freier Untereinheiten (*grüne* Linie) in raschem Wachsen oder Schrumpfen widerspiegelt. In Anwesenheit eines Proteins, das das *plus*-Ende abdeckt (*rote* Linie), können nur am *minus*-Ende Untereinheiten angefügt oder abgebaut werden; entsprechend ist das Wachstum der Filamente bei allen Monomerkonzentrationen oberhalb der kritischen Konzentration geringer, und das Schrumpfen der Filamente ist bei allen Monomerkonzentrationen unterhalb der kritischen Konzentration langsamer. Außerdem verschiebt sich die kritische Konzentration für die Population zu derjenigen des Filament-*minus*-Endes.

vorliegen. Da die Anlagerung und der Verlust von Untereinheiten hauptsächlich am Filamentende geschieht, kann ein Molekül eines endenbindenden Proteins pro Aktinfilament (ungefähr ein Molekül pro 200–500 Aktinuntereinheiten) ausreichen, um die Architektur eines Aktinfilamentnetzwerks zu verändern. So lenkt zum Beispiel die schnelle Kappenbildung an *plus*-Enden der Aktinfilamente nach ihrer Keimbildung an Membranen die Aktinpolymerisation an neue Stellen der Keimbildung, sodass *plus*-Enden nur dort wachsen, wo eine Schubkraft benötigt wird (s. **Abb. 16.16**).

Die dreidimensionale Gestaltung des zellulären Aktinnetzwerks hängt auch von der Aktivität Aktin-quervernetzender Proteine ab. Einige dieser

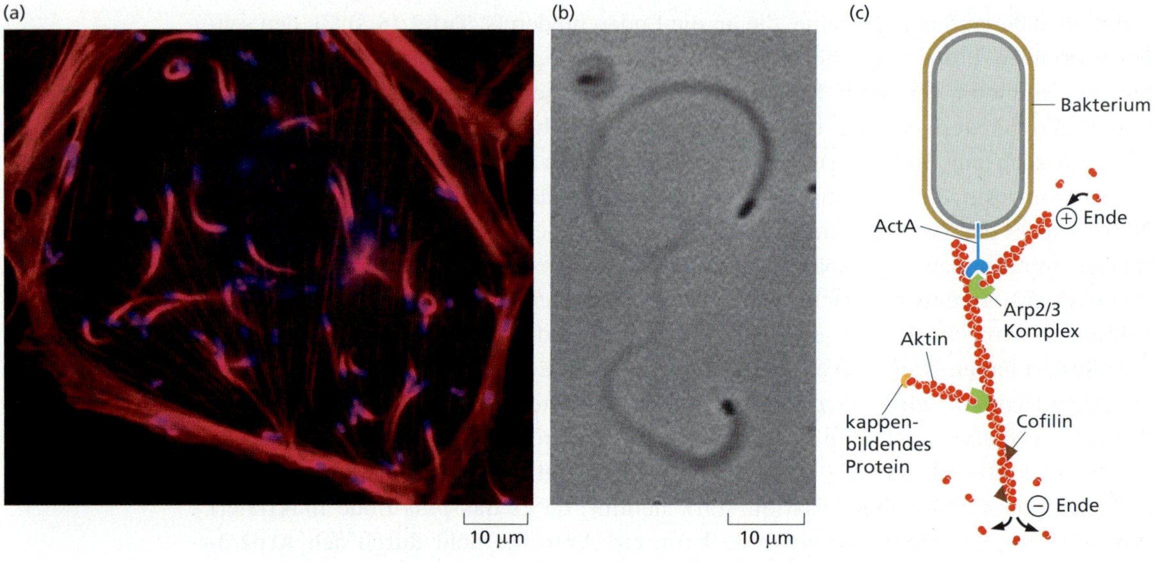

Abb. 16.16 Die auf Aktin beruhende Bewegung von *Listeria monocytogenes*. (a) Fluoreszenzmikroskopische Aufnahme einer infizierten Zelle, die gefärbt wurde, um Bakterien (*blau*) und Aktinfilamente (*rot*) sichtbar zu machen. Beachtenswert sind die kometartigen Schwänze der Aktinfilamente hinter den sich bewegenden Bakterien. (b) Die Beweglichkeit von *Listeria* kann im Reagenzglas mit ATP und nur vier gereinigten Proteinen (Aktin, Arp2/3-Komplex, kappenbildendes Protein und Cofilin) wiederhergestellt werden. Die mikroskopische Aufnahme zeigt die dichten Aktinschwänze hinter den Bakterien (*schwarz*). (c) Das Protein ActA auf der Bakterienoberfläche aktiviert den Arp2/3-Komplex zur Keimbildung neuer Filamentaufbauten neben den Stellen existierender Filamente. Die Filamente wachsen an ihren *plus*-Enden, bis sie von einem kappenbildenden Protein abgedeckt werden. Durch Cofilin wird Aktin wiederverwendet, da dieses den Abbau an den *minus*-Enden des Filaments verstärkt. Durch diesen Mechanismus wird die Polymerisation an der Rückseite der Bakterienoberfläche konzentriert, sodass das Bakterium vorwärtsgetrieben wird. (a, mit freundlicher Genehmigung von Julie Theriot und Tim Mitchison; b, aus T. P. Loisel *et al.*, *Nature* 401: 613–616, veröffentlicht 1999 durch Nature Publishing Group. Mit Erlaubnis von Springer Nature).

quervernetzenden Proteine bündeln Aktinfilamente zu einer parallelen Anordnung, während andere zwei Aktinfilamente in einem Winkel zueinander zusammenhalten, wodurch ein lockereres Geflecht entsteht. Aktin-quervernetzende Proteine haben grundsätzlich zwei ähnliche Aktinbindungsstellen, die entweder auf einer einzelnen Polypeptidkette liegen oder von zwei Polypeptidketten mit jeweils einer Bindungsstelle, die als Dimer zusammengehalten werden, beigesteuert werden (s. **Tafel 16.3**). Der Abstand und die Anordnung dieser zwei filamentbindenden Domänen beeinflusst die Art der Aktinstruktur, die ein bestimmtes quervernetzendes Protein formt. So trägt das kleine, monomere Protein *Fimbrin* zum Beispiel zu der sehr engen Packung paralleler Bündel von Aktinfilamenten bei, die man in langen Vorsprüngen der Zelle wie Mikrovilli und Stereocilien der Sinneshaarzellen im Innenohr findet. Andere aktinquervernetzende Proteine haben entweder eine flexible oder steife, aber gebogene Verbindung zwischen ihren beiden Bindungsdomänen, wodurch eher Gespinste oder dreidimensionale Netzwerke aus Aktinfilamenten gebildet werden statt Aktinbündel. Das Protein *Filamin* fördert die Bildung eines losen und sehr viskosen Gels, indem es Aktinfilamentpaare im Winkel von annähernd 90° zusammenbringt.

Jede Art der bündelnden Proteine bestimmt auch, welches andere Molekül mit einem quervernetzten Aktinfilament in Wechselwirkung treten kann. Myosin II ist das Motorprotein, das Stressfasern und anderen kontraktilen Anordnungen ermöglicht, Spannung aufzubauen. Die sehr enge Packung der Aktinfilamente – durch *Fimbrin* verursacht – schließt anscheinend Myosin aus und daher sind die parallelen durch Fimbrin zusammengehaltenen Aktinfilamente nicht kontraktil. Andererseits vernetzt *α-Aktinin* gegensätzlich polarisierte Aktinfilamente zu lockeren Faserbündeln, wodurch die Myosinbindung und die Bildung von kontraktilen Aktinbündeln ermöglicht werden. Der sehr unterschiedliche Abstand und die Orientierung zwischen den Aktinfilamenten führen dazu, dass ein Bündeln durch Fimbrin automatisch ein Bündeln durch α-Aktinin unmöglich macht, und umgekehrt, sodass die beiden bündelnden Proteine sich gegenseitig ausschließen.

Wie bereits erörtert, beginnen viele Aktinpolymerisationen in tierischen Zellen an der Plasmamembran, wo Keimbildungsproteine aktiviert werden. Dutzende anderer aktinbindender Proteine assoziieren mit dem Aktinnetzwerk des Zellkortex. So verbindet zum Beispiel ein netzartiges Maschenwerk des Proteins **Spektrin** Aktin mit dem Kortex roter Blutblättchen, wo es ihre Form und die strukturelle Integrität der Plasmamembran aufrechterhält (s. Kapitel 10).

Mitglieder der *ERM*-Familie (benannt nach den drei zuerst beschriebenen Mitgliedern: Ezrin, Radixin und Moesin) werden in einer Vielzahl von Zellarten exprimiert. Sie helfen bei der Organisation der Membrandomänen durch ihre Fähigkeit, mit Transmembranproteinen und dem darunterliegenden Cytoskelett in vielen Zellarten zu interagieren. Sie verleihen der Zellrinde dadurch nicht nur Festigkeit durch strukturelle Verknüpfungen, sondern regulieren auch die Aktivität der Signalübertragungswege. Moesin erhöht außerdem die Zellrindensteifheit, um die Zellabrundung während der Mitose zu fördern. Es wird angenommen, dass ERM-Proteine an das kortikale Aktin-Cytoskelett binden und es in einer Vielzahl von Situationen organisieren, wodurch die Form und Steifheit der Membran sowie die Anordnung und Aktivität von Signalmolekülen beeinflusst werden.

16.2.10 Spaltende Proteine regulieren die Depolymerisation der Aktinfilamente

Ein anderer wichtiger Mechanismus der Aktinfilamentregulierung beruht auf Proteinen, die Aktinfilamente in viele kleinere Filamente spalten können, wodurch sie eine große Anzahl neuer Filamentenden erzeugen. Das Schicksal dieser neuen Enden hängt von der Anwesenheit anderer Hilfsproteine ab. Unter bestimmten Bedingungen initiieren die neu entstandenen Enden die Filamentverlängerung und beschleunigen dabei die Zusammenlagerung neuer Filamentstrukturen. Unter anderen Bedingungen wiederum fördert das Spalten die Depolymerisation der alten Filamente, sodass die Depolymerisationsgeschwindigkeit um das 10-Fache oder mehr beschleunigt wird. Zusätzlich ändert das Spalten die physikalischen und mechanischen Eigenschaften des Cytoplasmas: steife, dicke Bündel und Gele werden flüssiger.

Eine Klasse von aktinspaltenden Proteinen ist die *Gelsolin-Superfamilie*. Diese Proteine werden durch hohe Konzentrationen von cytosolischem Ca^{2+} aktiviert. Gelsolin wechselwirkt mit den Seiten eines Aktinfilaments und besitzt Unterdomänen, die an zwei unterschiedliche Stellen binden: Die eine liegt offen an der Oberfläche des Filaments, während die andere zwischen benachbarten Untereinheiten versteckt ist. Aktiviertes Gelsolin trennt wahrscheinlich ein Aktinfilament, wenn sich durch thermische Fluktuation eine kleine Spalte zwischen den benachbarten Untereinheiten auftut. Gelsolin lagert sich in den Spalt ein und bricht so das Filament. Nach der Spaltung bleibt Gelsolin am Aktinfilament angelagert und deckt das neue *plus*-Ende ab.

Ein zweites Aktinfilamente-destabilisierendes Protein, das in allen eukaryotischen Zellen zu finden ist, ist *Cofilin*. Es wird auch *aktindepolymerisierender Faktor* genannt. Cofilin bindet über das gesamte Filament mit einer Stöchiometrie von 1:1 an Aktinuntereinheiten. Cofilin (14 Kilodalton) ist im Vergleich zu Aktin (43 Kilodalton) ein kleines Protein, weshalb das Filament nur wenig dicker erscheint. Die Energie der Bindung von Cofilin wird genutzt, um das Aktinfilament zu deformieren und das Filament enger zu winden, sodass die Strecke, die von zwei Windungen überbrückt wird, verkürzt ist. Mechanischer Stress lockert die Bindungen zwischen den Aktinuntereinheiten des Filaments, wodurch das Filament instabiler wird und durch Wärmebewegungen leichter fragmentiert, sodass Filamentenden entstehen, die einem schnellen Abbau unterworfen sind. Die Folge ist, dass Aktinfilamente in lebenden Zellen eine viel kürzere Lebensdauer zeigen als *in vitro* aus isoliertem Aktin gebildete Filamente.

Cofilin bindet bevorzugt an ADP-tragende Aktinfilamente und weniger an ATP-enthaltende Filamente. Da die Hydrolyse des ATP normalerweise langsamer verläuft als der Filamentaufbau, enthalten junge Aktinfilamente in einer Zelle noch hauptsächlich ATP und sind resistent gegen eine Depolymerisation durch Cofilin. Cofilin baut daher primär die älteren Filamente in einer Zelle ab. Wie wir später besprechen werden, ist der cofilinvermittelte Abbau der alten, aber nicht der neuen Aktinfilamente entscheidend für das polarisierte, gerichtete Wachstum des Aktinnetzwerks; dieses Netzwerk ist für die intrazelluläre Beweglichkeit von Pathogenen wie auch die Wanderung der Zelle verantwortlich. Aktinfilamente können durch Tropomyosinbindung vor Cofilin geschützt werden. Daher hängt das dynamische Verhalten von Aktin an unterschiedlichen Orten der Zelle von der Ausgewogenheit der stabilisierenden und destabilisierenden Hilfsproteine ab.

16.2.11 Bakterien können das Aktincytoskelett ihres Wirts für sich vereinnahmen

Die Bedeutung der Hilfsproteine bei der auf Aktin beruhenden Beweglichkeit und Krafterzeugung wird wunderbar durch Untersuchungen bestimmter Bakterien und Viren demonstriert, die Bestandteile des Wirtszell-Aktin-Cytoskeletts für ihre Bewegung durch das Cytoplasma „missbrauchen". Das Cytoplasma von Säugetierzellen ist hoch viskos, enthält es doch Organellen und Cytoskelettbestandteile, die die Diffusion großer

Teilchen wie Bakterien und Viren verhindern. Um sich in einer Zelle zu bewegen und um in Nachbarzellen einzudringen, umgehen einige Pathogene, zu denen *Listeria monocytogenes* (verursacht eine seltene, aber ernste Form der Blutvergiftung) gehört, dieses Problem, indem sie den Arp2/3-Komplex an ihre Oberfläche rekrutieren und aktivieren. Der Arp2/3-Komplex startet die Keimbildung von Aktinfilamenten, die eine beträchtliche Kraft aufbringen und damit das Bakterium mit einer Geschwindigkeit von 15 μm/min durch das Cytoplasma schieben; zurück bleibt ein langer Aktin-„Kometenschweif" (**Abb. 16.16**; s. auch **Abb. 23.29** und **Abb. 23.30**). Diese Beweglichkeit kann im Reagenzglas rekonstruiert werden, wenn man Bakterien zu einer Mischung aus reinem Aktin, Arp2/3-Komplex, Cofilin und kappenbildendem Protein hinzufügt. Dies zeigt, wie die Dynamik der Aktinpolymerisation durch räumliche Regulation des Filamentaufbaus und -abbaus Bewegung erzeugt. Wie wir noch sehen werden, liegt eine solche auf Aktin beruhende Bewegung auch den Membranvorstülpungen am Leitsaum einer wandernden Zelle zugrunde.

16.2.12 Aktin und Zellrinde bestimmen die Zellform

Obwohl sich Aktin überall im Cytoplasma eukaryotischer Zellen findet, tritt das dynamische Aktinfilamentverhalten hauptsächlich am Zellkortex auf. Dort werden die Aktinfilamente durch Interaktion mit vielen verschiedenen Proteinen in unterschiedlichen Arten der Anordnung, zu denen verzweigte Netzwerke, parallele Bündel und Kombinationen von geraden und verzweigten Filamenten gehören, organisiert (**Abb. 16.17**). Unterschiedliche Strukturen werden durch die Beteiligung bestimmter keimbildender Proteine initiiert: Die Keimbildung bei Aktinfilamenten von verzweigten Netzwerken erfolgt durch den Arp2/3-Komplex, während Bündel aus durch Formin gebildeten langen, geraden Filamenten entstehen. Aufgrund von Dynamik werden hier bestimmte Zellformen und Zelleigenschaften erzeugt sowie vorgestülpte Strukturen, die man **Filopodien** und **Lamellipodien**, die in wandernden Fibroblasten beobachtet werden, nennt. Diese sind mit dichten Kernen filamentösen Aktins gefüllt, das membranumhüllte Organellen ausschließt. Die Strukturen unterscheiden sich in erster Linie in der Art, wie das Aktin durch aktinquervernetzende Proteine angeordnet ist (s. **Tafel 16.3**).

Filopodien sind im Wesentlichen eindimensional. Sie enthalten einen Kern aus langen, gebündelten Aktinfilamenten, ähnlich denen in Mikrovilli, aber länger und dünner und

Abb. 16.17 Aktinanordnungen in einer Zelle, die sich über eine glatte Oberfläche bewegt. (a) Schematische Darstellung eines in einer Zellkulturschale wandernden Fibroblasten mit Vergrößerung von vier Bereichen, um die Anordnung der Aktinfilamente zu zeigen. Die Aktinfilamente sind in *Rot* gezeigt, und die Pfeilspitzen zeigen zu den *minus*-Enden. Stressfasern können sich zusammenziehen und üben Zug aus. Die Aktinzellrinde liegt unterhalb der Plasmamembran und besteht aus Aktinnetzwerken, die das Vorwölben der Membran an den Lamellipodien ermöglichen. Filopodien sind dornenartige Ausstülpungen der Plasmamembran, die es der Zelle erlauben, extrazelluläre Signale wahrzunehmen und ihre Umgebung zu erkunden. (b) Eine wandernde Zelle, die fixiert, getrocknet und mit Platin beschattet wurde (damit sie im Elektronenmikroskop sichtbar gemacht werden kann), zeigt ein dichtes Netzwerk von Aktinfilamenten am Leitsaum (*rechte Seite* der Aufnahme). Die schnellwachsenden *plus*-Enden sind zum Zellrand ausgerichtet. Hilfsproteine organisieren die Filamente. Mit der Falschfarbe *Rot* sind die Aktinfilamente eingefärbt, die gerade dabei sind, zum Filopodium zu werden. (b, mit freundlicher Genehmigung von Tatyana Svitkina).

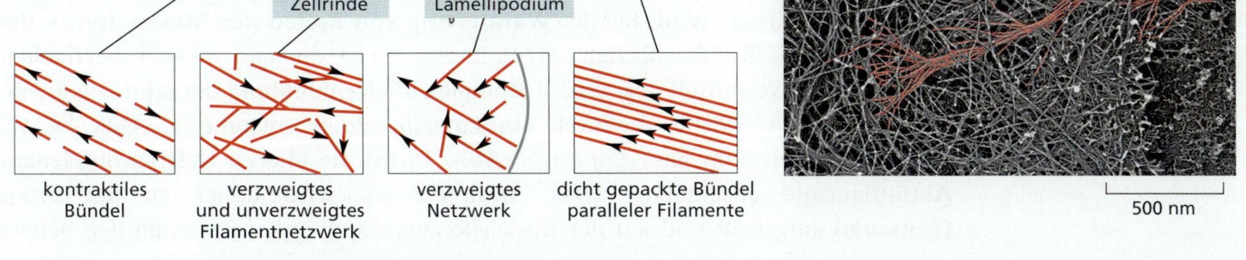

auch dynamischer. Lamellipodien sind zweidimensionale, blattähnliche Strukturen. Sie enthalten ein vernetztes Maschenwerk aus Aktinfilamenten, von denen die meisten in einer Ebene parallel zum festen Untergrund liegen. Filopodien helfen der Zelle beim Erfühlen von Zeichen aus der Umgebung und arbeiten bei der Zellwanderung mit. So dehnen sich beispielsweise Filopodien aus dem Leitsaum des Wachstumskegels in sich entwickelnden Neuronen aus. Die Filopodien helfen den Neuronen als Begleitung zu ihrem Ziel. Vorstülpungen von Lamellipodien und anderen aktinreichen Strukturen, die wir noch später genauer betrachten werden, bewerkstelligen die Vorwärtsbewegung des Leitsaums vieler wandernder Zellen.

16.2.13 Unterschiedliche Arten der Zellwanderung beruhen auf dem Aktincytoskelett

Zellbewegung ist eines der beeindruckendsten unter allen Zellverhalten. Während manche Zellen sich Mikrotubuli-basierter Cilien oder Flagellen bedienen, um zu schwimmen (wird später in diesem Kapitel behandelt), können viele Zellen kriechende Bewegungen vollbringen, die auf dem Aktincytoskelett beruhen. Räuberische Amöben kriechen ständig auf der Suche nach Nahrung umher, und sie können leicht in einem Tropfen Teichwasser dabei beobachtet werden, wie sie kleinere Ciliaten und Flagellaten angreifen und verschlingen. Während der Embryogenese wird die Struktur des Tierkörpers durch die Wanderung einzelner Zellen zu bestimmten Orten und die koordinierte Wanderung ganzer Epithelschichten festgelegt (in Kapitel 21 erörtert). Bei Wirbeltieren legen die Zellen der *Neuralleiste* lange Strecken vom Ort ihrer Entstehung im Neuralrohr zu einer Vielzahl von Stellen überall im Embryo zurück. Ähnlich können die aktinreichen Wachstumskegel an der sich vorschiebenden Spitze eines sich entwickelnden Axons den Weg zu ihren entfernten synaptischen Zielen finden.

Auch im erwachsenen Tier wimmelt es nur so von Kriechzellen. Makrophagen und Neutrophile kriechen als wichtiger Teil der angeborenen Immunantwort zu Infektionsstellen und schließen fremde Eindringlinge ein. Osteoclasten bohren sich in Knochen und bilden Kanäle, die von den ihnen folgenden Osteoblasten in einem ständigen Prozess des Knochenum- und -neubaus aufgefüllt werden. Ähnlich wandern Fibroblasten durch Bindegewebe, wobei sie es wo nötig umbauen oder beschädigte Strukturen an Wundstellen erneuern. In einer geordneten Prozession kriechen die Zellen der Epithelschicht des Darms die Seiten der Darmzotten hinauf und ersetzen absorbierende Zellen, die an der Spitze der Zotte verloren gingen. Zellwanderungen sind leider auch bei manchen Krebsarten von Bedeutung, wenn Zellen eines Primärtumors in benachbartes Gewebe eindringen und in Blut- oder Lymphgefäße kriechen, wodurch sie an anderen Stellen des Körpers auftreten und Metastasen bilden können.

Die Wanderung der Zellen ist abhängig von der aktinreichen Zellrinde, die unterhalb der Plasmamembran liegt. **Abbildung 16.18** zeigt unterschiedliche Arten der Zellwanderung auf der Grundlage, wie Aktin dabei organisiert ist. Jede Wanderung ist charakterisiert durch *Ausstülpung*, wobei die Plasmamembran an der Spitze der Zelle herausgedrückt wird. Bei der **Wanderung von Zellen des Mesenchyms**, die charakteristisch für Fibroblasten oder Epithelzellen ist, die man auf Glasoberflächen wachsen lässt, vermittelt der Arp2/3-Komplex die Keimbildung der Aktinfilamente am Leitsaum der Zelle, wodurch ein *Lamellipodium* entsteht (s. **Abb. 16.17**). Hinter dem Leitsaum baut *Cofilin* (s. **Abb. 16.16**) die älteren (ADP-gebundenen) Aktinfilamente auseinander. Das Aktinnetzwerk wird daher an der Front (Leitsaum) aufgebaut und auf der Rückseite auseinandergebaut, was an den bereits

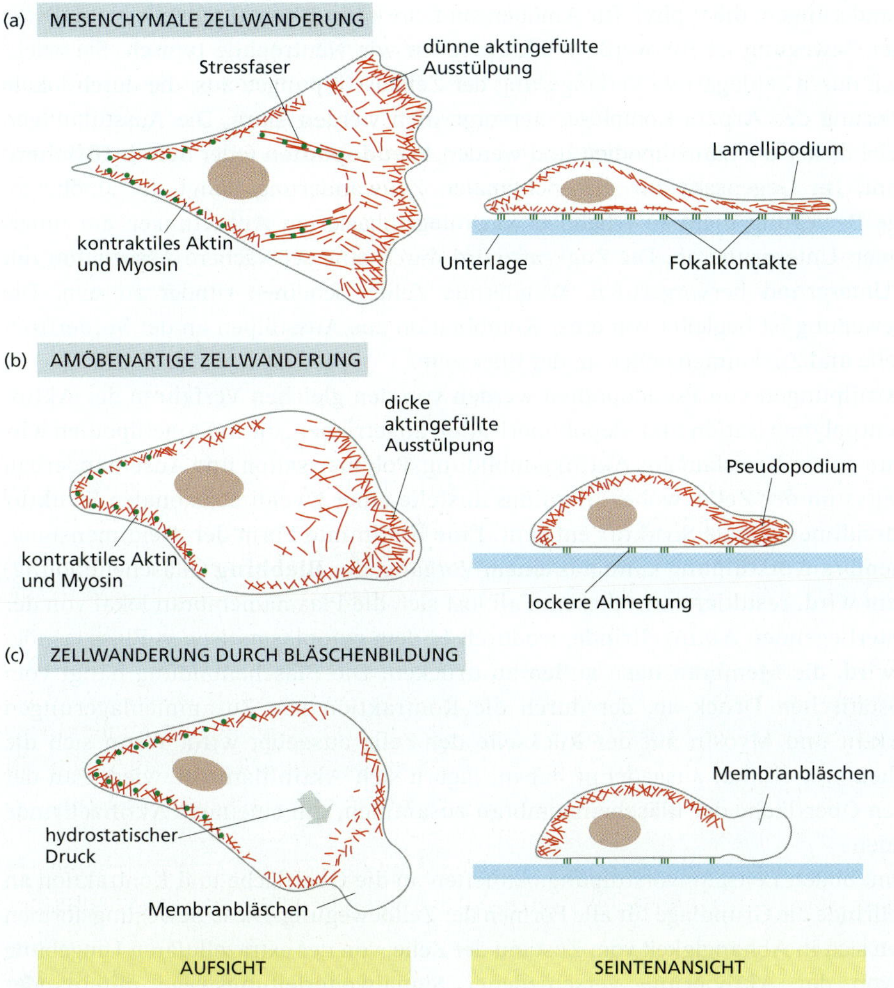

Abb. 16.18 Arten der Zellwanderung. (a) Bei der mesenchymalen Art der Zellwanderung bilden sich Fokalkontakte hinter den sich vorwölbenden Lamellipodien, die sich mit kontraktilen Stressfasern verbinden und die Zelle an der Oberfläche (dem Substrat), über die sie wandert, verankern. (b) Bei der amöboiden Zellwanderung wird ein dreidimensionales Scheinfüßchen durch schlagartige Aktinpolymerisation am Leitsaum gebildet. Die Zellen halten den Zug (die Traktion) aufrecht, obwohl die Anheftung an das Substrat reduziert ist, wodurch eine viel schnellere Zellbewegung ermöglicht wird. (c) Die Ausstülpung des Leitsaums kann auch durch Bläschenbildung (engl. *blebbing*) erfolgen, wenn sich die Plasmamembran von der darunter liegenden Zellrinde ablöst und durch hydrostatischen Druck nach außen gedrückt wird. Bei allen drei Migrationsarten wird die Fortbewegung des Zellkörpers durch die Kontraktion von kortikalem Aktin und Myosin II auf der Rückseite der Zelle bewerkstelligt.

besprochenen Tretmühlenmechanismus erinnert, der bei einzelnen Aktinfilamenten auftritt (s. **Abb. 16.11**). Die Wanderung von Zellen des Mesenchyms benötigt eine feste Anheftung an den unterliegenden Untergrund, was dem Zellkörper ermöglicht, eine Zugkraft aufzubauen und sich selbst nach vorne zu ziehen. Das Aktincytoskelett verankert sich selbst durch die Verwendung von Stressfasern, die mit integrinbasierten Fokalkontakten am Grund der Zelloberfläche verbunden sind (s. **Abb. 19.56**). Das Zusammenziehen von Aktinfilamenten und Myosin II-Motoren an der Rückseite der Zelle im Zusammenspiel mit dem Abbau der Anheftungsstellen ermöglicht dem Zellkörper sich wegzubewegen.

Die mesenchymale Zellbewegung ist mit einer Bewegungsgeschwindigkeit von weniger als 1 μm pro Minute langsam. Im Gegensatz dazu ähnelt die zweite Art der Zellbewegung, die **amöboide Zellwanderung**, einer schnellen Bewegung und

Formänderungen, die typisch für Amöben sind. Sie kann 100-mal schneller sein. Diese Art der Bewegung ist für weiße Blutkörperchen wie Neutrophile typisch. Sie zeichnet sich durch schlagartige Verlängerung der Zellausstülpungen aus, die durch lokale Aktivierung des Arp2/3-Komplexes hervorgerufen werden kann. Die Ausstülpungen sind viel dicker als Lamellipodien und werden **Pseudopodien** (oder **Scheinfüßchen**) genannt. Im Gegensatz zur mesenchymalen Zellwanderung hängt die amöboidenartige Bewegung nicht so erheblich von integrinbasierten Anheftungen am unterliegenden Untergrund ab. Die Zugkraft wird durch eine schwächere Assoziation mit dem Untergrund hervorgerufen. Wandernde Zellen scheinen runder zu sein. Die Fortbewegung ist begleitet von einer Kombination aus Ausstülpen an der Vorderfront der Zelle und Zusammenziehen an der Rückseite.

Ausstülpungen von Pseudopodien werden von den gleichen Verfahren der Aktinfilamentpolymerisation und -depolymerisation angetrieben, die in Lamellipodien wirken: mit einem Kreislauf aus Aktinkeimbildung, Polymerisation und Auseinanderbau am Leitsaum der Zelle, wobei allerdings anstelle einer zweidimensionalen Struktur eine dreidimensionale Struktur entsteht. Eine bestimmte Form der dreidimensionalen Membranvorstülpung kann aus einem Vorgang, der **Blebbing** (Bläschenbildung) genannt wird, resultieren. In diesem Fall löst sich die Plasmamembran lokal von der darunterliegenden Aktinzellrinde, wodurch es dem cytoplasmatischen Fluss ermöglicht wird, die Membran nach außen zu drücken. Die Bläschenbildung hängt vom hydrostatischen Druck ab, der durch die Kontraktion von Zusammenlagerungen aus Aktin und Myosin auf der Rückseite der Zelle ausgeübt wird. Wenn sich die Bläschen erst einmal ausgedehnt haben, lagern sich Aktinfilamente wieder an der inneren Oberfläche der Bläschenmembran zusammen, um eine neue Aktinzellrinde zu bilden.

Damit bilden Leitsaumvorstülpung, Anheften an die Oberfläche und Kontraktion an der Zellrinde die Grundlage für alle Formen der Zellbewegung. Diese Bewegungsformen können sich in Abhängigkeit vom Zustand der Zelle, von der extrazellulären Umgebung und von der Aktivierung verschiedener Signalweiterleitungswege miteinander vermischen.

16.2.14 Zellen, die in drei Dimensionen wandern können, können um Hindernisse herum steuern

Das Studieren der Zellbewegung auf zweidimensionalen Oberflächen offenbart wichtige Grundsätze der Zellwanderung. Die meisten Zellen im Körper müssen sich jedoch ihren Weg durch eine komplexe dreidimensionale Umgebung bahnen. Umgeben von anderen Zellen und extrazellulärer Matrix sind wandernde Zellen räumlich begrenzt und sie müssen um physikalische Hindernisse, die sie von ihrem Ziel trennen, herum wandern. Während der Immunkontrolle wandern zum Beispiel bestimmte weiße Blutzellen, die *dendritische Zellen* genannt werden, zwischen den Orten der Infektion und den Lymphknoten, um eine systemische Immunantwort einzuleiten (s. Kapitel 24). Wanderung von dendritischen Zellen kann man nachahmen, indem man sie in eine dreidimensionale Kollagen-Gelmatrix einbettet, in der sie eine schnelle amöboide Wanderung zu einem chemotaktischen Signal vollziehen, wobei sie eine große Anzahl an aktinreichen Vorstülpungen ausfahren (**Abb. 16.19a** und **16.19b**). Überführt man sie in eine winzige Kammer, in der unterschiedlich große Kanäle vorhanden sind, wird die Zelle den breitesten Weg wählen (**Abb. 16.19c**). Wir werden in diesem Kapitel noch sehen, wie chemotaktische Zeichen die Zellpolarisierung induzieren und die wandernde Zelle in die richtige Richtung lenken.

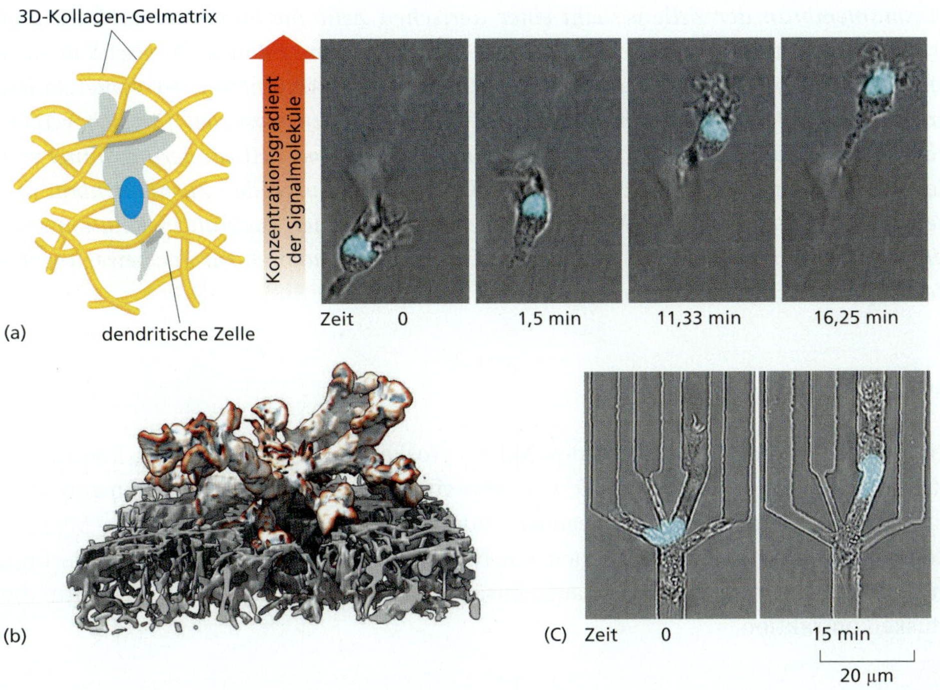

Abb. 16.19 Eine dendritische Zelle wandert in drei Dimensionen. (a) Schematische Darstellung einer Zelle, die in eine Kollagengelmatrix eingebracht wurde. Die Bilder auf der *rechten* Seite zeigen, dass ein chemotaktischer Signalgradient eine polarisierte Ausdehnung von Pseudopodien bewirkt, die die Umgebung erkunden und dabei nach einem Weg durch Lücken in der Gelmatrix suchen, die typischerweise kleiner sind als der Zelldurchmesser. Der Zellkern ist mit einem *blauen* Farbstoff gefärbt. (b) Mittels Fluoreszenzmikroskopie erstelltes dreidimensionales Bild einer dendritischen Zelle und ihrer vielen Pseudopodien (*rot* umrandet). Ein Teil der Kollagenmatrix, die die Zelle umgibt, ist *grau* dargestellt. (c) In diesem Experiment wurde eine dendritische Zelle in einen Mikrokanal eingeführt, der einen Verzweigungspunkt mit vier verschiedenen Porengrößen enthält. Unter Verwendung des Zellkerns als Maßstab, wählt die Zelle schließlich einen Weg durch die größte Pore. (Mit freundlicher Genehmigung von Michael Sixt).

Einige Zellen verwenden spezialisierte Anheftungsstrukturen, die als **Podosomen** bekannt sind und wichtig für Zellen sind, um Gewebegrenzen zu überwinden, z. B. während der Embryonalentwicklung. **Invadopodien** sind verwandte Strukturen, die zur Wanderung metastasierender Krebszellen beim Eindringen in das umliegende Gewebe beitragen. Podosomen und Invadopodien enthalten viele der gleichen aktinregulierenden Bestandteile wie andere Vorstülpungen auch. Sie sezernieren auch Proteasen, die extrazelluläre Matrix abbauen, was es ihnen ermöglicht, sich ihren Weg durch Matrixhindernisse hindurch zu bahnen.

Zusammenfassung

Aktin ist ein hoch konserviertes Cytoskelettprotein, das in hohen Konzentrationen in nahezu allen eukaryotischen Zellen vorliegt. Die Keimbildung stellt eine kinetische Barriere für die Aktinpolymerisation dar. Hat sich allerdings erst einmal ein Aktinfilament gebildet, dann zeigt es aufgrund der Hydrolyse des gebundenen ATP ein dynamisches Verhalten. Aktinfilamente sind polarisiert und können in eine Tretmühle geraten, bei der ein Filament sich am plus-Ende aufbaut und gleichzeitig am minus-Ende abgebaut (depolymerisiert) wird. In der Zelle ist die Aktinfilamentdynamik in jedem Schritt geregelt. Die verschiedenen Formen und Funktionen des Aktins hängen von einem vielseitigen Vorrat an Hilfsproteinen ab. Ungefähr die Hälfte des Aktins wird durch Assoziation mit Proteinen wie Profilin in monomerer Form gehalten. Keimbildungsfaktoren wie der Arp2/3-Komplex fördern die Bildung von verzweigten Filamenten, während Keimbildungsfaktoren wie Formine die Bildung von parallelen Filamenten unterstützen. Das Zusammenspiel von Proteinen, die an Aktinfilamente binden oder sie abdecken, und solchen, die die Filamentspaltung oder -depolymerisation fördern, kann die Kinetik des Filamentaufbaus und -abbaus verlangsamen oder beschleunigen. Eine andere Klasse von Hilfsproteinen lagert die Filamente in übergeordneten Strukturen durch deren gegenseitige Quervernetzung auf geometrisch festgelegte Art zusammen. Verbindungen zwischen diesen Aktinnetzwerken und der

Plasmamembran der Zelle verleiht einer tierischen Zelle mechanische Stabilität und erlaubt Feinstrukturen der Zellrinde wie Lamellipodien, Filopodien, Pseudopodien und Mikrovilli. Indem intrazelluläre Pathogene die Aktinfilament-Polymerisation an ihrer Oberfläche auslösen, können sie das Wirtszell-Cytoskelett für sich vereinnahmen und dadurch innerhalb der Zelle umherwandern. Zellwanderung hängt von der Bildung von Vorstülpungen am Leitsaum der Zelle durch den Zusammenbau von neuen Aktinfilamenten oder Membranbläschenbildung, der Zugkraft in Relation zum Untergrund und kontraktilen Kräften, die durch Myosinmotoren zur Fortbewegung des Zellkörpers erzeugt werden, ab.

16.3 Myosin und Aktin

Eine entscheidende Eigenschaft des Aktin cytoskeletts ist die Fähigkeit, kontraktile Strukturen zu bilden, die mithilfe von **Myosin**-Motorproteinen Aktinfilamente miteinander quervernetzen und gegeneinander verschieben können. Aktin–Myosin-Komplexe üben wichtige Funktionen, wie bei der zuvor beschriebenen Zellwanderung, in allen eukaryotischen Zellen aus. Zusätzlich sorgen Aktin und Myosin für die Muskelkontraktion.

16.3.1 Auf Aktin beruhende Motorproteine gehören zur Superfamilie der Myosine

Das erste Motorprotein, das identifiziert wurde, war das **Myosin** des Skelettmuskels, das die Kraft bei der Muskelkontraktion erzeugt. Dieses inzwischen als *Myosin II* bezeichnete Myosin ist ein gestrecktes Protein, das aus zwei schweren Ketten und je zwei Kopien von zwei leichten Ketten aufgebaut ist. Jede schwere Kette besitzt eine globuläre Kopfdomäne an ihrem N-Terminus, die die krafterzeugende Maschinerie darstellt, gefolgt von einer sehr langen α-helikalen Aminosäuresequenz, die eine ausgedehnte Doppelwendel bildet, die die Dimerisierung der schweren Ketten vermittelt (**Abb. 16.20**). Die zwei leichten Ketten binden nahe bei der N-terminalen Kopfdomäne, während die lange Doppelwendel des Schwanzes sich mit anderen Myosinmolekülen zu Bündeln zusammenlagert. Diese Schwanz–Schwanz-Wechselwirkungen beim Skelettmuskel ergeben die Bildung eines langen, bipolaren *„dicken Filaments"*, das mehrere Hundert Myosinköpfe trägt, die an den beiden Enden des dicken Filaments in entgegengesetzte Richtungen weisen (**Abb. 16.21**).

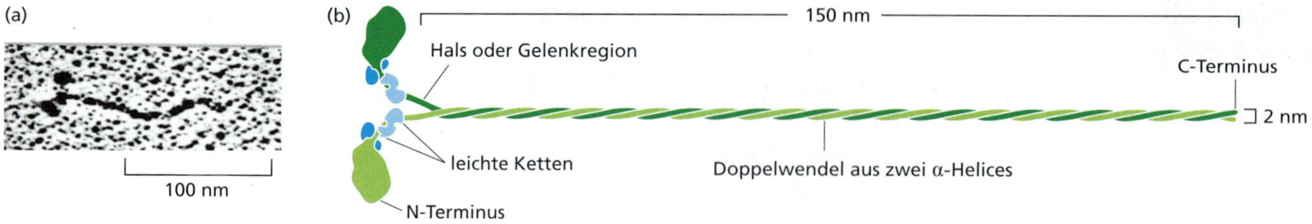

Abb. 16.20 **Myosin II.** (a) In elektronenmikroskopischen Aufnahmen platinbedampfter Myosinmoleküle sind die beiden globulären Köpfe und der lange Schwanz zu erkennen. (b) Ein Molekül von Myosin II besteht aus zwei schweren Ketten von jeweils etwa 2000 Aminosäuren (*grün*) und vier leichten Ketten (*blau*). Die leichten Ketten gehören zu zwei Typen, und in jedem Myosinkopf ist ein Molekül jeden Typs vorhanden. Bei der Dimerbildung winden sich zwei α-Helices zu einer Doppelwendel umeinander, angetrieben von der Zusammenlagerung der in regelmäßigen Abständen angeordneten hydrophoben Aminosäuren (s. **Abb. 3.8**). Die Doppelwendel-Anordnung bildet in Lösung ein ausgedehntes Stäbchen; dieser Teil des Moleküls bildet den Schwanz. (a, mit freundlicher Genehmigung von David Shotton).

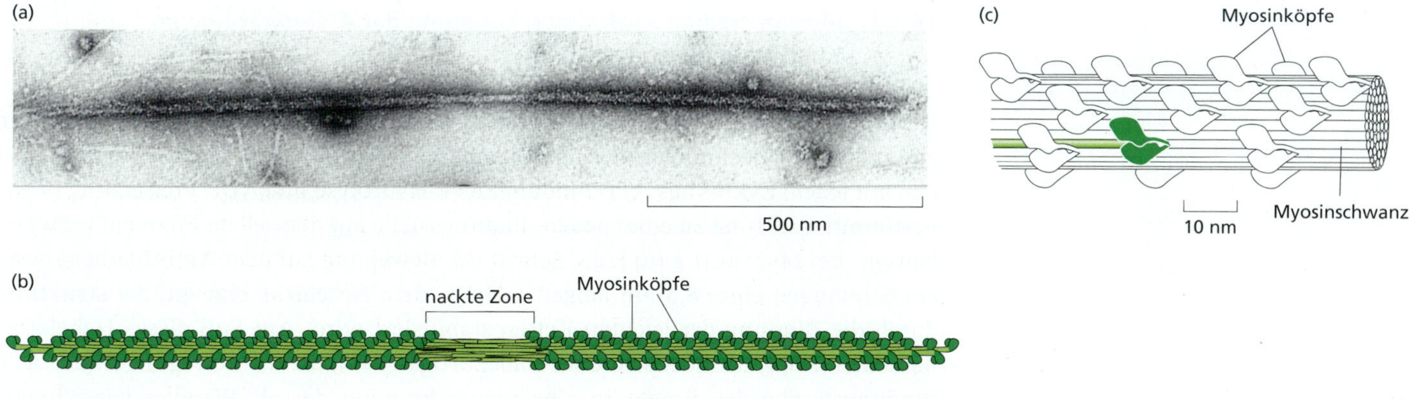

Abb. 16.21 Das bipolare dicke Myosin-II-Filament im Muskel. (a) Elektronenmikroskopische Aufnahme eines dicken Myosin-II-Filaments aus dem Froschmuskel. Man beachte die zentrale nackte Zone, die keine Kopfdomänen trägt. (b) Nicht maßstabgetreue schematische Darstellung. Die Myosin-II-Moleküle lagern sich mit den Schwanzabschnitten zusammen, wobei die Köpfe nach außen aus dem Filament ragen. Die nackte Zone in der Mitte des Filaments besteht ausschließlich aus Myosin-II-Schwänzen. (c) Ein kleiner Ausschnitt aus einem Myosin-II-Filament, rekonstruiert nach elektronenmikroskopischen Aufnahmen. Im entspannten (nicht kontrahierenden) Zustand sind die beiden Köpfe eines Myosinmoleküls nach hinten gebogen und interferieren sterisch miteinander, um ihre Aktivität abzuschalten. Ein einzelnes Myosinmolekül im inaktiven Zustand ist *grün* hervorgehoben. In Nicht-Muskelzellen sind die cytoplasmatischen Myosin-II-Filamente viel kleiner, obgleich sie ähnlich organisiert sind (s. **Abb. 16.33**). (a, aus M. Stewart und R. W. Kensler, *J. Mol. Biol.* 192: 831–851, 1986. Mit Genehmigung von Elsevier; c, verändert nach R. A. Crowther *et al.*, *J. Mol. Biol.* 184: 429–439, 1985).

Jeder Myosinkopf bindet und hydrolysiert ATP und nutzt die daraus gewonnene Energie, um sich auf dem Aktinfilament auf das *plus*-Ende zuzubewegen (**Abb. 16.22**). Die entgegengesetzte Orientierung der Köpfe im dicken Filament erleichtert das Vorbeigleiten von entgegengesetzt orientierten Aktinfilamenten, wodurch sich der Muskel verkürzt. Im Skelettmuskel, in dem die Aktinfilamente in sorgfältig geordneten Anordnungen „dünner Filamente" um die dicken Filamente von Myosin angeordnet sind, bewirkt das ATP-getriebene Gleiten der Aktinfilamente eine kraftvolle Muskelkontraktion. Der Herzmuskel und die glatten Muskeln enthalten ähnlich angeordnete Myosin-II-Moleküle, die aber von anderen Genen codiert werden.

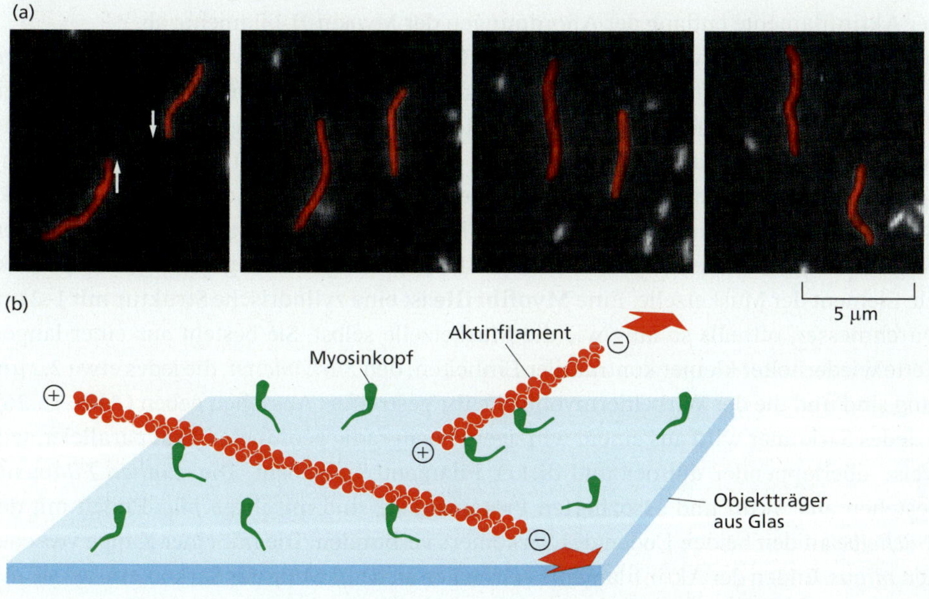

Abb. 16.22 Direkter Nachweis der Motoraktivität des Myosinkopfs. Für dieses Experiment wurden isolierte Myosinköpfe an eine Glasplatte gebunden und anschließend mit fluoreszierendem Phalloidin markierte Aktinfilamente zugegeben, die an die Myosinköpfe binden konnten. (a) Wenn ATP zugesetzt wurde, begannen die Aktinfilamente über die Oberfläche zu gleiten; dies erfolgte aufgrund der vielen einzelnen Schritte, die von jedem einzelnen der vielen Dutzend an das Filament gebundenen Myosinköpfe ausgeführt wurden. Die Videobilder dieser Sequenz wurden im Abstand von 0,6 Sekunden aufgenommen; die zwei gezeigten Aktinfilamente (in *Rot*) bewegten sich mit ungefähr 4 μm s^{-1} in entgegengesetzte Richtung. (b) Schematische Darstellung zum Experiment. Die großen *roten Pfeile* geben die Bewegungsrichtung der Aktinfilamente an. (a, mit freundlicher Genehmigung von James Spudich).

16.3.2 Myosin erzeugt Kraft durch Kopplung der ATP-Hydrolyse an Konformationsänderungen

Die Motorproteine nutzen strukturelle Änderungen in ihren ATP-Bindungsstellen, um ein zyklisches Zusammenspiel mit einem Cytoskelettfilament herzustellen. Sie werden mit jedem Zyklus aus ATP-Bindung, ATP-Hydrolyse und ADP-Freisetzung in eine bestimmte Richtung zu einer neuen Bindungsstelle auf demselben Filament vorwärtsbewegt. Bei Myosin II wird jeder Schritt der Bewegung auf dem Aktinfilament durch ein Schwingen einer 8,5 nm langen α-Helix, dem *Hebelarm*, erzeugt, der strukturell durch die Bindung der leichten Ketten stabilisiert wird. Am Fuß dieses Hebelarms, nahe dem Kopf, befindet sich eine kolbenartige Helix, die die Bewegung in der ATP-Bindungstasche des Kopfes in eine kleine Rotation der als Wandler bezeichneten Domäne überführt. Eine kleine Bewegung an dieser Stelle kann die Helix wie einen langen Hebelarm schwingen und bewirkt, dass sich das entfernte Ende der Helix um etwa 5 nm bewegt.

Diese Konformationsänderungen im Myosin sind mit Änderungen seiner Bindungsaffinität für Aktin gekoppelt, sodass der Myosinkopf das Aktinfilament zu einem Zeitpunkt freigibt und es zu einem anderen wieder ergreift. Der gesamte mechanochemische Zyklus aus ATP-Bindung, ATP-Hydrolyse und Phosphatfreisetzung, der den „Kraftschlag" (Hubarbeit) auslöst, bewirkt einen Bewegungsschritt (**Abb. 16.23**). Bei geringen ATP-Konzentrationen ist der zeitliche Abstand zwischen dem krafterzeugenden Schritt und der Bindung des nächsten ATP groß genug, dass einzelne Schritte beobachtet werden können (**Abb. 16.24**).

16.3.3 Die Muskelkontraktion beruht auf dem Gleiten von Myosin II an den Aktinfilamenten entlang

Die Muskelkontraktion ist die bekannteste und am besten verstandene Fortbewegungsart bei Tieren. Laufen, Gehen, Schwimmen und Fliegen der Wirbeltiere beruhen sämtlich auf der raschen Kontraktion des Skelettmuskels auf seinem Knochengerüst, während unwillkürliche Bewegungen wie Herzschlag und Darmperistaltik auf der Kontraktion des Herzmuskels bzw. des glatten Muskels beruhen. Alle diese Arten der Muskelkontraktion hängen von dem durch ATP angetriebenen Gleiten der hoch organisierten Reihungen der Aktinfilamente entlang der Anordnungen der Myosin-II-Filamente ab.

Der Skelettmuskel war eine in der Evolution recht späte Entwicklung. Muskelzellen sind für eine rasche und wirksame Kontraktion hoch spezialisiert. Die langen, dünnen Muskelfasern des Skelettmuskels sind tatsächlich einzelne riesige Zellen, die während der Entwicklung durch Verschmelzen vieler einzelner Zellen entstehen. Die vielen Kerne der beteiligten Zellen bleiben in diesen großen Zellen erhalten. Diese Kerne liegen direkt unter der Plasmamembran (**Abb. 16.25**). Der Großteil des Cytoplasmas im Inneren besteht aus Myofibrillen; Myofibrille ist die Bezeichnung für das grundlegende kontraktile Element der Muskelzelle. Eine **Myofibrille** ist eine zylindrische Struktur mit 1–2 μm Durchmesser, oftmals so lang wie die Muskelzelle selbst. Sie besteht aus einer langen Kette wiederholter kleiner kontraktiler Einheiten, den *Sarkomeren*, die jedes etwa 2,2 μm lang sind und die der Wirbeltiermyofibrille ihr gestreiftes Aussehen geben (**Abb. 16.26**).

Jedes Sarkomer wird aus einem winzigen, hochgradig geordneten Feld paralleler, teilweise überlappender dünner und dicker Filamente aufgebaut. Die *dünnen Filamente* bestehen aus Aktin und assoziierten Proteinen; sie sind mit ihren *plus*-Enden mit der *Z-Scheibe* an den beiden Enden des Sarkomers verbunden. Die mit einer Kappe versehenen *minus*-Enden der Aktinfilamente erstrecken sich zur Mitte des Sarkomers, wo sie mit den *dicken Filamenten* – den bipolaren Anordnungen spezifischer Muskel-Isoformen von

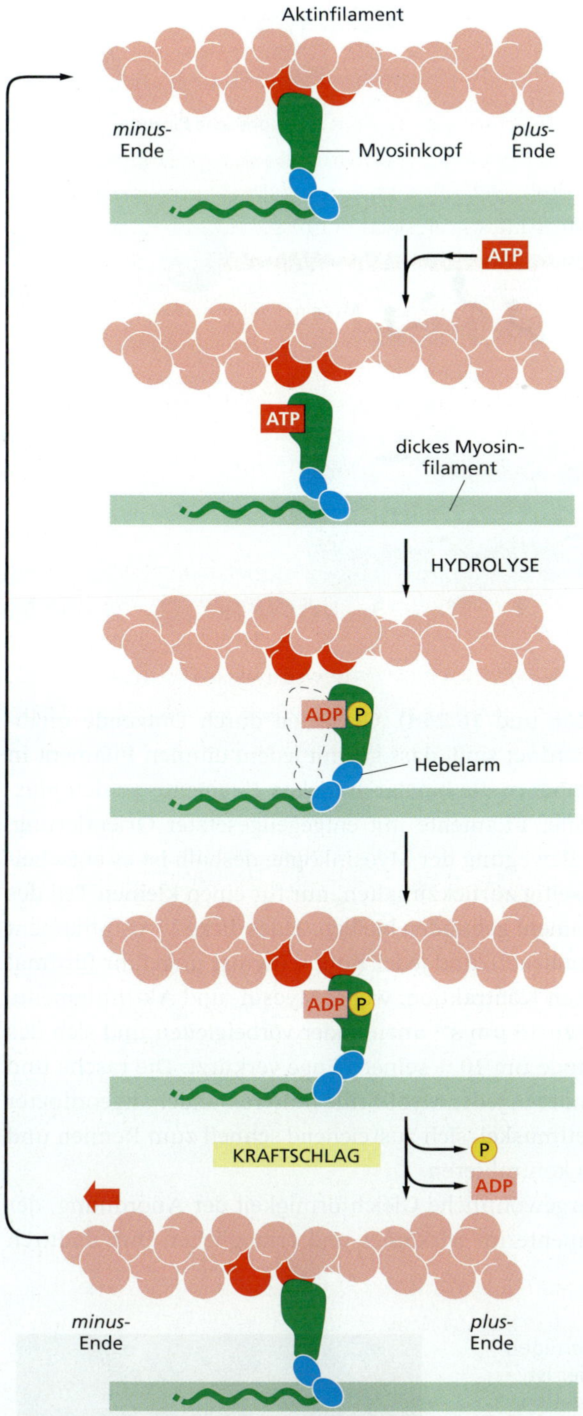

ANGEHEFTET – Zu Beginn des in der Abbildung gezeigten Zyklus ist ein Myosinkopf ohne gebundenes Nukleotid eng an ein Aktinfilament geheftet, und zwar in der sogenannten Rigor-Konfiguration (die so bezeichnet wird, weil sie für den *rigor mortis*, die Totenstarre, verantwortlich ist). In einem Muskel, der sich aktiv zusammenzieht, ist dieser Zustand sehr kurzlebig, denn er wird durch die Bindung eines ATP-Moleküls schnell beendet.

FREI – Ein ATP-Molekül bindet an die große „Spalte" auf der Rückseite des Kopfes (also auf der Seite, die am weitesten vom Aktinfilament entfernt ist) und verursacht sofort eine geringfügige Konformationsänderung in der Aktinbindungsstelle. Dies reduziert die Affinität des Kopfes für Aktin und erlaubt ihm, sich entlang des Filamentes zu bewegen. (Der hier eingezeichnete Zwischenraum zwischen Kopf und Aktin weist auf diese Veränderung hin; in Wirklichkeit bleibt der Kopf vermutlich sehr dicht am Aktin.)

AUFGERICHTET – Die Spalte schließt sich wie eine Muschelschale um das ATP-Molekül und löst dabei eine Bewegung im Hebelarm aus, durch die sich der Kopf am Aktinfilament entlang um etwa 5 nm weiterbewegt. Das ATP wird hydrolysiert, aber ADP und anorganisches Phosphat (P) bleiben fest an das Protein gebunden.

KRAFTERZEUGEND – Die schwache Bindung des Myosinkopfes an eine neue Stelle des Aktinfilaments führt zur Freisetzung des bei der ATP-Hydrolyse entstandenen anorganischen Phosphats und gleichzeitig zur starken Bindung des Kopfes an Aktin. Dieser Vorgang löst den Kraftschlag aus, die krafterzeugende Konformationsänderung, durch die der Kopf seine ursprüngliche Konformation wieder annimmt. Während des Kraftschlags verliert der Kopf das gebundene ADP, und damit beginnt ein neuer Zyklus.

ANGEHEFTET – Am Ende des Zyklus ist der Myosinkopf wieder in der Rigor-Konformation eng an das Aktinfilament gebunden. Wichtig ist dabei, dass der Kopf sich jetzt an einer neuen Stelle des Aktinfilaments befindet.

Abb. 16.23 Der Kreislauf der strukturellen Veränderungen, die Myosin II verwendet, um an einem Aktinfilament entlangzuwandern. Im Myosin-II-Kreislauf bleibt der Kopf am Aktinfilament nur ungefähr 5 % der Zeit des gesamten Kreislaufs gebunden, sodass viele Myosine zusammenarbeiten können, um ein einziges Aktinfilament zu bewegen. (Nach I. Rayment *et al.*, *Science* 261: 58–65, 1993).

Myosin II (s. **Abb. 16.21**) – überlappen. Wird diese Überlappungsregion im Querschnitt mit einem Elektronenmikroskop untersucht, sieht man, dass die Myosinfilamente in einem regelmäßigen hexagonalen Gitter angeordnet sind und die Aktinfilamente in regelmäßigen Abständen zwischen ihnen liegen (**Abb. 16.27**).

Eine Verkürzung des Sarkomers wird durch ein Vorbeigleiten der Myosinfilamente an den dünnen Aktinfilamenten bewirkt, wobei beide Filamentarten in ihrer Länge

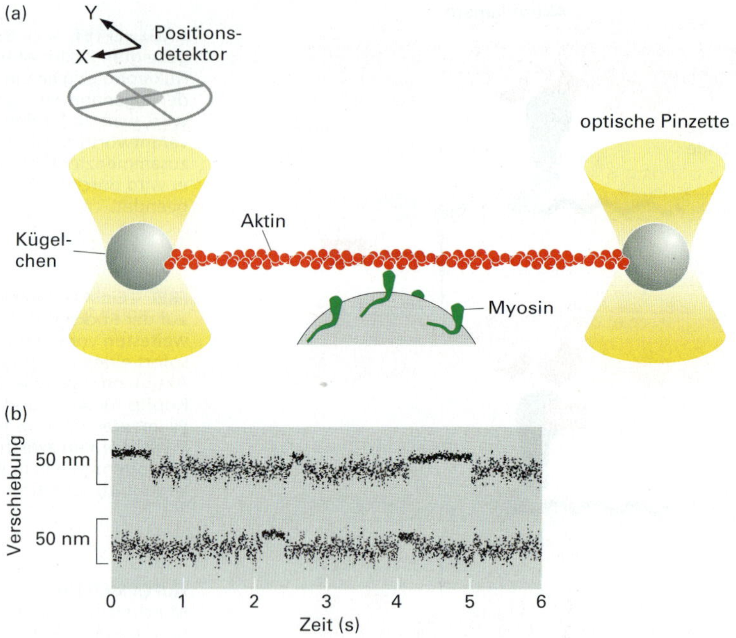

Abb. 16.24 Die mit einer optischen Pinzette gemessene Kraft eines einzelnen Myosinmoleküls, das sich an einem Aktinfilament entlangbewegt. (a) Versuchsaufbau mit dem an beiden Enden an Kügelchen (engl. *beads*) befestigten Aktinfilament, die durch einen gebündelten Lichtstrahl, den man optische Pinzette nennt, festgehalten werden. (b) Die Pinzette hält und bewegt ein Kügelchen und kann auch benutzt werden, um die durch das Filament auf das Kügelchen ausgeübte Kraft zu messen. Im Experiment wurde das Filament über einer anderen Kugel, an die Myosin-II-Motoren befestigt waren, angeordnet. Mit der optischen Pinzette wurde die Wirkung der Myosinbindung auf die Bewegung des Aktinfilaments gemessen. (b) Die Spuren zeigen Filamentbewegungen in zwei getrennten Experimenten. Zu Beginn, wenn das Aktinfilament nicht an Myosin geheftet ist, erzeugt die thermische Bewegung des Filaments ein Hintergrundrauschen der Filamentposition. Wenn ein einzelnes Myosin an das Aktinfilament bindet, hört die thermische Bewegung abrupt auf und eine ungefähr 10 nm große Verschiebung ergibt sich aus der Bewegung des Filamentes durch den Motor. Dann gibt der Motor das Filament frei. Da die ATP-Konzentration in diesem Experiment ziemlich niedrig ist, verbleibt das Myosin viel länger am Aktinfilament, als dies in der Muskelzelle der Fall wäre. (Verändert nach C. Rüegg *et al.*, *News Physiol. Sci.* 17: 213–218, 2002. Mit Erlaubnis der American Physiological Society).

unverändert bleiben (s. **Abb. 16.26c** und **16.26d**). Getrieben durch Dutzende unabhängiger Myosinköpfe, die so angeordnet sind, dass sie mit jedem dünnen Filament in Wechselwirkung treten können, wandern die bipolaren dicken Filamente zu den *plus*-Enden der beiden Garnituren dünner Filamente mit entgegengesetzter Orientierung. Es gibt keine Abstimmung bei der Bewegung der Myosinköpfe; deshalb ist es entscheidend, dass sie, um sich nicht gegenseitig zurückzuhalten, nur für einen kleinen Teil des ATPase-Zyklus fest an das Aktinfilament gebunden bleiben. Jedes dicke Myosinfilament hat etwa 300 Köpfe (294 im Froschmuskel), und jeder Kopf schwingt ungefähr fünfmal pro Sekunde im Verlauf einer raschen Kontraktion, wobei Myosin- und Aktinfilamente mit einer Geschwindigkeit von bis zu 15 μm s^{-1} aneinander vorbeigleiten und sich das Sarkomer in weniger als 1/50 Sekunde um 10 % seiner Länge verkürzt. Die rasche und synchronisierte Verkürzung Tausender in jeder Myofibrille hintereinander angeordneter Sarkomere ermöglicht es dem Skelettmuskel, sich ausreichend schnell zum Rennen und Fliegen oder zum Klavierspielen zu kontrahieren.

Hilfsproteine bewirken die außergewöhnliche Gleichförmigkeit der Anordnung, der Länge und des Abstands der Filamente im Sarkomer und ermöglichen ihm dadurch

Abb. 16.25 Skelettmuskelzellen (auch Muskelfasern genannt). (a) Diese riesigen, vielkernigen Zellen werden durch Fusion vieler Muskel-Vorläuferzellen, den Myoblasten, gebildet. Hier ist eine einzelne Muskelzelle abgebildet. Bei einem erwachsenen Menschen haben Muskelzellen typischerweise einen Durchmesser von 50 μm, und die Länge kann mehrere Zentimeter betragen. (b) Fluoreszenzmikroskopische Aufnahme eines Rattenmuskels; man erkennt die in diesen Riesenzellen am Rande liegenden Zellkerne (*blau*). Myofibrillen sind *rot* gefärbt. (b, mit freundlicher Genehmigung von Nancy L. Kedersha).

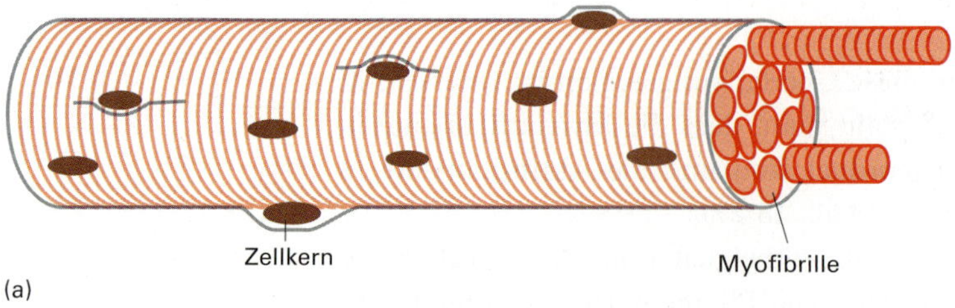

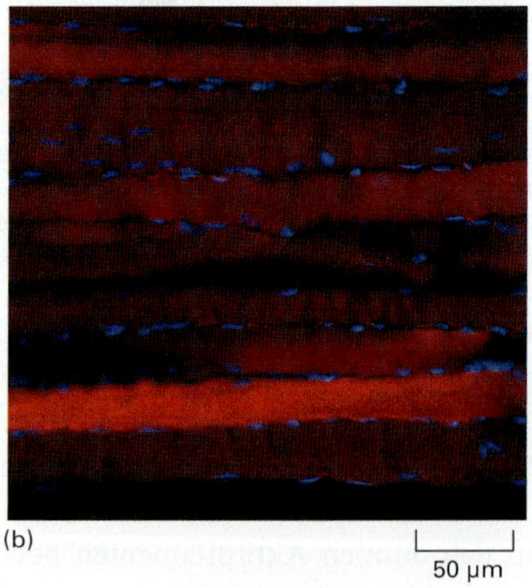

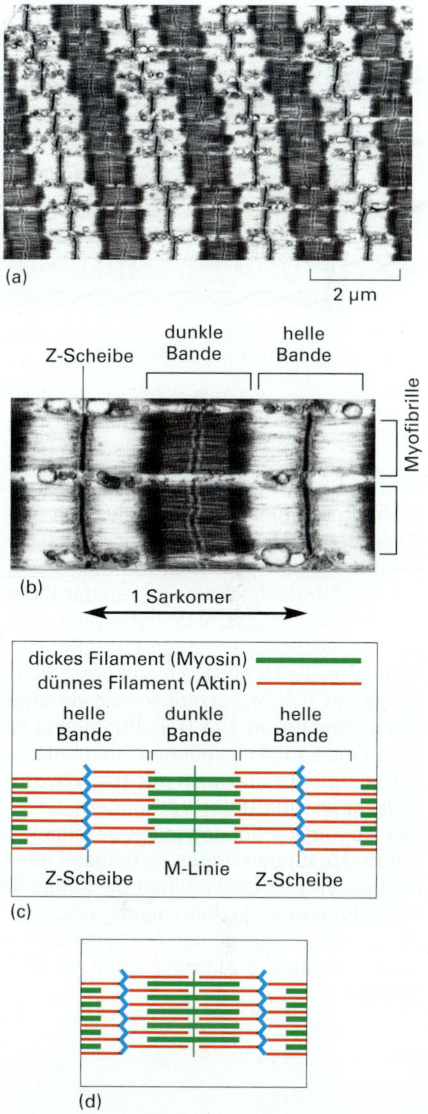

Abb. 16.26 Myofibrillen im Skelettmuskel. (a) Längsschnitt durch eine Skelettmuskelzelle eines Kaninchens, aufgenommen im Elektronenmikroskop bei schwacher Vergrößerung: Man erkennt das regelmäßige Querstreifenmuster. Die Zelle enthält zahlreiche parallel angeordnete Myofibrillen (s. **Abb. 16.25**). (b) Ausschnitt aus der Skelettmuskelzelle in (a) mit Teilen zweier benachbarter Myofibrillen zur Definition des Sarkomers (*schwarzer* Pfeil). (c) Ein Sarkomer in schematischer Darstellung, die zeigt, wie die hellen und dunklen Streifen der elektronenmikroskopischen Aufnahme entstehen. Die Z-Scheiben auf beiden Seiten des Sarkomers sind die Anheftungsstellen für die *plus*-Enden der Aktinfilamente (die dünnen Filamente); an der M-Linie in der Mitte liegen spezifische Proteine, die die dicken Filamente aus Myosin II untereinander verbinden. (d) Wenn sich das Sarkomer kontrahiert, gleiten die Aktin- und Myosinfilamente aneinander vorbei, ohne sich zu verkürzen. (a und b, mit freundlicher Genehmigung von Roger Craig).

dem konstanten Abrieb und Verschleiß bei der Kontraktion standzuhalten (**Abb. 16.28**). Die *plus*-Enden der Aktinfilamente sind in der Z-Scheibe verankert, die aus CapZ und α-Aktinin aufgebaut ist; CapZ in der Z-Scheibe deckelt die Filamente (und verhindert ihre Depolymerisation), während α-Aktinin sie in Bündeln mit regelmäßigen Abständen zusammenhält. Aktinfilamente werden auf ihrer gesamten Länge durch Tropomyosin und auch durch ein Protein gewaltigen Ausmaßes, *Nebulin* genannt, stabilisiert. Nebulin besteht fast ausschließlich aus sich wiederholenden, 35 Aminosäuren langen Aktinbindemotiven und reicht von der Z-Scheibe bis zum *minus*-Ende eines jeden dünnen Filaments, das durch Tropomodulin gedeckelt und stabilisiert wird. Obwohl es an beiden Enden des dünnen Muskelfilaments einen langsam ablaufenden Austausch von Aktinuntereinheiten gibt, sodass die Komponenten des dünnen Filaments sich mit einer Halbwertszeit von mehreren Tagen umsetzen, sind die Aktinfilamente in Sarkomeren im Vergleich zu den für die meisten anderen Zellarten typischen dynamischen Aktinfilamenten, die Halbwertszeiten von wenigen Minuten oder darunter haben, bemerkenswert stabil.

Die dicken Filamente werden durch entgegengesetzte Paare eines noch längeren Proteins, *Titin* genannt, in der Mitte zwischen den Z-Scheiben gehalten. Titin wirkt mit einer langen Serie immunglobulinartiger Domänen, die sich bei Eintritt einer Beanspruchung eine nach der anderen auffalten können, wie eine molekulare Feder. Die federartige Auffaltung und Rückfaltung dieser Domänen hält das dicke Filament genau in der Mitte des Sarkomers und ermöglicht es einer Muskelfaser, sich nach Überdehnung wieder zu erholen. Bei *Caenorhabditis elegans*, dessen Sarkomere

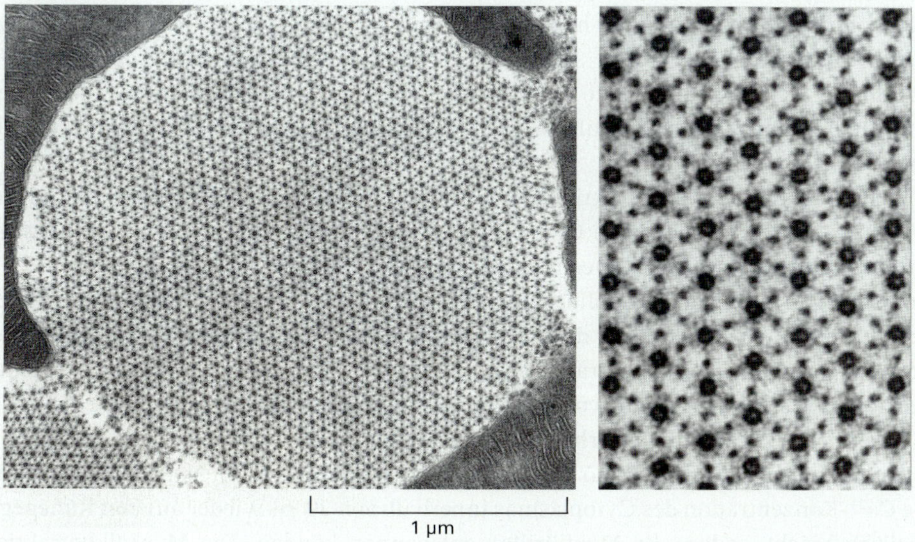

Abb. 16.27 Querschnitt durch eine Myofibrille des Flugmuskels eines Insekts in elektronenmikroskopischer Aufnahme. Die Myosin- und Aktinfilamente sind mit fast kristalliner Regelmäßigkeit angeordnet. Anders als ihr Gegenstück bei Wirbeltieren sind diese Myosinfilamente in der Mitte hohl, wie man in der vergrößerten Darstellung rechts erkennt. In Wirbeltieren sind die geometrischen Verhältnisse im hexagonalen Gerüst geringfügig anders. (Aus J. Auber und R. Couteaux, *J. Microsc.* 2: 309–324, 1963. Mit Erlaubnis der Société Française de Microscopie Électronique).

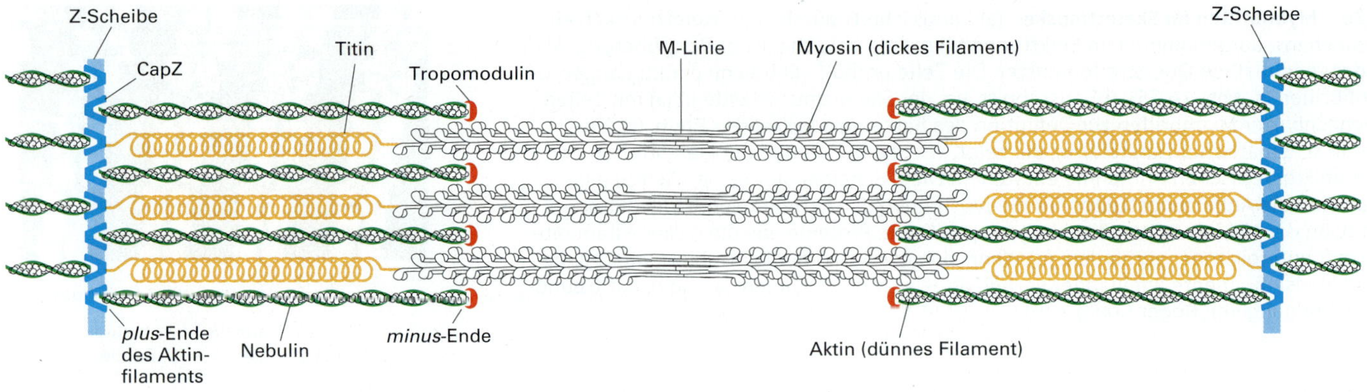

Abb. 16.28 Organisation der Hilfsproteine in einem Sarkomer. Jedes der riesigen Titinmoleküle reicht von der Z-Scheibe bis zur M-Linie – eine Entfernung von über 1 µm. Ein Teil des Titinmoleküls ist eng an das dicke Myosinfilament (das seine Polarität an der M-Linie wechselt) angelagert; der Rest des Titinmoleküls ist elastisch und passt sich der Länge des sich verkürzenden und verlängernden Sarkomers an. Das Nebulinmolekül hat genau die Länge des dünnen Filaments. Die Aktinfilamente sind auch mit Tropomyosin bedeckt und mit Unterbrechungen von Troponin gebunden (nicht gezeigt; s. **Abb. 16.30**) und tragen an beiden Enden Kappen. Tropomodulin bildet die Kappe des *minus*-Endes des Aktinfilaments, während (SR) das *plus*-Ende an der Z-Scheibe verankert, die auch α-Aktinin enthält (nicht gezeigt).

länger sind als die der Vertebraten, ist auch das Titin länger, was die Vermutung nahelegt, dass es auch als molekulares Lineal dient, das die Gesamtlänge eines Sarkomers bestimmt.

16.3.4 Muskelkontraktionen werden durch einen plötzlichen Anstieg der Ca^{2+}-Konzentration im Cytosol ausgelöst

Die krafterzeugenden molekularen Wechselwirkungen zwischen dicken Myosinfilamenten und dünnen Aktinfilamenten finden nur statt, wenn den Skelettmuskel ein Signal von dem Nerv, der ihn stimuliert, erreicht. Sofort nach Eintreffen des Signals muss die Muskelzelle in der Lage sein, sich rasch zu kontrahieren, wobei sich alle Sarkomere gleichzeitig verkürzen. Für die äußerst rasche Kontraktion sind zwei wichtige Eigenschaften der Muskelzelle erforderlich. Erstens sind, wie zuvor besprochen, die einzelnen Myosin-Motorköpfe in jedem dicken Filament nur während eines kleinen Teils der ATP-Zykluszeit an das Filament gebunden und erzeugen aktiv eine Kraft; somit können viele Myosinköpfe in rascher Abfolge am gleichen dünnen Filament wirken, ohne einander zu beeinträchtigen. Zweitens leitet ein spezielles Membransystem das ankommende Signal rasch durch die ganze Zelle. Das Nervensignal löst ein Aktionspotenzial in der Plasmamembran der Muskelzelle aus (s. Kapitel 11) und diese elektrische Reizung breitet sich rasch über eine Reihe von Membranfalten aus, den Querröhren oder *T-Tubuli* (engl. *transverse tubules*), die sich von der Plasmamembran nach innen rund um jede Myofibrille erstrecken. Das Signal wird dann über einen schmalen Zwischenraum auf das *Sarkoplasmatische Reticulum* (SR) übertragen, eine benachbarte netzartige Ummantelung aus modifiziertem Endoplasmatischem Reticulum, das jede Myofibrille wie ein Netzstrumpf umgibt (**Abb. 16.29a** und **16.29b**).

Wenn das ankommende Aktionspotenzial einen Ca^{2+}-Kanal in der Membran der T-Tubuli aktiviert, löst dies die Öffnung von Ca^{2+}-Freisetzungskanälen im eng assoziierten SR aus (**Abb. 16.29c**). Der Einstrom von Ca^{2+} in das Cytosol löst daraufhin die Kontraktion der einzelnen Myofibrillen aus. Da das Signal innerhalb von Millisekunden von der Plasmamembran (über die T-Tubuli und das SR) zu jedem einzelnen Sarkomer der Zelle übertragen wird, kontrahieren alle Myofibrillen der Zelle zugleich. Der Anstieg der Ca^{2+}-Konzentration ist nur vorübergehend, da das Ca^{2+} rasch wieder durch die in der Membran des SR reichlich vorhandenen ATP-abhängigen Ca^{2+}-Pumpen (auch Ca^{2+}-ATPasen genannt) in das SR zurückgepumpt wird (s. **Abb. 11.14**). Normalerweise wird die Ca^{2+}-Konzentration des Cytoplasmas innerhalb von 30 ms wieder auf den Ruhepegel zurückgebracht, sodass die Myofibrillen entspannen können. Die Muskelkontraktion beruht also auf zwei, sehr große Mengen an ATP-verbrauchenden Vorgängen: durch

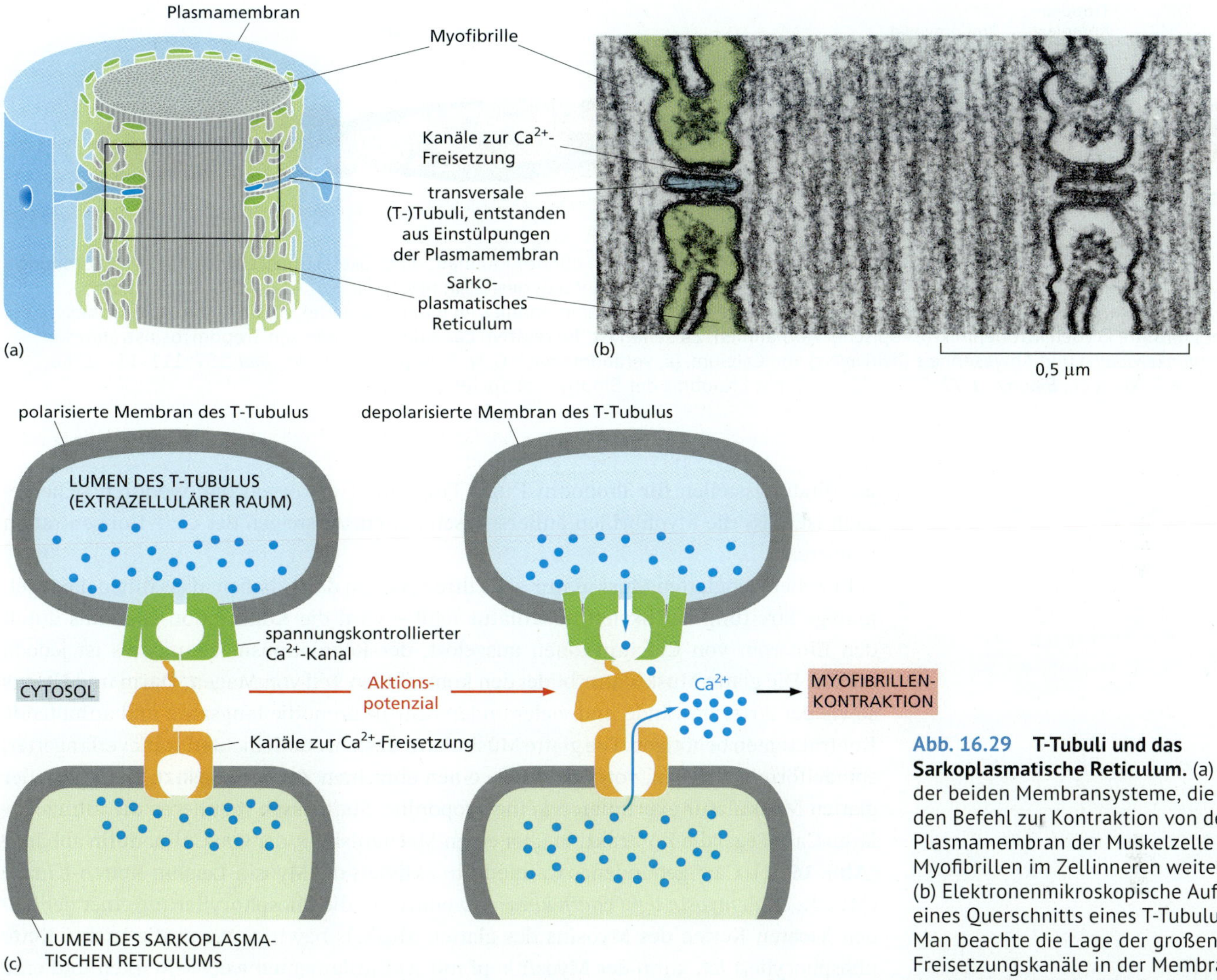

Abb. 16.29 T-Tubuli und das Sarkoplasmatische Reticulum. (a) Darstellung der beiden Membransysteme, die den Befehl zur Kontraktion von der Plasmamembran der Muskelzelle zu allen Myofibrillen im Zellinneren weiterleiten. (b) Elektronenmikroskopische Aufnahme eines Querschnitts eines T-Tubulus. Man beachte die Lage der großen Ca^{2+}-Freisetzungskanäle in der Membran des Sarkoplasmatischen Reticulums, die eine Verbindung zur benachbarten T-Tubulus-Membran herstellen. (c) Diese schematische Darstellung zeigt, wie ein Ca^{2+}-Freisetzungskanal im Sarkoplasmatischen Reticulum vermutlich durch die Aktivierung eines spannungskontrollierten Ca^{2+}-Kanals in der Membran eines T-Tubulus geöffnet wird. (b, mit freundlicher Genehmigung von Clara Franzini-Armstrong).

die ATPase der Myosin-Motordomäne vermitteltes Gleiten der Filamente und durch die Ca^{2+}-ATPase vermitteltes Ca^{2+}-Pumpen.

Die Ca^{2+}-Abhängigkeit der Skelettmuskelkontraktion der Vertebraten und damit ihre Abhängigkeit von Nervensignalen beruht gänzlich auf einem Satz spezialisierter Hilfsproteine, die eng mit dem dünnen Aktinfilament verbunden sind. Eines dieser Hilfsproteine ist die Muskelform des *Tropomyosins*, einem länglichen Molekül, das sich entlang der Furche der Aktinfilamenthelix anlagert. Das andere ist *Troponin*, ein Komplex aus drei Polypeptiden, Troponin T, I und C (bezeichnet nach ihrer Tropomyosin-Bindung, Inhibitoraktivität bzw. Ca^{2+}-Bindung). Troponin I bindet sowohl an Aktin als auch an Troponin T. Im ruhenden Muskel zieht der Komplex aus Troponin I und Troponin T das Tropomyosin aus seiner normalen Bindungsfurche in eine Lage längsseits des Aktinfilaments, die die Bindung der Myosinköpfchen stört und so jegliche krafterzeugende Wechselwirkung unterbindet. Wird der Ca^{2+}-Pegel angehoben, bewirkt Troponin C, das bis zu vier Ca^{2+}-Ionen bindet, dass Troponin I sich vom Aktin löst. Daraufhin können die Tropomyosinmoleküle in ihre normale Lage zurückrutschen und die Myosinköpfe können am Aktinfilament entlangwandern (**Abb. 16.30**). Troponin C ist nahe verwandt mit dem überall vorhandenen Ca^{2+}-bindenden Protein Calmodulin (s. **Abb. 15.34**). Man kann es sich als eine spezialisierte Form von Calmodulin vorstellen,

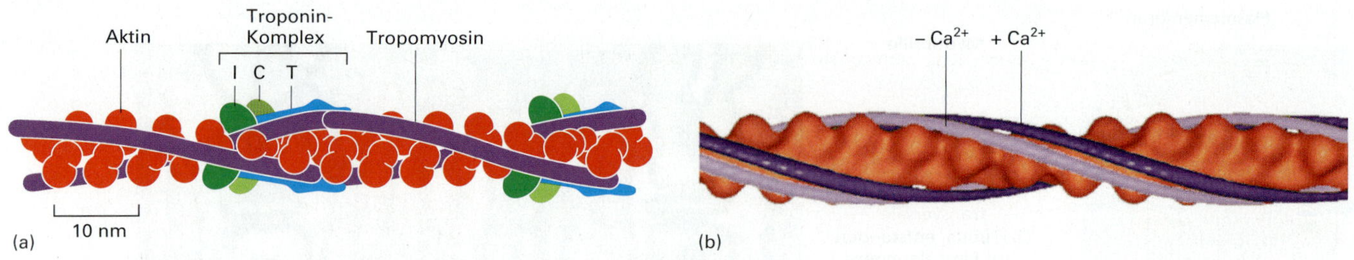

Abb. 16.30 Die Steuerung der Skelettmuskelkontraktion durch Troponin. (a) Ein dünnes Filament einer Skelettmuskelzelle mit der Anordnung von Tropomyosin und Troponin entlang des Aktinfilaments. Jedes Tropomyosinmolekül besitzt in regelmäßigen Abständen sieben homologe Sequenzabschnitte, von denen vermutlich jeder, wie hier gezeigt, an ein Aktinmonomer im Filament bindet. (b) Rekonstruktion eines Aktinfilaments mithilfe kryoelektronenmikroskopischer Aufnahmen: Zu sehen ist die relative Lage des überlagerten Tropomyosinstranges in Anwesenheit (*dunkelviolett*) und Abwesenheit (*hellviolett*) von Calcium. (a, verändert nach G. N. Phillips *et al., J. Mol. Biol.* 192: 111–131, 1986; b, verändert nach C. Xu *et al., Biophys. J.* 77: 985–992, 1999. Mit Erlaubnis der Biophysical Society).

die Bindungsstellen für Troponin I und Troponin T erworben hat, wodurch sichergestellt ist, dass die Myofibrillen äußerst rasch auf ein Ansteigen der Ca^{2+}-Konzentration reagieren.

In Zellen der glatten Muskulatur – die ihren Namen daher haben, dass ihnen die regelmäßige Streifung der Skelettmuskulatur fehlt – wird die Kontraktion ebenfalls durch den Einstrom von Calcium-Ionen ausgelöst; der Regulationsmechanismus ist jedoch anders. Die glatte Muskulatur bildet den kontraktilen Teil von Magen, Darm und Uterus sowie der Arterienwände und vieler anderer Strukturen, die langsame und anhaltende Kontraktionen benötigen. Die glatte Muskulatur besteht aus Schichten stark verlängerter, spindelförmiger Zellen, von denen jede einen einzelnen Zellkern besitzt. Die Zellen der glatten Muskulatur exprimieren keine Troponine. Stattdessen regulieren die intrazellulären Ca^{2+}-Pegel die Kontraktion über einen Mechanismus, der von Calmodulin abhängt (**Abb. 16.31**). Ca^{2+}-gebundenes Calmodulin aktiviert die Myosin-Leichte-Ketten-Kinase (MLCK, engl. *myosin light chain kinase*), wodurch es die Phosphorylierung einer der beiden leichten Ketten des Myosins des glatten Muskels bewirkt. Wenn die leichte Kette phosphoryliert ist, kann der Myosinkopf mit Aktinfilamenten wechselwirken und eine Kontraktion verursachen; wenn sie dephosphoryliert ist, dann neigt der Myosinkopf zur Ablösung vom Aktin und wird inaktiv.

Die Phosphorylierungsereignisse, die die Kontraktion in Zellen der glatten Muskulatur regulieren, spielen sich relativ langsam ab, sodass die maximale Kontraktion oft fast eine Sekunde braucht (im Vergleich zu wenigen Millisekunden, die für die Kontraktion einer Skelettmuskelzelle erforderlich sind). In der glatten Muskulatur ist jedoch die schnelle Aktivierung der Kontraktion nicht wichtig: Ihr Myosin II hydrolysiert ATP etwa zehnmal langsamer als dies das Skelettmuskel-Myosin tut, was einen langsamen Zyklus von Myosin-Konformationsänderungen erzeugt, die eine langsame Kontraktion nach sich ziehen.

16.3.5 Der Herzmuskel ist eine Präzisionsmaschine

Das Herz ist mit etwa 3 Milliarden (3×10^9) Kontraktionen im Laufe des Lebens der am schwersten arbeitende Muskel im menschlichen Körper. Mehrere besondere Isoformen von Herzmuskel-Myosin und Herzmuskel-Aktin werden in Herzmuskelzellen exprimiert. Selbst kleinste Änderungen in den herzspezifischen kontraktilen Proteinen, die in anderen Geweben keine erkennbaren Folgen hätten, können schwere Herzfehler hervorrufen (**Abb. 16.32**).

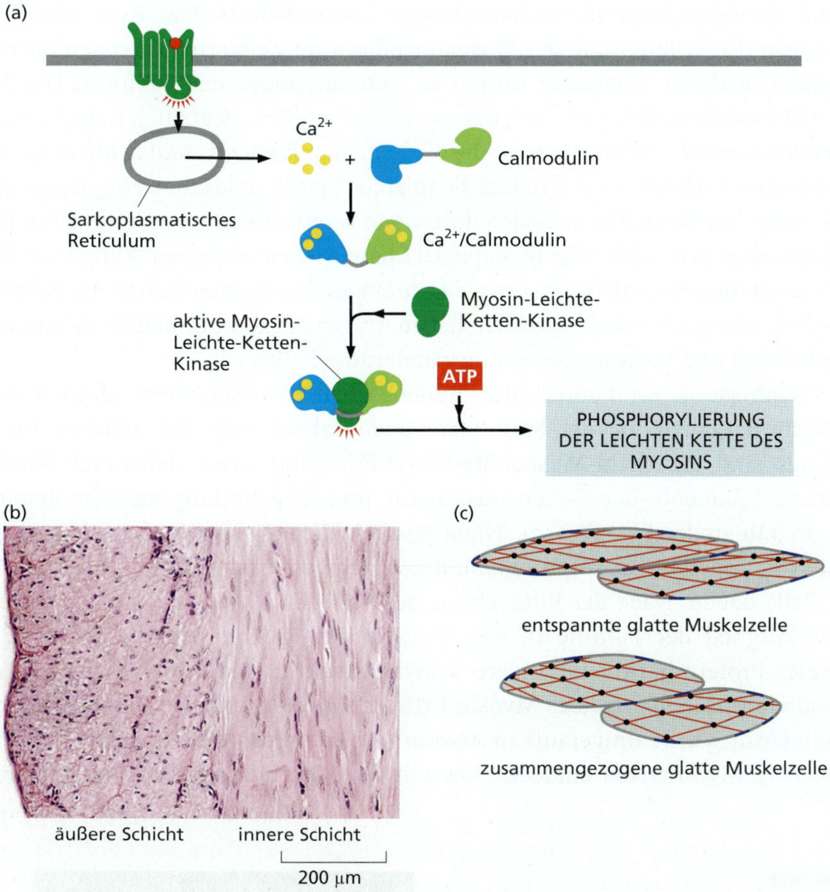

Abb. 16.31 Kontraktion der glatten Muskulatur. (a) Nach Muskelstimulierung durch Aktivierung von Zelloberflächenrezeptoren wird Ca^{2+} aus dem Sarcoplasmatischen Reticulum (SR) in das Cytoplasma freigesetzt, wo es an Calmodulin bindet (s. Abb. 15.34). Ca^{2+}-gebundenes Calmodulin bindet an die Myosin-Leichte-Ketten-Kinase (MLCK, engl. *myosin light chain kinase*), die die leichte Kette von Myosin phosphoryliert, um dadurch die Myosinaktivität zu stimulieren. Nicht-Muskel-Myosin wird durch den gleichen Mechanismus reguliert (s. Abb. 16.33). (b) Glatte Muskelzellen in einem Querschnitt durch die Darmwand einer Katze. Die äußere Schicht der glatten Muskulatur ist so ausgerichtet, dass sich die Längsachse der Zellen parallel zum Darm erstreckt, und bei ihrer Kontraktion wird so der Darm verkürzt. Die innere Schicht ist rund um den Darm angeordnet: Wenn sie sich kontrahiert, wird der Darm enger. Die Kontraktion beider Schichten drückt den Darminhalt vorwärts, so ähnlich wie man Zahnpasta aus einer Tube drückt. (c) Modell des Kontraktionsapparats einer glatten Muskelzelle mit Bündeln kontraktiler Filamente, die Aktin und Myosin (*rot*) enthalten, die schräg zur Längsachse der Zelle ausgerichtet sind. Ihre Kontraktion verkürzt die Zelle stark. In dieser Zeichnung sind die Winkel der Bündel übertrieben, um die Auswirkung der Kontraktion schematisch darzustellen. Außerdem sind nur wenige der zahlreichen Bündel gezeigt. (b, mit freundlicher Genehmigung von Gwen V. Childs).

Der normale Kontraktionsapparat des Herzens ist eine so hoch abgestimmte Maschine, dass kleinste Arbeitsanomalien dazu führen, dass sie sich durch ihre wiederholten Bewegungen über die Jahre verschleißt. Die *familiäre hypertrophe Kardiomyopathie* ist eine häufige Ursache für den plötzlichen Tod junger Athleten. Sie ist eine genetisch dominant vererbte Krankheit, die etwa 2 von 1000 Menschen betrifft und mit einer Vergrößerung des Herzens, krankhafter Verengung der Herzkranzgefäße und Störungen des Herzrhythmus (Herzarrhythmien) verbunden ist. Ursache ist entweder eine von über 40 kleinen Punktmutationen in dem für die schwere Kette des kardialen β-Myosins codierenden Gen (die fast alle Änderungen in oder nahe der Motordomäne bewirken) oder eine von etwa einem Dutzend Mutationen in anderen Genen, die für kontraktile Proteine codieren, darunter die leichten Ketten von Myosin, Herz-Troponin und Tropomyosin. Kleine *Missense*-Mutationen (Punktmutationen, die eine Codon-Änderung bewirken) im Aktingen des Herzens können eine andere Herzkrankheit, die *dilatative Kardiomyopathie*, bewirken, die ebenfalls oft zu frühem Herzversagen führt.

16.3.6 Aktin und Myosin üben eine Reihe von Funktionen in Nicht-Muskelzellen aus

Die meisten Nicht-Muskelzellen enthalten kontraktile Aktin–Myosin-II-Komplexe, die sich vorübergehend bilden und dynamische Veränderungen in der Zellmorphologie erlauben. Kontraktile Bündel in Nicht-Muskeln werden über Myosinphosphorylierungen

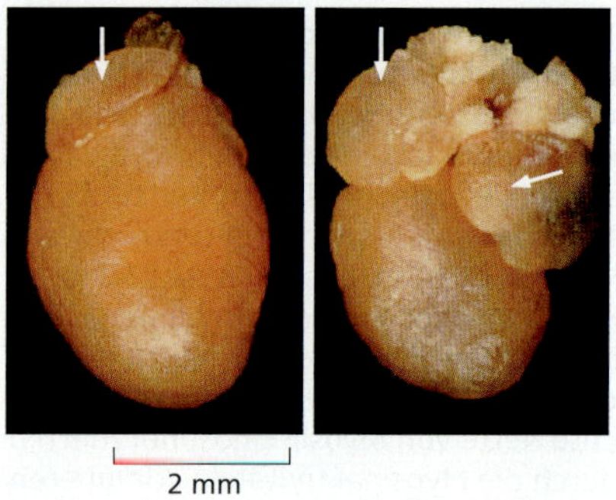

Abb. 16.32 Die Auswirkung einer Punktmutation im kardialen Myosin auf das Herz. Ein normales Herz einer 6 Tage alten Maus ist *links* gezeigt. *Rechts* ist das Herz einer gleich alten Maus mit einer Punktmutation in beiden Kopien des kardialen Myosins, durch die Arg403 zu Gln verändert wurde. Die Pfeile weisen auf die Vorhöfe. Im Herzen des Jungtiers mit der Mutation des Herz-Myosins sind beide Vorhöfe (Atrien) wesentlich vergrößert (hypertroph), und die Mäuse sterben innerhalb weniger Wochen nach der Geburt. (Aus D. Fatkin *et al.*, *J. Clin. Invest.* 103: 147–153, 1999. Mit Erlaubnis von The American Society for Clinical Investigation).

und nicht über den Troponinmechanismus gesteuert (**Abb. 16.33a**). Kontraktiles Aktin und Myosin direkt unterhalb der Plasmamembran im Zellkortex erzeugen Spannung. Gradienten in dieser Spannung führen zu Veränderungen der Zellform. Die Aktin-Myosin-II-Faserbündel dienen auch der mechanischen Unterstützung, indem sie sich zu den **Stressfasern** zusammenlagern, die die Zelle durch *Fokalkontakte* mit der extrazellulären Matrix verbinden, oder indem sie in einer Epithelzelle einen *ringsum laufenden Gürtel* bilden, der benachbarte Zellen durch *Adhäsionsverbindungen* (erörtert in Kapitel 19) miteinander verbindet. Wie in Kapitel 17 beschrieben, erzeugen Aktin und Myosin II im *kontraktilen Ring* die Kraft für die Cytokinese, den letzten Schritt der Zellteilung. Schließlich, wie wir bereits besprochen haben, tragen die kontraktilen Faserbündel auch zur Anheftung und Vorwärtsbewegung wandernder Zellen bei.

Die Organisation der kontraktilen Bündel ist in gewisser Weise ähnlich wie die periodische Organisation der Sarkomere und umfasst viele der gleichen Proteine. Allerdings sind die Nicht-Muskel-Myosin-II-Filamente etwa siebenmal kürzer als die dicken Filamente der Skelettmuskulatur und ihre Bildung ist sehr dynamisch (**Abb. 16.33b** und **Abb. 16.33c**). Nicht-Muskelzellen exprimieren auch eine große Familie von anderen Myosinproteinen, die verschiedene Strukturen und Funktionen in der Zelle haben. Nach der Entdeckung des üblichen Muskelmyosins fand man ein zweites Mitglied der Familie in der Frischwasser-Amöbe *Acanthamoeba castellanii*. Dieses Protein hatte eine andere Schwanzstruktur und schien als Monomer zu funktionieren. Daher wurde es Myosin I (für einköpfig) genannt. Das konventionelle Muskelmyosin wurde umgetauft in *Myosin II* (für zweiköpfig). Später wurden noch viele weitere Myosinarten entdeckt. Die schweren Ketten beginnen im Allgemeinen

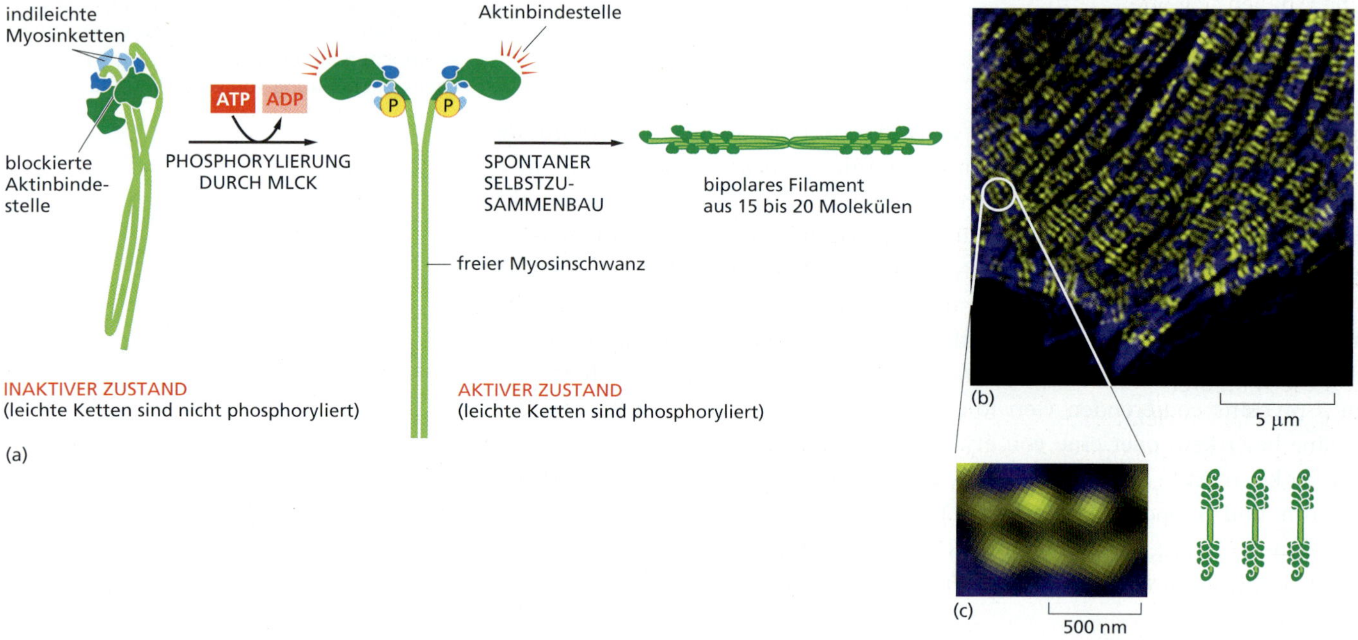

Abb. 16.33 Phosphorylierung der leichten Kette und kontrollierte Zusammenlagerung von Myosin II zu dicken Filamenten. (a) Die Phosphorylierung einer der beiden leichten Ketten (die sogenannte regulatorische leichte Kette, in *hellblau* dargestellt) des Nicht-Muskel-Myosins II durch die Myosin-Leichte-Ketten-Kinase (MLCK) hat *in vitro* mindestens zwei Auswirkungen: Sie verursacht eine Konformationsänderung der Myosinköpfe, wodurch die sterische Hinderung aufgehoben wird und die Aktinbindung ermöglicht wird. Außerdem wird der Myosinschwanz von einem „Klebe-Fleck" am Myosinkopf freigesetzt, sodass die Myosinmoleküle sich zu kurzen bipolaren dicken Filamenten zusammenlagern können. Die glatte Muskulatur wird durch den gleichen Mechanismus reguliert (s. **Abb. 16.31**). (b) Fluoreszenzmikroskopische Aufnahme der Verteilung der leichten Myosinkette (*gelb*) und des Aktinfilamentquervernetzers α-Aktinin (*blau*) in der kontraktilen Faser eines Rattenembryofibroblasten. (c) Ein paralleler Stapel von Myosinfilamenten bei höherer Vergrößerung. Diese Myosin-II-Filamente sind viel kürzer als die in Skelettmuskelzellen gefundenen (s. **Abb. 16.21**), formen aber trotzdem sarkomerähnliche Untereinheiten. (b und c, mit freundlicher Genehmigung von Shiqiong Hu und Alexander Bershadsky).

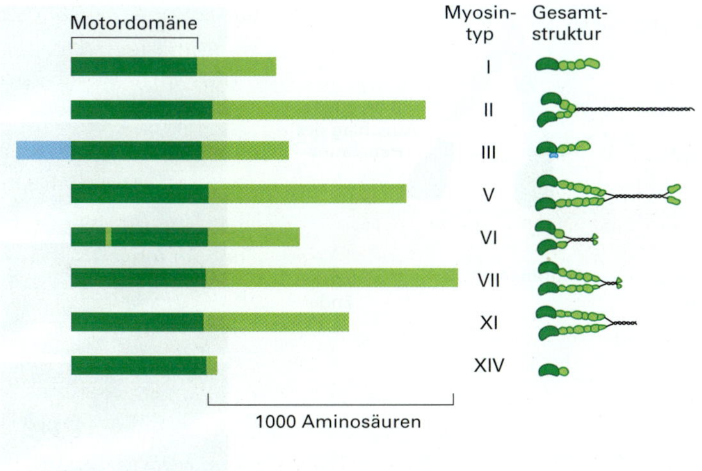

Abb. 16.34 Mitglieder der Myosin-Superfamilie. Vergleich der Domänenstruktur der schweren Ketten einiger Myosinarten. Alle Myosine haben ähnliche Motordomänen (*dunkelgrün*), aber ihre C-terminalen Schwänze (*hellgrün*) und N-terminalen Fortsätze (*hellblau*) sind sehr unterschiedlich. Auf der *rechten* Seite sind die Molekularstrukturen dieser Familienmitglieder gezeigt. Viele Myosine bilden Dimere mit zwei Motordomänen je Molekül, aber einige wenige (wie I, III und XIV) scheinen als Monomere mit nur einer Motordomäne zu wirken. Myosin VI ist trotz der zu anderen Familienmitgliedern ähnlichen Gesamtstruktur einzigartig, da es sich zum *minus*-Ende (anstatt wie die übrigen Myosine zum *plus*-Ende) eines Aktinfilaments bewegt. Die kleine, bei keinem anderen Myosin gefundene Insertion in der Motor-Kopfdomäne ist vermutlich für diese Richtungsänderung verantwortlich.

mit einer erkennbaren Myosin-Motordomäne am N-Terminus und weichen dann mit einer Vielzahl C-terminaler Schwanzdomänen sehr stark voneinander ab (Abb. 16.34). Die Myosinfamilie umfasst viele einköpfige und zweiköpfige Formen, die etwa gleich verwandt mit Myosin I und Myosin II sind; die Nomenklatur spiegelt nun ihre ungefähre Reihenfolge der Entdeckung wider (Myosin III bis zumindest Myosin XVIII). Sequenzvergleiche zwischen unterschiedlichen Eukaryoten zeigen, dass es in der Superfamilie mindestens 37 individuelle Myosinfamilien gibt. Alle *Myosine*, mit einer Ausnahme, laufen zum *plus*-Ende eines Aktinfilaments, bewegen sich aber mit unterschiedlichen Geschwindigkeiten. Die Ausnahme ist Myosin VI, das zum *minus*-Ende wandert. Die Myosinschwänze (und die Schwänze von Motorproteinen im Allgemeinen) haben sich offensichtlich im Laufe der Evolution auseinanderentwickelt, sodass die Proteine andere Untereinheiten binden und unterschiedliche Frachten aufnehmen können.

Einige Myosine wurden nur in Pflanzen gefunden, andere nur in Wirbeltieren. Die meisten werden aber in allen Eukaryoten gefunden, was vermuten lässt, dass diese Myosine früh in der Evolution der Eukaryoten entstanden sind. Das Genom des Menschen enthält etwa 40 Myosingene. Neun der menschlichen Myosine werden vorwiegend oder ausschließlich in den Haarzellen des Innenohrs exprimiert, und man weiß, dass Mutationen in fünf von ihnen erbliche Taubheit verursachen. Diese extrem spezialisierten Myosine sind wichtig für den Aufbau und die Funktion der komplexen und schönen Aktinbündel in Stereocilien, die von der apikalen Oberfläche dieser Zellen abstehen; diese zellulären Vorwölbungen neigen sich als Reaktion auf Geräusche und wandeln Schallwellen in elektrische Signale um.

Die genaue Funktion der meisten Myosine ist noch nicht erforscht, aber einige sind bereits gut charakterisiert. Die Myosin-I-Proteine besitzen oft eine zweite Aktinbindungsstelle oder eine Membranbindungsstelle an ihrem Schwanz. Sie sind im Allgemeinen an der Herstellung der intrazellulären Ordnung und dem Vorstülpen von aktinreichen Strukturen an der Zelloberfläche wie den Mikrovilli (s. Tafel 16.1 und Abb. 16.4) und an der Exocytose beteiligt. Myosin V ist ein zweiköpfiges Myosin mit einer großen Schrittweite (Abb. 16.35) und ist am Organellentransport entlang der Aktinfilamente beteiligt. Im Gegensatz zu Myosin-II-Motoren, die im Verbund arbeiten und nur vorübergehend an Aktinfilamente angeheftet sind, um sich nicht gegenseitig zu behindern, bewegt sich Myosin V kontinuierlich und mit hoher Prozessivität an den Aktinfilamenten entlang, ohne sie loszulassen. Die Funktionen von Myosin V sind gut an der Hefe *Saccharomyces cerevisiae* untersucht, die einem stereotypischen Wachstums- und Teilungsmuster unterliegt, das sich Knospen nennt. Aktinstränge der Mutterzelle führen zur Knospe, wo man Aktin in Flecken findet, die sich an den Stellen

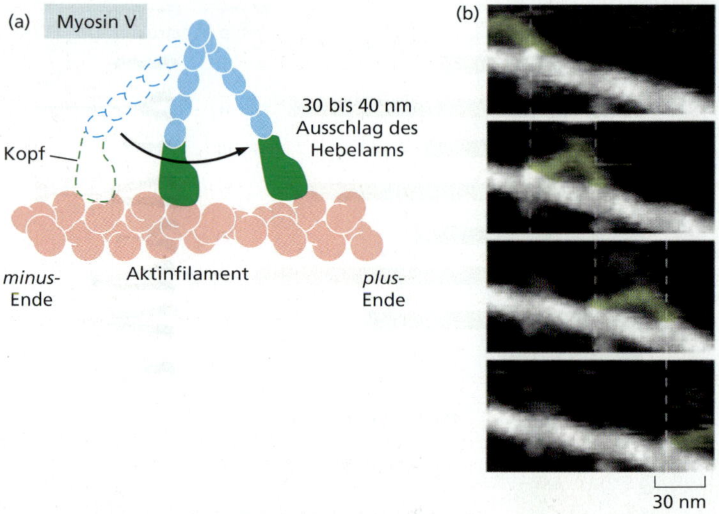

Abb. 16.35 Myosin V wandert entlang der Aktinfilamente. (a) Der Hebelarm von Myosin V ist lang, wodurch es einen größeren Schritt entlang des Aktinfilaments machen kann als Myosin II (s. **Abb. 16.23**). (b) Rasterkraftmikroskopische Aufnahme, die zeigt, wie Myosin V (*grün*) entlang eines Aktinfilaments wandert. Myosin V arbeitet als Frachttransporter in Zellen. (b, verändert nach N. Kodera und T. Ando, *Biophys. Rev.* 6: 237–260, 2014. Abgedruckt mit Erlaubnis von Springer Nature).

konzentrieren, an denen das Zellwandwachstum stattfindet. Myosin-V-Motoren tragen eine große Vielfalt an Lasten – einschließlich RNA, das Endoplasmatische Reticulum und sekretorische Vesikel – entlang der Aktinstränge zu den Knospen (s. **Abb. 16.75**).

Zusammenfassung

Indem sie ihre Halsdomäne als Hebelarm verwenden, wandeln Myosine die Energie aus der ATP-Hydrolyse in mechanische Arbeit um, um sich schrittweise entlang der Aktinfilamente bewegen zu können. Skelettmuskulatur besteht aus Myofibrillen, die aus Tausenden von Sarkomeren aus hoch geordneten Aktinfilament- und Myosin-II-Filamentnetzwerken zusammen mit vielen Hilfsproteinen aufgebaut sind. Die Muskelkontraktion wird durch Calcium angeregt, das das Aktinfilament-assoziierte Protein Tropomyosin zu einer Bewegung veranlasst, bei der Myosinbindungsstellen zugänglich werden und die es den Filamenten erlaubt, gegeneinander zu gleiten. Glatte Muskel- und Nicht-Muskelzellen haben weniger geordnete kontraktile Aktin- und Myosinbündel, die durch die Phosphorylierung der leichten Kette des Myosins reguliert werden. Myosin V befördert Fracht durch Wanderung entlang der Aktinfilamente.

16.4 Mikrotubuli

Mikrotubuli sind strukturell komplizierter als Aktinfilamente, sie sind jedoch ebenfalls hoch dynamisch und spielen ähnlich mannigfaltige und wichtige Rollen in der Zelle. Mikrotubuli sind Polymere des Proteins **Tubulin**. Die Tubulinuntereinheit selbst ist ein Heterodimer aus zwei nahe verwandten kugelförmigen Proteinen, α-Tubulin und β-Tubulin, die beide je 445–450 Aminosäuren umfassen und durch nicht kovalente Bindungen fest zusammengehalten werden (**Abb. 16.36a**). Diese zwei Tubulinproteine liegen ausschließlich in diesem Heterodimer vor und jedes α- und β-Monomer hat eine Bindungsstelle für ein Molekül GTP. Das an das α-Tubulin gebundene GTP ist physikalisch an der Grenzfläche des Dimers eingeschlossen und wird niemals hydrolysiert oder ausgetauscht; es kann daher als fester Bestandteil der Struktur des Tubulinheterodimers angesehen werden. Hingegen kann β-Tubulin entweder an GTP oder GDP gebunden sein und – wie wir noch sehen werden – dieser Unterschied ist wichtig für die Dynamik der Mikrotubuli.

Tubulin findet sich in allen eukaryotischen Zellen und kommt in mehreren Isoformen vor. Seine Aminosäuresequenz wurde während der Evolution hoch konserviert: Daher

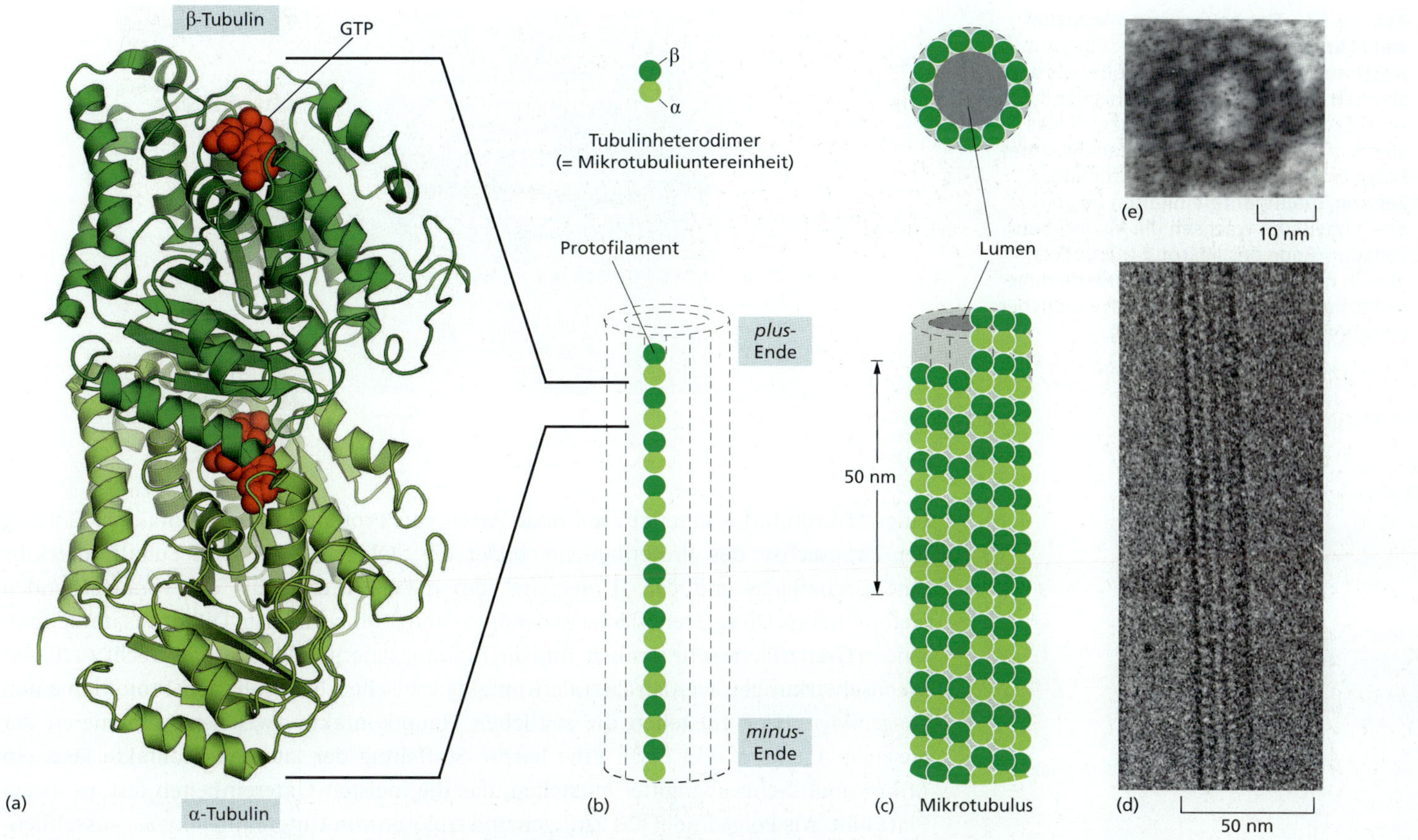

Abb. 16.36 Struktur eines Mikrotubulus und seiner Untereinheit. (a) Die Untereinheit eines jeden Protofilaments ist ein Tubulinheterodimer, das aus einem sehr fest verbundenen Paar aus α- und β-Tubulinmonomeren besteht. Das GTP-Molekül am α-Tubulinmonomer ist so fest gebunden, dass es als integraler Bestandteil des Proteins angesehen werden kann. Im β-Tubulinmonomer ist das GTP-Molekül dagegen nicht so fest gebunden und hat eine wichtige Funktion bei der Dynamik des Filaments. GTP ist *rot* gekennzeichnet. (b) Schematische Darstellung einer Tubulinuntereinheit (α/β-Heterodimer) und eines Protofilaments. Jedes Protofilament besteht aus vielen aneinandergereihten Untereinheiten mit der gleichen Orientierung. (c) Der Mikrotubulus ist eine steife Hohlröhre, die von 13 parallel angeordneten Protofilamenten gebildet wird. (d) Elektronenmikroskopische Aufnahme eines kurzen Abschnitts eines Mikrotubulus. (e) Elektronenmikroskopische Aufnahme von einem Mikrotubulus im Querschnitt; man erkennt den Ring aus 13 einzelnen Protofilamenten. (a, PDB-Code: 1JFF; d, mit freundlicher Genehmigung von Richard Wade; e, mit freundlicher Genehmigung von Richard Linck).

sind die Tubuline von Hefe und Mensch zu 75 % identisch. In Säugern gibt es mindestens sechs Formen von α-Tubulin und eine ähnliche Anzahl von β-Tubulinformen, die jeweils von einem anderen Gen codiert werden. Die verschiedenen Tubulinformen sind sehr ähnlich und sie copolymerisieren *in vitro* im Allgemeinen zu gemischten Mikrotubuli. Sie können jedoch in einer Zelle oder einem Gewebe an unterschiedlichen Stellen liegen und leicht unterschiedliche Aufgaben haben.

Als augenfälliges Beispiel rufen Mutationen in einem bestimmten β-Tubulingen eine Lähmung der Augenbewegung hervor, da der Augennerv funktionsunfähig wird. Einige neurologische Krankheiten des Menschen werden auch mit Mutationen in verschiedenen Tubulingenen in Zusammenhang gebracht.

16.4.1 Mikrotubuli sind hohle Röhren, die aus Protofilamenten aufgebaut sind

Ein Mikrotubulus ist eine hohlzylindrische Struktur, die aus 13 parallelen Protofilamenten aufgebaut ist, die alle aus α-Tubulin- und β-Tubulinheterodimeren bestehen, die Kopf-Schwanz-verknüpft und dann zu einer Röhre gefaltet sind (**Abb. 16.36b–d**). Der Aufbau

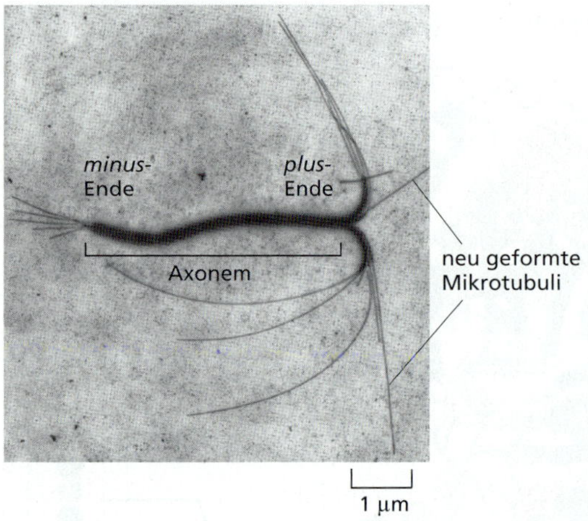

Abb. 16.37 Das bevorzugte Wachstum von Mikrotubuli am *plus*-Ende. Mikrotubuli wachsen an einem Ende schneller als am anderen. Hier wurde ein stabiles Bündel von Mikrotubuli (Axonem genannt), das aus dem Inneren einer Cilie stammt, unter Polymerisationsbedingungen für kurze Zeit mit Tubulinuntereinheiten inkubiert. Am schnellsten wachsen die Mikrotubuli vom *plus*-Ende des Mikrotubulibündels, dem in dieser mikroskopischen Aufnahme *rechts* befindlichen Ende. (Mit freundlicher Genehmigung von Gary Borisy).

eines Mikrotubulus erzeugt zwei neue Arten von Protein–Protein-Kontakten. Entlang der Längsachse des Protofilaments bildet die „Oberseite" eines β-Tubulinmoleküls eine Grenzfläche mit der „Unterseite" des α-Tubulinmoleküls des vorausgehenden Heterodimers. Diese Grenzfläche ist der die α- und β-Monomere im Dimer zusammenhaltenden Grenzfläche sehr ähnlich, und die Bindungsenergie ist hoch. Senkrecht zu diesen Wechselwirkungen werden laterale Kontakte zwischen benachbarten Protofilamenten ausgebildet. Hier entstehen die seitlichen Hauptkontakte zwischen Monomeren der gleichen Art (α–α und β–β). Eine leichte Staffelung der lateralen Kontakte lässt ein Mikrotubuli-Schraubengitter entstehen, das die meisten Untereinheiten fest an ihrem Platz hält. Als Folge findet das Zufügen und Ablösen von Untereinheiten fast ausschließlich an den Enden des Mikrotubulus statt (s. **Abb. 16.5**). Diese mehrfachen Kontakte zwischen den Untereinheiten machen die Mikrotubuli steif und schwer biegbar. Die durchschnittliche Länge über die ein Mikrotubulus gerade bleibt (Persistenzlänge) ist mehr als 10-mal so groß als bei Aktinfilamenten, was Mikrotubuli zu den steifsten und geradlinigsten Strukturelementen macht, die in den meisten tierischen Zellen vorkommen.

Jedes Protofilament eines Mikrotubulus ist aus Untereinheiten aufgebaut, die alle in die gleiche Richtung weisen, und auch die Protofilamente selbst sind parallel angeordnet, wobei α-Tubuline am *minus*-Ende und β-Tubuline am *plus*-Ende freiliegen. Wie bei den Aktinfilamenten verleiht die regelmäßige, parallele Orientierung der Untereinheiten den Mikrotubuli sowohl eine strukturelle als auch eine dynamische Polarität (**Abb. 16.37**), wobei die *plus*-Enden der Mikrotubuli viel schneller wachsen und schrumpfen als die *minus*-Enden.

16.4.2 Mikrotubuli unterliegen einem als dynamische Instabilität bezeichneten Prozess

Die Mikrotubulidynamik wird wie die Dynamik der Aktinfilamente tiefgreifend durch die Bindung und Hydrolyse von Nukleosidtriphosphaten – bei Mikrotubuli von GTP im Gegensatz zu Aktin, wo ATP hydrolysiert wird – beeinflusst. GTP-Hydrolyse tritt nur in der β-Tubulinuntereinheit des Tubulindimers auf. In freien Tubulinuntereinheiten verläuft sie sehr langsam, sie wird aber beschleunigt, sobald diese in Mikrotubuli eingebaut sind. Nach der GTP-Hydrolyse wird die freie Phosphatgruppe freigesetzt, während GDP an β-Tubulin innerhalb des Mikrotubuligitters gebunden bleibt. Wie im Falle der Aktinfilamente können also zwei unterschiedliche Arten der Mikrotubulistruktur vorkommen: eine *T-Form* an GTP gebunden und eine *D-Form* an GDP gebunden. Da ein

Teil der Energie aus der Hydrolyse der Phosphatbindung als elastische Spannung im Polymergitter gespeichert wird, ist die Änderung der Freien Energie bei der Dissoziation einer Untereinheit von der D-Form des Polymers günstiger (negativ) als die Änderung der Freien Energie bei der Dissoziation einer Untereinheit von der T-Form des Polymers. Folglich ist das Verhältnis k_{ab}/k_{an} für GDP-Tubulin (was der kritischen Konzentration entspricht, $[C_C(D)]$) viel größer als das von GTP-Tubulin. Unter physiologischen Bedingungen neigt daher die T-Form zum Polymerisieren und die D-Form zum Depolymerisieren.

Ob die Tubulinuntereinheiten am äußersten Ende eines Mikrotubulus in der T- oder D-Form vorliegen, hängt demnach von der relativen Geschwindigkeit der Tubulinaddition und GTP-Hydrolyse ab. Wenn die Additionsgeschwindigkeit der Untereinheiten niedrig ist, wird wahrscheinlich die Hydrolyse eintreten, bevor die nächste Untereinheit angehängt wird, und die Spitze des Filaments liegt in der D-Form vor. Wenn die Additionsgeschwindigkeit der Untereinheiten hoch ist – und das Filament daher rasch wächst – wird die neue Untereinheit mit hoher Wahrscheinlichkeit an das Endes des Polymers angefügt, bevor das GTP der zuvor angefügten Untereinheit hydrolysiert ist. In diesem Fall bleibt die Spitze des Polymers in der T-Form und es bildet sich eine *GTP-Kappe*. Aber die T-Form wird nicht bleiben. Oft lagern sich GTP-Tubulinuntereinheiten am Ende des Mikrotubulus mit einer ähnlichen Geschwindigkeit wie die der GTP-Hydrolyse an. In diesem Fall „holt" die Hydrolyse manchmal die Anlagerung der Untereinheiten „ein" und ändert so das Ende zur D-Form. Diese Umwandlung erfolgt plötzlich und zufällig, mit einer bestimmten Wahrscheinlichkeit je Zeiteinheit, die von der Konzentration an freien GTP-Tubulinuntereinheiten abhängt und die *die dynamische Instabilität* des Mikrotubulus erzeugt.

Nehmen wir an, dass die Konzentration an freiem Tubulin in der Mitte zwischen der kritischen Konzentration für ein Ende in der T-Form und der kritischen Konzentration für ein Ende in der D-Form liegt (d. h. über der Konzentration, die für den T-Form-Aufbau notwendig ist, aber unterhalb derjenigen für die D-Form). Nun werden alle in der T-Form vorliegenden Enden wachsen, während alle in der D-Form vorliegenden Enden schwinden. An einem einzelnen Mikrotubulus wird das eine Ende eine bestimmte Zeit in der T-Form wachsen, aber plötzlich in die D-Form wechseln und rasch schrumpfen. Zu einem späteren Zeitpunkt kann es wieder in die T-Form wechseln und wieder wachsen. Dieser rasche Wechsel zwischen Wachsen und Schrumpfen bei gleichbleibender Konzentration von freiem Tubulin wird als **dynamische Instabilität** bezeichnet (Abb. 16.38 und Abb. 16.39a; s. Tafel 16.2). Der Wechsel von Wachstum zu Abbau wird *Katastrophe* genannt, während der Wechsel von Schrumpfen zu Wachstum als *Rettung* bezeichnet wird.

Die strukturelle Grundlage für die dynamische Instabilität ist unklar. Auf der Grundlage von *in vitro*-Beobachtungen von Mikrotubuli, die an den Enden wachsen bzw. schrumpfen, sah ein Modell vor, dass Tubulineinheiten in der T-Form mit an das β-Monomer gebundenem GTP gerade Protofilamente erzeugt, die starke und

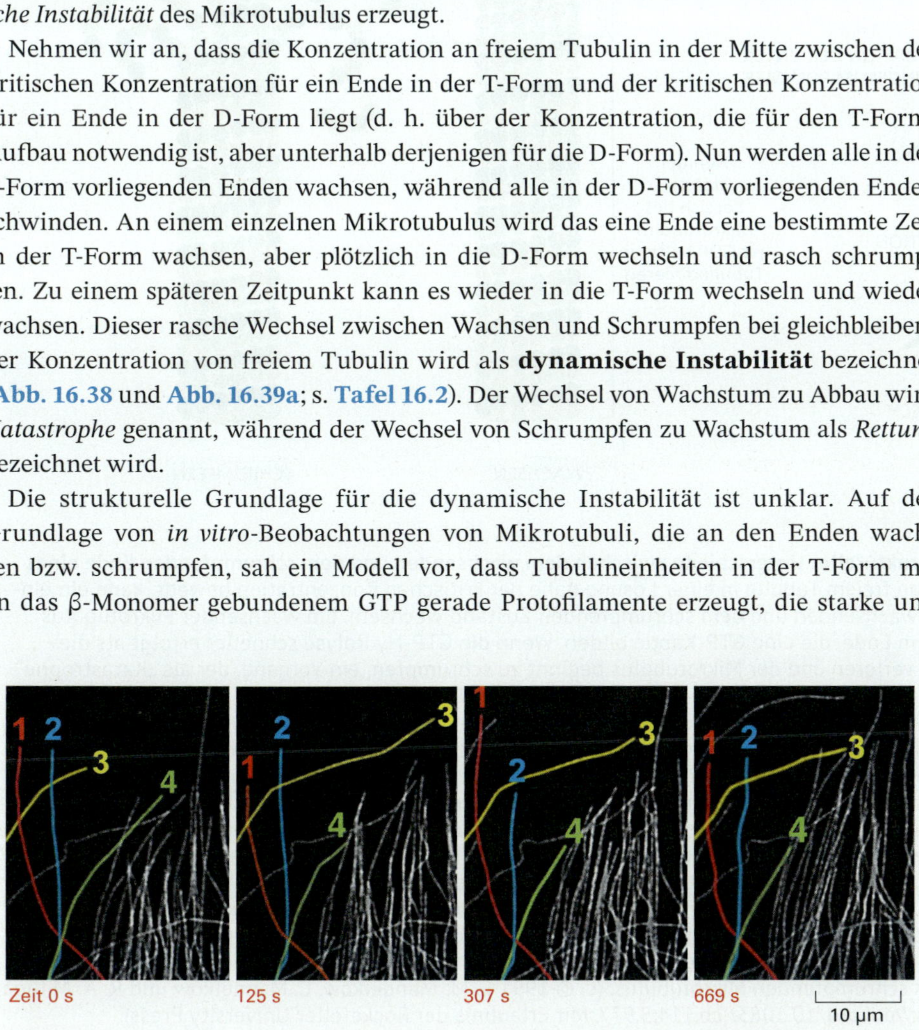

Abb. 16.38 Direkte Beobachtung der dynamischen Instabilität der Mikrotubuli in einer lebenden Zelle. Mikrotubuli wurden in einer Lungenepithelzelle eines Molchs beobachtet, nachdem eine geringe Menge Fluoreszenz-markiertes Tubulin injiziert worden war. Man beachte die dynamische Instabilität der Mikrotubuli am Rand der Zelle. Vier einzelne Mikrotubuli sind zur größeren Klarheit farblich hervorgehoben; alle zeigen abwechselndes Schrumpfen und Wachsen. (Mit freundlicher Genehmigung von Wendy C. Salmon und Clare Waterman).

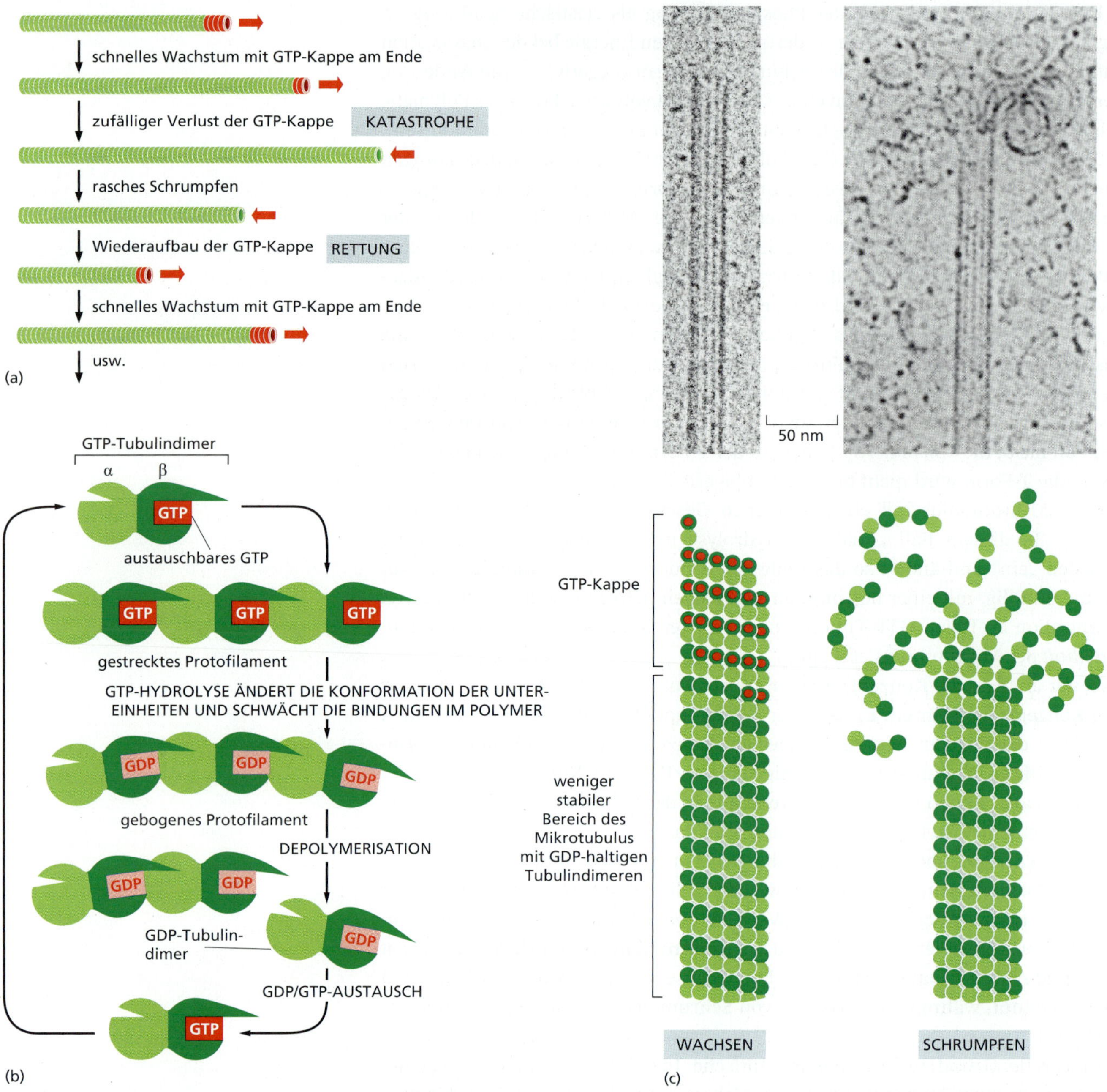

Abb. 16.39 Dynamische Instabilität infolge struktureller Unterschiede zwischen dem wachsenden und dem schrumpfenden Ende eines Mikrotubulus. (a) Wenn sich die Konzentration an freiem Tubulin in einer Lösung nahe der kritischen Konzentration bewegt, kann ein einzelnes Ende eines Mikrotubulus zwischen dem wachsenden und dem schrumpfenden Zustand wechseln. Ein wachsender Mikrotubulus trägt GTP-enthaltende Untereinheiten an seinem Ende, die eine GTP-Kappe bilden. Wenn die GTP-Hydrolyse schneller erfolgt als die Addition neuer Untereinheiten, geht die Kappe verloren und der Mikrotubulus beginnt zu schrumpfen, ein Vorgang, der als „Katastrophe" bezeichnet wird. GTP-tragende Untereinheiten können aber weiterhin an das schrumpfende Ende angefügt werden und – wenn genug hinzugefügt werden, um eine neue Kappe zu bilden – nimmt der Mikrotubulus das Wachstum wieder auf, ein Vorgang, der als „Rettung" bezeichnet wird. (b) Modell des strukturellen Einflusses der GTP-Hydrolyse im Mikrotubuligitter. Tubulinuntereinheiten, die GTP tragen, werden so an das Ende eines Protofilaments angelagert, dass dieses in gestreckter Form wächst und sich leicht in die zylindrische Wand des Mikrotubulus einfügt. Durch Hydrolyse des GTP nach dem Zusammenbau verändert sich die Konformation der Untereinheiten und die Protofilamente nehmen eine eher gekrümmte Form an, die sich weniger gut in die Wand des Mikrotubulus einfügen lässt. (c) In einem intakten Mikrotubulus mit einer stabilen Kappe aus GTP-Tubulin werden die aus GDP-haltigen Untereinheiten aufgebauten Protofilamente in gestreckter Form gehalten; verantwortlich dafür sind die vielen seitlichen Bindungen in der Wand des Mikrotubulus. Geht die Kappe jedoch verloren, können die GDP-haltigen Protofilamente sich entspannen und ihre gebogene Konformation annehmen. Das führt zu einer fortschreitenden Auflösung des Mikrotubulus. *Oberhalb* der Zeichnungen eines wachsenden und schrumpfenden Mikrotubulus zeigen elektronenmikroskopische Aufnahmen wirkliche Mikrotubuli in diesen beiden Stadien. Man beachte besonders die gebogenen, zerfallenden GDP-enthaltenden Protofilamente am Ende des schrumpfenden Mikrotubulus. (c, © 1991 E. M. Mandelkow, E. Mandelkow und R. A. Milligan. Ursprünglich in *J. Cell Biol*. Veröffentlicht. https://doi.org/10.1083/jcb.114.5.977. Mit Erlaubnis der Rockefeller University Press).

regelmäßige seitliche Kontakte untereinander ausbilden, und dass die Hydrolyse des GTP zu GDP, diese Filamente dazu bringt, sich zu biegen (**Abb. 16.39b**). Neuere Studien sprechen dafür, dass freie Tubulinuntereinheiten eine ähnliche gebogene Konformation sowohl in der T-Form als auch der D-Form besitzen. Wachsende Mikrotubuli mit gekrümmten Protofilamenten an ihrer Spitze konnten *in vitro* und *in vivo* beobachtet werden. Das Geraderichten der T-Form-enthaltenden Protofilamente könnte im Anschluss an die Einlagerung der Untereinheit folgen, wenn günstige seitliche Wechselwirkungen sie in das Mikrotubuligitter ziehen. Ungeachtet des Mechanismus des Mikrotubulizusammenbaus bringt der Verlust der GTP-Kappe und die darauffolgende Katastrophe D-Form-Untereinheiten-enthaltende Protofilamente dazu, auseinander zu springen und zu depolymerisieren (**Abb. 16.39c**).

Warum führt die Nukleosidtriphosphathydrolyse zum Tretmühlenverhalten der Aktinfilamente, während die Mikrotubuli der dynamischen Instabilität unterliegen? Eine Erklärung ist, dass die Tubulinuntereinheiten mit gebundenem GDP eine sehr geringe Affinität zueinander haben, mit einem sehr hohen k_{ab}/k_{an}. Deshalb kommt es, sobald die GTP-Hydrolyse an der Spitze eines Mikrotubulus, der *in vitro* wächst, zur Katastrophe und er depolymerisiert vollständig. Im Gegensatz dazu hat ADP-Aktin ein niedrigeres k_{ab}/k_{an}-Verhältnis und depolymerisiert langsamer. Ein zweiter Grund sind vermutlich Unterschiede in den kritischen Konzentrationen [C_C] für die beiden Enden der Filamente. Das *minus*-Ende eines Aktinfilaments hat einen viel höheren C_C-Wert als das *plus*-Ende, während Messungen an Mikrotubuli zeigen, dass das *plus*- und das *minus*-Ende einen ähnlichen C_C-Wert aufweisen. Obwohl also die grundlegenden Prinzipien der Aktin- und Mikrotubuli-Dynamik sehr ähnlich sind, wobei Nukleosidtriphosphatbindung und -hydrolyse zu dynamischem Verhalten führen, führen quantitative Unterschiede in den Affinitäten zu dramatischen Unterschieden in dem ihnen innewohnenden (intrinsischen) Verhalten.

16.4.3 Die Funktionen der Mikrotubuli werden durch polymerstabilisierende und polymerdestabilisierende Stoffe gehemmt

Chemische Stoffe, die die Polymerisations- oder die Depolymerisationsreaktion der Mikrotubuli stören, sind mächtige Werkzeuge bei der Untersuchung der Rolle dieser Polymere in Zellen. Während *Colchicin* und *Nocodazol* mit Tubulinuntereinheiten wechselwirken und zur Depolymerisierung der Miktrotubuli führen, bindet Taxol an Mikrotubuli, stabilisiert sie und bewirkt eine Nettoerhöhung der Tubulinpolymerisation (s. **Tab. 16.1**). Solche Stoffe haben eine schnelle und tiefgreifende Wirkung auf die Organisation der Mikrotubuli in lebenden Zellen. Sowohl Mikrotubuli depolymerisierende Substanzen (wie Nocodazol) als auch Mikrotubuli polymerisierende Substanzen (wie Taxol) töten bevorzugt sich teilende Zellen, da die Mikrotubulidynamik für die richtige Funktion der Mitosespindel unerlässlich ist (wird in Kapitel 17 erläutert). Einige dieser Stoffe töten zwar manche Arten der Tumorzellen in einem Patienten wirksam ab, aber nicht ohne Toxizität für normale, sich rasch teilende Zellen, wie denen in Knochenmark, Darm und Haarfollikeln. Besonders Taxol wird benutzt, um Brust- und Lungenkrebs zu behandeln, und es ist oft erfolgreich bei der Behandlung von Tumoren, die gegen andere chemotherapeutische Stoffe resistent sind.

16.4.4 Die Keimbildung der Mikrotubuli erfolgt durch einen γ-Tubulin enthaltenden Proteinkomplex

Da für die Bildung von Mikrotubuli eine Wechselwirkung vieler Tubulinheterodimere notwendig ist, ist die Konzentration der für die spontane Keimbildung der

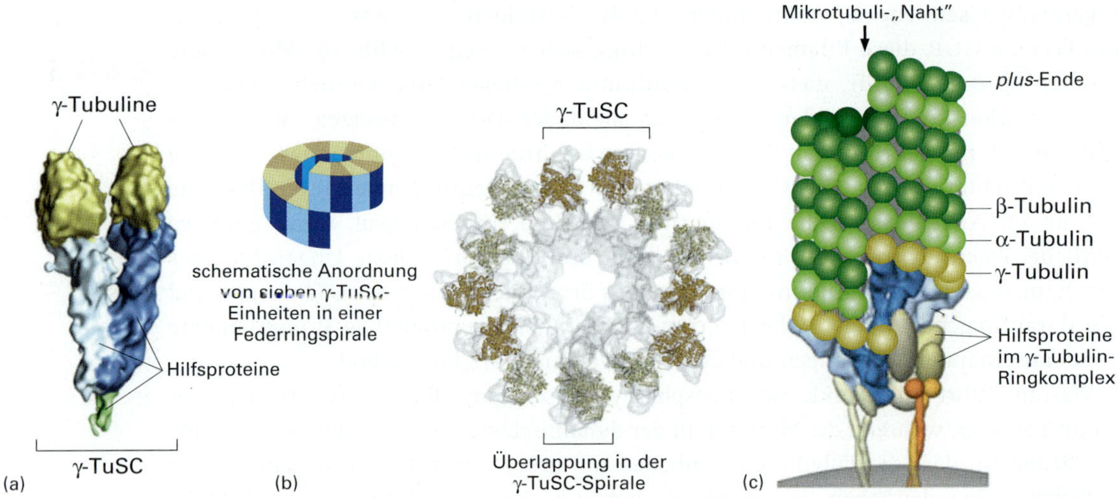

Abb. 16.40 Mikrotubulikeimbildung durch den γ-Tubulin-Ringkomplex. (a) Zwei Kopien von γ-Tubulin bilden zusammen mit einem Paar von Hilfsproteinen den kleinen γ-Tubulin-Komplex (γ-TuSC, engl. *γ-tubulin small complex*). Das Bild wurde aus hoch aufgelösten elektronenmikroskopischen Aufnahmen einzelner aufgereinigter Komplexe zusammengesetzt. (b) Sieben Kopien des γ-TuSC lagern sich zusammen, um die Spiralstruktur zu bilden, in der das letzte γ-Tubulin neben dem ersten liegt. Daraus ergibt sich eine runde Anordnung mit 13 zugänglichen γ-Tubulinuntereinheiten, die der Orientierung der 13 Protofilamente in einem Mikrotubulus entspricht. (c) In vielen Zellarten liegt die γ-TuSC-Spirale mit weiteren Hilfsproteinen assoziiert vor, um den γ-Tubulin-Ringkomplex (γ-TuRC) zu bilden, der wahrscheinlich als Keim für das *minus*-Ende des Mikrotubulus dient, wie hier gezeigt. Man beachte die longitudinale Diskontinuität zwischen zwei Protofilamenten, die von der spiralförmigen Anordnung der γ-Tubulinuntereinheiten herrührt. Mikrotubuli haben oft eine solche „Naht", die die ansonsten einheitliche helikale Packung der Protofilamente durchbricht. (a und b, aus J. M. Kollman *et al.*, *Nature* 466: 879–883, veröffentlicht 2010 von Macmillan Publishers Ltd. Abgedruckt mit Genehmigung von Springer Nature).

Mikrotubuli benötigten Tubulinuntereinheiten sehr hoch. Deswegen wird für die Mikrotubulikeimbildung Hilfe durch andere Faktoren gebraucht. Während α- und β-Tubuline die normalen Bausteine der Mikrotubuli sind, ist eine andere Tubulinart, das γ-Tubulin, in viel kleineren Mengen als α- und β-Tubulin vorhanden und ist an der Keimbildung für das Wachstum von Mikrotubuli bei Lebewesen von der Hefe bis zum Menschen beteiligt. Die Keime für Mikrotubuli werden immer an einer bestimmten intrazellulären Stelle angelegt, dem **Mikrotubuli-organisierenden Zentrum** (**MTOC**, engl. *microtubule-organizing center*), in dem γ-Tubulin stark angereichert ist. Die Keimbildung hängt in vielen Fällen vom **γ-Tubulin-Ringkomplex** (**γ-TuRC**, engl. *γ-tubulin ring complex*) ab. Innerhalb dieses Komplexes binden zwei Hilfsproteine direkt an γ-Tubulin zusammen mit einigen anderen Proteinen, die dabei helfen, einen spiralförmigen Ring aus γ-Tubulinmolekülen aufzubauen. Der Ring dient als Matrize für das Auskeimen des aus 13 Protofilamenten bestehenden Mikrotubulus (**Abb. 16.40**).

16.4.5 Das Centrosom ist eine bedeutende Keimbildungsstelle der Mikrotubuli

In vielen Tierzellen gibt es ein einzelnes, klar definiertes MTOC: das Centrosom, das nahe beim Kern liegt und aus dem die *Mikrotubuli* an ihrem *minus*-Ende angelegt werden, sodass die *plus*-Enden nach außen weisen. Dem Centrosom entspringende Mikrotubuli wachsen und schrumpfen kontinuierlich und erkunden so das gesamte dreidimensionale Zellvolumen. Ein Centrosom rekrutiert normalerweise mehr als 50 Kopien des γ-TuRC. Allerdings enthalten die meisten Tierzellen viele Hunderte von Mikrotubuli, von denen die meisten nicht stabil am Centrosom verankert werden könnten, weil sie einfach nicht passen würden. Daher findet man den größten Teil des γ-TuRC

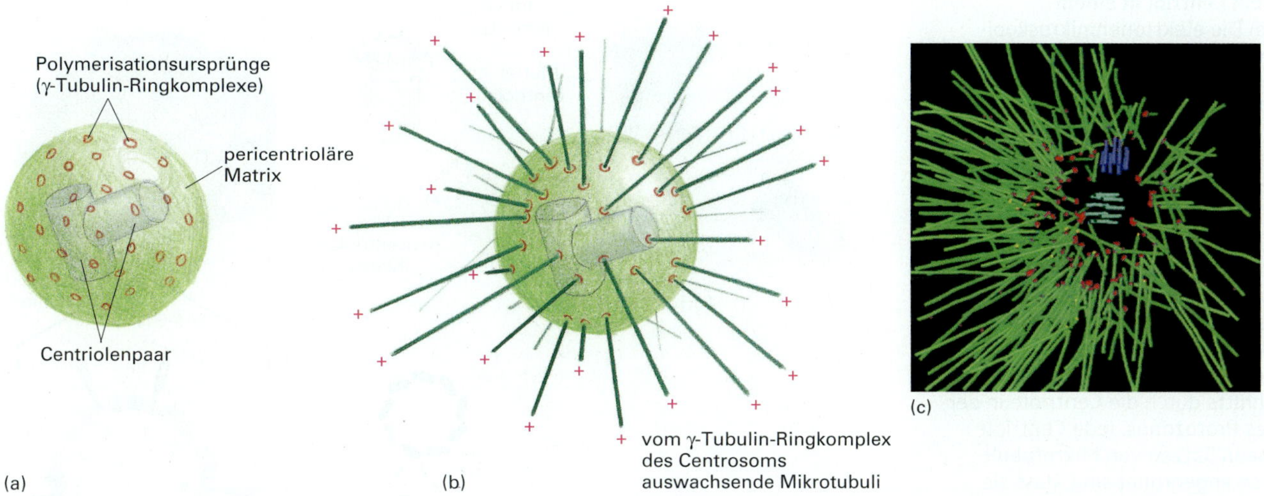

Abb. 16.41 **Das Centrosom.** (a) Das Centrosom ist das Haupt-MTOC der Tierzellen. Im Cytoplasma nahe dem Kern gelegen besteht es aus einem Paar Centriolen, die von einer amorphen Matrix aus Faserproteinen, der pericentriolären Matrix, umgeben sind, in die die γ-Tubulin-Ringkomplexe, an denen das Wachstum von Mikrotubuli beginnt, eingebettet sind. (b) Ein Centrosom mit angehefteten Mikrotubuli. Die *minus*-Enden jedes Mikrotubulus sind auswachsend vom γ-Tubulin-Ringkomplex im Centrosom verankert, während das *plus*-Ende eines jeden Mikrotubulus frei in das Cytoplasma ragt. (c) In einem rekonstruierten Bild des MTOC aus einer *Caenorhabditis elegans*-Zelle kann man ein dichtes Gestrüpp von Mikrotubuli sehen, das vom Centrosom ausgeht. (c, aus E. T. O'Toole *et al.*, *J. Cell Biol.* 163: 451–456, 2003. Mit Erlaubnis der Autoren).

im Cytoplasma. Centrosomen sind keine notwendige Voraussetzung für die Keimbildung der Mikrotubuli, da nach der Zerstörung des Centrosoms durch einen Laserstrahl die Keimbildung der Mikrotubuli an anderen Orten der Zelle nicht verhindert wird. Eine Vielzahl an Proteinen, die γ-TuRC an das Centrosom heften, sind bereits entdeckt worden, aber die Mechanismen, die die Keimbildung der Microtubuli an den MTOCs und an anderen Stellen in der Zelle aktivieren, sind noch kaum verstanden.

Eingeschlossen im Centrosom sind die **Centriolen**; dabei handelt es sich um ein Paar zylindrischer Strukturen, die im rechten Winkel zueinander angeordnet sind und ein L bilden (**Abb. 16.41**). Ein Centriol besteht aus einer zylindrischen Anordnung von kurzen, modifizierten Mikrotubuli, die tonnenförmig mit einer auffälligen 9-zähligen Symmetrie angeordnet sind (durch Drehen der Anordnung um 360/9 Grad erhält man die identische Anordnung, **Abb. 16.42**). Zusammen mit einer Vielzahl von Hilfsproteinen organisieren die Centriolen die *pericentrioläre Matrix*, an der die Mikrotubulikeimbildung stattfindet. Die centrioläre Matrix besteht aus einer dichten kugelförmigen Grundsubstanz, von der man annimmt, dass sie durch den Prozess der biomolekularen Kondensation entsteht (s. **Abb. 12.6**). Wie in Kapitel 17 besprochen (s. **Abb. 17.29**), verdoppelt sich das Centrosom vor der Mitose zu einem Centrosomenpaar, von denen jedes Centrosom ein dupliziertes Centriolenpaar enthält. Diese zwei Centrosomen wandern mit Beginn der Mitose auseinander, um die zwei Pole der Mitosespindel zu bilden (s. **Tafel 17.1**).

16.4.6 Die Mikrotubuliorganisation variiert sehr unter den Zellarten

Die Anordnung der Mikrotubuli im Cytoplasma unterscheidet sich zwischen verschiedenen Zellarten (**Abb. 16.43**). Bei der Sprosshefe – wie auch bei anderen Pilzen und Diatomeen – findet die Keimbildung der Mikrotubuli an einem MTOC statt, der als kleine, vielschichtige Struktur – genannt *Spindelpolkörper* – in die Kernhülle eingebettet ist. In Höheren Pflanzenzellen fehlen Centrosomen und die Mikrotubuli keimen an

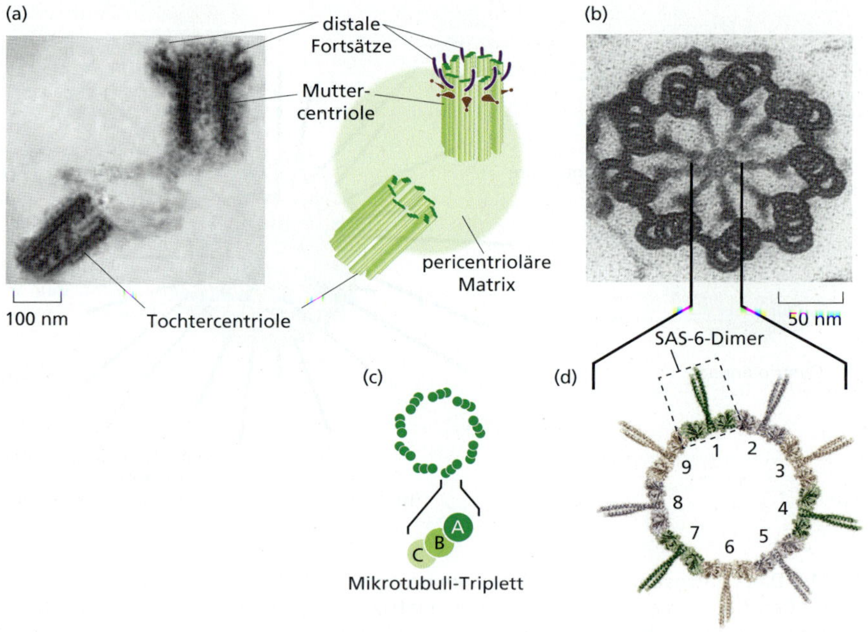

Abb. 16.42 Ein Centriol in einem Centrosom. (a) Die elektronenmikroskopische Aufnahme eines Dünnschnitts eines isolierten Centrosoms aus einer Interphase-Zelle zeigt die Muttercentriole mit ihren distalen Fortsätzen und die benachbarte Tochtercentriole, die sich durch eine Verdopplung während der S-Phase gebildet hat (s. Abb. 17.29). Im Centrosom ist das Centriolenpaar umgeben von einer dichten pericentriolären Matrix, aus der die Mikrotubuli auswachsen. Centriolen dienen außerdem als Basalkörper zur Keimbildung der Cilienaxoneme (s. Abb. 16.57). (b) Elektronenmikroskopische Aufnahme eines Querschnitts durch die Centriole in der Zellrinde eines Protozoons. Jede Centriole besteht aus neun Sätzen von Mikrotubuli-Tripletts, die so angeordnet sind, dass sie einen Zylinder formen. (c) Jedes Triplett enthält einen vollständigen Mikrotubulus (den A-Mikrotubulus), der an zwei unvollständige Mikrotubuli (die Tubuli b und c) fusioniert ist. (d) Das centrioläre Protein SAS-6 bildet ein Doppelwendel-Dimer. Neun SAS-6-Dimere können sich eigenständig zu einem Ring zusammenlagern. Man nimmt an, dass der SAS-6-Ring im Zentrum der Wagenrad-ähnlichen Centriol-Struktur die neunzählige Symmetrie der Centriole erzeugt. (a, aus M. Paintrand, *et al.*, *J. Struct. Biol.* 108: 107, 1992. Mit Erlaubnis von Elsevier; b, mit freundlicher Genehmigung von Richard Linck; d, mit freundlicher Genehmigung von Michel Steinmetz).

über die ganze Kernhülle verteilten Stellen und an der Zellrinde. Weder Pilze noch die meisten pflanzlichen Zellen besitzen Centriolen. Trotz dieser Unterschiede scheinen alle diese Zellen γ-Tubulin für die Keimbildung ihrer Mikrotubuli zu nutzen.

In Kultur gehaltene Fibroblasten besitzen eine sternförmige Anordnung der Mikrotubuli; dabei weisen die dynamischen *plus*-Enden nach außen zum Rand der Zelle, während die stabilen *minus*-Enden nahe am Kern versammelt sind. Die meisten Mikrotubuli-*minus*-Enden lösen sich vom Centrosom und können von anderen zellulären Strukturen organisiert werden, wie dem Golgi-Apparat, der in mesenchymalen Zellen als MTOC fungiert. Die Organisation der Mikrotubuli in der Zelle erzeugt ein allgemeines Koordinatensystem, das dann zur Platzierung vieler Organellen in der Zelle eingesetzt wird. Hoch differenzierte Zellen mit komplexen Morphologien wie Neuronen, Muskeln und Epithelzellen verwenden zusätzliche Mechanismen, um ihre kompliziertere innere Organisation zu etablieren. Wenn also z. B. eine Epithelzelle Zell–Zell-Verbindungen ausbildet und hoch polarisiert wird, wandern die *minus*-Enden der Mikrotubuli in einen Bereich in der Nähe der apikalen Plasmamembran. Ausgehend von dieser asymmetrischen Position erstreckt sich die

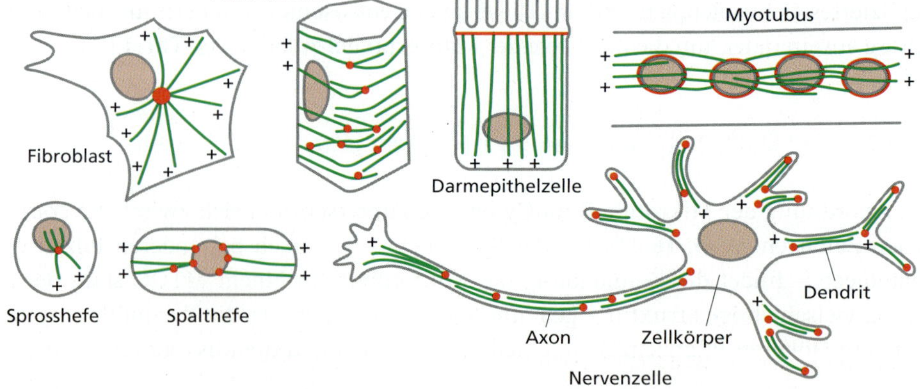

Abb. 16.43 Mikrotubulianordnung in verschiedenen Zellarten. Mikrotubuli werden durch MTOCs (*rot*) organisiert, die Keime bilden, Mikrotubuli verankern oder *minus*-Enden von Mikrotubuli stabilisieren. Ein einzelner MTOC im Brennpunkt eines Fibroblasten oder einer Hefezelle ist die ursprüngliche Keimbildungsstelle und führt dazu, dass die Mikrotubuli so ausgerichtet werden, dass sie sich mit ihren *plus*-Enden zum Rand der Zelle erstrecken. Bei anderen Zellarten findet man eine kompliziertere Verteilung der *plus*- und *minus*-Enden der Mikrotubuli.

Mikrotubulianordnung entlang der Längsachse der Zelle, wobei die *plus*-Enden zur basalen Oberfläche ausgerichtet sind (s. **Abb. 16.4**). In vielen Zellen werden die *minus*-Enden der Mikrotubuli durch Assoziation mit γ-TuRC oder anderen kappebildenden Proteinen stabilisiert oder sie dienen als Mikrotubuli-Depolymerisationsstellen. Eine Klasse von kappebildenden Proteinen, die bei Wirbeltieren CAMSAPs (für engl. *calmodulin-regulated spectrin-associated protein*) genannt werden, schützt die Enden vor Depolymerisation und verankert sie an zellulären Strukturen, wie dem Golgi-Apparat oder der Zellrinde.

Neuronen enthalten komplexe Cytoskelett-Strukturen. Während ihrer Differenzierung senden Neuronen spezialisierte Fortsätze aus, die entweder elektrische Signale empfangen (*Dendriten*) oder elektrische Signale weiterleiten (*Axone*) (s. **Abb. 16.44**). Axone und Dendriten (zusammen *Neurite* genannt) sind mit Bündeln von Mikrotubuli gefüllt, die für ihre Struktur und ihre Funktion entscheidend sind. In Axonen sind alle Mikrotubuli so ausgerichtet, dass ihre *minus*-Enden zurück zum Zellkörper und ihre *plus*-Enden zu den Axonenden zeigen (s. **Abb. 16.43**). Mikrotubuli reichen nicht vom Zellkörper bis zu den Axonendigungen; sie sind in der Regel nur wenige Mikrometer lang, aber in großer Zahl in einer überlappenden Anordnung gestaffelt. Diese ausgerichteten Mikrotubuli-Gleise fungieren als Autobahn für den Transport spezifischer Proteine, proteinhaltiger Vesikel und mRNAs zu den Axonendigungen, wo Synapsen gebildet und erhalten werden. Das längste Axon im menschlichen Körper reicht von der Basis des Rückenmarks bis zum Fuß und ist bis zu einem Meter lang. Dendriten sind im Allgemeinen viel kürzer. Die Mikrotubuli in den Dendriten liegen parallel zueinander, aber ihre Polaritäten sind gemischt, wobei einige mit ihren *plus*-Enden in Richtung der Dendritenspitze zeigen und andere in die entgegengesetzte Richtung.

16.4.7 Mikrotubuli-bindende Proteine modulieren die Filamentdynamik und -organisation

Die Dynamik der Mikrotubulipolymerisation in Zellen unterscheidet sich sehr von der in Lösungen mit reinem Tubulin. Mikrotubuli in Zellen zeigen eine viel höhere Polymerisationsgeschwindigkeit (im Allgemeinen 10–15 $\mu m\ min^{-1}$ im Vergleich zu 1,5 $\mu m\ min^{-1}$ mit aufgereinigtem Tubulin bei ähnlichen Konzentrationen), eine höhere Katastrophenhäufigkeit und verlängerte Pausen im Mikrotubuliwachstum. In reinen Tubulinlösungen ist selten ein dynamisches Verhalten zu beobachten. Diese und andere Unterschiede treten auf, da die Dynamik der Mikrotubuli innerhalb der Zelle von einer Vielzahl von Proteinen, die Tubulindimere oder Mikrotubuli binden, beeinflusst wird (eine Übersicht findet sich in **Tafel 16.4**).

Mikrotubuli bindende Proteine werden unter dem Sammelbegriff **Mikrotubuli-assoziierte Proteine** oder **MAPs** zusammengefasst. Weil die kurzen (~ 20 Aminosäuren langen) C-terminalen Schwänze sowohl des α- als auch des β-Tubulins, die aus dem Mikrotubulus herausragen, mit Glutaminsäure und Asparaginsäure angereichert sind, besitzt die Oberfläche des Mikrotubulus insgesamt eine negative Ladung. Viele MAPs sind positiv geladen und binden durch elektrostatische Wechselwirkungen an Mikrotubuli. Einige MAPs können Mikrotubuli gegen Abbau stabilisieren. Eine Untergruppe der MAPs kann auch Wechselwirkungen zwischen Mikrotubuli und anderen Zellbausteinen vermitteln. Diese Untergruppe ist besonders in Neuronen auffällig, wo stabilisierte Mikrotubulibündel den Kern der vom Zellkörper ausgehenden Axone und Dendriten bilden (**Abb. 16.44**). Diese MAPs besitzen zumindest eine Domäne, die an die Oberfläche der Mikrotubuli bindet, und eine andere, die nach außen weist. Die Länge der vorstehenden Domäne kann bestimmen, wie sich eng mit MAP bedeckte Mikrotubuli zusammenlagern können,

MIKROTUBULI

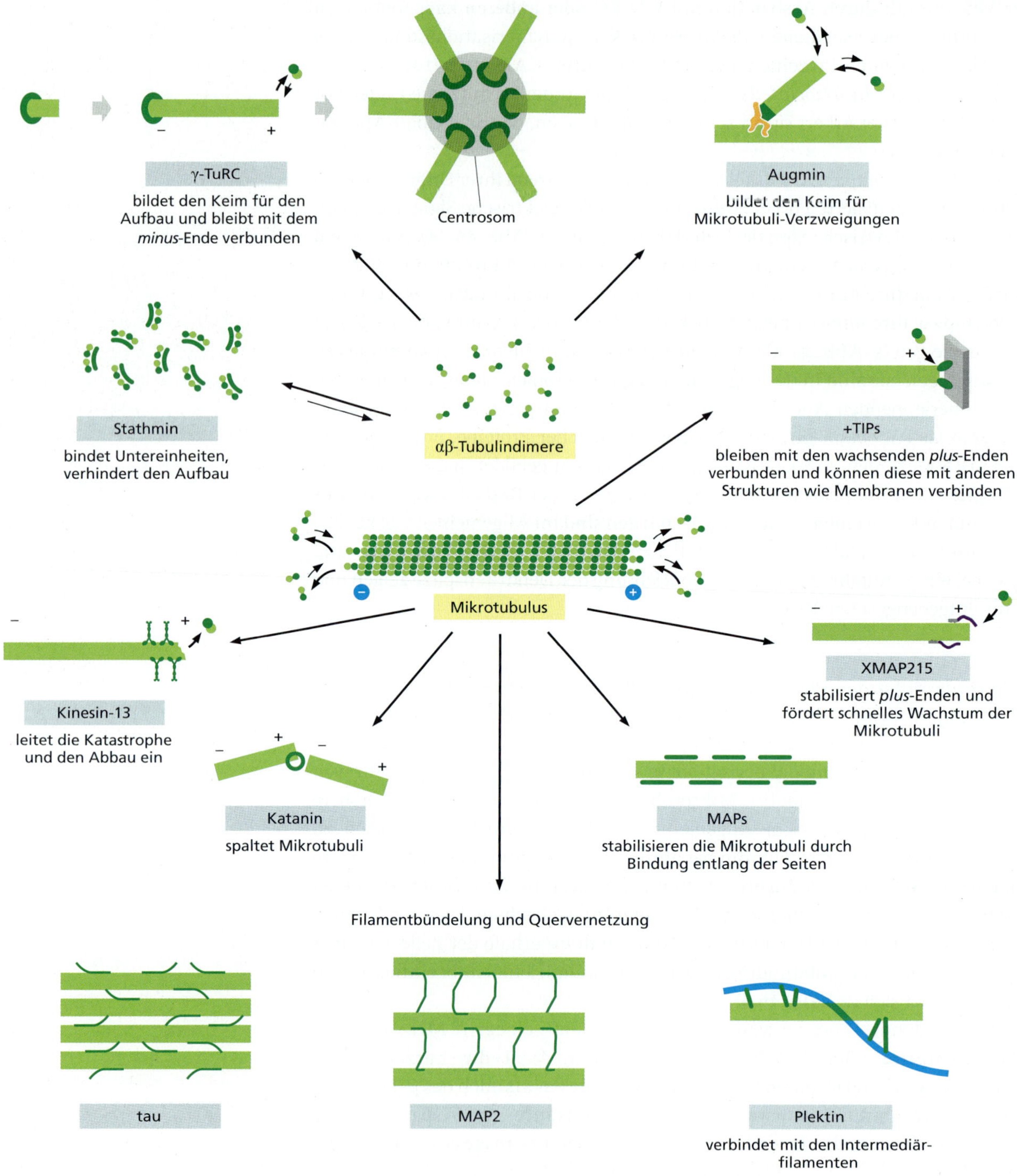

Einige der wichtigsten Hilfsproteine des Mikrotubuli-Cytoskeletts. Mit Ausnahme von zwei Motorproteinklassen ist für jeden wichtigen Typ ein Beispiel dargestellt. Jedes dieser Beispiele wird im Text erörtert. Die meisten Zellen enthalten jedoch über hundert verschiedene mikrotubulibindende Proteine, und es ist – wie bei den aktinassoziierten Proteinen – wahrscheinlich, dass es wichtige Arten mikrotubuliassoziierter Proteine gibt, die man bis jetzt noch nicht entdeckt hat.

Tafel 16.4 Mikrotubuli.

die durch Genmanipulation zur Überexpression verschiedener MAPs gebracht wurden (wie in Zellen gezeigt werden konnte). Zellen, die MAP2 überexprimieren, das eine lange vorstehende Domäne trägt, bilden Bündel stabiler Mikrotubuli mit weitem Abstand, während Bündel aus viel enger gepackten Mikrotubuli gebildet werden, wenn die Zellen Tau überexprimieren, ein MAP mit einer viel weniger vorspringenden Domäne (**Abb. 16.45**). MAPs stellen Zielproteine einiger Proteinkinasen dar. Die Phosporylierung eines MAP kann seine Aktivität und seinen Platz in der Zelle kontrollieren, indem die elektrostatische Wechselwirkung mit dem Mikrotubulus unterbrochen wird.

MAPs können auch andere Proteine rekrutieren, die das Mikrotubulus-Cytoskelett organisieren. Ein wichtiges Beispiel ist Augmin, ein aus acht Untereinheiten bestehender Proteinkomplex, der sich an Stellen entlang des Mikrotubulus bindet und γ-TuRC rekrutiert, das einen neuen Mikrotubulus-Keim bildet, um eine Mikrotubuli-Verzweigung zu schaffen (**Abb. 16.46a**). Ähnlich wie die Aktivität des Arp2/3-Komplexes auf Aktinfilamenten bewirkt Augmin also die Keimbildung zur Verzweigungen auf bereits existierenden Mikrotubuli. Augmin-induzierte Verzweigungen helfen während der Mitose beim Aufbau der Spindel. Da sie keine Centrosomen haben, sind Pflanzenzellen in hohem Maße auf die Augmin-abhängige Mikrotubuli-Verzweigungskeimbildung zur Organisation des Mikrotubuli-Cytoskeletts angewiesen (**Abb. 16.46b** und **Abb. 16.46c**).

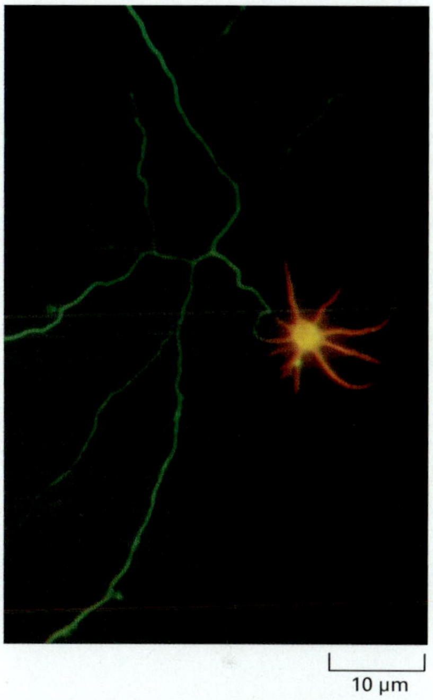

Abb. 16.44 Lokalisation von MAPs im Axon und den Dendriten eines Neurons. Diese Immunfluoreszenzaufnahme zeigt die Verteilung von Tau, *grün* angefärbt, und MAP2, *orange* angefärbt, in einem Hippocampus-Neuron in Kultur. Während die Färbung für Tau auf das Axon (lang und verzweigt in diesem Neuron) beschränkt ist, ist die Färbung für MAP2 auf den Zellkörper und seine Dendriten begrenzt. Der hier für die Erkennung von Tau benutzte Antikörper erkennt nur unphosphoryliertes Tau; phosphoryliertes Tau ist auch in den Dendriten vorhanden. (Mit freundlicher Genehmigung von James W. Mandell und Gary A. Banker).

16.4.8 An die *plus*-Enden von Mikrotubuli bindende Proteine modulieren die Dynamik der Mikrotubuli und der Mikrotubulianlagerungen

Während die *minus*-Enden der Mikrotubuli in vielen Zellen normalerweise stabilisiert und reaktionsträge sind, erkunden und prüfen die *plus*-Enden effizient das gesamte Volumen der Zelle. Dieser Prozess wird durch unzählige Proteine erleichtert, die an die Enden der Mikrotubuli binden und dadurch Einfluss auf die Dynamik der

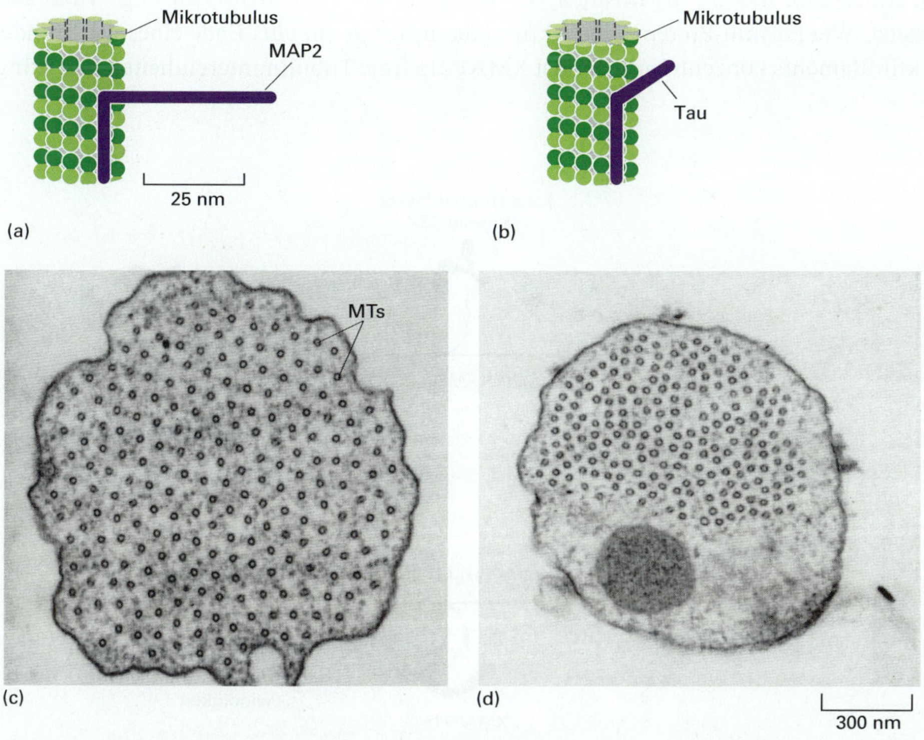

Abb. 16.45 Organisation von Mikrotubulibündeln durch MAPs. (a) Ein Ende von MAP2 bindet entlang des Mikrotubuligitters und streckt einen langen abstehenden Arm aus. (b) Tau besitzt einen kürzeren abstehenden Arm. (c) Elektronenmikroskopische Aufnahme eines Querschnitts durch ein Mikrotubulibündel einer Zelle, die MAP2 überexprimiert. Die gleichmäßige Anordnung der Mikrotubuli (MTs) im Bündel beruht auf der konstanten Länge des abstehenden Arms von MAP2. (d) Ähnlicher Querschnitt durch ein Mikrotubulibündel einer Zelle, die Tau überexprimiert. Hier sind die Mikrotubuli, bedingt durch den relativ kurzen Arm von Tau, näher beieinander als in (c). (c und d, aus J. Chen *et al.*, *Nature* 360: 674–677, veröffentlicht 1992 von der Nature Publishing Group. Mit Genehmigung von Springer Nature).

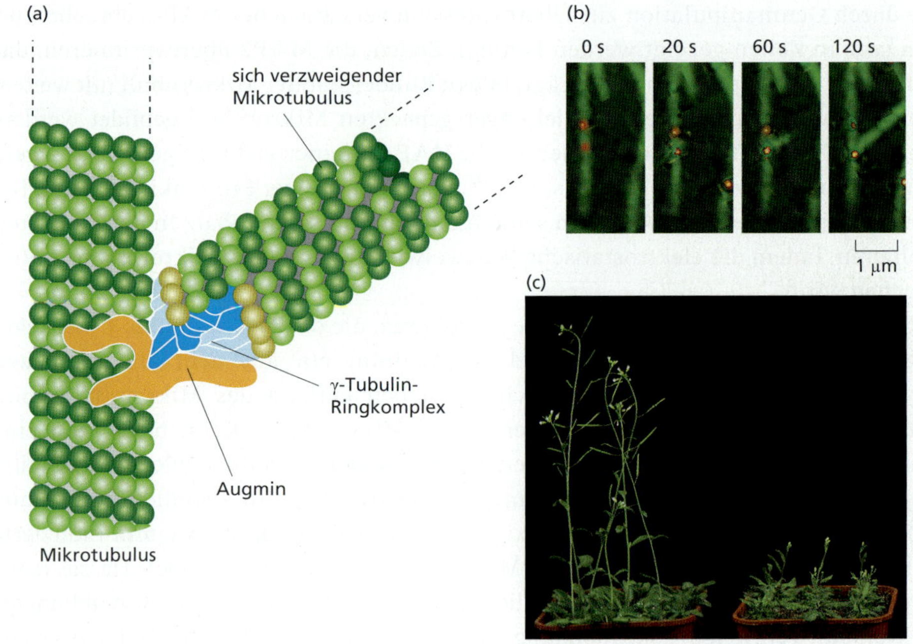

Abb. 16.46 Mikrotubuliverzweigungen durch Augmin. (a) Augmin bindet der Länge nach an einer Stelle eines bereits existierenden Mikrotubuli und rekrutiert einen γ-Tubulin-Ringkomplex, der Keime neuer Mikrotubuli mit einem geringen Verzweigungswinkel bildet. (b) Die fluoreszenzmikroskopische Aufnahme zeigt Augmin (*orange*), wie es den Keim für einen Mikrotubulizweig in der Zellrinde einer epidermalen Zelle in der Pflanze *Arabidopsis thaliana* bildet. (c) Die Verarmung an Augmin hemmt ernsthaft das Pflanzenwachstum. (b, aus W. Liu *et al., J. Integr. Plant Biol.* 61: 388–393, 2019, mit freundlicher Genehmigung von John Wiley & Sons; c, aus T. Liu *et al., Curr. Biol. 24: 2708–2713*, 2014. Mit freundlicher Genehmigung von Elsevier).

Mikrotubuli nehmen. Diese Proteine können die Geschwindigkeit beeinflussen, mit der Mikrotubuli von Wachstum zu Schrumpfung (die Frequenz der Katastrophen) oder von Schrumpfung zu Wachstum (die Frequenz der Rettungen) wechseln. So binden z. B. Mitglieder der Familie der Kinesin-Proteine, die als *Katastrophenfaktoren* (oder Kinesin-13s) bezeichnet werden, an Mikrotubulienden und scheinen dabei die Protofilamente aufzudröseln und dadurch die Energieschwelle zu erniedrigen, die normalerweise das für den Schrumpfungszustand typische Aufspringen der Mikrofilamente zu gebogenen Protofilamenten verhindert (**Abb. 16.47**). Andere mit dem *plus*-Ende assoziierte Proteine fördern das schnelle Wachstum der Mikrotubuli. Ein besonders weit verbreitetes Beispiel ist *XMAP215*, das in Organismen von der Hefe bis zum Menschen enge Homologe besitzt. Wie Formin-Proteine, die Aktinuntereinheiten am *plus*-Ende eines wachsenden Aktinfilaments konzentrieren, bindet XMAP215 freie Tubulinuntereinheiten und bringt

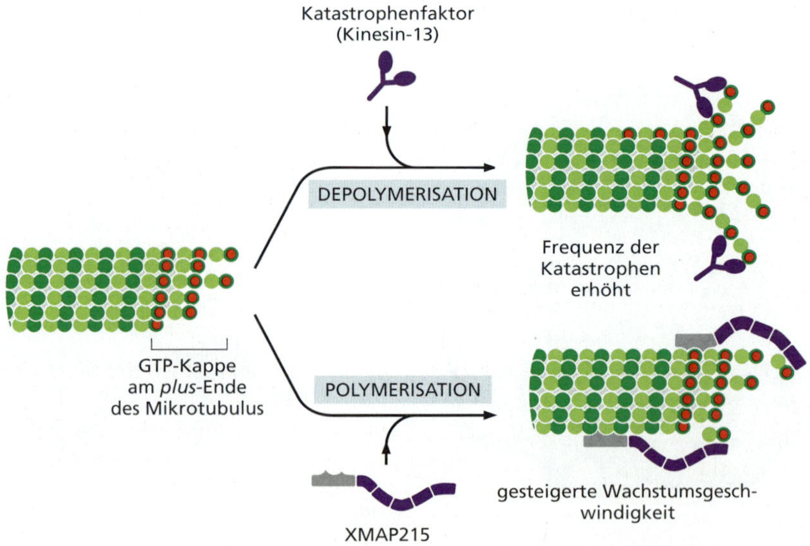

Abb. 16.47 Die Wirkung von Proteinen, die an die Enden der Mikrotubuli binden. (a) Der Übergang zwischen Wachstum und Schrumpfen der Mikrotubuli wird in Zellen durch eine Vielzahl von Proteinen kontrolliert. Katastrophenfaktoren wie z. B. Kinesin-13, ein Mitglied der Kinesin-Motorprotein-Superfamilie, binden an Mikrotubulienden und brechen sie auf, was den Abbau fördert. Auf der anderen Seite fördert ein MAP wie XMAP215 die schnelle Mikrotubulipolymerisation (XMAP steht für *Xenopus*-Mikrotubuli-assoziiertes Protein und die Zahl gibt die molekulare Masse in Kilodalton an). XMAP215 bindet an Tubulindimere und befördert sie zu den Mikrotubulus-*plus*-Enden, wodurch die Wachstumsgeschwindigkeit des Mikrotubulus erhöht wird.

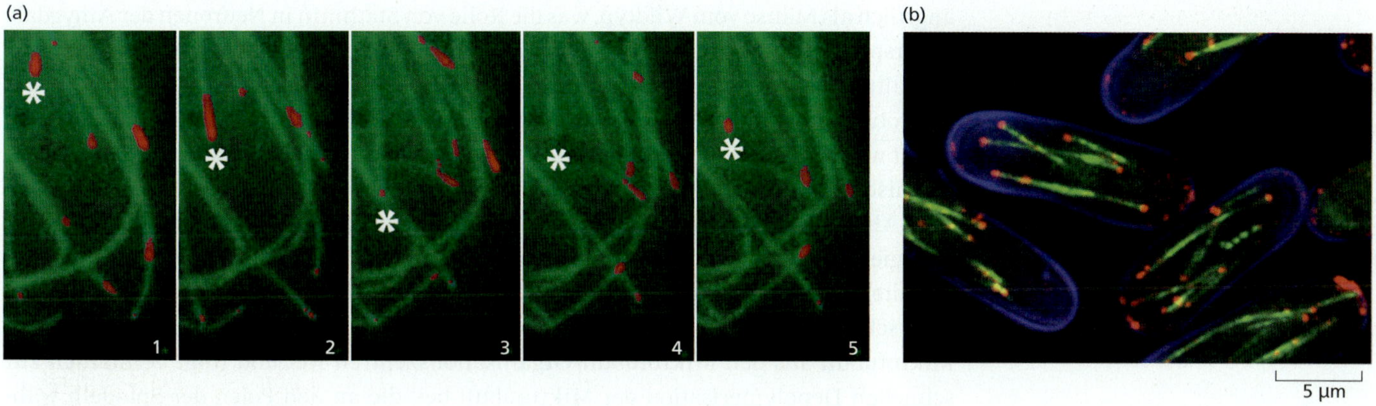

Abb. 16.48 +TIP-Proteine, die an den wachsenden *plus*-Enden der Mikrotubuli vorkommen. (a) Ausschnitte aus einem Fluoreszenz-Zeitrafferfilm vom Rand einer Zelle, die fluoreszenzmarkierte Tubulinmoleküle exprimiert, die in Mikrotubuli (*grün*) eingebaut werden; außerdem ist EB1 – ein +TIP-Protein – ebenfalls fluoreszenzmarkiert (aber in einer anderen Farbe, *rot*) zu sehen. Derselbe Mikrotubulus ist in den aufeinanderfolgenden Aufnahmen mit einem *Stern* gekennzeichnet. Beim Wachstum eines Mikrotubulus (Aufnahme 1 und 2) ist EB1 mit der Spitze assoziiert. Unterliegt der Mikrotubulus einer Katastrophe und schrumpft, geht EB1 verloren (Aufnahme 3 und 4). Wenn der Mikrotubulus wieder wächst, wird EB1 erneut gebunden (Aufnahme 5). (b) In der Spalthefe *Schizosaccharomyces pombe* binden die *plus*-Enden der Mikrotubuli (*grün*) an ein Homologes von EB1 (*rot*) während sie in Richtung der beiden Polen der stäbchenförmigen Zellen wachsen. (a, mit freundlicher Genehmigung von Anna Akhmanova und Ilya Grigoriev; b, mit freundlicher Genehmigung von Takeshi Toda).

sie an das *plus*-Ende eines Mikrotubulus, wodurch die Polymerisation enorm beschleunigt wird (s. **Abb. 16.47**).

Eine große Untergruppe von MAPs ist an den *plus*-Enden der Mikrotubuli angereichert. Diese MAPs – als *plus-Ende-Aufspür-Proteine* (*+TIPs*, engl. *plus-end-tracking proteins*) bezeichnet – binden ein aktiv wachsendes *plus*-Ende und dissoziieren, wenn der Mikrotubulus zu schrumpfen beginnt (**Abb. 16.48**). Die Kinesin-13-Katastrophenfaktoren und das oben erwähnte XMAP215 verhalten sich wie +TIPs und modulieren das Wachstum und Schrumpfen der Mikrotubulienden, an die sie geheftet sind. Andere +TIPs steuern die Positionierung der Mikrotubuli, indem sie mithelfen, das wachsende Mikrotubulusende an spezifischen zellulären Zielen – wie der Zellrinde oder dem Kinetochor eines Mitosechromosoms – einzufangen und dort zu stabilisieren. EB1 und seine Verwandten – kleine dimere Proteine, die in Tieren, Pflanzen und Pilzen hoch konserviert sind – sind Schlüsselfiguren bei diesem Vorgang. EB1-Proteine bewegen sich nicht aktiv zu den *plus*-Enden, sondern erkennen vielmehr eine strukturelle Eigenschaft der wachsenden *plus*-Enden (s. **Abb. 16.48**). Einige +TIPs hängen für ihre Anhäufung am *plus*-Ende von EB1-Proteinen ab; +TIPs wechselwirken auch miteinander und mit dem Mikrotubuligitter. Indem sie sich an die *plus*-Enden anheften, kontrollieren diese Faktoren die Mikrotubulidynamik und erlauben es der Zelle, die Energie der Mikrotubulipolymerisation zu nutzen, um eine Schubkraft zu erzeugen, die dazu verwendet werden kann, die Spindel, Chromosomen und Organellen zu positionieren.

16.4.9 Die Mikrotubulidynamik wird durch Tubulin-separierende und Mikrotubuli-spaltende Proteine moduliert

Wie die Aktinmonomere werden auch nicht polymerisierte Tubulinuntereinheiten in der Zelle abgesondert, um das aktive Untereinheitenreservoir bei einer Konzentration nahe der kritischen Konzentration zu erhalten. Ein Molekül des kleinen Proteins *Stathmin* (wird auch Op18 genannt) bindet an zwei Tubulinheterodimere und verhindert ihre Anlagerung an die Enden von Mikrotubuli (**Abb. 16.49**). Stathmin erniedrigt so die wirksame Konzentration der für die Polymerisation verfügbaren Tubulinuntereinheiten (eine Wirkung analog zu der von Colchicin). Zudem erhöht Stathmin die Wahrscheinlichkeit, dass ein wachsender Mikrotubulus in den Schrumpfzustand umschaltet. Die Bindung von Stathmin an Tubulin wird durch Phosphorylierung von Stathmin gehemmt, und zur Phosphorylierung von Stathmin führende Signale können die Wachstumsgeschwindigkeit erhöhen und dadurch die dynamische Instabilität unterdrücken. Stathmin wird sowohl mit der Regulation der Zellvermehrung als auch mit dem Zelltod in Verbindung gebracht. Interessanterweise entwickeln sich Mäuse ohne Stathmin normal, sind aber weniger

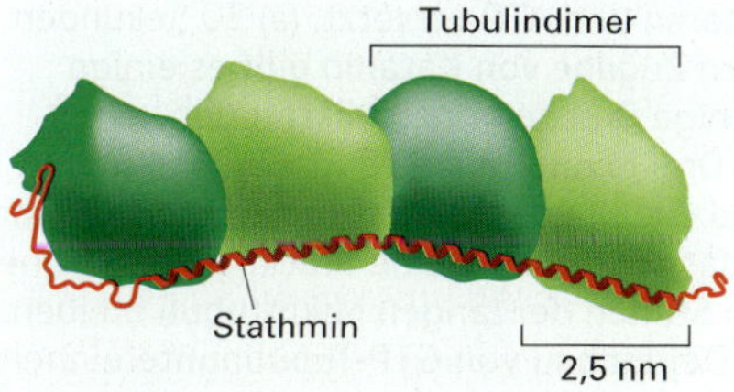

Abb. 16.49 Einsammeln von Tubulin durch Stathmin. Strukturanalysen mittels Elektronenmikroskopie und Kristallographie legen nahe, dass das gestreckte Stathminprotein seitlich an zwei Tubulinheterodimere bindet. (Verändert nach M. O. Steinmetz *et al.*, *EMBO J.* 19: 572–580, 2000).

ängstlich als Mäuse vom Wildtyp, was die Rolle von Stathmin in Neuronen der Amygdala widerspiegelt; dort wird es üblicherweise in hohen Konzentrationen exprimiert.

Spaltung ist ein weiterer Mechanismus, den die Zelle zur Destabilisierung der Mikrotubuli anwendet. Um einen Mikrotubulus zu spalten, müssen 13 Längsbindungen gelöst werden, eine in jedem Protofilament. Das Protein *Katanin*, so benannt nach dem japanischen Wort für „Schwert", vollbringt diese anspruchsvolle Aufgabe (**Abb. 16.50a** und **Abb. 16.50b**). Katanin gehört zu einer großen Familie von Proteinen, die die Energie der ATP-Hydrolyse nutzen, um Proteinkomplexe abzubauen oder umzugestalten. Indem es Tubulinuntereinheiten aus der Wand des Mikrotubulus herauslöst, schwächt Katanin die Struktur und fördert so den Bruch. Katanin setzt auch Mikrotubuli aus den Mikrotubuli-Organisationszentren frei und trägt vermutlich zur schnellen Depolymerisation der Mikrotubuli bei, die an den Polen der Spindeln während der Mitose beobachtet werden kann.

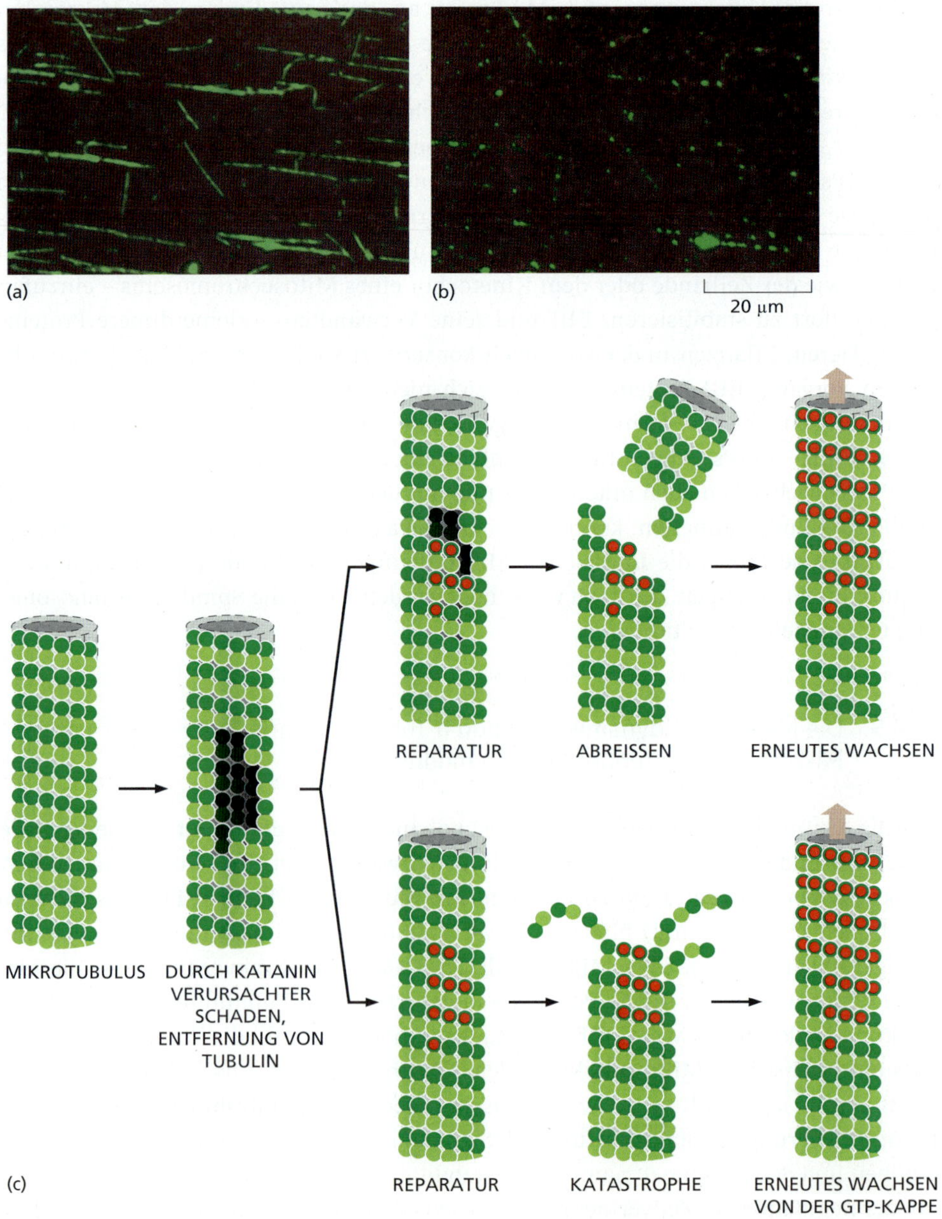

Abb. 16.50 Das Aufbrechen der Mikrotubuli durch Katanin kann diese destabilisieren oder vergrößern. Durch Taxol stabilisierte und mit Rhodamin markierte Mikrotubuli wurden an die Oberfläche eines Objektträgers gebunden und anschließend mit aufgereinigtem Katanin und ATP versetzt. (a) 30 Sekunden nach Zugabe von Katanin gibt es einige wenige Brüche in den Mikrotubuli. (b) Drei Minuten nach Zugabe von Katanin sind die Filamente an vielen Stellen zerstört, sodass nur noch kleine Stücke an den früheren Stellen der langen Mikrotubuli bleiben. (c) Der Einbau von GTP-Tubulinuntereinheiten aus dem löslichen Vorrat an Stellen des kataninbedingten Schadens im Mikrotubuligitter stabilisiert das abgetrennte Ende oder erzeugt eine Insel von GTP-Tubulin, das die Rettung fördert. (a und b, aus J. J. Hartman *et al.*, *Cell* 93: 277–287, 1998. Mit Erlaubnis von Elsevier. c, verändert nach A. Vemu *et al.*, *Science* 361: eaau1504, 2018. Mit Genehmigung der AAAS).

Paradoxerweise führt der Verlust der Aktivität der mikrotubulispaltenden Proteine in vielen Zellarten eher zu einer Abnahme als zu einer Zunahme der Mikrotubuli, sodass die Mikrotubuli spaltenden Proteine eine unerwartete Rolle bei der Stabilisierung der Mikrotubuli spielen. Wie ist dies möglich? Während der Zwischenschritte eines Mikrotubuli-Spaltungsvorgangs gehen GDP-gebundene Tubulinuntereinheiten aus der Wand des Mikrotubulus verloren und werden durch GTP-Tubulinuntereinheiten aus dem löslichen Vorrat ersetzt. Wenn eine ausreichende Anzahl von GTP-Tubulinuntereinheiten eingebaut wird, bevor die Spaltung abgeschlossen ist, besitzt das neue *plus*-Ende des durchtrennten Mikrotubulus eine stabilisierende GTP-Tubulin-Kappe und wird daher polymerisieren. Daher kann die Spaltung von Mikrotubuli *plus*-Enden erzeugen, die das Wachstum von mehr Polymeren fördern. Alternativ könnte eine unvollständige Spaltung zu einer Insel aus GTP-Tubulin im Mikrotubuli-Gitter führen, die ein zukünftiges Rettungsereignis fördern könnte, wenn diese Stelle nach der Katastrophe freigelegt wird (**Abb. 16.50c**). Obwohl die Einfügung von GTP-Tubulin in das Gitter *in vitro* mit reinen Mikrotubuli beobachtet wurde, ist die Bedeutung dieses Vorgangs in Zellen noch nicht vollständig geklärt.

16.4.10 Zwei Arten von Motorproteinen bewegen sich an den Mikrotubuli entlang

Wie Aktinfilamente so arbeiten auch Mikrotubuli mit Motorproteinen bei einer Reihe von zellulären Prozessen zusammen. Es gibt zwei Hauptklassen von auf Mikrotubuli beruhenden Motoren: **Kinesine** und **Dyneine**, die drei Hauptfunktionen ausüben. Als erstes transportieren sie Fracht – wie Organellen und Makromoleküle – durch die Zelle. Anders als beim aktinbasierten Transport jedoch werden mikrotubilibasierte Motoren eingesetzt, um Fracht über lange Strecken zu transportieren. Als zweites können Motoren Mikrotubuli gegeneinander verschieben, sodass spezielle Anordnungen von Mikrotubuli entstehen – wie in Neuronen und Epithelzellen (s. **Abb. 16.43**) und in der Mitosespindel (s. Kapitel 17). Als drittes reguliert eine Untergruppe von mikrotubulibasierten Motoren die Mikrotubulidynamik, wie durch Kinesin-13 veranschaulicht (s. **Abb. 16.47**).

Wie Myosine so bilden auch Kinesine eine große Protein-Superfamilie, bei der die Motordomäne der schweren Kette das gemeinsame Merkmal ist (**Abb. 16.51**). Die Hefe *Saccharomyces cerevisiae* besitzt sechs unterschiedliche Kinesine. Der Nematode *Caenorhabditis elegans* hat 20 Kinesine, und beim Menschen wurden 45 identifiziert.

Kinesin-1 ähnelt Myosin II, da es je aktivem Motor aus zwei schweren Ketten besteht. Diese bilden zwei globuläre Motor-Kopfdomänen, die durch einen langen Doppelwendel-Schwanz zusammengehalten werden, der die Dimerisierung der schweren Ketten bewerkstelligt. Bei den meisten Kinesinen liegt die Motordomäne am N-Terminus und sie wandern zum *plus*-Ende des Mikrotubulus. Kinesine mit der Motordomäne am C-Terminus wandern in die entgegengesetzte Richtung, zum *minus*-Ende des Mikrotubulus. Kinesin-13 wiederum hat eine zentrale Motordomäne und wandert überhaupt nicht, verwendet aber die Energie der ATP-Hydrolyse, um die Mikrotubulienden abzubauen (s. **Abb. 16.47**). Einige Kinesine sind Monomere, und wieder andere bilden Homodimere, Heterodimere oder Tetramere. Der Motor kann über eine leichte Kette oder ein Adapterprotein mit einem membranumschlossenen Organell verbunden sein. Einige Kinesine tragen eine zweite Mikrotubulus-Bindungsdomäne, die die Affinität zu einem Mikrotubulus erhöht oder eine Quervernetzung und ein Gleiten der beiden Mikrotubuli bewirkt.

Bei Kinesin-1 kontrollieren kleine Bewegungen an der ATP-Bindungsstelle das Binden und Loslassen der Motor-Kopfdomäne an eine lange Linkerregion. Dadurch wird der

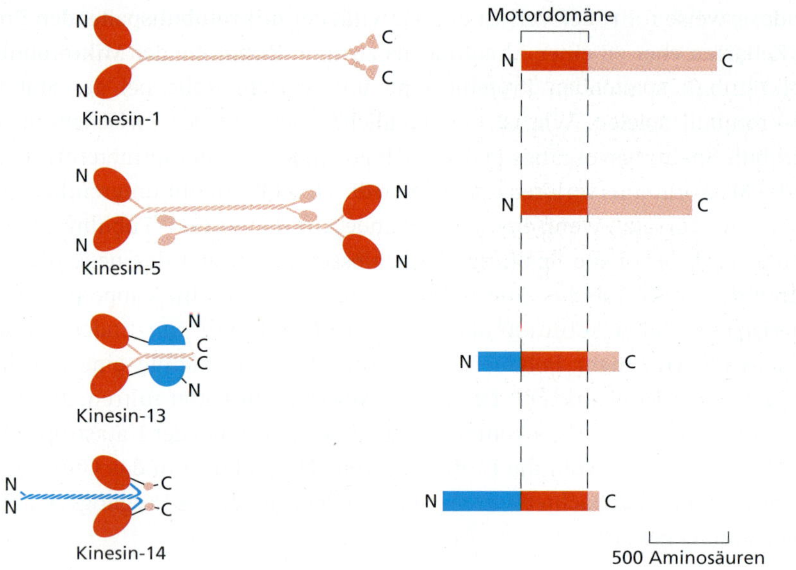

Abb. 16.51 **Kinesine.** (a) Strukturen von vier Mitgliedern der Kinesin-Superfamilie. Wie bei der Myosin-Superfamilie sind nur die Motordomänen konserviert. Kinesin-1 trägt die Motordomäne am N-Terminus der schweren Kette und bewegt sich zum *plus*-Ende des Mikrotubulus. Die mittlere Domäne bildet eine lange, die Dimerisierung fördernde Doppelwendel. Die C-terminale Domäne bildet einen Schwanz, der an eine Last wie z. B. ein membranumschlossenes Organell bindet. Kinesin-5 bildet Tetramere, bei denen sich zwei Dimere über ihre Schwänze verbinden. Das bipolare Kinesin-5-Tetramer ist in der Lage, zwei Mikrotubuli aneinander vorbei zu schieben, analog zur Aktivität der durch Myosin II gebildeten bipolaren dicken Filamente. Die Motordomäne von Kinesin-13 sitzt in der Mitte der schweren Kette. Kinesin-13 ist ein Vertreter einer Kinesinfamilie, die die typische Motoraktivität verloren hat und stattdessen an die Enden der Mikrotubuli bindet und den Abbau der Mikrotubuli fördert (s. **Abb. 16.47**). Bei Kinesin-14 handelt es sich um ein C-terminales Kinesin. Kinesine der Kinesin-14-Familie bewegen sich im Gegensatz zur Mehrzahl der Kinesine in Richtung des *minus*-Endes der Mikrotubuli.

zweite Kopf am Protofilament entlang nach vorne an eine Bindungsstelle geworfen, die 8 nm – das ist der Abstand zwischen den Tubulindimeren eines Protofilaments – näher am *plus*-Ende des Mikrotubulus liegt. Die ATP-Hydrolyse-Zyklen sind in beiden Köpfen eng aufeinander abgestimmt, sodass der Zyklus aus Binden und Loslassen es dem doppelköpfigen Motor ermöglicht, sich schrittweise Hand-über-Hand (oder Kopf-über-Kopf) vorwärtszubewegen (**Abb. 16.52**).

Die **Dyneine** sind eine Familie von gegen das *minus*-Ende gerichteten Mikrotubulimotoren, die keine Verwandtschaft mit den Kinesinen besitzen. Sie sind aus einer, zwei oder drei schweren Ketten, die die Motordomänen beinhalten, und einer großen und variablen Anzahl assoziierter intermediärer, leichter/intermediärer und leichter Ketten zusammengesetzt. Die Dyneinfamilie hat zwei Hauptäste. Der erste Zweig umfasst die *cytoplasmatischen Dyneine*, die Homodimere der schweren Ketten darstellen (**Abb. 16.53**). Cytoplasmatisches Dynein-1 wird von einem einzigen Gen in nahezu allen eukaryotischen Zellen codiert, aber in Blütenpflanzen und einigen Algen kommt es nicht vor. Es ist für den Organellen- und mRNA-Verkehr, für die Positionierung des Centrosoms und des Kerns während der Zellwanderung und für den Aufbau der

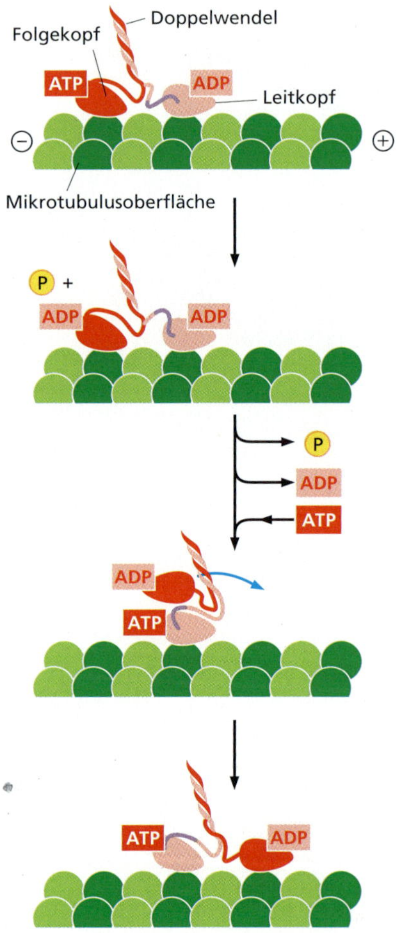

Abb. 16.52 **Der mechanochemische Zyklus von Kinesin.** Kinesin-1 ist ein Dimer aus zwei ATP-bindenden Motordomänen (Köpfe), die über einen langen Doppelwendel-Schwanz verbunden sind (s. **Abb. 16.51**). Die beiden Kinesin-Motordomänen arbeiten auf koordinierte Weise; während eines Kinesin-„Schritts" löst sich der hintere Kopf von seiner Tubulinbindungsstelle auf dem Mikrotubulus, passiert die Partnermotordomäne und bindet dann erneut an die nächste verfügbare Bindungsstelle. Mithilfe dieser „Hand-über-Hand"-Bewegung kann das Kinesindimer weite Strecken auf dem Mikrotubulus zurücklegen, ohne sein Gleis komplett loszulassen. Zu Beginn des Schrittes ist einer der beiden Kinesin-Motordomänenköpfe, als hinterer oder Folgekopf (*dunkelrot*) bezeichnet, fest an den Mikrotubulus und an ATP gebunden, während der vordere oder Leitkopf locker an den Mikrotubulus gebunden ist, mit ADP in seiner Bindungsstelle. Die Vorwärtsverschiebung der hinteren Motordomäne wird von der Dissoziation des ADP und der Bindung von ATP im Leitkopf angetrieben (in dieser Zeichnung zwischen Einzelbild 2 und 3). Die Bindung von ATP an diese Motordomäne bewirkt, dass ein kleines Peptid namens *Halsverbinder* (engl. *neck linker*) von einer rückwärts zeigenden zu einer vorwärts zeigenden Konformation wechselt (der Halsverbinder ist hier als *violette* Verbindungslinie zwischen der führenden Motordomäne und der verflochtenen Doppelwendel gezeichnet). Diese Verschiebung zieht den Folgekopf vorwärts, sobald er sich vom Mikrotubulus mit gebundenem ADP gelöst hat (die Ablösung erfordert die ATP-Hydrolyse und Phosphat (P)-Freisetzung). Das Kinesinmolekül steht nun für den nächsten Schritt bereit, bei dem sich der gezeigte Vorgang exakt wiederholt.

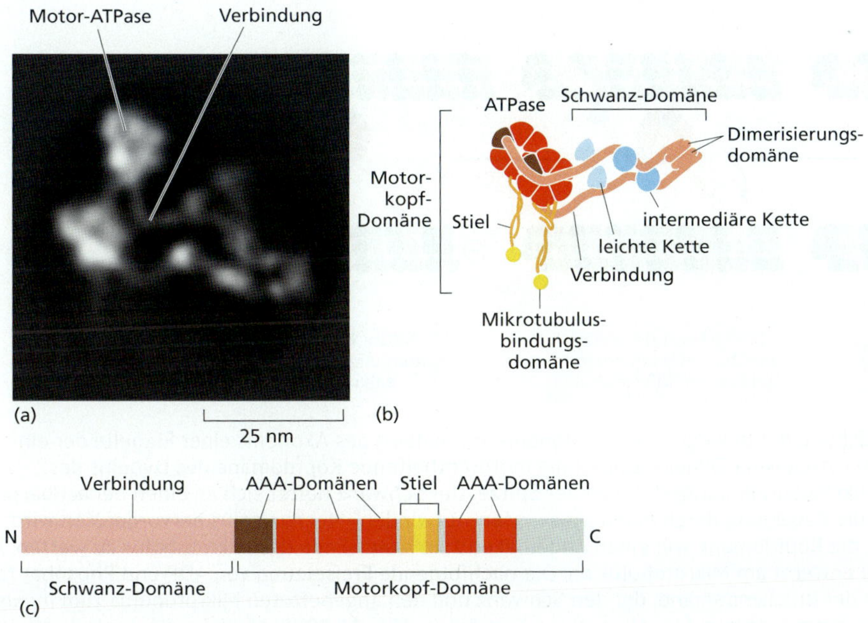

Abb. 16.53 Cytoplasmatisches Dynein. Rekonstruktionen eines cytoplasmatischen Dyneins mithilfe kryoelektronenmikroskopischer (Kryo-EM) Aufnahmen. Wie Myosin II und Kinesin-1 ist das cytoplasmatische Dynein ein zweiköpfiges Molekül. Der Dyneinkopf ist verglichen mit den Köpfen von Myosin oder Kinesin sehr groß. (b) Schematische Darstellung der beiden schweren Ketten des cytoplasmatischen Dyneins, die einen Motorkopf mit Domänen zur Mikrotubuli-Bindung und ATP-Hydrolyse enthalten, die über einen langen Stiel verbunden sind. Die Schwanzdomäne enthält eine Brücke (engl. *linker*), die die Motorköpfe mit einer Dimerisierungsdomäne verbindet. An die Brückendomäne sind mehrere Zwischenketten und leichte Ketten (*blau*) gebunden, die bei der Ausübung vieler Dyneinfunktionen helfen. (c) Die Organisation der Domänen in einer schweren Kette des Dyneins. Es handelt sich um ein riesiges Polypeptid mit mehr als 4000 Aminosäuren. Die konservierte Dyneinmotorkopfdomäne enthält sechs AAA-Domänen, von denen vier ATP-Bindungssequenzen beinhalten, aber nur eine davon die Haupt-ATPase-Aktivität (*braun*) trägt. Die Schwanzdomäne ist nicht so hoch konserviert wie die Kopfdomäne und variiert unter verschiedenen Dyneinunterarten. (a, mit freundlicher Genehmigung von Andrew Carter).

Mikrotubuli-Spindel in der Mitose und Meiose zuständig. Cytoplasmatisches Dynein-2 findet man nur in eukaryotischen Organismen, die Cilien besitzen; es wird für den Materialtransport von der Spitze zum Grund der Cilie – einen Vorgang den man *intraflagellaren Transport* (IFT) nennt – benötigt. Die *Dyneine des Axonems* bilden den anderen großen Zweig und schließen Monomere, Heterodimere und Heterotrimere ein, die jeweils ein, zwei oder drei motorenenthaltende Köpfe besitzen. Sie sind besonders auf das rasche und leistungsfähige Gleiten der Mikrotubuli spezialisiert, das die Schlagbewegung der Cilien und Flagellen antreibt (wird später besprochen).

Dyneine sind die größten der bekannten molekularen Motoren. Dyneine sind strukturell weder mit Myosinen noch mit Kinesinen verwandt, dennoch folgen sie der allgemeinen Regel, nach der die ATP-Hydrolyse an die Bindung und Loslösung des Mikrotubulus sowie an eine krafterzeugende Konformationsänderung gekoppelt ist (**Abb. 16.54**).

16.4.11 Mikrotubuli und Motoren bewegen Organellen und Vesikel

Eine Hauptfunktion der Cytoskelettmotoren in Interphasezellen ist der Transport und die Positionierung von membranumschlossenen Organellen. Kinesin wurde ursprünglich als das Protein identifiziert, das für den schnellen *anterograden axonalen Transport* verantwortlich ist, d. h. für die schnelle Bewegung von Mitochondrien, sekretorischen Vesikelvorläufern und verschiedenen Synapsenbestandteilen entlang der Mikrotubulus-Autobahn des Axons zu den entfernten Nervenendigungen. Cytoplasmatisches Dynein wurde als das Motorprotein für den Transport in die Gegenrichtung, den *retrograden axonalen Transport*, identifiziert. Obwohl Organellen in den meisten Zellen keine solch langen Entfernungen abdecken müssen, ist ihr polarisierter Transport gleichwohl notwendig. Eine typische Mikrotubulianordnung in einer Interphasezelle orientiert sich mit den *minus*-Enden in der Nähe des Mittelpunkts der Zelle am Centrosom und die *plus*-Enden zielen zum Zellrand. Daher benötigt die zum Zellzentrum gerichtete Bewegung der Organellen oder Vesikel die zu den *minus*-Enden gerichtete Aktivität der cytoplasmatischen Dyneinmotoren, während Bewegungen zum Zellrand von den zu den *plus*-Enden gerichteten Kinesinmotoren abhängen.

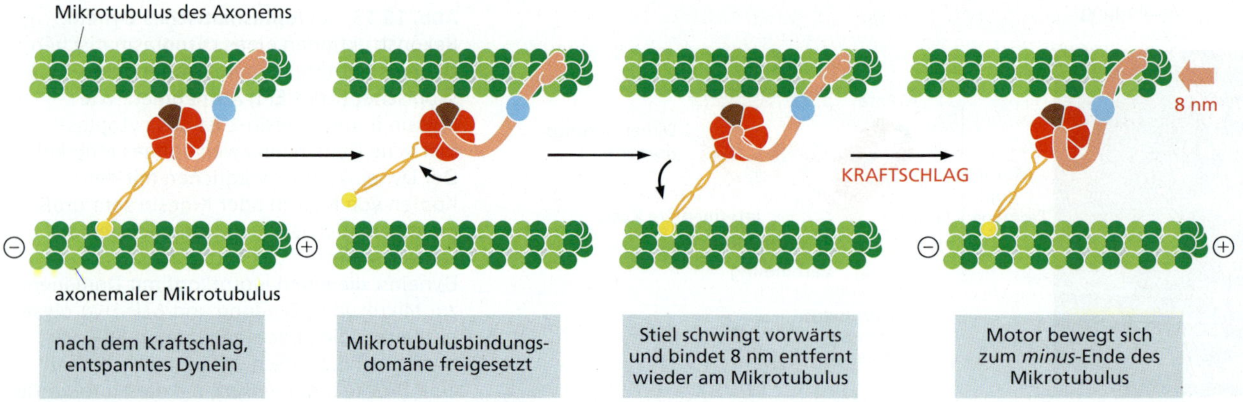

Abb. 16.54 Der Kraftschlag von Dynein. Veranschaulichung der Bewegung eines monomeren Dyneins des Axonems einer Flagelle der einzelligen Grünalge *Chlamydomonas reinhardtii*. Wie beim Cytoplasma-Dynein koppelt die motorenthaltende Kopfdomäne des Dyneins des Axonems an den langen Doppelwendel-Stiel mit der Mikrotubulibindungsstelle an der Spitze. Der Schwanz heftet sich an einen benachbarten Mikrotubulus im Axonem. Es wird angenommen, dass die Bewegung durch einen „Auswerfen-Aufwinden"-Mechanismus hervorgerufen wird. ATP-Bindung und -Hydrolyse bringen die Brücke dazu, die Kopfdomäne wie einen Angelhaken zum *minus*-Ende des Mikrotubulus zu werfen. Die Mikrotubulusbindungsdomäne heftet sich erneut 8 nm entfernt am Mikrotubulus an. Die nachfolgende Freisetzung von ADP und Phosphat führt dann zu einem großen Konformations-„Kraftschlag" in der Brückendomäne, der den Schwanz und den angehefteten Mikrotubulus zum *minus*-Ende zieht. Jeder Zyklus erzeugt einen Schritt von etwa 8 nm, was zum Flagellenschlag beiträgt (s. Abb. 16.59). Im Falle von cytoplasmatischem Dynein ist der Schwanz an die Last, z. B. ein Vesikel, geheftet und ein einziger Kraftschlag transportiert die Fracht etwa 8 nm entlang des Mikrotubulus auf dessen *minus*-Ende zu (s. Abb. 16.55).

Interessanterweise wird fast der gesamte zu den *minus*-Enden gerichtete Transport in tierischen Zellen durch einen einzigen cytoplasmatischen Dynein-1-Motor gesteuert, während mindestens 15 verschiedene Kinesine für den zu den *plus*-Enden gerichteten Transport benutzt werden.

Die Rolle der Mikrotubuli und Mikrotubulimotoren beim Verhalten der intrazellulären Membranen wird am besten durch die Funktion veranschaulicht, die sie bei der Organisation des Endoplasmatischen Reticulums (ER) und des Golgi-Apparats haben. Das Netzwerk der ER-Membranschläuche lagert sich längs der Mikrotubuli an und erstreckt sich bis fast an die Außenmembran der Zelle, während der Golgi-Apparat in der Nähe des Centrosoms angesiedelt ist. Wenn man Zellen mit einer Substanz behandelt, die die Mikrotubuli depolymerisiert, beispielsweise Colchicin oder Nocodazol, dann fällt das ER zur Mitte der Zelle hin zusammen, während der Golgi-Apparat fragmentiert und über das gesamte Cytoplasma verteilt wird. Kinesine können *in vitro* vom ER abstammende Membranen an vorgeformte Mikrotubuli-Gleise binden und, während sie zum *plus*-Ende der Mikrotubuli hin wandern, die ER-Membranen zu schlauchartigen Ausstülpungen ausziehen und ein Membrannetz bilden, das dem ER in einer Zelle sehr ähnlich sieht. Dagegen sind Dyneine für die Positionierung des Golgi-Apparats nahe der Mitte der Zelle in tierischen Zellen nötig; dies bewerkstelligen sie, indem sie die Golgi-Vesikel auf Mikrotubuli-Gleisen zum *minus*-Ende der Mikrotubuli am Centromer bewegen.

Die bei den einzelnen Motorproteinen unterschiedlichen Schwänze und ihre angelagerten leichten Ketten ermöglichen den Motoren ein Beladen mit der richtigen Organellfracht. Membranassoziierte Motorrezeptoren, die spezifischen membranumschlossenen Kompartimenten zugeordnet sind, nehmen direkt oder indirekt mit den Schwänzen der zugehörigen Mitglieder der Kinesinfamilie Kontakt auf. Viele Viren bedienen sich dieses auf Mikrotubulimotoren beruhenden Transports während der Infektion und verwenden Kinesin, um von der Stelle ihrer Replikation und ihres Zusammenbaus an die Plasmamembran zu gelangen, wo sie sich bereitmachen, benachbarte Zellen zu infizieren.

Bei Dynein vermittelt ein großer makromolekularer Verbund das Anhängen der Fracht. Damit das cytoplasmatische Dynein, das selbst ein riesiger Proteinkomplex ist,

Organellen effektiv transportieren kann, bedarf es der Assoziation mit einem zweiten großen Proteinkomplex namens *Dynaktin* sowie mit einem Adapterprotein, das ihre Interaktion vermittelt und die Verbindung zu einer Ladung, z. B. einem Vesikel, herstellt. Der Dynaktin-Komplex umfasst ein kurzes, aktinähnliches Filament, das sich aus dem aktinverwandten Protein Arp1 bildet (nicht zu verwechseln mit Arp2 und Arp3, den Bausteinen des bei der Keimbildung von herkömmlichen Aktinfilamenten beteiligten Arp2/3-Komplexes) (**Abb. 16.55**). Zahlreiche andere Proteine tragen ebenfalls zur Frachtbindung und Motorregulation des Dyneins bei. Ihre Funktion ist besonders wichtig in Neuronen, wo Störungen im Mikrotubuli-basierten Transport mit neurologischen Erkrankungen in Verbindung gebracht werden. Ein beeindruckendes Beispiel ist das „glatte Hirn" oder die Lissenzephalie genannte Erkrankung des Menschen, bei der Zellen während der Gehirnentwicklung nicht in die Großhirnrinde wandern können. Ein Typ der Lissenzephalie wird durch Defekte in Lis1 verursacht, einem dyneinbindenden Protein, das für die Zellkernwanderung in einigen Spezies notwendig ist. Im normalen Gehirn lenkt die Wanderung des Zellkerns den sich entwickelnden neuralen Zellkörper in die richtige Lage in der Großhirnrinde. Fehlt jedoch Lis1, schlägt dieser Prozess fehl und betroffene Kinder leiden an Entwicklungsverzögerungen sowie an einer Vielzahl von neurologischen Defekten. Dynein wird kontinuierlich für die neuronalen Funktionen benötigt, da Mutationen in einer Dynaktinuntereinheit oder in der Schwanzregion des Cytoplasma-Dyneins zu neuronalen Erkrankungen bei Menschen und Mäusen führen. Diese Effekte gehen mit einem verminderten retrograden axonalen Transport einher und belegen die Wichtigkeit des intakten axonalen Transports für die neuronale Lebensfähigkeit.

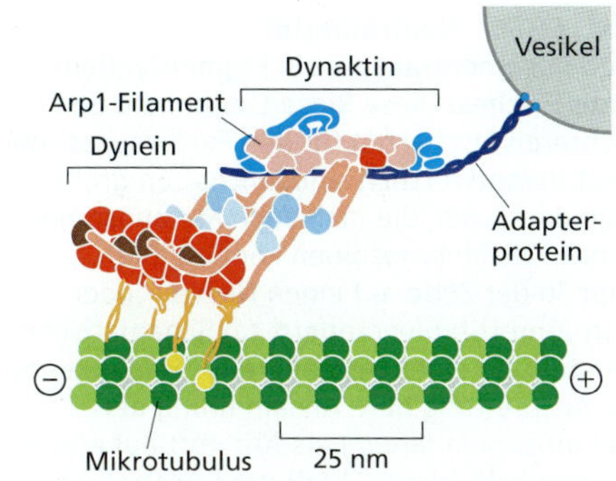

Abb. 16.55 Dynaktin und ein Adapterprotein vermitteln die Anlagerung von Dynein an membranumschlossene Organellen. Dynein benötigt die Anwesenheit einer großen Anzahl von Hilfsproteinen, um sich an membranumschlossene Organellen anzulagern. Dynaktin ist ein großer Komplex, der Bestandteile beinhaltet, die schwach an Mikrotubuli binden, Bestandteile, die an Dynein selbst binden, und Bestandteile, die ein kleines, aktinartiges Filament bilden, das aus dem mit Aktin verwandten Protein Arp1 aufgebaut ist. Dynaktin bindet sowohl an zwei Moleküle Cytoplasma-Dynein als auch an ein Adapterprotein, das die Verbindung zur Fracht vermittelt.

Die Zelle kann die Aktivität der Motorproteine kontrollieren und kann dadurch die Lage eines membranumschlossenen Organells oder die Bewegung der gesamten Zelle ändern. Eines der eindrucksvollsten Beispiele wird von den Melanophoren der Fische geboten. Diese riesigen Zellen, die für den raschen Farbwechsel bei einigen Fischarten zuständig sind, enthalten große Pigmentkörner, die ihre Lage als Antwort auf neuronale oder hormonale Stimulierung ändern können (**Abb. 16.56**). Die Pigmentkörner können aggregieren oder sich verteilen, indem sie an einem ausgedehnten Netzwerk aus Mikrotubuli entlanggleiten, die mit ihren *minus*-Enden am Centrosom befestigt sind. Die Verfolgung einzelner Pigmentkörner zeigt, dass die nach innen gerichtete Bewegung rasch und reibungslos ist, während die Bewegung nach außen ruckartig und mit zahlreichen Rückwärtsschritten erfolgt. Beide Mikrotubulusmotoren, Dynein und Kinesin, sind mit den Pigmentkörnern verbunden. Die ruckartigen Bewegungen nach außen beruhen anscheinend auf einem Tauziehen zwischen den beiden entgegenwirkenden Motorproteinen, wobei das stärkere Kinesin insgesamt gewinnt. Wenn der intrazelluläre cAMP-Spiegel abnimmt, ist Kinesin inaktiviert, sodass Dynein die Pigmentkörner rasch allein zur Zellmitte schleppen kann, was zu einer Änderung der Farbe des Fisches führt. Auf ähnliche Weise wird die Bewegung anderer, mit bestimmten Motorproteinen bedeckter Membranorganellen durch ein komplexes Austarieren konkurrierender Signale kontrolliert, die die Anheftung und Aktivität der Motorproteine regulieren.

16.4.12 Cilien und Flagellen sind aus Mikrotubuli und Dyneinen aufgebaute bewegliche Strukturen

Genau wie die Myofibrillen aus Aktin- und Myosinfilamenten aufgebaute, hoch spezialisierte und wirkungsvolle bewegliche Maschinen sind, sind die Cilien und Flagellen (Geißeln) hoch spezialisierte und wirkungsvolle bewegliche Maschinen, die jedoch aus Mikrotubuli und Dynein aufgebaut sind. Cilien und Flagellen sind haarartige Anhängsel der Zelle, die ein Bündel Mikrotubuli in ihrer Mitte haben. **Flagellen** finden sich an Spermien und vielen Protozoen. Durch ihre wellenförmige Bewegung ermöglichen sie es

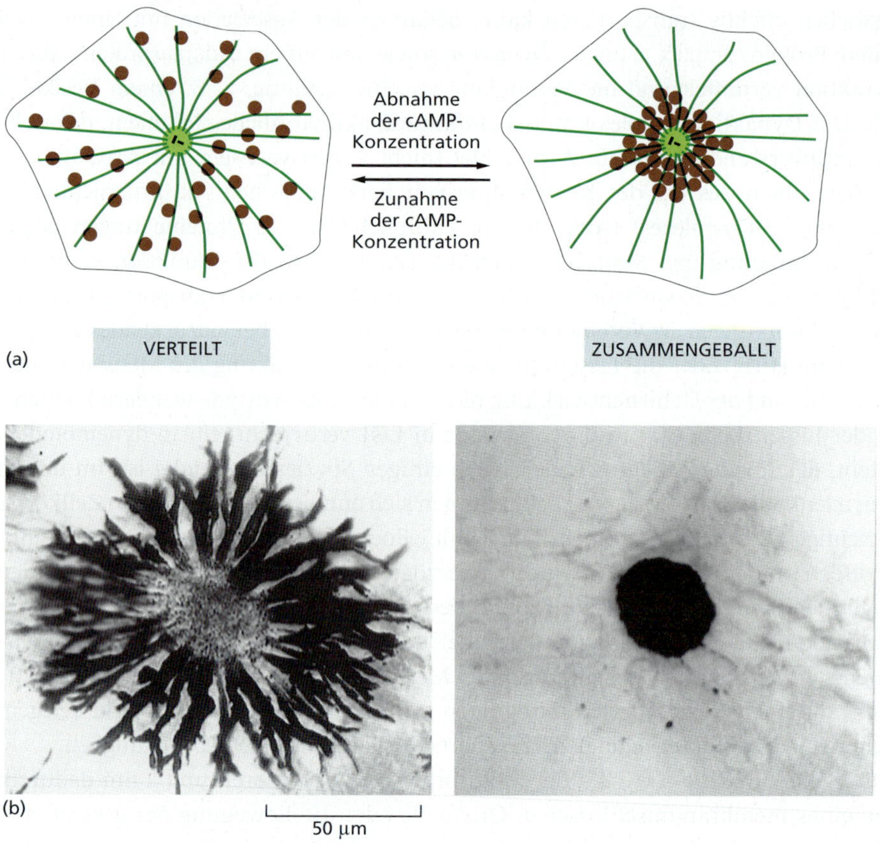

Abb. 16.56 Kontrollierter Melanosomentransport in Pigmentzellen eines Fisches. Diese Riesenzellen, die bei mehreren Fischarten für den Farbwechsel der Haut verantwortlich sind, enthalten große Pigmentkörner, die man auch Melanosomen nennt. Die Melanosomen können ihre Lage in der Zelle auf einen Nerven- oder Hormonreiz hin verändern. (a) Schematische Darstellung einer Pigmentzelle. Man erkennt die Ausbreitung bzw. Ansammlung der Melanosomen (*braun*) als Antwort auf einen Anstieg bzw. einen Abfall der intrazellulären cyclischen AMP (cAMP)-Konzentration. Beide Neuverteilungen der Melanosomen treten dabei entlang der Mikrotubuli auf. (b) Hellfeldbilder der gleichen Zelle in einer Schuppe eines Afrikanischen Buntbarsches: Die Melanosomen sind entweder über das Cytoplasma verteilt (*links*) oder in der Mitte der Zelle zusammengeballt (*rechts*). (b, mit freundlicher Genehmigung von Leah Haimo).

der Zelle, aus der sie herausragen, durch flüssige Medien zu schwimmen. **Cilien** sind ähnlich aufgebaut, sie schlagen jedoch nach Art einer Peitsche, was dem Brustschwimmen ähnelt. Der Cilienschlag kann entweder einzelne Zellen durch eine Flüssigkeit treiben, wie beim Schwimmen des Protozoons *Paramecium*, oder er kann Flüssigkeit über eine Zellgruppe in einem Gewebe bewegen. Im Körper des Menschen säumen ungeheure Mengen ($10^9/cm^2$ oder mehr) an Cilien die Atemwege und fegen Schichten von Schleim, gefangene Staubpartikel und Bakterien nach oben zum Rachen, wo sie geschluckt und letztendlich eliminiert werden. Ebenso helfen Cilien dabei, Eier entlang des Oviducts (Eileiter) zum Uterus (Gebärmutter) zu befördern.

Die Bewegung einer Cilie oder einer Flagelle entsteht durch die Krümmung ihres inneren Kerns, des **Axonems**. Das Axonem besteht aus Mikrotubuli und den mit ihnen assoziierten Proteinen, die in einem charakteristischen und regelmäßigen Muster angeordnet sind. Neun eigentümliche Doppel-Mikrotubuli (aufgebaut aus einem ganzen und einem unvollständigen Mikrotubulus, die so miteinander verschmolzen sind, dass sie eine gemeinsame Wand teilen) sind in einem Kreis rund um ein Paar einzelner Mikrotubuli angeordnet (**Abb. 16.57**). Nahezu alle Formen beweglicher, eukaryotischer Flagellen und Cilien (von den Protozoen bis zum Menschen) besitzen diese charakteristische Anordnung. Die Mikrotubuli erstrecken sich über die gesamte Länge des Axonems, die 10 bis 200 μm betragen kann. In regelmäßigen Abständen entlang der Mikrotubuli vernetzen Hilfsproteine die Mikrotubuli miteinander.

Moleküle des *axonemalen Dyneins* bilden entlang des Umfangs des Axonems Brücken zwischen den benachbarten Doppel-Mikrotubuli (**Abb. 16.58**). Wird die Motordomäne dieses Dyneins aktiviert, versuchen die an einem Doppel-Mikrotubuli verankerten Dyneinmoleküle (s. **Abb. 16.59**) am benachbarten Doppel-Mikrotubuli entlangzuwandern, wodurch die benachbarten Doppel-Mikrotubuli, ganz wie die dünnen Aktinfilamente während der Muskelkontraktion, gezwungen werden, gegeneinander

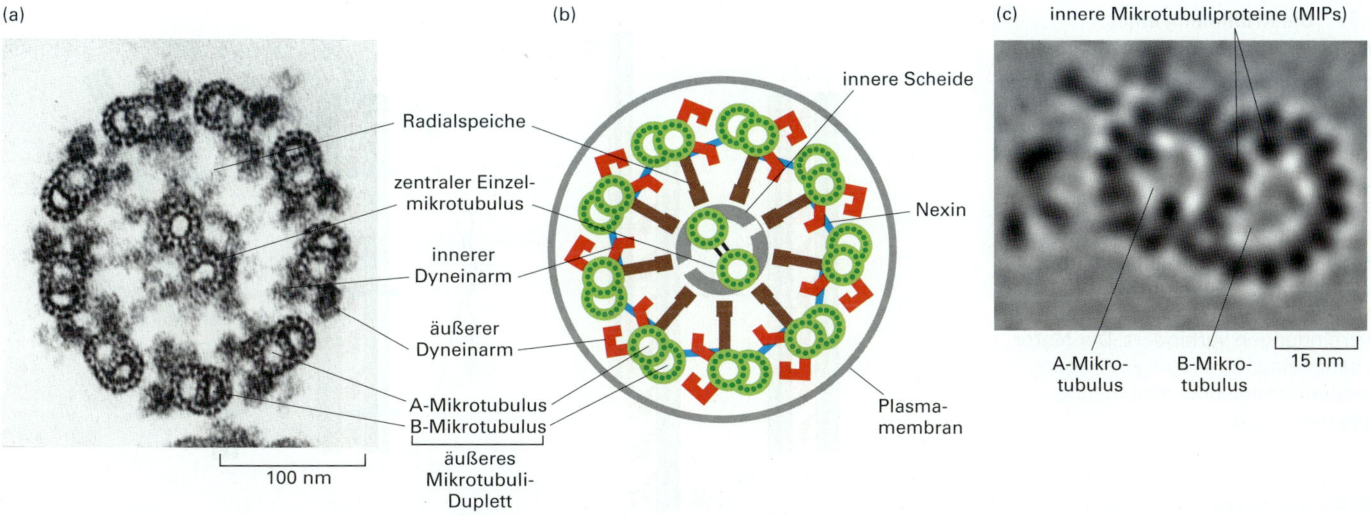

Abb. 16.57 Die Anordnung der Mikrotubuli in Flagellen oder Cilien. (a) Die elektronenmikroskopische Aufnahme der Flagelle einer Grünalgenzelle (*Chlamydomonas*) im Querschnitt zeigt die charakteristische (9 + 2)-Anordnung der Mikrotubuli. (b) Schematische Darstellung der Einzelteile eines Flagellums oder einer Cilie. Die Mikrotubuli werden durch verschiedenartige Vorsprünge zusammengehalten, die in regelmäßigen Abständen entlang des Axonems vorkommen. (c) Hochauflösende elektronentomographische Darstellung eines äußeren Doppel-Mikrotubuli, die strukturelle Details und Eigenschaften innerhalb der Mikrotubuli zeigt, die man innere Mikrotubuliproteine nennt (MIPs, engl. *microtubule inner proteins*). (a, mit freundlicher Genehmigung von Lewis Tilney; c, mit freundlicher Genehmigung von Daniela Nicastro).

zu gleiten. Weitere Brücken zwischen den Doppel-Mikrotubuli verhindern jedoch ein solches Gleiten und die Kraft des Dyneins wird stattdessen in Krümmung umgesetzt (**Abb. 16.59**). Nicht alle Dyneine im Axonem sind gleichzeitig aktiv, was zu der charakteristischen wellenförmigen Bewegung der Cilie oder Flagelle führt.

Beim Menschen bewirken erbliche Defekte im axonemalen Dynein die primäre ciliäre Dyskinesie, die auch als Kartagener-Syndrom bezeichnet wird. Charakteristisch für dieses Syndrom ist die Umkehrung der normalen Links-Rechts-Achse des Körpers (*Situs inversus*) aufgrund einer Unterbrechung des Flüssigkeitsflusses in der frühen Embryonalentwicklung, die Sterilität des Mannes wegen Spermienunbeweglichkeit und eine hohe Anfälligkeit für Lungeninfektionen aufgrund unbeweglicher Cilien in den Atemwegen, sodass diese nicht von Zellabfall und Bakterien gereinigt werden.

Auch Bakterien schwimmen mit einer Zelloberflächenstruktur, die als Flagelle bezeichnet wird, aber diese enthält weder Mikrotubuli noch Dynein, bewegt sich nicht wellenartig und schlägt nicht. Stattdessen sind die *bakteriellen Flagellen* lange, steife helikale Filamente aus wiederholten Untereinheiten des Proteins Flagellin. Die Flagellen drehen sich wie Propeller, angetrieben durch einen speziellen Rotationsmotor, der in die Zellwand der Bakterien eingelassen ist. Der Gebrauch des gleichen Namens zur

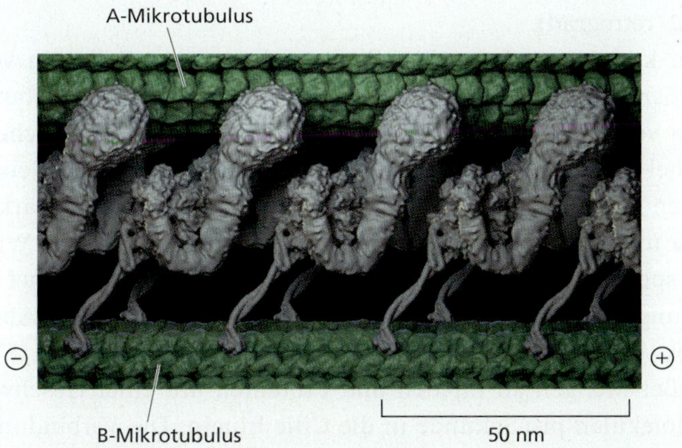

Abb. 16.58 Dynein des Axonems. Rekonstruktion einer Spermienflagelle eines Seeigels mithilfe kryoelektronenmikroskopischer Aufnahme, die Dyneinarme zeigt, die den A-Mikrotubulus eines Doppel-Mikrotubuli mit dem B-Mikrotubulus eines benachbarten Doppel-Mikrotubuli in regelmäßigen Abständen verbinden. Axonem-Dynein der Spermien liegt als Dimer vor. Der Schwanz des Moleküls bindet fest an einen A-Mikrotubulus, während die zwei globulären Köpfe jeweils einen Stiel besitzen, der eine Verbindung zu einer ATP-abhängigen Bindungsstelle auf einem B-Mikrotubulus herstellt (s. **Abb. 16.57**). Wenn die Köpfe ihr gebundenes ATP hydrolysieren, wandern sie zum *minus*-Ende des B-Mikrotubulus, wodurch eine Gleitkraft zwischen den benachbarten Doppel-Mikrotubuli einer Cilie oder Flagelle erzeugt wird (s. **Abb. 16.59**). (Mit freundlicher Genehmigung von Daniela Nicastro).

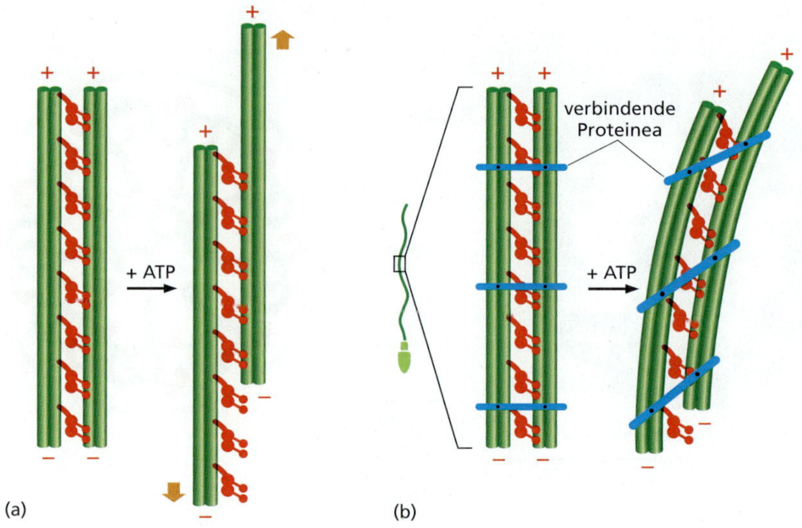

Abb. 16.59 Die Krümmung eines Axonems. (a) Wenn Axoneme dem proteolytischen Enzym Trypsin ausgesetzt werden, werden die flexiblen Proteinverbindungen, die benachbarte Doppel-Mikrotubuli zusammenhalten, gespalten. In diesem Fall ermöglicht die Zugabe von ATP der Motorregion des Dyneinkopfes, einen Doppel-Mikrotubuli an einem anderen vorbeigleiten zu lassen. (b) Bei einem intakten Axonem (wie in einem Spermium) wird das Aneinandervorbeigleiten der Doppel-Mikrotubuli durch flexible Proteinverbindungen verhindert. Der Motor bewirkt daher eine Krümmungsbewegung, die die wellenförmige oder schlagende Bewegung hervorruft.

Kennzeichnung dieser beiden sehr unterschiedlichen Schwimmgeräte ist ein unglücklicher historischer Zufall.

16.4.13 Primärcilien üben in tierischen Zellen wichtige Signalfunktionen aus

Viele Zellen besitzen ein kürzeres, unbewegliches Gegenstück zu Cilien und Flagellen, das als *Primärcilie* bezeichnet wird. Primärcilien kann man als spezialisierte Kompartimente oder Organellen ansehen, die einen weiten Bereich an Zellfunktionen übernehmen, aber viele strukturelle Charakteristika mit den beweglichen Cilien teilen. Sowohl bewegliche als auch unbewegliche Cilien entstehen während der Interphase an Plasmamembran-assoziierten Strukturen, die *Basalkörper* genannt werden; diese Basalkörper verankern die Cilien fest an der Zelloberfläche. In der Mitte jedes Basalkörpers ist eine einzige Centriole; die gleiche Struktur findet man bei Tieren in Paaren in der Mitte der Centrosomen eingebettet, mit neun Gruppen von vereinigten Mikrotubuli-Tripletts, die wie ein Wagenrad angeordnet sind (s. **Abb. 16.42**). Centriolen sind multifunktionell, sie tragen zum Zusammenbau der Mitosespindel in sich teilenden Zellen bei und sie wandern zur Plasmamembran der Interphasezelle, um eine Matrize für die Keimbildung der Axoneme zu bilden (**Abb. 16.60**). Da in Cilien keine Proteintranslation stattfindet, benötigt der Aufbau des Axonems intraflagellaren Transport (IFT); dabei handelt es sich um ein Transportsystem, das in der Grünalge *Chlamydomonas* entdeckt wurde. Analog zum Axon bewegen Motoren Fracht sowohl in anterograder als auch in retrograder Richtung. Hier erfolgt der Antrieb jeweils durch Kinesin-2 (anterograd) bzw. durch cytoplasmatisches Dynein-2 (retrograd).

Primärcilien kommen auf der Oberfläche nahezu aller Zellarten vor, wo sie als Sensor der äußeren Umgebung fungieren und auf die äußere Umgebung antworten. Die am besten verstandenen Funktionen gehören zum Bereich Riechen und Sehen. Im Nasenepithel bilden die aus den Dendriten der olfaktorischen Neuronen herausragenden Cilien die Stelle der Duftaufnahme und der Signalverstärkung. Ähnlich verhält es sich mit den Stäbchen- und Zapfenzellen der Retina bei Wirbeltieren: sie besitzen eine spezielle Primärcilie, die als Außensegment bezeichnet wird und auf die Umwandlung von Licht in neurale Signale spezialisiert ist (s. **Abb. 15.40**). Die Erhaltung des Außensegments erfordert den kontinuierlichen IFT-vermittelten Transport großer Mengen an Lipiden und Proteinen mit einer Geschwindigkeit von bis zu 1000 Molekülen pro Sekunde in die Cilie hinein. Die Verbindungen zwischen

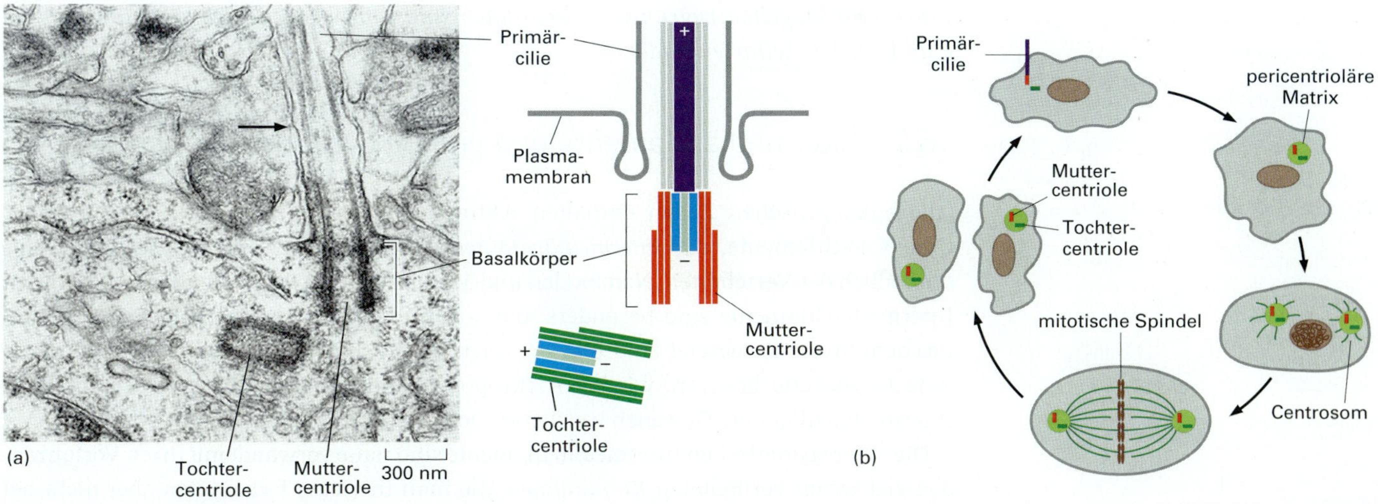

Abb. 16.60 Primärcilie. (a) Elektronenmikroskopische Aufnahme und Darstellung des Basalkörpers einer Primärcilie eines Neurons der Maus. Das Axonem der Primärcilie (*schwarzer Pfeil*) entsteht durch die Muttercentriole am Basalkörper, der an der Plasmamembran nahe der Zelloberfläche gelegen ist. (b) Centriolen können entweder als Basalkörper oder als Zentrum von Centrosomen fungieren. Bevor eine Zelle eine Zellteilung durchläuft, geht die Primärcilie verloren oder wird resorbiert. Centriolen rekrutieren die pericentrioläre Matrix und verdoppeln sich während der S-Phase, wodurch zwei Centrosomen entstehen, wobei jedes ein Centriolenpaar enthält. Die Centrosomen bilden die Keime für Mikrotubuli und liegen an den Polen der Mitosespindel. Nach Beendigung der Mitose wächst wiederum eine Primärcilie aus der Muttercentriole. (Mit freundlicher Genehmigung von Josef Spacek).

der Cilienfunktion und dem Seh- und Geruchssinn werden durch Ziliopathien – eine Reihe von Erkrankungen, die mit Störungen des IFT, der Cilie oder des Basalkörpers in Zusammenhang stehen – untermauert. Beim Bardet-Biedl-Syndrom – einer Ziliopathie – können Patienten nicht riechen und leiden unter einer Degeneration der Retina. Zu weiteren Charakteristika dieser facettenreichen Erkrankung gehören Hörverlust, polyzystische Nierenerkrankung, Diabetes, Fettleibigkeit und Polydaktylie (Vielfingerigkeit), was dafür spricht, dass Primärcilien Funktionen in vielen Bereichen der menschlichen Physiologie ausüben.

Zusammenfassung

Mikrotubuli sind steife Polymere aus Tubulinmolekülen. Sie bauen sich durch Anlagerung von GTP-enthaltenden Tubulinuntereinheiten an die freien Enden eines Mikrotubulus auf, wobei ein Ende (das plus-Ende) schneller wächst als das andere. Hydrolyse des gebundenen GTP findet nach der Zusammenlagerung statt und schwächt die Bindungen, die den Mikrotubulus zusammenhalten. Mikrotubuli sind dynamisch instabil und unterliegen dem katastrophalen Abbau, aber sie können in Zellen durch die Assoziation mit anderen Strukturen stabilisiert werden. Mikrotubuli organisierende Zentren wie das Centrosom schützen die minus-Enden der Mikrotubuli und bilden kontinuierlich Keime für neue Mikrotubuli. Mikrotubuli-assoziierte Proteine (MAPs) stabilisieren Mikrotubuli; diejenigen, die am plus-Ende lokalisiert sind (+TIPs), können die dynamischen Eigenschaften der Mikrotubuli verändern oder die Wechselwirkung mit anderen Strukturen vermitteln. Katastrophenfaktoren sind die Gegenspieler zur Stabilisierung der Aktivität der MAPs. Dazu zählen Kinesin-13-Proteine, die die Enden der Mikrotubuli aufdröseln. Andere Mitglieder der Kinesinfamilie sowie Dynein verwenden die Energie der ATP-Hydrolyse, um sich in einer Richtung entlang eines Mikrotubulus zu bewegen. Das Motor-Dynein bewegt sich zum minus-Ende der Mikrotubuli und sein Gleiten auf axonemalen Mikrotubuli liegt dem Schlagen von

Cilien und Flagellen zugrunde. Primärcilien sind unbewegliche Sensororganellen, die man in vielen Zellarten findet.

16.5 Intermediärfilamente und andere Cytoskelettpolymere

Alle eukaryotischen Zellen enthalten Aktin und Tubulin. Der dritte Haupttyp der Cytoskelettfilamente, das *Intermediärfilament*, bildet nur bei einigen Metazoen, einschließlich der Vertebraten, Nematoden und Mollusken, ein cytoplasmatisches Filament. Intermediärfilamente sind besonders markant im Cytoplasma von Zellen, die mechanischem Stress ausgesetzt sind und kommen im Allgemeinen nicht in Zellen vor, die feste Exoskelette besitzen, wie bei Arthropoden und Echinodermen. Es scheint, dass Intermediärfilamente Geweben weicherer Tiere mechanische Festigkeit verleihen.

Die cytoplasmatischen Intermediärfilamente sind nahe verwandt mit ihren Vorfahren, den viel weiter verbreiteten *Kernlaminen*, die man in vielen Eukaryoten aber nicht bei einzelligen Organismen findet. Die Lamine des Kerns bilden ein Netzwerk unter der inneren Membran der Kernhülle, wo sie Ankerstellen für Chromosomen und Kernporen bieten. Im Laufe der Evolution der Metazoen haben sich anscheinend die Lamingene mehrmals verdoppelt, und die Kopien entwickelten sich zu seilartigen, cytoplasmatischen Intermediärfilamenten. Im Gegensatz zu den hoch konservierten Aktin- und Tubulinisoformen, die von einer Handvoll Genen codiert werden, sind die unterschiedlichen Familien der Intermediärfilamente viel mannigfaltiger und sie werden von 70 verschiedenen menschlichen Genen mit unterschiedlichen zellartspezifischen Funktionen codiert (**Tab. 16.2**).

16.5.1 Die Struktur der Intermediärfilamente hängt vom seitlichen Bündeln und Verdrehen der Doppelwendel ab

Obwohl sich ihre amino- und carboxyterminalen Domänen unterscheiden, sind alle **Intermediärfilamente** gestreckte Proteine mit einer konservierten zentralen α-helikalen Domäne, die ungefähr 40 siebenteilige Wiederholungsmotive enthält, die eine erweiterte Doppelwendelstruktur mit einem zweiten Monomer formen (s. **Abb. 3.8**). Ein Paar paralleler Dimere lagert sich dann in antiparalleler Weise an und bildet ein gestaffeltes Tetramer (**Abb. 16.61**). Anders als die Aktin- und Tubulinuntereinheiten enthalten die Untereinheiten der Intermediärfilamente keine Bindungsstelle für ein ATP oder GTP. Da die tetramere Untereinheit außerdem aus zwei in entgegengesetzte

Tab. 16.2 Die Hauptarten der Intermediärfilamentproteine in Wirbeltierzellen.

Intermediärfilament-Typ	Baustein-Polypeptide	Lokalisation in der Zelle
nuklear	Lamine A, B und C	Kernlamina (innerer Belag der Kernhülle)
vimentinartig	Vimentin	viele Zellen mesenchymaler Herkunft
	Desmin	Muskel
	saure Glia-Faserproteine	Gliazellen (Astrocyten und einige Schwann'sche Zellen)
	Peripherin	einige Neuronen
epithelial	Typ-I-Keratine (sauer) Typ-II-Keratine (neutral/basisch)	Epithelzellen und ihre Abkömmlinge (z. B. Haare und Nägel)
axonal	Neurofilament-Proteine (NF-L, NF-M und NF-H)	Neuronen

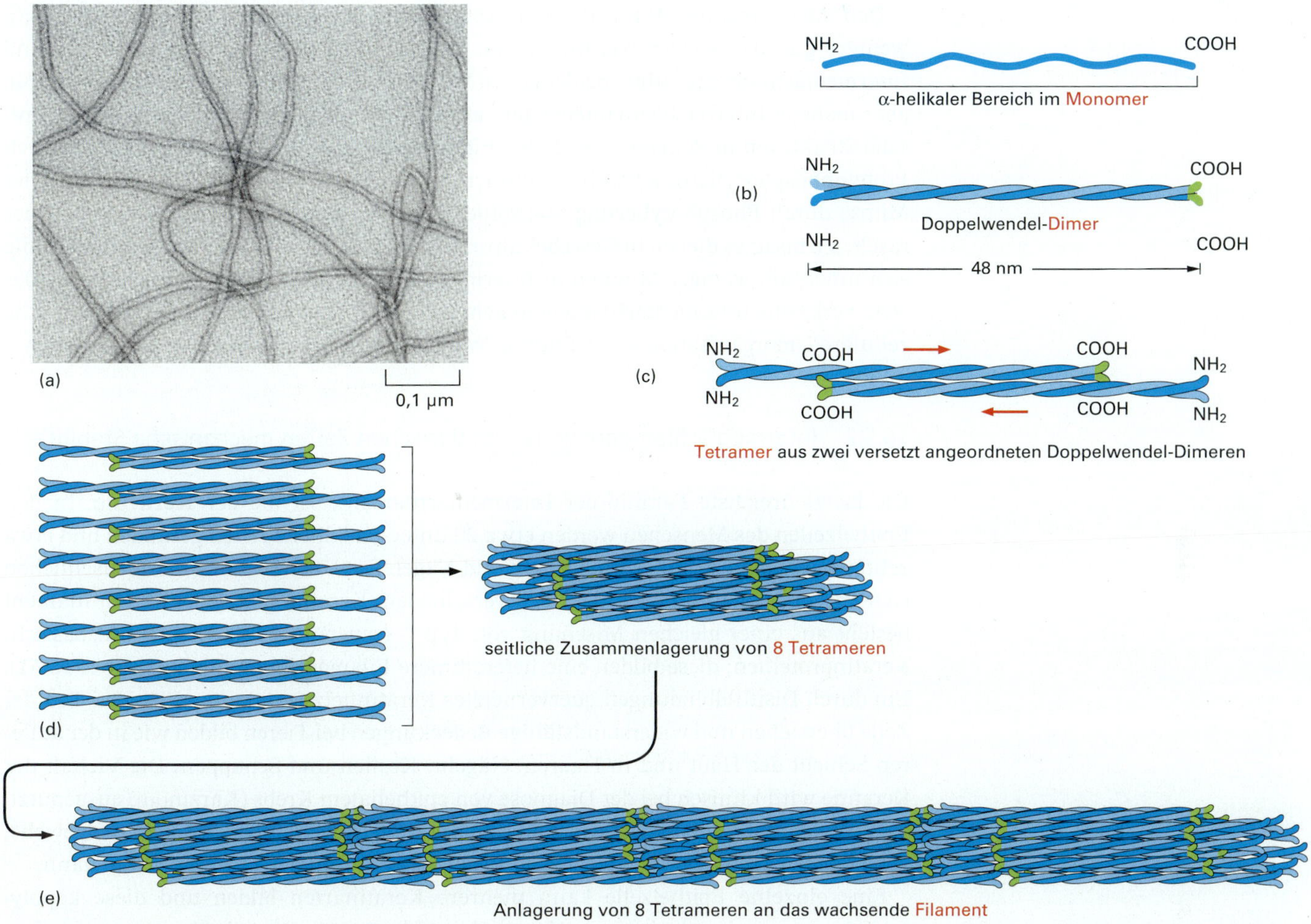

Abb. 16.61 **Ein Modell für den Aufbau der Intermediärfilamente.** Eine elekronenmikroskopische Aufnahme eines Intermediärfilaments ist in (a) gezeigt. Das in (b) gezeigte Monomer paart sich mit einem anderen Monomer zu einem Dimer, in dem sich die konservierten, zentralen stäbchenförmigen Domänen parallel zusammenlagern und zu einer Doppelwendel umeinandergewunden sind. (c) Zwei Dimere legen sich dann nebeneinander und bilden ein antiparalleles Tetramer aus vier Polypeptidketten. Dimere und Tetramere sind die löslichen Untereinheiten der Intermediärfilamente. (d) Innerhalb eines jeden Tetramers sind die beiden Dimere versetzt zueinander angeordnet, sodass es sich mit einem anderen Tetramer verbinden kann. (e) Im endgültigen Filament mit einem Durchmesser von 10 nm sind die Tetramere in einer seilartigen Anordnung zusammengelagert, die im Querschnitt 16 Dimere (32 Doppelwendeln) zeigt. Jeweils die Hälfte dieser Dimere zeigt in eine Richtung. (a, aus L. Norlén *et al., Exp. Cell Res.* 313: 2217–2227, 2007. Mit freundlicher Genehmigung von Elsevier).

Richtungen weisenden Dimeren aufgebaut ist, sind ihre beiden Enden gleich. Dem zusammengesetzten Intermediärfilament fehlt daher die strukturelle Polarität, die für die Aktinfilamente und Mikrotubuli so entscheidend ist. Die Tetramere lagern sich mit ihren Seiten aneinander und bilden so die Filamente, die acht parallele, aus den Tetrameren zusammengesetzte Protofilamente enthalten. Jedes einzelne Intermediärfilament zeigt daher im Querschnitt 32 einzelne α-helikale Wendeln. Diese große Zahl der zusammengelagerten Polypeptide gibt zusammen mit den für Doppelwendel-Proteine typischen starken seitlichen hydrophoben Wechselwirkungen den Intermediärfilamenten eine seilartige Eigenschaft. Sie können leicht gekrümmt werden, mit einer Persistenzlänge von unter einem Mikrometer (im Vergleich zu mehreren Millimetern bei Mikrotubuli und etwa zehn Mikrometern bei Aktin), sind aber äußerst schwer zu zerreißen und können bis über das Dreifache ihrer Länge gedehnt werden (s. **Abb. 16.6**).

Den Mechanismus des Auf- und Abbaus der Intermediärfilamente kennt man weniger gut als den der Aktinfilamente und Mikrotubuli. In reinen Lösungen sind Intermediärfilamente aufgrund der engen Verbindung der Untereinheiten äußerst stabil, aber manche Intermediärfilamentarten, einschließlich *Vimentin*, bilden hoch dynamische Strukturen in Zellen wie z. B. den Fibroblasten. Ihr Abbau wird vermutlich durch Proteinphosphorylierung reguliert, ähnlich wie auch der Abbau der Kernlamine bei der Mitose durch Phosphorylierung kontrolliert wird (s. **Abb. 12.65**). Als Nachweis eines raschen Umsatzes dienen in Gewebekulturzellen injizierte markierte Untereinheiten, die sich innerhalb weniger Minuten in Intermediärfilamente einbauen. Das Umbauen des Netzwerks aus Intermediärfilamenten geht mit Vorgängen einher, die eine dynamische zelluläre Umorganisation – wie Teilung, Wanderung und Differenzierung – benötigen.

16.5.2 Intermediärfilamente verleihen tierischen Zellen mechanische Stabilität

Die facettenreichste Familie der Intermediärfilamente ist die der **Keratine**: In den Epithelzellen des Menschen werden etwa 20 unterschiedliche Arten gefunden und etwa zehn weitere sind spezifisch für Haare und Nägel. Die Untersuchung der menschlichen Genomsequenz hat offenbart, dass es 54 verschiedene Keratine gibt. Jedes Keratinfilament besteht aus einer gleichen Mischung von Typ-I- (sauer) und Typ-II- (neutral/basisch) Keratinproteinen; diese bilden eine heterodimere Filamentuntereinheit (s. **Abb. 16.61**). Ein durch Disulfidbindungen quervernetztes Keratinnetzwerk kann selbst den Tod der Zelle überstehen und widerstandsfähige Bedeckungen bei Tieren bilden wie in der äußeren Schicht der Haut und in Haaren, Nägeln, Krallen und Schuppen. Die Vielfalt der Keratine wird klinisch bei der Diagnose von epithelialem Krebs (Karzinom) ausgenutzt, da die Zusammensetzung der exprimierten Keratine Aufschluss über das Epithelgewebe, von dem der Krebs stammt, geben und so bei der Auswahl der Therapie helfen kann.

Eine einzelne Epithelzelle kann mehrere Keratinarten bilden und diese kopolymerisieren zu einem einzigen Netzwerk (**Abb. 16.62**). Keratinfilamente verleihen Epithelien mechanische Festigkeit, zum Teil, indem sie Intermediärfilamente an Stellen des Zell–Zell-Kontakts – sogenannten *Desmosomen* – oder an Stellen des Zell–Matrix-Kontakts – sogenannten *Hemidesmosomen* – verankern (s. **Abb. 16.4**). Wir erörtern diese wichtigen Adhäsionsstrukturen in Kapitel 19. Hilfsproteine wie *Filaggrin*

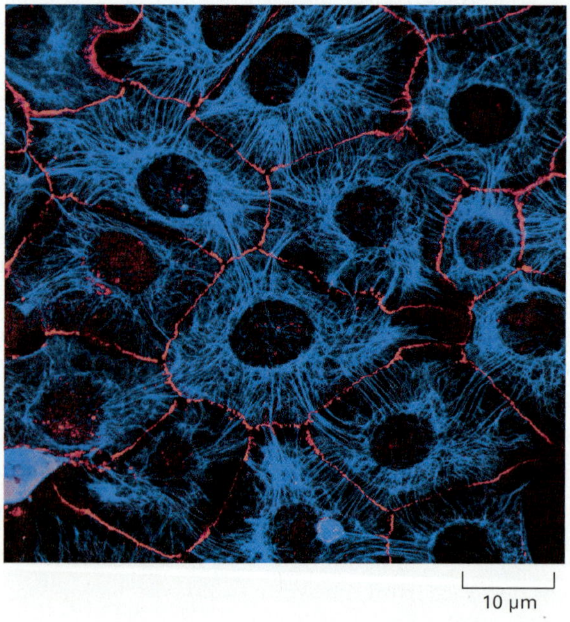

Abb. 16.62 Keratinfilamente in Epithelzellen. Immunofluoreszenzaufnahme vom Geflecht der Keratinfilamente (*blau*) in einer Schicht Epithelzellen in Gewebekultur. Die Filamente der einzelnen Zellen sind indirekt mit denen der Nachbarzellen über Desmosomen (in Kapitel 19 diskutiert) verbunden. Ein zweites Protein (*rot*) wurde angefärbt, um die Lage der Zellgrenzen anzuzeigen. (aus K. J. Green und C. A. Gaudry, *Nat. Rev. Mol. Cell Biol.* 1: 208–216, veröffentlicht 2000 von Nature Publishing Group. Mit Erlaubnis von Springer Nature).

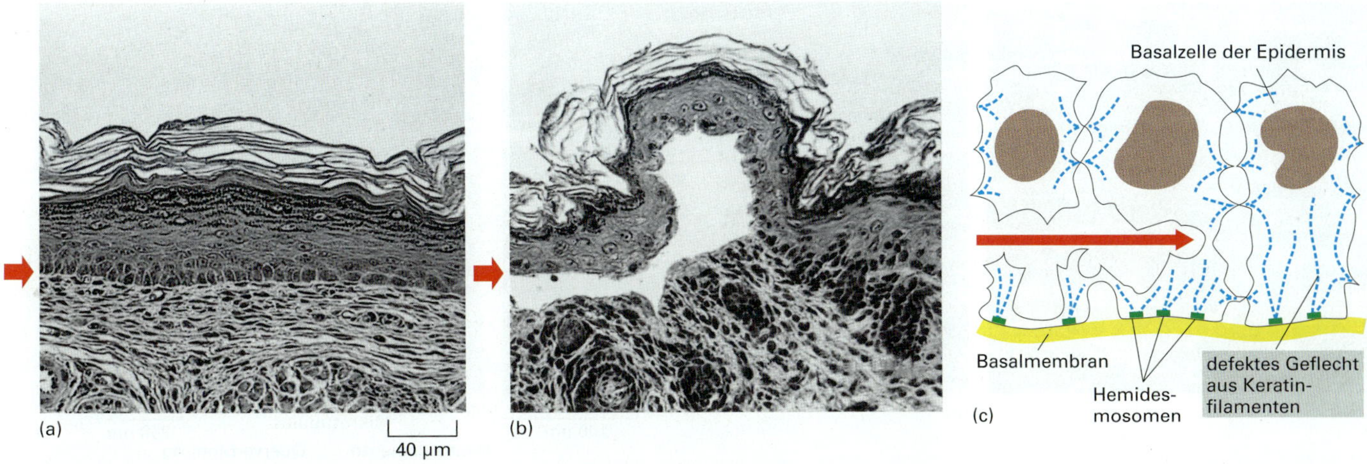

Abb. 16.63 Durch ein mutiertes Keratingen verursachte Blasenbildung der Haut. Ein mutiertes Gen, das für ein verstümmeltes Keratinprotein ohne N- und C-terminale Domänen codiert, wurde in einer transgenen Maus exprimiert. Das defekte Protein lagert sich mit den normalen Keratinen zusammen und zerstört so das Geflecht der Keratinfilamente in den Basalzellen der Haut. Wie man an den lichtmikroskopischen Aufnahmen an Gewebeschnitten von normaler (a) und mutierter (b) Haut erkennt, entstehen die Blasen durch das Reißen von Zellen in der Basalschicht der mutierten Epidermis (kurze *rote Pfeile*). Die Skizze in (c) zeigt drei Zellen aus der Basalschicht der mutierten Epidermis, wie man sie im Elektronenmikroskop erkennen kann. Wie mit dem *roten* Pfeil angezeigt, reißen die Zellen zwischen dem Zellkern und den Hemidesmosomen (besprochen in Kapitel 19) auf, die die Keratinfilamente mit der darunterliegenden Basalmembran verbinden. (a und b, © 1991 P. A. Coulombe *et al.* Ursprünglich veröffentlicht in *J. Cell Biol.* https://doi.org/10.1083/ jcb.115.6.1661. Mit Erlaubnis der Rockefeller University Press).

bündeln Keratinfilamente in differenzierenden Zellen der Epidermis, um der äußersten Hautschicht ihre spezielle Belastbarkeit zu verleihen. Personen mit Mutationen in dem für Filaggrin codierenden Gen sind sehr empfänglich für Krankheitsbilder mit trockener Haut wie z. B. Ekzeme.

Mehrere Erbkrankheiten des Menschen werden durch Mutationen in Keratingenen hervorgerufen. Beispielsweise wird die als *Epidermolysis bullosa simplex* bezeichnete Krankheit, bei der die Haut schon auf die geringste mechanische Beanspruchung hin Bläschen wirft und die Basalzellen platzen, durch ein defektes in den Basalzellen der Epidermis exprimiertes Keratin hervorgerufen (**Abb. 16.63**). Andere blasenwerfende Krankheiten wie Krankheiten des Mundes, des Ösophagus (Speiseröhre) und der Cornea des Auges (Hornhaut) beruhen auf Mutationen in den unterschiedlichen Keratinen, die spezifisch in diesen Geweben exprimiert werden. Alle diese Krankheiten sind durch ein Platzen der Zellen infolge einer mechanischen Belastung charakterisiert sowie durch eine Nicht-Organisation oder ein Verklumpen des Keratinfilament-Cytoskeletts. Viele der diese Krankheiten hervorrufenden Mutationen ändern die Enden der zentralen Stäbchen-Domäne und unterstreichen die Bedeutung dieses besonderen Teils des Proteins für eine richtige Anordnung in einem Filament.

Mitglieder einer anderen Familie der Intermediärfilamente, die **Neurofilamente**, finden sich in hoher Dichte entlang der Axone der Wirbeltierneuronen (**Abb. 16.64**). Drei Arten der Neurofilamente, NF-L, NF-M und NF-H, lagern sich *in vivo* zu Heteropolymeren zusammen. Die NF-H- und NF-M-Proteine haben längere C-terminale Schwanzdomänen, die an benachbarte Filamente binden und für eine geordnete Anordnung mit gleichbleibenden Abständen zwischen den Filamenten sorgen. Während des Wachstums des Axons werden neue Neurofilament-Untereinheiten über die gesamte Länge des Axons in einem dynamischen Vorgang eingebaut, wobei die Untereinheiten sowohl an den Enden als auch mitten im Filament hinzugefügt werden. Nachdem ein Axon mit seiner Zielzelle verknüpft ist, kann der Durchmesser des Axons bis zum Fünffachen zunehmen. Die Höhe der Expression der Neurofilamentgene scheint den Durchmesser des Axons direkt zu regulieren, der wiederum die Ausbreitungsgeschwindigkeit des elektrischen

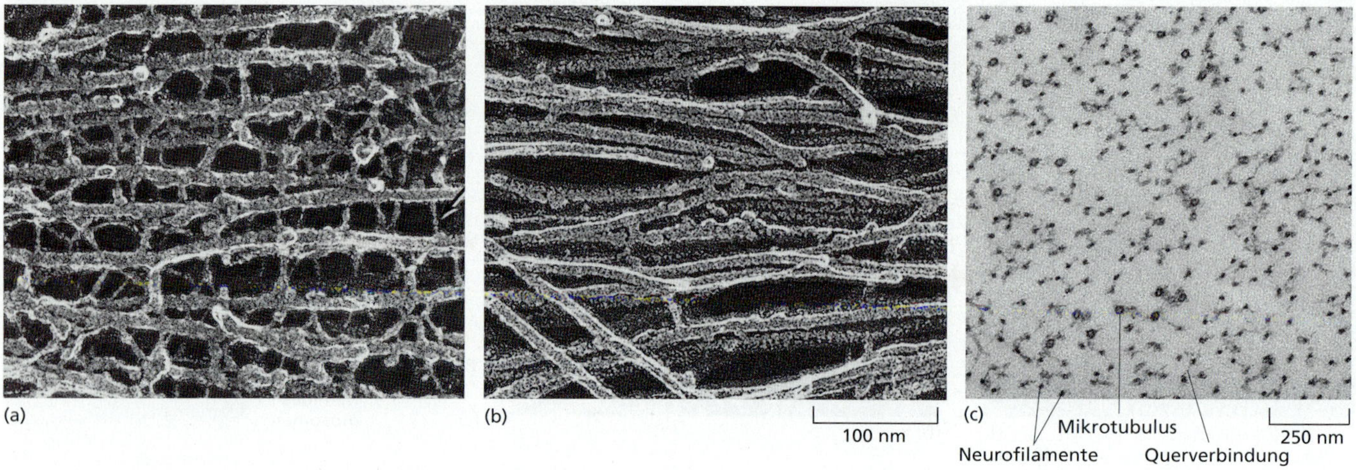

Abb. 16.64 Zwei Arten von Intermediärfilamenten in Zellen des Nervensystems. (a) Elektronenmikroskopische Aufnahme von mittels Gefrierätztechnik präparierten Neurofilamenten im Axon einer Nervenzelle; man erkennt die umfangreichen Querverbindungen über Proteinbrücken, eine Anordnung, die diesem langen Nervenfortsatz vermutlich hohe Zugfestigkeit verleiht. Die Querverbindungen werden von den langen, nichthelikalen Fortsätzen am C-terminalen Ende des größten Proteins (NF-H) in den Neurofilamenten gebildet. (b) Gefrierätztechnische Aufnahme von Gliafilamenten in Gliazellen; wie man deutlich erkennt, sind diese Intermediärfilamente glatt und besitzen nur wenige Querverbindungen. (c) Herkömmliche transmissionselektronenmikroskopische Aufnahme des Querschnitts durch ein Axon; man erkennt die regelmäßig nebeneinanderliegenden Neurofilamente, die viel zahlreicher sind als die Mikrotubuli. (a und b, mit freundlicher Genehmigung von Nobutaka Hirokawa; c, mit freundlicher Genehmigung von Anthony Brown).

Signals entlang des Axons bestimmt. Zusätzlich verleihen Neurofilamente den langen Zellfortsätzen der Neuronen Stärke und Stabilität.

Die neurodegenerative Krankheit amyotrophe Lateralsklerose (ALS, auch als Lou-Gehrig-Krankheit bezeichnet) ist mit einer Ansammlung und falschen Anlagerung der Neurofilamente in den Zellkörpern und Axonen der Motorneuronen verbunden; es handelt sich um Anomalien, die den normalen axonalen Transport behindern können. Die Degeneration der Axone führt zu Muskelschwäche und Muskelatrophie, die normalerweise letal ist. Die Überexpression von NF-L und NF-H des Menschen in der Maus führt dazu, dass das Tier ALS-artige Symptome zeigt. Jedoch konnte ein kausaler Zusammenhang zwischen Neurofilamentpathologie und ALS nicht einwandfrei festgestellt werden.

Die vimentinartigen Filamente bilden die dritte Familie der Intermediärfilamente. *Desmin*, ein Mitglied dieser Familie, wird in Skelett-, Herz- und Glattmuskelzellen exprimiert, wo es ein Gerüst um die Z-Scheibe des Sarkomers bildet (s. **Abb. 16.28**). Mäuse, denen Desmin fehlt, haben eine anfangs normale Muskelentwicklung, aber die erwachsenen Tiere zeigen eine Reihe von Anomalien der Muskelzellen, darunter falsch ausgerichtete Muskelfasern. Beim Menschen stehen Mutationen in Desmin mit verschiedenen Formen der Muskeldystrophie und Kardiomyopathie im Zusammenhang, was die wichtige Rolle des Desmin bei der Stabilisierung der Muskelfasern unterstreicht.

Im Inneren des Zellkerns sorgen die Kernlamine für die mechanische Stabilität des Kerns. Neben der wohlbekannten Rolle zur Erhaltung der mechanischen Stabilität des Zellkerns stellt sich immer mehr heraus, dass eine Klasse der Lamine, der A-Typ, zusammen mit vielen Proteinen der Kernhülle ein Gerüst für Proteine bildet, die Myriaden von zellulären Prozessen kontrollieren – dazu gehören die Transkription, die Chromatinorganisation und die Signalübertragung. Die Mehrheit der *Laminopathien* sind mit einer mutierten Version von Lamin A verbunden und schließen gewebespezifische Krankheiten ein. Skelett- und Herzstörungen könnten durch eine schwächere Kernhülle erklärt werden, was zu Zellschädigung und Zelltod führt, aber man nimmt auch an, dass Laminopathien durch pathogene und gewebespezifische Veränderungen der Genexpression entstehen.

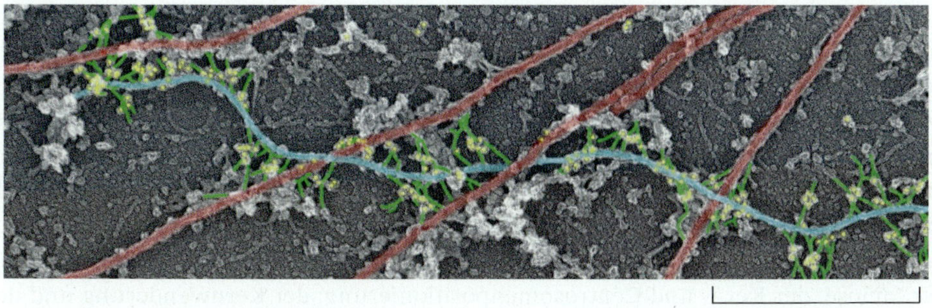

Abb. 16.65 Plektin quervernetzt verschiedene Elemente des Cytoskeletts. Plektin (*grün*) bildet Querverbindungen von Intermediärfilamenten (*blau*) zu Mikrotubuli (*rot*). In dieser elektronenmikroskopischen Aufnahme sind die Punkte (*gelb*) an Anti-Plektin-Antikörper gebundene Goldpartikel. Das gesamte Netzwerk aus Aktinfilamenten ist entfernt worden, um diese Proteine sichtbar zu machen. (© 1996 T. M. Svitkina *et al.* Ursprünglich veröffentlicht in *J. Cell Biol.* http://doi.org/10.1083/jcb.135.4.991. Mit Erlaubnis von Rockefeller University Press).

16.5.3 Verbindende Proteine (Linkerproteine) verknüpfen Cytoskelettfilamente und durchspannen die Kernhülle

Das Intermediärfilamentnetzwerk ist mit dem restlichen Cytoskelett durch Mitglieder der Proteinfamilie der *Plakine* verbunden. Plakine sind groß und bausteinartig. Sie enthalten mehrere Domänen, die Cytoskelettfilamente untereinander und zu verbindenden (junctionalen) Komplexen vernetzen. *Plektin* ist ein besonders interessantes Beispiel. Es bündelt Intermediärfilamente und knüpft sie außerdem an Mikrotubuli, an Bündel aus Aktinfilamenten und an Filamente des Motorproteins Myosin II; es hilft auch bei der Befestigung von Bündeln aus Intermediärfilamenten an klebrige Strukturen der Plasmamembran (**Abb. 16.65**).

Mutationen im Plektingen verursachen eine schwere Krankheit beim Menschen, bei der Epidermolysis bullosa (durch das Reißen der Keratinfilamente verursacht), Muskeldystrophie (durch das Reißen der Desminfilamente verursacht) und Neurodegeneration (durch das Reißen der Neurofilamente verursacht) vereint sind. Mäuse, denen ein funktionierendes Plektingen fehlt, sterben innerhalb weniger Tage nach der Geburt mit sich in Blasen ablösender Haut und anomalen Skelett- und Herzmuskeln. So ist die durch Plektin bewirkte Quervernetzung, obwohl sie für die anfängliche Bildung und Zusammenlagerung von Intermediärfilamenten nicht erforderlich sein mag, nötig, um den Zellen die Festigkeit zu geben, den im Leben eines Wirbeltiers auftretenden mechanischen Beanspruchungen zu widerstehen.

Plektin und andere Plakine können mit Proteinkomplexen wechselwirken, die das Cytoskelett mit dem Kerninneren verbinden. Diese Komplexe bestehen aus SUN-Proteinen (Abkürzung aus den Namen Sad1 und UNC-84) der inneren Kernmembran und KASH-Proteinen (Abkürzung aus den Namen Klarsicht, ANC-1 und Syne homology) der äußeren Kernmembran (**Abb. 16.66**). SUN- und

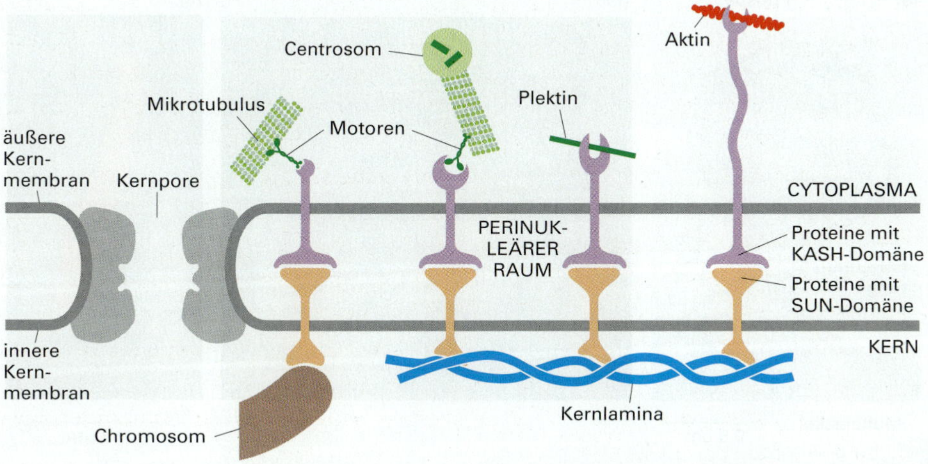

Abb. 16.66 SUN–KASH-Proteinkomplexe verbinden den Zellkern und das Cytoplasma über die Kernhülle. Das cytoplasmatische Cytoskelett ist über die Kernhülle mit der Kernlamina oder mit Chromosomen durch SUN- (*orange*) und KASH-Proteine (*violett*) verbunden. Die SUN- und KASH-Domänen dieser Proteine binden im Lumen der Kernhülle. Ausgehend von der inneren Kernhülle stellen SUN-Proteine eine Verbindung mit der Kernlamina (*blau*) oder den Chromosomen (*braun*) her. In der äußeren Kernhülle stellen KASH-Proteine durch Bindung an Mikrotubuli-Motorproteine, Aktinfilamente oder Plektin eine Verbindung zum cytoplasmatischen Cytoskelett her.

KASH-Proteine binden im Lumen der Kernhülle aneinander, wodurch eine Brücke entsteht, die das Kerncytoskelett und das cytoplasmatische Cytoskelett verbindet. Im Kern binden die SUN-Proteine an die Kernlamina oder an Chromosomen, während die KASH-Proteine im Cytoplasma direkt an Aktinfilamente und indirekt an Mikrotubuli und Intermediärfilamente durch Assoziation mit Motorproteinen bzw. durch Assoziation mit Plakinen binden können. Diese Verbindung dient als mechanische Verknüpfung des Kerns mit dem Cytoskelett und ist an vielen zellulären Funktionen – wie der Chromosomenbewegung innerhalb des Kerns während der Meiose, der Kern- und Centrosomenpositionierung, der Kernwanderung und der gesamten Cytoskelettorganisation beteiligt.

16.5.4 Septine bilden Filamente, die zur Organisation innerhalb der Zelle beitragen

Als weiteres Filamentsystem in allen Eukaryoten bis auf die Landpflanzen dienen *Septine*. Diese GTP-bindenden Proteine lagern sich zu nicht polaren Filamenten zusammen, die Ringe oder käfigartige Strukturen bilden, die als Gerüst zur Aufteilung der Membranen in bestimmte Domänen dienen oder dazu, das Aktin- und Mikrotubuli-Cytoskelett anzulagern und zu organisieren. Septinfilamente wurden zuerst in der Sprosshefe entdeckt. Sie finden sich am Hals zwischen der sich teilenden Mutterhefezelle und dem wachsenden Spross (**Abb. 16.67a**). Dort bilden die Septine eine Barriere, die die seitliche Diffusion der Proteine einschränkt, die in die Plasmamembran eingebettet sind, wodurch das Zellwachstum hauptsächlich im Spross konzentriert wird. Septine rekrutieren auch die Aktin–Myosin-Maschinerie, die den kontraktilen Ring für die Cytokinese bildet. In tierischen Zellen werden Septine für die Zellteilung, die Wanderung, den Vesikeltransport und die Signalweiterleitung benötigt. In Primärcilien z. B. lagert sich ein Ring aus Septinfilamenten am Fuß der Cilie an und dient als Diffusionsbarriere an der Plasmamembran, wodurch die Bewegung der Membranproteine eingeschränkt und eine spezifische Zusammensetzung der Cilienmembran erreicht wird (**Abb. 16.67b** und **16.67c**). Eine Reduktion der Septinkonzentration beeinträchtigt die Primärcilienbildung und die Signalübertragung.

Es gibt sieben Septingene in Hefe und 13 beim Menschen. Auf der Basis ihrer Sequenzverwandtschaft teilt man die Septine in vier Gruppen ein. *In vitro* lagern sich aufgereinigte Septine zu symmetrischen Heterohexameren oder Heterooktameren zusammen, die nicht polare, gepaarte Filamente bilden (**Abb. 16.68**). Zur Faltung der

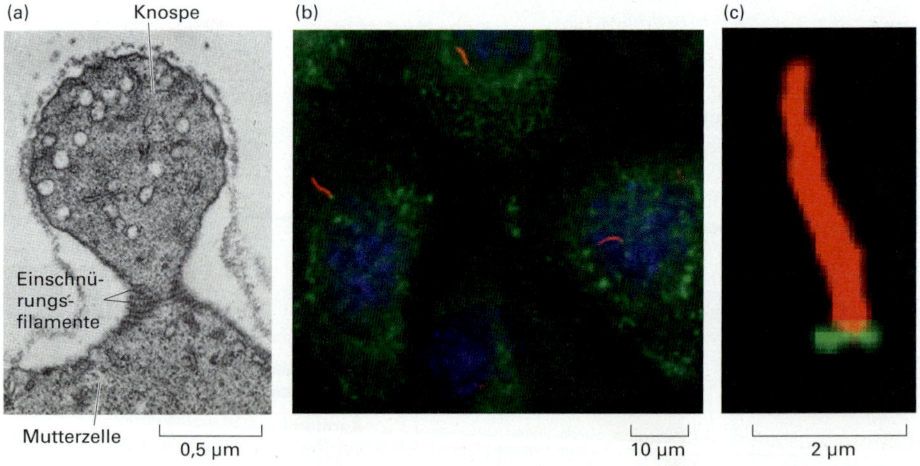

Abb. 16.67 Zellkompartimentalisierung durch Septine. (a) Septine bilden Filamente in der Halsregion zwischen einer Mutterhefezelle und der Knospe. (b) Fluoreszenzmikroskopische Aufnahme einer kultivierten menschlichen Zelle; die DNA ist *blau* gefärbt und Septine sind *grün* markiert. Die Mikrotubuli der Primärcilie sind mit einem Antikörper markiert, der eine modifizierte (acetylierte) Form von Tubulin (*rot*) – die im Axonem gehäuft vorkommt – erkennt. (c) In dem vergrößerten Ausschnitt sieht man einen Kragen aus Septinen am Fuße der Cilie. (a, © 1976 B. Byers und L. Goetsch. Ursprünglich veröffentlicht in *J. Cell Biol.* https://doi.org/10.1083/jcb.69.3.717. Mit Erlaubnis der Rockefeller University Press; b und c, aus Q. Hu *et al.*, *Science* 329: 436–439, 2010. Mit Erlaubnis der AAAS).

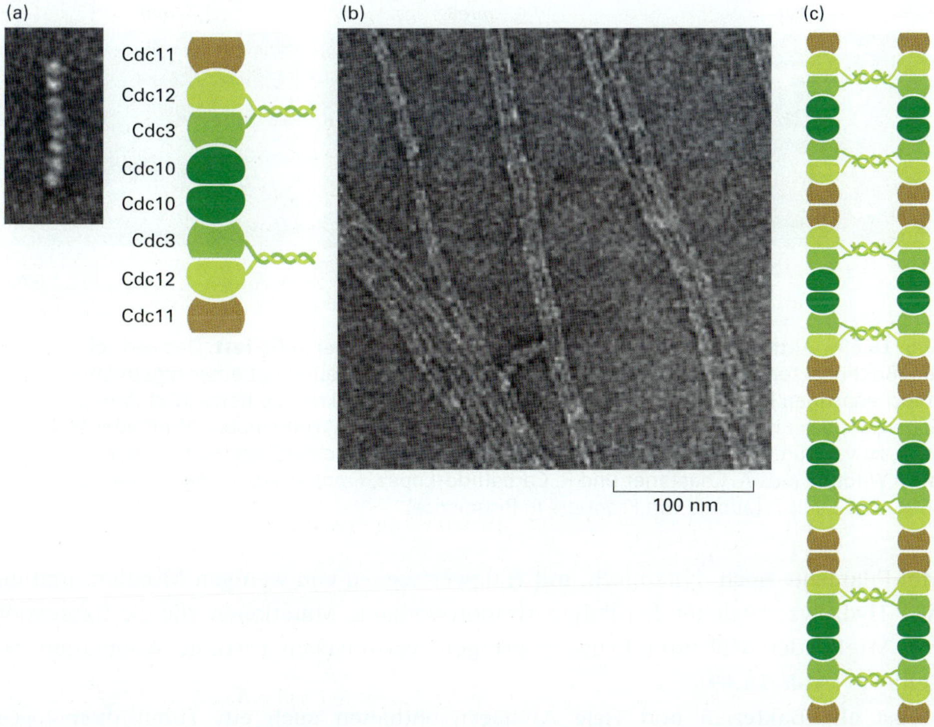

Abb. 16.68 Septine polymerisieren zu gepaarten Filamenten und Schichten. (a) Elektronenmikroskopische Aufnahme eines Septinstäbchens, das durch Kombination zweier Kopien der vier Hefeseptine, die *rechts* schematisch dargestellt sind, aufgebaut wird. Das Stäbchen aus acht Untereinheiten ist nicht polar, da das zentrale Paar der Untereinheiten (Cdc10) ein symmetrisches Dimer erzeugt. (b) Elektronenmikroskopische Aufnahme der gepaarten Septinfilamente und -schichten, die sich aus aufgereinigten Septinen in Anwesenheit von hohen Salzkonzentrationen ausbilden. (c) Gepaarte Septinfilamente lagern sich durch seitliche Assoziation zwischen den Filamenten zusammen, möglicherweise vermittelt durch die Doppelwendel, die sich zwischen gepaarten C-terminalen Fortsätzen von Cdc3 und Cdc12, die aus jedem Filament herausragen, bildet. (Aus A. Bertin *et al., Proc. Natl. Acad. Sci. USA* 105: 8274–8279, 2008. Mit Erlaubnis der National Academy of Sciences).

Septin-Polypeptide ist eine GTP-Bindung erforderlich, aber die Rolle der GTP-Hydrolyse für die Septinfunktion ist noch nicht geklärt. Septinstrukturen bilden und lösen sich innerhalb der Zelle auf, allerdings sind sie nicht so dynamisch wie Aktinfilamente und Mikrotubuli.

16.5.5 Die Form der Bakterienzelle und ihre Zellteilung hängen von Homologen der Proteine des eukaryotischen Cytoskeletts ab

Obwohl sie viel kleiner sind als eine typische Eukaryotenzelle, kommen Bakterienzellen verschiedener Arten in einer Vielzahl von Formen vor, von Kugeln oder Stäbchen bis hin zu komplizierteren Morphologien wie Sternen, Spiralen und verzweigten Filamenten (s. **Abb. 23.3**).

Lange Zeit haben Biologen angenommen, dass ein Cytoskelett in solch einfachen Zellen, die auch nicht über umfangreiche Netzwerke von intrazellulären membranumschlossenen Organellen verfügen, nicht notwendig ist. Heute wissen wir jedoch, dass die äußerlich einfache Morphologie von Bakterienzellen trügerisch ist. Bakterienzellen sind stark organisiert und enthalten Homologe von Aktin, Tubulin und Intermediärfilamenten. Diese Filamentsysteme sind wichtig zur Regulierung der Synthese und des Umbaus der Peptidoglykan-Zellwand, um die Zellform zu definieren und die Zellteilung zu vermitteln. Außerdem kann das bakterielle Cytoskelett auch eine wichtige Rolle bei der DNA-Segregation und der intrazellulären Organisation spielen.

Viele Bakterien enthalten Homologe von Aktin. Zwei davon – MreB und Mbl – findet man hauptsächlich in stäbchen- und spiralförmigen Zellen, in denen sie dynamische Flecken bilden, die sich um die Längsachse der Zelle herum bewegen. Diese Proteine tragen zur Form der Zelle bei, indem sie als Gerüst dienen, um die Synthese der Peptidoglykanzellwand zu steuern; dies geschieht auf ganz ähnliche Weise, wie die Mikrotubuli mithelfen, die Synthese der Zellulosezellwand in Zellen der Höheren Pflanzen zu organisieren (s. **Abb. 19.66**). Wie bei FtsZ sind die MreB- und

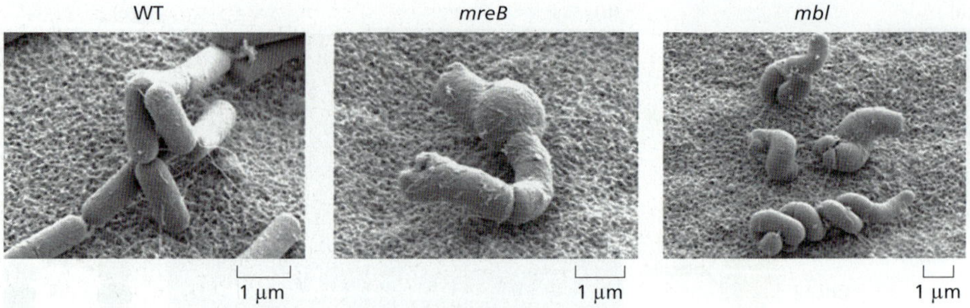

Abb. 16.69 **Aktinhomologe in Bakterien legen die Gestalt der Zelle fest.** Das verbreitete Bodenbakterium *Bacillus subtilis* bildet normalerweise Zellen mit einer regelmäßigen stäbchenartigen Form, wenn man sie im Rasterelektronenmikroskop betrachtet (*links*). Im Gegensatz dazu wachsen *Bacillus subtilis*-Zellen, denen das Aktinhomolog MreB oder Mbl fehlt, zu verkrümmten oder gedrehten Formen und sterben schließlich (*Mitte* und *rechts*). WT = Wildtyp. (aus A. Chastanet und R. Carballido-Lopez, *Front. Biosci. (Schol. Ed.)* 4: 1582–1606, 2012. Mit Erlaubnis von Frontiers in Bioscience).

Mbl-Filamente hoch dynamisch, mit Halbwertszeiten von wenigen Minuten, und die ATP-Hydrolyse begleitet den Polymerisationsvorgang. Mutationen, die die Expression von MreB oder Mbl zum Erliegen bringen, verursachen extreme Anomalien der Zellform (**Abb. 16.69**).

Fast alle Bakterien und viele Archaeen enthalten auch ein Tubulinhomologes, genannt FtsZ, das zu Filamenten polymerisieren und sich an der Stelle, an der sich während der Zellteilung das **Septum** (Trennwand) bildet, zu einem Ring (Z-Ring genannt) zusammenbauen kann (**Abb. 16.70**). Obwohl der Z-Ring selbst über viele Minuten bestehen bleibt, sind die darin enthaltenen einzelnen Filamente mit einer durchschnittlichen Halbwertszeit von etwa 30 Sekunden hoch dynamisch, während sie entlang des Zellumfangs in den Tretmühlenmechanismus geraten und die Maschinerie der Zellwandsynthese organisieren. Wenn sich das Bakterium teilt, wird der Z-Ring kleiner, bis er vollständig abgebaut ist. Aufgrund des hohen Turgordrucks in Bakterienzellen ist es jedoch unwahrscheinlich, dass die aus der GTP-Hydrolyse in den FtsZ-Filamenten gewonnene Energie ausreicht, um genug Biegekraft zu erzeugen, um die Membraneinstülpung voranzutreiben, die für eine vollständige Zellteilung notwendig ist. Stattdessen wird angenommen, dass die FtsZ-Dynamik im Z-Ring die Zellwandsynthesemaschinerie räumlich organisiert, um eine gleichmäßige, prozessbezogene Einschnürung zu fördern. Diese Hypothese könnte erklären, warum FtsZ GTPase-Mutanten von *Escherichia coli*-Zellen lebensfähig sind, aber deformierte Septen aufweisen.

Zumindest eine Bakterienart – *Caulobacter crescentus* – scheint außer Aktin- und Tubulin-Homologen sogar ein Protein mit einer signifikanten Strukturähnlichkeit zu den Intermediärfilamenten zu beherbergen. Ein Protein namens Crescentin bildet eine fädige Struktur, die die ungewöhnliche Sichelform dieser Art beeinflusst. Wenn das für Crescentin codierende Gen deletiert ist, dann wachsen *Caulobacter*-Zellen als

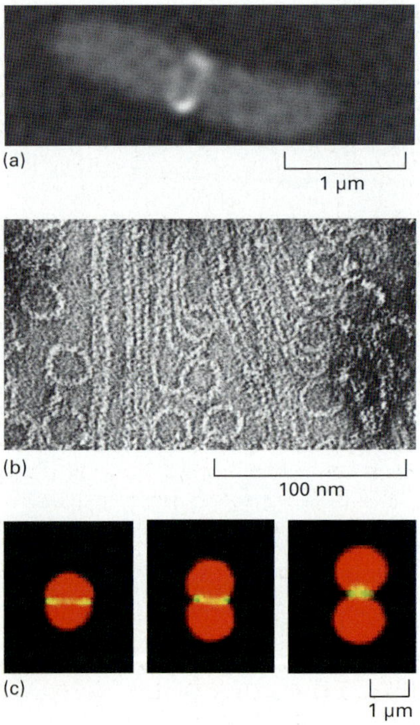

Abb. 16.70 **Das bakterielle Protein FtsZ, ein Tubulinhomologes der Prokaryoten.** (a) Ein Band aus FtsZ-Protein bildet einen Ring in der sich teilenden Bakterienzelle. Dieser Ring wurde durch Fusion des FtsZ-Proteins mit dem grün fluoreszierenden Protein (GFP) markiert, sodass er in lebenden *Escherichia coli*-Zellen unter dem Fluoreszenzmikroskop beobachtet werden kann. (b) *In vitro* gebildete FtsZ-Filamente und -Ringe durch ein Elektronenmikroskop gesehen. (c) Auch sich teilende Chloroplasten (*rot*) einer Rotalge trennen sich voneinander mithilfe eines Proteinrings, der aus FtsZ (*gelb*) aufgebaut ist. (a, aus X. Ma, D. W. Ehrhardt und W. Margolin, *Proc. Natl. Acad. Sci. USA* 93: 12998–13003, 1996; b, aus H. P. Erickson *et al.*, *Proc. Natl. Acad. Sci. USA* 93: 519–523, 1996. Beide mit Erlaubnis der National Academy of Sciences; c, aus S. Miyagishima *et al.*, *Plant Cell* 13: 2257–2268, 2001. Mit Erlaubnis der American Society of Plant Biologists).

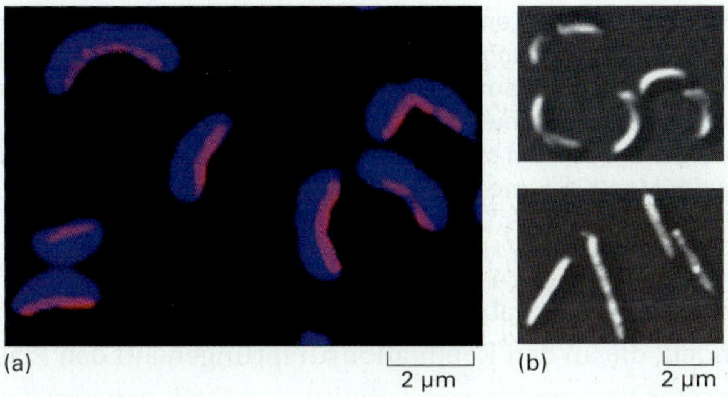

Abb. 16.71 ***Caulobacter* und Crescentin.** Das sichelförmige Bakterium *Caulobacter crescentus* exprimiert ein Protein, Crescentin, mit einer Reihe von Doppelwendel-Domänen, die in ihrer Größe und Anordnung den Domänen von eukaryotischen Intermediärfilamenten ähneln. (a) Das Crescentin-Protein bildet eine Faser (*rot* markiert), die entlang der Innenseite der gekrümmten Bakterienzellwand verläuft. (b) Wenn das Gen zerstört ist, wachsen die Bakterien als gerade Stäbchen (*unten*). (Aus Ausmees *et al.*, *Cell* 115: 705–713, 2003. Mit Genehmigung von Elsevier).

geradlinige Stäbchen (**Abb. 16.71**). Crescentin ist an der Membran entlang der inneren Krümmung angeheftet. Es wird angenommen, dass das Crescentin eine Druckkraft ausübt, die lokal den Einbau von Peptidoglycan verringert und somit die Zellwandsynthese auf die gegenüberliegende Seite lenkt.

Andere bakterielle Cytoskelettproteine arbeiten bei der DNA-Segregation während der Zellteilung. Ein besonders faszinierendes bakterielles Aktinhomologes ist ParM, das von einem Gen auf bestimmten Bakterienplasmiden codiert wird, die auch Gene tragen, die für die Antibiotikaresistenz verantwortlich sind und in Epidemien häufig die Verbreitung der Resistenz gegen mehrere Arzneistoffe (engl. *multidrug resistance*) verursachen. Bakterienplasmide codieren typischerweise für alle Genprodukte, die für ihre eigene Separierung nötig sind – möglicherweise eine Strategie, mit der die getreue Vererbung und Verbreitung nach der Plasmidreplikation in ihren Bakterienwirten sichergestellt ist. ParM baut sich zu Filamenten zusammen, die sich an jedem Ende mit einer Kopie des Plasmids verbinden, und das Wachstum des ParM-Filaments schiebt die replizierten Plasmidkopien auseinander (**Abb. 16.72**). Die spindelartige Struktur wird

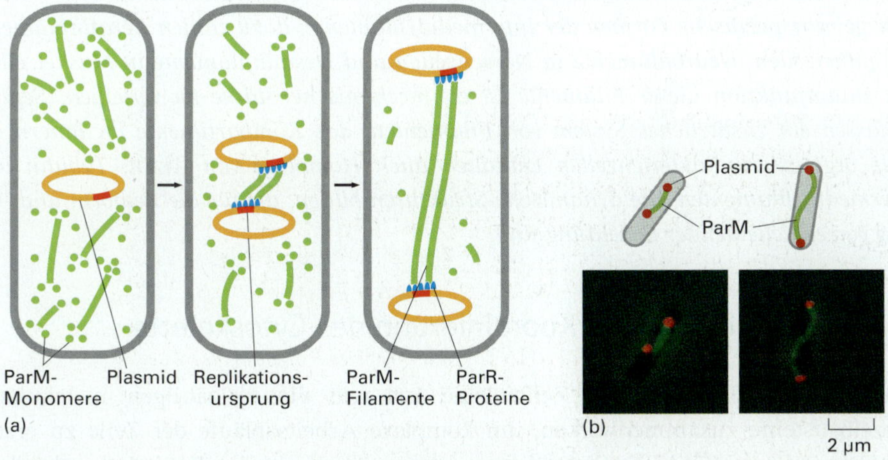

Abb. 16.72 Die Aufgabe des Aktinhomologs ParM bei der Plasmidtrennung in Bakterien. (a) Einige bakterielle Plasmide (*orange*) mit Arzneimittelresistenz codieren für ein Aktinhomolog, ParM, das spontan einen Keim bildet, um im ganzen Bakteriencytoplasma kleine dynamische Filamente (*grün*) auszubilden. Ein zweites, vom Plasmid codiertes Protein genannt ParR (*blau*) bindet an spezifische DNA-Sequenzen im Plasmid und stabilisiert außerdem die dynamischen Enden der ParM-Filamente. Wenn sich das Plasmid verdoppelt, werden beide Enden der ParM-Filamente stabilisiert und die wachsenden Filamente schieben die duplizierten Plasmide zu den entgegengesetzten Enden der Zelle. (b) In diesen Bakterienzellen, die ein Plasmid mit Arzneimittelresistenz beherbergen, sind die Plasmide *rot* markiert und das ParM-Protein *grün*. *Links* verbindet ein kurzes ParM-Filamentbündel die beiden Tochterplasmide kurz nach ihrer Verdopplung. *Rechts* hat das vollständig aufgebaute ParM-Filament die duplizierten Plasmide zu den Zellpolen geschoben. (a, verändert nach E. C. Garner, C. S. Campbell und R. D. Mullins, *Science* 306: 1021–1025, 2004; b, aus J. Møller-Jensen *et al.*, *Mol. Cell* 12: 1477–1487, 2003. Mit Erlaubnis von Elsevier).

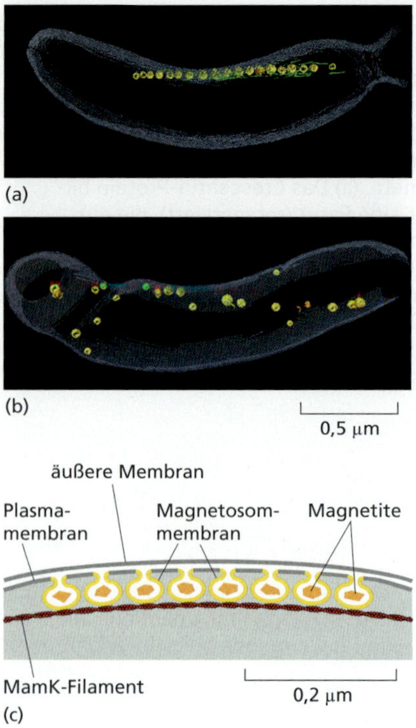

Abb. 16.73 MamK organisiert Ketten des Magnetosoms. (a) Dreidimensionale Rekonstruktion einer Zelle von *Magnetospirillum magneticum* in der Wildtyp-Form, die die Zellmembran (*grau*), Magnetosomen (*gelb*) und magnetosomassoziierte MamK-Filamente (*grün*) zeigt. (b) In einer MamK-Deletionsmutante scheinen die Magnetosomen ungeordnet und es sind keine Filamente zu sehen. (c) Magnetosomen formen sich aus Einstülpungen der Plasmamembran. Sie bilden Ketten entlang der MamK-Filamente. (a und b, verändert nach A. Komeili *et al., Science* 311: 242–245, 2006. Mit freundlicher Genehmigung der AAAS).

offensichtlich durch selektive Stabilisierung von Filamenten gebildet, die an spezialisierte Proteine binden, die an den Replikationsursprüngen auf den Plasmiden rekrutiert wurden. Ein entfernter Verwandter von Tubulin und FtsZ, genannt TubZ, hat eine ähnliche Funktion in anderen Bakterienarten.

Schließlich spielt das Cytoskelett auch eine Rolle bei der inneren Organisation einiger Bakterien. Das bekannteste Beispiel sind die magnetotaktischen Bakterien, die in der Lage sind, entlang des Erdmagnetfeldes zu schwimmen, um die optimale Wasserumgebung zu suchen. Diese Bakterien enthalten Magnetosomen, das sind kleine Bläschen, die von der Plasmamembran eingestülpt sind und Magnetitkristalle umgeben. In einer geraden Linie auf der gesamten Zelllänge angeordnet, erzeugen die Magnetosomen einen Dipol, der an eine Kompassnadel erinnert. Die Organisation der Magnetosomenketten erfordert ihre Verbindung mit Filamenten des aktinähnlichen Proteins MamK (**Abb. 16.73**).

Somit enthalten alle Zellen Cytoskelettproteine, die eine große Vielzahl an Funktionen ausüben. Die beiden Familien von Aktin und Tubulin sind evolutionsgeschichtlich sehr alt, älter als die Trennung zwischen dem Eukaryoten- und dem Bakterienreich.

Zusammenfassung

Während Tubulin und Aktin während der Evolution hoch konserviert wurden, unterscheiden sich die Intermediärfilamentproteine sehr. Es gibt im Cytoplasma tierischer Zellen viele gewebespezifische Formen der Intermediärfilamente; dazu zählen Keratinfilamente in Epithelzellen, Neurofilamente in Nervenzellen und Desminfilamente in Muskelzellen. Die Hauptfunktion dieser Filamente ist es, mechanische Stärke zu verleihen. Septine umfassen ein zusätzliches System von Filamenten, das Kompartimente im Innern der Zelle organisiert. Bakterienzellen enthalten auch Homologe von Aktin, Tubulin und Intermediärfilamenten, die dynamische Strukturen bilden, die für die Zellform und -teilung von entscheidender Bedeutung sind.

16.6 Zellpolarität und Koordinierung des Cytoskeletts

Eine zentrale Frage in der Zellbiologie ist, wie die vielzähligen molekularen Einzelbausteine zusammenwirken, um komplexe Arbeitsabläufe der Zelle zu erzeugen. Die Zellpolarität, die wir in diesem letzten Abschnitt des Kapitels beschreiben, steuert viele Aspekte der Zellfunktion, wie z. B. die Richtung der Proteinsekretion und Signalweiterleitung, die Ausrichtung der Zellteilung und den Weg, den eine wandernde Zelle einschlagen wird. Zellen polarisieren sich als Reaktion auf extrazelluläre Zeichen oder intrazelluläre Orientierungspunkte, um bestimmte Bereiche auf ihrer Oberfläche einzurichten. Die Koordination mit dem Cytoskelett ist dann erforderlich, damit eine Zelle verschiedene Strukturen mit unterschiedlichen molekularen Komponenten an der Vorderseite gegenüber der Rückseite oder an der Oberseite gegenüber der Unterseite aufbauen kann. Auf diese Weise überträgt das Cytoskelett Polaritätssignale, um die Organisation und das Verhalten der ganzen Zelle zu gestalten. Sorgfältig kontrollierte Zellpolarisierungsprozesse sind auch für orientierte Zellteilungen in Geweben und für die Entwicklung eines einheitlichen, organisierten mehrzelligen Organismus notwendig.

Genetische Untersuchungen an Hefen, Fliegen und Würmern haben den größten Teil zu unserem jetzigen Verständnis von der molekularen Grundlage der Zellpolarität beigetragen. Wie wir noch sehen werden, kommt es mit zunehmender Komplexität eines zellulären Systems auch zu immer ausgefeilteren Mechanismen zur Festlegung der Zellpolarität. Allerdings sind viele der molekularen Komponenten jedoch im Laufe der Evolution konserviert und in allen Fällen spielt das Cytoskelett eine zentrale Rolle.

16.6.1 Zellpolarität wird bei der Sprosshefe durch kleine GTPasen bestimmt

Die Ausbildung der Zellpolarität fängt oft mit der lokalen Regulation des Aktincytoskeletts durch externe oder interne Signale an. Viele Polaritätssignale laufen direkt unter der Plasmamembran durch Aktivierung einer Gruppe nahe verwandter kleiner monomerer GTPasen zusammen, die Mitglieder der **Rho-Proteinfamilie** sind – *Cdc42*, *Rac* und *Rho*. Wie andere monomere GTPasen wirken auch Rho-Proteine als molekulare Schalter, die zwischen einem aktiven, GTP-gebundenen Zustand und einem inaktiven, GDP-gebundenen Zustand hin und her wechseln (s. **Abb. 3.63**). Der Zustand jeder GTPase hängt von zugeordneten regulatorischen Proteinen ab. Guanin-Nukleotid-Austauschfaktoren (GEFs) werden benötigt, um die GTPase zu aktivieren, indem fest gebundenes GDP durch GTP ersetzt wird, während GTPase-aktivierende Proteine (GAPs) die GTPase inaktivieren, indem sie die GTP-Hydrolyse fördern, die ansonsten sehr langsam ablaufen würde. Darüber hinaus können Guanin–Nukleotid-Dissoziationsinhibitoren (GDIs) an die GDP-gebundene Form einer GTPase binden und den GTP-Austausch durch GEF hemmen.

Wenn die GTP-gebundene Form jeder GTPase der Rho-Familie in eine Fibroblastenzelle eingeführt wird, werden dramatische Veränderungen der Zellform beobachtet.

Aktives Cdc42 führt zur Bildung vieler langer Filopodien an der Zelloberfläche. Die Aktivierung von Rac unterstützt die Aktinpolymerisation am Zellrand, was zur Bildung von blattartigen Lamellipodien führt. Die Aktivierung von Rho fördert sowohl die Bündelung von Aktin- und Myosin-II-Filamenten zu Stressfasern als auch die Zusammenlagerung von Integrinen und zugehörigen Proteinen zu Fokalkontakten (**Abb. 16.74**). Diese tiefgreifenden und vielschichtigen Strukturänderungen treten auf, weil jeder dieser drei molekularen Schalter zahlreiche nachgeschaltete Zielproteine hat, die den Aufbau und die Dynamik der Aktinfilamente beeinflussen.

Normalerweise werden diese GTPase-Wege jedoch nicht gleichmäßig in der gesamten Zelle – wie in diesem Experiment – aktiviert, sondern werden präzise räumlich und zeitlich geregelt eingesetzt, um polarisierte Strukturen innerhalb der Zelle zu erzeugen, die ihrerseits zu Veränderungen der Zellform und des Zellverhaltens führen.

Cdc42 ist die am stärksten konservierte GTPase der Rho-Familie und ein Hauptregulator der Zellpolarität in vielen Zellarten. Seine Bedeutung für die Errichtung der Zellpolarität wird durch seine Rolle in der Sprosshefe *Saccharomyces cerevisiae* illustriert, die eine stark polarisierte Zellteilung durchläuft. Die Bildung einer neuen Knospe beginnt mit der Auswahl einer einzigen Knospungsstelle auf der Zelloberfläche. Es ist entscheidend, dass nur eine einzige Stelle ausgewählt wird, da die Bildung von mehr als einer Knospe der Zellteilung schaden würde. Vor der Auswahl der Knospungsstelle ist das inaktive GDP-gebundene Cdc42 gleichmäßig auf der Zellmembran verteilt. Gelegentlich wird ein Cdc42-Molekül sein GDP freisetzen und GTP binden, was zur Bildung mehrerer GTP-Cdc42-Anhäufungen an zufälligen Stellen in der Membran führt. Letztendlich rekrutiert eines dieser Cdc42-Moleküle eine Proteinkinase namens PAK, die wiederum ein Gerüstprotein zusammen mit Cdc42-GEF rekrutiert. Der GEF-haltige Komplex fördert die Aktivierung benachbarter GDP-gebundener Cdc42-Moleküle, was zu einer positiven Rückkopplung führt. Durch die Anhäufung von

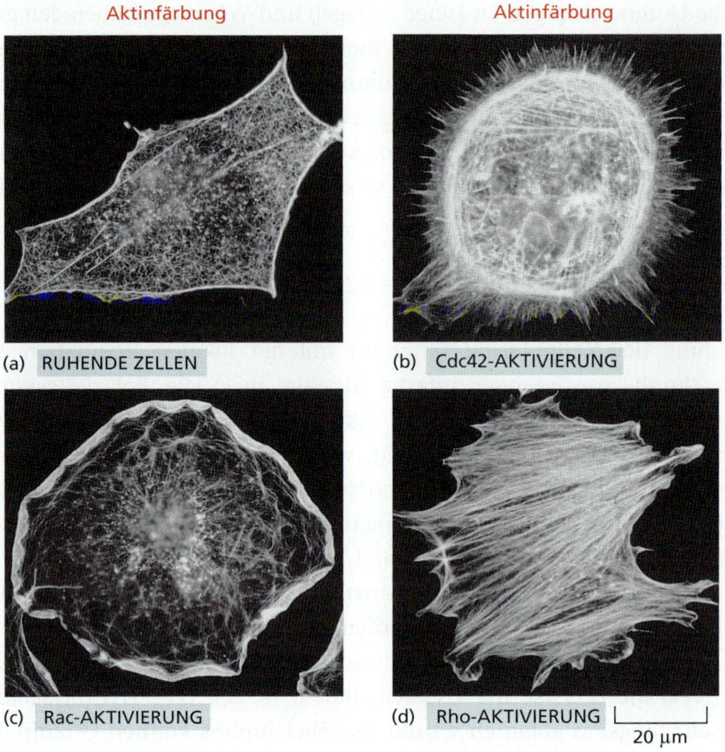

Abb. 16.74 Die tiefgreifenden Wirkungen von Cdc42, Rac und Rho auf die Aktinorganisation in Fibroblasten. In allen Fällen wurden die Aktinfilamente mit fluoreszierendem Phalloidin markiert. (a) Fibroblasten, denen das Serum entzogen wurde, zeigen Aktinfilamente hauptsächlich in der Zellrinde und relativ wenige Stressfasern. (b) Mikroinjektion einer konstitutiv aktivierten Form von Cdc42 bewirkt das Ausstülpen von vielen langen Filopodien am Rand der Zelle. (c) Mikroinjektion einer konstitutiv aktivierten Form von Rac, einer nahe verwandten monomeren GTPase, bewirkt die Ausbildung eines enormen Lamellipodiums, das die gesamte Zelle umspannt. (d) Mikroinjektion einer konstitutiv aktivierten Form von Rho bewirkt die rasche Ausbildung von vielen markanten Stressfasern. (Aus A. Hall, *Science* 279: 509–514, 1998. Mit Erlaubnis von Catherine Nobes).

Cdc42-GTP-Molekülen an einer einzigen Stelle wird der cytoplasmatische Cdc42-GEF-Vorrat erschöpft, wodurch die Bildung einer einzigen örtlich festgelegten Stelle für die Cdc42-Aktivierung gewährleistet wird (**Abb. 16.75a**). Diese Cdc42-GTP-Anhäufung sendet dann ein Signal aus, das das Cytoskelett polarisiert, indem es ein Formin-Protein rekrutiert und aktiviert. Zur Erinnerung: Formine stimulieren den schnellen Aufbau langer, gerader Aktinfilamente und bleiben an deren *plus*-Enden verankert (s. **Abb. 16.13**). Die resultierenden Aktinfilamente ermöglichen das Knospenwachstum durch

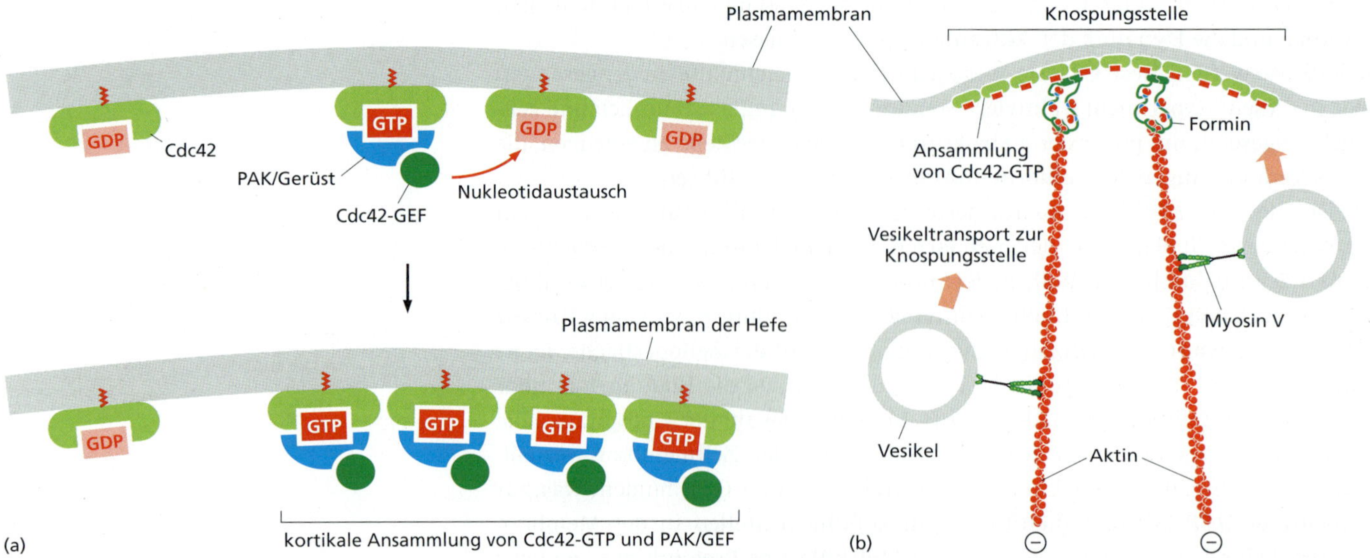

Abb. 16.75 Cdc42 baut die Polarität einer Hefezelle auf. (a) Eine positive Rückkopplungsschleife, durch die Cdc42-GTP seinen eigenen GEF zur Plasmamembran rekrutiert, führt zu einem Brennpunkt der Cdc42-Aktivität. (b) Lokale Aktivierung des Forminproteins durch Cdc42-GTP bildet einen Keim zum Aufbau von Aktinfilamenten. Der Transport von Vesikeln entlang dieser Aktinfilamente zu ihrem *plus*-Ende durch Myosin V liefert die zum Wachstum der Knospe benötigte Fracht.

die Anlieferung von sekretorischen Vesikeln und anderen Ladungen zur Polaritätsstelle durch Typ-V-Myosine (**Abb. 16.75b**; s. auch **Abb. 16.35**). Darüber hinaus tragen sowohl PAK als auch Formin zum Zusammenbau von Septinfilamenten am Knospenhals bei (s. **Abb. 16.67a**). Somit wird eine geringe Cdc42-Aktivität lokal durch positive Rückkopplung verstärkt, um den polarisierten Zusammenbau von Aktin und Septinen an einer einzigen Stelle an der Mutterzelle zu initiieren. Nachgeschaltete Effektoren tragen dann zum Knospenwachstum und zur polarisierten Zellteilung zur Bildung einer Tochterzelle bei.

16.6.2 PAR-Proteine erzeugen eine Anterior-Posterior-Polarität in Embryos

Die meisten tierischen Zellen polarisieren sich nicht zu einer einzigen Membranstelle hin wie die Sprosshefe, sondern bilden stattdessen komplementäre kortikale Domänen, die die entgegengesetzten Enden der Zelle markieren. Diese Form der Polarität wurde in den frühen Stadien der Embryonalentwicklung des Fadenwurms *Caenorhabditis elegans* untersucht. Die unbefruchtete Eizelle ist symmetrisch, aber die befruchtete Eizelle, die Zygote, bildet schnell die Anterior-Posterior-Achse. Die erste Zellteilung erfolgt dann asymmetrisch entlang dieser Achse, wodurch zwei Tochterzellen mit unterschiedlicher Größe, Zusammensetzung und Schicksal entstehen (s. **Abb. 17.50**). Bei der genetischen Suche nach Mutanten, die bei dieser asymmetrischen Zellteilung Defekte aufweisen, wurden *teilungsunfähige* (engl. *partitioning defective*, par) Gene identifiziert, die für die so genannten *PAR-Proteine* kodieren. Nachfolgende Studien zeigten, dass auch andere Faktoren beteiligt sind. Die genauen molekularen Mechanismen, durch die die Anterior-Posterior-Polarität in diesem System etabliert wird, werden noch immer intensiv untersucht.

Die ersten Ereignisse, die zur Polarisierung der Zygote führen, hängen von der Regulierung des kortikalen Aktin-Cytoskeletts durch die GTPase Rho ab. Die Symmetrie der Eizelle wird erstmals zerstört, wenn das Spermium in die Eizelle eindringt, was die Position des hinteren Endes (posterior) des Embryos markiert. Das Centrosom, das mit dem Spermium verbunden ist, bildet einen Keim für einen Mikrotubulus-Stern (Astralmikrotubulus), der in diesem Bereich der Zelle durch einen unbekannten Mechanismus aus der Aktin–Myosin-Zellrinde Rho-GEF entfernt. Der lokale Verlust der Rho-Aktivität setzt die Myosin-II-abhängige kortikale Kontraktionsfähigkeit herab, wodurch eine größere Spannung zum anderen Ende der Zelle hin aufgebaut wird. Diese Asymmetrie legt die Lokalisation der PAR-Proteine fest, sodass diese getrennte kortikale Domänen besetzen.

Eine Gruppe von PAR-Proteinen – die anterioren PAR-Proteine – umfasst Par-3, Par-6, Cdc42 und die atypische Proteinkinase C (aPKC). Diese Proteine sind anfänglich am Kortex unpolarisiert. Sie bewegen sich aufgrund der veränderten Kontraktionsfähigkeit, die eine Strömung innerhalb der Membran verursacht, nach vorne (anterior). Die Anreicherung der anterioren PAR-Proteine verdrängt aktiv eine andere Gruppe von Proteinen (die posterioren PAR-Proteine, einschließlich Par-1 und Par-2), die dann an den posterioren Kortex binden (**Abb. 16.76**). Diese komplementären kortikalen Domänen werden durch den gegenseitigen Antagonismus zwischen anterioren und posterioren Bestandteilen aufrechterhalten, der durch mehrere Mechanismen entsteht. Die Phosphorylierung in der Anterior-Region durch die aPKC z. B. schließt die posterioren PAR-Proteine aus, während die posterioren PAR-Proteine in ihren Domänen die aPKC-Aktivität unterdrücken. Es bleibt unklar, wie die PAR-Proteine dann den Verkehr und die Lokalisation anderer Proteine steuern, um die kortikale Domäne festzulegen. Wahrscheinlich spielt wie in der Hefe der Hauptregulator Cdc42, der ausschließlich am anterioren Kortex aktiviert wird, eine Schlüsselrolle.

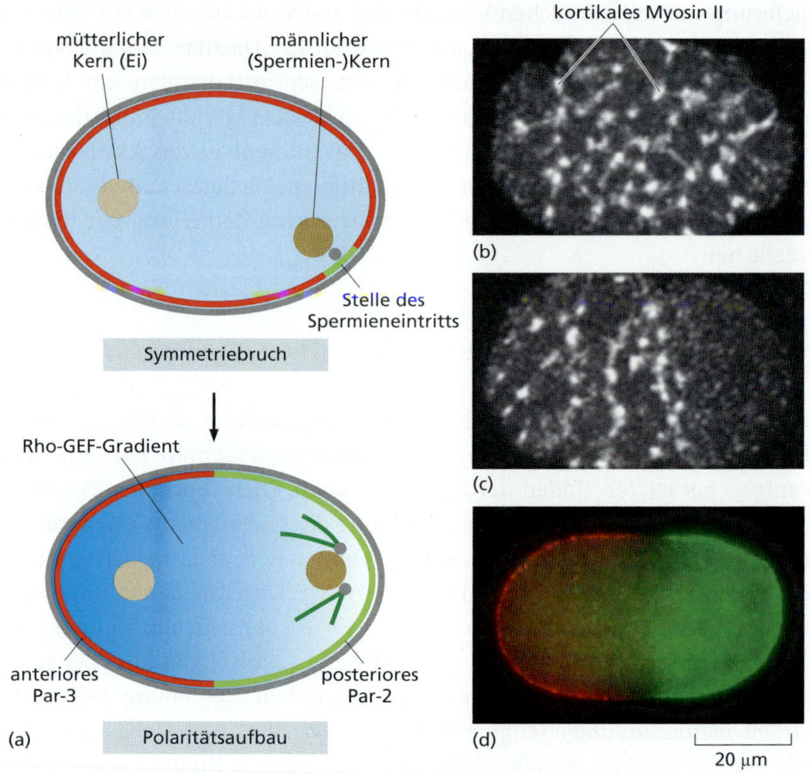

Abb. 16.76 PAR-Proteine erzeugen zwei unterschiedliche kortikale Domänen in *Caenorhabditis elegans*. (a) Symmetrieaufhebung und Polaritätsaufbau finden im befruchteten Ei statt, bevor sich die mütterlichen und väterlichen Kerne treffen. Nach dem Spermieneintritt verdoppelt sich ihr Centrosom und bildet Keime für Mikrotubuli, die die Rho-GEF-Aktivität an der Stelle verringern, die das posterior-Ende des Embryos werden wird. Dies führt zur Anhäufung der anterioren PAR-Proteine (einschließlich Par-3), wodurch die posterioren PAR-Proteine (einschließlich Par-2) den Kortex am posterior-Ende binden können. (b) Vor der Befruchtung sind Bündel von fluoreszenzmarkiertem Myosin II (*weiß*) über den gesamten Kortex der unpolarisierten Eizelle aufgrund der gleichmäßigen Verteilung von aktiviertem Rho entlang der Plasmamembran verteilt, was zu einer einheitlichen kortikalen Aktin-Myosin-Kontraktilität führt. (c) Nach der Befruchtung reduziert eine lokale Verarmung an *Rho*-GEF in der Nähe der Eintrittsstelle der Spermien (in diesem Bild *rechts*) den Myosinspiegel und die Kontraktilität im posterioren Kortex der Zelle. (d) Lokalisierung des Par-Komplexes nach Polarisierung mit Par-3 (*rot*) im anterioren Bereich der Zygote und Par-2 (*grün*) im posterioren Bereich der Zygote. Mehrere Mechanismen wirken zur Aufrechterhaltung dieser Asymmetrie durch gegenseitigen Antagonismus zwischen anterioren und posterioren PAR-Proteinen. (b und C, aus L. Rose und P. Gönczy, The *C. elegans* Research Company, WormBook, 2014, https//doi.org/10.1895/wormbook.1.30.2; d, aus J. Nance und J. A. Zallen, *Development* 138: 799–809, 2011. Mit freundlicher Genehmigung der Company of Biologists).

Bei allen Tierarten bestimmen die Mechanismen, die die Polarität im Embryo aufbauen, den Gesamtkörperplan (s. Kapitel 21). Nachfolgende polarisierte Zellteilungen bringen Tochterzellen hervor, die dazu bestimmt sind, sich zu verschiedenen Geweben im Organismus zu entwickeln.

Auf diese Weise schafft die Errichtung der intrazellulären Polarität in einem frühen Stadium der Entwicklung die Voraussetzung für die Polarität im gesamten erwachsenen Tier.

16.6.3 Konservierte Komplexe polarisieren Epithelzellen und kontrollieren ihr Wachstum

Alle tierischen Zellen sind in irgendeiner Weise polarisiert, am deutlichsten vielleicht die Epithelzellen, aus denen viele Gewebe bestehen. Epithelien sind Schichten von eng verbundenen Zellen, die die Oberfläche von Organen auskleiden und als hoch selektive Barrieren fungieren, wie zum Beispiel die Barrieren zwischen der Haut und der äußeren Umgebung oder zwischen dem Darmlumen und seinen umgebenden Geweben. Epithelzellen haben zwei unterschiedliche Domänen: die *apikale* Domäne an der oberen Oberfläche, die zur äußeren Umgebung zeigt und die *basolaterale* Domäne an der Boden- und den Seitenoberflächen, die zur darunterliegenden Matrix zeigt bzw. zu den benachbarten Zellen (s. **Abb. 16.4**). Die Zellpolarisierung wird eingeleitet durch Zeichen von benachbarten Zellen oder der extrazellulären Matrix. Ein wichtiger früher Schritt ist die Bildung von Zell–Zell-Verbindungen, die die apikalen und die basolateralen Bereiche trennen und die Epithelschicht zusammenhalten (s. Kapitel 19). Darüber hinaus, wie bereits erwähnt (s. **Abb. 16.43**), richten sich die Mikrotubuli aus, wobei ihre *minus*-Enden an der apikalen Oberfläche verankert sind und ihre *plus*-Enden nach unten zeigen.

Diese Anordnung trägt zur Polarisierung des sekretorischen Systems bei, sodass die entstehenden zu sezernierenden Proteine und Membranproteine in den entsprechenden Bereich transportiert werden. Verdauungsenzyme müssen beispielsweise ausschließlich in das Darmlumen sezerniert werden, um eine umfassende Schädigung des umliegenden Gewebes zu vermeiden.

Vieles von dem, was wir über die Regulatoren der epithelialen Polarität wissen, stammt aus genetischen Screens in *Drosophila*, durch die Mutanten mit mangelhafter Polarität identifiziert wurden. Durch diese Untersuchungen wurden einige bekannte Proteine entdeckt, darunter Cdc42 und die anterioren PAR-Proteine, die in diesem System in der apikalen Domäne lokalisiert sind. Darüber hinaus wurden zwei weitere Proteingruppen identifiziert, die als *Crumbs* und *Scribble* bezeichnet werden. Crumbs-Proteine finden sich in der apikalen und Crumbs-Proteine in der basolateralen Domäne. Ohne PAR- oder Crumbs-Proteine kann die Zelle keine apikale Domäne bilden. Im Gegensatz dazu ist die apikale Domäne in Abwesenheit von Scribble-Proteinen stark erweitert. Diese und andere Beweise deuten darauf hin, dass der gegenseitige Antagonismus zwischen apikalen und basolateralen Regulatoren zur Aufrechterhaltung der Zellpolarität und der verbindenden Kontakte beiträgt (**Abb. 16.77a**). Stromabwärts der PAR-, Crumbs- und Scribble-Module wird die Organisation der epithelialen Zellverbindungen, des Cytoskeletts und des Sekretionsweges durch GTPasen der Rho-Familie vermittelt; Die Mechanismen, die dieser Regulierung zugrunde liegen, sind bisher kaum verstanden.

Eine Störung dieser Polaritätsmodule kann zu zellulären Wachstumsdefekten führen, häufig durch die Fehlregulierung eines Signalsystems, das als Hippo-Signalweg bezeichnet wird (s. **Abb. 21.67**). Zum Beispiel führt eine Mutation von Scribble in Epithelien der sich entwickelnden Fliegenlarve nicht nur zum Verlust der polarisierten Zellorganisation, sondern fördert auch massives und invasives Wachstum, alles Merkmale bösartiger Tumoren (**Abb. 16.77b**, **Abb. 16.77c**, **Abb. 16.77d** und **Abb. 16.77e**). Da Scribble-Proteine auch zur Aufrechterhaltung der Polarität und des normalen Wachstums in menschlichen Epithelgeweben beitragen, wirken sie als Tumorsuppressoren (s. Kapitel 20).

16.6.4 Eine dynamische Zellpolarität ist notwendig für die Zellwanderung

Im Gegensatz zu Epithelzellen, die während ihres gesamten Lebens einen polarisierten Zustand beibehalten, um eine lebenswichtige Barrierefunktion innerhalb von Geweben zu erfüllen, weisen wandernde Zellen eine dynamische Polarität auf, die eine

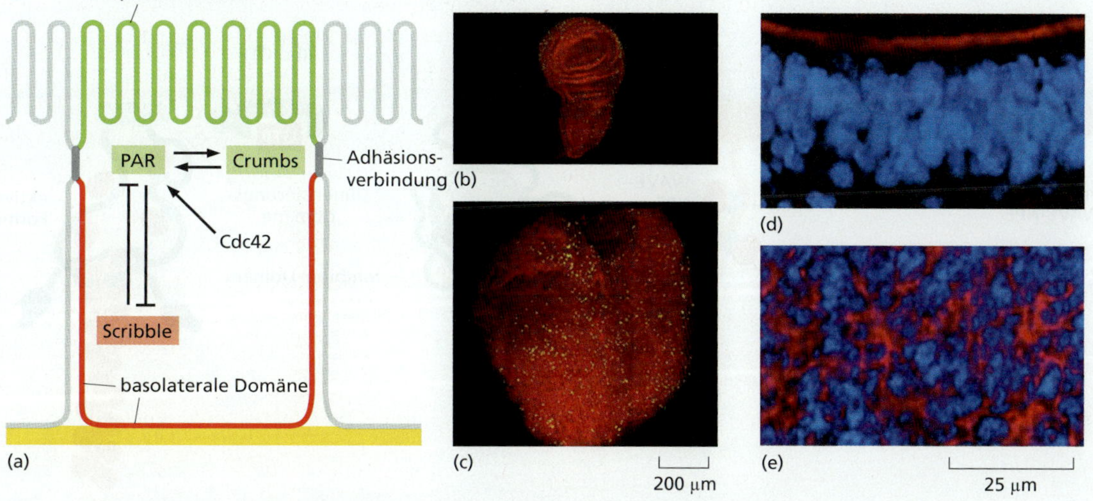

Abb. 16.77 In *Drosophila* identifizierte Zellpolaritätsproteinmodule. (a) PAR- und Crumbs-Proteine kooperieren beim Zusammenbau der apikalen Domäne und von Verbindungskomplexen, während Scribble die basolaterale Domäne definiert. Scribble und PAR sind gegenseitig antagonistisch, wohingegen PAR und Crumbs sich gegenseitig verstärken. Cdc42 hilft bei der Rekrutierung von PAR-Proteinen. (b) Die Fluoreszenzmikroskopische Aufnahme eines Epithelgewebes einer Wildtyp *Drosophila*-Larve (der so genannten Imaginalscheibe), in dem Aktin (*rot*) angefärbt ist, zeigt das gut organisierte, gefaltete einschichtige Epithel. (c) In einer Scribble-Mutante hat die Imaginalscheibe ihre normale Morphologie verloren und ist aufgrund von Hyperproliferation (übermäßigem Wachstum) dramatisch vergrößert. Sich aktiv teilende Zellen sind *gelb* gefärbt. (d) Aufnahme einer Wildtyp-Scheibe in höherer Vergrößerung zeigt die polarisierte Lokalisierung von Aktin (*rot*) in der apikalen Domäne. (e) Die Aktin-Organisation ist in Abwesenheit von Scribble gestört. Die Zellkerne sind *blau* gefärbt. (b und c, mit freundlicher Genehmigung von David Bilder; d und e, aus D. Bilder *et al.*, *Science* 289: 113–116, 2000. Mit freundlicher Genehmigung von AAAS).

kontinuierliche Kommunikation und Koordination über große Entfernungen zwischen dem einen und dem anderen Ende der Zelle erfordert. Das Cytoskelett ist nicht nur für die Steuerung lokaler mechanischer Prozesse verantwortlich, wie z. B. das Ausstülpen an der Vorderseite und das Zurückziehen an der Rückseite, sondern auch für die Koordinierung der Zellform, der Organisation und der mechanischen Eigenschaften über die gesamte Länge der Zelle, die bei tierischen Zellen typischerweise mehrere zehn Mikrometer beträgt. Wie wir noch sehen werden, spielen die GTPasen der Rho-Familie und mehrere Zellpolaritätsproteine, die wir bereits vorgestellt haben, eine zentrale Rolle in diesem Prozess.

Die Fortbewegung von Zellen erfordert eine anfängliche Polarisierung der Zelle, um sie in eine bestimmte Richtung vorwärts zu treiben. Auch hier scheint Cdc42 von entscheidender Bedeutung zu sein, da es die gesamte Polarität einer wandernden Zelle aufbaut. Zu den nachgeschalteten Effektoren von Cdc42-GTP gehört das Polaritätsprotein Par-3 und auch von Cdc42 vermutet man, dass es die Ausdehnung von Filopodien stimuliert (s. **Abb. 16.74**), die dabei helfen, extrazelluläre Signale zu erkennen und darauf zu antworten. Sobald die Zelle polarisiert ist, wird die Ausstülpung des Leitsaums der Zelle durch die Keimbildung von verzweigten Aktinfilamenten durch den Arp2/3-Komplex (s. **Abb. 16.12**) angetrieben. Dieser Prozess hängt von Rac-GTP ab, das Mitglieder der WAVE-Familie von Aktin-Keimbildungs-Stimulatoren (NPFs) stimuliert. Ein WAVE-Protein, das in einem großen regulatorischen Komplex vorhanden ist, kann in einer inaktiven gefalteten und in einer aktivierten offenen Konformation vorliegen. Die Assoziation mit Rac-GTP rekrutiert WAVE an die Plasmamembran und stabilisiert die offene Konformation (**Abb. 16.78a**). Aktives WAVE stimuliert dann die Keimbildung neuer Aktinfilamente durch Arp2/3 entlang der Seiten der bestehenden Filamenten (s. **Abb. 16.12** und **Abb. 16.14a**). Auf diese Weise fördert Rac-GTP-abhängiges WAVE die Bildung von verzweigten Aktinnetzwerken, die die Entstehung von Lamellipodien am Leitsaum der wandernden Zellen antreibt (**Abb. 16.79a**).

Rho-GTP ist für die Zellwanderung ebenso wichtig und hat eine ganz andere Zielgruppe. Anstatt den Arp2/3-Komplex zu aktivieren, um verzweigte Aktinnetzwerke zu bauen, induziert Rho-GTP Formin-Proteine, um parallele Aktinbündel zu errichten. Ähnlich wie bei den Auswirkungen von Rac-GTP auf WAVE stabilisiert die Assoziation von Forminen mit Rho-GTP eine offene, aktive Konformation (**Abb. 16.78b**). Wie bereits erwähnt, stimulieren Formine sowohl die Keimbildung als auch die Verlängerung gerader Aktinfilamente (s. **Abb. 16.13** und **Abb. 16.14b**). Zugleich aktiviert Rho-GTP die Rho-assoziierte Kinase (ROCK), die wiederum eine andere als LIM bezeichnete Kinase (Abkürzung für Lin-11, Isl1 und MEC-3) stimuliert, die ihrerseits das aktindestabilisierende Protein Cofilin phosphoryliert und dessen Aktivität hemmt. Die sich daraus

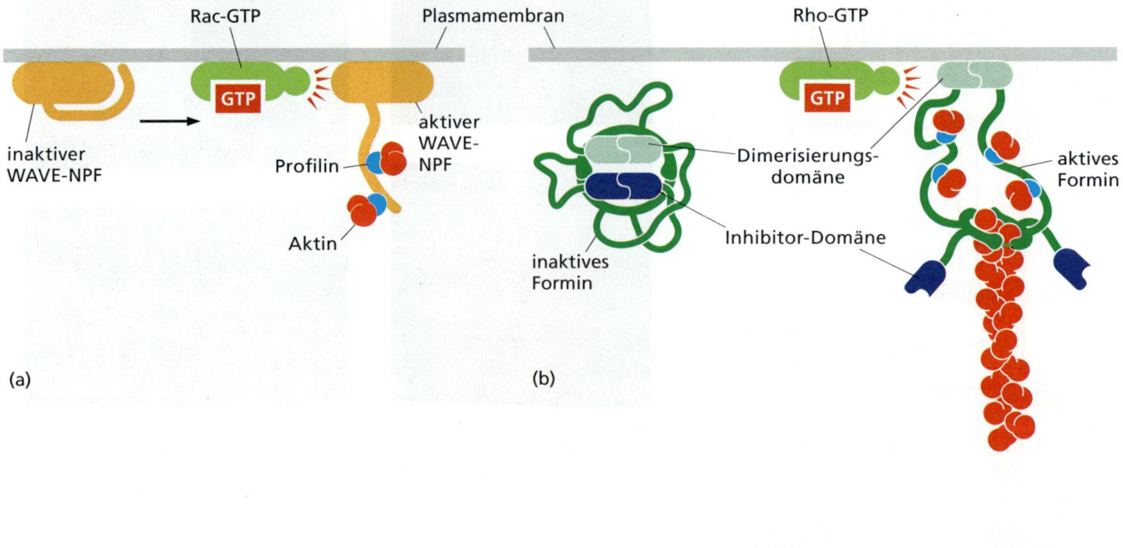

Abb. 16.78 Regulierung der Keimbildungs-Stimulatoren und Formine durch GTPasen der Rho-Familie. (a) Mitglieder der WAVE-Familie der Keimbildungs-Stimulatoren (WAVE steht für *WASP-family verprolin homolog*) werden nach Bindung an Rac-GTP an der Plasmamembran aktiviert. Eine Konformationsänderung in WAVE öffnet das Protein, wodurch Domänen, die zuvor unzugänglich waren, sowohl mit dem Arp2/3-Komplex als auch profilingebundenen Aktinuntereinheiten wechselwirken können. Zur besseren Übersichtlichkeit ist der WAVE-regulatorische Komplex nicht gezeigt. (b) Die Aktivität einiger Forminproteine wird durch eine selbstinhibierende Wechselwirkung in Abwesenheit einer aktiven GTPase gehemmt. Die Bindung an Rho-GTP exponiert eine Bindungsstelle für das *plus*-Ende eines Aktinfilaments sowie Profilin-Aktin-bindende Domänen.

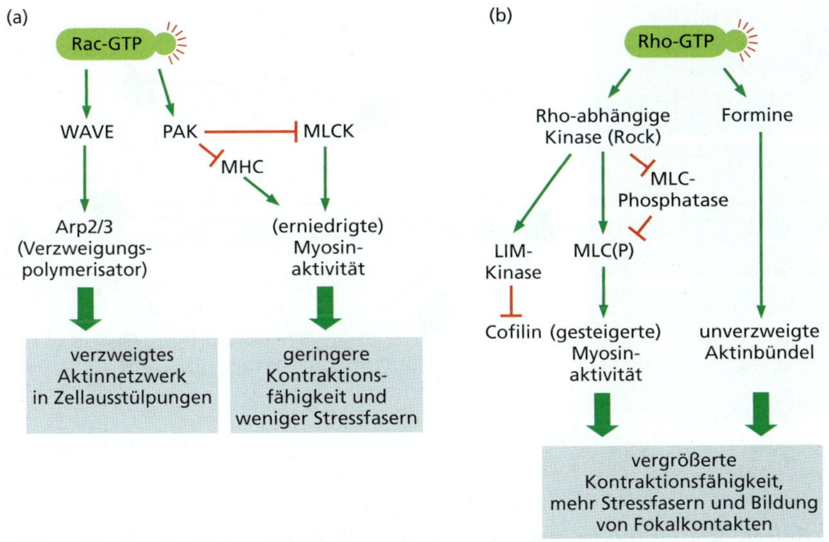

Abb. 16.79 Die gegenläufigen Auswirkungen der Rac- und Rho-Aktivierung auf die Aktinorganisation. (a) Die Aktivierung der kleinen GTPase Rac führt zu Änderungen bei Aktin-Hilfsproteinen, die in Lamellipodien und Pseudopodien die Bildung von Ausläufern des Aktinnetzwerks begünstigen. Mehrere verschiedene Wege tragen unabhängig dazu bei. Rac-GTP aktiviert Mitglieder der WAVE-Proteinfamilie, die wiederum die Aktinkeimbildung und verzweigte Netzwerkbildung durch den Arp2/3-Komplex aktivieren. In einem parallelen Weg aktiviert Rac-GTP eine Proteinkinase, PAK, die mehrere Ziele hat, einschließlich der Myosin-Leichte-Ketten-Kinase (MLCK, engl. *myosin light chain kinase*), die durch Phosphorylierung gehemmt wird. Hemmung der MLCK führt zur verminderten Phosphorylierung der regulatorischen leichten Myosinkette, zum Abbau der Myosin-II-Filamente und zur Abnahme der kontraktilen Aktivität. In manchen Zellen hemmt PAK auch direkt die Myosin-II-Aktivität durch Phosphorylierung der schweren Myosinkette (MHC, engl. *myosin heavy chain*). (b) Aktivierung der verwandten GTPase Rho führt zur Keimbildung von Aktinfilamenten durch Formine und erhöht die Kontraktion durch Myosin II; dies fördert die Bildung kontraktiler Aktinbündel an der Rückseite der Zelle und den Zusammenbau von Stressfasern. Die Aktivierung von Myosin II durch Rho erfordert eine Rho-assoziierte Proteinkinase namens ROCK. Diese Kinase hemmt die Phosphatase, die die aktivierenden Phosphatgruppen von den leichten Myosin-II-Ketten (MLC, engl. *myosin light chain*) entfernt; sie kann unter Umständen auch direkt die leichten Myosinketten in anderen Zellarten phosphorylieren. ROCK aktiviert auch andere Proteinkinasen, wie z. B. die LIM-Kinase, die wiederum zur Bildung stabiler kontraktiler Aktinfilamentbündel beiträgt, indem sie den Aktindepolymerisationsfaktor Cofilin hemmt. Ein ähnlicher Signalweg ist für die Bildung des kontraktilen Rings wichtig, der für die Cytokinese nötig ist (s. **Abb. 17.45**).

ergebenden stabilen, unverzweigten Aktinfilamente sind ideal für die Wechselwirkung mit Myosin II. Außerdem aktiviert ROCK Myosin II durch Hemmung einer Phosphatase, die auf leichte Myosinketten einwirkt (s. **Abb. 16.33**). Der daraus resultierende Nettoanstieg der Phosphorylierung der leichten Myosinketten steigert die kontraktile Myosin-Motorprotein-Aktivität in der Zelle, wodurch die Bildung von spannungsabhängigen Strukturen wie Stressfasern und Fokalkontakten verstärkt wird (**Abb. 16.79b**).

Es wird angenommen, dass die räumliche und zeitliche Trennung zwischen den Rac- und Rho-Signalwegen die Aufrechterhaltung der großen Unterschiede zwischen der Zellvorder- und der Zellrückseite während der Wanderung erleichtert. Während Rac ausschließlich am Leitsaum der Zelle aktiviert wird, überwiegt die Rho-Aktivierung an der Rückseite. Außerdem sind die beiden Signalwege gegenseitig antagonistisch. So hemmt beispielsweise Rac die Rho-Aktivität durch einen seiner Effektoren: die Kinase PAK, die Myosin II und damit die Kontraktionsfähigkeit hemmt. Rac und Rho modulieren auch die Aktivitäten der GEFs, GAPs oder GDIs des jeweils anderen, um die räumliche Trennung ihrer Aktivitäten zu verstärken.

16.6.5 Äußere Signale können die Richtung der Zellwanderung bestimmen

Chemotaxis ist die Bewegung einer Zelle hin zu einer Quelle einer diffusiblen Substanz oder weg davon. Diese externen Signale wirken über Zelloberflächenrezeptoren die Proteine der Rho-Familie ansteuern, um den Zellbewegungsapparat zu polarisieren und auszurichten, wodurch eine gerichtete Zellwanderung ermöglicht wird. Ein gut untersuchtes Beispiel ist die chemotaktische Bewegung einer Klasse weißer Blutkörperchen, den *Neutrophilen*, zur Quelle einer bakteriellen Infektion. Rezeptorproteine auf der Oberfläche der Neutrophilen ermöglichen es ihnen, sehr niedrige Konzentrationen *N*-formylierter Peptide zu erkennen, die von Proteinen der Bakterien stammen (nur Prokaryoten beginnen die Proteinsynthese mit *N*-Formylmethionin). Mithilfe dieser Rezeptoren, die einen Konzentrationsunterschied von nur 1 % dieser frei diffundierenden Peptide zwischen beiden Seiten der Zelle erkennen können, werden Neutrophile zu ihren bakteriellen Zielen geleitet (**Abb. 16.80a**).

In diesem Fall und bei der Chemotaxis der Amöbe *Dictyostelium* zu einer cAMP-Quelle aktiviert die Bindung des chemischen Lockstoffes an seinen G-Protein-gekoppelten Rezeptor Phosphoinositid-3-Kinasen (PI 3Ks) (s. **Abb. 15.53**), die ein lipidbasiertes Signalmolekül (PI[3,4,5]P_3) erzeugen, das wiederum die GTPase

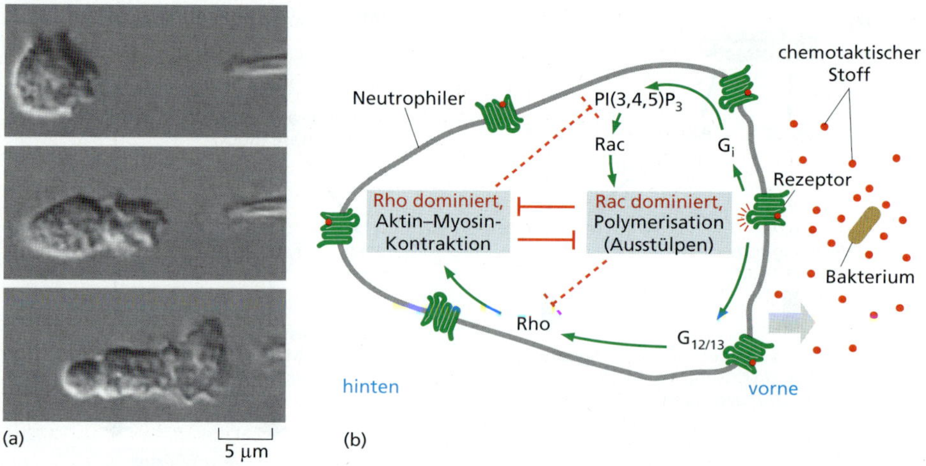

Abb. 16.80 Polarisierung und Chemotaxis bei Neutrophilen. (a) Die Pipettenspitze auf der *rechten* Seite gibt eine geringe Menge des bakteriellen Peptids Formyl-Met-Leu-Phe ab, das vom menschlichen Neutrophilen als Produkt eines fremden Eindringlings erkannt wird. Der Neutrophile streckt der Quelle des chemischen Lockstoffs rasch ein neues Lamellipodium entgegen (*oben*), dehnt es dann aus und polarisiert das Cytoskelett so, dass das kontraktile Myosin II hauptsächlich an der Rückseite, gegenüber dem Lamellipodium angeordnet ist (*Mitte*). Schließlich kriecht die Zelle der Quelle des Peptids entgegen (*unten*). Wenn die Quelle des Peptids ein Bakterium statt der Pipette des Forschers wäre, würde der Neutrophile das Bakterium umschließen und zerstören (s. auch **Abb. 16.3**). (b) Die Bindung der bakteriellen Moleküle an G-Protein-gekoppelte Rezeptoren auf dem Neutrophilen stimuliert die gerichtete Beweglichkeit. Diese Rezeptoren kommen auf der gesamten Zelloberfläche vor, sind aber mit viel höherer Wahrscheinlichkeit an den bakteriellen Liganden vorne gebunden. Zwei verschiedene Signalwege tragen zur Polarisierung der Zelle bei. An der Zellvorderseite führt die Stimulierung des Rac-Wegs über das trimere G-Protein G_i zum Wachstum sich ausstülpender Aktinnetzwerke. Innerhalb dieses Signalwegs sind Second Messenger kurzlebig, sodass das Ausstülpen auf den Bereich der Zelle beschränkt ist, der dem Stimulans am nächsten ist. Der gleiche Rezeptor stimuliert über die trimeren G-Proteine G_{12} und G_{13} auch einen zweiten Signalweg, der die Aktivierung von Rho ankurbelt. Die beiden Wege sind antagonistisch zueinander. Da die auf Rac basierte Ausstülpung an der Zellvorderseite aktiv ist, wird Rho nur an der Zellhinterseite aktiviert. Dort stimuliert es die Kontraktion des Zellhinterteils und unterstützt die gerichtete Bewegung. (a, aus O. D. Weiner *et al.*, *Nat. Cell Biol.* 1: 75–81, veröffentlicht 1999 von Macmillan Magazines Ltd. Abgedruckt mit Erlaubnis von Springer Nature).

Rac aktiviert. Rac aktiviert dann den Arp2/3-Komplex, was zu einem Ausstülpen der Lamellipodien führt. Durch einen unbekannten Mechanismus verursacht die Anhäufung des polarisierten Aktinnetzwerkes am Leitsaum in einer positiven Rückkopplungsschleife eine weitere lokale Verstärkung der PI 3K-Aktivität, was die Einleitung der Ausstülpung verstärkt. PI(3,4,5)P_3, das Rac aktiviert, kann nicht weit von seinem Syntheseort wegdiffundieren, da es durch eine konstitutiv aktive Lipid-Phosphatase rasch zu PI(4,5)P_2 rückverwandelt wird. Zur selben Zeit aktiviert die Bindung des chemotaktischen Lockstoffliganden an seinen Rezeptor einen anderen Signalweg, der Rho anschaltet und die auf Myosin basierende Kontraktionsfähigkeit verstärkt. Diese beiden Wege hemmen – wie im vorherigen Abschnitt beschrieben – einander direkt, sodass an der Zellvorderseite die Rac-Aktivierung vorherrscht und am Zellhinterende die Rho-Aktivierung dominiert (**Abb. 16.80b**). Dies ermöglicht der Zelle, ihre funktionelle Polarität aufrechtzuerhalten: Ausstülpungen am Leitsaum und Kontraktionen an der Hinterseite.

Nicht diffusible chemische Auslösereize, die an die extrazelluläre Matrix oder an die Oberfläche von Zellen geheftet sind, können ebenfalls die Richtung der Zellwanderung beeinflussen. Die Aktivierung der Rezeptoren durch diese Signalstoffe bewirkt eine Erhöhung der Zelladhäsion und eine gerichtete Aktinpolymerisation. Die meisten Fernwanderungen von Zellen in Tieren, einschließlich der Wanderung der Zellen der Neuralleiste und der Wanderung der neuronalen Wachstumskegel, beruhen auf einer Kombination diffundierender und nicht diffundierender Signale, um die wandernden Zellen oder Wachstumskegel zu ihren richtigen Zielen zu leiten.

16.6.6 Die Kommunikation zwischen den Cytoskelettelementen unterstützt die Polarität und Fortbewegung der ganzen Zelle

Das vielfach verknüpfte Cytoskelett ist entscheidend für die Zellpolarität und Zellwanderung. Obwohl Polaritätssignale oft durch GTPasen der Rho-Familie weitergeleitet werden, die hauptsächlich auf das Aktincytoskelett und die Myosinkontraktionsfähigkeit einwirken, sind auch Mikrotubuli, Septine und Intermediärfilamente beteiligt. So assoziieren z. B. Netzwerke aus dem Intermediärfilament Vimentin mit Integrinen an den Fokalkontakten. Vimentin-defiziente Fibroblasten zeigen eine verminderte mechanische Stabilität, Wanderung und Kontraktionsfähigkeit. Außerdem führt das Auseinanderreißen der verbindenden Proteine (wie einiger Plakine und KASH-Proteine), die verschiedene Cytoskelettelemente miteinander verbinden, zu Störungen in der Zellpolarisierung und -wanderung. Daher werden Wechselwirkungen unter den cytoplasmatischen Filamentsystemen wie auch die mechanische Verbindung zum Zellkern für ein komplexes Gesamtzellverhalten wie die Zellwanderung benötigt.

Zellen verwenden Mikrotubuli auch, um die Zellpolarität zu unterstützen und die fortdauernde Bewegung in eine bestimmte Richtung zu organisieren. Quervernetzende Proteine verbinden die *minus*-Enden der Mikrotubuli mit Aktin am apikalen und die *plus*-Enden der Mikrotubuli mit Aktin am basalen Kortex von Epithelzellen. Sie verbinden auch die *plus*-Enden von Mikrotubuli und Aktin an der Vorderseite von wandernden Zellen. Ein Beispiel für einen solchen Quervernetzer sind die Formin-Proteine, von denen eine Untergruppe nicht nur an Mikrotubuli bindet, sondern auch den Aufbau von Aktinfilamenten reguliert. Diese Wechselwirkungen ermöglichen es den Mikrotubuli, Aktinumlagerungen und die Zellanheftung zu beeinflussen. Indem sie sich vom Centrosom in den sich vorstülpenden Bereich einer wandernden Zelle ausdehnen, können Mikrotubuli auch als Kompass dienen, um die gerichtete Zellwanderung zu unterstützen. Mikrotubuli beeinflussen auch Aktin und Fokalkontakte, indem sie als Gleise für den motorabhängigen Transport von Gütern zum und vom Zellrand dienen. Sie können auch regulatorische Proteine wie Rac-GEFs anliefern, die sich an die +TIPs anlagern, während diese sich auf wachsenden Mikrotubuli-Enden bewegen. Von daher verstärken Mikrotubuli die Polaritätssignale, die das Aktincytoskelett von der Umwelt erhält. Sie führen so zu einem empfindlichen Ansprechen auf schwache Signale und ermöglichen, dass die Beweglichkeit in gleicher Richtung über einen ausgedehnten Zeitraum anhält.

Zusammenfassung

Zellpolarität und Zellwanderung bedürfen der großflächigen Formgebung und Strukturierung der Zellen. Dies umfasst die koordinierten Aktivitäten aller drei grundlegenden Filamentsysteme zusammen mit einer großen Vielzahl von regulatorischen Proteinen und Motorproteinen. Die Proteine der Rho-Familie arbeiten mit Zellpolaritätsproteinen zusammen, um stabile Cytoskelettstrukturen zu schaffen, die notwendig sind, um ein höheres Maß an Polarität innerhalb eines Organismus zu erzeugen oder epitheliale Gewebe zu erhalten. Die gleichen Faktoren wirken auch bei der dynamischen Polarisierung, die für die gerichtete Zellwanderung benötigt wird – ein weit verbreitetes Verhalten, das in der Embryonalentwicklung und auch bei der Wundheilung, der Gewebeerhaltung und der Funktion des Immunsystems beim erwachsenen Tier wichtig ist – und ein Paradebeispiel für komplexe, koordinierte Cytoskelettprozesse ist, die durch äußere Signale beeinflusst werden.

Literatur

16 Allgemein

Pollard, T.D. und Goldman, R.D. (2017). *The Cytoskeleton*. Cold Spring Harbor, New York: Cold Spring Harbor Laboratory Press.

16.1 Funktion und Dynamik des Cytoskeletts

Hill, T.L. und Kirschner, M.W. (1982). Bioenergetics and kinetics of microtubule and actin filament assembly-disassembly. *Int. Rev. Cytol.* 78: 1–125.

Luby-Phelps, K. (2000). Cytoarchitecture and physical properties of cytoplasm: volume, viscosity, diffusion, intracellular surface area. *Int. Rev. Cytol.* 192: 189–221.

Oosawa, F. und Asakura, S. (1975). *Thermodynamics of the Polymerization of Protein, pp. 41–55,* 90–108. New York: Academic Press.
Pauling, L. (1953). Aggregation of globular proteins. *Discuss. Faraday Soc.* 13: 170–176.
Purcell, E.M. (1977). Life at low Reynolds number. *Am. J. Phys.* 45: 3–11.

16.2 Aktin

Loisel, T.P., Boujemaa, R., Pantaloni, D. et al. (1999). Reconstitution of actin-based motility of *Listeria* and *Shigella* using pure proteins. *Nature* 401: 613–616.
Mullins, R.D., Heuser, J.A. und Pollard, T.D. (1998). The interaction of Arp2/3 complex with actin: nucleation, high affinity pointed end capping, and formation of branching networks of filaments. *Proc. Natl. Acad. Sci. USA* 95: 6181–6186.
Pelaseyed, T. und Bretscher, A. (2018). Regulation of actin-based apical structures on epithelial cells. *J. Cell Sci.* 131: jcs221853.
Renkawitz, J., Kopf, A., Stopp, J. et al. (2019). Nuclear positioning facilitates amoeboid migration along the path of least resistance. *Nature* 568: 546–550.
Rottner, K. und Schaks, M. (2019). Assembling actin filaments for protrusion. *Curr. Opin. Cell Biol.* 56: 53–63.
Skau, C.T. und Waterman, C.W. (2015). Specification of architecture and function of actin structures by actin nucleation factors. *Annu. Rev. Biophys.* 44: 285–310.
Svitkina, T. (2018). The actin cytoskeleton and actin-based motility. *Cold Spring Harb. Perspect. Biol.* 10 (1): a018267.
Yamada, K.M. und Sixt, M. (2019). Mechanisms of 3D cell migration. *Nat. Rev. Mol. Cell Biol.* 20: 738–752.

16.3 Myosin und Aktin

Cooke, R. (2004). The sliding filament model: 1972–2004. *J. Gen. Physiol.* 123: 643–656.
Hammer, J.A. III und Sellers, J.R. (2011). Walking to work: roles for class V myosins as cargo transporters. *Nat. Rev. Mol. Cell Biol.* 13: 13–26.
Hartman, M.A., Finan, D., Sivaramakrishnan, S. et al. (2011). Principles of unconventional myosin function and targeting. *Annu. Rev. Cell Dev. Biol.* 27: 133–155.
Hu, S., Dasbiswas, K., Guo, Z. et al. (2017). Long-range selforganization of cytoskeletal myosin II filament stacks. *Nat. Cell Biol.* 19: 133–141.
Walklate, J., Ujfalusi, Z. und Greeves, M.A. (2016). Myosin isoforms and the mechanochemical cross-bridge cycle. *J. Exp. Biol.* 219: 168–174.
Yildiz, A., Forkey, J.N., McKinney, S.A. et al. (2003). Myosin V walks hand-over-hand: single fluorophore imaging with 1.5 nm localization. *Science* 300: 2061–2065.

16.4 Mikrotubuli

Brouhard, G.J., Stear, J.H., Noetzel, T.L. et al. (2008). XMAP215 is a processive microtubule polymerase. *Cell* 132: 79–88.
Dogterom, M. und Yurke, B. (1997). Measurement of the force-velocity relation for growing microtubules. *Science* 278: 856–860.
Goodson, H.V. und Jonasson, E.M. (2018). Microtubules and microtubuleassociated proteins. *Cold Spring Harb. Perspect. Biol.* 10 (6): a022608.
Hotani, H. und Horio, T. (1988). Dynamics of microtubules visualized by darkfield microscopy: treadmilling and dynamic instability. *Cell Motil. Cytoskeleton* 10: 229–236.
Howard, J., Hudspeth, A.J. und Vale, R.D. (1989). Movement of microtubules by single kinesin molecules. *Nature* 342: 154–158.

Kuo, Y.W. und Howard, J. (2020). Cutting, amplifying, and aligning microtubules with severing enzymes. *Trends Cell Biol.* 31: 50–61.

Lin, J. und Nicastro, D. (2018). Asymmetric distribution and spatial switching of dynein activity generates ciliary motility. *Science* 360: eaar1968.

Mitchison, T. und Kirschner, M. (1984). Dynamic instability of microtubule growth. *Nature* 312: 237–242.

Reck-Peterson, S.L., Redwine, W.B., Vale, R.D. et al. (2018). The cytoplasmic dynein transport machinery and its many cargoes. *Nat. Rev. Mol. Cell Biol.* 19: 382–398.

Reiter, J.F. und Leroux, M.R. (2017). Genes and molecular pathways underpinning ciliopathies. *Nat. Rev. Mol. Cell Biol.* 18: 533–547.

Rice, S., Lin, A.W., Safer, D. et al. (1999). A structural change in the kinesin motor protein that drives motility. *Nature* 402: 778–784.

Stearns, T. und Kirschner, M. (1994). *In vitro* reconstitution of centrosome assembly and function: the central role of gamma-tubulin. *Cell* 76: 623–637.

Svoboda, K., Schmidt, C.F., Schnapp, B.J. et al. (1993). Direct observation of kinesin stepping by optical trapping interferometry.

Théry, M. und Blanchoin, L. (2021). Microtubule self-repair. *Curr. Opin. Cell Biol.* 68: 144–154.

Woodruff, J.B., Ferreira Gomes, B., Widlund, P.O. et al. (2017). The centrosome is a selective condensate that nucleates microtubules by concentrating tubulin. *Cell* 169: 1066–1077.

Wu, J. und Akhmanova, A. (2017). Microtubule-organizing centers. *Annu. Rev. Cell Dev. Biol.* 33: 51–75.

16.5 Intermediärfilamente und andere Cytoskelettpolymere

Garner, E.C., Bernard, R., Wang, W. et al. (2011). Coupled, circumferential motions of the cell wall synthesis machinery and MreB filaments in *B. subtilis*. *Science* 333: 222–225.

Garner, E.C., Campbell, C.S. und Mullins, R.D. (2004). Dynamic instability in a DNa segregating prokaryotic actin homolog. *Science* 306: 1021–1025.

Herrmann, H. und Aebi, U. (2016). Intermediate filaments: structure and assembly. *Cold Spring Harb. Perspect. Biol.* 8 (11): a018242.

Isermann, P. und Lammerding, J. (2013). Nuclear mechanics and mechanotransduction in health and disease. *Curr. Biol.* 23: 1113–1121.

Köster, S., Weitz, D.A., Goldman, R.D. et al. (2015). Intermediate filament networks *in vitro* and *in vivo*: from coiled-coils to filaments, fibers and networks. *Curr. Opin. Cell Biol.* 32: 82–91.

Wagstaff, J. und Lowe, J. (2018). Prokaryotic cytoskeletons: protein filaments organizing small cells. *Nat. Rev. Microbiol.* 16: 187–201.

Woods, B.L. und Gladfelter, A.S. (2021). The state of the septin cytoskeleton from assembly to function. *Curr. Opin. Cell Biol.* 68: 105–112.

16.6 Zellpolarität und Koordinierung des Cytoskeletts

Bilder, D., Li, M. und Perrimon, N. (2000). Cooperative regulation of cell polarity and growth by *Drosophila* tumour suppressors. *Science* 289: 113–116.

Devreotes, P. und Horwitz, A.R. (2015). Signaling networks that regulate cell migration. *Cold Spring Harb. Perspect. Biol.* 7 (8): a005959.

Dogterom, M. und Koenderink, G.H. (2019). Actin-microtubule crosstalk in cell biology. *Nat. Rev. Mol. Cell Biol.* 20: 38–54.

Chiou, J., Balasubramanian, M.K. und Lew, D. (2017). Cell polarity in yeast. *Annu. Rev. Cell Dev. Biol.* 33: 77–101.

Lawson, C.D. und Ridley, A.J. (2017). Rho GTPase signalling complexes in cell migration and invasion. *J. Cell Biol.* 217: 447–457.

Munro, E., Nance, J. und Priess, J.R. (2004). Cortical flows powered by asymmetrical contraction transport PAR proteins to establish and maintain anterior-posterior polarity in the early *C. elegans* embryo. *Dev. Cell* 7: 413–424.

Schaks, M., Giannone, G. und Rottner, K. (2019). Actin dynamics in cell migration. *Essays Biochem.* 63: 483–495.

St. Johnston, D. (2018). Establishing and transducing cell polarity: common themes and variations. *Curr. Opin. Cell Biol.* 51: 33–41.

17

Zellzyklus

Eine neue Zelle kann nur durch Verdopplung einer bereits vorhandenen Zelle entstehen. Diese einfache, erstmals in der Mitte des 19. Jahrhunderts eingeführte Tatsache beinhaltet eine grundlegende Botschaft für die Kontinuität des Lebens. Alle lebenden Organismen, vom einzelligen Bakterium bis zum vielzelligen Säugetier, sind das Ergebnis wiederholter Runden von Zellwachstum und Zellteilung, die bis zu den Anfängen des Lebens auf der Erde vor über 3 Milliarden Jahren zurückreichen.

Eine Zelle vermehrt sich durch eine geordnete Kette von Ereignissen, während derer sie zunächst ihren Inhalt verdoppelt und sich dann zweiteilt. Dieser Zyklus aus Verdopplung und Teilung, **Zellzyklus** genannt, ist der grundlegende Mechanismus, durch den sich alle Lebewesen vermehren. Bei einzelligen Arten, wie den Bakterien oder Hefen, entsteht durch jede Zellteilung ein vollständiger neuer Organismus. In vielzelligen Arten ist eine langwierige und komplexe Abfolge von Zellteilungen nötig, um einen funktionierenden Organismus aufzubauen. Sogar im ausgewachsenen Körper müssen normalerweise weitere Zellteilungen stattfinden, um absterbende Zellen zu ersetzen. So muss ein Mensch in jeder Sekunde Millionen von Zellen bilden, nur um zu überleben: Wenn jede Zellteilung unterbunden würde – z. B. durch hohe Dosen ionisierender Strahlung – würden wir innerhalb weniger Tage sterben.

Die Einzelheiten des Zellzyklus sind von Organismus zu Organismus und auch zu unterschiedlichen Zeitpunkten im Leben desselben Organismus verschieden. Gewisse Merkmale finden sich jedoch immer und überall. Die Zelle muss zumindest ihre grundlegendste Funktion ausüben: die Weitergabe ihrer Erbinformation an die nächste Zellgeneration. Um zwei genetisch identische Tochterzellen zu bilden, muss zunächst die DNA jedes Chromosoms gewissenhaft verdoppelt werden, sodass zwei komplette Kopien entstehen. Die verdoppelten Chromosomen müssen dann zwischen den beiden Tochterzellen aufgeteilt werden (*Chromosomentrennung*), sodass jede Tochterzelle eine Kopie des gesamten Genoms erhält (**Abb. 17.1**). Zusätzlich zur Verdopplung ihrer Genome verdoppeln die meisten Zellen auch ihre übrigen Organellen und Makromoleküle. Täten sie das nicht, würden sie mit jeder Teilung kleiner. Um ihre Größe konstant zu halten, müssen Zellen Wachstum (d. h. die Zunahme ihrer Masse) und Teilung aufeinander abstimmen.

Kapitelinhalt

Molekularbiologie der Zelle, 7. Auflage. Bruce Alberts, Rebecca Heald, Alexander Johnson, David Morgan, Martin Raff, Keith Roberts und Peter Walter.

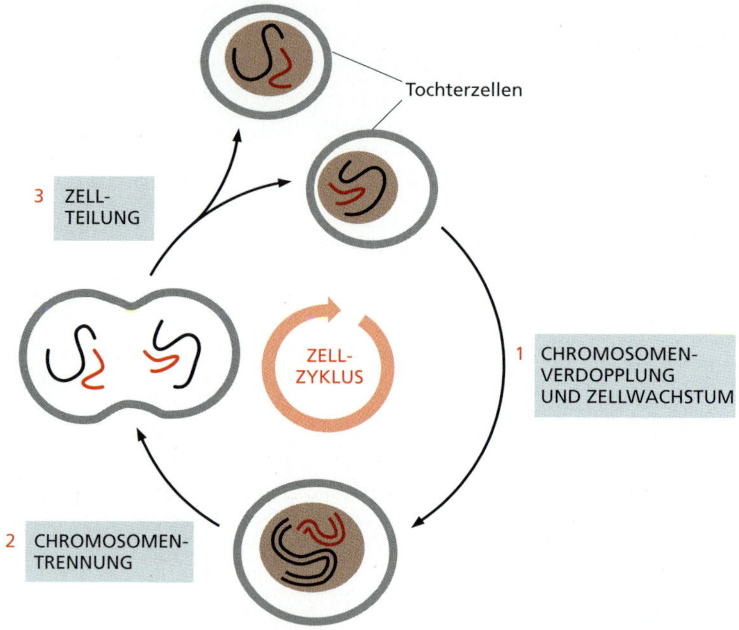

Abb. 17.1 Der Zellzyklus. Die schematische Darstellung zeigt die Teilung einer hypothetischen eukaryotischen Zelle mit zwei Chromosomen (ein *schwarzes* und ein *rotes*). Aus jedem Teilungszyklus gehen zwei genetisch identische Tochterzellen hervor. Jede der beiden Tochterzellen wird meist weitere Zellzyklen durchlaufen und sich so weiter teilen.

Dieses Kapitel beschreibt die Phasen, die Kontrolle und Koordination des Zellzyklus bei Eukaryoten. Wir beginnen mit einem kurzen Überblick über den Zellzyklus. Anschließend beschreiben wir das *Zellzyklus-Kontrollsystem*, ein komplexes Netzwerk regulatorischer Proteine, das die verschiedenen Ereignisse des Zyklus ankurbelt. Als Nächstes betrachten wir die wichtigsten Phasen des Zellzyklus genauer, in denen die Chromosomen verdoppelt und dann auf zwei Tochterzellen verteilt werden. Schließlich betrachten wir, wie extrazelluläre Signale die Wachstumsgeschwindigkeit und Teilung von Zellen steuern und wie diese beiden Prozesse koordiniert werden.

17.1 Überblick über den Zellzyklus

Die grundlegendste Funktion des Zellzyklus ist die Verdopplung der riesigen, in Chromosomen organisierten DNA-Menge und die anschließende Aufteilung der Kopien, sodass zwei genetisch identische Tochterzellen entstehen. Diese Vorgänge geben den beiden wichtigsten Phasen des Zellzyklus ihren Namen: Während der *S-Phase* (S für DNA-Synthese) werden die Chromosomen verdoppelt. Dies dauert 10–12 Stunden und macht in einer typischen Säugerzelle etwa die Hälfte der Dauer des Zellzyklus aus. Auf die S-Phase folgen die Chromosomentrennung und Zellteilung in der *M-Phase* (M für Mitose), die wesentlich weniger Zeit erfordert (weniger als eine Stunde in Säugerzellen). Die M-Phase umfasst zwei wesentliche Vorgänge: die Teilung des Zellkerns oder *Mitose*, während der die kopierten Chromosomen auf zwei Tochterkerne verteilt werden, und die Teilung des Cytoplasmas oder *Cytokinese*, bei der sich die Zelle selbst in zwei Hälften teilt (**Abb. 17.2**).

Am Ende der S-Phase liegen die DNA-Moleküle in jedem duplizierten Chromosomenpaar miteinander verflochten vor und werden von spezialisierten Protein-Verbindungsstücken fest zusammengehalten. Früh in der Mitose, in der *Prophase*,

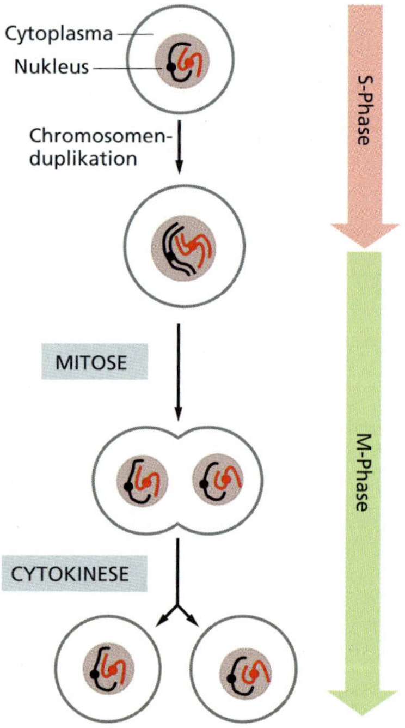

Abb. 17.2 Die wichtigsten Vorgänge des Zellzyklus. Die wichtigsten chromosomalen Vorgänge des Zellzyklus spielen sich in der S-Phase ab, wenn die Chromosomen verdoppelt werden, und in der M-Phase, wenn die duplizierten Chromosomen auf die Tochterzellkerne verteilt werden (in der Mitose); danach teilt sich die Zelle selbst in zwei Hälften (Cytokinese).

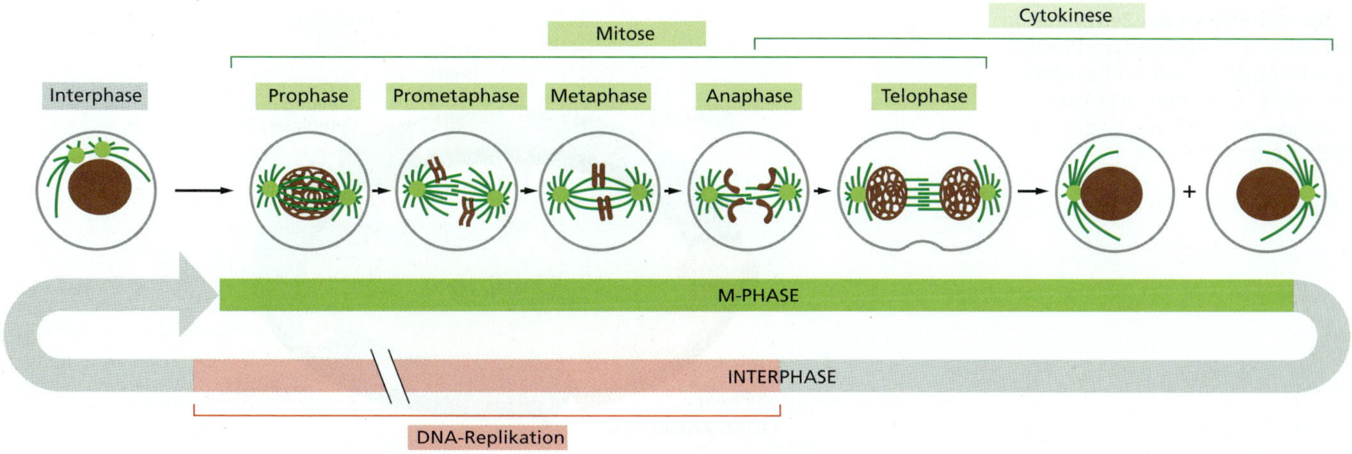

Abb. 17.3 Die Vorgänge der eukaryotischen Zellteilung, durch das Mikroskop betrachtet. Die leicht erkennbaren Vorgänge der Kernteilung (Mitose) und der Trennung der Zellen (Cytokinese), die zusammen als M-Phase bezeichnet werden, machen normalerweise nur einen kleinen Teil des gesamten Zellzyklus aus. Der übrige, viel länger dauernde Anteil des Zellzyklus heißt Interphase, zu der die S-Phase sowie die Gap-Phasen gehören.

werden die beiden DNA-Moleküle allmählich entwirrt und kondensieren zu einem Paar steifer, kompakter Stäbchen, den **Schwesterchromatiden**; diese bleiben über die *Schwesterchromatiden-Kohäsion* verbunden. Wenn im späteren Verlauf der Mitose die Kernhülle zerfällt, werden die Schwesterchromatidenpaare an die *Mitosespindel* geheftet, eine riesige bipolare Mikrotubulianordnung (in Kapitel 16 erörtert). Die Schwesterchromatiden werden an die entgegengesetzten Spindelpole geheftet und richten sich schließlich in der *Metaphase* am Spindeläquator aus. Die Zerstörung der Schwesterchromatiden-Kohäsion zu Beginn der *Anaphase* trennt die Schwesterchromatiden, die nun zu den entgegengesetzten Spindelpolen gezogen werden. Daraufhin zerfällt die Spindel, und die getrennten Chromosomen werden in der *Telophase* in separate Zellkerne verpackt. Anschließend trennt die Cytokinese die beiden Zellhälften, sodass jede neue Zelle einen der beiden Zellkerne erbt (**Abb. 17.3**).

17.1.1 Der eukaryotische Zellzyklus besteht gewöhnlich aus vier Phasen

Die meisten Zellen brauchen viel mehr Zeit für das Wachstum und die Verdopplung ihrer Proteine und Organellen als für die Chromosomenverdopplung und Teilung. Unter anderem um diesen Zeitbedarf für das Wachstum zu decken, sind in den meisten Zellzyklen *Lücken* eingeschoben, genannt *G*- oder *Gap-Phasen* (engl. *gap* = Lücke): die **G_1-Phase** zwischen M-Phase und S-Phase sowie die **G_2-Phase** zwischen S-Phase und Mitose. Demnach wird der eukaryotische Zellzyklus traditionsgemäß in vier aufeinanderfolgende Phasen eingeteilt: G_1, S, G_2, und M. G_1, S und G_2 werden zusammen als **Interphase** bezeichnet (**Abb. 17.4** und s. **Abb. 17.3**). In einer typischen Menschenzelle, die sich in Kultur vermehrt (proliferiert), würde die Interphase 23 Stunden eines 24-Stunden-Zellzyklus einnehmen, für die M-Phase bliebe eine Stunde. Das Zellwachstum geschieht während des gesamten Zellzyklus.

Die beiden Gap-Phasen dienen nicht nur als Verzögerungselement, um das Zellwachstum zu ermöglichen. Sie geben der Zelle auch Zeit, die Bedingungen innerhalb und außerhalb der Zelle zu verfolgen. So wird sichergestellt, dass die Umwelt günstig ist und dass alle Vorbereitungen in der Zelle abgeschlossen wurden, bevor sich die Zelle ganz den aufwendigen Vorgängen der S-Phase und Mitose verschreibt. In dieser Hinsicht ist besonders die G_1-Phase wichtig. Ihre Dauer hängt stark von den Umweltbedingungen und von den Signalen anderer Zellen ab. Wenn z. B. die Umweltbedingungen ungünstig

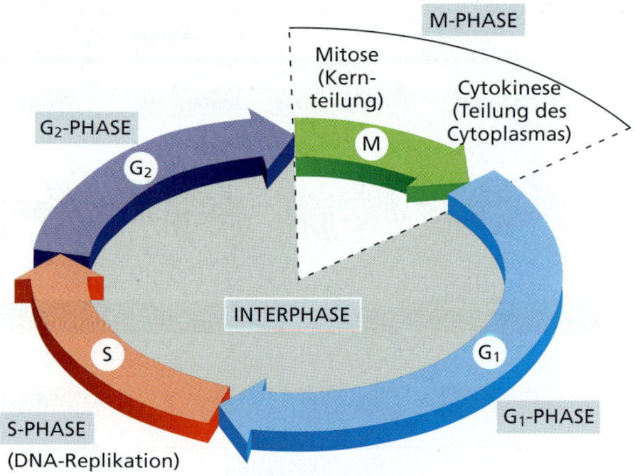

Abb. 17.4 Die vier Phasen des Zellzyklus. In den meisten Zellen trennen die Gap-Phasen die wichtigsten Ereignisse der S-Phase von denen der M-Phase. G_1 ist die Lücke (*gap*) zwischen M-Phase und S-Phase, G_2 die Lücke zwischen S-Phase und M-Phase.

sind, verzögern die Zellen das Durchlaufen der G_1-Phase und können sogar in einen speziellen Ruhezustand, G_0 (G-Null), eintreten. In diesem können sie über Tage, Wochen oder gar Jahre verharren, bevor sie sich wieder zu teilen beginnen (proliferieren). In der Tat bleiben viele Zellen in G_0, bis der ganze Organismus stirbt. Wenn aber die Umweltbedingungen günstig werden oder es Signale für Wachstum und Teilung gibt, durchlaufen die Zellen von G_0 aus einen „Festlegungspunkt" (engl. *commitment point*) in G_1, nach dem es kein Zurück mehr gibt. Dieser Punkt liegt kurz vor dem Ende von G_1 und heißt **Start** (in Hefen) oder **Restriktionspunkt** (in Säugern). Wir werden den Begriff Start sowohl für Hefen als auch für tierische Zellen verwenden. Nach Durchlaufen dieses Punktes sind die Zellen auf die DNA-Replikation festgelegt, selbst wenn die extrazellulären Wachstums- und Teilungssignale wegfallen.

Nicht alle Zellen durchlaufen den herkömmlichen vierphasigen Zellzyklus. Die frühen Furchungsteilungen von Wirbeltierembryonen zum Beispiel werden nicht von Zellwachstum begleitet, und diese schnellen Teilungen umfassen einfach abwechselnde S- und M-Phasen ohne dazwischen ablaufende G-Phasen. Eine weitere wichtige und häufige Variante ist der **Endozyklus**, auch bekannt als *Endoreduplikation*, bei dem mehrere Runden der S-Phase ohne dazwischen liegende M-Phasen stattfinden, was zu Zellen mit vielen Kopien des Genoms führt und damit zu einer schnellen Zunahme der Herstellung zahlreicher Genprodukte. Schließlich durchlaufen einige Zellarten, wie wir später noch beschreiben, die Mitose ohne Cytokinese, was zu großen Zellen mit mehreren Kernen führt.

17.1.2 Die Zellzykluskontrolle arbeitet in allen Eukaryoten ähnlich

Einige Eigenschaften des Zellzyklus, wie z. B. die Zeitdauer bestimmter Abläufe, unterscheiden sich sehr zwischen verschiedenen Zellarten, sogar innerhalb desselben Organismus. Der Grundplan des Zellzyklus ist jedoch im Wesentlichen in allen eukaryotischen Zellen identisch und alle Eukaryoten scheinen eine ähnliche Maschinerie und ähnliche Kontrollmechanismen zu verwenden, um die Vorgänge des Zellzyklus anzutreiben und zu regulieren. Die Proteine des Kontrollsystems beispielsweise tauchten zum ersten Mal vor über einer Milliarde Jahren auf. Bemerkenswerterweise erfuhren sie im Laufe der Evolution nur so wenige Veränderungen, dass viele von ihnen perfekt funktionieren, wenn sie aus einer Menschenzelle in eine Hefezelle übertragen werden. Deshalb können wir den Zellzyklus und seine Regulation in verschiedenen Organismen untersuchen und die Ergebnisse dennoch zu einem Gesamtbild zusammensetzen, das vermittelt, wie sich die eukaryotische Zelle teilt.

Einige Modellorganismen werden zur Analyse des Zellzyklus in Eukaryoten verwendet. Die **Sprosshefe** *Saccharomyces cerevisiae* und die **Spalthefe** *Schizosaccharomyces pombe* sind einfache Eukaryoten, bei denen man leistungsfähige molekulare und genetische Techniken anwenden kann, um Gene und Proteine, die die fundamentalen Grundzüge der Zellteilung steuern, zu identifizieren und zu charakterisieren. Die frühen Embryonen von bestimmten Tieren, besonders vom Frosch *Xenopus laevis*, sind exzellente Werkzeuge für die biochemische Untersuchung der Zellzyklus-Kontrollmechanismen, während die Taufliege *Drosophila melanogaster* sehr nützlich zur genetischen Analyse von Mechanismen ist, die der Kontrolle und Koordinierung des Zellwachstums und der Zellteilung in vielzelligen Organismen zugrunde liegen. Kulturen von menschlichen Zellen bieten ein hervorragendes System für molekulare und mikroskopische Untersuchungen der komplexen Vorgänge, durch die sich unsere eigenen Zellen teilen.

17.1.3 Das Voranschreiten des Zellzyklus kann man auf verschiedene Weise untersuchen

Wie kann man feststellen, in welchem Stadium des Zellzyklus sich eine Zelle gerade befindet? Die einfachste Möglichkeit ist der Blick auf die lebenden Zellen durch das Mikroskop. Beobachtet man so eine Population von Säugerzellen, die sich in Kultur vermehren, wird man sehen, dass ein Teil der Zellen sich abgerundet hat und gerade in Mitose ist (das Abrunden der Zelle erleichtert die Arbeit der Mitosespindel). Andere kann man bei der Cytokinese beobachten. Über die Position des Zellzyklus erhält man zusätzliche Hinweise, indem man die Zellen mit DNA-bindenden Fluoreszenzfarbstoffen anfärbt (die die Kondensation der Chromosomen in der Mitose zeigen) oder mit Antikörpern, die bestimmte Zellkomponenten wie die Mikrotubuli erkennen (wodurch die Mitosespindel sichtbar wird). Zellen in der S-Phase können mikroskopisch identifiziert werden, wenn man sie mit detektierbaren Molekülen versorgt, die in die neu synthetisierte DNA eingebaut werden; ein solches Molekül ist z. B. das künstliche Thymidinanalogon 5-Ethinyl-2'-desoxyuridin (EdU): Zellkerne, die EdU eingebaut haben, werden durch Färbung mit einem Fluoreszenzfarbstoff sichtbar gemacht, der sich kovalent an EdU anheftet (**Abb. 17.5**).

In einer Population von kultivierten Säugetierzellen, die sich schnell, aber asynchron vermehren, sind zu einem beliebigen Zeitpunkt typischerweise etwa 30–40 % in der S-Phase und werden durch einen kurzen Puls mit EdU markiert. Mithilfe des Anteils der Zellen einer solchen Population, der markiert wird, kann man die Dauer der S-Phase relativ zur Dauer des gesamten Zellzyklus abschätzen. Analog dazu kann man mithilfe des Anteils der Zellen in der Mitose (*Mitose-Index*) die relative Dauer der M-Phase bestimmen. Die Zeiteinteilung der Zellzyklusphasen kann auch in lebenden Zellen mithilfe fluoreszenzmarkierter Proteine, die in bestimmten Phasen erscheinen bzw. verschwinden, gemessen werden (**Abb. 17.6**).

Eine andere Möglichkeit festzustellen, in welchem Stadium des Zellzyklus eine Zelle sich gerade befindet, beruht auf der Messung ihres DNA-Gehaltes, der sich ja im Laufe

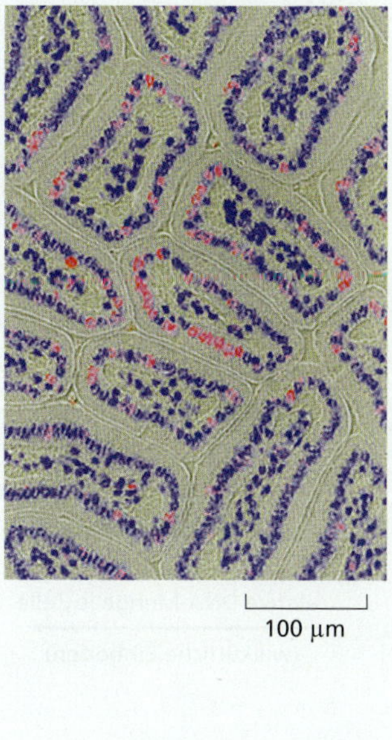

Abb. 17.5 Markierung von S-Phase-Zellen. Eine immunfluoreszenzmikroskopische Aufnahme von EdU-markierten Dünndarmzellen der Maus, die Darmzotten im Querschnitt zeigt. Der Maus wurde eine einzige kleine Dosis EdU injiziert, sodass EdU in neu synthetisierte DNA jeder Zelle, die sich zur Zeit der Injektion in der S-Phase befand, eingebaut wurde. 96 Stunden später wurde das Gewebe fixiert und mit einem Fluoreszenzfarbstoff markiert, der sich an EdU (*rot*) anlagert und dadurch die Zellen markiert, die 96 Stunden zuvor in der S-Phase waren. Alle Zellen sind zusätzlich mit einem *blau* fluoreszierenden Farbstoff gefärbt. (Aus A. Salic und T.J. Mitchison, *Proc. Natl. Acad. Sci. USA* 105: 2415–2420, 2008. Mit Genehmigung der National Academy of Sciences).

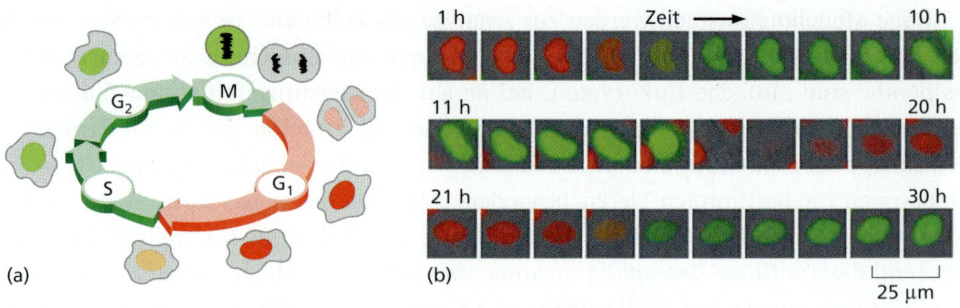

Abb. 17.6 Messung der Zellzykluszeiteinteilung in lebenden Zellen. (a) Die hier gezeigte Methode beruht auf fluoreszierenden Proteinen, die nur in bestimmten Stadien des Zellzyklus vorhanden sind, wie im Diagramm dargestellt. Zunächst wird ein Protein namens Geminin mit einem grün fluoreszierenden Protein markiert. Dieses Protein wird durch APC/C, einer Ubiquitin-Ligase, die von der Metaphase bis zum Ende von G_1 aktiv ist (wie später erläutert) zum Abbau markiert. Daher ist die grüne Fluoreszenz dieses Proteins von der frühen S-Phase bis zur Mitte der Mitose zu sehen. Ein zweites Protein, Cdt1, ist mit einem rot fluoreszierenden Protein markiert. Dieses Protein wird von der späten G_1-Phase bis zur Telophase der Mitose mittels Ubiquitinierung zum Abbau markiert. Daher leuchten die Zellen vom Ende der Mitose bis zum Ende von G_1 rot. (b) Fluoreszenzmikroskopie einer einzelnen Säugetierzelle, die diese beiden Proteine exprimiert, zeigt abwechselnd rote und grüne Fluoreszenz während die Zelle den Zellzyklus durchläuft. Diese Bilder wurden jede Stunde über einen Zeitraum von 30 Stunden aufgenommen. Zu den Zeitpunkten 16 und 17 Stunden befand sich die Zelle in der späten Mitose und Cytokinese und nur eine der Tochterzellen ist auf den folgenden Bildern zu sehen. Diese Methode wird Fucci genannt. (Abkürzung für engl. *fluorescent ubiquitylation-based cell-cycle indicator*). (Aus A. Sakaue-Sawano *et al., Cell* 132: 487–498, 2008. Mit Genehmigung von Elsevier).

der S-Phase verdoppelt. Dieser Ansatz wird durch die Verwendung von fluoreszierenden, DNA-bindenden Farbstoffen in Kombination mit der *Durchflusscytometrie* erleichtert. Dadurch kann eine große Zahl von Zellen schnell und automatisiert analysiert werden (**Abb. 17.7**). Mittels Durchflusscytometrie kann man den Anteil der Zellen in G_1-, S- und G_2 + M-Phasen bestimmen, indem man den DNA-Gehalt einer Zellpopulation misst.

Zusammenfassung

Die Zellteilung beginnt in der Regel mit der Verdopplung des Zellinhalts, gefolgt von der Verteilung dieses Inhalts auf zwei Tochterzellen. Die Verdopplung der Chromosomen geschieht während der S-Phase des Zellzyklus, während die meisten anderen Zellbestandteile kontinuierlich im Laufe des gesamten Zyklus verdoppelt werden. Während der M-Phase werden die verdoppelten Chromosomen auf zwei neue Zellkerne aufgeteilt (Mitose), anschließend teilt sich die Zelle (Cytokinese). S-Phase und M-Phase sind gewöhnlich durch die Gap-Phasen G_1 und G_2 voneinander getrennt, während derer der Ablauf des Zellzyklus durch verschiedene Signale von innerhalb und außerhalb der Zelle kontrolliert werden kann. Organisation und Kontrolle des Zellzyklus sind im Laufe der Evolution nahezu unverändert

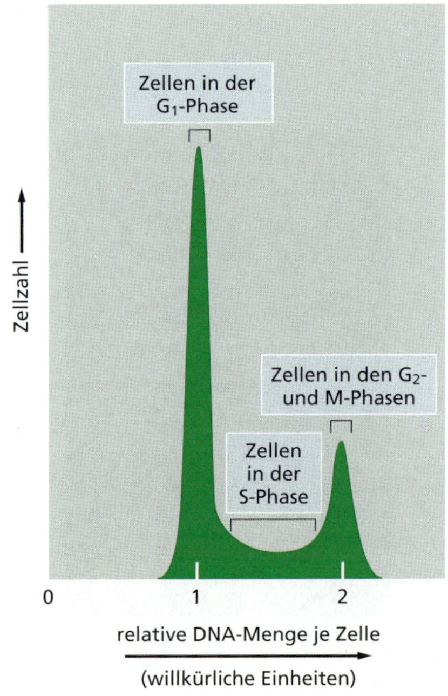

Abb. 17.7 Analyse des DNA-Gehalts mittels Durchflusscytometrie. Dieses Schaubild zeigt ein Ergebnis, wie man es normalerweise erhält, wenn der DNA-Gehalt jeder einzelnen Zelle einer proliferierenden Zellpopulation im Durchflusscytometer bestimmt wird. Ein Durchflusscytometer oder FACS („fluoreszenzaktivierter Zellsortierer", engl. *fluorescence-activated cell sorter*) kann die Zellen auch nach ihrer Fluoreszenz sortieren (s. **Abb. 8.2**). Die hier analysierten Zellen wurden mit einem Farbstoff gefärbt, der fluoresziert, wenn er an DNA bindet. Die Intensität der Fluoreszenz ist dadurch direkt proportional zur DNA-Menge in jeder Zelle. die Zellen können in drei Kategorien eingeteilt werden: Zellen mit einfachem DNA-Gehalt sind in der G_1-Phase; Zellen mit vollständig replizierter DNA, also mit doppeltem DNA-Gehalt wie in G_1, sind in der G_2- oder M-Phase; Zellen, deren DNA-Gehalt zwischen einfach und doppelt liegt, sind in der S-Phase. Die Verteilung der Zellen zeigt, dass mehr Zellen in G_1 als in G_2 und M zusammen sind. Demnach dauert also G_1 in dieser Population länger als G_2 und M zusammen.

geblieben. Deshalb konnten Untersuchungen in ganz verschiedenen Organismen zu einem einheitlichen Bild der eukaryotischen Zellzykluskontrolle führen.

17.2 Das Zellzyklus-Kontrollsystem

Viele Jahre lang haben die Zellbiologen dem Marionettentheater von DNA-Synthese, Mitose und Cytokinese zugeschaut, ohne eine Vorstellung davon zu haben, wer hinter dem Vorhang stand und diese Vorgänge kontrollierte. Man war sich nicht einmal im Klaren darüber, ob es tatsächlich ein unabhängiges Kontrollsystem gäbe oder ob sich die Vorgänge der DNA-Synthese, Mitose und Cytokinese irgendwie selbst steuerten. Ein großer Durchbruch gelang in den späten 1980er-Jahren mit der Identifikation der Schlüsselproteine des Kontrollsystems. Gleichzeitig erkannte man, dass diese nicht dieselben waren wie die Proteine, die für die DNA-Replikation, Chromosomentrennung usw. zuständig waren.

Wir betrachten in diesem Abschnitt zunächst die Grundprinzipien, nach denen das Zellzyklus-Kontrollsystem funktioniert. Dann diskutieren wir die Proteinbestandteile dieses Systems und die Art, wie deren Zusammenwirken die verschiedenen Phasen des Zellzyklus zeitlich abstimmt und koordiniert.

17.2.1 Das Zellzyklus-Kontrollsystem löst die wichtigsten Vorgänge des Zellzyklus aus

Das **Zellzyklus-Kontrollsystem** funktioniert ganz ähnlich wie ein Zeitmesser, der die Vorgänge des Zellzyklus in aufeinanderfolgenden Schritten auslöst (**Abb. 17.8**). In seiner einfachsten Form – wie z. B. bei den vereinfachten Zellzyklen früher Tierembryonen – ist das Kontrollsystem starr programmiert, um für die Vollendung jedes Zellzyklusereignisses eine feste Zeitmenge zur Verfügung zu stellen. In diesen frühen embryonalen Zellteilungen ist das Kontrollsystem unabhängig von den Vorgängen, die es kontrolliert, sodass sein Mechanismus der zeitlichen Abstimmung sogar dann weiterarbeitet, wenn diese Vorgänge scheitern. In den meisten Zellen reagiert das Kontrollsystem jedoch auf Informationen, die es als Rückmeldung aus den zu kontrollierenden Vorgängen erhält. Falls

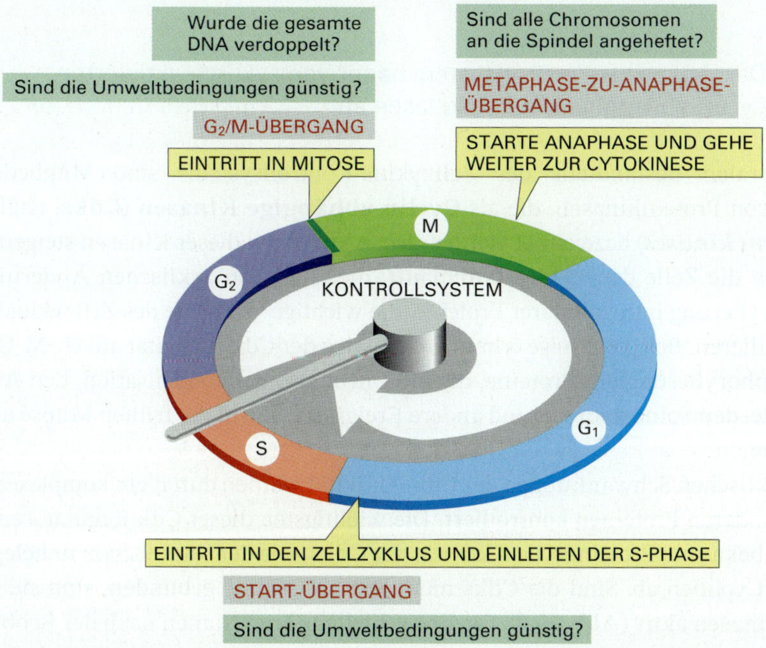

Abb. 17.8 Die Kontrolle des Zellzyklus. Ein Zellzyklus-Kontrollsystem kurbelt die unverzichtbaren Vorgänge des Zyklus an – wie die DNA-Replikation, die Mitose und die Cytokinese. Das Kontrollsystem ist hier durch einen zentralen Zeiger dargestellt – den Regler – der sich im Uhrzeigersystem dreht und essenzielle Vorgänge anstößt, wenn er an bestimmten Übergängen auf der äußeren Scheibe ankommt (*gelber Kasten*). Rückmeldungen über die Vollendung von Zellzyklusvorgängen und Signale aus der Umwelt können das Kontrollsystem veranlassen, den Zellzyklus an diesen Übergängen anzuhalten.

einige Fehlfunktionen den erfolgreichen Abschluss der DNA-Synthese beispielsweise verhindern, werden an das Kontrollsystem Signale gesendet, um das Voranschreiten zur M-Phase zu verzögern. Derartige Verzögerungen verschaffen der Maschinerie Zeit für ihre Reparatur und verhindern auch die Katastrophe, die sich ergeben könnte, wenn der Zellzyklus vorzeitig zur nächsten Stufe weiterschreiten würde – und z. B. unvollständig replizierte Chromosomen getrennt würden.

Das Zellzyklus-Kontrollsystem basiert auf einer Reihe miteinander verknüpfter biochemischer Schalter, von denen jeder ein spezifisches Ereignis des Zellzyklus auslöst. Dieses Schaltersystem besitzt viele wichtige Merkmale, die die Genauigkeit und Verlässlichkeit des Zellzyklus erhöhen. Erstens sind die Schalter im Allgemeinen *binär* (an/aus) und stoßen Ereignisse auf vollständige und irreversible Weise an. Es wäre eindeutig katastrophal, wenn Ereignisse wie die Chromosomenkondensation oder der Zerfall der Kernhülle nur teilweise begonnen, aber nicht fertiggestellt würden. Zweitens ist das Zellzyklus-Kontrollsystem bemerkenswert robust und verlässlich, was dem System ermöglicht, unter einer Vielzahl von Bedingungen effektiv zu arbeiten, und dies sogar dann, wenn einige Komponenten ausfallen. Schließlich ist das Kontrollsystem äußerst anpassungsfähig und kann so modifiziert werden, dass es zu bestimmten Zellarten passt oder dass es auf spezifische intrazelluläre oder extrazelluläre Signale reagiert.

In den meisten eukaryotischen Zellen steuert das Zellzyklus-Kontrollsystem das Voranschreiten des Zellzyklus an drei wichtigen Regulationsübergängen (s. **Abb. 17.8**). Der erste ist der Start (oder der Restriktionspunkt) in der späten G_1-Phase, wo sich die Zelle darauf festlegt, in den Zellzyklus einzutreten und die Chromosomen zu verdoppeln. Der zweite ist der **G_2/M-Übergang**, an dem das Kontrollsystem die frühen mitotischen Ereignisse auslöst, die zur Ausrichtung der Chromosomen an der Mitosespindel in der Metaphase führen. Der dritte Kontrollpunkt ist der **Metaphase-zu-Anaphase-Übergang**, an dem das Kontrollsystem die Trennung der Schwesterchromatiden auslöst; dies führt zum Abschluss der Mitose und zur Cytokinese. Das Kontrollsystem blockiert den Durchgang durch jeden dieser Übergänge, falls es Probleme innerhalb oder außerhalb der Zelle bemerkt. Wenn das Kontrollsystem beispielsweise Probleme bei der Fertigstellung der DNA-Replikation wahrnimmt, hält es die Zelle solange am G_2/M-Übergang an, bis diese Probleme gelöst sind. Wenn die extrazellulären Bedingungen für die Zellproliferation ungeeignet sind, dann blockiert das Kontrollsystem in ähnlicher Weise das Durchschreiten des Starts; dadurch wird die Zellteilung so lange verhindert, bis die Bedingungen günstiger werden.

17.2.2 Das Zellzyklus-Kontrollsystem hängt von zyklisch aktivierten, Cyclin-abhängigen Proteinkinasen ab

Die zentralen Bestandteile des Zellzyklus-Kontrollsystems sind Mitglieder einer Familie von Proteinkinasen, die als **Cyclin-abhängige Kinasen** (**Cdks**, engl. ***cyclin-dependent kinases***) bezeichnet werden. Die Aktivitäten dieser Kinasen steigen und fallen, wenn die Zelle den Zyklus durchläuft; dies führt zu zyklischen Änderungen der Phosphorylierung intrazellulärer Proteine, die wichtige Vorgänge des Zellzyklus einleiten oder regulieren. Beispielsweise erhöht ein Anstieg der Cdk-Aktivität am G_2/M-Übergang die Phosphorylierung der Proteine, die die Chromosomenkondensation, den Abbau der Kernhülle, den Spindelaufbau und andere Ereignisse, die in der frühen Mitose auftreten, regulieren.

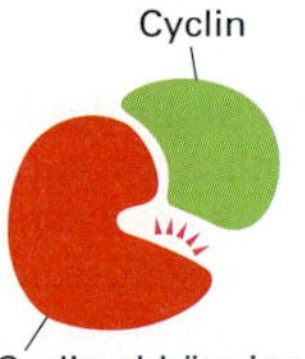

Abb. 17.9 Zwei Schlüsselkomponenten des Zellzyklus-Kontrollsystems. Wenn ein Cyclin mit einer Cdk einen Komplex bildet, dann wird die Proteinkinase dazu aktiviert, spezifische Zellzyklusereignisse anzukurbeln. Ohne ein Cyclin ist eine Cdk nicht aktiv.

Die zyklischen Schwankungen der Cdk-Aktivität werden durch ein komplexes Ensemble von anderen Proteinen kontrolliert. Die wichtigsten dieser Cdk-Regulatoren sind als **Cycline** bekannte Proteine. Die Aktivität der Cdks, wie der Name schon nahelegt, hängt von den Cyclinen ab. Sind die Cdks nicht fest an Cycline gebunden, sind sie nicht als Proteinkinasen aktiv (**Abb. 17.9**). Cycline erhielten ihren Namen nach der Beobachtung,

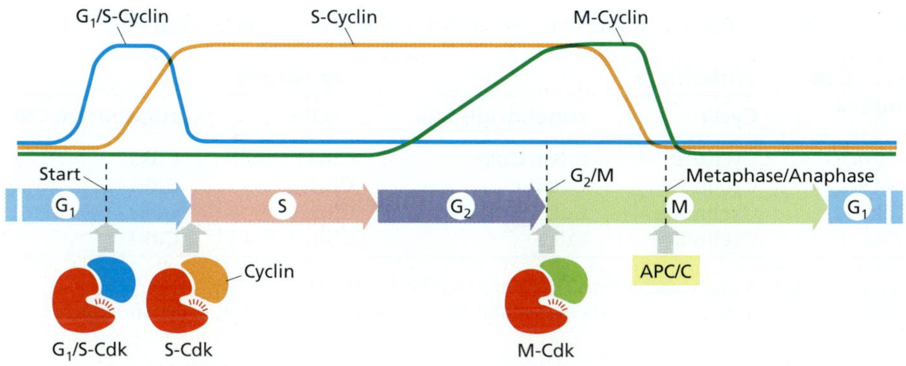

Abb. 17.10 Cyclin–Cdk-Komplexe des Zellzyklus-Kontrollsystems. Die Konzentrationen der drei wichtigsten Cyclinarten schwanken während des Zellzyklus, während sich die Konzentrationen der Cdks (nicht gezeigt) nicht ändern und die Cyclinmengen übersteigen. In der späten G_1-Phase führen die ansteigenden G_1/S-Cyclin-Spiegel zur Bildung von G_1/S-Cdk-Komplexen, die den Start-Übergang ankurbeln. S-Cdk-Komplexe bilden sich später in G_1 und lösen die DNA-Replikation sowie einige frühe Mitosevorgänge aus. Während der G_2-Phase bilden sich M-Cdk-Komplexe, werden aber im inaktiven Zustand gehalten. Diese Komplexe werden am Ende der G_2-Phase aktiviert und lösen am G_2/M-Übergang den Eintritt in die Mitose aus. Ein einziger Regulatorproteinkomplex, APC/C, leitet den Übergang von der Metaphase zur Anaphase ein, was wir später noch besprechen werden.

dass sie im Laufe eines jedes Zellzyklus selbst einem Zyklus aus Auf- und Abbau unterliegen. Im Gegensatz dazu sind die Cdk-Spiegel konstant. Die periodischen Schwankungen der Cyclinspiegel führen dazu, dass **Cyclin–Cdk-Komplexe** periodisch in bestimmten Phasen des Zellzyklus zusammengebaut und aktiviert werden.

Nach der Stufe des Zellzyklus, in der sie an Cdks binden und ihre Funktion ausüben, werden drei Hauptklassen von Cyclinen unterschieden (**Abb. 17.10**):

1. **G1/S-Cycline** aktivieren Cdks in der späten G_1-Phase und helfen dadurch, den Durchgang durch den Start auszulösen; dadurch wird die Zelle auf den Eintritt in den Zellzyklus festgelegt. Ihre Konzentrationen fallen in der S-Phase ab.
2. **S-Cycline** binden bald nach dem Start-Durchgang Cdks und helfen mit, die Chromosomenduplikation anzuregen. Die S-Cyclin-Konzentrationen bleiben bis zur Mitose erhöht, und diese Cycline tragen auch zur Kontrolle einiger früher mitotischer Vorgänge bei.
3. **M-Cycline** aktivieren Cdks, die am G_2/M-Übergang den Eintritt in die Mitose stimulieren. In der Mitte der Mitose nimmt die Konzentration der M-Cycline ab.

In den meisten Zellen hilft eine vierte Klasse von Cyclinen, die **G_1-Cycline**, die Aktivitäten der G_1/S-Cycline zu lenken; Letztere steuern das Durchlaufen des Starts am Ende von G_1. Extrazelluläre Signale, die die Zellproliferation stimulieren, wirken zum Teil durch die vermehrte Herstellung von G_1-Cyclinen, wie wir später in diesem Kapitel noch sehen werden.

In Hefezellen kann eine einzige Cdk alle Cyclinklassen binden und verschiedene Zellzyklusvorgänge auslösen, indem sie den Cyclinpartner je nach Zellzyklusphase wechselt. In Wirbeltierzellen gibt es dagegen vier Cdks. Zwei arbeiten mit den G_1-Cyclinen zusammen, eine mit den G_1/S- und den S-Cyclinen und eine mit den S- und M-Cyclinen. Wir werden im weiteren Verlauf des Kapitels die verschiedenen Cyclin–Cdk-Komplexe einfach als **G_1-Cdk**, **G1/S-Cdk**, **S-Cdk** und **M-Cdk** bezeichnen. Die Namen der verschiedenen Cdks und Cycline sind in **Tab. 17.1** aufgeführt.

Die Bindung eines Cyclins allein aktiviert die zugehörige Cdk nicht vollständig. Dazu ist eine separate Kinase, die Cdk-aktivierende Kinase (CAK), notwendig. Sie phosphoryliert eine Aminosäure in der Nähe des Zugangs zum Aktiven Zentrum der Cdk. Dies

Tab. 17.1 Die wichtigsten Cycline und Cdks in Wirbeltieren und in der Sprosshefe.

Cyclin–Cdk-Komplex	Wirbeltiere		Sprosshefe	
	Cyclin	zugehörige Cdk	Cyclin	zugehörige Cdk
G_1-Cdk	Cyclin D[a]	Cdk4, Cdk6	Cln3	Cdk1[b]
G_1/S-Cdk	Cyclin E	Cdk2	Cln1, 2	Cdk1
S-Cdk	Cyclin A	Cdk2, Cdk1[b]	Clb5, 6	Cdk1
M-Cdk	Cyclin B	Cdk1	Clb1, 2, 3, 4	Cdk1

(*a*) Säugetiere haben drei verschiedene D-Cycline (Cyclin D1, D2, D3).
(*b*) Ursprünglich wurde Cdk1 in Wirbeltieren und der Spalthefe Cdc2 genannt, in der Sprosshefe Cdc28.

bewirkt eine Konformationsänderung, die die Aktivität der Cdk-Untereinheit stark erhöht (**Abb. 17.11**). Die CAK-Aktivität ist während des gesamten Zellzyklus konstant, sodass diese Modifikation konstitutiv während des gesamten Zyklus auftritt.

In bestimmten Stadien des Zellzyklus hemmt die Phosphorylierung an einem Aminosäurepaar nahe des Aktiven Zentrums der Kinase durch eine Proteinkinase namens **Wee1** die Cdk-Aktivität. Die Dephosphorylierung dieser Stellen durch eine Phosphatase namens **Cdc25** erhöht die Cdk-Aktivität (**Abb. 17.12**). Dieser Regulationsmechanismus ist, wie wir später noch sehen werden, besonders wichtig für die schnelle Aktivierung der M-Cdk-Aktivität zu Beginn der Mitose.

Die Aktivitäten der G_1/S- und S-Cdks am Anfang des Zellzyklus werden zum Teil durch **Cdk-Inhibitorproteine (CKIs)** gesteuert. Diese kleinen Proteine legen sich um den Cyclin–Cdk-Komplex und bewirken eine Umstrukturierung im Aktiven Zentrum der Cdk, die sie inaktiv macht (**Abb. 17.13**).

17.2.3 Proteinphosphatasen kehren die Wirkung der Cdks um

Wie wir in den Kapiteln 3 und 15 gelernt haben, wird die Proteinphosphorylierung nicht nur von den Proteinkinasen gesteuert, die Phosphat anhängen, sondern auch von den Proteinphosphatasen, die Phosphat entfernen. Phosphatasen, die die Wirkung von Cdks und anderen Kinasen rückgängig machen, sind daher die Hauptakteure im Zellzyklus-Kontrollsystem.

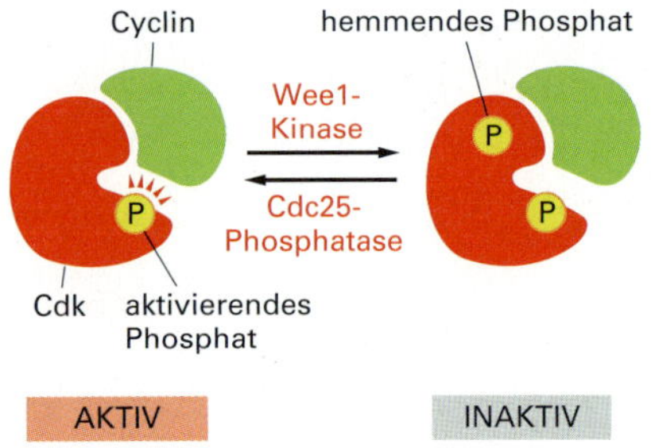

Abb. 17.12 Kontrolle der Cdk-Aktivität durch hemmende Phosphorylierung. Der aktive Cyclin–Cdk-Komplex wird abgeschaltet, wenn die Kinase Wee1 zwei nebeneinanderliegende Aminosäurereste oberhalb des Aktiven Zentrums phosphoryliert. Werden diese beiden Phosphatreste durch die Phosphatase Cdc25 entfernt, wird der Cyclin–Cdk-Komplex wieder aktiv. Der Einfachheit halber ist nur eines der beiden hemmenden Phosphate gezeigt. Das aktivierende Phosphat wird, wie in **Abb. 17.11** gezeigt, durch CAK übertragen.

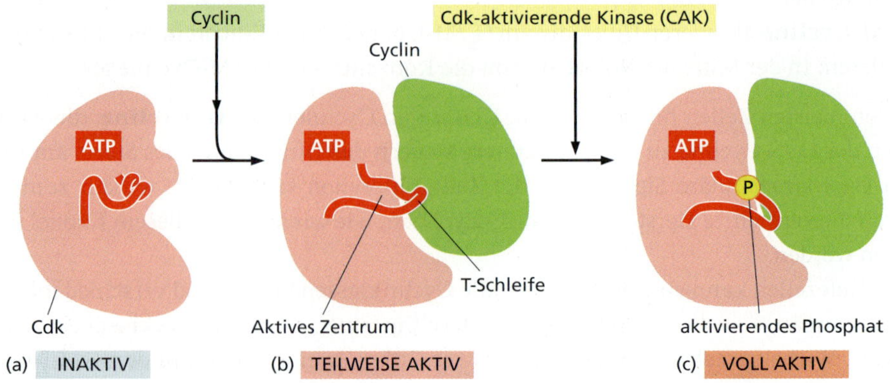

Abb. 17.11 Die strukturellen Grundlagen der Cdk-Aktivierung. Diese Darstellung beruht auf den dreidimensionalen Strukturen von menschlicher Cdk2 und Cyclin A, die durch Röntgenkristallographie bestimmt wurden. Die ATP-Bindungsstelle ist angegeben. Das Enzym ist in drei verschiedenen Zuständen dargestellt: (a) Im inaktiven Zustand, ohne gebundenes Cyclin, wird das Aktive Zentrum durch eine bestimmte Region des Cdk2-Proteins, die T-Schleife (*rot*), verdeckt. (b) Durch die Bindung von Cyclin wird die T-Schleife aus dem Aktiven Zentrum herausgeschwenkt und Cdk2 teilweise aktiviert. (c) Die Phosphorylierung von Cdk2 (durch CAK) an einem Threoninrest der T-Schleife führt zu einer Änderung der Form der T-Schleife. Das Enzym kann seine Substrate besser binden, seine Aktivität nimmt nochmals zu.

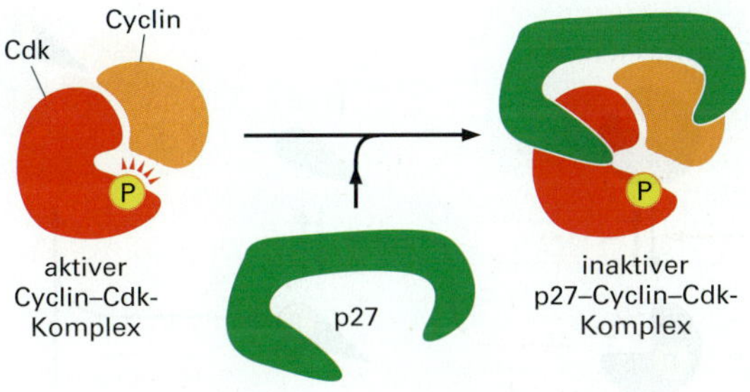

Abb. 17.13 Hemmung eines Cyclin–Cdk-Komplexes durch einen CKI. Diese Darstellung beruht auf der dreidimensionalen Struktur des menschlichen Cyclin-A–Cdk2-Komplexes gebunden an den CKI p27, die durch Röntgenkristallographie bestimmt wurde. p27 bindet sowohl die Cyclin- als auch die Cdk-Untereinheit des Komplexes, wodurch das Aktive Zentrum der Cdk verzerrt wird. Außerdem überlagert es die ATP-Bindestelle, was die Enzymaktivität noch weiter hemmt.

Man kann sich das Niveau der Proteinphosphorylierung wie den Wasserstand in einem Waschbecken vorstellen, der von der Geschwindigkeit des Wasserzuflusses durch den Wasserhahn (Proteinkinaseaktivität) und der Ablaufgeschwindigkeit durch den Abfluss (Phosphataseaktivität) abhängt. Der schnellste Weg, den Wasserstand zu erhöhen, besteht darin, den Abfluss zu verschließen, während gleichzeitig der Wasserzufluss durch den Wasserhahn erhöht wird. Wir werden nämlich sehen, dass die Aktivität der Phosphatasen tendenziell abnimmt, wenn die Cdk-Aktivität zunimmt, was zu einem kräftigeren Anstieg des Phosphorylierungszustands der Proteine führt.

Die **Proteinphosphatase 2 A (PP2A)** ist ein besonders wichtiger Regulator von Cdk-Substraten während des Zellzyklus. Dieses Enzym, das aus drei Untereinheiten besteht, kommt in mehreren Formen vor, je nach Identität einer Untereinheit, der sogenannten regulatorischen Untereinheit oder B-Untereinheit (**Abb. 17.14**). Die B-Untereinheit beeinflusst die Substratselektivität, die Lokalisierung und die Regulation des Enzyms. Zwei B-Untereinheiten, B55 und B56, sind die wichtigsten.

Die Zellzyklusregulierung durch PP2A, die mit der Untereinheit B55 verbunden ist, ist besonders gut verstanden und veranschaulicht, wie gegensätzliche Cdk- und Phosphatase-Aktivitäten während des Zellzyklus koordiniert werden. Die Aktivität von PP2A-B55 ist während der Interphase hoch, wird aber während der frühen Mitose gehemmt, wenn die M-Cdk-Aktivität ansteigt. Der zugrunde liegende Mechanismus ist konzeptionell einfach: M-Cdk schaltet PP2A-B55 über die Phosphorylierung einer zwischengeschalteten Proteinkinase namens *Greatwall* aus (**Abb. 17.15**). Infolgedessen ist die Kinaseaktivität von M-Cdk in der frühen Mitose relativ ungehemmt und trägt zur schnellen Phosphorylierung von M-Cdk-Substraten bei. Wenn die Anaphase eingeleitet wird und die M-Cdk-Aktivität nach der Zerstörung der Cycline abnimmt, funktioniert das System umgekehrt: PP2A-B55 wird reaktiviert und fördert die schnelle Dephosphorylierung von Cdk-Substraten während der Anaphase und Telophase.

17.2.4 Hunderte von Cdk-Substraten werden in einer festgelegten Reihenfolge phosphoryliert

Cdks katalysieren die Phosphorylierung von Hunderten von verschiedenen Proteinen in der Zelle. Es ist jedoch klar, dass diese Proteine nicht alle zur gleichen Zeit phosphoryliert sind: Proteine, die die DNA-Replikation in der frühen S-Phase auslösen, werden zum Beispiel viel früher phosphoryliert als Proteine, die den Spindelaufbau in der frühen Mitose fördern. Wie wird die richtige Reihenfolge der Substratphosphorylierung erreicht? Die Antwort ist nur teilweise bekannt. Erstens ist klar, dass Cycline nicht nur einfach den Cdk-Partner aktivieren, sondern ihn auch auf bestimmte Zielproteine lenken. Die Oberfläche jedes Cyclins enthält eine Bindungsstelle für kurze Aminosäuresequenzen, die auf bestimmten Cdk-Substraten zu finden sind. Infolgedessen wechselwirkt jeder Cyclin–Cdk-Komplex enger mit spezifischen Zielen: S-Cdk zum Beispiel hat eine

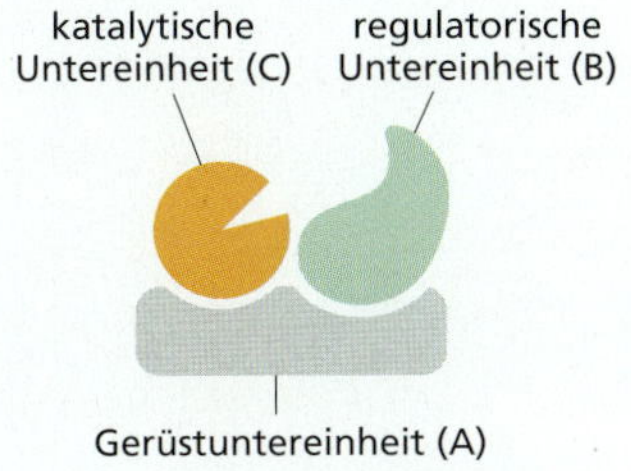

Abb. 17.14 Struktur der Phosphatase PP2A. PP2A ist aus drei Untereinheiten aufgebaut. Die beiden Kernuntereinheiten beinhalten die kleine katalytische Untereinheit und eine große strukturelle Untereinheit, die Gerüst genannt wird. Das Dimer assoziiert mit einer von mehreren verschiedenen regulatorischen Untereinheiten, die in der Nähe des Aktiven Zentrums der katalytischen Untereinheit angeordnet werden und seine Interaktion mit den Substraten beeinflussen kann.

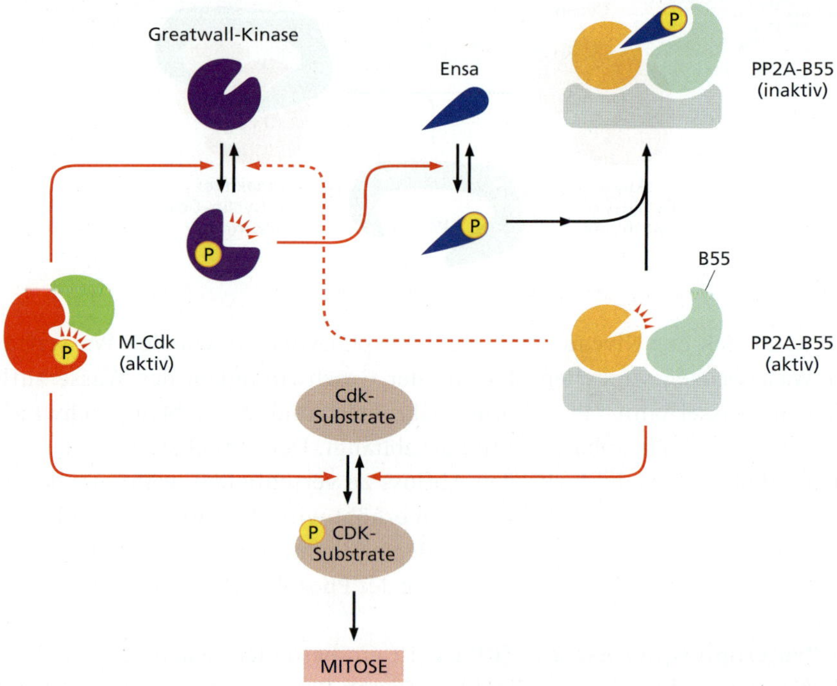

Abb. 17.15 Kontrolle der PP2A-B55-Aktivität in der Mitose. Vor der Mitose ist PP2A-B55 aktiv und trägt dazu bei, die Phosphorylierung von M-Cdk-Zielen zu verringern. Wenn die M-Cdk-Aktivität zu Beginn der Mitose ansteigt, phosphoryliert sie eine andere Proteinkinase namens Greatwall und aktiviert sie dadurch. Diese Kinase wiederum phosphoryliert ein kleines Protein namens Ensa, das eng an PP2A-B55 bindet und die Phosphataseaktivität hemmt. Dadurch inaktiviert M-Cdk seinen Gegenspieler. Als zusätzliche Verflechtung kommt hinzu, dass PP2A-B55 Greatwall dephosphorylieren kann (*gestrichelte Linie*) und damit seinen eigenen Inhibitor hemmen kann – eine Form der positiven Rückkopplung. Auf die Auswirkungen dieser Rückkopplung wird in einem späteren Abschnitt eingegangen.

hohe Affinität für DNA-Replikationsproteine und phosphoryliert diese Proteine daher mit hoher Geschwindigkeit, während es für mitotische Ziele eine niedrige Affinität aufweist und diese im Grunde ignoriert. Es ist daher wahrscheinlich, dass die Reihenfolge der Substratphosphorylierung zum Teil von der zeitlichen Koordinierung der Aktivierung der einzelnen Cyclin–Cdk-Komplexe abhängt.

Die Cyclin-Spezifität ist jedoch nicht alles. Selbst ein und derselbe Cyclin–Cdk-Komplex kann zu verschiedenen Zeiten im Zyklus unterschiedliche Wirkungen hervorrufen, was darauf hindeutet, dass ein einzelnes Enzym verschiedene Ziele in einer bestimmten Reihenfolge phosphoryliert. Diese Reihenfolge resultiert wahrscheinlich aus Unterschieden in der Affinität der Wechselwirkungen zwischen dem Aktiven Zentrum der Cdk und dem Substrat; Substrate mit hoher Affinität werden früher phosphoryliert. Die Gesamtmenge der Enzymaktivität ist ebenfalls wichtig: Die M-Cdk-Aktivität zum Beispiel steigt weiter an, wenn die Zelle die Mitose durchläuft. Eine höhere Aktivität könnte für die Phosphorylierung bestimmter Ziele mit niedriger Affinität erforderlich sein, die später in der Mitose phosphoryliert werden.

Schließlich dürfen wir nicht vergessen, dass der Zeitpunkt der Proteinphosphorylierung auch von den Gegenspielern, den Phosphatasen, abhängt, die alle jeweils unterschiedliche Aktivierungszeiten, Lokalisierungen und Affinitäten für bestimmte Ziele haben. Mit all diesen mitspielenden Faktoren ist es leicht zu erkennen, dass eine Kombination von Mechanismen wahrscheinlich die perfekt zeitlich abgestimmte Choreographie der Proteinphosphorylierung während des Zellzyklus erzeugt. Diese Mechanismen zu entwirren, ist ein wichtiges Ziel der aktuellen Forschung.

17.2.5 Die wie durch „Schalter" eingeleiteten Übergänge im Zellzyklus kommen durch positive Rückkopplung zustande

Wie bereits erwähnt, ist ein Schlüsselmerkmal des Zellzyklus-Kontrollsystems seine Fähigkeit, binäre „Alles oder nichts"-Entscheidungen zu treffen: Das Durchlaufen jedes wichtigen Zellzyklus-Übergangs ist eine vollständige, unumkehrbare Verpflichtung. Das Zellzyklus-Kontrollsystem erreicht dieses Verhalten durch den Einsatz von positiven Rückkopplungen. Wie wir in den Kapiteln 8 und 15 erörtert haben, wird die positive Rückkopplung bei der Zellsteuerung häufig eingesetzt, um zuverlässige, regulierende Alles-oder-nichts-Wirkungen zu erzielen. Dieser Mechanismus ist gut geeignet, um das Schalter-ähnliche Verhalten zu erzeugen, das für die Zellzyklusprogression so entscheidend ist.

Die Aktivierung von M-Cdk am G_2/M-Übergang stellt das am besten verstandene Beispiel für eine positive Rückkopplung bei der Steuerung des Zellzyklus dar. Die M-Cdk-Aktivierung beginnt mit der Anhäufung von M-Cyclin während G_2, was zu einer entsprechenden Anhäufung von M-Cdk-Komplexen führt, wenn sich die Zelle der Mitose nähert. Obwohl die Cdk-Untereinheit in diesen Komplexen, wie bereits erwähnt, an einer aktivierenden Stelle durch die Cdk-aktivierende Kinase (CAK) phosphoryliert wird, hält die Proteinkinase Wee1 sie durch hemmende Phosphorylierung an zwei benachbarten Stellen in einem inaktiven Zustand (s. **Abb. 17.12**). Zu dem Zeitpunkt, an dem die Zelle das Ende von G_2 erreicht, verfügt sie also über einen reichlichen Vorrat an M-Cdk, die in den Startlöchern steht, aber durch Phosphate gehemmt wird, indem diese das Aktive Zentrum der Kinase blockieren.

Was also bewirkt die Aktivierung der M-Cdk-Vorräte? Das entscheidende Ereignis ist die Aktivierung der Proteinphosphatase Cdc25, die die hemmenden Phosphate entfernt, welche M-Cdk hemmen (**Abb. 17.16**). Zugleich wird die hemmende Aktivität der Kinase Wee1 unterdrückt, womit weiter sichergestellt ist, dass die Aktivität von M-Cdk zunimmt. Bemerkenswert ist, dass Cdc25 zumindest teilweise durch sein Ziel, M-Cdk, aktiviert wird. M-Cdk hemmt auch die inhibierende Kinase Wee1. Die Fähigkeit von M-Cdk seinen eigenen Aktivator (Cdc25) zu aktivieren und seinen eigenen Inhibitor (Wee1) zu hemmen, führt zu einer positiven Rückkopplung (s. **Abb. 17.16**). Das Ergebnis ist, dass alle M-Cdk-Komplexe in der Zelle schnell und irreversibel aktiviert werden, was zu einer schnellen Phosphorylierung der vielen Proteine führt, die die frühen Ereignisse der Mitose steuern.

Wie bei allen Systemen mit positiver Rückkopplung muss es einen externen Auslösemechanismus geben, der die Rückkopplungsschleife anfangs in Gang setzt, in diesem Fall ein geringer Anstieg der Cdc25-Aktivität. Der mitotische Auslöser ist nicht genau bekannt, aber eine wahrscheinliche Möglichkeit ist, dass die S-Cdks, die in der G_2-Phase und in der frühen Prophase aktiv sind, die Cdc25-Aktivierung anschieben.

Wie bereits erwähnt, hängt die erhöhte Proteinphosphorylierung in der frühen Mitose auch von der Fähigkeit der M-Cdk ab, die Phosphatase PP2A-B55 über die Proteinkinase Greatwall zu hemmen (s. **Abb. 17.15**). Bemerkenswert ist, dass PP2A-B55 durch Dephosphorylierung seines Inhibitors „zurückschlagen" kann, weil es dadurch Greatwall hemmt. Dieser *gegenseitige Antagonismus* ist im Grunde eine Form der positiven Rückkopplung: Wenn eine geringe Menge von Greatwall durch eine Erhöhung der Konzentration an M-Cdk aktiviert wird, führt die daraus resultierende Hemmung von PP2A-B55 zur verstärkten Greatwall-Phosphorylierung und -Aktivierung. Das System schaltet dadurch abrupt in einen Zustand geringer PP2A-B55-Aktivität.

Ein faszinierendes Merkmal dieses Systems ist, dass PP2A-B55 auch ein Inhibitor der M-Cdk-Aktivierung ist, da es sowohl Cdc25 als auch Wee1 dephosphoryliert, was die Inaktivierung von Cdc25 bzw. die Aktivierung von Wee1 bewirkt (s. **Abb. 17.16**). M-Cdk und PP2A-B55 sind somit funktionelle Gegenspieler, was eine weitere Ebene der positiven

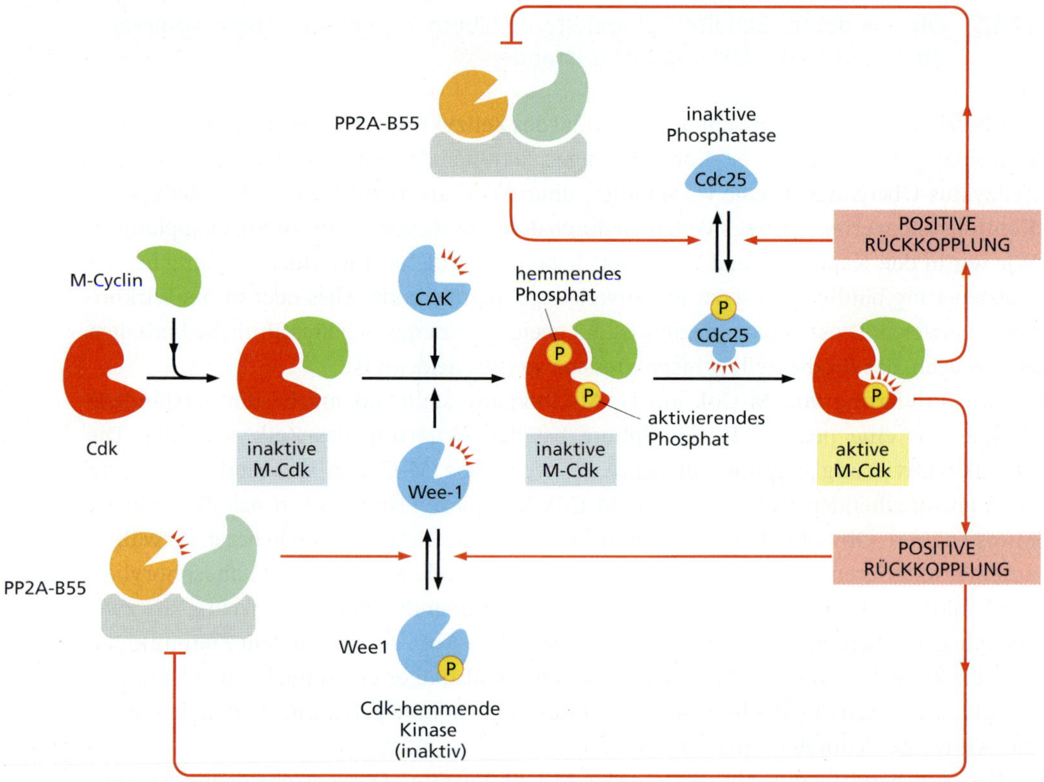

Abb. 17.16 **Positive Rückkopplung bei der M-Cdk-Aktivierung.** Cdk1 assoziiert mit M-Cyclin während der M-Cyclin-Spiegel allmählich ansteigt. Der entstehende M-Cdk-Komplex wird an einer aktivierenden Stelle durch die Cdk-aktivierende Kinase (CAK) und an einem Paar inhibitorischer Stellen durch die Kinase Wee1 phosphoryliert (der Einfachheit halber ist nur ein hemmendes Phosphat dargestellt). Der resultierende inaktive M-Cdk-Komplex wird dann am Ende von G_2 durch die Phosphatase Cdc25 aktiviert. Cdc25 wird durch aktive M-Cdk weiter stimuliert, was zu einer positiven Rückkopplung führt. Diese Rückkopplung wird durch die Fähigkeit von M-Cdk zur Hemmung von Wee1 verstärkt. Die Phosphorylierung sowohl von Cdc25 als auch von Wee1 wird durch die Phosphatase PP2A-B55 rückgängig gemacht. Wie bereits beschrieben, wird diese Phosphatase durch M-Cdk inaktiviert (s. **Abb. 17.15**), wodurch ein weiterer Mechanismus, durch den M-Cdk sich selbst aktiviert, zur Verfügung steht.

Rückkopplung erzeugt. Das Gesamtergebnis ist ein außergewöhnlicher Regelkreis, in dem zwei positive Rückkopplungsschleifen selbst durch positive Rückkopplung verbunden sind (**Abb. 17.17**). Integrierte Rückkopplungssysteme dieser Art erzeugen einen zuverlässigen biochemischen Schalter, der selbst dann funktioniert, wenn einige seiner Komponenten ausfallen.

Die Dephosphorylierung von M-Cdk-Substraten ist entscheidend für das vollständige Ablaufen von Mitose und Cytokinese. Die positiven Rückkopplungsschleifen, die die Phosphorylierung in der frühen Mitose fördern, können in der Anaphase in den entsprechenden Dephosphorylierungszustand umgeschaltet werden, wenn M-Cdk durch den Abbau von Cyclinen abrupt inaktiviert wird. Als Nächstes besprechen wir diese Mechanismen der Cyclin-Zerstörung.

17.2.6 Der anaphasefördernde Komplex/Cyclosom (APC/C) löst den Übergang von der Metaphase zur Anaphase aus

Während die Aktivierung spezifischer Cyclin–Cdk-Komplexe den Durchtritt durch den Start und den G_2/M-Übergang antreibt (s. **Abb. 17.10**), wird der Übergang von der Metaphase zur Anaphase nicht durch eine Proteinphosphorylierung, sondern durch Proteinabbau angetrieben, was zur letzten Phase der Zellteilung führt.

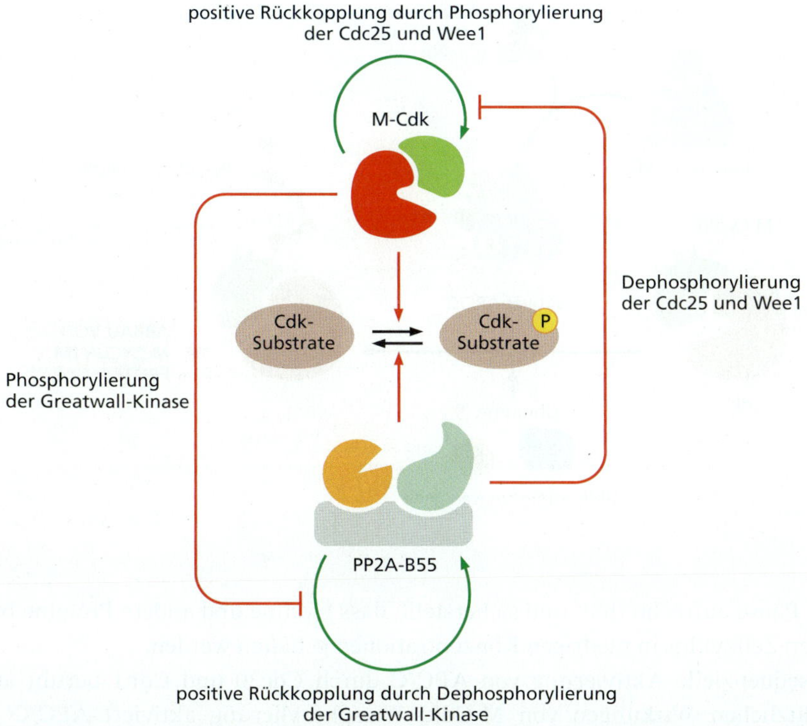

Abb. 17.17 Der Mitose-Regelkreis. Dieses Diagramm fasst die Interaktionen zusammen, die in den Abb. 17.15 und 17.16 gezeigt sind. M-Cdk und PP2A-B55 werden jeweils durch positive Rückkopplung aktiviert (*grün*). Sie hemmen sich auch gegenseitig (*rot*). Das Ergebnis ist ein integriertes System aus mehreren positiven Rückkopplungsschleifen. Es bleibt noch viel über andere Mechanismen und Moleküle herauszufinden, die in dieses System in der frühen und späten Mitose einfließen.

Der wichtigste Regulator des Übergangs von der Metaphase zur Anaphase ist der **anaphasefördernde Komplex** (engl. ***anaphase-promoting complex***) oder das **Cyclosom** (daher als **APC/C** abgekürzt) – ein Mitglied der Ubiquitin-Ligase-Enzymfamilie. Wie in Kapitel 3 erörtert, werden Ubiquitin-Ligasen bei zahlreichen Zellvorgängen eingesetzt, um den proteolytischen Abbau bestimmter Regulatorproteine anzuregen. Sie polyubiquitinieren spezifische Zielproteine, was deren Abbau im Proteasom zur Folge hat. Andere Ubiquitin-Ligasen markieren Proteine nicht zum Abbau, sondern für andere Zwecke (in Kapitel 3 erörtert).

APC/C katalysiert die Ubiquitinierung und den Abbau von zwei wichtigen Proteinen. Das erste ist *Securin*: seine Zerstörung in der Metaphase aktiviert eine Protease, die die Schwesterchromatidenpaare trennt und die Anaphase auslöst (wie später noch beschrieben wird). Die S- und M-Cycline sind die zweitwichtigsten Ziele des APC/C. Die Zerstörung dieser Cycline inaktiviert die meisten Cdks in der Zelle (s. Abb. 17.10). Als Folge davon werden die vielen in der S-Phase bis zur frühen Mitose durch Cdks phosphorylierten Proteine durch PP2A und andere Phosphatasen in der Anaphase-Zelle dephosphoryliert. Diese Dephosphorylierung der Cdk-Ziele ist für die Vollendung der M-Phase, einschließlich der letzten Mitoseschritte und der Cytokinese, erforderlich.

Die APC/C-Aktivität nimmt in der Mitte der Mitose zu und bleibt in der G_1-Phase hoch. Die Aktivierung hängt hauptsächlich von der Assoziation mit einer von zwei aktivierenden Untereinheiten ab: **Cdc20** oder **Cdh1**. Diese Untereinheiten sind aus zwei Gründen für die Aktivität von APC/C unverzichtbar. Erstens verursacht ihre Bindung eine Konformationsänderung, die die Enzymaktivität verstärkt. Zweitens stellen sie die Hauptbindungsstelle für die Proteinsubstrate des Enzyms dar. Aktivatoren wechselwirken mit kurzen Aminosäuresequenzen auf den APC/C-Substraten, wodurch sie an Ort und Stelle festgehalten werden, während APC/C Polyubiquitinketten auf dem Ziel bildet (Abb. 17.18).

Die beiden Untereinheiten des APC/C-Aktivators wechselwirken nacheinander mit dem APC/C. Als erstes wirkt Cdc20 in der Metaphase, um den Abbau von Securin und Cyclinen auszulösen, was zur Chromosomentrennung in der Anaphase führt. Cdc20 wird dann durch Cdh1 ersetzt, das die APC/C-Aktivität während der späten Mitose

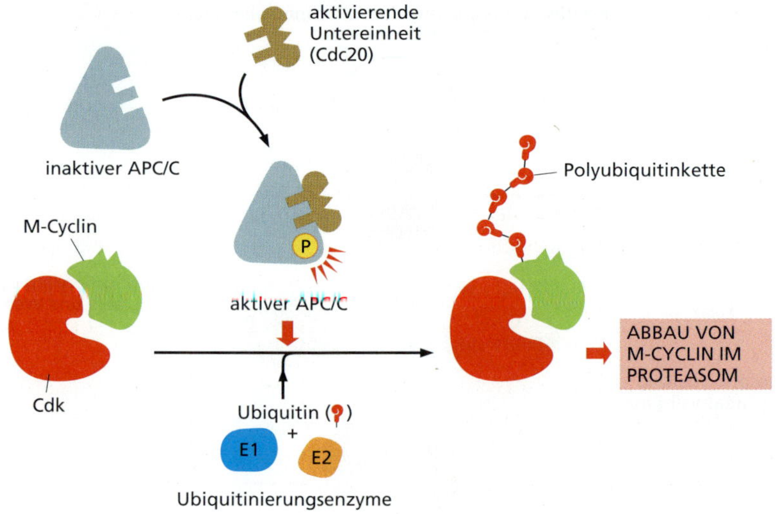

Abb. 17.18 Kontrolle der Proteolyse durch APC/C. APC/C wird in der Metaphase durch Verbindung mit Cdc20 aktiviert, das spezifische Aminosäuresequenzen auf M-Cyclin und anderen Zielproteinen erkennt. Mithilfe von zwei weiteren Proteinen namens E1 und E2 (s. Kapitel 3) lagert APC/C Polyubiquitinketten an das Zielprotein. Das polyubiquitinierte Ziel wird dann erkannt und in einem Proteasom abgebaut.

und G_1-Phase aufrechterhält und sicherstellt, dass Cycline und andere Proteine bis zum nächsten Zellzyklus in niedrigen Konzentrationen gehalten werden.

Die sequenzielle Aktivierung von APC/C durch Cdc20 und Cdh1 beruht auf den gegensätzlichen Wirkungen von M-Cdk: Phosphorylierung aktiviert APC/C–Cdc20 und hemmt APC/C–Cdh1. Als Folge davon wird APC/C–Cdc20 angeschaltet, wenn die M-Cdk-Konzentrationen in der frühen Mitose ansteigen, während APC/C–Cdh1 erst aktiviert wird, wenn die M-Cdk-Aktivität aufgrund des Abbaus von Cyclinen in der Anaphase abnimmt (**Abb. 17.19**).

Das Zellzyklus-Kontrollsystem verwendet auch eine andere Ubiquitin-Ligase namens **SCF** (s. **Abb. 3.67**). Ihre Hauptaufgabe im Zellzyklus ist die Ubiquitinierung bestimmter CKI-Proteine in der späten G_1-Phase, wodurch sie dabei hilft, die Aktivierung der S-Cdks und die DNA-Replikation zu steuern. SCF ist außerdem für den Abbau der G1/S-Cycline in der frühen S-Phase verantwortlich.

Die SCF-Aktivität hängt von substratbindenden Untereinheiten mit der Bezeichnung F-Box-Proteine ab. Anders als die APC/C-Aktivität ist die SCF-Aktivität jedoch während des Zellzyklus konstant. Die Ubiquitinierung durch SCF wird stattdessen durch

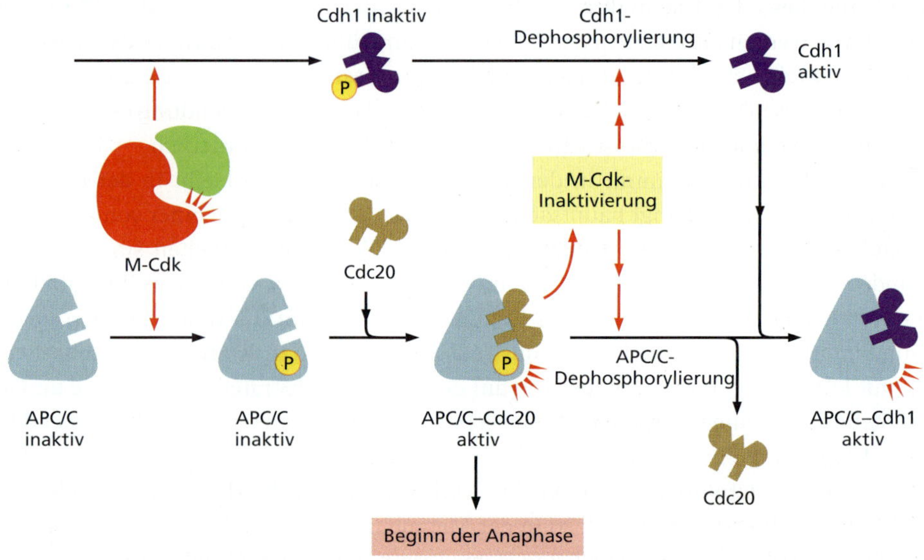

Abb. 17.19 Die aufeinanderfolgende Aktivierung von APC/C durch Cdc20 und Cdh1. M-Cdk phosphoryliert APC/C, wodurch seine Assoziation mit Cdc20 verstärkt wird. Somit löst M-Cdk nicht nur die frühen Ereignisse in der Mitose aus, die zur Metaphase führen, sondern schafft auch die Voraussetzungen für den Übergang in die Anaphase und die Zerstörung der Cycline. Dies schafft eine negative Rückkopplungsschleife: M-Cdk setzt einen Regulierungsprozess in Gang, der zu seiner eigenen Inaktivierung führt. Daraufhin folgt eine weitere negative Rückkopplung: APC/C–Cdc20 schaltet sich auch durch Inaktivierung von Cdks selbst aus, was eine Dephosphorylierung von APC/C ermöglicht. APC/C–Cdc20 wird dadurch in der Anaphase inaktiviert. APC/C bleibt während der Mitose und darüber hinaus aktiv, weil der zweite Aktivator, Cdh1, ganz anders reguliert wird: Die Phosphorylierung von Cdh1 durch Cdks hemmt seine Bindung an APC/C, wodurch es von der späten G_1 bis zur Anaphase inaktiv bleibt. Wenn Cycline in der Anaphase zerstört werden, ermöglicht die Cdk-Inaktivierung die Dephosphorylierung von Cdh1, was Cdh1 aktiviert und dadurch die Bildung von APC/C–Cdh1 stimuliert. APC/C–Cdh1 bleibt aktiv bis Cdh1 phosphoryliert wird und dadurch mit G_1/S- und S-Cdks zu Beginn des nächsten Zellzyklus inaktiviert wird.

Änderungen des Phosphorylierungszustands seiner Zielproteine kontrolliert, da F-Box-Proteine nur spezifisch phosphorylierte Proteine erkennen.

17.2.7 Die G_1-Phase ist ein stabiler Zustand der Cdk-Inaktivität

Ein regulatorisches Schlüsselereignis in der späten M-Phase ist die Inaktivierung von Cdks, die das Zellzyklus-Kontrollsystem zurücksetzt, während sich die Zelle auf den Eintritt in einen neuen Zellzyklus vorbereitet. In den meisten Zellen führt dieser Zustand der Cdk-Inaktivität zu einer stabilen G_1-Gap-Phase, in der die Zelle wächst und ihre Umgebung beobachtet, bevor sie in einen neuen Zellzyklus eintritt.

Die Zellen setzen mehrere Mechanismen ein, um die Cdk-Aktivität nach der Mitose zu unterdrücken. Ein Mechanismus hängt, wie wir gerade gesehen haben, von der APC/C–Cdh1-Aktivierung spät in der Mitose-Phase ab, die dafür sorgt, dass der Abbau der Cycline während der gesamten G_1-Phase fortgesetzt wird. Ein zweiter Mechanismus zur Unterdrückung der Cdk hängt von der erhöhten Produktion von CKIs ab, den bereits erwähnten Cdk-Inhibitorproteinen. Sprosshefezellen, bei denen dieser Mechanismus am besten verstanden ist, enthalten ein CKI-Protein namens Sic1, das in der späten Mitose und in G_1 an M-Cdk bindet und diese inaktiviert. Wie Cdh1 wird Sic1 durch M-Cdk gehemmt, die Sic1 während der Mitose phosphoryliert und dadurch dessen Ubiquitinierung durch SCF fördert. Somit hemmen sich Sic1 und M-Cdk, wie auch Cdh1 und M-Cdk, gegenseitig, was noch ein Beispiel für positive Rückkopplung darstellt. Im Ergebnis führt der Rückgang der M-Cdk-Aktivität in der späten Mitose zu einer Anhäufung des Sic1-Proteins. Dieses CKI hilft, die M-Cdk-Aktivität nach der Mitose niedrig zu halten. Ein CKI-Protein namens *p27* könnte in tierischen Zellen ähnliche Funktionen erfüllen.

In vielen Zellen trägt eine verringerte Transkription von M-Cyclin-Genen zur Verringerung der M-Cdk-Aktivität in der späten Mitose bei. In Sprosshefen zum Beispiel fördert M-Cdk die Expression dieser Gene, was zu einer weiteren positiven Rückkopplungsschleife führt. Diese Schleife wird ausgeschaltet, wenn die Zellen die Mitose verlassen: Die Inaktivierung von M-Cdk durch Cdh1 und Sic1 führt zu einer verringerten M-Cyclin-Gentranskription und damit zu einer verringerten M-Cyclin-Synthese. Genregulatorproteine, die die Expression von G_1/S- und S-Cyclinen fördern, werden während G_1 ebenfalls gehemmt.

Somit wirken die APC/C–Cdh1-Aktivität, die CKI-Anhäufung und die verringerte Cyclin-Genexpression zusammen, um sicherzustellen, dass zur Zeit der G_1-Phase die meiste Cdk-Aktivität unterdrückt wird. Wie bei vielen anderen Aspekten der Zellzykluskontrolle ermöglicht der Einsatz mehrerer Regulierungsmechanismen, dass das System mit passabler Effizienz funktioniert, selbst wenn ein Mechanismus defekt ist. Wie also entkommt die Zelle aus diesem stabilen G_1-Zustand, um einen neuen Zellzyklus einzuleiten? Die Antwort ist, dass die G1/S-Cdk-Aktivität, die spät in G_1 ansteigt, alle Bremsmechanismen löst, die die Cdk-Aktivität unterdrücken, wie wir später in diesem Kapitel noch sehen werden, wenn wir uns der Kontrolle der Zellproliferation widmen.

17.2.8 Das Zellzyklus-Kontrollsystem arbeitet als Aufeinanderfolge von biochemischen Schaltern

Tabelle 17.2 fasst einige der wichtigsten Komponenten des Zellzyklus-Kontrollsystems zusammen. Diese Proteine sind funktionell verbunden und bilden ein robustes Netzwerk, das im Wesentlichen autonom arbeitet, um eine Reihe biochemischer Schalter zu aktivieren, von denen jeder ein bestimmtes Ereignis des Zellzyklus auslöst.

Tab. 17.2 Zusammenfassung der wichtigsten Zellzyklus-Kontrollproteine.

Allgemeine Bezeichnung	Funktionen und Bemerkungen
Proteinkinasen und Proteinphosphatasen, die Cdks modifizieren	
Cdk-aktivierende Kinase (CAK)	phosphoryliert eine aktivierende Stelle in Cdks
Wee1-Kinase	phosphoryliert hemmende Stellen in Cdks; hauptsächlich an der Unterdrückung der Cdk1-Aktivität vor der Mitose beteiligt; bei Tieren gibt es noch eine verwandte Kinase, Myt1, mit ähnlichen Funktionen
Cdc25-Phosphatase	entfernt hemmende Phosphatreste von Cdks; Säuger haben drei verwandte Cdc25-Formen (Cdc25 A, B, C); hauptsächlich an der Kontrolle der Cdk1-Aktivierung zu Beginn der Mitose beteiligt
Proteinphosphatasen, die Substrate der CDKs und anderer Zellzykluskinasen dephosphorylieren	
PP2A-B55	eine der zwei Hauptformen von PP2A, die bei der Cdk-Substrat-Regulation beteiligt ist
PP2A-B56	die zweite der zwei Hauptformen von PP2A, die bei der Cdk-Substrat-Regulation beteiligt ist
PP1	zweite Phosphatasen-Hauptklasse, die bei der Cdk-Substrat-Regulation beteiligt ist
Cdk-Inhibitorproteine (CKIs)	
Sic1 (Sprosshefe)	unterdrückt die Cdk-Aktivität in G_1; die Phosphorylierung durch Cdk1 am Ende der G_1-Phase löst seine Zerstörung aus
p27 (Säuger)	unterdrückt G_1/S-Cdk- und S-Cdk-Aktivitäten in G_1; unterstützt den Ausstieg aus dem Zellzyklus zur terminalen Differenzierung; wird nach Phosphorylierung durch Cdk2 von SCF ubiquitiniert
p21 (Säuger)	unterdrückt G_1/S-Cdk- und S-Cdk-Aktivitäten nach einem DNA-Schaden
p16 (Säuger)	unterdrückt die G_1-Cdk-Aktivität in G_1; ist in Krebszellen häufig inaktiviert
Ubiquitin-Ligasen und ihre Aktivatoren	
APC/C	katalysiert die Ubiquitinierung von Kontrollproteinen, die hauptsächlich am Austritt aus der Mitose beteiligt sind, einschließlich Securin, S- und M-Cycline; wird über die Bindung der aktivierenden Untereinheiten Cdc20 oder Cdh1 reguliert
Cdc20	APC/C-aktivierende Untereinheit, die in allen Zellen vorkommt; löst die Aktivierung von APC/C am Metaphase-zu-Anaphase-Übergang aus; wird durch die M-Cdk-Aktivität stimuliert
Cdh1	APC/C-aktivierende Untereinheit, die die APC/C-Aktivität nach der Anaphase und während G_1 aufrechterhält; wird durch die Cdk-Aktivität gehemmt
SCF	setzt verschiedene substratbindende (F-Box) Untereinheiten ein, um die Ubiquitinierung von G_1-Kontrollproteinen, einschließlich mancher CKIs (Sic1 in Sprosshefe, p27 in Säugern) zu katalysieren; für diese Aktivität ist in der Regel die Phosphorylierung des Zielproteins nötig
CRL4–Cdt2	Verwandt mit SCF: katalysiert die Ubiquitinierung des Replikationsregulators Cdt1 während der S-Phase, wodurch die weitere Beladung der Mcm-Helikase am Ursprung gehemmt wird; die Zielerkennung hängt von der Assoziation mit Proteinen der Replikationsgabel ab

Wenn die Bedingungen für die Zellproliferation stimmen, dann stimulieren zahlreiche äußere und innere Signale die Aktivierung der G_1-Cdks, was wiederum die Expression der Gene anregt, die für G_1/S- und S-Cycline codieren (**Abb. 17.20**). Die sich ergebende Aktivierung der G1/S-Cdk treibt dann den Durchtritt durch den Start-Übergang an, teilweise

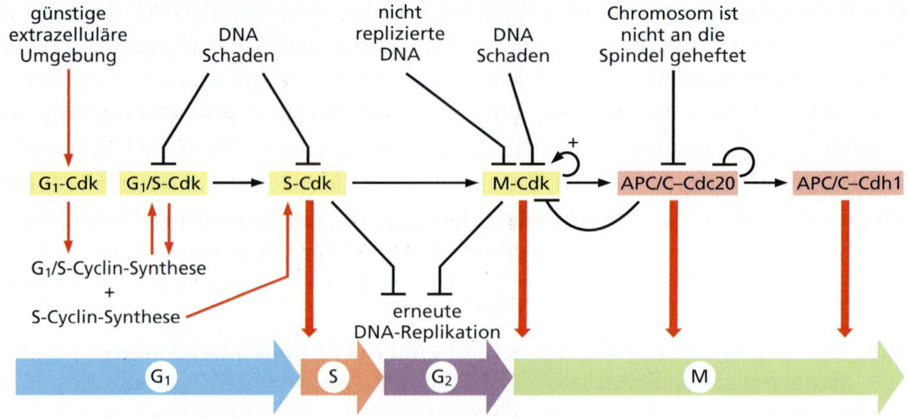

Abb. 17.20 Die aufeinanderfolgende Aktivierung von Cdks während des Zellzyklus. Das Herzstück des Zellzyklus-Kontrollsystems besteht aus einer Reihe von Cyclin–Cdk-Komplexen (*gelb*). Die Aktivität der einzelnen Komplexe wird auch durch verschiedene hemmende Mechanismen beeinflusst. Diese liefern Informationen über die extrazelluläre Umgebung, DNA-Schäden und den Spindelaufbau (*oben*). Wir werden die Mechanismen, die diesen hemmenden Effekten zugrunde liegen, später in diesem Kapitel erörtern.

durch Aussetzen vieler der inhibierenden Mechanismen, die wie zuvor besprochen Cdk-Aktivität in G_1 hemmen. Durch später zu besprechende Mechanismen lösen G_1/S-Cdks eine Welle der S-Cdk-Aktivität aus, die die Chromosomenverdopplung in der S-Phase einleitet und außerdem zur M-Cdk-Aktivierung und zu einigen frühen Vorgängen der Mitose beiträgt. Dann leitet M-Cdk das Durchschreiten durch den G_2/M-Übergang und die Vorgänge der frühen Mitose ein, was zur Anordnung der Schwesterchromatidenpaare an der Mitosespindel führt. Schließlich aktiviert M-Cdk auch APC/C–Cdc20, wodurch die Zerstörung von Securin und der Cycline ausgelöst wird – was wiederum zur Trennung der Schwesterchromatiden und den späten Ereignissen der Mitose führt. Durch die Cdk-Inaktivierung werden APC/C–Cdh1 und andere Mechanismen, die die Cdk-Aktivität unterdrücken, aktiviert, wodurch die G_1-Phase stabilisiert wird. Wir sind nun bereit, die Phasen des Zellzyklus ausführlicher zu behandeln und beginnen mit der S-Phase.

Zusammenfassung

Die Vorgänge des Zellzyklus werden durch das Zellzyklus-Kontrollsystem ausgelöst. Dieses stellt sicher, dass die Vorgänge zur richtigen Zeit und miteinander koordiniert ablaufen. Die zentralen Bestandteile des Kontrollsystems sind die Cyclin-abhängigen Kinasen (Cdks), deren Aktivität von Untereinheiten, den Cyclinen, abhängt. Periodische Schwankungen der Aktivität verschiedener Cyclin–Cdk-Komplexe steuern verschiedene Zellzyklusvorgänge. So leitet die Aktivierung von S-Phase-Cyclin–Cdk-Komplexen (S-Cdk) die S-Phase ein, während die Mitose durch Aktivierung von M-Phase-Cyclin–Cdk-Komplexen (M-Cdk) ausgelöst wird. Zu den Mechanismen, die die Aktivität der Cyclin–Cdk-Komplexe steuern, zählen die Phosphorylierung der Cdk-Untereinheit und die Bindung von Cdk-Inhibitorproteinen (CKIs). Proteinphosphatasen, einschließlich PP2A, sind die Gegenspieler der Cdks, indem sie bei der Kontrolle der Cdk-Substrat-Phosphorylierung helfen und somit auch beim Voranschreiten durch den Zellzyklus. Das Zellzyklus-Kontrollsystem hängt außerdem ganz entscheidend von einer Ubiquitin-Ligase, die APC/C genannt wird, ab. Diese katalysiert die Ubiquitinierung und infolgedessen den Abbau von Cyclinen und anderen regulatorischen Proteinen, die das Voranschreiten durch die späte Mitose kontrollieren. Diese vielen Komponenten des Zellzyklus-Kontrollsystems bilden zusammen ein kompliziertes Regelsystem, das eine Aufeinanderfolge von biochemischen Schaltern enthält, die das schrittweise Voranschreiten durch die einzelnen Phasen des Zellzyklus steuern.

17.3 S-Phase

Die linearen Chromosomen der eukaryotischen Zellen sind riesige und dynamische Strukturen aus DNA und Proteinen. Ihre Verdopplung ist ein komplexer Vorgang, der den Hauptteil des Zellzyklus beansprucht. Es muss nicht nur das lange DNA-Molekül jedes Chromosoms exakt dupliziert werden – allein schon ein bemerkenswertes Kunststück – sondern es müssen auch die Chromatinproteine jeder DNA-Region reproduziert werden; nur so ist sichergestellt, dass die Tochterzellen alle Eigenschaften der Chromosomenstruktur erben.

Das zentrale Ereignis der Chromosomenduplikation – die Replikation der DNA – stellt die Zelle vor zwei Probleme. Erstens muss die Replikation mit peinlicher Genauigkeit ablaufen, um das Risiko von Mutationen in der nächsten Zellgeneration so klein wie möglich zu halten. Zweites muss jedes Nukleotid im Genom einmal – und nur einmal – kopiert werden, um die schädigenden Auswirkungen einer Genamplifikation zu vermeiden. In Kapitel 5 behandeln wir die ausgeklügelte Proteinmaschinerie, die die DNA-Replikation mit einer erstaunlichen Geschwindigkeit und Genauigkeit ausführt. In diesem Abschnitt betrachten wir die eleganten Mechanismen, durch die das

Zellzyklus-Kontrollsystem den Replikationsvorgang einleitet und gleichzeitig verhindert, dass er sich mehr als einmal pro Zyklus abspielt.

17.3.1 S-Cdk leitet die DNA-Replikation einmal je Zyklus ein

Die DNA-Replikation beginnt, wie wir bereits in Kapitel 5 gesehen haben, an *Replikationsursprüngen* (engl. *origins of replication*), die an zahlreichen Stellen über das Chromosom verteilt liegen. Während der S-Phase beginnt die DNA-Replikation an diesen Ursprüngen, wenn DNA-Helikasen die Doppelhelix entwinden und DNA-Replikationsenzyme auf die beiden einzelsträngigen Matrizen geladen werden. Dies führt zur *Elongationsphase* der Replikation, wenn die Replikationsmaschinerie an zwei *Replikationsgabeln* vom Ursprung nach außen wandert. Um sicherzustellen, dass die Chromosomenduplikation nur einmal pro Zellzyklus stattfindet, ist die Initiation der DNA-Replikation in zwei getrennte Schritte unterteilt, die zu verschiedenen Zeiten im Zellzyklus ablaufen (**Abb. 17.21**). Der erste Schritt ereignet sich nur in der späten Mitose und frühen G_1-Phase, wenn zwei inaktive DNA-Helikasen, die man als **Mcm-Helikasen** (für engl. *minichromosome maintenance*) bezeichnet, auf den Replikationsursprung geladen werden. Dieser Schritt heißt manchmal *Lizensierung* der Replikationsursprünge, weil die Initiation der DNA-Synthese nur an mit Mcm-Helikasen beladenen Ursprüngen gestattet ist. Der zweite Schritt vollzieht sich in der S-Phase, wenn die Mcm-Helikasen hauptsächlich durch S-Cdks aktiviert werden, was zur DNA-Entwindung und zur Einleitung der DNA-Synthese führt. Sobald ein Replikationsursprung auf diese Weise aktiviert wurde, kann er nicht wiederverwendet werden, ehe neue Mcm-Helikasen an diesem Ursprung aufgeladen werden. Das neue Beladen kann nur erfolgen, wenn sich die Zelle in der späten Mitose oder G_1 befindet. Folglich können die Ursprünge nur

Abb. 17.21 Die Kontrolle der Chromosomenverdopplung. Die Vorbereitungen zur DNA-Replikation beginnen in der späten Mitose und in der G_1-Phase, wenn inaktive Mcm-Helikasen (*braun*) am Replikationsursprung (*blau*) auf die DNA geladen werden, der auch vom in **Abb. 17.22** gezeigten Ursprungserkennungskomplex besetzt ist. Der Eintritt in die S-Phase führt zur Aktivierung der Helikasen, die die DNA entwinden und andere Proteine herbeiholen, um die DNA-Replikation zu beginnen. Ausgehend von jedem Ursprung wandern zwei Replikationsgabeln, bis das gesamte Chromosom dupliziert ist (neu synthetisierte DNA in *rot*). Die duplizierten Chromosomen werden dann in der M-Phase getrennt und wenn die Zelle in die nächste G_1-Phase eintritt, werden neue Mcm-Helikasen aufgeladen. Die Schlüsselschritte bei der Kontrolle der DNA-Synthese werden durch Oszillationen in den Aktivitäten von Cdks und APC/C gesteuert.

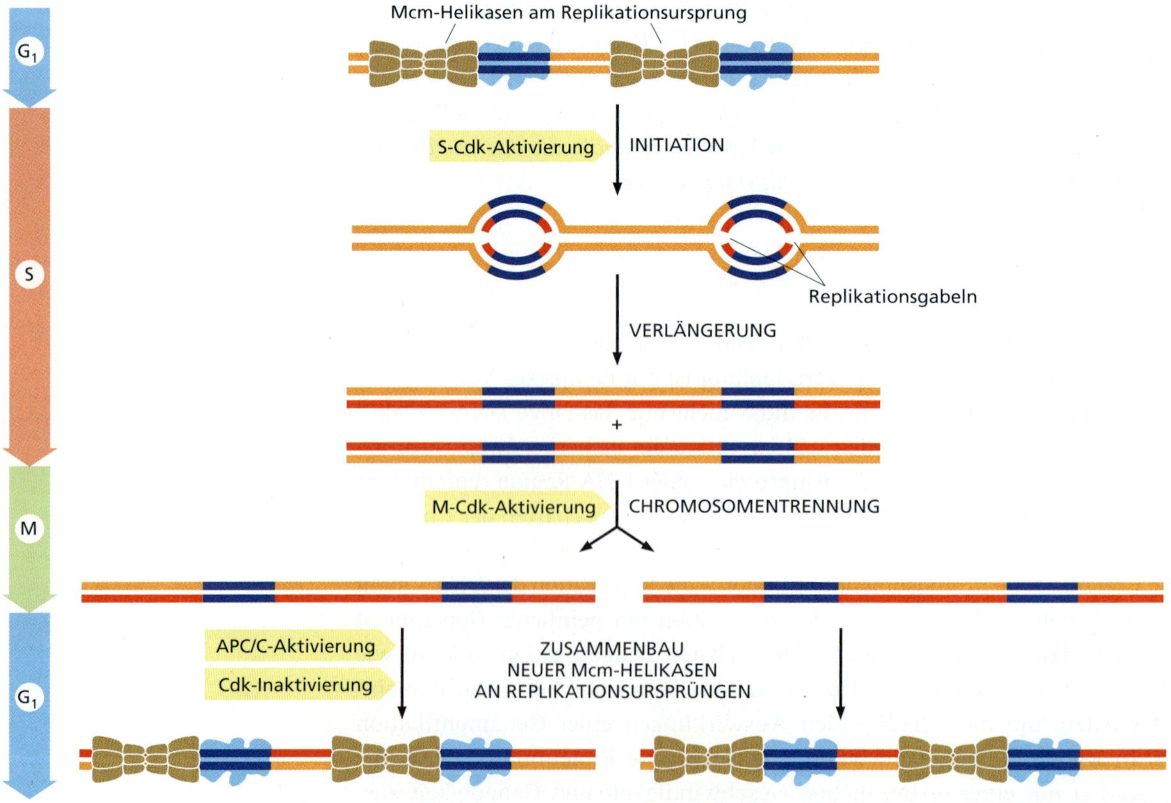

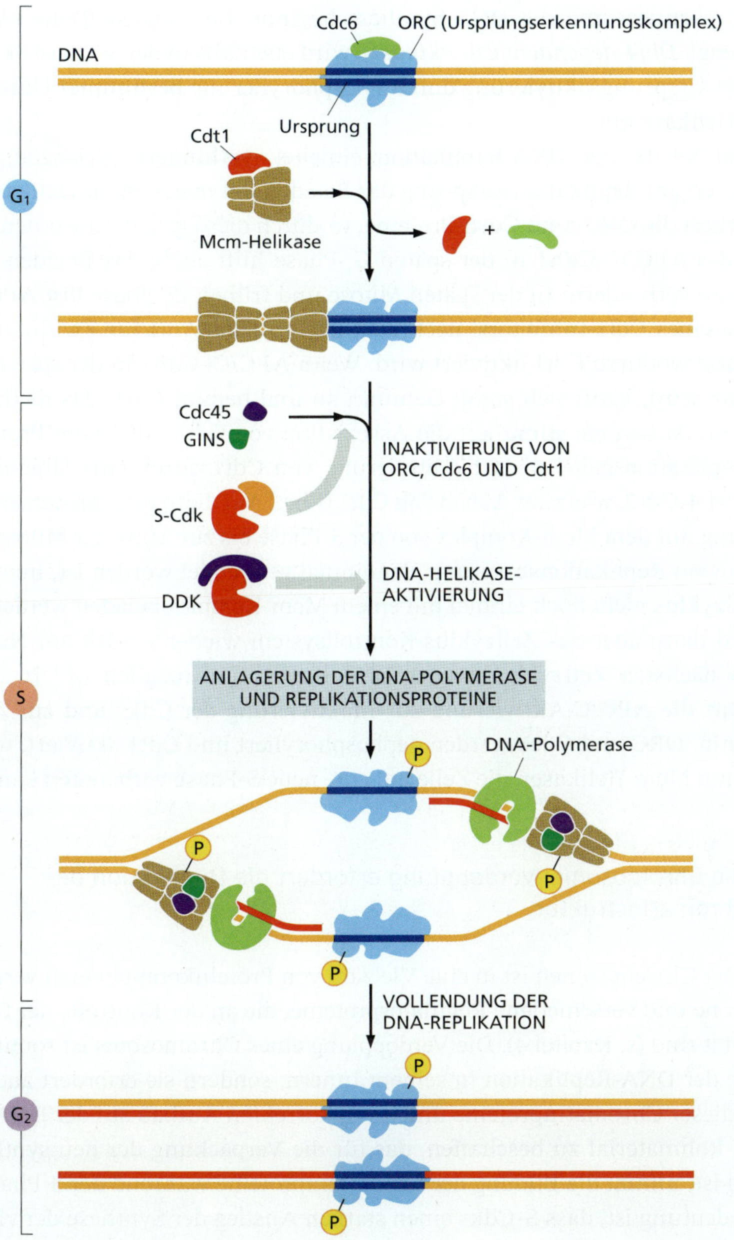

Abb. 17.22 Die Kontrolle der Initiation der DNA-Replikation. Der Replikationsursprung ist während des gesamten Zellzyklus an den Ursprungserkennungskomplex (ORC) gebunden, aber der ORC arbeitet nur in der späten Mitose und in der frühen G_1-Phase, wenn er an Cdc6 gebunden ist. ORC–Cdc6 bindet die Mcm-Helikase, die sechs nahe verwandte, wie ein Fass angeordnete Untereinheiten enthält. Die Helikase ist außerdem noch mit einem Protein namens Cdt1 assoziiert. Indem sie die Energie aus der ATP-Hydrolyse nutzen, laden die ORC- und Cdc6-Proteine dicht am Replikationsursprung zwei Mcm-Helikase-Moleküle rund um die DNA auf. Zu Beginn der S-Phase stimuliert die S-Cdk den Aufbau mehrerer Hilfsproteine, zu denen Cdc45 und GINS gehören, auf jeder Mcm-Helikase. Eine andere Proteinkinase, die DDK, phosphoryliert Untereinheiten der Mcm-Helikase. Das Ergebnis ist ein großer Proteinkomplex, der CMG-Helikase genannt wird (für Cdc45-Mcm-GINS), der die DNA am Ursprung entwindet. DNA-Polymerase und andere Replikationsproteine gelangen zum Replikationsursprung und die DNA-Replikation beginnt. Der Übersichtlichkeit halber zeigt diese Darstellung nicht die Synthese des Folgestrangs (wird in Kapitel 5 erklärt). Der ORC wird durch die Replikationsmaschinerie verlagert, aber neue ORCs binden an beide Ursprünge nach ihrer Replikation. S-Cdk und andere Mechanismen inaktivieren auch die Beladungsfaktoren ORC, Cdc6 und Cdt1, womit die Beladung neuer Mcm-Helikasen an den Ursprüngen bis zum Ende der Mitose verhindert wird.

einmal pro Zellzyklus aktiviert werden, womit sichergestellt wird, dass die DNA genau einmal repliziert wird.

Abbildung 17.22 zeigt einige der molekularen Details, die der Kontrolle dieser beiden Schritte der Initiation der DNA-Replikation zugrunde liegen. Ein Hauptakteur ist ein großer Multiproteinkomplex mit der Bezeichnung **ORC** (**Ursprungserkennungskomplex**, engl. ***origin recognition complex***), der an Replikationsursprünge bindet. In der späten Mitose und der frühen G_1-Phase arbeiten die Proteine **Cdc6** und **Cdt1** mit dem ORC zusammen, um die Mcm-Helikasen, die sich in der Umgebung der DNA in der Nähe des Ursprungs befinden, auf die DNA zu laden. Der Ursprung ist nun für die Replikation zugelassen.

Zum Beginn der S-Phase löst S-Cdk durch Phosphorylierung spezifischer Hilfsproteine die Ursprungsaktivierung aus, die an Mcm-Helikasen am Ursprung binden und sie dadurch aktivieren. Die beiden DNA-Stränge werden getrennt und eine aktive Helikase wird um jeden Strang herum gepackt. Die DNA-Synthesemaschinerie wird an den

Ursprung rekrutiert und die DNA-Synthese beginnt. Eine andere Proteinkinase, die *DDK* (für engl. *Dbf4-dependent Cdc7 kinase*), wird ebenfalls in der S-Phase aktiviert und hilft bei der Ursprungsaktivierung durch Phosphorylierung bestimmter Untereinheiten der Mcm-Helikase mit.

Während S-Cdk die DNA-Replikation einleitet, verhindern gleichzeitig mehrere Mechanismen am Replikationsursprung das Beladen mit neuen Mcm-Helikasen. S-Cdk phosphoryliert die ORC- und Cdc6-Proteine, wodurch diese gehemmt werden. Die Inaktivierung des APC/C–Cdh1 in der späten G_1-Phase hilft auch, das Beladen mit Mcm-Helikasen zu verhindern: In der späten Mitose und frühen G_1-Phase löst APC/C–Cdh1 den Abbau eines Cdt1-Inhibitors, nach dem lateinischen Wort für Zwilling **Geminin** genannt, aus, wodurch Cdt1 aktiviert wird. Wenn APC/C–Cdh1 in der späten G_1-Phase abgeschaltet wird, häuft sich somit Geminin an und hemmt Cdt1, das nicht mit DNA assoziiert ist. Außerdem stimuliert die Assoziation von Cdt1 mit einem Protein an der aktiven Replikationsgabel die Ubiquitinierung von Cdt1 durch eine Ubiquitin-Ligase namens CRL4-Cdt2, was zum Abbau von Cdt1 führt. Auf diese verschiedenen Weisen ist die Beladung mit dem Mcm-Komplex von der S-Phase bis zur Mitte der Mitose blockiert. Daher kann ein Replikationsursprung, der einmal verwendet worden ist, innerhalb desselben Zellzyklus nicht noch einmal mit einem Mcm-Komplex beladen werden.

Wie wird dann aber das Zellzyklus-Kontrollsystem wieder zurück auf Null gestellt, sodass im nächsten Zellzyklus wieder DNA-Replikation möglich ist? In der späten Mitose führt die APC/C-Aktivierung zur Inaktivierung der Cdks und zur Zerstörung von Geminin. ORC und Cdc6 werden dephosphoryliert und Cdt1 aktiviert, wonach die Beladung mit Mcm-Helikasen die Zelle auf eine neue S-Phase vorbereiten kann.

17.3.2 Die Chromosomenverdopplung erfordert die Duplikation der Chromatinstruktur

Die DNA der Chromosomen ist in eine Vielzahl von Proteinkomponenten verpackt, darunter Histone und verschiedene Regulatorproteine, die an der Kontrolle der Genexpression beteiligt sind (s. Kapitel 4). Die Verdopplung eines Chromosoms ist somit nicht nur eine Sache der DNA-Replikation in seinem Innern, sondern sie erfordert auch die Verdopplung dieser Chromatinproteine und ihren korrekten Aufbau auf der DNA.

Um das Rohmaterial zu beschaffen, das für die Verpackung der neu synthetisierten DNA nötig ist, nimmt die Bildung der Chromatinproteine während der S-Phase zu. Von größter Bedeutung ist, dass S-Cdks einen starken Anstieg der Synthese der vier Histon-Untereinheiten anregen, die die Histon-Oktamere im Kern jedes Nukleosoms bilden. Diese Untereinheiten werden auf der DNA zu Nukleosomen zusammengesetzt, von Nukleosomenaufbaufaktoren, die sich normalerweise mit der Replikationsgabel verbinden und die Nukleosomen auf beide DNA-Stränge verteilen, wenn diese an der DNA-Synthesemaschinerie entstehen.

Die Chromatinverpackung hilft bei der Kontrolle der Genexpression. In manchen Teilen des Chromosoms ist das Chromatin stark verdichtet, und man spricht von *Heterochromatin*, während es in anderen Regionen eine offenere Struktur hat und *Euchromatin* heißt (in Kapitel 4 erläutert). Diese Unterschiede in der Chromatinstruktur hängen von vielfältigen Mechanismen ab; dazu zählen die Modifikation der Histonschwänze und die Gegenwart der Nicht-Histon-Proteine. Da diese Unterschiede für die Genregulation wichtig sind, ist es entscheidend, dass die Chromatinstruktur so wie die darin enthaltene DNA während der S-Phase exakt reproduziert wird. Wie die Chromatinstruktur kopiert wird, ist jedoch noch nicht gut verstanden. Während der DNA-Synthese werden wahrscheinlich histonmodifizierende Enzyme und verschiedene Nicht-Histon-Proteine auf den beiden neuen DNA-Strängen abgelegt, wenn sie an der Replikationsgabel zum

Vorschein kommen, und man glaubt, dass diese Proteine die lokale Chromatinstruktur des Elternchromosoms reproduzieren (s. **Abb. 4.44**).

17.3.3 Cohesine helfen, Schwesterchromatiden zusammenzuhalten

Am Ende der S-Phase besteht jedes replizierte Chromosom aus einem Paar identischer Schwesterchromatiden, die über ihre gesamte Länge aneinander geheftet sind. Diese Kohäsion der Schwesterchromatiden bereitet den Weg für eine erfolgreiche Mitose, weil sie die Anheftung der beiden Schwesterchromatiden an die entgegengesetzten Pole der Mitosespindel enorm erleichtert. Man stelle sich vor, wie schwierig die bipolare Anheftung wäre, wenn die Schwesterchromatiden nach der S-Phase auseinandertreiben könnten. In der Tat führt eine fehlerhafte Schwesterchromatiden-Kohäsion – z. B. bei Hefemutanten – unweigerlich zu schweren Fehlern bei der Chromosomentrennung.

Die Schwesterchromatiden-Kohäsion hängt von einem großen Proteinkomplex namens **Cohesin** ab, der einen Ring um die beiden Chromatiden herum bildet (**Abb. 17.23**). Vor der S-Phase wird Cohesin mit Hilfe eines spezialisierten Beladekomplexes zunächst um die nicht duplizierten Chromosomen gepackt. Während der S-Phase wird der Cohesinring durch noch unbekannte Mechanismen während des Wanderns der Replikationsgabel so festgehalten, dass der Cohesinring das Paar der neuen Schwesterchromatiden, während sie synthetisiert werden, umschließt. Ebenfalls in der S-Phase modifiziert eine Acetyltransferase einen Teil der Cohesine und fixiert sie damit an den Schwesterchromatiden, um die stabile Kohäsion zu erreichen, die erforderlich ist, um die Schwesterchromatiden bis zur Mitose zusammenzuhalten.

Zumindest teilweise ergibt sich die Schwesterchromatiden-Kohäsion auch aus der Verflechtung der Schwester-DNA-Moleküle, die auftritt, wenn zwei Replikationsgabeln während der DNA-Synthese aufeinandertreffen. Das Enzym Topoisomerase II entwirrt zwischen der S-Phase und der frühen Mitose allmählich die verflochtenen Schwester-DNA-Moleküle, indem sie ein DNA-Molekül durchtrennt, das andere durch den Bruch schiebt und dann die geschnittene DNA wieder schließt (s. **Abb. 5.23**). Sobald die Verflechtung beseitigt ist, hängt die Schwesterchromatiden-Kohäsion allein von Cohesin ab. Der Verlust der Schwesterchromatiden-Kohäsion am Übergang von der Metaphase zur Anaphase ist deshalb vorwiegend von der Auflösung dieser Komplexe abhängig, was wir später noch sehen werden.

Zusammenfassung

Die Verdopplung der Chromosomen in der S-Phase beinhaltet die exakte Replikation des gesamten DNA-Moleküls in jedem Chromosom sowie die Verdopplung der

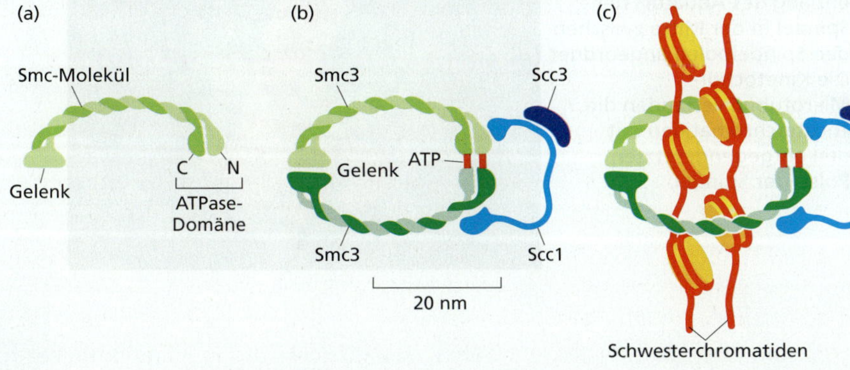

Abb. 17.23 Cohesin. Cohesin ist ein Proteinkomplex aus vier Untereinheiten. (a) Zwei Cohesin-Untereinheiten gehören zu einer großen Proteinfamilie der *SMC-Proteine* (Abkürzung für engl. *structural maintenance of chromosomes*). Diese Untereinheiten Smc1 und Smc3, sind Proteine mit einer Doppelwendel, deren N- und C-terminale Bereiche sich so zusammen falten, dass sie eine kugelförmige ATPase-Domäne bilden. (b) Die Scc1-Untereinheit enthält zwei kugelförmige Domänen, die durch eine lange ungeordnete Region getrennt sind, die eine weitere Untereinheit namens Scc3 bindet. Die Bindung der globulären Domänen von Scc1 an die Untereinheiten Smc1 und Smc3 führt zu einer Ringstruktur, die die Schwesterchromatiden umgibt, wie in (c) gezeigt ist. Die ATP-Bindung fördert die Interaktion der ATPase-Domänen, wie hier gezeigt, während die ATP-Hydrolyse zu einer Dissoziation der ATPase-Domänen führt. Das Laden und Entladen von Cohesin auf die DNA bzw. von der DNA erfordert ATP-Hydrolyse und umfasst vermutlich das Öffnen eines der drei zwischen den Untereinheiten gebildeten Tore. Dieser Prozess ist bislang jedoch nur unzureichend verstanden. Während der S-Phase verhindert die Acetylierung der ATPase-Domäne von Smc3 (nicht gezeigt) die Öffnung des Rings und verschließt dadurch den Cohesin-Ring um die Schwesterchromatiden herum. In der Metaphase löst die proteolytische Spaltung von Stellen in der ungeordneten Region von Scc1 die Schwesterchromatidentrennung aus, wie später noch erörtert wird.

1 PROPHASE

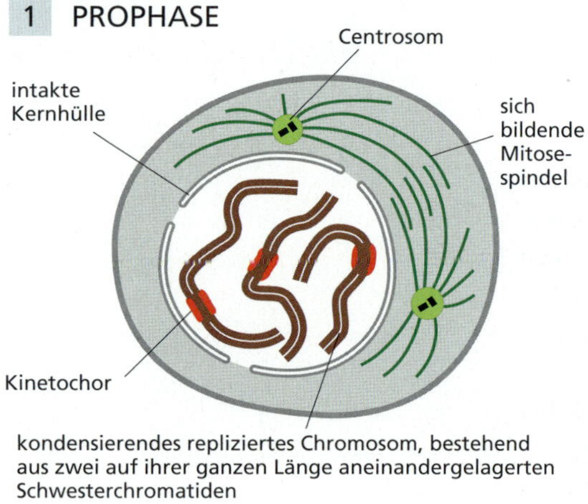

In der Prophase kondensieren die replizierten Chromosomen, die jeweils aus zwei dicht aneinandergelagerten Schwesterchromatiden bestehen. Die Mitosespindel bildet sich außerhalb des Kerns zwischen den zwei Centrosomen, die sich geteilt haben und auseinandergerückt sind. Zur Vereinfachung sind nur drei Chromosomen gezeigt. In diploiden Zellen gäbe es zwei Kopien jedes Chromosoms. Auf den Fluoreszenzmikroskop-Aufnahmen sind die Chromosomen *rot* und die Mikrotubuli *grün* gefärbt.

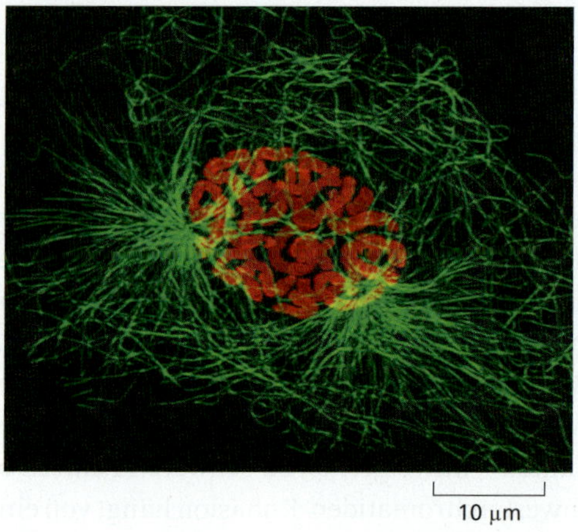

2 PROMETAPHASE

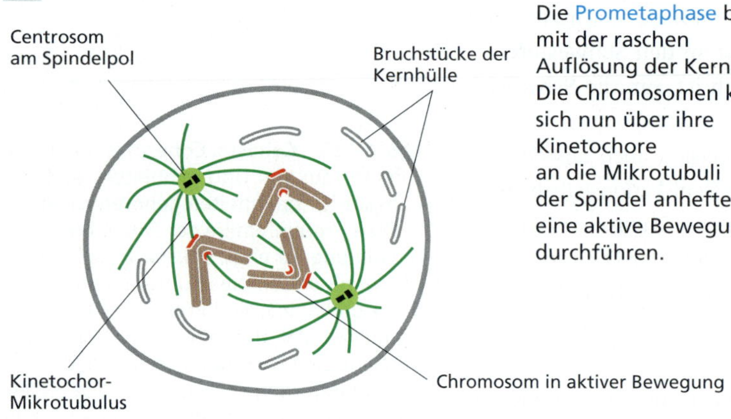

Die Prometaphase beginnt mit der raschen Auflösung der Kernhülle. Die Chromosomen können sich nun über ihre Kinetochore an die Mikrotubuli der Spindel anheften und eine aktive Bewegung durchführen.

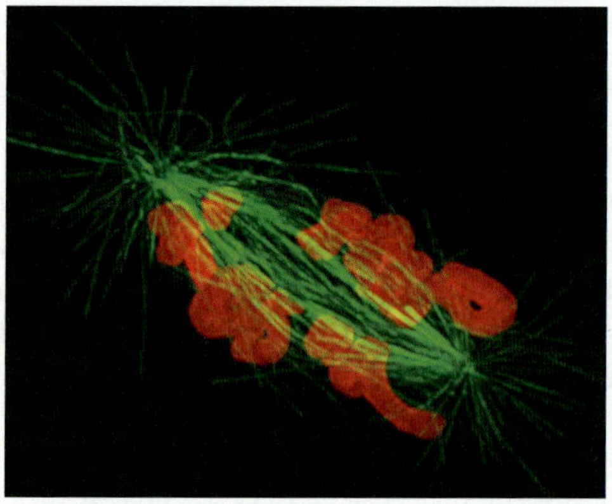

3 METAPHASE

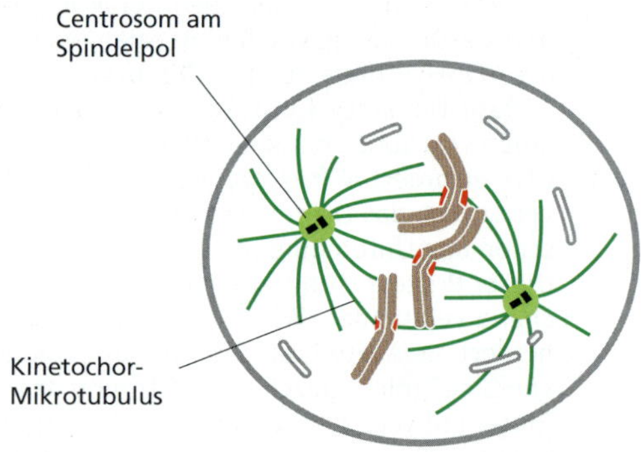

In der Metaphase haben sich die Chromosomen entlang des Äquators der Spindel in der Mitte zwischen den Spindelpolen angeordnet. Die Kinetochor-Mikrotubuli verbinden die Tochterchromatiden mit den entgegengesetzten Polen der Spindel.

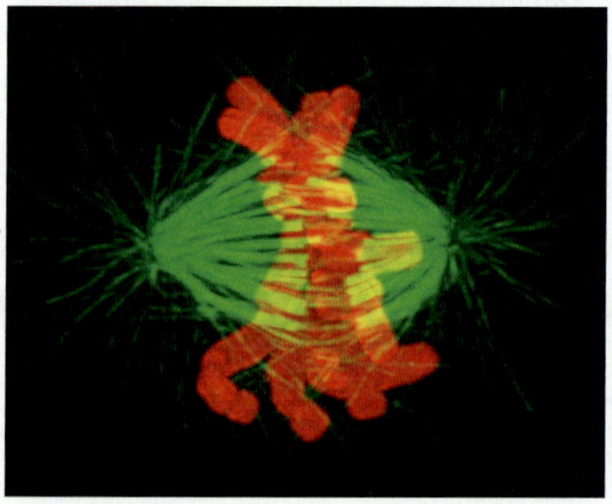

Tafel 17.1 Die wichtigsten Phasen der M-Phase (Mitose und Cytokinese) in einer tierischen Zelle.

4 ANAPHASE

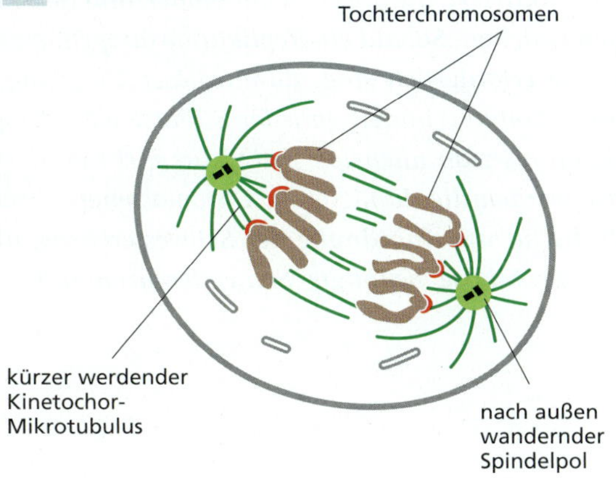

Die Schwesterchromatiden trennen sich synchron in der Anaphase, um zwei Tochterchromosomen zu bilden, und jede wird langsam zum Spindelpol gezogen. Der Kinetochor-Mikrotubulus wird kürzer und auch die Spindelpole bewegen sich auseinander; beide Vorgänge tragen zur Chromosomen-Trennung bei.

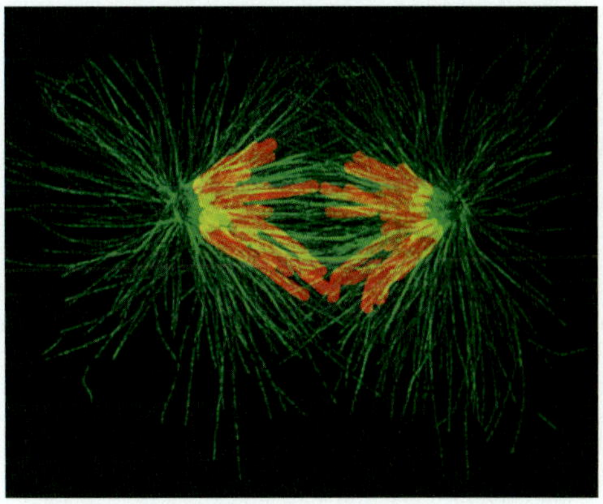

5 TELOPHASE

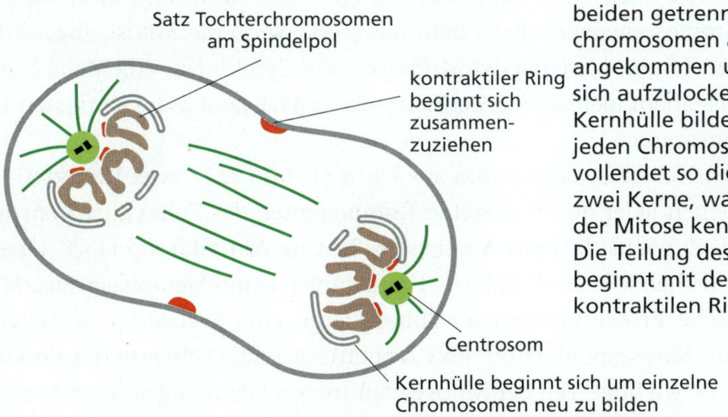

In der Telophase sind die beiden getrennten Tochterchromosomen an den Polen angekommen und beginnen sich aufzulockern. Eine neue Kernhülle bildet sich um jeden Chromosomensatz und vollendet so die Bildung der zwei Kerne, was das Ende der Mitose kennzeichnet. Die Teilung des Cytoplasmas beginnt mit dem Aufbau des kontraktilen Rings.

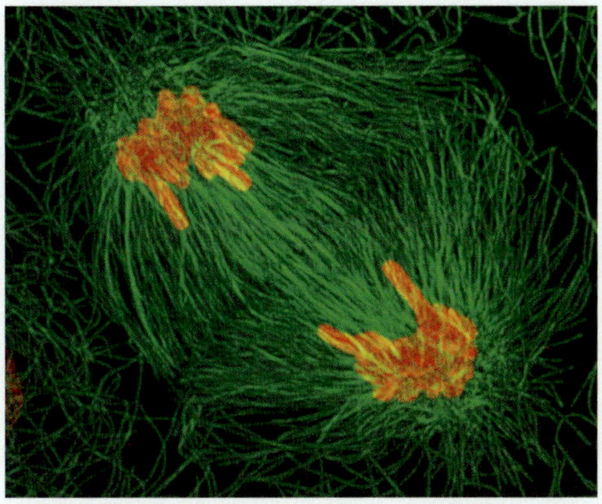

6 CYTOKINESE

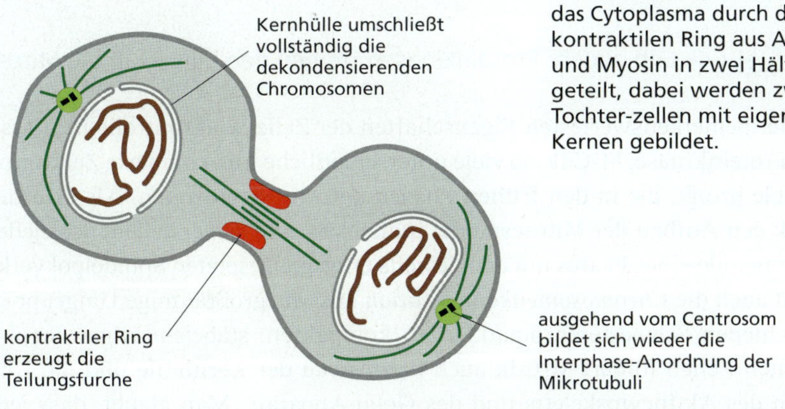

Während der Cytokinese wird das Cytoplasma durch den kontraktilen Ring aus Aktin und Myosin in zwei Hälften geteilt, dabei werden zwei Tochter-zellen mit eigenen Kernen gebildet.

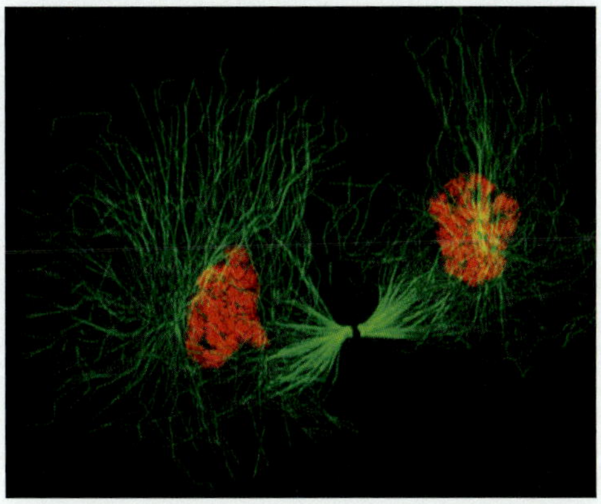

Mikroskopische Aufnahmen mit freundlicher Genehmigung von Julie Canman und Ted Salmon.

Chromatinproteine, die sich mit der DNA verbinden und verschiedene Aspekte der Chromosomenfunktion steuern. Die Chromosomenverdopplung wird durch die Aktivierung der S-Cdk ausgelöst, die Proteine aktiviert, die die DNA entwinden und ihre Replikation an den Replikationsursprüngen einleiten. Sobald ein Replikationsursprung aktiviert ist, hemmt S-Cdk auch Proteine, die erforderlich sind, damit dieser Ursprung die DNA-Replikation erneut starten kann. Somit „zündet" in jeder S-Phase jeder Ursprung nur einmal und nicht öfter und kann bis zum nächsten Zellzyklus nicht wiederverwendet werden. Während der S-Phase werden die duplizierten Chromosomen durch Cohesin zusammengehalten, wodurch die für die Anordnung der Schwesterchromatidenpaare an der bipolaren Spindel in der Mitose benötigte Schwesterchromatiden-Kohäsion hergestellt wird.

17.4 Mitose

Nach Beendigung der S-Phase und dem Durchgang durch die G_2-Phase erfährt die Zelle die dramatischen Veränderungen der M-Phase. Diese beginnt mit der Mitose, während der die Schwesterchromatiden getrennt und auf zwei identische Tochterzellkerne verteilt werden (*Segregation*), von denen jeder seine eigene Kopie des Genoms erhält. Die Mitose wird traditionsgemäß in fünf Phasen unterteilt – *Prophase*, *Prometaphase*, *Metaphase*, *Anaphase* und *Telophase* – die hauptsächlich auf der Basis des im Mikroskop zu beobachtenden Chromosomenverhaltens definiert sind. Wenn die Mitose abgeschlossen ist, teilt der zweite wichtige Vorgang der M-Phase – die Cytokinese – die Zelle in zwei Hälften, mit jeweils einem identischen Zellkern. **Tafel 17.1** fasst die wichtigsten Ereignisse der M-Phase zusammen.

Vom regulatorischen Gesichtspunkt aus kann die Mitose in zwei Hauptteile unterteilt werden, von denen jeder durch einzelne Komponenten des Zellzyklus-Kontrollsystems gesteuert wird. Zunächst löst ein Anstieg der M-Cdk-Aktivität am G_2/M-Übergang die Ereignisse der frühen Mitose (Prophase, Prometaphase und Metaphase) aus. M-Cdk und andere mitotische Proteinkinasen phosphorylieren eine Vielzahl von Proteinen, was zum Aufbau der Mitosespindel und ihrer Anheftung an die Schwesterchromatidenpaare führt. Der zweite wichtige Teil der Mitose beginnt am Übergang von der Metaphase zur Anaphase, wenn APC/C den Abbau von Securin auslöst, wodurch eine Protease frei wird, die Cohesin spaltet und dabei die Trennung der Schwesterchromatiden einleitet. APC/C fördert auch den Abbau der Cycline, was zur Cdk-Inaktivierung und zur Dephosphorylierung der Cdk-Ziele führt. Dies ist für alle Ereignisse der späten M-Phase, wie den Abschluss der Anaphase, den Abbau der Mitosespindel und die Teilung der Zelle mittels Cytokinese, erforderlich.

17.4.1 M-Cdk und andere Proteinkinasen treiben den Eintritt in die Mitose an

Eine der bemerkenswertesten Eigenschaften der Zellzykluskontrolle ist, dass eine einzelne Proteinkinase, M-Cdk, so viele unterschiedliche und komplexe Zellumformungen zustande bringt, die in den frühen Phasen der Mitose auftreten. Als Minimum muss M-Cdk den Aufbau der Mitosespindel induzieren und sicherstellen, dass jede Schwesterchromatide eines Paares mit dem jeweils entgegengesetzten Spindelpol verknüpft ist. Sie löst auch die *Chromosomenkondensation* aus: die großräumige Umgruppierung der verflochtenen Schwesterchromatiden zu kompakten, stäbchenartigen Strukturen. In tierischen Zellen fördert M-Cdk auch den Abbau der Kernhülle und die Umgruppierungen des Aktincytoskeletts und des Golgi-Apparats. Man glaubt, dass jeder dieser

Vorgänge initiiert wird, wenn M-Cdk spezifische, an diesem Vorgang beteiligte Proteine phosphoryliert. Viele dieser Cdk-Substrate sind bereits identifiziert und wir verstehen in vielen Fällen bemerkenswert detailliert, wie ihre Phosphorylierung ihre Funktion verändert.

M-Cdk phosphoryliert viele Proteine direkt, die an den Vorgängen der Mitose beteiligt sind, aber es wirkt über Phosphorylierung anderer Proteinkinasen auch indirekt, indem es diese Proteinkinasen aktiviert, die einige Funktionen in der Mitose ausführen. Zwei Proteinkinasefamilien, die *Polo-like-Kinasen* und die *Aurora-Kinasen*, leisten besonders wichtige Beiträge zur Steuerung der frühen Mitoseereignisse. Beispielsweise wird die Polo-like-Kinase Plk1 für den normalen Aufbau einer bipolaren Mitosespindel benötigt – zum Teil deshalb, weil sie Proteine phosphoryliert, die an der Trennung der Spindelpole in der frühen Mitose beteiligt sind. Die Aurora-Kinase Aurora-A hilft auch, Proteine zu steuern, die den Aufbau und die Stabilität der Spindel kontrollieren, während Aurora-B die Anheftung der Schwesterchromatiden an die Spindel steuert, was wir an späterer Stelle besprechen.

17.4.2 Condensin hilft, die verdoppelten Chromosomen für die Trennung zu gruppieren

Am Ende der S-Phase sind die enorm langen DNA-Moleküle der Schwesterchromatiden zu einer Masse aus teilweise verflochtener DNA und Proteinen verwickelt. Jeder Versuch, die Schwesterchromatiden in diesem Zustand zu trennen, würde unweigerlich zu Chromosomenbrüchen führen. Um diese Katastrophe zu vermeiden, bringt die Zelle in der frühen Mitose viel Zeit und eine große Energiemenge auf, damit die Schwesterchromatiden zu relativ kurzen, separaten Strukturen umgestaltet werden, die sich dann in der Anaphase einfacher auseinanderziehen lassen. An diesen Veränderungen der Chromosomen sind zwei überlappende Vorgänge beteiligt: die *Chromosomenkondensation*, bei der die Chromosomen enorm verdichtet werden, und die *Entflechtung der Schwesterchromatiden*, bei der die Schwesterchromatiden voneinander abgelöst und zu trennbaren Einheiten werden (**Abb. 17.24a**). Die Ablösung ergibt sich durch die Entflechtung der DNA in den Schwesterchromatiden, begleitet von der teilweisen Beseitigung von Cohesinmolekülen entlang der Chromosomenarme. Wenn die Zelle die Metaphase erreicht, erscheinen somit die Schwesterchromatiden im Mikroskop als kompakte, stäbchenartige Strukturen, die an ihren Centromerregionen fest und entlang ihrer Arme nur locker verknüpft sind.

Die Kondensation und Entflechtung der Schwesterchromatiden hängen zumindest in Teilen von einem als **Condensin** bezeichneten Proteinkomplex aus fünf Untereinheiten ab, der entlang der zentralen Achse der Mitosechromosomen konzentriert ist (**Abb. 17.24b**). Die Condesinstruktur ist mit der Struktur des Cohesinkomplexes verwandt, der die Schwesterchromatiden zusammenhält (s. **Abb. 17.23**). Condensin enthält zwei SMC-Untereinheiten, wie diejenigen des Cohesins, sowie drei Nicht-SMC-Untereinheiten (**Abb. 17.25a**). Wie Cohesin bildet Condensin einen Ring, der die DNA umgibt. Zusätzlich hat Condensin die Fähigkeit, die Energie aus der ATP-Hydrolyse zu nutzen, um die Verdichtung der Schwesterchromatiden zu fördern. Es gibt Hinweise darauf, dass die ATPase-Domänen von Condensin als Motor fungieren, der die DNA durch den Ring bewegt und ihr so die Bildung von Chromosomenschleifen ermöglicht (**Abb. 17.25b**). Es bleibt jedoch noch viel zu lernen, bevor wir verstehen, wie die lokale Koordinierung von Condensin, Cohesin und Histonproteinen von M-Cdk organisiert wird, um die effiziente Verpackung und Entflechtung der Schwesterchromatiden zu bewerkstelligen.

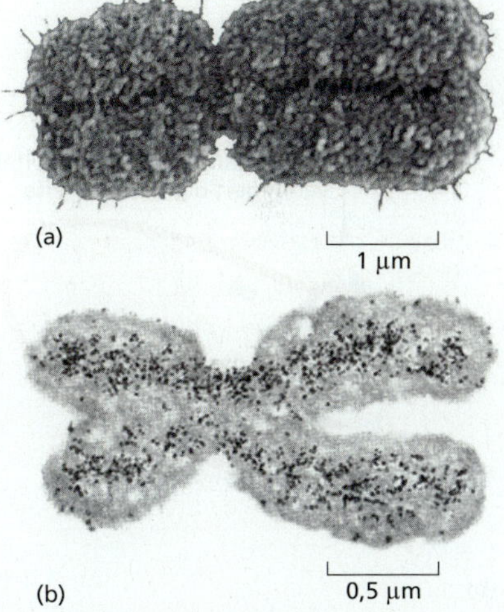

Abb. 17.24 Mitosechromosom. (a) Rasterelektronenmikroskopische Aufnahme eines menschlichen Chromosoms in der Mitose, das aus zwei der Länge nach verbundenen Schwesterchromatiden besteht. Die eingeschnürten Abschnitte sind die Centromeren. (b) Eine elektronenmikroskopische Aufnahme eines verdoppelten Mitosechromosoms, bei der Condensin mit Antikörpern markiert ist, die an winzige Goldpartikel (*dunkle Punkte*) gebunden sind, zeigt, dass Condensin hauptsächlich im zentralen Kern des Chromosoms zu finden ist. (a, mit freundlicher Genehmigung von Terry D. Allen; b, aus N. Kireeva *et al., J. Cell Biol.* 166: 775–785, 2004. Mit Genehmigung von Rockefeller University Press).

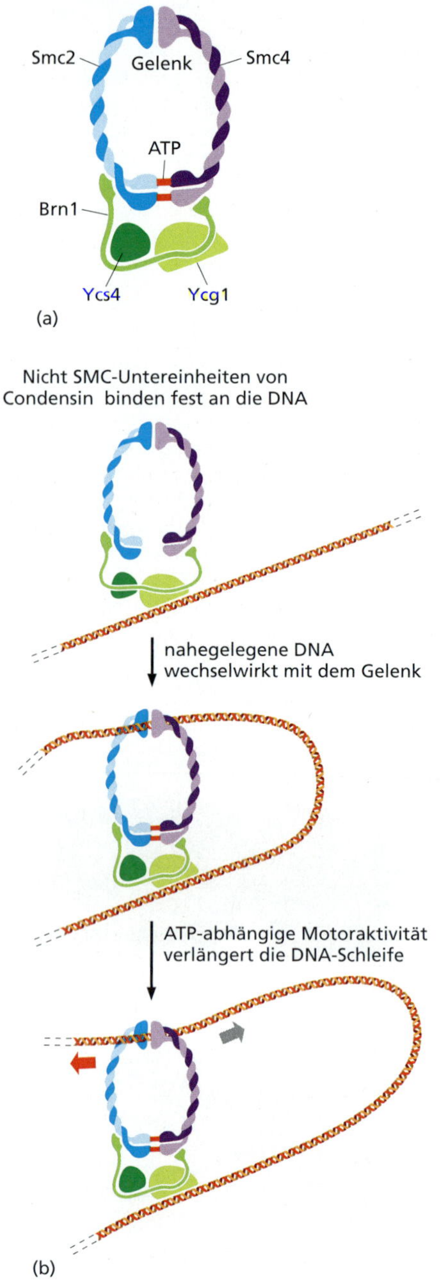

Abb. 17.25 Condensin. (a) Condensin ist ein Proteinkomplex aus fünf Untereinheiten, der Cohesin ähnelt (s. Abb. 17.23). Die ATPase-Kopfdomänen seiner zwei Hauptuntereinheiten, Smc2 und Smc4, werden von einem Brückenprotein, das Brn1 genannt wird und mit zwei weiteren Proteinen, die als Ycs4 und Ycg1 bezeichnet werden, assoziiert ist, zusammengehalten. (b) Diese schematischen Darstellungen veranschaulichen einen Mechanismus, durch den Condensin möglicherweise DNA-Schleifen erzeugt und dadurch die Verdichtung eines Chromosoms fördert. Ein alternatives Modell ist in Abb. 4.56 gezeigt. In dem hier dargestellten Modell beginnt der Prozess, wenn die Untereinheit Ycg1 eng mit einem Strang der Chromosomen-DNA interagiert und das Condensin fest an der Stelle an der DNA verankert. Die nahe gelegene DNA rollt sich ein und interagiert mit der Gelenkdomäne. Durch Mechanismen, die noch unklar sind, arbeiten die Gelenk- und die ATPase-Domäne zusammen, indem sie die Energie der ATP-Hydrolyse nutzen, um sich entlang des oberen DNA-Strangs (*roter Pfeil*) nach links zu bewegen, wodurch eine Chromosomenschleife entsteht. Solche Schleifen sind übliche Strukturelemente bei der Chromosomenverpackung (wird in Kapitel 4 erklärt).

17.4.3 Die Mitosespindel ist eine dynamische mikrotubulibasierte Maschine

Das zentrale Ereignis der Mitose – die Trennung der Chromosomen – hängt in allen Eukaryoten von einer komplexen und einzigartigen Maschine ab, der **Mitosespindel** (s. Tafel 17.1). Bei der Spindel handelt es sich um eine bipolare Anordnung von Mikrotubuli, die in der Anaphase die Schwesterchromatiden auseinanderzieht und dabei die beiden Chromosomensätze auf die entgegengesetzten Zellenden verteilt; dort werden sie dann in die Tochterzellkerne verpackt. M-Cdk löst in der frühen Mitose den Spindelaufbau aus, parallel zur eben beschriebenen Restrukturierung der Chromosomen. Bevor wir betrachten, wie sich die Spindel aufbaut und wie sich ihre Mikrotubuli an die Schwesterchromatiden heften, besprechen wir nochmals kurz die Schlüsseleigenschaften der Spindelstruktur der Metaphase.

Wie wir bereits in Kapitel 16 gesehen haben, handelt es sich bei Mikrotubuli um dynamische polare Polymere mit sich unterschiedlich verhaltenden *plus*- und *minus*-Enden. Die Metaphasenspindel einer tierischen Zelle enthält viele Tausende von Mikrotubuli, die von zwei Spindelpolen ausstrahlen, wobei die *minus*-Enden in Richtung des Pols und die *plus*-Enden nach außen gerichtet sind (Abb. 17.26). Die **Kinetochor-Mikrotubuli** sind die zentralen Akteure bei der Chromosomentrennung: Ihre *plus*-Enden sind an großen Proteinstrukturen, den *Kinetochoren*, an die Schwesterchromatidenpaare geheftet; die Kinetochore sitzen am *Centromer* jeder Schwesterchromatide. Jedes Kinetochor bindet eine große Anzahl von Mikrotubuli, die miteinander vernetzt sind und dicke Mikrotubuli-Bündel bilden, die *K-Fasern* genannt werden. Diese Fasern sind für die Bewegung der getrennten Schwesterchromatiden in der Anaphase in Richtung der Pole verantwortlich.

Der zweite große Typ von Spindelmikrotubuli, der bei weitem am zahlreichsten ist, sind die **Nicht-Kinetochor-Mikrotubuli** (auch interpolare Mikrotubuli genannt). Diese relativ kurzen und instabilen Mikrotubuli liegen dicht gepackt zwischen den Polen und werden durch verschiedene Proteine quervernetzt, um ein dynamisches und anpassungsfähiges Gerüstnetzwerk zu bilden, das der Spindel strukturelle Stabilität verleiht. Einige dieser Mikrotubuli sind in die Spindelpole eingebettet, aber viele befinden sich von den Polen entfernt, wobei sie manchmal über ihre *minus*-Enden an den Seiten anderer Mikrotubuli befestigt sind. In der Nähe des Spindeläquators sind sie oft mit antiparallelen Mikrotubuli quervernetzt, deren *minus*-Enden auf den gegenüberliegenden Spindelpol gerichtet sind.

In den meisten tierischen Zellen enthalten viele Spindeln auch **Astralmikrotubuli**, die aus den Polen strahlen, den Zellkortex berühren und die Positionierung der Spindel in der Zelle unterstützen. Jeder der beiden Pole in diesen Spindeln ist an einem großen Proteinorganell, dem **Centrosom** konzentriert. Wie in Kapitel 16 beschrieben (s. Abb. 16.42 und Abb. 16.43) besteht das Centrosom aus einer amorphen Materialwolke

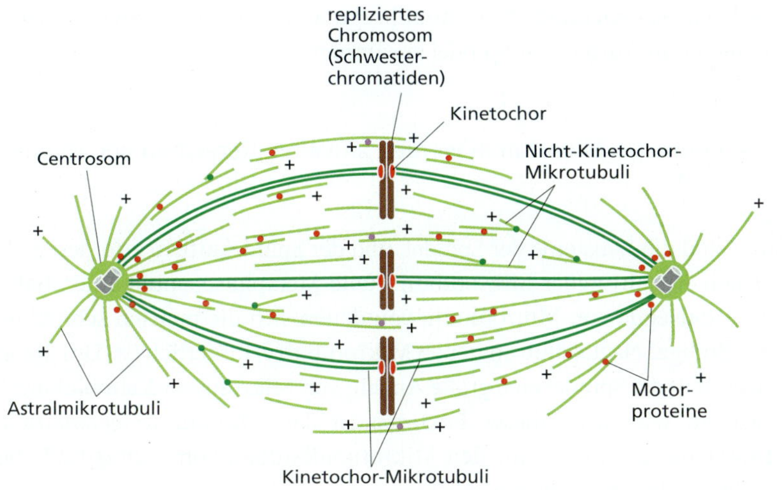

Abb. 17.26 Die Mitosespindel der Metaphase in Tierzellen. Bündel von parallelen Kinetochor-Mikrotubuli (K-Fasern) verbinden die Spindelpole mit den Kinetochoren der Schwesterchromatiden. Nicht-Kinetochor-Mikrotubuli sind über die Spindel verstreut, wobei ihre *minus*-Enden zum nächstgelegenen Pol gerichtet sind; diese Mikrotubuli sind durch verschiedene mikrotubuliassoziierte Proteine zu einem dynamischen, miteinander verbundenen Maschenwerk quervernetzt. In der Nähe des Spindeläquators sind antiparallele Mikrotubuli durch spezifische Motorproteine und andere Proteine quervernetzt (*hellviolette Punkte*). In anderen Regionen der Spindel sind parallele Mikrotubuli quervernetzt (*rote Punkte*). Einige Mikrotubuli wachsen aus Keimbildungsfaktoren im Centrosom, während andere an Keimbildungsfaktoren an den Seiten von anderen Mikrotubuli (*grüne Punkte*) entspringen, wie wir später besprechen. Astralmikrotubuli verbreiten sich aus den Polen ins Cytoplasma und sind bei Spindeln ohne Centrosomen nicht vorhanden.

(*pericentrioläre Matrix* genannt), die ein *Centriolenpaar* umgibt (**Abb. 17.27**). Die pericentrioläre Matrix ist keimbildend für eine strahlenförmige Mikrotubulianordnung, deren dynamische *plus*-Enden nach außen ragen und deren *minus*-Enden mit dem Centrosom verbunden sind. Manche Zellen – insbesondere die Zellen der Höheren Pflanzen und die Oocyten vieler Wirbeltiere – besitzen keine Centrosomen und daher auch keine Astralmikrotubuli. Daher sind Centrosomen – wie wir später noch sehen werden – für den Aufbau der Spindel nicht notwendig.

Der Aufbau und die Funktion einer bipolaren Spindel hängen von Hunderten von verschiedenen mikrotubuliassoziierten Proteinen ab, die in drei Kategorien eingeteilt werden können: Keimbildungsfaktoren, die die Bildung neuer Mikrotubuli steuern, regulatorische Proteine, die die Polymerisations- und Depolymerisationsgeschwindigkeiten an beiden Enden der Mikrotubuli kontrollieren, und Motorproteine, die die Mikrotubuli vernetzen und relativ zueinander bewegen. In den folgenden Abschnitten beschreiben

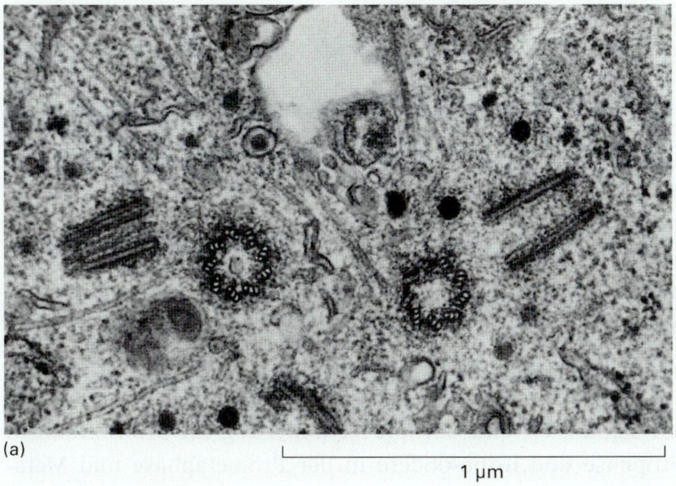

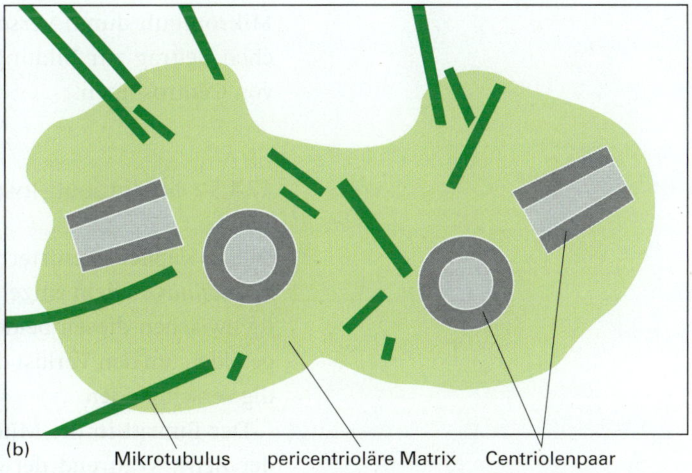

Abb. 17.27 Centrosom. (a) Die elektronenmikroskopische Aufnahme einer Säugerzelle in Kultur während der S-Phase zeigt das verdoppelte Centrosom. Beide Centrosomen besitzen ein Paar Centriolen; obwohl die Centriolen verdoppelt wurden, bleiben sie in einem Komplex zusammen, wie die zur Aufnahme gehörige Zeichnung (b) zeigt. Ein Centriol jedes Paars ist im Querschnitt erkennbar, während das andere längs geschnitten wurde, was darauf hindeutet, dass die beiden Centriolen eines Paars im rechten Winkel zueinander angeordnet sind. Die beiden Hälften des replizierten Centrosoms, die jeweils aus einem Centriolenpaar und umgebendem pericentriolärem Material bestehen, werden sich zur Bildung der beiden Pole der Mitosespindel aufspalten und auseinanderwandern, wenn die Zelle in die M-Phase tritt (s. **Abb. 16.42** und **Abb. 16.43**). (a, aus M. McGill et al., *J. Ultrastruct. Res.* 57: 43–53, 1976. Mit Erlaubnis von Academic Press).

wir kurz jeden dieser wichtigen Mikrotubuliregulatoren, um dann zu erörtern, wie diese Komponenten beim Aufbau der Spindel zusammenwirken.

17.4.4 Die Keime für Mikrotubuli werden an vielen Bereichen der Spindel gebildet

Mikrotubuli sind die Bausteine der Spindel, und der Spindelaufbau erfordert die Synthese einer enormen Anzahl neuer Mikrotubuli. Reife Metaphasenspindeln enthalten Zehn- oder Hunderttausende von Mikrotubuli, von denen sich die meisten schnell umsetzen, sodass ein ständiger Nachschub an neuen Mikrotubuli erforderlich ist. Um diesen Bedarf zu decken, enthält die Spindel eine große Anzahl von Mikrotubuli-Keimbildungsfaktoren. Der bei weitem wichtigste dieser Faktoren ist der *γ-Tubulin-Ringkomplex* (γ-TuRC, s. **Abb. 16.41**), der die Keime für den Mikrotubuliaufbau vom *minus*-Ende bildet und dabei das *plus*-Ende schnell wachsen lässt.

In vielen tierischen Zellen, die Centrosomen enthalten, ist eine große Anzahl von γ-TuRCs in der pericentriolären Matrix verankert. γ-TuRCs werden dort aktiviert. Sie treiben die Bildung von Mikrotubuli an, die vom Centrosom nach außen strahlen (s. **Abb. 16.42**). Die Zahl der γ-TuRCs in jedem Centrosom nimmt zu Beginn der Mitose in einem Prozess, der *Centrosomenreifung* genannt wird, stark zu.

Die Bildung von Mikrotubuli erfolgt auch innerhalb der Metaphasenspindel zwischen den Polen. Ein großer Proteinkomplex namens *Augmin* verankert aktiven γ-TuRC an der Seite eines Mikrotubulus, was zur Keimbildung eines neuen Mikrotubulus führt, der von dem anderen abzweigt (s. **Abb. 16.47**). Augmin bindet an den Mikrotubulus derart, dass es den neuen Mikrotubulus so ausrichtet, dass dieser mit seinem *plus*-Ende in die gleiche Richtung zeigt, wie der Mikrotubulus, an das es bindet. Dadurch hat der neue Mikrotubulus die richtige Ausrichtung, wenn er freigesetzt und im Spindelmikrotubuli-Netzwerk neu positioniert wird.

Der Aufbau der Spindel hängt auch von einer gesteigerten Mikrotubuli-Synthese in der Nähe der Chromosomen ab. Mitosechromosomen erzeugen lokale Signale, die γ-TuRC aktivieren und dadurch die Mikrotubulibildung fördern. Wie wir später beschreiben, ermöglicht dieser Mechanismus zusammen mit der Sortierung der Mikrotubuli durch verschiedene Motorproteine, dass Chromosomen einen wesentlichen Beitrag zur Bildung einer bipolaren Spindel leisten – vor allem in Abwesenheit von Centrosomen.

17.4.5 Mikrotubuli-Instabilität nimmt in der Mitose stark zu

Wie in Kapitel 16 erörtert, befinden sich die Mikrotubuli in einem Zustand *dynamischer Instabilität*, in dem einzelne Mikrotubuli entweder wachsen oder schrumpfen und zufällig zwischen diesen beiden Zuständen wechseln. Es werden ständig neue Mikrotubuli gebildet, um den Verlust derjenigen auszugleichen, die durch Depolymerisation vollständig verschwinden.

Der Eintritt in die Mitose signalisiert eine abrupte Veränderung der Mikrotubuli in der Zelle. Während der Prophase und insbesondere in der Prometaphase und Metaphase (s. **Tafel 17.1**) nimmt die durchschnittliche Lebensdauer eines Mikrotubulus drastisch ab – insbesondere die Lebensdauer von Nicht-Kinetochor-Mikrotubuli, die nur 15–30 Sekunden lang existieren. Dieser Anstieg der Mikrotubuli-Instabilität, gekoppelt mit der oben erwähnten gesteigerten Fähigkeit der Spindel zur Keimbildung von Mikrotubuli, führt zu einer bemerkenswert dichten und dynamischen Anordnung von Spindelmikrotubuli.

Die Mikrotubuli-Dynamik wird in der Zelle durch eine Vielzahl von regulatorischen Proteinen gesteuert, darunter mikrotubuliassoziierte Proteine (MAPs), die die Stabilitätsfaktoren und Depolymerisationsfaktoren fördern, die die *plus*-Enden der Mikrotubuli destabilisieren. Veränderungen in der Aktivität dieser Proteine sind für die Veränderungen in der Dynamik der Mikrotubuli verantwortlich, die während der Mitose auftreten. Viele dieser Veränderungen resultieren aus der Phosphorylierung von spezifischen Proteinen durch M-Cdk und andere Mitose-Proteinkinasen.

17.4.6 Mikrotubuliabhängige Motorproteine lenken den Spindelaufbau und die Spindelfunktion

Der Aufbau und die Funktion der Mitosespindel hängt von zahlreichen mikrotubuliabhängigen Motorproteinen ab. Wie in Kapitel 16 behandelt, gehören diese Proteine zu zwei Familien – die große Familie der kinesinverwandten Proteine, die in der Regel zum *plus*-Ende der Mikrotubuli wandern, und Dyneine, die zum *minus*-Ende wandern. Zwei Motorproteine – *Kinesin-5* und *Cytoplasma-Dynein* – sind besonders wichtig beim Spindelaufbau und der Spindelfunktion. Außerdem sind viele weitere Proteine, zu denen *Kinesin-14* und *Kinesine-4/10* gehören, beteiligt (**Abb. 17.28**).

Kinesin-5 ist ein großes Tetramer, das zwei dimere Motordomänen an jedem Ende besitzt. Die Motordomänen bewegen sich beide in Richtung des *plus*-Endes eines Mikrotubulus, können aber in entgegengesetzte Richtungen ausgerichtet sein; daher können sie sich mit zwei antiparallelen Mikrotubuli verbinden und diese in entgegengesetzte Richtungen schieben. Wenn dies in der Nähe des Zentrums der Spindel geschieht, werden die *minus*-Enden der Mikrotubuli in Richtung der Pole geschoben. Dieser Prozess ist von grundlegender Bedeutung für die Erzeugung der Bipolarität in der Spindel.

Cytoplasma-Dynein ist ein zum *minus*-Ende gerichteter Motor, der zusammen mit assoziierten Proteinen die Mikrotubuli an verschiedenen Stellen in der Zelle organisiert. Durch Ankoppeln an das *minus*-Ende eines Mikrotubulus und dessen Transport zum *minus*-Ende eines zweiten Mikrotubulus verbindet das Dynein neue im Spindelkörper gebildete Mikrotubuli mit den an einem Centrosom „gekeimten" Mikrotubuli. Dadurch fokussiert Dynein die Spindelpole. Dynein befindet sich auch an den *plus*-Enden der Astralmikrotubuli an der Zellrinde. Indem sie sich zum *minus*-Ende der Astralmikrotubuli bewegen, ziehen die Dyneinmotoren die Spindelpole zum Zellkortex und voneinander weg.

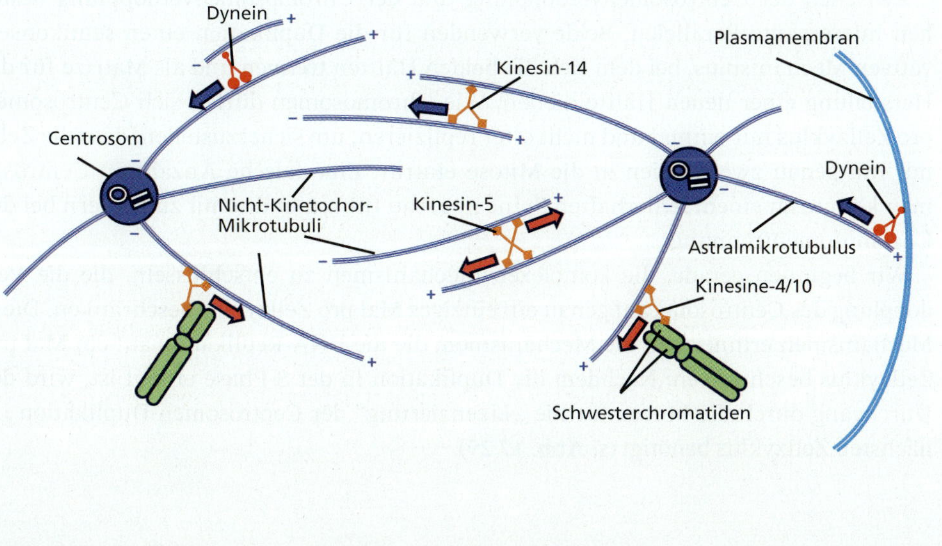

Abb. 17.28 Wichtige Motorproteine der Spindel. Am Spindelaufbau und der Spindelfunktion sind mikrotubuliabhängige Motorproteine beteiligt (s. Text). Die farbigen Pfeile zeigen die Richtung der Motorproteinbewegung entlang eines Mikrotubulus an – *blau* in Richtung *minus*-Ende und *hellrot* in Richtung *plus*-Ende. Weil Nicht-Kinetochor-Mikrotubuli in der Spindel und an den Polen miteinander quervernetzt sind, wird vermutet, dass das Aneinandergleiten von Mikrotubuli, wie hier gezeigt, die Spindellänge verändern kann.

Kinesin-14 ist im Gegensatz zu den meisten Kinesinen ein zum *minus*-Ende gerichteter Motor. Es enthält eine dimere Motordomäne und eine zweite Domäne, die sich an einen benachbarten Mikrotubulus in einer bestimmten Ausrichtung binden kann, sodass es antiparallele Mikrotubuli im Zentrum der Spindel vernetzen und die Pole zusammenziehen kann. Kinesin-4- und Kinesin-10-Proteine, auch *Chromokinesine* genannt, sind zum *plus*-Ende-gerichtete Motoren, die sich mit Chromosomenarmen verbinden und das angeheftete Chromosom vom Pol wegschieben (oder den Pol weg vom Chromosom).

17.4.7 Der Aufbau der bipolaren Mitosespindel beginnt in den meisten tierischen Zellen mit der Centrosomenduplikation

Die Mitosespindel muss zwei Pole besitzen, wenn sie in der Anaphase die beiden Sätze der Schwesterchromatiden zu den entgegengesetzten Enden der Zelle ziehen soll. Bei den meisten tierischen Zellen gewährleisten mehrere Mechanismen die Bipolarität der Spindel. Der eine Mechanismus hängt von Centrosomen ab. Eine typische tierische Zelle tritt mit einem Centrosomenpaar in die Mitose ein, wobei von jedem eine strahlenförmige Mikrotubulianordnung ausgeht. Die beiden Centrosomen stellen vorgefertigte Spindelpole zur Verfügung, die den Aufbau der bipolaren Spindel enorm erleichtern. Die anderen Mechanismen hängen von der Fähigkeit der Mitosechromosomen ab, für Mikrotubuli keimbildend zu sein und sie zu stabilisieren, sowie von der Fähigkeit der Motorproteine, die Mikrotubuli zu einer bipolaren Anordnung zu gestalten. Wir werden diese Mechanismen zur „Selbstorganisation" später in diesem Abschnitt besprechen.

Die meisten tierischen Zellen enthalten in der Interphase ein einzelnes Centrosom, das für die meisten cytoplasmatischen Mikrotubuli der Zellen keimbildend ist. Wenn die Zelle in den Zellzyklus eintritt, verdoppelt sich das Centrosom, sodass sie beim Erreichen der Mitose zwei Centrosomen besitzt. Die Verdopplung des Centrosoms beginnt etwa zur selben Zeit, zu der die Zelle in die S-Phase gelangt. Die G_1/S-Cdk (ein Komplex aus Cyclin E und Cdk2 in tierischen Zellen; s. **Tab. 17.1**), die den Eintritt in den Zellzyklus auslöst, hilft auch bei der Einleitung der Verdopplung des Centrosoms zusammen mit einer anderen als Plk4 bezeichneten Proteinkinase. Jede der beiden Centriolen im Centrosom bildet einen Ausgangspunkt für die Bildung einer neuen Centriole, die in der S-Phase allmählich aufgebaut wird, um ein eng verbundenes Paar von Centrosomen zu bilden (**Abb. 17.29**). Dieses Centrosomenpaar verbleibt so lange auf einer Seite des Zellkerns, bis die Zelle in die Mitose eintritt und die beiden Centrosomen zahlreiche Veränderungen durchlaufen, um die Pole der Spindel zu bilden.

Zwischen der Centrosomenverdopplung und der Chromosomenverdopplung bestehen interessante Parallelen. Beide verwenden für die Duplikation einen semikonservativen Mechanismus, bei dem sich die beiden Hälften trennen und als Matrize für die Herstellung einer neuen Hälfte dienen. Wie Chromosomen dürfen sich Centrosomen pro Zellzyklus nur einmal und nicht öfter replizieren, um sicherzustellen, dass die Zelle nur mit genau zwei Kopien in die Mitose eintritt: Eine falsche Anzahl an Centrosomen könnte zu einem fehlerhaften Spindelaufbau führen und somit zu Fehlern bei der Chromosomentrennung.

Wir beginnen gerade, die komplexen Mechanismen zu entschlüsseln, die die Verdopplung des Centrosoms auf genau ein einziges Mal pro Zellzyklus beschränken. Diese Mechanismen erinnern an die Mechanismen, die die DNA-Replikation auf ein Mal pro Zellzyklus beschränken: Nachdem die Duplikation in der S-Phase erfolgt ist, wird der Durchgang durch die Mitose für die „Lizenzierung" der Centrosomen-Duplikation im nächsten Zellzyklus benötigt (s. **Abb. 17.29**).

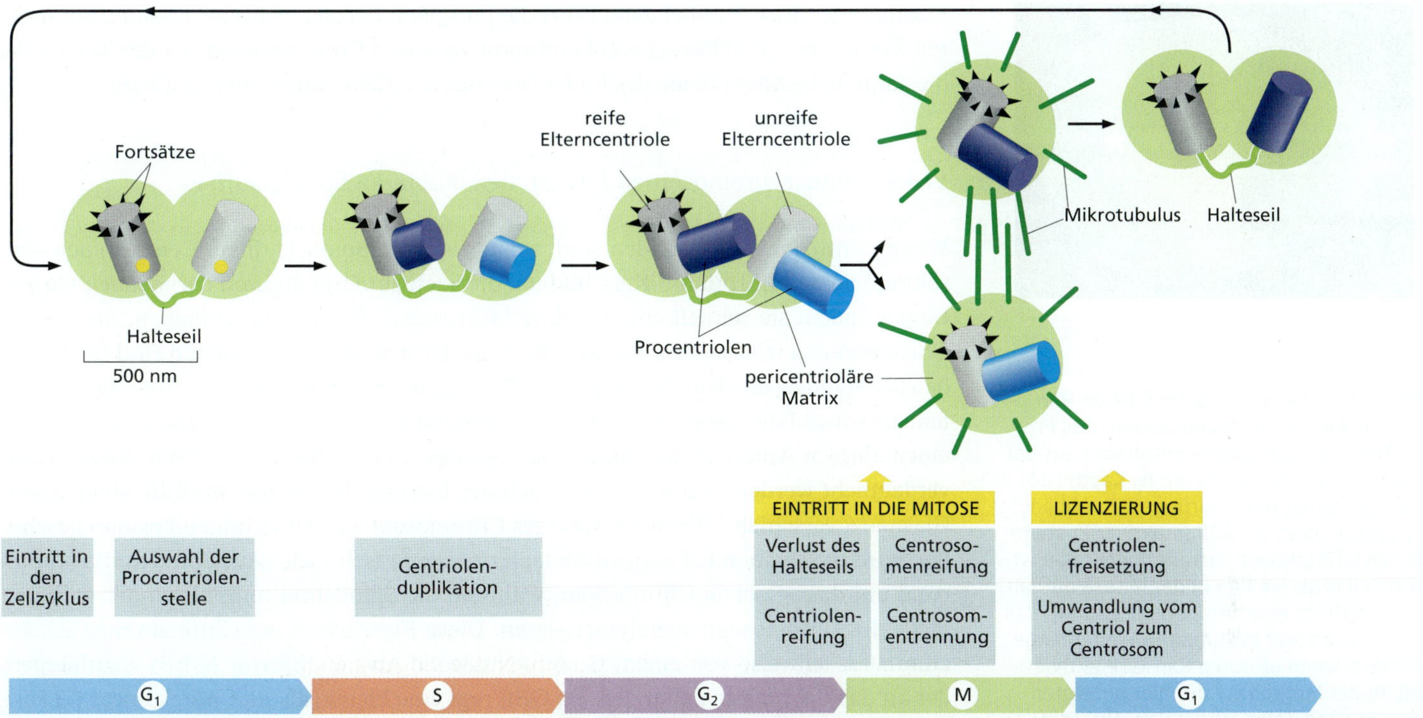

Abb. 17.29 **Der Centrosomenzyklus.** In der frühen G_1-Phase besteht das Centrosom aus zwei Centriolen, die durch ein Proteinhalteseil verbunden sind, sowie zugehörigem pericentriolärem Material für die Keimbildung von Mikrotubuli (*hellgrün*). Eine Centriole – das reife Elternteil – trägt Proteinanhängsel, die für bestimmte Funktionen des Centrosoms erforderlich sind. Beim Eintritt in den Zellzyklus leiten G_1/S-Cdk und Plk4 die Centriolenduplikation ein, wodurch eine neue Centriole (Procentriole) an einer einzigen Stelle an der Seite jeder Eltern-Centriole (*gelbe Punkte*) aufgebaut wird. Die Verlängerung der Procentriolen ist normalerweise in G_2 abgeschlossen. Die beiden Centriolenpaare bleiben in einem einzigen Centrosomen-Komplex dicht beieinander bis zum Eintritt in die Mitose, wenn die Proteinkinasen M-Cdk, Plk1 und andere Regulatoren zahlreiche Veränderungen auslösen: Das Halteseil zwischen den Centrosomen wird entfernt, die unreife Elternteilcentriole erwirbt Anhängsel (Centriolenreifung), das pericentrioläre Material dehnt sich aus und ermöglicht so mehr Mikrotubuli-Keimbildungen (Centrosomenreifung), die Centrosomen trennen sich und bilden eine neue Spindel zwischen ihnen. Nach Abschluss der Mitose lösen sich die zwei Centriolen in jedem Centrosom voneinander (Centriolen-Abkoppelung) und die neue Centriole erwirbt pericentrioläres Material (Umwandlung von Centriolen in Centrosomen). Diese beiden Prozesse sind für die Centriolenduplikation im nachfolgenden Zellzyklus erforderlich; daher ist das Durchlaufen der Mitose für die Verdopplung erforderlich und trägt dazu bei, dass sich die Centriolen (und Centrosomen) nur einmal pro Zellzyklus verdoppeln.

17.4.8 Der Spindelaufbau erfordert in tierischen Zellen den Zerfall der Kernhülle

In Zellen, die Centrosomen enthalten, beginnt der Spindelaufbau, wenn sich die beiden Centrosomen in der Prophase entlang der Kernhülle auseinander bewegen. Sie werden gezogen von Dynein-Motorproteinen, die Astralmikrotubuli mit der Zellrinde verbinden (s. **Abb. 17.28**). Die *plus*-Enden der Mikrotubuli zwischen den Centrosomen greifen fingerförmig ineinander, um eine Anordnung von antiparallelen Mikrotubuli zu bilden. Kinesin-5-Motorproteine vernetzen diese Mikrotubuli und schieben die Centrosomen auseinander.

Die Centrosomen und Mikrotubuli sitzen im Cytoplasma, wo sie keinen Zugang zu den Schwesterchromatidenpaaren im Kern haben. Daher ist für das Anheften der entstehenden Spindel an die Schwesterchromatidenpaare die Entfernung der Kernhülle erforderlich. Außerdem sind viele der Motorproteine und Mikrotubuliregulatoren, die den Spindelaufbau fördern, mit den Chromosomen innerhalb des Zellkerns assoziiert. Sie benötigen ebenfalls den Zerfall der Kernhülle, um ihre Aufgaben auszuführen.

Der Zerfall der Kernhülle ist ein komplexer, mehrstufiger Vorgang, von dem man glaubt, dass er beginnt, wenn die M-Cdk mehrere Untereinheiten der Kernporenkomplexe in der Kernhülle phosphoryliert. Diese Phosphorylierung löst den Abbau der Kernporenkomplexe und deren Ablösung von der Kernhülle aus. M-Cdk phosphoryliert auch Komponenten der Kernlamina, des Strukturrahmens unterhalb der Kernhülle, was zum Abbau der

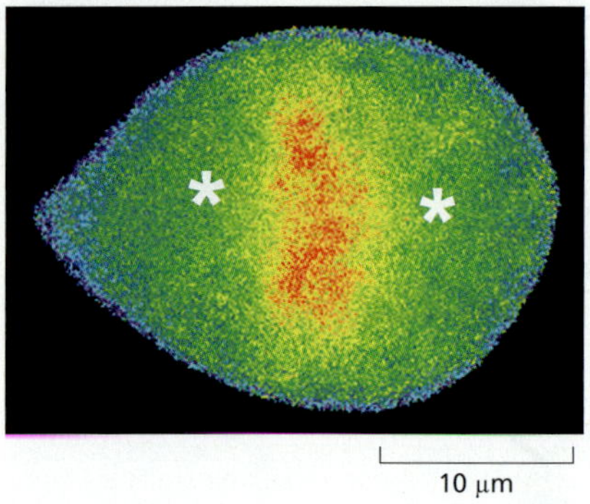

Abb. 17.30 Aktivierung der GTPase Ran rund um die Mitosechromosomen. Das Protein Ran kann wie andere Mitglieder aus der Familie der kleinen GTPasen (s. Kapitel 15) in zwei Konformationen vorliegen, in Abhängigkeit davon, ob es an GDP (inaktiver Zustand) oder an GTP (aktiver Zustand) gebunden ist. Wo sich das aktive Ran in der Mitose aufhält, wurde mithilfe eines Proteins bestimmt, das Fluoreszenz einer bestimmten Wellenlänge emittiert, wenn es durch Ran-GTP aktiviert wird. In der Metaphase der hier gezeigten menschlichen Zelle, ist die Ran-Aktivität (*gelb* und *rot*) rund um die Chromosomen, zwischen den Polen der Mitosespindel (mit den *Sternchen* angedeutet) am höchsten. (Aus P. Kaláb *et al.*, *Nature* 440: 697–701, veröffentlicht 2006 durch Nature Publishing Group. Abgedruckt mit Erlaubnis von SNCSC).

Kernlamina führt. Parallel dazu führt die Phosphorylierung mehrerer Proteine der inneren Kernhülle zur Ablösung von Laminproteinen und Chromosomen von der Kernhülle, die dann in die Membranen des Endoplasmatischen Reticulums eingebaut wird.

17.4.9 Mitosechromosomen fördern den bipolaren Spindelaufbau

Wenn Centrosomen vorhanden sind, steuern sie den Spindelaufbau. Centrosomen sind sehr effiziente Mikrotubuli-Keimbildner, die auch zur Organisation der Spindelpole beitragen, indem sie schnell eine bipolare Mikrotubuli-Anordnung aufbauen, die auf die Chromosomen trifft, sobald die Kernhülle entfernt wird. Chromosomen sind beim Aufbau der Spindel jedoch nicht nur passive Passagiere. Indem sie lokale Bedingungen schaffen, die sowohl die Neubildung als auch die Stabilität der Mikrotubuli fördern, haben sie einen aktiven Anteil an der Bildung der Spindel. Der Einfluss der Chromosomen kann verdeutlicht werden, wenn man sie nach der Bildung der Spindel mithilfe einer feinen Glasnadel verschiebt. Wenn ein einziges Chromosom aus der richtigen Position geschoben wird, erscheinen bei einigen Metaphasezellen rasch viele neue Spindelmikrotubuli rund um das versetzte Chromosom, während die Spindelmikrotubuli an der früheren Stelle des Chromosoms depolymerisieren. Diese Eigenschaft der Chromosomen scheint zumindest teilweise von einem Guanin-Nukleotid-Austauschfaktor (GEF) abzuhängen, der an das Chromatin gebunden ist; GEF regt eine kleine, als *Ran* bezeichnete GTPase im Cytosol dazu an, GDP gegen GTP auszutauschen. Das aktivierte Ran-GTP, das, wie in Kapitel 12 besprochen wurde, auch beim Kerntransport eine Funktion hat, entlässt mikrotubulisteuernde Proteine von einem Proteinkomplex im Cytosol und kann so die örtliche Neubildung und Stabilisierung von Mikrotubuli um die Chromosomen anregen (**Abb. 17.30**). Der am besten verstandene Mechanismus hängt von der Freisetzung eines TPX2 genannten Proteins ab, das dann die Proteinkinase Aurora-A bindet und aktiviert. Aurora-A phosphoryliert regulatorische Proteine, die γ-TuRCs aktivieren, was lokal zur vermehrten Bildung neuer Mikrotubuli führt. TPX2 könnte auch Augmin aktivieren, um die Bildung neuer Mikrotubulizweige an bereits vorhandenen Mikrotubuli zu unterstützen. Die örtliche Mikrotubulistabilisierung wird auch durch die Proteinkinase Aurora-B gefördert, die sich mit Mitosechromosomen assoziiert.

Man glaubt, dass der Spindelaufbau in Abwesenheit von Centrosomen mit der Bildung der Mikrotubuli um die Chromosomen beginnt. Dann organisieren verschiedene mikrotubuliassoziierte Proteine die Mikrotubuli zu einer bipolaren Spindel (**Abb. 17.31**). Zwei Motorproteine, die wir bereits besprochen haben, sind dabei besonders wichtig. Indem Kinesin-5 antiparallele Mikrotubuli quervernetzt und deren *minus*-Enden nach außen

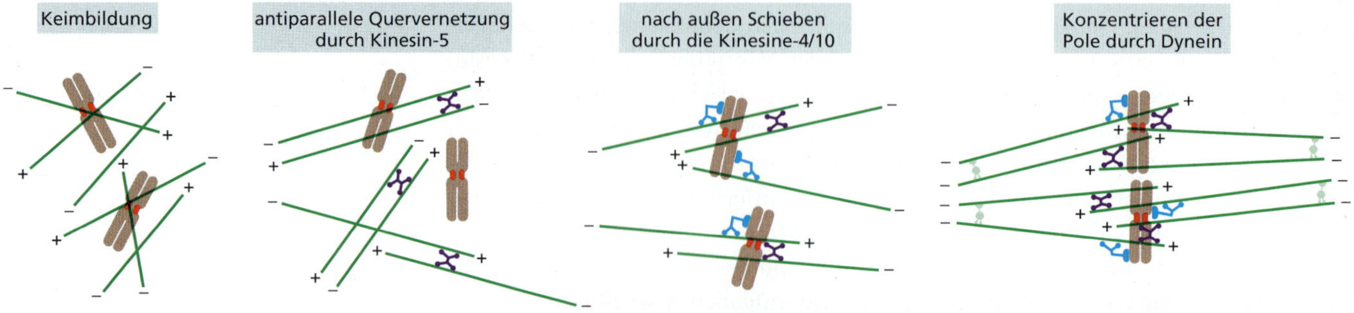

Abb. 17.31 Selbstorganisation der Mitosespindel durch Motorproteine. Mitosechromosomen stimulieren die lokale Aktivierung von Proteinen, die die Mikrotubulibildung in der Nachbarschaft der Chromosomen fördern. Kinesin-5-Motorproteine (s. **Abb. 17.28**) organisieren diese Mikrotubuli zu antiparallelen Bündeln, während die zum *plus*-Ende ausgerichteten Kinesin-4- und -10-Proteine die Mikrotubuli mit den Chromosomenarmen verbinden und die *minus*-Enden von den Chromosomen wegschieben. Dynein bündelt zusammen mit zahlreichen anderen Proteinen diese *minus*-Enden zu einem Spindelpolpaar.

schiebt, ist es für den bipolaren Charakter der Spindel unerlässlich. Dynein wird für die Fokussierung der *minus*-Enden in einem diskreten Pol an jedem Ende der bipolaren Anordnung benötigt, dadurch dass es das *minus*-Ende eines Mikrotubulus zum *minus*-Ende eines anderen transportiert. Viele andere Mikrotubuli-Regulatoren, darunter andere Motorproteine und Augmin, tragen ebenfalls zum Spindelaufbau bei.

Zellen, denen normalerweise Centrosomen fehlen, wie diejenigen der Höheren Pflanzen und viele tierische Oocyten, verwenden chromosomenbasierte Selbstorganisationsmechanismen, um Spindeln zu bilden. Über diese Mechanismen werden auch in experimentellen Systemen, bei denen die Centrosomen entfernt wurden, Spindeln aufgebaut: wie bei bestimmten Tierembryonen, die angeregt wurden, sich aus nicht befruchteten Eiern zu entwickeln (den Vorgang nennt man *Parthenogenese*). Da das Spermium normalerweise bei der Befruchtung der Eizelle das Centrosom beisteuert, entwickeln sich die Mitosespindeln in diesen parthenogenetischen Embryonen ohne Centrosomen (**Abb. 17.32**). Obwohl die entstehende centrosomenfreie Spindel die Chromosomen normal trennen kann, besitzt sie keine Astralmikrotubuli, die für die Positionierung der Spindel in tierischen Zellen verantwortlich sind; daher kann die Spindel in der Zelle falsch positioniert sein.

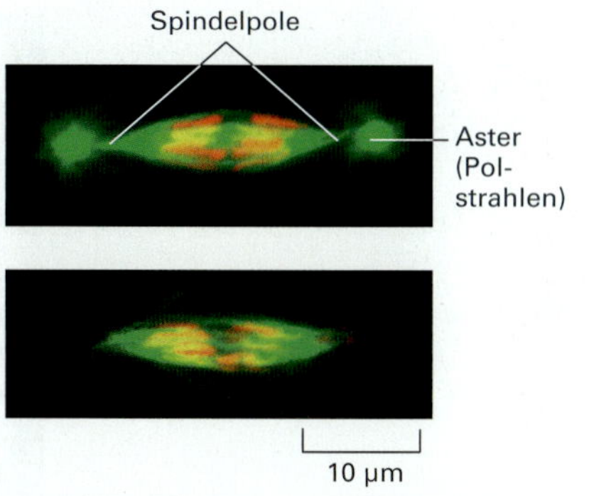

Abb. 17.32 Bipolarer Spindelaufbau ohne Centrosomen in parthenogenetischen Embryonen des Insekts *Sciara* (Trauermücke). Die Mikrotubuli sind *grün*, die Chromosomen *rot* angefärbt. Die *obere* Fluoreszenzaufnahme zeigt eine normale, in Gegenwart von Centrosomen gebildete Spindel aus einem normal befruchteten *Sciara*-Embryo. Die *untere* Aufnahme zeigt die Spindel, wie sie sich ohne Centrosomen in einem Embryo bildet, der seine Entwicklung ohne Befruchtung beginnt. Die Spindel mit Centrosomen bildet je eine Aster an den Spindelpolen, während die ohne Centrosom gebildete Spindel keine Aster aufweist. Beide Spindeln können die replizierten Chromosomen aufteilen. (© 1998 B. de Saint Phalle und W. Sullivan. Ursprünglich veröffentlicht in *J. Cell Biol.* https://doi.org/10.1083/jcb.141.6.1383. Mit Erlaubnis von The Rockefeller University Press).

17.4.10 Kinetochore heften die Schwesterchromatiden an die Spindel

Im Anschluss an den Aufbau der bipolaren Mikrotubulianordnung ist die Anheftung an die Schwesterchromatidenpaare der zweite wichtige Schritt bei der Spindelbildung. Die Spindelmikrotubuli werden an das **Kinetochor** jeder Chromatide geheftet; das Kinetochor ist eine riesige vielschichtige Proteinstruktur, die sich an der Centromerregion der Chromatide aufbaut (**Abb. 17.33**, s. auch Kapitel 4). In der Metaphase sind die *plus*-Enden der Kinetochor-Mikrotubuli direkt, mit dem Kopf voran, in spezialisierte Mikrotubulianheftungsstellen eingebettet, die innerhalb des äußeren Bereichs des Kinetochors

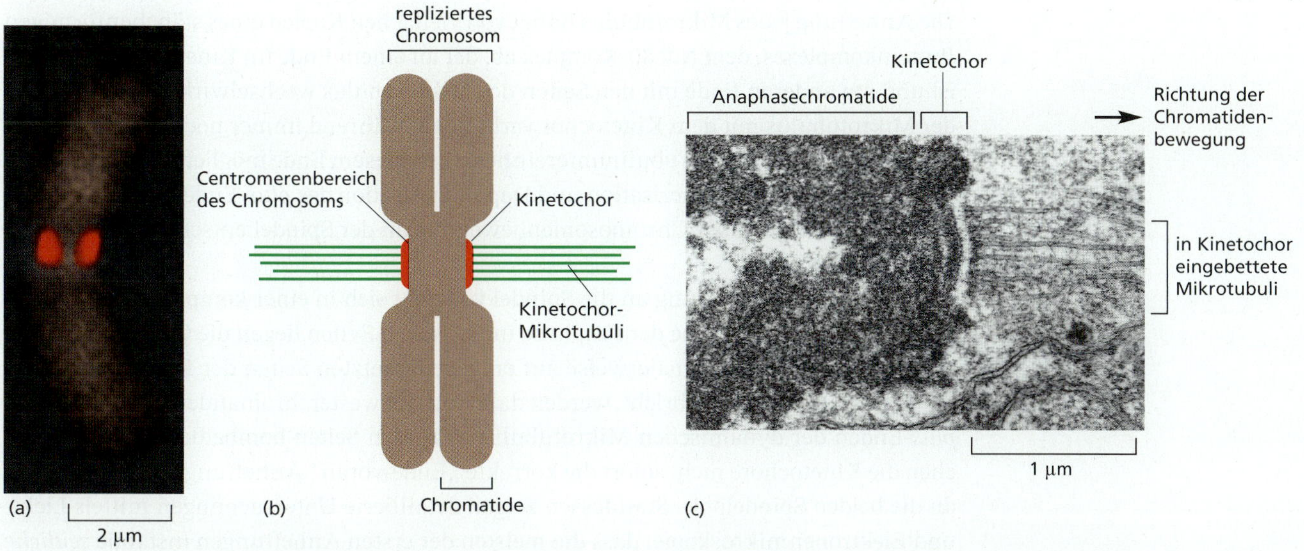

Abb. 17.33 Kinetochor. (a) Eine fluoreszenzmikroskopische Aufnahme eines Metaphasechromosoms, das mit einem DNA-bindenden Fluoreszenzfarbstoff und einem humanen Autoantikörper, der mit spezifischen Kinetochorproteinen reagiert, markiert wurde. Die beiden Kinetochore, jeweils mit einer Schwesterchromatide assoziiert, sind *rot* gefärbt. (b) Schematische Darstellung eines Metaphasechromosoms mit seinen beiden Schwesterchromatiden, die an die *plus*-Enden der Kinetochor-Mikrotubuli angeheftet sind. Jedes Kinetochor bildet auf der Oberfläche des Centromers eine Schichtstruktur. (c) Elektronenmikroskopische Aufnahme einer Anaphasechromatide mit an das Kinetochor angehefteten Mikrotubuli. Während die meisten Kinetochore eine dreischichtige Struktur haben, hat das hier (von einer Grünalge) gezeigte eine ungewöhnlich komplexe Struktur mit weiteren Schichten. (a, © 1991 R. P. Zinkowski *et al.* Ursprünglich veröffentlicht in *J. Cell Biol.* https://doi.org/10.1083/jcb.113.5.1091. Mit Erlaubnis von Rockefeller University Press; c, aus J. D. Pickett-Heaps und L. C. Fowke, *Aust. J. Biol. Sci.* 23: 71–92, 1970. Mit Erlaubnis von CSIRO Publishing).

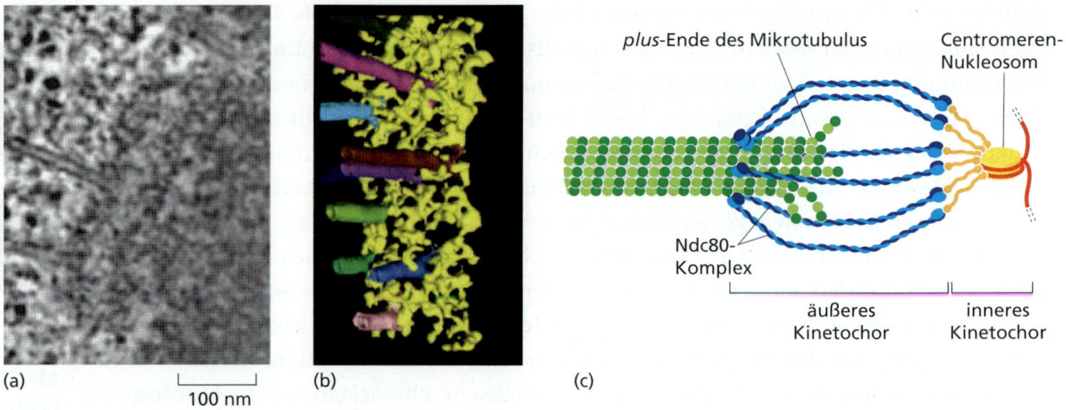

Abb. 17.34 Anheftungsstellen für Mikrotubuli im Kinetochor. (a) In dieser elektronenmikroskopischen Aufnahme eines Kinetochors von Säugetieren sieht man rechts das Chromosom und links die *plus*-Enden vieler Mikrotubuli, die im äußeren Kinetochor verankert sind. (b) Mittels Elektronentomographie (s. Kapitel 9) erstelltes dreidimensionales Bild mit geringer Auflösung des äußeren Kinetochors aus (a). Mehrere Mikrotubuli (in *vielen Farben*) sind im faserigen Material des Kinetochors verankert, von dem man glaubt, dass es aus dem Ndc80-Komplex und anderen Proteinen besteht. (c) Jeder Mikrotubulus ist an das Kinetochor durch Wechselwirkungen mit mehreren Kopien des Ndc80-Komplexes (*blau*) geheftet. Dieser Komplex bindet seitlich an den Mikrotubulus nahe dessen *plus*-Ende und ermöglicht, dass eine Polymerisation und Depolymerisation stattfindet, während der Mikrotubulus an das Kinetochor gebunden bleibt. Das entgegengesetzte Ende des Ndc80-Komplexes ist über Zwischenproteine an Nukleosomen des Centromers gebunden, die eine spezialisierte Version des Histons H3 namens CENP-A enthalten (s. Kapitel 4). Kinetochore der Sprosshefe enthalten ein einziges Centromeren-Nukleosom und damit eine einzige Mikrotubuli-Bindungsstelle (wie die hier gezeigte), während tierische Kinetochore (wie die in b) große Anordnungen dieser Bindungsstellen enthalten, die über eine große Anzahl von Centromeren-Nukleosomen verteilt sind. (a und b, aus Y. Dong *et al.*, *Nat. Cell Biol.* 9: 516–522, veröffentlicht 2007 durch die Nature Publishing Group. Abgedruckt mit Erlaubnis von SNCSC).

am weitesten entfernt von der DNA liegen. Das Kinetochor einer tierischen Zelle kann 10–40 Mikrotubuli binden, während ein Sprosshefekinetochor nur eines binden kann. Die Anheftung jedes Mikrotubulus hängt von vielfachen Kopien eines stäbchenförmigen Proteinkomplexes, dem Ndc80-Komplex ab, der an einem Ende im Kinetochor verankert ist und am anderen Ende mit den Seiten des Mikrotubulus wechselwirkt. Dadurch wird der Mikrotubulus mit dem Kinetochor verbunden, während immer noch die Anheftung oder die Entfernung von Tubulinuntereinheiten an diesem Ende möglich ist (**Abb. 17.34**). Die Regulation der Polymerisation und Depolymerisation des *plus*-Endes am Kinetochor ist für die Steuerung der Chromosomenbewegung an der Spindel entscheidend, was wir später besprechen.

Die Kinetochoranheftung an die Spindel vollzieht sich in einer komplizierten Abfolge von Ereignissen. Am Ende der Prophase in tierischen Zellen liegen die Centrosomen der wachsenden Spindel normalerweise auf entgegengesetzten Seiten der Kernhülle. Wenn die Kernhülle zusammenbricht, werden daher die Schwesterchromatidenpaare durch die *plus*-Enden der dynamischen Mikrotubuli von beiden Seiten bombadiert. Jedoch erreichen die Kinetochore nicht sofort die korrekte „Ende-voran"-Anheftung der Mikrotubuli an die beiden Spindelpole. Stattdessen zeigen detaillierte Untersuchungen mittels Licht- und Elektronenmikroskopie, dass die meisten der ersten Anheftungen instabile *seitliche* Anlagerungen sind, bei denen sich das Kinetochor zunächst mithilfe von Dyneinmotorproteinen im äußeren Kinetochor seitlich an einen vorbeikommenden Mikrotubulus bindet. Schließlich werden die *plus*-Enden der Mikrotubuli von einem und dann vom anderen Kinetochor in der richtigen Orientierung – mit dem Ende voran – eingefangen.

Ein weiterer Anheftungsmechanismus spielt ebenfalls eine Rolle, vor allem in Abwesenheit von Centrosomen. Kurze Mikrotubuli in der Nähe der Chromosomen werden in die das *plus*-Ende bindenden Stellen des Kinetochors eingebettet. Die Polymerisation an diesen *plus*-Enden hat dann das Wachstum der Mikrotubuli weg vom Kinetochor zur

Folge. Die *minus*-Enden dieser Kinetochor-Mikrotubuli sind dann schließlich mit anderen *minus*-Enden quervernetzt und durch Dyneinmotorproteine am Spindelpol konzentriert (s. **Abb. 17.31**).

17.4.11 Die bipolare Ausrichtung wird durch Versuch und Irrtum erreicht

Das Gelingen der Mitose erfordert, dass sich die Schwesterchromatiden eines Paares an die entgegengesetzten Pole der Mitosespindel heften, sodass sie zu den entgegengesetzten Zellenden wandern, wenn sie sich in der Anaphase trennen. Wie wird diese Art der Anheftung, **bipolare Ausrichtung** genannt, erreicht? Was verhindert, dass sich beide Kinetochore an den gleichen Spindelpol heften oder dass sich ein Kinetochor an beide Spindelpole heftet? Eine partielle Antwort erhält man durch den Aufbau der Schwesterkinetochore, die Rücken an Rücken ausgerichtet sind; dies verringert die Wahrscheinlichkeit, dass beide Kinetochore dem gleichen Spindelpol gegenüberliegen. Nichtsdestoweniger kommt es zu fehlerhaften Anheftungen, und es haben sich elegante Mechanismen entwickelt, um sie zu korrigieren.

Fehlerhafte Anheftungen werden über ein System von Versuch und Irrtum korrigiert, das auf einem einfachen Prinzip fußt: Fehlerhafte Anheftungen sind äußerst instabil und haben keinen Bestand, während richtige Anheftungen an der Stelle festgehalten werden. Wie nimmt das Kinetochor eine richtige Anheftung wahr? Dies wird vermutlich über die Spannung vermittelt (**Abb. 17.35**). Wenn ein Schwesterchromatidenpaar an

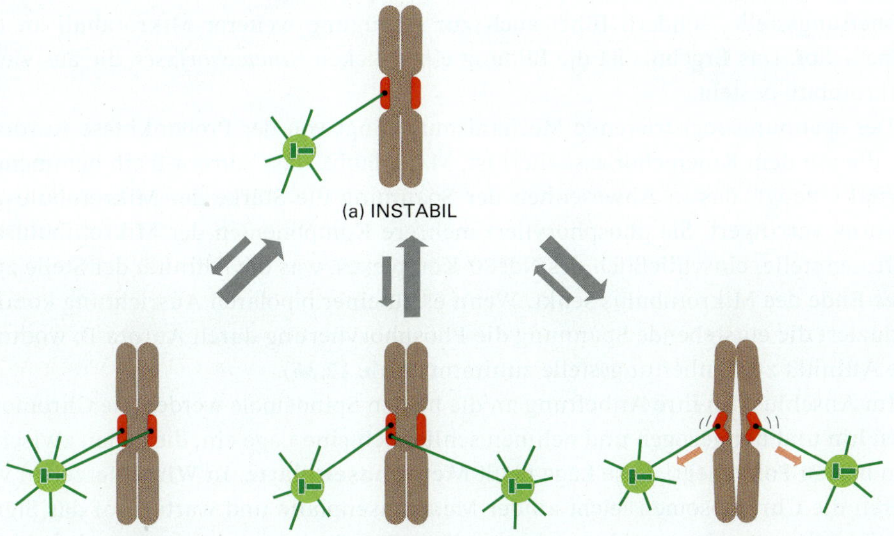

Abb. 17.35 Alternative Formen der Kinetochoranheftung an die Spindelpole. (a) Anfangs bindet ein einzelner Mikrotubulus von einem Spindelpol an ein Kinetochor in einem Schwesterchromatidenpaar. Weitere Mikrotubuli können dann auf verschiedene Weise an das Chromosom binden. (b) Vom selben Spindelpol kann sich ein Mikrotubulus an das andere Schwesterkinetochor heften oder (c) Mikrotubuli von beiden Spindelpolen können sich an dasselbe Kinetochor heften. Diese fehlerhaften Anheftungen sind jedoch instabil, sodass sich eines der beiden Mikrotubuli ablöst. (d) Man glaubt, dass, wenn ein Mikrotubulus vom entgegengesetzten Pol an das zweite Kinetochor bindet, die Schwesterkinetochore eine Spannung an ihren Mikrotubulibindungsstellen wahrnehmen. Dies löst eine Zunahme der Mikrotubulusbindungsaffinität aus, wodurch die richtige Anheftung arretiert wird. Gelegentlich (nicht gezeigt) können sich Anheftungen bilden, die eine Kombination von C und D sind, d. h. die beiden Schwesterkinetochore sind an entgegengesetzten Polen befestigt und stehen unter Spannung, aber es gibt auch eine ungeeignete Mikrotubuli-Verbindung zwischen einem Kinetochor und beiden Spindelpolen. Diese Kombination ist stabil und Zellen, die mit einer solchen Verbindung in die Anaphase eintreten, riskieren, dass beide Schwesterchromatiden auf dieselbe Tochter übertragen werden, was für die Zelle in der Regel tödlich ist.

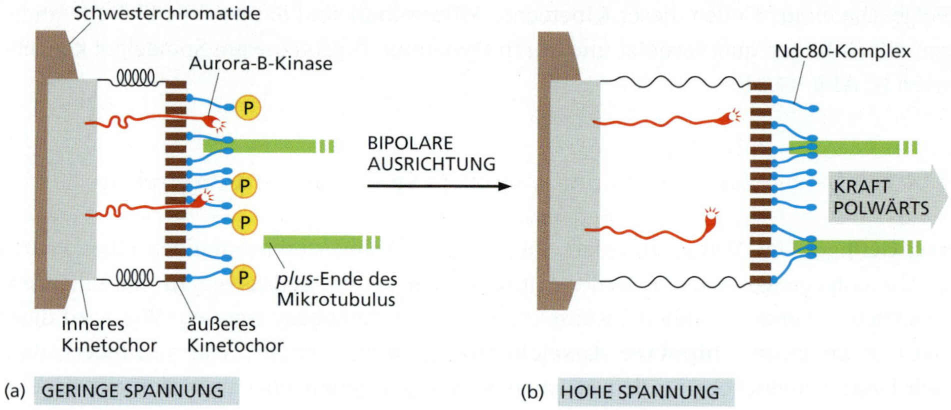

Abb. 17.36 Wie Spannung die Mikrotubulianheftung an das Kinetochor verstärken könnte. In diesen Schemazeichnungen ist ein mutmaßlicher Mechanismus gezeigt, durch den die zweiseitige Ausrichtung die Anheftung der Mikrotubuli an das Kinetochor verstärken könnte. Der Übersichtlichkeit halber ist nur ein einziges Kinetochor dargestellt, der Spindelpol liegt rechts. (a) Wenn eine Schwesterchromatide nicht mit der Spindel oder nur mit einem Spindelpol verbunden ist, ist die Spannung zwischen äußeren und inneren Kinetochoren gering. Die Proteinkinase Aurora-B ist an das innere Kinetochor gebunden und phosphoryliert die Mikrotubulianheftungsstellen, einschließlich des Ndc80-Komplexes (*blau*), wie gezeigt im äußeren Kinetochor, wodurch die Affinität zur Bindung an den Mikrotubulus reduziert wird. Mikrotubuli assoziieren und dissoziieren daher schnell und die Anheftung ist nicht stabil. (b) Wenn die zweiseitige Ausrichtung erfolgt ist, wirken den Kräften, die das Kinetochor zum Spindelpol hinziehen, die Kräfte entgegen, die das andere Schwesterkinetochor zum gegenüberliegenden Pol hinziehen. Die resultierende Spannung zieht das äußere Kinetochor weg vom inneren Kinetochor. Daraus ergibt sich, dass Aurora-B nicht mehr das äußere Kinetochor erreicht, und die Mikrotubulianheftungsstellen werden nicht mehr phosphoryliert. Die Mikrotubulibindungsaffinität ist daher erhöht und es kommt zur stabilen Anheftung vieler Mikrotubuli an beide Kinetochore. Die Dephosphorylierung der äußeren Kinetochorproteine hängt von einer Phosphatase ab, die hier nicht gezeigt ist.

der Spindel korrekt bipolar ausgerichtet ist, werden die beiden Kinetochore durch starke polwärtige Kräfte in entgegengesetzte Richtungen gezogen. Die Schwesterchromatiden-Kohäsion widersteht diesen polwärtigen Kräften, wodurch innerhalb der Kinetochore hohe Spannungen erzeugt werden. Wenn die Chromosomen falsch angeheftet sind – also wenn z. B. beide Schwesterchromatiden mit dem gleichen Spindelpol verbunden sind – ist die Spannung gering und das Kinetochor erzeugt ein hemmendes Signal, das den Griff seiner Mikrotubulianheftungsstelle lockert und die Ablösung ermöglicht. Wenn eine bipolare Ausrichtung vorliegt, dann schaltet die hohe Spannung am Kinetochor das hemmende Signal ab, wodurch die Mikrotubulusanheftung gefestigt wird. In tierischen Zellen erhöht die Spannung nicht nur die Affinität der Anheftungsstelle, sondern führt auch zur Anfügung weiterer Mikrotubuli an das Kinetochor. Das Ergebnis ist die Bildung einer dicken *Kinetochorfaser*, die aus vielen Mikrotubuli besteht.

Der spannungsregistrierende Mechanismus hängt von der Proteinkinase Aurora-B ab, die mit dem Kinetochor assoziiert ist. Man glaubt, dass Aurora-B ein hemmendes Signal erzeugt, das in Abwesenheit der Spannung die Stärke der Mikrotubulusanheftung verringert. Sie phosphoryliert mehrere Komponenten der Mikrotubulusanheftungsstelle, einschließlich des Ndc80-Komplexes, was die Affinität der Stelle zum *plus*-Ende des Mikrotubulus senkt. Wenn es zu einer bipolaren Ausrichtung kommt, reduziert die entstehende Spannung die Phosphorylierung durch Aurora-B, wodurch die Affinität zur Anheftungsstelle zunimmt (**Abb. 17.36**).

Im Anschluss an ihre Anheftung an die beiden Spindelpole werden die Chromosomen hin und her gezogen und nehmen schließlich eine Lage ein, die genau zwischen den beiden Polen liegt; diese Lage heißt **Metaphasenplatte**. In Wirbeltierzellen vibrieren die Chromosomen leicht an der Metaphasenplatte und warten auf das Signal an die Schwesterchromatiden sich zu teilen. Das Signal wird mit einer definierten Verzögerung erzeugt, nachdem sich das letzte Schwesterchromatidenpaar in bipolarer Ausrichtung angeheftet hat.

17.4.12 Mehrere Kräfte wirken auf die Chromosomen an der Spindel

Die Metaphasenspindel mit den an der Metaphasenplatte ausgerichteten Schwesterchromatiden erscheint als stabile bipolare Struktur mit fester Länge, aber dieser Schein trügt. Die Spindel ist eine hochdynamische Anordnung, die sich in einem stabilen Zustand befindet, der von einem präzisen Gleichgewicht zahlreicher Kräfte abhängt, die von verschiedenen Motorproteinen und durch die Polymerisation und Depolymerisation von Mikrotubuli erzeugt werden. Diese Kräfte bewegen die Chromosomen, sobald sie an der Spindel befestigt sind. Sie erzeugen die Spannung, die so wichtig für die Stabilisierung der korrekten Anlagerungen ist. In der Anaphase ziehen ähnliche Kräfte die getrennten Chromatiden zu den entgegengesetzten Enden der Spindel. Drei Hauptspindelkräfte sind besonders entscheidend, wenn auch ihre Stärke und Bedeutung in den verschiedenen Phasen der Mitose variieren.

Die erste wichtige Kraft zieht das Kinetochor und deren verknüpfte Chromatide entlang des Kinetochor-Mikrotubulus zum Spindelpol. Diese Kraft wird durch Depolymerisation am *plus*-Ende des Mikrotubulus erzeugt. Sie zieht während der Prometaphase und Metaphase an den Chromosomen, aber sie ist besonders wichtig, um die Schwesterchromatiden zu den Polen zu ziehen, nachdem sie sich in der Anaphase getrennt haben. Interessanterweise erfordert diese vom Kinetochor erzeugte, zum Pol gerichtete Kraft kein ATP oder Motorproteine. Dies mag zunächst nicht plausibel erscheinen, aber man hat gezeigt, dass aufgereinigte Kinetochore im Reaktionsgefäß ohne ATP an depolymerisierende Mikrotubuli geheftet bleiben können und sich dabei bewegen. Die Energie, die diese Bewegung speist, ist in den Mikrotubuli gespeichert und wird freigesetzt, wenn der Mikrotubulus depolymerisiert; letzten Endes stammt sie aus der Hydrolyse von GTP, die abläuft, nachdem sich eine Tubulinuntereinheit an das Ende eines Mikrotubulus angefügt hat (s. Kapitel 16).

Wie treibt der Abbau am *plus*-Ende das Kinetochor zum Pol? Wie wir bereits erläutert haben (s. **Abb. 17.34c**), gehen Ndc80-Komplexe im Kinetochor viele Verbindungen mit niedriger Affinität entlang der Seiten der Mikrotubuli ein. Da diese Anlagerungen ständig brechen und an neuen Stellen wieder eingegangen werden, bleibt das Kinetochor sogar am Mikrotubulus angeheftet, wenn der Mikrotubulus abgebaut wird. Im Prinzip könnte dies das Kinetochor zum Spindelpol hintreiben.

Die zweite zum Pol gerichtete Kraft wird in manchen Zellen durch den **Mikrotubulusfluss** bereitgestellt, bei dem die Mikrotubuli selbst zu den Spindelpolen gezogen und an ihren *minus*-Enden abgebaut werden. Der Mechanismus, der dieser polwärts gerichteten Bewegung zugrunde liegt, ist noch unklar. Aber er könnte von Kräften abhängen, die durch Motorproteine und den *minus*-Enden-Abbau am Spindelpol erzeugt werden. In der Metaphase wird der Verlust eines Tubulins am *minus*-Ende eines Mikrotubulus durch das Anfügen eines neuen Tubulins am *plus*-Ende ausgeglichen, sodass die Mikrotubuluslänge trotz der Mikrotubulusbewegung zum Spindelpol konstant bleibt (**Abb. 17.37**). Jedes Kinetochor, das an einen Mikrotubulus geheftet ist, der einen solchen Fluss durchmacht, erfährt eine zum Pol gerichtete Kraft; diese trägt zur Erzeugung der Spannung am Kinetochor in der Metaphase bei. Zusammen mit den oben erläuterten, auf den Kinetochoren beruhenden Kräften trägt der Fluss zu der polwärts gerichteten Kraft bei, die die Schwesterchromatiden bewegt, nachdem sie sich in der Anaphase getrennt haben.

Die dritte auf die Chromosomen einwirkende Kraft ist die *polare Auswurfkraft* oder *Polwinde*. Zum *plus*-Ende gerichtete Kinesin-4- und -10-Motoren auf den Chromosomenarmen wechselwirken mit den Mikrotubuli und transportieren die Chromosomen weg von den Spindelpolen (s. **Abb. 17.28**). Diese Kraft ist besonders in der Prometaphase und Metaphase wichtig, wenn sie mithilft, die Chromosomenarme von der Spindel weg zu drücken. Diese Kraft könnte auch dabei helfen, die Schwesterchromatidenpaare an der Metaphasenplatte auszurichten.

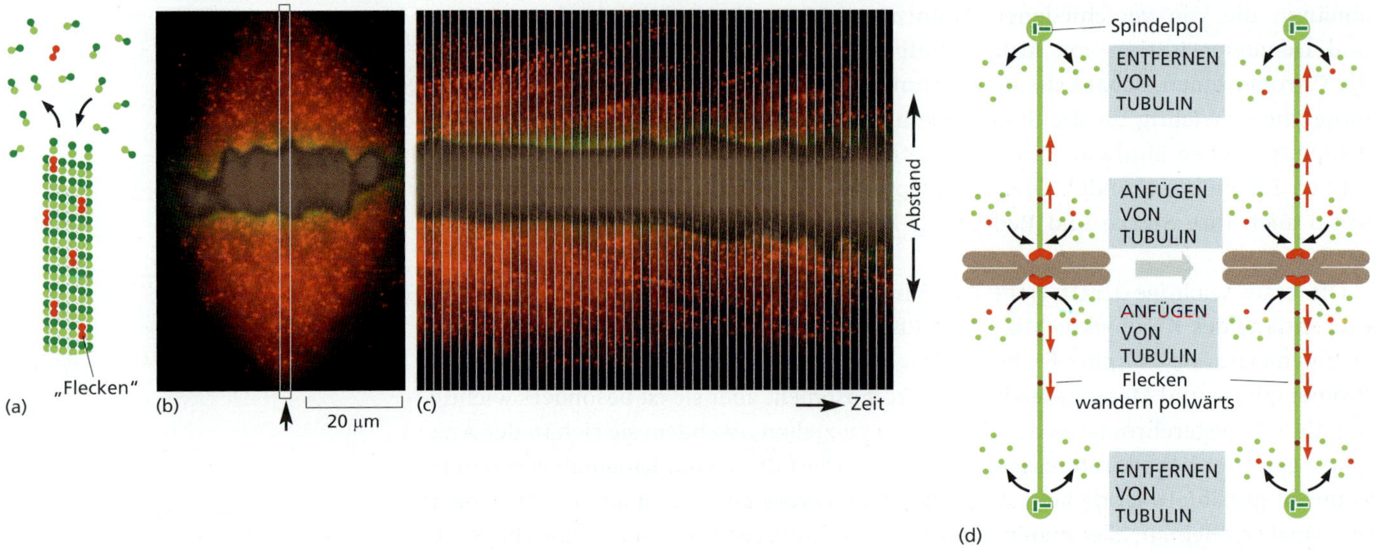

Abb. 17.37 Mikrotubulusfluss in der Metaphasenspindel. (a) Um den Mikrotubulusfluss zu beobachten, wird eine geringe Menge fluoreszierendes Tubulin in lebende Zellen oder einen Zellextrakt injiziert, sodass sich einzelne Mikrotubuli mit einem geringen Anteil an fluoreszierendem Tubulin bilden. Solche Mikrotubuli haben, wenn sie durch ein Fluoreszenzmikroskop betrachtet werden, ein geflecktes Aussehen. (b) Viel von dem, was wir über das Verhalten der Mitosespindel wissen, kommt aus Untersuchungen mit Extrakten von Froscheiern von *Xenopus laevis*. Diese Extrakte führen auch im Reagenzglas viele Zellzyklusvorgänge wie z. B. den Aufbau der Mitosespindel durch. Diese Fluoreszenzaufnahme einer Mitosespindel stammt aus einem Extrakt, der mit einer kleinen Menge fluoreszierendem Tubulin gemischt wurde. Da in diesen Extrakten keine Centrosomen enthalten sind, hat die Spindel keine Astralmikrotubuli. Die Chromosomen sind *braun* gefärbt und die Tubulinflecken *rot*. (c) Die Bewegung einzelner Flecken kann durch Zeitraffer-Videomikroskopie leicht verfolgt werden. Bilder der dünnen, senkrechten, durch einen Kasten in (b) markierten Region (*Pfeil*) wurden alle 10 Sekunden aufgenommen; sie zeigen, dass einzelne Flecken sich mit einer Geschwindigkeit von etwa 0,75 µm min^{-1} auf die Pole zubewegen, d. h. dass die Mikrotubuli sich zu den Polen bewegen. (d) Die Kinetochor-Mikrotubuluslänge ändert sich nicht signifikant während dieses Experimentes, da mit gleicher Geschwindigkeit neue Tubulinuntereinheiten an das *plus*-Ende geheftet wie vom *minus*-Ende entfernt werden. (b und c, aus T. J. Mitchison und E. D. Salmon, *Nat. Cell Biol*. 3:E17–E21, veröffentlicht 2001 von Nature Publishing Group. Abgedruckt mit Erlaubnis von SNCSC).

17.4.13 Der APC/C löst die Trennung der Schwesterchromatiden und den Abschluss der Mitose aus

Der Zellzyklus erreicht seinen entscheidenden Moment mit der Trennung der Schwesterchromatiden am Übergang von der Metaphase zur Anaphase (**Abb. 17.38**). Obwohl die M-Cdk-Aktivität für diesen Vorgang den Weg bereitet, legt der früher besprochene anaphasefördernde Komplex (engl. *anaphase-promoting complex*), auch Cyclosom genannt (APC/C abgekürzt), den Schalter um, der die Trennung der Schwesterchromatiden durch Ubiquitinierung mehrerer mitotischer Regulatorproteine einleitet, deren Abbau dadurch veranlasst wird (s. **Abb. 17.18**).

Wie bereits erwähnt, halten Cohesine die Schwesterchromatiden nach der S-Phase zusammen. In der frühen Mitose wird die Lösung der Schwesterchromatiden begleitet vom Entfernen der meisten Cohesine von den Chromosomenarmen über einen Mechanismus, der von einem Protein abhängt, das den Cohesinring an der Verbindung von dessen Smc3- und Scc1-Untereinheiten zum Öffnen auseinander zieht (s. **Abb. 17.23**). Wenn die Zelle die Metaphase erreicht, bleiben Cohesine hauptsächlich an den Centromerregionen der Chromosomen in der Nähe der Kinetochore, wo sie dabei helfen, den polwärts gerichteten Kräften entgegenzuhalten, die die Schwesterchromatiden auseinanderziehen. Die Anaphase beginnt mit dem plötzlichen Entfernen der verbliebenen Cohesine, wodurch sich die Schwesterchromatiden trennen und zu den entgegengesetzten Polen der Spindel bewegen können. Dieser Schritt wird durch den APC/C eingeleitet, indem das hemmende Protein **Securin** für den Abbau vorgesehen wird. Vor der Anaphase bindet Securin eine **Separase** genannte Protease und hemmt deren Aktivität. Der Abbau

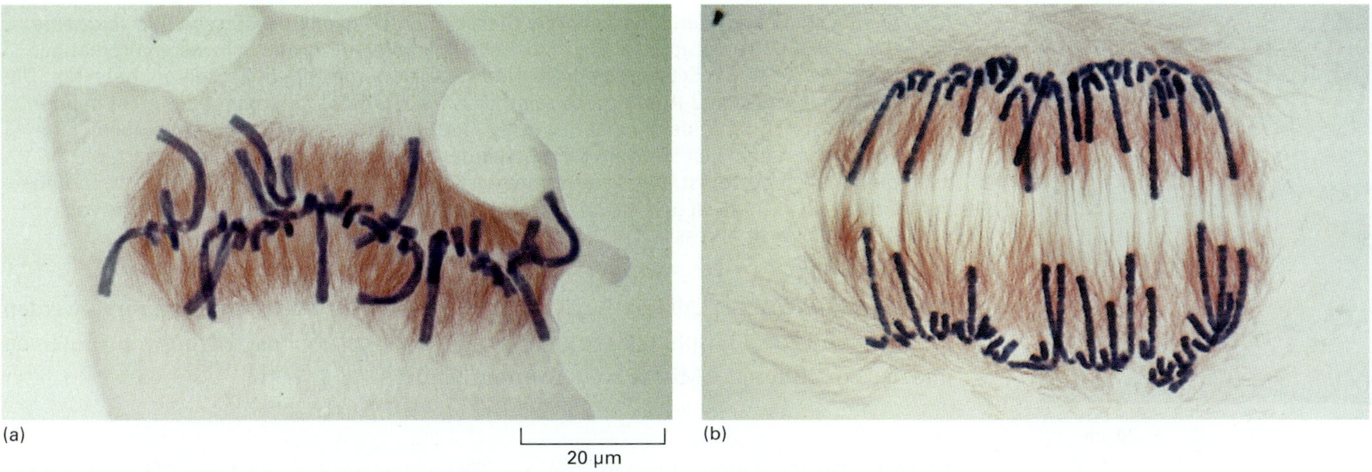

Abb. 17.38 Trennung der Schwesterchromatiden in der Anaphase. Beim Übergang von der Metaphase (a) zur Anaphase (b) trennen sich plötzlich und zeitgleich die Schwesterchromatiden und bewegen sich zu den entgegengesetzten Polen der Mitosespindel; gezeigt sind hier lichtmikroskopische Aufnahmen von Endospermzellen von *Haemanthus* (einer Lilie), die mit goldmarkierten, gegen Tubulin gerichteten Antikörpern angefärbt wurden (*rosa*). (Mit freundlicher Genehmigung von Andrew Bajer).

von Securin in der Metaphase setzt die Separase frei, die dann die Scc1-Untereinheit des Cohesins spalten kann (s. **Abb. 17.23**). Dadurch fällt Cohesin von den Chromosomen ab und die Schwesterchromatiden trennen sich (**Abb. 17.39**).

Wir haben bereits gesehen, dass die Phosphorylierung verschiedener Proteine durch M-Cdk den Spindelaufbau, die Chromosomenkondensation und den Abbau der Kernhülle in der frühen Mitose fördert. Es ist daher nicht überraschend, dass die Dephosphorylierung derselben Proteine für den Abbau der Spindel und die Neubildung der Tochterkerne in der Telophase erforderlich ist. Die Dephosphorylierung von Cdk-Zielen hängt teilweise von der Inaktivierung der meisten Cdks in der Zelle ab, die erfolgt, wenn APC/C S- und M-Cycline zur Zerstörung anvisiert. Die Dephosphorylierung von Proteinen resultiert auch aus der Aktivierung von Phosphatasen. Erinnern wir uns daran, dass z. B. die Phosphatase PP2A-B55 durch M-Cdk inaktiviert wird (s. **Abb. 17.15** und

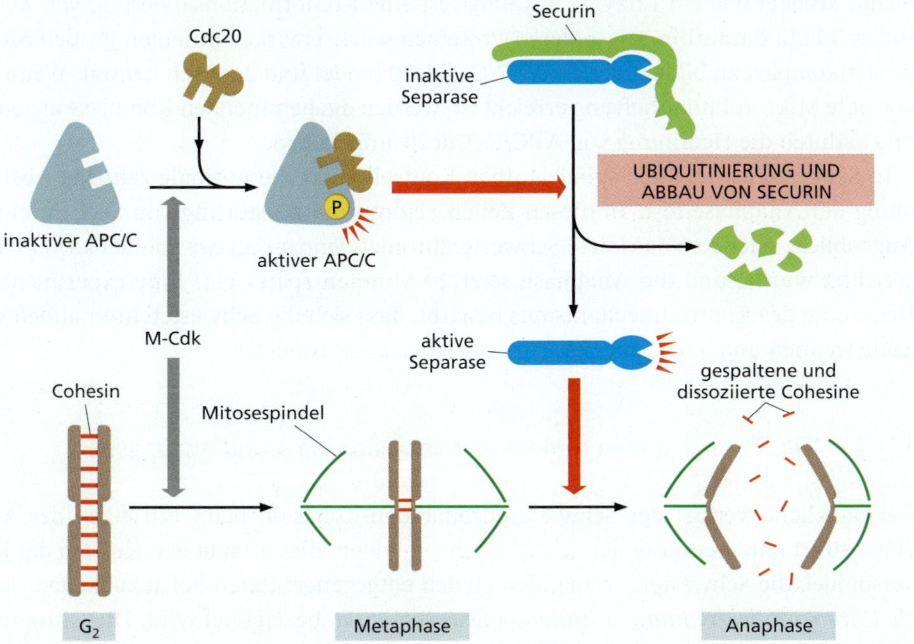

Abb. 17.39 Das Auslösen der Schwesterchromatidentrennung durch APC/C. Die Aktivierung des APC/C durch Cdc20 führt zur Ubiquitinierung und zum Abbau von Securin, das normalerweise die Separase in einem inaktiven Zustand festhält. Durch den Abbau des Securins kann die Separase eine Untereinheit des Cohesinkomplexes, Scc1, der die Schwesterchromatiden zusammenhält (**Abb. 17.23**), spalten. Die Kräfte der mitotischen Spindel ziehen dann die Schwesterchromatiden auseinander. In tierischen Zellen hemmt auch die Phosphorylierung durch Cdks die Separase (nicht dargestellt). Daher fördert die Cdk-Inaktivierung in der Anaphase (als Ergebnis der Cyclinzerstörung) auch die Aktivierung der Separase, indem sie deren Dephosphorylierung ermöglicht.

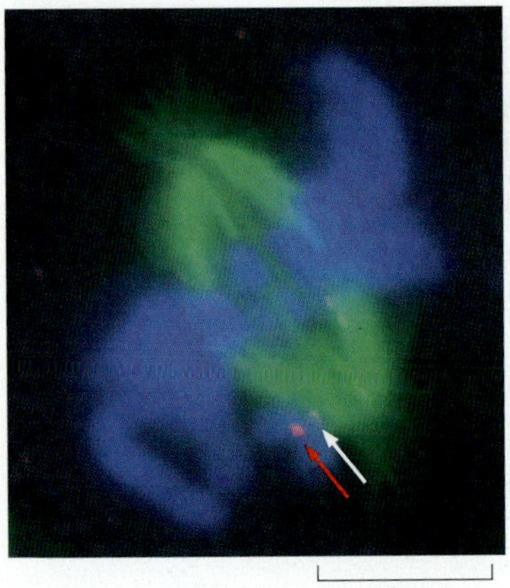

Abb. 17.40 Mad2 an freien Kinetochoren. Dieses fluoreszenzmikroskopische Bild zeigt eine Säugerzelle in der Prometaphase. Die mitotische Spindel ist *grün*, die Schwesterchromatiden sind *blau* dargestellt. Ein Schwesterchromatidenpaar ist nur an einem Spindelpol befestigt. Die Markierung mit Anti-Mad2-Antikörpern zeigt, dass Mad2 an das Kinetochor der nicht gebundenen Schwesterchromatide geheftet ist (*roter* Fleck, durch *roten Pfeil* hervorgehoben). Eine kleine Menge von Mad2 ist mit dem Kinetochor der Schwesterchromatide assoziiert, die an den Spindelpol geheftet ist (*blasser Fleck* mit *weißem Pfeil*). (© 1998 J. Waters *et al.* Ursprünglich veröffentlicht in *J. Cell Biol.* https://doi.org/10.1083/jcb.141.5.1181. Mit Erlaubnis von Rockefeller University Press).

Abb. 17.17). Wenn die Cdk-Aktivität nach der Zerstörung der Cycline abnimmt, werden PP2A und andere Phosphatasen aktiviert, was die Dephosphorylierung von Proteinen und den Abschluss der Mitose weiter vorantreibt.

17.4.14 Die Trennung der Schwesterchromatiden wird durch freie Chromosomen verhindert: Der Spindelaufbau-Kontrollpunkt

Wirkstoffe, die die Mikrotubuli destabilisieren, wie z. B. Colchicin oder Vinblastin (s. Kapitel 16), halten die Zellen über Stunden oder sogar Tage in der Mitose fest. Diese Beobachtung führte zur Identifizierung des Mechanismus des **Spindelaufbau-Kontrollpunkts**, der durch Behandlung mit einem dieser Wirkstoffe aktiviert wird und das Voranschreiten durch den Metaphase-zu-Anaphase-Übergang blockiert. Der Kontrollpunkt-Mechanismus stellt sicher, dass Zellen erst dann in die Anaphase eintreten, wenn alle Chromosomen an der Mitosespindel beidseitig korrekt ausgerichtet sind.

Der Spindelaufbau-Kontrollpunkt hängt von einem Sensormechanismus ab, der die Mikrotubulianheftung am Kinetochor überwacht. Jedes Kinetochor, das nicht richtig mit Mikrotubuli verbunden ist, sendet ein diffundierendes ~ negatives Signal, das die APC/C–Cdc20-Aktivierung in der ganzen Zelle und damit den Übergang von der Metaphase zur Anaphase blockiert. Wenn das letzte Schwesterchromatidenpaar korrekt angeheftet und beidseitig ausgerichtet ist, wird diese Blockierung beseitigt und die Trennung der Schwesterchromatiden kann stattfinden.

Das negative Kontrollpunktsignal hängt von einigen Proteinen, darunter *Mad2*, ab, die an freie Kinetochore angelagert werden (Abb. 17.40). Ein nicht angeheftetes Kinetochor arbeitet wie ein Enzym: es katalysiert eine Konformationsänderung von Mad2, sodass Mad2 daraufhin mit anderen Proteinen wechselwirkt, um einen großen Multiproteinkomplex zu bilden, der an APC/C–Cdc20 bindet und dadurch hemmt. Wenn die korrekte Mikrotubulianheftung erreicht ist, werden die hemmenden Komplexe abgebaut und dadurch die Hemmung von APC/C–Cdc20 aufgehoben.

In Säugerzellen legt der Spindelaufbau-Kontrollpunkt die normale zeitliche Abstimmung der Anaphase fest. In diesen Zellen beginnt die Zerstörung von Securin einige Augenblicke nachdem das letzte Schwesterchromatidenpaar an der Spindel korrekt ausgerichtet wurde, und die Anaphase setzt 20 Minuten später ein. Eine experimentelle Hemmung des Kontrollmechanismus bewirkt, dass sich die Schwesterchromatiden vorzeitig trennen und damit eine verfrühte Anaphase stattfindet.

17.4.15 Die Chromosomen trennen sich in Anaphase A und Anaphase B

Der plötzliche Verlust der Schwesterchromatiden-Kohäsion beim Einsetzen der Anaphase führt zur Trennung der Schwesterchromatiden; dies erlaubt den Kräften der Mitosespindel, die Schwesterchromatiden zu den entgegengesetzten Polen zu ziehen – was als *Chromosomentrennung (Chromosomensegregation)* bezeichnet wird. Die Chromosomen bewegen sich in zwei unabhängigen, sich aber überschneidenden Vorgängen. Der

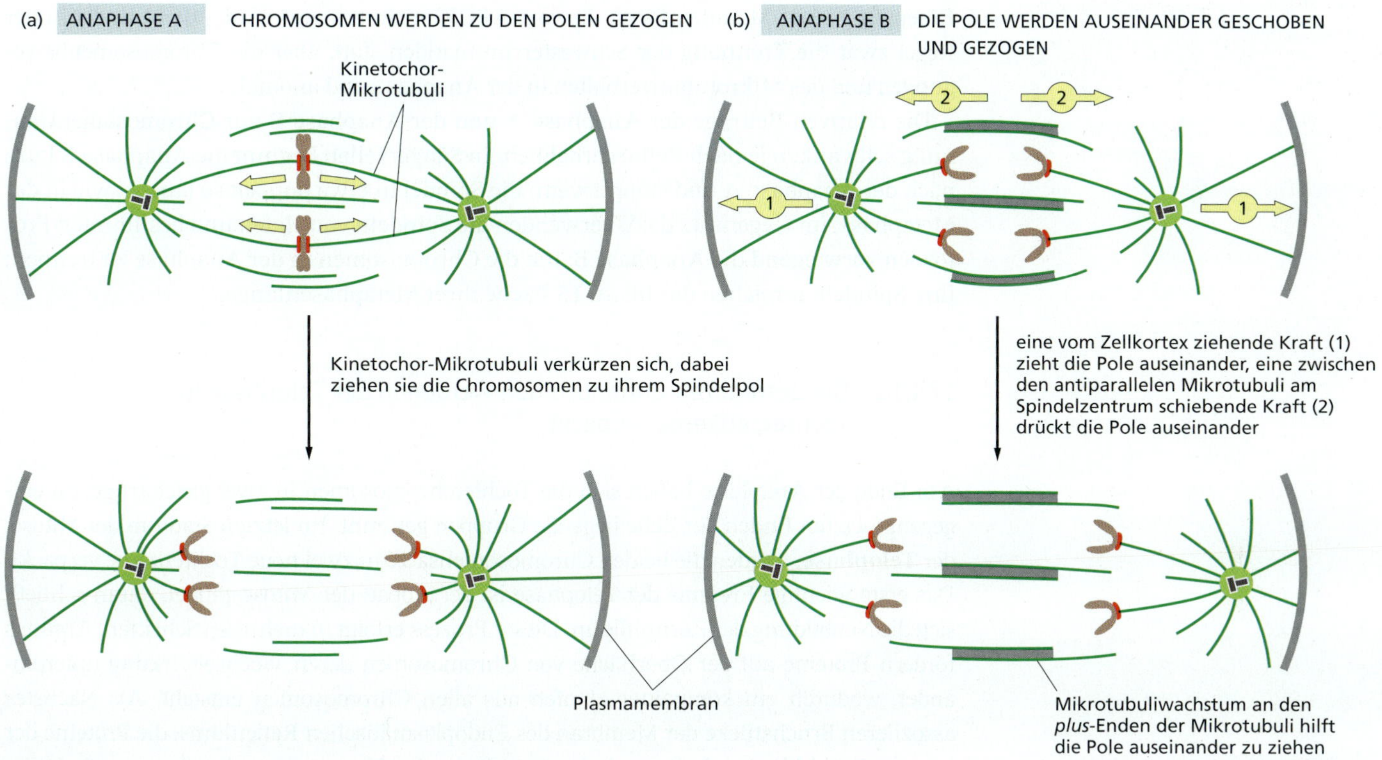

Abb. 17.41 Die zwei Vorgänge in der Anaphase von Säugerzellen. (a) Getrennte Schwesterchromatiden bewegen sich in der Anaphase A zu den Polen hin. (b) In Anaphase B bewegen sich die zwei Spindelpole auseinander.

erste Vorgang, die **Anaphase A**, umfasst die anfängliche Bewegung der Chromosomen zu den Polen. Er wird von einer Verkürzung der Kinetochor-Mikrotubuli begleitet. Der zweite Vorgang, die **Anaphase B**, umfasst die Trennung der Pole selbst und beginnt, nachdem sich die Schwesterchromatiden getrennt haben und die Tochterchromosomen ein Stück voneinander weg gewandert sind (**Abb. 17.41**).

Die Chromosomenbewegung in der Anaphase A ist von zwei früher beschriebenen, zum Pol gerichteten Kräften abhängig. Die erste Kraft wird durch Mikrotubulidepolymerisation am Kinetochor erzeugt, was den Verlust von Tubulinuntereinheiten am *plus*-Ende zur Folge hat, wenn das Kinetochor zum Pol wandert. Die zweite Kraft wird durch den Mikrotubulusfluss erzeugt, also die polwärtige Bewegung der Mikrotubuli zum Spindelpol (s. **Abb. 17.37**). Die relative Bedeutung dieser beiden Kräfte während der Anaphase variiert in verschiedenen Zellarten: In embryonalen Zellen hängt z. B. die Chromosomenbewegung hauptsächlich vom Mikrotubulusfluss ab, während sich die Bewegung in Hefen und somatischen Wirbeltierzellen vorwiegend durch Kräfte ergibt, die am Kinetochor erzeugt werden.

Dagegen hängt die Trennung der Spindelpole während der Anaphase B von motorgetriebenen Mechanismen ab, ähnlich denjenigen, die in der frühen Mitose zwei Centrosomen trennen. Dyneinmotorproteine, die die *plus*-Enden der Astralmikrotubuli am Zellkortex verankern, ziehen die Pole auseinander. Kinesin-5, das die antiparallelen Mikrotubuli am Zentrum der Spindel quervernetzt, drückt die Pole auseinander (s. **Abb. 17.28**).

Obwohl die Chromosomenbewegungen der Anaphase A durch die Trennung der Schwesterchromatiden eingeleitet wird, stellen auch andere Mechanismen korrekte Chromosomenbewegungen in der Anaphase A und die Verlängerung der Spindel in der Anaphase B sicher. Entscheidend ist, dass der korrekte Abschluss der Anaphase von der Dephosphorylierung der Cdk-Substrate abhängt, die sich in den meisten Zellen durch die APC/C-abhängige Zerstörung der Cycline ergibt. Wird die Zerstörung von M-Cyclin verhindert – z. B. durch

Erzeugung einer Mutantenform, die vom APC/C nicht erkannt wird – dann findet in der Regel zwar die Trennung der Schwesterchromatiden statt, aber die Chromosomenbewegungen und das Mikrotubuliverhalten in der Anaphase sind anomal.

Die relativen Beiträge der Anaphase A und der Anaphase B zur Chromosomentrennung schwanken je nach Zellart erheblich. In Säugerzellen beginnt die Anaphase B kurz nach der Anaphase A und stoppt, wenn die Spindel in etwa doppelt so lang ist wie in der Metaphase; im Gegensatz dazu verwenden die Spindeln von Hefen und bestimmten Protozoen vorwiegend die Anaphase B, um die Chromosomen in der Anaphase zu trennen; ihre Spindeln erreichen das bis zu 15-Fache ihrer Metaphasenlänge.

17.4.16 Die getrennten Chromosomen werden in der Telophase in Tochterzellkerne verpackt

Am Ende der Anaphase haben sich die Tochterchromosomen in zwei gleichartige, an entgegengesetzten Enden der Zelle liegende Gruppen getrennt. Im letzten Stadium der Mitose, der **Telophase**, werden die beiden Chromosomensätze in zwei neue Tochterkerne verpackt. Das erste wichtige Ereignis der Telophase ist der Abbau der Mitosespindel, daran schließt sich die Neubildung der Kernhülle an. Dieser Prozess erfolgt in mehreren Schritten. Anfangs fördern Proteine auf der Oberfläche von Chromosomen deren Wechselwirkung untereinander, wodurch ein kompakter Haufen aus allen Chromosomen entsteht. Als Nächstes assoziieren Bruchstücke der Membran des Endoplasmatischen Reticulums, die Proteine der inneren Kernhülle beinhaltet, mit der Oberfläche des Chromosomenhaufens und fusionieren letztendlich zur vollständigen Kernhülle. In die Kernhülle werden Kernporenkomplexe eingebaut und die Kernlamina bildet sich erneut. Die Porenkomplexe schleusen Kernproteine hinein, der Zellkern dehnt sich aus, und die Mitosechromosomen werden erneut zu ihrem wenig verdichteten Interphasezustand umorganisiert. Ein neuer Kern ist entstanden und die Mitose ist abgeschlossen. Alles, was noch zu tun bleibt, ist die Teilung in zwei Zellen.

Zusammenfassung

Die M-Cdk löst die Vorgänge in der frühen Mitose aus; dazu gehören die Chromosomenkondensation, der Aufbau der Mitosespindel und die bipolare Anheftung der Schwesterchromatidenpaare an die Mikrotubuli der Spindel. In tierischen Zellen hängt die Spindelbildung von der Mikrotubulikeimung an mehreren Orten ab. Centrosomen, die vor der Mitose dupliziert werden und in der frühen Mitose getrennt werden, bilden Keime für Mikrotubuli, um bei der Bildung der Spindelpole zu helfen. Die Spindelbildung hängt auch von der Fähigkeit der Mitosechromosomen ab, die lokale Mikrotubulibildung anzuregen, sowie von der Fähigkeit der Motorproteine, die Mikrotubuli zu einer bipolaren Anordnung zu gruppieren. Die Anaphase wird durch den APC/C ausgelöst, der die Zerstörung der Proteine anregt, die die Schwesterchromatiden zusammenhalten. Der APC/C fördert auch den Cyclinabbau und damit die Inaktivierung der M-Cdk. Die sich ergebende Dephosphorylierung der Cdk-Ziele ist für die Vorgänge erforderlich, die die Mitose abschließen; dazu gehören der Abbau der Spindel und die Neubildung der Kernhülle.

17.5 Cytokinese

Der letzte Schritt im Zellzyklus ist die **Cytokinese**, die Zweiteilung des Cytoplasmas. In den meisten Zellen folgt jeder Mitose eine Cytokinese, obwohl manche Zellen, wie die frühen *Drosophila*-Embryonen und manche menschlichen Hepatocyten und Herzmuskelzellen, eine Mitose ohne Cytokinese durchlaufen und dabei vielkernig werden. In den

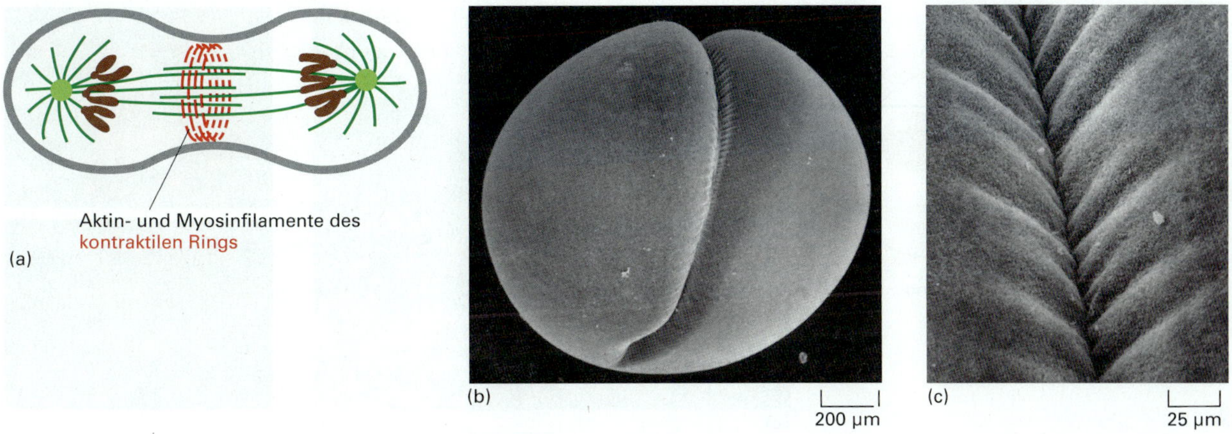

Abb. 17.42 Cytokinese. (a) Die Aktin–Myosin-Bündel des kontraktilen Rings sind wie gezeigt so ausgerichtet, dass ihre Kontraktion die Membran nach innen zieht. (b) In dieser rasterelektronenmikroskopischen Aufnahme mit niedriger Vergrößerung ist die Teilungsfurche eines sich teilenden Froscheies besonders hervorstechend, da die Zelle ungewöhnlich groß ist. Die Furchung der Zellmembran wird durch den darunterliegenden kontraktilen Ring hervorgerufen. (c) Die Oberfläche der Furche bei stärkerer Vergrößerung. (b und c, aus H. W. Beams und R. G. Kessel, *Am. Sci.* 64: 279–290, 1976. Mit Erlaubnis von Sigma Xi).

meisten tierischen Zellen beginnt die Cytokinese in der Anaphase und endet kurz nach Abschluss der Mitose in der Telophase.

Die Cytokinese bei Tierzellen beginnt mit dem Erscheinen der *Teilungsfurche*, an der Zelloberfläche. Die Furche vertieft sich rasch und dehnt sich um die ganze Zelle aus, bis sie die Zelle gänzlich zweiteilt. Die diesem Vorgang zugrunde liegende Struktur ist ein *kontraktiler Ring* – ein dynamisches Aggregat, das aus Aktinfilamenten, Myosin-II-Filamenten und vielen Struktur- und Regulatorproteinen aufgebaut ist. Der Ring baut sich während der Anaphase direkt unter der Plasmamembran auf (**Abb. 17.42**; s. auch **Tafel 17.1**). Er kontrahiert sich allmählich, und zugleich wird durch Fusion intrazellulärer Vesikel neue Membran in die Plasmamembran eingebaut. Diese Erweiterung der Membran ist nötig, um die mit der Cytoplasmateilung verbundene Oberflächenzunahme auszugleichen. Sobald die Kontraktion des Rings abgeschlossen ist, wird der kontraktile Ring abgebaut und die schmale Membranbrücke zwischen den Tochterzellen wird durchtrennt.

17.5.1 Aktin und Myosin II des kontraktilen Rings lenken den Vorgang der Cytokinese

Bei Interphasezellen werden Aktin- und Myosin-II-Filamente zu einem kortikalen Netzwerk aufgebaut, das unter der Plasmamembran liegt. In einigen Zellen bilden sie auch große cytoplasmatische Bündel, die *Stressfasern* (in Kapitel 16 besprochen). Mit Beginn der Mitose werden diese Aktin- und Myosinanordnungen abgebaut; Aktin wird größtenteils umgebaut, Myosin-II-Filamente werden freigesetzt. Wenn sich die Schwesterchromatiden in der Anaphase trennen, beginnen Aktin und Myosin II sich im rasch aufbauenden **kontraktilen Ring** anzusammeln (**Abb. 17.43**); der Ring enthält auch zahlreiche andere Proteine, die die Struktur oder den Ringaufbau unterstützen. Der Aufbau des Rings ergibt sich teilweise durch die lokale Bildung neuer Aktinfilamente, was von *Formin*-Proteinen abhängt, die für den Aufbau paralleler Anordnungen von linearen unverzweigten Aktinfilamenten keimbildend sind (in Kapitel 16 erörtert). Nach der Anaphase kontrahieren sich die überlappenden Anordnungen aus Aktin- und Myosin-II-Filamenten und erzeugen die Kraft, die das Cytoplasma in zwei Teile teilt. Sobald die Kontraktion beginnt, übt der Ring eine Kraft aus, die groß genug ist, um eine ihm in den Weg gestellte, feine Glasnadel zu biegen. Während sich der Ring zusammenzieht, behält er eine konstante Dicke, was darauf hindeutet, dass sein Gesamtvolumen und die Anzahl seiner Filamente laufend abnehmen. Auch sind, anders als im Muskel, die Aktinfilamente im Ring hoch dynamisch und ihre Anordnung ändert sich während der Cytokinese fortwährend.

Der kontraktile Ring geht am Ende der Teilung völlig verloren, wenn sich die Plasmamembran der Teilungsfurche zur Bildung des **Mittelkörpers** verengt. Der Mittelkörper

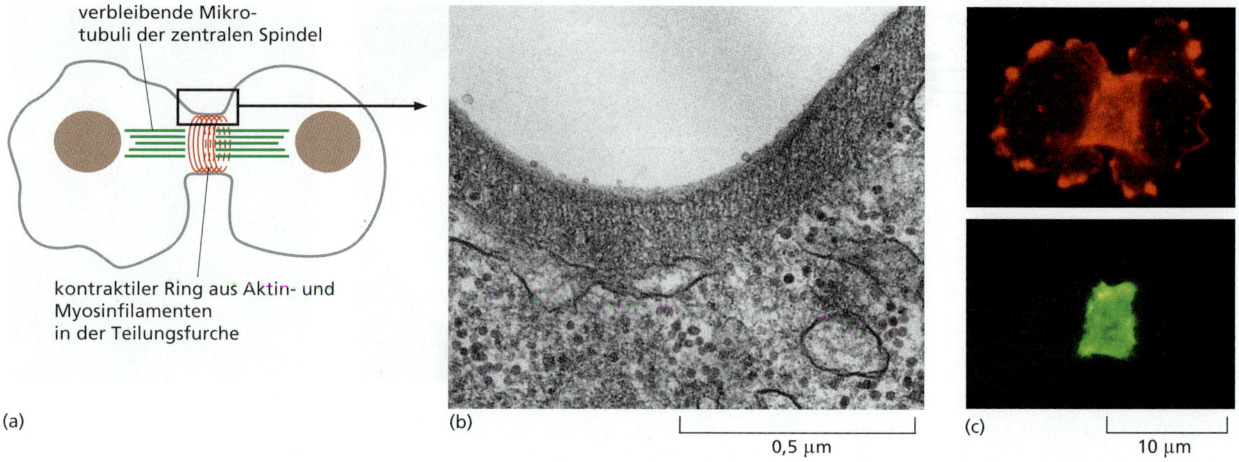

Abb. 17.43 Der kontraktile Ring. (a) Schematische Darstellung der Teilungsfurche einer sich teilenden Zelle. (b) Elektronenmikroskopische Aufnahme vom inneren Rand der Teilungsfurche einer Tierzelle. (c) Fluoreszenzaufnahme einer sich teilenden Schleimpilzamöbe, deren Aktin (*rot*) und Myosin II (*grün*) angefärbt wurden. Während das gesamte sichtbare Myosin II auf den kontraktilen Ring konzentriert wurde, hat sich nur ein Teil des Aktins dort angesammelt; der Rest verbleibt in der Zellrinde der entstehenden Tochterzellen. (b, aus H. W. Beams und R. G. Kessel, *Am. Sci.* 64: 279–290, 1976. Mit Erlaubnis von Sigma Xi; c, mit freundlicher Genehmigung von Yoshio Fukui).

bleibt als Bindeglied zwischen den beiden Tochterzellen bestehen; er enthält die Überreste der *zentralen Spindel*, eine große Proteinstruktur, die von den antiparallelen interpolaren Mikrotubuli der Spindelmittelzone stammt, die innerhalb eines dichten Matrixmaterials fest zusammengepackt sind (**Abb. 17.44**). Die Cytokinese wird durch einen Prozess abgeschlossen, der *Abtrennung* genannt wird: die Membranen auf beiden Seiten des Mittelkörpers werden abgeschnürt und durch Filamente abgetrennt, die aus einem polymeren Protein, das als ESCRTIII bezeichnet wird, gebildet werden.

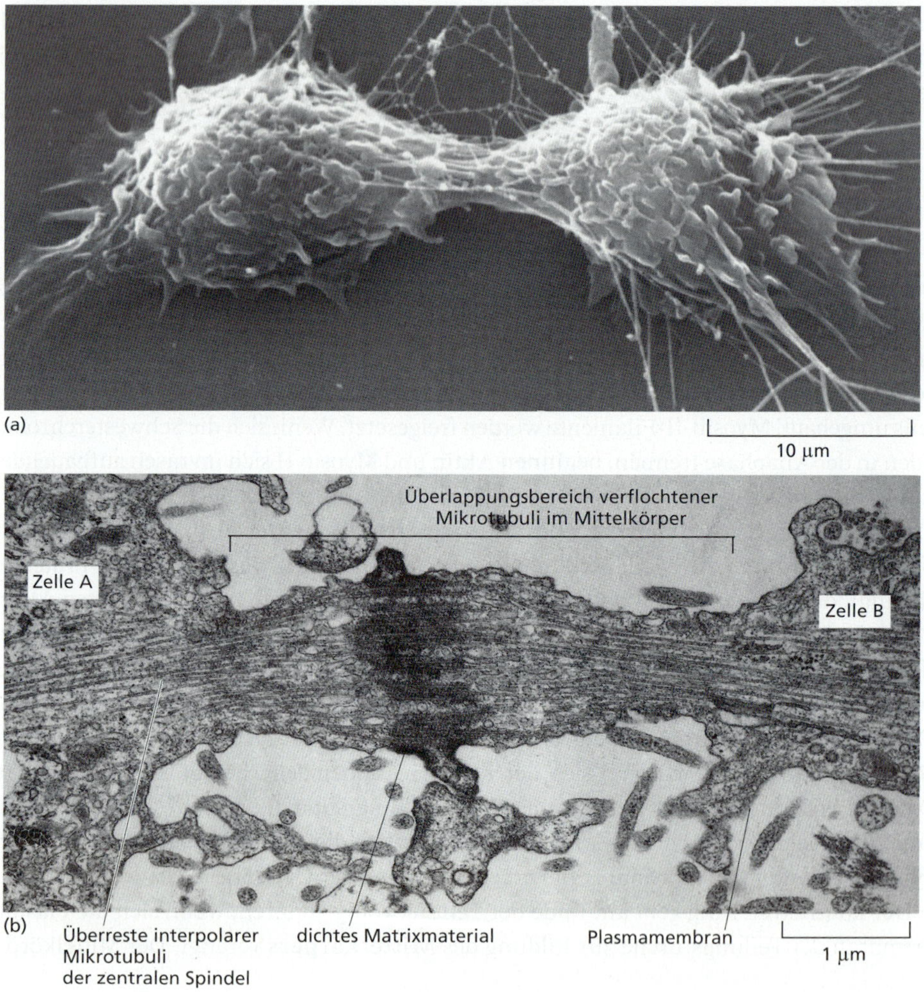

Abb. 17.44 Der Mittelkörper. (a) Rasterelektronenmikroskopische Aufnahme einer kultivierten Tierzelle während der Teilung; die beiden Tochterzellen sind noch durch den Mittelkörper verbunden. (b) Herkömmliche elektronenmikroskopische Aufnahme des Mittelkörpers einer sich teilenden Tierzelle. Die Teilung ist fast abgeschlossen, die Tochterzellen bleiben jedoch noch durch den dünnen Cytoplasmastrang verbunden, der die Überreste der zentralen Spindel enthält. Die Abtrennung erfolgt, wenn die Membranen auf beiden Seiten des dichten Mittelkörpers eingeschnürt und durchtrennt werden. (a, mit freundlicher Genehmigung von Guenther Albrecht-Buehler; b, mit freundlicher Genehmigung von J. M. Mullins).

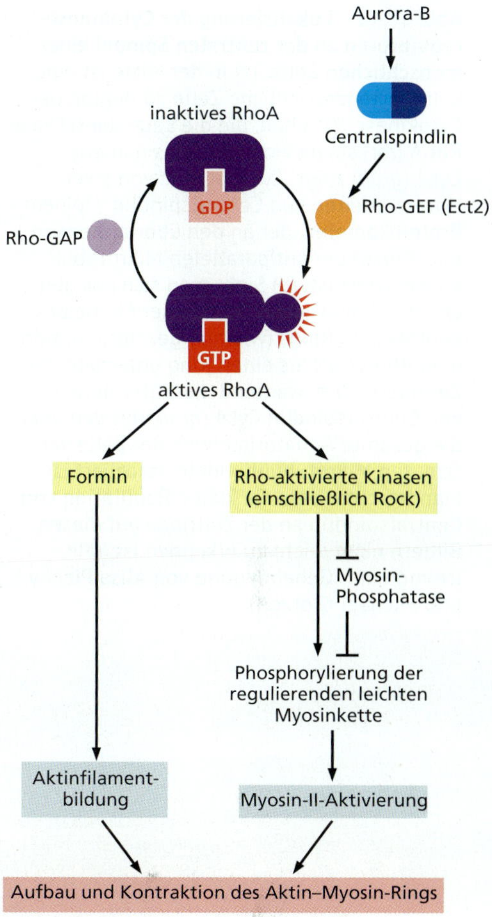

Abb. 17.45 Regulation des kontraktilen Rings durch die GTPase RhoA. Wie andere GTPasen der Rho-Familie wird auch RhoA durch ein Rho-GEF-Protein (namens Ect2) aktiviert und durch ein Rho-GTPase-aktivierendes Protein (Rho-GAP) inaktiviert. Durch Bindung von Forminen fördert aktiviertes RhoA den Aufbau der Aktinfilamente im kontraktilen Ring. Durch Aktivierung der Rho-aktivierten Proteinkinasen – wie ROCK – stimuliert es die Bildung und Aktivität der Myosin-II-Filamente und fördert dabei die Kontraktion des Rings. Die Aktivierung von RhoA an der zukünftigen Furchungsstelle hängt von der Aktivierung von Ect2 durch einen anderen Proteinkomplex namens Centralspindlin ab, der im nächsten Abschnitt behandelt wird.

17.5.2 Die lokale Aktivierung von RhoA löst den Aufbau und die Kontraktion des kontraktilen Rings aus

RhoA, eine kleine GTPase der Ras-Superfamilie (s. **Tab. 15.5**), steuert den Aufbau und die Funktion des kontraktilen Rings an der Teilungsstelle. RhoA ist an der Innenseite der Zellmembran an der künftigen Teilungsstelle angeheftet, wo es die Bildung von Aktinfilamenten, den Myosin-II-Aufbau und die Ringkontraktion fördert: Es stimuliert die Bildung der Aktinfilamente, indem es Formine aktiviert, und es fördert den Myosin-II-Aufbau und die Kontraktion, indem es mehrere Proteinkinasen, darunter die Rho-assoziierte Kinase (ROCK), aktiviert (**Abb. 17.45**). Diese Kinasen phosphorylieren die regulatorische leichte Myosinkette, eine Untereinheit von Myosin II, wodurch die Bildung bipolarer Myosin-II-Filamente und die Motoraktivität stimuliert werden.

RhoA wird von einem Guanin-Nukleotid-Austauschfaktor (GEF), der als Ect2 bezeichnet wird, aktiviert. Ect2 stimuliert die Freisetzung von GDP und die Bindung von GTP an RhoA (s. **Abb. 17.45**). Ect2 kommt an der Teilungsstelle vor und wird durch komplexe Mechanismen, bei denen Spindelmikrotubuli beteiligt sind, aktiviert, was wir als Nächstes behandeln wollen.

17.5.3 Die Mikrotubuli der Mitosespindel bestimmen in Tierzellen die Teilungsebene

Die zentrale Aufgabe bei der Cytokinese ist zu gewährleisten, dass die Teilung zur rechten Zeit und am richtigen Ort stattfindet. Die Cytokinese darf erst stattfinden, nachdem die beiden Chromosomensätze sich vollständig getrennt haben, und die Teilungsstelle muss zwischen den beiden Tochterchromosomensätzen platziert werden. Nur so wird sichergestellt, dass jede Tochterzelle einen vollständigen Chromosomensatz erhält. Die korrekte zeitliche Abstimmung und Positionierung der Cytokinese wird in tierischen Zellen durch Mechanismen erreicht, die von der Mitosespindel abhängen. Während der Anaphase erzeugt die Spindel Signale, die die Furchenbildung an einer Stelle genau zwischen den Spindelpolen einleiten; damit ist gewährleistet, dass durch die Teilung die beiden Chromosomensätze getrennt werden. Da diese Signale der Anaphasespindel entspringen, trägt dieser Mechanismus auch zur korrekten Zeitvorgabe der Cytokinese in der späten Mitose bei.

Die Bedeutung der Spindelmikrotubuli bei der Platzierung des kontraktilen Rings wurde erstmals durch Untersuchungen an befruchteten Eiern einiger mariner Invertebraten enthüllt. Nach der Befruchtung machen diese Embryonen eine Reihe rascher Teilungen durch, ohne eine dazwischenliegende Wachstumsphase. So wird das ursprüngliche Ei Schritt für Schritt in immer kleinere Zellen geteilt. Da das Cytoplasma klar ist, kann die Spindel im Mikroskop in Echtzeit beobachtet werden. Wenn die Lage der Spindel mit einer feinen Glasnadel während der frühen Anaphase verändert wird, verschwindet die beginnende Teilungsfurche und es bildet sich eine neue, die der neuen Lage der Spindel entspricht. Dies unterstützt die Vorstellung, dass von der Spindel erzeugte Signale die lokale Furchenbildung einleiten.

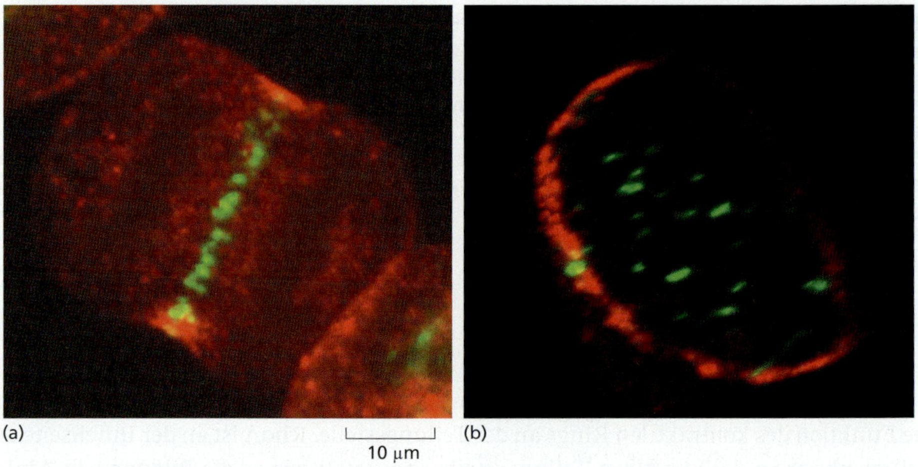

Abb. 17.46 Lokalisierung der Cytokinese-regulatoren an der zentralen Spindel einer menschlichen Zelle. (a) In der Mitte ist eine kultivierte menschliche Zelle zu Beginn der Cytokinese zu sehen, die die Lage der GTPase RhoA (*rot*) sowie eines Proteins namens Cyk4 (*grün*) zeigt; Cyk4 ist eine von zwei Untereinheiten von Centralspindlin – einem Proteinkomplex, der an den überlappenden *plus*-Enden der antiparallelen Mikrotubuli konzentriert ist. (b) Sieht man sich das gleiche dreidimensionale Bild in der Ebene des kontraktilen Rings (wie hier gezeigt) an, sieht man RhoA (*rot*) als einen Ring unterhalb der Zelloberfläche, während die Untereinheit von Centralspindlin Cyk4 (*grün*) mit den über die gesamte Äquatorialebene der Zelle verstreuten Mikrotubulibündeln assoziiert ist. Man beachte, dass die kleine Population von Centralspindlin an der Zellrinde auf diesen Bildern nicht leicht zu erkennen ist. (Mit freundlicher Genehmigung von Alisa Piekny und Michael Glotzer).

Wie legt die Mitosespindel die Teilungsebene fest? Der Schlüsselmechanismus scheint darin zu bestehen, dass die Mittelzone der Anaphasespindel ein Signal erzeugt, das die Furchenbildung an der Zellrinde fördert. Die zentrale Komponente dieses Kontrollsystems ist ein aus zwei Untereinheiten bestehender Proteinkomplex namens *Centralspindlin*, der oligomere Anordnungen bildet, die sich hauptsächlich auf den antiparallelen Mikrotubuli in der Mittelzone der Spindel konzentrieren (**Abb. 17.46**). Der Zusammenbau von Centralspindlin in der Mittelzone wird durch die Proteinkinase Aurora-B stimuliert, die sich ebenfalls in der Anaphase in der Spindelmittelzone befindet (s. **Abb. 17.45**). Die Lokalisierung von Aurora-B an der zentralen Spindel hängt von der Dephosphorylierung von Cdk-Substraten ab und stellt einen der Mechanismen dar, der die Cytokinese bis zur Anaphase verzögert.

Centralspindlin interagiert mit dem RhoA-GEF Ect2, um RhoA am äquatorialen Zellkortex auf halbem Weg zwischen den Spindelpolen zu aktivieren (**Abb. 17.47**). In einigen Zellarten sind kleine Teilpopulationen von Centralspindlin und Ect2 zu sehen, wie sie von der Spindelmittelzone zum Zellkortex wandern, wo Ect2 dann mit RhoA interagiert, um die Furchenbildung auszulösen (s. **Abb. 17.45**). Die Konzentrierung von Centralspindlin und Ect2 am Äquator hängt teilweise von der Fähigkeit der Astralmikrotubuli ab, die Lokalisierung von Centralspindlin außerhalb der äquatorialen Region irgendwie zu hemmen.

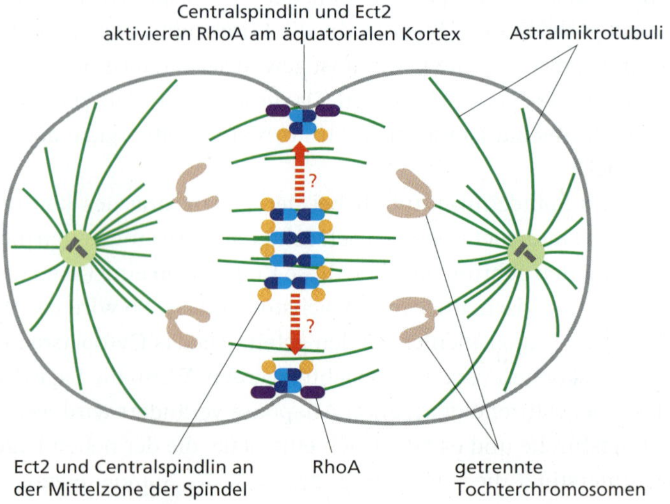

Abb. 17.47 Aktivierung von RhoA an der Stelle der Teilungsfurchenbildung. Centralspindlin-Multimere (*blau*) assoziieren mit dem RhoA - GEF – Ect2 (*orange*) – in der Spindel-Mittelzone. Durch unbekannte Mechanismen (*gestrichelte Linien*), wandern einige dieser Proteine zum Kortex am Äquator der Zelle, wo sie RhoA (*violett*) aktivieren, um die Furchenbildung auszulösen. Zur Fokussierung des Signals am Äquator nutzen die *plus*-Enden der Astralmikrotubuli unbekannte Mechanismen, um den zentralen Spindlin-Ect2-Komplex in anderen Regionen des Kortex zu hemmen.

Bei einigen Zellen wird der Ort des Ringaufbaus bereits vor der Mitose festgelegt. In der Sprosshefe sammelt sich beispielsweise in der späten G_1-Phase an der künftigen Teilungsstelle ein Ring aus Proteinen, die als *Septine* bezeichnet werden. Man glaubt, dass die Septine ein Gerüst bilden, an dem sich andere Bausteine des kontraktilen Rings, einschließlich Myosin II, anlagern. In Pflanzenzellen wird kurz vor der Mitose ein geordnetes Band aus Mikrotubuli und Aktinfilamenten, das **Präprophaseband**, aufgebaut, das die Stelle markiert, an der die Zellwand aufgebaut und die Zelle geteilt werden wird; damit befassen wir uns jetzt näher.

17.5.4 Der Phragmoplast steuert die Cytokinese in Höheren Pflanzen

Bei den meisten tierischen Zellen hängt die nach innen gerichtete Bewegung der Teilungsfurche von einer Zunahme der Oberfläche der Plasmamembran ab. Hauptsächlich an der Teilungsfurche wird die neue Membran hinzugefügt; sie wird im Allgemeinen durch kleine Membranvesikel beschafft, die über Mikrotubuli vom Golgi-Apparat zur Furche befördert werden.

Bei der Cytokinese von Zellen Höherer Pflanzen ist die Membranablagerung besonders wichtig. Diese Zellen sind von einer halbstarren *Zellwand* umgeben. Anstelle eines kontraktilen Rings, der das Cytoplasma von außen nach innen teilt, wird das Cytoplasma der Pflanzenzelle von innen nach außen durch Aufbau einer neuen Zellwand abgeteilt. Diese neue Zellwand heißt **Zellplatte** und liegt zwischen den beiden Tochterkernen (**Abb. 17.48**; **Abb. 17.49**). Der Aufbau der Zellplatte beginnt in der späten Anaphase und wird durch eine als **Phragmoplast** bezeichnete Struktur bestimmt, die die Mikrotubuli der Mitosespindel enthält. Entlang dieser Mikrotubuli transportieren Motorproteine kleine Vesikel vom Golgi-Apparat zur Zellmitte. Diese Vesikel sind mit Polysacchariden

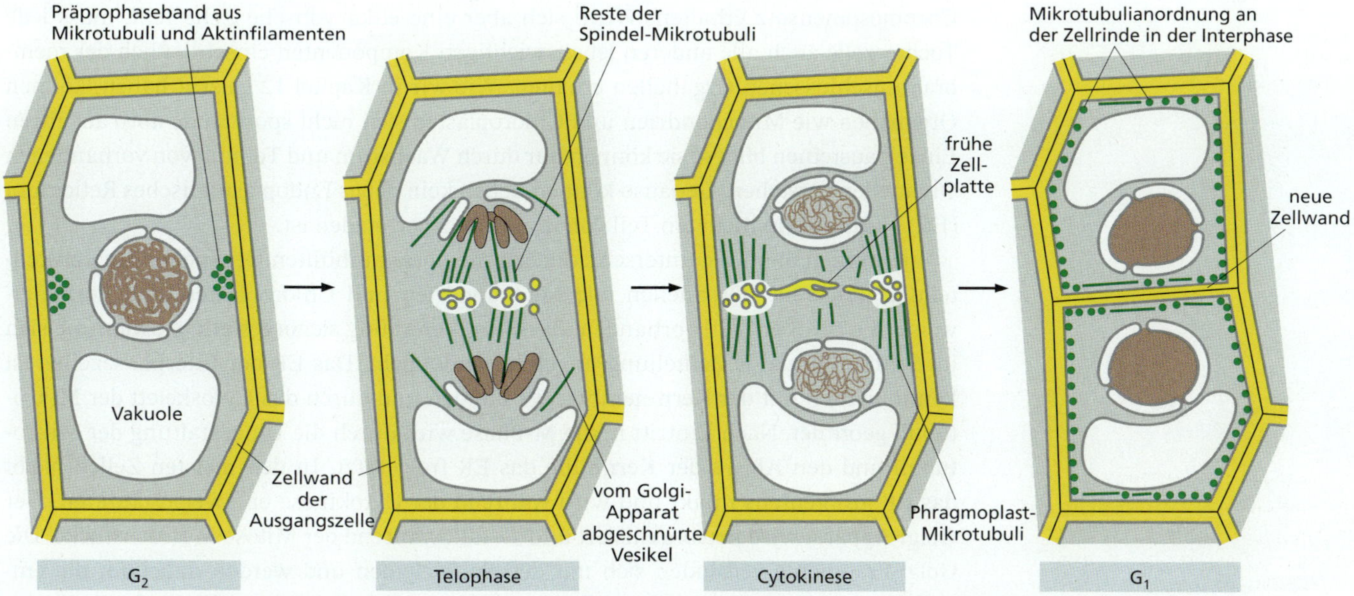

Abb. 17.48 Die Besonderheiten bei der Cytokinese von Zellen Höherer Pflanzen. Die Teilungsebene wird vor Eintritt in die M-Phase durch ein Band aus Mikrotubuli und Aktinfasern (das Präprophaseband) an der Zellrinde festgelegt. Nachdem die Chromosomen sich getrennt haben, wird mit Beginn der Telophase innerhalb der Zelle eine neue Zellwand in der Mitte der alten Spindel aufgebaut. Die interpolaren Mikrotubuli der Mitosespindel, die bis zur Telophase verblieben sind, bilden den Phragmoplasten. Die *plus*-Enden dieser Mikrotubuli überlappen nicht mehr, sondern enden am Zelläquator. Vom Golgi-Apparat stammende Vesikel, die mit Zellwandmaterial gefüllt sind, werden entlang dieser Mikrotubuli transportiert und verschmelzen zum Aufbau der neuen Zellwand; diese wächst nach außen bis zur Plasmamembran und zur alten Zellwand. Die Plasmamembran und die die neue Zellwand umschließende Membran verschmelzen und führen dadurch zur Trennung der zwei Tochterzellen.

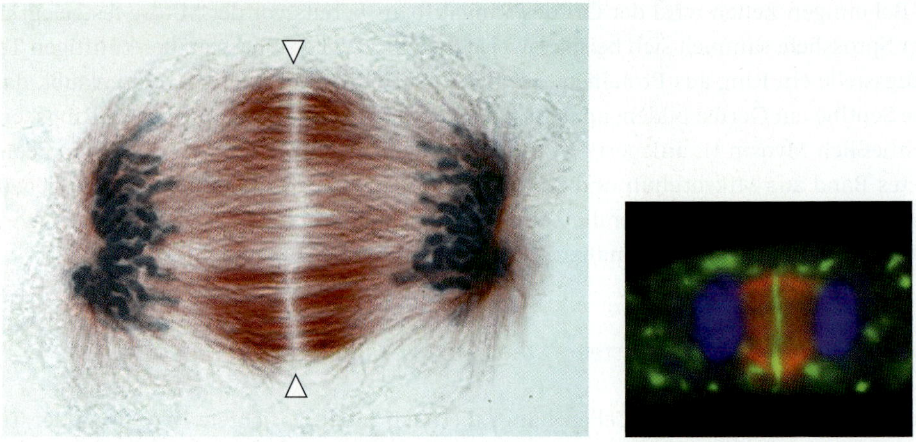

Abb. 17.49 Cytokinese in der Telophase bei einer Pflanzenzelle. (a) In dieser lichtmikroskopischen Aufnahme liegt die Ebene der frühen Zellplatte (zwischen den beiden *Pfeilspitzen*) senkrecht zur Bildebene. Die Mikrotubuli der Spindel wurden mit goldmarkierten Antikörpern gegen *Tubulin* gefärbt, während die DNA der beiden Tochterchromosomensätze mit einem dunkelblauen Farbstoff gefärbt wurde. Es gibt keine Astralmikrotubuli, denn in Zellen Höherer Pflanzen gibt es keine Centrosomen. (b) In dieser fluoreszenzmikroskopischen Aufnahme einer Pflanzenzelle ist die DNA *blau* gefärbt und Mikrotubuli sind *rot*. Ein Protein namens Syntaxin (*grün*) liegt entlang der Zellplatte am Äquator der Zelle, wo es für die Stimulierung der Fusion von Golgi-Vesikeln verantwortlich ist, die Zellwandmaterial liefern. (a, mit freundlicher Genehmigung von Andrew Bajer; b, aus C.-M.K. Ho *et al., Plant Cell* 23: 2909–2923, 2011. Mit mit Genehmigung der American Society of Plant Biologists).

und Glykoproteinen gefüllt, die für die Synthese der neuen Zellwand gebraucht werden. Sie verschmelzen und bilden eine scheibenförmige, membranumhüllte Struktur, die *frühe Zellplatte*. Die Platte dehnt sich durch Fusion mit weiteren Vesikeln aus, bis sie die Plasmamembran und die ursprüngliche Zellwand erreicht und die Zelle zweiteilt. Später werden Mikrofibrillen aus Zellulose in die Zellplatte eingelagert und damit der Aufbau der neuen Zellwand vervollständigt.

17.5.5 Membranumschlossene Organellen müssen während der Cytokinese auf die Tochterzellen verteilt werden

Der Ablauf der Mitose stellt sicher, dass die beiden Tochterzellen je einen vollständigen Chromosomensatz erhalten. Wenn sich aber eine eukaryotische Zelle teilt, muss jede Tochterzelle auch alle anderen lebenswichtigen Komponenten einschließlich der membranumschlossenen Organellen erhalten. Wie wir in Kapitel 12 gelernt haben, können Organellen wie Mitochondrien und Chloroplasten sich nicht spontan *de novo* aus ihren Einzelbausteinen bilden; sie können nur durch Wachstum und Teilung von vorhandenen Organellen entstehen. Genauso können Zellen kein neues Endoplasmatisches Reticulum (ER) bilden, wenn nicht ein Teil von ihm bereits vorhanden ist.

Wie werden dann die unterschiedlichen membranumhüllten Organellen bei der Zellteilung aufgeteilt? Organellen wie Mitochondrien und Chloroplasten sind normalerweise in so großer Zahl vorhanden, dass ihre Vererbung sichergestellt ist, wenn sie sich im Schnitt einmal je Zellteilung ungefähr verdoppeln. Das ER der Interphasezellen ist kontinuierlich mit der Kernmembran verbunden und durch das Cytoskelett der Mikrotubuli geordnet. Nach Eintritt in die M-Phase wird durch die Umgestaltung der Mikrotubuli und den Abbau der Kernhülle das ER freigesetzt. In den meisten Zellen bleibt das ER größtenteils intakt und wird während der Cytokinese entzweigeschnitten. Der Golgi-Apparat wird neu organisiert und zerfällt während der Mitose in Bruchstücke. Die Golgi-Fragmente verbinden sich mit den Spindelpolen und werden dabei auf die entgegengesetzten Enden der Spindel verteilt; dies stellt sicher, dass jede Tochterzelle das benötigte Material für den Wiederaufbau des Golgi-Apparats in der Telophase erbt.

17.5.6 Einige Zellen verlagern ihre Spindel zur asymmetrischen Teilung

Die meisten Zellen teilen sich symmetrisch. Der kontraktile Ring bildet sich bei den meisten Tierzellen am Äquator der Mutterzelle, sodass die beiden Tochterzellen gleich

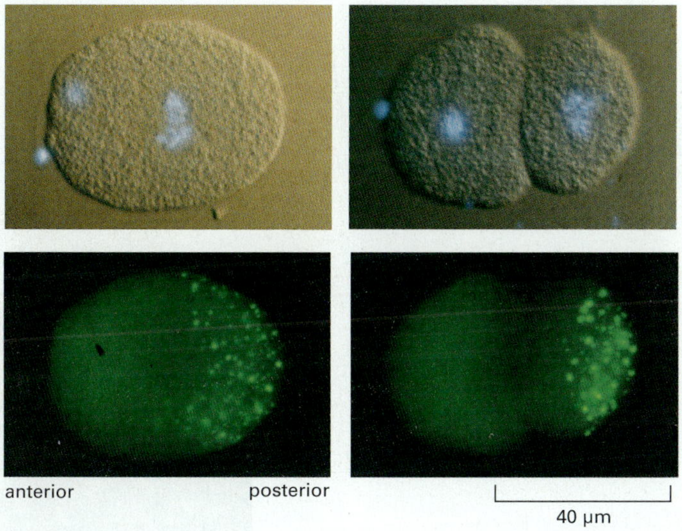

Abb. 17.50 Die asymmetrische Zellteilung verteilt cytoplasmatische Komponenten nur auf eine Tochterzelle. Diese lichtmikroskopischen Aufnahmen veranschaulichen die kontrollierte asymmetrische Verteilung spezifischer cytoplasmatischer Komponenten auf nur eine Tochterzelle während der ersten Teilung eines befruchteten Eies des Nematoden *Caenorhabditis elegans*. In den *linken* mikroskopischen Aufnahmen ist das befruchtete Ei und in den mikroskopischen Aufnahmen *rechts* sind die zwei Tochterzellen zu sehen. Die Zellen *oben* wurden mit einem *blauen*, DNA-bindenden, fluoreszierenden Farbstoff gefärbt, um den Kern (und die Polkörper) zu zeigen; sie wurden sowohl per Differenzial-Interferenzkontrast-Mikroskopie als auch per Fluoreszenzmikroskopie beobachtet. Die Zellen *unten* sind dieselben Zellen, nun mit einem Antikörper gegen P-Granula gefärbt und unter dem Fluoreszenzmikroskop betrachtet. Diese kleinen Granula bestehen aus RNA und Proteinen und bestimmen, welche Zellen zu Keimzellen werden. Sie sind zufällig über das gesamte Cytoplasma des unbefruchteten Eies verteilt (nicht gezeigt), werden aber am hinteren (posterioren) Pol des befruchteten Eies angehäuft. Die Furchungsebene ist so gelegt, dass bei der Teilung des Eies nur die hintere Tochterzelle P-Granula erhält. Der gleiche Aufteilungsvorgang wird bei mehreren darauffolgenden Teilungen wiederholt, sodass die P-Granula schließlich nur in Zellen vorkommen, die zu Eiern und Spermien führen. (Mit freundlicher Genehmigung von Susan Strome).

groß sind und ähnliche Eigenschaften aufweisen. Diese Symmetrie ergibt sich aus der Stellung der Mitosespindel, die sich normalerweise in der Mitte des Cytoplasmas anordnet. Der Zentrierungsvorgang hängt sowohl von den Astralmikrotubuli als auch von Motorproteinen ab, die diese Mikrotubuli zur Zentrierung der Spindel entweder ziehen oder schieben.

In der Embryonalentwicklung gibt es jedoch viele Stadien, in denen die Teilung asymmetrisch verläuft. In diesen Fällen erzeugt die Teilung zwei verschiedenartige Zellen, die sich in ihrer Größe, dem ererbten Cytoplasmaanteil oder beidem unterscheiden. Die zwei Tochterzellen entwickeln sich dann gewöhnlich in verschiedene Richtungen. Um auf diese Weise Tochterzellen mit unterschiedlichem Schicksal zu bilden, muss die Mutterzelle bestimmte, als *Zellschicksalsdeterminanten* bezeichnete Bausteine an eine Seite der Zelle bringen und dann die Teilungsebene so legen, dass die entsprechende Tochterzelle diese Komponenten erbt (**Abb. 17.50**). Um die Teilungsebene asymmetrisch anzulegen, muss die Spindel in einer kontrollierten Weise in der sich teilenden Zelle verschoben werden. Wahrscheinlich werden solche Spindelbewegungen durch örtliche Änderungen an der Zellrinde bestimmt. Dort lokalisierte Motorproteine ziehen einen Spindelpol über die Astralmikrotubuli in die richtige Lage. Einige der für die asymmetrische Teilung benötigten Proteine konnten bei *Caenorhabditis elegans* und *Drosophila* durch genetische Analyse identifiziert werden, und manche dieser Proteine scheinen bei Wirbeltieren eine ähnliche Funktion zu haben.

17.5.7 Die Mitose kann ohne Cytokinese vorkommen

Obwohl auf die Kernteilung gewöhnlich die Cytoplasmateilung folgt, gibt es Ausnahmen. Einige Zellen durchlaufen mehrere Runden der Kernteilung ohne dazwischengeschobene Teilung des Cytoplasmas. So folgt beispielsweise im frühen *Drosophila*-Embryo den ersten 13 Runden der Kernteilung keine Cytoplasmateilung, und eine einzige große Zelle entsteht, die an die 6000 Kerne enthält, die als Einzelschicht nahe an der Oberfläche der Zelle angeordnet sind. Eine Zelle, die mehrere Zellkerne im selben Cytoplasma enthält, heißt ***Syncytium***. Diese Anordnung beschleunigt die frühe Entwicklung sehr, da der Embryo nicht für jede Zellteilung alle Schritte der Cytokinese durchlaufen muss. Nach diesen rasch aufeinanderfolgenden Kernteilungen bilden sich in einer als *Zellbildung* (oder *Zellularisierung*) bezeichneten Phase koordinierter Cytokinese um alle Kerne Membranen. Die Plasmamembran wächst einwärts und schnürt sich mithilfe des Aktin-Myosin-Rings ab, um jeden Zellkern zu umschließen (**Abb. 17.51**).

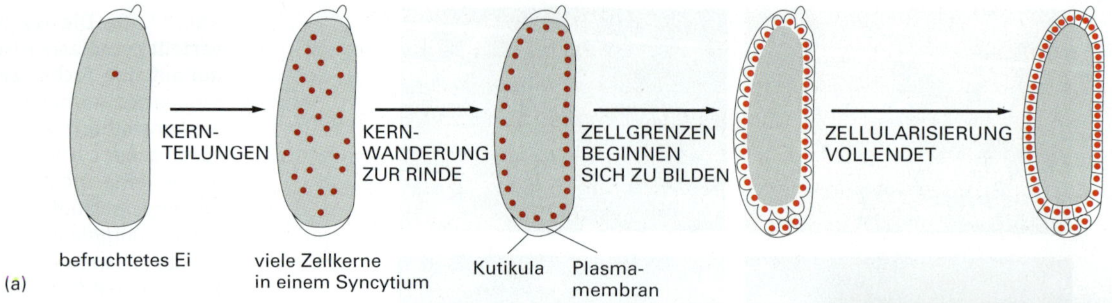

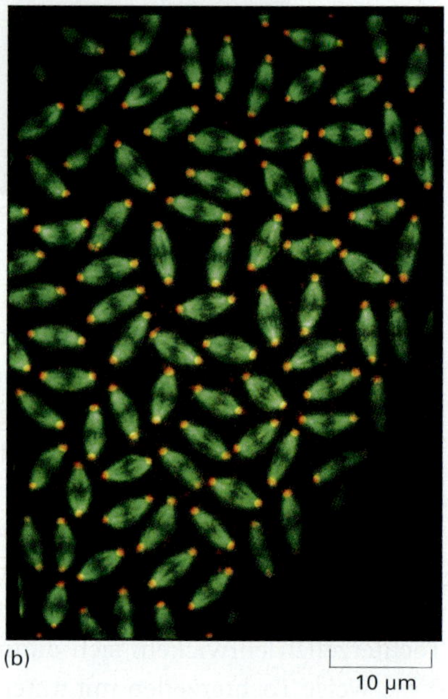

Abb. 17.51 Mitose ohne Cytokinese beim frühen *Drosophila*-Embryo. (a) Die ersten 13 Kernteilungen verlaufen synchron und ohne cytoplasmatische Teilung. Sie führen zu einem großen Syncytium. Die meisten Kerne wandern in die Zellrinde, worauf die Plasmamembran in einem als Zellularisierung bezeichneten Vorgang nach innen auswächst und sich zur Bildung einzelner Zellen um jeden Kern abschnürt. (b) Fluoreszenzaufnahme von vielen Mitosespindeln in einem *Drosophila*-Embryo vor der Zellbildung. Die Mikrotubuli sind *grün* und die Centrosomen *rot* gefärbt. Man beachte, dass alle Zellkerne den Zyklus synchron durchlaufen, hier befinden sich alle in der Metaphase, wobei man die unmarkierten Chromosomen als dunkles Band am Spindeläquator sehen kann. (b, mit freundlicher Genehmigung von Kristina Yu und William Sullivan).

Kernteilungen ohne Cytokinese kommen auch bei einigen Zellen der Säugetiere vor. Megakaryocyten, die Blutplättchen bilden, sowie z. B. einige Hepatocyten und Muskelzellen werden auf diesem Weg vielkernig.

Zusammenfassung

Nachdem die Mitose die Bildung von zwei Tochterkernen vollendet hat, beendet die Cytokinese den Zellzyklus, indem sie die eigentliche Zelle teilt. Die Cytokinese hängt von einem Ring aus Aktin- und Myosinfilamenten ab, der sich in der späten Mitose an einer Stelle auf halbem Weg zwischen den getrennten Chromosomen kontrahiert. In tierischen Zellen wird die Positionierung des kontraktilen Rings durch Proteine festgelegt, die mit den Mittelzonen-Mikrotubuli der Anaphasespindel assoziiert sind. Die Dephosphorylierung der Cdk-Ziele, die sich aus der Cdk-Inaktivierung in der Anaphase ergibt, löst die Cytokinese zur richtigen Zeit nach der Anaphase aus.

17.6 Meiose

Die meisten eukaryotischen Organismen pflanzen sich sexuell fort: Das Genom von zwei Eltern mischt sich und erzeugt Nachkommen, die sich genetisch von jedem Elternteil unterscheiden. Die Zellen dieser Organismen sind im Allgemeinen *diploid*, d. h. sie enthalten zwei leicht verschiedene Kopien oder *Homologe* eines jeden Chromosoms, jeweils eine Kopie von jedem Elternteil. Die sexuelle Fortpflanzung hängt von einem speziellen Kernteilungsvorgang, der *Meiose*, ab. Bei der Meiose werden *haploide* Zellen erzeugt, die von jedem Chromosom nur eine Kopie enthalten. In vielen Organismen differenzieren sich die haploiden Zellen zu spezialisierten reproduktiven Zellen, den *Gameten* – Ei und Spermium bei den meisten Arten. Bei diesen Arten endet der Reproduktionszyklus, wenn ein Spermium und eine Eizelle verschmelzen und eine diploide *Zygote* bilden, die das Potenzial für ein neues Individuum hat. In diesem Abschnitt betrachten wir die grundlegenden Mechanismen der Meiose und ihre Regulierung, mit Schwerpunkt auf einem Vergleich mit der Mitose.

17.6.1 Die Meiose umfasst zwei Runden der Chromosomentrennung

Die Meiose reduziert die Chromosomenanzahl auf die Hälfte, indem sie die gleichen molekularen Maschinen und Kontrollsysteme verwendet, die in der Mitose vorkommen. Wie im Mitosezellzyklus beginnt die Zelle das Meiose-Programm mit der Verdopplung von Chromosomen in der meiotischen S-Phase, was dazu führt, dass die Schwesterchromatidenpaare auf ihrer gesamten Länge durch Cohesinkomplexe fest verbunden sind. Daran schließen sich – anders als in der Mitose – zwei Runden mit Chromosomentrennungen an (**Abb. 17.52**). Die erste dieser Teilungen (die **Meiose I**) löst das zentrale Problem der Meiose: die Trennung der homologen Chromosomen. Die verdoppelten väterlichen und mütterlichen Homologen paaren sich an ihren Längsseiten miteinander und werden physikalisch durch den Vorgang der genetischen Rekombination miteinander verknüpft. Diese Homologenpaare (die jeweils aus einem Schwesterchromatidenpaar bestehen) reihen sich dann in der ersten Meiosespindel auf. In der Anaphase der ersten Meiose werden die duplizierten Homologen (und nicht die Schwesterchromatiden) auseinandergezogen und in zwei Tochterkerne verteilt. Nur in der zweiten Teilung (**Meiose II**), die ohne weitere DNA-Replikation abläuft, werden die Schwesterchromatiden auseinandergezogen und verteilt (wie in der Mitose), sodass haploide Töchterkerne gebildet werden. Auf diese Weise erzeugt jeder diploide Kern, der in die Meiose eintritt, vier haploide Kerne, wobei jeder entweder eine mütterliche oder eine väterliche Kopie des Chromosoms enthält, aber nicht beide.

17.6.2 Duplizierte Homologe paaren sich während der Prophase der Meiose

In der Mitose werden in den meisten Organismen homologe Chromosomen unabhängig voneinander behandelt. Während der Meiose I jedoch ist es entscheidend, dass sich die Homologen gegenseitig erkennen und aneinander binden, damit die mütterlichen und väterlichen Homologen in der ersten Meiosespindel zusammen ausgerichtet sind. Spezielle Mechanismen vermitteln diese Interaktionen.

Die schrittweise Nebeneinanderstellung der Homologen ereignet sich während einer ausgedehnten Phase, die meiotische Prophase oder Prophase I genannt wird, die in Hefen Stunden, bei Mäusen Tage und in Höheren Pflanzen Wochen dauern kann. Ähnlich wie ihre mitotischen Gegenstücke so erscheinen auch die duplizierten meiotischen Prophasechromosomen zuerst als fadenförmige Strukturen, in denen die Schwesterchromatiden so dicht zusammengeklebt sind, dass sie wie eins aussehen. Während der frühen Prophase I beginnen die Homologen sich längsseits aneinander anzulagern, einen Vorgang den man als **Paarung** bezeichnet und der zumindest in manchen Organismen mit der Wechselwirkung zwischen komplementären DNA-Sequenzen (*Paarungsstellen* genannt) in den beiden Homologen beginnt. Mit fortschreitender Prophase werden die Homologen dichter nebeneinander gestellt, wobei sie eine Vier-Chromatid-Struktur einnehmen, die man ein **Bivalent** nennt (**Abb. 17.53a**). In den meisten Arten werden die Homologenpaare dann durch die homologe Rekombination gegenseitig fixiert: In jeder Schwesterchromatide bilden sich an mehreren Stellen DNA-Doppelstrangbrüche, was eine große

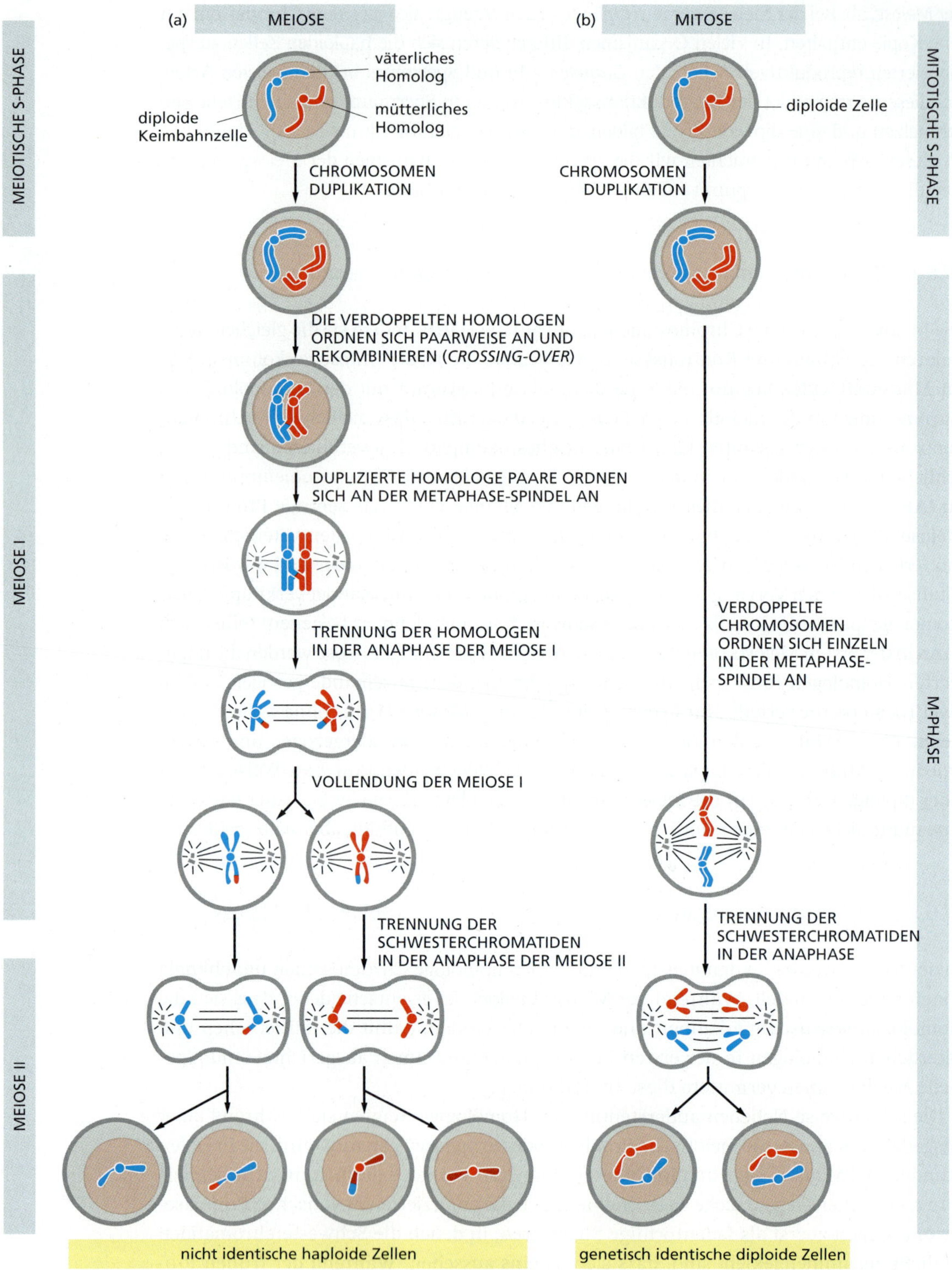

Abb. 17.52 **Vergleich der Meiose mit der Mitose.** Der Übersichtlichkeit halber ist nur ein Paar der homologen Chromosomen (Homologe) gezeigt. (a) Die Meiose ist eine Form der Kernteilung, bei der zwei Runden der Chromosomenteilung auf eine einzige Runde der Chromosomenduplikation (meiotische S-Phase) folgen. Die duplizierten Homologen (die jeweils aus eng miteinander verbundenen Schwesterchromatiden bestehen) paaren sich und werden in der Meiose I auf zwei verschiedene Tochterkerne verteilt. Die Schwesterchromatiden werden in der Meiose II getrennt. Wie durch die Bildung der Chromosomen, die teilweise *rot* und teilweise *blau* sind, angezeigt wird, führt die Paarung der Homologen im Laufe der Meiose zur genetischen Rekombination (*Crossing-over*) während der Meiose I. Jede diploide Zelle, die in die Meiose eintritt, erzeugt daher vier genetisch unterschiedliche haploide Kerne, die durch die Cytokinese auf haploide Zellen verteilt werden, die sich zu Gameten entwickeln. (b) In der Mitose paaren sich im Gegensatz dazu die Homologen nicht und die Schwesterchromatiden werden in der einzigen Teilung voneinander getrennt. Dadurch erzeugt jede diploide Zelle, die sich durch Mitose teilt, zwei genetisch identische diploide Tochterkerne, die durch Cytokinese auf ein Paar Tochterzellen verteilt werden.

Anzahl von DNA-Rekombinationsereignissen zwischen den Homologen zur Folge hat (in Kapitel 5 besprochen). Einige dieser Ereignisse führen zu wechselseitigem DNA-Austausch, den man *Crossing-over* nennt, wobei die DNA einer Chromatide eine Überkreuzung bildet, um in die DNA einer homologen Chromatide überzugehen (**Abb. 17.53b**, s. auch **Abb. 5.53**).

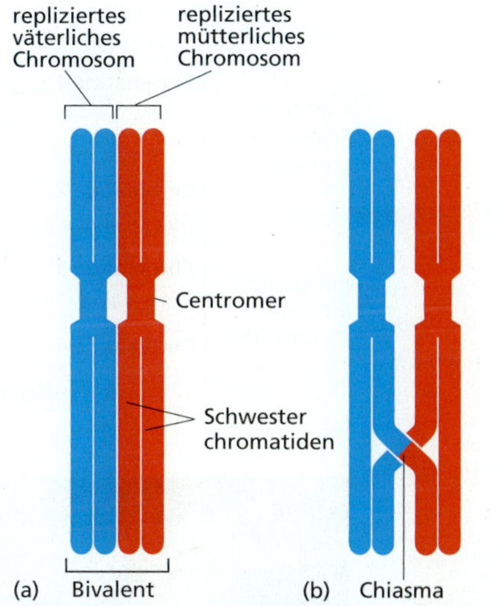

Abb. 17.53 Homologenpaarung und Crossing-over. (a) Die Struktur, die sich durch zwei eng aneinandergelagerte duplizierte Homologen ausbildet, wird *Bivalent* genannt. Wie in der Mitose sind die Schwesterchromatiden in jedem Homologen über ihre gesamte Länge sowie an ihren Centromeren eng miteinander verbunden. In diesem Stadium sind die Homologen miteinander gewöhnlich durch einen Proteinkomplex verbunden, den man synaptonemalen Komplex nennt (nicht gezeigt, s. **Abb. 17.54**). (b) Zu sehen ist ein Bivalent in einem späteren Stadium, bei dem ein einzelnes *Crossing-over* zwischen Nicht-Schwesterchromatiden stattgefunden hat. Erst wenn der synaptonemale Komplex sich auflöst und die gepaarten Homologen sich am Ende der Prophase I wie gezeigt zu trennen beginnen, kann man im Mikroskop ein *Crossing-over* als eine dünne, *Chiasma* genannte Verbindung zwischen den Homologen sehen.

17.6.3 Die Homologenpaarung gipfelt in der Bildung des synaptonemalen Komplexes

Die gepaarten Homologen werden durch einen Mechanismus, der in den meisten Fällen von den DNA-Doppelstrangbrüchen abhängt, die in den Schwesterchromatiden auftreten, eng nebeneinanderliegend angeordnet, wobei ihre strukturellen Achsen (*axialen Zentren*) ungefähr 400 nm auseinander liegen. Was zieht die Achsen zusammen? Eine Möglichkeit ist, dass die große Proteinmaschine, die man den *Rekombinationskomplex* nennt und die sich an einem Doppelstrangbruch in einer Chromatide aufbaut, die passende DNA-Sequenz im nahe liegenden Homolog bindet und hilft, den Partner heranzuziehen. Dieser sogenannten *präsynaptischen Ausrichtung* (engl. *presynaptic alignment*) der Homologen folgt die *Synapsis*, in der das axiale Zentrum des einen Homologen eng mit dem axialen Zentrum des Partners durch eine eng gepackte Anordnung von *querlaufenden* (*transversalen*) *Filamenten* verknüpft wird, um so den **synaptonemalen Komplex** zu bilden, der die Lücke zwischen den Homologen – von jetzt nur noch 100 nm – überbrückt (**Abb. 17.54**). Obwohl das *Crossing-over* bereits vor der Ausbildung des synaptonemalen Komplexes beginnt, finden die letzten Schritte statt, während die DNA im Komplex gehalten wird.

Die morphologischen Veränderungen, die während der Homologenpaarung auftreten, bilden die Grundlage für die Aufteilung der meiotischen Prophase in fünf nacheinander ablaufende Phasen: das Leptotän, das Zygotän, das Pachytän, das Diplotän und die Diakinese (**Abb. 17.55**). Die Prophase startet mit dem *Leptotän*, wenn die Homologen kondensieren und sich paaren und die genetische Rekombination beginnt. Im *Zygotän* beginnt der synaptonemale Komplex, sich an den Stellen zusammenzubauen, an denen die Homologen eng miteinander verbunden sind und die Rekombinationsereignisse ablaufen. Im *Pachytän* ist der Aufbauprozess abgeschlossen und die Homologen sind über ihre gesamte Länge in Kontakt (s. **Abb. 9.28**). Die Pachytän-Phase kann Tage oder länger andauern, bis die Desynapsis im *Diplotän* mit der Auflösung des synaptonemalen

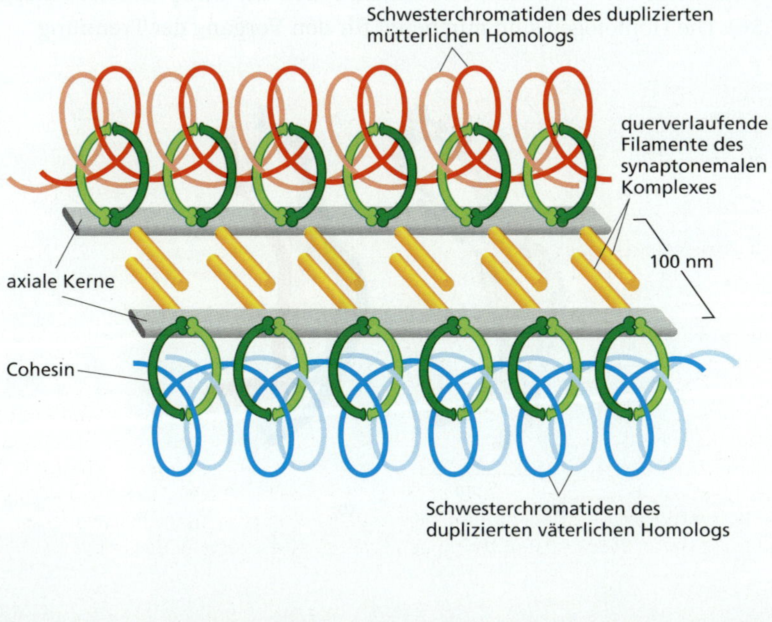

Abb. 17.54 Vereinfachte schematische Darstellung des synaptonemalen Komplexes. Jedes Homolog ist um einen axialen Proteinkern organisiert und der synaptonemale Komplex formt sich, wenn diese Achsen der Homologen durch stäbchenförmige querverlaufende Filamente verknüpft werden. Der axiale Kern jedes Homologen wechselwirkt auch mit den Cohesin-Komplexen, die die Schwesterchromatiden zusammenhalten (s. **Abb. 9.28**). (Verändert nach K. Nasmyth, *Annu. Rev. Genet.* 35: 673–745, 2001).

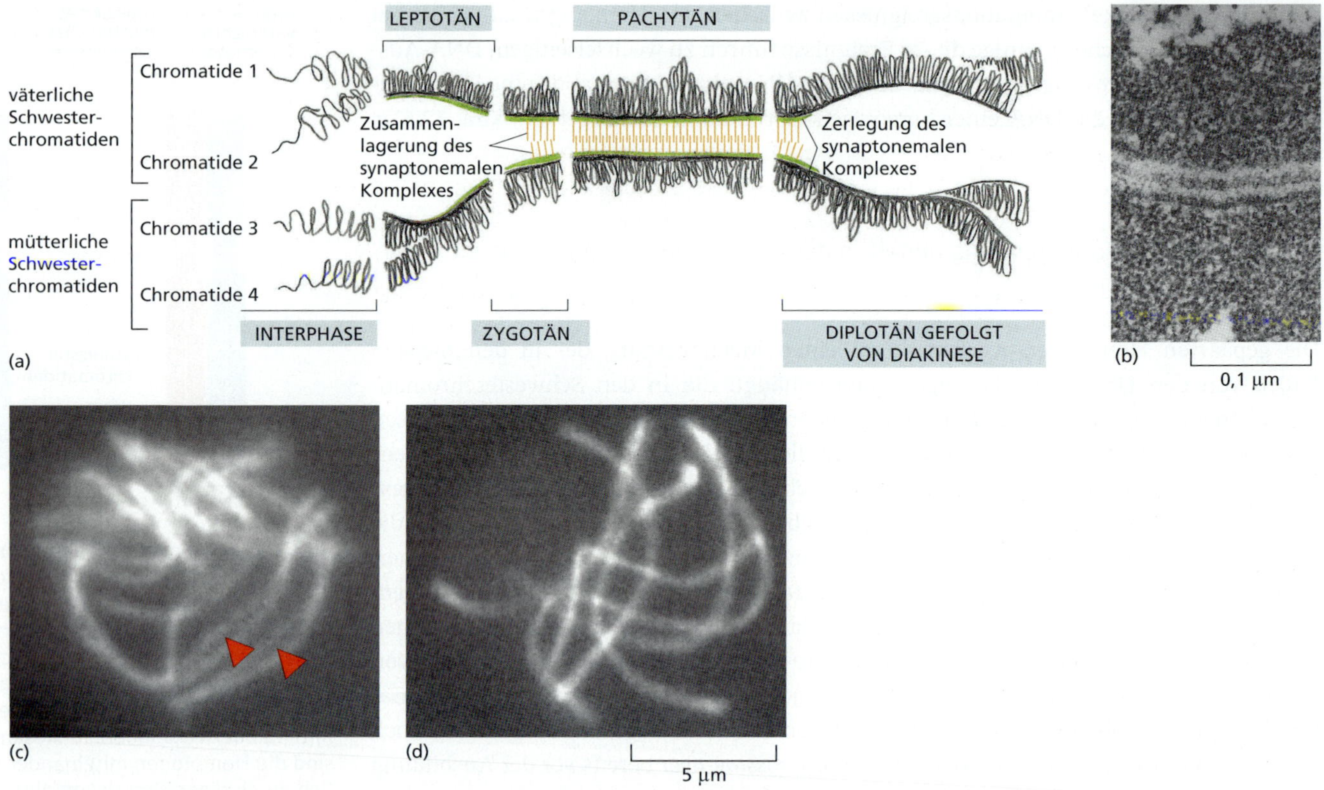

Abb. 17.55 Homologen-Synapsis und -Desynapsis während der verschiedenen Stufen der Prophase I. (a) Ein einziges Bivalent ist schematisch dargestellt. Im Leptotän verbinden sich die zwei Schwesterchromatiden und ihre Chromatidenschleifen dehnen sich ausgehend von einem gemeinsamen axialen Kern aus. Der Aufbau des synaptonemalen Komplexes beginnt im frühen Zygotän und wird im Pachytän vollendet. Der Komplex wird im Diplotän abgebaut. (b) Elektronenmikroskopische Aufnahme eines synaptonemalen Komplexes einer meiotischen Zelle im Pachytän einer Lilienblüte. (c und d) Immunfluoreszenzmikroskopische Aufnahme einer Zelle in der Prophase I des *Pilzes Sordaria*. Teilweise gepaarte Bivalente im Zygotän sind in (c) zu sehen, während vollständig gepaarte Bivalente in (d) gezeigt sind. Die *roten Pfeilspitzen* in (c) kennzeichnen die Regionen, wo die Synapsis noch unvollständig ist. (b, mit freundlicher Genehmigung von Brian Wells; c und d, aus A. Storlazzi *et al.*, *Genes Dev.* 17: 2675–2687, 2003. Mit Erlaubnis der Cold Spring Harbor Laboratory Press).

Komplexes und der begleitenden Kondensation und Verkürzung der Chromosomen beginnt. Nur in dieser Phase, wenn sich der Komplex aufgelöst hat, kann man die einzelnen *Crossing-over*-Ereignisse zwischen den Nicht-Schwesterchromatiden als Verbindungen zwischen den Homologen – genannt **Chiasmata** (Einzahl **Chiasma**) – sehen, die nun eine entscheidende Rolle beim Zusammenhalten der kompakten Homologen spielt (**Abb. 17.56**). Die Homologen sind nun bereit für den Vorgang der Trennung.

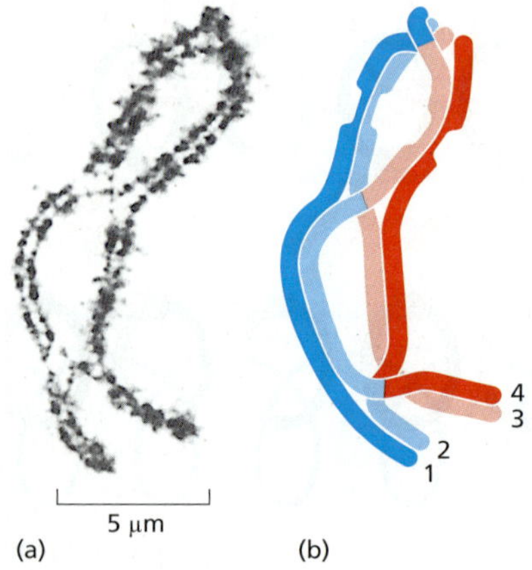

Abb. 17.56 Ein Bivalent mit drei Chiasmata, die aus drei *Crossing-over*-Ereignissen resultieren. (a) Lichtmikroskopische Aufnahme eines Bivalents einer Heuschrecke. (b) Die Zeichnung zeigt die drei *Crossing-over* aus (a). Jedes Schwesternchromatid ist nummeriert. Beachtenswert ist, wie die Kombination der Chiasmata und die enge Anlagerung der Schwesterchromatidenarme aneinander (vermittelt durch Cohesin-Komplexe) die beiden Homologen zusammenhalten, nachdem der synaptonemale Komplex abgebaut ist; wenn sich entweder die Chiasmata oder die Schwesterchromatiden-Kohäsion nicht bilden konnten, würden sich die Homologen in dieser Phase trennen und in der Meiose I nicht richtig getrennt werden. (a, mit freundlicher Genehmigung von Bernard John).

17.6.4 Die Trennung der Homologen hängt von einigen einzigartigen Eigenschaften der Meiose I ab

Ein grundsätzlicher Unterschied zwischen Meiose I und der Mitose (und Meiose II) liegt darin, dass sich die Homologen in Meiose I und nicht die Schwesterchromatiden trennen (s. **Abb. 17.52**). Dieser Unterschied hängt von drei Eigenschaften der Meiose I ab, die sie von der Mitose abgrenzen (**Abb. 17.57**).

Erstens müssen beide Schwesterkinetochore in einem Homolog sich an denselben Spindelpol heften. Diese Art der Anheftung wird normalerweise während der Mitose vermieden (s. **Abb. 17.35**). In Meiose I jedoch werden die beiden Schwesterkinetochore zu einer einzigen mikrotubulusbindenden Einheit fusioniert, die nur an einen Pol angeheftet ist (s. **Abb. 17.57a**). Die Fusion der Schwesterkinetochore wird durch einen Proteinkomplex erreicht, der an den Kinetochoren in der Meiose I angesiedelt ist. Allerdings wissen wir bislang nicht im Detail, wie diese Proteine arbeiten. Nach der Meiose I werden sie von den Kinetochoren entfernt, sodass in der Meiose II die Schwesterchromatidenpaare wie in der Mitose bipolar an der Spindel ausgerichtet werden können.

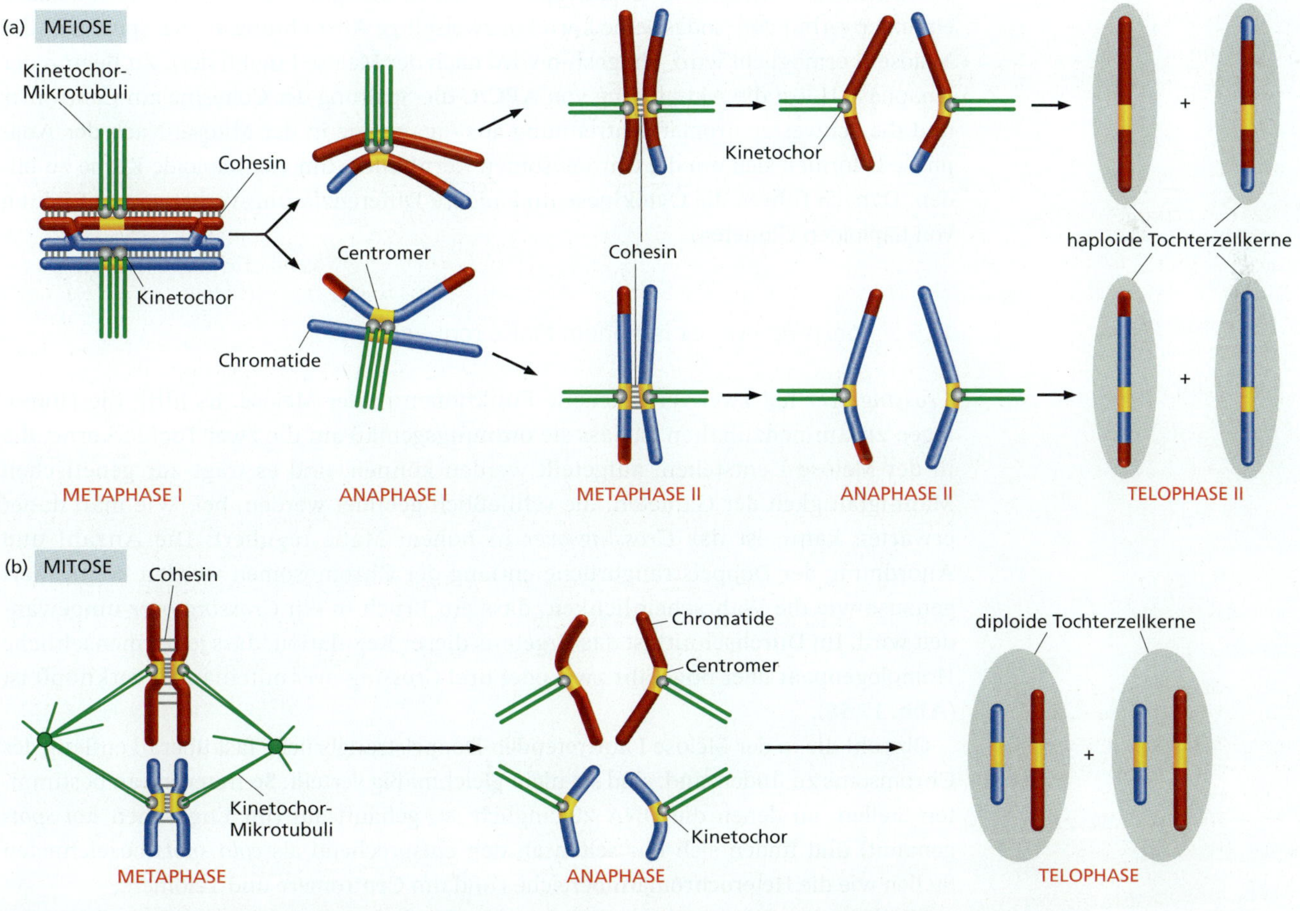

Abb. 17.57 Vergleich des Chromosomenverhaltens in Meiose I, Meiose II und der Mitose. Chromosomen verhalten sich in der Mitose und in der Meiose II ähnlich, in der Meiose I aber ganz anders. (a) In Meiose I sind die beiden Schwesterkinetochore seitlich nebeneinander an jedem Homologen angeordnet und lagern sich an Mikrotubuli vom selben Spindelpol an. Die proteolytische Spaltung von Cohesin entlang der Schwesterchromatidenarme löst die Arme voneinander und löst die *Crossing-over*, sodass die duplizierten Homologen sich in der Anaphase I trennen können, während die restlichen Cohesine an den Centromeren die Schwesterchromatiden zusammenhalten. Die Spaltung der Centromer-Cohesine erlaubt es den Schwesterchromatiden, sich in der Anaphase II zu trennen. (b) In der Mitose lagern sich im Gegensatz dazu die beiden Schwesterkinetochore an Mikrotubuli von verschiedenen Spindelpolen an und die beiden Schwesternchromatiden werden zu Beginn der Anaphase getrennt und in getrennte Tochterkerne aufgeteilt.

Zweitens erzeugt *Crossing-over* eine starke direkte Verbindung zwischen den Homologen, wodurch eine bipolare Ausrichtung am Äquator der Spindel möglich wird – ganz wie der Zusammenhalt zwischen den Schwesterchromatiden wichtig ist für deren bipolare Ausrichtung in der Mitose (und der Meiose II). Durch *Crossing-over* werden die Homologenpaare nur zusammengehalten, weil die Arme der Schwesterchromatiden durch Kohäsion verbunden sind (s. **Abb. 17.57a**).

Drittens wird in der Anaphase I der Zusammenhalt in von den Chromosomenarmen gelockert und nicht von den Regionen nahe den Centromeren, wo die Kinetochore angesiedelt sind. Der Verlust der Kohäsion in den Armen löst die Homologentrennung zu Beginn der Anaphase I aus. Dieser Vorgang hängt von der Aktivierung des APC/C ab, die zur Zerstörung von Securin, zur Aktivierung der Separase und zur Spaltung von Cohesin entlang der Arme führt (s. **Abb. 17.39**).

Cohesine nahe der Centromeren werden in der Meiose I vor der Separase durch ein Kinetochor-assoziiertes Protein namens *Shugoshin* (vom japanischen Wort für „Wächtergeist") geschützt. Shugoshin wirkt, indem es eine Proteinphosphatase rekrutiert, die Phosphate von den Cohesinen am Centromer entfernt. Normalerweise wird die Cohesinphosphorylierung für die Spaltung des Cohesins durch die Separase benötigt. Daher verhindert die Entfernung der Phosphorylierung nahe den Centromeren die Spaltung von Cohesin. Schwesterchromatidenpaare bleiben deshalb während der Meiose I miteinander verbunden, sodass eine korrekte zweiseitige Ausrichtung an der Spindel in der Meiose II ermöglicht wird. Shugoshin wird nach der Meiose I inaktiviert. Zu Beginn der Anaphase II löst die Aktivierung von APC/C die Spaltung der Cohesine am Centromer und die Schwesterchromatidentrennung aus – ganz wie in der Mitose. Nach der Anaphase II formen sich um die Chromosomen Kernhüllen, um vier haploide Kerne zu bilden. Danach führen die Cytokinese und andere Differenzierungsvorgänge zur Bildung von haploiden Gameten.

17.6.5 *Crossing-over* ist in hohem Maße reguliert

Crossing-over hat zwei verschiedene Funktionen in der Meiose. Es hilft, die Homologen zusammenzuhalten, sodass sie ordnungsgemäß auf die zwei Tochterkerne, die in der Meiose I entstehen, aufgeteilt werden können, und es trägt zur genetischen Mannigfaltigkeit der Gameten, die schließlich gebildet werden, bei. Wie man daher erwarten kann, ist das *Crossing-over* in hohem Maße reguliert: Die Anzahl und Anordnung der Doppelstrangbrüche entlang der Chromosomen werden kontrolliert genauso wie die Wahrscheinlichkeit, dass ein Bruch in ein *Crossing-over* umgewandelt wird. Im Durchschnitt ist das Ergebnis dieser Regulation, dass jedes menschliche Homologenpaar über ungefähr zwei oder drei *Crossing-over* miteinander verknüpft ist (**Abb. 17.58**).

Obwohl die in der Meiose I auftretenden Doppelstrangbrüche fast überall entlang des Chromsoms zu finden sind, sind sie nicht gleichmäßig verteilt. So treten sie an bestimmten Stellen, an denen die DNA zugänglich ist, gehäuft auf (im Englischen *hot spots* genannt) und finden sich nur selten an den entsprechend als *cold spots* bezeichneten Stellen wie die Heterochromatinbereiche rund um Centromere und Telomere.

Mindestens zwei Arten der Regulation beeinflussen den Ort und die Anzahl der sich bildenden *Crossing-over*, allerdings ist keiner davon gut verstanden. Beide greifen, ehe sich der synaptonemale Komplex bildet. Eine stellt sicher, dass sich mindestens ein *Crossing-over* zwischen den Partnern eines Homologenpaares ausbildet, wie es auch für die normale Homologentrennung in der Meiose I notwendig ist. In der anderen Regulationsart – die man *Crossing-over-Interferenz* nennt – verhindert das Auftreten eines *Crossing-over*-Ereignisses, dass sich ein weiteres in der Nähe ereignet, vielleicht

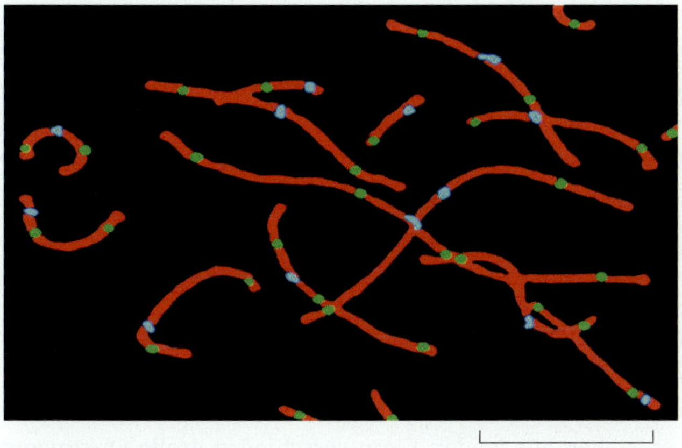

Abb. 17.58 ***Crossing-over*** **zwischen Homologen im menschlichen Hoden.** In diesen immunfluoreszenzmikroskopischen Aufnahmen wurden Antikörper benutzt, um synaptonemale Komplexe (*rot*), die Centromeren (*blau*) und die *Crossing-over*-Stellen (*grün*) zu färben. Zu beachten ist hierbei, dass alle Bivalente mindestens ein *Crossing-over*, aber nicht mehr als vier aufweisen. (Verändert nach A. Lynn *et al.*, *Science* 296: 2222–2225, 2002. Mit Erlaubnis der AAAS).

indem lokal die Proteine entzogen werden, die für die Umwandlung eines Doppelstrangbruches in ein stabiles *Crossing-over* benötigt werden.

17.6.6 Die Meiose läuft häufig schief

Das während der Meiose stattfindende Sortieren der Chromosomen ist eine bemerkenswerte Leistung der zellulären Verwaltung. Beim Menschen erfordert jede Meiose, dass die Ausgangszelle 92 Chromatiden im Auge behält (46 Chromosomen, jede davon wurde verdoppelt) und einen kompletten Autosomensatz auf jede der vier haploiden Nachkommen verteilt. Da ist es nicht überraschend, dass Fehler bei der Zuordnung der Chromosomen während dieses komplizierten Vorgangs auftreten. Fehler in der Meiose treten besonders häufig bei Frauen auf, deren Zellen jahrelang nach dem Diplotän verharren: Die Meiose I wird erst beim *Eisprung* vollendet und die Meiose II erst, nachdem das Ei befruchtet ist. Solche Chromosomenverteilungsfehler während der Entwicklung des Eies sind daher in der Tat die häufigsten Ursachen sowohl für spontanen Abort (Fehlgeburt) als auch für geistige Behinderung beim Menschen.

Wenn die Homologen sich nicht richtig aufteilen – ein Phänomen, das ***Non-Disjunction*** genannt wird – erhält man einige haploide Gameten, denen ein bestimmtes Chromosom fehlt, während andere mehr als eine Kopie davon besitzen. Nach der Befruchtung entstehen aus diesen Gameten anormale Embryos, von denen die meisten absterben, einige jedoch überleben. Beim Menschen ist ein Beispiel das *Down-Syndrom*, der häufigste Grund für geistige Behinderung. Dabei ist eine zusätzliche Kopie des Chromosoms 21 vorhanden, die gewöhnlich aus der *Non-Disjunction* während der Meiose I im weiblichen Eierstock (Ovar) stammt. Mit zunehmendem Alter der Frau nehmen die Verteilungsfehler während der Meiose I stark zu.

Zusammenfassung

Durch die Meiose entstehen haploide Gameten, indem ein diploider Kern nach einer DNA-Replikationsrunde zwei aufeinanderfolgende Zellteilungen durchläuft. Die Meiose wird von einer ausgedehnten Prophase beherrscht. Bei Beginn der Prophase haben sich die Chromosomen repliziert und bestehen aus zwei eng verbundenen Schwesterchromatiden. Homologe Chromosomen paaren sich dann und werden mit fortschreitender Prophase immer enger nebeneinander gelagert. Diese eng aneinanderliegenden Homologen machen die genetische Rekombination durch, wodurch sich Crossing-over ausbilden, die dabei helfen, jedes Homologenpaar während der Metaphase I zusammenzuhalten. Meiosespezifische,

Kinetochor-assoziierte Proteine helfen dabei sicherzustellen, dass beide Schwesterchromatiden in einem Homolog sich an denselben Spindelpol anheften. Andere Kinetochor-assoziierte Proteine gewährleisten, dass die Homologen an ihren Centromeren während der Anaphase I verbunden bleiben, sodass sich die Homologen und nicht die Schwesterchromatiden in Meiose I voneinander trennen. Nach der Meiose I folgt ohne DNA-Replikation schnell die Meiose II in einem Vorgang, der der Mitose ähnelt, da hierbei die Schwesterchromatiden in der Anaphase auseinandergezogen werden.

17.7 Kontrolle von Zellteilung und Zellwachstum

Das befruchtete Ei einer Maus und das befruchtete Ei eines Menschen sind etwa gleich groß. Dennoch entstehen aus beiden Eiern verschieden große Organismen. Welche Faktoren in der Kontrolle des zellulären Verhaltens in Mäusen und Menschen sind für diese Größenunterschiede verantwortlich? Dieselbe grundlegende Frage kann für jedes Organ und jedes Gewebe eines Tiers gestellt werden. Welche Faktoren bestimmen die Länge des Rüssels eines Elefanten oder die Größe seiner Leber oder seines Gehirns? Diese Fragen sind weitgehend unbeantwortet, aber trotzdem kann man vorhersagen, was eine Antwort alles enthalten muss.

Die Größe eines Organs oder Organismus hängt von seiner gesamten Zellmasse ab, die durch die Gesamtanzahl der Zellen und ihre Größe bestimmt wird. Die Zellzahl hängt wiederum von der Geschwindigkeit ab, mit der sich die Zellen teilen oder absterben. Die Größe eines Organs oder des ganzen Körpers wird folglich durch drei grundlegende Vorgänge bestimmt: Zellwachstum, Zellteilung und das Überleben der Zellen. Jeder dieser drei Vorgänge wird straff reguliert, sowohl durch intrazelluläre Programme als auch durch extrazelluläre Signalmoleküle, die diese Programme kontrollieren.

Die extrazellulären Signalmoleküle, die das Zellwachstum, die Zellteilung und das Zellüberleben steuern, sind im Allgemeinen lösliche sezernierte Proteine, Proteine auf der Zelloberfläche oder Bestandteile der extrazellulären Matrix. Die Faktoren können in drei Hauptklassen eingeteilt werden:

1. *Mitogene.* Sie regen die Zellteilung an, indem sie in erster Linie eine Welle der G_1/S-Cdk-Aktivität auslösen, die die intrazellulären negativen Kontrollen aufhebt, die sonst das Durchlaufen des Zellzyklus verhindern.
2. *Wachstumsfaktoren.* Sie regen das Zellwachstum (also die Zunahme der Zellmasse) an, indem sie die Synthese von Proteinen und anderen Makromolekülen fördern und deren Abbau hemmen.
3. *Überlebensfaktoren.* Sie fördern das Überleben der Zellen, indem sie die *Apoptose*, eine Form des programmierten Zelltods, ~ unterdrücken.

Viele extrazelluläre Signalmoleküle fördern alle diese Vorgänge, während andere nur einen oder zwei fördern. Tatsächlich wird der Begriff *Wachstumsfaktor* unpassenderweise oft für einen Faktor benutzt, der irgendeine dieser Aktivitäten ausübt. Schlimmer noch wird der Begriff *Zellwachstum* oft für eine Zunahme der Zellzahl, also anstelle von *Zellproliferation* verwendet.

Außer diesen drei Klassen stimulierender Signale gibt es extrazelluläre Signalmoleküle, die die Zellproliferation oder das Zellwachstum oder beides unterdrücken. Es gibt auch extrazelluläre Signalmoleküle, die die Apoptose aktivieren.

In diesem Abschnitt konzentrieren wir uns darauf, wie Mitogene und andere Faktoren, wie z. B. DNA-Schäden, die Zellteilungsrate steuern. Dann wenden wir uns dem wichtigen, aber kaum verstandenen Problem zu, wie eine proliferierende Zelle ihr Wachstum mit der Zellteilung abstimmt, damit sie die geeignete Größe beibehält. In Kapitel 18 erörtern wir, wie das Überleben der Zelle und der Zelltod durch Apoptose gesteuert werden.

17.7.1 Mitogene regen die Zellteilung an

Einzellige Organismen wachsen und teilen sich in der Regel so schnell sie können; ihre Proliferationsgeschwindigkeit hängt vor allem von der Verfügbarkeit von Nährstoffen in der Umgebung ab. Die Zellen eines vielzelligen Organismus teilen sich jedoch nur, wenn der Organismus mehr Zellen braucht. Um eine tierische Zelle zur Proliferation zu bringen, muss sie vielmehr auch positive extrazelluläre Signale von anderen Zellen in Form von **Mitogenen** erhalten, in der Regel von den Nachbarzellen. Mitogene wirken, indem sie intrazelluläre Bremsmechanismen aufheben, die das Durchlaufen des Zellzyklus hemmen.

Man kennt mehr als 50 tierische Proteine, die als Mitogene wirken. Die meisten dieser Proteine besitzen eine breite Spezifität. Der *Blutplättchen-Wachstumsfaktor* (PDGF, engl. *platelet-derived growth factor*) kann beispielsweise viele Zellarten zur Teilung anregen: Fibroblasten, glatte Muskelzellen oder Neurogliazellen. Auch der *epidermale Wachstumsfaktor* (EGF, engl. *epidermal growth factor*) wirkt nicht nur auf epidermale Zellen, sondern auch auf viele andere Zellarten, sowohl auf epitheliale wie auch auf nichtepitheliale. Manche Mitogene besitzen jedoch eine enge Spezifität; *Erythropoetin* z. B. induziert nur die Proliferation von Erythrocyten-Vorläuferzellen. Viele Mitogene, darunter PDGF, haben neben der Stimulierung der Zellteilung noch andere Wirkungen; sie können je nach Umständen und Zellart das Wachstum, das Überleben, die Differenzierung oder die Wanderung von Zellen stimulieren.

In manchen Geweben sind den positiven Regulatoren inhibierende extrazelluläre Signalproteine gegenübergestellt, die somit das Organwachstum hemmen. Die am besten verstandenen hemmenden Signalproteine sind der transformierende Wachstumsfaktor-β (TGF-β, engl. *transforming growth factor-β*) und seine Verwandten. TGF-β hemmt die Proliferation mehrerer Zellarten, hauptsächlich indem es das Voranschreiten des Zellzyklus in die G_1-Phase blockiert.

17.7.2 Zellen können in einen spezialisierten Zustand ohne Teilung eintreten

Ohne ein mitogenes, die Proliferation anregendes Signal wird in G_1 die Hemmung der Cdks durch viele (früher behandelte) Mechanismen aufrechterhalten und das Voranschreiten in einen neuen Zellzyklus blockiert. In manchen Fällen bauen die Zellen sogar ihr Zellzyklus-Kontrollsystem teilweise ab und ziehen sich aus dem Zellzyklus zurück. Sie treten dann in einen spezialisierten Zustand ohne Zellteilung ein, in $\mathbf{G_0}$.

Die meisten Zellen unseres Körpers sind in G_0, aber die molekulare Grundlage und die Umkehrbarkeit dieses Zustands unterscheiden sich in verschiedenen Zellarten. Die meisten unserer Nervenzellen und Skelettmuskelzellen sind z. B. in einem *endgültig differenzierten* G_0-Zustand, in dem sie ihr Zellzyklus-Kontrollsystem vollständig abgebaut haben. Die Expression der Gene für die verschiedenen Cdks und Cycline ist dauerhaft ausgeschaltet, Zellteilung findet selten statt. Einige Zellarten ziehen sich nur vorübergehend aus dem Zellzyklus zurück und bewahren die Fähigkeit, das Zellzyklus-Kontrollsystem schnell wieder zusammenzubauen und erneut in den Zellzyklus einzutreten. So sind z. B. die meisten Leberzellen in G_0, können aber bei einer Leberschädigung wieder zur Zellteilung angeregt werden. Wieder andere Zellarten, wie Fibroblasten und manche Lymphocyten, ziehen sich während ihres Lebens wiederholt aus dem Zellzyklus zurück und treten wieder in ihn ein.

Beinahe alle Schwankungen der Dauer des Zellzyklus im ausgewachsenen Körper werden durch die Dauer von G_1 oder G_0 verursacht. Im Gegensatz dazu ist die Zeit, die eine Zelle braucht, um vom Beginn der S-Phase bis zum Ende der Mitose fortzuschreiten, normalerweise kurz (typischerweise 12–24 Stunden in Säugetieren) und unabhängig von der Zeitspanne zwischen zwei Zellteilungen ist sie immer etwa gleich lang.

17.7.3 Mitogene stimulieren die Aktivitäten von G_1-Cdk und G_1/S-Cdk

Bei der großen Mehrheit der tierischen Zellen kontrollieren Mitogene die Zellteilungsrate, indem sie in der G_1-Phase in den Zellzyklus eingreifen. Wie schon behandelt, wirken während G_1 mehrere Mechanismen, um die Cdk-Aktivität zu unterdrücken. Mitogene lösen diese Bremsen der Cdk-Aktivität und ermöglichen so den Eintritt in einen neuen Zellzyklus.

Wie wir in Kapitel 15 dargestellt haben, wechselwirken Mitogene mit Zelloberflächenrezeptoren, um mehrere intrazelluläre Signalwege anzukurbeln. Ein wichtiger Weg wirkt über die monomere GTPase **Ras**, die zur Aktivierung einer *mitogenaktivierten Proteinkinase* (*MAP-Kinase)-Kaskade* (s. **Abb. 15.50**) führt. Dies führt zu einer gesteigerten Bildung von Transkriptionsregulatorproteinen einschließlich **Myc**. Man glaubt, dass Myc den Wiedereintritt in den Zellzyklus durch mehrere Mechanismen fördert. Einer dieser Mechanismen erhöht die Expression der Gene, die für G_1-Cycline codieren (D-Cycline); dabei nimmt die G_1-Cdk-Aktivität (Cyclin-D–Cdk4-Aktivität) zu. Myc spielt auch eine wichtige Rolle bei der Stimulierung der Transkription von Genen, die das Zellwachstum steigern.

Die Hauptfunktion der G_1-Cdk-Komplexe in tierischen Zellen ist die Aktivierung einer Gruppe von Transkriptionsregulatorproteinen namens **E2F-Proteine**; diese binden an spezifische DNA-Sequenzen in den Promotoren einer großen Vielzahl von Genen, die für Proteine codieren, die für den Eintritt in die S-Phase erforderlich sind; zu diesen Proteinen zählen G_1/S-Cycline, S-Cycline und an der DNA-Synthese und Chromosomenverdopplung beteiligte Proteine. Fehlt die Stimulierung durch Mitogene, wird die E2F-abhängige Genexpression durch eine Wechselwirkung zwischen E2F und Mitgliedern der **Retinoblastomprotein** (**Rb**)-Familie gehemmt. Wenn Zellen durch Mitogene zur Teilung angeregt werden, häuft sich aktives G_1-Cdk an und phosphoryliert Mitglieder der Rb-Familie, was deren Bindung an E2F verringert. Die freigesetzten E2F-Proteine aktivieren dann die Expression ihrer Zielgene (**Abb. 17.59**).

Dieses Transkriptionskontrollsystem enthält – wie so viele andere Kontrollsysteme, die den Zellzyklus regulieren – Rückkopplungsschleifen, die sicherstellen, dass der Eintritt in den Zellzyklus vollständig und unumkehrbar ist. Beispielsweise steigern die freigesetzten E2F-Proteine die Transkription ihrer eigenen Gene. Zusätzlich führt die E2F-abhängige Transkription von G_1/S-Cyclin (Cyclin E) und von S-Cyclin (Cyclin A) zu gesteigerten G_1/S-Cdk- und S-Cdk-Aktivitäten, die wiederum die Phosphorylierung des Rb-Proteins erhöhen und die weitere E2F-Freisetzung fördern (s. **Abb. 17.59**).

Das Hauptmitglied der Rb-Familie, das Rb-Protein selbst, wurde ursprünglich bei der Untersuchung einer angeborenen Form von Augenkrebs bei Kindern, dem *Retinoblastom*, entdeckt (dargestellt in Kapitel 20). Der Verlust beider Kopien des Rb-Gens führt zu überschießender Proliferation einiger Zellen in der unreifen Netzhaut. Dies legt nahe, dass das Rb-Protein für die Kontrolle der Zellteilungsgeschwindigkeit in der sich entwickelnden Netzhaut eine Schlüsselstellung einnimmt. Der vollständige Verlust von Rb führt nicht unmittelbar zu einer verstärkten Proliferation der Netzhaut oder anderer Arten von Zellen. Das liegt zum Teil daran, dass auch Cdh1 und CKIs das Voranschreiten durch G_1 hemmen, zum Teil aber auch an der Anwesenheit von mit Rb verwandten Proteinen in anderen Zellarten. Diese können in Abwesenheit von Rb dessen Funktion übernehmen. Wahrscheinlich sind auch noch andere Proteine, die nicht mit Rb verwandt sind, an der Kontrolle von E2F beteiligt.

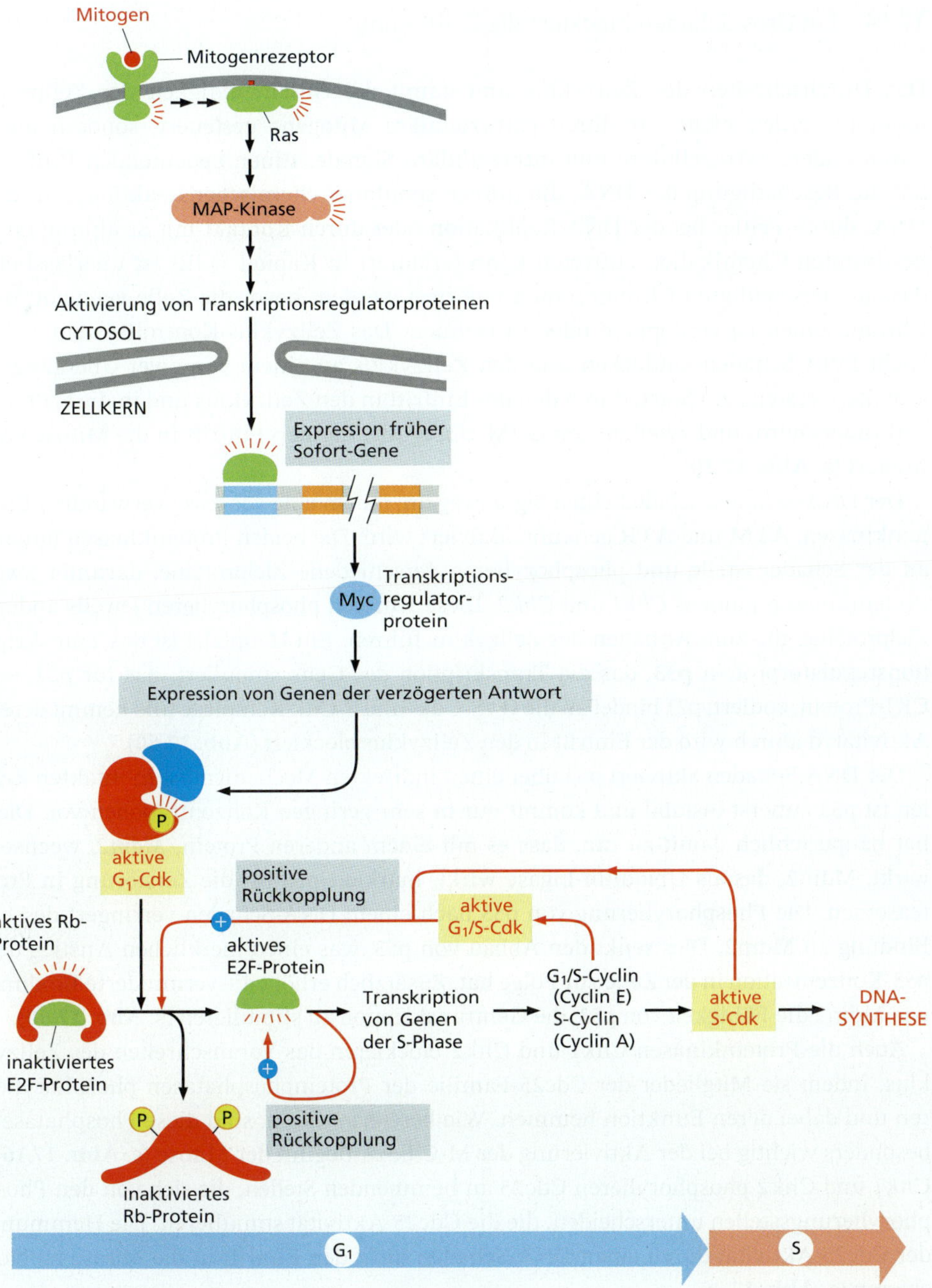

Abb. 17.59 Mitogenstimulierung zum Eintritt in den Zellzyklus. Wie in Kapitel 15 behandelt, binden Mitogene an Zelloberflächenrezeptoren und aktivieren intrazelluläre Signalwege. An einem der wichtigsten Wege ist die Aktivierung der kleinen GTPase Ras beteiligt, die die MAP-Kinase-Kaskade aktiviert, was zur gesteigerten Expression zahlreicher früher Sofort-Gene führt – einschließlich des Gens, das für das Regulatorprotein Myc codiert. Myc fördert die Transkription mehrerer Gene der *verzögerten Antwort*, darunter auch derer, die zu einer gesteigerten G_1-Cdk-Aktivität (Cyclin-D–Cdk4) führen; dies fördert die Phosphorylierung von Mitgliedern der Rb-Proteinfamilie. Dies inaktiviert die Rb-Proteine, wodurch es dem Transkriptionsregulatorprotein E2F möglich wird, die Transkription der G_1/S-Gene, einschließlich der Gene für ein G_1/S-Cyclin (Cyclin E) und ein S-Cyclin (Cyclin A), zu aktivieren. Die sich daraus ergebenden G_1/S-Cdk- und S-Cdk-Aktivitäten verstärken die Phosphorylierung des Rb-Proteins noch weiter, wodurch eine positive Rückkopplungsschleife entsteht. E2F-Proteine stimulieren auch die Transkription ihrer eigenen Gene, wodurch sich eine weitere positive Rückkopplungsschleife ergibt.

Weitere Kontrollebenen fördern eine extreme Zunahme der S-Cdk-Aktivität zu Beginn der S-Phase. Wir haben schon erwähnt, dass der APC/C-Aktivator Cdh1 die Cyclin-Spiegel nach der Mitose heruntersetzt. In tierischen Zellen widerstehen jedoch die G_1- und die G_1/S-Cycline APC/C–Cdh1 und können somit – ungehindert vom APC/C – wirken und die Phosphorylierung des Rb-Proteins und die E2F-abhängige Genexpression fördern. Im Gegensatz dazu widersteht S-Cyclin nicht und seine Konzentration wird anfangs durch die APC/C–Cdh1-Aktivität beschränkt. G_1/S-Cdk phosphoryliert und inaktiviert jedoch auch APC/C–Cdh1 und ermöglicht dadurch die Anhäufung von S-Cyclin, was die S-Cdk-Aktivierung weiter fördert. G_1/S-Cdk inaktiviert auch CKI-Proteine, die die S-Cdk-Aktivität unterdrücken. Der Gesamteffekt all dieser Wechselwirkungen ist die rasche und vollständige Aktivierung der für die Einleitung der S-Phase erforderlichen S-Cdk-Komplexe.

17.7.4 Ein DNA-Schaden blockiert die Zellteilung

Das Durchschreiten des Zellzyklus und damit die Geschwindigkeit der Zellproliferation werden nicht nur durch extrazelluläre Mitogene gesteuert, sondern auch durch andere extrazelluläre und intrazelluläre Signale. Einen bedeutenden Einfluss hat die Beschädigung der DNA, die infolge spontaner chemischer Reaktionen in der DNA, durch Fehler bei der DNA-Replikation oder durch Kontakt mit Strahlung oder bestimmten Chemikalien auftreten kann (erläutert in Kapitel 5). Es ist unerlässlich, dass die beschädigten Chromosomen repariert werden, bevor die Zelle versucht, die Chromosomen zu verdoppeln oder zu trennen. Das Zellzyklus-Kontrollsystem kann leicht DNA-Schäden entdecken und den Zellzyklus an einem von zwei Übergängen anhalten: erstens am Start, durch den der Eintritt in den Zellzyklus und in die S-Phase verhindert wird, und zweitens am G_2/M-Übergang, der den Eintritt in die Mitose verhindert (s. **Abb. 17.20**).

Der DNA-Schaden schaltet einen Signalweg an, indem eine von zwei verwandten Proteinkinasen, **ATM** und **ATR** genannt, aktiviert wird. Die beiden Proteinkinasen binden an der Schadensstelle und phosphorylieren verschiedene Zielproteine, darunter zwei Proteinkinasen namens *Chk1* und *Chk2*. Diese Kinasen phosphorylieren jeweils andere Zielproteine, die zum Anhalten des Zellzyklus führen. Ein Hauptziel ist das Transkriptionsregulatorprotein **p53**, das die Transkription des Gens stimuliert, das für *p21*, ein CKI-Protein, codiert; p21 bindet an die G_1/S-Cdk- und S-Cdk-Komplexe und hemmt deren Aktivität; dadurch wird der Eintritt in den Zellzyklus blockiert (**Abb. 17.60**).

Der DNA-Schaden aktiviert p53 über einen indirekten Mechanismus. In intakten Zellen ist p53 äußerst instabil und kommt nur in sehr geringen Konzentrationen vor. Dies hat hauptsächlich damit zu tun, dass es mit einem anderen Protein, *Mdm2*, wechselwirkt. Mdm2, das als Ubiquitin-Ligase wirkt, markiert p53 für die Zerstörung in Proteasomen. Die Phosphorylierung von p53 nach einem DNA-Schaden verringert dessen Bindung an Mdm2. Dies senkt den Abbau von p53, was einen merklichen Anstieg der p53-Konzentration in der Zelle zur Folge hat. Zusätzlich erhöht die verminderte Bindung von Mdm2 die Fähigkeit von p53, die Gentranskription zu stimulieren (s. **Abb. 17.60**).

Auch die Proteinkinasen Chk1 und Chk2 blockieren das Voranschreiten des Zellzyklus, indem sie Mitglieder der Cdc25-Familie der Proteinphosphatasen phosphorylieren und dabei deren Funktion hemmen. Wie bereits erwähnt, sind diese Phosphatasen besonders wichtig bei der Aktivierung der M-Cdk zu Beginn der Mitose (s. **Abb. 17.16**). Chk1 und Chk2 phosphorylieren Cdc25 an hemmenden Stellen, die sich von den Phosphorylierungsstellen unterscheiden, die die Cdc25-Aktivität stimulieren. Die Hemmung der Cdc25-Aktivität durch einen DNA-Schaden hilft, den Eintritt in die Mitose zu blockieren (s. **Abb. 17.20**).

Die Reaktion auf einen DNA-Schaden (engl. *DNA damage response*) kann auch bei Problemen aktiviert werden, die entstehen, wenn eine Replikationsgabel während der DNA-Replikation Fehler macht. Wenn beispielsweise Nukleotide aufgebraucht sind, dann kommt die Replikationsgabel während der Elongationsphase der DNA-Synthese zum Stillstand. Um zu verhindern, dass die Zelle teilweise replizierte Chromosomen zu trennen versucht, erkennen die gleichen Mechanismen, die auf den DNA-Schaden reagieren, die stagnierende Replikationsgabel und blockieren den Eintritt in die Mitose, bis die Probleme gelöst sind.

Ein geringes Maß an DNA-Schäden kommt im normalen Leben jeder Zelle vor und diese Schäden häufen sich in den Nachkommen der Zelle an, wenn die Reaktion auf einen DNA-Schaden nicht funktioniert. Langfristig führt die Anhäufung von genetischen Schäden in Zellen, denen die DNA-Reparatur fehlt, zu einer gesteigerten Häufigkeit krebsfördernder Mutationen. In der Tat kommen Mutationen im p53-Gen bei

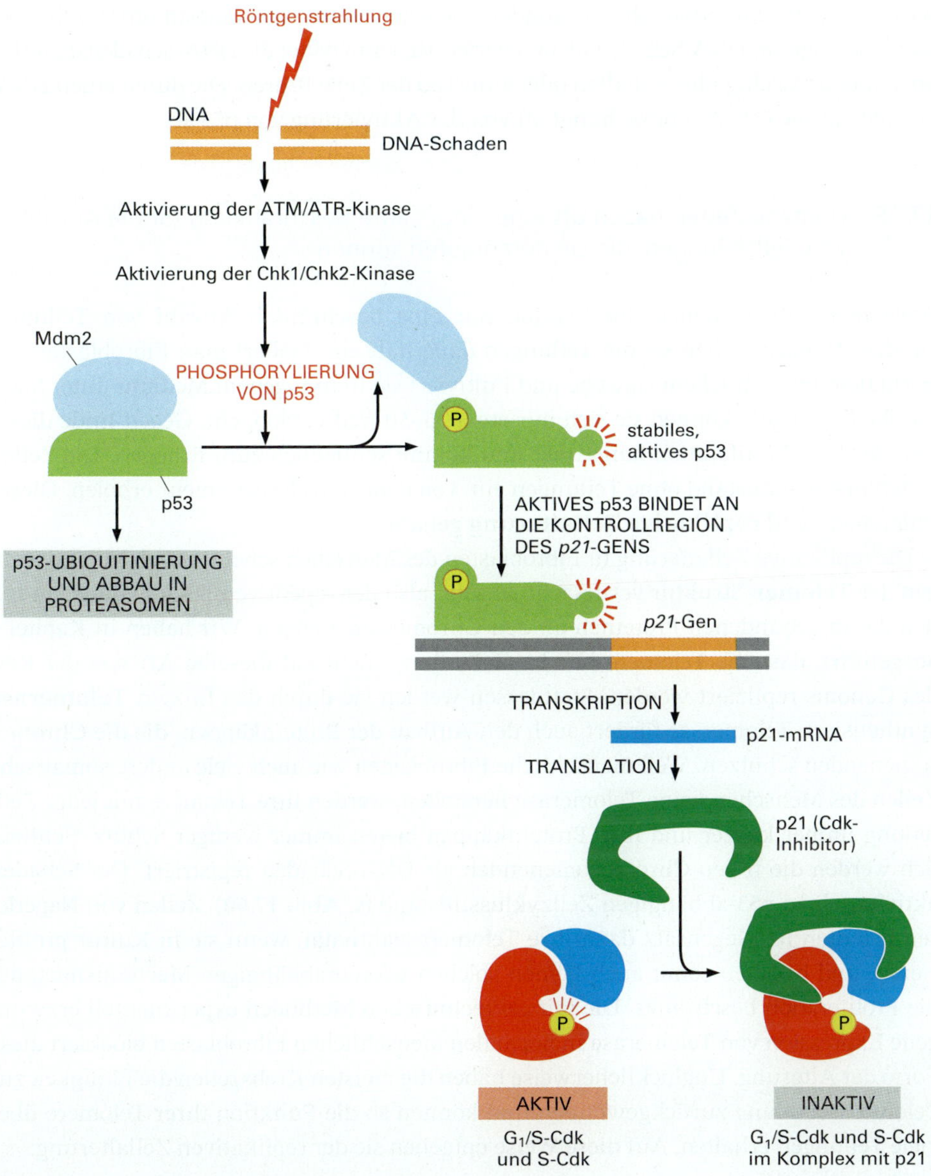

Abb. 17.60 Wie DNA-Schäden den Zellzyklus in G_1 aufhalten. Durch beschädigte DNA werden verschiedene Proteinkinasen an der Schadensstelle rekrutiert und starten einen Signalweg, der den Zellzyklus anhält. Die erste Kinase an der Schadensstelle ist je nach Schadensart entweder ATM oder ATR. Dann werden weitere Proteinkinasen, als Chk1 und Chk2 (Abkürzung für engl. checkpoint kinase 1 bzw. 2) bezeichnet, rekrutiert und aktiviert, was die Phosphorylierung des Transkriptionsregulatorproteins p53 zur Folge hat. Normalerweise bindet Mdm2 an p53, vermittelt seine Ubiquitinierung und fördert so seinen proteasomalen Abbau. Phosphorylierung von p53 verhindert die Bindung an Mdm2; in der Folge kann sich p53 zu hohen Konzentrationen anhäufen und die Transkription zahlreicher Gene, einschließlich des Gens für das CKI-Protein p21, antreiben. p21 bindet und inaktiviert G_1/S-Cdk- und S-Cdk-Komplexe und hält dadurch den Zellzyklus in G_1 fest. In manchen Fällen verursachen DNA-Schäden auch eine Phosphorylierung von Mdm2 oder eine verringerte Mdm2-Synthese, wodurch die p53-Konzentration weiter ansteigen kann (nicht dargestellt).

mindestens der Hälfte der menschlichen Krebserkrankungen vor (s. Kapitel 20). Durch den Verlust von p53 kann die Krebszelle viel schneller Mutationen anhäufen. In ähnlicher Weise wird eine seltene Erbkrankheit, die *Ataxia telangiectatica*, durch einen Defekt von ATM ausgelöst, eine der Proteinkinasen, die als Antwort auf röntgenstrahleninduzierte DNA-Schädigungen aktiviert werden. Menschen mit dieser Krankheit sind gegenüber Röntgenstrahlen sehr empfindlich und leiden folglich häufig unter Krebserkrankungen.

Was geschieht, wenn der DNA-Schaden so schwer ist, dass er nicht mehr repariert werden kann? Die Reaktion unterscheidet sich bei den verschiedenen Organismen. Einzellige Organismen wie die Sprosshefe stellen ihren Zellzyklus ein, um den Schaden zu reparieren. Kann die Reparatur nicht vollständig zu Ende gebracht werden, läuft der Zyklus trotz des Schadens schließlich weiter. Offensichtlich ist für einen Einzeller ein Leben mit Mutationen besser als überhaupt kein Leben. In vielzelligen Organismen hat jedoch die Gesundheit des Gesamtorganismus Vorrang vor dem Leben einer einzelnen Zelle. Zellen, die sich mit einem schweren DNA-Schaden teilen, bedrohen das Leben des Organismus, da genetische Schäden oft zu Krebs oder anderen Krankheiten führen können. Deshalb versuchen Tierzellen mit schweren DNA-Schäden nicht, die Teilung wieder von neuem aufzunehmen, sondern begehen stattdessen Selbstmord durch Apoptose. Solange der DNA-Schaden nicht repariert ist, kann daher die DNA-Schadensreaktion entweder den Zellzyklus anhalten oder zum Tod der Zelle führen. Die durch einen DNA-Schaden ausgelöste Apoptose hängt oft von der Aktivierung von p53 ab.

17.7.5 Humane Zellen haben oft eine eingebaute Beschränkung für die Anzahl von Zellteilungen, die sie durchlaufen können

Viele menschliche Zellen durchlaufen nur eine beschränkte Anzahl von Teilungsrunden. Danach stellen sie die Teilungen dauerhaft ein. Isoliert man Fibroblasten aus normalem menschlichem Gewebe und kultiviert sie in mitogenem Medium unter Standardbedingungen, können sie sich nur etwa 25–50-mal verdoppeln. Gegen Ende dieser Zeit wird die Proliferation langsamer und kommt schließlich zum Erliegen. Die Zellen treten in einen Zustand ohne Teilungen ein, von dem sie sich nicht mehr erholen. Dieses Phänomen wird **replikative Zellalterung** genannt.

Die replikative Zellalterung in Fibroblasten des Menschen scheint durch Veränderungen der **Telomer**-Struktur verursacht zu sein, also der repetitiven DNA-Sequenzen mit den daran gebundenen Proteinen an den Chromosomenenden. Wir haben in Kapitel 5 ausgeführt, dass die Telomere bei der Zellteilung nicht auf dieselbe Art wie der Rest des Genoms repliziert werden. Stattdessen werden sie durch das Enzym **Telomerase** synthetisiert. Telomerase fördert auch den Aufbau der Proteinkappen, die die Chromosomenenden schützen. Weil menschliche Fibroblasten wie auch viele andere somatische Zellen des Menschen keine Telomerase herstellen, werden ihre Telomere mit jeder Zellteilung immer kürzer und ihre Proteinkappen bieten immer weniger Schutz. Schließlich werden die freien Chromosomenenden als DNA-Schaden registriert. Der Schaden aktiviert einen p53-abhängigen Zellzyklusstillstand (s. **Abb. 17.60**). Zellen von Nagetieren behalten im Gegensatz dazu ihre Telomeraseaktivität, wenn sie in Kultur proliferieren, und besitzen somit auch keinen solchen telomerabhängigen Mechanismus, der die Proliferation beschränkt. Die mit gentechnischen Methoden experimentell erzwungene Expression von Telomerase in normalen menschlichen Fibroblasten blockiert diese Form der Alterung. Unglücklicherweise haben die meisten Krebszellen die Fähigkeit zur Telomerasebildung zurückgewonnen und können so die Funktion ihrer Telomere über viele Teilungen erhalten. Auf diese Weise entgehen sie der replikativen Zellalterung.

17.7.6 Zellproliferation ist von Zellwachstum begleitet

Würden Zellen proliferieren, ohne zu wachsen, würden sie zunehmend kleiner werden und die Gesamtzellmasse würde nicht zunehmen. Deshalb ist in den meisten proliferierenden Zellpopulationen die Zellteilung vom Zellwachstum begleitet. In einzelligen Organismen wie den Hefen ist ein ausreichendes Nährstoffangebot für Zellwachstum und Zellteilung hinreichend. Im Gegensatz dazu hängen Zellwachstum und Zellproliferation in Tieren zusätzlich noch von den extrazellulären Signalmolekülen anderer Zellen – den **Wachstumsfaktoren** bzw. den Mitogenen – ab.

Wie die Mitogene binden auch die extrazellulären Wachstumsfaktoren, die das Wachstum tierischer Zellen anregen, an Rezeptoren der Zelloberfläche und aktivieren intrazelluläre Signalwege. Diese Wege führen zur Anhäufung von Proteinen und anderen Makromolekülen, indem sie sowohl deren Syntheserate erhöhen als auch die Abbaurate verringern. Sie kurbeln eine verstärkte Nährstoffaufnahme und die Bildung von ATP an, das für die Energieversorgung der gesteigerten Proteinsynthese erforderlich ist. Einer der wichtigsten intrazellulären Signalwege, die durch Wachstumsfaktoren angeschaltet werden, verwendet die Phosphoinositid 3-Kinase (*PI 3-Kinase*). Dieses Enzym überträgt

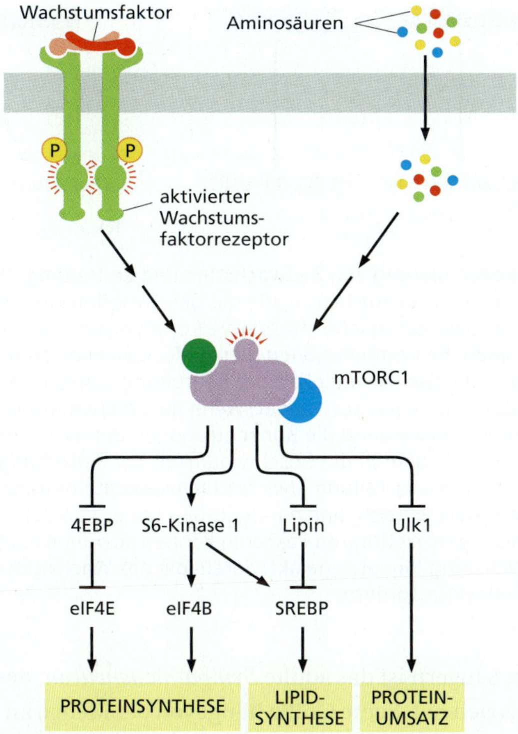

Abb. 17.61 Stimulierung des Zellwachstums durch extrazelluläre Wachstumsfaktoren und Nährstoffe. Die Besetzung der Zelloberflächenrezeptoren durch Wachstumsfaktoren führt zur Aktivierung eines komplexen Signalwegs, der zur Aktivierung der aus vielen Untereinheiten bestehenden Proteinkinase mTORC1 führt (s. Abb. 15.55). Aminosäuren im Cytosol helfen auch mit, mTORC1 zu aktivieren. mTORC1 phosphoryliert mehrere Proteine, zu denen 4EBP und die Proteinkinase S6-Kinase-1 (S6K1) gehören, wodurch die Aktivität der Translationsinitiationsfaktoren eIF-4E und eIF-4B angeregt wird und damit auch die Proteinsynthese. mTORC1 wirkt auch über S6K1 sowie ein anderes Protein namens Lipin, um einen Trankriptionsregulator, der SREBP heißt, zu aktivieren, der die Expression von Genen, die bei der Lipidsynthese beteiligt sind, verstärkt. Schließlich phosphoryliert mTORC1 eine andere Proteinkinase – Ulk1 – die seine Fähigkeit, den Proteinumsatz zu fördern, reduziert.

einen Phosphatrest von ATP auf die 3'-Position von Inositol-Phospholipiden der Plasmamembran (in Kapitel 15 dargestellt). Die Aktivierung der PI 3-Kinase führt zur Aktivierung einer Proteinkinase namens *mTORC1* (Abkürzung für engl. *mechanistic* oder *mammalian target of rapamycin complex 1*). Diese Kinase befindet sich bei allen Eukaryoten im Zentrum der regulatorischen Zellwachstumswege (s. Abb. 15.55). mTORC1 aktiviert viele Ziele in der Zelle, die Stoffwechselvorgänge anregen, einschließlich der Protein- und Lipidsynthese, oder den Proteinumsatz reduzieren (Abb. 17.61).

17.7.7 Proliferierende Zellen koordinieren in der Regel ihr Wachstum und ihre Teilung

Damit proliferierende Zellen eine konstante Größe beibehalten, müssen sie ihr Wachstum auf die Zellteilung abstimmen, um sicherzustellen, dass sich die Gesamtgröße der Zellen mit jeder Teilung verdoppelt: Wenn Zellen zu langsam wachsen, dann werden sie mit jeder Teilung kleiner, und wenn sie zu schnell wachsen, dann werden sie mit jeder Teilung größer. Es ist nicht klar, wie Zellen diese Koordination erreichen, aber es ist wahrscheinlich, dass daran mehrere Mechanismen beteiligt sind, die in verschiedenen Organismen und sogar in unterschiedlichen Zellarten desselben Organismus variieren (Abb. 17.62).

Das Wachstum und die Teilung tierischer Zellen sind jedoch nicht immer aufeinander abgestimmt. In vielen Fällen sind sie vollständig entkoppelt, damit Wachstum ohne Teilung und Teilung ohne Wachstum möglich ist. Beispielsweise können Muskel- und Nervenzellen dramatisch wachsen, nachdem sie sich dauerhaft vom Zellzyklus zurückgezogen haben. Entsprechend wachsen die Eier vieler Tiere zu einer extremen Größe heran, ohne sich zu teilen; nach der Befruchtung wird dieses Verhältnis jedoch wieder umgekehrt, und es laufen viele Teilungsrunden ohne Wachstum ab.

Verglichen mit der Zellteilung hat es überraschend wenige Untersuchungen darüber gegeben, wie die Zellgröße in Tieren reguliert wird. Infolgedessen bleibt es ein Rätsel, wie die Zellgröße festgelegt wird und warum verschiedene Zellarten im gleichen Tier so wachsen, dass sie ganz verschiedene Größen erreichen. Einer der am besten

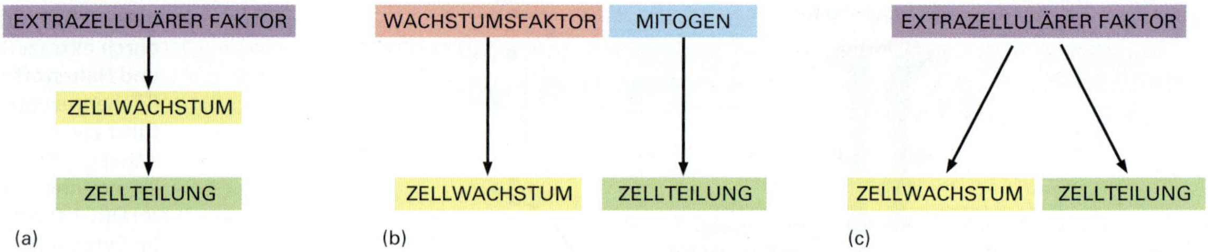

Abb. 17.62 Mögliche Mechanismen zur Koordinierung von Zellwachstum und Zellteilung. In proliferierenden Zellen wird die Zellgröße durch Mechanismen aufrechterhalten, die die Geschwindigkeiten der Zellteilung und des Zellwachstums abstimmen. Man glaubt, dass zahlreiche alternative Kopplungsmechanismen existieren, und verschiedene Zellarten scheinen unterschiedliche Kombinationen dieser Mechanismen zu benutzen. (a) In vielen Zellarten – insbesondere in der Hefe – wird die Geschwindigkeit der Zellteilung von der Geschwindigkeit des Zellwachstums beherrscht, sodass die Teilung nur dann stattfindet, wenn die Wachstumsgeschwindigkeit eine minimale Schwelle erreicht; bei Hefen sind es vorwiegend die Konzentrationen der extrazellulären Nährstoffe, die die Geschwindigkeit des Zellwachstums und dadurch die Geschwindigkeit der Zellteilung regulieren. (b) In manchen tierischen Zellarten können Wachstum und Teilung jeweils durch separate extrazelluläre Faktoren (Wachstumsfaktoren bzw. Mitogene) kontrolliert werden, und die Zellgröße hängt von den relativen Konzentrationen der beiden Faktorarten ab. (c) Manche extrazellulären Faktoren können sowohl das Zellwachstum als auch die Zellteilung stimulieren, indem sie gleichzeitig Signalwege aktivieren, die das Wachstum begünstigen, und andere Wege, die das Fortschreiten des Zellzyklus fördern.

untersuchten Fälle in Säugern ist das adulte *Sympathicusneuron*, das sich dauerhaft vom Zellzyklus zurückgezogen hat. Seine Größe hängt von der Menge an *Nerven-Wachstumsfaktor* (NGF, engl. *nerve growth factor*) ab, den die innervierten Zielzellen sezernieren. Je größer die Konzentration an NGF ist, auf die die Nervenzelle Zugriff hat, desto größer wird sie. Es erscheint wahrscheinlich, dass die Gene, die eine Zelle exprimiert, der erreichbaren Zellgröße Grenzen setzen, während extrazelluläre Signalmoleküle und Nährstoffe innerhalb dieser Schranken die Größe regulieren. Die Aufgabe besteht darin, für jede Zellart die relevanten Gene und Signalmoleküle zu identifizieren.

Zusammenfassung

In vielzelligen Tieren werden Zellgröße, Zellteilung und Zellüberleben sorgfältig reguliert. So wird sichergestellt, dass der Organismus und seine Organe ihre zugehörige Größe erreichen und erhalten. Mitogene regen die Zellteilung an, indem sie intrazelluläre molekulare Bremsen lösen, die das Durchlaufen des Zellzyklus während G_1 zügeln. Wachstumsfaktoren fördern das Zellwachstum (die Zunahme der Zellmasse), indem sie die Synthese von Makromolekülen stimulieren und gleichzeitig deren Abbau hemmen. Um eine konstante Zellgröße beizubehalten, verwenden proliferierende Zellen mehrere Mechanismen; diese stellen sicher, dass das Zellwachstum auf die Zellteilung abgestimmt ist.

Literatur

17.1 Überblick über den Zellzyklus

Morgan, D.O. (2007). *The Cell Cycle: Principles of Control*. London: New Science Press.

17.2 Das Zellzyklus-Kontrollsystem

Alfieri, C., Zhang, S. und Barford, D. (2017). Visualizing the complex functions and mechanisms of the anaphase promoting complex/cyclosome (APC/C). *Open Biol.* 7: 170204.

Echalier, A., Endicott, J.A. und Noble, M.E. (2010). Recent developments in cyclin-dependent kinase biochemical and structural studies. *Biochim. Biophys. Acta* 1804: 511–519.

Evans, T., Rosenthal, E.T., Youngblom, J. et al. (1983). Cyclin: a protein specified by maternal *mRNA* in sea urchin eggs that is destroyed at each cleavage division. *Cell* 33: 389–396.

Hartwell, L.H., Culotti, J., Pringle, J.R. et al. (1974). Genetic control of the cell division cycle in yeast. *Science* 183: 46–51.

Holder, J., Poser, E. und Barr, F.A. (2019). Getting out of mitosis: spatial and temporal control of mitotic exit and cytokinesis by PP1 and PP2A. *FEBS Lett.* 593: 2908–2924.

Holt, L.J., Tuch, B.B., Villen, J. et al. (2009). Global analysis of Cdk1 substrate phosphorylation sites provides insights into evolution. *Science* 325: 1682–1686.

Kamenz, J., Gelens, L. und Ferrell, J.E. Jr. (2021). Bistable, biphasic regulation of PP2A-B55 accounts for the dynamics of mitotic substrate phosphorylation. *Curr. Biol.* 31: 794–808.

Novak, B. und Tyson, J.J. (2021). Mechanisms of signalling-memory governing progression through the eukaryotic cell cycle. *Curr. Opin. Cell Biol.* 69: 7–16.

Nurse, P., Thuriaux, P. und Nasmyth, K. (1976). Genetic control of the cell division cycle in the fission yeast *Schizosaccharomyces pombe. Mol. Gen. Genet.* 146: 167–178.

Örd, M. und Loog, M. (2019). How the cell cycle clock ticks. *Mol. Biol. Cell* 30: 169–172.

17.3 *S*-Phase

Arias, E.E. und Walter, J.C. (2007). Strength in numbers: preventing rereplication via multiple mechanisms in eukaryotic cells. *Genes Dev.* 21: 497–518.

Bell, S.P. und Labib, K. (2016). Chromosome duplication in *Saccharomyces cerevisiae*. *Genetics* 203: 1027–1067.

Li, H. und O'Donnell, M.E. (2018). The eukaryotic CMG helicase at the replication fork: emerging architecture reveals an unexpected mechanism. Bioessays 40 (3).

Siddiqui, K., On, K.F. und Diffley, J.F. (2013). Regulating DNA replication in eukarya. *Cold Spring Harb. Perspect. Biol.* 5: a012930.

Tanaka, S. und Araki, H. (2013). Helicase activation and establishment of replication forks at chromosomal origins of replication. *Cold Spring Harb. Perspect. Biol.* 5: a010371.

17.4 *Mitose*

Banterle, N. und Gonczy, P. (2017). Centriole biogenesis: from identifying the characters to understanding the plot. *Annu. Rev. Cell Dev. Biol.* 33: 23–49.

Champion, L., Linder, M.I. und Kutay, U. (2017). Cellular reorganization during mitotic entry. *Trends Cell Biol.* 27: 26–41.

Davidson, I.F. und Peters, J.M. (2021). Genome folding through loop extrusion by SMC complexes. *Nat. Rev. Mol. Cell Biol.* 22: 445–464.

Dey, G. und Baum, B. (2021). Nuclear envelope remodelling during mitosis. *Curr. Opin. Cell Biol.* 70: 67–74.

Hinshaw, S.M. und Harrison, S.C. (2018). Kinetochore function from the bottom up. *Trends Cell Biol.* 28: 22–33.

Lampson, M.A. und Grishchuk, E.L. (2017). Mechanisms to avoid and correct erroneous kinetochore-microtubule attachments. *Biology (Basel)* 6: 1.

McIntosh, J.R. (2016). Mitosis. *Cold Spring Harb. Perspect. Biol.* 8: a023218.

Musacchio, A. (2015). The molecular biology of spindle assembly checkpoint signaling dynamics. *Curr. Biol.* 25: 1002–1018.

Musacchio, A. und Desai, A. (2017). A molecular view of kinetochore assembly and function. *Biology (Basel)* 6: 5.

Nigg, E.A. und Holland, A.J. (2018). Once and only once: mechanisms of centriole duplication and their deregulation in disease. *Nat. Rev. Mol. Cell Biol.* 19: 297–312.

Oriola, D., Needleman, D.J. und Brugues, J. (2018). The physics of the metaphase spindle. *Annu. Rev. Biophys.* 47: 655–673.

Paulson, J.R., Hudson, D.F., Cisneros-Soberanis, F. et al. (2021). Mitotic chromosomes. *Semin. Cell Dev. Biol.* 117: 7–29.

Petry, S. (2016). Mechanisms of mitotic spindle assembly. *Annu. Rev. Biochem.* 85: 659–683.

Prosser, S.L. und Pelletier, L. (2017). Mitotic spindle assembly in animal cells: a fine balancing act. *Nat. Rev. Mol. Cell Biol.* 18: 187–201.

Yatskevich, S., Rhodes, J. und Nasmyth, K. (2019). Organization of chromosomal DNA by SMC complexes. *Annu. Rev. Genet.* 53: 445–482.

Yi, P. und Goshima, G. (2018). Microtubule nucleation and organization without centrosomes. *Curr. Opin. Plant Biol.* 46: 1–7.

17.5 Cytokinese

Basant, A. und Glotzer, M. (2018). Spatiotemporal regulation of RhoA during cytokinesis. *Curr. Biol.* 28: 570–580.

Fremont, S. und Echard, A. (2018). Membrane traffic in the late steps of cytokinesis. *Curr. Biol.* 28: 458–470.

Glotzer, M. (2017). Cytokinesis in metazoa and fungi. *Cold Spring Harb. Perspect. Biol.* 9: a022343.

Livanos, P. und Muller, S. (2019). Division plane establishment and cytokinesis. *Annu. Rev. Plant Biol.* 70: 239–267.

Pollard, T.D. und O'Shaughnessy, B. (2019). Molecular mechanism of cytokinesis. *Annu. Rev. Biochem.* 88: 661–689.

Rappaport, R. (1986). Establishment of the mechanism of cytokinesis in animal cells. *Int. Rev. Cytol.* 105: 245–281.

17.6 Meiose

Gray, S. und Cohen, P.E. (2016). Control of meiotic crossovers: from doublestrand break formation to designation. *Annu. Rev. Genet.* 50: 175–210.

Hughes, S.E. und Hawley, R.S. (2020). Alternative synaptonemal complex structures: too much of a good thing? *Trends Genet.* 36: 833–844.

Hunter, N. (2015). Meiotic recombination: the essence of heredity. *Cold Spring Harb. Perspect. Biol.* 7: a016618.

Petronczki, M., Siomos, M.F. und Nasmyth, K. (2003). Un ménage à quatre : the molecular biology of chromosome segregation in meiosis. *Cell* 112: 423–440.

Subramanian, V.V. und Hochwagen, A. (2014). The meiotic checkpoint network: step-by-step through meiotic prophase. *Cold Spring Harb. Perspect. Biol.* 6: a016675.

Webster, A. und Schuh, M. (2017). Mechanisms of aneuploidy in human eggs. *Trends Cell Biol.* 27: 55–68.

Zickler, D. und Kleckner, N. (2015). Recombination, pairing, and synapsis of homologs during meiosis. *Cold Spring Harb. Perspect. Biol.* 7: a016626.

Zickler, D. und Kleckner, N. (2016). A few of our favorite things: pairing, the bouquet, crossover interference and evolution of meiosis. *Semin. Cell Dev. Biol.* 54: 135–148.

17.7 Kontrolle von Zellteilung und Zellwachstum

Bertoli, C., Skotheim, J.M. und de Bruin, R.A. (2013). Control of cell cycle transcription during *G1* and S phases. *Nat. Rev. Mol. Cell Biol.* 14: 518–528.

Blackford, A.N. und Jackson, S.P. (2017). ATM, ATR, and DNA-PK: the trinity at the heart of the DNA damage response. *Mol. Cell* 66: 801–817.

Boutelle, A.M. und Attardi, L.D. (2021). p53 and tumor suppression: it takes a network. *Trends Cell Biol.* 31: 298–310.

Dick, F.A. und Rubin, S.M. (2013). Molecular mechanisms underlying RB protein function. *Nat. Rev. Mol. Cell Biol.* 14: 297–306.

Rubin, S.M., Sage, J. und Skotheim, J.M. (2020). Integrating old and new paradigms of G1/S control. *Mol. Cell* 80: 183–192.

Saxton, R.A. und Sabatini, D.M. (2017). mTOR signaling in growth, metabolism, and disease. *Cell* 168: 960–976.

Sharpless, N.E. und Sherr, C.J. (2015). Forging a signature of *in vivo* senescence. *Nat. Rev. Cancer* 15: 397–408.

Shimobayashi, M. und Hall, M.N. (2014). Making new contacts: the mTOR network in metabolism and signalling crosstalk. *Nat. Rev. Mol. Cell Biol.* 15: 155–162.

Vollmer, J., Casares, F. und Iber, D. (2017). Growth and size control during development. *Open Biol.* 7: 170190.

Zatulovskiy, E. und Skotheim, J.M. (2020). On the molecular mechanisms regulating animal cell size homeostasis. *Trends Genet.* 36: 360–372.

18

Der Zelltod

Die Entwicklung und Erhaltung vielzelliger Organismen hängen nicht nur von Wachstum und Teilung der Zellen ab, sondern auch vom Zelltod. Während der Entwicklung beim Tier zum Beispiel helfen sorgfältig aufeinander abgestimmte Muster des Zellwachstums, der Zellteilung und des Zelltods, die Größe und Form der Gliedmaßen und Organe festzulegen. Die Erhaltung der Gewebegröße im erwachsenen Tier erfordert oft, dass Zellen mit der gleichen Geschwindigkeit absterben, wie sie neu hergestellt werden – ein Vorgang, den man Zellumsatz nennt. Solch ein „normaler" Zelltod tritt auch bei Pflanzen während der Entwicklung und der Alterung von Blüten und Blättern auf. Er kann auch bei Einzellern wie Hefen und Bakterien auftreten. Die meisten dieser normalen Zelltode sind Selbstmorde, bei denen eine Abfolge von molekularen Ereignissen die Zellen von innen heraus zerstören, wobei die molekularen Mechanismen sehr unterschiedlich sein können. In diesem Kapitel konzentrieren wir uns auf eine molekular abgegrenzte Form des Zellselbstmords, die **Apoptose** genannt wird (vom griechischen Begriff für „Herabfallen", wie Blätter vom Baum, auch wenn sie in dieser Form nur in tierischen Zellen vorkommt). Sie ist bei weitem die häufigste Art, wie unsere Zellen sterben und auch die am intensivsten untersuchte Form des Zelltods.

Eine Zelle, die durch Apoptose stirbt, durchläuft charakteristische morphologische und biochemische Veränderungen, die dazu beitragen, dass sie schnell von einer benachbarten Zelle gefressen und verdaut werden kann. **Abb. 18.1** zeigt eine normale Rattenzelle (in **a**) und Rattenzellen derselben Art bei zwei verschiedenen Formen des Zelltods (in **b–d**). Bei der Apoptose schrumpft und verdichtet sich die Zelle, das Cytoskelett kollabiert, die Kernhülle löst sich auf und das Kernchromatin kondensiert und zerfällt in Bruchstücke (**Abb. 18.1b**). Die apoptotische Zelloberfläche bildet oft mehrere große Ausstülpungen, die Bläschen genannt werden. Wenn die Zelle groß ist, zerfällt sie in membranumschlossene Fragmente, die als Apoptosekörper bezeichnet werden. Wichtig ist, dass die Oberfläche der Zelle und ihrer Fragmente chemisch verändert wird, sodass eine benachbarte Zelle – bei Wirbeltieren häufig ein Makrophage – die Zelle und die Fragmente schnell verschlingt, bevor sie ihren Inhalt ausschütten können (**Abb. 18.1c**). Auf diese Weise stirbt die Zelle einen „sauberen" Tod: die Zelle und ihre Fragmente werden schnell entfernt, ohne eine schädliche Entzündungsreaktion zu verursachen. Da apoptotische Zellen

Kapitelinhalt

Molekularbiologie der Zelle, 7. Auflage. Bruce Alberts, Rebecca Heald, Alexander Johnson, David Morgan, Martin Raff, Keith Roberts und Peter Walter.

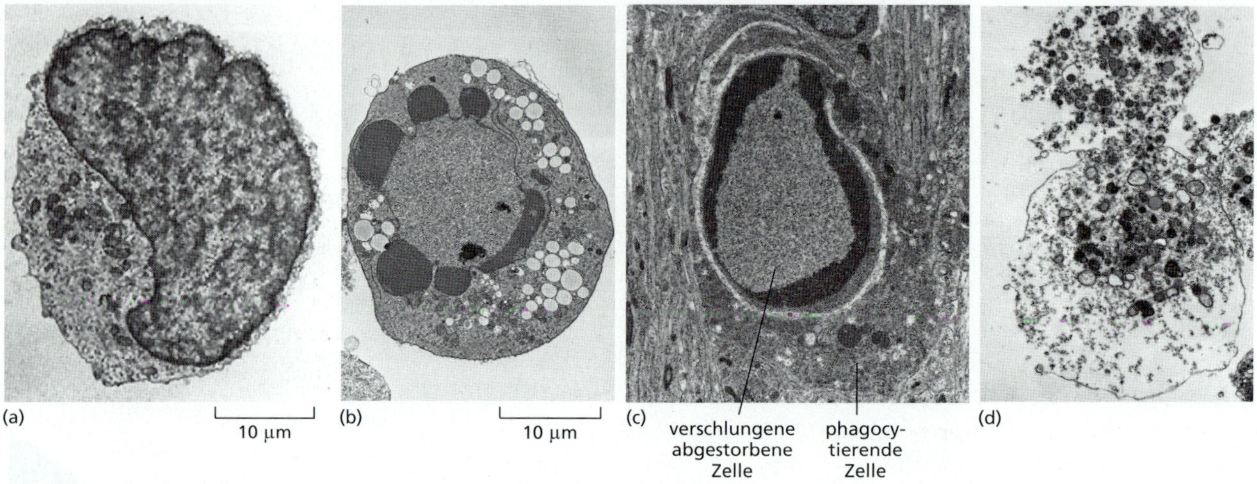

Abb. 18.1 Zwei unterschiedliche Arten des Zelltods. Diese elektronenmikroskopischen Aufnahmen zeigen sich entwickelnde Oligodendrocyten-Vorläuferzellen der Ratte in verschiedenen Stadien: (a) eine normale Zelle in Kultur; (b) eine Zelle in Kultur, die durch Apoptose abgestorben ist, weil ihr extrazelluläre Überlebenssignale entzogen wurden (siehe Text); (c) eine Zelle in einem sich normal entwickelnden Sehnerv, die durch Apoptose gestorben ist und von einer benachbarten phagocytierenden Zelle verschlungen wurde; (d) eine Zelle in Kultur, die durch Nekrose gestorben ist. Man beachte, dass die apoptotischen Zellen in b und c eine intakte Plasmamembran besitzen, aber das Chromatin kondensiert, verformt und am Kernrand konzentriert ist, während die nekrotische Zelle in d offenbar unkontrolliert geplatzt ist. Die großen Vakuolen, die im Cytoplasma der Zelle in b zu sehen sind, sind ein variables Merkmal der Apoptose. (Mit freundlicher Genehmigung von Julia Burne und Martin Raff).

schnell gefressen und verdaut werden, sind oft nur wenige tote Zellen zu sehen, selbst in einem Gewebe, in dem eine große Anzahl von Zellen durch Apoptose abgestorben ist.

Beschädigte oder infizierte Zellen können ebenfalls durch Apoptose sterben, damit sichergestellt ist, dass sie entsorgt werden, ehe sie die Gesundheit des Tiers gefährden. Es gibt jedoch viele nicht-apoptotische Wege, auf denen schwer geschädigte oder gestresste tierische Zellen sterben. Diese werden in der Regel unter dem Oberbegriff *Zellnekrose* zusammengefasst. Eine übliche, weitgehend passive Form der Zellnekrose tritt auf, wenn Zellen als Reaktion auf einen akuten Gewebeschaden wie ein Trauma oder eine blockierte Blutzufuhr lysieren: Die Zellen schwellen an und platzen (**Abb. 18.1d**), wobei ihr Inhalt sich auf ihre Nachbarn ergießt und eine Entzündungsreaktion auslöst. Bei anderen Formen der Zellnekrose nimmt die Zelle aktiv am Absterbeprozess teil, was mit den speziellen Namen wie Nekroptose oder Pyroptose zum Ausdruck kommt, je nach Art des auslösenden Stresses und der beteiligten molekularen Mechanismen.

Dieses Kapitel konzentriert sich auf die wichtigsten Funktionen der Apoptose bei Wirbeltieren, ihre molekularen Mechanismen sowie ihre Regulation und darauf, wie eine übermäßige oder unzureichende Apoptose zu menschlichen Krankheiten beitragen kann.

18.1 Die Apoptose beseitigt unerwünschte Zellen

Das Ausmaß des apoptotischen Zelltods in vielen sich entwickelnden und adulten Geweben von Wirbeltieren ist erstaunlich: Mindestens eine Million Zellen stirbt auf diese Art in jeder Sekunde in einem gesunden erwachsenen Menschen (und wird durch Zellteilung ersetzt). Es erscheint als erstaunliche Verschwendung, wenn so viele Zellen sterben müssen – insbesondere da die allermeisten völlig gesund sind, bevor sie sich umbringen. Worin liegt der Vorteil dieses massenhaften Zelltods?

In manchen Fällen – insbesondere bei der tierischen Entwicklung – sind die Funktionen des Zelltods bekannt. Die Apoptose trägt dazu bei, Hände und Füße während der Embryonalentwicklung zu formen: Diese Gliedmaßen werden zunächst als schaufelförmige Gebilde angelegt. Die einzelnen Finger bzw. Zehen trennen sich erst voneinander, wenn die Zellen zwischen ihnen sterben, wie in **Abb. 18.2** für die Mäusepfote dargestellt ist. In anderen Fällen sterben Zellen durch Apoptose, wenn die Struktur, der sie angehören, nicht mehr benötigt wird. Wenn sich beispielsweise eine Kaulquappe während der Metamorphose zum Frosch entwickelt, verschwindet der für den Frosch nicht weiter notwendige Schwanz, indem seine Zellen durch Apoptose sterben. Apoptose fungiert auch als ein Qualitätskontrollvorgang in der Entwicklung, indem sie Zellen beseitigt, die anomal, deplatziert, nicht funktionsfähig oder für das Tier möglicherweise gefährlich sind. Auffällige Beispiele kommen im Immunsystem der Wirbeltiere vor: Hier beseitigt die Apoptose die sich entwickelnden T- und B-Lymphocyten, die entweder keine brauchbaren antigenspezifischen Rezeptoren oder aber selbstreaktive Rezeptoren bilden, die die Zellen potenziell gefährlich machen (s. Kapitel 24). Durch Apoptose werden auch die meisten durch eine Infektion zur Proliferation aktivierten Lymphocyten eliminiert, nachdem sie dazu beigetragen haben, die verantwortlichen Mikroben zu zerstören.

In reifen Geweben, die weder wachsen noch schrumpfen, müssen der Zelltod und die Zellteilung genau reguliert werden, um sicherzustellen, dass sie sich die Waage halten. Wenn z. B. ein Teil der Leber einer ausgewachsenen Ratte entfernt wird, nimmt die Proliferationsaktivität der Leberzellen zu, um den Verlust auszugleichen. Umgekehrt nimmt die Apoptose in der Leber stark zu, wenn eine Ratte erst mit Phenobarbital behandelt – wodurch das Zellwachstum und die Teilung der Leberzellen angeregt wird und die Leber sich dadurch vergrößert – und dann die Phenobarbitalbehandlung wieder beendet wird. Die verstärkte Apoptose hält so lange an, bis die Leberzellzahl zu ihrer normalen Größe zurückgefunden hat, was normalerweise etwa eine Woche dauert. Die Anzahl der Leberzellen wird also durch die Kontrolle der Zellneubildung und des Zelltods konstant gehalten. Die für diese bemerkenswerte Regulation verantwortlichen Kontrollmechanismen sind größtenteils unbekannt.

Tierische Zellen können Schäden in ihren zahlreichen Organellen erkennen, und falls die Schädigung groß genug ist, können sie sich selbst mittels Apoptose töten. Ein wichtiges Beispiel ist die DNA-Schädigung, die, falls sie nicht repariert wird, krebsfördernde Mutationen erzeugen kann. Zellen besitzen zahlreiche Möglichkeiten, DNA-Schäden aufzuspüren (s. **Abb. 17.60**), und unterziehen sich der Apoptose, falls sie die Schäden nicht reparieren können.

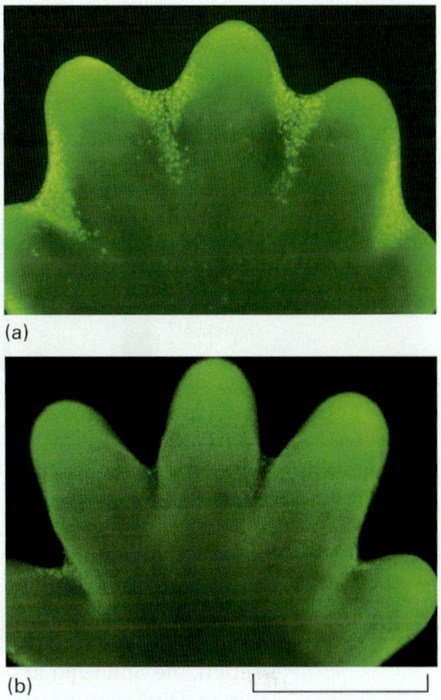

Abb. 18.2 Modellierung der einzelnen Zehen einer sich entwickelnden Mäusepfote durch Apoptose. (a) Diese Pfote eines Mausembryos wurde mit dem Farbstoff Acridinorange gefärbt, der in apoptotische Zellen gelangt und diese dadurch in der sich normal entwickelnden Pfote hell markiert. Die apoptotischen Zellen erscheinen als *hellgrüne* Punkte, die sich zwischen den sich entwickelnden Zehen konzentrieren. (b) Der Zelltod zwischen den Zehen hat viel von dem Gewebe zwischen den sich entwickelnden Zehen entfernt. Dies erkennt man einen Tag später, wenn nur noch sehr wenige apoptotische Zellen nachgewiesen werden können. (Aus W. Word *et al.*, *Development* 127: 5245–5252, 2000. Mit Erlaubnis von The Company of Biologists).

18.2 Die Apoptose hängt von einer intrazellulären proteolytischen Kaskade ab

Apoptose wird durch eine Familie von spezialisierten intrazellulären Proteasen ausgelöst, indem sie zahlreiche, aber spezifische intrazelluläre Proteine an spezifischen Aminosäuresequenzen spalten, wodurch die während der Apoptose ablaufenden tiefgreifenden Veränderungen hervorgerufen werden. Da diese Proteasen ein Cystein im Aktiven Zentrum besitzen und ihre Zielproteine an spezifischen Asparaginsäuren schneiden, heißen sie **Caspasen** (zusammengesetzt aus **C**ystein und **Asp**araginsäure). Nicht alle Caspasen sind bei der Apoptose beteiligt: Die erste beim Menschen identifizierte Caspase (Caspase-1) hilft hauptsächlich Entzündungsreaktionen auszulösen, indem sie die Vorstufen von zwei entzündungsfördernden, extrazellulären Signalmolekülen (Cytokine, behandelt in Kapitel 24) spaltet. Die bei der Apoptose beteiligten Caspasen liegen im Cytosol fast all unserer Zellen als inaktive Vorläufer vor (oft als Procaspasen bezeichnet), die während der Apoptose aktiviert werden. Es gibt zwei Hauptklassen von apoptotischen Caspasen, die *Initiator*-Caspasen und die *Effektor*-Caspasen.

Initiator-Caspasen – wie ihr Name schon sagt – starten das Apoptoseprogramm. Bei Säugetieren sind das die *Caspase-8* und *Caspase-9*. Sie werden als inaktive, im Cytosol gelöste Monomere hergestellt, die nur aktiviert werden, wenn sich die Monomere zu Dimeren zusammenlagern. Die Dimerisierung erfolgt, wenn ein apoptotisches Signal

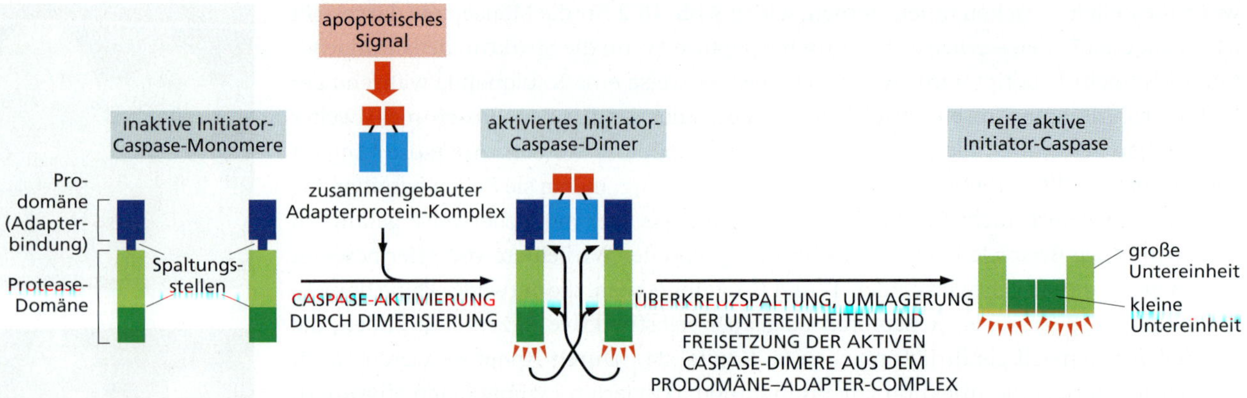

Abb. 18.3 Aktivierung einer Initiator-Caspase zu Beginn der Apoptose. Eine Initiator-Caspase enthält eine Protease-Domäne in ihrem großen carboxyterminalen Bereich und eine kleinere Adapterprotein-Bindungsprodomäne in ihrem aminoterminalen Bereich. Die Caspase wird als inaktives Monomer hergestellt, das durch Dimerisierung aktiviert wird. Die Dimerisierung und Aktivierung erfolgt nur, wenn Apoptose-Signale die Bildung spezifischer Adapterprotein-Komplexe auslösen (hier als hypothetisch einfachste Form – ein Homodimer). Jede Art von Adapter-Komplex rekrutiert dann mehrere Kopien einer Art von Initiator-Caspase-Monomer, wodurch sie dimerisieren können und dadurch aktiv werden. Im gezeigten Fall schneidet nach der Aktivierung jedes Monomer des aktivierten Caspase-Dimers seinen Dimer-Partner an bestimmten Stellen; die Spaltung in der Protease-Domäne ermöglicht es den großen und kleinen Caspase-Untereinheiten sich umzuordnen. Die Spaltung zwischen der großen Protease-Domäne und der Prodomäne setzt das reife, aktive Caspase-Dimer aus dem Prodomäne–Adapter-Komplex frei.

den Anstoß zur Zusammenlagerung eines spezifischen *Adapterprotein*-Komplexes liefert, der mehrere identische Initiator-Caspasen-Monomere zur Bildung größerer *Aktivierungskomplexe* zusammenbringt. Innerhalb dieser Komplexe lagern sich die Monomere zu Dimeren zusammen, wodurch sie aktiviert werden. Jedes Monomer im aktivierten Caspase-Dimer spaltet dann seinen Partner an einer spezifischen Stelle. Dadurch wird das reife, aktivierte Initiator-Caspase-Dimer gebildet (**Abb. 18.3**).

Die Hauptaufgabe der Initiator-Caspasen besteht darin, die **Effektor-Caspasen** zu aktivieren. Diese dirigieren das Apoptose-Programm. Bei Wirbeltieren gibt es drei Effektor-Caspasen: *Caspase-3, Caspase-6* und *Caspase-7*. Im Gegensatz zu den Initiator-Caspasen liegen sie normalerweise als inaktive lösliche Dimere vor, die durch Spaltung, die fast immer durch eine Initiator-Caspase vermittelt wird, aktiviert werden (**Abb. 18.4**). Jede Initiator-Caspase kann mehrere Moleküle einer oder mehrerer Effektor-Caspasen aktivieren, wodurch es zu einer sich verstärkenden *Caspase-Kaskade* kommt. Sind die Effektor-Caspasen erst einmal aktiviert, katalysieren sie die großflächigen Proteinspaltungsvorgänge, die für das charakteristische Absterben der Zelle verantwortlich sind und dafür sorgen, dass die Zelle von benachbarten Zellen schnell verschluckt und verdaut

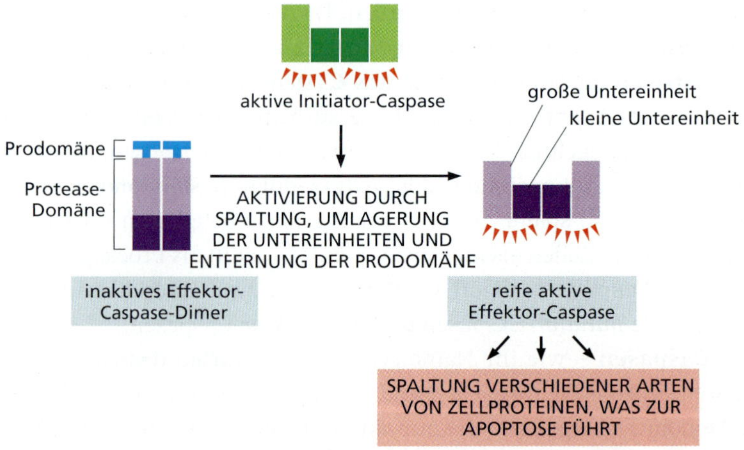

Abb. 18.4 Aktivierung einer Effektor-Caspase während der Apoptose. Effektor-Caspasen haben sehr kurze Prodomänen, denen es an Stellen für die Interaktion mit anderen Proteinen fehlt. Sie werden zunächst als inaktive Dimere gebildet, die durch Spaltung an einer Stelle in jeder Proteasedomäne fast immer durch eine Initiator-Caspase aktiviert werden. Die Spaltungen ermöglichen es den großen und kleinen Untereinheiten, sich neu anzuordnen, um zwei aktive Protease-stellen zu bilden, von denen jede dann die Prodomäne ihres Partnermonomers abspaltet, um die reife, aktive Effektor-Caspase wie gezeigt zu bilden. Die reife aktivierte Caspase spaltet dann eine Vielzahl von Zielproteinen, was zum kontrollierten apoptotischen Tod der Zelle führt.

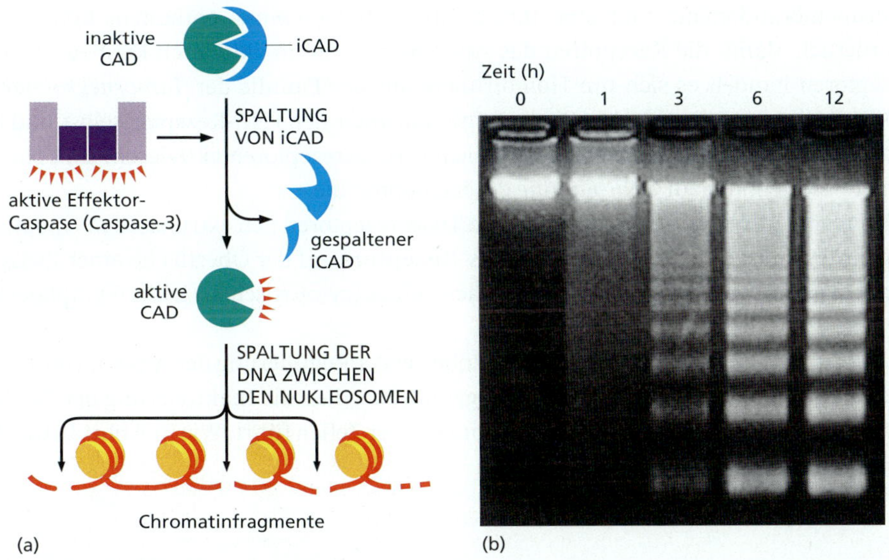

Abb. 18.5 DNA-Fragmentierung während der Apoptose. (a) In gesunden Zellen wird eine Caspase-aktivierte DNase (CAD) durch ein Inhibitorprotein, das man iCAD nennt, in einem inaktiven Zustand gehalten. Die Aktivierung der Effektor-Caspase Caspase-3 während der Apoptose führt zur Spaltung von iCAD, wodurch die aktive DNase freigesetzt wird, um die chromosomale DNA zwischen den Nukleosomen zu schneiden. (b) Da die DNA-Spaltung nur an zugänglichen Stellen in Linker-Regionen zwischen Nukleosomen erfolgt, wird die DNA in Fragmente unterschiedlicher Größe geschnitten, die entweder mit einem oder mehreren Nukleosomen assoziiert sind (wie in A gezeigt), was bei der DNA-Gelelektrophorese zu einem Strickleitermuster führt. Das gezeigte Muster wurde durch Auslösen der Apoptose in Thymus-Lymphocyten der Maus mit Dexamethason hervorgerufen. Die DNA wurde zu den über dem Gel angegebenen Zeiten extrahiert, die Fragmente nach Größe mittels Elektrophorese in einem Agarosegel aufgetrennt und die DNA im Gel mit Ethidiumbromid angefärbt. (b, aus D. McIlroy *et al., Genes Dev.* 14: 549–558, 2000. Mit freundlicher Genehmigung der Cold Spring Harbor Laboratory Press).

wird. Die durch Caspasen ausgelöste proteolytische Kaskade ist nicht nur selbstverstärkend, sondern auch unumkehrbar, sodass eine Zelle, sobald sie den Weg zur Selbstzerstörung eingeschlagen hat, nicht mehr zurück kann.

Effektor-Caspasen spalten während der Apoptose Hunderte verschiedener Zellproteine, aber die Rollen dieser Zielproteine in der Apoptose sind nur in den wenigsten Fällen bekannt, von denen wir hier einige erwähnen. Die Spaltung von Kernlaminen durch Caspase-6 zum Beispiel führt zum irreversiblen Abbau der Kernlamina (wird in Kapitel 12 behandelt). Die Spaltung eines Inhibitorproteins durch Caspase-3, das normalerweise eine bestimmte DNA-abbauende Endonuklease in einer inaktiven Form hält, setzt die Endonuklease frei, um die DNA im Zellkern während der Apoptose zu zerschneiden (**Abb. 18.5**). Die Abspaltung bestimmter Proteine, die das Aktin-Cytoskelett regulieren, führt zur Aktinpolymerisation in der Zellrinde, die für die bereits erwähnte Bläschenbildung an der Oberfläche in der Apoptose verantwortlich ist. Die Abspaltung von anderen Aktinregulatoren und einigen Zell–Zell-Adhäsionsproteinen, die Zellen mit ihren Nachbarn verbinden, hilft einer apoptotischen Zelle, sich abzurunden und von ihren Nachbarn abzulösen. Dadurch wird es für eine benachbarte Zelle leichter, sie zu verschlingen. Wie wir später erläutern werden, führt die Spaltung von zwei Phospholipid-Transferproteinen in der Plasmamembran zur Präsentation von Phosphatidylserin auf der Oberfläche apoptotischer Zellen, wo es als „Friss mich"-Signal für benachbarte phagocytierende Zellen dient. Wichtig ist, dass die Verhinderung eines dieser einzelnen proteinspaltenden Schritte den apoptotischen Zelltod nicht aufhält, auch wenn sich dadurch die zu erwartenden Eigenschaften der Zellen in jedem Fall verändern.

Wie aktiviert das apoptotische Signal die Initiator-Caspase zu Beginn? Menschliche Zellen verwenden zwei Hauptaktivierungswege: Einer wird von außerhalb der Zelle ausgelöst und als *extrinsischer Weg* bezeichnet und der andere wird von Mitochondrien innerhalb der Zelle ausgelöst und wird als *intrinsischer* oder *mitochondrialer* Weg bezeichnet. Jeder verwendet seine eigenen Initiator-Caspasen und seine eigenen Adapterproteine, was wir nun besprechen wollen.

18.3 Die Aktivierung von Todesrezeptoren setzt den extrinsischen Apoptoseweg in Gang

Extrazelluläre Signalproteine, die an die **Todesrezeptoren** auf der Zelloberfläche binden, lösen den **extrinsischen Weg** der Apoptose aus. Todesrezeptoren sind Transmembranproteine, die eine extrazelluläre ligandenbindende Domäne, eine einzelne

Transmembrandomäne und eine intrazelluläre *Todesdomäne* enthalten; Letztere ist erforderlich, damit die Rezeptoren das Apoptoseprogramm aktivieren können. Bei den Rezeptoren handelt es sich um Homotrimere aus der Familie der *Tumornekrosefaktor (TNF)-Rezeptoren*, die acht Mitglieder zählt, darunter der TNF-Rezeptor selbst und der Todesrezeptor *Fas*. Auch die Liganden, die die Todesrezeptoren aktivieren, sind Homotrimere; sie gehören zur *TNF-Familie* der Signalproteine.

Ein recht gut verstandenes Beispiel, wie Todesrezeptoren den extrinsischen Apoptoseweg auslösen, ist die Aktivierung des **Fas-Rezeptors** auf der Oberfläche einer Zielzelle durch den **Fas-Liganden** auf der Oberfläche eines (cytotoxischen) Killer-Lymphocyten (ist Thema in Kapitel 24).

Die Fas-Signalübertragung spielt eine Rolle bei der Regulierung der Anzahl von T- und B-Lymphozyten, was auf der Tatsache begründet ist, dass die Inaktivierung der Fas-Signalübertragung zu einer abnormen Zunahme dieser Zellen führt. Wie in **Abbildung 18.6**

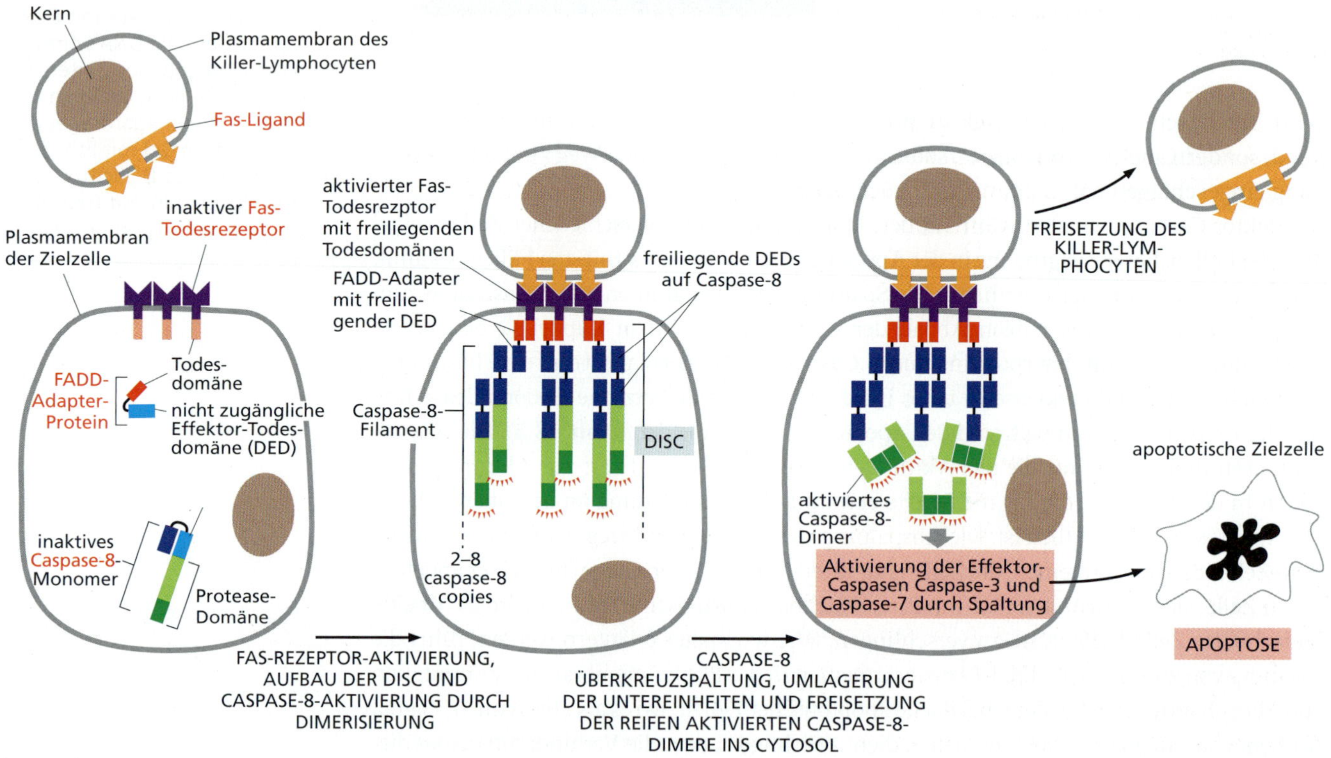

Abb. 18.6 Aktivierung des extrinsischen Wegs der Apoptose durch Fas-Todesrezeptoren. Trimere Fas-Liganden auf der Oberfläche eines Killer-Lymphocyten binden an trimere Fas-Todesrezeptoren auf der Oberfläche einer Zielzelle, wodurch die Zielzelle dazu gebracht wird, sich selbst über den extrinsischen Weg der Apoptose zu töten. Obwohl nicht dargestellt, müssen mindestens zwei trimere Fas-Liganden an mindestens zwei trimere Fas-Rezeptoren binden und diese zusammenbringen, um diesen Weg zu aktivieren. Aus Gründen der Übersichtlichkeit ist jeweils nur ein Exemplar von Ligand und Rezeptor dargestellt. Die durch den Liganden induzierte Ansammlung von Rezeptoren (nicht gezeigt) legt eine *Todesdomäne* an den Rezeptorschwänzen frei, was hier durch die Änderung der Farbe der Domäne von *hellrot* zu *dunkelrot* angezeigt wird. Jede exponierte Todesdomäne bindet an eine ähnlich exponierte Todesdomäne auf dem cytosolischen Adapterprotein FADD (*Fas-assozierte Todesdomäne*, engl. *Fas-associated death domain*). Das gebundene FADD-Protein legt dann eine *Effektor-Todesdomäne* (DED, engl. *death effector domain*, *dunkelblau*) frei und ermöglicht FADD eine inaktive, monomere Initiator-Caspase (hauptsächlich Caspase-8) durch Bindung an eine freiliegende DED (*dunkelblau*) auf der Prodomäne der Caspase zu rekrutieren. Jedes Caspase-8-Monomer hat zwei DEDs. Wenn eine davon an eine freiliegende DED bindet, wird die andere DED freigelegt (hier an der Änderung der Farbe der DED von *hellblau* zu *dunkelblau* zu erkennen) und kann ein anderes Caspase-8-Monomer rekrutieren; dies führt zu einer Kettenreaktion, bei der die Caspase-8-Monomere zu einem dreidimensionalen spiralförmigen Filament oligomerisieren (nicht dargestellt), wobei jedes FADD-Protein an bis zu acht Caspase-8-Moleküle gebunden ist. Das Endergebnis ist der Aufbau eines großen, den Tod-auslösenden Signalisierungskomplexes (DISC, engl. *death-inducing signaling complex*), der aus mehreren Kopien von Fas, FADD und Caspase-8 besteht. Innerhalb des DISC interagieren benachbarte Caspase-8 Monomere, um aktivierte Dimere zu bilden, die nun gegenseitig ihre Partnermonomere spalten können (nicht gezeigt, aber s. **Abb. 18.3**), was zur Abspaltung der Prodomäne und Bildung der reifen aktivierten Dimeren führt, die in das Cytosol freigesetzt werden, wo sie Effektor-Caspasen spalten und aktivieren können, um die Apoptose einzuleiten. In menschlichen Zellen kann auch die Initiator-Caspase Caspase-10 in DISC eingebaut werden, aber im Gegensatz zu Caspase-8 ist sie für die Fas-induzierte Apoptose nicht entscheidend.

dargestellt, führt die Bindung trimerer Fas-Liganden an die trimeren Fas-Rezeptoren zu einer Ansammlung von Rezeptoren, wobei Todesdomänen an den Rezeptorschwänzen freigelegt werden, die dann ein kleines intrazelluläres Adapterprotein namens *FADD* binden und anhäufen. Die angehäuften FADD-Proteine wiederum rekrutieren mehrere Moleküle einer inaktiven, monomeren Initiator-Caspase (hauptsächlich Caspase-8), die oligomerisieren und die Bildung eines großen **Tod-induzierenden Signalkomplexes** (**DISC**, engl. *death-inducing signaling complex*) an der cytoplasmatischen Seite der Plasmamembran der Zielzelle ermöglichen. Die Oligomerisierung von Caspase-8 ermöglicht deren Dimerisierung und Aktivierung, wodurch diese selbst spaltet, um reife, aktive Caspase-8-Dimere zu bilden, welche ihrerseits nachgeschaltete Effektor-Caspasen spalten und aktivieren können, um die Apoptose einzuleiten.

Die Empfindlichkeit der verschiedenen Zellarten für die Fas-induzierte Apoptose ist unterschiedlich. Viele Zellen produzieren hemmende Proteine, die den extrinsischen Apoptoseweg in Schach halten. Einige Zellen produzieren zum Beispiel ein Protein namens *FLIP*, das der Caspase-8 ähnelt, aber keine Proteaseaktivität besitzt, weil ihm das Schlüsselcystein im Aktiven Zentrum fehlt. FLIP dimerisiert mit Caspase-8 im DISC und hindert sie daran, die Effektor-Caspasen zu aktivieren, um die Apoptose einzuleiten. Auf diese Weise bildet FLIP eine Barriere, die der durch aktivierte Caspase-8 vermittelte extrinsische Weg überwinden muss, um die Apoptose auszulösen. Wie wir später erörtern, muss noch ein anderer Caspase-Inhibitor überwunden werden, damit der extrinsische Weg einige Zellarten abtöten kann. Dies geschieht durch die Rekrutierung des intrinsischen Apoptoseweges – den werden wir jetzt besprechen.

18.4 Der intrinsische Weg der Apoptose hängt von Mitochondrienproteinen ab

Zellen können ihr Apoptoseprogramm auch innerhalb der Zelle aktivieren, oft als Antwort auf Entwicklungssignale oder auf Verletzungen, wie z. B. einen DNA-Schaden. In Wirbeltierzellen werden diese Apoptose-Reaktionen durch den **intrinsischen Apoptoseweg** vermittelt, der auch als **mitochondrialer Apoptoseweg** bezeichnet wird, da er von der Freisetzung von Mitochondrienproteinen, die normalerweise im Intermembranraum dieser Organellen sitzen (s. **Abb. 12.47**), ins Cytosol abhängt. Bei dem wichtigsten dieser freigesetzten Proteine handelt es sich um **Cytochrom *c***: ein wasserlöslicher Bestandteil der Elektronentransportkette in Mitochondrien, der daher eine zentrale Rolle bei der ATP-Synthese durch oxiative Phosphorylierung in Mitochondrien spielt (s. **Abb. 14.18**). Wenn Cytochrom *c* ins Cytosol freigesetzt wird (**Abb. 18.7**), übernimmt es allerdings eine völlig neue Funktion: Es kann die Apoptose initiieren, unabhängig von seiner Elektronentransportaktivität. Es ist übrigens nach wie vor ein Rätsel, wie Mitochondrien und Cytochrom *c* dazu kamen, diese wichtige Rolle in der Apoptose zu übernehmen.

Cytochrom *c* – wenn es erst einmal ins Cytosol freigesetzt wurde – bindet an ein Adapterprotein namens ***Apaf1*** (*apoptotischer proteaseaktivierender Faktor-1*), wodurch es das Adapterprotein dazu bringt, an Desoxy-ATP zu binden und zu einem großen, Rad-ähnlichen Heptamer zu oligomerisieren. Das Heptamer rekrutiert dann inaktive Initiator-Caspase-9-Monomere zu dem Komplex, wodurch eine noch größere Struktur gebildet wird, die man **Apoptosom** nennt (**Abb. 18.8**). Caspase-9-Proteine werden durch Dimerisierung innerhalb des Apoptosoms aktiviert, genau wie die andere Haupt-Initiator-Caspase Caspase-8 durch Dimerisierung im DISC aktiviert wird (s. **Abb. 18.6**). Aktivierte Caspase-9 spaltet und aktiviert dadurch nachgelagerte Effektor-Caspasen, die die Apoptose auslösen.

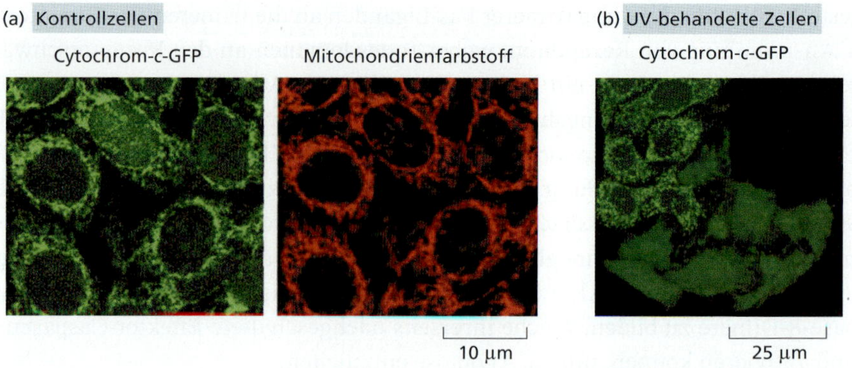

Abb. 18.7 Freisetzung von Cytochrom *c* aus Mitochondrien ins Cytosol im intrinsischen Apoptoseweg. Diese fluoreszenzmikroskopischen Aufnahmen zeigen menschliche Krebszellen in Kultur. Die Zellen wurden mit einem Gen transfiziert, das für ein Fusionsprotein aus Cytochrom *c* verknüpft mit grün fluoreszierendem Protein (Cytochrom *c*-GFP) codiert, und zusätzlich mit einem roten Farbstoff behandelt, der sich in Mitochondrien anreichert. (a) Unstimulierte Kontrollzellen: die überlappende Verteilung von *Grün* und *Rot* bestätigt, dass das Cytochrom *c*-GFP in den Mitochondrien lokalisiert ist. (b) Die Zellen wurden mit ultraviolettem (UV) Licht bestrahlt, um den intrinsischen Weg der Apoptose zu induzieren, und wurden 5 Stunden später fotografiert. Die sieben Zellen *unten rechts* in dieser Aufnahme haben ihr Cytochrom *c* aus den Mitochondrien in das Cytosol freigesetzt, wohingegen die anderen Zellen, die in der Abbildung zu sehen sind, dies noch nicht getan haben. (Aus J. C. Goldstein *et al., Nat. Cell Biol.* 2: 156–162, veröffentlicht 2000 von der Nature Publishing Group. Mit Genehmigung von Springer Nature).

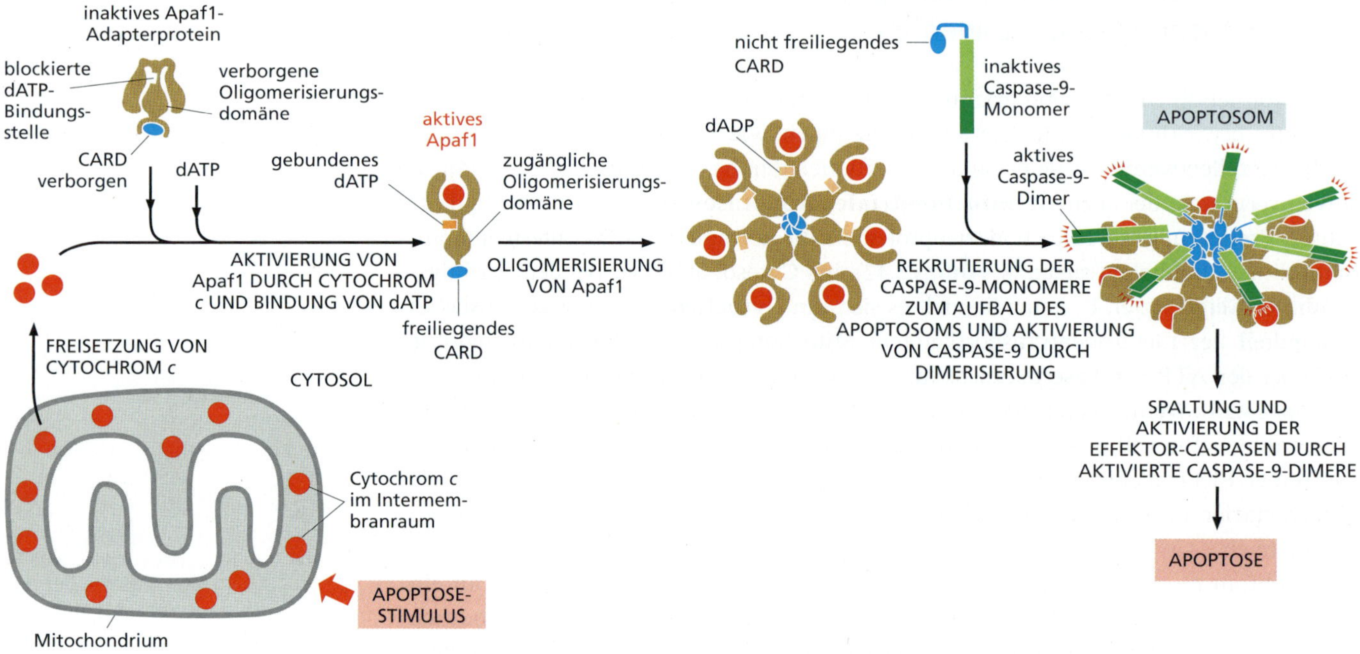

Abb. 18.8 Der intrinsische Weg der Apoptose. Aufgrund intrazellulärer apoptotischer Reize schütten die Mitochondrien Cytochrom *c* aus. Die Bindung von Cytochrom *c* an das cytosolische Adapterprotein Apaf1 führt zu einer Konformationsänderung bei Apaf1, die es aktiviert und eine Bindungsstelle für Desoxy-ATP (dATP), eine Oligomerisierungsdomäne und eine Caspase-Rekrutierungsdomäne (CARD) freilegt. Die exponierte Oligomerisierungsdomäne vermittelt den Zusammenbau von Apaf1 zu einem radförmigen Heptamer. Jede CARD im Heptamer rekrutiert dann ein inaktives Caspase-9-Monomer über dessen CARD und bildet ein großes Apoptosom, wobei die interagierenden CARDs über der zentralen Radnabe des Apoptosoms gruppiert sind. Das dATP wird während des Zusammenbaus zu dADP hydrolysiert. Innerhalb des Apoptosoms werden die Caspase-9-Monomere durch Dimerisierung aktiviert. Aktivierte Caspase-9-Dimere spalten und aktivieren dann nachgeschaltete Effektor-Caspasen, was zur Apoptose führt. Man beachte, dass die CARD-Domäne in Struktur und Funktion mit der Effektor-Todesdomäne (DED) von Caspase-8 verwandt ist (s. Abb. 18.6).

Der intrinsische Apoptoseweg ist für den größten Teil der apoptotischen Zelltode in Wirbeltieren verantwortlich. Damit vorgeschaltete Signale den intrinsischen Apoptoseweg anschalten können, müssen sie die äußere Mitochondrienmembran verändern, sodass lösliche Proteine wie Cytochrom *c* aus dem Intermembranraum ins Cytosol diffundieren können. Dieser ausschlaggebende Schritt der Permeabilisierung der äußeren Membran wird durch Wechselwirkungen zwischen Mitgliedern der *Bcl2-Proteinfamilie* kontrolliert, was wir uns als Nächstes anschauen wollen.

18.5 Bcl2-Proteine kontrollieren den intrinsischen Weg der Apoptose

Der intrinsische Apoptoseweg ist streng reguliert, um sicherzustellen, dass Zellen sich nur dann selbst töten, wenn es angebracht ist. Diese Regulierung beruht größtenteils auf der Funktion der **Bcl2-Proteinfamilie**, die nach dem ersten beschriebenen Familienmitglied (B-Zell-Lymphom-2, engl. *B cell lymphoma-2*) benannt wurde, worauf wir später zurückkommen. Bei Säugerzellen kontrollieren komplexe Wechselwirkungen zwischen diesen Proteinen die Permeabilisierung der äußeren Mitochondrienmembran und steuern daher die Freisetzung von Cytochrom *c* und anderen löslichen Proteinen des Membranzwischenraums ins Cytosol. Diesen Prozess nennt man **Permeabilisierung der äußeren Mitochondrienmembran** (**MOMP**, engl. *mitochondrial outer membran permeabilization*). Wie die Caspase-Familie findet man auch die Bcl2-Proteinfamilie in allen tierischen Zellen. Außerdem sind sie bemerkenswert konserviert: Ein menschliches Bcl2-Protein z. B. kann, wenn es in dem Wurm *Caenorhabditis elegans* exprimiert wird, die Apoptose unterdrücken.

Es gibt drei strukturelle und funktionale Klassen von Proteinen aus der Bcl2-Familie bei Säugetieren: 1. *Antiapoptotische Proteine der Bcl2-Familie*, darunter Bcl2 selbst, hemmen die Apoptose, indem sie MOMP verhindern. 2. *Proapoptotische Effektoren der Bcl2-Familie* können direkt MOMP induzieren, indem sie Öffnungen in der äußeren Mitochondrienmembran schaffen. 3. Eine zweite Klasse proapoptotischer Proteine der Bcl2-Familie, die man *BH3-only-Proteine* (aus Gründen, die später erklärt werden) nennt, fördert die Apoptose, indem sie die beiden anderen Klassen steuert. Das Gleichgewicht zwischen den Aktivitäten dieser drei Klassen bestimmt im Wesentlichen, ob es zu MOMP kommt oder nicht und somit, ob eine Säugerzelle lebt oder durch den intrinsischen Apoptoseweg stirbt.

Wie in **Abbildung 18.9** veranschaulicht, haben die antiapoptotischen Proteine der Bcl2-Familie, darunter Bcl2 selbst und *Bcl extra-large* (*BclxL*), vier charakteristische *Bcl2-Homologie (BH)-Domänen* (BH1–4) gemeinsam. Die beiden Haupteffektoren der proapoptotischen Bcl2-Familie *Bak* und *Bax* ähneln strukturell dem Bcl2, ihnen fehlt aber die BH4-Domäne. Die Mitglieder der zweiten Klasse der proapoptotischen Proteine der Bcl2-Familie zeigen nur in der BH3-Domäne eine Sequenzhomologie zu Bcl2 und werden deshalb *BH3-only-Proteine* genannt. Sie sind bei weitem die größte Klasse von Bcl2-Proteinen.

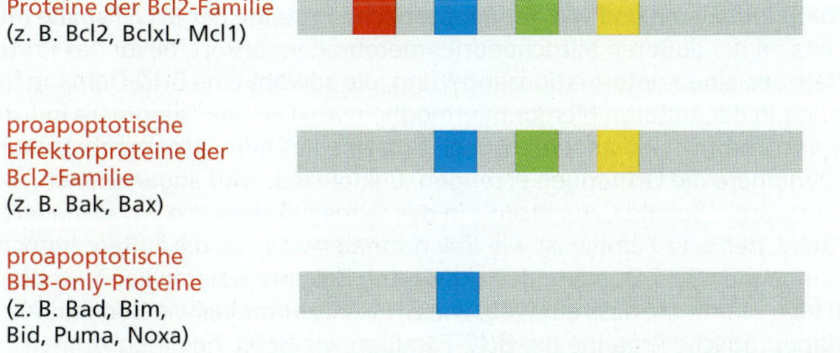

Abb. 18.9 Schematische Darstellung der BH-Domänen bei den drei Klassen der Proteine der Bcl2-Familie. Man beachte, dass die BH3-Domäne die einzige der vier BH-Domänen ist, die allen Mitgliedern der Bcl2-Familie gemeinsam ist; sie vermittelt die direkten Wechselwirkungen zwischen proapoptotischen und antiapoptotischen Familienmitgliedern (s. **Abb. 18.10c und d**).

Wenn ein Apoptosestimulus den intrinsischen Weg auslöst, werden die **proapoptotischen Effektorproteine** der **Bcl2-Familie Bak** und **Bax** aktiviert und diese leiten MOMP ein, indem sie sich zu Oligomeren verschiedener Größen in der äußeren Mitochondrienmembran zusammenlagern; dies erzeugt über einen unbekannten Mechanismus Öffnungen in der Membran, wodurch Cytochrom *c* und andere Intermembranproteine ins Cytosol entkommen können (**Abb. 18.10a** und **Abb. 18.10b**). Mindestens einer dieser proapoptotischen Effektoren ist erforderlich, damit der intrinsische Apoptoseweg in Säugerzellen funktioniert: Mutierte Mauszellen, denen beide Proteine fehlen, durchlaufen keine MOMP und beteiligen sich auch nicht am intrinsischen Apoptoseweg. Während Bak sogar in Abwesenheit eines apoptotischen Signals an die äußere Mitochondrienmembran gebunden ist (s. **Abb. 18.10a und b**), sitzt Bax hauptsächlich im Cytosol und verlagert sich erst dann zu der äußeren Mitochondrienmembran, nachdem es von einem Apoptosesignal aktiviert wurde. Wie wir weiter unten besprechen, hängt die Aktivierung von Bak und Bax in der Regel von aktivierten BH3-only-Proteinen ab.

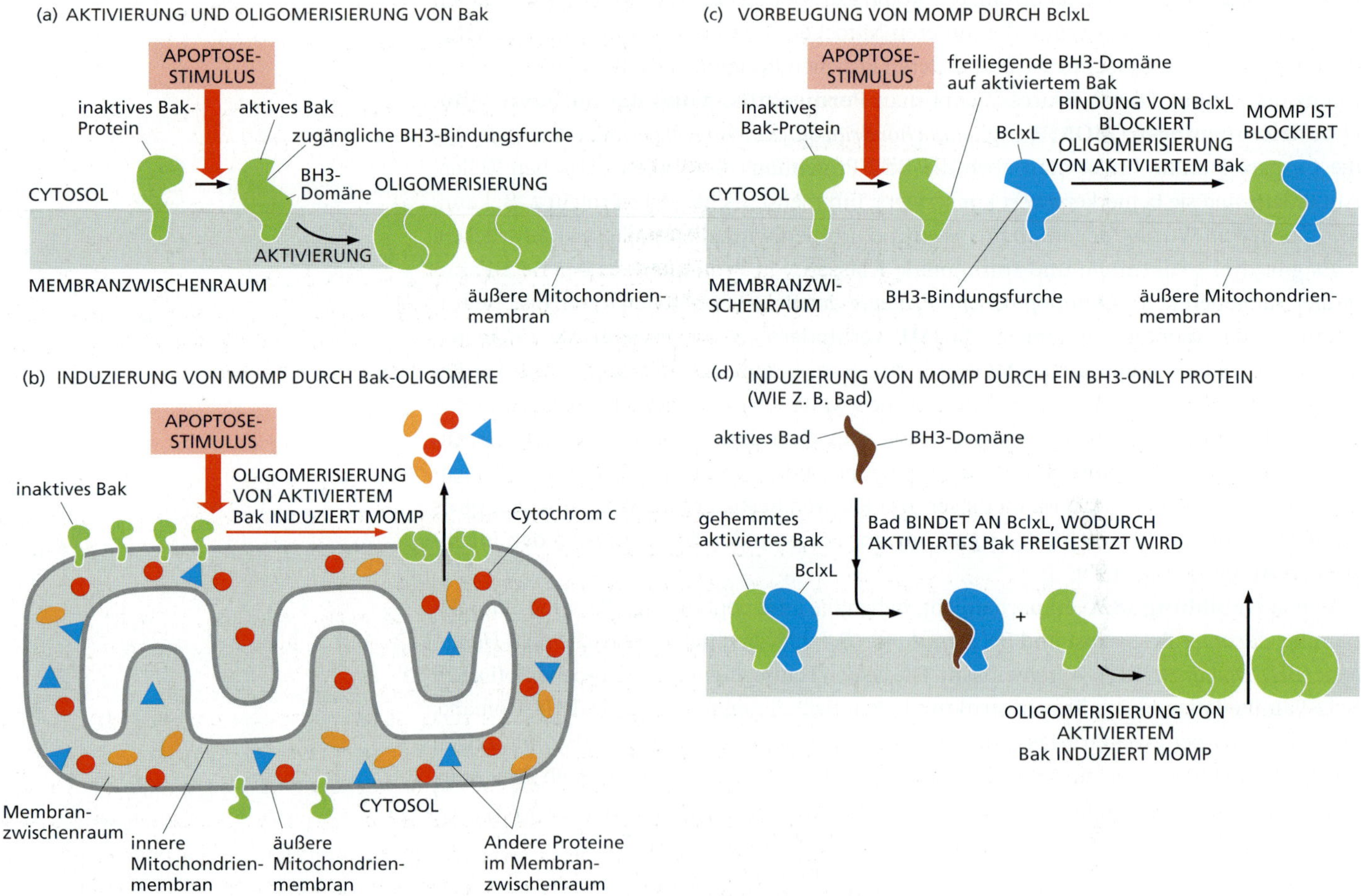

Abb. 18.10 Wie proapoptotische Effektoren der Bcl2-Familie MOMP induzieren und wie antiapoptotische Proteine der Bcl2-Familie MOMP blockieren. (a) Der größte Teil des proapoptotischen Effektors Bak ist bereits an der äußeren Mitochondrienmembran verankert, bevor das Protein aktiviert wird. Wird das Protein durch einen Apoptosestimulus aktiviert, erfährt es eine Konformationsänderung, die sowohl eine BH3-Domäne freilegt als auch eine BH3-Bindungsfurche schafft, die eine Bak–Bak-Oligomerisierung in der äußeren Membran ermöglicht. (b) Die Bak-Oligomere induzieren MOMP, indem sie Öffnungen in der äußeren Membran schaffen, durch die Cytochrom *c* und andere lösliche Proteine aus dem Intermembranraum in das Cytosol diffundieren können. Obwohl die Details, wie Bak- (und Bax-) Oligomere die Öffnungen erzeugen, unklar sind, wird angenommen, dass sie große Ringstrukturen bilden, die die Unversehrtheit der äußeren Membran stören. Sobald Cytochrom *c* in das Cytosol freigesetzt ist, stimuliert es die Bildung von Apoptosomen (s. **Abb. 18.8**). (c) Das antiapoptotische Protein BclxL der Bcl2-Familie ist wie Bak normalerweise an die äußere Mitochondrienmembran gebunden, wo es über seine BH3-Bindungsfurche mit der freiliegenden BH3-Domäne des aktivierten Bak interagieren kann, wodurch die Bak–Bak-Oligomerisierung, MOMP und die Apoptose blockiert wird. (d) Man nimmt an, dass ein Weg, wie BH3-only-Proteine wie Bad indirekt MOMP und die Apoptose auslösen können, darin besteht, dass sie bestimmte antiapoptotische Proteine der Bcl2-Familien wie BclxL hemmen können.

Auch die **antiapoptotischen Proteine der Bcl2-Familie** wie **Bcl2** selbst und **BclxL** sitzen auf der cytosolischen Oberfläche der äußeren Mitochondrienmembran, wo sie mithelfen, eine unangebrachte MOMP zu verhindern. Dies erreichen sie dadurch, dass sie an die BH3-Domäne der aktivierten proapoptotischen Effektoren Bak und Bax binden, wodurch sie deren Oligomerisierung verhindern (**Abb. 18.10c**). Es gibt bei Säugetieren mindestens fünf antiapoptotische Proteine in der Bcl2-Familie, und jede Säugerzelle benötigt zumindest eines, um die Apoptose zu vermeiden und somit zu überleben. Zudem muss eine Vielzahl dieser antiapoptotischen Proteine gehemmt werden, damit der intrinsische Weg die Apoptose einleiten kann; die BH3-only-Proteine vermitteln diese Hemmung.

Die **BH3-only-Proteine** – die größte Subklasse der Proteine der Bcl2-Familie – fördern MOMP und damit auch die Apoptose, wenn sie als Reaktion auf einen Apoptosestimulus in Zellen entweder produziert oder aktiviert werden. Diese Aufgabe können sie auf mindestens zwei Arten ausführen. 1. Einige BH3-only-Proteine, darunter Bad (s. **Abb. 18.9**), hemmen bestimmte antiapoptotische Proteine der Bcl2-Familie, indem sie über ihre BH3-Domäne an die BH3-Bindungsfurche auf dem antiapoptotischen Protein binden. Diese Bindung blockiert die antiapoptotische Aktivität des Proteins der Bcl2-Familie und ermöglicht so die Oligomerisierung von Bax und/oder Bak in der äußeren Mitochondrienmembran, um MOMP auszulösen (**Abb. 18.10d**). 2. Einige BH3-only-Proteine, darunter Bim und Bid (s. **Abb. 18.9**), können direkt an Bak und Bax binden und diese aktivieren, wodurch sie zur Oligomerisierung angeregt werden und MOMP auslösen.

Auf diese Weise stellen die BH3-only-Proteine das entscheidende Bindeglied zwischen apoptotischen Stimuli und dem intrinsischen Weg der Apoptose dar, wobei verschiedene Stimuli die Produktion verschiedener BH3-only-Proteine aktivieren oder induzieren. Wenn eine Zelle beispielsweise einen DNA-Schaden erleidet, den sie nicht reparieren kann, reichert sich das Tumorsuppressorprotein p53 (das in den Kapiteln 17 und 20 behandelt wird) im Zellkern an und aktiviert die Transkription von Genen, die für die BH3-only-Proteine *Puma* und *Noxa* codieren (s. **Abb. 18.9**), die dann MOMP und Apoptose auslösen, wodurch eine potenziell gefährliche Zelle, die zu einer Krebszelle werden könnte, eliminiert wird. Wie wir sehen werden, fördern einige extrazelluläre Überlebenssignale das Überleben einer Zelle, indem sie sie daran hindern, sich der Apoptose zu unterziehen. Das Verhindern der Apoptose erreichen sie dadurch, dass sie die Synthese oder Aktivität bestimmter BH3-only-Proteine hemmen (s. **Abb. 18.13b**).

Wie bereits erwähnt, rekrutiert der extrinsische Apoptoseweg in manchen Zellen den intrinsischen Weg, um bei der Tötung der Zelle zu helfen. Das BH3-only-Protein *Bid* verbindet die beiden Wege. Bid liegt normalerweise in diesen Zellen inaktiv vor. Wenn jedoch Todesrezeptoren (s. **Abb. 18.6**) den extrinsischen Weg aktivieren, dann schneidet die Initiator-Caspase (Caspase-8) Bid und erzeugt dadurch eine aktive Form von Bid, die sich zur äußeren Mitochondrienmembran verlagert, wo sie Bax und/oder Bak aktiviert, was diese zur Oligomerisierung und zum Auslösen von MOMP bewegt. MOMP ist für aktivierte Todesrezeptoren zur Tötung dieser Zellen erforderlich, weil sie Proteine aus dem mitochondrialen Intermembranraum freisetzt, die ein hemmendes Protein neutralisieren, das im Cytosol dieser Zellen vorhanden ist und normalerweise die Apoptose blockiert, was wir als Nächstes erklären.

18.6 IAP und Anti-IAPs kontrollieren die Caspasenaktivierung

Aufgrund der Tatsache, dass die Aktivierung der Caspase-Kaskade unweigerlich zum Tod führt, schützt sich die Zelle durch mehrere wirkungsvolle Mechanismen, die sicherstellen, dass diese Proteasen nur aktiviert werden, wenn es notwendig ist. Die Hemmung

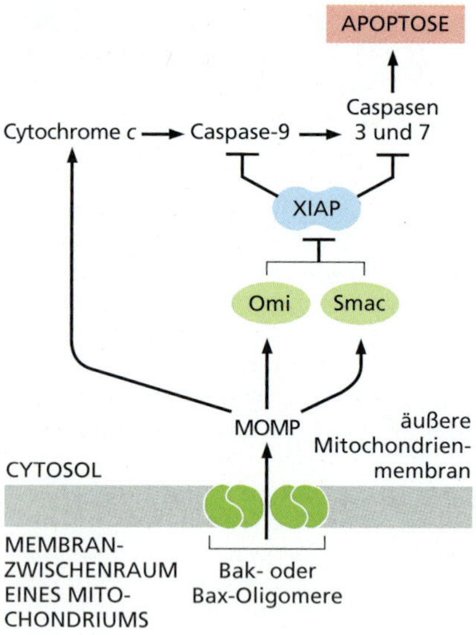

Abb. 18.11 Wie MOMP die Hemmung von XIAP überwindet. In einigen Säugerzellen hemmt das Vorhandensein von XIAP im Cytosol die Initiator-Caspase-9 und die Effektor-Caspasen Caspase-3 und Caspase-7; XIAP bindet an das aktive Zentrum der drei Enzyme und blockiert ihre Aktivitäten. Doch MOMP setzt nicht nur Cytochrom *c* frei, sondern auch zwei Anti-IAP-Proteine, Smac und Omi, die die Anti-Caspase-Aktivität von XIAP hemmen und dadurch die Aktivierung dieser Caspasen im Cytosol während des intrinsischen Weges der Apoptose ermöglichen (s. **Abb. 18.8**).

von Caspase-8 durch das FLIP-Protein im extrinsischen apoptotischen Signalweg ist ein Beispiel, das bereits erwähnt wurde (s. **Abschnitt 18.3**).

Eine weitere Verteidigungslinie gegen eine unangemessene Caspasenaktivierung wird durch Caspase-Inhibitorproteine, den sogenannten **Apoptosehemmern** (**IAPs**, engl. *inhibitors of apoptosis*), aufgebaut. Diese Proteine wurden zuerst in bestimmten Insektenviren (Baculoviren) identifiziert, die für IAP-Proteine codieren, die verhindern, dass eine mit dem Virus infizierte Wirtszelle Caspasen aktiviert und sich selbst mithilfe der Apoptose tötet: Das würde die Replikation des Virus drosseln. Die meisten tierischen Zellen stellen ebenfalls IAP-Proteine her, obwohl die meisten dieser Proteine nicht die Caspasen und die Apoptose regulieren.

In Säugetierzellen scheint es nur ein IAP zu geben, das die Caspase-Aktivität direkt hemmen kann. Es wird **XIAP** genannt (weil es auf dem X-Chromosom codiert ist) und befindet sich im Cytosol vieler unserer Zellen. Es bindet und hemmt Caspase-9, eine Initiator-Caspase, und die Effektor-Caspasen, Caspase-3 und Caspase-7. Dadurch wird eine Hemmschwelle gesetzt, die diese Caspasen überwinden müssen, um die Apoptose auszulösen. In diesen Zellen trägt XIAP auch dazu bei, den Gehalt der drei Caspaseproteine zu regulieren: Es verfügt über eine Ubiquitin-Ligase-Domäne, die die Caspasen, an die XIAP bindet, polyubiquityliert und sie für den Abbau durch Proteasomen markiert (s. **Abb. 3.67**).

Wenn der intrinsische Weg der Apoptose aktiviert wird, sind unter den Proteinen, die durch MOMP aus dem mitochondrialen Intermembranraum freigesetzt werden, zwei **Anti-IAP-Proteine** namens *Smac* und *Omi*. In Zellen, die XIAP in ihrem Cytosol haben, binden diese Anti-IAP-Proteine an XIAP und verhindern, dass es Caspasen hemmt. Dadurch wird die Caspasenaktivierung und Apoptose gefördert (**Abb. 18.11**). Aus diesem Grund muss der extrinsische Apoptoseweg den intrinsischen Weg rekrutieren (unter Beteiligung von MOMP und den Caspasen Caspase-9, Caspase-3 und Caspase-7), um die Apoptose, wie bereits erwähnt, in einigen Zellen auszulösen. Dies sind Zellen, die XIAP in ihrem Cytosol exprimieren.

18.7 Extrazelluläre Überlebensfaktoren hemmen die Apoptose

Wie in Kapitel 15 und 21 besprochen wird, regulieren extrazelluläre Signale die meisten Aktivitäten tierischer Zellen, einschließlich der Apoptose. Sie sind Teil der normalen „sozialen" Kontrollen, die gewährleisten, dass sich Zellen zum Wohle des Organismus als Ganzes verhalten – in diesem Fall überleben, wenn sie gebraucht werden, und sich selbst töten, wenn dies nicht zutrifft. Manche extrazellulären Signalmoleküle stimulieren die Apoptose, während andere sie hemmen. Wir haben Signalproteine wie z. B. den Fas-Liganden besprochen, die die Todesrezeptoren aktivieren und dabei den extrinsischen Apoptoseweg auslösen. Andere extrazelluläre Signalmoleküle, die die Apoptose stimulieren, sind besonders während der Entwicklung der Wirbeltiere wichtig: Ein Anstieg des Schilddrüsenhormons in der Blutbahn signalisiert z. B. den Zellen im Schwanz der Kaulquappe, sich während der Metamorphose der Apoptose zu unterwerfen. Bei Mäusen regen lokal gebildete Signalproteine die Zellen zwischen den sich entwickelnden Fingern und Zehen dazu an, sich selbst zu töten, wodurch diese Finger geformt werden (s. **Abb. 18.2**). Hier konzentrieren wir uns jedoch auf extrazelluläre Signalmoleküle, die das Zellüberleben durch Hemmung der Apoptose fördern und die zusammengefasst als **Überlebensfaktoren** bezeichnet werden.

Die meisten tierischen Zellen benötigen solche Signale von anderen Zellen, um der Apoptose – in der Regel durch den intrinsischen Weg – zu entgehen. Diese überraschende Regelung gewährleistet offensichtlich, dass Zellen nur dann überleben,

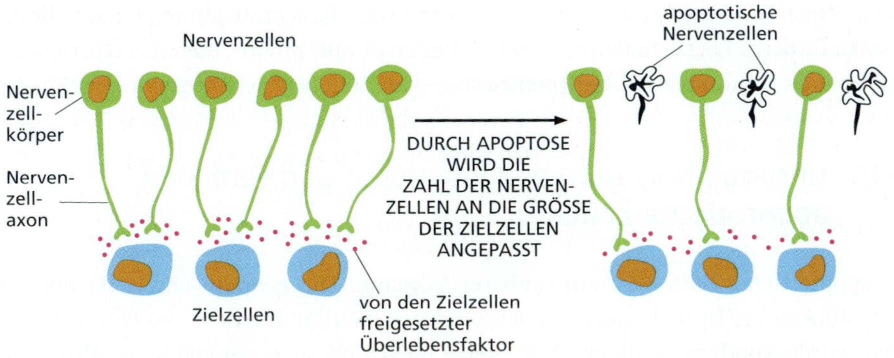

Abb. 18.12 Die Rolle der Überlebensfaktoren und der Apoptose bei der zahlenmäßigen Anpassung sich entwickelnder Nervenzellen an die Größe des Zielgewebes, das die Nervenzellen innervieren. In diesem Beispiel werden mehr Nervenzellen gebildet, als durch die begrenzte Menge an Überlebensfaktoren, die von den Zellen in einem Zielgewebe produziert werden, am Leben erhalten werden können. Folglich erhalten einige Nervenzellen nicht genug Überlebensfaktoren, um der Apoptose zu entgehen. Diese Strategie der Überproduktion gefolgt von einer Auslese während der Entwicklung hilft sicherzustellen, dass alle geeigneten Zielzellen an geeignete Nervenzellen angeschlossen werden und überschüssige Nervenzellen automatisch eliminiert werden.

wenn und wo sie gebraucht werden. Beispielsweise werden im sich entwickelnden Nervensystem einige Nervenzellen im Überschuss gebildet und konkurrieren dann um die beschränkte Menge an Überlebensfaktoren, die von den Zielzellen sezerniert werden, mit denen sie sich normalerweise verbinden. Nervenzellen, die genügend Überlebenssignale erhalten, überleben, während die anderen durch Apoptose sterben. Auf diese Weise wird die Anzahl der überlebenden Neuronen automatisch angepasst, sodass sie zu der Anzahl der Zielzellen passt, mit denen sie sich verbinden (**Abb. 18.12**). Eine ähnliche Konkurrenz um beschränkte Mengen der lokal oder systemisch gebildeten Überlebensfaktoren könnte dabei helfen, die Zellzahl in anderen Geweben zu kontrollieren, sowohl während der Entwicklung als auch im Erwachsenenalter.

Überlebensfaktoren binden gewöhnlich an Zelloberflächenrezeptoren, die intrazelluläre Signalwege aktivieren (wird in Kapitel 15 thematisiert), die das Apoptoseprogramm unterdrücken; oft geschieht dies, indem die Expression oder die Aktivität der Mitglieder der Bcl2-Proteinfamilie reguliert werden. Beispielsweise regen manche Überlebensfaktoren die Bildung der antiapoptotischen Proteine der Bcl2-Familie an, wie z. B. Bcl2 selbst oder BclxL (**Abb. 18.13a**). Einige andere wirken, indem sie die Funktion der proapoptotischen BH3-only-Proteine wie Bad hemmen (**Abb. 18.13b**). Einige sich entwickelnde Nervenzellen – wie die in **Abb. 18.12** abgebildeten – verwenden eine der Intuition widersprechende alternative Strategie, bei der Überlebensfaktor-Rezeptoren, wenn sie nicht besetzt sind, Apoptose auslösen und dies nicht mehr tun, wenn Überlebensfaktoren

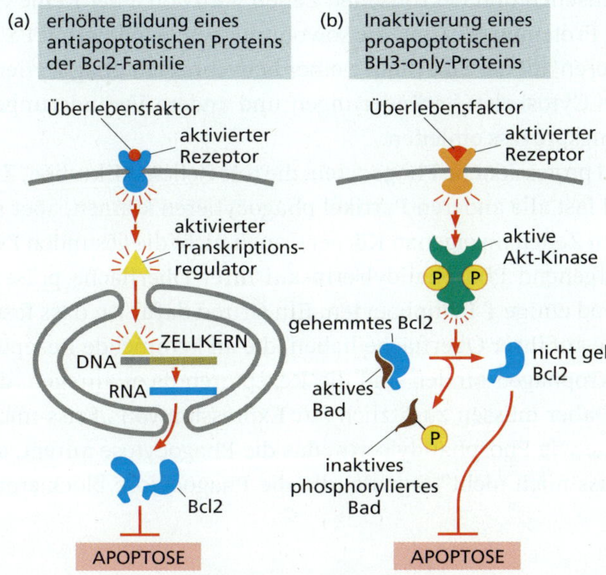

Abb. 18.13 Zwei von verschiedenen Wegen, wie extrazelluläre Überlebensfaktoren die Apoptose hemmen können. (a) Einige Überlebensfaktoren unterdrücken die Apoptose, indem sie die Transkription von Genen stimulieren, die für antiapoptotische Mitglieder der Bcl2-Familie, wie das Bcl2-Protein selbst (wie hier gezeigt) oder BclxL, codieren. (b) Viele andere aktivieren die Serin/Threonin-Proteinkinase Akt, die neben vielen anderen Zielen das proapoptotische BH3-only-Protein Bad phosphoryliert und inaktiviert (s. **Abb. 18.9**). Wenn Bad nicht phosphoryliert ist, fördert es die Apoptose, indem es an ein antiapoptotisches Mitglied der Bcl2-Familie, wie das Bcl2-Protein selbst, bindet und dieses hemmt. Sobald Bad phosphoryliert ist, löst es sich ab und erlaubt Bcl2, die Apoptose zu unterdrücken (s. **Abb. 18.10c** und **Abb. 15.54**). Akt unterdrückt die Apoptose auch, indem sie Transkriptionsregulatorproteine phosphoryliert und inaktiviert. Diese Proteine stimulieren sonst die Transkription von Genen, die für Proteine codieren, die die Apoptose fördern, wie das BH3-only-Protein Bim (nicht gezeigt). Es gibt noch viele andere Möglichkeiten, wie Überlebensfaktoren die Apoptose hemmen können. Diese sind hier nicht dargestellt.

binden. Nach Bindung von Überlebensfaktoren an die Rezeptoren hören sie auf, die Apoptose zu fördern. Letztlich läuft es in allen Fällen darauf hinaus, dass das Überleben der Zelle von der Bindung von Überlebensfaktoren an Zelloberflächenrezeptoren abhängt.

18.8 Gesunde Nachbarn phagocytieren und verdauen apoptotische Zellen

Der apoptotische Zelltod ist ein sauberer Vorgang. Die apoptotische Zelle mit ihren Bruchstücken bricht nicht auseinander, wodurch sich ihr Inhalt in die Umgebung verteilen würde, sondern sie bleibt in der Regel intakt, bis sie rasch von benachbarten Zellen (üblicherweise Makrophagen bei Menschen) geschluckt – phagocytiert – und verdaut wird, sodass nichts übrig bleibt. Auf diese Weise verhindert die Apoptose, dass eine schädliche Entzündungsreaktion hervorgerufen wird. Der Vorgang der Verschlingung ist abhängig von chemischen Veränderungen auf der Oberfläche der apoptotischen Zelle, die verschiedene „Friss-mich"-Signale präsentiert, die von phagocytierenden Zellen erkannt werden.

Das wichtigste dieser Signale ist das negativ geladene Phospholipid **Phosphatidylserin**. In gesunden Zellen befindet sich Phosphatidylserin normalerweise ausschließlich in der inneren Schicht der Lipid-Doppelschicht der Plasmamembran (s. **Abb. 10.15**); es wird dort von einer spezifischen *Phospholipid-Flippase* festgehalten, die die ATP-Hydrolyse nutzt, um Phosphatidylserin (PS) und Phosphatidylethanolamin (PE) aus der äußeren in die innere Schicht umzuklappen. In Zellen, die der Apoptose unterliegen, sammelt sich jedoch PS auf der Zelloberfläche durch zwei Mechanismen an. Zuerst spalten die Effektor-Caspasen die Phospholipid-Flippase, wodurch diese inaktiviert wird, so dass PS und PE daran gehindert werden, von der äußeren zur inneren Schicht zu wandern. Zweitens spalten die Effektor-Caspasen eine *Phospholipid-Scramblase* und aktivieren sie dadurch. Die Phospholipid-Scramblase überträgt die Phospholipide der Plasmamembran unspezifisch zwischen den inneren und äußeren Schichten, sodass sie zwischen den beiden Schichten durcheinandergewürfelt werden. Diese beiden Mechanismen, die für die Freilegung von PS auf der Oberfläche apoptotischer Zellen verantwortlich sind, werden in **Abb. 18.14** dargestellt. Das Auftreten von PS auf der Zelloberfläche tritt auch bei einigen Formen des nekrotischen Zelltods selbst ohne Caspasenaktivierung auf; die Zerstörung der Plasmamembran ist dafür ausreichend.

Das PS auf apoptotischen und nekrotischen Zellen wird von einer Reihe von löslichen „brückenbildenden" Proteinen erkannt, die sowohl mit dem exponierten PS als auch mit spezifischen Rezeptoren auf der Oberfläche einer benachbarten phagocytierenden Zelle interagieren und die Cytoskelett-Veränderungen und andere Veränderungen auslösen, die den Verschlingungsprozess einleiten.

Makrophagen sind professionelle Phagocyten, die tote Zellen, Mikroben, Zelltrümmer, Latexkügelchen und fast alle anderen Partikel phagocytieren können, aber sie phagocytieren keine gesunden Zellen im eigenen Körper – auch nicht die gesunden Zellen, die bei Aktivierung vorübergehend Phosphatidylserin auf ihrer Oberfläche präsentieren, wie z. B. Blutplättchen und einige T-Lymphocyten. Ein Grund dafür ist, dass fast alle unsere Zellen Signalproteine auf ihrer Oberfläche haben, die an hemmende Rezeptoren auf der Oberfläche von Makrophagen binden und die Rezeptoren dazu anregen, die Phagocytose zu blockieren. Daher müssen zusätzlich zur Expression von „Friss-mich"-Signalen auf der Zelloberfläche wie Phosphatidylserin, das die Phagocytose anregt, apoptotische Zellen auch die „Friss-mich-nicht"-Signale, die die Phagocytose blockieren, entfernen oder inaktivieren.

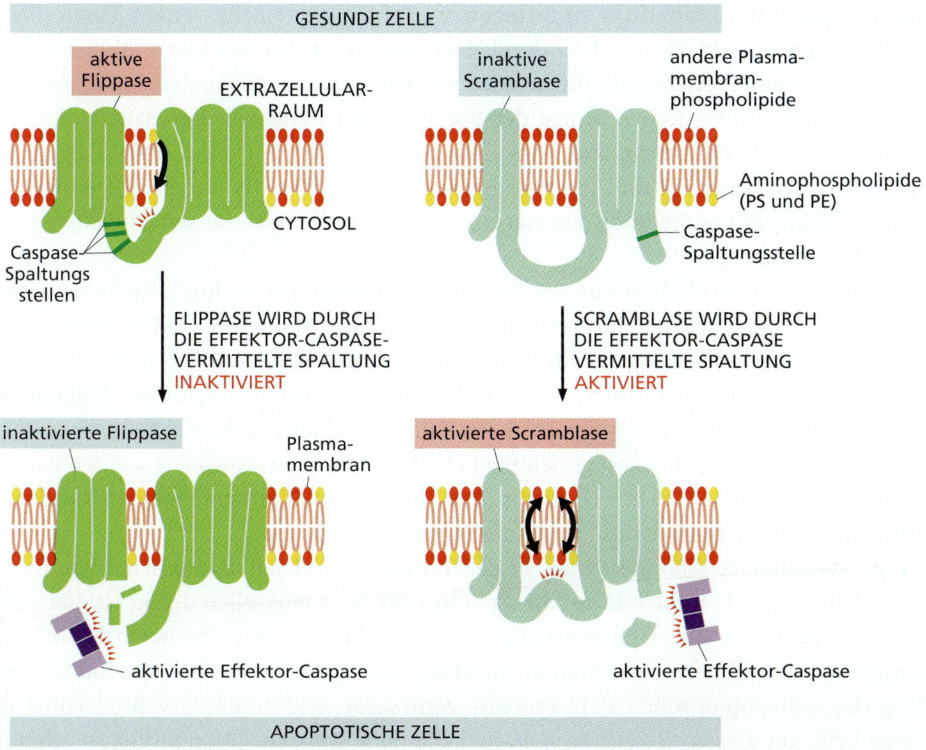

Abb. 18.14 Die beiden caspaseabhängigen Mechanismen, die für die Anhäufung von Phosphatidylserin auf der Oberfläche von apoptotischen Zellen verantwortlich sind. In gesunden Zellen (*obere Hälfte der Abbildung*) dreht eine ATP-abhängige Aminophospholipid-Flippase (ATP11C) aktiv Phosphatidylserin (PS) und Phosphatidylethanolamin (PE) aus der äußeren zur inneren Schicht der Lipid-Doppelschicht der Plasmamembran, wodurch diese Lipide hauptsächlich auf das innere Blatt beschränkt bleiben. Während der Apoptose (*untere Hälfte der Abbildung*) werden aktivierte Effektor-Caspasen (Caspase-3, Caspase-7 oder beide) gespalten und *inaktivieren* dadurch die ATP11C-Flippase und verhindern so ihre Lipidtranslokationsaktivität; gleichzeitig spalten die aktivierten Effektor-Caspasen in der Plasmamembran eine Phospholipid-Scramblase (Xkr8) – die unspezifisch Phospholipide zwischen den beiden Lipidblättern der Membran dreht und sie so zwischen den Blättern verstreut – und *aktivieren* sie dadurch. (Obwohl nicht gezeigt, ist die ATP11C-Flippase eng mit einem kleineren Transmembranprotein, CDC50, assoziiert, das für die Begleitung der Flippase zur Plasmamembran benötigt wird und möglicherweise beim Prozess der Lipidtranslokation hilft). Wenn die Flippase dauerhaft inaktiviert und die Scramblase dauerhaft aktiviert ist, werden PS und PE schnell und irreversibel auf der Oberfläche der apoptotischen Zelle freigelegt, wo PS als „Friss-mich"-Signal für benachbarte phagocytierende Zellen dient. Diese beiden caspaseabhängigen Mechanismen sind erforderlich, um dieses schnelle und wirksame „Friss-mich"-Signal zu erzeugen: Wäre nur die Flippase inaktiviert, könnte es sehr lange dauern, bis sich PS in wirksamen Mengen auf der Oberfläche der apoptotischen Zelle anreichern würde, da Phospholipide nur selten spontan zwischen den beiden Blättern einer Lipiddoppelschicht ohne ein Enzym (wie die Scramblase) hin und her wechseln, das dies katalysiert (s. **Abb. 10.10b**). Ähnliches gilt, wenn nur die Scramblase aktiviert wäre, würde die aktive Flippase jedes verteilte PS schnell aus der äußeren Schicht in die innere Schicht zurückbringen, wodurch PS von der Oberfläche der Zelle verschwinden würde. **Abbildung 12.39** veranschaulicht die Wirkung der Phospholipid-Scramblasen bei der Synthese von Lipid-Doppelschichten in der ER-Membran und von Phospholipid-Scramblasen bei der Erzeugung der Asymmetrie der Lipid-Doppelschicht in einigen anderen intrazellulären Membranen. (Verändert nach S. Nagata *et al.*, *Cell Death Differ.* 23: 952–961, 2016).

18.9 Überschießende oder unzureichende Apoptose kann zu Krankheiten führen

Es gibt viele menschliche Krankheiten, bei denen die Apoptose zu stark ausgeprägt ist, was zum pathologischen Gewebeverlust beiträgt. Zu den häufigsten und dramatischsten Beispielen gehören der Herzinfarkt und der Schlaganfall, die durch eine akute

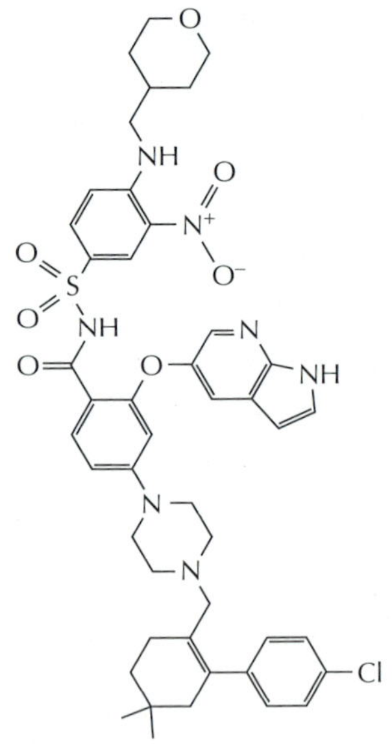

(a)

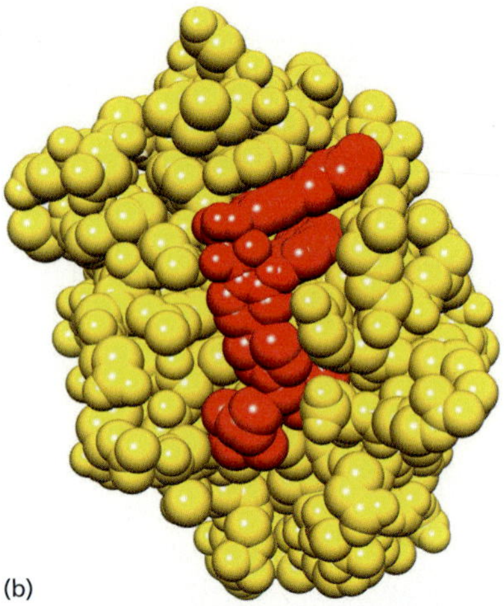

(b)

Abb. 18.15 Wie eine BH3-nachahmende Substanz spezifisch das antiapoptotische Bcl2 der Bcl2-Proteinfamilie inhibiert. Wie in **Abbildung 18.10d** gezeigt ist, besteht eine Möglichkeit, wie BH3-only-Proteine die Apoptose fördern können, darin, an die lange BH3-Bindungsfurche in antiapoptotischen Proteinen der Bcl2-Familie wie Bcl2 selbst zu binden, wodurch das Protein daran gehindert wird, die Apoptose zu blockieren. (a) Die chemische Struktur von *Venetoclax*, das entwickelt und synthetisiert wurde, um eng und spezifisch in der BH3-Bindungsfurche von Bcl2 zu binden. (b) Kristallstruktur von Venetoclax (*rot*), gebunden an das menschliche Bcl2-Protein (*gelb*). Durch Hemmung der Aktivität von Bcl2 fördert das Medikament die Apoptose in jeder Zelle, deren Überleben von diesem Protein abhängt, wie es bei Zellen der beim Menschen auftretenden chronischen lymphatischen Leukämie der Fall ist, gegen die dieses Medikament klinisch eingesetzt wird. (PDB-Code: 6O0K).

Unterbrechung der Blutzufuhr zum Herz bzw. Gehirn verursacht werden. Unter diesen Bedingungen sterben viele Zellen durch Nekrose. Wird das blockierte Blutgefäß entweder durch einen Arterienkatheter oder mit gerinnungsauflösenden Medikamenten wieder durchgängig, sterben einige der überlebenden Zellen in dem sauerstoffarmen Gewebe durch Apoptose ab, was zum Gewebeverlust beiträgt. Man hofft, dass in der Zukunft Arzneistoffe, die die Apoptose blockieren, sowie Medikamente, die einige Formen des nekrotischen Zelltods blockieren, den Gewebeverlust und seine negativen Folgen reduzieren können.

Es gibt andererseits Erkrankungen, bei denen zu wenige Zellen durch Apoptose absterben. So verhindern, wie bereits erwähnt, Mutationen bei Mäusen und Menschen, die die Gene für den Fas-Todesrezeptor oder seinen Liganden inaktivieren, das normale Absterben einiger Lymphocytenarten, was zu einer anormalen Anhäufung dieser Zellen in der Milz und den Lymphdrüsen führt. In vielen Fällen führt dies zu Autoimmunerkrankungen, da einige gegen sich selbst gerichtete Lymphocyten nicht eliminiert werden können und gegen das eigene Gewebe reagieren. Die Vermehrung der Lymphocyten kann auch zu Lymphocyten-Krebs, dem so genannten Lymphom, führen.

Eine verminderte Apoptose trägt in der Tat auch zu vielen Tumorarten bei, da die normale hemmende Kontrolle auf die Apoptose oft bei Krebszellen defekt ist. Beispielsweise hat man das *Bcl2*-Gen zuerst in einer beim Menschen verbreiteten Form eines Lymphoms identifiziert, bei der eine Chromosomentranslokation eine übermäßige Bildung des antiapoptotischen Bcl2-Proteins verursacht; wie bereits erwähnt, rührt der Name Bcl2 von diesem *B-Zelllymphom* her. Die hohe Konzentration an Bcl2-Protein in den Lymphocyten, die die Translokation tragen, fördert die Entwicklung von Krebs, indem die Apoptose gehemmt wird; dabei überleben die Zellen abnormal länger und ihre Anzahl steigt. Die Zunahme von Bcl2 senkt auch die Empfindlichkeit der Zellen für Antikrebsmedikamente, die oft dadurch wirken, dass sie die Krebszellen zur Apoptose veranlassen (wird in Kapitel 20 besprochen).

In gleicher Weise ist das für das Tumorsuppressorprotein p53 codierende Gen bei ungefähr 50 % der menschlichen Krebserkrankungen mutiert, sodass es als Reaktion auf einen DNA-Schaden nicht länger die Apoptose fördert oder den Zellzyklus anhält (wie in Kapitel 17 und 20 erklärt). Durch die fehlende p53-Funktion können die Krebszellen sogar dann überleben und proliferieren, wenn ihre DNA beschädigt ist; auf diese Weise häufen die Zellen zunehmend weitere Mutationen an, von denen manche den Krebs noch bösartiger machen. Da viele Antikrebsmittel die Apoptose (und den Stillstand des Zellzyklus) über einen p53-abhängigen Mechanismus auslösen, kommt es durch den Verlust der p53-Funktion dazu, dass die Krebszellen gegenüber diesen Medikamenten unempfindlicher werden.

Wenn verminderte Apoptose zu einer Krebserkrankungen beiträgt, sollte umgekehrt diese Krebserkrankung vielleicht mit Medikamenten, die die Apoptose fördern, behandelt werden können. Dieser Ansatz führte kürzlich zur Entwicklung kleiner Moleküle, die die Funktion von antiapoptotischen Mitgliedern der Bcl2-Proteinfamilie wie Bcl2 und BclxL blockieren. Diese Substanzen binden mit hoher Affinität – auf sehr ähnliche Weise wie proapoptotische BH3-only-Proteine dies tun – an die BH3-Bindungsfurche dieser Proteine (s. **Abb. 18.10d**). Diese BH3-nachahmenden Medikamente (**Abb. 18.15**) aktivieren den intrinsischen Weg der Apoptose und erhöhen darüber das Absterben von Tumorzellen bei bestimmten Krebsarten, insbesondere bei solchen, deren Überleben von bestimmten antiapoptotischen Proteinen der Bcl2-Familie abhängt.

Die meisten menschlichen Krebserkrankungen sind Carcinome, die in Epithelgeweben entstehen, z. B. in der Lunge, dem Darmtrakt, der Brust und der Prostata (wird in Kapitel 20 erläutert). Solche epithelialen Krebszellen zeigen viele Verhaltensanomalien, dazu zählen die verringerte Fähigkeit, sich an die extrazelluläre Matrix zu heften oder sich in spezialisierten Zell–Zell-Verbindungen aneinanderzuheften. Im nächsten Kapitel besprechen wir diese lebenswichtigen Strukturen, die dafür verantwortlich sind, dass unsere Zellen in den Geweben und Organen an ihrem Platz gehalten werden.

Zusammenfassung

Tierische Zellen können verschiedene intrazelluläre Todesprogramme aktivieren und sich selbst töten, wenn sie ernsthaft geschädigt oder gestresst sind, nicht mehr benötigt werden oder für den Körper eine Bedrohung darstellen. In den meisten Fällen kommt es zum Tod durch Apoptose: Die Zellen schrumpfen, der Kern und die Zellen verdichten sich und brechen oft in Stücke, und benachbarte phagocytierende Zellen verschlingen die Zellen oder Bruchstücke rasch, bevor der cytoplasmatische Inhalt heraussickern kann. Die Apoptose wird von proteolytischen Enzymen, den Caspasen, ausgelöst, die spezifische intrazelluläre Proteine schneiden, um die Zelle schnell und sauber zu töten.

Apoptotische Caspasen kommen als inaktive Vorstufen in fast allen kernhaltigen tierischen Zellen vor. Die Aktivierung der Initiator-Caspasen erfolgt, wenn ein Apoptosestimulus Adapterproteine aktiviert, die inaktive Initiator-Caspase-Monomere in die Nähe großer Aktivierungskomplexe bringen, in denen die Monomere durch Dimerisierung aktiviert werden. Die aktivierten Initiator-Caspase-Dimere spalten sich selbst und aktivieren dann nachgeschaltete Effektor-Caspase-Dimere, indem sie sie spalten. Die aktivierten Effektor-Caspasen spalten dann Hunderte von Zielproteinen in der Zelle. Die sich verstärkende, irreversible Caspase-Kaskade ist für alle Ereignisse der Apoptose verantwortlich, einschließlich derjenigen, die die Zelle kollektiv abtöten und sie darauf vorbereiten, von einer benachbarten Zelle phagocytiert und schnell verdaut zu werden.

Zellen nutzen zwei eigenständige Wege, um Initiator-Caspasen zu aktivieren und die Apoptose auszulösen: Der extrinsische Weg wird durch extrazelluläre Ligandenbindung an Zelloberflächen-Todesrezeptoren aktiviert. Der intrinsische Weg wird von innerhalb der Zelle durch Entwicklungs- oder Stresssignale aktiviert. Jeder Weg nutzt seine eigenen Initiator-Caspasen, Adapterproteine und Aktivierungskomplexe. Auf dem extrinsischen Weg rekrutieren die Todesrezeptoren über Adapterproteine Caspase-8, um den Aktivierungskomplex, der DISC genannt wird, zu bilden. Beim intrinsischen Weg induzieren intrazelluläre Signale die Permeabilisierung der äußeren Mitochondrienmembran (MOMP), wodurch lösliche Proteine aus dem Intermembranraum der Mitochondrien in das Cytosol freigesetzt werden; freigesetztes Cytochrom c aktiviert das Adapterprotein Apaf1, das Caspase-9-Monomere rekrutiert, um einen großen Aktivierungskomplex, das Apoptosom, zu bilden. Antiapoptotische und proapoptotische intrazelluläre Proteine der Bcl2-Familie interagieren miteinander, um MOMP streng zu kontrollieren und sicherzustellen, dass der intrinsische Weg der Apoptose normalerweise nur aktiviert wird, wenn das Absterben der Zelle für das Tier von Vorteil ist.

Literatur

Adams, J.M. und Cory, S. (2017). The BCL-2 arbiters of apoptosis and their growing role as cancer targets. *Cell Death Differ.* 25: 27–36.

Birkinshaw, R.W. und Czabotar, P.E. (2017). The BCL-2 family of proteins and mitochondrial outer membrane permeabilization. *Semin. Cell Dev. Biol.* 72: 152–162.

Czabotar, P.E., Lessene, G., Strasser, A. et al. (2014). Control of apoptosis by the BCL-2 protein family: implications for physiology and therapy. *Nat. Rev. Mol. Cell Biol.* 5: 49–63.

Danial, N.N. und Korsmeyer, S.J. (2004). Cell death: critical control points. *Cell* 116: 205–219.

Datta, S.R., Ranger, A.M., Lin, M.Z. et al. (2002). Survival factor-mediated BAD phosphorylation raises the mitochondrial threshold for apoptosis. *Dev. Cell* 3: 631–643.

Davies, A.M. (1996). The neurotrophic hypothesis: where does it stand? Philos. *Trans. R. Soc. Lond. B Biol. Sci.* 351: 389–394.

Dorstyn, L., Akey, W.A. und Kumar, S. (2018). New insights into apoptosome structure and function. *Cell Death Differ.* 25: 1194–1208.

Ellis, R.E., Yuan, J.Y. und Horvitz, H.R. (1991). Mechanisms and functions of cell death. *Annu. Rev. Cell Biol.* 7: 663–698.

Fu, T.M., Li, Y., Lu, A. et al. (2016). Cryo-EM structure of *caspase-8* tandem DED filament reveals assembly and regulation mechanisms of the death-inducing signaling complex. *Mol. Cell* 64: 236–250.

Galluzzi, L., Vitale, I., Aaronson, S.A. et al. (2018). Molecular mechanisms of cell death: recommendations of the Nomenclature Committee on Cell Death. *Cell Death Differ.* 25: 486–541.

Green, D.R. (2018). *Cell Death: Apoptosis and Other Means to an End.* 2nd ed. Cold Spring Harbor, NY: Cold Spring Harbor Laboratory Press.

Ha, H.J., Chun, H.L. und Park, H.H. (2020). Assembly of platforms for signal transduction in the new era: dimerization, helical filament assembly, and beyond. *Exp. Mol. Med.* 52: 356–366.

Jiang, X. und Wang, X. (2004). Cytochrome C-mediated apoptosis. *Annu. Rev. Biochem.* 73: 87–108.

Jost, P.J., Grabow, S., Gray, D. et al. (2009). XIAP discriminates between type I and type II *FAS*-induced apoptosis. *Nature* 460: 1935–1039.

Julien, O. und Wells, J.A. (2017). Caspases and their substrates. *Cell Death Differ.* 24: 1380–1389.

Jullien, M., Gomez-Bougie, P., Chiron, D. et al. (2020). Restoring apoptosis with BH3 mimetics in mature B-cell malignancies. *Cells* 9: 717.

Kale, J., Osterlund, E.J. und Andrews, D.W. (2018). BCL-2 family proteins: changing partners in the dance towards death. *Cell Death Differ.* 25: 65–80.

Kalkavan, H. und Green, D.R. (2018). MOMP, cell suicide as a BCL-2 family business. *Cell Death Differ.* 25: 46–55.

Kerr, J.F., Wylie, A.H. und Currie, A.R. (1972). Apoptosis: a basic biological phenomenon with wide-ranging implications in tissue kinetics. *Br. J. Cancer* 26: 239–257.

Mandal, R., Barron, J.C., Kostova, I. et al. (2020). Caspase-8: the double-edged sword. *Biochim. Biophys. Acta Rev. Cancer* 1873: 1–18.

Nagata, S. (2005). DNA degradation in development and programmed cell death. *Annu. Rev. Immunol.* 23: 853–875.

Nagata, S., Suzuki, J. und Fujii, T. (2016). Exposure of phosphatidylserine on the cell surface. *Cell Death Differ.* 23: 952–961.

Silke, J. und Vince, J. (2017). IAPs and cell death. *Curr. Top. Microbiol. Immunol.* 403: 96–117.

Voss, A.K. und Strasser, A. (2020). The essentials of developmental apoptosis. F1000Res. 9, F1000 Faculty Rev-148.

TEIL I II III IV V

ZELLEN IN IHREM SOZIALEN UMFELD

19 Zellverbindungen und die extrazelluläre Matrix

Kapitelinhalt

Unter allen Wechselwirkungen zwischen Zellen innerhalb eines vielzelligen Organismus sind diejenigen, die die Zellen zusammenhalten, die wesentlichsten. Zellen können durch direkte Interaktion verbunden sein oder innerhalb der *extrazellulären Matrix*, einem von den Zellen abgesonderten komplexen Netzwerk aus Proteinen und Polysaccharidketten, zusammengehalten werden. Auf die eine oder andere Weise müssen die Zellen jedoch zusammenhalten, wenn sie eine organisierte vielzellige Struktur bilden sollen, die den verschiedenen äußeren Kräften, die sie auseinanderziehen, widerstehen und auf sie reagieren kann.

Diese Kohäsionsmechanismen bestimmen die Architektur von Geweben und Organen: ihre Form, ihre Stärke und die Anordnung ihrer verschiedenen Zelltypen. Das Bilden und Lösen der Verbindungen zwischen den Zellen und die Ausformung der extrazellulären Matrix bestimmen darüber, wie sich Zellen innerhalb des Organismus bewegen. Sie lenken sie, wenn der Körper wächst, sich entwickelt und sich selbst repariert. Die Anlagerung an andere Zellen und an die extrazelluläre Matrix kontrolliert die Orientierung und das Verhalten des Cytoskeletts der Zelle, wodurch es den Zellen ermöglicht wird, Änderungen in den mechanischen Eigenschaften ihrer Umgebung wahrzunehmen und darauf zu antworten. Dementsprechend ist das System aus Zellverbindungen und extrazellulärer Matrix entscheidend für jeden Aspekt der Organisation, Funktion und Dynamik vielzelliger Strukturen. Fehler innerhalb dieses Systems sind die Ursache sehr vieler Krankheiten. Die Haupteigenschaften der Zellverbindungen und der extrazellulären Matrix werden am besten veranschaulicht, wenn man die beiden umfassenden Gewebekategorien, die in allen Tieren zu finden sind, in Betracht zieht (**Abb. 19.1**). **Bindegewebe** wie Knochen oder Sehnen werden aus extrazellulärer Matrix gebildet, die durch verstreut in der Matrix liegenden Zellen hergestellt wird. Es ist die Matrix – nicht die Zellen – die die mechanische Belastung aushält, der das Gewebe unterliegt. Diese *Zell–Matrix-Verbindungen* koppeln Bindegewebezellen an die Matrix, was es den Zellen erlaubt, sich durch die Matrix zu bewegen und Änderungen ihrer mechanischen Eigenschaften wahrzunehmen.

Molekularbiologie der Zelle, 7. Auflage. Bruce Alberts, Rebecca Heald, Alexander Johnson, David Morgan, Martin Raff, Keith Roberts und Peter Walter.

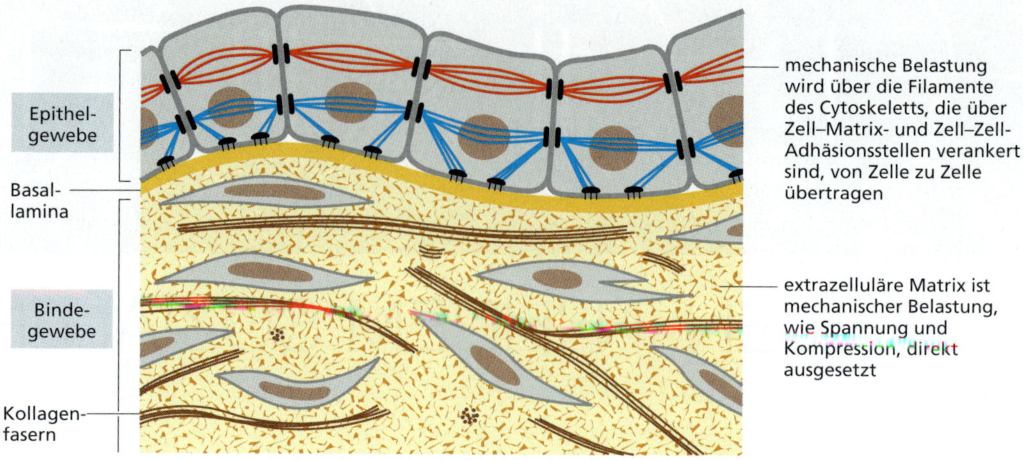

Abb. 19.1 Wie Tierzellen in den beiden Hauptgewebearten miteinander verbunden werden. Im Bindegewebe ist die extrazelluläre Matrix die Hauptkomponente, die die größte Belastung aushalten muss. Im Epithelgewebe ist das Cytoskelett der Zellen die Hauptkomponente, die die größte Belastung aushalten muss: die Cytoskelette der Zellen sind über adhärente Verbindungen von Zelle zu Zelle verbunden und übertragen mechanische Belastungen quer durch das Innere der Zellen. Zell–Matrix-Verbindungen verknüpfen das Epithelgewebe mit dem darunterliegenden Bindegewebe.

In **Epithelgeweben**, wie z.B. der Auskleidung des Darms oder der epidermalen Abdeckung der Haut, sind die Zellen in Schichten, den **Epithelien**, fest miteinander verbunden. Die extrazelluläre Matrix ist weniger ausgeprägt und besteht vorwiegend aus einer dünnen Matte, die unter den Epithelien liegt, der *Basallamina* (oder *Basalmembran*). Innerhalb des Epithels sind die Zellen direkt über *Zell–Zell-Verbindungen* miteinander verbunden, in denen Filamente des Cytoskeletts verankert sind. So wird die Belastung durch das Innere der Zellen hindurch von einer Adhäsionsstelle zur anderen weitergeleitet. Das Cytoskelett der Epithelzellen ist außerdem durch Zell–Matrix-Verbindungen mit der Basallamina verbunden.

Abbildung 19.2 gewährt eine eingehendere Betrachtung der Epithelzellen und zeigt die Hauptarten der Zell–Zell- und Zell–Matrix-Verbindungen, mit denen wir uns in

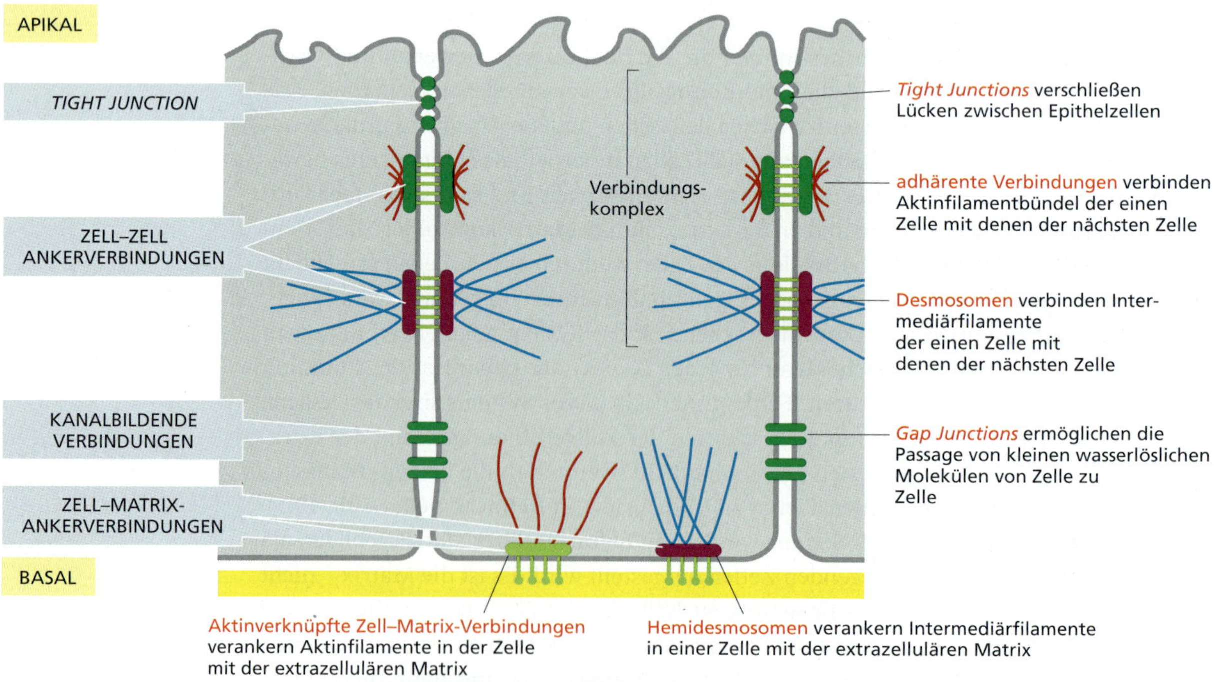

Abb. 19.2 Zusammenfassung der verschiedenen Zellverbindungen einer Wirbeltier-Epithelzelle. In der apikalen Region der Zelle sind die relativen Positionen der Verbindungen in fast allen Epithelien von Wirbeltieren identisch. Die *Tight Junctions* (undurchlässige Verbindungen) besetzen die am weitesten apikal gelegene Position, gefolgt zuerst von den Adhäsionsverbindungen (Adhäsionsgürtel) und dann von einer speziellen parallelen Reihe aus Desmosomen. Zusammen bilden diese drei Verbindungen eine Struktur, die man Verbindungskomplex nennt. *Gap Junctions* und weitere Desmosomen sind weniger regelmäßig organisiert. Die beiden Arten der matrixverankernden Zellverbindungen heften die basale Oberfläche der Zelle an die Basallamina. Die Abbildung basiert auf Epithelzellen des Dünndarms.

diesem Kapitel näher beschäftigen wollen. Das Diagramm zeigt die typische Anordnung von Verbindungen in einem *einfachen Zylinderepithel* wie der Auskleidung des Dünndarms von Wirbeltieren. Hier liegt auf der Basallamina eine einzelne Schicht aus schmalen, hohen Zellen, wobei die oberste, freiliegende Fläche oder die **apikale** Oberfläche der Zellen dem extrazellulären Medium ausgesetzt ist. Auf ihren Seiten oder *lateralen* Oberflächen gehen die Zellen untereinander Verbindungen ein. Zwei Arten von Zell–Zell-Verbindungen verbinden die Cytoskelette benachbarter Zellen: **adhärente Verbindungen** (auch als Adhäsionsverbindungen bezeichnet, engl. *adherens junctions*) sind mit Aktinfilamenten verknüpft und **Desmosomen** sind mit Intermediärfilamenten verbunden. Da diese Verbindungen die Zellen fest aneinander verankern und somit dem Gewebe helfen, mechanischen Stress auszuhalten, nennt man sie manchmal **Ankerverbindungen**. An der basalen Oberfläche der Zellen verbinden zwei weitere Arten der Ankerverbindungen das Cytoskelett der Epithelzellen mit der Basallamina: *Aktinverknüpfte Zell–Matrix-Verbindungen* verankern Aktinfilamente mit der Matrix, während *Hemidesmosomen* Intermediärfilamente mit der Matrix verankern.

Zwei andere Arten von Zell–Zell-Verbindungen sind in **Abb. 19.2** zu sehen. *Tight Junctions* (undurchlässige Verbindungen) halten Zellen dicht in der Nähe der apikalen Oberfläche zusammen, wodurch die Lücke zwischen den Zellen abgedichtet und so verhindert wird, dass Moleküle über das Epithel ausströmen. Nahe dem Basalende der Zelle befinden sich kanalbildende Verbindungen, die man *Gap Junctions* (oder auch offenen Zellkontakt, *Nexus*) nennt und die Durchgänge zwischen den Cytoplasmen benachbarter Zellen bilden.

Jede der vier Hauptarten von Ankerverbindungen hängt von **transmembranen Adhäsionsproteinen** ab. Sie durchspannen die Plasmamembran, wobei ein Ende mit dem Cytoskelett im Zellinneren und das andere Ende mit Strukturen außerhalb der Zelle verbunden ist (**Abb. 19.3**). Diese mit dem Cytoskelett verbundenen transmembranen Proteine werden nach der Art, wie sie extern verknüpft sind, in zwei Superfamilien unterteilt. Proteine der **Cadherin**-Superfamilie fungieren hauptsächlich als Bindeglieder von Zell–Zell-Verbindungen. Proteine der **Integrin**-Superfamilie vermitteln hauptsächlich Verbindungen zwischen den Zellen und der Matrix. Innerhalb jeder Familie gibt es Spezialisierungen: Einige Cadherine binden an Aktin und bilden adhärente Verbindungen, während andere an Intermediärfilamente binden und Desmosomen bilden. Einige Integrine binden ebenfalls an Aktin und bilden aktinverknüpfte Zell–Matrix-Verbindungen, während andere an Intermediärfilamente binden und Hemidesmosomen bilden (**Tab. 19.1**).

Es gibt einige Ausnahmen von diesen Regeln. Einige Integrine z. B. vermitteln eher Zell–Zell- als Zell–Matrix-Verbindungen. Außerdem gibt es andere Arten von Zelladhäsionsmolekülen, die kurzlebige Zell–Zell-Verbindungen schaffen, die dünner sind als

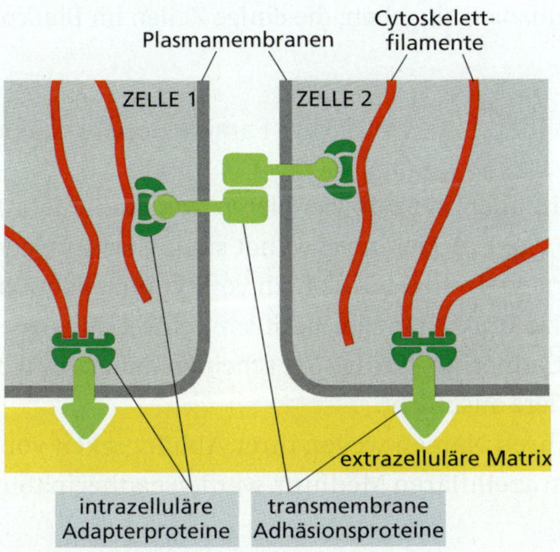

Abb. 19.3 Transmembrane Adhäsionsproteine verbinden das Cytoskelett mit extrazellulären Strukturen. Die externe Verknüpfung erfolgt entweder mit anderen Zellen (Zell–Zell-Verbindungen, die üblicherweise über Cadherine vermittelt werden) oder mit der extrazellulären Matrix (Zell–Matrix-Verbindungen, die üblicherweise über Integrine vermittelt werden). Die interne Verbindung mit dem Cytoskelett erfolgt im Allgemeinen indirekt über intrazelluläre Adapterproteine, wie später noch besprochen wird.

Tab. 19.1 Ankerverbindungen.

Verbindung	Transmembranes Adhäsionsprotein	Extrazellulärer Ligand	Intrazelluläre Cytoskelettverbindung	Intrazelluläre Adapterproteine
Zelle–Zelle				
adhärente Verbindungen	klassische Cadherine	klassisches Cadherin auf der Nachbarzelle	Aktinfilamente	α-Catenin, β-Catenin, p120-Catenin, Vinculin
Desmosomen	nichtklassische Cadherine (Desmoglein, Desmocollin)	Desmoglein und Desmocollin auf der Nachbarzelle	Intermediärfilamente	Plakoglobin, Plakophilin, Desmoplakin
Zelle–Matrix				
Aktinverknüpfte Zell–Matrix-Verbindungen	Integrin	extrazelluläre Matrixproteine	Aktinfilamente	Talin, Kindlin, Vinculin, Paxillin, Fokaladhäsions-Kinase (FAK), zahlreiche andere
Hemidesmosomen	$\alpha_6\beta_4$-Integrin, Typ-XVII-Kollagen	extrazelluläre Matrixproteine	Intermediärfilamente	Plektin, BP230

Ankerverbindungen, aber ausreichen, um unter bestimmten Umständen Zellen miteinander zu verknüpfen.

Wir beginnen das Kapitel mit der Erklärung der Hauptformen der Zell–Zell-Verbindungen. Danach wenden wir uns der extrazellulären Matrix in Tieren und der Struktur und Funktion der integrinvermittelten Zell–Matrix-Verbindungen zu und kommen schließlich zur Zellwand bei Pflanzen, einer Spezialform der extrazellulären Matrix.

19.1 Zell–Zell-Verbindungen

Zell–Zell-Verbindungen kommen in vielen Formen vor und können durch eine Vielzahl von Mechanismen reguliert werden. Am besten verstanden und am häufigsten sind zwei Arten der Zell–Zell-Ankerverbindungen, die Cadherine einsetzen, um das Cytoskelett einer Zelle mit dem der Nachbarzelle zu verbinden. Die Hauptaufgabe besteht darin, den äußeren Kräften, die die Zellen auseinanderziehen, entgegenzuwirken. Die Epithelzellen unserer Haut z.B. müssen dicht verbunden bleiben, wenn sie gedehnt, gekniffen oder gestoßen werden. Zell–Zell-Ankerverbindungen müssen außerdem dynamisch und anpassungsfähig sein, sodass sie geändert und umgeordnet werden können, wenn das Gewebe umorganisiert oder repariert wird oder wenn sich die Kräfte, die auf sie wirken, ändern.

In diesem Abschnitt werden wir uns hauptsächlich auf die Ankerverbindungen konzentrieren, die auf Cadherinen beruhen. Anschließend werden wir kurz die *Tight Junctions* und die *Gap Junctions* beschreiben. Am Ende werden wir auf die eher kurzlebigen Zell–Zell-Adhäsionsmechanismen eingehen, die einige Zellen im Blutkreislauf verwenden.

19.1.1 Cadherine bilden eine vielfältige Familie von Adhäsionsmolekülen

Cadherine kommen in allen vielzelligen Tieren vor. Außerdem findet man sie in den Cyanoflagellaten, die eng mit Tieren verwandt sind, aber entweder als freilebende Einzeller oder in Form von vielzelligen Kolonien vorkommen können. Andere Eukaryoten, einschließlich der Pilze und Pflanzen, besitzen keine Cadherine; auch Bakterien und Archaeen fehlen die Cadherine. Cadherine scheinen daher ein wesentlicher Bestandteil dessen zu sein, was Tiere ausmacht.

Cadherine tragen ihren Namen wegen ihrer Abhängigkeit von Ca^{2+}-Ionen: Entfernt man Ca^{2+} aus dem extrazellulären Medium, werden cadherinabhängige Verbindungen

Verknüpfung mit den Aktinfilamenten zu ermöglichen (**Abb. 19.11**). An Desmosomen sind Cadherine mit Intermediärfilamenten durch andere Adapterproteine verbunden, zu denen auch ein β-Catenin-verwandtes Protein gehört, das *Plakoglobin* genannt wird und das wir später noch besprechen werden.

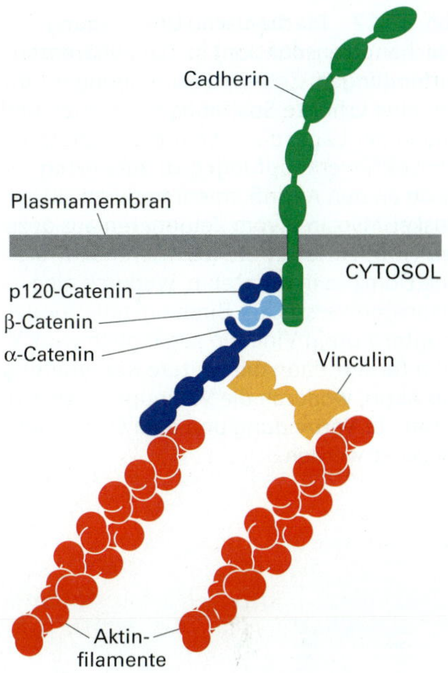

Abb. 19.11 Bindung der klassischen Cadherine an Aktinfilamente. Die Cadherine sind indirekt über einen Adapterproteinkomplex, der p120-Catenin, β-Catenin und α-Catenin enthält, mit Aktinfilamenten verbunden. Andere Proteine, einschließlich Vinculin, assoziieren mit α-Catenin und vermitteln die Verbindung zu Aktin. β-Catenin hat eine weitere, sehr entscheidende Funktion für die intrazelluläre Signalübertragung, die in Kapitel 15 beschrieben wird (s. **Abb. 15.61**). Der Übersichtlichkeit halber ist in der Zeichnung das Cadherin aus der benachbarten Zelle in der Verbindung weggelassen worden.

19.1.6 Adhärente Verbindungen antworten auf von innerhalb und außerhalb des Gewebes verursachte Kräfte

Bei den Proteinkomplexen, die die Verbindungen entweder zwischen den Zellen oder zwischen Zellen und der extrazellulären Matrix vermitteln, handelt es sich um dynamische Maschinen, die die bemerkenswerte Fähigkeit aufweisen, mechanische Spannung wahrzunehmen und biochemische Signale zu generieren, die zur geeigneten Antwort führen. Diese Fähigkeit nennen wir *Mechanotransduktion*.

Wie wir bereits in vorherigen Abschnitten gesehen haben, sind adhärente Verbindungen mit kontraktilen Bündeln von Aktin und Myosin II über Catenine verknüpft. Diese Verbindungen unterliegen daher Zugkräften, die vom angehefteten Aktin verursacht werden. Diese Zugkräfte sind wichtig für den Aufbau und die Erhaltung der Verbindung: Die Hemmung der Myosinaktivität z.B. führt zum Abbau vieler adhärenter Verbindungen. Außerdem werden die in einer Verbindung wirkenden kontraktilen Kräfte in der einen Zelle durch die kontraktilen Kräfte in der Verbindung der benachbarten Zelle ausgeglichen, sodass keine Zelle andere Zellen an sich heranzieht.

Adhärente Verbindungen nehmen die Kräfte, die auf sie wirken, wahr und verändern das lokale Verhalten von Aktin und Myosin, um die Kräfte auf beiden Seiten der Verbindung auszugleichen. Beweise für diese Mechanismen kommen von Experimenten mit Paaren kultivierter Säugetierzellen, die durch adhärente Verbindungen miteinander verbunden sind. Wenn in einer Zelle die kontraktile Aktivität experimentell vergrößert wird, vergrößert sich die adhärente Verbindung, die die beiden Zellen verbindet, und die kontraktile Aktivität der zweiten Zelle verstärkt sich, um sich an die erste Zelle anzupassen, sodass die Kräfte über die Verbindung ausgeglichen werden. Diese und andere Experimente zeigen, dass es sich bei den adhärenten Verbindungen nicht einfach um passive Stellen von Protein–Protein-Bindung handelt, sondern um Spannungssensoren, die das Verhalten in Abhängigkeit von sich ändernden mechanischen Bedingungen regulieren.

Von der Mechanotransduktion an Zell–Zell-Verbindungen nimmt man an, dass sie zumindest teilweise von Proteinen im Cadherinkomplex abhängt, die ihre Form ändern, wenn sie unter Spannung gedehnt werden. Das Protein α-Catenin z.B. wird, wenn die kontraktile Aktivität an der Verbindung zunimmt, von einer gefalteten zu einer gedehnten Konformation gestreckt. Das Auffalten führt dazu, dass eine versteckte Bindungsstelle für ein anderes Protein, nämlich Vinculin, zugänglich wird, das dafür sorgt, dass noch mehr Aktin an die Verbindung angelagert wird (**Abb. 19.12**). Es ist wahrscheinlich, dass solche Veränderungen auch zu einer lokalen Regulierung der kleinen GTPasen führen, die das Aktin- und Myosin-Verhalten kontrollieren. Durch solche Mechanismen bewirkt das Ziehen an einer Verbindung eine lokale Veränderung des Aktinverhaltens, um die Verbindung stärker zu machen. Außerdem führt – wie oben erläutert – das Ziehen an einer Verbindung in der einen Zelle zur Verstärkung der kontraktilen Aktivität in der verbundenen Zelle.

Da in einem Epithel alle Zelle mechanisch über ihre Zell–Zell-Verbindungen und das Cytoskelett verknüpft sind, kann die Mechanotransduktion über weite Distanzen wirken. In einem sich entwickelnden Flügel bei *Drosophila* zum Beispiel, führt die Kontraktion der Zellen des Gelenks im Flügel zu mechanischen Spannungen, die sich über den Flügel ausbreiten. Dadurch kommt es zu Änderungen der Zellbewegung und Zellorientierung, die wichtig für die Flügelbildung ist. Wahrscheinlich detektieren Spannungssensoren

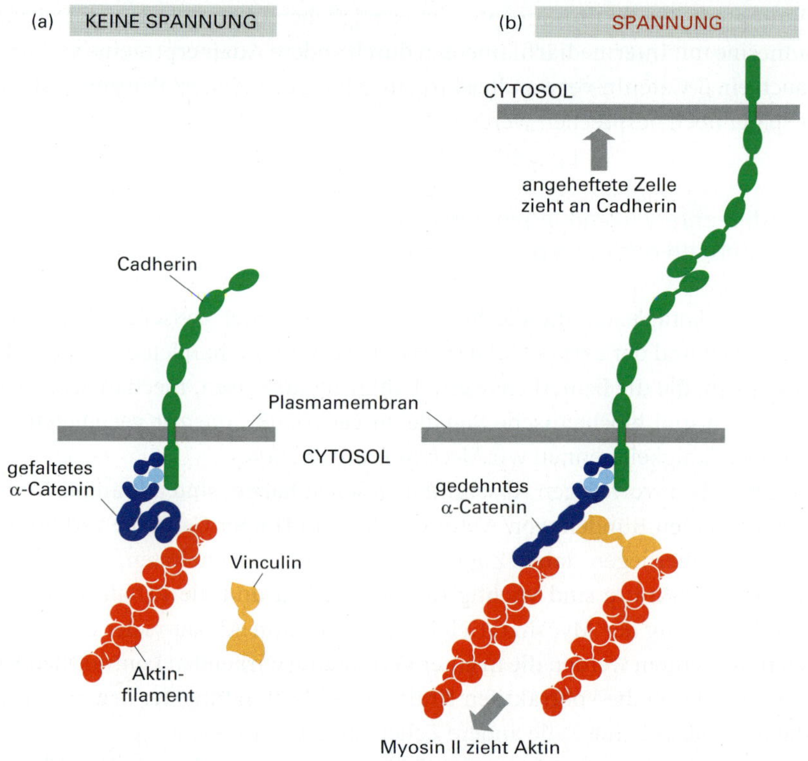

Abb. 19.12 Mechanische Übertragung (Mechanotransduktion) in den adhärenten Verbindungen. Zell–Zell-Verbindungen können eine erhöhte Spannung feststellen und sind in der Lage, darauf mit einer Verstärkung ihrer Aktinverknüpfungen zu antworten. Wenn an den Aktinfilamenten durch Nicht-Muskel-Myosin II vom Zellinneren aus gezogen wird, entfaltet die resultierende Kraft eine Domäne in α-Catenin, wodurch eine ansonsten versteckte Bindungstelle für das Adapterprotein Vinculin zugänglich wird. Vinculin fördert dann die weitere Rekrutierung von Aktin, wodurch die Verknüpfungen zwischen der Verbindung und dem Cytoskelett verstärkt werden.

im ganzen Gewebe Veränderungen der mechanischen Kräfte und bewirken eine molekulare Antwort. Da sich die Spannung schnell über alle verbundenen Zellen in einem Gewebe verteilt, stellt dies ein ungewöhnlich schnelles und effektives Signal zur Verfügung, um das Zellverhalten in einem ganzen Gewebe zu modifizieren.

19.1.7 Gewebeumordnungen hängen von der Koordination der aktinvermittelten Kontraktion mit der Zell–Zell-Adhäsion ab

Adhärente Verbindungen stellen einen essenziellen Teil des Mechanismus zur Formgestaltung vielzelliger Strukturen in einem Tierkörper dar. Durch indirekte Verknüpfung der Aktinfilamente in der einen Zelle mit denen in der Nachbarzelle sind die Zellen innerhalb eines Gewebes in der Lage, ihre Aktincytoskelette koordiniert einzusetzen.

Adhärente Verbindungen kommen in unterschiedlicher Form vor. In vielen nichtepithelialen Zellen nehmen sie die Form kleiner, punktueller oder linearer Verknüpfungsbereiche an, die die kortikalen Aktinfilamente unter den Plasmamembranen zweier interagierender Zellen verbinden. Im Herzmuskel verankern sie die Aktinbündel des kontraktilen Apparates und wirken parallel mit Desmosomen, um die kontraktilen Zellen Ende an Ende miteinander zu verbinden. Die klassischen Beispiele für adhärente Verbindungen findet man jedoch in Epithelien, wo sie oftmals einen durchgehenden **Adhäsionsgürtel** (auch *Zona adherens* genannt) bilden, der jede der direkt unter der apikalen Seite des Epithels gelegenen Zellen umgibt (**Abb. 19.13**). Innerhalb einer jeden Zelle liegen kontraktile Bündel aus Aktinfilamenten und Myosin II neben dem Adhäsionsgürtel. Sie sind parallel zur Plasmamembran ausgerichtet und mit ihr über Cadherine und assoziierte intrazelluläre Adapterproteine verbunden. Die Aktin-Myosin-Bündel sind so über die Cadherine zu einem ausgedehnten transzellulären Netz verknüpft. Die koordinierte Kontraktion dieses Netzwerks stellt damit die Kraft für die Bewegung bei einem grundlegenden Vorgang in der Morphogenese von Tieren

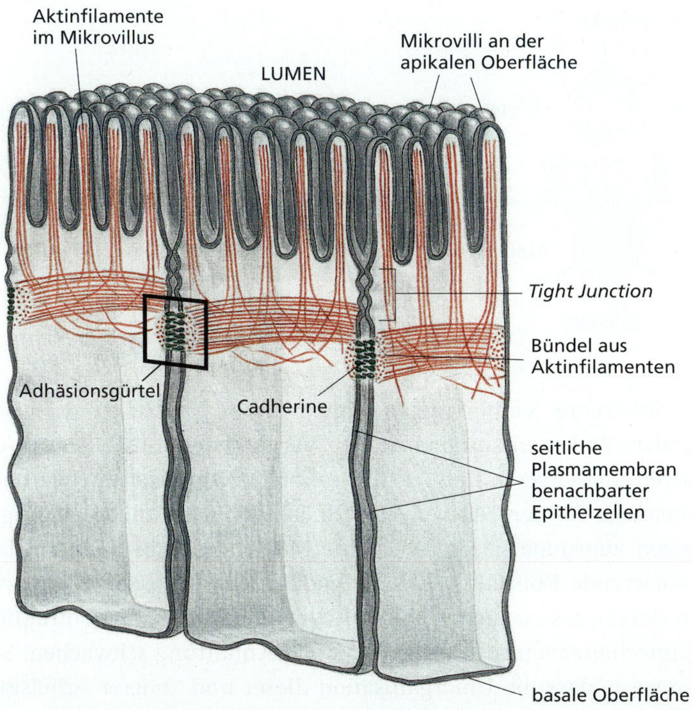

Abb. 19.13 Adhärente Verbindungen zwischen Epithelzellen im Dünndarm. Diese Zellen sind auf die Aufnahme von Nährstoffen spezialisiert. An der apikalen Seite, die dem Darmlumen zugewandt ist, besitzen sie viele Mikrovilli (Ausstülpungen, die die absorbierende Oberfläche vergrößern). Die adhärenten Verbindungen haben die Form eines *Adhäsionsgürtels*, der jede der interagierenden Zellen umgibt. Ihr auffälligstes Merkmal ist ein kontrahierbares Aktinfilamentbündel, das an der cytoplasmatischen Oberfläche der beteiligten Plasmamembranen entlangläuft. Die Aktinfilamentbündel sind über Adapterproteine an Cadherine gebunden, die wiederum an Cadherine der benachbarten Zelle binden. So sind die Aktinfilamentbündel benachbarter Zellen miteinander verbunden. Der Übersichtlichkeit halber sind die meisten der anderen Zell–Zell- und Zell–Matrix-Verbindungen der Epithelzellen weggelassen (s. Abb. 19.2).

zur Verfügung – die Faltung von Epithelien zu Röhren, Kugeln und verwandten Strukturen (Abb. 19.14).

In einigen Formen der Gewebeumordnungen wird die Aktin-Myosin-Kontraktilität durch größere Veränderungen in den lokalen Zell–Zell-Adhäsionsmustern koordiniert. Ein Beispiel findet sich in den Zellumordnungen, die in der frühen Entwicklung der Taufliege *Drosophila melanogaster* stattfinden. Kurz nach der Gastrulation verlängert sich das äußere Epithel des Embryos durch einen Vorgang, den man *Keimstreifverlängerung* nennt. Dabei bewegen sich Zellen nach innen entlang der dorsoventralen Achse aufeinander zu und breiten sich dann entlang der anterior-posterioren Achse aus. Die aktinabhängige Kontraktion entlang der dorsoventralen Zellgrenzen geht mit einem Verlust

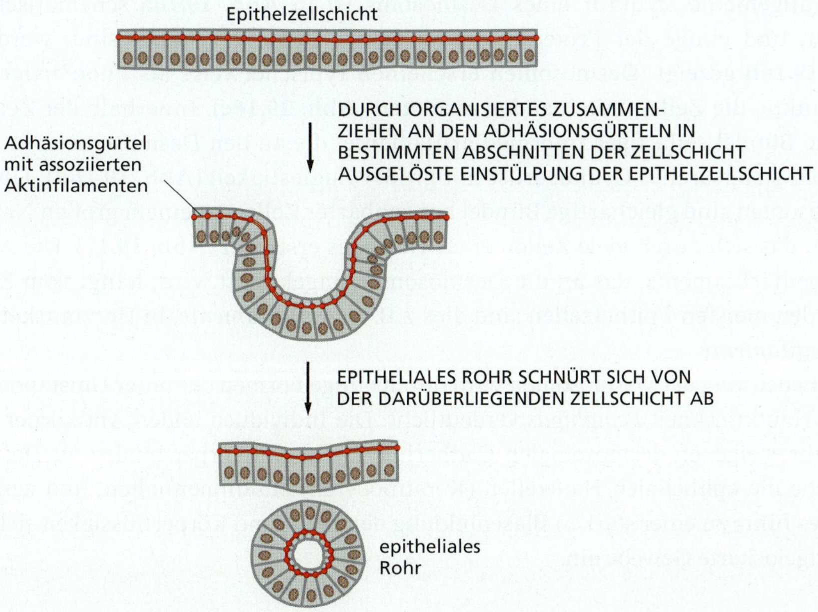

Abb. 19.14 Die Bildung eines Epithelrohrs aus einer Epithelschicht. Die gerichtete Kontraktion der Aktinfilament- und Myosinfilamentbündel, die entlang der Adhäsionsgürtel verlaufen, bewirkt, dass sich die Epithelzellen an ihren apikalen Oberflächen verjüngen und damit helfen, die gesamte Epithelschicht zu einer Röhre aufzufalten. So bildet sich beispielsweise das Neuralrohr in der frühen Vertebratenentwicklung (s. Abb. 19.8).

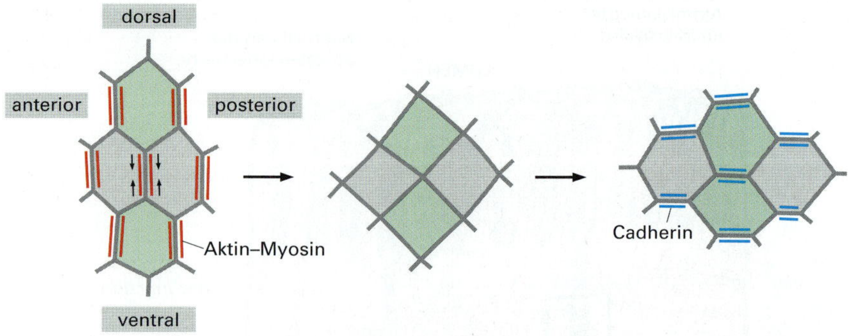

Abb. 19.15 Umbau der Zell–Zell-Adhäsionen im Epithel von *Drosophila*-Embryonen. *Links* ist eine Gruppe von Zellen im äußeren Epithel eines *Drosophila*-Embryos dargestellt. Während der Keimstreifverlängerung bewegen sich die Zellen auf der dorsoventralen Achse aufeinander zu (*Mitte*) und dehnen sich dann entlang der anterior-posterioren Achse aus (*rechts*). Das Ergebnis ist ein Einschub (Interkalation): Zellen, die ursprünglich entlang der dorsoventralen Achse weit entfernt voneinander waren (*grün*), sind nun zwischen die Zellen eingeschoben (*grau*), die sie vorher voneinander trennten. Diese Umordnungen hängen von der räumlichen Regulierung der kontraktilen Aktin–Myosin-Bündel ab, die hauptsächlich an den vertikalen (senkrechten) Zellgrenzen angeordnet sind (*rot, links*). Die Kontraktion dieser Bündel ist von der Entfernung des E-Cadherins an denselben Zellgrenzen (nicht gezeigt) begleitet, was zum Schrumpfen und Verlust der Adhäsion entlang der vertikalen Achse (*Mitte*) führt. Neue auf Cadherin beruhende Adhäsionen (*blau, rechts*) bilden sich dann und dehnen sich entlang der horizontalen Grenzen aus, sodass sich die Zellen in die anterior-posteriore Dimension ausdehnen.

spezifischer adhärenter Verbindungen einher, um es den Zellen zu ermöglichen, sich zwischen andere Zellen einzuschieben (den Vorgang nennt man *Interkalation*), was zu einem längeren und engeren Epithel führt (**Abb. 19.5**). Wir verstehen noch nicht ganz die Mechanismen, die dem Abbau der Adhäsionsverbindungen entlang dorsoventraler Zellgrenzen zugrunde liegen, aber eine Möglichkeit könnte darin bestehen, dass auf Aktin basierende Kontraktionskräfte genügend fest an den Kanten der Zell–Zell-Adhäsionen ziehen, sodass sie sich ablösen – vor allem wenn die Kontraktion mit zusätzlichen Regelmechanismen gekoppelt ist, die die Anhaftung schwächen. So gibt es zum Beispiel Hinweise, dass die Umorganisation dieser und anderer Adhäsionen während der Entwicklung vom Entfernen von Cadherinen von der Zelloberfläche durch clathrinvermittelte Endocytose abhängt.

19.1.8 Desmosomen verleihen Epithelien mechanische Festigkeit

Desmosomen ähneln in ihrer Struktur den adhärenten Verbindungen. Sie enthalten aber spezialisierte Cadherine, die sich an Intermediärfilamente statt an Aktinfilamente heften. Ihre Hauptfunktion ist es, für mechanische Festigkeit zu sorgen. Desmosomen spielen bei Wirbeltieren eine wichtige Rolle, dagegen kommen sie z.B. in *Drosophila* nicht vor. Sie kommen in den meisten ausgereiften Epithelien von Vertebraten vor, und besonders viele findet man in Geweben, die einer hohen mechanischen Beanspruchung unterliegen, wie der Herzmuskel und die Epidermis, das Epithel, das die äußere Schicht der Haut bildet.

Die allgemeine Struktur eines Desmosoms ist in **Abb. 19.16a** schematisch dargestellt, und einige der Proteine, die an seiner Bildung beteiligt sind, werden in **Abb. 19.16b** gezeigt. Desmosomen erscheinen typischerweise als knopfartige Kontaktpunkte, die Zellen miteinander vernieten (**Abb. 19.16c**). Innerhalb der Zelle bilden die Bündel seilartiger Intermediärfilamente, die an den Desmosomen verankert sind, ein strukturelles Grundgerüst mit großer Zugfestigkeit (**Abb. 19.16d**). Über die Desmosomen sind gleichartige Bündel benachbarter Zellen zu einem großen Netz verknüpft, das sich durch viele Zellen eines Gewebes erstreckt (**Abb. 19.17**). Die Art des Intermediärfilaments, das an die Desmosomen angeknüpft wird, hängt vom Zelltyp ab: In den meisten Epithelzellen sind dies z.B. *Keratinfilamente*, in Herzmuskelzellen *Desminfilamente*.

Die Bedeutung der Desmosomen wird durch einige Formen der unter Umständen tödlichen Hautkrankheit *Pemphigus* verdeutlicht. Die Individuen bilden Antikörper gegen eines ihrer eigenen desmosomalen Cadherine. Diese Antikörper binden an Desmosomen, die die epithelialen Hautzellen (Keratinocyten) zusammenhalten, und zerstören sie. Dies führt zu einer starken Blasenbildung der Haut, und Körperflüssigkeit sickert in das aufgelockerte Gewebe ein.

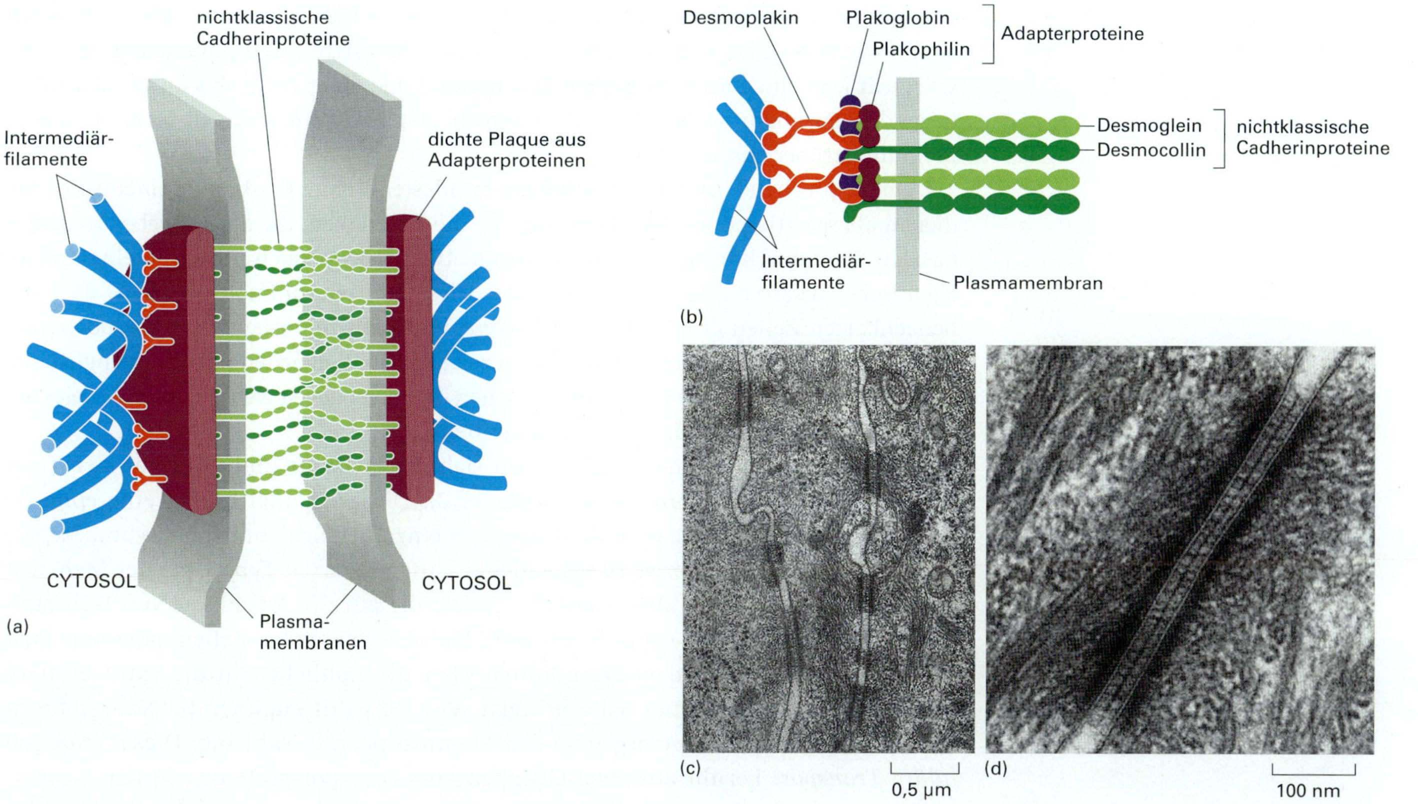

Abb. 19.16 **Desmosomen.** (a) Die Strukturelemente eines Desmosoms. Auf der cytoplasmatischen Oberfläche der beteiligten Plasmamembranen befindet sich ein dichter Fleck (eine „cytoplasmatische Plaque"), der aus einer Mischung intrazellulärer Adapterproteine besteht. Ein Bündel von Intermediärfilamenten ist an der Oberfläche einer jeden solchen Plaque verankert. Membrandurchspannende nichtklassische Cadherine binden an die Plaques; sie interagieren mit ihren extrazellulären Domänen und halten so benachbarte Membranen zusammen. (b) Einige der molekularen Bestandteile eines Desmosoms. Desmoglein und Desmocollin sind nichtklassische Cadherine. Ihre cytoplasmatischen Schwänze binden an *Plakoglobin* (γ-Catenin) und *Plakophilin* (ein entfernter Verwandter von p120-Catenin), die selbst wiederum an *Desmoplakin* binden. Desmoplakin selbst bindet weiterhin an die Intermediärfilamente und verbindet so die Desmosomen und die Filamente. (c) Elektronenmikroskopische Aufnahme von Desmosomverbindungen zwischen drei Epidermiszellen in der Haut eines Mäusebabys. (d) Teil desselben Gewebes bei stärkerer Vergrößerung. Abgebildet ist ein einzelnes Desmosom mit den daran gebundenen Intermediärfilamenten. (c und d, aus W. He, P. Cowin und D. L. Stokes, *Science* 302: 109–113, 2003. Mit Erlaubnis der AAAS).

19.1.9 *Tight Junctions* bilden eine Abdichtung zwischen Zellen und eine Barriere zwischen Membrandomänen

Schichten von Epithelzellen umschließen den Tierkörper, teilen ihn auf, zeichnen all seine Oberflächen und Vertiefungen nach und bilden interne Kompartimente, in denen spezialisierte Prozesse stattfinden. Die Epithelschicht scheint eine der Erfindungen zu sein, die am Beginn der Evolution der Tiere stand und sich dann auf viele verschiede Arten verändert hat, dabei aber ein System blieb, das auf einem Satz von konservierten molekularen Mechanismen basiert.

Im Wesentlichen sind alle Epithelien auf der einen Seite – der **basalen** Seite – mit einem anderen Gewebe verankert und auf der anderen Seite – der **apikalen** Seite – frei von solchen Verankerungen. An der Grenzfläche zum darunterliegenden Gewebe befindet sich die Basallamina, die die Verbindung vermittelt, während die apikale Oberfläche

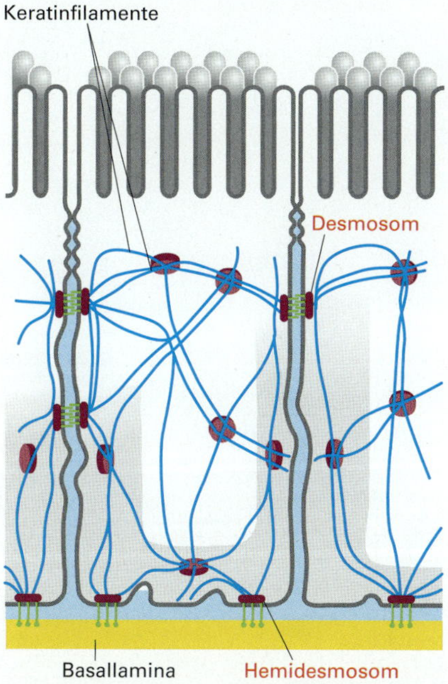

Abb. 19.17 **Desmosomen, Hemidesmosomen und das Netz aus Intermediärfilamenten.** Die Keratin-Intermediärfilamentnetzwerke benachbarter Zellen – in diesem Beispiel Epithelzellen des Dünndarms – sind indirekt miteinander durch Desmosomen und mit der Basallamina durch Hemidesmosomen verbunden.

des Epithels im Allgemeinen von der extrazellulären Flüssigkeit umspült wird. Somit sind – wie in Kapitel 16 thematisiert – alle Epithelien strukturell **polarisiert**, genauso wie auch jede einzelne ihrer Zellen: Das basale Ende einer Zelle, das an der darunterliegenden Basallamina befestigt ist, unterscheidet sich vom apikalen Ende, das dem Medium darüber ausgesetzt ist.

Dementsprechend ist allen Epithelien mindestens eine Funktion gemeinsam: Sie dienen als selektiv permeable Barrieren, die die Flüssigkeit, die das Gewebe auf seiner basalen Seite durchdringt, von der Flüssigkeit auf der apikalen Seite, die eine andere chemische Zusammensetzung hat, trennt. Diese Barrierefunktion erfordert, dass die benachbarten Zellen durch **undurchlässige Verbindungen** (auch als okkludierende Anschlussstelle oder Schließverbindung bezeichnet, im Folgenden nach dem englischen Ausdruck ***Tight Junctions*** genannt) zwischen ihnen versiegelt werden, sodass Moleküle nicht frei durch die Zellschicht strömen können.

Anhand des Dünndarmepithels lassen sich die Struktur und Funktion der *Tight Junctions* gut veranschaulichen (s. **Abb. 19.2**). Dieses Epithel besitzt eine *einfache zylindrische* Struktur, d.h. es besteht aus einer einzelnen Schicht hoher (zylindrischer) Zellen. Diese Zellen gehören zu verschieden differenzierten Typen, bei der Mehrheit handelt es sich aber um absorbierende Zellen, die auf die Aufnahme von Nährstoffen aus dem *Darmlumen* spezialisiert sind. Die absorbierenden Zellen müssen jedoch selektiv Nährstoffe aus dem Darmlumen über die Epithelien in die extrazelluläre Flüssigkeit auf der anderen Seite bringen. Von dort diffundieren die Nährstoffe in kleine Blutgefäße und versorgen so den Organismus mit Nahrung. Dieser *transzelluläre Transport* beruht auf zwei Gruppen von Transportproteinen in der Plasmamembran der absorbierenden Zelle. Eine Gruppe befindet sich ausschließlich an der apikalen (dem Lumen zugewandten) Seite der Zellen und transportiert aktiv ausgewählte Nährstoffe aus dem Darm in die Zelle. Die andere Gruppe der Transporter ist ausschließlich in den *basolateralen* (unteren und seitlichen) Oberflächen der Zellen zu finden. Sie erlaubt den aufgenommenen Nährstoffmolekülen, durch passiven Transport in die extrazelluläre Flüssigkeit auf der anderen Seite des Epithels zu gelangen. Damit dieser Transport effektiv ist, müssen die freien Räume zwischen den Zellen vollständig dicht sein, damit die Nahrungsmoleküle nicht durch sie hindurch in den Darm zurückdiffundieren können (**Abb. 19.18**). Darüber hinaus müssen die Transportproteine korrekt in den Plasmamembranen verteilt sein: Die apikalen Transporter müssen zur apikalen Membran befördert werden und dürfen nicht zur basolateralen Membran wandern; Die basolateralen Transporter müssen zur basolateralen Membran befördert werden und dort verbleiben. Die *Tight Junctions* können nicht nur die Lücken zwischen den Zellen versiegeln, sondern sie fungieren auch als „Zäune“, die dabei helfen, die apikalen oder basolateralen Proteine daran zu hindern, in die falsche Region zu diffundieren.

Die abdichtende Funktion der *Tight Junctions* ist experimentell leicht zu zeigen: Ein Markermolekül mit niedriger molekularer Masse, dass auf der einen Seite eines Epithels zugegeben wird, kann im Allgemeinen die *Tight Junctions* nicht passieren (**Abb. 19.19**). Diese Abdichtung ist aber nicht vollständig. Sie ist zwar immer undurchlässig für Makromoleküle, ihre Durchlässigkeit für Ionen und andere kleine Moleküle variiert jedoch stark in den unterschiedlichen Epithelien. *Tight Junctions* der Epithelien, die den Dünndarm auskleiden, sind beispielsweise 10 000-mal durchlässiger für anorganische Ionen wie Na^+ als die *Tight Junctions* der Epithelien der Blase. Die Bewegung der Ionen und anderer Moleküle zwischen den Epithelzellen nennt man *parazellulären Transport*. Gewebespezifische Unterschiede in den Transportgeschwindigkeiten resultieren gewöhnlich aus Unterschieden in der Proteinzusammensetzung der beteiligten *Tight Junctions*.

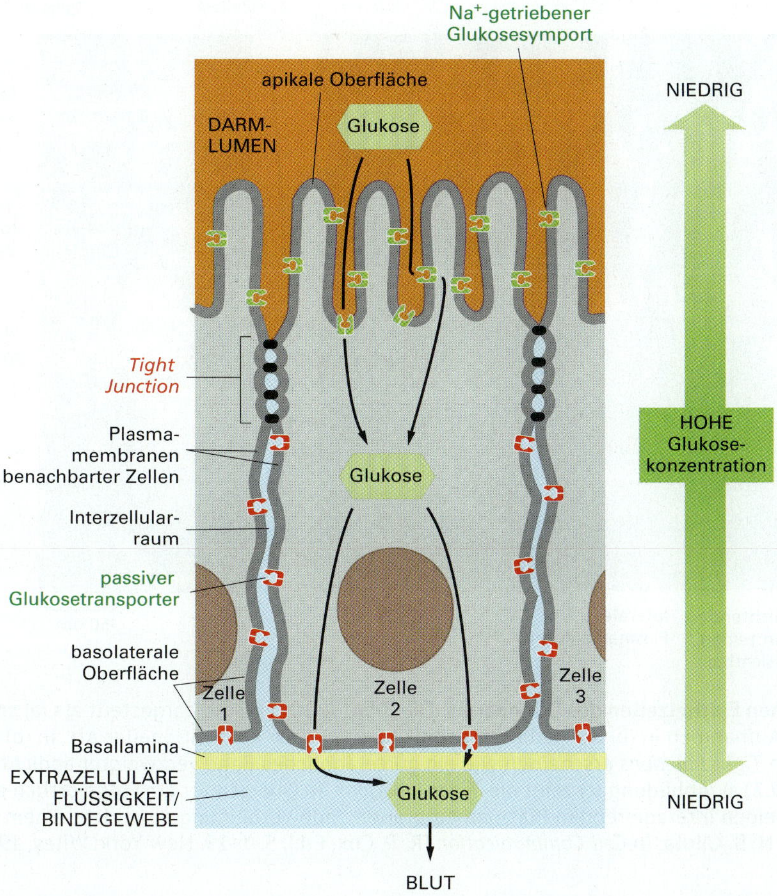

Abb. 19.18 Die Bedeutung der *Tight Junctions* für den Transport zwischen Zellen. Der Übersichtlichkeit halber sind nur die *Tight Junctions* dargestellt. Transportproteine sind auf verschiedene Bereiche in der Plasmamembran von Zellen des Dünndarmepithels beschränkt. Diese Aufteilung führt zu einem gerichteten Transport von Nährstoffen über das Epithel aus dem Darmlumen zum Blut. Im dargestellten Beispiel wird Glukose aktiv durch Na^+-getriebene Glukosetransporter an der apikalen Oberfläche in die Zelle transportiert und gelangt durch passive Glukosetransporter in der basolateralen Membran aus der Zelle. Man nimmt an, dass die *Tight Junctions* die Transportproteine in ihrer jeweiligen Membran eingrenzen, indem sie Diffusionsbarrieren oder „Zäune" in der Lipid-Doppelschicht der Plasmamembran bilden. Außerdem verhindern sie den Rückfluss von Glukose von der basolateralen Seite des Epithels in das Darmlumen.

19.1.10 *Tight Junctions* enthalten Stränge von Transmembran-Adhäsionsproteinen

Benutzt man die Gefrierbruch-Elektronenmikroskopie zur Darstellung von *Tight Junctions*, sehen sie aus wie ein sich verzweigendes Netz *abdichtender Stränge*, die die apikalen Enden aller Zellen einer Epithelschicht vollständig umschließen (**Abb. 19.20a** und **19.20b**). Mithilfe der konventionellen Elektronenmikroskopie kann man erkennen, dass die äußeren Bereiche der beiden miteinander interagierenden Plasmamembranen dort fest miteinander verbunden sind, wo sich diese abdichtenden Stränge befinden

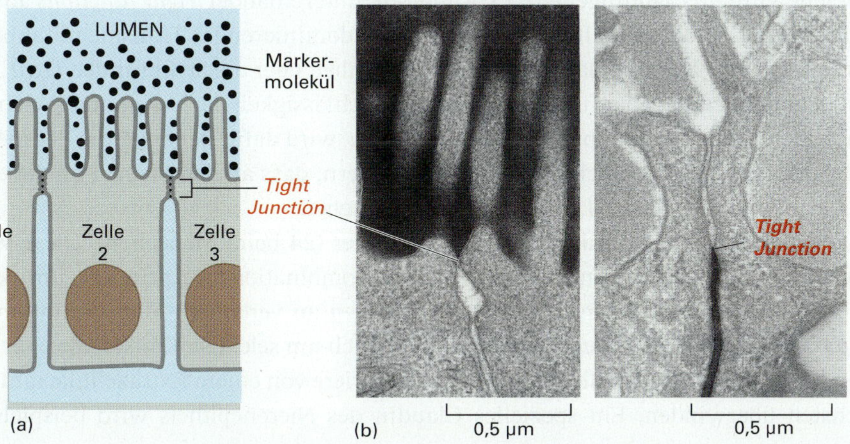

Abb. 19.19 Durch *Tight Junctions* können Epithelien als Diffusionsbarriere für gelöste Stoffe dienen. (a) Die schematische Darstellung zeigt, dass ein kleines, auf einer Seite der Epithelschicht eingeführtes extrazelluläres Markermolekül die *Tight Junctions*, die benachbarte Zellen abdichten, nicht überwinden kann. Adhärente Verbindungen und andere Zellverbindungen sind der Übersichtlichkeit halber weggelassen. (b) Elektronenmikroskopische Aufnahmen von Zellen eines Epithels, denen ein kleines extrazelluläres, elektronendichtes Markermolekül entweder von der apikalen (*linkes* Bild) oder der basolateralen (*rechtes* Bild) Seite zugegeben wurde. Der Marker wurde von den *Tight Junctions* am Durchtritt in beide Richtungen gehindert. (b, mit freundlicher Genehmigung von Daniel Friend. Mit Erlaubnis von E. L. Bearer).

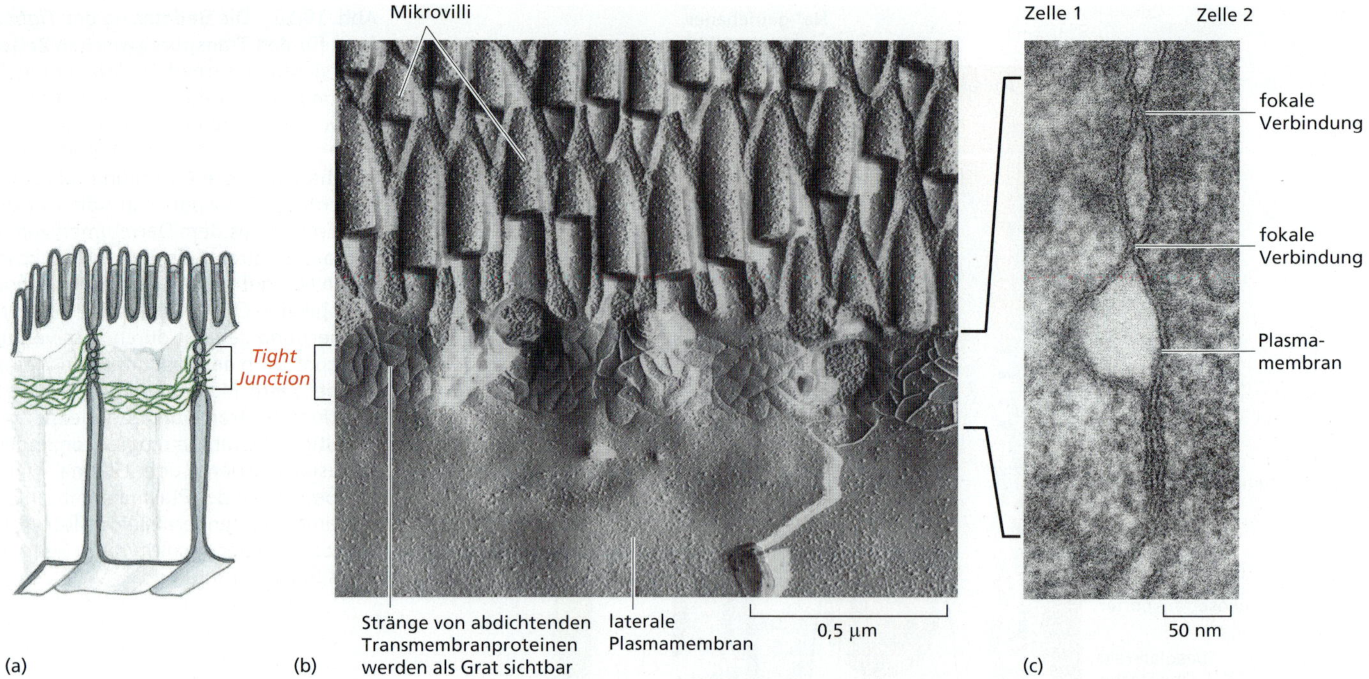

Abb. 19.20 Die Struktur einer *Tight Junction* zwischen Epithelzellen des Dünndarms. Die *Tight Junctions* sind dargestellt als (a) schematische Abbildung und in elektronenmikroskopischen Aufnahmen in (b) Gefrierbruchtechnik bzw. (c) nach konventioneller Art. In (b) liegt die Darstellungsebene parallel zur Plasmamembran; die *Tight Junctions* erscheinen wie ein gürtelähnliches Band verzweigter abdichtender Stränge, das jede Zelle im Epithel umgibt (s. **Abb. 19.21a**). Abbildung (c) zeigt die *Tight Junctions* im Querschnitt als Folge örtlich begrenzter Kontakte zwischen den äußeren Schichten der beiden interagierenden Plasmamembranen. Jede Verbindung entspricht einem der abdichtenden Stränge im Querschnitt. (b und c, aus N. B. Gilula, in *Cell Communication* [R. P. Cox, Ed.], S. 1–29. New York: Wiley, 1974. Mit Genehmigung von John Wiley & Sons).

(**Abb. 19.20c**). Jeder abdichtende Strang besteht aus einer langen Reihe von transmembranen, homophilen Adhäsionsproteinen, die in jede der beiden interagierenden Plasmamembranen eingebettet sind. Die extrazellulären Domänen dieser Proteine sind direkt miteinander verbunden und schließen so den interzellulären Raum aus (**Abb. 19.21**).

Den Hauptanteil dieser Transmembranproteine bilden die *Claudine*, die für die Bildung und Funktion von *Tight Junctions* notwendig sind. Zum Beispiel bilden Mäuse, denen das Claudin-1-Gen fehlt, keine *Tight Junctions* zwischen den Zellen in der epidermalen Schicht der Haut. Als Folge davon verlieren solche neugeborenen Mäuse schnell Wasser durch Verdunstung über die Haut und sterben innerhalb eines Tages nach der Geburt. Umgekehrt bilden nichtepitheliale Zellen wie Fibroblasten, die künstlich dazu gebracht wurden, Claudingene zu exprimieren, untereinander *Tight Junctions* aus. Normale *Tight Junctions* enthalten auch ein zweites dominierendes Transmembranprotein, das sogenannte *Occludin*, das für den Zusammenbau oder die Struktur der *Tight Junctions* nicht notwendig, aber für die begrenzte Durchlässigkeit der Verbindung wichtig ist. Ein drittes Transmembranprotein, das *Tricellulin*, wird dafür benötigt, die Zellmembranen gegeneinander abzudichten und zu verhindern, dass an den Stellen, an denen drei Zellen aufeinandertreffen, Lecks im Epithel entstehen.

Die *Claudin*-Proteinfamilie hat viele Mitglieder (24 beim Menschen). Diese werden in verschiedenen Epithelien in verschiedenen Kombinationen exprimiert, um der Epithelschicht besondere Permeabilitätseigenschaften zu verleihen. Man nimmt an, dass sie *parazelluläre Poren* bilden. Dabei handelt es sich um selektive Kanäle, die es ermöglichen, dass spezielle Ionen die *Tight Junction*-Barriere von einem Extrazellularraum zum nächsten überwinden. Ein spezielles Claudin des Nierenepithels wird beispielsweise

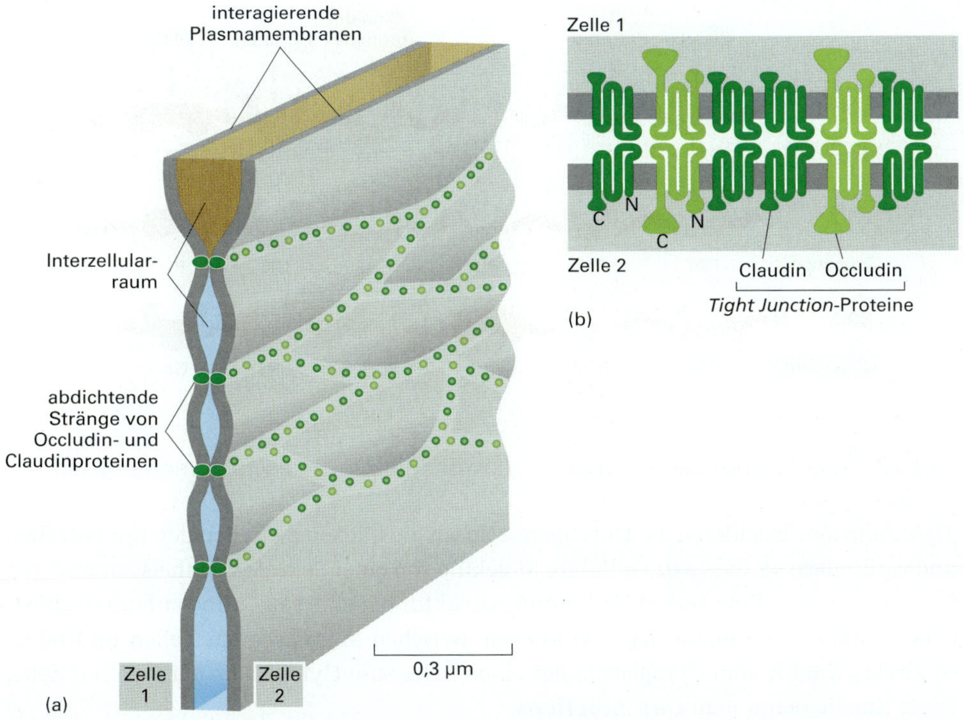

Abb. 19.21 Modell einer *Tight Junction*. (a) Die schematische Darstellung zeigt, wie die abdichtenden Stränge benachbarte Plasmamembranen miteinander verbinden. Die Stränge bestehen aus Transmembranproteinen, die sich im Interzellulärraum berühren und so eine Abdichtung bilden. (b) Die molekulare Zusammensetzung eines abdichtenden Stranges. Die wichtigsten extrazellulären Bestandteile der *Tight Junction* sind Mitglieder einer Familie von Proteinen mit vier Transmembrandomänen. Eines dieser Proteine, Claudin, ist für den Aufbau und die Struktur der abdichtenden Stränge am wichtigsten, während das verwandte Protein *Occludin* die Durchlässigkeit der Verbindung steuert. Die zwei Enden dieser Proteine liegen beide auf der cytoplasmatischen Seite der Membran, wo sie mit großen Gerüstproteinen wechselwirken, die die abdichtenden Stränge organisieren und die *Tight Junctions* mit dem Aktincytoskelett verbinden (hier nicht gezeigt, aber in **Abb. 19.22** zu sehen).

benötigt, um Mg^{2+} zwischen den einzelnen Zellen der Nierentubuli passieren zu lassen, sodass die Ionen aus dem Urin ins Blut resorbiert werden können. Eine Mutation im Gen dieses Claudins führt entsprechend zu einem großen Magnesiumverlust über den Urin.

19.1.11 Gerüstproteine organisieren Verbindungsproteinkomplexe

Wie die Cadherinmoleküle in den adhärenten Verbindungen wechselwirken Claudine und Occludine einer *Tight Junction* miteinander in ihren extrazellulären Regionen, um den Aufbau der Verbindung zu fördern. Außerdem hängt wie in den adhärenten Verbindungen die Organisation der Adhäsionsproteine in einer *Tight Junction* von zusätzlichen Proteinen ab, die an die cytoplasmatische Seite der Adhäsionsproteine binden. Die organisierenden Schlüsselproteine an den *Tight Junctions* sind die *Zona occludens* (*ZO*)-Proteine. Die drei Hauptmitglieder der ZO-Familie – ZO-1, ZO-2 und ZO-3 – sind große Gerüstproteine, die die strukturelle Grundlage liefern, auf der die *Tight Junction* aufgebaut ist. Diese intrazellulären Moleküle bestehen aus einer Aneinanderreihung von Proteinbindungsdomänen, typischerweise gehören einige **PDZ-Domänen** dazu, die den C-terminalen Schwanz spezifischer Partnerproteine erkennen und binden können (**Abb. 19.22**). Eine Domäne dieser Gerüstproteine kann sich an ein Claudinprotein anlagern, während andere sich an Occludin oder das Aktincytoskelett anlagern. Zudem kann ein Gerüstprotein an ein anderes binden. Auf diese Weise baut eine Zelle ein Maschenwerk aus intrazellulären Proteinen zusammen, die die abdichtenden Stränge der *Tight Junction* organisiert und positioniert.

Das Netz aus abdichtenden Strängen der *Tight Junctions* liegt üblicherweise genau apikal zu den adhärenten Verbindungen und Desmosomen, die die Zellen mechanisch verbinden. Dieses gesamte System nennt man einen *Verbindungskomplex* (s. **Abb. 19.2**). Die Komponenten dieses Verbindungskomplexes sind bei der Entstehung voneinander abhängig. Anti-Cadherin-Antikörper z.B., die die Bildung von adhärenten Verbindungen blockieren, hemmen auch die Bildung von *Tight Junctions*.

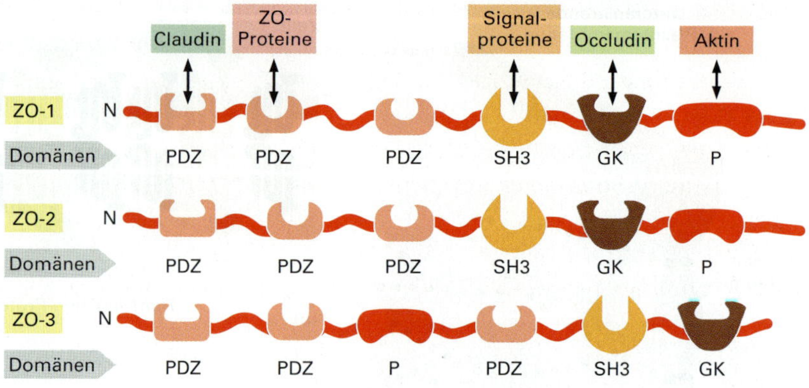

Abb. 19.22 Gerüstproteine an den *Tight Junctions*. Die Gerüstproteine ZO-1, ZO-2 und ZO-3 sind unterhalb der Plasmamembran an den *Tight Junctions* konzentriert. Jedes der Proteine enthält mehrere Proteinbindungsdomänen, einschließlich dreier PDZ-Domänen, einer SH3-Domäne, einer GK-Domäne und einer prolinreichen Domäne (P), die wie Perlen auf einer Schnur miteinander verbunden sind. Diese Domänen ermöglichen es den Proteinen, miteinander und mit zahlreichen anderen Partnern, wie hier mit *Pfeilen* gezeigt, zu wechselwirken, um ein dicht gewebtes Proteinnetzwerk zu erzeugen, das den abdichtenden Strang der *Tight Junction* organisiert und mit dem Aktincytoskelett verbindet. Gerüstproteine mit ähnlichen Strukturen helfen dabei, andere verbindende Komplexe, einschließlich derer an den neuralen Synapsen, zu organisieren.

19.1.12 *Gap Junctions* koppeln Zellen sowohl elektrisch als auch metabolisch

Tight Junctions blockieren die Durchgänge durch die Lücken zwischen den Epithelzellen und verhindern so, dass extrazelluläre Moleküle von einer Seite des Epithels zur anderen Seite entweichen. Eine andere Verbindungsstruktur hat eine von Grund auf unterschiedliche Funktion: Sie überbrückt die Lücken zwischen angrenzenden Zellen und bildet so direkte Kanäle vom Cytoplasma der einen Zelle zum Cytoplasma der anderen Zelle. Diese Kanäle nennt man ***Gap Junctions***.

Gap Junctions kommen in fast allen tierischen Geweben vor, einschließlich Bindegewebe sowie Epithelien und Herzmuskel. Unter dem Elektronenmikroskop sieht jede *Gap Junction* wie ein Fleck aus, an dem die Membranen benachbarter Zellen durch einen gleichförmigen schmalen Spalt von 2–4 nm Breite getrennt sind (**Abb. 19.23**). Dieser Spalt wird von kanalbildenden Proteinen durchspannt, von denen es zwei verschiedene Familien gibt, die sogenannten *Connexine* und *Innexine*. Connexine sind die vorherrschenden Proteine der *Gap Junctions* in Wirbeltieren mit 21 Isoformen beim Menschen. Innexine treten in den *Gap Junctions* bei den Wirbellosen auf.

Gap Junctions haben eine Porengröße von ungefähr 1,4 nm, was den Austausch von anorganischen Ionen und anderen kleinen, wasserlöslichen Molekülen, aber nicht von

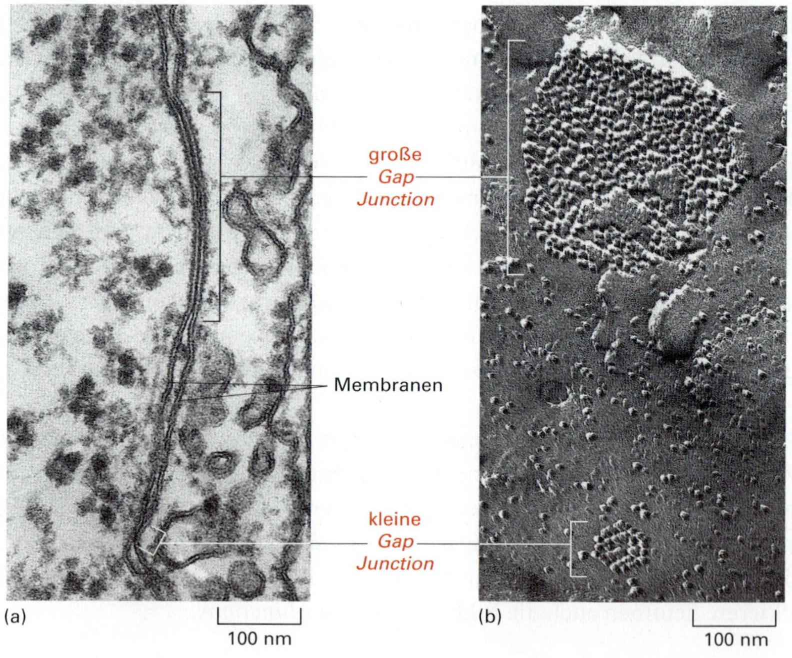

Abb. 19.23 *Gap Junctions* im Elektronenmikroskop. Elektronenmikroskopische Aufnahmen von einem Dünnschnitt (a) und einem Gefrierbruch (b) einer großen und einer kleinen *Gap Junction*-Plaque zwischen Fibroblasten in Gewebekultur. In (b) erkennt man die *Gap Junctions* als Anhäufungen von homogenen Intramembranpartikeln. Jedes Intramembranpartikel entspricht einem Connexon (s. **Abb. 19.25**). (Aus N. B. Gilula, in *Cell Communication* [R. P. Cox, ed.], pp. 1–29. New York: Wiley, 1974. Mit Genehmigung von John Wiley & Sons).

Makromolekülen wie Proteinen oder Nukleinsäuren ermöglicht (**Abb. 19.24**). Entsprechend bewirkt ein durch eine Mikroelektrode in eine Zelle injizierter elektrischer Reiz über den Fluss von Ionen, die eine elektrische Ladung über die *Gap Junctions* transportieren, eine elektrische Störung in der Nachbarzelle. Diese elektrische Kopplung durch *Gap Junctions* dient in Geweben, die elektrisch reizbare Zellen enthalten, einer offensichtlichen Funktion: Aktionspotenziale können sich schnell von Zelle zu Zelle ausbreiten und dies ohne die Verzögerung, wie sie an den chemischen Synapsen auftritt. Bei Wirbeltieren z.B. bewirkt die elektrische Kopplung durch *Gap Junctions* eine Synchronisation der Kontraktion der Herzmuskelzellen und der glatten Muskelzellen, die die Peristaltik des Darms steuern. *Gap Junctions* findet man aber auch in vielen Geweben, die keine elektrisch reizbaren Zellen aufweisen. Generell gilt, dass das gemeinsame Nutzen kleiner Metabolite und Ionen es möglich macht, die Aktivität einzelner Zellen in solchen Geweben zu koordinieren und Schwankungen in den Konzentrationen kleiner Moleküle auszugleichen.

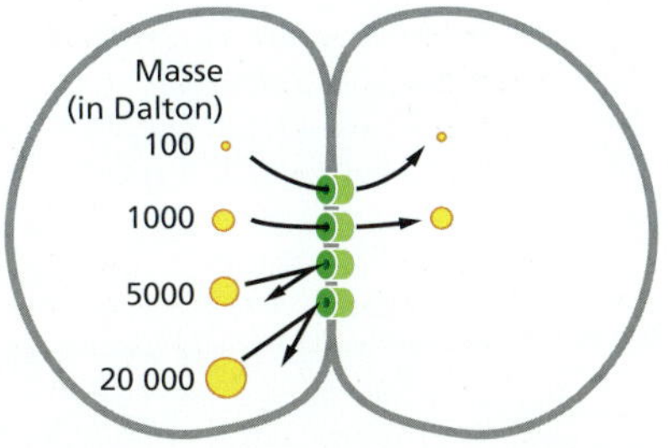

Abb. 19.24 Bestimmung der Größe eines *Gap Junction*-Kanals. Injiziert man fluoreszierende Moleküle unterschiedlicher Größe in zwei Zellen, die durch *Gap Junctions* miteinander verbunden sind, können Moleküle mit einer kleineren Masse als 1000 Dalton von Zelle zu Zelle überwechseln, größere Moleküle dagegen nicht. Daher teilen die gekoppelten Zellen ihre kleinen Moleküle miteinander (wie anorganische Ionen, Zucker, Aminosäuren, Nukleotide, Vitamine und die beiden intrazellulären Signalmoleküle cyclisches AMP und Inositoltriphosphat), aber nicht ihre Makromoleküle (Proteine, Nukleinsäuren und Polysaccharide).

19.1.13 Das Connexon in *Gap Junctions* besteht aus sechs transmembranen Connexin-Untereinheiten

Connexine sind Proteine mit vier Transmembran-Helices, sechs Connexine bilden einen *Semikanal* oder **Connexon**. Wenn sich die Connexone in der Plasmamembran zweier benachbarter Zellen entsprechend ausrichten, bilden sie einen durchgängigen, wassergefüllten Kanal, der die Zellinhalte miteinander verbindet (**Abb. 19.25**). Eine *Gap Junction* besteht aus vielen solchen Connexonpaaren, die eine Art Molekularsieb bilden. Das Molekularsieb bietet nicht nur einen Kommunikationskanal zwischen den Zellen, sondern auch eine Form der Zell–Zell-Adhäsion, die die cadherin- und claudinvermittelte Adhäsionen – wie sie bereits früher besprochen wurden – ergänzt.

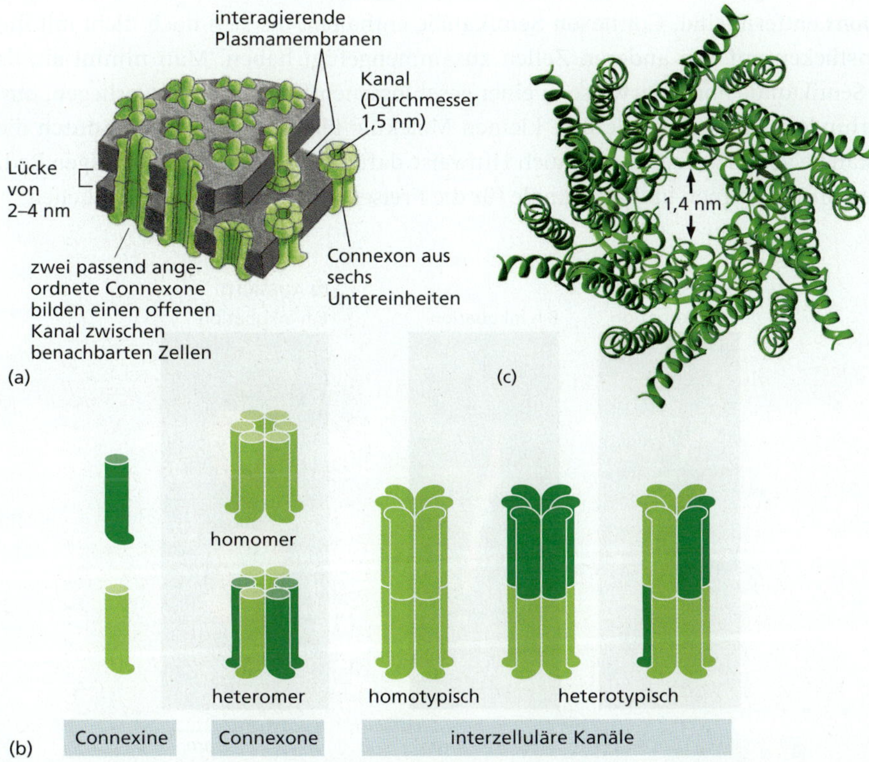

Abb. 19.25 *Gap Junctions.* (a) Schematische Darstellung der interagierenden Plasmamembranen zweier benachbarter Zellen, die durch *Gap Junctions* verbunden sind. Jede Lipid-Doppelschicht ist als ein *graues* Blatt dargestellt. Proteinkomplexe, die Connexone (*grün*) genannt werden, werden aus sechs *Connexin*- Untereinheiten gebildet und können die aneinanderliegenden Lipid-Doppelschichten durchdringen. Zwei Connexone überbrücken die Lücke zwischen den Zellen und bilden einen kontinuierlichen wassergefüllten Kanal, der die beiden Zellen verbindet. (b) Die Organisation der Connexine in Connexonen und der Connexone in Kanäle zwischen den Zellen. Die Connexone können Homomere oder Heteromere sein. Die Kanäle zwischen den Zellen können homotypisch oder heterotypisch sein. (c) Mittels Röntgenstrukturanalyse bestimmte hoch aufgelöste Struktur eines homomeren *Gap Junction*-Kanals des menschlichen Connexins 26. In dieser Ansicht sieht man auf die Pore, die von sechs Connexin-Untereinheiten gebildet wird. Die Struktur zeigt die allgemeinen Eigenschaften des Kanals und legt eine Porengröße von ungefähr 1,4 nm nahe, wie sie nach Untersuchungen der *Gap Junction*- Durchlässigkeit mit Molekülen unterschiedlicher Größe postuliert wurde (s. **Abb. 19.24**). (PDB-Code: 2ZW3.)

Gap Junctions in verschiedenen Geweben können unterschiedliche Eigenschaften haben, da sie aus unterschiedlichen Kombinationen von Connexinen gebildet werden, sodass Kanäle entstehen, die sich in ihrer Permeabilität und Regulierung unterscheiden. Die meisten Zellarten exprimieren mehr als einen Connexintyp und zwei verschiedene Connexinproteine können sich zu einem heteromeren Connexon mit seinen eigenen besonderen Eigenschaften zusammenlagern. Zudem können benachbarte Zellen, die unterschiedliche Connexine exprimieren, einen Kanal zwischen den Zellen bilden, der aus zwei unterschiedlichen Hälften besteht (s. **Abb. 19.25b**).

Wie gewöhnliche Ionenkanäle (s. Kapitel 11) sind auch *Gap Junctions* nicht ständig geöffnet; sie wechseln zwischen offenen und geschlossenen Zuständen. Diese Änderungen werden durch eine Reihe von Reizen ausgelöst; zu diesen zählen ein Spannungsunterschied zwischen den beiden verbundenen Zellen, das Membranpotenzial jeder Zelle und verschiedene chemische Eigenschaften des Cytoplasmas, einschließlich pH-Wert und freie Ca^{2+}-Konzentration. Manche Subtypen der *Gap Junctions* können auch über extrazelluläre Signale wie Neurotransmitter reguliert werden. Wir haben gerade erst begonnen, die physiologischen Funktionen und strukturellen Grundlagen dieser verschiedenen Verschlussmechanismen zu verstehen.

Jede *Gap Junction*-Plaque ist eine dynamische Struktur, die leicht gebildet, aufgelöst oder umgebaut werden kann. Sie kann Gruppen von einigen wenigen bis zu vielen Tausenden von Connexonen enthalten (s. **Abb. 19.23b**). Untersuchungen mit fluoreszenzmarkierten Connexinen in lebenden Zellen zeigen, dass sich um eine existierende *Gap Junction* herum kontinuierlich neue Connexone bilden, während alte Connexone aus der Mitte heraus entfernt und zerstört werden (**Abb. 19.26**). Dieser Umsatz erfolgt schnell: Die Connexinmoleküle haben eine Halbwertszeit von nur wenigen Stunden.

Der Mechanismus zur Entfernung von alten Connexonen aus der Mitte der Plaques heraus ist nicht bekannt, aber wie neue Connexone an den Rand geliefert werden, scheint aufgeklärt zu sein: Sie werden wie andere integrale Membranproteine durch Exocytose in die Plasmamembran eingefügt und diffundieren solange in der Membranebene bis sie an den Rand einer Connexon-Plaque anstoßen und dort festgehalten werden. Das hat folgende logische Konsequenz: Die Plasmamembran sollte an Stellen, die von *Gap Junctions* entfernt sind, Connexon-Semikanäle enthalten, die sich noch nicht mit ihren Gegenstücken auf den anderen Zellen zusammengefügt haben. Man nimmt an, dass diese Semikanäle normalerweise in einer geschlossenen Konformation vorliegen, um so zu verhindern, dass die Zelle ihre kleinen Moleküle über ein Ausströmen durch diese Semikanäle verliert. Aber es gibt auch Hinweise dafür, dass sie sich unter einigen Bedingungen öffnen können und als Kanäle für die Freisetzung kleiner Moleküle dienen.

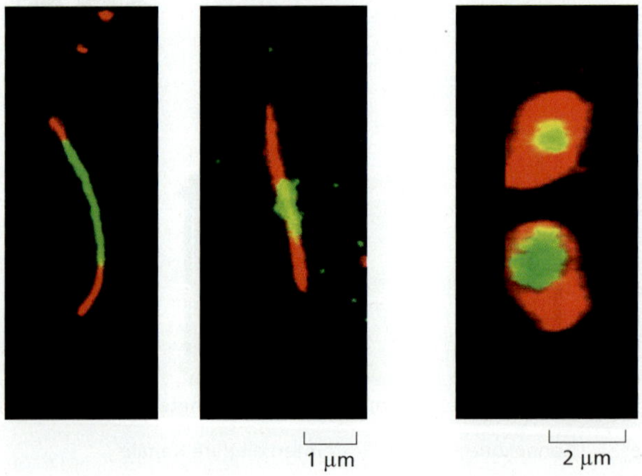

Abb. 19.26 **Connexin-Umsatz an *Gap Junctions*.** Zellen wurden mit einem leicht modifizierten Connexingen transfiziert, das ein *Connexin* mit einem kurzen Anhängsel (engl. *tag*) codiert, das vier Cysteine der Sequenz Cys-Cys-X-X-Cys-Cys (wobei X für eine beliebige Aminosäure steht) enthält. Dieser *Tetracystein-Tag* kann fest an bestimmte kleine, fluoreszierende Farbstoffmoleküle binden, die dem Kulturmedium zugesetzt werden und die dann leicht durch Diffusion über die Plasmamembran in die Zelle gelangen. Im abgebildeten Experiment wurde zuerst ein grüner Farbstoff zugegeben, um alle Connexinmoleküle in den Zellen zu markieren. Dann wurden die Zellen gewaschen und für 4 oder 8 Stunden inkubiert. Im Anschluss daran wurde dem Medium ein roter Farbstoff hinzugefügt, die Zellen wurden noch einmal gewaschen und dann fixiert. Connexinmoleküle, die schon zu Beginn des Experiments vorhanden waren, sind grün gefärbt (und nehmen keinen roten Farbstoff auf, weil ihre Tetracystein-*Tags* schon mit grünem Farbstoff gesättigt sind), während Connexine, die später, während der 4- oder 8-stündigen Inkubation synthetisiert wurden, rot gefärbt sind. Die Fluoreszenzaufnahmen zeigen *Gap Junctions* zwischen Zellpaaren, die auf diese Weise behandelt wurden. Der zentrale Teil der *Gap Junction*-Plaque ist *grün*, was bedeutet, dass er aus alten Connexinmolekülen besteht, während der Rand *rot* ist, was darauf hinweist, dass er aus *Connexinen* besteht, die während der vorangegangenen 4 oder 8 Stunden synthetisiert wurden. Je länger die Inkubationszeit war, desto kleiner sind die grünen zentralen Flecken aus alten Molekülen und desto größer ist der äußere Ring aus neuen Molekülen, die eingelagert wurden, um die alten Moleküle zu ersetzen. (Aus G. Gaietta *et al.*, *Science* 296: 503–507, 2002. Mit Erlaubnis der AAAS).

19.1.14 Plasmodesmata übernehmen in Pflanzen viele der Funktionen von *Gap Junctions*

Die Gewebe der Pflanzen werden von anderen Bauprinzipien bestimmt als die der Tiere. Dies liegt daran, dass Pflanzenzellen vollständig von einer festen *Zellwand*, bestehend aus einer extrazellulären Matrix aus vorwiegend Zellulose und Polysacchariden, umgeben sind, die wir später beschreiben werden. Die Zellwände benachbarter Zellen sind untrennbar miteinander verbunden, sodass keine Notwendigkeit für verankernde Verbindungen besteht, die die Zellen an Ort und Stelle halten. Dennoch sollte eine Zell–Zell-Kommunikation möglich sein. Daher findet man in Pflanzen nur eine Klasse von Verbindungen zwischen Zellen, die **Plasmodesmata** (Sg.: Plasmodesma), die ähnlich wie *Gap Junctions* das Cytoplasma benachbarter Zellen direkt miteinander verbinden.

Da die Zellwand zwischen benachbarten Pflanzenzellen meist eine Mindeststärke von 0,1 µm aufweist, sind andere Strukturen als *Gap Junctions* erforderlich, um die Kommunikation über die Zellwand zu gewährleisten. Plasmodesmata lösen dieses Problem. Sie verbinden, von nur wenigen Ausnahmen abgesehen, jede lebende Pflanzenzelle mit ihrer lebenden Nachbarzelle durch feine Cytoplasmakanäle, die sich durch die Zellwände hindurchziehen. Wie in **Abb. 19.27a** dargestellt, gehen die Plasmamembranen benachbarter Zellen an den Plasmodesmata ineinander über. Das Cytoplasma der Nachbarzellen ist durch einen annähernd zylindrischen Kanal verbunden, der einen Durchmesser von 20–40 nm hat.

In den meisten Plasmodesmata verläuft durch das Kanalzentrum eine enge, zylindrische Struktur, der *Desmotubulus*, der mit Teilen des glatten Endoplasmatischen Reticulums (ER) der beiden verknüpften Zellen kontinuierlich verbunden ist (**Abb. 19.27b–d**). Zwischen der Außenseite des Desmotubulus und der Innenseite des zylindrischen Kanals, der von der Plasmamembran gebildet wird, befindet sich eine mit Cytosol angefüllte, ringförmige Röhre, durch die kleine Moleküle von Zelle zu Zelle gelangen können. Wenn bei der Zellteilung während der Cytokinese neue Zellwände entstehen, müssen Plasmodesmata in sie eingebaut werden. Sie bilden sich um Teile des glatten ER, die in der sich bildenden Zellplatte eingeschlossen wurden (s. Kapitel 17). Sie können auch vollkommen neu in schon bestehende Zellwände eingefügt werden. Man findet sie dann häufig in den „*Tüpfelfeldern*“ (engl. *pit fields*). Nicht mehr benötigte Plasmodesmata können abgebaut werden.

Trotz des sehr unterschiedlichen Aufbaus von Plasmodesmata und *Gap Junctions* ist ihre Aufgabe bemerkenswert ähnlich. Injektionsversuche mit Größenmarkern haben ergeben, dass Plasmodesmata eine Ausschlussgröße von 800 Da haben (Moleküle mit einer Masse von weniger als ungefähr 800 Da können passieren), ähnlich wie die Ausschlussgröße der *Gap Junctions*. Der Transport durch Plasmodesmata ist wie der durch *Gap Junctions* reguliert. Injektionsversuche mit Farbstoffen belegen, dass selbst Moleküle mit einer kleinen molekularen Masse sich bisweilen nicht ungehindert zwischen bestimmten Zellen oder Gruppen von Zellen trotz scheinbar unveränderter Plasmodesmata, die diese Zellen verbinden, bewegen können. Wie die Zell–Zell-Kommunikation in diesen Fällen kontrolliert wird, ist unklar.

19.1.15 Selektine vermitteln vorübergehende Zell–Zell-Adhäsionen im Blutkreislauf

Wir vervollständigen nun unseren Überblick über die Zell–Zell-Verbindungen und -Adhäsionen, indem wir uns kurz einigen eher speziellen Adhäsionsmechanismen in manchen Geweben zuwenden. Zusätzlich zu den bereits beschriebenen sind mindestens drei weitere Superfamilien von Zell–Zell-Adhäsionsproteinen ebenso bedeutsam: die

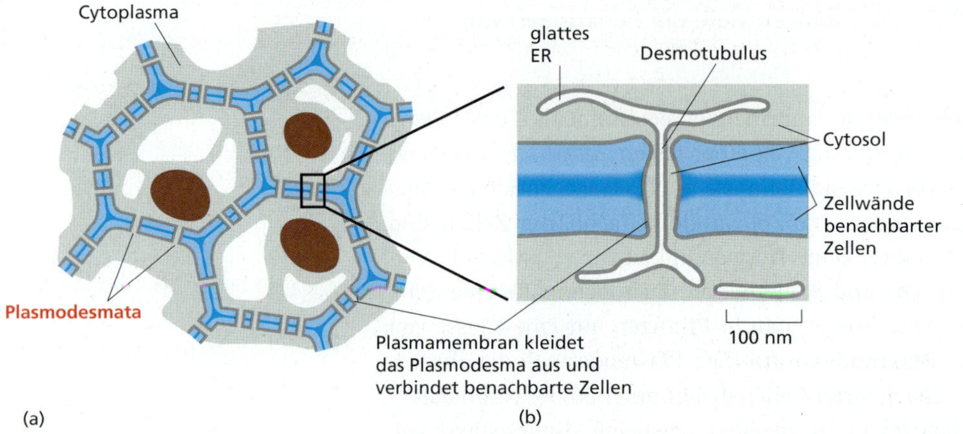

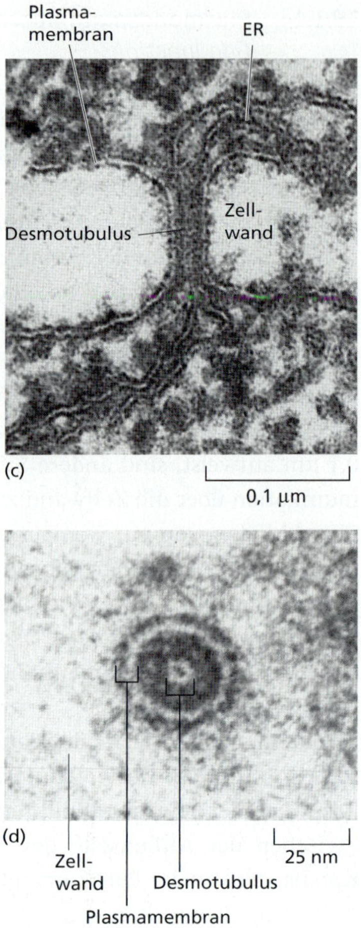

Abb. 19.27 Plasmodesmata. (a) Cytoplasmatische Kanäle der Plasmodesmata durchziehen die Pflanzenzellwand und verbinden alle Zellen einer Pflanze miteinander. (b) Jedes Plasmodesma wird von einer Plasmamembran ausgekleidet, die den beiden verbundenen Zellen gemeinsam angehört. Gewöhnlich enthält es ferner eine feine, tubuläre Struktur, den Desmotubulus, der dem glatten Endoplasmatischen Reticulum (ER) entstammt. (c) Elektronenmikroskopische Aufnahme eines Längsschnitts durch ein Plasmodesma eines Wasserfarns. Die Plasmamembran kleidet die Pore aus und geht kontinuierlich von einer Zelle in die andere über. Man erkennt das ER und seine Verbindung mit dem zentralen Desmotubulus. (d) Ein ähnliches Plasmodesma im Querschnitt. (c und d, aus R. Overall *et al.*, *Protoplasma* 111, S. 134–150, 1982).

Integrine, die Selektine und die adhäsiven Mitglieder der *Immunglobulin (Ig)-Superfamilie*. Integrine werden später im Detail besprochen: Ihre Hauptfunktion besteht in der Zell–Matrix-Adhäsion, aber einige von ihnen vermitteln unter besonderen Umständen Zell–Zell-Adhäsionen. Die Ca^{2+}-Abhängigkeit bietet einen einfachen Weg, experimentell zwischen diesen Adhäsionsproteinklassen zu unterscheiden. Selektine benötigen wie Cadherine und Integrine Ca^{2+}, um die Zelladhäsion vermitteln zu können; Mitglieder der Ig-Superfamilie tun dies nicht.

Selektine sind kohlenhydratbindende Zelloberflächenproteine (*Lektine*), die eine Vielfalt kurzfristiger Zell–Zell-Adhäsionswechselwirkungen im Blutkreislauf vermitteln. Ihre Hauptaufgabe, zumindest in Wirbeltieren, besteht in der Lenkung des Verkehrs der Leukocyten in lymphatische Organe und jedes entzündete Gewebe. Leukocyten führen ein Nomadenleben und ziehen zwischen Blutkreislauf und Geweben hin und her. Dies erfordert spezielle Adhäsionseigenschaften. Selektine kontrollieren die Bindung von Leukocyten an die Endothelzellen, die die Blutgefäße auskleiden, und befähigen damit die Blutzellen, aus dem Blutkreislauf in das Gewebe auszuwandern.

Jedes Selektin ist ein Transmembranprotein mit einer konservierten Lektin-Domäne, die an ein spezifisches Oligosaccharid auf einer anderen Zelle bindet (**Abb. 19.28a**). Es gibt mindestens drei Typen: *L-Selektin* auf Leukocyten, *P-Selektin* auf Blutplättchen und Endothelzellen, die örtlich als Reaktion auf eine Entzündung aktiviert wurden, und *E-Selektine* auf Endothelzellen in der späteren Entzündungsreaktion. In einem lymphatischen Organ wie den Lymphknoten oder der Milz exprimieren die Endothelzellen Oligosaccharide, die vom L-Selektin auf den Lymphocyten erkannt werden, wodurch die

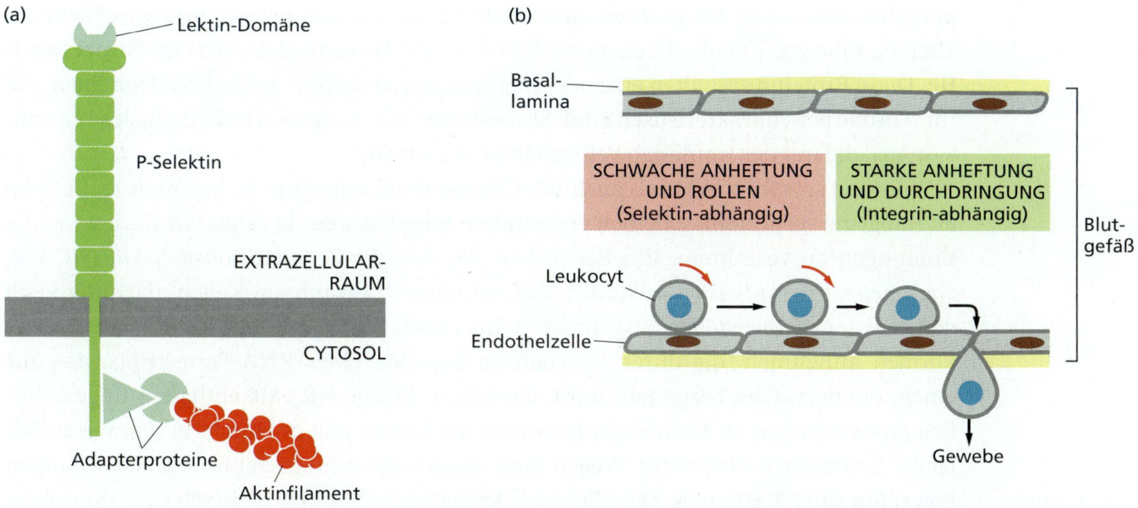

Abb. 19.28 Die Struktur und Funktion der Selektine. (a) Darstellung von P-Selektin, das sich an das Aktincytoskelett über Adapterproteine heftet. (b) Wie Selektine und Integrine die Zell–Zell-Adhäsion vermitteln, die ein Leukocyt benötigt, um aus dem Blutkreislauf in ein Gewebe zu gelangen. Selektine auf Endothelzellen binden schwach an Oligosaccharide auf dem Leukocyt, sodass er lose angeheftet wird und entlang der Gefäßwand rollt. Dann aktiviert der Leukocyt ein Zelloberflächen-Integrin namens LFA1, das an ein Protein, das ICAM1 genannt wird und zur Ig-Superfamilie gehört, auf der Membran der Endothelzelle bindet. Der Leukocyt heftet sich an die Gefäßwand an und kriecht dann aus dem Gefäß.

Lymphocyten aufgehalten und eingefangen werden. In entzündeten Bereichen sind die Rollen umgekehrt: Die Endothelzellen schalten die Expression von Selektinen ein, die die Oligosaccharide auf den Leukocyten und Blutplättchen erkennen, und halten so die Zellen an, damit sie am Ort des Notfalls helfen. Selektine wirken jedoch nicht allein; sie arbeiten mit Integrinen zusammen, die die Bindung der Blutzellen an das Endothel verstärken. Die von den Selektinen und Integrinen vermittelten Zell–Zell-Adhäsionen sind *heterophil*, d.h. die Bindung besteht zu einem andersartigen Molekül: Selektine binden an spezifische Oligosaccharide auf Glykoproteinen und Glykolipiden, während Integrine an spezifische Proteine der Ig-Familie binden.

Selektine und Integrine arbeiten nacheinander, um die Leukocyten dazu zu befähigen, den Blutkreislauf zu verlassen und in Gewebe einzudringen (**Abb. 19.28b**). Die Selektine vermitteln eine schwache Adhäsion, da die Bindung der Lektin-Domäne des Selektins an den Kohlenhydrat-Liganden von geringer Affinität ist. Dies erlaubt es den Leukocyten, schwach und reversibel am Endothel zu haften und – angetrieben vom Blutkreislauf – über die Oberfläche des Blutgefäßes zu „rollen". Das „Rollen" dauert an, bis die Blutzelle ihre Integrine aktiviert. Wie später besprochen wird, können diese Transmembranmoleküle in eine adhäsive Konformation überwechseln, die sie befähigt, sich an andere Moleküle außerhalb der Zelle – im vorliegenden Fall an Proteine auf der Oberfläche von Endothelzellen – anzuhängen. Wenn er sich erst einmal auf diese Art angeheftet hat, tritt der Leukocyt aus dem Blutkreislauf heraus in das Gewebe, indem er zwischen benachbarten Endothelzellen aus dem Blutgefäß herauskriecht.

19.1.16 Die Ca^{2+}-unabhängige Zell–Zell-Adhäsion wird von Proteinen der Immunglobulin-Superfamilie vermittelt

Die wichtigsten Endothelzellproteine, die von den Integrinen der Leukocyten erkannt werden, heißen *ICAMs* (*interzelluläre Zelladhäsionsmoleküle*, engl. *intercellular cell adhesion molecules*) oder *VCAMs* (*vaskuläre Zelladhäsionsmoleküle*, engl. *vascular cell adhesion molecules*). Sie gehören einer anderen großen und entwicklungsgeschichtlich alten Familie von Zelloberflächenmolekülen an, der **Immunglobulin (Ig)-Superfamilie**. Diese Proteine enthalten eine oder mehrere extrazelluläre Ig-ähnliche Domänen, die für Antikörper charakteristisch sind. Sie besitzen viele Aufgaben außerhalb des Immunsystems, die mit der Immunabwehr nicht verwandt sind.

Während sowohl ICAMs als auch VCAMs auf Endothelzellen die heterophile Bindung an Integrine vermitteln, scheinen viele andere Mitglieder der Ig-Superfamilie homophile Bindungen zu vermitteln. Ein Beispiel ist das *neurale Zelladhäsionsmolekül* (NCAM, engl. *neural cell adhesion molecule*), das von einer Vielzahl von Zellen, darunter auch den meisten Nervenzellen, exprimiert wird (**Abb. 19.29**). NCAM kann verschiedene Formen annehmen, die durch alternatives Spleißen eines RNA-Transkripts, das aus einem einzigen Gen hergestellt wird, entstehen. Einige NCAMs enthalten ungewöhnlich große Mengen an Sialinsäure (in einzelnen Ketten gibt es Hunderte sich wiederholender Sialinsäure-Einheiten). Wegen ihrer negativen Ladung beeinflussen diese langen Polysialinsäure-Ketten die Zelladhäsion (denn gleiche Ladungen stoßen sich ab). Solche sialinsäurereichen NCAMs können die Zelladhäsion daher verhindern, anstatt sie zu vermitteln.

Eine andere Gruppe aus der Ig-Superfamilie, die *Nektine*, arbeiten mit Cadherinen zusammen, um Adhäsionsverbindungen in vielen Geweben aufzubauen und zu stärken. Mitglieder der Nektinfamilie enthalten drei Ig-ähnliche Domänen (s. **Abb. 19.29**) und wechselwirken mit anderen Nektinen – manchmal mit den gleichen Familienmitgliedern (homophil) und manchmal mit anderen Familienmitgliedern (heterophil). Ihr kurzer intrazellulärer Schwanz bindet an ein Adapterprotein, das das Nektin mit dem Aktincytoskelett und Cadherin an den Adhäsionsverbindungen verknüpft. Während der Embryonalentwicklung helfen Nektine, die Zell–Zell-Interaktionen einzurichten. Bei Gehör- und Geruchsepithelien beispielsweise sind Sinneszellen einzeln in einem Feld von größeren unterstützenden Zellen verteilt. Die Verteilung dieser Zellarten im Epithel hängt von spezifischen Wechselwirkungen zwischen Mitgliedern der Nektinfamilie auf den Oberflächen der Sinneszellen und der unterstützenden Zellen ab. Die Ausbildung dieser Epithelien ist fehlerhaft, wenn experimentell die Expression von Nektin reduziert wird.

Eine Zelle eines bestimmten Typs verwendet gewöhnlich eine Auswahl verschiedener Adhäsionsproteine, um mit anderen Zellen in Wechselwirkung zu treten. Genauso

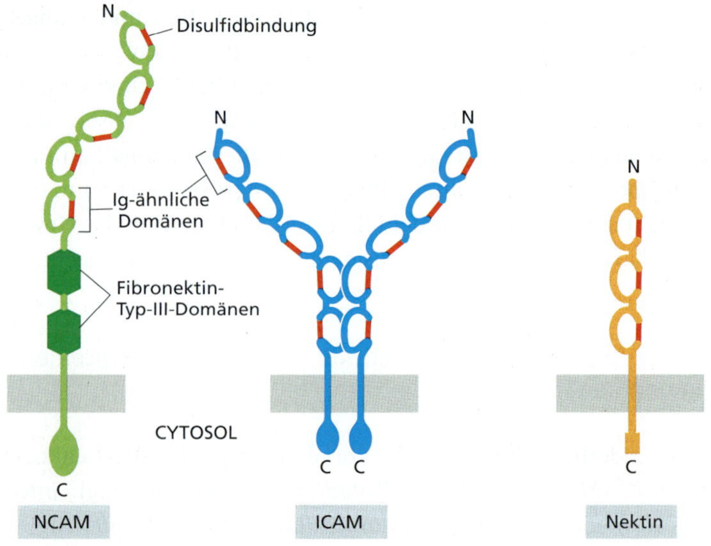

Abb. 19.29 Mitglieder der Ig-Superfamilie der Zell–Zell-Adhäsionsmoleküle. NCAM wird auf Neuronen und vielen anderen Zelltypen exprimiert und vermittelt homophile Bindungen. ICAM wird auf Endothelzellen und einigen anderen Zelltypen exprimiert und bindet heterophil an ein Integrin auf Leukocyten. Nektin wird in vielen Zellarten exprimiert und findet sich oft in Adhäsionsverbindungen, wo es mit Cadherinen wechselwirkt, um bei dem Aufbau und der Stärkung spezifische Zell–Zell-Interaktionen während der Gewebebildung mitzuhelfen.

verwendet jede Zelle eine Auswahl verschiedener Rezeptoren, um auf viele lösliche extrazelluläre Signalmoleküle aus der Umgebung zu antworten. Obwohl die Cadherine und Mitglieder der Ig-Superfamilie häufig auf der gleichen Zelle exprimiert werden, sind die cadherinvermittelten Zelladhäsionen wesentlich stärker und hauptsächlich dafür verantwortlich, die Zellen zusammenzuhalten, Zellgemeinschaften in definierte Gewebe aufzutrennen und die Gewebestruktur aufrechtzuhalten. Mitglieder der Ig-Superfamilie tragen eher zur Feinabstimmung der Adhäsion während der Entwicklung und Regeneration bei. Sie spielen bei verschiedenen spezialisierten Adhäsionsphänomenen, wie bereits für Blutzellen und spezialisierte Epithelien besprochen, eine Rolle. Dementsprechend sterben Mausmutanten, die kein N-Cadherin bilden können, früh in der Entwicklung, während Mausmutanten, denen Ig-Superfamilienmitglieder fehlen, sich relativ normal entwickeln; sie weisen allerdings moderate Anomalien in der Entwicklung von bestimmten Geweben auf.

Zusammenfassung

Sowohl in Epithelien als auch bei anderen Geweben sind die Zellen direkt über starke Zell–Zell-Adhäsionen miteinander verbunden. Vermittelt werden diese Zell–Zell-Adhäsionen über Transmembranproteine, die als Cadherine bezeichnet werden und intrazellulär am Cytoskelett verankert sind. Cadherine binden gewöhnlich homophil aneinander: Der Kopf eines Cadherinmoleküls bindet an den Kopf eines ähnlichen Cadherins auf der gegenüberliegenden Zelle. Diese Selektivität ermöglicht es gemischten Populationen verschiedener Zellarten, sich gegenseitig anhand der spezifischen Cadherine, die sie exprimieren, auszusortieren; dies hilft dabei, die Zellumordnungen während der Entwicklung zu kontrollieren.

Die „klassischen" Cadherine an den adhärenten Verbindungen sind über Catenine genannte intrazelluläre Adapterproteine mit dem Aktincytoskelett verbunden. Die Catenine bilden einen Ankerkomplex am intrazellulären Schwanz des Cadherinmoleküls und sind nicht nur an der Verankerung beteiligt, sondern auch an der Wahrnehmung von Spannung und anderen regulatorischen Signalen an der Verbindung und der Antwort darauf.

Tight Junctions dichten die Lücke zwischen den Zellen im Epithel ab und schaffen so eine Barriere gegen die Diffusion von Molekülen durch die Zellschichten. Sie helfen auch, die Proteinpopulationen in den apikalen und basolateralen Plasmamembrandomänen der Epithelzelle voneinander zu trennen. Claudine sind die Haupt-Transmembranproteine, die die Tight Junctions bilden. Intrazelluläre Gerüstproteine organisieren die Claudine und andere Verbindungsproteine in einem Proteinnetzwerk, das mit dem Aktincytoskelett verbunden ist.

Die Zellen vieler tierischer Gewebe sind über Gap Junctions miteinander verbunden, die fleckenartige Bereiche aus mehreren zusammengelagerten Connexonen bilden, die Molekülen unter 1000 Da normalerweise die direkte Passage vom Inneren einer Zelle ins Innere einer benachbarten Zelle erlauben. Zellen, die über Gap Junctions miteinander verbunden sind, tauschen viele anorganische Ionen und kleinere Moleküle untereinander aus; sie sind also chemisch und elektrisch miteinander gekoppelt.

Drei weitere Klassen von Transmembran-Adhäsionsproteinen vermitteln eher kurzfristige Zell–Zell-Adhäsionen: Selektine, Mitglieder der Immunglobulin (Ig)-Superfamilie und Integrine. Selektine werden auf Leukocyten, Blutplättchen und Endothelzellen exprimiert. Sie binden heterophil an Kohlenhydratgruppen auf der Zelloberfläche und sie helfen dabei, die Adhäsionswechselwirkungen zwischen diesen Zellen zu vermitteln. Proteine der Ig-Superfamilie spielen auch eine Rolle bei diesen Wechselwirkungen sowie bei vielen anderen Adhäsionsprozessen. Einige von ihnen binden homophil, andere heterophil. Obwohl sie hauptsächlich dabei helfen, Zellen an der extrazellulären Matrix zu befestigen, können Integrine auch Zell–Zell-Adhäsionen über die Bindung an Mitglieder der Ig-Superfamilie vermitteln.

19.2 Die extrazelluläre Matrix bei Tieren

Gewebe sind nicht nur aus Zellen aufgebaut. Sie enthalten auch ein bemerkenswert kompliziertes und verschlungenes Netz aus Makromolekülen, die die *extrazelluläre Matrix* bilden. Diese Matrix besteht aus vielen verschiedenen Proteinen und Polysacchariden, die lokal sezerniert und zu einem organisierten Netzwerk zusammengebaut werden, das in enger Verbindung mit den Oberflächen der Zellen steht, von denen es produziert wird.

Die Klassen von Makromolekülen, die die extrazelluläre Matrix in verschiedenen Geweben von Tieren bilden, sind weitgehend ähnlich. Die relativen Mengen der unterschiedlichen Matrix-Makromoleküle und ihre Organisation zur Gesamtmatrix variieren aber beträchtlich, was zu einer erstaunlichen Fülle unterschiedlichster Materialien führt. Die Matrix kann z.B. Kalk einlagern und so die steinharten Strukturen von Knochen und Zähnen bilden. Sie kann aber auch zur durchsichtigen Matrix der Hornhaut des Auges werden oder eine seilartige Struktur annehmen, die den Sehnen ihre enorme Zugfestigkeit verleiht. Sie bildet die gallertartige Masse in einer Qualle. Zur Abdeckung des Körpers eines Käfers oder eines Hummers bildet sie einen starren Panzer. Darüber hinaus ist die extrazelluläre Matrix mehr als nur ein passives Gerüst zur physikalischen Stützung. Sie hat eine aktive und komplexe Funktion bei der Regulierung des Verhaltens der Zellen, die sie berühren, die von ihr umgeben werden oder die sich durch ihr Netzwerk bewegen. Sie reguliert deren Überleben, Entwicklung, Wanderung, Wachstum, Form und Funktion.

In diesem Abschnitt beschreiben wir die Hauptmerkmale der extrazellulären Matrix von Geweben bei Tieren mit dem Hauptaugenmerk auf Wirbeltiere. Wir beginnen mit einem Überblick über die Hauptklassen der Makromoleküle in der Matrix, danach wenden wir uns der Struktur und Funktion der *Basallamina* zu, der dünnen Schicht spezialisierter Matrix, die immer unterhalb von Epithelzellen liegt. Im nächsten Abschnitt werden wir die verschiedenen Arten von Verbindungen beschreiben, über die die Zellen mit der Matrix verbunden sind.

19.2.1 Die extrazelluläre Matrix wird von den in ihr liegenden Zellen synthetisiert und ausgerichtet

Die Makromoleküle der extrazellulären Matrix werden überwiegend von in ihr liegenden Zellen synthetisiert. Diese Zellen helfen auch bei der Organisation der Matrix: Die Orientierung des Cytoskeletts innerhalb dieser Zellen kann nämlich die Ausrichtung der extrazellulären Matrix regulieren. In den meisten Bindegeweben werden Matrix-Makromoleküle von Zellen sezerniert, die **Fibroblasten** genannt werden (**Abb. 19.30**). In einigen spezialisierten Bindegeweben, wie z.B. dem Knorpel oder dem Knochen, werden sie jedoch von Mitgliedern der Fibroblastenfamilie gebildet, die einen eigenen, besonderen Namen tragen: *Chondrocyten* sind an der Knorpelbildung, *Osteoblasten* an der Knochenbildung beteiligt.

Die extrazelluläre Matrix wird von drei Hauptklassen von Makromolekülen gebildet: (1) *Glykosaminoglykane* (*GAGs*), bei denen es sich um große und hoch geladene

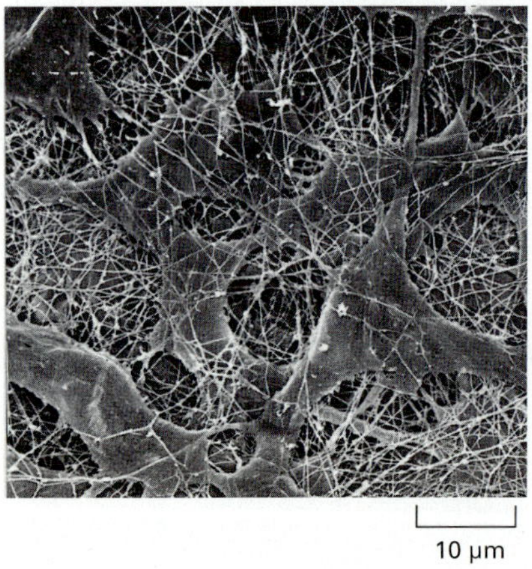

Abb. 19.30 Fibroblasten im Bindegewebe. Diese rasterelektronenmikroskopische Aufnahme zeigt Gewebe aus der Hornhaut einer Ratte. Die extrazelluläre Matrix, die die Fibroblasten umgibt, besteht hauptsächlich aus Kollagenfasern. Die Glykoproteine, das Hyaluronan und die Proteoglykane, die normalerweise als hydratisiertes Gel die Zwischenräume im Fasernetz ausfüllen, wurden durch Enzym- und Säurebehandlung entfernt. (Mit freundlicher Genehmigung von T. Nishida).

Polysaccharide handelt, die gewöhnlich kovalent an Proteine zu einem Proteoglykan gebunden sind, (2) faserförmige Proteine, die hauptsächlich Mitglieder der *Kollagenfamilie* sind, und (3) eine große Klasse von Nichtkollagen-*Glykoproteinen*, die konventionelle Asparagin-verknüpfte Oligosaccharide (beschrieben in Kapitel 12) tragen. Alle drei Makromolekülklassen haben viele Mitglieder und kommen in einer großen Vielfalt an Formen und Größen vor (**Abb. 19.31**). Von Säugetieren nimmt man an, dass sie fast 300 Matrixproteine (einschließlich etwa 36 Proteoglykanen), ungefähr 40 Kollagene und über 200 Glykoproteine, die gewöhnlich mehrere Unterdomänen enthalten und mit sich selbst zu Multimeren assoziieren, besitzen. Dazu kommt noch eine große Anzahl von matrixassoziierten Proteinen und Enzymen, die das Verhalten der Matrix durch Quervernetzung, Abbau oder andere Mechanismen verändern können, woraus man erkennen kann, dass die Matrix ein fast unendlich variables Material ist. Jedes Gewebe enthält seine eigene, einzigartige Mischung von Matrixbestandteilen, die eine extrazelluläre Matrix kreiert, die auf die Bedürfnisse des Gewebes zugeschnitten ist.

Die Proteoglykanmoleküle im Bindegewebe bilden typischerweise eine stark hydratisierte, gelartige „Grundsubstanz", in der die *Kollagene* und *Glykoproteine* eingebettet sind. Das Polysaccharidgel ist druckfest, erlaubt aber trotzdem die schnelle Diffusion von Nährstoffen, Metaboliten oder Hormonen zwischen dem Blut und den Gewebezellen. Kollagenfasern verstärken und strukturieren die Matrix, während andere Faserproteine wie das gummibandähnliche *Elastin* ihr Elastizität verleihen. Weiterhin helfen viele Matrixglykoproteine den Zellen dabei, sich zu bewegen, sich an einem passenden Ort anzuheften und zu differenzieren.

19.2.2 Glykosaminoglykanketten sind voluminös und bilden hydratisierte Gele

Glykosaminoglykane (**GAGs**) sind unverzweigte Polysaccharidketten, die aus sich wiederholenden Disaccharideinheiten bestehen. Einer der beiden Zucker der sich wiederholenden Disaccharide ist stets ein Aminozucker (*N*-Acetylglukosamin oder *N*-Acetylgalaktosamin), der zumeist auch noch eine Sulfatgruppe trägt. Der andere Zucker ist gewöhnlich eine Zuckersäure (Uronsäure: Glukuron- bzw. Iduronsäure). Die Carboxy- bzw. Sulfatgruppen bedingen, dass die GAGs stark negativ geladen sind (**Abb. 19.32**). GAGs gehören tatsächlich zu den stärksten Anionen in tierischen Zellen. Man unterscheidet vier GAG-Klassen aufgrund ihrer Zucker, ihrer Bindung zwischen den Zuckern sowie der Zahl und Lage der Sulfatgruppen: (1) *Hyaluronan*, (2) *Chondroitinsulfat* und *Dermatansulfat*, (3) *Heparin* und *Heparansulfat* und (4) *Keratansulfat*.

Polysaccharidketten sind zu unbeweglich, um sich zu globulären Strukturen zu falten. Weiterhin sind sie sehr hydrophil. Daher neigen GAGs dazu, eine gestreckte

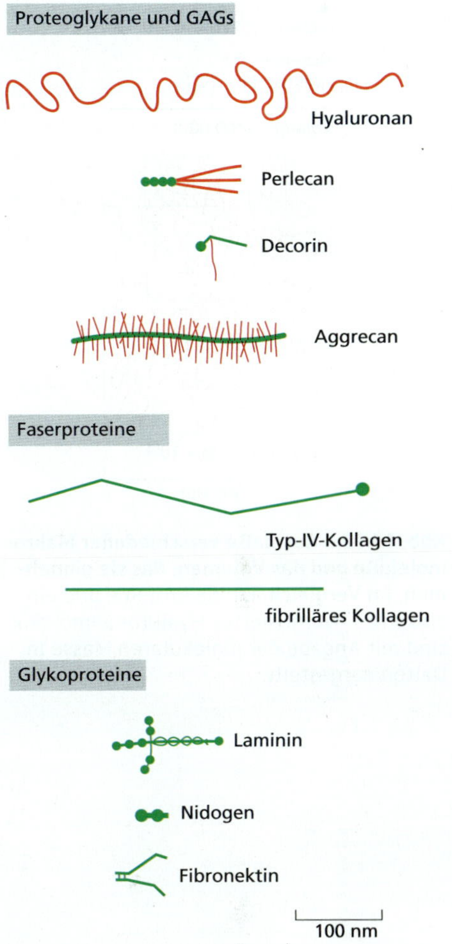

Abb. 19.31 Form- und Größenvergleich einiger Hauptmakromoleküle der extrazellulären Matrix. Proteine sind *grün* dargestellt und Glykosaminoglykane (GAG) *rot*.

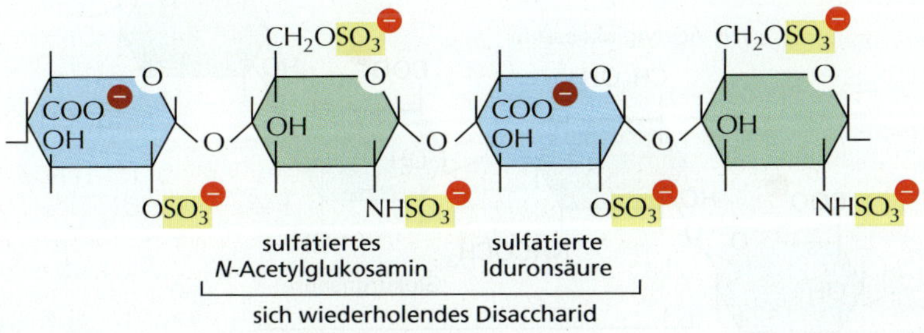

Abb. 19.32 Die sich wiederholenden Disaccharideinheiten einer Heparin-Glykosaminoglykan (GAG)-Kette. Solche Ketten können bis zu 75 Disaccharideinheiten umfassen. Gewöhnlich enthalten sie aber weniger als die Hälfte. Entlang der Kette herrscht eine hohe Dichte an negativer Ladung, die auf die Carboxy- und Sulfatgruppen zurückzuführen ist. Heparin ist das am dichtesten geladene biologische Molekül, das man kennt. Die häufigste Form von Heparin trägt – wie hier gezeigt – drei Sulfatgruppen an jedem Disaccharid. *In vivo* ist das Verhältnis von Sulfatgruppen zu Nicht-Sulfatgruppen sehr variabel. Heparin hat im Durchschnitt ungefähr 2,7 Sulfate pro Disaccharid. Heparansulfat ist ein eng verwandtes GAG, das im allgemeinen ungefähr doppelt so lang wie Heparin und weniger geladen ist, da es im Durchschnitt ungefähr ein Sulfat pro Disaccharid enthält.

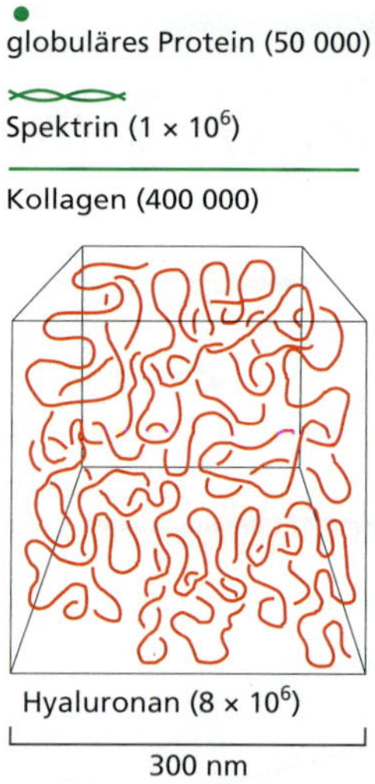

Abb. 19.33 Ausmaße verschiedener Makromoleküle und das Volumen, das sie einnehmen, im Vergleich. Einige Proteine und ein einzelnes hydratisiertes Hyaluronanmolekül sind mit Angabe der molekularen Masse in Dalton dargestellt.

Konformation einzunehmen, die im Vergleich zu ihrer Masse einen großen Raum beansprucht (**Abb. 19.33**). Sie bilden zudem selbst in geringen Konzentrationen hydratisierte Gele. Die GAGs im Bindegewebe machen gewöhnlich nur 10 % der Masse der Proteine aus, aber sie füllen den größten Teil des Extrazellularraums aus. Die hohe Dichte ihrer negativen Ladung zieht zahlreiche Kationen (meist Na^+) an, die osmotisch aktiv sind und damit große Wassermengen in die Matrix ziehen. Dies bewirkt einen Quell- oder Turgordruck, der der Matrix Druckfestigkeit verleiht (Kollagenfasern verleihen ihr dagegen Zugfestigkeit). Das Knorpelgewebe, das das Kniegelenk auskleidet, kann dadurch z.B. Hunderte Atmosphären Druck aushalten.

Defekte bei der Produktion der GAGs können Auswirkungen auf viele verschiedene Systeme des Körpers haben. Eine seltene Erbkrankheit des Menschen bewirkt beispielsweise eine stark gestörte Dermatansulfatsynthese. Die betroffenen Personen sind kleinwüchsig, altern rasch und haben allgemeine Mängel in Haut, Gelenken, Muskeln und Knochen.

19.2.3 Hyaluronan wirkt als Füllmasse bei der Morphogenese und Reparatur von Geweben

Das einfachste GAG ist **Hyaluronan** (auch *Hyaluronsäure* oder *Hyaluronat* genannt) (**Abb. 19.34**). Es besteht aus bis zu 25 000 Disaccharideinheiten in sich regelmäßig wiederholender Abfolge. In adulten Tieren findet man es in unterschiedlichen Mengen in allen Geweben und Körperflüssigkeiten. Besonders häufig ist es aber in frühen Embryonalstadien anzutreffen. Hyaluronan ist kein typisches GAG, weil es keine sulfatierten Zucker enthält; alle seine Disaccharideinheiten sind identisch, seine Kettenlänge ist gewaltig und es ist gewöhnlich nicht kovalent an einen Proteinkern gebunden. Zudem wird es nicht wie alle anderen GAGs in der Zelle selbst synthetisiert und durch Exocytose sezerniert, sondern es wird von einem Enzymkomplex, der in der Plasmamembran eingebettet ist, direkt an der Zelloberfläche freigesetzt.

Man nimmt an, dass Hyaluronan Geweben und Gelenken Druckfestigkeit verleiht. In der Embryonalentwicklung ist es eine wichtige „Füllmasse", da es dazu dienen kann, eine große Formänderung in einer Struktur herbeizuführen, weil sich schon geringe Mengen zusammen mit Wasser zu einem großen Volumen ausdehnen. Wenn Hyaluronan z.B. lokal auf der Unterseite eines Epithels gebildet wird, kann es das Epithel verformen, indem es einen zellfreien Raum entstehen lässt, in den dann Zellen einwandern können. Bei der Entwicklung des Herzens z.B. hilft die Hyaluronansynthese auf diese Weise bei der Bildung der Klappen und der Scheidewände, die die Herzkammern trennen. Ähnliche Prozesse kommen in mehreren anderen Organen vor. Sobald die Zellwanderung abgeschlossen ist, wird überschüssiges Hyaluronan vom Enzym *Hyaluronidase*

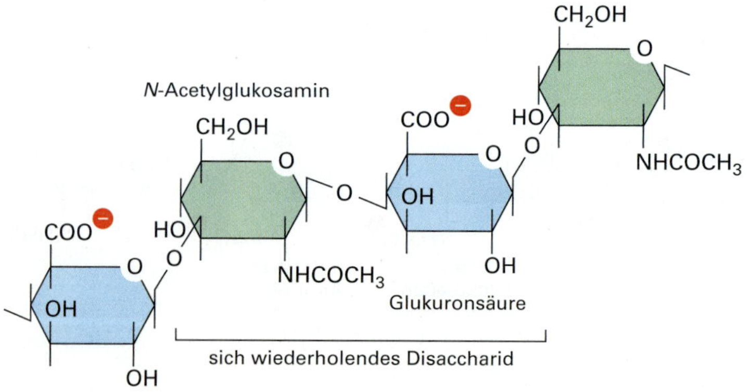

Abb. 19.34 Die Sequenz aus sich wiederholenden Disacchariden im Hyaluronan, einem verhältnismäßig einfach gebauten GAG. Das weit verbreitete Molekül besteht aus einer einzigen langen Kette, die bis zu 25 000 Disaccharide enthalten kann. Man beachte, dass keine Sulfatgruppen vorhanden sind.

wieder abgebaut. Außerdem wird Hyaluronan in großen Mengen während der Wundheilung gebildet. Es ist zudem ein wesentlicher Bestandteil der Gelenkflüssigkeit und dient dort als Schmiermittel.

19.2.4 Proteoglykane bestehen aus GAG-Ketten, die kovalent an einen Proteinkern gebunden sind

Alle GAGs, mit Ausnahme von Hyaluronan, liegen in kovalenter Bindung mit Proteinen in Form von **Proteoglykanen** vor. Sie werden von nahezu allen Tieren gebildet. Die Polypeptidkette, der *Proteinkern*, eines Proteoglykans wird an membrangebundenen Ribosomen synthetisiert und ins Lumen des Endoplasmatischen Reticulums eingeschleust. Die Polysaccharidketten werden überwiegend im Golgi-Apparat an den Proteinkern angeheftet, bevor das GAG dann mittels Exocytose zur Zellaußenseite transportiert wird. Zunächst wird ein spezielles *Kopplungs-Tetrasaccharid* (oder auch *Linker-Tetrasaccharid* genannt) an eine Serin-Seitenkette des Proteinkerns geknüpft und dient als Ausgangspunkt für die wachsende Polysaccharidkette. Spezifische Glykosyltransferasen fügen einen Zuckerrest nach dem anderen an (**Abb. 19.35**). Noch im Golgi-Apparat werden viele der so verknüpften Zucker durch zeitlich koordinierte Reaktionsfolgen modifiziert. Diese Modifikationen umfassen Sulfatierung, wodurch sich die negative Ladung erhöht, und Epimerisierung, wodurch die Anordnung (Konfigurierung) der Substituenten um einzelne Kohlenstoffatome des Zuckermoleküls geändert wird.

Proteoglykane kann man leicht von anderen Glykoproteinen anhand der Art, Menge und Anordnung ihrer Zuckerreste unterscheiden. Definitionsgemäß muss mindestens ein Zuckerrest eines Proteoglykans ein GAG sein. Glykoproteine enthalten gewöhnlich relativ kurze und verzweigte Oligosaccharidketten, die nur in geringem Maße zu ihrer Masse beitragen. Proteoglykane dagegen können bis zu 95 Masseprozent Kohlenhydrat enthalten, meist als lange unverzweigte GAG-Ketten von etwa 80 Zuckern Länge.

Im Prinzip können Proteoglykane unbegrenzt heterogen aufgebaut sein. Selbst ein einzelner Proteinkern kann sehr viele verschiedene GAG-Ketten binden. Außerdem können die zunächst angehängten, sich wiederholenden Disaccharideinheiten durch ein komplexes Muster von Sulfatgruppen modifiziert werden. Die Proteinkerne sind ebenfalls unterschiedlich, obwohl viele von ihnen zu strukturell verwandten Familien gehören, die einige charakteristische Domänen, die an der Bindung an GAGs oder anderen Proteinen beteiligt sind, gemeinsam haben.

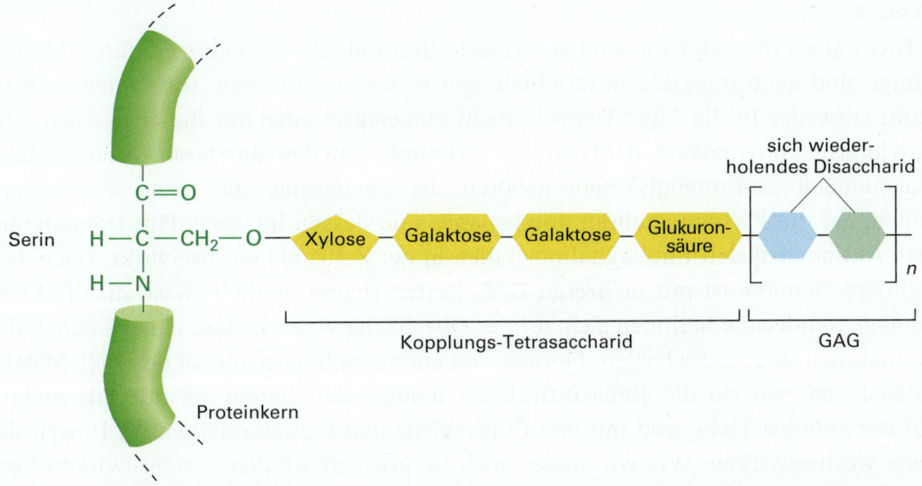

Abb. 19.35 Die Verbindung zwischen einer GAG-Kette und ihrem Proteinkern in einem Proteoglykanmolekül. Zunächst wird ein spezielles „Kopplungs-Tetrasaccharid" an einen Serinrest gebunden. Anschließend wird der Rest der GAG-Kette synthetisiert, der vorwiegend aus sich wiederholenden Disaccharideinheiten besteht; dabei wird ein Zuckerrest nach dem anderen angefügt. Im Chondroitinsulfat besteht das Disaccharid aus D-Glukuronsäure und *N*-Acetyl-D-galaktosamin; im Heparansulfat ist dies entweder D-Glukuronsäure oder L-Iduronsäure und *N*-Acetyl-D-glukosamin.

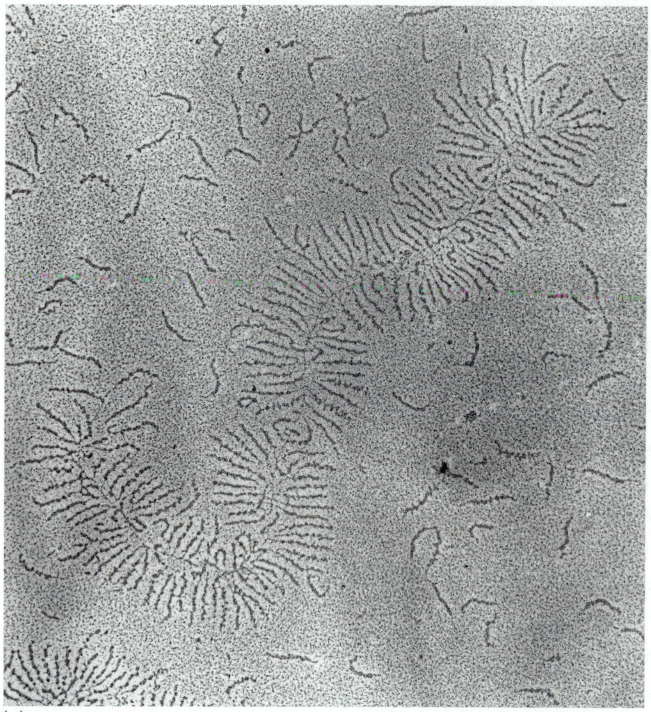

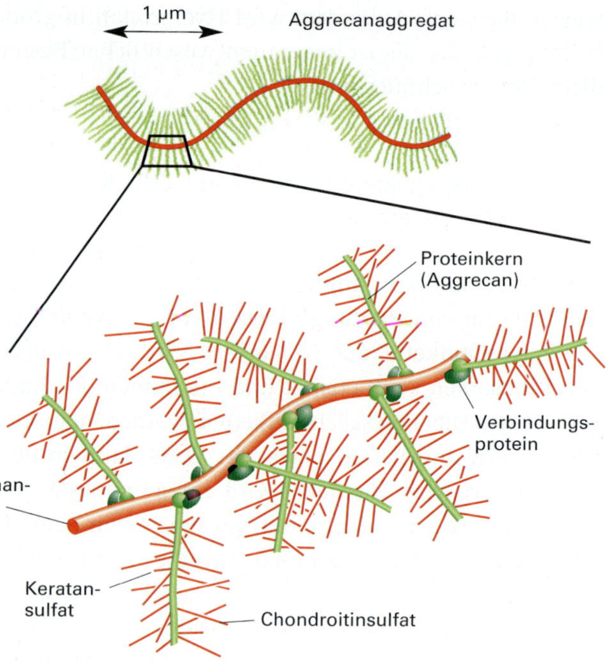

Abb. 19.36 Ein Aggrecankomplex aus fötalem Rinderknorpel. (a) Elektronenmikroskopische Aufnahme eines mit Platin bedampften Aggrecankomplexes. Viele freie Aggrecanmoleküle sind ebenfalls sichtbar. (b) Schematische Darstellung des in (a) gezeigten Aggrecankomplexes. Der Komplex besteht aus etwa 100 Aggrecanmonomeren (s. **Abb. 19.31**), die über die N-terminale Domäne des Proteinkerns nicht kovalent an ein einzelnes Hyaluronanmolekül gebunden vorliegen. Diese Bindung erfolgt über ein Verbindungsprotein, das sowohl an das Proteingerüst des Proteoglykans als auch an das Hyaluronanmolekül bindet und damit den Komplex stabilisiert. Die molekulare Masse eines solchen Komplexes kann 10^8 Dalton oder mehr betragen und er nimmt ein Volumen äquivalent zur Größe eines Bakteriums, also etwa 2 µm^3 ein. (a, mit freundlicher Genehmigung von Lawrence Rosenberg).

Proteoglykane können sehr groß sein. Das Proteoglykan *Aggrecan* z.B., das eine Hauptkomponente des Knorpels ist, hat eine Masse von rund 3×10^6 Dalton und enthält über 100 GAG-Ketten. Andere Proteoglykane sind wesentlich kleiner und haben nur 1–10 GAG-Ketten. Dazu zählt das *Decorin*, das von Fibroblasten sezerniert wird und nur eine GAG-Kette enthält (s. **Abb. 19.31**). Decorin bindet an Kollagenfibrillen und reguliert die Ausbildung und den Durchmesser der Fibrillen. Mäuse, die Decorin nicht synthetisieren können, haben eine brüchige Haut mit stark verminderter Zugfestigkeit. GAGs und Proteoglykane dieser unterschiedlichen Typen können sich zusammenlagern und so noch längere polymere Komplexe in der extrazellulären Matrix bilden. Aggrecanmoleküle z.B. lagern sich in der Matrix des Knorpels an Hyaluronan an und bilden Aggregate, die die Größe eines Bakteriums annehmen können (**Abb. 19.36**). GAGs und Proteoglykane lagern sich aber nicht nur untereinander an, sie binden auch an faserförmige Matrixproteine, wie das Kollagen, oder an Proteinnetzwerke, wie z.B. an die Basallamina, und schaffen so äußerst komplexe Strukturen (**Abb. 19.37**).

Nicht alle Proteoglykane sind sezernierte Bestandteile der extrazellulären Matrix. Einige sind auch integrale Bestandteile von Plasmamembranen. Ihr Proteinkern ist dann entweder in die Lipid-Doppelschicht eingelagert oder mit ihr über einen Glykosylphosphatidylinositol (GPI)-Anker verknüpft. Zu den am besten untersuchten Plasmamembran-Proteoglykanen gehören die *Syndecane*, die einen Proteinkern haben, der die Plasmamembran durchspannt und dessen intrazelluläre Domäne mit dem Aktincytoskelett und Signalmolekülen in der Zellrinde wechselwirkt. Die extrazelluläre Domäne ist mit mehreren GAG-Ketten (hauptsächlich Heparansulfat) verbunden. Syndecane befinden sich auf der Oberfläche vieler Zellen, einschließlich der Fibroblasten und Epithelzellen. Fibroblasten enthalten Syndecane an den Zell–Matrix-Adhäsionen, wo sie die Integrinfunktion modulieren, indem sie mit Fibronektin auf der Zelloberfläche und mit den Cytoskelett- und Signalproteinen im Innern der Zelle wechselwirken. Wie wir später noch besprechen werden, wechselwirken Syndecane und verwandte Proteoglykane, die man *Glypicane* nennt, auch mit löslichen

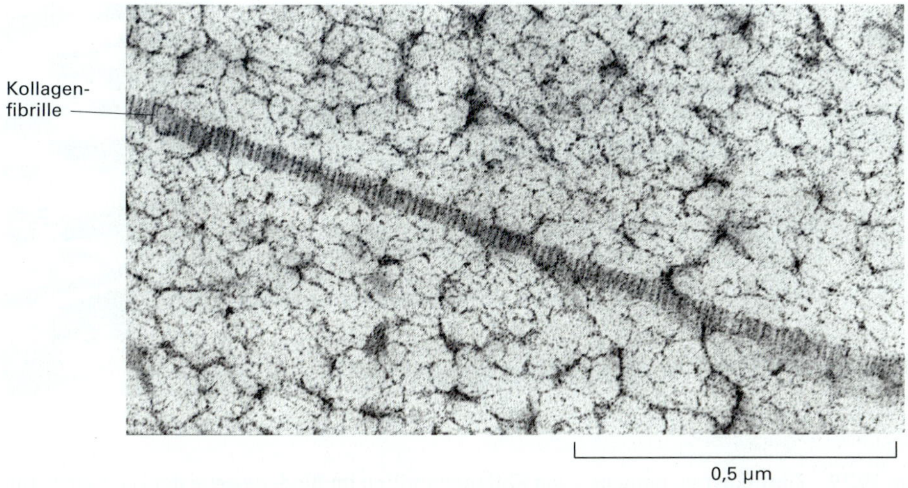

Abb. 19.37 Proteoglykane in der extrazellulären Matrix des Knorpels der Ratte. Das Gewebe wurde bei -196 °C schockgefroren, fixiert und im gefrorenen Zustand angefärbt, um die GAG-Ketten zu erhalten (dieser Vorgang wird als Gefriersubstitution bezeichnet). Man erkennt in der elektronenmikroskopischen Aufnahme, dass die Proteoglykanmoleküle ein feines, filamentöses Netzwerk ausbilden, in das eine gestreifte Kollagenfibrille eingebettet ist. Die stärker angefärbten Bereiche des Proteoglykans stellen die Proteinkerne dar, schwächer angefärbte Bereiche entsprechen den GAG-Ketten. (© 1984 E. B. Hunziker und R. K. Schenk. Ursprünglich veröffentlicht in *J. Cell Biol.* https://doi.org/10.1083/jcb.98.1.277. Mit Erlaubnis der The Rockefeller University Press).

Wachstumsfaktorpeptiden, wodurch sie deren Einfluss auf Zellwachstum und Zellproliferation beeinflussen.

19.2.5 Kollagene sind die Hauptproteine der extrazellulären Matrix

Die **Kollagene** sind eine Familie faserförmiger Proteine, die in allen vielzelligen Tieren vorkommen. Sie werden vom Bindegewebe in großer Menge und von zahlreichen weiteren Zellen in geringerem Umfang sezerniert. Als Hauptbestandteil von Haut und Knochen gehören Kollagene zu den häufigsten Proteinen von Säugern und tragen zu 25 % zum Proteinanteil dieser Tiere bei.

Die wichtigste Eigenschaft eines typischen Kollagenmoleküls ist seine lange, unbewegliche, dreisträngige helikale Struktur, in der drei Kollagen-Polypeptidketten, die sogenannten *α-Ketten*, zu einer seilartigen Superhelix umeinandergewunden sind (**Abb. 19.38**). Kollagene enthalten sehr viel Prolin und Glycin. Beide Aminosäuren sind für die Ausbildung der Tripelhelix von großer Bedeutung.

Das menschliche Genom enthält 42 verschiedene Gene, die für verschiedene Kollagen-α-Ketten codieren. In den verschiedenen Geweben werden unterschiedliche Genkombinationen exprimiert. So könnten sich im Prinzip Tausende unterschiedlicher Kollagen-Tripelhelix-Moleküle aus der Kombination dieser 42 verschiedenen α-Ketten ergeben. Es ist aber nur eine begrenzte Anzahl an Tripelhelix-Kombinationen möglich, und man findet ungefähr 40 Arten von Kollagenmolekülen. Typ I ist bei weitem das häufigste; es ist das Hauptkollagen in Haut und Knochen und gehört zur Klasse der **fibrillären Kollagene** (oder fibrillenbildenden Kollagene). Wenn diese in den extrazellulären Raum sezerniert werden, lagern sie sich dort zu einem Polymer höherer Ordnung, der **Kollagenfibrille**, zusammen. Kollagenfibrillen sind dünne Strukturen (mit einem Durchmesser von 10–300 nm) mit einer Länge von mehreren Hundert Mikrometern in

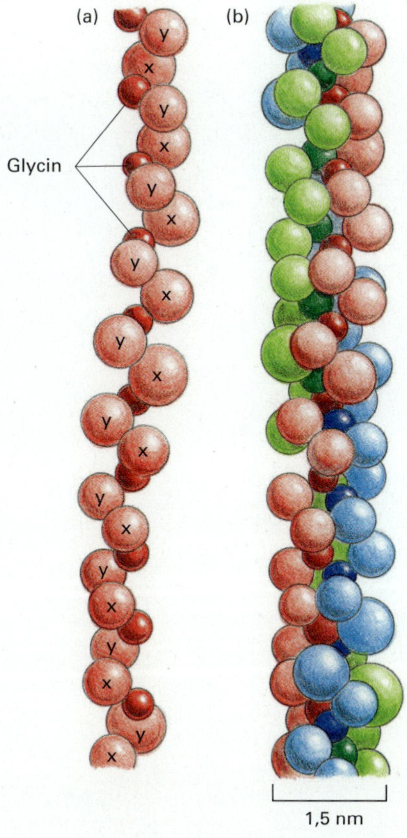

Abb. 19.38 Die Struktur eines typischen Kollagenmoleküls. (a) Kalottenmodell einer einzelnen Kollagen-α-Kette; jede Aminosäure ist in Kugelform dargestellt. Die Kette hat eine Länge von etwa 1000 Aminosäuren. Sie stellt eine linksgängige Helix mit drei Aminosäuren je Windung dar, in der jede dritte Aminosäure einem Glycin entspricht. Jede α-Kette besteht daher aus der Tripelsequenz Gly-X-Y, wobei X und Y eine beliebige Aminosäure sein kann (obwohl X gewöhnlich Prolin ist und Y Hydroxyprolin, die während der Kollagensynthese in der Zelle chemisch modifizierte Form von Prolin). (b) Modell eines Kollagenmoleküls, in dem sich drei α-Ketten, jede unterschiedlich farbig markiert, umeinanderwinden und so eine Tripelhelix bilden. Glycin ist die einzige Aminosäure, die ausreichend klein ist, um im Inneren der dicht gepackten Tripelhelix genug Raum zu haben. Es wurde nur ein kleiner Teil des Moleküls abgebildet; vollständig hätte es eine Länge von 300 nm. (Entspricht dem Modell von B. L. Trus).

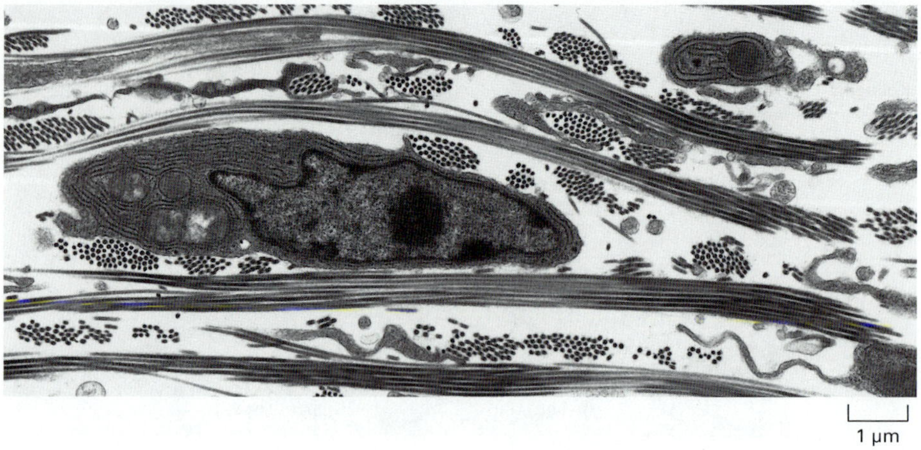

Abb. 19.39 **Fibroblasten, umgeben von Kollagenfibrillen im Bindegewebe der Haut eines Hühnerembryos.** In dieser elektronenmikroskopischen Aufnahme liegen die Fibrillen in Bündeln vor, die etwa im rechten Winkel zueinander verlaufen. Einige der Bündel sind dementsprechend im Längsschnitt, andere im Querschnitt getroffen. Die Kollagenfibrillen werden von Fibroblasten gebildet. (Aus C. Ploetz *et al., J. Struct. Biol.* 106: 73–81, 1991. Mit Erlaubnis von Elsevier).

ausgereiften Geweben, die im Elektronenmikroskop deutlich sichtbar sind (**Abb. 19.39**; s. auch **Abb. 19.37**). Kollagenfibrillen verbinden sich häufig zu größeren kabelähnlichen Bündeln mit einem Durchmesser von mehreren Mikrometern, die im Lichtmikroskop als *Kollagenfasern* erkennbar sind.

Kollagene des Typs IX und XII bezeichnet man als *fibrillenassoziierte Kollagene*, da sie die Oberfläche von Kollagenfibrillen bedecken. Man nimmt an, dass sie diese Fibrillen miteinander und mit weiteren Komponenten der extrazellulären Matrix verbinden. Kollagene des Typs IV und VII sind *netzbildende Kollagene*: Typ IV bildet den Hauptbestandteil der Basallamina, während Moleküle des Typs VII Dimere bilden, die sich zu speziellen Strukturen zusammenlagern, die man als *Ankerfibrillen* bezeichnet. Ankerfibrillen ermöglichen der Basallamina vielschichtiger Epithelien, an das darunter befindliche Bindegewebe zu binden; entsprechend reichlich kommen sie in der Haut vor. Ferner gibt es noch mehrere „kollagenähnliche" Proteine, die kurze kollagenähnliche Segmente enthalten. Dazu gehören Typ-XVII-Kollagen, das eine Transmembrandomäne besitzt und in Hemidesmosomen vorkommt, und Typ-XVIII-Kollagen, das man als Proteinkern eines Proteoglykans in der Basallamina findet.

Viele Proteine sind während der Evolution anscheinend durch Duplikation von DNA-Sequenzen entstanden, was zu sich wiederholenden Aminosäuremotiven führt. Die Gene, die für die α-Ketten der meisten Kollagene codieren, sind dafür ein gutes Beispiel: Sie sind zumeist recht groß (bis zu 44 Kilobasen Länge) und enthalten etwa 50 Exons. Die meisten Exons haben eine Länge von 54 Nukleotiden oder einem Vielfachen davon. Daraus könnte man ableiten, dass diese Kollagene durch mehrere Duplikationen eines Ur-Gens entstanden, das 54 Nukleotide lang war und damit für genau sechs Gly-X-Y-Motive codierte (s. **Abb. 19.38**).

Tabelle 19.2 enthält weitere Details einiger Kollagentypen, die in diesem Kapitel besprochen werden.

19.2.6 Kollagenketten durchlaufen eine Reihe von posttranslationalen Modifikationen

Individuelle Kollagenpolypeptidketten werden an membrangebundenen Ribosomen synthetisiert und in das Lumen des Endoplasmatischen Reticulums (ER) als größere Vorstufen, die man *Pro-α-Ketten* nennt, abgegeben. Diese Vorstufen besitzen nicht nur

Tab. 19.2 Einige Kollagenarten und ihre Eigenschaften.

	Art	polymerisierte Form	Gewebeverteilung	Phänotyp der Mutante
Fibrillen bildend (fibrillär)	I	Fibrille	Knochen, Haut, Sehnen, Bänder, Hornhaut, innere Organe (macht ungefähr 90 % des Kollagens des Körpers aus)	schwere Knochendefekte, Brüche *(Osteogenesis imperfecta)*
	II	Fibrille	Knorpel, Bandscheibe, *Chorda dorsalis*, Flüssigkeit des Glaskörpers des Auges	Knorpelmangel, Zwergwuchs *(Chondrodysplasia)*
	III	Fibrille	Haut, Blutgefäße, innere Organe	brüchige Haut, lockere Gelenke, Blutgefäße anfällig für Risse (*vaskuläres Ehlers-Danlos Syndrom*)
	V	Fibrille (mit Typ I)	wie bei Typ I	brüchige Haut, lockere Gelenke, (*klassisches Ehlers-Danlos Syndrom*)
	XI	Fibrille (mit Typ II)	wie bei Typ II	Kurzsichtigkeit, Blindheit
Assoziiert mit Fibrillen	IX	laterale Verbindung mit Typ-II-Fibrillen	Knorpel	Osteoarthrose
	XII	laterale Verbindung mit Typ-I-Fibrillen	Sehnen	Skelett- und Muskelanomalien
Netzwerke bildend	IV	großflächige Netzwerke	Basallamina	Erkrankungen der Niere (Glomerulonephritis), Taubheit
	VII	Ankerfibrillen	unterhalb von mehrschichtigen Plattenepithelien	Blasenbildung der Haut
Transmembranständig	XVII	nichtfibrillär	Hemidesmosomen	Blasenbildung der Haut
Proteoglykan-Proteinkern	XVIII	nichtfibrillär	Basallamina	Kurzsichtigkeit, Ablösen der Retina, Wasserkopf

Man beachte, dass die Typen I, IV, V, IX und XI jeweils aus zwei oder drei Formen von α-Ketten (verschiedene, nicht überlappende Gruppen in jedem Einzelfall) zusammengesetzt sind, während die Typen II, III, VII, XII, XVII und XVIII nur aus einer Form von α-Ketten zusammengesetzt sind.

das kurze aminoterminale Signalpeptid, das für den Transport der naszierenden Polypeptidkette zum ER notwendig ist, sondern besitzen auch sowohl am N- als auch am C-Terminus zusätzliche Aminosäuren, die als *Propeptide* bezeichnet werden und bei einem späteren Schritt des Kollagenaufbaus abgetrennt werden. Im Lumen des ER werden außerdem ausgewählte Proline zu *Hydroxyprolin* und ausgewählte Lysine zu *Hydroxylysin* hydroxyliert. Einige Hydroxylysine werden dann glykosyliert.

Jede Pro-α-Kette verbindet sich mit zwei anderen, um ein dreisträngiges, helikales Molekül zu bilden, das dann als *Prokollagen* bezeichnet wird. Die Hydroxygruppen von Hydroxyprolinen und Hydroxylysinen (**Abb. 19.40**) bilden Wasserstoffbrückenbindungen zwischen den Ketten aus, die zur Stabilisierung der dreisträngigen Helix beitragen. Die die Hydroxylierung der Proline katalysierenden Enzyme benötigen Ascorbinsäure (Vitamin C). Bei *Skorbut* – der Krankheit, die durch einen Vitamin C-Mangel in der Ernährung verursacht wird, wie er unter Seefahrern bis zum neunzehnten Jahrhundert verbreitet war – vermögen fehlerhafte Pro-α-Ketten nicht, eine stabile Dreifach-Helix zu bilden, sondern werden abgebaut, wodurch die Synthese neuer Kollagenfibrillen verhindert wird. In gesundem Gewebe wird Kollagen ständig abgebaut und ersetzt (die Umsatzrate liegt in Abhängigkeit vom Gewebe bei Monaten oder Jahren). Bei Skorbut funktioniert das Ersetzen nicht, wodurch innerhalb weniger Monate der allmähliche Verlust des bereits existierenden normalen Kollagens in der Matrix dazu führt, dass Blutgefäße brüchig werden, die Zähne locker werden und Wunden nicht mehr heilen.

Nach der Sezernierung entfernen proteolytische Enzyme außerhalb der Zelle die Propeptide der fibrillären Prokollagenmoleküle. Dadurch wird aus einem Prokollagenmolekül *Kollagen*, das sich im extrazellulären Raum zu viel größeren Kollagenfibrillen zusammenlagert. Die Propeptide haben mindestens zwei Funktionen. Erstens lenken

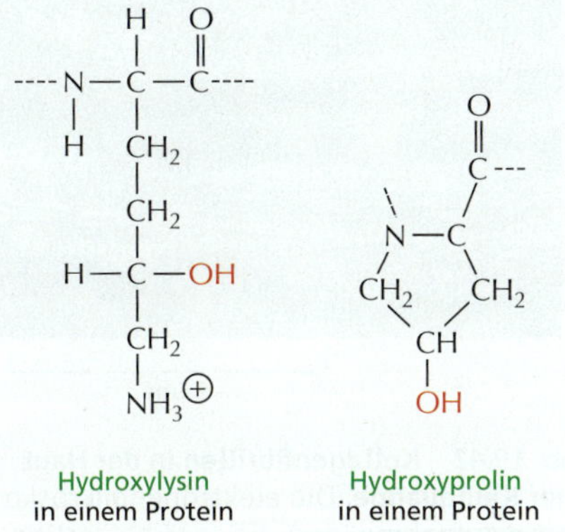

Abb. 19.40 Hydroxylysin und Hydroxyprolin. Diese modifizierten Aminosäuren kommen häufig in Kollagen vor. Sie werden durch Enzyme gebildet, die Lysin und Prolin bearbeiten, nachdem sie in die Prokollagenmoleküle eingebaut wurden.

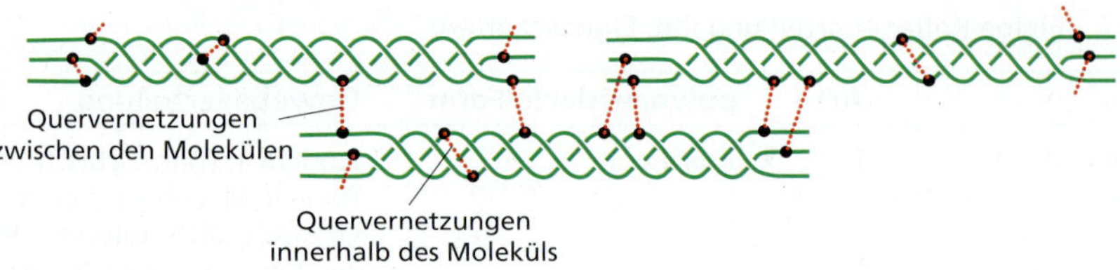

Abb. 19.41 Zwischen modifizierten Lysinseitenketten gebildete Quervernetzungen innerhalb einer Kollagenfibrille. Kovalente Quervernetzungen innerhalb einer Kollagenfibrille (intramolekular) und zwischen verschiedenen Kollagenfibrillen (intermolekular) bilden sich in mehreren Schritten. Zuerst desaminiert das extrazelluläre Enzym Lysyloxidase bestimmte Lysine und Hydroxylysine, um hoch reaktive Aldehydgruppen zu erzeugen. Die Aldehyde reagieren dann untereinander oder mit anderen Lysinen oder Hydroxylysinen unter Bildung kovalenter Bindungen spontan. Die meisten dieser Quervernetzungen bilden sich zwischen dem kurzen nicht helikalen Abschnitt an jedem Ende eines Kollagenmoleküls.

sie die intrazelluläre Bildung der dreisträngigen Kollagenmoleküle. Da sie bis nach der Sezernierung behalten werden, verhindern sie zweitens die intrazelluläre Bildung von großen Kollagenfibrillen, die für die Zelle katastrophale Folgen hätten.

Nachdem sich die Fibrillen im extrazellulären Raum gebildet haben, werden sie durch die Bildung von kovalenten Quervernetzungen zwischen Lysinresten der Kollagenmoleküle wesentlich verstärkt (**Abb. 19.41**). Die Arten der beteiligten kovalenten Bindungen findet man nur in Kollagen und Elastin. Wird die Quervernetzung verhindert, wird die Dehnbarkeit der Fibrillen drastisch reduziert: Gewebe mit Kollagen wird brüchig und Strukturen wie Haut, Sehnen und Blutgefäße neigen zum Reißen. Das Ausmaß und die Art der Quervernetzung können von Gewebe zu Gewebe variieren. Kollagen ist zum Beispiel besonders stark in der Achillesferse quervernetzt, wo Zugfestigkeit von entscheidender Bedeutung ist.

19.2.7 Sezernierte, fibrillenassoziierte Kollagene helfen bei der Organisation der Fibrillen

Anders als GAGs, die Druckkräften widerstehen, sind Kollagene Strukturen, die besonders zugfest sind. Die Fibrillen haben unterschiedliche Durchmesser und sind in den verschiedenen Geweben auch unterschiedlich organisiert. In der Haut von Säugetieren z.B. sind sie zu einem Geflecht verwoben, das Zugfestigkeit in viele Richtungen verleiht. Leder besteht aus solchen entsprechend konservierten Kollagenstrukturen. In Sehnen sind die Kollagenfibrillen zu parallelen Bündeln angeordnet, deren Ausrichtung genau der Zugrichtung entspricht. Im ausdifferenzierten Knochen und in der Hornhaut des Auges ähneln sie sperrholzartig geordneten Schichten. Die Fibrillen einer Schicht liegen parallel zueinander, aber nahezu im rechten Winkel zu den Fibrillen benachbarter Schichten. Die gleiche Anordnung kommt auch in der Haut der Kaulquappe vor (**Abb. 19.42**).

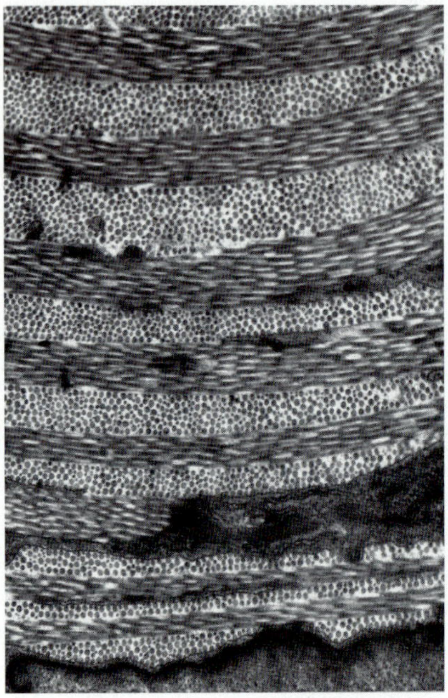

Abb. 19.42 Kollagenfibrillen in der Haut einer Kaulquappe. Die elektronenmikroskopische Aufnahme lässt die sperrholzartige Anordnung der Kollagenfibrillen erkennen. Die einzelnen Lagen der Fibrillen sind nahezu im rechten Winkel zueinander angeordnet. Diese Anordnung beobachtet man ebenfalls im ausdifferenzierten Knochen und in der Hornhaut des Auges. (Mit freundlicher Genehmigung von Jerome Gross).

Die Zellen der Bindegewebe bestimmen die Größe und Anordnung ihrer Kollagenfibrillen selbst. Die Zellen exprimieren ein oder mehrere Gene für unterschiedliche fibrilläre Kollagenmoleküle. Aber selbst Fibrillen, die aus dem gleichen Gemisch von Kollagenen bestehen, zeigen in verschiedenen Geweben eine unterschiedliche Anordnung. Wie kommt es dazu? Ein Teil der Antwort liegt darin, dass die Zellen die Ablagerung der Kollagenmoleküle nach der Sekretion regulieren können, indem sie die Bildung der Kollagenfibrillen nahe der Plasmamembran steuern. Zusätzlich können die Zellen ihre Ausrichtung beeinflussen, indem sie die fibrillären Kollagene gemeinsam mit unterschiedlichen Typen und Mengen von anderen Matrix-Makromolekülen sezernieren. Sie sezernieren insbesondere das Faserprotein *Fibronektin*, das wir später besprechen

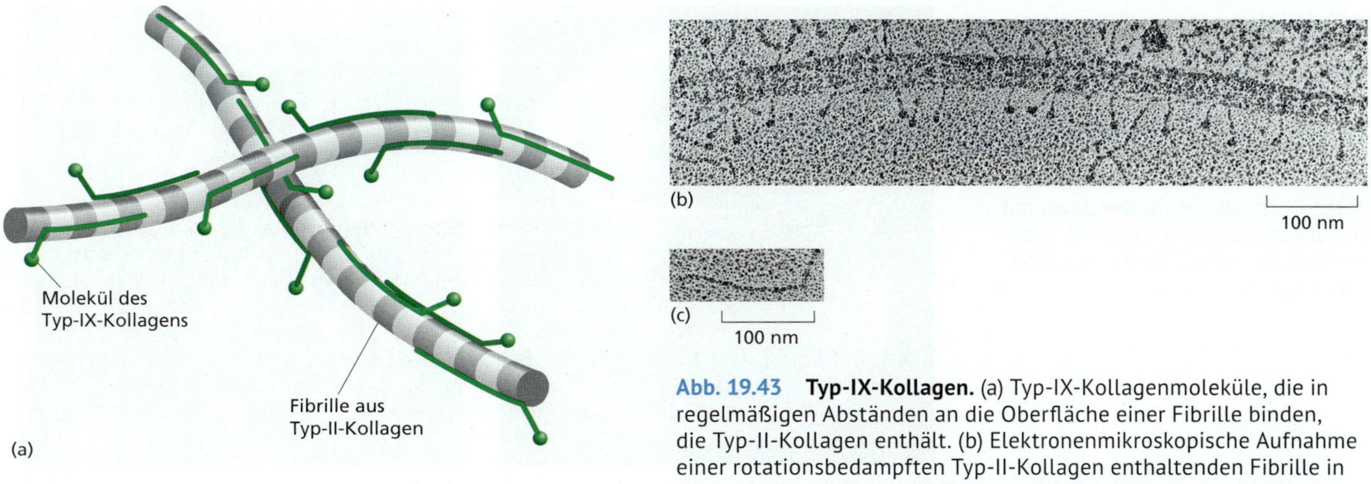

Abb. 19.43 Typ-IX-Kollagen. (a) Typ-IX-Kollagenmoleküle, die in regelmäßigen Abständen an die Oberfläche einer Fibrille binden, die Typ-II-Kollagen enthält. (b) Elektronenmikroskopische Aufnahme einer rotationsbedampften Typ-II-Kollagen enthaltenden Fibrille in Knorpel, die mit Typ-IX-Kollagenmolekülen bedeckt ist. (c) Ein einzelnes Typ-IX-Kollagenmolekül. (b und c, © 1988, L. Vaughan *et al.* Ursprünglich veröffentlicht in *J. Cell Biol.* https://doi.org/10.1083/jcb.106.3.991. Mit Erlaubnis von The Rockefeller University Press).

werden. Dies geht der Bildung von Kollagenfibrillen voraus und hilft bei der Steuerung ihrer Organisation. **Fibrillenassoziierte Kollagene**, wie das Typ-IX- und das Typ-XII-Kollagen, werden bei der Organisation der Kollagenfibrillen als besonders wichtig eingestuft. Sie unterscheiden sich in den folgenden Eigenschaften von den fibrillären Kollagenen. Erstens wird ihre Tripelhelix von einer oder zwei kurzen, nichthelikalen Domänen unterbrochen, was sie im Vergleich zu fibrillären Kollagenen beweglicher macht. Zweitens lagern sie sich im Extrazellularraum nicht zu Fibrillen zusammen, sondern binden in regelmäßigen Abständen an die Oberflächen von Fibrillen, die aus fibrillären Kollagenen gebildet wurden. Moleküle des Typs IX binden an Typ-II-Kollagen enthaltende Fibrillen im Knorpel, in der Hornhaut und im Glaskörper des Auges (**Abb. 19.43**). Typ-XII-Moleküle dagegen binden an Typ-I-Kollagen enthaltende Fibrillen in Sehnen und einigen anderen Geweben.

Man nimmt an, dass die fibrillenassoziierten Kollagene die Wechselwirkung von Kollagenfibrillen untereinander und mit anderen Matrixmolekülen vermitteln. Auf diese Weise tragen sie dazu bei, die Anordnung der Fibrillen in der Matrix festzulegen.

19.2.8 Elastin verleiht den Geweben ihre Elastizität

Viele Gewebe von Wirbeltieren, wie die Haut, Blutgefäße oder Lungen, müssen gleichzeitig stark und elastisch sein. Ein Netz **elastischer Fasern** in der extrazellulären Matrix dieser Gewebe verleiht ihnen die Fähigkeit, sich nach einer Dehnung wieder zusammenzuziehen (**Abb. 19.44**). Elastische Fasern sind mindestens fünfmal dehnbarer als ein Gummiband von gleichem Durchmesser. Lange, unelastische Kollagenfasern sind in die elastischen Fasern eingelagert, begrenzen damit ihre Elastizität und verhindern, dass das Gewebe reißt.

Bedeutendster Bestandteil der elastischen Fasern ist **Elastin**, ein sehr hydrophobes Protein (von etwa 750 Aminosäuren Länge), das wie Kollagen ungewöhnlich viel Prolin und Glycin enthält, aber anders als Kollagen nicht glykosyliert wird. Lösliches *Tropoelastin* (die Biosynthesevorstufe von Elastin) wird in den Extrazellularraum ausgeschieden und dicht an der Plasmamembran zu elastischen Fasern zusammengesetzt, gewöhnlich in Einbuchtungen der Zelloberfläche. Nach ihrer Sekretion werden die Tropoelastinmoleküle untereinander stark quervernetzt, sodass ein umfangreiches Geflecht

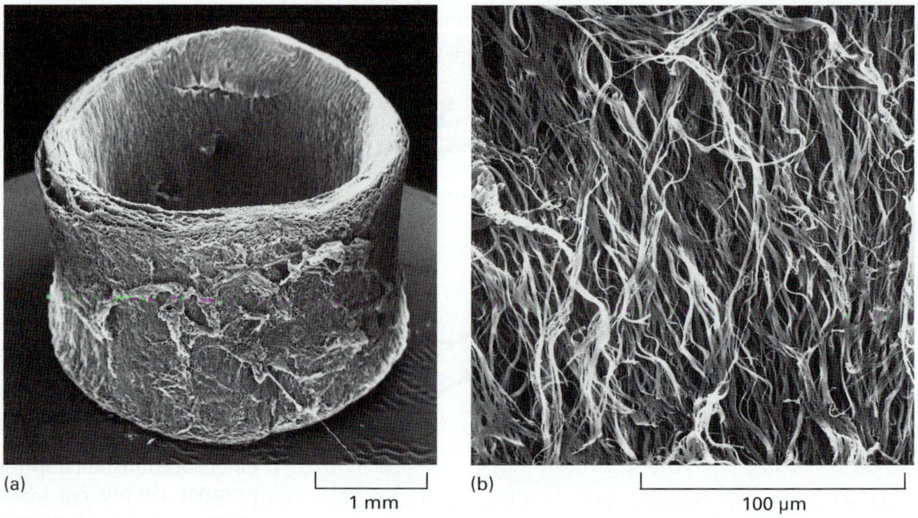

Abb. 19.44 Elastische Fasern. Diese rasterelektronenmikroskopischen Aufnahmen zeigen (a) einen Ausschnitt aus der Aorta eines Hundes in schwacher Vergrößerung und (b) in höherer Auflösung das dichte Geflecht der längs orientierten elastischen Fasern im äußeren Bereich des gleichen Blutgefäßes. Alle weiteren Bestandteile wurden zuvor mit Enzymen und Ameisensäure abgebaut. (Aus K. S. Haas *et al.*, *Anat. Rec.* 230: 86–96, 1991. Mit Erlaubnis von Wiley-Liss).

aus Elastinfasern und -schichten entsteht. Ein Mechanismus, der dem bei der Quervernetzung von Kollagenmolekülen ähnelt, bildet Quervernetzungen zwischen Lysinen in Elastinmolekülen.

Elastin setzt sich vorwiegend aus zwei kurzen Abschnitten zusammen, die sich entlang der Polypeptidkette abwechseln: hydrophobe Abschnitte, die für die elastischen Eigenschaften des Moleküls verantwortlich sind, sowie alanin- und lysinreiche α-helikale Abschnitte, die mit benachbarten Molekülen quervernetzt sind. Jeder Abschnitt wird von einem eigenen Exon codiert. Es gibt jedoch bezüglich der Konformation der Elastinmoleküle und der Frage, wie die Struktur der Fasern zu ihren gummiähnlichen Eigenschaften beiträgt, noch keine einheitliche Meinung. Es scheint aber so zu sein, dass Teile der Elastin-Polypeptidkette, ähnlich wie die Polymerkette von gewöhnlichem Kautschuk, eine lose, ungeordnete „*Random Coil*"-Konformation annimmt. Diese Struktur der Moleküle wird zu einem Netz elastischer Fasern verknüpft und ermöglicht so, dass sich das Netz strecken und wie ein Gummiband zusammenziehen kann (**Abb. 19.45**).

Elastin ist das wichtigste extrazelluläre Matrixprotein in Arterien; es stellt 50 % der Trockenmasse der größten Arterie, der Aorta, dar (s. **Abb. 19.44**). Mutationen im Elastingen, die zu einer Verminderung des Proteins bei Maus oder Mensch beitragen, äußern sich in einer Verengung der Aorta und anderer Arterien durch uneingeschränktes

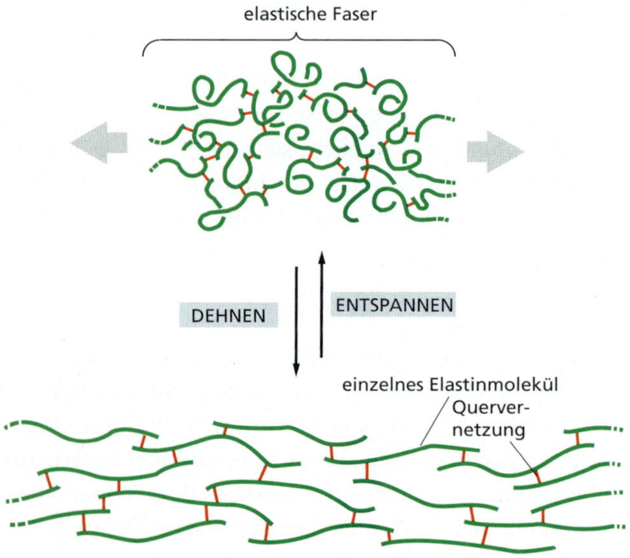

Abb. 19.45 Wie sich das Geflecht von Elastinmolekülen dehnt. Die Moleküle sind über kovalente Bindungen (*rot*) zu einem quervernetzten Geflecht verknüpft. Im dargestellten Modell kann sich jedes Elastinmolekül des Geflechts ausdehnen und wieder zu einem ungeordneten Knäuel zusammenziehen, sodass sich das ganze Geflecht wie ein Gummiband verhält.

Wachstum von glatten Muskelzellen in den Arterienwänden. Die normale Elastizität der Arterien ist offensichtlich erforderlich, um das Wachstum dieser Zellen zu begrenzen.

Elastische Fasern bestehen aber nicht ausschließlich aus Elastin. Das Elastingrundgerüst ist von einer Hülle aus *Mikrofibrillen* überzogen, die jeweils einen Durchmesser von 10 nm haben. Man nimmt an, dass die Mikrofibrillen für das Zusammenlagern der elastischen Fasern von Bedeutung sind. Sie liegen schon vor dem Elastin in sich entwickelnden Geweben vor und scheinen ein Grundgerüst zu bilden, auf dem sich das Elastin ablagert. Gruppen von Mikrofibrillen sind von sich aus elastisch und an einigen Stellen bleiben sie bei Abwesenheit von Elastin bestehen: Sie helfen z.B. dabei, die Linse im Auge an ihrem Platz zu halten. Die Mikrofibrillen werden von einigen Glykoproteinen, wie dem großen Glykoprotein *Fibrillin*, gebildet, das an Elastin bindet und für die Integrität der elastischen Fasern essenziell ist. Mutationen im Fibrillingen verursachen das *Marfan-Syndrom*, eine relativ häufige Erkrankung des Menschen. Bei besonders stark betroffenen Individuen droht die Aorta zu reißen. Weitere Merkmale sind eine Verschiebung der Linse und Abnormalitäten von Skelett und Gelenken. Betroffene Menschen sind oft ungewöhnlich groß und schlaksig: Man vermutet, dass Abraham Lincoln davon betroffen war.

19.2.9 Zellen steuern und antworten auf mechanische Eigenschaften der Matrix

Zellen stehen auf mechanischem oder chemischem Weg mit der extrazellulären Matrix in Wechselbeziehung. Die mechanische Wechselwirkung kann zu tiefgreifenden Effekten in der Bindegewebsarchitektur führen, wie Studien an Zellen in Kultur vermuten lassen. Vermischt man Fibroblasten mit einem Geflecht von zufällig orientierten Kollagenfibrillen, die als Gel in einer Kulturschale vorliegen, dann zerren die Fibroblasten an dem Geflecht und ziehen das Kollagen der gesamten Umgebung an, bis das Gel schließlich nur noch einen Bruchteil seines ursprünglichen Volumens einnimmt. Ähnlich arbeiten auch Ansammlungen von Fibroblasten und umgeben sich selbst mit einer Kapsel dicht gepackter, sie umschließender Kollagenfasern.

Legt man zwei kleine Stücke embryonalen Gewebes, das Fibroblasten enthält, auf einem *Kollagengel* weit auseinander, wird das dazwischenliegende Kollagen zu einem dichten Band aus aneinanderliegenden Fasern ausgerichtet, das die Gewebeteile verbindet (**Abb. 19.46**). Die Fibroblasten wandern dann allmählich entlang der ausgerichteten Kollagenfasern aus den Explantaten aus. Die Fibroblasten beeinflussen also die Ausrichtung der Kollagenfasern; im Gegenzug beeinflussen die Kollagenfasern auch die Verteilung der Fibroblasten.

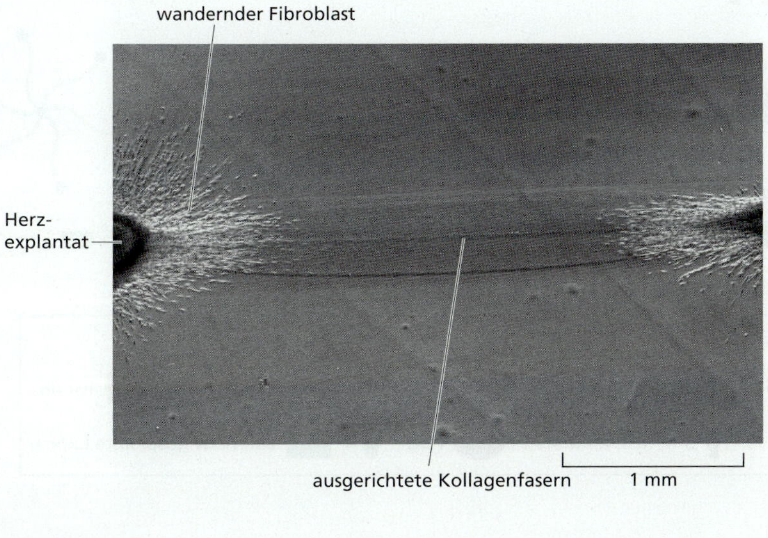

Abb. 19.46 **Die Ausgestaltung der extrazellulären Matrix durch Zellen.** Die mikroskopische Aufnahme zeigt den Bereich zwischen zwei Hühnerherzstücken (mit zahlreichen Fibroblasten sowie Herzmuskelzellen), die vier Tage lang auf einem Kollagengel in Kultur angezogen wurden. Eine dichte Spur von gerichteten Kollagenfasern hat sich zwischen den explantierten Gewebeteilen entwickelt. Sie ist wahrscheinlich darauf zurückzuführen, dass die Fibroblasten der Gewebeteile am Kollagen zerren. (Aus D. Stopak und A. K. Harris, *Dev. Biol.* 90: 383–398, 1982. Mit Erlaubnis von Elsevier).

Die Fibroblasten spielen wahrscheinlich auch eine ähnliche Rolle bei der Organisation der extrazellulären Matrix im Körper. Zunächst synthetisieren sie die Kollagenfibrillen und ordnen sie in der korrekten Orientierung an. Dann arbeiten sie an der Matrix, die sie sezerniert haben, bewegen sich über sie hinweg und ziehen dann an ihr, um Sehnen und Bänder sowie die starken und dichten Bindegewebsschichten zu bilden, die die meisten Organe umgeben und miteinander verbinden.

Zusätzlich zur Festlegung der Orientierung der Kollagenfibrillen, die sie produzieren, kontrollieren Fibroblasten die Dichte und Zusammensetzung der extrazellulären Matrix, die sich in verschiedenen Geweben außerordentlich unterscheiden kann. Einige Gewebe wie Sehnen und Knorpel bestehen aus dichter Matrix, die viel steifer ist und Deformationen besser widersteht als die weiche elastische Matrix von Fettgewebe und Gehirngewebe. Diese Unterschiede hängen von der Fähigkeit der Zellen in diesen Geweben ab, den Kollagentyp und andere produzierte Proteine, die relativen Geschwindigkeiten der Matrixproteinsynthese und des -abbaus und den Grad der Quervernetzung von Kollagen und Elastin zu steuern. Die Dichte der Matrix wiederum steuert das Verhalten der Fibroblasten und anderer Zellen, die hindurch wandern. So sind beispielsweise die Proliferation, die Wanderung und das Schicksal der Entwicklung von Stammzellen von Matrixzusammensetzung und -dichte beeinflusst. Eine anormal hohe Matrixdichte ist mit bestimmten fibrösen Krankheiten assoziiert und scheint bei einigen Krebsformen einen Risikofaktor darzustellen.

19.2.10 Fibronektin und andere viele Domänen enthaltende Glykoproteine helfen bei der Organisation der Matrix

Die extrazelluläre Matrix enthält außer Proteoglykanen, Kollagenen und elastischen Fasern noch eine große und vielfältige Auswahl an Glykoproteinen – alle mit vielen Domänen, die spezifische Bindungsstellen für Matrixmoleküle oder Zelloberflächenrezeptoren haben (**Abb. 19.47**). Diese Proteine unterstützen somit sowohl die Strukturierung der Matrix als auch die Zellbindung an die Matrix. Wie die Proteoglykane lenken

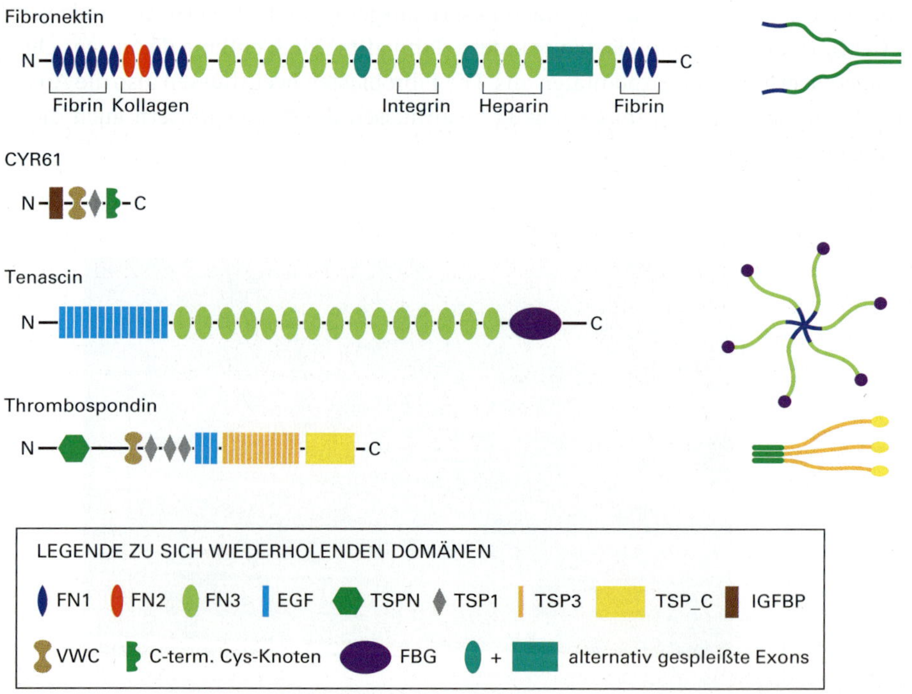

Abb. 19.47 Komplexe Glykoproteine der extrazellulären Matrix. Viele Glykoproteine der Matrix sind große Gerüstproteine, die mehrere Kopien spezifischer Protein-Interaktionsdomänen tragen. Jede Domäne ist in eine bestimmte globuläre Struktur gefaltet. Viele dieser Domänen sind entlang des Proteins wie Perlen auf einer Kette aufgereiht. Die Darstellung zeigt stellvertretend vier der ungefähr 200 Matrixglykoproteine, die man in Säugetieren findet. Jedes Protein enthält mehrere, sich wiederholende Domänen, deren Namen in der Legende unten aufgelistet sind. Fibronektin z.B. enthält zahlreiche Kopien der drei verschiedenen *Fibronektin-Wiederholungseinheiten* (*repeats*) (Typ I–III, mit FN1, FN2 und FN3 bezeichnet). Zwei Typ-III-Wiederholungen nahe dem Zentrum des Proteins enthalten wichtige Bindungsstellen für Zelloberflächen-Integrine, während drei nahegelegene Typ-III-Wiederholungen eine Bindungsstelle für Heparin- oder Heparansulfatproteoglykane bilden. FN-Wiederholungen am N-Terminus sind an der Bindung mit Fibrin oder Kollagen beteiligt. Andere Matrixproteine enthalten Wiederholungssequenzen, die denen des epidermalen Wachstumsfaktors (EGF), ein Hauptregulator des Zellwachstums und der Zellproliferation, ähneln; diese Wiederholungen könnten eine ähnliche Signalfunktion in Matrixproteinen innehaben. Andere Proteine beinhalten Domänen, wie die IGFBP-Wiederholung (Insulin-ähnlicher Wachstumsfaktor bindendes Protein, engl. *insulin-like growth factor-binding protein*); diese Proteine binden an lösliche Wachstumsfaktoren und regulieren deren Funktion. Um noch mehr Strukturvielfalt ins Spiel zu bringen, werden viele dieser Proteine von RNA-Transkripten codiert, die auf verschiedene Wege gespleißt werden können: Wie beim Fibronektin werden Exons hinzugefügt oder entfernt. Schließlich sind die gerüstbildenden und regulierenden Funktionen vieler Matrixproteine durch die Ausbildung multimerer Formen, wie *rechts* gezeigt, erweitert: Fibronektin bildet Dimere, die an ihren C-Termini miteinander verbunden sind, während Tenascin N-terminal verknüpfte Hexamere und Thrombospondin N-terminal verknüpfte Trimere bildet. Andere Domänen schließen vier Wiederholungen von Thrombospondin ein (TSPN, TSP1, TSP3, TSP_C). VWC, von Willebrand-Typ C, FBG, Fibrinogen-ähnlich. (Verändert nach R. O. Hynes und A. Naba, *Cold Spring Harb. Perspect. Biol.* 4: a004903, 2012. Mit Erlaubnis von Cold Spring Harbor Laboratory Press).

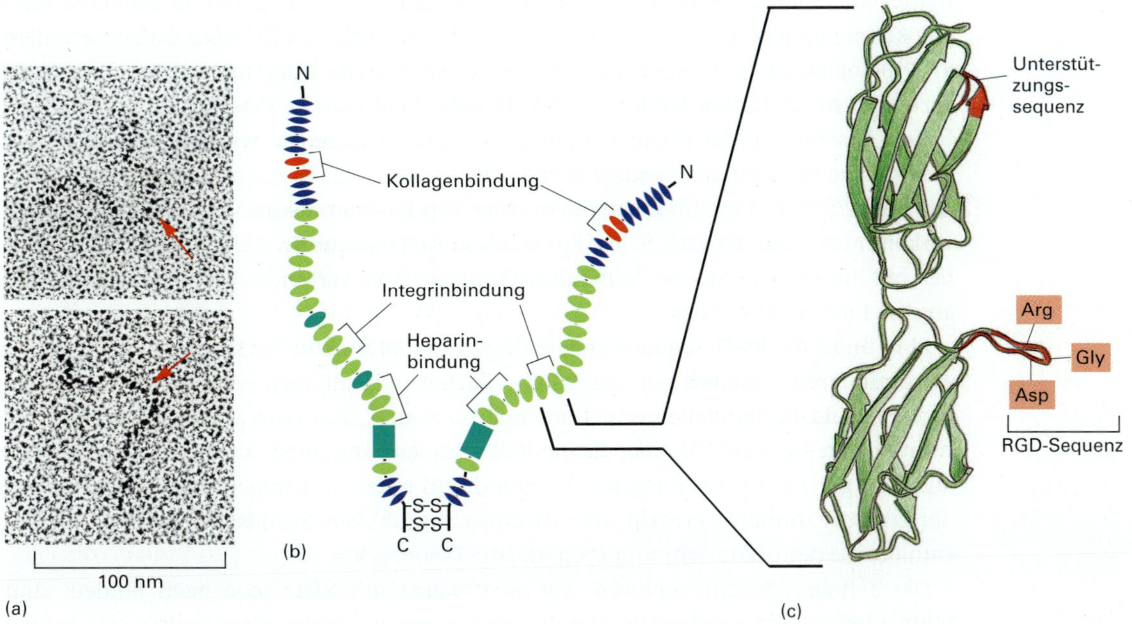

Abb. 19.48 Die Struktur eines Fibronektindimers. (a) Elektronenmikroskopische Aufnahme einzelner, mit Platin bedampfter Fibronektindimere; die *roten* Pfeile markieren die verbundenen C-terminalen Enden. (b) Die beiden Polypeptidketten sind ähnlich, aber nicht unbedingt identisch (sie werden zwar vom gleichen Gen codiert, entstehen aber aus unterschiedlich gespleißten mRNAs). Die Ketten werden über zwei Disulfidbindungen am C-terminalen Ende verbunden. Jede Kette ist etwa 2500 Aminosäuren lang und ist in viele Domänen gefaltet (s. Abb. 19.47). Wie im Modell angezeigt, sind manche Domänen auf die Bindung bestimmter Moleküle spezialisiert. Der Übersichtlichkeit halber wurden nicht alle der bekannten Bindungsstellen eingezeichnet. (c) Raumstruktur der neunten und zehnten Typ-III-Fibronektin-Wiederholungseinheiten, abgeleitet aus Röntgenstrukturdaten. Sowohl die Arg-Gly-Asp- (RGD-) als auch die Unterstützungssequenz (engl. *synergy sequence*) (*rot*) sind für die Bindung an Integrine auf der Zelloberfläche wichtig. (a, aus J. Engel *et al.*, *J. Mol. Biol.* 150: 97–120, 1981. Mit Erlaubnis von Elsevier; c, aus d. J. Leahy, *Annu. Rev. Cell Dev. Biol.* 13: 363–393, 1997. Mit Erlaubnis von Annual Reviews).

auch sie die Bewegung von Zellen in sich entwickelnden Geweben. Sie dienen als Trassen, auf denen sich die Zellen bewegen können, oder als Repellent, das Zellen von verbotenen Zonen fernhält. Außerdem können sie an Peptidwachstumsfaktoren und andere kleine, von in der Nähe befindlichen Zellen hergestellte Moleküle binden und dabei deren Funktion beeinflussen.

Das am besten verstandene Mitglied dieser Klasse von Matrixproteinen ist das **Fibronektin**, ein großes Glykoprotein, das alle Wirbeltiere besitzen und das wichtig für viele Zell–Matrix-Wechselwirkungen ist. Mäusemutanten, die kein Fibronektin bilden können, sterben früh in der Embryogenese, weil ihre Endothelzellen keine richtigen Blutgefäße bilden können. Man vermutet, dass dieser Defekt aus Abnormalitäten bei den Wechselwirkungen dieser Zellen mit der umgebenden extrazellulären Matrix, die normalerweise Fibronektin enthält, resultiert.

Fibronektin ist ein Dimer und besteht aus zwei sehr großen Untereinheiten, die durch Disulfidbindungen an ihren C-terminalen Enden miteinander verbunden sind. Jede Untereinheit enthält eine Serie von kleinen sich wiederholenden Domänen oder Modulen, die durch kurze, bewegliche Polypeptidketten voneinander getrennt liegen (Abb. 19.48). Jede Domäne wird gewöhnlich von einem eigenen Exon codiert, was dafür spricht, dass das Fibronektingen, ähnlich wie die Gene, die für viele Matrixproteine codieren, durch mehrere Exonduplikationen entstanden ist. Im menschlichen Genom gibt es nur ein einziges Fibronektingen, das ungefähr 50 Exons gleicher Größe enthält. Durch Transkription wird nur eine RNA gebildet, die dann durch alternatives Spleißen mehrere Isoformen des Fibronektins liefert (s. Abb. 19.48b). Die sich wiederholende Hauptdomäne in Fibronektin wird **Typ-III-Fibronektin-Wiederholungseinheit** genannt. Sie enthält etwa 90 Aminosäuren und kommt in jeder Untereinheit mindestens 15-mal vor. Diese Wiederholungseinheit gehört zu den häufigsten Proteindomänen, die man in Wirbeltieren findet.

19.2.11 Fibronektin bindet an Integrine

Um ein so komplexes Proteinmolekül mit mehreren Funktionen wie das Fibronektin zu analysieren, kann man einzelne kurze Abschnitte des Proteins herstellen und deren

Fähigkeit, an andere Proteine zu binden, untersuchen. Durch diese und andere Methoden konnte man zeigen, dass eine Region des Fibronektins an Kollagen und eine andere an Proteoglykane und wieder eine andere an spezifische Integrine auf der Oberfläche verschiedener Zellarten bindet (s. **Abb. 19.48b**). Synthetische Peptide, die unterschiedlichen Abschnitten der Integrinbindungsdomäne entsprechen, wurden eingesetzt, um eine für die Bindung notwendige spezifische Sequenz aus drei Aminosäuren (*Arg-Gly-Asp* oder *RGD*) zu identifizieren, die in einer Typ-III-Fibronektin-Wiederholungseinheit vorkommt (s. **Abb. 19.48c**). Selbst kurze, diese **RGD-Sequenz** enthaltende Peptide können mit Fibronektin um die Zellbindung konkurrieren, verhindern also die Zellbindung an eine Fibronektinmatrix.

Man findet die RGD-Sequenz aber nicht nur in Fibronektin. Sie kommt in zahlreichen extrazellulären Proteinen vor, die Zelloberflächenverbindungen vermitteln. Viele dieser Proteine sind Bestandteile der extrazellulären Matrix, während andere an der Blutgerinnung beteiligt sind. Peptide, die die RGD-Sequenz enthalten, waren bei der Entwicklung von gerinnungshemmenden Arzneimitteln nützlich. Einige Schlangen benutzen übrigens ein ähnliches Prinzip, um ihre Opfer auszubluten: Sie mischen in ihr Gift RGD-enthaltende Anti-Blutgerinnungspeptide, die *Disintegrine.*

Die Zelloberflächenrezeptoren, die an Proteine mit RGD-Sequenzen binden, sind Mitglieder der Integrinfamilie, die wir später genauer besprechen wollen. Da jedoch jedes Integrin nur eine beschränkte Auswahl an Matrixmolekülen bindet, heißt dies auch, dass für eine wirklich feste Bindung mehr als nur die RGD-Sequenz benötigt wird. RGD-Sequenzen sind darüber hinaus nicht die einzigen Sequenzmotive, die für die Bindung von Integrinen genutzt werden: Viele Integrine erkennen und binden stattdessen andere Motive.

19.2.12 Die von Zellen ausgeübte Zugkraft reguliert den Aufbau von Fibronektinfibrillen

Fibronektin kann in löslicher Form vorkommen und im Blut und in anderen Körperflüssigkeiten zirkulieren. Es kann aber auch in Form von unlöslichen *Fibronektinfibrillen* vorkommen, in denen Fibronektindimere über zusätzliche Disulfidbindungen miteinander quervernetzt werden und einen Teil der extrazellulären Matrix bilden. Man kann *in vitro* erreichen, dass sich Kollagenfibrillen selbstständig zu Fibrillen zusammenlagern. Das gilt nicht für Fibronektinmoleküle; diese lagern sich nur auf Zelloberflächen zu Fibrillen zusammen. Sie benötigen für ihre Fibrillenbildung nämlich fibronektinbindende Hilfsproteine, vor allem Integrine. Die Integrine stellen eine Verbindung zwischen dem Fibronektin außerhalb der Zelle und dem Aktincytoskelett in der Zelle dar. Die Verbindung überträgt Zugkraft auf die Fibronektinmoleküle – vorausgesetzt sie besitzen auch eine Verbindung zu einer anderen Struktur – streckt sie und legt verborgene Bindungsstellen in den Fibronektinmolekülen frei (**Abb. 19.49**). Dies ermöglicht ihnen, direkt aneinander zu binden und weitere Fibronektinmoleküle anzulagern und

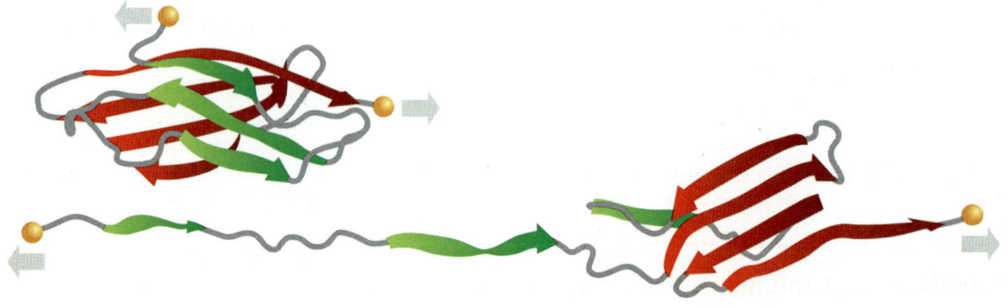

Abb. 19.49 Wie Fibronektin Spannung feststellt. Von einigen Typ-III-Fibronektin-Wiederholungseinheiten nimmt man an, dass sie entfaltet werden, wenn Fibronektin gedehnt wird. Das Entfalten legt verborgene Bindungsstellen frei, die mit anderen Fibronektinmolekülen wechselwirken, sodass sie sich zu Fibronektinfilamenten – wie die in **Abb. 19.50** dargestellten – zusammenlagern. (Aus V. Vogel und M. Sheetz, *Nat. Rev. Mol. Cell Biol.* 7: 265–275, 2006. Mit Erlaubnis von Springer Nature).

so eine Fibrille zu bilden (**Abb. 19.50**). Diese Abhängigkeit von Zugkraft und Wechselwirkung mit Zelloberflächen stellt sicher, dass sich Fibronektinfibrillen nur dort bilden, wo ein mechanischer Bedarf dafür existiert, und nicht an ungeeigneten Stellen wie z.B. im Blutkreislauf.

Viele andere Proteine der extrazellulären Matrix besitzen multiple Kopien der Typ-III-Fibronektin-Wiederholungseinheit (s. **Abb. 19.47**). Es ist möglich, dass eine Zugkraft, die auf diese Proteine ausgeübt wird, ebenfalls verborgene Bindungsstellen freilegt und dadurch ihr Verhalten beeinflusst.

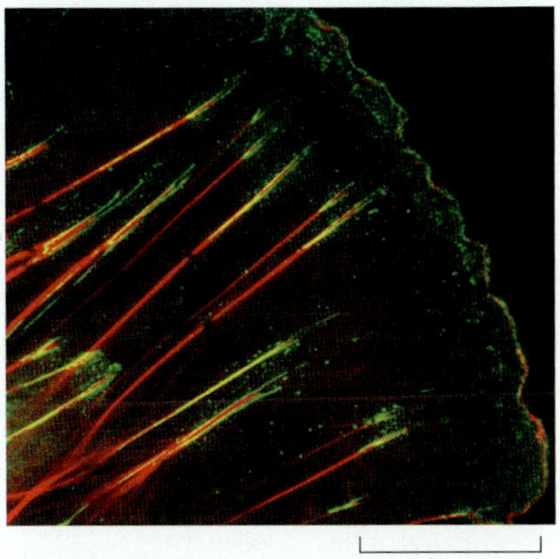

Abb. 19.50 Fibronektin organisiert sich an der Zelloberfläche zu Fibrillen. Die fluoreszenzmikroskopische Aufnahme zeigt das vordere Ende eines wandernden Maus-Fibroblasten. Das extrazelluläre Fibronektin ist *grün* gefärbt und die intrazellulären Aktinfilamente sind *rot* gefärbt. Das Fibronektin liegt zuerst in Form von kleinen punktförmigen Aggregaten in der Nähe des Leitsaums der Zelle vor. Es akkumuliert an Fokaladhäsionen (Stellen, an denen Aktinfilamente verankert sind, wird später erläutert) und organisiert sich zu Fibrillen, die parallel zu den Aktinfilamenten verlaufen. Integrinmoleküle durchspannen die Zellmembran und verbinden das Fibronektin außerhalb der Zelle mit den Aktinfilamenten in der Zelle (s. **Abb. 19.56**). Wenn über diese Verbindung eine Zugkraft auf die Fibronektinmoleküle ausgeübt wird, werden sie vermutlich gedehnt und legen Bindungsstellen frei, die die Bildung von Fibrillen unterstützen. (Mit freundlicher Genehmigung von Roumen Pankov und Kenneth Yamada).

19.2.13 Die Basallamina ist eine spezielle Form der extrazellulären Matrix

In diesem Abschnitt haben wir bisher die allgemeinen Prinzipien besprochen, die der Struktur und der Funktion der Hauptklassen der Bestandteile der extrazellulären Matrix zugrunde liegen. Nun wenden wir uns dem Zusammenbau dieser Bestandteile zu einer spezialisierten Art extrazellulärer Matrix zu, die als **Basallamina** (oder auch **Basalmembran**) bezeichnet wird. Diese äußerst dünne, widerstandsfähige und flexible Schicht aus Matrixmolekülen ist ein essenzieller Unterbau aller Epithelien. So klein sie in Bezug auf ihr Volumen ist, so bedeutsam ist sie für den Aufbau des Körpers. Wie die Cadherine scheint die Basallamina eines der bestimmenden Merkmale zu sein, das allen vielzelligen Tieren gemeinsam ist. Es scheint so, dass sie bereits sehr früh in der Evolution aufgetreten ist. Die molekularen Hauptbestandteile der Basallamina gehören zu den evolutionär ältesten Makromolekülen der extrazellulären Matrix.

Die Basallamina ist im Allgemeinen 40–120 nm dick. Sie befindet sich unterhalb von Epithelzellen und umgibt auch einzelne Muskel-, Fett- oder Schwann'sche Zellen (Letztere wickeln sich um periphere Axone von Nervenzellen und bilden das Myelin). Auf diese Weise trennt die Basallamina diese Zellen und die Epithelien vom sie umgebenden oder unterliegenden Bindegewebe und bildet mechanische Verbindungen zwischen ihnen aus. In anderen Geweben, wie z.B. dem Nierenglomerulus, liegt die Basallamina zwischen zwei Zellschichten und stellt dort einen hoch selektiven Filter dar (**Abb. 19.51**). Basallaminae können jedoch mehr als nur filtern oder Struktur verleihen. Sie können auch die Zellpolarität festlegen, den Zellstoffwechsel beeinflussen, die Anordnung von Proteinen in benachbarten Plasmamembranen organisieren, das Überleben, die Vermehrung (Proliferation) oder die Differenzierung der Zelle fördern und als spezifische „Trassen" für die Zellwanderung dienen.

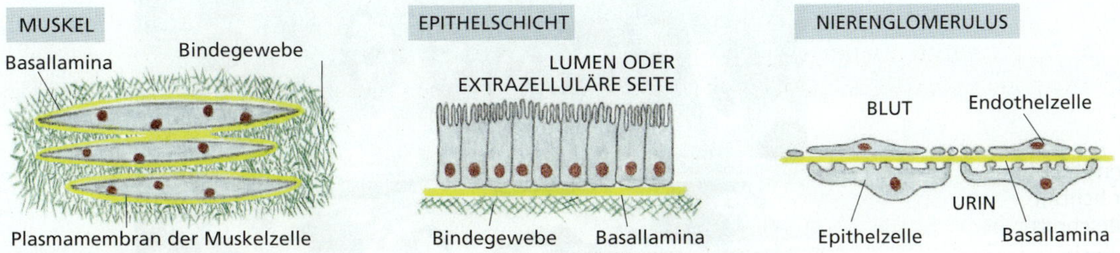

Abb. 19.51 Drei mögliche Anordnungen der Basallamina. Schichten der Basallamina (*gelb*) umgeben bestimmte Zellen (wie z.B. Skelettmuskelzellen), sie liegen unterhalb von Epithelien und zwischen Zellschichten (wie z.B. im Nierenglomerulus). Man beachte, dass im Nierenglomerulus beide Zellschichten Lücken aufweisen, sodass die Basalmembran eine Filter- und eine Stützfunktion innehat, die mitentscheidet, welche Moleküle aus dem Blut in den Urin gelangen. Die Filtration hängt auch von anderen, auf Proteinen basierenden Strukturen, den sogenannten *Schlitzdiaphragmen* ab, die die interzellulären Lücken in der Epithelschicht durchspannen.

19.2.14 Laminin und Typ-IV-Kollagen sind Hauptbestandteile der Basallamina

Die Basallamina wird von Zellen auf beiden Seiten der Basallamina aufgebaut: Die Epithelzellen liefern eine Gruppe von Komponenten, während die Zellen der darunterliegenden Bindegewebsschicht (das sogenannte *Stroma*, griechisch für „Decke") die andere Gruppe liefern (**Abb. 19.52**). Die genaue Zusammensetzung von ausdifferenzierten Basallaminae schwankt zwar von Gewebe zu Gewebe und kann sogar in unterschiedlichen Bereichen ein und derselben Basallamina unterschiedlich sein, dennoch enthalten die meisten Basallaminae die Glykoproteine *Laminin, Typ-IV-Kollagen* und *Nidogen* zusammen mit dem Proteoglykan *Perlecan*. Zu den anderen üblichen Komponenten der Basallamina gehören Fibronektin und *Typ-XVIII-Kollagen* (ein atypisches Mitglied der Kollagenfamilie, das den Proteinkern eines Proteoglykans bildet).

Laminin ist hauptverantwortlich für die schichtartige Anordnung der Zellen. In der frühen Entwicklung besteht die Basallamina vorwiegend aus Lamininmolekülen. Laminine umfassen eine große Familie von Proteinen, die aus drei sehr langen Polypeptidketten (α, β und γ) bestehen. Die Polypeptidketten werden über Disulfidbindungen zusammengehalten und sind wie ein asymmetrischer Blumenstrauß angeordnet, der aus drei Blumen besteht, deren Stängel am unteren Ende miteinander verdreht, deren Blüten aber voneinander getrennt sind (**Abb. 19.53**). Diese Heterotrimere können sich *in vitro* größtenteils über Wechselwirkungen zwischen ihren Kopfgruppen selbstständig zu einem Netzwerk zusammenlagern. Um dieses Netzwerk zu einer geordneten Schicht zu organisieren, ist aber ein Zusammenwirken mit den Zellen nötig. Verschiedene Isoformen der jeweiligen Ketten können unterschiedlich miteinander kombiniert werden und lassen somit viele verschiedene Laminine entstehen, die Basallaminae mit verschiedenen Eigenschaften bilden. Die Laminin-γ1-Kette kommt jedoch in den meisten Lamininheterotrimeren vor. Mäuse, die dieses Polypeptid nicht synthetisieren, sterben während der Embryonalentwicklung, da sie keine Basallamina ausbilden können.

Typ-IV-Kollagen ist eine zweite essenzielle Komponente einer ausgereiften Basallamina und kommt auch in verschiedenen Isoformen vor. Wie die *fibrillären Kollagene*, die den Großteil der Proteine in Bindegeweben wie Knochen oder Sehnen ausmachen,

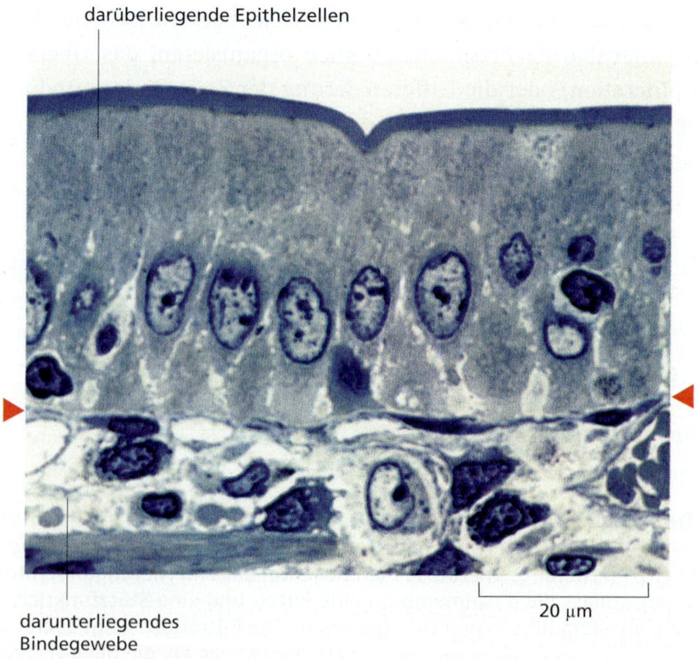

Abb. 19.52 Die Basallamina unterstützt eine Schicht von Epithelzellen. In dieser lichtmikroskopischen Aufnahme eines Querschnitts durch einen Dünndarm ruht eine Schicht säulenartig stehender Epithelzellen auf der Basallamina (*rote Pfeilspitzen*). Ein Netzwerk von Kollagenfibrillen und anderen Fasern im darunterliegenden Bindegewebe interagiert mit der Unterseite der Basallamina. (Jose Luis Calvo/Shutterstock).

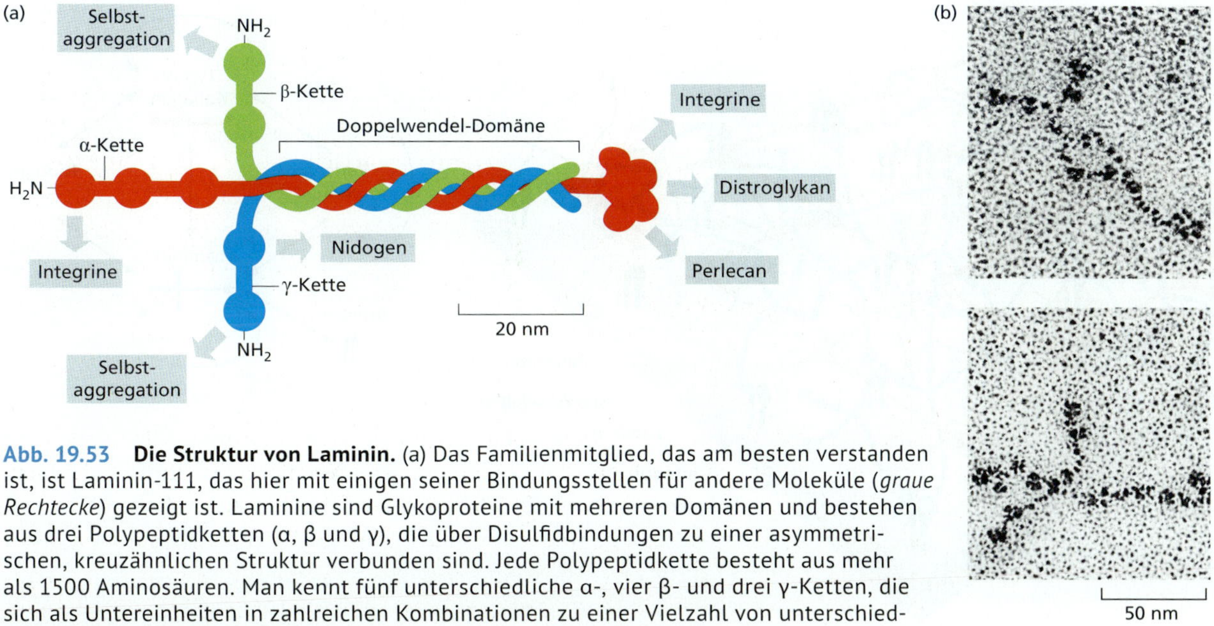

Abb. 19.53 Die Struktur von Laminin. (a) Das Familienmitglied, das am besten verstanden ist, ist Laminin-111, das hier mit einigen seiner Bindungsstellen für andere Moleküle (*graue Rechtecke*) gezeigt ist. Laminine sind Glykoproteine mit mehreren Domänen und bestehen aus drei Polypeptidketten (α, β und γ), die über Disulfidbindungen zu einer asymmetrischen, kreuzähnlichen Struktur verbunden sind. Jede Polypeptidkette besteht aus mehr als 1500 Aminosäuren. Man kennt fünf unterschiedliche α-, vier β- und drei γ-Ketten, die sich als Untereinheiten in zahlreichen Kombinationen zu einer Vielzahl von unterschiedlichen Lamininen zusammenlagern können. Die Laminine werden nach ihrer Zusammensetzung aus den drei Untereinheiten benannt. So enthält Laminin-111 die α1-, β1- und γ1-Untereinheiten. Jede Isoform scheint eine spezifische Gewebeverteilung aufzuweisen: Laminin-322 findet man in der Haut, Laminin-211 im Muskel und Laminin-411 kommt in den Endothelzellen der Blutgefäße vor. Über ihre Bindungsstellen für andere Proteine spielen Lamininmoleküle eine zentrale Rolle bei der Organisation der Basallamina und ihrer Verankerung an die Zellen. (b) Elektronenmikroskopische Aufnahme eines Platin-bedampften Lamininmoleküls. (b, aus J. Engel *et al.*, *J. Mol. Biol.* 150: 97–120, 1981. Mit Erlaubnis von Elsevier).

bestehen Typ-IV-Kollagenmoleküle aus drei getrennt synthetisierten, langen Proteinketten, die miteinander verdreht sind und eine strangartige Superhelix bilden. Sie unterscheiden sich von den fibrillären Kollagenen jedoch dadurch, dass die dreisträngige Helixstruktur an mehr als 20 Stellen unterbrochen ist, was zur Bildung vieler Krümmungen führt. Typ-IV-Kollagenmoleküle treten über ihre terminalen Domänen in Wechselwirkung und lagern sich extrazellulär zu einem flexiblen filzartigen Netz zusammen. So verleiht Typ-IV-Kollagen der Basallamina Zugfestigkeit.

Laminin und Typ-IV-Kollagen interagieren mit anderen Bestandteilen der Basallamina, wie das Glykoprotein Nidogen und das Proteoglykan Perlecan, wodurch ein stark vernetztes Geflecht von Proteinen und Proteoglykanen entsteht (**Abb. 19.54**). Die Lamininmoleküle, die die Ausgangsschichtstruktur bilden, binden zuerst aneinander, während sie selbst an Rezeptoren auf der Zelloberfläche gebunden sind. Die Zelloberflächenrezeptoren gehören hauptsächlich zur Integrinfamilie, aber ein anderer wichtiger Laminin-Rezeptortyp ist *Dystroglykan* – ein stark glykosyliertes Transmembranprotein. Zusammen organisieren diese Rezeptoren den Aufbau der Basallamina: Sie halten die Lamininmoleküle an ihren Fußenden fest und positionieren die Lamininköpfe derart, dass sie miteinander in Wechselwirkung treten und so ein zweidimensionales Netz bilden. Dieses Lamininnetz koordiniert dann das Anlagern der anderen Komponenten der Basallamina.

Wechselwirkungen zwischen Laminin und Zelloberflächenrezeptoren sind ausschlaggebend für die Adhäsion des Epithels an das darunterliegende Bindegewebe. In der Haut z.B. ist die äußere Epithelschicht – die Epidermis – auf enge Wechselwirkungen mit der Basallamina angewiesen, um sie mit der darunterliegenden Dermis verbunden zu halten. Bei Menschen mit genetischen Defekten in Laminin-332 – einer Schlüsselkomponente der Basallamina der Haut – ist die Epidermis nur schlecht an

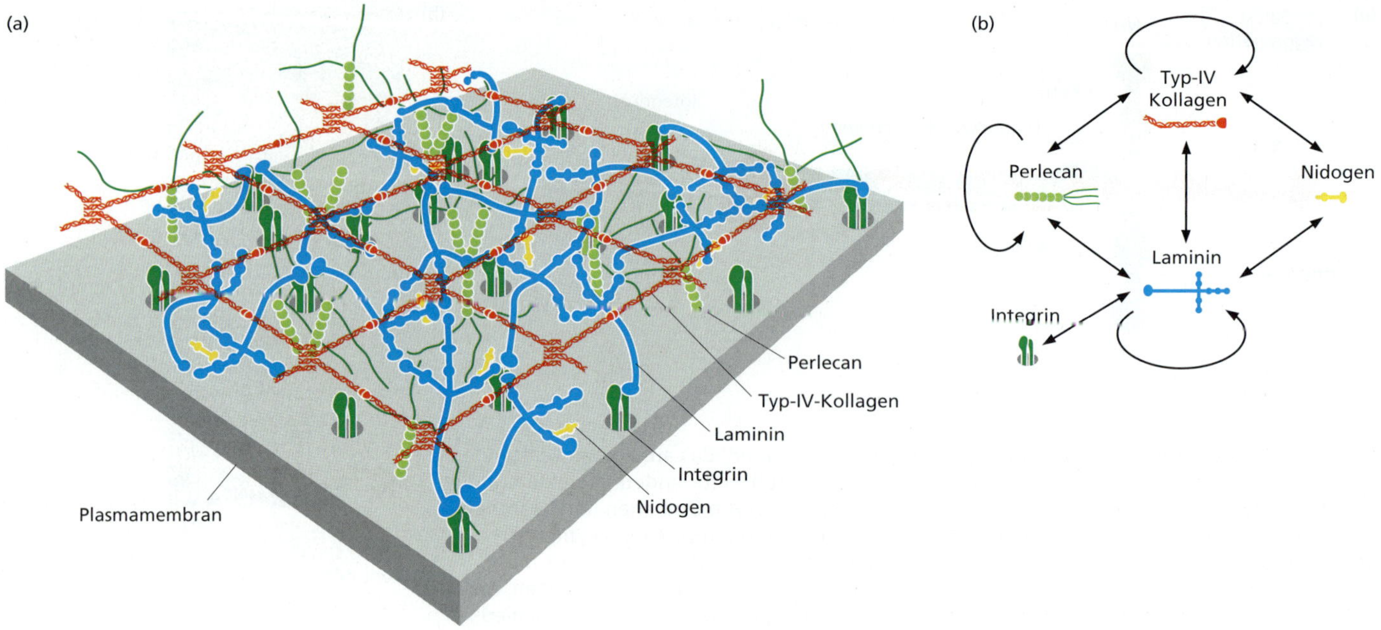

Abb. 19.54 Modell des molekularen Aufbaus der Basallamina. (a) Die Basallamina entsteht durch spezifische Wechselwirkungen (b) zwischen den Proteinen Laminin, Typ-IV-Kollagen und Nidogen und dem Proteoglykan Perlecan. Die Pfeile in (b) verbinden Moleküle, die direkt aneinander binden können. Es gibt unterschiedliche Isoformen von Typ-IV-Kollagen und Laminin, jede mit einer spezifischen Gewebeverteilung. Transmembrane Lamininrezeptoren (Integrine und Dystroglykan) in der Plasmamembran scheinen den Aufbau der Basallamina zu organisieren. Im dargestellten Modell sind nur die Integrine eingezeichnet. (Nach H. Colognato und P. D. Yurchenco, *Dev. Dyn.* 218: 213–234, 2000. Mit Erlaubnis von John Wiley & Sons).

die Dermis angeheftet. Dies verursacht eine blasenbildende Hauterkrankung, die man *Epidermolysis bullosa junctionalis* nennt. Es handelt sich um eine schwere, manchmal letale Erkrankung.

19.2.15 Basalmembranen üben unterschiedliche Funktionen aus

Die Basallamina kann als selektive Barriere der Zellwanderung entgegenstehen und kann auch als Filter für Moleküle dienen. Normalerweise verhindert die Basallamina z.B. unterhalb von Epithelien, dass Fibroblasten des darunterliegenden Bindegewebes in Kontakt mit den Epithelzellen kommen. Der Durchtritt von Makrophagen, Lymphocyten oder Nervenendigungen wird aber von der Basallamina unter Verwendung von spezialisierten Proteasen, die ein Loch für ihren Durchtritt schneiden, zugelassen. Darüber hinaus ist die Basallamina für die Geweberegeneration nach einer Verletzung wichtig. Werden Zellen in Muskel-, Nerven- oder Epithelgewebe geschädigt oder getötet, überlebt die Basallamina oft und wirkt wie ein Gerüst, an dem sich die regenerierenden Zellen entlangbewegen können. Die ursprüngliche Gewebestruktur kann auf diese Weise schnell wiederhergestellt werden.

Besonders deutlich wird die Führungsrolle der Basallamina während der Regeneration durch Untersuchungen zur *neuromuskulären Endplatte*, der Stelle, an der die Nervenendigungen eines Motorneurons eine chemische Synapse zur Muskelzelle (s. Kapitel 11) ausbilden. Bei Vertebraten trennt die Basallamina, die die Muskelzelle umgibt, die Plasmamembranen der Nerven- bzw. Muskelzelle an der Synapse voneinander. Die Lamina hat im Synapsenbereich eine eigene chemische Zusammensetzung. Sie enthält dort besondere Isoformen von Typ-IV-Kollagen und Laminin sowie ein Proteoglykan, das *Agrin*. Die Synapsen-Basallamina spielt nach einer Verletzung von Nerv oder Muskel eine entscheidende Rolle bei der Wiederherstellung der Synapse am richtigen Ort (**Abb. 19.55**). Fehler in Komponenten der Synapsen-Basallamina sind verantwortlich für einige Formen der Muskeldystrophie, bei der die Muskeln sich anfangs normal entwickeln, aber in einem späteren Stadium des Lebens degenerieren.

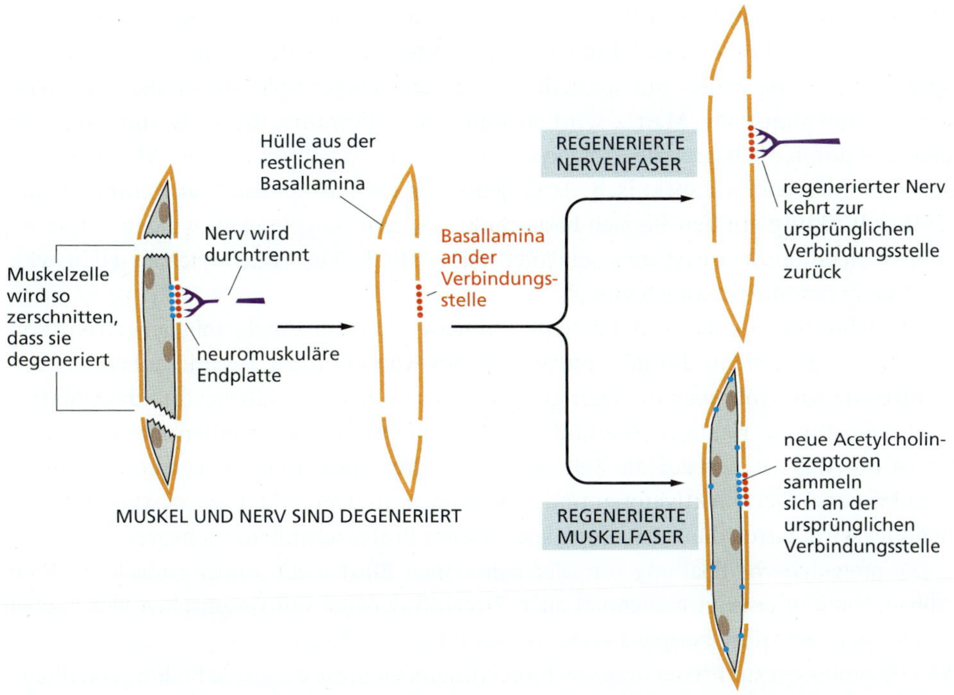

Abb. 19.55 Regenerationsexperimente zum Nachweis, dass die Basallamina an der neuromuskulären Endplatte besondere Eigenschaften hat. Wenn man beim Frosch einen Muskel und dessen Motorneuron schädigt, bleibt die Basallamina um jede Muskelzelle intakt und die Stellen der alten neuromuskulären Endplatten sind noch erkennbar. Wenn man nur den Nerv regenerieren lässt (*oben rechts*), lenkt die Basallamina an der Verbindungsstelle den regenerierenden Nerv an die Stelle der ursprünglichen Synapse. Lässt man umgekehrt nur den Muskel regenerieren (*unten rechts*), bewirkt die Basallamina an der Verbindungsstelle, dass sich neu synthetisierte Acetylcholinrezeptoren (*blau*) an der Stelle der ursprünglichen Synapse ansammeln. Diese Experimente belegen, dass die Basallamina an der Verbindungsstelle die Lage der synaptischen Bestandteile auf beiden Seiten der Lamina steuert. Einige der für diese Effekte verantwortlichen Moleküle sind bereits identifiziert. Die Axone der Motorneurone z.B. lagern Agrin an den Verbindungsstellen der Basallamina ab, wo es den Zusammenbau der Acetylcholinrezeptoren und anderer Proteine an den Verbindungsstellen der Plasmamembran der Muskelzelle reguliert. Umgekehrt lagern Muskelzellen eine bestimmte Isoform von Laminin an den Verbindungsstellen der Basallamina ab. Wahrscheinlich wechselwirkt diese Isoform mit spezifischen Ionenkanälen in der präsynaptischen Membran des Neurons.

19.2.16 Zellen müssen Matrix sowohl abbauen als auch bilden können

Die Fähigkeit von Zellen, extrazelluläre Matrix abzubauen und zu zerstören, ist genauso wichtig wie ihre Fähigkeit, sie zu bilden und an sie zu binden. Der schnelle Matrixabbau ist in Prozessen wie z.B. der Reparatur von Gewebe nötig. Sogar in der scheinbar statischen extrazellulären Matrix von ausgewachsenen Tieren findet ein langsamer, kontinuierlicher Turnover statt, wobei Makromoleküle der Matrix abgebaut und neu synthetisiert werden. Dies ermöglicht z.B. dem Knochen sich umzugestalten, um sich so an Veränderungen der Belastung anpassen zu können.

Vom Standpunkt einzelner Zellen aus betrachtet ist die Fähigkeit, sich durch eine Matrix bewegen zu können, in zweierlei Hinsicht wichtig: Sie ermöglicht ihnen sich zu teilen, während sie in einer Matrix eingebettet sind, und sie erlaubt ihnen, durch die Matrix hindurchzuwandern. Zellen in Bindegewebe müssen im Allgemeinen in der Lage sein sich auszustrecken, um sich zu teilen. Wenn einer Zelle die Enzyme fehlen, die umgebende Matrix abzubauen, werden die Zellteilung und die Zellwanderung stark behindert.

Örtlich begrenzter Abbau von Matrixkomponenten ist auch überall dort nötig, wo Zellen aus der Beschränkung durch eine Basallamina entkommen müssen. Er ist nötig während des normalen Wachstums von epithelialen Strukturen wie z.B. Drüsen, um den Epithelzellen die Vermehrung zu ermöglichen. Er ist auch nötig, wenn Leukocyten als Antwort auf eine Infektion oder eine Verletzung über die Basallamina eines Blutgefäßes in Gewebe einwandern. Der Matrixabbau ist sowohl für die Ausbreitung von Krebszellen im Körper als auch für ihre Proliferationsfähigkeit in dem Gewebe, in das sie eingedrungen sind, wichtig (s. Kapitel 20).

Im Allgemeinen werden die Komponenten der Matrix von extrazellulären proteolytischen Enzymen (Proteasen) abgebaut, die von den Zellen in einem örtlich begrenzten Bereich abgegeben werden. Viele dieser Proteasen gehören zu zwei Gruppen: entweder zu der größten Gruppe mit ungefähr 50 Mitgliedern bei Wirbeltieren, den **Matrix-Metalloproteasen**, die Ca^{2+}- oder Zn^{2+}-abhängig sind, oder zu der zweiten Gruppe, den **Serin-Proteasen**, die ein reaktives Serin in ihrem Aktiven Zentrum besitzen.

Metalloproteasen und Serin-Proteasen bauen gemeinsam Matrixproteine wie Kollagen, Laminin oder Fibronektin ab. Einige Metalloproteasen, wie die *Kollagenasen*, sind sehr spezifisch, d.h. sie spalten nur spezielle Proteine an wenigen Spaltungsstellen. Der Strukturzusammenhang der Matrix wird so weitgehend bewahrt, die Zellwanderung aber dennoch durch die begrenzte Proteolyse ausreichend erleichtert. Andere Metalloproteasen sind zwar weniger spezifisch, da sie jedoch in der Plasmamembran verankert sind, ist ihre Wirkung auf den Bereich beschränkt, an dem sie gebraucht werden. Diese Art Matrix-Metalloprotease ist entscheidend für die Fähigkeit einer Zelle sich zu teilen, während sie in der Matrix eingebettet ist.

Zweifellos müssen die Aktivitäten der Proteasen, die die Matrix abbauen, streng kontrolliert werden, wenn das gesamte System des Körpers nicht zusammenbrechen soll. Zahlreiche Kontrollmechanismen greifen daher, um zu gewährleisten, dass Matrix-Proteasen nur zur richtigen Zeit und am richtigen Ort aktiviert werden. Proteaseaktivität ist im Allgemeinen auf die Zelloberfläche durch spezifische Ankerproteine, durch membranassoziierte Aktivatoren und in Regionen, in denen die Proteaseaktivität nicht benötigt wird, durch die Herstellung spezifischer Proteaseinhibitoren begrenzt.

Die proteolytische Spaltung von Matrixproteinen führt nicht immer einfach zu ihrem Abbau, sondern erzeugt manchmal auch Proteinfragmente mit spezifischen biologischen Aktivitäten. So führt beispielsweise die Spaltung von Kollagen Typ IV durch Matrix-Metalloproteasen zur Freisetzung von Proteinfragmenten, die die lokale Bildung von Blutgefäßen hemmen. Auf ähnliche Weise kann die Spaltung von Laminin in bestimmten Geweben Proteinfragmente erzeugen, die dabei helfen, die lokale Zellproliferation zu steuern.

19.2.17 Matrix-Proteoglykane und -Glykoproteine kontrollieren die Aktivitäten sezernierter Proteine

Die physikalischen Eigenschaften der extrazellulären Matrix liegen ihrer fundamentalen Rolle als Gerüst für die Gewebestruktur und als Unterlage für die Zellverankerung und -wanderung zugrunde. Die Matrix hat auch eine wichtige Funktion während der Signalübertragung von Zellen. Zellen kommunizieren miteinander über sezernierte Signalpeptide, wie Wachstumsfaktoren und Morphogene, die durch die extrazelluläre Flüssigkeit diffundieren und andere Zellen beeinflussen können (erläutert in Kapitel 15). Auf dem Weg zu ihren Zielen treffen die Signalmoleküle auf das eng verwobene Maschenwerk der extrazellulären Matrix, das eine hohe Dichte von negativen Ladungen und Proteinwechselwirkungsdomänen aufweist, die mit den Signalmolekülen interagieren, wodurch deren Funktion auf vielfältige Weise geändert wird.

Die hoch geladenen Heparansulfat-Seitenketten von Proteoglykanen binden an eine Vielzahl von sezernierten Signalmolekülen, wie z.B. den *Fibroblasten-Wachstumsfaktor* (*FGF*, engl. *fibroblast growth factor*) und den *vaskulären Endothel-Wachstumsfaktor* (*VEGF*, engl. *vascular endothelial growth factor*), die (neben anderen Effekten) auf zahlreiche Zellarten proliferationsfördernd wirken. Man nimmt an, dass die Proteoglykane einen großen lokalen Vorrat dieser Faktoren erzeugen, indem sie eine dichte Anordnung von Wachstumsfaktorbindungsstellen bereithalten und die Diffusion dieser Wachstumsfaktoren verhindern, wodurch deren Wirkungskreis auf die unmittelbar benachbarten Zellen konzentriert wird. Ähnlich könnten Proteoglykane dabei behilflich sein, einen steilen Morphogengradienten in einem Embryo zu erzeugen, der während der Entwicklung für die Gewebeanlage wichtig sein kann. Proteoglykane können auch die Aktivität von FGF verstärken, indem sie die Oligomerisierung der FGF-Moleküle anschieben, und ebenfalls mit Zelloberflächen-FGF-Rezeptoren wechselwirken, wodurch FGF seine Rezeptoren effektiver querzuvernetzen und zu aktivieren vermag.

Die Bedeutung von Proteoglykanen als Regulatoren der Verteilung und der Aktivität von Signalmolekülen ist an schwerwiegenden Entwicklungsstörungen erkennbar, die auftreten, wenn spezielle Proteoglykane durch Mutation beeinträchtigt sind. In *Drosophila* werden z.B. die Funktionen einiger Signalproteine während der Entwicklung durch Wechselwirkungen mit den membranassoziierten Proteoglykanen *Dally* und *Dally-like* gesteuert. Diese Mitglieder der *Glypican*-Familie – wie die bereits beschriebenen Syndecan-Proteoglykane – sind membranassoziierte Proteine, die mit mehreren Heparansulfatmolekülen verbunden sind. Es wird angenommen, dass sie an speziellen Orten Signalproteine konzentrieren und so als Korezeptoren wirken, die mit den üblichen Zelloberflächenrezeptorproteinen zusammenarbeiten. Dadurch sorgen sie für die Signalübertragung am rechten Ort und verhindern sie am falschen. Im Eierstock bei *Drosophila* ist Dally teilweise für die örtlich begrenzte Funktion eines Signalproteins namens Decapentaplegic (Dpp) verantwortlich, das die Differenzierung der Keimbahnstammzellen blockiert: Treten Mutationen im *Dally*-Gen auf, ist die Dpp-Aktivität stark vermindert und die Oocytenentwicklung verläuft nicht normal.

Einige andere Matrixmoleküle wechselwirken auch mit Signalproteinen. Typ-IV-Kollagen der Basallamina interagiert z.B. mit Dpp in *Drosophila*. Fibronektin enthält eine Typ-III-Fibronektin-Wiederholungseinheit, die mit VEGF wechselwirkt, und eine andere Domäne, die mit dem Hepatocytenwachstumsfaktor (HGF, engl. *hepatocyte growth factor*), interagiert. Durch diese Interaktionen werden die Aktivitäten dieser Wachstumsfaktoren unterstützt. Wie bereits früher besprochen, enthalten viele Matrixglykoproteine umfangreiche Felder mit Bindungsdomänen, deren Anordnung wahrscheinlich die Präsentation von Signalproteinen zur Erkennung durch die Zielzellen beeinflusst (s. **Abb. 19.47**).

Schließlich enthalten viele Matrixglykoproteine Domänen, die direkt an spezifische Zelloberflächenrezeptoren binden, wodurch sie Signale senden, die das Verhalten der Zellen beeinflussen, was wir im nächsten Abschnitt erläutern werden.

Zusammenfassung

Zellen sind in eine kompliziert aufgebaute extrazelluläre Matrix eingebettet, die nicht nur die Bindung der Zellen aneinander, sondern auch ihr Überleben, ihre Entwicklung, Form und Polarität und ihr Wanderungsverhalten beeinflusst. Die Matrix enthält unterschiedliche Proteinfasern, die mit einem Netzwerk von Glykosaminoglykan (GAG)-Ketten verwoben sind. GAGs stellen negativ geladene Polysaccharidketten dar, die (mit Ausnahme von Hyaluronan) kovalent mit einem Protein zu einem Proteoglykan verbunden sind. GAGs ziehen Wasser an und nehmen dadurch ein großes Volumen des extrazellulären Raums ein. Proteoglykane befinden sich außerdem auf der Oberfläche von Zellen, dienen dort als Korezeptoren und unterstützen die Zellantwort auf sezernierte Signalproteine. Faserbildende Proteine geben der Matrix Stärke und Elastizität. Die fibrillären Kollagene sind seilartige Tripelhelix-Moleküle, die sich zu langen Fibrillen im Extrazellularraum zusammmenlagern, wodurch sie Zugfestigkeit gewährleisten. Sie bilden außerdem Strukturen, an die Zellen binden können, oft über große Glykoproteine mit mehreren Domänen wie Laminin und Fibronektin, die an Integrine auf der Zelloberfläche binden. Elastinmoleküle bilden ausgeprägte quervernetzte Strukturen aus Fasern und Schichten, die sich ausdehnen und wieder zusammenziehen können und somit der Matrix Elastizität verleihen.

Die Basallamina ist eine spezialisierte Form der extrazellulären Matrix, die dicht unter den Epithelien liegt oder bestimmte andere Zelltypen umhüllt, wie z.B. Muskelzellen. Die Basallamina besteht aus einem Netzwerk aus Lamininmolekülen, die über ihre Seitenarme verknüpft sind und an Integrine und andere Rezeptoren in der basalen Plasmamembran der darüberliegenden Epithelzellen binden. Typ-IV-Kollagenmoleküle zusammen mit dem Protein Nidogen und dem großen Proteoglykan Perlecan bilden ein schichtartiges Netz, das eine essenzielle Komponente der ausgereiften Basallamina darstellt. Basallaminae dienen den Epithelien als mechanische Stützen. Sie bilden die Grenzfläche und die Verknüpfung zwischen den Epithelien und dem Bindegewebe. Sie dienen als Filter in der Niere, sie fungieren als Barrieren, um die Zellen in ihren passenden Kompartimenten zu halten, sie beeinflussen die Zellpolarität und die Zelldifferenzierung, und sie lenken die Zellwanderung während der Entwicklung und der Geweberegeneration.

19.3 Zell–Matrix-Verbindungen

Zellen stellen eine extrazelluläre Matrix her, organisieren sie und bauen sie ab. Die Matrix wiederum übt einen großen Einfluss auf die Zellen aus. Die Einflussnahme erfolgt hauptsächlich über transmembrane Zelladhäsionsproteine, die die Funktion von *Matrixrezeptoren* erfüllen. Diese Proteine verknüpfen die Matrix außerhalb der Zelle mit dem Cytoskelett innerhalb der Zelle, ihre Funktion geht aber weit über eine einfache passive mechanische Anheftung hinaus. Durch sie können Matrixkomponenten fast alle Aspekte des Zellverhaltens beeinflussen. Die Matrixrezeptoren spielen in Epithelzellen eine entscheidende Rolle, denn sie vermitteln deren Wechselwirkungen mit der darunterliegenden Basallamina. In Bindegewebszellen sind sie wegen der Wechselwirkungen mit der umgebenden Matrix nicht weniger wichtig.

Verschiedene Molekültypen, einschließlich transmembraner Proteoglykane, können als Matrixrezeptoren oder -korezeptoren fungieren. Aber die wichtigsten Rezeptoren von tierischen Zellen, die die meisten extrazellulären Matrixproteine binden, sind die Integrine. Wie die Cadherine und die Schlüsselkomponenten der Basallamina gehören die Integrine zu den grundlegenden architektonischen Werkzeugen, die für vielzellige Tiere charakteristisch sind. Die Mitglieder dieser großen Familie transmembraner Adhäsionsmoleküle besitzen die bemerkenswerte Fähigkeit, Signale in beide Richtungen über die Plasmamembran zu übertragen. Die Bindung einer Matrixkomponente an ein Integrin kann eine Nachricht ins Zellinnere schicken. Bedingungen im Zellinneren können ein Signal nach außen schicken, um so die Bindung der Integrine an die Matrix zu kontrollieren. Wirkt Spannung auf ein Integrin ein, kann dies dazu führen, dass die Verbindung mit intrazellulären und extrazellulären Strukturen fester wird. Ein Spannungsverlust kann ein Lösen der Bindung verursachen, sodass auf beiden Seiten der Membran molekulare Signalübertragungskomplexe auseinanderfallen. Auf diese Art und Weise können Integrine nicht nur dazu dienen, mechanische und molekulare Signale zu übertragen, sie können auch helfen, eine Signalart in eine andere umzuwandeln.

19.3.1 Integrine sind transmembrane Heterodimere, die die extrazelluläre Matrix mit dem Cytoskelett verbinden

Es gibt eine Vielzahl von Integrinen, aber sie arbeiten alle nach einem ähnlichen Prinzip. Ein Integrinmolekül besteht aus zwei nicht kovalent verbundenen Glykoprotein-Untereinheiten, die α und β genannt werden. Beide Untereinheiten durchspannen die Zellmembran mit kurzen C-terminalen, intrazellulären Schwänzen und langen N-terminalen, extrazellulären Domänen (**Abb. 19.56**). Die extrazelluläre Domäne bindet an spezifische Aminosäuresequenzmotive in Proteinen der extrazellulären Matrix oder in einigen Fällen auch an Proteine auf der Oberfläche von anderen Zellen. Die am besten charakterisierte Bindungsstelle für Integrine ist die RGD-Sequenz, die bereits früher erläutert wurde (s. **Abb. 19.48**) und die sich in Fibronektin und anderen Proteinen der extrazellulären Matrix findet. Einige Integrine binden eine Leu-Asp-Val (LDV)-Sequenz in Fibronektin und anderen Proteinen. Zusätzliche Integrinbindungssequenzen kommen in Lamininen und Kollagenen vor.

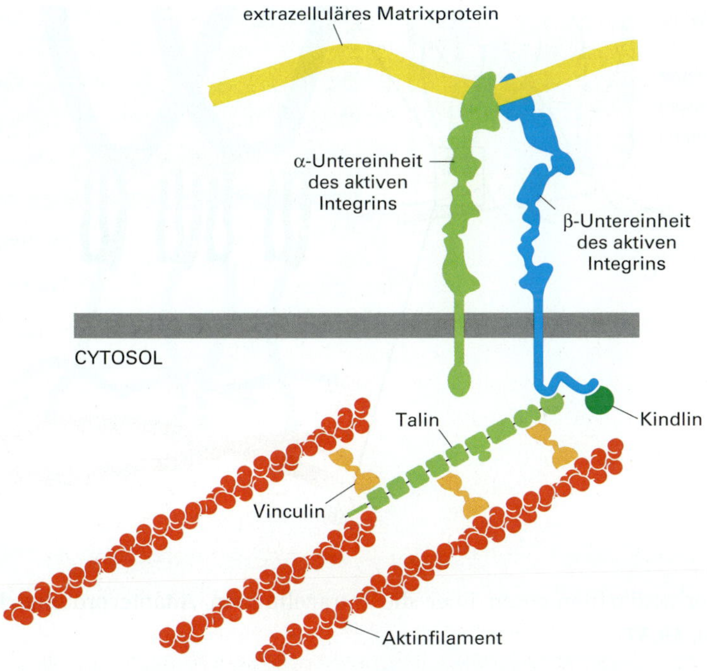

Abb. 19.56 Die Untereinheitenstruktur eines aktiven Integrinmoleküls, das die extrazelluläre Matrix mit dem Aktincytoskelett verbindet. Die N-terminalen Köpfe der Integrinketten binden direkt an ein extrazelluläres Protein wie Fibronektin. Das intrazelluläre C-terminale Ende der β-Untereinheit des Integrins bindet an Adapterptoteine, die mit Aktinfilamenten wechselwirken. Der Adapter, den man bisher am besten kennt, ist ein riesiges Protein namens Talin. Es enthält eine Reihe verschiedener Domänen für die Bindung von Aktin und anderer Proteine, wie Vinculin, das dabei hilft, die Bindung zu Aktinfilamenten zu verstärken und zu regulieren. Ein Ende von Talin bindet an eine spezifische Stelle im cytoplasmatischen Schwanz der β-Untereinheit des Integrins. Andere regulatorische Proteine, wie Kindlin, binden an eine andere Stelle des Schwanzes.

Beim Menschen treten 24 Integrin-Isoformen auf, die durch Dimerisierung unterschiedlicher Kombinationen der Genprodukte von acht verschiedenen Genen für β-Ketten und 18 verschiedenen Genen für α-Ketten gebildet werden. Jedes Integrindimer hat charakteristische Eigenschaften und Funktionen. Aufgrund der Tatsache, dass das gleiche Integrinmolekül in verschiedenen Zellarten unterschiedliche Ligandenbindungsspezifitäten aufweisen kann, können darüber hinaus offensichtlich noch weitere zellartspezifische Faktoren die Bindungseigenschaften der Integrine modulieren. Auch die Ca^{2+}- und Mg^{2+}-Konzentrationen im extrazellulären Medium beeinflussen die Bindung der Integrine an ihre Matrixliganden, was sich durch das Vorhandensein von Bindungsdomänen für zweiwertige Kationen in den α- und β-Untereinheiten erklären lässt. Die zweiwertigen Kationen können die Affinität und die Spezifität der Bindung der Integrine an ihre extrazellulären Liganden beeinflussen.

Der intrazelluläre Anteil eines Integrindimers bindet an einen Komplex aus mehreren verschiedenen Proteinen, die zusammen eine Verbindung zum Cytoskelett herstellen. Diese intrazelluläre Verknüpfung erfolgt bei allen 24 verschiedenen Integrinen, die im Menschen vorkommen (bis auf eines), zu Aktinfilamenten und sie hängt von Proteinen ab, die sich am kurzen cytoplasmatischen Schwanz der Integrin-Untereinheiten anlagern (s. **Abb. 19.56**). Ein großes Adapterprotein namens *Talin* ist in vielen Fällen eine Komponente für diese Verbindung, aber zahlreiche weitere Proteine sind daran beteiligt. So wie die aktinverknüpften Zell–Zell-Verbindungen, die von Cadherinen gebildet werden, können die aktinverknüpften Zell–Matrix-Verbindungen, die von Integrinen gebildet werden, klein, unauffällig und kurzlebig oder groß, auffallend und langlebig sein. Beispiele für solche dauerhaften Verbindungen sind die *Fokaladhäsionen*, die sich bilden, wenn Fibroblasten genug Zeit haben, um feste Verknüpfungen mit der starren Oberfläche einer Kulturschale zu bilden, und die *Muskel–Sehnen-Verbindungen*, die die Muskelzellen mit ihren entsprechenden Sehnen verknüpfen.

In Epithelien sind die markantesten Zell–Matrix-Verbindungsstellen die Hemidesmosomen, an denen eine spezielle Integrin-Isoform die Zellen mit dem Laminin in der Basallamina verankert. Hier erfolgt die intrazelluläre Verbindung nur mit

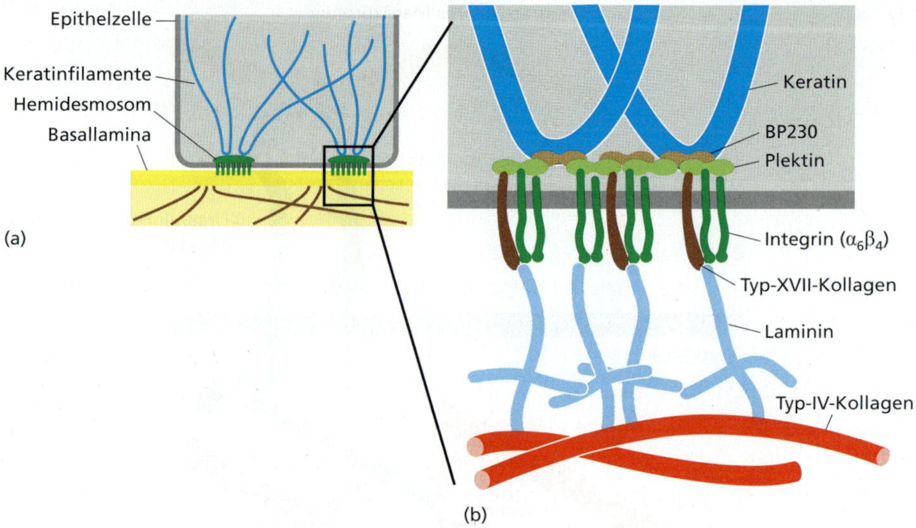

Abb. 19.57 **Hemidesmosomen.** (a) Hemidesmosomen verschweißen Epithelzellen mit der Basallamina. Sie verbinden Laminin außerhalb der Zelle mit Keratinfilamenten in der Zelle. (b) Molekulare Komponenten eines Hemidesmosoms. Ein spezialisiertes Integrin ($\alpha_6\beta_4$-Integrin) durchspannt die Membran und bindet intrazellulär über Adapterproteine, die Plektin und BP230 heißen, an Keratinfilamente und extrazellulär an Laminin. Der Adhäsionskomplex enthält parallel zum Integrin auch ein ungewöhnliches Mitglied der Kollagenfamilie: Typ-XVII-Kollagen. Dieses besitzt eine membrandurchspannende Domäne, die an seinen extrazellulären Kollagenbereich gebunden ist. Defekte in irgendeiner dieser Komponenten können eine blasenbildende Krankheit der Haut verursachen. Bei einer solchen Krankheit, die man *bullöses Pemphigoid* nennt, handelt es sich um eine Autoimmunerkrankung, bei der das Immunsystem Antikörper gegen Typ-XVII-Kollagen oder BP230 entwickelt.

Keratin-Intermediärfilamenten über die intrazellulären Adapterproteine Plektin und BP230 (**Abb. 19.57**).

19.3.2 Integrindefekte sind für viele verschiedene Erbkrankheiten verantwortlich

Obwohl es bei den Aktivitäten der verschiedenen Integrine Überlappungen gibt – mindestens fünf von ihnen binden z.B. Laminin – ist es die Vielseitigkeit der Integrinfunktionen, die bemerkenswert ist. In **Tabelle 19.3** sind einige Integrinarten aufgelistet, zusammen mit den Problemen, die sich ergeben, wenn die jeweiligen α- oder β-Ketten defekt sind.

β_1-Untereinheiten bilden mit mindestens zwölf unterschiedlichen α-Untereinheiten Dimere. Man findet sie in nahezu allen Wirbeltierzellen: $\alpha_5\beta_1$ z.B. ist ein

Tab. 19.3 Einige Integrin-Isoformen.

Integrin	Ligand[a]	Verteilung	Phänotyp bei mutierter α-Untereinheit	Phänotyp bei mutierter β-Untereinheit
$\alpha_5\beta_1$	Fibronektin	ubiquitär	Tod des Embryos; Defekte in Blutgefäßen, Somiten und Neuralleiste	früher Tod des Embryos (bei der Einnistung)
$\alpha_6\beta_1$	Laminin	ubiquitär	schwere Blasenbildung der Haut; Defekte auch in anderen Epithelien	früher Tod des Embryos (bei der Einnistung)
$\alpha_7\beta_1$	Laminin	Muskel	Muskeldystrophie; defekte Muskel–Sehnen-Übergänge	früher Tod des Embryos (bei der Einnistung)
$\alpha_L\beta_2$ (LFA1)	Gegenrezeptoren der Ig-Superfamilie (ICAM1)	Leukocyten	beeinträchtigte Anlagerung von Leukocyten	Leukocyten-Adhäsionsdefizienz (LAD); beeinträchtigte Entzündungsreaktionen, wiederkehrende lebensbedrohliche Infektionen
$\alpha_{IIb}\beta_3$	Fibrinogen	Blutplättchen	Blutungen; keine Aggregation von Blutplättchen (Glanzmann'sche Krankheit)	Blutungen; keine Aggregation von Blutplättchen (Glanzmann'sche Krankheit); schwache Form der Marmorknochenkrankheit
$\alpha_6\beta_4$	Laminin		Hemidesmosomen in Epithelien	schwere Blasenbildung der Haut; Defekte auch in anderen Epithelien

[a] Nicht alle Liganden sind aufgeführt.

Fibronektinrezeptor und $\alpha_6\beta_1$ ein Lamininrezeptor in vielen Zelltypen. Mäusemutanten, die keine β_1-Integrine synthetisieren können, sterben sehr früh in der embryonalen Entwicklung. Mäuse, die nur keine α_7-Untereinheiten bilden können (das sind die Partner von β_1 im Muskel), überleben, entwickeln aber Muskeldystrophien (genau wie Mäuse, die den Lamininliganden des $\alpha_7\beta_1$-Integrins nicht bilden können).

Die β_2-Untereinheit bildet Dimere mit mindestens vier unterschiedlichen α-Untereinheiten. Sie wird ausschließlich auf der Oberfläche von Leukocyten exprimiert, wo sie für die Infektionsabwehr dieser Zellen von entscheidender Bedeutung ist. Die β_2-Integrine sind eher für die Zell–Zell- als für die Zell–Matrix-Bindungen verantwortlich und binden an spezifische Liganden auf anderen Zellen, wie z.B. Endothelzellen. Die Liganden gehören zur Ig-Superfamilie der Zell–Zell-Adhäsionsmoleküle. Wir haben bereits in diesem Kapitel ein Beispiel besprochen: Ein Integrin dieser Klasse ($\alpha_L\beta_2$, auch bekannt als LFA1) auf den Leukocyten befähigt diese dazu, fest an das Protein ICAM der Ig-Familie auf den vaskulären Endothelzellen an Stellen einer Infektion zu binden (s. **Abb. 19.28b**). Menschen mit der genetisch bedingten Krankheit *Leukocyten-Adhäsionsmangel* können keine funktionsfähige β_2-Untereinheit bilden. Ihren Leukocyten fehlt daher die gesamte Familie der β_2-Rezeptoren. Entsprechend leiden sie unter häufigen bakteriellen Infektionen.

β_3-Integrine findet man auf Blutplättchen (und weiteren unterschiedlichen Zellen). Sie binden an verschiedene Matrixproteine, zu denen auch der Blutgerinnungsfaktor *Fibrinogen* zählt. Blutplättchen und Fibrinogen müssen in Wechselwirkung treten, um die Blutgerinnung zu gewährleisten. Menschen mit der *Glanzmann'schen Krankheit*, die genetisch bedingt kein β_3-Integrin bilden können, leiden an fehlerhafter Gerinnung und bluten übermäßig stark.

19.3.3 Integrine können zwischen einer aktiven und einer inaktiven Konformation umschalten

Eine Zelle, die sich langsam durch ein Gewebe bewegt – ein Fibroblast oder ein Makrophage beispielsweise oder eine Epithelzelle, die an einer Basallamina entlangwandert – muss in der Lage sein, Bindungen mit der Matrix sowohl zu knüpfen als auch zu lösen, und sie muss dies rasch tun, um sich schnell bewegen zu können. Ähnlich muss ein zirkulierender Leukocyt seine Tendenz, an Endothelzellen zu binden, an- oder ausschalten können, um unter entsprechenden Bedingungen an einem Entzündungsherd das Blutgefäß verlassen zu können. Außerdem muss in all diesen Fällen das Bilden und Lösen von extrazellulären Verknüpfungen an den unverzüglichen Auf- und Abbau von Verbindungen mit dem Cytoskelett innerhalb der Zelle gekoppelt sein. Die Integrinmoleküle, die die Membran durchspannen und die Verknüpfungen vermitteln, können nicht einfach untätige und starre Objekte mit „klebrigen Stellen" an ihren beiden Enden sein. Sie müssen zwischen einem aktiven Zustand, in dem sie leicht Verknüpfungen herstellen können, und einem inaktiven Zustand, in dem sie dies nicht können, umschalten können.

Untersuchungen mittels Elektronenmikroskopie und aus Röntgenstrukturanalysen haben gezeigt, dass Integrine in mehreren Konformationen vorliegen können, die unterschiedlichen Aktivitätszuständen entsprechen (**Abb. 19.58**). Im inaktiven Zustand sind die äußeren Teile des Integrindimers in einer kompakten Struktur zusammengefaltet, sodass Matrixproteine schwach gebunden werden können. In diesem Zustand sind die cytoplasmatischen Schwänze des Dimers zusammen verhakt, sodass eine Wechselwirkung mit Verbindungsproteinen des Cytoskeletts unterbunden wird. Im aktiven Zustand werden die beiden Integrinuntereinheiten an der Membran auseinandergehakt, sodass die intrazelluläre Bindungsstelle für

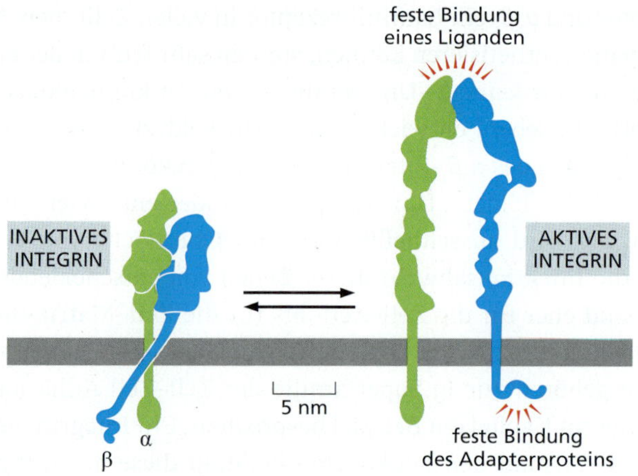

Abb. 19.58 Integrine haben zwei Haupt-Aktivitätszustände. Inaktive (gefaltete) und aktive (gestreckte) Strukturen eines Integrinmoleküls, basierend auf Daten aus der Röntgenstrukturanalyse und anderer Methoden.

cytoplasmatische Adapterproteine zugänglich wird und sich die äußeren Domänen entfalten und ausbreiten – wie zwei Schenkel eines Beinpaares – um die hoch affine Matrixbindungsstelle an den Spitzen der Untereinheiten freizulegen. Das Umschalten vom inaktiven in einen aktiven Zustand hängt daher von einem bedeutenden Konformationswechsel ab, der an den Enden der Integrinmoleküle gleichzeitig den Zugang zu den extrazellulären und intrazellulären Bindungsstellen freigibt. Dabei sind die Bindung an die Matrix außen und die Verknüpfung mit dem Cytoskelett innen miteinander gekoppelt.

Das Umschalten zwischen dem inaktiven und dem aktiven Zustand wird in Abhängigkeit von den Bedürfnissen der Zelle durch eine Reihe von Mechanismen reguliert. In einigen Fällen kommt es zu einer „*Outside-in*-Aktivierung“: Die Bindung eines extrazellulären Matrixproteins, wie z.B. die RGD-Sequenz von Fibronektin, kann Integrine zum Umschalten vom niedrig affinen, inaktiven Zustand zum hoch affinen, aktiven Zustand veranlassen; daraufhin werden Bindungsstellen für Talin und andere cytoplasmatische Adapterproteine am Schwanz der β-Kette zugänglich. Die Bindung dieser Adapterproteine führt dann zur Anheftung von Aktinfilamenten an das intrazelluläre Ende des Integrinmoleküls (s. **Abb. 19.56**). Auf diese Weise kann die Zelle, wenn ein Integrin seinen extrazellulären Liganden zu fassen bekommt, reagieren, indem sie das Integrinmolekül an das Cytoskelett heftet, sodass an dieser Stelle Kraft ausgeübt werden kann.

Diese Reaktionskette funktioniert auch in der umgekehrten Richtung. Diese „*Inside-out*-Aktivierung“ von Integrinen hängt in der Regel von intrazellulären regulatorischen Signalen ab, die die Fähigkeit von Talin und anderen Proteinen zur Interaktion mit der β-Kette des Integrins stimulieren. Talin konkurriert mit der Integrin-α-Kette um deren Bindungsstelle am Schwanz der β-Kette. Wenn also Talin an die β-Kette bindet, blockiert dies die intrazelluläre α–β-Verknüpfung und lässt die zwei Schenkel des Integrinmoleküls auseinanderspringen.

Die Regulierung der „*Inside-out*-Aktivierung“ von Integrinen ist besonders gut bei Blutplättchen aufgeklärt, bei denen ein extrazelluläres Signalprotein, das *Thrombin*, an einen spezifischen G-Protein-gekoppelten Rezeptor (GPCR) auf der Zelloberfläche bindet und dadurch eine intrazelluläre Signalübertragung auslöst, die zur Integrinaktivierung führt (**Abb. 19.59**). Es ist wahrscheinlich, dass ähnliche Signalübertragungswege die Integrinaktivierung in anderen Zellarten steuern.

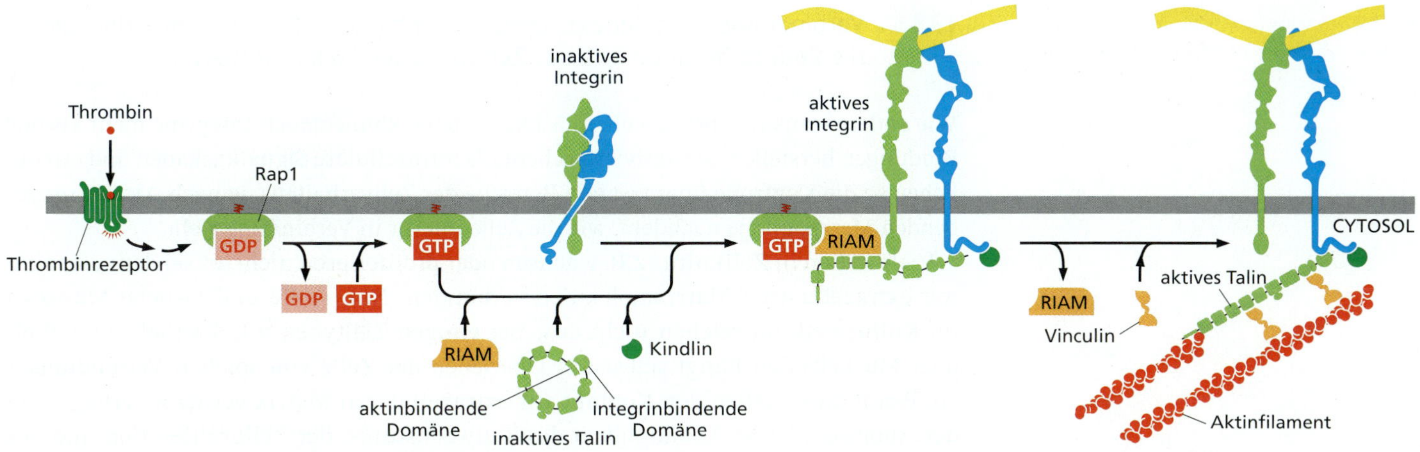

Abb. 19.59 **Aktivierung von Integrinen durch intrazelluläre Signalübertragung.** Signale von außerhalb der Zelle können über intrazelluläre signalweiterleitende Proteine die Integrinaktivierung anregen. In Blutplättchen – wie hier gezeigt – aktiviert das extrazelluläre Signalprotein Thrombin den G-Protein-gekoppelten Rezeptor auf der Zelloberfläche, wodurch die Signalübertragungskette zur Aktivierung von Rap1 – einem Mitglied der Familie der monomeren GTPasen – angeschaltet wird. Aktiviertes Rap1 interagiert mit dem Protein RIAM (*Rap1-GTP-interagierendes Adapter-Molekül*), das dann seinerseits Talin zur Plasmamembran rekrutiert. Vor dieser Rekrutierung wird Talin durch Wechselwirkungen zwischen seiner C-terminalen aktinbindenden Domäne und seiner N-terminalen integrinbindenden Domäne in einem inaktiven Zustand gehalten. Wird es durch RIAM zur Plasmamembran rekrutiert, entfaltet sich Talin, sodass seine Bindungsstellen für Integrin und Aktin zugänglich werden. Zusammen mit einem anderen Protein namens Kindlin interagiert Talin über die β-Kette des Integrins, um die Integrinaktivierung auszulösen. Talin wechselwirkt dann mit Aktin und mit Adapterproteinen wie Vinculin, was zur Ausbildung mehrerer Aktinverknüpfungen führt (s. **Abb. 19.56** und **Abb. 19.61**).

19.3.4 Integrine lagern sich zusammen, um feste Adhäsionen zu bilden

Integrine, wie auch andere Zelladhäsionsmoleküle, unterscheiden sich von den Zelloberflächenrezeptoren für Hormone oder andere extrazelluläre lösliche Signalmoleküle: Sie binden ihre Liganden gewöhnlich mit geringerer Affinität, und sie kommen auch meist in zehn- oder hundertfach höherer Konzentration auf der Zelloberfläche vor. Das ist ein Beispiel für das bereits bei der Cadherin-Adhäsion erwähnte „Klettverschlussprinzip" (s. **Abb. 19.6c**). Nach ihrer Aktivierung bilden Integrine eine Plaque, in der viele Integrinmoleküle mit Filamenten des Cytoskeletts verankert sind. Die sich daraus ergebende Proteinstruktur kann beachtlich groß und komplex sein, wie man an Fokaladhäsionen sehen kann, die von Fibroblasten auf einer mit Fibronektin beschichteten Zellkulturschale ausgebildet werden.

Die Zusammenlagerung der gereiften Zell–Matrix-Verbindungskomplexe hängt von der Rekrutierung Dutzender verschiedener Gerüst- und Signalproteine ab. Talin ist ein Hauptbestandteil vieler Zell–Matrix-Komplexe, jedoch sind auch zahlreiche andere Proteine maßgeblich daran beteiligt. Zu diesen Proteinen gehören die *Integrin-verknüpfte Kinase* (*ILK*, engl. *integrin-linked kinase*) und ihre Bindungspartner *Pinch* und *Parvin*, die zusammen einen trimeren Komplex bilden, der an vielen Verbindungen als Organisationsplattform dient. Zell–Matrix-Verbindungen benutzen auch einige aktinbindende Proteine, wie Vinculin, *Zyxin*, *VASP* und *α-Aktinin*, um die Zusammenlagerung und die Anordnung der Aktinfilamente zu unterstützen. Ein weiterer entscheidender Bestandteil der Zell–Matrix-Verbindungen ist die *Fokaladhäsions-Kinase* (*FAK*), die mit vielen Komponenten der Verbindung interagiert und eine wichtige Rolle bei der Signalübertragung spielt, was wir als Nächstes besprechen wollen.

19.3.5 Verbindungen mit der extrazellulären Matrix wirken über Integrine, um die Zellproliferation und das Zellüberleben zu kontrollieren

Wie andere transmembrane Zelladhäsionsproteine können auch Integrine mehr als nur Bindungen herstellen. Sie aktivieren ebenfalls intrazelluläre Signalkaskaden und ermöglichen so die Kontrolle über fast alle Bereiche des Zellverhaltens, je nach Art der umgebenden Matrix und je nachdem, wie die Zelle mit ihr in Verbindung steht.

Viele Zellen in Zellkultur z.B. wachsen oder proliferieren nicht, es sei denn, sie sind mit extrazellulären Matrixmolekülen verbunden. Nährstoffe und lösliche Mitogene im Kulturmedium reichen nicht aus. Bei einigen Zelltypen wie Epithel-, Endothel- oder Muskelzellen hängt selbst das Überleben der Zelle von solchen Verbindungen ab. Wenn diese Zellen den Kontakt zur extrazellulären Matrix verlieren, erliegen sie der Apoptose. Diese Abhängigkeit des Zellwachstums, der Zellproliferation und des Zellüberlebens von der Anheftung an ein Substrat wird als **Kontaktabhängigkeit** bezeichnet. Sie wird vorwiegend über Integrine und die von ihnen erzeugten intrazellulären Signale vermittelt. Mutationen, die diese Form der Kontrolle stören oder zunichte machen, ermöglichen es den Zellen, aus der Kontaktabhängigkeit auszubrechen. Dies geschieht in Krebszellen und spielt bei ihrem invasiven Verhalten eine wichtige Rolle.

Unser Verständnis von Kontaktabhängigkeit haben wir hauptsächlich aus Untersuchungen an lebenden Zellen auf der Oberfläche matrixbeschichteter Kulturschalen gewonnen. Für Bindegewebszellen, die normalerweise auf allen Seiten von Matrix umgeben sind, ist dies weit von der natürlichen Umgebung entfernt. Über eine zweidimensionale Fläche zu wandern, unterscheidet sich deutlich davon, sich durch einen dreidimensionalen Dschungel zu schlagen. Die Kontakte, die Zellen mit einem starren Substrat eingehen, sind nicht dieselben wie die viel weniger gut untersuchten Kontakte, die sie mit dem flexiblen Netz aus Fasern extrazellulärer Matrix eingehen. Es gibt wesentliche Unterschiede im Verhalten der Zelle zwischen diesen beiden Umgebungen. Dennoch ist es wahrscheinlich, dass sie das gleiche Grundprinzip anwenden. Sowohl *in vitro* als auch *in vivo* sind an Zell–Matrix-Adhäsionsstellen erzeugte intrazelluläre Signale entscheidend für die Zellproliferation und für das Überleben der Zelle.

19.3.6 Integrine rekrutieren intrazelluläre Signalproteine an Zell–Substrat-Adhäsionsstellen

Die Mechanismen, wie Integrine Signale in das Zellinnere übertragen, sind komplex und umfassen mehrere verschiedene Wege. Integrine und konventionelle Signalrezeptoren beeinflussen sich oft gegenseitig und arbeiten zusammen, um das Verhalten einer Zelle – wie bereits erwähnt – zu steuern. Der Ras/MAP-Kinase-Weg (s. **Abb. 15.50**) kann beispielsweise sowohl von konventionellen Signalrezeptoren als auch von Integrinen aktiviert werden. Zellen benötigen aber oft beide Arten der Stimulierung dieses Wegs zur selben Zeit, um die Zelle ausreichend zu aktivieren und die Zellproliferation zu induzieren. Integrine und konventionelle Signalrezeptoren arbeiten auch zusammen, um das Überleben der Zelle zu unterstützen (s. Kapitel 15 und Kapitel 18).

Eine der am besten untersuchten Signalgebungsfunktionen der Integrine hängt von einer cytoplasmatischen Tyrosinkinase, der **Fokaladhäsions-Kinase** (**FAK**) ab. Fokaladhäsionen sind oft die auffallendsten *Tyrosin*-Phosphorylierungsstellen in Zellen bei Untersuchungen von Zellkulturen in Plastikzellkulturschalen (**Abb. 19.60**). An diesen Stellen ist die FAK eines der wichtigsten an Tyrosin phosphorylierten Proteine. Wenn sich Integrine an den Orten des Zell–Matrix-Kontaktes anhäufen, wird FAK an die β-Integrinuntereinheit durch intrazelluläre Adapterproteine wie Talin oder *Paxilin* (das

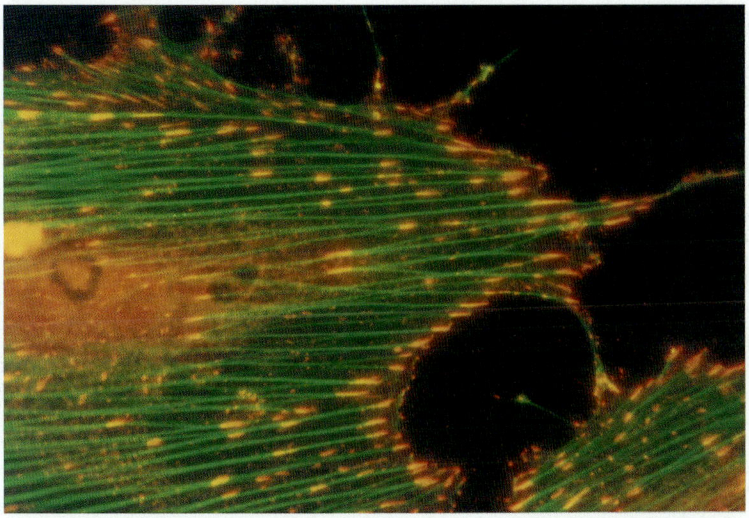

Abb. 19.60 Tyrosinphosphorylierung an Fokaladhäsionen. Ein Fibroblast, der auf einer mit Fibronektin beschichteten Unterlage kultiviert wird und mit fluoreszierenden Antikörpern „angefärbt" ist: Aktinfilamente sind *grün* angefärbt und aktivierte Proteine mit Phosphotyrosinresten sind *rot* angefärbt. An den Stellen, an denen beide Komponenten gleichzeitig vorliegen, addiert sich die Fluoreszenz zu einer *orangenen* Färbung. Die Aktinfilamente enden an Fokalkontakten, mit denen sich die Zelle mittels der Integrine an die Unterlage anheftet. Proteine, die Phosphotyrosinreste enthalten, sind ebenfalls an diesen Stellen angereichert, was die lokale Aktivierung der FAK und anderer Proteinkinasen widerspiegelt. Die Signale, die an solchen Fokalkontakten entstehen, helfen bei der Kontrolle von Zellteilung, Zellwachstum und Zellüberleben. (Mit freundlicher Genehmigung von Keith Burridge).

an eine der α-Untereinheiten bindet) angelagert. Die sich anhäufenden FAK-Moleküle phosphorylieren sich wechselseitig an einem speziellen Tyrosinrest und schaffen so eine Phosphotyrosin-Bindungsstelle für Mitglieder der Src-Familie der cytoplasmatischen Tyrosinkinasen. Zusätzlich zur Phosphorylierung anderer Proteine an den Adhäsionsstellen phosphorylieren diese Kinasen dann FAK an weiteren Tyrosinresten und schaffen Bindungsstellen für eine Vielzahl weiterer intrazellulärer Signalproteine. Auf diese Weise wird das „*Outside-in*-Signal" von Integrinen über FAK und Kinasen der Src-Familie in die Zelle weitergeleitet, auf fast die gleiche Weise wie Rezeptor-Tyrosinkinasen ihre Signale weiterleiten (wie in Kapitel 15 besprochen).

19.3.7 Zell–Matrix-Verbindungen reagieren auf mechanische Kräfte

Wie die bereits beschriebenen Zell–Zell-Verbindungen können auch die Zell–Matrix-Verbindungen mechanische Kräfte, die auf sie wirken, wahrnehmen und darauf reagieren. Die meisten Zell–Matrix-Verbindungen z.B. sind mit kontraktilen Aktinnetzwerken verbunden, die dazu neigen, die Verbindung nach innen zu ziehen. Sind die Zellen auf einer harten Matrix befestigt, die diesen Zugkräften deutlich widersteht, ist die Zell–Matrix-Verbindung in der Lage, die sich daraus ergebende hohe Spannung wahrzunehmen und eine Antwort auszulösen, die dazu führt, dass weitere Integrine und andere Proteine zur Vergrößerung der Stabilität der Verbindung und damit zum Aushalten der Spannung rekrutiert werden. Weniger Spannung baut sich auf, wenn die Zellbefestigung auf einer relativ weichen Matrix erfolgt; dann fällt die Antwort auch entsprechend geringer aus. Diese Mechanismen erlauben es Zellen, Unterschiede in der Härte der extrazellulären Matrices in unterschiedlichen Geweben festzustellen und darauf entsprechend zu reagieren.

Wir haben bereits gesehen, dass die Mechanotransduktion an cadherinvermittelten Zell–Zell-Verbindungen wahrscheinlich von Verbindungsproteinen abhängt, die ihre Struktur verändern, wenn die Verbindung durch Spannung gedehnt wird (s. **Abb. 19.12**). Das gleiche gilt auch für die Zell–Matrix-Verbindungen. Talin z.B. beinhaltet eine große Anzahl von Bindungsstellen für das aktinregulierende Protein Vinculin. Viele dieser Stellen sind innerhalb gefalteter Proteindomänen verborgen; sie werden aber zugänglich, wenn diese Domänen durch Dehnung des Proteins entfaltet werden (**Abb. 19.61**). Die N-terminalen Enden von Talin binden Integrin, und das C-terminale Ende von Talin

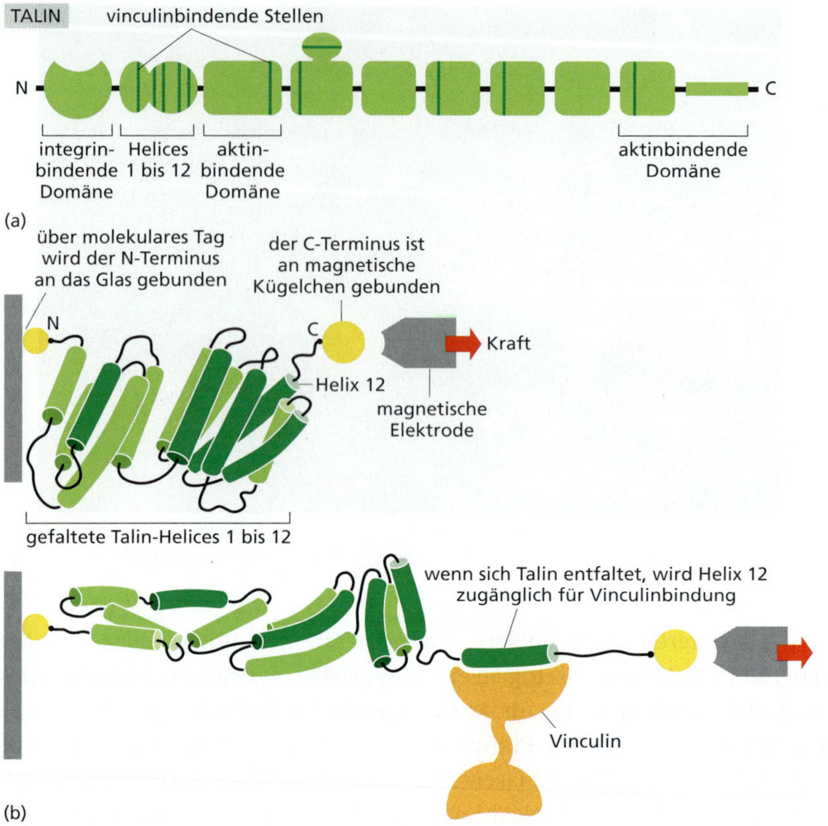

Abb. 19.61 Talin ist ein Spannungssensor an Zell–Matrix-Verbindungen. Spannung über die Zell–Matrix-Verbindungen stimuliert die örtliche Anlagerung von Vinculin und anderen aktinregulierenden Proteinen, wodurch die Anheftung der Verbindung an das Cytoskelett gestärkt wird. Das hier gezeigte Experiment überprüft die Hypothese, ob die Spannung durch das Adapterprotein Talin, das Integrine mit den Aktinfilamenten verbindet, festgestellt wird (s. **Abb. 19.56**). (a) Das lange, flexible Talinprotein ist in eine Reihe gefalteter Domänen aufgeteilt; einige davon enthalten Vinculinbindungsstellen (*dunkelgrün*), von denen man annimmt, dass sie verborgen und daher unzugänglich sind. Eine Domäne nahe dem N-Terminus z.B. umfasst ein gefaltetes Bündel von zwölf α-Helices, das fünf Vinculinbindungsstellen beinhaltet. (b) Mit diesem Experiment wurde die Hypothese überprüft, ob Spannung die Helix-12-Domäne dehnt, wodurch Vinculinbindungsstellen zugänglich werden. Ein Talinfragment, das diese Domäne enthielt, wurde an einer Vorrichtung befestigt, mit der man die Domäne (wie gezeigt) strecken konnte. Das Fragment war am N-Terminus mit einem Proteinanhängsel (*Tag*) versehen, das auf einem Objektträger auf dem Mikroskoptisch klebt. Das C-terminale Ende des Fragmentes war an eine kleine magnetische Kugel (*bead*) gebunden, sodass das Talinfragment mithilfe einer kleinen magnetischen Elektrode gedehnt werden konnte. Die Lösung, in der sich das Protein befand, enthielt fluoreszenzmarkierte Vinculinproteine. Nachdem das Talinfragment gestreckt wurde, wurde die überschüssige Vinculinlösung weggewaschen. Unter dem Mikroskop wurde beobachtet, ob fluoreszierende Vinculinproteine an das Talinfragment gebunden hatten. Ohne das Strecken (*oben*) banden die meisten Talinmoleküle nicht an Vinculin. Wurde das Protein gestreckt (*unten*), wurden zwei oder drei Vinculinmoleküle gebunden (der Einfachheit halber wird hier nur eines gezeigt). (Verändert nach A. del Rio *et al.*, *Science* 323: 638–641, 2009).

bindet Aktin (s. **Abb. 19.56**). Das heißt, wenn an Aktinfilamenten durch Myosinmotoren im Inneren der Zelle gezogen wird, dehnt die resultierende Spannung die Stabdomäne von Talin, wodurch die Vinculinbindungsstellen zugänglich werden. Vinculinmoleküle rekrutieren und organisieren dann weitere Aktinfilamente. Die Spannung verstärkt dabei die Stärke der Verbindung.

Zusammenfassung

Integrine sind die wichtigsten Zelloberflächenrezeptoren, mit denen Tierzellen an die extrazelluläre Matrix binden. Sie fungieren als transmembrane Bindeglieder zwischen der extrazellulären Matrix und dem Cytoskelett. Die meisten Integrine verbinden sich mit Aktinfilamenten, während Integrine an Hemidesmosomen an Intermediärfilamente binden. Integrinmoleküle sind Heterodimere, und die Bindung von Liganden der extrazellulären Matrix oder von intrazellulären Aktivatorproteinen wie Talin geht mit einem dramatischen Konformationswechsel von einem inaktiven zu einem aktiven Zustand einher. Dadurch entsteht eine allosterische Kopplung zwischen der Bindung an die Matrix außerhalb der Zelle und der Verbindung mit dem Cytoskelett im Inneren. So können Integrine Signale in beide Richtungen über die Plasmamembran hinweg übertragen. Um die intrazellulären Schwänze der aktivierten Integrine werden komplexe Zusammenlagerungen von Proteinen organisiert. Dadurch entstehen intrazelluläre Signale, die fast alle Aspekte des zellulären Verhaltens beeinflussen können, von der Proliferation und dem Überleben der Zelle wie beim Phänomen der Kontaktabhängigkeit bis hin zur Zellpolarität und der Steuerung der Zellwanderung. Integrinvermittelte Zell–Matrix-Verbindungen sind auch zur Mechanotransduktion fähig: Sie können mechanische Kräfte, die über die Verbindung wirken, wahrnehmen und darauf reagieren.

19.4 Die Pflanzenzellwand

Jede Zelle einer Pflanze scheidet eine aufwendige extrazelluläre Matrix aus, von der die gesamte Zelle umschlossen ist. Diese Matrix nennt man *Pflanzenzellwand*. An den dicken Zellwänden von Kork, die selbst in einem einfachen Mikroskop zu sehen sind, konnte Robert Hooke im Jahr 1665 die Zellen erstmalig betrachten und ihnen den Namen „Zellen" geben. Die Wände benachbarter Pflanzenzellen, die zu einer intakten Pflanze zusammengefügt sind (**Abb. 19.62**), sind im Allgemeinen dicker, kräftiger und – was am wichtigsten ist – starrer als die extrazelluläre Matrix der Tiere. Als die ersten Pflanzenzellen diese relativ starren Zellwände entwickelt hatten, die mehrere Mikrometer dick sein können, gaben sie ihre Fähigkeit, umherkriechen zu können, auf und wurden sesshaft, eine Lebensweise, die in der gesamten heutigen Pflanzenwelt überdauert.

19.4.1 Die Zusammensetzung der Zellwand hängt vom Zelltyp ab

Alle Zellwände von Pflanzen entstehen in sich teilenden Zellen, wenn sich die Zellplatte während der Zellteilung ausbildet, um eine neue Trennwand zwischen den Tochterzellen zu schaffen (s. Kapitel 17). Solche neuen Zellen werden meistens in spezialisierten Bereichen, den *Meristemen*, gebildet und sind zunächst meist verhältnismäßig klein, verglichen mit ihrer endgültigen Größe. Um ein späteres Zellwachstum zu ermöglichen, sind ihre Wände, die sogenannten **Primärwände**, dünn und dehnbar, aber dennoch widerstandsfähig. Stoppt das Zellwachstum, bleibt manchmal die Primärwand einfach ohne größere Änderung erhalten, aber in den meist en Fällen wird eine starke **Sekundärwand**

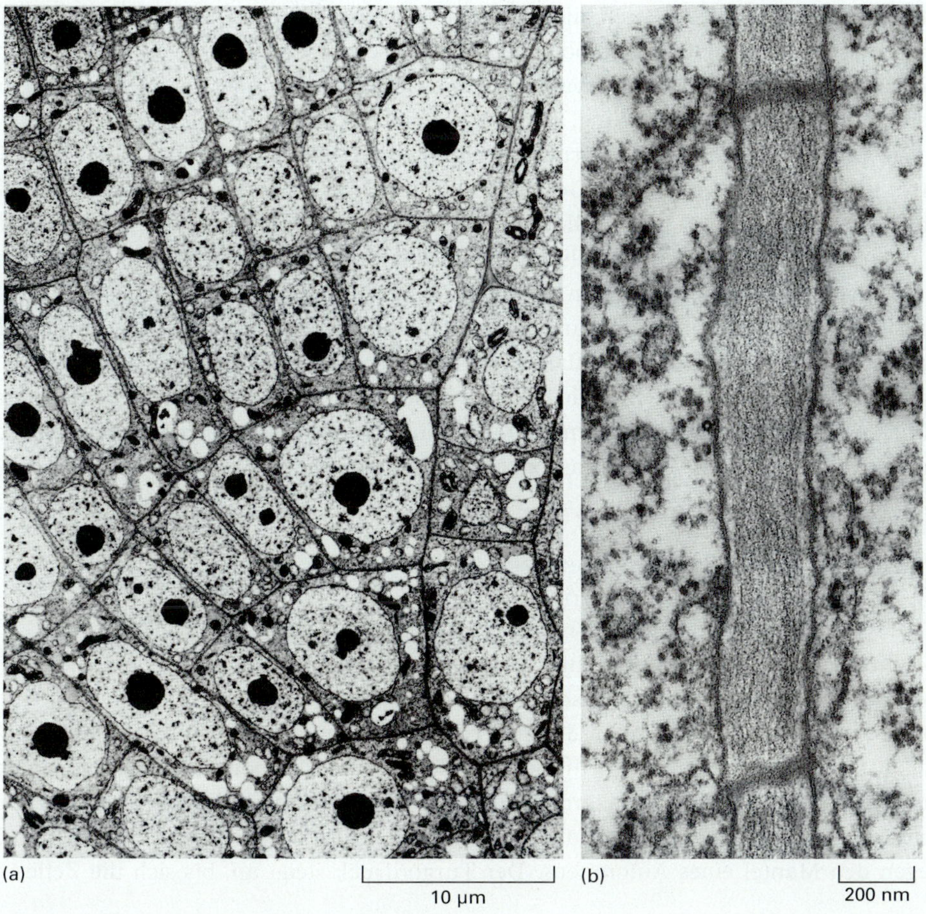

Abb. 19.62 Zellwände der Pflanzen. (a) Elektronenmikroskopische Aufnahme der Wurzelspitze einer Binse. Man erkennt das regelmäßige Zellmuster, das durch geordnete Zellteilung dieser Zellen mit einer festen Zellwand entsteht. In diesem wachsenden Gewebe sind die Zellwände noch recht dünn; sie sind in der Aufnahme als feine schwarze Linien zwischen den Zellen zu erkennen. (b) Dünnschnitt durch eine typische Zellwand, die zwei benachbarte Pflanzenzellen trennt. Die beiden dunklen Querstreifen sind Plasmodesmata, die die Zellwand durchziehen (s. **Abb. 19.27**). (a, mit freundlicher Genehmigung von C. Busby und B. Gunning, *Eur. J. Cell Biol.* 21: 214–223, 1980. Mit Erlaubnis von Elsevier; b, mit freundlicher Genehmigung von Jeremy Burgess).

durch Ablagerung neuer Wandschichten (Matrix) in die alten Wandschichten gebildet. Diese neuen Schichten haben im Allgemeinen eine zur Primärwand deutlich unterschiedliche Zusammensetzung. Das häufigste zusätzliche Polymer in Sekundärwänden ist das **Lignin**, ein komplexes Geflecht kovalent verbundener phenolischer Verbindungen, die man in den Wänden der Xylemgefäße und Faserzellen von verholzten Geweben findet.

Die Zellwände Höherer Pflanzen unterscheiden sich zwar in ihrer Zusammensetzung und Organisation, aber sie sind alle, wie die extrazellulären Matrices der Tiere, nach dem Prinzip aller Verbundstoffe, sei es Fiberglas oder Stahlbeton, aufgebaut: Eine Komponente verleiht Zugfestigkeit, während die andere, in die die erste Komponente eingebettet ist, dem Ganzen Druckfestigkeit verleiht. Obwohl das Bauprinzip in Tieren und Pflanzen gleich ist, unterscheidet sich die Chemie. Während die extrazelluläre Matrix von Tieren zahlreiche Proteine und andere stickstoffhaltige Polymere enthält, ist die pflanzliche Zellwand nahezu völlig aus Polymeren aufgebaut, die keinen Stickstoff enthalten, vor allem Zellulose und Lignin. Für einen ortsfesten Organismus, der nur CO_2, H_2O und Sonnenlicht braucht, sind damit diese beiden häufig genutzten Polymere billige, sich auf Kohlenstoff gründende Materialien und helfen dabei, den fixierten Stickstoff, der in nur knappen Mengen im Boden verfügbar ist und daher das Wachstum von Pflanzen begrenzt, aufzusparen. Besonders Bäume investieren in hohem Ausmaß in Zellulose und Lignin, die den Hauptanteil ihrer Biomasse darstellen.

Die zugfesten Fasern der Zellwände Höherer Pflanzen bestehen aus dem Polysaccharid Zellulose, dem am häufigsten vorkommenden organischen Makromolekül der Erde, das eng mit einem Maschenwerk *quervernetzender Glykane* verbunden ist. In Primärwänden besteht die Matrix, in die das Zellulosenetz eingebettet ist, aus *Pektinen*, einem stark hydratisierten Netz aus Polysacchariden, die besonders reich an Galakturonsäure sind. Sekundärwände enthalten weitere Baustoffe, die die Wände starrer und langlebiger machen; Lignin im Besonderen bildet eine harte, wasserdichte Füllung in den Hohlräumen zwischen den anderen Komponenten. Alle diese Moleküle werden durch eine Kombination kovalenter und nicht kovalenter Bindungen zu einer recht komplexen Struktur vereint, deren Zusammensetzung, Stärke und Bauart vom Zelltyp abhängen.

Die pflanzliche Zellwand übernimmt damit eine „Skelettfunktion", indem sie die Struktur einer Pflanze in ihrer Gesamtheit stützt, eine Schutzfunktion, indem sie als Hülle die Individualität jeder Zelle wahrt, und eine Transportfunktion, indem sie die Kanalbildung für den Flüssigkeitstransport innerhalb der Pflanze unterstützt. Wenn sich Pflanzenzellen spezialisieren, nehmen sie meist eine charakteristische Form an und bilden deshalb auch speziell angepasste Zellwandformen aus, anhand derer sich die unterschiedlichen Zellen einer Pflanze identifizieren und einteilen lassen. Wir werden hier besonderes Augenmerk auf die Primärwände und ihren molekularen Aufbau legen, auf dem diese einzigartige Kombination von Stärke, Nachgiebigkeit und Verformbarkeit beruht, die man in den Wachstumszonen von Pflanzen findet.

19.4.2 Die Zugfestigkeit der Zellwand erlaubt es Pflanzenzellen, einen Turgordruck aufzubauen

Die direkte wässrige Umgebung einer Pflanzenzelle besteht aus der Flüssigkeit, die in den Wänden um die Zelle enthalten ist. Obwohl diese Flüssigkeit in der Wand mehr gelöste Stoffe enthält als das Wasser in der äußeren Umgebung der Pflanze (z.B. im Boden), ist sie doch im Vergleich zum Zellinneren hypoton. Dieses osmotische Ungleichgewicht bewirkt, dass die Zelle einen großen inneren hydrostatischen Druck, den **Turgordruck**, entwickelt, der nach außen gegen die Wand drückt wie ein luftgefüllter Schlauch gegen den Mantel eines Autoreifens. Der Turgordruck steigt an, bis sich die Zelle im osmotischen Gleichgewicht befindet und es trotz des Ungleichgewichts der Ionen keinen Nettoeinfluss von Wasser mehr gibt. Der Turgordruck, der so aufgebaut wird, erreicht 10 oder mehr Atmosphären. Das ist etwa fünfmal so hoch wie der Druck in einem durchschnittlichen Fahrradreifen. Dieser Druck ist für die Pflanze lebenswichtig, denn er ist die wichtigste Antriebskraft für die Ausdehnung von Zellen während des Wachstums und er ist auch zu einem erheblichen Teil für die mechanische Widerstandsfähigkeit des lebenden Pflanzengewebes verantwortlich. Man muss nur die verwelkten Blätter einer vertrockneten Pflanze mit dem prallen Blatt einer gut gewässerten Pflanze vergleichen. Die mechanische Festigkeit der Zellwände ermöglicht es den Pflanzen, diesen inneren Druck auszuhalten.

19.4.3 Die Primärwand besteht aus Zellulose-Mikrofibrillen, die mit einem Geflecht aus Pektin-Polysacchariden verwoben sind

Die Primärwand erhält ihre Zugfestigkeit durch **Zellulose**. Jedes Zellulosemolekül besteht aus einer linearen Kette von wenigstens 500 Glukoseresten, die kovalent aneinandergebunden sind und eine bandartige Struktur ausbilden, die durch Wasserstoffbrücken innerhalb der Kette stabilisiert wird (**Abb. 19.63**). Darüber hinaus bilden auch benachbarte Zellulosemoleküle untereinander Wasserstoffbrücken aus, sodass sie in einer überlappenden Parallelanordnung stark aneinander haften und Bündel von etwa 18 Zelluloseketten ausbilden, die alle die gleiche Polarität haben. Diese hoch geordneten, kristallinen Aggregate, die mehrere Mikrometer lang werden, werden **Zellulose-Mikrofibrillen** genannt. Sie haben eine Zugfestigkeit, die mit der von Stahl vergleichbar ist. Gruppen solcher Mikrofibrillen sind in Schichten oder Lamellen angeordnet, in denen jede Mikrofibrille etwa 20–40 nm von ihrer Nachbar-Mikrofibrille entfernt liegt und mit ihr durch lange quervernetzte Glykanmoleküle verbunden ist, die ihrerseits über Wasserstoffbrücken mit der Oberfläche der Mikrofibrille verbunden sind. Die Primärwand besteht aus mehreren solcher Lamellen, die eine sperrholzartige Gesamtstruktur bilden (**Abb. 19.64**).

Die **quervernetzenden Glykane** sind eine heterogene Gruppe verzweigter Polysaccharide, die fest an die Oberfläche einer jeder Zellulose-Mikrofibrille binden und damit die Quervernetzung der Mikrofibrillen zu einem komplexen Geflecht unterstützen. Es gibt viele Klassen quervernetzender Glykane, aber alle haben ein langes, unverzweigtes Grundgerüst, das aus verschiedenen Zuckermonomeren besteht (Glukose, Xylose oder Mannose), von dem kurze Seitenketten anderer Zucker abzweigen. Die Moleküle des Grundgerüstes bilden dabei die Wasserstoffbrücken zur Oberfläche der Zellulose-Mikrofibrillen aus und sorgen somit für ihre Quervernetzung. Sowohl die Zuckerbestandteile des Grundgerüsts als auch die der Seitenketten variieren je nach Pflanzenart und Entwicklungsstadium.

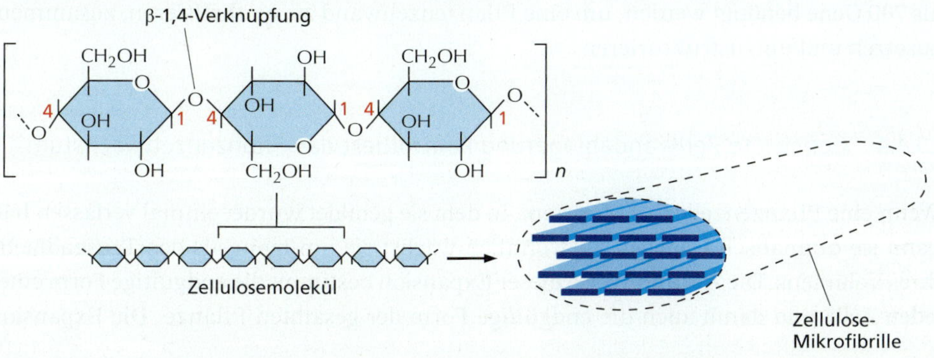

Abb. 19.63 Zellulose. Zellulosemoleküle sind lange, unverzweigte Ketten aus β-1,4-verknüpften Glukoseeinheiten. In dieser Bindung hat jedes Glukosemolekül eine umgekehrte Orientierung zu seinem Nachbarmolekül, die entstehende Disaccharideinheit wiederholt sich Hunderte Male in einem einzigen Glukosemolekül. In den meisten Höheren Pflanzen lagern sich etwa 18 einzelne Zellulosemoleküle parallel zusammen und bilden eine feste, über Wasserstoffbrücken verbundene Zellulose-Mikrofibrille.

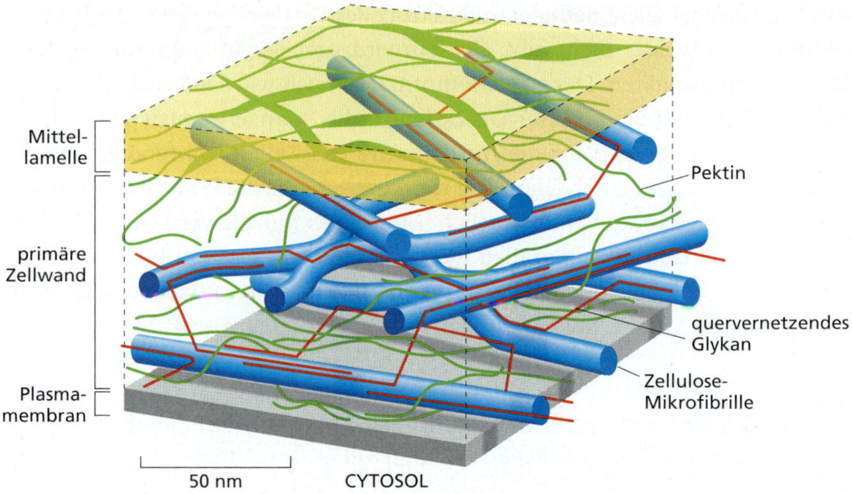

Abb. 19.64 Maßstabsgetreues Modell eines Ausschnitts aus der Primärzellwand mit den beiden wichtigsten Polysaccharidgerüsten. Die kreuzweise angeordneten Schichten aus Zellulose-Mikrofibrillen (*blau*) sind fest mit einem Geflecht aus quervernetzenden Glykanen (*rot*) verbunden, die Wasserstoffbrücken zu den Mikrofibrillen ausbilden. Dieses Geflecht wird von einem Geflecht aus Pektin-Polysacchariden (*grün*) begleitet. Das Netzwerk aus Zellulose und quervernetzenden Glykanen sorgt für Zugfestigkeit, das Pektinnetzwerk sorgt dagegen für Druckfestigkeit. Zellulose, quervernetzende Glykane und Pektine sind in der Regel zu gleichen Anteilen in Primärwänden vorhanden. Die Mittellamelle ist reich an Pektin und verbindet benachbarte Zellen.

Das Netzwerk aus Zellulose-Mikrofibrillen und quervernetzenden Glykanen umfasst ein weiteres quervernetztes Polysaccharidgeflecht, das auf **Pektinen** basiert (s. **Abb. 19.64**). Pektine sind eine heterogene Gruppe verzweigter Polysaccharide, die viele negativ geladene Galakturonsäurereste enthalten. Wegen ihrer vielfachen negativen Ladung sind Pektinmoleküle stark hydratisiert und mit einer Wolke von Kationen umgeben; sie ähneln somit den Glykosaminoglykanen der tierischen Zellen hinsichtlich des großen Raumes, den sie einnehmen (s. **Abb. 19.33**). Setzt man einer Lösung von Pektinmolekülen Ca^{2+} zu, werden sie zu einem halbfesten Gel verbunden (deshalb gibt man bei der Herstellung von Gelee oder Marmelade Pektin zum Fruchtsaft). Bestimmte Pektine sind besonders häufig in der *Mittellamelle* zu finden, dem spezialisierten Bereich, der die Wände benachbarter Zellen zusammenkittet (s. **Abb. 19.64**). Man nimmt an, dass die Ca^{2+}-Quervernetzungen in diesem Bereich helfen, die Zellwandkomponenten zusammenzuhalten. Obwohl auch kovalente Bindungen am Zusammenhalt der Komponenten beteiligt sind, weiß man sehr wenig über sie. Das kontrollierte Trennen von Zellen an der Mittellamelle ist aber die Grundlage von Vorgängen wie dem Reifen von Tomaten oder dem Abwerfen (der Abszission) von Laub im Herbst.

Neben diesen beiden Geflechten, die aus Polysacchariden bestehen und die Hauptmasse aller pflanzlichen Primärwände bilden, können auch Proteine bis zu 5 % zur Trockenmasse der Wand beitragen. Viele dieser Proteine sind Enzyme, die für den Umsatz (Turnover) und den Umbau der Wand, vorwiegend während des Wachstums, verantwortlich sind. Eine weitere Klasse von Wandproteinen enthält eine hohe Menge an Hydroxyprolin, ähnlich wie Kollagen. Man nimmt an, dass diese Proteine die Wand verstärken. Sie werden als Reaktion auf den Angriff eines Pathogens in größerer Menge gebildet. Aus der genomischen Sequenz von *Arabidopsis* ließ sich abschätzen, dass mehr als 700 Gene benötigt werden, um eine Pflanzenzellwand zu synthetisieren, zusammenzusetzen und umzustrukturieren.

19.4.4 Gerichtete Zellwandablagerung kontrolliert das Pflanzenzellwachstum

Wenn eine Pflanzenzelle das Meristem, in dem sie gebildet wurde, einmal verlassen hat, kann sie dramatisch wachsen. Gewöhnlich wächst sie um mehr als das Tausendfache ihres Volumens. Die Art und Weise dieser Expansion bestimmt die endgültige Form einer jeden Zelle und damit auch die endgültige Form der gesamten Pflanze. Die Expansion

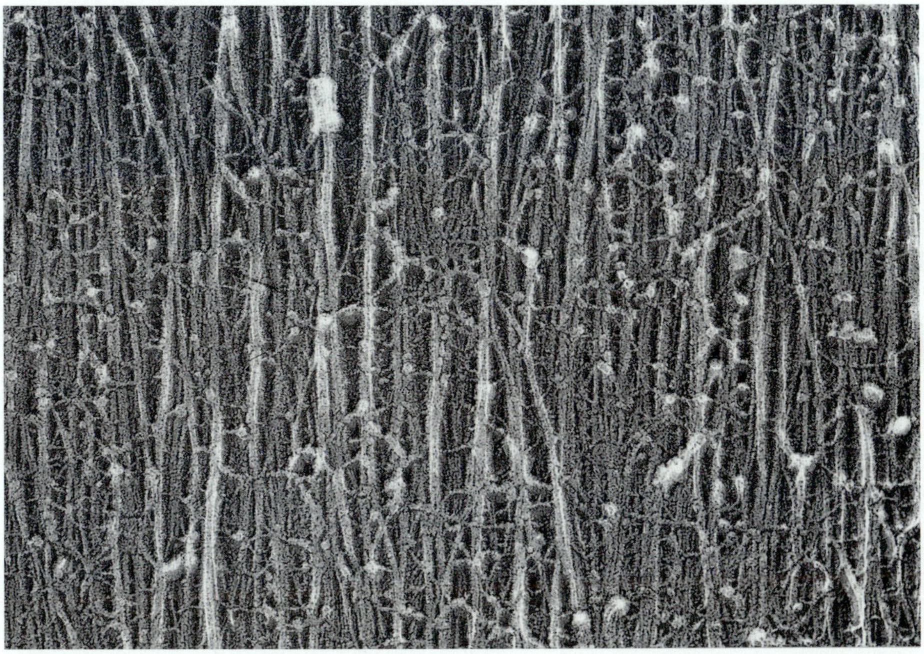

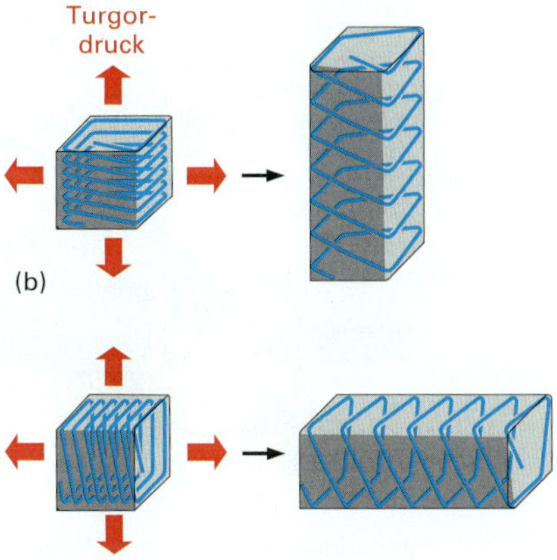

Abb. 19.65 Die Zellulose-Mikrofibrillen beeinflussen die Richtung des Längenwachstums einer Zelle. (a) Die elektronenmikroskopische Aufnahme eines bedampften Abdrucks einer schockgefrorenen und gefriergeätzten Zellwand zeigt die Orientierung der Zellulose-Mikrofibrillen in der primären Zellwand einer wachsenden Karotte. Die Zellulose-Mikrofibrillen sind parallel zueinander und im rechten Winkel zur Wachstumsrichtung angeordnet. Die Mikrofibrillen sind mit einem komplexen Geflecht von Matrixmolekülen quervernetzt und mit ihm verflochten (s. **Abb. 19.64**). (b, c) Die Zellen in (b) und (c) haben ursprünglich die gleiche Form (hier als Würfel dargestellt), aber eine unterschiedliche Anordnung der Zellulose-Mikrofibrillen in ihrer Wand. Der Turgordruck ist in alle Richtungen gleich. Dennoch geben die Zellwände während ihres Wachstums nur senkrecht zur innersten Ebene der Zellulose-Mikrofibrillen nach, da diese sehr zugfest sind. Die Zellausdehnung geschieht in Abstimmung mit dem Einbau von neuem Zellwandmaterial. Die endgültige Form eines Organs, wie z.B. eines Sprosses, wird zum Teil von der Wachstumsrichtung seiner Zellen bestimmt. (a, mit freundlicher Genehmigung von Brian Wells und Keith Roberts).

wird vom Turgordruck in der Zelle angetrieben, aber das Verhalten der Zellwand steuert die Richtung und das Ausmaß. Komplexe Zellwandumbildungen und Ablagerung von neuem Zellwandmaterial sind dafür nötig. Aufgrund ihrer kristallinen Struktur sind die einzelnen Zellulose-Mikrofibrillen in der Zellwand nicht in der Lage sich zu strecken. Dies verleiht ihnen eine bedeutende Rolle in diesem Prozess. Damit sich die Zellwand streckt oder deformiert, müssen die Mikrofibrillen entweder aneinander vorbeigleiten oder sie müssen weiter voneinander getrennt werden oder beides. Die Orientierung der Mikrofibrillen in der innersten Schicht der Zellwand steuert die Richtung, in die die Zelle sich ausdehnt. Zellen bestimmen daher ihre zukünftige Gestalt im Voraus, indem sie die Orientierung der Zellulose-Mikrofibrillen, die sie in der Wand ablagern, kontrollieren (**Abb. 19.65**).

Im Gegensatz zu den meisten anderen Matrix-Makromolekülen, die im Endoplasmatischen Reticulum und dem Golgi-Apparat synthetisiert und dann sezerniert werden, wird Zellulose direkt an der Zelloberfläche durch den plasmamembrangebundenen Enzymkomplex *Zellulose-Synthase* gebildet, die als Substrat das Zuckernukleotid UDP-Glukose aus dem Cytosol benutzt. Jeder Enzymkomplex oder jede *Rosette* ist eine sternförmige Anordnung von sechs Trimeren, von denen jedes die Proteinprodukte von drei separaten Zellulose-Synthase (CESA, engl. *cellulose synthase*)-Genen (s. **Abb. 19.66**) enthält. Drei CESA-Gene sind nötig für die primäre Zellwandsynthese und drei weitere für die sekundäre Zellwandsynthese.

Während ihrer Bildung assoziieren die entstehenden Zelluloseketten spontan auf der extrazellulären Oberfläche der Plasmamembran zu Mikrofibrillen und bilden eine Schicht oder Lamelle, in der alle Mikrofibrillen nahezu die gleiche Ausrichtung haben (s. **Abb. 19.64**). Jede neue Lamelle wird unterhalb der zuvor gebildeten Lamelle angelegt, sodass die Wand aus konzentrisch angeordneten Lamellen besteht, wobei die älteste immer außen liegt. Die jüngst abgelegten Mikrofibrillen von wachsenden Zellen liegen gewöhnlich senkrecht zur Wachstumsrichtung, obwohl die Mikrofibrillen in weiter außerhalb gelegenen Lamellen, die zuvor synthetisiert wurden, eine andere Ausrichtung haben können (s. **Abb. 19.65b** und **19.65c**).

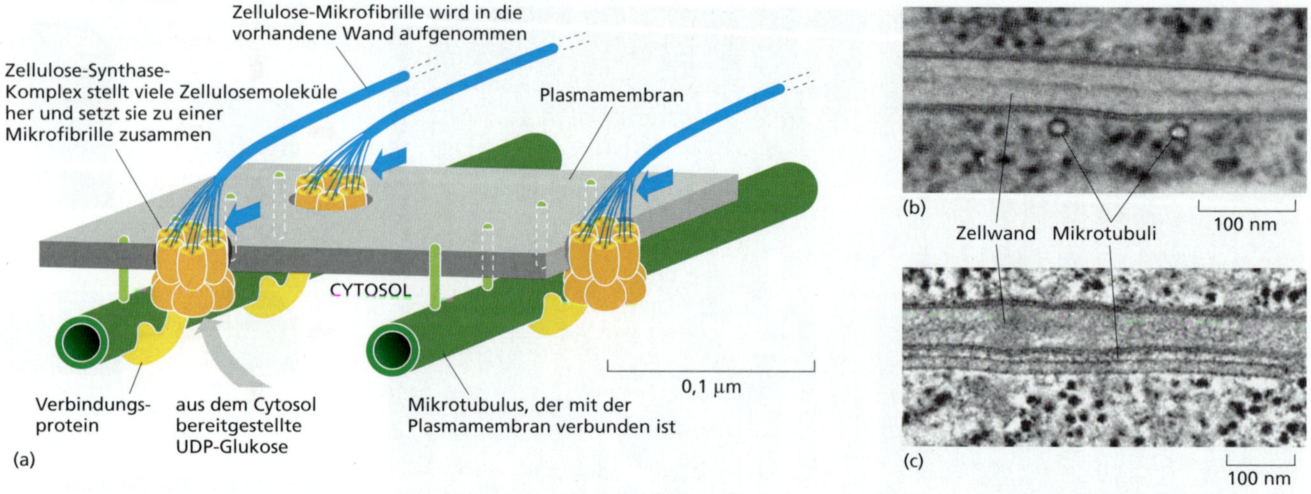

Abb. 19.66 Modell für den Mechanismus, durch den die Orientierung der Mikrotubuli die Richtung neu eingelagerter Zellulose-Mikrofibrillen bestimmen könnte. (a) Die großen Zellulose-Synthase-Komplexe oder Rosetten sind integrale Membranproteine, die auf der Außenseite der Plasmamembran Zellulose-Mikrofibrillen synthetisieren. Jede Rosette enthält sechs Enzymtrimere, wodurch 18 Zelluloseketten gebildet werden können, die bei vielen Pflanzenzellen eine Zellulose-Mikrofibrille ergeben (s. **Abb. 19.63**). Das Vorderende der steifen Mikrofibrillen wird in die Wandstruktur eingebaut und ihr Wachstum am Hinterende schiebt den Synthase-Komplex in der Membranebene weiter. Da die Mikrotubuli in der Zellrinde so mit der Plasmamembran verbunden sind, dass dieser Komplex nur auf definierte Membrankanäle oder -trassen begrenzt ist, bestimmt die Orientierung der Mikrotubuli (wenn vorhanden) die Richtung, in der die neu synthetisierten Mikrofibrillen abgelagert werden. (b, c) Die beiden elektronenmikroskopischen Aufnahmen zeigen die enge Verbindung der kortikalen Mikrotubuli mit der Plasmamembran. Die eine Aufnahme zeigt die Mikrotubuli im Querschnitt, während es sich bei der anderen Aufnahme um einen Mikrotubulus im Längsschnitt handelt. Auf beiden erkennt man den konstant ~ 20 nm breiten Spalt zwischen der Membran und dem Mikrotubulus. (b und c, mit freundlicher Genehmigung von Andrew Staehelin).

19.4.5 Mikrotubuli bestimmen die Ausrichtung beim Aufbau der Zellwand

Ein wichtiger Hinweis auf den Mechanismus, der die Orientierung der Mikrofibrillen bestimmt, kam von Untersuchungen der Mikrotubuli in Pflanzenzellen. Sie sind in der Zellrinde (dem Kortex) häufig in der gleichen Richtung angeordnet wie die Zellulosefibrillen, die gerade in der Zellwand in diesem Bereich abgelagert werden. Diese kortikalen Mikrotubuli bilden eine *Rindenanordnung* dicht an der cytosolischen Seite der Plasmamembran und werden dort von nur unzureichend charakterisierten Proteinen gehalten. Die übereinstimmende Anordnung der Mikrotubuli in der Zellrinde (die knapp unter der Plasmamembran liegen) und der Zellulosefibrillen (unmittelbar über der Plasmamembran) beobachtet man in vielen unterschiedlichen Pflanzenzelltypen und -formen während der Bildung der Primär- wie auch der Sekundärwand, sodass man einen ursächlichen Zusammenhang annehmen kann.

Wenn man das System der Rindenmikrotubuli vollständig zerstört, indem man das Pflanzengewebe mit einem Wirkstoff inkubiert, der Mikrotubuli abbaut, kann man diese Vermutung untersuchen. Das Ergebnis für die nachfolgende Zelluloseablagerung ist aber nicht so einfach verständlich, wie nach den obigen Beschreibungen vielleicht vermutet. Der Wirkstoff beeinflusst nicht die Bildung neuer Zellulose-Mikrofibrillen, und manchmal können Zellen neue Mikrofibrillen weiterhin in der vorliegenden Orientierung ablagern. Aber entwicklungsbedingte Veränderungen im Muster der Mikrofibrillen, die sich normalerweise zwischen den aufeinanderfolgenden Lamellen einstellen würden, sind unweigerlich blockiert. Es scheint, dass eine vorhandene Orientierung der Mikrofibrillen auch ohne Mikrotubuli beibehalten werden kann, aber jede Veränderung bei der Ablagerung neuer Zellulosefasern erfordert, dass intakte Mikrotubuli vorhanden sind, die die neue Richtung festlegen.

Diese Beobachtungen stimmen mit folgendem Modell überein: Die in die Plasmamembran eingebetteten zellulosesynthetisierenden Komplexe spinnen wahrscheinlich lange Zellulosemoleküle aus. Gleichzeitig mit der Synthese dieser Zellulosefasern und ihrer Selbstaggregation zu Zellulose-Mikrofibrillen werden vermutlich die hinteren Enden der jeweiligen Mikrofibrillen schon mit der zuvor synthetisierten Schicht von Wandmaterial indirekt quervernetzt. Dadurch werden die neuen Mikrofibrillen parallel zu den alten angeordnet und in das Gefüge der Wand eingebaut. Da die Mikrofibrille starr ist, muss der Synthesekomplex (die Rosette) am wachsenden proximalen Ende sich während der Ablagerung von neuem Material bewegen. Dabei läuft die Rosette in der Membranebene in die Richtung, die durch die Art und Weise definiert ist, wie das entfernte Ende der Mikrofibrille in der schon vorliegenden Wand verankert ist. So neigt jede Schicht der Mikrofibrillen dazu, in der gleichen Orientierung wie die Vorgängerschichten aus der Membran ausgesponnen zu werden. Die Zellulose-Synthase-Komplexe folgen also dem bereits festgelegten Pfad der ausgerichteten Mikrofibrillen außerhalb der Zelle. Ausgerichtete Mikrotubuli im Inneren der Zelle können jedoch diese vorbestimmte Wanderungsrichtung der Synthase-Komplexe verändern; sie können Begrenzungen in der Plasmamembran erzeugen, die wie die steilen Wände eines Kanals die Bewegung der Rosette einschränken (**Abb. 19.66**). Nach dieser Vorstellung kann die Zellulosesynthese zwar unabhängig von Mikrotubuli ablaufen, aber sie ist funktionell räumlich beschränkt, sobald kortikale Mikrotubuli vorhanden sind, die die Plasmamembranbereiche anzeigen, in denen sich die Enzymkomplexe zu bewegen haben.

So können pflanzliche Zellen ihre Wachstumsrichtung durch eine kurzfristige Veränderung der Orientierung ihrer kortikalen Mikrotubuli ändern. Da sich Pflanzenzellen nicht frei bewegen können (sie sind ja durch ihre Zellwände eingeschränkt), hängt demnach die gesamte Morphologie einer vielzelligen Pflanze von der koordinierten, hoch geordneten Kontrolle der Mikrotubuli-Orientierung während der pflanzlichen Entwicklung ab. Man weiß noch nicht, wie die Organisation der Mikrotubuli gesteuert wird. Man konnte jedoch zeigen, dass Mikrotubuli sich schnell auf extrazelluläre Signale hin umorientieren. Zu diesen Signalen gehören z.B. Pflanzen-Wachstumsfaktoren, wie Ethylen und Auxine (s. Kapitel 15).

Mikrotubuli sind aber nicht die einzigen Elemente des Cytoskeletts, die den Aufbau der Zellwand beeinflussen. Auch lokale Sammelpunkte von kortikalen Aktinfilamenten können die Ablagerung von neuem Zellwandmaterial an bestimmten Stellen auf der Zelloberfläche steuern und so zur Entwicklung der endgültigen Form vieler differenzierter Pflanzenzellen beitragen.

Zusammenfassung

Pflanzenzellen sind von einer festen extrazellulären Matrix in Form einer Zellwand umgeben, die für viele einzigartige Eigenschaften der Lebensweise einer Pflanze verantwortlich ist. Die Zellwand besteht aus einem Geflecht von Zellulose-Mikrofibrillen und quervernetzenden Glykanen, die in eine stark quervernetzte Matrix aus Pektin-Polysacchariden eingebettet ist. Sekundärwände können zusätzlich Lignin enthalten, das sie wasserdicht, hart und holzig macht. Eine kortikale Schicht von Mikrotubuli kann die Orientierung von neu in die Wand einzubauenden Zellulose-Mikrofibrillen vorherbestimmen. Die Orientierung der Zellulose-Mikrofibrillen wiederum bestimmt die Wachstumsrichtung und die endgültige Form einer Zelle und damit letztlich der gesamten Pflanze.

Literatur

19 Allgemein

Beckerle, M. (ed.) (2002). *Cell Adhesion*. Oxford: Oxford University Press.

Hynes, R.O. und Yamada, K.M. (eds.) (2011). *Extracellular Matrix Biology (Cold Spring Harbor Perspectives in Biology)*. Cold Spring Harbor, NY: Cold Spring Harbor Laboratory Press.

19.1 Zell–Zell-Verbindungen

Brasch, J., Harrison, O.J., Honig, B. et al. (2012). Thinking outside the cell: how cadherins drive adhesion. *Trends Cell Biol.* 22: 299–310.

Bruser, L. und Bogdan, S. (2017). Adherens junctions on the move—membrane trafficking of *E-cadherin. Cold Spring Harb. Perspect. Biol.* 9: a0219140.

Garcia, M.A., Nelson, W.J. und Chavez, N. (2018). Cell-cell junctions organize structural and signaling networks. *Cold Spring Harb. Perspect. Biol.* 10: a029181.

Goodenough, D.A. und Paul, D.L. (2009). Gap junctions. *Cold Spring Harb. Perspect. Biol.* 1: a002576.

Harris, T.J. und Tepass, U. (2010). Adherens junctions: from molecules to morphogenesis. *Nat. Rev. Mol. Cell Biol.* 11: 502–514.

Honig, B. und Shapiro, L. (2020). Adhesion protein structure, molecular affinities, and principles of cell-cell recognition. *Cell* 181: 520–535.

Lecuit, T., Lenne, P.F. und Munro, E. (2011). Force generation, transmission, and integration during cell and tissue morphogenesis. *Annu. Rev. Cell Dev. Biol.* 27: 157–184.

Lu, K.J., Danila, F.R., Cho, Y. et al. (2018). Peeking at a plant through the holes in the wall—exploring the roles of plasmodesmata. *New Phytol.* 218: 1310–1314.

Maule, A.J., Benitez-Alfonso, Y. und Faulkner, C. (2011). Plasmodesmata—membrane tunnels with attitude. *Curr. Opin. Plant Biol.* 14: 683–690.

McEver, R.P. und Zhu, C. (2010). Rolling cell adhesion. *Annu. Rev. Cell Dev. Biol.* 26: 363–396.

Najor, N.A. (2018). Desmosomes in human disease. *Annu. Rev. Pathol.* 13: 51–70.

Nakagawa, S., Maeda, S. und Tsukihara, T. (2010). Structural and functional studies of gap junction channels. *Curr. Opin. Struct. Biol.* 20: 423–430.

Pinheiro, D. und Bellaïche, Y. (2018). Mechanical force-driven adherens junction remodeling and epithelial dynamics. *Dev. Cell* 47: 3–19.

Takeichi, M. (2014). Dynamic contacts: rearranging adherens junctions to drive epithelial remodelling. *Nat. Rev. Mol. Cell Biol.* 15: 397–410.

Yap, A.S., Duszyc, K. und Viasnoff, V. (2018). Mechanosensing and mechanotransduction at cell-cell junctions. *Cold Spring Harb. Perspect. Biol.* 10: a028761.

19.2 Die extrazelluläre Matrix bei Tieren

Couchman, J.R. (2010). Transmembrane signaling proteoglycans. *Annu. Rev. Cell Dev. Biol.* 26: 89–114.

Domogatskaya, A., Rodin, S. und Tryggvason, K. (2012). Functional diversity of laminins. *Annu. Rev. Cell Dev. Biol.* 28: 523–553.

Fidler, A.L., Boudko, S.P., Rokas, A. et al. (2018). The triple helix of collagens—an ancient protein structure that enabled animal multicellularity and tissue evolution. *J. Cell Sci.* 131: jcs203950.

Fidler, A.L., Darris, C.E., Chetyrkin, S.V. et al. (2017). Collagen IV and basement membrane at the evolutionary dawn of metazoan tissues. *eLife* 6: e24176.

Hynes, R.O. und Naba, A. (2012). Overview of the matrisome—an inventory of extracellular matrix constituents and functions. *Cold Spring Harb. Perspect. Biol.* 4: a004903.

Jayadev, R. und Sherwood, D.R. (2017). Basement membranes. *Curr. Biol.* 27: 207–211.

Karamanos, N.K., Theocharis, A.D., Piperigkou, Z. et al. (2021). A guide to the composition and functions of the extracellular matrix. *FEBS J.* 288: 6850–6912.

Lu, P., Takai, K., Weaver, V.M. et al. (2011). Extracellular matrix degradation and remodeling in development and disease. *Cold Spring Harb. Perspect. Biol.* 3: a005058.

Mouw, J.K., Ou, G. und Weaver, V.M. (2014). Extracellular matrix assembly: a multiscale deconstruction. *Nat. Rev. Mol. Cell Biol.* 15: 771–785.

Muncie, J.M. und Weaver, V.M. (2018). The physical and biochemical properties of the extracellular matrix regulate cell fate. *Curr. Top. Dev. Biol.* 130: 1–37.

Pozzi, A., Yurchenco, P.D. und Iozzo, R.V. (2017). The nature and biology of basement membranes. *Matrix Biol.* 57–58: 1–11.

Ricard-Blum, S. (2011). The collagen family. *Cold Spring Harb. Perspect. Biol.* 3: a004978.

Schmelzer, C.E.H. und Duca, L. (2021). Elastic fibers: formation, function and fate during aging and disease. *FEBS J.* 289: 3704–3730.

Townley, R.A. und Bülow, H.E. (2018). Deciphering functional glycosaminoglycan motifs in development. *Curr. Opin. Struct. Biol.* 50: 144–154.

19.3 Zell-Matrix Verbindungen

Bachmann, M., Kukkurainen, S., Hytonen, V.P. et al. (2019). Cell adhesion by integrins. *Physiol. Rev.* 99: 1655–1699.

Calderwood, D.A., Campbell, I.D. und Critchley, D.R. (2013). Talins and kindlins: partners in integrin-mediated adhesion. *Nat. Rev. Mol. Cell Biol.* 14: 503–517.

Goult, B.T., Yan, J. und Schwartz, M.A. (2018). Talin as a mechanosensitive signaling hub. *J. Cell Biol.* 217: 3776–3784.

Hogg, N., Patzak, I. und Willenbrock, F. (2011). The insider's guide to leukocyte *integrin* signalling and function. *Nat. Rev. Immunol.* 11: 416–426.

Humphrey, J.D., Dufresne, E.R. und Schwartz, M.A. (2014). Mechanotransduction and extracellular matrix homeostasis. *Nat. Rev. Mol. Cell Biol.* 15: 802–812.

Jansen, K.A., Atherton, P. und Ballestrem, C. (2017). Mechanotransduction at the cell-matrix interface. *Semin. Cell Dev. Biol.* 71: 75–83.

Matellan, C. und Del Rio Hernandez, A.E. (2019). Engineering the cellular mechanical microenvironment—from bulk mechanics to the nanoscale. *J. Cell Sci.* 132: jcs229013.

Ross, T.D., Coon, B.G., Yun, S. (2013). Integrins in mechanotransduction. *Curr. Opin. Cell Biol.* 25: 613–618.

Shattil, S.J., Kim, C. und Ginsberg, M.H. (2010). The final steps of *integrin* activation: the end game. *Nat. Rev. Mol. Cell Biol.* 11: 288–300.

Sun, Z., Costell, M. und Fässler, R. (2019). Integrin activation by talin, kindlin and mechanical forces. *Nat. Cell Biol.* 21: 25–31.

19.4 Die Pflanzenzellwand

Albersheim, P., Darvill, A., Roberts, K. et al. (2011). *Plant Cell Walls: From Chemistry to Biology.* New York: Garland Science.

Braidwood, L., Breuer, C. und Sugimoto, K. (2014). My body is a cage: mechanisms and modulation of plant cell growth. *New Phytol.* 201: 388–402.

Keegstra, K. (2010). Plant cell walls. *Plant Physiol.* 154: 483–486.

Lampugnani, E.R., Khan, G.A., Somssich, M. et al. (2018). Building a plant cell wall at a glance. *J. Cell Sci.* 131: jcs207373.

Lloyd, C. (2011). Dynamic microtubules and the texture of plant cell walls. *Int. Rev. Cell Mol. Biol.* 287: 287–329.

McFarlane, H.E., Doring, A. und Persson, S. (2014). The cell biology of cellulose synthesis. *Annu. Rev. Plant Biol.* 65: 69–94.

Meents, M.J., Watanabe, Y. und Samuels, A.L. (2018). The cell biology of secondary cell wall biosynthesis. *Ann. Bot.* 121: 1107–1125.

Polko, J.K. und Kieber, J.J. (2019). The regulation of cellulose biosynthesis in plants. *Plant Cell* 31: 282–296.

Szymanski, D.B. und Cosgrove, D.J. (2009). Dynamic coordination of cytoskeletal and cell wall systems during plant cell morphogenesis. *Curr. Biol.* 19: 800–811.

Wolf, S., Hematy, K. und Hofte, H. (2012). Growth control and cell wall signaling in plants. *Annu. Rev. Plant Biol.* 63: 381–407.

20 Krebs

Etwa jeder Fünfte stirbt an Krebs. Dies ist aber nicht der Grund, warum wir dieser Erkrankung ein eigenes Kapitel widmen. Krebszellen brechen die grundlegendsten Verhaltensregeln, die für den Aufbau und die Erhaltung vielzelliger Organismen notwendig sind, und sie nutzen dazu jede Gelegenheit. Diese Gesetzesübertretungen, die oft sehr tragisch sind, tragen dazu bei, die normalen Regeln zu erkennen und zu verstehen, wie die Einhaltung dieser Regeln durchgesetzt wird. Demzufolge trägt die Krebsforschung dazu bei, die Grundlagen der Zellbiologie aufzuklären, insbesondere bei der Signaltransduktion (Kapitel 15), dem Zellzyklus und dem Zellwachstum (Kapitel 17), der Apoptose (Kapitel 18) oder der Kontrolle des Gewebeaufbaus (Kapitel 19 und 22).

In diesem Kapitel werden wir zuerst etwas näher untersuchen, was Krebs eigentlich ist, und die Natur der Krankheit in der zeitlichen Entwicklung von einem zellulären Standpunkt aus betrachten. Dann beschreiben wir die molekularen Veränderungen, die eine Zelle zur Krebszelle werden lassen. Schließlich besprechen wir, wie unser erweitertes Verständnis der molekularen Grundlagen von Krebs zu verbesserten Methoden der Vorbeugung und Behandlung dieser Krankheit führt.

Kapitelinhalt

20.1 Krebs als Mikro-Evolutionsprozess

Ein Tierkörper funktioniert wie eine Gesellschaft oder ein Ökosystem, dessen einzelne Mitglieder Zellen sind. Sie vermehren sich durch Zellteilung und arbeiten in Funktionseinheiten, genannt *Geweben*, zusammen. Dieses Ökosystem ist jedoch sehr eigenartig, weil die Selbstaufopferung – als Gegensatz zum Überleben des Stärkeren – die Regel ist. Letztendlich widmen alle somatischen Zelllinien bei Tieren ihre Existenz der Unterstützung der Keimzellen, die als einzige eine Chance auf Weiterleben haben (s. Kapitel 21). Da das Genom der somatischen Zellen dasselbe ist wie das der Keimzelllinie, aus der Spermien oder Eizellen hervorgehen, tragen somatische Zellen durch ihre Selbstaufopferung dazu bei, Kopien ihrer eigenen Gene zu vermehren.

Anders also als bei frei lebenden Zellen wie Bakterien oder Hefen, die miteinander ums Überleben konkurrieren, sind die Zellen eines vielzelligen Organismus auf eine Zusammenarbeit festgelegt. Um ihr Verhalten zu koordinieren, senden, empfangen und

Molekularbiologie der Zelle, 7. Auflage. Bruce Alberts, Rebecca Heald, Alexander Johnson, David Morgan, Martin Raff, Keith Roberts und Peter Walter.

verarbeiten diese Zellen ein ausgefeiltes System von Signalen, die der *sozialen Kontrolle* dienen und jeder einzelnen Zelle sagen, was sie tun soll (s. Kapitel 15). Daher verhält sich jede Zelle normalerweise sozial verantwortungsvoll. Sie ruht, teilt sich, differenziert sich oder stirbt, je nachdem, was dem Organismus gerade nützt.

Molekulare Unruhen, die diese Harmonie stören, bedeuten Ärger für eine Vielzellgesellschaft. Im menschlichen Körper mit mehr als 10^{13} Zellen geschehen täglich bei Milliarden von Zellen Mutationen, die potenziell die sozialen Kontrollen unterbrechen. Am gefährlichsten wird es, wenn eine Mutation einer einzelnen Zelle einen selektiven Vorteil bringt, der es ihr ermöglicht, sich schneller als ihre Nachbarn zu teilen. Auf diese Weise kann eine mutierte Zelle einen wachsenden, mutierten Klon erzeugen. Im Laufe der Zeit verursachen wiederholte Runden von Mutation, Konkurrenz und natürlicher Auslese, die sich innerhalb der Population somatischer Zellen auswirken, eine Verschlimmerung und gefährden damit die Zukunft des vielzelligen Organismus. Dies sind die Grundzüge von Krebs: Es ist eine Krankheit, bei der ein einzelner mutierter Zellklone beginnt, auf Kosten seiner Nachbarn zu gedeihen. Am Ende – wenn der Klon sich mit der Zeit entwickelt und sich ausbreitet – kann er die gesamte Zellgemeinschaft zerstören.

In diesem ersten Abschnitt wollen wir die Entstehung von Krebs als Mikro-Evolutionsprozess betrachten. Er spielt sich im Verlauf eines menschlichen Lebens in einer Zellpopulation des Körpers ab. Wie wir noch sehen werden, gelten dabei die gleichen Gesetze von Mutation und natürlicher Auslese, die auch der Entwicklung aller Lebewesen auf der Erde über Milliarden von Jahren zugrunde liegen.

20.1.1 Krebszellen umgehen die normale Proliferationskontrolle und besiedeln andere Gewebe

Krebszellen sind durch zwei vererbbare Eigenschaften gekennzeichnet: Sie und ihre Nachkommen (1) vermehren sich entgegen den üblichen Beschränkungen von Zellwachstum und -teilung und (2) dringen in Gebiete ein und besiedeln sie, die normalerweise anderen Zellen vorbehalten sind. Die Kombination dieser Verhaltensweisen macht Krebszellen so gefährlich. Eine anormale Zelle, deren Proliferation außer Kontrolle geraten ist, sodass sie ständig unangebrachte Runden des Wachstums und der Teilung durchläuft, wird zu einem Tumor oder einer *Neoplasie* (wortwörtlich neues Wachstum) führen. Solange die *neoplastischen Zellen* in einem Haufen zusammengeballt bleiben, bezeichnet man den Tumor als **gutartig** (benigne). In diesem Stadium kann bei den meisten Neoplasmen normalerweise ein operatives Entfernen des Tumors zur vollständigen Heilung führen. Als Krebs bezeichnet man einen Tumor nur, wenn er **bösartig** (maligne) ist, also dann, wenn seine Zellen die Fähigkeit erlangt haben, in umliegendes Gewebe einzudringen. Für dieses invasive (infiltrierende) Wachstum, das ein essenzielles Merkmal von Krebszellen ist, müssen Zellen sich loslösen, ins Blut oder in die Lymphgefäße gelangen und an anderen Stellen des Körpers sekundäre Tumoren oder **Metastasen** bilden können (**Abb. 20.1**). Im Allgemeinen gilt, je weiter ein Tumor streut, desto schwieriger

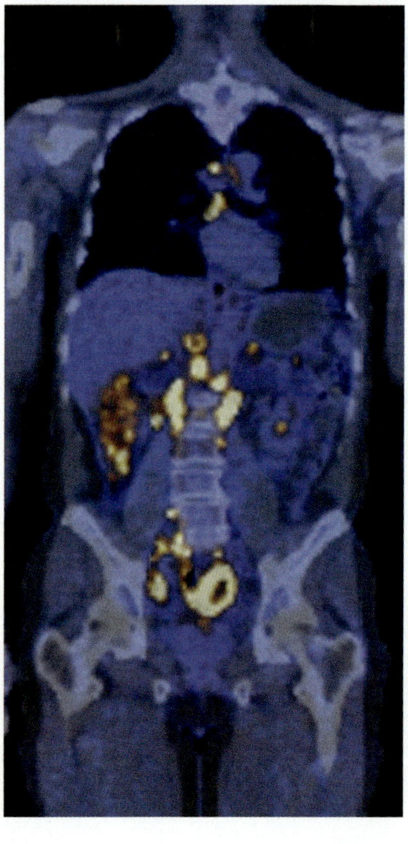

Abb. 20.1 Metastasenbildung. Bösartige Tumoren bilden typischerweise Metastasen und daher ist Krebs schwer auszumerzen. Dieses Fusionsbild zeigt einen Ganzkörper-Scan einer Person mit metastatischem Non-Hodgkin-Lymphom (NHL). Das Hintergrundbild des Körpergewebes stammt aus einer Computertomographie (CT)-Aufnahme. Über dieses Bild wurde eine Positronen-Emissions-Tomographie (PET)-Aufnahme gelegt, die die ungewöhnlich hohe Aufnahme von radioaktiv markierter Fluordesoxyglukose (FDG) in verschiedene Gewebe zeigt und das Tumorgewebe (*gelb*) erkennbar werden lässt. Hohe FDG-Aufnahme deutet auf Zellen mit ungewöhnlich aktiver Glukoseaufnahme und hohem Glukosemetabolismus hin, was charakteristisch für Krebszellen ist (s. **Abb. 20.18**). Die gelben Flecken im Abdomen zeigen viele NHL-Metastasen. (Mit freundlicher Genehmigung von S. Gambhir).

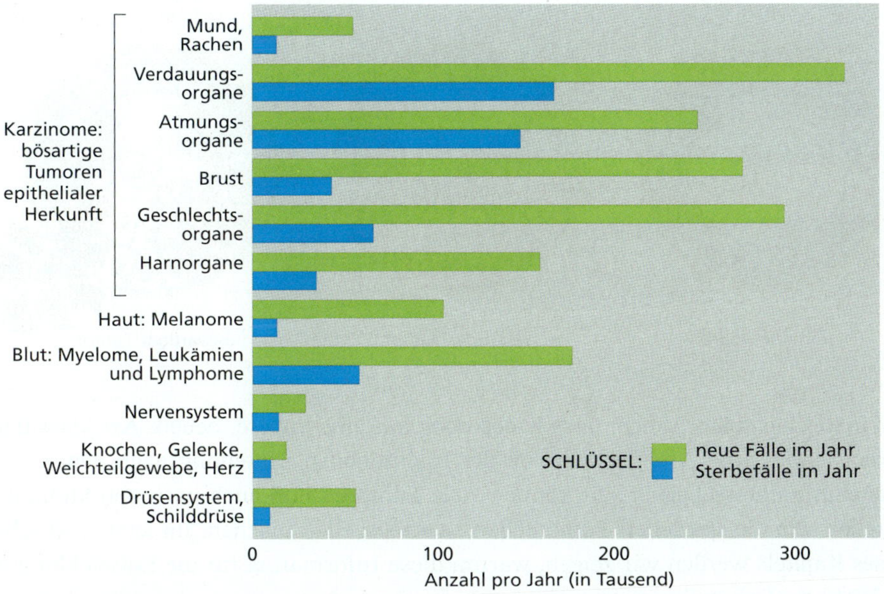

Abb. 20.2 Krebserkrankungen und Krebssterblichkeit in den Vereinigten Staaten. Die geschätzte Gesamtzahl an neu diagnostizierten Fällen in den USA im Jahre 2018 betrug 1 762 450 und die Gesamtsterblichkeit lag bei 606 880 Fällen. Man beachte, dass die Sterberaten Fälle widerspiegeln, die in vielen verschiedenen Stadien diagnostiziert wurden, und dass beträchtlich weniger als die Hälfte der Personen, die einen Krebs entwickeln, daran sterben. Die häufigsten Krebsarten sind die der Verdauungsorgane (einschließlich Dickdarm, Bauchspeicheldrüse und Leber), des Atmungssystems (vor allem Lunge und Bronchien), des Fortpflanzungstrakts (Prostata und Gebärmutter) und der Brust. Andere Hautkrebserkrankungen als Melanome sind in diesen Zahlen nicht enthalten, da fast alle leicht zu heilen sind und viele nicht erfasst werden. Jede große Kategorie hat viele Unterteilungen je nach dem spezifischen Zelltyp, dem Ort im Körper und dem mikroskopischen Erscheinungsbild des Tumors. Die Daten für Großbritannien sind ähnlich. In einigen anderen Teilen der Welt weichen die Häufigkeiten allerdings ab. Sie spiegeln eine weitverbreitete Belastung mit verschiedenen Krankheitserregern und Umweltgiften wider. (Daten von der American Cancer Society, Cancer Facts & Figures 2019).

wird es, ihn auszumerzen. In der Regel sind es die Metastasen, an denen die Erkrankten sterben, indem sie zum Versagen eines lebenswichtigen Organs führen.

Man teilt die Tumoren nach den Geweben und Zelltypen ein, aus denen sie entstanden sind. Krebsgeschwüre aus Epithelzellen bezeichnet man als **Karzinome**. Sie sind die häufigste Krebsart beim Menschen und machen über 85 % der Fälle aus. Der Großteil des normalen Zellumsatzes durch Proliferation und Absterben bei Erwachsenen findet in den Epithelien statt. Die Zellarten, die die meisten Zellzyklen durchlaufen, haben die höchste Wahrscheinlichkeit zahlreiche Mutationen anzureichern, die notwendig sind, um kanzerös zu werden. Darüber hinaus sind es die Epithelien, die am ehesten den verschiedenen Arten von physikalischer und chemischer Schädigung ausgesetzt sind, die die Entstehung von Tumoren begünstigen. **Abbildung 20.2** zeigt die Krebserkrankungen, die in den Vereinigten Staaten am weitesten verbreitet sind, zusammen mit ihrer Häufigkeit und den dazugehörigen Sterblichkeitsraten. Zu den nach den Karzinomen häufigsten Krebsarten gehören verschiedene **Myelome**, **Leukämien** und **Lymphome**, die von den blutbildenden Zellen und ihren Vorläufern (hämopoetischen Zellen) ausgehen. Sind die Tumoren aus Bindegewebe oder Muskelzellen hervorgegangen, nennt man sie **Sarkome**. Ebenso wie die Krebsarten, die von Zellen des Nervensystems abstammen, treten Sarkome viel seltener auf.

Neben der Nomenklatur für bösartige Tumoren gibt es eine Nomenklatur für die gutartigen. Ein *Adenom* z. B. ist eine gutartige Geschwulst mit Ursprung in drüsenbildendem Epithel; der korrespondierende bösartige Typ heißt *Adenokarzinom* (**Abb. 20.3**).

Die meisten Krebsgeschwülste besitzen Merkmale, in denen sich ihre Herkunft widerspiegelt. So synthetisieren z. B. die Zellen eines epidermalen *Basalzellkarzinoms*, die aus einer Keratinocytenstammzelle der Haut hervorgehen, im Allgemeinen weiterhin Intermediärfilamente aus Cytokeratin. Und die Zellen eines *Melanoms*, die von Pigmentzellen der Haut stammen, bilden oftmals (aber nicht immer) auch weiterhin Pigmentkörner. Krebsgeschwülste, die aus unterschiedlichen Zelltypen entstanden sind, erzeugen normalerweise sehr verschiedenartige Krankheitsbilder. Das Basalzellkarzinom z. B. verhält sich nur lokal invasiv und metastasiert selten, während das Melanom viel bösartiger ist und schnell viele Metastasen bildet. Normalerweise lässt sich das Basalzellkarzinom leicht operativ entfernen und damit vollständig heilen. Wenn ein malignes Melanom dagegen erst einmal viele Metastasen gebildet hat, ist es normalerweise tödlich.

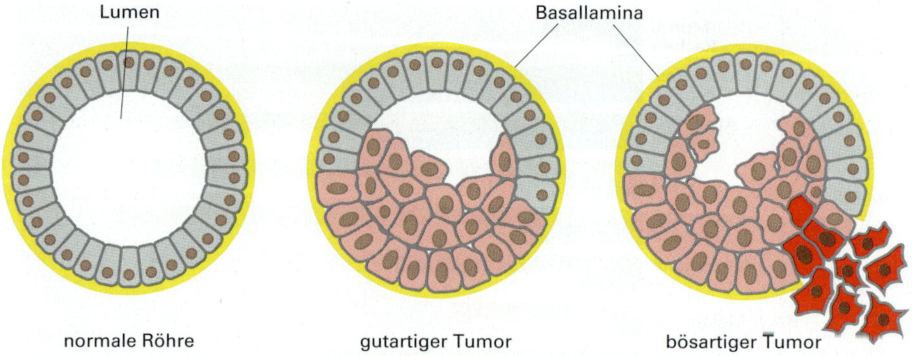

Abb. 20.3 Gutartige und bösartige Tumoren. Ein gutartiger Drüsentumor (ein Adenom, *rosa* Zellen) bleibt innerhalb der Basallamina (*gelb*), die die Grenze der normalen Struktur markiert (eine Röhre in diesem Beispiel). Im Gegensatz dazu kann sich ein bösartiger Drüsentumor (ein Adenokarzinom, *rote* Zellen) aus einer gutartigen Tumorzelle entwickeln und die Unversehrtheit des Gewebes, wie abgebildet, zerstören. Solche Tumoren können viele Formen annehmen.

Wir werden später sehen, dass Krebs noch auf eine andere, neuere Art klassifiziert werden kann, eine Art, die sich von der traditionellen Einteilung nach dem Ort der Entstehung unterscheidet: Wir können viele Tumoren nun auch nach den Mutationen einteilen, die die speziellen Tumorzellen zu Krebszellen machen. Im letzten Abschnitt dieses Kapitels werden wir zeigen, warum diese Information für die Entwicklung und die Wahl der Behandlungsstrategie so entscheidend ist.

20.1.2 Die meisten Tumoren stammen von einer einzigen anormalen Zelle ab

Selbst wenn ein Krebs Metastasen gebildet hat, lässt sich sein Ursprung auf einen einzigen **Primärtumor** zurückverfolgen. Dieser ist aus einem bestimmten Organ hervorgegangen und stammt vermutlich durch Zellteilung von einer einzigen Zelle ab, die am Anfang einige vererbbare Änderungen erfahren hat. Danach akkumulieren weitere Veränderungen in einigen ihrer Tochterzellen, die es diesen ermöglichen, schneller als ihre Nachbarzellen zu wachsen, sich zu teilen und sie oft auch zu überleben. Leider hat sich ein typischer Tumor, wenn er entdeckt wird, schon über mehrere Jahre entwickelt und besteht aus einer Milliarde oder mehr Zellen (**Abb. 20.4**). Tumoren enthalten auch verschiedene andere Zelltypen und assoziierte extrazelluläre Matrix, die man *Tumorstroma* nennt. Fibroblasten kommen z. B. im stützenden Bindegewebe vor, das mit einem Karzinom verbunden ist, sowie auch mit Immunzellen und Endothelzellen der Blutgefäße. Welche Beweise haben wir dafür, dass die Krebszellen wirklich einen Klon darstellen, der von einer einzigen anormalen Zelle abstammt?

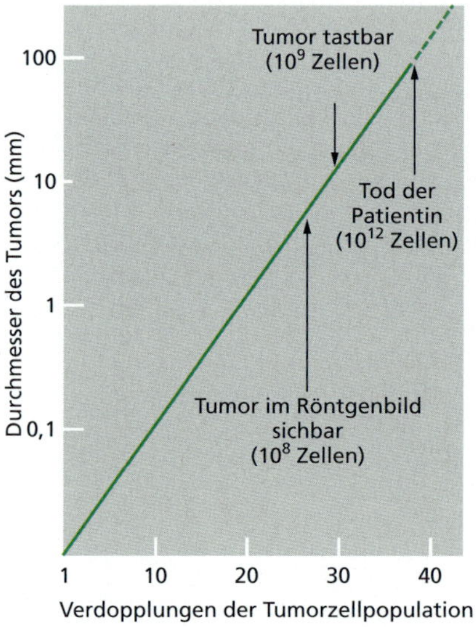

Abb. 20.4 Wachstum eines typischen Tumors des Menschen am Beispiel von Brustkrebs. Der Durchmesser der Geschwulst ist auf einer logarithmischen Skala aufgetragen. Bis sich der Tumor bemerkbar macht, können Jahre vergehen. Die Verdopplungszeit eines typischen Brusttumors z. B. beträgt etwa 100 Tage. Besonders aggressive Tumoren können jedoch deutlich schneller wachsen.

Die molekulare Analyse der Chromosomen in Tumorzellen ist eine Methode, um die klonale Entwicklung zu beweisen. In fast allen Personen mit *chronischer myeloischer Leukämie (CML)* z. B. können die leukämischen weißen Blutzellen von normalen Zellen der Personen durch eine spezifische Chromosomenanomalie unterschieden werden. Durch eine Translokation zwischen den langen Armen der Chromosomen 9 und 22 wird das sogenannte *Philadelphia-Chromosom* gebildet (**Abb. 20.5**). Wenn man die DNA an der Translokationsstelle kloniert und sequenziert, stellt sich heraus, dass die Bruch- und Verschmelzungsstelle bei allen Leukämiezellen eines Individuums identisch ist. Sie unterscheidet sich jedoch von einem Individuum zum anderen um ein paar Hundert oder Tausend Basenpaare, wie zu erwarten ist, wenn jede Leukämieerkrankung aus einem einmaligen Unglücksfall in einer einzigen Zelle entsteht. Wir werden später sehen, wie diese spezielle Translokation die Entwicklung von CML fördert, indem sie ein neues Hybridgen bildet, das für ein Protein codiert, das die Zellproliferation fördert.

Viele andere Beweise, die aus einer Vielzahl verschiedener Krebsformen stammen, führen zur gleichen Schlussfolgerung: Die meisten Tumoren stammen von einer einzigen aberranten Zelle.

20.1.3 Krebszellen enthalten somatische Mutationen

Wenn eine einzige anormale Zelle einen Tumor entstehen lassen kann, muss sie ihre Anomalie an ihre Nachkommen weitergeben, d. h. die Aberration muss vererbbar sein. Die Entwicklung eines Klons von Krebszellen ist dementsprechend von genetischen Veränderungen abhängig. Die Tumorzellen enthalten **somatische Mutationen**: Sie besitzen eine oder mehrere Anomalien in ihrer DNA-Sequenz, die sie von den normalen Zellen um den Tumor herum unterscheiden, wie im gerade beschriebenen Beispiel der CML. (Man bezeichnet die Mutationen als *somatisch*, da sie im Soma also in den Körperzellen und nicht in der Keimbahn auftreten.) Tumoren werden auch durch *epigenetische Veränderungen* ausgelöst. Epigenetische Veränderungen sind persistierende, vererbbare Veränderungen in der Genexpression, die auf Modifikationen in der Chromatinstruktur ohne Veränderung der DNA-Sequenz zurückzuführen sind. Somatische Mutationen, die die DNA-Sequenz verändern, scheinen jedoch ein grundlegendes und allgemeingültiges Kennzeichen zu sein, sodass Krebs in diesem Sinne eine genetische Erkrankung ist.

Faktoren, die genetische Veränderungen verursachen, neigen dazu, Krebs auszulösen. Somit kann **Karzinogenese** (Krebsentstehung) mit *Mutagenese* (Hervorrufen einer Veränderung der DNA-Sequenz) verbunden sein. Diese Korrelation gilt besonders für zwei Klassen von externen Agenzien: 1. *chemische Karzinogene* (die typischerweise einfache Veränderungen in der Nukleotidsequenz verursachen) und 2. *Strahlung* wie z. B. Röntgenstrahlen (die üblicherweise zu Chromosomenbrüchen und -translokationen führen) oder ultraviolettes (UV-)Licht (das spezielle Veränderungen von DNA-Basen verursacht).

Personen, die einen genetischen Defekt in einem der verschiedenen DNA-Reparaturmechanismen besitzen, haben, wie erwartet, ein höheres Krebsrisiko. Dies kann auf die schnellere Anhäufung von Mutationen in den Zellen zurückgeführt werden. Menschen mit der Krankheit *Xeroderma pigmentosum* z. B. besitzen Defekte im zellulären System, das durch UV-Licht hervorgerufene DNA-Schäden repariert. Bei ihnen tritt mit außergewöhnlich hoher Häufigkeit Hautkrebs auf. Insgesamt nimmt man an, dass nur bei 5–10 % aller Krebserkrankungen ererbte Mutationen eine Rolle spielen, während somatische Mutationen und epigenetische Veränderungen überwiegen.

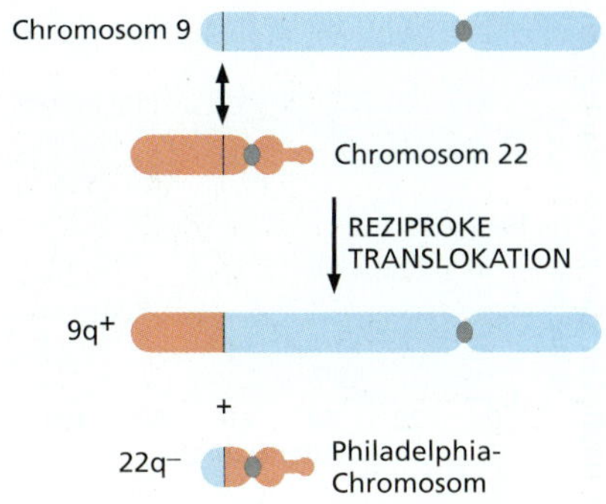

Abb. 20.5 Der chronischen myeloischen Leukämie liegt eine Translokation zwischen den Chromosomen 9 und 22 zugrunde. Die normalen Strukturen der Chromosomen 9 und 22 sind im *oberen* Teil der Abbildung dargestellt. Wenn zwischen ihnen an der angezeigten Stelle eine reziproke Translokation stattfindet, ist das Ergebnis das anormale Paar, das *unten* dargestellt ist. Das kleinere der beiden resultierenden anormalen Chromosomen (22q⁻) bezeichnet man als Philadelphia-Chromosom, weil die Anomalie in dieser Stadt zum ersten Mal beobachtet wurde.

20.1.4 Eine einzige Mutation reicht nicht aus, um eine normale Zelle in eine Krebszelle umzuwandeln

Ein durchschnittlich großer Mensch besteht aus schätzungsweise $3{,}7 \times 10^{13}$ Zellen (Bakterienzellen nicht mitgezählt). Im Lauf eines Lebens finden im Körper schätzungsweise 10^{16} Zellteilungen statt. Diese Zellproliferation findet hauptsächlich in Epithelien und dem hämatopoetischen System statt und wird durch Zelltod ausgeglichen, sodass eine normale Gewebehomöostase gewährleistet ist. Selbst in einer Umgebung ohne Mutagene werden spontan Mutationen auftreten mit einer geschätzten Häufigkeit von etwa 3 pro Zellteilung, was 10^{-6} Mutationen pro Gen und Zellteilung entspricht. Diese unvermeidbare Fehlerrate ergibt sich aus grundsätzlichen Beschränkungen der Genauigkeit bei der DNA-Replikation und -Reparatur (s. Abschnitt 5.1.1). Somit ist es wahrscheinlich, dass während eines Menschenlebens jedes einzelne Gen etwa 10^{10}-mal die Gelegenheiten hat zu mutieren. Unter den entstandenen mutierten Zellen wird es wohl viele geben, deren Gene zur Regulierung der Zellteilung gestört sind und die dadurch den normalen Regeln des kontrollierten Zellumsatzes nicht gehorchen. Mit dieser riesigen Anzahl unvermeidbarer Mutationen in einem großen Organismus wie dem unseren müsste man sich nicht fragen, warum Krebs entsteht, sondern eher, warum er so selten auftritt.

Es ist ganz klar: Wenn eine Mutation in einem einzigen Gen ausreichen würde, um eine typische gesunde Zelle in eine Krebszelle umzuwandeln, wäre der Mensch kein

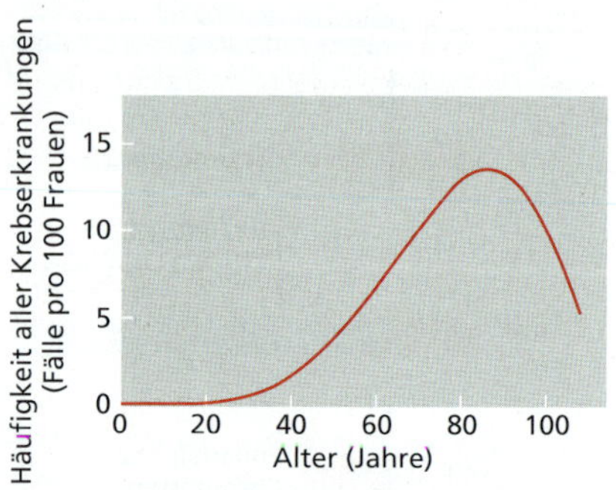

Abb. 20.6 Das Auftreten von Krebs in Abhängigkeit vom Alter. Für das Jahr 2000 ist das Alter gegen die Prevalenz bösartiger Tumore bei Frauen aus dem Krebsregister *Surveillance, Epidemiology, and End Results (SEER) 9 aufgetragen*. Die Prävalenz von Krebs steigt steil als Funktion des Alters an. Würde eine einzelne Mutation ausreichen, um Krebs entstehen zu lassen und würde diese Mutation zu jedem Zeitpunkt mit gleicher Wahrscheinlichkeit auftreten, wäre die Krebsprävalenz in jedem Alter gleich hoch. (Daten aus C. Harding *et al.*, *Cancer* 118: 1371–1386, 2012).

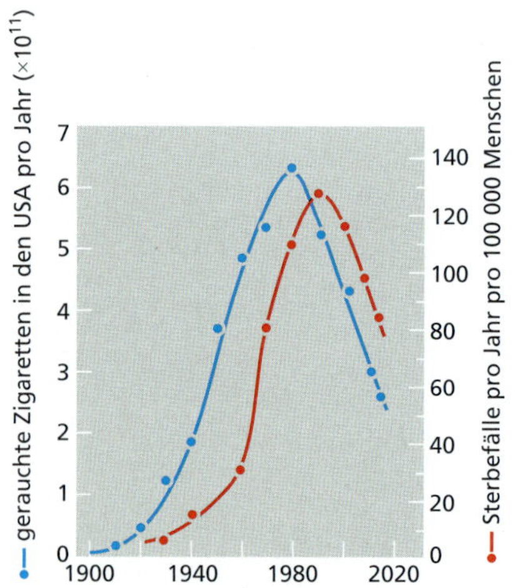

Abb. 20.7 Rauchen und Lungenkrebs. Ein starker Anstieg des Zigarettenkonsums, der in den frühen 1900er Jahren begann (*blaue Linie*) führte zu einem dramatischen Anstieg der Todesfälle durch Lungenkrebs (*rote Linie*) mit einer Zeitverzögerung von etwa 20 Jahren. Da in den 1980er Jahren der Zigarettenkonsum seinen Höchststand erreicht hatte, gehen nach einer ähnlichen Zeitspanne die durch Lungenkrebs verursachten Todesfälle wieder zurück. (Daten vom *National Center for Health Statistics, Centers for Disease Control and Prevention*, 2017).

lebensfähiger Organismus. Es gibt viele Anhaltspunkte dafür, dass sich für die Entstehung eines Tumors typischerweise mehrere unabhängige, seltene genetische und epigenetische Vorfälle in der Abstammungslinie einer Zelle ereignen müssen. Einen solchen Hinweis liefern epidemiologische Studien über die Krebshäufigkeit als Funktion des Lebensalters (**Abb. 20.6**). Wenn eine einzige Mutation, die jedes Jahr mit einer festen Wahrscheinlichkeit auftritt, ausreichend wäre, sollte in jedem beliebigen Jahr das Risiko, Krebs zu bekommen, unabhängig vom Alter sein. In Wirklichkeit steigt für die meisten Krebstypen diese Wahrscheinlichkeit mit dem Alter steil an – wie zu erwarten ist, wenn Krebs durch eine langsame, zufällig auftretende Anhäufung von zahlreichen Mutationen in einer einzigen Zelllinie verursacht wird.

Bermerkenswert ist jedoch, dass die Krebshäufigkeit unter den sehr alten Menschen deutlich abnimmt. Eine Erklärung für dieses Phänomen liegt darin, dass bei verminderter Zellproliferation, die charakteristisch für die abnehmende Stammzellfunktion bei Achtzigjährigen ist, weniger Möglichkeiten zur Mutation gegeben sind.

Wie wir später sehen werden, wurden diese indirekten Beweise, die die Anzahl der angehäuften Mutationen mit der Krebsentwicklung verknüpfen, inzwischen durch systematische Sequenzierung des Genoms von Tumorzellen verschiedener an Krebs erkrankten Personen bestätigt. Die entsprechenden Mutationen wurden katalogisiert.

20.1.5 Viele Krebserkrankungen entwickeln sich nach und nach durch aufeinanderfolgende Runden von zufällig geerbten Veränderungen, denen eine natürliche Auslese folgt

Bei Krebsarten, denen man eine äußere Ursache zuschreiben kann, liegt fast immer ein langer Zeitraum zwischen der Einwirkung einer Schädigung und dem Auftreten erkennbarer Symptome (Latenzperiode): Die Häufigkeit von Lungenkrebs steigt erst nach Jahrzehnten starken Rauchens steil an (**Abb. 20.7**). In Hiroshima und Nagasaki traten ebenso bei denjenigen, die der intensiven Strahlung ausgesetzt waren, Leukämien erst fünf Jahre nach den Atombombenexplosionen deutlich häufiger auf. Industriearbeiter, die über einen begrenzten Zeitraum chemischen Karzinogenen ausgesetzt sind, entwickeln berufstypische Krebskrankheiten gewöhnlich erst nach 10, 20 oder sogar mehr Jahren, nachdem sie mit der betreffenden Substanz in Kontakt waren. Während dieser langen Latenzperiode unterliegen die zukünftigen Krebszellen einer Reihe aufeinanderfolgender Veränderungen. Dasselbe gilt vermutlich für Tumoren, bei denen der zu Anfang auftretende genetische Schaden keine derart eindeutigen äußeren Ursachen hat.

Die Tatsache, dass für die Entwicklung eines Krebses eine schrittweise Anhäufung von Mutationen in vielen unterschiedlichen Genen in einer Zelle erforderlich ist, hilft das gut bekannte Phänomen der **Tumorprogression** zu erklären: Eine anfänglich leichte Störung des Zellverhaltens entwickelt sich nach und nach zu einem voll ausgebildeten Krebs (**Abb. 20.8**).

Auf jeder Stufe der Tumorprogression gibt es manchmal eine individuelle Zelle, die eine zusätzliche Mutation oder eine epigenetische Veränderung erfährt, die ihr einen selektiven Vorteil gegenüber ihren Nachbarn verleiht und es ihr erleichtert, in ihrer Umgebung zu gedeihen. Im Inneren eines Tumors können harte Bedingungen herrschen, wie z. B. niedrige Sauerstoffkonzentrationen, wenig Nährstoffe und die durch die umliegenden normalen Gewebe aufgebauten, natürlichen Wachstumsbarrieren. Je mehr Tumorzellen es gibt, umso größer ist die Wahrscheinlichkeit, dass mindestens eine von ihnen sich so verändert, dass sie einen Vorteil gegenüber ihren Nachbarn besitzt. Folglich schreitet die Progression voran, wenn der Tumor wächst. Die Nachkommen der am besten adaptierten Zellen werden sich weiter teilen, bis letztendlich die dominanten Klone

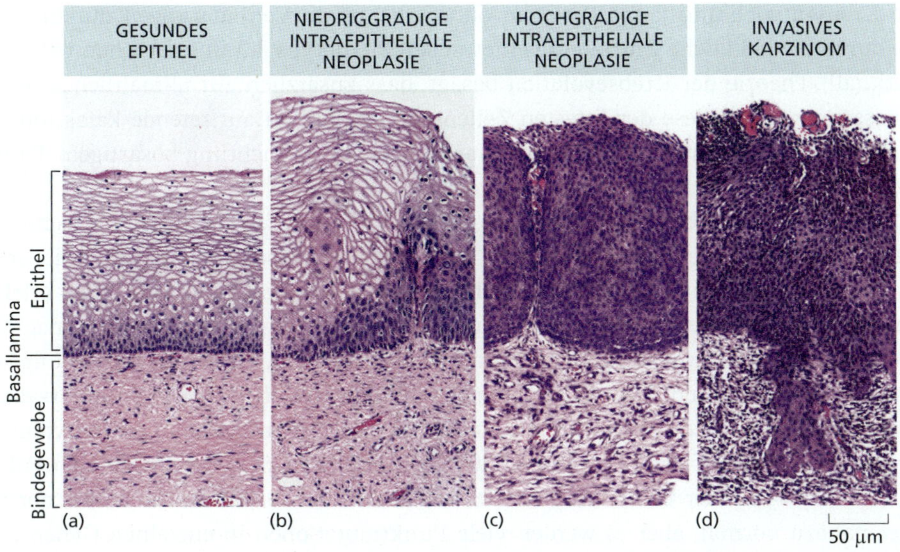

Abb. 20.8 Die Stadien der Krebsentstehung im Epithel des Gebärmutterhalses (*Cervix uteri*). Pathologen teilen die Gewebeveränderungen nach einer standardisierten Terminologie in Typen ein, die sie in Gewebeschnitten, wie den hier gezeigten, sehen. (a) In einem mehrschichtigen Plattenepithel liegen die sich teilenden Zellen nur in der Basalschicht. (b) Bei einer niedriggradigen intraepithelialen Neoplasie (rechte Hälfte der Abbildung) kann man sich teilende Zellen im gesamten unteren Drittel des Epithels finden. Die Zellen an der Oberfläche sind immer noch abgeflacht und zu einem gewissen Grad differenziert. (c) Bei einer hochgradigen intraepithelialen Neoplasie vermehren sich Zellen in allen Epithelschichten ohne Differenzierung. (d) Echte Bösartigkeit (Malignität) eines Tumors beginnt, sobald die Zellen die Basallamina, die unterhalb der Epithelschicht liegt, durchbrechen oder zerstören und in das darunterliegende Bindegewebe eindringen. (Aufnahmen mit freundlicher Genehmigung von Andrew J. Connolly).

in der sich entwickelnden Läsion entstehen (**Abb. 20.9**). Daher spielt bei der Tumorprogression eine große Portion Zufall mit und sie dauert in der Regel viele Jahre, was auch der Grund sein dürfte, warum die Mehrheit von uns nicht an Krebs stirbt.

Genau wie bei der Entwicklung von Pflanzen und Tieren kommt es oft zu so etwas wie einer Artenbildung. Die ursprüngliche Krebszelllinie kann sich verändern, sodass viele genetisch unterschiedliche Subklone entstehen. Diese Subklone können im selben Tumorgewebe nebeneinander bestehen. Sie können aber auch wandern und sich in einer anderen Umgebung ansiedeln, die für ihre individuellen Ansprüche geeignet ist, und sich dort vermehren und zu unabhängigen Metastasen entwickeln. Wenn innerhalb einer Tumormasse neue Mutationen auftreten, können verschiedene Subklone im Vorteil sein und sich durchsetzen, nur um dann von anderen Subklonen überholt oder von ihren eigenen Sub-Subklonen überwuchert zu werden. Die große Bandbreite der genetischen Diversität in vielen Tumoren ist einer der Hauptfaktoren, die die Krebsbehandlung so schwierig machen. Daher ist es auch so wichtig, einen Tumor möglichst früh zu entdecken.

20.1.6 Krebs kann sich aufgrund genetischer Instabilität plötzlich entwickeln

Wenn sich Krebszellen ausschließlich durch die schrittweise Anhäufung einzelner schädlicher Mutationen entwickeln, dann sollte die Zeitskala der Umwandlung von einer prämalignen Erkrankung zu metastasierendem Krebs für eine bestimmte Krebsart vorhersehbar sein. Dies ist jedoch nicht der Fall. Wie bei der Evolution der Arten kann auch

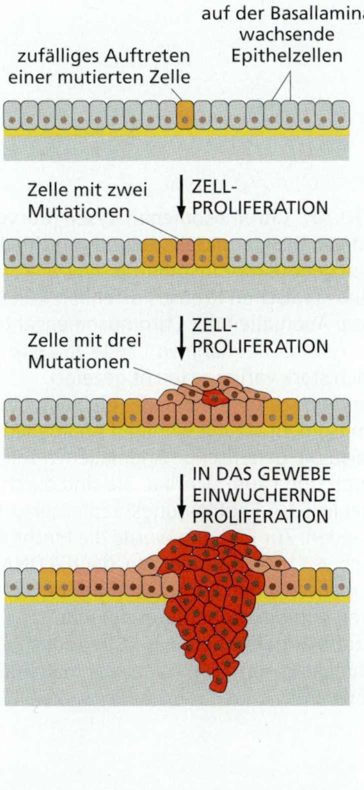

Abb. 20.9 Klonale Evolution während der Tumorprogression. Ein Tumor entsteht durch sich wiederholende Zyklen von Mutation und Proliferation, die irgendwann zu einem Klon restlos bösartiger Krebszellen führen. Bei jedem Schritt bildet sich in einer einzigen Zelle eine Mutation, die entweder die Zellvermehrung verstärkt oder den Zelltod verringert, sodass ihre Nachkommen zum dominanten Klon im Tumor werden. Proliferation jedes Klons lässt dann den nächsten Schritt der Tumorprogression schneller geschehen, weil sich die Zellpopulation, die dem Risiko einer zusätzlichen Mutation unterliegt, vergrößert hat. Der letzte hier dargestellte Schritt ist die Invasion durch die Basallamina, der erste Schritt der Metastasierung. In Wirklichkeit könnten es in Abhängigkeit von der Tumorart mehr als die drei hier abgebildeten Schritte sein und es ist eine Kombination von genetischen und epigenetischen Veränderungen beteiligt. Nicht abgebildet ist hier die Tatsache, dass in einem Tumor im Laufe der Zeit oft eine Vielzahl von konkurrierenden Subklonen entsteht. Wir werden später sehen, dass diese Heterogenität die Krebstherapie erschwert.

die Krebsentwicklung lange Perioden ohne erkennbare Veränderungen durchlaufen, die durch die plötzliche Entstehung eines neuen Phänotyps jäh unterbrochen wird. Die „Urknall"-Theorie der Krebsevolution besagt, dass zusätzlich zur allmählichen Mutagenese und der Auslese der fittesten Zellen eine periodisch auftretende katastrophale Genomstörung eine rasche Evolution einer Krebszelle in Richtung bösartigem Tumor fördern kann.

Im Gegensatz zu sich normal teilenden Zellen, häuft die große Mehrheit menschlicher Tumorzellen genetische Veränderungen mit einer dramatisch erhöhten Mutationsrate an: Man sagt, sie sind **genetisch instabil**. Diese Instabilität verschafft einen selektiven Vorteil, indem sie den Prozess der Tumorprogression beschleunigt und die nachfolgende Anhäufung vieler zusätzlicher Mutationen ermöglicht, die für die Entstehung von Krebs erforderlich sind. Das Ausmaß der Instabilität und ihre molekularen Ursachen unterscheiden sich jedoch von Tumor zu Tumor und von Individuum zu Individuum, sowohl in Bezug auf den Schweregrad als auch auf den Charakter. In einigen Fällen ist der Karyotyp – der Chromosomensatz, wie er sich bei der Mitose darstellt – normal oder nahezu normal, aber es werden viele Punktmutationen in einzelnen Genen festgestellt, was auf ein Versagen der Reparaturmechanismen hindeutet, die normalerweise Fehler bei der Replikation oder Wartung der DNA-Sequenzen korrigieren. Häufig ist der Karyotyp der Tumorzellen jedoch stark gestört, mit vielen Chromosomenbrüchen und -umlagerungen, die zu zahlreichen Deletionen, Duplikationen und Amplifikationen von Teilen des Genoms führen (**Abb. 20.10**). Solche stark gestörten Genome deuten darauf hin, dass katastrophale Ereignisse stattgefunden haben, wahrscheinlich aufgrund von Defekten bei der Chromosomenduplikation oder -trennung während der Mitose. Zum Beispiel ist ein gemeinsames Merkmal vieler Tumorzellen, dass nicht alle Chromosomen korrekt an die Mitosespindel angeheftet werden können, was zu Chromosomenbrüchen oder Aneuploidie – dem Zuwachs oder Verlust einzelner Chromosomen – führen kann. Noch dramatischer ist, dass Defekte in der Mitose auch dazu führen können, dass ein einzelnes Chromosom in einer der Tochterzellen in einem „Mikronukleus" isoliert wird, wo es zu massiven DNA-Schäden und Chromosomenumlagerung, die als „Chromothripsis" bezeichnet wird, kommen kann (**Abb. 20.11**).

Aus evolutionärer Sicht ist dies keine Überraschung: Alles, was die Wahrscheinlichkeit zufälliger Veränderungen der Genfunktion erhöht, die von einer Zelle auf die nächste vererbt werden – und die nicht zu schädlich sind – wird wahrscheinlich die Evolution eines Zellklons in Richtung Bösartigkeit beschleunigen, wodurch nach dieser Eigenschaft bei der Tumorprogression selektiert wird. Die Genominstabilität trägt wahrscheinlich auch zu der Heterogenität der Krebszellen bei, die häufig innerhalb eines einzelnen Tumors zu beobachten ist. Sie führt zu mehrfach aberranten Karyotypen, Fehlverteilungen bei der Chromosomentrennung, Aneuploidie – und seltener Chromothripsis. Dies alles führt dazu, dass die genetischen Karten neu gemischt werden, sodass Krebszellen eine Vielzahl von verschiedenen Phänotypen ausprobieren können und verschiedene Klone innerhalb einer Population koexistieren können.

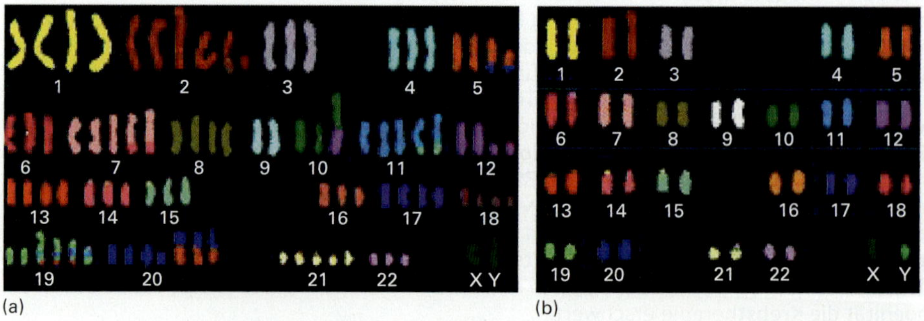

Abb. 20.10 Chromosomenanalysen (Karyotypen) von Dickdarmkrebs zeigen verschiedene Formen genetischer Instabilität. (a) Der Karyotyp eines typischen Krebses offenbart viele schwere Anomalien der Chromosomenzahl und -struktur. Dies kann von Zelle zu Zelle ziemlich stark variieren (nicht gezeigt). (b) Karyotyp eines Tumors, der einen stabilen Chromosomensatz mit wenigen Anomalien aufweist. Die genetischen Anomalien in solchen Tumoren sind kaum sichtbar. Sie sind durch Mängel im DNA-Fehlpaarungs-Reparatursystem entstanden. Zur Färbung wurde die Methode aus **Abb. 4.11** angewendet, bei der die DNA jedes menschlichen Chromosoms mit einer anderen Kombination fluoreszierender Farbstoffe angefärbt wird. (Mit freundlicher Genehmigung von Wael Abdel-Rahman und Paul Edwards).

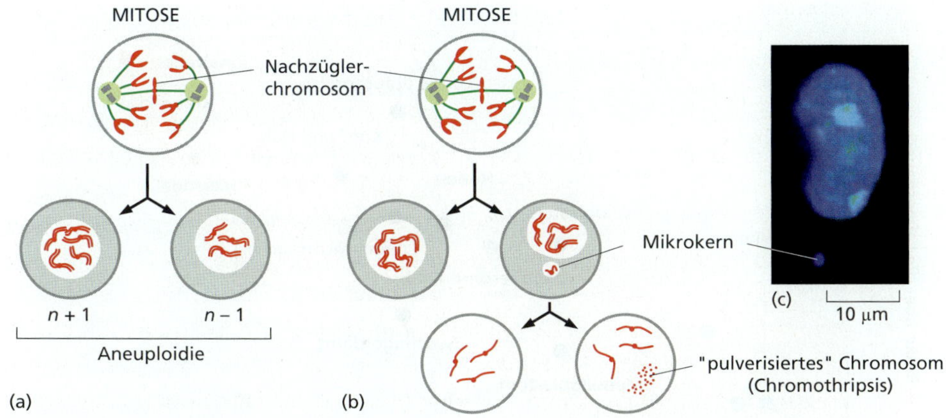

Abb. 20.11 Chromosomensegregationsstörungen können zu Aneuploidie und/oder Chromothripsis führen. Eine korrekte Chromosomentrennung setzt voraus, dass die replizierten Kopien jedes Chromosoms, die Schwesterchromatiden genannt werden, an den gegenüberliegenden Spindelpolen befestigt sind. Ein möglicher Fehler in diesem Vorgang ist hier dargestellt: Dabei ist eine Schwesterchromatide eines Chromatidenpaars an beiden Spindelpolen befestigt und wird daher in der Anaphase in entgegengesetzte Richtungen gezogen, sodass sie in der Mitte der Zelle zurückbleibt, was zu einem zurückgebliebenen Chromosom (Nachzüglerchromosom) führt. (a) Ein zurückgebliebenes Chromosom kann in der gleichen Tochterzelle landen wie die Schwesterchromatide, was zu einer Aneuploidie mit Karyotypen $n + 1$ und $n - 1$ führt (n = Chromosomenzahl). (b) Ein anderes mögliches Ergebnis ist, dass das zurückbleibende Chromosom vom Rest der Chromosomen in der Tochterzelle getrennt bleibt und in der folgenden Interphase einen eigenen „Mikronukleus" bildet. Die DNA-Replikation in Mikronuklei ist häufig unvollständig und es kommt zu einer Anhäufung von DNA-Schäden, was jedoch den Zellzyklus nicht verzögert. In der nächsten Mitose neigt das isolierte Chromosom zur Fragmentierung während der Chromosomenkondensation, was als Chromothripsis bezeichnet wird. (c) Mikronuklei können über mehrere Generationen von Zellteilungen überdauern und dabei Chromosomenfragmentierung und Neuzusammenbau durchlaufen oder sie können in einen Tochterzellkern reinkorporiert werden. Die fluoreszenzmikroskopische Aufnahme zeigt einen Hauptkern und einen Mikronukleus in derselben Zelle. Die DNA-Färbung des Kerns (*blau*) erscheint aufgrund der normalen Kernsubstrukturen ungleichmäßig. (c, aus M. L. Leibowitz et al., *Annu. Rev. Genet.* 49: 183–211, 2015. Mit Erlaubnis von Annual Reviews).

20.1.7 Einige Tumore beherbergen eine kleine Population von Stammzellen

Selbsterneuernde Gewebe, in denen die Zellteilung das ganze Leben lang weitergeht, sind der Nährboden für die meisten humanen Tumoren. Zu ihnen gehören die Epidermis (die äußere Epithelschicht der Haut), die auskleidenden Epithelien von Verdauungstrakt und Fortpflanzungstrakt und das Knochenmark – der Ort, an dem Blutzellen gebildet werden (s. Kapitel 22). Bei jedem Zellteilungszyklus besteht die Möglichkeit einer Mutation, die durch Umweltfaktoren dramatisch verstärkt werden kann. Infolgedessen besteht eine starke Korrelation zwischen der Häufigkeit der Zellteilung und dem Auftreten von Krebs in einem bestimmten Gewebe (**Abb. 20.12**).

In fast allen proliferierenden Geweben hängt die Erneuerung von Stammzellen ab, die sich teilen, um sich zu final ausdifferenzierten Zellen zu entwickeln, die sich dann nicht mehr teilen. So entsteht eine Mischung von Zellen, die genetisch identisch sind und die gleiche Abstammungslinie besitzen, die sich aber in unterschiedlichen Differenzierungszuständen befinden. Viele Tumoren scheinen ebenfalls aus Zellen zu bestehen, die sich in unterschiedlichen Differenzierungszuständen befinden. Ein Vergleich der Tumorentwicklung mit der normalen Homöostase bei aus Stammzellen gebildeten Geweben kann uns helfen, den Ursprung einiger Krebsarten besser zu verstehen und auch warum manche Tumore so resistent gegen eine Behandlung sind.

Um zu erkennen, was dies bedeutet, ist es hilfreich zu betrachten, wie normale Stammzellsysteme funktionieren. Wenn sich eine normale Stammzelle teilt, hat jede

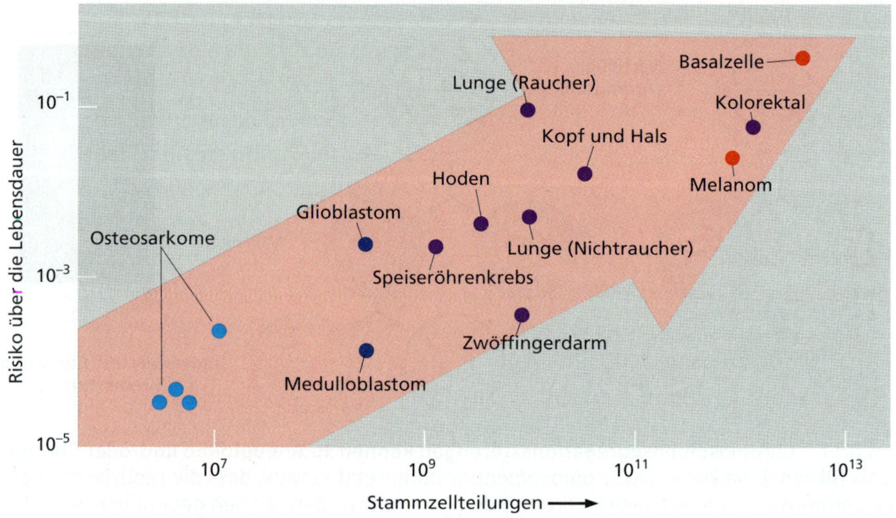

Abb. 20.12 Das lebenslange Krebsrisiko korreliert mit der Teilungsrate der Ursprungszelle der Krebserkrankung. Die Grafik zeigt die Beziehung zwischen der Anzahl von Stammzellteilungen in einem bestimmten Gewebe und dem Lebenszeitrisiko für Krebs in diesem Gewebe. Am unteren Ende der Skala finden sich Osteosarkome (Krebsarten, die von Knochen ausgehen), die von mesenchymalen Zellen abstammen, die sich nur selten teilen und selten Krebs entstehen lassen. Im Gegensatz dazu vermehren sich die Epithelzellen der Haut und des Verdauungstrakts stark und führen viel häufiger zu bösartigen Erkrankungen. Die Punkte stehen für bestimmte Krebsarten und sind entsprechend ihrer Klassifizierung: Sarkom (*hellblau*), neuronaler Ursprung (*dunkelblau*), Karzinom (*violett*) und ausgehend von der Haut (*rot*) unterschiedlich eingefärbt. Zu beachten ist, dass Umweltfaktoren das Risiko für viele Krebsarten stark erhöhen, wie beispielsweise für Lungenkrebs im Vergleich von Rauchern mit Nichtrauchern. (Daten aus C. Tomasetti und B. Vogelstein, *Science* 347: 78–81, 2015, https//doi.org/10.1126/science.1260825).

Tochterzelle die Wahl: Sie kann eine Stammzelle bleiben oder sie kann einen Weg einschlagen, der in der Differenzierung endet. Wenn die Tochterzelle eine Stammzelle bleibt, dann bleibt sie am gleichen Ort, um in Zukunft weitere Zellen zu bilden. Wenn die Tochterzelle den Weg in Richtung Differenzierung eingeschlagen hat, durchläuft sie in der Regel einige Zellproliferationsrunden (als sogenannte *Vorläuferzelle* oder *amplifizierende Übergangszelle*), hört dann jedoch auf sich zu teilen, differenziert schließlich und wird letztendlich ausrangiert und ersetzt (sie kann durch Apoptose sterben, sodass ihre Bestandteile wiederverwertet werden, oder sie kann aus dem Körper entfernt werden). Daher sind die Stammzellen in der Regel den Zellen, die für die Ausdifferenzierung vorgesehen sind, zahlenmäßig weit unterlegen. Obwohl die Stammzellen äußerst dünn gesät sind und sie sich oft relativ langsam teilen, tragen sie die gesamte Verantwortung für die langfristige Erhaltung des Gewebes. In einem gesunden Körper regeln Rückkopplungskontrollen den Prozess, indem sie das Gleichgewicht von Zellschicksal, Zellproliferation und Zelltod in einer Weise anpassen, die jede Abweichung von der gewünschten Zellzahl korrigiert.

Während der Krebsentstehung haben Mutationen das Potenzial, das normale zelluläre Differenzierungsprogramm auf vielfältige Weise zu untergraben; zum Beispiel in dem sie zur übermäßigen Vermehrung der Vorläuferzellen oder zu einer Hemmung ihrer Ausdifferenzierung bzw. ihres Todes führen. Noch heimtückischer sind jedoch Mutationen, die zur Bildung von Krebsstammzellen führen. Einige Tumore scheinen diese Ätiologie aufzuweisen: Sie bestehen aus seltenen **Krebsstammzellen**, die zur Selbsterneuerung fähig sind, zusammen mit einer viel größeren Anzahl von sich teilenden Vorläuferzellen, die von den Krebsstammzellen abstammen, aber eine begrenzte Fähigkeit zur Selbsterneuerung haben (**Abb. 20.13**).

Belege für die Existenz der Krebsstammzellen stammen aus Untersuchungen, bei denen einzelne Krebszellen daraufhin untersucht wurden, ob sich aus ihnen neue Tumoren entwickeln können, wenn man sie in eine Maus implantiert. Es ist seit mehr als einem halben Jahrhundert bekannt, dass in diesem Test die Wahrscheinlichkeit, dass aus einer zufällig ausgewählten Tumorzelle ein neuer Tumor entsteht, sehr gering ist, in der Regel unter 1 %. Das alleine beweist jedoch nicht, dass Tumorzellen heterogen sind: Wie Samen, die auf unterschiedlichen Boden gestreut werden, hat jede von ihnen unter Umständen nur eine geringe Chance, einen Ort zu finden, an dem sie überleben und wachsen kann. Moderne Zellsortierungstechniken haben jedoch gezeigt, dass Subpopulationen von Krebszellen, die Marker exprimieren, die typischerweise auf der Oberfläche von Stammzellen zu finden sind, eine stark vermehrte Fähigkeit besitzen, neue

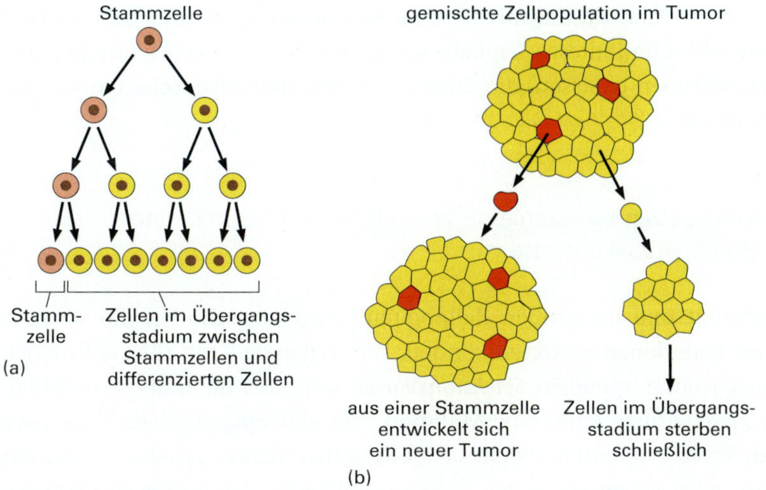

Abb. 20.13 Krebsstammzellen können für das Wachstum des Tumors verantwortlich sein und bleiben dennoch nur ein kleiner Teil der Tumorzellpopulation. (a) Abstammung von Stammzellen, die Vorläuferzellen bilden. (b) Wie ein kleiner Anteil der Krebsstammzellen einen Tumor erhalten kann. Obwohl die weitaus häufigeren Vorläuferzellen schließlich sterben werden, steigt die Anzahl der Krebsstammzellen langsam, aber stetig an, wodurch der Tumor wächst.

Tumore zu bilden. Des Weiteren bestehen die neuen Tumore aus einer Mischung von Zellen, die die Stammzellmarker exprimieren, und Zellen, die sie nicht exprimieren, aber die alle aus der gleichen Ursprungszelle, die die Marker exprimierte, hervorgegangen sind. Zum Phänomen der Krebsstammzellen, worauf auch immer es basiert, gehört, dass sich die Tumorzellen hinsichtlich ihres Phänotyps unterscheiden, selbst wenn sie genetisch übereinstimmen. Eine Behandlung, bei der Zellen eines bestimmten Stadiums ausgerottet werden, können Zellen, die sich in einem anderen Stadium befinden, oft überleben. Diese Zellen stellen dann weiterhin eine Gefahr dar. Strahlentherapie oder Behandlung mit einem cytotoxischen Medikament können z. B. die sich schnell teilenden Zellen selektiv töten und so das Tumorvolumen fast bis auf null reduzieren. Und dennoch bleiben wenige, sich langsam teilende Zellen verschont, die dann die Krankheit wieder aufleben lassen. Das erschwert die Krebstherapie sehr und ist ein Grund dafür, warum eine Behandlung, die zuerst erfolgreich scheint, oft in einem Rückfall und in Enttäuschung endet.

20.1.8 Ein gemeinsamer Satz von Markenzeichen charakterisiert typischerweise krebsartiges Wachstum

Um als Krebszelle erfolgreich sein zu können, muss eine Zelle während ihrer Entwicklung eine ganze Palette anormaler Eigenschaften erlangen – eine Sammlung subversiver neuer Fertigkeiten. Verschiedene Krebsarten brauchen unterschiedliche Kombinationen von Eigenschaften. Trotzdem haben alle Tumoren einige gemeinsame Markenzeichen. Diese bestimmenden Eigenschaften treten üblicherweise in Kombination mit anderen Charakteristika auf, die den Krebszellen helfen zu wachsen und zu gedeihen. Eine allgemeine Liste mit den wichtigsten Merkmalen von Krebszellen umfasst folgende Punkte:

1. Veränderte Homöostase, die dazu führt, dass Zellen schneller wachsen und sich teilen als sie absterben
2. Umgehung der normalen Grenzen für die Zellproliferation
3. Ausweichmanöver bei Zelltodsignalen
4. Veränderter Zellstoffwechsel
5. Manipulation des Gewebemilieus zur Unterstützung des Zellüberlebens und zum Ausweichen einer für sie schädlichen Immunreaktion
6. Ausbruch von Zellen aus ihren Heimatgeweben und Vermehrung an fremden Orten (Metastasierung)

Im Folgenden werden wir uns mit diesen Schlüsselcharakteristika genauer beschäftigen. Im nächsten Abschnitt dieses Kapitels werden wir uns mit den Mutationen und molekularen Mechanismen befassen, die diesen und weiteren Eigenschaften von Krebszellen zugrunde liegen.

20.1.9 Krebszellen besitzen eine veränderte Wachstums- und Homöostasekontrolle

Die Mutabilität und die großen Zellpopulationszahlen schaffen die Voraussetzungen dafür, dass Mutationen auftreten können. Die treibende Kraft für die Entwicklung von Krebs muss jedoch irgendein *Selektionsvorteil* sein, den die mutierten Zellen besitzen. Höchstwahrscheinlich kann eine Mutation oder eine epigenetische Veränderung einen derartigen Vorteil verleihen, indem sie die Geschwindigkeit erhöht, mit der ein Zellklon proliferiert, oder indem sie es den Zellen ermöglicht, sich weiter zu vermehren, wenn gesunde Zellen aufhören oder sterben würden. Eine der wichtigsten Eigenschaften von vielen Krebszellarten ist, dass sie sich nicht der Apoptose unterziehen, wenn eine normale Zelle dies tun würde (**Abb. 20.14**).

Krebszellen, die in Kultur gezüchtet werden können, oder in Kultur gewachsene Zellen, die künstlich so verändert wurden, dass sie Mutationen enthalten, wie sie in Krebsgeschwüren anzutreffen sind, besitzen in der Regel einen **transformierten** Phänotyp. Sie sind anormal in Bezug auf ihre Form, ihre Beweglichkeit, ihre Reaktion auf Wachstumsfaktoren im Kulturmedium und – am charakteristischsten – in Bezug auf die Art, wie sie auf Kontakt mit der Zellkulturschale und auf Kontakt untereinander reagieren. Während sich normale Zellen nicht teilen, wenn sie nicht an eine Oberfläche angeheftet sind, teilen sich transformierte Zellen dagegen oft, selbst wenn sie in Suspension vorliegen. Normale Zellen bewegen und teilen sich nicht mehr, wenn die Kultur eine bestimmte Dichte (bei der die Zellen sich berühren) erreicht hat. Transformierte Zellen dagegen bewegen und teilen sich weiter, selbst wenn diese Dichte erreicht ist, und türmen sich so in der Kulturschale in Schichten übereinander auf. Allgemeiner ausgedrückt bedeutet dies, dass transformierte Zellen nicht mehr auf Proliferationssignale aus ihrer Umgebung angewiesen sind, die normale Zellen benötigen. Darüber hinaus erkennen transformierte Zellen manche negativen Einflüsse nicht. So werden z. B. normale Zellen an der Bewegung und Teilung gehindert, wenn die Kultur die Konfluenz erreicht (wenn die Zellen einander berühren), während sich transformierte Zellen auch nach Erreichen der Konfluenz

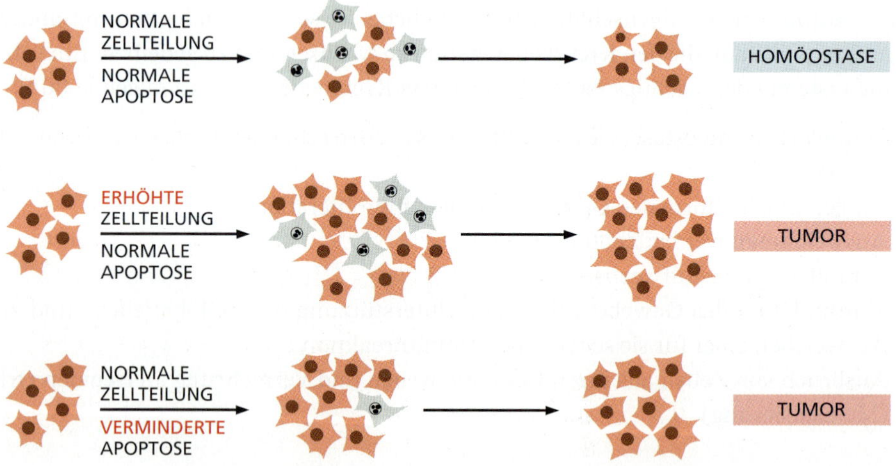

Abb. 20.14 Sowohl gesteigerte Zellteilung als auch verminderte Apoptose können zur Entstehung von Tumoren beitragen. In normalen Geweben gleicht die Apoptose die Zellteilung aus, um die Homöostase aufrechtzuerhalten. Während der Entwicklung von Krebs kann entweder ein Anstieg der Zellteilung oder eine Hemmung der Apoptose zur der Erhöhung der Zellzahlen führen, die wichtig für die Entwicklung von Krebs ist. Zellen, die dazu bestimmt sind, die Apoptose zu durchlaufen, sind *grau* dargestellt. Sowohl die gesteigerte Zellteilung als auch die verminderte Apoptose tragen gemeinsam zum Wachstum eines Tumors bei.

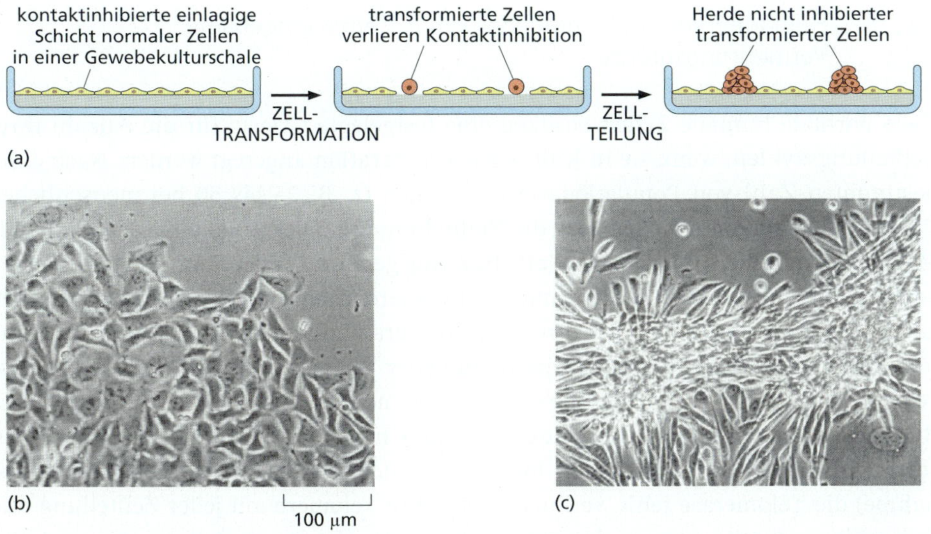

Abb. 20.15 Verlust der Kontaktinhibition von Krebszellen in Zellkultur. Die meisten normalen Zellen hören auf sich zu vermehren, sobald sie den Boden der Kulturschale mit einer einzigen Zellschicht bedeckt haben. Proliferation scheint vom Kontakt mit der Kulturschale abhängig zu sein und durch Kontakt mit anderen Zellen inhibiert zu werden. Dieses Phänomen bezeichnet man als *Kontaktinhibition*. Krebszellen dagegen lassen sich dadurch gewöhnlich nicht einschränken und wachsen weiter, sodass sie sich, wie dargestellt, übereinander lagern. (a) Schematische Zeichnung. (b und c) Lichtmikroskopische Aufnahmen von normalen (b) und transformierten (c) Fibroblasten. (b und c, mit freundlicher Genehmigung von Lan Bo Chen).

weiter bewegen und teilen und sich so in der Kulturschale Schicht für Schicht anhäufen (**Abb. 20.15**).

Krebszellen fallen auch in ihrer natürlichen Umgebung, eingebettet in ein Gewebe, aus dem Rahmen. Normale Zellen des Darmepithels zum Beispiel werden ständig durch Runden von Zellteilung und Zelltod umgesetzt, halten aber ihre Barrierefunktion aufrecht, indem sie nahtlos alte oder beschädigte Zellen in das Darmlumen ausstoßen. Einmal abgelöst von der Matrix und somit auch von den matrixassoziierten Überlebenssignalen getrennt, sterben diese Zellen durch eine Form der Apoptose. Indem sie die normalen Todessignale außer Kraft setzen, können transformierte Zellen nach ihrem Ausstoß aus dem Epithel möglicherweise überleben. Da jedoch die normale Richtung des Zellausstoßes in das Darmlumen führt, würden sie trotzdem mit dem Darminhalt ausgeschieden werden. Allerdings können einige der Mutationen, die während des Krebswachstums selektiert werden, die Richtung des Ausstoßes ändern. Dadurch können die Tumorzellen die Basalmembran überwinden und in das umliegende Gewebe eindringen, was zu einer Metastasierung führen kann (**Abb. 20.16**).

Zusammenfassend lässt sich sagen, dass sich Krebszellen durch die Missachtung der normalen Etikette, wo sie leben und wann sie sterben sollen, sowohl der Wachstumsunterdrückung entziehen als auch neue Gelegenheiten entdecken, um zu gedeihen und sich zu vermehren.

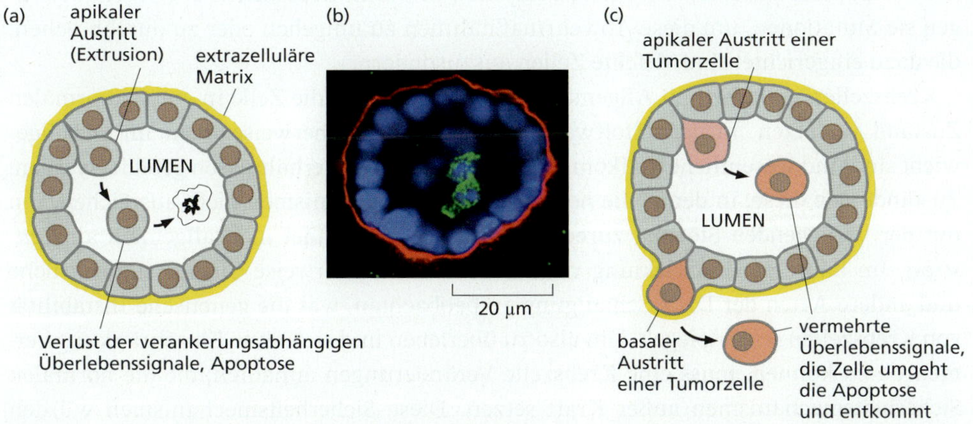

Abb. 20.16 Die Richtung, in der eine Zelle aus einem Epithel austritt, hat wichtige Konsequenzen für ihr Schicksal. (a) Wenn sich Zellen unter normalen Bedingungen in einem Gewebe wie dem Darm oder dem Brustepithel vermehren und dabei dicht gedrängt werden, werden sie in das Lumen gepresst, um die Zellzahl aufrechtzuerhalten. Herausgedrückte Zellen unterliegen im Allgemeinen der Apoptose aufgrund des Verlusts von Überlebenssignalen. (b) Fluoreszenzmikroskopische Aufnahme eines Clusters von Zellen des Brustepithels, die in dreidimensionaler (3D) Kultur gezüchtet und deren basale Grenze (*rot*) und Zellkerne (*blau*) gefärbt wurden. Wenn der Gewebesack wächst, unterliegen die zentralen Zellen, die das Lumen besetzen, der Apoptose, wie die Anfärbung mit Caspase-3 (*grün*) zeigt. (c) Tumorzellen mit hochregulierten Überlebenssignalen, die apikal extrudiert wurden, könnten überleben, werden aber wahrscheinlich trotzdem eliminiert werden; zum Beispiel durch Ausscheidung durch den Verdauungstrakt oder durch Sekretion aus der Brustdrüse. Im Gegensatz dazu, können Tumorzellen, die basal ausgeschwemmt wurden, leichter eine Invasion einleiten. (Mit freundlicher Genehmigung von J. Debnath).

20.1.10 Humane Krebszellen umgehen die in Zellen eingebaute Vermehrungsgrenze

Viele normale humane Zellen besitzen eine festgelegte Grenze für die Anzahl ihrer Zellteilungszyklen, wenn sie in Kultur zur Proliferation angeregt werden: Nach einer bestimmten Zahl von Populationsverdopplungen (z. B. 25 bis 50 bei menschlichen Fibroblasten) stellen sie dauerhaft die Zellteilung ein. Dieser Zellteilungen zählende Mechanismus wird **replikative Zellalterung** genannt und hängt im Allgemeinen von der fortschreitenden Verkürzung der Telomere an den Enden der Chromosomen ab, ein Prozess, der schließlich ihre Struktur verändert (s. Kapitel 17). Wie in Kapitel 5 besprochen, hängt die Aufrechterhaltung der Telomer-DNA während der S-Phase vom Enzym *Telomerase* ab, das die spezielle telomere DNA-Sequenz bewahrt und die Bildung von Proteinkappenstrukturen, die die Chromosomenenden schützen, unterstützt. Da vielen proliferierenden humanen Zellen (Stammzellen bilden eine Ausnahme) die Telomerase fehlt, verkürzen sich ihre Telomere mit jeder Zellteilung und ihre schützenden Kappen werden immer kleiner. Das ist für die Zelle ein Signal dafür, dass die DNA geschädigt ist, da die ungeschützten Chromosomenenden einem Doppelstrangbruch ähneln. So können die veränderten Chromosomenenden schließlich ein dauerhaftes Aussetzen des Zellzyklus auslösen und dazu führen, dass eine normale Zelle stirbt.

Humane Krebszellen umgehen die replikative Zellalterung auf eine von zwei Arten. Am häufigsten können sie die Telomeraseaktivität während der Proliferation reaktivieren, sodass ihre Telomere nicht verkürzt oder die Kappen nicht entfernt werden. Alternativ können sie auch einen Mechanismus entwickeln, der auf homologer Rekombination basiert (er wird ALT genannt), um ihre Chromosomenenden zu verlängern. Ungeachtet der verwendeten Strategie ist die Konsequenz dieselbe: Die Krebszellen proliferieren immer weiter unter Bedingungen, unter denen normale Zellen längst aufgrund der Telomerabtragung aufhören würden.

20.1.11 Krebszellen besitzen die anormale Fähigkeit, Todessignale zu überleben

Ein großer vielzelliger Organismus benötigt wirksame Sicherheitsmechanismen, die ihn vor Schaden durch beschädigte und gestörte Zellen bewahren. Diese Mechanismen sind unerlässlich, da, wie bereits erläutert, unvermeidbar eine große Anzahl mutierter Zellen produziert werden. Normalerweise verursacht eine Störung innerhalb der Zelle Alarmsignale in der fehlerhaften Zelle, die Schutzmaßnahmen zur Umkehrung und Heilung dieser Störung auslösen oder, falls dies nicht möglich ist, die Entscheidung, den Zelltod durch Apoptose auszulösen, fällen (s. Kapitel 18). Damit Krebszellen überleben, benötigen sie Mutationen, um diese Abwehrmaßnahmen zu umgehen oder zu durchbrechen, die dazu eingerichtet sind, defekte Zellen auszusondern.

Krebszellen enthalten im Allgemeinen Mutationen, die die Zelle in einen anormalen Zustand versetzen, in dem Stoffwechselprozesse möglicherweise nicht im Gleichgewicht sind und wesentliche Zellkomponenten in falschen Verhältnissen gebildet werden. Zustände wie diese, in denen die homöostatischen Mechanismen nicht ausreichen, um mit der vorliegenden Störung zurechtzukommen, bezeichnet man allgemein als *Zellstress*. Im Laufe der Entwicklung von Krebs sind üblicherweise Chromosomenbrüche und andere Arten der DNA-Schädigung zu beobachten, was die genetische Instabilität von Krebszellen widerspiegelt. Um also zu überleben und sich ohne Einschränkung vermehren zu können, muss eine Krebszelle Veränderungen anhäufen, die die normalen Sicherheitsmechanismen außer Kraft setzen. Diese Sicherheitsmechanismen würden

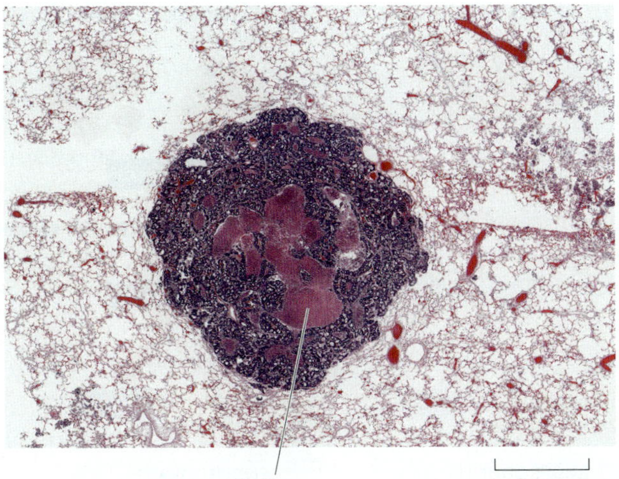

Abb. 20.17 Dem Inneren eines großen Tumors fehlt es an Sauerstoff und Nährstoffen. Dieser Querschnitt durch ein Dickdarm-Adenokarzinoms, das in die Lunge metastasiert hat, zeigt kolorektale Krebszellen, die ein zusammenhängendes Knötchen gebildet haben (sich *dunkel* anfärbende Region). Die Metastase zeigt zentrale *rosafarbene Bereiche* mit Nekrose, in denen absterbende Krebszellen ihrer Blutversorgung entwachsen sind, aufgeplatzt sind und dabei ihren Inhalt freigesetzt haben. Solche sauerstofffreien Bereiche finden sich häufig im Inneren von Tumoren. (Mit freundlicher Genehmigung von Andrew J. Connolly).

eine Zelle, die sich in einem Stresszustand befindet, dazu veranlassen, mittels Apoptose Selbstmord zu begehen.

Obwohl Krebszellen dazu neigen, die Apoptose zu umgehen, bedeutet das nicht, dass sie selten sterben. Im Gegenteil, im Inneren eines großen soliden Tumors tritt Zelltod oft in großem Umfang auf: Die Lebensbedingungen sind schwierig, unter den Krebszellen herrscht ein harter Kampf um Sauerstoff und Nährstoffe. Die meisten Zellen sterben, aber durch einen alternativen Zelltodmechanismus, den man Nekrose nennt (**Abb. 20.17**). Der Tumor wächst, weil mehr Zellen entstehen als sterben, wenn auch oft nur in geringem Ausmaß. Aus diesem Grund kann die Zeit, die ein Tumor braucht, um seine Größe zu verdoppeln, viel länger sein als die Zellzykluszeit von Tumorzellen.

20.1.12 Krebszellen besitzen einen veränderten Zuckermetabolismus

Wenn ausreichend Sauerstoff vorhanden ist, oxidieren differenzierte Zellen in den meisten adulten Geweben fast den gesamten Kohlenstoff aus der aufgenommenen Glukose vollständig zu CO_2, das dann schließlich als Abfallprodukt über die Lunge abgeatmet wird. Ein wachsender Tumor benötigt Nährstoffe in großer Menge, um die Grundbausteine zur Verfügung zu stellen, aus denen er neue Makromoleküle herstellen kann. Dementsprechend besitzen die meisten Tumoren einen Metabolismus, der eher dem eines wachsenden Embryos ähnelt als dem von normalem adulten Gewebe. Tumorzellen verschlingen Glukose geradezu; sie nehmen sie mit einer Geschwindigkeit aus dem Blut auf, die hundert Mal höher sein kann als die normaler Nachbarzellen. Außerdem wird nur ein Bruchteil der aufgenommenen Glukose über die oxidative Phosphorylierung der Mitochondrien vollständig zu CO_2 oxidiert, worüber normalerweise hoch effizient ATP gebildet werden kann. Stattdessen wird der Stoffwechsel der Kohlenstoffatome aus Glukose auf die Produktion von Rohstoffen für die Synthese von Proteinen, Nukleinsäuren und Lipiden, die die Zellproliferation ermöglichen, umgestellt (**Abb. 20.18**). Mit anderen Worten: Obwohl die Glykolyse eine weitaus weniger effiziente Art der ATP-Produktion als die oxidative Phosphorylierung darstellt, kann sie in Krebszellen, die sich in einer sauerstoffarmen Umgebung befinden, unvermindert weiterlaufen und sie hat den entscheidenden zusätzlichen Vorteil, dass sie reichlich zelluläre Bausteine produziert.

Tumorzellen besitzen die Tendenz, die oxidative Phosphorylierung zu drosseln, selbst wenn Sauerstoff im Überfluss vorhanden ist, während sie gleichzeitig große Mengen an Glukose aufnehmen, um die schnelle Proliferation der vielen Krebszellen zu ermöglichen. Dies bezeichnet man auch als *Warburg-Effekt* – benannt nach Otto Warburg, der

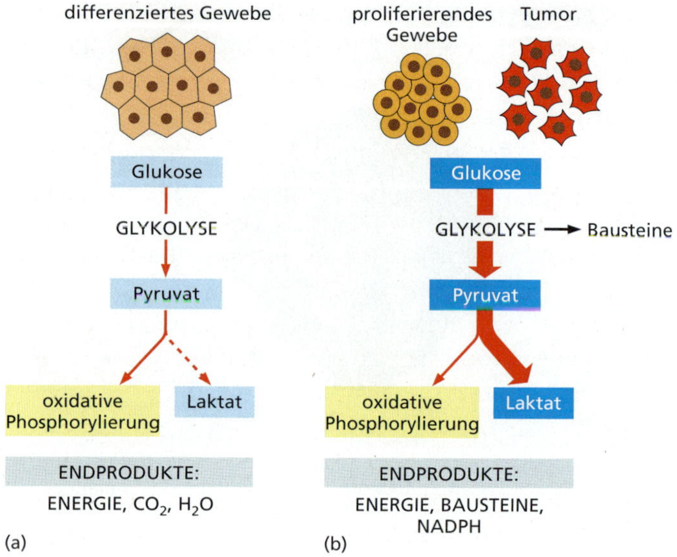

Abb. 20.18 Der Warburg-Effekt in Tumorzellen spiegelt eine dramatische Veränderung von Glukoseaufnahme und Zuckermetabolismus wider. (a) Nicht proliferierende Zellen oxidieren normalerweise die gesamte aus dem Blut aufgenommene Glukose und bilden so über die in den Mitochondrien stattfindende oxidative Phosphorylierung ATP. Nur wenn nicht genügend Sauerstoff vorhanden ist, bilden diese Zellen den Großteil ihres ATP über die Glykolyse. Das dabei entstehende Pyruvat setzen sie zu Laktat um, um das NAD^+ zu regenerieren, das nötig ist, um die Glykolyse in Gang zu halten (s. **Abb. 2.50**). (b) Im Gegensatz dazu bilden Tumorzellen grundsätzlich überschüssiges Laktat, selbst wenn ausreichend Sauerstoff vorhanden ist. Dies ist auf eine stark erhöhte Glykolysegeschwindigkeit zurückzuführen, die von einer sehr stark erhöhten Glukoseaufnahme angetrieben wird. Damit ähneln Tumorzellen den sich schnell vermehrenden Zellen in Embryos. Diese Zellen benötigen für die Biosynthese ebenfalls einen großen Vorrat an niedermolekularen Bausteinen, die sie aus der aufgenommenen Glukose herstellen können (s. auch **Abb. 2.60**).

dieses Phänomen im frühen 20. Jahrhundert zum ersten Mal beobachtet hat. Diese anormal hohe Aufnahme von Glukose macht es möglich, Tumoren in Ganzkörperaufnahmen gezielt darzustellen (s. **Abb. 20.1**). Dadurch steht ein Verfahren zur Verfügung, um das Fortschreiten der Krebserkrankung und den Verlauf der Behandlung zu überwachen.

20.1.13 Die Mikroumgebung des Tumors beeinflusst die Krebsentwicklung

Während Krebszellen in einem Tumor die Träger der gefährlichen Mutationen sind und oft extrem anormal sind, sind die anderen Zellen des Tumors – insbesondere die des unterstützenden Bindegewebes oder **Stromas** – keineswegs nur unbeteiligte Zuschauer. Die Entwicklung eines Tumors ist auf die wechselseitige Kommunikation zwischen den Krebszellen und dem Tumorstroma angewiesen, genauso wie die normale Entwicklung von epithelialen Organen auf die Kommunikation zwischen Epithelzellen und Mesenchymzellen angewiesen ist (s. Kapitel 22).

Das Stroma liefert ein Gerüst für den Tumor. Wie normales Bindegewebe enthält Stroma Fibroblasten und Leukocyten zur Bekämpfung von Entzündungen sowie Endothelzellen, die Blut- und Lymphgefäße mit ihren zugehörigen glatten Muskelzellen bilden (**Abb. 20.19**). Wenn ein Karzinom fortschreitet, induzieren die Krebszellen Veränderungen im Stroma, indem sie sowohl Signalproteine, die das Verhalten der Stromazellen

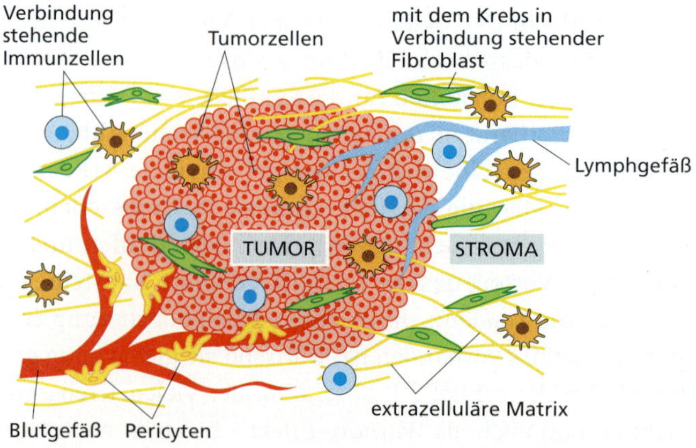

Abb. 20.19 Die Mikroumgebung des Tumors spielt eine Rolle bei der Entstehung des Tumors. Tumorzellen bestehen aus vielen Zelltypen, zu denen Krebszellen, Endothelzellen, Pericyten (vaskuläre glatte Muskelzellen), Fibroblasten und entzündliche Leukocyten gehören. Die Kommunikation zwischen diesen und anderen Zelltypen spielt bei der Entwicklung von Tumoren eine wichtige Rolle. Es ist jedoch davon auszugehen, dass in einem Tumor nur die Krebszellen Mutationen enthalten, die genetische Anomalien verursachen.

verändern, als auch proteolytische Enzyme, die die extrazelluläre Matrix modifizieren, sezernieren. Die Stromazellen wiederum beeinflussen die Tumorzellen. Sie sezernieren Signalproteine, die das Wachstum und die Teilung der Krebszellen stimulieren, und sie sezernieren Proteasen, die die extrazelluläre Matrix weiter umgestalten. So entwickeln sich der Tumor und sein Stroma zusammen, wie Unkraut und das Ökosystem, in dem es sich ausbreitet, und der Tumor wird von seinen speziellen Stromazellen abhängig. Experimente mit Mäusen weisen darauf hin, dass das Wachstum einiger transplantierter Karzinome von den tumorassoziierten Fibroblasten abhängt, die nicht von normalen Fibroblasten ersetzt werden können.

Krebszellen stehen in einer komplexen Wechselwirkung mit den im Stroma vorhandenen Zellen des Immunsystems, die den Tumor zerstören können, wenn er als abnormales Gewebe erkannt wird, und die aber auch das Tumorwachstum fördern können, indem sie Signale liefern, die die Vermehrung der Krebszellen anregen. Der Tumor kann das Immunsystem auf mindestens zwei Arten zu seinem Vorteil manipulieren. Erstens können Tumore eine Entzündungsreaktion hervorrufen, die derjenigen ähnelt, die bei der Beschädigung normalen Gewebes auftritt. Das hilft ihnen, das Stroma zu erzeugen, das sie zum Überleben und Wachsen brauchen. Tumore wurden daher mit nicht verheilten Wunden verglichen, die einige der gleichen Reaktionen hervorrufen, einschließlich einer Erhöhung der Durchlässigkeit der nahegelegenen Blutgefäße – was den Fluss von Signalmolekülen in und aus den Gefäßen ermöglicht – und der Ablagerung von extrazellulärer Matrix. Tumore stimulieren auch die Bildung neuer Blutgefäße – ein Prozess, der als *Angiogenese* bezeichnet wird und das Überleben eines Tumors fördert, wenn er größer wird und in seinem Inneren hypoxisch wird. Zweitens, was genau so wichtig ist, schafft der Tumor eine immunsuppressive Mikroumgebung, indem er die Aktivierung der weißen Blutkörperchen blockiert, die zu seiner Zerstörung führen könnten. Strategien, die diese Fähigkeit eines Tumors zur Unterdrückung einer Immunreaktion außer Kraft setzen, haben sich kürzlich in der Krebstherapie zu wirkungsvollen Werkzeugen entwickelt. Ihnen wollen wir uns im letzten Abschnitt dieses Kapitels widmen.

20.1.14 Krebszellen müssen in einer fremden Umgebung überleben und sich vermehren

Krebszellen müssen sich in der Regel erst in neuen Bereichen des Körpers ausbreiten und sich vermehren, bevor sie zum Tod des Organismus führen. Diesen Prozess bezeichnet man als Metastasierung. Die Bildung von Metastasen ist der tödlichste und der am wenigsten verstandene Aspekt von Krebs. Er ist für 90 % der mit Krebs in Verbindung stehenden Todesfälle verantwortlich. Wenn er sich im Körper ausbreitet, wird es fast unmöglich, Krebs durch Operation oder lokale Bestrahlung auszurotten. Die **Metastasierung** selbst ist ein mehrstufiger Prozess: Die Krebszellen müssen zuerst in lokale Gewebe und Gefäße eindringen, sich über den Blutkreislauf verteilen, die Gefäße wieder verlassen und dann neue Zellkolonien an anderen Stellen aufbauen (**Abb. 20.20**). Jeder dieser Vorgänge ist vielschichtig und die meisten molekularen Mechanismen, die daran beteiligt sind, sind noch nicht aufgeklärt, aber der letzte Schritt – das Absiedeln an anderen Orten – ist der geschwindigkeitsbestimmende Schritt.

Damit eine Krebszelle maligne wird, muss sie sich von den Beschränkungen lösen, die normale Zellen an ihrem Platz halten und sie davon abhalten in das umgebende Gewebe einzudringen. Invasivität ist somit eine der entscheidenden Eigenschaften maligner Tumoren, die ein ungeordnetes Wachstumsmuster und einen ausgefransten Rand mit Ausläufern in das umgebende Gewebe zeigen (s. z. B. **Abb. 20.8**). Obwohl man die erforderlichen molekularen Veränderungen nicht ganz versteht, erfordert die Infiltrationsfähigkeit mit Sicherheit eine Unterbrechung der adhäsiven Mechanismen,

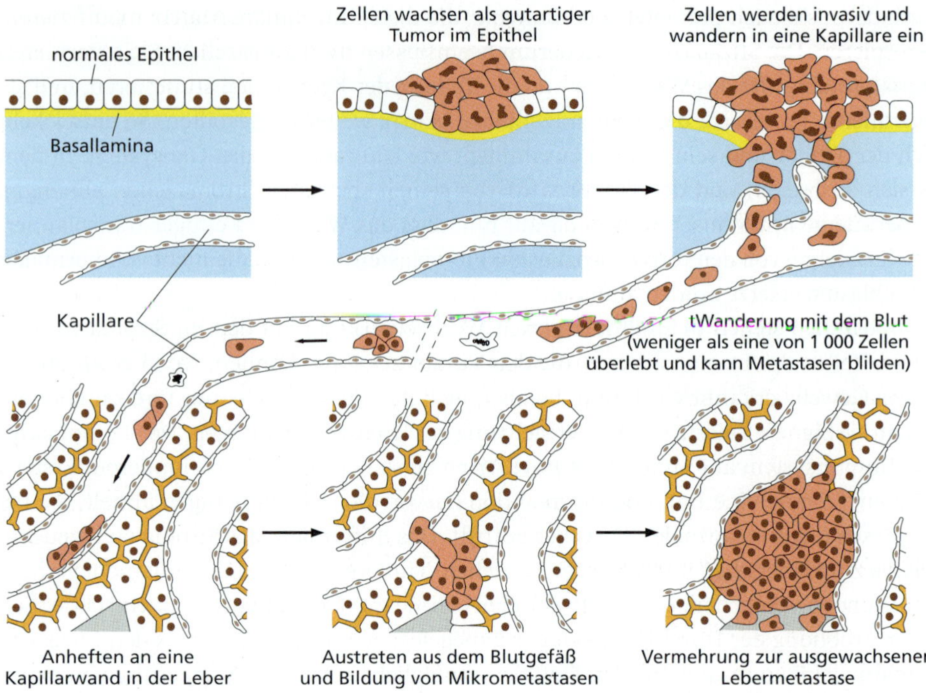

Abb. 20.20 Schritte im Vorgang der Metastasenbildung. Das Beispiel illustriert die Ausbreitung eines Tumors von seinem Ursprung (wie der Blase) zu einem anderen Organ (wie der Leber). Tumorzellen können auf direktem Weg in den Blutkreislauf gelangen, indem sie die Wand eines Blutgefäßes durchqueren, wie hier gezeigt. Oder sie können, vielleicht sogar häufiger, die Wand eines Lymphgefäßes durchdringen, das letztendlich seinen Inhalt (Lymphe) in den Blutkreislauf abgibt. Tumorzellen, die in ein lymphatisches Gefäß eingetreten sind, bleiben oft auf ihrem Weg in Lymphknoten hängen, woraus Lymphknotenmetastasen entstehen. Tierstudien zeigen, dass typischerweise weniger als eine von tausend bösartigen Tumorzellen, die in den Blutkreislauf gelangen, nach 24 Stunden noch lebensfähig ist und dass weniger als 0,1 % dieser im Blutkreislauf überlebenden Tumorzellen (CTC, engl. *circulating tumor cell*) ein fremdes Gewebe besiedelt, um an einer neuen Stelle einen erkennbaren Tumor entstehen zu lassen.

die die Zellen normalerweise an ihre Nachbarn und die extrazellulären Matrix geheftet halten.

Der nächste Schritt bei der Bildung von Metastasen – die Bildung von Kolonien in entfernt liegenden Organen – beginnt mit dem Eintritt in den Blutkreislauf: Die invasiven Krebszellen müssen die Wand der Blut- oder Lymphgefäße durchdringen. Lymphgefäße sind größer und besitzen dünnere Wände als Blutgefäße, sodass Krebszellen in kleinen Zellklumpen eintreten können. Diese Klumpen bleiben dann oft in den Lymphknoten hängen und es entstehen Lymphknotenmetastasen. Die Krebszellen, die in die Blutgefäße eindringen, scheinen dies dagegen einzeln oder seltener als kleine Gruppen zu tun. Mithilfe moderner Techniken, mit denen Zellen nach ihren Oberflächeneigenschaften sortiert werden, konnten diese *zirkulierenden Tumorzellen* (*CTCs*, engl. *circulating tumor cells*) in Blutproben von an Krebs erkrankten Individuen nachgewiesen werden, obwohl sie nur eine winzige Fraktion der gesamten Blutzellpopulation ausmachen.

Bemerkenswert ist, dass in einem Mausmodell CTC-Cluster deutlich häufiger zur Bildung von Metastasen führen als einzelne CTCs. Vermutlich trägt die Adhäsion von aus Epithelzellen stammenden Krebszellen zueinander dazu bei, Todessignale außer Kraft zu setzen und die Apoptose zu unterdrücken.

Von den Krebszellen, die in die Lymphgefäße oder in den Blutkreislauf eindringen, gelingt es nur einem winzigen Teil, das System wieder zu verlassen, sich an neuen Stellen festzusetzen, zu überleben und dort zu proliferieren, um Metastasen zu bilden.

Um herauszufinden, welche der späteren Schritte der Metastasierung den Krebszellen die größten Schwierigkeiten bereiten, kann man die Zellen mit einem fluoreszierenden Farbstoff oder grün fluoreszierendem Protein (GFP) markieren, sie in die Blutbahn einer Maus injizieren und dann ihr Schicksal verfolgen. Bei solchen Experimenten kann man beobachten, dass viele Zellen im Blutkreislauf überleben, sich in kleinen Gefäßen festsetzen und in das umliegende Gewebe gelangen, unabhängig davon, ob sie aus einem Tumor stammen, der metastasiert oder nicht. Einige Zellen sterben sofort, nachdem sie in fremdes Gewebe eingedrungen sind; andere überleben den Eintritt in das fremde Gewebe, können sich aber nicht vermehren. Wieder andere teilen sich einige Male und hören dann damit auf, nachdem sie Mikrometastasen mit zehn bis mehreren tausend Zellen gebildet haben. Nur sehr wenige bilden ausgewachsene Metastasen. Untersuchungen haben gezeigt, dass weniger als eine von Tausenden, vielleicht eine von Millionen Krebszellen dies schafft. Der letzte Schritt der Kolonisierung scheint der schwierigste zu sein: Den wandernden Zellen ergeht es möglicherweise wie den Wikingern, die an den unwirtlichen Küsten von Grönland landeten. Sie können eventuell in der fremden Umgebung nicht überleben. Oder sie können dort eine kurze Zeit lang gut gedeihen und eine kleine Kolonie bilden – eine *Mikrometastase* – die dann jedoch wieder abstirbt.

Viele Tumoren werden entdeckt, bevor es ihnen gelungen ist, Metastasen zu bilden, und können durch Zerstörung des Primärtumors geheilt werden. Aber ab und zu kann es vorkommen, dass eine unentdeckte, räumlich entfernte Mikrometastase zurückbleibt. Diese Mikrometastase kann viele Jahre lang inaktiv sein, nur um dann, lange nachdem der Primärtumor entfernt wurde, plötzlich wieder auszubrechen und einen großen Sekundärtumor zu bilden.

Zusammenfassung

Definitionsgemäß vermehren sich Krebszellen unter Missachtung der normalen Kontrollmechanismen (d. h. sie sind neoplastisch), erlangen die Fähigkeit, in umliegendes Gewebe einzudringen und entfernt gelegene Organe zu besiedeln (d. h. sie sind maligne). Da sie sekundäre Tumoren (Metastasen) entstehen lassen, sind sie nur schwer chirurgisch oder durch lokale Strahlenbehandlung zu beseitigen. Krebserkrankungen gehen wahrscheinlich auf eine einzige Zelle zurück, bei der eine erste Mutation entstand. Die Nachkommen dieser Zelle müssen sich allerdings weiter verändern, um kanzerös zu werden. Das Phänomen der Tumorprogression, das normalerweise viele Jahre dauert, spiegelt das Wirken eines evolutionsähnlichen Prozesses wider, bei dem somatische Zellen Mutationen und epigenetische Veränderungen begleitet von natürlicher Auslese und gelegentlichen Ausbrüchen von genomischem Chaos erfahren, was zur Heterogenität führt.

Krebszellen legen sich während ihrer Entwicklung, Vermehrung und Ausbreitung eine Reihe von speziellen Eigenschaften zu. Ihre mutierten Genome erlauben es ihnen, zu wachsen und sich zu teilen und dabei die Signale zu ignorieren, die normalerweise die Zellproliferation streng kontrollieren. Als Teil des Evolutionsprozesses der Tumorprogression erwerben Krebszellen eine Reihe von zusätzlichen Anomalien. Dazu gehören Defekte in den Kontrollmechanismen, die als Reaktion auf Zellstress oder DNA-Schädigung die Zellteilung dauerhaft einstellen oder Apoptose induzieren, und Defekte in den Mechanismen, die normalerweise Zellen davon abhalten, von ihrem angestammten Ort wegzuwandern. Alle diese Veränderungen steigern die Fähigkeit der Krebszellen, in ihrem ursprünglichen Gewebe zu überleben, zu wachsen und sich zu teilen und dann zu metastasieren und neue Kolonien in fremden Umgebungen zu bilden. Die Entwicklung eines Tumors hängt auch von anderen Zellen in seiner Mikroumgebung ab, die vom Krebs angezogen und manipuliert werden. Man bezeichnet sie kollektiv als Stromazellen.

Da viele Veränderungen nötig sind, um einer Zelle diese ganze Sammlung schlechter Eigenschaften zu verleihen, ist es nicht verwunderlich, dass die meisten Krebszellen genetisch und/oder epigenetisch instabil sind. Man nimmt an, dass innerhalb der Klone aberranter Zellen, die in der Lage sind, Tumoren zu bilden, nach dieser Instabilität selektiert wird, denn sie forciert die Ansammlung von weiteren genetischen und epigenetischen Veränderungen, die für die Tumorprogression erforderlich sind.

20.2 Krebskritische Gene: Wie man sie findet und was sie tun

Wie wir gesehen haben, ist Krebs eine genetische Krankheit, denn sie entsteht aufgrund von erblichen Veränderungen in somatischen Zellen. Das bedeutet, dass die Veränderungen von einer Zelle auf ihre Nachkommen übertragen werden. Um Krebs auf molekularer Ebene zu verstehen, müssen wir die Mutationen und epigenetischen Veränderungen identifizieren und aufklären, wie sie kanzeröses Zellverhalten hervorrufen. Das Auffinden der relevanten Zellen ist in einer Hinsicht einfach: Die mutierten Zellen werden durch natürliche Auslese begünstigt und machen durch das Entstehen eines Tumors auf sich aufmerksam. Die schwierige Aufgabe beginnt danach. Wie soll man unter all den Genen einer Krebszelle die Gene mit den karzinogenen Mutationen finden? Ein typischer Krebs beruht auf einem ganzen Satz von Mutationen und epigenetischen Veränderungen, die niemals in zwei Individuen exakt gleich sind, obwohl es Gemeinsamkeiten bei bestimmten Tumorarten gibt. Darüber hinaus enthalten die meisten Krebszellen Mutationen, die zufällige Nebenprodukte der genetischen Instabilität sind. Man bezeichnet sie als „Passagier-Mutationen". Es kann schwierig sein, diese zufälligen Mutationen von denjenigen zu unterscheiden, die eine kausale Rolle bei der Krankheit spielen (die „Treiber-Mutationen" genannt werden). Trotz dieser Schwierigkeiten wurden in den letzten 40 Jahren viele dieser Gene gefunden, die in Krebs beim Menschen immer wieder verändert sind. Wir werden solche Gene, mangels einer besseren Bezeichnung, *krebskritische Gene* nennen. Damit meinen wir alle Gene, deren Mutation an der Entstehung oder Entwicklung von Krebs beteiligt sind.

In diesem Abschnitt werden wir uns zunächst damit befassen, wie krebskritische Gene identifiziert werden. Wir werden dann ihre Funktionen untersuchen und die Rollen, die sie spielen, indem sie den Krebszellen die Eigenschaften verleihen, die wir im ersten Teil dieses Kapitels erläutert haben. Am Ende dieses Abschnitts werden wir Dickdarmkrebs als ausführliches Beispiel besprechen und zeigen, wie eine Abfolge von Veränderungen in den krebskritischen Genen einen Tumor mit einem schlechten Verhalten zu einem Tumor mit einem noch weitaus schlimmeren Verhalten werden lässt.

20.2.1 Für die Identifizierung von Funktionsgewinn- und Funktionsverlust-Krebsmutationen wurden traditionell unterschiedliche Methoden verwendet

Krebskritische Gene werden in zwei große Klassen eingeteilt, je nachdem, ob das Krebsrisiko durch zu viel oder zu wenig Aktivität des Genprodukts hervorgerufen wird. Bei Genen aus der ersten Klasse, den sogenannten **Proto-Onkogenen**, ist die Aktivität des Genprodukts zu hoch, d. h. eine Funktionsgewinn-Mutation treibt die Zelle zum Krebs. Die mutierten, überaktiven Genformen nennt man **Onkogene**. Gene aus der zweiten Klasse, bei denen eine Funktionsverlust-Mutation die Aktivität des Genprodukts zu gering werden lässt, werden **Tumorsuppressorgene** genannt. In beiden Fällen kann die Mutation entweder direkt zu Krebs führen (indem sie die Zellen dazu veranlasst, sich zu vermehren, wenn sie es nicht tun sollten) oder indirekt – zum Beispiel indem sie genetische oder epigenetische Instabilität verursacht und so das Auftreten von weiteren vererbbaren Veränderungen beschleunigt, die das Tumorwachstum direkt stimulieren. Diese Gene, deren Mutationen zu genetischer Instabilität führen, stellen eine Unterklasse der krebskritischen Gene dar. Sie werden manchmal als *Genomerhaltungsgene* bezeichnet.

Wie wir sehen werden, können Mutationen in Onkogenen und in Tumorsuppressorgenen ähnliche Wirkungen haben, indem sie alle die Tumorentwicklung fördern. Beide Mutationsarten können zum Beispiel eine Überproduktion eines Zellproliferationssignals auslösen. Damit sind aus der Sicht einer Krebszelle Onkogene und Tumorsuppressorgene (und die Mutationen, die sie beeinflussen) zwei Seiten derselben Medaille. Allerdings sind die Techniken, die zur Entdeckung dieser beiden Genkategorien führten, ganz unterschiedlich.

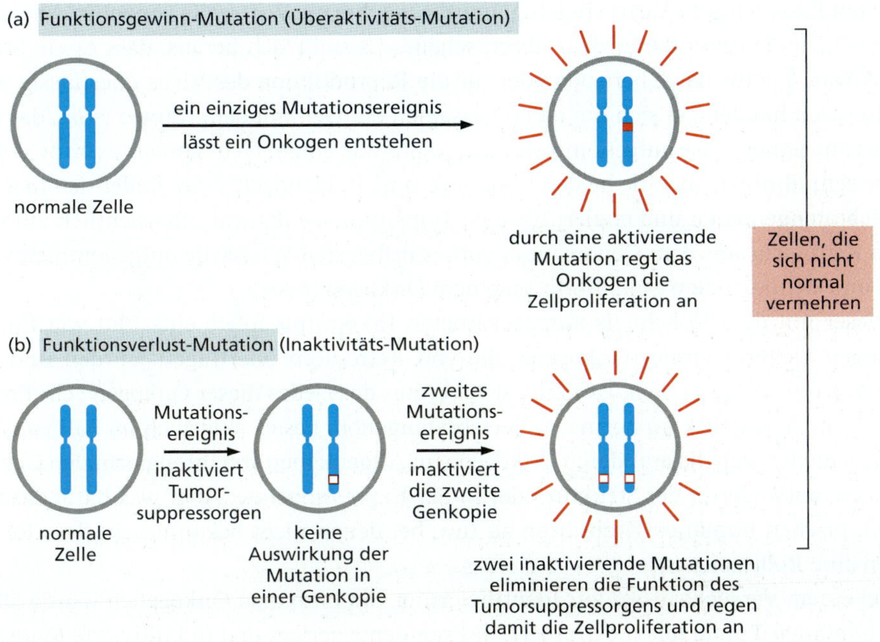

Abb. 20.21 Krebskritische Mutationen fallen in zwei gut unterscheidbare Kategorien: dominant und rezessiv. In diesem Diagramm stellen *rot ausgefüllte* Kästchen aktivierende Mutationen und *rot umrandete weiße* Kästchen inaktivierende Mutationen dar. (a) Onkogene verhalten sich dominant: Eine Funktionsgewinn-Mutation (engl. *gain-of-function mutation*) in einer einzelnen Kopie des krebskritischen Gens kann eine Zelle zum Krebs treiben. (b) Andererseits verhalten sich Mutationen in Tumorsuppressorgenen im Allgemeinen rezessiv: Die Funktion beider Allele des krebskritischen Gens muss verloren gegangen sein, damit eine Zelle zur Krebszelle wird. In dieser schematischen Darstellung wird das zweite Allel des Tumorsuppressorgens durch Mutation inaktiviert, in Wirklichkeit wird es jedoch oft durch den Verlust des zweiten Chromosoms inaktiviert. Nicht gezeigt ist die Tatsache, dass die Mutation mancher Tumorsuppressorgene auch dann Wirkung haben kann, wenn nur eine der beiden Genkopien beschädigt ist.

Die Mutation einer einzigen Kopie eines Proto-Onkogens, die es in ein Onkogen umwandelt, hat eine dominante, wachstumsfördernde Wirkung auf die Zelle (**Abb. 20.21a**). Das bedeutet, dass man ein Onkogen an seiner Wirkung erkennen kann, wenn es durch DNA-Transfektion oder Transduktion mit einem viralen Vektor dem Genom einer geeigneten Testzelle oder eines Versuchstiers *hinzugefügt* wird. Andererseits sind im Fall der Tumorsuppressorgene die krebsverursachenden Mutationen im Allgemeinen rezessiv. Das heißt, in diploiden somatischen Zellen müssen oft (aber nicht immer) beide Kopien des normalen Gens *entfernt* oder *inaktiviert* werden, bevor man einen Effekt bemerkt (**Abb. 20.21b**). Dieser Unterschied erfordert verschiedene experimentelle Herangehensweisen, um zu entdecken, was einer Krebszelle *fehlt*.

Wir beginnen mit einigen Beispielen zu jeder Art von krebskritischen Genen, um die Grundprinzipien zu erklären. Diese Beispiele wurden auch aufgrund ihrer historischen Bedeutung ausgewählt: Die Versuche, die – zu unterschiedlichen Zeitpunkten und mit verschiedenen Methoden – zu ihrer Entdeckung geführt haben, markieren Wendepunkte im Verständnis von Krebs.

20.2.2 Retroviren führten zur Identifizierung von Onkogenen

Die Suche nach den genetischen Ursachen von humanem Krebs nahm verschlungene Wege. Sie begann mit Hinweisen, die aus der Untersuchung von **Tumorviren** stammten. Obwohl Viren nur bei einer Minderheit von humanen Krebsarten beteiligt sind, lieferte anfänglich eine Gruppe von Viren, die Tiere infizieren, entscheidende Werkzeuge zur Untersuchung von Krebs.

Eines der ersten Tierviren, das mit Krebs in Verbindung gebracht wurde, wurde vor über 100 Jahren in Hühnern entdeckt. Das infektiöse Agens, das Bindegewebstumoren oder Sarkome verursachte, wurde als Virus identifiziert: das *Rous-Sarkom-Virus*. Wie alle anderen *RNA-Tumorviren*, die seitdem entdeckt wurden, ist es ein **Retrovirus**. Wenn es eine Zelle infiziert, wird sein RNA-Genom über reverse Transkription in DNA übersetzt. Die DNA wird dann in das Wirtsgenom eingebaut, wo sie überdauern kann und an die nachfolgenden Zellgenerationen weitervererbt wird. Irgendetwas in der DNA, die vom Rous-Sarkom-Virus eingefügt wurde, machte die Wirtszelle kanzerös. Aber was war es? Die Antwort darauf war überraschend. Es stellt sich heraus, dass es ein Stück DNA war, das für das Überleben oder für die Reproduktion des Virus überflüssig war. Stattdessen handelte es sich um einen Passagier, ein Gen mit dem Namen *v-Src*, das das Virus auf seiner Reise aufgenommen hatte. *v-Src* war einem Gen namens *c-Src* zweifelsohne sehr ähnlich, aber die beiden Gene waren nicht identisch. *c-Src* findet sich in allen Vertebratengenomen und codiert für eine Tyrosinkinase. Es war offensichtlich zufällig vom Retrovirus aus dem Genom einer vorher infizierten Wirtszelle aufgenommen worden und wurde, indem es mutierte, zu einem Onkogen (*v-Src*).

Dieser mit dem Nobelpreis ausgezeichneten Erkenntnis folgte eine Flut von Entdeckungen weiterer viraler Onkogene, die von Retroviren übertragen wurden und bei Tieren Krebs verursachten. Es stellte sich heraus, dass jedes dieser Onkogene ein Proto-Onkogen-Gegenstück im normalen Vertebratengenom besaß. Wie auch im Fall von *Src*, unterschieden sich diese anderen Onkogene im Allgemeinen von ihren normalen Gegenstücken, entweder in der Struktur oder in der Expressionsrate. Aber was hatte das mit den typischen humanen Krebsarten zu tun, bei denen nicht bekannt war, dass Retroviren eine Rolle spielten?

Bei einem Versuchsansatz zur Identifizierung von humanen Onkogenen wurde DNA aus humanen Tumorzellen extrahiert, in Fragmente zerlegt und in kultivierte Mauszellen eingefügt. Gelegentlich erschienen in der Kulturschale Kolonien mit anormal proliferierenden Zellen. Diese Zellen zeigten einen transformierten Phänotyp, überwucherten die nichttransformierten Zellen in der Kultur und türmten sich in Schichten übereinander auf (s. **Abb. 20.15**). Jede Kolonie war ein Klon, hervorgegangen aus einer einzelnen Zelle, die ein DNA-Fragment aufgenommen hatte, das das kanzeröse Verhalten steuert. Nach der Isolation und Sequenzierung des DNA-Fragments zeigte sich, dass es eine humane Version eines Gens enthielt, das bereits aus Untersuchungen eines Retrovirus bekannt war, der bei Ratten Tumoren auslöste – ein Onkogen mit dem Namen *v-Ras*.

Das neu entdeckte Onkogen war eindeutig die mutierte Version eines normalen humanen Gens, das zu einer kleine Familie von Proto-Onkogenen mit dem Namen ***Ras*** gehörte. Diese Entdeckung desselben Onkogens in humanen Tumorzellen und in einem Tier-Tumorvirus in den frühen 1980er-Jahren war elektrisierend. Die Folgerung, dass Krebs durch Mutationen einer begrenzten Anzahl von krebskritischen Genen verursacht wird, veränderte unser Verständnis der Molekularbiologie von Krebs.

Wie in Kapitel 15 besprochen, handelt es sich bei normalen *Ras*-Proteinen um monomere GTPasen, die an der Übertragung von Signalen von an der Zelloberfläche sitzenden Rezeptoren in das Zellinnere beteiligt sind. Die *Ras*-Onkogene, die aus humanen Tumoren isoliert wurden, enthalten Punktmutationen. Diese Mutationen führen zur Bildung eines überaktiven *Ras*-Proteins, das sich nicht selbst durch Hydrolyse des gebundenen GTP zu GDP ausschalten kann. Da dies das Protein überaktiv werden lässt, ist die Wirkung dominant, d. h. nur eine der beiden Genkopien der Zelle muss verändert werden, um eine Wirkung zu haben. Bei ca. 30 % aller humanen Krebsarten ist eines der drei Mitglieder der humanen *Ras*-Familie mutiert. *Ras*-Gene gehören damit zu den wichtigsten krebskritischen Genen.

20.2.3 Gene, die bei Krebs mutiert sind, können auf vielen Wegen überaktiviert werden

In **Abbildung 20.22** sind die Möglichkeiten zusammengefasst, wie ein Proto-Onkogen zum Onkogen werden kann. (1) Eine kleine Veränderung in der DNA-Sequenz, wie z. B. eine Punktmutation oder eine Deletion, kann zur Produktion eines hyperaktiven Proteins führen, wenn diese Veränderung innerhalb einer proteincodierenden Sequenz

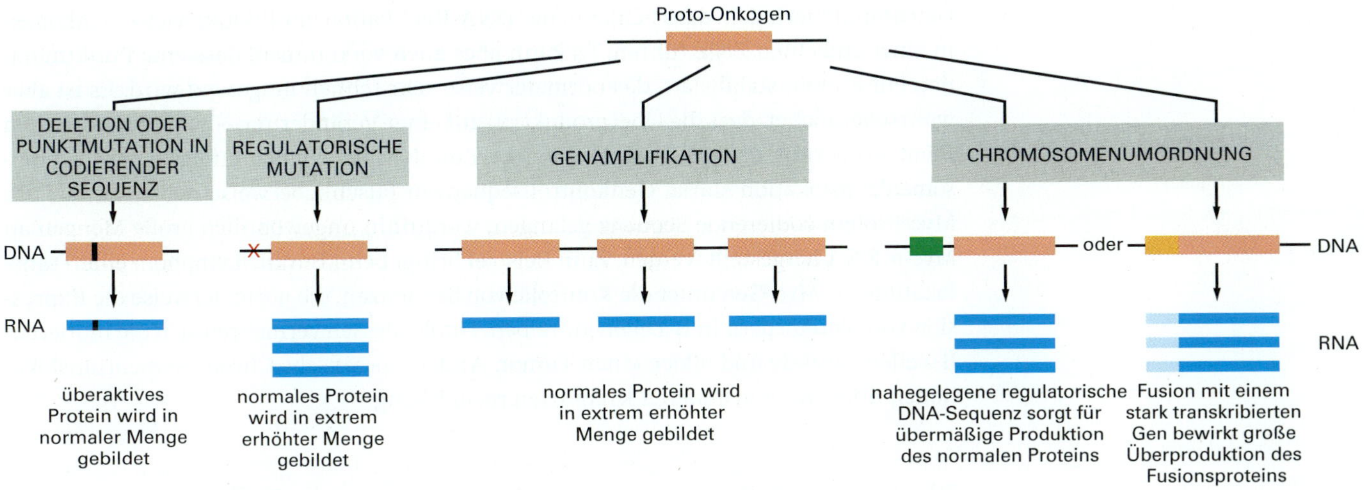

Abb. 20.22 Die Möglichkeiten, wie ein Proto-Onkogen zum Onkogen werden kann.

liegt. Sie kann auch eine Protein-Überproduktion bewirken, wenn sie innerhalb einer regulatorischen Region für dieses Gen liegt. (2) Genamplifikationen, wie z. B. solche, die durch Fehler während der DNA-Replikation verursacht werden, können dazu führen, dass weitere zusätzliche Genkopien entstehen. Dies kann dann eine Überproduktion des Proteins zur Folge haben. (3) Eine chromosomale Umgestaltung durch Bruch und anschließendes Wiederzusammenfügen der DNA-Helix kann entweder die proteincodierende Region verändern, sodass ein hyperaktives Fusionsprotein entsteht, oder sie kann die Kontrollregionen für ein Gen verändern, sodass ein normales Protein überproduziert wird.

Ein Beispiel ist der Rezeptor für das extrazelluläre Signalprotein *epidermaler Wachstumsfaktor (EGF)*. Er kann durch eine Deletion aktiviert werden, bei der ein Teil seiner extrazellulären Domäne entfernt wird. Der so mutierte Rezeptor ist selbst in Abwesenheit von EGF aktiv (**Abb. 20.23**). Der mutierte EGF-Rezeptor leitet ein nicht angebrachtes Stimulationssignal weiter, wie eine defekte Türklingel, die läutet, selbst wenn niemand auf den Klingelknopf drückt. Derartige Mutationen kommen in den häufigsten Hirntumoren des Menschen, den so genannten Glioblastomen, vor.

Ein weiteres Beispiel ist das *Myc-Protein*, das im Zellkern wirkt und das Zellwachstum und die Zellteilung stimuliert (s. Kapitel 17). Es trägt in der Regel durch eine Überproduktion seiner normalen Form zur Entstehung von Krebs bei. In einigen Fällen wird das

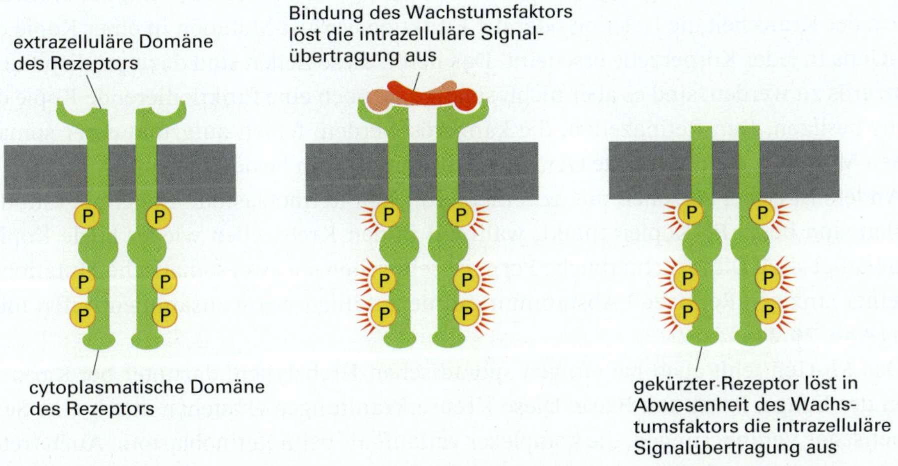

Abb. 20.23 Eine Mutation des Rezeptors für den epidermalen Wachstumsfaktor (EGF) kann ihn selbst in Abwesenheit von EGF aktivieren und dadurch onkogen werden lassen. Normalerweise führt die Bindung von EGF an die extrazelluläre Domäne des Rezeptors zu einer Phosphorylierung der intrazellulären Domäne, wodurch die Signalübertragung aktiviert wird. Eine Verkürzung der extrazellulären Domäne führt zu einer Hyperphosphorylierung und unangemessenen Aktivierung. Andere Arten von aktivierenden Mutationen werden bei verschiedenen Krebsarten beobachtet.

Gen amplifiziert, d. h. dass Fehler in der DNA-Replikation zur Bildung vieler Genkopien in einer einzelnen Zelle führen. Es kann aber auch vorkommen, dass eine Punktmutation ein Protein stabilisiert, das normalerweise sehr schnell umgesetzt wird. Es ist aber wahrscheinlicher, dass die Überproduktion auf einer Veränderung eines regulatorischen Elements beruht, das auf das Gen einwirkt. Zum Beispiel können infolge einer Chromosomentranslokation starke Genkontrollsequenzen fälschlicherweise neben die für das Myc-Protein codierende Sequenz gelangen, woraufhin ungewöhnlich große Mengen an *Myc*-mRNA hergestellt werden. Zum Beispiel bringt beim Burkitt-Lymphom eine Translokation das *Myc*-Gen unter die Kontrolle von Sequenzen, die normalerweise die Expression von Antikörpern in B-Zellen antreiben. Infolgedessen vermehren sich die mutierten B-Zellen exzessiv und bilden einen Tumor. Andere spezifische Chromosomentranslokationen findet man in anderen Krebsarten recht häufig.

20.2.4 Die Untersuchung seltener erblicher Krebssyndrome führte erstmals zur Identifizierung von Tumorsuppressorgenen

Für die Identifizierung eines inaktivierten Gens im Genom einer Krebszelle braucht man eine andere Strategie als für das Auffinden eines überaktivierten Gens. Zum Beispiel kann man das Experiment der Zelltransformation nicht anwenden, um etwas nachzuweisen, was ganz einfach nicht da ist. Das Schlüsselerlebnis, das zur Entdeckung des ersten Tumorsuppressorgens führte, kam aus Studien an einer seltenen Form eines Humankrebses, dem **Retinoblastom**. Diese Geschwulst entsteht aus Zellen der Retina im Auge, die durch ungewöhnlich wenige Mutationen zu Krebszellen werden. Wie oft in der Biologie entdeckte man bei der Untersuchung eines speziellen Falls ein Prinzip von allgemeiner Bedeutung.

Retinoblastome treten in der Kindheit auf. Die Tumoren entwickeln sich aus den Nerven-Vorläuferzellen in der unausgereiften Netzhaut (*Retina*). Etwa eines von 20 000 Kindern ist davon betroffen. Die Krankheit ist erblich oder durch eine spontane Mutation bedingt. Bei der erblichen Form tauchen meist in beiden Augen unabhängig voneinander mehrere Tumoren auf, während bei der nichterblichen Form nur in einem Auge ein Tumor entsteht. Manche Personen mit erblichem Retinoblastom besitzen einen erkennbar anormalen Karyotyp mit einer Deletion einer spezifischen Bande auf Chromosom 13. Wenn diese Deletion vererbt wird, ist die betroffene Person für die Krankheit prädisponiert. Genau der gleiche Locus ist auch in Tumorzellen einiger Personen mit der nichterblichen Krankheitsform deletiert, was darauf hindeutet, dass der Krebs durch den Verlust eines kritischen Gens in dieser Chromosomenregion verursacht wird.

Durch Lokalisierung der Chromosomendeletion beim Retinoblastom konnte man das *Rb*-Gen identifizieren. Man fand dann heraus, dass bei den Individuen mit der erblichen Form der Krankheit die Deletion oder die Funktionsverlust-Mutation in einer Kopie des *Rb*-Gens in jeder Körperzelle erscheint. Das heißt, diese Zellen sind dazu prädisponiert, kanzerös zu werden, sind es aber nicht, solange sie noch eine funktionierende Kopie des Gens besitzen. Den Retinazellen, die kanzerös werden, fehlen aufgrund einer somatischen Mutation, die die intakte Genkopie eliminiert, dann beide *Rb*-Kopien.

Anders ist es bei Personen mit dem nichterblichen Retinoblastom. In deren gesunden Zellen sind beide *Rb*-Kopien intakt, während in den Krebszellen wieder beide Kopien geschädigt sind. Diese nichterbliche Form ist sehr selten, da zwei somatische Mutationen in einer einzigen Retinazell-Abstammungslinie zufälligerweise zusammentreffen müssen (**Abb. 20.24**).

Das *Rb*-Gen fehlt auch bei einigen sporadischen Krebstypen, darunter bei Karzinomen der Lunge, Brust und Blase. Diese Krebserkrankungen entstehen durch eine Serie genetischer Veränderungen, die komplexer verläuft als beim Retinoblastom. Auch treten

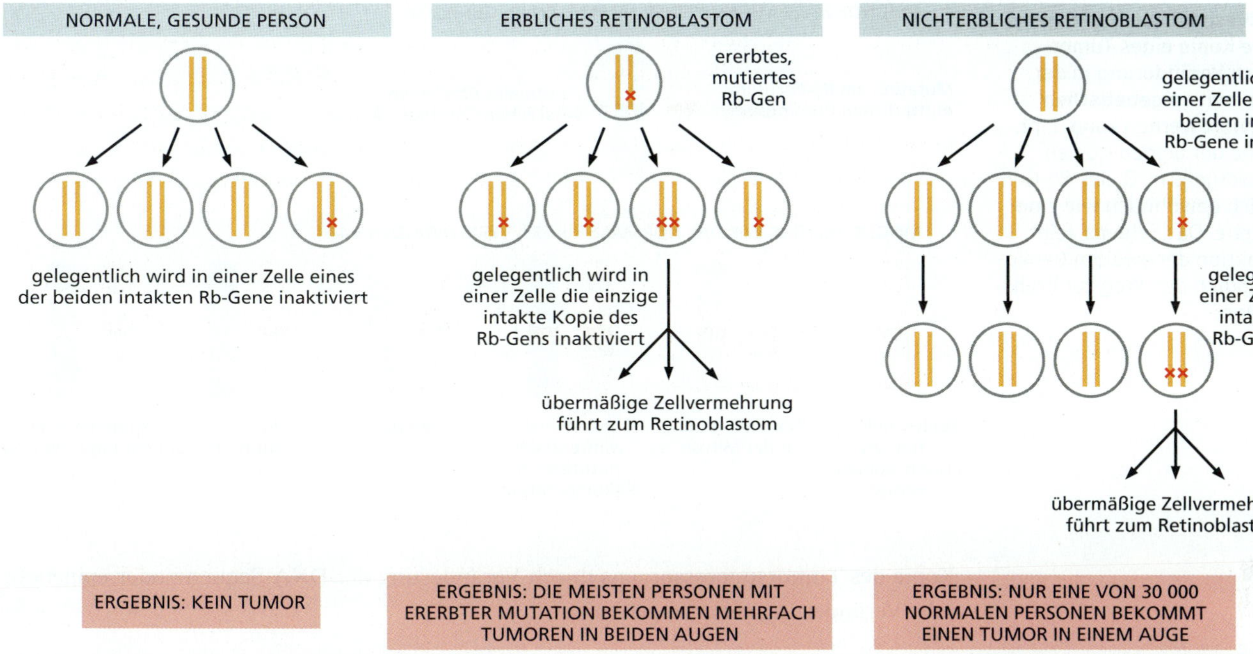

Abb. 20.24 Die genetischen Grundlagen des Retinoblastoms. Bei der erblichen Form der Krankheit fehlt allen Zellen im Körper eine der normalerweise zwei funktionsfähigen Kopien des *Rb*-Tumorsuppressorgens. Wenn die zweite Kopie durch ein somatisches Ereignis (entweder Mutation oder epigenetische Stilllegung) verloren geht oder inaktiviert wird, entstehen Tumoren aus einem Zellklon. In der nichterblichen Form besitzen alle Zellen ursprünglich zwei funktionsfähige Kopien des Gens. Der Tumor entsteht, wenn in einer einzigen Zelllinie zufälligerweise zwei somatische Ereignisse auftreten, durch die beide Kopien verloren gehen oder inaktiviert werden.

sie erst in höherem Lebensalter auf. Bei allen scheint jedoch der Verlust von *Rb* häufig ein wichtiger Schritt auf dem Weg zur Bösartigkeit zu sein.

Das *Rb*-Gen codiert für das **Rb-Protein**, einen weit verbreiteten Zellzyklusregulator in fast allen Körperzellen (s. **Abb. 17.59**). Da *Rb* eine der wichtigsten Bremsen beim Durchlaufen des Zellteilungszyklus ist, kann sein Verlust dazu führen, dass Zellen zum falschen Zeitpunkt in den Zellzyklus eintreten, wie wir später besprechen werden.

20.2.5 Sowohl genetische als auch epigenetische Mechanismen können Tumorsuppressorgene inaktivieren

Die Inaktivierung von Tumorsuppressorgenen ist der Schritt, der sie kanzerogen macht. Tumorsuppressorgene können auf viele unterschiedliche Arten inaktiviert werden, nur müssen verschiedene Kombinationen genetischer Zwischenfälle so zusammenkommen, dass beide Genkopien eliminiert oder beschädigt werden. Die erste Kopie kann z. B. durch eine kleine Chromosomendeletion verloren gehen oder durch eine – durch einen zufälligen Fehler bei der DNA-Replikation erzeugte – Punktmutation inaktiviert werden. Die zweite Kopie wird normalerweise durch einen weniger spezifischen und wahrscheinlicheren Mechanismus in Zellen, die sich zu Krebs entwickeln und bereits genetisch instabil geworden sind, eliminiert. Zum Beispiel kann das Chromosom, das die verbleibende normale Kopie trägt, aus der Zelle verloren gehen oder aufgrund von Fehlern bei der Chromosomentrennung beschädigt werden (s. **Abb. 20.11**) oder das normale Gen kann zusammen mit benachbartem Genmaterials durch eine mutierte Version ersetzt werden, entweder durch eine mitotische Rekombination oder einer damit einhergehenden *Genkonversion* ersetzt werden (s. Abschnitt 5.5.12).

Epigenetische Veränderungen stellen einen weiteren wichtigen Weg zur dauerhaften Inaktivierung eines Tumorsuppressorgens dar. Üblicherweise können C-Nukleotide in GC-Sequenzen im Promotor solcher Gene auf eine vererbbare Art methyliert werden, wodurch Gene in einer Zelle und in ihrer gesamten Nachkommenschaft irreversibel ausgeschaltet werden können (s. Abschnitt 7.5.1). **Abbildung 20.25** fasst am Beispiel des *Rb*-Gens die Brandbreite an Möglichkeiten zusammen, wie die verbleibende intakte

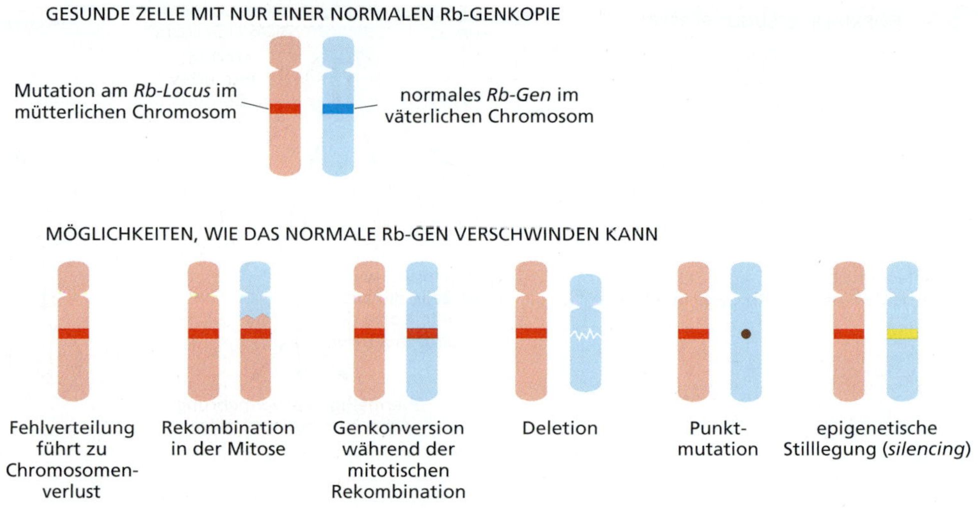

Abb. 20.25 Sechs Mechanismen, wie die verbleibende intakte Kopie eines Tumorsuppressorgens durch Veränderung in der DNA-Sequenz oder einen epigenetischen Mechanismus inaktiviert werden kann. Eine Zelle, bei der nur eine der beiden Kopien eines Tumorsuppressorgens (z. B. das *Rb*-Gen) defekt ist, verhält sich gewöhnlich wie eine normale, gesunde Zelle. Das Schema zeigt, wie sie auch die Funktion der zweiten Genkopie verlieren und dadurch den Weg zur Krebszelle einschlagen kann.

Kopie des Tumorsuppressorgens durch Veränderung der DNA-Sequenz oder epigenetische Veränderung verloren gehen kann.

20.2.6 Die systematische Sequenzierung von Krebszellgenomen hat unser Verständnis von Krebs verändert

Methoden wie die, die wir oben beschrieben haben, brachten eine Gruppe krebskritischer Gene ins Rampenlicht, die nach und nach identifiziert wurden. Währenddessen blieb das restliche Krebszellgenom im Dunkeln: Es war ein Rätsel, wie viele andere Mutationen noch lauern, welcher Art sie sind, in welchem Krebstyp sie mit welcher Häufigkeit, mit welchen Abwandlungen von einem Individuum zum Nächsten auftreten und welche Konsequenzen sie haben. Die Sequenzierung des menschlichen Genoms und die dramatischen Fortschritte in der DNA-Sequenzierungstechnologie (s. **Abb. 8.44**) machten es erstmals möglich, Krebszellgenome in ihrer Gesamtheit zu betrachten. Das verändert unser Verständnis von dieser Krankheit.

Krebszellgenome können auf verschiedene Arten systematisch durchsucht werden. Im Extremfall – die teuerste, aber nicht mehr unerschwingliche Methode – kann die vollständige Genomsequenz eines Tumors bestimmt werden. Preiswerter ist es, sich nur auf die etwa 21 000 Gene im menschlichen Genom zu konzentrieren, die für Proteine codieren (das sogenannte *Exom*) und nach Mutationen in der Krebszell-DNA zu suchen, die die Aminosäuresequenz des Genprodukts verändern oder seine Synthese verhindern (**Abb. 20.26**). Außerdem erlaubt DNA-Sequenzierung ein Durchsuchen des Genoms nach Bereichen, in denen eine Deletion oder Duplikation stattgefunden hat, um Variationen der Kopienzahl und Verlust oder Gewinne von Chromosomen (Aneuploidie) festzustellen. Das Genom kann auch nach epigenetischen Veränderungen durchsucht werden, um Veränderungen in den Methylierungsmustern der DNA oder andere Veränderungen zu entdecken, die mit dem Ausschalten oder Aktivieren der Transkription einhergehen, ohne sich auf die DNA-Sequenz auszuwirken. Die systematische Sequenzierung von RNAs kann Veränderungen der Menge der Genexpression durch Analyse der mRNAs aufdecken (s. **Abb. 7.5**) sowie der Mengen der regulatorischen nicht-codierenden RNAs. Um schließlich die Expression bekannter **krebskritischer Gene** direkt durch den Nachweis ihrer Proteinprodukte zu messen, können Tumorzelllysate mit Hilfe der Massenspektrometrie quantitativ untersucht werden. Diese Ansätze beinhalten den Vergleich von Krebszellen mit normalen Kontrollen – idealerweise nicht krebsartige Zellen, die aus dem gleichen Gewebe und von der gleichen Person stammen.

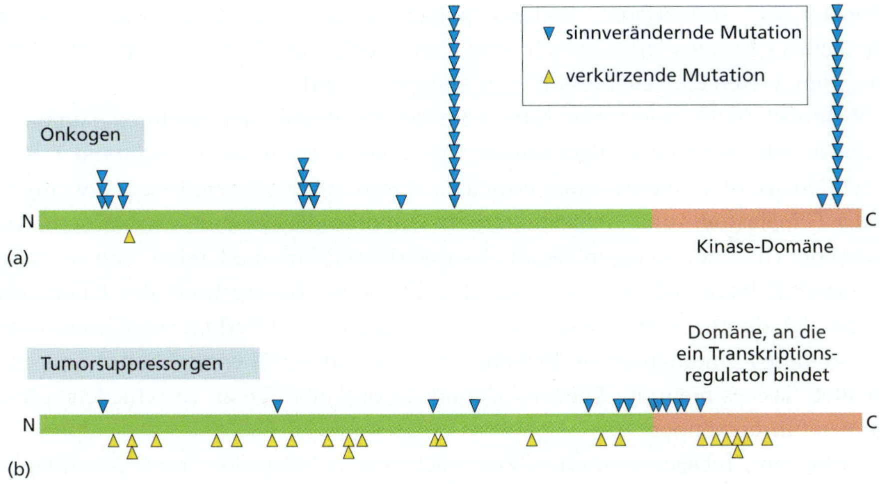

Abb. 20.26 Verschiedene Formen der DNA-Sequenzänderungen in Onkogenen im Vergleich mit Tumorsuppressorgenen. In dieser Abbildung sind Mutationen, die eine Aminosäure verändern, als *blaue Pfeilspitzen* dargestellt, während Mutationen, die die Polypeptidkette verkürzen, durch *gelbe Pfeilspitzen* gekennzeichnet sind. (a) Onkogenmutationen sind daran zu erkennen, dass, wie in diesem Beispiel (das *PIK3CA*-Gen, das für eine Untereinheit der Phosphoinositid-3-Kinase codiert), der gleiche Nukleotidaustausch mehrfach unter den sinnverändernden Mutationen in einem Gen auftritt. (b) Bei Tumorsuppressorgenen – in diesem Beispiel das *Rb*-Gen – überwiegen dagegen sinnverändernde Mutationen, die die Proteinsynthese abbrechen, indem sie Stopp-Codons bilden. Man beachte, dass nur wenige der möglichen Mutationen in einer proteincodierenden Sequenz wahrscheinlich aktivierend sein werden, während Inaktivierung eine Folge von sinnverändernden *Nonsense*-Mutationen und Leserahmenverschiebungs-Mutationen sein kann. (Verändert nach B. Vogelstein *et al.*, *Science* 339: 1546–1558, 2013).

Eine Kombination der oben beschriebenen Hochdurchsatzmethoden wurde bei mehr als 10 000 Tumoren aus 33 Krebsarten im Rahmen eines Konsortiums namens *The Cancer Genome Atlas*, das von den *National Institutes of Health* koordiniert wird, angewendet. Andere internationale und frei verfügbare Ressourcen, darunter COSMIC – *Catalog of Somatic Mutations in Cancer* – stellen ständig neue Krebsdaten zusammen. Wie wir später erläutern werden, haben diese groß angelegten Projekte neue Einblicke gegeben, welche Arten von Veränderungen in einem Krebsgenom vorhanden sind, welche Arten von Genen oder Signalwegen bei verschiedenen Krebsarten und innerhalb von Krebsarten verändert sind, wie die Krebszellen in einem Tumor heterogen sind und wie sich die Muster der Veränderungen während des Krankheitsverlaufs und der Behandlung im Laufe der Zeit entwickeln.

20.2.7 Viele Krebsarten besitzen ein außergewöhnlich zerstückeltes Genom

Die Analyse von Krebsgenomen hat zu allererst das ganze Ausmaß genetischer Veränderungen in Krebszellen offenbart. Es unterscheidet sich sehr je nach Krebsart und von einem Individuum zum anderen, sowohl hinsichtlich des Schweregrades als auch hinsichtlich der Eigenschaften. Wie bereits besprochen (s. Abschnitt 20.1.6) mag der Karyotyp – der Chromosomensatz – auch normal erscheinen, kann er doch von zahlreichen Punktmutationen in einzelnen Genen aufgrund des Ausfalls der Reparaturmechanismen, die normalerweise lokale Fehler bei der Replikation oder bei der Erhaltung der DNA-Sequenzen korrigieren, durchsetzt sein. Oft ist der Karyotyp jedoch stark zerrissen, mit zahlreichen Chromosomenbrüchen und -umgestaltungen und Chromosomensequenzen, die völlig durcheinandergebracht sind, was dafür spricht, dass eine starke Fragmentierung der DNA gefolgt von zufälligen Neukombinationen (wie bei der Chromothripsis, s. **Abb. 20.11**) stattgefunden hat. Aus dem Muster der Veränderungen kann man schließen, dass dieser störende Prozess im Laufe der Tumorentwicklung wiederholt stattgefunden und die genetische Zerstückelung jedesmal zugenommen hat.

Ein gemeinsames Merkmal vieler menschlicher Krebsarten ist die Aneuploidie – eine Veränderung des Chromosomen-Karyotyps gegenüber der normalen Anzahl von 46 Chromosomen. Eine Studie über Chromosomengewinne oder -verluste bei mehr als 10 000 Krebsgenomen ergab, dass die meisten Krebsarten ein charakteristisches Muster von Chromosomenanomalien aufweisen, wobei verschiedene Arme oder ganze Chromosomen mit unterschiedlicher Häufigkeit verändert sind. In vielen Fällen war der gesamte Chromosomensatz aufgrund des völligen Versagens bei der Zellteilung

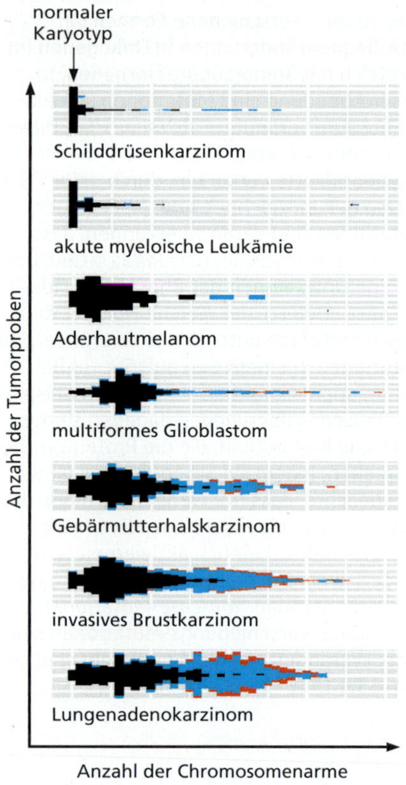

Abb. 20.27 **Das Überhandnehmen der Aneuploidie bei verschiedenen Tumorarten.** Für jede Tumorart wird die Gesamtzahl der entdeckten Chromosomenarme auf der X-Achse aufgetragen. Die Anzahl der Chromosomenarme in einem normalen Karyotyp ist angegeben. Der Status der Genomverdopplung wird ebenfalls angezeigt (*schwarz*, keine Verdopplung; *blau*, eine Genomverdopplung; *rot*, zwei oder mehr Genomverdopplungen). Die Anzahl der Tumorproben, die die jeweilige Armanzahl besitzen wird durch die Länge des Balkens auf der *Y*-Achse für jede Tumorart dargestellt. Zu beachten ist, dass Proben von einigen Tumorarten überwiegend einen normalen Karyotyp aufweisen, während Proben von anderen Tumorarten eine extreme Heterogenität mit einem dramatischen Anstieg der Anzahl der Chromosomenarme aufgrund einer ausgeprägten Aneuploidie aufweisen. (Verändert nach A. M. Taylor *et al.*, *Cancer Cell* 33: 676–689, 2018).

verdoppelt oder vervierfacht, wodurch polyploide Zellen entstehen, die in der Folge zusätzlichen Chromosomenzuwachs und -verlust erfahren. Fast 90 % aller untersuchten Krebsarten wiesen ein gewisses Maß an Aneuploidie auf.

Abbildung 20.27 zeigt einen Ausschnitt der Daten von ausgewählten Tumorarten, von denen jeder ein einzigartiges Muster von Aneuploidie aufweist. Während z. B. 74 % der Schilddrüsenkarzinome einen normalen Karyotyp aufwiesen, besaßen weniger als 5 % der Glioblastom- und Gebärmutterhals-Tumoren die normale Chromosomenzahl. Obwohl der Grad der Aneuploidie oft charakteristisch für eine Krebsklasse ist, ist auch Heterogenität festzustellen. Ein Beispiel dafür: Eine Untergruppe der Glioblastome zeichnet sich durch einen Zuwachs von Chromosom 7 und Verlust von Chromosom 10 aus, aber diese Kombination von Defekten ist nicht in allen Fällen vorhanden, was darauf hindeutet, dass es mehrere Wege der Genomstörung gibt, die zu verschiedenen Krebs-Subtypen führen können.

Mithilfe von Krebsgenomstudien lassen sich zugrundeliegende Störungen aufspüren, die zu den Genomveränderungen führen. Bei Eierstockkrebs kommen zum Beispiel Chromosomenbrüche, Translokationen und Deletionen sehr häufig vor. Diese Aberrationen korrelieren mit einem stark gehäuften Auftreten von Mutationen und epigenetischer Stilllegung innerhalb der Gene, die für die Reparatur von DNA-Doppelstrangbrüchen durch homologe Rekombination nötig sind. Dabei handelt es sich insbesondere um die Gene *Brca1* und *Brca2* (s. Abschnitt 5.5.7). Zum anderen findet man in einer Gruppe von Gebärmutterschleimhautkrebs stattdessen viele Punktmutationen, die über das gesamte Genom verstreut sind, was beispielsweise durch Mutationen in Enzymen, die für das Korrekturlesen während der DNA-Replikation verantwortlich sind, verursacht sein kann (s. Abschnitt 5.2.10). In beiden Tumorarten ist das Genom generell instabil, hervorgerufen wird dies jedoch durch unterschiedliche Mutationen. Verschiedene Krebserkrankungen und Unterarten der Krebsarten besitzen hoch variable Mutationsraten, die von einer Basensubstitution pro Exom in einigen pediatrischen Tumoren bis zu Tausenden von Mutationen pro Exom in mutageninduzierten bösartigen Tumoren wie Lungenkrebs und Melanomen reichen.

20.2.8 Zu den meisten Tumoren tragen epigenetische Veränderungen und Chromatinveränderungen bei

Bisher haben wir uns vor allem auf die Mutationen in krebskritischen Genen konzentriert, die direkt zu den Merkmalen von Krebs beitragen. Genauso wichtig für die Entstehung von Krebs sind jedoch auch Veränderungen, die die Genexpression epigenetisch verändern, ohne die DNA-Sequenz zu verändern. Wie bereits erwähnt, kann eine verstärkte Methylierung der DNA in der Promotorregion eines Gens wie *Rb* dieses dauerhaft stilllegen. Darüber hinaus treten reversible kovalente Modifikationen wie Methylierung und Acetylierung auch an den Histonproteinen auf, die die DNA in Chromatin verpacken. Diese Histonmarkierungen modulieren die Genexpression, indem sie die Konformation und Zugänglichkeit des Chromatins für regulatorische Faktoren wie Transkriptionsfaktoren und Chromatin-Umformungskomplexe verändern (s. Kapitel 7). Eine wichtige Erkenntnis aus groß angelegten Genomsequenzierungsprojekten ist, dass rund 50 % der menschlichen Krebserkrankungen Mutationen in Chromatinproteinen aufweisen, was Mutationen in Enzymen einschließt, die kovalente Markierungen auf Histonen und DNA anfügen, entfernen oder erkennen. Viele der daraus resultierenden Defekte haben das Potenzial, vererbbare, epigenetische Veränderungen zu verursachen, die die Genexpression modulieren und zur Tumorentstehung beitragen.

Häufig wirken genetische und epigenetische Veränderungen bei der Krebsentstehung zusammen (**Abb. 20.28**). In einigen Fällen gehen epigenetische Veränderungen den charakteristischen onkologischen Mutationen voraus und können diese sogar verursachen, etwa wenn die epigenetische Stilllegung von Genen, die für die Reparatur von DNA-Schäden benötigt werden, zu einer Erhöhung der Mutationsrate führt. In anderen Fällen kann eine zufällige Änderung der DNA-Sequenz das Chromatin und die epigenetische Regulierung stören. Ein Beispiel dafür ist eine Funktionsgewinn-Mutation im Gen für Isocitrat-Dehydrogenase (IDH), die dafür bekannt ist, ein häufiger Auslöser bei verschiedenen Krebsarten wie Gliomen, Leukämien und anderen Tumoren zu sein. Die mutierte IDH produziert erhöhte Mengen eines Metaboliten, 2-Hydroxyglutarat, der Enzyme hemmt, die die DNA demethylieren. Daher wird die DNA in IDH-mutierten Zellen an zufälligen Stellen im Genom hypermethyliert. Genau wie bei DNA-Mutationen werden diejenigen epigenetischen Veränderungen, die einen selektiven Vorteil bezüglich Wachstum oder Überleben bieten, der betroffenen Zelle und ihren Nachkommen erlauben, zu bestehen und weitere Veränderungen anzuhäufen und so zum Fortschreiten des Krebses beizutragen.

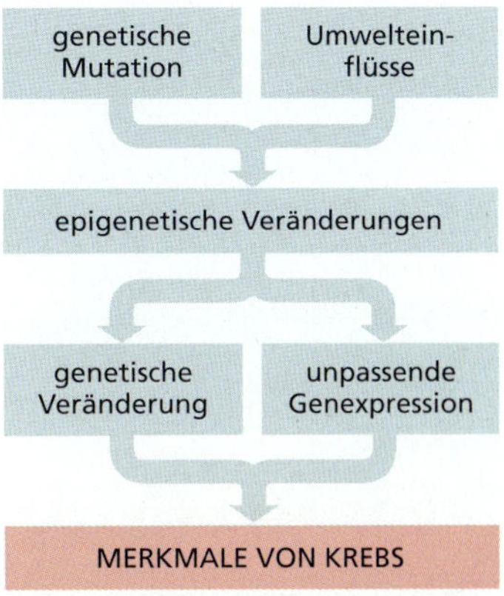

Abb. 20.28 Epigenetische und genetische Mechanismen können bei der Förderung der Krebsentstehung zusammenwirken. Sowohl genetische Mutationen als auch Umweltfaktoren (wie der Stoffwechselzustand) können zu epigenetischen Veränderungen führen. Wie hier dargestellt, können diese epigenetischen Veränderungen wiederum die Geschwindigkeit, mit der sich sowohl genetische als auch weitere epigenetische Veränderungen anhäufen, erhöhen und dadurch den Prozess der Krebsprogression beschleunigen, indem sie die Genexpression derart verändern, dass die Vermehrung von Krebszellen gefördert wird und diese Veränderungen in Zellklonen vererbt werden.

Die indirekte Wirkung der IDH-Mutation auf die DNA-Hypermethylierung veranschaulicht einen weiteren wichtigen Punkt: Stoffwechselbedingungen beeinflussen den Zustand des Chromatins, was wiederum die Genexpression beeinflussen kann. Bemerkenswert ist, dass nur eine Minderheit der Krebserkrankungen mit abweichender DNA-Methylierung durch ein zugrunde liegendes genetisches Ereignis erklärt werden kann. Diese Beobachtungen legen nahe, dass Umweltbedingungen, die selbst nicht mutagen sein müssen, eine Quelle für epigenetische Veränderungen sein können. Viele DNA- und Histon-modifizierende Enzyme benötigen Metaboliten als Kofaktoren, was eine mögliche Verbindung zwischen bekannten Krebsrisikofaktoren beim Menschen – wie Ernährung und Entzündungen – und der Entwicklung von Krebs herstellen könnte.

Neben der Modulation der Expression einzelner Gene können epigenetische Veränderungen auch globalere Auswirkungen auf den Chromatinzustand haben und damit Gennetzwerke beeinflussen, die den Programmen für das Zellverhalten zugrunde liegen. Zum Beispiel könnten unterschiedliche Muster der Genexpression, die durch epigenetische Markierungen bestimmt werden, die Fähigkeit einer Zelle einschränken, die Apoptose zu aktivieren, oder sie daran hindern, den Zellzyklus zu verlassen und sich zu differenzieren. Belege für solche Veränderungen bei Krebs kommen von der Charakterisierung seltener pädiatrischer Hirntumoren, die keine somatischen Mutationen, sondern stattdessen aberrante DNA-Methylierungsprofile aufweisen.

Es ist wichtig, daran zu erinnern, dass veränderte Muster der Genaktivierung und -stilllegung aufgrund epigenetischer Regulierung ein normales Merkmal der zellulären Differenzierung sind, wodurch dasselbe Genom durch präzise Entwicklungsprogramme eine Vielzahl verschiedener Zellarten hervorbringen und erhalten kann (s. Kapitel 21). Wie bei anderen Eigenschaften von Krebszellen, stellen epigenetische Veränderungen keine neue Biologie dar, sondern vielmehr die Umkehrung bestehender zellulärer Mechanismen.

20.2.9 Hunderte von menschlichen Genen tragen zu Krebs bei

Wie können wir unter den Milliarden von somatischen Mutationen, die bis jetzt in Krebszellen identifiziert wurden, herausfinden, welche von ihnen **Krebstreiber** sind, d. h. verursachende Faktoren für die Entwicklung der Krankheit sind? Natürlich werden die meisten nur **Passagiere** sein – Mutationen, die dank genetischer Instabilität zufällig in derselben Zelle aufgetreten sind wie die Treiber-Mutationen, aber für die Entstehung des Krebses irrelevant sind. Ein Kriterium ist die Häufigkeit des Auftretens. Treiber-Mutationen, die ein Gen betreffen, das eine Rolle bei der Krankheit spielt, werden wiederholt bei vielen verschiedenen Personen mit einer bestimmten Krebsart zu finden sein. Im Gegensatz dazu wird eine Passagier-Mutation, die der Krebszelle keinen selektiven Vorteil verschafft, wahrscheinlich nur selten anzutreffen sein.

Durch die Zusammenstellung der Genomsequenzdaten für verschiedene Krebsarten, mit ihren jeweils eigenen identifizierten Treiber-Mutationen, können wir einen umfassenden Katalog derjenigen Gene erstellen, bei denen der dringende Verdacht besteht, dass sie für mindestens eine Tumorart krebskritisch sind. Nach aktuellen Schätzungen beläuft sich die Gesamtzahl solcher Gene auf etwa 300, was etwa 1 % der Gene im menschlichen Genom entspricht. Diese krebskritischen Gene sind erstaunlich vielfältig und offenbaren eine unerwartete Bandbreite an Mechanismen. Während einige der neuen Krebsgene klassische Signal- und Zellzyklusproteine codieren, von denen man annehmen könnte, dass sie in Krebszellen mutiert sind, gehören andere Gene zu neuen und manchmal überraschenden Kategorien. Dazu gehören so unterschiedliche Funktionen wie Stoffwechsel, Chromatinbiologie, RNA-Spleißen, Proteinhomöostase und Zelldifferenzierung. Es ist klar, dass Veränderungen in jedem dieser Prozesse in dem einen oder anderen Gewebe zur Entwicklung von Zellen mit den in Abschnitt 20.1.8 aufgelisteten kanzerösen Eigenschaften beitragen können.

Die molekularen Veränderungen, die zur Entstehung von Krebs führen, sind zweifellos komplex. Wie wir gleich erklären werden, ist diese Komplexität jedoch nicht so entmutigend, wie sie zunächst erscheinen mag.

20.2.10 Störungen in einer handvoll entscheidender Stoffwechselwege sind vielen Krebsarten gemein

Einige Gene, wie zum Beispiel *Rb* und *Ras*, sind in vielen Krebsfällen und in vielen verschiedenen Krebstypen mutiert. Die Beteiligung von Genen wie *Rb* und *Ras* an Krebserkrankungen ist jetzt, da wir ihre normalen Funktionen verstehen, keine Überraschung mehr: Sie kontrollieren wesentliche Prozesse von Zellteilung und Zellwachstum. Aber selbst diese üblichen Verdächtigen sind an deutlich weniger als der Hälfte der Fälle beteiligt. Was passiert bei der Kontrolle dieser Prozesse in den vielen Fällen von Krebs, in denen zum Beispiel *Rb* intakt ist oder *Ras* nicht mutiert ist? Welche Rolle spielen Mutationen in den Hunderten von anderen krebskritischen Genen bei der Entwicklung der Krankheit? Mit unserem zunehmenden Wissen über die normalen Funktionen der Gene im menschlichen Genom wird es einfacher, Muster in den katalogisierten Treiber-Mutationen zu erkennen und vereinfachende Antworten auf diese Fragen zu geben.

Um die Art der entdeckten Muster zu verdeutlichen, betrachten wir das tödliche *Glioblastom* – der häufigste Gehirntumor des Menschen. Die Genomanalyse von Tumorzellen von 91 Personen machte im Ganzen immerhin 79 Gene ausfindig, die in mehr als einem Fall mutiert waren. Die normalen Funktionen der meisten dieser Gene waren bekannt oder es gab zumindest Vermutungen, sodass sie spezifischen biochemischen oder regulatorischen Signalwegen zugeordnet werden konnten. Es fielen drei funktionelle Gruppen auf, denen 21 der wiederkehrend mutierten Gene zuzuordnen sind. Eine dieser Gruppen besteht aus Genen des *Rb-Signalwegs* (d. h. *Rb* selbst und Gene, die *Rb* unmittelbar regulieren). Dieser Weg steuert den Beginn des Zellteilungszyklus. Ein anderer Weg enthält Gene, die aus dem gleichen regulatorischen Subnetzwerk wie *Ras* sind – bezeichnet wird dieser Weg als *RTK/Ras/PI 3-Kinase-Signalweg* nach drei seiner Kernkomponenten. Die Aufgabe dieses Signalwegs ist die Übertragung von Signalen für das Zellwachstum und die Zellteilung von außerhalb der Zelle in die Zelle hinein. Die dritte Gruppierung besteht aus Genen eines Signalwegs, der die Reaktionen auf Stress und DNA-Schädigung reguliert – der *p53-Signalweg*. Wir werden später noch ausführlicher auf diese drei Wege eingehen. Von den 91 Glioblastomen besaßen 74 % erkennbare Mutationen in allen drei Signalwegen. Wenn man diese drei Signalwege weiter stromaufwärts verfolgen und alle ihre bekannten und unbekannten Komponenten aufspüren würde, wäre dieser Prozentsatz mit ziemlicher Sicherheit sogar noch größer. Anders ausgedrückt, in fast jedem Glioblastom gibt es Mutationen, die jeden der drei wesentlichen Kontrollpunkte stören: die Kontrolle des Zellwachstums, die Kontrolle der Zellteilung und die Kontrolle der Reaktionen auf Stress und DNA-Schädigung.

Auffallenderweise besteht in jedem Tumorzellklon eine ausgeprägte Tendenz dazu, dass in jedem Signalweg nicht mehr als ein Gen mutiert ist. Offenbar ist für die Entwicklung des Tumors die Störung der Kontrollmechanismen von Bedeutung, aber nicht, wie diese Störung genetisch erreicht wird. Bei einer Person, deren Tumorzellen zum Beispiel keine Mutation in *Rb* selbst besitzen, existiert in der Regel eine Mutation in irgendeiner anderen Komponente des *Rb*-Signalwegs, was einen ähnlichen biologischen Effekt hat. Dies bedeutet, dass es keine weitere Selektion für eine Mutante in einem Signalweg gibt, wenn der Signalweg durch eine Mutation an anderer Stelle bereits deaktiviert wurde.

Ähnliche Muster sind auch in anderen Krebsarten zu beobachten. Eine Analyse zahlreicher Proben von vielen verschiedenen Eierstocktumoren ergab, dass 67 % der weiblichen Personen Mutationen im Rb-Signalweg besaßen, 45 % im Ras/PI 3-Kinase-Signalweg (enger definiert als in der Glioblastomstudie) und über 96 % im p53-Signalweg. Unter Berücksichtigung weiterer Komponenten des Signalwegs, die bei der Analyse nicht eingeschlossen wurden, scheinen in den meisten Fällen dieser Krebsart auch Mutationen vorzuliegen, die dieselben drei Kontrollmechanismen stören, die zu fehlreguliertem Zellwachstum, fehlregulierter Zellproliferation und einer anormalen Missachtung von Stress und DNA-Schädigung führen. Es scheint, dass diese drei wesentlichen Kontrollpunkte in praktisch jeder Art von Krebs auf die eine oder andere Weise untergraben werden. Da spezialisierte Gewebe jedoch auf verschiedene Mechanismen angewiesen sein können, um Umweltsignale an die Hauptkontrollmaschinerie weiterzuleiten, können diese Kontrollen bei verschiedenen Krebsarten auf unterschiedliche Weisen unterlaufen werden. In der Tat lassen sich Beispiele für Treiber-Mutationen in praktisch allen wichtigen Signalwegen finden, über die Zellen während der Entwicklung und Gewebeerhaltung kommunizieren (wird in den Kapiteln 15, 21 und 22 erläutert). **Abbildung 20.29** skizziert die drei soeben beschriebenen zentralen Pfade, wobei sie als Zellzyklus, Zellproliferation und Zellüberleben abgekürzt sind. Wir haben bereits Rb diskutiert (s. Abschnitt 20.2.4) und den Zellzykluskontrollen ein ganzes Kapitel gewidmet (Kapitel 17). Einige wichtige Details zu den beiden anderen Kontrollwegen in **Abb. 20.29** werden wir als Nächstes besprechen.

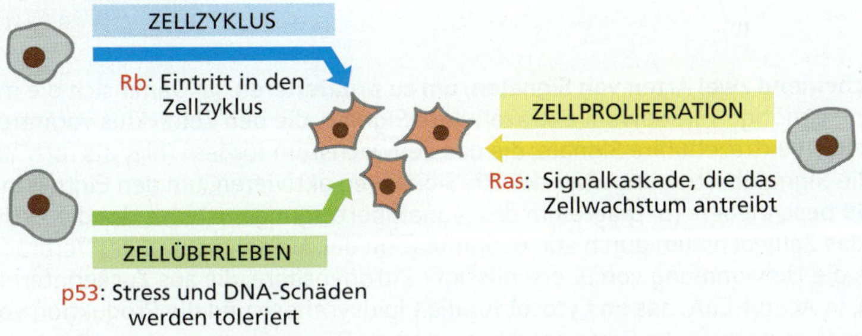

Abb. 20.29 Die drei wichtigsten zellulären Signalwege, die zur Tumorentstehung beitragen. Die spezifischen Beispiele, die hier aufgeführt sind, werden in diesem Kapitel beschrieben. Die von *Rb* kontrollierten Zellzyklusereignisse werden in Kapitel 17 ausführlich erklärt.

20.2.11 Mutationen innerhalb des PI 3-Kinase/Akt/mTOR-Signalwegs steuern Krebszellen in Richtung Wachstum

Zellproliferation betrifft aber nicht nur das Durchlaufen des Zellzyklus. Sie benötigt auch ein koordiniertes Zellwachstum, wozu komplexe anabole Prozesse gehören, mit deren Hilfe die Zelle alle notwendigen Makromoleküle aus kleinen Vorläufermolekülen synthetisiert (**Abb. 20.30**). Krebs ist folglich nicht nur davon abhängig, dass Mechanismen entfallen, die das Durchlaufen des Zellzyklus einschränken, sondern auch von einer gestörten Kontrolle des Zellwachstums.

Der der RTK/Ras-Aktivierung nachgeschaltete intrazelluläre Phosphoinositid-3-Kinase (PI 3-Kinase)/Akt/mTOR-Signalübertragungsweg ist entscheidend für die Kontrolle des Zellwachstums. Wie in Kapitel 15 beschrieben, aktivieren normalerweise verschiedene extrazelluläre Signalproteine, zu denen Insulin und insulinähnliche Wachstumsfaktoren gehören, diesen Signalübertragungsweg. In Krebszellen wird der Weg aber durch Mutation aktiviert, sodass die Zelle wachsen kann, auch wenn solche Signale nicht vorhanden sind. Die daraus resultierende anormale Aktivierung der Proteinkinasen Akt und mTOR stimuliert nicht nur die Proteinsynthese, sondern erhöht auch in beträchtlichem Maße sowohl die Glukoseaufnahme als auch die für die Lipidsynthese der Zelle benötigte Produktion von Acetyl-CoA im Cytosol (s. **Abb. 20.30b**).

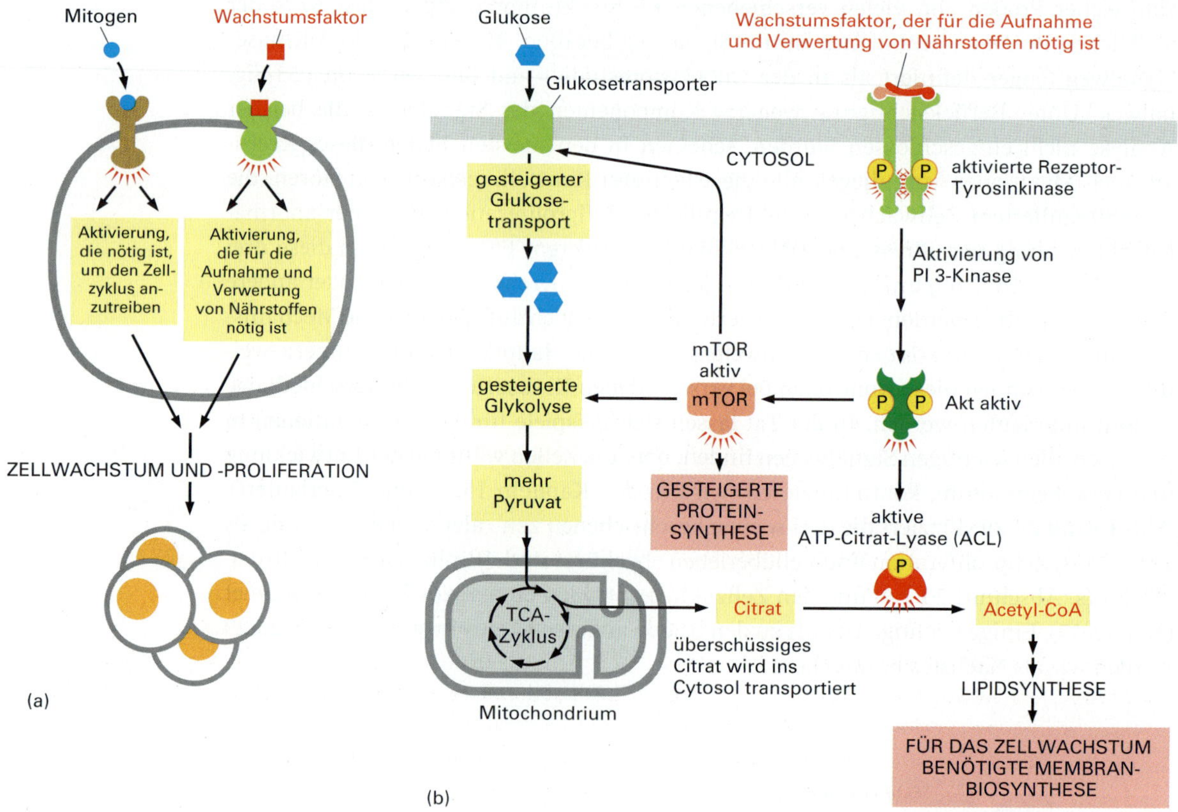

Abb. 20.30 Zellen benötigen anscheinend zwei Arten von Signalen, um zu proliferieren. (a) Damit sich die meisten normalen Zellen erfolgreich vermehren, benötigen sie sowohl extrazelluläre Signale, die den Zellzyklus vorantreiben (hier als *blaues* Mitogen dargestellt), als auch extrazelluläre Signale, die das Zellwachstum fördern (hier als *roter* Wachstumsfaktor dargestellt). Wie Mitogene die Signalübertragung über den Rb-Signalweg aktivieren, um den Eintritt in den Zellzyklus zu fördern, wird in **Abb. 17.59** beschrieben. (b) Diagramm des Signalübertragungssystems, das die Aktivierung von Akt und mTOR beinhaltet und das das Zellwachstum durch starke Stimulation der Aufnahme und des Verbrauchs von Glukose antreibt. Dazu gehört auch die Umwandlung von überschüssiger Zitronensäure, die aus Zuckerintermediaten in den Mitochondrien produziert wird, in Acetyl-CoA, das im Cytosol für die Lipidsynthese und die Produktion von neuen Membranen benötigt wird. Wie angezeigt ist auch die Proteinsynthese erhöht. Dieses System wird zu Beginn der Tumorprogression anormal aktiviert. TCA-Zyklus steht für den Tricarbonsäurezyklus (Zitronensäurezyklus).

Die anormale Aktivierung des PI 3-Kinase/Akt/mTOR-Wegs, die normalerweise frühzeitig im Verlauf der Tumorprogression auftritt, hilft, die exzessive Glykolyserate zu erklären, die man in Tumorzellen beobachtet und die als Warburg-Effekt bekannt ist, wie bereits erwähnt (s. **Abb. 20.18**). Wie aus unserer vorangegangenen Diskussion zu erwarten, kann Krebs diese Wege auf viele Arten aktivieren. So kann zum Beispiel ein Wachstumsfaktorrezeptor anormal aktiviert werden, wie in **Abb. 20.23** dargestellt. Gängig ist bei Krebs auch der Verlust der Phosphatase-und-Tensin-Homolog-Phosphatase (PTEN-Phosphatase), ein Enzym, das normalerweise diesem Signalweg entgegenarbeitet. PTEN unterdrückt den PI 3-Kinase/Akt/mTOR-Weg über Dephosphorylierung des von der PI 3-Kinase gebildeten Phosphatidylinositol-3,4,5-triphosphat (PI[3,4,5]P_3)-Moleküls (s. Abschnitt 15.3.8 und 15.3.9). PTEN ist häufig in Tumoren mutiert.

20.2.12 Mutationen im p53-Weg ermöglichen es Krebszellen, trotz Stress und DNA-Schädigung zu überleben und sich zu vermehren

Dass Krebszellen die normalen Regeln brechen müssen, um Zellwachstum und Zellteilung zu steuern, ist offensichtlich; dies ist Teil der Definition von Krebs. Es ist nicht so offensichtlich, warum Krebszellen auch hinsichtlich ihrer Reaktion auf Stress und DNA-Schädigung anormal sein sollten; dennoch ist dies ein fast allgemeingültiges Merkmal von Krebs. Das Gen, das im Zentrum dieser Reaktion liegt, das *p53*-Gen, ist in etwa 50 % der Krebsfälle mutiert – ein größerer Anteil als bei jedem anderen bekannten krebskritischen Gen. Wenn wir zu *p53* noch die anderen Gene, die stark an seiner Funktion beteiligt sind, hinzunehmen, sehen wir, dass die meisten an Krebs erkrankten Individuen Mutationen im p53-Weg besitzen. Warum ist das so? Um die Antwort darauf geben zu können, müssen wir erst die normale Funktion dieses Wegs betrachten.

Im Gegensatz zu Rb findet man in den meisten Zellen im Körper unter normalen Umständen sehr wenig **p53-Protein**: Das Protein wird synthetisiert, aber sehr schnell abgebaut. Mäuse, in denen beide Genkopien entfernt oder inaktiviert wurden, erscheinen in jeder Beziehung normal – mit einer Ausnahme: Sie entwickeln Krebs, bevor sie 10 Monate alt sind. Diese Beobachtungen legen den Verdacht nahe, dass p53 eine Funktion besitzt, die nur gelegentlich oder unter speziellen Umständen benötigt wird. Tatsächlich erhöhen Zellen die Konzentration des p53-Proteins als Reaktion auf eine ganze Reihe von Bedingungen, die nur eine offensichtliche Tatsache gemeinsam haben: Sie sind aus Sicht der Zelle pathologisch, sie bringen die Zelle in Lebensgefahr oder in die Gefahr, schwere Schädigungen zu erleiden. Zu diesen Umständen zählen DNA-Schädigungen, die die Zelle dem Risiko eines fehlerhaften Genoms aussetzen, Verlust oder Verkürzung der Telomere, was ebenfalls gefährlich für die Intaktheit des Genoms ist, Sauerstoffmangel, der der Zelle den Sauerstoff entzieht, den sie benötigt, um die Atmungskette in den Mitochondrien aufrechtzuerhalten, osmotischer Stress, der dazu führt, dass die Zelle anschwillt oder schrumpft, und oxidativer Stress, durch den gefährlich hohe Konzentrationen an äußerst reaktiven, freien Radikalen auftreten können.

Wie es scheint, kann noch eine weitere Form von Stress auftreten, die den p53-Weg aktivieren kann: Wenn regulatorische Signale so stark oder unkoordiniert sind und die Zelle über ihre normalen Grenzen hinaus in eine Gefahrenzone bringen, wo ihre Kontroll- und Koordinationsmechanismen zusammenbrechen, ähnlich wie bei einem Motor, der zu schnell gefahren wird. Die p53-Konzentration steigt zum Beispiel, wenn *Myc* bis hin zu onkogenen Konzentrationen überexprimiert wird.

Alle diese Umstände verlangen ein dringendes Handeln. Es gibt dafür zwei Möglichkeiten: Die Zelle kann jedes weitere Durchlaufen des Zellzyklus blockieren, um sich Zeit für die Reparatur zu nehmen oder um sich von den pathologischen Bedingungen zu erholen, oder sie kann akzeptieren, dass sie sterben muss und dies auf eine Art tun, die

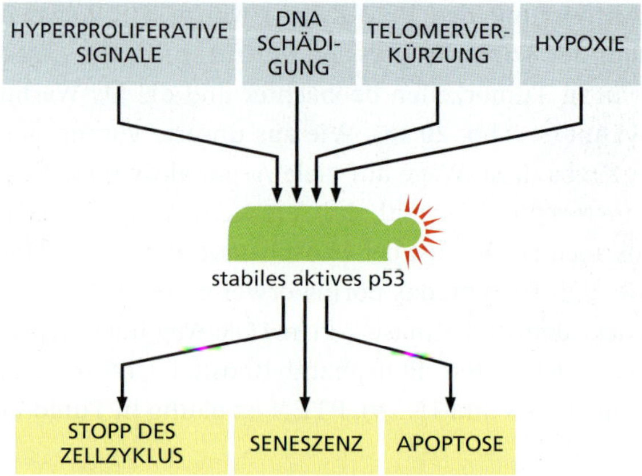

Abb. 20.31 Funktionen des p53-Tumorsuppressors. Das p53-Protein ist ein zellulärer Stresssensor. Als Reaktion auf hyperproliferative Signale, DNA-Schädigung, Hypoxie, Telomerverkürzung und viele weitere Formen von Stress steigt die p53-Konzentration in der Zelle. Wie dargestellt, kann dies die Zelle dazu veranlassen, entweder den Zellzyklus einzustellen, sodass die Zelle die Fehler möglicherweise korrigieren und überleben kann, oder den Zelltod durch Apoptose einzuleiten oder *zelluläre Seneszenz* herbeizuführen – ein irreversibles Anhalten des Zellzyklus, das verhindert, dass sich beschädigte Zellen teilen.

den Schaden für den Organismus möglichst gering hält. Ein „guter Tod“ ist unter diesem Gesichtspunkt ein Tod durch Apoptose. Bei Apoptose wird die Zelle von ihren Nachbarn phagozytiert und ihre Inhaltstoffe werden effizient wiederverwertet. Ein „schlechter Tod“ ist der Tod durch Nekrose. Bei Nekrose platzt oder zerfällt die Zelle und ihre Inhaltstoffe laufen in den Extrazellularraum aus und verursachen eine Entzündung.

Der p53-Weg funktioniert daher wie eine Art von Antenne, die eine breite Palette von gefährlichen Zuständen erkennt und dann, wenn sie derartige Bedingungen registriert, angemessene Reaktionen einleitet. Dies kann ein vorübergehendes oder dauerhaftes Anhalten des Zellzyklus sein oder Selbstmord durch Apoptose (**Abb. 20.31**). Diese Reaktionen haben die Aufgabe zu verhindern, dass gestörte Zellen sich vermehren. Krebszellen sind tatsächlich in der Regel gestört und ihr Überleben und ihre Vermehrung hängen somit von der Inaktivierung des p53-Wegs ab. Wenn der p53-Weg bei ihnen aktiv wäre, würden sie gestoppt werden oder sterben. Wenn beispielsweise der p53-Signalweg funktioniert, stellt eine Zelle mit nicht reparierten DNA-Schäden die Zellteilung ein oder wird absterben; sie kann sich nicht vermehren.

Das p53-Protein führt seine Aufgabe hauptsächlich aus, indem es als Transkriptionsregulator wirkt. Tatsächlich betreffen die häufigsten Mutationen, die man bei p53 in humanen Tumoren beobachtet, seine DNA-bindende Domäne. Diese Mutationen lähmen p53 in seiner Fähigkeit, an seine DNA-Zielsequenzen zu binden. Wie in Kapitel 17 besprochen, übt das p53-Protein seine Wirkung auf den Zellzyklus zumindest zum Teil dadurch aus, dass es die Transkription des Gens *p21* induziert. Das Proteinprodukt von *p21* bindet an Cyclin-abhängige Kinase (Cdk)-Komplexe, die für das Fortschreiten des Zellzyklus nötig sind, und hemmt deren Kinaseaktivität. Dadurch verhindert das p21-Protein, dass die Zelle die S-Phase durchläuft und ihre DNA repliziert.

Zum Mechanismus, über den p53 die Apoptose einleitet, gehört die Stimulation der Expression vieler proapoptotischer Gene, wie in Kapitel 18 beschrieben ist.

20.2.13 Studien mit Mäusen helfen, die Funktionen krebskritischer Gene zu bestimmen

Der ultimative Test, um zu klären, welche Rolle ein Gen bei der Entwicklung von Krebs spielt, muss aus Untersuchungen am intakten, ausgereiften Organismus stammen. Der bevorzugte Organismus für derartige Studien ist die Maus. Um die Funktion eines Onkogen- oder Tumorsuppressorgen-Kandidaten aufzuklären, können transgene Mäuse entwickelt werden, die das Gen überexprimieren, bzw. Knockout-Mäuse, denen das entsprechende Gen fehlt. Um herauszufinden, ob und wie sich Tumoren entwickeln,

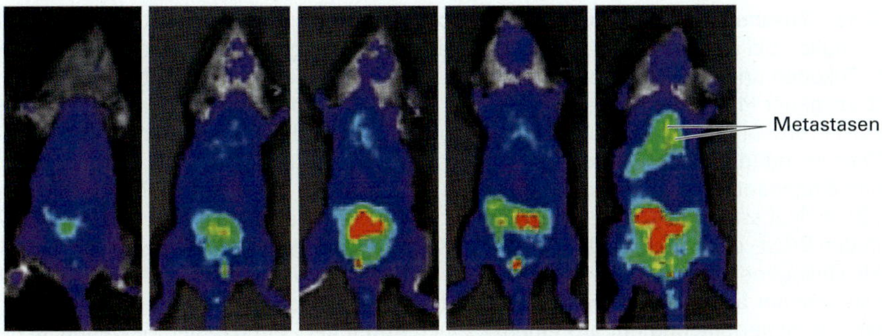

Abb. 20.32 Beobachtung von Tumorwachstum und Metastasenbildung in einer Maus mit einem lumineszierenden Reporter. Eine Maus wurde genetisch so verändert, dass beide Kopien ihres *PTEN*-Tumorsuppressorgens in der Prostata inaktiv waren. Gleichzeitig wurde ein Gen so verändert, dass es prostataspezifisch das Enzym Luciferase (aus Glühwürmchen) bildete. Nach Injektion von Luciferin (das Substrat der Luciferase) in den Blutkreislauf der Maus senden die Prostatazellen Licht aus und können anhand ihrer Biolumineszenz in der lebenden Maus detektiert werden. Dies ist *links* im Bild in dem 67 Tage alten Tier zu sehen. Zellen, denen die Phosphatase PTEN fehlt, enthalten erhöhte Mengen des Akt-Aktivators $PI(3,4,5)P_3$. Dies führt dazu, dass die Prostatazellen abnorm proliferieren und im Laufe der Zeit einen Tumor bilden. Auf diese Weise kann die Bildung von Metastasen im selben Tier über ein Jahr hinweg verfolgt werden. Die Lichtintensität in diesen Experimenten ist proportional zur Anzahl der Nachkommen der Prostatazelle. Sie steigt in dieser Abbildung von *hellblau* über *grün* zu *gelb* bis hin zu *rot*. (Verändert nach C.-P. Liao *et al.*, *Cancer Res.* 67: 7525–7533, 2007. Mit Genehmigung der American Association for Cancer Research).

können unter Verwendung von Techniken, die in Kapitel 8 beschrieben wurden, Mäuse generiert werden, bei denen die Fehlexpression oder die Deletion des Gens auf eine spezifische Zellgruppe beschränkt ist oder bei denen die Expression des Gens willkürlich zu einem bestimmten Zeitpunkt angeschaltet werden kann, oder beides. Um das Wachstum des Tumors im lebenden Organismus von Tag zu Tag zu verfolgen, können darüber hinaus die Zellen, für die man sich interessiert, genetisch markiert und sichtbar gemacht werden. Dies kann durch die Expression eines fluoreszierenden oder lumineszierenden Reporters erfolgen (**Abb. 20.32**). Auf diese Weise kann mit der Analyse, welche Rolle ein krebskritisches Gen bei der Entstehung oder bei der Progression von Krebs spielt, begonnen werden.

Studien mit transgenen Mäusen zeigen zum Beispiel, dass ein einziges Onkogen normalerweise nicht ausreicht, um eine normale Zelle in eine Krebszelle zu verwandeln. Dementsprechend wachsen in Mäusen, die ein onkogenes *Myc*- oder *Ras*-Transgen enthalten, einige der Gewebe, die das Onkogen exprimieren, zu Übergröße heran, und gelegentlich macht im Laufe der Zeit die eine oder andere Zelle weitere Veränderungen durch und lässt einen Tumor entstehen. Die große Mehrheit der Zellen aber, die das Onkogen exprimieren, löst keine Krebserkrankung aus. Für das Tier als Ganzes ist das ererbte Onkogen dennoch eine schwere Belastung, denn es steigert das Risiko, dass irgendwo im Körper ein Krebs entstehen wird. Mäuse, die *Myc*- und *Ras*-Onkogene exprimieren, erkranken früher und wesentlich häufiger an Krebs als Mäuse, die nur eines dieser beiden Gen exprimieren (**Abb. 20.33**), aber wieder entsteht der Krebs aus einzelnen, zwischen nichtkanzerösen Zellen verstreuten Tumoren. Selbst wenn die beiden Onkogene exprimiert werden, sind also weitere, zufällig auftretende Veränderungen erforderlich, damit die Zellen kanzerös werden. Dies weist stark darauf hin, dass für die Entwicklung von Tumoren viele Mutationen nötig sind, was auch viele andere, bereits besprochene Ergebnisse nahelegen. Studien, bei denen Mäuse mit Deletionen in Tumorsuppressorgenen untersucht wurden, führten zu ähnlichen Schlussfolgerungen.

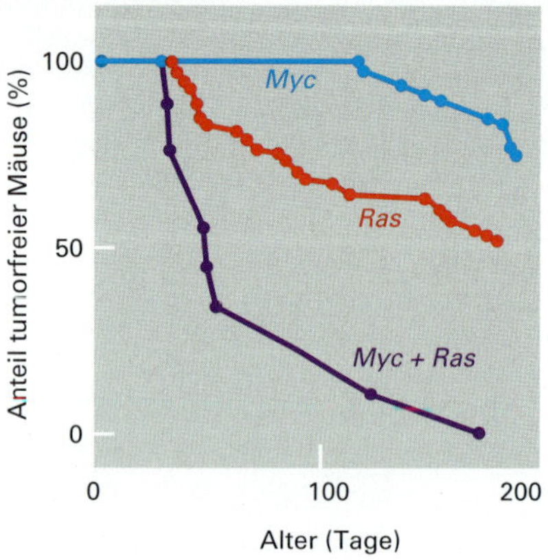

Abb. 20.33 Zusammenwirken von Onkogenen bei transgenen Mäusen. Die Kurven zeigen die Krebshäufigkeit bei drei Stämmen transgener Mäuse: Einer trägt ein *Myc*-Onkogen, der zweite ein *Ras*-Onkogen und der dritte beide Onkogene. Für diese Experimente stellte man zuerst zwei Linien transgener Mäuse her. Die eine trägt eine eingebaute Kopie eines Onkogens, das durch Fusion des Proto-Onkogens *Myc* mit der regulatorischen DNA des Maus-Mammatumorvirus (MMTV) entstand (dies treibt die *Myc*-Überexpression in den Brustdrüsen an). Die andere Linie trägt eine eingebaute Kopie des *Ras*-Onkogens unter Kontrolle des gleichen Regulationselements. Beide Mausstämme entwickeln wesentlich öfter Tumoren als normale Tiere, und zwar meist in den Brust- oder Speicheldrüsen. Durch Kreuzung der beiden Stämme erhält man Mäuse, die beide Onkogene tragen. Diese Hybridtiere bekommen noch schneller Krebs, viel schneller als die Summe der beiden Einzelwerte. Aber auch diese Tumoren entstehen erst nach einer gewissen Latenzperiode und nur aus einem kleinen Anteil der Zellen in den Geweben, in denen die Gene exprimiert werden. Für die Entstehung von Krebs sind offenbar außer den beiden Onkogenen noch weitere, zufällig auftretende Veränderungen erforderlich. (Nach E. Sinn *et al.*, *Cell* 49: 465–475, 1987).

20.2.14 Krebs wird immer heterogener, während er fortschreitet

Obwohl Mausmodelle nützlich sind, um die Funktion und Interaktion von Krebstreibergenen *in vivo* zu untersuchen, gibt es für menschlichen Krebs wichtige Einschränkungen. Während ein Mäusetumor klein ist und sich über einen Zeitraum von Monaten oder sogar Tagen entwickelt, kann ein menschlicher Tumor so groß wie oder größer als eine Maus sein und oft schon seit Jahrzehnten gewachsen sein. Aus der einfachen Histologie – bei der Beobachtung angefärbter Gewebeschnitte – ist eindeutig erkennbar, dass einige Tumoren unterschiedliche Bereiche enthalten. Alle sind zweifellos kanzerös, aber sie unterscheiden sich hinsichtlich ihres Erscheinungsbildes, da sie genetisch oder epigenetisch unterschiedlich sind: Die Krebszellpopulation ist heterogen. Offensichtlich traten innerhalb des ursprünglichen Klons von kanzerösen Zellen zusätzliche Mutationen auf und brachten selektive Vorteile mit sich: Die Zellen hatten eine erhöhte Wachstumsrate und es entstanden unterschiedliche Subklone. Da wir inzwischen in der Lage sind, das Krebsgenom zu analysieren, können wir den Vorgang nun viel genauer beleuchten. Der Vergleich von Proben aus verschiedenen Regionen eines Tumors und der Metastasen, die aus diesem Tumor hervorgegangen sind, zeigt ein klassisches Bild der Darwin'schen Evolution, die sich eher auf einer Zeitskala von Monaten oder Jahren abspielt als von Millionen von Jahren, aber den gleichen Regeln der natürlichen Selektion gehorcht.

Ein Ansatz zur Untersuchung der Entwicklung von Tumorheterogenität nutzt menschliche Zellen, die außerhalb des Körpers gezüchtet werden und als „Organoide" bezeichnet werden (beschrieben in Kapitel 22). Im Gegensatz zu den zuvor beschriebenen immortalisierten Krebszelllinien, die sich an einen künstlichen, zweidimensionalen Lebensstil angepasst haben (s. **Abb. 20.15**), werden Organoide aus adulten Stammzellen unter eher physiologischen Bedingungen in einer dreidimensionalen Matrix gezüchtet. In dieser Umgebung kann eine einzelne Stammzelle proliferieren und sich in eine selbstorganisierende Struktur differenzieren, die einer miniaturisierten, vereinfachten Version des Organs, dem sie entnommen wurde, mit realistischer Mikroanatomie ähnelt. In einer Studie wurde dieses organoide System zur Untersuchung der genetischen Heterogenität innerhalb einzelner kolorektaler Tumoren eingesetzt (**Abb. 20.34a**). Organoide wurden aus einzelnen Zellen gezüchtet, die aus verschiedenen Regionen eines Tumors sowie aus benachbartem, normalem Gewebe isoliert wurden. Die Genomanalyse ergab detaillierte Mutationsmuster in jedem Organoid, die Aufschluss darüber gaben, wie eng es mit den anderen Organoiden verwandt war. Anhand dieser Daten konnte ein Stammbaum erstellt werden. Die Organoide, die von derselben Tumorstelle stammten, wiesen die meisten Ähnlichkeiten auf und besaßen alle den gleichen Satz an Krebstreiber-Mutationen, die in ihrem gemeinsamen Vorfahren innerhalb des Arms des Stammbaums auftraten, der den frühen Stadien des Tumorwachstums entspricht.

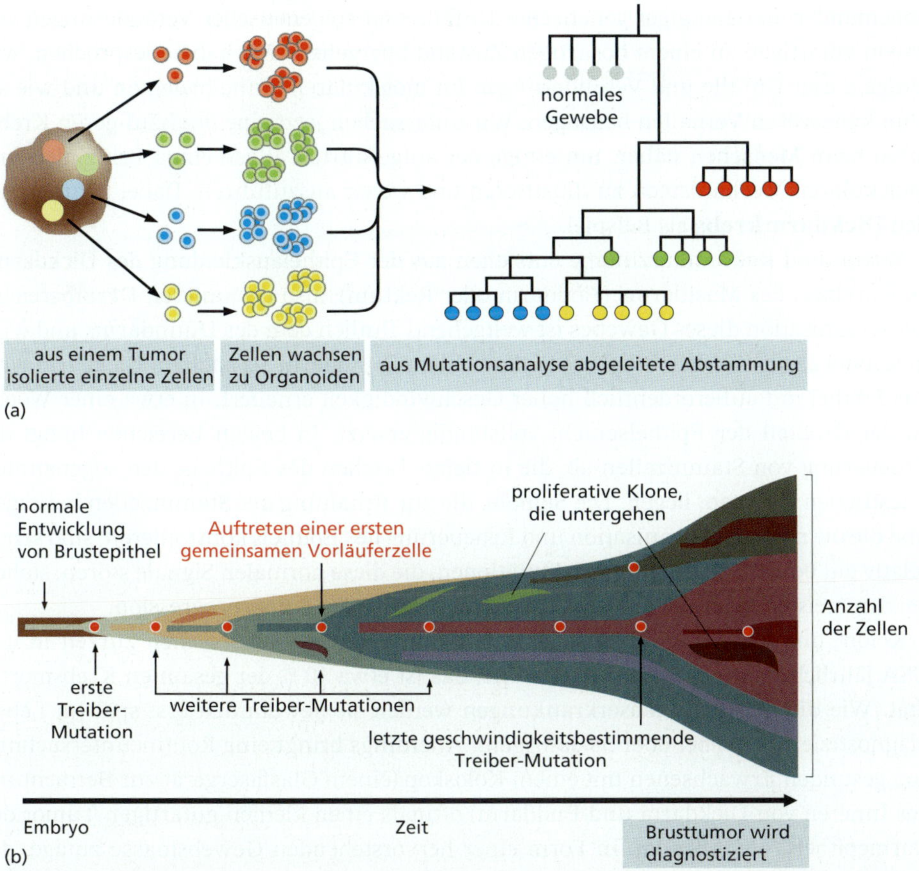

Abb. 20.34 Wie Krebs über eine Reihe von Subklonen fortschreitet. (a) Krebsanalyse anhand von Organoiden. Einzelne Zellen wurden aus vier verschiedenen Regionen eines menschlichen kolorektalen Tumors (farblich codiert) sowie aus nahe gelegenem gesundem Gewebe (nicht gezeigt) isoliert. Diese Zellen wurden dann zur Herstellung von Organoiden verwendet, wodurch große Mengen an Material für die Analyse gewonnen werden konnten. Mithilfe von DNA-Sequenzierung wurden die Mutationen in jedem Organoid bestimmt. Diese Daten ermöglichten dann die Konstruktion eines phylogenetischen Baumes, der die Reihenfolge, in der die Mutationen im ursprünglichen Tumor auftraten, aufzeigt. (b) Eine Darstellung der Art und Weise, wie man annimmt, dass Treiber-Mutationen das Fortschreiten von Krebs über lange Zeiträume verursachen, bevor ein ausreichend großer Klon proliferierender Zellen entsteht, der als Tumor erkannt werden kann. Die Daten deuten darauf hin, dass Treiber-Mutationen nur selten in einem Hintergrund langlebiger Subklone von Zellen auftreten, die kontinuierlich Passagier-Mutationen anhäufen, ohne einen Wachstumsvorteil zu erlangen. (a, verändert nach C. J. Kuo und C. Curtis, *Nature* 556: 441–442, 2016. Mit Genehmigung von Springer Nature; b, verändert nach S. Nik-Zainal *et al.*, *Cell* 149: 994–1007, 2012. Dieser Artikel wird nach den Bedingungen der Creative Commons Attribution License zur Verfügung gestellt).

Offensichtlich sind Krebszellen kontinuierlich dabei, zu mutieren, sich zu vervielfachen, miteinander zu konkurrieren, sich zu entwickeln und sich zu verändern, während sie neue ökologische Nischen nutzen und auf die Behandlungen, die gegen sie eingesetzt werden, reagieren (**Abb. 20.34b**). Veränderungen treten gehäuft auf, wenn sie metastasieren und neue Bereiche besiedeln, da sie dort einem neuen Selektionsdruck ausgesetzt sind. Je länger der Evolutionsprozess anhält, umso schwerer wird es, sie alle auf einmal zu erfassen und zu töten.

20.2.15 Dickdarmkrebs entsteht langsam, in einer Abfolge erkennbarer Strukturveränderungen

Zu Beginn dieses Kapitels haben wir gesehen, wie sich die meisten Tumoren schrittweise aus einer einzigen abweichenden Zelle entwickeln und wie sie durch die Anhäufung voneinander unabhängiger genetischer Unfälle und epigenetischer Veränderungen von einem gutartigen zu einem bösartigen Zustand übergehen. Wir haben besprochen, was einige dieser Unfälle und Veränderungen im molekularen Sinne bedeuten und wie sie zum kanzerösen Verhalten beitragen. Wir untersuchen jetzt eine der häufigeren Krebsarten beim Menschen näher, um einige der aufgeführten allgemeinen Prinzipien und molekularen Mechanismen zu illustrieren und weiter auszuführen. Dabei nehmen wir den **Dickdarmkrebs** als Beispiel.

Kolon- und Rektumkarzinome entstehen aus der Epithelauskleidung des Dickdarms (Kolon) bzw. des Mastdarms (Enddarm oder Rektum), also des unteren Darmbereichs. Die Organisation dieses Gewebes ist weitgehend ähnlich dem des Dünndarms und wird in Kapitel 22 ausführlich besprochen. Sowohl im Dünndarm als auch im Dickdarm wird das Epithel mit außerordentlich hoher Geschwindigkeit erneuert. In etwa einer Woche ist der Großteil der Epithelschicht vollständig ersetzt. In beiden Bereichen hängt die Erneuerung von Stammzellen ab, die in tiefen Taschen des Epithels, den sogenannten intestinalen Krypten, liegen. Die Signale, die zur Erhaltung der Stammzellen beitragen und die die normale Organisation und Erneuerung des Epithels kontrollieren, sind schon relativ gut bekannt (s. Kapitel 22). Mutationen, die diese normalen Signale stören, stehen bei den meisten kolorektalen Krebsarten am Anfang der Tumorprogression.

Kolon- und Rektumkarzinome kommen häufig vor. Sie verursachen zurzeit in den USA jährlich mehr als 60 000 Todesfälle, das ist etwa 10 % der gesamten Krebsmortalität. Wie die meisten Krebserkrankungen werden sie gewöhnlich erst spät im Leben diagnostiziert (90 % bei über 55-Jährigen). Allerdings bringt eine Routineuntersuchung von gesunden Erwachsenen mit einem Koloskop (einem Glasfasergerät zur Betrachtung des Inneren von Dickdarm und Enddarm) oftmals einen kleinen gutartigen Tumor des Darmepithels, ein Adenom, in Form einer hervorstehenden Gewebsmasse zutage, der *Polyp* genannt wird. Man glaubt, dass diese adenomatösen Polypen die Vorstufen eines großen Teils der Fälle von Dickdarmkrebs sind. Da die Krankheit gewöhnlich nur sehr langsam fortschreitet, gibt es typischerweise einen Zeitraum von 10 Jahren, in denen der langsam wachsende Tumor entdeckt werden kann, bevor er bösartig wird. Wenn man daher Personen in ihren Fünfzigern einem Koloskopie-Screening unterzieht und die Polypen entfernt, ein schneller und einfacher Eingriff, dann ist die folgende Dickdarmkrebshäufigkeit viel geringer. Nach manchen Studien entspricht sie weniger als einem Viertel dessen, was sie ohne Eingriff betragen würde.

In mikroskopischen Schnitten von Polypen mit einem Durchmesser von weniger als 1 cm erscheinen die Zellen und ihre lokale Anordnung im Epithel fast normal. Je größer der Polyp, desto eher enthält er Zellen, die krankhaft aussehen und abnormal organisierte Strukturen bilden. Manchmal lassen sich in einem einzigen Polypen zwei oder mehr Abschnitte unterscheiden, wobei die Zellen in einem Abschnitt relativ normal erscheinen, während die im anderen Abschnitt deutlich krebsartig aussehen, als ob sie als mutierter Subklon aus dem ursprünglichen Klon der adenomatösen Zellen hervorgegangen wären. In späteren Krankheitsstadien werden einige Tumorzellen in einem geringen Teil der Polypen invasiv, durchbrechen zunächst die epitheliale Basalmembran, breiten sich dann in der Muskelschicht aus, die den Darm umgibt, und metastasieren schließlich über Lymphgefäße in Lymphknoten und über Blutgefäße in die Leber, Lunge und andere Gewebe.

20.2.16 Die Mehrzahl der Dickdarmkrebsfälle weist einige wenige, aber entscheidende genetische Schäden auf

Was für Mutationen sind es, die sich mit der Zeit ansammeln und diese Kette von Ereignissen hervorrufen? Von den Genen, für die nachgewiesen wurde, dass sie am Dickdarmkrebs beteiligt sind, fallen drei als sehr häufig mutiert auf. Es sind das Proto-Onkogen

Tab. 20.1 Einige genetische Anomalien, die in Krebszellen aus Kolon und Rektum nachgewiesen wurden.

Gen	Klasse	Gestörter Signalübertragungsweg	Tumoren mit Mutationen (%)
K-Ras	Onkogen	Rezeptor-Tyrosinkinase-Weg	40
β-Catenin[a]	Onkogen	Wnt-Signalübertragungsweg	5–10
APC[a]	Tumorsuppressor	Wnt-Signalübertragungsweg	> 80
p53	Tumorsuppressor	Reaktion auf Stress/DNA-Schaden	60
TGF-β-Rezeptor II[b]	Tumorsuppressor	TGF-β-Signalübertragungsweg	10
Smad4[b]	Tumorsuppressor	TGF-β-Signalübertragungsweg	30
MLH1 und andere DNA-Fehlpaarungs-Reparaturgene (oft durch Methylierung stillgelegt)	Tumorsuppressor (genetische Stabilität)	DNA-Fehlpaarungsreparatur	15

[a,b] Die Gene mit demselben hochgestellten Buchstaben wirken im selben Weg, daher ist nur eine der Komponenten in einem einzelnen Krebs mutiert.

K-Ras (ein Mitglied der *Ras*-Genfamilie) in etwa 40 % der Fälle, *p53* in etwa 60 % der Fälle und das Tumorsuppressorgen *APC* (das wir weiter unten besprechen werden) in über 80 % der Fälle. Andere sind in geringerem Ausmaß an Dickdarmkrebs beteiligt. Einige davon sind in Tab. 20.1 aufgelistet.

Welche Rolle APC spielt, kam durch Studien mit bestimmten Familien heraus, die eine erbliche Anfälligkeit gegenüber Dickdarmkrebs aufwiesen. Man bezeichnet diese erbliche Prädisposition als *familiäre adenomatöse Polyposis coli (FAP)*. Bei diesem Syndrom entwickeln sich auf der ganzen Länge des Dickdarms Hunderte oder sogar Tausende von Polypen (Abb. 20.35). Sie treten im jungen Erwachsenenalter auf, und wenn sie nicht entfernt werden, entwickeln sich fast immer einer oder mehrere zu einem bösartigen Tumor. Im Durchschnitt vergehen 12 Jahre vom Auftauchen der ersten erkennbaren Polypen bis zur Krebsdiagnose. Man kann die Krankheit auf eine Deletion oder Inaktivierung des Tumorsuppressorgens APC zurückführen, das nach dem Syndrom benannt ist. Personen mit FAP haben inaktivierende Mutationen oder Deletionen einer Kopie des APC-Gens in allen Körperzellen und weisen einen Verlust der Heterozygotie im Tumor auf, was bedeutet, dass beide Kopien verloren gegangen sind oder inaktiviert wurden, sogar in gutartigen Polypen. Die große Mehrheit der Personen mit Dickdarmkrebs leidet allerdings nicht an FAP. Trotzdem sind in mehr als 80 % der Fälle in ihren Krebszellen beide Kopien des APC-Gens durch Mutationen inaktiviert. Diese Mutationen finden sich aber nicht in anderen Geweben, was bedeutet, dass im Lauf des Lebens durch Mutationen im Tumor beide Kopien des APC-Gens inaktiviert wurden. Auf ganz ähnlichem Weg also wie beim zuvor beschriebenen Retinoblastom wurde die APC-Mutation als eine der zentralen Komponenten des Dickdarmkrebses identifiziert.

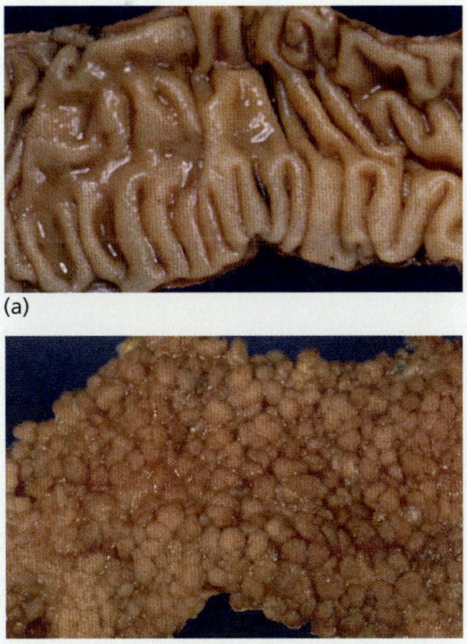

Abb. 20.35 Dickdarm eines Individuums mit familiärer adenomatöser Dickdarmpolypose im Vergleich zum gesunden Darm. (a) Die normale Dickdarmwand hat eine leicht gewellte, aber glatte Oberfläche. (b) Der Dickdarm des Individuums mit Polypose ist vollständig mit Hunderten von hervorstehenden Polypen bedeckt, von denen jeder mit bloßem Auge betrachtet einem winzigen Blumenkohlröschen ähnelt. (Mit freundlicher Genehmigung von Mark Arends).

Das APC-Protein ist ein Hemmstoff des *Wnt-Signalübertragungswegs* (s. Kapitel 15). Es bindet an *β-Catenin*, eine andere Komponente des Wnt-Wegs, und hilft bei der Induktion von dessen Abbau. Indem es so β-Catenin hemmt, hindert APC β-Catenin daran, in den Zellkern zu wandern, wo es als Transkriptionsregulator wirkt, um die Zellproliferation anzutreiben und den Stammzellstatus zu erhalten (s. Abb. 15.61). Ein Verlust von APC führt zu einem Überschuss an freiem β-Catenin und somit zu einer unkontrollierten Expansion der Stammzellpopulation. Dies wiederum verursacht einen massiven Anstieg der Anzahl und Größe von intestinalen Krypten (s. Abb. 22.4).

Als das β-Catenin-Gen in einer Reihe von kolorektalen Tumoren sequenziert wurde, entdeckte man, dass viele der Tumoren, die keine APC-Mutationen besaßen, stattdessen aktivierende Mutationen im β-Catenin-Protein aufwiesen. Folglich ist eher die übermäßige Aktivität innerhalb des Wnt-Signalübertragungswegs als irgendein einzelnes Onkogen oder Tumorsuppressorgen, das am Weg beteiligt ist, entscheidend für die Initiierung dieses Krebses.

Wenn das so ist, warum ist insbesondere das APC-Gen so oft der Hauptschuldige bei kolorektalem Krebs? Das APC-Protein ist groß und tritt nicht nur mit β-Catenin, sondern auch mit vielen anderen Zellkomponenten, einschließlich der Mikrotubuli, in Wechselwirkung. Ein Verlust von APC scheint die Häufigkeit von Mitosespindel-Defekten zu erhöhen, was zu Chromosomenanomalien führt, wenn sich die Zellen teilen. Diese zusätzliche, unabhängige krebsfördernde Wirkung würde erklären, warum APC-Mutationen so bezeichnend sind für die Entstehung von kolorektalem Krebs.

20.2.17 Einige Fälle von Dickdarmkrebs zeigen Störungen in der Reparatur von DNA-Fehlpaarungen

Neben der Erbkrankheit (FAP), die mit APC-Mutationen einhergeht, gibt es eine zweite, sogar häufigere Art von genetischer Prädisposition für Dickdarmkrebs. Die Krankheit heißt *erblicher nichtpolypöser Dickdarmkrebs* oder *HNPCC* (engl. *hereditary nonpolyposis colorectal cancer*) oder *Lynch-Syndrom* und läuft ganz anders ab als die FAP. Bei diesen Personen ist die Wahrscheinlichkeit erhöht, an Dickdarmkrebs zu erkranken, ohne dass sie eine größere Anzahl von Polypen (Adenomen) in Kolon und Rektum haben. Außerdem sind die Krebszellen in den Tumoren, die sich entwickeln, insofern ungewöhnlich, als die mikroskopische Untersuchung ihrer Chromosomen einen normalen (oder fast normalen) Karyotyp zeigt. Dagegen weisen die meisten Tumoren aus Kolon und Rektum in Nicht-HNPCC-Individuen schwerwiegende Chromosomenanomalien auf, mit vielen Translokationen, Deletionen und anderen Aberrationen. Außerdem besitzen sie viel mehr Chromosomen als normal (s. **Abb. 20.10**).

Man fand heraus, dass die Mutationen, die ein Individuum mit HNPCC anfällig gegenüber Dickdarmkrebs machen, in einem von mehreren Genen liegen, die für zentrale Komponenten des *DNA-Fehlpaarungs-Reparatursystems* beim Menschen codieren. Diese Gene sind in Struktur und Funktion homolog zu den *MutL*- und *MutS*-Genen in Bakterien und Hefezellen (s. **Abb. 5.20**). Nur eine der beiden Kopien des betreffenden Gens ist defekt und so werden die unvermeidlichen DNA-Replikationsfehler in den meisten Zellen der Person behoben. Trotzdem haben diese Individuen ein erhöhtes Krebsrisiko, wie wir schon für andere Tumorsuppressorgene besprochen haben, weil ein zufälliger Verlust oder eine Veränderung der verbleibenden intakten Genkopie sofort die spontane Mutationsrate um ein Hundertfaches oder mehr erhöht (s. auch Kapitel 5). Diese genetisch instabilen Zellen können dann schneller die Standardprozesse von Mutation und natürlicher Auslese durchlaufen. Dies erlaubt den Zellklonen, sich in Richtung Bösartigkeit zu entwickeln.

Diese Art genetischer Instabilität bringt unsichtbare Veränderungen in den Chromosomen hervor. Insbesondere sind dies Veränderungen in einzelnen Nukleotiden und kurze Verlängerungen und Verkürzungen von Mono- und Dinukleotidwiederholungen wie AAAA ... oder CACACA ... Nachdem dieser Fehler in Personen mit HNPCC einmal erkannt war, fand man in etwa 15 % der Dickdarmkrebsfälle, die in Menschen ohne ererbte Mutation vorkommen, epigenetische Stilllegung oder Mutationen in Genen des Fehlpaarungs-Reparatursystems.

Genetische Instabilität findet sich also in fast allen Fällen von Dickdarmkrebs, aber sie kann auf mindestens zwei unterschiedliche Weisen erworben werden. Die Mehrheit der Tumoren zeigt eine Art der Chromosomeninstabilität, die zu sichtbaren Chromosomenumordnungen führt. Bei anderen ist die Instabilität in kleinerem Maßstab ausgeprägt und wird durch eine Störung in der Reparatur von DNA-Fehlpaarungen hervorgerufen. Die Tatsache, dass bei vielen Karzinomen entweder chromosomale Instabilität oder eine gestörte Fehlpaarungsreparatur vorkommt, aber selten beides zugleich, zeigt eindeutig, dass genetische Instabilität nicht ein zufälliges Nebenprodukt bösartigen Verhaltens ist, sondern eine von mehreren beitragenden Ursachen – und dass Krebszellen diese Instabilität auf verschiedene Arten erreichen können.

20.2.18 Die Schritte der Tumorprogression können mit spezifischen Mutationen korreliert werden

In welcher Reihenfolge mutieren *K-Ras*, *p53*, *APC* und die anderen identifizierten Dickdarmkrebs-Gene, und was ist der Beitrag eines jeden von ihnen zum letztlich auftretenden asozialen Verhalten der Krebszelle? Es kann keine einfache Antwort auf diese Frage geben, weil Dickdarmkrebs nicht nur einem einzigen Entstehungsweg folgt. Wie wir gerade gesehen haben, tauchen die ersten Mutationen manchmal in einem Gen der DNA-Fehlpaarungsreparatur auf und ein anderes Mal in einem proliferationsregulierenden Gen. Wie schon besprochen kann ein allgemeines Charakteristikum wie die genetische Instabilität oder die Tendenz zur abnormalen Proliferation auf vielfältige Weise entstehen, durch Mutationen in verschiedenen Genen.

Trotzdem häuft sich bei Dickdarmkrebs eine bestimmte Gruppe von Mutationen und sie erscheinen in einer charakteristischen Anordnung. So scheinen in den meisten Fällen Mutationen, die das *APC*-Gen inaktivieren, die ersten oder zumindest sehr frühen Schritte zu sein. Man kann sie bereits in kleinen, gutartigen Polypen mit der gleichen hohen Häufigkeit wie in großen, bösartigen Tumoren entdecken. Veränderungen, die zu genetischer und epigenetischer Instabilität führen, entstehen wahrscheinlich auch früh in der Tumorentwicklung, da sie benötigt werden, um spätere Schritte anzutreiben.

Mutationen, die das *K-Ras*-Onkogen aktivieren, scheinen etwas später stattzufinden. Sie treten nur selten in kleinen Polypen, häufiger aber in größeren auf, deren Zelldifferenzierung und histologische Muster gestört sind.

Inaktivierende Mutationen in *p53* folgen vermutlich noch später, da sie selten in Polypen, häufig aber in Karzinomen vorkommen (**Abb. 20.36**). Wir haben gesehen, dass der Funktionsverlust von *p53* es den Krebszellen ermöglicht, Stress zu ertragen und Apoptose und ein Stoppen des Zellzyklus zu umgehen. Außerdem ist der Funktionsverlust von *p53* mit der gesteigerten Aktivierung von Onkogenen wie zum Beispiel *Ras* verbunden. Experimente mit Mäusen haben gezeigt, dass eine anfänglich geringe Onkogenaktivierung einen langsam wachsenden Tumor entstehen lassen kann, selbst wenn *p53* funktionsfähig ist: Gene wie *Ras* sind schließlich Teil der normalen Wachstumskontrolle.

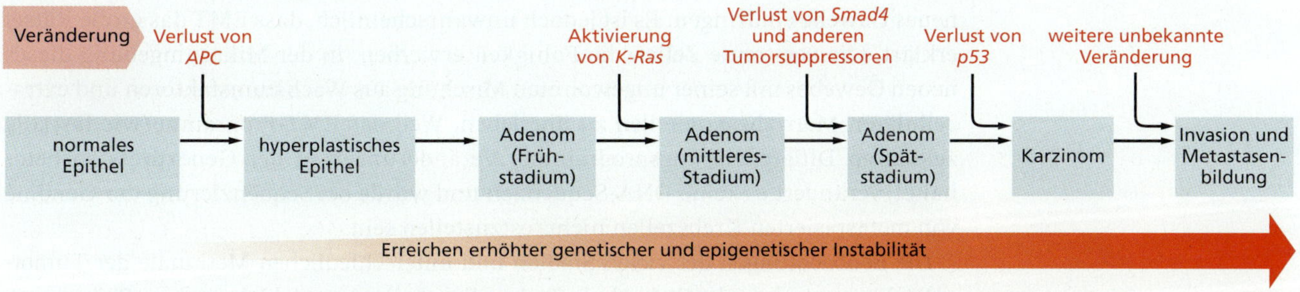

Abb. 20.36 Vorschlag einer typischen Abfolge genetischer Veränderungen bei der Entstehung eines Dickdarmkarzinoms. Dieses sehr vereinfachte Diagramm vermittelt eine allgemeine Vorstellung davon, wie Mutation und Tumorentwicklung miteinander verknüpft können. Es sind jedoch im Allgemeinen noch viele weitere Mutationen beteiligt und verschiedene Dickdarmkrebsarten können durch unterschiedliche Abfolgen von Mutationen (und/oder epigenetischen Veränderungen) fortschreiten.

Ihre moderate Aktivierung stellt für eine Zelle keinen Stress dar und ruft nicht das p53-Protein auf den Plan. Das Fortschreiten eines Tumors von langsamem zu schnellem, bösartigem Wachstum erfordert jedoch die Aktivierung von Onkogenen über normale physiologische Grenzen hinaus auf ein höheres, stressverursachendes Niveau. Wenn das p53-Protein vorhanden und funktionsfähig ist, sollte dies zum Stoppen des Zellzyklus oder zum Tod führen. Nur durch Funktionsverlust von p53 können Krebszellen mit überaktiven Onkogenen überleben und sich entwickeln.

Die Schritte, die wir gerade beschrieben haben, sind nur ein Teil des Bildes. Es ist wichtig zu betonen, dass jeder Fall von Dickdarmkrebs anders gelagert ist und seine eigene Kombination von Mutationen aufweist und dass selbst Mutationen, die üblicherweise bei allen Tumoren vorliegen, in unterschiedlicher Reihenfolge auftreten können.

20.2.19 Die Veränderungen in Tumorzellen, die zur Metastasenbildung führen, geben größtenteils immer noch Rätsel auf

Die vielleicht wichtigste Lücke in unserem Verständnis von Krebs betrifft die Invasivität und Metastasenbildung. Mehr als 25 Jahre nach der Erstbeschreibung des mehrstufigen Fortschreitens des kolorektalen Karzinoms sind noch keine genetischen Mutationen identifiziert worden, die charakteristisch mit der Metastasierung verbunden sind. Bis heute haben selbst groß angelegte genomische Sequenzierungsbemühungen noch keine wiederkehrenden Mutationen aufgedeckt, die das Entkommen von Krebszellen aus einem Primärtumor, ihre Verbreitung und ihre Ansiedlung in einem entfernten Gewebe angemessen erklären könnten. Eine Möglichkeit besteht darin, dass die Metastasierung durch epigenetische Veränderungen ausgelöst werden kann, die die Muster der Genexpression verändern. Diese Veränderungen könnten es den Krebszellen ermöglichen, neue Eigenschaften ohne weitere genetische Veränderung anzunehmen, wodurch sie ihr Verhalten umprogrammieren, um Invasivität und Zellbeweglichkeit zu fördern oder Krebsstammzellen zu erzeugen. Von Bedeutung in diesem Zusammenhang ist, dass Veränderungen in der zellulären Programmierung und im zellulären Verhalten normalerweise in einer Vielzahl von Zusammenhängen während der zellulären Differenzierung funktionieren. Das für die Metastasierung wichtigste Beispiel ist der *Epithel-Mesenchym-Übergang* (*EMT*, engl. *epithelial-mesenchymal transition*), ein stark regulierter und noch wenig verstandener Prozess, der es Epithelzellen ermöglicht, ihre charakteristische Polarität und ihr Haftvermögen zu verlieren und einen mesenchymalen Phänotyp anzunehmen, der ein verstärktes Wanderungsverhalten mit sich bringt. Ein EMT-Programm läuft in verschiedenen Stadien der Embryogenese sowie während der Wundheilung ab. Seine Aktivierung in Krebszellen könnte erklären, wie sie aus einem Primärtumor entkommen und in ein neues Gewebe eindringen. Es ist jedoch unwahrscheinlich, dass EMT das große Rätsel erklärt, wie verstreute Zellen die Fähigkeit erwerben, in der Mikroumgebung dieses neuen Gewebes mit seiner ungewohnten Mischung aus Wachstumsfaktoren und extrazellulären Matrixbestandteilen zu überleben. Weil das EMT-Programm (wie fast alle zellulären Differenzierungsprogramme) Veränderungen in der Genexpression beinhaltet, verändert es keine DNA-Sequenzen und würde bei Sequenzierung der Genome von metastasierten Krebszellen nicht festzustellen sein.

Die Beobachtungen der vielen Stadien und unterschiedlichen Merkmale der Tumorentstehung machen deutlich, dass Krebszellen keine neuen biologischen Phänomene erfinden, sondern stattdessen bestehende Mechanismen und Signalwege zu unpassenden Zeiten und an unpassenden Orten einsetzen. Ein besseres Verständnis der normalen, zugrunde liegenden Zellbiologie und der molekularen Veränderungen, die zur

Umwandlung Richtung Krebs ablaufen, wird vielversprechende Hinweise für die Krebsbehandlung liefern, wie wir im letzten Abschnitt dieses Kapitels erörtern.

Zusammenfassung

Die molekulare Analyse von Krebszellen bringt zwei Klassen von krebskritischen Genen zum Vorschein: Onkogene und Tumorsuppressorgene. Eine Reihe dieser Gene wird durch eine Kombination von genetischen und epigenetischen Ereignissen verändert und treibt die Tumorprogression an. Viele krebskritische Gene codieren für Komponenten der sozialen Kontrollwege, die steuern, wann Zellen wachsen, sich teilen, differenzieren oder sterben sollen. Darüber hinaus gibt es eine Unterklasse von Tumorsuppressorgenen, die als DNA-Erhaltungsgene eingestuft werden, da sie an der Aufrechterhaltung eines unversehrten Genoms beteiligt sind.

Die Inaktivierung des p53-Wegs, die beim Menschen in fast allen Krebsarten auftritt, erlaubt es den genetisch geschädigten Zellen, der Apoptose zu entkommen und sich weiter zu vermehren. Inaktivierung des Rb-Wegs kommt auch bei den meisten humanen Krebsformen vor und zeigt, wie wesentlich jeder dieser Wege beim Schutz vor Krebs ist. Generell zeigt die umfassende Sequenzierung von Krebszellgenomen, dass die Entwicklung von Krebs den Erwerb von vererbbaren Störungen in jeder der drei Arten normaler Kontrollmechanismen erfordert – die des Zellzyklus, der Zellproliferation und der Zellüberlebenswege.

Die Sequenzierung der Genome von Krebszellen zeigt, dass – mit Ausnahme von Krebserkrankungen im Kindesalter – viele Krebserkrankungen im Laufe der langen Tumorentwicklung viele Treiber-Mutationen zusammen mit einer erheblich größeren Anzahl von – jedoch bedeutungslosen – Passagier-Mutationen ansammeln. Dieselben Methoden zeigen, wie Subklone entstehen und aussterben, während sich der Tumor entwickelt. Tumoren enthalten somit eine heterogene Mischung von Zellen, von denen einige – die sogenannten Krebsstammzellen – gefährlicher sind als die anderen.

Oft können die Schritte der Tumorprogression mit Mutationen korreliert werden, die spezifische Onkogene aktivieren und spezifische Tumorsuppressorgene inaktivieren. Dickdarmkrebs liefert dafür ein gutes Beispiel. Aber man findet verschiedene Kombinationen von Mutationen in unterschiedlichen Krebsformen, selbst bei Individuen, die der Bezeichnung nach die gleiche Krankheitsform haben, was die willkürliche Art und Weise widerspiegelt, nach der Mutationen entstehen. Trotzdem trifft man wiederholt auf die gleichen Genschäden, was darauf hinweist, dass es nur eine begrenzte Anzahl von Möglichkeiten gibt, durch die unser Abwehrsystem gegen Krebs durchbrochen werden kann. Die molekulare Grundlage des letzten und tödlichsten Schritts bei Krebs, der Metastasierung, bleibt jedoch noch immer kaum verstanden.

20.3 Behandlung von Krebs und Krebsvorsorge: heute und in Zukunft

Wir können das wachsende Verständnis der molekularen Krebsbiologie einsetzen, um die Krankheit auf drei Ebenen zu bekämpfen: Vorsorge, Diagnose und Behandlung. Vorsorge ist immer besser als Heilung. Viele Krebserkrankungen lassen sich in der Tat vermeiden – in erster Linie durch Verzicht auf das Rauchen. Höchst empfindliche molekulare Untersuchungsmethoden versprechen neue Möglichkeiten für eine frühere und genauere Diagnose. Ziel ist es, den Primärtumor aufzuspüren, solange er noch klein ist und noch keine Metastasen gebildet hat. Krebs, der in diesen frühen Stadien erkannt wird, kann oft durch Strahlentherapie oder chirurgische Entfernung im Keim erstickt werden, wie wir für Dickdarmpolypen beschrieben haben. Dennoch wird die voll entwickelte, bösartige Krankheit noch viele Jahre lang häufig vorkommen und Behandlungen werden weiterhin notwendig sein.

In diesem Abschnitt werden wir uns zuerst mit den vermeidbaren Ursachen von Krebs beschäftigen. Im Anschluss betrachten wir, wie das zunehmende Verständnis der molekularen Mechanismen beginnt, sich auf die Behandlung der Krankheit auszuwirken.

20.3.1 Die Epidemiologie zeigt, dass viele Arten von Krebs vermeidbar sind

Ein gewisser, nicht reduzierbarer Grundwert an Krebserkrankungen ist ungeachtet aller Umstände zu erwarten. Mutationen lassen sich niemals absolut vermeiden, weil sie eine unausweichliche Folge grundsätzlicher Beschränkungen der Genauigkeit der DNA-Replikation und -Reparatur sind, wie in Kapitel 5 beschrieben wurde. Wenn ein Mensch lange genug leben könnte, würde zwangsläufig mindestens eine seiner Zellen irgendwann einen Satz Mutationen ansammeln, der ausreichen würde, um Krebs entstehen zu lassen.

Dennoch scheinen Umweltfaktoren eine große Rolle bei der Festlegung des Krebsrisikos zu spielen. Dies zeigt sich am deutlichsten bei einem Vergleich der Krebshäufigkeit in verschiedenen Ländern: Fast jeder Krebstyp, der in einem Land häufig vorkommt, ist in einem anderen Land um ein Mehrfaches seltener. Da eingewanderte Populationen dazu neigen, das Muster der für das Gastland typischen Krebshäufigkeit anzunehmen, scheinen die Unterschiede hauptsächlich durch Umwelteinflüsse und nicht durch genetische Faktoren bestimmt zu sein (**Abb. 20.37a**). Aus epidemiologischen Studien, die von der Amerikanischen Krebsgesellschaft erhoben wurden, kann man abschätzen, dass mindestens 45 % der Krebstodesfälle auf veränderbare Risikofaktoren zurückgeführt werden können, was bedeutet, dass sich mehr als die Hälfte aller Krebserkrankungen vermeiden ließen (**Abb. 20.37b**).

Leider haben verschiedene Krebserkrankungen unterschiedliche Umweltrisikofaktoren und eine Bevölkerungsgruppe, die zufälligerweise einer solchen Gefahr entrinnt, wird häufig einer anderen ausgesetzt. Allerdings passiert dies nicht zwangsläufig. Es gibt einige Untergruppen, deren Lebensstil die Gesamttodesrate für Krebs von Personen eines gegebenen Alters erheblich reduziert. Unter den derzeitigen Bedingungen in den USA und Europa stirbt ungefähr eine von fünf Personen an Krebs. Doch tritt unter strenggläubigen Mormonen im US-Bundesstaat Utah, die auf Alkohol, Kaffee, Zigaretten, Drogen und ungeschützten Sex verzichten, Krebs nur halb so oft auf wie unter den nicht praktizierenden Angehörigen derselben Familie oder in der US-Gesamtbevölkerung.

Obwohl derartige Beobachtungen an menschlichen Bevölkerungsgruppen zeigen, dass sich Krebs oft vermeiden ließe, war es in den meisten Fällen – mit Ausnahme von Zigarettenrauchen – schwierig, die spezifischen Umweltrisikofaktoren zu identifizieren, die für diese großen Unterschiede in verschiedenen Bevölkerungsgruppen verantwortlich sind, bzw. festzustellen, wie sie wirken. Dennoch wurden mehrere bedeutende Gruppen von umweltbedingten Krebsrisikofaktoren identifiziert (**Abb. 20.37b**). Es gibt jedoch auch viele andere Einflüsse, die nicht weniger bedeutsam sind und die Entwicklung der Krankheit auf eine andere Weise begünstigen. Dazu gehören Chemikalien in unserer Umwelt, Hormone, die in unserem Körper zirkulieren, und die Irritationen, Infektionen und Schäden, denen wir unsere Gewebe aussetzen.

(a)

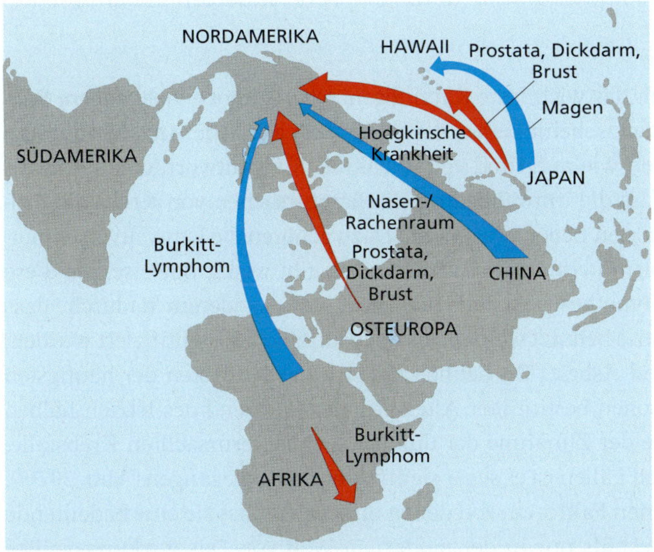

(b)

Ursache	Todesfälle (Anteil in %)	Anzahl der Todesfälle in den USA (2018)	Ausmaß der möglichen Reduzierung (%)
alle Risikofaktoren	45	265,150	50
Zigarettenrauch	29	169,180	75
übermäßiges Körpergewicht	6,6	38,230	50
Ernährung	4,9	28,630	50
Alkohol	4,0	23,510	50
Viren	2,7	16,100	100
Bewegungsmangel	2,2	12,800	85
UV-Strahlung	1,5	8,750	50

Abb. 20.37 Das Auftreten von Krebs ist mit Umwelteinflüssen verbunden. (a) Diese Weltkarte zeigt die Krebsraten, die ansteigen (*rote Pfeile*) oder absinken (*blaue Pfeile*), wenn bestimmte Bevölkerungen von einem Ort zum anderen wandern. Diese Beobachtungen weisen auf die Bedeutung von Umweltfaktoren einschließlich der Ernährung für das Krebsrisiko hin. (b) Einige geschätzte Auswirkungen von Umwelt und Lebensstil auf Krebs in den USA. Die Tabelle zeigt die jährlichen Sterbefälle in den USA, die jedem einzelnen Faktor zugeschrieben werden können, und den geschätzten prozentualen Anteil der Todesfälle, der durch Präventionsmaßnahmen verhindert werden könnte. (b, Daten aus F. Islami *et al.*, *Cancer J. Clin.* 68: 31–54, 2018; und G. A. Colditz *et al.*, *Sci. Transl. Med.* 4: 127rv4, 2012).

20.3.2 Empfindliche Untersuchungsmethoden können krebserregende Agenzien, die die DNA schädigen, ausfindig machen

Aus Tierversuchen, in denen Chemikalien verfüttert oder wiederholt auf die Haut aufgetragen werden, weiß man, dass eine Reihe aromatischer Kohlenwasserstoffe und deren Derivate, wie z. B. aromatische Amine, Nitrosamine und alkylierende Agenzien wie Senfgas eine krebserregende Wirkung besitzen. Obwohl sich diese **chemischen Karzinogene** in ihrer Struktur unterscheiden, besitzt der Großteil von ihnen mindestens eine gemeinsame Eigenschaft: Sie verursachen Mutationen. In einem gängigen Test auf Mutagenität (dem *Ames-Test*) wird das Karzinogen mit einem aktivierenden Extrakt aus Rattenleberzellen gemischt (um die biochemischen Prozesse, die in einem lebenden Tier vorgehen, zu imitieren) und zu einer Kultur von speziell ausgewählten Testbakterien gegeben. Dann wird die resultierende Mutationsrate der Bakterien gemessen. Die meisten Verbindungen, die sich in diesem schnellen und praktischen Test bei Bakterien als mutagen herausstellen, verursachen auch Mutationen oder Chromosomenaberrationen in Säugerzellen.

Nur wenige dieser Karzinogene wirken direkt auf ihr Ziel, die DNA, ein. Meistens verhalten sich die wirksameren der Substanzen chemisch ziemlich inert und werden erst schädlich, wenn sie durch metabolische Prozesse in der Leber in eine reaktivere Form gebracht werden. Diese metabolischen Reaktionen werden von einer Gruppe intrazellulärer Enzyme durchgeführt, den *Cytochrom-P450-assoziierten Oxidasen*, die normalerweise helfen, aufgenommene Giftstoffe in harmlose und leicht ausscheidbare Verbindungen zu überführen. Unglücklicherweise wandeln sie bestimmte Chemikalien in hoch mutagene Produkte um. Zum Beispiel werden *Benzo[a]pyren* (ein krebserregender polyzyklischer aromatischer Kohlenwasserstoff im Steinkohlenteer und im Tabakrauch) und das Pilzgift *Aflatoxin B1* auf diese Weise aktiviert (**Abb. 20.38**).

20.3.3 Die Hälfte der Krebsfälle könnten durch einen veränderten Lebensstil verhindert werden

Tabakrauch ist heute weltweit das wichtigste Karzinogen. Obwohl noch viele andere Risikofaktoren identifiziert wurden, scheint keines davon für eine ähnliche Anzahl an durch Krebs verursachte Sterbefällen wie aufgrund von Tabakrauch verantwortlich zu sein. Es wird manchmal vermutet, dass die umweltbedingten Hauptursachen von Krebs die Produkte einer hoch industrialisierten Lebensweise sind. Dazu gehören die Umweltverschmutzung, Zusatzstoffe der Lebensmittelindustrie usw., aber es gibt wenig Beweise, die diese Ansicht unterstützen. Die Hypothese entstand vielleicht unter anderem dadurch, dass einige Stoffe, die in der Industrie benutzt werden, als hoch karzinogen identifiziert wurden, wie z. B. 2-Naphthylamin und Asbest. Tatsächlich hat sich das Auftreten der häufigsten Krebserkrankungen für Personen bestimmter Altersgruppen während des letzten halben Jahrhunderts, mit Ausnahme der Zunahme der durch Rauchen verursachten Krebsfälle, nicht sehr verändert. In einigen Fällen ist es sogar signifikant zurückgegangen (**Abb. 20.39**).

Die meisten der karzinogenen Faktoren, von denen man weiß, dass sie eine bedeutende Rolle spielen, kommen keinesfalls nur in der modernen Welt vor. Das wirkungsvollste bekannte Karzinogen (zumindest in bestimmten Tests) und ein wichtiger Verursacher von Leberkrebs in Afrika und Asien ist Aflatoxin B1 (s. **Abb. 20.38**), eine Verbindung, die von Schimmelpilzen gebildet wird, die natürlicherweise Lebensmittel wie z. B. tropische Erdnüsse befallen.

Abgesehen von Tabak spielen chemische Toxine und Mutagene als Mitverursacher von Krebs eine geringere Rolle als andere Faktoren, bei denen es sich eher um das menschliche Verhalten handelt. So sind derzeit fast drei Viertel der Erwachsenen und ein Drittel der Kinder und Jugendlichen in den Vereinigten Staaten von Amerika übergewichtig oder fettleibig.

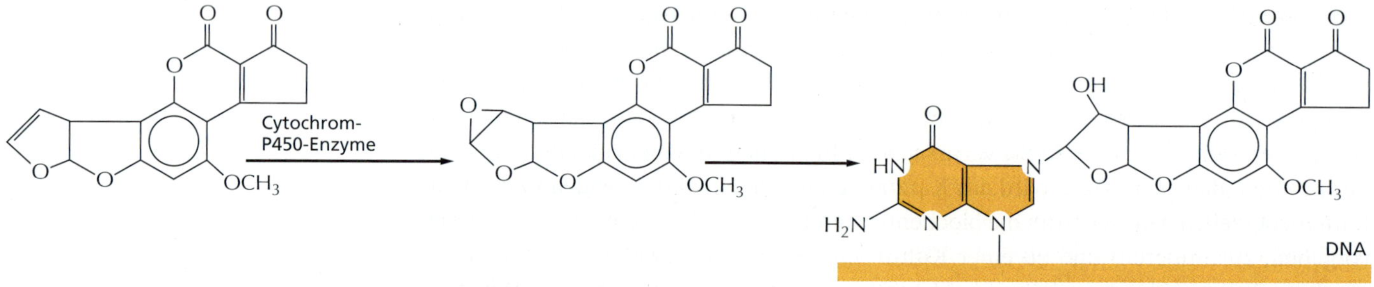

(a) AFLATOXIN B1 AFLATOXIN-2,3-EPOXID AN GUANIN IN DER DNA GEBUNDENES KARZINOGEN

- VINYLCHLORID: Leberangiosarkom
- BENZOL: akute Leukämien
- ARSEN: Hautkarzinome, Blasenkrebs
- ASBEST: Mesotheliom
- RADIUM: Osteosarkom

(b)

Abb. 20.38 Einige bekannte Karzinogene. (a) Aktivierung eines Karzinogens. Viele chemische Karzinogene müssen durch eine metabolische Veränderung, die in der Leber stattfindet, aktiviert werden, bevor sie Mutationen auslösen, indem sie mit der DNA reagieren (*orange* markiert). Die Verbindung in diesem Beispiel ist *Aflatoxin B1*, ein Gift aus einem Schimmelpilz (*Aspergillus flavus*), der auf Getreide und Erdnüssen wächst, wenn sie unter feuchtwarmen Bedingungen gelagert werden. Er ist in den Tropen ein wichtiger Mitverursacher von Leberkrebs. (b) Verschiedene Karzinogene verursachen verschieden Arten von Krebs. (b, Daten vom Institute of Medicine, Cancer and the Environment: Gene-Environment Interactions, Washington, DC: National Academies Press, 2002).

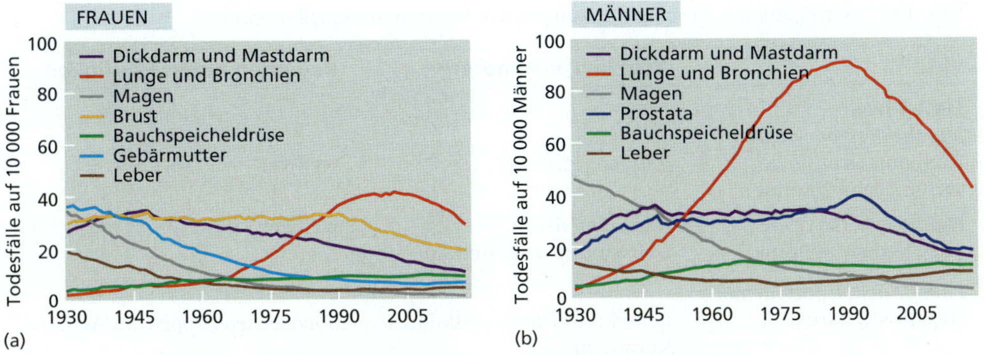

Abb. 20.39 Altersbereinigte Krebstodesraten in den USA, 1930–2018. Beispiele einiger Todesraten, angepasst an die Altersverteilung der US-Bevölkerung, sind (a) für Frauen und (b) für Männer aufgetragen. Man beachte die dramatische Zunahme von Lungenkrebs bei beiden Geschlechtern, die parallel zur Entwicklung des Tabakkonsums verläuft, und die Abnahme der Todesfälle durch Magenkrebs, die möglicherweise mit rückläufigen *Helicobacter pylori*-Infektionen in Verbindung steht. Die Verminderung anderer Krebstodesraten in den letzten Jahren könnte mit Verbesserungen bei Diagnose und Behandlung zusammenhängen. Die Anpassung der Daten entsprechend des Alters des Individuums ist notwendig, um den zwangsläufigen Anstieg der Krebsraten auszugleichen, da Menschen nun im Durchschnitt länger leben. (Verändert nach American Cancer Society. Cancer Facts and Figures, 2021. Atlanta: American Cancer Society, Inc. Daten aus US Mortality Volumes 1930–1959, US Mortality Data 1960–2016, National Center for Health Statistics, Centers for Disease Control and Prevention. Dabei ist zu beachten, dass „Gebärmutter" den Gebärmutterhals und die Gebärmutter aufgrund von Einschränkungen bei der Datenerfassung vor 1970 umfasst. Mit Genehmigung der American Cancer Society.)

Die Kombination von vier Risikofaktoren – übermäßiges Körpergewicht, Alkoholkonsum, falsche Ernährung und Bewegungsmangel – ist heute für den höchsten Anteil aller Krebsfälle bei Frauen verantwortlich und steht bei Männern nach dem Rauchen an zweiter Stelle. Tatsächlich könnten schätzungsweise bis zu 50 % der Krebserkrankungen durch einfach zu ermittelnde Veränderungen der Lebensweise vermieden werden (s. **Abb. 20.37b**).

20.3.4 Viren und andere Infektionen tragen signifikant zu Krebserkrankungen beim Menschen bei

Krebserkrankungen beim Menschen sind nicht ansteckend, aber eine signifikante Minderheit von Krebserkrankungen hängt direkt oder indirekt mit Infektionen mit Viren und – seltener – mit Bakterien oder Parasiten zusammen. Solche Infektionen sind für etwa 15 % der Krebserkrankungen weltweit verantwortlich und sind in Entwicklungsländern häufiger anzutreffen. Belege für ihre Beteiligung ergeben sich zum Teil aus dem Nachweis von Viren bei an Krebs erkrankten Personen und zum Teil aus der Epidemiologie. Gebärmutterhalskrebs wird dementsprechend mit einer Papillomavirus-Infektion in Verbindung gebracht, während Leberkrebs sehr häufig in Teilen der Welt vorkommt (Afrika und Südostasien), in denen Infektionen mit dem Hepatitis-B-Virus allgemein verbreitet sind. Chronische Hepatitis-C-Virusinfektion, von der etwa 170 Millionen Menschen weltweit betroffen sind, ist ebenfalls eindeutig mit der Entwicklung von Leberkrebs verbunden.

Die Hauptverursacher sind, wie aus **Tab. 20.2** ersichtlich, die DNA-Viren. **DNA-Tumorviren** verursachen Krebs auf die direkteste Art: Sie stören die Kontrolle von Zellzyklus und Apoptose. Um diese Art von viraler Karzinogenese zu verstehen, muss man den Lebenszyklus von Viren kennen. Viele DNA-Viren nutzen den DNA-Replikationsapparat der Wirtszelle zur Neusynthese ihres eigenen Genoms. Um jedoch viele infektiöse Viruspartikel aus einer einzigen Wirtszelle herzustellen, muss ein DNA-Virus diesen Apparat befehligen und ihn stark hochfahren, wobei die normalen Beschränkungen der

Tab. 20.2 Viren, die mit Krebserkrankungen des Menschen assoziiert sind.

Virus	Assoziierte Tumoren	Regionen hoher Häufigkeit
DNA-Viren		
Familie der Papovaviren		
Papillomavirus (viele verschiedene Stämme)	Warzen (gutartig)	weltweit
Papillomavirus (viele verschiedene Stämme)	Karzinom der Gebärmutterschleimhaut	weltweit
Familie der Hepadnaviren		
Hepatitis-B-Virus	Leberkrebs (hepatozelluläres Karzinom)	Südostasien, tropisches Afrika
Familie der Herpesviren		
Epstein-Barr-Virus	Burkitt-Lymphom (Krebs der B-Lymphocyten)	Westafrika, Papua-Neuguinea
Epstein-Barr-Virus	Nasopharynx-Karzinom	südliches China, Grönland
Humanes Herpesvirus 8	Kaposi-Sarkom	Zentral- und südliches Afrika
RNA-Viren		
Familie der Retroviren		
Menschliches T-Zell-Leukämievirus Typ I (HTLV-1)	Adulte/s T-Zell-Leukämie/Lymphom	Japan, Westindische Inseln
Menschliches Immunschwächevirus (HIV, AIDS-Virus)	Kaposi-Sarkom (über humanes Herpesvirus 8)	Zentral- und südliches Afrika
Familie der Flaviviren		
Hepatitis-C-Virus	Leberkrebs (hepatozelluläres Karzinom)	weltweit

Bei allen genannten Viren ist die Anzahl der Infizierten wesentlich größer als die Anzahl derer, die Krebs bekommen: Die Viren müssen mit anderen Faktoren zusammenwirken. Wie im Text beschrieben, tragen verschiedene Viren auf unterschiedliche Weise zur Entstehung von Krebs bei.

DNA-Replikation durchbrochen und meistens auch bei diesem Vorgang die Wirtszellen zerstört werden. Viele DNA-Viren reproduzieren sich nur auf diesem Wege. Allerdings haben einige auch eine andere Option: Sie können ihr Genom wie ein blinder Passagier in der Wirtszelle vermehren, indem sie ihre DNA (entweder integriert in das Wirtsgenom oder in Form eines extrachromosomalen Plasmids) im Laufe gewöhnlicher Zellteilungszyklen parallel zu der der Wirtszelle replizieren. Diese Viren können je nach den Umständen zwischen zwei Existenzzuständen hin- und herschalten. Sie können über einen langen Zeitraum hinweg schlafend und harmlos bleiben, sich aber dann in einem Prozess, der die Wirtszelle tötet, vermehren und viele infektiöse Partikel bilden.

Keiner dieser Zustände verleiht der Wirtszelle einen kanzerösen Charakter und es liegt auch nicht im Interesse des Virus, dies zu tun. Bei Viren mit einer latenten Phase können aber genetische Unfälle passieren. Dabei werden einige der viralen Proteine frühzeitig aktiviert, die das Virus normalerweise erst in seiner replikativen Phase verwendet, um die virale DNA unabhängig vom Zellzyklus zu replizieren. Wie im Beispiel der im Folgenden beschriebenen Papillomaviren kann ein derartiger Unfall die dauerhafte Proliferation der Wirtszelle selbst anschalten und somit Krebs verursachen.

20.3.5 Impfung gegen das humane Papillomavirus kann Gebärmutterhalskrebs vorbeugen

Die **Papillomaviren** sind ein gutes Beispiel für DNA-Tumorviren. Sie verursachen beim Menschen Warzen und sind insbesondere als kausaler Faktor bei

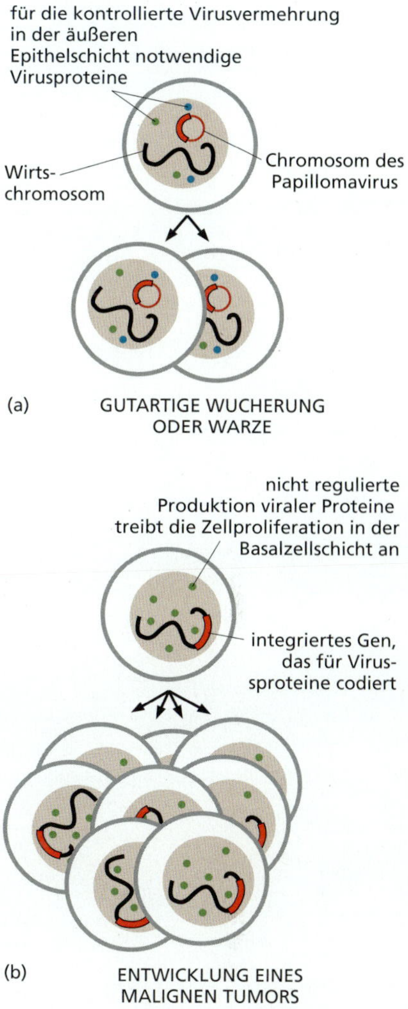

Abb. 20.40 Wie bestimmte Papillomaviren Gebärmutterhalskrebs auslösen können. Die doppelsträngigen, ringförmigen DNA-Chromosomen der Papillomaviren bestehen aus etwa 8 000 Nukleotidpaaren. In den Basalzellen des Epithels bleiben diese Chromosomen stabil erhalten, und zwar als Plasmide (*rote Kreise*), deren Replikation parallel zur Verdopplung der Wirtschromosomen gesteuert wird. (a) Normalerweise stört das Virus den Zellzyklus des Wirts nur dann, wenn das Virus darauf programmiert ist, in den äußeren Epithelschichten infektiöse Nachkommen zu bilden. Das ist relativ harmlos. (b) Ein seltenes Zufallsereignis kann zur Integration eines Plasmidfragments in das Wirtschromosom führen, was die Umgebung der Virus-Gene in den Basalzellen des Epithels verändert. Dies kann die normale Kontrolle der viralen Genexpression unterbrechen. Die nicht regulierte Produktion bestimmter viraler Replikationsproteine (E6 und E7) stört die Kontrollmechanismen der Zellteilung in den Basalzellen und wirkt dadurch bei der Entstehung von Krebs mit (*unten*).

Gebärmutterhalskarzinomen von Bedeutung: Dieser ist weltweit der zweithäufigste Krebs bei Frauen und stellt etwa 6 % aller Krebserkrankungen beim Menschen dar. Humane Papillomaviren (**HPV**) infizieren das Gebärmutterhalsepithel und werden in der Basalzellschicht während der latenten Phase als extrachromosomale Plasmide beibehalten, die sich im Gleichschritt mit den Chromosomen replizieren. Infektiöse Viruspartikel werden in den äußeren Epithelschichten durch den Wechsel zur replikativen Phase gebildet, wenn Zellen mit ihrer Differenzierung beginnen, also bevor sie sich von der Oberfläche ablösen. Hier sollte die Zellteilung normalerweise gestoppt sein, aber das Virus interferiert mit dieser Zellzyklus-Arretierung und ermöglicht dadurch eine schnelle Replikation seines eigenen Genoms. Meistens ist dieser Effekt auf die äußersten Zellschichten begrenzt und recht harmlos, wie bei einer Warze. Gelegentlich aber führt ein genetischer Unfall dazu, dass die viralen Gene, die für Proteine codieren, die das Anhalten des Zellzyklus verhindern, in das Wirtschromosom integriert werden. Die Kontrolle der Zellteilung setzt dann auch in der Basalschicht aus, wo die Stammzellen des Epithels sitzen (s. **Abb. 22.6**). Dies kann zu Krebs führen, wobei die Virus-Gene als Onkogene wirken (**Abb. 20.40**).

Der gesamte Prozess, von der Infektion bis zum invasiven Krebs, ist langsam und kann mehrere Jahre dauern. Er umfasst ein langes Übergangsstadium, in dem die betroffene Stelle des Gebärmutterhalsepithels sichtbar gestört ist, die Zellen jedoch noch nicht begonnen haben, in das darunterliegende Bindegewebe einzudringen. Dieses Phänomen bezeichnet man als *intraepitheliale Neoplasie*. Viele derartige Läsionen entwickeln sich spontan zurück. Zudem ist es in diesem Stadium noch leicht, die Krankheit durch Zerstörung oder chirurgische Entfernung des anormalen Gewebes zu heilen. Glücklicherweise kann das Vorhandensein derartiger Läsionen durch Abkratzen einer Zellprobe von der Gebärmutterhalsxoberfläche und anschließende Begutachtung unter dem Mikroskop nachgewiesen werden (der „*Pap-Test*“).

Noch besser ist es, dass inzwischen ein Impfstoff entwickelt wurde, der vor einer Infektion mit den relevanten Stämmen des humanen Papillomavirus schützt. Wenn er Mädchen vor der Pubertät, also bevor sie sexuell aktiv werden, verabreicht wird, reduziert dieser Impfstoff deutlich das Risiko, Gebärmutterhalskrebs zu entwickeln. Da sich das Virus durch Geschlechtsverkehr verbreitet, wird inzwischen empfohlen, sowohl junge Männer als auch junge Frauen routinemäßig zu impfen. Mehrere Länder haben bereits mit Massenimpfkampagnen begonnen.

20.3.6 Infektionserreger können auf unterschiedliche Art und Weise Krebs verursachen

Die Virus-Gene, die hauptsächlich an der Verursachung von Krebs beteiligt sind, heißen im Papillomavirus *E6* und *E7*. Die Produkte dieser Virus-Onkogene interagieren mit vielen Proteinen der Wirtszelle, aber insbesondere binden sie an Proteine, die von den beiden wichtigsten Tumorsuppressorgenen der Wirtszelle gebildet werden, inhibieren deren Wirkung und erlauben so der Zelle, ihre DNA zu replizieren und sich unkontrolliert zu teilen. Eines dieser Wirtsproteine ist Rb, das andere ist p53. Andere DNA-Tumorviren verwenden ähnliche Mechanismen, um Rb und p53 zu inhibieren. Dies unterstreicht die zentrale Bedeutung des Eingreifens sowohl in den Zellzykluskontrollweg als auch in den Zellüberlebensweg bei der Überwindung der normalen Beschränkungen der Zellproliferation, wie wir bereits erörtert haben.

In anderen Krebserkrankungen wirken Viren indirekt als Tumorpromotor. Die Hepatitis-B- und -C-Viren z. B. können die Entstehung von Leberkrebs begünstigen, indem sie eine chronische Entzündung (Hepatitis) hervorrufen. Diese Entzündung stimuliert die extensive Zellteilung in der Leber, die schließlich wiederum die Entwicklung von Tumorzellen begünstigt. Bei AIDS fördert das humane Immunschwächevirus (HIV) die Entwicklung eines sonst seltenen Krebses, des Kaposi-Sarkoms, weil es das Immunsystem zerstört und dadurch eine Sekundärinfektion mit einem humanen Herpesvirus (HHV-8) ermöglicht, das direkt karzinogen wirkt. Da sie schwere Entzündungen verursachen, können auch chronische Infektionen mit Parasiten und Bakterien eine Tumorentwicklung begünstigen. Zum Beispiel scheint eine chronische Infektion des Magens mit dem Bakterium *Helicobacter pylori*, das Geschwüre verursacht, eine Hauptursache von Magenkrebs zu sein. Der drastische Rückgang von Magenkrebs innerhalb des letzten halben Jahrhunderts (s. **Abb. 20.39**) korreliert mit dem Rückgang der *Helicobacter*-Infektionen.

20.3.7 Die Suche nach Heilungsmethoden für Krebs ist schwierig, aber nicht aussichtslos

Krebs ist, wie Unkraut, nur schwer loszuwerden. Krebszellen können chirurgisch entfernt werden oder mittels giftiger Chemikalien (sogenannter Cytostatika) bzw. Bestrahlung zerstört werden. Aber es ist schwer, jede einzelne von ihnen auszumerzen. Während einer Operation lassen sich selten alle Metastasen aufspüren. Behandlungen, die Krebszellen abtöten, wirken im Allgemeinen auch toxisch auf alle normalen Zellen. Außerdem können Krebszellen im Gegensatz zu normalen Zellen schnell mutieren und entwickeln oft Resistenzen gegen die Gifte und Strahlen, die zu ihrer Bekämpfung eingesetzt werden.

Trotz dieser Schwierigkeiten hat man bereits wirksame Behandlungsmethoden gegen einige einst äußerst letale Krebserkrankungen gefunden. So kann man mit Krebsmedikamenten allein oder in Kombination mit anderen Behandlungen insbesondere beim Hodgkin-Lymphom, bei Hodenkrebs, Chorionkarzinom und bei einigen Leukämien und anderen Krebserkrankungen der Kindheit gute Erfolge erzielen. Selbst für Krebstypen, für die momentan eine Heilung außer Reichweite liegt, gibt es Behandlungsstrategien, die das Leben verlängern oder zumindest das Leiden verringern. Aber wie sind die Aussichten auf bessere Behandlungen und Heilungsmöglichkeiten für die häufigsten Krebsformen, die noch immer großes Leid und so viele Todesfälle verursachen?

20.3.8 Traditionelle Therapien nutzen den Verlust von Zellzyklus-Kontrollpunkt-Reaktionen und die genetische Instabilität der Krebszellen

Therapien gegen Krebs müssen sich einige molekulare Besonderheiten der Krebszellen, die sie von normalen Zellen unterscheiden, zunutze machen. Eine solche Eigenschaft ist die genetische Instabilität, die aus Defekten bei der Chromosomenerhaltung, den Zellzyklus-Kontrollpunkten und/oder den DNA-Reparaturmechanismen resultiert.

Bemerkenswerterweise scheinen die meisten existierenden Krebstherapien zu funktionieren, weil sie diese molekularen Defekte ausnutzen, ohne dass ihre Erfinder sie gekannt hätten. Die meisten Medikamente gegen Krebs und die zur Therapie eingesetzte ionisierende Bestrahlung schädigen die DNA oder setzen an der Chromosomentrennung in der Mitose an. Sie töten bevorzugt Krebszellen ab, weil Krebszellen eine verminderte Fähigkeit besitzen, den Schaden zu überleben. Wenn normale Zellen z. B. bestrahlt werden, wird ihre DNA geschädigt, aber sie stoppen den Zellzyklus, bis die Reparatur beendet ist. Dieses Stoppen ist eine Zellzyklus-Kontrollpunkt-Reaktion, wie sie in Kapitel 17 beschrieben ist. Da Krebszellen im Allgemeinen Defekte in ihren Kontrollpunkt-Reaktionen besitzen, können sie sich nach der Bestrahlung weiter teilen, nur um dann ein paar Tage später an den nicht reparierten genetischen Schäden zu sterben. Allgemeiner ausgedrückt sind die meisten Krebszellen zu einem Grad physiologisch gestört, der sie unter Stress setzt: Sie leben gefährlich. Obwohl die Zellen in einem Tumor sich so entwickelt haben, dass sie ungewöhnlich tolerant gegenüber geringfügigeren DNA-Schäden sind, sind sie überempfindlich gegenüber den viel größeren Schäden, die durch Bestrahlung und DNA-schädigende Medikamente entstehen. Ein kleiner Anstieg der genetischen Schädigung kann ausreichen, um das Gleichgewicht zwischen Proliferation und Tod aus dem Lot zu bringen. Leider verursachen DNA-schädigende Therapien jedoch in der Regel schreckliche Nebenwirkungen auf normale, sich schnell teilende Zellen im Verdauungssystem, im Knochenmark und in den Schleimhäuten. Außerdem sind diese Behandlungen selbst krebserregend und können zu sekundären Krebserkrankungen führen.

Die molekularen Anomalien in Krebszellen steigern zwar häufig die Empfindlichkeit der Krebszellen gegenüber cytotoxischen Wirkstoffen, sie können aber auch ihre Resistenz erhöhen. Während zum Beispiel eine normale Zelle als Reaktion auf DNA-Schädigung durch Apoptose stirbt (als Stressreaktion, die über p53 vermittelt wird), kann eine Krebszelle der Apoptose entgehen, da sie kein p53 besitzt. Verschiedene Krebsarten unterscheiden sich sehr hinsichtlich ihrer Empfindlichkeit gegenüber cytotoxischer Therapie. Einige reagieren auf das eine Medikament, einige auf ein anderes. Wahrscheinlich spiegelt dies die jeweiligen Defekte wider, die sie in der DNA-Reparatur, in Zellzyklus-Kontrollpunkten und in Apoptose-Signalübertragungswegen besitzen.

20.3.9 Neue Medikamente können Krebszellen selektiv abtöten, indem sie an spezifischen Mutationen ansetzen

Strahlentherapie und traditionelle cytotoxische Medikamente sind kaum selektiv: Sie schaden gesunden Zellen genauso wie Krebszellen und die Sicherheitsmarge ist gering. Die Dosis kann oft nicht hoch genug gewählt werden, um alle Krebszellen abzutöten, da dies den Patienten töten würde. Zudem ist für eine Heilung, wenn sie möglich ist, im Allgemeinen eine Kombination mehrerer Cytostatika nötig. Die Nebenwirkungen können heftig und schwer zu ertragen sein. Wie können wir das verbessern?

Eine ideale Behandlung ist diejenige, die in Kombination mit einer Läsion, wie sie in den Krebszellen vorhanden ist, für Zellen tödlich ist, die jedoch für Zellen, die diese Läsion nicht besitzen, ungefährlich ist. Eine derartige Behandlung wird als *synthetisch-letal* (vom ursprünglichen Sinn des Wortes *Synthese*, was „Zusammensetzung" bedeutet) bezeichnet: Sie tötet nur in Kombination mit der krebsspezifischen Mutation. Da man die spezifischen molekularen Veränderungen in Krebszellen, die diese von ihren normalen Nachbarn unterscheiden, immer genauer bestimmen kann, ergeben sich neue Möglichkeiten für solche exakt zielorientierten Behandlungen. Wir schließen dieses Kapitel mit einigen Beispielen für neue Behandlungsmethoden ab, die bereits in der Praxis eingesetzt werden.

20.3.10 PARP-Inhibitoren töten Krebszellen, die Defekte in *Brca1*- oder *Brca2*-Genen besitzen

Wir haben bereits deutlich gemacht, dass die genetische Instabilität der Krebszellen die Zellen sowohl gefährlich als auch verwundbar macht: gefährlich aufgrund ihrer vermehrten Fähigkeit sich zu entwickeln und zu proliferieren und verwundbar, weil eine Behandlung, die eine noch extremere genetische Störung verursacht, sie über die Grenzen des Tolerierbaren hinaus bringt und sie tötet. In einigen Krebsarten resultiert die genetische Instabilität aus einem bekannten Fehler in einem der vielen Systeme, von denen die DNA-Reparatur und die Aufrechterhaltung des Genoms in gesunden Zellen abhängig sind. In diesem Fall wird ein Medikament dafür maßgeschneidert, um einen komplementären Teil des DNA-Reparatursystems zu blockieren. Das kann so schweren genetischen Schaden anrichten, dass die Krebszellen sterben.

Detaillierte Untersuchungen der Mechanismen zur DNA-Erhaltung (s. Kapitel 5) ergaben eine überraschende Fülle von offensichtlicher Redundanz. Wenn also ein bestimmter Weg der DNA-Reparatur ausgeschaltet wird, ist dies im Allgemeinen weniger katastrophal als angenommen, da alternative Wege zur Reparatur existieren. Wir haben z. B. gesehen, wie DNA-Replikationsgabeln ins Stocken geraten können, wenn die Gabel auf einen Einzelstrangbruch in einem Matrizenstrang trifft, und wie Zellen die Katastrophe, auf die sie ansonsten zusteuern würden, vermeiden. Zunächst besitzen sie einen Mechanismus, das Problem zu beheben, indem der Einzelstrangbruch direkt repariert wird. Danach, wenn dieser Mechanismus versagt, können sie eine beschädigte Replikationsgabel durch homologe Rekombination reparieren (s. **Abb. 5.49**). Nehmen wir einmal an, dass die Zellen in einem bestimmten Krebs durch eine Mutation genetisch instabil wurden, die ihre Fähigkeit reduziert, stockende Replikationsgabeln über homologe Rekombination zu reparieren. Wäre es möglich, diesen Krebs zu bekämpfen, indem man ihn mit einem Medikament behandelt, das die Reparatur von Einzelstrangbrüchen inhibiert und so die Anzahl der stockenden Replikationsgabeln stark erhöht? Man würde erwarten, dass die Folgen für normale Zellen harmlos wären, da sie stockende Replikationsgabeln reparieren können; für Krebszellen wären sie aber letal.

Genau diese Strategie scheint zu funktionieren, um bei zumindest einer Art von Krebs die Zellen zu töten. Es handelt sich um diejenigen Krebsarten, bei denen beide Kopien der *Brca1*- oder *Brca2*-Tumorsuppressorgene inaktiviert sind. Wie in Kapitel 5 beschrieben ist *Brca2* ein akzessorisches Protein, das mit dem Rad51-Protein (das RecA-Analog beim Menschen) bei der Reparatur von DNA-Doppelstrangbrüchen über homologe Rekombination in Wechselwirkung tritt. *Brca1* ist ein weiteres Protein, das ebenfalls für diesen Reparaturprozess nötig ist. Wie *Rb* wurden *Brca1* und *Brca2* als Mutationen entdeckt, die die Menschen anfällig für Krebs machen, in diesem Fall anfällig für Brust- und Eierstockkrebs (aber anders als *Rb* scheinen sie nur an einem geringen Teil solcher Krebsarten beteiligt zu sein). Personen, die eine mutierte Kopie von *Brca1* oder *Brca2* erben, entwickeln Tumoren, bei denen die zweite Kopie desselben Gens inaktiviert ist, wahrscheinlich weil diese Veränderung die Zellen genetisch instabil macht und die Tumorprogression beschleunigt.

Während *Brca1* und *Brca2* für die Reparatur von DNA-Doppelstrangbrüchen nötig sind, werden Einzelstrangbrüche über andere Mechanismen repariert. Daran ist ein Enzym beteiligt, das PARP (Poly(ADP-Ribose)-Polymerase) genannt wird. Dieses Verständnis der grundlegenden DNA-Reparaturmechanismen hat zu einer bemerkenswerten Entdeckung geführt: Medikamente, die die Aktivität von PARP blockieren, töten Zellen mit fehlerhaften *Brca*-Genen mit außerordentlicher Selektivität. Gleichzeitig hat die Hemmung von PARP sehr geringe Wirkung auf gesunde Zellen. Tatsächlich bleiben Mäuse, die genetisch so verändert wurden, dass ihnen PARP1 – das wichtigste Mitglied der PARP-Familie, das an der DNA-Reparatur beteiligt ist – fehlt, unter Laborbedingungen

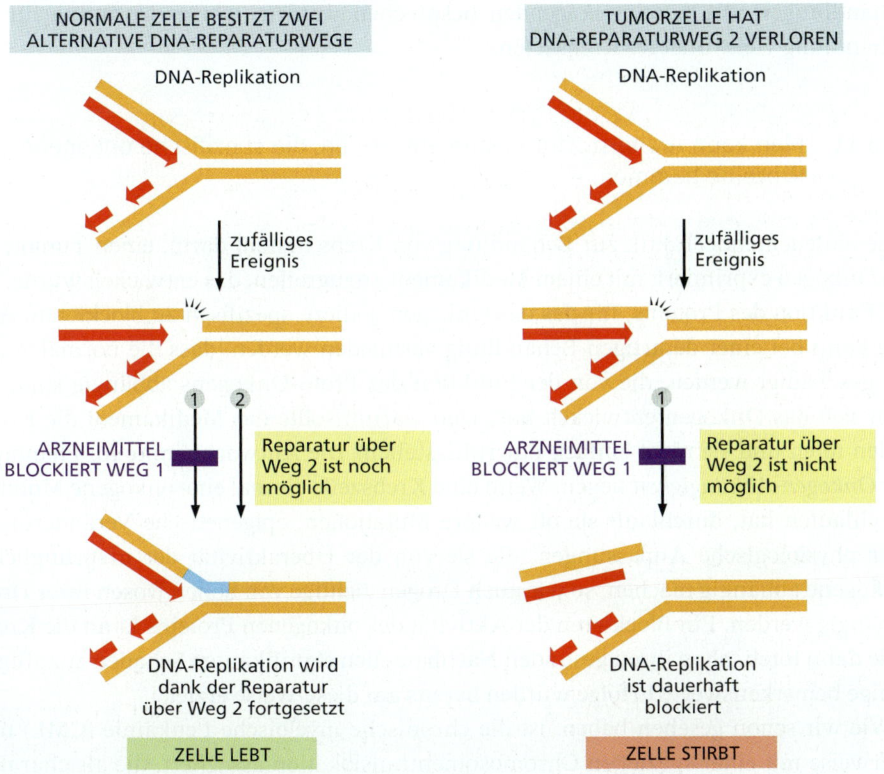

Abb. 20.41 Wie die genetische Instabilität eines Tumors für die Krebstherapie genutzt werden kann. Wie in Kapitel 5 erklärt, ist die Erhaltung der DNA-Sequenzen so entscheidend für das Leben, dass die Zellen viele Wege entwickelt haben, um DNA-Schädigungen zu reparieren und DNA-Replikationsfehler zu vermeiden. Wie abgebildet, gerät eine Replikationsgabel ins Stocken, wann immer sie auf einen Bruch im DNA-Matrizenstrang trifft. In diesem Fall besitzen normale Zellen zwei verschiedene Reparaturmechanismen, die helfen, das Problem zu vermeiden: Reparaturweg 1 und 2. Eine Behandlung mit einer Substanz, die den Reparaturweg 1 blockiert, kann also keinen Schaden anrichten. Da jedoch während der Entwicklung der Tumorzelle nach der Inaktivierung von Reparaturweg 2 selektiert wurde, werden Tumorzellen durch dieselbe Behandlung getötet. Im vorliegenden Fall, der diesem Beispiel zugrunde liegt, besteht die Aufgabe des Reparaturwegs 1 (der das PARP-Protein benötigt, s. Text) darin, zufällige Brüche, die in einem DNA-Einzelstrang auftreten, dauerhaft zu entfernen, bevor eine sich fortbewegende Replikationsgabel auf sie trifft. Weg 2 ist der rekombinationsabhängige Prozess (der die beiden Proteine Brca2 und Brca1 benötigt) zur Reparatur von ins Stocken geratenen Replikationsgabeln, wie in **Abb. 5.49** dargestellt. PARP-Inhibitoren werden oft für die Behandlung von Krebsarten mit fehlerhaften *Brca2*- oder *Brca1*-Tumorsuppressorgenen eingesetzt.

gesund. Dieses Ergebnis lässt vermuten, dass, während der Reparaturweg, der PARP benötigt, die erste Linie einer Abwehr gegen Brüche in einem DNA-Strang darstellt, diese Brüche in gesunden Zellen über einen genetischen Rekombinationsweg repariert werden können. Im Gegensatz dazu haben Tumorzellen, die ihre genetische Instabilität durch den Verlust von Brca1 oder Brca2 erreicht haben, diese zweite Verteidigungslinie verloren und sind daher ungewöhnlich empfindlich gegenüber PARP-Inhibitoren (**Abb. 20.41**).

PARP-Inhibitoren haben bereits einige faszinierende Ergebnisse geliefert: Bei vielen Individuen mit *Brca*-Defekten entwickelten sich die Tumoren zurück und der Krankheitsverlauf wurde aufgehalten. All dies geschah mit verhältnismäßig wenigen unangenehmen Nebenwirkungen. Diese Medikamente scheinen auch gegen Krebsarten mit anderen Mutationen, die Fehler im homologen Rekombinationsapparat der Zelle besitzen, anwendbar zu sein – ein kleiner, aber signifikanter Teil der Krebserkrankungen.

PARP-Hemmung ist ein Beispiel für den äußerst selektiven Ansatz einer langsam möglich werdenden molekularen Krebstherapie. Zusammen mit anderen neuen

Behandlungen, die wir im Folgenden besprechen werden, gibt er Hoffnung für die Behandlung vieler anderer Krebsarten.

20.3.11 Man kann Arzneistoffmoleküle entwerfen, die spezifische onkogene Proteine hemmen

Eine einleuchtende Taktik zur Behandlung von Krebs besteht darin, einen Tumor, der ein Onkogen exprimiert, mit einem Medikament anzugreifen, das entwickelt wurde, um die Funktion des Proteins, für das das Onkogen codiert, spezifisch zu blockieren. Aber wie kann bei einer derartigen Behandlung vermieden werden, dass die normalen Zellen geschädigt werden, die von der Funktion des Proto-Onkogens abhängig sind, aus dem sich das Onkogen entwickelt hat? Und warum sollte das Medikament die Krebszellen töten und sie nicht einfach nur ruhigstellen? Die Antwort könnte im Phänomen der *Onkogen-Abhängigkeit* liegen. Wenn eine Krebszelle einmal eine onkogene Mutation durchlaufen hat, durchläuft sie oft weitere Mutationen, epigenetische Veränderungen oder physiologische Anpassungen, die sie von der Überaktivität der ursprünglichen Onkogene abhängig machen, so wie auch Drogensüchtige von hohen Dosen ihrer Droge abhängig werden. Ein Blockieren der Aktivität des onkogenen Proteins kann die Krebszelle dann töten, ohne ihren gesunden Nachbarzellen signifikanten Schaden zuzufügen. Einige bemerkenswerte Erfolge wurden bereits auf diese Weise erzielt.

Wie wir schon gesehen haben, ist die chronische myeloische Leukämie (CML) üblicherweise mit einer speziellen Chromosomentranslokation assoziiert, die als charakteristische Anomalie im Karyotyp sichtbar ist (Philadelphia-Chromosom, s. **Abb. 20.5**). Dies ist die Folge von Chromosomenbruch und -wiederverbindung an der Stelle zweier spezifischer Gene: *Abl* und *Bcr.* Die Fusion dieser Gene lässt ein Hybridgen, *Bcr-Abl* genannt, entstehen, das für ein Chimärenprotein codiert. Es besteht aus dem N-terminalen Bruchstück von *Bcr* fusioniert mit dem C-terminalen Teil von *Abl* (**Abb. 20.42**). Abl ist eine Tyrosinkinase, die an der zellulären Signalübertragung beteiligt ist. Der Einbau des

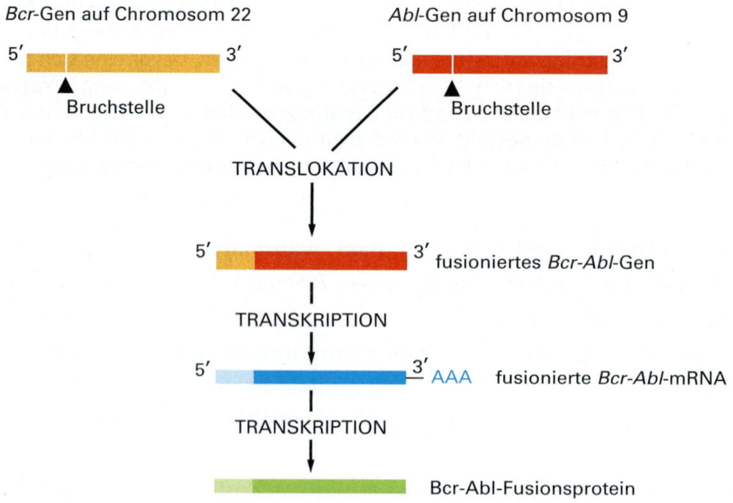

Abb. 20.42 Die Umwandlung des Proto-Onkogens *Abl* in ein Onkogen bei Personen mit chronischer myeloischer Leukämie. Durch die zugrunde liegende Chromosomentranslokation wird das *Bcr*-Gen auf Chromosom 22 mit dem *Abl*-Gen auf Chromosom 9 verknüpft, sodass ein Philadelphia-Chromosom entsteht (s. **Abb. 20.5**). Im zugehörigen Fusionsprotein ist der N-Terminus des Bcr-Proteins mit dem C-Terminus der Abl-Tyrosinkinase verbunden. Infolgedessen wird die Abl-Kinasedomäne übermäßig aktiv und regt eine zu starke Vermehrung eines Klons blutbildender Knochenmarkszellen an.

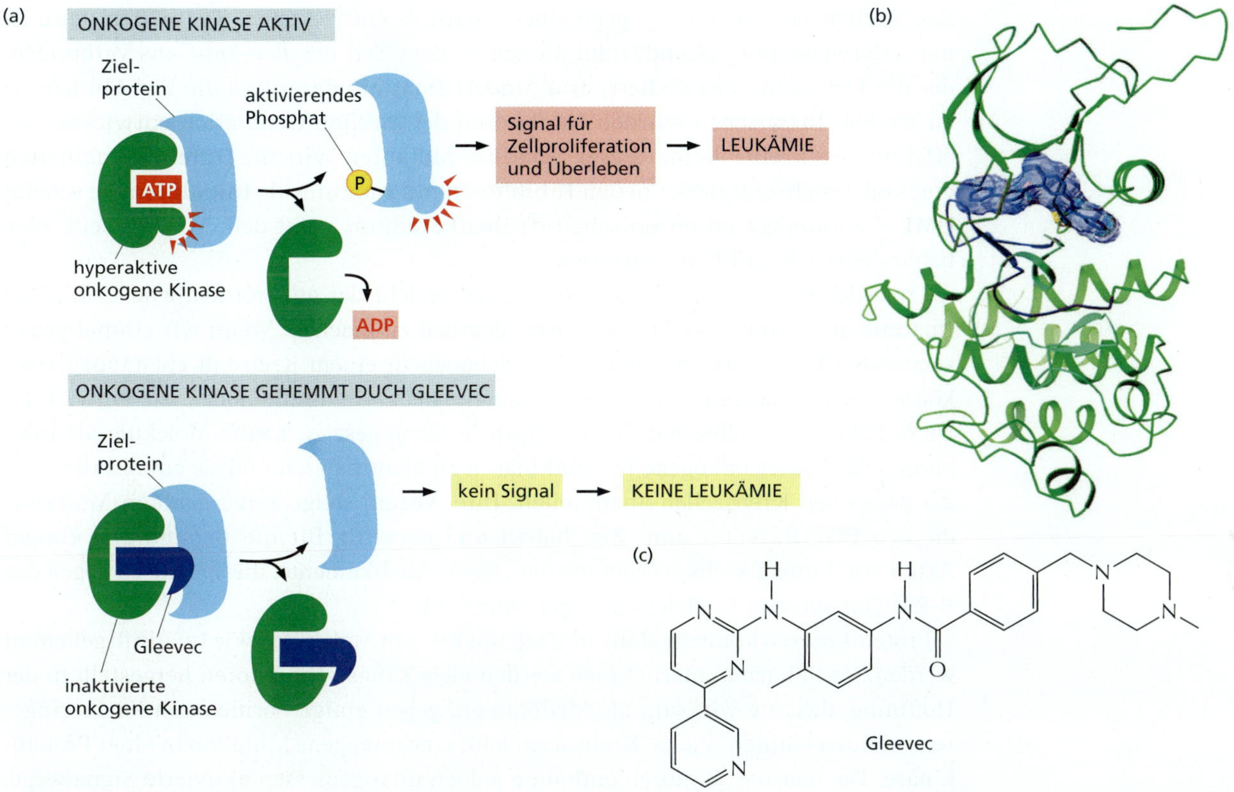

Abb. 20.43 Imatinib (Gleevec) hemmt die Aktivität des Bcr-Abl-Proteins und stoppt chronische myeloische Leukämie. (a) Imatinib sitzt an der ATP-Bindungsstelle der Tyrosinkinase-Domäne von Bcr-Abl und verhindert dadurch, dass Bcr-Abl eine Phosphatgruppe von ATP auf einen Tyrosinrest eines Substratproteins überträgt. Dies hemmt die Weitergabe eines Signals für Zellproliferation und Überleben. (b) Die Struktur des Komplexes von Imatinib (*blau* ausgefüllte Struktur) mit der Tyrosinkinase-Domäne des Abl-Proteins (Bändermodell), wie sie durch Röntgenkristallographie bestimmt wurde. (c) Die chemische Struktur des Medikaments. Es kann oral verabreicht werden; die Nebenwirkungen sind in der Regel erträglich. (b, mit freundlicher Genehmigung von T. Schindler *et al.*, *Science* 289: 1938–1942, 2000. Mit Erlaubnis der AAAS. PDB code: 3K5V).

Bcr-Fragments anstelle ihres normalen Aminoendes lässt sie überaktiv werden, sodass sie die übermäßige Proliferation von hämatopoetischen Vorläuferzellen, in denen sie enthalten ist, anregt und verhindert, dass diese Zellen durch Apoptose absterben, was sonst viele von ihnen tun würden. Folglich sammelt sich eine übermäßige Zahl von Leukocyten im Blut an, was CML hervorruft.

Das chimäre Bcr-Abl-Fusionsprotein ist ein naheliegendes Ziel für einen therapeutischen Angriff. Bei der Suche nach synthetischen Wirkstoffen, die die Aktivität von Tyrosinkinasen hemmen, fand man *Imatinib* (Handelsname Gleevec®), einen Inhibitor von Bcr-Abl (**Abb. 20.43**). Als dieses Molekül Personen mit CML verabreicht wurde, zeigten fast alle eine ausgezeichnete Reaktion. In 80 % der Personen wurden die Zellen, die das Philadelphia-Chromosom trugen, offensichtlich ausgemerzt. Die Reaktion scheint relativ dauerhaft zu sein: Nach Jahren der Behandlung ist der Krebs bei vielen Individuen nicht weiter fortgeschritten, obwohl Imatinib-resistente Krebsarten in den ersten Jahren mit einer Wahrscheinlichkeit von etwa 5 % pro Jahr auftreten.

Die Ergebnisse fielen nicht so gut für Personen aus, bei denen die Krankheit mit weiteren Mutationen schon in die akutere Phase der myeloischen Leukämie, die als Blastenkrise bekannt ist, fortgeschritten war, in der die genetische Instabilität bereits eingesetzt hat und die Krankheitsentwicklung viel schneller abläuft. Diese

Individuen zeigten zuerst eine Besserung, wurden dann aber rückfällig, weil die Krebszellen eine Resistenz gegenüber Imatinib entwickelten. Diese Resistenz ist normalerweise mit Sekundärmutationen in dem Teil des *Bcr-Abl*-Gens verbunden, der die Kinasedomäne codiert, und hindert Imatinib daran, an die Bcr-Abl-Kinase zu binden. Inzwischen wurden Inhibitoren der zweiten Generation entwickelt, die effektiv gegen eine Reihe dieser Imatinib-Mutanten wirken. Durch Kombination eines oder mehrerer dieser neuen Inhibitoren mit Imatinib als Initialtherapie scheint CML – zumindest im chronischen (frühen) Stadium – auf dem Weg zu sein, eine behandelbare Krankheit zu werden.

Trotz der Komplikationen mit Resistenzen reicht der außerordentliche Erfolg von Imatinib aus, um ein wichtiges Prinzip deutlich zu machen: Wenn wir einmal genau verstanden haben, welche genetischen Schäden in einem Krebsfall entstanden sind, können wir anfangen, wirksame, rationale Behandlungsmethoden zu entwickeln. Diese Erfolgsgeschichte hat Bemühungen in Gang gesetzt, kleine Moleküle als Inhibitoren für andere onkogene Proteinkinasen zu identifizieren und sie einzusetzen, um die passenden Krebszellen anzugreifen. Ihre Anzahl steigt. Dazu gehören Moleküle, die den EGF-Rezeptor zum Ziel haben und derzeitig für die Behandlung einiger Arten von Lungenkrebs erprobt werden, sowie Medikamente, die spezifisch gegen das B-Raf-Onkoprotein in Melanomen gerichtet sind.

Proteinkinasen können relativ einfach mit kleinen Molekülen wie Imatinib gehemmt werden. Von Pharmaunternehmen werden viele Kinase-Inhibitoren hergestellt in der Hoffnung, dass sie wirksam als Medikament gegen einige Formen von Krebs eingesetzt werden können. Vielen Krebsarten fehlt eine onkogene Mutation in einer Proteinkinase. Die meisten Tumoren enthalten jedoch unangemessen aktivierte Signalwege, für die hoffentlich irgendwo in dem Signalweg ein Angriffspunkt gefunden werden kann. Beispielhaft sind in **Abb. 20.44** einige der Antikrebsmedikamente und ihre Ansatzpunkte dargestellt, die derzeitig für einen Signalweg getestet werden, der bei Krebs häufig aktiviert ist.

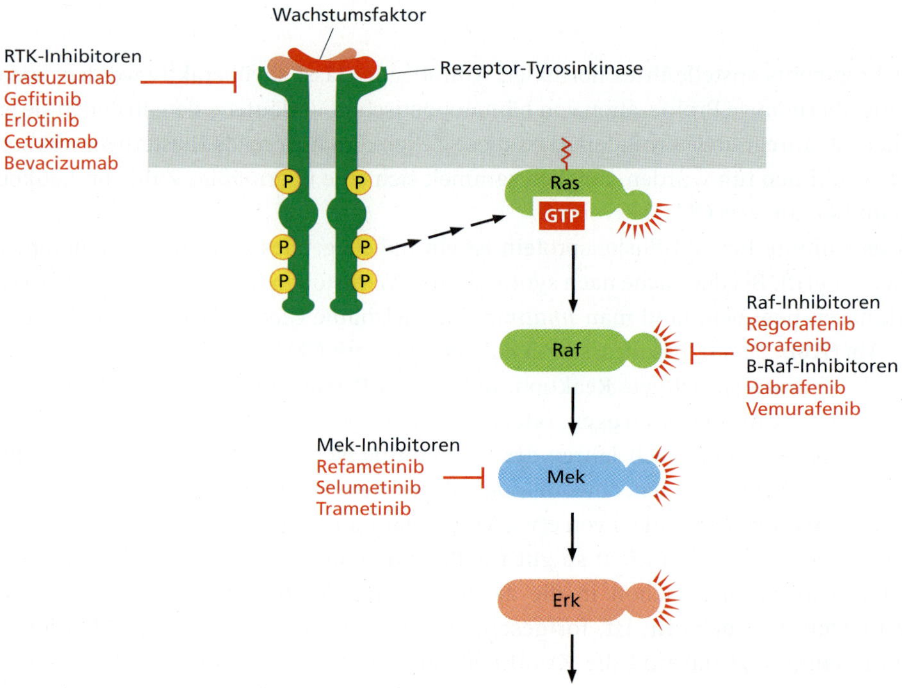

Abb. 20.44 Einige Krebsmedikamente und ihre Ansatzpunkte im Ras-MAP-Kinase-Signalweg. Dieser Ras-MAP-Kinase-Signalweg wird von einer Vielzahl an Rezeptor- Tyrosinkinasen (RTKs) gesteuert. Dazu gehört der EGF-Rezeptor (s. **Abb. 15.48** und 15.50). Es gibt mehrere Raf-Kinase-Inhibitoren, die speziell auf das Onkoprotein B-Raf abzielen. Nach Bezeichnungskonventionen enden die Namen der Medikamente, bei denen es sich um Antikörper handelt, auf „mab", während die Namen der Medikamente mit kleinen Molekülen auf „nib" enden. (Verändert nach B. Vogelstein *et al.*, *Science* 339: 1546–1558, 2013).

20.3.12 Viele Krebsarten könnten durch Steigerung der Immunabwehr behandelbar sein

Krebs hat vielschichtige Wechselwirkungen mit dem Immunsystem, dessen unterschiedliche Komponenten die Tumorprogression manchmal sowohl unterstützen als auch behindern können. Über ein Jahrhundert lang war es ein Traum der Forscher das Immunsystem irgendwie auf eine kontrollierte und effektive Art und Weise einzuspannen, um Krebszellen umzubringen, genauso wie es dies mit Infektionserregern macht. Es gibt Anzeichen dafür, dass dieser Traum eines Tages, zumindest für einige Formen von Krebs, wahr wird.

Die einfachste immunologische Therapie besteht – zumindest konzeptionell – darin, dem Individuum Antikörper zu injizieren, die gegen die Krebszellen gerichtet sind. Dieser Ansatz zeigte Erfolge. Etwa 25 % der Brustkrebsarten exprimieren z. B. ungewöhnliche große Mengen des Her2-Proteins, eine Rezeptor-Tyrosinkinase, die mit dem EGF-Rezeptor verwandt ist, der wiederum eine Rolle bei der normalen Entwicklung von Säugetierepithelien spielt. Ein monoklonaler Antikörper mit dem Namen *Trastuzumab* (Handelsname *Herceptin*®), der an Her2 bindet und seine Funktion hemmt, verzögert das Wachstum von Brusttumoren bei Menschen, die Her2 überexprimieren, und ist inzwischen eine Standardtherapie dieser Krebsarten (s. **Abb. 20.44**). Bei einem ähnlichen Ansatz werden Antikörper eingesetzt, um Gift zu den Krebszellen zu transportieren. Antikörper gegen Proteine, die auf der Oberfläche einer speziellen Krebszellart im Überfluss vorkommen, auf normalen Zellen jedoch nur selten, können mit einem Toxin gekoppelt werden, das die Zellen tötet, die das Antikörpermolekül binden.

Derzeit konzentriert sich viel Aufmerksamkeit auf eine andere Art von immunologischem Ansatz, der auf einer Klasse von Lymphocyten, den T-Zellen, beruht. Wie in Kapitel 24 ausführlich beschrieben, können cytotoxische T-Zellen eine Wirtszelle abtöten, die fremde Peptidantigene auf ihrer Oberfläche trägt. Da das Peptid in der Regel von einem eingedrungenen Krankheitserreger stammt, trägt die Reaktion zur Beendigung der Infektion bei. Die Herausforderung besteht darin, Wege zu finden, um cytotoxische T-Zellen zu rekrutieren, die Krebszellen mit ähnlicher Effizienz und Spezifität angreifen, unter der Annahme, dass die Krebszellen tumorspezifische Antigene exprimieren. Aus den Tausenden von Tumorgenomsequenzen, die bisher bestimmt wurden, wissen wir, dass eine typische Krebszelle etwa 50 Proteine mit einer Mutation enthält, die eine Aminosäuresequenz verändert, wobei es sich in den meisten Fällen um Passagier-Mutationen handelt, wie bereits erläutert (s. Abschnitt 20.2.9). Die Aminosäureveränderungen, die entweder aus Passagier- oder Treiber-Mutationen resultieren, haben das Potenzial, *Neoantigene* (neue Antigene) an der Zelloberfläche zu erzeugen, die von T-Zellen als fremd erkannt werden können, was zum Tod der Krebszelle führt (**Abb. 20.45**). Da cytotoxische T-Zellen jedoch infizierte Wirtszellen abtöten, unterliegen sie einer strengen Kontrolle, um ihre Aktivität in sicheren Grenzen zu halten. Außerdem fehlen Krebszellen in

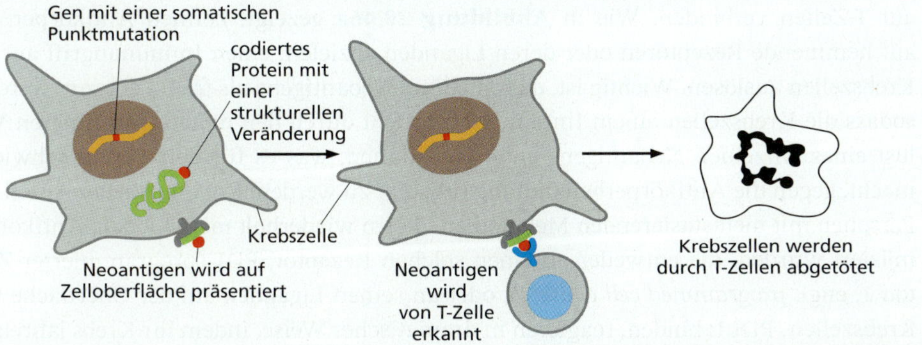

Abb. 20.45 Tumorspezifische Antigene werden durch das Immunsystem erkannt. Die Zellen in Tumoren bilden aufgrund somatischer Mutationen viele mutierte Proteine. Wie in Kapitel 24 beschrieben, werden Peptide dieser Proteine als Neoantigene auf der Oberfläche der Tumorzelle präsentiert und besitzen die Fähigkeit, eine T-Zell-Reaktion auszulösen, die die Zellen zerstört (s. **Abb. 24.42**).

der Regel einige der Komponenten, die in erregerinfizierten Zellen vorhanden und die notwendig sind, um eine zuverlässige T-Zell-Reaktion auszulösen. Daher gibt es nur sehr wenige tumorreaktive T-Zellen und Therapien zur Steigerung ihrer Anzahl stehen im Vordergrund der Immuntherapie.

Ein Ansatz zur Steigerung der T-Zell-Reaktion auf Krebszellen ist die Entnahme von T-Zellen aus dem Blut der Person, die krebsreaktive Population darin zu vergrößern und sie dann dem Individuum wieder zu verabreichen. Diese Methode der Einführung einer großen Anzahl von T-Zellen, die die Tumorzellen mit den krebsspezifischen Antigenen bereits erkennen, hat sich bei Individuen mit metastasiertem Melanom als sehr wirksam erwiesen. Dabei wurden vollständige Remissionsraten von bis zu 20 % erreicht. In einer noch aufwändigeren Variante dieser Strategie können die T-Zellen des Individuums gentechnisch verändert werden, bevor ihre Zahl erhöht wird, und zwar in einem Verfahren, das als chimäre Antigenrezeptor-T-Zellen (CAR-T)-Therapie bezeichnet wird. Die manipulierten CAR-T-Zellen erkennen nicht nur das tumorspezifische Antigen des Individuums, sondern verfügen auch über co-stimulatorische Aktivitäten, die die Reaktion der T-Zellen verstärken. Diese Therapie ist äußerst wirksam gegen bestimmte Blutkrebserkrankungen, hat aber leider auch schwere Nebenwirkungen aufgrund der Überaktivierung des Immunsystems.

20.3.13 Immunsuppression ist die Haupthürde bei der Krebsimmuntherapie

Wenn die Neoantigene von Krebszellen als fremd erkannt werden, warum arbeitet das Immunsystem nicht besser, um den Krebs von vornherein zu eliminieren? Wie bereits erörtert (s. Abschnitt 20.1.11), manipulieren Krebszellen das sie umgebende Stroma, einschließlich Immunzellen, um eine Mikroumgebung zu schaffen, die gleichzeitig das Tumorwachstum fördert und die Immunreaktionen unterdrückt. Die Erforschung wie Tumore der Zerstörung durch das Immunsystem entgehen, führte zur Entdeckung entscheidender immunsuppressiver Mechanismen – der Expression eines oder mehrerer Proteine auf der Oberfläche der Krebszellen, die an hemmende Rezeptoren auf verschiedenen Immunzellen binden, einschließlich aktivierter T-Zellen. Das führt dazu, dass selbst wenn cytotoxische T-Zellen Tumorantigene erkennen, sie daran gehindert werden, die Tumorzellen abzutöten. Die hemmenden Rezeptoren, die auf der Oberfläche von T-Zellen exprimiert werden, sind Teil des *Immun-Kontrollpunkts*, der eine wichtige normale Funktion bei der Verhinderung übermäßiger, gewebeschädigender Immunreaktionen bei Infektionen ausübt. Im Zusammenhang mit Krebs können die Kontrollpunkt-Mechanismen des Immunsystems jedoch verhindern, dass ein Individuum die Krebszellen, die sein Überleben bedrohen, abtötet.

Um die immunsuppressive Umgebung zu überwinden und ein starkes, T-Zellen aktivierendes Signal zu erzeugen, konzentriert sich eine vielversprechende neue Art der Krebstherapie auf die Entwicklung von *Immun-Kontrollpunkt-Inhibitoren* wie Antikörpern, die verhindern, dass die Tumorzellen sich mit den hemmenden Rezeptoren auf T-Zellen verbinden. Wie in **Abbildung 20.46a** gezeigt, können Antikörper, die auf hemmende Rezeptoren oder deren Liganden abzielen, einen Immunangriff auf die Krebszellen auslösen. Wichtig ist, dass mehrere Neoantigene als fremd erkannt werden, sodass die Krebszellen einem Immunangriff nicht durch den mutationsbedingten Verlust eines einzelnen Neoantigens entgehen können, was es für den Tumor schwierig macht, gegen die Antikörperbehandlung resistent zu werden. Ein erheblicher Anteil der Personen mit metastasierenden Melanomen, denen wiederholt monoklonale Antikörper injiziert wurden, die entweder an einen solchen Rezeptor, PD1 (programmierter Zelltod 1, engl. *programmed cell death 1*), oder an seinen Liganden auf der Oberfläche von Krebszellen, PDL1, binden, reagieren in dramatischer Weise, indem ihr Krebs jahrelang

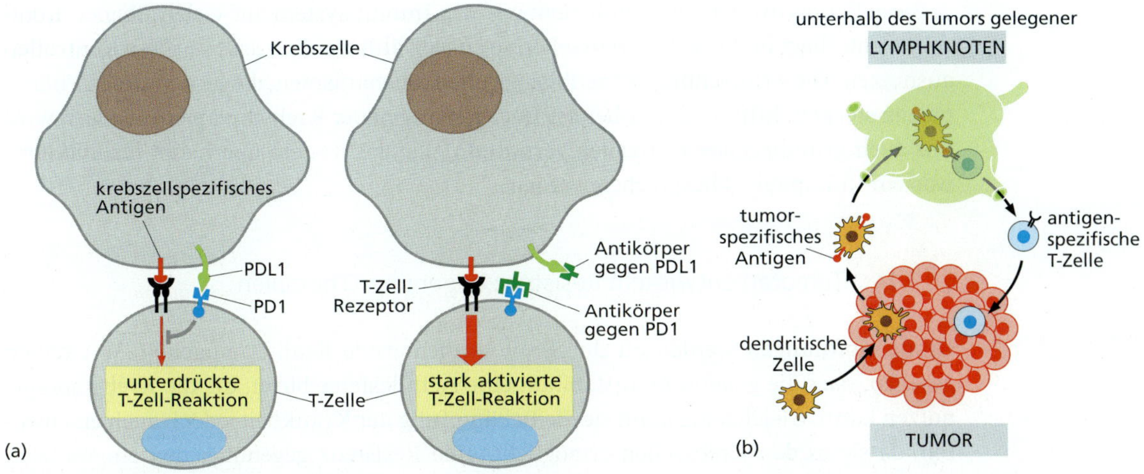

Abb. 20.46 Wie das Immunsystem mit Krebs wechselwirkt. (a) Eine Antikörpertherapie zur Überwindung der immunosuppressiven Mikroumgebung in Tumoren. Krebszellen schützen sich oft vor Immunangriffen, indem sie auf ihrer Oberfläche Proteine exprimieren, die an hemmende Rezeptoren auf T-Zellen binden. In dem gezeigten Beispiel exprimiert die Krebszelle PDL1, das an den PD1-Rezeptor auf einer T-Zelle bindet und die Aktivierung der T-Zellen behindert. Dies macht den Tumor anfällig für Antikörper, die einen T-Zellen-Angriff entfesseln. (b) Dendritische Zellen spielen eine Schlüsselrolle bei der Aktivierung von T-Zellen, indem sie Tumorzellantigene von Tumoren aufnehmen und sie (wie gezeigt) den Lymphknoten präsentieren. Einige Krebsarten haben Mechanismen entwickelt, die diesen Prozess stören (nicht gezeigt).

zur Rückbildung (Remission) gebracht wird. Leider hilft die Behandlung vielen anderen Individuen mit der gleichen Krebsart nicht.

Ein wichtiger Anhaltspunkt dafür, warum Immuntherapien bei einigen Personen wirksam sind bei anderen aber nicht, ergibt sich aus der umfassenden Analyse der Krebsgenome, die im zweiten Teil dieses Kapitels vorgestellt wird. Eine günstige Eigenschaft von Tumorproben ist, dass sie nicht nur die Krebszellen, sondern auch die Zellen des assoziierten Stromas zusammen mit Fibroblasten und Endothelzellen sowie verschiedenen Immunzellen enthalten. Da jeder Zelltyp einen charakteristischen Satz von RNAs exprimiert, können das Vorhandensein und der Anteil jedes Zelltyps im Tumor, einschließlich der T-Zellen, beurteilt werden. Ein Vergleich der Immunzellprofile von Tausenden von verschiedenen Tumoren hat interessante Zusammenhänge ans Tageslicht gebracht. Wie man erwarten könnte, tritt bei Krebserkrankungen mit Genomen, die eine große Anzahl von Punktmutationen enthalten, z. B. häufig ein höherer Anteil an T-Zellen im Vergleich zu Krebsarten mit Genomen, die weniger Mutationen enthalten, auf, was vermutlich auf einer Zunahme von Neoantigenen zurückzuführen ist. Dieses Tumorprofil wiederum korreliert mit besseren Behandlungsergebnissen nach einer Behandlung mit Immun-Kontrollpunkt-Inhibitoren.

Einige Krebsarten scheinen sich der Zerstörung durch das Immunsystem zu entziehen, indem sie T-Zellen daran hindern, den Tumor überhaupt zu infiltrieren. Die zelluläre Grundlage dieses Phänomens ist nur unzureichend erforscht und stellt ein wichtiges aktuelles Forschungsgebiet dar. Es ist bekannt, dass die T-Zell-Aktivierung eine physische Wechselwirkung der T-Zellen mit antigenpräsentierenden Zellen, den so genannten dendritischen Zellen, benötigt. Dendritische Zellen sind sehr wanderfreudig und nehmen Krankheitserreger oder deren Produkte an den Infektionsstellen auf und bringen sie zu den Lymphknoten oder anderen lymphatischen Organen, wo sie sie den T-Zellen präsentieren. Im Falle von Krebs präsentieren dendritische Zellen den T-Zellen Neoantigene, damit diese die Zellen, die die Antigene exprimieren, aufspüren und zerstören können (**Abb. 20.46b**). Einige Krebszellen hemmen diesen Prozess, indem sie die dendritischen Zellen daran hindern, mit ihnen zu interagieren und ihre Neoantigene zu erwerben.

Diese Beobachtungen verdeutlichen, wie das Immunsystem auf vielen Ebenen Kontrollen unterliegt und wie die Krebszellen so ausgewählt werden, dass sie diese Kontrollen ausnutzen. Die Erforschung der zellbiologischen Mechanismen, die hinter diesen Phänomenen stecken, hilft nicht nur bei der Entwicklung neuer Krebstherapien, sondern wird uns auch grundlegende Prinzipien vermitteln, wie das System überhaupt funktioniert, was wir in Kapitel 24 besprechen werden.

20.3.14 Tumoren entwickeln Resistenz gegenüber Therapien

Große Hoffnungen werden oft durch die ernüchternde Realität eingeholt. Wir haben gesehen, dass die genetische Instabilität eine Achillesferse bietet, die die Krebstherapie nutzen kann. Gleichzeitig kann sie die Bekämpfung der Krankheit jedoch auch erschweren, da sie es den Krebszellen ermöglicht, eine Resistenz gegenüber den eingesetzten Medikamenten zu entwickeln. Dies geschieht oft mit alarmierender Geschwindigkeit. Das gilt sogar für Medikamente, die an der genetischen Instabilität selbst ansetzen. Dementsprechend bewirken PARP-Inhibitoren einen willkommenen Rückgang der Erkrankung, langfristig gesehen kehrt die Krankheit jedoch in der Regel wieder zurück. Krebsarten mit fehlerhaftem *Brca* können mitunter eine Resistenz gegenüber PARP-Inhibitoren entwickeln, wenn das betroffene *Brca*-Gen ein zweites Mal mutiert, und zwar so, dass seine Funktion durch die Mutation wiederhergestellt wird. Bis dahin ist der Krebs bereits außer Kontrolle und es kann zu spät sein, um den Verlauf der Erkrankung mit weiteren Behandlungen zu beeinflussen.

Es gibt viele verschiedene Strategien, wie Krebs gegenüber Antikrebsmedikamenten resistent werden kann. Oft wird ein Tumor durch eine anfängliche Behandlung drastisch vermindert, sodass es scheint, als wären alle nachweisbaren Tumorzellen verschwunden. Monate oder Jahre später aber kehrt der Krebs in einer veränderten Form zurück, die resistent gegenüber dem Medikament ist, das zuerst so erfolgreich eingesetzt wurde. In solchen Fällen hat die Anfangsbehandlung offensichtlich einen winzigen Teil der Zellen aus der ursprünglichen Tumorzellpopulation nicht zerstören können. Diese Zellen sind dem Tod entkommen, weil sie eine schützende Mutation oder epigenetische Veränderung tragen oder weil sie sich vielleicht einfach nur in einer geschützten Umgebung versteckt hielten. Alternativ, und am heimtückischsten, kann eine phänotypisch unterschiedliche Subpopulation von Tumorzellen als Krebsstammzellen fungieren. Die überlebenden Zellen bilden schließlich den Tumor wieder neu, indem sie weiter wuchern, mutieren und sich dabei immer weiter entwickeln. Kombinationstherapien, bei denen die richtigen zwei Wirkstoffe gleichzeitig gegen dieselben Krebszellen eingesetzt werden, sollten prinzipiell bei solchen Problemen sehr helfen.

In manchen Fällen jedoch entwickeln Zellen, die einem Antikrebsmedikament ausgesetzt sind, Resistenzen nicht nur gegen dieses Mittel, sondern auch gegen andere Arzneimittel, mit denen sie noch nie in Berührung kamen. Dieses Phänomen der **Mehrfachresistenz** ist häufig mit der Amplifikation eines Genomteils korreliert, der das *Mdr1*-Gen, auch *Abcb1*-Gen genannt, enthält. Dieses Gen codiert für eine plasmamembrangebundene Transport-ATPase, die zur Superfamilie der ABC-Transporter gehört (s. Kapitel 11) und die lipophile Arzneistoffe aus der Zelle pumpt. Die Überproduktion dieses Proteins oder eines anderen Mitglieds derselben Familie kann die intrazelluläre Akkumulation vieler cytotoxischer Arzneimittel verhindern und damit die Zelle gegen sie resistent machen.

Das Wettrüsten im Kampf gegen den fortgeschrittenen metastasierenden Krebs gewinnt nach derzeitigem Stand der Dinge in der Regel am Ende der Krebs. Muss das so sein? Wie im Folgenden beschrieben, gibt es Grund zu der Annahme, dass es möglich ist, dies zu ändern, wenn Krebs mit vielen Waffen gleichzeitig bekämpft wird, anstatt eine Waffe nach der anderen einzusetzen, jede solange, bis sie nicht mehr wirkt.

20.3.15 Inzwischen haben wir Möglichkeiten, um für das jeweilige Individuum maßgeschneiderte Kombinationstherapien zu entwerfen

Heutzutage können Krebserkrankungen, die in einem frühen Stadium erkannt werden, oft durch operative Entfernung, Bestrahlung oder Medikamente geheilt werden. Für die meisten Krebsarten, die weiter fortgeschritten sind und metastasiert haben, liegt die Heilung oft noch in weiter Ferne. Behandlungen, wie die oben beschriebenen, können wertvolle Remissionen erreichen, aber früher oder später folgt in der Regel ein Rückfall.

Dennoch wurden für einige Formen von fortgeschrittenem Krebs Heilmethoden entwickelt, bei denen mehrere Strategien zum Einsatz kommen, zum Beispiel die Kombination von Chemo- und Strahlentherapie mit einer Immuntherapie. Idealerweise sollte die Wahl der zu kombinierenden Medikamente auf das einzelne Individuum zugeschnitten sein. Die Entwicklung von Krebs ist prinzipiell ein Zufallsprozess und jeder Mensch ist anders.

Die modernen Methoden der Genomanalyse ermöglichen es uns heute, die Zellen einer Tumorbiopsie bis ins kleinste Detail zu charakterisieren, sodass wir erkennen, welche krebskritischen Gene in einem Fall betroffen sind. Zugegebenermaßen ist das nicht einfach: Die Tumorzellen eines einzelnen Individuums sind heterogen und enthalten nicht alle die gleichen genetischen Veränderungen. Mit zunehmendem Verständnis der Entstehungswege von Krebs und mit der Erfahrung aus vielen verschiedenen Fällen sollte es jedoch möglich werden, fundierte Entscheidungen über die optimalen Therapien zu treffen.

Verbesserungen bei der Entnahme von Gewebeproben, der Genomik und der Biostatistik haben eine direkte Charakterisierung von menschlichen Primärtumoren ermöglicht. Allerdings berücksichtigen diese Analysen nicht die Beiträge des gesamten Körpers. Fortschritte in der Krebstherapie ergeben sich auch aus der Entwicklung ausgeklügelterer Modelle der Krankheit, mit denen die am Tumorwachstum und an der Metastasierung beteiligten Faktoren erforscht werden können und auch das Ansprechen auf eine Therapie untersucht werden kann. Bei einem Ansatz können Mäuse gentechnisch so verändert werden, dass bestimmte Kombinationen menschlicher Mutationen eingeführt werden (s. **Abb. 20.33**). Ein zweiter Ansatz ist das humane Tumor-Xenotransplantat. Bei diesem Modell werden menschliche Krebszellen – entweder unter die Haut oder in den Organtyp, in dem der Krebs entstanden ist – in immungeschwächte Mäuse transplantiert, die menschliche Zellen nicht abstoßen. Ein Ansatz, der die Verwendung von Mäusen überflüssig macht, können Organoide in 3D-Kultur aus vom Individuum stammendem gesundem und Tumorgewebe gezüchtet werden (s. **Abb. 20.34a**). Diese Systeme erleichtern individuenspezifische Medikamententests und die Entwicklung von individualisierten Behandlungsschemata.

Aus Sicht der erkrankten Personen kann die Geschwindigkeit des Fortschritts in der Krebsforschung frustrierend niedrig erscheinen. Jedes neue Medikament muss in klinischen Studien getestet werden, zuerst auf Sicherheit und dann auf Wirksamkeit, bevor es für den allgemeinen Gebrauch freigegeben werden kann. Und wenn ein Medikament in Kombination mit einem anderen Medikament eingesetzt werden soll, muss die Kombinationstherapie dasselbe lange Verfahren durchlaufen. Strenge ethische Richtlinien beschränken die Durchführung von Studien, was bedeutet, dass sie Zeit benötigen – in der Regel mehrere Jahre. Aber langsame und vorsichtige Schritte, die systematisch in die richtige Richtung gehen, können zu großen Fortschritten führen. Es ist noch ein langer

Weg, aber die Beispiele, die wir erörtert haben, beweisen die Durchführbarkeit und bieten Anlass für Optimismus.

Aus den Bemühungen in der Krebsforschung haben wir viel über die Molekularbiologie der normalen, gesunden Zelle gelernt. Nun entdecken wir immer mehr, wie wir dieses Wissen im Kampf gegen den Krebs einsetzen können.

Zusammenfassung

Unser wachsendes Verständnis der Krebszellbiologie hat schon zu besseren Vorbeugemaßnahmen, Diagnoseverfahren und Behandlungswegen dieser Krankheit geführt. Anti-Krebstherapien können entworfen werden, um die Krebszellen bevorzugt zu zerstören, indem man ihre Eigenschaften ausnutzt, die sie von normalen Zellen unterscheiden, wie die Abhängigkeit von onkogenen Proteinen und Schäden ihrer DNA-Reparaturmechanismen. Wir haben konkrete Beweise dafür, dass wir, wenn wir normale Zellkontrollmechanismen besser verstehen und wissen, wie sie in spezifischen Krebsarten verändert sind, schließlich in der Lage sein werden, Wirkstoffe zu entwickeln, die Tumoren präzise töten, indem sie spezifische Moleküle attackieren, die kritisch für die Proliferation und Überleben der Krebszellen sind. Darüber hinaus wurden mithilfe ausgeklügelter immunologischer Methoden große Fortschritte in der Krebstherapie erzielt. Je besser wir in der Lage sein werden zu diagnostizieren, welche Gene in den Zellen eines bestimmten Tumors verändert sind, desto aussichtsreichere Behandlungsstrategien werden wir für jedes Individuum persönlich maßschneidern können.

Literatur

20 Allgemein

Bishop, J.M. (2004). *How to Win the Nobel Prize: An Unexpected Life in Science*. Cambridge, MA: Harvard University Press.

Hanahan, D. und Weinberg, R.A. (2011). Hallmarks of cancer: the next generation. *Cell* 144: 646–674.

Vogelstein, B., Papadopoulos, N., Velculescu, V.E. et al. (2013). Cancer genome landscapes. *Science* 339: 1546–1558.

Weinberg, R.A. (2013). *The Biology of Cancer*. 2nd ed. New York: Garland Science.

20.1 Krebs als Mikro-Evolutionsprozess

Batlle, E. und Clevers, H. (2017). Cancer stem cells revisited. *Nat. Med.* 23: 1124–1134.

Castro-Giner, F., Scheidmann, M.C. und Aceto, N. (2018). Beyond enumeration: functional and computational analysis of circulating tumor cells to investigate cancer metastasis. *Front. Med.* 5: article 34.

Cross, W.C.H., Graham, T.A. und Wright, N.A. (2016). New paradigms in clonal evolution: punctuated equilibrium in cancer. *J. Pathol.* 240: 125–136.

Greaves, M. (2018). Nothing in cancer makes sense except ... *BMC Biol.* 16: 22.

Nowell, P.C. (1976). The clonal evolution of tumor cell populations. *Science* 194: 23–28.

Slattum, G.M. und Rosenblatt, J. (2014). Tumour cell invasion: an emerging role for basal epithelium cell extrusion. *Nat. Rev. Cancer* 14: 495–501.

Targa, A. und Rancati, G. (2018). Cancer: a CINful evolution. *Curr. Opin. Cell Biol.* 52: 136–144.

Vander Heiden, M.G., Cantley, L.C. und Thompson, C.B. (2009). Understanding the Warburg effect: the metabolic requirements of cell proliferation. *Science* 324: 1029–1033.

Wu, S., Powers, S., Chu, W. et al. (2016). Substantial contribution of extrinsic risk factors to cancer development. *Nature* 529: 43–47.

20.2 Krebskritische Gene: Wie man sie findet und was sie tun

Bailey, M.H., Tokheim, C., Porta-Pardo, E. et al. (2018). Comprehensive characterization of cancer driver genes and mutations. *Cell* 173: 371–385.

Brabletz, T., Kalluri, R., Nieto, M.A. et al. (2018). EMT in cancer. *Nat. Rev. Cancer* 18: 128–134.

Brognard, J. und Hunter, T. (2011). Protein kinase signaling networks in cancer. *Curr. Opin. Genet. Dev.* 21: 4–11.

Drost, J. und Clevers, H. (2018). Organoids in cancer research. *Nat. Rev. Cancer* 18: 407–418.

Eilers, M. und Eisenman, R. (2008). Myc's broad reach. *Genes Dev.* 22: 2755–2766.

Flavahan, W.A., Gaskell, E. und Bernstein, B.E. (2017). Epigenetic plasticity and the hallmarks of cancer. *Science* 357: eaal2380.

Junttila, M.R. und Evan, G.I. (2009). *p53*—a Jack of all trades but master of none. *Nat. Rev. Cancer* 9: 821–829.

Levine, A.J. (2009). The common mechanisms of transformation by the small DNA tumor viruses: the inactivation of tumor suppressor gene products: *p53*. *Virology* 384: 285–293.

Levine, A.J., Martincorena, I. und Cambell, P.J. (2015). Somatic mutation in cancer and normal cells. *Science* 349: 1483–1489.

Shaw, R.J. und Cantley, L.C. (2006). *Ras*, PI(3)K and mTOR signalling controls tumour cell growth. *Nature* 441: 424–430.

Shen, H. und Laird, P.W. (2013). Interplay between the cancer genome and epigenome. *Cell* 153: 38–55.

Tomasetti, C., Marchionni, L., Nowak, M.A. et al. (2014). Only three driver gene mutations are required for the development of lung and colorectal cancers. *Proc. Natl. Acad. Sci. USA* 112: 118–123.

20.3 Behandlung von Krebs und Krebsvorsorge: heute und in Zukunft

Ames, B., Durston, W.E., Yamasaki, E. et al. (1973). Carcinogens are mutagens: a simple test system combining liver homogenates for activation and bacteria for detection. *Proc. Natl. Acad. Sci. USA* 70: 2281–2285.

Chen, D.S. und Mellman, I. (2017). Elements of cancer immunity and the cancer-immune set point. *Nature* 541: 321–330.

Druker, B.J. und Lydon, N.B. (2000). Lessons learned from the development of an *Abl* tyrosine kinase inhibitor for chronic myelogenous leukemia. *J. Clin. Invest.* 105: 3–7.

Hyman, D.M., Taylor, B.S. und Baselga, J. (2017). Implementing genomedriven oncology. *Cell* 168: 584–599.

Jonkers, J. und Berns, A. (2004). Oncogene addiction: sometimes a temporary slavery. *Cancer Cell* 6: 535–538.

Lim, W.A. und June, C.H. (2017). The principles of engineering immune cells to treat cancer. *Cell* 168: 724–740.

Lord, C.J. und Ashworth, A. (2012). The DNA damage response and cancer therapy. *Nature* 481: 287–294.

Sliwkowski, M.X. und Mellman, I. (2013). Antibody therapeutics in cancer. *Science* 341: 1192–1198.

Varmus, H., Pao, W., Politi, K. et al. (2005). Oncogenes come of age. *Cold Spring Harb. Symp. Quant. Biol.* 70: 1–9.

21

Die Entwicklung vielzelliger Organismen

Kapitelinhalt

Jeder vielzellige Organismus, sei es Tier oder Pflanze, beginnt sein Dasein als einzelne Zelle – ein befruchtetes Ei oder eine **Zygote**. Während ihrer Entwicklung teilt sich diese Zelle wieder und wieder, um die vielen verschiedenen Zellen des endgültigen, in seiner Komplexität und Präzision spektakulären Musters zu bilden, das einen vielzelligen Organismus ausmacht. Das Ziel der Entwicklungsbiologie und der Zellbiologie besteht darin, die zellulären und molekularen Mechanismen zu verstehen, die diese erstaunliche Umwandlung steuern.

Pflanzen und Tiere haben sehr unterschiedliche Lebensweisen und verwenden verschiedene Entwicklungsstrategien. In diesem Kapitel legen wir den Schwerpunkt auf die Tiere. Es gibt drei grundlegende Prozesse bei der Entwicklung eines Tieres: (1) Zellproliferation, wodurch viele Zellen aus einer Ursprungszelle entstehen; (2) Zellspezialisierung oder **Differenzierung**, wodurch die Zellen mit verschiedenen Eigenschaften und Funktionen ausgestattet werden; (3) Morphogenese, bei der die Zellen sich zur Bildung strukturierter Gewebe und Organe umgruppieren (**Abb. 21.1**).

Die Entwicklung der Zygote beginnt mit mehreren Zellteilungsrunden, wodurch eine große Population von Zellen entsteht, die sich dann auf verschiedene Funktionen spezialisieren können. In jedem folgenden Entwicklungsstadium eröffnen sich der Zelle eine begrenzte Anzahl von Möglichkeiten, sodass sich ihr Entwicklungsweg immer wieder aufzweigt, was sich in vielen aufeinanderfolgenden Wahlmöglichkeiten widerspiegelt. Wie die Entscheidungen, die wir in unserem eigenen Leben treffen, basieren die

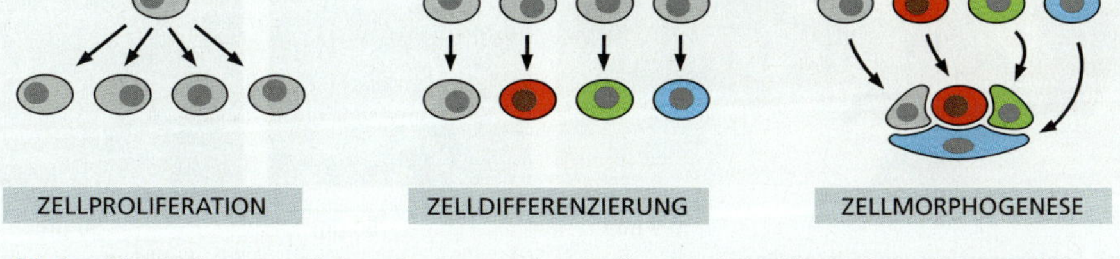

Abb. 21.1 Die drei wesentlichen Prozesse, durch die ein vielzelliger Organismus sich entwickeln kann.

Molekularbiologie der Zelle, 7. Auflage. Bruce Alberts, Rebecca Heald, Alexander Johnson, David Morgan, Martin Raff, Keith Roberts und Peter Walter.

Entscheidungen, die die Zelle trifft, auf ihrem inneren Zustand – der im Wesentlichen die Entwicklung der Zelle reflektiert – und auf gegenwärtigen Einflüssen von anderen Zellen, insbesondere Zellen aus der unmittelbaren Nachbarschaft. Um die Entwicklung des Organismus zu verstehen, müssen wir wissen, wie jede Entscheidung kontrolliert wird und inwiefern sie von vorher getroffenen Entscheidungen beeinflusst wird. Darüber hinaus müssen wir verstehen, wie die einmal getroffenen Entscheidungen die Chemie und das Verhalten der Zelle beeinflussen und wie die Verhaltensweisen der Zelle synergistisch zusammenwirken, um die Struktur und Funktion des Körpers festzulegen.

Wenn sich die Zellen spezialisieren, verändern sie nicht nur ihre Biochemie, sondern auch ihre Form und ihre Verbindungen zu anderen Zellen und der extrazellulären Matrix. Sie bewegen sich und organisieren sich um, um die komplizierte Konstruktion des Körpers mit allen seinen Geweben und Organen zu bilden, die alle präzise strukturiert und in ihrer Größe definiert sind. Um diesen Prozess der Formbildung oder *Morphogenese* zu verstehen, müssen wir die mechanischen und auch die biochemischen Wechselwirkungen zwischen den Zellen berücksichtigen.

Auf den ersten Blick würde wohl kaum jemand annehmen, dass der Wurm, der Floh, der Adler und der Riesenkalmar alle nach dem gleichen Entwicklungsprinzip geschaffen werden; ebensowenig wie wir annehmen würden, dass ein Schuh und ein Flugzeug mithilfe derselben Methoden hergestellt werden. Bemerkenswerterweise hat die Forschung ergeben, dass vieles an der grundsätzlichen Entwicklungsmaschinerie in allen Tieren – nicht nur in allen Wirbeltieren, sondern auch in allen Invertebraten – gleich ist. Erkennbar ähnliche, phylogenetisch verwandte Moleküle definieren unsere spezialisierten Zelltypen, legen die Unterschiede zwischen Körperregionen fest und helfen, den Bauplan des Körpers allgemein hervorzubringen. Homologe Proteine üben oft in verschiedenen Spezies die gleichen Rollen aus und sind funktionell austauschbar. Ein Maus- oder Tintenfischprotein, das experimentell in einer Fliege produziert wird, kann z. B. die Aufgabe des ihm entsprechenden Fliegenproteins übernehmen (**Abb. 21.2**). Dank der zugrunde liegenden Einheitlichkeit im Wirkmechanismus sind

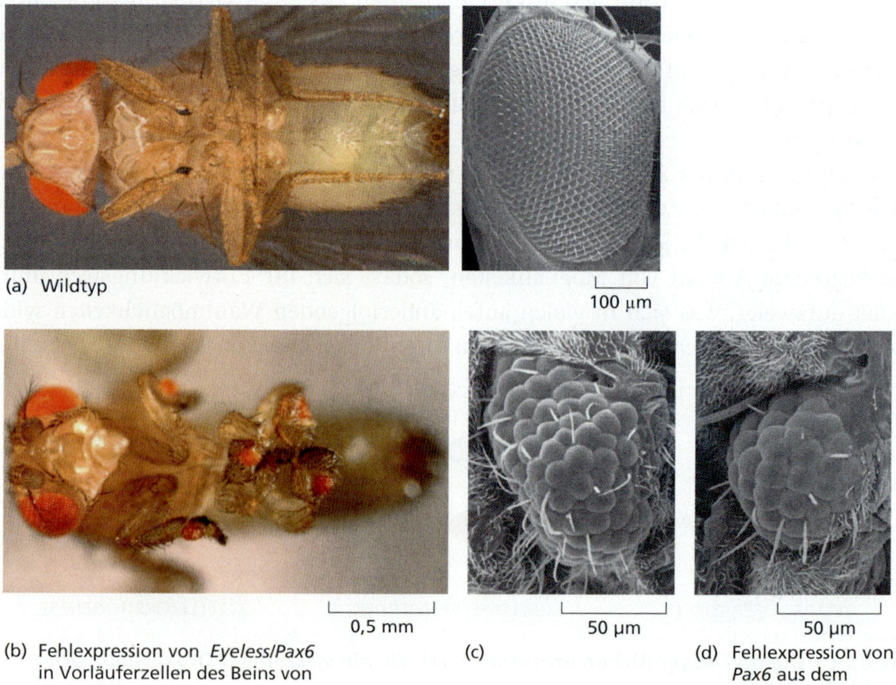

Abb. 21.2 Homologe Proteine besitzen oft konservierte Funktionen. (a) Das *Eyeless*-Protein (auch *Pax6* genannt) kontrolliert die Augenentwicklung in *Drosophila.* In einer Wildtyp-Fliege (*obere Reihe*) wird das *Eyeless/Pax6*-Gen im sich entwickelnden Auge exprimiert und steuert die Bildung der Augenstruktur, die auf der Elektronenmikroskopie-Aufnahme *rechts* zu sehen ist. Wenn *Eyeless/Pax6* in den Beinen (*untere Reihe*) fehlexprimiert wird, kann dies zur Entwicklung von Augengewebe an der Beinvorstufe (b) (s. **Abb. 7.38**) oder an der Flügelvorstufe (c) führen. Das homologe *Pax6* von einem Tintenfisch, wenn es in sich entwickelnden *Drosophila*-Beinen fehlexprimiert wird, hat den gleichen Effekt (d). (Aufnahmen der Fliegen mit freundlicher Genehmigung von Katy Ong und Justin Kumar; Elektronenmikroskopie-Aufnahmen aus S. I. Tomarev *et al.*, *Proc. Natl. Acad. Sci. USA* 94: 2421–2426. Copyright 1997 National Academy of Sciences, USA. Mit Erlaubnis von National Academy of Sciences).

die Entwicklungsbiologen heute ein gutes Stück auf ihrem Weg zu einem kohärenten Bild von der tierischen Embryonalentwicklung vorangekommen.

Wir beginnen dieses Kapitel mit einem Überblick über einige grundlegende Mechanismen in der Entwicklung von Tieren, wobei wir uns auf die am besten verstandenen und diejenigen, die Unterschiede zwischen den Zellen erzeugen, konzentrieren. Wir werden uns dann der Reihe nach damit befassen, wie sich Zellen im Embryo differenzieren, um räumliche Muster zu bilden, wie der zeitliche Ablauf der Entwicklung kontrolliert wird, wie Veränderungen des Zellverhaltens zur Morphogenese beitragen und wie die Größe eines Tiers reguliert wird.

21.1 Überblick über die Entwicklung

Tiere überleben, indem sie andere Organismen essen. Trotz ihrer bemerkenswerten Diversität besitzen so unterschiedliche Tiere wie Würmer, Mollusken, Insekten und Wirbeltiere gemeinsame anatomische Merkmale, die für diese Lebensweise wesentlich sind. Epidermiszellen bilden eine schützende äußere Schicht, Darmzellen absorbieren Nährstoffe aus aufgenommener Nahrung, Muskelzellen ermöglichen Bewegung zur Nahrungsquelle und Neuronen und Sinneszellen kontrollieren das Verhalten. Diese unterschiedlichen Zelltypen sind zu Geweben und Organen organisiert. Sie bilden eine Hautschicht, die den Organismus nach außen hin bedeckt, einen Mund zur Nahrungsaufnahme und eine im Körperinneren gelegene Darmröhre zur Verdauung – mit Muskeln, Nerven und anderen Geweben, die im Raum zwischen der Haut und dem Darm angeordnet sind. Viele Tiere besitzen klar definierte Achsen – eine anteroposteriore Achse mit anterior gelegenem Mund und Gehirn und posterior gelegenem Anus; eine dorsoventrale Achse, mit dem dorsal gelegenen Rücken und dem ventral gelegenen Bauch, und eine Links-Rechts-Achse. In diesem Abschnitt diskutieren wir einige elementare Mechanismen, wie der Grundbauplan eines Tierkörpers gebildet wird und wie die Vielfalt an Zellarten erzeugt wird.

21.1.1 Konservierte Mechanismen etablieren die Kerngewebe von Tieren

Die gemeinsamen Merkmale von Tieren entwickeln sich durch konservierte Mechanismen. Nach der Befruchtung teilt oder **furcht** sich die Zygote üblicherweise schnell und bildet viele kleinere Zellen, die **Blastomeren** genannt werden. Während dieser Phase der Furchungsteilungen wächst der Embryo, der sich noch nicht ernähren kann, nicht. Dieser Entwicklungsschritt wird zunächst vollständig von dem Material angetrieben und kontrolliert, das von der Mutter in der Eizelle deponiert wurde. Das embryonale Genom bleibt weitgehend inaktiv, bis ein Punkt erreicht ist, an dem die mütterlichen mRNAs und Proteine aufgebraucht sind oder unvermittelt deren Abbau einsetzt. Das Genom des Embryos wird aktiviert – der maternal–zygotische Übergang, den wir später besprechen wollen – und die Zellen lagern sich zusammen und bilden eine **Blastula** – typischerweise eine massive oder eine hohle, mit Flüssigkeit gefüllte Kugel aus Zellen. Schon in diesen frühen Stadien der Embryogenese laufen genetische Programme ab, die zu den grundlegenden Gewebearten führen. Komplexe Umlagerungen von Zellen, die als **Gastrulation** bezeichnet werden (von griechisch *gaster*, der Bauch) verwandeln die Blastula früh in eine vielschichtige Struktur, die einen rudimentären, intern gelegenen Darm enthält (**Abb. 21.3**). Einige Zellen der Blastula bleiben extern und bilden das **Ektoderm**. Aus dem Ektoderm entstehen die Epidermis und das Nervensystem. Andere Zellen stülpen sich ein und bilden das **Entoderm**, aus dem das Darmrohr und seine Anhängsel wie Lunge, Pankreas und Leber entstehen. In den meisten Tieren wandert eine weitere Gruppe von Zellen in den Raum zwischen Ektoderm und Entoderm und

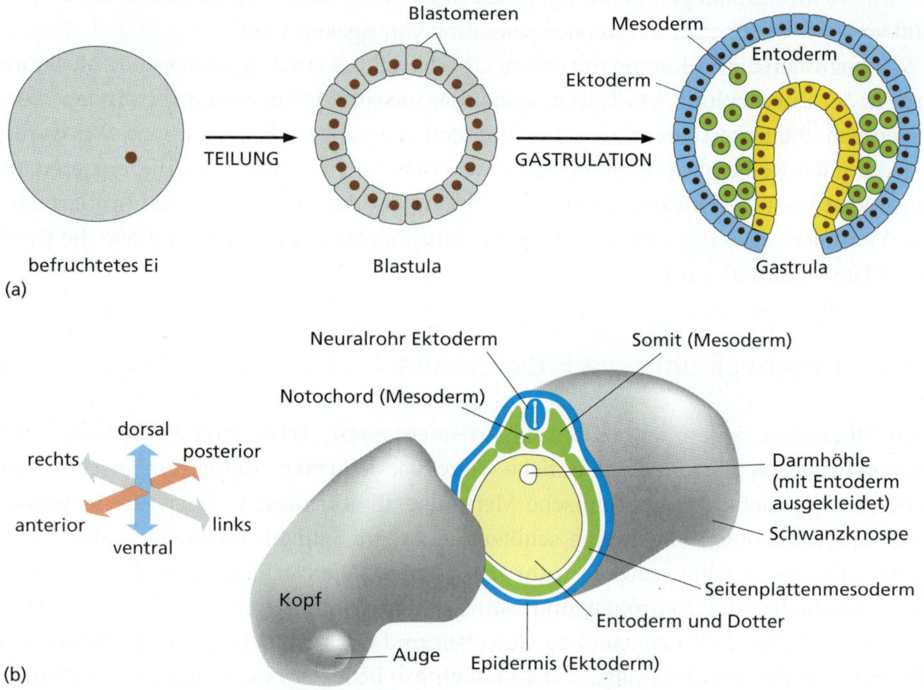

Abb. 21.3 Die frühen Entwicklungsstadien am Beispiel des Frosches. (a) Ein befruchtetes Ei teilt sich, um viele Blastomerenzellen zu bilden, die eine Epithelschicht bilden, die einen Hohlraum umschließt. Während der Gastrulation senken sich einige der Zellen in den Hohlraum ab und bilden das Mesoderm (*grün*) und das Entoderm (*gelb*). Zellen des Ektoderms (*blau*) bleiben außen. (b) Ein Querschnitt durch den Rumpf eines Amphibienembryos zeigt den Grundbauplan des Tierkörpers mit einer Ektodermschicht an der Außenseite, einem Rohr aus Entoderm innen und dem dazwischenliegenden Mesoderm. Das Entoderm bildet die Epithelschicht des Darms vom Mund bis zum Anus. Daraus entstehen nicht nur Rachen, Speiseröhre, Magen und Darm, sondern auch viele assoziierte Strukturen. Speicheldrüsen, Leber, Bauchspeicheldrüse, Luftröhre und Lunge entwickeln sich z. B. alle aus der Wand des Verdauungstrakts und wachsen zu einem System verästelter Röhren heran, das in den Darm oder in den Rachen mündet. Das Entoderm bildet nur die Epithelanteile dieser Strukturen – z. B. die Darmschleimhaut und die sekretorischen Zellen der Bauchspeicheldrüse. Die unterstützenden muskulären und faserigen Elemente entstehen aus dem Mesoderm. Aus dem Mesoderm entwickeln sich die Bindegewebe – zuerst in Form eines losen Netzes aus Zellen im Embryo, das als Mesenchym bezeichnet wird, und schließlich als Knorpel, Knochen und Fasergewebe, einschließlich der Dermis (die innere Schicht der Haut). Aus dem Mesoderm entwickeln sich auch die Muskeln, das gesamte Gefäßsystem – einschließlich Herz, Blutgefäße und Blutzellen – und die Tubuli, Röhren und Stützgewebe der Nieren und Gonaden. Das Notochord entwickelt sich aus dem Mesoderm und dient als Kern des zukünftigen Rückgrats und als Quelle von Signalen, die die Entwicklung der umliegenden Gewebe koordinieren. Das Ektoderm bildet die Epidermis (die äußere Epithelschicht der Haut) und die epidermalen Anhängsel wie Haare, Schweißdrüsen und Brustdrüsen. Ebenfalls ektodermalen Ursprungs ist das gesamte Nervensystem, sowohl das zentrale als auch das periphere. Dazu gehören nicht nur Neuronen und Gliazellen, sondern auch die Sinneszellen von Nase, Ohr, Auge und anderen Sinnesorganen. (b, nach T. Mohun *et al.*, *Cell* 22: 9–15, 1980).

bildet das **Mesoderm**, aus dem Muskeln, Bindegewebe, Blut, die Nieren und verschiedene andere Komponenten entstehen. Weitere Zellbewegungen und begleitende Zelldifferenzierungen erzeugen und verfeinern den Aufbau des Embryos.

Das Ektoderm, das Mesoderm und das Entoderm, die während der Gastrulation entstehen, bilden die drei **Keimblätter** des frühen Embryos. Diese erste Unterteilung ist der erste Schritt bei der Festlegung der Vielzahl von Zellschicksalen, die sich in der Entwicklung herausbilden werden. Durch viele im Laufe der Entwicklung stattfindende Umwandlungen entstehen die aufwendig strukturierten Organe. Aber der Grundbauplan des Körpers und die Achsen, die im Laufe der Gastrulation in Miniatur eingerichtet werden, werden bis ins Erwachsenenalter hinein bewahrt, wenn der Organismus milliardenmal größer ist.

21.1.2 Das Entwicklungspotenzial von Zellen wird mehr und mehr eingeschränkt

Mit der Verfeinerung des Körperbauplans wird die einzelne Zelle innerhalb einer Abstammungslinie – das ist die Nachkommenschaft einer einzelnen sich teilenden Mutterzelle – in ihrem Entwicklungspotenzial immer stärker eingeschränkt. Im Blastulastadium sind Zellen oft **totipotent** oder **pluripotent**, d. h. sie besitzen das Potenzial, alle oder fast alle Zelltypen des ausgewachsenen Körpers zu bilden. Die Pluripotenz geht mit fortschreitender Gastrulation verloren: Aus einer Zelle des entodermalen Keimblatts können z. B. nur die Zelltypen entstehen, die den Darm auskleiden, oder die vom Darm abgeleiteten Organe wie Leber oder Bauchspeicheldrüse. Sie besitzen aber nicht mehr das Potenzial, Strukturen mesodermalen Ursprungs wie Skelett, Herz oder Niere zu bilden. Man sagt, eine solche Zelle ist für ein entodermales Schicksal *determiniert*. Die **Zelldeterminierung** beginnt dementsprechend früh und schränkt die Optionen immer weiter ein, während die Zelle eine programmierte Reihe von Übergangsstadien durchläuft. Jeder dieser Schritte wird vom Genom, von der Entwicklung und von Wechselwirkungen mit den Nachbarzellen gesteuert. Der Prozess erreicht seine Grenzen, wenn eine Zelle die **terminale Differenzierung** durchläuft und die hoch spezialisierten Zelltypen des ausgewachsenen Körpers bildet (**Abb. 21.4**). Einige Zellarten im erwachsenen Körper, die die Fähigkeit zum Teilen beibehalten, bewahren sich auch Pluripotenz zu einem gewissen Grade, obgleich deren Möglichkeiten im Allgemeinen sehr begrenzt sind. Diese adulten Stammzellen werden in Kapitel 22 besprochen.

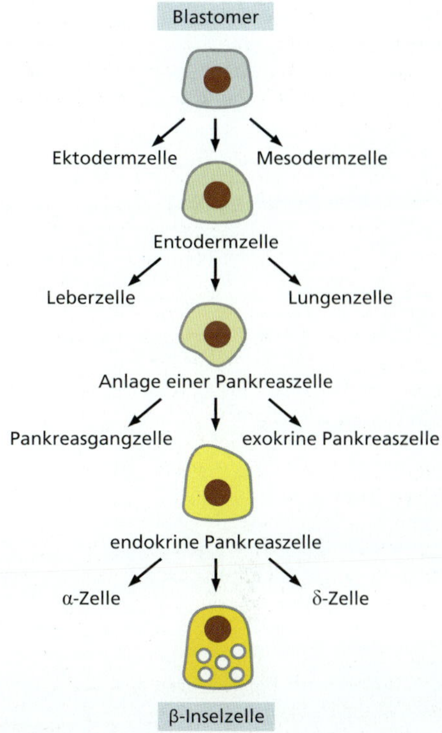

Abb. 21.4 Die Linie vom Blastomer zum endgültig differenzierten Zelltyp. Im Laufe der Entwicklung werden Zellen immer spezialisierter. Blastomere besitzen das Potenzial, die meisten oder alle Zellarten zu bilden. Unter dem Einfluss von Signalmolekülen und Transkriptionsregulationsfaktoren werden die Zellen in ihren Optionen immer weiter eingeschränkt, bis sie zu hoch spezialisierten Zelltypen differenzieren wie die insulinsezernierenden β-Inselzellen der Bauchspeicheldrüse.

21.1.3 Das Zellgedächtnis liegt den Entscheidungen, die eine Zelle trifft, zugrunde

Der Fülle und den erstaunlich komplexen Entwicklungsergebnissen liegt das **Zellgedächtnis** zugrunde (s. Abschnitt 7.5). Sowohl die Gene, die eine Zelle exprimiert, als auch die Art und Weise, wie sie sich verhält, hängen vom Vorleben der Zelle und von den gegenwärtig herrschenden Bedingungen ab. Die Zellen unseres Körpers – Muskelzellen, Nervenzellen, Hautzellen, Darmzellen usw. – behalten ihren spezialisierten Charakter größtenteils bei. Dies geschieht, weil sie die extrazellulären Signale, die ihre Vorfahren während der Entwicklung empfangen haben, abgespeichert haben und nicht, weil sie ständig derartige Instruktionen aus ihrer Umgebung erhalten. Trotz ihrer völlig unterschiedlichen Phänotypen behalten fast alle Zellen dasselbe vollständige Genom, das bereits in der Zygote vorlag. Ihre Unterschiede beruhen auf einer unterschiedlichen Genexpression, die zur stabilen Vererbung eines besonderen zellulären Programms führen kann. Wir haben in den vorhergehenden Kapiteln die molekularen Mechanismen der Genregulation, des Zellgedächtnisses, der Zellteilung, der Zellkommunikation und der Zellbewegung diskutiert. In diesem Kapitel werden wir uns nun damit befassen, wie diese grundlegenden Prozesse zusammenwirken, wenn sich ein entwickelndes Tier selbst aufbaut.

21.1.4 Verschiedene Modellorganismen waren entscheidend für das Verständnis von Entwicklungsprozessen

Die anatomischen Merkmale, die Tieren gemein sind, haben im Laufe der Entwicklung viele extreme Modifikationen durchgemacht. Demzufolge sind die Unterschiede zwischen den verschiedenen Arten für unser menschliches Auge in der Regel auffälliger als die Ähnlichkeiten. Auf der Ebene der zugrunde liegenden molekularen Mechanismen und der speziellen daran beteiligten Makromoleküle, ist das Gegenteil der Fall: Die Ähnlichkeiten zwischen allen Tieren sind tiefgreifend und umfassend. Über mehr als eine halbe Milliarde Jahre evolutionärer Divergenz hinweg haben alle Tiere unverkennbar ähnliche Gruppen von Genen und Proteinen behalten, die für die Entwicklung ihres Körperbaus und für die Bildung ihrer spezialisierten Zellen und Organe verantwortlich sind.

Das erstaunliche Ausmaß evolutionärer Konservierung wurde nicht anhand breit angelegter Untersuchungen der Tierdiversität entdeckt, sondern mithilfe intensiver Erforschung einer kleinen Anzahl experimentell leicht zugänglicher Arten – die Modellorganismen aus Kapitel 1. Für die Entwicklungsbiologie von Tieren waren die wichtigsten Organismen die Fliege *Drosophila melanogaster*, der Frosch *Xenopus laevis*, der Fadenwurm *Caenorhabditis elegans*, die Maus *Mus musculus* und der Zebrafisch *Danio rerio*. Wenn wir die Entwicklungsmechanismen diskutieren, beziehen wir unsere Beispiele hauptsächlich von diesen wenigen Arten, wobei man im Hinterkopf behalten sollte, dass sie nur einen kleinen Teil des Stammbaums tierischen Lebens repräsentieren.

21.1.5 Regulatorische DNA scheint weitgehend für die Unterschiede zwischen den verschiedenen Tierarten verantwortlich zu sein

Obwohl viele Entwicklungsmechanismen konserviert sind, bringen sie dennoch Tiere hervor, die sehr unterschiedlich sein können. Diese Unterschiede entstehen vor allem durch Variationen in der Aktivität von Schlüsselgenen, die die Entwicklung steuern. Wie in Kapitel 7 erklärt wird, hat in einem vielzelligen Organismus jedes Gen Verbindung zu vielen Tausenden Nukleotiden nichtcodierender DNA, die regulatorische Elemente enthält. Diese regulatorischen Elemente bestimmen, wann, wo und wie stark das Genprodukt exprimiert wird, entsprechend den Transkriptionsregulatoren und den Chromatinstrukturen, die in der jeweiligen Zelle vorhanden sind (**Abb. 21.5**). Folglich kann eine Veränderung der Sequenz der regulatorischen DNA – wie sie während der Evolution auftritt – auch ohne Veränderung der codierenden DNA die Logik des genregulatorischen Netzwerks ändern und das Ergebnis der Entwicklung verändern.

Wenn wir die Genome verschiedener Tierarten vergleichen, erkennen wir, dass die Evolution codierende und regulatorische DNA unterschiedlich stark verändert hat (s. Kapitel 4). Die codierende DNA kann in hohem Maße konserviert sein, die nichtcodierende regulatorische DNA ist dagegen gewöhnlich viel weniger stark konserviert. Es scheint, dass Veränderungen in der regulatorischen DNA weitgehend für die dramatischen Unterschiede zwischen den verschiedenen Tiergruppen verantwortlich sind (s. Abschnitt 4.5.9). Wir können die Proteinprodukte der konservierten codierenden Sequenzen als einen Satz gemeinsamer molekularer Teile betrachten und die regulatorische DNA als Montageanleitung: Mit unterschiedlichen Anleitungen kann derselbe Satz an Teilen verwendet werden, um eine ganze Palette verschiedener Körperstrukturen zu bilden. Auf dieses wichtige Konzept werden wir später zurückkommen.

21.1.6 Wenige konservierte Zell–Zell-Signalwege koordinieren die räumliche Strukturierung

Für die räumliche Strukturierung eines sich entwickelnden Tieres müssen sich Zellen je nach ihrer Position im Embryo unterschiedlich entwickeln. Das bedeutet, dass die Zellen auf extrazelluläre Signale von anderen Zellen, insbesondere von ihren Nachbarzellen, reagieren müssen. In der meistgenutzten Strategie der räumlichen Strukturierung geht eine Gruppe Zellen mit dem gleichen Entwicklungspotenzial an den Start und ein Signal von Zellen außerhalb dieser Gruppe treibt dann ein oder mehrere Mitglieder der Zellgruppe dazu an, einen anderen Entwicklungsweg einzuschlagen, der zu einem veränderten Wesenszug führt. Dieser Vorgang wird *induktive Signalgebung* genannt. Im Allgemeinen ist das Signal sowohl zeitlich als auch räumlich begrenzt, sodass nur

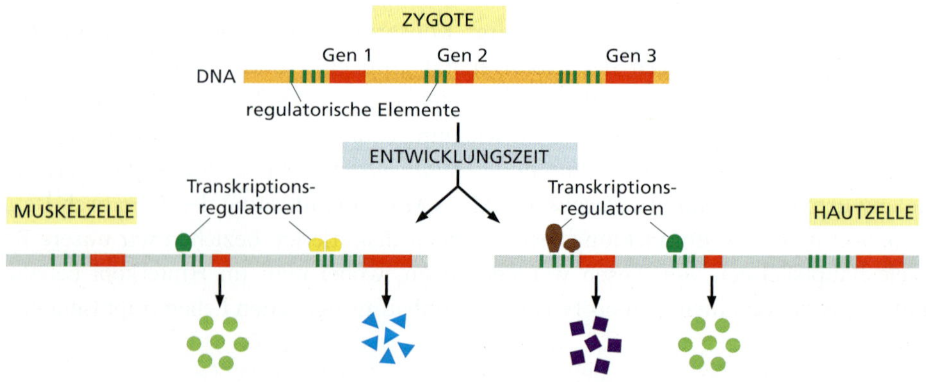

Abb. 21.5 Wie regulatorische DNA die Genexpressionsmuster während der Entwicklung festlegt. Die Genome einer Muskelzelle und einer Hautzelle sind identisch. Es sind jedoch unterschiedliche Gene aktiv, da diese Zellen unterschiedliche Transkriptionsregulatoren exprimieren, die an genregulatorische Elemente binden. Transkriptionsregulatoren in Hautzellen erkennen z. B. ein regulatorisches Element in Gen 1, was zu dessen Aktivierung führt. Im Gegensatz dazu kommt in Muskelzellen eine andere Gruppe von Regulatoren vor, die an Gen 3 binden und es aktivieren. Transkriptionsregulatoren, die die Expression von Gen 2 aktivieren, kommen in beiden Zelltypen vor.

ein Teil der für das Signal empfänglichen Zellen die sich aus der Induktion ergebenden Wesensmerkmale annimmt. In aller Regel sind dies die Zellen, die der Signalquelle am nächsten liegen (**Abb. 21.6**). Einige induzierende Signale sind vom Zell–Zell-Kontakt abhängig. Andere besitzen eine längere Reichweite und werden von Molekülen vermittelt, die durch das extrazelluläre Medium diffundieren oder über den Blutkreislauf transportiert werden (s. **Abb. 15.2**).

Die meisten bekannten induzierenden Ereignisse im Verlauf einer Tierentwicklung werden von nur wenigen hochgradig konservierten Signalwegen gesteuert. Dazu gehören die transformierender Wachstumsfaktor β (TGF-β)-, Wnt-, Hedgehog-, Notch- und Rezeptor-Tyrosinkinase (RTK)-Signalwege (s. Kapitel 15). Die Entdeckung dieses begrenzten molekularen Vokabulars, dessen sich die Zellen für die Kommunikation während der Entwicklung bedienen, hat sich als eine der großen, vereinheitlichenden Errungenschaften der Entwicklungsbiologie erwiesen.

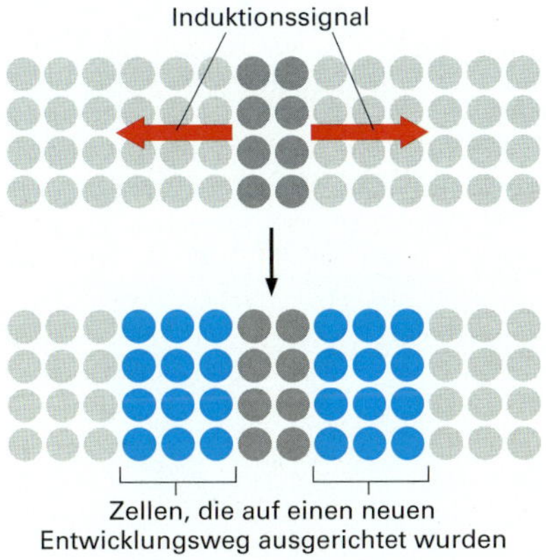

Abb. 21.6 Induktive Signalgebung. Zellen (*grau*), die ein extrazelluläres Signalmolekül exprimieren, steuern ein neues Zellschicksal bei den nahegelegenen Nachbarzellen (*blau*).

21.1.7 Durch kombinatorische Kontrolle und Zellgedächtnis können einfache Signale komplexe Muster bilden

Wie können diese wenigen Signalwege die enorme Vielfalt an Zellen und Mustern erzeugen? Einige Arten von Mechanismen sind dafür verantwortlich. Erstens hängt die Wirkung der Aktivierung eines Signalwegs von vorausgegangenen Erfahrungen der reagierenden Zelle ab: Frühere Einflüsse hinterlassen eine dauerhafte Spur, die im Zustand des Chromatins der Zelle und im Sortiment von Transkriptionsregulatoren und RNA-Molekülen, die die Zelle enthält, festgehalten wird. Mithilfe dieses Zellgedächtnisses sind Zellen mit unterschiedlicher Vergangenheit in der Lage, auf die gleichen Signale unterschiedlich zu reagieren (**Abb. 21.7a**). Zweitens hängt die Reaktion einer Zelle auf ein bestimmtes Signal von den anderen, gleichzeitig empfangenen Signalen ab (**Abb. 21.7b**). Infolgedessen können verschiedene Kombinationen von Signalen eine große Vielfalt an unterschiedlichen Reaktionen hervorrufen.

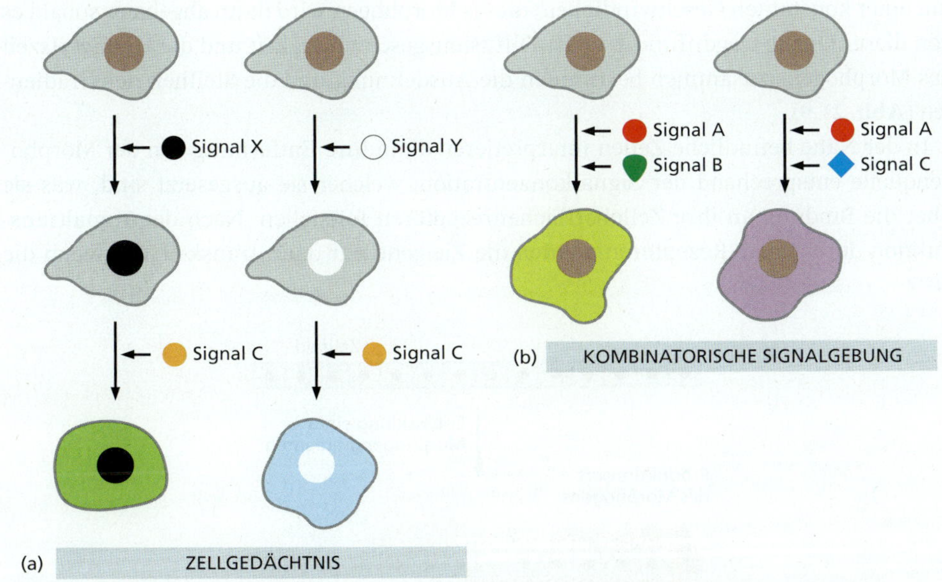

Abb. 21.7 Zwei Mechanismen, wie das gleiche induktive Signal unterschiedliche Reaktionen hervorrufen kann. (a) Mithilfe des Zellgedächtnisses können vorausgegangene Signale (oder andere Ereignisse) eine bleibende Spur hinterlassen, die die Reaktion auf das aktuelle Signal verändert (s. **Abb. 7.56**). Die Erinnerungsspur ist hier durch die Färbung des Zellkerns dargestellt. (b) Bei kombinatorischer Signalgebung hängt die Reaktion auf ein Signal von der Anwesenheit anderer Signale, die zur gleichen Zeit empfangen werden, ab.

Neben diesen beiden Mechanismen werden einige Komponenten eines Signalwegs wie Liganden oder Rezeptoren von Genen codiert, die im Laufe der Evolution eine Verdopplung und anschließende funktionelle Divergenz erfahren haben. Diese stark homologen Gene können dann in verschiedenen Zellarten exprimiert werden, wo sie unterschiedliche Signalisierungswege steuern können. Die Notch-Signalübertragung kann zum Beispiel in einem Gewebe durch Notch1, in einem anderen jedoch durch Notch4 vermittelt werden, wobei jedes Homologe die Transkription unterschiedlicher Zielgene induziert. Die gleichen, wenigen Signalwege können also mehrfach zu verschiedenen Zeitpunkten und an verschiedenen Orten mit unterschiedlichem Ergebnis verwendet werden. So können Muster mit unbegrenzter Komplexität entstehen.

21.1.8 Morphogene sind induktive Signale, die diffundieren können und graduelle Effekte hervorrufen

Signalmoleküle steuern oft einfache Ja/Nein-Entscheidungen: Die eine Reaktion erfolgt, wenn sie in hoher Konzentration vorliegen, die andere, wenn sie in niedriger Konzentration vorliegen oder gar nicht vorhanden sind. In vielen Fällen ist die Reaktion jedoch abgestufter: Eine hohe Konzentration der Signalsubstanz kann beispielsweise die Zielzellen in Richtung auf einen bestimmten Entwicklungsweg hin beeinflussen, eine mittlere Konzentration bringt die Zelle an einen anderen Ausgang und eine niedrige Signalstärke führt zum Beschreiten eines dritten Wegs.

Ein üblicher Weg, solch unterschiedliche Konzentrationen von Signalmolekülen zu erzeugen, besteht darin, dass die Moleküle von einer örtlich begrenzten Quelle wegdiffundieren, wobei sie einen Konzentrationsgradienten ausbilden. Zellen in verschiedenen Abständen von der Quelle werden je nach der Signalstärke, die sie wahrnehmen, veranlasst, auf verschiedene Weisen darauf zu reagieren (**Abb. 21.8**). Ein Signalmolekül, das in einem ganzen Feld von Zellen auf diese Weise ein Muster erzeugt, wird **Morphogen** genannt. Im einfachsten Fall produziert eine spezialisierte Zellgruppe ein Morphogen mit einer konstanten Geschwindigkeit; dieses Morphogen wird dann abgebaut, sobald es von dieser Quelle wegdiffundiert. Die Diffusionsgeschwindigkeit und die Halbwertszeit des Morphogens zusammen bestimmen die Ausdehnung und die Steilheit des Gradienten (**Abb. 21.9**).

In der Nähe befindliche Zellen interpretieren dann ihre Entfernung von der Morphogenquelle entsprechend der Signalkonzentration, welcher sie ausgesetzt sind, was sie über die Bindung an ihre Zelloberflächenrezeptoren feststellen. Nach der Signaltransduktion durch diese Rezeptoren werden die Zielgene nur dann transkribiert, wenn die

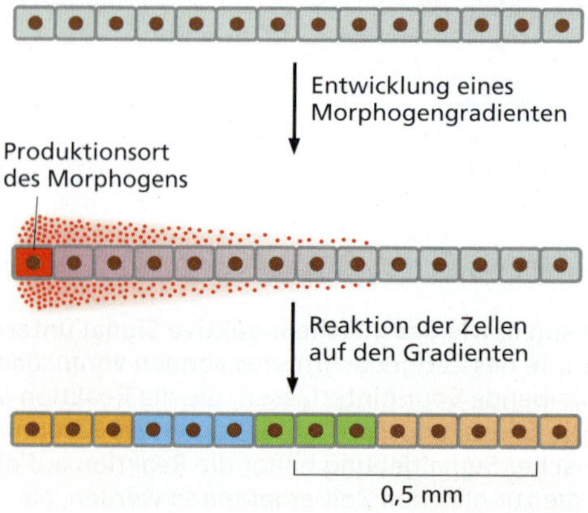

Abb. 21.8 Gradientenbildung und Interpretation. Ein Gradient wird durch die lokale Produktion eines Induktors – eines Morphogens – und dessen anschließende Diffusion von der Quelle weg gebildet. Unterschiedliche Konzentrationen des Morphogens (oder eine unterschiedliche Expositionsdauer) induzieren abweichende Genexpressionsmuster und Zellschicksale in den reagierenden Zellen. Durch diffusiven Transport können steile Gradienten nur über kurze Entfernungen gebildet werden. Morphogene wirken im Allgemeinen über Distanzen von 1 mm oder weniger.

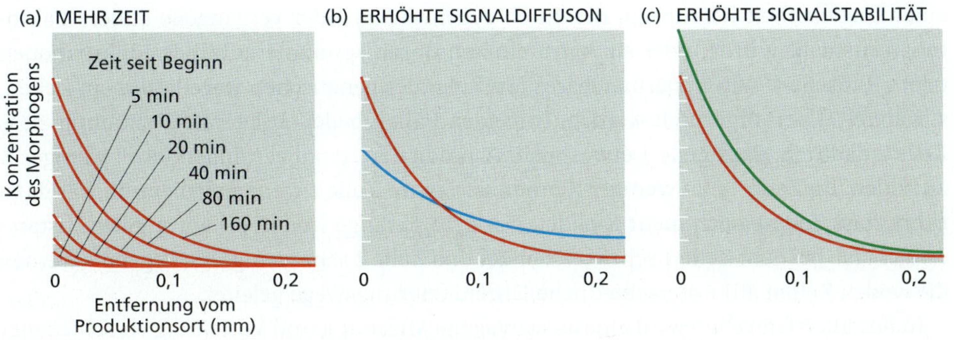

Abb. 21.9 Bildung eines Signalgradienten durch Diffusion. Jeder Graph zeigt die Konzentration eines Morphogen-Signalmoleküls, das mit einer konstanten Geschwindigkeit am Ursprungsort gebildet wird. In allen Fällen wird das Molekül abgebaut, während es von der Quelle wegdiffundiert. Die Graphen sind unter der Annahme berechnet, dass die Diffusion entlang zweier Achsen im Raum erfolgt (z. B. radial weg von einer Quelle in einer Epithelschicht). (a) Das Morphogenmuster unter der Annahme, dass die Produktion zum Zeitpunkt $t = 0$ beginnt, dass das Molekül eine Halbwertszeit von 170 Minuten besitzt und dass es mit einer effektiven Diffusionskonstante von $D = 1\ \mu m^2\ s^{-1}$ diffundiert. Dies sind typische Werte für kleine Proteinmoleküle in extrazellulärem Gewebe. *Rote Linien* zeigen sechs aufeinanderfolgende Stadien des Aufbaus der Morphogenkonzentration, die exponentiell mit der Entfernung von der Quelle abnimmt. (b) und (c) zeigen, wie einfache Änderungen in den Eigenschaften des Systems den Gradienten zum 160-Minuten-Zeitpunkt verändern. (b) Eine Verdreifachung der Diffusionskonstante des Morphogens erhöht seine Reichweite (*blaue Linie*), verringert aber seine Konzentration in der Nähe der Quelle. (c) Eine Verdreifachung der Halbwertszeit des Morphogens (*grüne Linie*) erhöht dessen Konzentration im gesamten Gewebe. Die Effekte des Morphogens hängen nicht nur von seiner Konzentration in einem bestimmten Moment ab, sondern auch davon, wie die jeweilige Zielzelle ihre Antwort darauf im Laufe der Zeit integriert. (Mit freundlicher Genehmigung von Patrick Müller.)

Morphogenkonzentration einen bestimmten Schwellenwert überschreitet; niedrige Konzentrationen, die unter diesem Schwellenwert liegen, aktivieren das Zielgen nicht. Auf diese Weise kann ein abgestuftes Signal in mehrere diskrete „An-oder-Aus“-Schaltungen der Genaktivität umgewandelt werden. So kann ein einzelnes sekretiertes Protein in Kombination mit dem physikalischen Faktor der Diffusion und der Fähigkeit der Zellen, die Informationen zu interpretieren, mehrere unterschiedliche Schicksale innerhalb eines Zellfeldes hervorrufen.

Dieser einfache Mechanismus kann auf vielerlei Arten modifiziert werden. Rezeptoren auf der Zelloberfläche entlang des Wegs können das diffundierende Morphogen abfangen und bewirken, dass es über Endocytose aufgenommen und abgebaut wird; sie können so die effektive Halbwertszeit des Morphogens verkürzen. Das Morphogen kann auch an Moleküle in der extrazellulären Matrix wie Heparansulfat-Proteoglykan (s. Kapitel 19) binden, was seine effektive Diffusionsgeschwindigkeit senkt.

21.1.9 Durch laterale Hemmung können Muster unterschiedlicher Zelltypen entstehen

Morphogengradienten und andere induktive Signale nutzen eine vorhandene Asymmetrie im Embryo, um weitere Asymmetrien und Unterschiede zwischen den Zellen zu schaffen: Bereits zu Beginn spezialisieren sich einige Zellen, um das Morphogen zu produzieren, und zwingen so anderen Zellen, die dafür empfindlich sind, ein Muster auf. Aber was passiert, wenn es am Anfang keine eindeutige Asymmetrie gibt? Kann in einer Gruppe von Zellen, die zunächst alle gleich sind, spontan ein regelmäßiges Muster entstehen?

Die Antwort darauf ist ja. Das Grundprinzip einer derartigen *De-novo*-Musterbildung ist die positive Rückkopplung: Zellen können Signale austauschen, sodass jede kleine anfängliche Diskrepanz zwischen an verschiedenen Orten befindlichen Zellen selbstverstärkend wirkt und die Zellen in unterschiedliche Schicksale steuert. Am deutlichsten wird dies durch das Phänomen der *lateralen Hemmung* veranschaulicht. Dies ist eine Form der Zell–Zell-Interaktion, die eng beieinander liegende Nachbarn dazu zwingt, sich unterschiedlich zu entwickeln, und dadurch feinstrukturierte Muster aus unterschiedlichen Zelltypen hervorbringt.

Man betrachte ein Paar benachbarter Zellen, die sich zu Beginn in einem ähnlichen Stadium befinden. Jede dieser Zellen kann ein bestimmtes Signalmolekül X produzieren und darauf reagieren. Zusätzlich gilt die Regel, dass, je stärker das Signal ist, das eine Zelle empfängt, desto schwächer ist das Signal, das sie erzeugt (**Abb. 21.10**). Wenn eine Zelle mehr X bildet, wird die andere gezwungen, weniger X zu produzieren, indem sie zum Beispiel die Transkription des X-codierenden Gens senkt. So entsteht eine positive Rückkopplungsschleife, die dazu neigt, einen anfänglichen Unterschied zwischen zwei benachbarten Zellen zu verstärken. Ein derartiger Unterschied kann von

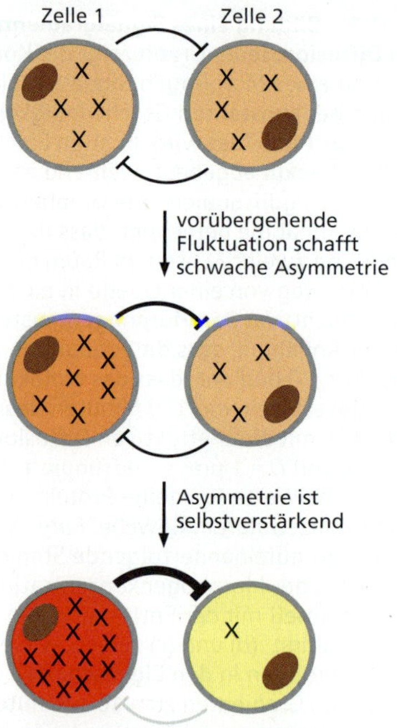

Abb. 21.10 Entstehung von Asymmetrie durch laterale Hemmung und positive Rückkopplung. In diesem Beispiel treten zwei Zellen in Wechselwirkung. Jede produziert eine Substanz X, die die andere Zelle in ihrer Produktion von X hemmt. Diesen Effekt nennt man laterale Hemmung. Eine Zunahme von X in einer der Zellen führt zu einer positiven Rückkopplung, die darauf abzielt, dass in der Zelle noch mehr X produziert wird, während die Konzentration von X in ihrer Nachbarzelle abnimmt. Dies kann zu einem sich beschleunigenden Ungleichgewicht führen, das die beiden Zellen völlig unterschiedlich werden lässt. Schließlich kommt das System in dem einen oder anderen von zwei grundverschiedenen stabilen Zuständen zur Ruhe. Die Wahl des endgültigen Zustands spiegelt eine Form von Gedächtnis wider: Der kleine Einfluss, der ursprünglich ausschlaggebend war, wird nicht länger benötigt, um den Zustand aufrechtzuerhalten.

einer Ungleichheit herrühren, die durch gegenwärtige oder vergangene äußere Faktoren verursacht wurde, oder sie kann einfach durch spontane zufällige Fluktuationen oder „Rauschen" (ein unvermeidbares Merkmal des genetischen Regelkreises in Zellen, s. Kapitel 7) hervorgerufen werden. In beiden Fällen bedeutet laterale Hemmung, dass Zelle 2 dadurch, dass Zelle 1 etwas mehr X produziert, dazu veranlasst wird, weniger X zu bilden. Da Zelle 2 nun weniger X produziert, wird Zelle 1 weniger gehemmt, was dazu führt, dass Zelle 1 noch mehr X bildet. Das geht so lange weiter, bis ein stabiler Zustand erreicht ist, bei dem Zelle 1 sehr viel X bildet und Zelle 2 sehr wenig. Als Ergebnis werden die beiden Zellen auf unterschiedliche Differenzierungswege geleitet.

In fast allen Geweben wird eine ausgewogene Mischung und Verteilung verschiedener Zelltypen benötigt. Laterale Hemmung ist ein verbreitetes Verfahren, diese Mischung herzustellen. Wie wir später sehen werden, wird laterale Hemmung sehr oft durch den Austausch von Signalen an Zell–Zell-Kontakten über den Notch-Signalweg vermittelt. Die Diversifikation wird gesteuert, indem einzelne Zellen, die eine Gruppe von Genen exprimieren, befähigt werden, ihre unmittelbaren Nachbarn dazu zu veranlassen, eine andere Gruppe von Genen zu exprimieren, so wie wir es gerade beschrieben haben (s. auch **Abb. 15.60**).

21.1.10 Asymmetrische Zellteilung kann ebenfalls zu Diversität führen

Zelldiversifikation ist nicht immer von extrazellulären Signalen abhängig: In einigen Fällen entstehen unterschiedliche Tochterzellen als Folge einer asymmetrischen Zellteilung, bei der ein oder mehrere wichtige, in der Mutterzelle vorhandene Moleküle ungleich zwischen den beiden Tochterzellen verteilt werden. Diese asymmetrische Vererbung während der Mitose stellt sicher, dass die beiden Tochterzellen sich unterschiedlich entwickeln (**Abb. 21.11**). Dieser Mechanismus ist der sich teilenden Zelle eigen, obwohl die Tochterzellen nach der Teilung auch asymmetrisch werden können und zwar aufgrund der bereits erwähnten extrinsischen, induktiven Signale. Die intrinsisch asymmetrische Teilung ist ein häufiges Merkmal der frühen Entwicklung. Die befruchtete Eizelle kann bereits ein internes Muster aufweisen und durch die Furchung dieser großen Zelle werden verschiedene Schicksalsdeterminanten in unterschiedliche Blastomeren getrennt.

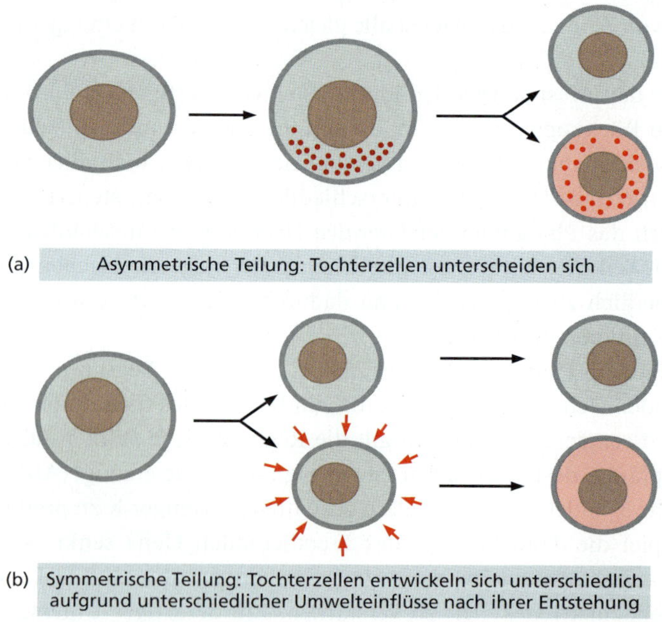

Abb. 21.11 Zwei Möglichkeiten, wie unterschiedliche Geschwisterzellen entstehen können. Tochterzellen können unterschiedliche Zellschicksale annehmen: entweder durch (a) eine intrinsisch asymmetrische Zellteilung, bei der eine unterschiedliche Vererbung cytoplasmatischer Moleküle auftritt, oder durch (b) eine asymmetrische Zellteilung, auf die eine Signalweiterleitung nur zu einer Tochterzelle folgt.

Wie wir später sehen werden, spielt die asymmetrische Teilung auch bei späteren Entwicklungsprozessen eine Rolle, ebenso wie bei Stammzellen (s. Kapitel 22).

21.1.11 Anfangsmuster werden in kleinen Zellgruppen angelegt und durch aufeinanderfolgende Induktionsereignisse im Verlauf des Embryowachstums verfeinert

Die Signale, die das Raummuster eines Embryos organisieren, wirken im Allgemeinen über kurze Entfernungen und bestimmen über relativ simple Entscheidungen. Morphogene beispielsweise wirken typischerweise über eine Entfernung von weniger als 1 mm – eine wirksame Reichweite für Diffusionsvorgänge – und lenken die Wahlentscheidungen zwischen einigen wenigen Entwicklungsoptionen der Zellen, auf die sie wirken. Die Organe aber, die sich schließlich entwickeln, sind viel größer und komplexer als dieser Anfangszustand.

Wenn das Organ durch Zellproliferation wächst, wird die Verfeinerung des ursprünglichen Musters durch eine Reihe aufeinanderfolgender Interaktionen erklärt, die einem ursprünglich einfachen Konzept immer feinere Detailebenen hinzufügen. Sobald zwei unterschiedliche Zellsorten vorhanden sind, kann eine von ihnen einen Faktor abgeben, der einen Teil der Nachbarzellen veranlasst, sich auf eine neue Art zu einer dritten Zellart zu differenzieren. Der dritte Zelltyp kann seinerseits ein Signal an die beiden vorher vorhandenen Zelltypen in seiner Nähe schicken, was dann die Bildung eines vierten und fünften Zelltyps nach sich zieht, usw. (**Abb. 21.12**).

Diese Strategie zur Erzeugung eines sich fortschreitend komplizierenden Musters wird **sequenzielle Induktion** genannt. Der Bauplan eines sich entwickelnden Tiers wird in erster Linie durch sequenzielle Induktionen in einer sich im Verlauf der Entwicklung zunehmend verfeinernden Weise realisiert, nachdem er anfangs nur in groben Zügen im Miniaturformat skizziert wurde.

21.1.12 Die Entwicklungsbiologie liefert Erkenntnisse über Krankheiten und Gewebeerhalt

Das schnell wachsende Verständnis der Tierentwicklung war eine der großen Erfolgsgeschichten in der Biologie und hat bedeutende praktische Konsequenzen: 2 bis 5 % aller Menschen werden mit anatomischen Anomalien wie Missbildungen am Herzen, verkürzten Gliedmaßen, Gaumenspalten oder *Spina bifida* (offener Rücken) geboren. Fortschritte in der Entwicklungsbiologie helfen zu verstehen, wie diese Defekte entstehen, selbst wenn wir die meisten davon noch nicht verhindern oder heilen können.

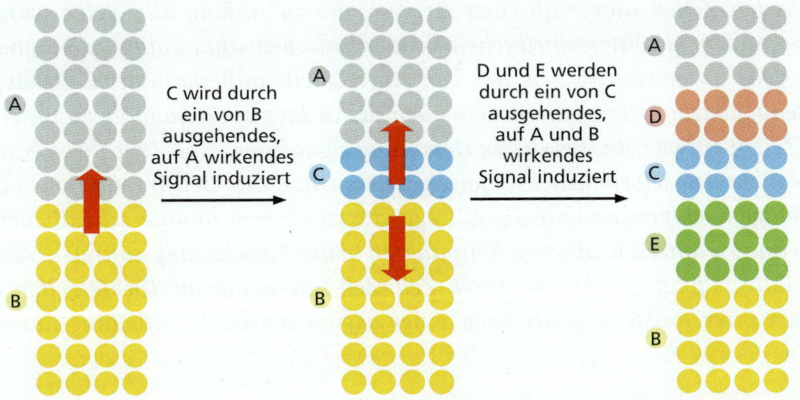

Abb. 21.12 Musterbildung durch sequenzielle Induktion. Eine Serie von Induktionen kann ausgehend von wenigen Zellen eine Vielzahl von Zelltypen erzeugen.

Weniger offenkundig, aber unter praktischen Gesichtspunkten umso wichtiger ist, dass die Entwicklungsbiologie Einblicke in die Arbeitsweise von Zellen und Geweben im ausgewachsenen Körper gibt. Entwicklungsprozesse hören mit der Geburt nicht auf. Sie gehen ein Leben lang weiter, wenn die Gewebe erhalten oder repariert werden. Die grundlegenden Mechanismen von Zellwachstum und -teilung, Zellkommunikation, Zellgedächtnis, Zelladhäsion und Zellbewegung sind in allen ausgereiften Geweben an der Gewebeerhaltung und -reparatur beteiligt – genau wie in der frühen Embryonalentwicklung. Dies sind auch die wichtigsten Mechanismen, die in Tumorzellen gestört sind, wie wir in Kapitel 20 gesehen haben.

Embryos sind einfacher als ausgewachsene Organismen und erleichtern uns die Analyse solcher grundlegenden Mechanismen. Untersuchungen des frühen *Drosophila*-Embryos zum Beispiel waren entscheidend für die Entdeckung mehrerer konservierter Signalwege wie die Wnt-, Hedgehog- und Notch-Wege. Sie lieferten auch den Schlüssel für das Verständnis der zentralen Rolle dieser Wege bei der Erhaltung des gesunden ausgewachsenen menschlichen Gewebes und legten den Grundstein für die Manipulation dieser Signalwege in der regenerativen Medizin. Schließlich haben sie sowohl Ziele als auch rationale Mechanismen für Therapien zur Bekämpfung von Krebs und anderen Krankheiten identifiziert.

In Kapitel 22 werden wir uns damit beschäftigen, wie diese und andere Entwicklungsmechanismen im gesunden ausgewachsenen Körper funktionieren, insbesondere in Geweben, die kontinuierlich mithilfe von Stammzellen erneuert werden. Dazu zählen der Darm, die Haut und das hämatopoetische System. Aber jetzt befassen wir uns intensiver damit, wie ein früher Embryo seine räumlichen Muster aus spezialisierten Zellen bildet. Wir beginnen mit den Umwandlungen, die den Bauplan eines erwachsenen Körpers hervorbringen.

Zusammenfassung

Die Tierentwicklung ist ein erstaunlicher Selbstmontageprozess, in dem die anfangs ähnlichen Zellen des Embryos sich mehr und mehr unterscheiden und sich zu immer komplizierteren Strukturen organisieren. Der Prozess beginnt mit einer einzigen großen Zelle – dem befruchteten Ei, das sich unter Bildung der Blastula teilt. Die Blastula durchläuft die Gastrulation, wobei die drei Keimblätter des Embryos entstehen: das Ektoderm, das Mesoderm und das Entoderm. Während die Entwicklung fortschreitet, spezialisieren sich die Zellen immer weiter entsprechend ihrer Positionen und ihrer Interaktionen miteinander, um schließlich eine der differenzierten Zellarten des erwachsenen Körpers zu bilden.

Unterschiede zwischen sich entwickelnden Zellen entstehen auf verschiedenen Wegen und müssen räumlich korrekt koordiniert werden. Bei einer verbreiteten Strategie werden Zellen innerhalb einer Gruppe, die zu Anfang alle gleich waren, verschieden, indem sie unterschiedlichen Konzentrationen eines induktiven Signals oder Morphogens ausgesetzt werden, das von einer Quelle außerhalb der Zellgruppe ausgeht. Benachbarte Zellen können sich auch durch laterale Hemmung zu unterschiedlichen Zellen entwickeln. Bei dieser Hemmung signalisiert eine Zelle ihren Nachbarn, dass sie nicht demselben Schicksal folgen sollen. Diese Zell–Zell-Interaktionen erfolgen über wenige hoch konservierte Signalwege, die wiederholt in unterschiedlichen Organismen und zu unterschiedlichen Zeitpunkten in der Entwicklung auftreten. Aber nicht jede Zelldiversifikation entsteht durch Zell–Zell-Interaktionen: Tochterzellen können schon bei ihrer Entstehung als Folge einer asymmetrischen Zellteilung unterschiedlich sein.

Regulatoren der Transkription und der Chromatinstruktur binden an regulatorische DNA und bestimmen das Schicksal jeder einzelnen Zelle. Unterschiede im Bauplan scheinen zu einem großen Teil auf Unterschiede in den regulatorischen DNA-Bereichen, die jedes Gen begleiten, zurückzuführen zu sein. Diese regulatorische DNA hat eine zentrale Rolle bei der Festlegung des sequenziellen Programms der Entwicklung, indem es Gene zu spezifischen Zeiten und an definierten Orten zum Einsatz bringt – immer unter Berücksichtigung des Genexpressionsmusters, das in jeder Zelle in vorhergegangenen Entwicklungsschritten schon aktiv gewesen ist.

Die Entwicklungsprozesse wurden anhand weniger Modellorganismen sehr gründlich untersucht. Die meisten Gene und Mechanismen, die dabei identifiziert wurden, kommen jedoch in allen Tieren und wiederholt in unterschiedlichen Entwicklungsstadien vor. Erkenntnisse, die aus Untersuchungen mit Würmern, Fliegen, Fischen, Fröschen und Mäusen gewonnen wurden, liefern uns daher wichtige Informationen sowohl zum Verständnis der Embryologie und des Erhalts von ausgewachsenem Gewebe beim Menschen als auch wie Abweichungen in diesen Prozessen Geburtsfehler und Krebs verursachen.

21.2 Mechanismen der Musterbildung

Ein sich entwickelnder vielzelliger Organismus muss verschiedene Zellschicksale in Zellgruppen erzeugen, die sich kaum voneinander unterscheiden, und diese Aufgabe in einer räumlich geordneten Weise bewältigen, sodass funktionelle Gewebe gebildet werden. Einige der frühen Mikroskopiker glaubten, die komplette Form und Struktur des menschlichen Körpers wäre bereits im Sperma als „Homunculus", ein Miniaturmensch, vorhanden. Nach der Befruchtung würde der Homunculus nur noch wachsen und eine lebensgroße Person bilden. Wir wissen inzwischen, dass diese Annahme falsch ist und dass die Entwicklung von einfach zu kompliziert über eine sukzessive Verfeinerung der Tieranatomie verläuft. Um zu sehen, wie die komplette Abfolge von Ereignissen räumlicher Musterbildung und Zelldeterminierung in Gang gesetzt wird, müssen wir zum Ei und zum frühen Embryo zurückkehren.

21.2.1 Verschiedene Tiere nutzen unterschiedliche Mechanismen, um ihre primären Polarisationsachsen einzurichten

Überraschenderweise gehören die ersten Schritte in der Entwicklung eines Tiers zu den variabelsten, selbst innerhalb eines Stammes. Ein Frosch, ein Huhn und ein Säugetier produzieren beispielsweise Eier, die sich radikal in Größe und Struktur unterscheiden, selbst wenn spätere Entwicklungsphasen dieser Wirbeltierklassen recht einheitlich verlaufen. Sie beginnen ihre jeweilige Entwicklung mit unterschiedlichen Zellteilungssequenzen und Zellspezialisierungen. Große Abweichungen gibt es auch hinsichtlich des Zeitpunkts, wann, und der Art und Weise, wie die primären Körperachsen festgelegt werden. Diese *Polarisierung* des Embryos ist in der Regel sehr früh erkennbar, bevor die Gastrulation einsetzt: Sie ist der erste Schritt der räumlichen Musterbildung.

Zwei Achsen müssen eingerichtet werden. Die *anteroposteriore* (*A-P*) Achse gibt die zukünftige Lage von Kopf und Schwanz an. Die *dorsoventrale* (*D-V*) Achse legt den zukünftigen Rücken und Bauch fest. Bei Arten, die eine bilaterale Asymmetrie aufweisen, ist die Schaffung einer zusätzlichen *Links-Rechts*-Achse (*L-R*) wichtig. Schließlich weisen die Eier vieler Tiere eine *animal-vegetative* (*A-V*) Achse auf, die beim erwachsenen Tier nicht sichtbar ist, aber definiert, welche Teile innerlich werden (über die

Bewegungen der Gastrulation) und welche äußerlich bleiben sollen. Der seltsame Name ist übrigens historisch bedingt und hat nichts mit Gemüse zu tun.

Im Extremfall ist das Ei kugelsymmetrisch und die Achsen werden erst im Laufe der Embryogenese festgelegt. Die Maus kommt diesem Extremfall nahe. Sie besitzt im Ei kaum sichtbare Zeichen von Polarität. Dementsprechend scheinen die durch die ersten paar Zellteilungen gebildeten **Blastomeren** alle ähnlich zu sein und sind erstaunlich anpassungsfähig. Wenn der frühe Mausembryo in zwei Teile aufgeteilt wird, kann daraus ein Paar eineiiger Zwillinge entstehen – zwei vollständige, gesunde Individuen aus einer einzigen Zelle. Wenn gleichermaßen eine der Zellen eines zweizelligen Mausembryos mit einer Nadel zerstört wird und die so entstandene „Embryohälfte“ in die Gebärmutter einer Pflegemutter eingesetzt wird, entsteht in vielen Fällen eine ganz normale Maus.

Im anderen Extremfall ist das Ei mit einer asymmetrischen Struktur angelegt, die die zukünftigen Körperachsen bestimmt. Wie wir später sehen werden, ist dies bei den meisten Spezies der Fall, auch bei Insekten wie *Drosophila*. Andere Organismen liegen zwischen den beiden Extremen. Das Ei des Frosches *Xenopus* besitzt zum Beispiel bereits vor der Befruchtung eine klar definierte A-V-Achse: Der Pronukleus in der Nähe der Spitze definiert den animalen Pol, während die Masse des Eidotters (der Nahrungsvorrat des Embryos, bestimmt zur Aufnahme in den Darm) am Boden den vegetativen Pol festlegt. Mehrere Arten von mRNA-Molekülen sind im vegetativen Cytoplasma des Eies bereits lokalisiert, wo sie ihre Proteinprodukte bilden. Nach der Befruchtung wirken diese mRNAs und Proteine in den und auf die Zellen im unteren und mittleren Teil des Embryos. Sie verleihen den Zellen jeweils ihren spezialisierten Charakter.

Die Bildung der D-V-Achse des *Xenopus*-Embryos wird durch die Befruchtung ausgelöst. An der Stelle, an der das Spermium eintritt, was nur in der Region des animalen Pols möglich ist, bildet das Centrosom des Spermiums Astralmikrotubuli aus. Diese Reorganisation des Mikrotubulus-Cytoskeletts bewirkt, dass sich die äußere Rinde der Eizelle relativ zum zentralen Kern des Ei-Cytoplasmas dreht, sodass der animale Pol der Rinde leicht zu einer Seite verschoben wird (**Abb. 21.13**). Die kortikale Rotation verlagert Signalmoleküle und setzt eine Kaskade von Ereignissen in Gang, die die dorsoventrale Körperachse organisiert. (Die A-P-Achse des Embryos wird erst später während der Gastrulation deutlich.)

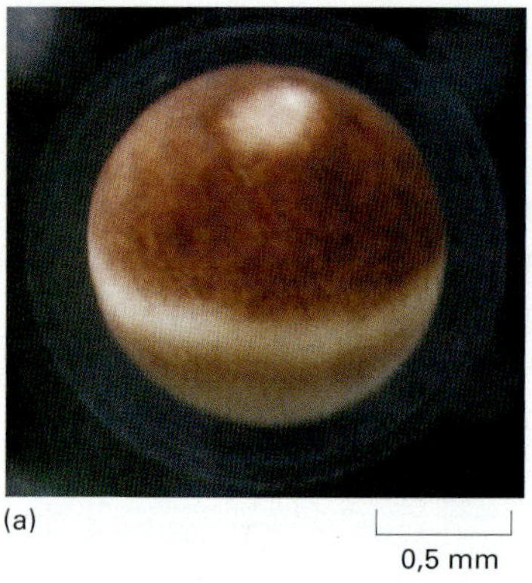

(a)

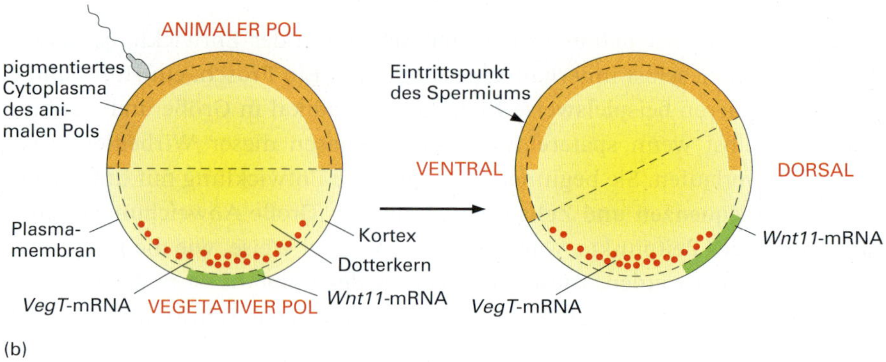

(b)

Abb. 21.13 Das Froschei und seine Asymmetrien. (a) Seitenansicht eines *Xenopus*-Eies, aufgenommen kurz vor der Befruchtung. (b) Die asymmetrische Verteilung von Molekülen im Ei entlang der animal-vegetativen Achse und wie die Befruchtung die dorsoventrale Asymmetrie aktiviert. Vegetativ lokalisiertes *VegT* im unbefruchteten Ei definiert die vegetative Quelle von Signalen, die das Entoderm und das Mesoderm induzieren werden. Der Spermieneintritt löst eine Reorganisation des Mikrotubuli-Cytoskeletts aus, die eine Rotation der Eirinde (eine wenige Mikrometer dicke Schicht) um etwa 30° im Verhältnis zum Kern des Eies bewirkt. Die kortikale Rotation relokalisiert Wnt-Signalwegkomponenten, einschließlich *Wnt11*-mRNA, an die zukünftige Dorsalseite, wodurch sich die dorsoventrale Achse des Embryos bildet. (a, mit freundlicher Genehmigung von Tony Mills).

Dieser allgemeine Prozess, durch den ein Auslöser eine neue Achse im Embryo schafft, wird als *Symmetriebrechung* bezeichnet.

Obwohl unterschiedliche Tierarten eine Vielzahl verschiedener Mechanismen zur Festlegung ihrer Achsen nutzen, ist das Ergebnis in der Evolution relativ gut konserviert: Der Kopf unterscheidet sich vom Schwanz, der Rücken vom Bauch und der Darm von der Haut. Es ist anscheinend nicht wichtig, welche Tricks der Embryo anwendet, um die ursprüngliche Symmetrie aufzulösen und diesen grundlegenden Körperbau anzulegen.

21.2.2 Untersuchungen an *Drosophila* haben die genetischen Kontrollmechanismen, die der Entwicklung zugrunde liegen, enthüllt

Den Schlüssel zu unserem derzeitigen Verständnis, wie Gene die frühe Entwicklung steuern, lieferte uns, mehr als alle anderen Organismen, die Fliege *Drosophila*. Jahrzehntelange genetische Studien gipfelten in einem groß angelegten genetischen Screeningprojekt, das sich hauptsächlich auf den frühen Embryo richtete und auf die Suche nach Mutationen, die sein Muster stören. Diese Analyse deckte eine Gruppe von Schlüsselentwicklungsgenen auf, die in einem relativ kleinen Satz von Regulationswegen wirken. Die Entdeckung dieser Gene und die anschließende Analyse ihrer Funktionen ist eine wahre Herkulesleistung, die die gesamte Biologie revolutiert hat und den Entdeckern den Nobelpreis einbrachte. Einige Teile der dabei gefundenen Maschinerie sind zwischen Fliegen und Wirbeltieren konserviert, einige Teile nicht. Aber die Logik des experimentellen Ansatzes und die generellen Strategien der genetischen Kontrolle, die dadurch offenbart wurden, haben unser allgemeines Verständnis von der Entwicklung von Vielzellern geprägt.

Um zu verstehen, wie die frühe Entwicklungsmaschinerie in *Drosophila* funktioniert, ist es wichtig, auf eine Besonderheit in der Fliegenentwicklung hinzuweisen. Wie bei den Eiern anderer Insekten, aber anders als bei den meisten Wirbeltieren, beginnt das gurkenförmige *Drosophila*-Ei seine Entwicklung mit einer außerordentlich schnellen Abfolge von Kernteilungen ohne Zellteilungen. So entstehen viele Kerne in einem gemeinsamen Cytoplasma, also ein **Syncytium**. Die Kerne wandern dann zur Zellrinde und bilden eine Struktur, die *syncytiales Blastoderm* genannt wird. Nachdem etwa 6 000 Zellkerne gebildet wurden, stülpt sich die Plasmamembran zwischen ihnen ein und verteilt sie in getrennte Zellen, wobei das syncytiale Blastoderm in das *zelluläre Blastoderm* umgewandelt wird (**Abb. 21.14**).

Wir werden sehen, dass die anfängliche Musterbildung des *Drosophila*-Embryos von Molekülen abhängig ist, die im syncytialen Stadium durch das Cytoplasma diffundieren und ihre Wirkung auf Gene in den sich schnell teilenden Zellkernen entfalten, bevor sich das Ei in getrennte Zellen teilt. Hier sind keine üblichen Formen der Zell–Zell-Signalisierung nötig. Benachbarte Bereiche des syncytialen Blastoderms können über Transkriptionsregulatoren, die durch das Cytoplasma der riesigen vielkernigen Zelle diffundieren, miteinander kommunizieren.

Abb. 21.14 Entwicklung des *Drosophila*-Eies von der Befruchtung bis zum zellulären Blastoderm.

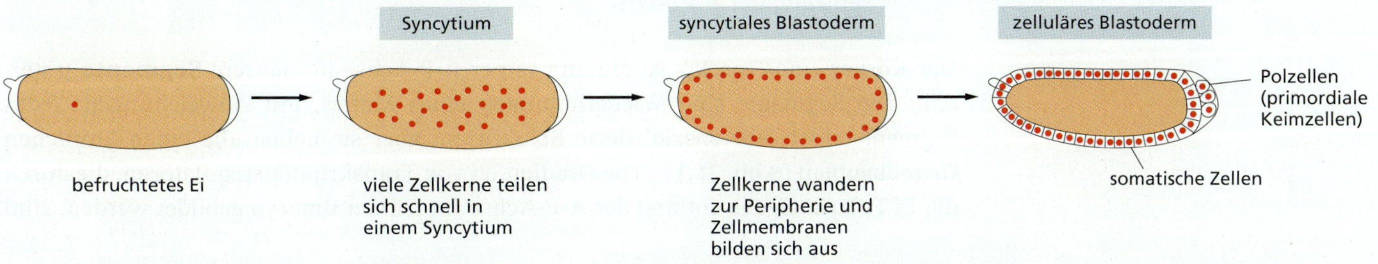

21.2.3 Im Ei abgelagerte Genprodukte richten die Achsen des frühen *Drosophila*-Embryos ein

Wie bei den meisten Insekten werden die Hauptachsen des prospektiven *Drosophila*-Körpers vor der Befruchtung durch einen komplizierten Austausch von Signalen zwischen der sich entwickelnden *Oocyte* und den somatischen Zellen der Mutter, die den Eierstock umgeben, festgelegt.

Diese Signale können als **maternaler Effekt** bezeichnet werden, da sie vom Genom der Mutter und nicht der Zygote hervorgebracht werden. Vor der Befruchtung werden in der Oocyte die anteroposteriore und die dorsoventrale Achse des zukünftigen Embryos durch vier Systeme von **Ei-Polaritätsgenen** festgelegt, die Orientierungspunkte in der Zelle – entweder mRNA oder Proteine – erzeugen. Nach der Befruchtung dient jeder dieser Marksteine als Signalstation, die ein Signal bereitstellt, das in seiner unmittelbaren Umgebung den nächsten Entwicklungsschritt organisiert.

Die Natur der Ei-Polaritätsgene ergab sich aus Untersuchungen von Mutanten, bei denen die Musterbildung des Embryos verändert wurde. Einige dieser Mutationen ergaben Embryos mit gestörter Polarität; z. B. Schwanzstrukturen an beiden Enden eines Körpers ohne Kopfstrukturen. Diese besondere Mutation ermöglichte die Identifizierung des Orientierungspunkts, **Bicoid** genannt, der das anteriore Ende des Embryos strukturiert. Vor der Befruchtung befindet sich am anterioren Ende des Eies ein Vorrat von *Bicoid*-mRNA-Molekülen. Nach der Befruchtung wird die mRNA translatiert und Bicoid-Protein wird produziert. Das Protein ist ein intrazelluläres Morphogen und ein Transkriptionsregulator, der von seiner Quelle wegdiffundiert und einen Konzentrationsgradienten im syncytialen Cytoplasma bildet. Die höchste Konzentration ist dabei am Kopfende des Embryos zu finden (**Abb. 21.15**). Die unterschiedlichen Konzentrationen von *Bicoid* entlang der A-P-Achse tragen zur Determinierung unterschiedlicher Zellschicksale bei. Dies geschieht über die direkte Regulation der Transkription von Genen im Zellkern des syncytialen Blastoderms (s. Kapitel 7).

Es gibt noch drei andere Ei-Polaritätsgensysteme, die an der Musterbildung der syncytialen Zellkerne beteiligt sind; zwei wirken entlang der A-P-Achse und eines entlang der D-V-Achse. Zusammen mit der Gruppe der *Bicoid*-Gene und auf ziemlich ähnliche Weise wie diese legen ihre Genprodukte die drei grundlegenden Unterteilungen der Körperregionen fest: Kopf gegen Schwanz, dorsal gegen ventral und Entoderm gegen Mesoderm und Ektoderm. Darüberhinaus legen sie eine vierte, nicht weniger wichtige Unterteilung für den Körperbau von Tieren fest: die Unterscheidung von Keimzellen und somatischen Zellen (**Abb. 21.16**).

Die Ei-Polaritätsgene wirken als Erste in einer Hierarche von Gensystemen, die ein zunehmend detailliertes Muster von Körperteilen festlegen. Auf den nächsten Seiten beginnen wir mit der Darstellung der molekularen Mechanismen, die den sich entwickelnden *Drosophila*-Embryo und die Larve entlang der A-P-Achse mit Mustern versehen, bevor wir uns mit der Musterbildung entlang der D-V-Achse beschäftigen.

21.2.4 Drei Gruppen von Genen kontrollieren die Segmentierung von *Drosophila* entlang der A-P-Achse

Der Körper eines Insekts ist entlang seiner A-P-Achse in mehrere **Segmente** unterteilt. Die Segmente sind Wiederholungen eines Motivs, mit Abweichungen: Jedes Segment bildet sehr spezialisierte Strukturen, aber sie haben alle einen ähnlichen Grundbauplan (**Abb. 21.17**). Die Gradienten von Transkriptionsregulatoren, die durch die Ei-Polaritätsgene entlang der A-P-Achse im frühen Embryo gebildet werden, sind

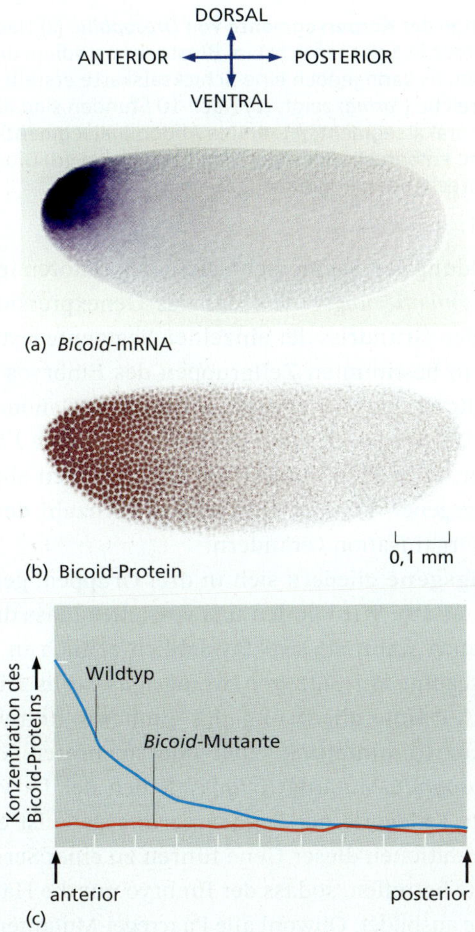

Abb. 21.15 **Der *Bicoid*-Proteingradient.** (a) *Bicoid*-mRNA wird während der Oogenese am anterioren Pol deponiert. (b) Durch lokale Translation und anschließende Diffusion entsteht der *Bicoid*-Proteingradient. (c) Fehlender Bicoid-Proteingradient in Embryos von homozygoten *Bicoid*-mutierten Müttern. (a und b, mit freundlicher Genehmigung von Stephen Small).

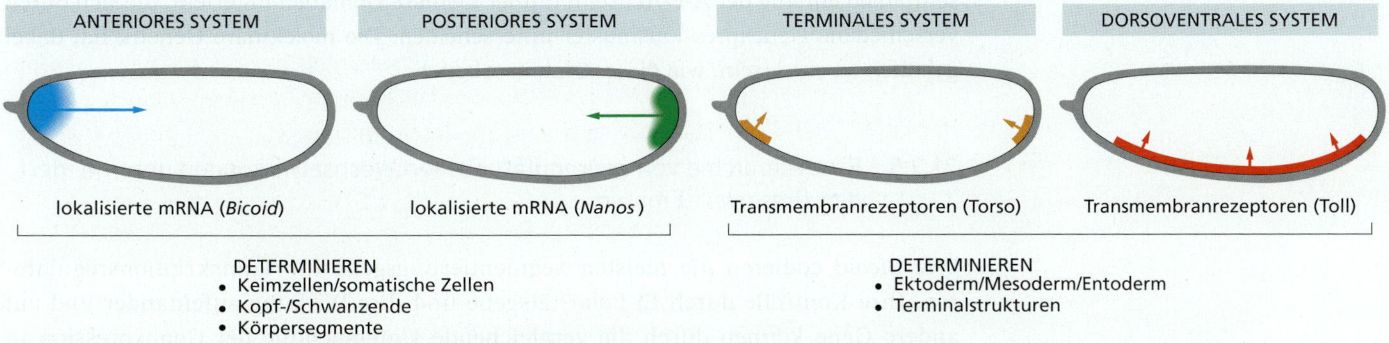

Abb. 21.16 **Organisation der vier das Ei polarisierenden Gradientensysteme in *Drosophila*.** *Bicoid*-mRNA codiert für einen Transkriptionsaktivator, der den Kopf und die Thoraxbereiche festlegt. Nanos ist ein Translationsrepressor, der die Bildung des Abdomens steuert. Lokalisierte *Nanos*-mRNA wird auch in die Keimzellen integriert, während sie sich am posterioren Ende des Embryos bilden. Nanos-Protein ist erforderlich für die Entwicklung der Keimbahn. Toll und Torso sind Rezeptorproteine, die über die gesamte Membran verteilt sind. Sie werden jedoch nur in den farbig gekennzeichneten Bereichen über lokalisierte Bindung der extrazellulären Liganden Spaetzle (der Ligand für Toll) und Trunk (der Ligand für Torso) aktiviert. Toll-Aktivität bestimmt das Mesoderm und Torso-Aktivität bestimmt die Bildung von Terminalstrukturen am Kopf und am Schwanz.

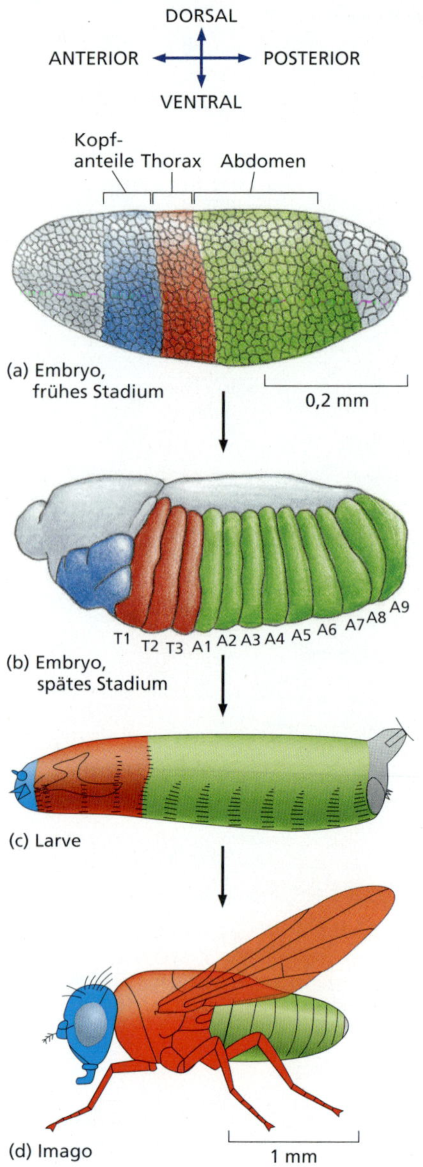

Abb. 21.17 Die Ursprünge der Körpersegmente von *Drosophila*. (a) Nach 3 Stunden befindet sich der Embryo (dargestellt in Seitenansicht) im Blastodermstadium und es ist noch keine Segmentierung erkennbar. Es kann jedoch eine Schicksalskarte erstellt werden, die die zukünftigen segmentierten Bereiche (*farbig*) zeigt. (b) Nach 10 Stunden sind alle Segmente eindeutig festgelegt (T1: erstes Thorakalsegment; A1: erstes Abdominalsegment). (c) Die Segmente der *Drosophila*-Larve und ihre entsprechenden Bereiche im Embryo. (d) Die Segmente der adulten *Drosophila* und die entsprechenden Regionen im Embryo.

der Auftakt für die Bildung von Segmenten. Diese Regulatoren initiieren die geordnete Transkription von *Segmentierungsgenen*, die das Genexpressionsmuster verfeinern, um die Grenzen und den Grundriss der einzelnen Segmente festzulegen. Die Segmentierungsgene werden in bestimmten Zellgruppen des Embryos exprimiert; ihre Produkte sind die ersten Komponenten, die das embryonale Genom zur Entwicklung des Embryos beisteuern. Sie werden deshalb auch als *zygotische Effekt-Gene* bezeichnet, um sie von den früher wirkenden maternalen Effekt-Genen abzusetzen. Mutationen in den Segmentierungsgenen können entweder die Anzahl der Segmente oder ihre grundlegende innere Organisation verändern.

Die **Segmentierungsgene** gliedern sich in drei Gruppen, gemäß den Phänotypen ihrer Mutanten (**Abb. 21.18**). Wir können uns vorstellen, dass diese drei Gruppen der Reihe nach agieren, auch wenn sie sich tatsächlich zeitlich in ihrer Funktion überschneiden. Zuerst erscheint ein Satz von wenigstens sechs **Lücken-Genen**, deren Produkte die grobe A-P-Untergliederung des Embryos umreißen. Mutation eines Lücken-Gens führt zur Eliminierung einer oder mehrerer Gruppen benachbarter Segmente: In der *Drosophila*-Mutante *Krüppel* fehlen der Larve beispielsweise acht Segmente. Die nächste Kategorie der Segmentierungsgene ist eine Gruppe von acht **Paarregel-Genen**. Mutationen dieser Gene führen zu einer Serie von Deletionen, die alternierende Segmente betreffen, sodass der Embryo nur die Hälfte der üblicherweise vorhandenen Segmente ausbildet. Obwohl alle Paarregel-Mutanten diese Zwei-Segment-Periodizität zeigen, unterscheiden sie sich hinsichtlich ihres exakten Musters. Schließlich sind da noch mindestens zehn **Segmentpolaritätsgene**. Mutationen dieser Gene führen zu Larven mit einer normalen Segmentzahl, den Segmenten fehlt jedoch ein Teil, der von spiegelbildlichen Duplikaten von den Resten der Segmente (ganz oder teilweise) ersetzt wird.

Die Phänotypen der verschiedenen Segmentierungsmutanten lassen den Schluss zu, dass die Segmentierungsgene ein koordiniertes System bilden, das den Embryo fortschreitend entlang der A-P-Achse in immer kleinere Domänen unterteilt, die sich durch verschiedene Genexpressionsmuster unterscheiden. Die molekulare Genetik hat dabei geholfen zu enträtseln, wie dieses System arbeitet.

21.2.5 Eine Hierarchie von genregulatorischen Wechselwirkungen untergliedert den *Drosophila*-Embryo

Wie *Bicoid* codieren die meisten Segmentierungsgene für Transkriptionsregulatoren. Ihre Kontrolle durch Ei-Polaritätsgene und ihre Wirkung aufeinander und auf andere Gene können durch die vergleichende Untersuchung der Genexpression in normalen und mutierten Embryonen ermittelt werden. Unter Verwendung geeigneter molekularer Sonden, mit deren Hilfe sich RNA-Transkripte oder ihre Proteinprodukte nachweisen lassen, kann man in der Tat Momentaufnahmen davon erstellen, wie Gene in sich ändernden Mustern ein- und wieder ausgeschaltet werden. Diese Muster zeigen die große Menge an räumlichen Informationen, die innerhalb des morphologisch einheitlichen Embryos durch das Ei-Polaritätsgen-Netzwerk erzeugt

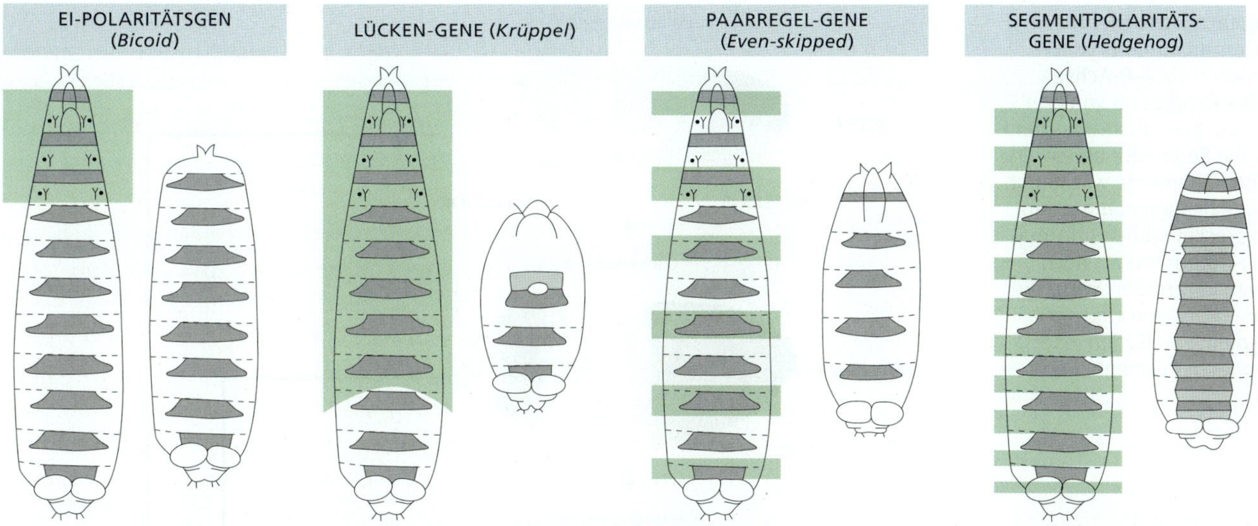

Abb. 21.18 Beispiele für die Phänotypen, die aus Mutationen in den Ei-Polaritätsgenen und den drei Klassen von Segmentierungsgenen resultieren. In jedem der dargestellten Fälle sind Bereiche, die in der normalen Larve *grün* unterlegt sind (jeweils *links*), in der Mutante deletiert (jeweils *rechts*) oder durch ein spiegelbildliches Duplikat der nicht betroffenen Region ersetzt. (Verändert nach C. Nüsslein-Volhard und E. Wieschaus, *Nature* 287: 795–801, 1980).

werden. Wenn man den Vorgang mit Mutanten wiederholt, denen ein bestimmtes Segmentierungsgen fehlt, kann man die innere Logik des gesamten Kontrollsystems ansatzweise entwirren.

Die Produkte der Ei-Polaritätsgene versorgen den frühen Embryo mit globalen Positionssignalen (s. **Abb. 21.16**). Wie wir gesehen haben, wirkt das Bicoid-Protein als Morphogen und aktiviert verschiedene Gene an unterschiedlichen Positionen entlang der A-P-Achse: Einige Lücken-Gene werden nur in Bereichen mit hohen Bicoid-Konzentrationen aktiviert, andere nur in Bereichen niedriger Bicoid-Konzentration. Es gibt nur sechs Lücken-Gene, aber eine Kombination aus sich überlappender Expression und unterschiedlichen Niveaus innerhalb ihrer Domänen bietet jeder Zelle entlang der A-P-Achse eine große Vielfalt an Positionsidentitäten. Nachdem die Produkte der Lücken-Gene ihre Positionen über gegenseitige Repression verfeinert haben, liefern sie eine zweite Ebene von Positionssignalen, die örtlich enger begrenzt wirken, um feinere Details der Musterbildung zu regulieren. Sie kontrollieren die Expression der Paarregel-Gene durch kombinatorische Effekte, wie sie in Kapitel 7 für das Paarregel-Gen *Even-skipped* beschrieben wurden (s. Abschnitt 7.4.1). Die Paarregel-Gene grenzen die sich wiederholenden Zellgruppen ab, die später zu Segmenten werden und ihrerseits miteinander und mit den Lücken-Genen zusammenarbeiten, um ein regelmäßiges, periodisches Expressionsmuster der Segmentpolaritätsgene, die das interne Muster jedes einzelnen Segments festlegen, auszuprägen (**Abb. 21.19**).

Eine große Gruppe von Segmentpolaritätsgenen codiert für Komponenten von zwei Signalwegen: des Wnt-Wegs und des Hedgehog-Wegs. Dazu gehören die sezernierten Signalproteine Wingless (das zuerst benannte Mitglied der Wnt-Familie) und Hedgehog. Der Hedgehog-Weg wurde zuerst bei Studien zur Segmentierung von *Drosophila* entdeckt und hat seinen Namen von der stacheligen Erscheinung des *Hedgehog*-Mutantenembryos (*hedgehog*, engl. für Igel). Wingless und Hedgehog werden in verschiedenen Zellbändern synthetisiert, die als Signalzentren in jedem Segment fungieren. Die beiden Proteine erhalten gegenseitig ihre Expression aufrecht, während sie die Expression von Genen wie *Engrailed* in benachbarten Zellen regulieren (**Abb. 21.20**). So entsteht durch eine Reihe aufeinanderfolgender Induktionen ein feines Genexpressionsmuster in jedem Segment.

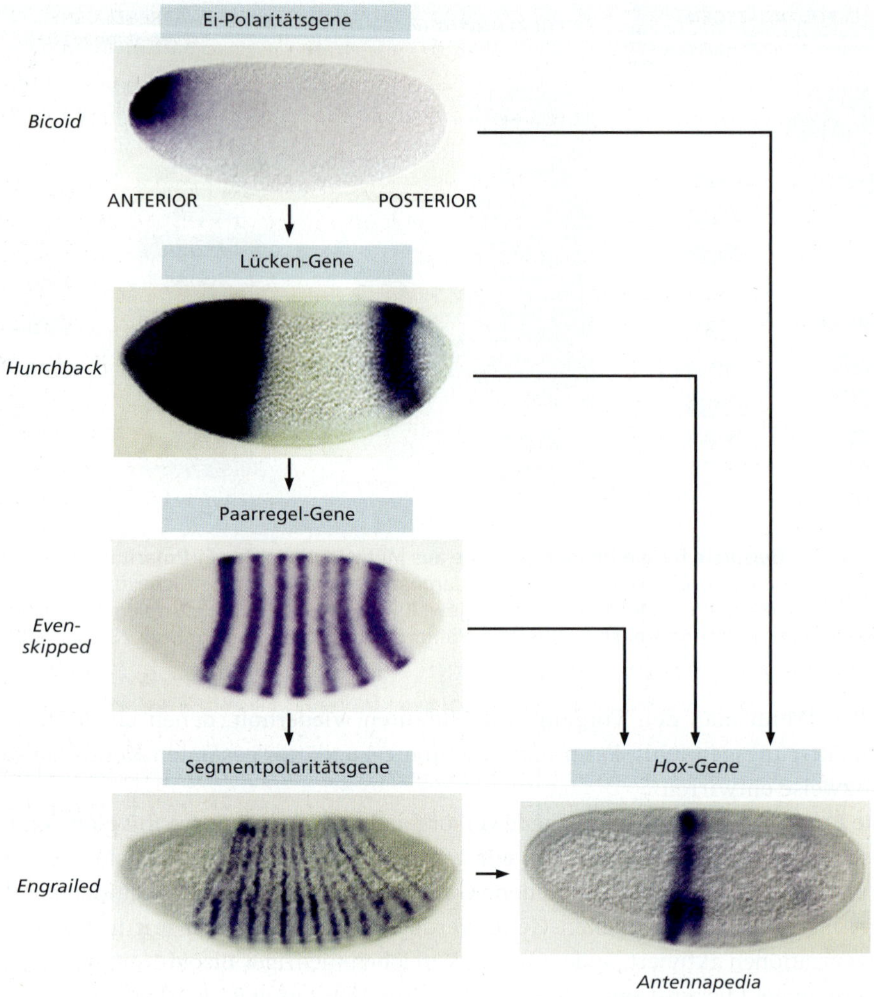

Abb. 21.19 Die regulatorische Hierarchie der A-P-Muster im *Drosophila*-Embryo. Ei-Polaritätsgene definieren die A-P-Achse und initiieren auch die Expression von drei Gruppen von Genen (Lücken-, Paarregel- und Segment-Polarität), die Segmente bilden. Die Identität der einzelnen Segmente wird durch *Hox*-Gene (die in Kürze besprochen werden) festgelegt, deren Expression durch Informationen sowohl von Ei-Polaritäts- als auch Segmentierungsgenen kontrolliert wird. Die Photos zeigen mRNA-Expressionsmuster repräsentativer Beispiele von Genen jeder Kategorie. (Mit freundlicher Genehmigung von Stephen Small).

21.2.6 Ei-Polaritäts-, Lücken- und Paarregel-Gene schaffen ein transientes Muster, an das sich Segmentpolaritätsgene und *Hox*-Gene erinnern

Im Verlauf der ersten Stunden nach der Befruchtung werden die Lücken- und die Paarregel-Gene aktiviert. Ihre mRNA-Produkte treten zuerst in Mustern auf, die nur annähernd dem endgültigen Bild entsprechen; dann, innerhalb einer kurzen Zeitspanne, löst sich die unscharfe anfängliche Verteilung der Genprodukte zu einem regelmäßigen, scharf abgegrenzten System von Streifen auf. Dieses Muster ist aber selbst instabil und besteht nur vorübergehend; es zerfällt, wenn sich der Embryo über die Gastrulation hinaus entwickelt. Die Aktivitäten der Gene haben jedoch eine bleibende Erinnerung an ihr Expressionsmuster weitergegeben, indem sie die Expression bestimmter Segmentpolaritätsgene zusammen mit einer anderen Klasse von

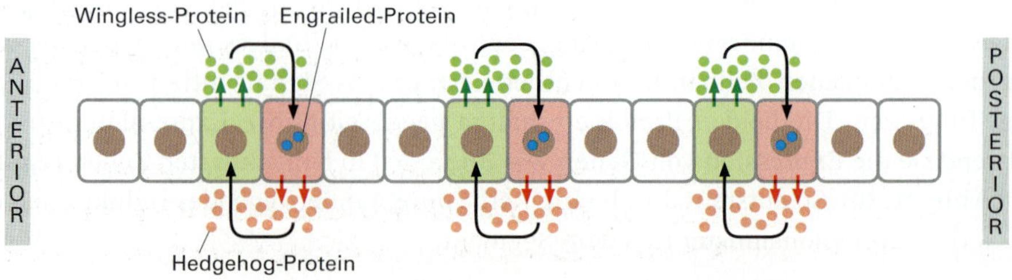

Abb. 21.20 Gegenseitige Aufrechterhaltung der Expression von *Hedgehog* und *Wingless*. Engrailed ist ein Transkriptionsregulator (*blau*), der die Expression von *Hedgehog* steuert. *Hedgehog* codiert für ein sezerniertes Protein (*rot*), das einen Signalweg in benachbarten Zellen aktiviert und dadurch die Expression des *Wingless*-Gens steuert. *Wingless* wiederum codiert für ein sezerniertes Protein (*grün*), das auf Nachbarzellen der *Wingless*-exprimierenden Zelle zurückwirkt und deren Expression von *Engrailed* aufrechterhält. Engrailed hält dann die *Hedgehog*-Expression aufrecht, um die Schleife zu vervollständigen. Wie angezeigt, wiederholen sich die gleichen Regelkreise entlang der A-P-Achse der Fliege. (Nach S. DiNardo *et al.*, *Curr. Opin. Genet. Dev.* 4: 529–534, 1994).

Genen, den *Hox*-Genen (werden demnächst besprochen), induzieren. Nach einer Zeit der Musterverfeinerung durch Zell–Zell-Wechselwirkungen werden die Expressionsmuster dieser neuen musterbildenden Gene gefestigt, sodass Positionsmarken entstehen, die dazu dienen, die segmentierte Organisation der Larve und der adulten Fliege aufrechtzuerhalten.

Das Segmentpolaritätsgen *Engrailed* liefert dafür ein gutes Beispiel. Seine RNA-Transkripte erscheinen im zellulären Blastoderm als eine Folge von 14 Streifen, jeder etwa eine Zelle breit. Diese Streifen liegen unmittelbar anterior von ähnlichen Expressionsstreifen eines anderen Segmentpolaritätsgens, *Wingless*. Während sich die Zellen im sich entwickelnden Embryo weiter teilen und bewegen, erhält eine Signalweiterleitung zwischen den Wingless-exprimierenden Zellen und den Engrailed-exprimierenden Zellen schmale Streifen ihrer Expression aufrecht (s. **Abb. 21.20**). Diese Wechselwirkung bewirkt ein stabiles Engrailed-Expressionsmuster, das das gesamte Leben der Fliege lang anhält, lange nachdem die Signale, die es induziert und verfeinert haben, verschwunden sind. Die Segmentgrenzen im Embryo, der Larve und erwachsenen Tier bilden sich am posterioren Rand jedes derartigen Engrailed-Streifens (**Abb. 21.21**).

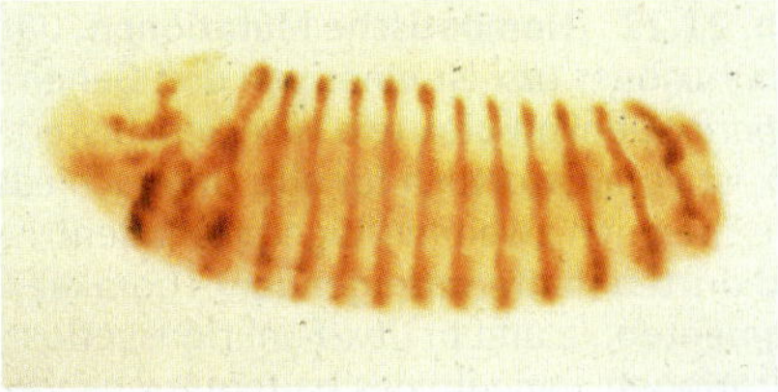

Abb. 21.21 Das Expressionsmuster von *Engrailed*, einem Segmentpolaritätsgen. Das *Engrailed*-Muster ist für einen 10-Stunden-Embryo und eine adulte Fliege (deren Flügel für die Präparation entfernt wurden) gezeigt. Das Muster entsteht durch Konstruktion eines *Drosophila*-Stammes, bei dem die Kontrollsequenzen des *Engrailed*-Gens an die codierende Sequenz des *Reporter*-Gens *LacZ* gekoppelt sind. Das *LacZ*-Translationsprodukt ist histochemisch nachweisbar über das braune Produkt, das durch eine immunhistochemische Reaktion mit LacZ entsteht (10-Stunden-Embryo), oder über das blaue Produkt, das durch eine von LacZ katalysierte Reaktion entsteht (Imago). Man beachte, dass das *Engrailed*-Muster die Segmentgrenzen markiert und, wenn es einmal ausgebildet wurde, während des ganzen Lebens aufrechterhalten wird. (Mit freundlicher Genehmigung von Tom Kornberg).

Neben der Regulierung der Segmentpolaritätsgene arbeiten die Produkte der Paarregel-Gene mit den Produkten der Lücken-Gene zusammen, um die präzise lokalisierte Aktivierung eines weiteren Satzes von Genen, den *Hox*-Genen, zu überwachen (s. **Abb. 21.19**). Es sind die *Hox*-Gene, die zuerst ein Segment festlegen und es dann dauerhaft vom nächsten unterscheiden. Im nächsten Abschnitt untersuchen wir diese bedeutenden Gene im Detail. Wir werden sehen, dass sie bei vielen Tieren wie auch beim Menschen eine entscheidende Rolle spielen.

21.2.7 *Hox*-Gene legen das Muster der A-P-Achse dauerhaft fest

Mit fortschreitender Entwicklung gewinnt der Tierkörper eine immer komplexere Gestalt. Aber immer wieder, in jeder Art und auf allen Ebenen der biologischen Organisation, begegnen wir komplexen Strukturen, die durch das Wiederholen einiger weniger grundlegender Themen mit Variationen zustande gekommen sind. Eine Untergruppe von Grundtypen differenzierter Zellen wie z. B. Muskelzellen oder Fibroblasten tauchen an unterschiedlichen Stellen des Körpers auf und sind zu Geweben wie Muskeln oder Sehnen organisiert. Feine Variationen, wie und wo diese Mustermechanismen angewendet werden, bestimmen, wie solche Strukturen wie Zähne oder Finger aufgebaut werden, sodass Backenzähne und Schneidezähne bzw. Finger, Daumen und Zehen entstehen.

Wo immer wir dieses Phänomen der *modulierten Wiederholung* vorfinden, können wir das entwicklungsbiologische Problem ihrer Bildung auf zwei einfache Fragen zurückführen: Was ist der zugrunde liegende Konstruktionsmechanismus, der allen Objekten einer Klasse gemeinsam ist? Und wie wird dieser Grundmechanismus modifiziert, um die beobachteten Variationen in verschiedenen Tieren hervorzubringen? Die Segmente des Insektenkörpers liefern ein sehr klares Beispiel. Wir haben bereits den Weg nachgezeichnet, durch den die Grundform eines typischen einzelnen Segments konstruiert wird und wie sich Zellen in jedem Segment unterschiedlich entwickeln. Wir befassen uns nun damit, wie ein Segment determiniert oder *spezifiziert* wird, sich von einem anderen zu unterscheiden.

Die erste flüchtige Aussicht auf eine Antwort auf diese Frage ergab sich vor über 80 Jahren in Gestalt eines ersten Satzes von Mutationen der Fliege *Drosophila*, die bizarre Missbildungen des adulten Insektenkörpers bewirken. In der Mutante *Antennapedia* z. B. wachsen anstelle der Antennen Beine aus dem Kopf der Fliege. In der

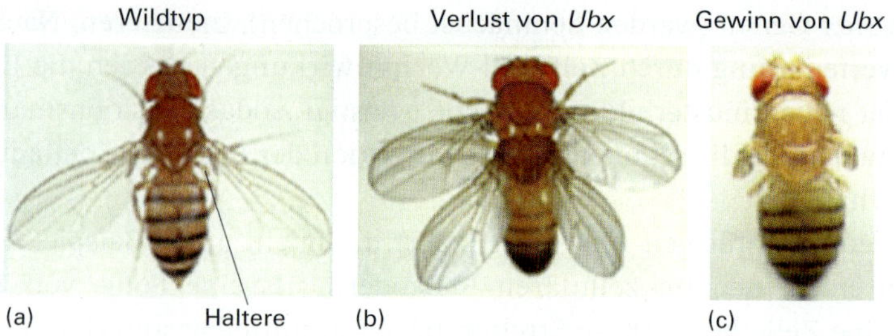

Abb. 21.22 Homöotische Mutationen. *Ultrabithorax* oder *Ubx* ist eines von drei Genen im *Bithorax*-Genkomplex (ein *Hox*-Gencluster). *Ubx* ist verantwortlich für alle Unterschiede zwischen den zweiten (flügeltragenden) und dritten (halterentragenden) Thorakalsegmenten. (a und b) *Ubx*-Funktionsverlust-Mutationen wandeln das halterentragende Segment (a) in ein flügeltragendes Segment. So entstehen Fliegen mit vier Flügeln (b). (c) *Ubx*-Funktionsgewinn im zweiten Thorakalsegment wandelt dieses flügeltragende Segment in ein halterentragendes Segment. So entstehen flügellose Fliegen. (a, mit freundlicher Genehmigung des Archives, California Institute of Technology; c, mit freundlicher Genehmigung von L. S. Shashidhara).

Mutante *Bithorax* entstehen Teile eines zusätzlichen Flügelpaars, wo normalerweise viel kleinere Anhänge wären, die Halteren genannt werden (**Abb. 21.22**). Diese Mutationen wandeln Teile des Körpers in Strukturen um, die eigentlich an eine andere Position gehören. Man nennt Mutationen dieses Erscheinungsbildes *homöotische* Mutationen (aus dem Griechischen *homoios*, das ähnlich bedeutet), da die Transformation zwischen Strukturen eines erkennbar ähnlichen Grundtyps stattfindet. Eine Gliedmaßenart oder eine Segmentart wird zu einer anderen verändert. Man hat schließlich entdeckt, dass ein ganzer Satz von Genen, die **homöotischen Auswahl-Gene** oder ***Hox*-Gene**, die Aufgabe hat, dauerhaft den A-P-Charakter einer ganzen Gruppe von Tiersegmenten zu bestimmen. Diese Gene sind alle miteinander verwandt; sie sind Mitglieder einer Multigenfamilie.

Es gibt acht *Hox*-Gene bei der Fliege. Sie alle liegen im einen oder anderen von zwei dicht gepackten Genclustern, die ***Bithorax*-Komplex** und ***Antennapedia*-Komplex** genannt werden. Die Gene im *Bithorax*-Komplex kontrollieren die Unterschiede zwischen den Abdominal- und den Thorakalsegmenten des Körpers, die des *Antennapedia*-Komplexes üben die Kontrolle über die Unterschiede zwischen den Thorax- und den Kopfsegmenten aus. Der Vergleich mit anderen Arten hat gezeigt, dass die gleichen Gene in praktisch allen Tierarten, einschließlich des Menschen, vorhanden sind. Diese Vergleiche haben auch gezeigt, dass der *Antennapedia*- und der *Bithorax*-Komplex die beiden Hälften einer Gesamteinheit, des ***Hox*-Komplexes**, sind, die im Laufe der Fliegenevolution irgendwann gespalten wurde und deren Mitglieder in koordinierter Weise operieren, um die Kontrolle über das Kopf–Schwanz-Muster des Körpers auszuüben.

Die Produkte der *Hox*-Gene, die **Hox-Proteine**, sind Transkriptionsregulatoren. Sie besitzen alle eine hochgradig konservierte 60 Aminosäuren lange DNA-bindende *Homöodomäne* (s. **Tafel 7.1**). Die Homöodomäne-codierende DNA-Sequenz wird Homöobox genannt; durch die Abkürzung zu *Hox* bekam der *Hox*-Komplex seinen Namen. Es gibt viele Gene, die eine Homöobox enthalten, aber nur diejenigen, die in einem *Hox*-Komplex vorkommen, sind die *Hox*-Gene.

21.2.8 Hox-Proteine verleihen jedem Segment seine Individualität

Die Hox-Proteine können als molekulare Adressetiketten der Zellen eines jeden Segments betrachtet werden: Diese Etiketten geben den Zellen jeder Region einen **Positionswert** – d. h. ein wesentliches Merkmal, das sich je nach der Position der Zelle unterscheidet. Wenn die Adressetiketten in einem sich entwickelnden *Drosophila*-Segment verändert werden, verhält sich das Segment als würde es sich an einer anderen Stelle befinden. Wenn alle *Hox*-Gene in einem Embryo deletiert sind, sind alle Körpersegmente in der Larve gleich.

In erster Näherung gilt, dass jedes *Hox*-Gen normalerweise in denjenigen Bereichen exprimiert wird, die sich anormal entwickeln, wenn das Gen mutiert ist oder fehlt. Wie verleiht ein Hox-Protein einem Segment seine dauerhafte Identität? An dieser Stelle sei daran erinnert, dass Hox-Proteine Transkriptionsregulatoren sind, die an genregulatorische DNA binden können; jedes Hox-Protein zielt auf eine andere Gruppe von Genen zur Aktivierung oder Unterdrückung ab. Hunderte Gene stehen unter dieser Art von Hox-modulierter Kontrolle. Dazu gehören Gene, die die Zell–Zell-Signalübertragung, Transkriptionsregulation, Zellpolarität, Zelladhäsion, Cytoskelettfunktion, das Zellwachstum und den Zelltod kontrollieren und die alle zusammenwirken, um jedem Segment seinen unverwechselbaren Hox-abhängigen Charakter zu verleihen.

21.2.9 Die *Hox*-Gene werden gemäß ihrer Anordnung im *Hox*-Komplex exprimiert

Wie wird dann die Expression der *Hox*-Gene selbst reguliert? Die codierenden Sequenzen der acht *Hox*-Gene in *Drosophila* sind in einen viel ausgedehnteren Bereich regulatorischer DNA eingebettet. Diese DNA schließt Bindungsstellen für Translationsprodukte von Ei-Polaritäts- und Segmentierungsgenen ein. Die regulatorische DNA im *Hox*-Genkomplex interpretiert die detaillierten positionellen Informationen, die durch all die vorgenannten Transkiptionsregulatoren bereitgestellt werden. Als Ergebnis wird ein bestimmter Teil der *Hox*-Gene in einer bestimmten Region entlang der A-P-Körperachse transkribiert.

Im Expressionsmuster der *Hox*-Gene findet sich eine bemerkenswerte Regelmäßigkeit, was auf eine zusätzliche Art der Kontrolle hindeutet. Die Abfolge, in der die Gene entlang des Chromosoms angeordnet sind, entspricht sowohl im *Antennapedia*- als auch im *Bithorax*-Genkomplex fast genau der Reihenfolge, in der sie entlang der A-P-Körperachse des Embryos exprimiert werden (**Abb. 21.23**). Das lässt auf Genaktivierung schließen, die vielleicht von Chromatinstrukturen abhängig ist, die sich entlang der *Hox*-Komplexe ausbreiten und ein *Hox*-Gen nach dem anderen gemäß ihrer Anordnung im Genom anschalten. Das am weitesten „posterior" in seinem Genverband liegende Gen, das in einer Zelle exprimiert wird, ist für gewöhnlich dominant und löst die Ausschaltung der weiter „anterior" liegenden Gene in seinem *Hox*-Unterkomplex aus. Das zuletzt aktive Gen bestimmt so den Charakter des Segments. Die genregulierenden Mechanismen, die diesen Phänomenen zugrunde liegen, sind zurzeit noch nicht gut verstanden. Ihre Folgen sind jedoch fundamental. Wir werden sehen, dass die serielle Organisation der

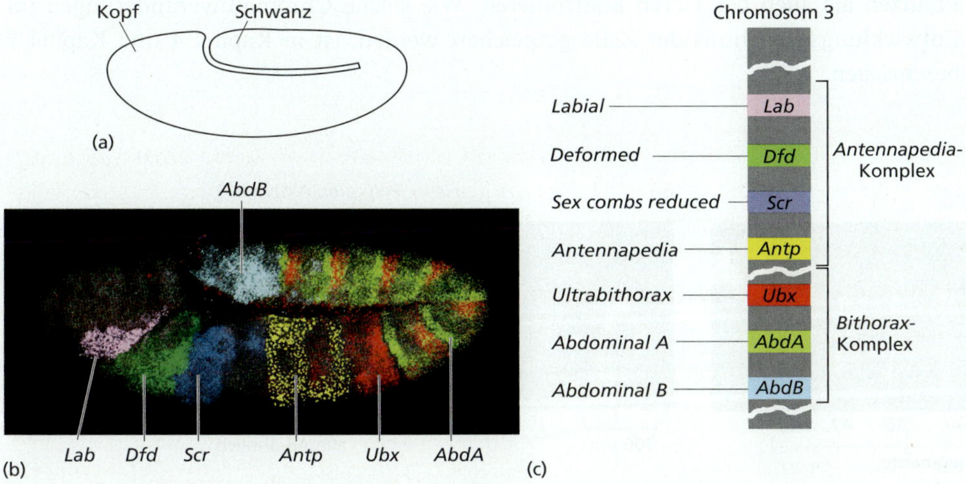

Abb. 21.23 Die Expressionsmuster im Vergleich zur chromosomalen Organisation der Gene des *Hox*-Komplexes. (a) Schematische Darstellung eines *Drosophila*-Embryos in der sogenannten Keimstreifverkürzung, etwa 10 Stunden nach der Befruchtung, wenn die sich entwickelnde Körperachse auf sich selbst umgefaltet ist. (b) Ein Embryo in diesem Stadium wurde durch *In-situ*-Hybridisierung mit unterschiedlich markierten Sonden zum Nachweis der mRNA-Produkte der verschiedenen *Hox*-Gene in verschiedenen Farben angefärbt. (c) Das räumliche Muster in der Fotografie entspricht mit geringen Abweichungen der Abfolge der Gene in jeder der beiden Untergruppen des Chromosomenkomplexes. (b, mit freundlicher Genehmigung von William McGinnis, angepasst nach D. Kosman *et al.*, *Science* 305: 846, 2004. Mit Erlaubnis der AAAS).

Genexpression in den *Hox*-Genkomplexen ein Grundmerkmal ist, das im Verlauf der Evolution hochgradig konserviert worden ist.

21.2.10 Trithorax- und Polycomb-Gruppen-Proteine regulieren die *Hox*-Expression für eine dauerhafte Aufzeichnung von Positionsinformationen

Das räumliche Expressionsmuster der Gene im *Hox*-Komplex wird durch früh in der Entwicklung wirkende Signale festgelegt, aber die Folgen dieser Signalwirkungen sind langfristig. Obwohl das Expressionsmuster, während die Entwicklung voranschreitet, einer komplexen Feinabstimmung unterliegt, drückt das *Hox*-Muster jeder Zelle und ihren Nachkommen dauerhaft einen Stempel desjenigen A-P-Positionswertes auf, den die Zelle im frühen Embryo eingenommen hatte. So bewahren die Zellen jedes Segments ein Langzeitgedächtnis ihres Orts entlang der A-P-Körperachse, die die segmentspezifische Identität nicht nur der Larvensegmente steuert, sondern auch die der Strukturen des erwachsenen Fliegenkörpers.

Zwei molekulare Mechanismen stellen sicher, dass eine Zelle ihre Positionsinformationen behält. Einer geht von den *Hox*-Genen selbst aus: Viele Hox-Proteine führen zu einer Autoaktivierung der Transkription ihrer eigenen Gene und tragen so dazu bei, die Gene auf unbestimmte Zeit anzuschalten. Ein weiteres entscheidendes Eingangssignal kommt von zwei großen, einander komplementären Proteingruppen, der **Thrithorax-Gruppe** und der **Polycomb-Gruppe**. Sie drücken dem Chromatin des *Hox*-Komplexes einen Stempel mit der vererbbaren Aufzeichnung seines embryonalen Aktivierungs- oder Repressionszustands auf. Es handelt sich um wichtige allgemeine Regulatoren der Chromatinstruktur, die entscheidend für das Zellgedächtnis sind: Falls Gene der *Trithorax*- oder der *Polycomb*-Gruppe defekt sind, ist das Expressionsmuster der *Hox*-Gene anfänglich korrekt, wird jedoch nicht aufrechterhalten, wenn sich die Zellen teilen und der Embryo älter wird.

Die beiden Regulatorsätze wirken auf entgegengesetzte Weise. Proteine der Trithorax-Gruppe werden benötigt, um die Transkription der *Hox*-Gene in Zellen aufrechtzuerhalten, in denen deren Transkription schon in Gang gesetzt wurde. Im Gegensatz dazu bilden Proteine der Polycomb-Gruppe stabile Komplexe, die an das Chromatin des *Hox*-Komplexes binden und es in einem reprimierten Zustand halten, wenn die *Hox*-Gene noch nicht aktiviert worden sind (**Abb. 21.24**). Obwohl sie zuerst wegen ihres Einflusses auf *Hox*-Gene in Fliegen entdeckt wurden, sind die Proteine der Polycomb- und Trithorax-Gruppe allgemeine Regulatoren der Chromatinstruktur, die viele Gene sowohl bei Pflanzen als auch bei Tieren kontrollieren. Wie solche Chromatinveränderungen im Entwicklungsgedächtnis der Zelle gespeichert werden, ist in Kapitel 4 und Kapitel 7 beschrieben.

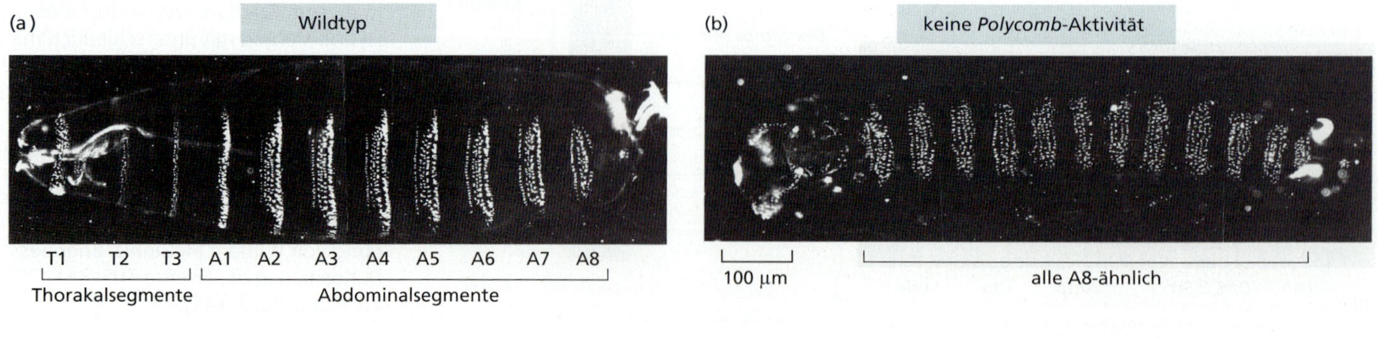

Abb. 21.24 Die Wirkung der Gene der *Polycomb*-Gruppe. (a) Dunkelfeldmikroskopie-Aufnahme eines Wildtyp-*Drosophila*-Embryos. (b) Aufnahme eines mutierten Embryos, dessen *Extra sex combs*-Gen (*Esc*) defekt ist. Der Mutantenembryo stammt von einer Mutter, die ebenfalls diesen Gendefekt besaß. Das *Esc*-Gen gehört zur Gruppe der *Polycomb*-Gene. Fast alle Segmente wurden derart transformiert, dass sie dem am weitesten posterior gelegenen Abdominalsegment A8 ähneln. In der Mutante ist das Expressionsmuster der homöotischen Auswahl-Gene, das anfangs noch einigermaßen normal ist, instabil, sodass schließlich alle diese Gene entlang der gesamten Körperachse aktiviert werden. (Aus G. Struhl, *Nature* 293: 36–41, veröffentlicht 1981 durch Nature Publishing Group. Mit Erlaubnis von Springer Nature).

21.2.11 Die D-V-Signalgene bilden einen Gradienten des Transkriptionsregulators Dorsal

Nun betrachten wir die Musterbildung der zweiten Hauptachse des *Drosophila*-Embryos. Wie auch die gerade beschriebene Musterbildung entlang der A-P-Achse beginnt die Musterbildung entlang der dorsoventralen (D-V) Achse mit mütterlichen Genprodukten, die diese Achse im Ei festlegen (s. **Abb. 21.16**). Sie schreitet dann durch Genprodukte der Zygote fort, die die D-V-Achse im Embryo weiter unterteilen.

Zunächst führt ein Protein, das von den somatischen Zellen der Mutter unterhalb des zukünftigen ventralen Bereichs des Embryos gebildet wird, zu einer lokal begrenzten Aktivierung eines Transmembranrezeptors namens **Toll** auf der ventralen Seite der Eimembran. (Kurioserweise sind *Drosophila*-Toll und Toll-like Proteine von Wirbeltieren auch an der angeborenen Immunabwehr beteiligt, s. Kapitel 24). Die örtlich begrenzte Aktivierung von Toll kontrolliert die Verteilung von **Dorsal**, einem Transkriptionsregulator der NF-κB-Familie (s. Kapitel 15). Die Toll-regulierte Aktivität von Dorsal hängt wie die von NF-κB von der Translokation des Dorsal-Proteins vom Cytosol, wo es in einer inaktiven Form vorliegt, in den Zellkern ab, wo es die Genexpression reguliert (s. **Abb. 15.63**). In dem frisch gelegten Ei sind sowohl die Dorsal-mRNA als auch das Dorsal-Protein gleichmäßig im Cytosol verteilt. Nachdem die Zellkerne im syncytialen Blastoderm an die Oberfläche des Embryos gewandert sind, aber noch vor der Zellularisierung (s. **Abb. 21.14**), induziert die Aktivierung des Toll-Rezeptors auf der ventralen Seite eine erstaunliche Umverteilung des Dorsal-Proteins. Auf der dorsalen Seite bleibt das Protein im Cytosol, ventral konzentriert es sich jedoch in den Zellkernen mit einem gleichmäßigen Gradienten der nukleären Lokalisation zwischen diesen beiden Extremen (**Abb. 21.25**).

Ähnlich wie Bicoid entlang der A-P-Achse, wirkt Dorsal als Morphogen entlang der D-V-Achse. Wenn es in den Zellkern gelangt ist, schaltet Dorsal in Abhängigkeit von der Dorsal-Konzentration die Expression verschiedener Gengruppen an oder aus. Die Expression jedes reagierenden Gens hängt von seiner regulatorischen DNA ab – insbesondere von der Anzahl und der Affinität der Bindungsstellen, die diese DNA für Dorsal und andere Transkriptionsregulatoren enthält. So übersetzt die regulatorische DNA das Positionssignal, das der Gradient des Dorsal-Proteins im Zellkern darstellt, um so bestimmte D-V-Serien von Bereichen zu definieren – komplementäre Banden von Zellen, die entlang des Embryos verlaufen. An der am weitesten ventral gelegenen Stelle, wo die Konzentration des Dorsal-Proteins im Zellkern am höchsten ist, schaltet es z. B. die Expression eines Gens namens *Twist* an, das das Schicksal des Mesoderm festlegt. An der am weitesten dorsal gelegenen Stelle, wo die Konzentration des Dorsal-Proteins im Zellkern am niedrigsten ist, schalten die Zellen ein Gen namens *Decapentaplegic* (*Dpp*) an. In einer dazwischenliegenden Region, wo die Konzentration des Dorsal-Proteins im Zellkern hoch genug ist, um *Dpp* zu unterdrücken, aber zu niedrig, um *Twist* zu

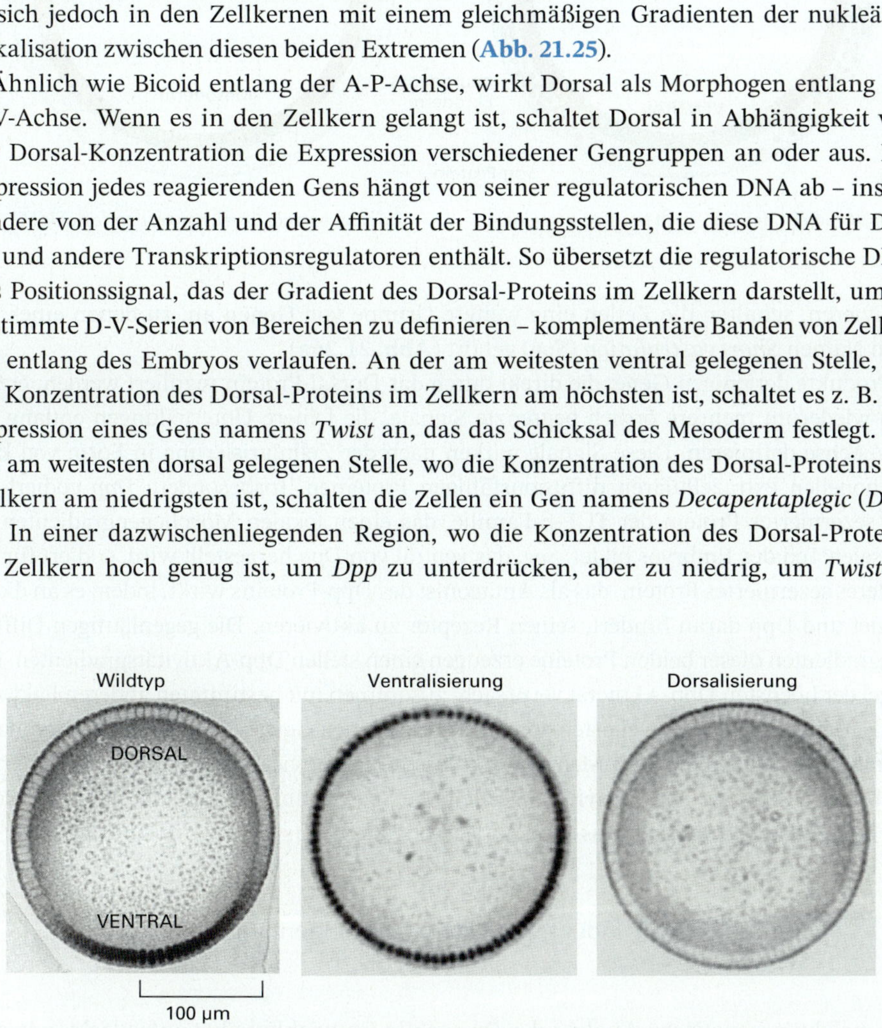

Abb. 21.25 Der Konzentrationsgradient des Dorsal-Proteins in den Zellkernen des Blastoderms. In Wildtyp-*Drosophila*-Embryos kommt das Protein im dorsalen Cytoplasma vor und nicht in den dorsalen Zellkernen. Ventral findet man es nicht im Cytoplasma, dafür aber in den Zellkernen. In einer Mutante, in der der Toll-Weg überall aktiviert ist und nicht nur ventral, sammelt sich das Dorsal-Protein überall in den Zellkernen an. Das Ergebnis ist ein ventralisierter Embryo. Umgekehrt bleibt das Dorsal-Protein in einer Mutante, in der der Toll-Signalübertragungsweg inaktiviert ist, im Cytoplasma und kommt in den Zellkernen nicht vor. Das Ergebnis ist ein dorsalisierter Embryo. (Aus S. Roth *et al.*, *Cell* 59: 1189–1202, 1989. Mit Genehmigung von Elsevier).

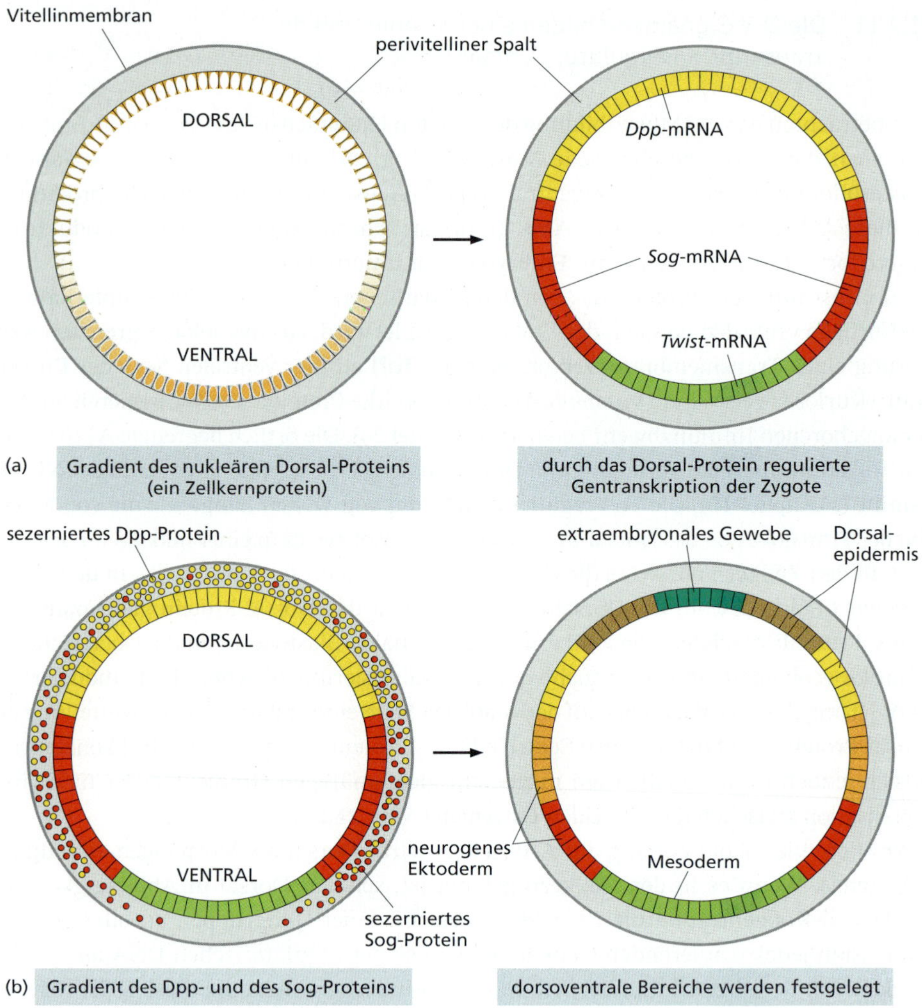

Abb. 21.26 Wie Morphogengradienten eine Musterbildung entlang der dorsoventralen Achse des *Drosophila*-Embryos steuern. (a) Zu Beginn legt ein Gradient des Proteins Dorsal drei weite Genexpressionsbereiche fest, in der Abbildung durch die drei repräsentativen Gene *Dpp*, *Sog* und *Twist* wiedergegeben. (b) Kurze Zeit später sezernieren die Zellen, die *Dpp* oder *Sog* exprimieren, die Signalproteine Dpp (ein Mitglied der TGF-β-Familie) bzw. Sog (ein Antagonist von Dpp). Diese beiden Proteine diffundieren vom Ursprungsort weg und interagieren miteinander (und mit bestimmten anderen Faktoren) und erzeugen so die dargestellten dorsoventralen (D-V) Bereiche.

aktivieren, schalten die Zellen eine weitere Gruppe von Genen an, zu denen eines mit dem Namen *Short gastrulation* (*Sog*) gehört (**Abb. 21.26a**).

Produkte derjenigen Gene, die direkt durch das Dorsal-Protein reguliert werden, erzeugen wiederum mehrere örtlich begrenzte Signale, die feinere Unterteilungen entlang der D-V-Achse definieren. Diese Signale wirken nach der Zellularisierung in Form von konventionellen extrazellulären diffusionsfähigen Proteinen. Insbesondere *Dpp* codiert für ein sezerniertes Protein der TGF-β-Familie, das einen lokalen Morphogengradienten im dorsalen Teil des Embryos bildet. *Sog*, das ventral von *Dpp* hergestellt wird, codiert für ein anderes sezerniertes Protein, das als Antagonist des Dpp-Proteins wirkt, indem es an dieses bindet und Dpp daran hindert, seinen Rezeptor zu aktivieren. Die gegenläufigen Diffusionsgradienten dieser beiden Proteine erzeugen einen steilen Dpp-Aktivitätsgradienten. Der Pegel der höchsten Dpp-Aktivität verursacht zusammen mit bestimmten anderen Faktoren die Entwicklung des am weitesten dorsalwärts gelegenen Gewebes – der extraembryonalen Membran. Intermediäre Dpp-Mengen veranlassen die Entwicklung der dorsalen Epidermis und das Fehlen von Dpp-Aktivität in Zellen, die Sog exprimieren, erlaubt die Ausbildung des neurogenen Ektoderms, aus dem das Nervensystem entstehen wird (**Abb. 21.26b**).

21.2.12 Eine Hierarchie induktiver Wechselwirkungen untergliedert den Wirbeltierembryo

Die molekulargenetische Analyse der *Drosophila*-Entwicklung hat aufgedeckt, wie eine Kaskade von Transkriptionsregulatoren und Signalübertragungswegen den Embryo nacheinander untergliedert. Das gleiche Prinzip zunehmender Musterbildung kommt bei der Entwicklung aller Tierembryos zum Einsatz, auch bei Wirbeltieren. Bemerkenswerterweise ist die Konservierung nicht nur auf die allgemeinen Strategien der Musterbildung beschränkt, sondern umfasst auch viele daran beteiligte Moleküle.

Wie zuvor erwähnt, sind die frühesten Phasen der Wirbeltierentwicklung erstaunlich variabel, selbst bei eng verwandten Arten. Es ist daher schwer zu sagen, wie genau die A-P- und D-V-Achsen eines frühen Fliegenembryos denjenigen eines frühen Frosch- oder Mausembryos entsprechen. Dennoch werden wir sehen, dass inmitten dieser evolutionären Plastizität einige Besonderheiten der frühen Entwicklung stark konserviert sind. Das gleiche gilt – oft in erstaunlichem Ausmaß – auch für spätere Entwicklungsstadien. Von unserer eigenen Anatomie her ist es offensichtlich, dass wir mit Vögeln und Fischen verwandt sind. Wenn wir jedoch die molekularen Mechanismen betrachten, erkennen wir, dass wir auch mit Fliegen und Würmern verwandt sind.

Auf den folgenden Seiten werden wir erörtern, wie in Wirbeltierembryos durch das Zusammenspiel von Signalmolekülen und Transkriptionsregulatoren Muster entstehen. Wir beginnen mit der Bildung und Strukturierung der embryonalen Achsen in Amphibien am Beispiel des Frosches *Xenopus*. Wir haben dieses Thema bereits früher in diesem Kapitel angesprochen. Hier knüpfen wir daran an und ziehen Vergleiche mit der Fliege.

Wie bereits erwähnt, gehen die Ursprünge der embryonalen Achsen und der drei Keimblätter im Frosch auf die Blastula zurück (s. **Abb. 21.3a**). Indem wir einzelne Blastomere markieren, können wir Zellen durch all ihre Teilungen, Transformationen und Migrationsbewegungen hindurch verfolgen und sehen, was aus ihnen wird und woher sie kommen. Die Vorläufer von Ektoderm, Mesoderm und Entoderm sind entlang der animal-vegetativen Achse der Blastula angeordnet: Das Entoderm stammt von den am meisten vegetativ gelegenen Blastomeren, das Ektoderm von den am weitesten animal liegenden Zellen, und das Mesoderm entsteht aus einer mittleren Gruppe. Innerhalb dieser Bereiche haben die Zellen unterschiedliche Schicksale entsprechend ihrer Positionen entlang der D-V-Achse des späteren Embryos. Für das Ektoderm gilt: Die epidermalen Vorläufer befinden sich ventral und die zukünftigen Neuronen befinden sind dorsal. Für das Mesoderm gilt: Die Vorläuferzellen für Notochord, Muskeln, Nieren und Blut sind von dorsal nach ventral angeordnet. All dies kann anhand einer **Schicksalskarte** dargestellt werden, die zeigt, welche späteren Zelltypen von welchen Bereichen des frühen Embryos abstammen (**Abb. 21.27**). Die Schicksalskarte stellt uns vor die zentrale Frage: Wie werden die Zellen in den unterschiedlichen Positionen zu ihren unterschiedlichen Schicksalen geleitet? Wir haben bereits erklärt, wie mütterliche Faktoren, die im sich entwickelnden Froschei hinterlegt sind, dessen animal-vegetative Achse festlegen und wie die kortikale Rotation, die durch die Befruchtung ausgelöst wird, die Orientierung der dorsoventralen Achse festlegt (s. **Abb. 21.13**). Aber wie führt die Einrichtung von Achsen zur Untergliederung des Embryos in zukünftige Körperteile?

Die Antwort darauf lautet, dass mütterlichen Genprodukte zur Bildung von *Signalzentren* auf der vegetativen und auf der dorsalen Seite des Embryos führen. Besonders das dorsale Signalzentrum hat einen speziellen Platz in der Geschichte der Entwicklungsbiologie. Experimente im frühen 20. Jahrhundert haben es als kleines Zellcluster mit einer außergewöhnlichen Eigenschaft identifiziert: Wenn die Zellen auf die gegenüberliegende Seite transplantiert wurden, konnten sie eine radikale Umstrukturierung des benachbarten Gewebes auslösen und es dazu bringen, eine zweite Ganzkörperachse zu bilden (**Abb. 21.28**). Die Entdeckung dieses Signalzentrums mit dem Namen **Organisator** bereitete den Weg für die bahnbrechende Analyse der Serie induktiver Wechselwirkungen, die das Grundgerüst des Wirbeltierkörpers etablieren.

Im Gegensatz zum syncytialen *Drosophila*-Embryo durchläuft das befruchtete Froschei konventionelle Furchungsteilungen. So entsteht ein Embryo, der aus Tausenden von Zellen besteht. Die Musterbildung muss demnach über extrazelluläre Signalmoleküle vermittelt werden, die durch den Embryo von Zelle zu Zelle diffundieren, und

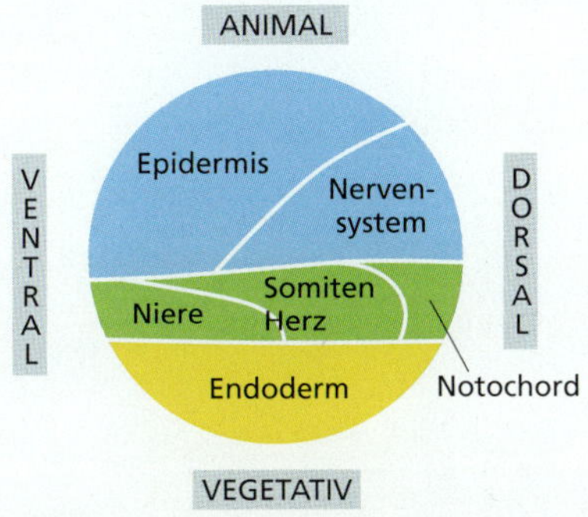

Abb. 21.27 Schicksalskarte einer Blastula in einem Froschembryo. Das Entoderm leitet sich von den am weitesten vegetativ liegenden Blastomeren (*gelb*) ab, das Ektoderm von denjenigen, die am weitesten animal liegen (*blau*), und das Mesoderm bildet sich aus einer mittleren Gruppe (*grün*), die auch zum Entoderm und Ektoderm beiträgt. Unterschiedliche Zelltypen stammen von verschiedenen Positionen entlang der dorsoventralen Achse.

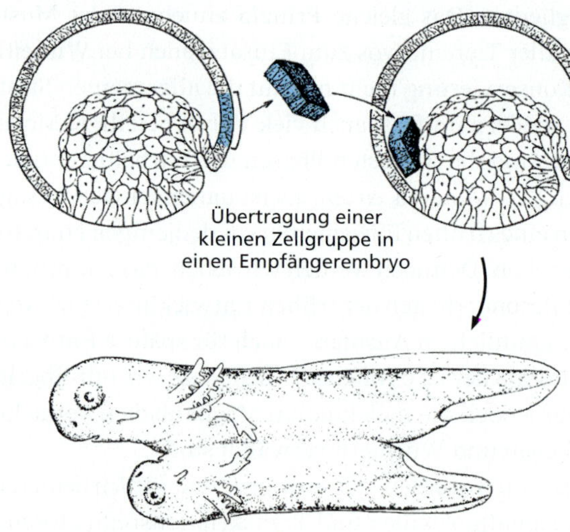

Abb. 21.28 Induktion einer sekundären Achse durch den Organisator. Ein Amphibienembryo erhält als Transplantat eine kleine Zellgruppe, die von einer spezifischen, als Organisatorregion bezeichneten Stelle auf der dorsalen Seite eines anderen Embryos im gleichen Stadium entnommen wurde. Vom Transplantat ausgehende Signale steuern das Verhalten der benachbarten Zellen des Wirtsembryos und führen zur Entwicklung eines siamesischen Zwillingspaars. (Nach J. Holtfreter und V. Hamburger, in Analysis of Development (B. H. Willier, P. A. Weiss und V. Hamburger, eds.), S. 230–296. Philadelphia: Saunders, 1955).

nicht über Transkriptionsregulatoren, die sich durch das Cytoplasma eines Syncytiums bewegen. Es überrascht nicht, dass inzwischen bekannt ist, dass der Organisator eine wesentliche Quelle sezernierter Signale ist. Wie wir sehen werden, gehören dazu nicht nur Liganden, die Transmembranrezeptoren binden und aktivieren (s. Kapitel 15), sondern auch sekretierte Proteine, die die Aktivität dieser Liganden hemmen.

21.2.13 Ein Wettstreit zwischen sezernierten Signalproteinen strukturiert die Wirbeltierembryo-Achsen

Die Signalmoleküle, die den Froschembryo entlang der animal-vegetativen (A-V) Achse strukturieren, gehören zur TGF-β-Familie: Sie werden von einem Signalzentrum am vegetativen Pol sezerniert und bilden Konzentrationsgradienten entlang der A-V-Achse. Das *Nodal*-Protein wirkt über eine relativ kurze Strecke: Zellen in der Nähe des vegetativen Pols werden hohen Konzentrationen ausgesetzt und reagieren, indem sie Gene anschalten, die die Entwicklung von Entoderm fördern. Zellen, die weiter weg sind, sind geringeren Konzentrationen ausgesetzt und aktivieren Gene, die die Bildung von Mesoderm unterstützen. Die Zellen am vegetativen Pol, die Nodal bilden, bilden auch ein zweites, schneller diffundierendes Protein namens *Lefty*, ein Antagonist von Nodal. Das hohe Verhältnis von Lefty zu Nodal am animalen Pol ermöglicht Lefty, die Nodal-Signalisierung zu blockieren. Dies hat zur Folge, dass sich die Zellen dort zu Ektoderm entwickeln (**Abb. 21.29a**). Somit erzeugt eine Mittelstreckenaktivierung durch Nodal in Kombination mit einer Langstreckenhemmung durch Lefty das Muster von Vorläuferzellen entlang der A-V-Achse für die drei Keimblätter Entoderm, Mesoderm und Ektoderm.

Der Frosch wendet eine ähnliche Strategie an, um die Keimschichtterritorien entlang der D-V-Achse des Embryos zu unterteilen. Sie beruht auf dem Hemmungsmuster der ansonsten einheitlichen Signalübertragung durch die *Knochen-Morphogeneseproteine* (BMPs, engl. *bone morphogenetic protein*, Mitglieder einer weiteren Unterklasse der TGF-β-Familie), die im gesamten Embryo sezerniert werden. Das dorsale Signalsystem übt seinen Einfluss durch die Sekretion mehrerer Proteine aus, darunter *Chordin* und *Noggin*, die die BMP-Signalübertragung blockieren, wenn ihre eigenen Konzentrationen hoch sind. Auf diese Weise schaffen Chordin und Noggin einen BMP-Gradienten von dorsal nach ventral mit geringer Aktivität auf der dorsalen Seite und hoher Aktivität auf der ventralen Seite (**Abb. 21.29b**).

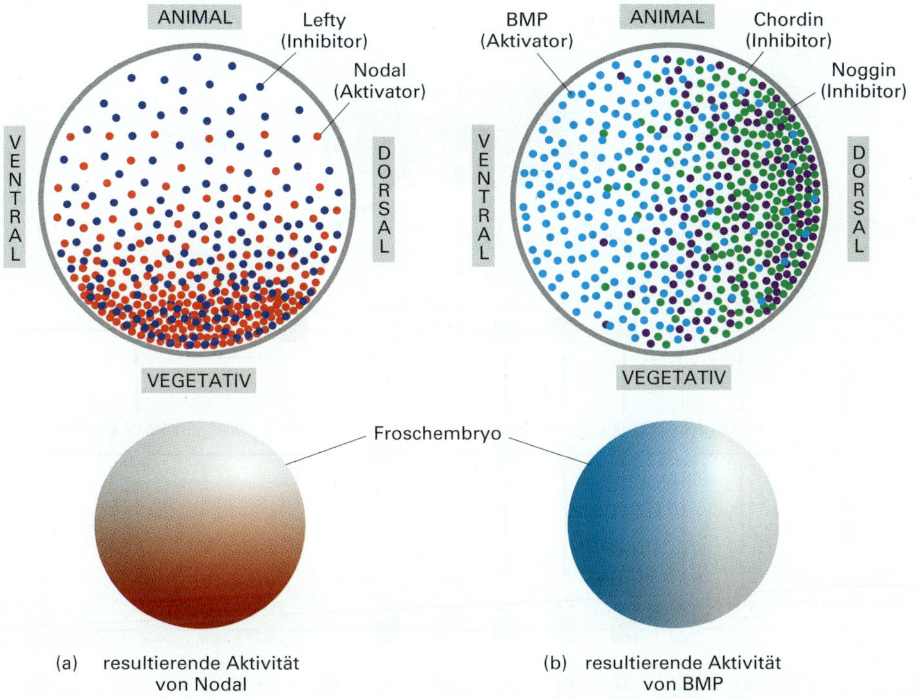

Abb. 21.29 Wie Signalübertragung durch Nodal und das Knochen-Morphogeneseprotein (BMP) die embryonalen Achsen strukturieren. Nodal und sein Antagonist Lefty strukturieren die animal-vegetative Achse, während BMP und seine Antagonisten Chordin und Noggin die dorsoventrale Achse strukturieren. (a) Im Bereich des animalen Pols, wo Nodal in geringerer Konzentration vorliegt als Lefty, verhindert Lefty, dass Nodal an seine Rezeptoren bindet. Im vegetativen Bereich gibt es einen Überschuss an Nodal, was die Aktivierung des Nodal-Wegs zur Folge hat. (b) Entlang der dorsoventralen Achse ist BMP weit verbreitet, aber Chordin und Noggin konzentrieren sich an der dorsalen Seite: Dort binden sie an BMP und blockieren dessen Bindung an Rezeptoren. Die sich daraus ergebenden Muster der Nodal- und BMP-Aktivität sind *unten* in der Abbildung dargestellt.

Ektodermale Zellen, die hohen Konzentrationen von BMP-Signalen ausgesetzt sind, werden zum epidermalen Schicksal gesteuert, während Zellen, die geringen oder gar keinen BMP-Signalen ausgesetzt sind, neural bleiben. Wir können feststellen, dass diese Strategie zur Strukturierung der D-V-Achse durch entgegengesetzte Gradienten von Signalen der BMP-Familie und diffusionsfähigen Inhibitoren der in *Drosophila* verwendeten Strategie ähnelt und die jeweils verwendeten Moleküle sogar homolog sind.

Mit dem Wissen über die Signale, die die drei Keimblätter und verschiedene Gewebetypen des Wirbeltierkörpers festlegen, kann diese Spezifizierung in einer Kulturschale reproduziert werden. Froschzellen, die aus dem Bereich des animalen Pols des Embryos entnommen werden, können sich z. B. zu Blut (ein ventrales mesodermales Gewebe) differenzieren, wenn ihr ursprüngliches Schicksal umprogrammiert wird, indem sie mittleren Konzentrationen von Nodal und hohen Konzentrationen von BMP ausgesetzt werden. Ähnlich können embryonale Stammzellen von Maus oder Mensch dazu veranlasst werden, spezifische Zelltypen zu bilden, indem sie in Kultur geeigneten Kombinationen von Signalmolekülen ausgesetzt werden. So können aus Tierentwicklungsstudien gewonnene Ergebnisse verwendet werden, um die Zelltypen zu bilden, die für die regenerative Medizin benötigt werden. Dies werden wir im nächsten Kapitel erörtern.

21.2.14 *Hox*-Gene kontrollieren bei Wirbeltieren die A-P-Achse

Die Konservierung von Entwicklungsmechanismen zwischen *Drosophila* und Wirbeltieren reicht weit über das D-V-Signalsystem hinaus. Man hat herausgefunden, dass *Hox*-Gene in fast allen untersuchten Tierarten vorkommen. Sie sind oftmals zu Komplexen ähnlich dem *Hox*-Komplex in Insekten zusammengefasst. Bei Mäusen und Menschen z. B. finden sich vier solche Komplexe, die *HoxA*, *HoxB*, *HoxC* und *HoxD* genannt werden – jeder auf einem anderen Chromosom. Einzelne Gene in jedem Komplex können durch ihre Sequenzen als Gegenstücke spezifischer Mitglieder der *Drosophila*-Gengruppen identifiziert werden. Tatsächlich können *Hox*-Gene aus einem Säugetiergenom als Teilersatz des korrespondieren *Drosophila-Hox*-Gens wirken. Es

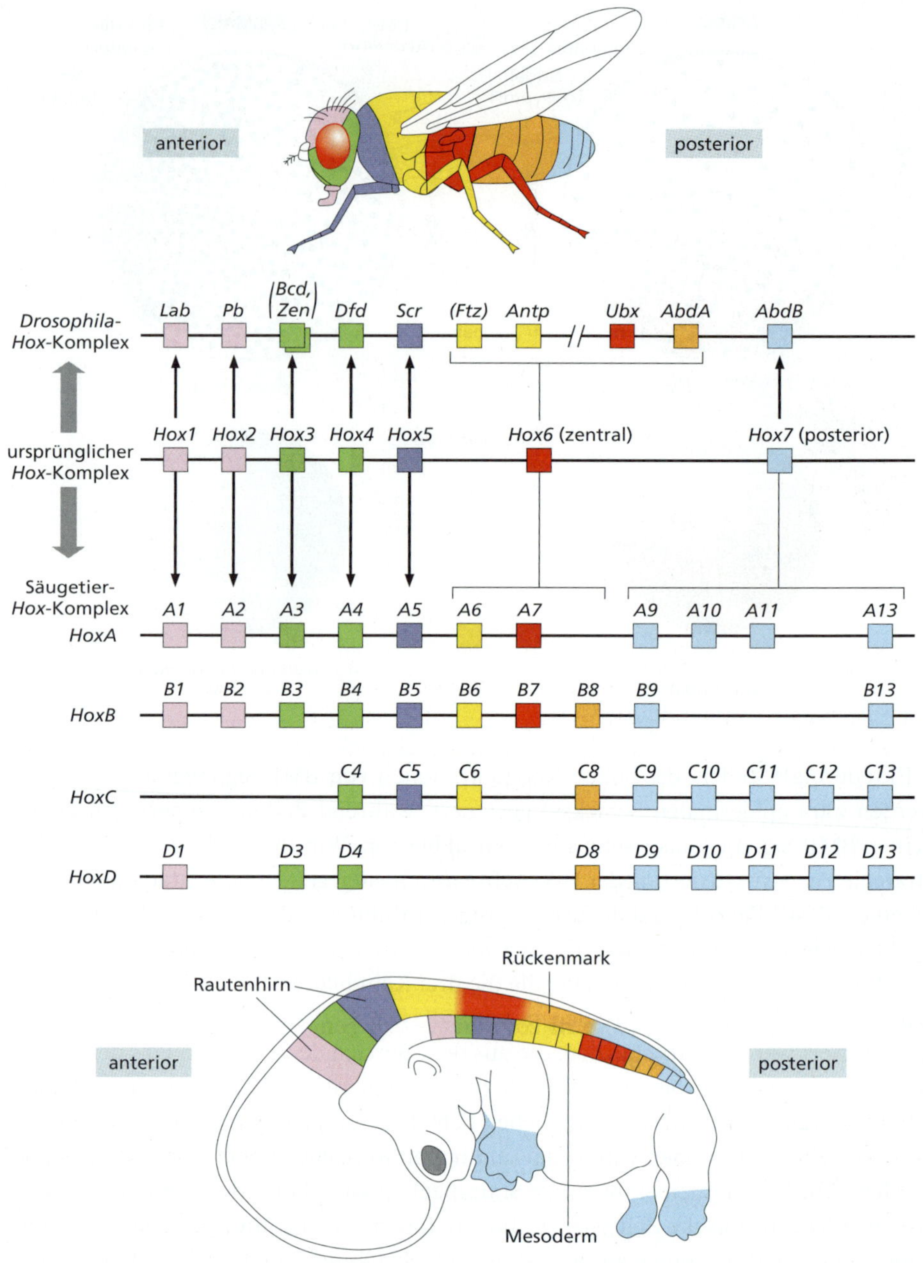

Abb. 21.30 Die *Hox*-Komplexe eines Insekts und eines Säugetiers im Vergleich und ihre Entsprechungen im Körperbauplan der Tiere. Die Gene des *Antennapedia*- und des *Bithorax*-Komplexes von *Drosophila* sind in ihrer chromosomalen Anordnung in der *oberen* Zeile wiedergegeben (s. **Abb. 21.23**). Die korrespondierenden Gene der vier *Hox*-Komplexe von Säugetieren sind *darunter* dargestellt – ebenfalls in ihrer chromosomalen Abfolge. Die Genexpressionsdomänen der Fliege und des Säugetiers sind in vereinfachender Weise in den Skizzenzeichnungen der Tiere *oben* und *unten* durch unterschiedliche *Farben* gekennzeichnet. Es gibt erstaunliche Übereinstimmungen. Die Details der Muster hängen jedoch vom Entwicklungsstadium ab und variieren etwas zwischen den verschiedenen *Hox*-Komplexen der Säugetiere. Darüber hinaus werden in manchen Fällen Gene, deren Expression der Zeichnung nach auf ein anteriores Feld beschränkt zu sein scheint, auch in weiter posterior liegenden Regionen noch abgelesen, sodass ihre Expression mit der des nachfolgenden *Hox*-Gens überlappt. Die Evolution der Genkomplexe denkt man sich wie folgt: Zuerst unterzog sich in einem gemeinsamen phylogenetischen Vorfahren der Fadenwürmer, der Fliegen und der Säugetiere ein primordiales homöotisches Auswahl-Gen einer wiederholten Duplikation, sodass es schließlich in einer Gruppe sich als Tandem wiederholender Kopien vorlag. Der Ur-*Hox*-Komplex war geboren. In der *Drosophila*-Linie trennte sich dieser einzige Ur-Komplex in die heutigen *Antennapedia*- und *Bithorax*-Komplexe. Währenddessen wurde der gesamte Ur-*Hox*-Komplex in der Abstammungslinie, die zu den Säugetieren führte, wiederholt verdoppelt, was zu den vier *Hox*-Genkomplexen führte. Die Entsprechung ist nicht perfekt, da in der Zeit, seitdem die Komplexe divergierten, einige Gene verloren gingen, andere einzelne Gene noch einmal dupliziert wurden und wieder andere neue Aufgaben übernahmen (in Klammern gesetzte Gene in der *oberen* Zeile der Abbildung). (Abbildung aufbauend auf einem Diagramm, das freundlicherweise von William McGinnis beigesteuert wurde).

scheint, dass jeder der vier *Hox*-Genverbände eines Säugetiers – grob gesprochen – das Äquivalent eines kompletten Insekten-*Hox*-Komplexes (d. h. *Antennapedia*- plus *Bithorax*-Komplex) ist (**Abb. 21.30**).

Die Anordnung der Gene in jedem der *Hox*-Komplexe eines Wirbeltiers ist grundsätzlich dieselbe wie die im *Hox*-Komplex der Insekten, was den Schluss nahe legt, dass alle vier Vertebraten-Komplexe durch wiederholte Duplikation eines Ur-Komplexes, der im gemeinsamen Vorfahr von Wirbeltieren und Insekten vorhanden war und seinen grundlegenden Aufbau beibehalten hat, entstanden sind. Besonders aufschlussreich ist, dass die Mitglieder jedes *Hox*-Komplexes bei Wirbeltieren in einer der Kopf–Schwanz-Richtung folgenden Reihenfolge entlang der Körperachse exprimiert werden – genauso, wie es bei *Drosophila* der Fall ist. Wie bei *Drosophila* decken sich die Expressionsmuster der *Hox*-Gene von Wirbeltieren oft mit Wirbeltiersegmenten. Diese Ausrichtung ist im Rautenhirn besonders deutlich (s. **Abb. 21.30**), wo die Segmente *Rhombomere* genannt werden.

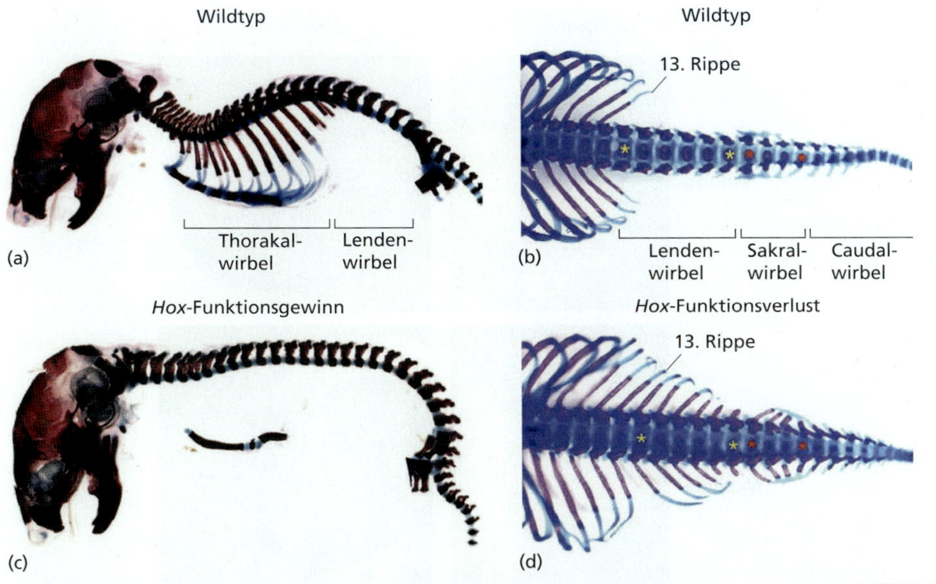

Abb. 21.31 Kontrolle der anteroposterioren Musterbildung durch *Hox*-Gene in der Maus. (a, b) Eine normale Maus (Wildtyp) besitzt etwa 65 Wirbel, die sich je nach ihrer Position entlang der Körperachse in ihrer Struktur unterscheiden: 7 Halswirbel, 13 Brustwirbel (mit Rippen), 6 Lendenwirbel (eingefasst mit *gelben Sternchen* in b), 4 Sakralwirbel (eingefasst mit *roten Sternchen* in b) und etwa 35 Schwanzwirbel. (a) zeigt eine Seitenansicht, (b) zeigt eine dorsale Aufsicht; zur Vereinfachung wurden die Gliedmaßen in allen Bildern entfernt. (c) Das *HoxA10*-Gen wird normalerweise in der Lendenregion exprimiert (zusammen mit seinen Paralogen *HoxC10* und *HoxD10*). Hier wurde es künstlich im sich entwickelnden vertebralen Gewebe entlang der gesamten Körperachse exprimiert. Als Folge erhielten alle Hals- und Brustwirbel einen rippenlosen Lendenwirbelcharakter. (d) Umgekehrt nehmen, wenn *HoxA10, HoxC10* und *HoxD10* zusammen entfernt werden, die Wirbel, die normalerweise einen Lenden- oder Sakralwirbelcharakter besitzen sollten, stattdessen den Charakter von Brustwirbeln an. (a und c, aus M. Carapuço *et al., Genes Dev.* 19: 2116–2121, 2005. Mit Erlaubnis von Cold Spring Harbor Laboratory Press; b und d, aus D. M. Wellik und M. R. Capecchi, *Science* 301: 363–367, 2003. Mit Erlaubnis der AAAS).

Die Produkte der *Hox*-Gene eines Säugetiers scheinen Positionswerte festzulegen, die die anteroposteriore Musterbildung von Teilen des Kleinhirns, der Halsregion und des Rumpfes kontrollieren (sowie einiger anderer Bereiche des Körpers). Wenn wie bei *Drosophila* ein posteriores *Hox*-Gen künstlich in einem anterioren Bereich exprimiert wird, kann anteriores Gewebe einen posterioren Charakter bekommen. Umgekehrt führt der Verlust von posterioren *Hox*-Genen dazu, dass das posteriore Gewebe dort, wo diese normalerweise exprimiert werden, einen anterioren Charakter annimmt (**Abb. 21.31**). Aufgrund der Redundanz (überlappenden Funktionen) unter den Genen in den vier *Hox*-Genclustern sind die Transformationen, die man bei *Hox*-Mutanten der Maus beobachtet, nicht immer so überzeugend wie die bei der Fliege und oft sind sie unvollständig. Es scheint jedoch klar, dass die Taufliege und die Maus im Wesentlichen die gleichen molekularen Mechanismen benutzen, um aufeinanderfolgenden Bereichen des Körpers zumindest entlang eines Teils der anteroposterioren Achse ihre individuellen Merkmale zu verleihen.

21.2.15 Einige Transkriptionsregulatoren können ein Programm aktivieren, das einen Zelltyp definiert oder ein komplettes Organ bildet

Ebenso wie es einzelne Gene gibt, die die Identität bestimmter Regionen des Körpers festlegen, gibt es auch Gene, deren Produkte die Entwicklung eines spezifischen Zelltyps oder sogar eines spezifischen Organs auslösen und das gesamte komplizierte Programm der Genexpression, das dafür nötig ist, initiieren und koordinieren. Ein Beispiel ist die *MyoD-Familie* der Transkriptionsregulatoren, denen wir in Kapitel 7 begegnet sind. Diese Proteine veranlassen Zellen, sich zu Muskeln zu differenzieren und dabei muskelspezifisches Aktin und Myosin und all die anderen spezialisierten Proteine des Cytoskeletts und des Stoffwechsels sowie die Membranproteine zu exprimieren, die eine Muskelzelle benötigt. Analog veranlassen Mitglieder der Achaete/Scute-Familie der Transkriptionsregulatoren Zellen dazu, zu neuralen Vorläuferzellen zu werden. In diesen beiden Beispielen gehören die Proteine zur Gruppe der Helix-Loop-Helix (HLH)-Transkriptionsregulatoren (s. **Tafel 7.1**). Das gleiche gilt für einige andere Proteine, die die Differenzierung bestimmter Zelltypen induzieren. Diese *Haupttranskriptionsregulatoren* üben ihre starke Differenzierung induzierende Aktivität

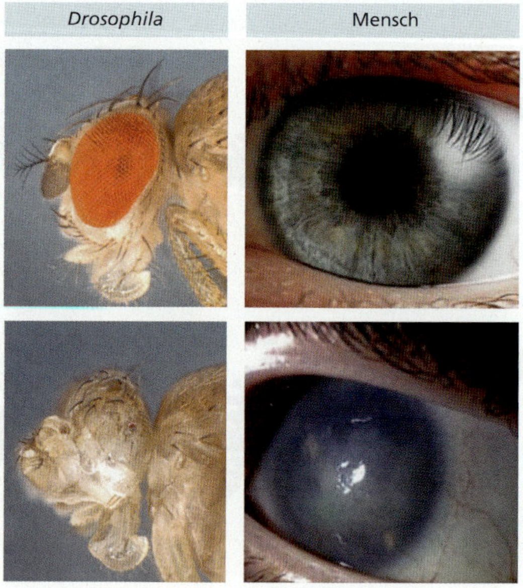

Abb. 21.32 Das Pax6-Protein (auch Eyeless in *Drosophila* genannt) steuert die Entwicklung von lichtsensiblen Organen in vielen Tierarten. Fliegen oder Menschen, die Mutationen im *Pax6*-Gen tragen, fehlen bestimmte Augenstrukturen, die bei normalen Tieren vorhanden sind. (Aufnahmen der Fliegen mit freundlicher Genehmigung von Katy Ong; Aufnahmen der Menschen von N. L. Washington *et al., PLoS Biol.* 7 (11): e1000247, 2009).

aus, indem sie an viele verschiedene regulatorische Stellen im Genom binden und so die Expression vieler stromabwärts liegender Zielgene kontrollieren. In dem gut untersuchten Fall eines Mitglieds der Achaete/Scute-Familie namens Atonal Homolog 1 (Atoh1) beläuft sich die Anzahl der direkten Zielgene im Genom der Maus auf über 600. Es ist jedoch wichtig festzuhalten, dass selbst so starke Treiber der Zelldifferenzierung radikal unterschiedliche Wirkungen haben können je nach dem Kontext und der Geschichte der Zellen, in denen sie wirken: Atoh1 induziert z. B. die Differenzierung bestimmter Gruppen von Neuronen im Gehirn, sensorischer Haarzellen im Innenohr und sekretorischer Zellen in der Darmschleimhaut.

Andere Gene codieren für Transkriptionsregulatoren, die die Bildung und Organisation von zahlreichen Zelltypen steuern, die ein ganzes Organ ausmachen. Ein berühmtes Beispiel ist der Transkriptionsregulator *Eyeless* (s. **Abb. 21.2**). Wenn er künstlich in einem Zellbereich in den Vorläufern des Beins von *Drosophila* exprimiert wird, entwickelt sich auf dem Bein ein gut organisiertes, augenähnliches Organ mit den verschiedenen Augenzelltypen, die korrekt angeordnet sind. Umgekehrt entstehen durch Verlust des *Eyeless*-Gens Fliegen ohne Augen. Darüber hinaus führt der Verlust des *Eyeless*-Homologs *Pax6* bei Wirbeltieren ebenfalls zum Verlust von Augenstrukturen. Menschen mit *Pax6*-Mutationen zeigen einen Zustand namens kongenitale Aniridie (**Abb. 21.32**). Ähnliche Organselektorproteine sind für den Vorderdarm, das Herz, die Bauchspeicheldrüse und andere Organe bekannt. Sie alle sind Haupttranskriptionsregulatoren, die Hunderte von Zielgenen direkt regulieren. Deren Produkte spezifizieren und konstruieren dann die verschiedenen Elemente des entsprechenden Organs. Sie üben ihre spezifische Wirkung jedoch wie in dem Beispiel von Atoh1 gewöhnlich in Kombination mit den richtigen Partnern aus. Diese werden nur in Zellen exprimiert, die im Laufe ihrer früheren Entwicklung entsprechend vorbereitet wurden.

21.2.16 Notch-vermittelte laterale Hemmung verfeinert zelluläre Muster

Nach der Einrichtung des grundlegenden Körperbauplans und der Bildung von Organvorläufern sind noch viele weitere Schritte der Musterverfeinerung nötig, um das ausgereifte Muster terminal differenzierter Zellen in Geweben und Organen zu erreichen. Die laterale Hemmung über Notch-Signalübertragung ist sowohl für die Zelldiversifikation

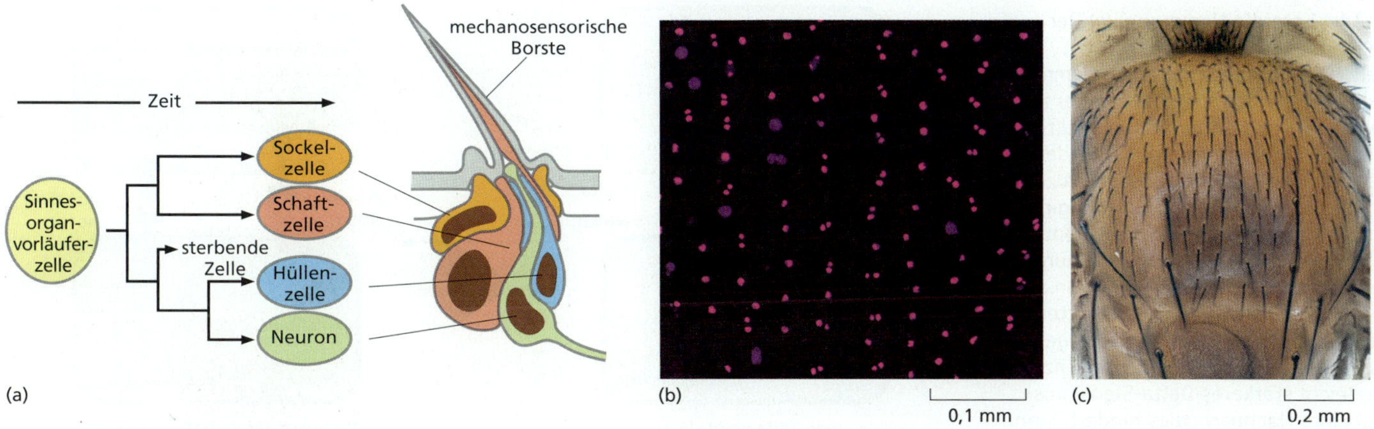

Abb. 21.33 Eine mechanosensitive Borste von *Drosophila*. Die Abstammungslinien der vier Zellen der Sinnesborste – alle Abkömmlinge einer einzelnen Sinnesorganvorläuferzelle (der sensorischen Mutterzelle) – sind auf der *linken* Seite dargestellt. Die Sinnesorganvorläuferzelle bildet, wenn sie einmal spezifiziert ist, diese Gruppe von Zellen über ein kurzes Programm von Teilungszyklen. In jeder Nachkommengeneration wirkt die laterale Hemmung erneut, um die neugeborenen Zellen in verschiedene Schicksale zu drängen: Eine der letzten Nachkommenzellen wird zum Neuron, eine andere zum Schaft der Borste, wieder andere werden zu Stützzellen unterschiedlicher Art. (b) Die Verteilung der Sinnesorganvorläuferzellen in der Puppenepidermis ist mittels eines Fluoreszenzreporters für das *Senseless*-Gen (*rosa*) sichtbargemacht. (c) Das Borstenmuster auf der Brust einer erwachsenen Fliege. (b und c, mit freundlicher Genehmigung von François Schweisguth).

als auch für das fein strukturierte Muster in einer enormen Vielzahl an Geweben in allen Tieren entscheidend.

Bestimmte Gewebe erfordern die gleichmäßige Verteilung eines spezialisierten Zelltyps wie sensorische Zellen, sekretorische Zellen oder Stammzellen über ihre gesamte Fläche. Ein Beispiel ist die Entwicklung von **Sinnesborsten** bei *Drosophila*. Sie sind auf dem Rücken der Fliege am einfachsten zu erkennen, kommen jedoch auch auf den meisten anderen frei liegenden Flächen vor. Jede dieser Borsten ist ein Miniatursinnesorgan. Es besteht aus einem sensorischen Neuron und einer kleinen Gruppe von Stützzellen. Einige Borsten reagieren auf chemische Reize, andere auf mechanische, aber alle sind nach demselben grundlegenden Bauplan konstruiert (**Abb. 21.33**).

Die bereits erwähnten proneuralen Gene *Achaete* und *Scute* markieren die Cluster von Epidermiszellen, innerhalb derer sich Sinnesborsten bilden. Aber welche Zelle genau eine Borste bildet, hängt von wettstreitenden Interaktionen zwischen diesen Zellen ab. Die Signalübertragung innerhalb jedes Cluster wählt eine einzelne Zelle aus – die als *sensorische Mutterzelle* bezeichnet wird – um als Borstenvorläufer zu dienen. Der Vorläufer wird von den umgebenden Zellen durch laterale Hemmung abgegrenzt (s. **Abb. 21.10**), die durch den Notch-Signalweg vermittelt wird. Bindung des Transmembranrezeptors *Notch* auf der Oberfläche einer Zelle des Clusters über seinen Transmembran-Liganden *Delta* auf einer benachbarten Zelle erzeugt Signale, die die Differenzierung zur Bildung einer sensorischen Mutterzelle hemmen und auch die Produktion von Delta in derselben Zelle hemmen. Zunächst exprimieren alle Zellen des Clusters sowohl Notch als auch Delta und hemmen sich gegenseitig in ihrer Differenzierung.

Allmählich jedoch führen kleine Unterschiede in der Signalgebung zu einer positiven Rückkopplungsschleife, in der eine Zelle, die ein etwas stärkeres Delta-Signal produziert, ihre Nachbarn sowohl von der Differenzierung abhält als auch deren Delta-Produktion verringert. Das Ergebnis ist ein Wettbewerb, aus dem eine einzelne sensorische Mutterzelle schließlich als Gewinner hervorgeht. Diese sendet ein starkes hemmendes Signal an ihre unmittelbaren Nachbarn, aber erhält im Gegenzug selbst kein solches Signal (**Abb. 21.34**).

Die sensorische Mutterzelle durchläuft ein kurzes Programm weiterer Teilungen, um einen Satz von Zellen zu erzeugen, die die endgültige Borste bilden (s. **Abb. 21.33**). Die *Notch*-Signalisierung wirkt wiederholt in aufeinanderfolgenden Stadien dieses Programms, um die Nachkommen der sensorischen Mutterzelle auf verschiedene Wege zu lenken und ihnen so ihre unterschiedlichen spezialisierten Schicksale zuzuweisen. Dies geschieht jedoch in Verbindung mit weiteren Mechanismen, die das Ergebnis des Wettstreits durch laterale Hemmung beeinflussen. Asymmetrisch in der sich teilenden Zelle

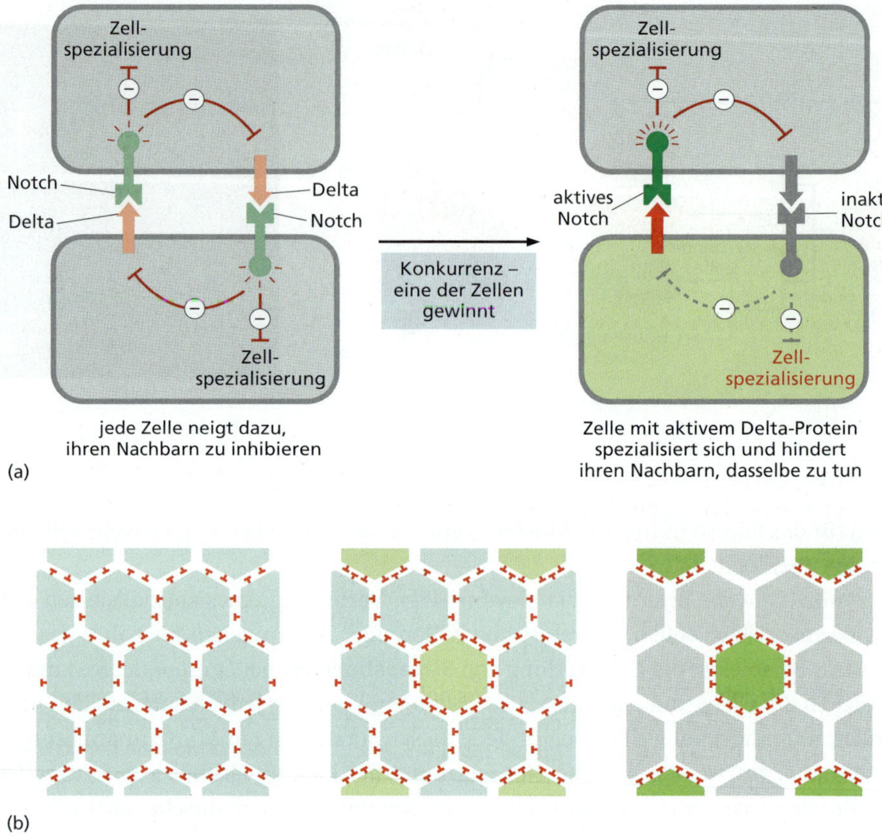

Abb. 21.34 Laterale Hemmung. (a) Der grundlegende Mechanismus der Notch-vermittelten, kompetitiven lateralen Hemmung, gezeigt am Beispiel zweier miteinander in Wechselwirkung stehender Zellen. Inaktive Proteine oder Effektorwege sind *grau* dargestellt. (b) Das Resultat des gleichen Prozesses in einem größeren Zellverbund. Zu Beginn sind alle Zellen des Verbunds äquivalent und senden über Delta–Notch-Wechselwirkungen Signale an ihre Nachbarn, um sie davon abzuhalten, sich zu einer sensorischen Mutterzelle zu spezialisieren. Diese ausgewogene Hemmung wird gestört, sobald eine einzelne Zelle ein leicht stärkeres Delta-Signal aussendet als ihre Nachbarn: dies hindert dann den Nachbarn noch stärker daran, während sie selbst sich noch mehr auf das Schicksal einer sensorischen Mutterzelle festlegt. So wie benachbarte Zellen ihre Fähigkeit zur Differenzierung verlieren, verlieren sie auch ihre Fähigkeit, ihrerseits hemmend auf ihre Nachbarn zu wirken. Die laterale Hemmung hat also zur Folge, dass benachbarte Zellen unterschiedliche Entwicklungswege einschlagen. Obwohl man annimmt, dass diese Interaktion hauptsächlich auf Zell–Zell-Kontakte angewiesen ist, kann auch die sensorische Mutterzelle ein hemmendes Signal an weiter als einen Zelldurchmesser entfernte Zellen ausschicken. Dies kann z. B. in Form von langen Zellausläufern, die diese entfernten Zellen berühren, geschehen.

verteilte Determinanten übernehmen diese Rolle in der Entwicklung der sensorischen Borste, wie wir gleich sehen werden.

21.2.17 Zellschicksalsdeterminanten können asymmetrisch vererbt werden

Zelldiversifikation muss nicht immer von extrazellulären Signalen abhängig sein: In einigen Fällen sind Tochterzellen bereits bei der Entstehung unterschiedlich. Dies geschieht durch eine intrinsisch asymmetrische Zellteilung, in deren Verlauf einige signifikante Molekülgruppen ungleich unter ihnen aufgeteilt werden. Diese asymmetrisch segregierten Moleküle (oder Molekülgruppen) wirken dann als Determinante für eines der Zellschicksale, indem sie direkt oder indirekt das Genexpressionsmuster in der Tochterzelle, an die sie weitergegeben wurden, verändern (s. **Abb. 21.11**). Ein gutes Beispiel für die asymmetrische Verteilung von Molekülen kommt im frühen Froschembryo vor: *VegT*-RNA befindet sich spezifisch im vegetativen Bereich des befruchteten Eies. Nach den Furchungsteilungen erben nur vegetative Zellen *VegT*-RNA.

Asymmetrische Teilungen kommen oft zu Beginn der Entwicklung vor. Sie können jedoch auch in späteren Stadien beobachtet werden. Um auf unser Beispiel der Borste bei der erwachsenen *Drosophila* zurückzukehren (s. **Abb. 21.33**), durchläuft die sensorische Mutterzelle eine asymmetrische Zellteilung, aus der eine Tochter hervorgeht, die die äußeren Schaft- und Sockelzellen produzieren wird, und eine Tochter, die das innere Neuron und die Hüllenzelle produzieren wird. Das jeweilige Schicksal wird durch die unterschiedliche Vererbung eines Proteins namens Numb festgelegt, das eine Notch-vermittelte Entscheidung über die laterale Hemmung zwischen den Tochterzellen beeinflusst. Numb ist ein cytosolisches Protein, das die Notch-Signalübertragung hemmt. Sein Vorhandensein in einer sensorischen Mutterzelle bestimmt das Schicksal des „inneren“

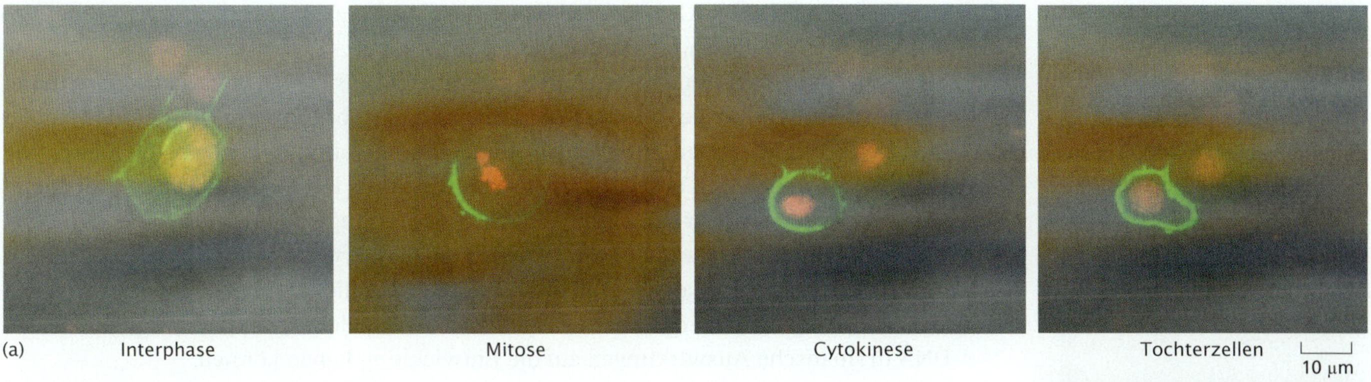

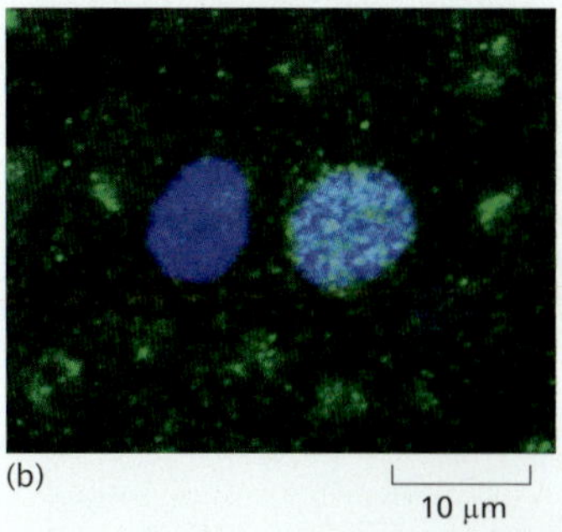

Abb. 21.35 Asymmetrische Zellteilung bewirkt unterschiedliche Tochterzellschicksale in der Zellabstammungslinie der Borste bei *Drosophila*. (a) Aufnahmen einer sich teilenden sensorischen Mutterzelle einer *Drosophila*-Puppe. Anfangs ist das Numb-Protein (*grün*) gleichmäßig um die Zellrinde verteilt, aber während der Metaphase trennt es sich zu einer Seite der Zelle ab. Kern-DNA ist *grün* angefärbt. Mit der Zellteilung wird Numb nur in eine der Tochterzellen verteilt. (b) In diesem Tochterzellenpaar verhindert das asymmetrisch vererbte Numb (nicht gezeigt) die Notch-Signalweiterleitung in der *linken* Tochterzelle; Notch-Aktivität ist auf die *rechte* Tochterzelle beschränkt, was hier durch einen Reporter des Notch-Zielgens *Enhancer of Split m8* (*grün*) sichtbar gemacht wurde. Dies äußert sich als Sprenkel im Zellkern (der *blau* gefärbt ist). (a, mit freundlicher Genehmigung von J. A. Knoblich; b, mit freundlicher Genehmigung von François Schweisguth).

Vorläufers. Vor der Teilung dieser Zelle ist Numb gleichmäßig mit dem Zellkortex assoziiert. Wenn sich die mitotische Spindel bildet, wird Numb aus dem kortikalen Bereich in der Nähe des einen Spindelpols verdrängt und seine Lokalisierung auf den Kortex in der Nähe des anderen Pols begrenzt (**Abb. 21.35**). Diese Einschränkung hängt von der polarisierenden Aktivität des Par-Proteinkomplexes ab, der in Kapitel 16 beschrieben wurde (s. **Abb. 16.76**). Wenn die Cytokinese abgeschlossen ist, ist Numb nur in einer der beiden Töchter vorhanden, wo es die Notch-Signalübertragung in dieser Zelle hemmt und dadurch als asymmetrische segregierte Schicksalsdeterminante fungiert.

Numb wirkt auf analoge Weise während der asymmetrischen Teilungen der neuralen Stammzelllinie von *Drosophila*, um die große Anzahl und die ausgewogenen Verhältnisse von Neuronen und Gliazellen zu erzeugen. Die asymmetrische Teilung der neuralen Vorläuferzellen fördert auch die Neurogenese im Kortex des Wirbeltiergehirns. In beiden Fällen bestimmt die Notch-Signalisierung den Unterschied zwischen einem eher vorläuferähnlichen und einem eher differenzierten Schicksal.

21.2.18 Die Evolution von regulatorischer DNA erklärt viele morphologische Unterschiede

In den vorangegangenen Abschnitten haben wir gesehen, dass Tiere die gleichen essenziellen Zelltypen und eine ähnliche Sammlung von Genen besitzen und viele molekulare Mechanismen der Musterbildung gemeinsam haben. Aber wie lässt sich das mit den radikalen Unterschieden, die wir in den Körperstrukturen von so unterschiedlichen Tieren wie einem Wurm, einer Fliege, einem Frosch und einer Maus in Einklang bringen? Wir haben schon früher allgemein behauptet, dass diese Unterschiede in der Regel Unterschiede in der regulatorischen DNA widerspiegeln, die die konservierten, grundlegenden Proteine für die Entwicklungsregulation kontrolliert. Wir untersuchen nun die Beweise dafür genauer.

Wenn wir Tierarten mit ähnlichem Grundbauplan des Körpers vergleichen – zum Beispiel verschiedene Wirbeltiere wie Fische, Vögel und Säugetiere – finden wir, dass entsprechende Gene ähnliche regulatorische Elemente besitzen können: Die regulatorischen DNA-Sequenzen sind in den verschiedenen Tieren gut konserviert und erkennbar homolog. Das gleiche gilt, wenn wir verschiedene Nematodenarten oder Insektenarten vergleichen. Wenn wir jedoch regulatorische Regionen von Wirbeltieren mit denjenigen von Würmern oder Fliegen vergleichen, ist es schwer, eine entsprechende Ähnlichkeit zu erkennen. Die proteincodierenden Sequenzen sind unverkennbar ähnlich, aber die entsprechenden regulatorischen DNA-Sequenzen erscheinen sehr verschieden. Das lässt vermuten, dass die Unterschiede im Körperbauplan hauptsächlich die Unterschiede in regulatorischer DNA widerspiegeln. Obwohl Abweichungen in den Proteinen selbst auch dazu beitragen, würden Unterschiede in der regulatorischen DNA ausreichen, um komplett verschiedene Gewebe und Körperstrukturen zu bilden, selbst wenn die Proteine die gleichen wären.

Es ist noch nicht gelungen, die genetischen Schritte ausfindig zu machen, die zu dieser spektakulären Vielfalt der Tiere geführt haben. Deren Abstammungslinien sind vor über Hunderten von Millionen Jahren auseinandergegangen und in den meisten Fällen sind zu viele Veränderungen aufgetreten, als dass wir sagen könnten, dass dieses oder jenes Merkmal von dieser oder jener Mutation stammt. Für jüngere Ereignisse in der Evolution ist das Bild jedoch klarer. Untersuchungen von eng verwandten Tierpopulationen und von eng verwandten Pflanzenpopulationen, deren Mitglieder unterschiedliche Morphologien besitzen, haben ergeben, dass spezifische Veränderungen in der regulatorischen DNA dramatische Auswirkungen auf die Entwicklung haben können.

Ein gut untersuchtes Beispiel ist die morphologische Diversität von Stichlingen. Marine Stichlinge besitzen spitze Stacheln a ihrem Beckenskelett. Man vermutet, dass diese Stacheln dem Fisch helfen, sich vor im Ozean lebenden Fressfeinden mit weichem Maul zu schützen. Nachdem die letzte Eiszeit vor etwa 10 000 Jahren zu Ende ging, besiedelten einige marine Stichlinge neu entstandene Süßwasserflüsse und -seen, in denen es keine derartigen Feinde gibt. Viele dieser Populationen von Süßwasserstichlingen verloren im Laufe der Evolution diese Stacheln. Die Entwicklung dieser unterschiedlichen Morphologie reflektiert Unterschiede in der Expressionskontrolle eines Transkriptionsregulators namens Pitx1. Während marine Stichlinge das *Pitx1*-Gen in den Keimzellen der Hinterextremitäten, aus denen sich die Stacheln des Beckens entwickeln, exprimieren, haben Süßwasserstichlinge diese Expression als Folge einer Veränderung am *Pitx1*-Locus verloren. Diese Veränderungen befinden sich nicht in der codierenden Sequenz. Stattdessen handelt es sich jeweils um eine kleine Deletion in einem Block regulatorischer DNA, die die *Pitx1*-Expression spezifisch in den Beckenzellen kontrolliert (**Abb. 21.36**).

Das Pitx1-Protein hat an anderen Stellen im Fischkörper wichtige Funktionen wie zum Beispiel im Kiefer und in der Hirnanhangdrüse – und diese Funktionen müssen bewahrt werden. Die DNA-Sequenzen, die für dieses Protein codieren sowie die regulatorische DNA, die für die gewebespezifische Expression von *Pitx1* an diesen anderen Körperstellen verantwortlich ist, ist sowohl bei den Salzwasser- als auch den Süßwasserfischen konserviert. Die Evolution der Beckenentwicklung von Stichlingen zeigt, wie die modulare Natur regulatorischer DNA-Elemente, die wir in Kapitel 7 beschrieben haben (s. **Abb. 7.31**), eine unabhängige Modifikation der verschiedenen Körperteile ermöglicht, selbst wenn die Bildung verschiedener Körperteile von denselben Proteinen abhängt.

In der jüngsten Entwicklung von Pflanzen können Veränderungen in ihrer Struktur in ähnlicher Weise auf Veränderungen in regulatorischer DNA zurückgeführt werden. In einem für die Landwirtschaft wichtigen Beispiel sind solche Veränderungen für einen großen Teil des dramatischen Unterschieds zwischen der wilden Teosinte-Pflanze und ihrem modernen Nachkommen, dem Mais, verantwortlich. Zwischen den beiden Pflanzen liegen Zehntausende von Jahren der Selektion auf natürliche genetische Variation durch die amerikanischen Ureinwohner (**Abb. 21.37**).

Zusammenfassung

Drosophila ist der erste und wichtigste Modellorganismus für die Untersuchung der Genetik der Tierentwicklung gewesen. Ihr embryonales Muster wird durch Produkte der maternalen Effekt-Gene, die als Ei-Polaritätsgene bezeichnet werden, initiiert. Sie wirken, indem sie Gradienten von Transkriptionsregulatoren im Ei und im frühen Embryo bilden. Der Gradient des Bicoid-Proteins entlang der anteroposterioren (A-P-)Achse hilft z. B. bei der Initiierung der ordnungsgemäßen Expression von Lücken-Genen, Paarregel-Genen und Segmentpolaritätsgenen. Diese drei Klassen von Segmentierungsgenen werden durch eine

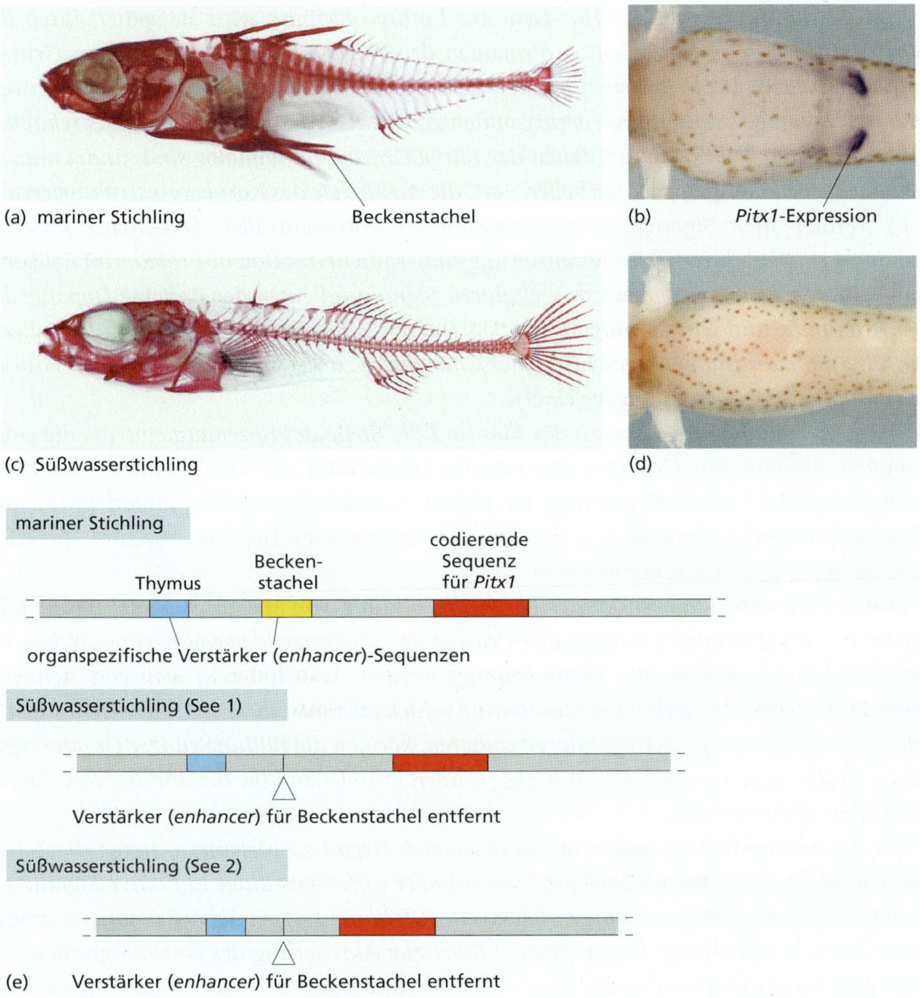

Abb. 21.36 Morphologische Diversität von Stichlingen wird durch Veränderungen in regulatorischen Elementen verursacht. (a–d) Beckenstacheln kommen in marinen Populationen (a), jedoch nicht in Süßwasserpopulationen (c) vor. Entsprechend wird *Pitx1* im Beckenbereich von marinen Fischen (b), nicht jedoch von Süßwasserfischen (d) exprimiert. (e) Die fehlende Expression im Beckenbereich von Süßwasserpopulationen beruht auf regulatorischen Deletionen, die ein beckenspezifisches Verstärkerelement entfernen. Diese Deletionen traten unabhängig in verschiedenen Populationen auf und sind unterschiedlich groß. Die codierende Sequenz, andere Verstärker und Expressionsorte von *Pitx1* sind in marinen Stichlingen und in Süßwasserstichlingen gleich. (a–d, mit freundlicher Genehmigung von Michael D. Shapiro).

Hierarchie von Wechselwirkungen in einigen Bereichen des Embryos exprimiert und in anderen nicht. So wird ein anfangs einheitliches Feld von Zellen entlang der A-P-Achse zunehmend in eine regelmäßige Reihe von sich wiederholenden modularen Einheiten, die als Segmente bezeichnet werden, unterteilt.

Neben dem Genexpressionsmuster, das sich in jedem Segment wiederholt, gibt es ein fortlaufendes Expressionsmuster der Hox-Gene, das jedem Segment eine andere Identität verleiht. Diese Gene sind in Komplexe eingeteilt und in einer Reihe angeordnet, die der Expressionsreihenfolge entlang der A-P-Achse des Körpers entspricht.

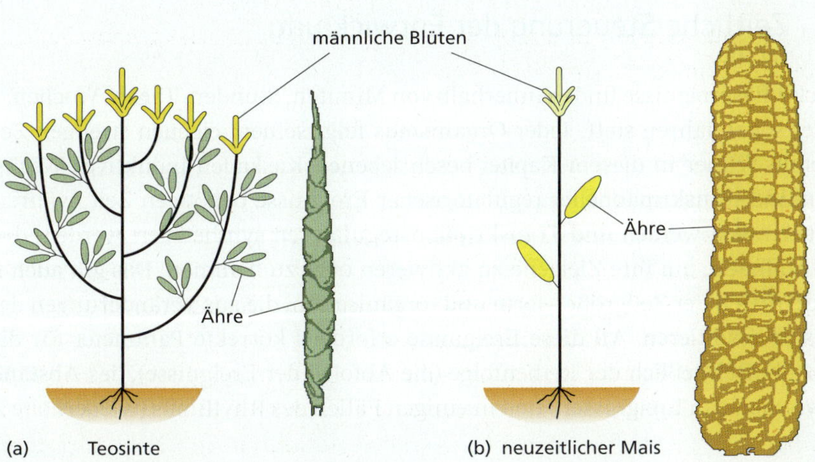

Abb. 21.37 Das Einfügen eines mobilen genetischen Elements trug zur Entstehung der modernen Maispflanze bei. Die heutigen Maispflanzen wurden ursprünglich aus einer Wildpflanze namens Teosinte gezüchtet. (a). Dieser wilde Vorfahre produzierte zahlreiche Ähren, die kleine, harte Samen enthielten. (b) Der moderne Mais dagegen produziert weniger Ähren, aber sie enthalten zahlreiche, pralle, süße Samen (Kerne). Die Einfügung eines mobilen genetischen Elements in die regulatorische Region eines Gens, das an der Samenentwicklung beteiligt ist, half bei der Veränderung. Hier sind die beiden Pflanzen im gleichen Maßstab gezeichnet; der Einfachheit halber sind die Blätter nicht dargestellt.

Obwohl die Expression der Hox-Gene im Embryo beginnt, wird sie später durch die Wirkung von chromatinbindenden Proteinen der Polycomb- und der Trithorax-Gruppe aufrechterhalten. Diese Proteine drücken dem Chromatin des Hox-Komplexes einen vererbbaren Stempel auf, der ihren embryonalen Aktivitäts- und Repressionsstatus rekapituliert. Hox-Genkomplexe, die zu denen der Fliege Drosophila homolog sind, findet man in praktisch jeder Tiergruppen. Sie helfen dort, die A-P-Achse des Körpers zu strukturieren.

Es werden auch Signalgradienten entlang der dorsoventralen (D-V-)Achse gebildet. Zunächst entsteht durch Toll-Signalisierung ein Gradient des Dorsal-Proteins im Zellkern. Dieses Protein induziert einen extrazellulären Signalgradienten der Proteine Dpp aus der TGF-β-Familie und seines Antagonisten Sog. Dadurch entsteht ein Dpp-Aktivitätsgradient, der hilft, die Zuordnung unterschiedlicher Charaktere zu Zellen an verschiedenen Positionen entlang der D-V-Achse zu verfeinern.

In Xenopus bilden die Polarität des Eies und die Stelle des Spermiumeintritts die embryonalen Achsen. Ein Gradient des Proteins Nodal aus der TGF-β-Familie induziert unterschiedliche Schicksale entlang der animal-vegetativen Achse, während BMP- und Chordin-Proteine, die homolog zu den Drosophila-Proteinen Dpp und Sog sind, die Musterbildung der D-V-Achse kontrollieren.

Transkriptionsregulatoren kontrollieren die Bildung von spezifischen Zelltypen. Mitglieder der MyoD-Familie steuern den Prozess der Muskelzelldeterminierung, indem sie die vielen Komponenten, die dafür benötigt werden, koordinieren, während Achaete/Scute-Transkriptionsregulatoren das neurale Schicksal kontrollieren. Andere Gene, die für solche Haupttranskriptionsregulatoren codieren, können die Bildung ganzer Organe regulieren. Eyeless z. B. ist sowohl notwendig als auch hinreichend für die Bildung von Augenstrukturen in Drosophila.

Um die anatomische Struktur in einem solchen Organ zu verfeinern, treten die Zellen auf lokaler Ebene in Wechselwirkung, sowohl über diffusionsfähige induktive Signale als auch über Mechanismen mit kurzer Reichweite. Oft konkurrieren die Zellen untereinander durch laterale Hemmung. Dieser Prozess führt zur Aktivierung des Notch-Signalwegs in einer Zelle und zur Hemmung des Wegs in ihren Nachbarzellen, wodurch zwei unterschiedliche Zelltypen entstehen. Asymmetrische Zellteilungen, bei denen Tochterzellen verschiedene molekulare Determinanten von der Mutterzelle erben, stellen einen weiteren Weg dar, um eine detaillierte Diversität der Zelltypen zu organisieren.

Ergebnisse aus jüngsten Evolutionsereignissen deuten darauf hin, dass anatomische Veränderungen größtenteils durch Veränderungen in regulatorischen DNA-Sequenzen gesteuert werden. Diese regulatorischen Sequenzen legen fest, wann und wo Gene für die Entwicklung exprimiert werden. Wie sich die bemerkenswerte Diversität der Körperstrukturen über längere Zeiten entwickelt hat, ist weitgehend unbekannt. Wahrscheinlich gelten jedoch ähnliche Prinzipien.

21.3 Zeitliche Steuerung der Entwicklung

Entwicklungsereignisse finden innerhalb von Minuten, Stunden, Tagen, Wochen, Monaten oder sogar Jahren statt. Jeder Organismus folgt seinem eigenen strengen Zeitplan. Die bereits früher in diesem Kapitel beschriebenen Kaskaden induktiver Wechselwirkungen und transkripitoneller regulatorischer Ereignisse benötigen Zeit, während Signale übertragen werden und Transkriptionsregulatoren synthetisiert werden, die dann an DNA binden, um ihre Zielgene zu aktivieren oder zu hemmen. Das gilt auch für die Veränderungen der Zellgröße, -form und -organisation, die aus Veränderungen der Genexpression resultieren. All diese Ereignisse erfordern korrekte Parameter für die Zeitplanung, einschließlich der Reihenfolge (die Abfolge der Ereignisse), des Abstands (die Zeit zwischen den Ereignissen) und in einigen Fällen des Rhythmus (wiederholte Zyklen eines Ereignisses). Jeder Entwicklungsprozess muss also mit der richtigen Geschwindigkeit ablaufen, sodass er – fein eingestellt durch die Evolution – zeitlich auf andere Prozesse im Embryo oder in der Umgebung abgestimmt ist. Die Kontrolle der Zeiteinteilung ist eines der fesselndsten Probleme in der Entwicklungsbiologie, aber sie ist auch mit am schlechtesten verstanden.

21.3.1 Die Lebenszeit von Molekülen spielt eine wichtige Rolle bei der zeitlichen Steuerung der Entwicklung

Entwicklungsprozesse sind kompliziert, aber sie bestehen aus einfachen Schritten. Eine erste Herausforderung besteht darin, die zeitliche Steuerung dieser Schritte zu verstehen. Wie lange dauert es z. B., die Expression eines Gens ein- oder auszuschalten? Es ist nicht einfach so, als würde man einen Lichtschalter bedienen, sondern es gibt Verzögerungen. Erstens braucht es Zeit, ein mRNA-Molekül herzustellen: Die RNA-Polymerase muss sich am Gen entlangbewegen, das primäre RNA-Transkript muss gespleißt und anderweitig prozessiert werden. Die so entstandene mRNA muss aus dem Zellkern heraus und an den Ort transportiert werden, an dem sie translatiert wird. Dieses addiert sich auf zu dem, was man als *Gestationszeit* eines individuellen Moleküls bezeichnen kann. Zweitens braucht es Zeit, bis die einzelnen mRNA-Moleküle ihre voll wirksame Konzentration erreichen. Diese *Akkumulationszeit* wird von der durchschnittlichen Lebensdauer der Moleküle bestimmt (s. Kapitel 15). Je länger sie ist, desto höher ist die endgültige Konzentration und desto länger dauert es, um sie zu erreichen. Ähnliche Verzögerungen gibt es auch im nächsten Schritt, wo die mRNA in Protein translatiert wird: Die Synthese jedes einzelnen Proteinmoleküls schließt eine Gestationsverzögerung ein und zur Erreichung einer effektiven Konzentration von Proteinmolekülen gehört eine Akkumulationsverzögerung, die von der Zeit, die jedes Protein benötigt, um sich in seine dreidimensionale Struktur zu falten, und von der Lebensdauer des Proteins abhängt. Die Zeit, die für den gesamten Geneinschaltungsprozess benötigt wird, ist die Summe der Gestationsverzögerungen und der Akkumulationsverzögerungen (im Wesentlichen die Lebensdauer der Moleküle) sowohl der mRNA- als auch der Proteinmoleküle. Es mag seltsam erscheinen, dass die Summe dieser Verzögerungen und nicht die Geschwindigkeit der Molekülsynthese (die Anzahl der Moleküle, die pro Sekunde synthetisiert werden) die Einschaltzeit hauptsächlich bestimmen.

Das gleiche additive Prinzip gilt für die langen Kaskaden von genetischen Schaltern, wo Gen *A* Gen *B* aktiviert und Gen *B* wiederum Gen *C* aktiviert und so weiter. Es gilt auch unter anderen Umständen wie in Signalübertragungswegen, bei denen ein Protein direkt die Aktivierung des nächsten reguliert. In allen diesen Fällen spielt die Lebensdauer der Moleküle zusammen mit der Gestationsverzögerung eine wichtige Rolle bei der Bestimmung des Entwicklungstempos. Die Lebensdauer von mRNA- und Proteinmolekülen ist äußerst variabel. Sie reicht von wenigen Minuten oder Stunden bis hin zu Tagen oder mehr. Das bestimmt zum großen Teil die Geschwindigkeit von Entwicklungsereignissen.

Verzögerungen bei der Geneinschaltung sind nicht der einzige Faktor bei der zeitlichen Steuerung der Entwicklung. Zur Entwicklung gehören viele andere Arten von Verzögerung, die bei der Zeitplanung eine Rolle spielen. Chromatinstrukturen benötigen Zeit, um sich umzuformen. Induktive Signale brauchen Zeit, um über ein Feld aus Zellen zu diffundieren (s. **Abb. 21.9**). Zellen benötigen Zeit, um sich zu bewegen und sich im Raum anzuordnen. Dennoch spielt die Zeiteinteilung bei der Geneinschaltung eine wesentliche Rolle bei der Zeiteinteilung der Entwicklung. Dies lässt sich besonders gut anhand des Genexpressionsoszillators erklären, der die Segmentierung der Körperachse von Wirbeltieren kontrolliert. Wir werden uns im Folgenden damit befassen.

21.3.2 Ein Genexpressionsoszillator fungiert als Zeitgeber bei der Kontrolle der Segmentierung bei Wirbeltieren

Die Hauptkörperachse aller Wirbeltiere besitzt eine repetitive, regelmäßige Struktur, die in der Abfolge von Wirbeln, Rippen und den segmentalen Muskeln von Hals, Rumpf und Schwanz erkennbar sind. Diese segmentalen Strukturen stammen aus dem Mesoderm, das als lange Platte auf beiden Seiten der embryonalen Mittellinie liegt. Diese Platte wird aufgeteilt in eine regelmäßige, repetitive Folge von getrennten Blöcken oder **Somiten** – zusammenhängende Zellverbände, die durch Spalten voneinander getrennt sind (**Abb. 21.38a**). Im Gegensatz zu den Segmenten beim *Drosophila*-Embryo, die, wie bereits erwähnt, gleichzeitig entstehen, werden die Somiten bei Wirbeltieren nacheinander gebildet. Die Somiten bilden sich (als bilaterale Paare) einer nach dem anderen in einem regelmäßigen Rhythmus, beginnend im Bereich des Kopfes bis hin zum Schwanz. Abhängig von der Tierart variiert die Zahl der gebildeten Somiten von weniger als 40 (beim Frosch oder beim Zebrafisch) bis zu über 300 (bei der Schlange).

Die Zellen, die Somiten bilden werden, entstehen im posterior liegenden, am wenigsten weit ausgereiften Mesodermblock, *Präsomitenmesoderm* genannt. Dieses bildet eine Proliferationszone. Wenn neue Zellen gebildet werden, wird diese Zone zum Schwanz hin verschoben. Dadurch wird der Embryo verlängert (**Abb. 21.38b**). Während sich das Präsomitenmesoderm nach hinten bewegt, hinterlässt es eine Spur von Somiten, die aus Zellen bestehen, die sich zu Blöcken gruppieren, wenn sie aus dem anterioren Ende der präsomitischen Region austreten. Der spezielle Charakter des präsomitischen Mesoderms wird durch eine Kombination aus dem Fibroblasten-Wachstumsfaktor (FGF) und Wnt-Signalen, die von einem Signalzentrum am Schwanzende des Embryos gebildet werden, aufrechterhalten. Die Reichweite dieser Signale scheint die Region festzulegen, aus der Somiten geformt werden können. Die Somiten entstehen in einer präzisen zeitlichen Abfolge. Doch was bestimmt den Rhythmus des Prozesses?

Im posterioren Teil des Präsomitenmesoderms, aus dem das nächste Segment entsteht, oszilliert die Expression bestimmter Gene mit der Zeit. Solche Oszillationen können in

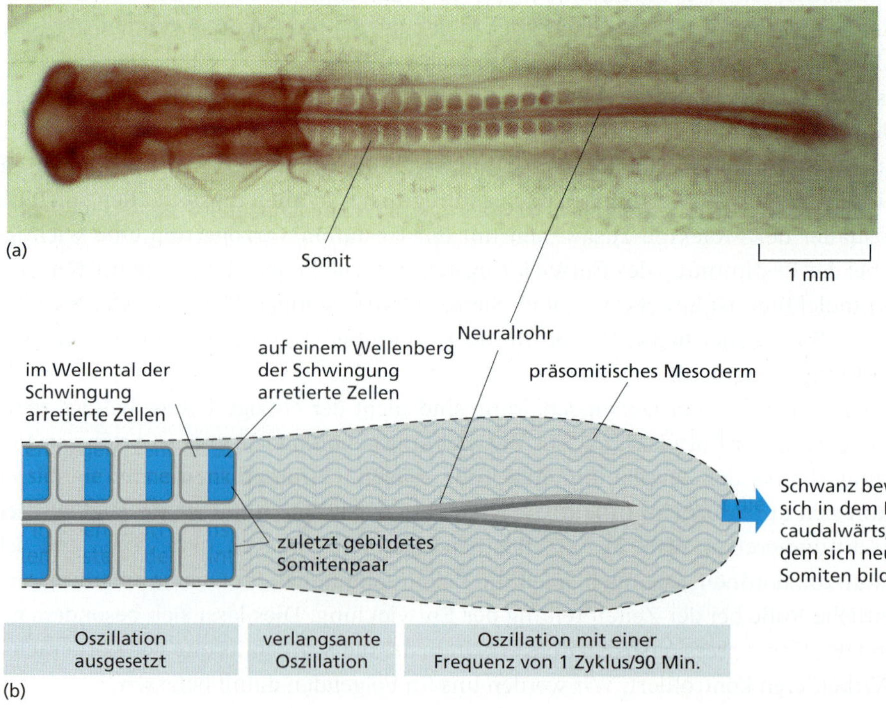

Abb. 21.38 Somitenbildung im Hühnerembryo. (a) Eine Hellfeldaufnahme eines Hühnerembryos nach 40 Stunden Brutzeit. (b) zeigt, wie die zeitliche Oszillation der Genexpression im präsomitischen Mesoderm in ein alternierendes räumliches Genexpressionsmuster in den sich bildenden Somiten übertragen wird. Im posterioren (caudalen) Teil des präsomitischen Mesoderms oszillieren alle Zellen mit einer Zyklusperiode von 90 Minuten. In dem Maß, wie Zellen dieses Bereichs ausreifen und aus der präsomitischen Region hervortreten, verlangsamt sich ihre Oszillation und kommt schließlich zum Stillstand. Damit bleiben die Zellen in dem Zustand, der der Phase des Zyklus entspricht, in dem sich die betreffende Zelle gerade befindet. Auf diese Weise führt eine zeitliche Schwingung der Genexpression zu einem alternierenden räumlichen Muster. (a, aus Y. J. Jiang *et al.*, *Curr. Biol.* 8: R868–R871, 1998. Mit Erlaubnis von Elsevier).

Zeitrafferaufnahmen von Embryos beobachtet werden, die fluoreszierende Reporterkonstrukte einzelner Gene enthalten. In jedem Oszillationszyklus entsteht ein neues Somitenpaar. Bei Mutanten, in denen keine Oszillation auftritt, ist die Somitensegmentierung gestört: Die Zellen können sich verspätet immer noch in getrennte Zellcluster aufteilen, dies geschieht jedoch willkürlich und unregelmäßig. Der Genexpressionsoszillator, der die regelmäßige Segmentierung kontrolliert, wird als **Segmentierungsuhr** bezeichnet. Die Länge eines vollständigen Oszillationszyklus hängt von der Tierart ab: Beim Zebrafisch sind es 30 Minuten, beim Huhn 90 Minuten, bei der Maus 120 Minuten und beim Menschen 300 Minuten.

In dem Maß, wie Zellen als neue Somiten aus dem Präsomitenmesoderm hervorgehen – mit anderen Worten, wie sie dem Einfluss der FGF- und Wnt-Signale entkommen – stoppt ihre Oszillation der Genexpression. Einige Zellen werden in dem einen Stadium angehalten, andere in einem anderen, entsprechend der Phase ihres Oszillationszyklus zum Zeitpunkt ihres Austritts aus dem präsomitischen Mesoderm. Auf diese Weise hinterlässt die zeitliche Schwankung in der Genexpression des präsomitischen Mesoderms eine Spur in Form eines räumlich-periodischen Genexpressionsmusters im reifenden Mesoderm. Dies bestimmt wiederum, wie das Gewebe über Auswirkungen auf das Zell–Zell-Adhäsionsmuster in physisch getrennte Einheiten aufgegliedert wird.

Wie funktioniert die Segmentierungsuhr? Die ersten Somitenoszillator-Gene, die entdeckt wurden, waren die *Hes*-Gene (Hes steht für engl. *hairy and enhancer of split*). Sie codieren für hemmende Transkriptionsregulatoren. Die Produkte von *Hes*-Genen regulieren nicht nur andere Gene, sondern können auch ihre eigene Expression direkt regulieren, wodurch eine einfache negative Rückkopplungsschleife entsteht. Die Autoregulation von *Hes*-Genen ist vermutlich der grundlegende Auslöser für die Oszillationen der Somitenuhr. Obwohl die Maschinerie in den verschiedenen Tierarten auf vielfältige Weise modifiziert wurde, scheint das zugrunde liegende Prinzip konserviert zu sein. Wenn das entscheidende *Hes*-Gen transkribiert wird, sammelt sich so viel *Hes*-Protein an, bis seine Konzentration ausreicht, um die Transkription des *Hes*-Gens zu blockieren. Dann wird die Synthese des Proteins eingestellt. Das Protein wird abgebaut und ein neuer Transkriptionszyklus kann beginnen, usw. (**Abb. 21.39**). Die Zeitspanne der Oszillation, die die Größe jedes Somiten bestimmt, hängt von der Verzögerung in der Rückkopplungsschleife ab. Diese Verzögerung entspricht, nach dem bereits erwähnten Prinzip, der Summe der Gestationsverzögerungen und der Akkumulationsverzögerungen (d. h. der molekularen Lebenszeiten) der *Hes*-mRNA und der Hes-Proteinmoleküle. Mithilfe mathematischer Modelle (s. Kapitel 8) können wir eine Beziehung zwischen diesen grundlegenden molekularen Parametern und der Zykluszeit der Segmentierungsuhr herstellen: In einer ersten Näherung entspricht die Zykluszeit einfach dem Doppelten der gesamten Verzögerung in der negativen Rückkopplungsschleife und somit der doppelten Summe der Verzögerungen, die in jedem Schritt der Schleife

Abb. 21.39 Verzögerte negative Rückkopplung verursacht oszillierende Genexpression. (a) Ein einzelnes Gen, das für einen Transkriptionsregulator codiert, der seine eigene Expression hemmt, kann sich wie ein Oszillator verhalten. Damit es zur Oszillation kommt, muss es eine Verzögerung (oder mehrere Verzögerungen) im Rückkopplungskreislauf geben und die Lebenszeit der mRNA und des Proteins (die an der Verzögerung beteiligt sind) muss im Vergleich zur gesamten Verzögerung kurz sein. Die gesamte Verzögerung bestimmt die Periode der Oszillation. Man geht davon aus, dass ein Rückkopplungskreislauf wie dieser, der auf einem Paar redundanter Gene namens *Her1* und *Her7* im Zebrafisch bzw. ihrem Gegenstück in der Maus namens *Hes7* basiert, der Schrittmacher der Segmentierungsuhr, die die Somitenbildung steuert, ist. (b) Die vorhergesagte Oszillation von *Her1*- und *Her7*-mRNA und -Protein, die unter Verwendung grober Schätzwerte von Parametern des Rückkopplungskreislaufs berechnet wurde, die zu diesem Gen im Zebrafisch passen. Die Konzentrationen sind als Anzahl der Moleküle pro Zelle angegeben. Die geschätzte Periode liegt nahe an der beobachteten Periode, die beim Zebrafisch etwa 30 Minuten pro Somit beträgt.

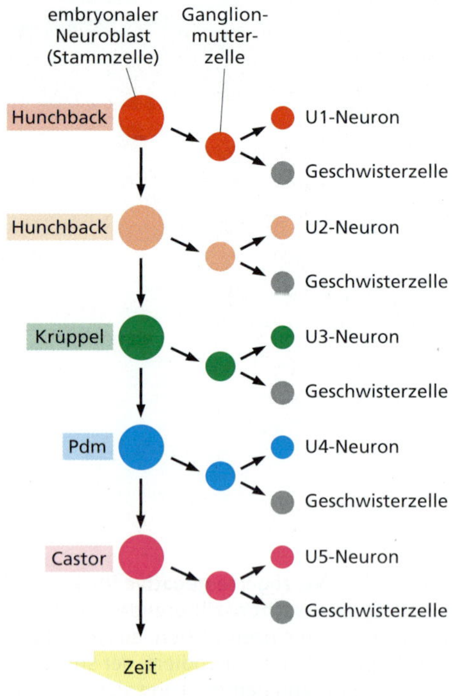

Abb. 21.40 Zeitliche Musterbildung des neuronalen Schicksals in *Drosophila*-Embryonen. Jeder Neuroblast durchläuft eine asymmetrische Zellteilung, um sich zu erneuern und eine Tochterzelle, die so genannte Ganglien-Mutterzelle, hervorzubringen. Diese teilt sich anschließend, um ein Paar endgültig differenzierter Neuronen oder Gliazellen zu generieren. Die Art der Neuronen und Gliazellen wird bestimmt durch die Expression eines Transkriptionsregulators im Elternneuroblast, der dann an die Tochter der Ganglien-Mutterzelle vererbt wird. Jeder Neuroblast wird nacheinander beim Durchlaufen der Zellabstammungslinie der Neuroblasten die Transkriptionsregulatoren Hunchback, Krüppel, Pdm und Castor exprimieren. Nach mehreren Teilungen und der Expression eines dieser Regulatoren, wechselt der Neuroblast sein Muster der Genexpression und exprimiert einen aktualisierten Satz von Genen, der an seine Tochterzellen weitergegeben wird, die sich entsprechend in spezifische Zelltypen differenzieren. (Nach B. J. Pearson und C. Q. Doe, *Nature* 425: 624–628, 2003).

auftreten. Außerdem führt eine experimentelle Manipulation, die einen dieser Parameter verändert (z. B. Veränderung der Größe eines *Hes*-Introns zur Störung der mRNA-Verarbeitungszeit) zum vorhergesagten Effekt auf den Zeitraum der Somitenbildung.

Die soeben beschriebene Rückkopplungsschleife ist intrazellulär. Jede Zelle im Präsomitenmesoderm kann selbständig Schwingungen erzeugen, selbst wenn sie in einer Schale kultiviert wird. Diese Oszillationen auf Einzelzellniveau sind jedoch etwas ungenau und unberechenbar. Sie spiegeln das Grundrauschen und die zufällige Kontrolle der Genexpression wider (s. Kapitel 7). Es ist ein Mechanismus nötig, um alle Zellen im Präsomitenmesoderm, die an der Bildung eines einzelnen Somiten beteiligt sind, dazu zu bringen, synchron zu oszillieren. Dies geschieht teilweise durch Zell-Zell-Kommunikation über den *Notch*-Signalweg. In diesem Zusammenhang bringt die Notch-Signalgebung benachbarte Zellen nicht dazu, sich wie bei der Lateralhemmung zu unterscheiden, sondern sie macht genau das Gegenteil: Sie hält die Zellen im Einklang. Bei Mutanten, bei denen die Notch-Signalisierung nicht funktioniert, einschließlich Mutanten mit fehlerhaftem Delta oder Notch selbst, laufen die Zellen aus dem Takt und die Somitensegmentierung ist gestört. Die Folge ist eine grobe Deformierung der Wirbelsäule. Dies ist eine außergewöhnliche Demonstration der Folgen, die sich aus der Kontrolle von Rauschen und zeitlichem Ablauf der Genexpression auf Einzelzellniveau ergeben, und klar ersichtlich aus der Struktur des Wirbeltierkörpers als Ganzes.

21.3.3 Intrinsische Zeiteinteilungsmechanismen können zu unterschiedlichen Zellschicksalen führen

Obwohl Signalübertragung zwischen Zellen sehr wichtig ist, um die Zellen in ihrer Entwicklung voranzutreiben, bedeutet dies nicht, dass Zellen ständig Signale von anderen Zellen benötigen, um ihren Charakter zu verändern, während die Entwicklung fortschreitet. Einige dieser Veränderungen sind zellspezifisch (wie das Ticken einer circadianen Uhr, in Kapitel 15 erläutert) und hängen von *intrazellulären Entwicklungsprogrammen* ab, die selbst dann ablaufen können, wenn die Zelle aus ihrer normalen Umgebung entfernt wird.

Das am besten verstandene Beispiel ist die Entwicklung von Neuroblasten, den Stammzellen des Zentralnervensystems bei *Drosophila*. Diese Zellen durchlaufen eine Abfolge von asymmetrischen Zellteilungen zur Bildung von verschiedenen Arten von Neuronen und Gliazellen und zwar immer in der gleichen Abfolge und mit der gleichen Zeiteinteilung. Jeder Neuroblast produziert dieses breite Spektrum an Tochterzellschicksalen mit Hilfe eines zeitabhängigen Entwicklungsprogramms. Während der Neuroblast seinen festgelegten Zeitplan der Teilungen durchläuft, ändert er schrittweise seinen inneren Zustand, indem er eine Reihe verschiedener Transkriptionsregulatoren exprimiert. Die meisten embryonalen Neuroblasten exprimieren zum Beispiel nacheinander die Transkriptionsregulatoren Hunchback, Krüppel, Pdm und Castor in einer festen Reihenfolge (**Abb. 21.40**). Wenn sich ein Neuroblast teilt, werden die Transkriptionsregulatoren, die zu diesem Zeitpunkt exprimiert werden, an die Nachkommen vererbt und beibehalten; somit werden die differenzierten Nervenzellen je nach Geburtszeitpunkt mit unterschiedlichen Merkmalen ausgestattet.

Wenn Neuroblasten aus einem Embryo entnommen und isoliert von ihrer normalen Umgebung in Kultur gehalten wurden, durchlaufen sie so ziemlich das gleiche stereotype Entwicklungsprogramm, wie wenn sie im Embryo geblieben wären. Außerdem finden viele der Neuroblastenübergänge statt, selbst wenn die Zellteilung blockiert ist. Die Neuroblasten besitzen anscheinend eine eingebaute Schaltuhr, die bestimmt, wann welcher Transkriptionsregulator exprimiert wird. Diese Uhr kann auch ohne

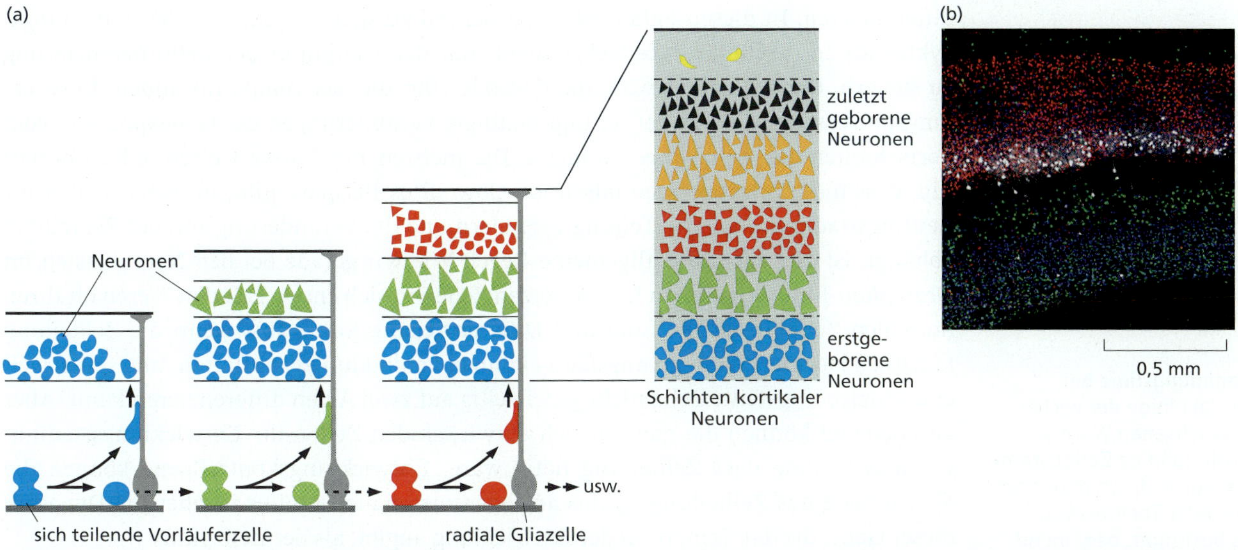

Abb. 21.41 Zeitlich abgestimmte Produktion neuronaler Gene führt zur flächigen Organisation des Gehirns. (a) Viele Neuronen und Gliazellen in der Großhirnrinde von Säugetieren entwickeln sich aus einem gemeinsamen Vorläufer, der sich auf der inneren Oberfläche des kortikalen Neuroepithels vermehrt, um nachfolgende Generationen von Neuronen hervorzubringen (hier *blau*, *grün*, *rot*, *orange* und *schwarz* gefärbt). Die sich entwickelnden Neuronen wandern nach außen und kriechen entlang von Fortsätzen, die von sternförmigen Gliazellen ausgehen, die sich ebenfalls aus denselben Vorläuferzellen entwickeln. Die erstgeborenen Neuronen siedeln sich am nächsten zu ihrem Geburtsort an, während die später geborenen Neuronen an ihnen vorbeikriechen, um sich weiter außen anzusiedeln. Nachfolgende Generationen von Neuronen besetzen also verschiedene Schichten in der Hirnrinde und haben je nach ihrem Geburtszeitpunkt unterschiedliche Charaktere. (b) Fluoreszenzmikroskopische Aufnahme, die die schichtweise Organisation von erregbaren Neuronen zeigt, die mit Antikörpern gegen verschiedene Transkriptionsfaktoren (*blau*, *grün*, *weiß* und *rot*) in der Großhirnrinde von Säugetieren sichtbar gemacht sind. Neuronale Zelltypen werden durch die zeitliche Abfolge der Expression von Transkriptionsfaktoren in ihren Vorläufern bestimmt, sodass die Reihenfolge der Geburt sowohl das Schicksal als auch den Ort der differenzierten Neuronen festlegt. (aus I. Holguera und C. Desplan, *Science 362*: 176–180, 2018).

Zellzyklusprogression weiterlaufen. Über die molekulare Grundlage dieser zeitlichen Steuerung ist noch nicht alles bekannt. Da transkriptionelle Kaskaden, die kreuzweise regulierend wirken, beteiligt sind, hängt es wahrscheinlich von der Zeit ab, die – wie oben beschrieben – für das Einschalten von Genen benötigt wird, könnte aber auch von langsam fortschreitenden Veränderungen der Chromatinstruktur und der Genomorganisation abhängen, die ebenfalls dazu dienen können, den Verlauf der Zeit im Embryo zu messen.

Zeiteinteilungsmechanismen können die Zellschicksale mit der räumlichen Organisation von Geweben koordinieren. Während der Entwicklung der Großhirnrinde von Säugetieren zum Beispiel führt die geordnete Expression verschiedener Transkriptionsfaktoren in den Vorläuferzellen, die sich teilen, um Neuronen und Gliazellen zu bilden, zu einer sequentiellen Produktion von spezifischen neuronalen Zelltypen. Die neugeborenen Neuronen wandern an die für sie vorgesehene Stelle in der sich entwickelnden Hirnrinde und besiedeln schließlich verschiedene Schichten des erwachsenen Gehirns. Alle Neuronen, die eine Schicht besiedeln, entstehen also im selben Zeitfenster und haben gemeinsame Schicksale (**Abb. 21.41**).

21.3.4 Zellen zählen selten die Zellteilungen, um ihre Entwicklung zeitlich zu steuern

Viele spezialisierte Zellen entwickeln sich aus proliferierenden Vorläuferzellen, die nach einer begrenzten Anzahl an Zellzyklen aufhören sich zu teilen und terminal differenzieren. In diesen Fällen ist es verlockend zu spekulieren, dass der Zellteilungszyklus als intrazellulärer Zeitgeber dient, um den Zeitpunkt der Zelldifferenzierung zu steuern. Der Zellzyklus wäre die tickende Uhr, die das Tempo für andere Entwicklungsprozesse angäbe, wobei reifungsbedingte Veränderungen der Genexpression vom Fortschreiten des Zellzyklus abhingen. Die meisten Ergebnisse weisen jedoch darauf hin, dass diese reizvolle Idee falsch ist. Obwohl es Beispiele gibt, in denen Zellen ihr Reifungsstadium mit jeder Teilung verändern und die Veränderung von der Zellteilung abhängt, ist dies nicht die allgemeine Regel. Wie wir gerade bei den Neuroblasten im *Drosophila*-Embryo gesehen haben, setzen Zellen in sich entwickelnden Tieren oft ihren normalen Zeitplan der Reifung und Differenzierung fort, selbst wenn die Zellteilung künstlich blockiert wird. Zwangsläufig können Fehlbildungen auftreten, und sei es, weil eine einzige ungeteilte Zelle nicht gleichzeitig auf zwei Arten differenzieren kann. Aber anscheinend können die meisten sich entwickelnden Zellen ihr Entwicklungsstadium verändern, ohne dass Zellteilung nötig wäre. Entwicklungskontrollgene können die Maschinerie des Zellteilungszyklus an- oder ausschalten und es ist eher die Dynamik dieser Gene, die das Tempo bei der Entwicklung angibt, als der Zellzyklus.

21.3.5 MicroRNAs können Entwicklungsübergänge regulieren

Da genetische Untersuchungen hilfreich sind, um Gene aufzuspüren, die an fast allen biologischen Prozessen beteiligt sind, wurden sie auch bei der Suche nach Mutationen eingesetzt, die die zeitliche Steuerung der Entwicklung verändern. Derartige Untersuchungen wurden an dem Nematoden (Fadenwurm) *Caenorhabditis elegans* (**Abb. 21.42**)

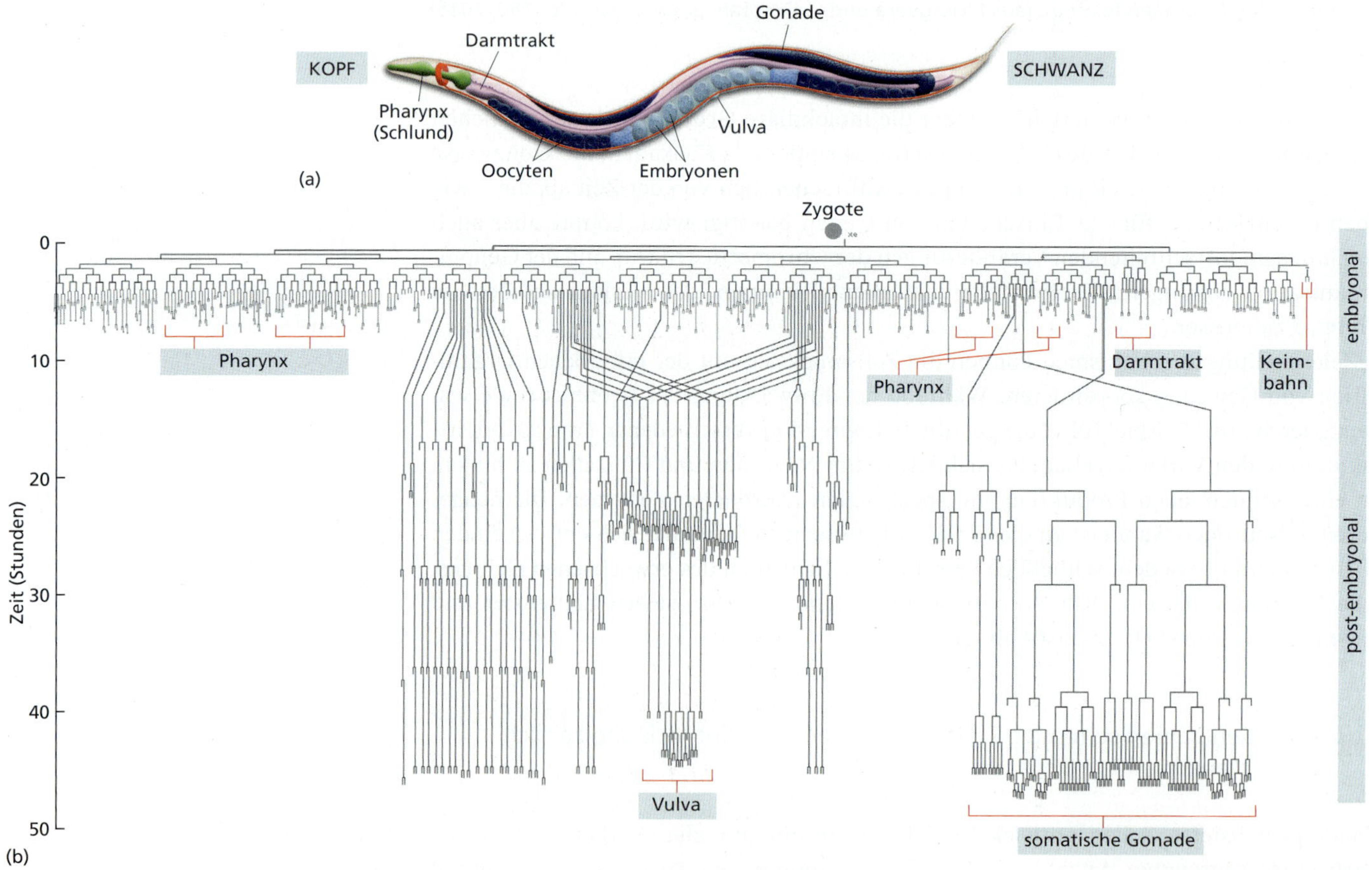

Abb. 21.42 Zellabstammungslinie bei *Caenorhabditis elegans*. (a) Einige der wichtigsten Gewebe des erwachsenen Wurms (s. **Abb. 1.42**). (b) Die vollständige Zellabstammungslinie des Wurms wurde durch minutiöse Analyse des Schicksals jeder Tochterzelle nach jeder Zellteilung bestimmt, beginnend mit der einzelligen Zygote und endend mit den 959 Zellen des ausgewachsenen Tieres. Jede vertikale Linie steht für eine einzelne Zelle, wobei die Verzweigungspunkte eine Zellteilung widerspiegeln. Die Beschriftungen zeigen die Zellen in der Abstammungslinie, aus denen die Gewebe aus (a) gebildet werden. (a und b, mit freundlicher Genehmigung von D. H. Hall, Worm Atlas von https://www.wormatlas.org/celllineages.html).

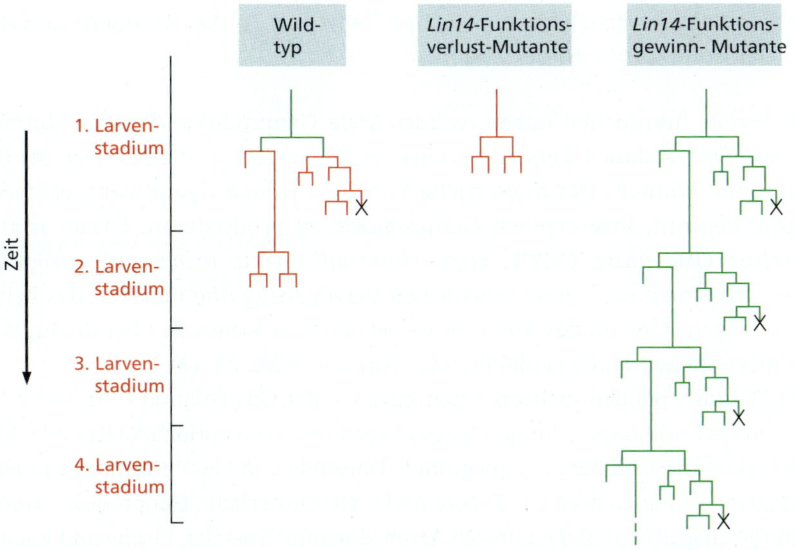

Abb. 21.43 Heterochrone Mutationen im *Lin14*-Gen von *Caenorhabditis elegans*. Die Wirkungen auf nur eine der vielen veränderten Abstammungslinien sind dargestellt. Die rezessive Funktionsverlust-Mutation im *Lin14*-Gen führt zu einem verfrühten Auftreten von Zellteilungen und Differenzierungen, die typisch für ein späteres Larvenstadium sind, sodass das Tier seinen Endzustand zu früh und mit einer abnorm verkleinerten Zahl von Zellen erreicht. Die dominante Funktionsgewinn-Mutation hat den gegenteiligen Effekt: Die Zellen behalten ihr Teilungsverhalten, das dem des 1. Larvenstadiums entspricht, über fünf bis sechs Häutungszyklen bei. Die *Lin14*-Funktionsgewinn-Mutationen können von einer Änderung der Bindungsstelle für *Lin4*-miRNA resultieren wodurch das Lin14-Protein unempfindlich gegenüber einer Herunterregulierung wird. Die *schwarzen Kreuze* (X) in der Zeichnung kennzeichnen programmierten Zelltod. *Grüne Linien* repräsentieren Zellen, die das DNA-bindende Lin14-Protein besitzen, *rote Linien* solche, die kein Lin14 haben. (Nach V. Ambros und H. R. Horvitz, *Science* 226: 409–416, 1984; und P. Arasu *et al.*, *Genes Dev.* 5: 1825–1833, 1991).

durchgeführt. Dieses kleine Lebewesen folgt einem erstaunlich präzisen und vorhersagbaren Entwicklungsprogramm, das sehr detailliert untersucht wurde, sodass man die exakte Entwicklungslinie jeder Zelle im Körper kartieren kann. Der Zeitpunkt und der Ort jeder Zellteilung sowie das Schicksal jeder ihrer Töchter sind von einem Individuum zum nächsten unveränderlich.

Ein großer Vorteil des Abstammungsdiagramms zur Beschreibung der normalen Entwicklung von *Caenorhabditis elegans* ist, dass man genau sehen kann, wie das Entwicklungsprogramm in einer Mutante verändert ist. Mithilfe genetischer Untersuchungen in *Caenorhabditis elegans* wurden Mutationen identifiziert, die die zeitliche Steuerung der Entwicklung besonders auffallend verändern: In diesen sogenannten **heterochronen** Mutanten verhalten sich bestimmte Zellen einer Larve in einem Entwicklungsstadium so, als ob sie sich in einer Larve in einem anderen Entwicklungsstadium befänden, oder Zellen im ausgewachsenen Organismus teilen sich weiter, so als ob sie zu einer Larve gehören würden (**Abb. 21.43**).

Genetische Analysen haben gezeigt, dass die Produkte der heterochronen Gene der Reihe nach wirken. Sie bilden regulatorische Kaskaden. Unerwarteterweise fand man heraus, dass zwei Gene an der Spitze ihrer jeweiligen Kaskaden, mit den Namen *Lin4* und *Let7*, keine Proteine codieren, sondern stattdessen **microRNAs (miRNAs)**. Das sind kleine, nichttranslatierte, regulatorische RNA-Moleküle, die 21 oder 22 Nukleotide lang sind. Sie wirken, indem sie an komplementäre Sequenzen in den nichtcodierenden Regionen von mRNA-Molekülen binden, die von anderen heterochronen Genen transkribiert wurden. Dadurch unterdrücken sie ihre Translation und unterstützen ihren Abbau (s. Kapitel 7). Die *Lin4*-miRNA bindet an die 3'-untranslatierte Region der mRNA, die von dem heterochronen Gen *Lin14* produziert wird, das seinerseits das Verhalten von Larvenzellen im Frühstadium fördert. Ein entwicklungsabhängiger Anstieg der *Lin4*-Konzentration steuert somit den Übergang des zellulären Verhaltens vom frühen zum späten Larvenstadium durch eine allmähliche Verringerung des Lin14-Proteins. Steigende Konzentrationen von *Let7*-miRNA steuern den Übergang vom späten Larven- zum Erwachsenenstadium auf analoge Weise, indem ein anderes Zielgen namens *Lin41* reguliert wird. In der Tat waren *Lin4* und *Let7* die ersten microRNAs, die in einem Tier beschrieben wurden: In entwicklungsgenetischen Studien mit *Caenorhabditis elegans* wurde die Bedeutung dieser ganzen Molekülklasse für die Genregulation in Tieren entdeckt.

21.3.6 Die Größenverhältnisse zwischen Zelle und Zellkern steuern den Beginn der Genexpression der Zygote

Wie wir bereits besprochen haben, werden viele Genprodukte von der Mutter in der Eizelle deponiert, sodass die ersten Entwicklungsschritte unmittelbar nach der Befruchtung beginnen können. Der mütterliche Vorrat ist jedoch irgendwann erschöpft und die Zygote beginnt, ihre eigenen Genprodukte zu produzieren. Dieser **maternal-zygotischer Übergang (MZT**, engl. *maternal-zygotic transition***)** erfolgt bei den meisten Organismen nach einer erheblichen Verzögerung und markiert das Zeitfenster, in dem das eigene Genom des Embryos weitgehend die Kontrolle über die Entwicklung von den mütterlichen Makromolekülen übernimmt (**Abb. 21.44**).

Der MZT findet bei den meisten Arten kurz vor der Gastrulation statt, wenn schnelle und synchrone Furchungsteilungen langsameren und konventionelleren Zellzyklen weichen. Während dieses Übergangs beginnen Tausende von Genen mit der Transkription aus dem zuvor stillen Genom der Zygote und viele mütterliche Genprodukte werden aus dem Embryo ausgelöscht. Bei mehreren Arten, darunter Frösche, Fische und Fliegen, sind einige der frühesten zygotischen Gene, die transkribiert werden, spezifische miRNAs, die auf maternale mRNAs zur Translationsunterdrückung und zum Abbau abzielen. Auch hier ist die Funktion der miRNAs die Schärfung von Entwicklungsübergängen, indem sie mRNAs, die ein früheres Entwicklungsstadium definieren, blockieren und entfernen.

Aber wie wird die zeitliche Abstimmung des MZT kontrolliert? Ein Auslöser für den MZT scheint das Kern/Cytoplasma-Verhältnis zu sein. Während der frühesten Entwicklungsstadien wachsen viele tierische Embryonen nicht bzw. verändern ihr Volumen nicht. Vielmehr wird die befruchtete Eizelle durch schnelle Runden der DNA-Replikation und Mitose in Tausende von kleineren Zellen umgestaltet. Während dieser Furchungsteilungen bleibt das Gesamtvolumen des Cytoplasmas im Embryo konstant, aber die Anzahl der Zellkerne steigt exponentiell, wodurch das Verhältnis von DNA zu Cytoplasma zunimmt. Auffallend ist, dass haploide Embryonen, die die halbe DNA-Menge pro Zelle enthalten, den MZT einen Zellzyklus später durchlaufen als normale diploide Embryonen. Einem Modell zufolge könnte das Kern/Cytoplasma-Verhältnis über Titration eines mütterlicherseits zur Verfügung gestellten Transkriptionsrepressors gegen die zunehmende Menge der Kern-DNA gemessen werden. Die Gesamtmenge an Repressor würde während der Furchungsteilungen konstant bleiben, aber die Menge an Repressor pro Genom würde mit jeder DNA-Syntheserunde um die Hälfte abnehmen, bis ein Schwellenwert erreicht würde, der es dem zygotischen Genom erlauben würde, die Transkription zu aktivieren. Kandidaten für den Repressor sind maternale Histonproteine, deren Konzentration den MZT-Zeitpunkt in mehreren Organismen reguliert. Andere Hinweise deuten darauf hin, dass bestimmte mütterlicherseits bereitgestellte Transkriptionsregulatoren den MZT auslösen, nachdem sie sich bis zu einem gewissen

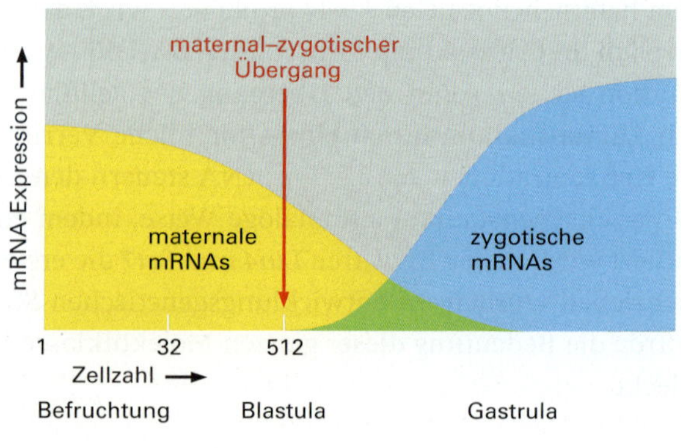

Abb. 21.44 Der maternal–zygotische Übergang in einem Zebrafischembryo. Maternale mRNAs werden von der Mutter im Ei deponiert und steuern die frühe Entwicklung. Diese mRNAs werden in verschiedenen Stadien der Embryogenese einschließlich des Blastula- und Gastrula-Stadiums abgebaut. Am maternal–zygotischen Übergang (MZT, engl. *maternal–zygotic transition*) findet jedoch ein relativ abrupter Wechsel statt. Davor ist das embryonale (zygotische) Genom transkriptionell inaktiv, danach beginnt die Transkription der zygotischen Gene. In Zebrafischembryos beginnt die Aktivierung des zygotischen Genoms im 512-Zell-Stadium.

Schwellenwert angesammelt haben, der ausreicht, um ihre Zielgene zu aktivieren. Verschiedene Arten nutzen wahrscheinlich einen oder beide dieser Mechanismen, um die Aktivierung des zygotischen Genoms in geeigneter Weise zu steuern.

21.3.7 Hormonelle Signale koordinieren den zeitlichen Ablauf von Entwicklungsübergängen

Wir haben uns bisher auf die zeitliche Abstimmung von Mechanismen konzentriert, die lokal und abgetrennt in verschiedenen Teilen des Embryos oder in spezifischen Untersystemen der molekularen Kontrollmaschinerie wirken. Die Evolution hat all diese weitgehend unabhängigen Prozesse so eingestellt, dass sie mit einer geeigneten Geschwindigkeit ablaufen, angepasst an die Bedürfnisse des Gesamtorganismus. Für manche Zwecke reicht dies jedoch nicht aus: Ein allgemeines Koordinationssignal ist nötig. Dies ist insbesondere dann der Fall, wenn Veränderungen im gesamten Körper als Reaktion auf ein Zeichen aus der Umgebung stattfinden müssen. Wenn beispielsweise ein Insekt oder Amphibium die *Metamorphose* – den Übergang von der Larve zum adulten Tier – durchläuft, wird fast jeder Teil des Körpers umgestaltet. Die zeitliche Koordination der Metamorphose hängt von äußeren Faktoren wie dem Nahrungsangebot ab, das bestimmt, wann das Tier die passende Größe erreicht hat. Alle körperlichen Veränderungen müssen gleichzeitig, zum richtigen Zeitpunkt ausgelöst werden, selbst wenn sie an weit voneinander entfernten Stellen auftreten. Die Koordination übernehmen in solchen Fällen **Hormone**. Das sind Signalmoleküle, die sich im gesamten Körper verteilen.

Die Metamorphose der Amphibien ist ein spektakuläres Beispiel. Während dieses Entwicklungsübergangs wechseln Amphibien vom aquatischen Leben in ein terrestrisches Leben. Larvenspezifische Organe wie Kiemen und Schwanz verschwinden und adultspezifische Organe wie Beine bilden sich. Dieser dramatische Übergang wird durch das Schilddrüsenhormon ausgelöst, das in der Schilddrüse gebildet wird. Wenn diese Drüse entfernt wird oder wenn die Wirkung des Schilddrüsenhormons blockiert wird, setzt keine Metamorphose ein. Stattdessen wächst das Tier weiter und es entsteht eine riesige Kaulquappe. Wird andererseits der Kaulquappe experimentell Schilddrüsenhormon verabreicht, kann dies die vorzeitige Metamorphose auslösen.

Das Schilddrüsenhormon wird im gesamten Körper über das Gefäßsystem verteilt und induziert in den Zellen, die es aufnehmen, Veränderungen, indem es an intrazelluläre nukleäre Hormonrezeptoren bindet, die Hunderte von Genen regulieren. Das bedeutet jedoch nicht, dass die Zielgewebe alle gleich auf das Hormon reagieren: Organe unterscheiden sich nicht nur hinsichtlich ihrer Anzahl an Schilddrüsenhormonrezeptoren und hinsichtlich ihres Gehalts an extrazellulären Proteinen, die die Menge an aktivem Hormon lokal regulieren. Sie unterscheiden sich auch hinsichtlich der Gene, die reagieren. Das Schilddrüsenhormon veranlasst, dass in den Gliedmaßen Muskeln wachsen und dass im Schwanz Muskeln absterben. Die zeitliche Koordination der Reaktionen unterscheidet sich ebenfalls: Die Beine bilden sich z. B. früh als Reaktion auf eine sehr geringe Konzentration an zirkulierendem Hormon. Es sind jedoch höhere Konzentrationen des Hormons nötig, um die Resorption des Schwanzes zu induzieren.

Ein Anstieg des Schilddrüsenhormons löst die Metamorphose aus. Aber wie wird dieser Anstieg zeitlich gesteuert? Ein Mechanismus beruht auf der Kopplung der Hormonsynthese an die Größe der Schilddrüse, die ein Maß für die Größe der Kaulquappe ist. Erst wenn die Drüse eine bestimmte Größe erreicht hat, produziert sie genug Schilddrüsenhormon, um die Metamorphose einzuleiten. Es spielen jedoch auch noch andere Signale aus der Umgebung außer der Ernährung eine Rolle: Bedingungen wie Temperatur und Licht werden vom Nervensystem wahrgenommen, wodurch die Sekretion weiterer

Hormone (Neurohormone) reguliert wird, die die Sekretion des Schilddrüsenhormons stimulieren. Kaulquappen-intrinsische Faktoren wie die Größe bestimmen also in Kombination mit Umweltfaktoren, wann die Metamorphose einsetzt.

21.3.8 Signale aus der Umwelt bestimmen den Zeitpunkt der Blütenbildung

Ein weiteres eindrucksvolles Beispiel dafür, wie die Umgebung den Zeitablauf in der Entwicklung kontrolliert, ist das Blühen der Pflanzen. Zum Blühen gehört die Veränderung des Verhaltens von Zellen an der wachsenden Spitze des Pflanzentriebs – dem *apikalen Meristem*. Während des normalen vegetativen Wachstums benehmen sich diese Zellen wie Stammzellen. Sie bilden eine kontinuierliche Folge von neuen Blättern und neuen Stielsegmenten. Bei der Blütenbildung schalten die Meristemzellen um und bilden Komponenten einer Blüte mit ihren Kelchblättern und Blütenblättern, ihren Blütenstaub-tragenden Staubgefäßen und ihrem Fruchtknoten, der die weiblichen Gameten enthält.

Um den Wechsel zur richtigen Zeit einzuleiten, muss die Pflanze sowohl vergangene als auch gegenwärtige Bedingungen berücksichtigen. Für viele Pflanzen ist die Tageslänge ein wichtiger Umweltreiz. Um diese wahrzunehmen, verwendet die Pflanze ihre circadiane Uhr – ein endogener 24-Stunden-Rhythmus der Genexpression – um nur dann ein Signal zum Blühen zu geben, wenn in einer angemessenen Zeitspanne des Tages Licht vorhanden ist. Die Uhr selbst wird vom Licht beeinflusst und die Pflanze nutzt die Uhr im Wesentlichen, um vergangene mit gegenwärtigen Lichtverhältnissen zu vergleichen. Wichtige Teile des genetischen Kreislaufs, die diesem Phänomen zugrunde liegen, wurden bereits identifiziert, einschließlich der Phytochrome und Cryptochrome, die als Lichtrezeptoren wirken (s. Kapitel 15). Das Signal zur Blütenbildung, das von den Blättern über das Gefäßsystem zu den Stammzellen transportiert wird, ist abhängig vom Produkt eines Gens, das als *Flowering locus T* (*Ft*) bezeichnet wird. Dieses Signal selbst löst jedoch nur dann die Blütenbildung aus, wenn die Pflanze sich in einem aufnahmefähigen Zustand befindet, nachdem sie vorher eine lange Zeit in der Kälte verbracht hat. Viele Pflanzen brauchen den Winter, bevor sie blühen. Diesen Prozess nennt man *Vernalisation*. Durch Wochen oder Monate andauernde Kälte wird der Expressionsgrad eines bemerkenswerten Gens mit dem Namen *Flowering locus C* (*Flc*) reduziert. *Flc* codiert für einen Transkriptionsrepressor, der die Expression des *Ft*-Promotors unterdrückt.

Wie schaltet die Vernalisation *Flc* ab, um die Blühsperre aufzuheben? Die Wirkung hat mit mindestens drei langen nichtcodierenden RNAs zu tun, zu denen ein Antisense-Transkript namens *Coolair* gehört, das mit dem *Flc*-Gen überlappt und bei niedrigen Temperaturen gebildet wird (**Abb. 21.45**). In Kombination mit kälteinduzierten Chromatinmodifikatoren, zu denen die Proteine der Polycomb-Gruppe gehören, koordiniert *Coolair* die Umschaltung von *Flc*-Chromatin in einen Ruhezustand (s. Kapitel 4 und Kapitel 7). Der Grad der Stilllegung ist abhängig davon, wie lange die Pflanze der Kälte ausgesetzt war. So ist die Pflanze in der Lage, eine gelegentliche kühle Nacht vom Winter zu unterscheiden.

Die Wirkung auf das Chromatin ist lang andauernd und hält über viele Zellteilungsrunden an, auch wenn das Wetter wärmer wird. Durch Vernalisation entsteht folglich eine dauerhafte Blockade der Flc-Produktion, sodass ein Ft-Signal gebildet werden kann, wenn die Tage lang genug geworden sind.

Mutationen, die die Regulation der *Flc*-Expression betreffen, verändern die Blühzeit und damit auch die Fähigkeit einer Pflanze, bei einem bestimmten Klima zu blühen. Das gesamte Kontrollsystem, das das Umschalten zum Blühen steuert, ist somit von entscheidender Bedeutung für die Landwirtschaft, insbesondere in einer Zeit der schnellen klimatischen Veränderungen.

Das Beispiel der Vernalisation legt nahe, dass Chromatinmodifikationen bei der zeitlichen Koordination der Entwicklung eine zentrale Rolle spielen. Die Pflanzen benutzen

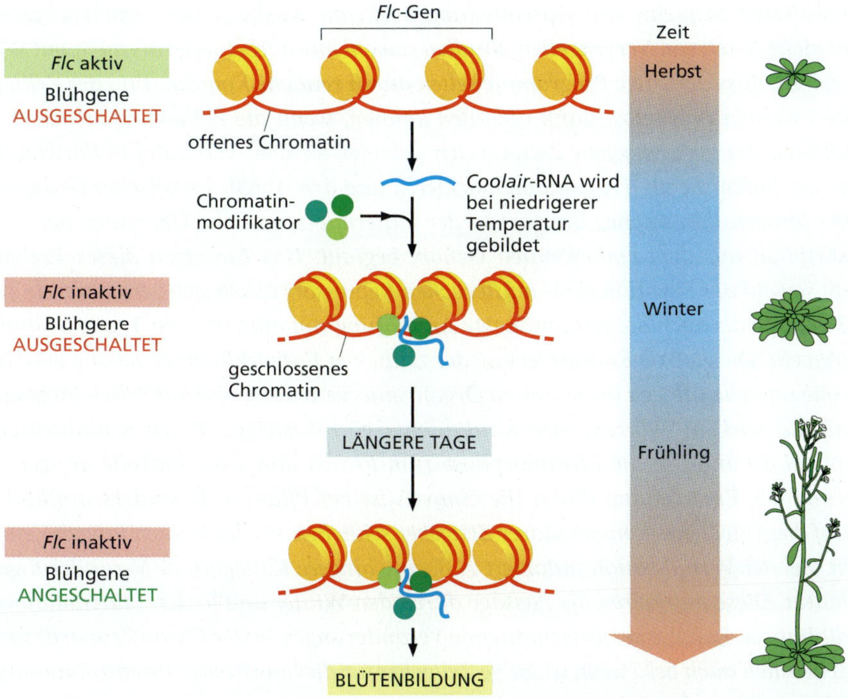

Abb. 21.45 Zeitliche Steuerung der Blütenbildung bei *Arabidopsis*. Das *Flc*-Gen ist aktiv und blockiert die Blütenbildung, wenn die Pflanzen ohne winterliche Temperaturen gewachsen sind. Haben sie einen längeren Zeitraum der Kälte durchlebt, dann wird die nichtcodierende RNA *Coolair*, die mit dem *Flc*-Gen überlappt, gebildet. *Coolair* induziert langfristige Chromatinveränderungen, die *Flc* ausschalten. Diese Veränderungen bleiben nach dem Ende der Kälteperiode bestehen und erlauben der Pflanze, Blüten zu bilden, wenn längere Tage das Blühen begünstigen.

Veränderungen der Chromatinstruktur, um die Erfahrung einer längeren Kälteperiode aufzuzeichnen. Möglicherweise liefern in anderen Organismen – sowohl Tieren als auch Pflanzen – langsame, progressive Veränderungen in der Chromatinstruktur Langzeit-Schaltuhren für derartige mysteriöse Entwicklungsprozesse, die sich langsam über einen Zeitraum von Tagen, Wochen, Monaten oder Jahren entfalten. Solche Chromatin-Schaltuhren können zu den wichtigsten Uhren im Embryo gehören, doch bisher ist erst sehr wenig über sie bekannt.

Zusammenfassung

Die zeitliche Steuerung der Entwicklung wird auf vielen Ebenen kontrolliert. Es benötigt Zeit, ein Gen an- und auszuschalten, und diese Zeitverzögerung hängt von den Lebenszeiten der beteiligten Moleküle ab, die stark schwanken können. Kaskaden der Genregulation ziehen Kaskaden von Verzögerungen nach sich. Durch Rückkopplungsschleifen können zeitliche Schwankungen bei der Genexpression auftreten. Dadurch können periodische räumliche Strukturen entstehen. Während der Segmentbildung bei Wirbeltieren z. B. schwankt die Expression der Hes-Gene und während jedes Oszillationszyklus wird ein neues Somitenpaar gebildet. Hes-Gene codieren für Transkriptionsrepressorproteine, die wiederum auf die Expression der Hes-Gene selbst eine Wirkung haben. Durch diese negative Rückkopplung entstehen Oszillationen mit einer Dauer, die die Verzögerung bei der autoregulatorischen Geneinschaltschleife widerspiegeln. Die Oszillationsdauer dieser „Segmentierungsuhr" kontrolliert die Größe der Somiten. Notch-Signalisierung zwischen benachbarten Zellen synchronisiert deren Oszillationen: Wenn Notch-Signale fehlen, sind die Zellen aufgrund des genetischen Rauschens ihrer einzelnen Uhren nicht mehr synchron und die segmentale Organisation der Wirbelsäule wird gestört.

Die zeitliche Koordination hängt nicht immer von Zell–Zell-Wechselwirkungen ab. Viele sich entwickelnde Tierzellen besitzen intrinsische Entwicklungsprogramme, die selbst in isolierten Zellen in Kultur ablaufen. Neuroblasten in Drosophila-Embryos durchlaufen z. B. Programme der asymmetrischen Teilung. So entstehen bei jeder Teilung mit einer vorhersehbaren Sequenz und Zeiteinteilung über eine Kaskade von Geneinschaltungen verschiedene Arten von Nervenzellen. Studien sowohl mit Wirbeltieren als auch mit Wirbellosen zeigen, dass derartige Programme selten durch zeitliche Koordination der Zellteilung gesteuert werden und selbst dann ablaufen können, wenn die Zellteilung blockiert wird. MicroRNAs, die zu kritischen Zeitpunkten gebildet werden, verschärfen Entwicklungsübergänge, indem sie die Translation blockieren und den Abbau spezifischer Gruppen von mRNAs fördern. Ein solches Ereignis ist der maternal–zygotische Übergang, bei dem die Transkription aus dem embryonalen Genom beginnt. Das Einsetzen dieses Ereignisses schließt sowohl die Titration eines mütterlichen Repressors durch sich vermehrende zygotische Zellkerne als auch die zeitabhängige Anhäufung von mütterlichen Transkriptionsaktivatoren ein. Die globale Koordinierung der zeitlichen Entwicklungssteuerung wird durch Hormone erreicht, die sich im gesamten Organismus verbreiten und auf Zellen im gesamten Organismus wirken: Während eine Kaulquappe wächst, steigt z. B. der Schilddrüsenhormonspiegel an und löst die Metamorphose zum Frosch aus. Die Kontrolle der zeitlichen Steuerung der Entwicklung durch die Umwelt ist bei Pflanzen besonders auffällig und lässt auf die Anwesenheit molekularer Zeitgeber schließen, die über einen langen Zeitraum wirken. Bei der Vernalisation induziert z. B. eine längere Kälteperiode Veränderungen im Chromatin. Diese markieren die Passage durch den Winter und lassen Blütenbildung nur im Frühling zu. Langsame, fortschreitende Veränderungen in der Chromatinstruktur sind wahrscheinlich auch bei Tieren wichtige Zeitgeber für die langfristige Programmierung der Entwicklung.

21.4 Morphogenese

Die Spezialisierung von Zellen zu verschiedenen Typen an spezifischen Zeitpunkten ist wichtig, aber sie ist nur ein Aspekt der Tierentwicklung. Ebenso wichtig sind die Bewegungen und Verformungen, die Zellen durchmachen, um Gewebe und Organe von spezifischer Form und Größe zu bilden. Diese physischen Formen, die ein zentrales Ergebnis von Zellschicksalsprogrammen sind, sind für die physiologische Funktion eines jeden Organs unerlässlich. Wie die zeitliche Steuerung bei der Entwicklung ist dieser Prozess der **Morphogenese** („Formerzeugung") weniger gut verstanden als die Prozesse der differenziellen Genexpression und der induktiven Signalübertragung, die zur Spezialisierung von Zelltypen führen. Die Zellbewegungen sind leicht zu beschreiben und die zugrunde liegenden molekularen Mechanismen, die die Bewegungen koordinieren, fängt man gerade an, zu entschlüsseln.

In Kapitel 19 haben wir gesehen, wie Zellen zusammenhalten, um Epithelien zu formen, oder sich selbst mit einer extrazellulären Matrix umgeben, um Bindegewebe zu bilden. Wir haben auch diskutiert, wie die grundlegenden Merkmale von Geweben wie z. B. die Polarität von Epithelien aus den einzelnen Zellen hervorgehen. In diesem Abschnitt werden wir uns damit befassen, wie die dynamischen Umgestaltungen von Zellen im Laufe der Tierentwicklung dem Embryo und allen seinen individuellen Organen und Körperanhängseln ihre Form geben.

Eine kleine Anzahl von Zellverhalten ist wesentlich für die Morphogenese. Zellen können ihre Form verändern und koordinierte Formänderungen können eine Epithelschicht zu einem Rohr oder einer Hohlkugel (Vesikel) verformen. Zellen können sich im Bezug zu ihren Nachbarn neu anordnen, um ein Gewebe zu verlängern, einzuschnüren oder zu verdicken. Wenn sie sich ausdehnen, während sie sich an ihren Gefährten festhalten, können spezialisierte Zellgruppen wachsende Röhren-Netzwerke wie das Blut- oder Lymphgefäßsystem bilden. Einzelne Zellen können sich von ihren Nachbarn trennen und physikalisch getrennte Gruppen bilden, die dann entlang definierter Bahnen durch den Embryo wandern. Massenwanderungen, wie sie bei der Gastrulation geschehen, können die gesamte Topologie des Embryos umgestalten. All diesen Prozessen liegen Veränderungen der physikalischen Kräfte zugrunde, die die Zellform und die Zellkontakte verändern. Dabei kann es sich um Kontakte zu anderen Zellen oder zur extrazellulären Matrix handeln. Wir beginnen mit der Frage, wie diese Kräfte erzeugt werden.

21.4.1 Ein auf die Zellen wirkendes Ungleichgewicht physikalischer Kräfte steuert die Morphogenese

Obwohl sie lebendig ist, unterliegt eine Zelle denselben physikalischen Prinzipien, die auch unbelebte Objekte formen. Zellen und Gewebe besitzen spezifische mechanische Eigenschaften und ihre Formen spiegeln die auf sie ausgeübten Kräfte wider. Im Ruhezustand befindet sich eine Zelle in einem mechanischen Gleichgewicht, in dem alle Kräfte ausgeglichen sind. Die Morphogenese führt zu einer Verschiebung dieses Gleichgewichts, da neue Kräfte in einer bestimmten Orientierung erzeugt werden. Diese organisierten Kraftveränderungen wirken dann über größer werdende Entfernungen. Zum Beispiel könnte die Aktivität von Myosin-Motorproteinen auf dem Aktincytoskelett die Form einer Zelle verändern, was sich wiederum auf ihre Wechselwirkungen mit benachbarten Zellen und damit die Form eines Gewebes auswirkt. Solche koordinierten Veränderungen bestimmen die Form ganzer Organe und Tierkörper.

Während einige Proteine wie Aktin und Myosin Kräfte innerhalb der Zellen erzeugen können, dienen andere dazu, die einwirkenden Kräfte zu erfassen. Solche Proteine werden Mechanotransduktoren genannt. Sie initiieren als Reaktion auf mechanische Reize intrazelluläre Signalübertragung, genau so wie die in Kapitel 15 beschriebenen Moleküle die Signalweiterleitung als Antwort auf chemische Reize auslösen. α-Catenin und Talin sind *Mechanotransduktoren*, die sich an den cytosolischen Schwanz von Zelladhäsionsmolekülen binden (s. Kapitel 19); diese entfalten sich als Reaktion auf die Spannung, die von benachbarten Zellen ausgeübt wird, und diese Konformationsänderung sendet biochemische Signale, die sowohl schnelle Reaktionen in der Zellmechanik bewirken als auch langfristige Auswirkungen auf die Genexpression haben. Ein Piezo-Ionenkanal (s. Abschnitt 11.3.6) ist ein mechanosensitiver Ionenkanal, der die Zellmembran überspannt; er öffnet sich als Reaktion auf Scherspannung oder Dehnung der Plasmamembran und lässt dabei Ionen passieren, die dann Signalkaskaden auslösen. Durch solche mechanosensitiven Moleküle können Zellen und Gewebe die physische Umgebung, in der sie existieren, wahrnehmen und entsprechend reagieren.

21.4.2 Spannung und Adhäsion bestimmen die Zellanordnung innerhalb von Epithelschichten

Die zweidimensionale Epithelschicht, die in vielen Geweben vorkommt, ist ein einfaches System, um die Prinzipien der Morphogenese zu veranschaulichen. Bei alle Tierarten zeigen stabile Epithelschichten ein bemerkenswert einheitliches Muster von Zellformen, wobei die meisten Zellen an ihrer apikalen Oberfläche ein hexagonales Profil aufweisen (**Abb. 21.46a**). Diese Anordnung wird durch die mechanischen Eigenschaften der Zellen und ihren Verbindungen mit den Nachbarzellen bestimmt, die in erster Linie durch *Adhäsionsverbindungen* vermittelt werden (s. Kapitel 19). Die Kontraktilität eines Aktomyosinrings, der unter der Plasmamembran in der Nähe der Verbindungsstellen liegt, erzeugt die kortikale Spannung in jeder Zelle, die dazu führt, dass die Zelle von ihren Nachbarn weggezogen wird. Dieser Kraft wird jedoch durch Zell–Zell-Adhäsion entgegengewirkt, die durch Moleküle wie die Cadherine in den Verbindungsstellen vermittelt wird. Das Gleichgewicht zwischen diesen nach innen und nach außen gerichteten

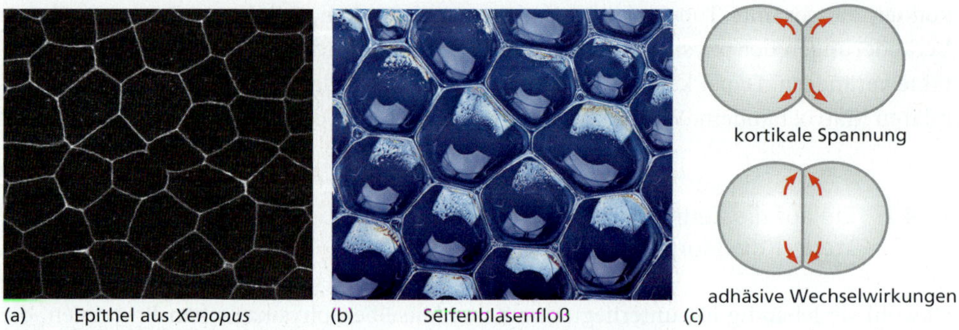

Abb. 21.46 Regelmäßige Verteilung von Zellformen in Epithelien. (a) Die fluoreszenzmikroskopische Aufnahme von Zellmembranen in einem frühen *Xenopus*-Embryo zeigt, dass die meisten Epithelzellen sechseckige Profile haben, wobei sechs Nachbarn Drei-Wege-Verbindungen bilden, wo sich die Zellen treffen. (b) Ein zweidimensionales „Floß" aus Seifenblasen auf der Wasseroberfläche zeigt eine ähnliche Organisation. (c) Die Länge und Geometrie der Zell–Zell-Kontakte werden durch entgegengesetzte Aktivitäten bestimmt. Das kontraktile Netzwerk des kortikalen Aktomyosin-Cytoskeletts innerhalb jeder Zelle neigt dazu, Zellen auseinanderzuziehen, während adhäsive Interaktionen, die durch Cadherine und andere Moleküle vermittelt werden, dazu neigen, die Zelloberflächen zusammenzuhalten. (a, mit freundlicher Genehmigung von Saranyaraajan Varadarajan und Ann Miller; b, Maksim Shebeko / Adobe Stock).

Kräften erzeugt eine vorhersehbare Konfiguration von Zellen, die mathematisch modelliert werden kann und der Packungsanordnung von anorganischen Gebilden wie Seifenblasen ähnelt (**Abb. 21.46b** und **21.46c**). Obwohl die physikalischen Mechanismen, die die Oberflächenspannungsminimierung und Kontaktflächen in Blasen ins Gleichgewicht bringen, sehr unterschiedlich von denen sind, die Zellen formen, ist die mathematische Lösung, die eine minimale Energie der Anordnung darstellt, ähnlich.

21.4.3 Sich verändernde Muster von Zelladhäsionsmolekülen zwingen Zellen in neue Anordnungen

Die Form von Geweben wird letztlich durch die Muster der Genexpression bestimmt, die Moleküle produzieren, die die physikalischen Eigenschaften der Zellen verändern, in denen sie exprimiert werden. Eine wichtige Klasse von Genen, die zu diesen Eigenschaften beiträgt, codiert für die Adhäsionsmoleküle, die Zellen auf ihrer Oberfläche aufweisen. Durch Veränderungen ihrer Oberflächenmoleküle kann eine Zelle alte Kontakte abbrechen und neue eingehen. Zum Beispiel können Zellen in einer Region eines Gewebes Oberflächeneigenschaften entwickeln, die sie miteinander verbinden und sich von einer benachbarten Gruppe von Zellen trennen, die andere Oberflächenmoleküle besitzen. Cadherine und andere Zell–Zell-Adhäsionsproteine, die in den verschiedenen Geweben eines sich entwickelnden Tieres unterschiedlich exprimiert werden, spielen eine wichtige Rolle. In Kapitel 19 haben wir gesehen, wie selektive Zell–Zell-Adhäsion ausreicht, um die Sortierung von Zellen aus einem Embryo in Gruppen mit einem ähnlichen Typ anzutreiben (s. **Abb. 19.7**); die Behandlung mit Antikörpern, die Cadherine binden, stört diesen Prozess. Veränderungen in der Expression der verschiedenen *Cadherin*-Gene korrelieren eng mit den verschiedenen Arten der Assoziation zwischen den Zellen während der Embryogenese wie zum Beispiel während der Gastrulation, Neuralrohrbildung und Somitenbildung. Cadherine steuern auch die Bildung und Auflösung von Epithelschichten und Zellverbänden. Weil schließlich Adhäsionsmoleküle nicht nur eine Zelle an eine andere kleben, sondern auch Verankerungen für intrazelluläre Aktinfilamente bieten, beeinflussen die Orte der Zell–Zell-Adhäsion die Spannung und die Zellbewegungen im sich entwickelnden Gewebe.

21.4.4 Abstoßende Wechselwirkungen helfen, Gewebegrenzen aufrechtzuerhalten

Die unterschiedlichen Typen von Cadherinen ermöglichen es verschiedenen Zelltypen, selektiv zusammenzuhalten: Zellen, die einen bestimmten Cadherintyp exprimieren,

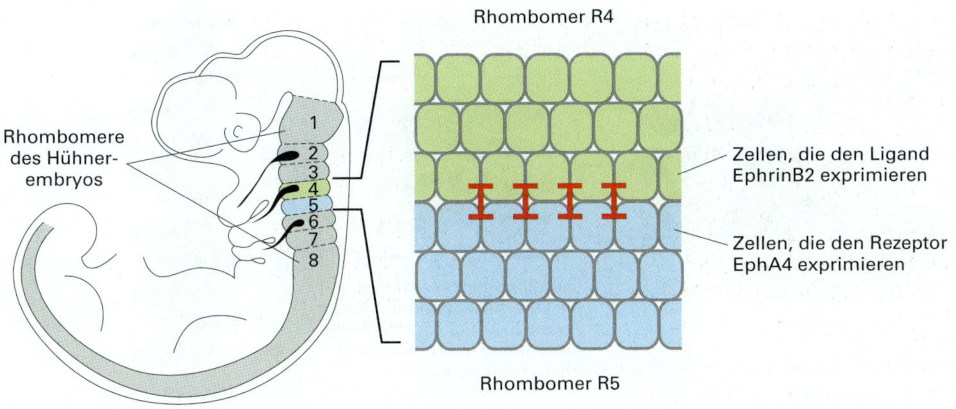

Abb. 21.47 Zellsortierung durch Abstoßung. Ephrin–Eph-Signalisierung bei der Rautenhirnsegmentierung in einem Hühnerembryo. Jedes Rhombomerpaar (Segmente im Rautenhirn) ist mit einem Branchialbogen (modifiziertes Kiemenrudiment) verbunden, an die das Paar eine Innervierung aussendet. Rhombomere unterscheiden sich voneinander durch die Expression unterschiedlicher *Hox*-Gene (s. **Abb. 21.30**). Unterschiede der Oberflächenspannung an der Grenzfläche zwischen den Zellen, die EphrinB2 in Rhombomer R4 und EphA4 in Rhombomer R5 exprimieren, führen zur gegenseitigen Abstoßung (*rote Balken*), wodurch sich eine scharfe Grenze bildet.

werden ihren Kontakt mit Zellen, die dasselbe Cadherin exprimieren, maximieren und sich dadurch von anderen Zellen absondern. So entstehen spezifische Gewebegrenzen. Auch auf andere Art und Weise kann eine Durchmischung von Zellen verhindert und Grenzen können gebildet und erhalten werden: Zellen unterschiedlicher Typen können sich manchmal aktiv abstoßen. Die in Kapitel 15 besprochene bidirektionale Aktivierung von Eph-Rezeptoren und Ephrinen vermittelt oft eine derartige Abstoßung. Sie kommt an Grenzflächen zwischen verschiedenen Zellgruppen vor, um zu verhindern, dass sich die Gruppen vermischen, und um das Eindringen unpassender Besucher abzuwehren. Ephrin–Eph-Signalisierung wirkt an den Grenzen der bereits besprochenen Somiten im Wirbeltierembryo (s. **Abb. 21.38**). Es wird angenommen, dass die Ephrin–Eph-Signalübertragung durch Modulation des kortikalen Aktomyosin-Cytoskeletts Unterschiede in der kortikalen Spannung zwischen den Zellen hervorruft, wodurch die Kraft des Zell–Zell-Kontakts verringert wird. Ein weiteres Beispiel sind die Rhombomere, die segmentierte Regionen des sich entwickelnden Wirbeltiergehirns darstellen. Benachbarte Rhombomere exprimieren komplementäre Kombinationen von Ephrinen und Eph-Rezeptoren. So halten sie die Zellen angrenzender Rhombomere streng voneinander getrennt, mit einer scharf definierten Grenzen dazwischen (**Abb. 21.47**).

21.4.5 Gruppen von ähnlichen Zellen können dramatische kollektive Umgestaltungen vollführen

Cadherinvermittelte Zellsortierung und Ephrin–Eph-vermittelte Abstoßung veranschaulichen, wie Unterschiede in Zelloberflächeneigenschaften die Gewebeanordnung steuern können, indem sie Zellen, die unterschiedliche Gengruppen exprimieren, dazu veranlassen, sich voneinander zu trennen. Aber auch Gruppen von Zellen, die sich alle ähnlich sind, können dramatische Umordnungen durchlaufen. Viele tierische Embryonen verlängern ihre Hauptkörperachse durch solche Umlagerungen in einem Prozess, der als **konvergierende Ausdehnung** bezeichnet wird. Konvergierende Ausdehnung tritt auf, wenn sich eine Zellpopulation koordiniert auf eine bestimmte Grenze zu bewegt und sich dabei ineinander schiebt (interkaliert). Dies führt dazu, dass sich das Gewebe entlang einer Achse verengt (konvergiert) und entlang einer anderen Achse ausdehnt (streckt). Die Gesamtveränderung der Gewebeform resultiert aus der Zellverschiebung und nicht aus einer Formveränderung einzelner Zellen und ist weitgehend unabhängig von der Gruppe der beteiligten Zellen. Eine eindrucksvolle Demonstration davon ist zu sehen, wenn kleine, quadratische Gewebefragmente aus

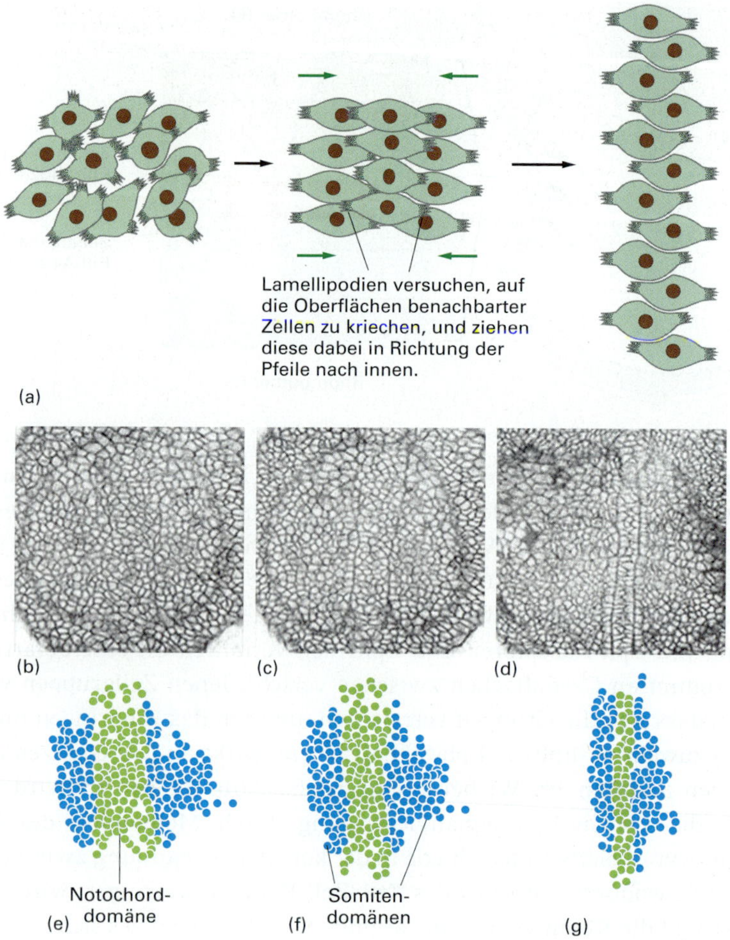

Abb. 21.48 Die konvergierende Ausdehnung durch Mesenchymzellwanderung. (a) Eine Population von Zellen bildet Lamellipodien aus, mit denen sie versuchen, übereinander hinwegzukriechen. Ausrichtung der Lamellipodienbewegungen entlang einer gemeinsamen Achse, die, wie wir in Kürze erläutern werden, durch planare Zellpolarität-Signalgebung kontrolliert wird, führt zur konvergierenden Ausdehnung. (b–g) Die Muster konvergierender Ausdehnung von dorsalem Mesoderm während der Gastrulation des Zebrafisches 8,8 (b, e), 9,3 (c, f) und 11,3 (d, g) Stunden nach der Befruchtung. Zellen, aus denen das Notochord entsteht, sind *grün* markiert und Zellen, aus denen Somiten und Muskeln entstehen, sind *blau* gefärbt. Notochord- und Somitendomänen sind von Beginn der Aufzeichnung an räumlich getrennt (b, e). Ihre Grenzen sind zunächst jedoch kaum sichtbar, erst etwas später werden sie offensichtlich. Konvergenz verengt die Notochorddomäne auf eine Breite von etwa zwei Zellen zum letzten Zeitpunkt (d, g). (a, nach J. Shih und R. Keller, *Development* 116: 901–914, 1992. Mit Erlaubnis von The Company of Biologists; b–g, nach N. S. Glickman *et al.*, *Development* 130: 873–887, 2003. Mit Erlaubnis von The Company of Biologists).

der entsprechenden Region eines Froschembryos in einer Schale kultiviert werden. Diese verjüngen und verlängern sich spontan, genauso wie sie es im sich entwickelnden Tier tun würden.

Die konvergierende Ausdehnung tritt häufig bei der Streckung von Organen auf, obwohl das Zellverhalten, das ihr zugrunde liegt, unterschiedlich sein kann. Während der Froschgastrulation beispielsweise verlieren die Zellen in einer Region des Oberflächenepithels ihren Epithelcharakter, wenn sie in das Innere des Embryos wandern. Die lose verbundenen Zellen, die *Mesenchymzellen* genannt werden, bilden aktinbasierte Ausstülpungen, die Lamellipodien, die so ausgerichtet sind, dass sie übereinander kriechen und sich ineinander verschränken, während sie in Richtung der embryonalen Mittellinie konvergieren (**Abb. 21.48**). Wenn der *Drosophila*-Embryo im Gegensatz dazu seine anteroposteriore Achse verlängert, bleiben die beteiligten Zellen epithelial. Diese Zellen behalten ihre engen Adhäsionsverbindungen bei, ordnen aber die Beziehungen zu ihren Nachbarn neu, indem sie die Zellverbindungen entlang einer Achse schrumpfen, während sie diese in einer anderen Achse ausdehnen, um eine Zellinterkalation zu erreichen (**Abb. 21.49**, s. a. **Abb. 19.15**). Die Neuordnung der Verbindungsstellen ist mit einer unterschiedlich zusammenziehenden Spannung (differentielle Kontraktion), die auf diese Verbindungsstellen einwirkt und die durch die lokale Myosinaktivität erzeugt wird, verbunden. In beiden Fällen, sei es die mesenchymale Migration oder der epitheliale Umbau der Verbindungsstellen, hängt die Koordination des Zellverhaltens von einem Signalweg ab, der eine *planare Zellpolarität* erzeugen kann, wie wir im Folgenden erörtern.

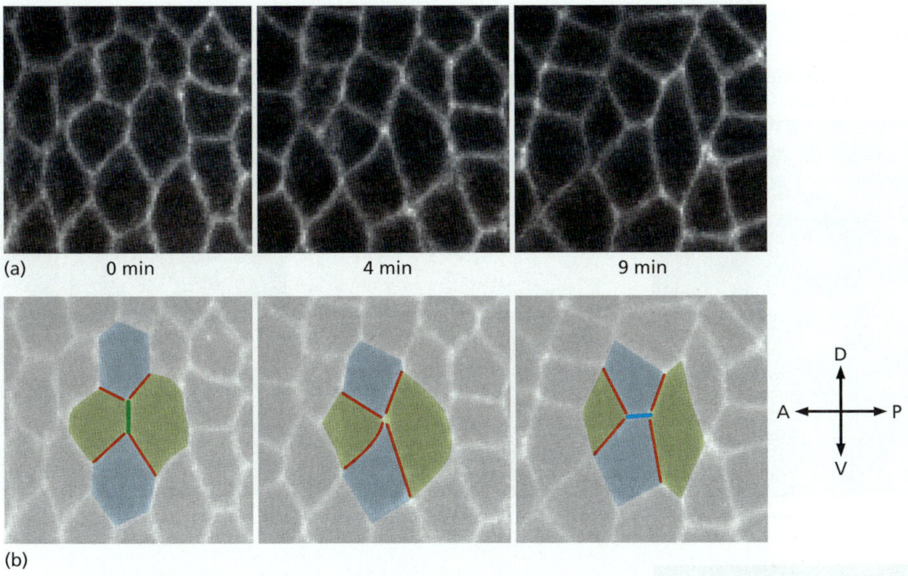

Abb. 21.49 Konvergierende Ausdehnung durch Umordnung epithelialer Verbindungen. In (a) sind Fluoreszenzaufnahmen der embryonalen Epidermis von *Drosophila* über einen Zeitraum von 9 Minuten gezeigt, mit Zeichnungen in (b), die spezifische Zellen und Zellverbindungen einfärben. Wie in anderen Epithelien sind die meisten Zellen zunächst sechseckig und ihre Verbindungsstellen werden von drei Nachbarn geteilt. Um das Gewebe entlang der anteroposterioren Achse zu verlängern, schrumpfen einige der dorsoventral orientierten Verbindungen (*grün*), wodurch sich eine vorübergehende Anordnung ausbildet, in der die Zellen fünfeckig oder viereckig sind. Dabei teilen sich vier Nachbarn eine Verbindungsstelle. Anschließend bildet sich eine neue Verbindung (*blau*) entlang der anteroposterioren Achse, die nun zwischen zwei Zellen geteilt wird, die sich vorher nicht berührten. Dieser Prozess des Schrumpfens und Verlängerns der Verbindungen auf eine planar-polarisierte Weise entlang der gesamten Epidermis verengt und dehnt das Gewebe aus, wobei die epitheliale Integrität aufrechterhalten bleibt. (Aufnahmen mit freundlicher Genehmigung von Huapeng Yu und Jennifer Zallen).

21.4.6 Planare Zellpolarität richtet das Zellverhalten innerhalb eines Embryos aus

So wie ein Kompass es uns ermöglicht, uns in einer Landschaft zu orientieren, müssen Zellen, die morphogenetische Bewegungen machen, ein System zur eigenen Orientierung in Bezug auf die verschiedenen Körperachsen des Tieres, in dem sie sich befinden, besitzen. In Kapitel 19 haben wir besprochen, dass alle Epithelzellen eine apikal-basale Polarität aufweisen, aber die Zellen vieler Epithelien zeigen eine zusätzliche Polarität im rechten Winkel zu dieser Achse: Die Zellen sind alle so angeordnet, als wären sie mit einem Pfeil markiert, der in eine spezifische Richtung in der Epithelebene zeigt. Diese Art von Polarität wird als **planare Zellpolarität** bezeichnet. In den Flügeln einer Fliege besitzt z. B. jede Epithelzelle auf ihrer Oberfläche eine winzige asymmetrische Ausbuchtung, die als Flügelhaar bezeichnet wird. Die Haare zeigen alle in Richtung Flügelspitze. Ähnlich besitzt im Innenohr eines Wirbeltiers jede mechanosensorische Haarzelle ein exakt orientiertes, asymmetrisches, aktingefülltes Bündel stäbchenförmiger Vorwölbungen, die als Stereocilien bezeichnet werden und aus der apikalen Plasmamembran herausragen. Sie dienen als Detektoren für Töne und Kräfte wie die Schwerkraft. Wenn sich das Bündel in eine Richtung neigt, hat dies zur Folge, dass sich Ionenkanäle in der Membran öffnen und die Zelle elektrisch aktiviert wird. Biegt es sich in die entgegengesetzte Richtung, hat dies die entgegengesetzte Wirkung. Damit das Ohr richtig funktioniert, müssen die Haarzellen korrekt ausgerichtet sein. Planare Zellpolarität spielt auch im Respirationstrakt eine wichtige Rolle. Dort muss jede cilientragende Zelle das Schlagen ihrer Cilien so ausrichten, dass Schleim nach oben, aus der Lunge heraus, transportiert wird.

Die Suche nach Mutanten mit falsch ausgerichteten Flügelhaaren in *Drosophila* hat eine Gruppe von Genen ausfindig gemacht, die die planare Zellpolarität in vielen Geweben steuern. Einige dieser Gene codieren für Komponenten des Wnt-Signalwegs, andere codieren für Transmembranproteine wie spezialisierte Mitglieder der Cadherin-Superfamilie, die über benachbarte Zell–Zell-Verbindungen interagieren. Zusammen mit intrazellulären Proteinen, die die Lokalisierung der Transmembranproteine beeinflussen, werden zwei komplementäre, sich gegenseitig ausschließende Domänen entlang der apikalen Oberfläche so definiert, dass sie einen polarisierenden Einfluss ausüben, der sich von Zelle zu Zelle ausbreitet und zur Polarisierung des gesamten Epithelgewebes führt. Bei Wirbeltieren wird die planare Zellpolarität im Wesentlichen durch dasselbe Proteinsystem

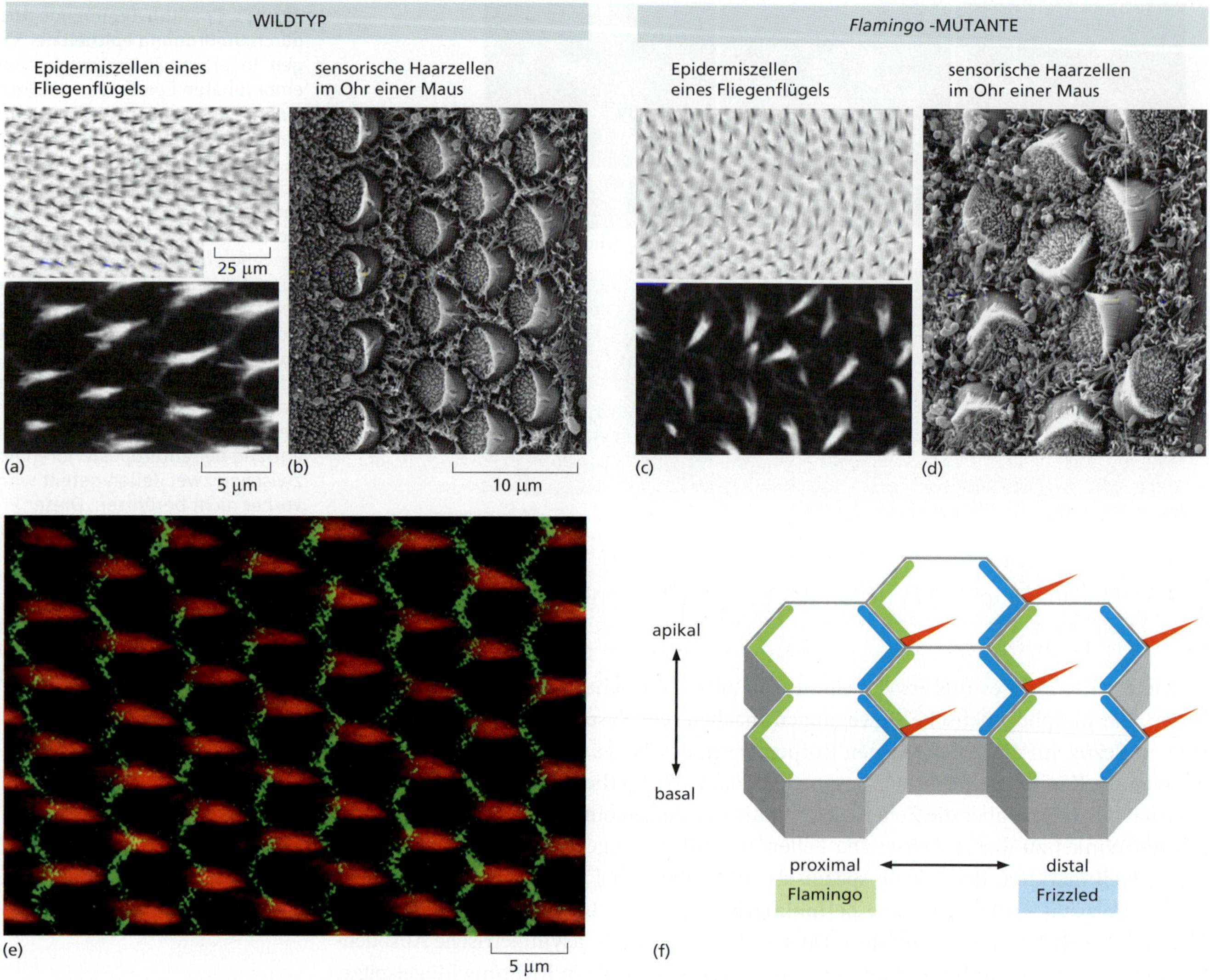

Abb. 21.50 Planare Zellpolarität. (a) Flügelhaare auf dem Flügel einer Fliege. Jede Zelle im Flügelepithel bildet eine kleine, stachelige Vorwölbung oder ein „Haar" an ihrer Spitze. Alle Haare zeigen in die gleiche Richtung: auf die Flügelspitze zu, was die planare Polarität in der Struktur jeder Zelle widerspiegelt. (b) Sensorische Haarzellen im Innenohr einer Maus besitzen ebenfalls eine klar definierte planare Polarität, die sich im ausgerichteten Muster der Stereocilien (aktingefüllte Vorwölbungen) auf ihrer Oberfläche manifestiert. Die Wahrnehmung von Geräuschen hängt von der korrekten, koordinierten Ausrichtung der Haarzellen ab. (c) Eine Mutation im *Flamingo*-Gen in der Fliege, das für ein nichtklassisches Cadherin codiert, zerstört das Muster der planaren Zellpolarität im Flügel. (d) Eine Mutation in einem homologen *Flamingo*-Gen in der Maus macht die Ausrichtung des planaren Zellpolaritätsvektors der Haarzellen im Ohr vom Zufall abhängig. Die mutierten Mäuse sind taub. (e) Mikroskopaufnahme, die die Lokalisierung von Flamingo (*grün*) in einem verpuppten Fliegenflügel im Verhältnis zu den aus jeder Zelle wachsenden Haaren (*rot*) zeigt. (f) Zeichnung, die die planar-polarisierte Lokalisierung von *Flamingo* auf einer Seite jeder Epithelzelle und die Lokalisierung eines anderen, die planare Polarität regulierenden Proteins namens Frizzled auf der gegenüberliegenden Seite, aus der sich das Haar bilden wird, zeigt. (a und c, aus J. Chae *et al.*, *Development* 126: 5421–5429, 1999. Mit Genehmigung von The Company of Biologists; b und d, aus J. A. Curtin *et al.*, *Curr. Biol.* 13: 1129–1133, 2003. Mit Genehmigung von Elsevier; e, mit freundlicher Genehmigung von Paul Adler).

kontrolliert; Mäuse, die Fehler in den Genen aufweisen, die homolog zu den planaren Polaritätsgenen von *Drosophila* sind, zeigen eine Vielfalt von Defekten. Dazu gehören falsch ausgerichtete Haarzellen im Innenohr, was zu Taubheit führt (**Abb. 21.50**).

21.4.7 Ein Epithel kann sich während der Entwicklung zu einer Röhre verbiegen

Konvergierende Ausdehnung ist ein Beispiel für Morphogenese in zwei Dimensionen. Wenn Zellen die Ebene eines Gewebes verlassen und dreidimensionale Strukturen

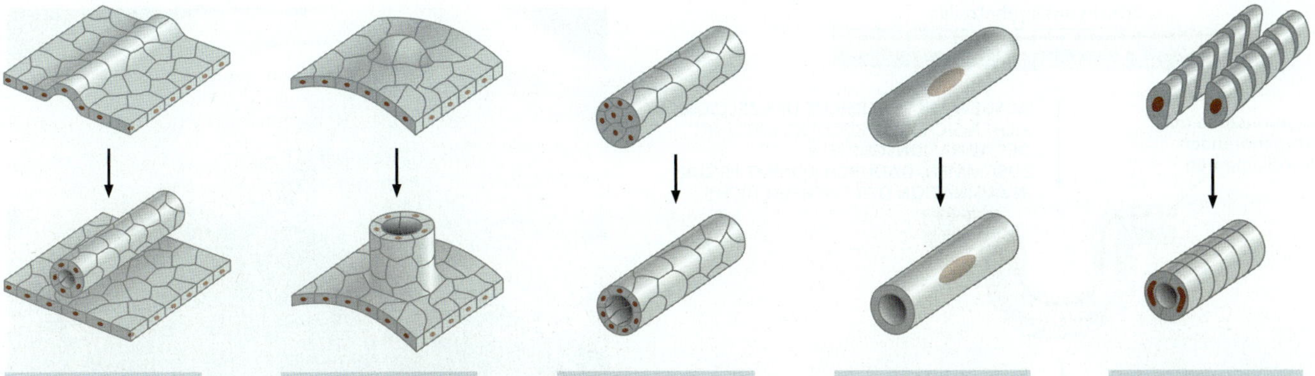

Abb. 21.51 Verschiedene Zellverhaltensweisen, die an der Bildung von Röhren beteiligt sind. Durch Faltung entsteht das Neuralrohr, Knospung liegt der Bildung der Lungen und Tracheen zugrunde, das Aushöhlen von Strängen erfolgt während der Bildung von Speicheldrüsen bei Säugetieren, das Aushöhlen von Zellen ist an der Entstehung von endständigen Zellröhren der Tracheen beteiligt und durch den Zusammenbau von Zellen entsteht in den frühesten Stadien der Herzentwicklung die Herzröhre.

bilden müssen, nehmen sie zusätzliche Verhaltensweisen an. Der universelle Prozess der Gastrulation beinhaltet, dass zukünftige endodermale und/oder mesodermale Zellen in das Innere des Embryos wandern, was häufig durch eine örtlich begrenzte Faltung des Blastula-Epithels initiiert wird. Durch eine ähnliche Verformung können aus flachen Epithelschichten biologische Röhren entstehen, auch das für Chordaten charakteristische Neuralrohr, obwohl es auch – wie in **Abb. 21.51** skizziert – andere Wege zur Bildung von Röhren gibt.

Gewebe können durch ein weit verbreitetes Zellverhalten, die sogenannte *apikale Konstriktion*, gekrümmt werden. Diese tritt auf, wenn Zellen Myosin-Motorproteine verwenden, um Bündel von Aktinfilamenten zusammenzuziehen, die an Adhäsionsverbindungen in der Nähe ihrer apikalen Oberfläche verankert sind. Die Verkürzung dieser Filamentbündel führt dazu, dass sich die Epithelzellen an ihrer Spitze verengen. Dadurch wird die Zelle von einer säulenartigen Form in eine ausgeprägte Keil- oder Flaschenform verwandelt. Da die Zellen durch Adhäsionsverbindungen miteinander verbunden sind, kann eine koordinierte Kontraktion in einer Gruppe dazu führen, dass sich das gesamte Blatt verbiegt oder sogar zu einer Röhre aufrollt (**Abb. 21.52**). Die Zellgruppen, die eine apikale Konstriktion erfahren, werden durch eine örtliche Expression von mustergebenden Genen ausgewählt, die die Aktivität der kontraktilen Aktomyosin-Netzwerke auslösen. In *Drosophila*-Embryonen kontrolliert der ventral begrenzte Transkriptionsregulator Twist (s. **Abb. 21.26**) das Myosinverhalten in vermutlich mesodermalen Zellen, die dann gastrulieren, indem sie eine vorübergehende röhrenartige Einstülpung erzeugen. In Wirbeltierembryonen führen Muster von *Sonic Hedgehog-(Shh)* und BMP-Signalisierungen zu einer apikalen Verengung an drei Scharnierpunkten, die die Neuralplatte in ein geschlossenes Neuralrohr verwandeln.

21.4.8 Durch Wechselwirkungen zwischen Epithel und Mesenchym entstehen sich verzweigende, tubuläre Strukturen

Embryonen entwickeln oft verzweigte röhrenförmige Strukturen, wenn große Oberflächen für Funktionen wie Ausscheidung, Aufnahme von Nährstoffen und Gasaustausch erforderlich sind. Die Lungen sind ein Beispiel dafür. Sie entstehen aus epithelialen Knospen, die aus dem Boden des Vorderdarms herauswachsen und in das benachbarte Mesenchym eindringen, wobei der Bronchialbaum entsteht – ein System von Röhren,

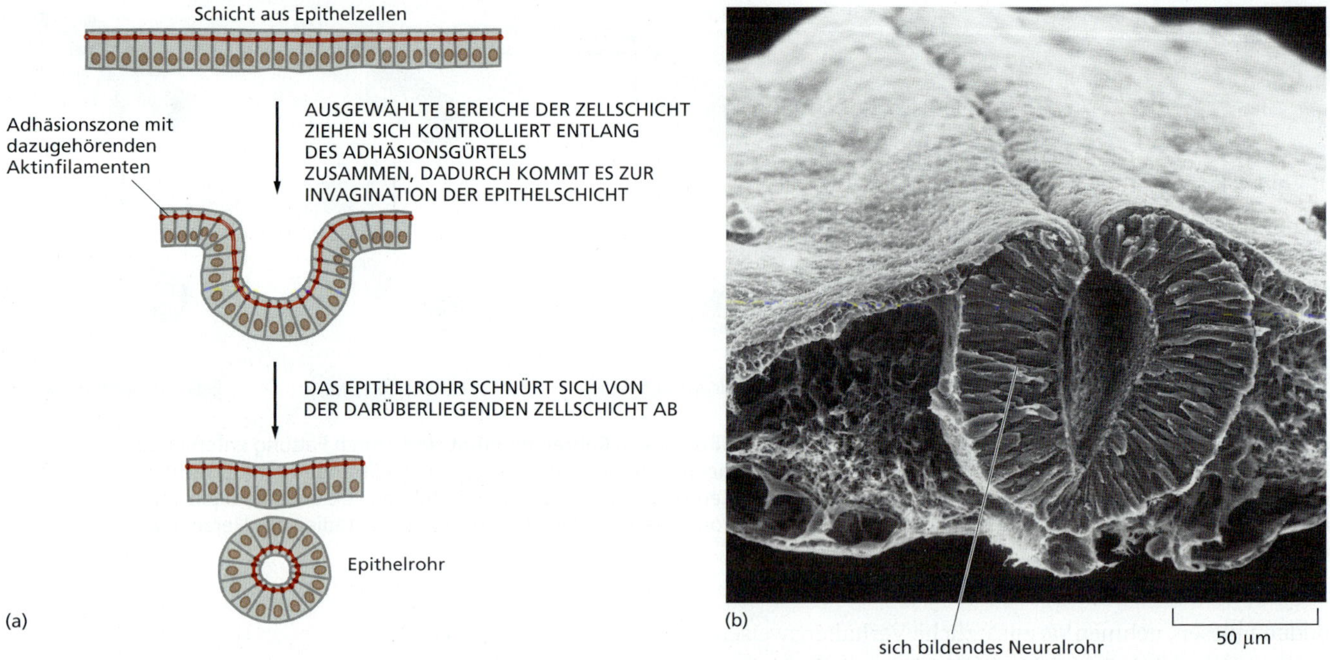

Abb. 21.52 Bildung eines Rohrs durch Krümmung einer Epithelschicht. Kontraktion apikaler Aktinfilamentbündel, die über Adhäsionsverbindungen zwischen den Zellen verbunden sind, bewirkt, dass sich die Epithelzellen an ihrer Spitze verengen. Abhängig von der Anzahl und der Anordnung der Zellen, in denen die Kontraktion stattfindet, kann das eingestülpte Epithel mit der ursprünglichen Schicht verbunden bleiben oder kann sich zu einer eigenen (getrennten) Röhre oder einer Hohlkugel einrollen. (a) Darstellung, wie ein Rohr durch apikale Kontraktion entlang einer Achse einer Epithelschicht entsteht. (b) Die rasterelektronenmikroskopische Aufnahme zeigt einen Querschnitt durch den Rumpf eines zwei Tage alten Hühnerembryos. Zu erkennen ist die Bildung des Neuralrohrs durch den in (a) skizzierten Prozess. Aus dem Neuralrohr entwickeln sich das Gehirn und das Rückenmark. (b, mit freundlicher Genehmigung von Jean-Paul Revel).

die sich wiederholt verzweigen, während sie sich ausdehnen und schließlich beim Menschen schätzungsweise 17 Millionen Verzweigungen bilden. Endothelzellen, die die Auskleidungen der Blutgefäße bilden, dringen in dasselbe Mesenchym ein und schaffen so ein System aus dicht aneinanderliegenden Atemwegen und Blutgefäßen, so wie es für den Gasaustausch in der Lunge nötig ist (**Abb. 21.53**). Der ganze Vorgang der *Verzweigungsmorphogenese* hängt von einem in beide Richtungen laufenden Signalaustausch zwischen den wachsenden Epithelknospen und dem Mesenchym ab. Genetische Untersuchungen an der Maus zeigen, dass es sich bei den zentralen Teilen dieses Signalgebungsverfahrens um die Fibroblasten-Wachstumsfaktor (FGF, engl. *fibroblast growth factor*)-Proteine und ihre Rezeptor-Tyrosinkinasen handelt. FGF-Signalisierung übt verschiedene Funktionen in der Entwicklung aus, ist aber besonders wichtig in den vielen Interaktionen zwischen dem sich entwickelnden Epithel und Mesenchym.

Bei der Entwicklung der Lunge wird FGF10 in Gruppen von Mesenchymzellen exprimiert, die sich in der Nähe der Spitzen der wachsenden Epithelröhren befinden, während sein Rezeptor in den eindringenden Epithelzellen exprimiert wird. In mutierten Mäusen mit fehlerhaftem FGF10 wird eine Primärknospe des Lungenepithels angelegt, sie kann aber nicht in das Mesenchym auswachsen, um einen Bronchienbaum auszubilden. Umgekehrt kann ein in FGF10 gebadetes Mikrokügelchen, das in die Nähe eines in Gewebekultur gehaltenen embryonalen Lungenepithels gebracht wird, die Bildung einer Knospe induzieren und ihr Auswachsen aus dem Epithel auf das Kügelchen zu veranlassen. Offensichtlich wandert das Epithel nur nach Aufforderung als Antwort auf FGF10 in das Mesenchym ein.

Was aber veranlasst die wachsenden Epithelröhren der Lunge dazu, sich wiederholt zu verzweigen, während sie in das Mesenchym eindringen? Dies hängt von einem

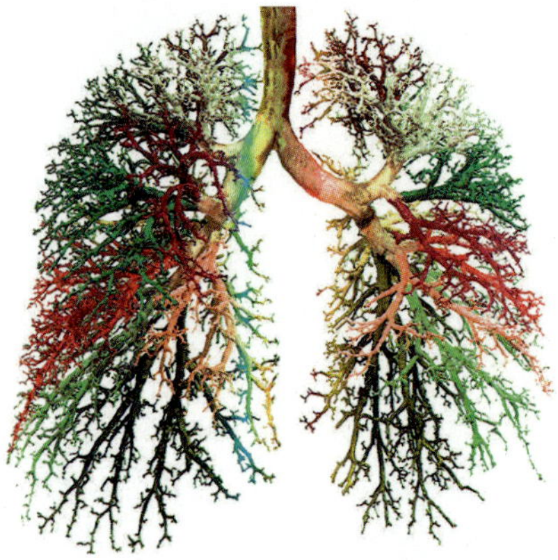

Abb. 21.53 Die Luftwege der Lunge, dargestellt in einem Abguss eines adulten menschlichen Bronchienbaums. Verschieden eingefärbte Harze wurden in unterschiedliche Bereiche des verzweigten Röhrensystems injiziert. (James Cavallini/Science Source).

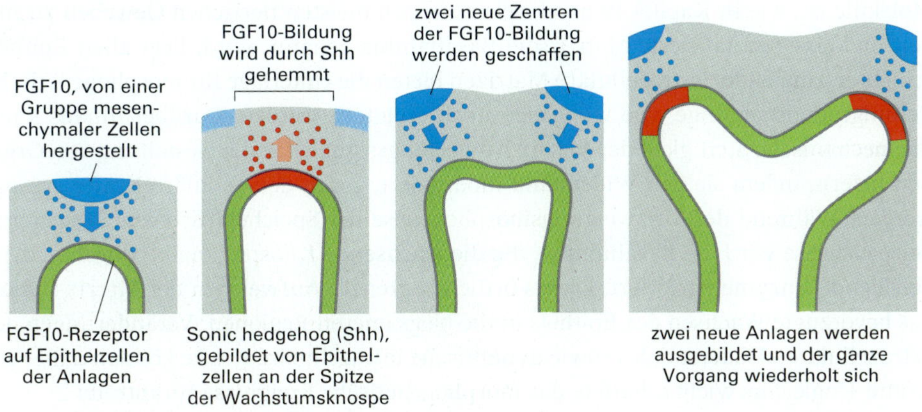

Abb. 21.54 Verzweigungsmorphogenese der Lunge. Modellvorstellung der induzierenden Wirkung von FGF10 und Sonic hedgehog beim Wachstum und der Verzweigung der Bronchialanlagen. Viele andere Signalmoleküle wie z. B. BMP4 werden ebenfalls in diesem sich entwickelnden Organsystem exprimiert und der hier dargestellte Verzweigungsmechanismus ist nur einer von mehreren denkbaren. Wie dargestellt, wird das FGF10-Protein in Gruppen von Mesenchymzellen in der Nähe der Spitzen der wachsenden Epithelröhren exprimiert, während sein Rezeptor in den Epithelzellen selbst exprimiert wird. Das Sonic hedgehog-Signal wird in die entgegengesetzte Richtung gesandt, von den Epithelzellen an den Spitzen der Knospen zurück ins Mesenchym. Die Genexpressionsmuster und ihre zeitliche Koordination legen nahe, dass das Sonic hedgehog-Signal dazu dient, die FGF-Expression in den Mesenchymzellen abzuschalten, die der wachsenden Spitze einer Knospe am nächsten sind. Dies führt zur Aufspaltung des FGF10-sezernierenden Zellverbunds in zwei getrennte Cluster und dies wiederum veranlasst die Knospe dazu sich zu verzweigen.

Sonic hedgehog-Signal ab, das in entgegengesetzter Richtung von den Epithelzellen an der Spitze der Knospe zurück in das Mesenchym gesendet wird, wo es die FGF10-Synthese hemmt, um die Verzweigung, wie in **Abb. 21.54** gezeigt, zu fördern. In Mäusen, denen Sonic hedgehog fehlt, wächst und differenziert sich das Lungenepithel, bildet aber sackförmige Strukturen anstelle des sich verzweigenden Baums aus Röhren.

FGF ist auch das Hauptsignal bei der Bildung des Luftaustauschsystems von Insekten. Dieses besteht aus einem Muster von feinen, luftgefüllten Kanälen, die als *Tracheen* und *Tracheolen* bezeichnet werden. Sie entstehen aus der Epidermis, die die Oberfläche des Körpers bedeckt und sich nach innen erweitert, um in die darunterliegenden Gewebe einzudringen. Dabei verzweigen und verengen sie sich (**Abb. 21.55**). FGF wirkt auf Zellen an den Spitzen der vordringenden Tracheen. Es bewirkt, dass sie Filopodien aussenden und in Richtung des FGF-Signals wandern. Da die Zellen der Spitzen mit dem Rest des Tracheenepithels verbunden bleiben, führt die so entstehende Zugkraft zur Verlängerung der Trachealröhre.

Anfänglich wird das FGF-Synthesemuster in Fliegenembryos über die besprochenen D-V- und A-P-Musterbildungssysteme definiert. In späteren Entwicklungsstadien wird die FGF-Expression dagegen durch Transkriptionsregulatoren induziert, die als *Hypoxie-induzierbare Faktoren* (*HIFs*) bezeichnet werden. Sie werden bei Hypoxie (geringem Sauerstoffgehalt) aktiviert. So stimuliert Sauerstoffmangel die Bildung immer feinerer und weiter verzweigter Tracheen, bis die Sauerstoffversorgung ausreicht und der Prozess gestoppt wird.

21.4.9 Die extrazelluläre Matrix beeinflusst ebenfalls die Gewebeform

Bislang haben wir nur die Kräfte betrachtet, die von den Zellen während der Morphogenese erzeugt werden. Wir dürfen jedoch einen anderen wichtigen Bestandteil von Organen nicht außer Acht lassen: die extrazelluläre Matrix. Dieses Netzwerk unlöslicher

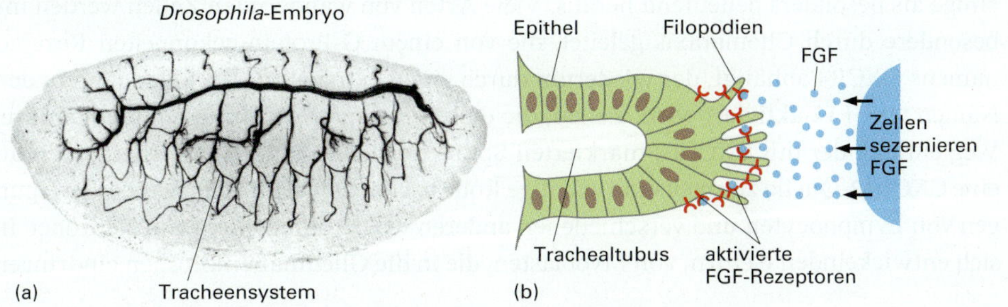

Abb. 21.55 Verzweigungsmorphogenese der Atemwege in einer Fliege. (a) Das embryonale Tracheensystem von *Drosophila*. (b) FGF (bei *Drosophila* vom *Branchless*-Gen produziert) gibt Signale von den umliegenden Zellen an das Tracheenepithel weiter und aktiviert dessen FGF-Rezeptoren. Dadurch entstehen Filopodien und die Röhren werden verlängert. (a, aus G. Manning und M. A. Krasnow, in The Development of *Drosophila melanogaster* (A. M. Arias und M. Bate, eds.), Bd. 1, S. 609–685. New York: Cold Spring Harbor Laboratory Press, 1993. Mit Genehmigung von Cold Spring Harbor Laboratory Press).

Moleküle ist, wie in Kapitel 19 beschrieben, in den meisten tierischen Geweben zu finden und eine spezialisierte Matrix, die Basallamina genannt wird, liegt allen Epithelschichten zugrunde. Extrazelluläre Matrizen bieten die Unterlage für morphogenetische Zellmigrationsvorgänge, wie wir gleich noch erläutern werden. Darüber hinaus kann die mechanische Steifigkeit der Matrix Anweisungssignale für die Gestaltung von Organen liefern, indem sie den Widerstand modifiziert, gegen den zelluläre Kräfte erzeugt werden. Während der Verzweigungsmorphogenese der Speicheldrüse von Säugetieren beispielsweise wird die Basallamina, die die wachsende Knospe umgibt, durch matrixabbauende Enzyme perforiert. Dieses örtlich begrenzte Aufweichen der Matrix fördert das bevorzugte Wachsen des Epithels in die biegsameren Regionen. Veränderungen des extrazellulären Widerstandes sowie dynamische intrazelluläre Kräfte können daher ein Kräfte-Ungleichgewicht schaffen, das morphogenetische Ereignisse vorantreibt.

21.4.10 Die Zellwanderung wird durch Signale aus der Umgebung gesteuert

Der Geburtsort von Zellen ist oft weit vom ihrem endgültigen Platz im Körper entfernt. Unsere Skelettmuskeln stammen z. B. von den *Muskelvorläuferzellen* oder *Myoblasten* in den Somiten, von denen aus sie in die Gliedmaßen oder in andere Regionen wandern. Die Wege, denen die Zellen folgen, und die Auswahl der Orte, die sie besiedeln, bestimmen das letztendliche Muster der Muskulatur im Körper. Die embryonalen Bindegewebe bilden das Gefüge, durch das die Myoblasten wandern, und diese Gewebe stellen die Signale zur Verfügung, die die Verteilung der Myoblasten steuern. Ganz gleich, von welchem Somit sie stammen, die Myoblasten, die in eine Vordergliedmaßenknospe wandern, werden die passende Muskulatur für eine Vordergliedmaße bilden und diejenigen, die in eine Hintergliedmaße wandern, werden die entsprechenden Muskeln einer Hintergliedmaße formen. Es ist das Bindegewebe, das die Information für die Musterbildung liefert.

Während eine Zelle durch das embryonale Gewebe wandert, streckt sie immer wieder Ausbuchtungen ihrer Oberfläche aus und untersucht damit ihre unmittelbare Umgebung. Sie sucht nach Signalen, für die sie aufgrund ihrer spezifischen Auswahl an Zelloberflächen-Rezeptorproteinen empfänglich ist. In der Zelle sind diese Rezeptoren mit dem kortikalen Aktin- und Myosinskelett verbunden, mit dessen Hilfe sich die Zelle bewegt (s. Kapitel 16). Einige extrazelluläre Matrixmoleküle wie das Protein Fibronektin bilden adhäsive Stellen, die der Zelle helfen voranzukommen. Andere Moleküle wie Chondroitinsulfat-Proteoglykan hemmen die Fortbewegung und wehren eine Zuwanderung ab. Die nicht wandernden Zellen entlang der Wanderstrecke können ebenfalls einladende oder abstoßende Makromoleküle auf ihrer Oberfläche besitzen. Einige können sogar Filopodien ausstrecken, um ihre Anwesenheit kundzutun.

Zusätzlich zu den allgemeinen Haftmolekülen können wandernde Zellen auch durch spezifische chemische oder mechanische Signale gelenkt werden, die von speziellen Rezeptoren wahrgenommen werden. Unter den vielen lenkenden Einflüssen stechen einige als besonders bedeutend heraus. Viele Arten von wandernden Zellen werden insbesondere durch Chemotaxis geleitet, die von einem G-Protein-gekoppelten Rezeptor namens CXCR4 abhängt, der wiederum durch einen extrazellulären Liganden mit dem Namen CXCL12 aktiviert wird. Zellen, die diesen Rezeptor exprimieren, können ihren Weg entlang der mit CXCL12 markierten Spur kriechen (**Abb. 21.56**). Chemotaxis auf eine CXCL12-Quelle zu spielt eine wichtige Rolle bei der Steuerung der Wanderbewegungen von Lymphocyten und verschiedenen anderen weißen Blutzellen, von Neuronen im sich entwickelnden Gehirn, von Myoblasten, die in die Gliedmaßenknospen eindringen,

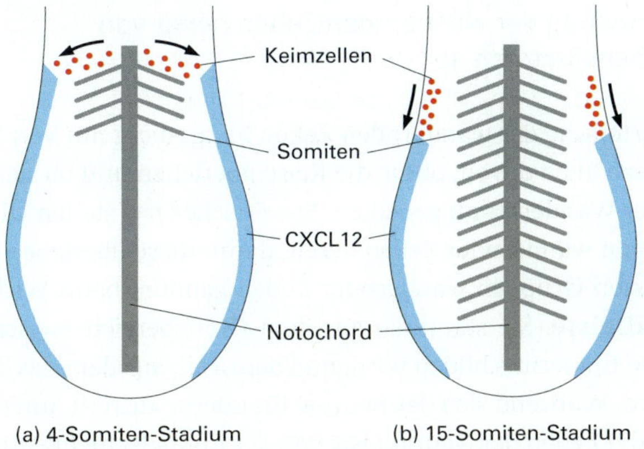

Abb. 21.56 CXCL12 steuert die wandernden Keimzellen. Keimzellen des Zebrafisches wandern zu Domänen, die CXCL12 exprimieren. Wenn die Orte der CXCL12-Expression wechseln, folgen die Zellen der CXCL12-Spur und werden zu der Region geleitet, wo sich in einem späteren Entwicklungsstadium die Gonaden entwickeln. (a) Im 4-Somiten-Stadium wandern die Keimzellen von einer Position in der Nähe der Mittellinie zu weiter lateralen Regionen, wo CXCL12 exprimiert wird. (b) Wenn die CXCL12-Expression zurückgeht, werden die Keimzellen zu weiter posterior gelegenen Stellen geleitet, wo sich die Gonaden entwickeln.

von primordialen Keimzellen, die in Richtung der sich entwickelnden Gonaden wandern, und von Krebszellen, während sie metastasieren.

Detaillierte Studien zur primordialen Keimzellwanderung haben gezeigt, dass die CXCL12-Signalgebung die Zellwanderung nicht *per se* induziert, sondern eher ihre Richtung kontrolliert. In Abwesenheit von CXCL12-Signalisierung bilden die Keimzellen immer noch die zur Zellwanderung gehörenden Membranbläschen, aber die Position der Zellfront, an der sich die Bläschen bilden, ist zufällig ausgewählt (**Abb. 21.57**). Entsprechend ist die Wanderung dann eher zufällig. Bei intakter CXCL12-Signalübertragung findet die Bläschenbildung häufiger an der Seite der Zelle statt, die der CXCL12-Quelle zugewandt ist, wodurch es zu einer gerichteten Wanderung kommt.

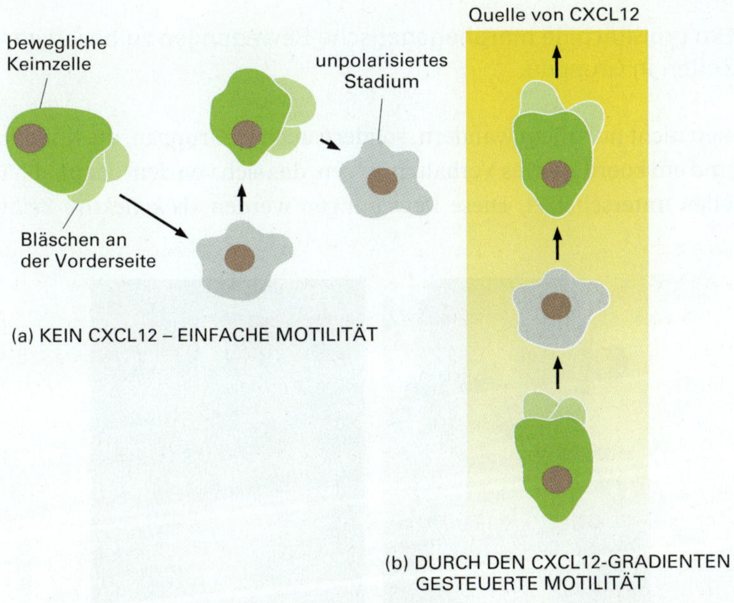

Abb. 21.57 Gerichtete Wanderung über lokale Bläschenbildung. (a) Keimzellen wandern über Vorwölbungen am Leitsaum der Zelle, die man Bläschen nennt. Dort löst sich die Plasmamembran lokal von der darunterliegenden Aktinide und drückt nach außen (s. **Abb. 16.18**). (b) Die Beständigkeit und Stelle der Vorwölbungen sind auf die erhöhten CXCL12-Konzentrationen ausgerichtet. So wandern die Keimzellen den CXCL12-Gradienten entlang. Zu beachten ist, dass diese Form der Zellwanderung sich von derjenigen unterscheidet, die auf aktinreichen Lamellipodien beruht (s. **Abb. 21.48** und **21.59**).

21.4.11 Die Verteilung der wandernden Zellen hängt von Überlebensfaktoren ab

Die endgültige Verteilung der wandernden Zellen hängt nicht nur von den Wegen ab, die sie nehmen, sondern auch davon, ob sie die Reise überleben und ob sie in der Umgebung am Endpunkt ihrer Wanderschaft gedeihen. Spezifische Orte stellen Überlebensfaktoren für bestimmte Typen wandernder Zellen bereit, damit diese überleben.

Zu den wichtigsten Gruppen wandernder Zellen gehören beim Wirbeltierembryo die Zellen der **Neuralleiste**. Sie stammen aus dem Grenzbereich zwischen dem Teil des Ektoderms, der die Epidermis bilden wird, und dem Teil, aus dem das Zentralnervensystem entstehen wird. Während sich das neurale Ektoderm aufrollt, um das Neuralrohr zu bilden, lösen sich die Zellen der Neuralleiste von der Epithelschicht entlang dieser Grenzregion ab und brechen zu ihrer langen Wanderung auf (s. **Abb. 19.8**). Sie lassen sich schließlich an vielen Stellen nieder und aus ihnen entsteht eine überraschende Vielfalt an Zelltypen. Einige differenzieren sich zu Neuronen und Gliazellen des peripheren Nervensystems – nicht nur in den sensorischen Ganglien, die sich in der Nähe des Rückenmarks befinden, sondern auch, nach einer viel weiteren Wanderung, in der Darmwand. Andere bilden Skelettgewebe im Gesicht. Wieder andere siedeln sich in der Haut an und spezialisieren sich zu Pigmentzellen.

Ein Signalweg, der für das Überleben von Zellen der Neuralleiste erforderlich ist, wurde durch die Untersuchung von Tieren mit gestörter Pigmentierung identifiziert. Viele natürlich vorkommende Mausmutanten, die weiße Flecken auf ihrem normalerweise schwarzen Haarkleid aufweisen, besitzen einen Defekt in einem Gen, das für ein sekretiertes Peptid namens Stammzellfaktor codiert. Stammzellfaktor wird von Geweben entlang der Migrationswege produziert und wirkt als Überlebensfaktor für die wandernden Zellen der Neuralleiste. Bei Tieren, bei denen der Stammzellfaktor oder sein Rezeptor – eine Transmembran-Tyrosinkinase namens Kit – defekt sind, sterben viele der wandernden Neuralleistenzellen durch Apoptose ab. Infolgedessen haben die mutierten Individuen nicht pigmentierte (Albino) Hautflecken (**Abb. 21.58**). Der Stammzellfaktor ist ein wichtiges Überlebenssignal auch für andere Arten von wandernden Zellen, einschließlich primordialer Keimzellen und Blutzellvorläuferzellen. Mäuse, denen der Stammzellfaktor oder Kit vollständig fehlen, sind steril und sterben schließlich an Anämie.

21.4.12 Um großflächige morphogenetische Bewegungen zu bewirken, wandern Zellen in Gruppen

Zellen können nicht nur allein wandern, sondern auch in Gruppen, die Kontakt zueinander halten und ein koordiniertes Verhalten zeigen, das sich von dem der unabhängig wandernden Zellen unterscheidet. Diese Bewegungen werden als *kollektive Zellwanderung*

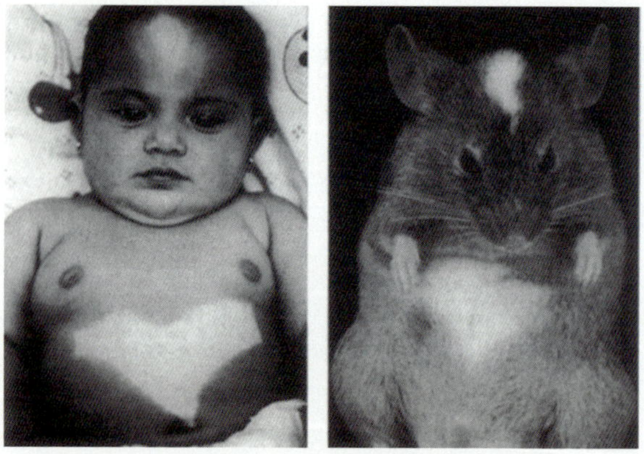

Abb. 21.58 Wirkungen von Mutationen des *Kit*-Gens. Das Kind wie auch die Maus sind heterozygote Träger einer Funktionsverlust-Mutation, die dazu führt, dass sie nur die Hälfte der normalen Menge des *Kit*-Genproduktes haben. Kit ist der Rezeptor für den Stammzellfaktor (SCF, engl. *stem cell factor*). In beiden Fällen ist die Pigmentierung gestört, da das Überleben der Pigmentzellen von SCF abhängt. (Mit freundlicher Genehmigung von R. A. Fleischman, aus R. A. Fleischman *et al.*, *Proc. Natl. Acad. Sci. USA* 88: 10885–10889, 1991).

bezeichnet und treten in verschiedenen Formen auf, die sich durch die Art der Organisation der Zellen unterscheiden. Neuralleistenzellen zum Beispiel machen eine *Kettenwanderung* durch, bei der die Zellen einander im Gänsemarsch folgen (**Abb. 21.59a**). Obwohl ihr Verbund lose ist, ist der Kontakt zwischen den Zellen für eine gerichtete Wanderung entlang von Pfaden erforderlich, die durch chemotaktische Faktoren wie CXCL12 bestimmt werden. Während einzelne Neuralleistenzellen kaum auf dieses Signal reagieren, führt der Kopf–Schwanz-Kontakt der Zellen zu einer Polarität innerhalb der Gruppe, die die Ausstülpung am Leitsaum jeder einzelnen Zelle in der wandernden Kette lenken.

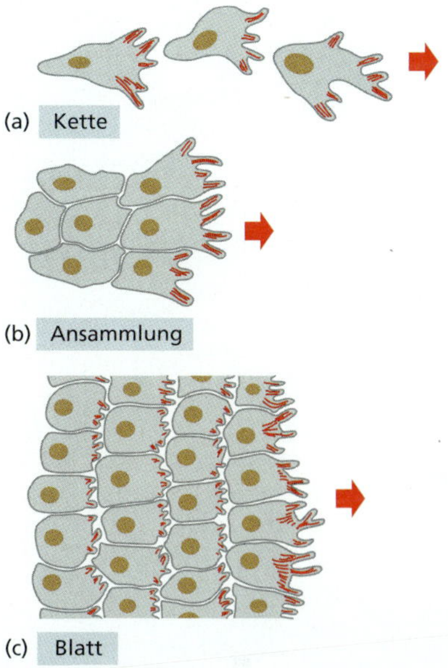

Abb. 21.59 **Kollektive Zellwanderung.** Zellausstülpungen sind in *rot* dargestellt. (a) Zellen, die eine Kettenwanderung durchlaufen, sind nur lose verbunden, aber der vorübergehende Kontakt mit der Zelle vor ihr polarisiert die Ausstülpungen (*rot*) der nachfolgenden Zelle und fördert eine gemeinsame Bewegungsbahn. (b) Die Gruppenwanderung umfasst Gruppen von adhärenten Zellen, in denen einige „anführende"-Zellen ihre Ausstülpungen in die Bewegungsrichtung ausstrecken. (c) Bei der Schichtwanderung (oder Blattwanderung) wandern große Gruppen eng aneinander haftender Epithelzellen zusammenhängend, normalerweise mit einem freien Rand, an dem die Zellen eine teilweise mesenchymale Morphologie mit widerstandsfähigen Ausstülpungen, die zur Migration führen, annehmen. Kleinere, orientierte Ausstülpungen finden sich auch in Zellen hinter dem Leitsaum.

Die Entwicklung des Zebrafisches stellt ein gutes Beispiel für eine zweite Form der kollektiven Zellbewegung, der sogenannten *Gruppenwanderung* (*Cluster-Migration*), dar (**Abb. 21.59b**). Eine solche Migration erfolgt in Gruppen von zusammenhängenden Zellen, die in der Regel mesenchymalen Ursprungs sind, wobei Anführerzellen der Gruppe die meisten Ausstülpungen bilden. Beim Zebrafischembryo wandert ein Zellhaufen, die so genannten Seitenlinienvorläuferzellen (auch Primordium genannt), von einer Position kurz hinter dem Ohr unter Duchquerung der Rumpfmuskulatur in Richtung Schwanz. Die Zellen im wandernden Primordium teilen sich weiter; einige bleiben zurück und bilden sensorische Strukturen entlang ihres Weges. Die spezifische Wanderroute wird durch einen bereits mit einem Muster versehenen Streifen von CXCL12 vorgegeben. Interessanterweise wird dieser Ligand jedoch nicht in einem Gradienten exprimiert. Stattdessen erzeugt der Zellhaufen selbst einen lokalen Gradienten. Führende und nachfolgende Zellen exprimieren beide den CXCR4-Rezeptor, aber zusätzlich exprimieren die nachfolgenden Zellen einen nicht-funktionierenden CXCL12-Rezeptor namens CXCL7, der als „Senke" fungiert und die Wirkung des CXCL12-Signals im hinteren Teil der Gruppe abschwächt. Das Ergebnis ist eine differenzierte Signalgebung innerhalb des Zellhaufens, der die Richtung der Reise bestimmt.

Ganze Epithelien können sich in einer dritten Form der kollektiven Zellwanderung bewegen, der sogenannten Schichtwanderung (**Abb. 21.59c**). Hier werden starke Adhäsion und apikal-basale Polarität in der Gruppe aufrechterhalten; die Zellen am Leitsaum der Schicht (des Blattes) bilden umfangreiche Ausstülpungen aus, die die Umgebung erkunden, während die nachfolgenden Zellen kurze basale Ausstülpungen bilden, die ebenfalls in der Wanderungsrichtung ausgerichtet sind. Kollektive Schichtwanderung kann flankierende Epithelien miteinander verschmelzen und Lücken schließen, die sich während der Entwicklung gebildet haben, wie man es am Ende der Embryonalentwicklung von *Drosophila* und *Caenorhabditis elegans* oder bei der Wundheilung beobachten kann. Sie kann auch einzelne Organe aus zweiseitig angelegten Vorläufern hervorbringen, wie durch die Verschmelzung, die z. B. den Gaumen von Säugetieren bildet. Interessanterweise kann es zu Epithelwanderungen kommen, ohne dass ein freier Leitsaum vorhanden ist wie beim kugelförmigen Epithel der sich entwickelnden Eikammer von *Drosophila*. In diesem Fall bringt die kollektive Epithelmigration, die durch orientierte basale Ausstülpungen angetrieben wird, das gesamte Gewebe wiederholt in Rotation, ein Prozess, der notwendig ist, um das reife Ei zu formen. Die Wanderung von Zellen an die Spitze der Darmzotten von Säugetieren, die die intestinale Homöostase aufrechterhält (s. **Abb. 22.4**), scheint eine ähnliche Bewegung einer kontinuierlichen Epithelschicht einzuschließen.

Zusammenfassung

Tierische Gewebe werden durch dramatische Veränderungen der Zellform, -anordnung oder -position geformt. Diese Veränderungen resultieren aus Verschiebungen im Gleichgewicht der Kräfte, die auf die Zellen einwirken und die oft durch die Expression von Genen ausgelöst werden, die die Aktomyosin-Kontraktilität oder die Zelladhäsion regulieren.

Zellen, die ähnliche Adhäsionsmoleküle auf ihrer Oberfläche besitzen, halten zusammen und neigen dazu, sich von anderen Zellgruppen mit anderen Oberflächeneigenschaften abzugrenzen. Selektive Zell–Zell-Adhäsion wird oft über Cadherine vermittelt. Abstoßung wird oft über Ephrin–Eph-Signalgebung gesteuert. Innerhalb eines Gewebes können sich die Zellen neu anordnen, um Konvergenz- und Ausdehnungsbewegungen auszulösen, die zu einer Streckung des Gewebes entlang einer Körperachse führen. Viele Bewegungen werden durch einen Signalweg der planaren Polarität koordiniert, der auch für die korrekte Ausrichtung von Zellen in verschiedenen Epitheltypen verantwortlich ist. Epithelröhren können auf verschiedene Weise entstehen, am einfachsten durch das Aufrollen und Abschnüren eines Epithelsegments aufgrund einer Verengung der apikalen Oberfläche. Aufwendig verzweigte röhrenförmige Strukturen wie die Atemwege der Lunge entstehen durch bidirektionale Signalgebung zwischen einer Epithelknospe und dem Mesenchym, in das die Knospe in einem Prozess, der Verzweigungsmorphogenese genannt wird, eindringt. Verzweigung und andere morphogenetische Vorgänge werden durch Veränderungen sowohl in der extrazellulären Matrix als auch in den Zellen selbst reguliert. Über weite Strecken wandernde Zellen wie die der Neuralleiste lösen sich von ihren ursprünglichen Nachbarn und wandern durch den Embryo, um neue Orte zu besiedeln. Viele wandernde Zellen, einschließlich der primordialen Keimzellen, werden durch Chemotaxis gesteuert, die von dem Rezeptor CXCR4 und seinem Liganden CXCL12 abhängig ist. Auch zusammenhängende Zellgruppen können wandern, wobei Leit- und Folgezellen ein unterschiedliches Verhalten zeigen. Solche kollektiven Zellwanderungen bewirken eine großflächige Gewebeumformung.

21.5 Wachstum

Einer der wesentlichsten Aspekte der Entwicklung ist einer, über den wir erstaunlich wenig wissen – wie die Größe eines Tiers oder eines Organs bestimmt wird. Warum z. B. wachsen wir und werden so viel größer als eine Maus? Alle Säugetiere entwickeln sich aus ähnlich großen Eiern, aber zwischen dem kleinsten (einer Spitzmaus) und dem größten (einem Blauwal) besteht ein 100-Millionen-facher Massenunterschied beim erwachsenen Tier. Selbst innerhalb einer Art kann die Größe stark variieren. Eine Deutsche Dogge etwa kann 40-mal schwerer werden als ein Chihuahua (**Abb. 21.60**). Neben den erblichen Faktoren, spielt auch die Umwelt eine Rolle – ein ausgewilderter Goldfisch kann 10-mal so groß werden wie ein Goldfisch, der zu Hause in einem Aquarium gehalten wird.

Drei Variablen definieren die Größe eines Organs oder eines Organismus: Die Anzahl der Zellen, die Größe der Zellen und die Menge an extrazellulärem Material pro Zelle. Größenunterschiede können von Veränderungen in irgendeinem dieser Faktoren herrühren (**Abb. 21.61**). Wenn wir z. B. eine Maus mit einem Menschen vergleichen, entdecken wir, dass der Unterschied vor allem in der Anzahl der Zellen liegt. Ein Mensch besitzt ungefähr 3 000-mal mehr Zellen. Das entspricht einem etwa 3 000-mal massiveren Körper. Wilde und kultivierte Arten von Nahrungspflanzen sind dagegen oft unterschiedlich groß, weil sie sich hauptsächlich hinsichtlich ihrer Zellgröße unterscheiden.

Die Herausforderung besteht folglich darin zu verstehen, wie Zellzahl, Zellgröße und die Produktion extrazellulärer Matrix reguliert werden. Zunächst müssen wir die Signale identifizieren, die das Wachstum steuern oder hemmen. Dann müssen wir herausfinden, wie die Signale selbst reguliert werden. In einigen Fällen wird das Organwachstum durch Entwicklungsprogramme diktiert, die nicht die erreichte Größe der Struktur überwachen. In anderen Fällen wird das Wachstum eines Organs oder des gesamten Körpers homöostatisch gesteuert, sodass eine „Zielgröße" auch bei drastischen Störungen erreicht wird. Dies legt nahe, dass die sich entwickelnde Struktur irgendwie ihre

Abb. 21.60 Mitglieder derselben Spezies können extrem unterschiedliche Größen besitzen. Der Chihuahua wiegt 2–5 Kilogramm, während eine Deutsche Dogge 45–90 Kilogramm wiegt. (Mit freundlicher Genehmigung von Deanne Fitzmaurice).

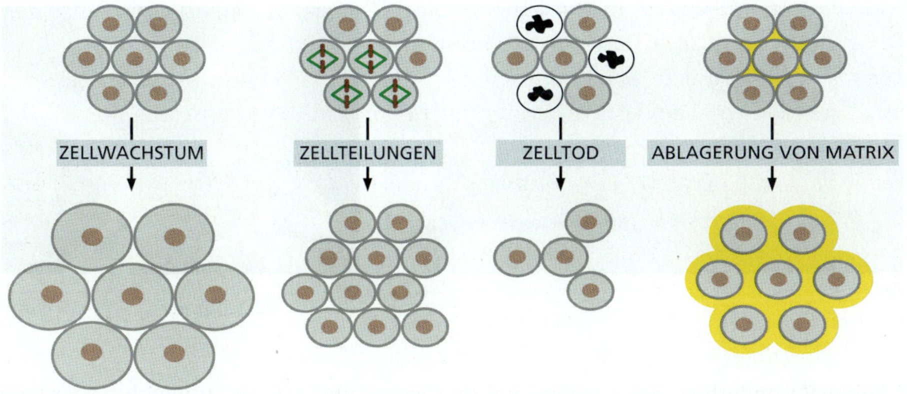

Abb. 21.61 Determinanten der Organgröße. Ein Gewebe kann das Zellwachstum, die Proliferation, den Zelltod oder eine Kombination aus allen abstimmen, um die Größe zu regulieren. Die Ablagerung von extrazellulärer Matrix trägt ebenfalls dazu bei, insbesondere in tierischen Geweben wie Knochen und Knorpel und in Pflanzen.

eigene Größe wahrnimmt – und zwar durch örtliche oder systemische Signale – und diese Information verwendet, um das eigene Wachstum oder Schrumpfen zu regulieren.

Die Vielfalt an Kontrollstrategien wird gut anhand einiger klassischer Transplantationsexperimente verdeutlicht. Wenn mehrere fötale Thymusdrüsen in eine sich entwickelnde Maus transplantiert werden, wächst jede zu ihrer typischen endgültigen Größe heran. Wenn dagegen mehrere Milzen transplantiert werden, wird keine so groß wie normal, aber insgesamt wachsen sie zur Größe einer adulten Milz heran. Das Thymuswachstum wird also über lokale Mechanismen, die jedes Organ einzeln betreffen, reguliert, während das Wachstum der Milz über einen System-Rückkopplungsmechanismus kontrolliert wird, der die Menge des Milzgewebes im Körper insgesamt wahrnimmt. Die Größe und die Proportionen der Körperteile hängen sehr oft von Kombinationen aus Rückkopplungskontrollen, die die Größe messen, und intrazellulären Programmen sowie von Umwelteinflüssen wie der Ernährung und dem Lebensraum ab.

21.5.1 Proliferation, Tod und Größe der Zellen bestimmen die Größe der Organe und des Organismus

An Beispiel des Fadenwurms *Caenorhabditis elegans* wird ersichtlich, auf welche Weisen es zu Größenunterschieden kommen kann. Jedes Individuum eines gegebenen Geschlechts entsteht – wie wir bereits erläutert haben – über fast exakt dieselben Abfolgen von Zellteilungen und Zelltod und besitzt demzufolge genau die gleiche Anzahl somatischer Zellen – 959 im adulten Hermaphrodit (s. **Abb. 21.42**). Durch über 1 000 Zellteilungen entstehen 1 090 somatische Zellen während der Hermaphroditentwicklung, aber 131 dieser Zellen durchlaufen den Zelltod durch Apoptose. Folglich bestimmt die exakte Regulation von Zellteilung und Zelltod die endgültige Anzahl der somatischen Zellen im Wurm.

Es dauert nur drei Tage, bis bei *Caenorhabditis elegans* alle somatischen Zellen im adulten Tier entstanden sind. Danach treten nur noch in der Keimbahn Zellteilungen auf. Dennoch wächst der Wurm weiter und verdoppelt seine Größe zwischen der Geschlechtsreife und dem Tod 2–3 Wochen später. Diese Verdopplung beruht auf somatischem Zellwachstum. Obwohl die Zellen sich nicht mehr teilen, durchlaufen sie weiterhin Runden der DNA-Synthese. Durch diese *Endoreplikation* des Genoms werden die Zellen *polyploid*. Wie bei allen Organismen ist die Größe einer Zelle proportional zu ihrer Ploidie, d. h. der Anzahl der Genomkopien, die eine Zelle besitzt: Eine Verdopplung der Ploidie verdoppelt in etwa das Zellvolumen. Die endgültige Größe des Wurms wird somit durch eine Kombination aus programmierten Zellteilungen und Zelltod zusammen mit der Regulation der Größen der einzelnen Zellen über die Veränderung des Ploidiegrades festgelegt. Die Endoreplikation des Genoms als Mittel zur Vergrößerung der Zellen

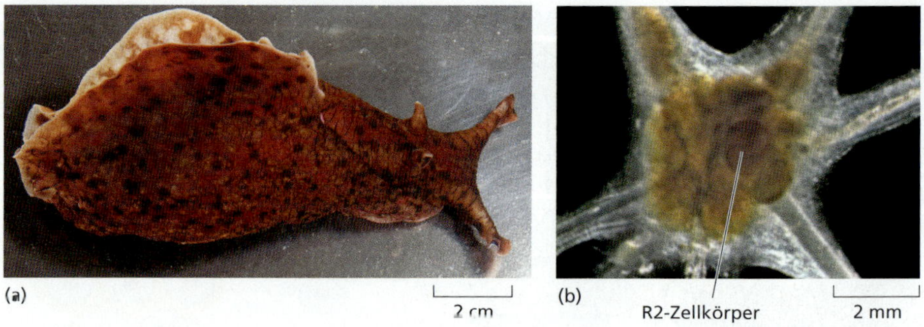

Abb. 21.62 Die Riesenneuronen der Meeresschnecke sind hochgradig polyploid. (a) Die Molluskenart *Aplysia californica*, die gemeinhin als Seehase bezeichnet wird, weil ihre chemosensorischen Tentakeln wie Ohren abstehen, kann mehr als 2 kg wiegen. Das *Aplysia*-Zentralnervensystem enthält Gruppen von Nervenzellkörpern, die Ganglien genannt werden. (b) Ein seziertes abdominales Ganglion enthält schwere Neuronen wie R2, das die Endoreplikation durchlaufen hat, um ~300 000 Kopien des diploiden Genoms herzustellen. Damit ist es vermutlich die größte in der Natur vorkommende somatische Zelle. *Aplysia* und deren riesige Neuronen ermöglichen physiologische, biochemische und genomische Studien auf der Ebene einzelner Zellen und bieten dadurch ein zugängliches Modell für Studien darüber, wie neuronale Schaltkreise das Verhalten steuern. (a und b, mit freundlicher Genehmigung von Lynne Fieber und Michael Schmale).

ist keine Besonderheit von *Caenorhabditis elegans* und erfolgt entwicklungsgesteuert in bestimmten Geweben bei vielen Tieren. In einem extremen Fall können Neuronen, die große Bereiche der Schnecke *Aplysia* innervieren, Hunderttausende von Kopien des Genoms mehr enthalten als eine diploide Zelle und bis zu 1 mm im Durchmesser wachsen (**Abb. 21.62**).

Ploidieveränderungen können auch während der Evolution neuer Arten auftreten, wo sie Größenänderungen des gesamten Tieres bewirken können. Der Frosch *Xenopus laevis* besitzt ein tetraploides Genom und hat eine Masse, die etwa doppelt so groß ist wie die von diploiden Verwandten wie *Xenopus tropicalis* (**Abb. 21.63**). Diese beiden Arten zeigen vergleichbare Größenverhältnisse auf zellulärer und subzellulärer Ebene des Organismus, wobei der kleinere Frosch kleinere Zellen besitzt und die kleineren Zellen wiederum kleinere Zellkerne enthalten. Bei Pflanzen nimmt wie bei Tieren die Zellgröße mit steigendem Ploidiegrad zu (**Abb. 21.64**). Dieser Effekt wird bei der landwirtschaftlichen Züchtung von möglichst großen Pflanzen ausgenutzt: Die meisten Früchte und Gemüse, die wir essen, sind *polyploid*.

21.5.2 Veränderungen der Zellgröße kommen gewöhnlich durch modifizierte Zellzyklen zustande

Obwohl es grundlegend für das Verständnis ist, wie die Größe von Organen und Organismen bestimmt wird, so bleibt eine offene Frage, wie die Zellgröße selbst festgelegt und erhalten wird. Wie in Kapitel 17 erörtert, wird die Zunahme der Zellgröße (Wachstum) in der Regel mit dem Durchlaufen des Zellzyklus (Zellteilung) koordiniert, um die Homöostase der Zellgröße aufrechtzuerhalten. Allerdings können Zellen diese beiden Prozesse auch entkoppeln, zum Beispiel beim Wachstum einer Eizelle, die sich dramatisch vergrößert, ohne ihr Genom zu replizieren oder sich zu teilen. Nach der Befruchtung kehrt sich dieses Phänomen um, wenn die Runden der DNA-Replikation und Zellteilung ohne Wachstum stattfinden, um viele kleine Zellen zu bilden.

Die Endoreplikation, bei der das Genom verdoppelt wird, um eine somatische Zelle zu vergrößern, ist das Ergebnis einer anderen Variante des Zellzyklus. Obwohl die S-Phase fortschreitet, sind die Mitose-Cyclinspiegel zu niedrig, um die M-Phase einzuleiten. Die polyploiden Zellen stellen in der Regel die Zellteilungen vollständig ein und treten in einen *postmitotischen* Zustand ein. Zusätzliche Runden der DNA-Replikation in Abwesenheit der Zellteilung führen zu einer Zunahme der Zellgröße. Bei einigen Geweben

Abb. 21.63 Zwei Arten der Froschgattung *Xenopus*. *Xenopus tropicalis* (*oben*) hat ein normales diploides Genom. *Xenopus laevis* (*unten*) hat etwa doppelt so viel DNA pro Zelle und entwickelte sich durch Hybridisierung zweier *Xenopus tropicalis*-ähnlicher Arten, gefolgt von einer Verdoppelung des gesamten Genoms vor etwa 30 Millionen Jahren. (Aus E. Amaya *et al.*, Trends Genet. 14: 253–255, 1998. Mit Genehmigung von Elsevier).

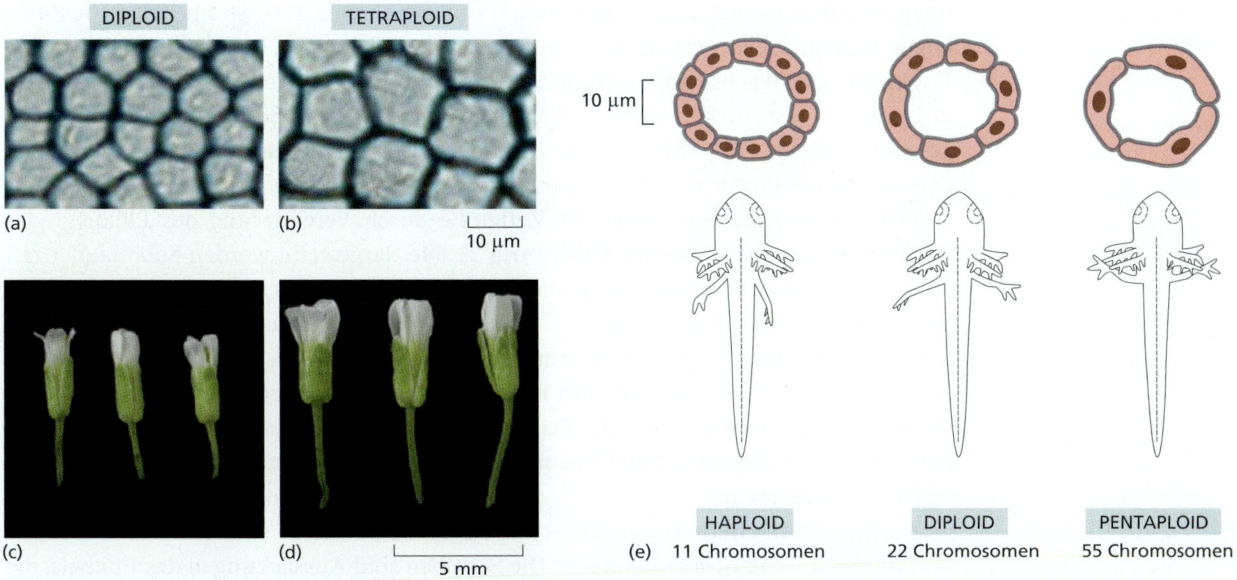

Abb. 21.64 Auswirkungen des Ploidiegrades auf Zellgröße und Organgröße. Bei allen Organismen, vom Bakterium bis zum Menschen, ist die Zellgröße proportional zum Ploidiegrad – der Anzahl an Genomkopien pro Zelle. Das ist für (a–d) *Arabidopsis*-Blüten und für (e) Salamander dargestellt. Die *oberen* Abbildungen zeigen jeweils Zellen eines spezialisierten Gewebes (ein Blütenblatt bei *Arabidopsis*, ein Vornierentubulus beim Salamander). Die *unteren* Abbildungen zeigen die makroskopische Anatomie – Blüten bei *Arabidopsis*, der ganze Körper beim Salamander. Im Falle der *Arabidopsis*-Blüten hat eine erhöhte Zellgröße eine gesteigerte Organgröße zur Folge. Im Gegensatz dazu behalten der Salamander und seine einzelnen Organe ihre normale Standardgröße, ungeachtet der Ploidie, da die große Zellgröße durch eine geringere Zellzahl kompensiert wird. Das weist darauf hin, dass die Größe eines Organismus oder eines Organs in dieser Spezies nicht einfach über das Abzählen von Zellteilungen oder Zellzahlen kontrolliert wird. Die Größe muss irgendwie auf der Ebene der gesamten Zellmasse reguliert werden. (a–d, aus C. Breuer *et al.*, *Plant Cell* 19: 3655–3668, 2007. Mit Genehmigung von The American Society of Plant Biologists; e, nach G. Fankhauser, in Analysis of Development. (B. H. Willier *et al.*, eds.), S. 126–150. Philadelphia: Saunders, 1955).

– wie der Leber und dem Herzmuskel – folgt auf die DNA-Replikation eine Kernteilung, aber keine Cytokinese, was zu polyploiden Zellen mit mehreren Kernen führt – ein Prozess, den man *Endomitose* nennt. Ob nun eine Kernteilung stattfindet oder nicht, die Zunahme der Ploidie geht mit Zellwachstum einher und trägt zur Gewebefunktion bei. Beispielsweise durchlaufen die Trophoblastenzellen der Säugetierplazenta acht Runden der Endoreplikation, wobei Riesenzellen entstehen, die für die Bildung der Gewebebarriere zwischen Mutter und Fötus ausschlaggebend sind.

Wie kann eine erhöhte Ploidie die Größe der Zellen erhöhen? Eine Idee ist, dass eine erhöhte Anzahl von Genkopien die Biosynthesekapazität erhöht, indem sie die Produktion von mehr Genprodukten ermöglicht. Allerdings ist eine starke positive Korrelation zwischen Genomgröße und Zellgröße bei allen Arten zu beobachten, unabhängig vom Anteil des Genoms, der für Proteine codiert. Obwohl zum Beispiel alle Wirbeltiere eine ähnliche Anzahl codierender Gene haben, besitzen Axolotl (Schwanzlurch) ein diploides Genom, das zehnmal so groß ist wie das menschliche Genom (und zehnmal mehr nicht codierende DNA enthält). Hervorhebenswert ist, dass Axolotl-Zellen auch zehnmal größer als menschliche Zellen sind. Die molekulare Grundlage der Skalierungsbeziehung zwischen Genomgröße und Zellgröße ist eines der vielen offenen Rätsel der Biologie.

21.5.3 Tiere und Organe können die Gesamtzellmasse erfassen und regulieren

Die Größe eines Tiers oder eines Organs hängt von der Zellgröße und Zellzahl ab, d. h. von der Gesamtzellmasse. Bemerkenswerterweise können viele Tiere und Organe irgendwie ihre Gesamtzellmasse erfassen und regulieren. Das ist ein Beleg für Rückkopplungskontrollen, wie sie bereits in unserem einleitenden Bericht über allgemeine Prinzipien der Wachstumskontrolle erwähnt wurden. Im Gegensatz zu *Caenorhabditis elegans* passen sich, wenn in diesen Fällen die Zellgröße künstlich erhöht oder gesenkt wird, die Zellzahlen an, um die gleiche Gesamtzellmasse aufrechtzuerhalten. Dies wurde vor langer Zeit in Experimenten mit Salamandern sehr schön verdeutlicht. In diesen Experimenten wurde die Zellgröße durch Veränderung des Ploidiegrades des Tiers manipuliert. Wie in **Abbildung 21.64e** dargestellt, werden Salamander mit unterschiedlichen Ploidiegraden genauso groß, besitzen jedoch sehr unterschiedliche Zellzahlen. Die einzelnen Zellen in einem pentaploiden Salamander sind z. B. fünfmal so groß wie die eines haploiden Salamanders, aber sie besitzen nur ein Fünftel der Zellen. Diese Größenveränderung trifft nicht nur für den Körper als Ganzes zu, sondern auch für seine einzelnen Organe. Pentaploide Salamander besitzen die gleiche Größe des Gehirns wie ihre diploiden Gegenstücke, aber mit viel weniger Neuronen und einer vereinfachten Struktur.

Die **Imaginalscheiben** von *Drosophila* sind ein weiteres eindrucksvolles Beispiel für homöostatische Größenkontrolle. Die Scheiben sind Aussackungen des Epithels, die während des Larvenstadiums durch Zellproliferation wachsen. Sie bilden während des Puppenstadiums die Organe und Extremitäten der adulten Fliege (**Abb. 21.65**). Experimente wurden hauptsächlich an der Imaginalscheibe des Flügels durchgeführt. Mutationen in Komponenten der Zellzyklus-Kontrollmaschinerie können eingesetzt werden, um die Geschwindigkeit der Zellteilungen in der Scheibe zu erhöhen oder zu reduzieren. Erstaunlicherweise können derartige Mutationen zu einer übermäßig hohen Anzahl abnormal kleiner Zellen führen oder zu einer reduzierten Anzahl abnormal großer Zellen. Dabei bleiben die Größe (Fläche) und das Muster des ausgewachsenen Flügels praktisch unverändert. Die Größe der Scheibe wird also nicht dadurch festgelegt, dass die Anzahl der Zellteilungen gezählt wird, um eine festgelegte Zahl von Zellen herzustellen. Stattdessen muss es einen regulatorischen Mechanismus geben, der zu einem Wachstumsstopp führt, wenn die Gesamtzellmasse der Scheibe den entsprechenden Wert erreicht, sodass der ausgewachsene Flügel, der sich letztendlich daraus entwickelt, normal ist. Bemerkenswerterweise wachsen sich entwickelnde Scheiben oder sogar Scheibenfragmente, die aus ihrem normalen Umfeld entnommen wurden und in eine das Wachstum unterstützende Abdomenkavität eines adulten Weibchens transplantiert wurden, bis sie ihre normale Größe erreicht haben. Die Mechanismen, die die Größe der Organe regulieren, sind eindeutig intrinsisch für die Scheibe.

Wir wissen immer noch wenig darüber, wie Organismen oder Organe ihre Gesamtzellmasse erfassen oder wie sie ihr eigenes Wachstum überwachen. Dennoch beginnen wir, einige der Signalmoleküle zu verstehen, die als Reaktion auf die mysteriösen Signale die Informationen über die erreichte Größe übermitteln, das Wachstum antreiben oder stoppen.

21.5.4 Verschiedene extrazelluläre Signale stimulieren oder hemmen das Wachstum

Damit ein Organ mit der richtigen Morphologie und den richtigen Proportionen entsteht, müssen Zellproliferation und Zellwachstum innerhalb eines Gewebes koordiniert werden. Während eine gewisse Systemkontrolle durch wachstumsregulierende Hormone erfolgt (siehe unten), gibt es auch interessante Beispiele, bei denen Gewebe ihr eigenes Wachstum regulieren. Ein Beispiel dafür, wie dies erreicht werden kann, wurde in der Flügelimaginalscheibe von *Drosophila* untersucht (s. **Abb. 21.65**), wo das

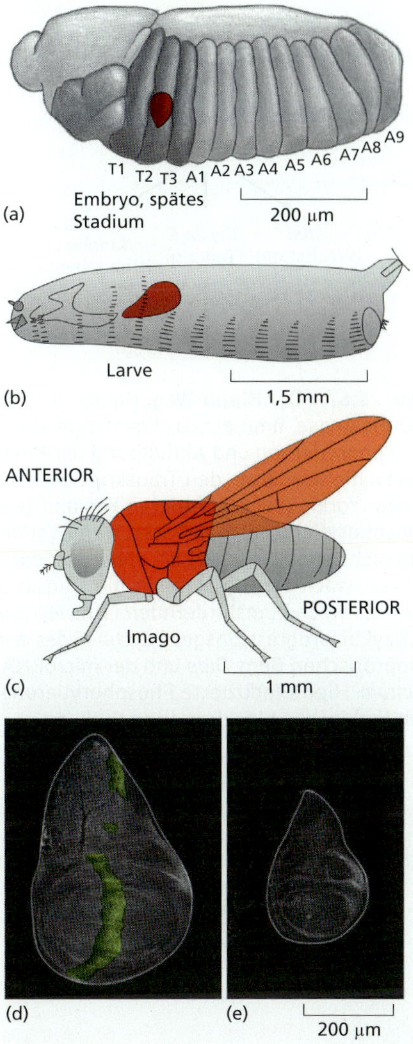

Abb. 21.65 Wachstum der Imaginalscheiben des *Drosophila*-Flügels. Die Zeichnungen in (a) bis (c) zeigen die Lage der Zellen, aus denen sich nach der Metamorphose der erwachsene Flügel und der dorsale Thorax entwickeln. (a) Am Anfang werden ~30 Zellen im zweiten Thoraxsegment des Embryos als Vorläufer des Flügels und des Dorsalthorax festgelegt. Diese Zellen teilen sich während der vier Tage des Larvenlebens schnell. (b) Diese Zellen sind in der Larve vor der Metamorphose in einem einfachen, beutelartigen Epithelorgan organisiert, das als Flügelimaginalscheibe bezeichnet wird, ~30 000 Zellen enthält und einen Durchmesser von ~400 μm hat. Andere Imaginalscheiben (nicht gezeigt) bilden die meisten der anderen äußeren Strukturen der Fliege aus. (c) Der endgültige erwachsene Flügel ist ~2,25 mm lang. (d, e) Das Morphogen Dpp wird in einem Streifen durch die Mitte der Flügelimaginalscheibe (*grün*) exprimiert, von wo es zu den Rändern diffundiert und dabei das Scheibenwachstum sowie die Zellschicksale beeinflusst. Wenn die Dpp-Expression spät in der Larvenentwicklung aus der Scheibe entfernt wird, sind die Flügelscheibe und der resultierende Flügel proportional kleiner. (d und E, aus S. Matsuda und M. Affolter, eLife 6: e22319, 2017).

TGF-β-Familienmitglied Dpp eine Rolle spielt. Wir haben Dpp bereits als Morphogen kennengelernt, das an der Musterbildung der dorsoventralen Achse des Fliegenembryos beteiligt ist; in der Scheibe wirkt es analog, indem es von einem schmalen Streifen entlang der Mitte der Scheibe wegdiffundiert, um verschiedene Zellschicksale in unterschiedlichen Abständen festzulegen. Einige Experimente deuten darauf hin, dass der Gradient von Dpp, der von dieser zentralen Quelle ausgeht, auch die Größe des Gewebes beeinflusst, vielleicht weil das Wachstum der Scheibe dazu führt, dass Zellen, die weiter von der Quelle entfernt sind, weniger Dpp-Signalisierung erfahren (s. **Abb. 21.65d und e**). Die Verknüpfung von Gewebewachstum und Musterbildung würde sicherstellen, dass Veränderungen der Organgröße mit entsprechenden Veränderungen der Zelldifferenzierung und -verteilung einhergehen.

Nicht alle wachstumsregulierenden extrazellulären Signale stimulieren das Wachstum; einige hemmen es, indem sie den Zelltod fördern oder das Zellwachstum, die Zellteilung oder beides hemmen. *Myostatin* ist ein weiteres Mitglied der TGF-β-Familie, das spezifisch das Wachstum und die Proliferation von Myoblasten hemmt – den Vorläuferzellen, die zu den riesigen, mehrkernigen Zellen der Skelettmuskeln verschmelzen. In diesem Fall produziert das Gewebe selbst das Signal, sodass mit zunehmender Muskelbildung der Myostatinspiegel steigt und schließlich das Muskelwachstum abgeschaltet wird. Die Bedeutung dieses einfachen Rückkopplungsmechanismus der Organgröße wird deutlich, wenn das *Myostatin*-Gen entfernt wird: Die Muskeln mutierter Mäuse wachsen bis sie um ein Vielfaches größer sind als normal. Bemerkenswert ist, dass zwei Rinderrassen, die vor langer Zeit auf große Muskeln gezüchtet wurden, jeweils Mutationen im *Myostatin*-Gen aufweisen – wie auch eine Hunderasse (**Abb. 21.66**).

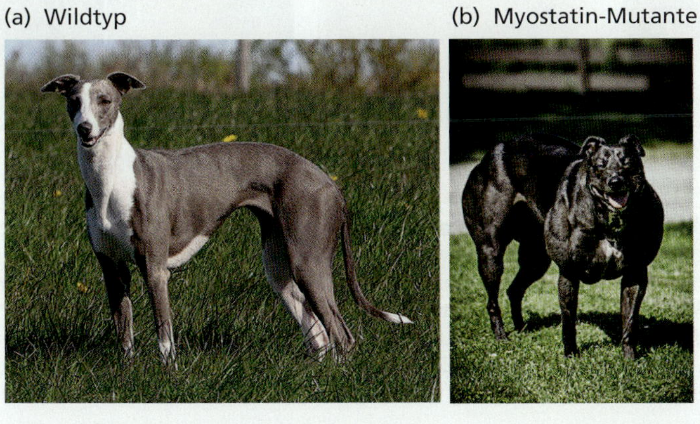

Abb. 21.66 Myostatin begrenzt das Muskelwachstum. (a) Ein Wildtyp-Whippet (Whippet ist ein kleiner Rennhund) und (b) ein Bully-Whippet, dem Myostatin fehlt. (a, Bianca Grueneberg/Getty Images; b, ©2020 Stuart Isett. Alle Rechte vorbehalten).

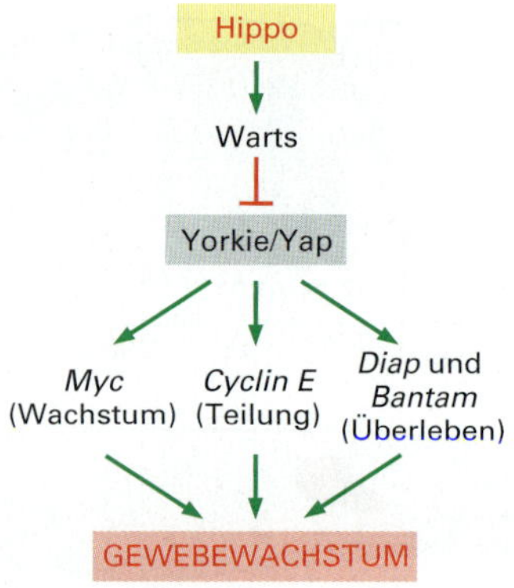

Abb. 21.67 Der Hippo-Weg. Hippo, eine Proteinkinase, limitiert das Wachstum über Phosphorylierung und Aktivierung der Kinase Warts, die wiederum den Transkriptionskoaktivator Yorkie (bei Wirbeltieren Yap und Taz) phosphoryliert und inaktiviert. Wenn Yorkie/Yap nicht phosphoryliert ist, steuert er das Gewebewachstum: Er aktiviert die Transkription des wachstumsfördernden Gens *Myc*, des Zellzyklusprogressionsgens *Cyclin E*, des antiapoptotischen Gens *Diap* und der microRNA *Bantam*. Hippo-induzierte Phosphorylierung von Yorkie/Yap blockiert diese Wirkung.

21.5.5 Der Hippo-Signalweg schaltet mechanische Signale zur Regulierung des Wachstums

Das Organwachstum wird in vielen Geweben durch ein intrazelluläres Signalsystem gesteuert, dem sogenannten Hippo-Signalweg. Er wurde bei *Drosophila* entdeckt, funktioniert aber auch bei Wirbeltieren. Benannt wurde er nach dem stark vergrößerten, wulstigen Gewebe, das entsteht, wenn der Signalweg inaktiv ist. Der Hippo-Signalweg bei Wildtyp-Tieren hemmt das Wachstum, indem es sowohl den Zelltod fördert (durch Blockade eines Apoptoseinhibitors) als auch das Fortschreiten des Zellzyklus hemmt (durch Hemmung der Expression des Zellzyklusgens *Cyclin E*). Einige Komponenten des Signalwegs in *Drosophila* sind in **Abb. 21.67** zu sehen. Die Organe von Tieren, die ungewöhnlich resistent gegenüber Repression durch Hippo sind, können zu einer enormen Größe heranwachsen (**Abb. 21.68**).

Im Gegensatz zu vielen Signalwegen, die die Bindung eines Signalmoleküls an einen entsprechenden Rezeptor beinhalten, scheint der Hippo-Signalweg stattdessen in erster Linie durch mechanische Kräfte und die Zellarchitektur gesteuert zu werden. Zell–Zell- und Zell–Matrix-Kontakt, Cytoskelettspannung und die apikal-basale Polarität der Zelle können jeweils die Hippo-Aktivierung beeinflussen. Durch diesen Mechanismus können Gewebe sowohl physikalische als auch chemische Informationen aus ihrer Umgebung wahrnehmen und ihr Wachstum entsprechend regulieren.

21.5.6 Hormone koordinieren das Wachstum im gesamten Körper

Wir haben bereits gesehen, wie einige Signale systemisch als Hormone agieren, um die Entwicklung des Tiers in seiner Gesamtheit zu steuern. Einige davon haben die Aufgabe, das Wachstum zu regulieren. Bei Säugetieren wird z. B. von der Hypophyse das Wachstumshormon (GH, engl. *growth hormone*) in den Blutkreislauf abgesondert. Es stimuliert das Wachstum im gesamten Körper: Übermäßige Produktion von GH führt zu Riesenwuchs und zu geringe Produktion verursacht Zwergwuchs (**Abb. 21.69**). Hypophysär Zwergwüchsige mit geringem GH-Spiegel besitzen Körper und Organe, die proportional klein sind, anders als bei z. B. achondroplastisch Zwergwüchsigen, deren Extremitäten unproportional kurz sind. Dies beruht in der Regel auf einer Mutation in einem Gen, das

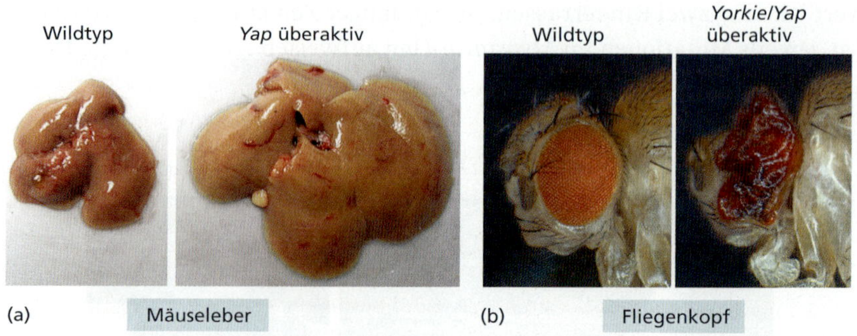

Abb. 21.68 Überwinden der Hippo-Repression führt zu erhöhter Organgröße. (a) Wenn *Yap* in einer Mäuse-Leber überexprimiert wird, reicht die Hippo-Signalisierung nicht aus, um seine Aktivität zu unterdrücken und es kommt zu einem übermäßigen Wachstum. (b) Ein ähnliches übermäßiges Wachstum wird beobachtet, wenn die Fliegenaugen eine Form von Yorkie/Yap exprimieren, die nicht phosphoryliert und nicht durch Hippo-Signalisierung gehemmt werden kann. (a, aus J. Dong *et al.*, *Cell* 130: 1120–1133, 2007. Mit freundlicher Genehmigung von Elsevier; b, mit freundlicher Genehmigung von Jung Kim).

Abb. 21.69 **Hypophysärer Zwergwuchs und hypophysärer Riesenwuchs.** Der „Riese“ auf dem *rechten* Bild ist Robert Wadlow (1914–1940), der mit 2,72 m größte dokumentierte Mensch, neben seinem Vater, der 1,82 m groß war. Der Zwergwüchsige auf dem *linken* Bild ist General Tom Thumb; dies ist der Künstlername von Charles Sherwood Stratton (1838–1883). An seinem 18. Geburtstag maß er 82,6 cm und bei seinem Tod war er 102 cm groß. (*links*, Bettman/Getty; *rechts*, History and Art Collection/Alamy Stock Photo).

für einen FGF-Rezeptor codiert, was zu einer Störung der normalen Knorpel- und Knochenentwicklung führt (**Abb. 21.70**).

Das Wachstumshormon stimuliert das Wachstum größtenteils, indem es die Leber und andere Organe dazu veranlasst, den Insulin-ähnlichen Wachstumsfaktor 1 (IGF1, engl. *insulin-like growth factor 1*) zu bilden. Dieser Faktor fungiert hauptsächlich als lokales Signal in vielen Geweben. IGF1 und verwandte Faktoren stellen wirksame Wachstumsförderer dar, die das Zellüberleben, das Zellwachstum, die Zellproliferation oder einige Kombinationen davon abhängig vom Zelltyp steigern. Große Hunderassen wie die Deutsche Dogge sind so groß, weil sie so hohe Konzentrationen von IGF1 besitzen, während Miniaturrassen wie die Chihuahuas geringe Konzentrationen davon aufweisen (s. **Abb. 21.60**).

Es ist wichtig festzuhalten, dass bei allen Spezies Ernährungsbedingungen ebenfalls eine wesentliche Rolle bei der Regulation von Geschwindigkeit und Ausmaß des Wachstums spielen. Bei Tieren geschieht dies über Hormonsignalnetzwerke, die zwischen Wirbeltieren und Wirbellosen stark konserviert sind. Genetische Experimente insbesondere mit *Drosophila* haben geholfen, die Logik dieser Kontrollen zu enträtseln und zu zeigen, wie sie neben anderen Maschinerien wie dem Hippo-Signalweg wirken können, um die endgültige Größe festzulegen.

21.5.7 Die Wachstumsdauer beeinflusst die Größe des Organismus

Neben der Wachstumsgeschwindigkeit wird die endgültige Größe eines Organismus auch durch die Zeitspanne bestimmt, während der das Wachstum stattfindet. Einige Tiere haben eine bestimmte Periode während ihres Lebens, in der das Wachstum erlaubt ist; bei diesen Arten spricht man von *begrenztem Wachstum*. Beim Menschen endet die Wachstumsphase mit dem Ende der Pubertät, während sie bei vielen Insekten mit dem Beginn der Metamorphose endet. In beiden Fällen wird die Veränderung durch die Ausschüttung von Hormonen ausgelöst, die den Organismus geschlechtsreif werden lassen. Danach ist die Zellproliferation auf die Unterstützung der Gewebehomöostase über die Wirkung adulter Stammzellen (siehe Kapitel 22) begrenzt. Allerdings kann es in Zellen wie den Fettzellen weiterhin zu einem erheblichen Zellwachstum kommen. Der Zeitpunkt der Hormonausschüttung wird durch viele Einflüsse bestimmt, von denen sowohl der Ernährungszustand und die Körpergröße des Jungtieres einen wichtigen Beitrag zur Festlegung der endgültigen Körpergröße leisten.

Andere Arten zeigen ein *unbegrenztes Wachstum* und sind in der Lage, während ihres gesamten Lebens, solange die Umweltbedingungen es zulassen, zu wachsen. Hummer und viele Fische sind bekannte Beispiele, aber unbegrenztes Wachstum findet sich in zahlreichen Zweigen des phylogenetischen Stammbaums. Pflanzen, bei denen die Zellproliferation in spezialisierten Regionen, den Meristemen, stattfindet (siehe Kapitel 19), zeigen ebenfalls sowohl begrenzte als auch unbegrenzte Wachstumsmuster. Riesenmammutbäume und andere Mammutbäume sind ein Beispiel für letztere, während zu den ersteren landwirtschaftliche Nutzpflanzen gehören, die für eine maximale und synchrone Fruchtproduktion ausgewählt wurden. Einige Arten, einschließlich Tomaten, gibt es sowohl als begrenzt wachsende als auch unbegrenzt wachsende Sorten. Die Mechanismen, die einem

Abb. 21.70 **Achondroplasie.** Diese Art von Zwergwuchs, wie sie auf dem Gemälde von Velasquez zu sehen ist, tritt bei einer von 10 000 bis 100 000 Geburten auf. In über 99 % der Fälle resultiert er aus einer Mutation an einer identischen Stelle im Genom, die der Aminosäure 380 des FGF-Rezeptors FGFR3 (ein Glycinrest in der Transmembrandomäne) entspricht. Die Mutation ist dominant und fast alle Fälle sind auf unabhängig auftretende Mutationen zurückzuführen, was auf eine außerordentlich hohe Mutationsrate an dieser besonderen Stelle im Genom hinweist. Der Defekt in der FGF-Signalübertragung führt zu Zwergwuchs, indem er das Knorpelwachstum in den sich entwickelnden Röhrenknochen stört. (The Picture Art Collection/Alamy Stock Photo).

Organismus einen endgültigen Wachstumspunkt zuweisen, während eine eng verwandte Spezies ihr Wachstum während des gesamten Lebens fortsetzen kann, bleiben unbekannt.

Zusammenfassung

Die Größe von Tieren und ihren Organen ist sehr unterschiedlich und hängt weitgehend von der Größe und Anzahl der Zellen ab, die durch Zellwachstum bzw. Zellteilung zunehmen. Über Zelltod – hauptsächlich Apoptose – werden die Zellzahlen reduziert. Es ist noch immer ein Rätsel, wie die Entscheidungen über Wachstum, Zellteilung und Zelltod innerhalb einzelner Zellen reguliert und koordiniert werden, um die charakteristische endgültige Größe des ausgewachsenen Tiers zu erreichen.

Einige Signale wie Wachstumsfaktoren, Mitogene und Überlebensfaktoren stimulieren in Organen das Wachstum, während andere Signalmoleküle das Gegenteil bewirken. Diese Signale werden im Rahmen von Entwicklungsmusterprogrammen eingesetzt und beeinflussen den Zellzyklus oder die Apoptose-Maschinerie, um gewebespezifische Wachstumswirkung zu erzielen. Viele Tiere und Organe können ihre eigene Gesamtzellmasse erfassen und regulieren, sodass sie eine konsistente Zielgröße angesichts künstlicher Veränderungen des Zellwachstums oder der Zellzahl erreichen. Die Kompensationsmechanismen sind nicht bekannt, aber Signalwege, die dafür sorgen, dass Organe nicht über eine bestimmte Größe hinaus wachsen, wurden bereits identifiziert.

Obwohl die meisten dieser Signale lokal wirken, um die Größe von Organen und Anhängseln zu formen, wirken andere als Hormone und regulieren das Wachstum des Tiers in seiner Gesamtheit. Nährstoffe können das Wachstum über die Stimulierung der Hormonausschüttung im gesamten Körper regulieren. Der Abschnitt im Leben, in dem ein Wachstum erlaubt ist, kann auch durch Hormone kontrolliert werden. Die endgültige Größe eines Organismus spiegelt das Ergebnis aus all diesen Mechanismen wider.

Literatur

Allgemein

Baressi, M.J. und Gilbert, S.F. (2019). *Developmental Biology.* 12th ed. Sunderland, MA: Sinauer Associates.

Carroll, S.B. (2006). *Endless Forms Most Beautiful: The New Science of Evo Devo.* New York: Norton.

Wallingford, J.D. (2019). We are all developmental biologists. *Dev. Cell* 50 (2): 132–137.

Wolpert, L., Tickle, C. und Martinez-Arias, A. (2019). *Principles of Development*, 6th ed. Oxford: Oxford University Press.

21.1 Überblick über die Entwicklung

Gurdon, J.B. (2013). The egg and the nucleus: a battle for supremacy (Nobel Lecture). *Angew. Chem. Int. Ed. Engl.* 52: 13890–13899.

Istrail, S. und Davidson, E.H. (2005). Logic functions of the genomic cisregulatory code. *Proc. Natl. Acad. Sci. USA* 102: 4954–4959.

Levine, M. (2010). Transcriptional enhancers in animal development and evolution. *Curr. Biol.* 20: 754–763.

Lewis, J. (2008). From signals to patterns: space, time, and mathematics in developmental biology. *Science* 322: 399–403.

Meinhardt, H. und Gierer, A. (2000). Pattern formation by local self-activation and lateral inhibition. *Bioessays* 22: 753–760.

Rogers, K.W. und Schier, A.F. (2011). Morphogen gradients: from generation to interpretation. *Annu. Rev. Cell Dev. Biol.* 27: 377–407.

Shubin, N., Tabin, C. und Carroll, S. (2009). Deep homology and the origins of evolutionary novelty. *Nature* 457: 818–823.

21.2 Mechanismen der Musterbildung

Andrey, G. und Duboule, D. (2014). SnapShot: *Hox* gene regulation. *Cell* 156: 856–856.e1.

Chan, Y.F., Marks, M.E., Jones, F.C. et al. (2010). Adaptive evolution of pelvic reduction in sticklebacks by recurrent deletion of a *Pitx1* enhancer. *Science* 327: 302–305.

Davis, R.L., Weintraub, H. und Lassar, A.B. (1987). Expression of a single transfected cDNA converts fibroblasts to myoblasts. *Cell* 51: 987–1000.

De Robertis, E.M. (2006). Spemann's organizer and self-regulation in amphibian embryos. *Nat. Rev. Mol. Cell Biol.* 4: 296–302.

Driever, W. und Nüsslein-Volhard, C. (1988). A gradient of bicoid protein in Drosophila embryos. *Cell* 54: 83–93.

Halder, G., Callaerts, P. und Gehring, W.J. (1995). Induction of ectopic eyes by targeted expression of the eyeless gene in Drosophila. *Science* 267: 1788–1792.

Jaeger, J. (2011). The gap gene network. *Cell. Mol. Life Sci.* 68: 243–274.

Knoblich, J.A. (2010). Asymmetric cell division: recent developments and their implications for tumour biology. *Nat. Rev. Mol. Cell Biol.* 11: 849–860.

Lander, A.D. (2013). How cells know where they are. *Science* 339: 923–927.

Lawrence, P.A. (1992). *The Making of a Fly: The Genetics of Animal Design*. Oxford: Wiley-Blackwell

Lewis, E.B. (1978). A gene complex controlling segmentation in Drosophila. *Nature* 276: 565–570.

Müller, P., Rogers, K.W., Jordan, B.M. et al. (2012). Differential diffusivity of Nodal and Lefty underlies a reaction-diffusion patterning system. *Science* 336: 721–724.

Nüsslein-Volhard, C. und Wieschaus, E. (1980). Mutations affecting segment number and polarity in Drosophila. *Nature* 287: 795–801.

Schuettengruber, B., Bourbon, H.M., Di Croce, L. et al. (2017). Genome regulation by polycomb and trithorax: 70 years and counting. *Cell* 171: 34–57.

Sjöqvist, M. und Andersson, E.R. (2019). Do as I say, Not(ch) as I do: lateral control of cell fate. *Dev. Biol.* 447 (1): 58–70.

von Dassow, G., Meir, E., Munro, E.M. et al. (2000). The segment polarity network is a robust developmental module. *Nature* 406: 188–192.

21.3 Zeitliche Steuerung der Entwicklung

Brown, D.D. und Cai, L. (2007). Amphibian metamorphosis. *Dev. Biol.* 306: 20–33.

Giraldez, A.J., Mishima, Y., Rihel, J. et al. (2006). Zebrafish MiR-430 promotes deadenylation and clearance of maternal mRNAs. *Science* 312: 75–79.

Holguera, I. und Desplan, C. (2018). Neuronal specification in space and time. *Science* 362: 176–180.

Hubaud, A. und Pourquié, O. (2014). Signalling dynamics in vertebrate segmentation. *Nat. Rev. Mol. Cell Biol.* 15: 709–721.

Isshiki, T., Pearson, B., Holbrook, S. et al. (2001). Drosophila neuroblasts sequentially express transcription factors which specify the temporal identity of their neuronal progeny. *Cell* 106: 511–521.

Jukam, D., Shariati, S.A.M. und Skotheim, J.M. (2017). Zygotic genome activation in vertebrates. *Dev. Cell* 42: 316–332.

Lee, R.C., Feinbaum, R.L. und Ambros, V. (1993). The *C. elegans* heterochronic gene lin-4 encodes small RNAs with antisense complementarity to lin-14. *Cell* 75: 843–854.

Oates, A.C. (2020). Waiting on the Fringe: cell autonomy and signaling delays in segmentation clocks. *Curr. Opin. Genet. Dev.* 63: 61–70.

Song, J., Irwin, J. und Dean, C. (2013). Remembering the prolonged cold of winter. *Curr. Biol.* 23: 807–811.

Wightman, B., Ha, I. und Ruvkun, G. (1993). Posttranscriptional regulation of the heterochronic gene lin-14 by lin-4 mediates temporal pattern formation in *C. elegans. Cell* 75: 855–862.

21.4 Morphogenese

Bussmann, J. und Raz, E. (2015). Chemokine-guided cell migration and motility in zebrafish development. *EMBO J.* 34: 1309–1318.

Butler, M.T. und Wallingford, J.B. (2017). Planar cell polarity in development and disease. *Nat. Rev. Mol. Cell Biol.* 18: 375–388.

Glimour, D., Rembold, M. und Leptin, M. (2017). From morphogen to morphogenesis and back. *Nature* 541: 311–320.

Goodwin, K. und Nelson, C.M. (2020). Branching morphogenesis. *Development* 147: dev184499.

Lecuit, T. und Lenne, P.F. (2007). Cell surface mechanics and the control of cell shape, tissue patterns and morphogenesis. *Nat. Rev. Mol. Cell Biol.* 8: 633–644.

Le Douarin, N.M. und Kalcheim, C. (1999). *The Neural Crest*, 2nd ed. Cambridge: Cambridge University Press.

Solnica-Krezel, L und Sepich, D.S. (2012). Gastrulation: making and shaping germ layers. *Annu. Rev. Cell Dev. Biol.* 28: 687–717.

Takeichi, M. (2011). Self-organization of animal tissues: cadherinmediated processes. *Dev. Cell* 21: 24–26.

Te Boekhorst, V., Preziosi, L. und Friedl, P. (2016). Plasticity of cell migration *in vivo* and in silico. *Annu. Rev. Cell Dev. Biol.* 32: 491–526.

Walck-Shannon, E und Hardin, J. (2014). Cell intercalation from top to bottom. *Nature* 15: 34–48.

21.5 Wachstum

Andersen, D.S., Colombani, J. und Léopold, P. (2013). Coordination of organ growth: principles and outstanding questions from the world of insects. *Trends Cell Biol.* 23: 336–344.

Conlon, I. und Raff, M. (1999). Size control in animal development. *Cell* 96: 235–244.

Hariharan, I.K. und Bilder, D. (2006). Regulation of imaginal disc growth by tumorsuppressor genes in Drosophila. *Annu. Rev. Genet.* 40: 335–361.

Øvrebø, J.I. und Edgar, B.A. (2018). Polyploidy in tissue homeostasis and regeneration. *Development* 145: dev156034.

Penzo-Méndez, A.I. und Stanger, B.Z. (2015). Organ-size regulation in mammals. *Cold Spring Harb. Perspect. Biol.* 7: a019240.

Restrepo, S., Zartman, J.J. und Basler, K. (2014). Coordination of patterning and growth by the morphogen DPP. *Curr. Biol.* 24: 245–255.

Zheng, Y. und Pan, D. (2019). The hippo signaling pathway in development and disease. *Dev. Cell* 50: 264–282.

Stammzellen bei der Gewebehomöostase und Gewebeerneuerung

22

Kapitelinhalt

Zellen entwickelten sich ursprünglich als frei lebende Einzelwesen. Solche Zellen dominieren die Erde und ihre Ozeane nach wie vor. Aber die Zellen, die für uns Menschen am wichtigsten sind, sind spezialisierte Glieder einer vielzelligen Gemeinschaft. Sie haben charakteristische Merkmale verloren, die zum unabhängigen Überleben notwendig sind, dafür aber Eigenschaften erworben, die den Bedürfnissen des Körpers als eine Einheit dienen. Obwohl mit gleichem Erbmaterial versehen, unterscheiden sich unsere Zellen deutlich hinsichtlich Struktur, Chemie und Verhalten. Es sind über 200 verschiedene Zelltypen im Körper des Menschen bekannt. Diese arbeiten miteinander und bilden auf diese Weise eine große Anzahl verschiedener Gewebe, die zu Organen zusammengefasst sind, um die unterschiedlichsten Funktionen zu erfüllen. Um die Physiologie unserer Zellen zu verstehen, genügt es nicht, Zellen in einer Kulturschale zu untersuchen. Wir müssen auch lernen, wie sie in ihrer natürlichen Umgebung, dem Körper, leben, arbeiten und sterben.

In den Kapiteln 7 und 21 haben wir besprochen, wie die unterschiedlichen Zelltypen sich im Embryo entwickeln und wie Zellgedächtnis und Signale von ihren Nachbarn dafür sorgen, dass sie danach ihre speziellen Funktionen beibehalten. In Kapitel 19 haben wir den von Zellen verwendeten Mechanismus zum architektonischen Aufbau vielzelliger Gewebe vorgestellt – einschließlich der molekularen Kittsubstanzen, die Zellen miteinander verbinden, und der extrazellulären Stützmaterialien für Gewebe und Organe. Der ausgewachsene Körper ist jedoch nicht statisch: Es handelt sich um eine Struktur, die sich in einem dynamischen Gleichgewicht befindet. Es werden kontinuierlich neue Zellen gebildet, sie differenzieren und sterben. Homöostatische Mechanismen halten das passende Gleichgewicht aufrecht, sodass die Architektur der Gewebe trotz ständigem Austausch alter Zellen durch neue Zellen erhalten bleibt. In diesem Kapitel konzentrieren wir uns auf diese Homöostaseprozesse, die ein Leben lang anhalten. Dabei werden wir die Diversität einiger differenzierter Zellarten erläutern und insbesondere untersuchen, welche Rolle in vielen ausgewachsenen Geweben **Stammzellen** dabei spielen – die undifferenzierten Zellen, die darauf spezialisiert sind, für einen ständigen Vorrat an frisch differenzierten Zellen zu sorgen, dort, wo diese Zellen kontinuierlich ersetzt werden müssen, oder dann, wenn sie in größerer Anzahl für Gewebereparatur und -regeneration benötigt werden. Wir werden sehen, dass viele ausgewachsene

Molekularbiologie der Zelle, 7. Auflage. Bruce Alberts, Rebecca Heald, Alexander Johnson, David Morgan, Martin Raff, Keith Roberts und Peter Walter.

Gewebe sich ständig erneuern und reparieren, während andere dies nicht tun. In diesen Fällen sind abgestorbene Zellen für immer verloren und führen zu Taubheit, Erblindung, Demenz oder anderen Funktionsstörungen. Wir befassen uns damit, wie sich Stammzellen innerhalb eines sich erneuernden Gewebes behaupten und wie das Schicksal ihrer Tochterzellen festgelegt wird. Danach wenden wir uns der außergewöhnlichen Fähigkeit mancher Tiere zu, ganze Körperglieder oder Organe neu aufzubauen, anhand eines extremen Beispiels, bei dem alle Gewebe des Organismus aus einer einzelnen Stammzelle erzeugt werden. Im letzten Abschnitt des Kapitels werden wir sehen, wie Stammzellen erzeugt und künstlich manipuliert werden können. Wir werden der dabei aufkommenden praktischen Frage auf den Grund gehen, die dem gewaltigen gegenwärtigen Interesse am Thema Stammzellen zugrunde liegt: Wie können wir unser Wissen über die Zelldifferenzierungsprozesse und die Erneuerung von Gewebe einsetzen, um die Natur zu verbessern und solche Schäden und Defekte des menschlichen Körpers wiedergutzumachen, die mit Erkrankungen und Alterungen des menschlichen Körpers einhergehen und die bisher nicht reparierbar erschienen?

22.1 Stammzellen und die Gewebehomöostase

In sich selbst erneuernden ausgewachsenen Geweben werden ständig Zellen geboren, differenzieren sich und sterben ab. Dieser „Fluss" von Zellen kann mit der Strömung von Wasser in einem Fluss verglichen werden: Der Fluss mag von Tag zu Tag gleich aussehen, aber während er flussabwärts fließt, ist das Wasser im Fluss nie dasselbe (**Abb. 22.1**). In ähnlicher Weise wird die charakteristische Architektur eines sich selbst erneuernden Gewebes beibehalten, obwohl sich die Zellpopulation ständig verändert, wobei differenzierte Zellen „stromabwärts" verloren gehen und Stammzellen „stromaufwärts" neue Zellen produzieren. Daher müssen die Stammzellen in solchen Geweben in der Lage sein, sich selbst zu replizieren und gleichzeitig differenzierte Zellen für die gesamte Lebensspanne des Organismus zu produzieren. Ohne Stammzellen würden diese Gewebe und Organe schnell versagen, da sie mit dem natürlichen Zellumsatz nicht

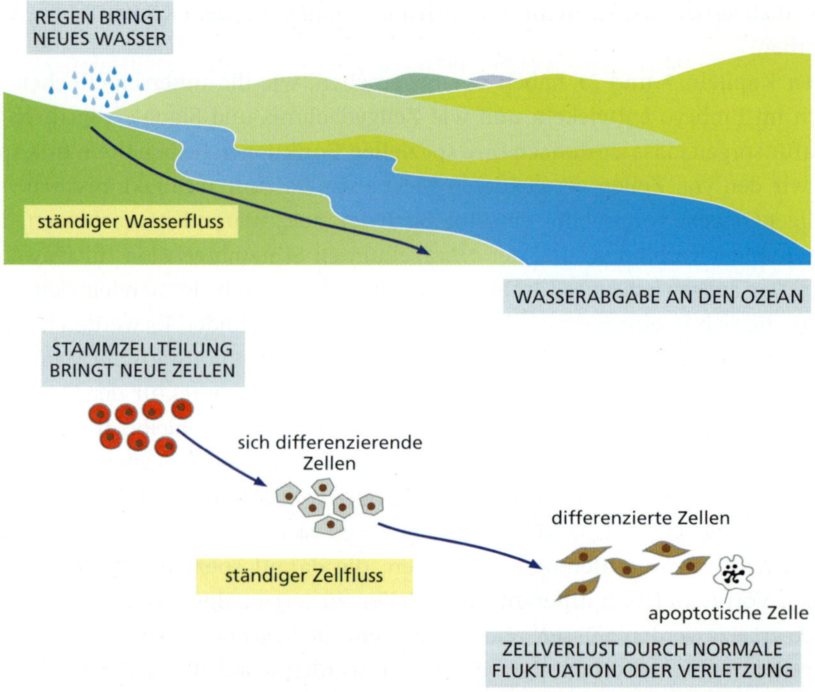

Abb. 22.1 Homöostase des Gewebes in Analogie zu einem Fluss. In einem sich selbst erneuernden erwachsenen Gewebe halten ein konstanter Zufluss neuer Zellen, die durch Zellteilung „stromaufwärts" entstanden sind, und ein konstanter Verlust an differenzierten Zellen „stromabwärts" das Gewebe in einem dynamischen Gleichgewicht.

Schritt halten können. In der Tat können Defekte bei Stammzellfunktionen aus diesem Grund zu Krankheit und Alterung beitragen.

In diesem ersten Abschnitt definieren wir die wesentlichen Merkmale von Stammzellen am Beispiel von zwei Epithelgeweben: der Darmschleimhaut und der Oberfläche der Haut. Anschließend betrachten wir, wie wir Stammzellen in Geweben identifizieren können – durch Zelllinienverfolgung oder, im Fall von Blutzellen, durch Untersuchungen mit Zelltransplantation. Schließlich erörtern wir Gewebe, die sich in Abwesenheit von Stammzellen erhalten können.

22.1.1 Charakteristisch für Stammzellen ist die Fähigkeit, sich selbst zu erneuern und differenzierte Zellen zu generieren

Viele ausgewachsene (adulte) Gewebe, insbesondere solche mit hohem Zellumsatz, enthalten **gewebespezifische Stammzellen** (auch **adulte Stammzellen** genannt). Jedes dieser Gewebe enthält seine eigene, einzigartige Stammzellpopulation, die in der Lage ist, die für dieses Gewebe (und nicht für andere Gewebe) charakteristischen Zellen zu produzieren. Die Stammzellen jedes Gewebes besitzen ihre eigene Entwicklungsgeschichte, ohne notwendigerweise molekulare Merkmale mit den Stammzellen anderer Gewebe zu teilen.

Allen Stammzellen sind jedoch zwei grundlegende Eigenschaften, die sie ausmachen, gemeinsam:

1. Sie sind in der Lage, ihre Population als Stammzellen aufrechtzuhalten, im Allgemeinen während der gesamten Lebenszeit des Organismus – ein Vorgang der *Selbsterneuerung* genannt wird

und

2. Sie können auch differenzierte Zellen hervorbringen. Wenn sich eine Stammzelle teilt, kommt für jede Tochterzelle die Entscheidung: Sie kann entweder Stammzelle bleiben oder einen Weg einschlagen, der sie zur endgültigen Differenzierung festlegt (**Abb. 22.2**).

Stammzellen erzeugen in der Regel nicht direkt differenzierte Zellen, sondern bringen stattdessen eine Art Übergangszelle hervor, die auf den Differenzierungsweg festgelegt ist, sich aber noch vermehrt, wodurch die Anzahl differenzierter Zellen zunimmt. Diese Zellen bezeichnet man als *festgelegte Vorläuferzellen*. Man nennt sie auch *amplifizierende Übergangszellen*, da ihre Teilungen dazu dienen, die Anzahl der differenzierten Zellen zu erhöhen, die letztendlich aus jeder Zellteilung einer Stammzelle hervorgehen (**Abb. 22.3**). Im Gegensatz zu Stammzellen durchlaufen diese Übergangszellen nur eine begrenzte Anzahl von Zellteilungen ehe sie differenzieren. Wenn eine Zelle das Ende ihres Differenzierungsweges erreicht und sich nicht mehr teilt, ist sie *endgültig differenziert*. Wenn eine adulte Stammzelle oder festgelegte Vorläuferzelle mehrere differenzierte Zelltypen hervorbringt, ist sie multipotent; wenn sie nur einen differenzierten Zelltyp hervorbringt, ist sie *unipotent* (s. **Abb. 22.3**).

Betrachten wir nun zwei Epithelgewebe, um zu veranschaulichen, wie diese verschiedenen Zellkategorien in einem sich selbst erneuernden adulten Gewebe organisiert sind – die Auskleidung des Darms und die äußere Schicht der Haut. In beiden Fällen produzieren die Stammzellen kontinuierlich amplifizierende Übergangszellen auf einer Seite des Gewebes, während auf der gegenüberliegenden Seite endgültig differenzierte Zellen verloren gehen – um bei unserer Flussanalogie zu bleiben: es kommen stromaufwärts neue Zellen (wie Wassermoleküle beim Fluss) hinzu bzw. gehen Zellen (wie Wassermoleküle) stromabwärts verloren.

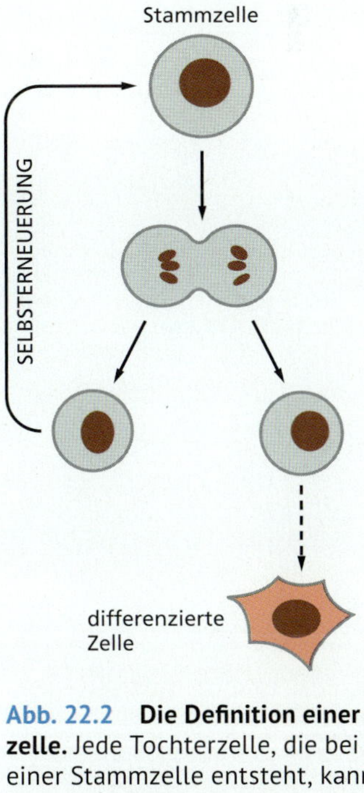

Abb. 22.2 Die Definition einer Stammzelle. Jede Tochterzelle, die bei der Teilung einer Stammzelle entsteht, kann entweder Stammzelle bleiben (in einem Prozess, den man Selbsterneuerung nennt) oder sich auf die Differenzierung festlegen, gewöhnlich nach einigen Zellteilungen. Der Vorgang der Selbsterneuerung hält den Vorrat an Stammzellen im Gewebe aufrecht.

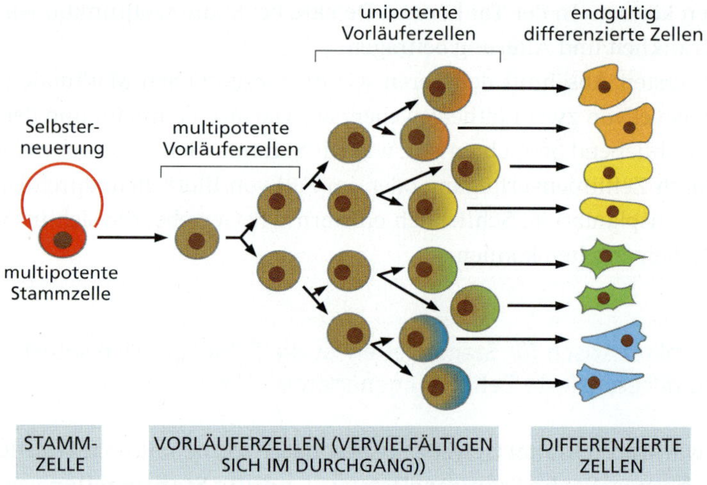

Abb. 22.3 Eine Hierarchie von Stammzellen, Vorläuferzellen und differenzierten Zellen. Neben der Selbsterneuerung produzieren gewebespezifische Stammzellen im Allgemeinen Vorläuferzellen (amplifizierende Übergangszellen), die sich in einer begrenzten Anzahl von Zellteilungsrunden teilen, bevor sie sich endgültig differenzieren. Stammzellen und Vorläuferzellen können unipotent oder multipotent sein, je nachdem, ob sie nur einen Typ oder mehrere Arten von differenzierten Zellen produzieren.

22.1.2 Die Epithel-Auskleidung des Dünndarms wird durch Zellproliferation in den Krypten kontinuierlich erneuert

Die Schleimhaut des Dünndarms (und der meisten anderen Darmabschnitte) ist ein einlagiges Epithel, d.h. es ist nur eine Zelle dick. Das **Darmepithel** bedeckt die Oberflächen der *Zotten* (*Villi*), die in das Darmlumen hineinragen, und kleidet die *Krypten* aus, die sich in das unter dem Epithel liegende Bindegewebe absenken (**Abb. 22.4**). Sich teilende Zellen, Stammzellen und festgelegte Vorläuferzellen eingeschlossen, kommen nur in den Krypten vor und endgültig differenzierte Zellen, die sich nicht mehr teilen, strömen in einem stetigen Strom aus den Krypten heraus zu den Zotten. Es gibt vier Haupttypen differenzierter Zellen – ein resorbierender Typ und drei sekretorische (**Abb. 22.5**):

1. *Nährstoffresorbierende Zellen*, die auch *Saumzellen* oder *Enterocyten* genannt werden, machen den Großteil der Epithelzellen aus und tragen dicht gepackte Mikrovilli auf ihrer freien (lumenseitigen) Oberfläche. Ihre Aufgabe besteht darin, Nährstoffe aus dem Darmlumen aufzunehmen. Zu diesem Zweck bilden sie auch hydrolytische Enzyme, die einige der letzten Schritte der extrazellulären Verdauung durchführen.
2. *Becherzellen* sezernieren Schleim (Mucus) in das Darmlumen. Dieser Schleim bedeckt das Epithel als schützende Schicht.
3. *Paneth-Zellen* sind Teil des angeborenen Immunabwehrsystems (s. Kapitel 24) und sezernieren Proteine, die Bakterien abtöten. Sie schütten auch Wnt-Signalproteine (besprochen in Kapitel 15) aus, die zur Aufrechterhaltung der Stammzellpopulation benötigt werden.
4. *Enteroendokrine Darmzellen*, von denen es mehr als 15 verschiedene Subtypen gibt, sezernieren Serotonin und Peptidhormone, die auf Neuronen und andere Zelltypen in der Darmwand einwirken und das Wachstum, die Proliferation und die Verdauungsaktivitäten der Darmzellen und anderer Gewebe steuern.

Resorbierende Saumzellen, Becherzellen und enteroendokrine Zellen wandern wie auf einem Fließband von ihrem Entstehungsort in den Krypten in einer Gleitbewegung in der Ebene der Epithelschicht nach oben, um die Oberfläche der Zotten zu überziehen. In der Maus erreichen die differenzierten Zellen innerhalb von 3–4 Tagen, nachdem sie aus den Krypten aufgestiegen sind, die Spitzen der Zotten, wo sie sich der Apoptose unterziehen und schließlich ins Darmlumen abgestoßen werden. Die Paneth-Zellen in den Krypten werden in viel kleinerer Anzahl gebildet und folgen einem anderen Migrationsmuster. Sie leben am Boden der Krypten, wo sie ebenfalls kontinuierlich ersetzt werden,

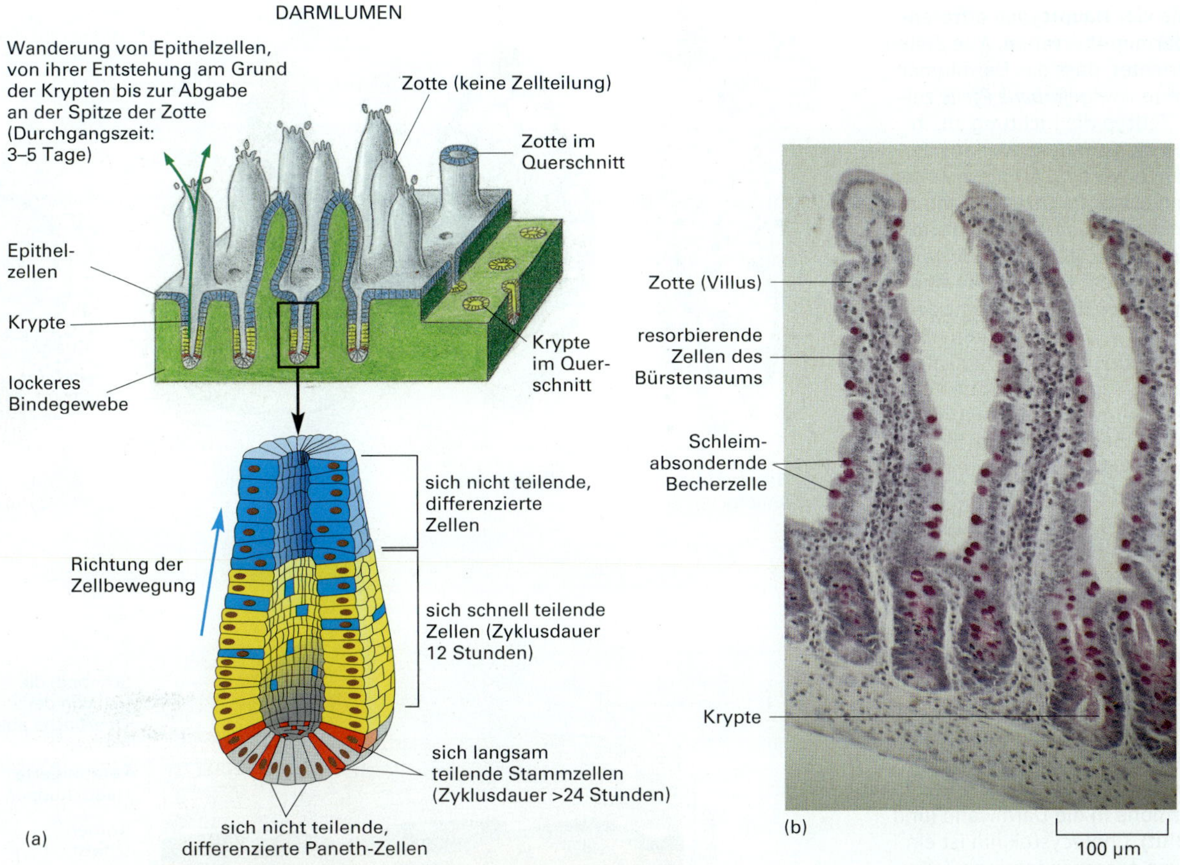

Abb. 22.4 Erneuerung der Darmschleimhaut. (a) Das Muster des Zellumsatzes und der Proliferation von Stammzellen im Dünndarmepithel. Stammzellen (*rot*) befinden sich am Grund der Krypten zwischen sich nicht teilenden differenzierten Zellen (Paneth-Zellen). Die Nachkommen der Stammzellen wandern hauptsächlich von den Krypten zu den Zotten (Villi). Nach wenigen schnellen Zellteilungen hören sie auf sich zu teilen und differenzieren – einige von ihnen, noch während sie in den Krypten sind, die meisten anderen, während sie aus den Krypten austreten. Die Paneth-Zellen werden, wie die anderen sich nicht teilenden, differenzierten Zellen, kontinuierlich durch Nachkommen der Stammzellen ersetzt, aber sie wandern nach unten zum Grund der Krypten und überleben dort mehrere Wochen. (b) Mikroskop-Aufnahme eines Schnitts, der einen Teil der Schleimhaut des Dünndarms mit Zotten und Krypten zeigt. Man beachte die Mischung von differenzierten Zelltypen, die alle aus den Stammzellen gebildet werden. Es handelt sich hauptsächlich um resorbierende Zellen, zwischen denen die Schleim-absondernden Becherzellen (*rot* gefärbt) verteilt liegen.

wenn auch nicht so schnell. Sie leben mehrere Wochen lang, bevor sie der Apoptose unterliegen und von ihren Nachbarn phagocytiert werden.

Die Stammzellen, die das Darmepithel entstehen lassen, liegen verteilt zwischen Paneth-Zellen genau über dem Kryptengrund. Da nur sie einen besonderen G-Protein-gekoppelten Rezeptor namens *Lgr5* exprimieren, der als spezifischer Marker einer Stammzellenpopulationen dient, können die Stammzellen identifiziert werden.

Wenn sich Stammzellen teilen – was sie im Darm einer Maus ungefähr alle 24 Stunden tun – unterliegen manche der Nachkommen der Differenzierung, werden dadurch zu amplifizierenden Übergangszellen, die nach oben wandern, während andere Stammzellen im Prozess der Selbsterneuerung verbleiben. Die Stammzellen sind pluripotent und können daher alle Arten differenzierter Zellen im Epithel hervorbringen.

22.1.3 Das Stammzellsystem der Epidermis hält eine selbsterneuernde, wasserdichte Epithelbarriere auf der Körperoberfläche aufrecht

Stammzellsysteme sind in Abhängigkeit vom Gewebe auf viele verschiedene Arten organisiert. Man nehme zum Beispiel die **Epidermis** – die äußere epitheliale Hülle des Körpers. Die Epidermis wird kontinuierlich erneuert, aber im Gegensatz zur Auskleidung des Darms ist sie mehrlagig oder *stratifiziert*. Stammzellen befinden sich in der Basalschicht (genau wie die sich teilenden amplifizierenden Übergangszellen auch). Wenn die festgelegten Vorläuferzellen aufhören, sich zu teilen, verlassen sie die Basalschicht, wandern nach außen zur Oberfläche und differenzieren sich auf dem Weg dorthin endgültig. Sie enden als abgestorbene Schuppen oder *Squamae*, die schließlich von der Hautoberfläche abgestoßen werden (**Abb. 22.6**). Obwohl die Struktur der Epidermis sich sehr von der

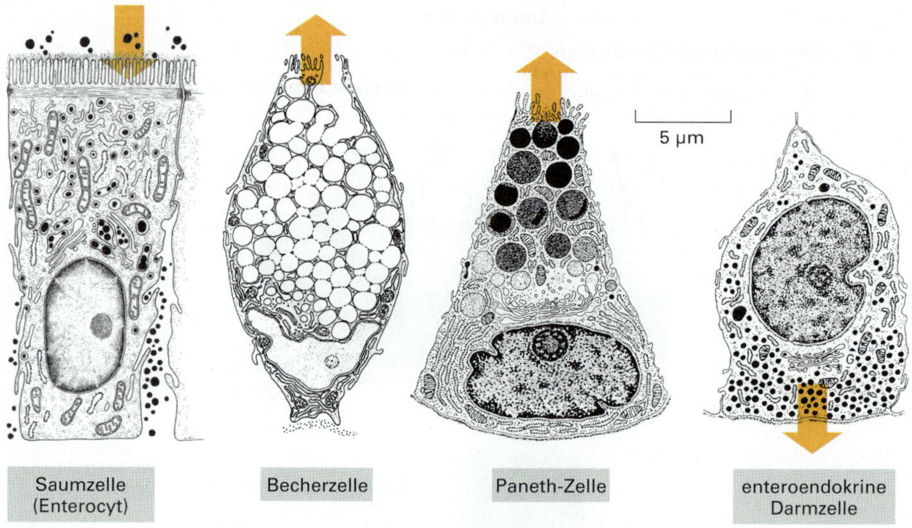

Abb. 22.5 Die vier Haupttypen differenzierter Dünndarmepithelzellen. Alle Zellen sind so ausgerichtet, dass das Darmlumen *oben* liegt. Breite *orangefarbene Pfeile* zeigen für jeden Zelltyp die Richtung an, in die Materialien abgesondert oder aus der sie aufgenommen werden. All diese Zellen stammen von nicht differenzierten, multipotenten Stammzellen ab, die am Grund der Krypten sitzen (s. Abb. 22.4). *Resorbierende Zellen* (*Saumzellen* oder *Enterocyten*) sind mit einem Verhältnis von 10:1 oder mehr den anderen Zelltypen im Epithel zahlenmäßig überlegen. Die Mikrovilli auf der apikalen Oberfläche sorgen für eine 30-fache Vergrößerung der Oberfläche. Diese ist nicht nur für die Aufnahme von Nährstoffen wichtig, sondern auch für die Verankerung von Enzymen, die die letzten Phasen der extrazellulären Verdauung übernehmen, wie den Abbau kleiner Peptide und Disaccharide zu Monomeren, die dann durch die Zellmembran transportiert werden können. *Becherzellen* sondern Schleim ab. Sie sind die am häufigsten vorkommenden sekretorischen Zelltypen. *Paneth-Zellen* sondern (zusammen mit einigen Wachstumsfaktoren) *Kryptidine* ab. Das sind Proteine aus der Defensin-Familie, die Bakterien töten. Verschiedene Subtypen von *enteroendokrinen Zellen* sezernieren Serotonin und Peptidhormone in die Darmwand (und von dort ins Blut). Cholecystokinin ist ein Hormon, das von enteroendokrinen Zellen als Reaktion auf die Anwesenheit von Nährstoffen im Darm abgegeben wird. Es bindet an Rezeptoren auf nahegelegenen sensorischen Nervenendigungen und führt zur Freisetzung von Verdauungsenzymen aus der Bauchspeicheldrüse und Gallenflüssigkeit aus der Gallenblase; es kann auch ein Signal an das Gehirn weiterleiten, um das Hungergefühl zu stoppen, wenn man genug gegessen hat. (Resorbierende Zellen und Becherzellen, Don W. Fawcett/Science Source; Paneth-Zellen und enteroendokrine Zellen, aus R. V. Krstić, Illustrated Encyclopedia of Human Histology. Berlin: Springer-Verlag, 1964. Mit Genehmigung von Springer Nature).

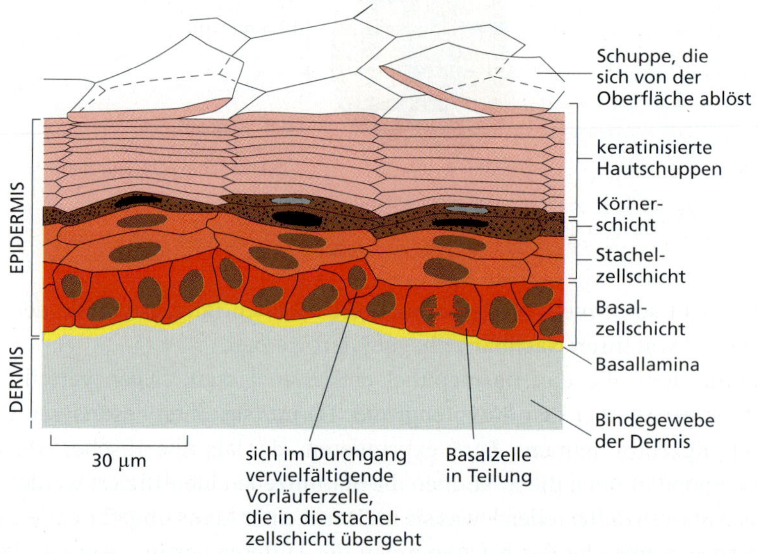

Abb. 22.6 Die mehrschichtige Struktur der Epidermis. Die Epidermis bildet die äußere Schicht der Haut. Sie stellt eine wasserdichte Barriere dar, die sich selbst repariert und kontinuierlich erneuert wird. Darunter liegt eine relativ dicke Schicht aus Bindegewebe, zu der die widerstandsfähige, kollagenreiche Dermis (aus ihr wird Leder hergestellt) gehört. Die Zellen der Epidermis werden als Keratinocyten bezeichnet, da ihre charakteristische Aktivität die Synthese des Intermediärfilamentproteins Keratin ist, welches der Epidermis ihre Widerstandsfähigkeit verleiht. Diese Zellen ändern ihre Erscheinung und ihre Eigenschaften von einer Schicht zur nächsten, während sie ein vorgegebenes Differenzierungsprogramm durchlaufen. Die Zellen der innersten Schicht, die der darunterliegenden Basallamina anliegt, werden als Basalzellen bezeichnet. Normalerweise teilen sich nur diese Zellen: Zu den Basalzellen gehören eine relativ geringe Anzahl von Stammzellen zusammen mit einer größeren Anzahl von amplifizierenden Übergangszellen, die sich von den Stammzellen ableiten. Über den Basalzellen liegen mehrere Schichten von größeren Stachelzellen. Hinter den Stachelzellen befindet sich die dünne, dunkel gefärbte Lage von Körnerzellen. Auf dieser Ebene sind die Zellen zusammengeschweißt und bilden eine wasserdichte Barriere. Sie markiert die Grenze zwischen den inneren, stoffwechselaktiven Zelllagen und der äußersten Epidermisschicht, die aus toten Zellen besteht, deren intrazelluläre Organellen verschwunden sind. Die äußersten Zellen sind zu abgeflachten Hautschuppen (lat. *Squamae*, Sg. *Squama*) reduziert und mit dicht gepacktem Keratin gefüllt. Sie werden letztendlich von der Hautoberfläche abgestoßen. Vom Austritt aus der Basalschicht bis zur Abstoßung von der Oberfläche benötigt eine Zelle etwa ein oder zwei Wochen, abhängig von der Körperregion und von der Spezies.

des Darmepithels unterscheidet, gelten viele gleiche Grundprinzipien. Die Existenz der Stammzellen ist von Signalen aus einer spezifischen Nische abhängig, im Fall der Epidermis sind das die Basallamina und das darunterliegende Bindegewebe. Die Töchter der Stammzellen, die zur Differenzierung festgelegt sind, durchlaufen mehrere Teilungen als amplifizierende Übergangszellen (während sie sich noch in der Basalschicht befinden), bevor sie differenzieren. Die meisten Signalübertragungswege, die das Stammzellsystem des Darms regulieren, sind außerdem auch an der Regulation des epidermalen Stammzellsystems beteiligt, wenn auch mit verschiedenen individuellen Funktionen.

22.1.4 Die Verfolgung der Zellabstammung offenbart die Lokalisierung der Stammzellen und ihrer Nachkommen

Stammzellen in adultem Gewebe sind in der Regel selten und in konventionellen Gewebeschnitten nur schwer zu identifizieren, es sei denn ein stammzellspezifischer Marker wie *Lgr5* ist verfügbar. Die rekombinante DNA-Technologie bietet eine allgemeine und leistungsfähige Möglichkeit zur Identifizierung von Stammzellen und ihren Nachkommen in jedem sich erneuernden Gewebe mithilfe einer Technik, die als *Cell Lineage Tracing* (Zellabstammungsverfolgung) bezeichnet wird. Bei dieser Methode werden transgene Tiere eingesetzt, um eine sichtbare genetische Markierung in nur wenigen Zellen einzuführen, aus denen im Laufe der Zeit weit voneinander entfernte und leicht zu unterscheidende Klone von Nachkommen – wie in **Abb. 22.7** und **Abb. 22.8** beschrieben – hervorgehen. Dieser Ansatz erfordert keine Vorkenntnisse darüber, ob ein Gewebe Stammzellen enthält oder nicht. Wenn sie vorhanden sind, werden einige Stammzellen zufällig markiert und führen zu einer persistenten Zellklonlinie, die sowohl Stammzellen als auch differenzierte Zellen enthält (s. **Abb. 22.7b**); sich teilende festgelegte Vorläuferzellen werden ebenfalls zufällig markiert und produzieren markierte Klone, die aber alle irgendwann verschwinden (s. **Abb. 22.7c**). Die Analyse der Klone zeigt nicht nur, ob Stammzellen vorhanden sind, sondern auch, wo sich die Stammzellen befinden und ob sie unipotent oder multipotent sind.

Ein gezielterer Ansatz kann für die Rückverfolgung der Zellabstammung verwendet werden, wenn ein Gen bekannt ist, das spezifisch in den Stammzellen eines Gewebes exprimiert wird, wie das *Lgr5*-Gen im Mausdarm. In diesem Fall kann man den Promotor des Gens verwenden, um den genetischen Marker spezifisch in den Stammzellen zu exprimieren. Mithilfe solcher Experimente hat man entdeckt, dass es sich bei den *Lgr5*-exprimierenden Zellen im Darmepithel der Maus um Stammzellen handelt und dass diese multipotent sind (s. **Abb. 22.8**).

22.1.5 Ruhende Stammzellen sind nur schwer durch *Cell Lineage Tracing* zu identifizieren

Die soeben beschriebene Methode der Abstammungsanalyse geht davon aus, dass sich die Stammzellen in einem Gewebe aktiv teilen, um Tochterzellen zu erzeugen, die sich selbst erneuern oder differenzieren. Einige adulte Stammzellen befinden sich jedoch in einem Ruhezustand und dienen als „Vorrat" für den Fall, dass sie benötigt werden. Sie teilen sich nur selten oder gar nicht, es sei denn, sie werden durch einen Stimulus, wie z. B. eine Gewebeverletzung, dazu veranlasst. In diesen Fällen kann es zusätzliche Zeit oder Stimulierung erfordern, um die Stammzellen durch eine Abstammungsanalyse (*Cell Lineage Tracing*) aufzuspüren.

Der menschliche **Skelettmuskel** ist ein Beispiel dafür. Er besteht aus vielkernigen Muskelzellen (Muskelfasern), die während der Entwicklung durch die Verschmelzung

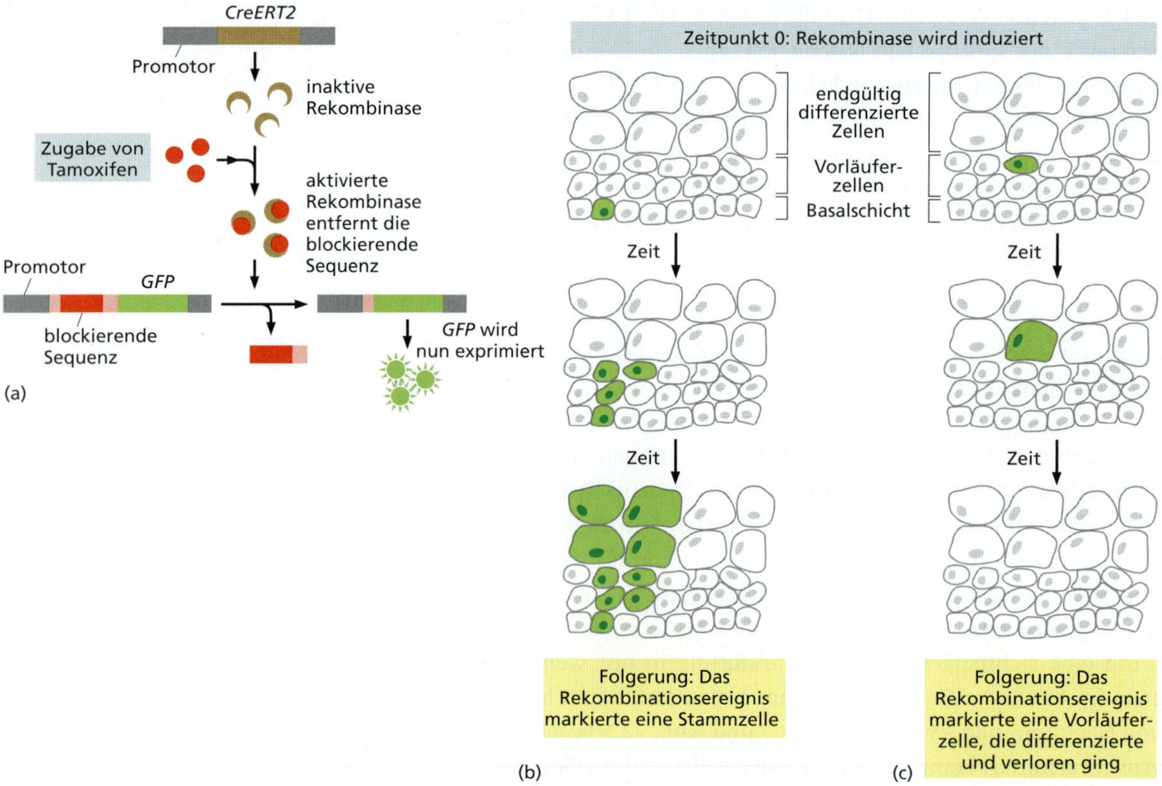

Abb. 22.7 Klonanalyse unter Verwendung eines genetischen Markers. (a) Transgene Tiere mit zwei Transgenen können verwendet werden, um die Expression eines leicht nachweisbaren und vererbbaren Markerproteins in einer kleinen Teilgruppe von Zellen zu steuern. Das erste Transgen codiert für ein Markergen, wie z. B. das für das grün fluoreszierende Protein (GFP) codierende Gen. Jedoch wird die hier in *grün* gezeigte Expression des *GFP*-Transgens durch eine blockierende Sequenz (*rot*) verhindert, die von LoxP-Stellen flankiert wird (*rosa*, s. Abb. 5.66). Das zweite Transgen (*CreERT2*, *braun*) codiert für eine chimäre Form der Cre-Rekombinase, die als CreERT bezeichnet wird. Sie besteht aus einer Cre-Rekombinase, die an das Östrogenrezeptor-Protein gekoppelt ist. Dieses Enzym wird als Rekombinase nur aktiv, wenn es an das künstliche Östrogenanalogon Tamoxifen gebunden ist (*rote Kügelchen*). Eine Zugabe von Tamoxifen führt zu einem Rekombinationsereignis, bei der die blockierende DNA-Sequenz entfernt wird. Als Folge wird der GFP-Marker exprimiert. Da die blockierende DNA dauerhaft aus dem Genom entfernt wurde, wird der Marker weiterhin in allen Nachkommen einer Zelle exprimiert, in der das Rekombinationsereignis aufgetreten ist. Mit einer niedrigen Dosis des Induktormoleküls Tamoxifen ist es möglich, den Marker nach dem Zufallsprinzip in nur wenigen weit voneinander entfernten Zellen zu aktivieren, wodurch unterscheidbare Klone entstehen. (b) Wenn das Rekombinationsereignis in einer Stammzelle stattfindet, wird eine klonale Linie markiert, und die Markierung bleibt im Laufe der Zeit bestehen, wenn sich die markierte Stammzelle selbst erneuert und differenzierte Zellen produziert. (c) Tritt das Rekombinationsereignis in einer Zelle auf, die keine Stammzelle ist, verschwindet die Markierung im Laufe der Zeit, wenn die markierte Zelle differenziert und schließlich verloren geht.

von endgültig differenzierten *Myoblasten* entstehen. Der Mensch bildet normalerweise keine neuen Skelettmuskel als Erwachsener, aber er hat immer noch die Fähigkeit, dies zu tun, wenn Bedarf an Muskelwachstum oder -reparatur besteht. Die Zellen, die als Myoblasten dienen können, verbleiben als kleine, abgeflachte und sich nicht teilende Zellen, die in engem Kontakt mit der reifen Muskelfaser innerhalb deren Basallaminahülle liegen (Abb. 22.9). Wenn der Muskel beschädigt oder zum Wachstum angeregt wird, werden diese *Satellitenzellen* zur Vermehrung aktiviert und ihre Nachkommen können mit der existierenden Muskelfaser verschmelzen, um den beschädigten Muskel zu reparieren oder Muskelwachstum zu ermöglichen. Satellitenzellen oder eine Untergruppe davon sind also die Stammzellen des adulten Skelettmuskels, die normalerweise in einem Ruhezustand gehalten werden, aber bei Bedarf als Vorrat für selbsterneuernde Zellen für endgültig differenzierte Myoblasten zur Verfügung stehen.

Der Prozess der Muskelreparatur mit Hilfe von Satellitenzellen ist in seinen Möglichkeiten begrenzt. Bei einer Form der *Muskeldystrophie* zum Beispiel schädigt ein genetischer Defekt in dem Cytoskelettprotein Dystrophin langsam aber fortschreitend die

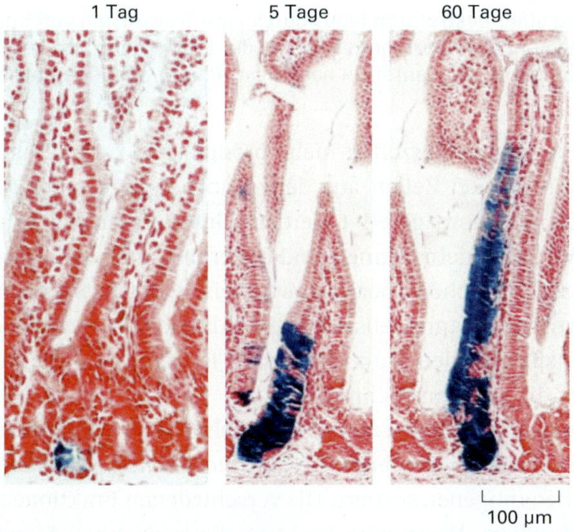

Abb. 22.8 Lgr5-exprimierende Stammzellen und ihre Nachkommen im Dünndarm. Die in **Abb. 22.7** dargestellte zugrundeliegende Methode wurde hier abgeändert, um einzelne Dünndarmzellen zu markieren und das Schicksal ihrer Nachkommen zu verfolgen. Das *Lgr5*-Gen codiert für ein Mitglied der G-Protein-gekoppelten Transmembranrezeptor-Familie und wird spezifisch in Stammzellen in der Nähe des Kryptengrunds exprimiert. In diesem Fall wurde der *Lgr5*-Promotor verwendet, um die Expression von *CreERT2* zu steuern, und eine Behandlung mit einer geringen Tamoxifendosis bringt vereinzelte Stammzellen dazu, das Markerprotein *LacZ* (anstelle von GFP) zu exprimieren. Diese Zellen und alle ihre Nachkommen konnten daraufhin mit einer *blauen* histochemischen Färbung detektiert werden. Alle *blauen* Zellen auf diesen Bildern sind auf eine einzige Lgr5-exprimierende Stammzelle zurückzuführen. Es ist erkennbar, dass sich nach 60 Tagen die *blauen* Nachkommen dieser Zelle sich auf fast den gesamten Weg hinauf zur Zotte erstrecken. Diese Nachkommen umfassen nachweislich alle Typen von differenzierten Zellen sowie persistierende Lgr5-exprimierende Zellen am Kryptengrund. Das beweist, dass es sich bei den Lgr5-exprimierenden Zellen um multipotente Stammzellen handelt. (Aus N. Barker et al., *Nature* 449: 1003–1007, 2007 Mit freundlicher Genehmigung von Springer Nature).

differenzierten Skelettmuskelzellen. Infolgedessen vermehren sich die Satellitenzellen, um die geschädigten Muskelfasern zu reparieren. Aber diese Regenerationsreaktion kann mit der Schädigung nicht Schritt halten. Schließlich ersetzt Bindegewebe die Muskelfasern und blockiert jede weitere Möglichkeit der Reparatur. Ein ähnlicher Rückgang der Reparaturfähigkeit trägt zu der fortschreitenden Muskelschwäche bei älteren Menschen bei.

22.1.6 Hämatopoetische Stammzellen können durch Transplantation identifiziert werden

Eine andere Methode zur Identifizierung von Stammzellen in adulten Geweben ist die Zelltransplantation. Diese Methode wurde zunächst zur Identifizierung der Stammzellen des *hämatopoetischen* (blutbildenden) *Systems* – des komplexesten Stammzellsystems im erwachsenen Säugetierkörper – eingesetzt. Die **hämatopoetischen Stammzellen**, aus denen sowohl die roten Blutkörperchen (**Erythrocyten**) als auch weißen Blutkörperchen (**Leukocyten**) gebildet werden, befinden sich beim Erwachsenen im Knochenmark, wo sie auch die *Blutplättchen* produzieren. Es gibt viele verschiedene Arten von weißen Blutkörperchen, darunter Monocyten, die den Blutkreislauf verlassen und sich zu *Makrophagen* entwickeln können, die in den meisten Organen zu finden sind. Wenn ein Tier einer hohen Dosis von Röntgenstrahlen ausgesetzt wird, werden die meisten blutbildenden Zellen im Knochenmark zerstört, sodass das Tier innerhalb weniger Tage

Abb. 22.9 Die Reparatur von Skelettmuskelfasern durch Satellitenzellen. (a) Die Probe wird mit einem Antikörper (*rot*) gegen ein Muskelcadherin (M-Cadherin) angefärbt, das sowohl auf der Satellitenzelle als auch der Muskelfaser vorhanden ist und sich an der Stelle konzentriert, wo ihre Membranen in Kontakt stehen. Die Kerne der Muskelfaser sind *grün* gefärbt, der Kern der Satellitenzelle ist *blau* gefärbt. (b) Schematische Zeichnung der Reparatur einer beschädigten Muskelfaser durch die Proliferation und Fusion von Satellitenzellen. (a, mit freundlicher Genehmigung von Terence Partridge.)

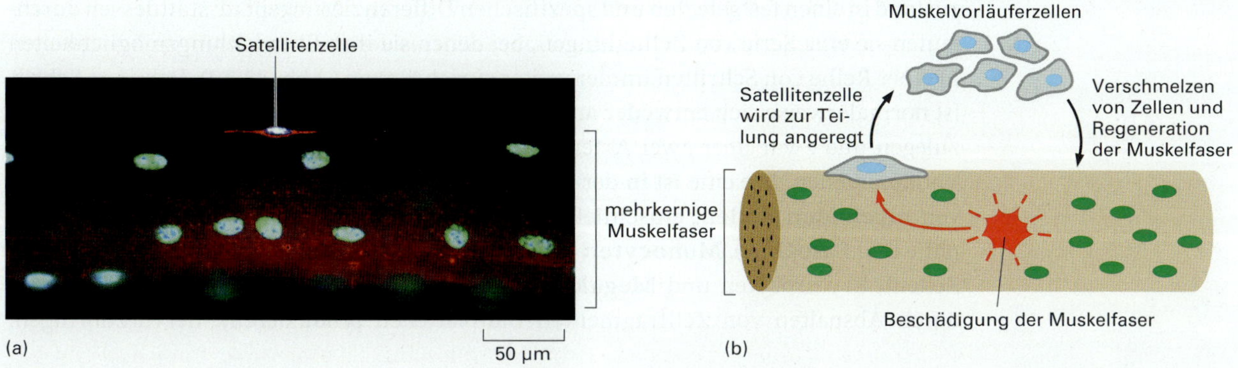

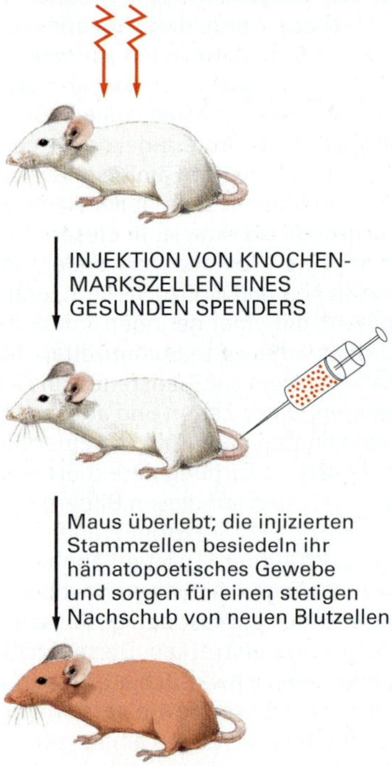

Abb. 22.10 Rettung einer bestrahlten Maus durch eine Transfusion von Knochenmarkzellen. Ein grundlegend ähnliches Verfahren wird bei der Behandlung von Leukämie beim Menschen durch Knochenmarktransplantation nach Bestrahlung oder Chemotherapie eingesetzt.

stirbt, weil es keine neuen Blutzellen mehr produzieren kann. Das Tier kann jedoch durch eine Transfusion von Zellen aus dem Knochenmark einer gesunden Spendermaus desselben Zuchtstamms gerettet werden. Unter diesen Zellen gibt es einige, die den bestrahlten Wirt besiedeln können und dauerhaft mit hämatopoetischem Gewebe ausstatten (Abb. 22.10). Solche Experimente beweisen, dass das Knochenmark ein komplettes hämatopoetisches Stammzellsystem enthält. Sie haben es den Wissenschaftlern ermöglicht, die entsprechenden Stammzellen zu isolieren und die molekularen Merkmale zu entdecken, die sie kennzeichnen.

Zu diesem Zweck werden Zellen aus dem Knochenmark von Mäusen (mit einem fluoreszenzaktivierten Zellsortierer, engl. FACS, *fluorescence activated cell sorting*) nach ihren Zelloberflächenantigenen sortiert. Die verschiedenen Fraktionen werden bestrahlten Mäusen transfundiert. Wenn eine Fraktion die bestrahlten Mäuse rettet, muss sie hämatopoetische Stammzellen enthalten. Auf diese Weise wurde gezeigt, dass die hämatopoetischen Stammzellen eine spezifische Kombination von Zelloberflächenproteinen aufweisen und dass man durch geeignete Zellsortierung nahezu reine Stammzellpräparate erhalten kann. Es stellt sich heraus, dass die Stammzellen einen winzigen Teil der Knochenmarkspopulation der Maus darstellen – etwa 1 Zelle auf 50 000–100 000. Aber das ist auch ausreichend. Bemerkenswert ist, dass eine einzige solche Zelle, die in eine Maus mit defekter Hämatopoese injiziert wird, ausreicht, um das gesamte blutbildende System zu rekonstruieren und einen vollständigen Satz der Blutzellarten sowie frische Stammzellen zu erzeugen. Dies und Experimente zur Abstammungsverfolgung (*Cell Lineage Tracing*) haben gezeigt, dass eine einzelne hämatopoetische Stammzelle *multipotent* ist, sich selbst erneuern und die gesamte Palette der Blutzellarten hervorbringen kann.

Blut enthält eine große Anzahl vieler Arten von differenzierten Zellen (Tab. 22.1), von denen viele in einem gewöhnlichen, gefärbten humanen Blutausstrich zu sehen sind (Abb. 22.11). Erythrocyten sind homogen und verbleiben in den Blutgefäßen, wo sie an Hämoglobin gebundenes O_2 und CO_2 transportieren. Im Gegensatz dazu sind Leukocyten in Morphologie und Funktion heterogen und müssen durch die Wände kleiner Blutgefäße in das Gewebe kriechen, um ihre Aufgabe erledigen zu können. Endgültig differenzierte Blutzellen haben eine relativ kurze Lebensdauer und werden während des gesamten Lebens produziert, sodass hämatopoetische Stammzellen täglich eine enorme Anzahl dieser differenzierten Zellen erzeugen. Sie stellen sie jedoch nicht direkt her. Stattdessen produzieren die Stammzellen kontinuierlich eine große Anzahl von amplifizierenden Übergangs-Vorläuferzellen, die zur Differenzierung bestimmt sind, aber mehrere Teilungen durchlaufen, bevor sie sich endgültig differenzieren.

Die Stammzellen springen jedoch nicht direkt von einem multipotenten Stammzellzustand in einen festgelegten und spezifischen Differenzierungspfad; stattdessen durchlaufen sie eine Serie von Zellteilungen, bei denen sie ihre Entwicklungsmöglichkeiten in einer Reihe von Schritten immer weiter einschränken (Abb. 22.12). Der erste Schritt ist normalerweise sich entweder auf ein myeloides oder ein lymphoides Schicksal festzulegen und zwar über zwei Arten von multipotenten, amplifizierenden Übergangs-Vorläuferzellen. Die eine ist in der Lage, eine große Anzahl aller verschiedenen Arten von **myeloiden Zellen**, einschließlich der Blut**granulocyten** (Neutrophile, Eosinophile und Basophile), **Monocyten** (die Vorläufer von Makrophagen und dendritischen Zellen), Erythrocyten und **Megakaryocyten** (die im Knochenmark verbleiben und durch Abspalten von Zellfragmenten Blutplättchen produzieren), hervorzubringen.

Tab. 22.1 Blutzellen.

Zelltyp	Hauptfunktionen	Typische Konzentrationen im Blut des Menschen (Zellen/Liter)
Rote Blutkörperchen (Erythrocyten)	transportieren O_2 zu und CO_2 aus den Geweben	5×10^{12}
Weiße Blutkörperchen (Leukocyten)		
Granulocyten		
Neutrophile (polymorphkernige Leukocyten)	phagocytieren und zerstören einwandernde Bakterien	5×10^{9}
Eosinophile	zerstören größere Parasiten und modulieren allergische Entzündungsreaktionen	2×10^{8}
Basophile	setzen bei bestimmten Immunreaktionen Histamin frei (bei manchen Arten Serotonin)	4×10^{7}
Monocyten	werden zu Makrophagen der Gewebe, phagocytieren und verdauen einwandernde Mikroorganismen und Fremdkörper sowie beschädigte, gealterte Zellen; einige differenzieren sich auch zu dendritischen Zellen	4×10^{8}
Lymphocyten		
B-Zellen	bilden und sezernieren Antikörper	$\sim 0{,}3 \times 10^{9}$
T-Zellen	töten virusinfizierte Zellen und steuern Aktivitäten anderer Leukocyten	$\sim 2 \times 10^{9}$
Natürliche Killerzellen (NK-Zellen)	töten virusinfizierte Zellen und einige Tumorzellen	1×10^{8}
Blutplättchen (Thrombocyten) (Zellbruchstücke, die im Knochenmark aus Megakaryocyten entstehen)	leiten die Blutgerinnung ein	3×10^{11}

Menschen besitzen ca. 5 Liter Blut, was ungefähr 7 % des Körpergewichts entspricht. Von diesem Volumen nehmen rote Blutkörperchen ungefähr 45 % und weiße ungefähr 1 % ein. Der Rest besteht aus flüssigem Blutplasma.

Die andere Art multipotenter Vorläuferzellen bringt eine große Anzahl verschiedener Arten von **lymphoiden Zellen**, einschließlich der B- und T-Lymphocyten des adaptiven Immunsystems und die lymphocytenähnlichen *natürlichen Killerzellen* (NK) des angeborenen Immunsystems, hervor (wird in Kapitel 24 besprochen). Weitere Schritte der Festlegung führen schließlich zu Vorläuferzellen, die sich auf die Produktion nur einer Zellart festlegen, obwohl dieser letzte Schritt lange bevor die Zellen aufhören, zu proliferieren und sich endgültig zu differenzieren, geschieht. Viele verschiedene Signalmoleküle, die innerhalb und außerhalb des Knochenmarks produziert werden, steuern das Überleben, die Vermehrung und den weiteren Weg der Festlegung der hämatopoetischen Zellen und ihrer ebenfalls festgelegten Nachkommen im Knochenmark und regeln damit, wie viele differenzierte Blutzellen eines jeden Typs letztendlich produziert werden.

In diesem hierarchischen hämatopoetischen System können sich nur die Stammzellen lebenslang selbst erneuern und eine einzige Stammzellteilung kann zur Produktion von Tausenden bis Millionen von differenzierten Nachkommen führen. Dies erklärt, warum die Stammzellen einen so winzigen Anteil an der Gesamtpopulation der hämatopoetischen Zellen im Knochenmark haben. Es hat wichtige Vorteile, die Zahl der Stammzellteilungen niedrig zu halten. Müssten diese Teilungen allein mit dem hohen Bedarf an endgültig differenzierten Blutzellen Schritt halten, würden sie zu einer Zellalterung und Erschöpfung des Stammzellpools mit fatalen Folgen führen. Je geringer die Zahl der Teilungen der Stammzellen ist, desto geringer ist auch das Risiko, dass die Zellen gefährliche Mutationen anhäufen, die in mutierten Klonen fortbestehen würden; wie in Kapitel 20 erörtert, sind solche Klone eine besondere Gefahr im hämatopoetischen System, wo eine relativ geringe Anzahl von Mutationen ausreichen kann, um Blutkrebs zu verursachen.

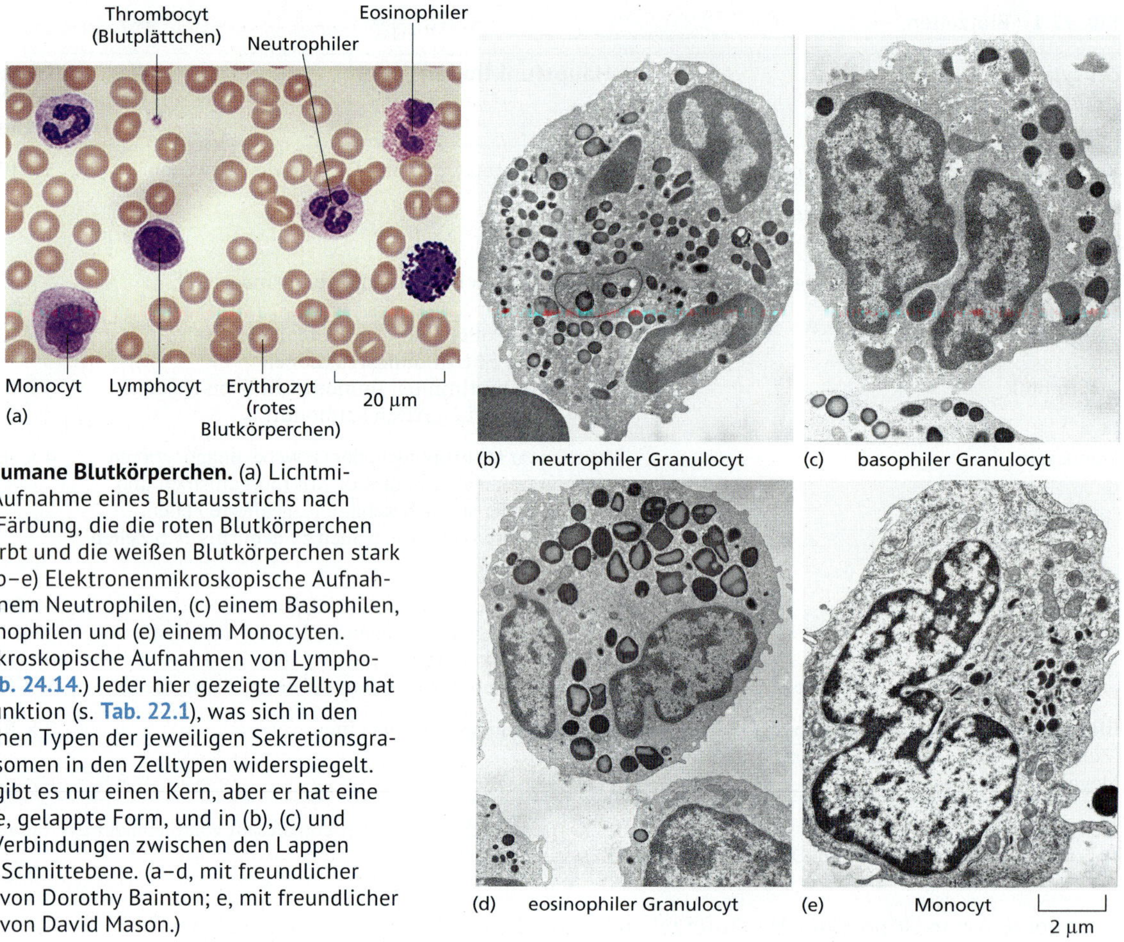

Abb. 22.11 Humane Blutkörperchen. (a) Lichtmikroskopische Aufnahme eines Blutausstrichs nach Romanowsky-Färbung, die die roten Blutkörperchen schwach *rot* färbt und die weißen Blutkörperchen stark *blau* anfärbt. (b–e) Elektronenmikroskopische Aufnahmen von (b) einem Neutrophilen, (c) einem Basophilen, (d) einem Eosinophilen und (e) einem Monocyten. (Elektronenmikroskopische Aufnahmen von Lymphocyten zeigt Abb. 24.14.) Jeder hier gezeigte Zelltyp hat eine andere Funktion (s. Tab. 22.1), was sich in den unterschiedlichen Typen der jeweiligen Sekretionsgranula und Lysosomen in den Zelltypen widerspiegelt. In jeder Zelle gibt es nur einen Kern, aber er hat eine unregelmäßige, gelappte Form, und in (b), (c) und (d) liegen die Verbindungen zwischen den Lappen außerhalb der Schnittebene. (a–d, mit freundlicher Genehmigung von Dorothy Bainton; e, mit freundlicher Genehmigung von David Mason.)

22.1.7 Einige Gewebe benötigen keine Stammzellen für ihre Erhaltung

Einige Zelltypen können sich teilen, obwohl sie vollständig differenziert sind. Das ermöglicht eine Erneuerung und Regeneration ohne die Verwendung von Stammzellen. Die insulinsezernierenden **β-Zellen der Bauchspeicheldrüse** sind ein Beispiel dafür. Ihre Art sich zu erneuern hat eine besondere Bedeutung, da der Verlust dieser Zellen durch eine Autoimmunreaktion für den Typ-1- (juvenilen) Diabetes verantwortlich ist und ihre Funktionsabnahme im Alter und durch Fettleibigkeit auch einen signifikanten Faktor für den Typ 2 (adulten Typ) dieser Erkrankung darstellt. Die β-Zellen kommen normalerweise in Zellclustern vor, die man *Langerhans-Inseln* nennt. Diese Inseln scheinen keine Stammzellen zu besitzen. Trotzdem werden in den Inseln kontinuierlich neue β-Zellen gebildet. Untersuchungen zur Verfolgung der Abstammung, ähnlich wie die, die bereits beschrieben wurden, zeigen, dass die Erneuerung dieser Population normalerweise über die einfache Teilung differenzierter, insulinexprimierender β-Zellen erfolgt.

Ein weiteres Gewebe, das sich über einfache Teilung vollständig differenzierter Zellen erneuern kann, ist die Leber. Der Hauptzelltyp in der Leber ist der **Hepatocyt**. Dies ist eine große Zelle, die die Stoffwechselfunktionen der Leber ausübt. Hepatocyten leben normalerweise ein Jahr oder länger und teilen sich mit einer sehr niedrigen Geschwindigkeit. Leistungsfähige homöostatische Mechanismen sind am Werk, um sowohl die Geschwindigkeit der Zellproliferation als auch die Mortalitätsrate der Zellen

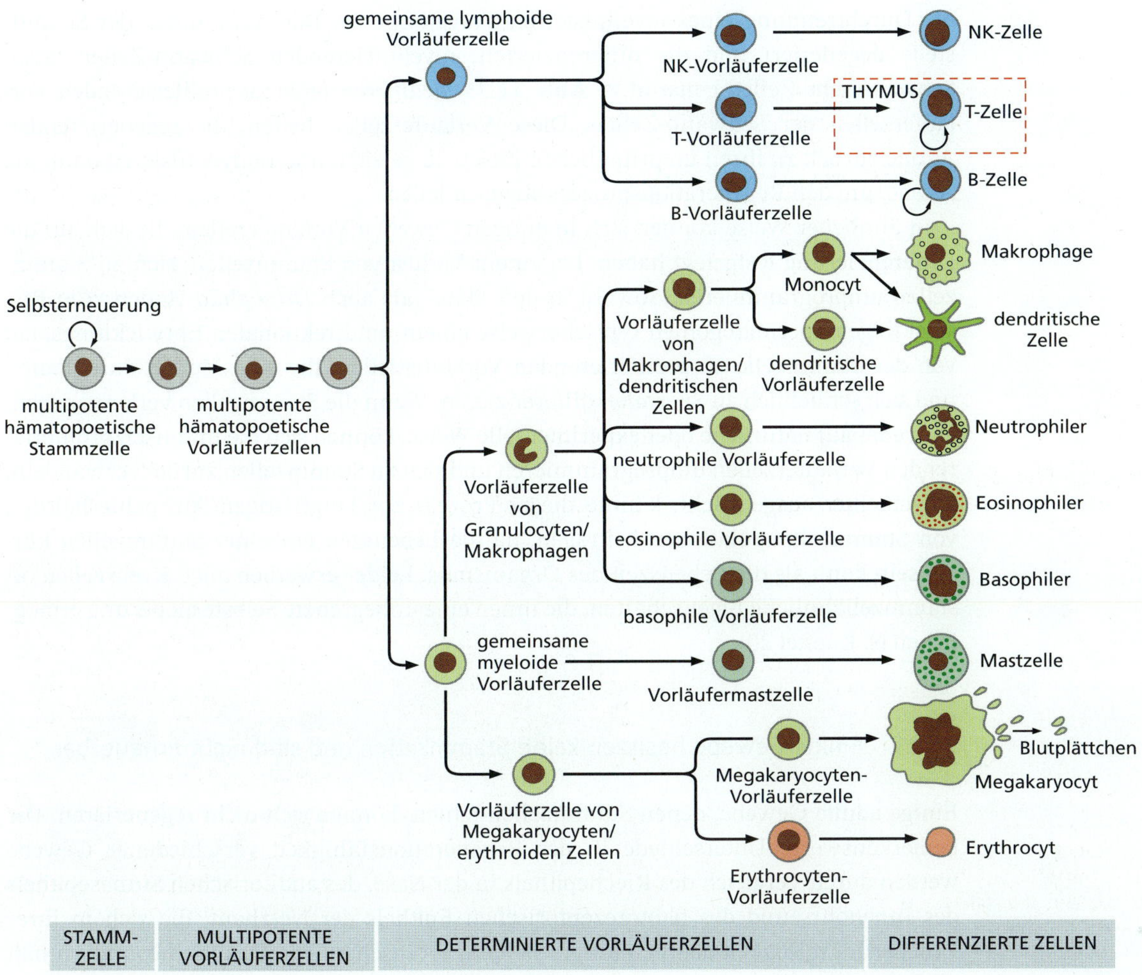

Abb. 22.12 Ein vereinfachtes Schema der Hämatopoese von Maus und Mensch. Eine multipotente hämatopoetische Stammzelle teilt sich normalerweise unregelmäßig, um entweder weitere multipotente Stammzellen, die sich selbst erneuern, oder multipotente Vorläuferzellen, aus denen sich alle Zellen des Blutes und des Immunsystems ableiten, hervorzubringen. Die Vorläuferzellen machen nur eine begrenzte Anzahl von Teilungen durch und durchlaufen mehrere Zwischenstufen, bevor sie sich zu vollständig differenzierten Zellen entwickeln. Während sie sich weiter teilen, werden die Vorläuferzellen zunehmend spezialisierter in Bezug auf das Spektrum der Zelltypen, die sie hervorbringen können, wie durch die Verzweigung in diesem Zelllinienabstammungsdiagramm angezeigt wird. Bei erwachsenen Säugetieren entwickeln sich alle dargestellten Zellen hauptsächlich im Knochenmark – mit Ausnahme der T-Lymphocyten, die sich, wie angegeben, im Thymus entwickeln, sowie Makrophagen und einiger dendritischer Zellen, die sich aus Monocyten entwickeln, die im Blut zirkulieren. Zu beachten ist, dass nicht alle Stammzellen die identischen Muster der Nachkommenschaft über genau dieselbe Abfolge hervorbringen.

einzustellen, sodass die Leber ihre normale Größe behält oder im Falle einer Schädigung die Größe wiederhergestellt wird. Es hat dramatische Auswirkungen, wenn große Mengen von Hepatocyten operativ entfernt oder durch Vergiftung mit Tetrachlormethan (CCl_4) gezielt abgetötet werden. Innerhalb etwa eines Tages nach jeder dieser Schädigungen steigen die Zellteilungen bei den überlebenden Hepatocyten an und das verloren gegangene Gewebe wird schnell ersetzt. Entfernt man z. B. zwei Drittel einer Rattenleber, kann sich die Leber durch Hepatocytenproliferation innerhalb von zwei Wochen zu fast normaler Größe nachbilden.

Sowohl die Bauchspeicheldrüse als auch die Leber enthalten kleine Populationen von Stammzellen, die unter extremeren Bedingungen als Absicherung zur Produktion der differenzierten Zelltypen ins Spiel gebracht werden können. Das verleiht eine gewisse Anpassungsfähigkeit bei der Erneuerung und Reparatur des Gewebes.

22.1.8 Als Reaktion auf eine Verletzung können sich einige differenzierte Zellen in Vorläuferzellen und einige Vorläuferzellen in Stammzellen zurückverwandeln

Obwohl die Wege von der Stammzelle zur festgelegten Vorläuferzelle und zur differenzierten Zelle normalerweise nur in einer Richtung verlaufen, gibt es einige Fälle, in denen eine Verletzung die Richtung umkehren kann. Ein eindrucksvolles Beispiel ist die Durchtrennung eines myelinisierten Säugetiernervs: Das Axon distal der Schnittstelle degeneriert und die differenzierten, myelinisierenden Schwann-Zellen (auch Schwann'sche Zellen genannt, s. **Abb. 11.35**) *dedifferenzieren* zu proliferierenden Vorläuferzellen der Schwann-Zellen. Diese Vorläuferzellen helfen, die regenerierenden Axone zurück zu ihren ursprünglichen Zielen zu geleiten und remyelinisieren dann die Axone, um den Regenerationsprozess abzuschließen.

In ähnlicher Weise können sich in einigen Geweben Vorläuferzellen, die sich auf die Differenzierung festgelegt haben, bei einem Verlust von Stammzellen, sich zu Stammzellen umprogrammieren. Sowohl in den Maus- als auch *Drosophila*-Hoden zum Beispiel folgen Spermatogonien typischerweise einem unidirektionalen Entwicklungspfad von der Stammzelle zu proliferierenden Vorläuferzellen, die eine Meiose durchlaufen und sich schließlich zu Spermien differenzieren. Wenn die Stammzellen verloren gehen, entweder auf natürliche oder experimentelle Weise, können sich die mitotisch proliferierenden Vorläuferzellen umprogrammieren und sich zu Stammzellen zurückverwandeln. Allgemeiner ausgedrückt, könnte dieser Prozess zur langfristigen Aufrechterhaltung von Stammzellpopulationen beitragen, da die Lebenszeit einzelner Stammzellen kürzer sein kann als die Lebenszeit des Organismus. Leider erwerben auch Krebszellen oft stammzellähnliche Eigenschaften, die ihnen eine unbegrenzte Selbsterneuerung ermöglichen (s. Kapitel 20).

22.1.9 Einige Gewebe besitzen keine Stammzellen und sind nicht erneuerbar

Einige adulte Gewebe, denen Stammzellen fehlen, können sich nicht regenerieren. Die bemerkenswerte Unterschiede in der Regenerationsfähigkeit verschiedener Gewebe werden durch Vergleich des Riechepithels in der Nase, des auditorischen Sinnesepithels des Innenohrs und des photorezeptorischen Epithels der Netzhaut, die sich in ihrer Erneuerungsfähigkeit deutlich unterscheiden, veranschaulicht. Das *Riechepithel* enthält eine Population von Stammzellen, aus denen differenzierte Zellen hervorgehen, die eine begrenzte Lebensdauer besitzen und kontinuierlich ersetzt werden. Doch anders als in der zuvor besprochenen Epidermis sind diese differenzierten Riechzellen jedoch Neuronen; ihre Zellkörper liegen im Riechepithel und deren Axone reichen bis zu den Riechkolben im Gehirn zurück. Die Erneuerung dieses Epithels beinhaltet daher die ständige Produktion neuer Axone, die zu bestimmten Stellen im Gehirn zurückwandern müssen, wo sie neue Synapsen bilden.

Im Gegensatz dazu besitzen das *auditorische Sinnesepithel* und das *photorezeptorische Epithel der Netzhaut*, zumindest bei Säugetieren, keine Stammzellen. Ihre sensorischen Rezeptorzellen – die sensorischen Haarzellen des Ohrs und die Photorezeptoren der Netzhaut – sind unersetzbar. Wenn sie zerstört werden – entweder durch zu hohe Lärmbelastung, durch Blick in einen Laserstrahl oder durch degenerative Prozesse, die durch Krankheit oder im Alter auftreten – ist der Verlust dauerhaft. Wir werden auf die Geweberegenerierung später in diesem Kapitel zurückkommen.

Zusammenfassung

Viele adulte Gewebe, besonders solche mit einer hohen Zellumsatzrate wie die Auskleidung des Darms, die Hautepidermis und Blut, erneuern sich kontinuierlich aus Stammzellen, um die Homöostase während der gesamten Lebenszeit des Organismus aufrechtzuerhalten. Stammzellen zeichnen sich durch die Fähigkeit aus, sich sowohl selbst zu erneuern als auch endgültig differenzierte Zellen über sich schnell teilende amplifizierende Übergangs-Vorläuferzellen hervorzubringen. Diese Eigenschaften können experimentell durch

Lineage-Tracing oder Transplantationsexperimente nachgewiesen werden. Gewebespezifische (adulte) Stammzellen sind in ihrem Differenzierungspotenzial eingeschränkt und bilden nur einen oder mehrere der spezifischen Zelltypen eines bestimmten Gewebes.

In der einschichtigen Auskleidung des Dünndarms befinden sich multipotente Stammzellen in der Nähe der Basis jeder Krypte, wo sie sich selbst erneuern, und teilungsfähige Vorläuferzellen bilden, von denen die meisten nach oben wandern und sich in eine der drei Haupttypen von Darmzellen endgültig differenzieren wenn sie die Zotte erreichen; andere Vorläuferzellen bewegen sich in die entgegengesetzte Richtung und werden zu Paneth-Zellen, die an der Basis der Krypten verbleiben und zur Erhaltung der Stammzellen beitragen. Andere selbsterneuernde Epithelien, wie die Epidermis, weisen eine vielschichtige (stratifizierte) Architektur auf, bei der Stammzellen und ihre differenzierenden Nachkommen auf unterschiedliche Weise angeordnet sind, aber durch ähnliche Grundprinzipien gesteuert werden.

Das hämatopoetische System ist das komplexeste Stammzellsystem der Säugetiere; alle roten Blutkörperchen und die vielen Arten von weißen Blutkörperchen stammen von einer gemeinsamen, multipotenten hämatopoetischen Stammzelle im erwachsenen Knochenmark ab, wo sie sich langsam teilt und multipotente und unipotente Vorläuferzellen (amplifizierende Übergangszellen) produziert, die sich schnell teilen und sich jeden Tag in eine große Anzahl und Vielfalt von endgültig differenzierten Zelltypen differenzieren. In anderen Geweben, wie der Skelettmuskulatur, ruhen die Stammzellen. Sie teilen und differenzieren sich nur, wenn Gewebewachstum oder -reparatur erforderlich ist. Die Erneuerung und Reparatur von Gewebe bei Erwachsenen hängt nicht immer von Stammzellen ab: In der Bauchspeicheldrüse und der Leber beispielsweise können sich differenzierte Zellen während des gesamten Lebens teilen, um verlorene Zellen zu ersetzen und die Gewebehomöostase aufrechtzuerhalten. In einigen Fällen können Vorläuferzellen aus differenzierten Zellen und Stammzellen aus Vorläuferzellen erzeugt werden. Das andere Extrem findet man in einigen Geweben wie den sensorischen Epithelien des Ohrs und des Auges bei Säugetieren, die sich nicht erneuern können. In diesen Sinneszellen findet keinerlei Zellumsatz statt: Wenn die Zellen einmal abgestorben sind, sind sie für immer verloren.

22.2 Kontrolle des Zellschicksals und der Selbsterneuerung von Stammzellen

Adulte Stammzellen erhalten die Gewebehomöostase in sich erneuernden Geweben aufgrund ihrer Fähigkeit, sich sowohl selbst zu erneuern als auch differenzierte Zellen für die gesamte Lebensdauer des Organismus zu produzieren, aufrecht. Wie können diese Zellen ihre Stammzellidentität so lange aufrechterhalten und wie entscheiden sich ihre Tochterzellen zwischen Selbsterneuerung und Festlegung auf Differenzierung? Die Aufrechterhaltung einer Stammzellpopulation ist zwar von entscheidender Bedeutung für sich selbsterneuernde Gewebe, die Stammzellproliferation muss jedoch in Schach gehalten werden, da eine unkontrollierte Produktion von undifferenzierten Zellen ein Kennzeichen von Krebs ist (wird in Kapitel 20 besprochen). In diesem Abschnitt erörtern wir die Mechanismen, die es Stammzellen ermöglichen, ihre Identität zu bewahren, während sie differenzierte Zellen produzieren und ihre eigene Proliferation unter Kontrolle halten.

22.2.1 Die Stammzellnische hält die Stammzellen-Selbsterneuerung aufrecht

Die Identität und Selbsterneuerung von Stammzellen hängen von extrazellulären Signalen aus ihrer Umgebung ab, die sowohl ihre Vermehrung fördern als auch ihre Festlegung

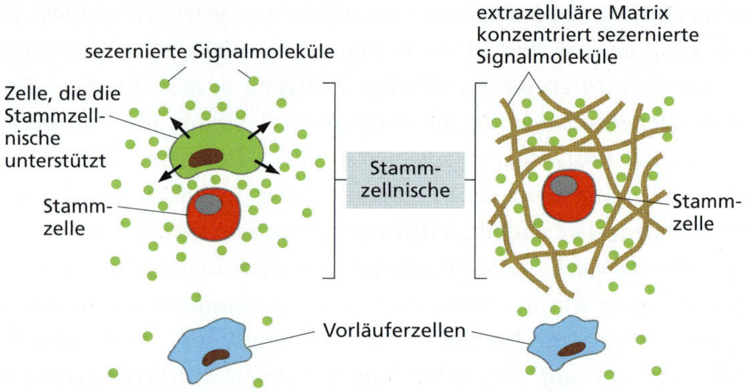

Abb. 22.13 Die Stammzellnische. Stammzellen unterliegen der Selbsterneuerung nur in einer spezialisierten Mikroumgebung, in der sie den notwendigen Signalmolekülen ausgesetzt sind. Diese Signalmoleküle können durch nischenunterstützende Zellen oder durch eine spezialisierte extrazelluläre Matrix, die zu ihrer Konzentration dient, bereitgestellt werden. Die Nischenumgebung kann sehr klein sein. In einigen Fällen ist eine Stammzelle, die direkt an die Nische angrenzt, zur Selbsterneuerung fähig, während eine Zelle, die nur einen Zelldurchmesser von der Nische entfernt ist, dies nicht kann.

zur Differenzierung hemmen. In vielen Geweben bewohnen die Stammzellen eine spezielle Mikroumgebung, die so genannte **Stammzellnische**, in der diese Signalmoleküle in hoher Konzentration vorhanden sind (Abb. 22.13). Die Stammzellen bleiben in enger räumlicher Nähe zu den die Nische unterstützenden Zellen, die die Signale produzieren und ein spezielles lokales Umfeld bieten. Außerhalb dieser Umgebung ist die Konzentration der Signalmoleküle nicht ausreichend, um die Selbsterneuerung der Stammzellen aufrechtzuerhalten; daher legen sich die Tochterzellen auf die Differenzierung fest.

Die Existenz der Stammzellnische wurde erstmals aus einem Experiment abgeleitet, bei dem Knochenmarkszellen in eine Maus transplantiert wurden, die einer hohen Röntgenstrahlendosis ausgesetzt war (s. Abb. 22.10). Ohne die vorherige Bestrahlung waren die transplantierten Zellen nicht in der Lage, die Hämatopoese wiederherzustellen, was darauf hindeutet, dass die ansässigen hämatopoetischen Stammzellen zunächst entfernt werden mussten, bevor die transplantierten Stammzellen das Knochenmark des Wirts erfolgreich besiedeln konnten. Der hypothetische spezielle „Ort“, der entweder von den hämatopoetischen Stammzellen des Wirts oder des Spenders besetzt wurde, wurde als *Stammzellnische* bezeichnet. Aufgrund der Komplexität des Knochenmarks und der Seltenheit der darin vorkommenden Stammzellen blieb die Lage der Nische viele Jahre unklar, bis die Immunfluoreszenzmikroskopie und die Verwendung von Zellmarkern den Nachweis erbrachten, dass die Oberfläche der Sinusoide im Knochenmark der wahrscheinliche Ort der Nische ist.

Die molekulare Natur der in der Nische bereitgestellten Signale für die Stammzellerneuerung variiert je nach Spezies und Gewebe, aber häufig handelt es sich um sezernierte Signalproteine der Wingless- (Wnt), Hedgehog- (Hh) oder transformierenden Wachstumsfaktor- (TGF) Familien (erörtert in Kapitel 15). Andere Nischensignale sind Zelloberflächenproteine, die vom direkten Kontakt zwischen den Stammzellen und den die Nische unterstützenden Zellen abhängen. Die Darmkrypten von Säugetieren stellen ein gut untersuchtes Beispiel dar (s. Abb. 22.4). Wir haben bereits gesehen, dass die Stammzellen, aus denen alle endgültig differenzierten Zellen des Darmepithels hervorgehen, das Zelloberflächenrezeptorprotein Lgr5 exprimieren und sich direkt oberhalb der Basis der Krypten zwischen den Paneth-Zellen befinden. Die Paneth-Zellen tragen auf zweierlei Weise zur Bildung der Stammzellnische bei. Sie sezernieren Wnt-Proteine, die über eine kurze Distanz wirken und die Selbsterneuerung der Stammzellen stimulieren. Außerdem exprimieren sie *Delta*, einen Liganden für den Signalrezeptor Notch, auf ihrer Oberfläche. Dieser aktiviert Notch auf den Stammzellen, mit denen sie direkt in Kontakt stehen. Dadurch werden die Zellen an der Differenzierung gehindert – ein Beispiel für laterale Hemmung (s. Abb. 15.59). Bemerkenswerterweise kann sich eine einzelne Lgr5-exprimierende Stammzelle, die in eine zellfreie extrazelluläre Matrix eingebettet ist, in einer Kulturschale vermehren und eine winzige darmähnliche Struktur bilden, die man als *Organoid* bezeichnet, das alle Zelltypen enthält, die normalerweise im Darmgewebe vorkommen, einschließlich Stammzellen. Abb. 22.14 zeigt diesen Prozess und skizziert

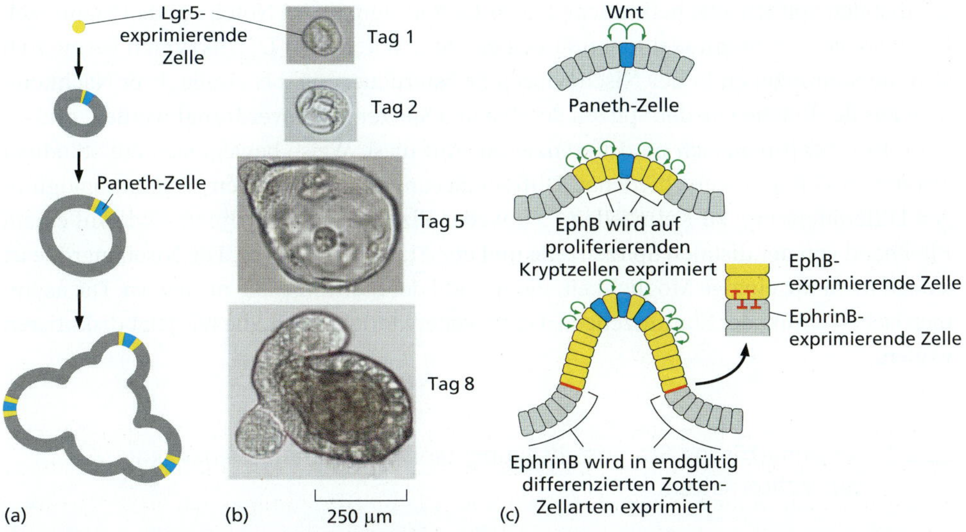

Abb. 22.14 Entstehung eines Minidarms aus einer einzelnen Lgr5-exprimierenden Zelle, die in einer zellfreien Matrix gezüchtet wird. (a) Schematische Darstellung und (b) Mikroskopaufnahme im Phasenkontrast eines sich entwickelnden Organoids. Die Gründerzelle teilt sich zuerst und bildet eine kleine Aussackung oder ein Vesikel. Zufällig differenziert sich eine oder mehrere Zellen in diesem Vesikel zur Paneth-Zelle (*blau*). Die Paneth-Zelle sezerniert Wnt-Proteine, die die Stammzellerneuerung stimulieren und die Lgr5-Expression (*gelb*) in ihrer unmittelbaren Nachbarschaft aufrechthalten. Die Stammzellen erzeugen nicht nur mehr Stammzellen, sondern auch Vorläuferzellen, die sich in das gesamte Spektrum der Epithelzellen des Darms differenzieren. Schema (c) zeigt, wie von Paneth-Zellen stammende Wnt-Signale zur Organisation der sich entwickelnden Krypte beitragen: Sie halten nicht nur benachbarte Zellen in der Krypte in einem proliferierenden Stammzellzustand, diese Signale aktivieren abstoßende Wechselwirkungen, die durch membrangebundene Ephrin- und Eph-Proteine auf kontaktierenden Zellen vermittelt werden (erläutert in Kapitel 15). Diese Wechselwirkungen bewirken, dass sich teilende Kryptenzelltypen (die das durch Wnt induzierte EphB exprimieren) sich von den sich nicht teilenden, terminal differenzierten Zottenzelltypen (die EphrinB exprimieren) absondern. In vielen Geweben stoßen sich Zellen, die über eine Ephrin–Eph-Bindung interagieren, gegenseitig ab, wenn sie sich berühren (s. Abb. 15.52 oder Abb. 21.47). (Verändert nach T. Sato und H. Clevers, *Science* 340: 1190–1194, 2013. Mit Erlaubnis der AAAS).

die wichtigsten Signalereignisse, die die Stammzellnische der Krypten bilden, in der verschiedene Zelltypen gebildet werden, die sich selbst in Miniaturzotten anordnen, um die dreidimensionale Organoid-Struktur zu bilden.

22.2.2 Die Größe der Stammzellnische kann die Anzahl der Stammzellen bestimmen

In jeder Darmkrypte wird die Stammzellnische von 15 Paneth-Zellen gebildet und sie bietet nur Platz für eine begrenzte Anzahl von Stammzellen. Wenn sich die Stammzellen teilen, ist es eine Frage des Zufalls, welche der Tochterzellen aus der Nische verdrängt werden; da sie nicht die Signale erhalten, die sie zur Aufrechterhaltung ihrer Stammzellidentität benötigen, sind sie dazu verurteilt, sich auf die Differenzierung festzulegen. In den meisten anderen Stammzellsystemen, in denen diese Frage des Gleichgewichts zwischen Selbsterneuerung und Festlegung zur Differenzierung untersucht wurde, scheint ein ähnlicher Mechanismus zu wirken.

Die Zelllinie der Keimbahn von *Caenorhabditis elegans* liefert ein anschauliches Beispiel (Abb. 22.15). In diesem System werden die Stammzellen in einer Nische gehalten, die von einer großen somatischen Zelle, der so genannten *distalen Spitzenzelle*, gebildet wird, die lange, dünne zelluläre Fortsätze (die Spitzen) bildet. Der auf der Oberfläche

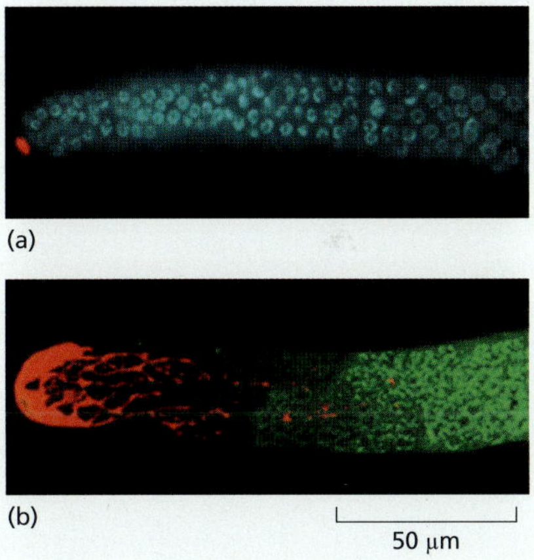

Abb. 22.15 Stammzellennische der Gonade von *Caenorhabditis elegans*. (a) Fluoreszenzmikroskopische Aufnahme von Zellkernen (*blau*) in einem Teil der Keimdrüse des Fadenwurms. Der Zellkern der distalen Spitzenzelle ist in *rot* dargestellt. (b) Dasselbe Gewebe in einer anderen Färbung, bei der das Cytoplasma und die Fortsätze der distalen Spitzenzelle *rot* und die differenzierten Keimzellen *grün* zu sehen sind. Die Fortsätze der distalen Spitzenzelle erstrecken sich über mehrere Stammzelldurchmesser, wodurch die Stammzellidentität durch Notch-Signalisierung aufrechterhalten wird. Solche Zellen, die sich aus der Reichweite der distalen Spitzenzellfortsätze wegbewegt haben, leiten die Meiose ein und beginnen das Differenzierungsprogramm, das entweder Eizellen oder Spermien produziert. (Mit freundlicher Genehmigung von Judith Kimble und Sarah Crittenden).

der distalen Spitzenzelle befindliche Notch-Ligand signalisiert Notch auf den Stammzellen, dass sie ihre Stammzellidentität beibehalten. Wie in den Darmkrypten vermehren sich die Stammzellen in der Nische durch Selbsterneuerung, bis einige ihrer Nachkommen aus der Reichweite der Spitzen der distalen Spitzenzellen verdrängt werden, und sie daraufhin beginnen, sich zu differenzieren. Auf diese Weise bewegt sich ein ständiger Strom von Zellen in verschiedenen Differenzierungsstadien auf dem Weg zur endgültigen Differenzierung zu Keimzellen – entweder Eizellen oder Spermien – wie auf einem Fließband von der distalen Spitzenzelle und den Stammzellen weg. Die Nischengröße ist jedoch nicht die einzige Möglichkeit, die Anzahl der Stammzellen zu steuern. Die asymmetrische Teilung der Stammzellen ist eine weitere Möglichkeit, die wir jetzt diskutieren wollen.

22.2.3 Asymmetrische Stammzellteilung kann die Stammzellenanzahl aufrechterhalten

Wie bereits erwähnt, müssen sich die beiden Tochterzellen bei der Teilung einer Stammzelle entscheiden, ob sie eine Stammzelle bleiben oder sich differenzieren wollen. Das Gleichgewicht zwischen diesen beiden Schicksalen ist für die Gewebehomöostase von entscheidender Bedeutung, denn eine übermäßige Selbsterneuerung würde zu einem Überschuss an Stammzellen führen, während eine übermäßige Differenzierung den Stammzellpool erschöpfen würde. Wir haben gerade erörtert, wie die Größe der Stammzellnische dazu beitragen kann, die Anzahl der Stammzellen zu kontrollieren. Die asymmetrische Stammzellteilung ist ein weiterer Mechanismus für eine solche Kontrolle.

Bei einer asymmetrischen Stammzellteilung bewirkt ein interner Prozess in der sich teilenden Stammzelle eine einseitige Vererbung von einem oder mehreren wichtigen Molekülen, die das Schicksal der beiden Tochterzellen beeinflusst. So kann zum Beispiel nur eine der beiden Tochterzellen eine *Zellschicksalsdeterminante* erben, die zur Aufrechterhaltung der Stammzellidentität erforderlich ist, wodurch die andere Tochter zur Festlegung auf die Differenzierung veranlasst wird (**Abb. 22.16a**). Jede solche asymmetrische Stammzellteilung erzeugt eine Stammzelle und eine Zelle, die zur Differenzierung bestimmt ist; daher bleibt die Anzahl der Stammzellen erhalten, unabhängig davon, wie

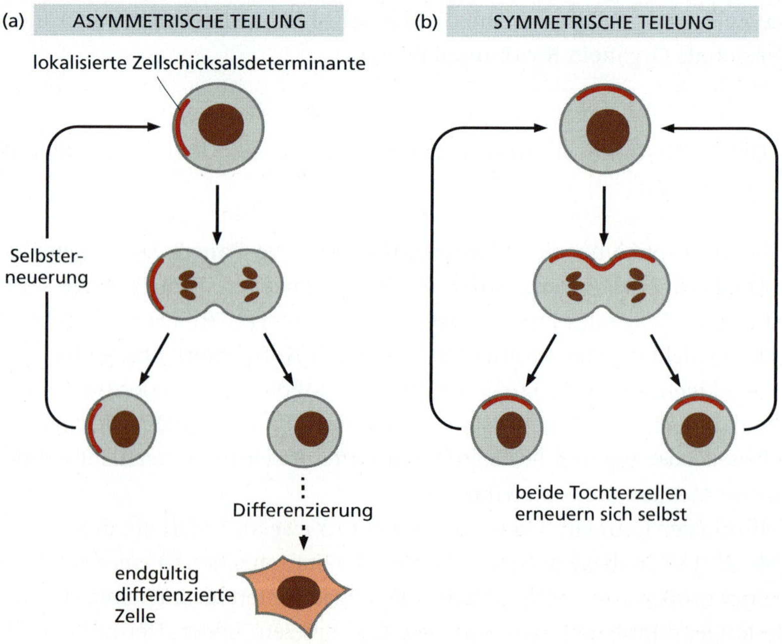

Abb. 22.16 Asymmetrische und symmetrische Stammzellteilungen. (a) Bei der asymmetrischen Stammzellteilung, die hier schematisch dargestellt ist, ist eine Zellschicksalsdeterminante (*rot*), die die Stammzellidentität aufrechterhält, an der Zellrinde auf einer Seite der Zelle lokalisiert. Wenn sich die Zelle teilt, erbt nur eine Tochterzelle die Determinante und bleibt eine Stammzelle, während die andere Tochter sich auf die Differenzierung festlegt und sich nach einer Reihe von Vorläuferzellteilungen differenziert (nicht gezeigt). (b) Bei der symmetrischen Stammzellteilung erben beide Tochterzellen solche Determinanten und bleiben Stammzellen.

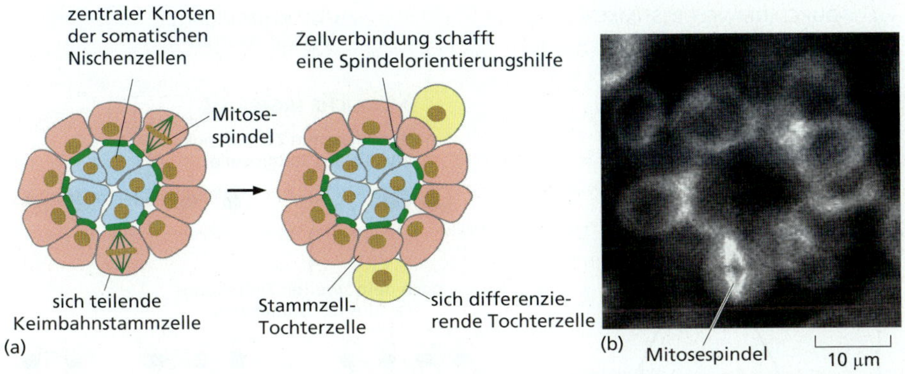

Abb. 22.17 Wie die Teilungsebene in einer sich teilenden Keimbahnstammzelle in den *Drosophila*-Hoden bestimmt, welche Tochterzelle den Kontakt zur Nische aufrechterhält. (a) Die Nische besteht aus einem Knoten aus somatischen Zellen. Die Keimbahnstammzellen sind ringförmig um den Mittelpunkt angeordnet. Wenn sich eine Stammzelle teilt, ist ihre mitotische Spindel senkrecht zur Nische ausgerichtet, sodass nur eine Tochterzelle den Kontakt mit der Nische behält und eine Stammzelle bleibt; die andere Tochter verliert den Kontakt mit den Nischenzellen und verliert daher die Selbsterneuerungssignale und legt sich auf die Differenzierung fest. (b) Die lichtmikroskopische Aufnahme zeigt Stammzellen der Keimbahn, die die Nische umgeben, und eine sich teilende Stammzelle mit ihrer mitotischen Spindel, die senkrecht zur Nische ausgerichtet ist. Die Stammzellen wurden gentechnisch so verändert, dass sie fluoreszierend markiertes Tubulin exprimieren. (b, aus Y. M. Yamashita *et al.*, *Science* 301: 1547–1550, 2003. Mit Erlaubnis der AAAS).

viele Zellteilungen die Stammzellen durchlaufen. Bei symmetrischen Stammzellteilungen erben beide Töchter solche Zellschicksalsdeterminanten und bleiben Stammzellen, wodurch sich der Stammzellenpool vergrößert (**Abb. 22.16b**).

Wie in **Abbildung 22.16** dargestellt, wird die Zelle vor einer asymmetrischen Stammzellteilung polarisiert, wobei sich die Zellschicksalsdeterminante auf einer Seite der Zelle befindet. Die Zelle positioniert dann die Mitosespindel, um die Ebene der Zellteilung so auszurichten, dass nur eine Tochter die Schicksalsdeterminante erbt.

Eine weitere Möglichkeit, wie die Ausrichtung der Teilungsebene in einer Stammzelle das Schicksal der Tochterzellen beeinflussen kann, besteht darin ihre Position relativ zur Stammzellnische zu bestimmen, sodass die Nische asymmetrisch vererbt wird. In den Hoden bei *Drosophila* beispielsweise richten die Stammzellen der Keimbahn ihre Spindeln senkrecht zu den nischenunterstützenden Zellen: Wenn sich die Stammzelle teilt, bleibt eine Tochterzelle mit der Nische verbunden und nimmt das Schicksal einer Stammzelle an, während die andere Tochterzelle aus der Nische verdrängt wird, wo sie keine Selbsterneuerungssignale mehr erhält und sich daher auf die Differenzierung festlegt (**Abb. 22.17**).

22.2.4 Bei vielen symmetrischen Stammzellteilungen wählen die Tochterzellen ihre Schicksale unabhängig und zufällig

Wie wir gesehen haben, bietet die asymmetrische Stammzellteilung einen unkomplizierten Weg, die Anzahl der Stammzellen zu erhalten und gleichzeitig differenzierte Zellen in einem sich selbst erneuernden adulten Gewebe zu erzeugen. Sie lässt jedoch wenig Spielraum für die Anpassung des Gewebes an wechselnde Bedingungen, wie etwa an die schwankende Verfügbarkeit von Nährstoffen oder als Reaktion auf Gewebeverletzungen. In vielen selbsterneuernden adulten Geweben ändert sich das Verfahren der Stammzellteilung, um sich an solche veränderten Bedingungen anzupassen. Ähnliche adaptive Veränderungen treten während der Gewebeentwicklung auf: So teilen sich zum Beispiel sowohl die Nerven- als auch die Epidermis-Stammzellen in der frühen Entwicklung von Mäusen hauptsächlich symmetrisch, um den Stammzellenpool zu erweitern, damit die schnell wachsenden Organe versorgt werden; später in der Entwicklung gehen die Stammzellen jedoch zu asymmetrischeren Zellteilungen über, um mehr differenzierte Zellen hervorzubringen (s. **Abb. 22.16**).

Stammzellen in vielen sich erneuernden Geweben, einschließlich des Darmepithels, verfolgen eine noch flexiblere Strategie. Wenn sich die Stammzellen in diesen Fällen teilen, geschieht dies symmetrisch, und jede Tochterzelle wählt, ob sie Stammzelle bleibt (Selbsterneuerung) oder sich zur Differenzierung entschließt, unabhängig davon, was die Schwesterzelle macht. Bei diesem *Mechanismus der unabhängigen Wahl* treffen die beiden Tochterzellen manchmal die gleiche Wahl, ein anderes Mal die entgegengesetzte

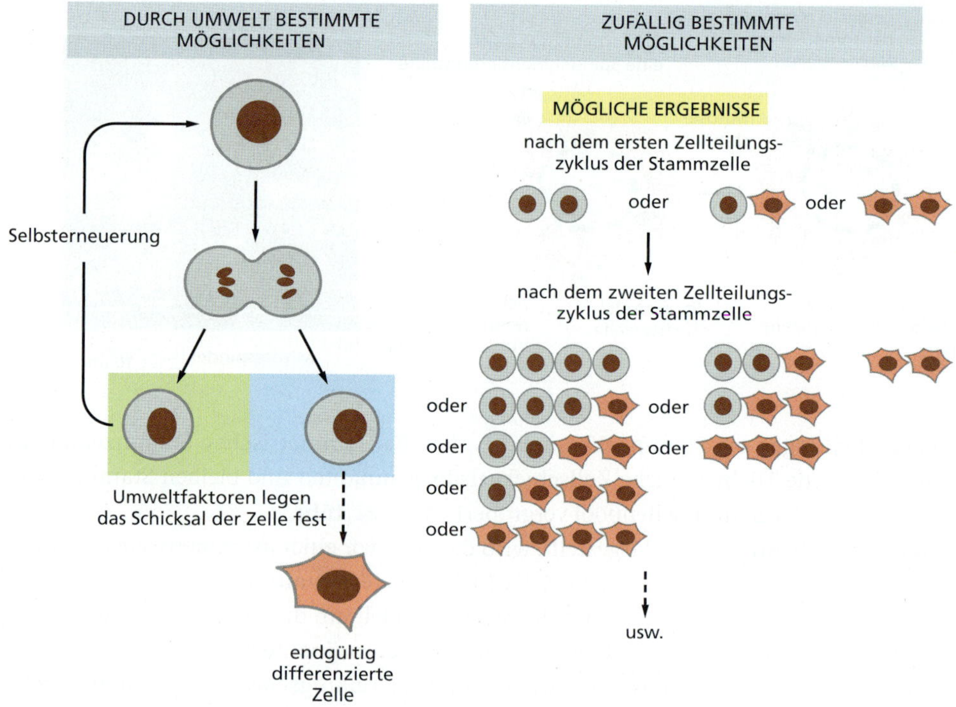

Abb. 22.18 Mechanismus zur unabhängigen Wahl, wie zwei Tochterzellen bei der Stammzellteilung ihr jeweiliges Schicksal wählen. Die Ergebnisse dieses Mechanismus sind variabler als bei der symmetrischen Stammzellteilung. Die Wahl könnte durch die lokale Umgebung bestimmt sein, in der sich eine Tochter befindet (*linke* Seite der Zeichnung), oder sie kann völlig zufällig sein (*rechte* Seite der Zeichnung). Wenn die Wahl durch jede Tochterzelle zufällig erfolgt und die Wahrscheinlichkeit, dass die Zelle eine Stammzelle bleibt oder differenziert, für jede Zelle 50 % beträgt, liegt die Wahrscheinlichkeit, dass bei der ersten Zellteilung beide Tochterzellen differenzieren und der Klon schließlich ausstirbt, bei 25 %. Bei dieser oder einer späteren Teilung kann es aber auch vorkommen, dass die Mehrheit der Tochterzellen den Stammzellencharakter behält und so ein Klon entsteht, der fortbesteht und sich vergrößert. Mithilfe der Mathematik kann aufgrund dieser stochastischen Annahme die Wahrscheinlichkeitsverteilung der Größe von Klonen, die sich zu einem festgelegten Zeitpunkt aus einer einzigen Stammzelle entwickeln, vorhergesagt werden. Die im Darm und anderen Geweben gemachten Beobachtungen passen zur stochastischen Theorie der unabhängigen Wahl und nicht zur Strategie der asymmetrischen Teilung.

Wahl. Die Wahl jeder Zelle kann entweder zufällig (nach der Wahrscheinlichkeitstheorie) sein, wie das Werfen einer Münze, oder von der Umgebung, in der sich die Tochterzelle befindet, bestimmt sein (**Abb. 22.18**). Im Vergleich zur asymmetrischen Teilungsstrategie ist der Mechanismus der unabhängigen Wahl flexibel. Er erlaubt es lokalen und allgemeineren Umweltfaktoren, das Gleichgewicht der Wahrscheinlichkeiten je nach Bedarf zu regulieren – und sie zugunsten der Entscheidung zur Stammzelle anzupassen, wenn mehr Stammzellen benötigt werden, was häufig entweder für Wachstum oder für die Reparatur von Schäden der Fall ist, oder zugunsten aus den differenzierten Zellen, wenn diese verloren gegangen sind.

Experimente zur Herkunftsbestimmung (*Lineage Tracing*) im Dünndarm von Mäusen zeigen, dass einige Stammzelllinien verschwinden, während andere sich ausbreiten und fortbestehen, wie zu erwarten, wenn die Tochterzellen aus den Stammzellteilungen ihre Entscheidungen zufällig treffen (s. **Abb. 22.18**).

22.2.5 Eine Abnahme der Stammzellfunktion trägt zur Gewebealterung bei

Trotz der bemerkenswerten Fähigkeit adulter Stammzellen als Stammzelle zu bestehen und die Gewebehomöostase aufrechtzuerhalten, nimmt diese Fähigkeit im Laufe der Zeit oft ab und trägt zur Gewebealterung bei. Unter hämatopoetischen Stammzellen kann dieser Rückgang experimentell durch *serielle Transplantation* nachgewiesen werden. In diesen Experimenten werden die Stammzellen von Spendermäusen auf bestrahlte Empfängermäuse desselben Inzuchtstammes transplantiert. Nachdem die Spenderzellen das blutbildende System der Empfängermäuse neu besiedelt haben (s. **Abb. 22.10**), werden die hämatopoetischen Stammzellen der Empfänger dann in neue, bestrahlte Empfänger transplantiert und dieser Vorgang wird immer wieder wiederholt. Nach mehreren Transplantationsrunden verlieren die Stammzellen allmählich ihre Fähigkeit, das hämatopoetische System der neuen Empfänger neu zu besiedeln. Dies zeigt, dass sich die Stammzellen mit dem Alter verändern und anscheinend nach wiederholten Teilungen eine replikative Zellseneszenz durchlaufen.

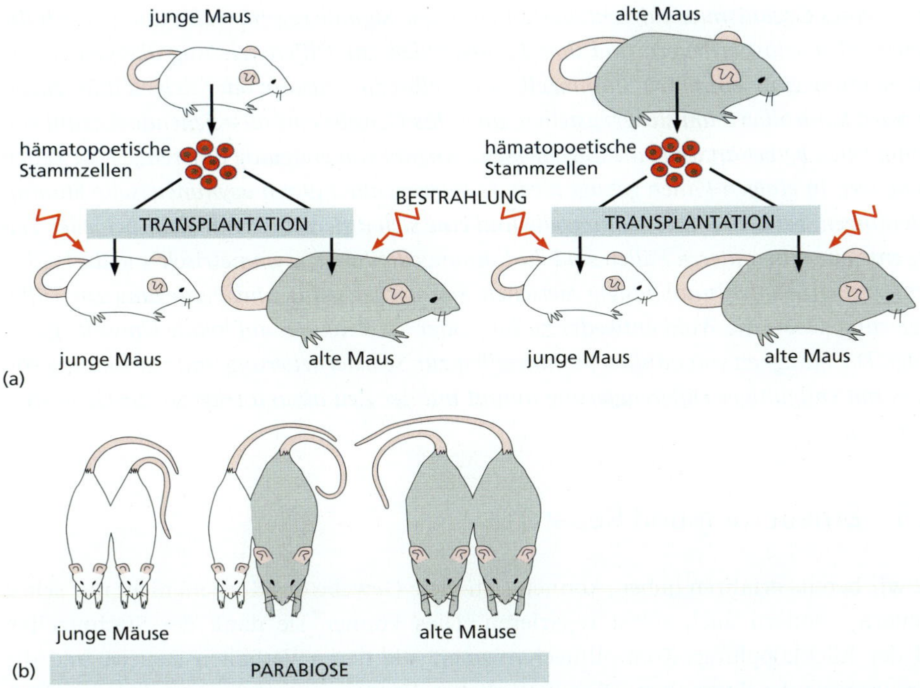

Abb. 22.19 Methoden zur Unterscheidung des Beitrags von Zell-autonomen Faktoren gegenüber Einflüssen aus der Umgebung beim Rückgang der hämatopoetischen Stammzellfunktion während des Alterns. (a) Hämatopoetische Stammzellen werden von einem jungen bzw. alten Spender auf einen jungen bzw. alten Wirt transplantiert, sodass die Funktion der Stammzellen untersucht werden kann. Ein Vier-Wege-Vergleich kann den Beitrag der autonomen Alterung der Stammzellen gegenüber der Alterung der Umgebung oder Nische zum Rückgang der Stammzellfunktion zeigen. (b) Bei der Parabiose werden die Tiere verbunden, um ein gemeinsames Kreislaufsystem zu entwickeln. Die Zellen des einen Tieres werden dabei der systemischen Umgebung des anderen Tieres ausgesetzt. Die zellulären Funktionen der jungen oder alten Partnern in den heterochronen Paaren (jung-zu-alt) werden mit denen in isochronen Paaren (jung-zu-jung und alt-zu-alt) verglichen. Solche Vergleiche offenbaren die Rolle der autonomen Stammzellalterung im Vergleich der Rolle von zirkulierenden Faktoren oder der Stammzellnische bei der Abnahme der Stammzellfunktion. (Verändert nach M. A. Goodell und T. A. Rando, *Science* 350 (6265): 1199–1204, 2015, https//doi.org/10.1126/science.aab3388.)

Um zu untersuchen, ob die unterstützenden Funktionen der hämatopoetischen Stammzellnische ebenfalls mit dem Alter abnehmen, werden hämatopoetische Stammzellen von jungen oder alten Spendermäusen in bestrahlte junge oder alte Empfängermäuse transplantiert. Der Vergleich der Ergebnisse dieser vier Arten von Experimenten (jung-zu-jung, jung-zu-alt, alt-zu-jung, alt-zu-alt – **Abb. 22.19a**) zeigt, dass eine junge Stammzellnische alte hämatopoetische Stammzellen nicht retten kann und dass eine alte Stammzellnische junge hämatopoetische Stammzellen unterstützen kann, was darauf hindeutet, dass Nischenveränderungen zumindest bei Mäusen nicht zum Rückgang der Hämatopoese mit dem Alter beitragen.

Eine allgemeinere Methode zur Untersuchung der Funktion von Stammzellen bei der Alterung ist die *Parabiose*, bei der die Kreislaufsysteme von zwei Mäusen unterschiedlichen Alters miteinander verbunden werden – jung mit jung, jung mit alt oder alt mit alt (**Abb. 22.19b**). Dieser Drei-Wege-Vergleich bietet eine Möglichkeit, die Beiträge verschiedener Faktoren zu einer Abnahme der Stammzellfunktion mit dem Alter zu bestimmen: die Stammzellen selbst, die Stammzellnische und zirkulierende Faktoren im Blut. Vieles aus diesen Untersuchungen deutet darauf hin, dass zum Beispiel zirkulierende Faktoren von alten Mäusen die Neurogenese im Hippocampus des Gehirns von jungen Mäusen verringern können, wodurch die Lern- und Gedächtnisleistung beeinträchtigt werden und der Rückgang, der im normalen Mäusegehirn während des Alterns auftritt, nachgeahmt wird. Umgekehrt zeigen andere Studien, dass zirkulierende Faktoren aus jungen Mäusen die Funktion der Stammzellen der Skelettmuskulatur in alten Mäusen wiederherstellen und altersbedingten Funktionsstörungen in Geweben wie Leber, Bauchspeicheldrüse, Knochen und Herz entgegenwirken können. Zu den Blutbestandteilen, die zur Gewebealterung oder Verjüngung beitragen, gehören wahrscheinlich Moleküle mit direkter Wirkung auf Stammzellen. Die Identifizierung dieser zirkulierenden Faktoren ist ein aktives Forschungsgebiet.

Zusammenfassung

In jeder Stammzellnische wirken mehrere extrazelluläre Signale, die es gewebespezifischen Stammzellen ermöglichen, die Homöostase des adulten Gewebes während des gesamten

Lebens eines Organismus aufrechtzuerhalten. Diese Signale regeln, wann und wo sich die Stammzellen selbst erneuern und ihre Tochterzellen zur Differenzierung übergehen. Die Entscheidung einer einzelnen Stammzelle, sich selbst zu erneuern oder sich zu differenzieren, wird kontrolliert, um sicherzustellen, dass das Gewebe eine ausreichende Anzahl von Stammzellen beibehält und eine angemessene Anzahl von endgültig differenzierten Zellen produziert. In einigen Fällen gelingt diese Ausgewogenheit durch asymmetrische Stammzellteilungen, bei denen eine Stammzelle und eine sich differenzierende Zelle bei jeder Teilung entstehen. In anderen Fällen sind die Stammzellteilungen symmetrisch und die beiden Tochterzellen wählen unabhängig zwischen Selbsterneuerung und Festlegung zur Differenzierung, wobei die Wahl entweder zufällig oder als Reaktion auf lokale Umweltsignale erfolgt. Die Fähigkeit von adulten Stammzellen zur Selbsterneuerung und zur Bildung von Zellen mit endgültiger Differenzierung nimmt mit der Zeit ab und trägt so zur Gewebealterung bei.

22.3 Erneuerung und Reparatur

Wie wir bereits erfahren haben, können sich viele Gewebe des Körpers nicht nur selbst erneuern, sondern auch selbst reparieren. Dies können sie dank der Stammzellen und der Rückkopplungs-Kontrollmechanismen, die deren Verhalten steuern und die Homöostase aufrechterhalten. Diese natürlichen Reparaturmechanismen haben jedoch Grenzen. Zum Beispiel werden in den meisten Teilen des menschlichen Gehirns Nervenzellen, die – wie bei der Alzheimer-Krankheit – absterben, nicht ersetzt. Auch wenn Herzmuskelzellen infolge von Sauerstoffmangel bei einem Herzinfarkt absterben, werden sie durch Narbengewebe ersetzt und nicht durch neue Herzmuskelzellen.

Einige Tiere regeln das weitaus besser als Menschen. Sie sind in der Lage, vollständige Organe wie z. B. komplette Gliedmaßen nach einer Amputation neu zu bilden. Unter den Wirbellosen gibt es einige Arten, die sogar alle Gewebe des Körpers aus einer einzelnen somatischen Zelle regenerieren können. Diese Phänomene schüren die Hoffnung, dass menschliche Zellen durch künstliche Maßnahmen zu ähnlichen Meisterleistungen hinsichtlich Reparatur und Regeneration angespornt werden können, sodass Gewebe ersetzt werden können, wie z. B. Nervenzellen, die in Personen mit Parkinson absterben, oder Insulin sezernierende β-Zellen, die dem Typ-I-Diabetiker fehlen, oder Herzmuskelzellen, die bei einem Herzinfarkt zugrunde gehen, usw. Während wir immer mehr über die Grundlagen der Zellbiologie bei der Erneuerung lernen, scheinen diese Ziele, die einst nur ein Traum waren, in erreichbare Nähe zu rücken.

In diesem Abschnitt beginnen wir mit einigen Beispielen für die bemerkenswerten Fähigkeiten einiger Tierarten zur Erneuerung. Sie sollen ein Anhaltspunkt dafür sein, was prinzipiell möglich ist. Dann werden wir uns damit auseinandersetzen, wie wir die natürlichen Reparaturmechanismen des menschlichen Körpers verbessern und Krankheiten behandeln können, indem wir die Fähigkeiten der verschiedenen Stammzelltypen in menschlichen adulten Geweben nutzen.

22.3.1 Planarien besitzen Stammzellen, die einen kompletten Körper nachbilden können

Schmidtea mediterranea ist ein kleiner Süßwasser-Plattwurm, eine *Planarie*, die ausgewachsen knapp einen Zentimeter lang ist (**Abb. 22.20**). Sie besitzt eine Epidermis, einen Darm, ein Gehirn, ein Paar primitive Augen, ein peripheres Nervensystem, Muskulatur, exkretorische und reproduktive Organe – also die meisten elementaren Körperteile, die wir von anderen Tieren kennen. Die Organe sind jedoch im Vergleich mit den Organen der Vertebraten relativ einfach und werden von nur etwa 20–25 verschiedenen

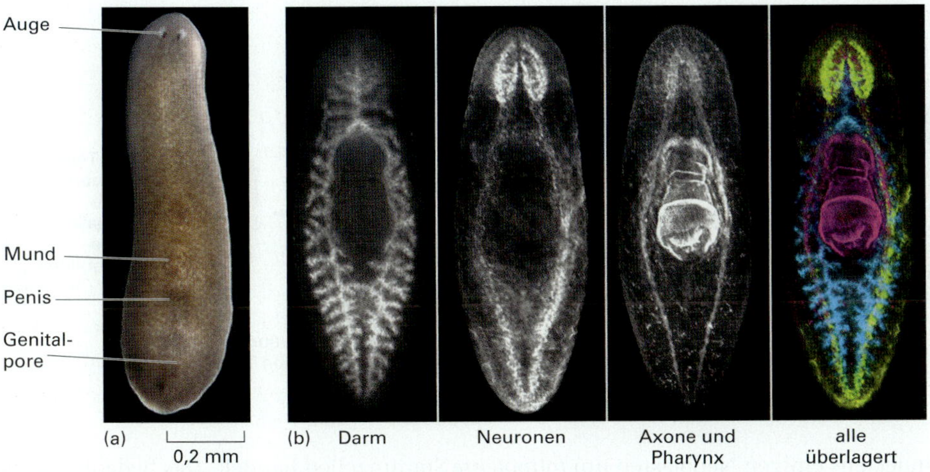

Abb. 22.20 Der Planarienwurm *Schmidtea mediterranea*. (a) Außenansicht. (b) Immunfärbung mit drei unterschiedlichen Antikörpern enthüllt die innere Anatomie. (a, mit freundlicher Genehmigung von A. Sánchez Alvarado; b, aus A. Sánchez Alvarado, *BMC Biol.* 10: 88, 2012. Mit Genehmigung des Autors).

differenzierten Zelltypen gebildet. Seit über einem Jahrhundert sind Biologen fasziniert von Planarien wie *Schmidtea* wegen ihrer außergewöhnlichen Fähigkeit zur Regeneration: Ein von einem beinahe beliebigen Teil des Körpers entnommenes, kleines Gewebefragment kann wachsen und zu einem vollständigen neuen Tier heranwachsen. Diese Fähigkeit geht Hand in Hand mit einer anderen Eigenschaft: Wenn das Tier Hunger leidet, wird es immer kleiner. Es reduziert die Anzahl seiner Zellen, während es im Wesentlichen die normalen Körperproportionen beibehält. Man bezeichnet dieses Verhalten als *Schrumpfung*. Das Tier kann bis auf ein Zwanzigstel seiner ursprünglichen Größe schrumpfen. Wenn es wieder mit Nahrung versorgt wird, kann es wieder zu seiner vollständigen Größe anwachsen. Zyklen der Schrumpfung und des Wachstums können unendlich oft wiederholt werden, ohne das Überleben oder die Fruchtbarkeit zu beeinträchtigen.

Grundlage für dieses Verhalten ist ein kontinuierlicher Zellumsatz. Neben den differenzierten Zellen, die sich nicht teilen, gibt es eine Population von kleinen undifferenzierten, sich teilenden Zellen, die als *Neoblasten* bezeichnet werden. Die Neoblasten machen etwa 20 % der Zellen im Körper aus und sind dort überall verteilt. Durch Zellteilung fungieren sie als Stammzellen für die Herstellung neuer differenzierter Zellen. Währenddessen sterben differenzierte Zellen kontinuierlich durch Apoptose. Ihre Zellkörper werden von benachbarten Zellen phagocytiert und verdaut (erläutert in Kapitel 18). Durch diesen Zellkannibalismus können die Bestandteile der sterbenden Zellen effektiv wiederverwertet werden. Die kontinuierliche Teilung von Zellen steht in einem dynamischen Gleichgewicht mit Zelltod und Zellkannibalismus, egal ob das Tier gefüttert wird oder hungert. Wenn das Tier Hunger leidet, ist das Gleichgewicht in Richtung Zelltod und Zellkannibalismus verschoben, wenn Nährstoffe in Fülle vorhanden sind, ist es in Richtung Zellwachstum und Zellteilung verschoben.

Eine starke Bestrahlung mit Röntgenstrahlung stoppt die gesamte Zellteilung, beendet den Zellumsatz und zerstört die Fähigkeit zur Regeneration. Nach einer Zeitverzögerung von mehreren Wochen stirbt das Tier. Es kann jedoch gerettet werden, wenn ihm ein einziger Neoblast aus einem nicht bestrahlten Spender injiziert wird (**Abb. 22.21**). In einem gewissen Anteil der Fälle teilt sich die injizierte Zelle und bildet einen Klon von Nachkommen, die schließlich den gesamten Körper neu besiedeln. So entsteht ein gesundes regeneriertes Individuum mit einem offenbar vollständigen Satz endgültig differenzierter Zelltypen und sich teilenden Neoblasten. Ein Gradient von Positionsinformationen bezüglich der Kopf-Schwanz-Identität wird kontinuierlich von den Muskelzellen entlang des Wurmkörpers exprimiert und instruiert die entsprechende Entwicklung der Neuroblasten. Genetische Marker beweisen, dass alle diese differenzierten Zellen von dem einzelnen Neoblasten abstammen, der injiziert wurde. Daraus ergibt sich, dass es sich bei

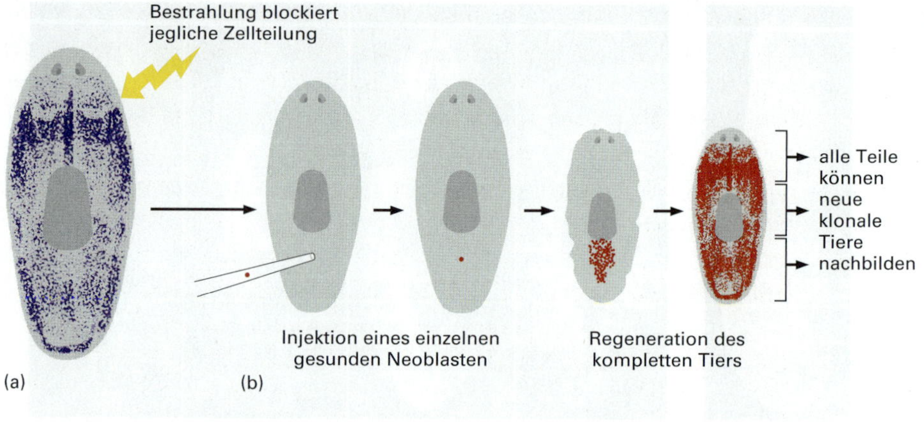

Abb. 22.21 Regeneration einer Planarie aus einer einzigen somatischen Zelle. (a) Die Verteilung von sich teilenden Zellen (Neoblasten, *blau*) im ausgewachsenen Körper. Bestrahlung stoppt die gesamte Zellteilung und verhindert die Regeneration. (b) Ein einziger nicht bestrahlter Neoblast, der in das bestrahlte Tier injiziert wird, ist in der Lage, zu proliferieren und alle Gewebe wiederherzustellen. So entsteht schließlich ein vollständiges Tier, das komplett aus den Nachkommen dieser einen Zelle besteht und sich normal regenerieren kann. Ein Informationsgradient, der die Kopf-zu-Schwanz-Identität betrifft, wird kontinuierlich in den Muskelzellen entlang des Körpers exprimiert und gibt den Neuroblasten Anweisungen. (Nach E. M. Tanaka und P. W. Reddien, *Dev. Cell* 21: 172–185, 2011.)

mindestens einigen Neoblasten um *totipotente* Stammzellen handelt. Das bedeutet, dass die Zellen in der Lage sind, alle Zelltypen zu bilden, aus denen der Körper eines Plattwurms besteht, einschließlich weiterer Neoblasten.

22.3.2 Einige Vertebraten können ganze Gliedmaßen und Organe ersetzen

Man könnte denken, dass eine derartige Fähigkeit zur Regeneration nur ein Privileg kleiner, einfacher, primitiver Tiere ist. Aber auch einige Wirbeltiere, insbesondere Fische und Amphibien, besitzen bemerkenswerte Regenerationsfähigkeiten. Salamander, einschließlich Molche und Axolotl, können z. B. eine komplette oder Teile einer amputierten Gliedmaße ersetzen, genau wie auch viele andere Körperteile einschließlich Gehirngewebe und Rückenmark (**Abb. 22.22**). Beim Prozess der Gliedmaßenerneuerung bildet sich ein *Blastem* – eine kleine Knospe, die einer embryonalen Extremitätenknospe ähnelt – an der Amputationsstelle. Die rasche seitliche Wanderung von benachbarten Epidermiszellen dient zur Versiegelung der Wundstelle. Die darunterliegenden Blastemzellen stammen hauptsächlich von aktivierten Stammzellen und Vorläuferzellen im amputierten Stumpf, die hochgradig proliferationsfähig sind. Obwohl die Zellen alle gleich aussehen, behalten sie ein Gedächtnis für ihr Herkunftsgewebe und genügend Positionsinformationen, die es ihnen ermöglichen, sich in die entsprechenden Zelltypen zu differenzieren und einen

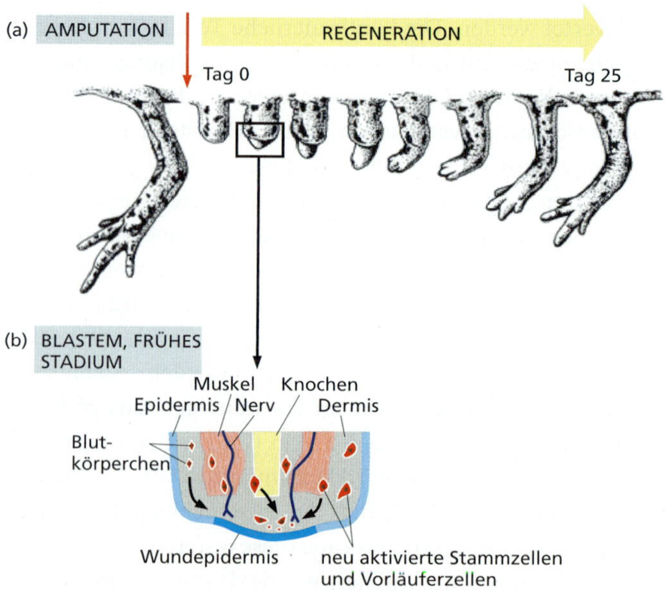

Abb. 22.22 Gliedmaßenregeneration beim Molch. (a) Eine Zeitraffersequenz, die den Verlauf der Gliedmaßenregeneration nach einer Amputation auf der Höhe des Oberarmknochens darstellt. Die Sequenz zeigt die Regenerationsstadien von Wundheilung, Aktivierung und Proliferation der Stammzellen und Vorläuferzellen des Stumpfes im Prozess der Blastembildung und Differenzierung von verschiedenen Gliedmaßenzellarten. (b) Schematische Zeichnung des frühen Blastems. (a, mit freundlicher Genehmigung von Susan Bryant und David Gardiner).

korrekt angelegten Ersatz für die amputierte Gliedmaße oder den Teil der Gliedmaße zu bilden, der amputiert wurde. Der Regenerationsprozess sieht aus wie eine Rekapitulation der embryonalen Gliedmaßenentwicklung. Wie bei der sich entwickelnden Gliedmaße werden alle erforderlichen Zellverhalten durch interzelluläre Signale inszeniert, die von der darüberliegenden Epidermis, den einwachsenden Nerven, den proliferierenden, abstammungsbeschränkten Stammzellen und den amplifizierenden Übergangs-Vorläuferzellen mit ihren differenzierten Nachkommen ausgesandt werden. Die meisten der beteiligten Signalwege sind die gleichen wie bei der Entwicklung der Gliedmaßen verwendet werden, einschließlich derer, die durch Hedgehog-, Wnt- und FGF-Familienmitglieder aktiviert werden.

Warum ein Salamander so viele Körperteile regenerieren kann, während ein Säugetier dies nicht kann, bleibt ein absolutes Rätsel.

22.3.3 Stammzellen können klinisch verwendet werden, um verlorene hämatopoetische Zellen oder Hautzellen zu ersetzen

Früher in diesem Kapitel haben wir gesehen, wie Mäuse bestrahlt werden können, um ihre hämatopoetischen Stammzellen und Vorläuferzellen abzutöten, und wie sie durch Transfusion neuer Stammzellen, die das Knochenmark neu besiedeln und die Blutzellbildung wieder in Gang bringen (s. **Abb. 22.10**), gerettet werden können. Auf dieselbe Art können Menschen mit bestimmten Arten von Leukämie oder einem Lymphom bestrahlt oder einer Chemotherapie unterzogen werden, um ihre Krebszellen zusammen mit dem Rest ihres hämatopoetischen Gewebes zu zerstören, um sie dann durch Transfusion gesunder, nichtkanzeröser hämatopoetischer Stammzellen zu heilen. In günstigen Fällen können diese Stammzellen aus Proben des eigenen hämatopoetischen Gewebes der Person entnommen werden, bevor dieses zerstört wird. Sie werden dann später wieder zurückübertragen, um Komplikationen einer immunologischen Abstoßung zu vermeiden.

Ein weiteres Beispiel ist die Verwendung von Stammzellen für den Ersatz der Haut nach schweren Verbrennungen. Indem man Zellen von nicht geschädigten Stellen der Haut der verbrannten Person in Kultur vermehrt, lassen sich durch langwierige und komplizierte Verfahren epidermale Stammzellen in genügender Anzahl zur Neubesiedlung der geschädigten Körperoberfläche erhalten.

22.3.4 Neurale Stammzellen können in Kultur manipuliert und zur Neubesiedlung eines krankhaften Zentralnervensystems eingesetzt werden

Das Zentralnervensystem (ZNS) bei Wirbeltieren ist das komplexeste Gewebe im Körper und ist damit das extreme Gegenstück zur Epidermis. Und dennoch können Fische und Amphibien große Teile des Gehirns, des Rückenmarks und der Augen nachbilden, nachdem sie entfernt wurden. Bei erwachsenen Säugetieren besitzen diese Gewebe aber fast keine Fähigkeit zur Selbsterneuerung und Stammzellen, die neue Neuronen bilden können, sind schwer zu finden, und zwar so schwer, dass man viele Jahre glaubte, sie wären gar nicht vorhanden.

Inzwischen weiß man allerdings, dass neurale Stammzellen, die Neuronen, Gliazellen oder beide Arten bilden können, in bestimmten Teilen des Gehirns eines erwachsenen Säugers fortbestehen (wie es in **Abb. 22.23** für Stammzellen gezeigt ist, die Neuronen im Riechkolben der Maus bilden können). Sowohl im erwachsenen Gehirn von Mäusen als auch von Menschen kommt es zu einem ständigen Austausch (Zellumsatz) von Neuronen im Hippocampus, einer Hirnregion, die speziell für Lernen und Gedächtnis

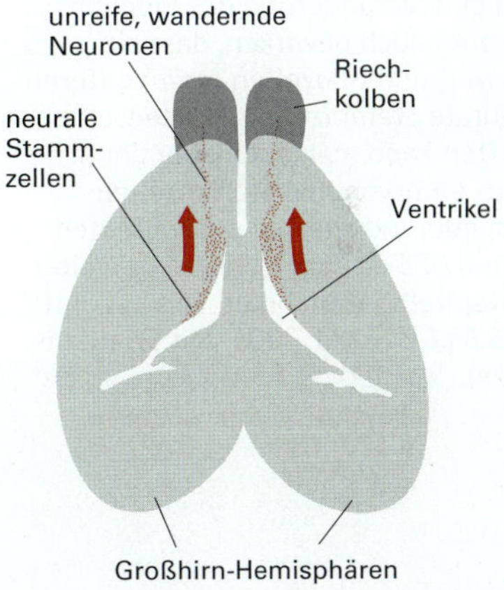

Abb. 22.23 Die kontinuierliche Bildung von Neuronen im erwachsenen Gehirn der Maus. Das Gehirn wird von oben betrachtet. Der Schnitt zeigt den Bereich, der die Ventrikel des Vorderhirns säumt, in dem sich die neuralen Stammzellen befinden. Diese Zellen stellen ununterbrochen Nachkommen her, die zum Riechkolben (*Bulbus olfactorius*) wandern und sich dort zu Neuronen endgültig differenzieren. Die ständige Erneuerung der Neuronen (Zellumsatz) im Riechkolben ist wahrscheinlich auf irgendeine Art mit der Erneuerung der Riechrezeptorneuronen verbunden, die vom Riechepithel in der Nase bis dorthin reichen. Bei erwachsenen Mäusen und Menschen gibt es ebenfalls eine ununterbrochene Erneuerung von Neuronen im Hippocampus (nicht gezeigt), einer Hirnregion, die mit Lernen und Gedächtnis assoziiert ist. (Verändert nach B. Barres, *Cell* 97: 667–670, 1999).

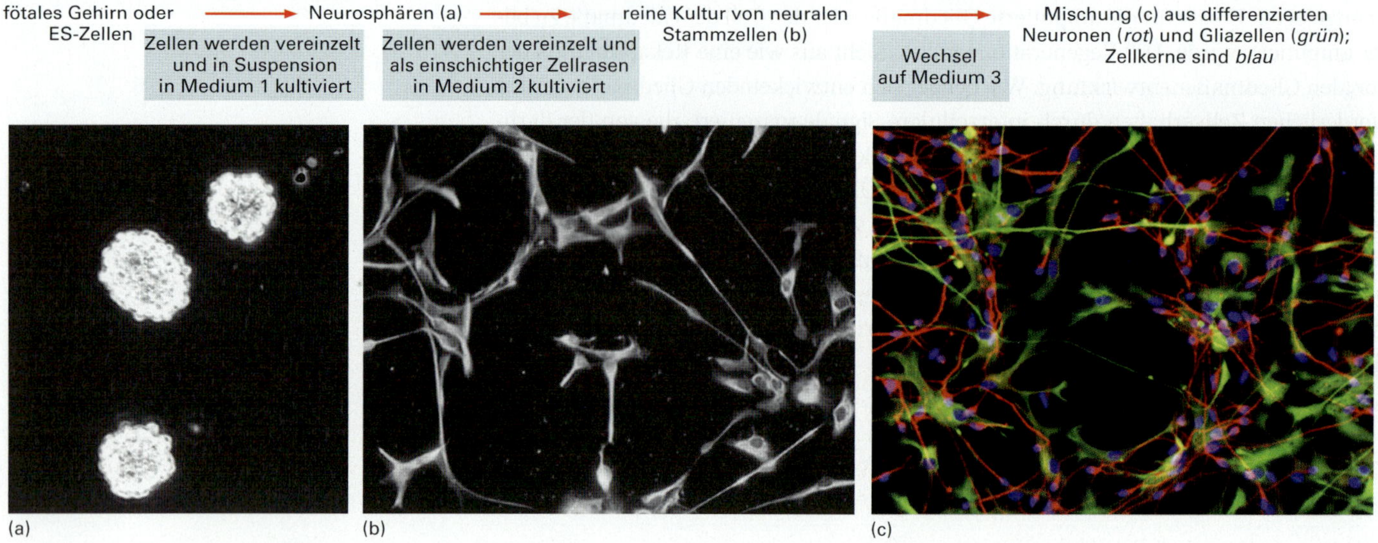

Abb. 22.24 Neurale Stammzellen. Die Aufnahmen zeigen die Schritte, die vom fötalen Gehirngewebe oder embryonalen Stammzellen über Neurosphären (a) zu einer reinen Kultur von neuralen Stammzellen führen (b). Diese Stammzellen können so kultiviert werden, dass sie sich unbegrenzt vermehren. Durch eine Veränderung des Mediums kann man aber auch bewirken, dass sie (c) zu Neuronen (*rot*) und Gliazellen (*grün*) differenzieren. Neurale Stammzellen mit denselben Eigenschaften kann man auch über ähnliche Schritte aus embryonalen Stammzellen (ES-Zellen) oder induzierten pluripotenten Stammzellen (iPS-Zellen) erhalten (s. weiter unten im Kapitel). (Aufnahmen von L. Conti et al., *PLoS Biol.* 3: e283, 2005. Mit Erlaubnis der Autoren).

zuständig ist. Hier steht die Plastizität der erwachsenen Hirnfunktion mit dem Umsatz einer bestimmten Untergruppe von Neuronen in Verbindung: Etwa 1400 neue Nervenzellen dieser Klasse werden jeden Tag gebildet. So ergibt sich eine Umsatzrate von 1,75 % der Zellen pro Jahr.

Ein noch viel dramatischer Umsatz von Nervenzellen geschieht im Gehirn bestimmter Singvögel. Bei diesen sterben jedes Jahr als Teil eines Vorgangs, bei dem die Vögel ihren Gesang in jeder Brutzeit verfeinern, große Mengen von Neuronen ab und werden durch neu gebildete Neuronen ersetzt.

Gehirnstammzellen können kultiviert und untersucht werden. Fragmente zum Beispiel aus selbsterneuernden Bereichen des ausgewachsenen Gehirns oder des Gehirns eines Fötus beim Säugetier können abgelöst und unter Bedingungen in Zellkultur gehalten werden, bei denen sie schwimmende „Neurosphären" bilden – das sind Cluster, die aus einer Mischung neuraler Stammzellen mit ihren Neuronen- und Glia-Nachkommenzellen bestehen. Diese Neurosphären können über viele Zellgenerationen hinweg vermehrt werden; ihre Zellen können zu jeder Zeit entnommen und zurück in das Gehirn eines unverletzten Tiers implantiert werden. Dort bilden sie differenzierte Nachkommen in Form von Neuronen und Gliazellen.

Wenn man leicht unterschiedliche Kulturbedingungen mit der richtigen Kombination von Wachstumsfaktoren im Kulturmedium verwendet, können die neuralen Stammzellen als losgelöste Zellen in einer Zellkulturschale kultiviert werden und zum Wachstum angeregt werden, wobei sie eine fast reine Stammzellpopulation ohne ausdifferenzierte Nachkommen als Begleiter darstellen. Durch eine weitere Veränderung der Kulturbedingungen können diese Zellen zu jedem Zeitpunkt zur Differenzierung veranlasst werden, um eine Mischung aus Neuronen und Gliazellen zu erhalten (**Abb. 22.24**) oder, je nach Zusammensetzung des Kulturmediums, nur eine dieser zwei Zellklassen.

Neurale Stammzellen, die entweder wie oben beschrieben erhalten wurden oder die wie im nächsten Abschnitt beschrieben aus pluripotenten Stammzellen stammen, können in ein ausgewachsenes Gehirn transplantiert werden. Wenn sie einmal dort sind, zeigen sie die bemerkenswerte Fähigkeit, ihr Verhalten an ihren neuen Standort anzugleichen. Aus Stammzellen des Hippocampus der Maus z. B., die in den Wanderweg der Riechkolben-Vorläuferzellen einer Maus eingesetzt werden (s. **Abb. 22.23**), entstehen Neuronen, die korrekt in den Riechkolben eingebaut werden. Diese Fähigkeit von neuralen Stammzellen und ihren Nachkommen, sich an eine neue Umgebung im Tier anzupassen, verspricht bedeutende klinische Anwendungen bei der Behandlung von Erkrankungen oder Schädigungen des Zentralnervensystems.

Zusammenfassung

Tiere unterscheiden sich hinsichtlich ihrer Fähigkeit zur Regeneration. Einen Extremfall stellen die Planarien (Plattwürmer) dar. Sie enthalten Stammzellen (Neoblasten), die einen kontinuierlichen Umsatz aller Zelltypen unterstützen. Aus praktisch jedem beliebigen Körperfragment oder sogar aus einer einzigen Neoblastenzelle kann ein kompletter Wurm neu gebildet werden. Salamander können Gliedmaßen und andere große Körperteile nach einer Amputation neu bilden, die erneuernden Zellen bleiben jedoch entsprechend ihres Ursprungs eingeschränkt: Muskelzellen in der nachgebildeten Gliedmaße stammen von Muskeln, Epidermis von Epidermis usw. Bei Säugetieren ist die Regeneration eingeschränkter. Trotzdem wird es möglich, die natürlichen Grenzen der Wundheilung mithilfe der Stammzellbiologie zu überschreiten. Bestimmte Bereiche des Nervensystems enthalten Stammzellen, die die Bildung von Neuronen an diesen Stellen lebenslang unterstützen. Neurale Stammzellen können von diesen Orten oder aus fötalen Gehirnen gewonnen, in Kultur gezüchtet und anschließend zurück in andere Stellen im Gehirn transplantiert werden. Dort sind sie in der Lage, Nervenzellen zu bilden, die zu dem neuen Ort passen.

22.4 Zell-Reprogrammierung und pluripotente Stammzellen

Wenn Zellen von einer Stelle der Körpers eines Säugetiers an eine andere verpflanzt oder aus dem Körper entfernt und in Kultur gezüchtet werden, behalten sie ihre Eigenschaften bei. Jeder spezielle Zelltyp besitzt ein Gedächtnis seiner Entwicklungsgeschichte und scheint auf sein Schicksal festgelegt zu sein. Eine begrenzte Umwandlung kann zwar auftreten, wie wir gesehen haben, und einige Stammzellen können eine Vielzahl differenzierter Zelltypen bilden, aber die Möglichkeiten sind begrenzt. Jeder adulte Stammzelltyp dient zur Erneuerung eines speziellen Gewebetyps. Das ganze Muster von sich selbst erneuernden Stammzellen zu differenzierten Zellen im ausgewachsenen Körper ist erstaunlich stabil. Was ist die molekulare Ursache dieser stabilen Unterschiede zwischen den Zelltypen und den Zellzuständen? Gibt es irgendeine Möglichkeit, die Mechanismen des Zellgedächtnisses außer Kraft zu setzen und ein Umschalten von einem Zustand zu einem anderen, grundverschiedenen zu erzwingen?

Diese grundlegenden Fragen haben wir bereits in Kapitel 7 unter allgemeinen Gesichtspunkten diskutiert. Hier betrachten wir sie im Zusammenhang mit der Stammzellbiologie genauer. Im Bereich der Stammzellbiologie haben sich unsere Kenntnisse der Stadien der Zelldifferenzierung und unsere Fähigkeit, diese zu beeinflussen, in letzter Zeit dramatisch weiterentwickelt. Zusammen mit weiteren Forschungsarbeiten werden diese Fortschritte wahrscheinlich bedeutende medizinische Anwendungen mit sich bringen.

22.4.1 Zellkerne können durch Transplantation in fremdes Cytoplasma umprogrammiert werden

Wenn wir den grundlegenden Charakter einer spezialisierten Zelle nicht verändern können, indem wir die Umgebung verändern, können wir dies dann erreichen, indem wir direkter und drastischer in innere Abläufe eingreifen? Ein derartig drastischer Eingriff ist die Entnahme des Zellkerns und dessen anschließende Transplantation in das Cytoplasma einer großen Zelle eines anderen Typs. Wenn Faktoren, die einen bestimmten Zelltyp definieren und aufrechterhalten, im Cytoplasma vorhanden sind, sollte der transplantierte Zellkern sein Genexpressionsmuster verändern und an das der Wirtszelle anpassen. In Kapitel 7 haben wir ein berühmtes derartiges Experiment mit dem Frosch *Xenopus* beschrieben. In diesem Experiment wurde der Zellkern einer differenzierten

Zelle (eine Zelle aus der Darmschleimhaut einer Kaulquappe) verwendet, um den Zellkern einer Oocyte zu ersetzen (ein Vorläufer einer Eizelle, der in der Prophase der ersten meiotischen Zellteilung angehalten wurde und bereit für die Befruchtung ist). Die so entstandene Hybridzelle entwickelte sich weiter und in einem bestimmten Anteil der Fälle entsteht ein vollständiger, normaler Frosch (s. **Abb. 7.2a**). Dies war ein entscheidender Beweis für das, was inzwischen ein zentrales Prinzip der Entwicklungsbiologie ist: Der Zellkern, sogar der einer differenzierten Zelle, enthält ein vollständiges Genom und ist imstande, die Entwicklung aller normalen Zelltypen des Organismus zu unterstützen. Gleichzeitig zeigte dieses Experiment, dass cytoplasmatische Faktoren tatsächlich einen Zellkern umprogrammieren können: Das Cytoplasma der Oocyte kann den Zellkern der Darmzelle in ein früheres Embryonalstadium zurückversetzen. Von diesem Stadium aus kann er dann die wechselnden Muster der Genexpression durchlaufen, die zu einem vollständigen erwachsenen Organismus führen.

Die Geschichte in ihrer Gesamtheit ist jedoch nicht so einfach. Erstens ist die Umprogrammierung in derartigen Experimenten nicht perfekt. Man fand heraus, dass, wenn der transplantierte Zellkern z. B. aus einer Darmzelle entnommen wird, ein Gen, das normalerweise spezifisch für den Darm ist, selbst in Muskelzellen des herangewachsenen Tieres dauerhaft exprimiert wird. Zweitens gelingt das Experiment nur in einem begrenzten Anteil der Fälle und diese Erfolgsrate wird immer geringer, je älter das Tier ist, aus dem der transplantierte Zellkern entnommen wird: Es müssen sehr viele Transplantationen durchgeführt werden, um einen einzigen Erfolg zu erzielen, wenn der Zellkern von einer differenzierten Zelle eines erwachsenen Frosches stammt.

Eine Zellkerntransplantation kann – mit grundsätzlich ähnlichen Ergebnissen – auch bei Säugetieren durchgeführt werden. Ein Zellkern z. B., der aus einer differenzierten Zelle aus der Brustdrüse eines erwachsenen Schafs entnommen wurde und in eine entkernte Eizelle eines Schafs transplantiert wurde, unterstützte die Entwicklung zu einem scheinbar normalen Schaf – das berühmte Klonschaf Dolly. Auch hier ist die Erfolgsrate niedrig: Es müssen viele Transplantationen durchgeführt werden, um ein derartiges Individuum zu erhalten.

22.4.2 Umprogrammierung eines transplantierten Zellkerns erfordert drastische Chromatinveränderungen

In einer typischen, vollständig ausdifferenzierten Zelle scheint es Mechanismen zur Aufrechterhaltung des Genexpressionsmusters zu geben, die durch cytoplasmatische Faktoren nicht so einfach außer Kraft gesetzt werden können. Eine naheliegende Möglichkeit ist, dass die Stabilität des Genexpressionsmusters in einer ausgereiften Zelle zumindest teilweise von sich selbst erhaltenden Chromatinmodifikationen abhängig sein kann (s. Kapitel 4, s. **Abb. 4.44**). Wie in Kapitel 7 erklärt, stellt das Phänomen der X-Inaktivierung bei Säugetieren ein eindeutiges Beispiel für eine derartige epigenetische Kontrolle dar. In jeder weiblichen Zelle gibt es zwei X-Chromosomen, die derselben chemischen Umgebung ausgesetzt sind. Doch während ein X-Chromosom aktiv bleibt, verharrt das andere von einer Zellgeneration zur nächsten in einem kondensierten, inaktiven Stadium. Cytoplasmatische Faktoren können für diesen Unterschied nicht verantwortlich sein. Stattdessen muss es sich um Mechanismen handeln, die spezifisch für das einzelne Chromosom sind. An anderen Stellen im Genom wird die Genexpression jedes einzelnen Gens über eine Kontrolle auf Chromatinebene in Kombination mit anderen Arten der Regulation gesteuert. Gene können vollständig abgeschaltet oder konstitutiv angeschaltet werden. Sie können aber auch in einem unbeständigen Zustand gehalten werden, aus dem sie je nach den Bedingungen leicht an- oder abgeschaltet werden können.

Die Umprogrammierung eines Zellkerns, der in eine Oocyte transplantiert wird, geht mit dramatischen Chromatinveränderungen einher. Der Zellkern schwillt an und erhöht sein Volumen auf das 50-Fache, während die Chromosomen dekondensieren. Es erfolgt eine massive Veränderung der DNA- und Histonmethylierungsmuster. Das Verbindungshiston H1 (das Histon, das die angrenzenden Nukleosomen verbindet) wird durch eine abweichende Form ersetzt, die charakteristisch für die Oocyte und den frühen Embryo ist, und der präexistierende Histontyp H3 wird ebenfalls an vielen Stellen durch eine andere Isoform ersetzt. Offensichtlich enthält die Eizelle Faktoren, die den Zustand des Chromatins im Zellkern zurücksetzen, alte Histonmodifikationen am Chromatin auslöschen und neue anordnen. So umprogrammiert ist das Genom erneut in der Lage, die Embryonalentwicklung zu beginnen und die gesamte Bandbreite der differenzierten Zelltypen entstehen zu lassen.

22.4.3 Embryonale Stammzellen (ES-Zellen) können zur Herstellung von beliebigen Körperteilen verwendet werden

Eine befruchtete Eizelle oder eine gleichwertige Zelle, die durch Zellkerntransplantation hergestellt wurde, ist etwas Bemerkenswertes: Aus ihr kann ein kompletter neuer vielzelliger Organismus gebildet werden. Das bedeutet, dass aus dieser Zelle jede mögliche spezialisierte Zelle entsteht, selbst die Eizellen und Spermien zur Bildung der nächsten Generation. Eine Zelle, die sich in einem derartigen Zustand befindet, wird als **totipotent** bezeichnet. Wenn sie die meisten, aber nicht unbedingt alle Zelltypen bilden kann, bezeichnet man sie als **pluripotent**. Dennoch handelt es sich bei solch einer totipotenten oder pluripotenten Zelle nicht um eine Stammzelle: Sie ist nicht selbsterneuernd, sondern stattdessen auf fortschreitende Differenzierung festgelegt. Wenn sie der einzig verfügbare Ausgangspunkt für die Untersuchung und Gewinnung von pluripotenten Zellen wäre, wäre das Unternehmen auf eine kontinuierliche Versorgung mit frischen befruchteten Eizellen oder frischen kerntransplantierten Zellen angewiesen. Dies wären schwierige Voraussetzungen für Studien an Versuchstieren und sie wären inakzeptabel für die praktische Anwendung am Menschen.

Hier war die Natur aber unerwartet entgegenkommend gegenüber den Wissenschaftlern. Man kann einen frühen Mausembryo im Blastocysten-Stadium nehmen und mittels Zellkultur eine Klasse von Stammzellen herstellen, die **embryonale Stammzellen** oder **ES-Zellen** genannt werden. Diese Zellen entstehen aus der inneren Zellmasse des frühen Embryos (der Zellhaufen, aus dem der Körper des Embryos entsteht, im Gegensatz zu den extraembryonalen Strukturen) und sie besitzen außergewöhnliche Eigenschaften: Unter geeigneten Kulturbedingungen vermehren sie sich immer weiter und bewahren dennoch ein unbegrenztes Entwicklungspotenzial. Die einzige Einschränkung besteht darin, dass sie keine extraembryonalen Gewebe wie das der Plazenta bilden können. Sie werden somit eher als pluripotent eingestuft und nicht als totipotent. Das ist jedoch eine geringfügige Einschränkung. Wenn ES-Zellen wieder in eine Blastocyste eingebracht werden, werden sie in den Embryo eingebaut und aus ihnen können alle Gewebe und Zelltypen des Körpers entstehen. Sie integrieren sich perfekt, an welcher Stelle auch immer sie sich ansiedeln, und nehmen die Eigenschaften und das Verhalten an, das normale Zellen an dieser Stelle zeigen würden (**Abb. 22.25**). Aus ihnen können sich sogar Keimzellen entwickeln, aus denen eine neue Tiergeneration entstehen kann.

ES-Zellen ermöglichen uns den Übergang von der Zellkultur, wo wir leistungsstarke Techniken zur genetischen Transformation und Selektion einsetzen können, zum intakten Organismus, an dem wir entdecken können, wie derartige genetische Manipulationen die Entwicklung und Physiologie beeinflussen. ES-Zellen haben uns damit den Weg für die leistungsstarke Gentechnologie bei Säugetieren freigemacht und unser Verständnis der Molekularbiologie und Entwicklungsbiologie von Säugetieren revolutioniert.

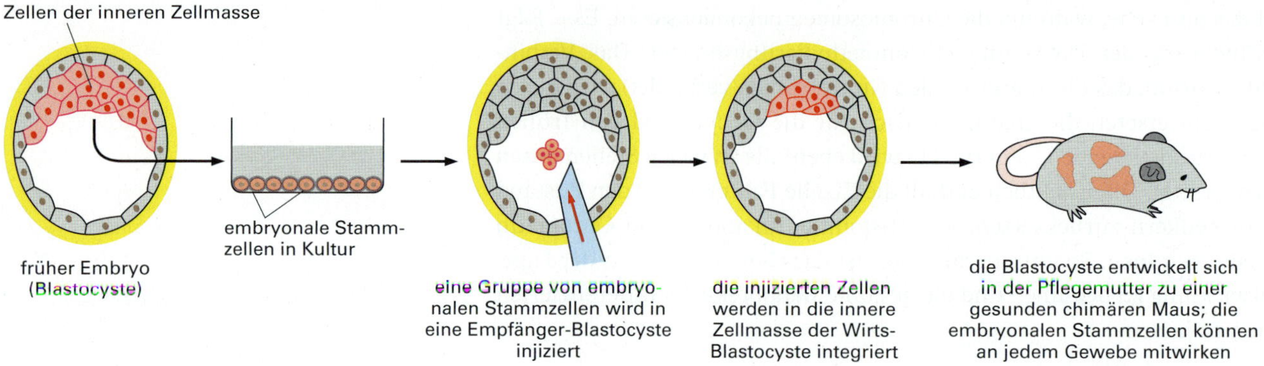

Abb. 22.25 Herstellung und Pluripotenz von ES-Zellen. ES-Zellen stammen aus der inneren Zellmasse (ICM, engl. *inner cell mass*) des frühen Embryos. Die ICM-Zellen werden in eine Kulturschale mit einem geeigneten Medium überführt. Dort werden sie in ES-Zellen umgewandelt und proliferieren unbegrenzt, ohne zu differenzieren. Die ES-Zellen können zu jedem Zeitpunkt – nach genetischer Manipulation, wenn dies erwünscht ist – entnommen und zurück in eine sich entwickelnde Blastocyste injiziert werden. Dort sind sie an der Bildung eines normal geformten, chimären Tieres beteiligt, das eine Mischung aus gewöhnlichen Zellen und Zellen, die von ES-Zellen abstammen, besitzt. Die von den ES-Zellen abstammenden Zellen können zu jedem beliebigen Zelltyp des Körpers differenzieren, einschließlich der Keimzellen, aus denen eine neue Mäusegeneration entstehen kann. Die Mäuse der neuen Generation sind nicht mehr chimär, bestehen aber aus Zellen, die alle die Hälfte ihrer Gene von der kultivierten ES-Zelllinie geerbt haben.

Zellen mit ähnlichen Eigenschaften wie denjenigen von Maus-ES-Zellen können auch aus frühen humanen Embryos, von humanen fötalen Keimzellen und sogar, wie wir weiter unten erklären werden, von differenzierten Zellen aus erwachsenem Säugetiergewebe gewonnen werden. So erhält man einen potenziell unerschöpflichen Vorrat an pluripotenten Zellen. Durch die entsprechende Wahl der Kulturbedingungen können diese Zellen manipuliert werden, sodass große Mengen fast aller Arten von differenzierten Zellen zur Verfügung stehen. Dies macht den Weg frei für viele praktische Anwendungen. Bevor wir uns mit diesen Anwendungen beschäftigen, betrachten wir die Biologie, die ihnen zugrunde liegt.

22.4.4 Eine Gruppe von Transkriptionsregulatoren definiert und erhält den ES-Zellstatus

Was verleiht ES-Zellen und verwandten Arten von pluripotenten Stammzellen ihr außergewöhnliches Entwicklungspotenzial? Was verraten sie uns über die grundlegenden Mechanismen, die dem Stammzellcharakter, der Festlegung zur Zelldifferenzierung und der Stabilität des differenzierten Zustands zugrunde liegen?

Für manche ES-Zelleigenschaften ist die Antwort darauf einfach. Ein wesentliches Merkmal von Stammzellen ist zum Beispiel, dass sie die *replikative Zellalterung* vermeiden müssen. Wie in Kapitel 17 erörtert, ist dies das Los von Fibroblasten und vielen anderen somatischen Zellen: Die Anzahl der Zellteilungen ist beschränkt, zumindest teilweise, da sie keine Telomeraseaktivität besitzen. Das hat zur Folge, dass ihre Telomere mit jedem Zellteilungszyklus kürzer werden, was schließlich zu einem dauerhaften Stillstand des Zellzyklus führt. Im Gegensatz dazu exprimieren ES-Zellen in hohem Ausmaß aktive Telomerase. Das ermöglicht es ihnen, den replikativen Zellalterungsprozess zu umgehen und sich weiterhin unbegrenzt zu teilen. Diese Fähigkeit teilen sie mit anderen, in ihrer Entwicklung eingeschränkten Arten von Stammzellen wie denjenigen des ausgereiften Darms, die in ähnlicher Weise Hunderte bis Tausende von Zellzyklen durchlaufen können.

Das größere Problem besteht darin zu erklären, wie das gesamte komplizierte Genexpressionsmuster in einer ES-Zelle organisiert ist und aufrechterhalten wird. Als Erstes kann man nach Genen suchen, die spezifisch in ES-Zellen oder in den entsprechenden pluripotenten Zellen des frühen Embryos exprimiert werden. Mithilfe dieser Vorgehensweise kann man eine relativ kleine Anzahl an Kandidaten für ES-kritische Gene identifizieren. Das sind Gene, die anscheinend auf die eine oder andere Weise für den besonderen Charakter von ES-Zellen essenziell sind. Ein Gen namens *Oct4* wird z. B. ausschließlich in ES-Zellen und verwandten Zellklassen im intakten Organismus – insbesondere in der Keimzelllinie, in der inneren Zellmasse und in deren Vorläufern – exprimiert. *Oct4* codiert für einen Transkriptionsregulator. Wenn er in ES-Zellen verloren geht, geben sie ihren ES-Zellcharakter auf. Wenn er in einem Embryo verloren geht, werden die Zellen, die sich zur inneren Zellmasse spezialisieren sollten, auf einen extraembryonalen Differenzierungsweg umgeleitet und die Entwicklung des Embryos wird abgebrochen.

22.4.5 Fibroblasten können zu induzierten pluripotenten Stammzellen (iPS-Zellen) umprogrammiert werden

In Kapitel 7 haben wir gesehen, dass Fibroblasten und einige andere Zelltypen dazu veranlasst werden können, ihren Charakter zu verändern und zu Muskelzellen zu differenzieren, wenn in diesen Zellen der wichtige muskelspezifische Transkriptionsregulator MyoD künstlich exprimiert wird. Kann dieselbe Technik eingesetzt werden, um Fibroblasten und andere Zellarten durch erzwungene Expression von ES-kritischen Genen wie *Oct4* in ES-Zellen zu verwandeln? Um dieser Frage nachzugehen, wurden retrovirale Vektoren in Mausfibroblasten eingeschleust. Diese Vektoren enthielten Gene, von denen man hoffte, dass sie eine derartige Wirkung besaßen. Auf diese Weise wurden insgesamt 24 Kandidaten für ES-kritische Gene untersucht. Keines von ihnen war allein in der Lage, die Umwandlung herbeizuführen, in bestimmten Kombinationen war dies jedoch möglich. Die ersten bahnbrechenden Experimente aus dem Jahre 2006 schränkten die Mindestanforderungen auf eine Gruppe von vier Genen ein. Alle codieren für Transkriptionsregulatoren: Oct4, Sox2, Klf4 und Myc, oder auch kurz als OSKM-Faktoren bekannt. Wenn sie gemeinsam exprimiert werden, können sie Maus-Fibroblasten umprogrammieren und sie dauerhaft in Zellen umwandeln, die den ES-Zellen sehr ähnlich sind (**Abb. 22.26**). Diese so hergestellten ES-artigen Zellen werden als **induzierte pluripotente Stammzellen** oder **iPS-Zellen** bezeichnet. Wie ES-Zellen können sich iPS-Zellen in Kultur unbegrenzt teilen. Wenn sie in eine Maus-Blastocyste integriert werden, können sie an der Bildung eines perfekt geformten, chimären Tieres mitwirken. In diesem Tier können sie zur Entwicklung jedes beliebigen Gewebes beitragen und zu jedem Zelltyp differenzieren, einschließlich funktionsfähiger Keimzellen, aus denen eine neue Generation von Mäusen heranwachsen kann (s. **Abb. 22.25**).

Heutzutage können iPS-Zellen zusätzlich zu Fibroblasten von ausgereiften humanen Zellen und von verschiedenen anderen differenzierten Zelltypen abgeleitet werden. Es können zahlreiche Methoden eingesetzt werden, um die Expression der transformierenden OSKM-Faktoren zu steuern. Dazu gehören Methoden, die keine Spur von fremder DNA in der umprogrammierten Zelle hinterlassen. Variationen der ursprünglichen Mischung von Transkriptionsregulatoren können die Umwandlung steuern, wobei unterschiedliche spezialisierte Zelltypen verschiedene Anforderungen haben. Es stellte sich heraus, dass die Überexpression von Myc nicht unbedingt erforderlich ist, obwohl sie die Effizienz des Prozesses steigert. Differenzierte Zelltypen können einige der benötigten Faktoren als Teil ihres normalen Phänotyps exprimieren. Z. B. exprimieren bestimmte Zellen der Haarfollikel bereits Sox2, Klf4 und Myc. Um sie in iPS-Zellen umzuwandeln, reicht es aus, sie künstlich dazu zu bringen, Oct4 zu exprimieren.

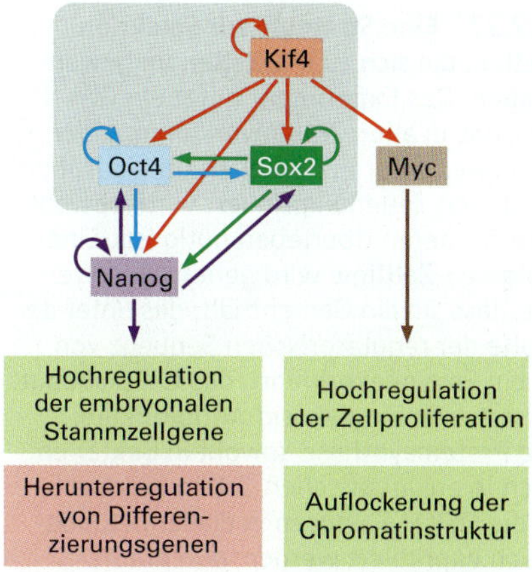

Abb. 22.26 Umprogrammierung von Fibroblasten zu iPS-Zellen mit den OSKM-Faktoren. Wie dargestellt, induzieren die Haupt-Transkriptionsregulatorproteine Oct4, Sox2 und Klf4 (OSK-Faktoren) sowohl ihre eigene Synthese als auch die der anderen Regulatorproteine (*graue Schattierung*). So entsteht eine selbsterhaltende Rückkopplungsschleife, die dazu beiträgt, die Zellen in einem embryonalen stammzellartigen Stadium zu halten, selbst wenn alle experimentell zugefügten OSKM-Initiatoren entfernt wurden. Überexpression von Myc beschleunigt die frühen Stadien des Umprogrammierungsprozesses über den dargestellten Mechanismus (s. **Abb. 17.59**). Zu einer stabilen Umprogrammierung gehört auch die permanent induzierte Expression des *Nanog*-Gens, das für einen weiteren Transkriptionsregulator (s. **Abb. 7.10**) codiert. (Verändert nach J. Kim et al., *Cell* 132: 1049–1061, 2008).

22.4.6 Zur Umprogrammierung gehört eine massive Umgestaltung des Genkontrollsystems

Die Umwandlung einer differenzierten Zelle in eine iPS-Zelle ist nicht so, als würde man an einem definierten, präzise konstruierten Teil einer Maschine einen Schalter umlegen. Nur einige der Zellen, die die OSKM-Faktoren aufgenommen haben, werden tatsächlich zu iPS-Zellen – eine von Tausenden im ursprünglichen Experiment und immer noch nur eine kleine Minderheit mit neueren, verbesserten Techniken. Tatsächlich hing

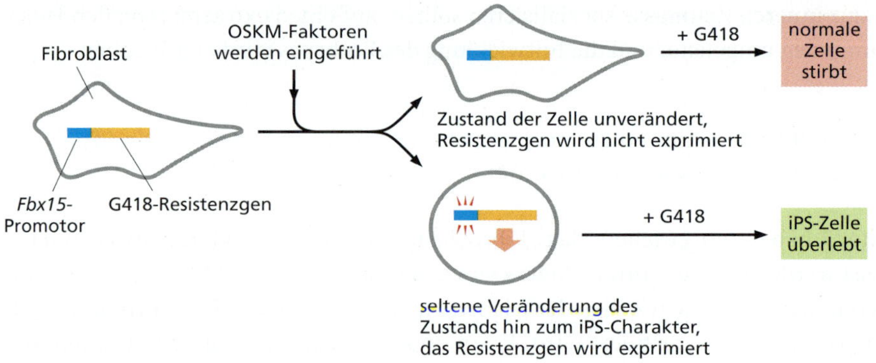

Abb. 22.27 Eine Strategie zur Selektion von Zellen, die sich zu iPS-Zellen umgewandelt haben. Das Experiment nutzt ein Gen (*Fbx15*), das in allen Zellen vorkommt, aber normalerweise nur in ES-Zellen und in frühen embryonalen Zellen exprimiert wird (obwohl es nicht für deren Überleben nötig ist). Eine Fibroblasten-Zelllinie wird genetisch so verändert, dass sie ein Gen enthält, das unter der Kontrolle der regulatorischen Sequenz von *Fbx15* ein Enzym exprimiert, das G418 abbaut. G418 ist ein Aminoglykosid-Antibiotikum, das die Proteinsynthese sowohl in Bakterien als auch in eukaryotischen Zellen blockiert. Wenn die OSKM-Faktoren in dieser Zelllinie künstlich exprimiert werden, durchläuft ein kleiner Teil der Zellen eine Zustandsänderung und aktiviert die regulatorische Sequenz von *Fbx15*, sodass die Expression des G418-Resistenzgens angeschaltet wird. Wenn G418 zum Kulturmedium zugegeben wird, sind diese Zellen die einzigen, die überleben und sich vermehren. Wenn man sie untersucht, stellt sich heraus, dass sie iPS-Zellcharakter besitzen.

der Erfolg der ursprünglichen Experimente von der geschickten Auswahlstrategie ab, um die wenigen Zellen herauszulesen, bei denen die Umwandlung stattgefunden hatte (**Abb. 22.27**).

Die Umstellung auf iPS-Zustand durch OSKM-Faktoren ist nicht nur ineffizient, sondern auch langsam: Fibroblasten benötigen zehn Tage oder mehr nach der Einführung der Umwandlungsfaktoren, bevor sie beginnen, die für iPS-Zellen charakteristischen Marker zu exprimieren. Dies deutet darauf hin, dass es sich bei der Transformation um eine lange Kaskade von Veränderungen handelt. Diese Veränderungen werden ausführlich untersucht. Sie beeinflussen sowohl die Expression einzelner Gene als auch den Zustand des Chromatins. Der Zeitverlauf ist in **Abb. 22.28** skizziert. Der Prozess beginnt mit einer Myc-induzierten Zellproliferation und mit der Auflockerung der Chromatinstruktur. Dies begünstigt die Bindung der anderen drei Transkriptionsregulatoren an mehrere hundert verschiedene Stellen im Genom. An einen Großteil dieser Stellen binden Oct4, Sox2 und Klf4 gemeinsam. Zu diesen Bindungsstellen gehören die endogenen *Oct4*-, *Sox2*- und *Klf4*-Gene selbst. Das führt schließlich zu den oben beschriebenen positiven Rückkopplungsschleifen, durch die die Expression dieser Gene selbsterhaltend wird (s. **Abb. 22.26**). Die Selbstinduktion von *Oct4*, *Sox2* und *Klf4* ist jedoch nur ein kleiner Teil der Transformation. Manche Zielgene werden von den drei Kernfaktoren aktiviert, andere werden gehemmt. So entsteht eine Kaskade von Effekten, die das Genkontrollsystem im Ganzen und auf jeder einzelnen Ebene umstrukturiert. Verändert werden die Muster von Histonmodifikationen, DNA-Methylierung und Chromatinkondensation sowie die Expression unzähliger Proteine und nichtcodierender RNAs. Am Ende dieses komplexen Prozesses ist die entstandene iPS-Zelle nicht mehr von den künstlich generierten OSKM-Faktoren abhängig, die den Wechsel ausgelöst haben: Sie befindet sich in einem stabilen, selbsterhaltenden Zustand koordinierter Genexpression und produziert ihre eigenen OSKM-Faktoren

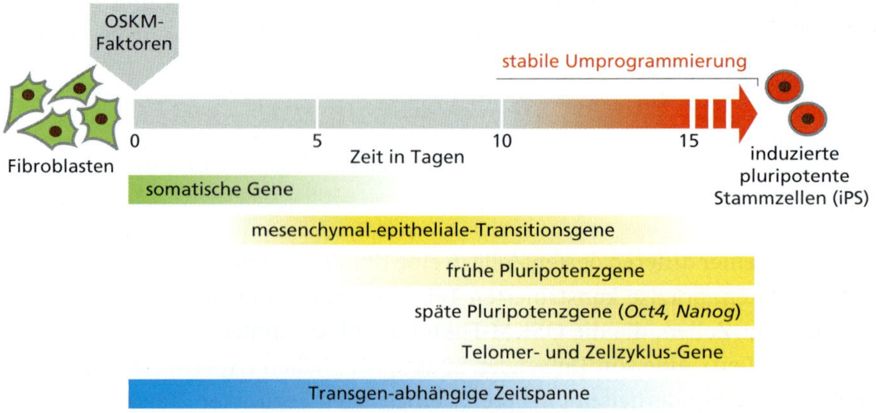

Abb. 22.28 Überblick über einige der wichtigsten Ereignisse, die die Umprogrammierung von Maus-Fibroblasten zu iPS-Zellen begleiten. Die Expression der OSKM-Faktoren induziert eine Reihe von Ereignissen über einen Zeitraum von Tagen bis Wochen. Die Reprogrammierung beginnt mit der Herunterregulierung von somatischen Zellmarkern. Morphologische Veränderungen, die für einen *Mesenchym-Epithel-Übergang* charakteristisch sind (s. Abschnitt 20.2.18), folgen zum Teil durch Veränderungen in der Expression von Zelladhäsions- und Signalproteinen. Die Induktion früher Pluripotenzmarker zieht die Expression von Pluripotenzgenen wie *Nanog* und *Oct4* nach sich. Im ähnlichen Zeitrahmen werden die Zellen immortalisiert, wenn die Telomerase induziert wird und Zellzyklusgene reguliert werden, um die Selbsterneuerung der Stammzellen zu ermöglichen. Eine stabile Reprogrammierung erfolgt in dem Zeitfenster, in dem die Zellen endogene Pluripotenzgene aktivieren und unabhängig von den OSKM-Faktoren werden. Bemerkenswert ist, dass die große Mehrheit der Fibroblasten, die die OSKM-Faktoren exprimieren, somatische Marker nicht herunterregulieren können und auch keine Pluripotenzgene aktivieren und sich nicht zu iPS-Zellen umwandeln. (Verändert nach M. Stadtfeld et al., *Cell Stem Cell* 2: 230–240, 2008. Mit Genehmigung von Elsevier).

(und all die anderen essenziellen Bestandteile einer pluripotenten Stammzelle) von ihren eigenen endogenen Genkopien.

22.4.7 Experimentelle Manipulation von Faktoren, die Chromatin modifizieren, kann die Effizienz der Umprogrammierung steigern

Die geringe Effizienz und die langsame Umwandlungsgeschwindigkeit in frühen iPS-Zellstudien legen nahe, dass es Barrieren gibt, die das Umschalten vom differenzierten Stadium zum iPS-Stadium blockieren, und dass deren Überwinden ein schwieriger Prozess sein kann, bei dem der Zufall eine große Rolle spielt. Dies könnte auch erklären, warum das Ergebnis oft unterschiedlich ist. Es gibt signifikante Unterschiede zwischen den einzelnen iPS-Zelllinien, die in diesen Experimenten entstehen, selbst wenn die ursprünglichen differenzierten Zellen genetisch und phänotypisch identisch sind. Nur wenige von den hergestellten Kandidaten für iPS-Zelllinien bestehen alle Pluripotenztests. Außerdem gibt es auf molekularer Ebene selbst unter den vollständig validierten iPS-Zelllinien Unterschiede: Obwohl sie viele übereinstimmende Eigenschaften besitzen, unterscheiden sie sich hinsichtlich einiger Details ihrer Genexpressionsmuster und z. B. hinsichtlich ihrer DNA-Methylierungsmuster.

Es ist entscheidend, diese Schwierigkeiten zu überwinden, um unser Wissen darüber, wie Zellspezialisierung in vielzelligen Organismen kontrolliert und organisiert wird, zu verbessern. Diese Erkenntnisse werden auch zum medizinischen Fortschritt beitragen. Daher wird der Umprogrammierungsprozess intensiv erforscht. Es geht darum, ein viel genaueres Bild davon zu erhalten, welche Rolle die Chromatinstruktur bei der Genregulation in Eukaryoten spielt.

Nach unseren Ausführungen zum Thema Zellkerntransplantation sollte man erwarten, dass für jede Umprogrammierung einer differenzierten Zelle radikale und umfangreiche Veränderungen der Chromatinstruktur, die mit ausgewählten Genen assoziiert sind, nötig sind. Es sind nicht nur solche Veränderungen zu beobachten, sondern viele verschiedene Experimente haben auch ergeben, dass die Effizienz des Umprogrammierungsprozesses erheblich gesteigert werden kann, wenn man die Aktivität von Proteinen, die die Chromatinstruktur beeinflussen, verändert. In **Abbildung 22.29** sind einige der Faktoren, die, wenn sie manipuliert werden, die Transformation von Fibroblasten in iPS-Zellen verstärken, in Kategorien eingeteilt. Die Faktoren in den oberen drei Reihen – Chromatin-Umformungsfaktoren, Histonmodifizierer und Histonvarianten – sind bekannt dafür, dass sie tiefgreifende Auswirkungen auf die Organisation der Nukleosomen im Chromatin haben (s. Kapitel 4).

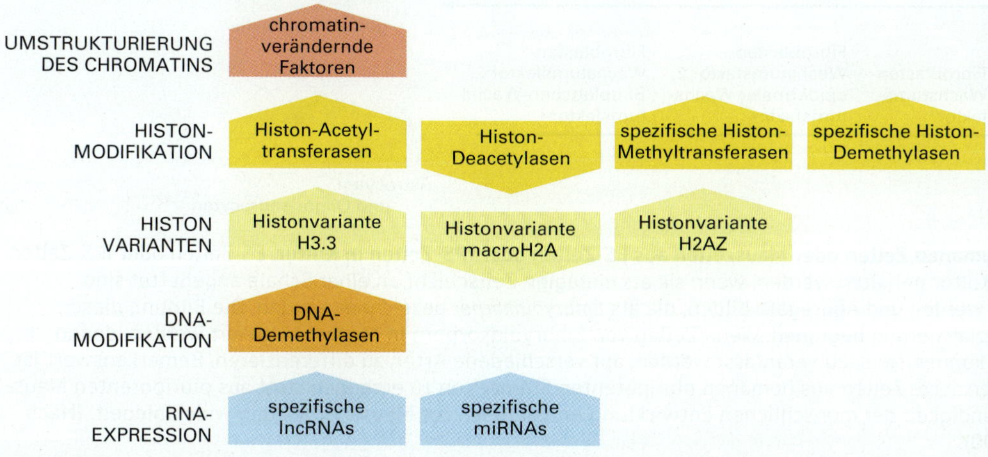

Abb. 22.29 Faktoren, die die Effizienz der Umprogrammierung erhöhen. Hier sind diejenigen Faktoren dargestellt, die den Chromatinzustand verändern können. Die Faktoren der *obersten* drei Reihen haben die direktesten Auswirkungen. Ein *Pfeil nach oben* zeigt an, dass die Umprogrammierung verstärkt wird, wenn die Aktivität des dargestellten Faktors zunimmt. Ein *Pfeil nach unten* bedeutet, dass die Umprogrammierung verstärkt wird, wenn die Aktivität des dargestellten Faktors abnimmt. So haben z. B. eine erhöhte Aktivität der Histon-Acetyltransferasen und eine erhöhte Aktivität der Histon-Deacetylasen entgegengesetzte Auswirkungen, wie auch von ihren biochemischen Aktivitäten her zu erwarten ist (s. Abschnitt 4.3.4). Zu beachten ist, dass die Histon-Chaperone auch zur Effizienz der Programmierung entweder positiv oder negativ beitragen, abhängig von den jeweiligen Histonvarianten, die im Chromatin eingebaut sind.

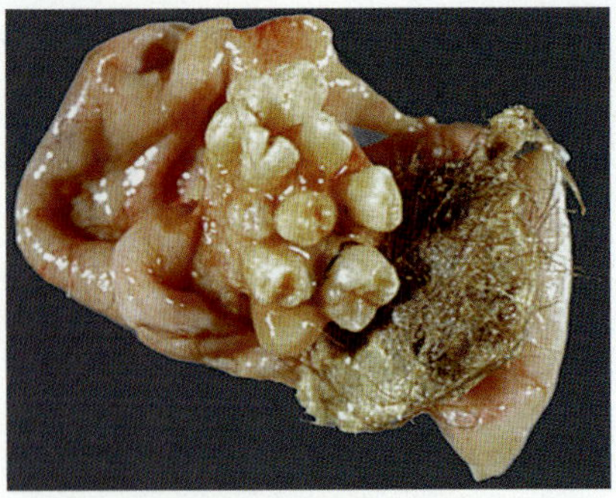

Abb. 22.30 Ein Teratom. Diese Tumore enthalten Gewebe, das von jeder der embryonalen Keimschichten (Endoderm, Mesoderm und Ektoderm, einschließlich Haare und Zähne, wie hier zu sehen) abstammt. Die Tumore sind in der Regel gutartig und können entstehen, wenn ES- oder iPS-Zellen in ein immunokompatibles, erwachsenes Tier injiziert werden, wodurch die Pluripotenz dieser Stammzellen gezeigt werden kann. (Mit freundlicher Genehmigung von Cao Xuan Cu).

22.4.8 ES-Zellen und iPS-Zellen können so gesteuert werden, dass sie spezifische adulte Zelltypen und sogar Organoide bilden

Man kann sich die Embryonalentwicklung als Serie von Entscheidungsmöglichkeiten vorstellen, vor die Zellen gestellt werden, während sie ihrem Weg von der befruchteten Eizelle zur endgültigen Differenzierung folgen. Nach ihrem langen Aufenthalt in Kultur können ES-Zellen oder iPS-Zellen und deren Nachkommen die Schilder an jeder Straßenkreuzung noch immer lesen und so reagieren, wie es normale frühe embryonale Zellen täten. Wenn ES-Zellen oder iPS-Zellen direkt in einen Embryo, der sich in einem späteren Entwicklungsstadium befindet, oder in adultes Gewebe implantiert werden, empfangen sie jedoch nicht mehr die passende Sequenz von Signalen. Ihre Differenzierung wird dann nicht richtig kontrolliert und sie entwickeln sich oft zu einem Tumor, der als *Teratom* bezeichnet wird und aus einer Mischung von Zelltypen besteht, die nicht zur entsprechenden Stelle im Körper passen (**Abb. 22.30**).

Wenn man eine ES- oder iPS-Zelle in Kultur mit der richtigen zeitlichen Abstimmung einer passenden Abfolge von Wachstumsfaktoren und anderen Signalproteinen aussetzt, ist es möglich, die Zelle auf einen Weg zu leiten, der einem normalen Entwicklungsweg nahe kommt, um sie zu normalen differenzierten adulten Zellarten umzuwandeln (**Abb. 22.31**). Erfolg kommt durch Ausprobieren. Inzwischen hat sich dieser Erfolg bei vielen differenzierten Mauszellarten und humanen Zellarten eingestellt. Dazu gehören humane dopaminerge Nervenzellen, humane insulinproduzierende β-Zellen und Zellen, die bei einer Parkinson-Erkrankung oder Typ 1-Diabetes verloren gehen.

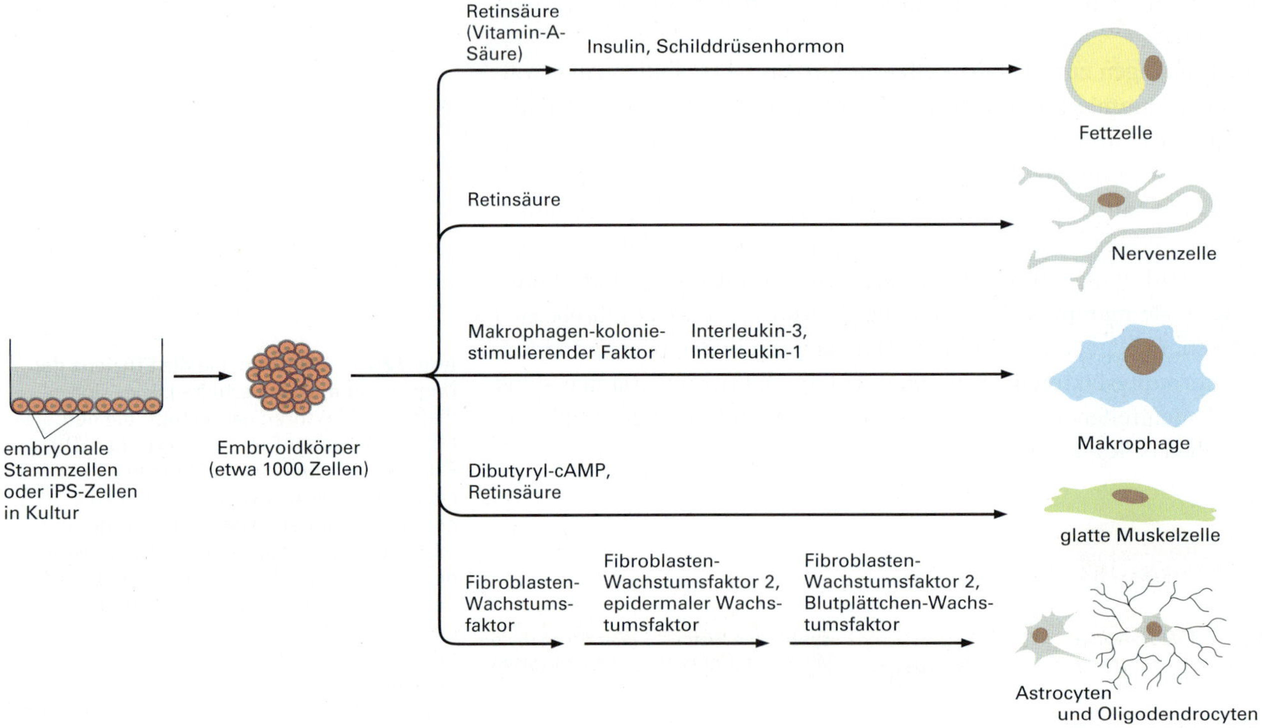

Abb. 22.31 Produktion von differenzierten humanen Zellen oder Mauszellen aus ES-Zellen oder iPS-Zellen in Kultur. ES-Zellen oder iPS-Zellen können unbegrenzt als pluripotente Zellen in Kultur gehalten werden, wenn sie als einlagige Zellschicht an einer Schale angeheftet sind. Alternativ können sie von der Schale losgelöst werden und Aggregate bilden, die als *Embryoidkörper* bezeichnet werden. Die Bildung dieser Aggregate bewirkt, dass die Zellen mit der Spezialisierung beginnen. Wenn Zellen von Embryoidkörpern in Medien kultiviert werden, denen unterschiedliche Faktoren zugegeben werden, können sie dazu veranlasst werden, auf verschiedene Arten zu differenzieren. Bemerkenswert ist dabei, dass es wesentlich länger dauert, differenzierte Zellen aus humanen pluripotenten Stamzellen zu erzeugen statt aus pluripotenten Mausstammzellen, was die viel langsamere Geschwindigkeit der menschlichen Entwicklung im Vergleich zur Mausentwicklung widerspiegelt. (Nach E. Fuchs und J. A. Segre, *Cell* 100: 143–155, 2000).

Abb. 22.32 Aus kultivierten humanen ES-Zellen kann ein dreidimensionales Organoid entstehen. (a) Schema wie unter geeigneten Bedingungen pluripotente Maus- oder Mensch-Stammzellen und ihre Nachkommen in Kultur proliferieren, differenzieren und sich zu dreidimensionalen augenähnlichen Strukturen (einen Augenbecher) selbst zusammenlagern können. Zu dieser Struktur gehört eine vielschichtige Retina, die der während der normalen Augenentwicklung *in vivo* gebildeten Retina in ihrem Aufbau ähnelt. (b) Fluoreszenzmikroskopische Aufnahme einer Exkavation (Augenbecher), die von humanen ES-Zellen in Kultur gebildet wurde. Die Struktur enthält eine sich entwickelnde Retina, die aus mehreren Schichten von Nervenzellen (*grün* gefärbt) und einer darunterliegenden Schicht von pigmentiertem Epithel, wobei dessen apikale Oberfläche (*rot*) gefärbt ist, besteht. Alle Kerne sind *blau* gefärbt. (a, verändert nach M. Eiraku und Y. Sasai, *Curr. Opin. Neurobiol.* 22: 768–777, 2012; b, aus T. Nakano *et al.*, *Cell Stem Cell* 10: 771–785, 2012. Mit freundlicher Genehmigung von Elsevier).

Bemerkenswert ist, dass sowohl humane als auch Maus-ES- und iPS-Zellen und ihre Nachkommen unter geeigneten Bedingungen in Kultur proliferieren, differenzieren und sich selbst zu dreidimensionalen Miniaturorganen, den sogenannten **Organoiden**, zusammenfügen und den normalen Organen in ihrem Aufbau sehr ähnlich sind. Ein frühes, beeindruckendes Beispiel mit einer Bildung eines sich entwickelnden Augen-Organoids aus humanen ES-Zellen ist in **Abb. 22.32** zu sehen. Humane und Maus-ES- und iPS-Zellen und von ihnen abgeleitete Vorläuferzellen wurden bereits verwendet, um Organoide zu bilden, die einer Vielzahl sich entwickelnder Organe ähneln, einschließlich wichtiger Teile eines menschlichen Gehirns – der wohl komplexesten und kompliziertesten Struktur der Erde. Solche Organoide stellen aussagekräftige Modelle zur Untersuchung der Organentwicklung in einer Zellkulturschale dar, bei der man die beteiligten Gene identifizieren und untersuchen kann und ihre Rollen bei der Zell-Zell-Wechselwirkung auf eine Art untersuchen kann, die in einem intakten Organismus nicht möglich wäre. Wir haben bereits die bemerkenswerte Untersuchung vorgestellt, bei der eine einzige multipotente Darmstammzelle unter geeigneten Kulturbedingungen ein komplexes Darmorganoid bilden kann (s. **Abb. 22.14**).

22.4.9 Zellen eines spezialisierten Typs können dazu gezwungen werden, direkt zu Zellen eines anderen Typs zu transdifferenzieren

Der Weg von einem Differenzierungszustand zum anderen über die Umwandlung in eine iPS-Zelle, den wir gerade beschrieben haben, erscheint unnötig umständlich. Können wir Zelltyp A nicht direkt in Zelltyp B umwandeln, ohne wieder zurück zu einer pluripotenten Stammzelle zu gehen? Seit vielen Jahren ist bekannt, dass eine derartige *Transdifferenzierung* in einigen speziellen Fällen erreicht werden kann, wie z. B. die Umwandlung von Fibroblasten in Skelettmuskelzellen durch forcierte Expression von MyoD (s. Abschnitt 7.4.4). Inzwischen – mit den Erkenntnissen aus Studien mit ES- und iPS-Zellen – hat man aber Wege gefunden, derartige gegenseitige Umwandlungen in viel mehr Fällen, einschließlich der Umwandlung von Fibroblasten in Neuronen, Hepatocyten und Darmepithelzellen, zustande zu bringen.

Ein elegantes Beispiel mit einer speziellen medizinischen Relevanz stammt aus Studien am Herzen. Es ist möglich, durch forcierte Expression einer geeigneten Kombination von Transkriptionsregulatoren – nicht Oct4, Sox2, Klf4 und Myc, sondern Gata4, Mef2c und Tbx5 – Herzfibroblasten direkt in Herzmuskelzellen umzuwandeln. Dies geschah in einer lebenden Maus unter Verwendung retroviraler Vektoren. Die Transformation erfolgt mit einer hohen Effizienz, wenn die Vektoren, die die Transgene übertragen, direkt in das Herzmuskelgewebe injiziert werden. Obwohl Fibroblasten nur einen kleinen Teil des Herzgewebevolumens einnehmen, überwiegen sie im Herz die Herzmuskelzellen zahlenmäßig und sie überleben in großer Anzahl in Bereichen des Herzens, in denen Herzmuskelzellen abgestorben sind. Bei einem typischen, nicht tödlich verlaufenden Herzinfarkt, bei dem Herzmuskelzellen infolge von Sauerstoffmangel abgestorben sind, proliferieren die Fibroblasten und bilden eine kollagenhaltige extrazelluläre Matrix, um den verlorenen Muskel durch Narbengewebe zu ersetzen. Dies ist eine dürftige Art von Reparatur. Durch forcierte Expression von geeigneten Faktoren im Herz (wie oben beschrieben) kann dieses Problem, zumindest bei der Maus, besser gelöst werden als von der Natur: Verlorengegangener Herzmuskel wird durch die Transdifferenzierung von Herzfibroblasten regeneriert.

Wir sind noch weit davon entfernt, diese Technik in der Praxis als Behandlung von Herzinfarkten beim Menschen einsetzen zu können, aber sie zeigt, was die Zukunft bringen kann – nicht nur in Bezug auf dieses Problem, sondern auch bei vielen anderen Fragestellungen.

22.4.10 ES-Zellen und iPS-Zellen sind ebenfalls nützlich für die Entdeckung von Arzneimitteln und für die Analyse von Krankheiten

Ein Großteil der Begeisterung für ES- und iPS-Zellen und für die Technologie der Transdifferenzierung beruht auf der Aussicht, künstlich geschaffene Zellen für die Reparatur von Gewebe einzusetzen. Es scheint, als wäre praktisch jedes Gewebe ersetzbar. Das würde die Behandlung von degenerativen Erkrankungen möglich machen, die bisher ohne Organtransplantation unheilbar waren. Die Forschung auf diesem Gebiet schreitet schnell voran, aber es sind noch viele Schwierigkeiten zu überwinden.

Mit dem Aufkommen von iPS-Zellen und der direkten Transdifferenzierung wurde immerhin eine große Hürde, die sich als Herausforderung bei der Organtransplantation herausgestellt hat, überwunden, zumindest prinzipiell: das Problem der Immunabstoßung. Da ES-Zellen aus frühen Embryos gebildet werden, die im Allgemeinen von nicht verwandten Spendern stammen, werden sie nie mit den Zellen der Person, die das Zell-Transplantat erhält, genetisch übereinstimmen. Die transplantierten Zellen und ihre Nachkommen sind daher in Gefahr, durch das Immunsystem abgestoßen zu werden. Sowohl iPS-Zellen als auch transdifferenzierte Zellen können im Gegensatz dazu aus einer kleinen Gewebeprobe der Person gewonnen werden und sollten so der Immunabwehr entkommen, wenn sie in dasselbe Individuum zurücktransplantiert werden.

Reparatur von Gewebe durch Zell- und Organoid-Transplantation ist aber nicht die einzige Anwendung, für die ES-, iPS- und transdifferenzierte Zellen verwendet werden können: Es gibt andere Methoden, bei denen sie unmittelbareren Nutzen versprechen. Sie können insbesondere eingesetzt werden, um in Kultur große homogene Populationen spezialisierter Zellen jeglicher Art zu bilden. Diese Zellen können zur Erforschung von Krankheitsmechanismen und bei der Suche nach neuen Medikamenten, die auf einen spezifischen Zelldefekt wirken, verwendet werden (**Abb. 22.33**).

Bei genetisch bedingten Krankheiten können iPS-Zellen von der betroffenen Personen erhalten werden. Diese können eingesetzt werden, um die spezifischen Zelltypen zu produzieren, die nicht richtig funktionieren. Mithilfe dieser Zellen kann erforscht werden,

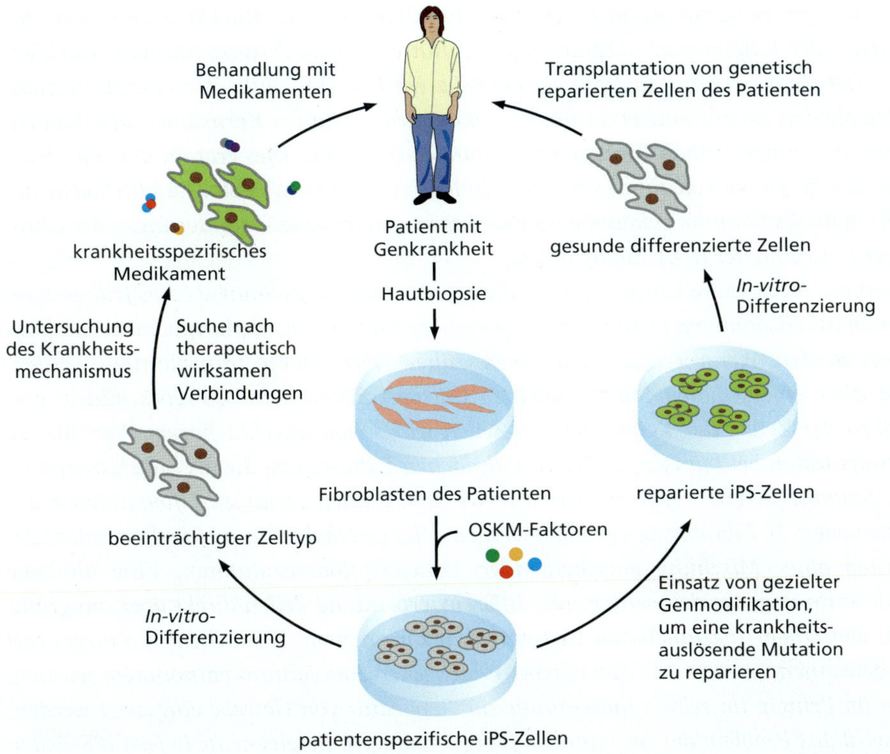

Abb. 22.33 Verwendung von iPS-Zellen für die Entwicklung von Arzneimitteln und für die Analyse und Behandlung von Erbkrankheiten. Die *linke* Seite des Diagramms zeigt, wie differenzierte Zellen, die aus iPS-Zellen gebildet werden, die von einem Individuum mit einer Erbkrankheit stammen, für die Analyse des Krankheitsmechanismus und für die Entdeckung von therapeutischen Medikamenten eingesetzt werden können. Die *rechte* Seite des Diagramms zeigt, wie der genetische Defekt in den iPS-Zellen repariert werden könnte. Diese Zellen könnten dann dazu veranlasst werden, auf eine angemessene Art zu differenzieren. Anschließend können sie ohne die Gefahr einer Immunabstoßung wieder zurück in das Individuum transplantiert werden. (Verändert nach D. A. Robinton und G. Q. Daley, *Nature* 481: 295–305, 2012. Mit freundlicher Genehmigung von Springer Nature).

wie die Fehlfunktion zustande kommt, und es kann nach Arzneimitteln gesucht werden, die bei der Beseitigung dieser Fehlfunktion helfen könnten. Ein Beispiel dafür ist das *Timothy-Syndrom*, eine seltene genetische Krankheit mit lebensbedrohlichen Herzrhythmusstörungen (sowie verschiedenen anderen Anomalien) infolge einer Mutation in einem spezifischen Ca^{2+}-Kanal. Um die zugrunde liegenden krankhaften Veränderungen zu untersuchen, nahmen die Forscher Hautfibroblasten von Personen mit der Erkrankung, generierten iPS-Zellen aus den Fibroblasten und induzierten die iPS-Zellen zur Differenzierung zu Herzmuskelzellen. Diese Zellen zeigten im Vergleich zu ähnlich vorbereiteten Herzmuskelzellen von gesunden Kontrollpersonen unregelmäßige Herzmuskelkontraktionen und anormale Muster des Ca^{2+}-Einstroms und der elektrischen Aktivität, die weiter charakterisiert werden konnten. Von dieser Erkenntnis ist es nur ein kleiner Schritt hin zur Entwicklung eines *In-vitro*-Assays für Arzneimittel, die das Fehlverhalten der Herzmuskelzellen korrigieren könnten.

Selbst bei menschlichen Erkrankungen ohne bekannte genetische Ursache können iPS-Zellen nützlich sein, um die Krankheit zu verstehen. In einem Beispiel wurden Gehirnorganoide mithilfe von iPS-Zellen von einem Menschen mit Mikrozephalie hergestellt, einer Erkrankung, die sich durch stark verkümmertes Gehirnwachstum und verkümmerte Gehirnentwicklung auszeichnet. Eine sorgfältige Analyse dieser sich entwickelnden Hirnorganoide ergab, dass die Mikrozephalie in diesem Fall durch die vorzeitige Beendigung der Proliferation und Differenzierung von Vorläuferzellen des Gehirns verursacht zu sein scheint, was zu einer abnormal kleinen Anzahl differenzierter Gehirnzellen führt.

Zusammenfassung

In einem ausgewachsenen Säugetierkörper sind die verschiedenen gewebespezifischen Stammzelltypen hoch spezialisiert. Aus jedem Stammzelltyp entsteht ein begrenztes Spektrum an differenzierten Zelltypen. Zellen sind während der Embryonalentwicklung auf spezifische Differenzierungswege beschränkt. Eine Methode, die Rückkehr zu einem pluripotenten oder totipotenten Stadium herbeizuführen, ist die Transplantation von Zellkernen: Der Zellkern einer differenzierten Zelle wird in eine entkernte Oocyte injiziert. Das Cytoplasma programmiert dann das Genom des injizierten Kerns um, zurück in ein Stadium, das einem frühen Embryonalstadium nahekommt. Dies erlaubt der injizierten Oocyte, sich zu einem vollständigen neuen Individuum zu entwickeln. Zur Rückkehr des Genoms in dieses Stadium gehören einschneidende, genomweite Veränderungen der Chromatinstruktur und der DNA-Methylierung.

Bemerkenswerterweise können Zellen, die aus der inneren Zellmasse eines frühen Säugetierembryos entnommen werden, in Kultur unbegrenzt in einem pluripotenten Stadium vermehrt werden. Wenn sie zurück in einen frühen Wirtsembryo transplantiert werden, können diese embryonalen Stammzellen (ES-Zellen) Zellen jedes Gewebes bilden, einschließlich der Zellen der Keimbahn. ES-Zellen waren von unschätzbarem Wert für die Genmanipulation bei Mäusen. Zellen mit ähnlichen Fähigkeiten, die als induzierte pluripotente Stammzellen (iPS-Zellen) bezeichnet werden, können aus ausgereiften differenzierten Zellen wie z. B. Fibroblasten gebildet werden. Dies geschieht durch künstlich induzierte Expression einer Mischung entscheidender Transkriptionsregulatoren. Eine ähnliche Methode kann angewendet werden, um differenzierte adulte Zellen direkt umzuprogrammieren, von einem spezialisierten Zelltyp zu einem anderen. iPS-Zellen, die direkt aus Zellen gewonnen wurden, die aus einem erwachsenen Individuum entnommen wurden, können im Prinzip im selben Individuum zur Reparatur von Gewebe eingesetzt werden. Dabei wird das Problem der Immunabstoßung umgangen. Bereits heute liefern iPS-Zellen eine Quelle für spezialisierte Zellen. Diese können eingesetzt werden, um in vitro die Auswirkungen von Mutationen auf humane Zellen zu erforschen und um nach Arzneimitteln zur Behandlung von Erbkrankheiten zu suchen. Sowohl ES- als auch iPS-Zellen und ihre Nachkommen können in Kultur winzige Organe (Organoide) bilden, die als leistungsfähige Modelle für Studien zur menschlichen Entwicklung und zu Krankheiten dienen können.

Literatur

Allgemein

Gurdon, J.B. und Melton, D.A. (2008). Nuclear reprogramming in cells. *Science* 322: 1811–1815.

He, S., Nakada, D. und Morrison, S.J. (2009). Mechanisms of stem-cell renewal. *Annu. Rev. Cell Dev. Biol.* 25: 377–406.

Karagiannis, P., Takahashi, K., Saito, M. et al. (2019). Induced pluripotent stem cells and their use in human models of disease and development. *Physiol. Rev.* 99: 79–114.

Morrison, S.J. und Spradling, A.C. (2008). Stem cells and niches: mechanisms that promote stem cell maintenance throughout life. *Cell* 132: 598–611.

22.1 Stammzellen und Gewebehomöostase

Barker, N., van Es, J.H., Kuipers, J. et al. (2007). Identification of stem cells in small intestine and colon by marker gene *Lgr5*. *Nature* 449: 1003–1007.

Baron, C.S. und van Oudenaarden, A. (2019). Unravelling cellular relationships during development and regeneration using genetic lineage tracing. *Nat. Rev. Mol. Cell Biol.* 20: 753–765.

Blanpain, C. und Fuchs, E. (2014). Plasticity of epithelial stem cells in tissue regeneration. *Science* 344: 1242281.

Morrison, S.J., Uchida, N. und Weissman, I.L. (1995). The biology of hematopoietic stem cells. *Annu. Rev. Cell Dev. Biol.* 11: 35–70.

Taub, R. (2004). Liver regeneration: from myth to mechanism. *Nat. Rev. Mol. Cell Biol.* 5: 836–847.

22.2 Kontrolle des Zellschicksals und der Selbsterneuerung von Stammzellen

Crane, G.M., Jeffery, E. und Morrison, S.J. (2017). Adult haematopoeitic stem cell niches. *Nat. Rev. Immunol.* 17 (9): 573–590.

Goodell, M.A. und Rando, T.A. (2015). Stem cells and healthy aging. *Science* 350: 1199–1204.

Losick, V.P., Morris, L.X., Fox, D.T. et al. (2011). *Drosophila* stem cell niches: a decade of discovery suggests a unified view of stem cell regulation. *Dev. Cell* 21: 159–171.

Sato, T., Van Es, J.H., Snippert, H.J. et al. (2011). Paneth cells constitute the niche for *Lgr5* stem cells in intestinal crypts. *Nature* 469: 415–418.

Sunchu, B. und Cabernard, C. (2020). Principles and mechanism of asymmetric cell division. *Development* 147 (13): dev167650.

Venkei, Z.G. und Yamashita, Y. (2018). Emerging mechanisms of asymmetric stem cell division. *J. Cell Biol.* 217 (11): 3785–3795.

Yoshida, S. (2019). Heterogeneous, dynamic, and stochastic nature of mammalian spermatogenic stem cells. *Curr. Top. Dev. Biol.* 135: 245–285.

22.3 Erneuerung und Reparatur

Brockes, J.P. und Kumar, A. (2008). Comparative aspects of animal regeneration. *Annu. Rev. Cell Dev. Biol.* 24: 525–549.

Tanaka, E.M. (2016). The molecular and cellular choreography of appendage regeneration. *Cell* 165 (7): 1598–1608.

Tanaka, E.M. und Reddien, P.W. (2011). The cellular basis for animal regeneration. *Dev. Cell* 21: 172–185.

Wagner, D.E., Wang, I.E. und Reddien, P.W. (2011). Clonogenic neoblasts are pluripotent adult stem cells that underlie planarian regeneration. *Science* 332: 811–816.

22.4 Zell-Reprogrammierung und pluripotente Stammzellen

Apostolou, E. und Hochedlinger, K. (2013). Chromatin dynamics during cellular reprogramming. *Nature* 502: 462–471.

Fox, I.J., Daley, G.Q., Goldman, S.A. et al. (2014). Stem cell therapy. Use of differentiated pluripotent stem cells as replacement therapy for treating disease. *Science* 345: 1247391.

Hoechedlinger, K. und Jaenisch, R. (2015). Induced pluripotency and epigenetic reprogramming. *Cold Spring Harb. Perspect. Biol.* 7: a019448.

Inoue, H., Nagata, N., Kurokawa, H. et al. (2014). IPS cells: a game changer for future medicine. *EMBO J.* 33: 409–417.

Radzisheuskaya, A. und Silver, J.C.R. (2014). Do all roads lead to Oct4? The emerging concepts of induced pluripotency. *Trends Cell Biol.* 24: 275–284.

Sasai, Y., Eiraku, M. und Suga, H. (2012). *In vitro* organogenesis in three dimensions: self-organising stem cells. *Development* 139: 4111–4121.

Takahashi, K. und Yamanaka, S. (2006). Induction of pluripotent stem cells from mouse embryonic and adult fibroblast cultures by defined factors. *Cell* 126: 663–676.

Theunissen, T.W. und Jaenisch, R. (2014). Molecular control of induced pluripotency. *Cell Stem Cell* 14: 720–734.

23

Krankheitserreger und Infektion

Kapitelinhalt

Infektionskrankheiten verursachen zurzeit weltweit ungefähr ein Viertel der Todesfälle bei Menschen – mehr als alle Krebsarten zusammen und insgesamt an zweiter Stelle nach den Herz-Kreislauf-Erkrankungen. Es besteht eine fortdauernde Belastung durch altbekannte Krankheiten wie Tuberkulose und Malaria und diese sind wegen der steigenden Arzneistoffresistenz zunehmend schwieriger zu behandeln. Es entstehen ständig neuere Infektionskrankheiten, einschließlich der jüngsten Pandemie (weltweite Epidemie) von COVID-19 (*corona virus disease* 2019), die erstmals im Jahre 2019 klinisch beobachtet wurde und seither Hunderte Millionen Menschen infiziert und Millionen von Toten weltweit verursacht hat. Außerdem zeigt sich mittlerweile, dass auch einige Krankheiten mit Infektionen zusammenhängen, bei denen man bislang andere Ursachen vermutet hatte. So werden die meisten Magengeschwüre nicht durch Stress oder scharf gewürzte Speisen hervorgerufen, sondern durch eine Infektion des Magens mit dem Bakterium *Helicobacter pylori*.

Die Belastung mit Infektions- und Parasitenkrankheiten ist nicht gleichmäßig über die Welt verteilt – ärmere Länder und Bevölkerungsgruppen sind unverhältnismäßig stark betroffen, oft als Folge von mangelnden öffentlichen Hygienemaßnahmen und überlasteten Gesundheitssystemen, wie im Jahre 2010 in Haiti geschehen, wo es nach einem verheerenden Erdbeben zu einem schweren Choleraausbruch kam. Einige Infektionskrankheiten treten jedoch vor allem oder ausschließlich in Industrienationen auf. Ein Beispiel ist die Legionärskrankheit, eine bakterielle Infektion der Lunge, die meist über Klimaanlagen verbreitet wird.

Mitte des 19. Jahrhunderts begannen Ärzte und Wissenschaftler, die Erreger von Infektionskrankheiten (**Pathogene**) ausfindig zu machen. Durch das Aufkommen der mikrobiellen Genetik und molekularen Zellbiologie verstehen wir die Ursachen und Mechanismen von Infektionskrankheiten in neuerer Zeit wesentlich besser. So wissen wir mittlerweile, dass Pathogene häufig Eigenschaften ihrer Wirtszellen ausnutzen, um sie zu infizieren. Diese Kenntnisse liefern sowohl neue Einsichten in die normale Zellbiologie als auch Strategien zur Behandlung und Vorbeugung von Infektionen.

Obwohl Infektionserreger verständlicherweise im Zentrum der Aufmerksamkeit stehen, fällt nur ein geringer Teil der Mikroorganismen, denen wir begegnen, in diese Kategorie. Ein großer Teil der Biomasse der Erde besteht aus Mikroben und sie produzieren

Molekularbiologie der Zelle, 7. Auflage. Bruce Alberts, Rebecca Heald, Alexander Johnson, David Morgan, Martin Raff, Keith Roberts und Peter Walter.

alles – vom Sauerstoff, den wir atmen, bis zu den Nährstoffen im Boden, die wir nutzen, um Nahrungspflanzen anzubauen; sie repräsentieren den Boden der ökologischen Pyramide. Selbst die Mikroorganismen, die den menschlichen Körper besiedeln, verursachen nicht generell Krankheiten. Viele dieser Mikroorganismen sind für die Gesundheit des Lebewesens von Nutzen und fördern seine normale Entwicklung und Physiologie.

In diesem Kapitel geben wir einen Überblick über die verschiedenen Typen von Pathogenen. Danach betrachten wir die Zellbiologie der Infektion – die molekularen Wechselwirkungen zwischen den Infektionserregern und ihren Wirten. Schließlich behandeln wir ein aufkommendes Konzept, das besagt, dass die vielen Mikroben, die normalerweise unseren Körper besiedeln, die sog. menschliche **Mikrobiota**, tatsächlich unserer Gesundheit nützen. In Kapitel 24 betrachten wir, wie unser angeborenes und erworbenes Immunsystem zusammenarbeiten, um uns gegen Krankheitserreger zu verteidigen, und dabei unsere Mikrobiota intakt lassen.

23.1 Einführung in die Krankheitserreger

In der Regel betrachten wir Krankheitserreger als feindliche Eindringlinge, die unseren Körper angreifen. Aber genau wie jeder andere Organismus versucht auch ein Pathogen oder Parasit nur, eine vorhandene Nische auszunutzen, um zu überleben und sich fortzupflanzen. Auf Kosten eines Wirtsorganismus zu leben, ist eine sehr verlockende Strategie, und möglicherweise sind alle Lebewesen auf der Welt von irgendeiner Art von Infektion betroffen (**Abb. 23.1**). Sogar Bakterien können von Viren, den sog. Bakteriophagen (s. **Abb. 1.37**), infiziert werden.

Es überrascht deshalb nicht, dass viele Mikroorganismen die Fähigkeit entwickelten, im menschlichen Körper – einer nährstoffreichen, warmen und feuchten Umgebung, die eine einheitliche Temperatur bietet und sich fortwährend selbst erneuert – zu überleben und sich zu reproduzieren. In diesem Abschnitt betrachten wir zunächst einige allgemeine Eigenschaften, die Mikroorganismen benötigen, um den menschlichen Körper zu besiedeln oder um Krankheiten zu verursachen, und erkunden dann die vielfältigen Typen von Krankheitserregern.

23.1.1 Viren, Bakterien und Eukaryoten können Krankheitserreger sein

Viele verschiedene Erregertypen verursachen Krankheiten beim Menschen, andere leben auf oder in unserem Körper, ohne Schaden anzurichten. Die häufigsten sind Viren und Bakterien. Viren können Krankheiten verursachen; diese reichen von COVID-19 und der Ebolavirus-Erkrankung bis zu normalen Erkältungen.

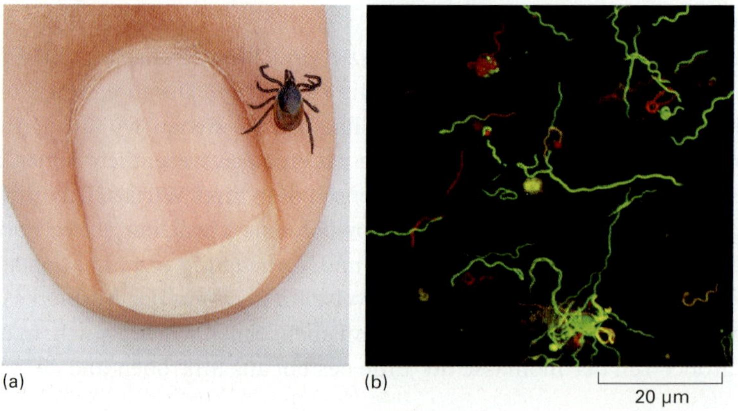

Abb. 23.1 **Parasitismus auf verschiedenen Ebenen.** (a) Die meisten Tiere haben Parasiten. Ein Beispiel ist *Ixodes scapularis* (die Hirschzecke oder auch schwarzbeiniger Holzbock genannt), hier auf einem Finger zu sehen. Obwohl Zecken dieser Spezies auf Weißwedelhirschen und anderen Wildtieren vorkommen, können sie auch auf Menschen leben. (b) Zecken selbst beherbergen ihre eigenen Parasiten. Dazu gehört das Bakterium *Borrelia burgdorferi*, das hier mit einem Vitalfarbstoff angefärbt wurde, der lebende Bakterien *grün* färbt und tote *rot*. Diese langen spiralförmigen Bakterien leben in Hirschzecken und können, während die Zecke Blut saugt, auf den Menschen übertragen werden. *Borrelia burgdorferi* verursacht die Lyme-Borreliose, die sich typischerweise durch einen kreisrunden roten Hautausschlag und Fieber auszeichnet. Wenn die Infektion nicht behandelt wird, können verschiedene Komplikationen auftreten. Dazu zählen Arthritis und neurologische Anomalien. Die Vorstellung, dass Parasiten ihre eigenen Parasiten haben können, wurde 1733 von Jonathan Swift niedergeschrieben: „So, naturalists observe, a flea Has smaller fleas that on him prey; And these have smaller still to bite 'em; And so proceed ad infinitum." (a, KPixMining/Adobe Stock; b. mit freundlicher Genehmigung von M. Embers).

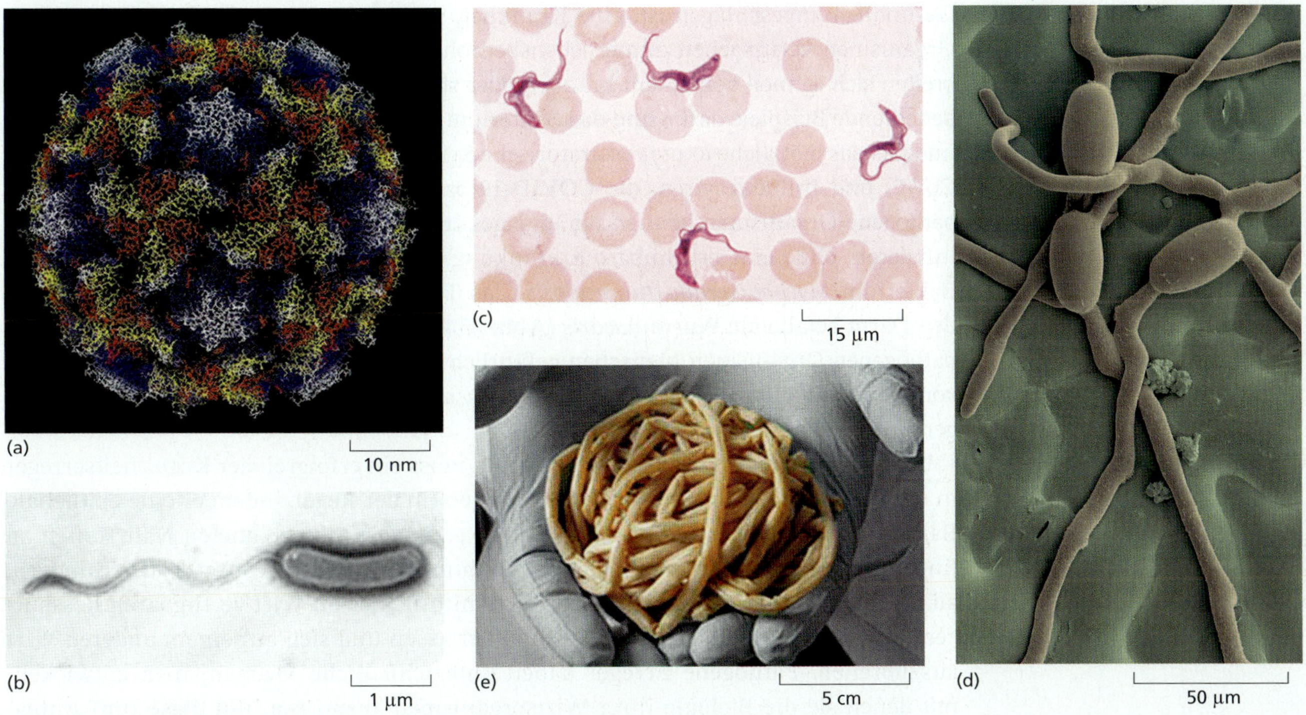

Abb. 23.2 Verschiedene Typen von Krankheitserregern. Struktur der Proteinhülle – oder Capsid – des Poliovirus. Dieses Virus verursachte früher häufig Lähmungen, aber durch weit verbreitete Impfungen wurde die Krankheit (Poliomyelitis) fast ausgerottet. (b) Das Bakterium *Vibrio cholerae* ruft die epidemische Durchfallerkrankung Cholera hervor. (c) Das parasitische Protozoon *Trypanosoma brucei* (*violett*) und Erythocyten (rote Blutkörperchen, *rosa*). Der Parasit verursacht die Afrikanische Schlafkrankheit, eine unter Umständen tödliche Erkrankung des zentralen Nervensystems. (d) Mehltausporen auf einem *Arabidopsis*-Blatt. (e) Diese große Menge von *Ascaris*-Nematoden (Spulwürmern) stammt aus dem Darm eines Kindes in Afrika. (a, mit freundlicher Genehmigung von Robert Grant, Stephan Crainic und James M. Hogle; b, die Aufnahme wurde mit freundlicher Genehmigung von John Mekalanos zur Verfügung gestellt; c, Centers for Disease Control and Prevention, Department of Health and Human Services; d, mit Freundlicher Genehmigung von Kim Findlay und John James Innes Centre; e, Centers for Disease Control and Prevention, James Gathany).

Im Grunde genommen bestehen Viren aus informationstragenden Nukleinsäurefragmenten (DNA oder RNA), die für eine relativ kleine Anzahl von Genprodukten codieren und die in eine schützende Proteinhülle (**Abb. 23.2a**) und (in manchen Fällen) noch in eine äußere Membran verpackt sind. Weit größer und komplexer als Viren und Bakterien sind prokaryotische Zellen, die ihren Grundstoffwechsel größtenteils selbst ausführen und vom Wirt vor allem die Nahrung beziehen (**Abb. 23.2b**). Bakterien verursachen Krankheiten, von Tuberkulose, die jährlich etwa 1,4 Millionen Todesfälle verursacht, über Lungenentzündung, bis zu Durchfallerkrankungen und sexuell übertragenen Krankheiten.

Es gibt auch eine Reihe von eukaryotischen Pathogenen. Diese reichen von einzelligen *Protozoen* (**Abb. 23.2c**) über Pilze (**Abb. 23.2d**) bis zu großen komplexen *Metazoen* wie parasitischen Würmern. Einer der verbreitetsten humanen Parasiten, an dem zurzeit ungefähr eine Milliarde Menschen leiden, ist der Spulwurm *Ascaris lumbricoides*, der den Darm befällt (**Abb. 23.2e**). Dieser Nematode ähnelt sehr stark seinem Vetter, dem harmlosen Nematoden *Caenorhabditis elegans*, der als Modellorganismus für genetische und entwicklungsbiologische Untersuchungen verwendet wird (s. **Abb. 1.42**). Allerdings ist *Caenorhabditis elegans* nur 1 mm lang, während *Ascaris* bis zu 30 cm messen kann.

23.1.2 Pathogene Erreger treten auf verschiedene Arten mit ihren Wirten in Wechselwirkung

Obgleich die Fähigkeit eines bestimmten Mikroorganismus, eine Krankheit zu verursachen, von vielen Faktoren abhängt, ist allen Pathogenen gemein, dass der Krankheitserreger dazu in der Lage ist, in Menschen zu leben. Eine Weise, auf die wir zwischen Pathogene unterscheiden, ist die Einteilung in primäre versus opportunistische Pathogene auf der Grundlage der Umstände, unter denen sie beim Menschen Krankheiten verursachen. **Primär pathogene Organismen** können bei den meisten nicht immunen Menschen manifeste Krankheiten verursachen. **Opportunistische Pathogene** verursachen bei gesunden Menschen keine Krankheiten, können aber bei Personen, deren

Gesundheit angeschlagen ist, eine Krankheit verursachen. Manche primär pathogene Organismen verursachen akute, lebensbedrohliche epidemische Infektionen und verbreiten sich schnell von einem kranken oder sterbenden Wirt zum anderen. Historisch bedeutende Beispiele dafür sind das Bakterium *Vibrio cholerae*, der Erreger der Cholera, und das das plötzliche akute respiratorische Syndrom auslösende Coronavirus 2 (SARS-CoV-2) und Influenzaviren, die COVID-19 bzw. Grippe verursachen. Andere primär pathogene Organismen können ein einziges Individuum über Jahre hinweg persistent infizieren, ohne eine erkennbare Erkrankung hervorzurufen. Beispiele dafür sind das Bakterium *Mycobacterium tuberculosis*, das Tuberkulose verursachen kann, und der den Darm befallende Wurm *Ascaris* (**Abb. 23.2e**). Obwohl diese potenziellen primären pathogenen Organismen Menschen gefährlich krank machen können, sind Milliarden von Menschen, die meistens nicht wissen, dass sie infiziert sind, asymptomatische Träger dieser Krankheitserreger.

Um zu überleben und sich zu vermehren, muss ein erfolgreicher Krankheitserreger in der Lage sein: (1) in den Wirt einzudringen (in der Regel, indem er eine epitheliale Barriere überwindet), (2) in dessen Körper einen Ort mit geeigneten Nährstoffen zu finden, (3) die angeborenen und adaptiven Immunantworten des Wirts zu verhindern, zu untergraben oder zu umgehen, (4) sich mithilfe der im Wirt verfügbaren Ressourcen zu vermehren und (5) einen Wirt zu verlassen und sich auf einem anderen Wirt auszubreiten. Pathogene Erreger haben unterschiedliche Mechanismen entwickelt, mit denen sie die Biologie ihrer Wirtsorganismen ausnutzen, um diese fünf Aufgaben zu bewerkstelligen. Einige pathogene Erreger haben diese Mechanismen an eine einzige Wirtsspezies angepasst, während andere Erreger Mechanismen entwickelt haben, die so allgemein sind, dass sie das Eindringen, Überleben und die Replikation in vielen verschiedenen Wirten ermöglichen. Da pathogene Organismen die Fähigkeit entwickelt haben, einen direkten Zugang zur molekularen Maschinerie der Wirtszelle zu erhalten, haben wir bei ihrer Erforschung sehr viel über zellbiologische Grundlagen gelernt.

Der ständige Kontakt mit Krankheitserregern hat gleichzeitig die Evolution des Menschen stark beeinflusst. In der heutigen Zeit haben wir Menschen gelernt, wie wir die Infektionsfähigkeit von Krankheitserregern einschränken können, z. B. durch Verbesserungen des Gesundheitssystems und der Ernährung im Kindesalter, durch den Einsatz von Impfstoffen und Antibiotika oder durch die Einführung von Routineuntersuchungen des Blutes, das für Transfusionen eingesetzt wird. Indem wir mehr über die Mechanismen erfahren, über die Erreger eine Krankheit verursachen (*Pathogenese*), werden wir neue Wege finden, um unser Immunsystem beim Kampf gegen Infektionen zu unterstützen oder zu stärken.

Wir führen nun die grundlegenden Eigenschaften dieser drei Pathogenarten – Bakterien, eukaryotische Parasiten und Viren – ein, bevor wir die Mechanismen genauer untersuchen, über die diese Krankheitserreger ihre Wirte infizieren.

23.1.3 Bakterien sind vielfältig und besetzen außerordentlich viele ökologische Nischen

Bakterien sind kleine, aber hoch entwickelte Zellen, deren Organisation und Verhalten die Aufmerksamkeit vieler Wissenschaftler über gut ein Jahrhundert angezogen hat. Bakterien werden grob auf der Grundlage ihrer zellulären und molekularen Eigenschaften eingeteilt. Eine dieser Eigenschaften ist ihre Form – Stäbchen, Kugeln (*Kokken*) oder Spirillen (**Abb. 23.3a**). Traditionsgemäß werden sie auch anhand ihrer sogenannten **Gramfärbung** eingeteilt. Dabei handelt es sich um eine ältere Färbemethode, die immer noch von Bedeutung ist. Diese Färbung spiegelt Unterschiede in der Struktur der

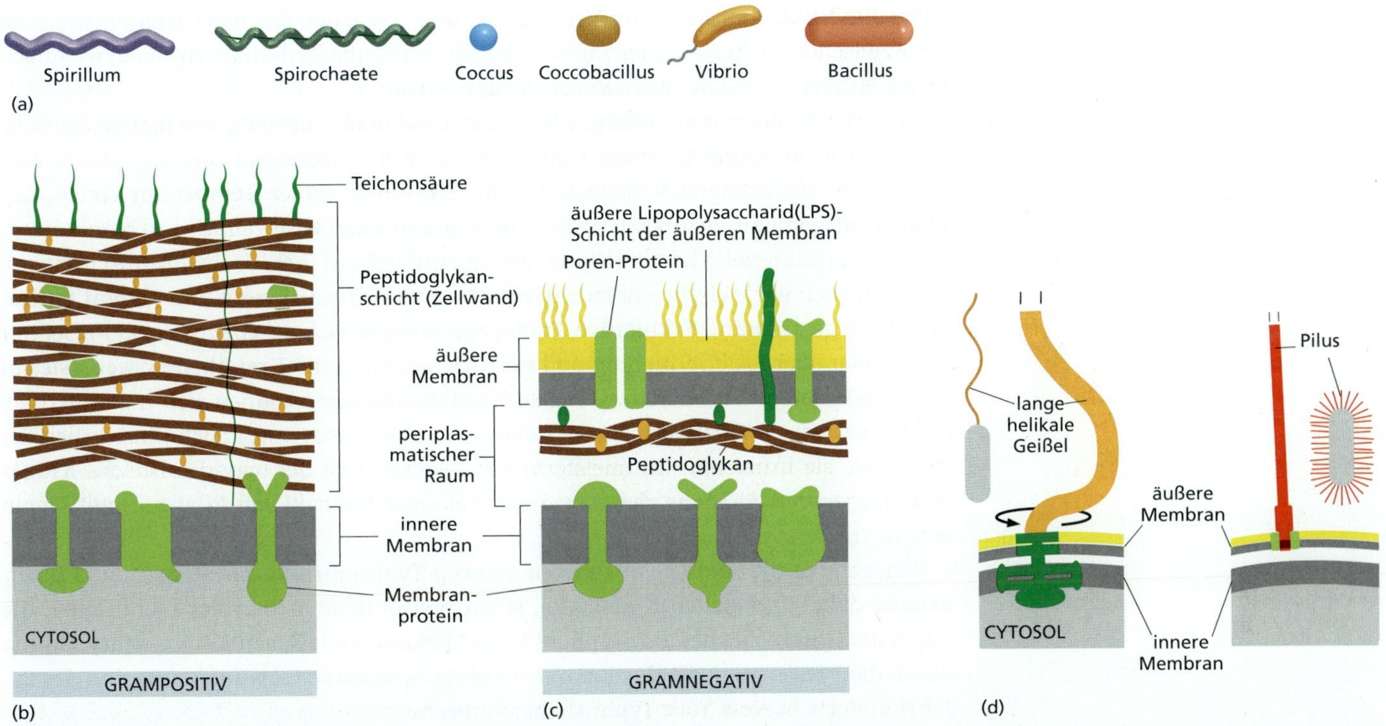

Abb. 23.3 **Formen und Zelloberflächenstrukturen von Bakterien.** (a) Man teilt Bakterien traditionell nach ihrer Form ein. Das in **Abbildung 23.1b** gezeigte Bakterium *Borrelia burgdorferi* ist spiralförmig und wird deshalb zu den Spirochaeten gezählt. (b und c) Außerdem unterscheidet man *grampositive* und *gramnegative* Bakterien aufgrund einer Anfärbungstechnik aus dem Jahre 1884. (b) Grampositive Bakterien, wie *Streptococcus* und *Staphylococcus*, besitzen eine einzelne Membran und darüber eine dicke Zellwand aus quervernetztem *Peptidoglykan*. Sie halten den bei der Gramfärbung verwendeten violetten Farbstoff zurück und werden daher grampositiv genannt. (c) Gramnegative Bakterien, wie *Escherichia coli* und *Salmonella*, haben dagegen zwei Membranen, die durch den *periplasmatischen Raum* voneinander getrennt sind (s. Abb. 11.17). Die Peptidoglykanschicht der Zellwand befindet sich bei ihnen im periplasmatischen Raum und ist viel dünner als bei grampositiven Bakterien – daher halten sie den Farbstoff während der Gramfärbung nicht zurück. Die innere Membran von grampositiven und gramnegativen Bakterien ist eine Phospholipid-Doppelschicht. Auch die innere Schicht der äußeren Membran setzt sich vorwiegend aus Phospholipiden zusammen – ihre äußere Schicht besteht jedoch aus einem einzigartigen glykosylierten Lipid (*LPS*). (d) Zelloberflächenfortsätze sind wichtig für die Verhaltensweisen von Bakterien. Sowohl grampositive als auch gramnegative Bakterien schwimmen mithilfe rotierender helikaler Geißeln. Ein Beispiel ist *Vibrio cholerae*, das in **Abb. 23.2b** gezeigt ist. Obwohl das hier gezeigte Bakterium nur eine einzige Geißel an einem Pol besitzt, haben andere zahlreiche Geißeln. Um sich an Oberflächen im Wirt anzuheften, benutzen Bakterien ihre geraden *Pili* oder *Fimbrien*. Bestimmte *Pili* (Geschlechtspili) erleichtern den genetischen Austausch zwischen Bakterien. Einige Arten von *Pili* können sich zurückziehen, um Kraft zu erzeugen, und helfen so den Bakterien, sich an Oberflächen entlangzubewegen.

Bakterienoberfläche wider, eine Schicht, die für die Krankheitserreger wichtig ist, weil sie direkt in Berührung mit den Wirtszellen und dem Immunsystem kommt. **Grampositive** Bakterien besitzen eine dicke Peptidoglykanschicht als Zellwand über ihrer inneren (Plasma-)Membran (**Abb. 23.3b**). Die Peptidoglykanschicht der Zellwand von **gramnegativen** Bakterien ist dagegen viel dünner. In beiden Fällen schützt die Zellwand vor der Lyse durch osmotische Schwellung. Die Zellwand ist ein Angriffsziel von antibakteriellen Proteinen des Wirts wie das Lysozym und von Antibiotika wie z. B. Penicillin. Bei gramnegativen Bakterien ist die Zellwand noch mit einer äußeren Membran, die *Lipopolysaccharide* (*LPS*) enthält, bedeckt (**Abb. 23.3c**). Sowohl Peptidoglykane als auch LPS sind typisch für Bakterien und werden vom angeborenen Immunsystem des Wirts als *pathogenassoziierte molekulare Muster* (PAMPs, engl. *pathogen-associated molecular patterns*) erkannt (s. Kapitel 24). Auf der Oberfläche von Bakterienzellen können auch verschiedene Anhängsel vorkommen. Dazu zählen Geißeln und *Pili*, mit denen die Bakterien schwimmen oder sich an passenden Oberflächen anheften können (**Abb. 23.3d**). Neben der Zellform und Zellstruktur werden auch Unterschiede in der Sequenz von ribosomaler RNA und Genom-DNA für die phylogenetische Einordnung herangezogen. Da bakterielle Genome klein sind – typischerweise zwischen 1 000 000 und

5 000 000 Nukleotidpaaren (im Vergleich zu über 3 000 000 000 beim Menschen) – sind sie inzwischen leicht zu sequenzieren. Die Sequenzierung ist deshalb zu einem wichtigen neuen Hilfsmittel bei der Klassifizierung geworden.

Bakterien besitzen eine außergewöhnliche molekulare, metabolische und ökologische Vielfalt. Auf molekularer Ebene sind Bakterien viel unterschiedlicher als Eukaryoten, und sie können erfolgreich ökologische Nischen mit extremen Temperaturwerten, extremem Salzgehalt und äußerster Nährstoffbeschränkung besetzen. Um zu beschreiben, wie flexibel bakterielle Krankheitserreger im Hinblick auf ihre Wachstumsnischen sind, unterscheiden wir zwischen **fakultativ pathogenen Organismen** und **obligat pathogenen Organismen.** Fakultative Pathogene können sich in einem Umweltreservoir wie Wasser oder Erde vermehren und verursachen nur dann Krankheiten, wenn sie auf einen geeigneten Wirt treffen. Obligate Krankheitserreger können sich nur innerhalb des Körpers ihres Wirts vermehren. Bakterien unterscheiden sich auch hinsichtlich der Wirte, die sie infizieren. Ein meisterhafter Generalist ist der opportunistische Krankheitserreger *Pseudomonas aeruginosa*, der bei einer Vielzahl von Pflanzen und Tieren eine Krankheit verursachen kann.

Dagegen befällt *Salmonella enterica* Serotyp Typhimurium nur Menschen und verursacht dabei Typhusfieber, eine alte, lebensbedrohliche menschliche Krankheit, die durch die Geschichte der als „Typhoid Mary" bekannten irischen Köchin Mary Mallon durch die Presse ging, die das Bakterium ohne Symptome trug und zu Beginn des 20. Jahrhunderts in New York Typhusfieber verbreitete.

23.1.4 Pathogene Bakterien besitzen spezialisierte Virulenzgene

Gene, die dazu beitragen, dass ein Organismus Krankheiten verursachen kann (im Gegensatz zu Genen, die nur für Wachstum und Replikation nötig sind), nennt man **Virulenzgene**, und die von ihnen codierten Proteine heißen **Virulenzfaktoren**. Die Anwesenheit einer relativ kleinen Anzahl solcher Virulenzgene unterscheidet im Allgemeinen pathogene Bakterien von ihren engsten nichtpathogenen Verwandten. Virulenzgene liegen oft dicht beieinander in Gruppen auf dem Bakterienchromosom. Große Gruppen bezeichnet man als *Pathogenitätsinseln*. Virulenzgene können sich auch auf *Bakteriophagen* (Viren, die Bakterien infizieren) oder *Transposons* (s. **Tab. 5.4**) befinden, die sich beide in das bakterielle Chromosom integrieren. Virulenzgene können aber auch auf extrachromosomalen *Virulenzplasmiden* liegen (**Abb. 23.4a**).

Man nimmt an, dass Krankheitserreger entstehen, wenn mehrere Virulenzgene gemeinsam in ein zuvor nichtpathogenes Bakterium gelangen. Der Prozess wird als **horizontaler Gentransfer** bezeichnet (um ihn vom vertikalen Gentransfer von der Elternzelle zur Nachkommenzelle zu unterscheiden). Horizontaler Transfer kann über einen von drei Mechanismen ablaufen: natürliche *Transformation*, bei der nackte DNA freigesetzt wird, *Transduktion* (Infektion) durch Bakteriophagen oder sexueller Austausch durch *Konjugation* (**Abb. 23.4b**). Mit der Sequenzierung der Genome vieler pathogener und nichtpathogener Bakterien wurde klar, dass der horizontale Gentransfer einen wichtigen Beitrag zur bakteriellen Evolution geleistet hat und es den Bakterien erlaubte, neue ökologische und nährstoffbedingte Nischen zu besetzen und auch Krankheiten zu verursachen. Das Ausmaß der chromosomalen Abweichungen überrascht sogar innerhalb einer einzelnen Bakterienart. Verschiedene *Escherichia coli*-Stämme können sich in bis zu 25 % ihres Genoms unterscheiden. Derartige Abweichungen haben zur der Vorstellung geführt, dass eine Bakterienart sowohl ein *Kerngenom* besitzt, das allen Isolaten innerhalb einer Art gemein ist, als auch ein größeres *Pangenom*, das aus allen Genen besteht, die im gesamten Spektrum der Isolate vorkommen.

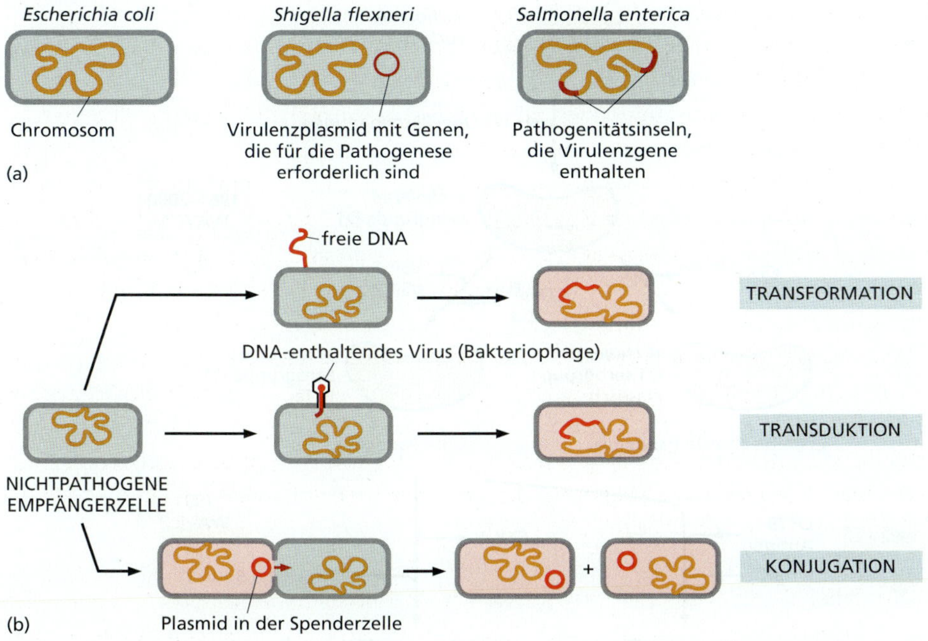

Abb. 23.4 Genetische Unterschiede zwischen pathogenen und nichtpathogenen Bakterien. (a) Genetische Unterschiede zwischen nichtpathogenen *Escherichia coli*-Bakterien und zwei eng verwandten Krankheitserregern, die durch Nahrungsmittel übertragen werden – *Shigella flexneri*, der Erreger der Bakterienruhr, und *Salmonella enterica* Serotyp Typhimurium, häufiger Verursacher von Lebensmittelvergiftungen. Nichtpathogene *Escherichia coli*-Stämme besitzen ein einzelnes zirkuläres Chromosom. Das Chromosom von *Shigella flexneri* unterscheidet sich von dem von *Escherichia coli* nur an wenigen Stellen. Die meisten Gene, die für die Krankheitsentstehung erforderlich sind, liegen auf einem extrachromosomalen Virulenzplasmid. Im Chromosom von *Salmonella enterica* befinden sich zwei lange Einschübe (Pathogenitätsinseln), die im *Escherichia-coli*-Chromosom nicht vorhanden sind – beide enthalten zahlreiche Virulenzgene. (b) Pathogene Bakterien entwickeln sich über horizontalen Gentransfer. Dieser kann über drei Mechanismen ablaufen: natürliche *Transformation*, bei der nackte DNA von einem kompetenten Bakterium aufgenommen wird; *Transduktion*, bei der Viren, die Bakterien infizieren (*Bakteriophagen*), DNA von einem Bakterium (im gezeigten Beispiel ein Krankheitserreger) auf ein anderes übertragen; und *Konjugation*, in deren Verlauf Plasmid-DNA und sogar chromosomale DNA von einem Spenderbakterium auf ein Empfängerbakterium übertragen werden.

Der Erwerb von Genen und Gen-Clustern kann eine schnelle Entwicklung von Pathogenen und den Wechsel von Nichtpathogenität zu Pathogenität vorantreiben. Ein Beispiel ist der Choleraerreger *Vibrio cholerae* – ein gramnegatives Bakterium, das die epidemische Durchfallkrankheit Cholera verursacht. Von den vielen hundert *Vibrio-cholerae*-Stämmen sind nur solche pathogen, die von einem mobilen Bakteriophagen (CTXϕ, daher als *CTX* bezeichnet) infiziert wurden (s. **Abb. 23.4b**), der Gene enthält, die für die beiden Untereinheiten des Diarrhö verursachenden Toxins codieren. Wie in **Abbildung 23.5** zusammengefasst, gab es seit 1817 sieben *Vibrio cholerae*-Pandemien. Die ersten sechs wurden durch das regelmäßige Wiederauftauchen der sogenannten klassischen Stämme verursacht. Neben dem toxincodierenden Bakteriophagen besaßen die klassischen Stämme alle ein ähnliches O1-Oberflächenantigen, das ein Teil des Lipopolysaccharids ist, das die äußere Schicht der äußeren Membran bildet (s. **Abb. 23.3c**). 1961 begann die siebte Pandemie, die von einem neuen Stamm (der „El Tor" genannt wurde) verursacht wurde, der jetzt auch *wave*-I-Stamm genannt wird; er entstand, als ein O1-exprimierender Stamm die Bakteriophagen CTX-1 und RS1ϕ (daher als RS1 bezeichnet) sowie zumindest zwei neue Pathogenizitätsinseln aufnahm.

Die El-Tor-Stämme haben jetzt die klassischen Stämme verdrängt. 1991 tauchten die neuen Stämme *wave* 2 und *early wave* 3 auf, bei denen O1 durch eine andere Variante namens O13 ersetzt wurde, die sich in einem Oberflächenantigen unterscheidet. Dieses Antigen wurde daher von den Antikörpern im Blut von Überlebenden der vorhergehenden Choleraepidemien nicht erkannt. Im Jahre 2006 tauchten dann die derzeitigen *wave*-3-Stämme auf, die den Stamm einschließen, der CTX-6b enthält und den schweren Choleraausbruch im Jahre 2010 in Haiti verursachte; dabei wurden mehr als 700 000 Menschen infiziert und es kam zu etwa 8500 Todesfällen.

Dieses Beispiel verdeutlicht, dass die schnelle Entwicklung von pathogenen Bakterien mit einem Wettrüsten verglichen werden kann, bei dem unser Immunsystem und die Werkzeuge der modernen Medizin gegen das Überleben eines Bakteriums ausgespielt werden. Ähnliche Überlebenskämpfe finden zwischen allen pathogenen Organismen und den Menschen statt. Wenn wir diese Konflikte verstehen, erhalten wir wichtige Einblicke in die Evolution von pathogenen Erregern und lernen, wie neue Ausbrüche von Infektionskrankheiten zu behandeln sind.

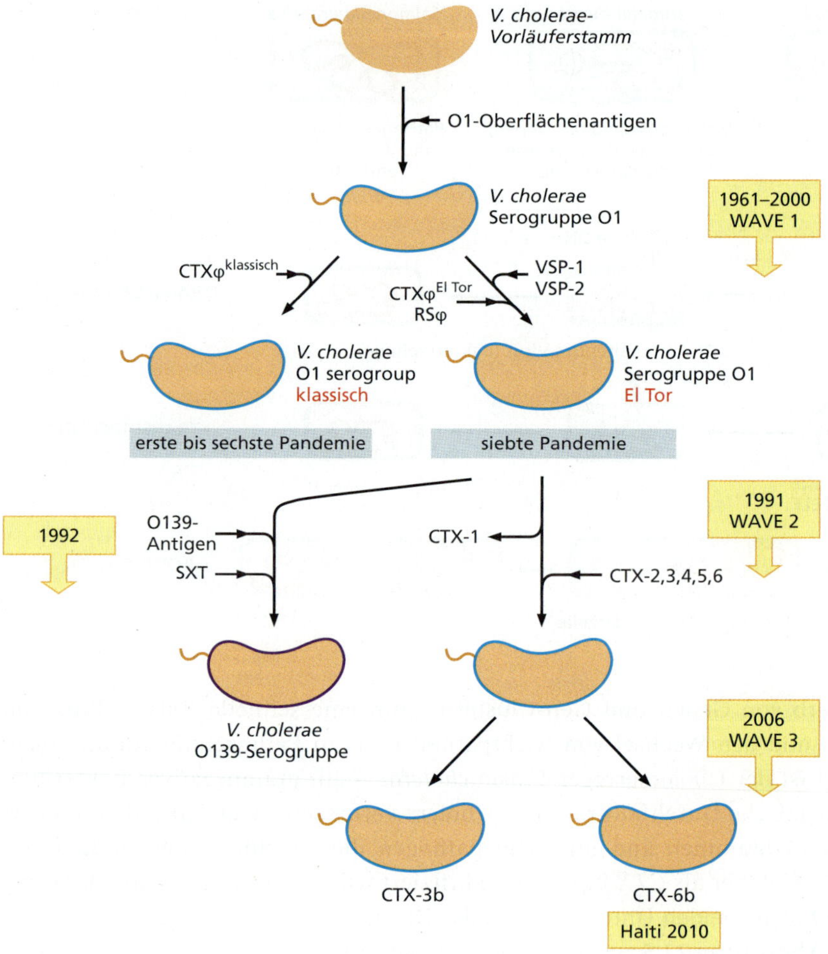

Abb. 23.5 Modell zur Entwicklung pathogener Stämme von *Vibrio cholerae*. Vorläuferstämme in der Wildnis erlangten zuerst den Biosyntheseweg, der nötig ist, um den O1-Antigentyp der Kohlenhydratkette (*blaue Umrandung*) der Lipopolysaccharide der äußeren Membran zu bilden (s. Abb. 23.3c), eine Eigenschaft, die mit der Fähigkeit verknüpft ist, eine endemische Choleraerkrankung zu verursachen. Die Aufnahme des CTX-Bakteriophagen schuf die klassischen pathogenen Stämme, die für die ersten sechs weltweiten Choleraepidemien zwischen 1817 und 1923 verantwortlich waren. Irgendwann im zwanzigsten Jahrhundert nahm ein *O1*-Stamm in der Umwelt noch einmal den CTX-Bakteriophagen zusammen mit dem assoziierten Bakteriophagen RS1Φ und zwei neuen Pathogenitätsinseln (VSP1 und VSP2) auf. So entstand der El-Tor(*wave* 1)-Stamm, der sich zur siebten weltweiten Pandemie im Jahr 1961 entwickelte. 1992 wurde ein El-Tor-Stamm isoliert, der eine neue DNA-Kassette aufgenommen hatte, die ihn dazu befähigte, statt *O1* den O139-Antigentyp einer Kohlenhydratkette (*lila Umrandung*) zu bilden. Das veränderte die Wechselwirkung des Bakteriums mit dem menschlichen Immunsystem, ohne seine Virulenz zu verringern. Dieses Bakterium hat auch eine neue Pathogenitätsinsel (SXT) aufgenommen. *Wave-2*-Stämme tauchten getrennt davon auf, bei denen CTX-1-durch CTX-2-6-Bakteriophagen ersetzt sind. Im Jahre 2006 tauchten *wave*-3-Stämme auf mit verschiedenen CTX-3- und CTX-6-Bakteriophagen. Die Geschichte der in diesem Diagramm gezeigten *Vibrio-cholerae*-Stämme wurde durch den Vergleich von DNA-Sequenzen des Genoms der Stämme miteinander und Aufzeichnung der wichtigsten Unterschiede abgeleitet. Eine elektronenmikroskopische Aufnahme von *Vibrio cholerae* ist in Abb. 23.2b zu sehen.

23.1.5 Bakterielle Virulenzgene codieren für Toxine und für Sekretionssysteme, um die Effektorproteine zu den Wirtszellen zu befördern

Was sind das für Genprodukte, die ein Bakterium dazu befähigen, in einem gesunden Wirt eine Krankheit zu verursachen? Die genaue Natur dieser Produkte unterscheidet sich zwischen Pathogenklassen; diese werden hauptsächlich danach unterschieden, ob sie außerhalb von Wirtszellen leben, sog. *extrazelluläre pathogene Bakterien* (die in diesem Abschnitt behandelt werden), oder innerhalb von Wirtszellen, sog. *intrazelluläre pathogene Bakterien* (die in einem späteren Abschnitt besprochen werden). Bei den extrazellulären pathogenen Bakterien codieren Virulenzgene oft für sezernierte toxische Proteine (*Toxine*), die von Bakterien freigesetzt werden. Diese Toxine diffundieren zu Zielzellen des Wirts, wo sie an spezifische Rezeptoren auf der Zelloberfläche binden und in die Zelle gelangen; dort beeinflussen sie die Proteine der Wirtszelle, um eine Reaktion auszulösen, die für das pathogene Bakterium vorteilhaft ist. Mehrere derartige bakterielle Toxine gehören zu den stärksten bekannten Giften für den Menschen. Bakterielle Toxine bestehen oft aus zwei Proteinkomponenten – eine Untereinheit *A* mit enzymatischer Aktivität und eine Untereinheit B, die an Wirtszellrezeptoren bindet und den Transport von Untereinheit A in das Cytosol über verschiedene Routen steuert (Abb. 23.6). Für die beiden Untereinheiten des **Choleratoxins** beispielsweise codiert der *Vibrio-cholerae*-CTX-Phage (s. Abb. 23.5), der in das Bakteriengenom eingebaut ist. Die A-Untereinheit katalysiert die Übertragung einer ADP-Ribose-Gruppe von NAD^+ auf das trimere G-Protein G_s (s. Abb. 15.25). Diese ADP-Ribosylierung verändert die α-Untereinheit des G-Proteins, sodass diese ihr gebundenes GTP nicht mehr hydrolysieren kann und in einem aktiven Zustand bleibt, wodurch die

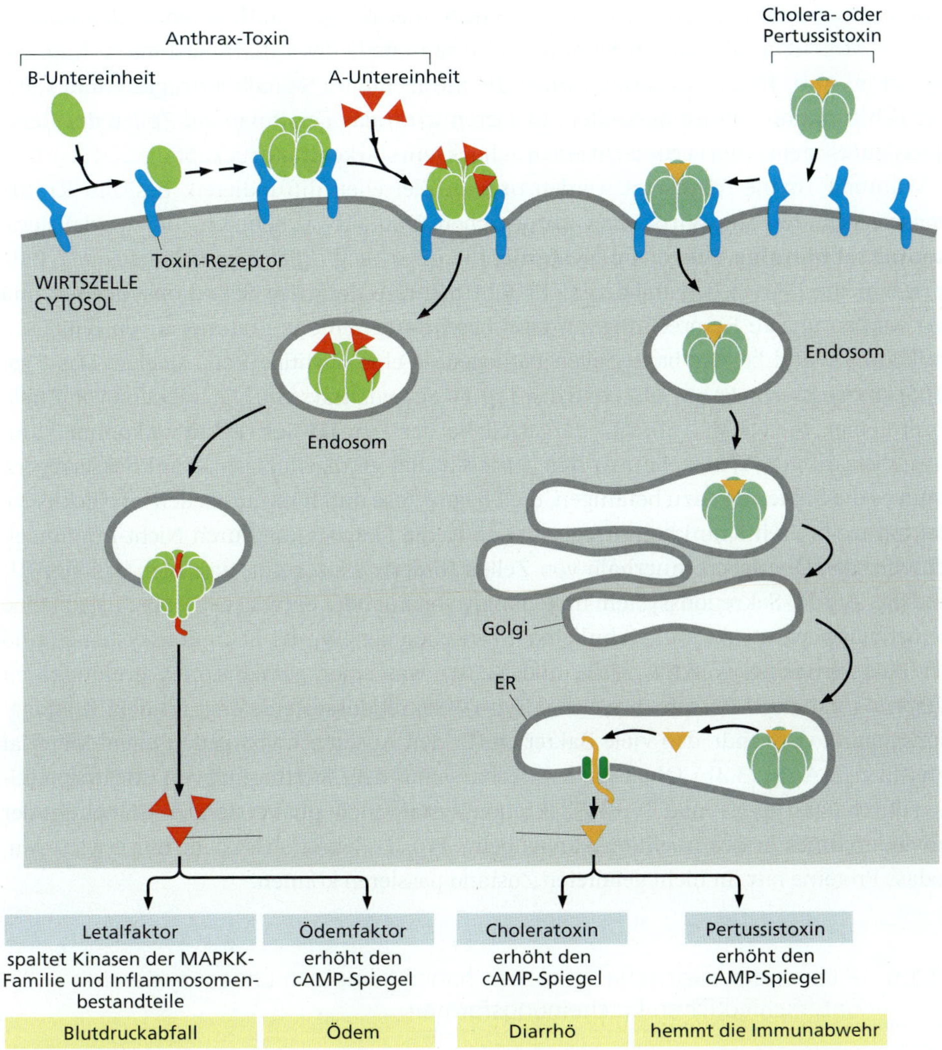

Abb. 23.6 Von Bakterien freigesetzte Toxine binden an Wirtszellen und dringen in sie ein, dabei stören sie Vorgänge in der Wirtszelle. Bakterielle Toxine bestehen oft aus A- und B-Proteinuntereinheiten. Die B- (bindende) Untereinheit des Toxins tritt mit den Toxinrezeptoren der Wirtszelle in Wechselwirkung und kann sich nach Bindung an Toxinrezeptoren (wie im Fall von Anthrax) oder vor Bindung an den Rezeptor (wie beim Cholera- und Pertussistoxin) zusammenbauen. Die Bindung an Toxinrezeptoren ermöglicht die Endocytose und den intrazellulären Transport der B-Untereinheiten und der dazugehörigen enzymatisch aktiven A-Untereinheit(en). Im Falle von *Bacillus anthracis* ändert die B-Untereinheit in den Endosomen mit ihrem niedrigen pH-Wert ihre Konformation und bildet eine Pore, durch die zwei unterschiedliche A-Untereinheiten, der Letalfaktor und der Ödemfaktor, in entfaltetem Zustand durch die Membran des Endosoms transportiert werden. Im Falle des *Vibrio-cholerae*-Toxins und des *Bordetella-pertussis*-Toxins werden die B- und A-Untereinheiten zum Golgi-Apparat und dann zum Endoplasmatischen Reticulum (ER) transportiert, wo die A-Untereinheiten dann im ungefalteten Zustand durch einen Protein-Translokationskanal ins Cytosol verlagert werden.

Adenylat-Cyclase unbegrenzt stimuliert wird (s. Kapitel 15). Der daraus resultierende verlängerte Anstieg der cAMP-Konzentration innerhalb der Epithelzellen des Darms verursacht einen großen Cl- und Wasserausstrom in den Darm, wodurch der schwere Durchfall entsteht, der für Cholera charakteristisch ist. Freigesetzte Bakterien kontaminieren dann Nahrung und Wasser, wodurch sich die Infektion auf weitere Wirte ausbreitet.

Manche pathogene Bakterien sezernieren mehrere Toxine. Jedes davon wirkt auf einen anderen Signalweg in der Wirtszelle. *Milzbrand* (*Anthrax*) ist z. B. eine akute Infektionskrankheit und befällt vor allem Schafe und Rinder, gelegentlich aber auch den Menschen. Die Ansteckung erfolgt durch Kontakt mit Sporen des grampositiven Bakteriums *Bacillus anthracis*. Ruhende Sporen können sehr lange (mehrere Jahrzehnte) in der Erde überleben. Werden die Sporen eingeatmet oder verschluckt oder gelangen sie in Hautrisse, keimen sie aus und die Bakterien beginnen sich zu vermehren. Milzbrandbakterien sezernieren zwei Toxine mit identischen B-Untereinheiten, aber unterschiedlichen A-Untereinheiten. Die B-Untereinheiten binden an Oberflächen-Rezeptorproteine der Wirtszelle und transportieren die beiden verschiedenen *A*-Untereinheiten in die Wirtszellen (s. **Abb. 23.6**). Die A-Untereinheiten werden als **Letalfaktor** und als **Ödemfaktor** bezeichnet. Die Letztere ist eine calmodulin-abhängige Adenylat-Cyclase und katalysiert die Bildung von cyclischem AMP (s. **Abb. 15.26**). Die Injektion des Ödemfaktors in die Blutbahn eines Tiers führt zu einem Ionenungleichgewicht, wodurch sich im Darm und der Leber extrazelluläre Flüssigkeit ansammelt (*Ödembildung*). Das Letaltoxin ist eine Protease, die mehrere aktivierte Mitglieder der mitogen-aktivierten Proteinkinase-Kinase(MAP-Kinase–Kinase)-Familie und Bestandteile des Inflammasoms (s. Kap. 24) spaltet (s. **Abb. 15.50**). Dies unterbricht die intrazelluläre Signalübertragung und führt zur Fehlfunktion von Immunzellen. In Tieren wirkt das Letaltoxin auf Zellen des Herz-Kreislauf-Systems und verursacht einen Schock (ein starker Blutdruckabfall) und den Tod.

Während Toxine freigesetzt werden und zu Zielzellen diffundieren, besitzen Krankheitserreger, die mit Wirtszellen körperlichen Kontakt aufnehmen, oft spezialisierte **kontaktabhängige Sekretionssysteme**, die direkt sog. *Effektorproteine* aus den Bakterien in die Wirtszellen injizieren. Es gibt mehrere derartige Sekretionssysteme, und wir werden unsere Besprechung auf zwei beschränken, die in gramnegativen Bakterien vorkommen und bei der bakteriellen Pathogenese eine wichtige Rolle spielen: Das *Typ-III-Sekretionssystem* (**Abb. 23.7**) und das *Typ-IV-Sekretionssystem*. Die Injektion von Effektorproteinen, die wie in **Abb. 23.7** dargestellt bei der **Typ-III-Sekretion** vorkommt, kann eine Vielzahl von Wirtszellantworten auslösen. Bei extrazellulären Krankheitserregern kann es die Bakterien dazu befähigen, die Phagocytose durch Immunzellen zu blockieren. Bei intrazellulären Krankheitserregern kann es die Phagocytose durch Nicht-Immunzellen oder das Überleben innerhalb von Zellen fördern. Es scheint, dass sich das Typ-III- und das Typ-IV-Sekretionssystem unabhängig voneinander entwickelt haben. Es gibt eine bemerkenswerte strukturelle Ähnlichkeit zwischen den Typ-III-Sekretionssystemen und der Bakteriengeißel (s. **Abb. 23.2b** und **23.3d**), was einen gemeinsamen evolutionären Ursprung nahelegt. Entsprechend sind Typ-IV-Sekretionssysteme eng mit dem Konjugationsapparat verwandt, den viele Bakterien für den Austausch von genetischem Material einsetzen (s. **Abb. 23.4b**). Obgleich der Mechanismus der Übertragung von Effektorproteinen durch das Typ-III- und Typ-IV-Sekretionssystem nicht gut verstanden ist, beträgt der Innendurchmesser des Injektionskanals beim Typ-III-Sekretionssystem nur etwa 2 nm, sodass Proteine nur im nicht gefalteten Zustand passieren können.

23.1.6 Pilze und parasitische Protozoen haben komplexe Lebenszyklen mit unterschiedlichen Erscheinungsformen

Pathogene Pilze und parasitische Protozoen sind wie ihre Wirte Eukaryoten. Weil gegen Pilze und Parasiten gerichtete Mittel häufig gegen Zielmoleküle gerichtet sind, die zwischen

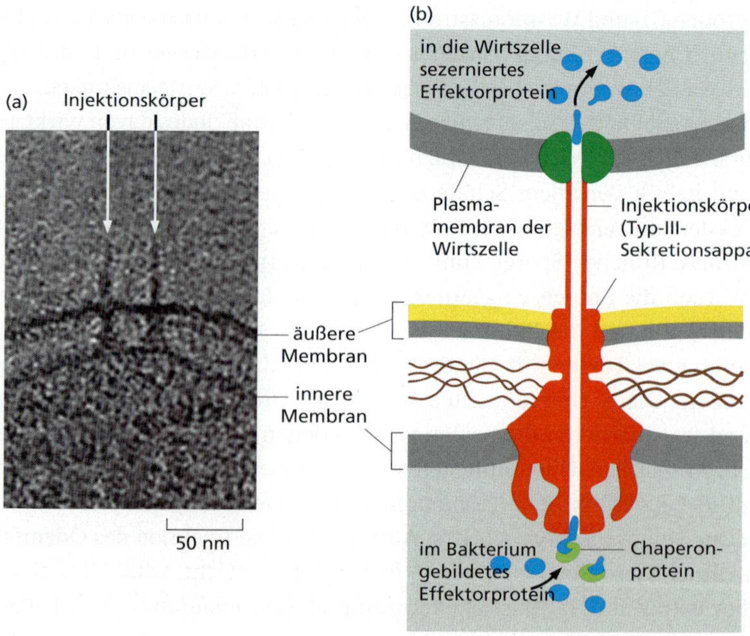

Abb. 23.7 Kontaktabhängige Typ-III-Sekretionssysteme können Effektorproteine vom Cytoplasma eines Bakteriums direkt in die Wirtszelle einschleusen. (a) Elektronenmikroskopische Aufnahme von Typ-III-Sekretionssystemen auf der Oberfläche einer Bakterienzelle. Jedes dieser Systeme besteht aus über zwei Dutzend Proteinen. (b) Der große untere Ring ist in die innere Bakterienmembran eingebettet und der kleine obere Ring in die äußere Membran. Während der Infektion löst der Kontakt der Kanülenspitze mit der Plasmamembran einer Wirtszelle die Sekretion von bakteriellen Translokatorproteinen (*dunkelgrün*) aus. Diese bilden eine Pore in der Membran der Wirtszelle. Bakterielle Effektorproteine (*blau*) sind anfangs an Chaperon-Proteinen im bakteriellen Cytosol (*hellgrün*) gebunden. Diese sorgen dafür, dass die Effektorproteine in der nicht gefalteten Konformation bleiben. Dann passieren die nicht gefalteten Effektorproteine den Injektionskörper und werden in die Wirtszelle sezerniert, wo sie sich zu ihrer aktiven Konformation falten. (a, Hu *et al.*, *Cell* 168: 1065–1074, 2017, mit Erlaubnis von Elsevier).

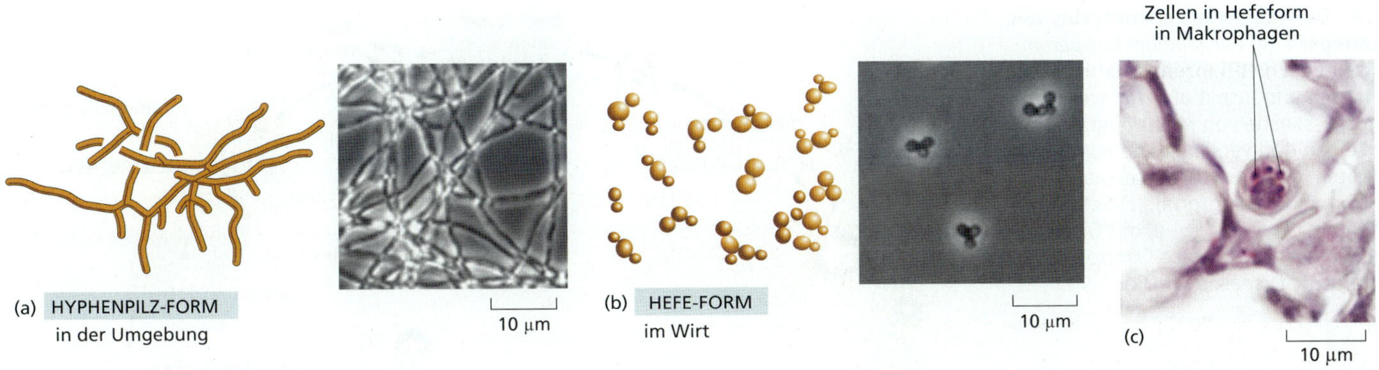

Abb. 23.8 Dimorphismus beim pathogenen Pilz *Histoplasma capsulatum*. (a) Im Boden, bei niedrigen Temperaturen, wächst *Histoplasma capsulatum* als multizellulärer filamentöser Hyphenpilz, der aus vielen einzelnen miteinander verbundenen Zellen besteht. (b) Wenn ein Säugetier den Erreger in die Lunge einatmet, löst der Temperaturanstieg auf 37 °C den Wechsel in eine hefeähnliche Form aus, die aus kleinen Gruppen runder Zellen besteht. (c) Angefärbter histologischer Schnitt einer Mäuselunge, die mit *Histoplasma capsulatum* infiziert ist. Zu erkennen ist ein Makrophage, der hefeförmige Zellen des pathogenen Erregers enthält. (a und b, mit freundlicher Genehmigung von Sinem Beyhan und Anita Sil; c, mit freundlicher Genehmigung von Davina Hocking Murray und Anita Sil).

Parasiten und Wirt ähnlich sind, sind sie meist weniger wirksam und für den Wirt stärker toxisch als die gegen Bakterien gerichteten Antibiotika. Eine weitere Eigenschaft von Pilz- und Parasiteninfektionen, die ihre Behandlung erschwert, ist, dass die infizierenden Organismen in ihren Lebenszyklen oft zwischen mehreren verschiedenen Erscheinungsformen wechseln. Ein Medikament, das ein Stadium abtötet, ist häufig gegen ein anderes unwirksam, deshalb kann die Pathogenpopulation die Behandlung überleben.

Zu den **Pilzen** gehören sowohl einzellige *Hefen* (wie *Saccharomyces cerevisiae* und *Schizosaccharomyces pombe*, die benutzt werden, um Brot zu backen und Bier zu brauen, und die auch als Modellorganismen für zellbiologische Forschungen dienen) als auch filamentöse, vielzellige *Hyphenpilze* (wie solche, die man auf verschimmeltem Obst oder Brot findet). Die meisten wichtigen pathogenen Pilze zeigen einen *Dimorphismus* – sie können in der Hefe- und in der Hyphenform wachsen. Eine Infektion hängt oft mit dem Übergang von der Hefe- zur Hyphenform oder von der Hyphen- zur Hefeform zusammen. Beispielsweise wächst *Histoplasma capsulatum* bei niedrigen Temperaturen im Boden als filamentöser Hyphenpilz. Wird er jedoch in die Lunge eingeatmet, wechselt er zur Hefeform und kann die Krankheit Histoplasmose verursachen (**Abb. 23.8**). Der häufigste menschliche pathogene Pilz, *Candida albicans*, der oft in der menschlichen Mund- und Magen-Darm-Mikrobiota vorkommt und ein opportunistischer Krankheitserreger ist, kann in immungeschwächten Personen eine schwere Krankheit verursachen, wenn er in die Blutbahn gelangt, wo er sich rasch vermehrt.

Parasitische Protozoen sind einzellige Eukaryoten; sie besitzen kompliziertere Lebenszyklen als Pilze und benötigen oft mehr als einen Wirt. Die verheerendste Protozoenkrankheit ist **Malaria** – jährlich infizieren sich über 200 Millionen Menschen, von denen mehr als 400 000 sterben. Auslöser sind vier *Plasmodium*-Arten, die durch Stiche weiblicher *Anopheles*-Mücken auf den Menschen übertragen werden. *Plasmodium falciparum* verursacht die schwerste Verlaufsform von Malaria und ist der am besten untersuchte Malariaparasit. Er existiert in vielen verschiedenen Formen und er benötigt sowohl den Menschen als auch die Stechmücke als Wirt, um seinen Fortpflanzungszyklus zu vollenden (**Abb. 23.9a**). Mehrere dieser Formen sind darauf spezialisiert, in bestimmte Gewebe (Darmwand der Mücke sowie Leber und Erythrocyten des Menschen) einzudringen und sich darin zu vermehren. Sogar innerhalb eines einzelnen Wirtszelltyps, der Erythrocyte, durchläuft der *Plasmodium*-Parasit eine komplexe Folge von Entwicklungsschritten, die man an auffälligen morphologischen Veränderungen (**Abb. 23.9b–d**) erkennen kann.

23.1.7 Alle Aspekte der Virenvermehrung hängen von der Maschinerie der Wirtszelle ab

Bakterien, Hefen und pathogene Protozoen sind selbst ganz normale Zellen. Sie verwenden ihre eigene Maschinerie zur DNA-Replikation, Transkription und Translation und haben größtenteils einen selbstständigen Energiestoffwechsel aus Nährstoffen

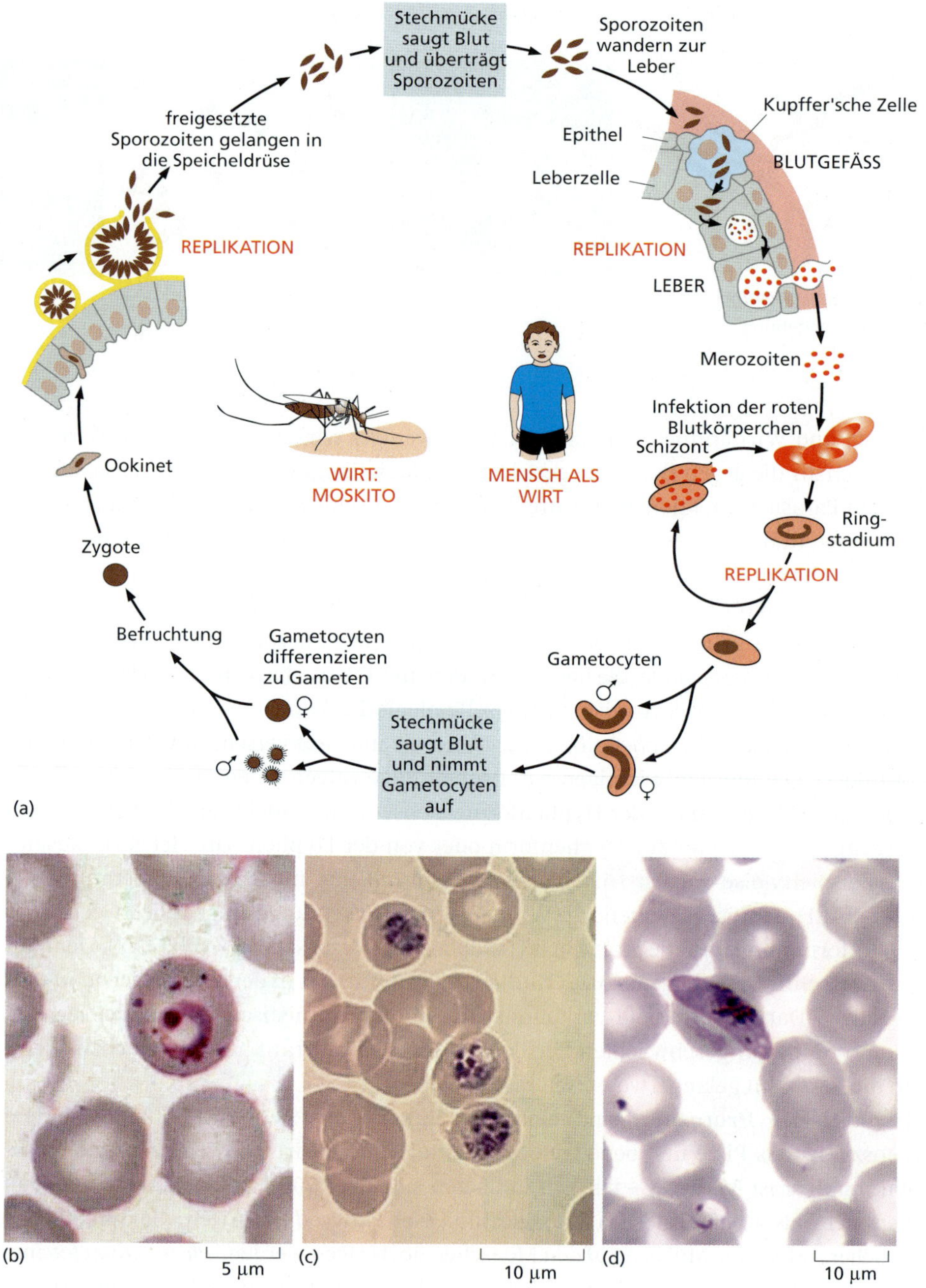

Abb. 23.9 Der komplexe Lebenszyklus von Malariaerregern. (a) *Plasmodium falciparum* muss in seinem Fortpflanzungszyklus zwischen Mensch und Insekt als Wirt wechseln. (b–d) Blutausstriche von Malariainfizierten. Sie zeigen drei verschiedene Formen des Parasiten, die in Erythrocyten auftreten: (b) Trophozoit (Ringform), (c) Schizont, (d) Gametocyt (Gamont). (b–d, mit Genehmigung des Centers for Disease Control, Division of Parasitic Diseases, DPDx).

in ihrer Umgebung. Dagegen reisen **Viren** sozusagen mit leichtem Gepäck, da sie fast nur genetische Information in Form von Nukleinsäure mit sich tragen. Viele klinisch relevanten humanen Viren besitzen relativ kleine Genome aus Doppelstrang-DNA oder Einzelstrang-RNA [entweder positiv (+) orientierte RNA, die direkt in Proteine übersetzt werden kann oder negativ (–) orientierte RNA, die zunächst repliziert werden muss, damit eine (+) orientierte RNA entsteht] (**Tab. 23.1**). Von den meisten von ihnen besitzen wir inzwischen vollständige Genomsequenzen.

Virale Genome codieren typischerweise für drei Arten von Proteinen: Proteine zur Replikation des Genoms, Proteine zur Verpackung des Genoms und zu dessen Übertragung auf mehrere Wirtszellen und Proteine zur Modifizierung der Struktur oder Funktion der Wirtszelle zur Verstärkung der Virusreplikation (s. **Abb. 7.62**). Im Allgemeinen umfasst die Replikation die folgende Abfolge von Schritten (1) den Eintritt in

Tab. 23.1 Viren, die Erkrankungen beim Menschen hervorrufen.

Virus	Typ des Genoms	Erkrankung
Herpes-simplex-Virus 1	Doppelstrang-DNA	rezidivierende Lippenbläschen
Epstein-Barr-Virus	Doppelstrang-DNA	infektiöse Mononukleose
Varicella-zoster-Virus	Doppelstrang-DNA	Windpocken und Gürtelrose
Pockenvirus (Variola)	Doppelstrang-DNA	Pocken
humanes Papillomavirus	Doppelstrang-DNA	Warzen, Krebs
Adenovirus	Doppelstrang-DNA	Erkrankungen der Atemwege
Hepatitis-B-Virus	teils Einzelstrang-DNA, teils Doppelstrang-DNA	Hepatitis B
humanes Immunschwächevirus (HIV-1)	Einzelstrang-RNA [+]-Strang	erworbenes Immunschwächesyndrom (AIDS)
Poliovirus	Einzelstrang-RNA [+]-Strang	Poliomyelitis
Rhinovirus	Einzelstrang-RNA [+]-Strang	Erkältung
Hepatitis-A-Virus	Einzelstrang-RNA [+]-Strang	Hepatitis A
Hepatitis-C-Virus	Einzelstrang-RNA [+]-Strang	Hepatitis C
Gelbfiebervirus	Einzelstrang-RNA [+]-Strang	Gelbfieber
Coronavirus	Einzelstrang-RNA [+]-Strang	Erkältung, Erkrankungen der Atemwege, COVID-19
Tollwutvirus	Einzelstrang-RNA [–]-Strang	Tollwut
Mumpsvirus	Einzelstrang-RNA [–]-Strang	Mumps
Masernvirus	Einzelstrang-RNA [–]-Strang	Masern
Influenzavirus Typ A	Einzelstrang-RNA [–]-Strang	Erkrankungen der Atemwege (Grippe)

die Wirtszelle, (2) den Abbau des infektiösen Virus zur Freisetzung der viralen Nukleinsäure, (3) die Replikation des Virusgenoms, (4) die Transkription der viralen Gene und Synthese der Virusproteine, (5) den Zusammenbau dieser Bestandteile zu neuen Viruspartikeln und (6) die Freisetzung der neuen Virionen (Abb. 23.10). Ein einziges Viruspartikel (*Virion*), das nur eine Wirtszelle infiziert, kann so Tausende von Nachkommen hervorbringen.

Virionen unterscheiden sich stark in ihrer Form und Größe (Abb. 23.11), und obwohl die meisten relativ kleine Genome besitzen, kann die Genomgröße beträchtlich variieren. Ein Riesenvirus von Amöben, das *Pithovirus*, wurde jüngst aus einem 300 000 Jahre alten Eiskern wiederbelebt, den man aus dem Permafrost in Sibirien gewann; es handelt sich um das größte bekannte Virus mit 1,5 μm langen Partikeln und einem doppelsträngigen DNA-Genom von 610 000 Nukleotiden.

Die Virionen des *Pockenvirus* sind ebenfalls groß: Sie sind 250–350 nm lang und umfassen ein Genom aus doppelsträngiger DNA mit etwa 270 000 Nukleotiden. Am anderen Ende der Größenskala rangieren die *Parvoviren* – sie haben einen Durchmesser von unter 30 nm und ein einzelsträngiges DNA-Genom aus weniger als 5000 Nukleotiden.

Virale Genome sind in einer Proteinhülle, dem ***Capsid***, eingepackt. Das Capsid ist bei einigen Viren zusätzlich von einer Lipid-Doppelschicht-Membran (Hülle) umgeben. Das Capsid besteht aus einem oder mehreren Proteinen, die in regelmäßigen flächenhaften Gruppierungen angeordnet sind. Sie bilden in der Regel Strukturen mit entweder helikaler Symmetrie, die zu einer zylindrischen Struktur führt (z. B. Influenza-, Masern- und Bunya-Virus), oder mit ikosaedrischer Symmetrie (z. B. Poliovirus und Herpesvirus, s. Abb. 23.11). Andere Viren bilden stattdessen Capside mit komplizierteren oder unregelmäßigen Strukturen (z. B. Pockenviren und Ebolaviren; s. Abb. 23.11). Ein in ein

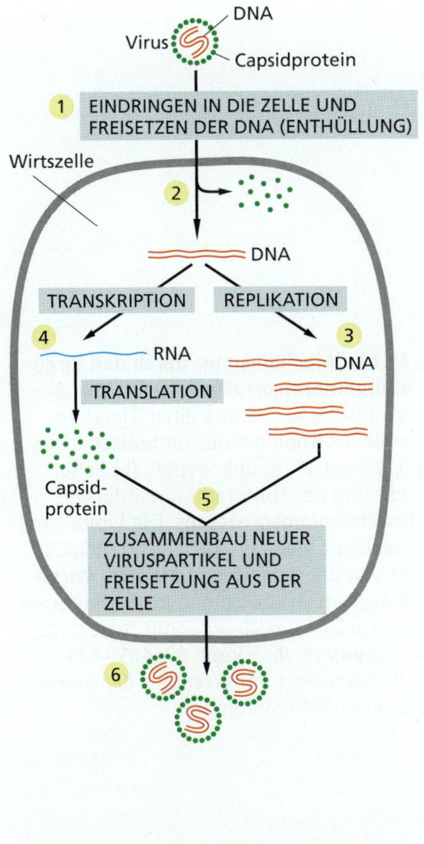

Abb. 23.10 Ein einfacher Vermehrungszyklus von Viren. Das hier gezeigte, einfache hypothetische Virus enthält ein kurzes doppelsträngiges DNA-Molekül, das nur für ein einziges virales Capsidprotein codiert. Um sich zu vermehren, muss das virale Genom (1) in eine Wirtszelle eindringen, wo es sich (2) zerlegt und sein genetisches Material entlässt. Das Genom wird (3) repliziert, sodass viele Kopien entstehen. Diese werden (4) transkribiert und translatiert, sodass virales Hüllprotein synthetisiert wird. Die viralen Genome können dann (5) spontan mit dem Hüllprotein zusammengebaut werden und bilden ein neues Viruspartikel, das (6) aus der Wirtszelle austritt. Kein bekanntes Virus ist derart einfach organisiert.

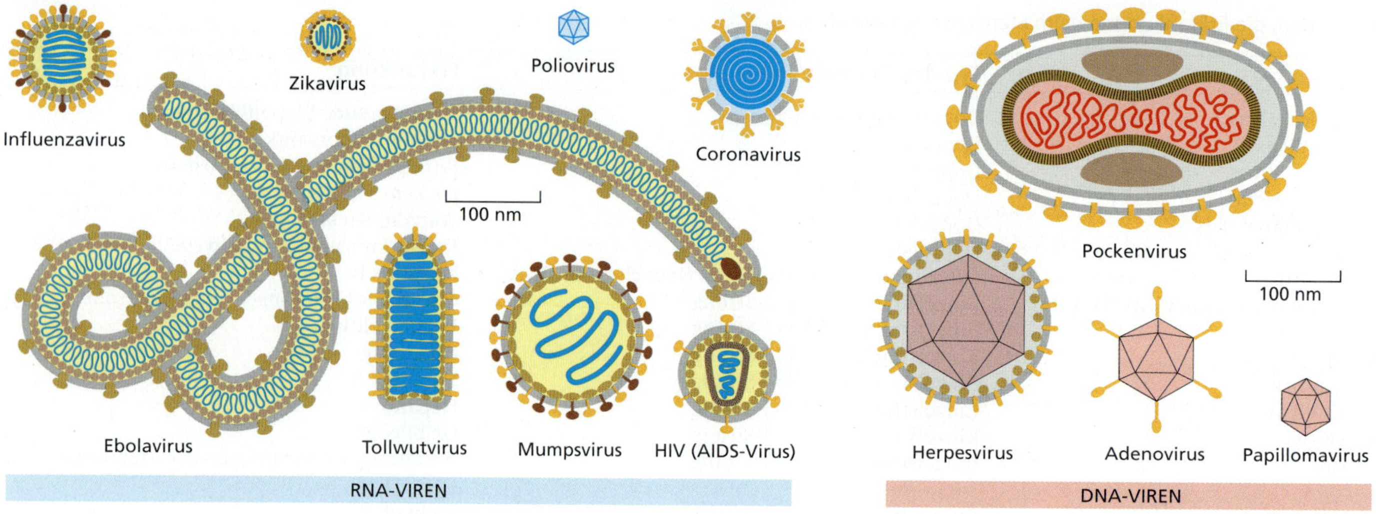

Abb. 23.11 Beispiele unterschiedlicher Virusformen. Wie die Abbildung zeigt, variiert sowohl die Größe als auch die Form von DNA- wie RNA-Viren sehr stark. Obwohl es eine allgemeine Korrelation zwischen der physikalischen Virusgröße und der viralen Genomgröße gibt, gibt es Sonderfälle wie das Ebolavirus, das trotz seiner Größe nur ein kleines Genom besitzt; dies legt eine geringere Genomverdichtung nahe.

Capsid gepacktes virales Genom nennt man *Nukleocapsid*. Nukleocapside *nicht umhüllter Viren* verlassen eine infizierte Zelle üblicherweise, indem sie sie lysieren. Bei *umhüllten Viren* dagegen ist das Capsid selbst noch von einer Lipid-Doppelschicht-Membran umgeben. Das Virus erhält diese während des Knospungsprozesses von der Plasmamembran der Wirtszelle, bei dem weder die Membran zerrissen noch die Zelle getötet wird (**Abb. 23.12**).

Da entscheidende Schritte bei der Virusvermehrung mithilfe der Maschinerie der Wirtszelle erfolgen, kann es schwierig werden, wirksame antivirale Medikamente zu entwickeln, die dem Wirt nicht schaden. Die wirksamste Strategie, um Viruserkrankungen zu vermeiden, ist die Impfung potenzieller Wirte. So hat beispielsweise das sehr erfolgreiche Impfprogramm die Pockeninfektion im Jahre 1980 auf der Erde ausgerottet. Impfstoffe, die gegen das *Poliovirus* – das Poliomyelitis und Lähmung verursacht – wirksam sind, gab es seit den 1950er-Jahren, und eine jüngere globale Impfinitiative die 1988 begann, hat das Ziel, die Poliovirus-Infektion vollständig auszurotten. Die Anzahl der weltweiten Poliomyelititsfälle hat sich von schätzungsweise 350 000 im Jahre 1988 auf

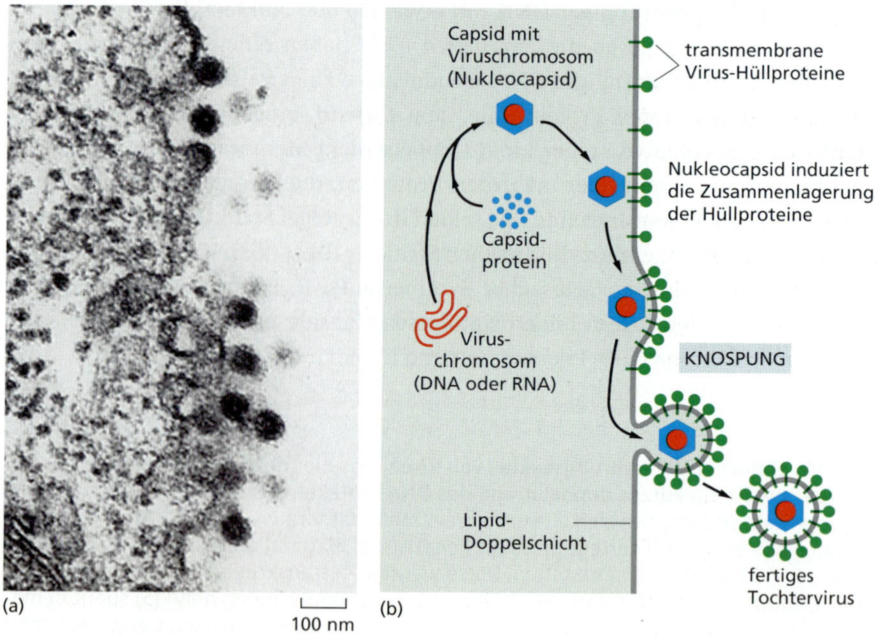

Abb. 23.12 Mechanismus, durch den Viren eine Hüllmembran erhalten. (a) Elektronenmikroskopische Aufnahme einer Tierzelle, von der sechs Kopien eines umhüllten Virus (*Semliki-Forest-Virus*) abknospen. (b) Schemazeichnung der Hüllmembranbildung und des Knospungsprozesses. Die Lipid-Doppelschicht, die das Viruscapsid umgibt, stammt von der Plasmamembran der Wirtszelle. Dagegen werden die in ihr enthaltenen Proteine (*grün*) vom Virusgenom codiert. (a, aus A. Loewry *et al.*, *J. Virol.* 69: 469–475, 1995. Reproduziert mit Erlaubnis der American Society of Microbiology).

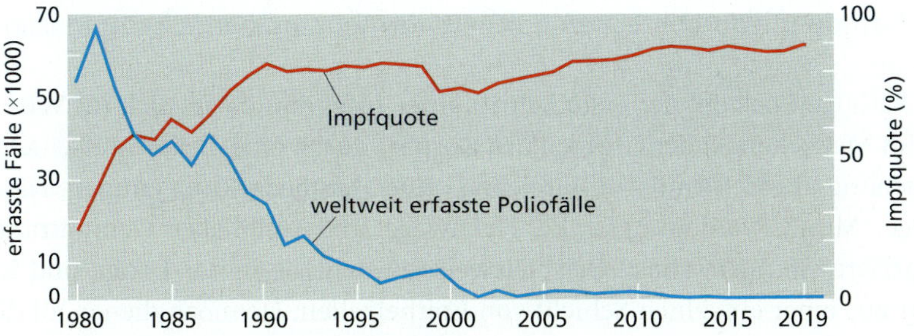

Abb. 23.13 Wirksame Kontrolle einer Viruserkrankung durch Impfung. Die Graphik zeigt die Anzahl der jährlich weltweit gemeldeten Poliomyelitisfälle (*blaue Kurve*) sowie die weltweite Impfrate der menschlichen Bevölkerung (*rote Kurve*). In dem Maße, wie die Impfrate anstieg, sank das Auftreten der Krankheit. Die Abbildung fußt auf Informationen der Website https://polioeradication.org.

176 im Jahre 2019 verringert, und es besteht Hoffnung, dass die Poliomyelitis in den kommenden Jahren ausgemerzt wird (**Abb. 23.13**).

Zusammenfassung

Infektionskrankheiten werden durch Pathogene verursacht – zu ihnen gehören Viren, Bakterien und Pilze sowie Protozoen und parasitäre Metazoen. Erreger aus allen Klassen müssen über Mechanismen verfügen, mit denen sie in ihren Wirtsorganismus eindringen und der sofortigen Zerstörung durch sein Immunsystem entgehen können. Die pathogenen Bakterien bilden spezifische Virulenzfaktoren, die die Wechselwirkungen mit dem Wirt vermitteln. Diese Proteine verändern das Verhalten der Wirtszellen, sodass sie die Vermehrung und Verbreitung des Krankheitserregers fördern. Eukaryotische pathogene Erreger wie Pilze und Protozoen durchlaufen während der Infektion gewöhnlich mehrere verschiedene Stadien. In der Regel benötigen die Parasiten diese Stadienwechsel, damit sie in einem Wirt überleben und eine Krankheit hervorrufen können. In einigen Fällen, wie bei Malaria, müssen Parasiten mehrere Arten von Wirten nacheinander befallen, um ihre Lebenszyklen zu vollenden. Im Gegensatz zu Bakterien und eukaryotischen Parasiten haben Viren keinen eigenen Stoffwechsel und sind selbst nicht in der Lage, die von ihren DNA- oder RNA-Genomen codierten Proteine zu synthetisieren. Sie verlassen sich ganz darauf, die Maschinerie ihrer Wirtszellen für sich ausnutzen zu können.

23.2 Zellbiologie der Infektion mit Krankheitserregern

Die Mechanismen, durch die Krankheitserreger eine Krankheit verursachen, sind äußerst verschieden. Nichtsdestotrotz müssen alle Krankheitserreger bestimmte Aufgaben lösen können: Sie müssen Zugang zum Wirt erhalten, in ihm eine geeignete Wachstumsnische finden, Abwehrreaktionen des Wirts umgehen, sich vermehren und schließlich den Wirt wieder verlassen, damit sie sich auf einem anderen, nicht infizierten Wirt ausbreiten können. In diesem Abschnitt untersuchen wir die zellbiologischen Strategien, die Krankheitserreger benutzen, um diese Anforderungen zu erfüllen.

Wir beschreiben, wie Krankheitserreger anfangs Zugang zum Wirt erhalten, indem sie die Epithelschranken überwinden und die Epithelien besiedeln. Dann schildern wir, wie extrazelluläre Krankheitserreger die Wirtszellen in Unordnung bringen, um eine Nische zu errichten und die Wirtsabwehr zu vermeiden. Als Nächstes behandeln wir die vielfältigen Wege, auf denen intrazelluläre Krankheitserreger, die Meister-Manipulatoren der Wirtszellbiologie, in Wirtszellen gelangen, eine geeignete Nische im Cytosol oder in einem membranumschlossenen Kompartiment erreichen, den Membranverkehr verhindern oder verändern, das Cytoskelett mobilisieren, die Autophagie manipulieren und den Stoffwechsel kapern. Schließlich behandeln wir, wie die Evolution der Krankheitserreger deren Schutz vor dem Immunsystem und Arzneistoffresistenz beeinflusst.

23.2.1 Pathogene durchbrechen Epithelbarrieren, um den Wirt zu infizieren

Für das Pathogen besteht der erste Schritt einer Infektion darin, sich im Wirt anzusiedeln. Beim Menschen ist der Großteil des Körpers durch eine dicke Hautschicht gut von der Umgebung abgeschirmt – in Bereichen ohne Hautbedeckung (Augen, Nasenhöhle, Atemwege, Mund, Verdauungstrakt, Harnwege und weiblicher Genitaltrakt) ist die Schutzbarriere weniger robust. Beispielsweise besteht sie in der Lunge und im Dünndarm nur aus einer einzelnen Schicht von Epithelzellen. Dennoch dienen all diese Epithelien als Barrieren für Infektionen.

Wunden in den Schutzepithelien sind ein Weg für Krankheitserreger, um direkten Zugang zu unbesetzten Nischen im ansonsten sterilen Gewebe des Wirts zu erlangen. Diese Eintrittspforte erfordert nur eine geringe Spezialisierung des Pathogens und manche Pathogene können ernsthafte Erkrankungen auslösen, wenn sie über Wunden in den Körper gelangen. *Staphylokokken* von der Haut und aus der Nase sowie *Streptokokken* aus Rachen und Mund sind zwei Beispiele für opportunistische pathogene Bakterien, die Bewohner der normalen Mikrobiota in bestimmten Individuen sein können (im letzten Abschnitt dieses Kapitels ausführlicher beschrieben), sind aber auch für viele ernsthafte Infektionen verantwortlich, die sich aus dem Durchbrechen der Epithelschranken ergeben.

Das Auftauchen von *Staphylokokken*-Stämmen, die resistent gegenüber den üblicherweise zur Behandlung eingesetzten Antibiotika sind (z. B. methicillinresistenter *Staphylococcus aureus* oder MRSA, der ernsthafte Haut- und Gewebsinfektionen verursachen kann), ist besonders besorgniserregend. Papillomaviren, die Warzen und Gebärmutterhalskrebs verursachen, nutzen ebenfalls Verletzungen der Epithelbarrieren.

Ein effizienter Weg für ein Pathogen, um die Haut zu durchqueren, ist, sich im Speichel eines stechenden Arthropoden mitnehmen zu lassen. Verschiedene Bakterien-, Viren- und Protozoen-Gruppen haben sich daran angepasst, in Arthropoden zu überleben und sie als *Vektoren* zur Übertragung auf einen Säugerwirt zu benutzen. Viele Zoonosen – ein Begriff, der sich auf Krankheiten bezieht, die von Tieren auf Menschen übergehen, können sich auf diese Weise ausbreiten. Wie früher beschrieben durchläuft das Malaria verursachende Protozoon *Plasmodium* in seinem Lebenszyklus unterschiedliche Erscheinungsformen – einige der Stadien sind darauf spezialisiert, im Menschen zu überleben, andere sind daran angepasst, in einem Stechmücken-Vektor zu überleben (s. **Abb. 23.9**). Viren, die durch Insektenstiche verbreiteten werden, verursachen auch Gelbfieber und Dengue-Fieber sowie die Zikaviruserkrankung – Letztere zog die weltweite Aufmerksamkeit während eine Epidemie in den Jahren 2015 bis 2016 auf sich; und obwohl die Zika-Infektion bei Erwachsenen oft ohne Symptome verläuft, kann sie in schwangeren Frauen Geburtsdefekte beim Fötus verursachen. Diese drei Viren sind in der Lage, sich sowohl in Insekten- als auch in Säugetierzellen zu vermehren, wie es für eine Übertragung durch einen Insektenvektor erforderlich ist.

Die wirksame Verbreitung eines pathogenen Erregers über einen Insektenvektor erfordert, dass der einzelne Vektororganismus an einem infizierten Wirt Blut saugt und den pathogenen Erreger auf einen nicht immunen Wirt überträgt. In einigen beeindruckenden Fällen verändert der pathogene Organismus sogar das Verhalten des Vektors, um die Wahrscheinlichkeit seiner Übertragung auf einen neuen Wirt zu steigern. Ein Beispiel ist das Bakterium *Yersinia pestis*, der Erreger der Beulenpest. Es vermehrt sich im Vorderdarm des Flohs und bildet zusammenhängende Klumpen, die schließlich den Verdauungstrakt blockieren. Bei den wiederholten, aber vergeblichen Versuchen, seinen Hunger zu stillen, erbricht er jedes Mal einige Bakterien in die Einstichstelle und überträgt so die Pest auf neue Wirte (**Abb. 23.14**).

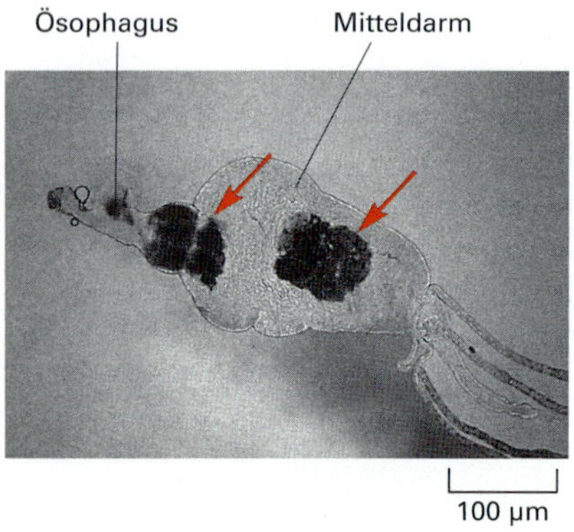

Abb. 23.14 Pestbakterien im Floh. Diese lichtmikroskopische Aufnahme zeigt den herauspräparierten Verdauungstrakt eines Flohs, der ungefähr zwei Wochen zuvor Blut von einem mit dem Pesterreger *Yersinia pestis* infizierten Tier gesaugt hatte. Die Bakterien haben sich im Darm des Flohs vermehrt und große zusammenhängende Klumpen gebildet (*rote Pfeile*). Die linke Bakterienmasse verstopft den Durchgang von der Speiseröhre zum Mitteldarm, sodass der Floh neue Blutmahlzeiten nicht mehr verdauen kann. Deshalb sticht er vor Hunger immer wieder und verbreitet so die Infektion. (Aus B. J. Hinnebusch, E. R. Fischer und T. G. Schwan, *J. Infect. Dis.* 178: 1406–1415, 1998).

23.2.2 Pathogene, die Epithelien besiedeln, müssen deren Schutzmechanismen überwinden

Epithelbarrieren wie die Haut und die Auskleidung von Mund und Dickdarm sind dicht mit einer Mikrobiota besiedelt, während andere wie die Auskleidung von Lunge und Blase spärlicher besiedelt sind. Nichtsdestotrotz besitzen diese Epithelschranken Mechanismen, um eine ausgiebige Besiedlung mit Mikroben zu verhindern.

Eine schützende Schleimschicht bedeckt das Epithel der Atemwege, und das koordinierte Schlagen von Cilien befördert den Schleim sowie darin gefangene Bakterien und Gewebetrümmer nach oben aus der Lunge hinaus. Auch die Epithelien der Blase und des oberen Magen-Darm-Trakts besitzen eine dicke Schleimschicht. Diese Organe werden regelmäßig durch das Harnlassen bzw. die Peristaltik durchgespült, um Mikroben wegzuwaschen.

Pathogene, die solche Epitheloberflächen infizieren, einschließlich pathogener Bakterien und eukaryotischer Parasiten, haben spezifische Eigenschaften entwickelt, um diese Schutzmechanismen zu überwinden. Beispielsweise wehren sich Erreger von Harnwegsinfektionen gegen das Auswaschen mit Urin, indem sie sich über spezifische **Adhäsine** fest an das Blasenepithel anheften (Adhäsine sind Proteine oder Proteinkomplexe, die Oberflächenmoleküle der Wirtszelle erkennen und an sie binden). Eine wichtige Gruppe von Adhäsinen in niereninfizierenden *Escherichia coli*-Stämmen sind Bestandteile der *Pili*. Diese Oberflächenfortsätze können mehrere Mikrometer lang sein und somit die Dicke der schützenden Schleimschicht durchspannen. An der Spitze jedes Pilus befindet sich ein Adhäsionsprotein, das fest an das *D*-Galaktose-*D*-Galaktose-Disaccharid bindet, das auf der Oberfläche von Nierenzellen vorkommt (**Abb. 23.15**). Stämme von *E. coli*, die eher die Blase als die Niere infizieren, exprimieren eine zweite Art von Pilus mit einem anderen Adhäsinprotein, das an mit *D*-Mannose verknüpfte Proteine der Blase bindet. Die Spezifität der Adhäsinproteine an den Spitzen der zwei Pilus-Arten ist dafür verantwortlich, dass die Bakterien verschiedene Teile des Harntrakts besiedeln.

Die Epithelauskleidung des Magens ist für Mikroben eine besonders feindliche Umgebung. Zusätzlich zu der dicken Schleimschicht und den peristaltischen Säuberungen ist der saure pH-Wert (durchschnittlicher pH-Wert ≈ 2) für fast alle Bakterien, die mit der Nahrung aufgenommen werden, tödlich. Dennoch lebt im Magen eine Mikrobenflora residenter Arten. Dazu gehört das Bakterium *Helicobacter pylori*, das, lebenslang als Teil der Magen-Mikrobiota in nahezu der Hälfte aller Menschen auf der Erde persistiert. Obwohl es in den meisten Personen keine Krankheit verursacht, kann *Helicobacter pylori* Magengeschwüre und Krebs verursachen. Zuerst stieß die Hypothese, dass Magengeschwüre

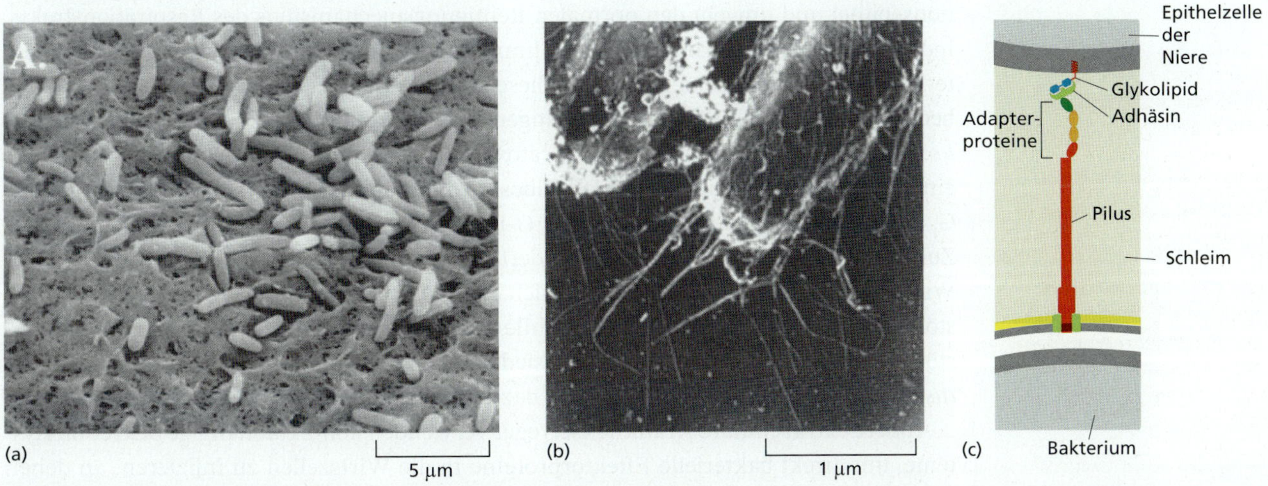

Abb. 23.15 Pathogene *Escherichia-coli*-Bakterien in der infizierten Blase einer Maus. (a) Rasterelektronenmikroskopische Aufnahme von uropathogenen *Escherichia coli*-Bakterien, die an der Oberfläche von Blasenepithelzellen einer infizierten Maus haften. Diese Bakterien verursachen häufig Infektionen der Blase und Niere. (b) In der Vergrößerung kann man die P-Pili auf der Bakterienoberfläche erkennen. (c) Ein *Escherichia-coli*-Pilus durchspannt die Schleimschicht und besitzt Adapterproteine an seiner Spitze, die an Glykolipide auf der Oberfläche von Nierenzellen binden. (a, aus G. E. Soto und S. J. Hultgren, *J. Bacteriol.* 181: 1059–1071, 1999. Mit Genehmigung der American Society for Microbiology; b, mit freundlicher Genehmigung von D. G. Thanassi und S. J. Hultgren, *Methods* 20: 111–126, 2000. Mit Erlaubnis von Elsevier).

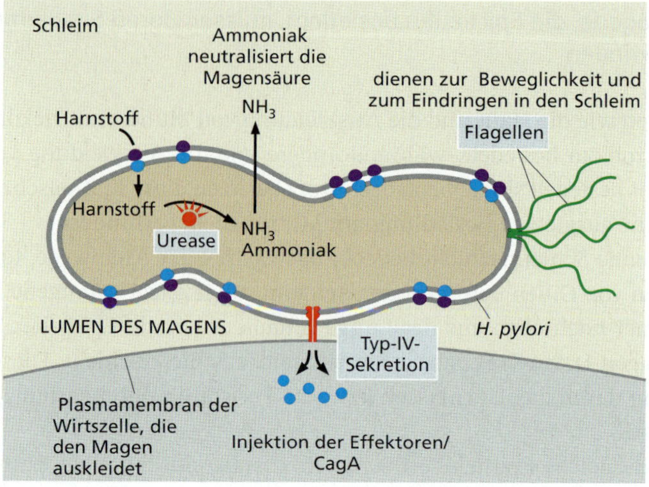

Abb. 23.16 Wechselwirkung von *Helicobacter pylori* mit Epithelzellen in der Magenauskleidung. Diese Bakterien besiedeln das Magenepithel, indem sie ihre Geißeln dazu verwenden, um durch die Schleimschicht zu schwimmen, die den Magen auskleidet, und sich an die Oberfläche der Epithelzellen zu heften. *Helicobacter pylori* bildet das Enzym Urease; diese wandelt Harnstoff aus der Umgebung zu Ammoniak um, der freigesetzt wird und die das Bakterium umgebende Säure neutralisiert. Dadurch steigt der lokale pH-Wert an. *Helicobacter pylori* verwendet auch sein Typ-IV-Sekretionssystem, um das Effektorprotein CagA zu sezernieren. CagA unterstützt die Besiedlung, verursacht aber auch die chronische Störung von Reaktionswegen der Wirtszelle sowie eine verlängerte Entzündung, was infizierte Personen für Magengeschwüre und Krebs prädisponiert.

durch eine hartnäckige bakterielle Infektion der Magenwand hervorgerufen werden könnten, auf große Skepsis. Ein junger australischer Arzt, der als erster diese Entdeckung gemacht hatte, klärte im Selbstversuch die Sache endgültig: Er trank eine Reinkultur von Bakterien und entwickelte daraufhin eine Magenschleimhautentzündung, die oft der Entwicklung eines Magengeschwürs vorausgeht. Antibiotika können jetzt einen Patienten effektiv von wiederkehrenden Magengeschwüren befreien. *Helicobacter pylori* besitzt mehrere Anpassungen, die es ihm erlauben, die raue Umgebung im Magen zu besiedeln (**Abb. 23.16**). Eine davon ist der Einsatz seiner Geißeln für die chemotaktische Bewegung, was ihm das Eindringen in den Schleim und das Aufsuchen des neutraleren pH-Werts in der Nähe der Oberfläche der Magenepithelzellen ermöglicht. Eine andere Anpassung ist die Bildung des Enzyms *Urease*, das Harnstoff zu Ammoniak umwandelt, um damit die Säure in seiner unmittelbaren Nachbarschaft zu neutralisieren.

23.2.3 Extrazelluläre pathogene Erreger verwenden Toxine und kontaktabhängige Sekretionssysteme, um Wirtszellen zu stören, ohne in sie einzudringen

Extrazelluläre pathogene Erreger haften an Epithelien und anderen Oberflächen, ohne in darunterliegende Wirtszellen einzudringen. Viele solche Krankheitserreger haben Auswirkungen auf den Wirt, indem sie Toxine sezernieren, die zu Zielzellen diffundieren. *Bordetella pertussis* beispielsweise, der Erreger von Keuchhusten, besiedelt das Respirationsepithel und umgeht den normalen Reinigungsmechanismus des Respirationstrakts, indem es Adhäsine exprimiert, die an Flimmerepithelzellen binden. Die angehefteten Bakterien bilden verschiedene Toxine, die diese Zellen schließlich töten und so den Wirt darin beeinträchtigen, die Infektion zu beseitigen. Das bekannteste von ihnen ist das *Pertussistoxin*. Wie das oben diskutierte Choleratoxin (beide sind in **Abb. 23.6** gezeigt) besitzt es eine A-Untereinheit, die einen ADP-Ribose-Anteil an die α-Untereinheit des G-Proteins G_i anhängt. Dies verursacht, dass das G-Protein in seinem inaktiven GDP-gebundenen Zustand verbleibt und es daran gehindert wird, die Aktivität der Adenylat-Cyclase der Wirtszelle zu unterdrücken; so erhöht sich die Bildung von cyclischem AMP. Dieses Toxin stört auch die Chemotaxis, die Neutrophile nutzen, um Bakterien aufzuspüren und zu zerstören (s. **Abb. 16.3** und **16.81**). Die Besiedlung des Respirationstrakts mit *Bordetella pertussis* verursacht schweren Husten, der dazu beiträgt, die Infektion weiter zu verbreiten.

Andere extrazelluläre Krankheitserreger verwenden kontaktabhängige Sekretionssysteme, um direkt bakterielle Effektorproteine in die Wirtszellen zu injizieren, an denen

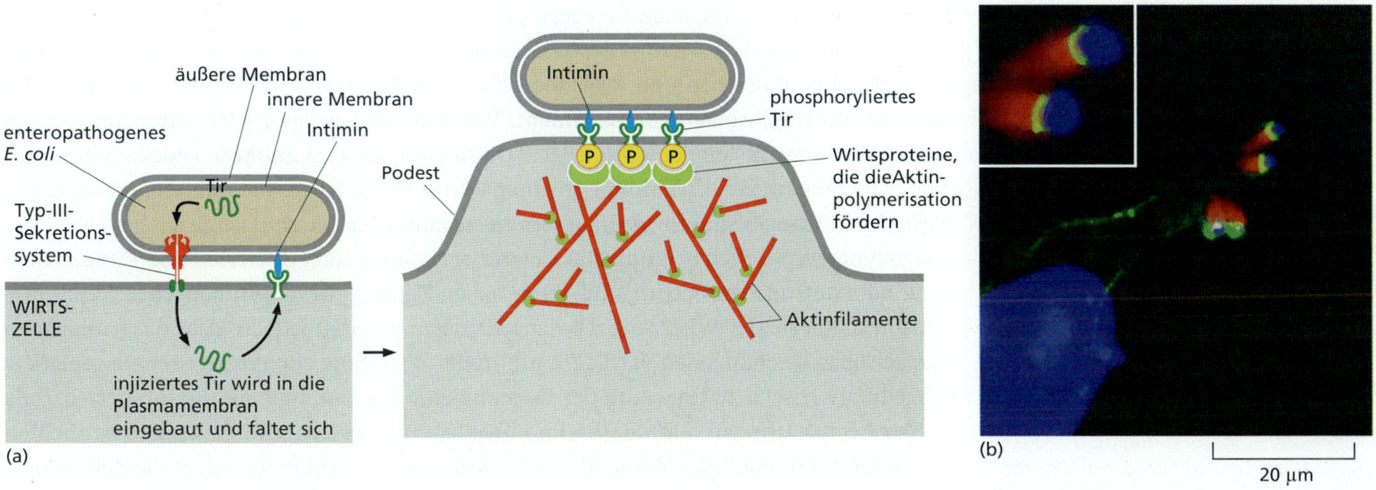

Abb. 23.17 Wechselwirkungen zwischen enteropathogenen *Escherichia coli* (*EPEC*) und ihren Wirtszellen. (a) Wenn EPEC auf Darmepithelzellen treffen, sezernieren sie über ein Typ-III-Sekretionssystem das Protein Tir in die Wirtszelle. Tir integriert sich daraufhin in die Plasmamembran der Wirtszelle und fungiert dort als Rezeptor für das bakterielle Adhäsin Intimin. Als Nächstes wird die intrazelluläre Domäne von Tir durch eine Protein-Tyrosinkinase der Wirtszelle an einem Tyrosinrest phosphoryliert. Das phosphorylierte Tir rekrutiert wiederum verschiedene Wirtszellproteine (dazu gehören ein Adapterprotein, ein nucleationsfördernder Faktor (NPF) und der Arp2/3-Komplex), die die Polymerisation von Aktin auslösen (s. Abb. 16.12). Infolgedessen lagert sich unter dem Bakterium ein verzweigtes Netz aus Aktinfilamenten zusammen und bildet ein Podest. (b) EPEC auf Aktinpodesten. In dieser fluoreszenzmikroskopischen Aufnahme ist die DNA der EPEC und der Wirtszelle *blau* markiert, das Tir-Protein ist *grün* und die Aktinfilamente der Wirtszelle sind *rot* gefärbt. Das kleine Bild zeigt eine Vergrößerung von zwei der Bakterien auf Aktinpodesten. (b, aus D. Goosney *et al.*, *Annu. Rev. Cell Dev. Biol.* 16: 173–189, 2000. Mit Erlaubnis von Annual Reviews).

sie haften. Ein Beispiel ist *Helicobacter pylori*, das wie oben beschrieben das Magenepithel infiziert. Das Genom von *Helicobacter pylori* enthält eine Pathogenitätsinsel (s. **Abb. 23.4a**), die für ein Typ-IV-Sekretionssystem sowie für das Effektorprotein CagA codiert, welches vom Sekretionssystem in die Wirtszelle injiziert wird (**Abb. 23.16**). CagA hilft dem Bakterium, im Magen zu persistieren, indem die Zellbewegung beeinträchtigt wird, eine Entzündung ausgelöst, die Genexpression des Wirts und die Zellproliferation sowie die Apoptose verändert wird und Zell–Zell-Verbindungen unterbrochen werden. Die chronische Veränderung dieser Wege ist aber auch ein prädisponierender Faktor für Magengeschwüre und Krebs.

Ein anderes Beispiel ist das enteropathogene *Escherichia coli* (*EPEC*), das Durchfall verursacht und für Kleinkinder tödlich sein kann. *EPEC* verwendet ein Typ-III-Sekretionssystem (s. **Abb. 23.7**), um sein eigenes spezielles Rezeptorprotein (*Tir* genannt) in die Plasmamembran einer Darmepithelzelle des Wirts zu befördern (**Abb. 23.17**). Die extrazelluläre Domäne von Tir bindet an das bakterielle Oberflächenprotein *Intimin*, wodurch die Polymerisierung von Aktin in der Wirtszelle angekurbelt wird; dies hat zur Folge, dass sich eine einzige Vorstülpung der Zelloberfläche bildet, ein sog. *Sockel* oder *Podest*. Dieser hebt das anhaftende Bakterium etwa 1–5 µm von der Wirtszellmembran weg und fördert dabei die Bewegung des Bakteriums entlang der Zelloberfläche mithilfe eines später für die aktinbasierte Bewegung von intrazellulären Krankheitserregern beschriebenen Mechanismus. Eine ähnliche Strategie nutzt das Vakziniavirus (das Virus, das als Impfstoff zur Ausrottung der Pocken eingesetzt wurde), um bewegliche Sockel zu bilden, die es dem Virus erlauben, sich von Zelle zu Zelle zu verbreiten. Die Untersuchung, wie EPEC und das Vakziniavirus die Aktinpolymerisation fördern, war von großer Bedeutung für das Verständnis dafür, wie intrazelluläre Signalwege das Cytoskelett in gesunden, nicht infizierten Zellen regulieren (s. Kapitel 16). Obwohl die Aktinmobilisierung zur Verbreitung dieser pathogenen Erreger führt, werden die Symptome der EPEC-Infektion (schwere Durchfälle) durch den Verlust absorbierender Mikrovilli und die Unterbrechung der Signalwege in Epithelzellen verursacht, die durch *Tir* und andere von Bakterien sezernierte Effektorproteine ausgelöst werden.

23.2.4 Intrazelluläre Pathogene besitzen Mechanismen, um in Wirtszellen einzudringen und sie wieder zu verlassen

Intrazelluläre pathogene Erreger müssen Schranken überwinden, an Wirtzellen haften und auch in Wirtszellen eindringen, um eine Erkrankung zu verursachen. Zu diesen

intrazellulären pathogenen Erregern gehören alle Viren und viele Bakterien und Protozoen. Jeder von ihnen hat in der Wirtszelle eine bevorzugte Nische, in der er lebt und sich vermehrt. Bakterien und Protozoen replizieren entweder im Cytosol oder in einem membranumschlossenen Kompartiment. Während die meisten RNA-Viren im Cytosol replizieren, bewerkstelligen die meisten DNA-Viren dies im Zellkern (Pockenviren sind eine bemerkenswerte Ausnahme). In einer Wirtszelle zu leben, hat mehrere Vorteile. Die pathogenen Erreger sind für *Antikörper* unerreichbar und sie sind keine leichten Ziele für phagocytierende Zellen (s. Kapitel 24). Darüber hinaus baden Bakterien und Protozoen in einer nährstoffreichen Lösung und Viren haben Zugang zur biosynthetischen Reproduktionsmaschinerie der Wirtszelle. Dieser Lebensstil verlangt jedoch, dass die pathogenen Erreger über Mechanismen verfügen, um in die Wirtszelle einzudringen, eine geeignete subzelluläre Nische zu finden, in der sie replizieren können, und aus der infizierten Zelle wieder herauszufinden, um die Infektion weiter zu verbreiten. Im Folgenden betrachten wir einige der unzähligen Möglichkeiten, wie einzelne Krankheitserreger die Zellbiologie ihrer Wirte ausnutzen und abwandeln, damit sie diesen Anforderungen gerecht werden.

23.2.5 Viruspartikel binden an Virusrezeptoren auf der Oberfläche der Wirtszelle

Der erste Infektionsschritt jedes intrazellulären pathogenen Erregers besteht darin, an die Oberfläche der Wirtszielzelle anzudocken. Bei Viren bindet dazu ein Virus-Oberflächenprotein an **Virusrezeptoren**, bei denen es sich um Zelloberflächenproteine handelt, die in infizierten Zellen verschiedene Funktionen ausüben und als Bindungsstellen für Virusproteine vereinnahmt wurden. Der erste Virusrezeptor, der identifiziert wurde, war ein *Escherichia-coli*-Oberflächenprotein, über das sich der Bakteriophage Lambda an das Bakterium heftet. Normalerweise fungiert es als Transportprotein zur Aufnahme von Maltose, die als Energiequelle genutzt wird. Rezeptoren müssen nicht immer Proteine sein – z. B. bindet das Herpes-simplex-Virus an Heparansulfat-Proteoglykane (s. Kapitel 19) auf der Oberfläche bestimmter Vertebratenwirtszellen und das Simian-Virus 40 (SV40) bindet an ein Glykolipid. Die Spezifität von Virus–Rezeptor-Wechselwirkungen dient oft als Barriere, die die Verbreitung eines Virus von einer Art auf eine andere verhindert. Um an einen neuen Rezeptor binden zu können, muss sich ein Virus oft sehr stark verändern. Dies kann entscheidend sein für das Überschreiten der Artengrenze, die zu einem neuen Seuchenausbruch führen kann.

Viren, die Tierzellen infizieren, benutzen in der Regel Zelloberflächen-Rezeptormoleküle, die entweder sehr häufig sind (wie das Angiotensin-konvertierende Enzym 2 (ACE2), das vom Coronavirus SARS-CoV-2 verwendet wird) oder solche, die ausschließlich auf den Zelltypen vorhanden sind, in denen sich das Virus vermehrt (wie die neuronenspezifischen Proteine, die das Tollwutvirus nutzt). Obwohl ein Virus in der Regel einen einzigen Wirtszellrezeptortyp nutzt, benötigen einige Viren mehr als einen Rezeptortyp. Ein wichtiges Beispiel ist HIV, das zwei Arten von Rezeptoren benötigt, um in eine Wirtszelle einzudringen. Sein primärer Rezeptor ist CD4 – dieses Protein ist an der Immunerkennung beteiligt und kommt auf der Oberfläche von Helfer-T-Zellen und von Makrophagen vor (s. Kapitel 24). Damit das Virus in die Zelle gelangen kann, ist außerdem noch ein Korezeptor nötig – je nach Virusvariante entweder CCR5 (ein Rezeptor für β-Chemokine) oder CXCR4 (ein Rezeptor für α-Chemokine). Makrophagen sind nur für HIV-Varianten empfänglich, die CCR5 benutzen, während Helfer-T-Zellen am wirkungsvollsten von Varianten infiziert werden, die CXCR4 verwenden (**Abb. 23.18**). Die Viren, die man in den ersten Monaten nach einer HIV-Infektion findet, benötigen fast ausnahmslos den CCR5-Korezeptor – dies erklärt, warum Individuen mit verändertem *CCR5*-Gen für HIV-Infektionen unempfänglich sind. Im späteren Verlauf der Infektion kann das Virus entweder dazu übergehen, den CXCR4-Korezeptor zu benutzen, oder

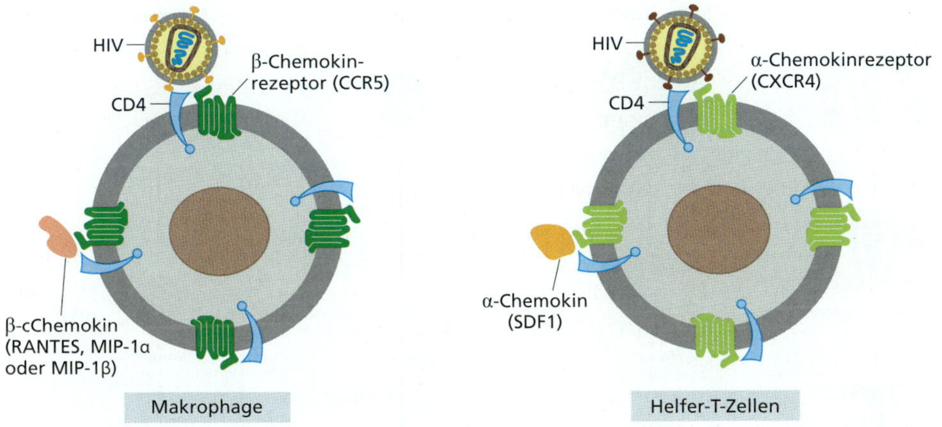

Abb. 23.18 Rezeptor und Korezeptoren für HIV. Alle HIV-Stämme benötigen als Hauptrezeptor CD4. Während der frühen Infektionsphase verwendet die Mehrzahl der Viren CCR5 als Korezeptor, sodass sie Makrophagen und ihre Monocytenvorläufer infizieren können. Mit fortschreitender Infektion entstehen mutierte Virusvarianten, die CXCR4 als Korezeptor benutzen – sie sind fähig, Helfer-T-Zellen effizient zu infizieren. Der natürliche Ligand für die Chemokinrezeptoren (SDF1 für CXCR4; RANTES, MIP-1α oder MIP-1β für CCR5) blockiert die Korezeptorfunktion und verhindert das Eindringen des Virus.

sich durch das Ansammeln von viralen Mutationen daran anpassen, beide Korezeptoren zu verwenden. Auf diese Weise ist das Virus in der Lage, die von ihm infizierten Zelltypen zu wechseln, wenn die Krankheit voranschreitet. Es mag paradox erscheinen, dass Viren Immunzellen infizieren, da wir erwarten würden, dass die Bindung des Virus eine Immunreaktion auslöst. Aber das Eindringen in eine Immunzelle kann ein sinnvoller Weg für ein Virus sein, um die Immunreaktion zu schwächen und durch den Körper zu wandern, um andere Immunzellen zu infizieren.

23.2.6 Viren dringen durch Membranfusion, Porenbildung oder Membranbeschädigung in Wirtszellen ein

Nachdem ein Virus die Oberfläche der Wirtszelle erkannt und sich an sie angeheftet hat, muss es in die Wirtszelle eindringen, um zu replizieren. Das Eindringen in Wirtszellen erfordert, dass die Viren diverse Herausforderungen meistern, die von der Virusgröße und -struktur abhängen (s. **Abb. 23.11**). **Umhüllte Viren** müssen die Membranfusionsvorgänge regulieren, um zum einen zu gewährleisten, dass ihre Membranhüllen mit der geeigneten Wirtszellmembran verschmelzen, und zum andern, um die Fusion mit einer anderen Membran zu verhindern. Eine solche Regulation wird z. B. vom Coronavirs SARS-CoV-2 erreicht: Erforderlich ist sowohl die Bindung des viralen Spike-Proteins an den ACE2-Rezeptor als auch die Spaltung des Spike-Proteins durch eine Wirtszell-Protease, um die Fusion mit der Wirtszellmembran zu ermöglichen.

Manche umhüllten Viren, wie z. B. HIV, gelangen in die Wirtszelle, indem sie ihre Hüllmembran bei neutralem pH-Wert mit der Plasmamembran fusionieren (**Abb. 23.19a**). Bei diesem Szenario kurbelt die Bindung an Rezeptoren oder Korezeptoren in der Regel eine Konformationsänderung in einem viralen Hüllprotein an, die ein normalerweise verborgenes Fusionspeptid exponiert (in Kap. 13 behandelt).

Die meisten umhüllten (und nicht umhüllten) Viren gelangen in Zellen durch Aktivierung von Signalwegen in der Zelle, welche die Endocytose auslösen, gewöhnlich über clathrinbeschichtete Vertiefungen (s. **Abb. 13.7**); dies führt zur Aufnahme in Endosomen. Große Viren, die nicht in clathrinbeschichtete Vesikel passen, wie z. B. Pockenviren, gelangen oft mittels *Makropinocytose* in Zellen, ein Vorgang, bei dem Membranausstülpungen das Virus mitsamt der umgebenden Flüssigkeit in Makropinosomen einfangen (s. **Abb. 13.68**).

Sobald sie sich innerhalb von Endosomen befinden, müssen Viren wie beispielsweise das Influenza-A-Virus ihre Hülle mit der Endosomenmembran von der Lumenseite verschmelzen; häufig nehmen sie die saure Umgebung im späten Endosom als einen Hinweis wahr, eine Konformationsänderung in einem viralen Oberflächenprotein anzustoßen, die ein Fusionspeptid zum Vorschein bringt (**Abb. 23.19b**). Der von viralen

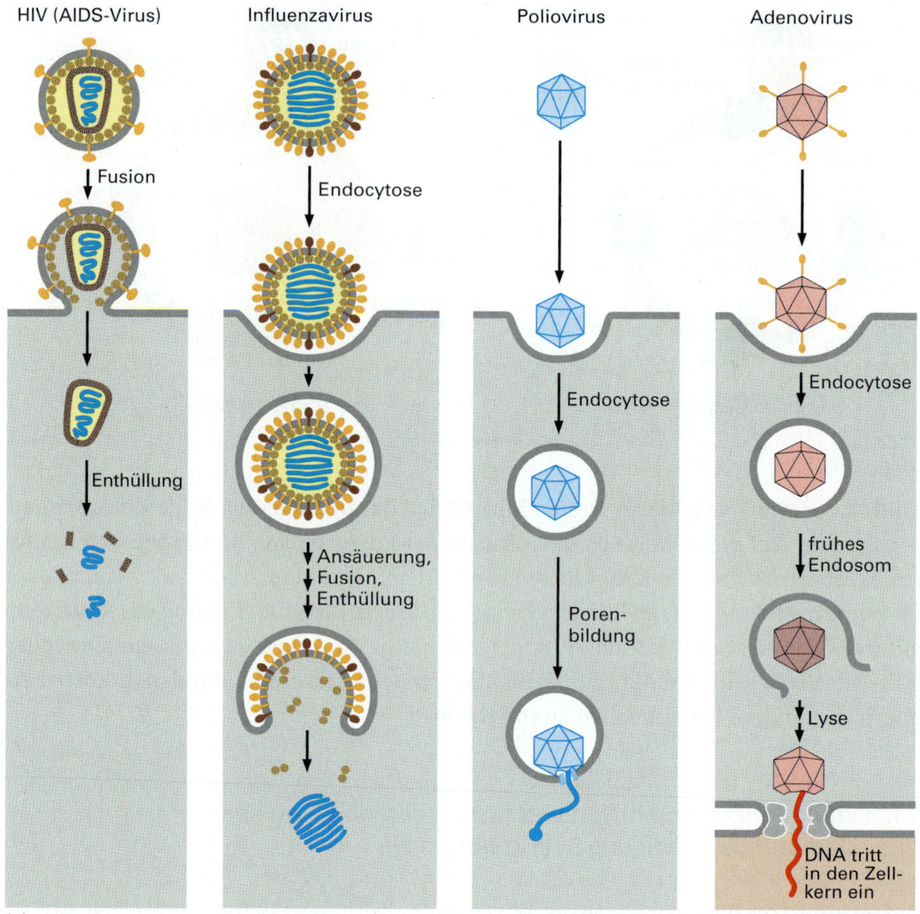

Abb. 23.19 Vier virale Strategien, nach der Bindung des Virus an die Virusrezeptoren in die Zelle einzudringen. (a) Einige umhüllte Viren wie HIV verschmelzen direkt mit der Plasmamembran der Wirtszelle und entlassen ihr RNA-Genom (*blau*) und ihre Capsidproteine (*braun*) ins Cytosol. (b) Andere umhüllte Viren wie das Influenzavirus binden an Zelloberflächenrezeptoren und lösen eine rezeptorvermittelte Endocytose aus. Wenn sich das Endosom ansäuert, verschmilzt die Virushülle mit der Endosomenmembran und das virale RNA-Genom (*blau*) und die Capsidproteine (*hellbraun*) gelangen ins Cytosol. (c) Das nicht umhüllte Poliovirus induziert eine rezeptorvermittelte Endocytose und bildet dann eine Pore in der Membran des Endosoms, durch die es sein RNA-Genom (*blau*) ins Cytosol ausstößt. (d) Das ebenfalls nicht umhüllte Adenovirus benutzt eine etwas kompliziertere Strategie. Es induziert eine rezeptorvermittelte Endocytose, zerstört dann die Endosomenmembran und entlässt das *Capsid* mitsamt der DNA ins Cytosol. Das zum Teil von seinen Strukturproteinen befreite Virus bindet schließlich an eine Kernpore und setzt sein DNA-Genom (*rot*) direkt in den Zellkern frei, wo es transkribiert und repliziert wird.

Spike-Proteinen vermittelte Membranfusionsmechanismus weist Ähnlichkeiten zur SNARE-vermittelten Membranfusion während des normalen Vesikelverkehrs auf (in Kap. 13 behandelt). Die in das frühe Endosom gepumpten H^+-Ionen haben auch noch eine andere Wirkung. Sie dringen über einen Ionenkanal in der Virenhülle in das Influenzavirion ein und lösen Veränderungen im viralen Capsid aus. Diese Schritte ermöglichen es den Capsiden sich zu zerlegen, wenn sie nach der Fusion des Virus mit der Membran des späten Endosoms in das Cytosol entlassen werden.

Da ihnen eine umschließende Lipiddoppelschicht fehlt, dringen **nicht umhüllte Viren** auf eine grundlegend andere Weise in Wirtszellen ein. Das Poliovirus bindet an einen Zelloberflächenrezeptor und löst sowohl die rezeptorvermittelte Endocytose (s. **Abb. 13.54**) als auch als auch eine Konformationsänderung im Virion aus. Die Konformationsänderung legt einen hydrophoben Fortsatz an einem Capsidprotein frei, der sich in die Endosomenmembran integriert und eine Pore bildet. Das Virusgenom gelangt dann durch diese Pore ins Cytoplasma und lässt das Capsid im Endosom zurück (**Abb. 23.19c**). Adenoviren reißen die Endosomenmembran auf, nachdem sie über rezeptorvermittelte Endocytose aufgenommen wurden. Eines der vom Capsid freigesetzten Proteine lysiert die Endosomenmembran, sodass der Rest des Virus ins Cytosol gelangt. Während des endosomalen Transports und des anschließenden Transports im Cytosol durchlaufen Adenoviren viele Freisetzungsschritte. Im Laufe dieser Schritte werden Strukturproteine entfernt, und die Viruspartikel werden darauf vorbereitet, ihre DNA durch Kernporenkomplexe in den Zellkern zu entlassen (**Abb. 23.19d**).

23.2.7 Bakterien dringen über Phagocytose in Wirtszellen ein

Bakterien sind viel größer als Viren und damit zu groß, um über Poren oder durch rezeptorvermittelte Endocytose aufgenommen zu werden. Stattdessen gelangen sie über Phagocytose in ihre Wirtszellen. Dies ist eine normale Funktion von Phagocyten wie Neutrophilen, Makrophagen und dendritischen Zellen (s. Kapitel 24) – sie patrouillieren ständig durch die Gewebe des Körpers, nehmen unerwünschte Mikroben auf und zerstören sie. Einige intrazelluläre pathogene Bakterien wie *Mycobacterium tuberculosis* nutzen dies jedoch zu ihrem Vorteil und haben die Fähigkeit entwickelt, nach der Phagocytose in Makrophagen zu überleben und sich in ihnen zu vermehren.

Manche pathogene Bakterien können in Zellen eindringen, die eigentlich nicht phagocytieren. Eine Strategie besteht darin, ein Invasionsprotein zu exprimieren, das mit hoher Affinität an einen Wirtszellrezeptor bindet. Dabei handelt es sich oft um ein Zell–Zell- oder ein Zell–Matrix-Adhäsionsprotein (s. Kapitel 19). Zum Beispiel bildet das Durchfall auslösende Bakterium *Yersinia pseudotuberculosis* (ein naher Verwandter des Pesterregers *Yersinia pestis*) das Protein *Invasin*, das ein RGD-Motiv besitzt, das dem des Fibronektins ähnelt und ebenfalls von den β1-Integrinen der Wirtszelle erkannt wird (s. **Abb. 19.48**). *Listeria monocytogenes*, das eine seltene, aber gefährliche Form von Lebensmittelvergiftung hervorruft, dringt in die Wirtszelle ein, indem es ein Protein exprimiert, das sich an das Zell–Zell-Adhäsionsprotein E-Cadherin heftet (s. **Abb. 19.4** und **19.5**). Bei diesen beiden Bakterien stimuliert die Bindung der bakteriellen Invasionsproteine an die Adhäsionsproteine der Wirtszelle die Signalübertragung über Mitglieder der Rho-Familie der kleinen GTPasen (s. Kapitel 16). Dies wiederum aktiviert NPFs und den Arp2/3-Komplex und führt zur Aktinpolymerisation an der Stelle, wo sich das Bakterium angeheftet hat. Die Aktinpolymerisation steuert, manchmal vom Aufbau einer Clathrinhülle begleitet, das Überstülpen der Plasmamembran der Wirtszelle über die anhaftende Mikrobe. Das führt zur Phagocytose des Bakteriums – ein Prozess, der als *Zipper(Reißverschluss)-Invasionsmechanismus* bezeichnet wird (**Abb. 23.20a**).

Eine zweite Möglichkeit, wie Bakterien in nicht phagocytierende Zellen eindringen können, ist der *Trigger(Auslöser)-Mechanismus* (**Abb. 23.20b**). Unterschiedliche Pathogene, einschließlich der des eine Lebensmittelvergiftung verursachenden *Salmonella enterica* Serotyp *Typhimurum*, wenden ihn an. Bei dieser Invasionsart injiziert das Bakterium zunächst über ein Typ-III-Sekretionssystem (s. **Abb. 23.7**) mehrere Effektormoleküle in das Cytoplasma der Wirtszelle. Einige von ihnen aktivieren Proteine der *Rho*-Familie, die die Aktinpolymerisation stimulieren, wie bereits diskutiert. Andere interagieren direkter mit Elementen des Cytoskeletts – sie induzieren und stabilisieren Aktinfilamente und ordnen quervernetzende Proteine neu an. Die Folge ist eine Kräuselung (*ruffling*) auf der Oberfläche der Wirtszelle (**Abb. 23.20c und d**). In diesem Bereich treten lange aktinreiche Fortsätze nach außen hervor, die sich übereinanderfalten und das Bakterium einfangen. Dieser Prozess ähnelt der Makropinocytose (s. **Abb. 13.68**). Das Aussehen von Zellen, in die Bakterien über den Trigger-Mechanismus eindringen, gleicht insgesamt der starken Kräuselung, die manche Wachstumsfaktoren auslösen. Das lässt vermuten, dass die Bakterien normale intrazelluläre Signalwege kapern.

23.2.8 Intrazelluläre eukaryotische Parasiten dringen aktiv in Wirtszellen ein

Die Aufnahme von Viren und Bakterien in Wirtszellen wird größtenteils vom Wirt durchgeführt. Der pathogene Erreger verhält sich bei diesen Vorgängen relativ passiv. Im Gegensatz dazu dringen intrazelluläre eukaryotische Parasiten, die in der Regel viel größer sind als andere intrazelluläre pathogene Erreger, über verschiedene Wege, die die Parasiten viel Energie kosten, aktiv in die Wirtszellen ein.

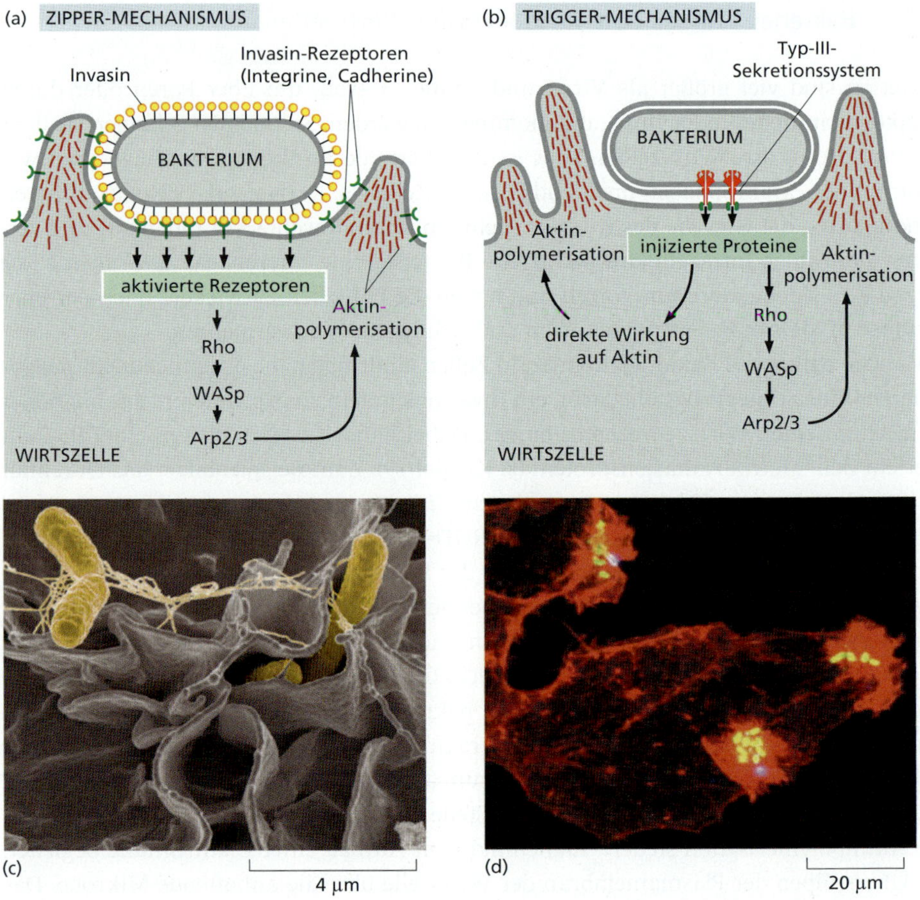

Abb. 23.20 Mechanismen, mit denen Bakterien die Phagocytose durch normalerweise nicht phagocytierende Wirtszellen induzieren. (a) Der Zipper(Reißverschluss)-Mechanismus: Bakterien exprimieren ein Invasionsprotein, das mit hoher Affinität an einen Wirtszellrezeptor bindet. Dabei handelt es sich oft um ein Zell–Zell- oder ein Zell–Matrix-Adhäsionsprotein. (b) Der Trigger (Auslöser)-Mechanismus: Bakterien injizieren eine Gruppe von Effektormolekülen in das Cytosol der Wirtszelle über ein Typ-III-Sekretionssystem namens SPI1 (*Salmonella*-Pathogenitätsinsel 1). Dadurch wird eine Kräuselung der Membran ausgelöst. Sowohl der Zipper- als auch der Trigger-Mechanismus verursachen über die Aktivierung kleiner GTPasen der Rho-Familie und über den Arp2/3-Komplex eine Aktinpolymerisation an der Stelle, an der sich das Bakterium anheftet. (c) Rasterelektronenmikroskopische Aufnahme, die ein sehr frühes Eindringstadium von *Salmonella enterica* über den Trigger-Mechanismus zeigt. Die Bakterien (*gelb* nachkoloriert) sind von einer dünnen Membrankräuselung umgeben. (d) Fluoreszenzmikroskopische Aufnahme, die zeigt, dass die ausgedehnten Kräuselungen, die das *Salmonella*-Bakterium einhüllen, aktinreich sind. Die Bakterien sind *grün* markiert, die Aktinfilamente *rot*. Wegen der Farbüberlappung erscheinen die Bakterien *gelb*. (c, aus Rocky Mountain Laboratories, NIAID, NIH; d, aus J. E. Galán, *Annu. Rev. Cell Dev. Biol.* 17: 53–86, 2001. Mit Erlaubnis von Annual Reviews).

Toxoplasma gondii, ein Katzenparasit, der ab und zu auch ernste Infektionen beim Schwangeren und immungeschwächten Personen verursacht, ist ein gutes Beispiel. Das Eindringen von *Toxoplasma gondii* beinhaltet die Sekretion von Effektorproteinen des Parasiten, die auf Bestandteile der Wirtszelle zielen, sowie Aktivitäten des Parasiten-Cytoskeletts (**Abb. 23.21**). Sobald dieses Protozoon auf eine Wirtszelle trifft, streckt es sein *Conoid* – eine ungewöhnliche, Mikrotubuli-basierte Struktur – hervor, der das Eindringen in die Wirtszelle erleichtert. An der Berührungsstelle entlädt der Parasit aus spezialisierten sekretorischen Organellen seine Effektorproteine in die Wirtszelle. Eines dieser Effektorproteine ist ein Rezeptor, der sich in die Plasmamembran der Wirtszelle einbaut und ein Oberflächenprotein des Parasiten bindet. Andere Effektorproteine bilden eine ringartige *Bewegungsverbindung* (*moving junction*), durch welche sich der Parasit mithilfe von Kräften quetscht, die er durch sein eigenes ungewöhnliches Aktin- und Myosin-Cytoskelett erzeugt. Während der Parasit eindringt, beseitigt er bemerkenswerterweise Transmembranproteine des Wirts aus der umgebenden Membran, sodass er schließlich in einem membranumschlossenen Kompartiment, der *parasitophoren Vakuole*, geschützt ist; diese fusioniert nicht mit Lysosomen und nimmt nicht am Membranverkehr der Wirtszelle teil. Die spezialisierte Membran ist selektiv porös: Der Parasit kann durch sie kleine Stoffwechselzwischenprodukte und Nährstoffe aus dem Wirtszellcytosol aufnehmen, jedoch keine größeren Moleküle. Malariaparasiten befallen Erythrocyten mithilfe eines sehr ähnlichen Mechanismus.

Das Protozoon *Trypanosoma cruzi*, das in Mexiko, Mittel- und Südamerika die Chagas-Krankheit verursacht, nutzt zwei alternative Invasionsstrategien. Beim *lysosomenabhängigen Weg* heftet sich der Parasit an Zelloberflächenrezeptoren der Wirtszelle und induziert einen lokalen Anstieg von Ca^{2+} im Wirtszell-Cytoplasma. Das Ca^{2+}-Signal

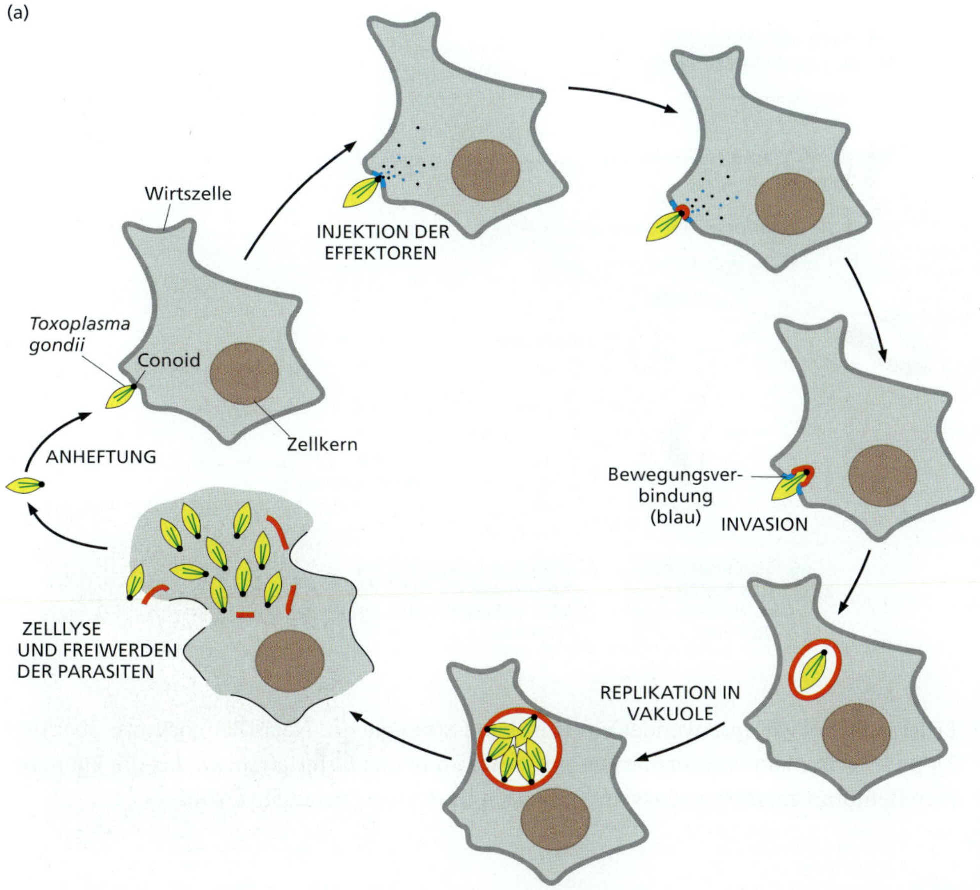

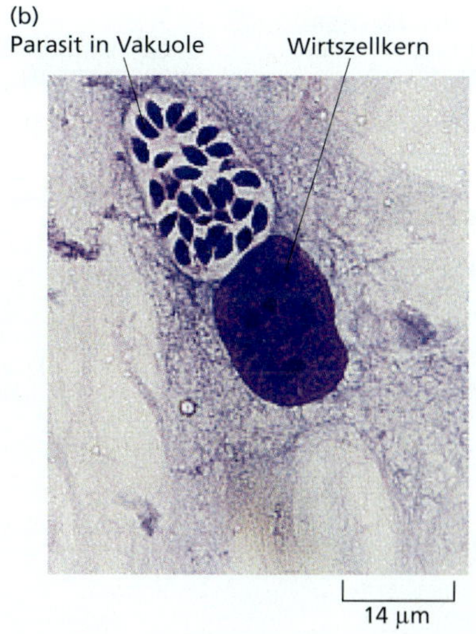

Abb. 23.21 Der Lebenszyklus des intrazellulären Parasiten *Toxoplasma gondii*. (a) Nachdem sich *Toxoplasma gondii* an eine Wirtszelle geheftet hat, verwendet es sein Conoid, um Effektorproteine zu injizieren, die das Eindringen ermöglichen. Zu diesen Effektorproteinen zählt ein Rezeptor, der ein parasitäres Oberflächenprotein bindet, sowie Bestandteile der Bewegungsverbindung (*moving junction*) (*blau dargestellt*); durch diese quetscht sich der Parasit, während er in die Wirtszelle eindringt. Wenn sich die Plasmamembran der Wirtszelle einstülpt, entfernt der Parasit irgendwie die normalen Membranproteine der Wirtszelle, sodass das Kompartiment (*rot* dargestellt) nicht mit Lysosomen verschmilzt. Nach einigen Vermehrungszyklen bewirkt *Toxoplasma gondii* die Zerstörung des Kompartiments und die Lyse seiner Wirtszelle. Auf diese Weise werden die Nachkommen des Parasiten frei und können andere Wirtszellen infizieren. (b) Lichtmikroskopische Aufnahme von *Toxoplasma gondii*, das sich innerhalb eines membranumschlossenen Kompartiments (eine parasitentragende Vakuole) in einer Kulturzelle vermehrt. (b, mit freundlicher Genehmigung von Manuel Camps und John Boothroyd).

lockt Lysosomen an die Stelle, wo sich der Parasit befindet. Sie verschmelzen mit der Plasmamembran und ermöglichen dem Parasiten einen schnellen Zugang zum lysosomalen Kompartiment (**Abb. 23.22**). Beim *lysosomen-unabhängigen Weg* durchdringt der Parasit die Plasmamembran der Wirtszelle, indem er eine Einstülpung der Membran auslöst, ohne Lysosomen anzulocken.

23.2.9 Einige intrazelluläre pathogene Erreger entkommen aus dem Phagosom ins Cytosol

Alle intrazellulären Parasiten, einschließlich Viren, Bakterien und eukaryotische Parasiten, sehen sich einem Problem gegenübergestellt: Sie müssen ein Zellkompartiment innerhalb der Wirtszelle finden, in dem sie sich vermehren können. Nachdem sie über Endocytose in eine Wirtszelle aufgenommen wurden, finden sich die Erreger gewöhnlich in einem endosomalen Kompartiment wieder, das normalerweise mit Lysosomen verschmelzen würde (**Abb. 13.67**) – ein für Krankheitserreger gefährlicher Platz, weil dort viele antimikrobielle Faktoren vorhanden sind. Um zu überleben, nutzen sie verschiedene Strategien (**Abb. 23.23**). Einige verlassen das endosomale Kompartiment vor solch einer Fusion. Andere bleiben im endosomalen Kompartiment, aber modifizieren es, um seine Fusion mit den Lysosomen zu verhindern. Wieder andere haben Wege gefunden, wie sie im feindlichen Milieu des Lysosoms überleben können.

Das Protozoon *Trypanosoma cruzi* verwendet die Ausweichroute ins Cytoplasma, indem es ein porenbildendes Toxin absondert, das die Membran des Lysosoms auflöst und den Parasit ins Cytoplasma der Wirtszelle entlässt (s. **Abb. 23.22**). Das Bakterium

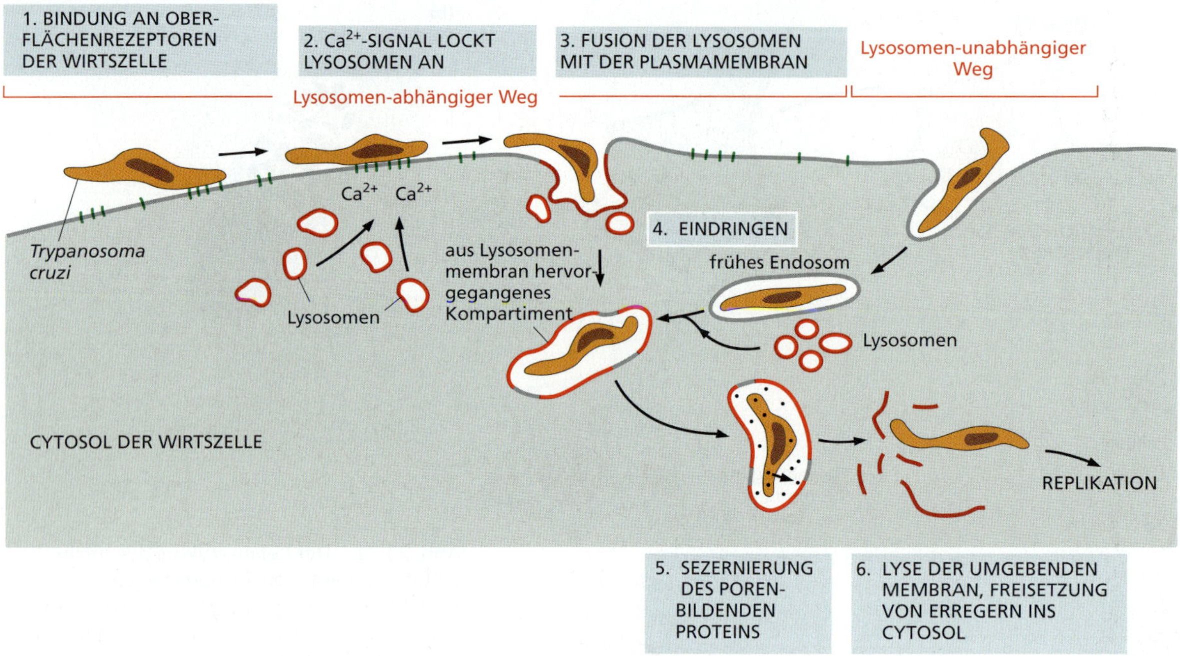

Abb. 23.22 Zwei alternative Strategien von *Trypanosoma cruzi*, um in eine Wirtszelle einzudringen. Im Lysosomen-abhängigen Weg (*links*) lockt *Trypanosoma cruzi* Lysosomen der Wirtszelle an die Anheftungsstelle. Sie verschmelzen mit der Plasmamembran und es bildet sich eine Vakuole, die fast ausschließlich aus lysosomaler Membran besteht. Nach einer kurzen Zeit in der Vakuole sezerniert *Trypanosoma cruzi* ein porenbildendes Protein, das die Vakuolenmembran zerstört. Auf diese Weise gelangt der Parasit in das Cytoplasma der Wirtszelle und vermehrt sich dort. Im lysosomen-unabhängigen Weg (*rechts*) induziert der Parasit die Ausstülpung und Abschnürung der Plasmamembran der Wirtszelle, ohne Lysosomen anzulocken. Anschließend verschmelzen Lysosomen mit dem Endosom, bevor der Parasit in das Cytoplasma entkommt.

Listeria monocytogenes wendet eine ähnliche Strategie an. Nach Phagocytose über den Zipper-Mechanismus sezerniert es ein Protein namens *Listeriolysin O*, das die Phagosomenmembran zerstört, sodass die Bakterien ins Cytosol gelangen (**Abb. 23.24**).

23.2.10 Viele pathogene Organismen verändern den Membrantransport in der Wirtszelle, um zu überleben und sich zu vermehren

Intrazelluläre Pathogene, die nach dem Eindringen in membranumschlossenen Kompartimenten der Wirtszelle verbleiben (s. **Abb. 23.23**), verändern oft diese Kompartimente, damit sie weniger antimikrobiellen Molekülen ausgesetzt sind und überleben und sich vermehren können. Dazu müssen diese Krankheitserreger den Membran(Vesikel)-Transport verändern, z. B. indem sie die normale Fusion der Endosomen mit Lysosomen verlangsamen oder ganz verhindern (**Abb. 23.25**).

Die unterschiedlichen pathogenen Organismen besitzen verschiedene Strategien, um den Membrantransport der Wirtszelle zu verändern. *Mycobacterium tuberculosis* verhindert die Reifung des frühen Endosoms, in dem es sich befindet. Das Endosom

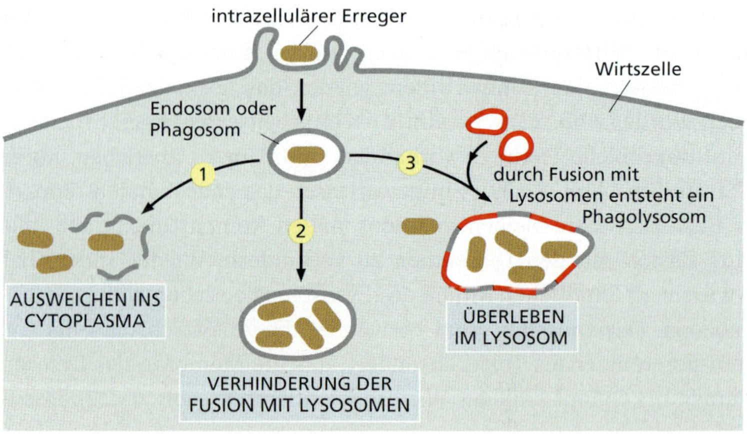

Abb. 23.23 Überlebensstrategien von intrazellulären Erregern. Nachdem ein intrazelluläres Pathogen in eine Zelle eingedrungen ist – dies erfolgt in der Regel über Phagocytose in ein membranbegrenztes Kompartiment – kann es eine von drei Strategien einsetzen, um zu überleben und sich zu vermehren. Zu den Erregern, die ins Cytosol entkommen (1), gehören alle Viren, *Trypanosoma cruzi*, *Listeria monocytogenes* und *Shigella flexneri*. Diejenigen, die die Fusion mit Lysosomen verhindern (2) schließen *Mycobacterium tuberculosis*, *Legionella pneumophila* und *Toxoplasma gondii* ein. Zu denjenigen, die im Lysosom überleben (3), zählen *Salmonella enterica*, *Coxiella burnetii* und *Leishmania*.

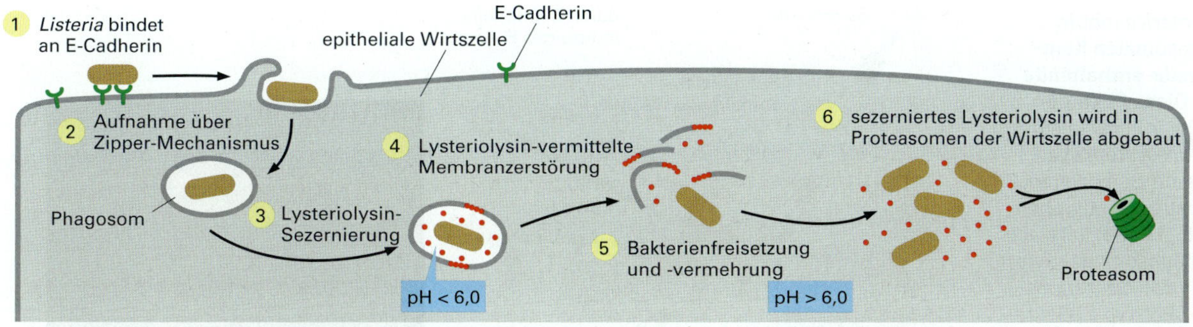

Abb. 23.24 Gezielte Zerstörung der Phagosomenmembran durch *Listeria monocytogenes*. *L. monocytogenes* bindet an E-Cadherin oder andere Rezeptoren auf der Oberfläche von Epithelzellen und induziert seine Aufnahme in die Wirtszelle über den Zipper-Mechanismus (s. **Abb. 23.20a**). Im Phagosom sezerniert das Bakterium das Protein Listeriolysin O, das bei einem pH-Wert unter 6 aktiviert wird. Es lagert sich in Form von Oligomeren in die Phagosomenmembran ein, wodurch sich große Poren bilden und die Membran schließlich zerstört wird. Sobald das Bakterium frei im Cytosol ist, beginnt es sich zu vermehren. *Listeria monocytogenes* sezerniert zwar weiterhin Listeriolysin O. Da der pH-Wert im Cytosol aber höher als 6 ist, ist das Listeriolysin O dort jedoch nicht so aktiv und wird auch schnell von Proteasomen abgebaut, sodass die Plasmamembran der Wirtszelle intakt bleibt.

säuert sich daher nicht an und erlangt auch keine Merkmale eines späten Endosoms oder Lysosoms.

Im Gegensatz dazu säuern Phagosomen, die *Salmonella enterica* enthalten, sich an und erlangen Merkmale später Endosomen und Lysosomen. Die Bakterien verlangsamen jedoch den Prozess der Phagosomenreifung. Dies geschieht, indem sie über ein zweites Typ-III-Sekretionssystem Effektorproteine injizieren. Dieses System unterscheidet sich von demjenigen, das am Eindringen durch den Trigger-Mechanismus beteiligt ist (s. **Abb. 23.20**). Einige der bakteriellen Effektoren aktivieren Kinesin-Motorproteine des Wirts, um Membrantubuli vom Phagosom entlang cytoplasmatischer Mikrotubuli nach außen zu ziehen. So entsteht ein spezialisiertes Kompartiment, das als *Salmonella*-enthaltende Vakuole bezeichnet wird (**Abb. 23.26**).

Andere Bakterien finden anscheinend Schutz in intrazellulären Kompartimenten, die sich von denjenigen des üblichen Endocytose-Systems unterscheiden. Ein Beispiel dafür ist *Legionella pneumophila*. 1976 wurde dieses Bakterium erstmalig beim Menschen als Erreger einer Art von Pneumonie, die als **Legionärskrankheit** bekannt ist, nachgewiesen. *Legionella pneumophila* ist normalerweise ein Parasit von Süßwasseramöben. Es kann aber, in der Regel über zentrale Klimaanlagen, die infizierte Amöben beherbergen und leicht inhalierbare Mikrowassertröpfchen bilden, auf Menschen übertragen werden. Wenn die Erreger in der Lunge angekommen sind, werden sie von Makrophagen aufgenommen. Dies geschieht über einen ungewöhnlichen Prozess, der als spiralartige Phagocytose (engl. *coiling phagocytosis*) bezeichnet wird (**Abb. 23.27a**).

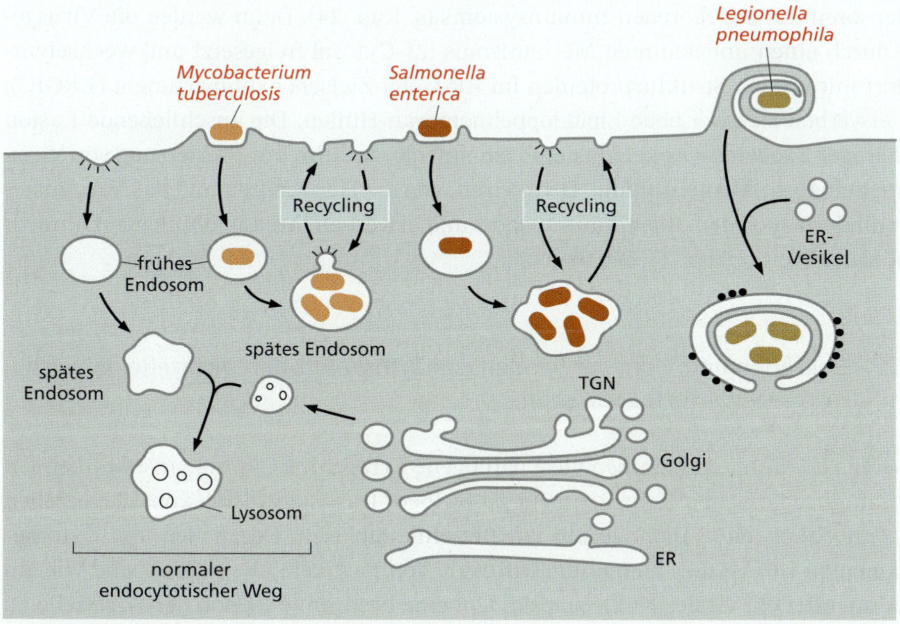

Abb. 23.25 Änderungen des intrazellulären Membrantransports durch bakterielle Krankheitserreger, um die normale Fusion der Endosomen mit Lysosomen zu verlangsamen oder zu verhindern. Intrazelluläre pathogene Bakterien wie *Mycobacterium tuberculosis*, *Salmonella enterica* und *Legionella pneumophila* vermehren sich alle in membranumhüllten Kompartimenten – die jeweiligen Kompartimente unterscheiden sich jedoch voneinander. *Mycobacterium tuberculosis* hält sich in einem Kompartiment auf, das Eigenschaften eines frühen Endosoms besitzt und mit der Plasmamembran über Transportvesikel in Verbindung steht. Das Kompartiment von *Salmonella enterica* hat dagegen Marker eines späten Endosoms und tauscht sich nicht mit der Oberfläche der Wirtszelle aus. *Legionella pneumophila* vermehrt sich in einem ungewöhnlichen Kompartiment – es ist von mehreren Membranschichten des rauen Endoplasmatischen Reticulums (ER) umgeben und kommuniziert mit dem ER über Transportvesikel. TGN, *trans*-Golgi-Netzwerk.

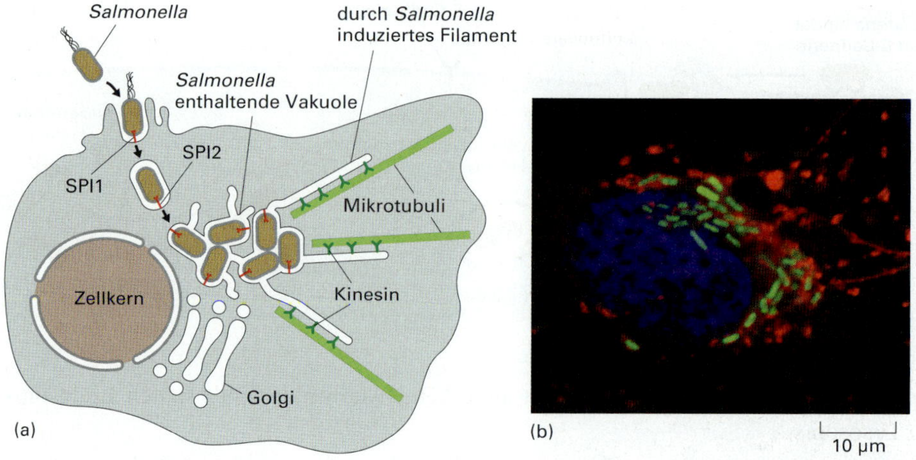

Abb. 23.26 ***Salmonella enterica*** **lebt in einem modifizierten phagosomalen Kompartiment, das als *Salmonella*-enthaltende Vakuole bezeichnet wird.** Diese Bakterien dringen in die Wirtzelle ein, indem sie eines der beiden Typ-III-Sekretionssysteme verwenden, um Effektorproteine zu injizieren, die den Trigger-Mechanismus des Mikrobeneintritts induzieren (s. **Abb. 23.19b**). (a) Nach seiner Aufnahme in ein Phagosom inaktiviert das Bakterium sein SPI1-Typ-III-Sekretionssystem und aktiviert sein SPI2-Typ-III-Sekretionssystem, um andere Effektorproteine zu injizieren. Diese gestalten das Phagosom in eine spezialisierte *Salmonella*-enthaltende Vakuole um. Eines der injizierten Effektorproteine aktiviert Kinesin-Motorproteine des Wirts, um Membrantubuli nach außen in Richtung der *plus*-Enden der Mikrotubuli zu ziehen (s. **Abb. 16.53**), dabei bildet sich eine Struktur mit einer ungewöhnlichen röhrenförmigen Form, deren Funktion ungeklärt ist. (b) Fluoreszenzmikroskopische Aufnahme von *Salmonella enterica* in einer *Salmonella*-enthaltenden Vakuole. Die Bakterien sind *grün* gefärbt, die Mikrotubuli *rot* und der Zellkern *blau*. (b, mit freundlicher Genehmigung von Stephane Meresse).

Legionella pneumophila verwendet ein Typ-IV-Sekretionssystem, um Effektorproteine in den Phagocyten zu injizieren. Diese Proteine modulieren die Anhäufung von Phosphoinisitiden und die Aktivität von Proteinen, die den vesikulären Transport regulieren. Dazu gehören SNARE-Proteine und Rab und GTPasen der Arf-Familie (s. Kapitel 13). Die Effektorproteine verhindern so, dass das Phagosom mit Endosomen verschmilzt, und fördern seine Fusion mit Vesikeln des Endoplasmatischen Reticulums. So wird das Phagosom in ein Kompartiment umgewandelt, das dem rauen Endoplasmatischen Reticulum ähnelt (**Abb. 23.27b**).

Auch Viren können häufig den Membrantransport in ihren Wirtszellen verändern. So nutzen viele umhüllte Viren, einschließlich des Coronavirus SARS-Cov-2, die Wirtszellmembranen, um in den Besitz einer eigenen Hüllmembran zu kommen. Im einfachsten Fall werden dazu viral codierte Glykoproteine in die ER-Membran eingebaut. Sie folgen dann dem gewöhnlichen Weg durch den Golgi-Apparat zur Plasmamembran. Die viralen Capsidproteine und das Genom werden zu Nukleocapsiden zusammengebaut. Sie verlassen die Zelle durch Knospung und erhalten dabei ihre Hüllen aus der Plasmamembran (s. **Abb. 23.12**). Bei SARS-Cov-2 ist der Vorgang komplizierter, denn dieses Virus löst die Bildung von Doppelmembran-Vesikeln aus, die vom Endoplasmatischen Reticulun (ER) stammen, und seine Genomreplikationsfabriken enthalten (**Abb. 23.28a**). Diese Vesikel konzentrieren die Replikationszwischenprodukte und verbergen sie vor den Sensoren des angeborenen Immunsystems (s. Kap. 24). Dann werden die Virusgenome durch einen unbekannten Mechanismus ins Cytosol freigesetzt und wechselwirken dort mit viralen Strukturproteinen im ER-Golgi-Zwischenkompartiment (ERGIC); dabei erwerben sie zwei neue Lipiddoppelmembran-Hüllen. Die anschließende Fusion virushaltiger Exocytosevesikel mit der Plasmamembran führt zur Freisetzung von Viren mit einer einzigen Membranhülle. DNA-Viren, wie die Herpesviren und das Vacciniavirus, verändern auch dem Membrantransport und erwerben ihre Lipidhüllen auf ähnlich komplizierte Weise (**Abb. 23.28b und c**).

23.2.11 Bakterien und Viren verwenden das Cytoskelett der Wirtszelle, um sich intrazellulär fortzubewegen

Wie bereits erwähnt, entkommen viele pathogene Erreger ins Cytosol, anstatt in einem membranumschlossenen Kompartiment zu bleiben. Das Cytoplasma von Säugerzellen ist extrem viskos, da es dicht gefüllt mit Proteinkomplexen, Organellen und Cytoskelettfilamenten ist. All dies hemmt die Diffusion von Partikeln, die so groß sind wie ein Bakterium oder ein virales Nukleocapsid. Um eine bestimmte Region der Wirtszelle zu

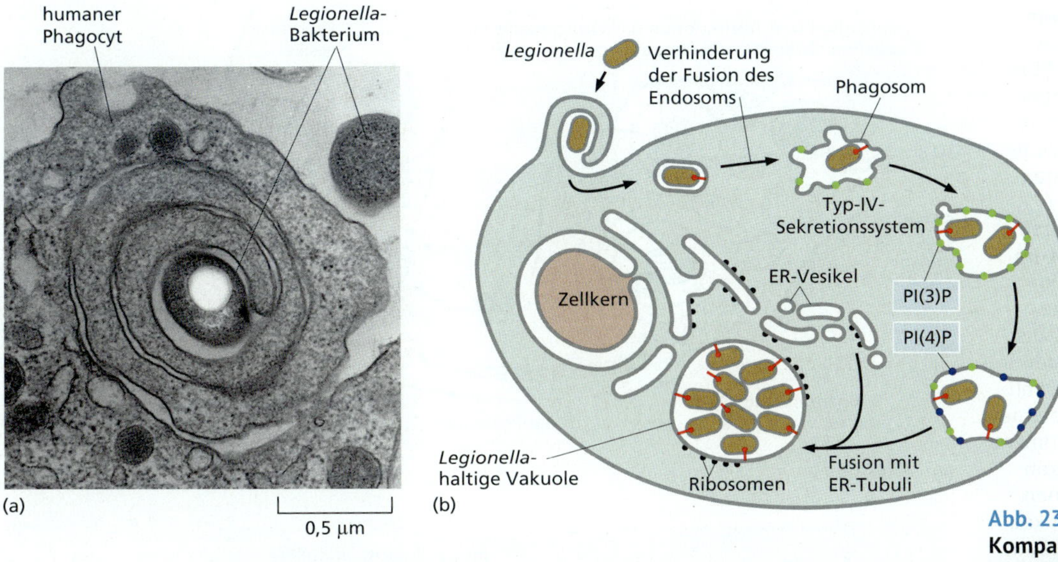

Abb. 23.27 ***Legionella pneumophila*** **in einem Kompartiment, das ähnliche Eigenschaften besitzt wie das raue Endoplasmatische Reticulum (*ER*).** (a) Die elektronenmikroskopische Aufnahme zeigt die ungewöhnliche spiralige Struktur, die durch das Bakterium *Legionella pneumophila* auf der Oberfläche eines Phagocyten während des Invasionsprozesses induziert wird. Einige andere pathogene Organismen, wie das Bakterium *Borrelia burgdorferi*, der Erreger der Lyme-Krankheit (Borreliose), und der eukaryotische pathogene Organismus *Leishmania* sowie die Hefe *Candida albicans*, können auch mithilfe dieser Art von spiralartiger Phagozytose in Zellen eindringen. (b) Nach dem Eindringen verwendet *Legionella pneumophila* sein Typ-IV-Sekretionssystem, um Effektorproteine abzusondern, die die Fusion von Phagosom und Endosom und die Reifung des Phagosoms blockieren. Es sezerniert auch Effektorproteine, die die Umwandlung von Phosphoinositid von PI(3)P zu PI(4)P sowie die Fusion des Phagosoms mit vom ER stammenden Vesikeln fördern. So entsteht eine *Legionella*-enthaltende Vakuole mit Eigenschaften, die denen des rauen ER ähneln. Siehe **Abb. 13.10** und **13.11** für die Besprechung der Phosphoinositide und Auswahl der Zielmembran. (a, aus M. A. Horwitz, *Cell* 36: 27–33, 1984. Mit Genehmigung von Elsevier).

erreichen, muss sich ein pathogener Organismus aktiv dorthin bewegen. Dazu benutzen Pathogene – genau wie beim Transport von intrazellulären Organellen – gewöhnlich das Cytoskelett ihrer Wirtszelle.

Verschiedene Krankheitserreger, die sich im Wirtszellcytosol vermehren, bewegen sich mithilfe eines bemerkenswerten Mechanismus, für den die Polymerisation von Aktin nötig ist. Diese Bakterien umfassen beispielsweise *Listeria monocytogenes*, *Shigella flexneri*, *Rickettsia rickettsii* (der Erreger des Rocky Mountain-Fleckfiebers) und *Burkholderia pseudomallei* (der Erreger der Whitmore-Krankheit, die sich durch schwere respiratorische Symptome auszeichnet) sowie das Ebolavirus und das Insektenvirus Baculovirus. Alle induzieren an einem ihrer Pole die Nukleation und den Aufbau von Wirtszell-Aktinfilamenten. Die wachsenden Filamente erzeugen eine starke Kraft und schieben das Bakterium mit einer Geschwindigkeit von bis zu 1 $\mu m\ s^{-1}$ durch das Cytoplasma (**Abb. 23.29**). Am hinteren Ende des Bakteriums bilden sich ständig neue Filamente, und wenn es sich vorwärtsbewegt, bleiben sie wie ein Raketenschweif zurück. Nach ungefähr einer Minute depolymerisieren die Filamente des Schweifs wieder, wenn sie auf im Cytosol befindliche Depolymerisationsfaktoren stoßen. Wenn die sich bewegenden Bakterien *Listeria monocytogenes* und *Shigella flexneri* die Plasmamembran erreichen, bewegen sie sich auswärts gerichtet weiter. Dadurch entsteht eine lange dünne Membranausstülpung, in deren Spitze sich das Bakterium befindet. Wie in **Abbildung 23.28** dargestellt, nehmen benachbarte Zellen diesen Fortsatz häufig auf, sodass das Bakterium ins Cytoplasma der Nachbarzelle gelangt, ohne sich der extrazellulären Umwelt auszusetzen. Auf diese Weise entkommt es den Antikörpern der adaptiven Immunabwehr des Wirts. Bei *Burkholderia pseudomallei* fördern die Bewegung des Bakteriums und das Erreichen der Plasmamembran die Zell–Zell-Fusion. Dies erfüllt einen ähnlichen Zweck – Umgehung der Immunabwehr und Ermöglichung der bakteriellen Replikation.

Bei verschiedenen Mikroorganismen unterscheiden sich die molekularen Mechanismen der pathogeninduzierten Aktinansammlung, was vermuten lässt, dass sich diese Mechanismen unabhängig voneinander entwickelt haben (**Abb. 23.30**).

Listeria monocytogenes und das Baculovirus bilden Proteine, die direkt an den Arp2/3-Komplex binden und ihn aktivieren, um den Aufbau eines Aktinschweifs und die Bewegung in Gang zu setzen (s. **Abb. 16.17**). *Shigella flexneri* bildet ein nicht verwandtes Oberflächenprotein, das an *NPF* N-WASp bindet und es aktiviert, das daraufhin wiederum den Arp2/3-Komplex aktiviert. *Rickettsia*- und *Burkholderia*-Arten produzieren ein

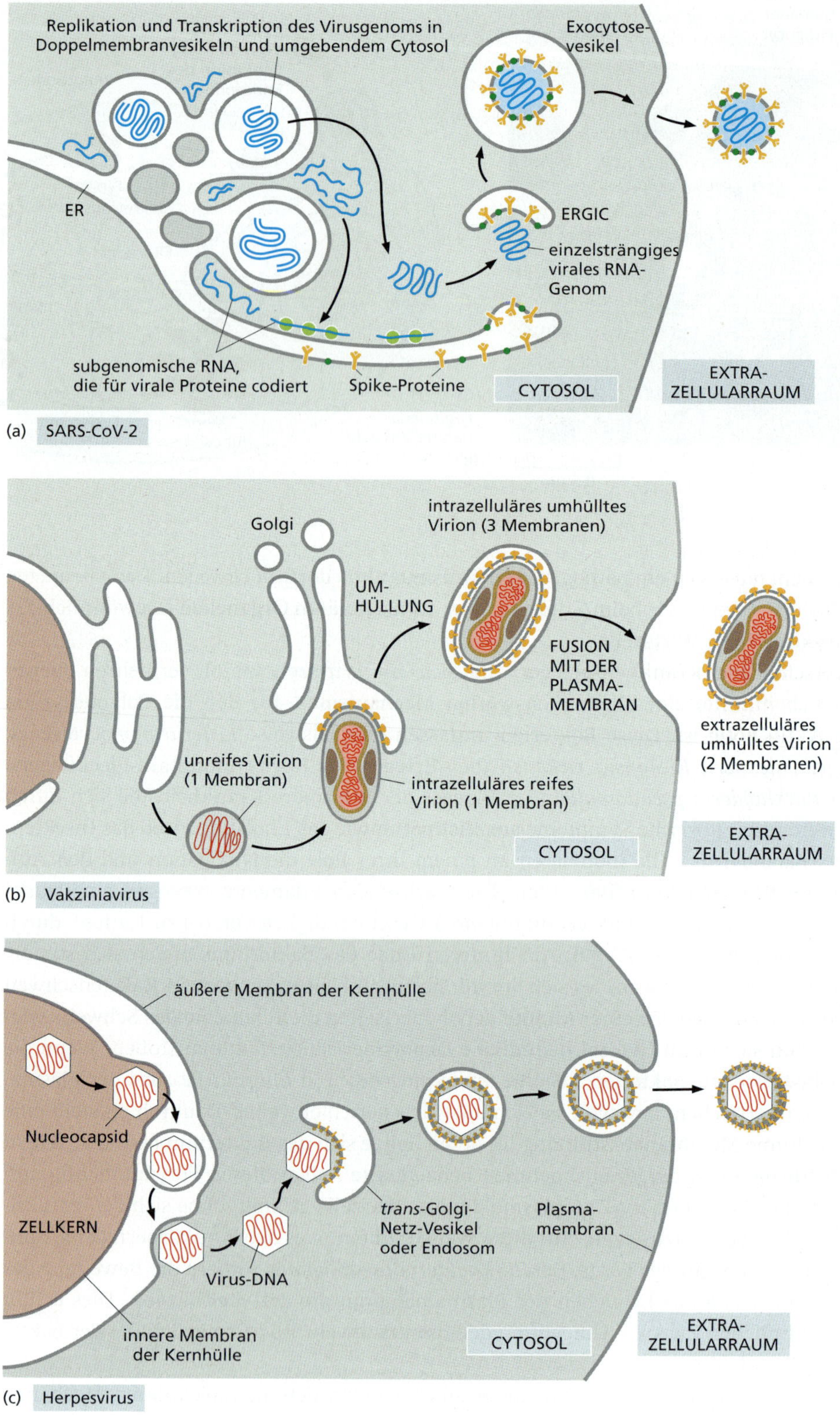

Abb. 23.28 Verschiedene Strategien, wie Viren eine Hüllmembran erhalten. (a) Das Coronavirus SARS-CoV-2 repliziert sein Plus-Strang-RNA-Genom in Vesikeln mit Doppelmembran, die mit dem Endoplasmatischen Reticulum (ER) vergesellschaftet sind. Virale Genome werden durch einen kaum verstandenen Mechanismus ins Cytoplasma freigesetzt, an dem der Durchtritt durch Poren der Doppelmembran beteiligt sein kann. Im umgebenden Cytosol findet die Transkription der subgenomischen RNAs statt, die für Strukturproteine des Virus codieren. Die Translation der viralen Transmembranproteine, einschließlich des Spike-Proteins, vollzieht sich im ER. Dann werden diese Proteine vom ER zum ER-Golgi-Zwischenkompartiment (ERGIC) verschickt, wo sich das einzelsträngige virale RNA-Genom mit Virusproteinen verbindet, um die Bildung von Viruspartikeln im Lumen der Exocytosevesikel anzukurbeln. Wenn diese Vesikel mit der Plasmamembran verschmelzen, werden die Viren von der Zelloberfläche freigesetzt. (b) Das Vakziniavirus baut sich in „Replikationsfabriken" im Cytosol zusammen, weit entfernt von der Plasmamembran. Das von einer einzelnen Membran umschlossene unreife Virion bekommt zwei weitere Membranen vom Golgi-Apparat mithilfe eines nur wenig verstandenen Umhüllungsmechanismus. So entsteht das intrazelluläre umhüllte Virion. Nach Verschmelzen der äußersten Membran mit der Plasmamembran der Wirtszelle wird das extrazelluläre umhüllte Virion aus der Wirtszelle entlassen. (d) Die Nukleocapside des Herpesvirus bauen sich im Zellkern zusammen und schnüren sich dann durch die innere Kernmembran in den Raum zwischen der inneren und äußeren Kernmembran ab; dabei erhalten sie eine Membranhülle. Wenn die Viruspartikel mit der Membran des Endoplasmatischen Reticulums verschmelzen, um ins Cytosol zu entkommen, verlieren sie offensichtlich diese Hülle. Anschließend wandern die Nukleocapside durch den Golgi-Apparat und bekommen bei diesem Vorgang zwei neue Membranhüllen. Wenn seine äußere Membran mit der Plasmamembran fusioniert, dann schnürt sich das Virus mit einer einzelnen Membran von der Zelloberfläche ab.

Protein, das *Aktin* direkt polymerisiert, indem es die Funktion von Forminproteinen des Wirts nachahmt (s. **Abb. 16.13**).

Viele pathogene Viren bewegen sich vorrangig mithilfe mikrotubuli-abhängiger Motorproteine und nicht über Aktinpolymerisation im Cytosol der Wirtszelle. Dabei nutzen sie die inhärente Polarität der Mikrotubuli, um gerichtete weitreichende Bewegungen zu

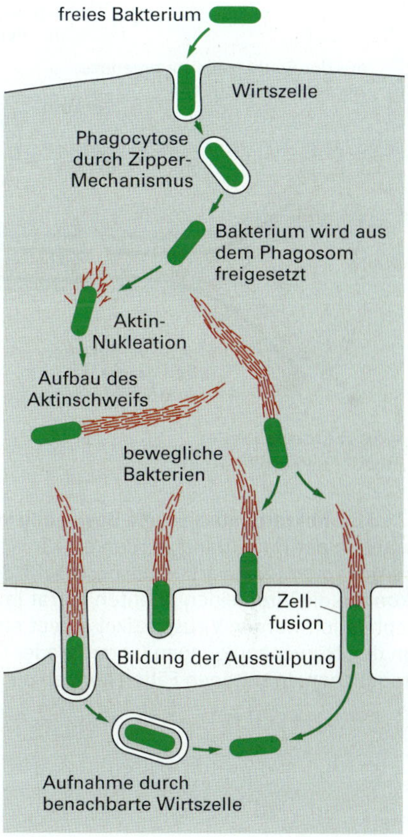

Abb. 23.29 Aktinabhängige Bewegung von bakteriellen Krankheitserregern innerhalb von Wirtszellen und von einer Zelle zur anderen. Nach dem Eindringen in die Zelle induzieren bakterielle Krankheitserreger wie *Listeria monocytogenes*, *Shigella flexneri*, *Rickettsia rickettsii* und *Burkholderia pseudomallei* den Aufbau von aktinreichen Schweifen im Cytoplasma der Wirtszelle, mit deren Hilfe sie sich schnell fortbewegen können. Die meisten dieser pathogenen Erreger kollidieren mit der Plasmamembran der Wirtszelle und bilden membranbegrenzte Ausstülpungen, die von benachbarten Zellen aufgenommen werden. So verbreitet sich die Infektion von einer Zelle zur nächsten. Im Gegensatz dazu fördert bei *Burkholderia pseudomallei* die Kollision mit der Plasmamembran die Zell–Zell-Fusion. So entsteht eine Verbindung, über die Bakterien in die benachbarten Zellen eindringen können.

ermöglichen. Wichtige Beispiele sind Viren, die Nervenzellen infizieren, wie die *neurotropen Alpha-Herpesviren*, zu denen auch der Windpockenerreger gehört (**Abb. 23.31**). Diese Virionen gelangen in sensorische Neuronen an der Spitze ihrer Axone und wandern über einen rückwärtsgerichteten (retrograden) mikrotubuli-abhängigen Transport entlang des Axons in Richtung Minus-Ende des Mikrotubulus. Der Transport erfolgt über die Anheftung der viralen Capsidproteine an das Motorprotein Dynein. Diese Viren errichten dann entweder eine „produktive" oder eine latente Infektion in den Zellkernen der Nervenzellen des peripheren Nervensystems. Nachdem sich das Virus im Kern vermehrt hat oder reaktiviert wurde, werden die Viren vorwärtsgerichtet (anterograd) hinunter zur Axonspitze transportiert. Dazu bindet ein anderes virales Capsidprotein an ein Kinesin-Motorprotein. Viele andere Viren heften sich in einigen ihrer Replikationsstadien entweder an Dynein- oder Kinesin-Motorproteine, um sich an den Mikrotubuli entlangzubewegen, und manche verändern sogar den dynamischen Auf- und Abbau der Mikrotubuli. Da Mikrotubuli als Orientierungsbahn für den Vesikeltransport in allen Zellarten dienen, nicht nur in Nervenzellen, überrascht es nicht, dass viele Viren unabhängig voneinander die Fähigkeit entwickelt haben, diese Transportsysteme für sich zu nutzen.

23.2.12 Viele Mikroben manipulieren die Autophagie

Wann immer eine Mikrobe innerhalb des Cytosols oder innerhalb eines membranumschlossenen Kompartiments lebt, muss sie mit der Abwehr der Wirtszelle zurechtkommen, die den Autophagie-Weg einschließt (s. **Abb. 13.67**). Autophagie ist der Vorgang, durch welchen Organellen oder andere cytoplasmatische Frachten von einem Autophagosom mit einer Doppelmembran umschlossen werden; das Autophagosom fusioniert mit Lysosomen um seinen Inhalt abzubauen (s. **Abb. 13.71**).

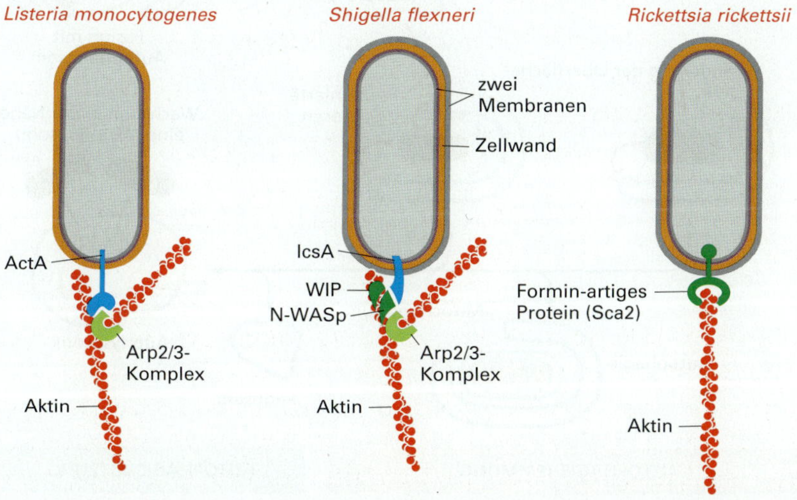

Abb. 23.30 Molekulare Mechanismen der Aktinnukleation durch verschiedene bakterielle Krankheitserreger. *Listeria monocytogenes* und *Shigella flexneri* induzieren die Aktinnukleation, indem sie den Arp2/3-Komplex der Wirtszelle anlocken und aktivieren (s. **Abb. 16.12**) – allerdings benutzt jeder von ihnen dazu eine andere Andockungsstrategie: *Listeria monocytogenes* exprimiert ein Oberflächenprotein (ActA), das direkt an den Arp2/3-Komplex bindet und ihn aktiviert. Dagegen bildet *Shigella flexneri* das nicht mit ActA verwandte Oberflächenprotein IcsA. Es rekrutiert NPF-N-WASp, das wiederum den Arp2/3-Komplex zusammen mit anderen Wirtsproteinen, einschließlich WIP (WASp-interagierendes Protein), anlockt. *Rickettsia rickettsii* verwendet eine vollkommen andere Strategie: Es exprimiert ein Oberflächenprotein, Sca2, das Aktin direkt polymerisiert, indem es die Funktion von Forminproteinen des Wirts nachahmt.

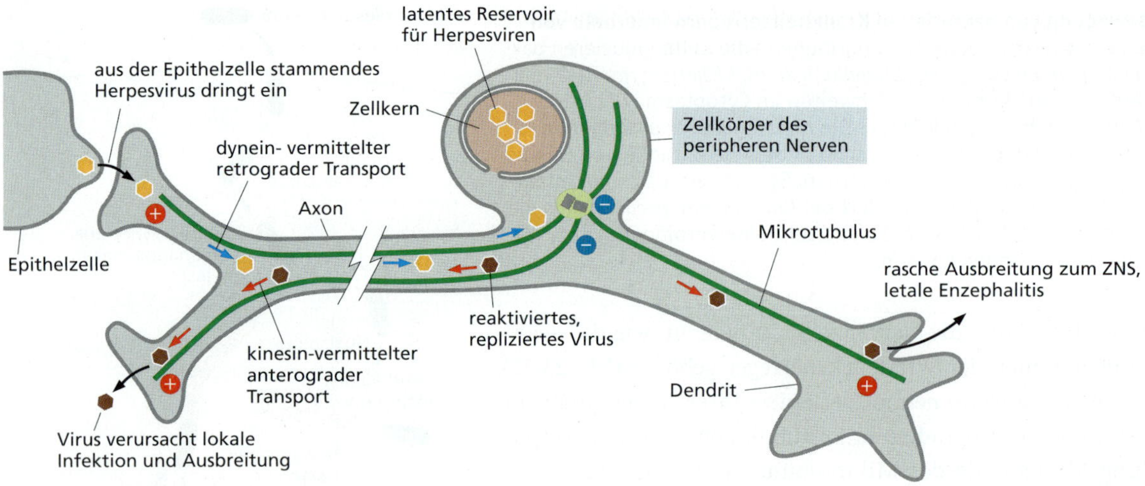

Abb. 23.31 Mikrotubuli-basierte Bewegung von Viren. Neurotrope Alpha-Herpesviren infizieren periphere Nervenzellen von benachbarten Epithelzellen in der Haut. Dann werden die Viruspartikel entlang von Mikrotubuli im Nervenzell-Axon in Richtung der Minus-Enden in den Zellkörper (retrograder oder Rückwärts-Transport) befördert – ein Vorgang, der durch Dynein-Motorproteine angetrieben wird. Beim Erreichen des Zellkörpers können die Viren einen latenten Vorrat im Zellkern errichten. Nach Reaktivierung (z. B. infolge von Stress oder Immunsuppression) oder bei der Replikation werden Viruspartikel erneut entlang der Mikrotubuli im Axon transportiert – dieses Mal in Richtung der Plus-Enden der Mikrobuli an den Nervenendigungen (anterograder oder Vorwärtstransport). Dort werden sie freigesetzt, um eine lokale Re-Infektion und Ausbreitung zu ermöglichen. In seltenen Fällen können die Viren sich stattdessen im Zentralnervensystem (ZNS) ausbreiten, was zu Enzephalitis führen kann.

Erst in jüngster Zeit wurde erkannt, dass die Autophagie intrazellulärer Mikroben eine wichtige Komponente der angeborenen Immunabwehr gegen eine Infektion darstellt (s. Kap. 24). Wenn dies geschieht, nennt man den Vorgang *antimikrobielle Autophagie* oder *Xenophagie*. Es überrascht nicht, dass Krankheitserreger zahlreiche Strategien entwickelten, um entweder die antimikrobielle Autophagie zu verhindern oder die Autophagiewege zu ihrem eigenen Vorteil zu manipulieren (**Abb. 23.32**).

Eine Strategie, um die antimikrobielle Autophagie zu vermeiden, ist die Verwendung eines Schutzschildes, das verhindert, dass die Mikrobe von der Wirtszelle entdeckt wird.

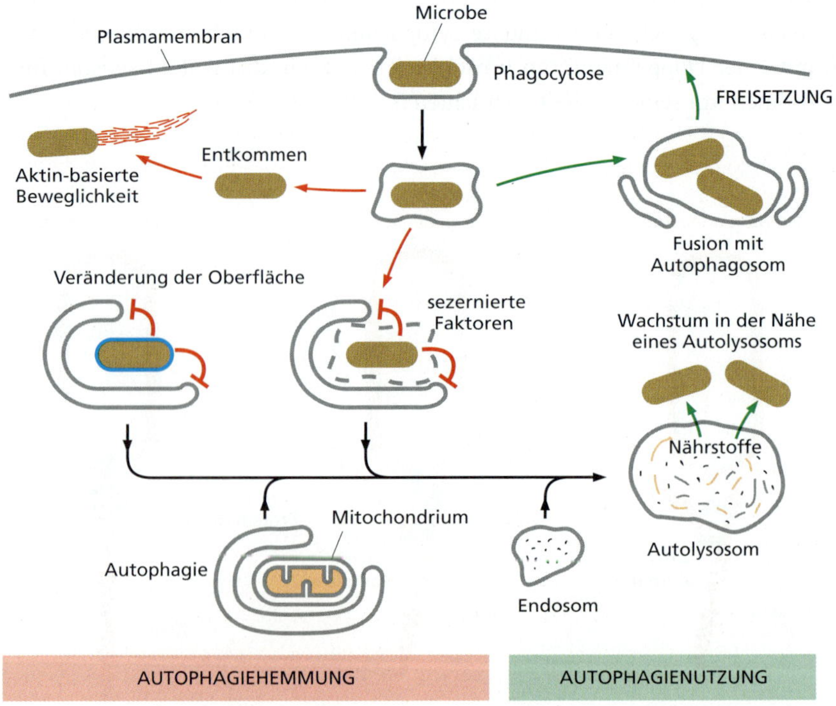

Abb. 23.32 Manipulation der Autophagie durch Mikroben. Pathogene Mikroben besitzen zahlreiche Mechanismen, um der antimikrobiellen Autophagie zu entkommen (*rote Pfeile*); dazu zählen die Modifizierung ihrer Oberfläche, um den Beginn der Autophagie zu vermeiden, oder die Sekretion von Faktoren und die Initiation Aktin-basierter Beweglichkeit, um den Einschluss in Autophagosomen zu verhindern. Mikroben können sich die Autophagie auch zunutze machen, (*grüne Pfeile*), z. B. indem sie Autophagosomen rekrutieren und mit ihnen verschmelzen, damit sie Nährstoffe und Lipide erhalten, oder indem sie zum Zwecke der Nahrungsbeschaffung in der Nähe von Autolysosomen wachsen.

Francisella tularensis, das die Zoonose Hasenpest oder Tularämie verursacht, verwendet dieses Schema. Sobald es aus den Phagosom in das Cytosol entkommt, verdeckt es seine Oberfläche, indem es eine LPS-Variante seiner Außenmembran erzeugt, die von der Autophagie- Initiationsmaschinerie der Wirtszelle nicht erkannt wird. Andere Strategien, die Autophagie zu untergraben, werden von *Listeria monocytogenes* verwendet; dabei werden Bakterienenzyme sezerniert, um sich die aktinbasierte Bewegung zunutze zu machen; beides befähigt Bakterien dazu, den Einschluss in Autophagosomen zu verhindern. Andererseits verwenden manche Krankheitserreger eine entgegengesetzte Strategie und nutzen die Autophagie aus. *Coxiella burnetii*, das die Zoonose Balkanfieber verursacht, repliziert sich in einem membranumschlossenen Kompartiment, das Autophagosomen rekrutiert und mit ihnen fusioniert, um Nährstoffe sowie Lipide für die Ausdehnung des Kompartiments zu liefern. Das Poliovirus aktiviert die Autophagie aus einem anderen Grund, nämlich um den Virusverkehr zur Plasmamembran und die Freisetzung aus der Wirtszelle zu fördern.

23.2.13 Viren können den Stoffwechsel ihrer Wirtszelle ausnutzen

Viren verwenden die Maschinerie der Wirtszelle für die meisten Schritte ihrer Vermehrung: Sie benutzen die Wirtszell-Ribosomen, um ihre Proteine herzustellen, und die meisten verwenden auch noch DNA- und RNA-Polymerasen der Wirtszelle für ihre eigene Replikation und Transkription. Viele Virengenome codieren für Proteine, die den Transkriptions- oder Translationsapparat des Wirts so modifizieren, dass virale RNAs und Virusproteine bevorzugt vor denen der Wirtszelle synthetisiert werden und die Wirtszelle hauptsächlich neue Viruspartikel bildet. Beispielsweise codiert das Poliovirus für eine Protease, die spezifisch die TATA-Bindungsfaktorkomponente von TFIID (s. **Abb. 6.15**) spaltet und so die Transkription der meisten proteincodierenden Gene der Wirtszelle ausschaltet. Ein Protein des Influenzavirus blockiert sowohl das Spleißen als auch die Polyadenylierung von RNA-Transkripten des Wirts – sie können deshalb nicht aus dem Zellkern exportiert werden (s. **Abb. 6.39**), aber die viralen RNA-Transkripte sind nicht beeinträchtigt.

Viren verändern auch die von der Wirtszelle ausgeführte Translation. Die Translationsinitiation der meisten Wirtszell-mRNAs hängt von der Erkennung ihrer 5'-Cap-Struktur durch eine Gruppe von Translationsinitiationsfaktoren ab (s. **Abb. 6.40**). In virusinfizierten Zellen ist die Translationsinitiation von Wirts-mRNAs häufig gehemmt, sodass die Ribosomen der Wirtszelle effizienter für die Synthese viraler Proteine genutzt werden können. Manche Virengenome codieren für Endonukleasen, die die 5'-Cap-Struktur von Wirtszell-mRNAs abspalten. Einige benutzen die freigesetzten 5'-Caps sogar als Primer für die Synthese viraler mRNAs – man bezeichnet dies als *Cap-Snatching* (Cap-Raub). Verschiedene andere RNA-Viren codieren für Proteasen, die bestimmte Translationsinitiationsfaktoren spalten. Diese Viren sind auf eine 5'-Cap-unabhängige Translation der Virus-RNA angewiesen und benutzen dazu interne Ribosomeneintrittsstellen (IRES) (s. **Abb. 7.72**).

DNA-Viren, die sich im Zellkern vermehren, benutzen die DNA-Polymerase der Wirtszelle, um ihr Genom zu replizieren. Weil die DNA-Polymerase nur in der S-Phase des Zellzyklus in großer Menge exprimiert wird, hat das Adenovirus einen Mechanismus entwickelt, die Wirtszelle dazu zu bringen, in die S-Phase einzutreten und große Mengen aktiver DNA-Polymerase zu bilden, die dann das virale Genom repliziert. Um das zu erreichen, codiert das Adenovirusgenom für Proteine, die sowohl Rb (s. **Abb. 17.59**) als auch p53 (s. **Abb. 17.60**) – zwei Schlüsselfaktoren bei der Unterdrückung der Zellzyklusprogression – inaktivieren. Wie man es für jeden Mechanismus erwartet, der eine nicht regulierte DNA-Replikation induziert, können solche Viren unter Umständen die Entstehung von Krebs hervorrufen.

Tierische RNA-Viren müssen immer ihre eigenen Replikationsproteine codieren, da den meisten Tieren Polymerasen fehlen, die RNAs als Matrize verwenden (wie die RNA-abhängigen RNA-Polymerasen, die bei der RNA-Interferenz verwendet werden; s. Kap. 7). Bei RNA-Viren mit Einzelstranggenom ist die Replikationsstrategie davon abhängig, ob es sich bei der RNA um einen Plus-Strang ([+]-Strang) handelt, der wie mRNA übersetzbare Information enthält, oder um einen komplementären Minus-Strang ([–]-Strang). Wenn es sich bei der RNA um einen [+]-Strang handelt (wie beim Coronavirus SARS-CoV-2), wird das eingehende virale Genom verwendet, um die virale RNA-Polymerase und Virusproteine zu synthetisieren. Die virale Polymerase wird dann zur Replikation der Virus-RNA verwendet und es entstehen mRNAs zur Produktion weiterer Virusproteine. Bei Viren mit einem [–]-Strang-RNA-Genom (wie dem Influenza- und dem Masernvirus) wird ein RNA-Polymeraseenzym als Strukturprotein der eingehenden Viruscapside verpackt.

Retroviren wie HIV, die ein [+]-Strang-RNA-Genom besitzen, sind spezielle RNA-Viren, da sie ein virales Enzym, die *Reverse Transkriptase*, tragen. Nach dem Eintritt in die Wirtszelle verwendet die Reverse Transkriptase das virale RNA-Genom als Matrize zur Synthese einer doppelsträngigen DNA-Kopie des viralen Genoms. Diese dringt dann in den Zellkern ein und integriert sich in die Chromosomen der Wirtszelle (s. **Abb. 5.60**). Später wird sie von der DNA-abhängigen RNA-Polymerase der Zelle transkribiert und Virusgenome und Virusproteine werden synthetisiert.

23.2.14 Die Evolution von Krankheitserregern kann über Antigenvariation sehr schnell verlaufen

Die molekularen Wechselwirkungen zwischen Pathogenen und ihren Wirten sind sehr komplex und spezifisch. Deshalb könnte man annehmen, dass es schwierig ist, durch Zufallsmutation die Fähigkeit zu erwerben, Krankheiten hervorzurufen. Es entstehen aber ständig neue Erreger, und auch alte Erreger verändern sich dauernd, wodurch bekannte Infektionen oft schwer vermeidbar oder behandelbar werden. Pathogene verfügen über zwei Vorteile, die es ihnen ermöglichen, sich schnell weiterzuentwickeln: Erstens vermehren sie sich sehr rasch und liefern der natürlichen Selektion dadurch eine große Menge an Mutationsvariationen. Nach ca. 8 Millionen Jahren divergenter Evolution unterscheiden sich Mensch und Schimpanse in 2 % ihrer Genomsequenzen. Polioviren können ihr Genom dagegen innerhalb von 5 Tagen um 2 % verändern – das entspricht ungefähr der Zeit, die sie benötigen, um im Menschen vom Mund in den Darm zu gelangen. Der zweite Vorteil von Pathogenen ist, dass auf diese schnelle genetische Variation ein starker Selektionsdruck einwirkt – einerseits durch das adaptive Immunsystem des Wirts und andererseits durch die moderne Medizin, die sich nicht verändernde Erreger vernichtet.

Ein Beispiel für eine Anpassung an den Selektionsdruck durch das adaptive Immunsystem ist das Phänomen der **Antigenvariation**. Eine wichtige adaptive Immunantwort gegen viele Pathogene ist die Bildung von Antikörpern, die spezifische Moleküle (*Antigene*) auf der Oberfläche der Erreger erkennen (s. Kapitel 24). Zahlreiche Pathogene haben Mechanismen entwickelt, die diese Antigene im Verlauf der Infektion ändern, dadurch sind sie der Antikörperantwort immer einen Schritt voraus. Beispielsweise ordnen einige eukaryotische Parasiten die Gene, die für ihre Oberflächenantigene codieren, neu an (**Abb. 23.33**). Am eindrucksvollsten zeigt sich dies bei *Trypanosoma brucei*. Das Protozoon verursacht die afrikanische Schlafkrankheit und wird von Tsetsefliegen übertragen. Es ist nahe verwandt mit *Trypanosoma cruzi* (s. **Abb. 23.21**), das in Lateinamerika vorkommt. Im Gegensatz zu *T. cruzi* vermehrt sich *Trypanosoma brucei* jedoch nicht innerhalb von Zellen, sondern extrazellulär im Blut. *Trypanosoma brucei* ist mit einer einzigen Sorte Glykoprotein bedeckt, dem sogenannten *variantenspezifischen Glykoprotein* (*VSG*). Es ruft eine schützende Antikörper-Antwort hervor, die die meisten Parasiten zügig eliminiert. Allerdings enthält das Trypanosomengenom ungefähr

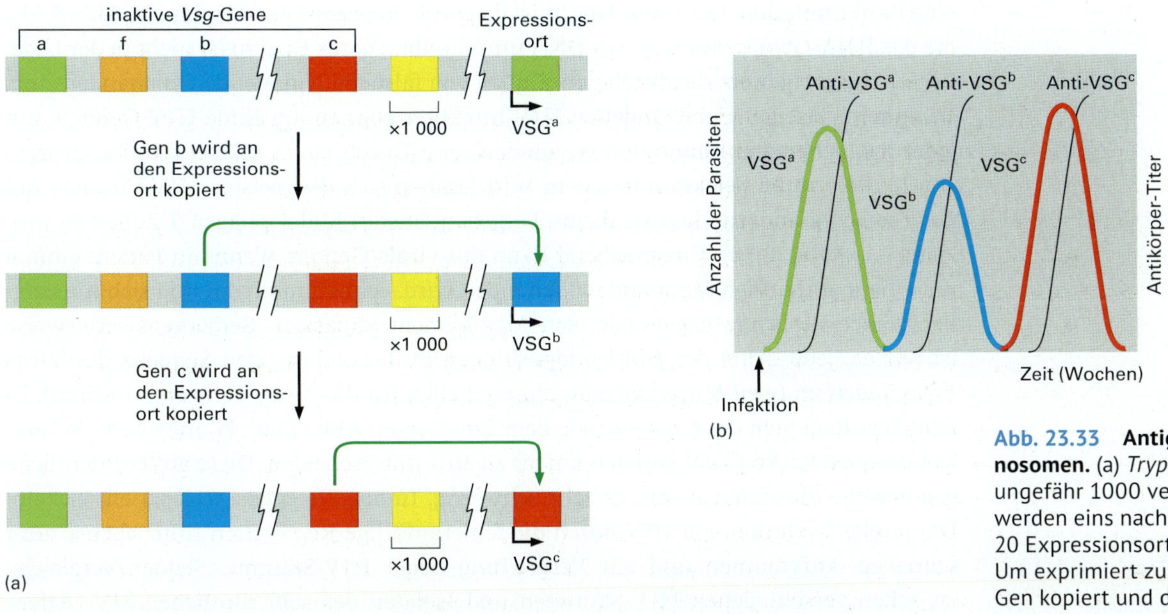

Abb. 23.33 Antigenvariation bei Trypanosomen. (a) *Trypanosoma brucei* besitzt ungefähr 1000 verschiedene Vsg-Gene. Sie werden eins nach dem anderen von etwa 20 Expressionsorten im Genom exprimiert. Um exprimiert zu werden, wird ein inaktives Gen kopiert und die Kopie wird über DNA-Rekombination an den Expressionsort verlegt. Jedes Vsg-Gen codiert für ein anderes Oberflächenprotein (Antigen). Ab und zu tauschen Trypanosomen ihr aktives Vsg-Gen aus – so können sie immer wieder das von ihnen exprimierte Oberflächenantigen wechseln. (b) Ist ein Mensch mit Trypanosomen infiziert, die VSG^a exprimieren, zeigt sich eine Antikörperantwort gegen dieses bestimmte Antigen,; sie beseitigt den größten Teil der Parasiten, die das VSG^a exprimieren. Allerdings haben einige Trypanosomen möglicherweise bereits spontan auf die Expression von VSG^b umgeschaltet. Sie können sich nun so lange vermehren, bis sie durch Anti-VSG^b-Antikörper beseitigt werden. Zu diesem Zeitpunkt bilden manche Parasiten jedoch schon VSG^c – und so setzt sich der Zyklus fort.

1000 inaktive *Vsg*-Gene und -Pseudogene, von denen jedes für ein anderes VSG-Protein mit unterschiedlichen Aminosäuresequenzen codiert. Nur eines dieser *VSG-Gene* wird jeweils von einem der circa 20 möglichen Expressionsorte im Genom exprimiert. Das exprimierte *Vsg*-Gen kann durch Gen-Neuanordnungen, die andere Allele in die Expressionsstelle kopieren, immer wieder ausgewechselt werden. Auf diese Weise entgehen einige Trypanosomen mit verändertem VSG der antikörpervermittelten Beseitigung. Sie vermehren sich und verursachen ein erneutes Aufflackern der Krankheit, was schließlich zu einer chronischen zyklischen Infektion führt.

Pathogene Bakterien können ebenfalls rasch ihre Oberflächenantigene verändern. Arten der Gattung *Neisseria* sind darin wahre Meister. Diese gramnegativen Kokken können sexuell übertragbare Krankheiten, im Fall von *Neisseria gomorrhoeae*, oder Meningitis, im Fall von *Neisseria meningtiditis*, verursachen. Sie durchlaufen – ähnlich wie bereits für eukaryotische Pathogene beschrieben – eine genetische Rekombination. Dadurch können sie das Pilin-Protein verändern, das sie für die Anheftung an Wirtszellen verwenden. Indem sie jeweils eine der vielen schlafenden Kopien verschiedener Pilin-Gene in den einzigen Expressionsort einfügen, können sie viele leicht verschiedene Versionen des Proteins exprimieren und mit der Zeit wiederholt die Aminosäuresequenz verändern. Neisserien sind äußerst effizient darin, DNA über natürliche Transformation von ihrer Umgebung aufzunehmen und in ihr Genom einzubauen, was zusätzlich zu ihrer außerordentlichen Variabilität beiträgt. Das Endergebnis dieser bemerkenswerten Variation ist eine Fülle verschiedener Zusammensetzungen ihrer Oberflächenproteine, mit deren Hilfe sie das adaptive Immunsystem des Wirts irreführen. Es überrascht daher nicht, dass es schwierig ist, einen wirksamen Impfstoff gegen *Neisseria-gonorrhoeae*-Infektionen zu entwickeln. Es gibt jedoch inzwischen mehrere Impfstoffe gegen *Neisseria meningitidis*, weil dieses Pathogen eine sehr viel kleinere Anzahl von Varianten seiner Oberflächen-Polysaccaridkapsel aufweist.

23.2.15 Fehleranfällige Replikationsmechanismen dominieren die virale Evolution

Im Gegensatz zu DNA-Umgruppierungen bei Bakterien und Parasiten sind Viren für die Antigenvariation auf einen fehleranfälligen Replikationsmechanismus angewiesen. Retrovirale Genome erwerben beispielsweise in jedem Replikationszyklus durchschnittlich eine Punktmutation. Der Grund dafür ist die virale Reverse Transkriptase (s. **Abb. 5.61**), die das RNA-Genom des Virus in DNA umschreibt. Dieses Enzym ist nicht in der Lage, Fehler zu korrigieren, die durch den Einbau von falschen Nukleotiden entstanden sind. Bei einer typischen unbehandelten HIV-Infektion können am Ende HIV-Genome mit jeder möglichen Punktmutation vorhanden sein. Durch einen Mikroevolutionsprozess von Mutation und Selektion in jedem Wirt können sich die meisten HIV-Virionen mit der Zeit so verändern, dass sie dazu übergehen, anstatt Makrophagen T-Zellen zu infizieren (s. **Abb. 23.18**). Entsprechend kann das virale Genom, wenn ein Patient einmal mit einem antiviralen Medikament behandelt wird, schnell mutieren und sich hinsichtlich seiner Resistenz gegenüber dem Medikament anpassen. Bemerkenswerterweise ist nur ca. jede dritte der Nukleotidpositionen in der codierenden Sequenz des Virus unveränderlich (weil Mutationen an diesen Stellen für das Virus verheerend wären). In manchen Regionen des Genoms, wie dem *Env*-Gen (s. **Abb. 7.66**), können sich die Nukleotidsequenzen von HIV-Isolaten um bis zu 30 % unterscheiden. Diese außerordentliche genomische Plastizität macht es sehr schwierig, Impfstoffe gegen HIV zu entwickeln. Die rasche Evolution von HIV durch die fehleranfällige Replikation führt ebenso zum schnellen Aufkommen und zur Verbreitung neuer HIV-Stämme. Sequenzvergleiche zwischen verschiedenen HIV-Stämmen und Isolaten des sehr ähnlichen SIV (Affen-Immunschwächevirus, engl. *simian immmunodeficiency virus*) aus mehreren Affenarten legen nahe, dass der virulenteste HIV-Typ (HIV-1) möglicherweise schon seit 1908 viele Male wiederholt von Primaten auf den Menschen übergesprungen ist (**Abb. 23.34a**).

Sequenzvergleiche zwischen menschlichen HIV-Stämmen haben zudem die Rekonstruktion der Evolution und geographischen Verbreitung der augenblicklichen Pandemie der HIV-1-Gruppe M (*major*) möglich gemacht. Man glaubt, dass der

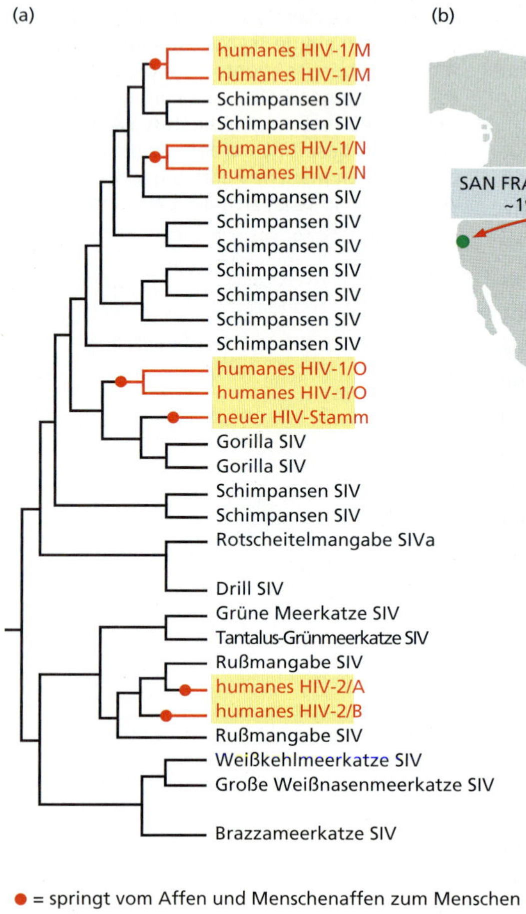

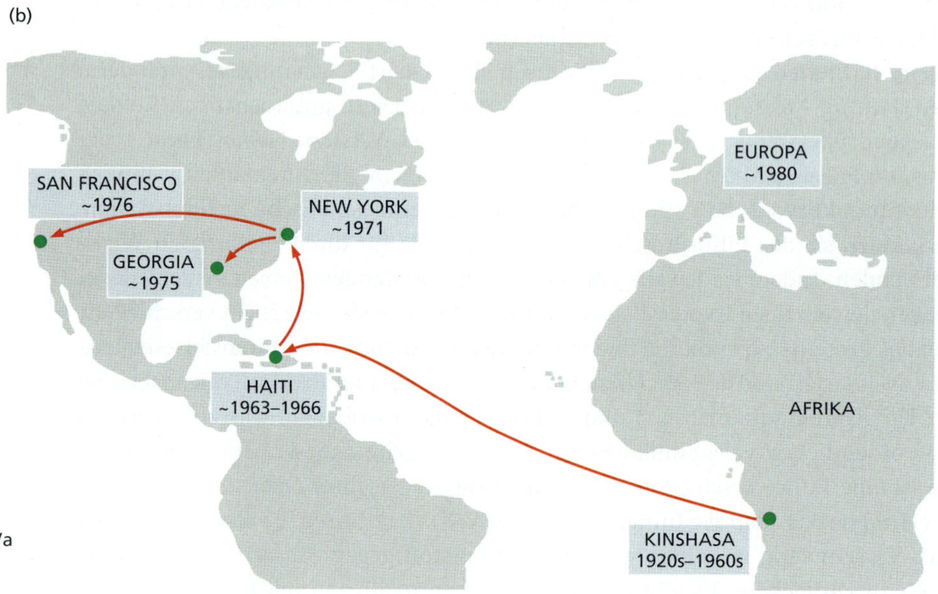

Abb. 23.34 Entwicklung von HIV-1, HIV-2 und verwandten SIV-Stämmen. (a) Zum HIV gehören verschiedene virale Familien, die alle von SIV (simianes Immunschwächevirus) abstammen. Bei drei verschiedenen Gelegenheiten wurde das SIV von einem Schimpansen auf einen Menschen übertragen. So entstanden drei HIV-1-Gruppen: die M-Gruppe (von engl. *major*, Hauptgruppe), die O-Gruppe (von engl. *outlier*, Sonderfall) und die N-Gruppe (von Nicht-M-Nicht-O). Die HIV-1-M-Gruppe ist die häufigste und für die weltweite AIDS-Epidemie hauptverantwortlich. Bei zwei verschiedenen Gelegenheiten wurde das SIV von einem Rußmangaben (eine Meerkatzenart) auf einen Menschen übertragen. So entstanden die beiden pandemischen HIV-2-Gruppen A und B. 2009 wurde ein neuer HIV-Stamm entdeckt. Dieser ist anscheinend durch die Übertragung des SIV von einem Gorilla auf einen Menschen entstanden. (b) Geographie und zeitlicher Verlauf der HIV-1-Ausbreitung von Afrika in andere Teile der Welt.

Pandemiestamm seinen Ursprung in den 1920er-Jahren in Kinshasa, in der Demokratischen Republik Kongo hat. Das Virus hat sich in den 1960er-Jahren aufgrund eines veränderten sexuellen Verhaltens und des Aufkommens von Verkehrsnetzen zunehmend in Afrika ausgebreitet (**Abb. 23.34b**). Dann überquerte es den Atlantik nach Haiti in den späten 1960er-Jahren und breitete sich in den 1970er-Jahren auf New York und andere Orte in den Vereinigten Staaten aus; schließlich kam es zu einer weltweiten Pandemie.

Influenzaviren sind eine wichtige Ausnahme von der Regel, dass fehleranfällige Replikation die Virenevolution dominiert. Obwohl sie Punktmutationen anhäufen, während sie sich replizieren, unterscheiden sie sich von anderen Viren insofern, als ihr Genom aus mehreren (gewöhnlich acht) RNA-Strängen besteht, von denen jeder für unterschiedliche Proteine codiert. Wenn zwei Influenzastämme denselben Wirt infizieren, können sich die RNA-Stränge der beiden Stämme neu mischen, sodass ein neuer Influenza-Virustyp entsteht. In normalen Jahren verläuft eine Influenzainfektion bei gesunden Erwachsenen relativ milde. Für sehr junge oder sehr alte Menschen kann sie aber lebensbedrohlich sein. Andere Influenzastämme befallen Geflügel wie Enten und Hühner, aber nur ein Teil dieser Stämme ist in der Lage, Menschen zu infizieren, und die Übertragung von Geflügel auf Menschen ist selten. 1918 überwand eine besonders virulente Variante der Vogelgrippe die Artenbarriere, infizierte Menschen und löste so die katastrophale Pandemie von 1918 aus, die „Spanische Grippe" genannt wurde und weltweit 20–50 Millionen Menschen das Leben kostete. Nachfolgende Influenza-Pandemien wurden durch Rekombination ausgelöst, wobei ein neues RNA-Segment aus einer Virusart, die Vögel befällt, ein oder mehrere virale RNA-Segmente von Viren ersetzte, die Menschen befallen (**Abb. 23.35**). 2009 tauchte ein neues H1N1-Schweinevirus auf, das Gene von Schwein-, Vogel- und humanen Influenzaviren besaß. Solche Rekombinationen ermöglichten es dem neuen Virus, sich schnell zu vermehren und sich in einer immunologisch naiven menschlichen Population zu verbreiten. Im Allgemeinen entwickelt die menschliche Bevölkerung innerhalb von zwei oder drei Jahren Immunität gegenüber einem neuen rekombinanten Virusstamm, und die Infektionsrate sinkt auf ein Gleichgewichtsniveau. Da Rekombination nicht vorhersehbar ist, kann man nicht sagen, wann die nächste Influenza-Pandemie auftreten wird oder welche Ausmaße sie haben wird.

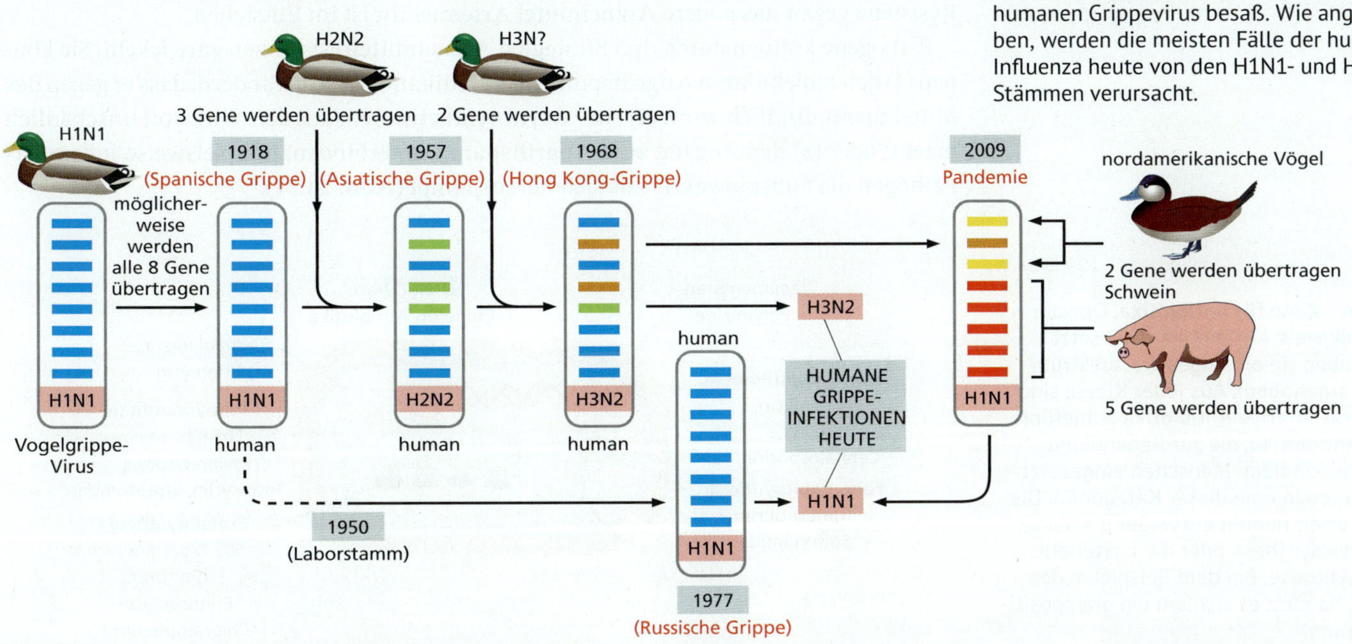

Abb. 23.35 Modell zur Evolution pandemischer Stämme des Influenzavirus durch Rekombination. Das Influenza-A-Virus ist ein natürlicher pathogener Erreger, der Vögel, insbesondere Wasservögel, infiziert und in Wildvogelpopulationen immer vorkommt. 1918 überwand eine besonders virulente Form des Virus die Artengrenze vom Vogel zum Menschen und verursachte eine verheerende weltweite Epidemie. Dieser Stamm wurde, nach den spezifischen Formen seiner Hauptantigene – Hämagglutinin (H) und Neuraminidase (N) – als H1N1 bezeichnet. Veränderungen innerhalb des Virus, die es weniger virulent machten, und die Zunahme der adaptiven Immunität in der menschlichen Bevölkerung verhinderten, dass die Pandemie weiter andauerte, obwohl die H1N1-Influenzastämme weiterhin jedes Jahr bei sehr jungen und sehr alten Menschen ernste Erkrankungen verursachten. 1957 trat eine neue Pandemie auf, als drei Gene durch äquivalente Gene eines unterschiedlichen Vogelvirus (*grüne Balken*) ersetzt wurden. Der neue Stamm (als H2N2 bezeichnet) wurde von den Antikörpern der Personen, die zuvor nur mit H1N1-Formen der Influenza in Berührung gekommen waren, nicht wirksam bekämpft. 1968 wurde eine weitere Pandemie ausgelöst, als zwei Gene durch diejenigen eines anderen Vogelvirus ersetzt wurden. Das neue Virus nannte man H3N2. 1977 gab es ein Wiederaufleben der H1N1-Influenza, die zuvor fast vollständig durch den N2-Stamm ersetzt worden war. Informationen über die molekulare Sequenz lassen vermuten, dass diese kleinere Pandemie durch eine unbeabsichtigte Freisetzung eines Influenzastamms oder die Verwendung dieses Stamms, der seit etwa 1950 in einem Labor gehalten worden war, bei einer Impfstudie verursacht wurde. 2009 tauchte ein neues H1N1-Schweinevirus auf, das fünf Gene von Schweinegrippeviren, zwei von Vogelgrippeviren und eins von einem humanen Grippevirus besaß. Wie angegeben, werden die meisten Fälle der humanen Influenza heute von den H1N1- und H3N2-Stämmen verursacht.

23.2.16 Arzneimittelresistente Erreger stellen ein immer größeres Problem dar

Genauso wichtig wie die Entwicklung von Impfstoffen, um Infektionen zu verhindern, ist die Entwicklung von Medikamenten, um bestehende Krankheiten zu heilen. Die erfolgreichste Arzneimittelklasse sind die gegen Bakterien gerichteten **Antibiotika**. Sie sind entweder bakterizid (sie töten Bakterien) oder bakteriostatisch (sie verhindern das Wachstum von Bakterien, ohne sie zu töten). Eines der ersten Antibiotika, mit denen Infektionen des Menschen behandelt wurden, war das Penicillin. Für den klinischen Gebrauch konnte es gerade noch rechtzeitig eingeführt werden, um während des Zweiten Weltkriegs Zehntausenden von Kriegsverletzten mit infizierten Wunden das Leben zu retten. Da Bakterien (s. **Abb. 1.9**) ein eigenes Reich darstellen, das sich vom Reich der Eukaryoten, die sie infizieren, unterscheidet, unterscheidet sich auch der größte Teil ihrer Grundausrüstung zur Zellwandsynthese, zur DNA-Replikation und -Transkription und RNA-Translation, und ihr grundlegender Stoffwechsel weicht von dem ihres Wirts ab. Diese Unterschiede ermöglichen es uns, antibakterielle Wirkstoffe zu entwickeln, die eine *selektive Toxizität* besitzen, indem sie spezifisch diese Prozesse in Bakterien hemmen, ohne die entsprechenden Prozesse im Wirt zu stören. Bei den meisten Antibiotika, die wir zur Behandlung von bakteriellen Infektionen verwenden, handelt es sich um kleine Moleküle, die in Bakterien die Synthese von Makromolekülen hemmen; dies geschieht, indem sie bakterielle Enzyme inhibieren, die sich entweder von den entsprechenden eukaryotischen Enzymen unterscheiden oder die an beim Menschen nicht vorkommenden Stoffwechselwegen beteiligt sind, wie z. B. die Zellwandbiosynthese (**Abb. 23.36** und **Tab. 6.4**).

Bakterien entwickeln sich jedoch ständig weiter und es entstehen schnell Stämme, die resistent gegenüber Antibiotika sind. Oft geschieht dies innerhalb weniger Jahre nach Einführung eines neuen Medikaments. Ähnliche Arzneimittelresistenzen bilden sich auch schnell bei Viren aus, wenn Infektionen mit antiviralen Substanzen behandelt werden. Beispielsweise wird die Viruspopulation in einem HIV-Infizierten, der den Reverse Transkriptase-Inhibitor Azidothymidin (AZT) einnimmt, innerhalb weniger Monate vollständig resistent gegen das Mittel. Derzeit verabreicht man zur Behandlung von HIV-Infektionen drei Wirkstoffe gleichzeitig, um Resistenzbildungen zu vermindern. Sogar eukaryotische Krankheitserreger entwickeln rasch Resistenzen. Der Malariaerreger *Plasmodium falciparum* ist inzwischen im Allgemeinen resistent gegen den stark eingesetzten Arzneistoff Chloroquin, der in den 1930er-Jahren eingeführt wurde, und die Resistenz gegen das neuere Arzneimittel Artemisinin ist im Entstehen.

Pathogene können durch drei Strategien Arzneimittelresistenzen entwickeln. Sie können (1) den molekularen Angriffspunkt des Medikaments so verändern, dass er gegen das Mittel unempfindlich wird, (2) ein Enzym synthetisieren, das den Wirkstoff unschädlich macht, oder (3) den Zugang zum Angriffspunkt unterbinden, beispielsweise indem das Pathogen die Substanz aktiv aus sich herauspumpt (**Abb. 23.37**).

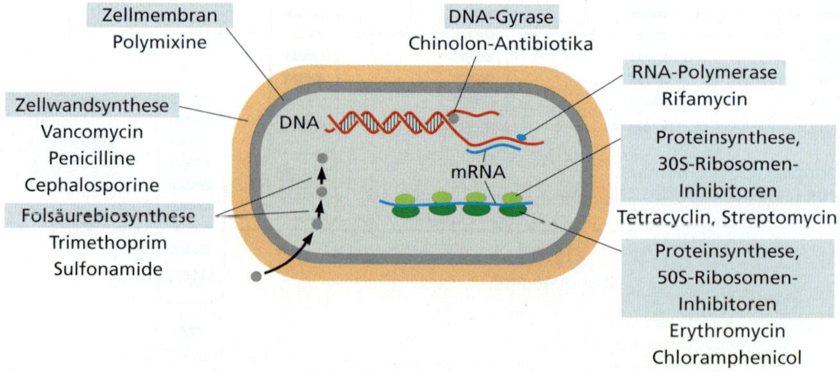

Abb. 23.36 Ziele für Antibiotika. Obwohl in der Klinik viele Antibiotika eingesetzt werden, haben sie ein enges Zielspektrum (*blau* hervorgehoben). Aus jeder Klasse sind einige repräsentative Antibiotika aufgeführt. Fast alle Antibiotika, die zur Behandlung von Infektionen beim Menschen eingesetzt werden, fallen in eine dieser Kategorien. Die breite Mehrheit hemmt entweder die bakterielle Proteinsynthese oder die bakterielle Zellwandsynthese. Bei dem Beispiel in der Abbildung handelt es sich um ein grampositives Bakterium.

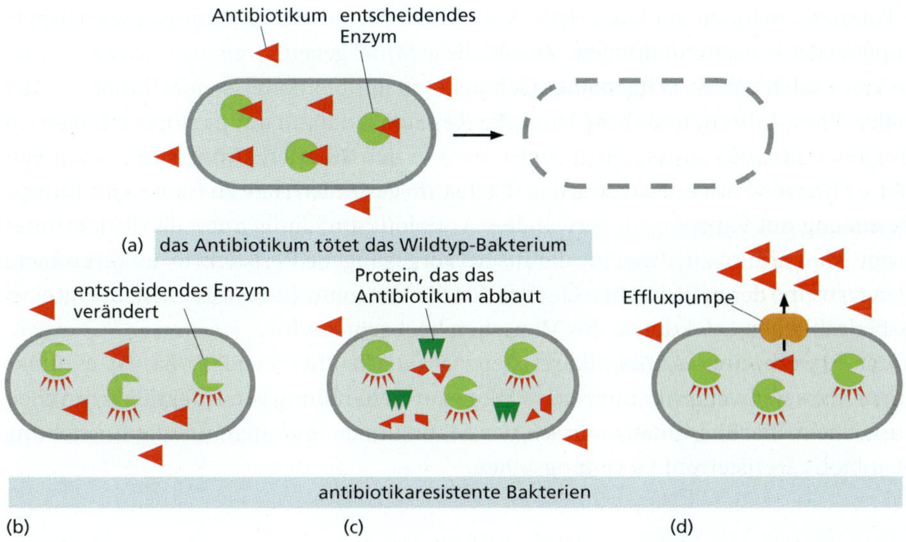

Abb. 23.37 Drei allgemeine Mechanismen der Antibiotikaresistenz. (a) Eine nichtresistente Bakterienzelle, die in einem Arzneimittel (*rote Dreiecke*) schwimmt, das an ein entscheidendes Enzym (*hellgrün*) bindet und es inhibiert, wird aufgrund der Enzymhemmung getötet. (b) Ein Bakterium, das das Zielenzym so verändert hat, dass es nicht mehr an das Arzneimittel bindet, überlebt und vermehrt sich. In vielen Fällen kann eine einzige Punktmutation in dem Gen, das für das Zielprotein codiert, eine Resistenz verursachen. (c) Ein Bakterium, das ein Enzym (*dunkelgrün*) exprimiert, das das Arzneimittel entweder abbaut oder kovalent modifiziert, überlebt und vermehrt sich. Einige resistente Bakterien bilden z. B. β-Laktamase-Enzyme, die Penicillin und ähnliche Verbindungen spalten. (d) Ein Bakterium exprimiert eine Effluxpumpe oder reguliert eine Effluxpumpe hoch, die das Arzneimittel aus dem bakteriellen Cytoplasma herauspumpt, und überlebt und vermehrt sich. Die Energie dafür stammt entweder aus der Hydrolyse von ATP oder aus dem elektrochemischen Gradienten an der bakteriellen Plasmamembran. Einige Effluxpumpen, wie z. B. die TetR-Effluxpumpe, die Resistenz gegenüber Tetracyclinen verleiht, sind spezifisch für ein einziges Arzneimittel (in diesem Fall Tetracyclin). Andere dagegen, sogenannte Multi-Arzneimittelresistenz-Effluxpumpen, pumpen eine große Anzahl an strukturell unterschiedlichen Arzneimitteln aus der Zelle und können so ein Bakterium in einem einzigen Schritt resistent gegenüber einer großen Anzahl verschiedener Antibiotika machen.

Wenn ein Erreger zufällig auf eine wirksame Resistenzstrategie stößt, breiten sich die neu erworbenen oder mutierten Gene, die die Resistenz verleihen, häufig über horizontalen Gentransfer schnell in der Erregerpopulation aus und können auch auf andere Erregerarten übertragen werden, gegen die das gleiche Mittel eingesetzt wird. Ein Beispiel ist das hochwirksame und sehr teure Antibiotikum *Vancomycin*. Es wurde als letzter Ausweg zur Behandlung von schweren bakteriellen Infektionen mit grampositiven Krankenhauskeimen eingesetzt, die bereits gegen die meisten bekannten Antibiotika resistent sind. Vancomycin verhindert einen Schritt bei der Biosynthese der Bakterienzellwand. Es bindet an einen Teil der wachsenden Peptidoglykankette, sodass sie nicht mit anderen Ketten quervernetzt werden kann (s. **Abb. 23.3b**). Eine Möglichkeit zur Resistenzentwicklung ist, dass ein Bakterium einen anderen Zellwandtyp herstellt und andere Untereinheiten benutzt, an die Vancomycin nicht binden kann. Die stärkste Form von Vancomycin-Resistenz vermittelt die Aufnahme eines Transposons (s. **Abb. 5.58**), das sieben Gene codiert. Die Produkte dieser Gene arbeiten zusammen, um das Vorhandensein von *Vancomycin* zu erkennen, den normalen Weg der bakteriellen Zellwandsynthese einzustellen und einen anderen Zellwandtyp zu erzeugen.

Arzneimittel-Resistenzgene, die durch horizontalen Gentransfer erworben wurden, scheinen häufig aus einer Umgebung zu stammen, in der sie bei der Konkurrenz zwischen Mikroorganismen eine wichtige Rolle spielen. Fast alle Antibiotika, die heutzutage zur Behandlung von bakteriellen Infektionen verwendet werden, sind natürliche Produkte, die von Pilzen oder Bakterien produziert werden. Penicillin z. B. wird vom Schimmelpilz *Penicillium* gebildet, und über 50 % der gegenwärtig zur Behandlung eingesetzten Antibiotika werden von der grampositiven Gattung *Streptomyces*, ein im Boden vorkommender Mikroorganismus, synthetisiert. Man nimmt an, dass diese Mikroorganismen im Wettstreit mit anderen Mikroorganismen in ihrer Umgebung antimikrobielle Verbindungen als Waffen einsetzen. Viele dieser Verbindungen existieren auf der Erde wahrscheinlich schon seit Hunderten von Millionen Jahren. Untersuchungen von Bakterien aus Bodenproben, die nie den in der modernen Medizin eingesetzten Antibiotika ausgesetzt waren, ergaben, dass manche Bakterien typischerweise schon resistent gegenüber sieben oder acht der Antibiotika sind, die in der klinischen Behandlung häufig eingesetzt werden. Wenn pathogene Mikroorganismen dem Selektionsdruck einer Antibiotikabehandlung ausgesetzt sind, können sie anscheinend auf diese im Wesentlichen unerschöpfliche Quelle genetischen Materials in der Umwelt zugreifen, um Resistenzen zu erlangen.

Wie zahlreiche andere Aspekte von Infektionskrankheiten wurde auch das Problem der Arzneimittelresistenz durch bestimmte Verhaltensweisen des Menschen vergrößert.

Viele Patienten nehmen antibakterielle Antibiotika bei Viruserkrankungen wie Grippe, Schnupfen oder Halsentzündungen, obwohl diese Mittel gegen Viren nicht wirken. Langfristig kann solch ein unsachgemäßer Gebrauch zu antibiotikaresisten Mikroben in der normalen Flora führen, und diese kann die Resistenzen dann auf pathogene Bakterien übertragen. Antibiotikamissbrauch findet auch in der Nutztierhaltung statt – man verwendet sie hier als Futterzusatz, um das Wachstum gesunder Tiere zu fördern. In Europa wurde ein eng mit Vancomycin verwandtes Antibiotikum häufig unter das Rinderfutter gemischt. Man nimmt an, dass eine daraus hervorgegangene Resistenz in der Mikrobiota von Rindern eine der ursächlichen Quellen für die Vancomycin-Resistenz ist, die nun bei lebensbedrohlichen Infektionen des Menschen beobachtet wird.

Da der Erwerb einer Antibiotikaresistenz praktisch unvermeidbar ist, ist es umso wichtiger, dass wir weiterhin innovative Wege zur Behandlung von Infektionskrankheiten entwickeln. Darüberhinaus müssen wir Maßnahmen ergreifen, um die Entstehung von Antibiotikaresistenzen zu verlangsamen.

Zusammenfassung

Alle Krankheitserreger können mit den Zellen ihres Wirts so interagieren, dass die Vermehrung und Ausbreitung des Erregers gefördert wird. Pathogene Organismen besiedeln den Wirt häufig, indem sie sich an Epitheloberflächen heften oder in sie eindringen. Das können interne Epithelien sein wie die, die Lunge, Darm oder Blase auskleiden, oder Epithelien der Körperoberfläche, die in direktem Kontakt mit der Umwelt stehen. Intrazelluläre Erreger, darunter alle Viren sowie zahlreiche Bakterien und Protozoen, gelangen über verschiedene Mechanismen in eine Wirtszelle. Viren nutzen vor allem die rezeptorvermittelte Endocytose, während Bakterien die Zelladhäsion ausnutzen und sich phagocytieren lassen. In beiden Fällen stellt der Wirt dafür die Maschinerie und die Energie zur Verfügung. Protozoen wenden dagegen spezialisierte Invasionsstrategien an, die sie gewöhnlich viel Energie kosten. Wenn intrazelluläre Pathogene in eine Wirtszelle eingedrungen sind, suchen sie sich eine geeignete Nische, um sich zu vermehren. Dabei verändern sie oft den Membrantransport in der Wirtszelle, benutzen das Cytoskelett des Wirtes zur intrazellulären Fortbewegung und manipulieren die Autophagie. Die Evolution von Krankheitserregern verläuft sehr schnell, sodass ständig neue Infektionskrankheiten auftauchen und bereits vorhandene Krankheitserreger neue Mechanismen entwickeln, um den Versuchen des Menschen zur Behandlung, Vorbeugung und Ausrottung zu entkommen. Da das Entstehen von Arzneimittelresistenzen nahezu unvermeidbar ist, ist es entscheidend, dass wir Maßnahmen ergreifen, um den Beginn der Resistenz zu verzögern und neue innovative Therapien zu entwickeln.

23.3 Die menschliche Mikrobiota

Obwohl Krankheitserreger in ansonsten gesunden Menschen eine Krankheit verursachen können, schätzt man heute, dass unser Körper von vielen Mikroben besiedelt ist, die normalerweise nicht schaden. Alle diese Mikroben ergeben zusammengenommen die sog. **Mikrobiota**. Jüngste Schätzungen legen nahe, dass der menschliche Körper etwa 3×10^{13} menschliche Zellen enthält sowie 4×10^{13} Mikrobenzellen. Wie unten näher ausgeführt wird, können wir nun würdigen, dass die Mikrobiota eine komplexe Mikrobengemeinschaft ist, die einen wichtigen Beitrag zur Humanbiologie leistet.

23.3.1 Die menschliche Mikrobiota ist ein komplexes Ökosystem

Die menschliche Mikrobiota beschränkt sich normalerweise auf bestimmte Orte des Körpers (**Abb. 23.38**), dazu gehören Haut, Mund, Verdauungstrakt und Vagina, mit

Abb. 23.38 Zu den Orten im menschlichen Körper, an denen eine Mikrobiota lebt, zählen Haut, Mund und Verdauungstrakt. Die geschätzte Gesamtzahl der Mikroorganismen an jedem Ort ist angegeben.

individuellen Spezies-Gemeinschaften, die jeden Körperteil besiedeln. Von den dauerhaft präsenten (residenten) Mikroben machen die Bakterienzellen zahlenmäßig die große Mehrheit (> 99 %) aus; daneben gibt es eine kleinere Zahl von Archaeen-, Pilz- und Protozoenzellen. Die Konzentrationen und absoluten Zahlen der Mikrobenzellen unterscheiden sich von Ort zu Ort (**Abb. 23.38**), wobei der Dickdarm die bei Weitem meisten Mikrobenbewohner enthält.

Die Mikrobiota eines einzelnen Menschen besteht aus Tausenden unterschiedlicher Mikrobenarten. Diese Zusammensetzung der Arten variiert beträchtlich von Mensch zu Mensch, selbst bei engen Verwandten oder eineiigen Zwillingen. Einzelne Körperstellen besitzen auch einen unterschiedlichen Grad der Artenvielfalt. Beispielsweise enthält der Verdauungstrakt zwischen 500 und 1000 Spezies, von denen die meisten zu einigen wenigen Bakterien-Phyla gehören. Die Mikrobiota des Verdauungstrakts liefert auch ein gutes Beispiel dafür, wie sich die Diversität und Zusammensetzung der Mikrobenarten im Laufe der Zeit – von der Geburt über das Erwachsenenalter – ändern können. Der Darmtrakt von Kindern wird während der Geburt mit Mikroben aus der Umgebung besiedelt, und der Geburtsmodus (vaginal vs. Kaiserschnitt) kann die Spezieszusammensetzung beeinflussen. Im ersten Lebensjahr besteht die Mikrobiota aus wenigen Spezies, die im Lauf der Zeit und von Mensch zu Mensch beträchtlich variieren. Die Speziesdiversität nimmt zu und im Alter von 1–2 Jahren stabilisiert sich die Zusammensetzung. Danach bleibt die Mikrobiota einer Person im Allgemeinen stabil, wird aber von einer Vielzahl Faktoren beeinflusst, dazu zählen Alter, Schwangerschaft, Ernährung, Gesundheitszustand, Hygiene und die Einnahme von Antibiotika.

Um die Beiträge der Mikrobiota zur Humanbiologie zu würdigen, ist es hilfreich, zunächst die verschiedenen Begriffe zu erläutern, die zur Klassifizierung der ökologischen Beziehungen zwischen Mikroben und ihrem Wirt verwendet werden. Für die früher in diesem Kapitel besprochenen Krankheitserreger hat die Mikrobe den Nutzen zum Schaden des Wirts; eine Situation, die man als **Parasitismus** bezeichnet. Im Gegensatz dazu zeigen die meisten Mikrobiota-Mitglieder eine ökologische Beziehung zum Wirt, die keinen Schaden anrichtet. Dazu gehört der **Kommensalismus**, bei dem die Mikrobe profitiert, aber keine bekannten vorteilhaften oder schädlichen Auswirkungen auf den Wirt hat. Beim **Mutualismus** profitieren sowohl der Mikroorganismus als auch der Wirt von der Beziehung. Manchmal ist es schwierig eine Grenze zwischen diesen Kategorien zu ziehen.

Manche Mitglieder der Mikrobiota, die unter normalen Umständen Kommensalismus oder Mutualismus aufweisen, können auch als Parasiten oder *opportunistische Pathogene* fungieren, die bei geschwächtem Immunsystem oder wenn sie Zutritt zu normalerweise sterilen Regionen des Körpers erhalten, Krankheiten verursachen können.

23.3.2 Die Mikrobiota beeinflusst unsere Entwicklung und Gesundheit

Es wird zunehmend deutlich, dass viele Mitglieder der menschlichen Mikrobiota eine mutualistische Beziehung zu unserem Körper aufweisen, indem sie den Stoffwechsel,

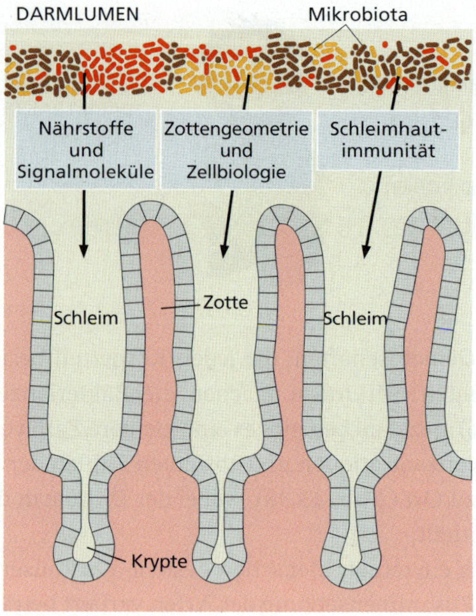

Abb. 23.39 Einflüsse der Mikrobiota auf dem Stoffwechsel und die Entwicklung. Die Mikrobiota (nicht genau maßstabsgerecht gezeichnet) erzeugt Nährstoffe sowie Signalmoleküle, welche die Biologie und Physiologie der Wirtszelle verändern und auch die Entwicklung des Darmepitheels und des mukosalen Immunsystems beeinflussen.

die Entwicklung und die Immunität unterstützen (**Abb. 23.39**). Die anaeroben Bakterien beispielsweise, die unseren Darm besiedeln, bekommen Schutz und Nahrung geboten, tragen aber auch zur Verdauung unserer Nahrung und zur Bildung wichtiger Stoffwechselprodukte bei. Ein Grund für den nützlichen Einfluss der Mikrobiota auf unseren Stoffwechsel ist, dass die kombinierten Genome der verschiedenen Mikrobenarten, **Mikrobiom** genannt, 100-mal mehr Gene enthalten als das menschliche Genom selbst. Eine Folge dieser Genomdiversität ist, dass die Mikrobiota die Spannbreite der dem Menschen zur Verfügung stehenden biochemischen Aktivitäten erweitert: durch Bildung niedrigmolekularer Stoffwechselprodukte mit unterschiedlicher chemischer Zusammensetzung oder in größerer Menge als von unseren eigenen Zellen gebildet. Ein Beispiel ist die Bildung großer Mengen an kurzkettigen Fettsäuren durch die Mikrobiota im Verdauungstrakt, die zum Stoffwechsel beitragen kann und als Signal dienen kann kann, die menschliche Physiologie zu beeinflussen.

Die Mikrobiota ist auch wichtig für die normale Entwicklung, insbesondere des Epithelgewebes und des Immunsystems im Verdauungstrakt. Untersuchungen an Mäusen mit und ohne eine Mikrobiota des Magen-Darm-Trakts (sog. *keimfreie Mäuse*) zeigen, dass die Mikrobiota die Eigenschaften der Darmauskleidung sowie der Zottengeometrie, die Stammzellproliferation, Blutgefäßdichte und die Schleimdicke beeinflusst (**Abb. 23.39**). Das *mukosale Immunsystem,* das mit der schleimhaltigen Oberfläche des Darmepithels vergesellschaftet ist, wird gleichfalls stark von der Mikrobiota beeinflusst. Das mukosale Immunsystem muss feinjustiert werden, damit es nicht auf nützliche Mikroben in der Mikrobiota reagiert, aber dennoch auf Krankheitserreger und Mikroben antwortet, die unerlaubt in die Epithelschicht eindringen. Die Mikrobiota spielt eine wichtige Rolle bei der Entwicklung des Lymphgewebes und bei der Differenzierung der zahlreichen Immunzellarten, um die Gesamtzahl, die Spezieszusammensetzung und den Ort der Mikroben im Verdauungstrakt zu kontrollieren (**Abb. 23.39**).

Es gibt zunehmende Belege, dass ein Ungleichgewicht in der Mikrobengemeinschaft, die die Mikrorbiota ausmacht, (als *Dysbiose* bezeichnet) mit verschiedenen menschlichen Krankheiten verknüpft ist. Dazu zählen Autoimmun- und allergische Erkrankungen, Fettsucht, entzündliche Darmerkrankung und Diabetes, und die Liste wächst rasch an. Ein häufiges Beispiel für eine durch Dysbiose verursachte Krankheit ist eine Entzündung im Darm (Colitis), die als Reaktion auf eine Antibiotikatherapie auftreten kann, bei der nützliche Mikroben in Verdauungstrakt abgetötet werden; dies führt zu einer Überhandnahme des pathogenen Bakteriums *Clostridium difficile*. Auch wenn bei der Ersttherapie von Colitis meist ebenfalls Antibiotika verabreicht werden, hat man wiederkehrende Colitis durch Übertragung der Mikrobiota einer gesunden Person auf eine an dieser Krankheit leidende Person erfolgreich behandelt.

Während die Forschung über den Einfluss der Mikrobiota auf die menschliche Gesundheit und Krankheit intensiviert wird, wird es eine künftige Herausforderung sein, die Beziehungen und Verbindungen zwischen der Anwesenheit bestimmter Mikroben und dem Gesundheitszustand daraufhin zu untersuchen, ob es kausale Beziehungen zwischen der Zusammensetzung der Mikrobiota und ihrer molekularen Produkte und Gesundheit oder Krankheit gibt. Ein Hindernis für die Umstellung ist die schiere Anzahl von Variablen, die in Betracht gezogen werden müssen, wenn man eine Gemeinschaft aus Hunderten von Mikrobenarten untersucht, die Tausende von Proteinen und kleinen Molekülen bildet. Ein gangbarer Weg ist eventuell die Suche nach klaren Fällen, bei denen einzelne Mikroben oder Moleküle starke Auswirkungen auf die menschliche Physiologie zeigen. Wenn Mikrobiome mit definierter Zusammensetzung entwickelt und genetische Werkzeuge verbessert werden, fangen wir vielleicht an zu verstehen, wie einzelne Mikrobenarten oder sogar einzelne Mikrobengene die menschliche Entwicklung und Gesundheit beeinflussen, und wir können uns unter Umständen das Mikrobiom zunutze machen, um menschliche Krankheiten zu behandeln.

Zusammenfassung

Menschen sind von einer Mikrobengemeinschaft besiedelt, die insgesamt als Mikrobiota bezeichnet wird. Diese besteht aus ungefähr der gleichen Anzahl an Mikrobenzellen wie es menschliche Zellen im Körper gibt, und sie sitzt hauptsächlich auf der Haut, im Mund und im Verdauungstrakt. Man glaubt, dass die Mikrobiota als Ganzes eine mutalistische, ökologische Beziehung zum menschlichen Wirt aufweist, was bedeutet, dass beide, Mikroben und Menschen, von diesen Wechselwirkungen profitieren. Die Mikrobiota bildet Nährstoffe, die beim Stoffwechsel hilfreich sind, sowie Moleküle, welche die Gewebs- und Immunsystementwicklung und -funktion beeinflussen. Es ist jedoch schwierig, kausale Beziehungen zwischen einzelnen Mikroben oder ihren molekularen Produkten und der menschlichen Gesundheit herzustellen. Das zunehmende Wissen über die Mikrobiota wird sehr wahrscheinlich, unser Verständnis der Humanbiologie verbessern und neue Krankheitstherapien nach sich ziehen.

Literatur

23 Allgemein

Acheson, N.H. (2021). *Fundamentals of Molecular Virology*. 3rd ed. Hooken, NJ: Wiley.

Cossart, P., Roy, C.R. und Sansonetti, P. (eds.) (2019). *Bacteria and Intracellularity*. Washington, DC: ASM Press.

Fauci, A. und Morens, D.M. (2012). The perpetual challenge of infectious diseases. *N. Engl. J. Med.* 366: 454–461.

Gunn, A. und Pitt, S.J. (2012). *Parasitology: An Integrated Approach*. Hoboken, NJ: Wiley.

Heitman, J., Filler, S.G., Edwards, J.E. et al. (2006). *Molecular Principles of Fungal Pathogenesis*. Washington, DC: ASM Press.

Wilson, B.A., Winkler, M.E. und Ho, B.T. (2019). *Bacterial Pathogenesis: A Molecular Approach*. 4th ed. Washington, DC: ASM Press.

23.1 Einführung in die Krankheitserreger und die Normalflora des Menschen

Baltimore, D. (1971). Expression of animal *virus* genomes. *Bacteriol. Rev.* 35: 235–241.

Coffin, J.M. (2021). 50th anniversary of the discovery of reverse transcriptase *Mol. Biol. Cell* 32: 91–97.

Cowman, A.F., Healer, J., Marapana, D. et al. (2016). Malaria: biology and disease. *Cell* 167: 610–624.

Crick, F.H. und Watson, J.D. (1956). Structure of small *viruses*. *Nature* 177: 473–475.

Faruque, S.M. und Mekalanos, J.J. (2012). Phage-bacterial interactions in the evolution of toxigenic. *Vibrio cholerae*. *Virulence* 3: 556–565.

Galán, J.E. und Gabriel Waksman, G. (2018). Protein-injection machines in bacteria. *Cell* 172: 1306–1318.

Rappleye, C.A. und Goldman, W.E. (2006). Defining virulence genes in the dimorphic fungi. *Annu. Rev. Microbiol.* 60: 281–303.

Soucy, S., Huang, J. und Gogarten, J. (2015). Horizontal gene transfer: building the web of life. *Nat. Rev. Genet.* 16: 472–482.

Young, J.A.T. und Collier, R.J. (2007). Anthrax toxin: receptor binding, internalization, pore formation, and translocation. *Annu. Rev. Biochem.* 76: 243–265.

23.2 Zellbiologie der Infektion

Asrat, S., de Jesús, D.A., Hempstead, A.D. et al. (2014). Bacterial pathogen manipulation of host membrane trafficking. *Annu. Rev. Cell Dev. Biol.* 30: 79–109.

Davies, J. und Davies, D. (2010). Origins and evolution of antibiotic resistance. *Microbiol. Mol. Biol. Rev.* 74: 417–433.

Faria, N.R., Rambaut, A., Suchard, M.A. et al. (2014). HIV epidemiology. The early spread and epidemic ignition of HIV-1 in human populations. *Science* 346: 56–61.

Forsberg, K.J., Reyes, A., Wang, B. et al. (2012). The shared antibiotic resistome of soil bacteria and human pathogens. *Science* 337: 1107–1111.

Sun, E., He, J. und Zhuang, X. (2013). Live cell imaging of viral entry. *Curr. Opin. Virol.* 3: 34–43.

Tilney, L.G. und Portnoy, D.A. (1989). Actin filaments and the growth, movement, and spread of the intracellular bacterial parasite. *Listeria monocytogenes*. *J. Cell Biol.* 109: 1597–1608.

Vink, C., Rudenko, G. und Seifert, H.S. (2012). Microbial antigenic variation mediated by homologous DNA recombination. *FEMS Microbiol. Rev.* 36: 917–948.

Walsh, D., Mathews, M.B. und Mohr, I. (2013). Tinkering with translation: protein synthesis in *virus*-infected cells. *Cold Spring Harb. Perspect. Biol.* 5: a012351.

Welch, M.D. und Way, M. (2013). *Arp2*/3-mediated actin-based motility: a tail of pathogen abuse. *Cell Host Microbe* 14: 242–255.

Worobey, M. Watts, T.D., McKay, R.A. et al. (2016). 1970s and "Patient 0" HIV-1 genomes illuminate early HIV/AIDS history in North America. *Nature* 39: 98–101.

23.3 Die menschliche Mikrobiota

Fan, Y. und Pedersen, O. (2021). Gut microbiota in human metabolic health and disease. *Nat. Rev. Microbiol.* 19: 55–71.

Fischbach, M.A. (2019). Microbiome: focus on causation and mechanism. *Cell* 174: 785–790.

Goldberg, D.E., Siliciano, R.F. und Jacobs, W.R., Jr (2012). Outwitting evolution: fighting drug-resistant TB, malaria, and HIV. *Cell* 148: 1271–1283.

Grove, J. und Marsh, M. (2011). The cell biology of receptor-mediated virus entry. *J. Cell Biol.* 195: 1071–1082.

Hartenian, E., Nandakumar, D., Lari, A. et al. (2020). The molecular virology of coronaviruses. *J. Biol. Chem.* 295: 12910–12934.

Hernandez-Gonzalez, M., Larocque, G. und Way, M. (2021). Viral use and subverion of membrane organization and trafficking. *J. Cell Sci.* 134: jcs252676.

Huang, J. und Brumell, J. (2014). Bacteria—autophagy interplay: a battle for survival. *Nat. Rev. Microbiol.* 12: 101–114.

Mengaud, J., Ohayon, H., Gounon, P. et al. (1996). E-cadherin is the receptor for internalin, a surface protein required for entry of *L. monocytogenes* into epithelial cells. *Cell* 84: 923–932.

Petrova, V. und Russell, C. (2018). The evolution of seasonal influenza viruses. *Nat. Rev. Microbiol.* 16: 47–60.

Polk, D.B. und Peek, R.M., Jr (2010). *Helicobacter pylori*: gastric cancer and beyond. *Nat. Rev. Cancer* 10: 403–414.

Ray, K., Marteyn, B., Sansonetti, P.J. et al. (2009). Life on the inside: the intracellular lifestyle of cytosolic bacteria. *Nat. Rev. Microbiol.* 7: 333–340.

Ribet, D. und Cossart, P. (2015). How bacterial pathogens colonize their hosts and invade deeper tissues. *Microbes Infect.* 17: 173–183.

Sender, R., Fuchs, S. und Milo, M. (2016). Are we really vastly outnumbered? Revisiting the ratio of bacterial to host cells in humans. *Cell* 164: 337–340.

Sibley, L.D. (2011). Invasion and intracellular survival by protozoan parasites. *Immunol. Rev.* 240: 72–91.

Angeborene und adaptive Immunsysteme

24

Kapitelinhalt

Wie in Kapitel 23 diskutiert, dienen alle lebenden Organismen anderen Arten als Wirte. In der Regel sind diese Beziehungen gutartig oder sogar von gegenseitigem Nutzen. Aber alle Organismen und alle Zellen in einem vielzelligen Organismus müssen sich gegen Infektionen wehren, die durch gefährliche Eindringlinge – landläufig als **Krankheitserreger** oder **Pathogene** bezeichnet – hervorgerufen werden. Dabei kann es sich um Mikroorganismen (Bakterien, Viren oder Pilze) oder um größere Parasiten handeln. Die erste Verteidigungslinie gegen Krankheitserreger liefert die **angeborene Immunantwort**; dazu gehören die Schutzbarrieren, toxischen Moleküle und phagocytierenden Zellen, die eindringende Krankheitserreger sich einverleiben und zerstören. Diese und andere Abwehrmechanismen der angeborenen Immunität sind nicht pathogenspezifisch, aber sie können in der Regel einer Infektion vorbeugen oder sie frühzeitig stoppen. Falls dies nicht gelingt, können manche Organismen, dazu zählen alle Wirbeltiere und manche Bakterien sowie Archaeen (s. **Abb. 7.81**), eine höher entwickelte, schlagkräftigere und pathogenspezifische *adaptive Immunantwort* aktivieren. In diesem Kapitel behandeln wir hauptsächlich das angeborene und das adaptive Immunsystem des Menschen.

Die verschiedenen Zellen des angeborenen Immunsystems können direkt auf Krankheitserreger reagieren, und manche von ihnen können die Aktivierung der adaptiven (erworbenen) Immunantworten unterstützen. In einem solchen Fall arbeiten die angeborene und die adaptive Immunantwort zusammen, um den Krankheitserreger zu beseitigen (**Abb. 24.1**). Im Gegensatz zu den angeborenen Reaktionen sind unsere erworbenen Reaktionen hochspezifisch gegen den Krankheitserreger gerichtet, der sie ausgelöst hat. Sie hängen von weißen Blutkörperchen, (Leukocyten) ab, sog. B- und T-Lymphocyten. *B-Lymphocyten* (*B-Zellen*) sezernieren Antikörper, die das Pathogen spezifisch binden. T-*Lymphocyten* (*T-Zellen*) können entweder mit dem Pathogen infizierte Zellen direkt abtöten (**Abb. 24.2**) oder sezernierte oder Zelloberflächen-Signalproteine bilden, die andere Wirtszellen stimulieren, um bei der Zerstörung des Pathogens zu helfen. Während angeborene Immunreaktionen im Allgemeinen kurzlebig sind, geben die erworbenen (adaptiven) Reaktionen einen dauerhaften Schutz. Z. B. ist eine Person, die Masern überstanden hat oder spezifisch dagegen geimpft ist, lebenslang durch das adaptive Immunsystem vor Masern geschützt, jedoch nicht gegen andere häufige Viren, wie etwa solche, die Mumps oder Windpocken verursachen.

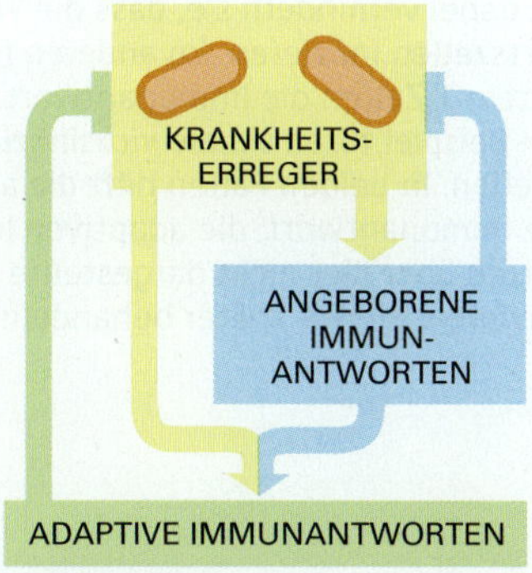

Abb. 24.1 Angeborene und adaptive Immunantworten. Angeborene Immunantworten werden direkt durch Krankheitserreger aktiviert und verteidigen alle mehrzelligen Lebewesen gegen Infektionen. In Wirbeltieren stimulieren Krankheitserreger zusammen mit den angeborenen Immunantworten, die sie aktivieren, auch adaptive Immunantworten, die dann gemeinsam mit den angeborenen Immunantworten bei der Bekämpfung der Infektion helfen. Während adaptive Reaktionen für einen bestimmten Krankheitserreger spezifisch sind, trifft dies auf die angeborenen Reaktionen nicht zu.

Molekularbiologie der Zelle, 7. Auflage. Bruce Alberts, Rebecca Heald, Alexander Johnson, David Morgan, Martin Raff, Keith Roberts und Peter Walter.

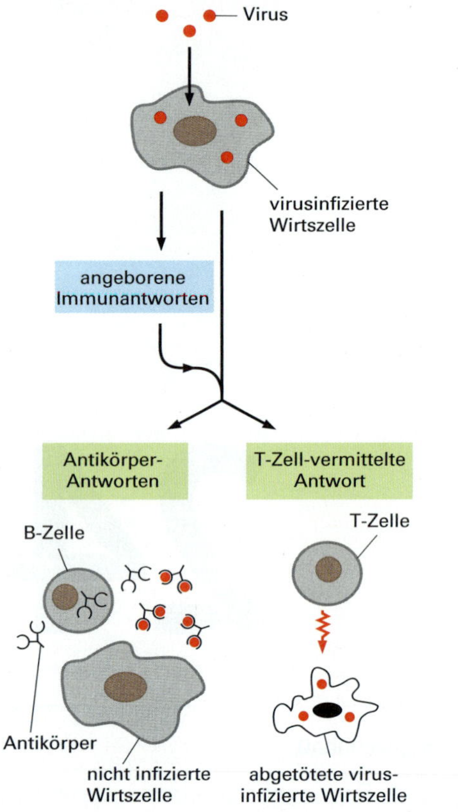

Abb. 24.2 Die beiden Klassen der adaptiven Immunantworten bei Wirbeltieren. Lymphocyten sind an beiden Antworten beteiligt, die hier als Reaktionen auf eine Virusinfektion dargestellt sind. Einerseits sezernieren die B-Zellen Antikörper, die spezifisch an extrazelluläre Viren binden und diese neutralisieren; dabei verhindern sie, dass die Viren die Wirtszellen infizieren. Im anderen Fall vermitteln T-Zellen die Immunantwort. In diesem Beispiel töten sie die virusinfizierten Wirtszellen. In beiden Fällen hilft die angeborene Immunantwort, die adaptiven Immunantworten über hier nicht dargestellte Wege zu aktivieren, die wir später behandeln.

Sowohl das angeborene als auch das adaptive Immunsystem haben Sensormechanismen entwickelt, die sie befähigen, Krankheitserreger und ihre gefährlichen Produkte zu erkennen und sie von den eigenen Zellen und Molekülen des Wirts sowie von harmlosen oder nützlichen Organismen und deren Molekülen zu unterscheiden. Das angeborene Immunsystem baut auf verschiedene Sensorproteine, um Selbst von Nichtselbst zu unterscheiden. Dies geschieht, indem bestimmte Typen oder Verteilungsmuster von Molekülen erkannt werden, die in Mikroorganismen vorkommen, aber im Wirt fehlen bzw. verborgen sind.

Im Gegensatz dazu verwendet das adaptive System besondere genetische Mechanismen, um eine praktisch unbegrenzte Diversität verwandter Proteine zu bilden. Dabei handelt es sich um Rezeptoren auf T- und B-Zellen und um sezernierte Antikörper, die zusammen fast jedes fremde Molekül binden können. Diese bemerkenswerte Strategie ermöglicht es dem adaptiven Immunsystem, sich spezifisch gegen jeden Krankheitserreger zu wehren, selbst wenn der Organismus ihm nie zuvor begegnet ist. Dazu gehört auch, dass das System lernt, nicht auf eigene oder harmlose fremde Moleküle zu reagieren. Wenn dieser Lernprozess versagt, führt dies zu gefährlichen Autoimmunerkrankungen oder allergischen Reaktionen.

In diesem Kapitel konzentrieren wir uns hauptsächlich auf diejenigen Bestandteile unserer Immunreaktionen, die sich von den Reaktionen anderer menschlicher Zellen und Gewebe unterscheiden. Wir beginnen mit der angeborenen Immunabwehr und befassen uns dann mit den Eigenschaften des hoch spezialisierten adaptiven Immunsystems.

24.1 Das angeborene Immunsystem

Unsere adaptiven Immunantworten entfalten sich beim ersten Zusammentreffen mit einem neuen Erreger nur langsam, denn spezifische B- und T-Zellen, die auf ein spezielles Antigen reagieren können, sind anfangs nur in geringer Anzahl vorhanden. Sie müssen erst aktiviert werden, um zu proliferieren und sich zu differenzieren. Daher kann es Tage dauern, bis die Antworten wirksam sind. Im Gegensatz dazu bringt es ein einzelnes Bakterium mit einer Verdopplungszeit von einer Stunde fertig, innerhalb eines Tages fast 20 Millionen Nachkommen – und somit eine ausgewachsene Infektion – zu erzeugen. Deshalb sind wir auf unser **angeborenes Immunsystem** angewiesen, um uns in den ersten kritischen Stunden und Tagen nach dem Kontakt mit einem neuen Pathogen vor einer Ansteckung zu schützen. Pflanzen und Wirbellosen fehlen adaptive Immunsysteme. Sie sind daher vollständig auf die angeborene Immunität angewiesen, um sich vor pathogenen Organismen zu schützen.

In diesem Abschnitt befassen wir uns mit einigen Strategien, die das angeborene Immunsystem nutzt, um Pathogene zu erkennen und um eine erste Verteidigungslinie gegen sie aufzubauen.

24.1.1 Epitheloberflächen dienen als Barrieren gegen eine Infektion

Unser erster Kontakt mit infektiösen Organismen findet in der Regel an den Epithelien statt, welche die Haut und die Oberflächen des Respirationstrakts, des Verdauungstrakts, der Harnwege und des Fortpflanzungstraktes bedecken. Diese Epithelien stellen sowohl physikalische als auch chemische Barrieren gegen das Eindringen von pathogenen Erregern dar: Tight Junctions zwischen den Epithelzellen blockieren das Eindringen durch die Zellzwischenräume und eine Vielzahl von Substanzen, die von den Zellen abgesondert werden, halten Krankheitserreger davon ab, sich anzuheften und einzudringen. Die keratinisierten Epithelzellen der Haut bilden z. B. eine dicke physikalische

Barriere und die Talgdrüsen in der Haut sondern Fettsäuren und Milchsäure ab, die das Wachstum von Bakterien hemmen. Darüber hinaus sezernieren Epithelzellen in allen Geweben, auch in denen von Pflanzen und Wirbellosen, antimikrobielle Moleküle, die sogenannten **Defensine**. Defensine sind positiv geladene amphipathische Peptide, die an die Membranen vieler Krankheitserreger, darunter Viren, Bakterien, Pilze und Parasiten binden und sie zerstören.

Die Epithelzellen, die innere Organe wie den Respirations- und den Verdauungstrakt auskleiden, sondern außerdem Schleim ab, der an den Oberflächen der Epithelien haftet und den pathogenen Organismen die Anheftung erschwert. Die Bewegung der Cilien auf der Oberfläche von Epithelzellen, die den Respirationstrakt auskleiden, sowie die peristaltischen Bewegungen des Darms behindern ebenfalls die Anheftung von Pathogenen. Überdies sind die gesunde Haut und der gesunde Darm von einer gewaltigen Anzahl unschädlicher (und oft nützlicher) *kommensaler* Mikroorganismen besiedelt, die zusammen als *Normalflora* (Mikrobiota) bezeichnet werden (s. Kapitel 23). Diese konkurrieren mit den pathogenen Mikroben um Nährstoffe. Einige von ihnen bilden auch antimikrobielle Peptide, die die Vermehrung der Krankheitserreger aktiv hemmen. Kommensale Mikroorganismen nutzen dem Wirt auch auf andere Weise: Einige davon helfen beispielsweise im Darm, bei der Nahrungsverdauung und stellen mehrere Vitamine her; manche sind auch für die normale Entwicklung des angeborenen und des adaptiven Immunsystems im Darm erforderlich.

24.1.2 Mustererkennungsrezeptoren erkennen konservierte Merkmale von Krankheitserregern

Gelegentlich durchbrechen Krankheitserreger die Epithelbarrieren. In diesem Fall bilden nichtepitheliale Zellen des angeborenen Immunsystems die nächste Verteidigungslinie. Diese Zellen nehmen die Anwesenheit von Pathogenen größtenteils über Rezeptorproteine wahr, die mikrobenassoziierte Moleküle erkennen, die im Wirtsorganismus entweder nicht vorkommen oder abgesondert sind. Da diese mikrobiellen Moleküle oft in sich wiederholenden Mustern vorliegen, werden sie als **pathogenassoziierte molekulare Muster** (**PAMPs**, engl. *pathogen-associated molecular patterns*) bezeichnet (weil die molekularen Muster mit kommensalen Mikroben geteilt werden, nennt man sie auch mikrobenassoziierte molekulare Muster oder *MAMPs*). PAMPs kommen in verschiedenen mikrobiellen Makromolekülen vor, einschließlich Nukleinsäuren, Lipiden, Polysacchariden und Proteinen.

Die speziellen Rezeptorproteine, die PAMPs erkennen, werden kollektiv als **Mustererkennungsrezeptoren** (**PRRs**, engl. *pattern recognition receptors*) bezeichnet. Sie binden nicht nur an PAMPs, sondern können auch intrazelluläre Signalwege aktivieren, die zur Bildung und Sekretion verschiedener Signalmoleküle führen; diese helfen beim Kampf gegen den Krankheitserreger, was wir kurz behandeln wollen. Einige PRRs sind Transmembranproteine auf der Oberfläche vieler Wirtszelltypen. Dort erkennen sie extrazelluläre Krankheitserreger. Auf spezialisierten phagocytierenden Zellen (Phagocyten) wie *Makrophagen* und *Neutrophilen* können sie die Aufnahme des Krankheitserregers in Phagosomen vermitteln. Diese verschmelzen dann mit Lysosomen zu *Phagolysosomen*, in denen die Krankheitserreger zerstört werden. Andere PRRs sind intrazellulär; dort können sie intrazelluläre Krankheitserreger wie Viren erkennen. Diese PRRs liegen entweder frei im Cytosol vor oder sie sind mit den Membranen des endolysosomalen Systems verbunden (s. Kapitel 13). Wieder andere PRRs werden sezerniert und binden an die Oberfläche extrazellulärer Erreger und markieren sie für die Zerstörung entweder durch Phagocyten oder durch Blutproteine, die zum *Komplementsystem* (s. unten) gehören.

Abb. 24.3 Rasterelektronenmikroskopische Aufnahme einer mutierten Fruchtfliege, die an einer Pilzinfektion starb. Die Fliege ist mit Pilzhyphen übersät, da ihr ein Toll-Rezeptor fehlt, der hilft, *Drosophila* vor Pilzinfektionen zu schützen. (Aus B. Lemaitre *et al.*, *Cell* 86: 973–983, 1996. Mit Erlaubnis von Elsevier).

24.1.3 Es gibt viele PRR-Klassen

Der erste PRR, der identifiziert wurde, war der *Toll-Rezeptor* in *Drosophila*, der für seine Rolle bei der Entwicklung der Fliege bekannt war (s. **Abb. 21.16**). Erst später entdeckte man, dass er auch für die Produktion antimikrobieller Peptide nötig ist, die die Fliege vor Pilzinfektionen schützen (**Abb. 24.3**). Toll ist ein transmembranes Glykoprotein mit einer großen extrazellulären Domäne, die eine Reihe von leucinreichen Wiederholungen enthält. Bald erkannte man, dass sowohl Pflanzen als auch Tiere eine Vielzahl von **Toll-like-Rezeptoren** (**TLRs**, engl. *Toll-like receptors*) besitzen, die in angeborenen Immunantworten gegen Pathogene als PRRs fungieren. Der Mensch bildet mindestens zehn verschiedene TLRs, von denen jeder andere Liganden erkennt: TLR3 erkennt z. B. doppelsträngige virale RNA im Lumen von Endosomen (**Abb. 24.4**), TLR4 erkennt Lipopolysaccharide (LPS) auf der äußeren Membran von gramnegativen Bakterien,

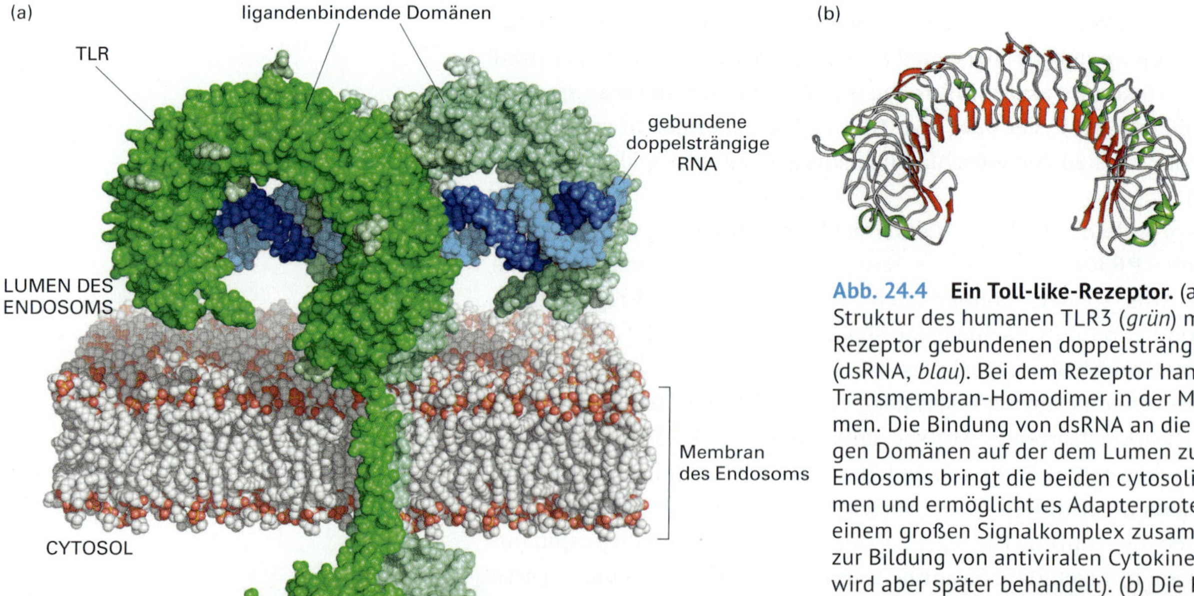

Abb. 24.4 Ein Toll-like-Rezeptor. (a) Abgebildet ist die Struktur des humanen TLR3 (*grün*) mit einem an den Rezeptor gebundenen doppelsträngigen RNA-Molekül (dsRNA, *blau*). Bei dem Rezeptor handelt es sich um ein Transmembran-Homodimer in der Membran von Endosomen. Die Bindung von dsRNA an die beiden hufeisenförmigen Domänen auf der dem Lumen zugewandten Seite des Endosoms bringt die beiden cytosolischen Domänen zusammen und ermöglicht es Adapterproteinen im Cytosol, sich zu einem großen Signalkomplex zusammenzulagern; dies führt zur Bildung von antiviralen Cytokinen (nicht abgebildet, wird aber später behandelt). (b) Die Kristallstruktur einer luminalen Domäne des Transmembranrezeptors. Sie enthält 23 konventionelle leucinreiche Wiederholungen, von denen jede einen β-Strang zum kontinuierlichen β-Faltblatt (*rot*) beisteuert, das die konkave Oberfläche der Struktur auskleidet. (a, nach L. Liu *et al.*, *Science* 320: 379–381, 2008; b, verändert nach J. Choe *et al.*, *Science* 309: 581–585, 2005. Beide mit Erlaubnis der AAAS. PDB-Code: 1ZIW).

TLR5 erkennt das Protein, das die bakterielle Geißel bildet, TLR7 und TLR8 erkennen einzelsträngige virale RNA; und TLR9 erkennt kurze, nichtmethylierte Sequenzen von bakterieller, viraler oder Protozoen-DNA, die als CpG-Motive bezeichnet werden und in der DNA von Wirbeltieren selten sind.

Neben den TLRs verwendet der Mensch verschiedene weitere PRR-Familien, um Krankheitserreger aufzuspüren. Eine davon ist die große Familie der **NOD-ähnlichen Rezeptoren** (**NLRs**, engl. *NOD-like receptors*). Wie TLRs besitzen NLRs leucinreiche Wiederholungsmotive, aber sie kommen nur im Cytoplasma vor und erkennen eine andere Gruppe bakterieller Moleküle. Individuen, die homozygot für eine inaktivierende Mutation im NLR-Gen *NOD2* sind, besitzen ein deutlich erhöhtes Risiko für Morbus Crohn, eine chronische entzündliche Erkrankung des Dünndarms, von der man glaubt, dass sie chronische Immunreaktionen gegen harmlose kommensale Mikroben einschließt. Eine andere Gruppe von PRRs besteht aus *RIG-ähnlichen Rezeptoren* (*RLRs*, engl. *RIG-like receptors*). Das sind Mitglieder der RNA-Helikase-Proteinfamilie. Sie kommen ebenfalls ausschließlich im Cytoplasma vor und spüren pathogene Viren auf. Eine vierte Familie von PRRs besteht aus *C-Typ-Lektinrezeptoren* (*CLRs*). Das sind transmembrane Zelloberflächenproteine, die Kohlenhydrate auf verschiedenen Mikroorganismen erkennen; sie werden als C-Typ bezeichnet, weil die Bindung an Kohlehydrate von Ca^{2+} abhängt. In **Tabelle 24.1** sind einige PRRs, ihre Liganden und ihre jeweilige Lage in der Zelle zusammengefasst. Gemeinsam fungieren diese und andere PRRs als Alarmsystem, um die angeborenen und adaptiven Immunsysteme zu warnen, dass eine Infektion im Anmarsch ist.

Wenn ein Zelloberflächen-PRR oder ein intrazellulärer PRR ein PAMP bindet, stimuliert es die Zelle, eine Vielzahl von Cytokinen und anderen extrazellulären Signalmolekülen zu sezernieren. Einige davon hemmen die virale Replikation, aber die meisten induzieren eine lokale Entzündungsreaktion, die mithilft, den Krankheitserreger zu eliminieren, womit wir uns jetzt befassen werden.

24.1.4 Aktivierte PRRs lösen eine Entzündungsreaktion am Ort der Infektion aus

Wenn ein Pathogen in ein Gewebe eindringt, aktiviert es PRRs auf oder in vielen Zellen des angeborenen Immunsystems und löst an der Stelle der Infektion eine Entzündungsreaktion aus. Dort vorkommende Makrophagen sind in der Regel die ersten Zellen, die antworten, und sie orchestrieren die nachfolgenden Reaktionen mithilfe

Tab. 24.1 Einige Mustererkennungsrezeptoren (PRRs).

Rezeptor	Lokalisation	Ligand	Herkunft des Liganden
Toll-like-Rezeptoren (TLRs)			
TLR3	endolysosomales System	doppelsträngige RNA	Viren
TLR4	Plasmamembran	bakterielle Lipopolysaccharide (LPS); virale Hüllproteine	Bakterien, Viren
TLR5	Plasmamembran	Flagellin	Bakterien
TLR9	endolysosomales System	unmethylierte CpG-Dinukleotide in der DNA	Bakterien, Viren, Protozoen
NOD-ähnliche Rezeptoren (NLRs)			
NOD2	Cytoplasma	Abbauprodukte von Peptidoglykanen	Bakterien
Retinsäure-induzierbares Gen-1-ähnliche Rezeptoren (RLRs)			
RIG1	Cytoplasma	doppelsträngige RNA	Viren
C-Typ-Lektinrezeptoren (CLRs)			
Dectin1	Plasmamembran	β-Glukan	Pilze

von Signalmolekülen kurzer Reichweite, die sie absondern. Diese Moleküle rekrutieren andere Zellen des angeborenen Immunsystems. Die Entzündungsreaktion ist abhängig von Veränderungen in den lokalen Blutgefäßen und ist gekennzeichnet durch lokalen Schmerz, Rötung, Hitze und Schwellung. Die Blutgefäße erweitern sich und werden durchlässig für Flüssigkeiten und Proteine, was eine lokale Schwellung verursacht sowie eine Anhäufung von Blutproteinen, einschließlich solcher, die bei der Abwehr der Krankheitserreger helfen. Gleichzeitig werden die Endothelzellen, die die lokalen Blutgefäße auskleiden, dazu angeregt, Zelladhäsionsproteine zu exprimieren, die die Anheftung und das Austreten von weißen Blutkörperchen (*Leukocyten*) fördern (s. **Abb. 19.28b**). Dies trägt zur lokalen Schwellung bei. Anfangs treten Neutrophile aus, später folgen Lymphocyten und Monocyten (die Vorläufer von Makrophagen im Blut – s. **Abb. 22.12**).

Die Aktivierung von PRRs hat die Produktion vieler extrazellulärer Signalmoleküle zur Folge, die die Entzündungsreaktion am Ort der Infektion vermitteln. Dazu gehören sowohl Lipid-Signalmoleküle wie Prostaglandine als auch Protein- (oder Peptid-)Signalmoleküle, die als **Cytokine** bezeichnet werden; diese nehmen hauptsächlich auf benachbarte Zellen Einfluss. Einige der bedeutendsten **proinflammatorischen Cytokine** sind *Tumornekrosefaktor-α (TNF-α)*, *Interferon-γ (IFN-γ)*, eine Vielzahl von *Chemokinen* (die Leukocyten anlocken) und verschiedene *Interleukine (ILs)*, mit denen wir uns später befassen werden. Dazu zählen IL1β, IL6, IL12, IL17 und IL18. Außerdem aktiviert ein sezernierter PRR (Mannose bindendes Lektin) das Komplementsystem, wenn der PRR an einen Krankheitserreger bindet. Fragmente von Komplementproteinen, die während der Komplementaktivierung freigesetzt wurden, stimulieren eine Entzündungsreaktion (unten erwähnt, s. **Abb. 24.7**).

Wenn sie durch PAMPs aktiviert werden, stimulieren die meisten Zelloberflächen-PRRs und intrazellulären PRRs die Produktion vieler proinflammatorischer Cytokine. Dies geschieht, indem sie intrazelluläre Signalübertragungswege aktivieren, die Transkriptionsregulatoren wie NF-κB anschalten, um die Transkription von relevanten Cytokingenen zu induzieren (s. **Abb. 15.63**). Einige PRRs können jedoch auch die Produktion proinflammatorischer Cytokine über einen anderen Mechanismus stimulieren: Wenn sie aktiviert werden, lagern sich einige cytoplasmatische NLRs mit Adapterproteinen und spezifischen Proteasen der Caspase-Familie (s. Kapitel 18) zusammen und bilden **Inflammasome**. In den Inflammasomen werden proinflammatorische Cytokine wie IL1β und IL18 durch Caspase-1 von ihren inaktiven Vorläuferproteinen abgespalten. Diese Cytokine werden dann von der Zelle über einen unkonventionellen Sekretionsweg freigesetzt. Inflammasome ähneln in Aufbau und Struktur sehr den *Apoptosomen*. In Apoptosomen werden jedoch Caspasen aktiviert, um eine intrazelluläre, proteolytische Caspase-Kaskade einzuleiten, die zum apoptotischen Zelltod führt (s. **Abb. 18.8**).

Die NLR-abhängige Bildung von Inflammasomen kann auch ohne Infektion ausgelöst werden, wenn Zellen geschädigt werden oder unter Stress stehen. Derartige Zellen bilden *schadensassoziierte molekulare Muster* (*damage-associated molecular patterns*; DAMPS), einschließlich solche mit veränderten oder fehlplatzierten Selbst-Molekülen, die die relevanten NLRs aktivieren können: Ein schmerzhaftes Beispiel dafür ist die Arthritis, die durch die Ablagerung von Harnsäurekristallen in den Gelenken von Gichtpatienten verursacht wird. Gichtpatienten weisen eine anormal hohe Harnsäurekonzentration im Blut auf.

Die Entzündungsreaktion wird durch verschiedene positive Rückkopplungsschleifen verstärkt. Beispielsweise sezernieren aktivierte Makrophagen IL1β, das auf die Makrophagen zurückwirkt, sodass diese die Bildung von weiteren Vorstufen von IL1β steigern; gleichzeitig steigern andere Cytokine den Aufbau von Inflammasomen, die noch mehr IL1β bilden, indem sie dessen Vorläufer spalten. Als weiteres Beispiel sind aktivierte Makrophagen zu nennen, die Chemokine sezernieren, die Leukocyten anlocken; diese sezernieren ebenfalls Chemokine, die noch mehr Leukocyten anlocken. Einige dieser Leukocyten sind Monocyten, die zu Makrophagen heranreifen und dann aktiviert werden, um weitere Runden dieses positiven Rückkopplungszyklus anzutreiben.

Neben ihren lokalen Wirkungen bewirken proinflammatorische Cytokine weitreichende Veränderungen im gesamten Körper. IL1β, IL6 und TNFα beispielsweise können auf den Hypothalamus im Gehirn, Muskelzellen und Fettzellen einwirken, sodass die Körpertemperatur ansteigt und Fieber auftritt, das manche Zellen bei der Bekämpfung der Infektion unterstützt. Diese Cytokine können auch die Leber stimulieren, damit sie Akut-Phase-Proteine wie das C-reaktive Protein sezerniert, dass an die Oberfläche verschiedener Pathogene bindet. Dort rekrutiert es Komplementkomponenten, welche die Phagocytose des Pathogens anregen (wird in Kürze erläutert). Da das C-reaktive Protein um einen Faktor von mehreren Hundert ansteigt, wird es gerne als klinischer Test für eine Infektion, eine Entzündung oder einen Gewebsschaden genutzt.

24.1.5 Phagocytierende Zellen suchen, fressen und vernichten Krankheitserreger

Bei allen Tieren wird ein mikrobieller Eindringling normalerweise bald nach seiner Entdeckung von einer phagocytierenden Zelle aufgenommen. Bei Menschen sind dies in der Rege Makrophagen, langlebige Zellen, die in den meisten Geweben von Wirbeltieren vorkommen und daher die ersten Phagocyten sind, die reagieren. Neutrophile sind dagegen kurzlebig und obwohl sie die zahlreichsten Leukocyten im Blut sind, kommen sie in anderen gesunden Geweben nicht vor. Sie werden über verschiedene anziehend wirkende Moleküle schnell aus dem Blut zum Infektionsort gelockt. Zu diesen Molekülen gehören Formylmethionin enthaltende Peptide (die von Mikroorganismen, aber nicht von Säugerzellen freigesetzt werden), Chemokine, die von aktivierten Makrophagen abgesondert werden, und Peptidfragmente, die von gespaltenen, aktivierten Komplementproteinen gebildet werden. Die angelockten Neutrophilen phagocytieren die Pathogene, sezernieren ihre eigenen proinflammatorischen Cytokine und verstärken dabei die lokale Entzündungsreaktion.

Neben ihren PRRs besitzen Makrophagen und Neutrophile eine Vielzahl von Zelloberflächenrezeptoren. Diese erkennen Antikörper und Fragmente von Komplementproteinen, die an die Oberfläche eines Krankheitserregers gebunden sind. Wenn ein derart beschichteter Erreger an diese Rezeptoren bindet, löst dies seine rasche Phagocytose aus (**Abb. 24.5**), gefolgt von einem unerbittlichen Angriff auf den Krankheitserreger, sobald dieser im Phagolysosom ist. Sowohl Makrophagen als auch Neutrophile besitzen ein beeindruckendes Waffenarsenal, um den Eindringling zu töten. Dazu zählen Enzyme wie Lysozym und Säurehydrolasen, die die Zellwand des Erregers abbauen können. Die Zellen lagern *NADPH-Oxidase-Komplexe* an der Phagolysosomenmembran an. Dort katalysieren sie die Produktion stark toxischer Sauerstoffderivate wie Superoxid (O_2^-), Wasserstoffperoxid und Hydroxylradikale. Während der Produktion dieser Substanzen steigt der Sauerstoffverbrauch der Zellen vorübergehend an – dieses Phänomen bezeichnet man als *oxidativen Burst.* Während Makrophagen dieses Gemetzel in der Regel überleben und weiterarbeiten können, tun Neutrophile das nicht: Sie sind darauf programmiert, durch Apoptose zu sterben (in Kapitel 18 behandelt), nachdem sie ihre Beute zerstört haben, und werden dann ihrerseits von Makrophagen phagocytiert. Manche Neutrophile machen eine Form der Zellnekrose durch, bei der dekondensiertes Chromatin frei wird. Dieses Chromatin bildet extrazelluläre Netze, von denen man annimmt, dass sie Pathogene einfangen und töten. Tote und sterbende Neutrophile sind der Hauptbestandteil von Eiter, der sich in akuten, bakteriell infizierten Wunden bildet. Wenn ein Krankheitserreger zu groß ist, um phagocytiert zu werden (wenn es sich z. B. um einen großen Parasiten wie einen Wurm handelt), dann versammelt sich eine Gruppe von Makrophagen, Neutrophilen oder Eosinophilen (eine weitere Leukocytenart – s. **Abb. 22.11**) um den Eindringling. Sie sondern Defensine und andere schädigende Wirkstoffe ab und

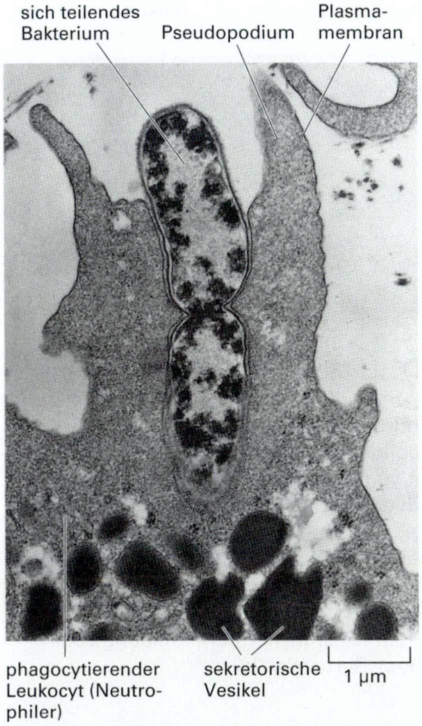

Abb. 24.5 Phagocytose eines antikörperbeschichteten Pathogens. Elektronenmikroskopische Aufnahme eines Neutrophilen, der ein mit Antikörpern beschichtetes Bakterium, das sich gerade teilt, phagocytiert. Der Vorgang, bei dem die Beschichtung eines Erregers mit Antikörpern (oder Komplement) die Effizienz, mit der der Erreger phagocytiert wird, erhöht, wird als *Opsonisierung* bezeichnet. (Mit freundlicher Genehmigung von Dorothy F. Bainton, aus R. C. Williams, Jr. und H. H. Fudenberg, Phagocytic Mechanisms in Health and Disease. New York: Intercontinental Medical Book Corporation, 1971).

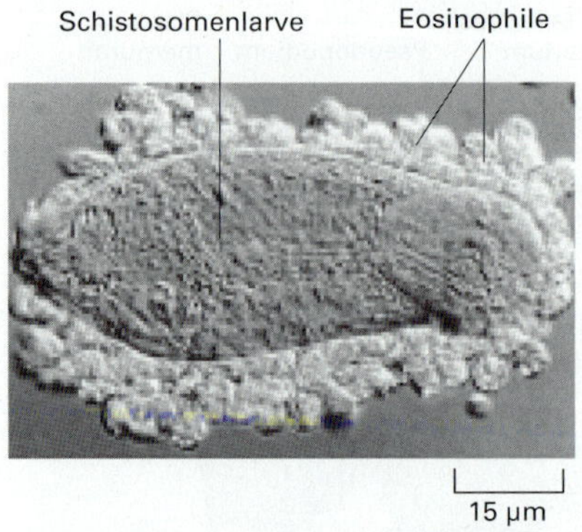

Abb. 24.6 Eosinophile, die einen Parasiten angreifen. Große Parasiten, wie die hier abgebildete Schistosomenlarve, können nicht von Phagocyten aufgenommen werden. Wenn ein solcher Parasit mit Antikörpern oder Komplement umhüllt ist, können Eosinophile (und andere Leukocyten) sie dennoch erkennen und gemeinsam töten, indem sie verschiedene toxische Moleküle sezernieren. (Mit freundlicher Genehmigung von Anthony Butterworth).

setzen die toxischen Produkte des oxidativen Bursts frei. Dieses Trommelfeuer reicht oft aus, um den Erreger zu zerstören (**Abb. 24.6**).

24.1.6 Die Komplementaktivierung führt zur Phagocytose oder Lyse von Pathogenen

Das Blut und andere extrazelluläre Flüssigkeiten enthalten viele Proteine mit antimikrobieller Aktivität. Einige davon werden als Reaktion auf eine Infektion gebildet, während andere konstitutiv produziert werden. Die wichtigsten dieser Proteine gehören zum **Komplementsystem**. Es besteht aus ungefähr 30 miteinander interagierenden, löslichen Proteinen, die hauptsächlich von der Leber synthetisiert werden und inaktiv bleiben, bis eine Infektion oder ein anderer Auslöser das System in Gang setzt. Ursprünglich hat man sie entdeckt, weil sie die Wirkung von Antikörpern, die von B-Zellen gebildet werden, verstärken und ergänzen (komplementieren) können; zum Komplementsystem gehören jedoch auch PRRs, die PAMPs direkt auf den Mikroorganismen erkennen.

Die *frühen Komplementkomponenten* bestehen aus drei Gruppen von Proteinen, die zu drei unterschiedlichen Wegen der Komplementaktivierung gehören – zum *klassischen Weg*, zum *Lektinweg* und zum *alternativen Weg*. Die frühen Komponenten aller drei Wege spalten und aktivieren örtlich begrenzt die zentrale Komplementkomponente **C3** (**Abb. 24.7**). Individuen mit C3-Mangel leiden unter häufigen bakteriellen Infektionen. Die frühen Komponenten sind Proenzyme, die nacheinander durch proteolytische Spaltung aktiviert werden. Die Spaltung jedes Proenzyms in der Kette erzeugt eine neue Serinprotease, die dann das nächste Proenzym in der Reihe spaltet, usw. Jedes aktivierte Enzym spaltet zahlreiche Moleküle des nächsten Proenzyms in der Kette – deshalb bilden die aktivierten frühen Komponenten eine sich selbst verstärkende *proteolytische Kaskade*.

Viele dieser Spaltungsreaktionen setzen ein kleines biologisch aktives Peptidfragment, das phagocytierende Zellen wie Neutrophile anlockt, und ein größeres membranbindendes Fragment frei. Die Bindung des großen Fragments an eine Zellmembran – gewöhnlich handelt es sich um die Oberfläche eines Pathogens – leitet die nächste Reaktion in der Kette ein. Auf diese Weise bleibt die Komplementaktivierung größtenteils auf die Zelloberfläche beschränkt, auf der sie begonnen hat. Das größere Fragment von C3 (C3b genannt) bindet kovalent an die Pathogenoberfläche. Dort lockt es dann Fragmente an, die durch Spaltung anderer früher Komplementkomponenten gebildet werden, und

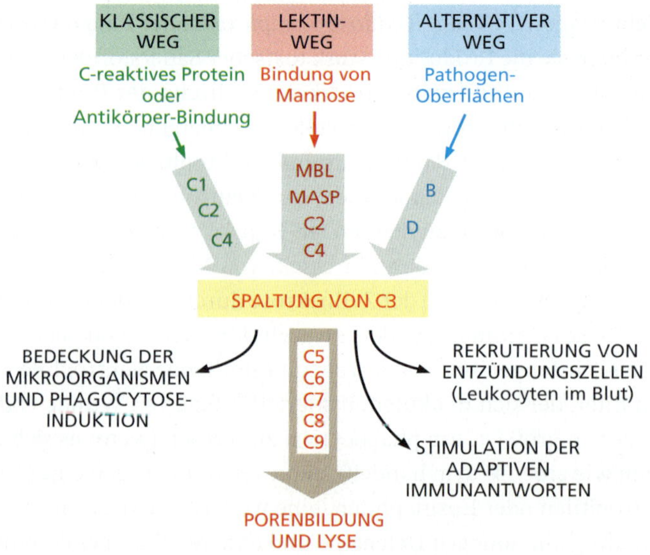

Abb. 24.7 Die wichtigsten Stufen der Komplementaktivierung beim klassischen Weg, beim Lektinweg und beim alternativen Weg. Bei allen drei Wegen finden die Reaktionen zur Komplementaktivierung gewöhnlich auf der Oberfläche eines eingedrungenen Mikroorganismus – beispielsweise eines Bakteriums – statt und führen zur Spaltung von C3 mit den entsprechenden Konsequenzen. Die Komplementproteine C1 bis C9, Mannose bindendes Lektin (MBL), MBL-assoziierte Serinproteasen (MASPs) sowie die Faktoren B und D sind wie gezeigt die zentralen Komponenten des Komplementsystems. Die frühen Komponenten sind in *grauen Pfeilen* dargestellt – die späten Komponenten in dem *braunen Pfeil*. Die *schwarzen Pfeile* weisen auf die Funktionen der Proteinfragmente hin, die während der Komplementaktivierung gebildet werden. Die verschiedenen Komplementproteine, die das System regulieren, sind weggelassen. Das C-reaktive Protein ist ein sezerniertes PPR-Protein, das von der Leber gebildet wird; während einer Infektion (oder einer anderen Entzündung) steigt seine Konzentration im Blut an und es bindet an die Oberfläche mancher Bakterien.

bildet einen proteolytischen Komplex, der die nachfolgenden Schritte in der Komplementkaskade katalysiert. Die frühen Ereignisse in der Komplementaktivierung haben verschiedene Funktionen: C3b-bindende Rezeptoren aus phagocytierenden Zellen verstärken die Fähigkeit dieser Zellen, den Krankheitserreger zu phagocytieren, und ähnliche Rezeptoren auf B-Zellen verstärken die Fähigkeit dieser Zellen, Antikörper gegen verschiedene mikrobielle Moleküle auf C3b-beschichteten Pathogenen zu bilden. Das kleinere Fragment von C3 (C3a) sowie die kleinen Fragmente von C4 und C5 wirken als eigenständige diffundierende Signalstoffe. Sie rufen eine Entzündungsreaktion hervor, indem sie Leukocyten an den Ort der Infektion locken.

Wie in **Abbildung 24.7** dargestellt, leiten das C-reaktive Protein oder Antikörper, die an die Oberfläche eines Mikroorganismus gebunden sind, den *klassischen Weg* der Komplementaktivierung ein. Das bereits erwähnte *Mannose-bindende Lektin* ist ein sezernierter PRR, der den *Lektinweg* der Komplementaktivierung einleitet, wenn er Glykolipide von Bakterien oder Pilzen und Glykoproteine, die terminale Mannose- oder Fukosereste in einer bestimmten räumlichen Konformation besitzen, erkennt. Diese anfänglichen Bindungen im klassischen Weg und im Lektinweg locken die frühen Komponenten des Komplementsystems an und aktivieren sie. Schließlich aktivieren Moleküle auf der Oberfläche von pathogenen Organismen oft direkt den *alternativen Weg.* Dieser ist gewöhnlich der erste Komplementweg, der zu Beginn einer Infektion aktiviert wird.

Membrangebundenes C3b, das über einen der drei Wege gebildet wurde, löst eine weitere Reaktionskaskade aus, die dazu führt, dass sich die *späten Komplementkomponenten* zum *Membranangriffskomplex* zusammenlagern. Diese Proteinkomplexe entstehen in der Pathogenmembran nahe der Stelle, wo C3 aktiviert wurde, und bilden wässrige Poren durch die Membran (**Abb. 24.8**). Aus diesem Grund, und weil sie in ihrer Umgebung die Struktur der Lipid-Doppelschicht zerstören, machen sie die Membran undicht. In manchen Fällen können sie dadurch bewirken, dass die Mikrobenzelle lysiert.

Wegen der selbstverstärkenden, entzündlichen und zerstörenden Eigenschaften der Komplementkaskade muss die Kaskade streng kontrolliert werden, was auf verschiedene Weisen erreicht wird. Eine Kontrolle besteht darin, dass aktivierte Schlüsselkomponenten instabil sind und schnell nach ihrer Aktivierung inaktiv werden, falls sie nicht unverzüglich an eine der nächsten Komponenten der Kaskade oder an eine benachbarte Membran binden. Zudem brechen spezifische Hemmproteine im Blut oder auf der Oberfläche von Wirtszellen die Kaskade ab, indem sie bestimmte Komplementkomponenten inaktivieren, sobald die Komponenten durch proteolytische Spaltung aktiviert wurden. Ein solches Hemmprotein im Blut wird durch die Sialinsäure auf Glykoproteinen und Glykolpiden der Wirtszellen rekrutiert (s. **Abb. 10.16**). Da Pathogene im Allgemeinen keine Sialinsäure haben, werden sie für die komplementvermittelte Phagocytose und Zerstörung ausgewählt, während die Wirtszellen verschont bleiben. Manche Pathogene, darunter das Bakterium *Neisseria gonorrhoeae*, das die sexuell übertragene Krankheit

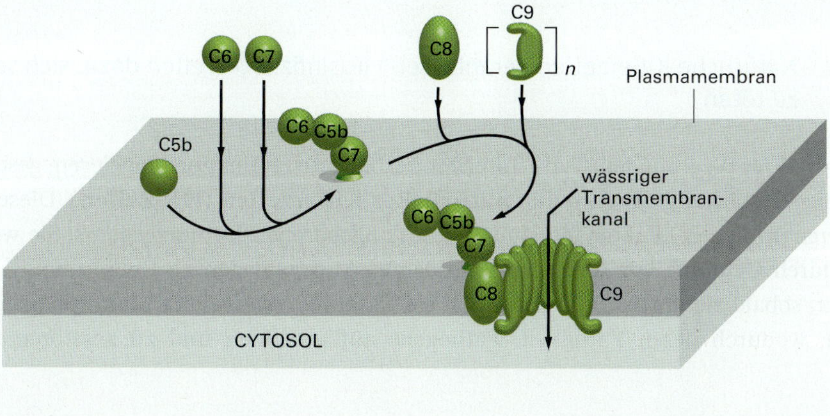

Abb. 24.8 Zusammenlagerung der späten Komplementkomponenten zum Membranangriffskomplex in der Membran eines Pathogens. Die Spaltung der frühen Komponenten des Komplementsystems (in **Abb. 24.7** als *graue Pfeile* dargestellt) führt zur Bildung von proteolytischen Komplexen auf der Membran des Pathogens (nicht dargestellt). Diese spalten dann C5, die erste der späten Komponenten, zu C5a und C5b (nicht gezeigt). Wie dargestellt, lagert sich C5b zügig mit C6 und C7 zusammen. So entsteht der C567-Komplex, der über C7 fest an die Pathogenmembran bindet und dann durch ein C8-Molekül zum C5678-Komplex erweitert wird. Wenn an diesen Komplex ein C9-Molekül bindet, kommt es zu einer Konformationsänderung in C9: Eine hydrophobe Region gelangt nach außen und C9 integriert sich in die Zielmembran. Dies löst eine Kettenreaktion aus, bei der das veränderte C9 ein zweites C9-Molekül bindet, an das sich wiederum ein weiteres C9 heftet, usw. Schließlich entsteht ein großer wässriger Transmembrankanal in der Pathogenmembran aus zu einem Ring zusammengelagerten C9-Molekülen.

Gonorrhoe verursacht, umgibt sich mit einer Sialinsäureschicht, um sich wirksam vor dem Komplementsystem zu schützen.

24.1.7 Virusinfizierte Zellen ergreifen drastische Maßnahmen, um die Virusvermehrung zu verhindern

Ein üblicher Weg, wie ein Wirtszell-PRR die Anwesenheit eines infizierenden Virus erkennen kann, besteht deshalb darin, charakteristische Elemente des viralen Genoms wie z. B. doppelsträngige RNA (dsRNA) ausfindig zu machen. Doppelsträngige RNA ist ein Zwischenprodukt im Lebenszyklus vieler Viren und wird von verschiedenen PRRs wie dem Toll-like-Rezeptor TLR3 erkannt (**Abb. 24.4a**). Außerdem enthält das Genom von DNA-Viren oft große Anteile der bereits erwähnten CpG-Motive, die von TLR9 erkannt werden (s. **Tab. 24.1**).

Säugetierzellen sind besonders effektiv dabei, die Anwesenheit von dsRNA zu erkennen. Die dsRNA aktiviert intrazelluläre PRRs, die die Wirtszelle dazu veranlassen, zwei antivirale Cytokine – **Interferon-α** (**IFN-α**) und **Interferon-β** (**IFN-β**) zu produzieren und zu sezernieren. Diese Interferone werden als *Typ-I-Interferone* bezeichnet, um sie von IFN-γ zu unterscheiden, bei dem es sich um ein Typ-II-Interferon handelt und das andere Funktionen besitzt, wie wir später diskutieren werden. Ein Typ-I-Interferon wirkt sowohl autokrin auf die infizierte Zelle, die es gebildet hat, als auch parakrin auf nicht infizierte Nachbarzellen. Die Bindung dieser Typ-I-Interferone an ihren gemeinsamen Zelloberflächenrezeptor stimuliert die Transkription spezifischer Gene über den intrazellulären JAK-STAT-Signalweg (s. **Abb. 15.57**), um die Transkription vieler spezifischer Gene zu stimulieren und dabei die Bildung Hunderter Proteine, einschließlich einer großen Anzahl von Cytokinen, zu fördern. Dies zeigt die Komplexität der akuten Antwort einer Zelle auf eine virale Infektion.

Die Produktion von Typ-I-Interferonen scheint eine allgemeine Reaktion einer Säugerzelle auf eine virale Infektion zu sein. Sie kann nicht nur von dsRNA und CpG-Motiven in viraler DNA, sondern auch von anderen viralen Komponenten ausgelöst werden. Typ-I-Interferone tragen auf viele Arten dazu bei, die virale Replikation zu hemmen. Sie aktivieren beispielsweise eine latent vorhandene Ribonuclease, die unspezifisch Einzelstrang-RNA des Virus und der Wirtszelle abbaut. Sie aktivieren indirekt eine Proteinkinase, die den Translations-Initiationsfaktor eIF-2 (s. Kapitel 6) phosphoryliert und inaktiviert, und legen so den größten Teil der Proteinsynthese in der infizierten Wirtszelle still. Wie es scheint, hemmt die Wirtszelle die virale Replikation, indem sie den größten Teil ihrer RNA zerstört und vorübergehend den größten Teil ihrer Proteinsynthese zum Stillstand kommen lässt, ohne sich selbst dabei umzubringen. Wenn diese Maßnahme versagt, geht die Zelle den äußersten Schritt, um zu verhindern, dass das Virus sich vermehrt: Sie bringt sich selbst durch Apoptose um, was oft mithilfe von Killer-Zellen geschieht, die von Typ-I-Interferonen aktiviert werden (wie im folgenden Abschnitt beschrieben).

24.1.8 Natürliche Killerzellen veranlassen virusinfizierte Zellen dazu, sich selbst zu töten

Ein indirekter Weg, auf dem Typ-I-Interferone die Virusreplikation blockieren, geschieht über die Verstärkung der Aktivität **natürlicher Killerzellen (NK-Zellen)**. Diese lymphocytenähnlichen Leukocyten sind Teil des angeborenen Immunsystems. Sie werden früh durch Cytokine von aktivierten residenten Makrophagen zu Entzündungsstellen gelockt; sobald sie dort sind, sezernieren sie Cytokine, die weitere Makrophagen aktivieren, wodurch deren Fähigkeit, Pathogene aufzunehmen und zu zerstören sowie

Cytokine zu sezernieren, gesteigert wird. Hier handelt es sich also um eine weitere positive Rückkopplungsschleife, welche die Entzündungsreaktion verstärkt. Wie die später behandelten *cytotoxischen T-Zellen* des adaptiven Immunsystems, so zerstören auch NK-Zellen virusinfizierte Zellen direkt, indem sie infizierte Zellen dazu veranlassen, sich durch Apoptose selbst zu töten. NK-Zellen helfen, uns vor extrazellulären und intrazellulären Pathogenen zu schützen. Wir werden später betrachten, wie NK-Zellen die Apoptose einleiten, wenn wir besprechen, wie die cytotoxischen T-Zellen dies bewerkstelligen (s. **Abb. 24.43**). Obwohl sie auf dieselbe Weise töten, ist die Methode, mit deren Hilfe cytotoxische T-Zellen und NK-Zellen die Oberfläche von virusinfizierten Zellen von derjenigen nicht infizierter Zellen unterscheiden, verschieden.

Sowohl cytotoxische T-Zellen als auch NK-Zellen erkennen dieselbe spezielle Klasse von Zelloberflächenproteinen, um virusinfizierte Wirtszellen aufzuspüren. Sie nutzen dafür jedoch unterschiedliche Rezeptoren. Die speziellen Zelloberflächenproteine, die von ihnen erkannt werden, werden als *Klasse-I–MHC-Proteine* bezeichnet. Wie wir später noch ausführlicher besprechen, haben MHC-Proteine ihre Bezeichnung von einem Gen-Cluster im *Haupt-Histokompatibilitätskomplex* (*MHC*, engl. *major histocompatibility complex*), von dem sie codiert werden. Klasse-I–MHC-Proteine kommen auf nahezu allen kernhaltigen Zellen in Wirbeltieren vor. Cytotoxische T-Zellen benutzen spezifische *T-Zell-Rezeptoren* (*TCRs*, engl. *T cell receptors*), um Peptidbruchstücke von Virusproteinen zu erkennen, die an diese MHC-Proteine auf der Oberfläche der virusinfizierten Wirtszellen gebunden sind, und veranlassen dann die infizierten Zellen dazu, sich der Apoptose zu unterziehen (später behandelt). Im Gegensatz dazu besitzen NK-Zellen auf ihrer Zelloberfläche eine Vielzahl *inhibitorischer Rezeptoren*, die die Konzentration von Klasse-I–MHC-Proteinen auf der Oberfläche anderer Wirtszellen kontrollieren: Wenn diese MHC-Proteine in großen Mengen vorhanden sind, wie dies normalerweise bei gesunden Wirtszellen der Fall ist, werden die Rezeptoren aktiviert und die Killeraktivität wird gehemmt. Die NK-Zellen konzentrieren sich somit primär auf Wirtszellen, die anormal geringe Mengen von Klasse-I–MHC-Proteinen exprimieren, und veranlassen diese dazu, sich selbst zu töten. Bei diesen Zellen handelt es sich hauptsächlich um virusinfizierte Zellen und einige Krebszellen (**Abb. 24.9**). Die Killeraktivität von NK-Zellen wird stimuliert, wenn verschiedene *aktivierende Rezeptoren* auf der Oberfläche der NK-Zelle spezifische Proteine erkennen, die auf der Oberfläche von virusinfizierten Zellen und einigen Krebszellen in stark erhöhter Menge vorliegen.

Dass die Menge der Klasse-I–MHC-Proteine auf virusinfizierten Zellen oft gering ist, liegt daran, dass viele Viren die Expression dieser Proteine auf der Oberfläche von Zellen, die sie infizieren, inhibieren, um nicht von cytotoxischen T-Lymphocyten erkannt zu werden: Einige Viren codieren für Proteine, die die Klasse-I–MHC-Gentranskription hemmen, andere hemmen den intrazellulären Zusammenbau von Peptid–MHC-Komplexen und wieder andere blockieren den Transport dieser Komplexe an die Zelloberfläche. Indem ein Virus auf diese Weise die Erkennung durch cytotoxische T-Zellen umgeht, weckt es jedoch das Interesse der NK-Zellen, denn diese erkennen die infizierten Zellen als fremdartig; sowohl weil die infizierten Zellen wenig Klasse-I–MHC-Protein exprimieren als auch weil sie große Mengen anderer Zelloberflächenproteine exprimieren, die von den aktivierenden Rezeptoren auf den NK-Zellen erkannt werden (**Abb. 24.10**).

NK-Zellen gehören zu einer großen Klasse lymphocytenähnlicher Zellen des angeborenen Immunsystems, die insgesamt als *angeborene Lymphzellen (innate lymphoid cells, ILCs)* bezeichnet werden; obgleich sich diese Zellen manche Eigenschaften mit T-Zellen teilen, fehlen Ihnen TCRs. Außer den NK-Zellen gehören zu den ILCs erst in jüngerer Zeit entdeckte Zellarten mit verschiedenen Verteilungen und Funktionen. Manche fördern die frühe Entwicklung der Lymphgewebe; manche sezernieren während der

Abb. 24.9 Eine Natürliche Killerzelle (NK-Zelle) greift eine Krebszelle an. Als diese rasterelektronenmikroskopische Aufnahme hergestellt wurde, hatte sich die NK-Zelle gerade an die Krebszelle angeheftet, um den Selbstmord der Krebszelle auszulösen. Die Bläschenbildung der Zellmembran der Krebszelle ist für apoptotische Zellen typisch (in Kapitel 18 behandelt). (Von Eye of Science/Science Source).

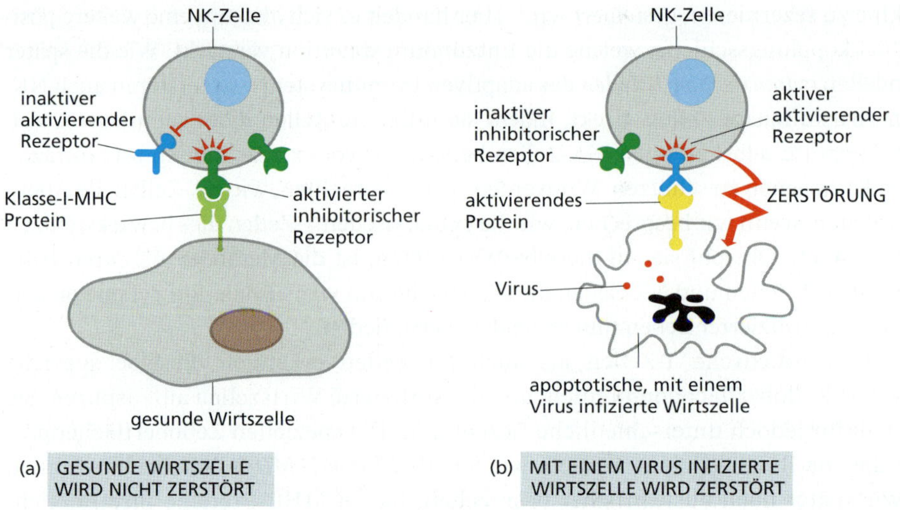

Abb. 24.10 Wie eine NK-Zelle ihr Ziel erkennt. Eine NK-Zelle zeigt eine Vielzahl aktivierender und hemmender Rezeptoren auf ihrer Oberfläche. Die Entscheidung, eine Wirtszelle zu töten oder nicht zu töten, hängt von der Gesamtheit der Wechselwirkungen zwischen diesen Rezeptoren und den Molekülen ab, die sie auf der Wirtszelle erkennen. Hier ist ein vereinfachtes Beispiel gezeigt. (a) Die großen Mengen an Klasse-I–MHC-Proteinen auf gesunden Wirtszellen aktivieren inhibitorische Rezeptoren auf der NK-Zelle, die die Killeraktivität der NK-Zelle unterdrücken. (b) Im Gegensatz dazu stimulieren die hohen Spiegel aktivierender Proteine und der anormal niedrige Spiegel von Klasse-I–MHC-Proteinen auf infizierten Zellen die NK-Zelle dazu, virusinfizierte Wirtszellen zu töten; dies geschieht durch Einleiten der Apoptose, bei der sich die Wirtszelle selbst tötet.

angeborenen Immunreaktion gegen eine breite Vielfalt von Krankheitserregern verschiedene Cytokine; andere fördern die Reparatur von beschädigtem Gewebe; und wieder andere helfen, adaptive Immunreaktionen gegen kommensale Mikroben im Darm zu verhindern. Es werden immer noch neue ILCs und Funktionen entdeckt.

24.1.9 Dendritische Zellen stellen die Verbindung her zwischen dem angeborenen und dem adaptiven Immunsystem

Dendritische Zellen sind besonders wichtige Zellen des angeborenen Immunsystems. Wie Makrophagen entstehen sie im Knochenmark, sind in den meisten unserer Gewebe resident, exprimieren eine große Vielzahl von PRRs, die sie dazu befähigen, eindringende Krankheitserreger oder deren Produkte zu erkennen und zu phagozytieren, und sie werden aktiviert, wenn sie auf Krankheitserreger treffen. Aber im Gegensatz zu Makrophagen, die die einverleibten Pathogene töten, bekämpfen dendritische Zellen die einverleibten Pathogene indirekt: Sie aktivieren T-Zellen des adaptiven Immunsystems, damit diese sich dem Kampf anschließen.

Wie später besprochen wird, spaltet eine aktivierte dendritische Zelle die Proteine des einverleibten Krankheitserregers oder seiner Produkte zu Peptidbruchstücken, die an neu synthetisierte MHC-Proteine binden, die dann die Bruchstücke zur Oberfläche der dendritischen Zelle befördern. Die aktivierten dendritischen Zellen wandern zu einem nahe gelegenen lymphatischen Organ, z. B. zu einem Lymphknoten (auch Lymphdrüse genannt). Dort präsentieren sie die Peptid–MHC-Komplexe den T-Zellen und aktivieren diese, sich zu teilen und den Kampf gegen den spezifischen Eindringling aufzunehmen (**Abb. 24.11**).

Zusätzlich zu den Komplexen aus MHC-Proteinen und mikrobiellen Peptiden, die sie auf ihrer Zelloberfläche präsentieren, besitzen aktivierte dendritische Zellen auch spezielle *kostimulierende Proteine*, die die Aktivierung der T-Zellen unterstützen (s. **Abb. 24.11**). Wie wir später noch besprechen werden, sezernieren die aktivierten dendritischen Zellen eine Vielfalt an Cytokinen, die die Antwort der T-Zellen beeinflussen. So stellen sie sicher, dass die Bekämpfung des jeweiligen Pathogens gerechtfertigt ist. Auf diese Weise dienen dendritische Zellen als entscheidende Bindeglieder zwischen dem angeborenen Immunsystem, das eine schnelle erste Verteidigungslinie gegen eindringende Pathogene darstellt, und dem adaptiven Immunsystem, das langsamere, aber leistungsfähigere und hoch spezifische Wege bietet, um einen bestimmten Eindringling anzugreifen, wie wir jetzt erfahren werden.

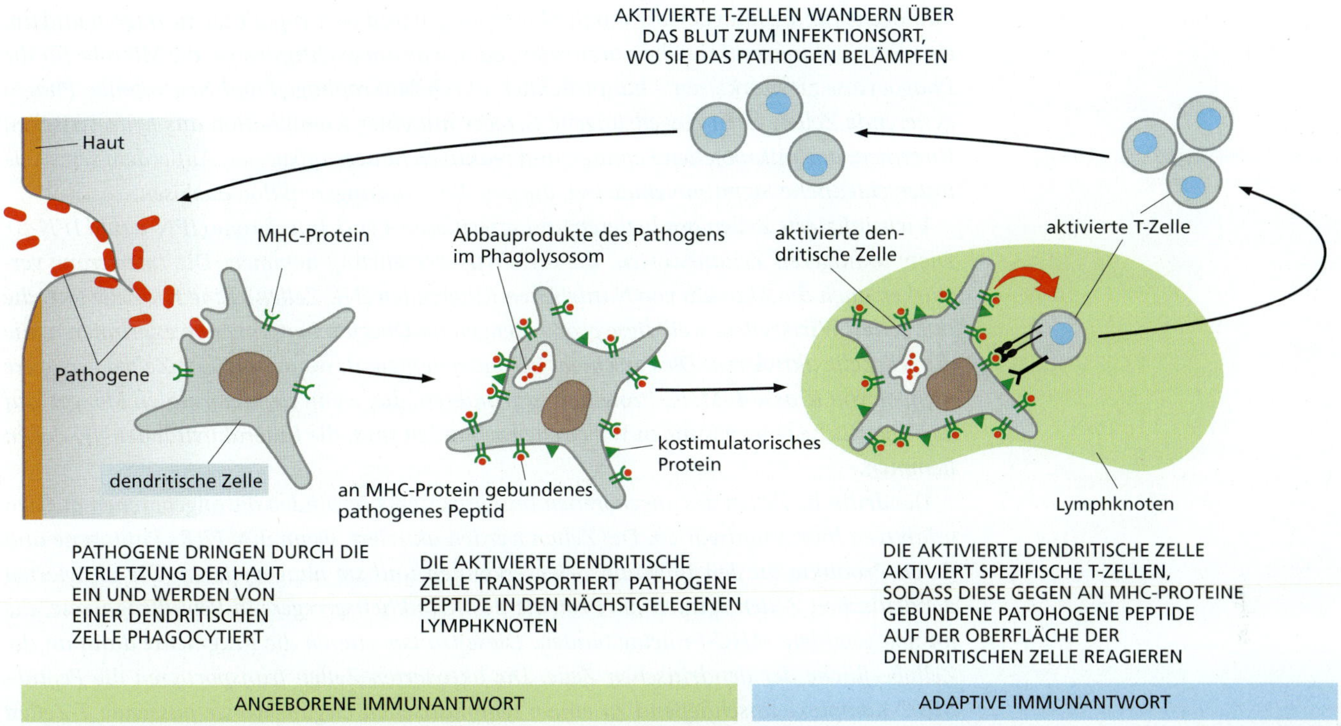

Abb. 24.11 Dendritische Zellen als funktionelle Verbindung zwischen dem angeborenen und dem adaptiven Immunsystem. Dendritische Zellen nehmen am Infektionsherd eingedrungene Mikroorganismen oder deren Produkte auf. Die PAMPs des Pathogens aktivieren die dendritischen Zellen dazu, *kostimulierende Proteine* und größere Mengen von MHC-Proteinen auf ihrer Oberfläche zu exprimieren sowie durch die Lymphgefäße zum nächsten Lymphknoten zu wandern. Im Lymphknoten aktivieren die aktivierten dendritischen Zellen die T-Zellen, die passende Rezeptoren für die kostimulierenden Proteine und für die Pathogen-Peptide exprimieren, die an die MHC-Proteine auf der Oberfläche der dendritischen Zelle gebunden sind. Die aktivierten T-Zellen proliferieren, und einige ihrer Nachkommen wandern dann über Lymph- und Blutgefäße zum ursprünglichen Infektionsort, wo sie mithelfen, den Krankheitserreger zu eliminieren – durch Mithilfe entweder bei der Aktivierung von lokalen Makrophagen, die den Krankheitserreger verschlingen oder infizierte Zellen direkt abtöten(nicht abgebildet). Außerdem tragen einige der aktivierten T-Zellen dazu bei, spezifische B-Zellen im Lymphknoten dazu anzuregen, Antikörper gegen den Krankheitserreger zu sezernieren (nicht abgebildet). Ein wesentliches Merkmal der Aktivierung von dendritischen Zellen ist, dass der Erreger einer einzigen dendritischen Zelle sowohl die Peptide für die Präsentation gegenüber den T-Zellen liefert als auch die PAMP-Signale, die die dendritische Zelle dazu aktivieren, kostimulierende Proteine zu exprimieren. Auf diese Weise besitzt die einzelne dendritische Zelle alles, was sie benötigt, um spezifische T-Zellen zu aktivieren, die die Peptid–MHC-Komplexe auf ihrer Oberfläche erkennen.

Zusammenfassung

Alle vielzelligen Organismen besitzen eine angeborene Immunabwehr gegen eindringende pathogene Organismen; dazu gehören physikalische und chemische Barrieren und verschiedene zelluläre Abwehrreaktionen, die nicht spezifisch für ein bestimmtes Pathogen sind. Bei Wirbeltieren können angeborene Immunreaktionen auch leistungsfähigere Reaktionen des adaptiven Immunsystems auslösen, die pathogenspezifisch sind und mithelfen, die Infektion zu bekämpfen. Die angeborenen Immunreaktionen basieren auf der Fähigkeit der Wirtszellen, charakteristische Merkmale mikrobieller Moleküle zu erkennen, die als pathogenassoziierte molekulare Muster oder PAMPs bezeichnet werden und die mit einem Protein, Lipid, Zucker oder einer Nukleinsäure des Krankheitserregers verbunden sein können. PAMPs werden hauptsächlich von einer Reihe von Mustererkennungsrezeptoren (PRRs) erkannt. Dazu gehören die Toll-like-Rezeptoren (TLRs), die man sowohl bei Pflanzen als auch bei Tieren findet. Bei Wirbeltieren werden einige PRRs sezerniert und können das Komplementsystem aktivieren, wenn sie PAMPs auf der Pathogenoberfläche binden. Das Komplementsystem, das auch von antimikrobiellen Antikörpern, die an Krankheitserreger gebunden sind, aktiviert werden kann, besteht aus einer Gruppe von Blutproteinen. Einmal aktiviert, helfen die Komplementkomponenten, Infektionen zu bekämpfen, und arbeiten sequenziell zusammen, um die Membran von Mikroorganismen zu zerstören, um

Pathogene für die Phagocytose durch Makrophagen und Neutrophile zu markieren und um eine Entzündungsreaktion hervorzurufen, oder, was am wichtigsten ist, die Mikrobe für die Phagocytose zu markieren – hauptsächlich durch Makrophagen und Neutrophile. Phagocytierende Zellen töten eingedrungene Erreger mit einer Kombination aus hydrolytischen Enzymen, antimikrobiellen Peptiden und reaktiven Sauerstoffspezies. Außerdem setzen sie unterschiedliche Signalmoleküle frei, die eine Entzündungsreaktion auslösen.

Virusinfizierte Zellen produzieren und sezernieren Typ-I-Interferone (IFN-α und IFN-β). Diese induzieren Zellantworten, die die Virusvermehrung hemmen. Die Interferone verstärken auch die Aktivität von Natürlichen Killerzellen (NK-Zellen). Eine NK-Zelle tötet die infizierten Wirtszellen, weil diese große Mengen an Oberflächenproteinen exprimieren, die die NK-Zelle aktivieren. Dies geschieht besonders effizient, wenn infizierte Zellen geringere Mengen von Klasse-I–MHC-Proteinen exprimieren, die, wenn sie in normalen Mengen auf der Oberfläche einer gesunden Wirtszelle vorhanden sind, die Killeraktivität der NK-Zellen hemmen.

Dendritische Zellen des angeborenen Immunsystems verbinden die angeborenen mit den adaptiven Immunantworten. Die Zellen werden aktiviert, wenn ihre PRRs Pathogene und deren Produkte an den Infektionsorten erkennen und sie phagocytieren. Die aktivierten dendritischen Zellen spalten die Proteine des Krankheitserregers in Peptidfragmente, die an neu gebildete MHC-Proteine binden. Diese transportieren die Fragmente dann an die Zelloberfläche der dendritischen Zelle. Die aktivierten Zellen transportieren die Peptid–MHC-Komplexe anschließend zu einem lymphatischen Organ, wo sie passende T-Zellen dazu aktivieren, pathogenspezifische Reaktionen des adaptiven Immunsystems gegen die eindringenden Mikroben einzuleiten.

24.2 Überblick über das adaptive Immunsystem

Es gab sozusagen einen Urknall bei der Evolution tierischer Immunabwehrmechanismen, als die Kiefermäuler (Gnathostomata) erstmals ein **adaptives Immunsystem** erwarben. Dieses raffinierte Abwehrsystem stützt sich auf B- und T-Lymphocyten (B- und T-Zellen), die im Laufe ihrer Entwicklung spezifische DNA-Sequenzen in verschiedenen Kombinationen umorganisieren, sodass diese Zellen zusammen eine fast grenzenlose Vielfalt an B- und T-Zell-Rezeptoren und Antikörpern sezernieren können. Gemeinsam können diese Zelloberflächen- und sezernierten Proteine an tatsächlich jedes Molekül – als **Antigen** bezeichnet – binden; dazu zählen kleine Chemikalien, Kohlenhydrate, Lipide und Proteine. Sie können individuell zwischen Proteinen oder Peptiden unterscheiden, die sich sehr ähnlich sind – wie z. B. zwischen zwei Proteinen, die sich nur in einer einzigen Aminosäure unterscheiden, oder zwischen zwei optischen Isomeren desselben kleinen Moleküls. Mithilfe dieser Strategie kann das adaptive Immunsystem jeden Erreger spezifisch erkennen und auf ihn reagieren. Das gilt auch für neue mutierte Formen. Da durch die genetischen Umsortierungsprozesse jedoch sowohl Rezeptoren entstehen, die die eigenen Moleküle (*Selbst*-Moleküle) binden können, als auch Rezeptoren, die fremde Moleküle (Fremd-Moleküle) binden können, mussten die Wirbeltiere spezielle Mechanismen entwickeln, um sicherzustellen, dass B- und T-Zellen nicht gegen die wirtseigenen Moleküle und Zellen reagieren. Dieser Prozess wird als *immunologische Selbst-Toleranz* bezeichnet.

Darüber hinaus dringen viele harmlose Fremdsubstanzen in den Körper ein, z. B. in Form von Nahrungsmitteln oder inhaliertem Material, und es wäre sinnlos und potenziell gefährlich, adaptive Immunreaktionen gegen sie einzusetzen. Derartige unangemessene Reaktionen werden normalerweise vermieden, da angeborene Immunantworten nötig sind, um adaptive Immunantworten ins Spiel zu bringen. Dies geschieht nur, wenn, wie bereits erwähnt, die PRRs der Zellen der angeborenen Immunabwehr mikrobielle

PAMPs erkennen. Man kann das adaptive Immunsystem austricksen, sodass es auf ein harmloses Fremd-Molekül reagiert, indem man zusammen mit dem harmlosen Molekül ein weiteres Molekül (oft mikrobiellen Ursprungs) injiziert, das *Adjuvans* genannt wird. Diesen Trick bezeichnet man als **Immunisierung** und er kann für die Impfung genutzt werden (wird später behandelt).

Es gibt zwei große Klassen von adaptiven Immunantworten: die *Antikörper-Antworten* und die *T-Zell-vermittelten Immunreaktionen,* und die meisten Krankheitserreger induzieren beide Klassen. Bei **Antikörper-Antworten** werden B-Zellen dazu aktiviert, Antikörper zu sezernieren. Antikörper sind Proteine, die im Blutkreislauf zirkulieren, aber auch in andere Körperflüssigkeiten gelangen. Dort können sie spezifisch an das Fremd-Antigen binden, durch das ihre Bildung induziert wurde. Die Bindung an Antikörper kann extrazelluläre Viren neutralisieren (s. **Abb. 24.2**) und mikrobielle Toxine (wie etwa das Tetanus- oder das Choleratoxin), indem sie deren Bindung an die Rezeptoren auf den entsprechenden Körperzellen blockieren. Außerdem leitet die Antikörperbindung an eindringende Krankheitserreger deren Zerstörung ein, weil sie ihre Aufnahme und Zerstörung durch die phagocytierenden Zellen des angeborenen Immunsystems erleichtert und weil sie den klassischen Weg des Komplementsystems aktiviert (s. **Abb. 24.7**).

Bei der **T-Zell-vermittelten Immunantwort** (der *zellulären Immunantwort*) erkennen T-Zellen fremde Antigene, die an MHC-Proteine auf der Oberfläche von Wirtszellen wie dendritischen Zellen gebunden sind. Diese Zellen sind darauf spezialisiert, den T-Zellen Antigene zu präsentieren. Sie werden deshalb als *professionelle antigenpräsentierende Zellen* (*APCs*, engl. *antigen-presenting cells*) bezeichnet. Da MHC-Proteine Fragmente pathogener Proteine vom Inneren einer Wirtszelle an die Zelloberfläche tragen, können T-Zellen pathogene Organismen aufspüren, die sich im Innern von Wirtszellen verstecken, und entweder die infizierte Zelle töten (s. **Abb. 24.2**) oder Phagocyten oder B-Zellen dazu anregen mitzuhelfen, die Mikroben zu eliminieren.

In diesem Abschnitt diskutieren wir die Herkunft und die allgemeinen Eigenschaften der B- und T-Zellen. Danach wenden wir uns den spezifischen Fähigkeiten und Funktionen dieser Zellen zu.

24.2.1 B-Zellen entwickeln sich im Knochenmark, T-Zellen im Thymus

Die Gesamtzahl der Lymphocyten eines Menschen beträgt etwa 2×10^{12}; in Bezug auf die Zellmasse ist das Immunsystem damit der Leber oder dem Gehirn vergleichbar. Man findet sie in großer Zahl im Blut und in der Lymphe (der farblosen Flüssigkeit in den Lymphgefäßen, die die Lymphknoten des Körpers untereinander und mit dem Blutkreislauf verbinden) sowie in den **lymphatischen Organen** wie dem Thymus, den Lymphknoten und der Milz (**Abb. 24.12**). Auch in anderen Organen wie Haut, Lunge und Darm findet man viele Lymphocyten.

Die Bezeichnungen für die T-Zellen und B-Zellen leiten sich von den Organen ab, in denen sie sich entwickeln. T-Zellen entwickeln sich im *Thymus*, B-Zellen bei erwachsenen Säugetieren im *Knochenmark* (engl. *bone marrow*, daher *B*). Sowohl T- als auch B-Zellen entwickeln sich aus *lymphoiden Vorläuferzellen*, die von multipotenten *hämatopoetischen Stammzellen* gebildet werden, die hauptsächlich im Knochenmark von Erwachsenen vorkommen (**Abb. 24.12**).

Weil sie die Orte sind, an denen sich B- und T-Lymphocyten (sowie angeborene Lymphzellen wie NK-Zellen) aus lymphoiden Vorläuferzellen entwickeln, werden der Thymus und das Knochenmark als **zentrale (primäre) lymphatische Organe** bezeichnet (s. **Abb. 24.12**). Hier differenzieren die Lymphocyten und wandern dann über das Blut in die **peripheren (sekundären) lymphatischen Organe** – hauptsächlich

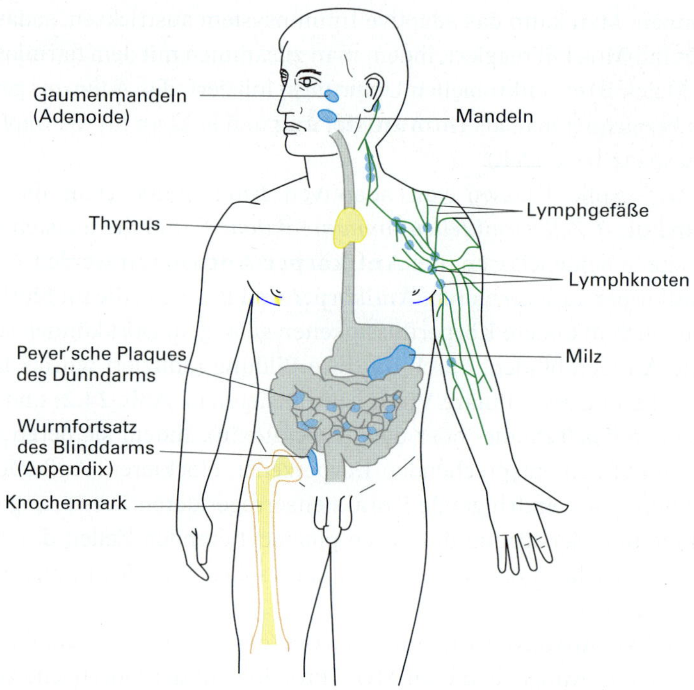

Abb. 24.12 Die lymphatischen Organe des Menschen. Lymphocyten entwickeln sich aus lymphoiden Vorläuferzellen im Thymus und im Knochenmark (*gelb*), die deswegen als *zentrale* (oder *primäre*) *lymphatische Organe* bezeichnet werden. Die jungen Lymphocyten wandern dann aus diesen primären Organen in die *peripheren* (oder *sekundären*) *lymphatischen Organe (blau),* wo B- und T-Zellen auf Fremd-Antigene reagieren. Die Abbildung zeigt nur einige der peripheren lymphatischen Organe und lymphatischen Gefäße (*grün*). Man findet z. B. große Mengen von Lymphocyten in der Haut und in den Atemwegen. Wie wir später sehen werden, münden die lymphatischen Gefäße letztlich in die Blutbahn (hier nicht dargestellt).

die Lymphknoten, die Milz und das epitheliale lymphatische Gewebe des Magen-Darm-Trakts, der Atemwege und der Haut. In diesen peripheren lymphatischen Organen findet die Aktivierung der T- und B-Zellen durch Fremd-Antigene statt (**Abb. 24.13**).

Erst nach Aktivierung durch ein Antigen werden die B- und T-Zellen morphologisch unterscheidbar. Nicht stimulierte B- und T-Zellen sehen sich sehr ähnlich, selbst unter dem Elektronenmikroskop (**Abb. 24.14a**). B- und T-Zellen werden nach der Aktivierung durch ein Antigen dazu stimuliert, zu proliferieren und zu *Effektorzellen* heranzureifen. Effektor-B-Zellen sezernieren Antikörper. Ihre reifste Form wird als *Plasmazelle* bezeichnet und ist zu einem ungewöhnlich hohen Grad mit rauem Endoplasmatischem Reticulum ausgefüllt, das beständig Antikörper produziert (**Abb. 24.14b**). Effektor-T-Zellen enthalten dagegen nur sehr wenig Endoplasmatisches Reticulum (**Abb. 24.14c**) und sezernieren keine Antikörper, sondern eine Vielzahl von Cytokinen. Während die von den B-Zellen gebildeten Antikörper über den Blutkreislauf im Organismus verbreitet werden, wirken

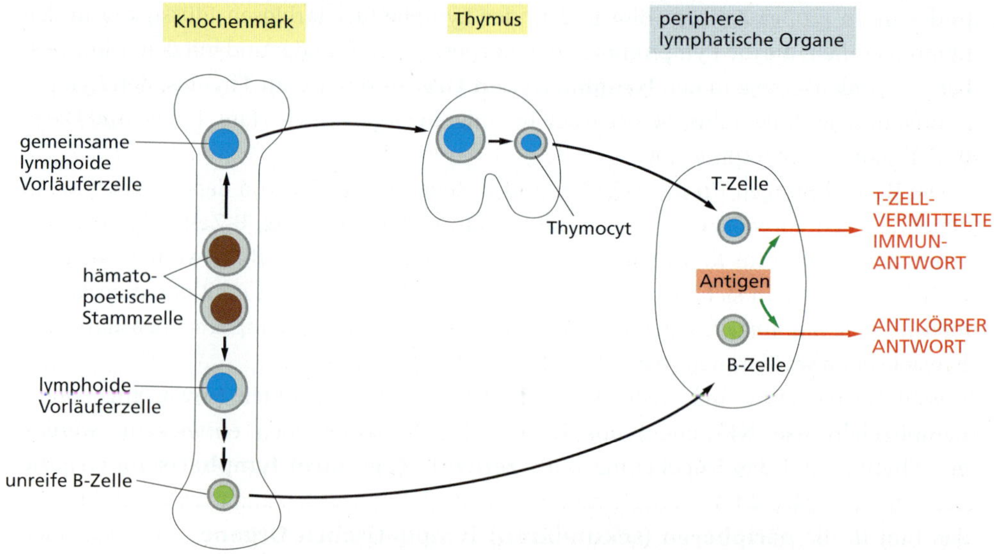

Abb. 24.13 Die Entwicklung von B- und T-Zellen im Erwachsenen. Die zentralen lymphatischen Organe, in denen sich die Lymphocyten aus ihren lymphoiden Vorläuferzellen entwickeln, sind *gelb* unterlegt. Die lymphoiden Vorläuferzellen entwickeln sich im Knochenmark aus multipotenten hämatopoetischen Stammzellen. Einige der lymphoiden Vorläuferzellen entwickeln sich lokal im Knochenmark zu unreifen B-Zellen, während andere (über das Blut) zum Thymus wandern, wo sie sich zu Thymocyten (sich entwickelnden T-Zellen) entwickeln. B-Zellen und T-Zellen werden hauptsächlich in den peripheren lymphatischen Organen, wie z. B. den Lymphknoten oder der Milz, durch Fremd-Antigene aktiviert.

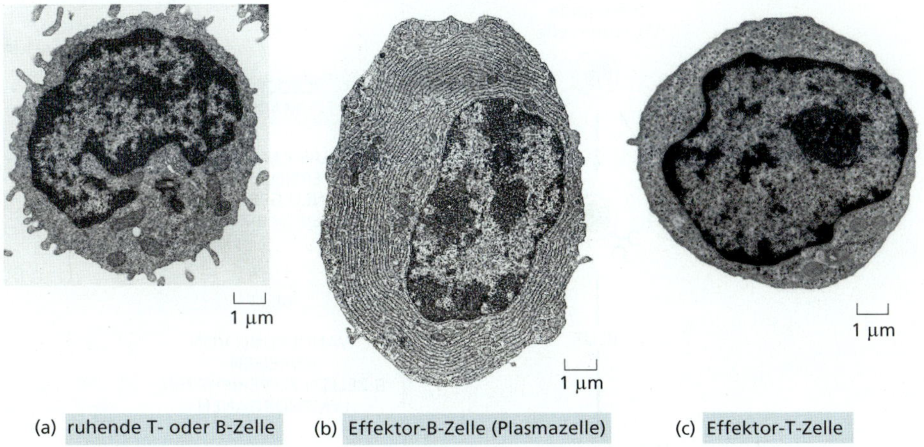

Abb. 24.14 Elektronenmikroskopische Aufnahmen von ruhenden B- und T-Zellen. (a) Ein ruhender Lymphocyt. Er könnte sowohl eine T-Zelle als auch eine B-Zelle sein, da diese beiden Zelltypen morphologisch nicht zu unterscheiden sind. Dies wird erst möglich, wenn sie aktiviert und zu Effektorzellen geworden sind. (b) Eine Effektor-B-Zelle (eine Plasmazelle). Sie ist mit rauem Endoplasmatischem Reticulum (ER) vollgestopft, das durch die vielen zu sezernierenden Antikörpermoleküle ganz aufgebläht erscheint. (c) Eine Effektor-T-Zelle, die nur wenig raues ER zeigt, dafür aber mit freien Ribosomen angefüllt ist. Sie sezerniert Cytokine, jedoch in relativ geringen Mengen. Alle drei Zellen wurden mit der gleichen Vergrößerung aufgenommen. (a und b, mit freundlicher Genehmigung von Dorothy Zucker-Franklin et al., Atlas of Blood Cells: Function and Pathology, 2. edn. Philadelphia: Lea & Febiger 1988. Nachdruck mit Erlaubnis von Wolters Kluwer; c, David M. Philips/Science Source).

die von den T-Zellen gebildeten Cytokine hauptsächlich lokal auf Zellen mit einem direkten Kontakt zur T-Zelle oder auf andere umittelbar benachbarte Zellen. Einige Cytokine werden jedoch auch über das Blut verteilt und wirken auf entfernte Wirtszellen.

24.2.2 Das immunologische Gedächtnis hängt sowohl von klonaler Expansion als auch von der Lymphocytendifferenzierung ab

Die hervorstechendste Eigenschaft des adaptiven Immunsystems ist, dass es gegen Millionen von Fremd-Antigenen in jeweils hoch spezifischer Art reagiert. Ein Beispiel: Menschliche B-Zellen bilden zusammen mehr als 10^{12} verschiedene Antikörper, die spezifisch mit dem jeweiligen Antigen reagieren, das ihre Produktion induziert hat. Wie können B-Zellen und T-Zellen spezifisch auf eine derart riesige Vielfalt von Fremd-Antigenen reagieren? Die Antwort ist für B- und T-Zellen die gleiche: Jeder Lymphocyt legt sich, während er sich im zentralen lymphatischen Organ entwickelt, darauf fest, auf ein spezifisches Antigen zu reagieren, noch bevor er tatsächlich auf dieses Antigen getroffen ist. Die Zelle exprimiert diese Festlegung in Form eines Zelloberflächen-Rezeptorproteins, das spezifisch auf genau dieses Antigen passt. Wenn der Lymphocyt nun im peripheren lymphatischen Organ tatsächlich auf sein Antigen trifft, dann aktiviert ihn die Bindung des Antigens an seinen Rezeptor mit der Unterstützung kostimulierender Signale (s. **Abb. 24.11** und unten) zur Proliferation. So entstehen viele weitere Zellen mit dem gleichen antigenspezifischen Rezeptor – ein Prozess, den man *klonale Expansion* nennt. Die Begegnung mit einem Antigen führt dazu, dass einige Zellen zu *Effektorzellen* differenzieren. Ein Antigen stimuliert also ausschließlich die Zellen, die komplementäre antigenspezifische Rezeptoren tragen und daher schon für diese Antwort vorbestimmt waren (**Abb. 24.15**). Dieser Prozess, der als **klonale Selektion** bezeichnet wird, erklärt das **immunologische Gedächtnis**, das dafür verantwortlich ist, dass wir eine dauerhafte Immunität gegenüber vielen verbreiteten Infektionskrankheiten entwickeln, nachdem wir einmal Kontakt zu dem entsprechenden Krankheitserreger hatten, entweder während einer natürlichen Infektion oder durch eine Impfung.

Das immunologische Gedächtnis kann in Versuchstieren relativ einfach nachgewiesen werden. Nachdem einem Tier das Antigen A einmal gespritzt wurde, wird eine adaptive Immunantwort (sowohl antikörper- als auch zellvermittelt) nach einer Verzögerungsphase von einigen Tagen schnell und exponentiell ansteigen und dann etwas langsamer wieder abklingen. Dies ist der charakteristische Verlauf einer **primären Immunantwort**, die sich nach der ersten Begegnung des Tieres mit dem Antigen abspielt. Lässt man nun Wochen, Monate oder gar Jahre vergehen und spritzt das Antigen A ein zweites Mal,

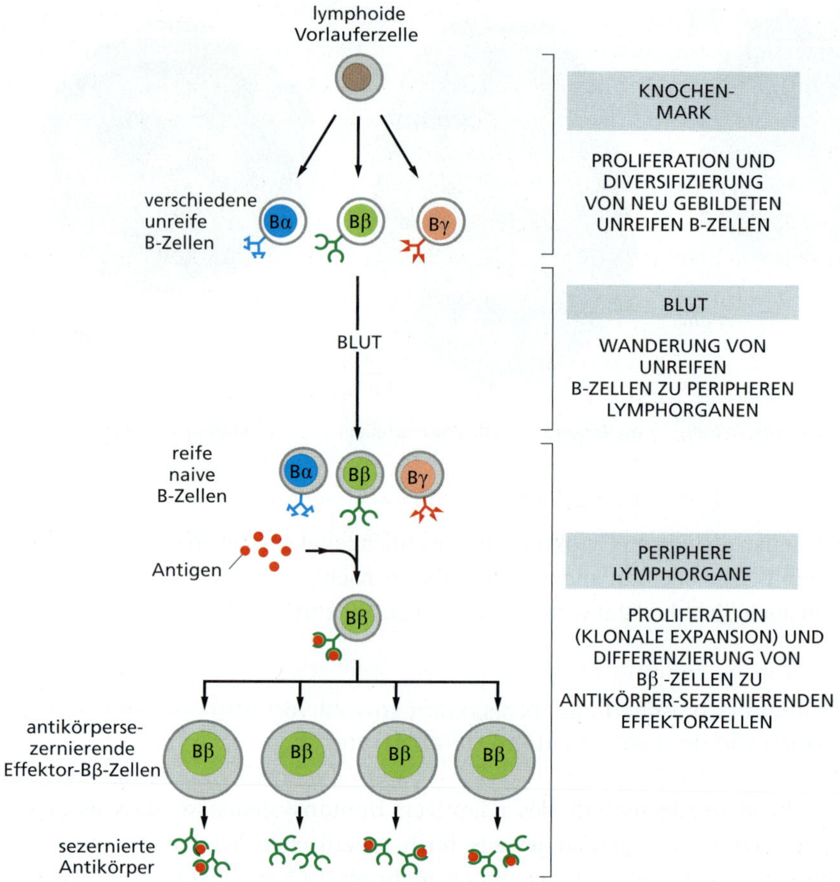

Abb. 24.15 Klonale Selektion. Ein Antigen aktiviert nur die B- und T-Zellen, die bereits darauf festgelegt sind, mit genau diesem Antigen zu reagieren. Eine so festgelegte Zelle trägt auf ihrer Oberfläche einen für das Antigen spezifischen Rezeptor. Das adaptive Immunsystem des Menschen besteht aus Millionen verschiedener B- und T-Zell-Klone. Alle Zellen eines Klons exprimieren den gleichen einzigartigen Antigenrezeptor. Bevor ein Klon das erste Mal auf das Antigen trifft, besteht er nur aus einer oder wenigen Zellen. Ein bestimmtes Antigen kann Hunderte verschiedener Klone aktivieren, von denen jeder einen anderen Antigenrezeptor exprimiert, der entweder an einen anderen Teil des Antigens bindet oder an denselben Teil mit einer unterschiedlichen Bindungsaffinität. Während hier nur B-Zellen dargestellt sind, gelten die gleichen Prinzipien auch für T-Zellen. Man beachte, dass die Antigenrezeptoren auf den B-Zellen, die hier mit „β" beschriftet sind, dieselben Antigenbindungsstellen besitzen wie die Antikörper, die von den Effektor-B_{β}-Zellen sezerniert werden. Wie wir später diskutieren werden, benötigen B_{β}-Zellen kostimulierende Signale von T-Zellen, um durch das Antigen dazu aktiviert zu werden, zu proliferieren und zu antikörpersezernierenden Zellen zu differenzieren (nicht dargestellt).

so wird dies im Tier eine **sekundäre Immunantwort** hervorrufen, die sich deutlich von der Primärantwort unterscheidet: Die Verzögerungsphase ist kürzer, da nun bereits viel mehr B- oder T-Zellen (oder beides) mit einer Spezifität für Antigen A existieren, und die Antwort ist stärker und effizienter. Diese Unterschiede beweisen, dass sich das Immunsystem des Tieres an den ersten Zusammenstoß mit dem Antigen A „erinnert" hat. Wenn man dem Tier anstelle der zweiten Injektion mit Antigen A ein anderes Antigen, z. B. Antigen B, spritzt, fällt die Antwort wie eine typische primäre Immunantwort aus, nicht wie eine sekundäre. Die Sekundärantwort spiegelt also das antigenspezifische immunologische Gedächtnis für Antigen A wider (**Abb. 24.16**).

Das immunologische Gedächtnis beruht sowohl auf der Proliferation als auch auf der Differenzierung von Lymphocyten. Die Lymphocyten in den peripheren lymphatischen

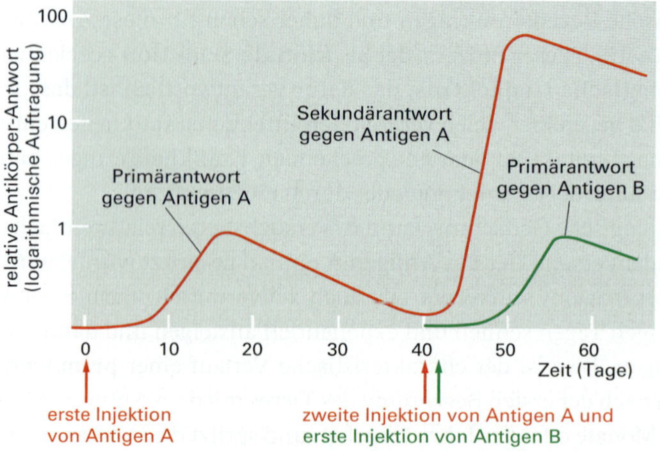

Abb. 24.16 Immunologisches Gedächtnis: primäre und sekundäre Immunantworten. Die sekundäre Immunantwort, induziert durch eine zweite Konfrontation mit dem Antigen *A*, ist schneller und stärker als die primäre, aber genauso spezifisch. Das adaptive Immunsystem hat sich also spezifisch an das Antigen A „erinnert". Die gleiche Art von immunologischem Gedächtnis beobachtet man bei T-Zell-vermittelten Immunantworten (nicht dargestellt). Wie wir später ausführlich behandeln werden, unterscheiden sich die bei der sekundären Immunantwort gebildeten Antikörperarten von denen, die während der primären Immunantwort gebildet werden. Die Antikörper der sekundären Immunantwort binden fester an das Antigen.

Organen eines ausgewachsenen Tieres stellen eine gemischte Zellpopulation aus B- und T-Zellen dar, die mindestens drei Reifegraden enthält: *naive (immunkompetente) Zellen*, *Effektorzellen* und *Gedächtniszellen*. Sobald **naive (immunkompetente) Zellen** das erste Mal auf ihr spezifisches, fremdes Antigen treffen, werden einige von ihnen dazu angeregt, sich zu vermehren und zu **Effektorzellen** zu werden. Diese vollführen nun aktiv eine Immunantwort (Effektor-B-Zellen sezernieren Antikörper, während Effektor-T-Zellen entweder infizierte Zellen töten (s. **Abb. 24.2**) oder anderen Zellen beim Kampf gegen die Infektion helfen, indem sie z. B. Cytokine sezernieren). Während die meisten Effektorzellen sterben, wenn die Krankheitserreger beseitigt sind, bleibt ei ne langlebige Population von **Gedächtniszellen** bestehen. Diese werden bei einer späteren Konfrontation mit dem gleichen Antigen leichter und schneller dazu gebracht, zu Effektorzellen zu werden. Aus Gedächtniszellen – wie auch aus naiven Zellen – können sich bei Konfrontation mit dem Antigen sowohl Effektorzellen als auch weitere Gedächtniszellen entwickeln (**Abb. 24.17**).

Während der Primärantwort entstehen also durch klonale Expansion und Differenzierung viele antigenspezifische Gedächtniszellen, von denen einige als eine Population über das gesamte Leben des Tiers bestehen bleiben – sogar in Abwesenheit ihres spezifischen Antigens; dadurch bieten sie einen lebenslangen Schutz vor dem Krankheitserreger. Während viele neu gebildete T- und B-Zellen sich dem Pool von T- und B-Zellen anschließen, die fortwährend durch die peripheren lymphatischen Organe rezirkulieren (wird kurz behandelt), verbleiben manche Gedächtnis-T-Zellen dauerhaft als *gewebsresidente Gedächtnis-T-Zellen* an der Stelle, an der das Pathogen eingedrungen ist, und bieten einen dauerhaften lokalen Schutz vor einer Reinfektion. Außerdem wandert ein kleiner Teil der bei der primären B-Zell-Antwort in einem peripheren lympatischen Organ gebildeten Plasmazellen zum Knochenmark, wo diese Zellen über Jahre überleben können und weiterhin ihre spezifischen Antikörper in die Blutbahn abgeben können, was zum dauerhaften immunologischen Gedächtnis beiträgt.

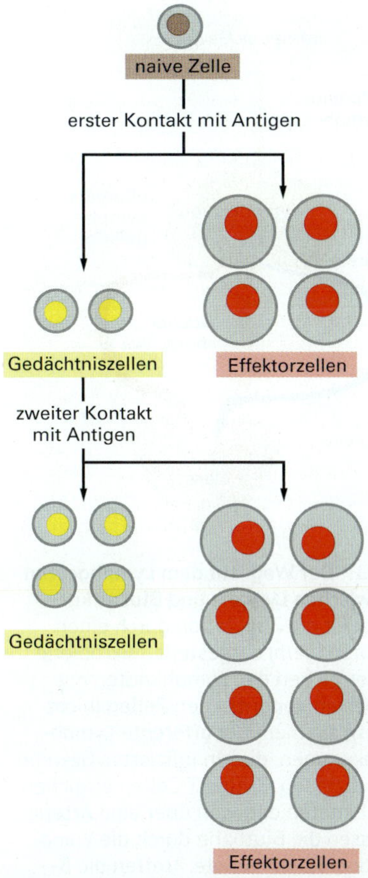

Abb. 24.17 **Klonale Expansion und Bildung von Gedächtniszellen als zelluläre Grundlage des immunologischen Gedächtnisses.** Wenn naive B- und T-Zellendurch ihr spezifisches Antigen und durch kostimulierende Signale stimuliert werden, proliferieren sie und differenzieren sich. Es entstehen Effektorzellen und Gedächtniszellen. Im Prinzip könnten sich Gedächtniszellen entweder direkt aus naiven Zellen bilden, wie hier gezeigt, oder aus „zurückgezogenen“ Effektorzellen (nicht gezeigt); zumindest bei manchen T-Zell-Arten können Effektorzellen zu Gedächtniszellen werden. Wenn Gedächtniszellen dem gleichen Antigen in Gegenwart von kostmulierenden Signalen ausgesetzt sind, antworten sie bereitwilliger, schneller und wirksamer als dies naive Zellen vermögen.

24.2.3 Die meisten B- und T-Zellen patrouillieren ständig durch die peripheren lymphatischen Organe

Krankheitserreger dringen gewöhnlich durch eine epitheliale Barriere in den Körper ein, etwa durch die Haut, den Darm oder die Atemwege. Um so eine adaptive Immunantwort auszulösen, müssen pathogene Mikroben oder deren Produkte von diesen Eintrittsstellen zu peripheren lymphatischen Organen wie den Lymphknoten gelangen, wo B- und T-Zellen aktiviert werden (s. **Abb. 24.11**). Der Weg und das Ziel hängen von der Eintrittsstelle der ab. Lympgefäße transportieren Antigene, die über die Haut oder die Atemwege eindringen, zu nahe gelegenen Lymphknoten; solche, die über den Darm kommen, gelangen in darmassoziierte periphere lymphatische Gewebe wie etwa die Peyer'schen Plaques; solche, die mit dem Blut angeschwemmt werden, filtert die Milz heraus (s. **Abb. 24.12**). In vielen Fällen bringen – wie bereits erwähnt (s. **Abb. 24.11**) – aktivierte dendritische Zellen das Antigen vom Infektionsherd zum peripheren lymphatischen Organ, wo sie eine wichtige Rolle bei der Aktivierung der T-Zellen spielen (s. unten).

Die Lymphocyten, die ein bestimmtes mikrobielles Antigen in einem peripheren lymphatischen Organ erkennen können, sind aber nur ein winziger Teil der Gesamtpopulation der naiven B- und T-Lymphocyten (schätzungsweise zwischen 1/10 000 und 1/1 000 000 von jeder Lymphocytenklasse, abhängig vom Antigen). Wie sollen diese seltenen Zellen genau die antigenpräsentierende Zelle finden, die gerade „ihr“ Antigen anbietet? Die Antwort lautet: Die Lymphocyten wandern ständig über die Lymphe und das Blut zwischen den peripheren lymphatischen Organen hin und her, bis sie auf ihr Antigen treffen. In einem Lymphknoten z. B. verlassen dauernd Lymphocyten die Blutbahn, indem sie sich

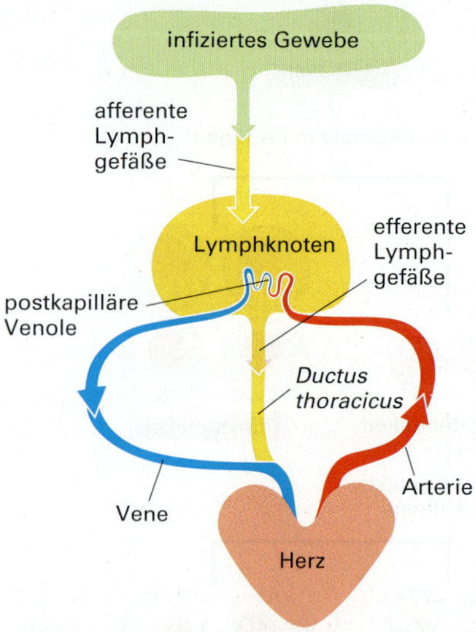

Abb. 24.18 Der Weg, auf dem Lymphocyten ständig zwischen Lymphe und Blut zirkulieren. Hier ist die Zirkulation durch einen Lymphknoten (*gelb*) dargestellt. Mikrobielle Antigene erreichen den Lymphknoten mit den aktivierten dendritischen Zellen (nicht abgebildet), die hier über afferente Lymphgefäße ankommen, die ein infiziertes Gewebe (*grün*) durchziehen. B- und T-Zellen erreichen den Lymphknoten dagegen über eine Arterie und verlassen die Blutbahn durch die Wand einer postkapillären Venole. Treffen die B- und T-Zellen im Lymphknoten nicht auf ihr Antigen, verlassen sie ihn über ein efferentes Lymphgefäß wieder, das sich schließlich mit dem *Ductus thoracicus* vereint. Dieser ergießt sich in eine große Vene, die das Blut ins Herz leitet. Ein derartiger Kreislauf für Lymphocyten dauert im Normalfall etwa 12–24 Stunden.

zwischen den spezialisierten Endothelzellen hindurchzwängen, die die Innenseite der kleinen Venen, die *postkapilläre Venolen* genannt werden, auskleiden. Nach dem Durchsickern durch den Lymphknoten sammeln sie sich in kleinen Lymphgefäßen, die den Knoten verlassen und schließlich in andere Lymphknoten münden (s. **Abb. 24.12**). Über größere und immer größere Gefäße gelangen sie letztlich in das Haupt-Lymphgefäß, den *Ductus thoracicus*, der sie zurück in die Blutbahn bringt (**Abb. 24.18**).

Dieser kontinuierliche Kreislauf zwischen Blut und Lymphe endet nur dann, wenn der Lymphocyt in einem peripheren lymphatischen Organ auf sein spezifisches Antigen auf der Oberfläche einer antigenpräsentierenden Zelle trifft. Jetzt wird der Lymphocyt im peripheren lymphatischen Organ zurückgehalten, um hier zu proliferieren und zu T- und B-Effektor- oder -Gedächtniszellen zu differenzieren. Viele Effektor-T-Zellen verlassen das Organ danach über die Lymphe und wandern durch das Blut zum Infektionsherd (s. **Abb. 24.11**), während andere im lymphatischen Organ bleiben und dort helfen, B-Zellen zu aktivieren, damit diese zu Antikörper-sezernierenden Zellen differenzieren und eine weitere Reifung erfahren (wird später behandelt). Einige Effektor-B-Zellen (einschließlich der reifsten, Plasmazellen) bleiben im peripheren lymphatischen Organ und sezernieren Antikörper ins Blut und reifen weiter (wird später behandelt). Viele der in einem peripheren lymphatischen Organ gebildeten Gedächtnis-B- und -T-Zellen schließen sich dem patroullierenden Pool aus naiven Zellen und Gedächtniszellen an.

Der Lymphocytenkreislauf hängt von spezifischen Wechselwirkungen zwischen der Oberfläche des Lymphocyten und der Oberfläche spezialisierter Endothelzellen ab, die das Innere der Venolen in den peripheren lymphatischen Organen auskleiden. Lymphocyten, die über die Blutbahn in einen Lymphknoten eindringen, haften schwach z. B. über *Homing-Rezeptoren* (engl. *homing* = Heimkehr) an spezialisierten Endothelzellen, die die postkapillären Venolen auskleiden. Diese Rezeptoren gehören zur *Selektin*-Familie der Zelloberflächen-Lektine, die an spezifische Zuckergruppen auf der Oberfläche der Endothelzellen binden (s. **Abb. 19.28**). Die Lymphocyten rollen langsam an der Oberfläche der Endothelzellen entlang. Dies setzt sich so lange fort, bis nach Induktion durch von den Epithelzellen sezernierte, chemotaktische Proteine (sogenannte Chemokine) ein zweites, wesentlich stärkeres Adhäsionssystem auf den Plan tritt, das durch ein Mitglied der *Integrin*-Familie der Zelladhäsionsmoleküle bewirkt wird. Nun beenden die Lymphocyten das Rollen und kriechen aus dem Blutgefäß in den Lymphknoten mithilfe eines weiteren Zelladhäsionsproteins namens *CD31* (**Abb. 24.19**). Obwohl die B- und T-Zellen zunächst in denselben Bereich eines Lymphknotens eindringen, werden sie über unterschiedliche Chemokine zu verschiedenen Bereichen des Lymphknotens geleitet: B-Zellen zu den *Lymphfollikeln* und T-Zellen zum *Parakortex* (**Abb. 24.20**).

Treffen sie dort nicht auf ihr Antigen, verlassen beide Zelltypen über ein lymphatisches Gefäß bald wieder den Lymphknoten. Treffen sie jedoch auf ihr Antigen, werden sie stimuliert, Adhäsionsrezeptoren zu präsentieren, die die Zellen im Lymphknoten festhalten. Die Zellen häufen sich an der Grenze zwischen den Bereichen der B- und T-Zellen an, wo die seltenen antigenspezifischen B- und T-Zellen miteinander interagieren können. Das wiederum führt dazu, dass sie proliferieren und zu Effektor- oder Gedächtniszellen differenzieren. Viele der so entstandenen Effektorzellen verlassen den Lymphknoten dann und exprimieren nun andere Chemokinrezeptoren, die sie zu ihren neuen Zielen geleiten – Effektor-Plasma-Zellen z. B. in das Knochenmark und Effektor-T-Zellen an die Infektionsherde.

24.2.4 Immunologische Selbst-Toleranz gewährleistet, dass gesunde Wirtszellen und -moleküle von B- und T-Zellen nicht angegriffen werden

Wie wir bereits erwähnt haben, unterscheiden die Zellen des angeborenen Immunsystems mithilfe von PRRs mikrobielle Moleküle von den Selbst-Molekülen des Wirts. Das

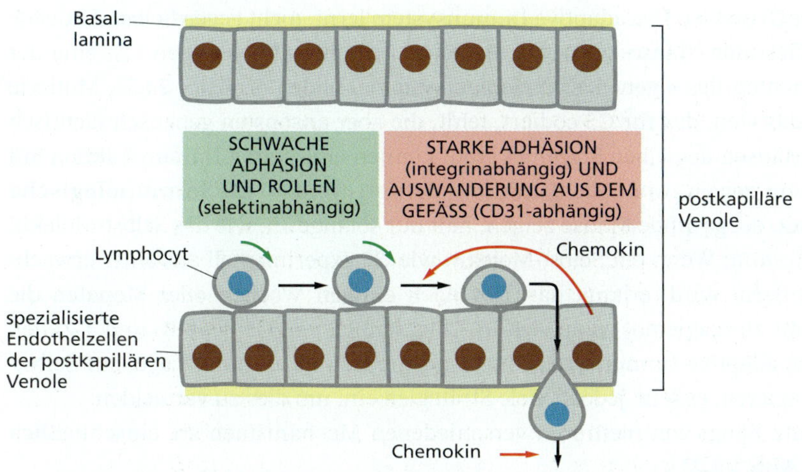

Abb. 24.19 Die Wanderung eines Lymphocyten aus der Blutbahn in einen Lymphknoten. Ein rezirkulierender Lymphocyt haftet zunächst schwach an der Oberfläche von spezialisierten Endothelzellen, die eine postkapilläre Venole im Lymphknoten auskleiden (s. **Abb. 24.18**). Diese erste Adhäsion beruht auf L-Selektin-Molekülen (s. Kapitel 19) auf der Oberfläche des Lymphocyten. Die Adhäsion ist schwach genug, um den Lymphocyten – getrieben durch den Fluss des Blutes – auf den Oberflächen der Endothelzellen entlangrollen zu lassen. Stimuliert durch von spezialisierten Endothelzellen (*gebogener roter Pfeil*) ausgeschiedene Chemokine aktiviert der Lymphocyt nun recht schnell ein stärkeres, auf einem Integrin beruhendes Adhäsionssystem. Diese starke Adhäsion beendet das Rollen der Zelle. Dieser Lymphocyt verwendet dann ein Ig-ähnliches Zelladhäsionsprotein (CD31), um an die Verbindungen zwischen angrenzenden Endothelzellen zu binden und aus der Venole herauszuwandern. Auch die weitere Wanderung der Lymphocyten innerhalb des Lymphknotens wird durch hier hergestellte Chemokine (*gerader roter Pfeil*) gesteuert. Die Wanderung anderer Leukocyten aus der Blutbahn heraus und in Infektionsherde hinein erfolgt auf sehr ähnliche Weise (s. **Abb. 19.28**).

adaptive Immunsystem hat eine wesentlich schwierigere Aufgabe bei der Unterscheidung: Es muss in der Lage sein, eine praktisch unbegrenzte Zahl fremder Moleküle zu erkennen, muss aber gleichzeitig vermeiden, gegen die vielen Moleküle des eigenen Körpers („Selbst") zu reagieren. Wie stellt es das an? Zunächst einmal induzieren Selbst-Moleküle keine angeborenen Immunantworten, die doch eine Voraussetzung für die Aktivierung einer adaptiven Immunantwort wären. Aber auch wenn eine Infektion die angeborene Immunantwort auslöst, lösen Selbst-Moleküle normalerweise keine adaptive Immunantwort aus. Warum nicht?

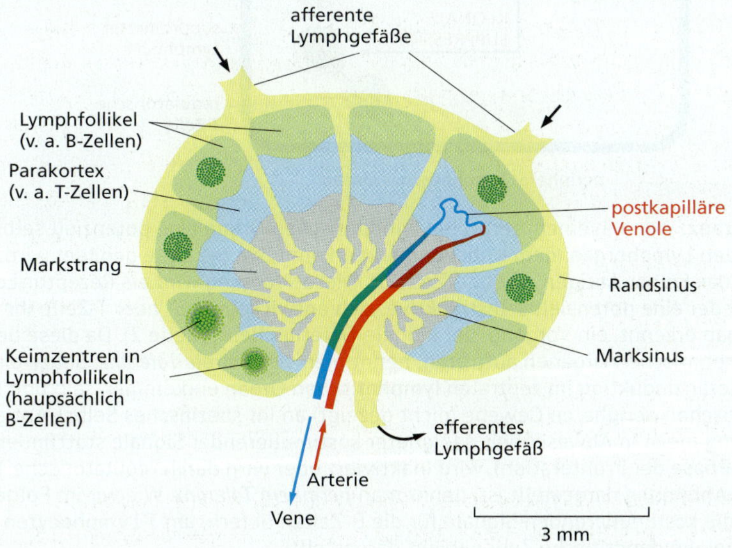

Abb. 24.20 Stark vereinfachte Darstellung eines Lymphknotens des Menschen. Die B-Zellen sind finden sich hauptsächlich in Lymphfollikel, während man die T-Zellen bevorzugt im Parakortex findet. Manche Lymphfollikel enthalten Keimzentren, wo B-Zellen, die durch ihr spezifisches Antigen aktiviert wurden (mithilfe aktivierter T-Zellen) rasch proliferieren und sich zu Gedächtnis- und Effektorzellen differenzieren (wird später behandelt). Chemokine ziehen ruhende B- und T-Zellen über postkapilläre Venolen vom Blut in den Lymphknoten an (s. **Abb. 24.19**), zu dem die beiden Zellarten in ihre jeweilige Region wandern – angezogen von verschiedenen Chemokinen. Falls sie nicht auf ihr spezifisches Antigen stoßen, dann wandern sowohl B- als auch T-Zellen zum Marksinus und verlassen den Lymphknoten über ein efferentes Lymphgefäß, das die Lymphe vom Lymphknoten zu einem stromabwärts gelegenen Lymphknoten bringt (nicht gezeigt). Nachdem die Lymphe von Lymphknoten zu Lymphknoten „gereist" ist, gelangt sie in ein großes Lymphgefäß, den Ductus thoracicus, der in die Blutbahn mündet, um einen neuen Zyklus von B- und T-Zell-Zirkulation durch periphere lymphatische Organe zu beginnen (s. **Abb. 24.18**).

Ein wichtiger Grund ist: Das adaptive Immunsystem lernt, nicht gegen Selbst-Antigene zu reagieren. Gesunde Mäuse können z. B. keine Immunreaktion gegen C5, eine der Proteinkomponenten des eigenen Komplementsystems, bilden (s. **Abb. 24.7**). Mutierte Mäuse, denen das Gen, das für C5 codiert, fehlt, die aber ansonsten genetisch identisch mit gesunden Mäusen desselben Stammes sind, können eine starke Immunreaktion auf dieses Blutprotein zeigen, wenn sie damit immunisiert werden. Die **immunologische Selbst-Toleranz**, die gesunde Mäuse zeigen, hält nur solange an, wie das Selbst-Molekül im Körper vorkommt: Wenn ein Selbst-Molekül wie C5 experimentell aus einer erwachsenen Maus entfernt wird, erlangt das Tier nach einigen Wochen oder Monaten die Fähigkeit, darauf zu reagieren, wenn sich in Abwesenheit von C5 neue B- und T-Zellen entwickeln. Das adaptive Immunsystem ist also genetisch dazu in der Lage, auf Selbst-Moleküle zu reagieren, es setzt jedoch viele Strategien ein, um dies zu vermeiden.

Selbst-Toleranz hängt von mehreren verschiedenen Mechanismen ab, einschließlich der folgenden (**Abb. 24.21**):

1. *Rezeptor-Editierung:* Sich entwickelnde B-Zellen, die Selbst-Moleküle erkennen, verändern ihre Antigenrezeptoren, sodass sie keine Selbst-Antigene mehr erkennen.
2. *Klonale Deletion:* Eine große Anzahl sich entwickelnder, potenziell selbstreaktiver B- und T-Zellen sterben durch Apoptose, wenn sie ihr *Selbst*-Antigen binden.
3. *Klonale Inaktivierung* (auch *klonale Anergie* genannt): Selbstreaktive B- und T-Zellen werden funktionell inaktiviert, wenn sie auf ihr Selbst-Antigen treffen.

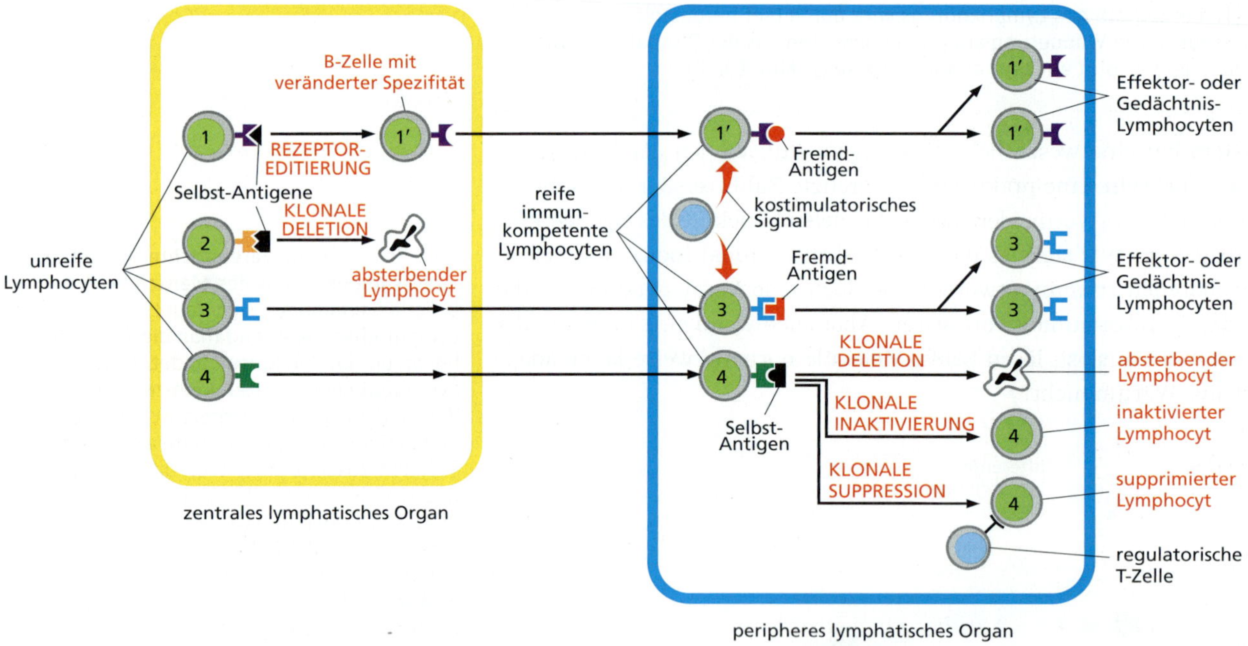

Abb. 24.21 **Mechanismen der immunologischen Selbst-Toleranz.** Wenn in einem zentralen lymphatischen Organ eine potenziell selbstreaktive unreife B-Zelle ein spezifisches Selbst-Antigen im zentralen Lymphorgan (dem Knochenmark) erkennt, wo die Zelle gebildet wird, kann sie ihren Antigenrezeptor derart verändern, dass er nicht länger das Selbst-Antigen erkennt (Zelle 1). Dieser Vorgang wird als Rezeptor-Editierung bezeichnet. Ansonsten stirbt sie durch Apoptose, wenn entweder eine potenziell selbstreaktive, sich entwickelnde B- oder T-Zelle ihr spezifisches Selbst-Molekül in einem zentralen lymphatischen Organ erkennt, ein Vorgang, der klonale Deletion heißt (Zelle 2). Da diese beiden Formen der Toleranz (links in der Abbildung) in zentralen lymphatischen Organen auftreten, nennt man sie *zentrale Toleranz*. Sollte eine potenziell selbstreaktive, sich entwickelnde B- oder T-Zelle der Toleranzinduktion im zentralen lymphatischen Organ entkommen sein und in einem peripheren lymphatischen Organ oder in einem nichtlymphatischen peripheren Gewebe (nicht gezeigt) an ihr spezifisches Selbst-Antigen binden (Zelle 4), wird sie normalerweise nicht aktiviert, da die Bindung meist in Abwesenheit geeigneter kostimulierender Signale stattfindet. Stattdessen stirbt die Zelle entweder durch Apoptose (oft nach einer Phase der Proliferation), wird inaktiviert oder wird durch regulatorische T-Zellen supprimiert. Diese Form der Toleranz, die im rechten Teil der Abbildung dargestellt ist, nennt man *periphere Toleranz*. Wie wir im Folgenden noch diskutieren werden, handelt es sich bei den Zellen, die die kostimulierenden Signale für die B-Zellen liefern, um T-Lymphocyten und bei denjenigen, die die Signale für die T-Zellen liefern, in der Regel um dendritische Zellen (nicht dargestellt).

4. *Klonale Suppression*: Selbstreaktive *regulatorische T-Zellen* (s. unten) unterdrücken die Aktivität anderer Arten von potenziell selbstreaktiven Lymphocyten.

Wie wir später behandeln, wirken manche dieser Mechanismen – insbesondere die ersten beiden, Rezeptor-Editierung von B-Zellen und klonale Deletion von B- und T-Zellen – in den zentralen lymphatischen Organen, wenn sich entwickelnde, selbstreaktive B- und T-Zellen das erste Mal auf ihre Selbst-Antigene treffen. Diese beiden Mechanismen sind im Wesentlichen für den Prozess der *zentralen Toleranz* verantwortlich. Klonale Inaktivierung und klonale Suppression treten dagegen hauptsächlich auf, wenn reife B- und T-Zellen in den peripheren lymphatischen Organen auf ihre Selbst-Antigene treffen, und sie sind für den Prozess der *peripheren Toleranz* verantwortlich. Klonale Deletion kann jedoch auch peripher auftreten und klonale Inaktivierung auch zentral.

Warum führt die Bindung von Selbst-Antigen zu Toleranz und nicht zur Aktivierung? Diese Frage ist noch nicht vollständig geklärt. Wie wir später sehen werden, braucht eine B- oder T-Zelle zur Aktivierung in einem peripheren lymphatischen Organ nicht nur die Antigenbindung. Sie ist zusätzlich auf kostimulierende Signale angewiesen, die im Falle einer B-Zelle von *Helfer-T-Zellen* und im Falle einer naiven T-Zelle von einer aktivierten dendritischen Zelle geliefert werden. Kostimulierende Signale werden normalerweise durch den Kontakt mit Krankheitserregern ausgelöst. Ein selbstreaktiver Lymphocyt trifft aber normalerweise in Abwesenheit derartiger Signale auf sein Selbst-Antigen. Unter diesen Bedingungen wird der Lymphocyt nicht nur nicht aktiviert, sondern er wird oft tolerant – er wird entweder getötet (deletiert), inaktiviert oder von einer regulatorischen T-Zelle supprimiert (s. **Abb. 24.21**). In den peripheren lymphatischen Organen spielen sich sowohl die T-Zell-Toleranzinduktion als auch die -Aktivierung in der Regel durch Wechselwirkungen mit einer dendritischen Zelle ab, auch wenn der Typ oder Status der dendritischen Zelle in beiden Fällen unterschiedlich ist.

Aus in der Regel unbekannten Gründen wird die Toleranz gegen *Selbst*-Antigene gelegentlich durchbrochen und T- oder B-Zellen (oft auch beide) reagieren dann gegen Moleküle des eigenen Körpers. *Myasthenia gravis* (Myasthenie) ist ein Beispiel für eine solche **Autoimmunkrankheit**. Die meisten betroffenen Individuen bilden Antikörper gegen die Acetylcholinrezeptoren ihrer eigenen Skelettmuskeln. Diese Rezeptoren werden für die Kontraktion des Muskels als Reaktion auf eine Nervenstimulation benötigt, bei der Acetylcholin freigesetzt wird (s. **Abb. 11.39**). Die Antikörper behindern die normale Funktion der Rezeptoren, die Patienten werden schwach und schwächer und sterben schließlich, weil sie nicht mehr atmen können. Entsprechend töten beim *juvenilen (Typ 1) Diabetes* adaptive Immunreaktionen gegen insulinbildende β-Zellen in der Bauchspeicheldrüse diese Zellen ab, was einen schweren Insulinmangel zur Folge hat.

Zusammenfassung

Das adaptive Immunsystem des Menschen besteht aus vielen Millionen von B- und T-Zellklonen. Die Zellen eines Klons verfügen über den gleichen einzigartigen Zelloberflächenrezeptor, über den sie ein bestimmtes Antigen eines Krankheitserregers binden. Die Antigenbindung durch diese Rezeptoren zusammen mit membrangebundenen kostimulierenden Signalen regt den Lymphocyten an, zu proliferieren und zu Effektorzellen zu differenzieren, die bei der Beseitigung des Krankheitserregers helfen könnten. Effektor-B-Zellen sezernieren Antikörper, die über große Entfernungen hinweg extrazelluläre Krankheitserreger beseitigen und ihre Toxine neutralisieren können. Effektor-T-Zellen dagegen bilden kostimulierende Zelloberflächenmoleküle und sezernieren Cytokine, die vor Ort wirken und anderen Immunzellen dabei helfen, Pathogene zu beseitigen. Außerdem können einige T-Zellen infizierte Wirtszellen dazu veranlassen, sich selbst umzubringen.

Während einer primären adaptiven Immunantwort auf ein Antigen proliferieren die B- und T-Zellen, die das Antigen erkennen, sodass bei einer zweiten Infektion mit demselben Antigen mehr von diesen Lymphocyten existieren, die auf das Antigen reagieren können. Und obwohl die meisten Effektorzellen, die während einer Primärantwort gebildet werden, nach der Beseitigung des Pathogens sterben, werden einige der während der Primärantwort aktivierten Lymphocyten langlebige Gedächtniszellen; diese sind in der Lage, wesentlich schneller und wirkungsvoller gegen den gleichen Krankheitserreger vorzugehen, wenn er das nächste Mal eindringt. Diese beiden Mechanismen – die klonale Expansion und die Differenzierung zu Gedächtniszellen – sind weitgehend für das immunologische Gedächtnis verantwortlich. Sowohl B- als auch T-Zellen zirkulieren ständig über das Blut und die Lymphe zwischen den peripheren lymphatischen Organen. Sie unterbrechen diese Wanderung nur, wenn sie in einem peripheren lymphatischen Organ auf ihr spezifisches Fremd-Antigen treffen. Dann vermehren sie sich und differenzieren zu Effektor- und Gedächtniszellen. B- und T-Zellen, die gegen Selbst-Moleküle reagieren, verändern entweder ihre Rezeptoren (im Falle der B-Zellen) oder sie werden beseitigt, inaktiviert oder durch regulatorische T-Zellen unterdrückt. Gemeinsam sind all diese Mechanismen für die immunologische Selbst-Toleranz verantwortlich, was sicherstellt, dass das adaptive Immunsystem normalerweise den Angriff auf körpereigene Moleküle und Zellen vermeidet.

24.3 B-Zellen und Immunglobuline

Wenn wir keine Antikörper produzieren könnten, würden wir an der geringsten Infektion sterben. **Antikörper** sind sezernierte Proteine, die uns auf verschiedenen Wegen vor extrazellulären Pathogenen schützen. Sie binden an Viren und mikrobielle Toxine und verhindern so, dass diese an Wirtszellen binden (s. **Abb. 24.2**). Die Antikörperbindung an eindringende Krankheitserreger rekrutiert zudem einige Komponenten des angeborenen Immunsystems, einschließlich verschiedener Typen von Leukocyten sowie Teilen des Komplementsystems. Diese Zusammenarbeit ist nötig, um die Eindringlinge zu inaktivieren oder zu eliminieren.

Antikörper werden ausschließlich von B-Zellen synthetisiert. Es gibt Milliarden unterschiedlicher Varianten, jede mit einer einzigartigen Antigenbindungsstelle, die von einer oder mehr einzigartigen Aminosäuresequenzen gebildet wird. Sie gehören zur Proteinklasse der **Immunglobuline** (abgekürzt **Igs**) und bilden eine der Haupt-Proteinkomponenten des Blutes. In diesem Abschnitt werden wir uns mit der Struktur und Funktion der Immunglobuline beschäftigen und damit, wie jeder von uns sie in so vielen Varianten mit verschiedenen Antigen- Bindungsstellen herstellen kann.

24.3.1 B-Zellen produzieren Immunglobuline (Igs) als Zelloberflächenrezeptoren und als sezernierte Antikörper

Die ersten Immunglobuline, die von einer neu entstandenen B-Zelle hergestellt werden, werden nicht ausgeschieden, sondern stattdessen in die Plasmamembran integriert, wo sie als Antigenrezeptor dienen. Sie werden als **B-Zell-Rezeptoren** (**BCRs**, engl. *B cell receptors*) bezeichnet, und jede B-Zelle hat etwa 10^5 von ihnen in ihrer Plasmamembran. Jeder BCR ist fest verbunden mit nichtvariablen Transmembranproteinen, die intrazelluläre Signalwege aktivieren, wenn das Antigen an den BCR bindet. Wir werden diese nichtvariablen Proteine später betrachten, wenn wir uns damit befassen, wie B-Zellen mithilfe von *Helfer-T-Zellen* aktiviert werden.

Jeder B-Zell-Klon stellt nur eine einzige Art von BCR mit einer einzigartigen Antigenbindungsstelle her. Sobald eine naive oder eine Gedächtnis-B-Zelle von ihrem Antigen und einer Helfer-T-Zelle aktiviert wird, vermehrt sie sich und differenziert zu einer antikörpersezernierenden Effektorzelle, die nun große Mengen an löslichem – anstelle des membrangebundenen – Ig bildet. Das sezernierte Ig wird nun als Antikörper bezeichnet, und es besitzt dieselbe einzigartige Antigenbindungsstelle wie der BCR (**Abb. 24.22** und s. **Abb. 24.15**).

Ein typisches Ig-Molekül ist bivalent und besitzt zwei identische Antigenbindungsstellen. Es besteht aus vier Polypeptidketten – zwei identische *leichte Ketten* und zwei identische *schwere Ketten*. Die N-terminalen Teile der leichten und der schweren Ketten wirken in der Regel zusammen und bilden die antigenbindende Oberfläche, während die C-terminalen Teile der schweren Ketten den „Stiel" des Y-förmigen Proteins bilden (**Abb. 24.23**). Der Stiel ist für viele Aktivitäten der Antikörper zuständig. Antikörper mit denselben Antigenbindungsstellen können eine von vielen verschiedenen Stielregionen besitzen. Jede dieser Stielregionen verleiht dem Antikörper andere funktionelle Eigenschaften, wie z. B. die Fähigkeit, Komplement zu aktivieren oder an Rezeptorproteine auf verschiedenen Immunzellen zu binden, die einen spezifischen Typ von Antikörperstiel binden.

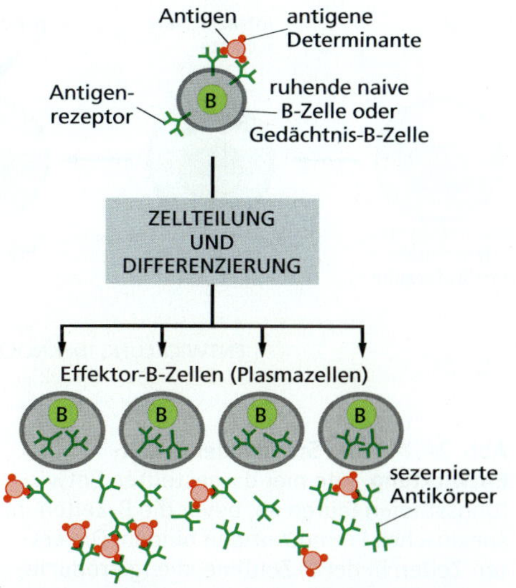

Abb. 24.22 Die Aktivierung von B-Zellen durch Antigen. Die Bindung eines Antigens an B-Zell-Rezeptoren (BCRs) entweder auf einer naiven oder einer Gedächtnis-B-Zelle (zusammen mit kostimulierenden Signalen, die von Helfer-T-Zellen gebildet werden, nicht dargestellt) aktiviert die Zelle dazu, zu proliferieren und zu antikörperproduzierenden Effektor-B-Zellen zu differenzieren. Die Effektorzellen bilden und sezernieren Antikörper mit der gleichen einzigartigen Antigenbindungsstelle, die bereits als Zelloberflächen-BCR gedient hatte. Da typische Antikörper zwei identische Antigenbindungsstellen besitzen, können sie Antigene vernetzen. In der Abbildung ist dies für ein Antigen mit vielen identischen *antigenen Determinanten* – der Teil eines Antikörpers oder eines Antigenrezeptors, an den das Antigen bindet – dargestellt.

24.3.2 Säugetiere bilden fünf Klassen von Immunglobulinen

Wir können fünf verschiedene *Hauptklassen* von Immunglobulinen (Igs) bilden, von denen jede eine typische biologische Antwort auf die Bindung von Antigen an den Antikörper vermittelt: IgA, IgD, IgE, IgG und IgM, jeweils mit der eigenen Klasse von schweren Ketten – α, δ, ε, γ bzw. μ. IgA-Moleküle haben eine α-Kette, IgG-Moleküle eine γ-Kette usw. Zusätzlich gibt es vier IgG-Unterklassen (IgG1, IgG2, IgG3 und IgG4) mit den schweren Ketten γ_1, γ_2, γ_3 bzw. γ_4, und es gibt zwei IgA-Unterklassen. Neben den verschiedenen Klassen und Unterklassen von schweren Ketten besitzen höhere Wirbeltiere außerdem zwei Arten von leichten Ketten, κ und λ, die funktionell nicht zu unterscheiden sind. Jede Art von leichter Kette ist mit jeder der verschiedenen schweren Ketten kombinierbar. Ein individuelles Ig-Molekül enthält jedoch immer identische leichte Ketten und identische schwere Ketten: ein IgG-Molekül enthält z. B. entweder κ- oder λ-Ketten, aber nicht von jeder Kette eine. Demzufolge sind die beiden Antigenbindungsstellen eines Igs immer identisch (s. **Abb. 24.22** und **24.23**).

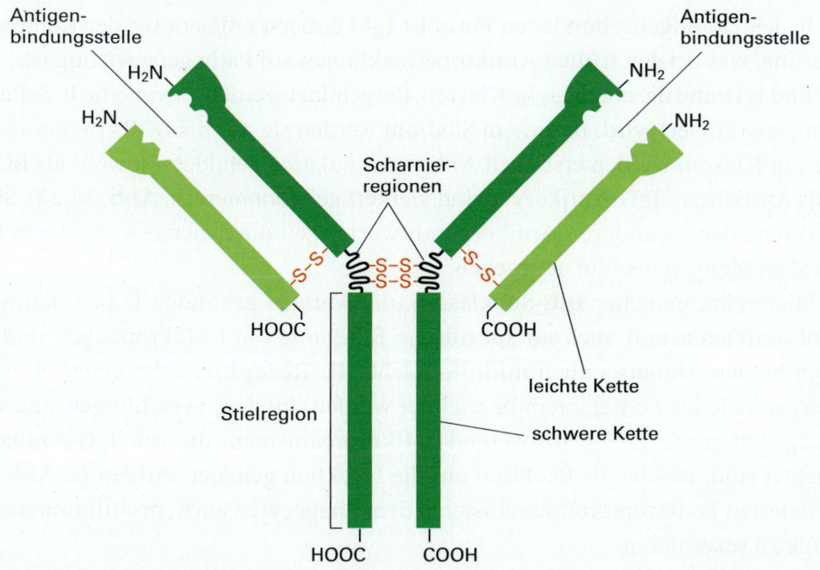

Abb. 24.23 Schematische Darstellung eines typischen Antikörpermoleküls. Die distalen Enden der leichten und schweren Ketten bilden zusammen die beiden Antigenbindungsstellen. Die beiden schweren Ketten besitzen jeweils eine Scharnierregion (nicht in allen Klassen schwerer Ketten vorhanden), die aufgrund ihrer Flexibilität die Effizienz verbessert, mit der der Antikörper Antigene vernetzen kann (s. **Abb. 24.22**). Die beiden schweren Ketten bilden auch den Stiel des Antikörpers, der dessen funktionelle Eigenschaften bestimmt. Die schweren und leichten Ketten werden sowohl über kovalente S–S-Bindungen (*rot*) als auch über nichtkovalente Bindungen (nicht dargestellt) zusammengehalten.

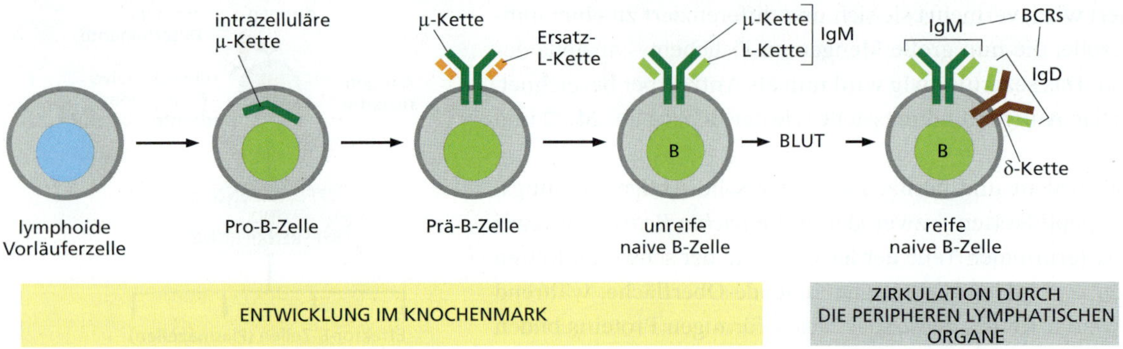

Abb. 24.24 Die Stadien der B-Zell-Entwicklung. Alle hier dargestellten Entwicklungsstadien laufen ab, bevor die B-Zellen ihr spezifisches Fremd-Antigen binden. Die ersten Zellen in der B-Zelllinie, die Ig produzieren, werden als Pro-B-Zellen bezeichnet. Sie bilden schwere μ-Ketten, die aber solange in der Membran des Endoplasmatischen Reticulum bleiben, bis eine spezielle Art leichter Ketten, die Ersatz-L-Ketten, gebildet werden. Die Ersatz-L-Ketten ersetzen die ursprünglichen leichten Ketten, lagern sich mit den μ-Ketten zusammen und bilden ein vorübergehendes Rezeptormolekül, das sich in die Plasmamembran einfügt. Die Zellen werden nun als Prä-B-Zellen bezeichnet. Signalübertragung über diesen Prä-B-Zell-Rezeptor ermöglicht es den Zellen, die eigentlichen leichten Ketten zu bilden, die sich nun mit den μ-Ketten zusammenlagern und vierkettige IgM-Moleküle bilden. Diese dienen als antigenspezifische Zelloberflächen-BCRs auf *unreifen naiven (immunkompetenten) B-Zellen*. Nachdem diese Zellen das Knochenmark (*gelb schattiert*) verlassen haben, beginnen sie, auch IgD-BCRs zu exprimieren mit denselben Antigenbindungsstellen wie die IgM-BCRs. Diese *reifen naiven (immunkompetenten) B-Zellen* sind es, die in den peripheren lymphatischen Organen mit ihrem spezifischen Fremd-Antigen reagieren (*blau schattiert*).

Alle Klassen der menschlichen Ig können sowohl als membrangebundener BCR wie auch als lösliche sezernierte Antikörper hergestellt werden. Die beiden Formen unterscheiden sich nur im C-Terminus ihrer schweren Kette. Die schweren Ketten der membrangebundenen Moleküle (BCRs) besitzen einen hydrophoben Transmembran-C-Terminus, der sie in der Lipid-Doppelschicht der Plasmamembran einer B-Zelle verankert; die schweren Ketten der sezernierten Antikörpermoleküle besitzen dagegen einen hydrophilen C-Terminus, der es ihnen gestattet, die Zelle zu verlassen. Weil die Aktivierung von B-Zellen durch Antigen und Helfer-T-Zellen eine Änderung bewirkt, wie die RNA-Trankskripte der schweren Kette im Zellkern hergestellt und prozessiert werden (s. Abb. 7.62), kommt es zur Änderung der Eigenschaften von Ig-Molekülen.

Die unterschiedlichen schweren Ketten (H-Ketten) verleihen der Stielregion der sezernierten Antikörper jeweils ganz bestimmte Konformationen und führen dazu, dass jede Klasse (und Unterklasse) ihre eigenen charakteristischen Eigenschaften besitzt. **IgM** ist grundsätzlich die erste Klasse von Immunglobulinen, die eine sich entwickelnde B-Zelle im Knochenmark herstellt. Es bildet die BCRs auf der Oberfläche *naiver (immunkompetenter) B-Zellen*. Nachdem diese Zellen das Knochenmark verlassen haben, beginnen sie auch **IgD**-BCRs mit derselben Antigenbindungsstelle wie die IgM-BCRs zu bilden. Diese Zellen werden nun als *reife naive (immunkompetente) B-Zellen* bezeichnet, da sie jetzt auf ihr spezifisches Fremd-Antigen in den peripheren lymphatischen Organen reagieren können, falls sie darauf treffen (Abb. 24.24). IgM ist auch die hauptsächliche Klasse von Antikörpern, die in den frühen Stadien einer primären Immunantwort beim ersten Auftreten des Antigens ins Blut ausgeschieden werden. Die sezernierte Form von IgM besteht aus fünf radartig angeordneten Einheiten von je vier Polypeptidketten. Sie trägt also insgesamt zehn Antigenbindungsstellen, wodurch sie fest an den Krankheitserreger binden kann. In seiner antigengebundenen Form ist IgM äußerst effizient bei der Komplementaktivierung, was bei den frühen Antikörperreaktionen auf Pathogene wichtig ist.

IgM und IgD sind die einzigen Ig-Klassen, die gebildet werden, bevor eine B-Zelle durch ein Antigen aktiviert wird; in diesem Stadium werden sie nur als BCRs hergestellt. Alle anderen Ig-Klassen werden erst nach Antigenstimulation gebildet – sowohl als BCRs als auch als Antikörper. IgG-Antikörper sind vierkettige Monomere (s. Abb. 24.22). Sie werden während der sekundären Antikörperantwort gegen die meisten Antigene in besonders großen Mengen ins Blut abgegeben.

Die Stielregion mancher **IgE**-Subklassen, die Antigen gebunden haben, kann Komplement aktivieren und auch an spezifische Rezeptoren auf Makrophagen und Neutrophilen binden. Hauptsächlich mithilfe solcher **Fc-Rezeptoren** (so benannt, weil die Antikörperstiele als Fc-Regionen bezeichnet werden) binden, verschlingen und zerstören phagocytierende Zellen infizierende Mikroorganismen, die mit IgG-Antikörpern beschichtet sind, welche als Reaktion auf die Infektion gebildet wurden (s. Abb. 24.5). Die aktivierten Fc-Rezeptoren signalisieren dem Phagocyten auch, proinflammatorische Cytokine zu sezernieren.

Tab. 24.2 Die Eigenschaften der Antikörper-Hauptklassen des Menschen.

	Antikörperklasse				
Eigenschaften	**IgM**	**IgD**	**IgG (1–4)**	**IgA (1,2)**	**IgE**
Schwere Ketten	μ	δ	γ (1–4)	α (1, 2)	ε
Leichte Ketten	κ oder λ	κ oder λ	κ oder λ	κ oder λ	κ oder λ
Zahl der 4-Ketten-Einheiten	5	1	1	1 oder 2	1
Mittlerer Blutserumspiegel (mg/mL)	1,5	0,04	IgG1 = 9 IgG2 = 3 IgG3 = 1 IgG4 = 0,5	2,1	3×10^{-5}
Aktiviert den klassischen Komplementweg	+	–	+ (IgG1–3)	–	–
Plazentagängig	–	–	+ (alle Unterklassen)	–	–
Bindet an Makrophagen und Neutrophile	+ (nur Makrophagen)	–	+ (alle Unterklassen)	+	–
Bindet an Mastzellen und Basophile	–	–	+ (IgG1 und IgG3)	–	+

IgE-Antikörper werden als Reaktion auf Parasiten gebildet und in genetisch empfänglichen Personen gegen andere harmlose Umweltantigene (Allergene) wie Pollen, Nahrungsmittel und Arzneistoffe. Die Stielregion von *IgE* bindet an eine andere Klasse von Fc-Rezeptoren auf der Oberfläche von *Mastzellen* in Geweben und von *Basophilen* im Blut (s. Abb. 22.11 und 22.12). Da antigenfreie IgE-Antikörper mit hoher Affinität an solche Fc-Rezeptoren binden, dienen die Antikörper als erworbene Antigenrezeptoren auf diesen Zellen. Antigenbindung an die gebundenen Antikörper aktiviert die Fc-Rezeptoren und stimuliert die Zellen dazu, eine Vielzahl von Cytokinen und biologisch aktiven Aminen – insbesondere *Histamin* – auszuschütten. Diese Moleküle bewirken eine Erweiterung und damit eine erhöhte Durchlässigkeit der Blutgefäße und ermöglichen so den Zugang von Leukocyten, Antikörpern und Komplementkomponenten zu den Stellen, wo die Mastzellen aktiviert worden sind. Die Freisetzung der Amine durch Mastzellen und Basophile ist aber auch hauptverantwortlich für *allergische Reaktionen* wie Heuschnupfen, Asthma oder Nesselfieber (Hautausschlag). Mastzellen scheiden zudem Faktoren aus, die *Eosinophile* anlocken und aktivieren (s. Abb. 22.11 und 22.12). Auch diese Zellen haben Fc-Rezeptoren für IgE-Moleküle und können extrazellulare parasitische Würmer töten, insbesondere dann, wenn diese mit IgE-Antikörpern bedeckt sind (s. Abb. 24.6).

IgA ist die vorherrschende Antikörperklasse in den Körpersekreten wie Milch, Speichel, Tränen sowie Ausscheidungen der Atemwege und des Darm-Trakts. Eine weitere Klasse von Fc-Rezeptoren, spezifisch für die entsprechenden Epithelzellen, steuert die Sekretion, indem sie antigenfreie IgA-Dimere bindet und mittels Transcytose von der extrazellulären Flüssigkeit durch das Epithel transportiert (s. Abb. 13.56). Ein Teil des IgA ist gegen kommensale Mikroorganismen gerichtet und hält sie in Schach, indem es verhindert, dass sie an Epithelzellen der Darmschleimhaut binden. Die Eigenschaften der verschiedenen Antikörperklassen des Menschen sind in Tab. 24.2 zusammengefasst.

24.3.3 Leichte und schwere Ketten von Antikörpern bestehen aus konstanten und variablen Regionen

Sowohl die leichten als auch die schweren Ketten von Antikörpern haben eine variable Sequenz am N-terminalen Ende, aber eine konstante Sequenz am C-terminalen Ende. Während die **konstante** und die **variable Region** einer leichten Kette gleich lang sind, ist die konstante Region einer schweren Kette in Abhängigkeit von der Klasse etwa drei- oder viermal länger als ihre variable Region (Abb. 24.25).

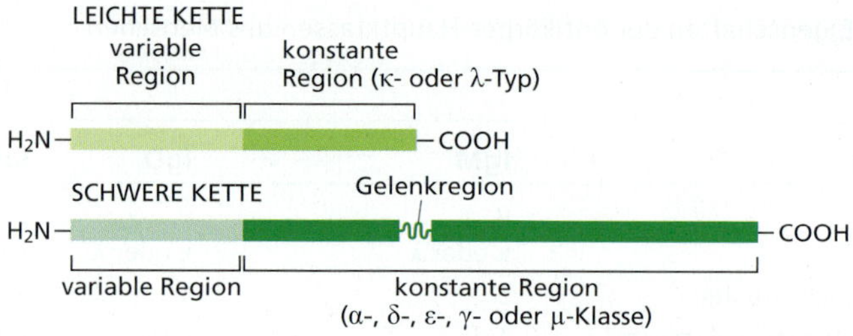

Abb. 24.25 Konstante und variable Regionen der Antikörperketten. Die variablen Regionen der leichten und der schweren Ketten bilden die Antigenbindungsstellen, während die konstanten Regionen der schweren Ketten die anderen Funktionseigenschaften eines Antikörpermoleküls bestimmen. Die verschiedenen Unterklassen von IgG-Antikörpern besitzen unterschiedliche konstante Regionen der γ-Ketten. Ein einzelnes Ig-Protein besitzt entweder leichte κ- oder λ-Ketten, aber nicht beides. Man beachte, dass die schwere Kette der BCR-Form jeder Ig-Klasse an ihrem C-Terminus eine zusätzliche Transmembrandomäne besitzt (nicht gezeigt) und die konstanten Regionen der schweren μ- und ε-Ketten keine Scharnierregion haben (nicht gezeigt).

Die variablen Regionen der leichten und der schweren Ketten bilden zusammen die Antigenbindungsstellen. Die extreme Variabilität ihrer Aminosäuresequenzen ist daher die strukturelle Grundlage für die Vielfalt der Antikörper. Die größte Vielfalt kommt in drei kurzen, **hypervariablen Regionen** auf jeder der beiden leichten und schweren Ketten vor. Nur 5–10 Aminosäuren in jeder hypervariablen Region bilden zusammen die Antigenbindungsstelle (**Abb. 24.26**). Entsprechend ist auch die **antigene Determinante**, die ein Antikörper erkennen kann, klein: Sie kann z. B. aus weniger als 10 Aminosäuren auf der Oberfläche eines Proteins bestehen (s. **Abb. 24.22**).

Sowohl die leichten als auch die schweren Ketten sind also aus sich wiederholenden Strukturelementen aufgebaut, die etwa 110 Aminosäuren lang sind und eine interne Disulfidbindung enthalten. Jedes sich wiederholende Strukturelement faltet sich unabhängig in eine kompakte Funktionseinheit, eine sogenannte **Immunglobulin(Ig)-Domäne**. Wie in **Abbildung 24.27a** angedeutet, besteht eine leichte Kette aus einer variablen (V_L) und einer konstanten (C_L) Domäne, während eine schwere Kette eine variable Domäne und drei oder vier konstante Domänen besitzt. Die variablen Domänen der leichten und schweren Ketten lagern sich zusammen und bilden die antigenbindende Region. Jede Ig-Domäne hat eine sehr ähnliche dreidimensionale Struktur aus zwei Schichten von β-Faltblatt-Strukturen, die durch eine Disulfidbindung zusammengehalten werden. Die variablen Domänen sind insofern einzigartig, als jede von ihnen eine spezielle Gruppe hypervariabler Regionen besitzt, die in drei *hypervariablen Schleifen* angeordnet sind. Diese sind an den Enden der variablen Domänen zusammengelagert und bilden die Antigenbindungsstelle (**Abb. 24.27b**).

24.3.4 Ig-Gene werden im Laufe der B-Zell-Entwicklung aus getrennten Gensegmenten zusammengesetzt

Vor der Antigenstimulation besteht das **primäre Ig-Repertoire** eines Menschen wahrscheinlich aus mehr als 10^{12} unterschiedlichen BCRs. Dieses Repertoire umfasst IgM- und

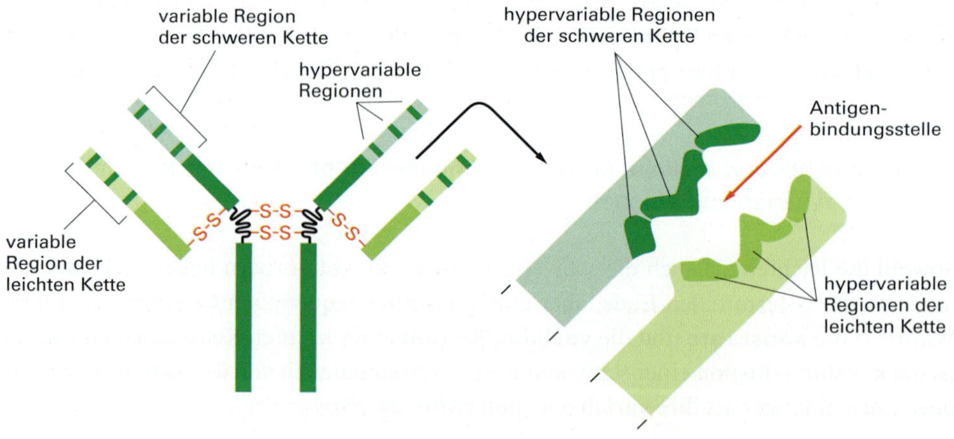

Abb. 24.26 Die hypervariablen Regionen der Immunglobuline. Die drei hypervariablen Regionen der leichten und der schweren Ketten bilden gemeinsam die Antigenbindungsstelle eines Antikörpers (stark schematisierte Darstellung).

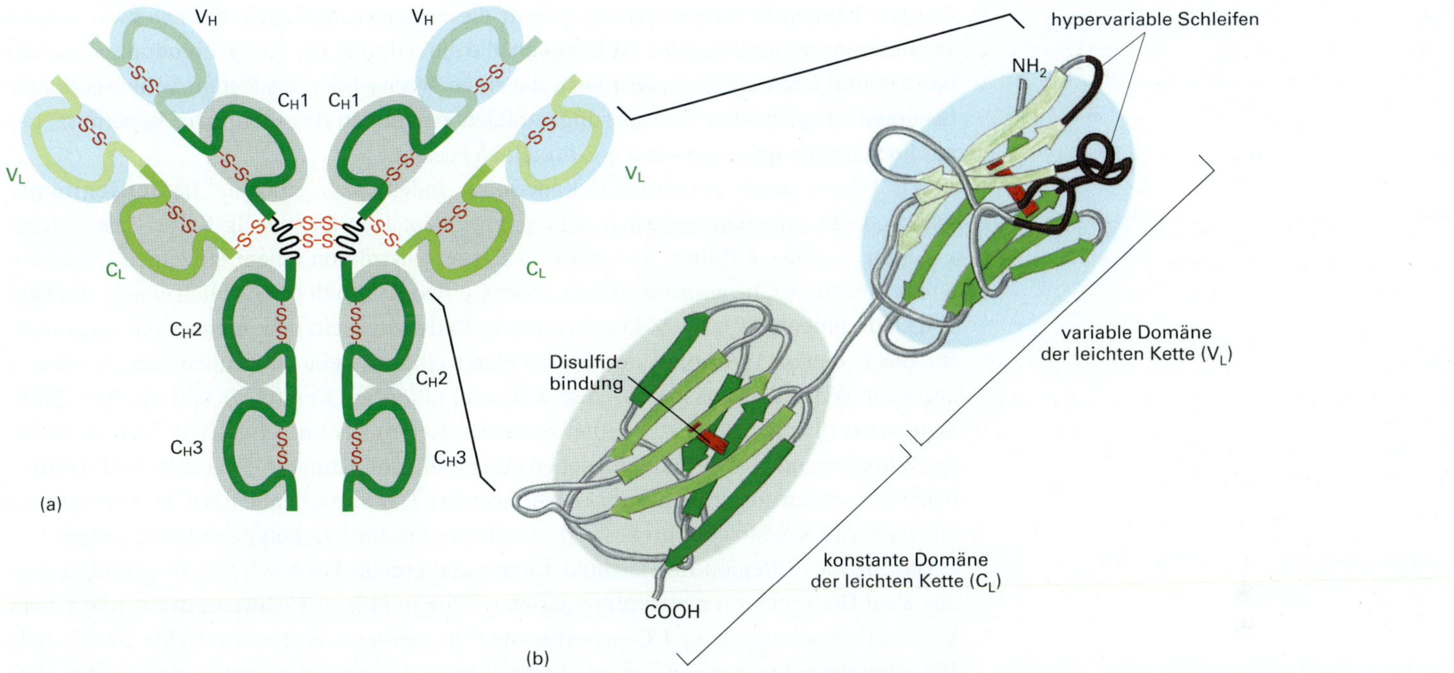

Abb. 24.27 **Immunglobulin-Domänen.** (a) Die leichten und schweren Ketten des Proteins sind in sich wiederholende und einander sehr ähnliche Domänen gefaltet. Die variablen Domänen (*hellblau* unterlegt) der leichten und schweren Ketten (V_L und V_H) bilden die Antigenbindungsstellen, während die konstanten Domänen (*grau* unterlegt) der schweren Ketten (insbesondere C_H2 und C_H3) die anderen Funktionseigenschaften des Proteins bestimmen. Die schweren Ketten von IgM und IgE haben keine Scharnierregion, verfügen aber über eine weitere konstante Domäne (C_{H4}). Für den Zusammenhalt im Gesamtmolekül spielen hydrophobe Wechselwirkungen zwischen den Domänen benachbarter Ketten eine bedeutende Rolle: V_L bindet an V_H, C_L an C_{H1} usw. (b) Auf Kristallstrukturanalyse beruhende Strukturen der *Ig*-Domänen einer leichten Kette. Sowohl die variablen als auch die konstanten Domänen besitzen eine ähnliche Gesamtstruktur. Diese besteht aus zwei β-Faltblättern, die über eine Disulfidbindung (*rot*) miteinander verbunden sind. Man beachte, dass alle hypervariablen Regionen (*schwarz*) am äußeren Ende der variablen Domäne Schleifen bilden, die dort nahe genug beieinander angeordnet sind, um einen Teil der Antigenbindungsstelle zu bilden. Alle Immunglobuline werden an ihren C_{H2}-Domänen glykosyliert (nicht abgebildet). Die angehefteten Oligosaccharidketten variieren von Immunglobulin zu Immunglobulin und haben Einfluss auf die Funktionseigenschaften des Antikörpers, hauptsächlich indem sie dessen Bindung an Fc-Rezeptoren auf Immunzellen beeinflussen.

IgD-Proteine und ist anscheinend groß genug, um sicherzustellen, dass es für fast alle möglichen antigenen Determinanten eine passende Antigenbindungsstelle gibt, wenn auch mit geringer Affinität ($K_a \approx 10^5$–10^7 l mol^{-1}). Nach Stimulation durch ein Antigen und Helfer-T-Zellen können B-Zellen von der IgM- und IgD-Produktion auf die Bildung anderer Immunglobuline umstellen. Diesen Vorgang nennt man *Klassenwechsel*. Außerdem nimmt die Affinität dieser Antikörper für ihre Antigene mit der Zeit zu. Dieser Vorgang heißt *Affinitätsreifung*. Durch Antigenstimulation entsteht somit ein **sekundäres Ig-Repertoire** mit deutlich erhöhter Affinität (K_a beträgt bis zu 10^{11} l mol^{-1}) und einer größeren Vielfalt bezüglich der Ig-Klassen und Antigenbindungsstellen.

Wie kann jeder von uns so viele Igs bilden? Dieses Problem ist nicht derart beeindruckend, wie es auf den ersten Blick erscheinen mag. Wie oben schon mehrfach erwähnt, leisten die variablen Regionen sowohl der schweren als auch der leichten Kette ihren Beitrag zur Antigenbindungsstelle. Ein Organismus mit 1 000 Genen für die leichte Kette und 1 000 Genen für die schwere Kette könnte die entsprechenden Polypeptidketten in 1 000 × 1 000 verschiedenen Permutationen zu 10^6 verschiedenen Antigenbindungsstellen kombinieren. Trotzdem hat das Immunsystem der Säugetiere einzigartige genetische Mechanismen entwickelt, um auf einem erstaunlich ökonomischen Weg eine praktisch unbegrenzt große Zahl unterschiedlicher schwerer und leichter Ketten herzustellen. Dies geschieht in zwei Schritten. Vor der Stimulation durch Antigen verbinden die sich entwickelnden B-Zellen zunächst einzelne *Gensegmente* in der DNA, um die Gene zu erstellen, die für das primäre Repertoire von IgM- und IgD-Antikörpern mit geringer Affinität codieren. Nach der Stimulation durch

Antigen können in einem zweiten Schritt die zusammengefügten *Ig-Gene* zwei weitere Veränderungen durchlaufen – Mutationen, die die Affinität der Antigenbindungsstelle verbessern und DNA-Umgruppierungen, die einen Wechsel der gebildeten Antikörperklasse bewirken. Diese beiden Veränderungen bilden zusammen das sekundäre Repertoire, das aus hochaffinen IgG-, IgA- und IgE-Proteinen besteht.

Wir bilden unser primäres Ig-Repertoire, indem sich einzelne **Ig-Gensegmente** während der Entwicklung der B-Zellen verbinden. Jede Art von Ig-Kette – also leichte κ-Ketten, leichte , λ-Ketten und schwere Ketten – wird von einem einzelnen Locus auf einem einzelnen Chromosom codiert. Jeder Genlocus enthält gewöhnlich eine große Zahl von Gensegmenten für die V-Region einer Ig-Kette sowie ein oder mehrere Gensegmente für die C-Region. Während der Entwicklung einer B-Zelle im Knochenmark werden auf dem Wege der ortsspezifischen Rekombination (s. Kapitel 5) vollständige DNA-Sequenzen für die beiden zu synthetisierenden Ketten zusammengestellt. Wenn eine für die V-Region codierende Sequenz neben einer C-Region-Sequenz eingefügt wird, können beide Sequenzen zusammen transkribiert werden. Das entstehende RNA-Transkript wird zu einem mRNA-Molekül prozessiert, das für die gesamte Ig-Polypeptidkette codiert.

Die für die V-Region der leichten Ketten codierende DNA wird z. B. grundsätzlich aus zwei Gensegmenten zusammengesetzt – einem langen ***V*-Gensegment** und einem kurzen *Verbindungs-* oder ***J*-Gensegment** (*J* für *joining* = verbinden) (**Abb. 24.28**). Jede V-Region der schweren Kette wird ebenfalls aus Gensegmenten zusammengesetzt, aber hier wird ein weiteres ***D*-Gensegment** (*D* für *Diversität*) verlangt (**Abb. 24.29**). Abgesehen davon, dass durch diese Neuordnungen die einzelnen Gensegmente der Ig-Gene näher zusammengebracht werden, aktivieren sie auch die Transkription vom Genpromotor aus über Veränderungen in den relativen Positionen der *cis*-regulatorischen

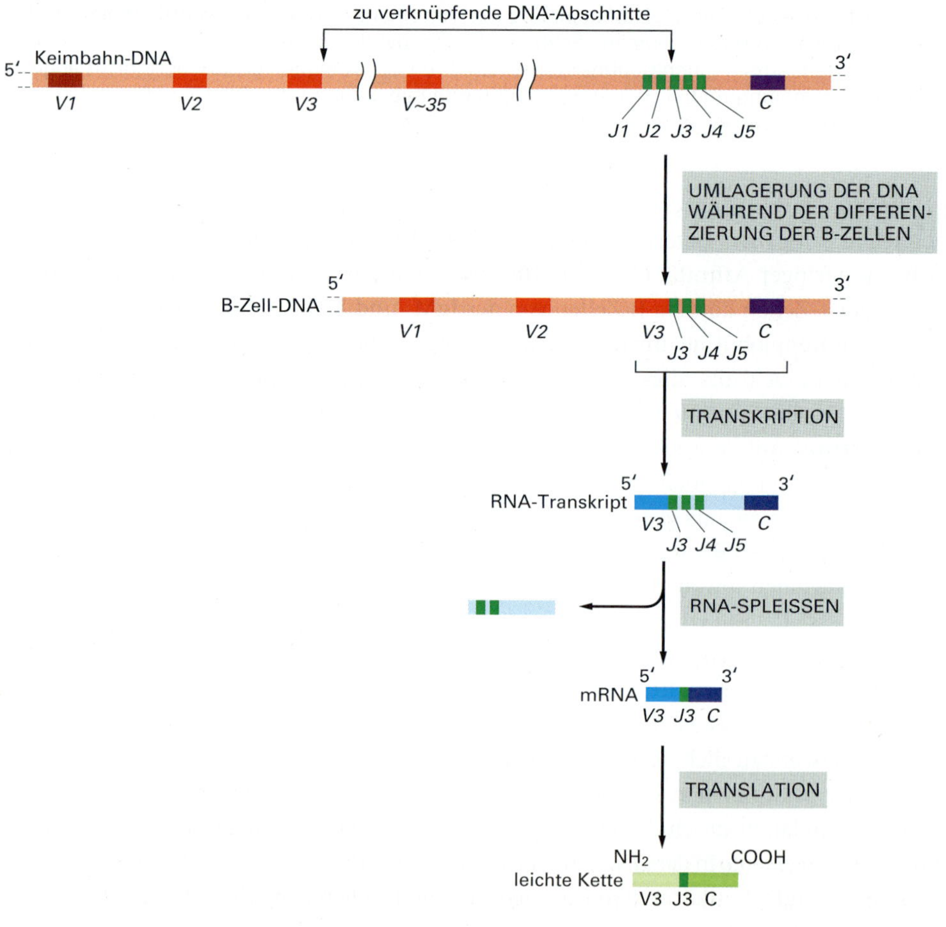

Abb. 24.28 Die Verknüpfung von *V*- und *J*-Gensegmenten (*V–J-Joining*) , wie sie bei der Synthese einer *κ*-Kette beim Menschen abläuft. In der Keimbahn-DNA, in der die Antikörpergene nicht umgelagert sind und daher nicht exprimiert werden, werden die fünf *J*-Gensegmente (*grau*) von der für die C-Region codierenden Sequenz (*lila*) durch relativ kurze Introns getrennt, liegen aber Tausende von Basenpaaren von den etwa 35 funktionellen *V*-Gensegmenten (*rot*) entfernt. Während der B-Zell-Entwicklung wird ein zufällig ausgewähltes V-Gensegment – im Beispiel *V3* – genau neben eines der J-Gensegmente – im Beispiel J3 – gesetzt. Die „überzähligen" *J*-Gensegmente (also *J4* und *J5*) und die Intronsequenzen werden (zusammen mit dem zusammengelagerten *V3–J3* und dem C-Region-Exon) noch transkribiert, dann aber beim Spleißen der RNA entfernt. Erst in der fertigen mRNA hängen V3, J3 und C direkt aneinander. Diese mRNA wird in leichte Ketten vom *κ*-Typ translatiert. Ein J-Gensegment codiert für etwa 15 Aminosäuren am C-Terminus der V-Region. Genau an dieser *V–J*-Verknüpfungsstelle befindet sich die dritte hypervariable Region der leichten Kette, also der Teil des Moleküls, dessen Sequenz die höchste Variabilität aufweist.

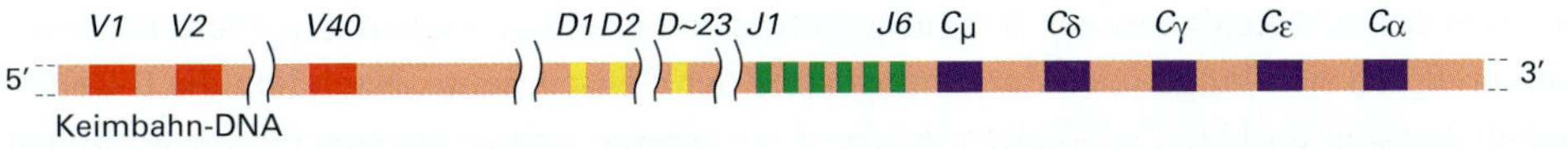

Abb. 24.29 Der Genlocus der schweren Kette beim Menschen. Es gibt 40 V-Segmente, etwa 23 *D*-Segmente, 6 *J*-Segmente und eine Anordnung von Sequenz-Clustern, die für die C-Region codieren, wobei jedes Cluster für eine unterschiedliche Klasse der schweren Kette codiert. Das *D*-Segment und Teile des *J*-Segments bestimmen die Aminosäuresequenz der dritten hypervariablen Region, also des variabelsten Teils der *V*-Region. Die genetischen Mechanismen, die an der Bildung einer schweren Kette beteiligt sind, sind dieselben wie in **Abb. 24.28** für die leichten Ketten dargestellt, außer dass zwei DNA-Umgruppierungsschritte statt einem nötig sind. Erst lagert sich ein D-Segment an ein J-Segment an und dann ein *V*-Segment an das bereits umgelagerte *DJ*-Segment. Durch die Umgruppierungen entsteht eine VDJC-mRNA, die für eine komplette schwere Ig-Kette codiert. Die Abbildung ist nicht maßstabsgetreu. Die Gesamtlänge des H-Ketten-Locus beträgt mehr als zwei Megabasen. Außerdem wurden einige Details weggelassen: Die Exons, die für jede Ig-Domäne in der C-Region und für die Scharnierregion codieren (s. **Abb. 24.27**), und die verschiedenen Unterklassen der C_γ-codierenden Segmente sind z. B. nicht dargestellt.

DNA-Sequenzen, die auf das Gen einwirken. Eine komplette Ig-Kette kann also erst synthetisiert werden, nachdem die DNA umgruppiert wurde.

Die ansehnliche Zahl der vererbbaren *V*-, *J*- und *D*-Gensegmente im Genom bedeutet schon für sich allein genommen einen wichtigen Faktor bei der Entstehung der enormen Ig-Vielfalt. Die freie Kombinierbarkeit der Segmente bringt diese Vielzahl aber erst richtig zum Tragen: Sie führt zur Entstehung von *kombinatorischer Vielfalt*. Jedes der etwa 35 funktionellen *V*-Gensegmente des *κ*-Ketten-Locus des Menschen kann z. B. mit jedem der 5 *J*-Gensegmente kombiniert werden (**Abb. 24.28**), wodurch sich mindestens 175 (35 × 5) verschiedene *V*-Regionen der *κ*-Ketten bilden können. Ganz ähnlich können die 40 *V*-Gensegmente aus dem *H*-Ketten-Locus des Menschen mit den etwa 23 *D*-Gensegmenten und den 6 J-Gensegmenten zu mindestens 5520 (nämlich 40 × 23 × 6) unterschiedlichen V_H-Regionen kombiniert werden. Mithilfe dieses Mechanismus alleine, der als **V(D)J-Rekombination** bezeichnet wird, kann ein Mensch 295 verschiedene V_L-Regionen (175 κ und 120 λ) und 5520 verschiedene V_H-Regionen bilden. Diese können dann im Prinzip so kombiniert werden, dass mehr als $1{,}5 \times 10^6$ (295 × 5520) verschiedene Antigenbindungsstellen gebildet werden können.

Die V(D)J-Rekombination wird von einem Enzymkomplex katalysiert, den man als *V(D)J-Rekombinase* bezeichnet. Dieser Komplex erkennt Rekombinationssignalsequenzen in der DNA, die jedes Gensegment, das verbunden werden soll, flankiert. Obwohl der Prozess sicherstellt, dass nur geeignete Gensegmente rekombiniert werden, geht an deren Enden eine unterschiedliche Anzahl an Nukleotiden verloren, gelegentlich kommen aber auch ein oder zwei Nukleotide zufällig hinzu. Der zufällige Verlust oder Zusatz von Nukleotiden an den Verknüpfungsstellen wird als **verknüpfungsbedingte Vielfalt** (engl. *junctional diversification*) bezeichnet und erhöht die Anzahl möglicher, für die V-Region der Antikörper codierender DNA-Sequenzen, die durch V(D)J-Rekombination entstehen, enorm (zwischen dem 10^7-Fachen und 10^8-Fachen), besonders in der dritten hypervariablen Region. Das Immunsystem erkauft sie aber mit einem hohen Preis. In vielen Fällen führen diese Prozesse zu Verschiebungen des Leserasters und damit zu nicht mehr funktionsfähigen Genen. In diesem Fall bildet die sich entwickelnde B-Zelle kein funktionelles Ig-Molekül und stirbt infolgedessen im Knochenmark durch Apoptose. Wenn eine B-Zelle sowohl eine funktionelle schwere als auch eine funktionelle leichte Kette produziert, die zusammen die Antigenbindungsstelle bilden, beendet sie den V(D)J-Rekombinationsprozess. Damit wird sichergestellt, dass die Zelle Igs mit nur einer Antigenbindungsspezifität bildet.

B-Zellen, die BCRs produzieren, die stark mit Selbst-Antigenen im Knochenmark reagieren, wären gefährlich. Solche B-Zellen werden von einer Selbst-Bindung dazu stimuliert, die Expression einer aktiven V(D)J-Rekombinase aufrechtzuerhalten und eine zweite V(D)J-Rekombinationsrunde im Locus der leichten Kette zu durchlaufen. Dabei ändert sich die Spezifität ihres BCRs. Diesen Vorgang nennt man **Rezeptor-Editierung** (s. oben). Ein weiterer Schutzmechanismus besteht darin, dass selbstreaktive B-Zellen, die auch auf diesem Wege nicht zu einem anderen Rezeptor gekommen sind, auf dem Weg der klonalen Deletion (s. **Abb. 24.21**) eliminiert werden.

24.3.5 Antigengesteuerte, somatische Hypermutation sorgt für die Feinabstimmung der Antikörper-Antwort

Wie bereits erwähnt: Je länger eine Antikörper-Antwort läuft, desto höher wird normalerweise die Affinität der gegen den Krankheitserreger gerichteten Antikörper. Dieses Phänomen heißt **Affinitätsreifung** und beruht auf der Ansammlung von Punktmutationen in den für die V-Regionen der H- und L-Ketten codierenden Sequenzen. Diese Mutationen ereignen sich lange nach der Umlagerung der Gensegmente. Nachdem die B-Zellen durch Antigen und Helfer-T-Zellen in einem peripheren lymphatischen Organ stimuliert wurden, proliferieren einige der aktivierten B-Zellen schnell in Lymphfollikeln und bilden Strukturen, die man *Keimzentren* nennt (s. **Abb. 24.20**). Hier mutieren die B-Zellen mit einer Häufigkeit von einer Mutation je *V*-Region in jeder Zellgeneration. Da dies eine Million Mal höher ist als die Häufigkeit von Spontanmutationen in anderen Genen und da es in somatischen Zellen statt in Keimzellen vorkommt, wird dieser Vorgang als **somatische Hypermutation** bezeichnet.

Nur sehr wenige der durch Hypermutation veränderten Igs werden eine gesteigerte Affinität für das Antigen haben. Das Antigen stimuliert jedoch bevorzugt die wenigen *B*-Zellen, die die BCRs mit gesteigerter Affinität für das Antigen produzieren. Klone dieser veränderten *B*-Zellen werden eher überleben und proliferieren, insbesondere weil die Menge an Antigenen in der späten Phase der Antwort auf sehr geringe Werte zurückgeht. Die meisten anderen B-Zellen in dem Keimzentrum werden durch Apoptose sterben. Durch mehrere solcher Zyklen von somatischer Hypermutation und positiver Auslese der jeweils noch höher affinen Effektor- und Gedächtnis-B-Zell-Klone bilden sich im Laufe der adaptiven Immunantwort somit immer mehr hochaffine BCRs und Antikörper, die einen sich ständig verbessernden Schutz vor Krankheitserregern garantieren.

Ein Durchbruch zum Verständnis des molekularen Mechanismus der somatischen Hypermutation kam mit der Identifizierung eines Enzyms, das für diesen Prozess nötig ist. Man nennt dieses Enzym **aktivierungsinduzierte Desaminase** (**AID**), da es spezifisch in aktivierten B-Zellen exprimiert wird und während der Transkription der DNA, die für die V-Region codiert, Cytosin (C) zu Uracil (U) desaminiert. Durch die Desaminierung kommt es in der DNA-Doppelhelix zu U:G-Fehlpaarungen. Bei der Reparatur dieser Fehlpaarungen entstehen abhängig vom verwendeten Reparaturmechanismus verschiedene Mutationsarten. Somatische Hypermutation betrifft nur aktiv transkribierte DNA, da das AID-Enzym nur an Einzelstrang-DNA bindet (die während der Transkription vorübergehend freigelegt wird) und da die Proteine, die an der Transkription der für die *V*-Region codierenden Sequenzen beteiligt sind, für die Rekrutierung des AID-Enzyms nötig sind. AID wird auch benötigt, wenn aktivierte B-Zellen von der IgM- und IgD-Produktion auf die Produktion anderer Antikörperklassen umschalten, womit wir uns nun befassen werden.

24.3.6 B-Zellen können die Immunglobulinklasse, die sie exprimieren, wechseln

Nachdem eine sich entwickelnde B-Zelle das Knochenmark verlassen hat, aber noch vor dem ersten Kontakt mit dem Antigen, exprimiert sie sowohl IgM- als auch IgD-BCRs auf ihrer Oberfläche. Beide besitzen die gleichen Antigenbindungsstellen (s. **Abb. 24.24**). Stimulation durch Antigen und Helfer-T-Zellen in einem peripheren lymphatischen Organ aktiviert viele dieser reifen naiven B-Zellen dazu, zu IgM-sezernierenden Effektorzellen zu werden, weshalb IgM-Antikörper die primäre Immunantwort dominieren. Später in der Immunantwort, wenn aktivierte B-Zellen die somatische Hypermutation in Keimzentren durchlaufen haben, stimuliert die Kombination aus Antigen und Cytokinen von Helfer-T-Zellen (s. unten) in vielen B-Zellen den Wechsel von membrangebundenen IgM und IgD zur Produktion von IgG-, IgE- oder IgA-Antikörpern. Dieser Vorgang heißt **Klassenwechsel** (engl. *class switching*). Aus diesen Zellen entwickeln sich sowohl Gedächtniszellen, die Antikörper der entsprechenden Ig-Klasse in Form von BCRs auf ihrer Oberfläche tragen, als auch Effektorzellen, die das Ig-Molekül als Antikörper sezernieren. Die IgG-, IgE- und IgA-Moleküle behalten anfangs ihre ursprüngliche Antigenbindungsstelle, die dann in den Keimzentren eine Affinitätsreifung erfahren

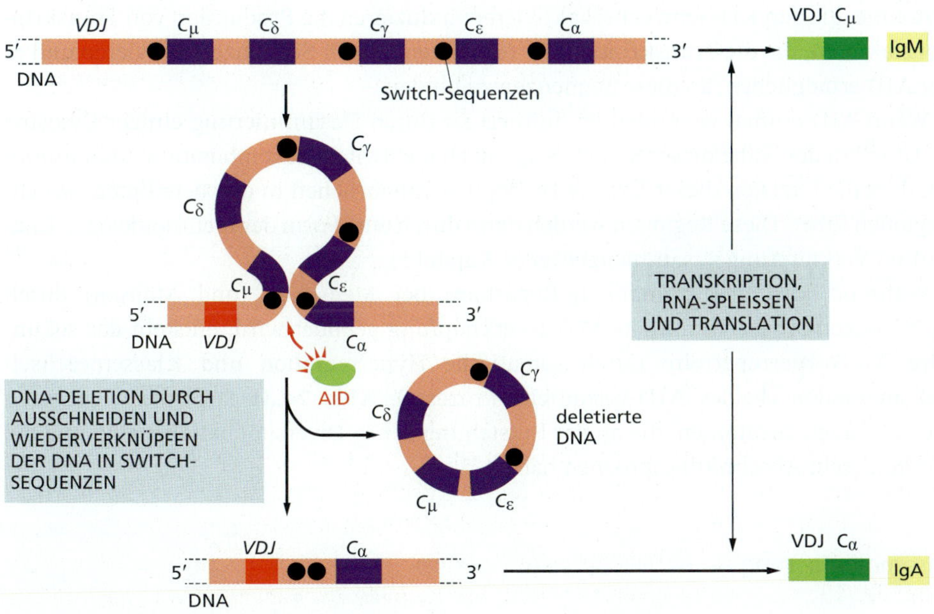

Abb. 24.30 Ein Beispiel für die DNA-Umlagerungen, die bei der Klassenwechsel-Rekombination ablaufen. Eine *B*-Zelle, die IgM-Moleküle (und IgD-Moleküle, nicht gezeigt) mit der gleichen V-Region der schweren Kette, die von einer bestimmten *VDJ*-DNA-Sequenz codiert wird, bildet, wird dazu stimuliert, einen Klassenwechsel zu IgA-Molekülen mit derselben V-Region der schweren Kette vorzunehmen. Hierbei wird die DNA zwischen den *VDJ*-Sequenzen und dem Satz der C_α-Exons entfernt. Besondere DNA-Sequenzen (Switch-Sequenzen), die 5' vor jedem Satz von C_H-codierenden Exons (mit Ausnahme von C_δ, da B-Zellen nicht von C_μ zu C_δ umschalten) liegen, rekombinieren miteinander und bewirken so die Deletion der dazwischenliegenden DNA, wie hier dargestellt. Wie im Text erklärt, hängt der Rekombinationsvorgang von AID ab, das gleiche Enzym, das an der somatischen Hypermutation beteiligt ist. Wenn sie von IgM und IgD auf IgG oder IgE umschalten, werden die C-Region codierenden Sequenzen stromabwärts von C_γ oder C_ε, die nach der DNA-Deletion übrigbleiben, durch RNA-Spleißen entfernt.

kann. Die Igs aus dem Klassenwechsel werden zusammenfassend als *sekundäre Immunglobulinklassen* bezeichnet, da sie erst nach der Stimulation durch Antigen auftreten, die sekundären Immunantworten dominieren und das Repertoire der sekundären Antikörper darstellen.

Wie bereits besprochen, bestimmt die konstante Region der schweren Ketten eines Ig-Moleküls die Klasse des Ig und somit seine Funktionseigenschaften. Also erfordert die Tatsache, dass B-Zellen die Antikörperklasse wechseln, ohne ihre Antigenspezifität zu verändern, eine schrittweise Verknüpfung unterschiedlicher C_H-codierender Sequenzen mit der fertig zusammengesetzten V_H-codierenden Sequenz, die ja den antigenbindenden Teil der H-Kette darstellt. Dies hat wichtige funktionelle Konsequenzen. Es bedeutet, dass eine bestimmte Antigenbindungsstelle, die in einem individuellen Organismus aufgrund von dessen individuellen Umweltantigenen selektiert wurde, auf alle Klassen der Antikörper übertragen werden kann, um so die Eigenschaften der jeweiligen Klasse zu nutzen. Auf diese Weise machen sich die Antikörper eine Vielzahl von Effektormechanismen zunutze, um das von ihnen erkannte Pathogen zu beseitigen, dazu zählen die Aktivierung des Komplementsystems und der Fc-Rezeptoren auf Phagocyten und anderen Zellen des angeborenen Immunsystems (s. Tab. 24.2).

Sobald eine B-Zelle von der IgM- und IgD-Produktion zur Herstellung einer sekundären Ig-Klasse wechselt, vollzieht sich auf der DNA-Ebene ein irreversibler Vorgang, den man als **Klassenwechsel-(Class Switch-)Rekombination** bezeichnet. Die gesamte C_H-codierende DNA, die zwischen den fertig zusammengesetzten V(D)J-Sequenzen und den zu exprimierenden C_H-codierenden Exons liegt, wird deletiert. Die Klassenwechsel-Rekombination unterscheidet sich dabei in mehreren Aspekten von der V(D)J-Rekombination: (1) Sie läuft erst nach der Stimulation durch Antigen ab, kommt hauptsächlich in Keimzentren vor und ist abhängig von Helfer-T-Zellen. (2) Sie verwendet verschiedene Rekombinations-Signalsequenzen, die man als *Switch-Sequenzen* bezeichnet und die die verschiedenen C_H-codierenden Segmente flankieren. (3) Sie umfasst das Schneiden und Zusammenfügen der Switch-Sequenzen, bei denen es sich um nichtcodierende Sequenzen handelt; die codierende Sequenz für den zusammengestellten V_H-Abschnitt bleibt dabei unberührt (Abb. 24.30). (4) Am wichtigsten aber ist, dass der molekulare Mechanismus ein anderer ist. Er hängt von der AID ab, die auch an der somatischen Hypermutation beteiligt ist, statt von der V(D)J-Rekombinase. Die

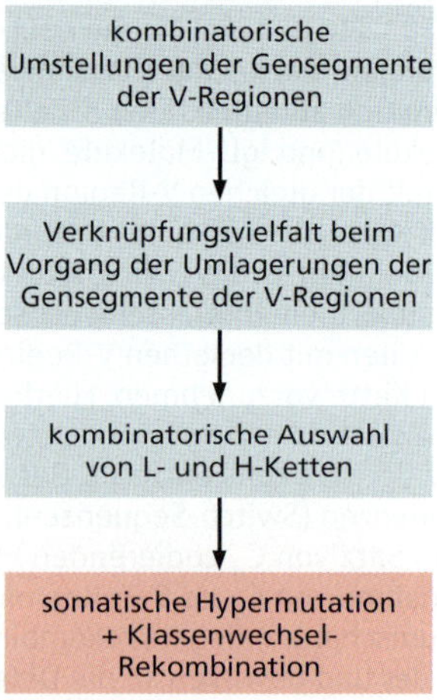

Abb. 24.31 Die wichtigsten Mechanismen der Entstehung der Ig-Vielfalt bei Maus und Mensch. Die *grün* unterlegten Mechanismen spielen sich während der B-Zell-Entwicklung im Knochenmark ab, während die beiden *rot* unterlegten Mechanismen entweder spät in einer Primärantwort oder in einer Sekundärantwort in B-Zellen aktiv sind, wenn diese in einem peripheren lymphatischen Organ durch ein Fremd-Antigen und Helfer-T-Zellen in Keimzentren stimuliert werden.

Cytokine, die den Klassenwechsel aktivieren, induzieren die Produktion von Transkriptionsfaktoren, die die Transkription der relevanten Switch-Sequenzen aktivieren und es der AID ermöglichen, an diese Sequenzen zu binden.

Wenn AID einmal gebunden ist, initiiert sie durch Desaminierung einiger Cytosine zu Uracil in der Nähe dieser Switch-Sequenzen die Switch-Rekombination. Man nimmt an, dass die Exzision dieser Uracile zu Doppelstrangbrüchen in den beteiligten Switch-Regionen führt. Diese Regionen werden dann durch eine Form der nichthomologen End-zu-End-Verknüpfung zusammengefügt (s. Kapitel 5).

Während also das primäre Ig-Repertoire bei Menschen (und Mäusen) durch V(D)J-Rekombinase-vermittelte V(D)J-Verknüpfung gebildet wird, entsteht das sekundäre Antikörperrepertoire durch somatische Hypermutation und Klassenwechsel-Rekombination (beides AID-vermittelte Prozesse). Abb. 24.31 fasst die wichtigsten Mechanismen zusammen, die an der Entstehung der Ig-Diversität beteiligt sind und die wir in diesem Abschnitt besprochen haben.

Zusammenfassung

Jeder B-Zell-Klon stellt Immunglobulinmoleküle mit einer einzigartigen Antigenbindungsstelle her. Zu Beginn der B-Zell-Entwicklung werden die Ig-Moleküle zunächst in die Plasmamembran eingelagert und dienen dort als B-Zell-Rezeptoren (BCRs) für Antigene. Die Bindung von Antigen an die BCRs zusammen mit kostimulierenden Signalen von Helfer-T-Zellen aktiviert die B-Zellen dazu, zu proliferieren und entweder zu antikörpersezernierenden Effektorzellen oder Gedächtniszellen zu differenzieren. Die Effektorzellen schütten große Mengen an Antikörpern aus, die die gleiche Antigenbindungsstelle besitzen wie die BCRs.

Ein typisches Immunglobulinmolekül besteht aus vier Polypeptidketten, zwei identischen schweren Ketten und zwei identischen leichten Ketten. Die Antigenbindungsstelle wird von Teilen beider Kettentypen gebildet. Es gibt fünf Klassen von Immunglobulinen (IgA, IgD, IgE, IgG und IgM), jede mit einer anderen schweren Kette, die festlegt, welche Funktionseigenschaften die entsprechende Ig-Klasse hat. Jede leichte Kette und jede schwere Kette besteht aus mehreren ähnlich gefalteten Ig-Domänen. Die Variation der Aminosäuresequenz in den variablen Domänen der leichten und schweren Ketten konzentriert sich auf mehrere kleine hypervariable Regionen, die an einem Ende dieser Domänen Schleifen bilden, um die Antigenbindungsstelle zu erzeugen.

Immunglobuline werden von Loci auf drei verschiedenen Chromosomen codiert. Jeder von ihnen bildet eine unterschiedliche Polypeptidkette. Ein Locus codiert für die κ-L-Ketten, ein zweiter für die λ-L-Ketten und ein dritter für die H-Ketten. Jeder Locus enthält getrennte Gensegmente, die für unterschiedliche Teile der variablen Region der einzelnen Ig-Ketten codieren. Alle L-Ketten-Loci enthalten ein oder mehrere Abschnitte für die konstante (C-)Region sowie Gruppen von variablen (V-) und Verbindungs- (J-)Gensegmenten. Die H-Ketten-Loci bestehen aus Gruppen, die für die C-Region codieren und Gruppen von V-, Diversitäts- (D-) und J-Gensegmenten.

Während der B-Zell-Entwicklung im Knochenmark werden vor der Stimulation durch ein fremdes Antigen getrennte Gensegmente durch ortsspezifische Rekombination, die von einer V(D)J-Rekombinase vermittelt wird, zusammengefügt. Ein V_L-Gensegment wird mit einem J_L-Gensegment unter Bildung einer für die variable Region der leichten Kette codierenden Sequenz rekombiniert; für die schwere Kette sind es ein V_H-, ein D- und ein J_H-Gensegment, die dann die Sequenz für die komplette V_H-Region ergeben. Diese aus den Gensegmenten für die V-Region neu zusammengesetzten Sequenzen werden mit den entsprechenden C-Region-Sequenzen zu einer primären RNA kotranskribiert, aus der dann durch Spleißen die mRNA für die komplette Polypeptidkette entsteht.

Durch die beliebige Kombination ererbter Gensegmente für die V_L- und V_H-Regionen kann ein Mensch Hunderte unterschiedlicher L-Ketten und Tausende unterschiedlicher H-Ketten herstellen, die sich zu mehr als einer Million unterschiedlicher Ig-Moleküle zusammenlagern können, da die Antigenbindungsstelle im Ig-Molekül gemeinsam durch die hypervariablen Schleifen von V_L und V_H gebildet wird. Ein Verlust oder Gewinn von Nukleotiden an der Stelle, an der die Gensegmente verknüpft werden, erhöht diese Zahl noch beträchtlich. Die Igs, die vor der Stimulation durch Antigen durch V(D)J-Rekombination gebildet werden, sind IgM- und IgD-Antikörper mit geringer Affinität. Sie machen das primäre Antikörperrepertoire aus.

Im Anschluss an die Stimulation mit Antigen in den peripheren lymphatischen Organen wird die Ig-Diversität durch die AID-vermittelten und Helfer-T-Zell-abhängigen Prozesse der somatischen Hypermutation und der Klassenwechsel-Rekombination weiter erhöht. So entstehen hochaffine IgG-, IgA- und IgE-Immunglobuline, die das sekundäre Antikörperrepertoire ausmachen. Der Klassenwechsel macht es möglich, dass die gleiche Antigenbindungsstelle in Antikörper mit verschiedenen Stielen und dementsprechend unterschiedlichen Funktionseigenschaften eingebaut wird.

24.4 T-Zellen und MHC-Proteine

Die T-Zell-Antworten sind genau wie die Antikörper-Antworten hochgradig antigenspezifisch und für den Schutz der Wirbeltiere vor Infektionen mindestens genauso wichtig wie die Antikörper. *De facto* benötigen die meisten adaptiven Immunantworten – also auch die Antikörper-Antworten – Helfer-T-Zellen zu ihrer Aktivierung. Besonders wichtig aber ist, dass T-Zellen, anders als B-Zellen, Krankheitserreger aufspüren und bekämpfen können, die sich im Inneren einer Wirtszelle eingenistet haben, wo sie unsichtbar für B-Zellen und Antikörper sind. Der größte Teil dieses Abschnitts wird sich damit beschäftigen, wie die T-Zellen dieses Kunststück vollbringen.

T-Zell- und B-Zell-Antworten unterscheiden sich in zwei grundsätzlichen Aspekten. Erstens werden T-Zellen nur dann von einem Fremd-Antigen zur Vermehrung und zur Differenzierung in Effektorzellen aktiviert, wenn ihnen dieses Antigen auf der Oberfläche einer *antigenpräsentierenden Zelle* (normalerweise einer dendritischen Zelle in einem peripheren lymphatischen Organ) dargeboten bzw. „präsentiert" wird. T-Zellen benötigen für ihre Aktivierung antigenpräsentierende Zellen, da die Form des Antigens, die sie erkennen, sich von der Form unterscheidet, die die von B-Zellen produzierten Igs erkennen. Während Igs antigene Determinanten auf der Oberfläche von Krankheitserregern und von löslichen gefalteten Proteine erkennen können, können T-Zellen nur Fragmente von Proteinantigenen erkennen, die durch partielle Proteolyse in einer Wirtszelle gebildet wurden. Wie bereits früher erwähnt, binden neu gebildete *MHC-Proteine* diese Peptidfragmente und tragen sie an die Oberfläche der Wirtszelle, wo sie von T-Zellen erkannt werden.

Der zweite Unterschied zu den B-Zellen besteht darin, dass T-Zellen nach ihrer Aktivierung nur über kurze Distanzen hinweg agieren können, in der Regel berühren sie die Zellen, die sie beeinflussen, entweder im sekundären lymphatischen Organ oder nach der Wanderung zum Infektionsherd. Dagegen sezernieren Effektor-B-Zellen Antikörper, die auch über große Distanzen hinweg ihre biologischen Aktivitäten entfalten. Effektor-T-Zellen sind auf den Zell–Zell-Kontakt mit einer anderen Körperzelle angewiesen, die sie entweder töten (wie z. B. im Fall einer infizierten Wirtszelle) oder der sie ein gewisses Signal zukommen lassen (wie z. B. im Fall einer B-Zelle oder eines Makrophagen). Solche Wirtszellen bezeichnen wir als *Zielzellen*. Um von der T-Zelle erkannt zu werden, müssen diese Zielzellen genau wie antigenpräsentierende Zellen der T-Zelle ein Antigen präsentieren, das an ein *MHC*-Protein auf ihrer Oberfläche gebunden ist.

Es gibt drei große Klassen von *T-Zellen* – cytotoxische T-Zellen, Helfer-T-Zellen und regulatorische T-Zellen. Wenn sie aktiviert werden, entwickeln sie sich zu Effektorzellen (s. **Abb. 24.17**) mit jeweils eigenen besonderen Aktivitäten. *Cytotoxische Effektor-T-Zellen* töten mit Viren oder anderen intrazellulären Krankheitserregern infizierte Zellen direkt ab. *Effektor-Helfer-T-Zellen* dagegen unterstützen die Stimulation von anderen Immunzellen – hauptsächlich von Makrophagen, dendritischen Zellen und B-Zellen. Wie wir noch sehen werden, gibt es eine Vielzahl funktionell unterschiedlicher Subtypen von Effektor-Helfer-T-Zellen. *Regulatorische Effektor-Helfer-T-Zellen* unterdrücken die Aktivität von anderen Immunzellen. Nachdem sie ihre Funktion ausgeübt haben, werden manche Effektor-T-Zellen zu Gedächtnis-T-Zellen.

In diesem Abschnitt beschreiben wir wie T-Zellen fremde Antigene auf der Oberfläche von APCs oder anderen Zielzellen erkennen und den entscheidenden Beitrag, den MHC-Proteine bei diesem Erkennungsvorgang spielen. Wir beschreiben die verschiedenen Klassen und Unterklassen von T-Zellen und deren jeweilige Funktionen sowie auf welche Weise T-Zellen ihre Entwicklung im Thymus beginnen. Wir beginnen unsere Betrachtungen mit den Zelloberflächenrezeptoren, die die T-Zelle zur Antigenerkennung einsetzt.

24.4.1 T-Zell-Rezeptoren (TCRs) sind Ig-ähnliche Heterodimere

T-Zell-Rezeptoren (**TCRs**, engl. *T cell receptors*) kommen im Gegensatz zu den von den B-Zellen sezernierten Igs ausschließlich in membrangebundener Form vor. Sie bestehen aus zwei transmembranen, über Disulfidbindungen verknüpften Polypeptidketten, von denen jede zwei Ig-ähnliche Domänen enthält – eine variable und eine konstante Domäne. Auf den meisten T-Zellen bestehen die *TCRs* aus einer α-Kette und einer β-Kette (**Abb. 24.32**).

Die Loci, die für die Gensegmente der α- und β-Ketten codieren, liegen auf unterschiedlichen Chromosomen. Ähnlich wie bei Antikörper-H-Ketten (s. **Abb. 24.29**) enthalten die TCR-Loci getrennte *V*-, *D*- und *J*-Gensegmente (oder nur *V*- und *J*-Gensegmente im Fall des α-Ketten-Locus), die während der T-Zell-Entwicklung im Thymus durch ortsspezifische Rekombination verbunden werden. Mit einer Ausnahme sind alle Mechanismen,

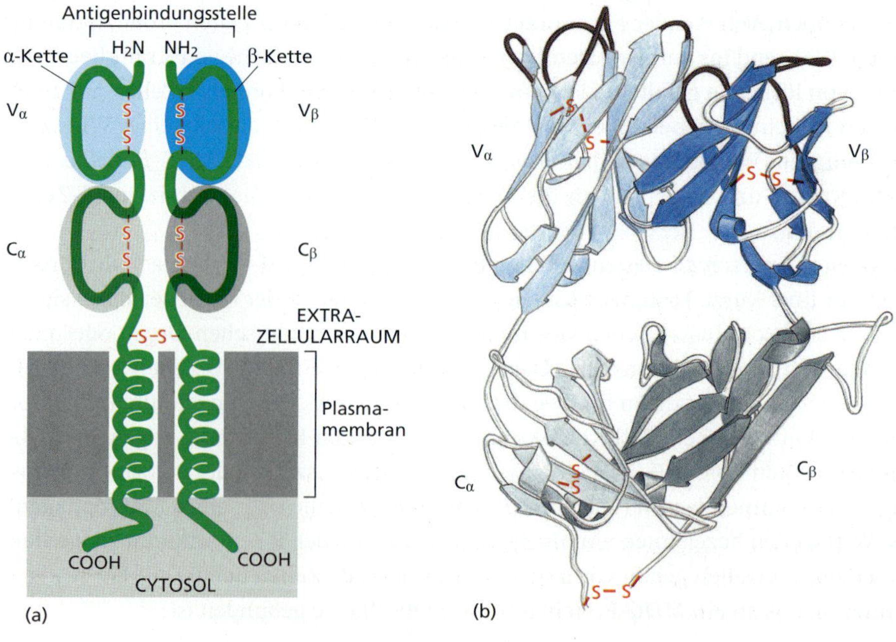

Abb. 24.32 Ein heterodimerer T-Zell-Rezeptor (TCR). (a) Die schematische Darstellung zeigt, dass der TCR aus einer α- und einer β-Polypeptidkette besteht. Beide Ketten haben einen großen extrazellulären Teil, der in zwei Ig-ähnliche Domänen gefaltet ist – eine variable (V) und eine konstante (C) Domäne. Die Antigenbindungsstelle wird von der V_α- und der V_β-Domäne (*blau* unterlegt) gebildet. Im Unterschied zu den Igs mit ihren zwei Antigenbindungsstellen haben die T-Zell-Rezeptoren nur eine. Das αβ-Heterodimer ist nicht kovalent mit einer großen Anzahl von membrangebundenen, nichtvariablen Proteinen komplexiert (hier nicht dargestellt), die die Aktivierung der T-Zelle als Folge der Antigenbindung an den T-Zell-Rezeptor unterstützen (s. **Abb. 24.45b**). Eine typische T-Zelle hat etwa 30 000 TCRs auf ihrer Oberfläche. (b) Die dreidimensionale Struktur des extrazellulären Teils eines T-Zell-Rezeptors. Die Antigenbindungsstelle wird durch die hypervariablen Schleifen (*schwarz*) sowohl der V_α- als auch der V_β-Domänen gebildet und sitzt am distalen Ende der Domänen. Sie ähnelt in Größe und Aufbau den Antigenbindungsstellen der Ig-Moleküle. (b, nach K. C. Garcia *et al.*, *Science* 274: 209–219, 1996).

die von den B-Zellen zur Herstellung der enormen Vielfalt der Antigenbindungsstelle ihrer Igs eingesetzt werden, auch in den T-Zellen bei der Herstellung der TCRs aktiv. Sie verwenden auch die gleiche V(D)J-Rekombinase; Menschen und Mäuse, denen diese Rekombinase fehlt, können daher keine funktionsfähigen B- oder T-Zellen bilden. Der Mechanismus, der bei der Herstellung der Vielfalt der T-Zell-Rezeptoren nicht zum Tragen kommt, ist die antigenselektierte somatische Hypermutation. Die Affinität der TCRs ist daher eher niedrig ($K_a \approx 10^5$–10^7 l mol^{-1}). Verschiedene Korezeptoren und Zell–Zell-Adhäsionsproteine verstärken die Bindung einer T-Zelle an eine antigenpräsentierende Zelle oder an eine Zielzelle jedoch enorm. Die Diversifizierung der TCRs findet auch nicht über einen Klassenwechsel statt.

Anstelle einer TCR-α- und -β-Kette exprimiert eine Minderheit von T-Zellen einen anderen, aber verwandten Typ von heterodimeren Rezeptoren aus γ- und δ-Ketten. Obwohl diese *γ/δ-T-Zellen* gewöhnlicherweise nur 5–10 % der T-Zellen im menschlichen Blut ausmachen, können sie die dominante T-Zell-Population in Epithelien wie der Haut sein. Sie unterscheiden sich von konventionellen αβ-T-Zellen auf andere wichtige Weisen: Die Vielfalt ihrer Oberflächenrezeptoren ist beschränkt und im Allgemeinen erkennen sie keine Antigene wie Peptide, die von MHC-Proteinen präsentiert werden. Wir behandeln sie hier nicht weiter, und beziehen uns von jetzt an bei T-Zellen auf solche mit αβ-TCRs.

Genau wie bei den BCRs sind auch die TCRs in der Plasmamembran fest mit anderen, nichtvariablen Membranproteinen assoziiert, die an der Weiterleitung des durch eine Antigenbindung an den Rezeptor verursachten Signals ins Innere der Zelle beteiligt sind. Auf diese Proteine werden wir noch ausführlich zu sprechen kommen, wenn wir uns mit den molekularen Ereignissen befassen, die an der T- und B-Zell-Aktivierung beteiligt sind. Vorher wollen wir uns aber der Frage zuwenden, wie T-Zellen Fremd-Antigene auf der Oberfläche einer antigenpräsentierenden Zelle oder einer Zielzelle erkennen.

24.4.2 Aktivierte dendritische Zellen aktivieren immunkompetente T-Zellen

Generell müssen naive (immunkompetente) T-Zellen wie naive (immunkompetente) Helfer-T-Zellen und cytotoxische T-Zellen erst auf ihr spezifisches Antigen treffen, bevor sie proliferieren und zu Effektor- und Gedächtniszellen differenzieren (**Abb. 24.33**). Dies geschieht in einem peripheren lymphatischen Organ auf der Oberfläche einer aktivierten **dendritischen Zelle**. Die aktivierte dendritische Zelle präsentiert das Antigen zusammen mit MHC-Proteinen und mit kostimulierenden Proteinen auf ihrer Oberfläche (s. **Abb. 24.11**). Dagegen können die sich entwickelnden Gedächtnis-T-Zellen durch denselben Antigen–MHC-Komplex auf der Oberfläche anderer Arten von antigenpräsentierenden Zellen reaktiviert werden, darunter Makrophagen und B-Zellen sowie dendritische Zellen.

Unreife dendritische Zellen kommen in den meisten Geweben vor, z. B. in den tieferliegenden Epithelschichten von Haut und Darm. Dort sind sie ständig damit beschäftigt, Proteine aus ihrer Umgebung aufzunehmen und zu verarbeiten. Wenn ihre Mustererkennungsrezeptoren (PRRs) auf pathogenassoziierte molekulare Muster (PAMPs) auf einem eindringenden Krankheitserreger oder auf seinen Produkten treffen, werden sie dazu angeregt auszureifen. Der Erreger oder seine Produkte werden verdaut, und die mikrobiellen Proteine werden in Peptidfragmente gespalten, die dann auf MHC-Proteine geladen werden (mit diesem Thema werden wir uns später befassen). Die aktivierten dendritischen Zellen wandern dann über die Lymphe vom Infektionsort zu lokalen Lymphknoten oder zu darm-assoziierten lymphatischen Organen – ein Vorgang, der durch die Expression des Chemokinrezeptors CCR7 unterstützt wird. Dort präsentieren sie die fremden Antigene als Peptid–MHC-Komplexe auf ihrer Oberfläche, damit sie von den passenden T-Zellen erkannt werden (s. **Abb. 24.11**).

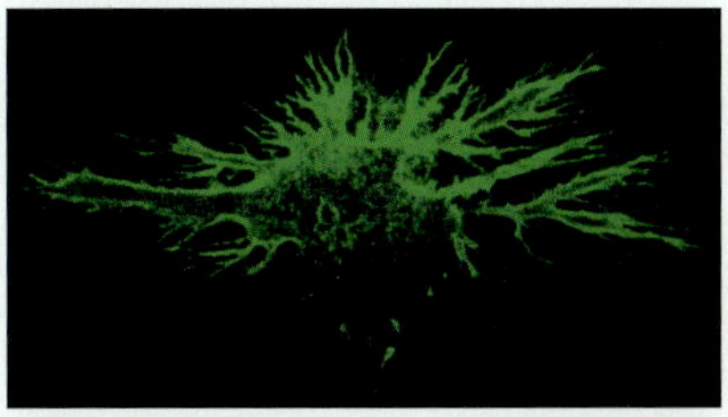

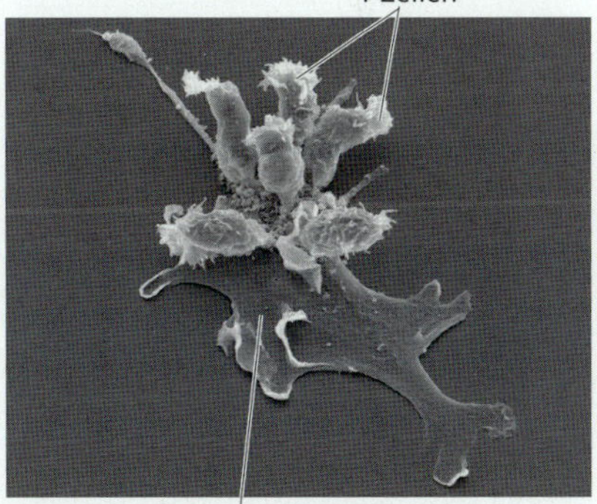

Abb. 24.33 Dendritische Zellen. (a) Immunfluoreszenzmikroskopische Aufnahme einer in Zellkultur gehaltenen dendritischen Zelle der Maus. Die antigenpräsentierenden Zellen tragen ihren Namen wegen ihrer ungewöhnlich langen Fortsätze, den „Dendriten“. Die Färbung wurde mit einem monoklonalen Antikörper durchgeführt, der ein Oberflächenantigen auf diesen Zellen erkennt. (b) Rasterelektronenmikroskopische Aufnahme von T-Zellen, die an die Oberfläche einer aktivierten dendritischen Zelle in einem Lymphknoten der Maus gebunden sind. (a, mit freundlicher Genehmigung von David Katz; b, mit freundlicher Genehmigung von I. Mellman, P. Pieres und S. Turley).

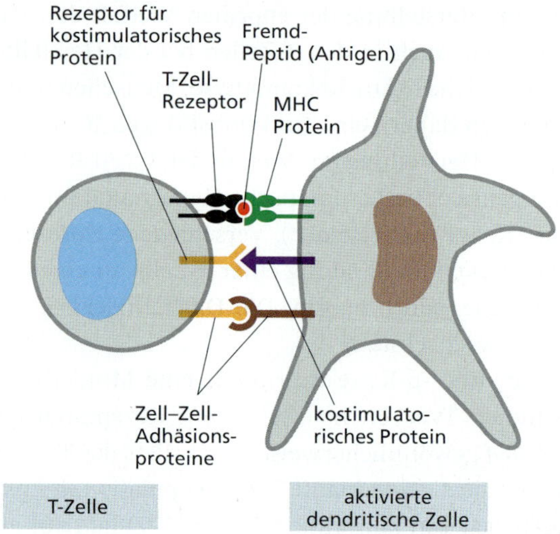

Abb. 24.34 Die drei Klassen von Zelloberflächenproteinen auf einer aktivierten dendritischen Zelle, die an der T-Zell-Aktivierung beteiligt sind. Obwohl hier nicht gezeigt, sezernieren aktivierte dendritische Zellen auch lösliche Cytokine, die Einfluss auf den T-Zell- Aktivierungsvorgang haben. Die nichtvariablen Polypeptidketten, die immer stabil mit dem TCR vergesellschaftet sind, sind ebenfalls nicht gezeigt; sie werden später behandelt und sind in Abb. 24.45 erklärt.

Aktivierte dendritische Zellen exprimieren auf ihrer Oberfläche drei Typen von Proteinmolekülen, die bei der Aktivierung der T-Zellen zur Differenzierung in Effektor- oder Gedächtniszellen eine Rolle spielen (Abb. 24.34): (1) *MHC-Proteine*, die den TCRs die Fremd-Peptide präsentieren, (2) *kostimulierende Proteine*, die an komplementäre Rezeptoren auf der T-Zell-Oberfläche binden, und (3) *Zell–Zell-Adhäsionsproteine*, die dafür sorgen, dass eine T-Zelle auch lange genug (in der Regel einige Stunden) an die antigenpräsentierende Zelle gebunden bleibt, um vollständig aktiviert zu werden – typischerweise mehrere Stunden oder länger. Darüber hinaus sezernieren aktivierte dendritische Zellen eine Vielzahl von Cytokinen, die beeinflussen, welcher Typ von Effektor-Helfer-T-Zelle sich entwickelt. Verschiedene Arten dendritischer Zellen liefern unterschiedliche Ergebnisse (s. unten).

24.4.3 T-Zellen erkennen an MHC-Proteine gebundene Fremd-Peptide

Wie bereits an früherer Stelle besprochen (s. Abb. 24.11), schnappen sich **MHC-Proteine** intrazelluläre Peptidbruchstücke fremder Proteine und zeigen sie auf ihrer Zelloberfläche, um sie T-Zellen zu präsentieren. Es gibt zwei strukturell und funktionell unterschiedliche Klassen von MHC-Proteinen: die **Klasse-I–MHC-Proteine**, die die Fremd-Peptide vor allem den cytotoxischen *T*-Lymphocyten präsentieren, und die **Klasse-II–MHC-Proteine**, die dies hauptsächlich für die Helfer- und regulatorischen T-Zellen tun (Abb. 24.35). Einige Klasse-I-ähnliche MHC-Proteine präsentieren den T-Zellen mikrobielle Lipid- und Glykolipid-Antigene. Sie werden jedoch nicht in der MHC-Region des Genoms codiert und wir werden sie nicht weiter besprechen.

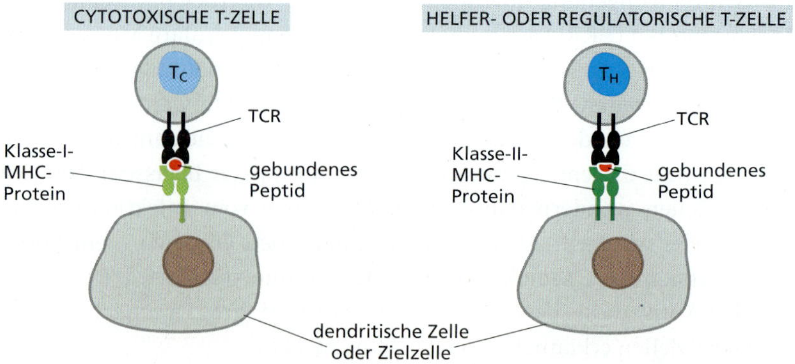

Abb. 24.35 Die Erkennung von an MHC-Proteine gebundene Peptide durch T-Zellen. Cytotoxische T-Zellen (T_c) erkennen Fremd-Peptide mithilfe von Klasse-I–MHC-Proteinen, Helfer-T-Zellen (T_H) erkennen dagegen fremde Peptide mithilfe von Klasse-II–MHC-Proteinen. Auch regulatorische T-Zellen erkennen Selbst- oder Fremd-Peptide mittels Klasse-II–MHC-Proteinen. In allen Fällen erkennt die T-Zelle den Peptid–MHC-Komplex auf der Oberfläche einer antigenpräsentierenden Zelle (APC). Dabei handelt es sich entweder um eine dendritische Zelle oder um eine Zielzelle. Verschiedene Arten dendritischer Zellen aktivieren naive cytotoxische und Helfer-T-Zellen (nicht gezeigt).

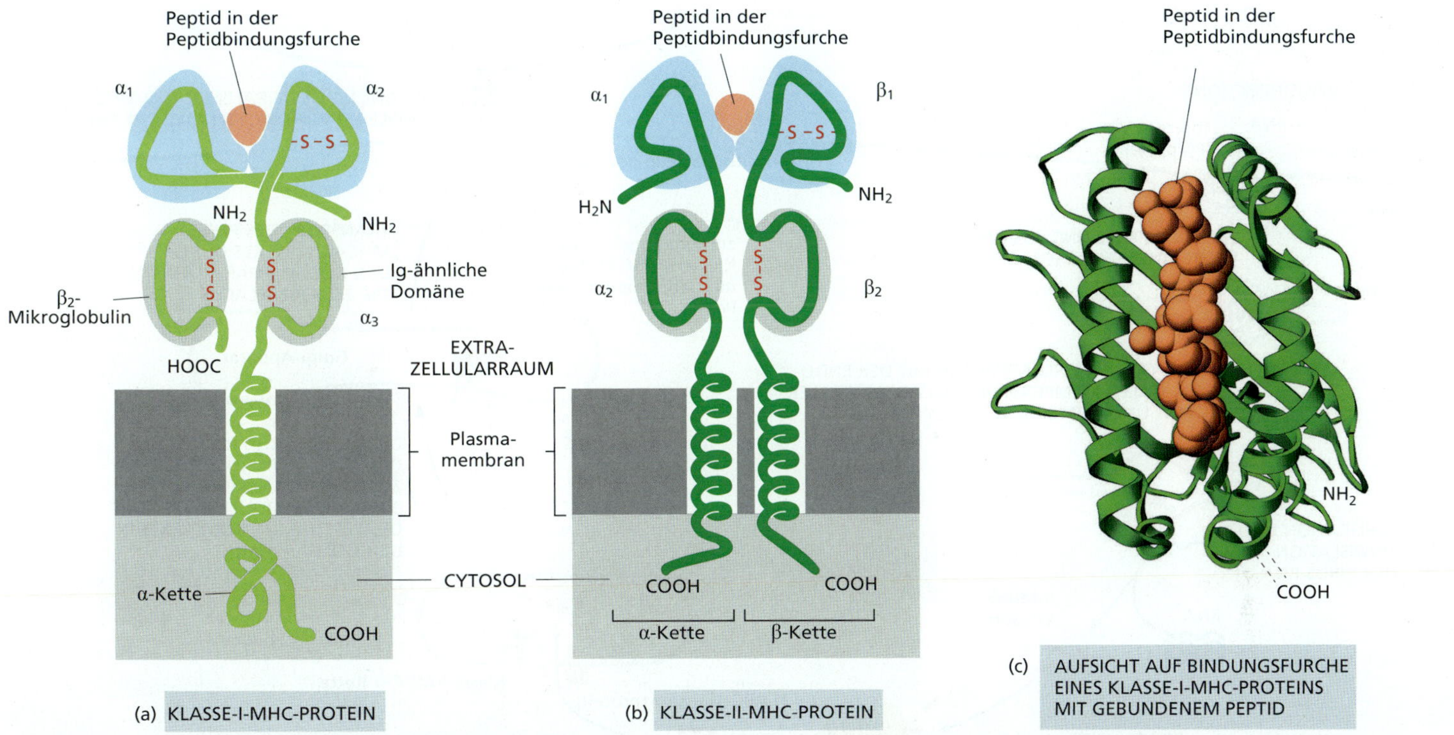

Abb. 24.36 Klasse-I– und Klasse-II–MHC-Proteine. (a) Die *α*-Kette der Klasse-I–MHC-Moleküle hat drei, von je einem eigenen Exon codierte, extrazelluläre Domänen, α_1, α_2 und α_3. Sie ist mit einer kleineren, nicht-transmembranen Polypeptidkette, dem β_2-Mikroglobulin, die nicht von der MHC-Genregion codiert wird, assoziiert. (b) Beim Klasse-II–MHC-Protein sind sowohl die α- als auch die β-Kette Transmembranpolypeptide, die vom *MHC* codiert werden und sie sind polymorph, hauptsächlich in den α_1- und β_1-Domänen; die α_2- und die β_2-Domänen ähneln einer Immunglobulin-Domäne. Es bestehen also auffällige Ähnlichkeiten zwischen Klasse-I- und Klasse-II–MHC-Proteinen. Bei beiden sind die zwei äußersten Domänen (*blau* unterlegt) polymorph und bilden zusammen eine Furche, die Peptidfragmente bindet. Die S–S-Disulfidbindung ist *rot* dargestellt. (c) Aufsicht auf die dreidimensionale Struktur der Peptidbindungsfurche eines menschlichen Klasse-I–MHC-Proteins (*grün*) mit einem gebundenen Peptid (*rot*), wie es für einen TCR auf einer cytotoxischen T-Zelle sichtbar wäre. Die Ränder der Furche werden von zwei α-Helices gebildet und der Boden von einem β-Faltblatt. (c,PDB-Code: 1FZK.)

Sowohl Klasse-I- als auch Klasse-II–MHC-Proteine sind Heterodimere, die zwei extrazelluläre Domänen besitzen, die eine *Peptidbindungsfurche* bilden. An diese Furche ist immer ein variables kleines Peptid nichtkovalent gebunden. Bei Klasse-I–MHC-Proteinen stammen die beiden Domänen, die die Peptidbindungsfurche bilden, von der transmembranen *α*-Kette, die nichtkovalent an eine kleine Untereinheit gebunden ist, die als *β_2-Mikroglobulin* bezeichnet wird. Bei Klasse-II–MHC-Proteinen bilden eine andere *α*-Kette und eine große, nichtkovalent verbundene β-Kette jeweils eine extrazelluläre Domäne, die zusammen die Peptidbindungsfurche bilden (**Abb. 24.36**). Ein TCR bindet sowohl das Peptid als auch die Kanten der Bindungsfurche. Menschen besitzen drei wesentliche Klasse-I-Proteine, die als *HLA-A*, *HLA-B* und *HLA-C* bezeichnet werden, und drei Klasse-II-Proteine, die HLA-DR, *HLA-DP* und *HLA-DQ* genannt werden. HLA steht für *h*umane *L*eukocyten-*a*ssoziiert, da diese Proteine zuerst auf humanen Leukocyten nachgewiesen wurden. In **Abbildung 24.37** ist dargestellt, wie die Gene, die für diese Proteine codieren, in der MHC-Region des menschlichen Chromosoms 6 angeordnet sind.

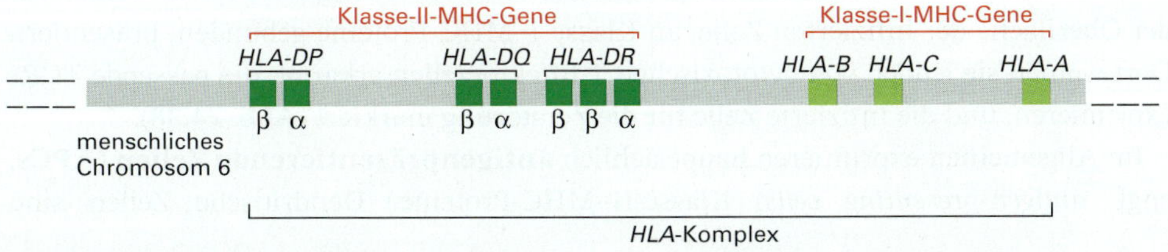

Abb. 24.37 Die MHC-Gene des Menschen. Eine vereinfachende schematische Darstellung der Anordnung der Gene für die Transmembranketten der Klasse-I- (*hellgrün*) und Klasse-II–MHC-Proteine (*dunkelgrün*). Die hier gezeigten Gene codieren für die drei Haupttypen von Klasse-I–MHC-Proteinen (HLA-A, HLA-B und HLA-C) sowie drei Typen von Klasse-II-Proteinen (HLA-DP, HLA-DQ und HLA-DR). Ein Mensch kann also sechs Arten von Klasse-I–MHC-Proteinen bilden (drei von den mütterlichen Genen, drei von den väterlichen) und mehr als sechs Arten von Klasse-II–MHC-Proteinen. Aufgrund des extremen Polymorphismus der MHC-Gene ist die Wahrscheinlichkeit, dass die mütterlichen und väterlichen Allele die gleichen sind, sehr gering. Die Zahl der möglichen Klasse-II–MHC-Proteine, die eine Person bilden kann, liegt höher als sechs, da am DR-Locus zwei *β*-Gene vorhanden sind und die Polypeptidketten der mütterlichen und väterlichen Seite oft zu einem „gemischten" Molekül kombinierbar sind. Die gesamte dargestellte Region umspannt etwa sieben Millionen Basenpaare und enthält noch weitere, nicht abgebildete Gene.

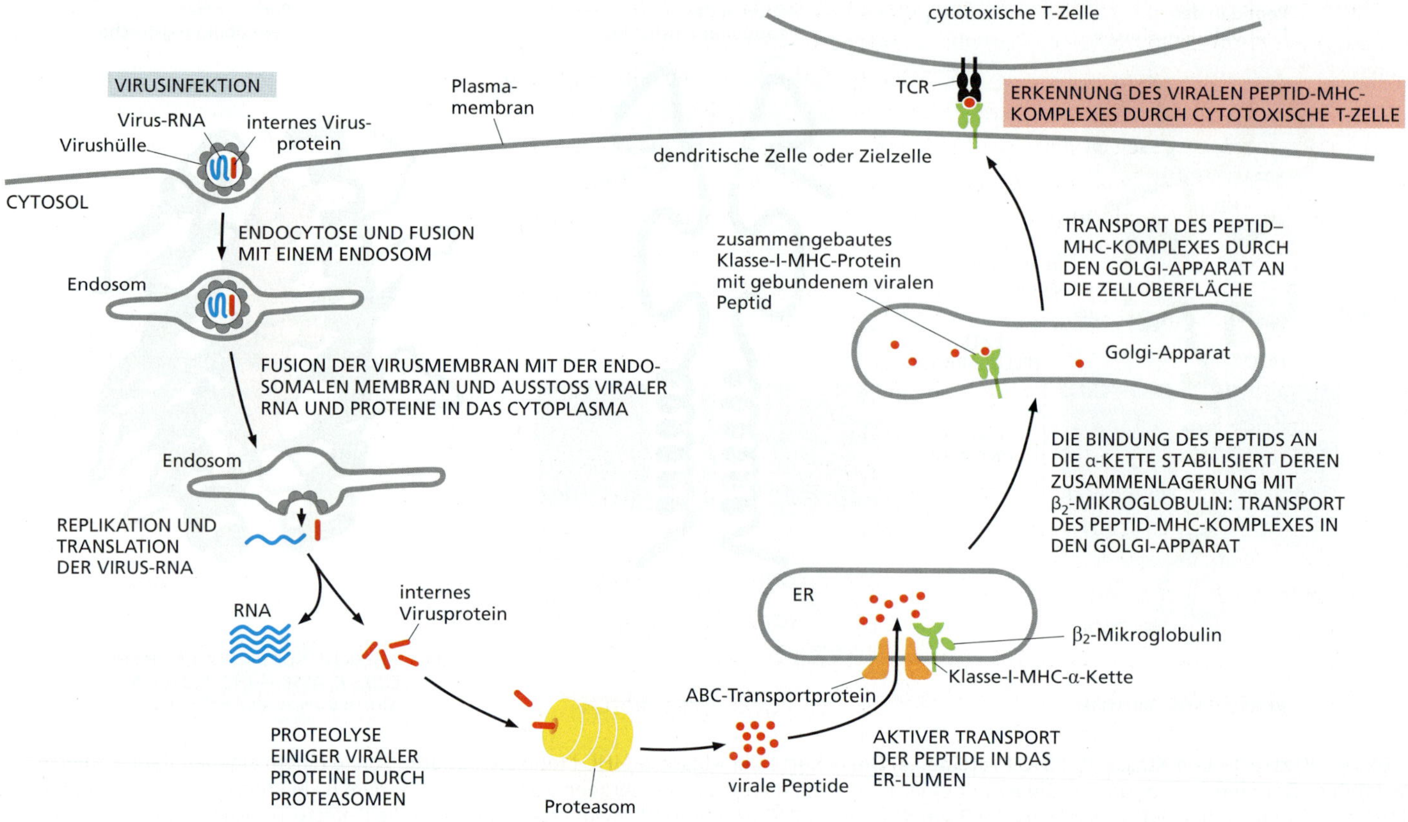

Abb. 24.38 Vereinfachte Zeichnung der Aufbereitung eines internen Virusproteins für die Präsentation durch Klasse-I–MHC-Proteine an eine cytotoxische T-Zelle. Eine cytotoxische Effektor-T-Zelle tötet eine virusinfizierte Zelle, wenn sie auf ihrer Oberfläche an Klasse-I–MHC-Proteine gebundene Fragmente viraler Proteine erkennt. Nicht alle Viren gelangen auf die in dieser Abbildung am Beispiel eines umhüllten RNA-Virus gezeigten Art in eine Zelle, aber die Fragmente intrazellulärer Virusproteine durchlaufen immer den hier wiedergegebenen Weg. Nur ein geringer Anteil der im Cytoplasma synthetisierten Virusproteine wird abgebaut und zur Zelloberfläche transportiert. Dies reicht jedoch aus, um den Angriff einer cytotoxischen T-Zelle auszulösen. Mehrere Chaperone und andere Proteine im ER-Lumen verbinden sich mit dem ABC-Transporter und dem MHC-Protein und bilden einen *Peptid-Beladungskomplex*, der die Peptidauswahl (Editierung) und den Aufbau des Peptid–MHC-Klasse-I-Komplexes unterstützt (nicht gezeigt). Sowohl der endgültige Aufbau eines MHC–Klasse-I-Proteins als auch sein Transport in Vesikeln zur Zelloberfläche erfordern die Gegenwart entweder eines Selbst- oder eines Fremd-Peptids in der Peptidbindungsfurche des MHC-Proteins.

Es gibt entscheidende Unterschiede zwischen den Klasse-I- und Klasse-II–MHC-Proteinen hinsichtlich der Zelltypen, von denen sie exprimiert werden, und hinsichtlich der Herkunft der Peptide in ihren Peptidbindungsfurchen. Fast alle unsere kernhaltigen Zellen exprimieren Klasse-I-Proteine. Ihre Peptidbindungsfurche präsentiert eines von vielen möglichen Peptiden (in der Regel ist es 8–10 Aminosäuren lang). In einer gesunden Zelle stammen die Peptide von zelleigenen Proteinen aus dem Cytosol oder dem Zellkern, die in Proteasomen teilweise abgebaut wurden, wie dies im Verlauf des normalen Proteinumsatzes und der Qualitätskontrollmechanismen üblich ist. Einige der Peptidfragmente, die so entstehen, werden über einen spezialisierten Transporter in der ER-Membran aktiv in das Lumen des Endoplasmatischen Reticulums (ER) transportiert. Dort werden sie auf neu synthetisierte Klasse-I–MHC-α-Ketten geladen. Dieser Vorgang hängt von einem Peptid-Beladungskomplex ab, der sich vorübergehend in der ER-Membran aufbaut; der Komplex besteht aus dem Transporter, den Chaperon-Proteinen und anderen Proteinen, die die Peptidauswahl durch die Klasse-I–MHC-α-Kette und dessen Partner, das β_2-Mikroglobulin unterstützen. Der so entstandene Selbst-Peptid–MHC-Komplex wird dann über den Golgi-Apparat an die Zelloberfläche transportiert. Solche Komplexe sind jedoch nicht gefährlich, da die cytotoxischen T-Zellen, von denen sie erkannt werden könnten, im Prozess der Selbst-Toleranz entweder beseitigt, inaktiviert oder durch regulatorische T-Zellen supprimiert wurden (s. **Abb. 24.21**). In einer Zelle, die mit einem Pathogen wie z. B. einem Virus infiziert ist, werden dagegen die Proteine des Erregers auf die gleiche Art prozessiert. Die so entstehenden Peptide werden auf der Oberfläche der infizierten Zelle, an Klasse-I–MHC-Proteine gebunden, präsentiert. Dort werden sie jedoch von cytotoxischen T-Effektorzellen erkannt, die passende TCRs exprimieren, und die infizierte Zelle für die Zerstörung markiert (**Abb. 24.38**).

Im Allgemeinen exprimieren hauptsächlich **antigenpräsentierende Zellen** (**APCs**, engl. *antigen-presenting cells*) Klasse-II–MHC-Proteine. Dendritische Zellen sind die wichtigsten APCs, da sie auf diese Aufgabe spezialisiert sind und da nur sie in der Lage sind, naive (immunkompetente) T-Zellen zu aktivieren. Andere Immunzellen, die von Effektor-T-Zellen reguliert werden, wie B-Zellen und Makrophagen, sind ebenfalls APCs, sie exprimieren MHC–Klasse-II-Moleküle wie die Epitehelzellen des Thymus (wird später behandelt). Auch andere Epithelzellen können dazu veranlasst werden, MHC–Klasse-II-Proteine zu exprimieren und als APCs zu fungieren – jedoch nur dann, wenn sie auf eine Infektion oder Entzündung treffen. Alle APCs beladen ihre neu synthetisierten Klasse-II–MHC-Proteine mit Peptiden, die vor allem von extrazellulären Proteinen stammen, die über Endocytose aufgenommen und zu Endosomen transportiert wurden. Die neu synthetisierten Klasse-II–MHC-Proteine enthalten zunächst eine *invariante Kette*, die als Führer und Wächter der Peptidbindungsfurche fungiert und verhindert, dass sie vorzeitig ein Peptid bindet, d. h. bevor das Klasse-II–MHC-Protein den Endocytoseweg erreicht.

Hier wird die invariante Kette entfernt und Peptidfragmente (in der Regel 12–20 Aminosäuren lang), die aus über Endocytose aufgenommenen Proteinen gebildet wurden, können in der Furche der Klasse-II–MHC-Proteine binden. Diese Peptid–MHC-Komplexe werden dann zur Plasmamembran transportiert und an der Oberfläche der APC präsentiert. In einer gesunden Wirtszelle werden die Furchen von Klasse-II–MHC-Proteinen mit Selbst-Peptiden beladen, die von normalen Proteinen stammen. Sie werden von den meisten T-Zellen aufgrund der Selbst–Toleranz-Mechanismen ignoriert (auch wenn sie von regulatorischen T-Zellen als Teil dieser Selbst–Toleranz-Mechanismen erkannt werden – s. **Abb. 24.21**). Während einer Infektion werden jedoch auch Proteine pathogener Organismen über Endocytose aufgenommen und auf dieselbe Weise prozessiert. Dies ermöglicht es den APCs, Peptide von Krankheitserregern, die an Klasse-II–MHC-Proteine gebunden sind, den T-Zellen zu präsentieren, die einen passenden TCR exprimieren (**Abb. 24.39**).

Diese Unterscheidung zwischen den Antigenprozessierungswegen zur Beladung von Klasse-I– und Klasse-II–MHC-Proteinen mit Peptiden ist aber nicht absolut. Dendritische Zellen müssen z. B. auch dann in der Lage sein, cytotoxische T-Zellen gegen ein

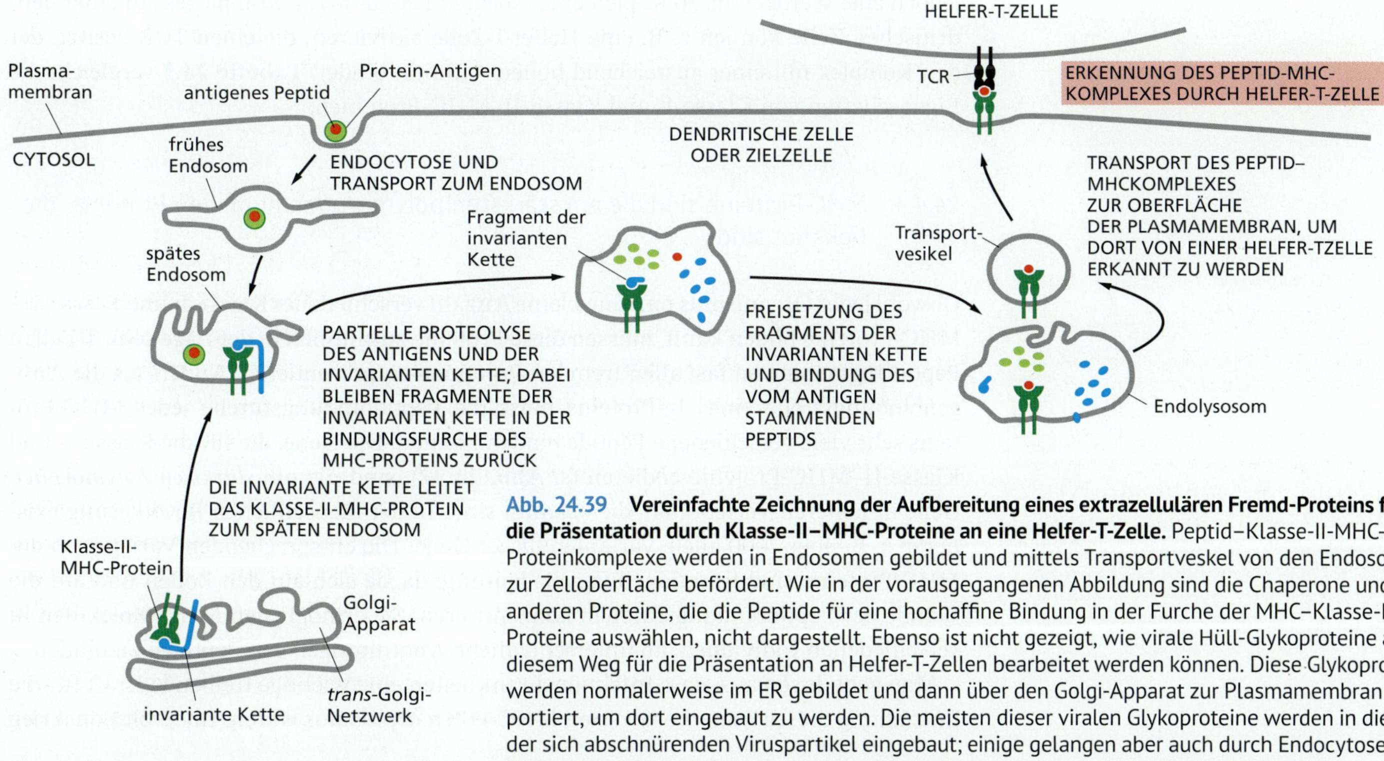

Abb. 24.39 Vereinfachte Zeichnung der Aufbereitung eines extrazellulären Fremd-Proteins für die Präsentation durch Klasse-II–MHC-Proteine an eine Helfer-T-Zelle. Peptid–Klasse-II-MHC-Proteinkomplexe werden in Endosomen gebildet und mittels Transportveskel von den Endosomen zur Zelloberfläche befördert. Wie in der vorausgegangenen Abbildung sind die Chaperone und die anderen Proteine, die die Peptide für eine hochaffine Bindung in der Furche der MHC–Klasse-II-Proteine auswählen, nicht dargestellt. Ebenso ist nicht gezeigt, wie virale Hüll-Glykoproteine auf diesem Weg für die Präsentation an Helfer-T-Zellen bearbeitet werden können. Diese Glykoproteine werden normalerweise im ER gebildet und dann über den Golgi-Apparat zur Plasmamembran transportiert, um dort eingebaut zu werden. Die meisten dieser viralen Glykoproteine werden in die Hülle der sich abschnürenden Viruspartikel eingebaut; einige gelangen aber auch durch Endocytose in die Endosomen, von wo sie in den letzten Abschnitt des hier gezeigten Wegs eintreten können.

Tab. 24.3 Die Eigenschaften der Klasse-I- und Klasse-II–MHC-Proteine des Menschen.

	Klasse-I	Klasse-II
Genetische Loci	*HLA-A, HLA-B, HLA-C*	*HLA-DP, HLA-DQ, HLA-DR*
Zusammensetzung der Polypeptidketten	α-Kette + β2-Mikroglobulin	α-Kette + β-Kette
Gewebeverteilung	auf fast allen kernhaltigen Körperzellen	dendritische Zellen, B-Zellen, Makrophagen, Epithelzellen des Thymus, einige andere
Antigenpräsentation für	cytotoxische T-Zellen	Helfer-T-Zellen, regulatorische T-Zellen
Quelle der Peptidfragmente	vorwiegend im Cytoplasma synthetisierte Proteine	vorwiegend endocytierte Plasmamembranproteine und extrazelluläre Proteine
Polymorphe Domänen	α1 + α2	α1 + β1
Erkennung durch Korezeptor	CD8	CD4

eingedrungenes Virus zu aktivieren, wenn das Virus die dendritischen Zellen selbst nicht infiziert. Um dies zu bewerkstelligen, wenden spezialisierte Untergruppen von dendritischen Zellen ein Verfahren an, das man **Kreuzpräsentation** nennt. Es beginnt, wenn diese nichtinfizierten dendritischen Zellen virusinfizierte Wirtszellen oder deren Fragmente phagocytieren. Bei zumindest einem Weg werden die aufgenommenen viralen Proteine dann über einen speziellen Mechanismus von den Phagolysosomen ins Cytosol abgegeben, wo sie in Proteasomen abgebaut werden. So gebildete Proteinfragmente werden dann in das Lumen des ER transportiert und dort auf sich bildende Klasse-I–MHC-Proteine geladen, wie bereits beschrieben (s. **Abb. 24.38**). Kreuzpräsentation in dendritischen Zellen ist nicht auf über Endocytose aufgenommene Pathogene und deren Produkte beschränkt: Sie findet auch statt bei der Aktivierung von cytotoxischen T-Zellen gegen Tumorantigene von Krebszellen und gegen die fremden MHC-Proteine auf Zellen fremder Organtransplantate.

Während einer Infektion bindet nur ein kleiner Teil der vielen Tausend MHC-Proteine auf der Oberfläche einer APC oder einer Zielzelle Peptide des Erregers. Dies reicht jedoch aus: Weniger als 50 Kopien eines solchen Peptid–MHC-Komplexes auf einer dendritischen Zelle können z. B. eine Helfer-T-Zelle aktivieren, die einen TCR besitzt, der den Komplex mit einer ausreichend hohen Affinität bindet. **Tabelle 24.3** vergleicht die Eigenschaften von Klasse-I- und Klasse-II–MHC-Proteinen.

24.4.4 MHC-Proteine sind die am stärksten polymorphen humanen Proteine, die bekannt sind

Obwohl jeder Organismus nur eine kleine Anzahl verschiedener Klasse-I- und Klasse-II–MHC-Proteine bilden kann, müssen diese Proteine zusammen in der Lage sein, T-Zellen Peptidfragmente von fast allen fremden Proteinen zu präsentieren. Anders als die Antigenbindungsstelle eines Ig-Proteins muss die Peptidbindungsfurche jedes MHC-Proteins sehr viele verschiedene Peptide binden können. Die Gene, die für die Klasse-I- und Klasse-II–MHC-Proteine codieren (s. **Abb. 24.37**), sind die *am stärksten polymorphen* Gene in höheren Vertebraten, die bekannt sind. In der menschlichen Bevölkerung existieren z. B. über 2000 allele Varianten dieser Gene. Die entsprechenden Variationen der MHC-Proteine sind funktionell von Bedeutung, da sie sich auf den Boden und auf die Wände der Peptidbindungsfurchen konzentrieren. Sie ermöglichen MHC-Molekülen in verschiedenen Individuen, an unterschiedliche Anordnungen von Peptiden zu binden.

Man geht davon aus, dass Infektionskrankheiten eine wichtige treibende Kraft für die Entstehung dieses bemerkenswerten MHC-Polymorphismus waren. Im Evolutionskrieg zwischen den Krankheitserregern und dem adaptiven Immunsystem neigen die Krankheitserreger dazu, ihre Proteine durch Mutation zu verändern, sodass die Peptide, die daraus entstehen, nicht mehr in die MHC-Peptidbindungsfurchen passen. Wenn ein pathogener Organismus erfolgreich ist, kann er als Epidemie durch eine Population fegen. Unter derartigen Bedingungen haben die wenigen Individuen, die eine neue allele Form des MHC-Proteins bilden, die die von diesem veränderten Erreger stammenden Peptide binden kann, einen großen Selektionsvorteil. Diese Art von Selektion neigt dazu, eine große Diversität von MHC-Proteinen in der Bevölkerung zu fördern und zu erhalten. In Westafrika haben z. B. Menschen mit einem bestimmten MHC-Allel (HLA-B53) eine geringere Anfälligkeit für eine schwere Form der Malaria, die dort endemisch ist. Obwohl dieses Allel anderswo selten ist, kommt es bei 25 % der westafrikanischen Bevölkerung vor.

Die große Diversität von humanen MHC-Proteinen ist der Hauptgrund dafür, dass Menschen, die ein fremdes Organtransplantat erhalten, mit starken Immunsuppressiva behandelt werden müssen, um zu verhindern, dass das transplantierte Organ abgestoßen wird. Von allen Fremd-Proteinen, die das Transplantat exprimiert, sind die MHC-Proteine bei weitem die stärksten Stimulatoren der T-Zellen des Empfängers. Diese würden das Transplantat schnell zerstören, wenn sie nicht durch Medikamente davon abgehalten werden. Fremde MHC-Proteine sind mächtige T-Zell-Stimulanzien, da T-Zellen genauso auf sie reagieren, wie sie auf eigene MHC-Proteine reagieren, an die Fremd-Peptide gebunden sind. Aus diesem Grund ist der Anteil der T-Zellen eines Menschen, die spezifisch fremde MHC-Proteine erkennen können, relativ hoch.

24.4.5 CD4- und CD8-Korezeptoren auf T-Zellen binden an nichtvariable Teile der MHC-Proteine

Die Affinität eines T-Zell-Rezeptors zu seinem Peptid–MHC-Komplex auf der antigenpräsentierenden Zelle ist in der Regel zu gering, um allein eine erfolgreiche Wechselwirkung zwischen den beiden Zellen zu vermitteln. T-Zellen benötigen daher normalerweise *akzessorische Rezeptoren*, die durch eine Verstärkung der Zell–Zell-Adhäsion die Wechselwirkung unterstützen. Anders als die TCRs und die MHC-Proteine sind diese akzessorischen Rezeptoren nicht variabel und binden nicht an fremde Peptide. Wenn eine T-Zelle z. B. erst einmal an die Oberfläche einer dendritischen Zelle gebunden hat, erhöht sie die Stärke der Bindung, indem sie ein Integrin-Adhäsionsprotein aktiviert (s. Kapitel 19). Dieses Protein bindet dann stärker an ein Ig-ähnliches Protein auf der Oberfläche der dendritischen Zelle. Diese verstärkte Adhäsion erlaubt es der T-Zelle, lange genug gebunden zu bleiben, um aktiviert zu werden.

In den Fällen, bei denen die akzessorischen Rezeptoren während der Aktivierung der T-Zelle eigene intrazelluläre Signale aussenden, spricht man von **Korezeptoren**. Die beiden wichtigsten und in ihrer Funktion am besten verstandenen Korezeptoren der T-Zellen sind das CD4- und das CD8-Protein. Bei beiden handelt es sich um Transmembranproteine, die die Plasmamembran einmal durchspannen und jeweils eine extrazelluläre Ig-ähnliche Domäne tragen. Genau wie die TCRs erkennen sie MHC-Proteine, aber ganz anders als die TCRs binden sie an nichtvariable Teile des Proteins, weit weg von der Peptidbindungsfurche. **CD4** wird von Helfer- und regulatorischen T-Zellen exprimiert und bindet Klasse-II–MHC-Proteine, **CD8** wird dagegen von cytotoxischen T-Zellen exprimiert und bindet Klasse-I–MHC-Proteine (**Abb. 24.40**).

CD4 und CD8 tragen zur T-Zell-Erkennung also auch dadurch bei, dass sie die T-Zelle auf das entsprechende MHC-Protein und damit auch auf die entsprechenden Zelltypen ausrichten. Die Erkennung von Klasse-I–MHC-Proteinen durch CD8 erlaubt es daher cytotoxischen T-Zellen, sich auf jede infizierte Wirtszelle auszurichten, während die

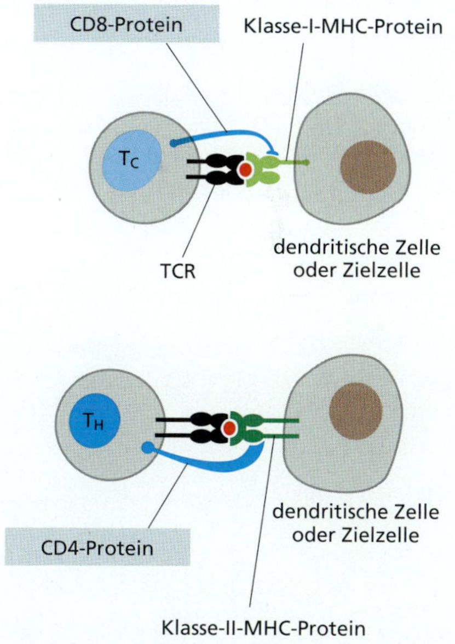

Abb. 24.40 CD4- und CD8-Korezeptoren auf der Oberfläche von T-Zellen. Cytotoxische T-Zellen (T_C) exprimieren CD8, das Klasse-I–MHC-Proteine erkennt, Helfer-T-Zellen (T_H) (und regulatorische T-Zellen, nicht gezeigt) dagegen CD4, das an Klasse-I–MHC-Proteine bindet. Man beachte, dass die Korezeptoren an genau das MHC-Protein binden, das auch der T-Zell-Rezeptor gebunden hält, sodass sie während des Vorgangs der Antigenerkennung in unmittelbare Nähe zu den TCRs gelangen. Während der TCR aber die variablen, polymorphen Teile des MHC-Proteins erkennt, die die Peptidbindungsfurche bilden, bindet der Korezeptore an den nichtvariablen Teil des Moleküls, weit entfernt von der Furche.

Erkennung der Klasse-II–MHC-Proteine durch CD4 es den Helfer-T-Zellen und den regulatorischen T-Zellen erlaubt, sich auf diejenigen Immunzellen zu konzentrieren, denen sie helfen oder die sie unterdrücken können. Der cytoplasmatische Teil der CD4- und CD8-Proteine ist mit der cytoplasmatischen Tyrosin-Kinase *Lck* assoziiert, einem Mitglied der Src-Familie (s. Kapitel 15). Lck phosphoryliert verschiedene intrazelluläre Signalproteine an deren Tyrosinresten und trägt so zur Aktivierung der T-Zelle bei (s. unten).

Das AIDS-Virus (HIV) nutzt das CD4-Molekül (sowie bestimmte Chemokinrezeptoren), um sein Eindringen in Helfer-T-Zellen zu lenken (s. **Abb. 23.18**). Personen mit AIDS sind anfällig für Infektionen durch Mikroorganismen, die normalerweise nicht gefährlich sind. Die AIDS-Patienten sterben schließlich, mehrere Jahre nach Ausbruch der Symptome, es sei denn, sie werden mit einer Kombination von Anti-HIV-Medikamenten behandelt. Das HI-Virus nutzt CD4 und die Chemokinrezeptoren auch zum Eindringen in Makrophagen, die ebenfalls beide Rezeptortypen auf der Oberfläche tragen.

24.4.6 Thymocyten durchlaufen während der Entwicklung eine negative und positive Selektion

Die Entwicklung von T-Zellen beginnt, wenn lymphoide Vorläuferzellen, die aus dem Knochenmark stammen, aus dem Blut in den äußeren Bereichen des Thymus, den *Cortex*, gelangen. Dort entwickeln sich die Vorläuferzellen zu Thymus-Lymphocyten, den sog. **Thymocyten**, die ihre schrittweise Entwicklung unter dem Einfluss einer Reihe von Signalen der Thymus-Epithelzelle, der dendritischen Zellen, Makrophagen, Fibroblasten und anderer Stromazellen durchlaufen. In einem frühen Schritt werden die Thymocyten dazu veranlasst, die V(D)J-Rekombinase zu exprimieren, wodurch sie in der Lage sind, ihre TCR-Gensegmente umzuordnen und αβ–TCRs herzustellen. Wenn es diesen Zellen nicht gelingt, so einen TCR an der Zelloberfläche zu exprimieren, dann erhalten sie nicht die zum Überleben und zur Fortsetzung ihrer Entwicklung erforderlichen Signale und sie werden automatisch durch Apoptose sterben. Da periphere αβ-T-Zellen vom Pathogenen stammende Peptide nur im Zusammenhang mit Selbst–MHC-Proteinen erkennen können, müssen sich entwickelnde αβ-Thymocyten – um nützlich zu sein – TCRs exprimieren, die eine gewisse Affinität zu Selbst–MHC-Protein besitzen. Diejenigen, die TCRs exprimieren, welche nicht an einen Selbst-Peptid–Selbst-MHC-Komplex binden können, können in der Regel auch keine Überlebenssignale erhalten und sterben deshalb ebenfalls durch Apoptose.

Kurz nach der Bildung von αβ-TCRs exprimieren die sich entwickelnden Thymocyten sowohl CD4- als auch CD8-Korezeptoren. Diese sogenannten *doppelt positiven Thymocyten* wechselwirken mit Epithelzellen im Thymus-Cortex, die Selbst-Peptide exprimieren, die an Klasse-I- und Klasse-II–MHC-Proteine binden. Beim Vorgang der **positiven Selektion** erhält ein Thymocyt, der einen TCR exprimiert, welcher mit geeigneter Affinität an ein Selbst-Peptid auf Epithelzellen des Cortex bindet (entweder ein Klasse-I–MHC-Protein ist (mithilfe von CD8 als Korezeptor oder ein Klasse-II–MHC-Protein mithilfe von CD4 als Korezeptor) das Signal zum Überleben und zur weiteren Reifung. Je nach Präferenz für Klasse-I- oder Klasse-II–MHC-Proteine wird der CD4- oder CD8-Korezeptor, der nicht gebraucht wird, als Teil dieses Vorgangs durch DNA-Methylierung des betreffenden Gens stillgelegt.

Das Ergebnis sind CD4- oder CD8-*einfach positive Thymocyten*, die schließlich den inneren Teil (Mark) des Thymus als *naive T-Zellen* verlassen: Die CD4-Zellen werden entweder zu Helfer-T-Zellen oder regulatorischen T-Zellen (wird später behandelt) und die CD8-Zellen zu cytotoxischen T-Zellen.

Zuvor jedoch, nachdem die sich entwickelnden einfach positiven Thymocyten vom Cortex ins Mark (Medulla) gewandert sind, unterziehen sie sich zwei weiteren Selektionsvorgängen (auf der Oberfläche der Epithelzellen der Medulla und der dendritischen Zellen), die bei der immunologischen Selbst-Toleranz entscheidende Rollen spielen.

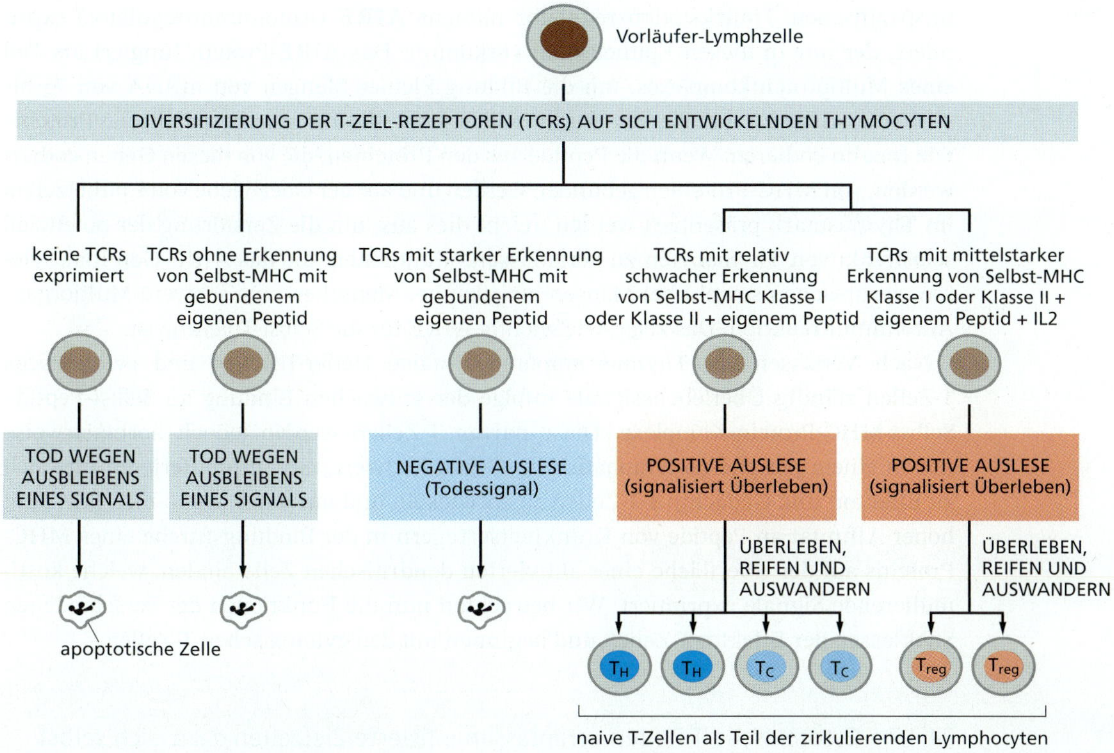

Abb. 24.41 Negative und positive Selektion im Thymus. Sich entwickelnde Thymocyten ohne TCRs oder mit TCRs, die keine MHC-Proteine mit einem gebundenen Peptid erkennen, wären nutzlos; sie erhalten keine Überlebenssignale und sterben schließlich („durch Vernachlässigung") durch Apoptose. Bei der *negativen Selektion* erhalten Thymocyten mit TCRs mit einer derart starken Bindungsaffinität an Selbst-Pepid–Selbst-MHC-Komplexe, dass die Zelle möglicherweise gefährlich wäre, ein aktives Apoptosesignal. Bei der *positiven Selektion* erhalten Thymocyten mit TCRs mit geeigneter Bindungsaffinität für Selbst-Pepid–Selbst-MHC-Komplexe das Signal zu überleben, zu reifen und zu den peripheren lymphatischen Organen zu wandern, wo sie als Helfer (T_H)-, cytotoxische (T_C) oder regulatorische (T_{reg}) Zellen tätig werden – je nach MHC-Klasse, die sie erkennen und nach Bindungsaffinität ihrer TCRs: T_C-Zellen erkennen Peptide in Verbindung mit MHC–Klasse-I-Proteinen, während T_H- und T_{reg}-Zellen Peptide in Verbindung mit MHC–Klasse-II-Molekülen erkennen. Während, wie gezeigt, Thymocyten mit schwacher Bindungsaffinität für an MHC-Klasse-II gebundene Selbst-Peptide als T_H-Zellen enden, enden jene mit TCRs, die mittelstark an Selbst-Peptid–MHC–Klasse-II-Proteine (in Gegenwart von IL2) binden, als T_{reg}-Zellen.

Thymocyten mit TCRs, die zu stark an Selbst-Peptide binden, welche an Klasse-I- oder Klasse-II–MHC-Proteine gebunden sind, könnten gefährlich sein, falls sie weiter reifen und den Thymus verlassen; sie könnten dann möglicherweise ähnliche Selbst-Komplexe auf normalen Zellen in peripheren Geweben angreifen und dabei eine Autoimmunkrankheit verursachen. Eine solche starke Bindung (über TCRs und entweder CD4- oder CD8-Korezeptoren) signalisiert solchen Thymocyten, sich der Apoptose zu unterziehen; diesen Vorgang nennt man **negative Selektion**, er ist ein Beispiel für die *klonale Deletion*, die bei der zentralen immunologischen Selbst-Toleranz wirksam wird (s. Abb. 24.21). In einer zweiten Form der positiven Selektion entwickeln sich – in Gegenwart von sezerniertem IL2 – manche CD4-positiven Thymocyten, die fest an Selbst-Peptide gebunden haben, welche an Klasse-II–MHC-Proteine gebunden sind (aber nicht stark genug, damit die negative Selektion greift) zu *regulatorischen T-Zellen* (*T_{reg}-Zellen*). Diese vermitteln die *klonale Suppression* in den peripheren Lymphgeweben, ein wichtiger Mechanismus bei der peripheren Selbst-Toleranz (s. Abb. 24.21). Die verschiedenen positiven und negativen Selektionsvorgänge, die während der Thymocytenentwicklung zum Tragen kommen, sind in Abb. 24.41 zusammengefasst.

Damit die negative Selektion im Thymus ein wirksamer Mechanismus der peripheren T-Zell–Selbst-Toleranz ist, müssen APCs im Thymus eine Reihe von Selbst-Peptiden auf ihren MHC-Molekülen präsentieren, die die Selbst-Proteine der peripheren Gewebe sowie diejenigen des Thymus widerspiegeln. Es ist eigentlich nicht zu erwarten, dass der Thymus viele von den Proteinen bildet, die spezifisch in anderen Organen exprimiert werden. Man würde z. B. nicht erwarten, dass er Insulin bildet. Dennoch ist es entscheidend, die Thymocyten zu entfernen, die TCRs besitzen, die von Insulin stammende Peptide gebunden an Selbst–MHC-Proteine auf der Oberfläche insulinsezernierender β-Zellen in der Bauchspeicheldrüse binden. Jedes Versagen diesbezüglich würde zu einer T-Zell-abhängigen Zerstörung der β-Zellen führen und als Folge davon *Typ 1-* (oder *juvenilen*) *Diabetes* verursachen.

Der Mechanismus, der die Zerstörung solcher Zellen im Thymus ermöglicht, hängt von einer Subpopulation von Epithelzellen in der Thymus-Medulla ab, die einen unspezifischen Transkriptionsregulator namens **AIRE** (Autoimmunregulator) exprimiert, der nur in diesen Epithelzellen vorkommt. Das AIRE-Protein fungiert als Teil eines Multiproteinkomplexes, um die Bildung kleiner Mengen von mRNA von 75 bis 90 % aller Gene zu induzieren, einschließlich jener, die für gewebespezifische Proteine wie Insulin codieren. Wenn die Peptide aus den Proteinen, die von diesen Genen codiert werden, von MHC-Proteinen gebunden werden und auf der Oberfläche von Epithelzellen im Thymusmark präsentiert werden, reicht dies aus, um die Zerstörung der potenziell selbstreaktiven Thymocyten zu veranlassen. Mutationen, die das *AIRE*-Gen inaktivieren, verursachen sowohl bei Mäusen als auch bei Menschen eine schwere Multiorgan-Autoimmunreaktion. Das zeigt, wie wichtig AIRE für die Selbst-Toleranz ist.

Nach Verlassen des Thymus empfangen naive Helfer-T-Zellen und cytotoxische T-Zellen ständig Überlebenssignale infolge der schwachen Bindung an Selbst-Peptid–Selbst-MHC-Protein-Komplexe. Diese naiven T-Zellen werden jedoch normalerweise nur in einem peripheren lymphatischen Organ aktiviert, um zu proliferieren und sich zu Effektor- und Gedächtnis-T-Zellen zu entwickeln und nur dann, wenn ihre TCRs mit hoher Affinität an Peptide von Krankheitserregern in der Bindungsfurche eines MHC-Proteins auf der Oberfläche einer aktivierten dendritischen Zelle binden, welche kostimulierende Signale exprimiert. Wir betrachten nun die Funktionen der verschiedenen Subklassen der Effektor-T-Zellen und beginnen mit den cytotoxischen T-Zellen.

24.4.7 Cytotoxische T-Zellen veranlassen infizierte Zielzellen dazu, sich selbst zu töten

Cytotoxische T-Zellen (T_C-Zellen), wie auch die bereits erwähnten NK-Zellen, schützen uns vor intrazellulären Krankheitserregern wie Viren, Bakterien und Parasiten, die sich im Cytoplasma einer Wirtszelle vermehren. Beide Arten cytotoxischer Zellen töten infizierte Wirtszellen, bevor der Krankheitserreger entkommen kann, um die benachbarten Zellen zu infizieren. Bevor sie töten kann, muss eine naive T_C-Zelle jedoch durch Aktivierung auf einer APC zu einer Effektorzelle werden. In der Regel handelt es sich bei der APC um eine aktivierte dendritische Zelle, auf der Peptide, die von dem Erreger stammen, an Klasse-I–MHC-Proteine gebunden sind. Der Prozess ist abhängig von Helfer-T-Zellen. Die Effektor-T_C-Zelle ist dann in der Lage, jede Zielzelle zu erkennen, die den gleichen Erreger beherbergt und einige gleiche Peptid–MHC-Komplexe auf ihrer Oberfläche exprimiert. Ihre TCRs lagern sich an der Grenzfläche zwischen den beiden Zellen mit CD8-Korezeptoren, Adhäsionsmolekülen und intrazellulären Signalproteinen (s. unten) zusammen und bilden eine **immunologische Synapse**. In diesem Prozess gestaltet die Effektor-T_C-Zelle ihr Cytoskelett um, um ihren Killerapparat auf die Zielzelle auszurichten und ihre toxischen Proteine in einen begrenzten Raum abzusondern (**Abb. 24.42**). So vermeidet sie es, dass auch benachbarte Zellen getötet werden. Eine ähnliche Synapse entsteht, wenn eine Effektor-Helfer-T-Zelle mit ihrer Zielzelle in Wechselwirkung tritt, mit dem Unterschied, dass es sich bei dem Korezeptor um CD4 handelt.

Eine Effektor-T_C-Zelle (oder eine NK-Zelle) kann eine von zwei Strategien einsetzen, um das Ziel zu töten. Bei beiden Strategien wird die Zielzelle dazu angeregt, Caspasen zu aktivieren und sich selbst zu töten, indem sie die Apoptose durchläuft. Bei dem einen Mechanismus wird ein Protein namens *Fas-Ligand* auf der Oberfläche der Killerzelle verwendet, das an ein transmembranes Rezeptorprotein namens *Fas* auf der Zielzelle bindet. Dieser Mechanismus wird in Kapitel 18 beschrieben (s. **Abb. 18.5**). Der zweite Mechanismus ist der wichtigere Mechanismus, den sowohl NK-Zellen als auch T_C-Zellen verwenden, um eine infizierte Zielzelle zu töten. Die Killerzelle speichert verschiedene toxische Proteine in sekretorischen Vesikeln in ihrem Cytoplasma, die sie dann über Exocytose in den synaptischen Raum freisetzt. Zu den toxischen Proteinen gehören Perforin und Proteasen, die als Granzyme bezeichnet werden. Perforin ist homolog

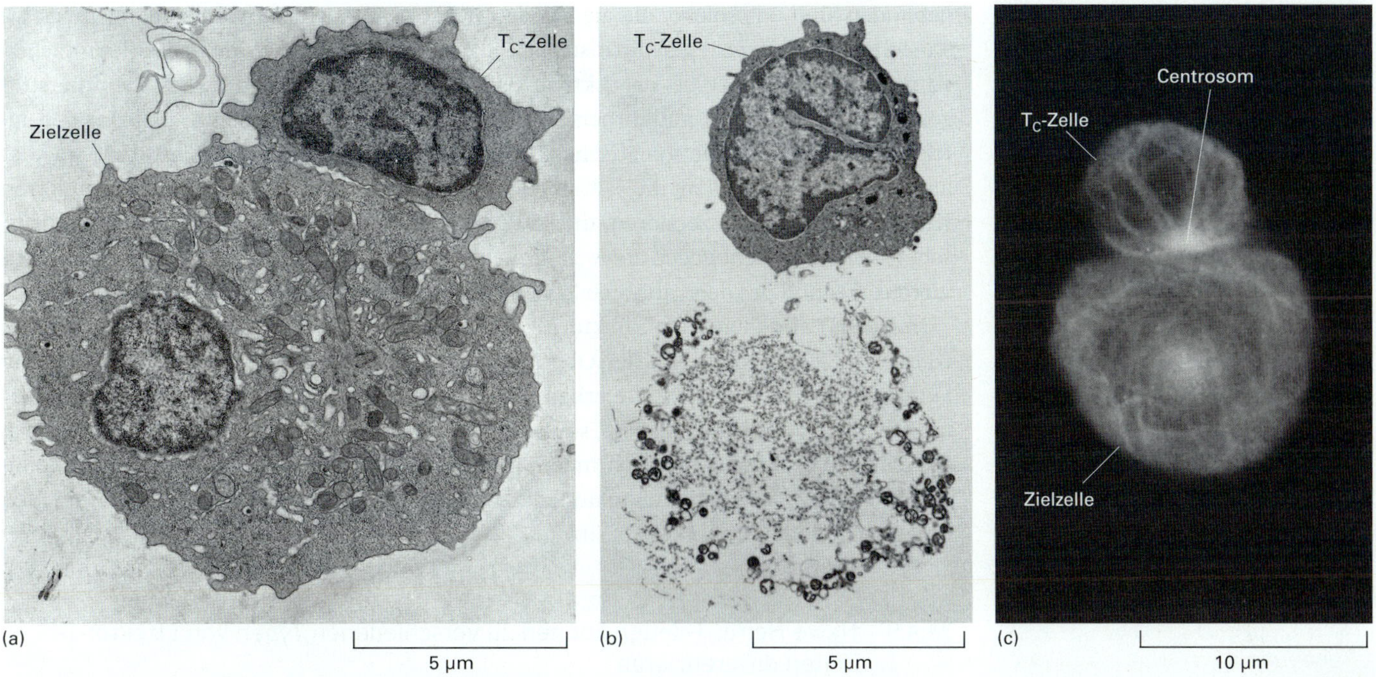

Abb. 24.42 Cytotoxische Effektor-T-Zellen töten Zielzellen in Zellkultur. (a) Die elektronenmikroskopische Aufnahme zeigt eine cytotoxische Effektor-T-Zelle (T_C-Zelle), während sie an eine Zielzelle in Kultur bindet. Die T_C-Zellen wurden aus Mäusen gewonnen, die mit den Zielzellen, hier fremde Tumorzellen, immunisiert worden waren. (b) Diese Aufnahme zeigt eine T_C-Zelle und eine Tumorzelle, die von der T_C-Zelle zerstört wurde. Anders als in der Zellkulturschale würde die sterbende Zielzelle im Tier von benachbarten Zellen (hauptsächlich Makrophagen) phagocytiert, lange bevor sie so zerfallen ist wie hier im Bild. (c) Die mikroskopische Aufnahme einer T_C-Zelle und einer Tumorzelle nach Färbung mit einem Anti-Tubulin-Antikörper. Man beachte, dass sich das Centrosom in der T_C-Zelle an der Stelle des Zell–Zell-Kontakts mit der Zielzelle – der sog. immunologischen Synapse – befindet. Die sekretorischen Grana (nicht sichtbar) in der T_C-Zelle werden anfänglich entlang der Mikrotubuli zum Centrosom transportiert. Das Centrosom bewegt sich dann zur Synapse, um die Grana dorthin zu bringen, wo sie ihren Inhalt direkt auf der Zielzelloberfläche freisetzen können. (a und b, aus D. Zagury *et al.*, *Eur. J. Immunol.* 5: 818–822, 1975. Mit Erlaubnis von John Wiley & Sons, Inc.; c, © 1982 B. Geiger, et al., ursprünglich veröffentlicht in *J. Cell. Biol.* https://doi.org/10.1083/jcb.95.1.137. Mit Erlaubnis der Rockefeller University Presse).

zur Komplementkomponente C9 und polymerisiert in der Plasmamembran der Zielzelle (s. **Abb. 24.8**). So entsteht eine transmembrane Pore, die lokal die Membran durchbricht und es den Granzymen ermöglicht, in die Zielzelle einzudringen. Wenn sie erst einmal im Cytosol sind, spaltet und aktiviert eines der Granzyme, Granzym B, Exekutions-Caspasen und induziert so die Apoptose (**Abb. 24.43**).

24.4.8 Effektor-Helfer-T-Zellen helfen, andere Zellen des angeborenen und des adaptiven Immunsystems zu aktivieren

Anders als T_C-Zellen sind ***Helfer-T-Zellen*** (**T_H-Zellen**) für die Abwehr sowohl extrazellulärer als auch intrazellulärer Krankheitserreger unerlässlich. Sie exprimieren eher CD4- als CD8-Korezeptoren und erkennen eher Fremd-Peptide, die an Klasse-II–MHC-Proteine

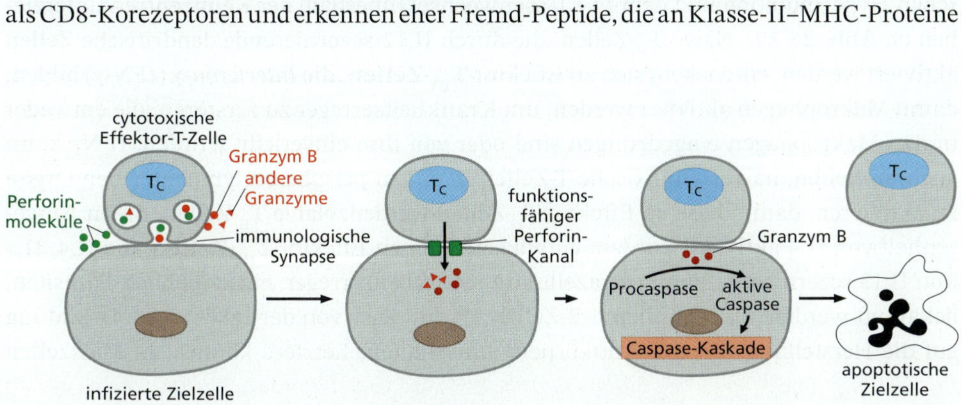

Abb. 24.43 Der Hauptweg, den eine Effektor-T_C-Zelle (oder eine NK-Zelle) nutzt, um eine infizierte Zielzelle zu töten. Diese vereinfachte Zeichnung zeigt, wie die Killerzelle auf der Oberfläche einer infizierten Zielzelle Perforin und Granzyme über lokal begrenzte Exocytose an einer immunologischen Synapse freisetzt. Die hohe Ca^{2+}-Konzentration im extrazellulären Medium bewirkt, dass sich das Perforin zu transmembranen Kanälen zusammenlagert, welche die Plasmamembran der Zielzelle unterbrechen. So können die Granzyme in das Cytosol der Zielzelle eindringen. Eines der Granzyme, Granzym B, spaltet und aktiviert dabei Exekutions-Caspasen (Caspase-3 und Caspase-7) Procaspasen, um die Caspase-Kaskade in Gang zu setzen, die zur Apoptose führt (s. **Abb. 18.6**). Eine einzige cytotoxische Zelle kann viele Zielzellen nacheinander töten. Es ist noch unklar, warum die freigesetzten Perforine keine Poren in der Plasmamembran der Killerzelle selbst bilden.

gebunden sind, als solche, die an Klasse-I–MHC-Proteine gebunden sind. Wenn naive T_H-Zellen auf aktivierten dendritischen Zellen dazu induziert wurden, zu Effektorzellen zu werden, können sie bei der Aktivierung anderer Immunzellen helfen: Sie unterstützen B-Zellen dabei, zu antikörpersezernierenden Zellen zu werden und später den Ig-Klassenwechsel und die somatische Hypermutation zu durchlaufen. Sie aktivieren aber auch Makrophagen dazu, die sich in deren Phagosomen vermehrenden, intrazellulären Krankheitserreger zu zerstören, und sie stimulieren außerdem die aktivierten dendritischen Zellen, die entweder naive T_C-Zellen oder naive T_H-Zellen aktivierten, den aktivierten Zustand der dendritischen Zellen aufrechtzuerhalten oder zu steigern.

In jedem Fall erkennt die Effektor-T_H-Zelle denselben Komplex aus Fremd-Peptid und Klasse-II–MHC-Protein auf der Oberfläche der Zielzelle, den sie ursprünglich auf der aktivierten dendritischen Zelle erkannt hat. Wie wir später noch erklären werden, stimuliert die T_H-Zelle die Zielzelle, sowohl indem sie eine Vielzahl an Cytokinen (zumeist Interferone) sezerniert als auch indem sie kostimulierende Proteine auf ihrer Oberfläche präsentiert. Wir besprechen nun, dass verschiedene Subtypen von T_H-Effektorzellen unterschiedliche Funktionen besitzen.

24.4.9 Naive Helfer-T-Zellen können zu verschiedenen Typen von Effektor-T-Zellen differenzieren

Als Reaktion auf eine Infektion kann eine naive T_H-Zelle zu mehreren verschiedenen Effektor-T-Zellen differenzieren, je nach Beschaffenheit des Krankheitserregers und der Cytokine, auf welche die T_H-Zelle während ihrer Aktivierung trifft. Dies hängt in erster Linie von der Aktivierung der dendritischen Zelle ab. Zu diesen verschiedenen Effektor-T-Zellen zählen vier Unterarten von Helferzellen – *T_{FH}-, T_{H1}-, T_{H2}-* und *T_{H17}-Zellen-,* – und regulatorische T-Zellen (*T_{reg}-Zellen*). Anfangs differenzieren die naiven T_H-Zellen zu zwei Subpopulationen von Helfer-T-Zellen: *follikuläre Helfer-T-Zellen (T_{FH}-Zellen)*, die die Antikörperbildung von B-Zellen in Lymphfollikeln (s. **Abb. 24.20**) in peripheren lymphatischen Organen unterstützen, und Nicht-T_{FH}-Helfer-T-Zellen, die sich zu T_{H1}-, T_{H2}- oder T_{H17}-Effektor-Helfer-T-Zellen entwickeln. Der größte Teil der drei zuletzt genannten Zellarten wandert von den peripheren lymphatischen Organen, wo sie sich differenzieren, zur Infektionsstelle, wo sie Zellen des angeborenen Immunsystems beim Kampf gegen den Krankheitserreger unterstützen. **Abbildung 24.44** fasst die Cytokine zusammen, die diese verschiedenen Effektor-T-Zellen induzieren, und einige der Cytokine, welche die Effektorzellen ihrerseits sezernieren, sowie die wichtigsten Transkriptionsregulatoren, welche die Entwicklung der Effektorzellen kontrollieren. Naive T_H-Zellen, die in Anwesenheit von *Interleukin-6* (IL6) aktiviert werden, entwickeln sich zu Effektor-**T_{FH}-Zellen**, die in den Lymphfollikeln sitzen, wo sie eine Vielzahl von Cytokinen sezernieren, darunter IL21, um bestimmte B-Zellen bei der Proliferation und Differenzierung zu Antikörper-sezernierenden Effektorzellen zu unterstützen und damit sie sich der somatischen Hypermutation und dem Ig-Klassenwechsel innerhalb der Keimzentren unterziehen (s. **Abb. 24.20**). Naive T_H-Zellen, die durch IL12-sezernierende dendritische Zellen aktiviert werden, entwickeln sich zu Effektor-**T_{H1}-Zellen**, die *Interferon-γ (IFN-γ)* bilden, damit Makrophagen aktiviert werden, um Krankheitserreger zu zerstören, die entweder in den Makrophagen eingedrungen sind oder von ihm einverleibt wurden. IFNγ kann auch mithelfen, naive cytotoxische T-Zellen in einem peripheren lymphatischen Organ zu aktivieren, damit diese zu Effektor-T_C-Zellen werden. Naive T_H-Zellen, die in Anwesenheit von IL4 aktiviert wurden, entwickeln sich zu Effektor-**T_{H2}-Zellen**, die IL4, IL5 und IL13 sezernieren, damit extrazelluläre Krankheitserreger, einschließlich Parasiten, bekämpft werden. Sie stimulieren B-Zellen, damit diese von der IgM- und IgD-Bildung auf die Herstellung von IgE-Antikörpern umschalten; Letztere können an Mastzellen

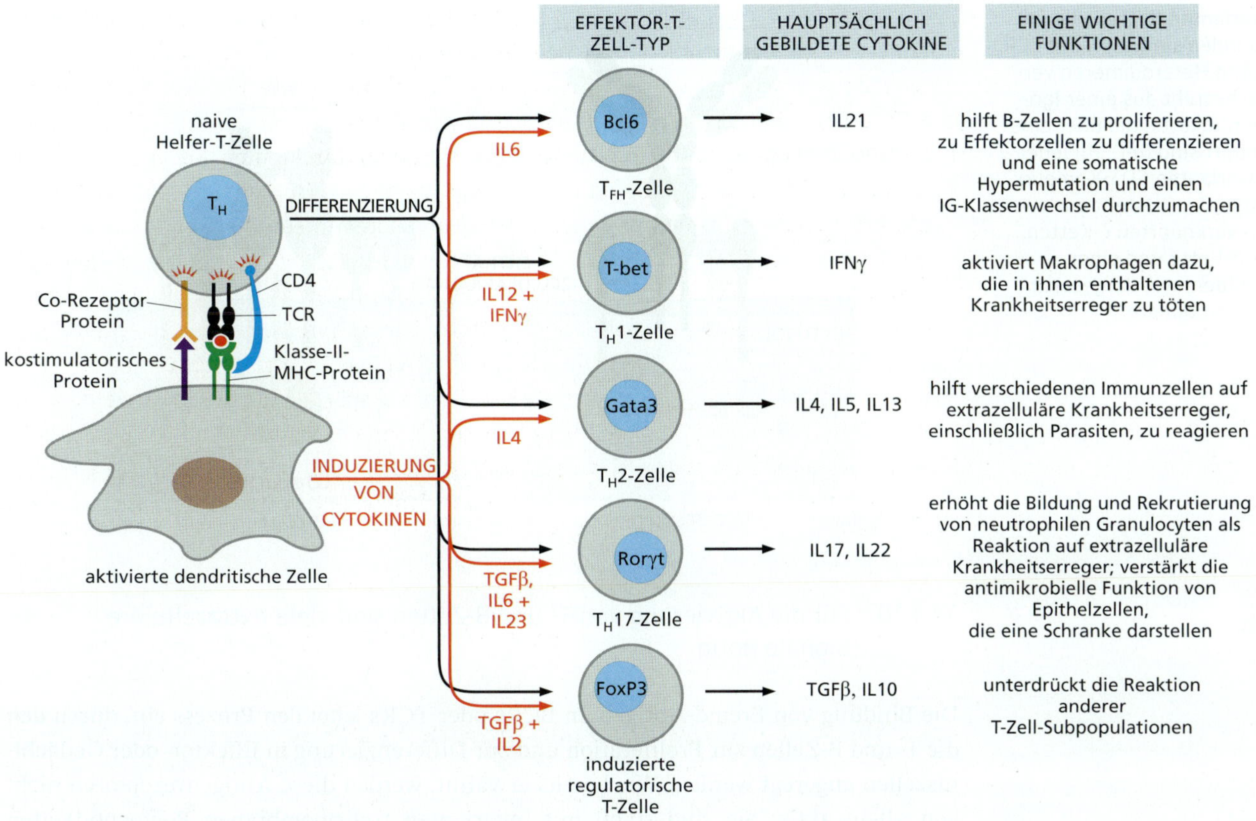

und Basophile binden, wie bereits besprochen. Naive T_H-Zellen, die in Anwesenheit von IL6, IL23 und TGFβ aktiviert wurden, entwickeln sich zu Effektor-**T_{H17}-Zellen**; diese Zellen sezernieren *IL17* und *IL22*, um die Bildung und Rekrutierung Neutrophiler zu fördern und Zellen der Epithelschranke dazu anzuregen, Cytokine und antimikrobielle Peptide zu sezernieren.

In einigen Fällen entwickeln sich naive T_H-Zellen, die in einem peripheren lymphatischen Organ in Gegenwart von TGF-β und in Abwesenheit von IL6 auf ihr Antigen treffen, zu **induzierten regulatorischen T-Zellen (T_{reg}-Zellen)**, die Immunzellen eher unterdrücken als stimulieren. Sie heißen induzierte T_{reg}-Zellen, um sie von natürlichen T_{reg}-Zellen zu unterscheiden, die sich im Thymus während der Thymocytenentwicklung durch positive Selektion entwickeln (s. **Abb. 24.41**). In beiden Fällen unterdrücken T_{reg}-Zellen die Entwicklung, Aktivierung oder die Funktion verschiedener anderer angeborener und adaptiver Immunzelltypen mithilfe sowohl von sezernierten suppressiven Cytokinen wie IL10 und TGF-β als auch von inhibitorischen Proteinen auf der Oberfläche der T_{reg}-Zelle. Induzierte T_{reg}-Zellen sind hauptsächlich mit der Suppression von Immunreaktionen gegen Fremd-Antigene befasst (sie verhindern Reaktionen auf harmlose aufgenommene oder inhalierte Antigene und kommensale Mikroorganismen) und beschränken Reaktionen gegen pathogene Organismen, um überschießende Reaktionen zu verhindern, die unerwünschte Gewebsverletzungen hervorrufen können. Natürliche T_{reg}-Zellen sind dafür zuständig, Immunantworten auf Selbst-Moleküle zu verhindern (s. **Abb. 24.21**). Sowohl induzierte als auch natürliche T_{reg}-Zellen exprimieren den Transkriptionsregulator FoxP3, der sowohl als Marker für diese Zellen dient als auch als Hauptregulator ihrer Entwicklung: Wenn das Gen, das für dieses Protein codiert, in Mäusen oder Menschen inaktiviert wird, können die Betroffenen keinerlei T_{reg}-Zellen bilden und entwickeln eine tödlich verlaufende Multiorgan-Autoimmunkrankheit. Diese Ergebnisse belegen die zentrale Bedeutung von T_{reg}-Zellen für die Selbst-Toleranz.

Abb. 24.44 Differenzierung von naiven Helfer-T-Zellen zu verschiedenen Typen von Effektor-Helferzellen oder zu regulatorischen T-Zellen in einem peripheren lymphatischen Organ. Die Art des Pathogens und der Cytokine, die von der aktivierenden dendritischen Zelle (und von anderen Zellen des angeborenen Immunsystems in der Umgebung) gebildet werden, bestimmen größtenteils, welcher Typ von Effektor-T-Zelle sich entwickelt. Einige der wichtigsten Cytokine, die von jedem Effektorzelltyp gebildet werden, sind ebenfalls dargestellt. Der Haupttranskriptionsregulator für jede Unterart ist jeweils im Zellkern angegeben. Einige der differenzierten Effektorzellen sind insofern „plastisch", als sie als Reaktion auf Veränderungen in ihrer Umgebung andere *Cytokine* bilden (nicht dargestellt.)

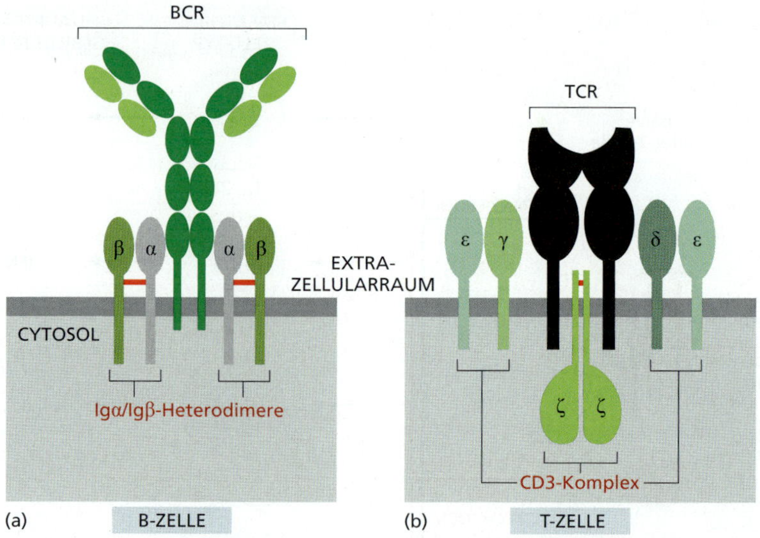

Abb. 24.45 Die invarianten Ketten, die mit BCRs und TCRs verbunden sind. (a) Jeder BCR ist mit zwei invarianten Heterodimeren verbunden. Jedes davon besteht aus einer Igα- und einer Igβ-Polypeptidkette, die über eine Disulfidbrücke verknüpft sind (*rot*). (b) Jeder TCR ist mit einem invarianten CD3-Komplex verbunden. Dieser Komplex besteht aus zwei, über Disulfidbrücken verknüpften ζ-Ketten, zwei ε-Ketten, einer δ-Kette und einer γ-Kette. Die Ketten bilden, wie dargestellt, Homodimere oder Heterodimere.

24.4.10 Für die Aktivierung von T- und B-Zellen sind viele extrazelluläre Signale nötig

Die Bindung von Fremd-Antigen an BCRs oder TCRs leitet den Prozess ein, durch den die T- und B-Zellen zur Proliferation und zur Differenzierung in Effektor- oder Gedächtniszellen angeregt werden. Wie bereits erwähnt, werden diese Antigenrezeptoren nicht von allein aktiv: Sie sind stabil mit invarianten transmembranen Polypeptidketten zusammengelagert, die nötig sind, um das Signal in die Zelle weiterzuleiten. In B-Zellen werden diese als Igα und Igβ bezeichnet (**Abb. 24.45a**). In T-Zellen liegen sie stattdessen als Komplex vor, der *CD3* genannt wird und aus vier Typen von Polypeptidketten besteht (**Abb. 24.45b**). In beiden Fällen helfen die assoziierten Proteine dabei, die Bindung extrazellulärer Antigene an den TCR oder den BCR in intrazelluläre Signale umzuwandeln und sie tun dies auf eine ähnliche Art und Weise.

Durch die Bindung von Antigen an die BCRs oder TCRs lagern sich diese Rezeptoren und ihre assoziierten invarianten Ketten (und CD4- oder CD8-Korezeptoren im Falle von TCRs) zu Clustern zusammen. Diese Clusterbildung veranlasst eine cytoplasmatische Tyrosin-Kinase der Src-Familie (in Kapitel 15 behandelt) dazu, Tyrosinreste auf den cytoplasmatischen Enden einiger invarianter Ketten zu phosphorylieren. Die Phosphotyrosine dienen dann als Bindungsstellen für eine zweite cytoplasmatische Tyrosin-Kinase, die von der ersten Kinase phosphoryliert und aktiviert wird. Die zweite Kinase übermittelt dann das Signal weiter, indem sie andere intrazelluläre Signalproteine an Tyrosinresten phosphoryliert. Einige dieser frühen Ereignisse in dem durch BCRs aktivierten Signalweg sind in **Abb. 24.46** dargestellt.

Signalübertragung über BCRs oder TCRs und die mit ihnen assoziierten Proteine allein reicht nicht aus, um einen Lymphocyten zur Proliferation und Differenzierung zu aktivieren. Extrazelluläre, von anderen Zellen gebildete **kostimulierende Signale** in Form von membrangebundenen Proteinen (s. **Abb. 24.34**) sowie von sezernierten Cytokinen werden ebenfalls benötigt. Tatsächlich kann eine Signalübertragung über den BCR oder TCR mit unzureichender Kostimulation den Lymphocyten entweder aussortieren (klonale Deletion) oder inaktivieren. Beide Mechanismen tragen zur peripheren Selbst-Toleranz bei (s. **Abb. 24.21**). Für eine naive T-Zelle liefert eine aktivierte dendritische Zelle die kostimulierenden Signale. Dazu gehören die transmembranen *B7-Proteine*, die vom Korezeptorprotein *CD28* auf der Oberfläche der T-Zelle erkannt werden (**Abb. 24.47a**). Für eine B-Zelle liefert eine Effektor-T_H-Zelle die **kostimulierenden**

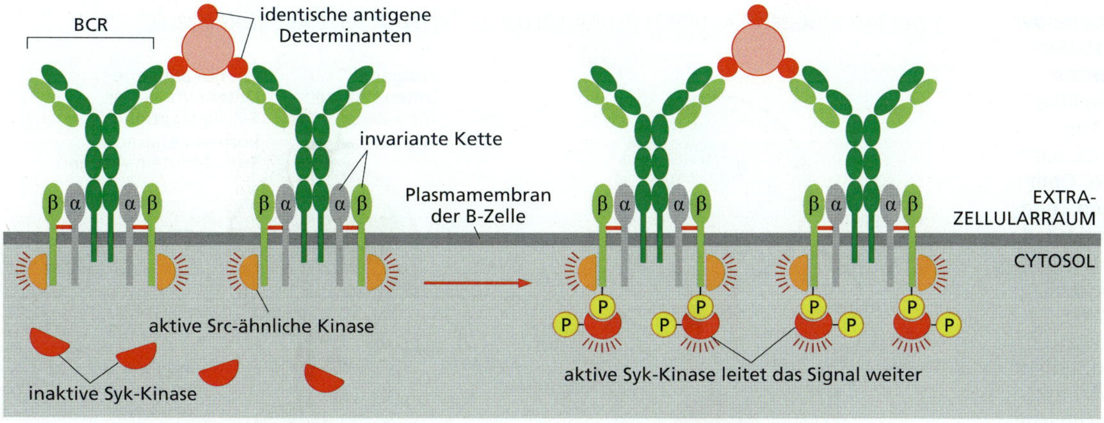

Abb. 24.46 Der Signalweg, der nach der Bindung von spezifischem Fremd-Antigen durch den B-Zell-Rezeptor (BCR) in Gang gesetzt wird. Wenn sich das Antigen auf der Oberfläche eines pathogenen Organismus befindet oder wenn es sich um ein lösliches Makromolekül mit zwei oder mehr identischen antigenen Determinanten handelt (wie dargestellt), vernetzt es benachbarte BCRs. Dies führt zu einer Zusammenlagerung der Rezeptoren und der mit ihnen assoziierten nichtvariablen Ketten (wie dargestellt). Eine Src-ähnliche Tyrosin-Kinase (entweder *Fyn* oder *Lyn*), die mit dem cytoplasmatischen Ende von Igβ assoziiert ist, wird so Teil dieses Komplexes und phosphoryliert nun die nichtvariablen Ketten von Igα und Igβ (der Einfachheit halber ist nur die Phosphorylierung von Igβ dargestellt). Eine wichtige transmembrane Protein-Tyrosinphosphatase namens CD45 ist ebenfalls nötig, um inaktivierende Phosphate von diesen Src-ähnlichen Kinasen zu entfernen, damit der Signalvorgang abläuft (nicht dargestellt). Die so entstandenen Phosphotyrosine auf Igα und Igβ dienen als Andockstellen für eine weitere Src-ähnliche Tyrosin-Kinase namens *Syk*. Diese wird phosphoryliert und dadurch dazu angeregt, das Signal weiterzuleiten. Der Signalübertragungsweg der TCRs ist ähnlich (einschließlich der notwendigen Beteiligung von CD45), mit dem Unterschied, dass es sich bei der ersten Src-ähnlichen Kinase um *Lck* (anstatt Fyn oder Lyn) handelt, die mit dem CD4- oder CD8-Korezeptor verbunden ist und Tyrosinreste auf allen CD3-Polypeptidketten, die in **Abb. 24.45b** dargestellt sind, phosphoryliert. Bei der zweiten Src-ähnlichen Kinase handelt es sich um *ZAP70*, die homolog zur Syk-Kinase der B-Zellen ist.

Signale. Dazu gehört der transmembrane CD40-Ligand, der an die *CD40-Rezeptoren* auf der B-Zelle bindet (**Abb. 24.47b**). Der CD40-Ligand auf Effektor-T_H-Zellen wirkt in zwei weiteren Situationen: (1) Er wirkt zurück auf CD40-Rezeptoren auf der Oberfläche dendritischer Zellen und erhöht und erhält so die Aktivierung der dendritischen Zelle, sodass eine positive Rückkopplungsschleife entsteht. (2) Er wirkt als kostimulierendes Signal auf der Oberfläche einer Effektor-T_{H1}-Zelle. So kann die T-Zelle mithelfen, einen infizierten Makrophagen dazu zu aktivieren, die Erreger, die er beherbergt, zu zerstören.

Zusätzlich zu den Rezeptoren für kostimulierende Proteine besitzen sowohl B- als auch T-Zellen inhibierende Proteine auf ihrer Oberfläche, die mithelfen, die Aktivität der Zelle negativ zu regulieren. Sie verhindern exzessive oder unangemessene Reaktionen. Zwei derartige Proteine (CTLA4 und PD1), die von T-Zellen exprimiert werden, haben große Aufmerksamkeit erregt, da sie T-Zellen in ihrer Fähigkeit, die Tumorprogression zu hemmen, unterdrücken: Beide hemmen die T-Zell-Aktivität auf unterschiedlichen Wegen: CTLA4 hemmt die T-Zell-Aktivierung, indem es mit dem Transmembran-Korezeptorprotein CD28 konkurriert (s. **Abb. 24.47a**), wohingegen PD1 auf aktivierten T-Zellen exprimiert wird, und seine verlängerte Bindung an den Zelloberflächenliganden (PDL1 oder PDL2) auf verschiedenen Zellarten, einschließlich Krebszellen, hemmt die Aktivität von *T*-Zellen. Monoklonale Antikörper gegen CTLA4 oder PD1 (bzw. PDL1) oder solche, die gegen beide hemmende Wege gerichtet sind, können die Hemmung aufheben und erlauben es den T-Zellen bei vielen Patienten mit metastasierenden Tumoren, die Tumorzellen zu zerstören (s. **Abb. 20.46**).

24.4.11 Viele Zelloberflächenproteine gehören zur Ig-Superfamilie

Die meisten Proteine, die im adaptiven Im Immunsystem an der Antigenerkennung oder der Zell–Zell-Erkennung beteiligt sind, enthalten Immunglobulin (Ig)- oder Ig-ähnliche Domänen, was eine gemeinsame evolutionäre Geschichte nahelegt. Zu dieser sehr großen

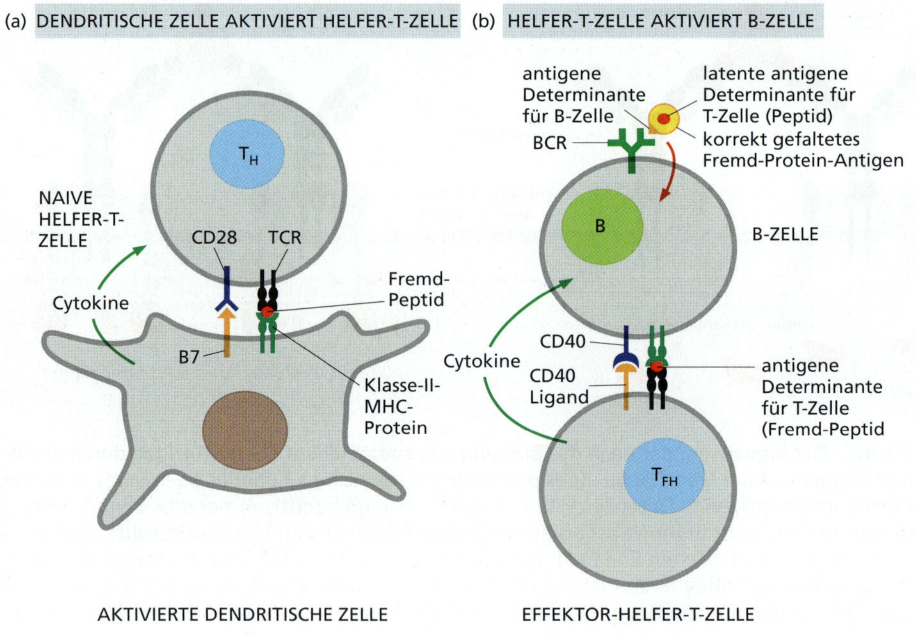

Abb. 24.47 Vergleich der kostimulierenden Proteine, die zur Aktivierung einer Helfer-T-Zelle und einer B-Zelle für das gleiche Protein-Antigen benötigt werden. (a) Eine naive Helfer-T-Zelle (T_H)wird durch ein Peptidfragment eines Fremd-Proteins, das an ein Klasse-II–MHC-Protein auf der Oberfläche einer aktivierten dendritischen Zelle gebunden ist, aktiviert. Das kostimulierende Protein auf der dendritischen Zelle (ein B7-Protein – entweder CD80 oder CD86) bindet an den CD28-Korezeptor auf der T-Zelle und liefert das notwendige kostimulierende Signal an die T-Zelle. Außerdem beeinflussen Cytokine, die von der dendritischen Zelle (oder von anderen benachbarten Zellen des angeborenen Immunsystems) sezerniert werden, zu welchem Subtyp von Effektor-Helferzelle sich die T-Zelle entwickelt (s. **Abb. 24.44**). (b) Wenn die Helfer-T-Zelle – zumeist eine follikuläre Helfer-T-Zelle (T_{FH}; s. **Abb. 24.44**) – dazu aktiviert wurde, sich zu einer Effektorzelle zu entwickeln, kann sie dazu beitragen, B-Zellen zu aktivieren, die dieselben Peptid-MHC-Protein-Komplexe auf ihrer Oberfläche tragen wie die dendritische Zelle, die die naive T-Zelle aktiviert hat. Diese B-Zellen besitzen BCRs, die an antigene Determinanten auf der Oberfläche eines gefalteten Fremd-Proteins binden, und sie nehmen das Protein über Endocytose auf (*roter Pfeil*). Das Protein wird dann in Peptide gespalten, von denen manche von Klasse-II-MHC-Proteinen zur Oberfläche der B-Zelle transportiert werden. Dort können einige von ihnen von den TCRs auf der follikulären Helfer-T-Zelle erkannt werden (s. **Abb. 24.39**). Man beachte, dass die BCRs und TCRs verschiedene antigene Determinanten des Proteins erkennen. Wie angegeben, handelt es sich bei dem kostimulierenden Protein, das von der folliculären Effektor-Helfer-T-Zelle verwendet wird, um den CD40-Liganden, der an den CD40-Korezeptor auf der B-Zelle bindet. Die folliculäre Helfer-T-Zelle sezerniert auch Cytokine (*grauer Pfeil*), einschließlich IL21 (s. **Abb. 24.44**), und trägt so dazu bei, die B-Zelle dazu zu stimulieren, die somatische Hypermutation und den Klassenwechsel zu durchlaufen (nicht dargestellt). Der CD4-Korezeptor auf den T_H-Zellen und die invarianten Ketten, die mit den TCRs und BCRs verbunden sind, wurde der Einfachheit halber sowohl in (a) als auch in (b) weggelassen.

Ig-Superfamilie gehören die Antikörper, die T-Zell-Rezeptoren, die MHC-Proteine, die CD4-, CD8- und CD28-Korezeptoren, die B7-kostimulierenden Proteine und die meisten nichtvariablen Polypeptidketten, die mit den B- und T-Zell-Rezeptoren komplexiert sind, aber auch verschiedene Fc-Rezeptoren auf den Lymphocyten und anderen Leukocyten. Bei den meisten dieser Proteine handelt es sich um Dimere oder Oligomere höherer Ordnung, bei denen die Ig- oder Ig-ähnlichen Domänen einer Kette mit denen anderer Ketten in Wechselwirkung treten (**Abb. 24.48**).

Sowohl bei Wirbeltieren als auch bei Wirbellosen kommen viele Proteine der Ig-Superfamilie auch außerhalb des Immunsystems vor. Dort übernehmen sie oft Funktionen bei Zell–Zell-Erkennungs- und -Adhäsionsprozessen sowohl während der Entwicklung als auch in adulten Geweben. Dies lässt den Schluss zu, dass sich die gesamte Großfamilie aus einem Ur-Gen entwickelt haben könnte, das für eine einzelne Ig-ähnliche Domäne codiert hat, ähnlich dem, das für das β_2-Mikroglobulin codiert (s. **Abb. 24.36**). Bei den heutigen Mitgliedern dieser Familie codiert in der Regel jeweils ein separates Exon für die Aminosäuren einer Ig-ähnlichen Domäne. Das passt zu der Annahme, dass neue Familienmitglieder im Laufe der Evolution durch Exon- und Genduplikation entstanden sind.

24.4.12 Die Impfung gegen Pathogene war der größte Beitrag der Immunologie zur menschlichen Gesundheit

Wie alle Organismen so kämpfen auch wir fortwährend mit unseren Krankheitserregern. Trotz der in diesem Kapitel beschriebenen hochentwickelten, Immunabwehr ist diese Schlacht eher unentschieden ausgefallen. Wie in Kapitel 23 behandelt, haben alle Krankheitserreger mehrere Wege entwickelt, die Abwehr ihres Wirts zu überwinden, zumindest lange genug, um sich zu vermehren und eine Infektion zu verursachen. Die meisten Krankheitserreger haben den bedeutenden Vorteil, dass sie sich sehr viel schneller als der Mensch vermehren und entwickeln; insbesondere die Viren haben Mechanismen entwickelt, wirklich jeden Schritt unserer angeborenen und adaptiven Immunantworten zu blockieren. Zum Schutz vor Infektionen haben die Menschen Hygienemaßnahmen, leistungsfähige Arzneistoffe und Impfstoffe gegen Krankheitserreger entwickelt, die unsere natürliche immunologische Abwehr verstärken.

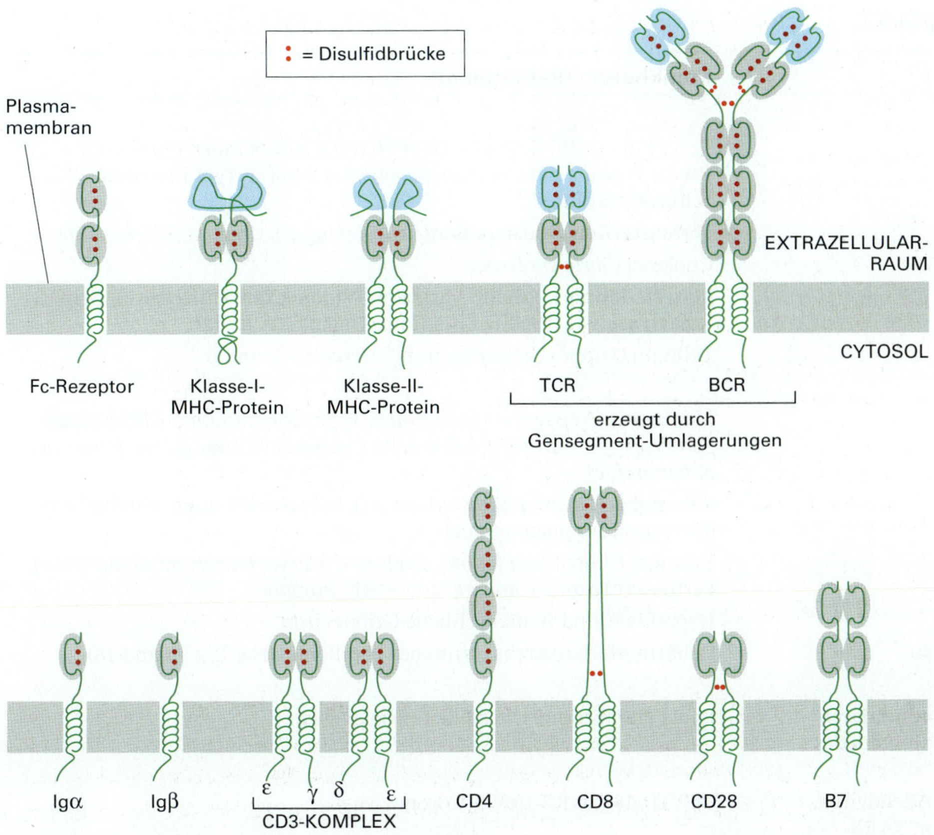

Abb. 24.48 Einige zur Ig-Superfamilie gehörende Membranproteine, die in diesem Kapitel erörtert werden. Die Ig- und Ig-ähnlichen Domänen sind – mit Ausnahme der antigenbindenden Ig- und Ig-ähnlichen Domänen der BCRs bzw. TCRs, die *blau* unterlegt sind – *grau* unterlegt. Man beachte, dass die antigenbindenden Domänen der MHC-Klasse-I und -Klasse-II-Proteine (ebenfalls *blau unterlegt*) nicht Ig-ähnlich sind. Die Ig-Superfamilie umfasst auch viele an Zell–Zell-Wechselwirkungen außerhalb des Immunsystems beteiligte Mitglieder (hier nicht gezeigt), etwa die neuronalen Zelladhäsionsmoleküle (N-CAM; s. Abb. 19.29) oder die Rezeptoren für verschiedene Wachstumsfaktorproteine (nicht dargestellt; s. Kapitel 15). Die Ig-Superfamilie des Menschen hat über 750 Mitglieder. Sie sind damit die Proteinfamilie mit den meisten Mitgliedern, die vom menschlichen Genom codiert wird.

Das moderne Zeitalter der **Impfung** begann im Jahre 1796, als Edward Jenner berichtete, dass der Hautschorf von Kälbern, die an Kuhpocken litten, Menschen vor Pocken schützen konnte. Pocken waren zu dieser Zeit eine verheerende epidemische Krankheit. Obwohl das Kuhpockenvirus eng mit dem Pockenvirus verwandt ist, verursacht es bei Menschen keine Krankheit. Die Pocken waren schließlich im Jahre 1980 offiziell ausgerottet, durch weltweite und koordinierte Impfung mit dem intakten *Vaccinia*-Virus (ein Verwandter des Kuhpockenvirus), nachdem die Krankheit grob 500 Millionen Menschen in den vorausgegangenen 100 Jahren das Leben gekostet hatte. Heutzutage wird die Impfung (oder Vakzination, vom lateinischen *vacca* = Kuh) breit eingesetzt, um die Ausbreitung vieler verschiedener Pathogene zu kontrollieren und rettet damit jährlich weltweit Millionen Menschenleben. Im besten Fall induziert der Impfstoff ein starkes langanhaltendes adaptives immunologisches Gedächtnis, dabei wird der Schutz, der durch die natürliche Infektion ausgelöst wird, nachgeahmt und oft noch übertroffen, aber ohne eine Krankheit zu verursachen. Ein guter Impfstoff ist also stark immunogen, aber nicht pathogen.

Derzeit gibt es drei Impfstoffklassen die zur Anwendung bei Menschen gegen verschiedene Krankheitserreger zugelassen sind (Tab. 24.4). Die erste Klasse sind *Impfstoffe mit ganzen Mikroben.* Diese sind im Allgemeinen stark immunogen, benötigen aber eine besondere Behandlung, um Pathogenität zu verhindern. Eine übliche Methode dazu ist die *Attenuierung*, bei der der Krankheitserreger wiederholt entweder einen fremden Wirt oder kultivierte fremden Zellen solange passiert, bis er Mutationen anhäuft, sodass er im Menschen nicht mehr pathogen ist. Um das Risiko eines Rückfalls in eine pathogene Form auszuschließen, bestehen manche Impfstoffe dieser Klasse entweder aus *Extrakten des Krankheitserregers* oder aus Krankheitserregern, die durch Erhitzen, chemische Behandlung oder, wie es inzwischen üblich ist, durch genetische Manipulation *inaktiviert* wurden.

Tab. 24.4 Einige für den Menschen zugelassene Impfstoffe.

Klassische Impfstoffe	Krankheiten (Pathogene)[a]
Vollständige Mikrobe (oder mikrobieller Extrakt)	
Attenuierte Bakterien	Tuberkulose (BCG, attenuiertes *Mycobacterium tuberculosis* vom Rind), Typhusfiber (*Salmonella enterica* Serotyp Typhimurium, Schluckimpfung)
Getötete Bakterien	Pertussis (Keuchhusten; *Bordetella pertussis*), Cholera (*Vibrio cholerae*)
Bakterienextrakt	Cholera (*Vibrio cholerae*)
Attenuiertes Virus	Masern, Mumps, Röteln, Varicella (Windpocken, Gürtelrose), Grippe, Rotavirus, Polio (Schluckimpfung) Hepatitis A und B.
Inaktiviertes Virus	Tollwut, Grippe, Kinderlähmung, Hepatitis A und B
Untereinheiten	
Bakterielle Kapsel-Polysaccharide	Meningitis (*Neisseria meningitidis*), Typhusfiber (*Salmonella enterica* Serotyp Typhimurium), bakterielle Lungenentzündung (*Streptococcus pneumoniae*)
Bakterielles Polysaccharid-Protein-Konjugat	Meningitis (*Haemophilus influenzae*), bakterielle Lungenentzündung (*Streptococcus pneumoniae*)
Bakterielle Protein-Toxoide	Tetanus (*Clostridium tetani*), Diphterie (*Corynebacterium diphtheriae*), Pertussis (Toxoid + andere bakterielle Proteine)
Virusproteine (in der Regel rekombinant)	Hepatitis A und B, menschliche Grippeviren
virusartige Partikel, aus viralen Hüllproteinen aufgebaut	Gebärmutterhalskrebs (humanes Papillomavirus Typ 16 und 18)
Nukleinsäuren[b]	
Rekombinanter RNA-Virusvektor, basierend auf dem vesikulären Stomatitisvirus, maßgeschneidert, um ein Oberflächenprotein des Ebolavirus zu exprimieren[c]	Ebola Hämorrhagisches Fiber (Ebolavirus)
Rekombinanter DNA-Virusvektor, basierend auf dem Adenovirus, maßgeschneidert, um eine Form des Spike-Proteins von SARS-CoV-2 zu exprimieren (s. **Abb. 24.50**)[d]	COVID-19 (SARS-CoV-2-Coronavirus)
Lipid-Nanopartikel, die modifizierte RNA enthalten, welche für eine Form des Spike-Proteins von SARS-CoV-2 codiert (s. **Abb. 24.50**)[d]	COVID-19 (SARS-CoV-2-Coronavirus)

[a] Es gibt häufig für dieselbe Krankheit verschiedene Impfstofftypen.
[b] Manche (wie das Ebolavirus) können sich in Empfängerzellen vermehren, andere (einschließlich den in **Abb. 24.50** gezeigten) können dies nicht.
[c] Dies war die erste (2019) für den Menschen zugelassene Nukleinsäure-Vakzine.
[d] Diese Impfstoffe erhielten die Notfallzulassung Ende 2020 oder Anfang 2021 und wurden 2021 endgültig zugelassen.

Die zweite Klasse, Impfstoffe aus Untereinheiten, sog. *Untereinheitenimpfstoffe*, sind noch sicherer; sie bestehen aus einem oder mehreren individuellen Bestandteilen des Krankheitserregers – entweder gereinigt aus den Pathogen oder, was üblicher ist, mithilfe der rekombinanten DNA-Technologie hergestellt. Die meisten Impfstoffe aus Untereinheiten sind aus Virusproteinen zusammengesetzt: sie bestehen meist aus viralen Hüllproteinen, die sich *in vitro* selbst zusammengebaut haben, und *virusartige Partikel* bilden. Andere Impfstoffe aus Untereinheiten bestehen aus bakteriellen Makromolekülen; Beispiele sind inaktivierte Formen sezernierter toxischer Proteine (*Toxoide*), die in ihren aktiven Formen Krankheiten verursachen, wie etwa Wundstarrkrampf (Tetanus) und Diphtherie, und die Kapsel-Polysaccharide, die zahlreiche Bakterien umgeben (s. **Tab. 24.4**).

Damit ein Impfstoff maximal wirksam ist, muss er sowohl B-Zell- als auch T-Zell-Immunreaktionen stimulieren. Impfstoffe aus Untereinheiten, die z. B. nur aus bakteriellen Kapsel-Polysacchariden bestehen, sind relativ ineffektiv, weil sie nur B-Zellen aktivieren. Weil für die Induktion des B-Zell-Gedächtnisses, für die Antikörper-Affinitätsreifung und den Ig-Klassenwechsel Helfer-T-Zellen erforderlich sind, induzieren solche Polysaccharid-Vakzinen nur kurzlebige IgM-Anti-Polysaccharid-Antikörper mit geringer Affinität, was einen schwachen und kurzzeitigen Schutz liefert. Eine chemische Kopplung (Konjugation) des Polysaccharids an ein Protein wie Tetanus- oder Diphterie-Toxoid, um einen *Konjugatimpfstoff* zu erzeugen, löst dieses Problem: Der Proteinbestandteil liefert die fremden Peptide, die Helfer-T-Zellen aktivieren, welche für die optimale Stimulierung der geeigneten Polysaccharid-spezifischen B-Zellen erforderlich sind (s. **Abb. 24.49**).

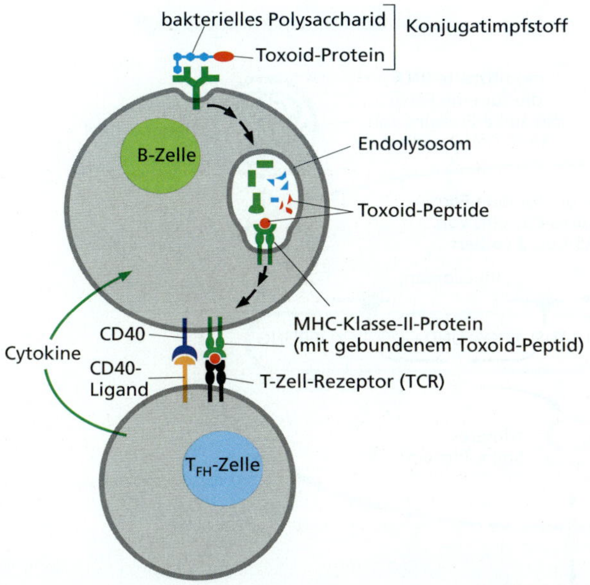

Abb. 24.49 Wie Konjugatimpfstoffe gegen bakterielle Polysaccharid-Antigene sowohl B- als auch Helfer-T-Zellen aktivieren. In diesem Fall ist das Polysaccharid chemisch an ein Protein-Toxoid gekoppelt. Die B-Zellen erkennen den Polysaccharid-Teil auf dem Konjugat, endocytieren das Konjugat und spalten den Proteinanteil in Peptid-Bruchstücke in Endosomen. Dann werden die Peptidfragmente von MHC-Klasse-II-Proteinen zur B-Zell-Oberfläche befördert, wo die Peptid-MHC-Komplexe von Helfer-T-Zellen erkannt werden (s. Abb. 24.39). Die Helfer-T-Zellen (T_{FH}-Zellen) helfen B-Zellen zu aktivieren um sowohl hochaffine Anti-Polysaccharid-IgG-Antikörper (s. Abb. 24.47b) als auch B-Gedächtniszellen (nicht dargestellt) zu aktivieren.

Wie bereits an früherer Stelle in diesem Kapitel behandelt, muss ein Impfstoff, damit er adaptive Immunantworten aktiviert, zuerst dendritische Zellen aktivieren. Ein Impfstoff, der aus vollständigen Mikroben oder mikrobiellen Extrakten besteht, erfüllt dieses Erfordernis, weil er pathogenassoziierte molekulare Muster (PAMPs) enthält, die Mustererkennungsrezeptoren (PRRs) auf Zellen des angeborenen Immunsystems, insbesondere auf dendritischen Zellen, aktivieren. Untereinheitenimpfstoffe, denen PAMPs fehlen, benötigen den Zusatz eines *Adjuvans*, einer Substanz, die die Immunogenität von Antigenen verstärkt, in der Regel durch Aktivierung von PRRs.

Der dritte und jüngste Impfstofftyp enthält genetisch maßgeschneiderte DNA- oder RNA-Moleküle, die für Pathogenproteine oder Teile solcher Proteine codieren. Die Entwicklung dieser *Nukleinsäure-Impfstoffe* benötigte das Wissen und die Werkzeuge, die in Jahrzehnten Grundlagenforschung gewonnen wurden, um die Impfstoffe verträglich, sicher und wirksam zu machen. Der erste derartige für die Anwendung am Menschen (2019) zugelassene Impfstoff war ein rekombinanter RNA-Virusvektor-Impfstoff, der für ein Oberflächenprotein des Ebolavirus codierte (s. Tab. 24.4). Aber erst im Jahr 2021 nahm der Einsatz von Nukleinsäure-Impfstoffen an Fahrt auf, als Reaktion auf die COVID-19-Pandemie, die Hunderte Millionen Menschen infiziert und Millionen Tote verursacht hat. Da nur die Genomsequenz des Krankheitserregers für die Entwicklung eines Nukleinsäure-Impfstoffs gegen den Krankheitserreger nötig ist, war es möglich, die ersten sicheren und wirksamen DNA- und RNA-basierten Vakzinen für die großmaßstäbliche Anwendung am Menschen innerhalb eines Jahres ab der Veröffentlichung (im Januar 2020) der RNA-Genomsequenz des SARS-CoV-2-Virus herzustellen.

Abbildung 24.50 illustriert, wie zwei verschiedene Arten von Nukleinsäure-Vakzinen gegen COVID-19 arbeiten. Beide codieren für unterschiedliche Formen des Spike-Proteins, das auf der Oberfläche des SARS-COV-2-Virus vorkommt (s. Abb. 1.49). Angesichts des jüngsten Erfolgs der Nukleinsäure-Vakzinen scheint es wahrscheinlich, dass sie die Herstellungsweise der meisten neuen Impfstoffe in der Zukunft revolutionieren. Ein erfolgreiches Impfprogramm gegen einen Krankheitserreger erfordert in der Regel, dass der größte Teil der Bevölkerung gegen ihn immun wird – entweder natürlich durch Infektion oder durch Impfung. Eine solche *Herdenimmunität* verlangsamt die Ausbreitung einer Infektion, indem sie die Anzahl der empfänglichen Personen in der Bevölkerung senkt. Damit ein Impfstoff einer Herdenimmunität erzeugt, muss er gut verträglich, sicher und wirksam sein und von der Bevölkerung auch als

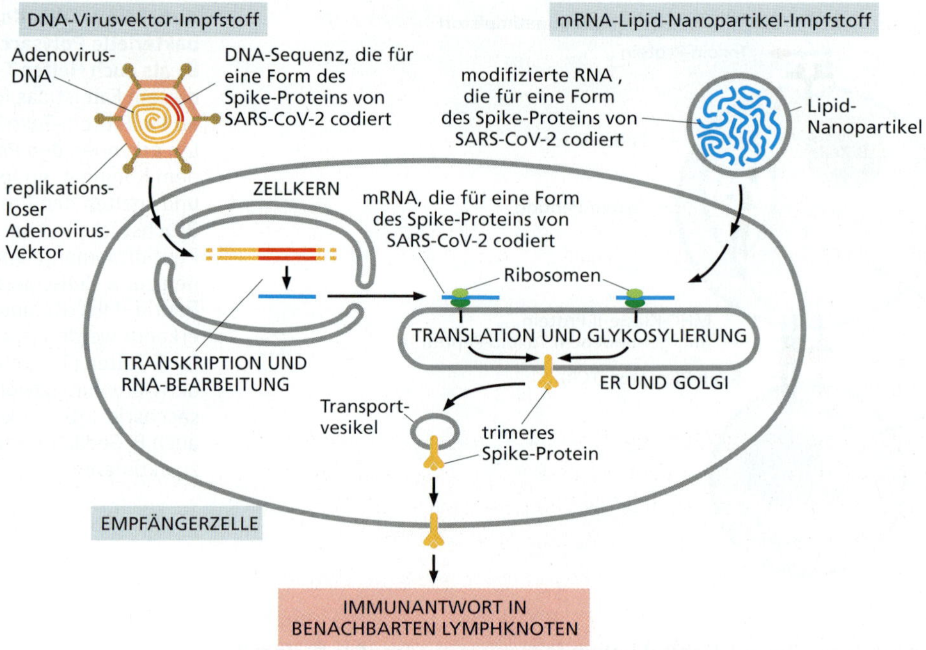

Abb. 24.50 Wie zwei Arten breit eingesetzter Nukleinsäure-Vakzine gegen COVID-19 funktionieren. Bei beiden codieren die Nukleinsäuren für Formen des Spike(S)-Proteins, das normalerweise aus der Oberfläche des Corona-Virus SARS-CoV-2 ragt (s. Abb. 1.49 und Abb. 9.50); die Spikes auf dem Virus binden an Rezeptoren verschiedener menschlicher Zellen und helfen dem Virus, in die Zellen zu gelangen. Der links gezeigte *DNA-Virus-Vektor-Impfstoff* ist repräsentativ für zwei COVID-19-Impfstoffe, die früh eine Notfallzulassung für die Anwendung am Menschen erhielten – als Oxford-AstraZeneca-Impfstoff und als Janssen-Johnson & Johnson-Impfstoff bekannt – die beide auf Adenovirusvektoren beruhen (Schimpanse bzw. Mensch). Diese Vektoren, die genetisch so hergestellt wurden, dass ihre Replikation in menschlichen Zellen verhindert wird, übertragen ihre DNA-in den Zellkern dieser Zellen, wo sie mRNAs bildet. Wie angedeutet, wandern die vektor-codierten mRNAs zum Cytoplasma, wo sie von Ribosomen auf dem Endoplasmatischen Reticulum (ER) translatiert werden, damit die Spike-Proteine entstehen. Nach der Glykosylierung im ER und Golgi-Apparat werden die Spike-Proteine als trimere Spikes zur Zelloberfläche befördert.

Die rechts gezeigte *mRNA-Lipid-Nanopartikel-Vakzine* ist repräsentativ für die ersten COVID-19-Impfstoffe dieser Art, die eine Notfallzulassung für die Anwendung beim Menschen erhielten – bekannt als Pfizer-BioNTech- und Moderna-Impfstoffe. Die mRNA wird *in vitro* mit Nukleosidmodifikationen (Uridin ist durch Methylpseudouridin ersetzt) synthetisiert, um zu verhindern, dass die mRNA an PRRs bindet und eine schädliche Entzündungsreaktion auslöst, welche die Akzeptanz des Impfstoffs und die Translation der mRNA verringern würde. Außerdem wird die mRNA mit einer Nukleotidsequuenz markiert, die ihre Translationseffizienz maximiert. Schließlich werden die mRNA-Moleküle in winzigen komplexen Lipid-Nanopartikeln verkapselt: Diese Umhüllung schützt die mRNAs, verstärkt die Aufnahme des Impfstoffs in die Endosomen der Wirtszelle und vermittelt die Freisetzung der mRNA aus den Endosomen ins Cytosol. In allen Fällen wird der Impfstoff in einen Muskel injiziert, wo er über Lymphgefäße zu lokalen Lymphknoten transportiert wird. Sowohl im Muskel als auch in den Lymphknoten nehmen antigenpräsentierende Zellen (in erster Linie dendritische Zellen) den Impfstoff auf und werden bei diesem Vorgang aktiviert. In diesen Zellen werden die mRNAs in Spike-Proteine translatiert, die dann glykosyliert und wie angedeutet zur Zelloberfläche transportiert werden. In den Lymphknoten präsentieren aktivierte dendritische Zellen Peptidfragmente des Spike-Proteins, die an die MHC-Proteine auf der Oberfläche der dendritischen Zelle gebunden sind, an spike-spezifische Helfer- und cytotoxische T-Zellen; diese werden dadurch aktiviert, proliferieren und differenzieren zu Effektorzellen. Die Effektor-Helfer-T-Zellen helfen dann, Spike-spezifische B-Zellen zu stimulieren, sodass diese proliferieren und zu Effektorzellen differenzieren, die dann neutralisierende Anti-Spike-Antikörper sezernieren, während die cytotoxischen T-Zellen jede Wirtszelle töten, die nachfolgend mit den SARS-CoV-2-Virus infiziert wird. Gleichzeitig stimulieren die aktivierten dendritischen Zellen die Bildung Spike-spezifischer B- und T-Gedächtniszellen, die bei einer zweiten Immunisierung zahlenmäßig und hinsichtlich ihrer Effizienz zunehmen. Eine spätere Infektion mit dem SARS-Cov-2-Virus wird diese Gedächtniszellen auf den Plan rufen und die geimpften Personen vor COVID-19 schützen. Es war bei Einführung dieser Impfstoffe nicht absehbar, wie lange der Schutz anhält und wie wirksam er gegen neue SARS-Cov2-Virusmutanten sein würde. Glücklicherweise können Nukleinsäure-Impfstoffe, insbesondere die hier gezeigten mRNA-Impfstoffe, rasch in angepasster Form produziert werden, wenn neue genetische Varianten des Virus enstehen, gegen die die Ursprungs-Vakzine nicht mehr effektiv ist.

solcher wahrgenommen werden. Wie wichtig sowohl die Herdenimmunität als auch die öffentliche Akzeptanz eines Impfstoffes ist, wurde durch die Reaktion auf einen falschen und irreführenden Bericht über den Zusammenhang zwischen einem Masernimpfstoff und Autismus in Großbritannien ungewollt demonstriert. Nach Veröffentlichung des Berichts im Jahre 1998 ging die Verwendung des Impfstoffes dort stark zurück, was zu einem Anstieg des Ausmaßes und der Häufigkeit von Masernausbrüchen führte (**Abb. 24.51**).

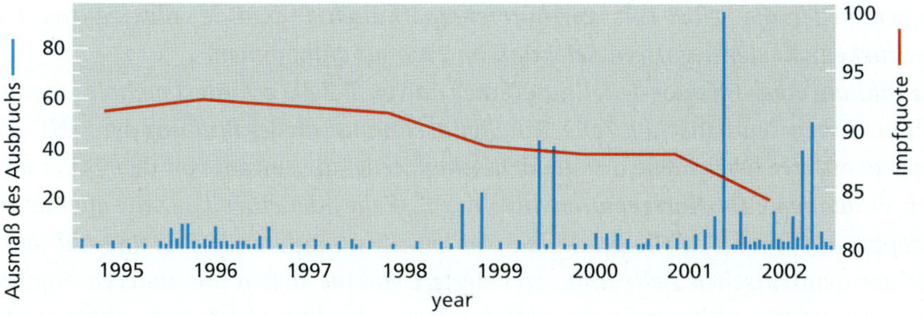

Abb. 24.51 Die Bedeutung der Herdenimmunität und öffentlichen Akzeptanz eines Impfstoffes. Nach der im Jahre 1998 erfolgten Veröffentlichung eines falschen Zusammenhangs zwischen der Masernimpfung und Autismus wurden in Großbritannien weniger Kinder gegen das Masernvirus (*rote Kurve*) geimpft, und Masernausbrüche (*blaue Balken*) nahmen an Häufigkeit und Ausmaß zu. Etwa 95 % einer Bevölkerung müssen gegen Masern immun sein, damit eine Herdenimmunität erreicht wird. Die gezeigte Impfquote entspricht dem Prozentsatz von Kindern, die eine Erstimpfung mit dem Masern-, Mumps- und Röteln(MMR)-Impfstoff vor ihrem zweiten Geburtstag erhalten hatten. (Daten mit freundlicher Genehmigung von V. A. A. Jansen und M. E. Ramsey. Verändert nach v. A. A. Jansen *et al.*, *Science* 301: 804, 2003. Mit Erlaubnis der AAAS).

Zusammenfassung

Es gibt drei funktionell unterschiedliche Klassen von T-Zellen: Cytotoxische T-Zellen (T_C-Zellen) töten infizierte Wirtszellen direkt ab, indem sie gezielt Perforine und Granzyme auf die Oberfläche infizierter Zellen sezernieren, wodurch diese dazu veranlasst werden, sich der Apoptose zu unterziehen. Helfer-T-Zellen (T_H-Zellen) helfen B-Zellen dabei, ihre Antikörper-Antwort durchzuführen. Sie helfen Makrophagen, die Mikroorganismen, die sie aufnehmen, zu zerstören, und sie unterstützen dendritische Zellen bei der Aktivierung von Tc-Zellen. Regulatorische T-Zellen (T_{reg}-Zellen) bilden dagegen suppressive Proteine (wie die Cytokine IL10 und TGF-β), um andere Immunzellen zu hemmen.

Alle T-Zellen exprimieren Oberflächen-Antigenrezeptoren (TCRs), die von Genen codiert werden, die während der T-Zell-Entwicklung im Thymus aus verschiedenen Gensegmenten zusammengesetzt werden. αβ-TCRs erkennen Peptidfragmente fremder Proteine, die ihnen gebunden an die MHC-Proteine auf der Oberfläche von antigenpräsentierenden Zellen (APCs) und T-Zielzellen dargeboten werden. Naive T-Zellen werden in den peripheren lymphatischen Organen durch aktivierte dendritische Zellen aktiviert. Dies geschieht durch die Freisetzung von Cytokinen und über die Expression von Peptid–MHC-Komplexen, kostimulierender Proteine und vieler Zell–Zell-Adhäsionsmoleküle auf ihrer Oberfläche.

Klasse-I–MHC-Proteine bieten T_C-Zellen Fremd-Peptide dar, während den T_H-Zellen Fremd-Peptide und den T_{reg}-Zellen Selbst- und Fremd-Peptide durch Klasse-II–MHC-Proteine präsentiert werden. Während Klasse-I–MHC-Proteine auf fast allen Wirbeltierzellen exprimiert werden, findet man Klasse-II–MHC-Proteine normalerweise nur auf APCs wie dendritischen Zellen, Makrophagen und B-Zellen. Beide MHC-Klassen haben eine einzelne Peptidbindungsfurche, in die eine große Gruppe kleiner Peptidfragmente passt, die aus dem normalen intrazellulären Abbau von Proteinen stammen. Klasse-I–MHC-Proteine binden hauptsächlich Peptide, die aus dem Cytoplasma stammen, Klasse-II–MHC-Proteine vorwiegend solche aus den endocytotischen Kompartimenten. Die Peptid–MHC-Protein-Komplexe werden zur Zelloberfläche transportiert, wo Komplexe, die ein von einem fremden Protein stammendes Peptid enthalten, von TCRs erkannt werden. Diese treten sowohl mit dem Peptid als auch mit den Wänden der Peptidbindungsfurche in Wechselwirkung. T-Zellen exprimieren auch CD4- oder CD8-Korezeptoren, die nichtvariable Regionen der MHC-Proteine erkennen. T_H-Zellen und T_{reg}-Zellen exprimieren CD4, das Klasse-II–MHC-Proteine erkennt. T_C-Zellen exprimieren dagegen CD8, das an Klasse-I–MHC-Proteine bindet.

Während der Thymocytenentwicklung arbeitet eine Kombination von positiver und negativer Selektion, um sicherzustellen, dass nur T-Zellen mit möglicherweise nützlichen Rezeptoren überleben, heranreifen und den Thymus verlassen, während alle anderen Thymocyten durch Apoptose sterben. Nach Verlassen des Thymus erhalten naive T_H- und T_C-Zelle ständig Überlebenssignale, wenn ihre TCRs Selbst-Peptid–Selbst-MHC-Komplexe erkennen. Sie können jedoch nur dann aktiviert werden, um Effektorzellen zu werden, wenn ihre TCRs auf Fremd-Peptide in der Furche von MHC-Proteinen auf einer aktivierten dendritischen Zelle treffen. Zellen, die wie die natürlichen T_{reg}-Zellen den Thymus *verlassen, helfen die Selbst-Toleranz aufrechtzuerhalten, indem sie selbstreaktive T-Zellen unterdrücken, die der negativen Selektion im Thymus entkommen.*

Die Bildung einer Effektor-T-Zelle aus einer naiven T-Zelle erfordert mehrere Signale von einer aktivierten dendritischen Zelle. Ein Signal stammt von der Bindung der MHC–Peptid-Komplexe auf der Oberfläche der dendritischen Zelle, die sowohl von den TCRs als auch von entweder den CD4-Korezeptoren auf einer T_H-Zelle oder einer T_{reg}-Zelle oder dem CD8-Korezeptor auf einer T_C-Zelle gebunden werden. Kostimulierende Proteine auf der Oberfläche der dendritischen Zelle und sezernierte Cytokine stellen die anderen Signale dar. Wenn eine naive T_H-Zelle zum ersten Mal durch eine dendritische Zelle in einem peripheren lymphatischen Organ aktiviert wird, kann sie zu verschiedenen Effektor-T-Zell-Typen differenzieren, je nach dem auslösenden Krankheitserreger und den Cytokinen in ihrer Umgebung. Sie kann zur Effektor-T_{FH}-Zelle werden, die im lymphatischen Organ verbleibt, um die Antikörperbildung der B-Zellen in den Lymphfollikeln zu unterstützen, oder sie kann sich zu T_{H1}-, T_{H2}-oder T_{H17}-Effektorzellen entwickeln, die mehrheitlich zu Infektionsorten wandern, wo sie andere Immunzellen beim Kampf gegen Krankheitserreger unterstützen; alternativ kann sie sich zu einer T_{reg}-Zelle entwickeln, die andere Immunzellen unterdrückt. Die verschiedenen Effektor-T_H-Zellen erkennen auf der Oberfläche ihrer Zielzelle den gleichen Komplex aus Fremd-Peptid und Klasse-II–MHC-Protein, den sie ursprünglich auf der dendritischen Zelle erkannt haben, die sie aktiviert hat. Sie aktivieren ihre Zielzellen durch eine Kombination von membrangebundenen und kostimulierenden *Proteinen und sezernierten Cytokinen. T_{reg}-Zellen verwenden Zelloberflächen- und sezernierte Hemmproteine, um ihre Zielzellen zu unterdrücken.*

Sowohl T-Zellen als auch B-Zellen benötigen zu ihrer Aktivierung mehrere Signale. Die Bindung des Antigens an die TCRs oder BCRs liefert ein Signal, während kostimulierende *Proteine, die an Korezeptoren binden, und Cytokine, die an ihre komplementären Zelloberflächenrezeptoren binden, die anderen Signale bereitstellen. Effektor-T_H-Zellen liefern die* kostimulierenden *Signale und sezernierten Cytokine für B-Zellen, während APCs diejenigen für T-Zellen zur Verfügung stellen.*

Literatur

24 Allgemein

Abbas, A.K., Lichtman, A.H. und Pillai, S. (2019). *Basic Immunology: Functions and Disorders of the Immune System*. 6th ed. Philadelphia: Elsevier.

Murphy, K., Weaver, C. und Berg, L. (2022). *Janeway's Immunobiology*. 10th ed. New York: Norton.

Parham, P. (2021). *The Immune System*. 5th ed. New York: Norton.

24.1 Das angeborene Immunsystem

Chan, A.H. und Schroder, K. (2020). Inflammasome signaling and regulation of interleukin-1 cytokines. *J. Exp. Med.* 217: e20190314.

Chao, S. und Pamer, E.G. (2011). Monocyte recruitment during infection and inflammation. *Nat. Rev. Immunol.* 11: 762–774.

Gallo, R.L. und Hooper, L.V. (2012). Epithelial antimicrobial defence of the skin and intestine. *Nat. Rev. Immunol.* 12: 503–516.

Iwasaki, A. und Medzhitov, R. (2015). Control of adaptive immunity by the innate immune system. *Nat. Immunol.* 16: 343–353.

Janeway, C.A. Jr und Medzhitov, R. (2002). Innate immune recognition. *Adv. Immunol.* 109: 87–124.

Kumar, H., Kawai, T. und Akira, S. (2011). Pathogen recognition by the innate immune system. *Int. Rev. Immunol.* 30: 16–34.

Kumar, S. (2018). Natural killer cell toxicity and its regulation by inhibitory receptors. *Immunology* 154: 383–393.

Liew, P.X. und Kubes, P. (2019). The neutrophil's role during health and disease. *Physiol. Rev.* 99. 1223–1248.

Mandal, A. und Viswanathan, C. (2015). Natural killer cells: in health and disease. *Hematol. Oncol. Stem Cell Ther.* 8: 47–55.

McNab, F., Mayer-Barber, K., Sher, A. et al. (2015). Type I interferons in infectious disease. *Nat. Rev. Immunol.* 15: 87–103.

Meffre, E. und Iwasaki, A. (2020). Interferon deficiency can lead to severe COVID. *Nature* 587: 374–376.

Newton, K. und Dixit, V.M. (2012). Signaling in innate immunity and inflammation. *Cold Spring Harb. Perspect. Biol.* 4: a006049.

Reis, E.S., Mastellos, D.C., Hajishengallis, G. et al. (2019). New insights into the immune functions of complement. *Nat. Rev. Immunol.* 19: 503–516.

Vijay, K. (2018). Toll-like receptors in immunity and inflammatory diseases: past, present, and future. *Int. Immunopharmacol.* 59: 391–412.

Vivier, E., Artis, D., Colonna, M. et al. (2018). Innate lymphoid cells: 10 years on. *Cell* 174: 1054–1066.

Zhao, L. und Lu, W. (2014). Defensins in innate immunity. *Curr. Opin. Hematol.* 2: 37–42.

24.2 Überblick über das adaptive Immunsystem

Clark, R.A. (2015). Resident memory T cells in human health and disease. *Sci. Transl. Med.* 7: 269rv1.

Eckert, N., Permanyer, M., Yu, K. et al. (2019). Chemokines and other mediators in the development and functional organization of lymph nodes. *Immunol. Rev.* 289: 62–83.

Farber, D.L., Netea, M.G., Radbruch, A. et al. (2016). Immunological memory: lessons from the past and a look to the future. *Nat. Rev. Immunol.* 16: 124–128.

Mueller, S.N. und Mackay, L.K. (2016). Tissue-resident memory T cells: local specialists in immune defence. *Nat. Rev. Immunol.* 16: 79–89.

Nguyen, Q.P., Deng, T.Z., Witherden, D.A. et al. (2019). Origins of $CD4^+$ circulating and tissue-resident memory T-cells. *Immunology* 157: 3–12.

Palm, A.E. und Henry, C. (2019). Remembrance of things past: long-term B cell memory after infection and vaccination. *Front. Immunol.* 10: 1787.

Pradeu, T. und Du Pasquier, L. (2018). Immunological memory: what's in a name?. *Immunol. Rev.* 283: 7–20.

Schwartz, R.H. (2012). Historical overview of immunological tolerance. *Cold Spring Harb. Perspect. Biol.* 4: a006908.

Weisel, F. und Shlomchik, M. (2017). Memory B cells of mice and humans. *Annu. Rev. Immunol.* 35: 255–284.

24.3 B-Zellen und Immunglobuline

Bournazos, S., Wang, T.T., Dahan, R. et al. (2017). Signaling by antibodies: recent progress. *Annu. Rev. Immunol.* 35: 285–311.

Carmona, L.M. und Schatz, D.G. (2017). New insights into the evolutionary origins of the recombination-activating gene proteins and V(D)J recombination. *FEBS J.* 284: 1590–1605.

Ebert, A., Hill, L. und Busslinger, M. (2015). Spatial regulation of V-(D)J recombination at antigen receptor loci. *Adv. Immunol.* 128: 93–121.

Eibel, H., Kraus, H., Sic, H. et al. (2014). B cell biology: an overview. *Curr. Allergy Asthma Rep.* 14: 434–444.

Gitlin, A.D., Shulman, Z. und Nussenzweig, M.C. (2014). Clonal selection in the germinal centre by regulated proliferation and hypermutation. *Nature* 29 (509): 637–640.

Imkeller, K. und Wardemann, H. (2018). Assessing human B cell repertoire diversity and convergence. *Immunol. Rev.* 284: 51–66.

Kwak, K., Akkaya, M. und Pierce, S.K. (2020). B cell signaling in context. *Nat. Immunol.* 20: 963–969.

Lu, L.L., Suscovich, T.J., Fortune, S.M. et al. (2018). Beyond binding: antibody effector functions in infectious diseases. *Nat. Rev. Immunol.* 18: 46–61.

Methot, S.P. und Di Noia, J.M. (2017). Molecular mechanisms of somatic hypermutation and class switch recombination. *Adv. Immunol.* 133: 37–87.

Wang, L. und Müschen, M. (2018). Portending death in germinal centers—when B cells know their time is up. *Cell Res.* 28: 5–6.

24.4 T-Zellen und MHC-Proteine

Alcover, A., Alarcón, B. und Di Bartolo, V. (2018). Cell biology of T cell receptor expression and regulation. *Annu. Rev. Immunol.* 36: 103–125.

Blum, J.S., Wearsch, P.A. und Cresswell, P. (2013). Pathways of antigen processing. *Annu. Rev. Immunol.* 31: 443–473.

Chudnovskiy, A., Pasqual, G. und Victora, G.D. (2019). Studying interactions between dendritic cells and T cells *in vivo*. *Curr. Opin. Immunol.* 58: 24–30.

DiToro, D., Winstead, C.J., Pham, D. et al. (2018). Differential IL-2 expression defines developmental fates of follicular versus nonfollicular helper T cells. *Science* 361 (6407): eaao2933.

Dustin, M.L. und Choudhuri, K. (2016). Signaling and polarized communication across the T cell immunological synapse. *Annu. Rev. Cell Dev. Biol.* 32: 303–325.

Eisenbarth, S.C. (2019). Dendritic cell subsets in T cell programming: location dictates function. *Nat. Rev. Immunol.* 19: 89–103.

Gascoigne, N.R., Rybakin, V., Acuto, O. et al. (2016). TCR signal strength and T cell development. *Annu. Rev. Cell Dev. Biol.* 32: 327–348.

Halle, S., Halle, O. und Förster, R. (2017). Mechanisms and dynamics of T cell-mediated cytotoxicity *in vivo*. *Trends Immunol.* 38: 432–443.

Kotsias, F., Cebrian, I. und Alloatti, A. (2019). Antigen processing and presentation. *Int. Rev. Cell Mol. Biol.* 348: 69–121.

Perniola, R. (2018). Twenty years of AIRE. *Front. Immunol.* 9: 98.

Plitas, G. und Rudensky, A.Y. (2016). Regulatory T cells: differentiation and function. *Cancer Immunol. Res.* 4: 721–725.

Pollard, A.J. und Bijker, E.M. (2021). A guide to vaccinology: from basic principles to new developments. *Nat. Rev. Immunol.* 21: 83–100.

Rossjohn, J., Gras, S., Miles, J.J. et al. (2015). T cell antigen receptor recognition of antigen-presenting molecules. *Annu. Rev. Immunol.* 33: 169–200.

Sakaguchi, S., Mikami, N., Wing, J.B. et al. (2020). Regulatory T cells and human disease. *Annu. Rev. Immunol.* 38: 541–566.

Steinman, R.M. (2012). Decisions about dendritic cells: past, present, and future. *Annu. Rev. Immunol.* 30: 1–22.

Glossar

ABC-Transporter Eine große Klasse von Membrantransportproteinen, die die Hydrolyseenergie von ATP nutzen, um Peptide oder kleine Moleküle durch die Membran zu schleusen. (Abb. 11–16)

Acetyl-CoA (S-Acetyl-CoA) Kleines wasserlösliches aktiviertes Molekül, das Acetylgruppen in Zellen transportiert. Es besteht aus einer Acetylgruppe, die über eine leicht hydrolysierbare energiereiche Thioesterbindung an Coenzym A (CoA) gebunden ist. (Abb. 2–38)

Acetylcholinrezeptor (AChR) Membranprotein, das auf die Bindung von Acetylcholin (ACh) reagiert. Der nikotinische AChR ist ein transmitterkontrollierter Ionenkanal, der sich als Reaktion auf ACh öffnet. Der muskarinische AChR ist kein Ionenkanal, sondern ein G-Protein-gekoppelter Zelloberflächenrezeptor.

Adaptation (1) Adaptation (Desensibilisierung): Anpassung der Empfindlichkeit nach wiederholtem Reiz. Sie ist der Mechanismus, der es einer Zelle ermöglicht, sogar bei einem hohen Reizhintergrundniveau auf kleine Reizänderungen zu antworten. (2) Evolutionsadaptation: Ein Merkmal, das sich evolutionär entwickelt hat.

Adapterprotein, Adapter Allgemeinbegriff für ein Protein, dessen Aufgabe darin besteht, zwei oder mehr verschiedene Proteine in einem intrazellulären Signalübertragungsweg oder einem Proteinkomplex miteinander zu verbinden. (Abb. 15–11)

adaptives Immunsystem System von Lymphocyten, das in Wirbeltieren für die hoch spezifische und dauerhafte Abwehr gegen pathogene Organismen sorgt. Es besteht aus zwei Haupt-Lymphocytenklassen: B-Lymphocyten (B-Zellen) und T-Lymphocyten (T-Zellen). B-Zellen sezernieren Antikörper, die spezifisch an den pathogenen Organismus oder eines seiner Produkte binden. T-Zellen können Zellen, die mit dem pathogenen Organismus infiziert sind, entweder direkt töten oder sie produzieren sezernierte oder zelloberflächenständige Signalproteine, die andere Wirtszellen dazu anregen, bei der Eliminierung des pathogenen Organismus zu helfen. (Abb. 24–2)

Adenylat-Cyclase (Adenylyl-Cyclase) Membrangebundenes Enzym, das die Bildung von cyclischem AMP aus ATP katalysiert. Ein wesentlicher Bestandteil einiger intrazellulärer Signalwege.

adherens junction *s.* **Adhäsionsverbindung**

Adhäsine Spezifische Proteine oder Proteinkomplexe pathogener Bakterien, die Moleküle auf der Zelloberfläche der Wirtszellen erkennen und binden und eine feste Adhäsion und die Besiedlung eines Gewebes ermöglichen.

Adhäsionsgürtel Adhärente Verbindungen in Epithelien, die direkt unter der apikalen Seite des Epithels einen durchgehenden Gürtel bilden (Zonula adherens) und die jede einzelne der innerhalb der Schicht wechselwirkenden Zellen umgeben.

Adhäsionsverbindung (adherens junction) Zellverbindung, in der die cytoplasmatische Seite der Plasmamembran mit Aktinfilamenten verknüpft ist. Beispiele sind der Adhäsionsgürtel zwischen benachbarten Epithelzellen und die Fokalkontakte auf der Unterseite von Fibroblasten in Kultur.

ADP (Adenosin-5′-diphosphat) Nukleotidabkömmling (Nukleosiddiphosphat), das durch Hydrolyse des endständigen Phosphats aus ATP entsteht. Es wird zu ATP regeneriert, wenn es durch einen Energie liefernden Vorgang wie die oxidative Phosphorylierung rephosphoryliert wird. (Abb. 2–33)

adulte Stammzellen Nicht ausdifferenzierte teilungsfähige Zellen, die in vielen Geweben die Neubildung ausdifferenzierter Zellen ermöglichen und so die Gewebshomoöstase trotz Verschleiß oder Schädigung ermöglichen. Sie werden auch somatische Stammzellen genannt.

aerobe Atmung Prozess, aus dem eine Zelle Energie aus Zuckern oder anderen organischen Molekülen gewinnt, indem sie es deren Kohlenstoff- und Wasserstoffatomen erlaubt, sich an Luft mit Sauerstoff zu verbinden, um CO_2 und H_2O zu bilden.

Affinitätskonstante (Ka, Assoziationskonstante) Gleichgewichtskonstante einer einfachen Bindungsreaktion. Für die Komponenten A und B ist die Assoziationskonstante K_a gegeben durch [AB]/[A][B]. *Siehe auch* **Dissoziationskonstante, Gleichgewichtskonstante**.

Affinitätsreifung Zunahme der Affinität von Antikörpern für das immunisierende Antigen in der Zeit nach der Immunisierung.

Molekularbiologie der Zelle, 7. Auflage. Bruce Alberts, Rebecca Heald, Alexander Johnson, David Morgan, Martin Raff, Keith Roberts und Peter Walter.

Agrin Signalprotein, das von einem axonalen Wachstumskegel während der Bildung von Synapsen zwischen dem Axon und einer Muskelzelle freigesetzt wird.

AIRE (Autoimmunregulator) Protein, das von einer Subpopulation von Epithelzellen im Thymus exprimiert wird. Es stimuliert die Produktion einer kleinen Menge von Selbst-Proteinen, die charakteristisch für andere Organe sind. Dadurch können diese Proteine den sich entwickelnden Thymocyten zur Erlangung der Selbst-Toleranz präsentiert werden.

Akt Serin/Threonin-Protein-Kinase, die im intrazellulären PI 3-Kinase/Akt-Signalweg wirksam ist, der insbesondere an der Übertragung von Signalen an Zellen für deren Wachstum und Überleben beteiligt ist. Auch Protein-Kinase B (PKB) genannt.

Aktionspotenzial Schnelle, vorübergehende und sich selbst fortpflanzende elektrische Erregung in der Plasmamembran einer Zelle wie einer Nerven- oder Muskelzelle. Aktionspotenziale oder Nervenimpulse ermöglichen Fernsignale im Nervensystem. (Abb. 11–33)

aktiver Transport Bewegung eines Moleküls durch die Membran oder über eine andere Schranke, die durch eine Energie angetrieben wird, die nicht im elektrochemischen Gradienten oder im Konzentrationsgradienten des transportierten Moleküls enthalten ist.

Aktives Zentrum Stelle auf einer Enzymoberfläche, an die das Substratmolekül bindet, um eine katalysierte Reaktion zu erfahren.

aktivierter Carrier Kleines diffusibles Molekül, das leicht austauschbare Energie in Form einer oder mehrerer „energiereicher" Bindungen speichert (Energieträgermolekül). Beispiele sind ATP, Acetyl-CoA, $FADH_2$, NADH und NADPH. (Abb. 2–31)

Aktivierungsenergie Zusatzenergie, die Atome oder Moleküle zusätzlich zu ihrer Grundzustandsenergie besitzen müssen, um einen Übergangszustand zu erreichen und in eine bestimmte chemische Reaktion einzutreten. (Abb. 2–21)

aktivierungsinduzierte Deaminase (AID) Enzym, das den Prozess der somatischen Hypermutation und den Immunglobulin-Klassenwechsel bei aktivierten B-Zellen katalysiert.

Allel Eine der vielen möglichen Zustandsformen eines Gens. In einer diploiden Zelle hat jedes Gen typischerweise zwei Allele, von denen jedes die gleiche Stelle (Locus) auf den homologen Chromosomen besetzt.

allgemeiner Transkriptionsfaktor Jedes Protein, dessen Anlagerung an einen Promotor für die Bindung und Aktivierung der RNA-Polymerase und für den Beginn der Transkription nötig ist. (Tab. 6–3)

Allosterie (*Adj.*, allosterisch) Veränderung der Konformation eines Proteins, die durch die Bindung eines regulatorischen Liganden (an eine andere Stelle als das katalytische Zentrum) oder durch kovalente Modifikation hervorgerufen wird. Die Konformationsänderung verändert die Aktivität des Proteins und kann die Grundlage gerichteter Bewegung sein. (Abb. 3–71 und 16–53)

allosterisches Protein Ein Protein, das mindestens zwei unterschiedliche Konformationen annehmen kann. Die Bindung eines Liganden an einer Stelle verursacht einen Konformationswechsel, der die Aktivität des Proteins an einer anderen Stelle verändert. Dies erlaubt es einer Art von Molekül in einer Zelle, das Schicksal einer anderen Molekülart zu beeinflussen, ein Prinzip, das in der Enzymregulation oft genutzt wird.

alpha-Helix (α-Helix) Häufiges Faltungsmuster in Proteinen, in denen sich eine lineare Folge von Aminosäuren in eine rechtsgewendelte Schnecke (Helix) faltet, die durch interne Wasserstoffbrücken zwischen Gerüstatomen stabilisiert wird. (Abb. 3–6)

alternatives RNA-Spleißen Die Bildung verschiedener RNAs aus dem gleichen Gen durch unterschiedliches Spleißen des Transkripts. (Abb. 7–59)

Aminoacyl-tRNA-Synthetase Enzym, das die richtige Aminosäure an ein tRNA-Molekül bindet, um eine Aminoacyl-tRNA zu bilden. (Abb. 6–58)

Aminosäure Organisches Molekül, das sowohl eine Amino- als auch eine Carboxylgruppe enthält. Die Bausteine von Proteinen sind die α-Aminosäuren; sie tragen die beiden funktionellen Gruppen am gleichen Kohlenstoffatom. (Abb. 3–1 und Tafel 3–1)

amöboide Zellwanderung Schnelle Zellbewegung, die für Amöben und weiße Blutkörperchen typisch ist. Sie zeichnet sich durch die Ausstülpung aktinreicher Pseudopodien an der Vorderseite der Zelle aus, die sich an den Untergrund anheften, gefolgt von einer durch Aktomyosin vermittelten Kontraktion der Rückseite.

amplifizierende Übergangszelle Zelle, die sich aus einer Stammzelle entwickelt und die sich in einer begrenzten Anzahl von Zyklen teilt, bevor sie endgültig ausdifferenziert.

AMPA-Rezeptor Glutamatgesteuerter Ionenkanal im zentralen Nervensystem von Säugetieren, der den Großteil der depolarisierenden Ionenströme ermöglicht, die für das exzitatorische postsynaptische Potenzial verantwortlich sind.

amphipathisch Eigenschaft von Substanzen, die sowohl hydrophobe als auch hydrophile Bereiche besitzen, wie z. B. in einem Phospholipid- oder einem Detergensmolekül.

amyloide Fibrillen Sich selbst ausbreitende stabile β-Faltblatt-Aggregate. Sie sind aus Hunderten von identischen Polypeptidketten aufgebaut, die übereinander gelagert sind und einen engmaschigen Stapel aus β-Faltblättern bilden. Die unverzweigte fibröse Struktur kann beim Menschen zu Krankheiten beitragen, wenn sie nicht kontrolliert wird.

Anaphase (1) Stadium der Mitose, während der die beiden Schwesterchromatiden sich trennen und auseinanderbewegen. (2) Stadien der Meiose, während der sich zuerst die homologen Chromosomenpaare trennen (Anaphase I) und dann die Schwesterchromatiden (Anaphase II). (Tafel 17–1)

Anaphase A Stadium der Mitose, während dessen sich die Chromosomen trennen, wobei die Chromosomen zu den beiden Spindelpolen wandern.

Anaphase B Stadium der Mitose, während dessen sich die Chromosomen trennen, wobei die Spindelpole sich trennen und auseinanderbewegen.

anaphasefördernder Komplex (APC/C; Cyclosom) Ubiquitin-Ligase, die die Ubiquitinierung und den Abbau von Securin und M- und S-Cyclinen katalysiert, was die Trennung der Schwesterchromatiden während des Übergangs von der Metaphase zur Anaphase in der Mitose einleitet.

Änderung der Freien Energie *s.* **Delta G (Δ)**

angeborene Immunantwort Sammelbegriff für eine Reihe von Mechanismen zur Vermeidung und Bekämpfung von Infektionen. Im Gegensatz zur adaptiven Immunantwort setzt die angeborene Immunantwort bereits zu Beginn der Infektion ein, ist jedoch nicht pathogenspezifisch und erzeugt kein immunologisches Gedächtnis.

Angiogenese Wachsen neuer Blutgefäße durch Aussprossung aus vorhandenen Gefäßen.

Ankerverbindung Zellverbindung, die Zellen mit Nachbarzellen oder der extrazellulären Matrix verankert. (Tab. 19–1)

Antennenkomplex Teil eines Photosystems, das Lichtenergie einfängt und in das photochemische Reaktionszentrum einschleust. Es besteht aus Proteinkomplexen, die Chlorophyll- und andere Pigmentmoleküle in großer Anzahl binden.

Antennapedia-Komplex Eines von zwei Genclustern in Drosophila, das *Hox*-Gene enthält. Die Gene des *Antennapedia*-Komplexes kontrollieren die Unterschiede zwischen den Brust- und Kopfsegmenten des Körpers.

antiapoptotische Proteine der Bcl2-Familie Proteine (z. B. Bcl2, $BclX_L$) auf der zum Cytosol zeigenden Oberfläche der äußeren Mitochondrienmembran, die proapoptotische Proteine der Bcl2-Famile binden und hemmen und dadurch helfen, eine unangemessene Aktivierung des intrinsischen Wegs der Apoptose zu verhindern.

Anti-IAP-Proteine Als Reaktion auf verschiedene apoptotische Reize gebildet, binden sie an IAPs (inhibitorische antiapoptotische Proteine) und verhindern deren Bindung an eine Caspase, sodass sie die durch IAPs vermittelte Inhibition der Apoptose neutralisieren.

Antibiotikum Bezeichnung für Substanzen wie Penicillin oder Streptomycin, die für Mikroorganismen giftig sind. Oft als natürliches Produkt von einem bestimmten Mikroorganismus oder einer Pflanze gebildet.

Anticodon Abfolge von drei Nukleotiden in einem tRNA-Molekül, die zu einem Drei-Nukleotid-Codon in einem mRNA-Molekül komplementär ist.

Antigen Beliebiges Molekül, das spezifisch an einen Antikörper oder einen B-Zell-Rezeptor binden kann, oder ein MHC-gebundenes Proteinfragment, das spezifisch an einen T-Zell-Rezeptor binden kann.

antigenpräsentierende Zelle Zelle, die den T-Lymphocyten auf ihrer Oberfläche ein Fremd-Antigen, das mit MHC-Molekülen komplexiert ist, darbietet.

antigene Determinante Spezifischer Bezirk auf einem Antigenmolekül, der an einen Antikörper oder einen komplementären Rezeptor auf der Oberfläche einer B-Zelle (BCR) oder T-Zelle (TCR) bindet.

Antigenvariation Die Fähigkeit, die Antigene zu verändern, die auf der Zelloberfläche präsentiert werden. Eine Eigenschaft einiger pathogener Mikroorganismen, die es ihnen ermöglicht, dem Angriff des adaptiven Immunsystems zu entgehen.

Antikörper (Immunglobulin) Protein, das von aktivierten B-Zellen als Antwort auf einen pathogenen Organismus oder auf ein Fremd-Molekül gebildet wird. Bindet fest an den pathogenen Organismus oder an das Fremd-Molekül, inaktiviert sie dadurch und markiert sie zum Abbau durch Phagocytose oder Komplement-induzierte Lyse. (Abb. 24–23)

Antikörperreaktion Adaptive Immunreaktion, bei der B-Zellen dazu aktiviert werden, Antikörper abzusondern, die im

Blutkreislauf zirkulieren oder in andere Körperflüssigkeiten eintreten. Dort können sie spezifisch an das Fremd-Antigen binden, das ihre Produktion stimuliert hat.

antiparallel Beschreibt die relative Orientierung der beiden Stränge in einer DNA-Doppelhelix oder von zwei gepaarten Regionen einer Polypeptidkette. Die Richtung des einen Strangs ist der des anderen Strangs entgegengerichtet.

Antiporter Trägerprotein, das zwei verschiedene Ionen oder kleine Moleküle durch die Membran in Gegenrichtung, entweder gleichzeitig oder nacheinander, hindurchtransportiert. (Abb. 11–8)

Apaf1 Adapterprotein des intrinsischen apoptotischen Wegs. Bindung an Cytochrom *c* führt zur Oligomerisierung und Bildung eines Apoptosoms.

apikal Bezeichnet die Spitze einer Zelle, einer Struktur oder eines Organs. Die apikale Fläche einer Epithelzelle ist die nach außen gekehrte, freie Oberfläche, entgegengesetzt zur basalen (Grund-)Fläche. Die Grundfläche ruht auf der Basallamina, die das Epithel von anderem Gewebe trennt.

Apoptose Form des programmierten Zelltods, bei dem ein Selbstmordprogramm innerhalb der tierischen Zelle aktiviert wird, das zum schnellen Absterben der Zelle führt und von intrazellulären proteolytischen Enzymen, die Caspasen genannt werden, vermittelt wird.

Apoptosehemmer (IAPs) Intrazelluläre Proteine, die die Apoptose hemmen.

Äquilibriumkonstante *s.* **Gleichgewichtskonstante**

Apoptosom Heptamer aus Apaf1-Proteinen, das sich bei Aktivierung des intrinsischen apoptotischen Wegs bildet. Es rekrutiert und aktiviert Initiator-Caspasen, die anschließend stromabwärts Caspasen aktivieren, die die Apoptose induzieren.

Aquaporin (Wasserkanal) In die Plasmamembran eingebettetes Kanalprotein, das die Permeabilität der Zelle für Wasser deutlich erhöhet und so den Transport von Wasser, aber nicht den von Ionen durch die Membran mit einer hohen Geschwindigkeit zulässt.

Archaeon (*Pl.*, Archaea) (Archaebakterium) Einzelliger Organismus ohne Zellkern, äußerlich den Bakterien ähnlich. Auf molekularer Ebene bzgl. der genetischen Mechanismen enger mit Eukaryoten verwandt als mit Bakterien. Archaea und Bakterien bilden zusammen die Prokaryoten. (Abb. 1–9)

ARF-Protein Monomere GTPase der Ras-Superfamilie, die für die Regulation sowohl der Assemblierung der COPI-Hülle als auch der Clathrinbeschichtung verantwortlich ist. (Tab. 15–5)

Arp2/3-Komplex (engl., actin-related protein) Komplex aus zwei aktinähnlichen Proteinen, die durch Bindung an ein Aktinfilament den Keim für dessen Wachstum vom *minus*-Ende her bilden.

Arrestin Mitglied einer Proteinfamilie, die an der GPCR-Desensibilisierung beteiligt ist, indem es verhindert, dass der aktivierte Rezeptor mit G-Proteinen in Wechselwirkung tritt, und indem es als Adapter bei der Kopplung des Rezeptors an die clathrinabhängige Endocytose dient. (Abb. 15–43)

Astralmikrotubulus Jeder Mikrotubulus in der Mitosespindel, der von der Aster ausstrahlt und nicht mit dem Kinetochor eines Chromosoms verbunden ist.

Assoziationskonstante (K_a, Affinitätskonstante) Gleichgewichtskonstante einer einfachen Bindungsreaktion. Für die Komponenten A und B ist die Assoziationskonstante K_a gegeben durch [AB]/[A][B]. *Siehe auch* **Dissoziationskonstante, Gleichgewichtskonstante**.

asymmetrische Zellteilung Zellteilung, bei der ein oder mehrere wichtige Moleküle ungleich zwischen den beiden Tochterzellen verteilt werden, wodurch diese Zellen sich voneinander unterscheiden. (Abb. 21–35 und 22–16)

ATM (Ataxia telangiectatica-mutiertes Protein) Protein-Kinase, die durch Doppelstrang-DNA-Brüche aktiviert wird. Wenn Brüche nicht repariert werden, leitet ATM eine Signalkaskade ein, die zur Hemmung des Zellzyklus führt. Verwandt mit ATR.

Atmungskette (Elektronentransportkette) Elektronentransportkette in der inneren Mitochondrienmembran, mit deren Hilfe ein elektrochemischer Protonengradient über die Membran aufgebaut wird; dieser wird genutzt, um die Synthese von ATP durch die ATP-Synthase anzutreiben. (Abb. 14–4 und 14–10)

ATP (Adenosin-5′-triphosphat) Nukleosidtriphosphat, das aus Adenin, Ribose und drei Phosphatgruppen besteht. Es ist der Hauptträger chemischer Energie in Zellen. Die endständigen Phosphatgruppen sind hoch reaktiv in dem Sinne, dass ihre Hydrolyse oder Übertragung auf ein anderes Molekül unter Freisetzung einer großen Menge Freier Energie abläuft. (Abb. 2–33)

ATP-Synthase (F1Fo-ATPase) Häufig vorkommender transmembraner Enzymkomplex in der inneren Membran eines Mitochondriums und in den Thylakoidmembranen eines Chloroplasten, der die Bildung von ATP aus ADP und anorganischem Phosphat bei der oxidativen Phosphorylierung bzw. der Photosynthese katalysiert und dabei von einem elektrochemischen Protonengradienten angetrieben wird. Auch in der Plasmamembran von Bakterien enthalten.

ATR (Ataxia telangiectatica- und Rad3-verwandtes Protein) Protein-Kinase, die durch DNA-Schädigung aktiviert wird. Wenn der Schaden unrepariert bleibt, hilft ATR, eine Signalkaskade einzuleiten, die zur Hemmung des Zellzyklus führt. Verwandt mit ATM.

aufgereinigtes zellfreies System Fraktioniertes Zellhomogenat, das eine bestimmte biologische Funktion der intakten Zelle behält und in dem biochemische Reaktionen und Zellprozesse einfacher untersucht werden können.

Auflösungsgrenze In der Mikroskopie die kleinste Distanz, bei der zwei Objektpunkte noch als getrennte Punkte aufgelöst werden können. Knapp unter 0,2 µm für die konventionelle Lichtmikroskopie, eine Grenze, die durch die Wellenlänge von Licht bestimmt wird.

äußere Kernmembran Eine von zwei konzentrischen Membranen, aus denen die Kernhülle besteht. Sie umgibt die innere Kernmembran und geht in die innere Kernmembran und in die Membran des Endoplasmatischen Reticulums über.

äußere Mitochondrienmembran Mitochondrienmembran, die das Organell vom Cytosol trennt und die innere Mitochondrienmembran vollständig umschließt.

Autoimmunkrankheit Ein Krankheitszustand, bei dem der Körper eine schädigende adaptive Immunantwort auf ein oder mehrere eigene Moleküle erzeugt.

Autophagie Verdauung von Cytoplasma und ausgedienten Organellen durch zelleigene Lysosomen.

Autophagosom Von einer Doppelmembran umgebenes Organell in den ersten Stadien der Autophagie, das cytoplasmatisches Material enthält.

Auxin Pflanzenhormon (Indol-3-Essigsäure) mit zahlreichen Funktionen bei Pflanzenwachstum und -entwicklung.

Axon Langer Nervenzellfortsatz, der Nervenimpulse rasch über weite Strecken fortleiten kann, um Signale an andere Zellen abzugeben.

Axonem Bündel von Mikrotubuli und assoziierten Proteinen, das das Innere einer Cilie oder einer Flagelle in einer Eukaryotenzelle bildet und für die Zellbewegung verantwortlich ist.

β-Catenin ***s.* beta-Catenin**

β-Faltblatt ***s.* beta-Faltblatt**

B-Zell-Rezeptor (BCR) Das transmembrane Immunglobulinprotein auf der Oberfläche einer B-Zelle. Es dient als dessen Rezeptor für das Antigen.

BAC ***s.* bakterielles künstliches Chromosom**

Bacterium (*Pl.*, Bacteria) (Eubacterium) Mitglied der Bacteria, eines der drei großen Reiche der Lebewesen (Archaea, Bacteria und Eukaryota). Bacteria und Archaea besitzen kein Zellkern-Kompartiment und zusammen bilden sie die Prokaryoten (Prokaryota). (Abb. 1–9)

Bacteriorhodopsin Pigmentprotein aus der Plasmamembran des salzliebenden Archaeons Halobacterium salinarium (Halobacterium halobium). Es pumpt Protonen mithilfe von Lichtenergie aus der Zelle.

Bak Ein Haupteffektorprotein der Bcl2-Proteinfamilie des intrinsischen Wegs der Apoptose in Säugetierzellen. Es ist selbst bei Abwesenheit eines apoptotischen Signals an die äußere Membran der Mitochondrien gebunden. Aktivierung erfolgt üblicherweise durch aktivierte proapoptotische BH3-only-Proteine.

bakterielles künstliches Chromosom (BAC) Klonierungsvektor, der große Stücke DNA, in der Regel bis zu 1 Million Basenpaare, aufnehmen kann.

basal An der Basis platziert. Die Basalfläche einer Zelle steht der Apikalfläche gegenüber.

Basallamina (*Pl.*, Basallaminae) Die dünne Matte extrazellulärer Matrix, die Epithelschichten und jeden anderen Zelltyp, wie Muskel- oder Fettzellen, vom Bindegewebe trennt. Auch Basalmembran genannt. (Abb. 19–51)

Basalmembran ***s.* Basallamina**

Base (1) Eine Substanz, die die Anzahl der Protonen in Lösung entweder durch direkte Aufnahme von H^+-Ionen oder durch Abgabe von OH^--Ionen, die sich dann mit H^+ verbinden und H_2O bilden, reduzieren kann. (2) Die Purine und Pyrimidine in DNA und RNA sind organische Stickstoffbasen und werden oft schlicht als „Basen" bezeichnet. (Tafel 2–2)

Basen-Exzisionsreparatur DNA-Reparaturmechanismus, bei dem einzelne fehlerhafte Basen aus der DNA-Helix entfernt und ersetzt werden. Vgl. **Nukleotid-Exzisionsreparatur**. (Abb. 5–41)

Basenpaar Zwei Nukleotide in einem RNA- oder DNA-Molekül, die durch Wasserstoffbrücken zusammengehalten werden – z. B. paart G mit C und A mit T oder U.

Bax Ein Haupteffektorprotein der Bcl2-Proteinfamilie des intrinsischen Wegs der Apoptose in Säugetierzellen. Es kommt hauptsächlich im Cytosol vor und transloziert nur nach

Aktivierung in die Mitochondrien. Die Aktivierung erfolgt üblicherweise durch aktivierte proapoptotische BH3-only-Proteine.

Bcl2 Protein der antiapoptotischen Bcl2-Familie der äußeren Mitochondrienmembran. Es bindet und inhibiert Proteine der proapoptotischen Bcl2-Familie und verhindert eine unangemessene Aktivierung des intrinsischen Wegs der Apoptose.

Bcl2-Familie Familie intrazellulärer Proteine, die die Apoptose entweder fördern oder hemmen, indem sie die Freisetzung von Cytochrom *c* und anderen Mitochondrienproteinen aus dem Intermembranraum ins Cytosol regulieren.

BclXL Antiapoptotisches Protein der Bcl2-Familie der äußeren Mitochondrienmembran. Es bindet und inhibiert proapoptotische Proteine der Bcl2-Familie und verhindert eine unangemessene Aktivierung des intrinsischen Wegs der Apoptose.

benigne Bezeichnung für Tumoren, die in ihrem Wachstum selbstbeschränkt und nicht invasiv sind.

beschichtetes Vesikel (coated vesicle) Kleines membranumgrenztes Organell mit einem Käfig von Proteinen (der Hülle) auf seiner cytosolischen Oberfläche. Es wird durch Abschnüren eines beschichteten Bezirks einer Membran (beschichtete Vertiefung, *coated pit*) gebildet. Manche Beschichtungen bestehen aus Clathrin, während andere aus anderen Proteinen gebildet sind.

beta-Catenin (β-Catenin) Multifunktionelles cytoplasmatisches Protein, das an der Cadherin-vermittelten Zell–Zell-Adhäsion beteiligt ist. Es bindet Cadherin an das Aktincytoskelett. Es kann auch unabhängig als Transkriptionsregulatorprotein wirken und hat eine wichtige Funktion in der Entwicklung der Tiere als Teil der Wnt-Signalkette.

beta-Faltblatt (β-Faltblatt) Häufiges Strukturmotiv von Proteinen, in dem verschiedene Abschnitte der Polypeptidkette aneinander entlanglaufen und durch Wasserstoffbrücken zwischen Atomen des Polypeptidgerüsts verbunden sind. (Abb. 3–6)

beta-Zelle des Pankreas (β-Zelle) Insulin produzierende Zelle des Pankreas.

BH3-only-Proteine Die größte Unterklasse der Bcl2-Proteinfamilie. Sie werden als Reaktion auf einen apoptotischen Reiz gebildet oder aktiviert und fördern die Apoptose hauptsächlich durch Hemmung der antiapoptotischen Proteine der Bcl2-Familie.

Bi-Orientierung Die Anlagerung von Schwesterchromatiden an gegenüberliegende Pole der Mitosespindel, sodass sie zu entgegengesetzten Enden der Zelle wandern, wenn sie sich in der Anaphase trennen.

Bildverarbeitung Computergestützte Techniken in der Mikroskopie, die digitale Bilder verarbeiten, um verborgene Information zu gewinnen. Sie ermöglicht die Kompensation einiger optischer Fehler in Mikroskopen, verstärkt den Kontrast, um die Detektion kleiner Unterschiede in der Lichtintensität zu verbessern, und ermöglicht die Subtraktion von Hintergrundunregelmäßigkeiten im optischen System.

Bindegewebe Jedes Trägergewebe zwischen anderen Geweben, das aus Zellen besteht, die in eine relativ große Masse extrazellulärer Matrix eingebettet sind. Dazu gehören Knochen, Knorpel und lockeres Bindegewebe.

Bindungsenergie Stärke der chemischen Bindung zwischen zwei Atomen, gemessen durch die Energie (in Kilokalorien oder Kilojoule), die für ihre Spaltung nötig ist.

Bindungsstelle Ein Bezirk auf der Oberfläche eines Moleküls, meist eines Proteins oder einer Nukleinsäure, der mit einem anderen Molekül durch nicht kovalente Bindungen wechselwirken kann.

biomolekulares Kondensat Aggregat im Inneren der Zelle, welches analog zu einer flüssig-flüssig-Phasentrennung auf schwachen Wechselwirkungen zwischen Gerüstproteinen beruht. Dient dazu, bestimmte Proteine und RNA-Moleküle in einem nicht membranumschlossenen Kompartiment in der Zelle zu konzentrieren oder abzusondern (Abb. 3–77 und 12–5).

BiP Im Endoplasmatischen Reticulum (ER) ansässiges Chaperonprotein, Mitglied der Familie der Hsp70–Chaperone.

Bithorax-Komplex Eines von zwei Genclustern in Drosophila, das *Hox*-Gene enthält. Die Gene im *Bithorax*-Komplex kontrollieren die Unterschiede zwischen den abdominalen und den thorakalen Segmenten des Körpers.

Bivalent Eine Struktur aus vier Chromatiden, die während der Meiose gebildet wird und aus einem duplizierten Chromosom besteht, das mit seinem homologen duplizierten Chromosom eng gepaart ist.

Bläschenbildung Membranvorwölbung, die entsteht, wenn die Plasmamembran sich lokal vom darunterliegenden Aktin-Kortex ablöst. Sie lässt cytoplasmatischen Fluss und hydrostatischen Druck in der Zelle zu, um die Membran nach außen zu drücken.

Blastomer Eine der vielen ähnlichen Zellen, die bei den frühen Teilungen einer befruchteten Eizelle gebildet wird.

Blastula Frühes Stadium eines Tierembryos vor Beginn der Gastrulation, das normalerweise aus einem hohlen Ball aus Epithelzellen besteht, die einen flüssigkeitsgefüllten Hohlraum umgeben.

Blutplättchen (Thrombocyt) Zellbruchstück ohne Kern, das von einem Megakaryocyten im Knochenmark abbricht und in großer Zahl im zirkulierenden Blutstrom gefunden wird. Es hilft, die Blutgerinnung zu starten, wenn Blutgefäße beschädigt sind. (Abb. 22–12)

Brassinosteroide Gruppe von Steroid-Signalmolekülen in Pflanzen, die das Wachstum und die Differenzierung von Pflanzen während ihres Lebenszyklus regulieren, indem sie an eine Zelloberflächen-Rezeptorkinase binden, um eine Signalübertragungskaskade zu initiieren.

Brown'sche Bewegung Spontane Bewegung von Partikeln oder Molekülen in einer Flüssigkeit oder in einem Gas, die durch zufällige molekulare Zusammenstöße verursacht wird.

C-terminal verankerte Proteine Membranproteine mit einer einzelnen Transmembranhelix dicht am Carboxyterminus.

C3 Zentrales Komplementprotein, das durch die frühen Komponenten aller drei Komplementwege (der klassische Weg, der Lektin-Weg und der alternative Weg) aktiviert wird. (Abb. 24–7)

Ca^{2+}-aktivierter K^+-Kanal Öffnet sich als Reaktion auf die erhöhte Ca^{2+}-Konzentration in Nervenzellen nach einem Aktionspotenzial. Eine erhöhte K^+-Permeabilität macht die Membran schwerer depolarisierbar und erhöht so die Verzögerung zwischen den Aktionspotenzialen und vermindert die Reaktion der Zelle auf konstante, anhaltende Stimulation (Adaptation).

Ca^{2+}-Pumpe (Calciumpumpe, Ca^{2+}-ATPase) Transportprotein in der Membran des Sarkoplasmatischen Reticulums der Muskelzellen (und anderswo), das Ca^{2+} aus dem Cytoplasma in das Sarkoplasmatische Reticulum pumpt und dabei die Energie der ATP-Hydrolyse nutzt.

Cadherin Mitglied der großen Cadherin-Superfamilie transmembraner Adhäsionsproteine. Vermittelt die homophile Ca^{2+}-abhängige Zell–Zell-Adhäsion in Tiergewebe. (Abb. 19–3 und Tab. 19–1)

Cadherin-Superfamilie Familie klassischer und nichtklassischer Cadherinproteine mit mehr als 180 Mitgliedern beim Menschen.

CAK ***s.* Cdk-aktivierende Kinase (CAK)**

Calciumpumpe ***s.* Ca^{2+}-Pumpe**

Calmodulin Überall vorhandenes Calcium bindendes Protein, das große Konformationsänderungen durchläuft, wenn es Ca^{2+} bindet. Auf diese Weise ermöglicht es die Regulation der Aktivität vieler Zielproteine. In seiner aktivierten (Ca^{2+}-gebundenen) Form nennt man es Ca^{2+}/Calmodulin. (Abb. 15–34)

Calnexin Kohlenhydratbindendes Chaperonprotein in der Membran des Endoplasmatischen Reticulums (ER), das an Oligosaccharide auf unvollständig gefalteten Proteinen bindet und sie im ER zurückhält.

Calreticulin Kohlenhydratbindendes Chaperonprotein im Lumen des Endoplasmatischen Reticulums (ER), das an Oligosaccharide auf unvollständig gefalteten Proteinen bindet und sie im ER zurückhält.

CaM-Kinase (Ca^{2+}/Calmodulin-Kinase) Serin/Threonin-Protein-Kinase,, deren Aktivität durch die Bindung von Ca^{2+}-aktiviertem Calmodulin (Ca^{2+}/Calmodulin) kontrolliert wird und dadurch indirekt die Wirkungen von einem cytosolischen Ca^{2+}-Anstieg durch Phosphorylierung von anderen Proteinen vermittelt. (Abb. 15–34)

CaM-Kinase II Multifunktionelle Ca^{2+}/Calmodulin-abhängige Protein-Kinase, in allen Tierzellen, die nach Aktivierung sich selbst und verschiedene Zielproteine phosphoryliert. Sie findet sich in den meisten Tierzellen, besonders aber in großer Menge in Synapsen im Gehirn, und man nimmt an, dass sie bei Lern- und Gedächtnisvorgängen mitwirkt. (Abb. 15–35)

cAMP ***s.* cyclisches AMP**

cAMP-abhängige Protein-Kinase (Protein-Kinase A, PKA) Enzym, das Zielproteine als Antwort auf eine Erhöhung der intrazellulären cAMP-Konzentration phosphoryliert. (Abb. 15–27)

cAMP-Phosphodiesterase Spezifisches Enzym, das schnell und kontinuierlich cyclisches AMP abbaut und 5′-AMP bildet. (Abb. 15–26)

Capsid Proteinhülle eines Virus, die durch Selbstaggregierung einer oder mehrerer Proteinuntereinheitenspezies zu einer geometrisch geordneten Struktur entsteht. (Abb. 3–27)

Cargo (Fracht) Die Membrankomponenten und löslichen Moleküle, die von Transportvesikeln befördert werden.

Carrier-Protein ***s.* Transporter**

Caspase Intrazelluläre Protease, die an der Vermittlung der intrazellulären Ereignisse der Apoptose beteiligt ist. (Abb. 18–3 und 18–4)

Caveola (*Pl.*, Caveolae) Einstülpung der Zelloberfläche, die nach innen abknospt und ein Pinocytosevesikel bildet. Man nimmt an, dass sie in Lipidflößen (*lipid rafts*, engl. *raft* = Floß) entsteht, d. h. in Membranbereichen, die reich an bestimmten Lipiden sind.

Caveoline Familie ungewöhnlicher integraler Membranproteine, die die Hauptstrukturproteine der Caveolae sind.

CD4 Korezeptorprotein, das auf Helfer-T-Zellen und regulatorischen T-Zellen gefunden wird und an Klasse-II-MHC-Moleküle (auf antigenpräsentierenden Zellen) außerhalb der Antigenbindungsstelle bindet. (Abb. 24–40)

CD8 Korezeptorprotein, das auf cytotoxischen T-Zellen gefunden wird und an Klasse-I-MHC-Moleküle (auf antigenpräsentierenden Zellen und infizierten Zielzellen) außerhalb der Antigenbindungsstelle bindet. (Abb. 24–40)

Cdc6 Essenzielles Protein bei der Vorbereitung der DNA auf die Replikation. Es bindet mit Cdt1 an einen Ursprungserkennungskomplex auf chromosomaler DNA und hilft dabei, Mcm-Proteine an die DNA anzulagern. (Abb. 5–31)

Cdc20 Aktivierende Untereinheit des anaphasefördernden Komplexes (APC/C; Cyclosom).

Cdc25 Proteinphosphatase, die Cdks dephosphoryliert und dadurch ihre Aktivität steigert.

Cdc42 Mitglied der Rho-Familie der monomeren GTPasen, die die Aktin- und Mikrotubuli-Skelette, die Progression des Zellzyklus, die Gentranskription und den Membrantransport regulieren.

Cdh1 Aktivierende Untereinheit des anaphasefördernden Komplexes (APC/C; Cyclosom).

Cdk ***s.* Cyclin-abhängige Kinase**

Cdk-Inhibitorprotein (CKI) Protein, das an Cyclin–Cdk-Komplexe bindet und sie dadurch hemmt; hauptsächlich an der Kontrolle der G_1- und S-Phase beteiligt.

cDNA-Klon Klon, der doppelsträngige cDNA-Moleküle enthält, die von den in einer Zelle vorhandenen proteincodierenden mRNA-Molekülen abgeleitet sind.

cDNA-Bibliothek Sammlung geklonter DNA-Moleküle. Sie stellen die komplementären DNA-Kopien der von einer Zelle gebildeten mRNA-Moleküle dar.

Cdt1 Essenzielles Protein bei der Vorbereitung der DNA auf die Replikation. Es bindet mit Cdc6 an einen Ursprungserkennungskomplex auf Chromosomen und hilft dabei, Mcm-Proteine an die DNA anzulagern. (Abb. 5–31)

Centriol Kurze zylindrische Anordnung von Mikrotubuli; in seiner Struktur dem Basalkörper sehr ähnlich. Ein Centriolenpaar wird gewöhnlich im Zentrum eines Centrosoms bei Tierzellen gefunden. (Abb. 16–42)

Centromer Eingeschnürter Bereich eines mitotischen Chromosoms, an dem die Schwesterchromatiden zusammengehalten werden. Es ist auch der Ort auf der DNA, an dem sich das Kinetochor bildet, das die Mikrotubuli aus der Mitosespindel einfängt. (Abb. 4–43)

Centrosom Zentral angeordnetes Organell in Tierzellen, das das primäre Mikrotubuli-Organisationszentrum (MTOC) ist und während der Mitose als Spindelpol wirkt. In den meisten Tierzellen enthält es ein Centriolenpaar. (Abb. 16–4741 und 17–2427)

CG-Insel Region in der DNA von Vertebratengenomen mit einer überdurchschnittlichen Dichte von CG-Sequenzen. Die C-Nukleotide in solchen Regionen bleiben meist unmethyliert.

cGMP ***s.* cyclisches GMP**

cGMP-Phosphodiesterase Spezifisches Enzym, das cyclisches GMP schnell hydrolysiert und abbaut.

chemiosmotische Kopplung (Chemiosmose) Mechanismus, bei dem ein elektrochemischer Protonengradient (zusammengesetzt aus einem pH-Gradienten und einem Membranpotenzial) über einer Membran genutzt wird, um einen Energie benötigenden Vorgang anzutreiben, wie die Bildung von ATP oder die Rotation der Bakterienflagelle.

chemische Gruppe Bestimmte häufige Atomkombinationen - wie Methyl- ($-CH_3$), Hydroxyl- (–OH), Carboxyl- (–COOH), Carbonyl- (–C=O), Phosphat- ($-PO_3^{2-}$), Sulfhydryl- (–SH) und Amino- ($-NH_2$) Gruppen – die unterschiedliche chemische und physikalische Eigenschaften haben und das Verhalten des Moleküls, in dem sie vorkommen, beeinflussen.

chemische Karzinogene Verschiedene Chemikalien, die karzinogen sind - aufgrund ihrer Fähigkeit, Mutationen zu verursachen - wenn sie an Versuchstiere verfüttert oder wiederholt auf ihre Haut aufgetragen werden.

Chemotaxis Gerichtete Bewegung einer Zelle zu oder von einer diffusionsfähigen Substanz.

Chiasma (*Pl.*, Chiasmata) χ (griech. *chi*)-förmige Verbindung, die zwischen gepaarten Chromosomen während der

Meiose sichtbar wird und den Ort des Crossing-over, einer Form der genetischen Rekombination, darstellt.

Chinon (Q) Kleines, fettlösliches, bewegliches Elektronenträgermolekül in der Atmungs- und der Photosynthese-Elektronentransportkette (engl. = *quinone*, daher Abkürzung „Q" für die verschiedenen Chinone in den Elektronentransportketten, unabhängig von ihrer Struktur). (Abb. 14–17)

ChIP *s.* **Chromatinimmunpräzipitation**

Chlorophyll Lichtabsorbierendes grünes Pigment, das eine Zentralfunktion bei der Photosynthese von Bakterien, Pflanzen und Algen hat.

Chloroplast Membranumschlossenes Organell in grünen Algen und Pflanzen, das Chlorophyll enthält und die Photosynthese ausführt.

Choleratoxin Sezerniertes toxisches Protein von *Vibrio cholerae*, das für die wässrige Diarrhö in Verbindung mit Cholera verantwortlich ist. Es enthält eine A-Untereinheit mit enzymatischer Aktivität und eine B-Untereinheit, die an die Wirtszellrezeptoren bindet, um die Untereinheit A ins Cytosol der Wirtszelle zu leiten.

Cholesterin Reichlich vorhandenes Lipidmolekül mit einer charakteristischen Vierring-Steroidstruktur, das ein wichtiger Bestandteil der Plasmamembran von Tierzellen ist. (Abb. 10–4)

Chromatin Komplex von DNA, Histonen und Nicht-Histon-Proteinen im Kern einer Eukaryotenzelle; der Stoff, aus dem die Chromosomen gemacht sind.

Chromatinimmunpräzipitation (ChIP) Technik, bei der chromosomale DNA, die an ein besonderes Protein gebunden ist, isoliert werden und durch Präzipitation mithilfe eines Antikörpers gegen das gebundene Protein identifiziert werden kann. (Abb. 8–67 und 8–68)

Chromosom Struktur, die aus einem sehr langen DNA-Molekül mit assoziierten Proteinen besteht und einen Teil (oder die gesamte) Erbinformation eines Organismus trägt. Besonders deutlich bei Pflanzen- und Tierzellen zu sehen, die die Mitose oder die Meiose durchlaufen. Dabei wird jedes Chromosom zu einer kompakten Stäbchenstruktur kondensiert, die unter dem Lichtmikroskop sichtbar ist.

Cilium (*Pl.*, Cilia) Haarförmige Auswachsung einer Eukaryotenzelle, die ein Kernbündel aus Mikrotubuli enthält. Viele Zellen enthalten eine einzelne unbewegliche Cilie, während andere viele Cilien enthalten, die wiederholte Schlagbewegungen ausführen. *Vgl.* **Flagellum**.

circadiane Uhr (circadianer Rhythmus) Innerer zyklischer Vorgang, der eine bestimmte Änderung in einer Zelle oder einem Organismus mit einer Periode von etwa 24 Stunden hervorruft, z. B. der Schlaf/Wach-Wechsel beim Menschen.

cis-Fläche Fläche auf derselben oder der zugewandten Seite.

cis-Golgi-Netzwerk (CGN) Netzwerk verschmolzener vesikulärer tubulärer Cluster, das eng mit der *cis*-Seite des Golgi-Apparates verbunden ist. Es ist das Kompartiment, in dem Proteine und Lipide vom ER kommend in den Golgi-Apparat eindringen.

cis-regulatorische Sequenzen DNA-Sequenzen, an die Transkriptionsregulatoren binden, um die Geschwindigkeit der Gentranskription zu kontrollieren. In fast allen Fällen müssen sich diese Sequenzen auf demselben Chromosom (d. h. in *cis*) befinden wie die Gene, die sie kontrollieren. (Abb. 7–18)

CKI *s.* **Cdk-Inhibitorprotein**

Clathrin Protein, das sich zu einem polyedrischen Käfig auf der cytosolischen Seite einer Membran zusammenlagert, sodass eine clathrinbeschichtete Vertiefung (engl. *clathrin-coated pit*) entsteht, die durch Endocytose als clathrinbeschichtetes Vesikel abknospt. (Abb. 13–6)

clathrinbeschichtete Vertiefungen Spezialisierte Bereiche, die typischerweise etwa 2 % der gesamten Plasmamembranfläche bedecken, an denen oft die Endocytose beginnt.

clathrinbeschichtete Vesikel Beschichtete Vesikel im Zellinneren, die Material von der Plasmamembran und zwischen den endosomalen und Golgi-Kompartimenten transportieren.

coated vesicle *s.* **beschichtetes Vesikel**

Codon Folge von drei Nukleotiden in einem DNA- oder mRNA-Molekül, die die Anweisung für den Einbau einer spezifischen Aminosäure in die wachsende Peptidkette darstellt.

Coenzym Kleines, mit einem Enzym fest assoziiertes Molekül, das an der Reaktion, die dieses Enzym katalysiert, teilnimmt, oft dadurch, dass es eine kovalente Bindung mit dem Substrat eingeht. Beispiele sind Biotin, NAD^+ und Coenzym A.

Cohesin, Cohesinkomplex Komplex von Proteinen, der unter ATP-Verbrauch die Interphasechromosomen in eine Reihe von DNA-Schleifen faltet und während der Mitose die Schwesterchromatiden vor ihrer Trennung längsseits zusammenhält. (Abb. 4–57 und 17–23)

Condensin, Condensinkomplex Komplex von Proteinen, der an der Kondensation der Chromosomen vor der Mitose beteiligt ist. Angriffsort für M-Cdk. (Abb. 17–25)

Connexin Proteinkomponente von Gap Junctions; ein Vierpfad-Transmembranprotein. Sechs Connexine lagern sich in der Plasmamembran zusammen und bilden ein Connexon oder einen „Semi-Kanal". (Abb. 19–25)

Connexon Wassergefüllte Pore in der Plasmamembran, die durch einen Ring aus sechs Connexin-Untereinheiten gebildet wird. Die Hälfte einer Gap Junction. Connexone von zwei aneinander gelagerten Zellen bilden zusammen einen kontinuierlichen Kanal, den Ionen und kleine Moleküle passieren können. (Abb. 19–25)

beschichtete Vesikel Beschichtete Vesikel, die Material früh im sekretorischen Weg transportieren. Sie schnüren sich von Golgi-Kompartimenten ab.

COPII-beschichtete Vesikel Beschichtete Vesikel, die Material im sekretorischen Weg transportieren. Sie schnüren sich vom Endoplasmatischen Reticulum ab.

CREB (CRE-bindendes Protein) Transkriptionsregulator, der das cAMP-Response-Element (CRE) im regulatorischen Bereich von Genen, die von cAMP aktiviert werden, erkennt. Nach Aktivierung durch PKA lockt phosphoryliertes CREB einen Transkriptionskoaktivator (CREB-bindendes Protein, CBP) an, um die Transkription von Zielgenen zu stimulieren. (Abb. 15–28)

CRISPR Abwehrmechanismus von Bakterien, die kleine nichtcodierende RNA-Moleküle (crRNAs) einsetzen, um eindringende virale Genome über komplementäre Basenpaarung ausfindig zu machen und über gezielten Nukleaseverdau zu zerstören.

Crista (*Pl.*, Cristae) Eine der Einfaltungen der inneren Mitochondrienmembran.

crRNAs Kleine nichtcodierende RNAs (etwa 30 Nukleotide). Sie sind die Effektoren der CRISPR-vermittelten Immunität bei Bakterien.

Cryptochrome Pflanzliche Flavoproteine, die auf Blaulicht ansprechen. Strukturell verwandt mit blaulichtempfindlichen Enzymen, die als Photolyasen bezeichnet werden und an der Reparatur von UV-induzierten DNA-Schäden beteiligt sind. Sie kommen auch in Tieren vor, wo sie eine wichtige Rolle bei circadianen Rhythmen innehaben.

CSF ***s.* Kolonien stimulierender Faktor**

Cubitus interruptus (Ci) Latenter Transkriptionsregulator, der die Wirkung von Hedgehog vermittelt.

Cyclin Protein, dessen Konzentration während des eukaryotischen Zellzyklus periodisch steigt und fällt. Cycline aktivieren wesentliche Protein-Kinasen (Cyclin-abhängige Kinasen oder Cdks) und helfen dadurch, den Verlauf des Zellzyklus von Phase zu Phase zu kontrollieren.

Cyclin-abhängige Kinase (Cdk) Protein-Kinase, die mit einem Cyclinprotein komplexieren muss, um wirksam zu werden. Verschiedene Cdk–Cyclin-Komplexe lösen verschiedene Stufen im Zellteilungszyklus aus, indem sie jeweils spezifische Zielproteine phosphorylieren. (Abb. 17–9)

Cyclin–Cdk-Komplexe Proteinkomplexe, die periodisch während des Teilungszyklus der Eukaryotenzelle mit der Erhöhung der Cyclinkonzentration gebildet werden. Im Komplex wird die Cyclin-abhängige Protein-Kinase (Cdk) aktiviert. (Abb. 17–9 und 17–10)

cyclisches AMP (cAMP) Nukleotid, das aus ATP durch die Adenylat-Cyclase als Antwort auf verschiedene extrazelluläre Signale gebildet wird. cAMP wirkt als intrazelluläres Signalmolekül, hauptsächlich indem es die cAMP-abhängige Protein-Kinase (PKA) aktiviert. Es wird durch eine Phosphodiesterase zu AMP hydrolysiert. (Abb. 15–25)

cyclisches GMP (cGMP) Nukleotid, das aus GTP durch das Enzym Guanylat-Cyclase als Antwort auf verschiedene extrazelluläre Signale gebildet wird.

Cyclosom ***s.* anaphasefördernder Komplex**

Cytochrome Familie farbiger, Häm enthaltender Proteine, die Elektronen während der Zellatmung und Photosynthese übertragen.

Cytochrom c Lösliche Komponente der Elektronentransportkette im Mitochondrium. Die Abgabe von Cytochrom *c* aus dem mitochondrialen Intermembranraum in das Cytosol leitet außerdem die Apoptose ein.

Cytochrom-c-Oxidase-Komplex Dritte der drei elektronengetriebenen Protonenpumpen in der Atmungskette. Der Komplex nimmt Elektronen von Cytochrom *c* auf und erzeugt Wasser, indem er molekularen Sauerstoff als Elektronenakzeptor verwendet. (Abb. 14–18)

Cytochrom-c-Reduktase Zweite der drei elektronengetriebenen Protonenpumen in der Atmungskette. Sie nimmt Elektronen von Ubichinon auf und gibt sie an Cytochrom *c* weiter. (Abb. 14–18)

Cytokin Extrazelluläres Signalprotein oder -peptid, das als lokaler Vermittler bei der Zell–Zell-Kommunikation dient.

Cytokinese Zweiteilung des Cytoplasmas einer Pflanzen- oder Tierzelle im Gegensatz zur assoziierten Zweiteilung des Kerns, der Mitose. Teil der M-Phase. (Tafel 17–1)

Cytokinrezeptor Zelloberflächenrezeptor, der ein spezielles Cytokin oder Hormon bindet und über den JAK–STAT-Weg wirkt. (Abb. 15–57)

Cytoplasma Inhalt einer Zelle, der von ihrer Plasmamembran umschlossen ist, bei der Eukaryotenzelle jedoch ohne den Kern.

cytoplasmatische Tyrosinkinase Enzyme, die durch bestimmte Zelloberflächenrezeptoren (Tyrosinkinase-assoziierte Rezeptoren) aktiviert werden und die das Rezeptorsignal weiter übertragen, indem sie Tyrosin-Seitenketten von Zielproteinen im Cytoplasma phosphorylieren.

Cytoskelett System von Proteinfilamenten im Cytoplasma einer Eukaryotenzelle, das der Zelle ihre Form und die Fähigkeit zu gerichteter Bewegung gibt. Seine Hauptbestandteile sind Aktinfasern, Mikrotubuli und Intermediärfilamente.

Cytosol Inhalt des Hauptkompartiments des Cytoplasmas ohne die membranabgegrenzten Organellen, wie das Endoplasmatische Reticulum und die Mitochondrien.

cytotoxische T-Zelle (T_C-Zelle) T-Zell-Typ, der für das Abtöten von Wirtszellen, die mit einem Virus oder einem anderen intrazellulären Pathogen infiziert sind, verantwortlich ist. (Abb. 24–42)

D-Gensegment Kurze DNA-Sequenz, die für einen Teil der variablen Region einer schweren Immunglobulinkette oder der β-Kette eines T-Zell-Rezeptors (TCR) codiert.

Defensin Positiv geladenes, amphipathisches, antimikrobielles Peptid – sezerniert von Epithelzellen –, das an die Membranen vieler pathogener Organismen bindet und sie zerstört.

Delta Einpfad-Transmembran-Signalprotein auf der Oberfläche von Zellen, das an das Notch-Rezeptorprotein auf einer benachbarten Zelle bindet und einen kontaktabhängigen Signalübertragungsmechanismus aktiviert.

Delta G (Δ) Änderung der Freien Energie während einer Reaktion: die Freie Energie der Produkte (austretende Reaktanden) *minus* die Freie Energie der Edukte (eintretende Reaktanden = Substrate). Ein großer negativer Wert von Δ zeigt an, dass die Reaktion eine starke Neigung hat abzulaufen. (Tafel 2–7)

Delta G^0 (Δ) Änderung der Freien Energie unter Standardbedingungen, d. h. alle Reaktanden liegen in einer Konzentration von 1 Mol/Liter vor.

Dendrit Auswuchs einer Nervenzelle, meist stark verästelt, der Reize von anderen Nervenzellen aufnimmt.

dendritische Zelle Der wirksamste Typ einer antigenpräsentierenden Zelle, der ein Antigen aufnimmt und es bearbeitet, um es dann T-Zellen zu präsentieren. Wird zur Aktivierung naiver T-Zellen benötigt. (Abb. 24–11)

Depolarisierung Verschiebung des Membranpotenzials einer Zelle hin zu einem positiven Wert. Eine depolarisierte Zelle hat ein Potenzial, das außen positiv und innen negativ ist.

Desoxyribonukleinsäure (DNA) Polynukleotid aus kovalent verbundenen Desoxyribonukleotid-Einheiten. Die DNA dient als Speicher der Erbinformation in einer Zelle und trägt diese Information von Generation zu Generation weiter. (Abb. 4–3 und Tafel 2–6)

Desensibilisierung ***s.* Adaptation**

Desmosom Verankernde Zell–Zell-Verbindung, meist zwischen zwei Epithelzellen und durch dichte Protein-Plaques charakterisiert, an die sich Intermediärfilamente aus den beiden angrenzenden Zellen anheften. (Abb. 19–2)

Detergens Kleines amphipathisches Molekül, das in Wasser besser löslich ist als Lipide. Es stört hydrophobe Verbände und zerstört die Lipid-Doppelschicht und bringt so Membranproteine in Lösung.

Diacylglycerin (DAG) Lipid, das bei der enzymatischen Spaltung von Inositolphospholipiden als Antwort auf extrazelluläre Signale entsteht. Zusammengesetzt aus zwei Fettsäureketten, die mit Glycerin verestert sind. Hilft als Signalmolekül, Protein-Kinase C (PKC) zu aktivieren. (Abb. 15–29)

Didesoxysequenzierung Die enzymatische Standardmethode der DNA-Sequenzierung. (Tafel 8–1)

Differenzial-Interferenzkontrastmikroskop Ein Lichtmikroskop, das die Interferenzeffekte auswertet, die auftreten, wenn Licht verschiedene Teile einer Zelle mit unterschiedlichen Brechungsindizes passiert. Es wird verwendet, um ungefärbte lebende Zellen zu beobachten.

Differenzierung Vorgang, durch den eine Zelle in einen deutlich spezialisierteren Zelltyp übergeht.

Diffusion Nettodrift von Molekülen in Richtung geringerer Konzentration durch statistische thermische (Brown'sche) Bewegung.

Dishevelled Gerüstprotein, das von der Frizzled-Familie der Zelloberflächenrezeptoren nach deren Aktivierung durch

Wnt-Bindung angelockt wird. Es hilft, das Signal an andere Signalmoleküle weiterzugeben.

Dissoziationskonstante (K_d) Der Kehrwert der Assoziationskonstante, mit der Einheit mol L^{-1}. *Siehe auch* **Assoziationskonstante, Gleichgewichtskonstante.**

DNA-Bibliothek Sammlung von klonierten DNA-Molekülen, die entweder ein vollständiges Genom (Genombibliothek) oder DNA-Kopien der mRNAs, die von einer Zelle gebildet werden (cDNA-Bibliothek), darstellt.

DNA-Helikase Enzym, das unter ATP-Verbrauch an der Öffnung der DNA-Helix in ihre Einzelstränge beteiligt ist, sowohle bei der DNA-Replikation als auch bei der DNA-Reparatur.

DNA-Klonierung (1) Herstellen vieler identischer Kopien (typischerweise Milliarden) eines DNA-Moleküls - die Amplifikation einer bestimmten DNA-Sequenz. (2) Auch die Isolierung eines bestimmten DNA-Strangs (oft eines bestimmten Gens) aus dem Rest des Zellgenoms.

DNA-Ligase Enzym, das die Enden von zwei DNA-Strängen durch eine kovalente Bindung verknüpft, um einen durchgehenden DNA-Strang herzustellen.

DNA-Methylierung Anfügen einer Methylgruppe an DNA. Die umfangreiche Methylierung der Cytosinbase in CG-Sequenzen wird bei Wirbeltieren benutzt, um Gene in ihrem inaktiven Zustand zu halten.

DNA-only-Transposon Art eines transponierbaren Elements, das während seines gesamten Lebenszyklus als DNA erhalten bleibt. Viele von ihnen bewegen sich durch Collage- oder Cut-and-Paste-Transposition (s. **transponierbares Element**).

DNA-Polymerase Enzym, das DNA durch das Aneinanderfügen von Nukleotiden synthetisiert und dabei eine DNA-Matrize als Leitmuster benutzt, mit den vier Nukleosidtriphosphaten ATP, GTP, CTP, TTP als Substrat.

DNA-Primase Enzym, das einen kurzen RNA-Strang auf einer DNA-Matrize synthetisiert und dadurch einen Starter (Primer) für die DNA-Synthese anfertigt. (Abb. 5–10)

DNA-Reparatur Eine Gruppe von unterschiedlichen enzymatischen Prozessen zur Reparatur der vielen zufälligen Veränderungen, die in der DNA ständig auftreten.

DNA-Replikation Prozess, bei dem eine Kopie eines DNA-Moleküls hergestellt wird.

DNA-Superspiralisierung Eine Konformation mit Schleifen oder Windungen, die die DNA als Reaktion auf superhelikale Spannung annimmt. Umgekehrt kann auch durch die Bildung verschiedener Schleifen oder Windungen eine derartige Spannung entstehen.

DNA-Topoisomerase (Topoisomerase) Enzym, das an DNA bindet und reversibel eine Phosphodiesterbindung in einem oder beiden Strängen bricht. Topoisomerase I bildet vorübergehende Einzelstrangbrüche und ermöglicht so, dass sich die Doppelhelix dreht und die Spannung, unter der die Superhelix steht, abnimmt. Topoisomerase II bildet vorübergehende Doppelstrangbrüche und ermöglicht, dass eine Doppelhelix durch eine andere hindurchgleitet und sich so das Gewirr auflöst. (Abb. 5–22 und 5–23)

DNA-Transkription *s.* **Transkription**

DNA-Tumorvirus Allgemeiner Begriff für eine Vielzahl verschiedener DNA-Viren, die Tumoren verursachen können.

Dolichol Isoprenoid-Lipidmolekül, das das Vorläufer-Oligosaccharid während der Proteinglykosylierung in der Membran des Endoplasmatischen Reticulums verankert.

Domäne (Proteindomäne) Teil eines Proteins, der eine eigene Tertiärstruktur besitzt. Große Proteine sind meist aus mehreren Domänen zusammengesetzt, die untereinander durch kurze flexible Abschnitte der Polypeptidkette verbunden sind. Homologe Domänen werden in vielen verschiedenen Proteinen wiedererkannt.

Doppelhelix Die dreidimensionale Struktur der DNA, in der zwei antiparallele DNA-Ketten durch Wasserstoffbrücken zwischen den Basen zusammengehalten werden und zu einer Helix aufgewunden sind. (Abb. 4–5)

Doppelwendel (coiled coil) Besonders stabile Stäbchenstruktur von Proteinen, die dadurch entsteht, dass zwei oder mehr α-Helices umeinander gewunden sind. (Abb. 3–8)

Dorsal Transkriptionsregulator der NFκB-Familie, der die Genexpression reguliert und an der Einrichtung der dorsoventralen Achse im Embryo beteiligt ist.

Dünndarmepithel Einlagiges polarisiertes Epithel der Schleimhaut des Dünndarms und der meisten anderen Darmabschnitte, das als Barriere zum Darmlumen wirkt und die Aufnahme von Nährstoffen vermittelt.

Dunkelfeldmikroskopie Art der Lichtmikroskopie, bei der die schrägen Lichtstrahlen, die auf der Probe fokussiert werden, nicht in die Objektivlinse einfallen. Das Licht, das von

Komponenten in der lebenden Zelle gestreut wird, kann jedoch gesammelt werden, um ein helles Bild auf dunklem Hintergrund zu erzeugen. (Abb. 9–6)

Dynamin Cytosolische GTPase, die am Ort der Einschnürung eines clathrinbeschichteten Vesikels beim Vorgang des Abknospens von der Membran bindet. Sie ist am Abschluss der Vesikelbildung beteiligt.

dynamische Instabilität Die Eigenschaft der plötzlichen Umwandlung von Wachstum auf Schrumpfung und umgekehrt in einem Proteinfilament wie einem Mikrotubulus oder Aktinfilament. (Tafel 16–2 und Abb. 16–40)

Dynein Großes Motorprotein, das ATP-abhängige Bewegungen entlang der Mikrotubuli ausführt.

E2F-Protein Genregulatorprotein, das viele Gene anschaltet, die für Proteine codieren, die für den Eintritt in die S-Phase des Zellzyklus benötigt werden.

Effektor-Caspasen Apoptotische Caspasen, die die umfangreichen Spaltungsprozesse während der Apoptose katalysieren, die die Zelle töten.

Effektorzelle Eine Zelle, die in einem bestimmten Vorgang die endgültige Antwort oder Funktion ausführt. Die Haupt-Effektorzellen des Immunsystems z. B. sind die aktivierten Lymphocyten und Phagocyten – die Zellen, die mit dem Abbau und der Entfernung von Pathogenen aus dem Körper befasst sind.

Ei-Polaritätsgene Gene im Ei von Drosophila, die die anteroposteriore und die dorsoventrale Achse des zukünftigen Embryos festlegen. Dies geschieht über die Bildung von Orientierungshilfen (mRNA oder Proteine) im Ei, die Signale zur Verfügung stellen, die den Entwicklungsprozess organisieren.

eIF *s.* **eukaryotischer Initiationsfaktor**

Einpfad-Transmembranprotein (single-pass transmembrane protein) Membranprotein, dessen Polypeptidkette die Lipid-Doppelschicht nur einmal durchspannt. (Abb. 10–24)

Einzelmolekül-Lokalisierungs-Mikroskopie (Single Molecule Localization Microscopy, SMLM) Sammelbezeichnung für superauflösende Bildgebungsmethoden, die die Visualisierung biologischer System emit einer optischen Auflösung im Bereich zwischen 20 und 50 nm erlauben. Dazu gehören die PALM- und STORM-Techniken, welche über die Berechnung der Punktspreizfunktion nach Messung einer großen Anzahl Photonen die genaue Positionsbestimmung von fluoreszenzmarkierten Molekülen erlauben.

Einzelnukleotid-Polymorphismus (SNP, single-nucleotide polymorphism) Variation zwischen Einzelorganismen einer Population durch einen relativ häufigen Unterschied in einer bestimmten Nukleotidposition in ihrer DNA-Sequenz.

Einzelpartikel-Rekonstruktion Rechenverfahren in der Elektronenmikroskopie. Nachdem man Bilder von vielen identischen Molekülen erhalten hat, werden sie mit diesem Verfahren digital zu einem gemittelten dreidimensionalen Bild kombiniert. So werden strukturelle Details offenbart, die in den ursprünglichen Bildern von Rauschen überdeckt waren. Entscheidend für das Erreichen einer atomaren Auflösung bei der Kryoelektronenmikroskopie.(Tafel 9–1)

Einzelstrang-DNA-Bindungsprotein (single-strand DNA-binding protein, SSB) Protein, das an die einzelnen Stränge der aufgedrillten DNA-Doppelhelix bindet und dadurch verhindert, dass sich die Helixstruktur während der DNA-Replikation zurückbildet. (Abb. 5–15)

Eisen-Schwefel-Cluster Elektronen transportierende Gruppierung, entweder aus zwei oder vier Eisenatomen, die an eine gleiche Anzahl Schwefelatome gebunden sind. Kommt in einer Klasse der Elektronentransportproteine vor. (Abb. 14–16)

Eisen-Schwefel-Protein Protein, welches einen oder mehrere Eisen-Schwefel-Cluster enthält und in der Regel am Transport von Elektronen beteiligt ist.

Ektoderm Embryonales Epithelgewebe, das den Vorläufer der Epidermis und des Nervensystems darstellt.

Elastin Extrazelluläres Protein, das dehnbare Fasern (elastische Fasern) im Bindegewebe bildet.

elastische Faser Dehnbare Faser, die vom Protein Elastin gebildet wird und in vielen Bindegeweben von Tieren vorkommt, wie der Haut, den Blutgefäßen und der Lunge, wodurch diese ihre Dehnbarkeit und ihre Elastizität erhalten.

elektrochemischer Gradient Der summierte Einfluss der Konzentrationsdifferenz von Ionen auf den beiden Seiten der Membran (Konzentrationspotenzial) und der elektrischen Ladungsdifferenz über der Membran (Membranpotenzial). Ionen oder geladene Moleküle können passiv nur entlang ihres elektrochemischen Gradienten wandern.

elektrochemischer Protonengradient Liefert die Energie für die ATP-Produktion durch die ATP Synthase (*s. auch* **elektrochemischer Gradient**).

Elektronenmikroskop Mikroskop, das einen Elektronenstrahl benutzt, um das Bild zu gewinnen.

Elektronenmikroskop-Tomographie (EM-Tomographie) Technik zur Betrachtung dreidimensionaler Proben im Elektronenmikroskop, wobei viele Bilder aus verschiedenen Richtungen aufgenommen werden, indem der Probenhalter gekippt wird. Die Bilder werden per Computer kombiniert und ergeben so ein dreidimensionales Gesamtbild.

Elektronentransportkette Folge von Elektronenüberträgermolekülen, entlang derer Elektronen von einem höheren zu einem niedrigeren Energieniveau auf ein End-Akzeptormolekül laufen. Die während der Elektronenbewegung freigesetzte Energie wird benutzt, um verschiedene Vorgänge anzutreiben. Elektronentransportketten in der inneren Mitochondrienmembran (auch Atmungskette genannt) und den Thylakoidmembranen der Chloroplasten erzeugen einen elektrochemischen Protonengradienten über die Membran, mit dessen Potenzial ATP synthetisiert wird. (Abb. 14–18 und 14–52).

elektrostatische Anziehung Nicht kovalente, ionische Anziehung zwischen zwei Molekülen, die entgegengesetzt geladene Gruppen tragen. (Tafel 2–3)

embryonale Stammzelle (ES-Zelle) Zelle, die aus der inneren Zellmasse eines frühen Säugerembryos gewonnen wurde. Aus ihr können alle Zellen des Körpers entstehen. Sie kann in Kultur wachsen, genetisch verändert und in eine Blastocyste eingebracht werden, um ein transgenes Tier zu erzeugen.

Endocytose Aufnahme von Material in eine Zelle über eine Einstülpung der Plasmamembran und anschließende Internalisierung in ein membranumhülltes Vesikel (*s. auch* **Pinocytose** und **Phagocytose**).

endocytotisches Vesikel Vesikel, das sich bildet, wenn Material, das während der Endocytose von der Zelle verdaut wird, zunehmend von einem kleinen Teil der Plasmamembran umgeben wird. Die Membran stülpt sich zuerst ein und schnürt sich dann ab, um ein Vesikel zu bilden.

endokrine Zelle Spezialisierte Tierzelle, die Hormone in das Blut abgibt. Meist Teil einer Drüse wie der Schilddrüse oder der Hirnanhangsdrüse (Hypophyse).

Endoplasmatisches Reticulum (ER) Ausgedehntes netzartiges membranbegrenztes Kompartiment im Cytoplasma von Eukaryotenzellen, in dem Lipide synthetisiert und Membran- und Sekretionsproteine gebildet werden. (Abb. 12–15)

Endosomenreifung Prozess, bei dem frühe Endosomen zu späten Endosomen und Endolysosomen heranreifen. Im Umwandlungsprozess verändert sich die Zusammensetzung der Endosomenmembranproteine. Das Endosom wandert von der Zellperipherie zum Zellkern, hört auf Material für die Plasmamembran zu recyceln und übergibt seine verbleibenden Inhaltsstoffe dem Abbau.

Endothelzelle Abgeflachter Zelltyp, der eine Zellschicht, das Endothel, bildet, das alle Blut- und Lymphgefäße auskleidet.

Endozyklus Variante des Zellzyklus, bei dem mehrere Runden der S-Phase ohne dazwischenliegende M-Phasen stattfinden.

Entoderm Embryonalgewebe, das der Vorläufer des Magen-Darm-Trakts und seiner angeschlossenen Organe ist.

Entropie (S) Thermodynamische Größe, die die Unordnung oder Zufälligkeit in einem System misst: je höher die Entropie, desto größer die Unordnung. (Tafel 2–7)

Entzündungsreaktion Lokale Reaktion eines Gewebes auf eine Schädigung oder Infektion – klinisch charakterisiert durch Rötung (*rubor*), Schwellung (*tumor*), Wärme (*calor*) und Schmerz (*dolor*). Verursacht durch die Einwanderung von Leukocyten, die durch verschiedene Cytokine angelockt wurden und diese auch sezernieren.

Enzym Protein, das eine spezifische chemische Reaktion katalysiert.

Enzym-gekoppelter Rezeptor Haupttyp des Zelloberflächenrezeptors, dessen cytoplasmatische Domäne entweder selbst Enzymaktivität besitzt oder mit einem intrazellulären Enzym in Verbindung steht. In beiden Fällen wird die enzymatische Aktivität durch Ligandenbindung an den Rezeptor ausgelöst. (Abb. 15–6)

Ephrin Ein Vertreter der Familie der membrangebundenen Proteinliganden für die Eph-Rezeptor-Tyrosinkinasen (RTKs), der neben vielen anderen Aufgaben die Abstoßungs- oder Anziehungsreaktionen stimuliert, die die Wanderung von Zellen und Nervenzellaxonen während der Entwicklung eines Tieres steuern.

Epidermis Epithelschicht, die die Außenfläche des Körpers bedeckt. Sie hat in verschiedenen Tiergruppen eine unterschiedliche Struktur. Auch die Außenschicht von Pflanzengewebe wird Epidermis genannt.

epigenetische Vererbung Vererbung von Veränderungen im Phänotyp einer Zelle oder eines Organismus, die nicht auf Veränderungen in der Nukleotidsequenz der DNA beruhen. Sie kann sich aus positiven Rückkopplungsschleifen von Transkriptionsregulatorproteinen ergeben oder aus erblichen Chromatinmodifikationen wie z. B. DNA-Methylierung oder Histonmodifizierungen. (Abb. 7–56)

Epistaseanalyse Untersuchung zur Entdeckung der Ordnung, in der die Gene agieren. Es wird untersucht, ob eine Mutation in einem Gen die Wirkung einer Mutation in einem anderen Gen verbergen kann, wenn beide Mutationen im selben Organismus oder in derselben Zelle vorkommen.

Epithel, Epithelium (*Pl.*, Epithelia) Zusammenhängende Zellschicht, die in einer oder mehreren Lagen eine Außenfläche abdeckt oder ein Hohlorgan auskleidet.

Epithelgewebe Gewebe, wie die Darmschleimhaut oder die epidermale Abdeckung der Haut, in denen die Zellen eng verbunden sind zu Schichten, die als Epithelien bezeichnet werden.

ER-Lumen Der Raum, der von den Membranen des Endoplasmatischen Reticulums (ER) umschlossen wird.

ER-residentes Protein Protein, das im Lumen des Endoplasmatischen Reticulums (ER) oder dessen Membranen bleibt und dort Funktionen erfüllt; im Gegensatz zu vielen Proteinen, die lediglich durch das ER transportiert werden.

ER-Retentionssignal Kurze Aminosäureabfolge in einem Protein, die dieses daran hindert, das Endoplasmatische Reticulum (ER) zu verlassen. Es wird in residenten ER-Proteinen gefunden, die dort ihre Funktion erfüllen.

ER-Signalsequenz N-terminale Signalsequenz, die Proteine dazu bringt, in das Endoplasmatische Reticulum (ER) einzutreten. Sie wird anschließend von Signalpeptidasen abgeschnitten.

erregender (exzitatorischer) Neurotransmitter Neurotransmitter, der Kationenkanäle in der postsynaptischen Membran öffnet und einen Einstrom von Na^+ und in vielen Fällen von Ca^{2+} verursacht. Dadurch wird die postsynaptische Membran in Richtung des Schwellenpotenzials zur Feuerung eines Aktionspotenzials depolarisiert.

Erythrocyt Kleine, Hämoglobin enthaltende Blutzelle von Wirbeltieren, die Sauerstoff zum Gewebe hin- und Kohlendioxid von Geweben wegtransportiert. Auch als rotes Blutkörperchen bezeichnet. (Abb. 22–11 und 22–12)

Erythropoetin Hormon, das in der Niere gebildet wird und die Bildung roter Blutzellen im Knochenmark stimuliert.

ES-Zelle ***s.* embryonale Stammzelle**

ESCRT-Proteinkomplexe Vier Proteinkomplexe (ESCRT-0, ESCRT-I, ESCRT-II und ESCRT-III), die nacheinander agieren, um monoubiquitinierte Membranproteine auf endosomalen Membranen zu intraluminalen Vesikeln zu leiten. Der ESCRT-III-Komplex katalysiert die Abschnürreaktion.

Ethylen Kleines gasförmiges Molekül, bei dem es sich um einen Wachstumsregulator von Pflanzen handelt. Es beeinflusst die Entwicklung der Pflanzen auf vielfältige Weise. Es fördert die Fruchtreife, den Blattabwurf und das Altern der Pflanze und wirkt als Stresssignal als Reaktion auf Verwundung, Infektion und Überschwemmung.

Euchromatin Region eines Interphasechromosoms, die sich diffus färbt; „normales" Chromatin, im Gegensatz zum stärker verdichteten Heterochromatin.

Eukaryot Organismus, der aus einer oder mehr Zellen mit deutlichem Zellkern und ausgeprägtem Cytoplasma besteht. Mitglied einer der drei Hauptklassen der Lebewesen. Die anderen beiden Klassen sind die Bacteria und die Archaea. (Abb. 1–9 und 1–21)

eukaryotischer Initiationsfaktor (eIF) Protein, das bei der Beladung des Ribosoms mit der Initiator-tRNA hilft und so die Translation einleitet.

Exocytose Exkretion von Material aus der Zelle über das Verschmelzen von Vesikeln mit der Plasmamembran. Sie kann konstitutiv oder reguliert ablaufen.

Exon Abschnitt eines Eukaryoten-Gens, der aus einer Nukleotidsequenz besteht, die sich in der mRNA, der endgültigen Transfer-RNA, der ribosomalen RNA oder in anderen ausgereiften RNA-Molekülen wiederfindet. In proteincodierenden Genen codieren die Exons die Aminosäuren in diesem Protein. Ein Exon liegt im Allgemeinen neben einer nichtcodierenden Region, die Intron genannt wird. (Abb. 4–15)

Expansionsmikroskopie (ExM) Mikroskopietechnik, bei der durch das Anschwellen der Probe eine Superauflösung erreicht wird. Dazu wird das biologische Material fluorezenzmarkiert und in ein Polymergel eingebettet. Lässt man das Gel durch Wasseraufnahme anschwellen, kann die nun vergrößerte Probe im Lichtmikroskop untersucht werden.

extrazelluläre pathogene Organismen Pathogene Organismen, die Wirtszellen stören und ernste Erkrankungen verursachen können, ohne in den Wirtszellen zu replizieren.

extrazelluläres Signalmolekül Jedes sezernierte oder sich auf der Zelloberfläche befindende chemische Signal, das an Rezeptoren bindet und die Aktivität der Zelle, die den Rezeptor exprimiert, reguliert.

extrinsischerWeg Weg der Apoptose, der durch extrazelluläre Signalproteine, die an Todesrezeptoren auf der Zelloberfläche binden, eingeleitet wird.

FAD/FADH2 (Flavin-Adenin-Dinukleotid/reduziertes Flavin-Adenin-Dinukleotid) Elektronenüberträgerpaar, das im Zitronensäurezyklus und bei der Fettsäureoxidation vorkommt. Ein Molekül FAD gewinnt zwei Elektronen plus zwei Protonen, wenn es zum aktivierten Trägermolekül $FADH_2$ wird. (Abb. 2–39)

fakultativ pathogene Organismen Bakterien, die in einem Umweltreservoir wie im Wasser oder Boden replizieren und nur Krankheiten verursachen, wenn sie auf einen anfälligen Wirt treffen.

Fas (Fas-Protein, Fas-Todesrezeptor) Transmembraner Todesrezeptor, der in der Zelle nach der Bindung seines extrazellulären Liganden (Fas-Ligand) die Apoptose einleitet. (Abb. 18–6)

Fas-Ligand Ligand, der Fas, den Todesrezeptor an der Zelloberfläche, aktiviert und den extrinsischen Apoptoseweg auslöst.

Fc-Rezeptor Mitglied einer Familie von Zelloberflächenrezeptoren, die an die invariante, konstante Region (Fc-Region, Stielregion) von Immunglobulinen binden. Es gibt jeweils verschiedene Fc-Rezeptoren für die verschiedenen Antikörperklassen, wie z. B. IgG, IgA oder IgE.

festgelegte Vorläuferzelle Von einer Stammzelle abgeleitete Zelle, die eine begrenzte Anzahl von Teilungen durchläuft, bevor sie endgültig differenziert; auch bekannt als amplifizierende Übergangszelle.

Fett Energiespeicherlipid in Zellen. Es besteht aus Triglyceriden – Fettsäuren, die mit Glycerin verestert sind.

fibrilläres Kollagen Klasse von fibrillenbildenden Kollagenen (einschließlich Typ-I-Kollagen, der häufigste Typ und das Hauptkollagen von Haut und Knochen), die lange seilartige Strukturen mit wenigen oder keinen Unterbrechungen besitzen und die sich zu Kollagenfibrillen zusammenlagern.

Fibrillen-assoziiertes Kollagen Vermittelt die Wechselwirkungen von Kollagenfibrillen untereinander und mit anderen Matrixmakromolekülen, um bei der Festlegung der Organisation der Fibrillen in der Matrix zu helfen. Dieses Kollagen (einschließlich Typ IX und Typ XII) hat eine flexible dreisträngige Helixstruktur und bindet bevorzugt an die Oberfläche der Fibrillen.

Fibroblast Allgemeiner Zelltyp im Bindegewebe. Sezerniert eine extrazelluläre Matrix, die reich an Kollagen und anderen extrazellulären Matrixmolekülen ist. Wandert und vermehrt sich leicht in Wundgewebe und in Gewebekultur.

Fibronektin Extrazelluläres Matrixprotein, das an der Anheftung von Zellen an die Matrix und der Lenkung auswandernder Zellen während der Embryogenese beteiligt ist. Integrine sind die Fibronektinrezeptoren auf der Zelloberfläche.

Filopodium (*Pl.*, Filopodia) (Mikrospikes) Dünne dornartige Vorstülpung mit einem Aktinfilamentkern; entsteht am Leitsaum einer kriechenden Tierzelle. (Abb. 16–17)

Flagellum (*Pl.*, Flagella) Lange peitschenartige Ausstülpung, deren Wellenbewegung eine Zelle durch ein flüssiges Medium treibt. Eukaryotenflagellen sind längere Formen der Cilien. Bakterienflagellen sind kleiner und in Aufbau und Bewegungsweise vollständig verschieden. *Vgl.* **Cilium.**

Flavin-Adenin-Dinukleotid *s.* **FAD/FADH2**

Fluoreszenzmikroskop Mikroskop, mit dem ein mit Fluoreszenzfarbstoffen gefärbtes Material betrachtet werden kann. Es ähnelt dem Lichtmikroskop, aber das Einfallslicht passiert vor dem zu betrachtenden Objekt einen Satz von Filtern, um die Wellenlänge auszuwählen, die den Farbstoff anregt, und anschließend einen zweiten Satz von Filtern, bevor das Licht zum Auge gelangt, um nur die Wellenlänge durchzulassen, die der Farbstoff bei Anregung ausstrahlt. (Abb. 9–10)

Fluoreszenz-Resonanzenergie-Transfer (FRET) Methode, um die Nähe zweier fluoreszenzmarkierter Moleküle (und dadurch ihre Wechselwirkungen) in Zellen nachzuweisen. Auch als Förster-Resonanzenergie-Transfer bekannt. (Abb. 9–19)

Fokaladhäsions-Kinase (FAK) Cytoplasmatische Tyrosinkinase, die an Zell–Matrix-Verbindungsstellen (Fokaladhäsionen) zusammen mit den cytoplasmatischen Schwänzen von Integrinen zugegen ist.

Folgestrang (lagging strand) Einer der beiden neu synthetisierten Stränge der DNA an der Replikationsgabel. Der Folgestrang wird in Teilstücken gebildet, die später kovalent verbunden werden. (Abb. 5–7)

follikuläre Helfer-T-Zelle (T_{FH}) In Lymphfollikeln vorkommende T-Zelle, die verschiedene Cytokine absondert, um B-Zellen dazu anzuregen, auf die Produktion anderer Antikörperklassen umzuschwenken und die somatische Hypermutation zu durchlaufen.

Formin Dimeres Protein, das den Kern für das Wachstum gerader, unverzweigter Aktinfilamente bildet, die durch andere Proteine quervernetzt werden können, um parallele Bündel zu bilden.

Förster-Resonanzenergie-Transfer *s.* **Fluoreszenz-Resonanzenergie-Transfer (FRET)**

FRAP (fluorescence recovery after photobleaching) Technik zur Bestimmung der kinetischen Parameter eines Proteins durch Analyse, wie sich fluoreszierende Proteinmoleküle in einen Bereich einer Zelle hineinbewegen, der durch einen Laserstrahl gebleicht wurde. (Abb. 9–20)

Freie Energie (G) (Gibbs'sche Freie Energie) Die Energie, die aus einem System bezogen werden kann, um Reaktionen zu betreiben. Man muss dabei die Änderungen sowohl der Energie als auch der Entropie berücksichtigen. (Tafel 2–7)

Freie Energie-Änderung (Δ) *s.* **Delta-G**

freies Ribosom Ribosom, das im Cytosol frei und nicht an irgendeine Membran gebunden vorkommt.

FRET *s.* **Fluoreszenz-Resonanzenergie-Transfer**

Frizzled Familie von Zelloberflächenrezeptoren, die als Siebenpfad-Transmembranproteine GPCRs in der Struktur ähneln, aber üblicherweise nicht durch die Aktivierung von G-Proteinen wirken. Aktivierung durch Wnt-Bindung führt dazu, dass das Gerüstprotein Dishevelled rekrutiert wird, was hilft, das Signal an andere Signalmoleküle weiterzuleiten.

frühes Endosom Übliches aufnehmendes Kompartiment, mit dem die meisten endocytotischen Vesikel verschmelzen. Dort wird die aufgenommene Ladung sortiert, um entweder zur Plasmamembran zurücktransportiert oder durch Einschluss in ein spätes Endosom abgebaut zu werden.

Furchungsteilung Sonderform der Zellteilung in vielen frühen Embryonen, durch die eine große Zelle ohne Größenzunahme in viele kleine Zellen unterteilt wird.

Fusionsprotein Künstlich erzeugtes Protein, das zwei oder mehr sonst getrennte Polypeptide vereint. Gentechnisch hergestellt.

G-Protein (heterotrimeres GTP-bindendes Protein) Heterotrimeres GTP-bindendes Protein mit intrinsischer GTPase-Aktivität, das GPCRs an Enzyme oder Ionenkanäle in der Plasmamembran koppelt. (Tab. 15–3)

G-Protein-gekoppelter Rezeptor (GPCR) Zelloberflächenrezeptor, der nach Aktivierung durch spezifische extrazelluläre Liganden ein G-Protein aktiviert, das dann wiederum entweder ein Enzym oder einen Ionenkanal in der Plasmamembran aktiviert. Die Rezeptoren sind Siebenpfad-Transmembranproteine. (Abb. 15–6 und 15–22)

G_0-Phase Stadium des Austritts aus dem eukaryotischen Zellteilungszyklus durch Eintritt in einen ruhigen Exkurs aus der G_1-Phase. Ein übliches, manchmal permanentes Stadium differenzierter Zellen.

G_1-Cdk Cyclin–Cdk-Komplex, der in Wirbeltierzellen aus einem G_1-Cyclin und der zugehörigen Cyclin-abhängigen Kinase (Cdk) gebildet wird. (Tafel 17–1)

G_1-Cyclin Cyclin, das in der G_1-Phase des eukaryotischen Zellzyklus vorkommt. Es bildet Komplexe mit Cdks, die helfen, die Aktivität der G_1/S-Cycline zu steuern, die das Fortschreiten in die S-Phase kontrollieren.

G_1-Phase Erste Gap (Lücken)-Phase des Zellteilungszyklus bei Eukaryoten, zwischen dem Ende der Cytokinese und dem Beginn (Start) der DNA-Synthese. (Abb. 17–4)

G_1/S-Cdk Cyclin–Cdk-Komplex, der in Wirbeltierzellen aus einem G_1/S-Cyclin und der zugehörigen Cyclin-abhängigen Kinase (Cdk) gebildet wird. (Abb. 17–10 und Tab. 17–1)

G_1/S-Cyclin Cyclin, das Cdks in der späten G_1-Phase des eukaryotischen Zellzyklus aktiviert und dadurch hilft, das Durchschreiten von „Start" auszulösen, was wiederum zu einem verbindlichen Eintritt in den Zellzyklus führt. Seine Konzentration sinkt zu Beginn der S-Phase. (Abb. 17–10)

G_2-Phase Zweite Gap (Lücken)-Phase des Zellteilungszyklus bei Eukaryoten, zwischen dem Ende der DNA-Synthese und dem Beginn der Mitose. (Abb. 17–4)

G_2/M-Übergang Punkt im eukaryotischen Zellzyklus, an dem die Zelle kontrolliert, ob die DNA-Replikation abgeschlossen ist, bevor die frühen mitotischen Ereignisse ausgelöst werden, die dazu führen, dass sich die Chromosomen an der Spindel ausrichten. (Abb. 17–8)

Gangliosid Jedes Glykolipid, das einen oder mehrere Sialinsäure (Neuraminsäure)-Reste in seiner Struktur enthält. Wird in Plasmamembranen der Eukaryotenzellen gefunden, besonders reichlich in Nervenzellen. (Abb. 10–16)

Gap Junction Offener kanalbildender Zellkontakt, der in den meisten Tiergeweben vorkommt und der es Ionen und kleinen Molekülen ermöglicht, aus dem Cytoplasma der einen Zelle in das der anderen zu treten.

Gärung (Fermentation) Anaerober, Energie liefernder Stoffwechselweg, der organische Moleküle oxidiert. Bei der anaeroben Glykolyse wird z. B. Pyruvat in Laktat oder Ethanol umgewandelt, wobei NADH zu NAD^+ umgewandelt wird. (Abb. 2–50)

Gastrulation Die Stufe in der Tierembryogenese, während der sich der Embryo von einer Zellkugel zu einer Struktur mit einer Mundanlage (einer Gastrula) umwandelt.

Gedächtniszelle In der Immunologie: T- oder B-Lymphocyt, der nach Antigenstimulation gebildet wird und der nach erneutem Kontakt mit demselben Antigen einfacher und schneller dazu veranlasst werden kann, zu einer Effektorzelle oder zu einer anderen Gedächtniszelle zu werden. (Abb. 24–17)

GEF *s.* **Guanin-Nukleotid-Austauschfaktor**

gekoppelte Reaktion Verknüpftes Paar chemischer Reaktionen, in denen die Freie Energie, die bei der einen Reaktion erzeugt wird, zum Treiben der anderen Reaktion genutzt wird. (Abb. 2–29)

Geminin Protein, das die Bildung der Protein-DNA-Komplexe verhindert, die während der S-Phase und der Mitose die DNA-Replikation einleiten, und so sicherstellt, dass die Chromosomen nur einmal in jedem Zellzyklus repliziert werden.

Gen Bezirk auf der DNA, der als eine Einheit transkribiert wird und die Information für ein einzelnes vererbtes Merkmal trägt. Üblicherweise handelt es sich dabei um (1) ein einzelnes Protein (oder eine Gruppe verwandter Proteine, die durch unterschiedliche posttranskriptionelle Prozessierung gebildet werden) oder (2) eine einzelne RNA (oder eine Gruppe eng verwandter RNAs).

Genetik Die Untersuchung von Genen eines Organismus auf der Grundlage von Vererbung und Variation.

genetische Instabilität Anormal erhöhte Spontanmutationsrate, wie sie z. B. in Krebszellen vorkommt.

genetischer Code Satz von Regeln, der die Entsprechung zwischen Nukleotidtripletts (Codons) in DNA oder RNA und Aminosäuren in Proteinen spezifiziert. (Abb. 6–52)

genetisches Screening Verfahren zur Entdeckung von Genen, die bestimmte Aspekte des Phänotyps beeinflussen, durch das Durchsuchen einer großen Anzahl von Mutanten.

Genfamilie Gruppe von Genen in einem Organismus, die hinsichtlich ihrer DNA-Sequenz aufgrund ihrer Abstammung vom selben Vorfahren verwandt sind.

Genkontrollregion Gruppe von verknüpften DNA-Sequenzen, die die Expression eines bestimmten Gens reguliert. Dazu gehören Promotor- und regulatorische Sequenzen, die nötig sind, um die Transkription des Gens zu starten und die Geschwindigkeit der Transkription zu kontrollieren. (Abb. 7–20)

Genkonversion Vorgang, durch den DNA-Sequenzinformation von einer DNA-Helix (die unverändert bleibt) auf eine andere DNA-Helix (deren Sequenz sich ändert) übertragen wird. Sie geschieht oft während der allgemeinen Rekombination. (Abb. 5–57)

Genom Die Gesamtheit der genetischen Information, die zu einer Zelle oder einem Organismus gehört, insbesondere die DNA, die diese Information speichert.

Genomannotation Verfahren, mit dessen Hilfe versucht wird, alle Gene (proteincodierende und nicht proteincodierende) eines Genoms abzugrenzen und ihnen ihre jeweilige Funktion zuzuordnen.

genomische Bibliothek Sammlung klonierter DNA-Moleküle, die das gesamte Genom repräsentieren.

genomische Prägung (genomic imprinting) Situation, in der ein Gen in der nächsten Generation entweder exprimiert oder nicht exprimiert wird, je nachdem, von welchem Elter es vererbt wurde. (Abb. 7–52)

Genotyp Genetische Konstitution einer einzelnen Zelle oder eines Organismus. Die besondere Kombination von Allelen in einem speziellen Individuum. (Tafel 8–1)

Gensegmente In der Immunologie: kurze DNA-Sequenzen, die sich während der B-Zell- und T-Zell-Entwicklung zusammenfügen, um die Sequenzen zu bilden, die für Immunglobuline und T-Zell-Rezeptoren codieren. (Abb. 24–28)

Gerüstprotein Protein, das Gruppen intrazellulärer Proteine in einem Komplex bindet und den Komplex oft an einem spezifischen Ort in der Zelle verankert. (Abb. 3–76 und 15–10)

gesteuerter Transport Bewegung von Proteinen zwischen dem Cytosol und dem Zellkern über nukleäre Porenkomplexe in der Kernhülle, die als selektive Pforten fungieren.

gewebespezifische Stammzellen (adulte Stammzellen) Stammzellen, die in geringer Anzahl in Geweben vorkommen und dort die für das Gewebe charakteristischen Zelltypen reproduzieren. Können anders als embryonale Stammzellen nur eine kleine Palette von Zelltypen erzeugen.

GFP *s.* **grün fluoreszierendes Protein**

glattes Endoplasmatisches Reticulum (glattes ER) Bereich des Endoplasmatischen Reticulums, der nicht mit Ribosomen besetzt ist. Es ist an der Entgiftungsreaktion, der Ca^{2+}-Speicherung und der Lipidsynthese beteiligt. (Abb. 12–15)

Gleichgewicht Zustand in einer chemischen Reaktion, in dem es keine Nettoveränderung der Freien Energie gibt, um die

Reaktion in eine der beiden Richtungen zu steuern. Das Verhältnis von Produkt zu Substrat erreicht einen konstanten Wert beim chemischen Gleichgewicht. (Abb. 2–30)

Gleichgewichtskonstante (K, Äquilibriumskonstante) Verhältnis der Hinreaktions- zur Rückreaktionsgeschwindigkeitskonstanten einer Reaktion. Gleich der Assoziations- oder Affinitätskonstanten (K_a) für eine einfache Bindungsreaktion ($A + B \rightleftharpoons AB$). *S. auch* **Assoziationskonstante** und **Dissoziationskonstante**. (s. Abschnitt 2.2.11)

Gleitklammer Proteinkomplex, der die DNA-Polymerase während der DNA-Replikation an der DNA festhält. (Abb. 5–17)

Gliazelle Nichtneurale Stützzelle im Nervensystem, umfasst Oligodendrocyten und Astrocyten im Zentralnervensystem und Schwann'sche Zellen im peripheren Nervensystem der Wirbeltiere.

Glycerophospholipid Phospholipid mit einem Glyerin-Rückgrat, welches in biologischen Membranen weit verbreitet ist. (Abb. 10–2 und 10–3)

Glykogen Polysaccharid, das ausschließlich aus Glukoseeinheiten zusammengesetzt ist. Dient als Energiespeicher in Tierzellen. Große Glykogenkörner sind besonders reichlich in Leber- und Muskelzellen vorhanden. (Abb. 2–52, Tafel 2–4)

Glykolipid Lipidmolekül mit einem an die polare Kopfgruppe gebundenen Zuckerrest oder Oligosaccharid. (Tafel 2–5)

Glykolyse Allgemeiner Stoffwechselweg im Cytosol, durch den Zucker unvollständig unter Bildung von ATP abgebaut werden (eigentlich: „Zuckerspaltung“). (Abb. 2–46 und Tafel 2–8)

Glykoprotein Jedes Protein mit einer oder mehreren Oligosaccharidketten, die kovalent an Aminosäure-Seitenketten gebunden sind. Die meisten sezernierten Proteine und Oberflächenproteine der Plasmamembran sind Glykoproteine.

Glykosaminoglykan (GAG) Langes, lineares, hoch geladenes Polysaccharid aus einem sich wiederholenden Zuckerpaar, von denen der eine immer ein Aminozucker ist. Hauptsächlich kovalent gebunden an einen Proteinkern in den Proteoglykanen der extrazellulären Matrix. Beispiele sind Chondroitinsulfat, Hyaluronsäure und Heparin. (Abb. 19–32)

Glykosylphosphatidylinositol-Anker (GPI-Anker) Art einer Lipidbindung, durch die manche Membranproteine an die Membran gebunden werden. Das Protein wird über einen Oligosaccharidlinker an einen Phosphatidylinositol-Anker gebunden, während das Protein durch das Endoplasmatische Reticulum wandert. (Abb. 12–30)

Golgi-Apparat (Golgi-Komplex) Membranumgrenztes Organell in Eukaryotenzellen, das auf einem Stapel flacher, durch Membranen abgegrenzter Räume gründet und in dem Proteine und Lipide, die aus dem Endoplasmatischen Reticulum stammen, modifiziert und sortiert werden. Der Ort der Synthese vieler Zellwand-Polysaccharide bei Pflanzen und der Glykosaminoglykane der extrazellulären Matrix in Tierzellen. (Abb. 13–27)

GPCR-Kinase (GRK) Mitglied einer Familie von Enzymen, die multiple Serin- und Threoninreste auf einem GPCR phosphorylieren, um den Rezeptor zu desensibilisieren. (Abb. 15–43)

Gram-Färbung Eine Technik zur Klassifizierung von Bakterien, die auf Unterschiede in der Struktur der bakteriellen Zellwand und der äußeren Oberfläche beruhen.

gramnegativ Beschreibung für Bakterien, die sich nicht mit der Gram-Färbung anfärben lassen, da sie eine dünne Peptidoglykan-Zellwand außerhalb ihrer inneren (Plasma-) Membran besitzen, die von einer zusätzlichen äußeren Membran umhüllt ist. (Abb. 23–3)

grampositiv Beschreibung für Bakterien, die sich mit der Gram-Färbung positiv anfärben lassen, da sie eine dicke Peptidoglykan-Zellwand außerhalb ihrer inneren (Plasma-)Membran besitzen.

Granulocyt Weiße Blutzelle, die durch deutliche cytoplasmatische Körnung (Granulierung) ausgezeichnet ist. Dazu gehören Neutrophile, Basophile und Eosinophile. Entsteht aus einer Granulocyten/Makrophagen (GM)-Vorläuferzelle. (Abb. 22–11)

Granulocyten/Makrophagen (GM)-Vorläuferzelle Festgelegte Vorläuferzelle im Knochenmark, aus der Neutrophile und Makrophagen entstehen. (Abb. 22–12)

grün fluoreszierendes Protein (GFP) Aus einer Qualle isoliertes fluoreszierendes Protein. Wird in der Zellbiologie häufig zur Markierung verwendet. (Abb. 9–16)

GTP (Guanosin-5′-triphosphat) Nukleosidtriphosphat, gebildet durch Phosphorylierung von GDP (Guanosindiphosphat). Gibt wie ATP eine große Menge an Freier Energie bei der Hydrolyse seiner endständigen Phosphatgruppe ab. Hat eine besondere Funktion beim Zusammenfügen (der Assemblierung) von Mikrotubuli, der Proteinsynthese und der Zellkommunikation. (Abb. 2–59)

GTP-bindendes Protein Wird auch als GTPase bezeichnet; ein Enzym, das GTP in GDP umwandelt.

GTPase Enzym, das GTP in GDP umwandelt. GTPasen lassen sich in zwei große Familien einteilen. Die großen *heterotrimeren G-Proteine* bestehen aus drei verschiedenen Untereinheiten und verbinden hauptsächlich GPCRs mit Enzymen oder Ionenkanälen in der Plasmamembran. Die kleinen *monomeren GTP-bindenden Proteine* (auch *monomere GTPasen* genannt) bestehen aus einer einzelnen Untereinheit und helfen, Signale von vielen Arten von Zelloberflächenrezeptoren weiterzuleiten. Sie haben Funktionen in intrazellulären Signalübertragungswegen, die intrazelluläre Vesikelbewegungen regulieren und Signale an das Cytoskelett übertragen. Sowohl heterotrimere G-Proteine als auch monomere GTPasen wechseln zwischen einer aktiven GTP-gebundenen Form und einer inaktiven GDP-gebundenen Form und fungieren häufig als molekulare Schalter bei intrazellulären Signalübertragungswegen. (Abb. 3–36)

GTPase aktivierendes Protein (GAP) Protein, das an eine GTPase bindet und diese durch Anregung ihrer GTPase-Aktivität hemmt, indem es das Enzym veranlasst, sein gebundenes GTP zu GDP zu hydrolysieren. (Abb. 15–8)

Guanin-Nukleotid-Austauschfaktor (GEF) Protein, das sich an eine GTPase anlagert und diese dadurch aktiviert, indem es sie dazu anregt, ihr fest gebundenes GDP abzugeben und gegen GTP auszutauschen. (Abb. 15–8)

hämatopoetische Stammzellen Stammzellen des Knochenmarks, aus denen die allermeisten Typen von Blutzellen gebildet werden.

Haplotyp-Block Kombination von Allelen und DNA-Markern, die in einem großen, verknüpften Block auf einem Chromosom eines homologen Paars – unberührt von genetischer Rekombination – über viele Generationen hinweg vererbt werden.

Hedgehog-Protein Sezerniertes extrazelluläres Signalmolekül, das viele verschiedene Rollen bei der Kontrolle der Zelldifferenzierung und der Genexpression in Tierembryos und in ausgewachsenen Geweben besitzt. Übermäßige Hedgehog-Signalübertragung kann zu Krebs führen.

Helfer-T-Zelle (TH-Zelle) Typ einer T-Zelle, die B-Zellen hilft, Antikörper zu bilden, cytotoxische T-Zellen zu Effektorzellen zu werden und Makrophagen zu aktivieren, um eingedrungene Mikroorganismen zu töten. Sie hilft auch bei der Aktivierung von dendritischen Zellen und cytotoxischen T-Zellen.

Hellfeldmikroskop Das normale Lichtmikroskop, in dem das Bild durch einfachen Lichtdurchfall durch das Betrachtungsobjekt entsteht.

Hepatocyt Hauptzelltyp der Leber, der u. a. für die Synthese der Blutproteine, den Kohlenhydrat- und Fettstoffwechsel, sowie für die Entgiftung von Alkohol und anderen schädlichen Substanzen verantwortlich ist.

Heterochromatin Abschnitt eines Chromosoms mit ungewöhnlich stark kondensiertem Chromatin. Im Allgemeinen transkriptionsinaktiv. *Vgl.* **Euchromatin.**

heterochron Beschreibt Gene, die an der zeitlichen Einteilung der Entwicklung beteiligt sind. Durch Mutation entstehen Zellen mit einem spezifischen Schicksal, die sich wie Zellen eines anderen Entwicklungsstadiums benehmen.

heterotrimeres GTP-bindendes Protein *s.* **G-Protein**

Hirnrinde Äußerste Schicht der Gehirnhälften, die komplizierteste Struktur im menschlichen Körper.

Histon Vertreter einer Gruppe kleiner, häufig vorkommender Proteine, die einen hohen Gehalt an Arginin und Lysin haben. Histone bilden den Nukleosomenkern, um den in eukaryotischen Chromosomen die DNA gewickelt ist. (Abb. 4–24)

Histonchaperon (chromatin assembly factor) Protein, das freie Histone bindet und sie, wenn sie in neu repliziertes Chromatin aufgenommen werden, entlässt. (Abb. 4–27)

Histon H1 „Linker"-Histonprotein (im Gegensatz zum „Kern"-Histonprotein), das an DNA bindet, wo sie aus einem Nukleosom austritt, und das beim Packen der Nukleosomen hilft. (Abb. 4–30)

Hochleistungs-Flüssigkeitschromatographie (HPLC) Chromatographieverfahren, das Säulen benutzt, die mit winzigen Kügelchen einer Matrix gefüllt sind, durch die die zu trennende Lösung unter großem Druck hindurchgepresst wird. (Hochdruck-Flüssigkeitschromatographie; P für *performance* oder *pressure.*)

Holliday-Junction X-förmige Struktur, die an rekombinierender DNA beobachtet wird, in der die beiden DNA-Moleküle durch den Austausch eines ihrer zwei Stränge zusammengehalten werden. Auch als Strangaustausch über Kreuz bezeichnet. (Abb. 5–54)

Homolog Eines von zwei oder mehreren Genen, die in ihrer Sequenz ähnlich sind, weil sie vom selben Ausgangsgen abstammen. Die Bezeichnung gilt für Orthologe und für Paraloge. (Abb. 1–20) *Siehe* **homologe Chromosomen.**

homolog Eigenschaftswort für Gene, Proteine oder Körperstrukturen, die ähnlich sind, weil sie von einem gemeinsamen Vorläufer abstammen.

homologe Chromosomen (Homologe) Die mütterlichen und väterlichen Kopien eines bestimmten Chromosoms in einer diploiden Zelle.

homologe Rekombination (allgemeine Rekombination) Genetischer Austausch zwischen einem Paar identischer oder sehr ähnlicher DNA-Sequenzen, üblicherweise solcher von zwei Kopien desselben Chromosoms. Auch ein DNA-Reparaturmechanismus für Doppelstrangbrüche. (Abb. 5–47, 5–49 und 5–53)

homöotisches Selektorgen In der Entwicklung von Drosophila ein Gen, das die Unterschiede zwischen Körpersegmenten definiert und bewahrt.

homophil Bindung zwischen Molekülen derselben Art, insbesondere solcher, die an der Zell–Zell-Adhäsion beteiligt sind. (Abb. 19–5)

horizontaler Gentransfer Gentransfer zwischen Bakterien oder Archaebakterien über natürliche Transformation durch freigesetzte, nackte DNA, über Transduktion durch Bakteriophagen oder über sexuellen Austausch durch Konjugation.

Hormon Signalmolekül, das von einer endokrinen Zelle in die Blutbahn abgegeben wird, um es zu entfernten Zielzellen zu transportieren.

Hox-Komplex Genkomplex, der aus einer Reihe von *Hox*-Genen besteht.

Hox-Gene Gene, die für Transkriptionsregulatoren codieren. Jedes Gen enthält eine Homöodomäne und legt die Unterschiede zwischen den verschiedenen Bereichen des Körpers fest. *Hox*-Mutationen verursachen üblicherweise homöotische Transformationen.

Hox-Proteine Transkriptionsregulatorproteine, die von *Hox*-Genen codiert werden. Sie besitzen eine stark konservierte, 60 Aminosäuren lange, DNA-bindende Homöodomäne.

HPLC ***s.* Hochleistungs-Flüssigkeitschromatographie**

HPV Humanes Papillomavirus, infiziert das Gebärmutterhalsepithel und ist bedeutsam, da es Gebärmutterhalskarzinome verursacht.

Hüllenrekrutierungs-GTPasen Mitglieder einer Familie monomerer GTPasen, die eine wichtige Rolle beim Transport von Vesikeln spielen. Sie sind verantwortlich für den Zusammenbau der Hülle an der Membran.

Hyaluronan (Hyaluronsäure) Typ nichtsulfatierten Glykosaminoglykans mit einer regelmäßigen Wiederholungssequenz von bis zu 25 000 identischen Disaccharid-Einheiten, das nicht an einen Proteinkern gebunden ist. Nachgewiesen in flüssigkeitsgeschmierten Gelenken und in vielen anderen Geweben. (Abb. 19–56, 19–33 und 19–34)

Hybridisierung In der Molekularbiologie der Vorgang, durch den zwei komplementäre Nukleinsäurestränge ein basengepaartes DNA–DNA-, DNA–RNA- oder RNA–RNA-Doppelhelixmolekül bilden. Grundlage für ein hoch wirksames Verfahren, spezifische Nukleotidsequenzen zu finden. (Abb. 8–31)

Hybridom Hybride Zelllinie, entstanden durch die Fusion einer Tumorzelle und einer anderen Zellart. Monoklonale Antikörper werden von Hybridomlinien produziert, die durch Fusion von Antikörper sezernierenden B-Zellen mit Zellen eines Tumors von B-Lymphocyten entstanden sind. (Abb. 8–3)

Hydroniumion (Hydroxoniumion, H_3O^+) Wassermolekül mit einem zusätzlichen Proton. Die übliche Form von Protonen in wässriger Lösung.

hydrophil Bezeichnung für ein Molekül, das gut in Wasser löslich ist; „wasserliebend".

hydrophob (lipophil) Bezeichnung für ein Molekül, das nicht gut in Wasser löslich ist; „wasserfeindlich".

hydrophobe Kraft Kraft, die durch das Wasserstoffbrückennetz der Wassermoleküle in Wasser auf zwei nichtpolare Moleküloberflächen ausgeübt wird, sodass sie durch Ausschluss von Wasser zusammengebracht werden. (Tafel 2–3)

Hyperpolarisierung Änderung des Membranpotenzials zu einem negativeren Wert.

hypervariable Region In der Immunologie: jeder der drei kleinen Bereiche in der variablen Region einer Immunglobulin- oder einer T-Zell-Rezeptorkette, der die höchste Variabilität von Molekül zu Molekül aufweist. Diese Bereiche bestimmen die Spezifität der Antigenbindungsstelle. (Abb. 24–26)

IgA Immunglobulin A; die Hauptantikörperart in Sekreten wie Speichel, Tränen und Milch und in respiratorischen und intestinalen Sekreten.

IgD Immunglobulin D; wird von unreifen naiven B-Zellen gebildet, nachdem sie das Knochenmark verlassen haben.

Transmembrane IgD- und IgM-Proteine mit derselben Antigenbindungsstelle bilden die B-Zell-Rezeptoren (BCRs) auf diesen Zellen.

IgE Immunglobulin E; bindet mit hoher Affinität über seine Stielregion an eine Klasse von Fc-Rezeptoren auf der Oberfläche von Mastzellen (Gewebe) oder Basophilen (Blut), wo es als Antigenrezeptor fungiert. Antigenbindung stimuliert die Freisetzung von Cytokinen und biologisch aktiven Aminen. Diese helfen mit, weiße Blutkörperchen, Antikörper und Komplementproteine zur Stelle der Aktivierung zu locken.

IgG Immunglobulin G; Hauptantikörperklasse im Blut, wird in besonders großen Mengen während sekundärer Antikörperreaktionen gebildet. Die Stielregion einiger IgG-Unterklassen kann an spezifische Fc-Rezeptoren auf Makrophagen und Neutrophilen binden. Antigen–IgG-Komplexe können Komplement aktivieren.

IgM Immunglobulin M; die erste Immunglobulinklasse, die eine sich entwickelnde B-Zelle im Knochenmark bildet und so B-Zell-Rezeptoren auf ihrer Oberfläche herstellt. IgM-Antikörper sind die Hauptantikörperklasse, die in den frühen Stadien einer primären Antikörperreaktion auf die erste Exposition mit einem Antigen ins Blut abgesondert wird. Dort erlaubt seine pentamere Struktur (mit 10 Antigenbindungsstellen) die feste Bindung an pathogene Erreger. Antigenbindung löst eine äußerst effiziente Komplementaktivierung aus.

IκB Inhibitorische Proteine, die fest an NFκB-Dimere binden und sie in einem inaktiven Zustand im Cytoplasma nichtstimulierter Zellen halten.

Imaginalscheibe Scheinbar undifferenzierte Gruppe von Zellen, die im Drosophila-Embryo dafür vorgesehen sind, sich zu einer adulten Struktur, z. B. einem Auge, Bein oder Flügel, zu entwickeln. Die erkennbare Differenzierung geschieht bei der Metamorphose. (Abb. 21–65)

Immunblotting ***s.* Western Blotting**

Immunglobulin (Ig) ***s.* Antikörper**

Immunglobulin (Ig)-Domäne Charakteristische Proteindomäne von etwa 110 Aminosäuren in den leichten und schweren Ketten der Immunglobuline. Ähnliche Domänen, bezeichnet als immunglobulinartige (Ig-ähnliche) Domänen, gibt es in vielen anderen Proteinen. Alle gemeinsam stellen die Ig-Superfamilie dar. (Abb. 24–27)

Immunglobulin (Ig)-Superfamilie Große und breitgefächerte Familie von Proteinen, die Immunglobulin-Domänen oder immunglobulinartige Domänen enthalten. Die meisten haben mit Zell–Zell-Wechselwirkungen oder der Antigenerkennung zu tun. (Abb. 24–48)

Immungold-Elektronenmikroskopie Methode zur Lokalisierung spezifischer Makromoleküle unter Verwendung eines primären Antikörpers, der an das Molekül, für das man sich interessiert, bindet und dann mit einem sekundären Antikörper nachgewiesen wird, an den ein kolloidales Goldpartikel gebunden ist. Das Goldpartikel ist elektronendicht und kann als schwarzer Punkt im Elektronenmikroskop gesehen werden. (Abb. 9–43)

Immunisierung Methode zur Induzierung adaptiver Immunantworten auf pathogene Erreger oder auf Fremd-Moleküle, in der Regel unter gleichzeitiger Injektion eines Hilfsstoffs - eines Moleküls (oft mikrobiellen Ursprungs), das hilft die angeborene Immunabwehr zu aktivieren, die für die adaptive Immunantwort notwendig ist.

immunologische Selbst-Toleranz Das Fehlen einer Reaktion des adaptiven Immunsystems auf ein Selbst-Antigen. Toleranz auf körpereigene Moleküle ist entscheidend zur Vermeidung von Autoimmunerkrankungen. (Abb. 24–21)

immunologische Synapse Die hoch organisierte Verbindung, die sich zwischen einer T-Zelle und einer antigenpräsentierenden Zelle (APC) oder der Zielzelle, mit der sie in Kontakt steht, entwickelt. Sie wird von T-Zell-Rezeptoren gebildet, die an Antigen–MHC-Komplexe auf der APC binden und von Zelladhäsionsproteinen, die an ihre Gegenstücke auf den APCs binden.

immunologisches Gedächtnis Dauerhafte erworbene Fähigkeit des adaptiven Immunsystems, die einer primären Immunantwort auf viele Antigene folgt. Bei einem nachfolgenden Zusammentreffen mit dem gleichen Antigen entsteht eine schnellere und stärkere sekundäre Immunantwort. (Abb. 24–16)

Impfung Vorgang, bei dem eine antigene Substanz in ein Tier oder einen Menschen injiziert wird, um eine adaptive Immunantwort auszulösen, die den Organismus gegen Krankheitserreger mit demselben Antigen schützt; kam unter anderem bei der Bekämpfung der COVID-19-Pandemie zum Einsatz.

induced fit („induzierte Passform") Prinzip zur Erhöhung der Spezifität der Substraterkennung durch Proteine und RNAs. Bei der Proteinsynthese faltet sich ein Ribosom um eine Codon–Anticodon-Wechselbeziehung. Nur wenn die Kombination richtig ist, kann die nachfolgende Reaktion effizient ablaufen.

induzierte pluripotente Stammzellen (iPS-Zellen) Zellen, die durch künstliche Expression spezifischer

Transkriptionsregulatoren dazu veranlasst werden, so auszusehen und sich so zu verhalten wie die pluripotenten embryonalen Stammzellen aus Embryos.

induzierte regulatorische T-Zellen Regulatorische T-Zellen (T_{reg}-Zellen), die sich aus naiven Helfer-T-Zellen entwickeln, wenn sie in Gegenwart von TGF-β und in Abwesenheit von IL6 aktiviert werden.

Inflammason Intrazellulärer Proteinkomplex, der nach der Aktivierung cytoplasmatischer NOD-artiger Rezeptoren mit Adapterproteinen gebildet wird. Enthält ein Caspase-Enzym, das entzündungsfördernde Cytokine aus ihren Vorläuferproteinen abspaltet.

inhibierender Neurotransmitter (Neurotransmissionshemmer) Neurotransmitter, der transmitterkontrollierte Cl^-- oder K^+-Kanäle in der Postsynapsenmembran eines Nerven oder Muskels öffnet und dadurch das Entstehen eines Aktionspotenzials verhindern kann.

inhibierendes G-Protein (Gi) Heterotrimeres G-Protein, das in der Plasmamembran Ionenkanäle kontrollieren und das Enzym Adenylat-Cyclase hemmen kann (*s. auch* **G-Protein**). (Tab. 15–3)

Initialsegment Spezialisierte Membranregion an der Basis eines Nervenaxons (an den Zellkörper angrenzend), die viele spannungsgesteuerte Na^+-Kanäle und andere Arten von Ionenkanälen besitzt, die alle zur Codierung der Membrandepolarisierung in eine Aktionspotenzialfrequenz beitragen.

Initiator-Caspasen Effektor-Caspasen, die den Apoptoseprozess einleiten, indem sie Henker-Caspasen aktivieren.

Initiator-tRNA Besondere tRNA, die die Translation startet. Sie trägt stets die Aminosäure Methionin und bildet den Met-tRNAi-Komplex. (Abb. 6–74)

innere Mitochondrienmembran Mitochondrienmembran, die den Matrixraum umschließt und umfangreiche Einstülpungen bildet, die als Cristae bezeichnet werden.

innere Kernmembran Eine von zwei konzentrischen Membranen, aus denen die Kernhülle besteht. Sie enthält spezifische Proteine wie Verankerungsstellen für Chromatin und die Kernlamina.

Inositol-1,4,5-trisphosphat (IP3) Kleines intrazelluläres Signalmolekül, das während der Aktivierung des Inositolphospholipid-Signalübertragungswegs gebildet wird. Es bewirkt die Freisetzung von Ca^{2+} aus dem Endoplasmatischen Reticulum. (Abb. 15–29 und 15–30)

Inositolphospholipid-Signalübertragungsweg Intrazellulärer Signalübertragungsweg, der mit der Aktivierung von Phospholipase C und der Bildung von IP_3 und Diacylglycerin (DAG) aus Inositolphospholipiden in der Plasmamembran beginnt. DAG hilft bei der Aktivierung der Protein-Kinase C. (Abb. 15–29 und 15–30)

Integrin Transmembranes Adhäsionsprotein, das an der Anheftung von Zellen untereinander und an der extrazellulären Matrix beteiligt ist. (Abb. 19–3 und Tab. 19–1)

Interaktionsdomäne Kompaktes Proteinmodul, das in vielen intrazellulären Signalproteinen vorkommt und an ein spezielles Strukturmotiv (z. B. eine kurze Peptidsequenz, eine kovalente Modifikation oder eine andere Proteindomäne) in einem anderen Protein oder Lipid bindet.

Interferon-α (IFN-α) und Interferon-β (IFN-β) Cytokine (Typ-I-Interferone), die von Säugerzellen produziert werden als allgemeine Reaktion auf eine virale Infektion.

Intermembranraum Kompartiment des Mitochondriums zwischen der äußeren und der inneren Mitochondrienmembran.

interne ribosomale Eintrittsstelle (IRES) Spezifische Stelle in einer eukaryotischen mRNA – nicht am 5′-Ende – an der die Translation eingeleitet werden kann. (Abb. 7–72)

Interphase Lange Periode des Zellteilungszyklus zwischen einer Mitose und der nächsten, umfasst die G_1-Phase, die S-Phase und die G_2-Phase. (Abb. 17–4)

intrazelluläre pathogene Erreger Pathogene Erreger, einschließlich alle Viren und viele Bakterien und Protozoen, die in die Wirtszellen eindringen und sich dort vermehren, um eine Krankheit zu verursachen.

intrinsischer Weg (mitochondrialer Weg) Weg der Apoptose, der vom Zellinneren aus als Reaktion auf Stress oder Entwicklungssignale aktiviert wird. Er hängt von der Freisetzung mitochondrialer Proteine ins Cytosol ab, die normalerweise im Intermembranraum der Mitochondrien vorkommen.

Intron Nichtcodierender Abschnitt eines Eukaryoten-Gens, das zwar in ein RNA-Molekül transkribiert, aber dann beim RNA-Spleißen während der Bildung der Messenger-RNA oder einer anderen funktionellen Struktur-RNA herausgeschnitten wird. (Abb. 4–15)

Invadopodien Aktinreiche Vorwölbungen, die sich dreidimensional ausdehnen. Sie spielen eine wichtige Rolle für die Zellen bei der Überquerung von Gewebebarrieren, indem sie extrazelluläre Matrix abbauen.

Ionenkanal Transmembran-Proteinkomplex, der einen wassergefüllten Kanal durch die Lipid-Doppelschicht bildet, durch den spezifische anorganische Ionen entsprechend ihrem elektrochemischen Gradienten hindurchdiffundieren können. (Abb. 11–22)

Ionenkanal-gekoppelter Rezeptor *s.* **transmitterkontrollierter Ionenkanal**

ionenselektive Indikatoren Moleküle, deren Lichtemission die lokale Konzentration eines bestimmten Ions wiedergibt. Einige sind lumineszent (sie emittieren spontan Licht), während andere fluoreszent sind (sie emittieren Licht nach Belichtung). (Abb. 9–21)

ionotroper Rezeptor *s.* **transmitterkontrollierter Ionenkanal**

IP3-gesteuerter, Ca^{2+} freisetzender Kanal (IP3-Rezeptor) Gesteuerter Ca^{2+}-Kanal in der ER-Membran, der sich öffnet, wenn cytosolisches IP_3 bindet, und dann gespeichertes Ca^{2+} ins Cytosol freisetzt. (Abb. 15–30)

J-Gensegment Kurze DNA-Sequenzen, die einen Teil der variablen Region der leichten und schweren Immunglobulinketten und der α- und β-Ketten der T-Zell-Rezeptoren codieren. (Abb. 24–28 und 24–29)

JAK–STAT-Signalweg Signalweg, der durch Cytokine und einige Hormone aktiviert wird. Er stellt eine schnelle Route von der Plasmamembran zum Zellkern dar, um die Gentranskription zu verändern. Beteiligt sind cytoplasmatische Janus-Kinasen (JAKs) sowie Signalübermittler und Aktivatoren der Transkription (STATs, *signal transducers and activators of transcription*).

Janus-Kinasen (JAKs) Cytoplasmatische Tyrosinkinasen, die den Cytokinrezeptoren zugeordnet werden. Sie phosphorylieren und aktivieren die als STATs bezeichneten Transkriptionsregulatoren.

K^+-Sickerkanal Ein K^+ transportierender Ionenkanal in der Plasmamembran von Tierzellen, der auch in der ruhenden Zelle geöffnet bleibt.

Kanal (Membrankanal) Transmembran-Proteinkomplex, der anorganische Ionen oder andere kleine Moleküle passiv durch die Lipid-Doppelschicht hindurchdiffundieren lässt. (Abb. 11–3)

Kanalrhodopsin Lichtempfindliches Protein, das einen Kationenkanal über die Membran bildet, der sich als Reaktion auf Licht öffnet.

Karyotyp Gesamter Chromosomensatz einer Zelle, geordnet nach Größe, Form und Zahl.

Karzinogenese Die Entstehung von Krebs.

Karzinom Epithelzellenkrebs. Die häufigste Form von Krebs beim Menschen.

Katalysator Eine Substanz, die die Aktivierungsenergie einer Reaktion erniedrigt und dadurch deren Geschwindigkeit erhöht, ohne selbst durch die Reaktion verbraucht zu werden.

Keimschicht Eine der drei ursprünglichen Gewebeschichten (Entoderm, Mesoderm und Ektoderm) eines Tierembryos. (Abb. 21–3)

Keimzelle Eine Zelle der Keimbahn eines Organismus, die die haploiden Gameten und ihre spezifischen diploiden Vorläuferzellen umfasst. Keimzellen sind an der Bildung einer neuen Generation von Organismen beteiligt, im Gegensatz zu den somatischen Zellen, die den Körper bilden und keine Nachkommen hinterlassen.

Keratin Intermediärfilament, das in der Regel von Epithelzellen gebildet wird.

Kernexportrezeptoren Proteine, die sowohl das Exportsignal als auch Kernporenkomplexproteine binden, um ihre Fracht durch den Kernporenkomplex ins Cytosol zu leiten.

Kernexportsignal Sortiersignal in der Struktur von Proteinen und RNA–Protein–Komplexen, wie z. B. nukleären RNPs und neuen Ribosomenuntereinheiten, das diese für den Transport aus dem Kern durch Kernporenkomplexe in das Cytosol bestimmt. (Abb. 12–61)

Kernhülle Doppelmembran (zwei Doppelschichten), die den Kern umhüllt. Besteht aus einer äußeren und einer inneren Doppelschicht-Membran und ist durch Kernporen durchbrochen. Die äußere Membran hängt mit dem Endoplasmatischen Reticulum zusammen. (Abb. 4–10 und 12–54)

Kernimportrezeptoren Proteine, die Kernlokalisierungssignale erkennen, um den nukleären Import von Proteinen zu initiieren, die das richtige Kernlokalisierungssignal enthalten.

Kernlamin (Lamin) Proteinuntereinheit der Intermediärfilamente, die die Kernlamina bilden.

Kernlamina Maschenwerk von Proteinen auf der Innenfläche der inneren Kernmembran. Es besteht aus einem Netz von Intermediärfilamenten, die aus Kernlaminen gebildet wurden.

Kernlokalisationssignal (NLS) Signalsequenz oder Signalstelle auf für den Kern bestimmten Proteinen, die deren gezielten Transport aus dem Cytosol in den Kern durch die Kernporenkomplexe bestimmt. (Abb. 12–56 und 12–61)

Kernporenkomplex (NPC) Große Multiproteinstruktur, die einen wässrigen Kanal, die Kernpore, durch die Kernhülle bildet. Ausgewählten Molekülen wird es so ermöglicht, sich zwischen dem Kern- und dem Cytoplasmakompartiment zu bewegen. (Abb. 12–56)

Kernrezeptoren-Superfamilie Intrazelluläre Rezeptoren für hydrophobe Signalmoleküle, z. B. Steroid- und Thyroidhormone und Retinolsäure. Der Rezeptor–Ligand-Komplex wirkt im Kern als Transkriptionsfaktor. (Abb. 15–66)

Kerntransport Prozess, durch den Moleküle wie Proteine und Nukleinsäuren über Kernporenkomplexe zwischen Kern und Cytosol ausgetauscht werden.

Kerntransportrezeptor (Karyopherin) Protein, das Makromoleküle entweder in den Zellkern hinein- oder aus dem Zellkern herausbegleitet: Kernimportrezeptor oder Kernexportrezeptor. (Abb. 12–61)

Kinasekaskade Intrazellulärer Signalübertragunsweg, in dem eine Protein-Kinase, die durch Phosphorylierung aktiviert wurde, die nächste Protein-Kinase phosphoryliert usw. und so das Signal weiter übermittelt.

Kinesin Mitglied einer der beiden Hauptklassen von Motorproteinen, die die Energie der ATP-Hydrolyse nutzen, um sich entlang der Mikrotubuli zu bewegen. (Abb. 16–51)

Kinesin-1 Motorprotein, das mit Mikrotubuli in Verbindung steht und Fracht innerhalb der Zelle transportiert, auch als „konventionelles Kinesin" bezeichnet.

kinetisches Korrekturlesen Prinzip zur Erhöhung der Spezifität der Katalyse. Bei der Synthese von DNA, RNA und Proteinen bezieht es sich auf eine Zeitverzögerung, die mit einem irreversiblen Schritt (wie der Hydrolyse von ATP oder GTP) beginnt. Währenddessen dissoziieren falsche Basenpaare mit einer größeren Wahrscheinlichkeit als richtige Basenpaare.

Kinetochor Großer Proteinkomplex, der das Centromer eines Chromosoms mit den Mikrotubuli der Mitosespindel verbindet. (Abb. 17–33)

Kinetochor-Mikrotubulus In einer Mitose- oder Meiosespindel ein Mikrotubulus, der den Spindelpol mit dem Kinetochor eines Chromosoms verbindet.

Klammerlader Proteinkomplex, der die ATP-Hydrolyse nutzt, um die Gleitklammer auf eine Primer–Matrizen-Verbindung während der DNA-Replikation zu laden.

Klasse-I-MHC-Protein Eine der zwei Klassen von MHC-Proteinen. Das Protein befindet sich auf der Oberfläche fast aller Zelltypen von Wirbeltieren und präsentiert im Falle einer Infektion mit einem intrazellulären Mikroorganismus (wie z. B. einem Virus) Peptide dieses Mikroorganismus auf der Oberfläche der infizierten Zelle zur Erkennung durch cytotoxische T-Zellen. (Abb. 24–35 und 24–36A)

Klasse-II-MHC-Protein Eine der beiden Klassen von MHC-Proteinen. Das Protein ist auf der Oberfläche vieler antigenpräsentierender Zellen vorhanden und bietet Helfer- und regulatorischen T-Zellen Fremd-Peptide dar. (Abb. 24–35 und 24–36B)

Klassenwechsel (class switching) Die Umstellung von der Bildung einer Klasse von Immunglobulinen (z. B. IgM) zu einer anderen Klasse (z. B. IgG), die viele B-Zellen während des Verlaufs einer adaptiven Immunantwort durchmachen. Beteiligt ist eine DNA-Umordnung, die Klassenwechsel-Rekombination genannt wird. (Abb. 24–30)

Klassenwechsel-Rekombination Irreversible Veränderung auf DNA-Niveau, wenn eine B-Zelle von der IgM- und IgD-Produktion auf die Produktion sekundärer Immunglobulinklassen umschaltet.

klassische Cadherine Familie von Cadherinproteinen, zu denen E-Cadherin, N-Cadherin und P-Cadherin gehören. Sie sind hinsichtlich der Sequenz ihrer extrazellulären und intrazellulären Domänen eng miteinander verwandt.

kleine interferierende RNA (siRNA) Kurze (21–26 Nukleotide lange) doppelsträngige RNAs, die die Genexpression hemmen, indem sie die Anweisung zur Zerstörung komplementärer mRNAs geben. Die Produktion von siRNAs wird gewöhnlich durch exogen eingeführte doppelsträngige RNA ausgelöst. (Abb. 7–80)

kleine Kern-RNA (snRNA) RNA-Moleküle, die mit Proteinen komplexiert sind, um die am RNA-Spleißen beteiligten Ribonukleoproteinpartikel (snRNP) zu bilden. (Abb. 6–29 und 6–30)

kleine nukleoläre RNAs (snoRNA) Kleine RNAs im Nukleolus mit mehreren Funktionen, wie der Steuerung der Modifikationen von Vorläufer-rRNA. (Tab. 6–1 und Abb. 6–43)

klonale Selektion Prozess, in dem aus einer T- und B-Lymphocytenpopulation mit einem riesigen Repertoire statistisch erzeugter Antigenspezifitäten ein bestimmtes Fremd-Antigen nur die Lymphocytenklone aktiviert (selektiert), die einen Rezeptor besitzen, der zu diesem Antigen passt. Sie erklärt wie das adaptive Immunsystem auf Millionen verschiedener Antigene auf höchst spezifische Weise reagieren kann. (Abb. 24–15)

K_m-Wert Michaelis-Konstante; entspricht der Substratkonzentration, bei der eine Enzymreaktion mit halber Maximalgeschwindigkeit abläuft.

Knochen Dichtes und starres Bindegewebe, das aus einer Mischung von robusten Fasern (Typ-I-Kollagenfibrillen), die Zugkräften standhalten, und festen Partikeln (Calciumphosphat in Form von Hydroxylapatitkristallen), die Druck standhalten, besteht.

Knorpel Form des Bindegewebes, die aus Chondrocyten besteht, die in eine Kollagen-Typ-II- und Chondroitinsulfat-Proteoglykan-reiche Matrix eingebettet sind.

Kohlenhydratschicht Die kohlenhydratreiche Zone auf der Oberfläche eukaryotischer Zellen, die auf Glykoproteine, Glykolipide und Proteoglykane der Plasmamembran zurückzuführen ist.

Kohlenstofffixierungsreaktion Prozess, bei dem anorganischer Kohlenstoff (in Form von atmosphärischem CO_2) in organische Moleküle eingebaut wird. Die zweite Phase der Photosynthese. (Abb. 14–40)

Kollagen Faserprotein, das reich an Glycin und Prolin und wesentlicher Bestandteil der extrazellulären Matrix von Tieren ist. Es verleiht Zugfestigkeit. Es kommt in vielen Formen vor: die häufigste Form, Typ I, in Haut, Sehnen und Knochen; Typ II in Knorpel; Typ IV in der Basallamina. (Abb. 3–24 und 19–38)

Kollagenfibrille Kollagenpolymer höherer Ordnung aus fibrillären Kollagenen, die sich zu dünnen Strukturen (10–300 nm Durchmesser) zusammenlagern, die im reifen Gewebe viele Hunderte Mikrometer lang sind.

Kolonien stimulierender Faktor (CSF) Übergeordnete Bezeichnung für die zahlreichen Signalmoleküle, die die Differenzierung von Blutzellen kontrollieren.

Kolorektalkrebs Krebs, der aus dem Epithel des Kolons (Dickdarm) und des Rektums (der letzte Teil des Darms) entsteht.

Kommensalismus Ökologisches Verhältnis zwischen Mikroben und ihrem Wirt, aus dem die Mikrobe Nutzen zieht, aber keinen Vorteil bietet und keinen Schaden anrichtet.

komplementär (1) Nukleinsäuresequenzen werden komplementär genannt, wenn sie eine perfekt basengepaarte Doppelhelix bilden können. (Abb. 4–5) (2) Andere sich beeinflussende Moleküle, wie z. B. ein Enzym und sein Substrat, werden komplementär genannt, wenn sie biochemische oder strukturelle Eigenschaften besitzen, die zusammenpassen, sodass nicht kovalente Bindung erleichtert wird. (Abb. 2–4)

Komplementationstest Test zur Bestimmung, ob zwei Mutationen, die zum ähnlichen Phänotyp führen, in denselben Genen oder in unterschiedlichen Genen vorliegen. (Tafel 8–1)

Komplementsystem System von Serumproteinen, die durch Antigen–Antikörper-Komplexe oder Mikroorganismen aktiviert werden können, um bei der Eliminierung pathogener Organismen mitzuhelfen, entweder direkt über Lyse oder durch Förderung ihrer Phagocytose oder durch Aktivierung einer Entzündungsreaktion. (Abb. 24–7)

komplexe Oligosaccharide Große Gruppe *N*-verknüpfter Oligosaccharide, die im endoplasmatischen Reticulum an Säugetier-Glykoproteine gebunden und im Golgi-Apparat modifiziert werden. Sie enthalten *N*-Acetylglukosamin-, Galaktose-, Sialinsäure- und Fukosereste.

konditionale (bedingte) Mutation Eine Mutation, die ein Protein- oder RNA-Molekül so abwandelt, dass seine Funktion nur unter bestimmten Bedingungen, wie bei ungewöhnlich hoher oder tiefer Temperatur, geändert wird.

Konfokalmikroskop Art des Lichtmikroskops, das ein klares Abbild einer gegebenen Ebene in einem festen Objekt gibt. Es benutzt einen Laserstrahl als Punktlichtquelle und sucht die Ebene ab, um einen zweidimensionalen „optischen Schnitt" zu erzeugen. (Abb. 9–24)

Konformation Die gefaltete, dreidimensionale Struktur einer Polypeptidkette.

Konsensusnukleotidsequenz Zusammenfassung (oder „Durchschnitt") einer großen Anzahl einzelner Nukleotidsequenzen, die aus dem Vergleich vieler Sequenzen mit derselben Grundfunktion stammt und mit den Nukleotiden übereinstimmt, die am häufigsten an der jeweiligen Position vorkommen. (Abb. 6–12)

konservative ortsspezifische Rekombination Eine Art der DNA-Rekombination, die zwischen kurzen, spezifischen DNA-Sequenzen ohne Gewinn oder Verlust von Nukleotiden stattfindet. Im Gegensatz zur homologen Rekombination ist keine große Homologie zwischen den rekombinierenden DNA-Molekülen nötig.

konstante Region In der Immunologie: Region auf einem Immunglobulin oder auf einer T-Zell-Rezeptorkette mit einer konstanten Aminosäuresequenz.

konstitutiver Sekretionsweg (constitutive secretory pathway oder default pathway) In allen Zellen vorhandener Weg, über den Moleküle wie Plasmamembranproteine kontinuierlich vom Golgi-Apparat zur Plasmamembran angeliefert werden; das geschieht in Vesikeln, die am Ziel mit der Plasmamembran verschmelzen. Der „Standard"-Weg zur Plasmamembran, wenn keine anderen Sortierungssignale vorhanden sind. (Abb. 13–38)

kontaktabhängige Signalübertragung Form der interzellulären Signalübertragung, bei der die Signalmoleküle an der Oberfläche der signalisierenden Zelle gebunden bleiben und nur Zellen beeinflussen, die in Kontakt zu ihr stehen.

kontaktabhängiges Sektretionssystems (Typ III-Sekretionssystem) Spezialisiertes bakterielles System, durch das Effektorproteine direkt in die Wirtszelle sezerniert werden können. (Abb. 23–7)

kontraktiler Ring Ring aus Aktin und Myosin, der sich unter der Oberfläche von Tierzellen bildet, die die Zellteilung durchlaufen. Er zieht sich zusammen, um die beiden Tochterzellen zu trennen. (Abb. 17–43)

konvergierende Ausdehnung Zellumordnung in einem Gewebe, die bewirkt, dass sich dieses Gewebe in einer Dimension ausdehnt, während es sich in einer anderen Dimension verkürzt. (Abb. 21–48)

Kopienzahlvariationen (CNVs, copy number variations) Unterschiede bei zwei Individuen der gleichen Population hinsichtlich der Anzahl von Kopien einer bestimmten DNA-Sequenz. Diese Variation ergibt sich aus zufälligen Duplikationen und Deletionen dieser Sequenzen.

Korezeptor In der Immunologie: ein akzessorischer Rezeptor auf B-Zellen oder T-Zellen, der kein Antigen, aber ein kostimulatorisches Signal bindet und hilft, den Lymphocyten zu aktivieren, indem er zur Aktivierung eines intrazellulären Signalwegs beiträgt.

Kortex Cytoskelettnetzwerk im kortikalen Bereich des Cytosols direkt unter der Plasmamembran.

kostimulatorisches Signal In der Immunologie: ein sezerniertes oder membrangebundenes Signalprotein, das dazu beiträgt, eine auf ein Antigen reagierende B-Zelle oder T-Zelle zu aktivieren.

kotranslational Tritt auf, während die Translation fortschreitet. Beispiele sind der Import eines Proteins in das Endoplasmatische Reticulum, bevor die Polypeptidkette vollständig synthetisiert ist (kotranslationale Translokation Abb. 12–24), und die Faltung eines entstehenden Proteins in seine Sekundär- und Tertiärstruktur, während es aus dem Ribosom heraustritt (Abb. 6–83C).

kovalente Bindung Stabile chemische Bindung zwischen zwei Atomen durch Teilen eines oder mehrerer Elektronenpaare. (Tafel 2–1)

krebskritische Gene Gene, deren Veränderung zur Verursachung oder Entwicklung von Krebs beiträgt, indem sie die Tumorbildung antreiben.

Krebsstammzellen Seltene Krebszellen, die in der Lage sind, sich unbegrenzt zu teilen.

Krebs-Zyklus ***s.* Zitronensäurezyklus**

Kreuzpräsentation Prozess, in dem aus extrazellulären Proteinen, die von spezialisierten dendritischen Zellen aufgenommen wurden, Peptide gebildet werden können, die über deren Klasse-I-MHC-Proteine cytotoxischen T-Zellen präsentiert werden.

Kryoelektronenmikroskopie Technik zur Untersuchung eines dünnen Films einer wässrigen Suspension biologischen Materials, das schnell genug gefroren wurde, sodass gläsernes Eis entsteht. Die Probe bleibt dann gefroren und wird auf ein Elektronenmikroskop übertragen. Der Bildkontrast ist niedrig, erlaubt aber dennoch die Auflösung atomarer Strukturen, da das Bild ausschließlich von den vorliegenden makromolekularen Strukturen erzeugt wird.

Ladungstrennung Lichtinduzierte Übertragung eines energiereichen Elektrons von Chlorophyll auf ein Akzeptormolekül bei der Photosynthese. Führt zur Bildung einer positiven Ladung am Chlorophyll und einer negativen Ladung an einem mobilen Elektronentransporter. (Abb. 14–45)

lagging strand ***s.* Folgestrang**

Lamellipodium (*Pl.*, Lamellipodia) Flächiger Auswuchs einer Zelle, der durch ein Maschenwerk von Aktinfilamenten gestützt wird und sich am Leitsaum einer sich bewegenden Tierzelle bildet. (Abb. 16–18 und 16–19)

Laminin Extrazelluläres faserartiges Matrixprotein der Basallamina, in der es ein flächiges Netz bildet. (Abb. 19–53 und 19–54)

Lampenbürstenchromosomen Riesige, gepaarte Meiosechromosomen in unreifen Amphibien-Eiern, in denen das

Chromatin große steife Schleifen bildet, die aus der Längsachse des Chromosoms herausragen. (Abb. 4–45)

lange nichtcodierende RNA (lncRNA) Eine der großen Gruppen (etwa 5 000 beim Menschen) von RNAs, die über 200 Nukleotide lang sind und nicht für Proteine codieren. Die Funktionen der meisten lncRNAs, wenn sie welche besitzen, sind unbekannt. Man weiß jedoch, dass einzelne lncRNAs wichtige Funktionen in der Zelle übernehmen, z. B. bei der Telomerasefunktion und bei der genetischen Prägung. Ganz allgemein nimmt man an, dass lncRNAs als Gerüste dienen und Proteine und Nukleinsäuren zusammenhalten, um eine Vielzahl von Reaktionen in der Zelle zu beschleunigen.

Langzeitdepression (LTD) Langfristige Abschwächung (Stunden und mehr) der Empfindlichkeit bestimmter Synapsen im Gehirn, ausgelöst durch NMDA-Rezeptoraktivierung. Man geht davon aus, dass die LTD, wie auch der entgegengesetzte Prozess der Langzeitpotenzierung, am Lern- und Gedächtnisprozess beteiligt ist.

Langzeitpotenzierung (LTP) Lang (über Tage oder Wochen) anhaltender Anstieg der Empfindlichkeit bestimmter Synapsen im Gehirn. Wird durch einen kurzen Impuls wiederholten Feuerns in präsynaptischen Neuronen in Gang gesetzt. (Abb. 11–46)

LDL *s.* **Low-Density-Lipoprotein**

LDL-Rezeptor-verwandtes Protein (LRP) Korezeptor, der bei der Regulation der β-Catenin-Proteolyse von Wnt-Proteinen gebunden wird.

Legionärskrankheit Form der Lungenentzündung infolge einer Infektion mit *Legionella pneumophila*, einem bakteriellen Parasiten von Süßwasseramöben. Winzige Wassertröpfchen, die von Klimaanlagen, die infizierte Amöben beherbergen, verteilt werden, sorgen für die Verbreitung von *Legionella*.

Leitstrang (leading strand) Einer der beiden neu synthetisierten Stränge von DNA an der Replikationsgabel. Der Leitstrang wird durch kontinuierliche Synthese in der 5′-nach-3′ (5′→3′)-Richtung gebildet. (Abb. 5–7)

Lektin Protein, das fest an einen spezifischen Zucker gebunden wird. Lektine aus Pflanzensamen werden sehr oft als Affinitätsreagenzien benutzt, um Glykoproteine aufzureinigen oder sie auf der Zelloberfläche nachzuweisen.

Leseraster (reading frame) Muster, in dem die Nukleotide in Dreiersätzen (Tripletts) für die Proteincodierung entschlüsselt werden. Ein mRNA-Molekül kann in jedem der drei Leseraster abgelesen werden, aber nur eines von ihnen ergibt das funktionell „richtige" Protein. (Abb. 6–53)

Letalfaktor Eine der Untereinheiten des Anthraxtoxins; eine Protease, die verschiedene aktivierte Mitglieder der MAP-Kinase-Familie spaltet und bei Eintritt in den Blutkreislauf eines Tieres zu einem starken Blutdruckabfall und zum Tod führt.

leucinreiche Wiederholungs-Rezeptorkinase (LRR-Rezeptorkinase) Häufiger Typ eines Rezeptor-Serin/Threonin-Kinaseproteins bei Pflanzen. Charakterisiert durch eine Aneinanderreihung von leucinreichen Wiederholungssequenzen im extrazellulären Anteil.

Leukämie Krebs der weißen Blutzellen.

Leukocyt Allgemeine Bezeichnung für alle kernhaltigen, hämoglobinlosen Blutzellen. Sie werden auch als weiße Blutkörperchen bezeichnet. Dazu gehören Lymphocyten, Granulocyten und Monocyten. (Abb. 22–11)

Lichtmikroskop Art von Mikroskopen, die sichtbares Licht verwenden, um das Bild zu erstellen.

Ligand Jedes Molekül, das an einer speziellen Stelle an ein Protein oder ein anderes Molekül bindet (lat. *ligare* = binden).

Lignin Netz aus kreuzvernetzten Phenolverbindungen, die in den Zellwänden des Xylems und der verholzten Gewebe der Pflanzen ein stützendes Netz bilden.

Lipid-Doppelschicht (Phospholipid-Bilayer) Dünne bimolekulare Schicht, vor allem aus Phospholipidmolekülen, die die Grundstruktur aller Zellmembranen bildet. Die beiden Lagen von Lipidmolekülen sind mit ihren hydrophoben Schwänzen einwärts, mit ihren hydrophilen Köpfen auswärts (dem Wassermilieu zugewandt) gepackt. (Abb. 10–1 und Tafel 2–5)

Lipidfloß (lipid raft) Kleiner Bezirk der Plasmamembran, der mit Sphingolipiden und Cholesterin angereichert ist. (Abb. 10–13)

Lipidtröpfchen Speicherform in Zellen für überschüssige Lipide, umhüllt von einer einzigen Phospholipid-Einzelschicht und Proteinen, die neutrale Lipide umgeben. Die Lipide können aus den Tröpfchen zurückgewonnen werden, wenn die Zelle sie benötigt.

Liposom Künstliches Vesikel mit einer Phospholipid-Doppelschicht, das in einer Suspension von Phospholipidmolekülen in einem wässrigen Milieu hergestellt wird. (Abb. 10–9)

Lokalmediator Sezerniertes Signalmolekül, das auf kurze Entfernung auf benachbarte Zellen wirkt.

Low-Density-Lipoprotein (LDL) Großer Komplex aus einem einzigen Proteinmolekül und vielen Molekülen von Cholesterinestern und anderen Lipiden. Eine der Formen, in der Cholesterin im Blut transportiert und vom Gewebe aufgenommen wird. (Abb. 13–53)

Lücken-Gen (Gap-Gen) Ein Gen in der Entwicklung von Drosophila, das in speziellen breiten Regionen entlang der anteroposterioren Achse des frühen Embryos exprimiert wird und dabei hilft, die Hauptgliederung des Insektenkörpers festzulegen. (Abb. 21–18)

Lumen Der Raum innerhalb einer hohlen Struktur. In Zellen: der Hohlraum, der von einer Organellmembran eingeschlossen ist. In Geweben: der Hohlraum, der von einer Zellschicht umgeben ist.

lymphatisches Organ Organ, das eine hohe Anzahl von Lymphocyten enthält. Lymphocyten werden in zentralen (primären) lymphatischen Organen gebildet und reagieren in peripheren (sekundären) lymphatischen Organen auf Antigene. (Abb. 24–12)

Lymphocyten Weiße Blutzellen, die für die Spezifität der adaptiven Immunantwort verantwortlich sind. Es gibt zwei Klassen: B-Zellen, die Antikörper bilden, und T-Zellen, die direkt mit anderen Effektorzellen und mit infizierten Zellen in Beziehung treten. T-Zellen entwickeln sich im Thymus und sind Träger der zellvermittelten Immunität. B-Zellen entstehen bei Säugern im Knochenmark und bilden die zirkulierenden Antikörper.

lymphoide Zellen Sammelbegriff für Immunzellen, der B- und T-Lymphozyten sowie natürliche Killerzellen einschließt.

Lymphom Krebserkrankung der Lymphocyten, bei der die Krebszellen hauptsächlich in den lymphatischen Organen gefunden werden (statt im Blut wie bei einer Leukämie).

Lysosom Membranbegrenztes Organell in Eukaryotenzellen, das Verdauungsenzyme enthält, die meist bei einem niedrigen pH-Wert aktiv sind, wie er in den Lysosomen vorliegt. (Abb. 13–62)

lysosomale Speicherkrankheiten Erbkrankheiten, verursacht durch Fehler oder Verlust einer oder mehrerer funktionaler Hydrolasen in den Lysosomen mancher Zellen. Sie führt zur Akkumulation unverdauter Substrate in den Lysosomen und somit zur Zellpathologie.

Lysozym Enzym, das das Schneiden von Polysaccharidketten in bakteriellen Zellwänden katalysiert.

M-Cdk (M-Phase-Cdk) Cyclin–Cdk-Komplex, der in Wirbeltierzellen von einem M-Cyclin und der entsprechenden Cyclin-abhängigen Kinase (Cdk) gebildet wird. (Abb. 17–10 und Tab. 17–1)

M-Cyclin Cyclintyp in allen Eukaryotenzellen, der die Vorgänge der Mitose vorantreibt. (Abb. 17–10)

M-Phase Periode des Eukaryoten-Zellzyklus, während der sich die Chromosomen verdichten und sich Kern und Cytoplasma teilen. (Abb. 17–4 und Tafel 17–1)

M6P-Rezeptorproteine Transmembrane Rezeptorproteine im *trans*-Golgi-Netzwerk, die die Mannose-6-Phosphat (M6P)-Gruppen erkennen, die ausschließlich an lysosomale Enzyme angefügt werden, wodurch die Enzyme zur Verpackung und für den Transport zu frühen Endosomen markiert werden.

Makromolekül Polymere aus langen, kovalent verknüpften Ketten kleiner organischer (Kohlenstoff enthaltender) Moleküle. Die Grundbausteine, aus denen eine Zelle aufgebaut ist, und die Komponenten, die den Lebewesen ihre markantesten Eigenschaften verleihen.

Makrophagen Phagocytenzellen, die sich aus Blutmonocyten entwickeln und die in allen Geweben vorkommen, aber auch in der Lage sind zu wandern. Sie haben bei der Immunantwort sowohl Fress- als auch Antigenpräsentationsfunktion.

Makropinocytose Clathrinunabhängiger endocytotischer Abbauweg, der in den meisten Zelltypen durch die Aktivierung von Zelloberflächenrezeptoren durch spezifische gebundene Moleküle induziert wird.

Malaria Durch Protozoen verursachte Erkrankung, die von vier Plasmodium-Arten verursacht wird. Die Erreger werden über Stiche der weiblichen Anopheles-Mücke auf den Menschen übertragen.

maligne Bezeichnet Tumoren und Tumorzellen, die invasiv (eindringend) wachsen und/oder fähig sind, Metastasen zu bilden. Ein maligner Tumor ist ein Krebs. (Abb. 20–3)

mannosereiche Oligosaccharide Umfangreiche Klasse *N*-verknüpfter Oligosaccharide, die bei Säugetieren an Glykoproteine im Endoplasmatischen Reticulum gebunden sind. Sie enthalten zwei *N*-Acetylglukosaminreste und viele Mannosereste.

MAP-Kinase-Modul (mitogenaktiviertes Protein-Kinase-Modul) Intrazelluläres Signalübertragungsmodul, das aus drei Protein-Kinasen besteht, die nacheinander wirken. Die MAP-Kinase ist die dritte Kinase in der Kaskade. Üblicherweise wird es von einem Ras-Protein als Reaktion auf extrazelluläre Signale aktiviert. (Abb. 15–50)

maternal-zygotischer Übergang (maternal–zygotic transition, MZT) Zeitpunkt in der Tierentwicklung, bei dem das Genom des Embryos weitgehend die Kontrolle über die Entwicklung von den deponierten mütterlichen Makromolekülen übernimmt.

maternale Effekt-Gene Gene, die in der Mutter wirksam sind, um mütterliche mRNAs und Proteine im Ei zu spezifizieren. Maternale Effekt-Mutationen betreffen die Entwicklung des Embryos sogar, wenn der Embryo selbst das mutierte Gen nicht geerbt hat.

maternale Vererbung Form der Vererbung, die bei Tieren und Pflanzen auftritt, bei denen die mitochondriale DNA nur über die weibliche Keimbahn vererbt wird.

Matrix-Metalloprotease Ca^{2+}- oder Zn^{2+}-abhängiges proteolytisches Enzym der extrazellulären Matrix, das Matrixproteine abbaut. Dazu zählt die Kollagenase.

Matrixraum Großes internes Kompartiment des Mitochondriums.

Matrize Ein Einzelstrang von DNA oder RNA, dessen Nukleotidsequenz als Muster für die Synthese des komplementären Strangs dient (auch „Templat"). (Abb. 1–3)

Mcm-Helikase An der DNA-Replikation beteiligte Helikase aus sechs Untereinheiten, die durch Entwinden der DNA eine DNA-Synthese ermöglicht.

mechanosensitive Kanäle Transmembrane Ionenkanäle, die sich öffnen, wenn mechanischer Stress auf die Lipid-Doppelschicht einwirkt, in die sie eingebettet sind.

Megakaryocyt Große myeloide Zelle mit einem mehrfach gelappten Kern, die nach der Reifung im Knochenmark bleibt. Sie sprosst Blutplättchen von langen cytoplasmatischen Fortsätzen ab.

Mehrpfad-Transmembranprotein Membranprotein, dessen Polypeptidkette die Lipid-Doppelschicht mehr als einmal durchspannt. (Abb. 10–17)

Meiose I Die erste von zwei Chromosomensegregationen nach meiotischer Chromosomenduplikation. Sie trennt die homologen Chromosomen, die jeweils aus einem Paar eng miteinander verbundener Schwesterchromatiden bestehen.

Meiose II Die zweite von zwei Chromosomensegregationen nach meiotischer Chromosomenduplikation. Sie trennt die Schwesterchromatiden jedes Homologs.

membranassoziiertes Protein Membranprotein, das nicht in das hydrophobe Innere der Lipid-Doppelschicht hineinragt, sondern an eine der beiden Seiten der Membran über nicht kovalente Wechselwirkungen mit anderen Membranproteinen gebunden ist. (Abb. 10–17)

membranbiegendes Protein Proteine, die an spezifische Membranbereiche binden und die Aufgabe haben, die lokale Membrankrümmung zu kontrollieren und damit den Membranbereichen ihre charakteristische dreidimensionale Form zu verleihen.

membrangebundenes Ribosom Ribosom, das an die cytosolische Seite des Endoplasmatischen Reticulums gebunden ist. Der Ort der Synthese von Proteinen, die in das Endoplasmatische Reticulum eintreten. (Abb. 12–21)

membranloses Organell Aggregat aus spezifischen Proteinen, welches durch multivalente schwache Wechselwirkungen zusammengehalten wird; wird auch als *biomolekulares Kondensat* bezeichnet.

Membranpotenzial Spannungsdifferenz über eine Membran durch einen kleinen Überschuss positiver Ionen auf der einen und negativer Ionen auf der anderen Seite. Das typische Membranpotenzial für die Plasmamembran einer Tierzelle ist –60 mV (innen negativ relativ zur Umgebungsflüssigkeit). (Abb. 11–23)

Membranprotein Amphipathisches Protein mit unterschiedlicher Struktur und Funktion, das mit der Lipid-Doppelschicht der Zellmembranen verbunden ist. (Abb. 10–17)

Membrantransportprotein Membranprotein, das den Durchtritt von Ionen oder Molekülen durch eine Membran vermittelt. Die zwei Hauptklassen sind Transporter (auch Carrier oder Permeasen genannt) und Kanäle. (Abb. 11–3)

mesenchymale Zellwanderung Art der Zellwanderung, die durch Ausstülpung von aktinreichen Lamellipodien an der Vorderseite der Zelle, durch Integrin vermittelte Fokalkontakte an der Unterlage, sowie eine durch Aktomyosin vermittelte Kontraktion an der Rückseite der Zelle charakterisiert ist. Wird oft bei Fibroblasten beobachtet.

Mesoderm Embryonales Gewebe, das der Vorläufer von Muskel, Bindegewebe, Skelett und vielen anderen inneren Organen ist. (Abb. 21–3)

Messenger-RNA (mRNA) RNA-Molekül, das die Aminosäuresequenz eines Proteins spezifiziert. Sie wird (bei Eukaryoten) durch Prozessieren eines RNA-Molekül hergestellt, das eine durch eine RNA-Polymerase erstellte, komplementäre Kopie der DNA darstellt. Sie wird in einem durch Ribosomen katalysierten Vorgang in Protein übersetzt (translatiert). (Abb. 6–21)

Metabolismus Die Summe aller chemischen Vorgänge, die in lebenden Zellen ablaufen. Gesamtheit von Katabolismus und Anabolismus. (Abb. 2–14)

metabotrope Rezeptoren Neurotransmitterrezeptoren, die Ionenkanäle indirekt über die Aktivierung von Second Messenger-Molekülen regulieren.

Metaphase Mitosestadium, in dem alle Chromosomen an die Pole der Mitosespindel angeheftet und am Spindeläquator im Zentrum der Zelle angeordnet sind. Die Metaphase folgt auf die Prophase und die Prometaphase; sie geht über in die Anaphase.

Metaphase/Anaphase-Übergang Kontrollpunkt im eukaryotischen Zellzyklus, der der Trennung der Schwesterchromatiden in der Anaphase vorausgeht. Wenn die Zelle nicht bereit ist, in die Anaphase überzugehen, wird der Zellzyklus an dieser Stelle angehalten. (Abb. 17–8 und Tafel 17–1)

Metaphaseplatte Gedachte Ebene, senkrecht zur Mitosespindel und in der Mitte zwischen den Spindelpolen, als Idealebene, in der sich die Chromosomen während der Metaphase anordnen. (Tafel 17–1)

Metastasen Sekundäre Tumoren an weiteren Stellen im Körper, zusätzlich zum Ort des Primärtumors. Sie entstehen aus Krebszellen, die sich abgelöst haben, in Blut- oder Lymphgefäße eingetreten sind und eine andere Umgebung besiedelt haben.

Metastasierung Ausstreuung von Krebszellen vom Ort des Entstehens an andere Orte des Körpers. (Abb. 20–1 und 20–20)

MHC-Gene (major histocompatibility complex) Komplex von Genen auf einem Säugetierchromosom (beim Menschen Chromosom 6). Sie codieren für eine große Familie von hoch polymeren Zelloberflächen-Glykoproteinen (MHC-Moleküle). (Abb. 24–37)

MHC-Protein (major histocompatibility complex) Glykoprotein der Zelloberfläche, welches durch die MHC-Gene codiert wird. MHC-Proteine sind stark polymorph und treten in zwei Klassen auf (Klasse-I und Klasse-II). Beide Klassen dienen dazu, Bruchstücke von Fremdproteinen an der Zelloberfläche zu präsentieren, wo sie von T-Zellen erkannt werden können.

microRNA (miRNA) Kurze (etwa 21 Nukleotide lange) eukaryotische RNAs, die durch Prozessieren spezieller, im Genom codierter RNA-Transkripte gebildet werden. Sie regulieren die Genexpression durch komplementäre Basenpaarung mit mRNA. (Abb. 7–78)

Mikrobiom Die kombinierten Genome verschiedener Arten einer definierten Mikrobenflora.

Mikrobiota Die Gesamtheit der Mikroorganismen, die in oder auf einem Organismus siedeln.

Mikroelektrode Teil eines dünnen Glasröhrchens mit noch dünner ausgezogener Spitze, das verwendet wird, um elektrischen Strom in Zellen zu injizieren oder um die intrazellulären Konzentrationen der üblichen anorganischen Ionen (wie H^+, Na^+, K^+, Cl^- und Ca^{2+}) in einer einzelnen lebenden Zelle durch Einführen der Spitze durch die Plasmamembran hindurch direkt in das Zellinnere zu untersuchen. (Abb. 11–36)

Mikrosom Kleines Vesikel, das sich von Fragmenten des Endoplasmatischen Reticulums ableitet und entsteht, wenn Gewebe homogenisiert wird. (Abb. 12–17)

Mikrotubulus-assoziiertes Protein (MAP) Ein Protein, das an Mikrotubuli bindet und ihre Eigenschaften ändert. Es gibt viele verschiedene Arten, einschließlich Strukturproteine, z. B. MAP-2, und Motorproteine, z. B. Dynein. (Nicht zu verwechseln mit dem „MAP" (mitogenaktiviertes Protein) der „MAP-Kinase".)

Mikrotubuli organisierendes Zentrum (MTOC) Bereich einer Zelle, z. B. ein Centrosom oder ein Basalkörper, von dem Mikrotubuli auswachsen.

Mikrotubulifluss Bewegung einzelner Tubulinmoleküle in den Mikrotubuli der Spindel in Richtung der Pole durch Verlust von Tubulin an ihren *minus*-Enden. Hilft bei der Bewegung der Schwesterchromatiden zu den Polen nach ihrer Trennung in der Anaphase. (Abb. 17–37)

mitochondriale Vorläuferproteine Proteine, die zuerst im Cytosol vollständig synthetisiert werden und dann, gesteuert von einer oder mehreren Signalsequenzen, in Unterkompartimente der Mitochondrien überführt werden.

mitochondriales Hsp70 Teil eines aus vielen Untereinheiten bestehenden Proteinkomplexes, der an die Matrixseite des TIM23-Komplexes gebunden ist, der als Motor fungiert, um die mitochondrialen Vorläuferproteine in den Matrixraum zu befördern.

Mitochondrien-Matrix Großes internes Kompartiment eines Mitochondriums. Das entsprechende Kompartiment in einem Chloroplasten wird als Stroma bezeichnet.

Mitochondrium (*Pl.*, Mitochondrien) Membranumgebenes Organell, etwa von der Größe eines Bakteriums, das die oxidative Phosphorylierung durchführt und den Großteil des ATP in eukaryotischen Zellen produziert. (Abb. 1–25)

Mitogen Ein extrazelluläres Signalmolekül, das die Zellvermehrung anregt.

Mitosechromosom In der Mitose sichtbares, hoch verdichtetes, verdoppeltes Chromosom, wobei die Schwesterchromatiden am Centromer zusammengehalten werden.

Mitosespindel Bipolare Anordnung von Mikrotubuli und zugehörigen Molekülen, die sich zwischen den gegenüberliegenden Polen einer Eukaryotenzelle während der Mitose bildet und dazu dient, die verdoppelten Chromosomen in Richtung der Spindelpole auseinanderzuziehen. (Abb. 17–26 und Tafel 17–1)

Mittelkörper Struktur, die zum Ende der Zellteilung bei Tieren gebildet wird und für einige Zeit als Verbindungskanal zwischen den beiden Tochterzellen bestehen bleiben kann. (Abb. 17–44)

Modellorganismus Eine Spezies, die ausgiebig über eine lange Zeitspanne hinweg untersucht worden ist und dadurch als „Modell" der Biologie zur Ableitung fundamentaler biologischer Prinzipien dient.

molekulares Chaperon (Chaperon) Protein, das anderen Proteinen hilft, sich richtig zu falten oder Fehlfaltungen zu vermeiden (von frz. *chaperon* = Häubchen, Anstandsdame). Dazu gehören die Hitzeschockproteine.

monoallele Genexpression Expression von nur einer von zwei Kopien eines Gens in einem diploiden Genom. Sie tritt z. B. als Ergebnis von Prägung oder X-Inaktivierung auf.

Monocyt Klasse weißer Blutzellen, die den Blutkreislauf verlässt und in Geweben zu Makrophagen reift. (Abb. 22–11)

monoklonaler Antikörper Antikörper, der von einem Hybridomklon sezerniert wird. Da das Hybridom durch Fusion einer einzelnen B-Zelle mit einer einzelnen Tumorzelle entsteht, bildet jedes Hybridom Antkörper, die alle identisch sind.

monomere GTPase Aus einer einzelnen Untereinheit bestehendes Enzym, das GTP in GDP umwandelt (auch monomeres GTP-bindendes Protein genannt). Diese Enzyme wechseln zwischen einer aktiven GTP-gebundenen Form und einer inaktiven GDP-gebundenen Form und fungieren häufig als molekulare Schalter bei intrazellulären Signalübertragungswegen.

Morphogen Diffusibles Signalmolekül, das ein Muster auf einen Bereich von Zellen prägen kann, indem es Zellen an verschiedenen Stellen ein unterschiedliches Schicksal zuteilt. (Abb. 21–8)

Morphogenese Entwicklungsprozess, in dem Zellen Bewegungen und Verformungen durchlaufen, um sich zu Geweben und Organen mit spezifischen Formen und Größen zusammenzulagern.

Motorprotein Protein, das Energie aus der Nukleosidtriphosphat-Hydrolyse nutzt, um sich entlang eines geradlinigen Wegs (entlang eines Proteinfilaments oder eines anderen Polymermoleküls) zu bewegen.

mRNA-Abbaukontrolle Regulation der Genexpression durch die Zelle über den selektiven Schutz oder die Zerstörung bestimmter mRNA-Moleküle im Cytoplasma.

mTOR (mammalian target of rapamycin) Säuger-Version der großen Protein-Kinase namens TOR. Sie ist an der Signalübertragung der Zelle beteiligt. mTOR existiert in zwei funktionell unterschiedlichen Multiproteinkomplexen.

Multidrug-Resistenz Phänomen, bei dem Zellen, die einem Antikrebsmittel ausgesetzt werden, eine Resistenz nicht nur gegenüber diesem Arzneimittel, sondern auch gegenüber anderen Medikamenten entwickeln, zu denen sie nie Kontakt hatten.

Multidrug-Resistenzprotein (MDR-Protein) Klasse von ABC-Transporterproteinen, die hydrophobe Wirkstoffe (Drogen, z. B. manche Krebsheilmittel) aus dem Cytoplasma von Eukaryotenzellen transportieren können.

multivesikuläre Körper Zwischenprodukte im Prozess der Endosomenreifung. Frühe Endosomen auf ihrem Weg zu späten Endosomen.

Mustererkennungsrezeptor (pattern recognition receptor, PRR) Rezeptor auf oder in Zellen des angeborenen Immunsystems, der pathogenassoziierte molekulare Muster (PAMPs) auf Mikroorganismen erkennt und dadurch aktiviert wird.

Mutation Vererbbare Änderung der Nukleotidsequenz eines Chromosoms. (Tafel 8–1)

Mutationsrate Die Geschwindigkeit mit der Veränderungen (Mutationen) in DNA-Sequenzen auftreten.

Mutualismus Ökologisches Verhältnis zwischen Mikroben und ihrem Wirt, von dem beide Organismen profitieren.

Myc Transkriptionsregulatorprotein, das aktiviert wird, wenn eine Zelle durch extrazelluläre Signale stimuliert wird, zu wachsen und sich zu teilen. Es aktiviert die Transkription vieler Gene, einschließlich derer, die das Zellwachstum stimulieren. (Abb. 17–59)

Myelinhülle Isolierschicht aus einer speziellen Zellmembran, die um ein Vertebratenaxon gewickelt ist. Gebildet von Oligodendrocyten im Zentralnervensystem und von Schwann'schen Zellen im peripheren Nervensystem. (Abb. 11–35)

myeloide Zelle Jede weiße Blutzelle außer den Lymphocyten. (Abb. 22–12)

Myelom Karzinom der Antikörper-produzierenden Zellen (B-Zellen) des Knochenmarks.

Myoblast Einkernige, undifferenzierte Muskelvorläuferzelle. Eine Skelettmuskelzelle entsteht durch Verschmelzung von Myoblasten.

Myofibrille Langes, außerordentlich hoch geordnetes Bündel von Aktin, Myosin und anderen Proteinen im Cytoplasma von Muskelzellen. Kontraktion erfolgt durch einen Gleitfasermechanismus.

Myosin Protein aus der großen Klasse der Motorproteine, die die bei der ATP-Hydrolyse gewonnene Energie nutzen, um sich entlang der Aktinfilamente zu bewegen.

Na^+/K^+-Pumpe (Na^+/K^+-ATPase) Transmembran-Trägerprotein in der Plasmamembran der meisten Tierzellen, das Na^+ aus der Zelle heraus- und K^+ in die Zelle hineinpumpt, indem es die Energie der ATP-Hydrolyse nutzt. (Abb. 11–15)

NAD^+/NADH (Nikotinamid-Adenin-Dinukleotid/reduziertes Nikotinamid-Adenin-Dinukleotid) Elektronenüberträgersystem, das an Oxidations-/Reduktionsreaktionen, wie z. B. der Oxidation von Nahrungsmolekülen, beteiligt ist. NAD^+ übernimmt das Äquivalent eines Hydridions (H^-, ein Proton plus zwei Elektronen) und wird zum aktivierten Carrier NADH. Das gebildete NADH gibt seine energiereichen Elektronen im ATP-generierenden Prozess der oxidativen Phosphorylierung ab. (Abb. 2–36)

NADH-Dehydrogenase-Komplex Erste der drei elektronenbetriebenen Protonenpumpen in der mitochondrialen Atmungskette; nimmt Elektronen von NADH auf. (Abb. 14–18)

$NADP^+$/NADPH (Nikotinamid-Adenin-Dinukleotidphosphat/reduziertes Nikotinamid-Adenin-Dinukleotidphosphat) Elektronenüberträgersystem, das nahe verwandt mit NAD^+/NADH ist, aber nahezu ausschließlich in anabolen statt in katabolen Biosynthesewegen genutzt wird. (Abb. 2–36)

naive Zelle In der Immunologie: T- oder B-Lymphocyt, der proliferiert und zu einer Effektorzelle oder einer Gedächtniszelle differenziert, wenn er zum ersten Mal auf sein spezifisches Fremd-Antigen trifft. (Abb. 24–17)

Natürliche Killerzelle (NK-Zelle) Cytotoxische Zelle des angeborenen Immunsystems, die virusinfizierte Zellen und einige Krebszellen töten kann.

natürliche regulatorische T-Zelle (natürliche T_{reg}-Zelle) Regulatorische T-Zelle (T_{reg}-Zelle), die sich im Thymus entwickelt und hilft, die Selbst-Toleranz aufrechtzuerhalten.

negative Selektion Prozess, bei dem Thymocyten, die einen T-Zell-Rezeptor mit hoher Affinität für ein Selbst-Peptid exprimieren, das an ein Selbst-MHC-Protein gebunden ist, vernichtet werden, indem sie die Apoptose durchlaufen.

Negativfärbung Technik in der Elektronenmikroskopie mit deren Hilfe feine Details von isolierten Makromolekülen sichtbar gemacht werden können. Proben werden so vorbehandelt, dass ein sehr dünner Film eines Schwermetallsalzes die Probe überall bedeckt, außer dort, wo er durch die für Elektronen durchlässigen Makromoleküle unterbrochen wird. So kann ein invertiertes oder negatives Bild des Moleküls erstellt werden.

Nernst-Gleichung Quantitativer Ausdruck, der das Gleichgewichtsverhältnis der Konzentrationen eines Ions auf jeder Seite einer permeablen Membran zur Spannungsdifferenz zwischen den beiden Seiten der Membran in Beziehung setzt.

Neuralleiste Ansammlung von Zellen entlang der Linie, wo sich im Vertebratenembryo das Neuralrohr von der umgebenden Epidermis abschnürt. Zellen der Neuralleiste wandern, um eine Vielzahl von Geweben entstehen zu lassen, einschließlich der Neuronen und Glia des peripheren Nervensystems, der Pigmentzellen der Haut und der Gesichts- und Kieferknochen. (Abb. 19–8)

Neuralrohr Ektodermrohr, das in einem Wirbeltierembryo das Gehirn und das Rückenmark bilden wird.

Neurofilament Art von Intermediärfilament in Nervenzellen. (Abb. 16–64)

neuromuskuläre Endplatte Spezialisierte chemische Synapse zwischen einer Skelettmuskelzelle und dem Axonende eines Motoneurons. (Abb. 11–39)

Neuron (Nervenzelle) Impulsweiterleitende Zelle des Nervensystems mit langen Fortsätzen, die darauf spezialisiert ist, Signale aufzunehmen, zu verarbeiten und weiterzuleiten. (Abb. 11–29)

Neurotransmitter Kleines Signalmolekül, das von der präsynaptischen Nervenzelle an einer chemischen Synapse abgegeben wird, um das Signal an die postsynaptische Zelle weiterzugeben. Beispiele sind Acetylcholin, Glutamat, GABA (γ-Aminobuttersäure), Glycin und viele Neuropeptide.

Neurotrophin Familie von Signalproteinen, die das Überleben und das Wachstum spezifischer Neurongruppen fördern.

Neutrophiler Weiße Blutzelle, die darauf spezialisiert ist, partikuläres Material durch Phagocytose aufzunehmen und in Gewebe einzudringen, die infiziert oder entzündet sind. (Abb. 24–5)

NFκB-Protein Latentes Transkriptionsregulatorprotein, das durch verschiedene intrazelluläre Signalwege aktiviert wird, wenn Zellen während Immun-, Entzündungs- oder Stressreaktionen stimuliert werden. Hat auch wichtige Funktionen bei der Tierentwicklung. (Abb. 15–63)

nicht-Kinetochor-Mikrotubuli (interpolare Mikrotubuli) Mikrotubuli der Mitose- oder Meiosespindel, die zwischen den Spindelpolen liegen, aber nicht direkt an ein Kinetochor gebunden sind. Sie sind oft mit antiparallelen Mikrotubuli des gegenüberliegenden Spindelpols quervernetzt.

nichthomologe Endverknüpfung DNA-Reparaturmechanismus für Doppelstrangbrüche, bei dem die beiden gebrochenen DNA-Enden wieder zusammengebracht und über DNA-Ligation verbunden werden. In der Regel gehen dabei an der Verknüpfungsstelle ein oder mehrere Nukleotide verloren.

nichtklassische Cadherine Große Familie der Cadherine, die in ihrer Sequenz entfernter verwandt sind als die klassischen Cadherine. Zu ihnen gehören Proteine, die an der Adhäsion (Protocadherine, Desmocolline und Desmogleine) und an der Signalübertragung beteiligt sind.

nichtcodierende RNA RNA-Molekül, bei dem es sich um das Endprodukt eines Gens handelt und das nicht für ein Protein codiert. Diese RNAs dienen als enzymatische, strukturelle und regulatorische Komponenten für eine Vielzahl von Prozessen in der Zelle.

nichtkovalente Bindung Schwache Bindung, die über eine Vielzahl unterschiedlicher Wechselwirkungen wie Wasserstoffbrücken, elektrostatische Anziehung und van der Waals-Anziehung zwei Moleküle zusammenhält.

nichtretrovirales Retrotransposon Art eines transponierbaren Elements (Transposons), das sich dadurch bewegt, dass es zunächst in eine RNA-Kopie transkribiert wird, die dann durch die Reverse Transkriptase in DNA zurückverwandelt und daraufhin an anderer Stelle wieder in das Chromosom eingebaut wird. Der Insertionsmechanismus unterscheidet sich von dem retrovirusartiger Transposons. (Tab. 5–4)

nicht umhülltes (nacktes) Virus Virus, das nur aus Nukleinsäure und dem Proteincapsid besteht. (Abb. 23–19C und D)

NMDA-Rezeptor Untergruppe von glutamatgesteuerten Ionenkanälen im zentralen Nervensystem von Säugetieren, die entscheidend für die Langzeitpotenzierung und Langzeitdepression sind. NMDA-Rezeptorkanäle sind doppelt gesteuert. Sie öffnen sich nur, wenn Glutamat an den Rezeptor gebunden hat und die Membran gleichzeitig stark depolarisiert ist.

NMR (kernmagnetische Resonanz, NMR-Spektroskopie) NMR ist die Resonanzabsorption elektromagnetischer Strahlung bei einer bestimmten Frequenz durch Atomkerne in einem Magnetfeld, verursacht durch das Umklappen der Orientierung ihrer magnetischen Dipolmomente. Das NMR-Spektrum gibt Einsicht in die chemische Umgebung der Atomkerne. NMR wird viel genutzt, um die dreidimensionale Struktur von kleinen Proteinen und anderen kleinen Molekülen zu bestimmen. Das Prinzip der NMR wird auch für die medizinische Diagnostik in der Kernspintomographie (*magnetic resonance imaging*, MRI) eingesetzt. (Abb. 8–21)

NO-Synthase (NOS) Enzym, das Stickstoffmonoxid (NO) durch Desaminierung von Arginin synthetisiert. (Abb. 15–41B)

NOD-artige Rezeptoren (NOD-like receptors, NLRs) Große Familie von Mustererkennungsrezeptoren (*pattern recognition receptors*, PRRs) mit leucinreichen Wiederholungsmotiven. Sie kommen nur im Cytoplasma vor und erkennen eine bestimmt Gruppe von mikrobiellen Molekülen.

Nondisjunction Ereignis, das gelegentlich während der Meiose auftritt und bei dem ein Paar homologer Chromosomen sich nicht trennt, sodass die daraus entstehende Keimzelle entweder zu viele oder zu wenige Chromosomen besitzt.

Nonsense-vermittelter mRNA-Abbau Vorgang, durch den fehlerhafte mRNA, die im Leseraster Stopp-Codons enthält, abgebaut wird, bevor sie in Protein umgesetzt werden kann. (Abb. 6–80)

Notch Transmembranes Rezeptorprotein (und latentes Transkriptionsregulatorprotein), das in vielen Fällen Entscheidungen über das Zellschicksal bei der Entwicklung eines Tieres trifft, z. B. bei der Spezialisierung von Nervenzellen aus dem ektodermalen Epithel. Seine Liganden sind Zelloberflächenproteine wie Delta und Serrate. (Abb. 15–60)

NSF Hexamere ATPase, die einen Komplex aus einem v-SNARE und einem t-SNARE zerlegt. (Abb. 13–21)

Nukleolus Prominente Struktur im Kern, in der ribosomale RNA transkribiert wird und Ribosomenuntereinheiten zusammengesetzt werden. (Abb. 6–44 und 6–46)

Nukleoporin Jedes der verschiedenen Proteine, die den Kernporenkomplex bilden.

Nukleosom Perlförmige Struktur im Eukaryotenchromatin. Es besteht aus einem kurzen DNA-Abschnitt, der um einen oktameren Kern aus Histonproteinen gewickelt ist; stellt die Grundstruktureinheit des Chromatins dar. (Abb. 4–22 und 4–23)

Nukleotid Nukleosid mit einer Phosphatgruppe, die über Esterbindung mit dem Zucker verknüpft ist. DNA und RNA sind Polykondensate („Polymere") von Nukleotiden. (Tafel 2–6)

Nukleotid-Exzisionsreparatur Art der DNA-Reparatur, die irreversible Schäden an der DNA-Doppelhelix repariert, wie z. B. solche, die durch bestimmte Chemikalien oder UV-Strahlung verursacht wurden, indem die beschädigte Region aus einem Strang herausgeschnitten und neu synthetisiert wird. Dabei wird der unbeschädigte Strang als Matrize verwendet. *Vgl.* **Basen-Exzisionsreparatur**. (Abb. 5–41)

O-verknüpfte Glykosylierung Addition von einem oder mehreren Zuckern an eine Hydroxylgruppe auf einem Protein.

obligat pathogene Organismen Bakterien, die sich nur in ihrem Wirt vermehren können.

Ödemfaktor Eine von zwei A-Untereinheiten des Anthraxtoxins. Es handelt sich um eine Adenylat-Cyclase, die die Bildung von cAMP katalysiert. Dies führt zu einem Ionenungleichgewicht und so zu Ödemen in Haut oder Lunge.

offenes Leseraster (open reading frame, ORF) Eine zusammenhängende Nukleotidsequenz ohne Stopp-Codons in mindestens einem der drei Leseraster (und folglich mit dem Potenzial, für ein Protein zu codieren).

olfaktorische Rezeptoren G-Protein-gekoppelte Rezeptoren auf den modifizierten Cilien olfaktorischer Rezeptorneuronen, die Gerüche erkennen. Die Rezeptoren aktivieren die Adenylyl-Cyclase über ein spezifisches olfaktorisches G-Protein (G_{olf}). Daraus resultierende Anstiege von cAMP öffnen cAMP-gesteuerte Kationenkanäle und erlauben den Einfluss von Na^+, die Depolarisierung und die Initiation eines Nervenimpulses.

Oligodendrocyt Gliazelle im Zentralnervensystem der Wirbeltiere, die eine Myelinhülle um Axone bildet. *Vgl.* **Schwann'sche Zelle.**

Oligosaccharyl-Transferase Enzym des endoplasmatischen Reticulums, das an Dolichol gebundene Oligosaccharideinheiten auf Asparaginreste neu hergestellter Proteine überträgt, sobald sie in das Lumen des ER transloziert werden.

Onkogen Ein verändertes Gen, dessen Produkt dominant bewirken kann, dass die Zelle kanzerös wird (sich unbegrenzt vermehrt (Krebs)). Typischerweise ist ein Onkogen eine mutierte Form eines normalen Gens (Proto-Onkogen), das bei der Kontrolle des Zellwachstums oder der Zellvermehrung fungiert. (Abb. 20–21)

opportunistische pathogene Organismen Mikroorganismen der Normalflora, die nur dann Krankheit verursachen können, wenn das Immunsystem geschwächt ist oder wenn sie in normalerweise sterile Bereiche des Körpers gelangen.

Optogenetik Verwendung von gentechnisch verändertem Kanalrhodopsin und anderen lichtempfindlichen Ionenkanälen und Transportern, um die Funktion von Neuronen zu modulieren. Ziel ist es, Nervenzellen zu untersuchen und Schaltkreise zu analysieren, die komplexen Funktionen wie dem Verhalten eines ganzen Tiers zugrunde liegen. (Abb. 11–47)

Organell Kompartiment innerhalb einer Zelle oder großer makromolekularer Komplex, oft membranumschlossen, mit einer ausgeprägten Struktur, Makromolekülausstattung und Funktion. Beispiele für membranumschlossene Organellen sind Kern, Mitochondrium, ER und Golgi-Apparat. Beispiele für Organellen, die als biomolekulare Kondensate keine umgebende Membran besitzen sind Nukleolus und Centrosom. (Abb. 1–21)

Organellenkontaktstelle Kontaktpunkt zwischen Organellen, der durch spezifische Verbindungsproteine stabilisiert wird.

Organisator Spezialisiertes Gewebe der Dorsallippe der Blastopore eines Amphibienembryos; die Quelle der Signale, die bei der Koordination der Bildung der embryonalen Körperachse helfen.

Organoid Dreidimensionales Miniaturorgan mit organähnlicher Mikroanatomie, welches durch Zellkulturtechniken erzeugt wurde.

Orthologe Gene oder Proteine von verschiedenen Arten, die sich in ihrer Sequenz ähneln, da sie Nachkommen desselben Gens im letzten gemeinsamen Vorfahren dieser Arten sind. Orthologe erfüllen oft vergleichbare Funktionen in verschiedenen Organismen. *Vgl.* **Paraloge**. (Abb. 1–20)

Osteoblast Zelle, die die Matrix des Knochens ausscheidet. (Abb. 22–14)

Osteoclast Makrophagenartige Zelle, die Knochen abbaut, sodass er während des Wachstums und als Reaktion auf Beanspruchung umgebaut werden kann. (Abb. 22–16)

Osteocyt Sich nicht teilende Zelle im Knochen, die sich aus einem Osteoblasten entwickelt und in Knochenmatrix eingebettet ist. (Abb. 22–14)

OXA-Komplex Proteintranslokator in der inneren Mitochondrienmembran, der die Insertion von Membranproteinen in die innere Membran vermittelt.

Oxidation (*Verb*, oxidieren) Verlust von Elektronen aus einem Atom, wie er beim Zufügen von Sauerstoff an ein Molekül oder beim Entfernen von Wasserstoff erfolgt. Gegensatz: Reduktion. (Abb. 2–20)

oxidative Phosphorylierung Reaktionsablauf bei Bakterien oder in Mitochondrien, durch den ATP durch Übertragung von Elektronen über die Elektronentransportkette auf molekularen Sauerstoff erzeugt wird. Dabei entsteht ein Protonengradient (pH-Gradient) über eine Membran, der durch chemiosmotische Kopplung mit der ATP-Synthase verbunden ist. (Abb. 14–12)

P-Typ-Pumpen Gruppe von ATP-getriebenen Pumpen, zu der strukturell und funktionell verwandte Mehrpfad-Transmembranproteine gehören, die sich während des Pumpzyklus selbst phosphorylieren. Zu der Gruppe gehören viele der Ionenpumpen, die für die Bildung und Erhaltung von Na^+-, K^+-, H^+- und Ca^{2+}-Gradienten über Zellmembranen verantwortlich sind. (Abb. 11–12)

p53 Transkriptionsregulatorprotein, das durch Schäden in der DNA aktiviert wird und daran beteiligt ist, das Fortschreiten des Zellzyklus so lange zu blockieren, bis der Schaden beseitigt ist. Das dazugehörige p53-Gen ist ein Tumorsuppressorgen, das bei ungefähr der Hälfte aller Krebsformen des Menschen Mutationen aufweist. (Abb. 20–31)

Paarregel-Gen Ein Gen, das bei der Entwicklung von Drosophila in einer Reihe von regelmäßigen Querstreifen entlang des Körpers des Embryos exprimiert wird und hilft, die verschiedenen Segmente festzulegen. (Abb. 21–18)

Paarung (Homologenpaarung) Die Aneinanderlagerung der beiden homologen Chromosomen der Länge nach während der Meiose. (Abb. 17–53)

Papillomaviren Gruppe von Viren, die die Genitalwarzen beim Menschen verursachen. Sie sind ein Musterbeispiel für DNA-Tumorviren und eine der Ursachen von Gebärmutterhalskrebs.

parakrine Signalisierung Kurzstrecken-Zell–Zell-Kommunikation über sezernierte Signalmoleküle, die auf Nachbarzellen wirken. (Abb. 15–2)

Paraloge Gene oder Proteine, die sich in ihrer Sequenz ähneln, da sie das Ergebnis einer Genduplikation sind, die in einem Vorfahr stattfand. Es ist weniger wahrscheinlich, dass paraloge Gene oder Proteine von zwei verschiedenen Organismen dieselbe Funktion besitzen, als dies bei orthologen Genen der Fall wäre. *Vgl.* **Orthologe**. (Abb. 1–20)

Parasitismus Ökologisches Verhältnis zwischen Mikroorganismen und ihrem Wirt, aus dem der Mikroorganismus Nutzen zieht zum Nachteil des Wirts. Dies ist oft bei pathogenen Organismen der Fall.

Passagiermutationen Mutationen, die in derselben Zelle wie Treibermutationen auftreten, die jedoch irrelevant für die Entwicklung von Krebs sind.

passiver Transport (erleichterte Diffusion) Transport eines gelösten Stoffs durch eine Membran entlang seines Konzentrationsgradienten oder seines elektrochemischen Potenzials, der nur die Energie nutzt, die im Gradienten gespeichert ist. (Abb. 11–4)

Patch Clamp-Aufzeichnung Elektrophysiologische Technik, bei der eine feine Elektrodenspitze mit einem Flecken (engl. *patch*) der Zellmembran versiegelt wird (Saugpipettenmethode) und es dadurch möglich macht, den Stromfluss durch einzelne Ionenkanäle in dem Membranstück bei konstanter Spannung aufzuzeichnen (Einzelkanal-Ionenstrommessung, *Clamping*). (Abb. 11–36)

Patched Transmembranprotein, das die Plasmamembran 12-mal durchquert. Kommt sowohl in intrazellulären Vesikeln als auch auf der Zelloberfläche vor, wo es das Hedgehog-Protein bindet.

Pathogen (*Adj.*, pathogen, krankheitserregend) Organismus, Zelle, Virus oder Prion, das Krankheit erregt.

pathogenassoziierte molekulare Muster (PAMPs) Mit Mikroben assoziierte Moleküle, die im Organismus des Wirts entweder nicht vorkommen oder separiert sind. Sie kommen oft in sich wiederholenden Mustern vor, die von Mustererkennungsrezeptoren (*pattern recognition receptors*, PRRs) der Zellen des angeborenen Immunsystems erkannt werden. PAMPs können in verschiedenen mikrobiellen Molekülen vorliegen, einschließlich Nukleinsäuren, Lipiden, Polysacchariden und Proteinen.

PDZ-Domäne Proteinbindende Domäne, die in vielen Gerüstproteinen vorkommt und oft als Andockstelle für die intrazellulären Enden transmembraner Proteine verwendet wird. (Abb. 19–22)

Pektin Polysaccharidmischung, die reich an Galakturonsäure ist und die eine stark hydratisierte Matrix bildet, in der in Pflanzenzellwänden Zellulose eingebettet ist. (Abb. 19–64)

peripheres lymphatisches Organ (sekundäres lymphatisches Organ) Lymphatisches Organ, in dem T-Zellen und B-Zellen mit Fremd-Antigenen in Beziehung treten. Beispiele sind Milz, Lymphknoten und Schleimhaut-assoziierte lymphatische Gewebe (Lymph-Plaques). (Abb. 24–12)

Permeabilisierung der äußeren Mitochondrienmembran Veränderung der äußeren Mitochondrienmembran im Rahmen des intrinsischen Wegs der Apoptose, durch die Cytochrom *c* und andere Proteine des Intermembranraums ins Cytosol freigesetzt werden.

Peroxine Proteine, die einen Proteintranslokator bilden, der am Import von Proteinen in Peroxisomen beteiligt ist.

Peroxisom Kleines membranumgrenztes Organell, das molekularen Sauerstoff benutzt, um organische Moleküle zu oxidieren. Enthält einige Enzyme, die Wasserstoffperoxid (H_2O_2) bilden, und solche, die es zersetzen. (Abb. 12–43)

Pflanzen-Wachstumsregulator (Pflanzenhormon) Signalmolekül, das bei der Koordinierung von Wachstum und Entwicklung bei Pflanzen mitwirkt. Beispiele sind Ethylen, Auxine, Gibberelline, Cytokine, Abscisinsäure und die Brassinosteroide.

pH-Skala Allgemeines Maß der Acidität einer Lösung; „p" bezieht sich auf die negative Zehnerpotenz, „H" auf Wasserstoff. Definiert als der negative dekadische Logarithmus der Wasserstoff-Ionen-Konzentration in Mol je Liter (mol l^{-1}, M). pH = –log [H^+]. Also enthält eine Lösung mit pH 3 10^{-3} M Wasserstoff-Ionen. Ein pH-Wert von weniger als 7 bedeutet sauer und ein pH-Wert von größer als 7 bedeutet alkalisch.

Phagocytose Vorgang, durch den unerwünschte Zellen, Zelltrümmer und anderes sperriges Partikelmaterial von Zellen aufgenommen (endocytiert, gefressen) wird, besonders von fleischfressenden Zellen wie *Amoeba proteus* und von Wirbeltier-Makrophagen und -Neutrophilen (von griech. *phagein* = fressen).

Phagosom Großes intrazelluläres membranumschlossenes Vesikel, das als Ergebnis der Phagocytose gebildet wird. Enthält aufgenommenes extrazelluläres Material. (Abb. 13–70)

Phänotyp Der in Erscheinung tretende Typus (sowohl physikalische Erscheinung als auch Verhalten) einer Zelle oder eines Organismus. (Tafel 8–1)

Phasenkontrastmikroskop Lichtmikroskop, das die Interferenzeffekte nutzt, die auftreten, wenn Licht durch Materie mit unterschiedlichen Brechungsindizes hindurchtritt. Wird benutzt, um lebende Zellen zu beobachten. (Abb. 9–6)

Phasenvariation Das zufällige Umschalten des Phänotyps eines infektiösen Partikels durch eine veränderte Expression von Proteinen, die an der Infektion beteiligt sind, mit Häufigkeiten, die viel größer sind als Mutationsraten.

Phosphatidylinositol-4,5-Bisphosphat (PI(4,5)P_2, PIP_2) Inositolphospholipid der Membran (ein Phosphoinositid), das zu Beginn des Inositolphospholipid-Signalübertragungswegs durch die Phospholipase C in IP_3 und Diacylglycerin gespalten wird. Es kann auch durch die PI 3-Kinase phosphoryliert werden, um PIP_3-Andockstellen für Signalproteine des PI 3-Kinase/Akt-Signalwegs zu bilden. (Abb. 15–28 und 15–54)

Phosphatidylserin Negativ geladenes Phospholipid welches normalerweise nur auf der cytosolische Seite der Lipid-Doppelschicht der Plasmamembran vorkommt. In apoptotischen Zellen akkumuliert es an der äußeren Membranseite und dient dort als Signal für Makrophagen, die Zelle zu phagozytieren.

Phosphoinositid 3-Kinase (PI 3-Kinase) Membrangebundenes Enzym, das eine Komponente des intrazellulären PI 3-Kinase/Akt-Signalwegs darstellt. Es phosphoryliert Phosphatidylinositol-4,5-Bisposphat an Position 3 des Inositolrings und bildet PIP_3-Andockstellen in der Membran für andere intrazelluläre Signalproteine. (Abb. 15–54)

Phosphoinositide (PIPs, Phosphatidylinositolphosphate) Lipide mit einem phosphorylierten Inositolderivat. Nebenbestandteil der Plasmamembran, aber wichtig für die Abgrenzung verschiedener Membranen und für die intrazelluläre Signalübertragung in eukaryotischen Zellen. (Abb. 13–10)

Phospholipase C (PLC) Membrangebundenes Enzym, das im Inositolphospholipid-Signalweg Inositolphospholipide in IP_3 und Diacylglycerin spaltet. PLCβ wird durch GPCRs über spezifische G-Proteine aktiviert, während PLCγ durch RTKs aktiviert wird. (Abb. 15–56)

Phospholipid Die Hauptklasse der Lipidmoleküle, die benutzt wird, um biologische Membranen aufzubauen. Im Allgemeinen zusammengesetzt aus zwei Fettsäuren, die über Glycerinphosphat (oder Sphingosinphosphat) mit einer von vielen verschiedenen polaren Gruppen verknüpft sind. (Abb. 10–3 und Tafel 2–5)

Phosphorylierung Reaktion, durch die eine Phosphatgruppe kovalent an ein anderes Molekül gebunden wird.

Photoaktivierung Technik zur Untersuchung intrazellulärer Prozesse, bei der die inaktive Form des zu untersuchenden

Moleküls in die Zelle eingeführt und dann durch einen fokussierten Lichtstrahl auf eine bestimmte Stelle in der Zelle aktiviert wird.

photochemisches Reaktionszentrum Der Teil eines Photosystems, der in der Photosynthese Lichtenergie in chemische Energie umwandelt. (Abb. 14–48)

Photorespiration Ineffizienter Stoffwechselweg, der in photosynthetisch aktiven Pflanzen bei CO_2-Mangel auftritt und CO_2 unter Sauerstoffverbrauch freisetzt, ohne dass für die Pflanze verwertbare Energie gewonnen wird.

photosynthetische Elektronenübertragungsreaktionen Lichtgetriebene Reaktionen der Photosynthese, bei denen Elektronen entlang der Elektronentransportkette in einer Membran laufen, um ATP und NADPH zu erzeugen.

Photosystem Multiproteinkomplex, der an der Photosynthese beteiligt ist und die Energie des Sonnenlichts einfängt, um es in nutzbare Energie umzuwandeln: Reaktionszentrum plus Antennenkomplex. (Abb. 14–46)

Phototropin Photoprotein, das mit der Plasmamembran von Pflanzen verbunden ist, blaues Licht wahrnimmt und z. T. für den Phototropismus verantwortlich ist.

Phragmoplast Struktur aus Mikrotubuli und Aktinfilamenten, die sich in der späteren Teilungsebene einer Pflanzenzelle formt und die Bildung der Zellplatte lenkt. (Abb. 17–48)

Phytochrom Pflanzliches Photoprotein, das Licht über ein kovalent gebundenes lichtabsorbierendes Chromophor wahrnimmt. Letzterer verändert seine Form als Reaktion auf Licht und löst dann einen Konformationswechsel im Protein aus. Pflanzenphytochrome sind cytoplasmatische Serin/Threonin-Kinasen, die unterschiedlich und reversibel auf rotes und dunkelrotes Licht reagieren, um das Zellverhalten zu verändern.

PI 3-Kinase/Akt-Weg Interazellulärer Signalübertragungsweg, der Tierzellen dazu stimuliert, zu überleben und zu wachsen. (Abb. 15–54)

Pilz (Fungus, *Pl.* Fungi) Reich der Eukaryoten, dass die Hefen, Schimmelpilze und Hutpilze umschließt. Viele Pflanzenkrankheiten und einige Tierkrankheiten werden durch Pilze verursacht.

Pinocytose Art der Endocytose, bei der lösliche Materialien kontinuierlich aus der Umgebung zur Verdauung in Vesikel aufgenommen und zusammen mit den membrangebundenen Molekülen zu Endosomen befördert werden (buchstäblich: „Zell-Trinken" von griech. *pinein* = trinken). *Vgl.* **Phagocytose**. (Abb. 13–51)

piRNAs (Piwi-interagierende RNAs) Gruppe kleiner nichtcodierender RNAs, die in der Keimbahn gebildet werden. Zusammen mit Piwi-Proteinen halten sie die Bewegung von Transposons in Schach. Dies geschieht über transkriptionelle Stilllegung von Transposongenen und durch Zerstörung von RNAs, die von ihnen gebildet werden.

planare Zellpolarität Art der zellulären Asymmetrie, die in einigen Epithelien zu beobachten ist und bei der jede Zelle einen Polaritätsvektor besitzt, der in der Epithelebene ausgerichtet ist. (Abb. 21–50)

Plasmamembran Membran, die eine lebende Zelle umgibt. (Abb. 10–1)

Plasmidvektor Kleines, ringförmiges Doppelstrang-DNA-Molekül, das von Plasmiden stammt, die in bakteriellen Zellen natürlich vorkommen. Wird häufig bei der Klonierung von Genen eingesetzt.

Plasmodesma (*Pl.*, Plasmodesmata) Pflanzliches Gegenstück zur Gap Junction. Verbindender Zell–Zell-Kontakt zwischen Pflanzenzellen, bei dem ein Kanal aus Cytoplasma, das von Plasmamembran umgeben ist, zwei benachbarte Zellen durch eine kleine Pore in ihren Zellwänden verbindet.

Pleckstrin-Homologie-Domäne (PH-Domäne) Proteindomäne bei intrazellulären Signalproteinen. Einige PH-Domänen in intrazellulären Signalproteinen binden an Phosphatidylinositol-3,4,5-trisphosphat, das von der PI 3-Kinase gebildet wird, und bringen so das Signalprotein zur Plasmamembran, wenn die PI 3-Kinase aktiviert ist.

pluripotent Beschreibt eine Zelle, die das Potenzial besitzt, alle oder fast alle Zelltypen eines ausgewachsenen Körpers zu bilden.

Podosomen Aktinreiche Anheftungsstrukturen an der Zelloberfläche, die es Zellen ermöglichen, Gewebegrenzen zu überwinden.

polarisiert In Epithelien unterscheidet sich das basale Ende einer Zelle, das unten an der Basallamina angeheftet ist, vom apikalen Ende, das dem Medium oben ausgesetzt ist. Alle Epithelien und ihre individuellen Zellen sind folglich strukturell polarisiert.

Polycomb-Gruppe Gruppe von Proteinen, die entscheidend für das Zellgedächtnis für einige Gene sind. Sie bilden Komplexe mit dem Chromatin des *Hox*-Komplexes, wo sie einen reprimierten Zustand in den Zellen aufrechterhalten, in denen die *Hox*-Gene nicht aktiviert wurden. (Abb. 4–40)

Polymerase-Kettenreaktion (PCR) Methode, um spezielle Regionen einer DNA durch Verwendung von sequenzspezifischen Primern und wiederholten Runden von DNA-Synthese zu vermehren, wobei jede Runde mit einer kurzen Wärmebehandlung beginnt, um die komplementären Stränge zu trennen. (Abb. 8–34)

Polymorphismus Beschreibt Genomsequenzen, die nebeneinander als zwei oder mehr Sequenzvarianten mit großer Häufigkeit in einer Population vorkommen.

Polypeptid Lineares Polymer aus Aminosäuren. Proteine sind große Polypeptide. Die beiden Termini können gleichbedeutend verwendet werden. (Abb. 3–1)

Polypeptidrückgrat Sich wiederholende Atomsequenzen entlang des Kerns der Polypeptidkette. (Abb. 3–1)

Polyribosom mRNA, die während der Translation an eine Vielzahl von Ribosomen gebunden ist. (Abb. 6–77)

Polytänchromosom Riesenchromosom, in dem die DNA wiederholte Replikationen durchlaufen hat und in dem die vielen Kopien präzise aneinander gelagert sind. (Abb. 4–47 und 4–48)

Porin Kanalbildendes Protein der äußeren Membran von Bakterien, Mitochondrien und Chloroplasten.

Positionseffekt-Variegation Unterschiede in der Genexpression, die von der veränderten Position eines Gens im Verhältnis zu anderen chromosomalen Domänen, insbesondere zu heterochromatischen Domänen abhängen. Wenn ein aktives Gen neben Heterochromatin platziert wird, kann der inaktivierende Einfluss des Heterochromatins auf das Gen übergreifen und es in unterschiedlichem Ausmaß beeinflussen, sodass Positionseffekt-Variegation entsteht. (Abb. 4–32)

Positionswert Zellinterne Aufzeichnung ihrer Positionsinformation in einem vielzelligen Organismus. Ein intrinsisches Merkmal, das sich je nach Ort der Zelle unterscheidet.

positive Rückkopplung Kontrollmechanismus, bei dem das Endprodukt einer Reaktion oder eines Wegs seine eigene Produktion oder Aktivierung stimuliert. (Abb. 7–42)

positive Selektion In der Immunologie: Prozess der Thymocytenreifung, bei dem Thymocyten, die einen T-Zell-Rezeptor mit passender Affinität für ein Selbst-Peptid exprimieren, das an ein Selbst-MHC-Protein gebunden ist, signalisiert wird, zu überleben und die Entwicklung fortzusetzen.

posttranslational Ereignis, das nach Abschluss der Translation stattfindet (d. h. nach Abschluss der Proteinsynthese).

posttranskriptionale Kontrolle Jede Kontrolle der Genexpression, die zu einem Zeitpunkt nach Beginn der Transkription ausgeübt wird. (Abb. 7–57)

Präprophaseband Umlaufendes Band von Mikrotubuli und Aktinfilamenten um eine Pflanzenzelle unterhalb der Plasmamembran, vor der Mitose und Zellteilung. (Abb. 17–48)

Präreplikativer Komplex (prä-RC) Multiproteinkomplex, der während der späten Mitose und der frühen G_1-Phase des Zellzyklus am Replikationsursprung zusammengesetzt wird. Voraussetzung für die Freigabe des Zusammenbaus eines Präinitiationskomplexes und die folgende Einleitung der DNA-Replikation. (Abb. 17–17 und 17–18)

primär pathogene Organismen Pathogene Organismen, die in den meisten gesunden Menschen offensichtliche Krankheiten hervorrufen können. Einige verursachen akute, lebensbedrohliche epidemische Infektionen und verbreiten sich schnell unter den Wirten. Andere, potenziell primär pathogene Organismen können ein einziges Individuum über Jahre persistierend infizieren, ohne eine offensichtliche Erkrankung zu verursachen. Der Wirt merkt dabei oft nicht, dass er infiziert ist.

Primärcilie Kurzes, einzelnes, unbewegliches Cilium ohne Dynein, das aus einer Centriole entsteht und aus der Oberfläche vieler Arten von Tierzellen herausragt. Einige Signalproteine sind in primären Cilien konzentriert. (Abb. 15–39)

primäre Immunantwort Adaptive Immunantwort auf ein Antigen, die beim ersten Treffen mit diesem Antigen erfolgt. (Abb. 24–16)

primäre Zellwand Die erste Zellwand, die von einer sich entwickelnden Pflanzenzelle gebildet wird. Sie ist dünn und flexibel und bietet Raum für das Zellwachstum. (Abb. 19–64)

primäres Ig-Repertoire Die Milliarden von IgM- und IgD-Immunglobulinmolekülen, die von B-Zellen eines adaptiven Immunsystems ohne Antigenstimulation gebildet werden.

Primärstruktur Sequenz der Monomereinheiten in einem linearen Polymer, wie die Aminosäuresequenz in Proteinen.

Primärtumor Tumor an der ursprünglichen Stelle, an der der Krebs zuerst entstand. Sekundärtumoren entwickeln sich an einer anderen Stelle durch Metastasierung.

Prionkrankheit Übertragbare spongiforme Encephalopathien, wie *Kuru* und die *Creutzfeldt-Jakob-Krankheit* beim

Menschen, *Scrapie* beim Schaf und *spongiforme Rinderencephalitis* (*BSE* oder Rinderwahn) beim Rind, die durch die infektiöse, abnormal gefaltete Form eines Proteins (ein Prion) verursacht und übertragen werden. (Abb. 3–33)

Proapoptotische Effektoren der Bcl2-Familie Klasse proapoptotischer Proteine des intrinsisches Apoptosewegs, die nach Stimulation durch ein apoptotisches Signal in der äußeren Mitochondrienmembran oligomere Aggregate bilden und so die Freisetzung von Cytochrom *c* und weiterer Proteine des Intermembranraums induzieren. In Säugerzellen sind Bax und Bak die wichtigsten Effektorproteine der Bcl2-Familie.

proinflammatorisches Cytokin Ein Cytokin, das eine Entzündungsreaktion stimuliert.

Prokaryot Einzelliger Mikroorganismus, dessen Zelle keinen gut abgegrenzten, membranumschlossenen Kern besitzt. Die Prokaryoten umfassen zwei der großen Reiche der Lebewesen, die Bacteria und die Archaea. (Abb. 1–9)

Promotor Nukleotidsequenz in der DNA, an die die RNA-Polymerase bindet, um die Transkription zu beginnen. (Abb. 6–11)

Prophase Anfangsstadium der Mitose, in dem die Chromosmen kondensieren und sich außerhalb des Zellkerns eine Mitosespindel zu bilden beginnt. Die Prophase wird von der Prometaphase abgelöst, in der die Kernhülle zerfällt und sich die von den Spindelpolen ausgehenden Mikrotubuli an die Chromosomen anheften. (Tafel 17–1)

Proteasom Großer Proteinkomplex im Cytosol mit proteolytischer Aktivität, der für die Hydrolyse von Proteinen verantwortlich ist, die durch Ubiquitinierung oder durch ein anderes Erkennungszeichen für den Abbau markiert sind. (Abb. 6–86 und 6–87)

Protein Die überwiegenden makromolekularen Bestandteile der Zellen. Ein lineares Polymer aus Aminosäuren, die durch Peptidbindungen in spezifischer Folge verbunden sind. (Abb. 3–1)

Protein-Tyrosinphosphatase Enzym, das Phosphatgruppen von phosphorylierten Tyrosinresten in Proteinen entfernt.

Proteinabbaukontrolle Mechanismus, durch den die Konzentration bestimmter intrazellulärer Proteine durch deren selektiven Abbau reduziert werden kann, ausgelöst durch ein äußeres Signals oder während des Zellzyklus.

Proteinaktivitätskontrolle Selektive Aktivierung, Inaktivierung, Abbau oder Kompartimentierung spezifischer Proteine nach ihrer Bildung. Eine der Methoden, durch die eine Zelle kontrolliert, welche Proteine zu einem bestimmten Zeitpunkt oder an einem bestimmten Ort in der Zelle aktiv sind.

Proteindomäne ***s.* Domäne**

Proteinglykosylierung Prozess der Übertragung eines einzigen Saccharids oder von vorgeformten Vorläufer-Oligosacchariden auf Proteine.

Protein-Kinase Enzym, das die endständige Phosphatgruppe von ATP auf eine oder mehrere spezifische Aminosäuren (Serin, Threonin oder Tyrosin) eines Zielproteins überträgt.

Protein-Kinase C (PKC) Ca^{2+}-abhängige Protein-Kinase, die nach Aktivierung durch Diacylglycerin und einen Anstieg der cytosolischen Ca^{2+}-Konzentration Zielproteine an bestimmten Serin- oder Threoninresten phosphoryliert. (Abb. 15–30)

Proteinphosphatase Enzym, das die Entfernung von Phosphat von Aminosäuren eines Zielproteins katalysiert.

Proteinphosphatase 2A (PP2A) Proteinphosphatase aus drei Untereinheiten, die über die Dephosphorylierung von Cdk-Substraten an der Steuerung des Zellzyklus beteiligt ist.

Proteinphosphorylierung Hinzufügen einer kovalent gebundenen Phosphatgruppe an eine Serin-, Threonin- oder Tyrosin-Seitenkette eines Proteins.

Proteintranslokation Prozess, bei dem ein Protein über eine Membran transportiert wird.

Proteintranslokator Membrangebundenes Protein, das den Transport eines anderen Proteins durch eine Membran vermittelt. (Abb. 12–48)

Proteinuntereinheit Einzelne Proteinkette eines Proteins, das aus mehr als einer Kette besteht.

Proteoglykan Molekül, das aus einer oder mehreren Glykosaminoglykan (GAG)-Ketten, die an einen Proteinkern gebunden sind, besteht. (Abb. 19–36)

Proto-Onkogen Normales Gen, meist mit der Kontrolle der Zellproliferation befasst, das durch Mutation in ein krebsförderndes Onkogen verwandelt werden kann.

Protofilament Linearer Strang aus Mikrotubuli-Untereinheiten, die an ihren Enden miteinander verbunden sind. Multiple Protofilamente verbinden sich seitlich und verleihen den Mikrotubuli Festigkeit und Anpassungsfähigkeit.

Proton (H^+) Positiv geladenes subatomares Teilchen, das Teil eines Atomkerns ist. Wasserstoff hat einen Kern, der aus nur einem Proton (H^+) besteht.

protonenmotorische Kraft Treibende Kraft, die Protonen als Ergebnis eines elektrochemischen Protonengradienten durch eine Membran bewegt.

Protozoon-Parasit Parasitärer, nicht photosynthetisierender, einzelliger, beweglicher eukaryotischer Organismus, z. B. Plasmodium.

Pseudo-Gen DNA-Nukleotidsequenz, die multiple Mutationen angesammelt hat, die ein Vorfahrengen inaktiv und funktionsunfähig gemacht haben.

Pseudopodien Aktinreiche dreidimensionale Ausstülpungen an der Vorderseite einer sich rasch bewegenden Zelle.

Puffer Lösung einer schwachen Säure oder einer schwachen Base, die pH-Veränderungen verhindert, wenn geringe Mengen einer Säure oder Base zugegeben werden.

Punktspreizfunktion Verteilung der Lichtintensität innerhalb des dreidimensionalen verschwommenen Bildes, das entsteht, wenn eine einzelne Punktlichtquelle in den Brennpunkt einer Linse gebracht wird.

Q-Zyklus Zyklische Reaktionsfolge, bei der Chinonmoleküle Elektronen mit dem Cytochrom *c*-Reduktase-Komplex austauschen. In der Atmungskette können so zwei Protonen je Elektron über die Membran transportiert werden. Ein ähnlicher Zyklus tritt auch in der Elektronentransportkette der Photosynthese auf. (Abb 14–23)

quantitative RT-PCR (reverse Transkription-Polymerase-Kettenreaktion) Technik, bei der eine Population von mRNAs über reverse Transkription in cDNAs umgewandelt wird und die cDNAs dann durch PCR amplifiziert werden. Der quantitative Teil stützt sich auf die direkte Beziehung zwischen der Geschwindigkeit, mit der das PCR-Produkt gebildet wird und der ursprünglichen Konzentration der mRNA-Art, für die man sich interessiert. Wird häufig zum Nachweis einer Virusinfektion eingesetzt.

Quartärstruktur (Quaternärstruktur) Die dreidimensionalen Beziehungen verschiedener Polypeptidketten in einem Protein mit vielen Untereinheiten oder in einem Proteinkomplex.

quervernetzendes Glykan Mitglied einer heterogenen Gruppe verzweigter Polysaccharide, das hilft Zellulosemikrofibrillen zu einem komplexen Netzwerk querzuvernetzen. Es besitzt ein langes, lineares Rückgrat aus einer Zuckerart (Glukose, Xylose oder Mannose) mit kurzen Seitenketten aus anderen Zuckern.

Rab-Effektoren Moleküle, die aktivierte, membrangebundene Rab-Proteine binden und als stromabwärts gelegene Mediatoren von Vesikeltransport, Membrananbindung und Membranfusion wirken.

Rab-Kaskade Geordnetes Anlocken von sequenziell agierenden Rab-Proteinen zu Rab-Domänen auf Membranen, wodurch sich die Identität eines Organells verändert und die Membrandynamik bestimmt wird.

Rab-Proteine Monomere GTPasen der Ras-Superfamilie, die in der Plasmamembran und den Organellmembranen in der GTP-gebundenen Form und als lösliches cytosolisches Protein in der GDP-gebundenen Form vorkommen. Beteiligt an der Spezifität der Vesikelandockung. (Tab. 15–5)

Rac (Rac-Protein) Mitglied der Rho-Familie der monomeren GTPasen, die die Aktin- und Mikrotubuli-Cytoskelette, die Zellzyklusprogression, die Gentranskription und den Membrantransport regulieren.

Rad51-Protein Eukaryotisches Protein, das die Paarung homologer DNA-Stränge während der genetischen Rekombination und der DNA-Reparatur katalysiert. Analog zum RecA-Protein aus *E. coli* und anderen Bakterien.

Ran (Ran-Protein) Monomere GTPase der Ras-Superfamilie, sowohl im Cytosol als auch im Kern, die für den aktiven Im- und Export von Makromolekülen durch die Kernporenkomplexe nötig ist. (Tab. 15–5)

Ras Kleine Familie von Proto-Onkogenen, die bei Krebs häufig mutiert sind. Jedes dieser Gene bildet eine Variante der monomeren GTPase Ras.

Ras (Ras-Protein) Monomere GTPase der Ras-Superfamilie, die hilft, Signale von zelloberflächenständigen Rezeptor-Tyrosinkinasen zum Kern weiterzugeben, oft als Reaktion auf Signale, die die Zellteilung stimulieren. Nach dem *Ras*-Gen benannt, das zuerst in Viren identifiziert wurde, die bei Ratten Sarkome auslösen. (Abb. 3–64)

Ras-GAPs Ras-GTPase-aktivierende Proteine. Sie erhöhen die Geschwindigkeit der Hydrolyse von gebundenem GTP durch Ras und inaktivieren dadurch Ras.

Ras-GEFs Ras-Guaninnukleotid-Austauschfaktoren. Sie stimulieren die Dissoziation von GDP und die anschließende

Aufnahme von GTP aus dem Cytosol. Dadurch wird Ras aktiviert.

Ras–MAP-Kinase-Signalübertragungsweg Intrazellulärer Signalübertragungsweg, der Signale von aktivierten Rezeptor-Tyrosinkinasen weiterleitet an Effektorproteine in der Zelle, zu denen Transkriptionsregulatoren im Zellkern gehören.

Ras-Superfamilie Große Superfamilie monomerer GTPasen (auch kleine GTP-bindende Proteine genannt). Ras ist der prototypische Vertreter dieser Superfamilie. (Tab. 15–5)

Rasterelektronenmikroskop Elektronenmikroskop, das ein Abbild der Oberfläche eines Objekts gibt (engl. = *scanning electron microscope*; *to scan* = abtasten). (Abb. 9–45)

raues Endoplasmatisches Reticulum (raues ER) Endoplasmatisches Reticulum mit Ribosomen auf seiner cytosolischen Seite. Ist an der Synthese von sezernierten und membranbestimmten Proteinen beteiligt. (Abb. 12–15)

Rb (Rb-Protein) Zellzyklusregulatorprotein welches die E2F-Transkriptionsregulatorproteine und damit den Eintritt in die S-Phase des Zellzyklus hemmt. Das Rb-Gen ist ein Tumorsuppressor; ein Defekt in beiden Kopien des Gens löst bei Kindern ein Retinoblastom aus. (Abb. 17–59 und 20–24)

reading frame *s.* **Leseraster**

Reaktion auf ungefaltete Proteine Zelluläre Reaktion, ausgelöst durch eine Anhäufung von fehlgefalteten Proteinen im Endoplasmatischen Reticulum. Sie führt zu einer gesteigerten Transkription von ER-Chaperonen und degradierenden Enzymen, sowie zu weiteren Veränderungen. (Abb. 12–36)

RecA (RecA-Protein) Prototyp einer Klasse von ubiquitären DNA-Bindungsproteinen, die die Synapsis von DNA-Strängen bei der genetischen Rekombination katalysieren, analog zum Rad51-Protein in Eukaryoten. (Abb. 5–48)

Recycling-Endosom Organell, das eine Zwischenstation auf dem Wege von wiederzuverwertenden Rezeptoren zurück zur Zellmembran darstellt. Reguliert den Einbau einiger Proteine in die Plasmamembran. (Abb. 13–56)

Redoxpaare Paar von Molekülen, von denen der eine Partner als Elektronendonator, der andere als Elektronenakzeptor in einer Oxidations-/Reduktionsreaktion (Redox-Reaktion) dient. Zum Beispiel gibt NADH Elektronen ab (Donator), NAD^+ nimmt sie auf (Akzeptor). (Tafel 14–1)

Redoxpotenzial Die Affinität eines Redoxpaars für Elektronen, allgemein gemessen als die Spannungsdifferenz zwischen der molaren Mischung der Partner gegen eine Bezugselektrode (Normal- oder Standard-Elektrode). $NADH/NAD^+$ hat ein niedriges Redoxpotenzial (niedrige Elektronenaffinität), O_2/H_2 hat ein hohes Redoxpotenzial (hohe Elektronenaffinität). (Tafel 14–1)

Redoxreaktion Eine Reaktion, in der eine Komponente oxidiert und die andere reduziert wird; eine Oxidations-/Reduktionsreaktion. (Tafel 14–1)

Reduktion (*Verb*, reduzieren) Zufügen von Elektronen zu einem Atom, wie es während der Addition von Wasserstoff an ein biologisches Molekül oder bei der Abspaltung von Sauerstoff von einem Molekül geschieht. Gegensatz: Oxidation. (Abb. 2–20)

reduziertes Flavin-Adenin-Dinukleotid *s.* **$FADH_2$**

Regulationsstelle Bereich einer Enzymoberfläche, an die ein Regulatormolekül bindet und dadurch die Katalyse am Aktiven Zentrum, das sich in einem anderen Bereich befindet, beeinflusst.

Regulator der G-Protein-vermittelten Signalübertragung (regulator of G-protein signaling, RGS) GAP-Protein, das an ein trimeres G-Protein bindet und seine GTPase-Aktivität steigert und so dazu beiträgt, die G-Protein-vermittelte Signalübertragung einzuschränken. (Abb. 15–8)

regulatorische T-Zelle (T_{reg}) T-Zelle, die die Entwicklung, Aktivierung oder die Funktion anderer Immunzellen über sezernierte Cytokine oder Zelloberflächen-Inhibitorproteine unterdrückt.

regulierter Sekretionsweg Ein zweiter Sekretionsweg, der hauptsächlich in Zellen vorkommt, die darauf spezialisiert sind, Produkte schnell auf Abruf freizusetzen - wie Hormone, Neurotransmitter oder Verdauungsenzyme - wobei lösliche Proteine und andere Substanzen zunächst in sekretorischen Vesikeln für die spätere Freisetzung gespeichert werden. (Abb. 13–38)

reinigende Selektion Natürliche Selektion, die abläuft, um die Divergenz von Gensequenzen innerhalb einer Population im Verlauf der Evolution durch Eliminierung von Individuen, die nachteilige Mutationen tragen, zu verlangsamen.

rekombinante DNA-Technologie Techniken, durch die DNA-Segmente von verschiedenen Quellen kombiniert werden, um neue DNA zu bilden, die oft rekombinante DNA genannt wird. Rekombinante DNAs werden oft beim Klonen von Genen, bei der genetischen Modifizierung von Organismen und bei der Herstellung größerer Mengen von seltenen Proteinen verwendet.

Replikationsgabel Y-förmige Region eines sich replizierenden DNA-Moleküls, an dem die beiden elterlichen DNA-Stränge getrennt und die Tochterstränge gebildet werden. (Abb. 5–7 und 5–18)

Replikationsursprung Stelle auf einem DNA-Molekül, an der die Verdopplung der DNA mit der Bildung von Replikationsgabeln beginnt. (Abb. 4–19 und 5–24)

replikative Zellalterung In primären Zellkulturen beobachtete Erscheinung, bei der sich die Zellvermehrung zunächst verlangsamt und schließlich irreversibel zum Stillstand kommt.

Restriktionsnuklease Jede einer großen Zahl von Nukleasen, die ein DNA-Molekül an jeder Stelle „schneiden" können, an der eine für dieses Enzym spezifische kurze Nukleotidsequenz vorkommt. Häufig bei rekombinanten DNA-Techniken verwendet. (Abb. 8–23)

Restriktionspunkt (Start) Wichtiger Kontrollpunkt am Ende der G_1-Phase im Eukaryoten-Zellzyklus. Das Durchlaufen des Kontrollpunkts macht die Zelle dafür bereit, in die S-Phase einzutreten. Der Ausdruck wurde ursprünglich nur für diesen Kontrollpunkt im Säuger-Zellzyklus verwendet. Den entsprechenden Punkt im Hefe-Zellzyklus nannte man Start. In diesem Buch verwenden wir Start für beide. (Abb. 17–8)

Retinoblastom Seltene humane Krebsform. Sie entsteht aus Zellen in der Netzhaut des Auges, die durch eine ungewöhnlich kleine Anzahl an Mutationen in ein kanzeröses Stadium überführt werden. Retinoblastomstudien führten zur Entdeckung des ersten Tumorsuppressorgens.

Retinoblastomprotein (Rb-Protein) Tumorsuppressorprotein, das an der Regulation der Zellteilung beteiligt ist. Ist im Retinoblastom wie auch in vielen anderen Tumoren mutiert. Seine normale Aktivität besteht darin, den eukaryotischen Zellzyklus durch Binden und Hemmen des E2F-Proteins zu regulieren und dadurch das Fortschreiten zur DNA-Replikation und zur Zellteilung zu blockieren. (Abb. 17–59)

Retrovirus RNA enthaltendes Virus, das in einer Zelle vermehrt wird, indem es zunächst ein RNA–DNA-Intermediat bildet und dann ein doppelsträngiges DNA-Molekül, das in die DNA der Zelle eingebaut wird. (Abb. 5–61)

retrovirusartige Retrotransposons Eine große Familie von Transposons, die sich in Chromosomen hinein und aus ihnen heraus bewegen. Dies geschieht über einen Mechanismus der dem von Retroviren verwendeten Mechanismus ähnelt. Sie werden zuerst in eine RNA-Kopie transkribiert. Diese wird über die Reverse Transkriptase in DNA umgewandelt und dann woanders im Genom eingebaut. (Tab. 5–4)

reverse Genetik Versuch, eine Genfunktion zu entdecken, der von der DNA (dem Gen) und ihrem Proteinprodukt ausgeht. Es werden dann Mutanten erzeugt, um die zugehörigen Funktionen aufzuklären.

Reverse Transkriptase Enzym, zuerst bei Retroviren entdeckt, das eine Doppelstrang-DNA-Kopie von einer Einzelstrang-RNA-Matrize erzeugt.

Reynolds-Zahl Dimensionslose Größe, die das Verhältnis von Trägheits- zu Zähigkeitskräften angibt, die auf Objekt bei der Bewegung durch eine Flüssigkeit wirken. Die Trägheitskräfte hängen von der Größe und Geschwindigkeit des Objekts ab, während die Zähigkeitskräfte durch die Viskosität der Flüssigkeit bestimmt sind.

Rezeptor Protein, das ein spezifisches Signalmolekül (Ligand) bindet und dadurch eine Antwort in der Zelle bewirkt. Einige kommen auf der Zelloberfläche vor, während andere im Zellinneren lokalisiert sind. (Abb. 15–3)

Rezeptor-Editierung Prozess, in dem eine sich entwickelnde B-Zelle, die ein Selbst-Molekül erkennt, ihre Antigenrezeptoren verändert, sodass die Zelle dies nicht mehr tut.

Rezeptor-Serin/Threonin-Kinase Zelloberflächenrezeptor mit einer extrazellulären ligandenbindenden Domäne und einer intrazellulären Kinasedomäne, die Signalproteine an Serin- oder Threoninresten als Reaktion auf die Bindung eines Liganden phosphoryliert. Ein Beispiel dafür ist der TGF-β-Rezeptor. (Abb. 15–58)

Rezeptor-Tyrosinkinase (RTK) Zelloberflächenrezeptor mit einer extrazellulären ligandenbindenden Domäne und einer intrazellulären Kinasedomäne, die Signalproteine an Tyrosinresten als Reaktion auf die Bindung eines Liganden phosphoryliert. (Abb. 15–44 und Tab. 15–4)

rezeptorvermittelte Endocytose Aufnahme von Rezeptor–Liganden-Komplexen in das Zellinnere über die Plasmamembran mittels Endocytose zur Regulierung der Rezeptoraktivität. (Abb. 13–54)

RGD-Sequenz 3-Aminosäuren-Peptidsequenz Arginin-Glycin-Asparaginsäure, die eine Bindungsstelle für Integrine bildet. Sie kommt in Fibronektin und einigen anderen extrazellulären Proteinen vor. (Abb. 19–48C)

RGS ***s.* Regulator der G-Protein-vermittelten Signalübertragung**

Rheb Monomere Ras-verwandte GTPase, die in ihrer aktiven Form (Rheb-GTP) mTOR aktiviert, was das Zellwachstum fördert.

Rho-Protein Mitglied der Rho-Familie monomerer GTPasen, die die Aktin- und Mikrotubuli-Cytoskelette, die Zellzyklusprogression, die Gentranskription und den Membrantransport regulieren.

Rho-Proteinfamilie Familie monomerer GTPasen innerhalb der Ras-Superfamilie, die an der Signalübertragung bei der Umordnung des Cytoskeletts beteiligt ist. Dazu gehören Rho, Rac und Cdc42. (Tab. 15–5)

Rhodopsin Membranprotein mit sieben membrandurchspannenden Bereichen, das zur GPCR-Familie gehört und als Lichtsensor in Photorezeptorzellen der Stäbchen in der Retina von Vertebraten wirksam ist. Enthält die lichtempfindliche prosthetische Gruppe Retinol. (Abb. 15–40)

Ribosom Partikel, zusammengesetzt aus ribosomalen RNAs und ribosomalen Proteinen, die die Synthese von Proteinen katalysieren, indem sie die Information verwenden, die ihnen von der mRNA geliefert wird. (Abb. 6–68)

ribosomale RNA (rRNA) Jedes von vielen spezifischen RNA-Molekülen, die Teilstruktur eines Ribosoms und an der Proteinsynthese beteiligt sind. Oft durch ihren Sedimentationskoeffizienten unterschieden, z. B. als 28S rRNA oder 5S rRNA.

Ribozym RNA mit katalytischer Aktivität.

RNA (Ribonukleinsäure) Polymer aus kovalent verbundenen Ribonukleotidmonomeren (*s. auch* **Messenger-RNA, ribosomale RNA, Transfer-RNA**). (Abb. 6–4 und 6–7)

RNA-Editierung Art der RNA-Prozessierung, die die Nukleotidsequenz eines RNA-Transkripts nach der Synthese durch Einfügen, Herausschneiden oder Ändern von Einzelnukleotiden verändert.

RNA-Exosom Großer Proteinkomplex mit einem Innenraum, der reich an 3′→5′-RNA-Exonukleasen ist. Das Exosom baut RNA-Moleküle ab und bildet Ribonukleotide.

RNA-Interferenz (RNAi) Ursprünglich beschrieben als der Mechanismus, durch den eine experimentell eingeführte doppelsträngige RNA die sequenzspezifische Zerstörung komplementärer mRNAs veranlasst. Der Ausdruck RNAi wird oft allgemein verwendet, um auch die Hemmung der Genexpression durch microRNAs (miRNAs) und piwi-interagierende RNAs (piRNAs), die im eigenen Genom der Zelle codiert werden, mit einzuschließen.

RNA-Polymerase Enzym, das die Synthese eines RNA-Moleküls aus Ribonukleosidtriphosphat-Vorläufern nach einer DNA-Matrize katalysiert. (Abb. 6–9)

RNA-Primer Kurzer Abschnitt von RNA, der komplementär zu einer DNA-Matrize synthetisiert wurde. Er wird von der DNA-Polymerase benötigt, damit sie mit ihrer DNA-Synthese beginnen kann (engl. *primer* = Vorlage).

RNA-Prozessierungskontrolle Regulation der Genexpression durch eine Zelle über die Kontrolle der RNA-Transkriptprozessierung. Dazu gehört das Spleißen.

RNA-Seq Sequenzierung des gesamten RNA-Repertoires aus einer Zelle oder einem Gewebe; auch als *deep RNA sequencing* bekannt.

RNA-Spleißen (RNA-Splicing) Vorgang, durch den Intronsequenzen aus RNA-Transkripten herausgeschnitten werden. Ein wichtiger Prozess im Kern von eukaryotischen Zellen, der zur Bildung der Messenger-RNAs (mRNAs) führt.

RNA-Transport- und Lokalisierungskontrolle Regulation der Genexpression durch eine Zelle über die Auswahl, welche vollständigen mRNAs aus dem Zellkern in das Cytosol transportiert werden, und über die Festlegung, wo im Cytosol sie sich befinden sollen.

RNA-Welt Hypothese, dass das frühe Leben auf der Erde im Wesentlichen auf RNA-Molekülen basierte, die sowohl genetische Information speicherten als auch biochemische Reaktionen katalysierten.

Robustheit Die Fähigkeit von biologischen Regulationssystemen, normal zu funktionieren angesichts von Störungen wie häufigen und/oder extremen Veränderungen der äußeren Bedingungen oder der Konzentrationen oder Aktivitäten von Schlüsselkomponenten.

Röntgenkristallographie Methode zur Bestimmung der räumlichen (dreidimensionalen) Anordnung von Atomen in einem Molekül durch Beugungsmuster (Diffraktionsmuster) von Röntgenstrahlen, die durch einen Kristall des Moleküls hindurchgehen (engl. *X-ray* = Röntgenstrahl; daher *X-ray crystallography*). (Abb. 8–20)

rotes Blutkörperchen *s.* **Erythrocyt**

rRNA-Gen Gen, das eine ribosomale RNA (rRNA) spezifiziert.

Rückkoppelungshemmung Art der Regulierung des Stoffwechsels, bei der das Produkt einer Reaktion auf eine vorausgehende Reaktion desselben Stoffwechselwegs zurückwirkt. (Abb. 3–52 und 3–53)

Ruhepotenzial Elektrisches Potenzial über der Plasmamembran einer sich in Ruhe befindlichen Zelle, d. h. einer Zelle, die nicht dazu stimuliert wurde, mehr Ionenkanäle zu öffnen als diejenigen, die normalerweise geöffnet sind.

Ryanodin-Rezeptor Regulierter Ca^{2+}-Kanal in der ER-Membran, der sich als Reaktion auf steigende Ca^{2+}-Konzentrationen öffnet und somit das Ca^{2+}-Signal verstärkt.

S-Cdk Cyclin–Cdk-Komplex, der in Wirbeltierzellen aus einem S-Cyclin und der zugehörigen Cyclin-abhängigen Kinase (Cdk) gebildet wird. (Abb. 17–10 und Tab. 17–1)

S-Cyclin Mitglied einer Klasse von Cyclinen, die sich während der späten G_1-Phase ansammeln und bald nach dem Durchlaufen von Start an Cdks binden. Sie helfen bei der Stimulation der DNA-Replikation und der Chromosomenduplikation. Ihre Konzentrationen bleiben bis gegen Ende der Mitose hoch, danach werden sie zerstört. (Abb. 17–10)

S-Phase Periode des eukaryotischen Zellzyklus, während der DNA synthetisiert wird. (Abb. 17–4)

SAM-Komplex Proteintranslokator, der hilft, β-Fass-Proteine in der äußeren Mitochondrienmembran richtig zu falten.

Sanger-Sequenzierung ***s.* Didesoxysequenzierung**

Sar1-Protein (Sar1 GEF) Monomere GTPase, die für die Regulation des Zusammenbaus der COPII-Hülle an der Membran des Endoplasmatischen Reticulums verantwortlich ist.

Sarkom Krebs des Bindegewebes.

Säulenchromatographie Technik zur Auftrennung einer Mischung von Substanzen in Lösung über die Passage durch eine Säule, die eine poröse feste Matrix enthält. Substanzen werden durch ihre Wechselwirkung mit der Matrix in unterschiedlichem Maße zurückgehalten und können getrennt von der Säule gesammelt werden. Abhängig von der Matrix kann die Trennung nach Ladung, Hydrophobizität, Größe oder der Fähigkeit, andere Moleküle zu binden, erfolgen.

Säure Protonendonator Substanz, die Protonen (H^+) abgibt, wenn sie in Wasser gelöst wird, und dabei ein Hydroxoniumion (H_3O^+) bildet und den pH-Wert senkt. (Tafel 2–2)

saure Hydrolasen Hydrolytische Enzyme, die am besten bei einem sauren pH-Wert arbeiten. Dazu gehören Proteasen, Nukleasen, Glykosidasen, Lipasen, Phospholipasen, Phosphatasen und Sulfatasen. Diese Enzyme kommen in Lysosomen vor.

SCF Familie von Ubiquitin-Ligasen, die einen Komplex aus mehreren verschiedenen Proteinen bilden. Eine ist an der Regulation des eukaryotischen Zellzyklus beteiligt. Sie steuert die Zerstörung von S-Cdk-Inhibitoren in der späten G_1-Phase und fördert so die Aktivierung von S-Cdks und der DNA-Replikation. (Abb. 3–67)

Schicksalskarte Darstellung, die zeigt, welche Zelltypen später aus welchen Regionen eines sich entwickelnden Gewebes wie z. B. der Blastula entstehen (Abb. 21–27)

schnell inaktivierender K^+-Kanal Neuronaler spannungsgesteuerter K^+-Kanal, der geöffnet ist, wenn die Membran depolarisiert ist. Er besitzt eine spezifische Spannungsempfindlichkeit und Inaktivierungskinetik, die eine verminderte Aktionspotenzialsfeuerrate auf einem Stimulationsniveau gerade über dem erforderlichen Schwellenwert einleitet. Das führt zu einer Feuerrate, die proportional zur Stärke des depolarisierenden Reizes ist.

Schwann'sche Zelle Gliazelle, für die Bildung der Myelinschichten im peripheren Nervensystem zuständig. *Vgl.* **Oligodendrocyt**. (Abb. 11–35)

Schwesterchromatiden Eng verknüpftes Chromosomenpaar, das durch Chromosomenduplikation während der S-Phase entsteht. Die Schwesterchromatiden trennen sich während der M-Phase und teilen sich auf verschiedene Tochterzellen auf. (Abb. 4–18 und 17–24)

SDS-Polyacrylamid-Gelelektrophorese (SDS-PAGE) Elektrophoreseverfahren zur Trennung von Proteinen nach ihrer Größe. Die zu trennende Proteinmischung wird zuerst mit einem stark negativ geladenen Detergens (SDS) und mit einem Reduktionsmittel (β-Mercaptoethanol) behandelt, bevor sie in einem Polyacrylamidgel aufgetrennt wird (SDS-PAGE). Das Detergens und das Reduktionsmittel entfalten die Proteine, befreien sie von der Assoziation mit anderen Molekülen und trennen die Polypeptiduntereinheiten.

Sec61-Komplex Aus drei Untereinheiten bestehender Kern des Proteintranslokators, der Polypeptidketten über die Membran des Endoplasmatischen Reticulums transferiert.

Second Messenger (kleines intrazelluläres Relaismolekül) Kleines intrazelluläres Signalmolekül, das im Cytosol als Antwort auf ein extrazelluläres Signal gebildet oder freigesetzt wird und als Folgesignal (*second messenger*) hilft, das Primärsignal in das Innere der Zelle zu vermitteln. Beispiele sind cAMP, cGMP, IP_3, Ca^{2+} und Diacylglycerin.

Securin Protein, das an die Protease Separase bindet und dadurch verhindert, dass diese die Proteinverbindungen, die die Schwesterchromatiden in der frühen Mitose zusammenhalten, spaltet. Securin wird beim Metaphase/Anaphase-Übergang zerstört. (Abb. 17–39)

Segment Abschnitte eines Insektenkörpers entlang seiner anteroposterioren Achse. Jedes Segment bildet hoch spezialisierte Strukturen, die aber alle nach demselben Grundbauplan gebildet werden.

Segmentationsgene Gene, die von einer Zellgruppe im Embryo exprimiert werden und das Muster der Genexpression verfeinern, um die Grenzen und den Grundbauplan der einzelnen Körpersegmente zu definieren.

Segmentierungsuhr Der Genexpressionsoszillator, der die korrekte Segmentierung während der Embryonalentwicklung von Wirbeltieren kontrolliert.

Segmentpolaritätsgen In der Entwicklung von *Drosophila* ein Gen, das an der Spezifizierung der anteroposterioren Organisation eines jeden Körpersegments beteiligt ist. (Abb. 21–18)

Seitenkette Der Teil einer Aminosäure, der sich zwischen verschiedenen Aminosäuren unterscheidet. Die Seitenkette verleiht jeder Aminosäure ihre einzigartigen physikalischen und chemischen Eigenschaften. (Tafel 3–1)

Sekretionsvesikel Membranumgebenes Organell, in dem Moleküle, die zur Ausscheidung bestimmt sind, vor der Freisetzung gespeichert werden. Auch Sekretionsgranulum genannt, weil dunkel färbende Inhaltsstoffe das Organell als kleine feste Objekte erscheinen lassen. (Abb. 13–43)

sekundäre Immunantwort Adaptive Immunantwort auf ein Antigen, die bei einem zweiten oder späteren Zusammentreffen mit dem gleichen Antigen gegeben wird. Sie setzt schneller ein und ist stärker und spezifischer als die primäre Immunantwort. (Abb. 24–16)

sekundäre Zellwand Beständige starre Zellwand, die bei bestimmten Pflanzenzellen, die ihr Wachstum beendet haben, unter der dünnen primären Zellwand liegt.

sekundäres Ig-Repertoire Immunglobuline, die von B-Zellen nach Antigen- und Helfer-T-Zell-induzierter somatischer Hypermutation und Klassenwechsel gebildet werden. Im Vergleich zum primären Ig-Repertoire besitzen diese Immunglobuline eine deutlich erhöhte Diversität der Ig-Klassen und der Antigenbindungsstellen sowie eine höhere Antigenaffinität.

Sekundärstruktur Regelmäßiges lokales Faltmuster eines polymeren Moleküls. In Proteinen: α-Helices und β-Faltblätter.

Selektin Vertreter einer Familie von zelloberflächenständigen Kohlenhydratbindungsproteinen, die eine vorübergehende, Ca^{2+}-abhängige Zellanhaftung im Blutstrom ermöglichen, z. B. zwischen Leukocyten und dem Endothel der Blutgefäßwand. (Abb. 19–28)

Selektivitätsfilter Der Teil einer Ionenkanalstruktur, der bestimmt, welches Ion den Kanal passieren kann. (Abb. 11–24 und 11–38)

Separase Protease, die die Cohesin-Proteinverbindungen spaltet, die die Schwesterchromatiden zusammenhalten. Sie ist in der Anaphase aktiv und ermöglicht die Trennung und die Aufteilung der Chromatiden. (Abb. 17–39)

Septum Struktur, die während der bakteriellen Zellteilung durch das nach innen gerichtete Wachsen von Zellwand und Plasmamembran gebildet wird und die Zelle in zwei Teile teilt.

sequenzielle Induktion Entwicklungsprozess, durch den ein immer komplizierteres Muster entsteht. Reihe von lokalen Induktionen, wobei einer von zwei Zelltypen, die in einem sich entwickelnden Gewebe vorliegen, ein Signal bilden kann, um die benachbarten Zellen dazu zu veranlassen, sich auf eine dritte Art zu spezialisieren. Der dritte Zelltyp kann dann ein Signal zu den anderen beiden Zelltypen in der Nähe zurückschicken und so einen vierten und fünften Zelltyp generieren usw. (Abb. 21–12)

Serin-Protease Protease, die ein reaktives Serin im Katalysezentrum besitzt. (Abb. 3–13 und 3–37)

Serin/Threonin-Kinase Enzym, das spezifische Proteine an Serin- oder Threoninresten unter Verwendung von ATP phosphoryliert.

SH2-Domäne Src-Homologie-2-Domäne, eine Proteindomäne in vielen Signalproteinen. Sie bindet eine kurze Aminosäuresequenz, die ein Phosphotyrosin enthält. (Tafel 3–2)

Signalerkennungspartikel (SRP) Ribonukleoproteinpartikel, das an ER-Signalsequenzen auf einer teilsynthetisierten Polypeptidkette bindet und das Polypeptid mit seinem anhängenden Ribosom zum Endoplasmatischen Reticulum lenkt. (Abb. 12–19)

Signalerkennungspartikel (SRP)-Rezeptor Komponente in der Membran des Endoplasmatischen Reticulums (ER), die das Signalerkennungspartikel zur ER-Membran leitet.

Signalfleck Proteinsortiersignal, das aus einer spezifischen dreidimensionalen Anordnung von Aminosäuren auf der gefalteten Proteinoberfläche besteht. (Abb. 13–41)

Signalpeptidase Enzym, das eine endständige Signalsequenz aus einem Protein entfernt, nachdem der Sortierungsvorgang abgeschlossen ist. (Abb. 12–27 und 12–49)

Signalsequenz Kurze kontinuierliche Sequenz von Aminosäuren, die die endgültige Lokalisierung eines Proteins in der Zelle bestimmt. Ein Beispiel ist die N-terminale Sequenz von etwa 20 Aminosäuren, die wachsende Sekretions- und Transmembranproteine zum Endoplasmatischen Reticulum lenkt. (Abb. 12–13)

Signalzentrum Cluster spezialisierter Zellen in sich entwickelnden Geweben, das als Quelle für Entwicklungssignale dient - z. B. die Erzeugung eines Morphogengradienten.

single-pass transmembrane protein ***s.* Einpfad-Transmembranprotein**

Sinnesborsten Miniatursinnesorgane, die auf den meisten exponierten Oberflächen von Drosophila vorkommen. Sie bestehen aus einem sensorischen Neuron und Stützzellen und reagieren auf chemische oder mechanische Reize.

siRNA ***s.* kleine interferierende RNA**

Slit Signalprotein, das von Zellen der Bodenplatte des Neuralrohrs abgesondert wird. Es ist verantwortlich für das Abweisen der Wachstumskegel von kommissuralen Axonen, nachdem sie die Mittellinie überquert haben. So wird sichergestellt, dass diese Neuronen die Mittellinie nicht noch einmal überqueren.

Smad-Familie Latente Transkriptionsregulatoren, die von einer Rezeptor-Serin/Threonin-Kinase phosphoryliert und aktiviert werden und das Signal von der Zelloberfläche zum Zellkern übertragen. (Abb. 15–58)

SMC-Proteinkomplex Großer ringförmiger Proteinkomplex, der durch ATP-Hydrolyse angetrieben wird und für die Bildung von Schleifendomänen in Chromosomen verantwortlich ist. Enthält in Eukaryoten die Proteine Cohesin und Condensin. (Abb. 4–56, 4–57 und 17–25)

Smoothened Siebenpfad-Transmembranprotein mit einer Struktur, die der eines GPCR ähnelt. Es wird von den Patched- und iHog-Proteinen kontrolliert.

SNARE-Proteine (SNAREs) Mitglieder einer großen Familie von Transmembranproteinen, die in der Organellmembran und den daraus gebildeten Vesikeln vorkommen. SNAREs katalysieren die vielen Membranfusionen in Zellen. Sie kommen in Paaren vor: einem v-SNARE in der Vesikelmembran, das spezifisch an das komplementäre t-SNARE an der Ziel (*target*)-Membran andockt.

snoRNA ***s.* kleine nukleoläre RNA**

SNP, single-nucleotide polymorphism ***s.* Einzelnukleotid-Polymorphismus**

snRNA ***s.* kleine Kern-RNA**

somatische Hypermutation Zielgerichtete Anhäufung von Punktmutationen in den zusammengesetzten Sequenzen eines Immunglobulingens, die für variable Regionen codieren. Dies tritt ein, wenn B-Zellen dazu aktiviert werden, Gedächtniszellen zu bilden. Führt zur Bildung von Antikörpern mit geänderten Antigenbindungsstellen. Einige davon binden Antigen mit erhöhter Affinität. Sie ist für die Affinitätsreifung von Antikörpern verantwortlich.

somatische Mutationen Bei Krebs: eine oder mehr nachweisbare Abweichungen in der DNA-Sequenz von Tumorzellen, die sie von normalen somatischen Zellen, aus denen der Tumor hervorgegangen ist, unterscheiden.

somatische Zelle Jede Zelle einer Pflanze oder eines Tiers, die keine Zelle der Keimbahn ist (von griech. *soma* = Körper).

Somit Element einer Serie von paarigen Blöcken des Mesoderms, die sich in der Frühentwicklung bilden und bei einem Wirbeltierembryo auf beiden Seiten des Notochords liegen. Aus ihnen entstehen die Segmente der Körperachse, wie Wirbelsäule, Muskeln und das zugehörige Bindegewebe. (Abb. 21–38)

Sortiersignal Signalsequenz oder Signalfleck. Lenkt die Abgabe eines Proteins an einen bestimmten Ort, wie z. B. an ein besonderes intrazelluläres Kompartiment.

Sortierungsrezeptoren Proteine, die an Signalsequenzen auf Frachtproteinen binden und sie ihren Bestimmungsorten zuführen. Dort werden die Rezeptoren entladen und können erneut eingesetzt werden.

spannungskontrollierter K^+-Kanal Ionenkanal in der Membran von Nervenzellen, der sich als Reaktion auf eine Membrandepolarisation öffnet und den Ausstrom von K^+ und die schnelle Wiederherstellung des negativen Membranpotenzials ermöglicht.

spannungskontrollierter Kationenkanal Art von Ionenkanal in den Membranen elektrisch erregbarer Zellen (wie Nervenzellen, endokrine Zellen, Eizellen und Muskelzellen), der sich als Antwort auf eine Änderung im Membranpotenzial über einen Schwellenwert öffnet.

spannungskontrollierter Na^+-Kanal Ionenkanal in der Membran von Nerven- und Skelettmuskelzellen, der sich als Reaktion auf einen Reiz, der eine ausreichende Depolarisation auslöst, öffnet und erlaubt, dass Na^+ entlang seines elektrochemischen Gradienten in die Zelle einströmt.

spätes Endosom Kompartiment, das von einem bauchigen, vakuolären Teil des frühen Endosoms in einem Prozess, der als Endosomenreifung bezeichnet wird, gebildet wird. Späte Endosomen verschmelzen miteinander und mit Lysosomen und bilden Endolysosomen, die ihren Inhalt abbauen.

Spektrin In großer Menge vorkommendes Protein, das mit der cytosolischen Seite der Plasmamembran von roten Blutzellen assoziiert ist und ein festes Netzwerk bildet, das die Membran stützt. Kommt auch in anderen Zellen vor. (Abb. 10–38)

Spindelzusammenbau-Kontrollpunkt Regulationssystem, das während der Mitose gewährleistet, dass alle Chromosomen ordnungsgemäß an der Spindel befestigt sind, bevor die Trennung in die Schwesterchromatiden beginnt. (Abb. 17–20 und Tafel 17–1)

Spleißosom Großes Aggregat von RNA- und Proteinmolekülen, das das prä-mRNA-Spleißen in einer Eukaryotenzelle ausführt.

Src (Src-Proteinfamilie) Familie von cytoplasmatischen Tyrosinkinasen (ausgesprochen: „sark“), die mit den cytoplasmatischen Domänen mancher enzymgekoppelter Zelloberflächenrezeptoren assoziiert sind, die keine eigene (intrinsische) Tyrosinkinase-Aktivität besitzen. Sie überbringen Signale, indem sie den Rezeptor selbst und intrazelluläre Signalproteine an Tyrosinresten phosphorylieren. (Abb. 3–61 und 24–46)

SRP *s.* **Signalerkennungspartikel**

Stäbchen-Photorezeptorzelle (Stäbchen) Form des Photorezeptors in der Retina, der für das Schwarz/Weiß-Sehen im Dämmerlicht zuständig ist.

Stammzelle Undifferenzierte Zelle, die sich dauerhaft unbegrenzt teilen kann und dabei Tochterzellen abgibt, die entweder zu bestimmten Zelltypen ausdifferenzieren oder eine Stammzelle bleiben können (im Prozess der Selbsterneuerung). (Abb. 22–2)

Stammzellnische Die spezialisierte Mikroumgebung in einem Gewebe, in der sich selbst erneuernde Stammzellen fortbestehen können.

Stärke Polysaccharid, nur aus Glukoseeinheiten aufgebaut; Energiespeichermaterial in Pflanzenzellen. (Abb. 2–53)

Start (Restriktionspunkt) Wichtiger Kontrollpunkt am Ende der G_1-Phase im Eukaryoten-Zellzyklus. Das Durchlaufen des Kontrollpunkts macht die Zelle dafür bereit, in die S-Phase einzutreten. Der Ausdruck wurde ursprünglich nur für diesen Kontrollpunkt im Hefe-Zellzyklus verwendet. Den entsprechenden Punkt im Säuger-Zellzyklus nannte man Restriktionspunkt. In diesem Buch verwenden wir Start für beide. (Abb. 17–8)

STAT (signal transducer and activator of transcription) Latentes Genregulatorprotein, das von JAK-Kinasen durch Phosphorylierung aktiviert wird und als Reaktion auf die Signalisierung von Rezeptoren der Cytokinrezeptorfamilie in den Zellkern eintritt. (Abb. 15–57)

Steroidhormone Hormone, zu denen Kortisol, Östrogen und Testosteron gehören, bei denen es sich um hydrophobe Lipidmoleküle handelt. Sie sind Derivate des Cholersterins und aktivieren intrazelluläre Kernrezeptoren.

Stickstofffixierung Von bestimmten Bakterien ausgeführter biochemischer Vorgang, durch den atmosphärischer Stickstoff (N_2) zu Ammoniak (NH_3) reduziert wird und der schließlich zu verschiedenen Stickstoff-haltigen Metaboliten führt.

Stickstoff(mon)oxid (NO) Gasförmiges Signalmolekül, das in Tier- und Pflanzenzellen bei der Zell–Zell-Kommunikation weit verbreitet ist. (Abb. 15–41)

stimulierendes G-Protein (Gs) G-Protein, das nach eigener Aktivierung das Enzym Adenylat-Cyclase aktiviert und dadurch die Bildung von cyclischem AMP in Gang setzt. (*s. auch* **G-Protein**) (Tab. 15–3)

stochastisch Zufällig. Kann mit den Methoden der Wahrscheinlichkeitsrechnung untersucht werden.

Strangaustausch Reaktion, bei der eines der Einzelstrang-3′-Enden von einem Doppelstrang-DNA-Molekül eine andere Doppelhelix durchdringt und über Basenpaarung homologe Sequenzen findet. Auch als Stranginvasion bezeichnet.

stranggerichtete Fehlpaarungsreparatur Ein Korrekturlesesystem, das DNA-Replikationsfehler entfernt, die die Korrekturlese-Exonuklease der DNA-Polymerase übersehen hat. Es erkennt eine DNA-Helix-Deformierung durch nichtkomplementäre Basenpaare, schneidet sie heraus und bildet das herausgeschnittene Segment nach, indem es den alten Strang als Vorlage verwendet.

Stressfasern Kortikale Fasern kontraktiler Aktin–Myosin-II-Bündel, die die Zelle mit der extrazellulären Matrix oder mit angrenzenden Zellen über Fokaladhäsionen oder über einen umlaufenden Gürtel und adhärente Verbindungen verbinden.

Stroma (1) Einbettung: Das Bindegewebe, in dem ein Drüsen- oder anderes Epithel eingebettet ist. Stromazellen liefern die Umgebung, die für die Entwicklung anderer Zellen innerhalb des Gewebes notwendig ist. (2) Der große Innenraum eines Chloroplasten, der die Enzyme enthält, die CO_2 in Zucker einbauen. (Abb. 14–38 und 20–19)

Substrat Molekül, auf das ein Enzym einwirkt.

Superauflösung Beschreibt verschiedene Ansätze in der Lichtmikroskopie, die die Grenzen umgehen, die durch die Diffraktion von Licht gegeben sind, und so die die Abbildung und klare Auflösung von Objekten, die etwa 10 nm groß sind, erfolgreich ermöglichen.

Symporter Trägerprotein, das zwei Typen gelöster Stoffe durch die Membran in die gleiche Richtung transportiert. (Abb. 11–8)

Synapse Kommunizierende Zell–Zell-Verbindung, die es Signalen ermöglicht, von einer Nervenzelle zu einer anderen Zelle zu gelangen. Bei einer chemischen Synapse wird das Signal durch einen diffusiblen Neurotransmitter übertragen; in einer elektrischen Synapse erfolgt der Kontakt zwischen dem Cytoplasma der beiden Zellen unmittelbar durch Gap Junctions. (Abb. 11–38 und 19–23)

Synapseneliminierung Prozess, durch den jede Muskelzelle zuerst Synapsen von verschiedenen Motoneuronen erhält, am Ende jedoch nur noch von einem Neuron innerviert bleibt.

synaptische Plastizität Veränderung in der Stärke, mit der eine chemische Synapse ein Signal überträgt. Man vermutet, dass sie für die Gedächtnisbildung wichtig ist, wo die Konzentrationen des postsynaptischen AMPA-Rezeptors als Reaktion auf die Aktivität einer Synapse angepasst werden.

synaptische Signalübertragung Interzelluläre Signalübertragung durch Nervenzellen, die Signale an ihren Axonen entlang elektrisch übertragen und an den Synapsen Neurotransmitter freisetzen. Diese Synapsen sind oft weit vom Zellkörper der Nervenzelle entfernt.

synaptische Vesikel Kleine, neurotransmittergefüllte Sekretionsvesikel, die an den Axonenden von Nervenzellen gefunden und deren Inhalt in den Synapsenspalt durch Exocytose freigesetzt wird, wenn ein Aktionspotenzial das Axonende erreicht.

synaptonemaler Komplex Struktur, die die gepaarten homologen Chromosomen im Pachytän der Prophase I der Meiose eng zusammenhält und die letzten Schritte des Crossing-over unterstützt. (Abb. 17–54 und 17–55)

Syncytium Cytoplasmamasse, die viele Kerne enthält, die von einer gemeinsamen Plasmamembran umschlossen sind. Typischerweise das Ergebnis entweder einer Zellverschmelzung (Fusion) oder einer Serie unvollständiger Teilungszyklen, bei denen sich die Kerne teilen, die Zellen aber nicht.

t-SNARE Transmembranes SNARE-Protein, das in der Regel aus drei Proteinen besteht und auf Zielmembranen zu finden ist, wo es mit v-SNAREs auf Vesikelmembranen in Wechselwirkung tritt.

T-Zell-Rezeptor (TCR) Transmembraner Rezeptor für ein Antigen auf der Oberfläche von T-Lymphocyten, der aus einem immunglobulinartigen Heterodimer besteht. (Abb. 24–32)

T-Zell-vermittelte Immunantwort Jede adaptive Immunantwort, die von antigenspezifischen T-Zellen vermittelt wird.

TATA-Box Sequenz in der Promotorregion vieler eukaryotischer Gene, durch die ein allgemeiner Transkriptionsfaktor (TFIID) gebunden wird und die daher die genaue Stelle bestimmt, an der die Transkription begonnen werden soll. (Abb. 6–15)

TCA-Zyklus *s.* **Zitronensäurezyklus**

Teilung (1) Physikalische Spaltung einer Zelle in zwei Teile. (2) Spezialisierte Art der Zellteilung bei vielen frühen Embryos durch die eine große Zelle in viele kleinere Zelle unterteilt wird, ohne zu wachsen. *S.* **Furchungsteilung.**

Telomer Ende eines Chromosoms, charakterisiert durch eine besondere DNA-Wiederholungssequenz, die auf besondere Art repliziert wird. Verhindert die Neigung der Chromosomen, sich bei jedem Replikationszyklus zu verkürzen (griech. *telos* = Ende).

Telomerase Enzym, das Telomersequenzen in DNA verlängert, die an den Enden der eukaryotischen Chromosomen vorkommen.

Telophase Endstadium der Mitose, bei der die beiden Sätze getrennter Chromosomen dekondensieren und durch Kernhüllen eingeschlossen werden. (Tafel 17–1)

Templat *s.* **Matrize**

terminal differenziert Eine Zelle am Ende der Zelldeterminierung, wenn sie einen in hohem Maße spezialisierten Zelltyp des ausgewachsenen Körpers darstellt.

terminale Differenzierung Das Ende der Zelldeterminierung, wenn eine Zelle einen in hohem Maße spezialisierten Zelltyp des ausgewachsenen Körpers bildet.

Terminator Signal auf Bakterien-DNA, das die Transkription zum Halten bringt. In Eukaryoten stoppt die Transkription nach der Spaltung und Polyadenylierung der neu synthetisierten RNA.

Tertiärstruktur Komplexe dreidimensionale Form einer gefalteten Polymerkette, besonders eines Proteins oder RNA-Moleküls.

TFH-Zelle **s. follikuläre Helfer-T-Zelle**

TGF-β-Superfamilie **s. transformierender Wachstumsfaktor-β-Superfamilie**

T_H1-Zelle Typ einer Effektor-Helfer-T-Zelle, die Interferon-γ sezerniert, um bei der Aktivierung von Makrophagen zu helfen und um B-Zellen dazu zu induzieren, die Klasse des Antikörpers, den sie produzieren, zu wechseln. (Abb. 24–44)

T_H2-Zelle Typ einer Effektor-Helfer-T-Zelle, die hilft B-Zellen dazu zu aktivieren, Antikörper zu bilden, die somatische Hypermutation zu durchlaufen und die Klasse der Immunglobuline, die sie produzieren, zu wechseln. (Abb. 24–44)

T_H17-Zelle Typ einer Effektor-Helfer-T-Zelle, die IL17 sezerniert, das Neutrophile anlockt und eine Entzündungsreaktion stimuliert. (Abb. 24–44)

Thylakoid Flacher Membransack in einem Chloroplasten, der Chlorophyll und andere Pigmente enthält und die Lichteinfangreaktionen der Photosynthese ausführt. Stapel von Thylakoiden bilden die Grana der Chloroplasten. (Abb. 14–37 und 14–38)

Thylakoidmembran Membransystem von Chloroplasten, das die großen Membranproteinkomplexe für die Photosynthese und für die Photophosphorylierung enthält.

Thymocyten Sich im Thymus entwickelnde T-Zellen.

Tight Junction (okkludierende Anschlussstelle, Schließverbindung) Zell–Zell-Verbindung, die benachbarte Epithelzellen so miteinander verbindet, dass sie gegen den Flux der meisten gelösten Moleküle zwischen den Epithelschichten dicht sind. (Abb. 19–2 und 19–21)

TIM-Komplexe Proteintranslokatoren in der inneren Mitochondrienmembran. Der TIM23-Komplex vermittelt den Transport von Proteinen in die Matrix und den Einbau bestimmter Proteine in die innere Membran; der TIM22-Komplex vermittelt die Insertion einer Untergruppe von Proteinen in die innere Membran. (Abb. 12–48)

Tod-induzierender Signalkomplex (DISC) Aktivierungskomplex, in dem Initiator-Caspasen zusammenwirken und nach der Bindung extrazellulärer Liganden an Todesrezeptoren auf der Zelloberfläche im extrinsischen Weg der Apoptose aktiviert werden.

Todesrezeptor Transmembranes Rezeptorprotein, das der Zelle signalisieren kann, die Apoptose einzuleiten, wenn es seinen extrazellulären Ligand bindet. (Abb. 18–6)

Toll Ein transmembranes Rezeptorprotein. Auf der ventralen Seite der Eimembran von *Drosophila* kontrolliert seine Aktivierung die Verteilung von Dorsal, einem Transkriptionsregulator aus der NFκB-Familie.

Toll-artige Rezeptoren (TLRs) Familie von Mustererkennungsrezeptoren auf oder in Zellen des angeborenen Immunsystems. Sie erkennen pathogenassoziierte Immunstimulanzien (PAMPs), die in Mikroorganismen vorkommen. (Abb. 24–4)

TOM-Komplex Proteinkomplex aus mehreren Untereinheiten, der Proteine durch die äußere Mitochondrienmembran transportiert. (Abb. 12–48)

TOR Große Serin/Threonin-Protein-Kinase, die über den PI 3-Kinase/Akt-Signalübertragungsweg aktiviert wird und das Zellwachstum fördert.

totipotent Beschreibt eine Zelle, aus der sich all die verschiedenen Zelltypen eines Organismus entwickeln können.

trans-Fläche Fläche auf der anderen (abgewandten) Seite.

trans-Golgi-Netzwerk (TGN) Netzwerk miteinander verbundener tubulärer und zisternaler Strukturen, die eng mit der *trans*-Fläche des Golgi-Apparats und mit dem Kompartiment verbunden sind, aus dem die Proteine und Lipide, die für die Zelloberfläche oder ein anderes Kompartiment bestimmt sind, den Golgi-Apparat verlassen.

Transcytose Die Aufnahme von Material an einer Stelle einer Zelle durch Endocytose, sein Transport durch die Zelle in Vesikeln und seine Abgabe an einer anderen Stelle durch Exocytose. (Abb. 13–56)

Transfer-RNA (tRNA) Satz kleiner RNA-Moleküle, die bei der Proteinsynthese als Zwischenträger (Adapter, Transportmetabolit) zwischen mRNA und Aminosäuren verwendet werden. Jede Art von tRNA-Molekül ist kovalent mit einer bestimmten Aminosäure verbunden. (Abb. 6–54)

Transferrin-Rezeptor Zelloberflächenrezeptor für Transferrin (ein lösliches Protein, das Eisen transportiert), das Eisen über rezeptorvermittelte Endocytose und Wiederverwertung des Rezeptor–Transferrin-Komplexes, in die Zelle transportiert.

Transformierender Wachstumsfaktor-β-Superfamilie (TGF-β-Superfamilie) Große Familie strukturell verwandter, sezernierter Proteine, die als Hormone und örtliche Vermittler dienen, um bei Tieren einen weiten Bereich von Funktionen einschließlich der Entwicklung zu kontrollieren. Dazu gehören die TGF-β/Activin- und Knochen-Morphogeneseprotein (BMP)-Unterfamilien. (Abb. 15–58)

transformiert Zelle mit verändertem Phänotyp, die sich in vielerlei Hinsicht wie eine Krebszelle verhält (d. h. unregelmäßige Proliferation, verankerungsunabhängiges Wachstum in Kultur).

Transgen Das fremde oder modifizierte Gen, das zugegeben wurde, um einen transgenen Organismus zu schaffen.

transgener Organismus Pflanze oder Tier, die bzw. das ein oder mehrere Gene stabil aus einer anderen Zelle oder einem anderen Organismus aufgenommen hat (durch Insertion, Deletion und/oder Ersatz) und sie an nachfolgende Generationen weitergeben kann. (Abb. 8–55 und 8–71)

Transkription (DNA-Transkription) Kopieren eines Strangs der DNA zu einer komplementären RNA-Sequenz durch das Enzym RNA-Polymerase. (Abb. 6–6 und 6–8)

Transkriptions-Master-Regulator Transkriptionsregulator, der speziell für die Bildung eines bestimmten Zelltyps benötigt wird. Künstliche Expression von Transkriptions-Master-Regulatoren (allein oder in Kombination mit anderen) führt oft zur Umwandlung eines Zelltyps in einen andern.

Transkriptionskontrolle Regulation der Genexpression durch eine Zelle über die Kontrolle darüber, wann und wie oft ein bestimmtes Gen transkribiert wird.

Transkriptionsregulatoren Allgemeine Bezeichnung für ein Protein, das an eine spezifische DNA-Sequenz (als *cis*-regulatorische Sequenz bekannt) bindet, um die Transkription eines Gens zu beeinflussen.

Translation (RNA-Translation) Vorgang, durch den die Sequenz der Nukleotide in einem mRNA-Molekül den Einbau von Aminosäuren in Protein lenkt („übersetzt"). Sie erfolgt in den Ribosomen. (Abb. 6–1 und 6–68)

Translationskontrolle Regulation der Genexpression, indem die Zelle auswählt, welche mRNAs im Cytoplasma von Ribosomen translatiert werden.

transmembrane Adhäsionsproteine Transmembrane Moleküle, deren eines Ende in der Zelle mit dem Cytoskelett verbunden ist und deren anderes Ende mit anderen Strukturen außerhalb der Zelle verknüpft ist.

Transmembranprotein Membranprotein, das durch die Lipid-Doppelschicht hindurchgeht, wobei Teile von ihm an beiden Seiten hervorragen. (Abb. 10–17)

Transmembransegment Abschnitt eines Transmembranproteins, der die Lipiddoppelschicht durchspannt, oft in Form einer alpha-Helix.

Transmitterkontrollierter Ionenkanal (Ionenkanal-gekoppelter Rezeptor, ionotroper Rezeptor) Ionenkanal, der in chemischen Synapsen in der postsynaptischen Plasmamembran von Nerven- und Muskelzellen vorkommt und der sich nur als Antwort auf die Bindung eines spezifischen extrazellulären Neurotransmitters öffnet. Das darauffolgende Einströmen von Ionen führt zur Entstehung eines örtlichen elektrischen Signals in der postsynaptischen Zelle. (Abb. 11–38 und 15–6)

transponierbares Element (Transposon) DNA-Segment, das von einer Position im Genom durch Transposition zu einer anderen wandern kann. (Tab. 5–4)

Transporter (Permease) Membrantransportprotein, das an einen gelösten Stoff (Solut) bindet und ihn durch die Membran schleust, indem es eine Reihe von Konformationsänderungen durchläuft. Transporter können Ionen oder Moleküle passiv entlang eines elektrochemischen Gradienten transportieren oder sie können die Konformationsänderungen mit einer Quelle von Stoffwechselenergie wie z. B. der ATP-Hydrolyse verbinden, um den aktiven Transport zu steuern. *Vgl.* **Kanal** (*s. auch* **Membrantransportprotein**). (Abb. 11–3)

Transportvesikel Membranumhüllte Transportcontainer, die sich von spezialisierten umhüllten Regionen aus einer Donatormembran abschnüren und von einem Zellkompartiment zum anderen weitergereicht werden, als Teil der Membrantransportprozesse der Zelle. Vesikel können rund, röhrenförmig oder unregelmäßig geformt sein.

Transposition Das Wandern einer DNA-Sequenz innerhalb des Genoms von einer Stelle zu einer anderen. (Tab. 5–3)

Transposon ***s.* transponierbares Element**

transzellulärer Transport Transport von gelösten Stoffen, z. B. Nährstoffen, durch ein Epithel mithilfe von

Membrantransportproteinen in den apikalen und basalen Seiten der Epithelzellen. (Abb. 11–11)

Treibermutationen Mutationen, bei denen es sich um Kausalfaktoren für die Entwicklung von Krebs handelt.

Tretmühlen-Mechanismus Der Vorgang, durch den ein polymeres Proteinfilament auf konstanter Länge gehalten wird, indem neue Proteinuntereinheiten an einem Ende (dem *plus*-Ende) zugefügt und alte Untereinheiten am anderen Ende (dem *minus*-Ende) abgegeben werden. (Tafel 16–2)

Tricarbonsäurezyklus *s.* **Zitronensäurezyklus**

Trithorax-Gruppe Gruppe von Proteinen, die entscheidend für das Zellgedächtnis sind. Sie halten die Transkription der *Hox*-Gene in Zellen am Laufen, wo die Transkription bereits angeschaltet wurde.

Tubulin Die Proteinuntereinheit von Mikrotubuli. (Tafel 16–1 und Abb. 16–36)

Tubulin-Ringkomplex (γ-Tubulinring-Komplex; γ-TuRC) Proteinkomplex, aus γ-Tubulin und anderen Proteinen, der ein wirksamer Bildungskeim für Mikrotubuli ist und ihre *minus*-Enden einhüllt.

Tumorprogression Der Vorgang, durch den ein anfänglich nur wenig verändertes Zellverhalten sich durch einen Selektionsprozess fortschreitend in einen voll ausgebildeten Krebs entwickelt. (Abb. 20–8 und 20–9)

Tumorsuppressorgen Gen, das die Bildung eines Krebses zu verhindern scheint. Funktionsverlust-Mutationen in solchen Genen begünstigen die Entwicklung von Krebs. (Abb. 20–21)

Tumorvirus Virus, das die Zelle, die es infiziert, kanzerös machen kann.

Turgordruck Großer hydrostatischer Druck, der sich infolge der Wasseraufnahme durch Osmose in einer Pflanzenzelle aufbaut. Er ist die Kraft, die die Zellexpansion beim Pflanzenwachstum antreibt, und er hält die Stabilität von Pflanzenstielen und -blättern aufrecht.

Typ-III-Fibronektin-Wiederholungseinheit Die wichtigste Wiederholungsdomäne im Fibronektin. Sie ist etwa 90 Aminosäuren lang und kommt mindestens 15-mal in jeder Untereinheit vor. Die Wiederholungseinheit gehört zu den häufigsten Proteindomänen in Wirbeltieren.

Typ-III-Sekretionssystem Eines von mehreren Sekretionssystemen in gramnegativen Bakterien; gibt in einer kontaktabhängigen Weise Effektorproteine in die Zellen der Wirtsorganismen. (Abb. 23–7)

Typ-IV-Kollagen Essenzielle Komponente der reifen Basallaminae, die aus drei langen Proteinketten besteht, die zu einer seilartigen Superhelix mit mehrfacher Krümmung verdrillt sind. Separate Moleküle setzen sich zu einem flexiblen, filzartigen Netz zusammen, das der Basallamia Zugfestigkeit verleiht.

Tyrosinkinase Enzym, das Proteine spezifisch an Tyrosinresten phosphoryliert (*s. auch* **cytoplasmatische Tyrosinkinase, Rezeptor-Tyrosinkinase**).

Tyrosinkinase-assoziierter Rezeptor Zelloberflächenrezeptor, der ähnlich wie Rezeptor-Tyrosinkinasen (RTK) funktioniert, mit der Ausnahme, dass die Kinasedomäne von einem separaten Gen codiert wird und nicht kovalent mit der Rezeptorpolypeptidkette verbunden ist.

Übergangszustand Struktur oder Form, die im Laufe einer chemischen Reaktion vorübergehend eingenommen wird und die höchste Freie Energie von allen Reaktionszwischenzuständen hat. Seine Bildung ist der geschwindigkeitsbestimmende Schritt in der Reaktion. (Abb. 3–45)

Überlebensfaktor Extrazelluläres Signal, das das Überleben der Zelle unterstützt, indem es die Apoptose hemmt. (Abb. 18–12)

Ubiquitin Kleines, sehr hoch konserviertes Protein, das in allen Eukaryotenzellen vorkommt. Es kann kovalent an Lysinreste anderer Proteine binden. Das Anfügen einer kurzen Kette von Ubiquitinen („Ubiquitinierung") an solche Lysine kann ein Protein zum intrazellulären proteolytischen Abbau in einem Proteasom markieren. (Abb. 3–65)

Ubiquitin-Ligase Mitgliederstarke Klasse von Enzymen, die Ubiquitin an ein Protein binden und es dadurch oft zum Abbau in einem Proteasom markieren. Den Vorgang, der durch eine Ubiquitin-Ligase katalysiert wird, nennt man Ubiquitinierung. (Abb. 3–67)

umhülltes Virus Virus mit einem Capsid, das von einer Lipidmembran (Hülle) umgeben ist, die oft aus der Plasmamembran der Wirtszelle stammt, aus der das Virus ausknospt. (Abb. 23–12)

Uniporter Trägerprotein, das einen einzigen gelösten Stoff von einer Seite der Membran zur anderen transportiert. (Abb. 11–8)

Ursprungserkennungskomplex (ORC, origin recognition complex) Großer Proteinkomplex, der während des gesamten Teilungszyklus der Eukaryotenzelle an einen Replikationsursprung der Chromosomen-DNA gebunden ist. (Abb. 5–31)

V-Gensegment DNA-Sequenz, die für den größten Teil der variablen Region der Polypeptidketten von Immunglobulinen und T-Zell-Rezeptoren codiert. Es gibt viele verschiedene *V*-Gensegmente, von denen eines über somatische Rekombination an ein *D*- oder *J*-Gensegment gebunden wird, wenn eine einzelne lymphoide Vorläuferzelle beginnt, sich zu einem B- oder T-Lymphocyten zu differenzieren. (Abb. 24–28)

v-SNARE Transmembranes SNARE-Protein, das aus einer einzelnen Polypeptidkette besteht und in der Regel in Vesikelmembranen vorkommt, wo es mit t-SNAREs in Zielmembranen in Wechselwirkung tritt.

V-Typ-Pumpen Turbinenartige Proteinmaschinen aus vielen verschiedenen Untereinheiten, die die Energie der ATP-Hydrolyse verwenden, um einen Transport über eine Membran anzutreiben. Die V-Typ-Protonenpumpe transportiert H^+ in Organellen wie Lysosomen, um deren Zellinneres anzusäuern. (Abb. 11–12)

Vakuole Sehr großes, flüssigkeitsgefülltes Vesikel in den meisten Pflanzen- und Pilzzellen, das typischerweise mehr als ein Drittel des Zellvolumens ausmacht. (Abb. 13–66)

van der Waals-Anziehung Art von (einzeln schwachen) nicht kovalenten Wechselwirkungen, die auf kurze Entfernung zwischen nichtpolaren Atomen wirksam werden („van der Waals-Bindungen"). (Tab. 2–1 und Tafel 2–3)

variable Region Bereich einer leichten oder schweren Immunglobulinkette, die am variabelsten ist und zur Antigenbindungsstelle beiträgt. (Abb. 24–25 und 24–32)

vaskulärer endothelialer Wachstumsfaktor (VEGF) Sezerniertes Protein, das das Wachstum der Blutgefäße stimuliert. (Tab. 15–4)

V(D)J-Rekombination Somatischer Rekombinationsvorgang, durch den Gensegmente zusammengebracht werden, um ein funktionelles Gen für eine Polypeptidkette eines Immunglobulins oder T-Zell-Rezeptors zu bilden. (Abb. 24–28)

Verankerungsabhängigkeit Abhängigkeit des Zellwachstums, der Proliferation und des Überlebens von der Anhaftung an eine Unterlage.

Verknüpfung Bei der Ligandenbindung: Die Konformationskopplung zwischen zwei separaten Ligandenbindungsstellen auf einem Protein, sodass eine Konformationsveränderung im Protein, die durch die Bindung eines Liganden induziert wird, die Bindung eines zweiten Liganden beeinflusst.

Verknüpfungsbedingte Vielfalt (junctional diversification) Der zufällige Verlust und Gewinn von Nukleotiden an Verbindungsstellen während der V(D)J-Rekombination, die während der Entwicklung von B- und T-Zellen auftritt, wenn die Zellen die Gensegmente zusammenbauen, die ihre Antigenrezeptoren codieren. Sie erhöht die Diversität der für die V-Region codierenden Sequenzen enorm.

Verlust der Heterozygotie Das Ergebnis fehlgeleiteter homologer Rekombination, bei der anstatt des Schwesterchromatids das homologe Chromosom des anderen Elternteils als Vorlage verwendet wird. Die Sequenz der reparierten DNA wird in die des anderen homologen Chromosoms umgewandelt.

Verschlingung Vorgang, bei der Teile des Cytoplasmas durch Doppelmembran-Schichten umschlossen werden, z. B. im Zuge der Autophagie.

Verzögerter K^+-Kanal Neuronaler spannungsgesteuerter K^+-Kanal, der sich nach der Membrandepolarisierung, aber während der abfallenden Phase eines Aktionspotenzials aufgrund der langsameren Aktivierungskinetik als derjenigen von Na^+-Kanälen öffnet. Das Öffnen erlaubt das Ausströmen von K^+. Dies treibt das Membranpotenzial zurück auf seinem ursprünglichen negativen Wert, sodass die Membran bereit ist, einen zweiten Impuls zu übertragen.

Vesikulärer Transport Transport von Proteinen aus einem Zellkompartiment in ein anderes mittels membranumhüllter Zwischenträger wie Vesikel oder Organellbruchstücken.

Virulenzfaktor Protein, das von einem Virulenzgen codiert wird und das zur Fähigkeit eines Organismus, eine Krankheit zu verursachen, beiträgt.

Virulenzgen Gen, das einen Organismus pathogen werden lässt.

Virus Partikel, das aus Nukleinsäure (RNA oder DNA) besteht, die von einer Proteinhülle umgeben ist, sich in der Wirtszelle vermehren und von Zelle zu Zelle ausbreiten kann. (Abb. 23–11)

Virusrezeptor Molekül auf der Oberfläche der Wirtszelle, an das Virusoberflächenproteine binden, wodurch das Virus an die Zelloberfläche binden und in das Cytoplasma eindringen kann.

Wachstumsfaktor Extrazelluläres Signalprotein, das eine Zelle dazu stimulieren kann zu wachsen. Besitzt oft noch andere Funktionen, wie z. B. Zellen zum Überleben oder Proliferieren zu stimulieren. Beispiele sind der epidermale Wachstumsfaktor (EGF) und der Blutplättchen-abgeleitete Wachstumsfaktor (PDGF).

Wachstumshormon Säugetierhormon, das von der Hypophyse in den Blutkreislauf abgesondert wird und das Wachstum im gesamten Körper stimuliert.

Wachstumskegel Wandernde, bewegliche Spitze eines sprossenden Nervenzellaxons oder Dendriten.

WASp-Protein Zentrales Ziel von aktiviertem Cdc42. Es kommt in einer inaktiven gefalteten und einer aktivierten offenen Konformation vor. Assoziation mit Cdc42 stabilisiert die offene Form und ermöglicht die Bindung an den Arp2/3-Komplex und verstärkt die Keimbildung von Aktinfilamenten.

Wasserstoffbrücke Nicht kovalente Bindung, bei der ein elektropositives Wasserstoffatom von zwei elektronegativen Atomen geteilt wird. (Tafel 2–3)

Wee1 Protein-Kinase, die die Cdk-Aktivität durch Phosphorylierung von Aminosäuern im Aktiven Zentrum der Cdk hemmt. Wichtig bei der Regulierung des Eintritts in die M-Phase des Zellzyklus.

weiße Blutzelle *s.* **Leukocyt**

Western Blotting Methode, bei der Proteine durch Elektrophorese getrennt, dann auf einem Papierblatt immobilisiert und dort, meist immunchemisch mithilfe eines markierten Antikörpers, nachgewiesen werden Auch Immunblotting genannt.

Wnt-Protein Mitglied einer Familie sezernierter Signalproteine, die viele verschiedene Aufgaben bei der Kontrolle der Zelldifferenzierung, Zellproliferation und Genexpression in Tierembryos und ausgereiften Geweben besitzen.

Wnt/β-Catenin-Signalübertragungsweg Signalübertragungsweg, der durch Binden eines Wnt-Proteins an seine Zelloberflächenrezeptoren aktiviert wird. Der Weg hat mehrere Verzweigungen. Auf dem Hauptweg (kanonischer Weg) führt die Aktivierung dazu, dass erhöhte Mengen von β-Catenin in den Zellkern eintreten, wo es die Transkription von Genen reguliert, die die Zelldifferenzierung und -proliferation kontrollieren. Überaktivierung des Wnt/β-Catenin-Wegs kann Krebs verursachen. (Abb. 15–61)

X-Inaktivierung Inaktivierung der einen Kopie des X-Chromosoms in den somatischen Zellen weiblicher Säuger.

X-Inaktivierungszentrum (XIC) Ort auf einem X-Chromosom, an dem die Inaktivierung beginnt und sich nach beiden Seiten ausbreitet. (Abb. 7–55)

XIAP Inhibitor des Apoptoseproteins IAP, der auf dem X-Chromosom codiert ist.

Xist Lange nicht-codierende RNA (20 000 Nukleotide), die für die Inaktivierung eines der beiden X-Chromosomen in weiblichen Säugern verantwortlich ist.

Zapfenphotorezeptor (Zapfen) Photorezeptorzelle in der Netzhaut von Wirbeltieren, die für das Farbensehen in hellem Licht verantwortlich ist.

Zellalterung *s.* **replikative Zellalterung**

Zelldeterminierung Prozess, durch den eine Zelle, während die Entwicklung voranschreitet, schrittweise das Potenzial verliert, andere Zelltypen zu bilden.

Zelldoktrin Der aus dem 19. Jahrhundert stammende Vorschlag, dass alle lebenden Organismen aus einer oder mehreren Zellen bestehen und dass alle Zellen durch Teilung aus anderen lebenden Zellen entstehen.

Zellgedächtnis Speicherung von dauerhaft veränderten Genexpressionsmustern durch Zellen und ihre Nachkommen ohne jegliche Veränderung der DNA-Sequenz (*s. auch* **epigenetische Vererbung**).

Zellkortex Spezialisierte („Rinden"-)Schicht des Cytoplasmas auf der Innenseite der Plasmamembran. In Tierzellen ist er eine aktinreiche Schicht, die für die Bewegung der Zelloberfläche verantwortlich ist.

Zellplatte Flache, membranbegrenzte Struktur, die sich durch Verschmelzung von Vesikeln im Cytoplasma einer sich teilenden Pflanzenzelle bildet und der Vorläufer einer neuen Zellwand ist.

Zellulose Strukturpolysaccharid aus langen unverzweigten Ketten kovalent verbundener Glukoseeinheiten; Hauptbestandteil der Pflanzenzellwand.

Zellulosemikrofibrille Hoch geordnetes, kristallines Aggregat, das von Bündeln aus etwa 18 Zelluloseketten gebildet wird. Sie sind mit derselben Polarität angeordnet und haften in überlappenden parallelen Reihen über Wasserstoffbrücken zwischen benachbarten Zellulosemolekülen aneinander.

Zellzyklus (Zellteilungszyklus) Vermehrungszyklus einer Zelle: die geordnete Abfolge von Vorgängen, durch die eine Zelle ihre Chromosomen und die anderen Zellinhalte verdoppelt und sich danach zweiteilt. (Abb. 17–4)

Zellzyklus-Kontrollsystem Netzwerk regulierender Proteine, das den Lauf einer Eukaryotenzelle durch den Zellzyklus steuert.

zentrales lymphatisches Organ (primäres lymphatisches Organ) Organ, in dem T- oder B-Lymphocyten aus Vorläuferzellen gebildet werden. In ausgewachsenen Säugetieren sind dies der Thymus und das Knochenmark. (Abb. 24–12)

Zisternenreifungsmechanismus Eine Hypothese dafür, wie der Golgi-Apparat seine polarisierte Struktur erlangt und behält und wie sich Moleküle von einer Zisterne zur anderen bewegen. Dieses Modell zeigt die Zisternen als dynamische Strukturen, die von frühen zu späten Zisternen reifen, indem sie spezifische Golgi-ansässige Proteine erst aufnehmen und dann verlieren, während sie beladen durch den Golgi-Stapel wandern.

Zitronensäurezyklus (Tricarbonsäurezyklus, TCA-Zyklus, Krebs-Zyklus) Zentraler Stoffwechselweg in aeroben Organismen. Er oxidiert Acetylgruppen, die aus Nahrungsmolekülen entstanden sind, und bildet die aktivierten Carrier NADH und $FADH_2$, GTP und das Abfallprodukt CO_2. In Eukaryotenzellen geschieht dies in den Mitochondrien. (Tafel 2–9)

zweidimensionale Gelelektrophorese Technik, bei der zwei verschiedene Trennungsverfahren kombiniert werden, um bis zu 2 000 Proteine in Form einer zweidimensionalen Proteinkarte aufzutrennen. Bei dem Verfahren handelt es sich um Trennung nach Ladung (isoelektrische Fokussierung) in der ersten Dimension und anschließende Trennung nach Größe in einer Richtung, die im rechten Winkel zum ersten Trennungsschritt steht.

Zygote Diploide Zelle, die aus der Verschmelzung eines weiblichen und eines männlichen Gameten hervorgeht. Das befruchtete Ei.

Register

Fett gedruckte Seitenzahlen verweisen auf ausführliche Textstellen, *kursive* auf Abbildungen, Tabellen oder Tafeln.

A

Molekularbiologie der Zelle, 7. Auflage. Bruce Alberts, Rebecca Heald, Alexander Johnson, David Morgan, Martin Raff, Keith Roberts und Peter Walter.

B

C

D

E

G

H

I

J

K

L

M

N

O

P

Q

R

S

T

U

V

W